农药登记产品信息汇编

（2014）

中华人民共和国农业部农药检定所　主编

中国农业出版社

《农药登记产品信息汇编》（2014）

编 辑 委 员 会

前　言

为了方便农药管理、生产、销售、使用等部门及时了解农药登记情况及农药管理有关政策和信息，我们编辑出版了《农药登记产品信息汇编》(2014年版)。

本汇编汇集了我国自1984年实施农药登记制度以来，国内外农药（含卫生杀虫剂）在我国获得登记并在2013年处于登记有效期内的产品30 000多个。

截至2013年12月31日，有效期内登记产品29 737个，正式登记28 016个，其中大田正式登记25 988个，卫生正式登记2 028个；临时登记1 217个，其中大田临时登记1 005个，卫生临时登记212个；分装登记504个。登记有效成分（通用名）645个。按原药和制剂区分，原药登记3 374个，制剂登记26 363个。登记企业2 286家，其中国内2 184家，国外102家。

本汇编包括农药产品的名称、通用名称、有效成分含量、登记作物、防治对象、登记有效期、农药生产企业名称、详细地址、电话等信息，共1 458页。

《农药登记产品信息汇编》是农药登记产品信息的权威发布，适用于从事农业、化工、卫生、环保、农资、林业、粮食、烟草、工商、技术监督、商检、进出口贸易等行业的农药生产、使用、经营、科研和管理等单位和人员，也可供大专院校师生使用。

本汇编中个别产品的申请单位名称、防治对象、使用剂量等会因登记情况的改变有所变动，如遇此类情况一律以最新核发的农药登记证（或农药临时登记证）上的内容为准。如需了解详细情况或发现问题，请与农业部农药检定所药情信息处、药政管理处联系。

联系地址：北京市朝阳区麦子店街22号楼　　邮编：100125

电话：010-65937011　65937009　　传真：010-59194075

农业部农药检定所

2014年1月

目　录

前言

农药登记 1

奥地利金奥特微胶囊技术有限公司 1
澳大利亚拜迪斯有限公司 1
澳大利亚环球科技有限公司 1
澳大利亚卡灵顿哈文有限公司 1
澳大利亚纽发姆有限公司 1
澳大利亚天然除虫菊公司 2
保加利亚艾格利亚有限公司 2
比利时农化公司 2
比利时特胺有限公司 2
比利时杨森制药公司 2
丹麦科麦农公司 2
巴斯夫欧洲公司 2
拜耳有限责任公司 6
德国阿格福莱农林环境生物技术股份有限公司 7
德国拜耳作物科学公司 7
德国拜茵公司 10
德国默克公司 10
德国赛拓有限责任公司 10
德国斯杜宁公司 10
法国戴商高士公司 10
法国道达尔流体公司 10
古巴朗伯姆公司 10
韩国 LG 生命科学有限公司 10
韩国东部韩农株式会社 11
韩国国宝药业有限公司 11
韩国韩世药品公司 11
韩国汉高家庭护理有限公司 11
韩国清镇制药株式会社 11
韩国日明制药株式会社 11
韩国瑞韩化学株式会社 11
韩国生物株式会社 11
韩国泰光制药股份有限公司 11
吉克特种油株式会社 11
荷兰 Denka 国际有限公司 12
捷克生物制剂股份有限公司 12
马来西亚护农（马）私人有限公司 12
爱利思达生物化学品北美有限公司 12
美国阿塞托农化有限公司 12
美国拜沃股份有限公司 12
美国杜邦公司 12
美国恩斯特克斯公司 14
美国凡特鲁斯公司 15
美国富美实公司 15
美国高文国际商业有限公司 17
美国科聚亚公司 17
美国克拉克蚊虫防治公司 18
美国罗门哈斯公司 18
美国孟山都公司 18
美国默赛技术公司 19
美国硼砂集团 19
美国世科姆公司 19
美国陶氏益农公司 20
美国仙农有限公司 23
美国伊甸生物技术公司 24
美国庄臣公司 24
美商华仑生物科学公司 24
挪威劳道克斯公司 24
爱利思达生命科学株式会社 24
福马（日本）株式会社 24
井上石灰工业株式会社 25
日本阿斯制药株式会社 25
日本拜耳作物科学公司 25
日本北兴化学工业株式会社 25
日本曹达株式会社 25
日本大冢农业科技株式会社 26
日本化药株式会社 26
日本佳田化学（株）中国有限公司 26
日本科研制药株式会社 26
日本明治制果药业株式会社 26
日本农药株式会社 27
日本日产化学工业株式会社 27
日本日友商社（香港）有限公司 27
日本三井化学 AGRO 株式会社 28
日本狮王株式会社 28
日本石原产业株式会社 28
日本史迪士生物科学株式会社 29
日本卫材食品化学株式会社 29
日本旭化学工业株式会社 29
日本株式会社白元 29
日本住友化学株式会社 29
日本组合化学工业株式会社 32
瑞士龙沙有限公司 32

瑞士先正达作物保护有限公司…… 32
泰国波罗格力国际有限公司…… 37
乌克兰国家科学院和科教部联合科技中心…… 37
西班牙艾克威化学工业有限公司…… 38
新加坡利农私人有限公司…… 38
新西兰塔拉纳奇化学有限公司…… 39
新西兰庄臣有限公司…… 39
以色列阿甘化学公司…… 39
以色列马克西姆化学公司…… 39
意大利芬奇米凯公司…… 40
意大利意赛格公司…… 40
印度 TAGROS 公司…… 40
印度比莱格工业有限公司…… 40
印度格达化学有限公司…… 40
印度禾润保工业有限公司…… 40
印度利农实业有限公司…… 40
印度联合磷化物有限公司…… 40
印度瑞利有限公司…… 41
印度赛博罗有机化学古吉拉特有限公司…… 41
印度万民利有机化学有限公司…… 41
印度夏达国际有限公司…… 41
印度伊克胜作物护理有限公司…… 41
印度印地菲尔工业有限公司…… 41
英国先正达有限公司…… 42
安徽常泰化工有限公司…… 43
安徽长城生化有限公司…… 43
安徽春辉植物农药厂…… 44
安徽迪邦药业有限公司…… 44
安徽东盛制药有限公司…… 45
安徽东至广信农化有限公司…… 45
安徽繁农化工科技有限公司…… 45
安徽丰乐农化有限责任公司…… 45
安徽丰特农化有限公司…… 49
安徽福瑞德生物科技有限公司…… 49
安徽富田农化有限公司…… 49
安徽广信农化股份有限公司…… 49
安徽国星生物化学有限公司…… 50
安徽海成生物化学有限公司…… 50
安徽禾丰农药厂…… 51
安徽华旗农化有限公司…… 51
安徽华星化工股份有限公司…… 51
安徽嘉联生物科技有限公司…… 57
安徽佳田森农药化工有限公司…… 58
安徽金泰农药化工有限公司…… 58
安徽锦邦化工股份有限公司…… 59
安徽九泰农药有限公司…… 60
安徽康达化工有限责任公司…… 60
安徽康宇生物科技工程有限公司…… 61
安徽科立华化工有限公司…… 61
安徽科苑植保工程有限责任公司…… 61
安徽立康杀虫制品有限公司…… 62
安徽陆野农化有限责任公司…… 62
安徽美科达农化有限公司…… 62
安徽美兰农业发展股份有限公司…… 63
安徽全力集团有限公司…… 64
安徽三荷日用品有限公司…… 64
安徽沙隆达生物科技有限公司…… 64
安徽生力农化有限公司…… 65
安徽省安庆市南风日化有限责任公司…… 65
安徽省安庆市兴隆化工有限责任公司…… 66
安徽省安庆市茁壮农药有限公司…… 66
安徽省蚌埠九采罗化学有限公司…… 66
安徽省池州新赛德化工有限公司…… 66
安徽省丰臣农化有限公司…… 67
安徽省广德县青山卫生实验厂…… 67
安徽省合肥飞雁日用化工厂…… 67
安徽省合肥福瑞德生物化工厂…… 67
安徽省合肥海明日用化工厂…… 68
安徽省合肥农药厂…… 68
安徽省合肥天润日用化工公司…… 69
安徽省合肥益丰化工有限公司…… 69
安徽省合肥正宇工贸有限公司…… 69
安徽省化工研究院…… 69
安徽省淮北市农药厂…… 70
安徽省淮南市田家庵区九龙杀虫剂厂…… 70
安徽省黄山市农业化工厂…… 70
安徽省锦江农化有限公司…… 71
安徽省灵璧县通达化工厂…… 71
安徽省六安利庭日用化工有限公司…… 71
安徽省六安市种子公司安丰种衣剂厂…… 72
安徽省蒙城县凯源日用化学品厂…… 72
安徽省宁国市朝农化工有限责任公司…… 72
安徽省庆丰农化有限责任公司…… 73
安徽省全椒县椒陵精细化工厂…… 73
安徽省全椒县龙雾精细化工有限公司…… 73
安徽省瑞特农化有限公司…… 73
安徽省圣丹生物化工有限公司…… 74
安徽省四达农药化工有限公司…… 75
安徽省宿州市化工厂…… 76
安徽省太和县农药厂…… 76
安徽省铜陵福成农药有限公司…… 76
安徽省益农化工有限公司…… 76
安徽省银山药业有限公司…… 77
安徽省亳州市百施乐生化有限责任公司…… 78
安徽省亳州市海日农化有限责任公司…… 78
安徽天恒农化科技发展有限公司…… 78
安徽喜洋洋农资连锁有限公司…… 78
安徽亚华医药化工有限公司…… 78
安徽亚孚化学有限公司…… 79
安徽扬子化工有限公司…… 79
安徽永丰农药化工有限公司…… 81
安徽正峰日化有限公司…… 81
安徽中山化工有限公司…… 81
安徽中天化工有限公司…… 82

安徽众邦生物工程有限公司…… 82
安徽琪嘉日化有限责任公司…… 83
安徽榄菊日用制品有限公司…… 83
安徽砀山圣丰生化有限公司…… 83
安庆博远生化科技有限公司…… 83
安庆美程化工有限公司…… 83
安庆强华益农化工有限责任公司…… 83
池州飞昊达化工有限公司…… 84
合肥久易农业开发有限公司…… 84
合肥星宇化学有限责任公司…… 85
绩溪农华生物科技有限公司…… 86
绩溪县庆丰天鹰生化有限公司…… 88
江苏瑞隆化工（宿州）有限公司…… 88
宁国市百立德生物科技有限公司…… 88
太湖县卓创化工有限责任公司…… 88
天长市正德卫生用品厂…… 88
芜湖市多威农化有限责任公司…… 89
中土化工（安徽）有限公司…… 89
百农思达（北京）农用化学品有限公司…… 89
北京艾比蒂生物科技有限公司…… 89
北京北农天风农药有限公司…… 89
北京比荣达生化技术开发有限责任公司…… 90
北京达世丰生物科技有限公司…… 91
北京富力特农业科技有限责任公司…… 92
北京广源益农化学有限责任公司…… 93
北京华戎生物激素厂…… 93
北京金地优诺生物科技发展有限公司…… 95
北京金龙翔工贸有限公司…… 95
北京科林世纪海鹰科技发展有限公司…… 95
北京科诺华生物科技有限公司…… 96
北京绿百灵化学实验厂…… 96
北京绿土地生化制剂有限公司…… 96
北京绿叶世纪日化用品有限公司…… 96
北京洛娃日化有限公司…… 97
北京三浦百草绿色植物制剂有限公司…… 97
北京市百盟兴科贸有限责任公司…… 97
北京市朝阳区利华鼠药厂…… 97
北京市东旺农药厂…… 97
北京市隆华新业卫生杀虫剂有限公司…… 98
北京市益环天敌农业技术服务公司…… 99
北京顺意生物农药厂…… 99
北京天青源科技有限公司…… 101
北京天擎化工有限责任公司…… 101
北京沃特瑞尔科技发展有限公司…… 101
北京亚戈农生物药业有限公司…… 101
北京燕化永乐农药有限公司…… 101
北京中农大生物技术股份有限公司…… 104
北京中农研创高科技有限公司…… 105
北京中植科华农业技术有限公司…… 105
北京鑫四环消毒技术开发中心…… 106
台湾百泰生物科技股份有限公司…… 106
台湾亿丰农化厂股份有限公司…… 106
中港泰富（北京）高科技有限公司…… 106
重庆蝶王日化厂…… 106
重庆东方农药有限公司…… 106
重庆丰化科技有限公司…… 107
重庆金雕日化有限公司…… 107
重庆金合蚊香制品有限公司…… 107
重庆金马蚊香厂…… 107
重庆井口农药有限公司…… 108
重庆净龙巴州化工有限公司…… 108
重庆农药化工（集团）有限公司…… 108
重庆山城蚊香制品有限责任公司…… 109
重庆市晨豹日化有限公司…… 109
重庆市垫江蚊香厂…… 109
重庆市合川区农化厂…… 109
重庆市宏利蚊香厂…… 109
重庆市化工研究院…… 110
重庆市诺意农药有限公司…… 110
重庆市山丹生物农药有限公司…… 110
重庆市永川化学制品厂…… 110
重庆市众力生物工程有限公司…… 110
重庆树荣化工有限公司…… 110
重庆双丰化工有限公司…… 111
重庆泰帮化工有限公司…… 113
重庆正大精细化工研究所有限公司…… 113
重庆中邦药业（集团）有限公司…… 113
重庆种衣剂厂…… 114
重庆重大生物技术发展有限公司…… 114
重庆紫光国际化工有限责任公司…… 114
重庆榄菊实业有限公司…… 114
福建宝捷利生化农药有限公司…… 114
福建高科日化有限公司…… 114
福建豪德化工科技有限公司…… 114
福建浩伦生物工程技术有限公司…… 115
福建凯立生物制品有限公司…… 116
福建浦城绿安生物农药有限公司…… 116
福建青松股份有限公司…… 116
福建泉州高科日化制造有限公司…… 116
福建三农化学农药有限责任公司…… 117
福建三农农化有限公司…… 118
福建神狮日化有限公司…… 118
福建省福鼎市绿丰化工有限公司…… 118
福建省福州绿色应用化学技术开发有限公司…… 118
福建省福州市防治白蚁公司…… 118
福建省花仙子（厦门）日用化学品有限公司…… 118
福建省惠安县东岭东山蚊香厂…… 118
福建省建瓯福农化工有限公司…… 118
福建省金鹿日化股份有限公司…… 119
福建省锦江日用化工有限公司…… 119
福建省晋江金童蚊香制品有限公司…… 119
福建省晋江市安海万兴蚊香厂…… 120
福建省晋江市安海镇双鳄日用品厂…… 120
福建省晋江市安鹿卫生用品有限公司…… 120

福建省晋江市奔马蚊香有限公司 …… 120
福建省晋江市今日日化有限公司 …… 120
福建省晋江市老君日化有限责任公司 …… 120
福建省晋江市灵源娃力蚊香厂 …… 121
福建省晋江市罗山金马蚊香有限公司 …… 121
福建省晋江市罗山金猫日用蚊香有限公司 …… 121
福建省晋江市罗山许坑太目蚊香厂 …… 121
福建省晋江市罗山许坑蚊香二厂 …… 121
福建省晋江市亲亲日化有限公司 …… 121
福建省科丰农药有限公司 …… 121
福建省连城县萤火虫蚊业有限公司 …… 121
福建省梦娇兰日用化学品有限公司 …… 121
福建省闽侯东亚化工有限公司 …… 122
福建省南安市大通蚊香厂 …… 122
福建省莆田市荔城区康盛蚊香厂 …… 122
福建省莆田市友缘实业有限公司 …… 122
福建省泉州德盛农药有限公司 …… 122
福建省泉州市神象日化有限公司 …… 122
福建省厦门群鹭香业有限公司 …… 122
福建省厦门市格灵生物技术有限公司 …… 122
福建省厦门市绿地康生物工程有限公司 …… 123
福建省厦门市胜伟达工贸有限公司 …… 123
福建省厦门市璇桦工贸有限公司 …… 123
福建省仙游县林字蚊香厂 …… 123
福建省旭化学工业（漳州）有限公司 …… 123
福建省漳州快丰收植物生长剂有限公司 …… 124
福建省漳州市第二蚊香厂 …… 124
福建省漳州市龙文农化有限公司 …… 124
福建省漳州永恒化妆品有限公司 …… 124
福建省漳州庄臣化学品有限公司 …… 124
福建省政和县官湖化工有限公司 …… 124
福建双飞日化有限公司 …… 124
福建泰禾农大生化有限公司 …… 125
福建泰禾生化科技股份有限公司 …… 125
福建新农大正生物工程有限公司 …… 125
福建永春县洁静日化有限公司 …… 127
福州千姿化妆品有限公司 …… 127
古田县科达生物化工有限公司 …… 127
晋江蝙蝠蚊香有限公司 …… 127
龙岩市家卫日用制品有限公司 …… 128
纳润（厦门）科技有限公司 …… 128
邵武市不用拆蚊香厂 …… 128
蛙王（福建）日化有限公司 …… 128
厦门荣美香业有限公司 …… 128
厦门三圈电池有限公司 …… 128
厦门市象球精细化工有限公司 …… 128
厦门市允信香业有限公司 …… 129
元龙（福建）日用品有限公司 …… 129
甘肃国力生物科技开发有限公司 …… 129
甘肃华实农业科技有限公司 …… 129
甘肃省兰州固诚化工有限公司 …… 130
甘肃省兰州市农药厂 …… 130
甘肃省两西新产品开发试验中心 …… 130
甘肃省武山县农药厂 …… 130
甘肃省张掖市大弓农化有限公司 …… 130
甘肃天保农药化工有限公司 …… 131
兰州爱地森农化科技有限责任公司 …… 131
兰州润泽生化科技有限公司 …… 132
武威春飞作物科技有限公司 …… 132
必安住（广州）日化有限公司 …… 132
东莞威乐日用品有限公司 …… 132
佛山市高明区万邦生物有限公司 …… 132
佛山市南海区黄岐嘉纯生物工程有限公司 …… 132
佛山市雅洁丽化妆品有限公司 …… 132
广东北大新世纪生物工程股份有限公司 …… 132
广东大丰植保科技有限公司 …… 132
广东德利生物科技有限公司 …… 133
广东福尔康化工科技股份有限公司 …… 133
广东浩德作物科技有限公司 …… 134
广东金丰化工实业有限公司 …… 135
广东金农达生物科技有限公司 …… 136
广东劲劲化工有限公司 …… 137
广东九极日用保健品有限公司 …… 137
广东莱雅化工有限公司 …… 137
广东立农生物科技有限公司 …… 137
广东立威化工有限公司 …… 138
广东茂名绿银农化有限公司 …… 139
广东梅县侨韵废水处理厂 …… 139
广东美时家庭用品有限公司 …… 139
广东全美实业日用化工有限公司 …… 139
广东省保血（江门）日用制品有限公司 …… 140
广东省潮州市城西荣兴蚊香厂 …… 140
广东省东莞博迪化妆品有限公司 …… 140
广东省东莞市金凤莞香有限公司 …… 140
广东省东莞市瑞德丰生物科技有限公司 …… 140
广东省东莞市万江万宝日用制品厂 …… 149
广东省东莞万盛家庭用品有限公司 …… 149
广东省佛山市大兴生物化工有限公司 …… 149
广东省佛山市高明佳莉日用化工有限公司 …… 151
广东省佛山市南海奥帝精细化工有限公司 …… 152
广东省佛山市南海里水顺风精细化工厂 …… 152
广东省佛山市南海区绿宝生化技术研究所 …… 152
广东省佛山市南海施乐华化妆品有限公司 …… 152
广东省佛山市南海添惠日化有限公司 …… 153
广东省佛山市顺德区香江精细化工实业有限公司 …… 153
广东省佛山市盈辉作物科学有限公司 …… 153
广东省高州化工总厂 …… 154
广东省广州帝盟精细化工实业有限公司 …… 154
广东省广州法德美化妆品有限公司 …… 154
广东省广州农泰生物科技有限公司 …… 154
广东省广州市白云区新东方日用化工品厂 …… 155
广东省广州市广农化工有限公司 …… 155
广东省广州市海珠区山田日用品厂 …… 155
广东省广州市豪恩思精细化工有限公司 …… 155

广东省广州市花都区花山日用化工厂 …………………… 155
广东省广州市黄埔化工厂 …………………………………… 156
广东省广州市佳丽日用化妆品有限公司 ………………… 156
广东省广州市金农科技开发有限公司 …………………… 156
广东省广州市浪奇实业股份有限公司 …………………… 156
广东省广州市梦想精细化工有限公司 …………………… 156
广东省广州市泰祥白蚁防治工程有限公司 ……………… 156
广东省广州市益农生化有限公司 ………………………… 156
广东省广州市越秀区恒利卫生用品厂 …………………… 157
广东省广州市智灵公共卫生研究所 ……………………… 157
广东省广州市中达生物工程有限公司 …………………… 157
广东省广州新天地化学实业有限公司 …………………… 158
广东省广州粤果农业化学科技有限公司 ………………… 158
广东省化州市天力化工有限公司 ………………………… 158
广东省江门市新会区农得丰有限公司 …………………… 158
广东省江门市植保有限公司 ……………………………… 158
广东省蕉岭县嘉福香业有限公司 ………………………… 159
广东省揭东县雪美化妆品有限公司 ……………………… 159
广东省揭阳市渔湖中学为民蚂蚁药厂 …………………… 159
广东省揭阳市泓泰百货有限公司 ………………………… 159
广东省揭阳市榕城区榕东潮洲灭蚊药厂 ………………… 159
广东省开平市马冈镇达豪粘胶日用制品厂 ……………… 159
广东省雷州市天品有限公司 ……………………………… 159
广东省陆丰市飞龙实业有限公司 ………………………… 159
广东省陆丰市港达日用化学品厂 ………………………… 159
广东省陆丰市神力精细化工厂 …………………………… 159
广东省陆丰市通达精细化工厂 …………………………… 159
广东省陆丰裕达企业发展公司 …………………………… 159
广东省罗定市永安化工有限责任公司 …………………… 159
广东省美晨集团股份有限公司 …………………………… 160
广东省南海市狮山雅彩化妆品有限公司 ………………… 160
广东省汕头市哈神实业有限公司 ………………………… 160
广东省汕头市宏光化工有限公司 ………………………… 160
广东省汕头市金龙蚊香实业有限公司 …………………… 160
广东省汕头市三星化学有限公司 ………………………… 160
广东省汕头市雅百莉化妆品有限公司 …………………… 160
广东省汕头市友情精细化工实业有限公司 ……………… 160
广东省汕头市倩芬化妆品实业有限公司 ………………… 160
广东省深圳赛亚气雾剂实业公司 ………………………… 160
广东省深圳市华农生物工程有限公司 …………………… 160
广东省深圳市沃科生物工程有限公司 …………………… 160
广东省四会市农药厂 ……………………………………… 161
广东省遂溪县农药厂 ……………………………………… 161
广东省台山市日用化工厂 ………………………………… 161
广东省英德广农康盛化工有限责任公司 ………………… 162
广东省英红华侨农药厂 …………………………………… 164
广东省湛江市春江生物化学实业有限公司 ……………… 164
广东省湛江市甘丰农药厂 ………………………………… 164
广东省中山市晨美化妆品有限公司 ……………………… 164
广东省中山市多益化工有限公司 ………………………… 164
广东省中山市华越日用制品有限公司 …………………… 164
广东省中山市金鸟化工有限公司 ………………………… 164
广东省中山市凯迪日化制品有限公司 …………………… 165
广东省中山市盈科化工实业有限公司 …………………… 165
广东省中山榄菊日化实业有限公司 ……………………… 165
广东省珠海市华夏生物制剂有限公司 …………………… 167
广东省珠海市佳弘科技有限公司 ………………………… 167
广东施露兰化妆品有限公司 ……………………………… 167
广东新秀田化工有限公司 ………………………………… 167
广东原沣生物工程有限公司 ……………………………… 168
广东园田生物工程有限公司 ……………………………… 168
广东植物龙生物技术有限公司 …………………………… 168
广东中迅农科股份有限公司 ……………………………… 169
广州超威日用化学用品有限公司 ………………………… 173
广州农密生物科技有限公司白云分公司 ………………… 174
广州农药厂从化市分厂 …………………………………… 174
广州市立道汽车用品有限公司 …………………………… 175
惠州市银农科技有限公司 ………………………………… 175
江门市大光明农化新会有限公司 ………………………… 175
揭阳试验区百信灭蚊药厂 ………………………………… 178
金奇集团金奇日化有限公司 ……………………………… 178
陆丰市港达实业有限公司日用化学品厂 ………………… 179
陆丰市朗肤丽实业有限公司 ……………………………… 179
普宁市洪阳宏达蚊香厂 …………………………………… 179
清远市顾地丰生物科技有限公司 ………………………… 179
汕头市润洁日化有限公司 ………………………………… 179
深圳诺普信农化股份有限公司 …………………………… 179
深圳市伟丰隆贸易有限公司 ……………………………… 187
四会市润土作物科学有限公司 …………………………… 187
肇庆市真格生物科技有限公司 …………………………… 188
质检总局国家实蝇检疫重点实验室 ……………………… 188
中山富士化工有限公司 …………………………………… 188
中山凯中有限公司 ………………………………………… 188
中山市蒙奇化工有限公司 ………………………………… 191
中山雅黛日用化工有限公司 ……………………………… 191
珠海真绿色技术有限公司 ………………………………… 191
博白县天地和农药厂 ……………………………………… 191
广西安泰化工有限责任公司 ……………………………… 191
广西拜科生物科技有限公司 ……………………………… 194
广西北海国发海洋生物农药有限公司 …………………… 194
广西贝嘉尔生物化学制品有限公司 ……………………… 194
广西博白县避害增有限公司 ……………………………… 195
广西博白县大西南农药厂 ………………………………… 195
广西发昌香业有限公司 …………………………………… 196
广西富利海化工有限公司 ………………………………… 196
广西桂林宝盛农药有限公司 ……………………………… 196
广西桂林集琦生化有限公司 ……………………………… 196
广西桂林井田生化有限公司 ……………………………… 198
广西桂林荔浦晶鹰蚊香厂 ………………………………… 198
广西桂林瑞泰化工有限责任公司 ………………………… 198
广西桂林市柏松卫生品有限责任公司 …………………… 198
广西桂林市宏田生化有限责任公司 ……………………… 199
广西桂林市龙胜各族自治县蚊香厂 ……………………… 199
广西桂林五丰化学农药有限公司 ………………………… 199

广西桂林依柯诺农药有限公司 …… 199
广西桂林益源农化有限公司 …… 199
广西贵港市恒泰化工有限公司 …… 199
广西国泰农药有限公司 …… 199
广西禾泰农药有限责任公司 …… 200
广西贺州八步区贺街金龙蚊香厂 …… 200
广西弘峰（北海）合浦农药有限公司 …… 200
广西汇丰生物科技有限公司 …… 202
广西金宏达农药有限公司 …… 202
广西金穗农药有限公司 …… 202
广西金土地生化有限公司 …… 203
广西金燕子农药有限公司 …… 203
广西金裕隆农药化工有限公司 …… 204
广西康赛德农化有限公司 …… 204
广西科联生化有限公司 …… 205
广西乐土生物科技有限公司 …… 205
广西荔浦东升蚊香厂 …… 205
广西荔浦县荔东蚊香厂 …… 206
广西荔浦县梦香蚊香厂 …… 206
广西灵川县新华日用卫生制品厂 …… 206
广西灵川县永辉家用品厂 …… 206
广西灵山县逢春化工有限公司 …… 206
广西柳州华力家庭品业股份有限公司 …… 206
广西柳州市白云杀虫剂厂 …… 207
广西柳州蚊敌香业有限公司 …… 207
广西柳州昊邦日化有限公司 …… 207
广西隆丰农药化工有限公司 …… 208
广西路明宝农药厂 …… 208
广西绿田农药厂 …… 208
广西南宁化工股份有限公司 …… 208
广西南宁利民农用化学品有限公司 …… 208
广西南宁神鹰卫生害虫防治有限责任公司 …… 209
广西南宁泰达丰化工有限公司 …… 209
广西农大生化科技有限责任公司 …… 209
广西农喜作物科学有限公司 …… 210
广西喷施宝集团有限公司博林公司 …… 210
广西平乐农药厂 …… 210
广西平乐野牛有限责任公司 …… 210
广西钦州谷虫净总厂 …… 211
广西全州县安农化工有限责任公司 …… 211
广西上思县农药厂 …… 211
广西省柳州市万友家庭卫生害虫防治所 …… 211
广西施乐农化科技开发有限责任公司 …… 211
广西田园生化股份有限公司 …… 211
广西梧州蒙山县广字蚊香厂 …… 215
广西兴安县农药厂 …… 215
广西兄弟农药厂 …… 215
广西易多收生物科技有限公司 …… 216
广西易多收生物科技有限公司河池农药厂 …… 217
广西玉林市百能达日用粘胶制品厂 …… 217
广西玉林市农宝农药厂 …… 218
广西玉林祥和源化工药业有限公司 …… 218
广西植保农药厂 …… 218
广西钟山县农药厂 …… 218
广西壮族自治区化工研究院 …… 218
广西自主化工有限公司 …… 219
广西鑫金泰化工有限公司 …… 219
桂林桂开生物科技股份有限公司 …… 220
桂林荔浦辉煌香业厂 …… 220
柳州市惠农化工有限公司 …… 220
柳州市新岩消杀药剂厂 …… 221
南宁市德丰富化工有限责任公司 …… 221
贵州毕节闽黔化工有限公司 …… 222
贵州道元生物技术有限公司 …… 222
贵州贵大科技产业有限责任公司 …… 222
贵州利尔化工有限公司 …… 223
贵州南明远航蚊香厂 …… 223
贵州省贵阳市花溪茂业植物速丰剂厂 …… 223
贵州省华鹰化学工业有限责任公司 …… 223
贵州省化工研究院 …… 223
贵州省铜仁地区植保技术服务公司 …… 223
贵州省镇远县宝丰农化有限责任公司 …… 223
贵州省遵义市连大磷化铝厂 …… 223
贵州亚净卫生用品有限公司 …… 223
贵州遵义泉通化工有限公司 …… 224
贵州仝鑫工贸有限公司 …… 224
海南博士威农用化学有限公司 …… 224
海南江河农药化工厂有限公司 …… 225
海南利蒙特生物农药有限公司 …… 226
海南力智生物工程有限责任公司 …… 227
海南侨华农药厂 …… 228
海南润禾农药有限公司 …… 228
海南正业中农高科股份有限公司 …… 228
上海家化海南日用化学品有限公司 …… 231
保定大中方香业有限公司 …… 231
保定鸿鑫制香有限公司 …… 231
保定嘉瑞日化科技有限公司 …… 231
保定康宝制香有限公司 …… 231
保定农药厂 …… 231
保定市地芭化工有限公司 …… 232
保定市恒洁日化有限公司 …… 232
保定市康美日化有限公司 …… 232
保定市顺博日化有限公司 …… 232
保定市天润康华日化有限公司 …… 232
保定市一诺日化科技有限公司 …… 232
保定市益佳日化有限公司 …… 232
保定正大阳光日用品有限公司 …… 233
北农（海利）涿州种衣剂有限公司 …… 233
阜城县永发化工厂 …… 233
高碑店市田星生物工程有限公司 …… 233
高阳县康华爱卫用品厂 …… 234
故城保润生物化工有限公司 …… 234
邯郸市新阳光化工有限公司 …… 234
河北安霖制药有限公司 …… 234

河北奥德植保药业有限公司 …… 234
河北八源生物制品有限公司 …… 235
河北博嘉农业有限公司 …… 236
河北德美化工有限责任公司 …… 237
河北德农生物化工有限公司 …… 238
河北德瑞化工有限公司 …… 238
河北德裕祥生物化工有限公司 …… 238
河北格雷特生物科技有限公司 …… 238
河北古城香业集团股份有限公司 …… 239
河北冠龙农化有限公司 …… 239
河北国东化工科技有限公司 …… 241
河北国美化工有限公司 …… 242
河北国欣诺农生物技术有限公司 …… 242
河北海虹生化有限公司 …… 242
河北贺森化工有限公司 …… 243
河北华灵农药有限公司 …… 243
河北金德伦生化科技有限公司 …… 244
河北军星生物化工有限公司 …… 245
河北康达有限公司 …… 246
河北阔达生物制品有限公司 …… 247
河北廊坊乐万家联合家化有限公司 …… 247
河北利时捷生物科技有限公司 …… 248
河北绿风肥业集团有限公司 …… 248
河北农佳生物科技有限公司 …… 248
河北欧亚化学工业有限公司 …… 248
河北奇峰化工有限公司 …… 248
河北青园农药有限公司 …… 248
河北荣威生物药业有限公司 …… 249
河北瑞宝德生物化学有限公司 …… 250
河北润达农药化工有限公司 …… 250
河北润农化工有限公司 …… 251
河北赛瑞德化工有限公司 …… 252
河北三农农用化工有限公司 …… 253
河北上瑞化工有限公司 …… 254
河北神华药业有限公司 …… 255
河北省霸州市腾达精细日用化工厂 …… 255
河北省保定安康蚊香有限公司 …… 255
河北省保定古堡香厂 …… 255
河北省保定容泰卫生保健用品有限公司 …… 255
河北省保定市保力康日化有限公司 …… 256
河北省保定市甘雨日化有限公司 …… 256
河北省保定市金诺制香有限公司 …… 256
河北省保定市康华香业有限公司 …… 256
河北省保定市科绿丰生化科技有限公司 …… 256
河北省保定市联合家用化工有限责任公司 …… 257
河北省保定市南市区三利源日化厂 …… 257
河北省保定市神采美日化有限公司 …… 257
河北省保定市新市区开元蚊香厂 …… 258
河北省保定市亚达化工有限公司 …… 258
河北省保定燕赵制香有限公司 …… 258
河北省沧州百斯特生物技术有限公司 …… 258
河北省沧州华太金洁日化有限公司 …… 258
河北省沧州科润化工有限公司 …… 259
河北省沧州润德农药有限公司 …… 259
河北省沧州市天和农药厂 …… 259
河北省沧州天马绿化农药有限公司 …… 260
河北省沧州天胜农药化工厂 …… 260
河北省沧州正兴生物农药有限公司 …… 261
河北省沧州志诚化工有限公司 …… 261
河北省沧州中天化工有限责任公司 …… 262
河北省定兴县五合日用化学有限公司 …… 262
河北省定州市长城日用化学厂 …… 263
河北省高碑店市白沟京南气雾剂厂 …… 263
河北省高碑店市神达化工有限责任公司 …… 263
河北省高阳县豪捷制香有限公司 …… 263
河北省邯郸市方鑫化工有限公司 …… 263
河北省邯郸市建华植物农药厂 …… 263
河北省邯郸市金英精细化工有限公司 …… 263
河北省邯郸市瑞田农药有限公司 …… 263
河北省邯郸市太行农药厂 …… 264
河北省河间市长盛樟脑有限公司 …… 264
河北省衡水北方农药化工有限公司 …… 264
河北省黄骅市鸿承企业有限公司 …… 265
河北省黄骅市绿园农药化工有限公司 …… 265
河北省冀州市凯明农药有限责任公司 …… 265
河北省廊坊强盛精细化工有限公司 …… 266
河北省廊坊市奥姿化妆品有限公司 …… 266
河北省廊坊天威日化有限公司 …… 267
河北省农药化工有限公司 …… 267
河北省容城超达精细化工有限公司 …… 268
河北省容城县浩达日用制品有限公司 …… 268
河北省容城县宏旺日用制品有限公司 …… 268
河北省容城县鑫荣达日用制品有限公司 …… 268
河北省三河中澳科技发展有限公司 …… 268
河北省深州市奥邦农化有限责任公司 …… 268
河北省石家庄宝丰化工有限公司 …… 268
河北省石家庄华农化工有限责任公司 …… 269
河北省石家庄市绿丰化工有限公司 …… 269
河北省石家庄市青冠化工有限公司 …… 270
河北省石家庄市深泰化工有限公司 …… 270
河北省肃宁县芳溢日化有限公司 …… 271
河北省肃宁县伸力日用化工有限责任公司 …… 271
河北省肃宁县兴业精细化工厂 …… 271
河北省唐山市瑞华生物农药有限公司 …… 271
河北省唐山鑫华农药有限公司 …… 272
河北省万全农药厂 …… 272
河北省吴桥农药有限公司 …… 273
河北省邢台富强化工有限公司 …… 273
河北省邢台市农药有限公司 …… 273
河北省雄县凯晨日化有限公司 …… 274
河北省徐水吉利仿生农药有限公司 …… 274
河北省张家口长城农化（集团）有限责任公司 …… 274
河北省张家口金赛制药有限公司 …… 274
河北省遵化市金山神猴日化厂 …… 275

河北省涞水县威中威制香有限公司 …………………… 275
河北省涿州市桃园农药厂 …………………… 275
河北省蠡县华松工艺制香厂 …………………… 276
河北省蠡县华业精细化工有限公司 …………………… 276
河北省蠡县冀中华联精细化工有限公司 …………………… 276
河北省蠡县冀蠡精细化工有限公司 …………………… 276
河北省蠡县远大日化有限公司 …………………… 276
河北省蠡县争锋精细化工有限公司 …………………… 276
河北盛世基农生物科技股份有限公司 …………………… 276
河北圣邦药业有限公司 …………………… 277
河北圣禾化工有限公司 …………………… 277
河北圣亚达化工有限公司 …………………… 277
河北师大化工厂 …………………… 278
河北石家庄市龙汇精细化工有限责任公司 …………………… 278
河北石滦农药化工有限公司 …………………… 278
河北双吉化工有限公司 …………………… 278
河北桃园农药有限公司 …………………… 280
河北天路生物化工有限公司 …………………… 281
河北天顺生物工程有限公司 …………………… 281
河北万博生物科技有限公司 …………………… 281
河北万全宏宇化工有限责任公司 …………………… 281
河北万全力华化工有限责任公司 …………………… 281
河北万特生物化学有限公司 …………………… 282
河北威远生物化工股份有限公司 …………………… 282
河北沃德丰药业有限公司 …………………… 286
河北希普种衣剂有限责任公司 …………………… 286
河北欣田生化工程有限公司 …………………… 286
河北新农生物化工有限公司 …………………… 286
河北新兴化工有限责任公司 …………………… 287
河北宣化农药有限责任公司 …………………… 287
河北野田农用化学有限公司 …………………… 288
河北伊诺生化有限公司 …………………… 289
河北益海安格诺农化有限公司 …………………… 291
河北益康制香有限公司 …………………… 292
河北赞峰生物工程有限公司 …………………… 293
河北志诚生物化工有限公司 …………………… 293
河北中谷药业有限公司 …………………… 294
河北卓诚化工有限责任公司 …………………… 295
河北昊澜化工科技有限公司 …………………… 295
河北昊阳化工有限公司 …………………… 295
河北馥稷生物科技有限公司 …………………… 296
衡水景美化学工业有限公司 …………………… 296
华北制药股份有限公司 …………………… 296
华北制药集团爱诺有限公司 …………………… 297
冀州市恒伟化工有限公司 …………………… 298
廊坊亿得安化工有限公司 …………………… 298
秦皇岛金兰电器有限责任公司 …………………… 298
石家庄宏科生物化工有限公司 …………………… 298
石家庄瑞凯化工有限公司 …………………… 299
石家庄沙飞日化有限公司 …………………… 299
石家庄市华星农药有限公司 …………………… 299
石家庄市兴柏生物工程有限公司 …………………… 299
石家庄曙光制药厂 …………………… 299
石家庄曙光制药原料药有限公司 …………………… 300
顺平县农药厂 …………………… 300
肃宁县海蓝农药有限公司 …………………… 300
邢台佰斯特化工科技有限公司 …………………… 300
邢台宝波农药有限公司 …………………… 301
张家口长城农药有限公司 …………………… 301
中国农科院植保所廊坊农药中试厂 …………………… 301
涿州拜奥威生物科技有限公司 …………………… 303
涿州市翔翊华太生物技术有限公司 …………………… 303
蠡县华奥工艺制香厂 …………………… 304
蠡县金诺达制香有限公司 …………………… 304
爱普瑞（焦作）农药有限公司 …………………… 304
安阳全丰生物科技有限公司 …………………… 304
安阳市安诺农化有限公司 …………………… 305
安阳市方圆农药科技有限责任公司 …………………… 305
登封市金博农药化工有限公司 …………………… 305
航空航天部正阳六九三兴华化工厂 …………………… 307
河南倍尔农化有限公司 …………………… 307
河南波尔森农业科技有限公司 …………………… 308
河南地卫士生物科技有限公司 …………………… 308
河南广农农药厂 …………………… 308
河南好年景生物发展有限公司 …………………… 308
河南鹤壁陶英陶生物科技有限公司 …………………… 309
河南恒信农化有限公司 …………………… 309
河南捷利康农化有限公司 …………………… 309
河南金鹏化工有限公司 …………………… 309
河南金田地农化有限责任公司 …………………… 309
河南今越生物技术有限公司 …………………… 310
河南锦绣之星作物保护有限公司 …………………… 310
河南科邦化工有限公司 …………………… 311
河南科辉实业有限公司 …………………… 311
河南雷力农用化工有限公司 …………………… 311
河南力克化工有限公司 …………………… 311
河南绿保科技发展有限公司 …………………… 313
河南赛诺化工科技有限公司 …………………… 313
河南省安阳市安林生物化工有限责任公司 …………………… 314
河南省安阳市国丰农药有限责任公司 …………………… 315
河南省安阳市红旗药业有限公司 …………………… 315
河南省安阳市红星农化有限公司 …………………… 316
河南省安阳市化工实验厂 …………………… 316
河南省安阳市瑞泽农药有限责任公司 …………………… 316
河南省安阳市锐普农化有限责任公司 …………………… 317
河南省安阳市五星农药厂 …………………… 317
河南省安阳市小康农药有限责任公司 …………………… 317
河南省安阳市振华化工有限责任公司 …………………… 318
河南省博爱惠丰生化农药有限公司 …………………… 318
河南省春光农化有限公司 …………………… 319
河南省邓州农康化工有限公司 …………………… 319
河南省邓州市禾尔康农药化工有限责任公司 …………………… 319
河南省丰收乐化学有限公司 …………………… 319
河南省鹤壁市农林制药有限公司 …………………… 319

河南省鹤壁市锐沣生物科技发展中心 …… 320
河南省鹤壁天元股份有限公司 …… 320
河南省华威化学有限公司 …… 320
河南省化肥矿山公司化工厂 …… 320
河南省获嘉县星火化工厂 …… 320
河南省济源白云实业有限公司 …… 320
河南省焦作华生化工有限公司 …… 321
河南省焦作市红马农药厂 …… 321
河南省焦作市瑞宝丰生化农药有限公司 …… 321
河南省金亮精细化工有限公司 …… 322
河南省金旺生化有限公司 …… 322
河南省浚县粮保农药有限责任公司 …… 322
河南省浚县绿宝农药厂 …… 322
河南省开封克灵丰药业有限公司 …… 323
河南省开封市丰田化工厂 …… 323
河南省开封市浪潮化工有限公司 …… 323
河南省开封市利民农药厂 …… 324
河南省开封市农药厂 …… 324
河南省开封市种衣剂厂 …… 324
河南省开封田威生物化学有限公司 …… 325
河南省兰考县苏豫精细化工厂 …… 325
河南省洛阳龙邦生化科技有限公司 …… 326
河南省洛阳市绿野生物工程有限公司 …… 326
河南省洛阳市三叶草生物工程有限公司 …… 326
河南省孟州市华丰生化农药有限公司 …… 326
河南省孟州市平原农药有限责任公司 …… 326
河南省南阳大华化工厂 …… 327
河南省南阳市丰达农药化工有限责任公司 …… 327
河南省南阳市福来石油化学有限公司 …… 327
河南省南阳市宛城农药化工厂 …… 327
河南省南阳卧龙农药厂 …… 327
河南省平顶山市梨园化工总厂 …… 327
河南省汝州市试剂厂 …… 328
河南省商丘天神农药厂 …… 328
河南省商丘永佳精细化工厂 …… 329
河南省商水艾尔植物激素厂 …… 329
河南省沈丘县农药厂 …… 329
河南省天源农业有限公司 …… 329
河南省尉氏县农药总厂 …… 329
河南省新乡市东风化工厂 …… 330
河南省新乡市洪洲农化有限公司 …… 330
河南省新乡市康大消毒剂有限公司 …… 330
河南省新乡市植物化学厂 …… 330
河南省信阳富邦化工股份有限公司 …… 330
河南省星火农业技术公司 …… 330
河南省许昌晶威化工有限公司 …… 331
河南省许昌县昌盛日化实业有限公司 …… 331
河南省禹州市百灵生物药业有限责任公司 …… 331
河南省原阳县第一农药厂 …… 331
河南省正阳县原野化工有限责任公司 …… 332
河南省郑州爱力生化工产品有限公司 …… 332
河南省郑州富利达农药有限公司 …… 332
河南省郑州良友种衣剂有限公司 …… 333
河南省郑州农达生化制品有限公司 …… 333
河南省郑州沙隆达伟新农药有限公司 …… 333
河南省郑州生化实业有限公司 …… 333
河南省郑州天邦生物制品有限公司 …… 333
河南省郑州天宝日化有限公司 …… 333
河南省郑州现代化工有限公司 …… 333
河南省郑州裕通化工有限公司 …… 334
河南省郑州郑氏化工产品有限公司 …… 334
河南省郑州志信农化有限公司 …… 335
河南省周口市德贝尔生物化学品工程有限公司 …… 336
河南省周口市红旗农药有限公司 …… 336
河南省周口市金石化工有限公司 …… 336
河南省周口市先达化工有限公司 …… 336
河南省周口市豫东农药厂 …… 337
河南省周口市中科化工有限公司 …… 337
河南省淅川县丰源农药有限公司 …… 337
河南省漯河市康丰达药业有限公司 …… 338
河南省漯河市山鑫化工有限公司 …… 338
河南省濮阳市科濮生化有限公司 …… 338
河南省濮阳市农科所科技开发中心 …… 338
河南省濮阳市双灵化工有限公司 …… 338
河南省濮阳市新科化工有限公司 …… 339
河南省濮阳市豫北农药厂 …… 339
河南省柘城县新威农药有限公司 …… 339
河南世诚生物科技有限公司 …… 340
河南翔大化工有限公司 …… 340
河南欣农化工有限公司 …… 340
河南新乡中电除草剂有限公司 …… 341
河南银田精细化工有限公司 …… 341
河南颖泰农化股份有限公司 …… 342
河南豫之星作物保护有限公司 …… 342
河南远东生物工程有限公司 …… 343
河南远见农业科技有限公司 …… 343
河南郑州裕元工贸有限责任公司 …… 346
河南中天恒信生物化学科技有限公司 …… 346
河南中威高科技化工有限公司 …… 346
河南中州种子科技发展有限公司 …… 347
鹤壁市维多利生物科技有限公司 …… 347
淮阳县蓝天化工有限责任公司 …… 347
济源艾格弗作物保护有限公司 …… 347
开封卞京蒂国生物化学有限公司 …… 347
开封博凯生物化工有限公司 …… 348
开封大地农化生物科技有限公司 …… 348
开封市普朗克生物化学有限公司 …… 349
联保作物科技有限公司 …… 350
洛阳市嘉创农业开发有限公司 …… 350
南阳神圣农化科技有限公司 …… 351
平顶山市益农科技有限公司 …… 351
沁阳市新兴化工有限公司 …… 351
撒尔夫（河南）农化有限公司 …… 351
山都丽化工有限公司 …… 352

商丘市大卫化工厂 …… 353
商丘市纽茵兰农药厂 …… 354
上海沪联生物药业（夏邑）股份有限公司 …… 354
上海帅克（河南）化学有限公司 …… 359
上海宜邦生物工程（信阳）有限公司 …… 359
上海易施特农药（郑州）有限公司 …… 360
舞阳永泰化学有限公司 …… 360
新乡市莱恩坪安园林有限公司 …… 361
信阳信化化工有限公司 …… 361
许昌东方化工有限公司 …… 361
许昌鹏杰科技有限公司 …… 361
许昌魏都农药化工有限公司 …… 361
郑州大农药业有限公司 …… 361
郑州福瑞得化工有限公司 …… 362
郑州科银生物制品有限公司 …… 362
郑州兰博尔科技有限公司 …… 362
郑州领先化工有限公司 …… 363
郑州农丰化工有限公司 …… 363
郑州沙隆达植物保护技术有限公司 …… 364
郑州田丰生化工程有限公司 …… 364
郑州万荣农用物资有限公司 …… 365
郑州先利达化工有限公司 …… 365
郑州豫珠恒力生物科技有限责任公司 …… 366
郑州中港万象作物科学有限公司 …… 367
漯河科瑞达生物科技有限公司 …… 367
德强生物股份有限公司 …… 368
东部福阿母韩农（黑龙江）化工有限公司 …… 368
哈尔滨汇丰生物农化有限公司 …… 369
哈尔滨火龙神农业生物化工有限公司 …… 370
哈尔滨理工化工科技有限公司 …… 370
哈尔滨瑞丰农业科技发展有限公司 …… 370
哈尔滨市益农生化制品开发集团有限公司 …… 371
鹤岗市旭祥禾友化工有限公司 …… 371
黑龙江八一农垦大学种衣剂厂 …… 372
黑龙江华诺生物科技有限责任公司 …… 372
黑龙江九洲农药有限公司 …… 372
黑龙江科润生物科技有限公司 …… 372
黑龙江绿丰源生物科技有限公司 …… 372
黑龙江梅亚种业有限公司 …… 373
黑龙江企达农药开发有限公司 …… 373
黑龙江省大地丰农业科技开发有限公司 …… 373
黑龙江省大庆卫健生物科技有限公司 …… 373
黑龙江省大庆志飞生物化工有限公司 …… 373
黑龙江省哈尔滨富利生化科技发展有限公司 …… 374
黑龙江省哈尔滨广洁环境卫生用品研究所 …… 375
黑龙江省哈尔滨利民农化技术有限公司 …… 375
黑龙江省哈尔滨龙志农资化工有限公司 …… 376
黑龙江省哈尔滨市动力区为民消杀制剂厂 …… 377
黑龙江省哈尔滨市联丰农药化工有限公司 …… 377
黑龙江省哈尔滨市绿海应用技术研究所 …… 377
黑龙江省哈尔滨市农丰科技化工有限公司 …… 377
黑龙江省哈尔滨市农欢化工厂 …… 377
黑龙江省哈尔滨正业农药有限公司 …… 377
黑龙江省哈尔滨周元有害生物防制科技有限公司 …… 378
黑龙江省鹤岗市清华紫光英力农化有限公司 …… 378
黑龙江省化工研究院天泽农药有限公司 …… 378
黑龙江省佳木斯市恺乐农药有限公司 …… 378
黑龙江省佳木斯兴宇生物技术开发有限公司 …… 379
黑龙江省绿洲农药厂 …… 379
黑龙江省苗必壮农业科技有限公司 …… 379
黑龙江省牡丹江金达农化有限公司 …… 379
黑龙江省牡丹江农垦朝阳化工有限公司 …… 379
黑龙江省牡丹江市水稻壮秧剂厂 …… 380
黑龙江省嫩江绿芳化工有限公司 …… 380
黑龙江省平山林业制药厂 …… 380
黑龙江省齐齐哈尔市田丰农药化工有限公司 …… 380
黑龙江省齐齐哈尔四友化工有限公司 …… 381
黑龙江省双城市盖敌农药有限责任公司 …… 382
黑龙江省绥化农垦晨环生物制剂有限责任公司 …… 382
黑龙江省绥化市农业高新技术开发试验中心 …… 382
黑龙江省绥化市沣源复合肥料有限公司 …… 382
黑龙江省卫星生物科技有限公司 …… 382
黑龙江省沃达农业科技开发有限公司 …… 382
黑龙江省新兴农药有限责任公司 …… 382
黑龙江绥农农药有限公司 …… 383
黑龙江五常农化技术有限公司 …… 383
黑龙江岱安生物科技有限公司 …… 383
佳木斯黑龙农药化工股份有限公司 …… 383
牡丹江佰佳信生物科技有限公司 …… 384
齐齐哈尔华丰化工有限公司 …… 384
齐齐哈尔盛泽农药有限公司 …… 385
成都彩虹电器（集团）中南有限公司 …… 385
湖北犇星农化有限责任公司 …… 385
湖北贝斯特农化有限责任公司 …… 386
湖北昌威制罐有限公司 …… 387
湖北谷瑞特生物技术有限公司 …… 387
湖北禾泰农化有限公司 …… 387
湖北华意峰生物科技有限公司 …… 387
湖北汇达科技发展有限公司 …… 388
湖北佳禾化工科技有限公司 …… 388
湖北金海潮科技有限公司 …… 388
湖北康欣农用药业有限公司 …… 388
湖北龙圣化工有限公司 …… 389
湖北农本化工有限公司 …… 390
湖北三海股份公司广水市东篁日用化工厂 …… 390
湖北沙隆达股份有限公司 …… 390
湖北沙隆达天门农化有限责任公司 …… 394
湖北省赤壁志诚生物工程有限公司 …… 394
湖北省汉川瑞天利化工有限公司 …… 394
湖北省荆州市荆江化工有限责任公司 …… 394
湖北省荆州市扬长日化有限公司 …… 394
湖北省荆州市鑫隆达农药化工有限公司 …… 394
湖北省天门市生物农药厂 …… 395
湖北省天门斯普林植物保护有限公司 …… 395

湖北省天门易普乐农化有限公司 …… 395
湖北省蚊香厂 …… 396
湖北省武汉爱卫灭鼠消杀药品供应站 …… 396
湖北省武汉汉南同心化工有限公司 …… 396
湖北省武汉环保盾高新科技发展有限公司 …… 397
湖北省武汉洁利日化有限责任公司 …… 397
湖北省武汉天惠生物工程有限公司 …… 397
湖北省武汉武隆农药有限公司 …… 398
湖北省武汉兴泰生物技术有限公司 …… 399
湖北省武汉中鑫化工有限公司 …… 399
湖北省孝感市日用化工厂 …… 400
湖北省阳新县化工厂 …… 400
湖北省阳新县泰鑫化工有限公司 …… 400
湖北省宜昌地区三峡农药厂 …… 400
湖北省宜昌三峡农药厂 …… 400
湖北省云梦县同德农化有限公司 …… 400
湖北省枣阳市先飞高科农药有限公司 …… 401
湖北省枣阳天燕化工有限公司 …… 401
湖北省钟祥市第二化工农药厂 …… 401
湖北泰盛化工有限公司 …… 402
湖北太极生化有限公司 …… 402
湖北天泽农生物工程有限公司 …… 403
湖北旺世化工有限公司 …… 404
湖北武汉宝世卫生药械有限责任公司 …… 404
湖北仙光日化有限公司 …… 404
湖北仙隆化工股份有限公司 …… 404
湖北信风作物保护有限公司 …… 407
湖北移栽灵农业科技股份有限公司 …… 407
湖北蕲农化工有限公司 …… 407
利洁时家化（中国）有限公司 …… 409
武汉楚强生物科技有限公司 …… 409
武汉富强科技发展有限责任公司 …… 409
武汉科诺生物科技股份有限公司 …… 409
武汉老马入和化妆品有限公司 …… 411
襄阳楚天源化工有限公司 …… 411
常德双鹤日化有限公司 …… 411
湖南比德生化科技有限公司 …… 411
湖南博翰化学科技有限公司 …… 412
湖南长青润慷宝农化有限公司 …… 412
湖南创力农化有限公司 …… 412
湖南大乘医药化工有限公司 …… 413
湖南大方农化有限公司 …… 413
湖南东永化工有限责任公司 …… 416
湖南国发精细化工科技有限公司 …… 417
湖南海利常德农药化工有限公司 …… 417
湖南海利化工股份有限公司 …… 418
湖南衡阳莱德生物药业有限公司 …… 419
湖南惠民生物科技有限公司 …… 420
湖南绿叶化工有限公司 …… 420
湖南猫头家化有限公司 …… 420
湖南南天实业股份有限公司 …… 421
湖南农大海特农化有限公司 …… 422
湖南农杰生物科技有限公司 …… 424
湖南瑞泽农化有限公司 …… 424
湖南神网生物化工有限公司 …… 424
湖南生华农化有限公司 …… 424
湖南省安乡县天马蚊香厂 …… 424
湖南省常德鹤王蚊香有限公司 …… 424
湖南省常德市鼎城万球日用品有限公司 …… 425
湖南省常宁市银河化工有限公司 …… 425
湖南省长沙美佳家庭用品有限公司 …… 425
湖南省长沙向阳日用化工厂 …… 425
湖南省郴州市金穗农药化工有限责任公司 …… 425
湖南省郴州市新春化工有限公司 …… 425
湖南省郴州天龙农药化工有限公司 …… 425
湖南省洞口县农药厂 …… 425
湖南省海洋生物工程有限公司 …… 426
湖南省华容县远大农资有限公司 …… 426
湖南省金穗农药有限公司 …… 426
湖南省九喜日化有限公司 …… 426
湖南省临湘市化学农药厂 …… 427
湖南省娄底化工总厂 …… 427
湖南省娄底农科所农药实验厂 …… 427
湖南省麻阳苗族自治县农药化工公司 …… 428
湖南省南县云昌蚊香厂 …… 428
湖南省平江县化学农药厂 …… 428
湖南省湘潭市昭山农药厂 …… 428
湖南省益阳海润化工科技有限公司 …… 429
湖南省益阳市千山红蚊香厂 …… 429
湖南省益阳市生物农药厂 …… 429
湖南省益阳市资江蚊香厂 …… 429
湖南省益阳市资阳区金宇灭蚊药片厂 …… 429
湖南省永州广丰农化有限公司 …… 429
湖南省袁隆平农业高科技股份有限公司 …… 429
湖南省株洲邦化化工有限公司 …… 430
湖南省沅江市永丰化工有限公司 …… 430
湖南省醴陵市金牛蚊香厂 …… 430
湖南圣雨药业有限公司 …… 430
湖南穗丰化工有限公司 …… 430
湖南天鸟生化科技有限公司 …… 431
湖南天人农药有限公司 …… 431
湖南万家丰科技有限公司 …… 431
湖南湘沙化工有限公司 …… 432
湖南新斑马实业股份有限公司 …… 432
湖南亚泰生物发展有限公司 …… 432
湖南益阳飞鱼蚊香有限公司 …… 433
湖南岳阳安达化工有限公司 …… 433
湖南泽丰农化有限公司 …… 433
湖南中盛生物科技发展有限公司 …… 433
湖南中迅农科农化有限公司 …… 433
湖南众业科技实业有限公司 …… 434
湖南沅江赤蜂农化有限公司 …… 434
湖南昊华化工有限责任公司 …… 434
新晃龙辰化工有限公司 …… 434

岳阳迪普化工技术有限公司 …… 435
澧县城头山蚊香厂 …… 435
吉林邦农生物农药有限公司 …… 435
吉林金秋农药有限公司 …… 436
吉林美联化学品有限公司 …… 438
吉林省八达农药有限公司 …… 438
吉林省长白山化工有限公司 …… 442
吉林省长春阿尔丹化工有限公司 …… 442
吉林省长春市长双农药有限公司 …… 442
吉林省长春市恒大实业有限责任公司 …… 443
吉林省吉林市吉丰农药有限公司 …… 443
吉林省吉林市绿邦科技发展有限公司 …… 443
吉林省吉林市农科院高新技术研究所 …… 443
吉林省吉林市升泰农药有限责任公司 …… 443
吉林省吉林市世纪农药有限责任公司 …… 444
吉林省吉林市松润农药厂 …… 444
吉林省吉林市田丰农药有限公司 …… 444
吉林省吉林市新民农药有限公司 …… 444
吉林省吉林市永青农药厂 …… 445
吉林省瑞野农药有限公司 …… 445
吉林省四平市圣峰化学有限公司 …… 446
吉林省通化绿地农药化学有限公司 …… 446
吉林省通化农药化工股份有限公司 …… 446
吉林省延边春雷生物药业有限公司 …… 447
吉林省延边绿州化工有限责任公司 …… 448
吉林省延边天泰生物工程科贸有限公司 …… 448
吉林省延边西爱斯开化学农药厂 …… 448
吉林市吉九农科农药有限公司 …… 448
吉林市绿盛农药化工有限公司 …… 449
吉林延边天保生物制剂有限公司 …… 451
常熟力菱精细化工有限公司 …… 451
常州康美化工有限公司 …… 451
常州市闾江防蛀用品有限公司 …… 451
发事达（南通）化工有限公司 …… 452
阜宁宁翔化工有限公司 …… 452
海门兆丰化工有限公司 …… 452
姜堰市兴农生物工程有限公司 …… 452
江苏艾津农化有限责任公司 …… 452
江苏爱特福 84 股份有限公司 …… 453
江苏安邦电化有限公司 …… 453
江苏敖广日化集团股份有限公司 …… 455
江苏百灵农化有限公司 …… 455
江苏宝灵化工股份有限公司 …… 457
江苏宝众宝达药业有限公司 …… 459
江苏常隆化工有限公司 …… 459
江苏常隆农化有限公司 …… 462
江苏长青农化股份有限公司 …… 463
江苏长青农化南通有限公司 …… 466
江苏春江农化有限公司 …… 466
江苏东宝农药化工有限公司 …… 466
江苏东进农药化工厂 …… 470
江苏飞翔化工股份有限公司 …… 470
江苏丰登农药有限公司 …… 470
江苏丰山集团有限公司 …… 471
江苏丰源生物工程有限公司 …… 474
江苏富田农化有限公司 …… 475
江苏耕耘化学有限公司 …… 477
江苏好收成韦恩农化股份有限公司 …… 477
江苏禾本生化有限公司 …… 479
江苏禾笑化工有限公司 …… 479
江苏禾业农化有限公司 …… 479
江苏黑鹰化学工业有限公司 …… 480
江苏华农生物化学有限公司 …… 480
江苏华农种衣剂有限责任公司 …… 481
江苏华裕农化有限公司 …… 481
江苏皇马农化有限公司 …… 482
江苏辉丰农化股份有限公司 …… 483
江苏辉胜农药有限公司 …… 488
江苏汇丰科技有限公司 …… 488
江苏嘉隆化工有限公司 …… 488
江苏健谷化工有限公司 …… 491
江苏健神生物农化有限公司 …… 492
江苏剑牌农化股份有限公司 …… 492
江苏建农农药化工有限公司 …… 495
江苏江南农化有限公司 …… 496
江苏洁利三三有限责任公司 …… 498
江苏景宏生物科技有限公司 …… 498
江苏康鹏农化有限公司 …… 499
江苏克胜集团股份有限公司 …… 499
江苏克胜集团克山天华化工有限公司 …… 501
江苏快达农化股份有限公司 …… 502
江苏蓝丰生物化工股份有限公司 …… 504
江苏利达农药有限公司 …… 508
江苏联合农用化学有限公司 …… 508
江苏联化科技有限公司 …… 509
江苏连云港立本农药化工有限公司 …… 509
江苏粮满仓农化有限公司 …… 511
江苏龙灯化学有限公司 …… 512
江苏隆力奇生物科技股份有限公司 …… 518
江苏绿利来股份有限公司 …… 518
江苏绿叶农化有限公司 …… 521
江苏茂期化工有限公司 …… 522
江苏梦达日用品有限公司 …… 522
江苏南京常丰农化有限公司 …… 522
江苏磐希化工有限公司 …… 523
江苏七洲绿色化工股份有限公司 …… 523
江苏洽益农化有限公司 …… 525
江苏侨基生物化学有限公司 …… 525
江苏仁信作物保护技术有限公司 …… 525
江苏瑞邦农药厂有限公司 …… 526
江苏瑞东农药有限公司 …… 528
江苏瑞禾生物科技有限公司 …… 529
江苏瑞泽农化有限公司 …… 529
江苏润鸿生物化学有限公司 …… 530

江苏润泽农化有限公司 …… 531
江苏三迪化学有限公司 …… 531
江苏三泉农化有限责任公司 …… 532
江苏三山农药有限公司 …… 533
江苏三笑集团有限公司 …… 533
江苏射阳黄海农药化工有限公司 …… 534
江苏生久农化有限公司 …… 534
江苏省常熟市农药厂有限公司 …… 535
江苏省常熟市义农农化有限公司 …… 535
江苏省常州华夏农药有限公司 …… 535
江苏省常州兰陵制药有限公司 …… 536
江苏省常州市宝利德农药有限公司 …… 536
江苏省常州市农林药业有限公司 …… 536
江苏省常州市武进恒隆农药有限公司 …… 536
江苏省常州沃富斯农化有限公司 …… 537
江苏省常州永泰丰化工有限公司 …… 537
江苏省常州中天气雾制品有限公司 …… 537
江苏省常州晔康化学制品有限公司 …… 537
江苏省丹阳市农药化工厂 …… 538
江苏省东台市东南农药化工有限公司 …… 538
江苏省东台市化工三厂 …… 538
江苏省丰县百农思达农用化学品有限公司 …… 538
江苏省高邮市丰田农药有限公司 …… 538
江苏省海门市江乐农药化工有限责任公司 …… 539
江苏省淮安市国业日化有限公司 …… 539
江苏省激素研究所股份有限公司 …… 539
江苏省江阴市福达农化有限公司 …… 542
江苏省江阴市农药二厂有限公司 …… 542
江苏省金坛市兴达化工厂 …… 543
江苏省靖江市新茂塑化厂 …… 543
江苏省句容市宏达生物农药科技有限公司 …… 543
江苏省昆山瑞泽农药有限公司 …… 543
江苏省昆山市鼎烽农药有限公司 …… 544
江苏省连云港市东金化工有限公司 …… 544
江苏省连云港死海溴化物有限公司 …… 545
江苏省绿盾植保农药实验有限公司 …… 545
江苏省南京巴黎贝丽丝香水有限公司 …… 545
江苏省南京博臣农化有限公司 …… 546
江苏省南京高正农用化工有限公司 …… 546
江苏省南京红太阳生物化学有限责任公司 …… 546
江苏省南京惠宇农化有限公司 …… 547
江苏省南京金芭蕾化妆品有限公司 …… 547
江苏省南京金陵蚊香实业有限公司 …… 548
江苏省南京莱顿日用化工有限公司 …… 548
江苏省南京荣诚化工有限公司 …… 548
江苏省南京祥宇农药有限公司 …… 548
江苏省南通宝叶化工有限公司 …… 549
江苏省南通飞天化学实业有限公司 …… 550
江苏省南通丰田化工有限公司 …… 550
江苏省南通功成精细化工有限公司 …… 551
江苏省南通宏洋化工有限公司 …… 553
江苏省南通嘉禾化工有限公司 …… 553
江苏省南通江山农药化工股份有限公司 …… 553
江苏省南通金陵农化有限公司 …… 556
江苏省南通利华农化有限公司 …… 558
江苏省南通联农农药制剂研究开发有限公司 …… 558
江苏省南通南沈植保科技开发有限公司 …… 558
江苏省南通派斯第农药化工有限公司 …… 559
江苏省南通神雨绿色药业有限公司 …… 560
江苏省南通施壮化工有限公司 …… 560
江苏省南通泰禾化工有限公司 …… 560
江苏省南通同济化工有限公司 …… 561
江苏省南通丸宏农用化工有限公司 …… 561
江苏省南通正达农化有限公司 …… 561
江苏省农垦生物化学有限公司 …… 562
江苏省农药研究所股份有限公司 …… 563
江苏省农用激素工程技术研究中心有限公司 …… 564
江苏省双菱化工集团有限公司 …… 565
江苏省苏科农化有限责任公司 …… 566
江苏省苏州富美实植物保护剂有限公司 …… 567
江苏省苏州朗力福保健品有限公司 …… 569
江苏省苏州联合伟业科技有限公司 …… 569
江苏省苏州诗妍生物日化有限公司 …… 569
江苏省苏州市宝带农药有限责任公司 …… 569
江苏省苏州市江枫白蚁防治有限公司 …… 569
江苏省苏州市林克制片有限公司 …… 570
江苏省苏州市新兴保健品厂 …… 570
江苏省苏州兴达喷雾制品有限公司 …… 570
江苏省宿迁市新兴日化有限公司 …… 570
江苏省泰兴市东风农药化工厂 …… 570
江苏省太仓市长江化工厂 …… 570
江苏省通州正大农药化工有限公司 …… 570
江苏省无锡联华日用科技有限公司 …… 572
江苏省无锡龙邦化工有限公司 …… 572
江苏省无锡洛社卫生材料厂 …… 572
江苏省无锡市稼宝药业有限公司 …… 572
江苏省无锡市锡南农药有限公司 …… 573
江苏省无锡市锡西日用品有限公司 …… 573
江苏省无锡市玉祁生物有限公司 …… 573
江苏省无锡伊斯顿罐头制品有限公司 …… 573
江苏省吴江森亮化工有限公司 …… 573
江苏省新河农用化工有限公司 …… 574
江苏省新沂市科大农药厂 …… 574
江苏省新沂市中港农用化工有限公司 …… 574
江苏省新沂中凯农用化工有限公司 …… 574
江苏省兴化市宝中宝化妆品有限公司 …… 575
江苏省兴化市青松农药化工有限公司 …… 575
江苏省徐州丰威化工厂 …… 576
江苏省徐州龙威药物化工有限公司 …… 576
江苏省徐州农丰生物化工有限公司 …… 576
江苏省徐州诺恩农化有限公司 …… 577
江苏省徐州诺特化工有限公司 …… 577
江苏省徐州润泽化工有限公司 …… 577
江苏省徐州市临黄农药厂 …… 577

江苏省盐城利民农化有限公司 …… 577
江苏省盐城南方化工有限公司 …… 579
江苏省盐城双宁农化有限公司 …… 580
江苏省扬州崔氏生物实验所有限公司 …… 580
江苏省扬州佳美斯气雾剂制品厂 …… 580
江苏省扬州绿源生物化工有限公司 …… 580
江苏省扬州市苏灵农药化工有限公司 …… 581
江苏省扬州亿佳人日化有限公司 …… 584
江苏省宜兴市谷丰农业化学有限公司 …… 584
江苏省宜兴市亚晶芯棒电器有限公司 …… 584
江苏省宜兴市宜州化学制品有限公司 …… 584
江苏省宜兴兴农化工制品有限公司 …… 584
江苏省张家港市美佳乐气雾剂制造有限公司 …… 586
江苏省镇江豪威杀虫消毒用品有限责任公司 …… 586
江苏省镇江江南化工有限公司 …… 586
江苏省镇江市长江卫生用品有限公司 …… 586
江苏省镇江市丹徒区利民卫生用品厂 …… 586
江苏省镇江先锋化学有限公司 …… 586
江苏省镇江振邦化工有限公司 …… 587
江苏省邳州市金地农化有限公司 …… 587
江苏省泗洪县农药厂 …… 587
江苏省泗阳县鼠药厂 …… 587
江苏省溧阳市新球农药化工有限公司 …… 587
江苏省溧阳中南化工有限公司 …… 588
江苏苏滨生物农化有限公司 …… 588
江苏苏中农药化工厂 …… 589
江苏苏州佳辉化工有限公司 …… 590
江苏泰仓农化有限公司 …… 591
江苏腾龙生物药业有限公司 …… 592
江苏天禾宝农化有限责任公司 …… 593
江苏天容集团股份有限公司 …… 593
江苏通维生化有限公司 …… 595
江苏托球农化有限公司 …… 596
江苏万农化工有限公司 …… 596
江苏威耳化工有限公司 …… 597
江苏维尤纳特精细化工有限公司 …… 597
江苏无锡开立达实业有限公司 …… 597
江苏新港农化有限公司 …… 597
江苏雪豹日化有限公司 …… 597
江苏亚美日用化工有限公司 …… 597
江苏扬农化工股份有限公司 …… 597
江苏扬农化工集团有限公司 …… 599
江苏永安化工有限公司 …… 600
江苏优士化学有限公司 …… 600
江苏裕廊化工有限公司 …… 601
江苏耘农化工有限公司 …… 601
江苏云帆化工有限公司 …… 601
江苏灶星农化有限公司 …… 602
江苏正本农药化工有限公司 …… 602
江苏中丹化工技术有限公司 …… 603
江苏中旗作物保护股份有限公司 …… 603
江苏中意化学有限公司 …… 604
江苏庄臣同大有限公司 …… 604
江阴苏利化学股份有限公司 …… 605
九康生物科技发展有限责任公司 …… 606
昆山隆腾生物制品有限公司 …… 606
利民化工股份有限公司 …… 607
立志美丽（南京）有限公司 …… 609
连云港禾田化工有限公司 …… 609
连云港纽泰科化工有限公司 …… 609
连云港市金囤农化有限公司 …… 609
连云港市特别特生化有限公司 …… 610
连云港中化化学品有限公司 …… 610
迈克斯（如东）化工有限公司 …… 610
墨西哥英吉利工业公司 …… 610
南京保丰农药有限公司 …… 611
南京红太阳股份有限公司 …… 612
南京华洲药业有限公司 …… 616
南京南农农药科技发展有限公司 …… 617
南龙（连云港）化学有限公司 …… 618
南通维立科化工有限公司 …… 618
南通新华农药有限公司 …… 618
如东县华盛化工有限公司 …… 618
如东众意化工有限公司 …… 619
瑞邦农化（江苏）有限公司 …… 619
苏州遍净植保科技有限公司 …… 619
苏州东沙合成化工有限公司 …… 621
苏州海光石油制品有限公司 …… 621
苏州桐柏生物科技有限公司 …… 621
苏州益安生物科技有限公司 …… 621
泰州百力化学股份有限公司 …… 621
陶氏益农农业科技（中国）有限公司 …… 621
无锡禾美农化科技有限公司 …… 621
无锡榧农生物科技有限公司 …… 623
先正达（苏州）作物保护有限公司 …… 623
先正达南通作物保护有限公司 …… 624
新沂市泰松化工有限公司 …… 625
新沂市永诚化工有限公司 …… 625
徐州新鼎业化工材料厂 …… 625
扬州市正鸿卫生用品厂 …… 625
镇江建苏农药化工有限公司 …… 625
镇江市润宇生物科技开发有限公司 …… 627
安福超威日化有限公司 …… 627
福建省金鹿日化股份有限公司江西省瑞昌分公司 …… 627
赣州卫农农药有限公司 …… 627
赣州鑫谷生物化工有限公司 …… 627
贵溪市贵峰日用化工有限公司 …… 628
江西安利达化工有限公司 …… 628
江西巴菲特化工有限公司 …… 628
江西巴姆博生物科技有限公司 …… 629
江西博邦生物药业有限公司 …… 630
江西长荣天然香料有限公司 …… 631
江西诚志日化有限公司 …… 631
江西大农化工有限公司 …… 631

江西大自然化工厂 …… 633
江西德鑫化工有限公司 …… 633
江西盾牌化工有限责任公司 …… 633
江西丰源生物高科有限公司 …… 634
江西抚州新兴化工有限公司 …… 634
江西核工业金品生物科技有限公司 …… 635
江西禾益化工有限公司 …… 635
江西红土地化工有限公司 …… 636
江西华兴化工有限公司 …… 636
江西汇和化工有限公司 …… 636
江西金龙化工有限公司 …… 637
江西劲农化工有限公司 …… 637
江西龙源农药有限公司 …… 639
江西绿川生物科技实业有限公司 …… 639
江西绿田生化有限公司 …… 640
江西明兴农药实业有限公司 …… 640
江西农大锐特化工科技有限公司 …… 640
江西农大植保化工有限公司 …… 640
江西农喜作物科学有限公司 …… 641
江西欧美生物科技有限公司 …… 641
江西日上化工有限公司 …… 641
江西三林香业有限公司 …… 642
江西山峰日化有限公司 …… 642
江西山野化工有限责任公司 …… 644
江西生成卫生用品有限公司 …… 644
江西省安农生化有限公司 …… 644
江西省丰城市金丰化工有限责任公司 …… 644
江西省赣州宇田化工有限公司 …… 645
江西省高安金龙生物科技有限公司 …… 645
江西省冠菊精细化工有限公司 …… 646
江西省海利贵溪化工农药有限公司 …… 646
江西省吉安市东庆精细化工有限公司 …… 647
江西省景德镇市农亚达农用化工有限公司 …… 647
江西省科泰化学工业有限公司 …… 647
江西省南昌绿叶化学制剂有限公司 …… 647
江西省南昌农药厂 …… 647
江西省南昌蚊香厂 …… 647
江西省农福来农化有限公司 …… 647
江西省新龙生物科技有限公司 …… 647
江西省宜春新龙化工有限公司 …… 647
江西省鹰潭市双收农药有限责任公司 …… 647
江西省余干县农业化工厂 …… 648
江西省樟树市夏宝实业有限责任公司 …… 648
江西省樟树市樟菊日用化工厂 …… 648
江西省资溪县农药厂 …… 649
江西盛华生物农药有限责任公司 …… 649
江西施普润农化有限公司 …… 649
江西睡怡日化有限公司 …… 650
江西顺泉生物科技有限公司 …… 650
江西穗丰农药化工有限公司 …… 650
江西天人生态股份有限公司 …… 651
江西田友生化有限公司 …… 652
江西铜业集团（贵溪）新材料有限公司 …… 653
江西万德化工科技有限公司 …… 653
江西万丰农药化工有限公司 …… 653
江西威力特生物科技有限公司 …… 653
江西威牛作物科学有限公司 …… 654
江西文达实业有限公司 …… 657
江西新瑞丰生化有限公司 …… 657
江西新兴农药有限公司 …… 658
江西易顺作物科学有限公司 …… 658
江西益隆化工有限公司 …… 659
江西正邦生物化工股份有限公司 …… 660
江西中科合臣实业有限公司 …… 662
江西中源化工有限公司 …… 663
江西众和化工有限公司 …… 663
江西珀尔农作物工程有限公司 …… 666
江西榄菊日化实业有限公司 …… 666
上海威敌生化（南昌）有限公司 …… 666
易克斯特农药（南昌）有限公司 …… 669
北镇市永丰农药有限责任公司 …… 669
大连贯发药业有限公司 …… 669
大连木春农药厂有限公司 …… 669
丹东天祥农药有限公司 …… 669
海城市博圣化工有限公司 …… 670
葫芦岛市鹏翔农药化工科技有限公司 …… 670
科伯特（大连）生物制品有限公司 …… 670
辽宁凤凰蚕药厂 …… 670
辽宁抚顺丰谷农药有限公司 …… 670
辽宁海佳农化有限公司 …… 670
辽宁科生生物化学制品有限公司 …… 671
辽宁三征化学有限公司 …… 671
辽宁省鞍山东大嘉隆生物控制技术开发有限公司 …… 673
辽宁省鞍山市千山区汤岗子镇温泉卫生杀虫剂厂 …… 673
辽宁省鞍山市泽鑫农药有限公司 …… 673
辽宁省北宁市家宝消杀药剂厂 …… 673
辽宁省大连广达农药有限责任公司 …… 673
辽宁省大连广垠生物农药有限公司 …… 673
辽宁省大连金猫鼠药有限公司 …… 674
辽宁省大连凯飞化工有限公司 …… 674
辽宁省大连凯飞化学股份有限公司 …… 674
辽宁省大连绿峰化学股份有限公司 …… 674
辽宁省大连诺斯曼化工有限公司 …… 675
辽宁省大连瑞泽农药股份有限公司 …… 675
辽宁省大连润邦化工科技有限公司 …… 678
辽宁省大连润泽农化有限公司 …… 678
辽宁省大连实验化工有限公司 …… 678
辽宁省大连松辽化工有限公司 …… 678
辽宁省大连瓦房店市无机化工厂 …… 682
辽宁省大连越达农药化工有限公司 …… 682
辽宁省大石桥星光农药有限公司 …… 683
辽宁省丹东绿洲生物农药有限公司 …… 683
辽宁省丹东市红泽农化有限公司 …… 683
辽宁省丹东市农药总厂 …… 684

辽宁省丹东市益民卫生药厂 …………………… 684
辽宁省海城市八里镇鑫源卫生杀虫剂厂 ………………… 685
辽宁省海城园艺化工有限公司 …………………… 685
辽宁省葫芦岛金信化工有限公司 …………………… 685
辽宁省葫芦岛凌云集团农药化工有限公司 ……………… 685
辽宁省锦州市德泉消杀药品有限责任公司 ……………… 685
辽宁省锦州硕丰农药集团有限公司 …………………… 686
辽宁省锦州天缘农药厂 …………………… 686
辽宁省开原市光明杀虫药剂厂 …………………… 686
辽宁省开原市卫生杀虫药剂厂 …………………… 686
辽宁省辽阳绿丰农药厂 …………………… 686
辽宁省沈阳爱威科技发展股份有限公司 ………………… 686
辽宁省沈阳北方卫生防疫消杀站 …………………… 687
辽宁省沈阳东大迪克化工药业有限公司 ………………… 687
辽宁省沈阳丰收农药有限公司 …………………… 687
辽宁省沈阳好猫药业公司 …………………… 688
辽宁省沈阳红旗林药有限公司 …………………… 688
辽宁省沈阳市东陵区兴达卫生用品厂 ………………… 688
辽宁省沈阳市和田化工有限公司 …………………… 688
辽宁省沈阳市双兴卫生消杀药剂厂 …………………… 690
辽宁省沈阳市于洪区五凌消杀药厂 …………………… 690
辽宁省沈阳市于洪区紫燕卫生药剂厂 ………………… 690
辽宁省沈阳同祥农化有限公司 …………………… 690
辽宁省沈阳喜伦日用化工厂 …………………… 690
辽宁省沈阳兴农化工农药有限公司 …………………… 690
辽宁省沈阳中科生物工程有限公司 …………………… 690
辽宁省瓦房店市蚊香厂 …………………… 690
辽宁省西丰县新兴卫生消杀药剂厂 …………………… 690
辽宁省营口雷克农药有限公司 …………………… 690
辽宁双博农化科技有限公司 …………………… 691
辽宁天一农药化工有限责任公司 …………………… 691
辽宁微科生物工程有限公司 …………………… 691
辽宁正诺生物技术有限公司 …………………… 691
辽宁壮苗生化科技股份有限公司 …………………… 692
沈阳科创化学品有限公司 …………………… 692
沈阳民友农化有限公司 …………………… 696
沈阳盛源化工有限公司 …………………… 696
沈阳世一科技有限公司 …………………… 696
赤峰中农大生化科技有限责任公司 …………………… 697
内蒙古百草原防虫制品有限责任公司 ………………… 697
内蒙古拜克生物有限公司 …………………… 697
内蒙古宏裕科技股份有限公司 …………………… 697
内蒙古华星生物科技有限公司 …………………… 698
内蒙古宁城县天力神卫生制品有限责任公司 …………… 698
内蒙古清源保生物科技有限公司 …………………… 698
内蒙古神威科技开发有限责任公司 …………………… 698
内蒙古帅旗生物科技股份有限公司 …………………… 699
内蒙古新威远生物化工有限公司 …………………… 699
齐鲁制药（内蒙古）有限公司 …………………… 699
宁夏大地丰之源生物药业有限公司 …………………… 699
宁夏大荣化工冶金有限公司 …………………… 699
宁夏格瑞精细化工有限公司 …………………… 699
宁夏垦原生物化工科技有限公司 …………………… 699
宁夏启元药业有限公司 …………………… 700
宁夏瑞泰科技股份有限公司 …………………… 700
宁夏新安科技有限公司 …………………… 700
宁夏亚乐农业科技有限责任公司 …………………… 700
宁夏裕农化工有限责任公司 …………………… 700
宁夏中天技术创新工程有限公司 …………………… 700
青海黎化实业有限责任公司 …………………… 700
青海绿原生物工程有限公司 …………………… 700
青海生物药品厂 …………………… 701
百农思达（山东）农用化学品有限公司 ………………… 701
德州绿霸精细化工有限公司 …………………… 701
德州雪豹化学有限公司 …………………… 702
东营康瑞药业有限公司 …………………… 702
高密建滔化工有限公司 …………………… 703
海利尔药业集团股份有限公司 …………………… 703
济南绿霸农药有限公司 …………………… 708
济南泰禾化工有限公司 …………………… 711
济南天邦化工有限公司 …………………… 711
济南约克农化有限公司 …………………… 714
济南中科绿色生物工程有限公司 …………………… 714
京博农化科技股份有限公司 …………………… 715
莱芜钢铁集团新泰铜业有限公司 …………………… 718
梁山县金鹰化工厂 …………………… 718
聊城市华能精细化工厂 …………………… 718
聊城市景阳岗化工有限公司 …………………… 718
临沂市君健商贸有限公司 …………………… 718
临沂市蓝天环科日化有限公司 …………………… 718
齐鲁晟华制药有限公司 …………………… 718
青岛海纳生物科技有限公司 …………………… 718
青岛户清害虫控制有限公司 …………………… 720
青岛洁净日用化工厂 …………………… 720
青岛三力本诺化学工业有限公司 …………………… 720
青岛双收农药化工有限公司 …………………… 720
青岛四象日用化工有限公司 …………………… 721
青岛星牌作物科学有限公司 …………………… 721
青岛正道药业有限公司 …………………… 724
青岛中达农业科技有限公司 …………………… 724
山东奥丰化工科技有限责任公司 …………………… 726
山东奥凯农业发展有限公司 …………………… 726
山东奥坤生物科技有限公司 …………………… 727
山东奥农生物科技有限公司 …………………… 728
山东奥胜生物科技有限公司 …………………… 728
山东奥维特生物科技有限公司 …………………… 728
山东澳得利化工有限公司 …………………… 728
山东白云农药有限公司 …………………… 730
山东百纳生物科技有限公司 …………………… 730
山东百士威农药有限公司 …………………… 731
山东百信生物科技有限公司 …………………… 731
山东碧奥生物科技有限公司 …………………… 731
山东滨农科技有限公司 …………………… 733
山东曹达化工有限公司 …………………… 737

山东昌裕集团宝乐来日用化工有限公司 …… 741
山东大成农化有限公司 …… 741
山东大农药业有限公司 …… 742
山东德浩化学有限公司 …… 743
山东德乐化工有限公司 …… 743
山东德州大成农药有限公司 …… 743
山东得峰生化科技有限公司 …… 744
山东东方农药科技实业公司 …… 744
山东东合生物科技有限公司 …… 744
山东东泰农化有限公司 …… 745
山东东信生物农药有限公司 …… 747
山东东营胜德制罐有限公司 …… 748
山东东营胜利绿野农药化工有限公司 …… 748
山东东远生物科技有限公司 …… 748
山东丰倍尔生物科技有限公司 …… 748
山东丰禾立健生物科技有限公司 …… 748
山东丰泽化工有限公司 …… 749
山东福瑞德化工有限公司 …… 749
山东富安集团农药有限公司 …… 750
山东富先达农药有限公司 …… 750
山东光大化学有限公司 …… 750
山东光扬生物科技有限公司 …… 750
山东贵合生物科技有限公司 …… 751
山东国润生物农药有限责任公司 …… 751
山东哈维斯生化科技有限公司 …… 752
山东海而三利生物化工有限公司 …… 752
山东海利尔化工有限公司 …… 753
山东海利莱化工科技有限公司 …… 753
山东海立信农化有限公司 …… 753
山东海讯生物化学有限公司 …… 753
山东韩农化学有限公司 …… 754
山东汉兴化学工业有限公司 …… 755
山东浩成化工有限公司 …… 755
山东菏泽华宇日用化工有限公司 …… 755
山东菏泽源丰农药有限公司 …… 755
山东禾宜生物科技有限公司 …… 755
山东恒丰化学有限公司 …… 756
山东恒利达生物科技有限公司 …… 757
山东红箭农药有限公司 …… 759
山东华阳和乐农药有限公司 …… 759
山东华阳农药化工集团有限公司 …… 760
山东慧邦生物科技有限公司 …… 763
山东惠民中联生物科技有限公司 …… 764
山东惠民中农作物保护有限责任公司 …… 764
山东济宁弘发化工有限公司 …… 765
山东济宁新星化工有限公司 …… 765
山东嘉诚农药化工有限公司 …… 765
山东金农华药业有限公司 …… 766
山东京蓬生物药业股份有限公司 …… 767
山东九洲农药有限公司 …… 768
山东凯利农生物科技有限公司 …… 768
山东凯诺生物技术有限公司 …… 768
山东康乔生物科技有限公司 …… 768
山东科大创业生物有限公司 …… 769
山东科信生物化学有限公司 …… 771
山东科源化工有限公司 …… 771
山东乐邦化学品有限公司 …… 772
山东利邦农化有限公司 …… 773
山东力邦化工有限公司 …… 774
山东聊城赛德农药有限公司 …… 774
山东临沂化联化工有限公司 …… 774
山东临沂圣骐日化有限公司 …… 775
山东临沂市维尔雅精细化工厂 …… 775
山东隆昱科技有限公司 …… 775
山东鲁抗生物农药有限责任公司 …… 776
山东绿霸化工股份有限公司 …… 777
山东绿德地生物科技有限公司 …… 778
山东绿丰农药有限公司 …… 778
山东罗邦生物农药有限公司 …… 779
山东美罗福农化有限公司 …… 780
山东农丰化工有限公司 …… 781
山东齐发药业有限公司 …… 781
山东侨昌化学有限公司 …… 781
山东荣邦化工有限公司 …… 785
山东瑞星生物有限公司 …… 786
山东润扬化学有限公司 …… 787
山东三农生物科技有限公司 …… 787
山东三元工贸有限公司 …… 788
山东申达作物科技有限公司 …… 788
山东申王生物药业有限公司 …… 789
山东神星药业有限公司 …… 789
山东省昌邑市化工厂 …… 790
山东省长清农药厂有限公司 …… 790
山东省成武县有机化工厂 …… 791
山东省德州天邦农化有限公司 …… 791
山东省德州祥龙生化有限公司 …… 791
山东省东都农药厂 …… 793
山东省东营市洁保化学制品有限责任公司 …… 793
山东省冠县洁宝日用化工厂 …… 793
山东省冠县鲁奥精细化工厂 …… 793
山东省冠县腾龙精细化工厂 …… 793
山东省冠县亿康精细化工厂 …… 793
山东省菏泽北联农药制造有限公司 …… 793
山东省济南海启明化工有限责任公司 …… 794
山东省济南金地农药有限公司 …… 795
山东省济南开发区捷康化学商贸中心 …… 795
山东省济南科海有限公司 …… 795
山东省济南科赛基农化工有限公司 …… 796
山东省济南历下快克消杀药剂厂 …… 798
山东省济南绿邦化工有限公司 …… 798
山东省济南孺子牛实业有限公司 …… 800
山东省济南赛普实业有限公司 …… 800
山东省济南仕邦农化有限公司 …… 802
山东省济南一农化工有限公司 …… 803

山东省济宁高新技术开发区永丰化工厂 …………………… 804
山东省济宁高新区益康精细化工厂 …………………… 804
山东省济宁济兴农化有限责任公司 …………………… 804
山东省济宁圣城化工实验有限责任公司 …………………… 805
山东省济宁市通达化工厂 …………………… 805
山东省济宁市益民化工厂 …………………… 806
山东省济宁市中武消杀药剂厂 …………………… 806
山东省金农生物化工有限责任公司 …………………… 806
山东省巨野县万兴农药厂 …………………… 806
山东省联合农药工业有限公司 …………………… 806
山东省梁山川田化学有限公司 …………………… 809
山东省梁山鲁鹏化工有限公司 …………………… 809
山东省梁山山鹰化工有限公司 …………………… 810
山东省聊城凤凰精细化工有限公司 …………………… 810
山东省聊城金太阳日用化工有限公司 …………………… 810
山东省聊城经济开发区齐龙精细化工厂 …………………… 810
山东省聊城市长城精细化工厂 …………………… 810
山东省聊城市东昌府区国泰精细化工厂 …………………… 810
山东省聊城市东昌府区金洁日化有限公司 …………………… 810
山东省聊城市东昌府区康美精细化工厂 …………………… 810
山东省聊城市东昌府区水城爱家精细化工厂 …………………… 810
山东省聊城市金霸王精细化工厂 …………………… 810
山东省聊城市经济开发区嘉乐宝日化厂 …………………… 810
山东省聊城市康泰精细化工厂 …………………… 810
山东省聊城市鲁西精细化工厂 …………………… 810
山东省聊城市鲁亚精细化工厂 …………………… 810
山东省聊城市齐鲁精细化工厂 …………………… 811
山东省聊城市圣达日化科技有限公司 …………………… 811
山东省聊城市曙光化工有限公司 …………………… 811
山东省聊城市泰鑫化工有限公司 …………………… 811
山东省聊城市新兴卫生药剂厂 …………………… 811
山东省聊城天骄日用化工有限公司 …………………… 811
山东省聊城同大纳米科技有限公司 …………………… 811
山东省临清市第一农用制剂厂 …………………… 811
山东省临清市鲁临油脂精细化工有限公司 …………………… 811
山东省临沂红星日用化学有限公司 …………………… 811
山东省临沂圣健工贸有限公司 …………………… 812
山东省临沂市宝韵化妆品有限公司 …………………… 812
山东省临沂市昌运卫生用品有限公司 …………………… 812
山东省临沂市罗庄区恒谊精细化工厂 …………………… 812
山东省临沂市奇星精细化工厂 …………………… 812
山东省临沂市胜豹日用化工有限公司 …………………… 812
山东省临沂市圣亚精细化工有限公司 …………………… 812
山东省临沂市威克气雾剂有限公司 …………………… 812
山东省临沂市友谊日化有限公司 …………………… 812
山东省临沂市靓宣化妆品厂 …………………… 812
山东省龙口市化工厂 …………………… 812
山东省绿士农药有限公司 …………………… 813
山东省农科院植保所新农药中试厂 …………………… 813
山东省农业科学院高效农药实验厂 …………………… 814
山东省平邑县蒙阳精细化工厂 …………………… 814
山东省栖霞市化工厂 …………………… 814
山东省栖霞市通达化工有限公司 …………………… 814
山东省青岛奥迪斯生物科技有限公司 …………………… 815
山东省青岛东生药业有限公司 …………………… 819
山东省青岛丰邦农化有限公司 …………………… 821
山东省青岛富尔农艺生化有限公司 …………………… 822
山东省青岛格力斯药业有限公司 …………………… 822
山东省青岛海贝尔化工有限公司 …………………… 823
山东省青岛好利特生物农药有限公司 …………………… 823
山东省青岛金尔农化研制开发有限公司 …………………… 825
山东省青岛金汇丰化学有限公司 …………………… 827
山东省青岛金正农药有限公司 …………………… 827
山东省青岛凯源祥化工有限公司 …………………… 828
山东省青岛朗格尔日用品有限公司 …………………… 829
山东省青岛农冠农药有限责任公司 …………………… 829
山东省青岛润生农化有限公司 …………………… 830
山东省青岛泰生生物科技有限公司 …………………… 831
山东省青岛泰源科技发展有限公司 …………………… 833
山东省青岛现代农化有限公司 …………………… 833
山东省青岛瀚生生物科技股份有限公司 …………………… 834
山东省青州市农药厂 …………………… 838
山东省曲阜市尔福农药厂 …………………… 839
山东省曲阜市兴卫消杀药厂 …………………… 840
山东省乳山韩威生物科技有限公司 …………………… 840
山东省寿光市立英日化有限责任公司 …………………… 841
山东省泰安市宝丰农药厂 …………………… 841
山东省泰安市利邦农化有限公司 …………………… 841
山东省泰安市泰山现代农业科技有限公司 …………………… 842
山东省天润化工有限公司 …………………… 842
山东省潍坊草本堂日用制品有限公司 …………………… 842
山东省潍坊鸿汇化工有限公司 …………………… 842
山东省潍坊绿霸化工有限公司 …………………… 843
山东省武城县恒达精细化工有限公司 …………………… 843
山东省夏津县捷豹精细化工厂 …………………… 843
山东省烟台博瑞特生物科技有限公司 …………………… 843
山东省烟台科达化工有限公司 …………………… 844
山东省烟台绿云生物化学有限公司 …………………… 845
山东省烟台市福山区强力日用制品厂 …………………… 845
山东省烟台万丰药业有限公司 …………………… 845
山东省烟台鑫润精细化工有限公司 …………………… 846
山东省亿美家生活用品有限公司 …………………… 847
山东省禹城市农药厂 …………………… 847
山东省招远三联化工厂 …………………… 847
山东省招远三联远东化学有限公司 …………………… 847
山东省招远市金虹精细化工有限公司 …………………… 847
山东省植物保护总站服务部 …………………… 848
山东省淄博丰登农药化工有限公司 …………………… 848
山东省淄博恒生农药有限公司 …………………… 849
山东省淄博科龙生物药业有限公司 …………………… 849
山东省淄博绿晶农药有限公司 …………………… 850
山东省淄博美田农药有限公司 …………………… 851
山东省淄博市周村穗丰农药化工有限公司 …………………… 851
山东省淄博市淄川黉阳农药有限公司 …………………… 852

山东省淄博新农基农药化工有限公司 …… 853
山东省邹平县德兴精细化工有限公司 …… 855
山东省邹平县绿大药业有限公司 …… 855
山东省兖州市天成化工有限公司 …… 856
山东省郓城县芳洁日用化工厂 …… 856
山东省莘县养生堂日化有限公司 …… 856
山东省泗水丰田农药有限公司 …… 856
山东胜邦鲁南农药有限公司 …… 857
山东胜邦绿野化学有限公司 …… 857
山东圣鹏科技股份有限公司 …… 861
山东寿光德力生物农化有限公司 …… 862
山东松冈化学有限公司 …… 862
山东松井农化有限公司 …… 862
山东松田化工有限公司 …… 862
山东泰来化学有限公司 …… 863
山东泰诺药业有限公司 …… 864
山东天邦农化有限公司 …… 864
山东天成生物科技有限公司 …… 865
山东天道生物工程有限公司 …… 865
山东天威农药有限公司 …… 865
山东通用化学品有限公司 …… 866
山东潍坊润丰化工股份有限公司 …… 866
山东潍坊双星农药有限公司 …… 870
山东潍坊万胜生物农药有限公司 …… 873
山东先达农化股份有限公司 …… 873
山东先隆达农药有限公司 …… 875
山东乡村生物科技有限公司 …… 875
山东祥隆化工有限公司 …… 876
山东新禾农药化工有限公司 …… 876
山东新农基生物科技有限公司 …… 877
山东新势立生物科技有限公司 …… 877
山东信邦生物化学有限公司 …… 878
山东兴禾作物科学技术有限公司 …… 879
山东亚星农药有限公司 …… 879
山东燕山三丰生物科技有限公司 …… 880
山东一诺农药有限公司 …… 880
山东一松生化有限公司 …… 880
山东亿尔化学有限公司 …… 880
山东亿嘉农化有限公司 …… 880
山东永旺生物科技有限公司 …… 881
山东玉成生化农药有限公司 …… 881
山东远科生物有限公司 …… 883
山东兆丰年生物科技有限公司 …… 883
山东志诚化工有限公司 …… 887
山东中禾化学有限公司 …… 887
山东中凯生物科技有限公司 …… 888
山东中农民昌化学工业有限公司 …… 888
山东中诺药业有限公司 …… 889
山东中石药业有限公司 …… 889
山东中新科农生物科技有限公司 …… 890
山东中信化学有限公司 …… 891
山东中友化学有限公司 …… 891
山东淄博康力农药有限公司 …… 891
山东邹平农药有限公司 …… 891
山东兖州新天地农药有限公司 …… 893
山东鑫玛生物科技有限公司 …… 894
山东鑫农农药有限公司 …… 894
山东鑫星农药有限公司 …… 894
山东麒麟农化有限公司 …… 895
寿光晨阳农化有限公司 …… 896
威海韩孚生化药业有限公司 …… 896
威海崴威利科技有限公司 …… 900
潍坊华诺生物科技有限公司 …… 900
潍坊区天博家用日化厂 …… 900
潍坊先达化工有限公司 …… 900
潍坊中农联合化工有限公司 …… 901
夏津金三笑卫生杀虫剂有限公司 …… 901
烟台欧贝斯生物化学有限公司 …… 901
烟台沐丹阳药业有限公司 …… 901
霍州市绿洲农药有限公司 …… 901
山西安顺生物科技有限公司 …… 902
山西奥赛诺生物科技有限公司 …… 902
山西北方果康宝农药有限公司 …… 902
山西德威生化有限责任公司 …… 902
山西广大化工有限公司 …… 903
山西稼稷丰农业科技开发有限公司 …… 903
山西康派伟业生物科技有限公司 …… 903
山西科锋农业科技有限公司 …… 903
山西科谷生物农药有限公司 …… 904
山西科力科技有限公司 …… 905
山西科星农药液肥有限公司 …… 905
山西绿海农药科技有限公司 …… 905
山西美源化工有限公司 …… 906
山西农药厂 …… 907
山西普鑫药业有限公司 …… 907
山西奇星农药有限公司 …… 907
山西三立化工有限公司 …… 908
山西三维丰海化工有限公司 …… 909
山西省长治市淼晟化工有限公司 …… 909
山西省临汾海兰实业有限公司 …… 909
山西省临猗县精细化工有限公司 …… 909
山西省临猗县绿源化工有限公司 …… 909
山西省临猗县三晋化工总厂 …… 909
山西省临猗中晋化工有限公司 …… 909
山西省南风化工集团股份有限公司 …… 910
山西省农科院棉花所三联农化实验厂 …… 910
山西省平陆环球植保农药厂 …… 910
山西省太原高新技术产业西芮生物有限公司 …… 910
山西省太原化学工业集团公司磷肥厂 …… 910
山西省阳泉市禾奕农药厂 …… 910
山西省阳泉市双泉化工厂 …… 911
山西省运城精化农药有限公司 …… 911
山西省运城市博获化工总厂 …… 911
山西省芮城华农生物化学有限公司 …… 911

山西省芮城县生物农药厂 …… 911
山西向阳生物科技有限公司 …… 911
山西永合化工有限公司 …… 911
山西运城绿康实业有限公司 …… 912
山西泓洋化工有限公司 …… 914
太原市华罡化工科技有限公司 …… 914
万荣欣苗农药化工有限公司 …… 914
运城绿齐农药有限公司 …… 914
运城市星海化工有限公司 …… 914
陕西安德瑞普生物化学有限公司 …… 915
陕西白鹿农化有限公司 …… 915
陕西标正作物科学有限公司 …… 916
陕西博宇农化有限公司 …… 921
陕西创先生物化学有限公司 …… 921
陕西国丰化工有限公司 …… 922
陕西恒润化学工业有限公司 …… 922
陕西恒田化工有限公司 …… 923
陕西皇牌作物科技有限公司 …… 926
陕西加伦多作物科学有限公司 …… 931
陕西锦兴生物工程有限公司 …… 931
陕西康禾立丰生物科技药业有限公司 …… 931
陕西绿盾生物制品有限责任公司 …… 932
陕西美邦农药有限公司 …… 934
陕西农大德力邦科技股份有限公司 …… 942
陕西秦丰农化有限公司 …… 943
陕西秦乐药业化工有限公司 …… 943
陕西上格之路生物科学有限公司 …… 943
陕西省宝鸡市力华精细化工厂 …… 951
陕西省汉中市瑞丰生物科技有限责任公司 …… 951
陕西省化工总厂 …… 951
陕西省蒲城华迪药业有限责任公司 …… 951
陕西省蒲城美尔果农化有限责任公司 …… 951
陕西省商州市农药厂 …… 953
陕西省渭南经济开发区望康农化有限责任公司 …… 953
陕西省渭南生乐有限责任公司 …… 953
陕西省西安常隆正华作物保护有限公司 …… 953
陕西省西安华阳化工科技有限公司 …… 954
陕西省西安嘉科农化有限公司 …… 954
陕西省西安喷得绿农化有限公司 …… 955
陕西省西安市植丰农药厂 …… 956
陕西省西安文远化学工业有限公司 …… 956
陕西省西安西诺农化有限责任公司 …… 957
陕西省咸阳德丰有限责任公司 …… 958
陕西省杨凌大地化工有限公司 …… 958
陕西省泾阳微生物厂 …… 958
陕西盛德邦生物科技有限公司 …… 958
陕西汤普森生物科技有限公司 …… 958
陕西韦尔奇作物保护有限公司 …… 964
陕西西大华特科技实业有限公司 …… 968
陕西先农生物科技有限公司 …… 969
陕西亿农高科药业有限公司 …… 971
西安北农华农作物保护有限公司 …… 971
西安鼎盛生物化工有限公司 …… 972
西安航天动力试验技术研究所 …… 973
西安近代农药科技有限公司 …… 973
杨凌翔林农业科技化工有限公司 …… 974
强生（中国）有限公司 …… 974
如新（中国）日用保健品有限公司 …… 974
上海百雀羚日用化学有限公司 …… 974
上海彪锋日用化学品有限公司 …… 975
上海东风农药厂有限公司 …… 975
上海东樱日化有限公司 …… 975
上海杜邦农化有限公司 …… 975
上海杜梆技术有限公司 …… 976
上海福音日化厂 …… 976
上海高伦现代农化股份有限公司 …… 976
上海禾本药业有限公司 …… 976
上海赫农农药有限责任公司 …… 977
上海赫腾精细化工有限公司 …… 977
上海沪江生化有限公司 …… 977
上海华谊集团华原化工有限公司彭浦化工厂 …… 978
上海惠光环境科技有限公司 …… 978
上海嘉定鑫明日用化工厂 …… 979
上海嘉亨日用化学品有限公司 …… 979
上海家化联合股份有限公司 …… 980
上海皆丰药械有限公司 …… 980
上海皆乐药械厂 …… 980
上海金鹿化工有限公司 …… 980
上海兰宝日化有限公司 …… 980
上海菱农化工有限公司 …… 980
上海绿伞环保科技发展有限公司 …… 980
上海绿泽生物科技有限责任公司 …… 980
上海美臣化妆品有限公司 …… 982
上海美兴化工股份有限公司 …… 982
上海梦利日化厂 …… 982
上海农乐生物制品股份有限公司 …… 982
上海农药厂有限公司 …… 984
上海诺华动物保健有限公司 …… 985
上海萨莎化妆品有限公司 …… 985
上海三樱扑雷药业有限公司 …… 985
上海申威（集团）有限公司 …… 985
上海生农生化制品有限公司 …… 985
上海升联化工有限公司 …… 987
上海同瑞生物科技有限公司 …… 989
上海万佳日用化工有限公司 …… 989
上海万农达裕生物农药有限公司 …… 989
上海夏威工贸有限公司 …… 990
上海亚泰农资有限公司 …… 990
上海英达精细化工有限公司 …… 990
上海悦家清洁用品有限公司 …… 990
上海悦联化工有限公司 …… 990
上海中科昆虫生物技术开发有限公司 …… 992
上海庄臣有限公司 …… 992
上海萃精杀虫技术有限公司 …… 994

台湾嘉泰企业股份有限公司 …… 994
兴农药业（中国）有限公司 …… 994
允发化工（上海）有限公司 …… 997
安岳县腾达蚊香厂 …… 1000
拜耳（四川）动物保健有限公司 …… 1000
成都邦农化学有限公司 …… 1000
成都观智农业科技有限公司 …… 1000
成都华西农药有限公司 …… 1000
成都科利隆生化有限公司 …… 1001
成都蓝风（集团）股份有限公司 …… 1003
成都丽雅嘉化妆品有限公司 …… 1003
成都绿金生物科技有限责任公司 …… 1003
成都民航六维航化有限责任公司 …… 1003
成都普惠生物工程有限公司 …… 1003
成都士发生物科技有限公司 …… 1003
成都特普科技发展有限公司 …… 1003
成都西部爱地作物科学有限公司 …… 1003
成都新朝阳作物科学有限公司 …… 1005
成都迅强生物科技有限公司 …… 1006
广安诚信化工有限责任公司 …… 1006
广汉二仙蚊香厂 …… 1006
乐山新路化工有限公司 …… 1006
利尔化学股份有限公司 …… 1006
眉山市民威林产制品有限公司 …… 1009
仁寿亿丰农药科技有限公司 …… 1009
四川贝尔化工集团有限公司 …… 1009
四川长寿生物工程有限责任公司 …… 1010
四川迪美特生物科技有限公司 …… 1010
四川广信农化有限公司 …… 1010
四川国光农化股份有限公司 …… 1011
四川红种子高新农业有限责任公司 …… 1014
四川华英化工有限责任公司 …… 1014
四川稼得利科技开发有限公司 …… 1015
四川锦辰生物科技股份有限公司 …… 1015
四川龙蟒福生科技有限责任公司 …… 1015
四川绿润科技开发有限公司 …… 1015
四川绵阳康尔日化有限公司 …… 1015
四川南充邦威药业有限责任公司 …… 1015
四川诺富尔作物科技有限公司 …… 1015
四川赛威生物工程有限公司 …… 1016
四川省成都彩虹电器（集团）股份有限公司 …… 1017
四川省成都凤鸣蚊香制品有限公司 …… 1019
四川省成都海宁化工实业有限公司 …… 1019
四川省成都宏丰日用品发展有限公司 …… 1020
四川省成都年年丰农化有限公司 …… 1020
四川省成都泉源卫生用品有限公司 …… 1021
四川省成都市红牛实业有限责任公司 …… 1021
四川省成都市牛头蚊香有限责任公司 …… 1021
四川省成都市新津生化工程研究所 …… 1021
四川省成都市兴中化妆品有限公司金菊日用化学制品分公司 …… 1021
四川省成都市宇豪蚊香厂 …… 1021
四川省成都田丰农业有限公司 …… 1021
四川省成都新亚星实业有限责任公司 …… 1022
四川省成都宇辰农药有限责任公司 …… 1022
四川省川东丰乐化工有限公司 …… 1022
四川省川东农药化工有限公司 …… 1022
四川省达州市澳诗商贸有限责任公司 …… 1025
四川省达州市兴隆化工有限公司 …… 1025
四川省德阳市鸿发化工有限公司 …… 1026
四川省都江堰市大发实业有限责任公司 …… 1026
四川省富贵日化用品有限公司 …… 1026
四川省广汉市小太阳农用化工厂 …… 1026
四川省好利尔生物化工有限公司 …… 1026
四川省禾康生物科技有限公司 …… 1027
四川省化学工业研究设计院 …… 1027
四川省化学工业研究设计院广汉试验厂 …… 1027
四川省江油市农药厂 …… 1028
四川省金蜘蛛日化有限公司 …… 1028
四川省精细化工研究设计院 …… 1028
四川省科鑫化工厂 …… 1028
四川省兰月科技有限公司 …… 1028
四川省乐山市福华通达农药科技有限公司 …… 1029
四川省隆昌农药有限公司 …… 1029
四川省绵阳高新区静康蚊香厂 …… 1029
四川省南充嘉陵生物化工有限公司 …… 1029
四川省南充稼康农化有限公司 …… 1030
四川省仁寿县神牛蚊香厂 …… 1030
四川省遂宁市川宁农药有限责任公司 …… 1030
四川省万源市海豹蚊香有限责任公司 …… 1030
四川省宜宾川安高科农药有限责任公司 …… 1030
四川省自贡市恒达农药厂 …… 1031
四川省自贡市农药厂 …… 1031
四川施特优化工有限公司 …… 1031
四川蜀峰化工有限公司 …… 1031
四川斯壮生物科技有限公司 …… 1031
四川遂宁市川霸蚊香厂 …… 1031
四川新朝阳邦威生物科技有限公司 …… 1031
四川新洁灵生化科技有限公司 …… 1032
四川迅美农化有限公司 …… 1032
四川中迅沃野农化有限公司 …… 1032
泸州东方农化有限公司 …… 1033
龙杏生技制药股份有限公司 …… 1033
台湾日产化工股份有限公司 …… 1033
台湾隽农实业股份有限公司 …… 1033
兴农股份有限公司 …… 1033
天津阿斯化学有限公司 …… 1033
天津百胜化工有限公司 …… 1034
天津东方红化工有限公司 …… 1035
天津京津农药有限公司 …… 1035
天津久日化学工业有限公司 …… 1035
天津科润北方种衣剂有限公司 …… 1036
天津龙灯化工有限公司 …… 1037
天津绿源生物药业有限公司 …… 1037

天津农药股份有限公司…… 1037
天津人农药业有限责任公司…… 1039
天津市阿格罗帕克农药有限公司…… 1040
天津市博克化工有限公司…… 1040
天津市大安农药有限公司…… 1040
天津市东方农药有限公司…… 1040
天津市富达化学农药制造有限公司…… 1041
天津市汉邦植物保护剂有限责任公司…… 1041
天津市恒源伟业生物科技发展有限公司…… 1043
天津市华宇农药有限公司…… 1044
天津市汇源化学品有限公司…… 1046
天津市捷康化学品有限公司…… 1047
天津市津绿宝农药制造有限公司…… 1048
天津市津南区益兴达日用品厂…… 1048
天津市绿保农用化学科技开发有限公司…… 1048
天津市绿亨化工有限公司…… 1048
天津市绿农生物技术有限公司…… 1049
天津市南洋兄弟化学有限公司…… 1050
天津市农药研究所…… 1050
天津市前进农药厂…… 1051
天津市施普乐农药技术发展有限公司…… 1052
天津市塘沽农药厂…… 1057
天津市天环药业有限公司…… 1057
天津市天庆化工有限公司…… 1057
天津市兴光农药厂…… 1058
天津市兴果农药厂…… 1058
天津市中景百英化工有限公司…… 1059
天津市鑫卫化工有限责任公司…… 1059
天津永阔国际贸易有限公司…… 1059
天津郁美净集团有限公司…… 1059
源达日化（天津）有限公司…… 1059
中农住商（天津）农用化学品有限公司…… 1060
乐信药业有限公司…… 1061
香港华仁行…… 1061
五家渠农佳绿和生物科技有限公司…… 1061
新疆锦华农药有限公司…… 1061
新疆绿洲兴源农业科技有限责任公司…… 1061
新疆农科院植保所植保技术开发公司…… 1062
新疆石河子市惠农生物农药科技有限公司…… 1062
新疆塔河勤丰植物科技有限公司…… 1062
新疆伊宁市合美化工厂…… 1062
新疆伊宁市雨露化工厂…… 1062
新疆友合生物科技有限公司…… 1062
昆明百事德生物化学科技有限公司…… 1062
昆明农药有限公司…… 1062
昆明云大科技农化有限公司…… 1064
云南创森实业有限公司…… 1065
云南光明印楝产业开发股份有限公司…… 1065
云南海通生物科技有限公司…… 1065
云南建元生物开发有限公司…… 1065
云南金色太阳农药有限公司…… 1065
云南陆良酶制剂有限责任公司…… 1065
云南南宝生物科技有限责任公司…… 1065
云南省昆明爱德望化工有限责任公司…… 1066
云南省玉溪安安绿色气雾剂有限公司…… 1066
云南省玉溪市红云化工有限公司…… 1066
云南省种衣剂有限责任公司…… 1066
云南师范大学农药研究所…… 1066
云南天丰农药有限公司…… 1066
云南星耀生物制品有限公司…… 1066
云南中科生物产业有限公司…… 1067
云南中植生物科技开发有限责任公司…… 1067
拜耳作物科学（中国）有限公司…… 1067
慈溪市亚细亚卫生杀虫药械厂…… 1068
德清三科防虫剂有限公司…… 1068
东阳市康家日用品有限公司…… 1068
杭州邦化化工有限公司…… 1068
杭州丰收农药有限公司…… 1069
杭州禾新化工有限公司…… 1069
杭州华艺气雾制品有限公司…… 1069
杭州家得好日用品有限公司…… 1069
杭州绿普达生物科技有限公司…… 1070
杭州茂宇电子化学有限公司…… 1070
杭州万得仕日用品有限公司…… 1070
黑猫神日化股份有限公司…… 1070
捷马化工股份有限公司…… 1070
丽水市绿谷生物药业有限公司…… 1071
临海市利民化工有限公司…… 1071
美丰农化有限公司…… 1071
宁波纽康生物技术有限公司…… 1074
宁波新大昌织造有限公司…… 1074
宁波中北生物科技发展股份有限公司…… 1074
上虞颖泰精细化工有限公司…… 1074
台湾光华化学股份有限公司…… 1075
台州市大鹏药业有限公司…… 1075
温州绿佳化工有限公司…… 1076
温州市鹿城东瓯染料中间体厂…… 1076
一帆生物科技集团有限公司…… 1076
永农生物科学有限公司…… 1078
浙江埃森化学有限公司…… 1081
浙江安吉邦化化工有限公司…… 1081
浙江拜克开普化工有限公司…… 1081
浙江博仕达作物科技有限公司…… 1081
浙江大学生物化学有限公司…… 1082
浙江德清邦化化工有限公司…… 1082
浙江迪乐化学品有限公司…… 1082
浙江东风化工有限公司…… 1082
浙江海正化工股份有限公司…… 1083
浙江禾本科技有限公司…… 1084
浙江禾田化工有限公司…… 1086
浙江花园生物高科股份有限公司…… 1086
浙江华京生物科技开发有限公司…… 1086
浙江华兴化学农药有限公司…… 1086
浙江黄岩鼎正化工有限公司…… 1087

浙江惠光生化有限公司…………………………………… 1087
浙江嘉华化工有限公司…………………………………… 1088
浙江嘉化集团股份有限公司……………………………… 1088
浙江金帆达生化股份有限公司…………………………… 1088
浙江劲豹日化有限公司…………………………………… 1089
浙江来益生物技术有限公司……………………………… 1089
浙江兰溪巨化氟化学有限公司…………………………… 1089
浙江乐吉化工股份有限公司……………………………… 1089
浙江李字日化有限责任公司……………………………… 1090
浙江菱化实业股份有限公司……………………………… 1091
浙江龙湾化工有限公司…………………………………… 1091
浙江龙游东方阿纳萨克作物科技有限公司……………… 1092
浙江绿岛科技有限公司…………………………………… 1093
浙江平湖农药厂…………………………………………… 1093
浙江钱江生物化学股份有限公司………………………… 1094
浙江瑞利生物科技有限公司……………………………… 1095
浙江锐特化工科技有限公司……………………………… 1096
浙江三元农业高新技术实验有限公司…………………… 1097
浙江升华拜克生物股份有限公司………………………… 1097
浙江省长兴第一化工有限公司…………………………… 1098
浙江省慈溪市道林化工有限公司………………………… 1100
浙江省东阳市东农化工有限公司………………………… 1100
浙江省东阳市金鑫化学工业有限公司…………………… 1101
浙江省东阳市生物化工厂………………………………… 1101
浙江省东阳市医药卫生用品有限公司…………………… 1101
浙江省富阳市益民农药厂………………………………… 1101
浙江省海宁市祝场卫生用品厂…………………………… 1101
浙江省杭州南郊化学有限公司…………………………… 1102
浙江省杭州庆丰农化有限公司…………………………… 1102
浙江省杭州三箭侠日化用品有限公司…………………… 1103
浙江省杭州市白蚁防治研究所…………………………… 1103
浙江省杭州泰丰化工有限公司…………………………… 1103
浙江省杭州萧山钱潮日化有限公司……………………… 1104
浙江省杭州永新化工日用品有限公司…………………… 1104
浙江省杭州宇龙化工有限公司…………………………… 1104
浙江省杭州运达农药制造有限公司……………………… 1105
浙江省湖州荣盛农药化工有限公司……………………… 1105
浙江省乐斯化学有限公司………………………………… 1105
浙江省临海市建新化工有限公司………………………… 1106
浙江省宁波舜宏化工有限公司…………………………… 1106
浙江省宁波中化化学品有限公司………………………… 1106
浙江省平阳县双马蚊香厂………………………………… 1108
浙江省浦江县老李蚊香厂………………………………… 1108
浙江省上虞市银邦化工有限公司………………………… 1108
浙江省绍兴市澳野实业有限公司………………………… 1108
浙江省绍兴市东湖生化有限公司………………………… 1108
浙江省绍兴市幸运胶囊化学有限公司…………………… 1109
浙江省绍兴天诺农化有限公司…………………………… 1109
浙江省台州市红梦实业有限公司………………………… 1109
浙江省台州市黄岩永宁农药化工有限公司……………… 1109
浙江省桐庐汇丰生物科技有限公司……………………… 1109
浙江省温州市展农化工农药厂…………………………… 1111
浙江省武义通用科技有限公司…………………………… 1111
浙江省新昌县城关古塔化工厂…………………………… 1111
浙江省新昌县恒达化工厂………………………………… 1112
浙江省义乌市稠城夏宝日化厂…………………………… 1112
浙江省义乌市皇嘉生化有限公司………………………… 1112
浙江省义乌市蓝剑蚊香厂………………………………… 1112
浙江省永康市农药厂……………………………………… 1112
浙江省永康市西津卫生医药用品有限公司……………… 1112
浙江省诸暨利国蚊香厂…………………………………… 1112
浙江省诸暨市白蚁防制技术开发服务研究所…………… 1113
浙江省诸暨市恒联实业有限公司………………………… 1113
浙江石原金牛农药有限公司……………………………… 1113
浙江世佳科技有限公司…………………………………… 1113
浙江斯佩斯植保有限公司………………………………… 1114
浙江泰达作物科技有限公司……………………………… 1114
浙江特菱杀虫药业有限公司……………………………… 1115
浙江天丰生物科学有限公司……………………………… 1115
浙江天一农化有限公司…………………………………… 1117
浙江桐乡钱江生物化学有限公司………………………… 1118
浙江威尔达化工有限公司………………………………… 1118
浙江武义钓鱼实业有限公司……………………………… 1120
浙江武义嘉诚实业有限公司……………………………… 1120
浙江新安化工集团股份有限公司………………………… 1120
浙江新农化工股份有限公司……………………………… 1123
浙江信心日用工业有限公司……………………………… 1124
浙江一点红有限公司……………………………………… 1124
浙江永农化工有限公司…………………………………… 1124
浙江正点实业有限公司…………………………………… 1125
浙江中山化工集团股份有限公司………………………… 1125

农药分装登记………………………………………… 1126

索引（一）（按农药登记证号） ………………… 1152
索引（二）（按中文通用名称） ………………… 1373
索引（三）（按登记名称） ……………………… 1406
索引（四）（中英文通用名称对照） …… 1451

奥地利

奥地利金奥特微胶囊技术有限公司　(上海市浦东大道720号国际航运金融大厦13B　200120　021-50367200)

LS20110039　高效氯氟氰菊酯/23%/微囊悬浮剂/高效氯氟氰菊酯 23%/2013.02.25 至 2014.02.25/中等毒

　甘蓝　菜青虫　7.5-15克/公顷　喷雾

澳大利亚

澳大利亚拜迪斯有限公司　(安徽省合肥市高新区红枫路7号A座12楼　230088　0551-5848158)

PD20100047　氯氰·毒死蜱/522.5克/升/乳油/毒死蜱 475克/升、氯氰菊酯 47.5克/升/2010.01.04 至 2015.01.04/中等毒

　柑橘树　潜叶蛾　435.4-550毫克/千克　喷雾

PD20102215　草甘膦异丙胺盐/30%/水剂/草甘膦 30%/2010.12.23 至 2015.12.23/低毒

　柑橘园　杂草　1125-2250克/公顷　定向茎叶喷雾

　注:草甘膦异丙胺盐含量：41%

WP20090374　杀蟑胶饵/2.5%/胶饵/吡虫啉 2.5%/2009.11.30 至 2014.11.30/低毒

　卫生　蜚蠊　/　投放

WL20110007　吡虫啉/20%/悬浮剂/吡虫啉 20%/2013.01.07 至 2014.01.07/低毒

　卫生　白蚁　4-6克/平方米　土壤处理；木材浸泡

澳大利亚环球科技有限公司　(深圳市福田区车公庙阳光高尔夫大厦1101室　0755-83377111)

LS20120019　梨小性迷向素/95%/原药/Z-8-十二碳烯乙酯 85%、Z-8-十二碳烯醇 2%、E-8-十二碳烯乙酯 8%/2014.01.09 至2015.01.09/微毒

LS20120022　梨小性迷向素/240毫克/条/缓释剂/Z-8-十二碳烯乙酯 215毫克/条、Z-8-十二碳烯醇 5毫克/条、E-8-十二碳烯乙酯 20毫克/条/2014.01.09 至 2015.01.09/微毒

　桃树　梨小食心虫　33-43条/亩　距地面1.5-1.8米处挂条

澳大利亚卡灵顿哈文有限公司　(北京市朝阳区高碑店北路甲3号　100025　010-85754681)

WP20070034　杀虫气雾剂/2%/气雾剂/氯菊酯 2%/2013.07.22 至 2018.07.22/低毒

　卫生　蚊　/　喷雾

WP20070035　杀虫气雾剂/4%/气雾剂/氯菊酯 2%、右旋苯醚菊酯 2%/2013.07.22 至 2018.07.22/低毒

　卫生　蚊　/　喷雾

WP20080065　杀虫气雾剂/2%/气雾剂/右旋苯醚菊酯 2%/2013.04.29 至 2018.04.29/低毒

　卫生　蚊　/　喷雾

　注:航空器专用。

澳大利亚纽发姆有限公司　(上海市浦东大道720号国际航运金融大厦17N　200120　021-50367200)

PD221-97　仲丁灵/360克/升/乳油/仲丁灵 360克/升/2012.09.29 至 2017.09.29/低毒

　烟草　抑制腋芽生长　54-72毫克/株　杯淋

PD268-99　碱式硫酸铜/27.12%/悬浮剂/碱式硫酸铜 27.12%/2014.02.10 至 2019.02.10/低毒

　番茄　早疫病　678-813.6克/公顷　喷雾

　柑橘树　溃疡病　400-500倍液　喷雾

　苹果树　轮纹病　400-500倍液　喷雾

　水稻　稻瘟病　256.28-384.43克/公顷　喷雾

　水稻　稻曲病　254.25-339克/公顷　喷雾

PD321-2000　氢氧化铜/77%/可湿性粉剂/氢氧化铜 77%/2010.03.10 至 2015.03.10/低毒

　番茄　早疫病　1575-2310克/公顷　喷雾

　柑橘树　溃疡病　1283-1925毫克/千克　喷雾

　黄瓜　角斑病　1732.5-2310克/公顷　喷雾

　葡萄　霜霉病　1100-1283毫克/千克　喷雾

　注:葡萄有效期至2009年12月31日。

PD20081080　草甘膦/95%/原药/草甘膦 95%/2013.08.18 至 2018.08.18/低毒

PD20084775　稻瘟灵/40%/乳油/稻瘟灵 40%/2013.12.22 至 2018.12.22/低毒

　水稻　稻瘟病　420～600克/公顷　喷雾

PD20085459　2甲4氯/96%/原药/2甲4氯 96%/2013.12.24 至 2018.12.24/低毒

PD20085757　赤霉酸/90%/原药/赤霉酸 90%/2013.12.29 至 2018.12.29/低毒

PD20090735　氢氧化铜/57.6%/水分散粒剂/氢氧化铜 57.6%/2014.01.19 至 2019.01.19/低毒

　柑橘　溃疡病　443-576毫克/千克　喷雾

　黄瓜　角斑病　540-682克/公顷　喷雾

　烟草　野火病　411-576毫克/千克　喷雾

PD20090894　噻嗪酮/25%/可湿性粉剂/噻嗪酮 25%/2014.01.19 至 2019.01.19/低毒

　水稻　稻飞虱　112.5-187.5克/公顷　喷雾

PD20091168　草甘膦异丙胺盐（41%）//水剂/草甘膦 30%/2014.01.22 至 2019.01.22/低毒

　苹果园　杂草　1125-2880克/公顷　定向茎叶喷雾

PD20095389　赤霉酸/20%/可溶粉剂/赤霉酸 20%/2014.04.27 至 2019.04.27/低毒

　水稻　调节生长　60－90克/公顷　喷雾

PD20097193　毒死蜱/480克/升/乳油/毒死蜱 480克/升/2009.10.16 至 2014.10.16/中等毒

　柑橘　介壳虫　320-480毫克/千克　喷雾

苹果树 绵蚜 200-300毫克/千克 喷雾
水稻 稻飞虱 504-600克/公顷 喷雾
水稻 三化螟 432-576克/公顷 喷雾
小麦 蚜虫 108-180克/公顷 喷雾

PD20098480 2甲4氯钠/56%/可溶粉剂/2甲4氯钠 56%/2009.12.24 至 2014.12.24/低毒
水稻移栽田 阔叶杂草及莎草科杂草 420-630克/公顷 茎叶喷雾

PD20100327 氢氧化铜/37.5%/悬浮剂/氢氧化铜 37.5%/2010.01.11 至 2015.01.11/低毒
辣椒 疫病 280-400克/公顷 喷雾

PD20110802 氢氧化铜/57.6%/可分散粒剂/氢氧化铜 57.6%/2011.07.26 至 2016.07.26/低毒
柑橘 溃疡病 443-576毫克/千克 喷雾
黄瓜 角斑病 540-682克/公顷 喷雾
烟草 野火病 411-576毫克/千克 喷雾

PD20120645 2甲4氯/750克/升/水剂/2甲4氯 750克/升/2012.04.18 至 2017.04.18/低毒
水稻移栽田 阔叶杂草、莎草 450-562.5克/公顷(南方稻区)787.5-1012.5克/公顷(北方稻区) 喷雾
注:2甲4氯二甲铵盐含量：918.6克/升。

澳大利亚天然除虫菊公司

WP20130001 除虫菊素/50%/母药/除虫菊素 50%/2013.01.04 至 2018.01.04/低毒

保加利亚

保加利亚艾格利亚有限公司 (北京市西城区复兴门内大街28号凯晨世贸中心中座10层 100031 010-59569550)

PD309-99 代森锌/80%/可湿性粉剂/代森锌 80%/2009.09.28 至 2014.09.28/低毒
番茄 早疫病 2550-3600克/公顷 喷雾

PD369-2001 代森锌/65%/可湿性粉剂/代森锌 65%/2011.09.04 至 2016.09.04/低毒
番茄 早疫病 2550-3600克/公顷 喷雾

PD375-2002 代森锰锌/80%/可湿性粉剂/代森锰锌 80%/2012.03.08 至 2017.03.08/低毒
苹果树 斑点落叶病 1000毫克/千克 喷雾

PD382-2002 王铜·代森锌/52%/可湿性粉剂/代森锌 15%、王铜 37%/2012.11.26 至 2017.11.26/低毒
柑橘树 溃疡病 1733-2600毫克/千克 喷雾

PD20082054 代森锰锌/88%/原药/代森锰锌 88%/2013.11.25 至 2018.11.25/低毒

PD20094826 代森锌/95%/原药/代森锌 95%/2009.04.13 至 2014.04.13/低毒

比利时

比利时农化公司 (广东省深圳彩田路中银大厦B座5—0 518026 0755-82468891)

PD20070009 霜霉威盐酸盐/722克/升/水剂/霜霉威盐酸盐 722克/升/2012.01.18 至 2017.01.18/低毒
黄瓜 霜霉病 649.8-1083克/公顷 喷雾
甜椒 疫病 775.5-1164克/公顷 喷雾

PD20070010 霜霉威盐酸盐原药/97%/原药/霜霉威盐酸盐 97%/2012.01.18 至 2017.01.18/低毒

比利时特胺有限公司 (上海市长宁区遵义路100号虹桥上海城B-3303 200051 021-51097998-809)

PD20101364 福美双/98%/原药/福美双 98%/2010.04.02 至 2015.04.02/低毒

PD20110918 福美双/80%/水分散粒剂/福美双 80%/2011.08.22 至 2016.08.22/低毒
苹果树 炭疽病 667-800毫克/千克 喷雾
香蕉 叶斑病 888—1143毫克/千克 喷雾

比利时杨森制药公司 (陕西省西安市来央湖旅游开发区阳光大道德力邦总部 710021 029-6301555-8010)

PD20050128 抑霉唑/95%/原药/抑霉唑 95%/2010.08.22 至 2015.08.22/低毒

丹麦

丹麦科麦农公司 (上海市徐汇区宜山路889号齐来工业城齐来大厦802室 200233 021-62366680)

PD20080674 精高效氯氟氰菊酯/98%/原药/精高效氯氟氰菊酯 98%/2013.05.27 至 2018.05.27/中等毒

PD20080675 精高效氯氟氰菊酯/1.5%/微囊悬浮剂/精高效氯氟氰菊酯 1.5%/2013.05.27 至 2018.05.27/低毒
甘蓝 菜青虫 5.625-7.875克/公顷 喷雾

德国

巴斯夫欧洲公司 (上海市浦东新区江心沙路300号 200137 021-20391000)

PD10-85 氯氰菊酯/100克/升/乳油/氯氰菊酯 100克/升/2011.01.11 至 2016.01.11/中等毒
柑橘树、果菜、叶菜 害虫 37.5-52.5克/公顷 喷雾
棉花 害虫 45-60克/公顷 喷雾

PD37-87 灭草松/480克/升/水剂/灭草松 480克/升/2012.04.23 至 2017.04.23/低毒
大豆田 阔叶杂草 750-1500克/公顷 喷雾
花生田、马铃薯田 一年生阔叶杂草 1080-1440克/公顷 茎叶喷雾
水稻田 阔叶杂草、莎草 960-1440克/公顷 喷雾

PD39-87 顺式氯氰菊酯/100克/升/乳油/顺式氯氰菊酯 100克/升/2012.05.15 至 2017.05.15/中等毒
甘蓝 菜青虫、小菜蛾 7.5-15克/公顷 喷雾
柑橘树 潜叶蛾 5-10毫克/千克 喷雾
黄瓜 蚜虫 7.5-15克/公顷 喷雾
棉花 红铃虫、棉铃虫 10-20克/公顷 喷雾
豇豆 大豆卷叶螟 15-19.5克/公顷 喷雾

PD79-88	苯丁锡/50%/可湿性粉剂/苯丁锡 50%/2008.09.19 至 2013.09.19/低毒			
	柑橘树	红蜘蛛	150-250毫克/千克	喷雾
PD134-91	二甲戊灵/330克/升/乳油/二甲戊灵 330克/升/2011.02.18 至 2016.02.18/低毒			
	甘蓝田、韭菜田	杂草	495-742.5克/公顷	喷雾或撒毒土
	棉花田	一年生杂草	742.5-990克/公顷	毒土法
	水稻旱育秧田	一年生杂草	743-990克/公顷	播后苗前土壤喷雾
	玉米田	杂草	750-1500克/公顷	喷雾
PD135-91	十三吗啉/750克/升/乳油/十三吗啉 750克/升/2011.01.11 至 2016.01.11/低毒			
	橡胶树	红根病	15-22.5克/株	灌淋
PD172-93	咪唑乙烟酸/50克/升/水剂/咪唑乙烟酸 50克/升/2013.04.09 至 2018.04.09/低毒			
	大豆	一年生杂草	75-100.5克/公顷	土壤喷雾处理
PD178-93	二甲戊灵/330克/升/乳油/二甲戊灵 330克/升/2013.07.24 至 2018.07.24/低毒			
	烟草	抑制腋芽生长	60-80毫克/株	杯淋
PD185-94	氟鼠灵/0.005%/毒饵/氟鼠灵 0.005%/2014.01.15 至 2019.01.15/低毒			
	农田	田鼠	1-1.5千克制剂/公顷	堆施
	室内	家鼠	50克制剂/房间	堆施
PD207-96	氟虫脲/50克/升/可分散液剂/氟虫脲 50克/升/2011.01.02 至 2016.01.02/低毒			
	草地	蝗虫	6-7.5克/公顷	喷雾
	柑橘树	潜叶蛾	25-50毫克/千克	喷雾
	柑橘树	红蜘蛛、锈蜘蛛	50-75毫克/千克	喷雾
	苹果树	红蜘蛛	50-75毫克/千克	喷雾
PD349-2001	环丙嘧磺隆/97.4%/原药/环丙嘧磺隆 97.4%/2011.05.15 至 2016.05.15/低毒			
PD350-2001	环丙嘧磺隆/10%/可湿性粉剂/环丙嘧磺隆 10%/2011.05.15 至 2016.05.15/低毒			
	冬小麦田	阔叶杂草	1)30-45克/公顷2)混用金秋15克/公顷＋施田补743克/公顷	苗后早期茎叶喷雾
	水稻田(直播)、水稻移栽田	稗草、阔叶杂草、莎草	1)15-30克/公顷(南方地区) 2)30-40克/公顷(北方地区)	撒毒砂或喷雾
PD20060015	二氯喹啉酸/96%/原药/二氯喹啉酸 96%/2011.01.09 至 2016.01.09/低毒			
PD20060016	二氯喹啉酸/250克/升/悬浮剂/二氯喹啉酸 250克/升/2011.01.09 至 2016.01.09/低毒			
	水稻田(直播)	稗草	200-375克/公顷	喷雾
PD20070124	醚菌酯/50%/水分散粒剂/醚菌酯 50%/2012.05.18 至 2017.05.18/低毒			
	草莓	白粉病	100～166.7毫克/千克	喷雾
	黄瓜	白粉病	100-150克/公顷	喷雾
	梨树	黑星病	100-166.7毫克/千克	喷雾
	苹果	斑点落叶病	125-166.7毫克/千克	喷雾
	苹果树	黑星病	5000-7000倍液	喷雾
PD20070135	醚菌酯/94%/原药/醚菌酯 94%/2012.05.29 至 2017.05.29/低毒			
PD20070341	烯酰吗啉/96%/原药/烯酰吗啉 96%/2012.10.24 至 2017.10.24/低毒			
PD20070342	烯酰吗啉/50%/可湿性粉剂/烯酰吗啉 50%/2012.10.24 至 2017.10.24/低毒			
	黄瓜	霜霉病	225-300克/公顷	喷雾
	辣椒	疫病	225-300克/公顷	喷雾
	烟草	黑胫病	202.5－300克/公顷	喷雾
PD20070364	氟环唑/92%/原药/氟环唑 92%/2012.10.24 至 2017.10.24/低毒			
PD20070365	氟环唑/125克/升/悬浮剂/氟环唑 125克/升/2012.10.24 至 2017.10.24/低毒			
	水稻	稻曲病、纹枯病	75-93.75克/公顷	喷雾
	小麦	锈病	90-112.5克/公顷	喷雾
PD20070366	灭菌唑/25克/升/悬浮种衣剂/灭菌唑 25克/升/2012.10.24 至 2017.10.24/低毒			
	小麦	散黑穗病、腥黑穗病	2.5-5克/100千克种子	拌种
PD20070367	灭菌唑/95%/原药/灭菌唑 95%/2012.10.24 至 2017.10.24/低毒			
PD20070370	甲咪唑烟酸/240克/升/水剂/甲咪唑烟酸 240克/升/2012.10.24 至 2017.10.24/低毒			
	甘蔗田	莎草及阔叶杂草、一年生禾本科杂草	1)108-144克/公顷 2)72-108克/公顷	1)芽前喷雾 2)苗后定向喷雾
	甘蔗田	阔叶杂草、莎草	1)108-144克/公顷 公 2)72-108克/顷	1)芽前土壤喷雾 2)苗后定向喷雾
	花生田	一年生杂草	72-108克/公顷	喷雾
PD20070371	甲咪唑烟酸/96.4%/原药/甲咪唑烟酸 96.4%/2012.10.24 至 2017.10.24/低毒			
PD20070374	代森联/85%/原药/代森联 85%/2012.10.24 至 2017.10.24/低毒			
PD20070375	代森联/70%/水分散粒剂/代森联 70%/2012.10.24 至 2017.10.24/低毒			
	柑橘	疮痂病	1000～1400毫克/千克	喷雾
	黄瓜	霜霉病	1120-1750克/公顷	喷雾
	梨树	黑星病	1000-1400毫克/千克	喷雾
	苹果	斑点落叶病、轮纹病、炭疽病	1000-2333毫克/千克	喷雾
PD20070435	二甲戊灵/90%/原药/二甲戊灵 90%/2012.11.20 至 2017.11.20/低毒			

PD20070442	咪唑乙烟酸/98%/原药/咪唑乙烟酸 98%/2012.11.20 至 2017.11.20/低毒			
PD20070456	二甲戊灵/450克/升/微囊悬浮剂/二甲戊灵 450克/升/2012.11.20 至 2017.11.20/低毒			
	大豆田、烟草田	阔叶杂草、一年生禾本科杂草	1012.5-1350克/公顷(东北地区) 742.5-1012.5克/公顷(其它地区)	喷雾
	甘蓝田、韭菜田、棉花田	部分阔叶杂草、一年生禾本科杂草	743-945克/公顷	喷雾
	花生田	阔叶杂草、一年生禾本科杂草	742.5-1012.5克/公顷	喷雾
PD20070492	硫磺/99%/原药/硫磺 99%/2012.11.28 至 2017.11.28/低毒			
PD20080071	硫磺/80%/水分散粒剂/硫磺 80%/2013.01.03 至 2018.01.03/低毒			
	柑橘树	疮痂病	300-500倍液	喷雾
	黄瓜	白粉病	2400-2800克/公顷	喷雾
	苹果树	白粉病	500-1000倍液	喷雾
	桃树	褐斑病	800～1600毫克/千克	喷雾
	西瓜	白粉病	2800-3200克/公顷	喷雾
PD20080229	顺式氯氰菊酯/93%/原药/顺式氯氰菊酯 93%/2013.01.11 至 2018.01.11/中等毒			
PD20080433	咪唑烟酸/25%/水剂/咪唑烟酸 25%/2013.03.11 至 2018.03.11/低毒			
	非耕地	多年生杂草、一年生杂草	750-1500克/公顷	喷雾
PD20080434	咪唑烟酸/95%/原药/咪唑烟酸 95%/2013.03.11 至 2018.03.11/低毒			
PD20080463	吡唑醚菌酯/95%/原药/吡唑醚菌酯 95%/2013.03.31 至 2018.03.31/中等毒			
PD20080464	吡唑醚菌酯/250克/升/乳油/吡唑醚菌酯 250克/升/2013.03.31 至 2018.03.31/中等毒			
	白菜	炭疽病	112.5-187.5克/公顷	喷雾
	草坪	褐斑病	125-250毫克/千克	喷雾
	茶树、芒果树	炭疽病	125-250毫克/千克	喷雾
	黄瓜	白粉病、霜霉病	75-150克/公顷	喷雾
	西瓜	炭疽病	56.25～112.5克/公顷	喷雾
	西瓜	调节生长	37.5～93.5克/公顷	喷雾
	香蕉	黑星病、叶斑病	83.3-250毫克/千克	喷雾
	香蕉	调节生长	125～250毫克/千克	喷雾
	香蕉	炭疽病、轴腐病	125-250毫克/千克	浸果
	玉米	大斑病、植物健康作用	112.5-187.5克/公顷	喷雾
PD20080469	2甲4氯/94%/原药/2甲4氯 94%/2008.03.31 至 2013.03.31/低毒			
PD20080470	2甲·灭草松/460克/升/可溶液剂/2甲4氯 60克/升、灭草松 400克/升/2013.03.31 至 2018.03.31/低毒			
	水稻田(直播)、水稻移栽田	阔叶杂草、莎草科杂草	920-1150克/公顷	喷雾
PD20080473	甲氧咪草烟/97%/原药/甲氧咪草烟 97%/2013.03.31 至 2018.03.31/低毒			
PD20080474	甲氧咪草烟/4%/水剂/甲氧咪草烟 4%/2013.03.31 至 2018.03.31/低毒			
	大豆田	一年生杂草	45-50克/公顷	播后苗前土壤喷雾
PD20080476	虫螨腈/94.5%/原药/虫螨腈 94.5%/2013.03.31 至 2018.03.31/低毒			
PD20080477	虫螨腈/10%/悬浮剂/虫螨腈 10%/2013.03.31 至 2018.03.31/低毒			
	甘蓝	甜菜夜蛾、小菜蛾	50-75克/公顷	喷雾
PD20080506	唑醚·代森联/60%/水分散粒剂/吡唑醚菌酯 5%、代森联 55%/2013.04.10 至 2018.04.10/低毒			
	大白菜	炭疽病	360-540毫克/千克	喷雾
	大蒜	叶枯病	540-900克/公顷	喷雾
	番茄、马铃薯	晚疫病、早疫病	360～540克/公顷	喷雾
	柑橘树	疮痂病	300～600毫克/千克	喷雾
	花生	叶斑病	540～900克/公顷	喷雾
	黄瓜	霜霉病	360-540克/公顷	喷雾
	黄瓜	炭疽病、疫病	540～900克/公顷	喷雾
	辣椒	疫病	360～900克/公顷	喷雾
	荔枝	霜疫霉病	300～600毫克/千克	喷雾
	棉花	立枯病	540～1080克/公顷	喷雾
	苹果树	斑点落叶病、轮纹病、炭疽病	300～600毫克/千克	喷雾
	葡萄	白腐病、霜霉病	300～600毫克/千克	喷雾
	桃树	褐斑穿孔病	300～600毫克/千克	喷雾
	甜瓜	霜霉病	900－1080克/公顷	喷雾
	西瓜	蔓枯病、疫病	540～900克/公顷	喷雾
PD20081106	啶酰菌胺/50%/水分散粒剂/啶酰菌胺 50%/2013.08.19 至 2018.08.19/低毒			
	草莓	灰霉病	225～337.5克/公顷	喷雾
	番茄	灰霉病	225～375克/公顷	喷雾
	番茄、马铃薯	早疫病	150～225克/公顷	喷雾
	黄瓜	灰霉病	250-350克/公顷	喷雾
	葡萄	灰霉病	333～1000毫克/千克	喷雾
	油菜	菌核病	225～375克/公顷	喷雾

PD20081107	啶酰菌胺/96%/原药/啶酰菌胺 96%/2013.08.19 至 2018.08.19/低毒			
PD20081197	灭草松/96%/原药/灭草松 96%/2013.09.11 至 2018.09.11/低毒			
PD20093402	烯酰·吡唑酯/18.7%/水分散粒剂/吡唑醚菌酯 6.7%、烯酰吗啉 12%/2009.03.20 至 2014.03.20/低毒			
	黄瓜、甜瓜	霜霉病	210-350克/公顷	喷雾
	辣椒	疫病	280-350克/公顷	喷雾
	马铃薯	晚疫病、早疫病	210-350克/公顷	喷雾
PD20095337	氟环唑/75克/升/乳油/氟环唑 75克/升/2014.04.27 至 2019.04.27/低毒			
	香蕉	叶斑病	100～187.5毫克/千克	喷雾
	香蕉	黑星病	100～150毫克/千克	喷雾
PD20096880	氟虫脲/95%/原药/氟虫脲 95%/2009.09.23 至 2014.09.23/低毒			
PD20098308	苯丁锡/98%/原药/苯丁锡 98%/2009.12.18 至 2014.12.18/低毒			
PD20101017	醚菌·啶酰菌/300克/升/悬浮剂/醚菌酯 100克/升、啶酰菌胺 200克/升/2010.01.20 至 2015.01.20/低毒			
	草莓	白粉病	112.5-225克/公顷	喷雾
	黄瓜、甜瓜	白粉病	202.5-270克/公顷	喷雾
	苹果	白粉病	75-150毫克/千克	喷雾
PD20101190	氰氟虫腙/96%/原药/氰氟虫腙 96%/2010.02.08 至 2015.02.08/低毒			
PD20101191	氰氟虫腙/22%/悬浮剂/氰氟虫腙 22%/2010.02.08 至 2015.02.08/低毒			
	甘蓝	甜菜夜蛾	216-288克/公顷	喷雾
	甘蓝	小菜蛾	252-288克/公顷	喷雾
	水稻	稻纵卷叶螟	108-180克/公顷	喷雾
PD20130400	灭菌唑/28%/悬浮种衣剂/灭菌唑 28%/2013.03.12 至 2018.03.12/低毒			
	玉米	丝黑穗病	28-56克/100千克种子	种子包衣
PD20130533	虫螨腈/240克/升/悬浮剂/虫螨腈 240克/升/2013.03.29 至 2018.03.29/中等毒			
	茶树	茶小绿叶蝉	72-108克/公顷	喷雾
	黄瓜	斜纹夜蛾	108-180克/公顷	喷雾
	苹果	金纹细蛾	40-60毫克/千克	喷雾
	茄子	蓟马、朱砂叶螨	72-108克/公顷	喷雾
	注:虫螨腈含量：21.4%。			
PD20131924	苯嘧磺草胺/97.4%/原药/苯嘧磺草胺 97.4%/2013.09.25 至 2018.09.25/低毒			
PD20131925	苯唑草酮/97%/原药/苯唑草酮 97%/2013.09.25 至 2018.09.25/低毒			
PD20131930	苯嘧磺草胺/70%/水分散粒剂/苯嘧磺草胺 70%/2013.09.25 至 2018.09.25/低毒			
	非耕地	阔叶杂草	52.5-78.75克/公顷	茎叶喷雾
	柑橘园	阔叶杂草	52.5-78.75克/公顷	定向茎叶喷雾
PD20131931	苯唑草酮/30%/悬浮剂/苯唑草酮 30%/2013.09.25 至 2018.09.25/低毒			
	玉米田	一年生杂草	25.2-30.2克/公顷	茎叶喷雾
LS20120280	唑嘧菌胺/98%/原药/唑嘧菌胺 98%/2013.08.06 至 2014.08.06/低毒			
LS20120281	烯酰·唑嘧菌/47%/悬浮剂/烯酰吗啉 20%、唑嘧菌胺 27%/2013.08.06 至 2014.08.06/低毒			
	黄瓜	霜霉病	283.8-425.7克/公顷	喷雾
	马铃薯	晚疫病	315-472.5克/公顷	喷雾
	葡萄	霜霉病	262.5-525克/公顷	喷雾
LS20130042	醚菌·氟环唑/23%/悬浮剂/氟环唑 11.5%、醚菌酯 11.5%/2014.02.06 至 2015.02.06/微毒			
	水稻	纹枯病	112.5-187.5克/公顷	喷雾
LS20130445	唑醚·氟酰胺/42.4%/悬浮剂/吡唑醚菌酯 21.2%、氟唑菌酰胺 21.2%/2013.09.17 至 2014.09.17/中等毒			
	番茄	灰霉病	150-225克/公顷	喷雾
LS20130446	氟唑菌酰胺/98%/原药/氟唑菌酰胺 98%/2013.09.17 至 2014.09.17/低毒			
LS20130447	氟菌·氟环唑/12%/乳油/氟环唑 6%、氟唑菌酰胺 6%/2013.09.17 至 2014.09.17/低毒			
	香蕉	叶斑病	125-250毫克/千克	喷雾
WP29-96	顺式氯氰菊酯/15克/升/悬浮剂/顺式氯氰菊酯 15克/升/2011.07.16 至 2016.07.16/低毒			
	卫生	蜚蠊	20-30毫克/平方米	滞留喷雾
	卫生	蚊、蝇	10-20毫克/平方米	滞留喷雾
WP121-90	顺式氯氰菊酯/5%/可湿性粉剂/顺式氯氰菊酯 5%/2010.03.11 至 2015.03.11/中等毒			
	卫生	蜚蠊、蚊、蝇	10-30毫克/平方米	滞留喷雾
WP20060001	氟蚁腙/95%/原药/氟蚁腙 95%/2011.01.09 至 2016.01.09/低毒			
WP20060002	杀蟑胶饵/2%/胶饵/氟蚁腙 2%/2011.01.09 至 2016.01.09/低毒			
	卫生	德国小蠊	0.25克制剂/平方米	投放
	卫生	美洲大蠊	0.5克制剂/平方米	投放
WP20080030	顺式氯氰菊酯/100克/升/悬浮剂/顺式氯氰菊酯 100克/升/2013.02.26 至 2018.02.26/低毒			
	卫生	蚊、蝇	10-20毫克/平方米	滞留喷雾
	卫生	蜚蠊	20-30毫克/平方米	滞留喷雾
WP20080050	顺式氯氰菊酯/250克/升/母药/顺式氯氰菊酯 250克/升/2013.03.04 至 2018.03.04/低毒			
WP20080053	双硫磷/90%/原药/双硫磷 90%/2013.03.11 至 2018.03.11/低毒			
WP20080054	杀虫颗粒剂/1%/颗粒剂/双硫磷 1%/2013.03.11 至 2018.03.11/低毒			
	卫生	孑孓	干净水0.5-1克制剂/平方米，中度	投入水中

			污染水1-2克制剂/平方米，高度污染水2-5克制剂/平方米	
WP20110135	驱蚊帐/0.67%/驱蚊帐/顺式氯氰菊酯 0.67%/2011.06.07 至 2016.06.07/低毒			
	卫生	蚊	/	悬挂
WP20130065	虫螨腈/240克/升/悬浮剂/虫螨腈 240克/升/2013.04.17 至 2018.04.17/中等毒			
	木材	白蚁	2500毫克/千克	涂抹或浸渍
	土壤	白蚁	6.25-12.5克/平方米	喷洒
	注:虫螨腈质量分数：21.4%			
WL20110089	杀蚁饵剂/0.73%/饵剂/氟蚁腙 0.73%/2013.08.04 至 2014.08.04/低毒			
	卫生	红火蚁	/	投放

拜耳有限责任公司　(北京市朝阳区东三环北路27号拜耳中心　100020　010-65893000)

PD136-91	溴氰菊酯/25克/升/乳油/溴氰菊酯 25克/升/2011.02.01 至 2016.02.01/中等毒			
	稻谷原粮、小麦原粮	仓储害虫	0.5-1毫克/千克	喷雾或拌糠
PD265-99	杀鼠醚/0.75%/追踪粉剂/杀鼠醚 0.75%/2014.01.15 至 2019.01.15/低毒(原药高毒)			
	室内	家鼠	1)5.625克/平方米	1)堆施
			2)0.038克/平方米	2)制成饵剂堆施
	室外	田鼠	1)5.625克/平方米	1)堆施
			2)0.008克/平方米	2)制成饵剂堆施
PD20070274	杀鼠醚/0.038%/饵剂/杀鼠醚 0.038%/2012.09.05 至 2017.09.05/低毒(原药高毒)			
	室内	家鼠	/	投放
PD20070577	杀鼠醚/98%/原药/杀鼠醚 98%/2012.12.03 至 2017.12.03/高毒			
WP6-93	溴氰菊酯/25克/升/悬浮剂/溴氰菊酯 25克/升/2013.05.30 至 2018.05.30/低毒			
	卫生	蜚蠊	15毫克/平方米	滞留喷雾
	卫生	蝇	10毫克/平方米	滞留喷雾
WP31-96	氟氯氰菊酯/50克/升/水乳剂/氟氯氰菊酯 50克/升/2011.10.30 至 2016.10.30/低毒			
	卫生	蚊、蝇、蜚蠊(木)	20-30毫克/平方米	滞留喷洒
	卫生	蚊、蝇、蜚蠊(玻璃)	40-60毫克/平方米	滞留喷洒
	卫生	蚊、蝇、蜚蠊(水泥)	10-20毫克/平方米	滞留喷洒
WP33-96	氟氯氰菊酯/10%/可湿性粉剂/氟氯氰菊酯 10%/2011.10.30 至 2016.10.30/低毒			
	卫生	蚊、蝇、蜚蠊(木)	15-22.5毫克/平方米	滞留喷洒
	卫生	蚊、蝇、蜚蠊(水泥)	45毫克/平方米	滞留喷洒
	卫生	蚊、蝇、蜚蠊(玻璃)	7.5-15毫克/平方米	滞留喷洒
WP47-97	四氟苯菊酯/98.5%/原药/四氟苯菊酯 98.5%/2009.09.06 至 2014.09.06/低毒			
WP120-90	溴氰菊酯/2.5%/可湿性粉剂/溴氰菊酯 2.5%/2010.03.18 至 2015.03.18/低毒			
	卫生	臭虫	15毫克/平方米	滞留喷雾
	卫生	蚊	5毫克/平方米	滞留喷雾
	卫生	蜚蠊	10-15毫克/平方米	滞留喷雾
	卫生	蝇	10毫克/平方米	滞留喷雾
WP20070041	溴氰菊酯/25%/水分散片剂/溴氰菊酯 25%/2012.12.17 至 2017.12.17/低毒			
	卫生	蚊	25毫克/平方米	浸泡蚊帐
WP20080051	杀蝇饵剂/0.5%/饵剂/吡虫啉 0.5%/2013.03.04 至 2018.03.04/低毒			
	卫生	蝇	/	投放
WP20080052	杀蟑胶饵/2.15%/胶饵/吡虫啉 2.15%/2013.03.07 至 2018.03.07/低毒			
	卫生	蜚蠊	/	投放
WP20080088	噁虫威/98%/原药/噁虫威 98%/2013.08.06 至 2018.08.06/中等毒			
WP20080089	噁虫威/80%/可湿性粉剂/噁虫威 80%/2013.08.06 至 2018.08.06/中等毒			
	卫生	蚊、蝇	80-120毫克/平方米	滞留喷洒
	卫生	蜚蠊	160-300毫克/平方米	滞留喷洒
WP20080090	氯菊·烯丙菊/104克/升/水乳剂/氯菊酯 102.6克/升、S-生物烯丙菊酯 1.4克/升/2013.08.19 至 2018.08.19/低毒			
	室内	蚊	1.3毫克/立方米	超低量喷雾
	室内	蝇	2.6毫克/立方米	超低量喷雾
WP20100012	氟虫腈/25克/升/乳油/氟虫腈 25克/升/2010.01.11 至 2015.01.11/低毒			
	建筑物	白蚁	3.0-4.5克/平方米	喷洒或灌穴
WP20120237	杀蚁胶饵/0.03%/胶饵/吡虫啉 0.03%/2012.12.12 至 2017.12.12/低毒			
	卫生	蚂蚁	/	投放
WP20130016	杀蟑胶饵/0.05%/胶饵/氟虫腈 0.05%/2013.01.17 至 2018.01.17/低毒			
	室内	美洲大蠊	0.09-0.18克制剂/平方米	投饵
	室内	德国小蠊	0.03-0.09克制剂/平方米	投饵
WL20100041	溴氰菊酯/2%/水乳剂/溴氰菊酯 2%/2012.02.09 至 2013.02.09/中等毒			
	室外	蝇	0.2毫克/平方米	超低容量喷雾或热雾
	室外	蚊	0.1毫克/平方米	超低容量喷雾或热雾

WL20130022 吡虫·诱虫烯/10.084%/水分散粒剂/吡虫啉 10%、诱虫烯 0.084%/2013.05.13 至 2014.05.13/低毒

室内	蝇	250毫克/平方米	滞留喷洒

德国阿格福莱农林环境生物技术股份有限公司 （北京市朝阳区十八里堡甲3号A座22层25N 100101 010-65821632）

PD20096812 赤·吲乙·芸苔/3.423%/母药/赤霉酸 3.4%、吲哚乙酸 0.014%、芸苔素内酯 0.0085%/2009.09.21 至 2014.09.21/微毒

PD20096813 赤·吲乙·芸苔/0.136%/可湿性粉剂/赤霉酸 0.135%、吲哚乙酸 0.00052%、芸苔素内酯 0.00031%/2009.09.21至 2014.09.21/低毒

茶叶	调节生长、增产	0.0714-0.1428克/公顷	喷雾
黄瓜(保护地)	调节生长	0.1428-0.2856克/公顷	喷雾
苹果树	调节生长、增产	0.1224-0.1836克/公顷	喷雾
水稻	调节生长、增产	0.06-0.12克/公顷	喷雾2次
小麦	调节生长	0.1428-0.2856克/公顷	播前浸种结合拔节期茎叶喷雾

德国拜耳作物科学公司 （北京市朝阳区东三环北路27号拜耳中心 100020 010-65893000）

PD1-85 溴氰菊酯/25克/升/乳油/溴氰菊酯 25克/升/2010.09.20 至 2015.09.20/中等毒

茶树	害虫	3.75-7.5克/公顷	喷雾
大白菜、棉花	主要害虫	7.5-15克/公顷	喷雾
大豆	食心虫	6-9克/公顷	喷雾
柑橘树、苹果树	害虫	5-10毫克/千克	喷雾
谷子	粘虫	7.5-9.375克/公顷	喷雾
花生	棉铃虫	9.375-11.25克/公顷	喷雾
花生	蚜虫	7.5-9.375克/公顷	喷雾
荒地	飞蝗	10.5-12克/公顷	喷雾
梨树	梨小食心虫	5-10毫克/千克	喷雾
荔枝树	蝽蟓	5-8.3毫克/千克	喷雾
森林	松毛虫	1)4-7毫克/千克 2)10-20毫克/千克	1)喷雾 2)弥雾、涂药环
小麦	害虫	3.75-5.63克/公顷	喷雾
烟草	烟青虫	7.5-9克/公顷	喷雾
油菜、玉米	蚜虫	3.75-7.5克/公顷	喷雾
玉米	玉米螟	7.5-10.5克/公顷	拌毒砂、土撒喇叭口

PD42-87 噁草酮/250克/升/乳油/噁草酮 250克/升/2012.03.31 至 2017.03.31/低毒

花生田	杂草	375-555克/公顷	喷雾
水稻田	杂草	375-495克/公顷	喷雾

PD51-87 噁草酮/120克/升/乳油/噁草酮 120克/升/2012.04.22 至 2017.04.22/低毒

水稻田	杂草	360-480克/公顷	瓶洒

PD83-88 嗪草酮/70%/可湿性粉剂/嗪草酮 70%/2008.09.11 至 2013.09.11/低毒

大豆田	一年生阔叶杂草	345-795克/公顷	喷雾

PD173-93 硫双威/75%/可湿性粉剂/硫双威 75%/2008.06.25 至 2013.06.25/中等毒

棉花	棉铃虫	337.5-506.25克/公顷	喷雾

PD186-94 甜菜安·宁/160克/升/乳油/甜菜安 80克/升、甜菜宁 80克/升/2009.03.27 至 2014.03.27/低毒

甜菜田	一年生阔叶杂草	795-975克/公顷	喷雾

PD225-97 霜霉威盐酸盐/722克/升/水剂/霜霉威盐酸盐 722克/升/2012.10.25 至 2017.10.25/低毒

黄瓜	疫病、猝倒病	3.6-5.4克/平方米	苗床浇灌
黄瓜	霜霉病	649.8-1083克/公顷	喷雾
甜椒	疫病	775.5-1164克/公顷	喷雾

PD231-98 硫双威/95%/原药/硫双威 95%/2008.06.26 至 2013.06.26/中等毒

PD238-98 精噁唑禾草灵/69克/升/水乳剂/精噁唑禾草灵 69克/升/2013.06.25 至 2018.06.25/低毒

春小麦田	野燕麦、一年生禾本科杂草	51.75-62.1克/公顷	喷雾
冬小麦田	看麦娘、一年生禾本科杂草	41.4-51.75克/公顷	喷雾

PD248-98 硫双威/375克/升/悬浮剂/硫双威 375克/升/2008.09.23 至 2013.09.23/中等毒

棉花	棉铃虫	337.5-506.25克/公顷	喷雾

PD250-98 氟氯氰菊酯/92%/原药/氟氯氰菊酯 92%/2013.09.23 至 2018.09.23/低毒

PD285-99 噁草酮/94%/原药/噁草酮 94%/2014.06.25 至 2019.06.25/低毒

PD344-2000 三唑酮/96%/原药/三唑酮 96%/2010.10.25 至 2015.10.25/低毒

PD361-2001 精噁唑禾草灵/69克/升/水乳剂/精噁唑禾草灵 69克/升/2011.06.01 至 2016.06.01/低毒

春油菜田	一年生禾本科杂草	51.75-62.1克/公顷	喷雾
大豆田	一年生禾本科杂草	50.7-73.2克/公顷	喷雾
冬油菜田	一年生禾本科杂草	41.4-51.75克/公顷	喷雾
花生田	一年生禾本科杂草	45-61.93克/公顷	喷雾
花椰菜田、棉花田	一年生禾本科杂草	51.8-62.1克/公顷	喷雾

PD364-2001 吡虫啉/97%/原药/吡虫啉 97%/2011.06.27 至 2016.06.27/低毒

PD365-2001 吡虫啉/200克/升/可溶液剂/吡虫啉 200克/升/2011.06.27 至 2016.06.27/低毒

	番茄(保护地)	白粉虱	45-60克/公顷	喷雾
	梨树	梨木虱	40-80毫克/千克	喷雾
	棉花	苗蚜	15-30克/公顷	喷雾
	棉花	蚜虫	150-180克/公顷	滴灌或灌根
	棉花	伏蚜	30-45克/公顷	喷雾
	苹果树	黄蚜	25-40毫克/千克	喷雾
	茄子	白粉虱	45-90克/公顷	喷雾
	十字花科蔬菜	蚜虫	15-30克/公顷	喷雾
	水稻	稻飞虱	20-30克/公顷	喷雾
	烟草	蚜虫	30-45克/公顷	喷雾
PD366-2001	戊唑醇/95%/原药/戊唑醇 95%/2011.06.27 至 2016.06.27/低毒			
PD20040031	溴氰菊酯/98.5%/原药/溴氰菊酯 98.5%/2009.12.17 至 2014.12.17/中等毒			
PD20050011	吡虫啉/70%/水分散粒剂/吡虫啉 70%/2010.04.12 至 2015.04.12/中等毒			
	茶树	小绿叶蝉	21-42克/公顷	喷雾
	棉花	蚜虫	21-31.5克/公顷	喷雾
	十字花科蔬菜	蚜虫	14-20克/公顷	喷雾
	水稻	稻飞虱	21-31.5克/公顷	喷雾
	小麦	蚜虫	21-42克/公顷	喷雾
PD20050014	戊唑醇/60克/升/种子处理悬浮剂/戊唑醇 60克/升/2010.04.12 至 2015.04.12/低毒			
	高粱	丝黑穗病	6-9克/100千克种子	种子包衣
	小麦	散黑穗病	1.8-2.7克/100千克种子	种子包衣
	小麦	纹枯病	3-4克/100千克种子	种子包衣
	玉米	丝黑穗病	6-12克/100千克种子	种子包衣
PD20050056	吡虫啉/600克/升/悬浮种衣剂/吡虫啉 600克/升/2010.05.08 至 2015.05.08/中等毒			
	棉花	蚜虫	350-500克/100千克种子	种子包衣
PD20050146	噻苯隆/98%/原药/噻苯隆 98%/2010.09.19 至 2015.09.19/中等毒			
PD20050149	莎稗磷/90%/原药/莎稗磷 90%/2010.09.19 至 2015.09.19/中等毒			
PD20050150	莎稗磷/300克/升/乳油/莎稗磷 300克/升/2010.09.19 至 2015.09.19/低毒			
	水稻移栽田	莎草、一年生禾本科杂草	1)225-270克/公顷(长江以南) 2)270-315克/公顷(长江以北)	药土法或喷雾法
PD20050192	丙森锌/70%/可湿性粉剂/丙森锌 70%/2010.12.13 至 2015.12.13/低毒			
	大白菜、黄瓜	霜霉病	1575-2250克/公顷	喷雾
	番茄	早疫病	1312.5-1968.75克/公顷	喷雾
	番茄	晚疫病	1575-2250克/公顷	喷雾
	柑橘树	炭疽病	875-1167毫克/千克	喷雾
	马铃薯	早疫病	1575－2100克/公顷	喷雾
	苹果树	斑点落叶病	1000-1167毫克/千克	喷雾
	葡萄	霜霉病	400-600倍液	喷雾
	水稻	胡麻斑病	1050～1575克/公顷	喷雾
	甜椒	疫病	1575-2100克/公顷	喷雾
	西瓜	疫病	1575－2100克/公顷	喷雾
	玉米	大斑病	1050～1575克/公顷	喷雾
PD20050193	丙森锌/80%/母粉/丙森锌 80%/2010.12.13 至 2015.12.13/中等毒			
PD20050200	丙森·缬霉威/66.8%/可湿性粉剂/丙森锌 61.3%、缬霉威 5.5%/2010.12.13 至 2015.12.13/低毒			
	黄瓜	霜霉病	1002-1336克/公顷	喷雾
	葡萄	霜霉病	668-954毫克/千克	喷雾
PD20050202	缬霉威/95%/原药/缬霉威 95%/2010.12.19 至 2015.12.19/低毒			
PD20050216	戊唑醇/430克/升/悬浮剂/戊唑醇 430克/升/2010.12.23 至 2015.12.23/低毒			
	大白菜	黑斑病	125-150克/公顷	喷雾
	黄瓜	白粉病	96.75-116.1克/公顷	喷雾
	梨树	黑星病	108.5-143.3毫克/千克	喷雾
	苹果树	斑点落叶病	61.4-86毫克/千克	喷雾
	苹果树	轮纹病	3000-4000倍液	喷雾
	水稻	稻曲病	64.6-96.75克/公顷	喷雾
PD20060009	乙氧磺隆/95%/原药/乙氧磺隆 95%/2011.01.09 至 2016.01.09/低毒			
PD20060010	乙氧磺隆/15%/水分散粒剂/乙氧磺隆 15%/2011.01.09 至 2016.01.09/低毒			
	水稻抛秧田、水稻移栽田	阔叶杂草、莎草科杂草	6.75-11.25克/公顷(华南地区)11.25-15.75克/公顷(长江流域地区)15.75-31.50克/公顷(东北、华北地区)	毒土或喷雾
	水稻田(直播)	阔叶杂草、莎草科杂草	9-13.5克/公顷(华南地区)13.5-20.25克/公顷(长江流域地区)22.5-33.75克/公顷(华北、东北地区)	毒土或喷雾

PD20060013 嘧霉胺/98%/原药/嘧霉胺 98%/2011.01.09 至 2016.01.09/低毒

PD20060014 嘧霉胺/400克/升/悬浮剂/嘧霉胺 400克/升/2011.01.09 至 2016.01.09/低毒
番茄、黄瓜 灰霉病 375-562.5克/公顷 喷雾
葡萄 灰霉病 1000-1500倍液 喷雾

PD20060024 高效氟氯氰菊酯/95%/原药/高效氟氯氰菊酯 95%/2011.01.09 至 2016.01.09/中等毒

PD20060025 高效氟氯氰菊酯/25克/升/乳油/高效氟氯氰菊酯 25克/升/2011.01.09 至 2016.01.09/低毒
甘蓝 菜青虫 10-15克/公顷 喷雾
棉花 红铃虫、棉铃虫 11.25-18.75克/公顷 喷雾
苹果树 金纹细蛾 12.5-16.7毫克/千克 喷雾
苹果树 桃小食心虫 8.3-12.5毫克/千克 喷雾

PD20060042 酰嘧磺隆/97%/原药/酰嘧磺隆 97%/2011.02.07 至 2016.02.07/低毒

PD20060044 酰嘧·甲碘隆/6.25%/水分散粒剂/酰嘧磺隆 5%、甲基碘磺隆钠盐 1.25%/2011.02.07 至 2016.02.07/低毒
冬小麦田 一年生阔叶杂草 9.38-18.75克/公顷 喷雾

PD20060045 甲基碘磺隆钠盐/91%/原药/甲基碘磺隆钠盐 91%/2011.02.14 至 2016.02.14/低毒

PD20060140 嗪草酮/91%/原药/嗪草酮 91%/2011.07.21 至 2016.07.21/低毒

PD20070051 甲基二磺隆/30克/升/可分散油悬浮剂/甲基二磺隆 30克/升/2012.03.07 至 2017.03.07/低毒
春小麦田、冬小麦田 部分阔叶杂草、牛繁缕、一年生禾本科杂草 9-15.7克/公顷 茎叶喷雾
注:本品须加入喷液量0.2-0.5%的非离子表面活性剂使用。

PD20070056 丙炔噁草酮/96%/原药/丙炔噁草酮 96%/2012.03.07 至 2017.03.07/低毒

PD20070062 甲基二磺隆/93%/原药/甲基二磺隆 93%/2012.03.12 至 2017.03.12/低毒

PD20070158 精噁唑禾草灵/69克/升/水乳剂/精噁唑禾草灵 69克/升/2012.06.14 至 2017.06.14/低毒
大麦田 - 一年生禾本科杂草 冬大麦41.4-51.75克/公顷;春大麦51.75-62.1克/公顷 茎叶喷雾

PD20070161 精噁唑禾草灵/92%/原药/精噁唑禾草灵 92%/2012.06.14 至 2017.06.14/低毒

PD20070231 霜霉威盐酸盐/69%/原药/霜霉威盐酸盐 69%/2012.08.08 至 2017.08.08/低毒

PD20070353 螺螨酯/95.5%/原药/螺螨酯 95.5%/2012.10.24 至 2017.10.24/低毒

PD20070378 螺螨酯/240克/升/悬浮剂/螺螨酯 240克/升/2012.10.24 至 2017.10.24/低毒
柑橘树 红蜘蛛 40-60毫克/千克 喷雾

PD20070400 三唑醇/97%/原药/三唑醇 97%/2012.11.05 至 2017.11.05/低毒

PD20070611 丙炔噁草酮/80%/可湿性粉剂/丙炔噁草酮 80%/2012.12.14 至 2017.12.14/低毒
马铃薯田 一年生杂草 180-216克/公顷 土壤喷雾
水稻移栽田 稗草、陌上菜、鸭舌草、异型莎草 1)72克/公顷(南方地区) 2)72-96克/公顷(北方地区) 瓶甩法

PD20081121 联苯三唑醇/97%/原药/联苯三唑醇 97%/2008.08.19 至 2013.08.19/低毒

PD20081445 二磺·甲碘隆/3.6%/水分散粒剂/甲基二磺隆 3%、甲基碘磺隆钠盐 0.6%/2013.10.31 至 2018.10.31/低毒
冬小麦田 一年生禾本科杂草及阔叶杂草 制剂用量:15-25克/亩;225-375克/公顷 喷雾

PD20081918 戊唑醇/250克/升/水乳剂/戊唑醇 250克/升/2013.11.21 至 2018.11.21/低毒
香蕉树 叶斑病 167-250毫克/千克 喷雾

PD20090011 氟吡菌胺/97%/原药/氟吡菌胺 97%/2014.01.04 至 2019.01.04/微毒

PD20090012 氟菌·霜霉威/687.5克/升/悬浮剂/霜霉威盐酸盐 625克/升、氟吡菌胺 62.5克/升/2014.01.04 至 2019.01.04/低毒
番茄 晚疫病 618.8-773.4克/公顷 喷雾
黄瓜 霜霉病 618.8-773.4克/公顷 喷雾

PD20090444 噻苯·敌草隆/540克/升/悬浮剂/敌草隆 180克/升、噻苯隆 360克/升/2014.01.12 至 2019.01.12/中等毒
棉花 脱叶 72.9-97.2克/公顷 茎叶喷雾

PD20094981 三乙膦酸铝/96%/原药/三乙膦酸铝 96%/2014.04.21 至 2019.04.21/低毒

PD20096847 草铵膦/18%/可溶液剂/草铵膦 18%/2009.09.21 至 2014.09.21/中等毒
茶园、木瓜、香蕉园 杂草 600-900克/公顷 定向茎叶喷雾
蔬菜地 杂草 450-750克/公顷 定向茎叶喷雾

PD20096850 草铵膦/95%/原药/草铵膦 95%/2009.09.21 至 2014.09.21/中等毒

PD20102052 甜菜宁/97%/原药/甜菜宁 97%/2010.11.10 至 2015.11.10/低毒

PD20102136 乙虫腈/94%/原药/乙虫腈 94%/2010.12.02 至 2015.12.02/低毒

PD20102137 乙虫腈/9.7%/悬浮剂/乙虫腈 9.7%/2010.12.02 至 2015.12.02/低毒
水稻 稻飞虱 45-60克/公顷 喷雾
注:乙虫腈浓度为:100克/升。

PD20102160 肟菌·戊唑醇/75%/水分散粒剂/戊唑醇 50%、肟菌酯 25%/2010.12.08 至 2015.12.08/低毒
番茄、马铃薯 早疫病 112.5～168.75克/公顷 喷雾
柑橘树 疮痂病、炭疽病 125～187.5毫克/千克 喷雾
黄瓜 白粉病、炭疽病 112.5～168.75克/公顷 喷雾
辣椒、西瓜 炭疽病 112.5～168.75克/公顷 喷雾
苹果树 斑点落叶病、褐斑病 125～187.5毫克/千克 喷雾
水稻 稻瘟病 168.75-225克/公顷 喷雾

水稻 稻曲病、纹枯病 112.5-168.75克/公顷 喷雾
香蕉 黑星病、叶斑病 166.75-300毫克/千克 喷雾
PD20102161 肟菌酯/96%/原药/肟菌酯 96%/2010.12.08 至 2015.12.08/低毒
PD20110188 螺虫乙酯/96%/原药/螺虫乙酯 96%/2011.03.16 至 2016.03.16/低毒
PD20110281 螺虫乙酯/22.4%/悬浮剂/螺虫乙酯 22.4%/2011.03.16 至 2016.03.16/低毒
番茄 烟粉虱 72-108克/公顷 喷雾
柑橘树 介壳虫 48-60毫克/千克 喷雾
苹果树 绵蚜 60-80毫克/千克 喷雾
PD20121072 二磺·甲碘隆/1.2%/可分散油悬浮剂/甲基二磺隆 1%、甲基碘磺隆钠盐 0.2%/2012.07.17 至 2017.07.17/低毒
冬小麦田 一年生禾本科杂草及部分阔叶杂草 8.1-13.5克/公顷 茎叶喷雾
PD20121664 氟吡菌酰胺/41.7%/悬浮剂/氟吡菌酰胺 41.7%/2012.11.05 至 2017.11.05/低毒
黄瓜 白粉病 37.5～75克/公顷 喷雾
PD20121673 氟吡菌酰胺/96%/原药/氟吡菌酰胺 96%/2012.11.05 至 2017.11.05/低毒
PD20130121 氟苯虫酰胺/95%/原药/氟苯虫酰胺 95%/2013.01.17 至 2018.01.17/低毒
LS20110002 酰嘧·甲碘隆/11%/可分散油悬浮剂/酰嘧磺隆 8.8%、甲基碘磺隆钠盐 2.2%/2012.01.06 至 2013.01.06/低毒
冬小麦田 一年生阔叶杂草 9.38-18.75克/公顷 茎叶喷雾
LS20130338 氟菌·肟菌酯/42.8%/悬浮剂/氟吡菌酰胺 21.4%、肟菌酯 21.4%/2013.06.28 至 2014.06.28/低毒
番茄 叶霉病 150-225克/公顷 喷雾
番茄 早疫病 112.5-187.5克/公顷 喷雾
黄瓜 白粉病 37.5-75克/公顷 喷雾
黄瓜 炭疽病、靶斑病 112.5-187.5克/公顷 喷雾
辣椒 炭疽病 150-225克/公顷 喷雾
西瓜 蔓枯病 112.5-187.5克/公顷 喷雾

德国拜茵公司 (吉林省长春市岳阳街52-10号306室 130021 0431-5648867)
WP20090009 杀虫粉剂/75%/粉剂/硅藻土 75%/2009.01.04 至 2014.01.04/微毒
卫生 蜚蠊、蚂蚁 3-4克制剂/平方米 喷撒

德国默克公司 (上海市南京西路1468号中欣大厦40层 200040 021-32224788)
WP20040007 驱蚊酯/98%/原药/驱蚊酯 98%/2009.11.03 至 2014.11.03/微毒

德国赛拓有限责任公司 (上海市静安区南京西路1601号越洋广场16楼 200040 021-61096666)
WP20120210 羟哌酯/97%/原药/羟哌酯 97%/2012.11.05 至 2017.11.05/低毒
WP20120211 驱蚊液/20%/驱蚊液/羟哌酯 20%/2012.11.05 至 2017.11.05/低毒
卫生 蚊 / 涂抹

德国斯杜宁公司 (广东省广州市番禺区大石大新商务广场509A 511430 020-34544236)
PD20110108 硫磺/80%/水分散粒剂/硫磺 80%/2011.01.26 至 2016.01.26/低毒
柑橘树 疮痂病 1600-2667毫克/千克（300-500倍液） 喷雾

法国

法国戴商高士公司 (北京市西城区宣武门外大街甲1号 100052 010-59337455)
PD20070448 四聚乙醛/5%/颗粒剂/四聚乙醛 5%/2012.11.20 至 2017.11.20/低毒
水稻 福寿螺 360-495克/公顷 撒施
小白菜 蜗牛 360-495克/公顷 撒施
烟草 蜗牛 350-500克/公顷 撒施
PD20096195 溴敌隆/0.005%/饵剂/溴敌隆 0.005%/2009.07.13 至 2014.07.13/低毒(原药高毒)
室内 家鼠 1.6-2.4克制剂/平方米 堆施
田间 田鼠 1500-2500克制剂/公顷 堆施

法国道达尔流体公司 (江苏省昆山市经济开发区龙灯路88号 215300 0512-5709267)
PD20096069 矿物油/97%/乳油/矿物油 97%/2009.06.18 至 2014.06.18/低毒
柑橘树 红蜘蛛、介壳虫、潜叶蛾、蚜虫 100－150倍 喷雾
梨树 红蜘蛛 100－150倍 喷雾
苹果树 红蜘蛛、蚜虫 100－150倍 喷雾

古巴

古巴朗伯姆公司 (北京市朝阳区日坛路6号安琪商务中心536室 100020 010-65861990)
WP20100153 苏云金杆菌(以色列亚种)/600TTU/毫克/悬浮剂/苏云金杆菌(以色列亚种) 600TTU/毫克/2010.12.08 至 2015.12.08/低毒
卫生 蚊(幼虫) 2-5毫升制剂/平方米水面 喷洒
WP20100182 苏云金杆菌(以色列亚种)/100%/原药/苏云金杆菌(以色列亚种) 100%/2010.12.21 至 2015.12.21/低毒

韩国

韩国LG生命科学有限公司 (江苏省南京市童卫路6号南京农业大学生命科学学院 210095 025-84395117)
PD20101262 嘧啶肟草醚/95%/原药/嘧啶肟草醚 95%/2010.03.05 至 2015.03.05/低毒
PD20101271 嘧啶肟草醚/5%/乳油/嘧啶肟草醚 5%/2010.03.05 至 2015.03.05/低毒
水稻田(直播)、水稻移栽田 稗草、阔叶杂草、一年生杂草 30-37.5克/公顷(南方地区)37.5-45克/公顷(北方地区) 茎叶喷雾
PD20110184 氟吡磺隆/97%/原药/氟吡磺隆 97%/2011.02.18 至 2016.02.18/低毒
PD20110185 氟吡磺隆/10%/可湿性粉剂/氟吡磺隆 10%/2011.02.18 至 2016.02.18/低毒

水稻田(直播) 多种一年生杂草 20-30克/公顷 喷雾
水稻移栽田 多种一年生杂草 20-30克/公顷（杂草苗前）；30-40克/公顷（杂草2-4叶期） 毒土法
PD20120493 氟吡磺隆原药/66.5%/原药/ /2012.03.19 至 2017.03.19/低毒

韩国东部韩农株式会社 （北京市海淀区中关村大街19号新中关大厦B座906室 100086 010-82515675）
PD20101576 噁唑酰草胺/96%/原药/噁唑酰草胺 96%/2010.06.01 至 2015.06.01/低毒

韩国国宝药业有限公司 （北京市朝阳区建国路99号中服大厦717室 100029 010-65810330）
WP20110085 杀蟑饵膏/2%/饵膏/氟蚁腙 2%/2011.04.12 至 2016.04.12/低毒
卫生 蜚蠊 / 投放
WP20110088 氟蚁腙/98%/原药/氟蚁腙 98%/2011.04.14 至 2016.04.14/低毒

韩国韩世药品公司 （北京市海淀区广源闸5号广源大厦5036室 100081 010-68703263）
WP20080083 杀蟑饵剂/2%/饵剂/氟蚁腙 2%/2013.07.09 至 2018.07.09/低毒
卫生 蜚蠊 / 投放

韩国汉高家庭护理有限公司 （广东省广州经济技术开发区开发大道348号建设大厦1203-1室 510730 020-86667036）
WP20090274 杀蚁饵剂/0.008%/饵剂/氟虫腈 0.008%/2009.05.27 至 2014.05.27/低毒
空间 蚂蚁 / 投放
WP20090275 杀蟑饵剂/0.05%/饵剂/氟虫腈 0.05%/2009.05.27 至 2014.05.27/低毒
卫生 蜚蠊 / 投饵
WP20090349 杀蟑饵剂/2%/饵剂/氟蚁腙 2%/2009.10.26 至 2014.10.26/低毒
卫生 蜚蠊 / 投放
WL20110030 蚊香/0.04%/蚊香/氯氟醚菊酯 0.04%/2012.03.03 至 2013.03.03/微毒
室内 蚊 / 点燃
WL20110093 电热蚊香液/0.6%/电热蚊香液/氯氟醚菊酯 0.6%/2013.08.04 至 2014.08.04/微毒
室内 蚊 / 电热加温
注:本产品有两种香型:花香型、草本香型。
WL20110135 杀虫气雾剂/0.28%/气雾剂/右旋胺菊酯 0.14%、右旋苯醚氰菊酯 0.14%/2013.12.05 至 2014.12.05/低毒
室内 蚊、蝇、蜚蠊 / 喷雾
注:本产品有两种香型: 花香型、草本香型。
WL20120001 电热蚊香片/10毫克/片/电热蚊香片/炔丙菊酯 5毫克/片、氯氟醚菊酯 5毫克/片/2014.01.05 至 2015.01.05/微毒
室内 蚊 / 电热加温
注:本产品有两种香型: 鲜花香型、清新草本香型。
WL20120013 电热蚊香液/0.47%/电热蚊香液/四氟甲醚菊酯 0.47%/2013.03.07 至 2014.03.07/低毒
室内 蚊 / 电热加温
注:本产品有两种香型: 花香型、草本香型。
WL20120016 电热蚊香片/9.2毫克/片/电热蚊香片/炔丙菊酯 4.6毫克/片、四氟甲醚菊酯 4.6毫克/片/2013.03.07 至 2014.03.07/微毒
室内 蚊 / 电热加温
注:本产品有两种香型: 花香型、草本香型。

韩国清镇制药株式会社 （北京市东城区胜古中路1号蓝宝商务大厦1042号 100029 010-64410592）
PD20092119 溴鼠灵/0.005%/毒饵/溴鼠灵 0.005%/2009.02.23 至 2014.02.23/低毒(原药高毒)
室内 家鼠 10-20克毒饵/15平方米 饱和投饵
室外 家鼠 5-10克毒饵/5平方米 饱和投饵
室外 田鼠 2250-3000克毒饵/公顷 饱和投饵

韩国日明制药株式会社 （北京市东城区胜古中路1号蓝宝大厦C座1042室 100029 010-64411497）
WP20080084 杀蚁饵粒/1%/饵粒/氟蚁腙 1%/2013.07.09 至 2018.07.09/低毒
卫生 蚂蚁 / 投放

韩国瑞韩化学株式会社 （上海市淮海中路222号力宝广场1101室 200001 021-33665858）
PD20081493 硫丹/95%/原药/硫丹 95%/2008.11.05 至 2013.11.05/高毒

韩国生物株式会社 （北京市朝阳区霄云路38号现代汽车大厦22楼B106 100027 010-84585325）
PD20132711 苦参碱/0.5%/可溶液剂/苦参碱 0.5%/2013.12.30 至 2018.12.30/低毒
甘蓝 菜青虫 3.375-4.5克/公顷 喷雾

韩国泰光制药股份有限公司 （北京市丰台区南三环中路70号南习大厦D座2108号 100075 010-87875428）
WP20110115 杀蟑饵剂/1%/饵剂/毒死蜱 1%/2011.05.03 至 2016.05.03/微毒
卫生 蜚蠊 / 投放

吉克特种油株式会社 （天津市河西区围堤道125号天信大厦1711室 300074 022-28138525）
PD20095615 矿物油/99%/乳油/矿物油 99%/2009.05.12 至 2014.05.12/微毒
茶树 茶橙瘿螨 4455-7425克/公顷 喷雾
番茄 烟粉虱 4455-7425克/公顷 喷雾
柑橘树 红蜘蛛 3300-6600毫克/千克 喷雾
柑橘树 介壳虫 4950-9900毫克/千克 喷雾
黄瓜 白粉病 2970-4455克/公顷 喷雾
苹果树 红蜘蛛 4950-9900毫克/千克 喷雾

荷兰

荷兰Denka国际有限公司　(上海市徐汇区长乐路989号世纪商贸广场1601室　200031　021-54035050)

WP20110131　诱虫烯/78%/原药/诱虫烯 78%/2011.06.02 至 2016.06.02/低毒

捷克斯洛伐克

捷克生物制剂股份有限公司　(北京市中关村中关村南大街8号　100081　400-699-2098)

PD20131755　寡雄腐霉菌/500万孢子/克/原药/寡雄腐霉菌 500万孢子/克/2013.09.06 至 2018.09.06/低毒

PD20131756　寡雄腐霉菌/100万孢子/克/可湿性粉剂/寡雄腐霉菌 100万孢子/克/2013.09.06 至 2018.09.06/低毒

番茄	晚疫病	100-300克制剂/公顷	喷雾
水稻	立枯病	2500-3000倍液	苗床喷雾
烟草	黑胫病	150-300克制剂/亩	喷雾

马来西亚

马来西亚护农(马)私人有限公司　(北京市朝阳区农展馆南路12号通广大厦1105室　100125　010-59192012)

PD20060122　草甘膦异丙胺盐(41%)///水剂/草甘膦 30%/2011.06.15 至 2016.06.15/低毒

非耕地	一年生和多年生杂草	1230-2460克/公顷	定向喷雾
橡胶园	一年生和多年生杂草	1845-2460克/公顷	定向喷雾

注:茶园为临时登记，有效期至2007年6月5日。

PD20094463　草甘膦/95%/原药/草甘膦 95%/2009.04.01 至 2014.04.01/低毒

美国

爱利思达生物化学品北美有限公司(上海市西藏中路18号港陆广场1001-1003室　200001　021-52418855-811)

PD20081109　氟唑磺隆/70%/水分散粒剂/氟唑磺隆 70%/2013.08.19 至 2018.08.19/低毒

春小麦田	杂草	20-30克/公顷	喷雾
冬小麦田	杂草	31.5-42克/公顷	喷雾

PD20081110　氟唑磺隆/95%/原药/氟唑磺隆 95%/2013.08.19 至 2018.08.19/低毒

美国阿塞托农化有限公司　(上海市外高桥保税区台中南路2号新贸楼133室　010-62251605)

PD20131190　氯苯胺灵/99%/原药/氯苯胺灵 99%/2013.05.27 至 2018.05.27/低毒

PD20131814　氯苯胺灵/50%/热雾剂/氯苯胺灵 50%/2013.09.17 至 2018.09.17/低毒

贮藏的马铃薯	抑制马铃薯块茎发芽	30-40毫克/千克马铃薯	热雾

LS20130415　氯苯胺灵/99%/熏蒸剂/氯苯胺灵 99%/2013.07.30 至 2014.07.30/低毒

贮藏的马铃薯	抑制出芽	30-40毫克/千克马铃薯	熏蒸

美国拜沃股份有限公司　(北京市大兴区生物医药基地天华街21号　102600　010-60216031)

PD20121225　矿物油/95%/乳油/矿物油 95%/2012.08.20 至 2017.08.20/低毒

柑橘树	介壳虫	4750-9500毫克/千克	喷雾

LS20110131　哈茨木霉菌/300亿CFU/克/母药/哈茨木霉菌 300亿CFU/克/2013.07.12 至 2014.07.12/微毒

LS20110181　哈茨木霉菌/3亿CFU/克/可湿性粉剂/哈茨木霉菌 3亿CFU/克/2013.07.07 至 2014.07.07/微毒

番茄	灰霉病	100-166.7克制剂/亩	喷雾
番茄	立枯病、猝倒病	4-6克制剂/平方米	苗前灌根
观赏百合(温室)	根腐病	60-70克制剂/升水	种球浸泡

美国杜邦公司　(上海市浦东新区浦东北路3055号　200137　021-58672488)

PD124-90　环嗪酮/25%/可溶液剂/环嗪酮 25%/2010.05.10 至 2015.05.10/低毒

森林	灌木、杂草	0.125-0.5克/穴	点射

PD132-91　苄嘧磺隆/10%/可湿性粉剂/苄嘧磺隆 10%/2011.04.01 至 2016.04.01/低毒

水稻	阔叶杂草、莎草	19.95-45克/公顷	喷雾或毒土

PD133-91　灭多威/24%/可溶液剂/灭多威 24%/2011.04.01 至 2016.04.01/中等毒(原药高毒)

棉花	棉铃虫、棉蚜	270-360克/公顷	喷雾
烟草	烟青虫、烟蚜	180-270/公顷	喷雾

PD203-95　苯磺隆/75%/干悬浮剂/苯磺隆 75%/2010.06.28 至 2015.06.28/低毒

小麦	阔叶杂草	10.05-19.5克/公顷	喷雾

PD211-96　苯磺隆/75%/可湿性粉剂/苯磺隆 75%/2011.07.02 至 2016.07.02/低毒

小麦田	阔叶杂草	10.05-19.5克/公顷	喷雾

PD267-99　苄嘧磺隆/30%/可湿性粉剂/苄嘧磺隆 30%/2014.02.20 至 2019.02.20/低毒

水稻	多年生莎草	60-90克/公顷或45-67.5克/公顷(第一次),30-67.5克/公顷(第二次)	毒土法
水稻	阔叶杂草、一年生莎草	1)60-90克/公顷或45-67.5克/公顷(第一次),30-67.5克/公顷(第二次),2)30-60克/公顷	毒土法

PD280-99　灭多威/98%/原药/灭多威 98%/2009.04.20 至 2014.04.20/高毒

PD294-99　氢氧化铜/53.8%/水分散粒剂/氢氧化铜 53.8%/2009.08.20 至 2014.08.20/低毒

柑橘	溃疡病	489.1～597.8毫克/千克	喷雾
黄瓜	角斑病	550.5-672克/公顷	喷雾

PD301-99　苄嘧磺隆/96%/原药/苄嘧磺隆 96%/2009.09.09 至 2014.09.09/低毒

PD302-99　环嗪酮/98%/原药/环嗪酮 98%/2009.09.09 至 2014.09.09/低毒

PD303-99　苯磺隆/95%/原药/苯磺隆 95%/2009.09.09 至 2014.09.09/低毒

PD376-2002　氟硅唑/400克/升/乳油/氟硅唑 400克/升/2012.03.27 至 2017.03.27/低毒

菜豆	白粉病	45-56.25克/公顷	喷雾

	黄瓜	黑星病	45-75克/公顷	喷雾
	梨树	赤星病、黑星病	40-50毫克/千克	喷雾
	葡萄	黑痘病	40-50毫克/千克	喷雾
PD377-2002	氟硅唑/92.5%/原药/氟硅唑 92.5%/2012.03.27 至 2017.03.27/低毒			
PD383-2003	甲磺隆/96%/原药/甲磺隆 96%/2013.03.07 至 2018.03.07/低毒			
PD384-2003	苄嘧·甲磺隆/10%/可湿性粉剂/苄嘧磺隆 8.25%、甲磺隆 1.75%/2013.03.11 至 2018.03.11/低毒			
	水稻移栽田	阔叶杂草、一年生莎草	6-10克/公顷(南方地区)	喷雾或撒毒土
PD387-2003	噻吩磺隆/95%/原药/噻吩磺隆 95%/2013.03.17 至 2018.03.17/低毒			
PD388-2003	噻吩磺隆/75%/水分散粒剂/噻吩磺隆 75%/2013.03.17 至 2018.03.17/低毒			
	大豆田	一年生阔叶杂草、一年生杂草	1)15-20克/公顷(华北地区)2)20-25克/公顷(东北地区) 11.25-15克/公顷+乙草胺600-750克/公顷(华北地区)15-18.75克/公顷+乙草胺11	播前或播后苗前土壤喷雾
	玉米田	一年生阔叶杂草	1)15-20克/公顷(华北地区)20-25克/公顷(东北地区)2)8-15克/公顷(华北地区)15-20克/公顷(东北地区)	1)芽前土壤喷雾处理2)苗后茎叶喷雾
PD20040018	砜嘧磺隆/99%/原药/砜嘧磺隆 99%/2009.11.02 至 2014.11.02/低毒			
PD20040019	砜嘧磺隆/25%/水分散粒剂/砜嘧磺隆 25%/2009.11.02 至 2014.11.02/低毒			
	春玉米田	一年生杂草	18.75-22.5克/公顷或15-18.5克/公顷+莠去津720-900克/公顷+0.2%非离子表面活性剂(东北地区)	定向喷雾
	马铃薯田	一年生杂草	20.625-22.5克/公顷	茎叶喷雾
	夏玉米田	一年生及部分多年生杂草	18.75-22.5克/公顷或11.25-15克/公顷+莠去津600-720克/公顷	定向喷雾
	烟草	一年生杂草	18.75-22.5克/公顷	定向喷雾
PD20060006	噁唑菌酮/98%/原药/噁唑菌酮 98%/2011.01.09 至 2016.01.09/低毒			
PD20060007	噁唑菌酮/78.5%/母药/噁唑菌酮 78.5%/2011.01.09 至 2016.01.09/微毒			
PD20060008	噁酮·霜脲氰/52.5%/水分散粒剂/噁唑菌酮 22.5%、霜脲氰 30%/2011.01.09 至 2016.01.09/低毒			
	番茄、马铃薯	晚疫病	157.5-315克/公顷	喷雾
	番茄、马铃薯	早疫病	236-315克/公顷	喷雾
	黄瓜	霜霉病	183.8-275.6克/公顷	喷雾
	辣椒	疫病	256-341克/公顷	喷雾
PD20060017	茚虫威/94%/原药/茚虫威 94%/2011.01.09 至 2016.01.09/中等毒			
PD20060018	茚虫威/70.3%/母药/茚虫威 70.3%/2011.01.09 至 2016.01.09/中等毒			
PD20060019	茚虫威/150克/升/悬浮剂/茚虫威 150克/升/2011.01.09 至 2016.01.09/低毒			
	棉花	棉铃虫	22.5-40.5克/公顷	喷雾
	十字花科蔬菜	甜菜夜蛾、小菜蛾	22.5-40.5克/公顷	喷雾
	十字花科蔬菜	菜青虫	11.25-22.5克/公顷	喷雾
PD20060022	霜脲氰/96%/原药/霜脲氰 96%/2011.01.09 至 2016.01.09/低毒			
PD20060023	霜脲·锰锌/72%/可湿性粉剂/代森锰锌 64%、霜脲氰 8%/2011.01.09 至 2016.01.09/低毒			
	番茄	晚疫病	1404-1944克/公顷	喷雾
	黄瓜	霜霉病	1440-1800克/公顷	喷雾
	荔枝树	霜疫霉病	1030-1440毫克/千克	喷雾
PD20070093	茚虫威/30%/水分散粒剂/茚虫威 30%/2012.04.18 至 2017.04.18/低毒			
	十字花科蔬菜	菜青虫	11.25-20.25克/公顷	喷雾
	十字花科蔬菜	甜菜夜蛾、小菜蛾	22.5-40.5克/公顷	喷雾
PD20070202	苄嘧·禾草丹/35.75%/可湿性粉剂/苄嘧磺隆 0.75%、禾草丹 35%/2012.08.07 至 2017.08.07/低毒			
	水稻田(直播)、水稻移栽田	稗草、莎草及阔叶杂草	1)1072.5-1605克/公顷(南方地区) 2)1605-2145克/公顷(北方地区)	毒土法
	水稻秧田	稗草、阔叶杂草及一年生莎草、千金子	804-1072.5克/公顷	喷雾或毒土法
PD20070216	苯磺隆/18%/可湿性粉剂/苯磺隆 18%/2012.08.07 至 2017.08.07/低毒			
	冬小麦田	一年生阔叶杂草	11.34-18.9克/公顷	茎叶喷雾
PD20070662	噁酮·氟硅唑/206.7克/升/乳油/噁唑菌酮 100克/升、氟硅唑 106.7克/升/2012.12.17 至 2017.12.17/低毒			
	苹果树	轮纹病	2000-3000倍液	喷雾
	香蕉	叶斑病	138-207毫克/千克	喷雾
	枣树	锈病	82.68～103.35毫克/千克	喷雾
PD20082589	代森锰锌/75%/水分散粒剂/代森锰锌 75%/2008.12.04 至 2013.12.04/低毒			
	苹果	轮纹病	750-1250毫克/千克	喷雾
PD20090445	敌草隆/98.4%/原药/敌草隆 98.4%/2014.01.12 至 2019.01.12/低毒			
PD20090685	噁酮·锰锌/68.75%/水分散粒剂/噁唑菌酮 6.25%、代森锰锌 62.5%/2014.01.19 至 2019.01.19/低毒			
	白菜	黑斑病	464－773.4克/公顷	喷雾

	番茄	早疫病	773.4－966.8克/公顷	喷雾
	柑橘树	疮痂病	458.3-687.5毫克/千克	喷雾
	苹果树	斑点落叶病、轮纹病	1000-1500倍液	喷雾
	葡萄	霜霉病	800-1200倍液	喷雾
	西瓜	炭疽病	464.06－580克/公顷	喷雾
PD20100676	氯虫苯甲酰胺/95.3%/原药/氯虫苯甲酰胺 95.3%/2010.01.15 至 2015.01.15/微毒			
PD20100677	氯虫苯甲酰胺/200克/升/悬浮剂/氯虫苯甲酰胺 200克/升/2010.01.15 至 2015.01.15/微毒			
	甘蔗	小地老虎	20－30克/公顷	喷雾
	甘蔗	蔗螟	45-60克/公顷	喷雾
	水稻	二化螟	15-30克/公顷	喷雾
	水稻	稻纵卷叶螟、三化螟	15～30克/公顷	喷雾
	水稻	大螟	25－30克/公顷	喷雾
	水稻	稻水象甲	20－40克/公顷	喷雾
	玉米	玉米螟	9-15克/公顷	喷雾
	玉米	小地老虎	10-20克/公顷	喷雾
PD20101870	茚虫威/150克/升/乳油/茚虫威 150克/升/2010.08.04 至 2015.08.04/低毒			
	茶树	茶小绿叶蝉	37.5－50克/公顷	喷雾
	甘蓝	小菜蛾	10-18毫升制剂/亩	喷雾
	棉花	棉铃虫	33.75-40.5克/公顷	喷雾
	水稻	稻纵卷叶螟	12-16毫升制剂/亩	喷雾
PD20110053	氢氧化铜/46%/水分散粒剂/氢氧化铜 46%/2011.01.11 至 2016.01.11/低毒			
	番茄	早疫病	172.5-207克/公顷	喷雾
	番茄	溃疡病	207-276克/公顷	喷雾
	柑橘	溃疡病	230.5－307.3毫克/千克	喷雾
	黄瓜	角斑病	277-415克/公顷	喷雾
	姜	姜瘟病	307-460毫克/千克	喷淋灌根
	马铃薯	晚疫病	172.5-207克/公顷	喷雾
	葡萄	霜霉病	230－263毫克/千克	喷雾
PD20110172	氯虫苯甲酰胺/5%/悬浮剂/氯虫苯甲酰胺 5%/2011.02.16 至 2016.02.16/微毒			
	甘蓝	甜菜夜蛾、小菜蛾	22.5-41.25克/公顷	喷雾
	花椰菜	斜纹夜蛾	33.75-40.5克/公顷	喷雾
PD20110463	氯虫苯甲酰胺/35%/水分散粒剂/氯虫苯甲酰胺 35%/2011.04.21 至 2016.04.21/微毒			
	苹果树	金纹细蛾	14-20毫克/千克	喷雾
	苹果树	桃小食心虫	35-50毫克/千克	喷雾
PD20111323	甲嘧磺隆/95%/原药/甲嘧磺隆 95%/2011.12.05 至 2016.12.05/低毒			
PD20120509	氯嘧磺隆/97.8%/原药/氯嘧磺隆 97.8%/2012.03.28 至 2017.03.28/低毒			
PD20121668	啶氧菌酯/22.5%/悬浮剂/啶氧菌酯 22.5%/2012.11.05 至 2017.11.05/低毒			
	黄瓜	霜霉病	113-150克/公顷	喷雾
	辣椒	炭疽病	94-113克/公顷	喷雾
	葡萄	黑痘病、霜霉病	125-167毫克/千克	喷雾
	西瓜	蔓枯病、炭疽病	131.25-168.75克/公顷	喷雾
	香蕉	黑星病、叶斑病	143-167毫克/千克	喷雾
	枣树	锈病	125-167毫克/千克	喷雾
PD20121671	啶氧菌酯/97%/原药/啶氧菌酯 97%/2012.11.05 至 2017.11.05/低毒			
LS20120228	啶氧菌酯/22.5%/悬浮剂/啶氧菌酯 22.5%/2013.06.21 至 2014.06.21/低毒			
	黄瓜	霜霉病	75-150克/公顷	喷雾
	辣椒	炭疽病	75-112.5克/公顷	喷雾
	葡萄	黑痘病、霜霉病	125-167毫克/千克	喷雾
	西瓜	蔓枯病、炭疽病	131.25-168.75克/公顷	喷雾
	香蕉	黑星病、叶斑病	138.9-166.7毫克/千克	喷雾
	枣树	锈病	125-167毫克/千克	喷雾
LS20120229	啶氧菌酯/97%/原药/啶氧菌酯 97%/2012.06.21 至 2013.06.21/低毒			
LS20120327	溴氰虫酰胺/94%/原药/溴氰虫酰胺 94%/2013.09.13 至 2014.09.13/微毒			
LS20120328	溴氰虫酰胺/10%/可分散油悬浮剂/溴氰虫酰胺 10%/2013.09.13 至 2014.09.13/微毒			
	大葱	美洲斑潜蝇	21-36克/公顷	喷雾
	大葱	蓟马	27-36克/公顷	喷雾
	大葱	甜菜夜蛾	15-27克/公顷	喷雾
	小白菜	菜青虫、小菜蛾、斜纹夜蛾	15-21克/公顷	喷雾
	小白菜	蚜虫	45-60克/公顷	喷雾
	小白菜	黄条跳甲	36-42克/公顷	喷雾
LS20130514	氯虫苯甲酰胺/50%/悬浮种衣剂/氯虫苯甲酰胺 50%/2013.12.10 至 2014.12.10/微毒			
	玉米	小地老虎	189.39-271.73克/100千克种子	种子包衣

美国恩斯特克斯公司　(上海市共和新路3201号806室　200072　021-36366870)

WP20100125 氟啶脲/0.1%/浓饵剂/氟啶脲 0.1%/2010.10.27 至 2015.10.27/低毒

卫生	白蚁	用水稀释3-4倍	投放

美国凡特鲁斯公司 (上海市延安西路1030弄14号703室 200052 021-62517430)

WP20080077 避蚊胺/95%/原药/避蚊胺 95%/2013.05.30 至 2018.05.30/低毒

美国富美实公司 (上海市仙霞路317号远东国际广场B1506室 200051 021-62351838)

PD11-86 克百威/3%/颗粒剂/克百威 3%/2011.03.08 至 2016.03.08/中等毒(原药高毒)

甘蔗	害虫	1350-2250克/公顷	沟施
花生	根结线虫	1800-2250克/公顷	条施、沟施
棉花	蚜虫	675-900克/公顷	条施、沟施
水稻	害虫	900-1350克/公顷	撒施

PD49-87 氯氰菊酯/100克/升/乳油/氯氰菊酯 100克/升/2012.05.31 至 2017.05.31/中等毒

茶树	茶毛虫、茶尺蠖、小绿叶蝉	27-50毫克/千克	喷雾
甘蓝	菜青虫、蚜虫	15-30克/公顷	喷雾
棉花	棉铃虫、蚜虫	75-120克/公顷	喷雾
苹果树	桃小食心虫	30-60毫克/千克	喷雾

PD64-88 异菌脲/50%/可湿性粉剂/异菌脲 50%/2013.01.14 至 2018.01.14/低毒

番茄	灰霉病、早疫病	375-750克/公顷	喷雾
苹果树	褐斑病、轮斑病	333.3-500毫克/千克	喷雾

PD78-88 克百威/350克/升/悬浮种衣剂/克百威 350克/升/2013.09.03 至 2018.09.03/高毒

棉花	蚜虫	种子重量的1%	种子处理
甜菜	地下害虫	种子重量的1%	种子处理
玉米	地下害虫	种子重量的0.7-1%	种子处理

PD81-88 联苯菊酯/100克/升/乳油/联苯菊酯 100克/升/2013.09.03 至 2018.09.03/中等毒

茶树	象甲	45-52.5克/公顷	喷雾
茶树	茶小绿叶蝉、粉虱	30-37.5克/公顷	喷雾
茶树	茶毛虫、茶尺蠖	7.5-15克/公顷	喷雾
番茄(保护地)	白粉虱	7.5-15克/公顷	喷雾
柑橘树	潜叶蛾	7.5-10毫克/千克	喷雾
柑橘树	红蜘蛛	20-30毫克/千克	喷雾
棉花	红蜘蛛	45-60克/公顷	喷雾
棉花	红铃虫、棉铃虫	30-52.5克/公顷	喷雾
苹果树	桃小食心虫、叶螨	20-30毫克/千克	喷雾

PD84-88 顺式氯氰菊酯/50克/升/乳油/顺式氯氰菊酯 50克/升/2013.10.13 至 2018.10.13/中等毒

棉花	红铃虫、盲蝽蟓、棉铃虫	25.5-34.5克/公顷	喷雾

PD96-89 联苯菊酯/25克/升/乳油/联苯菊酯 25克/升/2009.03.23 至 2014.03.23/低毒

茶树	茶小绿叶蝉、粉虱、黑刺粉虱	30-37.5克/公顷	喷雾
茶树	茶毛虫、茶尺蠖	7.5-15克/公顷	喷雾
茶树	象甲	45-52.5克/公顷	喷雾
番茄(保护地)	白粉虱	7.5-15克/公顷	喷雾
柑橘树	红蜘蛛	20-30毫克/千克	喷雾
柑橘树	潜叶蛾	7.5-10毫克/千克	喷雾
棉花	红铃虫、棉铃虫	30-52.5克/公顷	喷雾
棉花	棉红蜘蛛	45-60克/公顷	喷雾
苹果树	桃小食心虫、叶螨	20-30毫克/千克	喷雾

PD184-93 异噁草松/480克/升/乳油/异噁草松 480克/升/2013.11.03 至 2018.11.03/低毒

大豆	一年生杂草	1000.5-1200克/公顷	芽前喷雾
甘蔗	一年生杂草	795-1005克/公顷	芽前喷雾

注:该药剂仅限于非豆麦轮作的地区使用。

PD194-94 丁硫克百威/200克/升/乳油/丁硫克百威 200克/升/2012.08.14 至 2017.08.14/中等毒

甘蓝	蚜虫	75-150毫克/千克	喷雾
柑橘树	锈壁虱	100-133.3毫克/千克	喷雾
柑橘树	潜叶蛾、蚜虫	133.3-200毫克/千克	喷雾
节瓜	蓟马	187.5-375克/公顷	喷雾
棉花	蚜虫	90-180克/公顷	喷雾
苹果树	蚜虫	50-66.67毫克/千克	喷雾
水稻	褐飞虱、三化螟	600-750克/公顷	喷雾

PD202-95 异菌脲/255克/升/悬浮剂/异菌脲 255克/升/2012.11.05 至 2017.11.05/低毒

香蕉	冠腐病、轴腐病	1500毫克/千克	浸果
油菜	菌核病	450-750克/公顷	喷雾

PD234-98 克百威/85%/母药/克百威 85%/2010.07.29 至 2015.07.29/高毒

PD284-99 丁硫克百威/35%/种子处理干粉剂/丁硫克百威 35%/2009.07.07 至 2014.07.07/中等毒

水稻	稻蓟马	210-400克/100千克种子	拌种
水稻	稻瘿蚊	600-800克/100千克种子	拌种

PD287-99	氯氰菊酯/90%/原药/氯氰菊酯 90%/2009.07.07 至 2014.07.07/中等毒			
PD288-99	顺式氯氰菊酯/90%/原药/顺式氯氰菊酯 90%/2009.07.07 至 2014.07.07/中等毒			
PD289-99	克百威/95%/原药/克百威 95%/2009.07.07 至 2014.07.07/高毒			
PD291-99	联苯菊酯/90%/原药/联苯菊酯 90%/2009.04.05 至 2014.04.05/中等毒			
PD292-99	异噁草松/92%/原药/异噁草松 92%/2009.07.07 至 2014.07.07/低毒			
PD342-2000	丁硫克百威/86%/原药/丁硫克百威 86%/2010.06.09 至 2015.06.09/中等毒			
PD385-2003	咪鲜胺/95%/原药/咪鲜胺 95%/2013.03.17 至 2018.03.17/低毒			
PD386-2003	咪鲜胺锰盐/50%/可湿性粉剂/咪鲜胺锰盐 50%/2013.03.17 至 2018.03.17/低毒			
	柑橘(果实)	蒂腐病、绿霉病、青霉病、炭疽病	250-500毫克/千克	浸果
	黄瓜	炭疽病	282-562.5克/公顷	喷雾
	芒果	炭疽病	1)250-500毫克/千克 2)500-1000毫克/千克	1)喷雾 2)浸果
	蘑菇	白腐病、褐腐病	0.4-0.6克/平方米	拌于覆盖土或喷淋菇床
PD20030004	咪鲜胺/450克/升/水乳剂/咪鲜胺 450克/升/2013.05.13 至 2018.05.13/低毒			
	柑橘	蒂腐病、绿霉病、青霉病、炭疽病	225-450毫克/千克	浸果
	水稻	恶苗病	56.25-112.5毫克/千克	浸种
	香蕉	冠腐病、炭疽病	250-500毫克/千克	浸果
PD20030005	异菌脲/500克/升/悬浮剂/异菌脲 500克/升/2013.07.08 至 2018.07.08/低毒			
	番茄	灰霉病、早疫病	375-750克/公顷	喷雾
	苹果树	斑点落叶病	1000-2000倍液	喷雾
	葡萄	灰霉病	750-1000倍液	喷雾
PD20030018	咪鲜胺/250克/升/乳油/咪鲜胺 250克/升/2013.12.18 至 2018.12.18/低毒			
	柑橘	蒂腐病、绿霉病、青霉病、炭疽病	250-500毫克/千克	浸果
	芒果	炭疽病	1)500-1000毫克/千克 2)250-500毫克/千克	1)浸果 2)喷雾
	水稻	恶苗病	62.5-125毫克/千克	浸种
PD20050157	zeta-氯氰菊酯/88%/原药/zeta-氯氰菊酯 88%/2010.10.12 至 2015.10.12/中等毒			
PD20060020	唑草酮/90%/原药/唑草酮 90%/2011.01.09 至 2016.01.09/低毒			
PD20060021	唑草酮/40%/水分散粒剂/唑草酮 40%/2011.01.09 至 2016.01.09/微毒			
	春小麦	阔叶杂草	30-36克/公顷	喷雾
	冬小麦	阔叶杂草	24-30克/公顷	茎叶喷雾
PD20060030	丁硫克百威/5%/颗粒剂/丁硫克百威 5%/2011.01.25 至 2016.01.25/低毒			
	番茄、黄瓜	根结线虫	3750-5250克/公顷	沟施
	甘蓝	蚜虫	1500-3000克/公顷	穴施、沟施
	甘蓝	地下害虫	2250-3750克/公顷	沟施、撒施
	甘蔗	蔗螟	2250-3000克/公顷	沟施
	甘蔗	蔗龟	2250-3750克/公顷	沟施、撒施
	水稻	稻水象甲	1500-2250克/公顷	撒施
PD20060031	zeta-氯氰菊酯/181克/升/乳油/zeta-氯氰菊酯 181克/升/2011.01.25 至 2016.01.25/低毒			
	棉花	棉铃虫	45-60克/公顷	喷雾
	十字花科蔬菜	蚜虫	45-60克/公顷	喷雾
PD20070319	异菌脲/96%/原药/异菌脲 96%/2012.09.27 至 2017.09.27/低毒			
PD20070528	异噁草松/360克/升/微囊悬浮剂/异噁草松 360克/升/2012.11.28 至 2017.11.28/低毒			
	夏大豆田	部分阔叶杂草、一年生禾本科杂草	378-540克/公顷	喷雾
	移栽水稻田	稗草、千金子	150-189克/公顷	药土法
	油菜(移栽田)	一年生杂草	140.4-178.2克/公顷	土壤喷雾
	直播水稻田	稗草、千金子	1)150-189克/公顷(南方地区) 2)189-216克/公顷(北方地区)	1)药土法 2)喷雾
PD20082588	唑草酮/52.6%/母药/唑草酮 52.6%/2013.12.04 至 2018.12.04/低毒			
PD20110288	嗪草酸甲酯/95%/原药/嗪草酸甲酯 95%/2011.03.11 至 2016.03.11/低毒			
PD20120232	甲磺草胺/91%/原药/甲磺草胺 91%/2012.02.10 至 2017.02.10/低毒			
PD20122113	噁唑酰草胺/10%/乳油/噁唑酰草胺 10%/2012.12.26 至 2017.12.26/低毒			
	直播水稻田	一年生禾本科杂草	105-120克/公顷	茎叶喷雾
WP20080069	氯菊酯/92%/原药/氯菊酯 92%/2013.05.09 至 2018.05.09/低毒			
WP20080147	顺式氯氰菊酯/50克/升/悬浮剂/顺式氯氰菊酯 50克/升/2013.11.05 至 2018.11.05/低毒			
	卫生	蚊、蝇	10-20毫克/平方米	滞留喷洒
	卫生	蜚蠊、跳蚤	15-25毫克/平方米	滞留喷洒
WP20080453	氯菊酯/380克/升/乳油/氯菊酯 380克/升/2013.12.16 至 2018.12.16/低毒			
	卫生	跳蚤	150-300毫克/平方米	滞留喷雾
WP20090032	zeta-氯氰菊酯/180克/升/水乳剂/zeta-氯氰菊酯 180克/升/2014.01.12 至 2019.01.12/低毒			
	卫生	蜚蠊	15-25毫克/平方米	滞留喷雾
	卫生	蚊、蝇	10-20毫克/平方米	滞留喷雾

美国高文国际商业有限公司　（广东省中山市石岐区悦来南路第一城步行街37卡　528400　0760-88923856）

PD48-87	野麦畏/400克/升/乳油/野麦畏 400克/升/2012.05.15 至 2017.05.15/低毒			
	小麦	野燕麦	900-1200克/公顷	土壤处理
PD20060036	喹螨醚/95克/升/乳油/喹螨醚 95克/升/2011.02.07 至 2016.02.07/中等毒			
	苹果树	红蜘蛛	20-25毫克/千克	喷雾
PD20060037	喹螨醚/99%/原药/喹螨醚 99%/2011.02.07 至 2016.02.07/中等毒			
LS20120071	喹螨醚/18%/悬浮剂/喹螨醚 18%/2014.03.07 至 2015.03.07/中等毒			
	茶树	红蜘蛛	75-105克/公顷	喷雾
LS20130311	苯酰菌胺/96%/原药/苯酰菌胺 96%/2013.06.04 至 2014.06.04/低毒			
LS20130312	苯酰·锰锌/75%/水分散粒剂/代森锰锌 66.7%、苯酰菌胺 8.3%/2013.06.04 至 2014.06.04/微毒			
	黄瓜	霜霉病	1125-1687.5克/公顷	喷雾

美国科聚亚公司　（上海市浦东新区世纪大道1568号中建大厦1702室　200122　021-38666688）

PD29-87	炔螨特/73%/乳油/炔螨特 73%/2012.06.24 至 2017.06.24/低毒			
	柑橘树	螨	243-365毫克/千克	喷雾
	棉花	螨	273.75-383.25克/公顷	喷雾
	苹果树	叶螨	243-365毫克/千克	喷雾
PD102-89	炔螨特/57%/乳油/炔螨特 57%/2009.07.08 至 2014.07.08/低毒			
	柑橘树	螨	243-365毫克/千克	喷雾
	棉花	螨	273.75-383.25克/公顷	喷雾
	苹果树	叶螨	243-365毫克/千克	喷雾
PD111-89	萎锈·福美双/75%/可湿性粉剂/福美双 37.5%、萎锈灵 37.5%/2009.11.03 至 2014.11.03/低毒			
	水稻	苗期立枯病	150-187.5克/100千克种子	拌种
	水稻	恶苗病	1)150-187.5克/100千克种子 2）0.75-1.125克/升水/千克种子	1)拌种 2)浸种
	小麦	散黑穗病	187.5-210克/100千克种子	拌种
PD112-89	萎锈·福美双/400克/升/悬浮剂/福美双 200克/升、萎锈灵 200克/升/2009.11.03 至 2014.11.03/低毒			
	大豆	根腐病	140-200克/100千克种子	拌种
	大麦	黑穗病	0.2-0.3升/100千克种子	拌种
	大麦	调节生长	100-120克/100千克种子	拌种
	大麦	条纹病	80-120克/100千克种子	拌种
	棉花、水稻	立枯病	160-200克/100千克种子	拌种
	水稻	恶苗病	120-160克/100千克种子	拌种
	小麦	散黑穗病	108.8-131.2克/100千克种子	拌种
	小麦、玉米	调节生长	120克/100千克种子	拌种
	玉米	丝黑穗病	160-200克/100千克种子	拌种
	玉米	苗期茎基腐病	80～120克/100千克种子	拌种
PD117-90	除虫脲/25%/可湿性粉剂/除虫脲 25%/2010.03.08 至 2015.03.08/低毒			
	甘蓝	菜青虫	189-236克/公顷	喷雾
	柑橘树	锈壁虱	62-83毫克/千克	喷雾
	柑橘树	潜叶蛾	62-125毫克/千克	喷雾
	苹果树	金纹细蛾	125-250毫克/千克	喷雾
	森林	松毛虫	1)40-60毫克/千克 2)30-45克/公顷	1)喷雾 2)超低容量喷雾
	小麦	黏虫	22.5-75克/公顷	喷雾
PD260-98	除虫脲/97.9%/原药/除虫脲 97.9%/2013.12.11 至 2018.12.11/低毒			
PD261-98	炔螨特/90.6%/原药/炔螨特 90.6%/2013.12.11 至 2018.12.11/低毒			
PD262-98	萎锈灵/97.9%/原药/萎锈灵 97.9%/2013.12.11 至 2018.12.11/低毒			
PD263-98	福美双/97.5%/原药/福美双 97.5%/2013.12.11 至 2018.12.11/低毒			
PD20070198	氯氰菊酯/300克/升/悬浮种衣剂/氯氰菊酯 300克/升/2012.07.17 至 2017.07.17/中等毒			
	玉米	地下害虫	50-60克/100千克种子	种子包衣
PD20082529	喹禾糠酯/40克/升/乳油/喹禾糠酯 40克/升/2013.12.03 至 2018.12.03/低毒			
	大豆田	一年生禾本科杂草	36-48克/公顷	茎叶喷雾
	油菜田	一年生禾本科杂草	30-48克/公顷	茎叶喷雾
PD20082530	喹禾糠酯/95%/原药/喹禾糠酯 95%/2013.12.03 至 2018.12.03/低毒			
PD20083328	克菌丹/450克/升/悬浮种衣剂/克菌丹 450克/升/2013.12.11 至 2018.12.11/低毒			
	玉米	苗期茎基腐病	67.5-78.75克/100千克种子	种子包衣
PD20092477	戊唑醇/80克/升/悬浮种衣剂/戊唑醇 80克/升/2014.02.25 至 2019.02.25/低毒			
	小麦	散黑穗病	2.0—2.8克/100千克种子	种子包衣
	玉米	丝黑穗病	8-12克/100千克种子	种子包衣
PD20096836	联苯肼酯/97%/原药/联苯肼酯 97%/2009.09.21 至 2014.09.21/低毒			
PD20096837	联苯肼酯/43%/悬浮剂/联苯肼酯 43%/2009.09.21 至 2014.09.21/低毒			
	苹果树	红蜘蛛	160-240毫克/千克	喷雾
PD20101542	顺式氯氰菊酯/200克/升/种子处理悬浮剂/顺式氯氰菊酯 200克/升/2010.05.19 至 2015.05.19/中等毒			

	玉米	地下害虫	30-35克/100千克种子	种子包衣
PD20120230	种菌唑/97%/原药/种菌唑 97%/2012.02.10 至 2017.02.10/低毒			
PD20120231	甲霜·种菌唑/4.23%/微乳剂/甲霜灵 1.88%、种菌唑 2.35%/2012.02.10 至 2017.02.10/低毒			
	棉花	立枯病	13.5-18克/100千克种子	拌种
	玉米	丝黑穗病	9～18克/100公斤种子	种子包衣
	玉米	茎基腐病	3.375～5.4克/100公斤种子	种子包衣
PD20120882	丁酰肼/99%/原药/丁酰肼 99%/2012.05.24 至 2017.05.24/低毒			
PD20121675	抑芽丹/99.6%/原药/抑芽丹 99.6%/2012.11.05 至 2017.11.05/低毒			
PD20132396	嘧苯胺磺隆/50%/水分散粒剂/嘧苯胺磺隆 50%/2013.11.20 至 2018.11.20/低毒			
	移栽水稻田	稗草、莎草及阔叶杂草	45-75克/公顷	药土法

美国克拉克蚊虫防治公司　（北京市朝阳区芍药居北里101号世奥国际中心A座1809室　100029　010-64976659）

WL20100150	驱蚊帐/0.55%/驱蚊帐/顺式氯氰菊酯 0.55%/2012.05.19 至 2013.05.19/低毒			
	卫生	蚊	/	悬挂

美国罗门哈斯公司　（北京市东城区东长安街1号东方广场西3办公楼1101室　100738　010-85279182）

PD20080475	1-甲基环丙烯/3.3%/微囊粒剂/1-甲基环丙烯 3.3%/2013.03.31 至 2018.03.31/低毒			
	番茄、梨、李子、柿子、香甜瓜	保鲜	35-70毫克/立方米（制剂）	熏蒸
	苹果	保鲜	1）125-250毫克/立方米（制剂） 2）35-70毫克/立方米（制剂）	1）熏蒸（纸箱） 2）熏蒸
	猕猴桃	保鲜	17.5-35毫克/立方米（制剂）	熏蒸
PD20110706	1-甲基环丙烯/0.14%/微囊粒剂/1-甲基环丙烯 0.14%/2011.07.18 至 2016.07.18/低毒			
	非洲菊、唐菖蒲	保鲜	1000-1500微克/千克	密闭熏蒸
	花卉百合、康乃馨(香石竹)	保鲜	500-1000微克/千克	密闭熏蒸
	玫瑰	保鲜	1000-2000微克/千克	密闭熏蒸
PD20131624	1-甲基环丙烯/0.014%/微囊粒剂/1-甲基环丙烯 0.014%/2013.07.30 至 2018.07.30/低毒			
	番茄、李子	保鲜	4.2-12.95毫克/立方米	密闭熏蒸
	康乃馨	保鲜	8.4-14毫克/立方米	密闭熏蒸
	梨、苹果、香甜瓜	保鲜	4.2-8.75毫克/立方米	密闭熏蒸
LS20110106	1-甲基环丙烯/0.63%/片剂/1-甲基环丙烯 0.63%/2013.04.11 至 2014.04.11/低毒			
	梨、李子、苹果、柿子、香甜瓜	保鲜	500-1000微克/千克	密闭熏蒸
	猕猴桃	保鲜	250-500微克/千克	密闭熏蒸
LS20130007	1-甲基环丙烯/2%/片剂/1-甲基环丙烯 2%/2014.01.04 至 2015.01.04/微毒			
	苹果	保鲜	500-1000微克/千克	密闭熏蒸
	猕猴桃	保鲜	250-500微克/千克	密闭熏蒸

美国孟山都公司　（北京市朝阳区曙光西里甲5号院凤凰置地广场F座7-8层　100028　010-58290760）

PD31-87	丁草胺/600克/升/乳油/丁草胺 600克/升/2012.04.02 至 2017.04.02/低毒			
	水稻田	一年生杂草	750-1275克/公顷	喷雾或毒土撒施
PD73-88	草甘膦异丙胺盐/30%/水剂/草甘膦 30%/2013.04.15 至 2018.04.15/微毒			
	茶园、桑园	杂草	675-1800克/公顷	喷雾
	柑橘园	杂草	678.3-2743.9克/公顷	喷雾
	棉花免耕田、玉米田	杂草	675-1125克/公顷	喷雾
	棉田行间	杂草	675-900克/公顷	喷雾
	水稻田埂	杂草	900-1800克/公顷	喷雾
	橡胶园	杂草	1350-2250克/公顷	喷雾
	注:草甘膦异丙胺盐含量：41%。			
PD76-88	丁草胺/600克/升/水乳剂/丁草胺 600克/升/2013.08.14 至 2018.08.14/低毒			
	水稻	一年生杂草	750-1275克/公顷	喷雾或撒毒土
PD88-88	甲草胺/480克/升/乳油/甲草胺 480克/升/2013.02.19 至 2018.02.19/低毒			
	春大豆田	一年生杂草	2520-2880克/公顷,1800-2160克/公顷(盖膜)	播后芽前或播前土壤处理
	花生田、夏大豆田	一年生杂草	1800-2160克/公顷,1080-1440克/公顷(盖膜)	播后芽前或播前土壤处理
	棉花田	一年生杂草	1800-2160克/公顷,1080-1440克/公顷(盖膜,华北地区)；1440-1800克/公顷,900-1080克/公顷(盖膜,长江流域)	播后芽前或播前土壤处理
PD137-91	丁草胺/600克/升/乳油/丁草胺 600克/升/2011.03.01 至 2016.03.01/低毒			
	水稻	一年生杂草	750-1275克/公顷	喷雾或撒毒土
	注:本品含安全剂			
PD243-98	乙草胺/900克/升/乳油/乙草胺 900克/升/2013.08.14 至 2018.08.14/低毒			
	大豆田	部分阔叶杂草、一年生禾本科杂草	1350-1890克/公顷(东北地区),810	土壤喷雾处理

			-1350克/公顷(其它地区)	
	花生田	部分阔叶杂草、一年生禾本科杂草	780-1275克/公顷	土壤喷雾处理
	棉花田	部分阔叶杂草、一年生禾本科杂草	1)810-945克/公顷(南疆)2)945-1080克/公顷(北疆)3)810-1080克/公顷(其他地区)	1)播前土壤喷雾处理,2)播后苗前土壤喷雾处理,移栽前使用农达土壤喷雾处理
	油菜田	部分阔叶杂草、一年生禾本科杂草	540-810克/公顷	移栽后土壤喷雾处理
	玉米田	部分阔叶杂草、一年生禾本科杂草	1350-1620克/公顷(东北地区),810-1350克/公顷(其他地区)	土壤喷雾处理
PD343-2000	草甘膦/95%/原药/草甘膦 95%/2010.06.13 至 2015.06.13/低毒			
PD20060050	草甘膦铵盐/68%/可溶粒剂/草甘膦 68%/2011.03.03 至 2016.03.03/低毒			
	柑橘园	一年生和多年生杂草	1120.5-2241克/公顷	定向茎叶喷雾
	注:草甘膦铵盐含量:74.7%。			
PD20080775	硅噻菌胺/97.7%/原药/硅噻菌胺 97.7%/2013.06.16 至 2018.06.16/低毒			
PD20080776	硅噻菌胺/125克/升/悬浮剂/硅噻菌胺 125克/升/2013.06.16 至 2018.06.16/低毒			
	冬小麦	全蚀病	20-40克/100千克种子	拌种
美国默赛技术公司 (北京市海淀区农大南路1号万景亮城2B702室 100084 010-82782833)				
PD20060087	代森锰锌/90%/原药/代森锰锌 90%/2011.05.12 至 2016.05.12/低毒			
PD20060158	代森锰锌/80%/可湿性粉剂/代森锰锌 80%/2011.09.22 至 2016.09.22/低毒			
	番茄	早疫病	1560-2520克/公顷	喷雾
	花生	叶斑病	720～900克/公顷	喷雾
	荔枝树	霜疫霉病	1333.3-2000毫克/千克	喷雾
	马铃薯	晚疫病	1440～2160克/公顷	喷雾
	苹果树	斑点落叶病	1000-1600毫克/千克	喷雾
	烟草	赤星病	1440～1920克/公顷	喷雾
PD20070037	高效氯氟氰菊酯/98%/原药/高效氯氟氰菊酯 98%/2012.02.08 至 2017.02.08/中等毒			
PD20070038	草甘膦异丙胺盐/41%/水剂/草甘膦异丙胺盐 41%/2012.02.08 至 2017.02.08/低毒			
	柑橘园	一年生和多年生杂草	1230-2460克/公顷	定向喷雾
PD20070439	三唑酮/25%/可湿性粉剂/三唑酮 25%/2012.11.20 至 2017.11.20/低毒			
	小麦	白粉病、锈病	112.5-131.25克/公顷	喷雾
PD20070440	三唑酮/95%/原药/三唑酮 95%/2012.11.20 至 2017.11.20/低毒			
PD20080346	甲基硫菌灵/97%/原药/甲基硫菌灵 97%/2013.02.26 至 2018.02.26/低毒			
PD20082011	毒死蜱/97%/原药/毒死蜱 97%/2013.11.25 至 2018.11.25/中等毒			
PD20084731	毒死蜱/480克/升/乳油/毒死蜱 480克/升/2013.12.22 至 2018.12.22/中等毒			
	水稻	稻纵卷叶螟	390-540克/公顷	喷雾
PD20084737	甲基硫菌灵/70%/可湿性粉剂/甲基硫菌灵 70%/2013.12.22 至 2018.12.22/低毒			
	水稻	纹枯病	1050-1500克/公顷	喷雾
PD20094158	高效氯氟氰菊酯/2.5%/可湿性粉剂/高效氯氟氰菊酯 2.5%/2014.03.27 至 2019.03.27/低毒			
	甘蓝	蚜虫	7.5-11.25克/公顷	喷雾
PD20111160	嘧菌酯/250克/升/悬浮剂/嘧菌酯 250克/升/2011.11.07 至 2016.11.07/微毒			
	黄瓜	霜霉病	167-312.5毫克/千克	喷雾
	马铃薯	晚疫病	56.25-75克/公顷	喷雾
PD20111223	代森锰锌/90%/原药/代森锰锌 90%/2011.11.17 至 2016.11.17/低毒			
PD20121535	噻唑膦/98%/原药/噻唑膦 98%/2012.10.17 至 2017.10.17/中等毒			
PD20121613	茚虫威/76.2%/母药/茚虫威 76.2%/2012.10.30 至 2017.10.30/低毒			
PD20121614	嘧菌酯/98%/原药/嘧菌酯 98%/2012.10.30 至 2017.10.30/低毒			
PD20121617	多杀霉素/92%/原药/多杀霉素 92%/2012.10.30 至 2017.10.30/低毒			
PD20122087	戊唑醇/430克/升/悬浮剂/戊唑醇 430克/升/2012.12.26 至 2017.12.26/低毒			
	苹果树	斑点落叶病	86-107.5毫克/千克	喷雾
	水稻	稻曲病	78-97克/公顷	喷雾
PD20130445	硝磺草酮/98%/原药/硝磺草酮 98%/2013.03.18 至 2018.03.18/低毒			
PD20132274	噻唑膦/10%/颗粒剂/噻唑膦 10%/2013.11.08 至 2018.11.08/中等毒			
	黄瓜	根结线虫	1500—3000克/公顷	土壤撒施
美国硼砂集团 (上海市淮海中路300号香港新世界大厦51层 200021 021-61033607)				
WP20120209	四水八硼酸二钠/98%/可溶粉剂/四水八硼酸二钠 98%/2012.11.05 至 2017.11.05/低毒			
	木材	白蚁	8.2-8.4千克/立方米	加压浸泡
	卫生	腐朽菌	2250毫克/千克	浸泡
WP20130204	硼酸锌/98.8%/粉剂/硼酸锌 98.8%/2013.09.25 至 2018.09.25/低毒			
	木材	白蚁、腐朽菌	0.85%(药剂/板材)	板材加工中添加
WP20130207	硼酸锌/98.8%/原药/硼酸锌 98.8%/2013.09.25 至 2018.09.25/低毒			
美国世科姆公司 (上海市普陀区光新路88号中一国际商务大厦1102室 200061 021-32551491)				

PD20121090 百菌清/75%/水分散粒剂/百菌清 75%/2012.07.19 至 2017.07.19/低毒
番茄 晚疫病 1125-1406克/公顷 喷雾
PD20121091 三乙膦酸铝/80%/可湿性粉剂/三乙膦酸铝 80%/2012.07.19 至 2017.07.19/低毒
黄瓜 霜霉病 1500～2880克/公顷 喷雾
LS20130086 嘧菌酯/20%/水分散粒剂/嘧菌酯 20%/2013.03.08 至 2014.03.08/低毒
黄瓜 霜霉病 120-240克/公顷 喷雾
葡萄 霜霉病 125-250毫克/千克 喷雾
水稻 纹枯病 120-240克/公顷 喷雾
LS20130251 甲・嘧・甲霜灵/12%/悬浮种衣剂/甲基硫菌灵 6%、甲霜灵 3%、嘧菌酯 3%/2013.04.28 至 2014.04.28/低毒
水稻 恶苗病 60-180克/100公斤种子 种子包衣
LS20130292 苯甲・嘧菌酯/30%/悬浮剂/苯醚甲环唑 12%、嘧菌酯 18%/2013.06.04 至 2014.06.04/低毒
香蕉 叶斑病 200-250毫克/千克 喷雾
LS20130306 吡蚜・异丙威/50%/可湿性粉剂/吡蚜酮 10%、异丙威 40%/2013.06.04 至 2014.06.04/低毒
水稻 稻飞虱 300-600克/公顷 喷雾
LS20130328 霜脲・嘧菌酯/60%/水分散粒剂/嘧菌酯 10%、霜脲氰 50%/2013.06.09 至 2014.06.09/低毒
葡萄 霜霉病 400-500毫克/千克 喷雾
LS20130332 戊唑・嘧菌酯/75%/水分散粒剂/嘧菌酯 25%、戊唑醇 50%/2013.06.18 至 2014.06.18/低毒
水稻 纹枯病 112.5-168.75克/公顷 喷雾
LS20130333 氟胺・嘧菌酯/20%/水分散粒剂/氟酰胺 10%、嘧菌酯 10%/2013.06.19 至 2014.06.19/低毒
水稻 纹枯病 210-300克/公顷 喷雾

美国陶氏益农公司 (北京市东城区东长安街1号东方广场W3办公楼1103室 100738 010-85279199)

PD6-85 三环唑/75%/可湿性粉剂/三环唑 75%/2010.12.14 至 2015.12.14/低毒
水稻 稻瘟病 225-300克/公顷 喷雾
PD47-87 毒死蜱/480克/升/乳油/毒死蜱 480克/升/2012.04.22 至 2017.04.22/中等毒
柑橘树 红蜘蛛、矢尖蚧、锈壁虱 240-480毫克/千克 喷雾
棉花 害虫 450-900克/公顷 喷雾
苹果树 桃小食心虫 160-240毫克/千克 喷雾
苹果树 绵蚜 203.5-271.3毫克/千克 喷雾
水稻 二化螟、三化螟 360-576克/公顷 喷雾
水稻 稻瘿蚊 1800-2160克/公顷 毒土法
水稻 稻纵卷叶螟、飞虱 300-600克/公顷 喷雾
小麦 蚜虫 108-180克/公顷 喷雾
PD109-89 乙氧氟草醚/240克/升/乳油/乙氧氟草醚 240克/升/2014.01.06 至 2019.01.06/低毒
大蒜田 一年生杂草 144-180克/公顷 茎叶喷雾
甘蔗田 一年生杂草 105-180克/公顷 芽前土壤处理
森林苗圃 一年生杂草 180-300克/公顷 喷雾
水稻田 一年生杂草 36-72克/公顷 毒土
PD148-91 氯氟吡氧乙酸/200克/升/乳油/氯氟吡氧乙酸 200克/升/2011.11.29 至 2016.11.29/低毒
水田畦畔 空心莲子草(水花生) 150克/公顷 喷雾
小麦田 阔叶杂草 150-199.5克/公顷 喷雾
玉米田 阔叶杂草 150-210克/公顷 喷雾
PD153-92 三氯吡氧乙酸/480克/升/乳油/三氯吡氧乙酸 480克/升/2013.01.22 至 2018.01.22/低毒
森林 阔叶杂草、灌木 1999.5-3000克/公顷 喷雾
PD215-97 高效氟吡甲禾灵/108克/升/乳油/高效氟吡甲禾灵 108克/升/2012.03.08 至 2017.03.08/低毒
春大豆田、棉花田 芦苇 97.2-145.8克/公顷 茎叶喷雾
大豆田 一年生禾本科杂草 48.6-72.9克/公顷 喷雾
甘蓝田 一年生禾本科杂草 48.6-64.8 克/公顷 茎叶喷雾
花生田 一年生禾本科杂草 32.4-48.6克/公顷 喷雾
马铃薯田、西瓜田 一年生禾本科杂草 56.7-81克/公顷 茎叶喷雾
棉花田 一年生禾本科杂草 40.5-48.6克/公顷 喷雾
向日葵田 禾本科杂草 97.2-162.0克/公顷 茎叶喷雾
油菜田 一年生禾本科杂草 30-45克/公顷 喷雾
PD220-97 代森锰锌/80%/可湿性粉剂/代森锰锌 80%/2012.05.08 至 2017.05.08/低毒
番茄 早疫病 1560-2520克/公顷 喷雾
柑橘树 疮痂病、炭疽病 400-600倍液 喷雾
柑橘树 锈蜘蛛 500-600倍液 喷雾
柑橘树 树脂病 1333～2000毫克/千克 喷雾
花生 叶斑病 720-900克/公顷 喷雾
黄瓜 霜霉病 2040-3000克/公顷 喷雾
梨树 黑星病 800-1333.3毫克/千克 喷雾
荔枝树 霜疫霉病 1333.3～2000毫克/千克 喷雾
马铃薯 晚疫病 1440-2160克/公顷 喷雾
苹果树 斑点落叶病 1000-1500毫克/千克 喷雾

	苹果树	轮纹病、炭疽病	1000-1333.3毫克/千克	喷雾
	葡萄	白腐病、黑痘病	600-800倍液	喷雾
	葡萄	霜霉病	1800-2520克/公顷	喷雾
	甜椒	疫病	2000-2400克/公顷	喷雾
	西瓜	炭疽病	1995-3000克/公顷	喷雾
	烟草	赤星病	1400-1920克/公顷	喷雾
PD240-98	腈苯唑/24%/悬浮剂/腈苯唑 24%/2013.07.09 至 2018.07.09/低毒			
	水稻	稻曲病	54-72克/公顷	喷雾
	桃树	桃褐腐病	75-96毫克/千克	喷雾
	香蕉	叶斑病	200-250毫克/千克	喷雾
PD273-99	毒死蜱/97%/原药/毒死蜱 97%/2014.03.31 至 2019.03.31/中等毒			
PD308-99	氟乐灵/97%/原药/氟乐灵 97%/2009.10.09 至 2014.10.09/低毒			
PD328-2000	氯氰·毒死蜱/522.5克/升/乳油/毒死蜱 475克/升、氯氰菊酯 47.5克/升/2010.03.24 至 2015.03.24/中等毒			
	菜豆	豆荚螟	313.5-470.25克/公顷	喷雾
	大豆	蚜虫	156.75-196克/公顷	喷雾
	甘蓝	菜青虫	247.5-495.8克/公顷	喷雾
	柑橘树	潜叶蛾	366.7-550毫克/千克	喷雾
	果菜类蔬菜	美洲斑潜蝇	313.5-470.25克/公顷	喷雾
	梨树	梨木虱	261-348毫克/千克	喷雾
	荔枝树、龙眼	蒂蛀虫	261.3-522.5毫克/千克	喷雾
	棉花	棉铃虫	550-825克/公顷	喷雾
	苹果树	食心虫	275-366.7毫克/千克	喷雾
	桃树	介壳虫	261.3-348.3毫克/千克	喷雾
PD372-2001	氯氟吡氧乙酸异辛酯/95%/原药/氯氟吡氧乙酸异辛酯 95%/2012.12.10 至 2017.12.10/低毒			
PD20030001	乙氧氟草醚/97%/原药/乙氧氟草醚 97%/2013.03.17 至 2018.03.17/低毒			
PD20050158	氯氰·毒死蜱/220克/升/乳油/毒死蜱 200克/升、氯氰菊酯 20克/升/2010.10.12 至 2015.10.12/中等毒			
	菜豆	豆荚螟	313.5-470.25克/公顷	喷雾
	甘蓝	菜青虫	247.5-495.8克/公顷	喷雾
	柑橘树	潜叶蛾	366.7-550毫克/千克	喷雾
	果菜类蔬菜	美洲斑潜蝇	313.5-470.25克/公顷	喷雾
	荔枝树、龙眼树	蒂蛀虫	261.3-522.5毫克/千克	喷雾
	棉花	棉铃虫	550-825克/公顷	喷雾
	苹果树	桃小食心虫	275-366.7毫克/千克	喷雾
PD20050197	甲氧虫酰肼/240克/升/悬浮剂/甲氧虫酰肼 240克/升/2010.12.13 至 2015.12.13/低毒			
	甘蓝	甜菜夜蛾	36-72克/公顷	喷雾
	苹果树	小卷叶蛾	48-80毫克/千克	喷雾
	水稻	二化螟	70-100克/公顷	喷雾
PD20050206	甲氧虫酰肼/97.6%/原药/甲氧虫酰肼 97.6%/2010.12.20 至 2015.12.20/低毒			
PD20060004	多杀霉素/90%/原药/多杀霉素 90%/2011.01.09 至 2016.01.09/低毒			
PD20060005	多杀霉素/25克/升/悬浮剂/多杀霉素 25克/升/2011.01.09 至 2016.01.09/低毒			
	甘蓝	小菜蛾	12.5-25克/公顷	喷雾
	茄子	蓟马	25-37.5克/公顷	喷雾
PD20060011	2,4-滴异辛酯/94.4%/原药/2,4-滴异辛酯 94.4%/2011.01.09 至 2016.01.09/低毒			
PD20060012	双氟·滴辛酯/459克/升/悬乳剂/2,4-滴异辛酯 453克/升、双氟磺草胺 6克/升/2011.01.09 至 2016.01.09/低毒			
	冬小麦田	阔叶杂草	206.4-275.2克/公顷	茎叶喷雾
PD20060026	双氟磺草胺/97%/原药/双氟磺草胺 97%/2011.01.09 至 2016.01.09/低毒			
PD20060027	双氟磺草胺/50克/升/悬浮剂/双氟磺草胺 50克/升/2011.01.09 至 2016.01.09/低毒			
	冬小麦田	阔叶杂草	3.75-4.5克/公顷	茎叶喷雾
PD20060040	氰氟草酯/95%/原药/氰氟草酯 95%/2011.02.07 至 2016.02.07/低毒			
PD20060041	氰氟草酯/100克/升/乳油/氰氟草酯 100克/升/2011.02.07 至 2016.02.07/低毒			
	水稻田(直播)、水稻秧田	稗草、部分禾本科杂草、千金子	75-105克/公顷	喷雾
PD20060184	丙环唑/250克/升/乳油/丙环唑 250克/升/2011.11.10 至 2016.11.10/低毒			
	香蕉	叶斑病	500-700倍液	喷雾
	小麦	锈病	124.5-150克/公顷	喷雾
PD20070111	双氟·唑嘧胺/58克/升/悬浮剂/双氟磺草胺 25克/升、唑嘧磺草胺 33克/升/2012.04.27 至 2017.04.27/低毒			
	冬小麦田	阔叶杂草	7.875-11.8克/公顷	喷雾
PD20070112	双氟·唑嘧胺/175克/升/悬浮剂/双氟磺草胺 75克/升、唑嘧磺草胺 100克/升/2012.04.27 至 2017.04.27/低毒			
	冬小麦田	阔叶杂草	7.875-11.8克/公顷	茎叶喷雾
PD20070190	多杀霉素/480克/升/悬浮剂/多杀霉素 480克/升/2012.07.11 至 2017.07.11/低毒			
	棉花	棉铃虫	30.2-40.3克/公顷	喷雾
	水稻	稻纵卷叶螟	43.2-72克/公顷	喷雾
PD20070199	腈菌唑/40%/可湿性粉剂/腈菌唑 40%/2012.07.18 至 2017.07.18/低毒			

黄瓜 白粉病 45-60克/公顷 喷雾
梨树 黑星病 8000-10000倍液 喷雾
荔枝树 炭疽病 66.7～100毫克/千克 喷雾
苹果树 白粉病 6000-8000倍液 喷雾
葡萄 炭疽病 66.7-100毫克/千克 喷雾

PD20070200 腈菌唑/94%/原药/腈菌唑 94%/2012.07.18 至 2017.07.18/低毒

PD20070204 丙环唑/93%/原药/丙环唑 93%/2012.08.07 至 2017.08.07/低毒

PD20070290 甲基毒死蜱/96%/原药/甲基毒死蜱 96%/2012.09.07 至 2017.09.07/低毒

PD20070291 甲基毒死蜱/400克/升/乳油/甲基毒死蜱 400克/升/2012.09.07 至 2017.09.07/低毒
甘蓝 菜青虫 360-480克/公顷 喷雾
棉花 棉铃虫 600-1050克/公顷 喷雾

PD20070349 五氟磺草胺/98%/原药/五氟磺草胺 98%/2012.10.24 至 2017.10.24/低毒

PD20070350 五氟磺草胺/25克/升/可分散油悬浮剂/五氟磺草胺 25克/升/2012.10.24 至 2017.10.24/低毒
水稻田 一年生杂草 1)稗草2-3叶期15-30克/公顷 1)茎叶喷雾
2)稗草2-3叶期22.5-37.5克/公顷 2)毒土法
水稻秧田 一年生杂草 12.5-17.5克/公顷 茎叶喷雾

PD20070358 唑嘧磺草胺/97%/原药/唑嘧磺草胺 97%/2012.10.24 至 2017.10.24/低毒

PD20070359 唑嘧磺草胺/80%/水分散粒剂/唑嘧磺草胺 80%/2012.10.24 至 2017.10.24/低毒
春玉米田、大豆田 阔叶杂草 45-60克/公顷 土壤喷雾
冬小麦田 阔叶杂草 20-30克/公顷 茎叶喷雾
夏玉米田 阔叶杂草 24-48克/公顷 土壤喷雾

PD20070615 草甘膦异丙胺盐/30%/水剂/草甘膦 30%/2012.12.14 至 2017.12.14/低毒
柑橘园 杂草 922.5-2460克/公顷 定向茎叶喷雾
注:草甘膦异丙胺盐含量：41%。

PD20080483 氟硫草定/32%/乳油/氟硫草定 32%/2008.04.02 至 2013.04.02/低毒
高羊茅和早熟禾草坪 一年生单子叶及部分双子叶杂草 360-480克/公顷 芽前喷雾

PD20080496 氟硫草定/91.5%/原药/氟硫草定 91.5%/2013.04.09 至 2018.04.09/低毒

PD20080662 高效氟吡甲禾灵/94%/原药/高效氟吡甲禾灵 94%/2013.05.27 至 2018.05.27/低毒

PD20080666 多杀霉素/0.02%/饵剂/多杀霉素 0.02%/2013.05.27 至 2018.05.27/微毒
柑橘树 橘小实蝇 0.26-0.37克/公顷 点喷投饵

PD20081117 二氯吡啶酸/95%/原药/二氯吡啶酸 95%/2013.08.19 至 2018.08.19/低毒

PD20081118 二氯吡啶酸/75%/可溶粒剂/二氯吡啶酸 75%/2013.08.19 至 2018.08.19/低毒
春油菜田 阔叶杂草 100-180克/公顷 茎叶喷雾
冬油菜田 部分阔叶杂草 67.5-112.5克/公顷 茎叶喷雾

PD20081132 代森锰锌/430克/升/悬浮剂/代森锰锌 430克/升/2013.09.01 至 2018.09.01/低毒
香蕉 叶斑病 1050-1400毫克/千克 喷雾

PD20096674 锰锌·腈菌唑/62.25%/可湿性粉剂/腈菌唑 2.25%、代森锰锌 60%/2009.09.07 至 2014.09.07/低毒
黄瓜 白粉病 1867.5-2340克/公顷 喷雾
梨树 黑星病 1037.5-1556.3毫克/千克 喷雾

PD20100417 毒死蜱/15%/颗粒剂/毒死蜱 15%/2010.01.14 至 2015.01.14/低毒
花生 地下害虫 2250-3375克/公顷 撒施
十字花科蔬菜 黄条跳甲 2250-3375克/公顷 拌毒土撒施

PD20110528 代森锰锌/75%/水分散粒剂/代森锰锌 75%/2011.05.12 至 2016.05.12/低毒
苹果树 斑点落叶病 937.5－1250毫克/千克 喷雾

PD20120015 啶磺草胺/7.5%/水分散粒剂/啶磺草胺 7.5%/2012.01.06 至 2017.01.06/微毒
冬小麦田 一年生杂草 10.55-14.06克/公顷 茎叶喷雾

PD20120016 啶磺草胺/96.5%/原药/啶磺草胺 96.5%/2012.01.06 至 2017.01.06/低毒

PD20120240 乙基多杀菌素/60克/升/悬浮剂/乙基多杀菌素 60克/升/2012.02.13 至 2017.02.13/低毒
甘蓝 甜菜夜蛾、小菜蛾 18-36克/公顷 喷雾
茄子 蓟马 9-18克/公顷 喷雾

PD20120250 乙基多杀菌素/81.2%/原药/乙基多杀菌素 81.2%/2012.02.13 至 2017.02.13/微毒

PD20120363 五氟·氰氟草/60克/升/可分散油悬浮剂/氰氟草酯 50克/升、五氟磺草胺 10克/升/2012.02.23 至 2017.02.23/低毒
直播水稻田 千金子、稗草及部分阔叶杂草和莎草 90-120克/公顷 茎叶喷雾

PD20121665 氯酯磺草胺/97.5%/原药/氯酯磺草胺 97.5%/2012.11.05 至 2017.11.05/低毒

PD20121666 氯酯磺草胺/84%/水分散粒剂/氯酯磺草胺 84%/2012.11.05 至 2017.11.05/低毒
春大豆田 阔叶杂草 25.2-31.5克/公顷 茎叶喷雾

LS20110108 毒死蜱/40%/水乳剂/毒死蜱 40%/2013.04.11 至 2014.04.11/中等毒
柑橘树 介壳虫 300－600毫克/千克 喷雾
苹果树 绵蚜 300－450毫克/千克 喷雾
水稻 稻纵卷叶螟 607.5－810克/公顷 喷雾

LS20130008 氯氨吡啶酸(暂定)/21%/水剂/氯氨吡啶酸 21%/2014.01.06 至 2015.01.06/微毒
草原牧场(禾本科) 阔叶杂草 78.8-110.3克/公顷 喷雾

LS20130026 氯氨吡啶酸/91.6%/原药/氯氨吡啶酸 91.6%/2014.01.15 至 2015.01.15/微毒

LS20130039	五氟磺草胺/22%/悬浮剂/五氟磺草胺 22%/2013.02.05 至 2014.02.05/微毒			
	移栽水稻田	一年生杂草	18-32.4克/公顷	茎叶喷雾
LS20130218	硝苯菌酯/90%/原药/硝苯菌酯 90%/2013.04.24 至 2014.04.24/中等毒			
LS20130219	硝苯菌酯/36%/乳油/硝苯菌酯 36%/2013.04.24 至 2014.04.24/低毒			
	黄瓜	白粉病	150-216克/公顷	喷雾
LS20130288	氟啶虫胺腈/95.5%/原药/氟啶虫胺腈 95.5%/2013.05.13 至 2014.05.13/低毒			
LS20130290	氟啶虫胺腈/50%/水分散粒剂/氟啶虫胺腈 50%/2013.05.24 至 2014.05.24/低毒			
	棉花	烟粉虱	75-100克/公顷	喷雾
	棉花	盲蝽蟓	50-75克/公顷	喷雾
	小麦	蚜虫	15-22.5克/公顷	喷雾
LS20130291	氟啶虫胺腈/22%/悬浮剂/氟啶虫胺腈 22%/2013.05.24 至 2014.05.24/微毒			
	柑橘树	矢尖蚧	36.67-48.8毫克/千克	喷雾
	黄瓜	烟粉虱	50-75克/公顷	喷雾
	水稻	飞虱	50-75克/公顷	喷雾
LS20130334	2甲·双氟/43%/悬乳剂/双氟磺草胺 0.39%、2甲4氯异辛酯 42.61%/2013.06.19 至 2014.06.19/低毒			
	小麦田	阔叶杂草	387-645克/公顷	茎叶喷雾
WP20070014	氟铃脲/97%/原药/氟铃脲 97%/2012.07.18 至 2017.07.18/低毒			
WP20070015	杀白蚁饵剂/0.5%/饵剂/氟铃脲 0.5%/2012.07.18 至 2017.07.18/低毒			
	卫生	白蚁	/	投放

美国仙农有限公司　(北京市朝阳区朝外大街26号朝外们写字中心B1503室　100020　010-65889371)

PD266-99	代森锰锌/80%/可湿性粉剂/代森锰锌 80%/2014.02.13 至 2019.02.13/低毒			
	番茄	早疫病	2000克/公顷	喷雾
	柑橘	疮痂病、炭疽病	1333～2000毫克/千克	喷雾
	花生	叶斑病	720～900克/公顷	喷雾
	黄瓜	霜霉病	2040～3000克/公顷	喷雾
	辣椒	疫病	1800-2520克/公顷	喷雾
	辣椒	炭疽病	1800～2520克/公顷	喷雾
	梨树	黑星病	1000-1333毫克/千克	喷雾
	荔枝树	霜疫霉病	1333～2000毫克/千克	喷雾
	马铃薯	晚疫病	1680-2100克/公顷	喷雾
	苹果树	斑点落叶病	1000毫克/千克	喷雾
	苹果树	轮纹病	1000-1333毫克/千克	喷雾
	葡萄	白腐病、黑痘病、霜霉病	1000～1600毫克/千克	喷雾
	甜椒	炭疽病	1800-2520克/公顷	喷雾
	甜椒	疫病	1800～2520克/公顷	喷雾
	西瓜	炭疽病	1995-3000克/公顷	喷雾
	烟草	赤星病	1440～1920克/公顷	喷雾
PD300-99	抑霉唑/22.2%/乳油/抑霉唑 22.2%/2009.07.30 至 2014.07.30/中等毒			
	柑橘	绿霉病、青霉病	250-500毫克/千克	浸果
PD20060066	高效氯氰菊酯/100克/升/乳油/高效氯氰菊酯 100克/升/2011.04.04 至 2016.04.04/低毒			
	茶树	茶小绿叶蝉	15-19.5克/公顷	喷雾
	茶树	茶尺蠖	10.5-15克/公顷	喷雾
	甘蓝	菜青虫	7.5-15克/公顷	喷雾
	柑橘树	潜叶蛾	100-133毫克/千克	喷雾
	棉花	棉铃虫	52.5-72克/公顷	喷雾
	苹果树	桃小食心虫	25-33.3毫克/千克	喷雾
	小麦	蚜虫	12-18.75克/公顷	喷雾
PD20080975	代森锰锌/88%/原药/代森锰锌 88%/2013.07.24 至 2018.07.24/低毒			
PD20080981	抑霉唑/0.1%/涂抹剂/抑霉唑 0.1%/2013.07.24 至 2018.07.24/微毒			
	柑橘	绿霉病、青霉病	2-3升/吨	涂果
PD20080991	代森锰锌/420克/升/悬浮剂/代森锰锌 420克/升/2013.07.24 至 2018.07.24/低毒			
	香蕉树	叶斑病	1400-1050毫克/千克	喷雾
PD20081044	波尔多液/80%/可湿性粉剂/波尔多液 80%/2013.08.06 至 2018.08.06/低毒			
	柑橘树	溃疡病	1333-2000毫克/千克	喷雾
	辣椒	炭疽病	1600-2667毫克/千克	喷雾
	苹果树	轮纹病	1600-2667毫克/千克	喷雾
	葡萄	霜霉病	2000-2667毫克/千克	喷雾
PD20081113	氯苯胺灵/2.5%/粉剂/氯苯胺灵 2.5%/2013.08.19 至 2018.08.19/低毒			
	马铃薯	抑制出芽	10-15克/1000千克	撒施或喷粉
PD20081114	氯苯胺灵/99%/原药/氯苯胺灵 99%/2013.08.19 至 2018.08.19/低毒			
PD20086361	波尔·锰锌/78%/可湿性粉剂/波尔多液 48%、代森锰锌 30%/2013.12.31 至 2018.12.31/低毒			
	番茄	早疫病	1638-1989克/公顷	喷雾
	柑橘树	溃疡病	1560-1950毫克/千克	喷雾

	黄瓜	霜霉病	1989-2691克/公顷	喷雾
	苹果树	轮纹病	1300-1560毫克/千克	喷雾
	苹果树	斑点落叶病	1300-1950毫克/千克	喷雾
	葡萄	白腐病、霜霉病	1300-1560毫克/千克	喷雾
PD20093161	氯苯胺灵/49.65%/热雾剂/氯苯胺灵 49.65%/2014.03.11 至 2019.03.11/低毒			
	马铃薯	抑制出芽	30-40毫克/千克马铃薯	热雾
PD20095247	硫磺/99.5%/原药/硫磺 99.5%/2014.04.27 至 2019.04.27/低毒			
PD20096463	硫磺/80%/水分散粒剂/硫磺 80%/2009.08.14 至 2014.08.14/低毒			
	黄瓜	白粉病	2200-2600克/公顷	喷雾
PD20110530	碱式硫酸铜/70%/水分散粒剂/碱式硫酸铜 70%/2011.05.12 至 2016.05.12/低毒			
	黄瓜	霜霉病	547.2-638.4克/公顷	喷雾

美国伊甸生物技术公司　(湖南省长沙市雨花区人民东路38号农大哥科技大楼1523室　210095　025-84395623)

PD20070120	超敏蛋白/3%/微粒剂/超敏蛋白 3%/2012.05.08 至 2017.05.08/低毒			
	番茄、辣椒、烟草	抗病、调节生长、增产	30-60毫克/千克	喷雾

美国庄臣公司　(上海市浦东新区新金桥路932号　201206　021-58994833)

WP20080568	驱蚊乳/7.5%/驱蚊乳/避蚊胺 7.5%/2013.12.25 至 2018.12.25/微毒			
	卫生	蚊	/	涂抹

美商华仑生物科学公司　(广东省化州市桔城北路26号　525100　010-81610801)

PD174-93	苏云金杆菌/3.2%/可湿性粉剂/苏云金杆菌 3.2%(16000国际单位/毫克)/2013.12.29 至 2018.12.29/低毒			
	甘蓝	菜青虫、小菜蛾	1000-2000倍液	喷雾
PD175-93	赤霉酸/20%/可溶粉剂/赤霉酸 20%/2010.05.04 至 2015.05.04/低毒			
	柑橘树	调节生长	6.67-13.33毫克/千克	全株喷雾
	葡萄	调节生长	4-6.7毫克/千克(花前使用)或10-20毫克/千克(花后使用)	喷雾
	水稻	调节生长	60-90克/公顷	喷雾
PD380-2002	苄氨·赤霉酸/3.6%/液剂/苄氨基嘌呤 1.8%、赤霉酸A4+A7 1.8%/2012.06.17 至 2017.06.17/低毒			
	苹果树	调节果型	75.24-112.86克/公顷	喷雾
	注:新红星、红富士苹果			
PD20040007	苏云金杆菌/15000IU/毫克/水分散粒剂/苏云金杆菌 15000IU/毫克/2009.07.27 至 2014.07.27/低毒			
	甘蓝	菜青虫、甜菜夜蛾、小菜蛾	375-750克制剂/公顷	喷雾

挪威

挪威劳道克斯公司　(北京市崇文区广渠门领行国际中心1－1座23层　100061　010-67131677)

PD20110480	氧化亚铜/86.2%/水分散粒剂/氧化亚铜 86.2%/2011.05.05 至 2016.05.05/低毒			
	荔枝	霜疫霉病	574.7-862毫克/千克	喷雾
	苹果树	斑点落叶病	344.8—431毫克/千克	喷雾
PD20110520	氧化亚铜/86.2%/可湿性粉剂/氧化亚铜 86.2%/2011.05.05 至 2016.05.05/低毒			
	番茄	早疫病	900-1260克/公顷	喷雾
	柑橘树	溃疡病	862-1078毫克/千克	喷雾
	黄瓜	霜霉病	1800-2400克/公顷	喷雾
	苹果	轮纹病	345－431毫克/千克	喷雾
	葡萄	霜霉病	718-1078毫克/千克	喷雾
	水稻	纹枯病	355.6-474.1克/公顷	喷雾
	甜椒	疫病	1800-2400克/公顷	喷雾

日本

爱利思达生命科学株式会社　(上海市西藏中路18号港陆广场1001-1003室　200001　021-52418855-811)

PD9-85	双甲脒/200克/升/乳油/双甲脒 200克/升/2011.02.02 至 2016.02.02/中等毒			
	柑橘树	介壳虫、螨	130-200毫克/千克	喷雾
	梨树	梨木虱	166-250毫克/千克	喷雾
	棉花	棉红蜘蛛	60-120克/公顷	喷雾
	苹果树	苹果叶螨、山楂红蜘蛛	130-200毫克/千克	喷雾
PD188-94	烯草酮/240克/升/乳油/烯草酮 240克/升/2010.03.09 至 2015.03.09/低毒			
	大豆田	一年生禾本科杂草	单用:97.5-144克/公顷,混用:57-72克/公顷+ Amigo 0.125%喷液量或400-500毫升/公顷	喷雾
	油菜田	一年生禾本科杂草	单用:90-108克/公顷,混用:43.2-86.4克/公顷+ 用水量 0.125%植物油助剂	茎叶喷雾
PD210-96	烯草酮/120克/升/乳油/烯草酮 120克/升/2011.04.29 至 2016.04.29/低毒			
	大豆田	一年生禾本科杂草	63-72克/公顷	茎叶喷雾
	油菜田	一年生禾本科杂草	54-72克/公顷	喷雾

福马(日本)株式会社　(北京市朝阳区东三环路5号发展大厦505室　100004　010-65908541)

WP9-93	杀虫气雾剂/0.26%/气雾剂/右旋胺菊酯 0.23%、右旋苄呋菊酯 0.03%/2008.06.03 至 2013.06.03/低毒			
	卫生	蜚蠊、蚊、蝇	/	喷雾

WP46-97 0.3%福马克拉-AS气雾剂//气雾剂/右旋胺菊酯 0.15%、右旋苯醚氰菊酯 0.15%/2008.01.10 至 2013.01.10/低毒

卫生	蚊、蝇	0.3-0.5毫克/立方米	喷雾
卫生	蜚蠊	3-8毫克/平方米	喷雾

井上石灰工业株式会社 (广东省广州市越秀区天河路45之2号天伦大厦703室 510075 020-37812286)

LS20110074 波尔多液/28%/悬浮剂/波尔多液 28%/2013.04.01 至 2014.04.01/低毒

柑橘树	溃疡病	1873～2810毫克/千克	喷雾
葡萄	霜霉病	1873～2810毫克/千克	喷雾

日本阿斯制药株式会社 (天津经济技术开发区西区新安路98号 300462 022-59832120)

WP20080608 杀虫烟雾剂/7.2%/烟雾剂/右旋苯醚氰菊酯 7.2%/2013.12.31 至 2018.12.31/低毒

卫生	跳蚤、螨	0.33克制剂/平方米	加水发烟
卫生	蜚蠊	1克制剂/平方米	加水发烟

WP20100085 驱蚊片/500毫克/片/驱蚊片/四氟苯菊酯 500毫克/片/2010.06.03 至 2015.06.03/低毒

卫生	蚊	/	电吹风

WP20100096 驱蚊片/300毫克/片/驱蚊片/四氟苯菊酯 300毫克/片/2010.06.28 至 2015.06.28/低毒

卫生	蚊	/	电吹风

WP20100184 驱蚊片/120毫克/片/驱蚊片/四氟苯菊酯 120毫克/片/2010.12.22 至 2015.12.22/微毒

卫生	蚊	/	电吹风

WP20110192 驱蚊片/750毫克/片/驱蚊片/四氟苯菊酯 750毫克/片/2011.08.22 至 2016.08.22/低毒

卫生	蚊	/	电吹风

日本拜耳作物科学公司 (上海市浦东新区陆家嘴环路1000号汇丰大厦7楼 200120 021-68411177)

PD20050194 噁嗪草酮/1%/悬浮剂/噁嗪草酮 1%/2010.12.13 至 2015.12.13/低毒

水稻田(直播)、水稻移栽田	稗草、沟繁缕、千金子、异型莎草	40-50克/公顷	瓶甩或喷雾
水稻秧田	稗草、千金子、异型莎草	30-37.5克/公顷	喷雾

注:1)水稻秧田的稗草在二叶期前喷雾。2)水稻直播田仅限水直播田。

PD20050204 噁嗪草酮/96.5%/原药/噁嗪草酮 96.5%/2010.12.20 至 2015.12.20/低毒

日本北兴化学工业株式会社 (上海市西藏中路18号港陆广场1001-1003室 200001 021-52418855-811)

PD54-87 春雷霉素/2%/水剂/春雷霉素 2%/2012.07.24 至 2017.07.24/低毒

番茄	叶霉病	42-52.5克/公顷	喷雾
黄瓜	角斑病	42-52.5克/公顷	喷雾
水稻	稻瘟病	24-30克/公顷	喷雾

PD166-92 春雷·王铜/50%/可湿性粉剂/春雷霉素 5%、王铜 45%/2012.11.12 至 2017.11.12/低毒

柑橘树	溃疡病	625-1000毫克/千克	喷雾

PD167-92 春雷·王铜/47%/可湿性粉剂/春雷霉素 2%、王铜 45%/2012.08.27 至 2017.08.27/低毒

番茄	叶霉病	661.5-877.5克/公顷	喷雾
柑橘树	溃疡病	625-1000毫克/千克	喷雾
黄瓜	霜霉病	600-800倍液	喷雾
荔枝	霜疫霉病	587.5～783.3毫克/千克	喷雾

PD276-99 亚胺唑/15%/可湿性粉剂/亚胺唑 15%/2009.05.10 至 2014.05.10/低毒

梨树	黑星病	43-50毫克/千克	喷雾

PD283-99 亚胺唑/5%/可湿性粉剂/亚胺唑 5%/2012.07.24 至 2017.07.24/低毒

柑橘树	疮痂病	55.6-83.3毫克/千克	喷雾
梨树	黑星病	43-50毫克/千克	喷雾
苹果树	斑点落叶病	71.4-83.3毫克/千克	喷雾
葡萄	黑痘病	62.5-83.3毫克/千克	喷雾
青梅	黑星病	62.5-83.3毫克/千克	喷雾

PD316-99 春雷霉素/70%/原药/春雷霉素 70%/2010.01.07 至 2015.01.07/低毒

日本曹达株式会社 (上海市茂名南路205号瑞金大厦2318室 200020 021-64731277)

PD3-86 烯禾啶/20%/乳油/烯禾啶 20%/2012.01.25 至 2017.01.25/低毒

大豆田	一年生禾本科杂草	300-600克/公顷	喷雾
花生田	一年生禾本科杂草	199.5-300克/公顷	喷雾
棉花田	一年生禾本科杂草	300-360克/公顷	喷雾
甜菜田	一年生禾本科杂草	300克/公顷	喷雾
亚麻	一年生禾本科杂草	195-360克/公顷	喷雾
油菜田	一年生禾本科杂草	199.5-360克/公顷	喷雾

PD61-88 甲基硫菌灵/70%/可湿性粉剂/甲基硫菌灵 70%/2013.01.28 至 2018.01.28/低毒

花生	褐斑病	262.57-350克/公顷	喷雾
芦笋	茎枯病	630-787.5克/公顷	喷雾
苹果树	轮纹病	700－875毫克/千克	喷雾
水稻	纹枯病	1050-1500克/公顷	喷雾
西瓜	炭疽病	420-525克/公顷	喷雾
小麦	赤霉病	750-1050克/公顷	喷雾

PD122-90 噻螨酮/5%/乳油/噻螨酮 5%/2012.01.25 至 2017.01.25/中等毒

柑橘树 红蜘蛛 25毫克/千克 喷雾
棉花 红蜘蛛 37.5-49.5克/公顷 喷雾
苹果树 苹果红蜘蛛、山楂红蜘蛛 25-30毫克/千克 喷雾
PD123-90 噻螨酮/5%/可湿性粉剂/噻螨酮 5%/2012.01.25 至 2017.01.25/低毒
柑橘树 红蜘蛛 25-30毫克/千克 喷雾
PD139-91 甲基硫菌灵/500克/升/悬浮剂/甲基硫菌灵 500克/升/2011.09.18 至 2016.09.18/低毒
水稻 稻瘟病、纹枯病 750-1125克/公顷 喷雾
小麦 赤霉病 750-1125克/公顷 喷雾
PD142-91 氟菌唑/30%/可湿性粉剂/氟菌唑 30%/2013.07.25 至 2018.07.25/低毒
黄瓜 白粉病 60-90克/公顷 喷雾
梨树 黑星病 75-100毫克/千克 喷雾
PD162-92 甲基硫菌灵/3%/糊剂/甲基硫菌灵 3%/2012.01.25 至 2017.01.25/低毒
苹果树 腐烂病 / 涂抹病斑
PD190-94 螨醇·噻螨酮/22.5%/乳油/三氯杀螨醇 20%、噻螨酮 2.5%/2012.01.25 至 2017.01.25/低毒
柑橘树、苹果树 红蜘蛛 150-225毫克/千克 喷雾
PD245-98 虫酰肼/97%/原药/虫酰肼 97%/2013.11.19 至 2018.11.19/低毒
PD311-99 噻螨酮/97%/原药/噻螨酮 97%/2009.12.14 至 2014.12.14/中等毒
PD326-2000 甲基硫菌灵/90%/原药/甲基硫菌灵 90%/2010.03.17 至 2015.03.17/低毒
PD363-2001 虫酰肼/24%/悬浮剂/虫酰肼 24%/2011.06.18 至 2016.06.18/低毒
森林 马尾松毛虫 60-120毫克/千克 喷雾
PD373-2001 双胍三辛烷基苯磺酸盐/90%/原药/双胍三辛烷基苯磺酸盐 90%/2011.12.18 至 2016.12.18/低毒
PD374-2001 双胍三辛烷基苯磺酸盐/40%/可湿性粉剂/双胍三辛烷基苯磺酸盐 40%/2011.12.18 至 2016.12.18/低毒
番茄、葡萄 灰霉病 180-300克/公顷 喷雾
柑橘 贮藏期病害 200-400毫克/千克 浸果
黄瓜 白粉病 200-400毫克/千克 喷雾
芦笋 茎枯病 400-500毫克/千克 喷雾
苹果树 斑点落叶病 400-500毫克/千克 喷雾
西瓜 蔓枯病 400-500毫克/千克 喷雾
PD391-2003 啶虫脒/99%/原药/啶虫脒 99%/2013.08.26 至 2018.08.26/中等毒
PD392-2003 啶虫脒/3%/乳油/啶虫脒 3%/2008.09.03 至 2013.09.03/中等毒
柑橘树 潜叶蛾 15-30毫克/千克 喷雾
柑橘树 蚜虫 12-15毫克/千克 喷雾
黄瓜 蚜虫 18-22.5克/公顷 喷雾
棉花 蚜虫 9-13.5克/公顷 喷雾
苹果树 绣线菊蚜 12-15毫克/千克 喷雾
烟草 蚜虫 13.5-18克/公顷 喷雾
PD20081026 氟菌唑/97%/原药/氟菌唑 97%/2013.08.06 至 2018.08.06/低毒
PD20081633 啶虫脒/20%/可溶粉剂/啶虫脒 20%/2013.11.14 至 2018.11.14/中等毒
柑橘树、苹果树 蚜虫 12-15毫克/千克 喷雾
黄瓜 蚜虫 18-22.5克/公顷 喷雾
棉花 蚜虫 9-18克/公顷 喷雾
PD20096139 烯禾啶/50%/母药/烯禾啶 50%/2009.06.24 至 2014.06.24/低毒

日本大冢农业科技株式会社 (北京市朝阳区建国门外大街1号国贸大厦19层 100004 010-65183030)

PD20098161 丙硫克百威/94%/原药/丙硫克百威 94%/2009.12.14 至 2014.12.14/中等毒
PD20130361 丁氟螨酯/97%/原药/丁氟螨酯 97%/2013.03.11 至 2018.03.11/低毒

日本化药株式会社 (上海市西藏中路18号港陆广场1001-1003室 200001 021-52418855-811)

PD44-87 杀虫环/50%/可溶粉剂/杀虫环 50%/2012.05.28 至 2017.05.28/中等毒
水稻 稻纵卷叶螟、二化螟、三化螟 375-750克/公顷 喷雾
PD68-88 二嗪磷/50%/乳油/二嗪磷 50%/2008.06.30 至 2013.06.30/中等毒
棉花 棉蚜 750-1050克/公顷 喷雾
水稻 二化螟、三化螟 450-900克/公顷 喷雾
小麦 地下害虫 0.1%-0.2%种子量 拌种

日本佳田化学(株)中国有限公司 (上海市镇宁路200号欣安大厦东峰19楼C座 200040 021-61026611)

PD20093203 甲基硫菌灵/70%/可湿性粉剂/甲基硫菌灵 70%/2009.03.11 至 2014.03.11/低毒
番茄 叶霉病 375-562.5克/公顷 喷雾

日本科研制药株式会社 (广东省广州市越秀区天河路45之二号天伦大厦7楼03号房 510075 020-37812286)

PD138-91 多抗霉素/10%/可湿性粉剂/多抗霉素 10%/2011.06.15 至 2016.06.15/低毒
番茄 叶霉病 150-210克/公顷 喷雾
黄瓜 灰霉病 150-210克/公顷 喷雾
苹果树 斑点病、轮斑病 67-100毫克/千克 喷雾
烟草 赤星病 105-135克/公顷 喷雾
PD259-98 多抗霉素/31-34%/原药/多抗霉素 31-34%/2013.12.26 至 2018.12.26/低毒

日本明治制果药业株式会社 (上海市西藏中路18号港陆广场1001-1003室 200001 021-52418855-811)

PD20090005 烯丙苯噻唑/95%/原药/烯丙苯噻唑 95%/2014.01.04 至 2019.01.04/低毒

PD20090006 烯丙苯噻唑/8%/颗粒剂/烯丙苯噻唑 8%/2014.01.04 至 2019.01.04/低毒

水稻	稻瘟病	2000-4000克/公顷	撒施

日本农药株式会社 (上海市长宁区延安西路2299号上海世贸商城1510室 200336 021-62361901)

PD15-86 稻瘟灵/40%/乳油/稻瘟灵 40%/2011.04.09 至 2016.04.09/低毒

水稻	稻瘟病	399-600克/公顷	喷雾

PD19-86 稻瘟灵/40%/可湿性粉剂/稻瘟灵 40%/2011.09.17 至 2016.09.17/低毒

水稻	稻瘟病	399-600克/公顷	喷雾

PD93-89 氟酰胺/20%/可湿性粉剂/氟酰胺 20%/2009.08.06 至 2014.08.06/低毒

水稻	纹枯病	300-375克/公顷	喷雾

PD98-89 噻嗪酮/25%/可湿性粉剂/噻嗪酮 25%/2009.04.14 至 2014.04.14/低毒

茶树	小绿叶蝉	166-250毫克/千克	喷雾
柑橘树	矢尖蚧	125-250毫克/千克	喷雾
水稻	飞虱	75-112.5克/公顷	喷雾

PD193-94 唑螨酯/5%/悬浮剂/唑螨酯 5%/2009.08.11 至 2014.08.11/中等毒

柑橘树	红蜘蛛、锈壁虱	25-50毫克/千克	喷雾
棉花、啤酒花	叶螨	15-30克/公顷	喷雾
苹果树	红蜘蛛	16-25毫克/千克	喷雾

注:其中棉花和啤酒花为临时登记状态，棉花有效期至2008年8月11日，啤酒花有效期截止到2007年12月31日。

PD304-99 噻嗪酮/99%/原药/噻嗪酮 99%/2009.09.24 至 2014.09.24/低毒

PD305-99 氟酰胺/97.5%/原药/氟酰胺 97.5%/2009.09.24 至 2014.09.24/低毒

PD306-99 唑螨酯/96%/原药/唑螨酯 96%/2009.09.24 至 2014.09.24/中等毒

PD307-99 稻瘟灵/95%/原药/稻瘟灵 95%/2009.09.24 至 2014.09.24/低毒

PD20060147 唑酯·炔螨特/13%/水乳剂/炔螨特 10%、唑螨酯 3%/2011.08.18 至 2016.08.18/中等毒

柑橘树	红蜘蛛	86.7-130毫克/千克	喷雾
苹果树	红蜘蛛	65-86.6毫克/千克	喷雾
苹果树	二斑叶螨	86.7-130毫克/千克	喷雾

PD20080448 吡草醚/2%/悬浮剂/吡草醚 2%/2013.03.27 至 2018.03.27/低毒

冬小麦田	猪殃殃为主的阔叶杂草	9-12克/公顷	茎叶喷雾

PD20080449 吡草醚/40%/母药/吡草醚 40%/2013.03.27 至 2018.03.27/低毒

PD20080450 吡草醚/95%/原药/吡草醚 95%/2013.03.27 至 2018.03.27/低毒

PD20110318 氟苯虫酰胺/96%/原药/氟苯虫酰胺 96%/2011.03.24 至 2016.03.24/低毒

PD20110319 氟苯虫酰胺/20%/水分散粒剂/氟苯虫酰胺 20%/2011.03.24 至 2016.03.24/低毒

白菜	甜菜夜蛾、小菜蛾	45-50克/公顷	喷雾

日本日产化学工业株式会社 (北京市东城区建国门内大街18号恒基中心办公楼二座八层 100005 010-65183030)

PD187-94 吡嘧磺隆/10%/可湿性粉剂/吡嘧磺隆 10%/2014.01.18 至 2019.01.18/低毒

水稻	稗草、阔叶杂草、莎草	15-30克/公顷	药土法或喷雾

PD205-95 精喹禾灵/50克/升/乳油/精喹禾灵 50克/升/2010.07.14 至 2015.07.14/低毒

大白菜、西瓜	一年生禾本科杂草	30-45克/公顷	喷雾
大豆、花生、棉花、油菜	一年生禾本科杂草	37.5-60克/公顷	喷雾
芝麻	一年生禾本科杂草	37.5-45克/公顷	喷雾

PD330-2000 精喹禾灵/95/原药/精喹禾灵 95%/2010.04.14 至 2015.04.14/低毒

PD20040025 吡嘧磺隆/7.5%/可湿性粉剂/吡嘧磺隆 7.5%/2009.12.07 至 2014.12.07/低毒

水稻移栽田	阔叶杂草、莎草、幼龄稗草	16.875-22.5克/公顷	毒土法或喷雾

PD20070127 噻呋酰胺/240克/升/悬浮剂/噻呋酰胺 240克/升/2012.05.21 至 2017.05.21/低毒

马铃薯	黑痣病	252-432克/公顷	喷雾
水稻	纹枯病	45.3-81.5克/公顷	喷雾

PD20070128 噻呋酰胺/96%/原药/噻呋酰胺 96%/2012.05.21 至 2017.05.21/低毒

LS20120183 氯吡嘧磺隆/75%/水分散粒剂/氯吡嘧磺隆 75%/2013.05.11 至 2014.05.11/低毒

夏玉米田	香附子	33.75-45克/公顷	茎叶喷雾

LS20120230 氯吡嘧磺隆/97%/原药/氯吡嘧磺隆 97%/2013.06.21 至 2014.06.21/低毒

日本日友商社(香港)有限公司 (山东省济南市蓝翔路15号时代总部基地二区17栋 250032 0531-86517636)

PD20081302 甲基硫菌灵/70%/可湿性粉剂/甲基硫菌灵 70%/2013.10.09 至 2018.10.09/低毒

苹果树	轮纹病	800-1200倍液	喷雾

PD20090601 代森锰锌/80%/可湿性粉剂/代森锰锌 80%/2014.01.14 至 2019.01.14/低毒

番茄	早疫病	1800-2200克/公顷	喷雾
柑橘树	疮痂病、炭疽病	1333～2000毫克/千克	喷雾
花生	叶斑病	720～900克/公顷	喷雾
黄瓜	霜霉病	2040～3000克/公顷	喷雾
辣椒	炭疽病、疫病	1800～2520克/公顷	喷雾
梨树	黑星病	800～1600毫克/千克	喷雾
荔枝树	霜疫霉病	1333～2000毫克/千克	喷雾

	马铃薯	晚疫病	1440～2160克/公顷	喷雾
	苹果树	斑点落叶病、轮纹病、炭疽病	1000～1600毫克/千克	喷雾
	葡萄	白腐病、黑痘病、霜霉病	1000～1600毫克/千克	喷雾
	西瓜	炭疽病	1560～2560克/公顷	喷雾
	烟草	赤星病	1440～1920克/公顷	喷雾
日本三井化学AGRO株式会社　(广州市越秀区天河路45之二号天伦大厦7楼03号房　510075　020-37812286)				
PD103-89	噁霉灵/70%/可湿性粉剂/噁霉灵 70%/2009.10.20 至 2014.10.20/低毒			
	甜菜	立枯病	280-490克加福美双200-400克/100千克种子	拌种
PD104-89	噁霉灵/30%/水剂/噁霉灵 30%/2009.10.01 至 2014.10.01/低毒			
	水稻苗床	立枯病	0.9-1.8克/平方米	浇灌
	水稻育秧箱	立枯病	0.9克/平方米	浇灌
	西瓜	枯萎病	375-500毫克/千克	苗床喷淋、本田灌根
	注:西瓜有效期至2006年10月20日。			
PD149-92	醚菊酯/10%/悬浮剂/醚菊酯 10%/2012.07.24 至 2017.07.24/低毒			
	甘蓝	菜青虫	45-60克/公顷	喷雾
	林木	松毛虫	33.3-50毫克/千克	喷雾
	水稻	象甲	120-150克/公顷	喷雾
	水稻	飞虱	60-90克/公顷	喷雾
PD228-98	醚菊酯/20%/乳油/醚菊酯 20%/2013.07.11 至 2018.07.11/低毒			
	水稻	稻飞虱	90-135克/公顷	喷雾
PD229-98	醚菊酯/4%/油剂/醚菊酯 4%/2013.07.11 至 2018.07.11/低毒			
	水稻	稻象甲	120-150克/公顷	直接施药
PD313-99	噁霉灵/99%/原药/噁霉灵 99%/2009.09.24 至 2014.09.24/低毒			
PD20070515	醚菊酯/96%/原药/醚菊酯 96%/2012.11.28 至 2017.11.28/低毒			
LS20130077	呋虫胺/20%/可溶粒剂/呋虫胺 20%/2013.03.06 至 2014.03.06/低毒			
	黄瓜(保护地)	白粉虱	90—150克/公顷	喷雾
	黄瓜(保护地)	蓟马	60—120克/公顷	喷雾
	水稻	飞虱	60—120克/公顷	喷雾
	水稻	二化螟	90—150克/公顷	喷雾
LS20130078	呋虫胺/99.1%/原药/呋虫胺 99.1%/2013.03.06 至 2014.03.06/低毒			
日本狮王株式会社　(上海市茂名南205号瑞金大厦1006室　100055　021-64735159)				
WL20130026	杀虫烟雾剂/5%/烟雾剂/氯菊酯 5%/2013.05.13 至 2014.05.13/微毒			
	室内	蜚蠊、螨	1克制剂/立方米	发烟
日本石原产业株式会社　(北京市朝阳区东三环北路3号幸福大厦B座1316号　100027　010-64620130)				
PD25-87	吡氟禾草灵/35%/乳油/吡氟禾草灵 35%/2012.01.29 至 2017.01.29/低毒			
	大豆田、花生田、棉花田、甜菜田	禾本科杂草	262.5-525克/公顷	喷雾
PD91-89	精吡氟禾草灵/150克/升/乳油/精吡氟禾草灵 150克/升/2009.03.26 至 2014.03.26/低毒			
	大豆、花生、甜菜	多年生禾本科杂草、一年生禾本科杂草	112.5-150克/公顷	喷雾
	冬油菜	一年生禾本科杂草	90-150克/公顷	喷雾
	棉花	多年生禾本科杂草、一年生禾本科杂草	75-150克/公顷	喷雾
PD141-91	氟啶脲/50克/升/乳油/氟啶脲 50克/升/2011.04.29 至 2016.04.29/低毒			
	甘蓝	菜青虫、甜菜夜蛾、小菜蛾	30-60克/公顷	喷雾
	柑橘树	潜叶蛾	16.6-25毫克/千克	喷雾
	棉花	红铃虫、棉铃虫	45-105克/公顷	喷雾
PD235-98	烟嘧磺隆/40克/升/可分散油悬浮剂/烟嘧磺隆 40克/升/2013.06.05 至 2018.06.05/低毒			
	玉米田	一年生单子叶杂草、一年生双子叶杂草	40-60克/公顷	茎叶喷雾
PD286-99	精吡氟禾草灵/52%/母液/精吡氟禾草灵 52%/2012.08.05 至 2017.08.05/低毒			
PD370-2001	氟啶脲/94%/原药/氟啶脲 94%/2011.10.23 至 2016.10.23/低毒			
PD371-2001	烟嘧磺隆/90%/原药/烟嘧磺隆 90%/2011.10.23 至 2016.10.23/低毒			
PD389-2003	啶嘧磺隆/94%/原药/啶嘧磺隆 94%/2013.05.14 至 2018.05.14/低毒			
PD390-2003	啶嘧磺隆/25%/水分散粒剂/啶嘧磺隆 25%/2013.05.22 至 2018.05.22/低毒			
	暖季型草坪	杂草	37.5-75克/公顷	喷雾
PD20050144	噻唑膦/93%/原药/噻唑膦 93%/2010.09.19 至 2015.09.19/中等毒			
PD20050145	噻唑膦/10%/颗粒剂/噻唑膦 10%/2010.09.19 至 2015.09.19/中等毒			
	番茄、黄瓜	根结线虫	2250-3000克/公顷	土壤撒施
	西瓜	根结线虫	2250～3000克/公顷	土壤撒施
PD20050191	氰霜唑/100克/升/悬浮剂/氰霜唑 100克/升/2010.12.13 至 2015.12.13/低毒			
	番茄	晚疫病	80-100克/公顷	喷雾
	黄瓜	霜霉病	80-100克/公顷	喷雾
	荔枝树	霜疫霉病	40-50毫克/千克	喷雾

	马铃薯	晚疫病	48-60克/公顷	喷雾
	葡萄	霜霉病	40-50毫克/千克	喷雾
	西瓜	疫病	80－100克/公顷	喷雾
PD20050203	氰霜唑/93.5%/原药/氰霜唑 93.5%/2010.12.20 至 2015.12.20/低毒			
PD20060196	精吡氟禾草灵/85.7%/原药/精吡氟禾草灵 85.7%/2011.12.06 至 2016.12.06/低毒			
PD20080180	氟啶胺/500克/升/悬浮剂/氟啶胺 500克/升/2013.01.03 至 2018.01.03/低毒			
	大白菜	根肿病	2000～2500克/公顷	土壤喷雾
	辣椒	疫病	187.5-250克/公顷	喷雾
	辣椒	炭疽病	187.5～262.5克/公顷	喷雾
	马铃薯	晚疫病	200-250克/公顷	喷雾
	马铃薯	早疫病	187.5～262.5克/公顷	喷雾
PD20080181	氟啶胺/94.5%/原药/氟啶胺 94.5%/2013.01.03 至 2018.01.03/低毒			
PD20083325	烟嘧磺隆/80%/可湿性粉剂/烟嘧磺隆 80%/2013.12.11 至 2018.12.11/微毒			
	春玉米田	一年生单、双子叶杂草	40－60克/公顷	喷雾
	夏玉米田	一年生单、双子叶杂草	40－50克/公顷	喷雾
PD20110323	氟啶虫酰胺/96%/原药/氟啶虫酰胺 96%/2011.03.24 至 2016.03.24/低毒			
PD20110324	氟啶虫酰胺/10%/水分散粒剂/氟啶虫酰胺 10%/2011.03.24 至 2016.03.24/低毒			
	黄瓜	蚜虫	45-75克/公顷	喷雾
	马铃薯	蚜虫	52.5-75克/公顷	喷雾
	苹果	蚜虫	20-40毫克/千克	喷雾
PD20110960	烟嘧磺隆/60克/升/可分散油悬浮剂/烟嘧磺隆 60克/升/2011.09.28 至 2016.09.28/低毒			
	玉米田	一年生杂草	40-60克/公顷	茎叶喷雾

日本史迪士生物科学株式会社　(广东省广州市越秀区天河路45之2号天伦大厦703室　510075　020-37812286)

PD106-89	百菌清/75%/可湿性粉剂/百菌清 75%/2010.01.25 至 2015.01.25/低毒			
	番茄	早疫病	1650-3000克/公顷	喷雾
	花生	叶斑病	1249.5-1500克/公顷	喷雾
	黄瓜	霜霉病	1650-3000克/公顷	喷雾
PD345-2000	百菌清/40%/悬浮剂/百菌清 40%/2010.09.29 至 2015.09.29/低毒			
	番茄	早疫病	900-1050克/公顷	喷雾
	花生	叶斑病	600-900克/公顷	喷雾
	黄瓜	霜霉病	900-1050克/公顷	喷雾
PD20060060	百菌清/98%/原药/百菌清 98%/2011.03.31 至 2016.03.31/低毒			

日本卫材食品化学株式会社　(北京市朝阳区朝外大街18号丰联广场A座18层　100020　010-65881922)

PD20096814	丙酰芸苔素内酯/95%/原药/丙酰芸苔素内酯 95%/2009.09.21 至 2014.09.21/低毒			
PD20096815	丙酰芸苔素内酯/0.003%/水剂/丙酰芸苔素内酯 0.003%/2009.09.21 至 2014.09.21/低毒			
	黄瓜、葡萄	提高产量	3000-5000倍液	兑水喷雾

日本旭化学工业株式会社　(福建省漳州市蓝田工业开发区纵四路　363007　0596—2107556)

PD165-92	复硝酚钠/1.8%/水剂/5-硝基邻甲氧基苯酚钠 0.3%、对硝基苯酚钠 0.9%、邻硝基苯酚钠 0.6%/2011.12.11 至2016.12.11/低毒			
	番茄	调节生长	4.05-8.1克/公顷	喷雾
	荔枝树	保果、促花	2000-3000倍液	花穗期前后各喷1次
	棉花	调节生长、增产	2000-3000倍液	喷雾3次
	水稻	促进生长、增产	1)6000倍液2)6000倍液 3)1000-2000倍液	1)播前浸种36-72小时2)移栽前5-7天喷秧苗3)幼穗形成期、齐穗期各喷1次,花穗期、花前后各喷1次。

日本株式会社白元　(上海市漕溪北路18号上海实业大厦33楼E座　200030　010-65682930)

WP20100115	防蛀片剂/35%/防蛀剂/右旋烯炔菊酯 35%/2010.09.20 至 2015.09.20/微毒			
	卫生	黑皮蠹	/	投放
WP20100118	防蛀片剂/18%/防蛀剂/右旋烯炔菊酯 18%/2010.09.21 至 2015.09.21/微毒			
	卫生	黑皮蠹	/	投放

日本住友化学株式会社　(上海市外高桥保税区基隆路6号外高桥大厦706室　200131　021-68817700)

PD17-86	氰戊菊酯/20%/乳油/氰戊菊酯 20%/2011.09.26 至 2016.09.26/中等毒			
	大豆	蚜虫	30-60克/公顷	喷雾
	大豆	食心虫	60-90克/公顷	喷雾
	大豆	豆荚螟	60-120克/公顷	喷雾
	柑橘树	潜叶蛾	16-25毫克/千克	喷雾
	棉花	害虫	75-150克/公顷	喷雾
	苹果树	桃小食心虫	50-100毫克/千克	喷雾
	叶菜类蔬菜	害虫	60-120克/公顷	喷雾

PD20-86 杀螟丹/50%/可溶粉剂/杀螟丹 50%/2011.09.18 至 2016.09.18/中等毒

水稻	螟虫	300-750克/公顷	喷雾

PD62-88 杀螟硫磷/50%/乳油/杀螟硫磷 50%/2008.04.18 至 2013.04.18/中等毒

水稻	稻纵卷叶螟、三化螟	365-750克/公顷	喷雾

PD72-88 杀螟丹/98%/可溶粉剂/杀螟丹 98%/2013.05.29 至 2018.05.29/中等毒

白菜、甘蓝	小菜蛾	441-735克/公顷	喷雾
白菜、甘蓝	菜青虫	441-588克/公顷	喷雾
茶树	茶小绿叶蝉	490-653.3毫克/千克	喷雾
甘蔗	螟虫	100-150毫克/千克	喷雾
柑橘树	潜叶蛾	500-550毫克/千克	喷雾
水稻	二化螟	588-882克/公顷	喷雾

PD74-88 腐霉利/50%/可湿性粉剂/腐霉利 50%/2013.08.21 至 2018.08.21/低毒

番茄、黄瓜	灰霉病	375-750克/公顷	喷雾
葡萄	灰霉病	562.5-1125克/公顷	喷雾
油菜	菌核病	225-450克/公顷	喷雾

PD77-88 甲氰菊酯/20%/乳油/甲氰菊酯 20%/2013.10.17 至 2018.10.17/中等毒

茶树	茶尺蠖	22.5-28.13克/公顷	喷雾
甘蓝	菜青虫、小菜蛾	75-90克/公顷	喷雾
柑橘树	潜叶蛾	20-25毫克/千克	喷雾
柑橘树	红蜘蛛	67-100毫克/千克	喷雾
棉花	红铃虫、红蜘蛛、棉铃虫	90-120克/公顷	喷雾
苹果树	山楂红蜘蛛	100毫克/千克	喷雾
苹果树	桃小食心虫	67-100毫克/千克	喷雾

PD118-90 S-氰戊菊酯/50克/升/乳油/S-氰戊菊酯 50克/升/2010.03.09 至 2015.03.09/中等毒

大豆	食心虫、蚜虫	7.5-15克/公顷	喷雾
甘蓝	菜青虫	7.5-15克/公顷	喷雾
柑橘树	潜叶蛾	6-7毫克/千克	喷雾
棉花	害虫	16.75-26.25克/公顷	喷雾
苹果树	桃小食心虫	16-25毫克/千克	喷雾
森林	松毛虫	5-8毫克/千克	喷雾
甜菜	甘蓝夜蛾	7.5-15克/公顷	喷雾
小麦	黏虫、蚜虫	7.5-11.25克/公顷	喷雾
烟草	蚜虫、烟青虫	7.5-11.25克/公顷	喷雾
玉米	黏虫	7.5-15克/公顷	喷雾

PD183-93 R-烯唑醇/5%/种子处理干粉剂/R-烯唑醇 5%/2008.10.13 至 2013.10.13/低毒

高粱	丝黑穗病	15-20克/100千克种子	干拌
玉米	丝黑穗病	60～90克/100千克种子	拌种

注:玉米为临时登记状态,有效期最多至2012年1月7日。

PD236-98 氟烯草酸/100克/升/乳油/氟烯草酸 100克/升/2008.08.21 至 2013.08.21/低毒

大豆	阔叶杂草	45-67.5克/公顷	喷雾

PD237-98 丙炔氟草胺/50%/可湿性粉剂/丙炔氟草胺 50%/2013.07.31 至 2018.07.31/低毒

春大豆田	一年生阔叶杂草及禾本科杂草	22.5-30克/公顷(东北地区)	苗后早期喷雾
大豆田	一年生阔叶杂草及禾本科杂草	60-90克/公顷	播后苗前土壤处理
柑橘园	一年生阔叶杂草及禾本科杂草	397.5-600克/公顷	定向茎叶喷雾
花生田	一年生阔叶杂草及禾本科杂草	40-60克/公顷	播后苗前土壤处理
夏大豆田	一年生阔叶杂草及禾本科杂草	22.5-26.25克/公顷	苗后早期喷雾

PD252-98 S-氰戊菊酯/83%/原药/S-氰戊菊酯 83%/2013.11.27 至 2018.11.27/中等毒

PD253-98 氰戊菊酯/95.6%/原药/氰戊菊酯 95.6%/2014.01.18 至 2019.01.18/中等毒

PD254-98 杀螟硫磷/93%/原药/杀螟硫磷 93%/2008.04.18 至 2013.04.18/中等毒

PD255-98 甲氰菊酯/91%/原药/甲氰菊酯 91%/2013.07.18 至 2018.07.18/中等毒

PD256-98 腐霉利/98.5%/原药/腐霉利 98.5%/2013.10.17 至 2018.10.17/低毒

PD257-98 丙炔氟草胺/99.2%/原药/丙炔氟草胺 99.2%/2013.08.21 至 2018.08.21/低毒

PD258-98 氟烯草酸/99.2%/原药/氟烯草酸 99.2%/2008.07.18 至 2013.07.18/低毒

PD324-2000 杀螟丹/97%/原药/杀螟丹 97%/2010.03.17 至 2015.03.17/中等毒

PD20070063 乙霉威/95%/原药/乙霉威 95%/2012.03.12 至 2017.03.12/低毒

PD20070064 甲硫·乙霉威/65%/可湿性粉剂/甲基硫菌灵 52.5%、乙霉威 12.5%/2012.03.12 至 2017.03.12/低毒

番茄	灰霉病	454.5-682.5克/公顷	喷雾

PD20080532 S-氰戊菊酯/50克/升/水乳剂/S-氰戊菊酯 50克/升/2013.04.29 至 2018.04.29/中等毒

甘蓝	菜青虫	13.5-22.5克/公顷	喷雾
苹果	桃小食心虫	2000-4000倍液	喷雾
烟草	烟青虫、烟蚜	9-18克/公顷	喷雾

PD20110254 三氟甲吡醚/91%/原药/三氟甲吡醚 91%/2011.03.04 至 2016.03.04/低毒

PD20110255 三氟甲吡醚/10.5%/乳油/三氟甲吡醚 10.5%/2011.03.04 至 2016.03.04/低毒

甘蓝 小菜蛾 75-105克/公顷 喷雾
注:产品质量浓度为100克/升。
PD20120215 乙螨唑/110克/升/悬浮剂/乙螨唑 110克/升/2012.02.09 至 2017.02.09/低毒
柑橘树、苹果树 红蜘蛛 14.7-22毫克/千克 喷雾
PD20120251 乙螨唑/93%/原药/乙螨唑 93%/2012.02.13 至 2017.02.13/低毒
PD20121669 噻虫胺/50%/水分散粒剂/噻虫胺 50%/2012.11.05 至 2017.11.05/低毒
番茄 烟粉虱 45-60克/公顷 喷雾
PD20121677 噻虫胺/95%/原药/噻虫胺 95%/2012.11.05 至 2017.11.05/低毒
LS20120159 甲氰菊酯/10%/水乳剂/甲氰菊酯 10%/2013.04.18 至 2014.04.18/中等毒
柑橘树 红蜘蛛 100－200毫克/千克 喷雾
LS20130259 腐霉利/43%/悬浮剂/腐霉利 43%/2013.05.02 至 2014.05.02/低毒
番茄 灰霉病 774-967.5克/公顷 喷雾
注:腐霉利质量浓度：500克/升。
WP12-93 右旋苯醚菊酯/10%/水乳剂/右旋苯醚菊酯 10%/2013.07.11 至 2018.07.11/低毒
卫生 蜚蠊 20毫克/平方米 喷雾
卫生 蚊、蝇 2-4毫克/平方米 喷雾
WP15-94 杀虫颗粒剂/0.5%/颗粒剂/吡丙醚 0.5%/2009.03.23 至 2014.03.23/低毒
卫生 蝇(幼虫) 100-200毫克/平方米 喷撒于滋生地表面
卫生 孑孓 100毫克/立方米 直接投入水中
WP39-97 炔丙菊酯/10%/母药/炔丙菊酯 10%/2012.07.31 至 2017.07.31/低毒
WP41-97 苯氰·右胺菊/160克/升/乳油/右旋胺菊酯 40克/升、右旋苯醚氰菊酯 120克/升/2012.07.22 至 2017.07.22/低毒
卫生 蚊、蝇 6毫克/立方米 喷雾
卫生 蜚蠊 200毫克/平方米 滞留喷雾
WP49-98 防蛀剂/35%/防蛀剂/右旋烯炔菊酯 35%/2008.06.03 至 2013.06.03/低毒
卫生 黑皮蠹、衣蛾 / 投放
WP50-98 防蛀剂/18%/防蛀剂/右旋烯炔菊酯 18%/2008.06.03 至 2013.06.03/低毒
卫生 黑皮蠹、衣蛾 / 投放
WP51-98 右旋胺菊酯/92%/原药/右旋胺菊酯 92%/2013.08.21 至 2018.08.21/低毒
WP52-98 右旋苄呋菊酯/88%/原药/右旋苄呋菊酯 88%/2013.08.21 至 2018.08.21/低毒
WP53-98 右旋苯醚氰菊酯/92%/原药/右旋苯醚氰菊酯 92%/2013.08.21 至 2018.08.21/中等毒
WP54-98 氯菊酯/90%/原药/氯菊酯 90%/2013.09.23 至 2018.09.23/中等毒
WP55-98 右旋烯丙菊酯/90%/原药/右旋烯丙菊酯 90%/2013.09.23 至 2018.09.23/低毒
WP56-98 炔丙菊酯/90%/原药/炔丙菊酯 90%/2013.09.23 至 2018.09.23/中等毒
WP57-98 右旋苯醚菊酯/92%/原药/右旋苯醚菊酯 92%/2013.08.28 至 2018.08.28/低毒
WP58-98 吡丙醚/95%/原药/吡丙醚 95%/2013.09.23 至 2018.09.23/低毒
WP59-98 胺菊酯/92%/原药/胺菊酯 92%/2013.09.23 至 2018.09.23/低毒
WP60-98 右旋烯炔菊酯/93%/原药/右旋烯炔菊酯 93%/2013.09.23 至 2018.09.23/低毒
WP76-2001 右旋苯醚氰菊酯/10%/微囊悬浮剂/右旋苯醚氰菊酯 10%/2011.04.05 至 2016.04.05/低毒
卫生 蜚蠊 50-100毫克/平方米 喷雾
WP89-89 Es-生物烯丙菊酯/93%/原药/Es-生物烯丙菊酯 93%/2009.01.19 至 2014.01.19/中等毒
WP20030006 S-氰戊菊酯/50克/升/悬浮剂/S-氰戊菊酯 50克/升/2008.02.14 至 2013.02.14/低毒
卫生 蜚蠊 50毫克/平方米 滞留喷雾
卫生 白蚁 62.5-125毫克/千克 土壤处理
WP20030007 杀蟑饵剂/5%/饵剂/杀螟硫磷 5%/2013.02.09 至 2018.02.09/低毒
卫生 蜚蠊 / 投放
WP20070020 炔咪菊酯/93%/原药/炔咪菊酯 93%/2012.10.24 至 2017.10.24/低毒
WP20080002 炔咪菊酯/50%/母药/炔咪菊酯 50%/2013.01.03 至 2018.01.03/低毒
WP20080014 四氟甲醚菊酯/95%/原药/四氟甲醚菊酯 95%/2013.01.03 至 2018.01.03/低毒
WP20080015 蚊香/0.03%/蚊香/四氟甲醚菊酯 0.03%/2013.01.03 至 2018.01.03/低毒
卫生 蚊 / 点燃
WP20080064 炔丙菊酯/6%/母药/炔丙菊酯 6%/2013.04.29 至 2018.04.29/中等毒
WP20080073 四氟甲醚菊酯/5%/母药/四氟甲醚菊酯 5%/2013.05.13 至 2018.05.13/低毒
WP20080093 S-生物烯丙菊酯/95%/原药/S-生物烯丙菊酯 95%/2013.08.27 至 2018.08.27/中等毒
WP20080408 蚊香/0.015%/蚊香/四氟甲醚菊酯 0.015%/2013.12.12 至 2018.12.12/低毒
卫生 蚊 / 点燃
WP20090001 生物苄呋菊酯/93%/原药/生物苄呋菊酯 93%/2009.01.04 至 2014.01.04/低毒
WP20100063 四氟甲·炔丙/8%/母药/炔丙菊酯 4%、四氟甲醚菊酯 4%/2010.05.04 至 2015.05.04/低毒
WP20110006 四氟甲醚菊酯/6%/母药/四氟甲醚菊酯 6%/2011.01.04 至 2016.01.04/低毒
WP20130205 甲氧苄氟菊酯/92.6%/原药/甲氧苄氟菊酯 92.6%/2013.09.25 至 2018.09.25/中等毒
WL20100235 电热蚊香液/0.69%/电热蚊香液/甲氧苄氟菊酯 0.69%/2012.08.09 至 2013.08.09/低毒
卫生 蚊 / 电热加温
WL20100259 长效蚊帐/2%/长效蚊帐/氯菊酯 2%/2012.11.09 至 2013.11.09/低毒
卫生 蚊 / /悬挂

WL20120031 氯菊酯/12%/母药/氯菊酯 12%/2013.06.04 至 2014.06.04/低毒

WL20130028 四氟甲·炔丙/8%/母药/炔丙菊酯 3.2%、四氟甲醚菊酯 4.8%/2013.06.05 至 2014.06.05/低毒

注:用于南方致倦库蚊区。

日本组合化学工业株式会社 (北京市海淀区大钟寺13号华杰大厦 100098 010-81715006)

PD35-87	禾草丹/50%/乳油/禾草丹 50%/2012.04.30 至 2017.04.30/低毒			
	水稻本田	一年生杂草	1995-3000克/公顷	毒土或喷雾
PD182-93	禾草丹/90%/乳油/禾草丹 90%/2013.02.26 至 2018.02.26/低毒			
	水稻田	稗草、一年生杂草	1995-3000克/公顷	喷雾或毒土
PD332-2000	禾草丹/93%/原药/禾草丹 93%/2010.04.26 至 2015.04.26/低毒			
PD20040014	双草醚/100克/升/悬浮剂/双草醚 100克/升/2009.09.01 至 2014.09.01/低毒			
	水稻田(直播)	稗草、阔叶杂草、莎草	1)22.5-30克/公顷+(0.03-0.1%展着剂)(南方地区)2)30-37.5克/公顷+(0.03-0.1%展着剂)(北方地区)	喷雾
PD20040015	双草醚/93%/原药/双草醚 93%/2009.09.01 至 2014.09.01/低毒			
PD20086020	嘧草醚/10%/可湿性粉剂/嘧草醚 10%/2008.12.29 至 2013.12.29/低毒			
	水稻田(直播)、水稻移栽田	稗草	30-45克/公顷	药土法
PD20086021	嘧草醚/97%/原药/嘧草醚 97%/2013.12.29 至 2018.12.29/低毒			

瑞士

瑞士龙沙有限公司 (广东省广州市海珠区金辉路39号 510288 020-84338998-386)

PD393-2003	四聚乙醛/98%/原药/四聚乙醛 98%/2013.08.26 至 2018.08.26/中等毒			
PD394-2003	四聚乙醛/6%/颗粒剂/四聚乙醛 6%/2013.09.02 至 2018.09.02/低毒			
	棉花、蔬菜、烟草	蛞蝓、蜗牛	360-490克/公顷	撒施
	水稻	福寿螺	360-490克/公顷	撒施
PD20122132	四聚乙醛/40%/悬浮剂/四聚乙醛 40%/2012.04.10 至 2017.04.10/中等毒			
	滩涂	钉螺	1-2克/平方米	喷洒

瑞士先正达作物保护有限公司 (上海市浦东新区浦东南路999号新梅联合广场21楼 200120 400-881-2568)

PD28-87	丙环唑/250克/升/乳油/丙环唑 250克/升/2012.03.07 至 2017.03.07/低毒			
	香蕉	叶斑病	250-500毫克/千克	喷雾
	小麦	纹枯病	112.5-150克/公顷	喷雾
	小麦	白粉病、根腐病、锈病	124.5克/公顷	喷雾
PD66-88	异丙甲草胺/720克/升/乳油/异丙甲草胺 720克/升/2008.02.26 至 2013.02.26/低毒			
	大豆田	部分阔叶杂草、一年生禾本科杂草	1080-1950克/公顷	播前或播后苗前土壤处理
	甘蔗田	一年生杂草	1080-1620克/公顷	播后苗前土壤处理
	花生田	部分阔叶杂草、一年生禾本科杂草	1080-1620克/公顷	播前或播后苗前土壤处理
	玉米田	一年生杂草	975-1950克/公顷	喷雾
PD67-88	代锌·甲霜灵/58%/可湿性粉剂/甲霜灵 10%、代森锰锌 48%/2008.04.01 至 2013.04.01/低毒			
	黄瓜	霜霉病	675-1050克/公顷	喷雾
PD82-88	噁霜·锰锌/64%/可湿性粉剂/噁霜灵 8%、代森锰锌 56%/2013.10.10 至 2018.10.10/低毒			
	黄瓜	霜霉病	1650-1950克/公顷	喷雾
	烟草	黑胫病	1950-2400克/公顷	喷雾
PD97-89	麦草畏/480克/升/水剂/麦草畏 480克/升/2014.03.25 至 2019.03.25/低毒			
	芦苇	阔叶杂草	210-540克/公顷	喷雾
	小麦	阔叶杂草	144-195克/公顷	喷雾
	玉米	阔叶杂草	190-280克/公顷	喷雾
PD156-92	丙草胺/300克/升/乳油/丙草胺 300克/升/2012.06.26 至 2017.06.26/低毒			
	水稻田	一年生杂草	450-525克/公顷	喷雾、毒土
PD170-92	异丙甲草胺/720克/升/乳油/异丙甲草胺 720克/升/2008.04.01 至 2013.04.01/低毒			
	水稻移栽田	一年生杂草	108-216克/公顷	喷雾
PD198-95	氟节胺/125克/升/乳油/氟节胺 125克/升/2010.05.25 至 2015.05.25/低毒			
	烟草	抑制腋芽生长	10毫克/株	杯淋,涂抹,喷雾
PD199-95	阿维菌素/18克/升/乳油/阿维菌素 18克/升/2010.05.25 至 2015.05.25/低毒(原药高毒)			
	柑橘树	潜叶蛾	4.5-9毫克/千克	喷雾
	观赏玫瑰	红蜘蛛	5.4—10.8克/公顷	喷雾
	棉花	红蜘蛛	8.1-10.8克/公顷	喷雾
	十字花科蔬菜	小菜蛾	9-13.5克/公顷	喷雾
PD214-97	氯氰·丙溴磷/440克/升/乳油/丙溴磷 400克/升、氯氰菊酯 40克/升/2012.02.21 至 2017.02.21/中等毒			
	棉花	红铃虫、棉铃虫	435-660克/公顷	喷雾
	棉花	棉蚜	198-396克/公顷	喷雾
PD226-97	代森锰锌/80%/可湿性粉剂/代森锰锌 80%/2012.12.06 至 2017.12.06/低毒			
	番茄	早疫病	1560-2520克/公顷	喷雾

	花生	叶斑病	720-900克/公顷	喷雾
	黄瓜	霜霉病	1800-2700克/公顷	喷雾
	梨树	黑星病	800-1333.3毫克/千克	喷雾
	荔枝树	霜疫霉病	1333.3-2000毫克/千克	喷雾
	马铃薯	晚疫病	1440-2160克/公顷	喷雾
	苹果树	斑点落叶病	1000-1600毫克/千克	喷雾
	苹果树	轮纹病、炭疽病	1000-1333.3毫克/千克	喷雾
	葡萄	霜霉病	1170-2250克/公顷	喷雾
	甜椒	疫病	2000-2400克/公顷	喷雾
	西瓜	炭疽病	1995-3000克/公顷	喷雾
	烟草	赤星病	1400-1680克/公顷	喷雾
PD271-99	丙溴磷/89%/原药/丙溴磷 89%/2014.03.25 至 2019.03.25/中等毒			
PD281-99	噁霜灵/96%/原药/噁霜灵 96%/2009.05.27 至 2014.05.27/低毒			
PD282-99	丙草胺/94%/原药/丙草胺 94%/2009.06.11 至 2014.06.11/低毒			
PD296-99	异丙甲草胺/96%/原药/异丙甲草胺 96%/2009.08.10 至 2014.08.10/低毒			
PD297-99	丙环唑/88%/原药/丙环唑 88%/2009.08.10 至 2014.08.10/低毒			
PD314-99	氯氰菊酯/90%/原药/氯氰菊酯 90%/2009.10.21 至 2014.10.21/中等毒			
PD319-99	麦草畏/80%/原药/麦草畏 80%/2009.12.10 至 2014.12.10/低毒			
PD347-2001	丙草胺/500克/升/乳油/丙草胺 500克/升/2011.04.12 至 2016.04.12/低毒			
	水稻抛秧田	一年生杂草	300-450克/公顷	毒土
	水稻移栽田	部分阔叶杂草、莎草、一年生禾本科杂草	450-525克/公顷	毒土
PD20050187	精异丙甲草胺/960克/升/乳油/精异丙甲草胺 960克/升/2010.12.12 至 2015.12.12/低毒			
	菜豆田、番茄田	一年生禾本科杂草及部分阔叶杂草	936-1224克/公顷(东北地区) 720-936(其它地区)	播后苗前土壤喷雾
	春大豆田	部分阔叶杂草、一年生禾本科杂草	864-1224克/公顷	播后苗前土壤喷雾
	大蒜田、洋葱田	一年生禾本科杂草及部分阔叶杂草	756-936克/公顷	播后苗前土壤喷雾
	甘蓝田	一年生禾本科杂草及部分阔叶杂草	675-810克/公顷	移栽前土壤喷雾
	花生田	部分阔叶杂草、一年生禾本科杂草、一年生禾本科杂草及部分小粒种子阔叶杂草	648-864克/公顷	播后苗前土壤喷雾
	马铃薯田	一年生禾本科杂草及部分阔叶杂草	土壤有机质含量小于3%，756-936克/公顷；土壤有机质含量3-4%，1440-1872克/公顷	播后苗前土壤喷雾
	棉花田、夏玉米田	一年生禾本科杂草及部分阔叶杂草	720-1224克/公顷	土壤喷雾
	甜菜田	一年生禾本科杂草及部分阔叶杂草	846-1296克/公顷	播后苗前土壤喷雾
	西瓜田	一年生禾本科杂草及部分阔叶杂草	576-936克/公顷	土壤喷雾
	夏大豆田	部分阔叶杂草、一年生禾本科杂草	720-1224克/公顷	播后苗前土壤喷雾
	向日葵田	一年生禾本科杂草及小粒阔叶杂草	1440-1872克/公顷	播后苗前土壤喷雾
	烟草田	一年生禾本科杂草及部分阔叶杂草	576-1080克/公顷	土壤喷雾
	油菜(移栽田)	部分阔叶杂草、一年生禾本科杂草	648-864克/公顷	移栽前土壤喷雾
	芝麻田	一年生禾本科杂草及部分阔叶杂草	720-936克/公顷	播后苗前土壤喷雾
PD20050188	精异丙甲草胺/96%/原药/精异丙甲草胺 96%/2010.12.13 至 2015.12.13/低毒			
PD20050195	咯菌腈/95%/原药/咯菌腈 95%/2010.12.13 至 2015.12.13/低毒			
PD20050196	咯菌腈/25克/升/悬浮种衣剂/咯菌腈 25克/升/2010.12.13 至 2015.12.13/低毒			
	大豆、花生	根腐病	15-20克/100千克种子	种子包衣
	马铃薯	黑痣病	2.5-5克/100千克种子	种子包衣
	棉花	立枯病	15-20克/100千克种子	种子包衣
	水稻	恶苗病	1)10-15克/100千克种子 2)5-7.5克/100千克种子	1)种子包衣2)浸种
	西瓜	枯萎病	10-15克/100千克种子	种子包衣
	向日葵	菌核病	15-20克/100千克种子	种子包衣
	小麦	腥黑穗病	2.5-5克/100千克种子	种子包衣
	小麦	根腐病	3.75-5克/100千克种子	种子包衣
	玉米	茎基腐病	2.5-5克/100千克种子	种子包衣
PD20060001	噻虫嗪/98%/原药/噻虫嗪 98%/2011.01.09 至 2016.01.09/低毒			
PD20060002	噻虫嗪/70%/种子处理可分散粉剂/噻虫嗪 70%/2011.01.09 至 2016.01.09/低毒			
	马铃薯	蚜虫	7-28克/100千克种薯	种薯包衣或拌种
	棉花	苗期蚜虫	210-420克/100千克种子	拌种
	油菜	黄条跳甲	280-840克/100千克种子	种子包衣
	玉米	灰飞虱	70-210克/100千克种子	种子包衣
PD20060003	噻虫嗪/25%/水分散粒剂/噻虫嗪 25%/2011.01.09 至 2016.01.09/低毒			
	茶树	茶小绿叶蝉	15-22.5克/公顷	喷雾
	番茄、甘蓝、辣椒、茄子	白粉虱	1)26.25-56.25克/公顷2)62.5-125毫克/千克,30-50毫克/株	1)苗期(定植前3-5天)喷雾2)灌根

	甘蔗	绵蚜	20.8-25毫克/千克	喷雾
	柑橘树	蚜虫	20.8-25毫克/千克	喷雾
	柑橘树、葡萄	介壳虫	50-62.5毫克/千克	喷雾
	花卉	蚜虫	15-22.5克/公顷	喷雾
	花卉、节瓜、棉花	蓟马	30-56.25克/公顷	喷雾
	黄瓜	白粉虱	37.5-46.88克/公顷	喷雾
	马铃薯	白粉虱	30-56.25克/公顷	喷雾
	棉花	白粉虱	26.25-56.25克/公顷	喷雾
	棉花、烟草、油菜	蚜虫	15-30克/公顷	喷雾
	水稻	稻飞虱	7.5-15克/公顷	喷雾
	西瓜	蚜虫	30-37.5克/公顷	喷雾
	油菜	黄条跳甲	37.5-56.25克/公顷	喷雾
PD20070053	苯醚甲环唑/92%/原药/苯醚甲环唑 92%/2012.03.07 至 2017.03.07/低毒			
PD20070054	苯醚甲环唑/30克/升/悬浮种衣剂/苯醚甲环唑 30克/升/2012.03.07 至 2017.03.07/低毒			
	小麦	散黑穗病、纹枯病	6-9克/100千克种子	种子包衣
	小麦	全蚀病	1:167－200(药种比)	种子包衣
PD20070061	苯醚甲环唑/10%/水分散粒剂/苯醚甲环唑 10%/2012.03.09 至 2017.03.09/低毒			
	菜豆	锈病	75-125克/公顷	喷雾
	茶树	炭疽病	66.7-100毫克/千克	喷雾
	大白菜	黑斑病	52.5-75克/公顷	喷雾
	大蒜	叶枯病	45-90克/公顷	喷雾
	番茄	早疫病	100.5-150克/公顷	喷雾
	柑橘树	疮痂病	50-150毫克/千克	喷雾
	黄瓜	白粉病	75-125克/公顷	喷雾
	辣椒	炭疽病	75-125克/公顷	喷雾
	梨树	黑星病	14.3-16.7毫克/千克	喷雾
	荔枝树	炭疽病	100-150毫克/千克	喷雾
	芦笋	茎枯病	66.7-100毫克/千克	喷雾
	苹果树	斑点落叶病	1500-3000倍液	喷雾
	葡萄	炭疽病	75-125毫克/千克	喷雾
	芹菜	叶斑病	100-125克/公顷	喷雾
	石榴	麻皮病	50-100毫克/千克	喷雾
	西瓜	炭疽病	75-112.5克/公顷	喷雾
	洋葱	紫斑病	45-112.5克/公顷	喷雾
PD20070071	阿维菌素/85%/原药/阿维菌素 85%/2012.03.30 至 2017.03.30/高毒			
PD20070088	苯甲·丙环唑/300克/升/乳油/苯醚甲环唑 150克/升、丙环唑 150克/升/2013.09.25 至 2018.09.25/低毒			
	大豆	锈病	90-135克/公顷	喷雾
	花生	叶斑病	90-135克/公顷	喷雾
	水稻	纹枯病	67.5-90克/公顷	喷雾
	小麦	纹枯病	90-135克/公顷	喷雾
PD20070316	噻菌灵/500克/升/悬浮剂/噻菌灵 500克/升/2012.09.27 至 2017.09.27/低毒			
	柑橘	绿霉病、青霉病	833－1250毫克/千克	浸果1分钟
	蘑菇	褐腐病	1)1：1250-2500(药料比) 2)0.5-0.75克/平方米	1)拌料 2)喷雾
	香蕉	冠腐病	500－750毫克/千克	浸果1分钟
PD20070343	虱螨脲/96%/原药/虱螨脲 96%/2012.10.24 至 2017.10.24/低毒			
PD20070344	虱螨脲/50克/升/乳油/虱螨脲 50克/升/2012.10.24 至 2017.10.24/低毒			
	菜豆	豆荚螟	30-37.5克/公顷	喷雾
	番茄、棉花	棉铃虫	37.5-45克/公顷	喷雾
	甘蓝	甜菜夜蛾	22.5-30克/公顷	喷雾
	柑橘	潜叶蛾、锈壁虱	20-33.3毫克/千克	喷雾
	马铃薯	马铃薯块茎蛾	30-45克/公顷	喷雾
	苹果	小卷叶蛾	25-50毫克/千克	喷雾
PD20070345	咯菌·精甲霜/35克/升/悬浮种衣剂/咯菌腈 25克/升、精甲霜灵 10克/升/2012.10.24 至 2017.10.24/低毒			
	玉米	茎基腐病	3.5-5.25克/100千克种子	种子包衣
PD20070346	精甲霜灵/91%/原药/精甲霜灵 91%/2012.10.24 至 2017.10.24/低毒			
PD20070474	精甲霜灵/350克/升/种子处理乳剂/精甲霜灵 350克/升/2012.11.21 至 2017.11.21/低毒			
	大豆	根腐病	14-28克/100千克种子	拌种
	花生	霜霉病	14-28克/100千克种子	拌种
	棉花	猝倒病	14-28克/100千克种子	拌种
	水稻	烂秧病	1）5.25-8.75克/100千克种子；2)58.3-87.5毫克/千克	1）拌种 2浸种

	向日葵	霜霉病	35-105克/100千克种子	拌种(晾干后播种)
PD20080452	丙溴磷/500克/升/乳油/丙溴磷 500克/升/2013.03.27 至 2018.03.27/低毒			
	棉花	棉铃虫	562.5-937.5克/公顷	喷雾
PD20080730	苯醚甲环唑/250克/升/乳油/苯醚甲环唑 250克/升/2013.06.11 至 2018.06.11/低毒			
	香蕉	黑星病、叶斑病	83.3-125毫克/千克	喷雾
PD20080846	精甲霜·锰锌/68%/水分散粒剂/精甲霜灵 4%、代森锰锌 64%/2013.07.14 至 2018.07.14/低毒			
	番茄、马铃薯	晚疫病	1020-1224克/公顷	喷雾
	花椰菜	霜霉病	1020～1326克/公顷	喷雾
	黄瓜、葡萄	霜霉病	1020-1224克/公顷	喷雾
	辣椒、西瓜	疫病	1020-1224克/公顷	喷雾
	荔枝	霜疫霉病	680-850毫克/千克	喷雾
	烟草	黑胫病	1020-1224克/公顷	喷雾
PD20081388	吡蚜酮/95%/原药/吡蚜酮 95%/2013.10.28 至 2018.10.28/低毒			
PD20081892	莠去津/96%/原药/莠去津 96%/2013.11.20 至 2018.11.20/低毒			
PD20083920	百菌清/98%/原药/百菌清 98%/2013.12.16 至 2018.12.16/微毒			
PD20083944	甲氨基阿维菌素苯甲酸盐/95%/原药/甲氨基阿维菌素苯甲酸盐 95%/2013.12.15 至 2018.12.15/中等毒			
PD20090988	莠去津/90%/水分散粒剂/莠去津 90%/2014.01.20 至 2019.01.20/低毒			
	甘蔗田	一年生杂草	1350-1485克/公顷	喷雾
	玉米田	一年生杂草	1485-1755克/公顷(东北春播)1350-1485克/公顷(其它夏播)	播后苗前喷雾
PD20093358	丙环唑/156克/升/乳油/丙环唑 156克/升/2014.03.18 至 2019.03.18/低毒			
	草坪	褐斑病	312-936克/公顷	喷雾
PD20093924	灭蝇胺/75%/可湿性粉剂/灭蝇胺 75%/2014.03.26 至 2019.03.26/低毒			
	花卉	美洲斑潜蝇	150-225克/公顷	喷雾
PD20094118	吡蚜酮/50%/水分散粒剂/吡蚜酮 50%/2014.03.27 至 2019.03.27/低毒			
	观赏菊花	蚜虫	150-225克/公顷	喷雾
	水稻	稻飞虱	90-150克/公顷	喷雾
PD20095400	咯菌腈/50%/可湿性粉剂/咯菌腈 50%/2014.04.27 至 2019.04.27/低毒			
	观赏菊花	灰霉病	83.3-125毫克/千克	喷雾
PD20096644	精甲·咯菌腈/62.5克/升/悬浮种衣剂/咯菌腈 25克/升、精甲霜灵 37.5克/升/2009.09.02 至 2014.09.02/微毒			
	大豆	根腐病	18.75-25克/100千克种子	种子包衣
	水稻	恶苗病	18.75-25克/100千克种子	种子包衣
PD20096724	灭蝇胺/95%/原药/灭蝇胺 95%/2009.09.07 至 2014.09.07/低毒			
PD20096820	硝磺草酮/9%/悬浮剂/硝磺草酮 9%/2009.09.21 至 2014.09.21/低毒			
	玉米田	部分禾本科杂草、一年生阔叶杂草	105-150克/公顷	茎叶喷雾
PD20096821	硝磺草酮/94%/原药/硝磺草酮 94%/2009.09.21 至 2014.09.21/低毒			
PD20096825	炔草酯/95%/原药/炔草酯 95%/2009.09.21 至 2014.09.21/低毒			
PD20096826	炔草酯/15%/可湿性粉剂/炔草酯 15%/2009.09.21 至 2014.09.21/低毒			
	春小麦田	部分禾本科杂草	30-45克/公顷	茎叶喷雾
	冬小麦田	部分禾本科杂草	45-67.5克/公顷	茎叶喷雾
PD20102063	嘧菌·百菌清/560克/升/悬浮剂/百菌清 500克/升、嘧菌酯 60克/升/2010.11.03 至 2015.11.03/低毒			
	番茄	早疫病	630-1008克/公顷	喷雾
	黄瓜	霜霉病	504-1008克/公顷	喷雾
	辣椒	炭疽病	672-1008克/公顷	喷雾
	西瓜	蔓枯病	630-1008克/公顷	喷雾
PD20102138	双炔酰菌胺/93%/原药/双炔酰菌胺 93%/2010.12.02 至 2015.12.02/低毒			
PD20102139	双炔酰菌胺/23.4%/悬浮剂/双炔酰菌胺 23.4%/2010.12.02 至 2015.12.02/低毒			
	番茄	晚疫病	112.5—150克/公顷	喷雾
	辣椒	疫病	112.5～150克/公顷	喷雾
	荔枝树	霜疫霉病	125～250毫克/千克	喷雾
	马铃薯	晚疫病	75～150克/公顷	喷雾
	葡萄	霜霉病	125～167毫克/千克	喷雾
	西瓜	疫病	112.5`150克/公顷	喷雾
PD20102141	唑啉·炔草酯/5%/乳油/唑啉草酯 2.5%、炔草酯 2.5%/2010.12.02 至 2015.12.02/低毒			
	春小麦田	禾本科杂草	30-60克/公顷	茎叶喷雾
	冬小麦田	禾本科杂草	45-75克/公顷	茎叶喷雾
PD20102142	唑啉草酯/95%/原药/唑啉草酯 95%/2010.12.02 至 2015.12.02/低毒			
PD20102152	硝磺·莠去津/550克/升/悬浮剂/莠去津 500克/升、硝磺草酮 50克/升/2010.12.07 至 2015.12.07/低毒			
	春玉米田	多种一年生杂草	825-1237.5克/公顷	茎叶喷雾
	夏玉米田	多种一年生杂草	660-990克/公顷	茎叶喷雾
PD20102154	抗倒酯/11.3%/可溶液剂/抗倒酯 11.3%/2010.12.08 至 2015.12.08/低毒			
	高羊茅草坪	调节生长	2000-3000毫升制剂/公顷	茎叶喷雾
PD20102159	环酯草醚/96%/原药/环酯草醚 96%/2010.12.08 至 2015.12.08/低毒			

PD20102201	环酯草醚/24.3%/悬浮剂/环酯草醚 24.3%/2010.12.20 至 2015.12.20/低毒			
	水稻移栽田	一年生禾本科、莎草科及部分阔叶杂草	187.5-300克/公顷	茎叶喷雾
PD20102202	抗倒酯/94%/原药/抗倒酯 94%/2010.12.20 至 2015.12.20/低毒			
PD20110171	精异丙甲草胺//乳油/ /2011.02.16 至 2016.02.16/低毒			
	大蒜、洋葱	一年生禾本科杂草及部分阔叶杂草	756-936克/公顷	播后苗前土壤喷雾
	马铃薯	一年生禾本科杂草及部分阔叶杂草	土壤有机质含量小于3%：756-936克/公顷；含量3%-4%：1440-1872克/公顷	播后苗前土壤喷雾
	向日葵	一年生禾本科杂草及小粒阔叶杂草	1440-1872克/公顷	播后苗前土壤喷雾
PD20110357	苯甲·嘧菌酯/325克/升/悬浮剂/苯醚甲环唑 125克/升、嘧菌酯 200克/升/2011.04.11 至 2016.04.11/低毒			
	水稻	纹枯病	97.5～146.25克/公顷	喷雾
	水稻	稻瘟病	146.25～243.75克/公顷	喷雾
	西瓜	蔓枯病、炭疽病	146.25～243.75克/公顷	喷雾
	香蕉	叶斑病	162.25～217毫克/千克	喷雾
PD20110596	氯虫·噻虫嗪/40%/水分散粒剂/噻虫嗪 20%、氯虫苯甲酰胺 20%/2011.06.03 至 2016.06.03/低毒			
	水稻	二化螟	48-60克/公顷	喷雾
	水稻	稻纵卷叶螟、褐飞虱、稻水象甲	36-48克/公顷	喷雾
	水稻	三化螟	60-72克/公顷	喷雾
PD20110690	精甲·百菌清/440克/升/悬浮剂/百菌清 400克/升、精甲霜灵 40克/升/2011.06.21 至 2016.06.21/低毒			
	黄瓜	霜霉病	594～990克/公顷	喷雾
PD20111010	氯虫·噻虫嗪/300克/升/悬浮剂/噻虫嗪 200克/升、氯虫苯甲酰胺 100克/升/2011.09.28 至 2016.09.28/低毒			
	甘蔗	蔗螟	135-225克/公顷	拌土撒施
	小青菜苗床	黄条跳甲、小菜蛾	125-150克/公顷	喷淋或灌根
PD20111315	抗倒酯/250克/升/乳油/抗倒酯 250克/升/2011.12.02 至 2016.12.02/低毒			
	小麦	防止倒伏	75-125克/公倾	喷雾
PD20120035	噻虫·高氯氟/22%/微囊悬浮－悬浮剂/高效氯氟氰菊酯 9.4%、噻虫嗪 12.6%/2012.01.09 至 2017.01.09/中等毒			
	茶树	茶尺蠖、茶小绿叶蝉	14.82-22.23克/公顷	喷雾
	大豆	蚜虫、造桥虫	14.82-22.23克/公顷	喷雾
	甘蓝	菜青虫、蚜虫	18.53-37.05克/公顷	喷雾
	辣椒	白粉虱	18.53-37.05克/公顷	喷雾
	棉花	棉铃虫、棉蚜	18.53-37.05克/公顷	喷雾
	苹果	蚜虫	24.7-49.4毫克/千克	喷雾
	小麦	蚜虫	14.82-22.23克/公顷	喷雾
	烟草	蚜虫、烟青虫	18.53-37.05克/公顷	喷雾
PD20120151	异丙·莠去津/670克/升/悬乳剂/精异丙甲草胺 350克/升、莠去津 320克/升/2012.01.30 至 2017.01.30/低毒			
	春玉米田	一年生禾本科杂草及阔叶杂草	1620-2160克/公顷	播后苗前土壤喷雾
	夏玉米田	一年生禾本科杂草及阔叶杂草	1080-1620克/公顷	播后苗前土壤喷雾
PD20120245	嘧菌环胺/98%/原药/嘧菌环胺 98%/2012.02.13 至 2017.02.13/低毒			
PD20120252	嘧环·咯菌腈/62%/水分散粒剂/咯菌腈 25%、嘧菌环胺 37%/2012.02.13 至 2017.02.13/低毒			
	观赏百合	灰霉病	186～558克/公顷	/喷雾
PD20120438	双炔·百菌清/440克/升/悬浮剂/百菌清 400克/升、双炔酰菌胺 40克/升/2012.03.14 至 2017.03.14/低毒			
	黄瓜	霜霉病	660－990克/公顷	喷雾
PD20120464	精甲·咯·嘧菌/11%/悬浮种衣剂/咯菌腈 1.1%、精甲霜灵 3.3%、嘧菌酯 6.6%/2012.03.19 至 2017.03.19/微毒			
	棉花	立枯病、猝倒病	25-50克/100千克种子	种子包衣
PD20120807	苯醚·咯菌腈/4.8%/悬浮种衣剂/苯醚甲环唑 2.4%、咯菌腈 2.4%/2012.05.17 至 2017.05.17/低毒			
	小麦	散黑穗病	5-15克/100千克种子	种子包衣
PD20121230	氯虫·高氯氟/14%/微囊悬浮－悬浮剂/高效氯氟氰菊酯 4.7%、氯虫苯甲酰胺 9.3%/2012.08.24 至 2017.08.24/中等毒			
	番茄	棉铃虫、蚜虫	22.5-45克/公顷	喷雾
	辣椒	蚜虫、烟青虫	22.5-45克/公顷	喷雾
	棉花	棉铃虫	22.5-45克/公顷	喷雾
	苹果	桃小食心虫、小卷叶蛾	3000-5000倍液	喷雾
PD20130364	三氟啶磺隆钠盐/11%/可分散油悬浮剂/三氟啶磺隆钠盐 11%/2013.03.11 至 2018.03.11/微毒			
	暖季型草坪	部分禾本科杂草、莎草及阔叶杂草	32.4-48.6克/公顷	茎叶喷雾
PD20130366	三氟啶磺隆钠盐/90%/原药/三氟啶磺隆钠盐 90%/2013.03.11 至 2018.03.11/低毒			
PD20130863	嘧肟·丙草胺/30.6%/乳油/丙草胺 28.7%、嘧啶肟草醚 1.9%/2013.04.22 至 2018.04.22/低毒			
	移栽水稻田	多种一年生杂草	东北地区：384-480克/公顷；其他地区：288-384克/公顷	茎叶喷雾
	直播水稻田	多种一年生杂草	288-384克/公顷	茎叶喷雾
PD20131017	唑啉草酯/5%/乳油/唑啉草酯 5%/2013.05.13 至 2018.05.13/微毒			
	大麦田	一年生禾本科杂草	45-75克/公顷	茎叶喷雾
	小麦田	一年生禾本科杂草	45-60克/公顷	茎叶喷雾
PD20131474	噻虫嗪/21%/悬浮剂/噻虫嗪 21%/2013.07.05 至 2018.07.05/低毒			
	观赏菊花	蚜虫	30-50毫升/株，2000-4000倍液	灌根

观赏玫瑰 蓟马 54-72克/公顷 喷雾

PD20131926 氨氟乐灵/65%/水分散粒剂/氨氟乐灵 65%/2013.09.25 至 2018.09.25/低毒

冷季型草坪、暖季型草坪 杂草 780-1170克/公顷 土壤喷雾

PD20131932 氨氟乐灵/93%/原药/氨氟乐灵 93%/2013.09.25 至 2018.09.25/中等毒

PD20132405 阿维·氯苯酰/6%/悬浮剂/阿维菌素 1.7%、氯虫苯甲酰胺 4.3%/2013.11.20 至 2018.11.20/低毒(原药高毒)

甘蓝 甜菜夜蛾、小菜蛾 30-50毫升制剂/亩 喷雾

水稻 稻纵卷叶螟、二化螟 37.8-47.25克/公顷 喷雾

LS20110194 丙环·嘧菌酯/18.7%/悬乳剂/丙环唑 11.7%、嘧菌酯 7%/2013.07.18 至 2014.07.18/低毒

香蕉 叶斑病 160～267毫克/千克 喷雾

玉米 大斑病、小斑病 150-210克/公顷 喷雾

LS20110227 噻虫嗪/30%/种子处理悬浮剂/噻虫嗪 30%/2013.12.09 至 2014.12.09/低毒

水稻 蓟马 1）35-105克/100千克种子；2）35-140克/100千克种子 1）浸种后种子包衣；2）种子包衣后浸种

向日葵 蚜虫 140-350/100千克种子 种子包衣

玉米 蚜虫 70-210克/100千克种子 拌种

LS20120067 硝磺草酮/40%/悬浮剂/硝磺草酮 40%/2014.03.06 至 2015.03.06/微毒

草坪(早熟禾) 杂草 144-240克/公顷 茎叶喷雾

LS20120131 噻虫·咯·霜灵/25%/悬浮种衣剂/咯菌腈 1.1%、精甲霜灵 1.7%、噻虫嗪 22.2%/2014.04.10 至 2015.04.10/低毒

花生 根腐病、蛴螬 86.22-201.18克/100千克种子 种子包衣

棉花 立枯病、蚜虫、猝倒病 172.5～345克/100千克种子 种子包衣

LS20120132 噻虫·咯·霜灵/29%/悬浮种衣剂/咯菌腈 0.66%、精甲霜灵 0.26%、噻虫嗪 28.08%/2014.04.10 至 2015.04.10/微毒

玉米 茎基腐病、灰飞虱 108.5～162.8克/100千克种子 种子包衣

LS20120141 硝磺·莠去津/25%/悬浮剂/莠去津 22.7%、硝磺草酮 2.3%/2013.04.12 至 2014.04.12/低毒

春玉米田 一年生杂草 937.5-1312.5克/公顷 茎叶喷雾

夏玉米田 一年生杂草 750-1125克/公顷 茎叶喷雾

LS20130089 苯醚·咯·噻虫/27%/悬浮种衣剂/苯醚甲环唑 2.2%、咯菌腈 2.2%、噻虫嗪 22.6%/2013.03.11 至 2014.03.11/低毒

小麦 金针虫、散黑穗病 63-188克/100千克种子 种子包衣

LS20130114 精甲·嘧菌酯/39%/悬乳剂/精甲霜灵 10.6%、嘧菌酯 28.4%/2014.03.12 至 2015.03.12/低毒

草坪 腐霉枯萎病 292.5-585克/公顷 喷雾

非食用玫瑰 霜霉病 175.5-351克/公顷 喷雾

LS20130313 苯锈啶/96%/原药/苯锈啶 96%/2013.06.04 至 2014.06.04/中等毒

LS20130314 苯锈·丙环唑/42%/乳油/丙环唑 13.16%、苯锈啶 28.95%/2013.06.04 至 2014.06.04/低毒

小麦 白粉病 240-480克/公顷 喷雾

LS20130392 噻虫嗪/46%/种子处理悬浮剂/噻虫嗪 46%/2013.07.29 至 2014.07.29/微毒

玉米 蚜虫 90-210克/100千克种子 种子包衣

LS20130463 硝·精·莠去津/38.5%/悬乳剂/精异丙甲草胺 24.7%、莠去津 10.8%、硝磺草酮 3%/2013.10.10 至 2014.10.10/低毒

春玉米田 一年生杂草 2258-2903克/公顷 土壤喷雾

LS20130482 咯菌腈/12%/悬浮剂/咯菌腈 12%/2013.11.08 至 2014.11.08/低毒

草坪 褐斑病 125-375克/公顷 喷雾

LS20130507 硝磺·丙草胺/5%/颗粒剂/丙草胺 4.4%、硝磺草酮 0.6%/2013.12.09 至 2014.12.09/低毒

移栽水稻田 稗草、部分一年生阔叶草及莎草 675-825克/公顷 措施或药土法

WP20090313 杀蟑饵剂/0.1%/饵剂/甲氨基阿维菌素苯甲酸盐 0.1%/2009.09.02 至 2014.09.02/微毒

卫生 蜚蠊 / 投放

WP20110122 杀蚁胶饵/0.01%/胶饵/噻虫嗪 0.01%/2011.05.20 至 2016.05.20/微毒

卫生 蚂蚁 / 投放

泰国

泰国波罗格力国际有限公司 (云南省昆明市世纪城茗春苑2-2-7C 650214 0871-8151618)

PD20082483 草甘膦异丙胺盐/41%/水剂/草甘膦异丙胺盐 41%/2008.12.03 至 2013.12.03/低毒

非耕地 一年生及部分多年生杂草 1125-3000克/公顷 茎叶喷雾

PD20121173 溴氰菊酯/25克/升/乳油/溴氰菊酯 25克/升/2012.07.30 至 2017.07.30/中等毒

小白菜 菜青虫 7.5-15克/公顷 喷雾

PD20121621 甲霜·锰锌/58%/可湿性粉剂/甲霜灵 10%、代森锰锌 48%/2012.10.30 至 2017.10.30/低毒

黄瓜 霜霉病 1305-1566克/公顷 喷雾

乌克兰

乌克兰国家科学院和科教部联合科技中心 (北京市新街口外大街2号有研大厦 100088 010-82014898)

PD20100675 吲哚乙酸/0.11%/水剂/吲哚乙酸 0.11%/2010.01.15 至 2015.01.15/低毒

大豆、水稻、玉米 促进生长 1)10-15毫升/1000千克2)结合苗期和花期10-15毫升/公顷 1)拌种2)兑水喷雾

番茄、黄瓜 促进生长 1)0.75-1毫升/千克种子2)结合苗期和花期6-12毫升/公顷 1)浸种2)兑水喷雾

小麦 调节生长 1)10-15毫升/1000千克2)结合小麦 1)拌种2)兑水喷雾

拔节期10-15毫升/公顷

西班牙

西班牙艾克威化学工业有限公司 (江苏省昆山市经济技术开发区龙灯路88号 215301 0512-57709267)

PD270-99	硫酸铜钙/77%/可湿性粉剂/硫酸铜钙 77%/2014.03.05 至 2019.03.05/低毒			
	柑橘树	溃疡病	1283-1925毫克/千克	喷雾
	柑橘树	疮痂病	962.5～1925毫克/千克	喷雾
	黄瓜	霜霉病	1347.5-2021.3克/公顷	喷雾
	姜	腐烂病	962.5-1283毫克/千克，250-500毫克/珠	喷淋灌根
	苹果树	褐斑病	962.5～1283毫克/千克	喷雾
	葡萄	霜霉病	1100-1540毫克/千克	喷雾
	烟草	野火病	1283-1925毫克/千克	喷雾
PD20050166	硫酸铜钙/98%/原药/硫酸铜钙 98%/2010.11.04 至 2015.11.04/低毒			

新加坡

新加坡利农私人有限公司 (北京市朝阳区光华路甲8号和乔大厦B座511A室 100026 010-65816127)

PD333-2000	顺式氯氰菊酯/30克/升/乳油/顺式氯氰菊酯 30克/升/2010.04.12 至 2015.04.12/中等毒			
	棉花	棉铃虫	30-45克/公顷	喷雾
	枸杞	瘿蚊	18.75-20毫克/千克	喷雾
	注:枸杞为临时登记，有效期最多至2011年4月3日。			
PD334-2000	顺式氯氰菊酯/95%/原药/顺式氯氰菊酯 95%/2010.04.12 至 2015.04.12/中等毒			
PD338-2000	丁硫克百威/200克/升/乳油/丁硫克百威 200克/升/2010.05.12 至 2015.05.12/中等毒			
	棉花	棉蚜	90-180克/公顷	喷雾
PD339-2000	丁硫克百威/85%/母液/丁硫克百威 85%/2010.06.16 至 2015.06.16/中等毒			
PD340-2000	毒死蜱/400克/升/乳油/毒死蜱 400克/升/2010.06.13 至 2015.06.13/中等毒			
	棉花	棉铃虫	450-900克/公顷	喷雾
PD341-2000	毒死蜱/94%/原药/毒死蜱 94%/2010.06.16 至 2015.06.16/中等毒			
PD351-2001	氯氰菊酯/92%/原药/氯氰菊酯 92%/2011.06.01 至 2016.06.01/中等毒			
PD352-2001	氯氰菊酯/10%/乳油/氯氰菊酯 10%/2011.06.01 至 2016.06.01/中等毒			
	甘蓝	菜青虫	30-45克/公顷	喷雾
	注:荔枝树蝽蟓为临时登记，有效期至2009.09.28。			
PD353-2001	草甘膦/95%/原药/草甘膦 95%/2011.06.01 至 2016.06.01/低毒			
PD354-2001	草甘膦异丙胺盐/41%/水剂/草甘膦异丙胺盐 41%/2011.06.01 至 2016.06.01/低毒			
	苹果园	杂草	1125-2250克/公顷	喷雾
PD355-2001	溴氰菊酯/98%/原药/溴氰菊酯 98%/2011.06.01 至 2016.06.01/中等毒			
PD356-2001	溴氰菊酯/2.5%/乳油/溴氰菊酯 2.5%/2011.06.01 至 2016.06.01/中等毒			
	棉花	棉铃虫	7.5-15克/公顷	喷雾
PD20030012	甲基硫菌灵/95%/原药/甲基硫菌灵 95%/2013.11.21 至 2018.11.21/低毒			
PD20030013	丙环唑/250克/升/乳油/丙环唑 250克/升/2013.11.21 至 2018.11.21/低毒			
	水稻	纹枯病	75～150克/公顷	喷雾
	香蕉	叶斑病	250-500毫克/千克	喷雾
	小麦	白粉病	124.5-150克/公顷	喷雾
	注:水稻为临时登记,有效期最多至2011年6月。			
PD20030014	丙环唑/90%/原药/丙环唑 90%/2013.11.21 至 2018.11.21/低毒			
PD20030016	甲基硫菌灵/70%/可湿性粉剂/甲基硫菌灵 70%/2013.12.04 至 2018.12.04/低毒			
	水稻	纹枯病	1050-1500克/公顷	喷雾
PD20040020	炔螨特/92%/原药/炔螨特 92%/2009.11.09 至 2014.11.09/低毒			
PD20040021	百菌清/75%/可湿性粉剂/百菌清 75%/2009.11.09 至 2014.11.09/低毒			
	花生	叶斑病	1249.5-1500克/公顷	喷雾
PD20040022	炔螨特/570克/升/乳油/炔螨特 570克/升/2009.11.09 至 2014.11.09/低毒			
	柑橘树	红蜘蛛	285-380毫克/千克	喷雾
	棉花	红蜘蛛	342-513克/公顷	喷雾
PD20040023	百菌清/96%/原药/百菌清 96%/2009.11.09 至 2014.11.09/低毒			
PD20080082	甲氰菊酯/92%/原药/甲氰菊酯 92%/2013.01.04 至 2018.01.04/中等毒			
PD20080248	甲氰菊酯/20%/乳油/甲氰菊酯 20%/2013.02.18 至 2018.02.18/低毒			
	棉花	棉铃虫	120-150克/公顷	喷雾
PD20080425	草甘膦/70%/可溶粒剂/草甘膦 70%/2013.03.10 至 2018.03.10/低毒			
	苹果园	一年生杂草	1500-2000克/公顷	定向茎叶喷雾
	苹果园	多年生杂草	1875-2250克/公顷	定向茎叶喷雾
PD20080426	草甘膦/50%/可溶粒剂/草甘膦 50%/2013.03.10 至 2018.03.10/低毒			
	苹果园	多年生杂草	1875-2250克/公顷	定向茎叶喷雾
	苹果园	一年生杂草	1520-2000克/公顷	定向茎叶喷雾
PD20081070	百草枯/44%/母药/百草枯 44%/2013.08.14 至 2018.08.14/中等毒			
PD20091627	福美双/98%/原药/福美双 98%/2014.02.03 至 2019.02.03/低毒			

PD20094208 福美双/80%/水分散粒剂/福美双 80%/2014.03.30 至 2019.03.30/低毒
黄瓜 白粉病 600-1200克/公顷 喷雾

新西兰

新西兰塔拉纳奇化学有限公司 （北京市朝阳区光华路甲8号和乔大厦B座511A室 100026 010-65816127）

PD20091929 甲硫·百菌清/50%/悬浮剂/百菌清 25%、甲基硫菌灵 25%/2014.02.12 至 2019.02.12/微毒
黄瓜 白粉病 1200-1600克/公顷 喷雾

PD20092701 甲霜灵/98%/原药/甲霜灵 98%/2014.03.03 至 2019.03.03/低毒

PD20094038 乙氧氟草醚/25%/悬浮剂/乙氧氟草醚 25%/2014.03.27 至 2019.03.27/中等毒
甘蔗田 一年生杂草 140-180克/公顷 土壤喷雾

PD20094331 乙氧氟草醚/95%/原药/乙氧氟草醚 95%/2014.03.31 至 2019.03.31/中等毒

PD20096368 代森锰锌/88%/原药/代森锰锌 88%/2009.08.04 至 2014.08.04/低毒

PD20121768 甲霜·锰锌/36%/悬浮剂/甲霜灵 4%、代森锰锌 32%/2012.11.15 至 2017.11.15/低毒
黄瓜 霜霉病 1300-1600克/公顷 喷雾

新西兰庄臣有限公司 （上海市浦东新区新金桥路932号 201206 021-58994833）

WP20110274 杀蟑饵剂/0.5%/饵剂/茚虫威 0.5%/2011.12.29 至 2016.12.29/微毒
卫生 蜚蠊 / 投放

以色列

以色列阿甘化学公司 （上海市静安区南京西路1168号中信泰富广场2306室 200041 021-52929933）

PD233-98 氟乐灵/480克/升/乳油/氟乐灵 480克/升/2013.08.19 至 2018.08.19/低毒
大豆田 一年生禾本科杂草及部分阔叶杂草 900-1260克/公顷 土壤喷雾
棉花田 一年生禾本科杂草及部分阔叶杂草 72-1080克/公顷 土壤喷雾

PD315-99 氟乐灵/96%/原药/氟乐灵 96%/2009.11.23 至 2014.11.23/低毒

PD20082551 莠灭净/80%/可湿性粉剂/莠灭净 80%/2013.12.04 至 2018.12.04/低毒
菠萝田 一年生单、双子叶杂草 1440-1800克/公顷 喷雾
甘蔗田 杂草 1560-2400克/公顷 喷雾

PD20082555 莠灭净/95%/原药/莠灭净 95%/2013.12.04 至 2018.12.04/低毒

以色列马克西姆化学公司 （上海市静安区南京西路1168号中信泰富广场2306室 200041 021-52929933）

PD224-97 四螨嗪/500克/升/悬浮剂/四螨嗪 500克/升/2012.12.25 至 2017.12.25/低毒
苹果树 苹果红蜘蛛、山楂红蜘蛛 83-100毫克/千克 喷雾

PD227-98 杀扑磷/40%/乳油/杀扑磷 40%/2013.03.06 至 2018.03.06/高毒
柑橘树 介壳虫 200-400毫克/千克 喷雾

PD20080205 戊唑醇/97.5%/原药/戊唑醇 97.5%/2013.01.11 至 2018.01.11/低毒

PD20080232 丙环唑/93%/原药/丙环唑 93%/2013.01.28 至 2018.01.28/低毒

PD20080246 咪鲜胺/97%/原药/咪鲜胺 97%/2013.02.18 至 2018.02.18/低毒

PD20080249 咪鲜胺/450克/升/乳油/咪鲜胺 450克/升/2013.02.19 至 2018.02.19/低毒
柑橘 绿霉病、青霉病 250-500毫克/千克 浸果
芒果 炭疽病 500-1000毫克/千克 浸果
芒果树 炭疽病 300-500毫克/千克 喷雾
水稻 恶苗病 3600-7200倍液 浸种(南方3天北方5天)

PD20080465 克菌丹/92%/原药/克菌丹 92%/2013.03.31 至 2018.03.31/低毒

PD20080466 克菌丹/50%/可湿性粉剂/克菌丹 50%/2013.03.31 至 2018.03.31/低毒
草莓 灰霉病 833.3-1250毫克/千克 喷雾
番茄 叶霉病、早疫病 937.5-1406.25克/公顷 喷雾
黄瓜、辣椒 炭疽病 937.5-1406.25克/公顷 喷雾
梨树 黑星病 714-1000毫克/千克 喷雾
苹果 轮纹病 625-1250毫克/千克 喷雾
葡萄 霜霉病 833-1250毫克/千克 喷雾

PD20080924 抑霉唑/98%/原药/抑霉唑 98%/2013.07.17 至 2018.07.17/低毒

PD20080936 二嗪磷/95%/原药/二嗪磷 95%/2013.07.17 至 2018.07.17/低毒

PD20081449 丙环唑/250克/升/乳油/丙环唑 250克/升/2013.11.04 至 2018.11.04/低毒
水稻 纹枯病 112.5～225克/公顷 喷雾
香蕉 叶斑病 250-500毫克/千克 喷雾

PD20081752 毒死蜱/97%/原药/毒死蜱 97%/2013.11.18 至 2018.11.18/低毒

PD20091184 戊唑醇/250克/升/水乳剂/戊唑醇 250克/升/2014.01.22 至 2019.01.22/低毒
花生 叶斑病 100-125毫克/千克 喷雾
梨树 黑星病 100-125毫克/千克 喷雾
苹果树 斑点落叶病 100-125毫克/千克 喷雾
葡萄 白腐病 100-125毫克/千克 喷雾
香蕉 叶斑病 167-250毫克/千克 喷雾
小麦 锈病 75-125克/公顷 喷雾

PD20094928 戊唑·咪鲜胺/400克/升/水乳剂/咪鲜胺 267克/升、戊唑醇 133克/升/2014.04.13 至 2019.04.13/低毒
香蕉 黑星病 266.7-400毫克/千克 喷雾

小麦 小麦赤霉病 120-150克/公顷 喷雾

PD20094930 丙环·咪鲜胺/490克/升/乳油/丙环唑 90克/升、咪鲜胺 400克/升/2014.04.13 至 2019.04.13/低毒

水稻 稻曲病、稻瘟病、纹枯病 220-294克/公顷 喷雾

PD20095905 抑霉唑/500克/升/乳油/抑霉唑 500克/升/2009.05.31 至 2014.05.31/低毒

柑橘 绿霉病、青霉病 250-500毫克/千克 浸果

PD20096584 戊唑醇/6%/悬浮种衣剂/戊唑醇 6%/2009.08.25 至 2014.08.25/低毒

小麦 散黑穗病 1.8-2.7克/100千克种子 种子包衣

玉米 丝黑穗病 6-12克/100千克种子 种子包衣

PD20098352 戊唑醇/430克/升/悬浮剂/戊唑醇 430克/升/2009.12.18 至 2014.12.18/低毒

梨树 黑星病 72－108毫克/千克 喷雾

苹果树 斑点落叶病 72－108毫克/千克 喷雾

PD20101127 克菌丹/80%/水分散粒剂/克菌丹 80%/2010.01.25 至 2015.01.25/低毒

柑橘 树脂病 800-1333毫克/千克 喷雾

PD20120820 克菌·戊唑醇/400克/升/悬浮剂/克菌丹 320克/升、戊唑醇 80克/升/2012.05.22 至 2017.05.22/低毒

苹果树 轮纹病 267-400毫克/千克 喷雾

葡萄 白腐病、霜霉病、炭疽病 267-400毫克/千克 喷雾

LS20100080 抑霉唑硫酸盐/75%/可溶粒剂/抑霉唑硫酸盐 75%/2012.05.19 至 2013.05.19/低毒

香蕉 轴腐病 500～700毫克/千克 浸果

意大利

意大利芬奇米凯公司 (上海市浦东新区世纪大道88号金茂大厦19楼 021-61048500)

PD60-87 氟乐灵/480克/升/乳油/氟乐灵 480克/升/2013.11.19 至 2018.11.19/低毒

大豆 一年生禾本科杂草及部分阔叶杂草 900-1260克/公顷 播前土壤处理

棉花 一年生禾本科杂草及部分阔叶杂草 720-1080克/公顷 播前土壤处理

意大利意赛格公司 (上海市闵行区伟业路199弄1号605室 201104 021-54373807)

PD20070129 四氟醚唑/94%/原药/四氟醚唑 94%/2012.05.21 至 2017.05.21/低毒

PD20070130 四氟醚唑/4%/水乳剂/四氟醚唑 4%/2012.05.21 至 2017.05.21/低毒

草莓 白粉病 30-50克/公顷 喷雾

黄瓜、甜瓜 白粉病 40-60克/公顷 喷雾

PD20121667 嘧苯胺磺隆/50%/水分散粒剂/嘧苯胺磺隆 50%/2012.11.05 至 2017.11.05/低毒

移栽水稻田 稗草、莎草及阔叶杂草 60-75克/公顷 茎叶喷雾或毒土法

PD20121674 嘧苯胺磺隆/98%/原药/嘧苯胺磺隆 98%/2012.11.05 至 2017.11.05/低毒

印度

印度TAGROS公司 (北京市朝阳区芍药居北里101号世奥国际中心A座1809 100029 010-64976659)

PD20081008 氯菊酯/90%/原药/氯菊酯 90%/2013.08.06 至 2018.08.06/低毒

PD20081021 顺式氯氰菊酯/95%/原药/顺式氯氰菊酯 95%/2013.08.06 至 2018.08.06/中等毒

PD20081039 溴氰菊酯/98%/原药/溴氰菊酯 98%/2013.08.06 至 2018.08.06/低毒

PD20081184 氯氰菊酯/92%/原药/氯氰菊酯 92%/2013.09.11 至 2018.09.11/低毒

印度比莱格工业有限公司 (北京市朝阳区安立路68号阳光广场A2-1503 100101 010-64976259)

PD20040005 氯氰菊酯/94%/原药/氯氰菊酯 ≥94%/2009.04.05 至 2014.04.05/中等毒

PD20050125 顺式氯氰菊酯/95%/原药/顺式氯氰菊酯 95%/2010.08.22 至 2015.08.22/中等毒

印度格达化学有限公司 (北京市朝阳区安立路68号阳光广场A2座1503室 100101 010-64976085)

PD20030002 溴氰菊酯/98%/原药/溴氰菊酯 98%/2013.03.18 至 2018.03.18/中等毒

PD20030003 毒死蜱/98%/原药/毒死蜱 98%/2013.03.18 至 2018.03.18/中等毒

PD20070126 顺式氯氰菊酯/95%/原药/顺式氯氰菊酯 95%/2012.05.21 至 2017.05.21/中等毒

PD20101570 莎稗磷/90%/原药/莎稗磷 90%/2010.05.27 至 2015.05.27/低毒

印度禾润保工业有限公司 (北京市朝阳区芍药居北里101号世奥国际中心A座1809 100029 010-64976659)

PD20085421 氯氰菊酯/96%/原药/氯氰菊酯 96%/2013.12.24 至 2018.12.24/低毒

PD20093078 溴氰菊酯/98%/原药/溴氰菊酯 98%/2014.03.09 至 2019.03.09/中等毒

PD20096031 顺式氯氰菊酯/95%/原药/顺式氯氰菊酯 95%/2009.06.15 至 2014.06.15/中等毒

PD20096330 氯菊酯/92%/原药/氯菊酯 92%/2009.07.22 至 2014.07.22/中等毒

PD20097621 乙酰甲胺磷/97%/原药/乙酰甲胺磷 97%/2009.11.03 至 2014.11.03/中等毒

印度利农实业有限公司 (北京市朝阳区光华路甲8号和乔大厦北座511A室 100026 010-65816127-29)

PD20091058 苯磺隆/95%/原药/苯磺隆 95%/2014.01.21 至 2019.01.21/低毒

PD20095725 苯磺隆/75%/水分散粒剂/苯磺隆 75%/2009.05.18 至 2014.05.18/低毒

小麦田 阔叶杂草 15.0-19.5克/公顷 茎叶喷雾

印度联合磷化物有限公司 (上海市长宁区仙霞路369号A座现代广场3001室 200336 021-61921195)

PD65-88 三氟羧草醚/21.4%/水剂/三氟羧草醚 21.4%/2013.02.22 至 2018.02.22/低毒

大豆田 阔叶杂草 360-480克/公顷 喷雾

PD171-92 氟醚·灭草松/440克/升/水剂/三氟羧草醚 80克/升、灭草松 360克/升/2013.04.09 至 2018.04.09/低毒

大豆田 阔叶杂草 825-975克/公顷 喷雾

PD201-95 敌草胺/50%/水分散粒剂/敌草胺 50%/2012.12.02 至 2017.12.02/低毒

西瓜田 阔叶杂草、一年生禾本科杂草 1125-1500克/公顷 喷雾

烟草田 部分阔叶杂草、一年生禾本科杂草 1500-1995克/公顷 喷雾

PD20050055 氯氰菊酯/95%/原药/氯氰菊酯 95%/2010.06.01 至 2015.06.01/中等毒
PD20050151 代森锰锌/88%/原药/代森锰锌 88%/2010.09.23 至 2015.09.23/低毒
PD20060068 代森锰锌/80%/可湿性粉剂/代森锰锌 80%/2011.04.13 至 2016.04.13/低毒
番茄 早疫病 2000克/公顷 喷雾
苹果树 斑点落叶病 1000毫克/千克 喷雾
PD20081200 乙酰甲胺磷/97%/原药/乙酰甲胺磷 97%/2013.09.11 至 2018.09.11/低毒
PD20082590 代森锰锌/75%/水分散粒剂/代森锰锌 75%/2013.12.04 至 2018.12.04/低毒
柑橘树 疮痂病 1071.4-1500毫克/千克 喷雾
黄瓜 霜霉病 1406.25-1687.5克/公顷 喷雾
马铃薯 晚疫病 1440-2160克/公顷 喷雾
苹果树 轮纹病 750-1250毫克/千克 喷雾
PD20083597 顺式氯氰菊酯/97%/原药/顺式氯氰菊酯 97%/2013.12.12 至 2018.12.12/中等毒
PD20096046 吡虫啉/95%/原药/吡虫啉 95%/2009.06.18 至 2014.06.18/低毒
PD20096887 联苯菊酯/98%/原药/联苯菊酯 98%/2009.09.23 至 2014.09.23/中等毒
PD20096888 代森锰锌/88%/原药/代森锰锌 88%/2009.09.23 至 2014.09.23/低毒
PD20097433 敌草胺/94%/原药/敌草胺 94%/2009.10.28 至 2014.10.28/低毒
PD20097738 二甲戊灵/95%/原药/二甲戊灵 95%/2009.11.12 至 2014.11.12/低毒
PD20097765 甲霜·锰锌/72%/可湿性粉剂/甲霜灵 8%、代森锰锌 64%/2009.11.12 至 2014.11.12/低毒
黄瓜 霜霉病 1080－2160克/公顷 喷雾
PD20100429 喹硫磷/25%/乳油/喹硫磷 25%/2010.01.14 至 2015.01.14/中等毒
棉花 棉铃虫 375-525克/公顷 喷雾
PD20101070 高效氯氰菊酯/96%/原药/高效氯氰菊酯 96%/2010.01.21 至 2015.01.21/中等毒
PD20101930 氯菊酯/92%/原药/氯菊酯 92%/2010.08.27 至 2015.08.27/低毒
PD20130218 乙酰甲胺磷/97%/水分散粒剂/乙酰甲胺磷 97%/2013.01.30 至 2018.01.30/低毒
棉花 棉铃虫 727.5-873克/公顷 喷雾
PD20130675 多·锰锌/75%/可湿性粉剂/多菌灵 12%、代森锰锌 63%/2013.04.09 至 2018.04.09/微毒
苹果树 斑点落叶病 1000-1250毫克/千克 喷雾
PD20131783 二甲戊灵/330克/升/乳油/二甲戊灵 330克/升/2013.09.09 至 2018.09.09/低毒
玉米田 一年生杂草 742.5-1237.5克/公顷 土壤喷雾

印度瑞利有限公司 （北京市朝阳区芍药居北里101号世奥国际中心A座1809 100029 010-64976659）

PD20090639 二甲戊灵/95%/原药/二甲戊灵 95%/2014.01.14 至 2019.01.14/中等毒
PD20111121 乙酰甲胺磷/97%/原药/乙酰甲胺磷 97%/2011.10.27 至 2016.10.27/低毒

印度赛博罗有机化学古吉拉特有限公司 （北京市海淀区学院南路38号智慧大厦1503B 100082 010-62251605）

PD20101305 代森锰锌/88%/原药/代森锰锌 88%/2010.03.17 至 2015.03.17/低毒
PD20101444 毒死蜱/97%/原药/毒死蜱 97%/2010.05.04 至 2015.05.04/中等毒

印度万民利有机化学有限公司 （香港九龙登打士街23－29嘉兴商业中心2101室）

PD20080771 顺式氯氰菊酯/97%/原药/顺式氯氰菊酯 97%/2008.06.13 至 2013.06.13/中等毒
PD20080862 氯氰菊酯/92%/原药/氯氰菊酯 92%/2008.06.27 至 2013.06.27/中等毒
PD20080863 毒死蜱/96%/原药/毒死蜱 96%/2008.06.27 至 2013.06.27/中等毒

印度夏达国际有限公司 （江苏省常州市新丰街20号天安城市酒店1626室 213003 0519-8172050）

PD20093070 溴氰菊酯/98%/原药/溴氰菊酯 98%/2009.03.09 至 2014.03.09/低毒
PD20093695 硫丹/96%/原药/硫丹 96%/2009.03.25 至 2014.03.25/高毒

印度伊克胜作物护理有限公司 （北京市朝阳区亚运村安慧里四区十六楼化工大厦902室 100723 010-84885899）

PD20085680 毒死蜱/97%/原药/毒死蜱 97%/2013.12.26 至 2018.12.26/中等毒
PD20092211 毒死蜱/480克/升/乳油/毒死蜱 480克/升/2014.02.24 至 2019.02.24/中等毒
棉花 棉铃虫 750-900克/公顷 喷雾
苹果树 绵蚜 160-240毫克/千克 喷雾
水稻 稻飞虱、稻纵卷叶螟 504-648克/公顷 喷雾
水稻 三化螟 450-576克/公顷 喷雾
PD20096595 草甘膦/97%/原药/草甘膦 97%/2009.09.02 至 2014.09.02/低毒
PD20100881 草甘膦异丙胺盐(41%)///水剂/草甘膦 30%/2010.01.19 至 2015.01.19/低毒
橡胶园 杂草 250-400毫升制剂/亩 茎叶喷雾
PD20110273 硫丹/350克/升/乳油/硫丹 350克/升/2011.03.07 至 2016.03.07/中等毒(原药高毒)
棉花 棉铃虫 682.5-840克/公顷 喷雾
PD20130305 草甘膦铵盐/63%/可溶粒剂/草甘膦 63%/2013.02.26 至 2018.02.26/低毒
非耕地 杂草 1890-2835克/公顷 茎叶喷雾
注:草甘膦铵盐含量：69.3%。

印度印地菲尔工业有限公司 （上海市浦东新区黄杨路18号4幢3009室 201206 021-61652813）

PD20101550 代森锰锌/85%/原药/代森锰锌 85%/2010.05.19 至 2015.05.19/中等毒
PD20101691 代森锰锌/80%/可湿性粉剂/代森锰锌 80%/2010.06.08 至 2015.06.08/低毒
番茄 早疫病 1875-2100克/公顷 喷雾
苹果树 斑点落叶病 1000-1143毫克/千克 喷雾

英国

英国先正达有限公司　(上海市浦东新区浦东南路999号新梅联合广场21楼　200120　400-881-2568)

PD16-86	溴鼠灵/0.005%/饵剂/溴鼠灵 0.005%/2011.06.12 至 2016.06.12/高毒			
	室内	家鼠	0.04-0.15克/公顷	穴施、点施
	室外	田鼠	0.04-0.15克/公顷	穴施、点施
PD18-86	溴鼠灵/0.005%/饵块/溴鼠灵 0.005%/2011.06.12 至 2016.06.12/高毒			
	室外	田鼠	0.04-0.15克/公顷	穴施、点施
PD27-87	禾草敌/90.9%/乳油/禾草敌 90.9%/2012.02.21 至 2017.02.21/低毒			
	水稻田	稗草、牛毛草	1995-3000克/公顷	喷雾或毒土
PD69-88	氟磺胺草醚/250克/升/水剂/氟磺胺草醚 250克/升/2013.04.01 至 2018.04.01/低毒			
	春大豆	一年生阔叶杂草	222-375克/公顷	喷雾
	夏大豆	一年生阔叶杂草	187.5-225克/公顷	喷雾
PD70-88	百草枯/200克/升/水剂/百草枯 200克/升/2012.12.31 至 2014.07.01/中等毒			
	茶园、桑园	杂草	450-750克/公顷	喷雾
	稻茬免耕小麦田	杂草	450-600克/公顷	播前、播后、苗前喷雾
	稻茬免耕油菜田	杂草	450-600克/公顷	移栽前茎叶喷雾
	豆科牧草	杂草	600-750克/公顷	播后苗前茎叶喷雾
	非耕地	杂草	600-780克/公顷	喷雾
	甘蔗、棉花、玉米	一年生杂草	300-600克/公顷	行间定向喷雾
	果园、苗圃	杂草	600-900克/公顷	喷雾
	蔬菜地	杂草	450-600克/公顷	行间定向喷雾
PD80-88	高效氯氟氰菊酯/25克/升/乳油/高效氯氟氰菊酯 25克/升/2013.09.24 至 2018.09.24/中等毒			
	茶树	茶小绿叶蝉	15-30克/公顷	喷雾
	茶树	茶尺蠖	3.75-7.5克/公顷	喷雾
	大豆	食心虫	5.63-7.5克/公顷	喷雾
	柑橘树	潜叶蛾	4.2-6.2毫克/千克	喷雾
	果菜、叶菜	菜红蜘蛛	常规用量下抑制作用	喷雾
	果菜、叶菜	菜青虫	6.25-12.5毫克/千克	喷雾
	果菜、叶菜	蚜虫	6-10毫克/千克	喷雾
	梨树	梨小食心虫	5-8.3毫克/千克	喷雾
	梨树、苹果树	红蜘蛛	常规用量下抑制作用	喷雾
	荔枝树	蝽蟓	6.25-12.5毫克/千克	喷雾
	棉花	红铃虫、棉铃虫	7.5-22.5克/公顷	喷雾
	棉花	棉红蜘蛛	常规用量下抑制作用	喷雾
	棉花	棉蚜	3.75-7.5克/公顷	喷雾
	苹果树	桃小食心虫	5-6.3毫克/千克	喷雾
	小麦	麦蚜、粘虫	4.5-7.5克/公顷	喷雾
	烟草	烟青虫	5.63-7.5毫克/千克	喷雾
PD85-88	甲基嘧啶磷/500克/升/乳油/甲基嘧啶磷 500克/升/2013.09.24 至 2018.09.24/低毒			
	稻谷原粮、小麦原粮	玉米象	5-10毫克/千克	喷雾
PD87-88	抗蚜威/50%/水分散粒剂/抗蚜威 50%/2010.05.09 至 2015.05.09/中等毒			
	大豆	蚜虫	75-120克/公顷	喷雾
	甘蓝	蚜虫	75-135克/公顷	喷雾
	小麦	蚜虫	75-150克/公顷	喷雾
	烟草	烟蚜	120-165克/公顷	喷雾
	油菜	蚜虫	90-150克/公顷	喷雾
PD195-95	百草枯/30.5%/原药/百草枯 30.5%/2010.02.17 至 2015.02.17/中等毒			
PD217-97	高效氯氟氰菊酯/40%/母药/高效氯氟氰菊酯 40%/2012.05.19 至 2017.05.19/中等毒			
PD218-97	高效氯氟氰菊酯/81%/原药/高效氯氟氰菊酯 81%/2012.05.19 至 2017.05.19/中等毒			
PD20060032	嘧菌酯/93%/原药/嘧菌酯 93%/2011.01.27 至 2016.01.27/低毒			
PD20060033	嘧菌酯/250克/升/悬浮剂/嘧菌酯 250克/升/2013.09.25 至 2018.09.25/低毒			
	大豆	锈病	150～225克/公顷	喷雾
	冬瓜	霜霉病、炭疽病	180-337.5克/公顷	喷雾
	番茄	晚疫病、叶霉病	225-337.5克/公顷	喷雾
	番茄	早疫病	90-120克/公顷	喷雾
	柑橘	疮痂病、炭疽病	208.3-312.5毫克/千克	喷雾
	花椰菜	霜霉病	150-270克/公顷	喷雾
	黄瓜	霜霉病	120-180克/公顷	喷雾
	黄瓜	白粉病、黑星病、蔓枯病	225-337.5克/公顷	喷雾
	菊科和蔷薇科观赏花卉	白粉病	100－250毫克/千克	喷雾
	辣椒	疫病	150-270克/公顷	喷雾
	辣椒	炭疽病	120-180克/公顷	喷雾

荔枝 霜疫霉病 150-200毫克/千克 喷雾
马铃薯 早疫病 112.5～187.5克/公顷 喷雾
马铃薯 黑痣病 135-225克/公顷 播种时喷雾沟施
马铃薯 晚疫病 56.25-75克/公顷 喷雾
芒果 炭疽病 150-200毫克/千克 喷雾
葡萄 霜霉病 1000-2000倍液 喷雾
葡萄 白腐病、黑痘病 200-300毫克/千克 喷雾
人参 黑斑病 150～225克/公顷 喷雾
丝瓜 霜霉病 180-337.5克/公顷 喷雾
西瓜 炭疽病 150-300毫克/千克 喷雾
香蕉 叶斑病 166.7—250毫克/千克 喷雾
枣树 炭疽病 100—166.7毫克/千克 喷雾

PD20070055 敌草快/260克/升/母液/敌草快 260克/升/2012.03.09 至 2017.03.09/低毒

PD20070058 敌草快/200克/升/水剂/敌草快 200克/升/2012.03.09 至 2017.03.09/低毒
马铃薯 枯叶 600-750克/公顷 喷雾
水稻 催枯、干燥 450-600克/公顷 喷雾

PD20070203 嘧菌酯/50%/水分散粒剂/嘧菌酯 50%/2012.08.07 至 2017.08.07/低毒
草坪 褐斑病、枯萎病 200-400克/公顷 喷雾

PD20082361 草甘膦/95%/原药/草甘膦 95%/2013.12.01 至 2018.12.01/低毒

PD20096032 草甘膦钾盐/35%/水剂/草甘膦 35%/2009.06.15 至 2014.06.15/微毒
冬油菜田（免耕） 杂草 750-1200克/公顷 定向茎叶喷雾
非耕地 杂草 1125-3000克/公顷 定向茎叶喷雾
柑橘园 杂草 1080-2520克/公顷 定向喷雾
棉花田 杂草 750-1650克/公顷 定向茎叶喷雾
苹果园、香蕉园 杂草 1125-2250克/公顷 定向茎叶喷雾
晚稻抛秧田(免耕) 杂草 2100-2550克/公顷 定向茎叶喷雾
注:草甘膦钾盐含量: 43%。

PD20120824 高效氯氟氰菊酯/10%/种子处理微囊悬浮剂/高效氯氟氰菊酯 10%/2012.05.22 至 2017.05.22/中等毒
玉米 蛴螬 20-30克/100千克种子 种子包衣

PD20120830 抗蚜威/96%/原药/抗蚜威 96%/2012.05.22 至 2017.05.22/中等毒

WP62-99 高效氯氟氰菊酯/25克/升/微囊悬浮剂/高效氯氟氰菊酯 25克/升/2014.04.13 至 2019.04.13/低毒
卫生 蜚蠊、蚊、蝇 10-20毫克/平方米 滞留喷洒

WP85-88 甲基嘧啶磷/500克/升/乳油/甲基嘧啶磷 500克/升/2013.09.24 至 2018.09.24/低毒
卫生 蚊 1)2克/平方米(室内)2)300克/公顷(室外) 1)滞留喷雾 2)超低量喷雾
卫生 蝇 2克/平方米 滞留喷雾

安徽省

安徽常泰化工有限公司 （安徽省东至县香隅镇化工园区 247260 0566-8167462）

PD20091731 甲哌鎓/250克/升/水剂/甲哌鎓 250克/升/2014.02.04 至 2019.02.04/低毒
棉花 调节生长 45-60克/公顷 喷雾

PD20098102 联苯菊酯/25克/升/乳油/联苯菊酯 25克/升/2009.12.08 至 2014.12.08/低毒
茶树 茶尺蠖 7.5-15克/公顷 喷雾

PD20098143 高效氯氟氰菊酯/25克/升/乳油/高效氯氟氰菊酯 25克/升/2009.12.14 至 2014.12.14/低毒
十字花科叶菜 菜青虫 7.5-15克/公顷 喷雾

PD20100414 福美双/50%/可湿性粉剂/福美双 50%/2010.01.14 至 2015.01.14/低毒
黄瓜 霜霉病 975—1200克/公顷 喷雾

PD20100931 福·福锌/80%/可湿性粉剂/福美双 30%、福美锌 50%/2010.08.27 至 2015.08.27/低毒
西瓜 炭疽病 1650—1800克/公顷 喷雾

PD20101719 草甘膦/30%/水剂/草甘膦 30%/2010.06.28 至 2015.06.28/低毒
茶园 杂草 333-500毫升制剂/亩 定向喷雾

PD20120439 啶虫脒/96%/原药/啶虫脒 96%/2012.03.14 至 2017.03.14/中等毒

PD20121143 杀螟丹/98%/原药/杀螟丹 98%/2012.07.20 至 2017.07.20/中等毒

PD20121161 联苯菊酯/96%/原药/联苯菊酯 96%/2012.07.30 至 2017.07.30/中等毒

安徽长城生化有限公司 （安徽省宿州市砀山县砀城东四公里 235300 0557-8865606）

PD20083998 阿维菌素/0.5%/乳油/阿维菌素 0.5%/2013.12.16 至 2018.12.16/低毒(原药高毒)
梨树 梨木虱 6-12毫克/千克 喷雾

PD20084268 炔螨特/57%/乳油/炔螨特 57%/2013.12.17 至 2018.12.17/低毒
柑橘树 红蜘蛛 285-380毫克/千克 喷雾

PD20091546 毒死蜱/480克/升/乳油/毒死蜱 480克/升/2009.02.03 至 2014.02.03/中等毒
水稻 飞虱 468-612克/公顷 喷雾

PD20094844 阿维·啶虫脒/4%/乳油/阿维菌素 1%、啶虫脒 3%/2014.04.13 至 2019.04.13/低毒(原药高毒)
黄瓜 蚜虫 9～12克/公顷 喷雾

PD20097411 阿维菌素/18克/升/乳油/阿维菌素 18克/升/2009.10.28 至 2014.10.28/低毒(原药高毒)

甘蓝 小菜蛾 8.1-10.8克/公顷 喷雾

PD20097929 吡虫啉/10%/可湿性粉剂/吡虫啉 10%/2009.11.30 至 2014.11.30/低毒

水稻 稻飞虱 30-45克/公顷 喷雾

PD20100562 阿维菌素/3.2%/乳油/阿维菌素 3.2%/2010.01.14 至 2015.01.14/中等毒(原药高毒)

甘蓝 小菜蛾 8.4-10.5克/公顷 喷雾

PD20130069 唑磷·毒死蜱/20%/乳油/毒死蜱 5%、三唑磷 15%/2013.01.07 至 2018.01.07/中等毒

水稻 三化螟 240-300克/公顷 喷雾

PD20130272 阿维菌素/5%/微乳剂/阿维菌素 5%/2013.02.21 至 2018.02.21/低毒(原药高毒)

水稻 稻纵卷叶螟 4.4-8.8克/公顷 喷雾

PD20130275 阿维菌素/1.8%/可湿性粉剂/阿维菌素 1.8%/2013.02.21 至 2018.02.21/低毒(原药高毒)

甘蓝 小菜蛾 8.1-10.8克/公顷 喷雾

PD20131675 吡虫啉/25%/可湿性粉剂/吡虫啉 25%/2013.08.07 至 2018.08.07/低毒

十字花科蔬菜 蚜虫 22.5-30克/公顷 喷雾

安徽春辉植物农药厂 (安徽省阜阳市阜口路袁寨西2公里 236151 0558-3325118)

PD20085744 三唑酮/20%/乳油/三唑酮 20%/2013.12.26 至 2018.12.26/低毒

小麦 白粉病 120-150克/公顷 喷雾

PD20085755 硫磺·三环唑/20%/可湿性粉剂/硫磺 10%、三环唑 10%/2013.12.29 至 2018.12.29/低毒

水稻 稻瘟病 300-450克/公顷 喷雾

PD20090636 高效氯氟氰菊酯/25克/升/乳油/高效氯氟氰菊酯 25克/升/2014.01.14 至 2019.01.14/中等毒

十字花科蔬菜 菜青虫 7.5-11.25克/公顷 喷雾

PD20091498 灭威·高氯氟/12%/微乳剂/高效氯氟氰菊酯 1%、灭多威 11%/2014.02.02 至 2019.02.02/中等毒(原药高毒)

棉花 棉铃虫 90-144克/公顷 喷雾

PD20092703 辛硫磷/40%/乳油/辛硫磷 40%/2014.03.03 至 2019.03.03/低毒

玉米 玉米螟 450-600克/公顷 灌心叶

PD20092977 乙烯利/40%/水剂/乙烯利 40%/2014.03.09 至 2019.03.09/低毒

棉花 调节生长 330-500倍(800-1210毫克/千克) 喷雾

PD20093222 联苯菊酯/25克/升/乳油/联苯菊酯 25克/升/2014.03.11 至 2019.03.11/低毒

茶树 茶小绿叶蝉 30-37.5克/公顷 喷雾

PD20093492 辛硫磷/3%/颗粒剂/辛硫磷 3%/2014.03.23 至 2019.03.23/低毒

花生 地下害虫 1800-3600克/公顷 撒施

PD20093618 马拉·杀螟松/12%/乳油/马拉硫磷 10%、杀螟硫磷 2%/2014.03.25 至 2019.03.25/低毒

水稻 二化螟 252-324克/公顷 喷雾

PD20096893 烟嘧磺隆/40克/升/可分散油悬浮剂/烟嘧磺隆 40克/升/2009.09.23 至 2014.09.23/低毒

玉米田 一年生杂草 42-60克/公顷 茎叶喷雾

PD20097003 啶虫脒/5%/乳油/啶虫脒 5%/2009.09.29 至 2014.09.29/低毒

黄瓜 蚜虫 18-22.5克/公顷 喷雾

PD20097914 毒·辛/25%/乳油/毒死蜱 7%、辛硫磷 18%/2009.11.30 至 2014.11.30/低毒

水稻 稻纵卷叶螟 450-562.5克/公顷 喷雾

PD20100011 阿维·哒螨灵/5%/乳油/阿维菌素 0.2%、哒螨灵 4.8%/2010.01.04 至 2015.01.04/中等毒(原药高毒)

苹果树 红蜘蛛 25-33.3毫克/千克 喷雾

PD20100239 甲基硫菌灵/70%/可湿性粉剂/甲基硫菌灵 70%/2010.01.11 至 2015.01.11/低毒

黄瓜 白粉病 294—352.8克/公顷 喷雾

小麦 赤霉病 630—735克/公顷 喷雾

PD20101373 矮壮素/50%/水剂/矮壮素 50%/2010.04.02 至 2015.04.02/低毒

棉花 调节生长 10000倍液 喷雾

PD20110941 甲氨基阿维菌素苯甲酸盐/0.5%/乳油/甲氨基阿维菌素 0.5%/2011.09.07 至 2016.09.07/低毒

甘蓝 甜菜夜蛾 1.875-2.625克/公顷 喷雾

注:甲氨基阿维菌素苯甲酸盐含量:0.57%。

PD20131583 高效氯氰菊酯/4.5%/水乳剂/高效氯氰菊酯 4.5%/2013.07.23 至 2018.07.23/中等毒

棉花 棉铃虫 40.5-54克/公顷 喷雾

安徽迪邦药业有限公司 (安徽省砀山县城北郊一公里 235300 0557-8890488)

PD20082090 高效氯氰菊酯/4.5%/乳油/高效氯氰菊酯 4.5%/2013.11.25 至 2018.11.25/中等毒

苹果树 桃小食心虫 22.5-45毫克/千克 喷雾

PD20082340 阿维菌素/5%/乳油/阿维菌素 5%/2013.12.01 至 2018.12.01/低毒(原药高毒)

梨树 梨木虱 6-12毫克/千克 喷雾

PD20082486 阿维菌素/0.3%/乳油/阿维菌素 0.3%/2008.12.03 至 2013.12.03/低毒(原药高毒)

梨树 梨木虱 1-2毫克/千克 喷雾

PD20082973 阿维菌素/1.8%/乳油/阿维菌素 1.8%/2013.12.09 至 2018.12.09/低毒(原药高毒)

十字花科蔬菜 菜青虫 8.1-10.8克/公顷 喷雾

PD20083377 腈菌唑/12.5%/乳油/腈菌唑 12.5%/2013.12.11 至 2018.12.11/低毒

梨树 黑星病 1500-2000倍液 喷雾

PD20083435 阿维·哒螨灵/10%/乳油/阿维菌素 0.4%、哒螨灵 9.6%/2013.12.11 至 2018.12.11/低毒(原药高毒)

苹果树 二斑叶螨 33.3-50毫克/千克 喷雾

PD20084815 阿维菌素/3.2%/乳油/阿维菌素 3.2%/2013.12.22 至 2018.12.22/低毒(原药高毒)
梨树 梨木虱 6-12毫克/千克 喷雾
PD20085361 吡虫啉/5%/乳油/吡虫啉 5%/2013.12.24 至 2018.12.24/低毒
小麦 蚜虫 11.25-18.75克/公顷 喷雾
PD20085362 阿维·高氯/2.4%/乳油/阿维菌素 1.1%、高效氯氰菊酯 1.3%/2013.12.24 至 2018.12.24/中等毒(原药高毒)
梨树 梨木虱 4-6毫克/千克 喷雾
PD20085535 毒死蜱/40%/乳油/毒死蜱 40%/2013.12.25 至 2018.12.25/中等毒
水稻 稻纵卷叶螟 510-600克/公顷 喷雾
PD20090252 多菌灵/50%/可湿性粉剂/多菌灵 50%/2014.01.09 至 2019.01.09/低毒
苹果树 炭疽病 625-833.3毫克/千克 喷雾
PD20091953 甲霜·锰锌/58%/可湿性粉剂/甲霜灵 10%、代森锰锌 48%/2014.02.12 至 2019.02.12/微毒
黄瓜 霜霉病 870-1305克/千克 喷雾
PD20092663 甲基硫菌灵/70%/可湿性粉剂/甲基硫菌灵 70%/2014.03.03 至 2019.03.03/低毒
梨树 黑星病 700-875毫克/千克 喷雾
PD20093263 高效氯氟氰菊酯/25克/升/乳油/高效氯氟氰菊酯 25克/升/2014.03.11 至 2019.03.11/中等毒
棉花 棉铃虫 16.875-22.5克/公顷 喷雾

安徽东盛制药有限公司 (安徽省淮南市经济技术开发区振兴路1号 232007 0554-3312862)

PD20070498 杀螺胺乙醇胺盐/98%/原药/杀螺胺乙醇胺盐 98%/2012.11.28 至 2017.11.28/低毒
PD20084321 杀螺胺/70%/可湿性粉剂/杀螺胺 70%/2013.12.17 至 2018.12.17/低毒
水稻 福寿螺 420-472.5克/公顷 喷雾
PD20091602 杀螺胺乙醇胺盐/50%/可湿性粉剂/杀螺胺乙醇胺盐 50%/2014.02.03 至 2019.02.03/低毒
水稻 福寿螺 450-600克/公顷 喷雾
滩涂 钉螺 1-3克/平方米 喷洒
PD20110492 杀螺胺乙醇胺盐/4%/粉剂/杀螺胺乙醇胺盐 4%/2011.05.03 至 2016.05.03/低毒
滩涂 钉螺 1-2克/平方米 喷粉

安徽东至广信农化有限公司 (安徽省东至县香隅化工园区 247260 0566-8168888)

PD20093657 多菌灵/98%/原药/多菌灵 98%/2014.03.25 至 2019.03.25/低毒
PD20110093 草甘膦/95%/原药/草甘膦 95%/2011.01.26 至 2016.01.26/低毒

安徽繁农化工科技有限公司 (安徽省繁昌县孙村镇工业园西区 241206 0553-7252086)

PD86148-83 异丙威/20%/乳油/异丙威 20%/2010.03.23 至 2015.03.23/中等毒
水稻 飞虱、叶蝉 450-600克/公顷 喷雾
PD86159-2 三乙膦酸铝/40%/可湿性粉剂/三乙膦酸铝 40%/2011.11.29 至 2016.11.29/低毒
胡椒 瘟病 1克/株 灌根
棉花 疫病 1410-2820克/公顷 喷雾
蔬菜 霜霉病 1410-2820克/公顷 喷雾
水稻 稻瘟病、纹枯病 1410克/公顷 喷雾
橡胶树 割面条溃疡病 100倍液 1)切口涂药,2)喷雾
烟草 黑胫病 1)4500克/公顷,2)0.8克/株 1)喷雾,2)灌根
PD20040418 吡虫啉/5%/乳油/吡虫啉 5%/2009.12.19 至 2014.12.19/低毒
水稻 飞虱 15-22.5克/公顷 喷雾
PD20093053 氰戊·乐果/25%/乳油/乐果 21.8%、氰戊菊酯 3.2%/2009.03.09 至 2014.03.09/中等毒
棉花 蚜虫 187.5-262.5克/公顷 喷雾
PD20094468 阿维·哒螨灵/5%/乳油/阿维菌素 0.2%、哒螨灵 4.8%/2009.04.01 至 2014.04.01/低毒(原药高毒)
苹果树 二斑叶螨 25-50毫克/千克 喷雾
PD20096436 三唑磷/20%/乳油/三唑磷 20%/2009.08.05 至 2014.08.05/中等毒
水稻 二化螟 360—450克/公顷 喷雾
PD20097460 三唑磷/85%/原药/三唑磷 85%/2009.11.03 至 2014.11.03/中等毒
PD20100560 毒死蜱/480克/升/乳油/毒死蜱 480克/升/2010.01.14 至 2015.01.14/中等毒
水稻 稻纵卷叶螟 504-648克/公顷 喷雾
PD20100854 辛硫·三唑磷/20%/乳油/三唑磷 10%、辛硫磷 10%/2010.01.19 至 2015.01.19/中等毒
水稻 二化螟 360-450克/公顷 喷雾

安徽丰乐农化有限责任公司 (安徽省合肥市肥西县循环经济示范园 230031 0551-65360943)

PD20040265 高效氯氰菊酯/95%/原药/高效氯氰菊酯 95%/2009.12.19 至 2014.12.18/中等毒
PD20050118 高效氯氰菊酯/4.5%/乳油/高效氯氰菊酯 4.5%/2010.08.15 至 2015.08.15/中等毒
茶树 茶尺蠖 15-25.5克/公顷 喷雾
柑橘树 潜叶蛾 15-20毫克/千克 喷雾
柑橘树 红蜡蚧 50毫克/千克 喷雾
棉花 红铃虫、棉铃虫、棉蚜 15-30克/公顷 喷雾
蔬菜 菜青虫、小菜蛾 9-25.5克/公顷 喷雾
蔬菜 蚜虫 3-18克/公顷 喷雾
烟草 烟青虫 15-25.5克/公顷 喷雾
PD20070277 异噁草松/95%/原药/异噁草松 95%/2012.09.05 至 2017.09.05/低毒

PD20070284 草甘膦/95%/原药/草甘膦 95%/2012.09.05 至 2017.09.05/低毒

PD20070401 丙环唑//原药/丙环唑 95%/2012.11.05 至 2017.11.05/低毒

PD20070534 萎锈灵/98%/原药/萎锈灵 98%/2012.12.03 至 2017.12.03/低毒

PD20070552 苯磺隆/95%/原药/苯磺隆 95%/2012.12.03 至 2017.12.03/低毒

PD20070562 精喹禾灵/95%/原药/精喹禾灵 95%/2012.12.03 至 2017.12.03/低毒

PD20070623 噻吩磺隆/95%/原药/噻吩磺隆 95%/2012.12.14 至 2017.12.14/低毒

PD20070639 噻吩磺隆/25%/可湿性粉剂/噻吩磺隆 25%/2012.12.14 至 2017.12.14/低毒
春大豆田、春玉米田 一年生阔叶杂草 30-37.5克/公顷(东北地区) 喷雾
冬小麦田、夏大豆田、夏玉米田 一年生阔叶杂草 22.5-30克/公顷 喷雾

PD20070642 苯磺隆/75%/水分散粒剂/苯磺隆 75%/2012.12.14 至 2017.12.14/低毒
冬小麦田 一年生阔叶杂草 13.5-22.5克/公顷 茎叶喷雾

PD20070657 噻吩磺隆/75%/水分散粒剂/噻吩磺隆 75%/2012.12.17 至 2017.12.17/低毒
春大豆田 一年生阔叶杂草 25.9-33.8克/公顷(东北地区) 喷雾
夏大豆田 一年生阔叶杂草 22.5-25.9克/公顷(其它地区) 喷雾

PD20080115 毒死蜱/95%/原药/毒死蜱 95%/2013.01.03 至 2018.01.03/低毒

PD20080368 草甘膦异丙胺盐/30%/水剂/草甘膦 30%/2013.02.28 至 2018.02.28/低毒
茶园 一年生和多年生杂草 1125-2250克/公顷 定向茎叶喷雾
注:草甘膦异丙胺盐含量:41%。

PD20080493 精噁唑禾草灵/95%/原药/精噁唑禾草灵 95%/2013.04.07 至 2018.04.07/低毒

PD20080513 精噁唑禾草灵/6.9%/水乳剂/精噁唑禾草灵 6.9%/2013.04.29 至 2018.04.29/低毒
春小麦田 一年生禾本科杂草 72.5—82.8克/公顷 茎叶喷雾
冬小麦田 一年生禾本科杂草 51.8—72.5克/公顷 茎叶喷雾

PD20080514 烯酰吗啉/97%/原药/烯酰吗啉 97%/2013.04.29 至 2018.04.29/低毒

PD20080579 乳氟禾草灵/240克/升/乳油/乳氟禾草灵 240克/升/2013.05.12 至 2018.05.12/低毒
春大豆田 一年生阔叶杂草 90-126克/公顷 茎叶喷雾
花生田 一年生阔叶杂草 54-108克/公顷 茎叶喷雾
夏大豆田 一年生阔叶杂草 72-90克/公顷 茎叶喷雾

PD20080622 烯酰·锰锌/69%/可湿性粉剂/代森锰锌 60%、烯酰吗啉 9%/2013.05.12 至 2018.05.12/低毒
黄瓜 霜霉病 1035—1380克/公顷 喷雾

PD20080625 异噁草松/480克/升/乳油/异噁草松 480克/升/2013.05.12 至 2018.05.12/低毒
春大豆田 一年生杂草 1008-1152克/公顷(东北地区) 土壤喷雾

PD20080630 氟磺胺草醚/250克/升/水剂/氟磺胺草醚 250克/升/2013.05.13 至 2018.05.13/低毒
春大豆田、夏大豆田 一年生阔叶杂草 262.5-375克/公顷 喷雾

PD20080631 高效氟吡甲禾灵/108克/升/乳油/高效氟吡甲禾灵 108克/升/2013.05.13 至 2018.05.13/低毒
春大豆田 一年生禾本科杂草 48.6-56.7克/公顷 茎叶喷雾
春油菜田 一年生禾本科杂草 45.4-64.8克/公顷 茎叶喷雾
冬油菜田 一年生禾本科杂草 32.4-45.4克/公顷 茎叶喷雾
夏大豆田 一年生禾本科杂草 45.4-48.6克/公顷 茎叶喷雾

PD20080632 高效氟吡甲禾灵/95%/原药/高效氟吡甲禾灵 95%/2013.05.13 至 2018.05.13/低毒

PD20080633 精噁唑禾草灵/80.5克/升/乳油/精噁唑禾草灵 80.5克/升/2013.05.13 至 2018.05.13/低毒
花生田 一年生禾本科杂草 48.3—78.5克/公顷 茎叶喷雾
夏大豆田 一年生禾本科杂草 48.3—72.5克/公顷 茎叶喷雾

PD20080690 异松·乙草胺/50%/乳油/乙草胺 40%、异噁草松 10%/2013.06.04 至 2018.06.04/低毒
冬油菜田 一年生杂草 525-600克/公顷 土壤喷雾

PD20080747 精喹·乙草胺/35%/乳油/精喹禾灵 2.5%、乙草胺 32.5%/2013.06.11 至 2018.06.11/低毒
大豆田 部分阔叶杂草、一年生禾本科杂草 900-1070克/公顷 茎叶喷雾

PD20080751 噻磺·乙草胺/50%/乳油/噻吩磺隆 0.3%、乙草胺 49.7%/2013.06.11 至 2018.06.11/低毒
花生田 一年生杂草 600-750克/公顷 播后苗前喷雾
夏大豆田、夏玉米田 一年生杂草 600-750克/公顷 喷雾

PD20080849 噻嗪·杀虫单/50%/可湿性粉剂/噻嗪酮 10%、杀虫单 40%/2013.06.23 至 2018.06.23/中等毒
水稻 稻飞虱、二化螟 300-600克/公顷 喷雾

PD20080861 莠去津/38%/悬浮剂/莠去津 38%/2013.06.23 至 2018.06.23/低毒
春玉米田 一年生杂草 600-900克/公顷(东北地区) 茎叶喷雾
夏玉米田 一年生杂草 540-600克/公顷(其它地区) 茎叶喷雾

PD20081057 丙环唑/250克/升/乳油/丙环唑 250克/升/2013.08.14 至 2018.08.14/低毒
香蕉 叶斑病 500-1000倍液 喷雾

PD20081290 苯磺隆/10%/可湿性粉剂/苯磺隆 10%/2013.09.26 至 2018.09.26/低毒
春小麦田 一年生阔叶杂草 22.5-30克/公顷 茎叶喷雾
冬小麦田 一年生阔叶杂草 13.5-22.5克/公顷 茎叶喷雾

PD20081472 丙草胺/300克/升/乳油/丙草胺 300克/升/2013.11.04 至 2018.11.04/低毒
水稻田(直播) 一年生杂草 540—675克/公顷 土壤喷雾

PD20081717 精喹·草除灵/14%/乳油/草除灵 12%、精喹禾灵 2%/2013.11.18 至 2018.11.18/低毒

	油菜田	一年生杂草	210-252克/公顷	茎叶喷雾
PD20081763	百草枯/200克/升/水剂/百草枯 200克/升/2012.12.31 至 2014.07.01/中等毒			
	棉花田	杂草	450-600克/公顷	定向茎叶喷雾
	苹果园	杂草	600-900克/公顷	定向茎叶喷雾
PD20081906	噻磺·异丙隆/72%/可湿性粉剂/噻吩磺隆 1.5%、异丙隆 70.5%/2013.11.21 至 2018.11.21/低毒			
	冬小麦田	一年生杂草	1080-1296克/公顷	喷雾
PD20081919	福美·拌种灵/15%/悬浮种衣剂/拌种灵 7.5%、福美双 7.5%/2013.11.21 至 2018.11.21/低毒			
	棉花	苗期立枯病	200-250克/100千克种子	种子包衣
PD20081936	精喹禾灵/5%/乳油/精喹禾灵 5%/2013.11.25 至 2018.11.25/低毒			
	大豆田	一年生禾本科杂草	37.5-52.5克/公顷	喷雾
	花生田	一年生禾本科杂草	45-60克/公顷	喷雾
	棉花田	一年生禾本科杂草	37.5-60克/公顷	喷雾
	油菜田	一年生禾本科杂草	30-45克/公顷	喷雾
PD20082133	福·克/20%/悬浮种衣剂/福美双 12%、克百威 8%/2013.11.25 至 2018.11.25/中等毒(原药高毒)			
	玉米	地下害虫、苗期茎基腐病	1:40-50(药种比)	种子包衣
PD20082251	苄·乙/20%/可湿性粉剂/苄嘧磺隆 4.5%、乙草胺 15.5%/2013.11.27 至 2018.11.27/低毒			
	水稻移栽田	多种一年生杂草	84-118克/公顷	喷雾
PD20082271	氰戊·辛硫磷/30%/乳油/氰戊菊酯 5%、辛硫磷 25%/2013.11.27 至 2018.11.27/中等毒			
	棉花	蚜虫	150-225克/公顷	喷雾
	棉花	棉铃虫	180-270克/公顷	喷雾
PD20082362	噁草·丁草胺/20%/乳油/丁草胺 14%、噁草酮 6%/2013.12.01 至 2018.12.01/低毒			
	水稻半旱育秧田、水稻旱育秧田	一年生杂草	450-600克/公顷	复土后喷雾
PD20082369	毒死蜱/480克/升/乳油/毒死蜱 480克/升/2013.12.01 至 2018.12.01/中等毒			
	水稻	稻飞虱、二化螟	432-576克/公顷	喷雾
PD20082481	精噁唑禾草灵/10%/乳油/精噁唑禾草灵 10%/2013.12.03 至 2018.12.03/低毒			
	春小麦田	一年生禾本科杂草	90-105克/公顷	茎叶喷雾
	冬小麦田	一年生禾本科杂草	75-90克/公顷	茎叶喷雾
PD20082889	烯酰吗啉/50%/可湿性粉剂/烯酰吗啉 50%/2013.12.09 至 2018.12.09/低毒			
	黄瓜	霜霉病	225-300克/公顷	喷雾
PD20082951	精喹禾灵/10%/乳油/精喹禾灵 10%/2013.12.09 至 2018.12.09/低毒			
	花生田、棉花田、夏大豆田、油菜田	一年生禾本科杂草	39.6-52.8克/公顷	喷雾
	西瓜田	一年生禾本科杂草	46.2-59.4克/公顷	茎叶喷雾
PD20083245	萎·克·福美双/25%/悬浮种衣剂/福美双 11.5%、克百威 7%、萎锈灵 6.5%/2013.12.11 至 2018.12.11/中等毒(原药高毒)			
	玉米	金针虫、蝼蛄、蛴螬、丝黑穗病、小地老虎	1:40-50(药种比)	种子包衣
PD20083336	溴氰菊酯/25克/升/乳油/溴氰菊酯 25克/升/2013.12.11 至 2018.12.11/中等毒			
	苹果树	桃小食心虫	10-12.5毫克/千克	喷雾
PD20083483	氯氟吡氧乙酸异辛酯/95%/原药/氯氟吡氧乙酸异辛酯 95%/2013.12.12 至 2018.12.12/低毒			
PD20084107	噻磺·乙草胺/39%/可湿性粉剂/噻吩磺隆 0.6%、乙草胺 38.4%/2013.12.16 至 2018.12.16/低毒			
	春大豆田、春玉米田	一年生杂草	1170-1462.5克/公顷(东北地区)	播后苗前土壤喷雾
	花生田、夏大豆田、夏玉米田	一年生杂草	585-877.5克/公顷	播后苗前土壤喷雾
PD20084885	多·咪·福美双/18%/悬浮种衣剂/多菌灵 9%、福美双 7%、咪鲜胺 2%/2013.12.22 至 2018.12.22/低毒			
	水稻	恶苗病	1:40-50(药种比)	种子包衣
PD20084946	萎锈·福美双/400克/升/悬浮种衣剂/福美双 200克/升、萎锈灵 200克/升/2013.12.22 至 2018.12.22/低毒			
	棉花	立枯病	160-200克/100千克种子	种子包衣
PD20085331	松·喹·氟磺胺/35%/乳油/氟磺胺草醚 9.5%、精喹禾灵 2.5%、异噁草松 23%/2013.12.24 至 2018.12.24/低毒			
	春大豆田	一年生杂草	525—787.5克/公顷(东北地区)	茎叶喷雾
PD20086144	氯氟吡氧乙酸/200克/升/乳油/氯氟吡氧乙酸 200克/升/2013.12.30 至 2018.12.30/低毒			
	冬小麦田	阔叶杂草	180-210克/公顷	茎叶喷雾
	水田畦畔	水花生	150-210克/公顷	茎叶喷雾
	玉米田	一年生阔叶杂草	150-210克/公顷	茎叶喷雾
PD20086221	灭草松/480克/升/水剂/灭草松 480克/升/2013.12.31 至 2018.12.31/低毒			
	春大豆田	一年生阔叶杂草	1440-1800克/公顷	茎叶喷雾
	夏大豆田	一年生阔叶杂草	1080-1440克/公顷	茎叶喷雾
PD20086273	多·福·克/35%/悬浮种衣剂/多菌灵 12%、福美双 15%、克百威 8%/2013.12.31 至 2018.12.31/中等毒(原药高毒)			
	大豆	孢囊线虫、根腐病	583.3-700克/100千克种子	种子包衣
PD20090832	精吡氟禾草灵/150克/升/乳油/精吡氟禾草灵 150克/升/2014.01.19 至 2019.01.19/低毒			
	春大豆田、夏大豆田	一年生禾本科杂草	135-157.5克/公顷	茎叶喷雾
PD20090875	烟嘧磺隆/97%/原药/烟嘧磺隆 97%/2014.01.19 至 2019.01.19/低毒			

PD20091872 多·福/15%/悬浮种衣剂/多菌灵 8%、福美双 7%/2014.02.09 至 2019.02.09/低毒
小麦 根腐病、散黑穗病 1:60-80(药种比) 种子包衣

PD20091902 阿维·高氯/1%/乳油/阿维菌素 0.3%、高效氯氰菊酯 0.7%/2014.02.09 至 2019.02.09/低毒(原药高毒)
十字花科蔬菜 小菜蛾 7.5-15克/公顷 喷雾

PD20095011 咪乙·甲戊灵/34.5%/乳油/二甲戊灵 32.25%、咪唑乙烟酸 2.25%/2009.04.21 至 2014.04.21/低毒
春大豆田 一年生杂草 828-1035克/公顷 土壤喷雾

PD20095735 烯草酮/120克/升/乳油/烯草酮 120克/升/2009.05.18 至 2014.05.18/低毒
冬油菜田 一年生禾本科杂草 54-72克/公顷 茎叶喷雾

PD20096419 甲戊·莠去津/42%/悬浮剂/二甲戊灵 17%、莠去津 25%/2009.08.04 至 2014.08.04/低毒
夏玉米田 一年生杂草 945-1260克/公顷 土壤喷雾

PD20096692 唑磷·毒死蜱/30%/乳油/毒死蜱 15%、三唑磷 15%/2009.09.07 至 2014.09.07/中等毒
水稻 三化螟 180-270克/公顷 茎叶喷雾

PD20098397 烟嘧磺隆/40克/升/可分散油悬浮剂/烟嘧磺隆 40克/升/2009.12.18 至 2014.12.18/低毒
玉米田 一年生禾本科杂草及阔叶杂草 48-60克/公顷 喷雾

PD20100876 唑螨酯/5%/悬浮剂/唑螨酯 5%/2010.01.19 至 2015.01.19/低毒
柑橘树 红蜘蛛 25-50毫克/千克 喷雾
苹果树 红蜘蛛 16.7-25毫克/千克 喷雾

PD20111030 高效氯氰菊酯/4.5%/微乳剂/高效氯氰菊酯 4.5%/2011.09.30 至 2016.09.30/中等毒
甘蓝 菜青虫 13.5-27克/公顷 喷雾

PD20111339 氯氰·福美双/13%/悬浮种衣剂/福美双 10%、氯氰菊酯 3%/2011.12.06 至 2016.12.06/低毒
玉米 地老虎、茎枯病、金针虫、蛴螬 217-325克/100千克种子 种子包衣

PD20120032 高效氯氟氰菊酯/25克/升/乳油/高效氯氟氰菊酯 25克/升/2012.01.09 至 2017.01.09/中等毒
小白菜 蚜虫 5.625—7.5克/公顷 喷雾

PD20120050 精喹禾灵/5%/微乳剂/精喹禾灵 5%/2012.01.11 至 2017.01.11/低毒
大豆田 一年生禾本科杂草 37.5-67.5克/公顷 茎叶喷雾

PD20120191 精喹禾灵/20%/乳油/精喹禾灵 20%/2012.01.30 至 2017.01.30/低毒
大豆田 一年生禾本科杂草 52.5-67.5克/公顷 茎叶喷雾

PD20120293 敌百·毒死蜱/40%/乳油/敌百虫 20%、毒死蜱 20%/2012.02.17 至 2017.02.17/中等毒
水稻 稻纵卷叶螟 450-600克/公顷 喷雾

PD20120484 烟嘧·莠去津/23%/可分散油悬浮剂/烟嘧磺隆 3%、莠去津 20%/2012.03.19 至 2017.03.19/低毒
春玉米田、夏玉米田 一年生杂草 345-517.5克/公顷 茎叶喷雾

PD20120515 烟嘧磺隆/8%/可分散油悬浮剂/烟嘧磺隆 8%/2012.03.28 至 2017.03.28/低毒
春玉米田 一年生杂草 60-72克/公顷 茎叶喷雾
夏玉米田 一年生杂草 48-60克/公顷 茎叶喷雾

PD20120570 烟嘧·莠去津/52%/可湿性粉剂/烟嘧磺隆 4%、莠去津 48%/2012.03.28 至 2017.03.28/低毒
玉米田 一年生杂草 585-780克/公顷 茎叶喷雾

PD20121086 吡虫啉/15%/微囊悬浮剂/吡虫啉 15%/2012.07.19 至 2017.07.19/低毒
林木 天牛 37.5-50毫克/千克 喷雾
松树 松褐天牛 37.5-50毫克/千克 喷雾

PD20121399 灭草松/95%/原药/灭草松 95%/2012.09.19 至 2017.09.19/低毒

PD20121418 甲氨基阿维菌素苯甲酸盐/5%/水分散粒剂/甲氨基阿维菌素 5%/2012.09.19 至 2017.09.19/低毒
甘蓝 甜菜夜蛾 7.5-15克/公顷 喷雾
注:甲氨基阿维菌素苯甲酸盐5.7%。

PD20121421 辛硫磷/30%/微囊悬浮剂/辛硫磷 30%/2012.09.19 至 2017.09.19/低毒
花生 蛴螬 3600-5400克/公顷 喷雾于播种穴

PD20121692 吡虫啉/600克/升/悬浮种衣剂/吡虫啉 600克/升/2012.11.05 至 2017.11.05/低毒
玉米 蚜虫 350—500克/100千克种子 拌种

PD20121708 己唑醇/5%/悬浮剂/己唑醇 5%/2012.11.05 至 2017.11.05/低毒
水稻 稻曲病、纹枯病 60-75克/公顷 喷雾

PD20121709 戊唑醇/60克/升/悬浮种衣剂/戊唑醇 60克/升/2012.11.05 至 2017.11.05/低毒
玉米 丝黑穗病 8-12克/100千克种子 种子包衣

PD20122003 醚菌酯/30%/悬浮剂/醚菌酯 30%/2012.12.19 至 2017.12.19/低毒
小麦 锈病 225-315克/公顷 喷雾

PD20122015 草铵膦/200克/升/水剂/草铵膦 200克/升/2012.12.19 至 2017.12.19/低毒
非耕地 杂草 1350-1890克/公顷 定向茎叶喷雾
柑橘园 杂草 1050-1650克/公顷 定向茎叶喷雾

PD20130254 毒死蜱/30%/微囊悬浮剂/毒死蜱 30%/2013.02.06 至 2018.02.06/低毒
花生 蛴螬 1575-2250克/公顷 喷雾于播种穴

PD20130278 二氯吡啶酸/95%/原药/二氯吡啶酸 95%/2013.02.21 至 2018.02.21/低毒

PD20130503 精喹禾灵/8%/微乳剂/精喹禾灵 8%/2013.03.27 至 2018.03.27/低毒
大豆田 一年生禾本科杂草 52.8-66克/公顷 茎叶喷雾

PD20130637 吡蚜酮/25%/可湿性粉剂/吡蚜酮 25%/2013.04.05 至 2018.04.05/低毒
水稻 飞虱 60-75克/公顷 喷雾

PD20130812 炔草酯/15%/可湿性粉剂/炔草酯 15%/2013.04.22 至 2018.04.22/低毒
小麦田 部分禾本科杂草 45-56.25克/公顷 茎叶喷雾
PD20131420 吡蚜酮/98.5%/原药/吡蚜酮 98.5%/2013.07.02 至 2018.07.02/低毒
PD20131457 草甘膦铵盐/68%/可溶粒剂/草甘膦 68%/2013.07.05 至 2018.07.05/低毒
柑橘园 杂草 1122-2244克/公顷 定向茎叶喷雾
注:草甘膦铵盐含量: 74.7%。
PD20131828 烟嘧磺隆/75%/水分散粒剂/烟嘧磺隆 75%/2013.09.17 至 2018.09.17/低毒
春玉米田 一年生杂草 61.9-72克/公顷 茎叶喷雾
夏玉米田 一年生杂草 50.6-61.9克/公顷 茎叶喷雾
PD20132486 吡·拌·福美双/20%/悬浮种衣剂/拌种灵 7.5%、吡虫啉 5%、福美双 7.5%/2013.12.09 至 2018.12.09/低毒
棉花 立枯病、棉蚜 267-308克/100千克种子 种子包衣
PD20132626 嘧菌酯/50/水分散粒剂/嘧菌酯 50%/2013.12.20 至 2018.12.20/低毒
水稻 稻瘟病 300-397.5克/公顷 喷雾
PD20132670 烯啶虫胺/10%/水剂/烯啶虫胺 10%/2013.12.23 至 2018.12.23/低毒
水稻 稻飞虱 30-60克/公顷 喷雾
LS20120336 唑草· 苯磺隆/24%/可湿性粉剂/苯磺隆 14%、唑草酮 10%/2013.10.08 至 2014.10.08/低毒
小麦田 一年生杂草 28.8-43.2克/公顷 茎叶喷雾
LS20130454 炔苯酰草胺/80%/水分散粒剂/炔苯酰草胺 80%/2013.10.10 至 2014.10.10/低毒
姜田 一年生杂草 1200-1680克/公顷 土壤喷雾

安徽丰特农化有限公司 (安徽省桐城市吕亭镇 231420 025-84392733)

PD20082570 氰戊·辛硫磷/25%/乳油/氰戊菊酯 6.5%、辛硫磷 18.5%/2013.12.04 至 2018.12.04/中等毒
棉花 棉铃虫 270-300克/公顷 喷雾
PD20085973 溴氰 ·敌敌畏/20.5%/乳油/敌敌畏 20%、溴氰菊酯 0.5%/2013.12.29 至 2018.12.29/中等毒
棉花 蚜虫 230.625-307.5克/公顷 喷雾

安徽福瑞德生物科技有限公司 (安徽省合肥市瑶海区睢溪东路1号嘉华中心B座1701室 230041 0551-64393621)

PD20086235 甲氰·辛硫磷/25%/乳油/甲氰菊酯 3%、辛硫磷 22%/2013.12.31 至 2018.12.31/中等毒
棉花 棉铃虫 281.25-375克/公顷 喷雾
PD20090669 溴氰 ·敌敌畏/20.5%/乳油/敌敌畏 20%、溴氰菊酯 0.5%/2014.01.19 至 2019.01.19/中等毒
棉花 蚜虫 230.625-307.5克/公顷 喷雾

安徽富田农化有限公司 (安徽省东至县香隅化工园区 247260 0566-8168008)

PD20121383 乙草胺/97%/原药/乙草胺 97%/2012.09.13 至 2017.09.13/低毒
PD20121733 丁草胺/95%/原药/丁草胺 95%/2012.11.08 至 2017.11.08/低毒
PD20121825 丙草胺/98%/原药/丙草胺 98%/2012.11.22 至 2017.11.22/低毒
PD20122062 甲草胺/97%/原药/甲草胺 97%/2012.12.24 至 2017.12.24/低毒

安徽广信农化股份有限公司 (安徽省广德县新杭镇彭村 242235 0563-6038999)

PD20060029 多菌灵/98%/原药/多菌灵 98%/2011.01.25 至 2016.01.25/低毒
PD20060188 多菌灵/40%/悬浮剂/多菌灵 40%/2011.12.06 至 2016.12.06/低毒
水稻 纹枯病 840-1080克/公顷 喷雾
PD20070091 甲基硫菌灵/95%/原药/甲基硫菌灵 95%/2012.04.18 至 2017.04.18/低毒
PD20070286 多菌灵/50%/可湿性粉剂/多菌灵 50%/2012.09.05 至 2017.09.05/低毒
水稻 稻瘟病 750-937.5克/公顷 喷雾
PD20070304 草甘膦/95%/原药/草甘膦 95%/2012.09.21 至 2017.09.21/低毒
PD20070431 甲基硫菌灵/70%/可湿性粉剂/甲基硫菌灵 70%/2012.11.12 至 2017.11.12/低毒
水稻 纹枯病 892.5-1102.5克/公顷 喷雾
PD20092888 敌草隆/80%/可湿性粉剂/敌草隆 80%/2014.03.05 至 2019.03.05/低毒
甘蔗田 杂草 1200-1800克/公顷 土壤喷雾
PD20092940 吡虫啉/95%/原药/吡虫啉 95%/2014.03.05 至 2019.03.05/中等毒
PD20093842 多菌灵/50%/悬浮剂/多菌灵 50%/2014.03.25 至 2019.03.25/低毒
水稻 稻瘟病 562.5-937.5克/公顷 喷雾
PD20093866 噻嗪酮/97%/原药/噻嗪酮 97%/2014.03.25 至 2019.03.25/低毒
PD20094231 异丙威/95%/原药/异丙威 95%/2014.03.31 至 2019.03.31/低毒
PD20098131 敌草隆/97%/原药/敌草隆 97%/2009.12.08 至 2014.12.08/低毒
PD20098214 草甘膦异丙胺盐(62%)///水剂/草甘膦 46%/2009.12.16 至 2014.12.16/微毒
非耕地 杂草 1125-3000克/公顷 茎叶喷雾
PD20098435 敌草隆/80%/水分散粒剂/敌草隆 80%/2009.12.24 至 2014.12.24/低毒
甘蔗田 一年生杂草 1200-2400克/公顷 土壤喷雾
PD20102224 草甘膦异丙胺盐/30%/水剂/草甘膦 30%/2010.12.31 至 2015.12.31/低毒
茶园 杂草 2745-5490毫升/公顷 定向喷雾
注:草甘膦异丙胺盐含量:41%。
PD20110092 毒死蜱/98%/原药/毒死蜱 98%/2011.01.26 至 2016.01.26/中等毒
PD20110628 环嗪酮/98%/原药/环嗪酮 98%/2011.06.16 至 2016.06.16/低毒
PD20120670 异丙隆/98%/原药/异丙隆 98%/2012.04.18 至 2017.04.18/低毒
PD20121722 噻虫嗪/98%/原药/噻虫嗪 98%/2012.11.08 至 2017.11.08/低毒

PD20121915 嘧菌酯/97%/原药/嘧菌酯 97%/2012.12.07 至 2017.12.07/微毒
PD20130801 烟嘧磺隆/95%/原药/烟嘧磺隆 95%/2013.04.22 至 2018.04.22/低毒
PD20130953 异丙隆/50%/可湿性粉剂/异丙隆 50%/2013.05.02 至 2018.05.02/低毒
冬小麦田 一年生杂草 1125-1500克/公顷 播后苗前土壤喷雾
PD20131018 噁草酮/95%/原药/噁草酮 95%/2013.05.13 至 2018.05.13/低毒
PD20131308 敌草隆/80%/悬浮剂/敌草隆 80%/2013.06.08 至 2018.06.08/低毒
注:专供出口,不得在国内销售。
PD20131355 硫双威/95%/原药/硫双威 95%/2013.06.20 至 2018.06.20/中等毒
PD20131380 除虫脲/98%/原药/除虫脲 98%/2013.06.24 至 2018.06.24/低毒
PD20131650 环嗪·敌草隆/60%/水分散粒剂/敌草隆 46.8%、环嗪酮 13.2%/2013.08.01 至 2018.08.01/低毒
注:专供出口，不得在国内销售。
PD20131974 氰氟草酯/97.4%/原药/氰氟草酯 97.4%/2013.10.10 至 2018.10.10/低毒
PD20131989 咪鲜胺/97%/原药/咪鲜胺 97%/2013.10.10 至 2018.10.10/低毒
PD20131993 噻吩磺隆/95%/原药/噻吩磺隆 95%/2013.10.10 至 2018.10.10/低毒
PD20132288 醚菌酯/98%/原药/醚菌酯 98%/2013.11.08 至 2018.11.08/低毒
PD20132299 虱螨脲/98%/原药/虱螨脲 98%/2013.11.08 至 2018.11.08/低毒
PD20132459 啶虫脒/99%/原药/啶虫脒 99%/2013.12.02 至 2018.12.02/中等毒
PD20132467 多菌灵/80%/可湿性粉剂/多菌灵 80%/2013.12.02 至 2018.12.02/低毒
苹果树 轮纹病 400—800毫克/千克 喷雾
PD20132568 氟啶脲/96%/原药/氟啶脲 96%/2013.12.17 至 2018.12.17/低毒
PD20132690 乙霉威/95%/原药/乙霉威 95%/2013.12.25 至 2018.12.25/低毒
WP20130220 残杀威/97%/原药/残杀威 97%/2013.10.29 至 2018.10.29/中等毒

安徽国星生物化学有限公司 (安徽省马鞍山市当涂经济开发区程桥外滩红太阳 211300 025-57888659)

PD20101872 草甘膦/96%/原药/草甘膦 96%/2010.08.09 至 2015.08.09/低毒
PD20102088 百草枯/30.5%/母药/百草枯 30.5%/2010.11.25 至 2015.11.25/中等毒
PD20120584 百草枯/200克/升/水剂/百草枯 200克/升/2012.03.30 至 2017.03.30/中等毒
注:专供出口，不得在国内销售。
PD20121326 草甘膦异丙胺盐/30%/水剂/草甘膦 30%/2012.09.11 至 2017.09.11/低毒
苹果树 杂草 900-1800克/公顷 定向茎叶喷雾
注:草甘膦异丙胺盐含量:41%
PD20130238 毒死蜱/97%/原药/毒死蜱 97%/2013.02.05 至 2018.02.05/中等毒
PD20130844 敌草快/40%/母药/敌草快 40%/2013.04.22 至 2018.04.22/中等毒
PD20132371 草甘膦铵盐/80%/可溶粒剂/草甘膦 80%/2013.11.20 至 2018.11.20/低毒
非耕地 杂草 2040-3060克/公顷 茎叶喷雾
注:草甘膦铵盐含量: 88%。

安徽海成生物化学有限公司 (安徽省界首市天安集团5号楼2楼 236500 0558-4820923)

PD85154-20 氰戊菊酯/20%/乳油/氰戊菊酯 20%/2010.08.15 至 2015.08.15/中等毒
柑橘树 潜叶蛾 10-20毫克/千克 喷雾
果树 梨小食心虫 10-20毫克/千克 喷雾
棉花 红铃虫、蚜虫 75-150克/公顷 喷雾
蔬菜 菜青虫、蚜虫 60-120克/公顷 喷雾
PD20082243 氰戊·辛硫磷/20%/乳油/氰戊菊酯 5%、辛硫磷 15%/2013.11.27 至 2018.11.27/中等毒
棉花 棉铃虫 180-225克/公顷 喷雾
PD20090672 仲丁威/50%/乳油/仲丁威 50%/2014.01.19 至 2019.01.19/低毒
水稻 稻飞虱 600-900克/公顷 喷雾
PD20090924 联苯菊酯/100克/升/乳油/联苯菊酯 100克/升/2014.01.19 至 2019.01.19/中等毒
茶树 茶尺蠖 11.25-15克/公顷 喷雾
PD20092127 甲氰菊酯/20%/乳油/甲氰菊酯 20%/2014.02.23 至 2019.02.23/中等毒
十字花科蔬菜 菜青虫 75-135克/公顷 喷雾
PD20095732 二甲戊灵/330克/升/乳油/二甲戊灵 330克/升/2009.05.18 至 2014.05.18/低毒
春玉米田 一年生杂草 1113.75-1485克/公顷 土壤喷雾
夏玉米田 一年生杂草 742.5-1113.75克/公顷 土壤喷雾
PD20110338 吡虫啉/30%/微乳剂/吡虫啉 30%/2011.03.24 至 2016.03.24/低毒
水稻 飞虱 22.5-37.5克/公顷 喷雾
PD20110434 苯甲·丙环唑/30%/乳油/苯醚甲环唑 15%、丙环唑 15%/2011.04.21 至 2016.04.21/低毒
水稻 纹枯病 67.5-112.5克/公顷 喷雾
PD20121429 高效氯氰菊酯/4.5%/微乳剂/高效氯氰菊酯 4.5%/2012.10.08 至 2017.10.08/中等毒
甘蓝 菜青虫 20.25-27克/公顷 喷雾
PD20122102 苄嘧·丙草胺/40%/可湿性粉剂/苄嘧磺隆 4%、丙草胺 36%/2012.12.26 至 2017.12.26/低毒
直播水稻田 一年生杂草 360-480克/公顷 茎叶喷雾
PD20132027 氟磺胺草醚/25%/水剂/氟磺胺草醚 25%/2013.10.21 至 2018.10.21/低毒
春大豆田 一年生阔叶杂草 375-450克/公顷 茎叶喷雾
夏大豆田 一年生阔叶杂草 150-375克/公顷 茎叶喷雾

PD20132167　毒死蜱/30%/微乳剂/毒死蜱 30%/2013.10.29 至 2018.10.29/中等毒
水稻　稻纵卷叶螟　450-540克/公顷　喷雾
PD20132592　烟嘧·莠去津/22%/可分散油悬浮剂/烟嘧磺隆 2%、莠去津 20%/2013.12.17 至 2018.12.17/低毒
玉米田　一年生杂草　396-528克/公顷　茎叶喷雾
PD20132599　咪鲜·三环唑/40%/可湿性粉剂/咪鲜胺 10%、三环唑 30%/2013.12.17 至 2018.12.17/低毒
水稻　稻瘟病　162-192克/公顷　喷雾

安徽禾丰农药厂　(安徽省阜阳市阜涡路周棚西三公里阜阳市棉种场　236027　0558-3520193)

PD20090911　高效氯氟氰菊酯/25克/升/乳油/高效氯氟氰菊酯 25克/升/2014.01.19 至 2019.01.19/中等毒
苹果树　桃小食心虫　5-8.3毫克/千克　喷雾
PD20091050　克百·多菌灵/25%/悬浮种衣剂/多菌灵 7%、克百威 18%/2014.01.21 至 2019.01.21/高毒
花生　茎枯病、蚜虫　1:80-85(药种比)　种子包衣
PD20091131　三唑酮/25%/可湿性粉剂/三唑酮 25%/2014.01.21 至 2019.01.21/低毒
小麦　白粉病　130-150克/公顷　喷雾
PD20092543　福·克/20%/悬浮种衣剂/福美双 10%、克百威 10%/2014.02.26 至 2019.02.26/高毒
玉米　茎基腐病、蚜虫　1:40-45（药种比）　种子包衣
PD20093096　毒死蜱/480克/升/乳油/毒死蜱 480克/升/2014.03.09 至 2019.03.09/中等毒
水稻　稻纵卷叶螟　432-576克/公顷　喷雾
PD20093155　炔螨特/570克/升/乳油/炔螨特 570克/升/2014.03.11 至 2019.03.11/中等毒
柑橘树　红蜘蛛　228-285毫克/千克　喷雾
PD20096504　多·福·克/28%/悬浮种衣剂/多菌灵 5%、福美双 11%、克百威 12%/2009.08.17 至 2014.08.17/高毒
大豆　地下害虫、根腐病　1:40-50(药种比)　种子包衣
PD20098360　多·福·唑醇/20%/悬浮种衣剂/多菌灵 9%、福美双 10%、三唑醇 1%/2009.12.18 至 2014.12.18/低毒
小麦　纹枯病　1:50-60(药种比)　种子包衣
PD20101044　烯唑醇/12.5%/可湿性粉剂/烯唑醇 12.5%/2010.01.21 至 2015.01.21/低毒
梨树　黑星病　31.3－62.5毫克/千克　喷雾
PD20111428　多·福/17%/悬浮种衣剂/多菌灵 10%、福美双 7%/2011.12.28 至 2016.12.28/低毒
水稻　立枯病　1:40-50（药种比）　种子包衣

安徽华旗农化有限公司　(安徽省合肥市循环经济工业园纬五路南　230031　0551-5575060)

PD20101839　氰戊·辛硫磷/25%/乳油/氰戊菊酯 6.25%、辛硫磷 18.75%/2010.07.28 至 2015.07.28/中等毒
棉花　棉铃虫　270-300克/公顷　喷雾
PD20120880　氯氟吡氧乙酸异辛酯/200克/升/乳油/氯氟吡氧乙酸 200克/升/2012.05.24 至 2017.05.24/低毒
冬小麦田　一年生阔叶杂草　259.2-345.6克/公顷　茎叶喷雾
注:氯氟吡氧乙酸异辛酯含量：288克/升。
PD20121332　草甘膦铵盐/80%/可溶粒剂/草甘膦 80%/2012.09.11 至 2017.09.11/低毒
非耕地　杂草　1200-2160克/公顷　定向茎叶喷雾
注:草甘膦铵盐含量：88.8%。
PD20131331　嘧菌酯/25%/悬浮剂/嘧菌酯 25%/2013.06.08 至 2018.06.08/低毒
黄瓜　白粉病　225-337.5克/公顷　喷雾
PD20131782　甲氨基阿维菌素苯甲酸盐/3%/微乳剂/甲氨基阿维菌素 3%/2013.09.09 至 2018.09.09/低毒
甘蓝　甜菜夜蛾　2.25-3.15克/公顷　喷雾
注:甲氨基阿维菌素苯甲酸盐含量：3.4%。
LS20120026　炔草酯/24%/乳油/炔草酯 24%/2014.01.10 至 2015.01.10/低毒
小麦田　一年生禾本科杂草　54-72克/公顷　茎叶喷雾
WP20130169　氟虫腈/5%/悬浮剂/氟虫腈 5%/2013.07.29 至 2018.07.29/低毒
木材　白蚁　250毫克/千克　木材浸泡或涂刷

安徽华星化工股份有限公司　(安徽省巢湖市和县乌江镇　238251　0551-5620568)

PD84104-43　杀虫双/18%/水剂/杀虫双 18%/2009.11.05 至 2014.11.05/中等毒
甘蔗、蔬菜、水稻、小麦、玉米　多种害虫　540-675克/公顷　喷雾
果树　多种害虫　225-360毫克/千克　喷雾
PD84117-2　多菌灵/98%/原药/多菌灵 98%/2009.11.16 至 2014.11.16/低毒
PD84118-24　多菌灵/25%/可湿性粉剂/多菌灵 25%/2009.11.16 至 2014.11.16/低毒
果树　病害　0.05-0.1%药液　喷雾
花生　倒秧病　750克/公顷　喷雾
麦类　赤霉病　750克/公顷　喷雾,泼浇
棉花　苗期病害　500克/100千克种子　拌种
水稻　稻瘟病、纹枯病　750克/公顷　喷雾,泼浇
油菜　菌核病　1125-1500克/公顷　喷雾
PD85150-19　多菌灵/50%/可湿性粉剂/多菌灵 50%/2010.07.07 至 2015.07.07/低毒
果树　病害　0.05-0.1%药液　喷雾
花生　倒秧病　750克/公顷　喷雾
麦类　赤霉病　750克/公顷　喷雾、泼浇
棉花　苗期病害　500克/100千克种子　拌种

	水稻	稻瘟病、纹枯病	750克/公顷	喷雾、泼浇
	油菜	菌核病	1125-1500克/公顷	喷雾
PD86115-4	甲基硫菌灵/97%,95%,90%,87%/原药/甲基硫菌灵 97%,95%,90%,87%/2011.05.29 至 2016.05.29/低毒			
PD86134-6	多菌灵/40%/悬浮剂/多菌灵 40%/2011.05.29 至 2016.05.29/低毒			
	果树	病害	0.05-0.1%药液	喷雾
	花生	倒秧病	750克/公顷	喷雾
	绿萍	霉腐病	0.05%药液	喷雾
	麦类	赤霉病	0.025%药液	喷雾
	棉花	苗期病害	0.3%药液	浸种
	水稻	纹枯病	0.025%药液	喷雾
	甜菜	褐斑病	250-500倍液	喷雾
	油菜	菌核病	1125-1500克/公顷	喷雾
PD91106-13	甲基硫菌灵/70%,50%/可湿性粉剂/甲基硫菌灵 70%,50%/2011.05.29 至 2016.05.29/低毒			
	番茄	叶霉病	375-562.5克/公顷	喷雾
	甘薯	黑斑病	360-450毫克/千克	浸薯块
	瓜类	白粉病	337.5-506.25克/公顷	喷雾
	梨树	黑星病	360-450毫克/千克	喷雾
	苹果树	轮纹病	700毫克/千克	喷雾
	水稻	稻瘟病、纹枯病	1050-1500克/公顷	喷雾
	小麦	赤霉病	750-1050克/公顷	喷雾
PD92101	多菌灵/40%/可湿性粉剂/多菌灵 40%/2011.11.22 至 2016.11.22/低毒			
	果树	病害	0.05-0.1%药液	喷雾
	花生	倒秧病	750克/公顷	喷雾
	麦类	赤霉病	750克/公顷	喷雾,泼浇
	棉花	苗期病害	500克/100千克种子	拌种
	水稻	稻瘟病、纹枯病	750克/公顷	喷雾,泼浇
	油菜	菌核病	1125-1500克/公顷	喷雾
PD92102	多菌灵/80%/可湿性粉剂/多菌灵 80%/2011.11.22 至 2016.11.22/低毒			
	果树	病害	0.05-0.1%药液	喷雾
	花生	倒秧病	750克/公顷	喷雾
	麦类	赤霉病	750克/公顷	喷雾,泼浇
	棉花	苗期病害	500克/100千克种子	拌种
	水稻	稻瘟病、纹枯病	750克/公顷	喷雾,泼浇
	油菜	菌核病	1125-1500克/公顷	喷雾
PD20040718	吡虫·杀虫单/60%/可湿性粉剂/吡虫啉 2%、杀虫单 58%/2009.12.19 至 2014.12.19/中等毒			
	水稻	二化螟、飞虱	450-750克/公顷	喷雾
PD20040725	三唑磷/20%/乳油/三唑磷 20%/2009.12.19 至 2014.12.19/中等毒			
	水稻	二化螟、三化螟	300-450克/公顷	喷雾
PD20040805	异丙隆/50%/可湿性粉剂/异丙隆 50%/2009.12.20 至 2014.12.20/低毒			
	冬小麦	一年生单、双子叶杂草	1050-1200克/公顷	喷雾
PD20040815	杀虫单/95%/原药/杀虫单 95%/2009.12.23 至 2014.12.23/中等毒			
PD20040816	杀虫单/90%/可溶粉剂/杀虫单 90%/2009.12.23 至 2014.12.23/中等毒			
	水稻	二化螟、三化螟	675-810克/公顷	喷雾
PD20050033	杀虫单/95%/可溶粉剂/杀虫单 95%/2010.04.15 至 2015.04.15/中等毒			
	水稻	螟虫	525-750克/公顷	喷雾
PD20050081	异丙隆/95%/原药/异丙隆 95%/2010.06.24 至 2015.06.24/低毒			
PD20050127	多·酮/60%/可湿性粉剂/多菌灵 57%、三唑酮 3%/2010.08.25 至 2015.08.25/低毒			
	小麦	白粉病、赤霉病	450-600克/公顷	喷雾
PD20060105	噁霜灵/96%/原药/噁霜灵 96%/2011.06.12 至 2016.06.12/低毒			
PD20060214	环嗪酮/98%/原药/环嗪酮 98%/2011.12.26 至 2016.12.26/低毒			
PD20070118	抗蚜威/95%/原药/抗蚜威 95%/2012.05.08 至 2017.05.08/中等毒			
PD20070305	伏杀硫磷/95%/原药/伏杀硫磷 95%/2012.09.21 至 2017.09.21/中等毒			
PD20070309	多·硫/50%/可湿性粉剂/多菌灵 15%、硫磺 35%/2012.11.20 至 2017.11.20/低毒			
	花生	叶斑病	1200-1800克/公顷	喷雾
PD20070428	伏杀硫磷/35%/乳油/伏杀硫磷 35%/2012.11.12 至 2017.11.12/中等毒			
	棉花	棉铃虫	840-945克/公顷	喷雾
PD20070479	啶虫脒/96%/原药/啶虫脒 96%/2012.11.28 至 2017.11.28/低毒			
PD20070681	胺苯磺隆/96%/原药/胺苯磺隆 96%/2012.12.17 至 2017.12.17/低毒			
PD20080685	环嗪酮/25%/可溶液剂/环嗪酮 25%/2013.06.04 至 2018.06.04/低毒			
	森林防火道	杂草、杂灌	1125-1875克/公顷	茎叶喷雾
PD20080703	多·福·锰锌/50%/可湿性粉剂/多菌灵 10%、福美双 25%、代森锰锌 15%/2013.06.04 至 2018.06.04/低毒			
	苹果树	轮纹病	625-1000毫克/千克	喷雾
PD20080904	啶虫脒/5%/乳油/啶虫脒 5%/2013.07.09 至 2018.07.09/低毒			

黄瓜 蚜虫 18-22.5克/公顷 喷雾
小麦 蚜虫 9-13.5克/公顷 喷雾
PD20080907 精喹禾灵/95%/原药/精喹禾灵 95%/2013.07.09 至 2018.07.09/微毒
PD20081051 抗蚜威/25%/可湿性粉剂/抗蚜威 25%/2013.08.14 至 2018.08.14/中等毒
小麦 蚜虫 45-90克/公顷 喷雾
PD20081396 草除灵/96%/原药/草除灵 96%/2013.10.28 至 2018.10.28/低毒
PD20081571 杀虫双/25%/母液/杀虫双 25%/2013.11.12 至 2018.11.12/中等毒
PD20081572 苯磺隆/95%/原药/苯磺隆 95%/2013.11.12 至 2018.11.12/低毒
PD20082077 草甘膦/95%/原药/草甘膦 95%/2013.11.25 至 2018.11.25/低毒
PD20082082 吡虫啉/95%/原药/吡虫啉 95%/2013.11.25 至 2018.11.25/低毒
PD20082084 苄嘧磺隆/96%/原药/苄嘧磺隆 96%/2013.11.25 至 2018.11.25/低毒
PD20082085 精噁唑禾草灵/95%/原药/精噁唑禾草灵 95%/2013.11.25 至 2018.11.25/低毒
PD20082191 毒死蜱/97%/原药/毒死蜱 97%/2013.11.26 至 2018.11.26/中等毒
PD20082296 精噁唑禾草灵/6.9%/水乳剂/精噁唑禾草灵 6.9%/2013.12.01 至 2018.12.01/微毒
冬小麦田 一年生禾本科杂草 750-1050毫升/公顷(制剂) 茎叶喷雾
PD20082318 高效氯氟氰菊酯/95%/原药/高效氯氟氰菊酯 95%/2013.12.01 至 2018.12.01/高毒
PD20082385 杀螟丹/98%/原药/杀螟丹 98%/2013.12.01 至 2018.12.01/中等毒
PD20082543 精喹禾灵/5%/乳油/精喹禾灵 5%/2013.12.03 至 2018.12.03/低毒
春大豆田 一年生禾本科杂草 52.5-75克/公顷 茎叶喷雾
夏大豆田 一年生禾本科杂草 52.5-67.5克/公顷 茎叶喷雾
油菜田 一年生禾本科杂草 45-60克/公顷 茎叶喷雾
PD20082670 高效氟氯氰菊酯/95%/原药/高效氟氯氰菊酯 95%/2013.12.05 至 2018.12.05/低毒
PD20082850 草甘膦铵盐/30%/水剂/草甘膦 30%/2013.10.22 至 2018.10.22/微毒
茶园、甘蔗地、柑橘园、果园、剑麻园、林木、桑园、橡胶园 一年生杂草和多年生恶性杂草 1125-2250克/公顷 定向茎叶喷雾
注:草甘膦铵盐含量：33%。
PD20083220 杀虫单/50%/可溶粉剂/杀虫单 50%/2013.12.09 至 2018.12.09/中等毒
水稻 二化螟、三化螟 750-900克/公顷 喷雾
PD20083971 灭多威/20%/乳油/灭多威 20%/2013.12.16 至 2018.12.16/高毒
棉花 蚜虫 75-150克/公顷 喷雾
棉花 棉铃虫 150-225克/公顷 喷雾
PD20084172 精噁唑禾草灵/10%/乳油/精噁唑禾草灵 10%/2013.12.16 至 2018.12.16/低毒
春大豆田 一年生禾本科杂草 75-112.5克/公顷 茎叶喷雾
花生田、夏大豆田 一年生禾本科杂草 60-75克/公顷 茎叶喷雾
PD20084210 精噁唑禾草灵/10%/乳油/精噁唑禾草灵 10%/2013.12.16 至 2018.12.16/低毒
春小麦田 一年生禾本科杂草 975-1200毫升/公顷(制剂) 茎叶喷雾
冬小麦田 一年生禾本科杂草 750-900毫升/公顷(制剂) 茎叶喷雾
PD20084212 精噁唑禾草灵/6.9%/水乳剂/精噁唑禾草灵 6.9%/2013.12.16 至 2018.12.16/低毒
春小麦田 一年生禾本科杂草 62.1-82.8克/公顷 茎叶喷雾
冬小麦田 一年生禾本科杂草 51.8-62.1克/公顷 茎叶喷雾
PD20084279 杀螟丹/50%/可溶粉剂/杀螟丹 50%/2013.12.17 至 2018.12.17/中等毒
水稻 三化螟 600-750克/公顷 喷雾
PD20084448 杀虫双/25%/水剂/杀虫双 25%/2013.12.17 至 2018.12.17/低毒
水稻 二化螟 562.5-937.5克/公顷 喷雾
PD20084552 氟硅唑/95%/原药/氟硅唑 95%/2013.12.18 至 2018.12.18/低毒
PD20084611 杀虫双/18%/水剂/杀虫双 18%/2013.12.18 至 2018.12.18/中等毒
水稻 潜叶蝇 540-810克/公顷 撒滴
水稻 二化螟、三化螟 540-675克/公顷 撒滴
PD20084776 敌敌畏/98%/原药/敌敌畏 98%/2013.12.22 至 2018.12.22/中等毒
PD20084797 氟硅唑/400克/升/乳油/氟硅唑 400克/升/2013.12.22 至 2018.12.22/低毒
梨 黑星病 40-50毫克/千克 喷雾
葡萄 黑痘病 40-50毫克/千克 喷雾
PD20084912 戊唑醇/95%/原药/戊唑醇 95%/2013.12.22 至 2018.12.22/低毒
PD20085279 苄嘧磺隆/10%/可湿性粉剂/苄嘧磺隆 10%/2013.12.23 至 2018.12.23/低毒
冬小麦田 一年生阔叶杂草 45-75克/公顷 喷雾
水稻田 阔叶杂草及一年生莎草 30-60克/公顷 毒土法
PD20085280 精喹禾灵/10%/乳油/精喹禾灵 10%/2013.12.23 至 2018.12.23/低毒
花生田 一年生禾本科杂草 46.2-66克/公顷 茎叶喷雾
棉花田、油菜田 一年生禾本科杂草 46.2-59.4克/公顷 茎叶喷雾
夏大豆田 一年生禾本科杂草 52.5-66克/公顷 茎叶喷雾
PD20085478 苄嘧・苯噻酰/55%/可湿性粉剂/苯噻酰草胺 52%、苄嘧磺隆 3%/2013.12.25 至 2018.12.25/低毒
水稻抛秧田 部分多年生杂草、一年生杂草 412.5-495克/公顷 药土法

PD20085485	氟氯氰菊酯/5.7%/乳油/氟氯氰菊酯 5.7%/2013.12.25 至 2018.12.25/中等毒			
	棉花	棉铃虫	34.2-42.75克/公顷	喷雾
	十字花科蔬菜	菜青虫	25.65-34.2克/公顷	喷雾
PD20085659	草除灵/30%/悬浮剂/草除灵 30%/2013.12.26 至 2018.12.26/微毒			
	冬油菜田	一年生阔叶杂草	225-292.5克/公顷	茎叶喷雾
PD20085958	嗪酮·乙草胺/28%/可湿性粉剂/嗪草酮 8%、乙草胺 20%/2013.12.29 至 2018.12.29/低毒			
	春大豆田、春玉米田	一年生杂草	1050-1260克/公顷(东北地区)	喷雾
	夏大豆田、夏玉米田	一年生杂草	630-898.8克/公顷	播后苗前土壤喷雾
PD20085962	精噁唑禾草灵/6.9%/水乳剂/精噁唑禾草灵 6.9%/2013.12.29 至 2018.12.29/低毒			
	春大豆田	一年生禾本科杂草	62.1-82.8克/公顷(东北地区)	茎叶喷雾
	冬油菜田	一年生禾本科杂草	51.8-62.1克/公顷	茎叶喷雾
	棉花田	一年生禾本科杂草	51.8-72.1克/公顷	茎叶喷雾
	夏大豆田	一年生禾本科杂草	51.8-62.1克/公顷(其它地区)	茎叶喷雾
PD20086079	灭多威/98%/原药/灭多威 98%/2013.12.30 至 2018.12.30/高毒			
PD20086181	草甘膦/60%/可溶粒剂/草甘膦 60%/2013.12.30 至 2018.12.30/低毒			
	非耕地	一年生及部分多年生杂草	1125-3000克/公顷	茎叶喷雾
	柑橘园	一年生及部分多年生杂草	1125-2250克/公顷	定向茎叶喷雾
	免耕抛秧水稻田、免耕油菜	一年生及部分多年生杂草	1080-1440克/公顷	茎叶喷雾
PD20090135	丙溴·敌百虫/40%/乳油/丙溴磷 10%、敌百虫 30%/2014.01.08 至 2019.01.08/中等毒			
	棉花	棉铃虫	195-300克/公顷	喷雾
PD20090363	杀单·三唑磷/15%/微乳剂/三唑磷 5%、杀虫单 10%/2014.01.12 至 2019.01.12/中等毒			
	水稻	稻纵卷叶螟、二化螟、三化螟	337.5-450克/公顷	喷雾
PD20090537	精喹·草除灵/17.5%/乳油/草除灵 15%、精喹禾灵 2.5%/2014.01.13 至 2019.01.13/低毒			
	冬油菜田	一年生杂草	262.5-367.5克/公顷	喷雾
PD20090640	乙草胺/50%/乳油/乙草胺 50%/2014.01.14 至 2019.01.14/低毒			
	大豆田	一年生单、双子叶杂草	春大豆：1200—1800克/公顷；夏大豆：750—1050克/公顷	播后苗前土壤喷雾
	冬油菜(移栽田)	部分阔叶杂草、一年生禾本科杂草	600-750克/公顷	土壤喷雾
	玉米田	一年生单、双子叶杂草	春玉米：1200—1800克/公顷；夏玉米：750—1050克/公顷	播后苗前土壤喷雾
PD20090643	甲硫·福美双/50%/可湿性粉剂/福美双 20%、甲基硫菌灵 30%/2014.01.14 至 2019.01.14/中等毒			
	黄瓜	炭疽病	525-787.5克/公顷	喷雾
PD20091727	阿维·哒螨灵/5%/乳油/阿维菌素 0.2%、哒螨灵 4.8%/2014.02.04 至 2019.02.04/低毒(原药高毒)			
	柑橘树	红蜘蛛	33-50毫克/千克	喷雾
	苹果树	二斑叶螨	16.7-25毫克/千克	喷雾
	苹果树	红蜘蛛	12.5-16.7毫克/公顷	喷雾
PD20091963	高效氯氟氰菊酯/25克/升/乳油/高效氯氟氰菊酯 25克/升/2014.02.12 至 2019.02.12/中等毒			
	棉花	棉蚜	11.25-13.125克/公顷	喷雾
PD20092124	噁禾·异丙隆/50%/可湿性粉剂/精噁唑禾草灵 2%、异丙隆 48%/2014.02.23 至 2019.02.23/低毒			
	冬小麦田	一年生杂草	450-600克/公顷	茎叶喷雾
PD20092150	异丙草·莠/40%/悬乳剂/异丙草胺 24%、莠去津 16%/2014.02.23 至 2019.02.23/低毒			
	春玉米田	一年生杂草	1800-2100克/公顷	土壤喷雾
	夏玉米田	一年生杂草	1200-1500克/公顷	土壤喷雾
PD20092196	2甲4氯钠/13%/水剂/2甲4氯钠 13%/2014.02.23 至 2019.02.23/低毒			
	冬小麦田	莎草科杂草、一年生阔叶杂草	682.5-975克/公顷	茎叶喷雾
PD20092267	草甘膦异丙胺盐/62%/水剂/草甘膦异丙胺盐 62%/2014.02.24 至 2019.02.24/低毒			
	柑橘园	一年生及部分多年生杂草	1125-2250克/公顷	定向茎叶喷雾
PD20092668	高效氟吡甲禾灵/93%/原药/高效氟吡甲禾灵 93%/2014.03.03 至 2019.03.03/低毒			
PD20092781	多·福/50%/可湿性粉剂/多菌灵 15%、福美双 35%/2014.03.04 至 2019.03.04/低毒			
	梨树	黑星病	1000-1500毫克/千克	喷雾
PD20092831	苄·二氯/36%/可湿性粉剂/苄嘧磺隆 3%、二氯喹啉酸 33%/2014.03.05 至 2019.03.05/低毒			
	水稻抛秧田	一年生杂草	216-270克/公顷	茎叶喷雾
PD20093011	锰锌·腈菌唑/50%/可湿性粉剂/腈菌唑 2%、代森锰锌 48%/2014.03.09 至 2019.03.09/低毒			
	黄瓜	白粉病	1650-2100克/公顷	喷雾
	梨树	黑星病	714.3-1000毫克/千克	喷雾
	苹果树	轮纹病	384.6-625毫克/千克	喷雾
PD20093225	毒死蜱/40%/乳油/毒死蜱 40%/2014.03.11 至 2019.03.11/中等毒			
	棉花	棉铃虫	675-900克/公顷	喷雾
	水稻	稻纵卷叶螟	300-600克/公顷	喷雾
	水稻	飞虱	480-720克/公顷	喷雾
PD20093304	精噁·胺苯/14%/悬浮剂/胺苯磺隆 4%、精噁唑禾草灵 10%/2014.03.13 至 2019.03.13/微毒			
	冬油菜(移栽田)	一年生杂草	52.5-78.75克/公顷	茎叶喷雾

PD20093562 杀螟丹/98%/可溶粉剂/杀螟丹 98%/2014.03.23 至 2019.03.23/中等毒

茶树 茶小绿叶蝉 490-653毫克/千克 喷雾

PD20093823 氟磺胺草醚/250克/升/水剂/氟磺胺草醚 250克/升/2014.03.25 至 2019.03.25/低毒

春大豆田 一年生阔叶杂草 300-375克/公顷 茎叶喷雾

夏大豆田 一年生阔叶杂草 225-300克/公顷 茎叶喷雾

PD20093830 苄・乙/20%/可湿性粉剂/苄嘧磺隆 4.5%、乙草胺 15.5%/2014.03.25 至 2019.03.25/低毒

水稻移栽田 部分多年生杂草、阔叶杂草、莎草科杂草、一年生禾本科杂草 84-118克/公顷 毒土法

PD20094179 复硝酚钠/1.4%/水剂/5-硝基邻甲氧基苯酚钠 0.3%、对硝基苯酚钠 0.7%、邻硝基苯酚钠 0.4%/2014.03.27 至2019.03.27/低毒

番茄 调节生长、增产 5000-6000倍液 喷雾

PD20094240 丙环唑/250克/升/乳油/丙环唑 250克/升/2014.03.31 至 2019.03.31/低毒

香蕉 叶斑病 312.5-500毫克/千克 喷雾

PD20094301 烟嘧磺隆/95%/原药/烟嘧磺隆 95%/2014.03.31 至 2019.03.31/微毒

PD20094553 乙草胺/900克/升/乳油/乙草胺 900克/升/2009.04.09 至 2014.04.09/低毒

春大豆田 一年生杂草 1620-2025克/公顷 土壤喷雾

PD20094694 胺・喹・草除灵/26%/悬浮剂/胺苯磺隆 2%、草除灵 16%、精噁唑禾草灵 8%/2014.04.10 至 2019.04.10/低毒

冬油菜田 一年生杂草 195－234克/公顷 茎叶喷雾

PD20094702 苯磺隆/10%/可湿性粉剂/苯磺隆 10%/2014.04.10 至 2019.04.10/微毒

冬小麦田 一年生阔叶杂草 13.5－22.5克/公顷 茎叶喷雾

PD20095022 草甘膦异丙胺盐/30%/水剂/草甘膦 30%/2014.04.21 至 2019.04.21/微毒

非耕地 一年生及部分多年生杂草 1125－3000克/公顷 茎叶喷雾

苹果园 一年生及部分多年生杂草 1125－2250克/公顷 定向茎叶喷雾

注:草甘膦异丙胺盐含量为41% 草甘膦异丙胺盐水剂质量浓度为: 480克/升。

PD20095220 高效氟吡甲禾灵/108克/升/乳油/高效氟吡甲禾灵 108克/升/2014.04.24 至 2019.04.24/低毒

大豆田、棉花田 一年生禾本科杂草 40.5-48.6克/公顷 茎叶喷雾

油菜田 一年生禾本科杂草 32.4--64.8克/公顷 茎叶喷雾

PD20095282 苄嘧・苯磺隆/30%/可湿性粉剂/苯磺隆 10%、苄嘧磺隆 20%/2014.04.27 至 2019.04.27/微毒

冬小麦田 一年生阔叶杂草 45-67.5克/公顷 茎叶喷雾

PD20095430 高效氯氰菊酯/95%/原药/高效氯氰菊酯 95%/2009.05.11 至 2014.05.11/中等毒

PD20095442 乙・嗪・滴丁酯/60%/乳油/2,4-滴丁酯 15%、嗪草酮 5%、乙草胺 40%/2009.05.11 至 2014.05.11/低毒

春大豆田、春玉米田 一年生杂草 1800-2250克/公顷 土壤喷雾

PD20095510 扑・乙/30%/乳油/扑草净 5%、乙草胺 25%/2009.05.11 至 2014.05.11/低毒

夏玉米田 一年生杂草 1125-1350克/公顷 土壤喷雾

PD20095634 辛溴・滴丁酯/40%/乳油/2,4-滴丁酯 26.6%、辛酰溴苯腈 13.4%/2009.05.12 至 2014.05.12/低毒

春玉米田 一年生阔叶杂草 600-720克/公顷（东北地区） 茎叶喷雾

PD20095873 异松・乙草胺/45%/乳油/乙草胺 30%、异噁草松 15%/2009.05.27 至 2014.05.27/低毒

春大豆田 一年生杂草 1080-1350克/公顷 播后苗前土壤喷雾

PD20096355 杀虫双/3.6%/大粒剂/杀虫双 3.6%/2009.07.28 至 2014.07.28/微毒

水稻 二化螟 540-675克/公顷 撒施

PD20096682 胺苯磺隆/5%/可湿性粉剂/胺苯磺隆 5%/2009.09.07 至 2013.12.31/微毒

冬油菜田 一年生阔叶杂草 18.75-22.5克/公顷 茎叶喷雾

PD20096716 烟嘧磺隆/40克/升/可分散油悬浮剂/烟嘧磺隆 40克/升/2009.09.07 至 2014.09.07/低毒

玉米田 一年生杂草 42-60克/公顷 茎叶喷雾

PD20096937 百草枯/30.5%/母药/百草枯 30.5%/2009.09.29 至 2014.09.29/中等毒

PD20096938 吡虫啉/200克/升/可溶液剂/吡虫啉 200克/升/2009.09.29 至 2014.09.29/低毒

水稻 稻飞虱 22.5-30克/公顷 喷雾

PD20096947 氟虫腈/50克/升/悬浮剂/氟虫腈 50克/升/2009.09.29 至 2014.09.29/中等毒

注:专供出口，不得在国内销售。

PD20096997 异丙甲草胺/720克/升/乳油/异丙甲草胺 720克/升/2009.09.29 至 2014.09.29/低毒

花生田 一年生禾本科杂草及部分阔叶杂草 1080-1620克/公顷 土壤喷雾

PD20097130 烯草酮/240克/升/乳油/烯草酮 240克/升/2009.10.16 至 2014.10.16/低毒

大豆田 一年生禾本科杂草 108-144克/公顷 茎叶喷雾

冬油菜田 一年生禾本科杂草 72-90克/公顷 茎叶喷雾

PD20097181 氯氟吡氧乙酸异辛酯(288克/升)///乳油/氯氟吡氧乙酸 200克/升/2009.10.16 至 2014.10.16/低毒

冬小麦田 一年生阔叶杂草 150-210克/公顷 茎叶喷雾

PD20097211 百草枯/200克/升/水剂/百草枯 200克/升/2012.12.31 至 2014.07.01/中等毒

非耕地 杂草 750-900克/公顷 茎叶喷雾

PD20097231 2甲4氯钠/56%/可溶粉剂/2甲4氯钠 56%/2009.10.19 至 2014.10.19/低毒

冬小麦田 一年生阔叶杂草 840-1260克/公顷 茎叶喷雾

PD20097236 2,4-滴丁酯/总酯72%/乳油/2,4-滴丁酯 57%/2009.10.19 至 2014.10.19/低毒

春玉米田 一年生阔叶杂草 100-125毫升制剂/亩 播后苗前土壤喷雾

PD20097243 氟虫腈/95%/原药/氟虫腈 95%/2009.10.19 至 2014.10.19/中等毒

PD20097311	吡虫啉/10%/可湿性粉剂/吡虫啉 10%/2009.10.27 至 2014.10.27/低毒			
	水稻	稻飞虱	15-30克/公顷	喷雾
PD20097989	氟虫腈/80%/水分散粒剂/氟虫腈 80%/2009.12.07 至 2014.12.07/中等毒			
	注:专供出口，不得在国内销售。			
PD20097991	敌敌畏/80%/乳油/敌敌畏 80%/2009.12.07 至 2014.12.07/中等毒			
	甘蓝	菜青虫	780-900克/公顷	喷雾
PD20098011	醚菌酯/95%/原药/醚菌酯 95%/2009.12.07 至 2014.12.07/低毒			
PD20098297	氟虫腈/4克/升/超低容量液剂/氟虫腈 4克/升/2009.12.18 至 2014.12.18/低毒			
	注:专供出口，不得在国内销售。			
PD20098357	戊唑醇/250克/升/水乳剂/戊唑醇 250克/升/2009.12.18 至 2014.12.18/低毒			
	香蕉	叶斑病	166.7-277.8毫克/千克	喷雾
PD20100134	高效氟氯氰菊酯/25克/升/乳油/高效氟氯氰菊酯 2.5%/2010.01.05 至 2015.01.05/低毒			
	甘蓝	菜青虫	7.5-11.25克/公顷	喷雾
PD20100193	多·酮/40%/可湿性粉剂/多菌灵 35%、三唑酮 5%/2010.01.05 至 2015.01.05/低毒			
	油菜	菌核病	600-840克/公顷	喷雾
PD20100326	吡虫啉/70%/水分散粒剂/吡虫啉 70%/2010.01.11 至 2015.01.11/低毒			
	水稻	稻飞虱	26.25-36.75克/公顷	喷雾
PD20100726	杀虫单/80%/可溶粉剂/杀虫单 80%/2010.01.16 至 2015.01.16/中等毒			
	水稻	二化螟	540-720克/公顷	喷雾
PD20101066	毒死蜱/10%/颗粒剂/毒死蜱 10%/2010.01.21 至 2015.01.21/低毒			
	花生	地下害虫	1800-2700克/公顷	撒施
PD20101368	苯菌灵/50%/可湿性粉剂/苯菌灵 50%/2010.04.02 至 2015.04.02/低毒			
	梨树	黑星病	500-667毫克/千克	喷雾
PD20101472	高效氯氟氰菊酯/2.5%/水乳剂/高效氯氟氰菊酯 2.5%/2010.05.04 至 2015.05.04/中等毒			
	甘蓝	菜青虫	7.5-11.25克/公顷	喷雾
PD20101545	氧氟·草甘膦/40%/可湿性粉剂/草甘膦 37.8%、乙氧氟草醚 2.2%/2010.05.19 至 2015.05.19/低毒			
	非耕地	一年生杂草	1200-1500克/公顷	喷雾
PD20101752	2,4-滴/97%/原药/2,4-滴 97%/2010.07.07 至 2015.07.07/低毒			
PD20101794	松·喹·氟磺胺/15%/微乳剂/氟磺胺草醚 4.5%、精喹禾灵 1.5%、异噁草松 9%/2010.07.13 至 2015.07.13/低毒			
	春大豆田	一年生杂草	540-630克/公顷	茎叶喷雾
	夏大豆田	一年生杂草	450-540克/公顷	茎叶喷雾
PD20101840	麦草畏/98%/原药/麦草畏 98%/2010.07.28 至 2015.07.28/低毒			
PD20102092	高效氯氰菊酯/4.5%/水乳剂/高效氯氰菊酯 4.5%/2010.11.25 至 2015.11.25/中等毒			
	十字花科蔬菜	菜青虫	33.75-47.25克/公顷	喷雾
PD20102116	醚菌酯/30%/悬浮剂/醚菌酯 30%/2010.12.21 至 2015.12.21/微毒			
	番茄	早疫病	180-270克/公顷	喷雾
	葡萄	霜霉病	94-136毫克/千克	喷雾
	小麦	白粉病	135-225克/公顷	喷雾
	小麦	锈病	225-315克/公顷	喷雾
PD20102206	戊唑醇/430克/升/悬浮剂/戊唑醇 430克/升/2010.12.23 至 2015.12.23/低毒			
	苹果树	斑点落叶病	61.4-107.5毫克/千克	喷雾
PD20110114	苯菌灵/95%/原药/苯菌灵 95%/2011.01.26 至 2016.01.26/低毒			
PD20110259	丙溴·敌百虫/40%/乳油/丙溴磷 10%、敌百虫 30%/2011.03.04 至 2016.03.04/中等毒			
	棉花	棉铃虫	195-300克/公顷	喷雾
	水稻	稻纵卷叶螟	720—840克/公顷	喷雾
	水稻	二化螟	600—720克/公顷	喷雾
PD20110557	草甘膦铵盐/98%/原药/草甘膦铵盐 98%/2011.05.20 至 2016.05.20/低毒			
PD20111438	草铵膦/95%/原药/草铵膦 95%/2011.12.29 至 2016.12.29/低毒			
PD20121917	苯甲·丙环唑/300克/升/乳油/苯醚甲环唑 150克/升、丙环唑 150克/升/2012.12.07 至 2017.12.07/低毒			
	水稻	纹枯病	67.5-90克/公顷	喷雾
PD20130639	吡蚜酮/50%/水分散粒剂/吡蚜酮 50%/2013.04.05 至 2018.04.05/低毒			
	水稻	稻飞虱	90-112.5克/公顷	喷雾
PD20131014	苄嘧·草甘膦/75%/可湿性粉剂/苄嘧磺隆 3%、草甘膦 72%/2013.05.13 至 2018.05.13/低毒			
	非耕地	杂草	1125—2250克/公顷	茎叶喷雾
PD20132040	烟嘧·莠去津/21%/可分散油悬浮剂/烟嘧磺隆 3%、莠去津 18%/2013.10.22 至 2018.10.22/低毒			
	玉米田	一年生杂草	220.5-283.5克/公顷	茎叶喷雾
PD20132323	吡虫啉/600克/升/悬浮种衣剂/吡虫啉 600克/升/2013.11.13 至 2018.11.13/低毒			
	棉花	蚜虫	450-600克/100千克种子	种子包衣
LS20120382	2甲· 草甘膦/36%/水剂/草甘膦 30%、2甲4氯 6%/2013.11.08 至 2014.11.08/低毒			
	非耕地	一年生杂草	250-300毫升/亩	定向茎叶喷雾
	注:草甘膦异丙胺盐含量为:40.5%；以草甘膦异丙胺盐和2甲4氯计总含量为：46.5%.			
LS20130496	硝磺草酮/10%/可分散油悬浮剂/硝磺草酮 10%/2013.11.08 至 2014.11.08/低毒			
	玉米田	一年生阔叶杂草及禾本科杂草	105-150克/公顷	茎叶喷雾

安徽嘉联生物科技有限公司 (安徽省桐城市新渡镇新港路1号 231470 0556-6810777)

PD20050065 高效氯氰菊酯/4.5%/乳油/高效氯氰菊酯 4.5%/2010.06.24 至 2015.06.24/中等毒
棉花 棉铃虫 15-30克/公顷 喷雾

PD20050066 吡虫·三唑酮/22%/可湿性粉剂/吡虫啉 2%、三唑酮 20%/2010.06.24 至 2015.06.24/低毒
小麦 白粉病、蚜虫 165-198克/公顷 喷雾

PD20050087 吡虫啉/10%/可湿性粉剂/吡虫啉 10%/2010.06.28 至 2015.06.28/低毒
水稻 飞虱 15-30克/公顷 喷雾

PD20060083 吡虫·杀虫单/70%/可湿性粉剂/吡虫啉 2%、杀虫单 68%/2011.04.13 至 2016.04.13/中等毒
水稻 稻飞虱、稻纵卷叶螟 525-735克/公顷 喷雾

PD20080641 辛硫·三唑磷/40%/乳油/三唑磷 20%、辛硫磷 20%/2013.05.13 至 2018.05.13/中等毒
水稻 二化螟 360-480克/公顷 喷雾

PD20082352 精喹禾灵/5%/乳油/精喹禾灵 5%/2013.12.01 至 2018.12.01/低毒
油菜田 一年生禾本科杂草 37.5-45克/公顷 茎叶喷雾

PD20082475 井·酮·三环唑/16%/可湿性粉剂/井冈霉素 2%、三环唑 8%、三唑酮 6%/2013.12.03 至 2018.12.03/低毒
水稻 稻瘟病、纹枯病 300-420克/公顷 喷雾
水稻 稻曲病 360-480克/公顷 喷雾

PD20082652 阿维菌素/0.6%/乳油/阿维菌素 0.6%/2013.12.04 至 2018.12.04/低毒(原药高毒)
菜豆、黄瓜 美洲斑潜蝇 10.8-21.6克/公顷 喷雾
柑橘树 红蜘蛛、潜叶蛾 4.5-9毫克/千克 喷雾
柑橘树 锈壁虱 2.25-4.5毫克/千克 喷雾
梨树 梨木虱 6-12毫克/千克 喷雾
棉花 红蜘蛛 10.8-16.2克/公顷 喷雾
棉花 棉铃虫 21.6-32.4克/公顷 喷雾
苹果树 红蜘蛛 3-6毫克/千克 喷雾
苹果树 桃小食心虫 4.5-9毫克/千克 喷雾
苹果树 二斑叶螨 4.5-6毫克/千克 喷雾
十字花科蔬菜 菜青虫、小菜蛾 8.1-10.8克/公顷 喷雾

PD20082789 二氯喹啉酸/25%/悬浮剂/二氯喹啉酸 25%/2013.12.09 至 2018.12.09/低毒
水稻移栽田 稗草 225-375克/公顷 茎叶喷雾

PD20083889 多·酮/30%/可湿性粉剂/多菌灵 20%、三唑酮 10%/2013.12.15 至 2018.12.15/低毒
小麦 白粉病、赤霉病 450-675克/公顷 喷雾

PD20085152 苄·丁/20%/可湿性粉剂/苄嘧磺隆 0.5%、丁草胺 19.5%/2013.12.23 至 2018.12.23/低毒
水稻插秧田 部分多年生杂草、一年生杂草 600-900克/公顷 毒土法

PD20085162 苄·二氯/36%/可湿性粉剂/苄嘧磺隆 3%、二氯喹啉酸 33%/2013.12.23 至 2018.12.23/低毒
水稻抛秧田 一年生杂草 216-270克/公顷 茎叶喷雾

PD20085363 氰戊·丙溴磷/25%/乳油/丙溴磷 12.5%、氰戊菊酯 12.5%/2013.12.24 至 2018.12.24/中等毒
棉花 棉铃虫 262.5-375克/公顷 喷雾

PD20086320 苄嘧·苯噻酰/50%/可湿性粉剂/苯噻酰草胺 45%、苄嘧磺隆 5%/2013.12.31 至 2018.12.31/低毒
水稻抛秧田 部分多年生杂草、一年生杂草 397.5-477克/公顷(南方地区) 药土法

PD20090809 腈菌·福美双/20%/可湿性粉剂/福美双 18%、腈菌唑 2%/2014.01.19 至 2019.01.19/低毒
黄瓜 黑星病 200-400克/公顷 喷雾

PD20093874 喹·胺·草除灵/21.2%/悬浮剂/胺苯磺隆 1.2%、草除灵 15%、喹禾灵 5%/2009.03.25 至 2014.03.25/低毒
冬油菜田 一年生杂草 127.2-159克/公顷 茎叶喷雾

PD20094837 苄·乙·甲/18%/可湿性粉剂/苄嘧磺隆 1.2%、甲磺隆 0.8%、乙草胺 16%/2009.04.13 至 2014.04.13/低毒
水稻移栽田 部分多年生阔叶杂草、莎草科杂草、一年生禾本科杂草 67.5-81克/公顷 毒土法

PD20095026 螨醇·哒螨灵/20%/乳油/哒螨灵 8%、三氯杀螨醇 12%/2009.04.21 至 2014.04.21/中等毒
苹果树 红蜘蛛 100-133毫克/千克 喷雾

PD20095483 甲磺·乙草胺/19%/可湿性粉剂/甲磺隆 0.5%、乙草胺 18.5%/2009.05.11 至 2014.05.11/低毒
水稻移栽田 一年生杂草 72-100.5克/公顷 药土法

PD20096146 高效氟吡甲禾灵/108克/升/乳油/高效氟吡甲禾灵 108克/升/2009.06.24 至 2014.06.24/低毒
大豆田 一年生禾本科杂草 48.6-72.9克/公顷 茎叶喷雾

PD20096749 毒死蜱/480克/升/乳油/毒死蜱 480克/升/2009.09.07 至 2014.09.07/中等毒
水稻 稻飞虱、稻纵卷叶螟 400-600克/公顷 喷雾

PD20096750 氯氟吡氧乙酸异辛酯/288克/升/乳油/氯氟吡氧乙酸异辛酯 288克/升/2009.09.07 至 2014.09.07/低毒
玉米田 一年生阔叶杂草 150-210克/公顷 茎叶喷雾

PD20100154 烯草酮/120克/升/乳油/烯草酮 120克/升/2010.01.05 至 2015.01.05/低毒
大豆田 一年生禾本科杂草 63-72克/公顷 茎叶喷雾

PD20100658 烟嘧磺隆/40克/升/可分散油悬浮剂/烟嘧磺隆 40克/升/2010.01.15 至 2015.01.15/微毒
玉米田 一年生杂草 40-60克/公顷 茎叶喷雾

PD20101056 联苯菊酯/25克/升/乳油/联苯菊酯 25克/升/2010.01.21 至 2015.01.21/低毒
棉花 棉铃虫 37.5-45克/公顷 喷雾

PD20101396 灭线磷/10%/颗粒剂/灭线磷 10%/2010.04.14 至 2015.04.14/高毒

水稻　稻瘿蚊　1500-1800克/公顷　撒施
PD20120625　阿维菌素/1.8%/微乳剂/阿维菌素 1.8%/2012.04.11 至 2017.04.11/低毒(原药高毒)
甘蓝　小菜蛾　8.1-10.8克/公顷　喷雾
PD20130769　草甘膦铵盐/65%/可溶粉剂/草甘膦 65%/2013.04.16 至 2018.04.16/低毒
柑橘园　杂草　1125-2250克/公顷　行间定向茎叶喷雾
注:草甘膦铵盐含量：71.5%。
PD20130799　毒死蜱/30%/微囊悬浮剂/毒死蜱 30%/2013.04.22 至 2018.04.22/低毒
花生　蛴螬　575-2250克/公顷　喷雾于播种穴
PD20131083　甲氨基阿维菌素苯甲酸盐/5%/水分散粒剂/甲氨基阿维菌素 5%/2013.05.20 至 2018.05.20/低毒
甘蓝　菜青虫　1.5-2.25克/公顷　喷雾
注:甲氨基阿维菌素苯甲酸盐含量：5.7%。
LS20130508　氯嘧·苯磺隆/29.5%/水分散粒剂/苯磺隆 6.8%、氯嘧磺隆 22.7%/2013.12.09 至 2014.12.09/低毒
注:专供出口，不得在国内销售。
LS20130524　噻吩·苯磺隆/50%/水分散粒剂/苯磺隆 25%、噻吩磺隆 25%/2013.12.10 至 2014.12.10/低毒
注:专供出口，不得在国内销售。
LS20130526　噻吩·苯磺隆/50%/水分散粒剂/苯磺隆 10%、噻吩磺隆 40%/2013.12.10 至 2014.12.10/低毒
注:专供出口，不得在国内销售。

安徽佳田森农药化工有限公司　(安徽省东至县香隅镇化学工业园区　247260　0566-8171508)

PD20080778　啶虫脒/5%/可湿性粉剂/啶虫脒 5%%/2013.06.20 至 2018.06.20/低毒
柑橘树　蚜虫　10-20毫克/千克　喷雾
PD20081084　噻吩磺隆/75%/水分散粒剂/噻吩磺隆 75%/2013.08.18 至 2018.08.18/微毒
春大豆田　一年生阔叶杂草　22.5—33.8克/公顷　土壤喷雾
PD20081711　氰戊菊酯/20%/乳油/氰戊菊酯 20%/2013.11.18 至 2018.11.18/低毒
甘蓝　菜青虫　60-120克/公顷　喷雾
PD20081787　精喹·草除灵/17.5%/乳油/草除灵 15%、精喹禾灵 2.5%/2013.11.19 至 2018.11.19/低毒
冬油菜田　一年生杂草　262.5-393.8克/公顷　茎叶喷雾
PD20081830　氯氰·辛硫磷/20%/乳油/氯氰菊酯 1.5%、辛硫磷 18.5%/2013.11.20 至 2018.11.20/低毒
棉花　棉铃虫　270-300克/公顷　喷雾
PD20082149　三环·多菌灵/20%/可湿性粉剂/多菌灵 12%、三环唑 8%/2013.11.25 至 2018.11.25/低毒
水稻　稻瘟病　360-420克/公顷　喷雾
PD20082262　氯氰·毒死蜱/22%/乳油/毒死蜱 20%、氯氰菊酯 2%/2008.11.27 至 2013.11.27/中等毒
十字花科叶菜　菜青虫　165-330克/公顷　喷雾
PD20084755　三环唑/75%/可湿性粉剂/三环唑 75%/2013.12.22 至 2018.12.22/低毒
水稻　稻瘟病　225-300克/公顷　喷雾
PD20085454　苯磺隆/10%/可湿性粉剂/苯磺隆 10%/2013.12.24 至 2018.12.24/微毒
冬小麦田　一年生阔叶杂草　13.5-22.5克/公顷　茎叶喷雾
PD20090625　高效氯氟氰菊酯/25克/升/乳油/高效氯氟氰菊酯 25克/升/2009.01.14 至 2014.01.14/中等毒
十字花科蔬菜　菜青虫　7.5—15克/公顷　喷雾
PD20091559　高效氯氟氰菊酯/25克/升/乳油/高效氯氟氰菊酯 25克/升/2014.02.03 至 2019.02.03/中等毒
十字花科蔬菜　菜青虫　7.5-11.25克/公顷　喷雾
PD20093715　苄·二氯/36%/可湿性粉剂/苄嘧磺隆 3%、二氯喹啉酸 33%/2014.03.25 至 2019.03.25/微毒
水稻抛秧田　一年生杂草　216-270克/公顷　喷雾
PD20095968　精喹禾灵/8.8%/乳油/精喹禾灵 8.8%/2009.06.04 至 2014.06.04/微毒
棉花田　一年生禾本科杂草　39.6-66克/公顷　茎叶喷雾
PD20097111　吡嘧磺隆/10%/可湿性粉剂/吡嘧磺隆 10%/2009.10.12 至 2014.10.12/低毒
移栽水稻田　一年生阔叶杂草　15-30克/公顷　药土法
PD20097397　烟嘧磺隆/40克/升/可分散油悬浮剂/烟嘧磺隆 40克/升/2009.10.28 至 2014.10.28/低毒
玉米田　一年生杂草　42-60克/公顷　茎叶喷雾
PD20097652　莠去津/48%/可湿性粉剂/莠去津 48%/2009.11.04 至 2014.11.04/微毒
春玉米田　一年生杂草　2250-2628克/公顷　播后苗前土壤喷雾
夏玉米田　一年生杂草　1350-2025克/公顷　播后苗前土壤喷雾
PD20101561　毒死蜱/480克/升/乳油/毒死蜱 480克/升/2010.05.19 至 2015.05.19/中等毒
水稻　稻飞虱　504-648克/公顷　喷雾
PD20131322　双草醚/95%/原药/双草醚 95%/2013.06.08 至 2018.06.08/低毒
PD20131403　噻吩磺隆/95%/原药/噻吩磺隆 95%/2013.07.02 至 2018.07.02/低毒
PD20132456　松·喹·氟磺胺/35%/乳油/氟磺胺草醚 9.5%、精喹禾灵 2.5%、异噁草松 23%/2013.12.02 至 2018.12.02/低毒
春大豆田　一年生杂草　735-1102.5克/公顷　茎叶喷雾

安徽金泰农药化工有限公司　(安徽省肥东县循环经济示范园纬四路　231600　0551-7602008)

PD85154-23　氰戊菊酯/20%/乳油/氰戊菊酯 20%/2011.07.31 至 2016.07.31/中等毒
柑橘树　潜叶蛾　10-20毫克/千克　喷雾
果树　梨小食心虫　10-20毫克/千克　喷雾
棉花　红铃虫、蚜虫　75-150克/公顷　喷雾
蔬菜　菜青虫、蚜虫　60-120克/公顷　喷雾

PD20050103 三唑磷/20%/乳油/三唑磷 20%/2010.07.29 至 2015.07.29/中等毒
水稻 二化螟 300-450克/公顷 喷雾
PD20070338 哒螨灵/20%/可湿性粉剂/哒螨灵 20%/2012.10.15 至 2017.10.15/低毒
苹果树 红蜘蛛 50-66.7毫克/千克 喷雾
PD20083048 草甘膦异丙胺盐/41%/水剂/草甘膦异丙胺盐 41%/2013.12.10 至 2018.12.10/低毒
苹果园 一年生及部分多年生杂草 1125－2250克/公顷 定向茎叶喷雾
PD20083390 三环唑/75%/可湿性粉剂/三环唑 75%/2013.12.11 至 2018.12.11/中等毒
水稻 稻瘟病 225-300克/公顷 喷雾
PD20083673 苯磺隆/10%/可湿性粉剂/苯磺隆 10%/2013.12.15 至 2018.12.15/低毒
冬小麦田 多种一年生阔叶杂草 13.5－22.5克/公顷 茎叶喷雾
PD20083780 氟乐灵/480克/升/乳油/氟乐灵 480克/升/2013.12.15 至 2018.12.15/低毒
夏大豆田 部分阔叶杂草、一年生禾本科杂草 1080－1440克/公顷 播后苗前土壤喷雾
PD20084049 吡虫啉/95%/原药/吡虫啉 95%/2013.12.16 至 2018.12.16/低毒
PD20084727 多菌灵/80%/可湿性粉剂/多菌灵 80%/2013.12.22 至 2018.12.22/低毒
苹果树 轮纹病 500-1000毫克/千克 喷雾
PD20084784 三乙膦酸铝/80%/可湿性粉剂/三乙膦酸铝 80%/2013.12.22 至 2018.12.22/低毒
黄瓜 霜霉病 1800－2700克/公顷 喷雾
PD20085081 啶虫脒/3%/乳油/啶虫脒 3%/2008.12.23 至 2013.12.23/低毒
黄瓜 蚜虫 18-22.5克/公顷 喷雾
PD20085597 氰戊·辛硫磷/20%/乳油/氰戊菊酯 2.5%、辛硫磷 17.5%/2013.12.25 至 2018.12.25/中等毒
棉花 棉铃虫 240-360克/公顷 喷雾
PD20086052 阿维菌素/1.8%/乳油/阿维菌素 1.8%/2013.12.29 至 2018.12.29/低毒(原药高毒)
十字花科蔬菜 菜青虫 8.1-10.8克/公顷 喷雾
PD20086192 阿维·哒螨灵/10.5%/可湿性粉剂/阿维菌素 0.5%、哒螨灵 10%/2013.12.30 至 2018.12.30/低毒(原药高毒)
柑橘树 红蜘蛛 52.5-105毫克/千克 喷雾
PD20090549 吡虫啉/10%/可湿性粉剂/吡虫啉 10%/2014.01.13 至 2019.01.13/低毒
水稻 稻飞虱 30-45克/公顷 喷雾
PD20091996 高效氯氰菊酯/4.5%/乳油/高效氯氰菊酯 4.5%/2014.02.12 至 2019.02.12/低毒
棉花 棉铃虫 27-54克/公顷 喷雾
PD20092175 腈菌唑/12%/乳油/腈菌唑 12%/2014.02.23 至 2019.02.23/低毒
梨树 黑星病 30-40毫克/千克 喷雾
PD20092810 烯唑醇/12.5%/可湿性粉剂/烯唑醇 12.5%/2009.03.04 至 2014.03.04/低毒
梨树 黑星病 3000-4000倍液 喷雾
PD20093472 吡虫啉/200克/升/可溶液剂/吡虫啉 200克/升/2009.03.23 至 2014.03.23/低毒
水稻 稻飞虱 22.5-30克/公顷 喷雾
PD20094018 精喹禾灵/5%/乳油/精喹禾灵 5%/2009.03.27 至 2014.03.27/低毒
夏大豆田 一年生禾本科杂草 45-52.5克/公顷 茎叶喷雾
PD20094887 吡虫·灭多威/10%/可湿性粉剂/吡虫啉 2.5%、灭多威 7.5%/2009.04.13 至 2014.04.13/中等毒(原药高毒)
棉花 蚜虫 45-60克/公顷 喷雾
PD20095458 精喹·草除灵/17.5%/乳油/草除灵 15%、精喹禾灵 2.5%/2009.05.11 至 2014.05.11/低毒
油菜田 单、双子叶杂草 262.5-315克/公顷 喷雾
PD20100242 氯氰·毒死蜱/25%/乳油/毒死蜱 21.5%、氯氰菊酯 3.5%/2010.01.11 至 2015.01.11/中等毒
棉花 棉铃虫 225-375克/公顷 喷雾
PD20101468 哒螨灵/15%/乳油/哒螨灵 15%/2010.05.04 至 2015.05.04/中等毒
苹果树 红蜘蛛 50-60毫克/千克 喷雾
PD20102003 啶虫脒/5%/可湿性粉剂/啶虫脒 5%/2010.09.25 至 2015.09.25/低毒
棉花 蚜虫 9-18克/公顷 喷雾
PD20110738 阿维·哒螨灵/5%/乳油/阿维菌素 0.2%、哒螨灵 4.8%/2011.07.18 至 2016.07.18/低毒(原药高毒)
苹果树 红蜘蛛 25-50毫克/千克 喷雾

安徽锦邦化工股份有限公司 (安徽省合肥市合裕路惠商大厦 230011 0551-4532424)

PD84104-40 杀虫双/18%/水剂/杀虫双 18%/2013.06.27 至 2018.06.27/中等毒
甘蔗、蔬菜、水稻、小麦、玉米 多种害虫 540-675克/公顷 喷雾
果树 多种害虫 225-360毫克/千克 喷雾
PD20040569 吡虫·杀虫单/60%/可湿性粉剂/吡虫啉 2%、杀虫单 58%/2009.12.19 至 2014.12.19/中等毒
水稻 稻飞虱、稻纵卷叶螟、二化螟、三化螟 450-750克/公顷 喷雾
PD20040646 杀虫单/90%/可溶粉剂/杀虫单 90%/2009.12.19 至 2014.12.19/中等毒
水稻 螟虫 675-810克/公顷 喷雾
PD20060189 噻嗪·杀虫单/70%/可湿性粉剂/噻嗪酮 8%、杀虫单 62%/2011.12.06 至 2016.12.06/中等毒
水稻 稻飞虱、三化螟 577.5-735克/公顷 喷雾
PD20070081 草甘膦/30%/水剂/草甘膦 30%/2012.04.12 至 2017.04.12/低毒
茶园 一年生和多年生杂草 1500-2400克/公顷 定向喷雾
PD20070082 草甘膦/95%/原药/草甘膦 95%/2012.04.12 至 2017.04.12/低毒

PD20081791 草甘膦异丙胺盐/30%/水剂/草甘膦 30%/2013.11.19 至 2018.11.19/低毒
茶园 杂草 1125-2250克/公顷 定向茎叶喷雾
棉花田、玉米田 杂草 549-1206克/公顷 行间定向茎叶喷雾
注:草甘膦异丙胺盐含量: 41%。
PD20111203 杀虫单/95%/原药/杀虫单 95%/2011.11.16 至 2016.11.16/中等毒
PD20111305 草甘膦铵盐/50%/可溶粉剂/草甘膦 50%/2011.11.24 至 2016.11.24/低毒
柑橘园 杂草 1125-2250克/公顷 定向茎叶喷雾
注:草甘膦铵盐含量: 55%。
PD20130852 杀虫双/29%/水剂/杀虫双 29%/2013.04.22 至 2018.04.22/低毒
水稻 二化螟 750-937.5克/公顷 喷雾
PD20131241 草甘膦铵盐/65%/可溶粉剂/草甘膦 65%/2013.05.29 至 2018.05.29/微毒
非耕地 杂草 1316-2633克/公顷 茎叶喷雾
注:草甘膦铵盐含量:72%。
PD20132244 苄嘧・丙草胺/40%/可湿性粉剂/苄嘧磺隆 4%、丙草胺 36%/2013.11.05 至 2018.11.05/低毒
水稻田(直播) 一年生及部分多年生杂草 360-420克/公顷 播后苗前土壤喷雾
PD20132512 吡嘧・苯噻酰/50%/可湿性粉剂/苯噻酰草胺 48.2%、吡嘧磺隆 1.8%/2013.12.16 至 2018.12.16/低毒
水稻移栽田 一年生及部分多年生杂草 375-525克/公顷(南方地区) 药土法
525-750克/公顷(北方地区)

安徽九泰农药有限公司 (安徽省宿州市埇桥区杨庄乡奎河西 234118 0557-4311699)

PD20080956 甲拌磷/3%/颗粒剂/甲拌磷 3%/2013.07.23 至 2018.07.23/中等毒(原药高毒)
棉花 蚜虫 1350-1800克/公顷 苗期沟施或穴施
PD20090155 甲・克/3%/颗粒剂/甲拌磷 1.8%、克百威 1.2%/2014.01.08 至 2019.01.08/中等毒(原药高毒)
棉花 地老虎、棉蚜 1800-2250克/公顷 沟施

安徽康达化工有限责任公司 (安徽省亳州市谯城区亳魏路2号 236822 0558-5559611)

PD20040134 甲拌磷/3%/颗粒剂/甲拌磷 3%/2009.12.19 至 2014.12.19/高毒
棉花 蚜虫 1350-1800克/公顷 苗期沟施或穴施
PD20040166 吡虫啉/5%/片剂/吡虫啉 5%/2009.12.19 至 2014.12.19/低毒
水稻 飞虱 22.5-30克/公顷 撒施
PD20040216 甲拌・多菌灵/15%/悬浮种衣剂/多菌灵 5%、甲拌磷 10%/2009.12.19 至 2014.12.19/高毒
小麦 地下害虫 333-400克/100千克种子 种子包衣
PD20040263 唑酮・甲拌磷/10%/拌种剂/甲拌磷 9%、三唑酮 1%/2009.12.19 至 2014.12.19/高毒
小麦 白粉病、地下害虫 80-100克/100千克种子 拌种
PD20080813 甲拌磷/55%/乳油/甲拌磷 55%/2013.06.20 至 2018.06.20/高毒
棉花 蚜虫 600-800克/100千克种子 浸种、拌种
PD20092163 氰戊・氧乐果/25%/乳油/氰戊菊酯 2.5%、氧乐果 22.5%/2014.02.23 至 2019.02.23/高毒
棉花 棉铃虫、蚜虫 187.5-225克/公顷 喷雾
PD20093869 硫磺・三环唑/45%/可湿性粉剂/硫磺 40%、三环唑 5%/2014.03.25 至 2019.03.25/中等毒
水稻 稻瘟病 810-1215克/公顷 喷雾
PD20094134 唑酮・氧乐果/20%/乳油/三唑酮 4%、氧乐果 16%/2014.03.27 至 2019.03.27/中等毒
小麦 白粉病、蚜虫 510-600克/公顷 喷雾
PD20094187 辛硫磷/3%/颗粒剂/辛硫磷 3%/2014.03.30 至 2019.03.30/中等毒
花生 地下害虫 2250-3600克/公顷 沟施
PD20094197 乙铝・多菌灵/60%/可湿性粉剂/多菌灵 20%、三乙膦酸铝 40%/2014.03.30 至 2019.03.30/低毒
苹果树 轮纹病 300-600倍液 喷雾
PD20094895 氯氰・辛硫磷/20%/乳油/氯氰菊酯 1.5%、辛硫磷 18.5%/2009.04.13 至 2014.04.13/中等毒
甘蓝 菜青虫 90-150克/公顷 喷雾
棉花 棉铃虫 300-360克/公顷 喷雾
PD20094961 复硝酚钠/1.4%/水剂/5-硝基邻甲氧基苯酚钠 0.7%、对硝基苯酚钾 0.3%、邻硝基苯酚钠 0.4%/2009.04.21 至2014.04.21/低毒
番茄 调节生长、增产 5000-6000倍液 喷雾
PD20095315 乙・莠/40%/可湿性粉剂/乙草胺 14%、莠去津 26%/2009.04.27 至 2014.04.27/低毒
夏玉米田 一年生杂草 1200-1500克/公顷 喷雾
PD20095890 苄嘧・苯噻酰/53%/可湿性粉剂/苯噻酰草胺 50%、苄嘧磺隆 3%/2009.05.31 至 2014.05.31/低毒
水稻移栽田 一年生及部分多年生杂草 397.5-477克/公顷(南方地区) 药土法
PD20096027 吡虫啉/10%/可湿性粉剂/吡虫啉 10%/2009.06.15 至 2014.06.15/低毒
水稻 稻飞虱 15-22.5克/公顷 喷雾
PD20096726 氰戊・辛硫磷/20%/乳油/氰戊菊酯 2%、辛硫磷 18%/2009.09.07 至 2014.09.07/中等毒
甘蓝 菜青虫 90-150克/公顷 喷雾
棉花 蚜虫 150-225克/公顷 喷雾
PD20097100 辛硫磷/40%/乳油/辛硫磷 40%/2009.10.10 至 2014.10.10/低毒
棉花 蚜虫 450-600克/公顷 喷雾
PD20097263 甲基异柳磷/3%/颗粒剂/甲基异柳磷 3%/2009.10.26 至 2014.10.26/高毒
甘蔗 蔗龟 1800-2250克/公顷 穴施

PD20097556 氧乐果/40%/乳油/氧乐果 40%/2009.11.03 至 2014.11.03/中等毒(原药高毒)
小麦 蚜虫 81-162克/公顷 喷雾
PD20110124 噻嗪·杀虫单/25%/可湿性粉剂/噻嗪酮 5%、杀虫单 20%/2011.01.27 至 2016.01.27/中等毒
水稻 稻飞虱 562.5-750克/公顷 喷雾
PD20120010 哒螨·矿物油/40%/乳油/哒螨灵 4%、矿物油 36%/2012.01.05 至 2017.01.05/中等毒
柑橘树 红蜘蛛 267-400毫克/千克 喷雾
PD20120069 三唑磷/20%/乳油/三唑磷 20%/2012.01.16 至 2017.01.16/中等毒
水稻 二化螟 225-300克/公顷 喷雾
PD20131618 甲氨基阿维菌素苯甲酸盐/1%/微乳剂/甲氨基阿维菌素 1%/2013.07.29 至 2018.07.29/低毒
甘蓝 小菜蛾 2.25-3.75克/公顷 喷雾
注:甲氨基阿维菌素苯甲酸盐含量: 1.14%。
PD20131707 啶虫脒/20%/可湿性粉剂/啶虫脒 20%/2013.08.07 至 2018.08.07/低毒
柑橘树 蚜虫 12-20毫克/千克 喷雾

安徽康宇生物科技工程有限公司 (安徽省滁州市天长市西城区工业园天滁路 239300 0550-7621188)

WP20070039 氯氰·氯菊/0.4%/水乳剂/氯菊酯 0.2%、氯氰菊酯 0.2%/2012.12.17 至 2017.12.17/低毒
卫生 蚊、蝇 1.5毫升制剂/立方米 喷洒
WP20080512 蚊香/0.3%/蚊香/富右旋反式烯丙菊酯 0.3%/2013.12.22 至 2018.12.22/低毒
卫生 蚊 / 点燃
WP20090078 杀虫气雾剂/0.4%/气雾剂/胺菊酯 0.2%、氯菊酯 0.2%/2014.02.02 至 2019.02.02/低毒
卫生 蚊、蝇、蜚蠊 / 喷雾
WP20090092 高效氯氰菊酯/4.5%/可湿性粉剂/高效氯氰菊酯 4.5%/2014.02.03 至 2019.02.03/低毒
卫生 蚊、蝇、蜚蠊 50毫克/平方米 滞留喷洒
WP20090177 高氯·残杀威/8%/悬浮剂/残杀威 5%、高效氯氰菊酯 3%/2014.03.11 至 2019.03.11/低毒
卫生 蚊、蝇、蜚蠊 1.34克/平方米 滞留喷洒
WP20090314 杀虫水乳剂/0.5%/水乳剂/氯菊酯 0.25%、氯氰菊酯 0.25%/2009.09.02 至 2014.09.02/低毒
卫生 跳蚤、蚊、蝇、蜚蠊 / 喷射
WP20100020 杀虫饵剂/2.15%/饵剂/吡虫啉 2.15%/2010.01.14 至 2015.01.14/低毒
室内 蜚蠊、蚂蚁、蝇 / 投放
WP20110221 杀虫热雾剂/2.5%/热雾剂/残杀威 1%、氯氰菊酯 1.5%/2011.09.28 至 2016.09.28/低毒
卫生 蚊 25-37.5毫克/立方米 热雾机喷雾
WP20120020 高效氟氯氰菊酯/2.5%/悬浮剂/高效氟氯氰菊酯 2.5%/2012.01.30 至 2017.01.30/低毒
卫生 蜚蠊、蚊、蝇 25-40毫克/平方米 滞留喷洒
WP20120021 胺·氯菊/0.45%/水乳剂/胺菊酯 0.25%、氯菊酯 0.2%/2012.01.30 至 2017.01.30/低毒
卫生 蚊、蝇 / 喷雾
WP20120096 电热蚊香片/10毫克/片/电热蚊香片/炔丙菊酯 10毫克/片/2012.05.22 至 2017.05.22/低毒
卫生 蚊 / 电热加温
WP20120169 烯丙·氯菊酯/10.4%/水乳剂/氯菊酯 10.26%、S-生物烯丙菊酯 0.14%/2012.09.11 至 2017.09.11/低毒
卫生 蚊、蝇 稀释50倍液 喷雾
WP20130107 联苯菊酯/100克/升/悬浮剂/联苯菊酯 100克/升/2013.05.20 至 2018.05.20/低毒
木材 白蚁 500-625毫克/千克 木材浸泡
土壤 白蚁 2.5克/平方米 土壤喷洒
WL20130047 吡虫啉/70%/可分散粒剂/吡虫啉 70%/2013.11.20 至 2014.11.20/低毒
木材 白蚁 70毫克/千克 浸泡
土壤 白蚁 5克/平方米 喷洒

安徽科立华化工有限公司 (安徽省宿州市经济开发区科苑工业园 232100 0557-3327007)

PD20060074 噁草酮/97%/原药/噁草酮 97%/2011.04.13 至 2016.04.13/低毒
PD20082871 噁草酮/12.5%/乳油/噁草酮 12.5%/2013.12.09 至 2018.12.09/低毒
水稻移栽田 一年生杂草 356.3-487.5克/公顷 药土法
PD20095523 烟嘧磺隆/95%/原药/烟嘧磺隆 95%/2009.05.11 至 2014.05.11/低毒
PD20110157 烟嘧磺隆/40克/升/可分散油悬浮剂/烟嘧磺隆 40克/升/2011.02.10 至 2016.02.10/低毒
玉米田 一年生杂草 42-60克/公顷 茎叶喷雾
PD20120441 噁草酮/26%/乳油/噁草酮 26%/2012.03.14 至 2017.03.14/微毒
花生田 一年生杂草 390-585克/公顷 播后苗前土壤喷雾
PD20120479 噁草·丁草胺/60%/乳油/丁草胺 50%、噁草酮 10%/2012.03.19 至 2017.03.19/低毒
水稻田(直播) 一年生杂草 720-900克/公顷 土壤喷雾
PD20120619 阿维·三唑磷/20%/乳油/阿维菌素 0.2%、三唑磷 19.8%/2012.04.11 至 2017.04.11/中等毒(原药高毒)
水稻 二化螟 180-270克/公顷 喷雾
PD20121297 阿维菌素/1.8%/乳油/阿维菌素 1.8%/2012.09.06 至 2017.09.06/中等毒(原药高毒)
棉花 红蜘蛛 10.8-14.85克/公顷 喷雾
PD20131360 嘧菌酯/97%/原药/嘧菌酯 97%/2013.06.20 至 2018.06.20/低毒
PD20132304 丙炔噁草酮/96%/原药/丙炔噁草酮 96%/2013.11.08 至 2018.11.08/低毒

安徽科苑植保工程有限责任公司 (安徽省合肥市庐阳区农科南路40号 230031 0551-5160911)

PD20040747 多·酮/36%/悬浮剂/多菌灵 32.5%、三唑酮 3.5%/2009.12.19 至 2014.12.19/低毒

水稻 纹枯病 540-756克/公顷 喷雾
小麦 白粉病、赤霉病 150-225克/公顷 喷雾
油菜 菌核病 540-800克/公顷 喷雾
PD20070638 高氯·辛硫磷/60%/乳油/高效氯氰菊酯 5%、辛硫磷 55%/2012.12.14 至 2017.12.14/低毒
棉花 棉铃虫 270－360克/公顷 喷雾
PD20081012 硫磺·三唑酮/30%/悬浮剂/硫磺 25%、三唑酮 5%/2013.08.06 至 2018.08.06/低毒
水稻 纹枯病 675-900克/公顷 喷雾
PD20091517 苄·乙/18%/可湿性粉剂/苄嘧磺隆 4%、乙草胺 14%/2014.02.02 至 2019.02.02/低毒
水稻移栽田 一年生及部分多年生杂草 84-118克/公顷 毒土法
PD20094382 精喹·草除灵/14%/乳油/草除灵 12%、精喹禾灵 2%/2014.04.01 至 2019.04.01/低毒
冬油菜田 一年生杂草 210-252克/公顷 茎叶喷雾
PD20096048 甲柳·三唑酮/50%/乳油/甲基异柳磷 40%、三唑酮 10%/2009.06.18 至 2014.06.18/高毒
小麦 金针虫、蝼蛄、蛴螬等地下害虫 50-75克/100千克种子 拌种
PD20096924 噻嗪·异丙威/25%/可湿性粉剂/噻嗪酮 5%、异丙威 20%/2009.09.23 至 2014.09.23/低毒
水稻 稻飞虱 450-562.5克/公顷 喷雾
PD20100067 甲霜·锰锌/58%/可湿性粉剂/甲霜灵 10%、代森锰锌 48%/2010.01.04 至 2015.01.04/低毒
黄瓜 霜霉病 1305-1566克/公顷 喷雾
PD20130059 吡嘧磺隆/10%/可湿性粉剂/吡嘧磺隆 10%/2013.01.07 至 2018.01.07/低毒
水稻移栽田 稗草、莎草及阔叶杂草 15-30克/公顷 毒土法

安徽立康杀虫制品有限公司 (安徽省六安市经济开发区皋城东路1号 237000 0564-3636622)

WL20110067 蚊香/0.05%/蚊香/氯氟醚菊酯 0.05%/2013.05.03 至 2014.05.03/微毒
卫生 蚊 / 点燃
注:本产品有两种香型：草本香型、花香型。

安徽陆野农化有限责任公司 (安徽省亳州市谯城区十河工业区 236839 0558-5226003)

PD20090653 辛硫磷/3%/颗粒剂/辛硫磷 3%/2014.01.15 至 2019.01.15/低毒
花生 地下害虫 2250-3600克/公顷 撒施
PD20091150 高效氯氰菊酯/4.5%/乳油/高效氯氰菊酯 4.5%/2014.01.21 至 2019.01.21/低毒
十字花科蔬菜 菜青虫 18.75-22.5克/公顷 喷雾
PD20091162 辛硫磷/40%/乳油/辛硫磷 40%/2014.01.22 至 2019.01.22/低毒
棉花 棉铃虫 300-360克/公顷 喷雾
PD20092696 高效氯氟氰菊酯/25克/升/乳油/高效氯氟氰菊酯 25克/升/2014.03.03 至 2019.03.03/中等毒
十字花科蔬菜 菜青虫 7.5-15克/公顷 喷雾
PD20093118 联苯菊酯/25克/升/乳油/联苯菊酯 25克/升/2014.03.10 至 2019.03.10/低毒
茶树 茶尺蠖 7.5-11.25克/公顷 喷雾
PD20093693 敌敌畏/80%/乳油/敌敌畏 80%/2009.03.25 至 2014.03.25/中等毒
小麦 蚜虫 600-720克/公顷 喷雾
PD20097458 三唑磷/20%/乳油/三唑磷 20%/2009.10.28 至 2014.10.28/中等毒
水稻 二化螟 202.5-303.75克/公顷 喷雾
PD20098372 阿维菌素/18克/升/乳油/阿维菌素 18克/升/2009.12.18 至 2014.12.18/低毒(原药高毒)
棉花 红蜘蛛 40-60毫升制剂/亩 喷雾
PD20098378 毒死蜱/480克/升/乳油/毒死蜱 480克/升/2009.12.18 至 2014.12.18/中等毒
水稻 二化螟 504-648克/公顷 喷雾
PD20098379 噻嗪·异丙威/25%/可湿性粉剂/噻嗪酮 5%、异丙威 20%/2009.12.18 至 2014.12.18/低毒
水稻 稻飞虱 450-562.5克/公顷 喷雾
PD20100760 高效氯氰菊酯/4.5%/水乳剂/高效氯氰菊酯 4.5%/2010.01.18 至 2015.01.18/低毒
甘蓝 菜青虫 900-1200毫升制剂/公顷 喷雾
PD20131337 氟铃脲/5%/乳油/氟铃脲 5%/2013.06.09 至 2018.06.09/低毒
棉花 棉铃虫 90-120克/公顷 喷雾

安徽美科达农化有限公司 (安徽省巢湖市无为县十里乡工业园 238300 0565-6322915)

PD20081476 草甘膦异丙胺盐/41%/水剂/草甘膦异丙胺盐 41%/2013.11.04 至 2018.11.04/低毒
非耕地 杂草 1125-3000克/公顷 喷雾
PD20082454 草甘膦/30%/可溶粉剂/草甘膦 30%/2013.12.02 至 2018.12.02/低毒
非耕地 一年生及部分多年生杂草 1125-3000克/公顷 茎叶喷雾
PD20083374 溴氰 ·敌敌畏/20.5%/乳油/敌敌畏 20%、溴氰菊酯 0.5%/2013.12.11 至 2018.12.11/中等毒
棉花 棉蚜 246-307.5克/公顷 喷雾
PD20091772 丙环唑/250克/升/乳油/丙环唑 250克/升/2014.02.04 至 2019.02.04/低毒
香蕉 叶斑病 250-500毫克/千克 喷雾
PD20095717 精喹·草除灵/14%/乳油/草除灵 12%、精喹禾灵 2%/2009.05.18 至 2014.05.18/低毒
冬油菜田 一年生杂草 210-252克/公顷 茎叶喷雾
PD20096563 精噁唑禾草灵/69克/升/水乳剂/精噁唑禾草灵 69克/升/2009.08.24 至 2014.08.24/低毒
冬小麦田 一年生禾本科杂草 41.4-62.1克/公顷 茎叶喷雾
PD20097341 氰戊·辛硫磷/20%/乳油/氰戊菊酯 5%、辛硫磷 15%/2009.10.27 至 2014.10.27/中等毒
棉花 棉铃虫 135-180克/公顷 喷雾

PD20097733 高效氟吡甲禾灵/108克/升/乳油/高效氟吡甲禾灵 108克/升/2009.11.12 至 2014.11.12/低毒
棉花田 一年生禾本科杂草 43.74-56.7克/公顷 茎叶喷雾
PD20100524 毒死蜱/480克/升/乳油/毒死蜱 480克/升/2010.01.14 至 2015.01.14/中等毒
水稻 稻纵卷叶螟 576-648克/公顷 喷雾
PD20101896 毒·矿物油/40%/乳油/毒死蜱 20%、矿物油 20%/2010.08.27 至 2015.08.27/中等毒
萝卜 小菜蛾 450-600克/公顷 喷雾
PD20110380 氟铃脲/5%/乳油/氟铃脲 5%/2011.04.14 至 2016.04.14/低毒
棉花 棉铃虫 90-120克/公顷 喷雾
PD20130521 草甘膦铵盐/80%/可溶粉剂/草甘膦 80%/2013.03.27 至 2018.03.27/低毒
柑橘园 杂草 1598.4-2397.6克/公顷 定向茎叶喷雾
注:草甘膦铵盐含量:88%。
PD20130719 莠去津/90%/水分散粒剂/莠去津 90%/2013.04.12 至 2018.04.12/低毒
春玉米田 一年生杂草 1485-1755克/公顷 播后苗前土壤喷雾
夏玉米田 一年生杂草 945-1485克/公顷 播后苗前土壤喷雾
PD20131276 草甘膦铵盐/68%/可溶粒剂/草甘膦 68%/2013.06.05 至 2018.06.05/低毒
柑橘园 杂草 1120.5-2241克/公顷 定向茎叶喷雾
注:草甘膦铵盐含量:74.7%
PD20132200 烯草酮/120克/升/乳油/烯草酮 120克/升/2013.10.29 至 2018.10.29/低毒
油菜田 一年生禾本科杂草 54-72克/公顷 定向茎叶喷雾
PD20132275 草除灵/50%/悬浮剂/草除灵 50%/2013.11.08 至 2018.11.08/低毒
冬油菜田 一年生阔叶杂草 225-375克/公顷 茎叶喷雾

安徽美兰农业发展股份有限公司 (合肥市国家高新区望江西路800号创新产业园D2楼6层 230088 0551-68500931)

PD20083239 三唑锡/25%/可湿性粉剂/三唑锡 25%/2013.12.11 至 2018.12.11/低毒
柑橘树 红蜘蛛 125-166.7毫克/千克 喷雾
PD20083242 甲氰菊酯/20%/乳油/甲氰菊酯 20%/2013.12.11 至 2018.12.11/中等毒
柑橘树 红蜘蛛 100-200毫克/千克 喷雾
PD20084374 仲丁威/20%/乳油/仲丁威 20%/2013.12.17 至 2018.12.17/低毒
水稻 稻飞虱 450-600克/公顷 喷雾
PD20084560 噻嗪·异丙威/25%/可湿性粉剂/噻嗪酮 5%、异丙威 20%/2013.12.18 至 2018.12.18/低毒
水稻 稻飞虱 375～562.5克/公顷 喷雾
PD20084688 异丙威/20%/乳油/异丙威 20%/2013.12.22 至 2018.12.22/微毒
水稻 飞虱 450-600克/公顷 喷雾
PD20084763 毒死蜱/480克/升/乳油/毒死蜱 480克/升/2008.12.22 至 2013.12.22/中等毒
十字花科蔬菜 菜青虫 450-540克/公顷 喷雾
PD20085771 高效氯氟氰菊酯/25克/升/乳油/高效氯氟氰菊酯 25克/升/2013.12.29 至 2018.12.29/中等毒
茶树 茶尺蠖 3.75-7.5克/公顷 喷雾
PD20090652 精噁唑禾草灵/69克/升/水乳剂/精噁唑禾草灵 69克/升/2014.01.15 至 2019.01.15/低毒
春小麦田 一年生禾本科杂草 51.75-62.1克/公顷 茎叶喷雾
PD20091338 氟啶脲/50克/升/乳油/氟啶脲 50克/升/2014.02.01 至 2019.02.01/低毒
十字花科蔬菜 甜菜夜蛾 45-60克/公顷 喷雾
PD20092079 高效氟吡甲禾灵/108克/升/乳油/高效氟吡甲禾灵 108克/升/2014.02.16 至 2019.02.16/低毒
棉花田 一年生禾本科杂草 44.5-48.6克/公顷 茎叶喷雾
PD20092660 联苯菊酯/25克/升/乳油/联苯菊酯 25克/升/2014.03.03 至 2019.03.03/中等毒
棉花 棉铃虫 41.25-52.5克/公顷 喷雾
PD20092817 氯氰·丙溴磷/440克/升/乳油/丙溴磷 400克/升、氯氰菊酯 40克/升/2014.03.04 至 2019.03.04/中等毒
棉花 棉铃虫 528-660克/公顷 喷雾
PD20093421 精喹禾灵/50克/升/乳油/精喹禾灵 50克/升/2014.03.23 至 2019.03.23/低毒
大豆田 一年生禾本科杂草 48.75-60克/公顷 茎叶喷雾
PD20095594 高效氯氰菊酯/4.5%/乳油/高效氯氰菊酯 4.5%/2009.05.12 至 2014.05.12/低毒
十字花科蔬菜 菜青虫 15-22.5克/公顷 喷雾
PD20095633 阿维·高氯/3%/乳油/阿维菌素 0.2%、高效氯氰菊酯 2.8%/2009.05.12 至 2014.05.12/低毒(原药高毒)
十字花科蔬菜 菜青虫、小菜蛾 13.5-27克/公顷 喷雾
PD20096186 氯氰·毒死蜱/522.5克/升/乳油/毒死蜱 475克/升、氯氰菊酯 47.5克/升/2009.07.10 至 2014.07.10/中等毒
甘蓝 菜青虫 391.9-509.4克/公顷 喷雾
PD20096912 喹硫磷/25%/乳油/喹硫磷 25%/2009.09.23 至 2014.09.23/中等毒
水稻 稻纵卷叶螟 375-495克/公顷 喷雾
PD20098449 烯草酮/120克/升/乳油/烯草酮 120克/升/2009.12.24 至 2014.12.24/低毒
大豆田 一年生禾本科杂草 63-72克/公顷 茎叶喷雾
PD20098519 烟嘧磺隆/40克/升/可分散油悬浮剂/烟嘧磺隆 40克/升/2009.12.24 至 2014.12.24/低毒
玉米田 一年生单、双子叶杂草 48-60克/公顷 茎叶喷雾
PD20101480 苄·丁/30%/可湿性粉剂/苄嘧磺隆 1.5%、丁草胺 28.5%/2010.05.05 至 2015.05.05/低毒
水稻抛秧田 一年生杂草 787.5-900克/公顷 药土法
PD20110063 氯氟吡氧乙酸异辛酯/200克/升/乳油/氯氟吡氧乙酸 200克/升/2011.01.11 至 2016.01.11/微毒

小麦田 一年生阔叶杂草 150-210克/公顷 茎叶喷雾

注:氯氟吡氧乙酸异辛酯含量：288克/升。

PD20110140 氟铃·辛硫磷/20%/乳油/氟铃脲 2%、辛硫磷 18%/2011.02.10 至 2016.02.10/低毒

甘蓝 小菜蛾 120-180克/公顷 喷雾

PD20110564 苯甲·丙环唑/30%/乳油/苯醚甲环唑 15%、丙环唑 15%/2011.05.26 至 2016.05.26/低毒

水稻 纹枯病 90-112.5克/公顷 喷雾

PD20120983 阿维菌素/5%/乳油/阿维菌素 5%/2012.06.21 至 2017.06.21/低毒(原药高毒)

水稻 稻纵卷叶螟 9-11.25克/公顷 喷雾

小白菜 小菜蛾 9.75—12克/公顷 喷雾

PD20121194 氰氟草酯/10%/乳油/氰氟草酯 10%/2012.08.06 至 2017.08.06/微毒

直播水稻田 稗草、千金子等禾本科杂草 90-105克/ 公顷 茎叶喷雾

PD20121379 阿维菌素/18克/升/乳油/阿维菌素 18克/升/2012.09.13 至 2017.09.13/低毒(原药高毒)

棉花 红蜘蛛 10.8-16.2克/公顷 喷雾

PD20121381 甲氨基阿维菌素苯甲酸盐/2%/微乳剂/甲氨基阿维菌素 2%/2012.09.13 至 2017.09.13/低毒

甘蓝 小菜蛾 1.65-1.98克/公顷 喷雾

注:甲氨基阿维菌素苯甲酸盐：2.2%。

PD20121848 戊唑醇/430克/升/悬浮剂/戊唑醇 430克/升/2012.11.28 至 2017.11.28/低毒

水稻 稻曲病 84-103克/公顷 喷雾

PD20131545 甲氨基阿维菌素苯甲酸盐/5%/微乳剂/甲氨基阿维菌素 5%/2013.07.18 至 2018.07.18/低毒

甘蓝 小菜蛾 2.25-3.75克/公顷 喷雾

注:甲氨基阿维菌素苯甲酸盐含量：5.7%。

PD20132164 氟铃脲/5%/微乳剂/氟铃脲 5%/2013.10.29 至 2018.10.29/低毒

甘蓝 甜菜夜蛾 45-52.5克/公顷 喷雾

PD20132305 甲氨基阿维菌素苯甲酸盐/1%/微乳剂/甲氨基阿维菌素 1%/2013.11.08 至 2018.11.08/低毒

甘蓝 小菜蛾 1.95-2.85克/公顷 喷雾

注:甲氨基阿维菌素苯甲酸盐含量1.14%。

PD20132319 甲维·氟铃脲/4%/微乳剂/氟铃脲 3.4%、甲氨基阿维菌素苯甲酸盐 0.6%/2013.11.13 至 2018.11.13/低毒

甘蓝 甜菜夜蛾 8.4-10.8克/公顷 喷雾

PD20132399 己唑醇/30%/悬浮剂/己唑醇 30%/2013.11.20 至 2018.11.20/低毒

水稻 纹枯病 58—72克/公顷 喷雾

PD20132650 炔草酯/15%/水乳剂/炔草酯 15%/2013.12.20 至 2018.12.20/低毒

小麦田 一年生单子叶杂草 67.5-85.5克/公顷 茎叶喷雾

LS20120323 炔草酯/8%/水乳剂/炔草酯 8%/2013.09.12 至 2014.09.12/低毒

小麦田 一年生禾本科杂草 66-84克/公顷 茎叶喷雾

LS20130027 吡蚜酮/50%/可湿性粉剂/吡蚜酮 50%/2014.01.15 至 2015.01.15/低毒

观赏花卉 蚜虫 150-225克/公顷 喷雾

LS20130045 炔草酯/30%/水乳剂/炔草酯 30%/2014.02.06 至 2015.02.06/低毒

春小麦田 一年生禾本科杂草 63-81克/公顷 茎叶喷雾

LS20130223 阿维菌素/10%/乳油/阿维菌素 10%/2013.04.28 至 2014.04.28/中等毒(原药高毒)

水稻 稻纵卷叶螟 10.5-13.5克/公顷 喷雾

小白菜 小菜蛾 7.5-13.5克/公顷 喷雾

LS20130247 苯甲·丙环唑/60%/乳油/苯醚甲环唑 30%、丙环唑 30%/2013.04.28 至 2014.04.28/低毒

水稻 纹枯病 90-126克/公顷 喷雾

LS20130265 氟铃脲/5%/微乳剂/氟铃脲 5%/2013.05.02 至 2014.05.02/低毒

甘蓝 甜菜夜蛾 45-52.5克/公顷 喷雾

LS20130478 炔草酯/24%/水乳剂/炔草酯 24%/2013.11.08 至 2014.11.08/低毒

冬小麦田 一年生禾本科杂草 64.8-79.2克/公顷 茎叶喷雾

WP20120070 氟虫腈/3%/微乳剂/氟虫腈 3%/2012.04.18 至 2017.04.18/低毒

卫生 蝇 稀释20倍液 喷雾

WP20120179 氟虫腈/6%/微乳剂/氟虫腈 6%/2012.09.13 至 2017.09.13/低毒

室内 蝇 稀释40倍液 喷雾

安徽全力集团有限公司 (安徽省潜山县舒州东路49号 246300 0556-8935199)

WP20120136 蚊香/0.3%/蚊香/富右旋反式烯丙菊酯 0.3%/2012.07.19 至 2017.07.19/微毒

卫生 蚊 / 点燃

安徽三荷日用品有限公司 (安徽省六安市经济技术开发区 237000 0564-3680475)

WP20130125 蚊香/0.29%/蚊香/富右旋反式烯丙菊酯 0.29%/2013.06.08 至 2018.06.08/低毒

卫生 蚊 / 点燃

安徽沙隆达生物科技有限公司 (安徽省淮南市谢家集卧龙山西路 232033 0551-65596528)

PD20083961 氯氰·辛硫磷/20%/乳油/氯氰菊酯 1.5%、辛硫磷 18.5%/2013.12.16 至 2018.12.16/低毒

棉花 棉铃虫 210-300克/公顷 喷雾

PD20085238 氰戊·辛硫磷/12%/乳油/氰戊菊酯 2%、辛硫磷 10%/2013.12.23 至 2018.12.23/中等毒

棉花 棉铃虫 90-135克/公顷 喷雾

PD20085808 精噁唑禾草灵/69克/升/水乳剂/精噁唑禾草灵 69克/升/2013.12.29 至 2018.12.29/低毒

春小麦田 一年生禾本科杂草 51.75-62.1克/公顷 茎叶喷雾
冬小麦田 一年生禾本科杂草 41.4-51.75克/公顷 茎叶喷雾

PD20095741 苄嘧磺隆/10%/可湿性粉剂/苄嘧磺隆 10%/2009.05.18 至 2014.05.18/低毒
移栽水稻田 阔叶杂草及莎草科杂草 45-60克/公顷(东北地区) 毒土法
22.5-30克/公顷(其它地区)

PD20098159 噁草·丁草胺/20%/乳油/丁草胺 14%、噁草酮 6%/2009.12.14 至 2014.12.14/低毒
水稻移栽田 一年生杂草 600-750克/公顷 毒土法

PD20120141 草甘膦铵盐/80%/可溶粒剂/草甘膦 80%/2012.01.29 至 2017.01.29/低毒
非耕地 杂草 1200-2160克/公顷 茎叶喷雾
注:草甘膦铵盐含量:88.8%。

PD20120382 草甘膦铵盐/68%/可溶粒剂/草甘膦 68%/2012.02.24 至 2017.02.24/低毒
柑橘园 杂草 1428-1836克/公顷 定向茎叶喷雾
注:草甘膦铵盐含量:75.7%。

PD20131746 烟嘧·莠去津/24%/可分散油悬浮剂/烟嘧磺隆 4%、莠去津 20%/2013.08.16 至 2018.08.16/低毒
玉米田 一年生杂草 288-360克/公顷 茎叶喷雾

PD20132076 炔草酯/15%/微乳剂/炔草酯 15%/2013.10.23 至 2018.10.23/低毒
冬小麦田 一年生禾本科杂草 56.25-78.75克/公顷 茎叶喷雾

PD20132476 烯草酮/24%/乳油/烯草酮 24%/2013.12.09 至 2018.12.09/低毒
大豆田 一年生禾本科杂草 72-108克/公顷 茎叶喷雾

PD20132569 甲氨基阿维菌素苯甲酸盐/5%/水分散粒剂/甲氨基阿维菌素 5%/2013.12.17 至 2018.12.17/低毒
甘蓝 甜菜夜蛾 2.25-3克/公顷 喷雾
注:甲氨基阿维菌素苯甲酸盐含量：5.7%。

PD20132612 戊唑醇/430克/升/悬浮剂/戊唑醇 430克/升/2013.12.20 至 2018.12.20/低毒
苹果树 斑点落叶病 61.4-86毫克/千克 喷雾

WP20130223 氟虫腈/5%/悬浮剂/氟虫腈 5%/2013.10.29 至 2018.10.29/低毒
室内 蝇 稀释30倍液 滞留喷雾

安徽生力农化有限公司 (安徽省宁国市汪溪镇石村 242300 0563-4308777)

PD84121-6 磷化铝/56%/片剂/磷化铝 56%/2009.12.07 至 2014.12.07/高毒
洞穴 室外啮齿动物 根据洞穴大小而定 密闭熏蒸
货物 仓储害虫 5-10片/1000千克 密闭熏蒸
空间 多种害虫 1-4片/立方米 密闭熏蒸
粮食、种子 储粮害虫 3-10片/1000千克 密闭熏蒸

PD86145-2 磷化铝/90%、85%/原药/磷化铝 90%、85%/2011.09.19 至 2016.09.19/高毒
洞穴 室外啮齿动物 根据洞穴大小而定 密闭熏蒸
货物 仓储害虫 10-20克/吨 密闭熏蒸
空间 多种害虫 2-8克/立方米 密闭熏蒸
粮食、种子 储粮害虫 6-20克/吨 密闭熏蒸

PD86148-65 异丙威/20%/乳油/异丙威 20%/2010.03.24 至 2015.03.24/中等毒
水稻 飞虱、叶蝉 450-600克/公顷 喷雾

PD20060061 三唑磷/20%/乳油/三唑磷 20%/2011.03.24 至 2016.03.24/中等毒
水稻 二化螟 300-450克/公顷 喷雾

PD20060099 高效氯氰菊酯/4.5%/乳油/高效氯氰菊酯 4.5%/2011.05.22 至 2016.05.22/中等毒
十字花科蔬菜 菜青虫 13.5-27克/公顷 喷雾

PD20091385 草甘膦异丙胺盐（41%）///水剂/草甘膦 30%/2014.02.02 至 2019.02.02/低毒
茶园 杂草 1125-2250克/公顷 定向喷雾

PD20092166 仲丁威/20%/乳油/仲丁威 20%/2014.02.23 至 2019.02.23/低毒
水稻 稻飞虱 540-600克/公顷 喷雾

PD20094583 三唑磷/85%/原药/三唑磷 85%/2009.04.10 至 2014.04.10/中等毒

PD20095229 乐果/40%/乳油/乐果 40%/2009.04.27 至 2014.04.27/中等毒
水稻 稻飞虱 510－600克/公顷 喷雾

PD20096004 氯氰菊酯/5%/乳油/氯氰菊酯 5%/2009.06.11 至 2014.06.11/中等毒
叶菜 菜青虫 30-45克/公顷 喷雾

PD20097014 乙烯利/40%/水剂/乙烯利 40%/2009.10.10 至 2014.10.10/低毒
棉花 催熟、调节生长 300-500倍液 兑水喷雾

PD20101339 毒死蜱/40%/乳油/毒死蜱 40%/2010.03.23 至 2015.03.23/中等毒
水稻 稻纵卷叶螟 600-720克/公顷 喷雾

PD20120205 草甘膦铵盐/68%/可溶粒剂/草甘膦 68%/2012.02.07 至 2017.02.07/低毒
柑橘园 杂草 1122-2244克/公顷 定向茎叶喷雾
注:草甘膦铵盐含量：74.7%。

PD20130659 三唑磷/40%/乳油/三唑磷 40%/2013.04.08 至 2018.04.08/中等毒
水稻 二化螟 450-600克/公顷 喷雾

安徽省安庆市南风日化有限责任公司 (安徽省安庆市渡江路11号 246003 0556-5207272)

WP20080281 杀虫气雾剂/0.7%/气雾剂/苯醚氰菊酯 0.15%、氯菊酯 0.25%、右旋胺菊酯 0.3%/2013.12.01 至 2018.12.01/微毒

卫生 蚊、蝇、蜚蠊 / 喷雾
WP20080357 蚊香/0.4%/蚊香/富右旋反式烯丙菊酯 0.4%/2013.12.09 至 2018.12.09/低毒
卫生 蚊 / 点燃

安徽省安庆市兴隆化工有限责任公司 (安徽省安庆市华中东路250号 246003 0556-5200796)

PD85102-7 2甲4氯/13%/水剂/2甲4氯 13%/2010.03.09 至 2015.03.09/低毒
水稻 多种杂草 450-900克/公顷 喷雾
小麦 多种杂草 600-900克/公顷 喷雾
PD20091678 2甲4氯钠/56%/可溶粉剂/2甲4氯钠 56%/2014.02.03 至 2019.02.03/低毒
冬小麦田 一年生阔叶杂草 840-1008克/公顷 茎叶喷雾
PD20097526 烟嘧磺隆/40克/升/可分散油悬浮剂/烟嘧磺隆 40克/升/2009.11.03 至 2014.11.03/低毒
玉米田 一年生杂草 42-60克/公顷 茎叶喷雾
PD20101617 草甘膦异丙胺盐(41%)///水剂/草甘膦 30%/2010.06.03 至 2015.06.03/低毒
柑橘园 杂草 1230-2460克/公顷 行间定向喷雾
PD20121935 咪鲜胺/40%/水乳剂/咪鲜胺 40%/2012.12.10 至 2017.12.10/低毒
香蕉 炭疽病 250～500毫克/千克 /浸果
PD20132175 2,4-滴异辛酯/96%/原药/2,4-滴异辛酯 96%/2013.10.29 至 2018.10.29/低毒

安徽省安庆市茁壮农药有限公司 (安徽省安庆市岳西县前进路19号工商大厦4楼 246600 0556-2172655)

PD20084100 硫丹/35%/乳油/硫丹 35%/2013.12.16 至 2018.12.16/中等毒(原药高毒)
棉花 棉铃虫 525-840克/公顷 喷雾
PD20086019 氰戊·辛硫磷/30%/乳油/氰戊菊酯 5%、辛硫磷 25%/2013.12.29 至 2018.12.29/中等毒
棉花 棉铃虫 180-270克/公顷 喷雾
棉花 蚜虫 150-225克/公顷 喷雾

安徽省蚌埠九采罗化学有限公司 (安徽省蚌埠市华光大道1135号 233045 0551-2628349)

PD86148-35 异丙威/20%/乳油/异丙威 20%/2012.01.22 至 2017.01.22/中等毒
水稻 飞虱、叶蝉 450-600克/公顷 喷雾

安徽省池州新赛德化工有限公司 (安徽省池州市杏村西路318号 247000 0566-2031558)

PD85121-21 乐果/40%/乳油/乐果 40%/2010.06.13 至 2015.06.13/中等毒
茶树 蚜虫、叶蝉、螨 1000-2000倍液 喷雾
甘薯 小象甲 2000倍液 浸鲜薯片诱杀
柑橘树、苹果树 鳞翅目幼虫、蚜虫、螨 800-1600倍液 喷雾
棉花 蚜虫、螨 450-600克/公顷 喷雾
蔬菜 蚜虫、螨 300-600克/公顷 喷雾
水稻 飞虱、螟虫、叶蝉 450-600克/公顷 喷雾
烟草 蚜虫、烟青虫 300-600克/公顷 喷雾
PD85139 哒嗪硫磷/20%/乳油/哒嗪硫磷 20%/2010.07.13 至 2015.07.13/低毒
茶树 害虫 800-1000倍液 喷雾
大豆 蚜虫 800倍液 喷雾
果树 食心虫、蚜虫 500-800倍液 喷雾
林木 松毛虫、竹青虫 500倍液 喷雾
棉花 棉铃虫、蚜虫、螨 800-1000倍液 喷雾
蔬菜 菜青虫、蚜虫 500-1000倍液 喷雾
水稻 螟虫、叶蝉 800-1000倍液 喷雾
小麦、玉米 黏虫、玉米螟 800-1000倍液 喷雾
PD86148-40 异丙威/20%/乳油/异丙威 20%/2011.08.15 至 2016.08.15/中等毒
水稻 飞虱、叶蝉 450-600克/公顷 喷雾
PD20040776 三唑磷/20%/乳油/三唑磷 20%/2009.12.19 至 2014.12.19/中等毒
棉花 棉红铃虫 375-450克/公顷 喷雾
水稻 二化螟、三化螟 300-450克/公顷 喷雾
PD20084430 噻嗪酮/25%/可湿性粉剂/噻嗪酮 25%/2013.12.17 至 2018.12.17/低毒
水稻 飞虱 75-112.5克/公顷 喷雾
PD20090231 腈菌唑/12%/乳油/腈菌唑 12%/2014.01.09 至 2019.01.09/低毒
小麦 白粉病 30-60克/公顷 喷雾
PD20090408 异稻·三环唑/20%/可湿性粉剂/三环唑 6.7%、异稻瘟净 13.3%/2014.01.12 至 2019.01.12/低毒
水稻 稻瘟病 300-450克/公顷 喷雾
PD20095077 乐果·敌百虫/40%/乳油/敌百虫 20%、乐果 20%/2014.04.22 至 2019.04.22/中等毒
水稻 稻飞虱、稻纵卷叶螟 480-720克/公顷 喷雾
PD20095461 苄嘧·苯噻酰/53%/可湿性粉剂/苯噻酰草胺 50%、苄嘧磺隆 3%/2009.05.11 至 2014.05.11/低毒
水稻抛秧田 部分多年生杂草、一年生杂草 397.5-556.5克/公顷 药土法
PD20095789 苄·乙·甲/20%/可湿性粉剂/苄嘧磺隆 1.1%、甲磺隆 0.2%、乙草胺 18.7%/2009.05.27 至 2014.05.27/低毒
水稻移栽田 杂草 75-105克/公顷 药土法
PD20096311 毒死蜱/40%/乳油/毒死蜱 40%/2009.07.22 至 2014.07.22/中等毒
水稻 稻飞虱 450-600克/公顷 喷雾
PD20096735 毒死蜱/97%/原药/毒死蜱 97%/2009.09.07 至 2014.09.07/中等毒

PD20111197　二嗪磷/97%/原药/二嗪磷 97%/2011.11.16 至 2016.11.16/中等毒

安徽省丰臣农化有限公司　(安徽省利辛县利张路工业区　230031　0551-5578135)

PD20098039　毒死蜱/480克/升/乳油/毒死蜱 480克/升/2009.12.07 至 2014.12.07/中等毒
　水稻　二化螟　468-576克/公顷　喷雾

PD20120014　草甘膦铵盐/80%/可溶粒剂/草甘膦 80%/2012.01.05 至 2017.01.05/微毒
　非耕地　杂草　1200-1680克/公顷　定向茎叶喷雾
　注:草甘膦铵盐含量: 88%

PD20120313　草甘膦铵盐/68%/可溶粒剂/草甘膦 68%/2012.02.17 至 2017.02.17/微毒
　柑橘园　杂草　1428-1836克/公顷　定向茎叶喷雾
　注:草甘膦铵盐含量: 74.7%。

PD20120726　烟嘧·莠去津/24%/可分散油悬浮剂/烟嘧磺隆 4%、莠去津 20%/2012.05.02 至 2017.05.02/低毒
　玉米田　一年生杂草　288-360克/公顷　茎叶喷雾

PD20131575　草甘膦异丙胺盐/46%/水剂/草甘膦 46%/2013.07.23 至 2018.07.23/低毒
　非耕地　杂草　1380-1725克/公顷　茎叶喷雾
　注:草甘膦异丙胺盐含量: 62%。

PD20131767　草甘膦/95%/原药/草甘膦 95%/2013.09.06 至 2018.09.06/低毒

PD20132685　阿维·高氯/1.5%/乳油/阿维菌素 0.2%、高效氯氰菊酯 1.3%/2013.12.25 至 2018.12.25/低毒(原药高毒)
　甘蓝　菜青虫、小菜蛾　13.5-27克/公顷　喷雾

安徽省广德县青山卫生实验厂　(安徽省广德县祠山岗乡祠山岗村　242200　0551-286067)

WP20090064　杀蟑笔剂/0.4%/笔剂/溴氰菊酯 0.4%/2014.02.01 至 2019.02.01/低毒
　卫生　蜚蠊　3克制剂/平方米　涂抹

WP20090065　杀蟑烟剂/2.8%/烟剂/氯氰菊酯 2.8%/2014.02.01 至 2019.02.01/低毒
　卫生　蜚蠊　/　点燃

安徽省合肥飞雁日用化工厂　(安徽省合肥市东七站塘路天使苑18幢204室　230000　0551-3438487)

WP20090042　杀虫气雾剂/0.25%/气雾剂/胺菊酯 0.20%、氯氰菊酯 0.05%/2009.01.19 至 2014.01.19/低毒
　卫生　蚊、蝇、蜚蠊　/　喷雾

安徽省合肥福瑞德生物化工厂 (安徽省合肥市瑶海区濉溪东路1号嘉华中心B座1701室　230041　0551-64393621)

PD20092447　高效氟吡甲禾灵/108克/升/乳油/高效氟吡甲禾灵 108克/升/2014.02.25 至 2019.02.25/低毒
　春大豆田　一年生禾本科杂草　48.6-56.7克/公顷　茎叶喷雾
　夏大豆田　一年生禾本科杂草　45.4-48.6克/公顷　茎叶喷雾

PD20092552　高效氯氟氰菊酯/25克/升/乳油/高效氯氟氰菊酯 25克/升/2014.02.26 至 2019.02.26/中等毒
　十字花科蔬菜　蚜虫　7.5-9克/公顷　喷雾

PD20093559　毒死蜱/480克/升/乳油/毒死蜱 480克/升/2009.03.23 至 2014.03.23/中等毒
　水稻　二化螟　432-576克/公顷　喷雾

PD20095876　噁草酮/250克/升/乳油/噁草酮 250克/升/2009.05.31 至 2014.05.31/低毒
　水稻田(直播)　一年生杂草　375-495克/公顷　播前土壤喷雾

PD20096086　灭草松/480克/升/水剂/灭草松 480克/升/2009.06.18 至 2014.06.18/低毒
　大豆田　一年生阔叶杂草　1080-1440克/公顷　茎叶喷雾

PD20097727　2甲4氯钠/56%/可溶粉剂/2甲4氯钠 56%/2009.11.04 至 2014.11.04/低毒
　玉米田　一年生阔叶杂草　840-1260克/公顷　茎叶喷雾

PD20101523　阿维菌素/18克/升/乳油/阿维菌素 18克/升/2010.05.19 至 2015.05.19/低毒(原药高毒)
　甘蓝　小菜蛾　9-13.5克/公顷　喷雾

PD20101692　草甘膦异丙胺盐(41%)///水剂/草甘膦 30%/2010.06.17 至 2015.06.17/低毒
　水稻田埂　杂草　1230-2460克/公顷　定向茎叶喷雾

PD20101730　氯氟吡氧乙酸/200克/升/乳油/氯氟吡氧乙酸 200克/升/2010.06.28 至 2015.06.28/低毒
　冬小麦田　一年生阔叶杂草　180-210克/公顷　茎叶喷雾

PD20101733　辛硫·三唑磷/20%/乳油/三唑磷 10%、辛硫磷 10%/2010.06.28 至 2015.06.28/中等毒
　水稻　二化螟　360-450克/公顷　喷雾

PD20120806　井冈·蜡芽菌//水剂/井冈霉素 25克/升、蜡质芽孢杆菌 10000亿活孢子/升/2012.05.17 至 2017.05.17/低毒
　水稻　纹枯病　56.25-93.75克/公顷　喷雾

PD20121494　草甘膦/95%/原药/草甘膦 95%/2012.10.09 至 2017.10.09/低毒

PD20130329　嘧啶核苷类抗菌素/2%/水剂/嘧啶核苷类抗菌素 2%/2013.03.05 至 2018.03.05/微毒
　水稻　纹枯病　150～180克/公顷　喷雾

PD20130864　三乙膦酸铝/40%/可湿性粉剂/三乙膦酸铝 40%/2013.04.22 至 2018.04.22/低毒
　水稻　稻瘟病　1410-2115克/公顷　喷雾

PD20131290　唑磷·毒死蜱/20%/乳油/毒死蜱 5%、三唑磷 15%/2013.06.08 至 2018.06.08/中等毒
　水稻　三化螟　240-300克/公顷　喷雾

PD20132596　草甘膦铵盐/68%/可溶粒剂/草甘膦 68%/2013.12.17 至 2018.12.17/低毒
　柑橘园　杂草　1125-2250克/公顷　定向茎叶喷雾
　注:草甘膦铵盐含量:　75.7%。

WP20090057　高效氯氰菊酯/2.5%/乳油/高效氯氰菊酯 2.5%/2014.01.21 至 2019.01.21/低毒
　卫生　蚂蚁、蚊、蝇　40毫克/平方米　滞留喷洒

WP20090211　高效氯氰菊酯/5%/可湿性粉剂/高效氯氰菊酯 5%/2014.03.27 至 2019.03.27/低毒

	卫生	蚊、蝇、蜚蠊	玻璃面、木板面40毫克/平方米; 石灰面60毫克/平方米	滞留喷洒
WP20090235	杀虫粉剂/0.1%/粉剂/高效氯氰菊酯 0.1%/2009.04.16 至 2014.04.16/低毒			
	卫生	蜚蠊、蚂蚁	3克制剂/平方米	撒布
WP20090266	杀虫气雾剂/0.32%/气雾剂/胺菊酯 0.08%、氯菊酯 0.2%、右旋烯丙菊酯 0.04%/2009.05.12 至 2014.05.12/低毒			
	卫生	蚊、蝇、蜚蠊	/	喷雾
WP20120244	蚊香/0.3%/蚊香/富右旋反式烯丙菊酯 0.3%/2012.12.18 至 2017.12.18/低毒			
	卫生	蚊	/	点燃
WP20130229	氟虫腈/6%/微乳剂/氟虫腈 6%/2013.11.05 至 2018.11.05/低毒			
	室内	蝇	稀释46倍	滞留喷洒

安徽省合肥海明日用化工厂 (安徽省合肥市肥西县北张乡 230012 0551-2655635)

WP20100131	杀虫气雾剂/0.25%/气雾剂/胺菊酯 0.2%、氯氰菊酯 0.05%/2010.11.01 至 2015.11.01/低毒			
	卫生	蚊、蝇、蜚蠊	/	喷雾

安徽省合肥农药厂 (安徽省合肥市庐阳区濉溪路254号 230041 0551-5617445)

PD84108-13	敌百虫/90%/原药/敌百虫 90%/2010.01.11 至 2015.01.11/低毒			
	白菜、青菜	菜青虫	960-1200克/公顷	喷雾
	白菜、青菜	地下害虫	750-1500克/公顷	喷雾
	茶树	尺蠖、刺蛾	450-900毫克/千克	喷雾
	大豆	造桥虫	1800克/公顷	喷雾
	柑橘树	卷叶蛾	600-750毫克/千克	喷雾
	林木	松毛虫	600-900毫克/千克	喷雾
	水稻	螟虫	1500-1800克/公顷	喷雾、泼浇或毒土
	小麦	黏虫	1800克/公顷	喷雾
	烟草	烟青虫	900毫克/千克	喷雾
PD85105-29	敌敌畏/80%/乳油/敌敌畏 77.5%/2010.01.11 至 2015.01.11/中等毒			
	茶树	食叶害虫	600克/公顷	喷雾
	粮仓	多种储藏害虫	1)400-500倍液, 2)0.4-0.5克/立方米	1)喷雾, 2)挂条熏蒸
	棉花	蚜虫、造桥虫	600-1200克/公顷	喷雾
	苹果树	小卷叶蛾、蚜虫	400-500毫克/千克	喷雾
	青菜	菜青虫	600克/公顷	喷雾
	桑树	尺蠖	600克/公顷	喷雾
	卫生	多种卫生害虫	1)300-400倍液 2)0.08克/立方米	1)泼洒. 2)挂条熏蒸
	小麦	黏虫、蚜虫	600克/公顷	喷雾
PD85154-37	氰戊菊酯/20%/乳油/氰戊菊酯 20%/2010.08.15 至 2015.08.15/中等毒			
	柑橘树	潜叶蛾	10-20毫克/千克	喷雾
	果树	梨小食心虫	10-20毫克/千克	喷雾
	棉花	红铃虫、蚜虫	75-150克/公顷	喷雾
	蔬菜	菜青虫、蚜虫	60-120克/公顷	喷雾
PD86148-78	异丙威/20%/乳油/异丙威 20%/2011.11.22 至 2016.11.22/中等毒			
	水稻	飞虱、叶蝉	450-600克/公顷	喷雾
PD86157-6	硫磺/50%/悬浮剂/硫磺 50%/2012.01.30 至 2017.01.30/低毒			
	果树	白粉病	200-400倍液	喷雾
	花卉	白粉病	750-1500克/公顷	喷雾
	黄瓜	白粉病	1125-1500克/公顷	喷雾
	橡胶树	白粉病	1875-3000克/公顷	喷雾
	小麦	白粉病、螨	3000克/公顷	喷雾
PD20092426	氰戊·马拉松/20%/乳油/马拉硫磷 15%、氰戊菊酯 5%/2014.02.25 至 2019.02.25/中等毒			
	棉花	棉铃虫	90-150克/公顷	喷雾
	苹果树	桃小食心虫	166-333毫克/千克	喷雾
	蔬菜	菜青虫、蚜虫	90-150克/公顷	喷雾
	小麦	蚜虫	60-90克/公顷	喷雾
PD20093984	辛硫·三唑磷/20%/乳油/三唑磷 10%、辛硫磷 10%/2014.03.27 至 2019.03.27/中等毒			
	水稻	二化螟	300-450克/公顷	喷雾
PD20094824	精喹·草除灵/17.5%/乳油/草除灵 15%、精喹禾灵 2.5%/2014.04.13 至 2019.04.13/低毒			
	油菜田	一年生杂草	262.5-367.5克/公顷	茎叶喷雾
PD20095159	精喹禾灵/8.8%/乳油/精喹禾灵 8.8%/2009.04.24 至 2014.04.24/低毒			
	冬油菜田	一年生禾本科杂草	39.6-52.8克/公顷	茎叶喷雾
PD20095192	高效氟吡甲禾灵/108克/升/乳油/高效氟吡甲禾灵 108克/升/2014.04.24 至 2019.04.24/低毒			
	冬油菜田	一年生禾本科杂草	48.6-64.8克/公顷	喷雾
PD20095420	苄嘧磺隆/1.1%/水面扩散剂/苄嘧磺隆 1.1%/2009.05.11 至 2014.05.11/微毒			
	水稻移栽田	一年生阔叶杂草及莎草科杂草	19.8—33克/公顷(南方地区)	直接滴施

安徽省合肥天润日用化工公司　(安徽省合肥市蒙城北路和煦园18号楼1104室　230041　0551-5552522-801)

WP20090350　杀虫气雾剂/0.16%/气雾剂/Es-生物烯丙菊酯 0.15%、溴氰菊酯 0.01%/2009.10.28 至 2014.10.28/低毒
卫生　蚊、蝇　/　喷雾

WP20100111　蚊香/0.3%/蚊香/富右旋反式烯丙菊酯 0.3%/2010.08.09 至 2015.08.09/低毒
卫生　蚊　/　点燃

WP20110159　电热蚊香液/1.2%/电热蚊香液/炔丙菊酯 1.2%/2011.06.20 至 2016.06.20/低毒
卫生　蚊　/　电热加温

WP20110211　电热蚊香片/15毫克/片/电热蚊香片/炔丙菊酯 15毫克/片/2011.09.15 至 2016.09.15/低毒
卫生　蚊　/　电热加温

WL20110024　蚊香/0.08%/蚊香/氯氟醚菊酯 0.08%/2013.02.11 至 2014.02.11/低毒
卫生　蚊　/　点燃

安徽省合肥益丰化工有限公司　(安徽省合肥市龙岗工业区A区　231633　0551-7686636)

PD20096482　硫丹/350克/升/乳油/硫丹 350克/升/2009.08.14 至 2014.08.14/高毒
棉花　棉铃虫　682.5-840克/公顷　喷雾

PD20096917　草甘膦异丙胺盐(41%)///水剂/草甘膦 30%/2009.09.23 至 2014.09.23/低毒
棉花免耕田　杂草　922.5-1537.5克/公顷　茎叶喷雾

PD20096930　精噁唑禾草灵/69克/升/水乳剂/精噁唑禾草灵 69克/升/2009.09.23 至 2014.09.23/低毒
冬小麦田　一年生禾本科杂草　51.75-62.10克/公顷　茎叶喷雾

安徽省合肥正宇工贸有限公司　(安徽省合肥市瑶海工业园合磨路站北社居委　230000　0551-4320299)

WP20100084　杀虫气雾剂/0.25%/气雾剂/胺菊酯 0.2%、氯氰菊酯 0.05%/2010.06.03 至 2015.06.03/低毒
卫生　蚊、蝇、蜚蠊　/　喷雾

安徽省化工研究院　(安徽省合肥市庐阳区阜阳北路363号　230041　0551-65536014)

PD20040478　吡虫啉/5%/乳油/吡虫啉 5%/2009.12.19 至 2014.12.19/低毒
水稻　飞虱　15-22.5克/公顷　喷雾

PD20040772　吡虫·杀虫单/60%/可湿性粉剂/吡虫啉 2%、杀虫单 58%/2009.12.19 至 2014.12.19/低毒
水稻　稻飞虱、稻纵卷叶螟、二化螟、三化螟　450-750克/公顷　喷雾

PD20060073　高效氯氰菊酯/4.5%/乳油/高效氯氰菊酯 4.5%/2011.04.13 至 2016.04.13/中等毒
十字花科蔬菜　菜青虫　20.25-27克/公顷　喷雾

PD20080714　苄嘧·苯噻酰/50%/可湿性粉剂/苯噻酰草胺 47%、苄嘧磺隆 3%/2013.06.11 至 2018.06.11/低毒
水稻移栽田　部分多年生杂草、一年生杂草　375-525克/公顷(南方地区)　药土法

PD20082112　噁草·丁草胺/30%/乳油/丁草胺 24%、噁草酮 6%/2013.11.25 至 2018.11.25/低毒
水稻移栽田　一年生杂草　585-810克/公顷　毒土法

PD20084670　氰戊·辛硫磷/30%/乳油/氰戊菊酯 5%、辛硫磷 25%/2013.12.22 至 2018.12.22/中等毒
棉花　棉铃虫　225-337.5克/公顷　喷雾

PD20086260　阿维菌素/1.8%/乳油/阿维菌素 1.8%/2013.12.31 至 2018.12.31/低毒(原药高毒)
苹果树　二斑叶螨　1-1.5毫克/千克　喷雾

PD20090290　苯磺隆/75%/水分散粒剂/苯磺隆 75%/2014.01.09 至 2019.01.09/低毒
冬小麦田　一年生阔叶杂草　13.5-22.5克/公顷　茎叶喷雾

PD20090360　杀虫双/3.6%/大粒剂/杀虫双 3.6%/2014.01.12 至 2019.01.12/中等毒
水稻　二化螟　540-675克/公顷　撒施

PD20091186　苄·二氯/36%/可湿性粉剂/苄嘧磺隆 3%、二氯喹啉酸 33%/2014.01.22 至 2019.01.22/低毒
水稻移栽田　一年生及部分多年生杂草　216-270克/公顷　喷雾

PD20091217　苯磺隆/10%/可湿性粉剂/苯磺隆 10%/2014.02.01 至 2019.02.01/低毒
冬小麦田　一年生阔叶杂草　13.5-22.5克/公顷　茎叶喷雾

PD20091291　唑酮·福美双/45%/可湿性粉剂/福美双 40%、三唑酮 5%/2014.02.01 至 2019.02.01/中等毒
水稻　恶苗病　750-1500毫克/千克　浸种

PD20091499　乙铝·锰锌/70%/可湿性粉剂/代森锰锌 24%、三乙膦酸铝 46%/2014.02.02 至 2019.02.02/低毒
黄瓜　霜霉病　1399.95-4200克/公顷　喷雾

PD20091688　乙铝·多菌灵/60%/可湿性粉剂/多菌灵 20%、三乙膦酸铝 40%/2014.02.03 至 2019.02.03/低毒
苹果树　轮纹病　300-500倍液　喷雾

PD20092012　高效氯氰菊酯/4.5%/水乳剂/高效氯氰菊酯 4.5%/2014.02.12 至 2019.02.12/低毒
十字花科蔬菜　菜青虫　27-40.5克/公顷　喷雾

PD20092624　多·福/50%/可湿性粉剂/多菌灵 25%、福美双 25%/2014.03.02 至 2019.03.02/低毒
梨树　黑星病　1000-1500毫克/千克　喷雾

PD20092725　硫磺·三环唑/45%/可湿性粉剂/硫磺 40%、三环唑 5%/2014.03.04 至 2019.03.04/低毒
水稻　稻瘟病　1012.5-1350克/公顷　喷雾

PD20093276　辛硫·灭多威/30%/乳油/灭多威 10%、辛硫磷 20%/2014.03.11 至 2019.03.11/高毒
棉花　棉铃虫　225-337.5克/公顷　喷雾

PD20093598　溴氰 ·敌敌畏/20.5%/乳油/敌敌畏 20%、溴氰菊酯 0.5%/2014.03.23 至 2019.03.23/中等毒
棉花　棉蚜　246-307.5克/公顷　喷雾

PD20095369　乙草胺/40%/水乳剂/乙草胺 40%/2009.04.27 至 2014.04.27/低毒
冬油菜田　一年生禾本科杂草及部分阔叶杂草　600-750克/公顷　喷雾

PD20095616　苄·乙/20%/可湿性粉剂/苄嘧磺隆 4.5%、乙草胺 15.5%/2009.05.12 至 2014.05.12/低毒

	水稻移栽田	一年生及部分多年生杂草	84-118克/公顷(南方地区)	药土法
PD20096728	氰戊·氧乐果/25%/乳油/氰戊菊酯 2.5%、氧乐果 22.5%/2009.09.07 至 2014.09.07/高毒			
	棉花	棉铃虫	187.5-225克/公顷	喷雾
PD20101822	阿维·哒螨灵/5%/乳油/阿维菌素 0.2%、哒螨灵 4.8%/2010.07.19 至 2015.07.19/低毒(原药高毒)			
	苹果树	二斑叶螨	1500-2000倍液	喷雾
PD20110594	丁草胺/50%/乳油/丁草胺 50%/2011.05.30 至 2016.05.30/低毒			
	水稻移栽田	稗草、牛毛草、鸭舌草	337.5-450克/公顷	毒土法
PD20111455	阿维菌素/1.8%/水乳剂/阿维菌素 1.8%/2011.12.30 至 2016.12.30/低毒(原药高毒)			
	甘蓝	小菜蛾	5.4-10.8克/公顷	喷雾
PD20121244	高效氯氟氰菊酯/2.5%/水乳剂/高效氯氟氰菊酯 2.5%/2012.08.28 至 2017.08.28/中等毒			
	甘蓝	菜青虫	7.5-15克/公顷	喷雾
PD20132571	吡嘧磺隆/10%/可湿性粉剂/吡嘧磺隆 10%/2013.12.17 至 2018.12.17/微毒			
	水稻移栽田	一年生阔叶杂草及部分莎草科杂草	22.5-30克/公顷	药土法

安徽省淮北市农药厂 (安徽省淮北市经济开发区凤凰山工业园 235000 0561-3230308)

PD20080340	敌畏·吡虫啉/21%/乳油/吡虫啉 1%、敌敌畏 20%/2013.02.26 至 2018.02.26/低毒			
	水稻	飞虱	189-220.5克/公顷	喷雾
PD20083270	氰戊·辛硫磷/12%/乳油/氰戊菊酯 2%、辛硫磷 10%/2013.12.11 至 2018.12.11/中等毒			
	棉花	棉铃虫	90-135克/公顷	喷雾
PD20084906	三唑锡/25%/可湿性粉剂/三唑锡 25%/2013.12.22 至 2018.12.22/低毒			
	柑橘树	红蜘蛛	167-250毫克/千克	喷雾
PD20084935	福·福锌/80%/可湿性粉剂/福美双 30%、福美锌 50%/2013.12.22 至 2018.12.22/低毒			
	黄瓜	炭疽病	1500-1800克/公顷	喷雾
PD20086275	高效氯氟氰菊酯/25克/升/乳油/高效氯氟氰菊酯 25克/升/2013.12.31 至 2018.12.31/中等毒			
	十字花科蔬菜	蚜虫	5.625-7.5克/公顷; 15-20克制剂/亩	喷雾
PD20090394	炔螨特/730克/升/乳油/炔螨特 730克/升/2014.01.12 至 2019.01.12/低毒			
	柑橘树	红蜘蛛	243.3-365毫克/千克	喷雾
PD20090866	多·福/60%/可湿性粉剂/多菌灵 30%、福美双 30%/2014.01.19 至 2019.01.19/低毒			
	梨树	黑星病	1000-1500毫克/千克	喷雾
PD20093076	甲基硫菌灵/70%/可湿性粉剂/甲基硫菌灵 70%/2014.03.09 至 2019.03.09/低毒			
	水稻	稻瘟病	1050-1900克/公顷	喷雾
	水稻	纹枯病	1050-1950克/公顷	喷雾
PD20094089	阿维·毒死蜱/15%/乳油/阿维菌素 0.1%、毒死蜱 14.9%/2009.03.27 至 2014.03.27/低毒(原药高毒)			
	十字花科蔬菜	小菜蛾	67.5—112.5克/公顷	喷雾
PD20094362	吡虫啉/10%/可湿性粉剂/吡虫啉 10%/2014.04.01 至 2019.04.01/低毒			
	水稻	稻飞虱	15-30克/公顷	喷雾
PD20096367	联苯菊酯/100克/升/乳油/联苯菊酯 100克/升/2009.08.04 至 2014.08.04/低毒			
	茶树	茶小绿叶蝉	300-375毫升制剂/公顷	喷雾
PD20097604	丙环唑/250克/升/乳油/丙环唑 250克/升/2009.11.03 至 2014.11.03/低毒			
	香蕉	叶斑病	250-500毫克/千克	喷雾
	小麦	白粉病	120-180克/公顷	喷雾
PD20100502	阿维·高氯/3%/乳油/阿维菌素 0.2%、高效氯氰菊酯 2.8%/2010.01.14 至 2015.01.14/低毒(原药高毒)			
	甘蓝	小菜蛾	13.5-27克/公顷	喷雾
PD20101949	吡虫啉/5%/乳油/吡虫啉 5%/2010.09.20 至 2015.09.20/低毒			
	水稻	稻飞虱	15-30克/公顷	喷雾

安徽省淮南市田家庵区九龙杀虫剂厂 (安徽省淮南市田区洞山上湖 232001 0554-2118715)

WP20080536	杀虫水乳剂/0.4%/水乳剂/氯菊酯 0.2%、氯氰菊酯 0.2%/2013.12.23 至 2018.12.23/低毒			
	卫生	蚊、蝇	/	喷雾
WP20080559	杀虫气雾剂/0.32%/气雾剂/胺菊酯 0.08%、富右旋反式烯丙菊酯 0.04%、氯菊酯 0.2%/2013.12.24 至 2018.12.24/低毒			
	卫生	蚊、蝇、蜚蠊	/	喷雾
WP20080575	杀虫水乳剂/0.32%/水乳剂/胺菊酯 0.08%、富右旋反式烯丙菊酯 0.04%、氯菊酯 0.2%/2008.12.26 至 2013.12.26/低毒			
	卫生	蚊、蝇	/	喷射
WP20080605	蚊香/0.3%/蚊香/富右旋反式烯丙菊酯 0.3%/2013.12.31 至 2018.12.31/低毒			
	卫生	蚊	/	点燃

安徽省黄山市农业化工厂 (安徽省黄山市屯溪区资口亭路82号 245000 0559-2512886)

PD20085467	阿维菌素/0.3%/乳油/阿维菌素 0.3%/2013.12.25 至 2018.12.25/低毒(原药高毒)			
	梨树	梨木虱	1-2毫克/千克	喷雾
PD20086114	克百·敌百虫/3%/颗粒剂/敌百虫 1.5%、克百威 1.5%/2013.12.30 至 2018.12.30/高毒			
	水稻	二化螟	1800-2025克/公顷	拌土撒施
PD20093071	烟嘧磺隆/40克/升/可分散油悬浮剂/烟嘧磺隆 40克/升/2014.03.09 至 2019.03.09/低毒			
	玉米田	年生杂草	40-60克/公顷	茎叶喷雾
PD20093079	灭草松/480克/升/水剂/灭草松 480克/升/2014.03.09 至 2019.03.09/低毒			
	大豆田	一年生阔叶杂草	720-1440克/公顷	茎叶喷雾

PD20093346 毒死蜱/480克/升/乳油/毒死蜱 480克/升/2009.03.18 至 2014.03.18/中等毒
水稻 稻飞虱 504-576克/公顷 喷雾
PD20096123 噁草酮/26%/乳油/噁草酮 26%/2009.06.18 至 2014.06.18/低毒
水稻田(直播) 一年生杂草 375-487.5克/公顷 土壤喷雾
PD20096755 乙铝·锰锌/50%/可湿性粉剂/代森锰锌 30%、三乙膦酸铝 20%/2009.09.07 至 2014.09.07/低毒
黄瓜 霜霉病 900-1400克/公顷 喷雾
PD20097510 高效氟吡甲禾灵/108克/升/乳油/高效氟吡甲禾灵 108克/升/2009.11.03 至 2014.11.03/低毒
大豆田 一年生禾本科杂草 48.6-72.9克/公顷 茎叶喷雾
PD20097561 克百威/3%/颗粒剂/克百威 3%/2009.11.03 至 2014.11.03/中等毒
甘蔗 蚜虫、蔗龟 1350-2250克/公顷 沟施
花生 线虫 1800-2500克/公顷 条施、沟施
棉花 蚜虫 675-900克/公顷 条施、沟施
水稻 螟虫、瘿蚊 900-1350克/公顷 撒施
PD20097802 2甲4氯钠/56%/可溶粉剂/2甲4氯钠 56%/2009.11.20 至 2014.11.20/低毒
冬小麦田 一年生阔叶杂草 1050-1260克/公顷 茎叶喷雾
PD20100175 氯氟吡氧乙酸异辛酯(288克/升)///乳油/氯氟吡氧乙酸 200克/升/2010.01.05 至 2015.01.05/低毒
冬小麦田 一年生阔叶杂草 150-210克/公顷 茎叶喷雾
PD20101819 草甘膦异丙胺盐(41%)///水剂/草甘膦 30%/2010.07.19 至 2015.07.19/微毒
非耕地 杂草 1230-2460克/公顷 茎叶喷雾
PD20130385 甲戊·丁草胺/60%/乳油/丁草胺 48%、二甲戊灵 12%/2013.03.12 至 2018.03.12/低毒
水稻田(直播) 一年生杂草 1080-1620克/公顷 土壤喷雾
PD20130389 双草醚/10%/悬浮剂/双草醚 10%/2013.03.12 至 2018.03.12/低毒
水稻田(直播) 稗草、莎草及阔叶杂草 22.5-30克/公顷 茎叶喷雾
PD20130454 氰氟草酯/10%/乳油/氰氟草酯 10%/2013.03.19 至 2018.03.19/低毒
水稻田(直播) 稗草、千金子等禾本科杂草 90-105克/公顷 茎叶喷雾
PD20130455 烟嘧·莠去津/23%/油悬浮剂/烟嘧磺隆 1%、莠去津 22%/2013.03.19 至 2018.03.19/低毒
玉米田 一年生杂草 517.5-690克/公顷 茎叶喷雾
PD20130456 烟嘧·莠去津/24%/可分散油悬浮剂/烟嘧磺隆 4%、莠去津 20%/2013.03.19 至 2018.03.19/低毒
玉米田 一年生杂草 288-360克/公顷 茎叶喷雾

安徽省锦江农化有限公司 (安徽省合肥市庐江县泥河镇 231561 0551-87776866)

PD20085202 高效氯氟氰菊酯/25克/升/乳油/高效氯氟氰菊酯 25克/升/2013.12.23 至 2018.12.23/中等毒
十字花科蔬菜 菜青虫 11.25-18.75克/公顷 喷雾
PD20092479 仲丁威/20%/乳油/仲丁威 20%/2014.02.26 至 2019.02.26/低毒
水稻 稻飞虱 540-675克/公顷 喷雾
PD20093338 苏云金杆菌/4000IU/微升/悬浮剂/苏云金杆菌 4000IU/微升/2014.03.18 至 2019.03.18/低毒
茶树 茶毛虫 200-400倍液 喷雾
棉花 二代棉铃虫 3000-3750毫升制剂/公顷 喷雾
森林 松毛虫 200-400倍液 喷雾
十字花科蔬菜 菜青虫、小菜蛾 1500-2250毫升制剂/公顷 喷雾
水稻 稻纵卷叶螟 3000-3750毫升制剂/公顷 喷雾
烟草 烟青虫 3000-3750毫升制剂/公顷 喷雾
玉米 玉米螟 2250-3000毫升制剂/公顷 加细沙灌心
枣树 枣尺蠖 200-400倍液 喷雾
PD20101022 丙溴磷/50%/乳油/丙溴磷 50%/2010.01.20 至 2015.01.20/低毒
棉花 棉铃虫 450-600克/公顷 喷雾
PD20101303 阿维菌素/18克/升/乳油/阿维菌素 18克/升/2010.03.17 至 2015.03.17/低毒(原药高毒)
十字花科蔬菜 小菜蛾 8.1-13.5克/公顷 喷雾
PD20131918 啶虫脒/20%/可溶液剂/啶虫脒 20%/2013.09.25 至 2018.09.25/低毒
棉花 蚜虫 18-30克/公顷 喷雾
PD20132388 噻虫嗪/25%/水分散粒剂/噻虫嗪 25%/2013.11.20 至 2018.11.20/低毒
水稻 稻飞虱 7.5-22.5克/公顷 喷雾
PD20132610 氟铃脲/5%/乳油/氟铃脲 5%/2013.12.20 至 2018.12.20/低毒
棉花 棉铃虫 90-120克/公顷 喷雾
LS20130510 噻虫嗪/30%/种子处理悬浮剂/噻虫嗪 30%/2013.12.10 至 2014.12.10/低毒
水稻 蓟马 69-105克/100千克种子 拌种

安徽省灵璧县通达化工厂 (安徽省灵璧县朝阳镇南首 234221 0557-6581688)

PD20083512 溴氰 ·敌敌畏/20.5%/乳油/敌敌畏 20%、溴氰菊酯 0.5%/2013.12.12 至 2018.12.12/中等毒
棉花 蚜虫 230.625-307.5克/公顷 喷雾
WP20080351 杀虫水乳剂/0.4%/水乳剂/氯菊酯 0.2%、氯氰菊酯 0.2%/2013.12.09 至 2018.12.09/低毒
卫生 蚊、蝇、蜚蠊 / 喷射

安徽省六安利庭日用化工有限公司 (安徽省六安市裕安区私营经济园 237005 0564-3284406)

WP20080522 蚊香/0.23%/蚊香/Es-生物烯丙菊酯 0.23%/2013.12.23 至 2018.12.23/低毒
卫生 蚊 / 点燃

WP20080534 杀虫气雾剂/0.6%/气雾剂/氯菊酯 0.25%、右旋胺菊酯 0.2%、右旋苯醚菊酯 0.15%/2013.12.23 至 2018.12.23/低毒
卫生 蚊、蝇、蜚蠊 / 喷雾
WP20080535 杀虫气雾剂/0.34%/气雾剂/富右旋反式烯丙菊酯 0.19%、右旋苯醚菊酯 0.15%/2008.12.23 至 2013.12.23/低毒
卫生 蚊、蝇、蜚蠊 / 喷雾
WP20080546 蚊香/0.21%/蚊香/富右旋反式烯丙菊酯 0.2%、四氟醚菊酯 0.01%/2013.12.24 至 2018.12.24/低毒
卫生 蚊 / 点燃
WP20080549 杀虫气雾剂/0.35%/气雾剂/富右旋反式炔丙菊酯 0.15%、炔咪菊酯 0.05%、右旋苯醚氰菊酯 0.15%/2013.12.24 至2018.12.24/低毒
卫生 蚊、蝇、蜚蠊 / 喷雾
WP20080553 蚊香/0.02%/蚊香/四氟甲醚菊酯 0.02%/2013.12.24 至 2018.12.24/低毒
卫生 蚊 / 点燃
WP20090067 电热蚊香片/11毫克/片/电热蚊香片/炔丙菊酯 11毫克/片/2014.02.01 至 2019.02.01/低毒
卫生 蚊 / 电热加温
WP20090169 电热蚊香液/0.86%/电热蚊香液/炔丙菊酯 0.86%/2014.03.09 至 2019.03.09/低毒
卫生 蚊 / 电热加温
WP20100045 杀虫气雾剂/0.38%/气雾剂/氯菊酯 0.28%、炔丙菊酯 0.1%/2010.03.10 至 2015.03.10/低毒
卫生 蚊、蝇、蜚蠊 / 喷雾
WP20130263 蚊香/0.05%/蚊香/氯氟醚菊酯 .05%/2013.12.17 至 2018.12.17/低毒
卫生 蚊 / 点燃

安徽省六安市种子公司安丰种衣剂厂 (安徽省六安市经济开发区 237161 0564-3630242)

PD20084508 克百·多菌灵/17%/悬浮种衣剂/多菌灵 10%、克百威 7%/2013.12.18 至 2018.12.18/高毒
小麦 地下害虫、散黑穗病 1:40-50(药种比) 种子包衣
PD20085294 甲枯·福美双/20%/悬浮种衣剂/福美双 15%、甲基立枯磷 5%/2013.12.23 至 2018.12.23/低毒
棉花 苗期立枯病、炭疽病 1:40-60(药种比) 种子包衣
PD20085460 福·克/20%/悬浮种衣剂/福美双 12%、克百威 8%/2013.12.24 至 2018.12.24/中等毒(原药高毒)
玉米 茎基腐病、蚜虫 1:40-45(药种比) 种子包衣
PD20085837 多·福/15%/悬浮种衣剂/多菌灵 10%、福美双 5%/2013.12.29 至 2018.12.29/低毒
水稻 恶苗病 300-375克/100千克种子 种子包衣
PD20120440 戊唑·福美双/10.2%/悬浮种衣剂/福美双 9.8%、戊唑醇 0.4%/2012.03.14 至 2017.03.14/低毒
小麦 散黑穗病 170-255克/100千克种子 种子包衣
玉米 丝黑穗病 204-255克/100千克种子 种子包衣
PD20130068 多·福/14%/悬浮种衣剂/多菌灵 5%、福美双 9%/2013.01.07 至 2018.01.07/低毒
小麦 黑穗病 233-350克/100克种子 种子包衣
小麦 根腐病 280-350克/100克种子 种子包衣
PD20130911 戊唑·福美双/11%/悬浮种衣剂/福美双 10.7%、戊唑醇 0.3%/2013.04.28 至 2018.04.28/低毒
玉米 丝黑穗病 220-275克/100千克种子 种子包衣

安徽省蒙城县凯源日用化学品厂 (安徽省亳州市蒙城县蒙涡路312号 233500 0558-7622993)

WP20090153 蚊香/0.3%/蚊香/富右旋反式烯丙菊酯 0.3%/2009.03.04 至 2014.03.04/低毒
卫生 蚊 / 点燃

安徽省宁国市朝农化工有限责任公司 (安徽省宣城市宁国市宁阳西路288号 242300 0563-4180918)

PD20085434 噻嗪·异丙威/25%/可湿性粉剂/噻嗪酮 5%、异丙威 20%/2013.12.24 至 2018.12.24/低毒
水稻 稻飞虱 450-562.5克/公顷 喷雾
PD20086297 多菌灵/80%/可湿性粉剂/多菌灵 80%/2013.12.31 至 2018.12.31/低毒
苹果树 轮纹病 750-1000毫克/千克 喷雾
PD20090388 速灭威/20%/乳油/速灭威 20%/2014.01.12 至 2019.01.12/低毒
水稻 稻飞虱 540-630克/公顷 喷雾
PD20091113 仲丁威/25%/乳油/仲丁威 25%/2014.01.21 至 2019.01.21/低毒
水稻 飞虱 375-750克/公顷 喷雾
PD20091119 高效氯氟氰菊酯/25克/升/乳油/高效氯氟氰菊酯 25克/升/2014.01.21 至 2019.01.21/中等毒
十字花科蔬菜 菜青虫 11.25-15克/公顷 喷雾
PD20091476 毒死蜱/480克/升/乳油/毒死蜱 480克/升/2014.02.02 至 2019.02.02/中等毒
水稻 稻飞虱 432-576克/公顷 喷雾
PD20091491 甲氰菊酯/20%/乳油/甲氰菊酯 20%/2014.02.02 至 2019.02.02/中等毒
苹果树 山楂红蜘蛛 100-125毫克/千克 喷雾
PD20091931 噻嗪酮/25%/可湿性粉剂/噻嗪酮 25%/2014.02.12 至 2019.02.12/低毒
水稻 稻飞虱 112.5-150克/公顷 喷雾
PD20092028 联苯菊酯/100克/升/乳油/联苯菊酯 100克/升/2014.02.12 至 2019.02.12/中等毒
茶树 茶小绿叶蝉 30-37.5克/公顷 喷雾
PD20092305 异稻·稻瘟灵/30%/乳油/稻瘟灵 7.5%、异稻瘟净 22.5%/2014.02.24 至 2019.02.24/低毒
水稻 稻瘟病 450-675克/公顷 喷雾
PD20092946 苄·二氯/36%/可湿性粉剂/苄嘧磺隆 4%、二氯喹啉酸 32%/2014.03.09 至 2019.03.09/低毒
水稻田(直播) 一年生杂草 216-270克/公顷 喷雾法
PD20093037 苯磺隆/10%/可湿性粉剂/苯磺隆 10%/2014.03.09 至 2019.03.09/低毒

冬小麦田 阔叶杂草 13.5-18克/公顷 茎叶喷雾

PD20093103 氯氰·毒死蜱/522.5克/升/乳油/毒死蜱 475克/升、氯氰菊酯 47.5克/升/2014.03.09 至 2019.03.09/中等毒

棉花 棉铃虫 550-850克/公顷 喷雾

PD20093679 三环·多菌灵/20%/可湿性粉剂/多菌灵 15%、三环唑 5%/2014.03.25 至 2019.03.25/低毒

水稻 稻瘟病 330-390克/公顷 喷雾

PD20094451 杀虫双/18%/水剂/杀虫双 18%/2014.04.01 至 2019.04.01/低毒

水稻 二化螟 540-810克/公顷 喷雾

PD20096017 三唑磷/20%/乳油/三唑磷 20%/2009.06.15 至 2014.06.15/中等毒

水稻 三化螟 300-450克/公顷 喷雾

PD20097245 速灭威/25%/可湿性粉剂/速灭威 25%/2009.10.19 至 2014.10.19/中等毒

水稻 稻飞虱 562.5-750克/公顷 喷雾

PD20097352 烟嘧磺隆/40克/升/可分散油悬浮剂/烟嘧磺隆 40克/升/2009.10.27 至 2014.10.27/低毒

玉米田 一年生杂草 42-60克/公顷 茎叶喷雾

PD20097457 乐果/40%/乳油/乐果 40%/2009.10.28 至 2014.10.28/中等毒

棉花 棉铃虫 540-660克/公顷 喷雾

PD20097964 草甘膦异丙胺盐(41%)///水剂/草甘膦 30%/2009.12.01 至 2014.12.01/低毒

茶园 杂草 1125-2250克/公顷 定向喷雾

PD20098301 混灭威/50%/乳油/混灭威 50%/2009.12.18 至 2014.12.18/中等毒

水稻 稻飞虱 562.5-750克/公顷 喷雾

PD20098306 异丙威/20%/乳油/异丙威 20%/2009.12.18 至 2014.12.18/中等毒

水稻 稻飞虱 450-600克/公顷 喷雾

PD20100497 噻嗪·仲丁威/25%/乳油/噻嗪酮 5%、仲丁威 20%/2010.01.14 至 2015.01.14/低毒

水稻 稻飞虱 187.5-281.25克/公顷 喷雾

PD20101662 草甘膦铵盐(33%)/30%/水剂/草甘膦 30%/2010.06.03 至 2015.06.03/低毒

非耕地 杂草 1500-2250克/公顷 喷雾

PD20101768 辛硫·三唑磷/27%/乳油/三唑磷 5%、辛硫磷 22%/2010.07.07 至 2015.07.07/中等毒

水稻 二化螟 243-405克/公顷 喷雾

PD20110566 阿维菌素/1.8%/乳油/阿维菌素 1.8%/2011.05.27 至 2016.05.27/低毒(原药高毒)

水稻 稻纵卷叶螟 4.5−6克/公顷 喷雾

PD20120958 苄嘧·丙草胺/20%/可湿性粉剂/苄嘧磺隆 2%、丙草胺 18%/2012.06.14 至 2017.06.14/低毒

水稻田(直播) 一年生及部分多年生杂草 300-375克/公顷 土壤喷雾

PD20131363 氟铃脲/5%/乳油/氟铃脲 5%/2013.06.20 至 2018.06.20/低毒

甘蓝 小菜蛾 45-60克/公顷 喷雾

安徽省庆丰农化有限责任公司 (安徽省滁州市来安县张山乡玉带村 239200 0550-5612687)

PD20081762 苯磺隆/10%/可湿性粉剂/苯磺隆 10%/2013.11.18 至 2018.11.18/低毒

冬小麦田 一年生阔叶杂草 13.5-22.5克/公顷 茎叶喷雾

PD20083223 溴氰 ·敌敌畏/20.5%/乳油/敌敌畏 20%、溴氰菊酯 0.5%/2013.12.11 至 2018.12.11/中等毒

棉花 蚜虫 246-307.5克/公顷 喷雾

PD20092441 苯磺隆/75%/水分散粒剂/苯磺隆 75%/2014.02.25 至 2019.02.25/低毒

小麦田 一年生阔叶杂草 15-22.5克/公顷 茎叶喷雾

PD20093024 乙·莠/40%/可湿性粉剂/乙草胺 14%、莠去津 26%/2014.03.09 至 2019.03.09/低毒

玉米田 一年生杂草 1200-1500克/公顷 播后苗前土壤喷雾

PD20093707 氯氰·辛硫磷/20%/乳油/氯氰菊酯 1.5%、辛硫磷 18.5%/2014.03.25 至 2019.03.25/中等毒

棉花 棉铃虫 225-300克/公顷 喷雾

PD20093952 苄嘧磺隆/10%/可湿性粉剂/苄嘧磺隆 10%/2014.03.27 至 2019.03.27/低毒

移栽水稻田 一年生阔叶杂草及莎草科杂草 22.5-30克/公顷 药土法

PD20094562 精喹禾灵/50克/升/乳油/精喹禾灵 50克/升/2014.04.09 至 2019.04.09/低毒

油菜田 一年生禾本科杂草 45-48.8克/公顷 茎叶喷雾

PD20101183 烟嘧磺隆/40克/升/可分散油悬浮剂/烟嘧磺隆 40克/升/2010.01.28 至 2015.01.28/低毒

玉米田 一年生杂草 48-60克/公顷 茎叶喷雾

PD20121188 乙羧氟草醚/10%/乳油/乙羧氟草醚 10%/2012.08.06 至 2017.08.06/低毒

春大豆田 阔叶杂草 90-105克/公顷(东北地区) 茎叶喷雾

夏大豆田 阔叶杂草 60-90克/公顷 茎叶喷雾

安徽省全椒县椒陵精细化工厂 (安徽省滁州市全椒县武岗镇中心街道 239525 0550-5255429)

WP20080326 杀虫粉剂/0.07%/粉剂/胺菊酯 0.05%、溴氰菊酯 0.02%/2013.12.08 至 2018.12.08/低毒

卫生 蜚蠊 3克制剂/平方米 撒布

WP20080398 杀虫水乳剂/0.3%/水乳剂/氯菊酯 0.15%、氯氰菊酯 0.15%/2013.12.11 至 2018.12.11/低毒

卫生 蚊、蝇 / 喷射

安徽省全椒县龙雾精细化工有限公司 (安徽省全椒县武岗镇中心街道 239521 0550-5255438)

WP20090025 杀虫粉剂/0.2%/粉剂/高效氯氰菊酯 0.2%/2014.01.09 至 2019.01.09/低毒

卫生 蜚蠊、蚂蚁 3克制剂/平方米 撒布

安徽省瑞特农化有限公司 (安徽省当涂县姑孰镇提署东路10号附1 243100 0555-6735063)

PD86148-42 异丙威/20%/乳油/异丙威 20%/2011.09.19 至 2016.09.19/中等毒

水稻 飞虱、叶蝉 450-600克/公顷 喷雾
PD20081337 螨醇·哒螨灵/25%/乳油/哒螨灵 5%、三氯杀螨醇 20%/2013.10.21 至 2018.10.21/中等毒
苹果树 叶螨 100-125毫克/千克 喷雾
PD20081841 三唑磷/20%/乳油/三唑磷 20%/2013.11.20 至 2018.11.20/中等毒
水稻 二化螟 300-450克/公顷 喷雾
PD20083087 阿维菌素/1.8%/乳油/阿维菌素 1.8%/2013.12.10 至 2018.12.10/中等毒(原药高毒)
菜豆、黄瓜 美洲斑潜蝇 10.8-21.6克/公顷 喷雾
柑橘树 锈壁虱 2.25-4.5毫克/千克 喷雾
柑橘树 红蜘蛛、潜叶蛾 4.5-9毫克/千克 喷雾
梨树 桃小食心虫 6-12克/公顷 喷雾
棉花 红蜘蛛 10.8-16.2克/公顷 喷雾
棉花 棉铃虫 21.6-32.4克/公顷 喷雾
苹果树 棉铃虫 4.5-9毫克/千克 喷雾
苹果树 红蜘蛛 3-6毫克/千克 喷雾
苹果树 二斑叶螨 4.5-6毫克/千克 喷雾
十字花科蔬菜 菜青虫 8.1-10.8克/公顷 喷雾
十字花科蔬菜 小菜蛾 6.75-12.15克/公顷 喷雾
PD20083419 高效氯氟氰菊酯/2.5%/乳油/高效氯氟氰菊酯 2.5%/2013.12.11 至 2018.12.11/中等毒
十字花科蔬菜 菜青虫 8.1-13.5克/公顷 喷雾
PD20083517 克百威/3%/颗粒剂/克百威 3%/2013.12.12 至 2018.12.12/中等毒
甘蔗 蚜虫、蔗龟 1350-2250克/公顷 沟施
花生 线虫 1800-2250克/公顷 条施,沟施
棉花 蚜虫 900克/公顷 条施,沟施
水稻 稻纵卷叶螟、二化螟、三化螟、瘿蚊 900-1350克/公顷 撒施
PD20084090 克百·敌百虫/3%/颗粒剂/敌百虫 1.5%、克百威 1.5%/2013.12.16 至 2018.12.16/中等毒
水稻 二化螟 1800-2025克/公顷 撒施
PD20084995 丙环唑/250克/升/乳油/丙环唑 250克/升/2013.12.22 至 2018.12.22/低毒
香蕉树 叶斑病 333-500毫克/千克 喷雾
PD20086253 腐霉·百菌清/20%/烟剂/百菌清 15%、腐霉利 5%/2013.12.31 至 2018.12.31/低毒
黄瓜(保护地) 霜霉病 750-900克/公顷 点燃放烟
PD20090610 腈菌·福美双/20%/可湿性粉剂/福美双 18%、腈菌唑 2%/2014.01.14 至 2019.01.14/低毒
黄瓜 黑星病 294-390克/公顷 喷雾
PD20091124 多·福/60%/可湿性粉剂/多菌灵 30%、福美双 30%/2014.01.21 至 2019.01.21/低毒
梨树 黑星病 1000-1500毫克/千克 喷雾
PD20092284 福·甲·硫磺/70%/可湿性粉剂/福美双 25%、甲基硫菌灵 14%、硫磺 31%/2014.02.24 至 2019.02.24/低毒
苹果树 炭疽病 1000-1166.7毫克/千克 喷雾
PD20092761 福·甲·硫磺/50%/可湿性粉剂/福美双 18%、甲基硫菌灵 10%、硫磺 22%/2014.03.04 至 2019.03.04/低毒
苹果树 炭疽病 1000-1250毫克/千克 喷雾
PD20093544 硫磺·多菌灵/50%/悬浮剂/多菌灵 15%、硫磺 35%/2014.03.23 至 2019.03.23/低毒
水稻 稻瘟病 1200-1800克/公顷 喷雾
PD20093932 除脲·辛硫磷/20%/乳油/除虫脲 1%、辛硫磷 19%/2014.03.27 至 2019.03.27/低毒
十字花科蔬菜 菜青虫 90-150克/公顷 喷雾
PD20094686 敌敌畏/22%/烟剂/敌敌畏 22%/2014.04.10 至 2019.04.10/中等毒
黄瓜(保护地) 瓜蚜 990-1320克/公顷 点燃放烟
PD20095376 锰锌·烯唑醇/40%/可湿性粉剂/代森锰锌 37%、烯唑醇 3%/2014.04.27 至 2019.04.27/低毒
梨树 黑星病 400-667毫克/千克 喷雾
PD20095429 乙烯利/40%/水剂/乙烯利 40%/2009.05.11 至 2014.05.11/低毒
棉花 调节生长 300-400倍液 兑水喷雾
PD20096651 甲硫·福美双/70%/可湿性粉剂/福美双 40%、甲基硫菌灵 30%/2009.09.02 至 2014.09.02/低毒
苹果树 轮纹病 875-1167毫克/千克 喷雾
PD20100488 高效氯氰菊酯/4.5%/水乳剂/高效氯氰菊酯 4.5%/2010.01.14 至 2015.01.14/中等毒
甘蓝 菜青虫 30-45克/公顷 喷雾
PD20100496 阿维·高氯/9%/乳油/阿维菌素 0.6%、高效氯氰菊酯 8.4%/2010.01.14 至 2015.01.14/中等毒(原药高毒)
十字花科蔬菜 小菜蛾 13.5-27克/公顷 喷雾
PD20111264 啶虫脒/20%/可湿性粉剂/啶虫脒 20%/2011.11.23 至 2016.11.23/低毒
柑橘树 蚜虫 12.5-18毫克/千克 喷雾
PD20121569 吡虫啉/25%/可湿性粉剂/吡虫啉 25%/2012.10.25 至 2017.10.25/低毒
小麦 蚜虫 15-30克/公顷（南方）；45-60克/公顷（北方） 喷雾
PD20122020 联苯菊酯/4.5%/水乳剂/联苯菊酯 4.5%/2012.12.19 至 2017.12.19/低毒
茶树 茶小绿叶蝉 30-45克/公顷 喷雾

安徽省圣丹生物化工有限公司 （安徽省合肥市阜阳北路436号骏豪商务中心1406 230041 0551-5535365）

PD85131-18 井冈霉素/2.4%,4%/水剂/井冈霉素A 2.4%,4%/2010.08.15 至 2015.08.15/低毒

水稻　纹枯病　75-112.5克/公顷　喷雾、泼浇
PD20081187　苄嘧磺隆/10%/可湿性粉剂/苄嘧磺隆 10%/2013.09.11 至 2018.09.11/低毒
直播水稻(南方)　一年生阔叶杂草及莎草科杂草　30-45克/公顷　喷雾
PD20083543　扑·乙/40%/乳油/扑草净 15%、乙草胺 25%/2013.12.12 至 2018.12.12/低毒
夏大豆田、夏玉米田　一年生杂草　1200－1500克/公顷　播后苗前土壤喷雾
PD20093043　氟磺胺草醚/250克/升/水剂/氟磺胺草醚 250克/升/2014.03.09 至 2019.03.09/低毒
大豆田　一年生阔叶杂草　187.5-375克/公顷　茎叶喷雾
PD20093186　苄·乙/14%/可湿性粉剂/苄嘧磺隆 3.5%、乙草胺 10.5%/2014.03.11 至 2019.03.11/低毒
水稻移栽田　一年生及部分多年生杂草　84-118克/公顷　药土法
PD20093194　苯磺隆/10%/可湿性粉剂/苯磺隆 10%/2014.03.11 至 2019.03.11/低毒
冬小麦田　阔叶杂草　13.5－22.5克/公顷　茎叶喷雾
PD20093258　精噁唑禾草灵/69克/升/水乳剂/精噁唑禾草灵 69克/升/2014.03.11 至 2019.03.11/低毒
小麦田　一年生禾本科杂草　51.75-103.5克/公顷　茎叶喷雾
PD20094657　氯氟吡氧乙酸/200克/升/乳油/氯氟吡氧乙酸 200克/升/2014.04.10 至 2019.04.10/低毒
冬小麦田　一年生阔叶杂草　150-225克/公顷　茎叶喷雾
PD20095535　草甘膦/41%/水剂/草甘膦 41%/2009.05.12 至 2014.05.12/低毒
茶园　杂草　1125-2250克/公顷　定向茎叶喷雾
PD20095916　噁草酮/12.5%/乳油/噁草酮 12.5%/2009.06.02 至 2014.06.02/低毒
水稻移栽田　一年生杂草　270-360克/公顷　瓶甩法
PD20096286　敌敌畏/50%/乳油/敌敌畏 50%/2009.07.22 至 2014.07.22/中等毒
十字花科蔬菜　甜菜夜蛾　400-500克/公顷　喷雾
PD20096913　吡嘧磺隆/10%/可湿性粉剂/吡嘧磺隆 10%/2009.09.23 至 2014.09.23/低毒
水稻田(直播)　稗草、莎草及阔叶杂草　15-30克/公顷　茎叶喷雾
PD20097532　烟嘧磺隆/40克/升/可分散油悬浮剂/烟嘧磺隆 40克/升/2009.11.03 至 2014.11.03/低毒
夏玉米田　一年生杂草　42-60克/公顷　茎叶喷雾
PD20098508　仲丁威/50%/乳油/仲丁威 50%/2009.12.24 至 2014.12.24/低毒
水稻　稻飞虱　600-900克/公顷　喷雾
PD20100609　杀螟丹/50%/可溶粉剂/杀螟丹 50%/2010.01.14 至 2015.01.14/中等毒
水稻　二化螟　600-900克/公顷　喷雾
PD20101196　高效氟吡甲禾灵/108克/升/乳油/高效氟吡甲禾灵 108克/升/2010.02.08 至 2015.02.08/低毒
春油菜田　一年生禾本科杂草　48.6-64.8克/公顷　茎叶喷雾
冬油菜田　一年生禾本科杂草　32.4-48.6克/公顷　茎叶喷雾
PD20101914　联苯菊酯/25克/升/乳油/联苯菊酯 25克/升/2010.08.27 至 2015.08.27/低毒
棉花　棉铃虫　37.5-45克/公顷　喷雾
PD20110651　阿维·矿物油/18.3%/乳油/阿维菌素 0.3%、矿物油 18%/2011.06.20 至 2016.06.20/低毒(原药高毒)
十字花科蔬菜　小菜蛾　164.7-219.6克/公顷　喷雾
PD20111250　异丙隆/50%/可湿性粉剂/异丙隆 50%/2011.11.23 至 2016.11.23/低毒
冬小麦田　一年生杂草　937.5-1500克/公顷　茎叶喷雾
PD20120641　灭草松/480克/升/水剂/灭草松 480克/升/2012.04.12 至 2017.04.12/低毒
大豆田　一年生阔叶杂草　1080-1440克/公顷　茎叶喷雾
PD20120869　精噁唑禾草灵/10%/乳油/精噁唑禾草灵 10%/2012.05.24 至 2017.05.24/低毒
小麦田　一年生禾本科杂草　60-90克/公顷　茎叶喷雾
PD20131846　草甘膦铵盐/80%/可溶粒剂/草甘膦 80%/2013.09.23 至 2018.09.23/低毒
非耕地　杂草　1332-2397.6克/公顷　定向茎叶喷雾
注:草甘膦铵盐含量: 88.8%。
LS20130452　硝磺·莠去津/55%/悬浮剂/莠去津 50%、硝磺草酮 5%/2013.10.10 至 2014.10.10/低毒
玉米田　一年生杂草　825-1237.5克/公顷　茎叶喷雾

安徽省四达农药化工有限公司　(安徽省和县乌江镇精细化工园区　238251　0555-2568108)

PD20081017　精喹禾灵/10.8%/乳油/精喹禾灵 10.8%/2013.08.06 至 2018.08.06/低毒
冬油菜田　一年生禾本科杂草　40.5-56.7克/公顷　茎叶喷雾
PD20081018　苄嘧磺隆/10%/可湿性粉剂/苄嘧磺隆 10%/2013.08.06 至 2018.08.06/低毒
直播水稻(南方)　一年生阔叶杂草及莎草科杂草　22.5-45克/公顷　喷雾法
PD20081052　精噁唑禾草灵/69克/升/水乳剂/精噁唑禾草灵 69克/升/2013.08.14 至 2018.08.14/低毒
春小麦田　一年生禾本科杂草　51.75-61.2克/公顷　茎叶喷雾
冬小麦田　一年生禾本科杂草　41.4-51.75克/公顷　茎叶喷雾
PD20081063　乳氟禾草灵/240克/升/乳油/乳氟禾草灵 240克/升/2013.08.14 至 2018.08.14/低毒
花生田　一年生阔叶杂草　54-108克/公顷　喷雾
PD20095961　苄·乙/12%/可湿性粉剂/苄嘧磺隆 3%、乙草胺 9%/2009.06.04 至 2014.06.04/低毒
移栽水稻田　一年生杂草　90-108克/公顷　药土法
PD20096399　乙草胺/40%/水乳剂/乙草胺 40%/2009.08.04 至 2014.08.04/低毒
冬油菜田　小粒种子阔叶杂草、一年生禾本科杂草　600-780克/公顷　土壤喷雾
PD20096940　氯氟吡氧乙酸异辛酯(288克/升)///乳油/氯氟吡氧乙酸 200克/升/2009.09.29 至 2014.09.29/低毒
冬小麦田　一年生阔叶杂草　180-210克/公顷　茎叶喷雾

PD20111221 精噁唑禾草灵/10%/乳油/精噁唑禾草灵 10%/2011.11.17 至 2016.11.17/低毒
冬小麦田 一年生禾本科杂草 75-90克/公顷 茎叶喷雾
PD20111356 杀螺胺乙醇胺盐/70%/可湿性粉剂/杀螺胺 70%/2011.12.12 至 2016.12.12/低毒
水稻 福寿螺 315－420克/公顷 喷雾
注:杀螺胺乙醇胺盐含量：83.1%。
PD20121045 草甘膦铵盐/80%/可溶粒剂/草甘膦 80%/2012.07.04 至 2017.07.04/低毒
非耕地 杂草 1200-2160克/公顷 定向茎叶喷雾
注:草甘膦铵盐含量：88.8%。
PD20130014 嘧菌酯/25%/悬浮剂/嘧菌酯 25%/2013.01.04 至 2018.01.04/低毒
黄瓜 白粉病 225～337.5克/公顷 喷雾
PD20130838 炔草酯/8%/乳油/炔草酯 8%/2013.04.22 至 2018.04.22/低毒
小麦田 一年生禾本科杂草 48-60克/公顷 茎叶喷雾
PD20131499 双草醚/10%/悬浮剂/双草醚 10%/2013.07.05 至 2018.07.05/低毒
水稻田(直播) 一年生杂草 22.5-30克/公顷 茎叶喷雾
PD20131654 炔草酯/15%/微乳剂/炔草酯 15%/2013.08.01 至 2018.08.01/低毒
小麦田 部分禾本科杂草 56.25-78.75克/公顷 茎叶喷雾
LS20130148 二氯·双草醚/27.5%/悬浮剂/二氯喹啉酸 25%、双草醚 2.5%/2014.04.03 至 2015.04.03/低毒
水稻田(直播) 一年生杂草 247.5-330克/公顷 茎叶喷雾

安徽省宿州市化工厂 （安徽省合肥市史河路凤凰城2期31栋102室 230031 0551-65637244）

WP20130174 高效氯氟氰菊酯/25克/升/水乳剂/高效氯氟氰菊酯 25克/升/2013.08.16 至 2018.08.16/低毒
室外 蚊 25-30毫克/平方米 滞留喷洒

安徽省太和县农药厂 （安徽省太和县县城北关经济技术开发区 236600 0558-8622045）

PD20083326 氰戊·马拉松/21%/乳油/马拉硫磷 15%、氰戊菊酯 6%/2013.12.11 至 2018.12.11/中等毒
棉花 蚜虫 75-120克/公顷 喷雾
棉花 红蜘蛛 120-180克/公顷 喷雾
苹果树 蚜虫 50-75毫克/千克 喷雾
苹果树 食心虫 60-100毫克/千克 喷雾
苹果树 红蜘蛛 60-150毫克/千克 喷雾
PD20085906 马拉·联苯菊/14%/乳油/联苯菊酯 0.6%、马拉硫磷 13.4%/2013.12.29 至 2018.12.29/中等毒
茶树 茶小绿叶蝉 84-105克/公顷 喷雾
甘蓝 菜青虫 21-25.2克/公顷 喷雾
苹果树 红蜘蛛 28-35毫克/千克 喷雾
PD20095016 氰戊·灭多威/9%/乳油/灭多威 6%、氰戊菊酯 3%/2014.04.21 至 2019.04.21/高毒
棉花 棉铃虫 506-1012克/公顷 喷雾
棉花 棉蚜 180-240克/公顷 喷雾
WP20080391 杀虫气雾剂/0.8%/气雾剂/胺菊酯 0.3%、氯菊酯 0.5%/2013.12.11 至 2018.12.11/低毒
卫生 蚊、蝇 / 喷雾

安徽省铜陵福成农药有限公司 （安徽省铜陵县钟鸣镇丰泉东路 244121 0562-8727032）

PD86153-11 叶枯唑/20%/可湿性粉剂/叶枯唑 20%/2011.12.10 至 2016.12.10/低毒
水稻 白叶枯病 300克/公顷 喷雾、弥雾
PD20082409 毒死蜱/480克/升/乳油/毒死蜱 480克/升/2013.12.02 至 2018.12.02/中等毒
水稻 稻纵卷叶螟 432-576克/公顷 喷雾
PD20082423 辛硫·三唑磷/27%/乳油/三唑磷 7%、辛硫磷 20%/2013.12.02 至 2018.12.02/中等毒
水稻 二化螟 243-324克/公顷 喷雾
PD20082607 硫磺·三环唑/45%/可湿性粉剂/硫磺 40%、三环唑 5%/2013.12.04 至 2018.12.04/低毒
水稻 稻瘟病 675-1012.5克/公顷 喷雾
PD20083443 苯磺隆/10%/可湿性粉剂/苯磺隆 10%/2013.12.11 至 2018.12.11/低毒
冬小麦田 一年生阔叶杂草 15－18克/公顷 茎叶喷雾
PD20085920 草甘膦异丙胺盐/41%/水剂/草甘膦异丙胺盐 41%/2013.12.29 至 2018.12.29/低毒
茶园 杂草 200-400毫升/亩 定向茎叶喷雾
PD20092733 氯氰·敌敌畏/10%/乳油/敌敌畏 8%、氯氰菊酯 2%/2009.03.04 至 2014.03.04/中等毒
菜豆 蚜虫 45-75克/公顷 喷雾
PD20094829 吡虫啉/10%/可湿性粉剂/吡虫啉 10%/2009.04.13 至 2014.04.13/低毒
水稻 稻飞虱 15-30克/公顷 喷雾
PD20100733 噻嗪·异丙威/25%/可湿性粉剂/噻嗪酮 5%、异丙威 20%/2010.01.16 至 2015.01.16/低毒
水稻 稻飞虱 375-562.5克/公顷 喷雾

安徽省益农化工有限公司 （安徽省六安市舒城县城关镇县城城南郊206国道边 231300 0564-8622435）

PD20081517 草甘膦/95%/原药/草甘膦 95%/2013.11.06 至 2018.11.06/低毒
PD20082433 草甘膦异丙胺盐/41%/水剂/草甘膦异丙胺盐 41%/2013.12.02 至 2018.12.02/低毒
非耕地 杂草 1230-2152.5克/公顷 喷雾
PD20082694 高效氯氟氰菊酯/25克/升/乳油/高效氯氟氰菊酯 25克/升/2008.12.05 至 2013.12.05/中等毒
棉花 棉铃虫 3.6-4.5克/公顷 喷雾
PD20083594 氰戊·乐果/13%/乳油/乐果 11%、氰戊菊酯 2%/2013.12.12 至 2018.12.12/中等毒

棉花　蚜虫　117-225克/公顷　喷雾
PD20083609　噻嗪·异丙威/25%/可湿性粉剂/噻嗪酮 7%、异丙威 18%/2013.12.12 至 2018.12.12/中等毒
水稻　稻飞虱　93.8-131.3克/公顷　喷雾
PD20084497　苯磺隆/10%/可湿性粉剂/苯磺隆 10%/2013.12.18 至 2018.12.18/低毒
冬小麦田　一年生阔叶杂草　15－22.5克/公顷　茎叶喷雾
PD20084658　甲氰菊酯/10%/乳油/甲氰菊酯 10%/2013.12.22 至 2018.12.22/中等毒
十字花科蔬菜　菜青虫　45-75克/公顷　喷雾
PD20085546　苯磺隆/75%/水分散粒剂/苯磺隆 75%/2013.12.25 至 2018.12.25/低毒
小麦田　阔叶杂草　11.25-15.75克/公顷　茎叶喷雾
PD20085687　草甘膦/50%/可溶粉剂/草甘膦 50%/2013.12.26 至 2018.12.26/低毒
苹果园　杂草　1125-2250克/公顷　定向茎叶喷雾
PD20091160　氰戊·辛硫磷/15%/乳油/氰戊菊酯 5%、辛硫磷 10%/2014.01.22 至 2019.01.22/中等毒
棉花　棉铃虫　150-225克/公顷　喷雾
PD20092894　高氯·氟铃脲/5%/乳油/氟铃脲 1.2%、高效氯氰菊酯 3.8%/2014.03.05 至 2019.03.05/中等毒
十字花科蔬菜　甜菜夜蛾　22.5-45克/公顷　喷雾
PD20093838　腈菌·福美双/20%/可湿性粉剂/福美双 18%、腈菌唑 2%/2014.03.25 至 2019.03.25/低毒
梨树　黑星病　285.7-333.3毫克/千克　喷雾
PD20094101　溴氰·仲丁威/2.5%/乳油/溴氰菊酯 0.6%、仲丁威 1.9%/2014.03.27 至 2019.03.27/中等毒
甘蓝　蚜虫　11.25-15克/公顷　喷雾
PD20095996　阿维·毒死蜱/17%/乳油/阿维菌素 0.1%、毒死蜱 16.9%/2009.06.11 至 2014.06.11/中等毒(原药高毒)
水稻　二化螟　255-306克/公顷　喷雾
PD20101358　乙蒜素/30%/乳油/乙蒜素 30%/2010.04.02 至 2015.04.02/中等毒
棉花　枯萎病　292.5-353.6克/公顷　喷雾
PD20110341　锰锌·烯唑醇/32.5%/可湿性粉剂/代森锰锌 30%、烯唑醇 2.5%/2011.03.24 至 2016.03.24/低毒
梨树　黑星病　406-525毫克/千克　喷雾

安徽省银山药业有限公司　(安徽省合肥市祁门路1777号辉隆大厦4楼　230022　0551-64393207)

PD20081739　高氯·灭多威/10%/乳油/高效氯氰菊酯 2%、灭多威 8%/2013.11.18 至 2018.11.18/低毒(原药高毒)
棉花　棉铃虫　60-75克/公顷　喷雾
PD20081800　苄嘧·苯噻酰/53%/可湿性粉剂/苯噻酰草胺 50%、苄嘧磺隆 3%/2013.11.19 至 2018.11.19/低毒
水稻抛秧田　部分多年生杂草、一年生杂草　397.5-447克/公顷(南方地区)　药土法
PD20084149　阿维·氯氰/2.1%/乳油/阿维菌素 0.1%、氯氰菊酯 2%/2013.12.16 至 2018.12.16/低毒(原药高毒)
十字花科蔬菜　小菜蛾　15.75-22.05克/公顷　喷雾
PD20093993　溴氰 ·敌敌畏/20.5%/乳油/敌敌畏 20%、溴氰菊酯 0.5%/2014.03.27 至 2019.03.27/中等毒
棉花　蚜虫　246-369克/公顷　喷雾
PD20096760　精噁唑禾草灵/69克/升/水乳剂/精噁唑禾草灵 69克/升/2009.09.15 至 2014.09.15/低毒
冬小麦田　一年生禾本科杂草　41.4-62.1克/公顷　茎叶喷雾
PD20097024　草甘膦异丙胺盐/30%/水剂/草甘膦 30%/2009.10.10 至 2014.10.10/低毒
非耕地　杂草　200-366毫升制剂/亩　茎叶喷雾
注:草甘膦异丙胺盐含量: 41%。
PD20097622　烟嘧磺隆/40克/升/可分散油悬浮剂/烟嘧磺隆 40克/升/2009.11.03 至 2014.11.03/低毒
玉米田　一年生杂草　42-60克/公顷　茎叶喷雾
PD20098173　氟硅唑/400克/升/乳油/氟硅唑 400克/升/2009.12.14 至 2014.12.14/低毒
梨树　黑星病　40-50毫克/千克　喷雾
PD20110804　高效氯氟氰菊酯/2.5%/水乳剂/高效氯氟氰菊酯 2.5%/2011.08.04 至 2016.08.04/中等毒
甘蓝　菜青虫　11.25-15.0克/公顷　喷雾
PD20110847　苯甲·丙环唑/300克/升/乳油/苯醚甲环唑 150克/升、丙环唑 150克/升/2011.08.10 至 2016.08.10/低毒
水稻　纹枯病　67.5-90克/公顷　喷雾
PD20120022　草甘膦铵盐/68%/可溶粒剂/草甘膦 68%/2012.01.09 至 2017.01.09/低毒
柑橘园　杂草　1125-2250克/公顷　定向茎叶喷雾
注:草甘膦铵盐含量为: 75.7%。
PD20120203　草甘膦铵盐/30%/可溶粉剂/草甘膦 30%/2012.02.06 至 2017.02.06/低毒
柑橘园　杂草　1125-2250克/公顷　定向茎叶喷雾
注:草甘膦铵盐含量: 33%。
PD20120930　甲氨基阿维菌素苯甲酸盐/5%/水分散粒剂/甲氨基阿维菌素 5%/2012.06.04 至 2017.06.04/低毒
甘蓝　小菜蛾　1.69-2.25克/公顷　喷雾
注:甲氨基阿维菌素苯甲酸盐含量: 5.7%。
PD20121064　联苯菊酯/2.5%/水乳剂/联苯菊酯 2.5%/2012.07.12 至 2017.07.12/低毒
茶树　茶尺蠖　18.75-22.5克/公顷　喷雾
PD20130731　戊唑醇/430克/升/悬浮剂/戊唑醇 430克/升/2013.04.12 至 2018.04.12/低毒
苹果树　斑点落叶病　61.4-86毫克/千克　喷雾
PD20130885　甲嘧·草甘膦/32%/悬浮剂/草甘膦 30%、甲嘧磺隆 2%/2013.04.25 至 2018.04.25/低毒
非耕地　杂草　1350-2025克/公顷　茎叶喷雾
PD20130931　己唑醇/5%/悬浮剂/己唑醇 5%/2013.04.28 至 2018.04.28/低毒

水稻 纹枯病 60～75克/公顷 喷雾
PD20130955 吡虫啉/350克/升/悬浮剂/吡虫啉 350克/升/2013.05.02 至 2018.05.02/低毒
甘蓝 蚜虫 15.75-26.25克/公顷 喷雾
PD20130959 噻嗪酮/25%/悬浮剂/噻嗪酮 25%/2013.05.02 至 2018.05.02/低毒
水稻 稻飞虱 75-112.5克/公顷 喷雾
PD20131065 阿维菌素/3%/水乳剂/阿维菌素 3%/2013.05.20 至 2018.05.20/低毒(原药高毒)
甘蓝 小菜蛾 8.1-10.8克/公顷 喷雾
PD20131552 吡虫啉/600克/升/悬浮种衣剂/吡虫啉 600克/升/2013.07.23 至 2018.07.23/低毒
棉花 蚜虫 350-500克/100千克种子 种子包衣
PD20132373 杀虫单/80%/可溶粉剂/杀虫单 80%/2013.11.20 至 2018.11.20/中等毒
水稻 三化螟 420-600克/公顷 喷雾
PD20132523 毒死蜱/5%/颗粒剂/毒死蜱 5%/2013.12.16 至 2018.12.16/低毒
花生 蛴螬 1687.5-2250克/公顷 拌毒土撒施

安徽省亳州市百施乐生化有限责任公司 (安徽省亳州市谯城区亳古路18号 236840 0558-5185222)

PD20082488 高效氯氰菊酯/4.5%/乳油/高效氯氰菊酯 4.5%/2013.12.03 至 2018.12.03/低毒
棉花 棉铃虫 27—40.5克/公顷 喷雾
PD20083800 氰戊·辛硫磷/25%/乳油/氰戊菊酯 5%、辛硫磷 20%/2013.12.15 至 2018.12.15/中等毒
棉花 棉铃虫 281.25—375克/公顷 喷雾
PD20092091 氯氰菊酯/2.5%/乳油/氯氰菊酯 2.5%/2014.02.16 至 2019.02.16/低毒
十字花科蔬菜 菜青虫 15—30克/公顷 /喷雾
PD20100012 三唑磷/20%/乳油/三唑磷 20%/2010.01.04 至 2015.01.04/中等毒
水稻 二化螟 202.5-303.75克/公顷 喷雾
PD20132165 毒死蜱/5%/颗粒剂/毒死蜱 5%/2013.10.29 至 2018.10.29/低毒
花生 蛴螬 1350-2400克/公顷 撒施

安徽省亳州市海日农化有限责任公司 (安徽省亳州市谯城区亳古路19号 236800 0558-5689389)

PD20085407 硫磺·三环唑/45%/可湿性粉剂/硫磺 40%、三环唑 5%/2013.12.24 至 2018.12.24/低毒
水稻 稻瘟病 810-1215克/公顷 喷雾
PD20090373 辛硫磷/3%/颗粒剂/辛硫磷 3%/2014.01.12 至 2019.01.12/低毒
玉米 玉米螟 135-180克/公顷 喇叭口撒施
PD20090512 甲基硫菌灵/70%/可湿性粉剂/甲基硫菌灵 70%/2014.01.12 至 2019.01.12/低毒
黄瓜 白粉病 336-504克/公顷 喷雾
PD20092187 噻螨酮/5%/乳油/噻螨酮 5%/2009.02.23 至 2014.02.23/低毒
柑橘树 红蜘蛛 25-33.3毫克/千克 喷雾
PD20093552 杀虫双/18%/水剂/杀虫双 18%/2009.03.23 至 2014.03.23/低毒
水稻 三化螟 675-810克/公顷 喷雾
PD20093608 敌敌畏/50%/乳油/敌敌畏 50%/2009.03.23 至 2014.03.23/中等毒
十字花科蔬菜 菜青虫 750-1050克/公顷 喷雾
PD20094625 阿维菌素/1.8%/水乳剂/阿维菌素 1.8%/2009.04.10 至 2014.04.10/低毒(原药高毒)
十字花科蔬菜 小菜蛾 8.1-10.8克/公顷 喷雾
PD20096691 辛硫磷/40%/乳油/辛硫磷 40%/2009.09.07 至 2014.09.07/低毒
棉花 棉铃虫 300-375克/公顷 喷雾
PD20097052 草甘膦异丙胺盐(41%)/、/水剂/草甘膦 30%/2009.10.10 至 2014.10.10/低毒
甘蔗田 杂草 1125-2250克/公顷 定向喷雾

安徽天恒农化科技发展有限公司 (安徽省泾县琴溪镇3甲30号 242523 0563-5400300)

PD20084721 吡·多·福美双/25%/悬浮种衣剂/吡虫啉 5%、多菌灵 10%、福美双 10%/2013.12.22 至 2018.12.22/中等毒
棉花 立枯病、蚜虫 1:40-50(药种比) 种子包衣
PD20085036 多·福/20%/悬浮种衣剂/多菌灵 10%、福美双 10%/2013.12.22 至 2018.12.22/低毒
水稻 恶苗病 1:40-50(药种比) 种子包衣
PD20086058 多·福/15%/悬浮种衣剂/多菌灵 8%、福美双 7%/2013.12.30 至 2018.12.30/低毒
棉花 立枯病 1:45-50(药种比) 种子包衣
小麦 黑穗病 1:40-60(药种比) 种子包衣
小麦 根腐病 1:40-50(药种比) 种子包衣
PD20092573 福·克/20%/悬浮种衣剂/福美双 10%、克百威 10%/2014.02.27 至 2019.02.27/高毒
玉米 蓟马、黏虫、蚜虫、玉米螟 1:40(药种比) 种子包衣

安徽喜洋洋农资连锁有限公司 (安徽省庐江县移湖北路189号 230088 0551-5848148)

PD20093589 2甲4氯钠/56%/可溶粉剂/2甲4氯钠 56%/2009.03.23 至 2014.03.23/低毒
冬小麦田 莎草科杂草、一年生阔叶杂草 840-1260克/公顷 茎叶喷雾
PD20095557 精喹禾灵/5%/乳油/精喹禾灵 5%/2009.05.12 至 2014.05.12/低毒
夏大豆田 一年生禾本科杂草 56.3-75克/公顷 茎叶喷雾

安徽亚华医药化工有限公司 (安徽省淮南市大通区上窑镇工业区 232007 0554-3601898)

PD20083238 杀螺胺乙醇胺盐/50%/可湿性粉剂/杀螺胺乙醇胺盐 50%/2013.12.11 至 2018.12.11/低毒
沟渠 钉螺 1-2克/平方米 浸杀
滩涂 钉螺 2-3克/平方米 喷洒

PD20096340 杀螺胺乙醇胺盐(83.1%)///可湿性粉剂/杀螺胺 70%/2009.07.27 至 2014.07.27/低毒
水稻 福寿螺 315-525克/公顷 毒土法

安徽亚孚化学有限公司 (安徽省宿州市北十里 234000 0557-3338888)

PD84111-28 氧乐果/40%/乳油/氧乐果 40%/2010.12.10 至 2015.12.10/高毒
棉花 蚜虫、螨 375-600克/公顷 喷雾
森林 松干蚧、松毛虫 500倍液 喷雾或直接涂树干
水稻 稻纵卷叶螟、飞虱 375-600克/公顷 喷雾
小麦 蚜虫 300-450克/公顷 喷雾

PD20083812 氰戊·氧乐果/40%/乳油/氰戊菊酯 4%、氧乐果 36%/2013.12.15 至 2018.12.15/高毒
棉花 棉铃虫、棉蚜 120-150克/公顷 喷雾

PD20084466 氰戊·辛硫磷/30%/乳油/氰戊菊酯 5%、辛硫磷 25%/2013.12.17 至 2018.12.17/中等毒
棉花 棉铃虫 180-270克/公顷 喷雾
棉花 棉蚜 150-225克/公顷 喷雾

PD20085488 氰戊·辛硫磷/40%/乳油/氰戊菊酯 5%、辛硫磷 35%/2013.12.25 至 2018.12.25/中等毒
棉花 棉铃虫 300-360克/公顷 喷雾

PD20090908 扑·乙/35%/可湿性粉剂/扑草净 14%、乙草胺 21%/2014.01.19 至 2019.01.19/低毒
春大豆田 一年生杂草 1050-1575克/公顷(东北地区) 播后苗前喷雾
花生田、夏玉米田 一年生杂草 787.5-1050克/公顷 播后苗前喷雾
棉花田 一年生杂草 1050-1312.5克/公顷 播后苗前喷雾
夏大豆田 一年生杂草 787.5-1321.5克/公顷(其它地区) 播后苗前喷雾

PD20092103 氰戊·氧乐果/25%/乳油/氰戊菊酯 2.5%、氧乐果 22.5%/2014.02.23 至 2019.02.23/高毒
棉花 棉铃虫、蚜虫 187.5-225克/公顷 喷雾

PD20096617 阿维菌素/1.8%/乳油/阿维菌素 1.8%/2009.09.02 至 2014.09.02/低毒(原药高毒)
梨树 梨木虱 55.5-105毫升制剂/公顷 喷雾

PD20097289 氧乐果/40%/乳油/氧乐果 40%/2009.10.26 至 2014.10.26/高毒
棉花、小麦 蚜虫 81-162克/公顷 喷雾

PD20100247 烯唑醇/12.5%/可湿性粉剂/烯唑醇 12.5%/2010.01.11 至 2015.01.11/低毒
梨树 黑星病 31-42毫克/千克 喷雾
小麦 白粉病 60-120克/公顷 喷雾

PD20101756 锰锌·烯唑醇/32.5%/可湿性粉剂/代森锰锌 30%、烯唑醇 2.5%/2010.07.07 至 2015.07.07/低毒
梨树 黑星病 400-600倍液 喷雾

PD20102176 嗪草酮/95%/原药/嗪草酮 95%/2010.12.15 至 2015.12.15/低毒

PD20120124 高效氯氰菊酯/4.5%/乳油/高效氯氰菊酯 4.5%/2012.01.29 至 2017.01.29/中等毒
甘蓝 菜蚜 3-18克/公顷 喷雾
甘蓝 菜青虫、小菜蛾 9-25.5克/公顷 喷雾
棉花 红铃虫、棉铃虫、棉蚜 15-30克/公顷 喷雾

安徽扬子化工有限公司 (安徽省池州市东至县香隅化工园区 247200 0556-8161218)

PD85131-6 井冈霉素/2.4%,4%/水剂/井冈霉素A 2.4%,4%/2010.07.29 至 2015.07.29/低毒
水稻 纹枯病 75-112.5克/公顷 喷雾,泼浇

PD86110 嘧啶核苷类抗菌素/2%,4%/水剂/嘧啶核苷类抗菌素 2%,4%/2011.10.16 至 2016.10.16/低毒
大白菜 黑斑病 100毫克/千克 喷雾
番茄 疫病 100毫克/千克 喷雾
瓜类、花卉、苹果、葡萄、烟草 白粉病 100毫克/千克 喷雾
水稻 炭疽病、纹枯病 150-180克/公顷 喷雾
西瓜 枯萎病 100毫克/千克 灌根
小麦 锈病 100毫克/千克 喷雾

PD20040264 多·酮/40%/可湿性粉剂/多菌灵 35%、三唑酮 5%/2009.12.19 至 2014.12.19/低毒
水稻 叶尖枯病 450-600克/公顷 喷雾
小麦 白粉病、赤霉病 450-600克/公顷 喷雾

PD20040325 吡虫啉/10%/可湿性粉剂/吡虫啉 10%/2009.12.19 至 2014.12.19/低毒
水稻 稻飞虱 15-30克/公顷 喷雾
小麦 蚜虫 15-30克/公顷(南方) 45-60克/公顷(北方) 喷雾

PD20070674 苄嘧磺隆/95%/原药/苄嘧磺隆 95%/2012.12.17 至 2017.12.17/低毒

PD20080119 啶虫脒/5%/可湿性粉剂/啶虫脒 5%/2013.01.04 至 2018.01.04/低毒
柑橘树 蚜虫 10-12毫克/千克 喷雾

PD20080149 噻嗪酮/25%/可湿性粉剂/噻嗪酮 25%/2013.01.04 至 2018.01.04/低毒
柑橘树 介壳虫 125～250毫克/千克 喷雾
水稻 稻飞虱 112.5-150克/公顷 喷雾

PD20080190 苄嘧磺隆/30%/可湿性粉剂/苄嘧磺隆 30%/2013.01.07 至 2018.01.07/低毒
水稻移栽田 阔叶杂草、莎草科杂草 36－67.5克/公顷 喷雾或药土法

PD20080192 噻·杀单/20%/可湿性粉剂/噻嗪酮 3%、杀虫单 17%/2013.01.07 至 2018.01.07/中等毒

	水稻	稻飞虱	210-300克/公顷	喷雾
PD20080226	毒死蜱/40%/乳油/毒死蜱 40%/2013.01.11 至 2018.01.11/中等毒			
	水稻	稻纵卷叶螟	600-720克/公顷	喷雾
PD20080230	苄嘧磺隆/10%/可湿性粉剂/苄嘧磺隆 10%/2013.01.11 至 2018.01.11/低毒			
	水稻移栽田	部分多年生阔叶杂草、莎草科杂草、一年生阔叶杂草	22.5-37.5克/公顷	喷雾
PD20080240	噻吩磺隆/15%/可湿性粉剂/噻吩磺隆 15%/2008.02.14 至 2013.12.24/低毒			
	冬小麦	一年生阔叶杂草	22.5-30克/公顷	喷雾
PD20080244	苯磺隆/75%/水分散粒剂/苯磺隆 75%/2013.02.14 至 2018.02.14/低毒			
	冬小麦田	一年生阔叶杂草	13.5-22.5克/公顷	茎叶喷雾
PD20080256	苯磺隆/95%/原药/苯磺隆 95%/2013.02.19 至 2018.02.19/低毒			
PD20080502	噻嗪·异丙威/25%/可湿性粉剂/噻嗪酮 7%、异丙威 18%/2013.04.10 至 2018.04.10/中等毒			
	水稻	稻飞虱	93.75-131.25克/公顷	喷雾
PD20081339	草甘膦异丙胺盐/30%/水剂/草甘膦 30%/2013.10.21 至 2018.10.21/低毒			
	非耕地	杂草	1230-2460克/公顷	茎叶喷雾
	注:草甘膦异丙胺盐含量：41%。			
PD20081345	苯磺隆/10%/可湿性粉剂/苯磺隆 10%/2013.10.21 至 2018.10.21/低毒			
	冬小麦田	一年生阔叶杂草	13.5-22.5克/公顷	喷雾
PD20081357	高效氯氟氰菊酯/25克/升/乳油/高效氯氟氰菊酯 25克/升/2013.10.21 至 2018.10.21/中等毒			
	十字花科叶菜	蚜虫	9.375-18.75克/公顷	喷雾
PD20082479	噻嗪·杀虫单/25%/可湿性粉剂/噻嗪酮 5%、杀虫单 20%/2013.12.03 至 2018.12.03/中等毒			
	水稻	稻飞虱	187.5-281.25克/公顷	喷雾
PD20083927	氰戊·辛硫磷/25%/乳油/氰戊菊酯 2.2%、辛硫磷 22.8%/2013.12.15 至 2018.12.15/中等毒			
	棉花	棉铃虫	300-450克/公顷	喷雾
PD20084003	辛硫磷/3%/颗粒剂/辛硫磷 3%/2013.12.16 至 2018.12.16/中等毒			
	花生	地下害虫	1800-3600克/公顷	撒施
PD20084583	炔螨特/570克/升/乳油/炔螨特 570克/升/2013.12.18 至 2018.12.18/中等毒			
	棉花	红蜘蛛	285-380毫克/千克	喷雾
PD20085188	乙草·氯磺隆/20%/可湿性粉剂/氯磺隆 0.7%、乙草胺 19.3%/2013.12.23 至 2018.12.23/低毒			
	冬小麦	杂草	210-300克/公顷	播后苗前处理一次
PD20086308	异丙·苄/30%/可湿性粉剂/苄嘧磺隆 5%、异丙草胺 25%/2013.12.31 至 2018.12.31/低毒			
	水稻抛秧田	一年生及部分多年生杂草	135-180克/公顷	毒土法
PD20090458	氰戊菊酯/20%/乳油/氰戊菊酯 20%/2014.01.12 至 2019.01.12/中等毒			
	十字花科蔬菜	菜青虫	60-120克/公顷	喷雾
PD20091538	乙草胺/50%/乳油/乙草胺 50%/2014.02.03 至 2019.02.03/低毒			
	夏大豆田	一年生禾本科杂草及小粒阔叶杂草	750-1050克/公顷	土壤喷雾
PD20091937	三环唑/20%/可湿性粉剂/三环唑 20%/2014.02.12 至 2019.02.12/低毒			
	水稻	稻瘟病	270-300克/公顷	喷雾
PD20092236	丁草胺/50%/乳油/丁草胺 50%/2014.02.24 至 2019.02.24/低毒			
	水稻田	多种一年生杂草	750-1275克/公顷	毒土法
PD20092540	苄·丁/30%/可湿性粉剂/苄嘧磺隆 1.5%、丁草胺 28.5%/2014.02.26 至 2019.02.26/低毒			
	水稻抛秧田	部分多年生杂草、一年生杂草	675－900克/公顷(南方地区)	药土法
PD20095304	乙草胺/20%/可湿性粉剂/乙草胺 20%/2009.04.27 至 2014.04.27/低毒			
	冬油菜田	一年生禾本科杂草及小粒阔叶杂草	600-750克/公顷	土壤喷雾
	水稻移栽田	一年生禾本科杂草及部分阔叶杂草	90-112.5克/公顷	药土法
PD20095368	苄·乙/12%/粉剂/苄嘧磺隆 3%、乙草胺 9%/2009.04.27 至 2014.04.27/低毒			
	水稻移栽田	一年生及部分多年生杂草	90-108克/公顷	药土法
PD20095764	麦畏·甲磺隆/20%/可湿性粉剂/甲磺隆 2%、麦草畏 18%/2009.05.18 至 2014.05.18/低毒			
	非耕地	水花生	120-150克/公顷	喷雾
PD20096013	辛硫·三唑磷/20%/乳油/三唑磷 10%、辛硫磷 10%/2009.06.15 至 2014.06.15/中等毒			
	水稻	三化螟	360-480克/公顷	喷雾
	水稻	二化螟	300-450克/公顷	喷雾
PD20096138	苄·二氯/36%/可湿性粉剂/苄嘧磺隆 4%、二氯喹啉酸 32%/2009.06.24 至 2014.06.24/低毒			
	水稻秧田	一年生及部分多年生杂草	216-270克/公顷	喷雾
PD20096741	苄嘧·苯噻酰/53%/可湿性粉剂/苯噻酰草胺 50%、苄嘧磺隆 3%/2009.09.07 至 2014.09.07/低毒			
	水稻移栽田	一年生及部分多年生杂草	318-397.5克/公顷（南方地区）	药土法
PD20097088	嘧霉胺/400克/升/悬浮剂/嘧霉胺 400克/升/2009.10.10 至 2014.10.10/低毒			
	黄瓜	灰霉病	480-600克/公顷	喷雾
PD20110240	二氯喹啉酸/50%/可湿性粉剂/二氯喹啉酸 50%/2011.03.03 至 2016.03.03/低毒			
	直播水稻(南方)	稗草	225-375克/公顷	茎叶喷雾
PD20121678	吡蚜酮/95%/原药/吡蚜酮 95%/2012.11.05 至 2017.11.05/低毒			
PD20130617	吡蚜酮/25%/可湿性粉剂/吡蚜酮 25%/2013.04.03 至 2018.04.03/微毒			
	水稻	稻飞虱	75-112.5克/公顷	喷雾

PD20131237 草甘膦/95%/原药/草甘膦 95%/2013.05.29 至 2018.05.29/低毒

PD20131239 双草醚/95%/原药/双草醚 95%/2013.05.29 至 2018.05.29/低毒

WP20110123 杀蟑胶饵/0.05%/胶饵/氟虫腈 0.05%/2011.05.26 至 2016.05.26/微毒

卫生 蜚蠊 / 投放

安徽永丰农药化工有限公司 （安徽省宿州市汴河东路144号棉麻综合楼东单元7楼 234000 0557-3050966）

PD20096380 辛硫磷/40%/乳油/辛硫磷 40%/2009.08.04 至 2014.08.04/低毒

棉花 棉铃虫 300-450克/公顷 喷雾

PD20121215 毒死蜱/480克/升/乳油/毒死蜱 480克/升/2012.08.10 至 2017.08.10/中等毒

水稻 稻纵卷叶螟 504-648克/公顷 喷雾

安徽正峰日化有限公司 （安徽省六安市经济开发区经六路 237001 0564-3633699）

WP20120067 蚊香/0.05%/蚊香/氯氟醚菊酯 0.05%/2012.04.11 至 2017.04.11/低毒

卫生 蚊 / 点燃

WP20130019 杀虫气雾剂/0.37%/气雾剂/胺菊酯 0.3%、高效氯氰菊酯 0.07%/2013.01.24 至 2018.01.24/低毒

室内 蚊、蝇、蜚蠊 / 喷雾

WL20110071 电热蚊香液/0.4%/电热蚊香液/氯氟醚菊酯 0.4%/2013.05.11 至 2014.05.11/低毒

卫生 蚊 / 电热加温

WL20110119 电热蚊香片/10毫克/片/电热蚊香片/炔丙菊酯 5毫克/片、氯氟醚菊酯 5毫克/片/2013.10.12 至 2014.10.12/低毒

卫生 蚊 / 电热加温

安徽中山化工有限公司 （安徽省池州市东至县香隅化工园区 247260 0566-8167588）

PD20081573 丙草胺/95%/原药/丙草胺 95%/2013.11.12 至 2018.11.12/低毒

PD20082079 异丙甲草胺/96%/原药/异丙甲草胺 96%/2013.11.25 至 2018.11.25/低毒

PD20084761 环嗪酮/98%/原药/环嗪酮 98%/2013.12.22 至 2018.12.22/低毒

PD20084796 百菌清/98.5%/原药/百菌清 98.5%/2013.12.22 至 2018.12.22/低毒

PD20092917 百草枯/42%/母药/百草枯 42%/2014.03.05 至 2019.03.05/中等毒

PD20093017 草甘膦/95%/原药/草甘膦 95%/2014.03.09 至 2019.03.09/低毒

PD20094734 草甘膦异丙胺盐(41%)///水剂/草甘膦 30%/2014.04.10 至 2019.04.10/低毒

柑橘园 杂草 200-400毫升制剂/亩 定向茎叶喷雾

PD20096271 乙草胺/93%/原药/乙草胺 93%/2009.07.22 至 2014.07.22/低毒

PD20096276 莠去津/97%/原药/莠去津 97%/2009.07.22 至 2014.07.22/低毒

PD20096779 百菌清/40%/悬浮剂/百菌清 40%/2009.09.15 至 2014.09.15/低毒

黄瓜 霜霉病 1080-1320克/公顷 喷雾

PD20097234 西玛津/95%/原药/西玛津 95%/2009.10.19 至 2014.10.19/低毒

PD20100366 敌敌畏/80%/乳油/敌敌畏 80%/2010.01.11 至 2015.01.11/中等毒

棉花 蚜虫 840-1560克/公顷 喷雾

PD20100755 毒死蜱/480克/升/乳油/毒死蜱 480克/升/2010.01.16 至 2015.01.16/中等毒

甘蓝 菜青虫 540-720克/公顷 喷雾

PD20100773 乙草胺/81.5%/乳油/乙草胺 81.5%/2010.01.18 至 2015.01.18/低毒

油菜田 一年生禾本科杂草及部分阔叶杂草 675-945克/公顷 土壤喷雾

PD20101329 扑草净/95%/原药/扑草净 95%/2010.03.17 至 2015.03.17/低毒

PD20110792 草甘膦铵盐/68%/可溶粒剂/草甘膦 68%/2011.07.26 至 2016.07.26/低毒

柑橘园 杂草 1362.6-2043.9克/公顷 定向茎叶喷雾

注:草甘膦铵盐含量75.7%。

PD20111212 灭草松/97%/原药/灭草松 97%/2011.11.17 至 2016.11.17/低毒

PD20130922 吡蚜酮/96%/原药/吡蚜酮 96%/2013.04.28 至 2018.04.28/低毒

PD20131167 麦草畏/98%/原药/麦草畏 98%/2013.05.27 至 2018.05.27/低毒

PD20131179 硝磺草酮/97%/原药/硝磺草酮 97%/2013.05.27 至 2018.05.27/低毒

PD20132178 甲·灭·敌草隆/56%/可湿性粉剂/敌草隆 7%、2甲4氯钠 9%、莠灭净 40%/2013.10.29 至 2018.10.29/低毒

甘蔗田 一年生杂草 1260-1680克/公顷 定向茎叶喷雾

PD20132382 吡蚜酮/50%/水分散粒剂/吡蚜酮 50%/2013.11.20 至 2018.11.20/低毒

观赏菊花 蚜虫 225-300克/公顷 喷雾

PD20132510 嘧菌酯/250克/升/悬浮剂/嘧菌酯 250克/升/2013.12.16 至 2018.12.16/低毒

黄瓜 霜霉病 180-240克/公顷 喷雾

PD20132529 嘧菌酯/50%/水分散粒剂/嘧菌酯 50%/2013.12.16 至 2018.12.16/低毒

草坪 褐斑病 397.5-600克/公顷 喷雾

PD20132703 灭草松/480克/升/水剂/灭草松 480克/升/2013.12.25 至 2018.12.25/低毒

大豆田 一年生阔叶杂草 1080-1440克/公顷 茎叶喷雾

LS20120001 特丁津/97%/原药/特丁津 97%/2014.01.04 至 2015.01.04/低毒

LS20120013 特丁净/97%/原药/特丁净 97%/2014.02.03 至 2015.02.03/低毒

LS20120259 硝磺·莠去津/55%/悬浮剂/莠去津 50%、硝磺草酮 5%/2013.07.12 至 2014.07.12/低毒

玉米田 一年生杂草 1237.5-1815克/公顷 茎叶喷雾

LS20120262 硝磺草酮/75%/水分散粒剂/硝磺草酮 75%/2013.07.19 至 2014.07.19/低毒

玉米田 一年生杂草 146.25-180.00克/公顷 茎叶喷雾

LS20120264 硝磺·莠去津/80%/水分散粒剂/莠去津 72%、硝磺草酮 8%/2013.07.19 至 2014.07.19/低毒

	玉米田	一年生杂草	1080-1440克/公顷	茎叶喷雾
LS20120265	硝磺草酮/15%/悬浮剂/硝磺草酮 15%/2013.07.20 至 2014.07.20/低毒			
	玉米田	一年生杂草	150-195克/公顷	茎叶喷雾
LS20130075	苯嗪草酮/98%/原药/苯嗪草酮 98%/2013.03.05 至 2014.03.05/低毒			
	注:专供出口,不得在国内销售。			
LS20130283	苯嗪草酮/58%/悬浮剂/苯嗪草酮 58%/2013.05.07 至 2014.05.07/低毒			
	注:专供出口，不得在国内销售。			

安徽中天化工有限公司　(安徽省合肥市青阳北路颐和花园4幢101室　230031　0551-5114969)

PD20093191	毒死蜱/480克/升/乳油/毒死蜱 480克/升/2009.03.11 至 2014.03.11/中等毒			
	水稻	稻纵卷叶螟	432-576克/公顷	喷雾

安徽众邦生物工程有限公司　(安徽省合肥市蜀山区高新技术产业开发区众邦路8号　230031　0551-5313411)

PD86109-27	苏云金杆菌/16000IU/毫克/可湿性粉剂/苏云金杆菌 16000IU/毫克/2013.03.28 至 2018.03.28/低毒			
	茶树	茶毛虫	800-1600倍液	喷雾
	棉花	二代棉铃虫	1500-2250克制剂/公顷	喷雾
	森林	松毛虫	1200-1600倍液	喷雾
	十字花科蔬菜	菜青虫	375-750克制剂/公顷	喷雾
	十字花科蔬菜	小菜蛾	750-1125克制剂/公顷	喷雾
	水稻	稻纵卷叶螟	1500-2250克制剂/公顷	喷雾
	烟草	烟青虫	750-1500克制剂/公顷	喷雾
	玉米	玉米螟	750-1500克制剂/公顷	加细沙灌心
	枣树	尺蠖	1200-1600倍液	喷雾
PD20092995	阿维·敌敌畏/40%/乳油/阿维菌素 0.2%、敌敌畏 39.8%/2014.03.09 至 2019.03.09/中等毒(原药高毒)			
	黄瓜	美洲斑潜蝇	360-480克/公顷	喷雾
PD20094203	高氯·辛硫磷/22%/乳油/高效氯氰菊酯 2%、辛硫磷 20%/2009.03.30 至 2014.03.30/中等毒			
	棉花	棉铃虫	132-165克/公顷	喷雾
PD20094320	阿维·苏云菌//可湿性粉剂/阿维菌素 0.2%、苏云金杆菌 100亿活芽孢/克/2009.03.31 至 2014.03.31/低毒(原药高毒)			
	十字花科蔬菜	小菜蛾	1050-1500克制剂/公顷	喷雾
PD20094941	杀单·苏云菌//可湿性粉剂/杀虫单 36%、苏云金杆菌 100亿活芽孢/克/2009.04.16 至 2014.04.16/中等毒			
	水稻	三化螟	750-1050克制剂/公顷	喷雾
PD20094942	吡虫·噻嗪酮/10%/可湿性粉剂/吡虫啉 2%、噻嗪酮 8%/2009.04.16 至 2014.04.16/低毒			
	水稻	稻飞虱	45-75克/公顷	喷雾
PD20097025	硫磺·三环唑/45%/可湿性粉剂/硫磺 40%、三环唑 5%/2009.10.10 至 2014.10.10/中等毒			
	水稻	稻瘟病	810-1012.5克/公顷	喷雾
PD20097136	乙铝·锰锌/50%/可湿性粉剂/代森锰锌 22%、三乙膦酸铝 28%/2009.10.16 至 2014.10.16/低毒			
	黄瓜	霜霉病	900-1350克/公顷	喷雾
PD20097724	井·唑·多菌灵/20%/可湿性粉剂/多菌灵 10%、井冈霉素A 5%、三环唑 5%/2009.11.04 至 2014.11.04/中等毒			
	水稻	稻瘟病、纹枯病	300-450克/公顷	喷雾
PD20098347	高效氟吡甲禾灵/108克/升/乳油/高效氟吡甲禾灵 108克/升/2009.12.18 至 2014.12.18/低毒			
	大豆田	一年生禾本科杂草	48.6-72.9克/公顷	茎叶喷雾
PD20098517	吡嘧磺隆/10%/可湿性粉剂/吡嘧磺隆 10%/2009.12.24 至 2014.12.24/低毒			
	移栽水稻田	稗草、部分一年生阔叶草及莎草	22.5-30克/公顷	移栽后5-7天拌肥拌土撒施
PD20100940	阿维·高氯/1%/乳油/阿维菌素 0.3%、高效氯氰菊酯 0.7%/2010.01.19 至 2015.01.19/低毒(原药高毒)			
	梨树	梨木虱	6-12毫克/千克	喷雾
PD20101177	联苯菊酯/25克/升/乳油/联苯菊酯 25克/升/2010.01.28 至 2015.01.28/低毒			
	茶树	茶尺蠖、茶小绿叶蝉	7.5-15克/公顷	喷雾
PD20121947	氟啶脲/5%/乳油/氟啶脲 5%/2012.12.12 至 2017.12.12/低毒			
	甘蓝	甜菜夜蛾	30-60克/公顷	喷雾
PD20130150	阿维菌素/1.8%/乳油/阿维菌素 1.8%/2013.01.17 至 2018.01.17/低毒(原药高毒)			
	棉花	红蜘蛛	8.1-10.8克/公顷	喷雾
PD20130716	甲氨基阿维菌素苯甲酸盐/3%/微乳剂/甲氨基阿维菌素 3%/2013.04.11 至 2018.04.11/低毒			
	甘蓝	甜菜夜蛾	2.25-3.15克/公顷	喷雾
	注:甲氨基阿维菌素苯甲酸盐含量: 3.4%			
PD20131168	灭草松/480克/升/水剂/灭草松 480克/升/2013.05.27 至 2018.05.27/低毒			
	大豆田	一年生阔叶杂草	1152-1440克/公顷	喷雾
PD20131259	氟磺胺草醚/250克/升/水剂/氟磺胺草醚 250克/升/2013.06.04 至 2018.06.04/低毒			
	大豆田	一年生阔叶杂草	春大豆: 300-375克/公顷 夏大豆: 188－300克/公顷	茎叶喷雾
PD20131320	氯氟吡氧乙酸异辛酯/200克/升/乳油/氯氟吡氧乙酸 200克/升/2013.06.08 至 2018.06.08/低毒			
	冬小麦田	一年生阔叶杂草	180-240克/公顷	茎叶喷雾
	注:氯氟吡氧乙酸异辛酯含量:288克/升。			
PD20131449	戊唑醇/430克/升/悬浮剂/戊唑醇 430克/升/2013.07.05 至 2018.07.05/低毒			
	水稻	稻曲病	64.5-116.1克/公顷	喷雾

PD20132616 三唑锡/25%/可湿性粉剂/三唑锡 25%/2013.12.20 至 2018.12.20/低毒
柑橘树 红蜘蛛 125-166.7毫克/千克 喷雾
PD20132620 噻虫嗪/25%/水分散粒剂/噻虫嗪 25%/2013.12.20 至 2018.12.20/低毒
水稻 稻飞虱 7.5-15克/公顷 喷雾
LS20130153 吡蚜·异丙威/50%/可湿性粉剂/吡蚜酮 10%、异丙威 40%/2013.04.03 至 2014.04.03/低毒
水稻 稻飞虱 300—375克/公顷 喷雾
LS20130477 氰氟·二氯喹/40%/可湿性粉剂/二氯喹啉酸 32%、氰氟草酯 8%/2013.11.08 至 2014.11.08/低毒
水稻田(直播) 稗草、千金子等禾本科杂草 180-300克/公顷 茎叶喷雾
WP20130160 氟虫腈/5%/悬浮剂/氟虫腈 5%/2013.07.23 至 2018.07.23/低毒
室内 蝇 稀释30倍液 滞留喷洒

安徽琪嘉日化有限责任公司 (安徽省淮北市烈山区宿丁路888号 235000 0561-4083228)

WP20080470 电热蚊香片/10毫克/片/电热蚊香片/炔丙菊酯 10毫克/片/2013.12.16 至 2018.12.16/微毒
卫生 蚊 / 电热加温
WP20090362 蚊香/0.3%/蚊香/富右旋反式烯丙菊酯 0.3%/2009.11.09 至 2014.11.09/低毒
卫生 蚊 / 喷雾
WP20100072 杀虫气雾剂/0.25%/气雾剂/炔咪菊酯 0.03%、右旋胺菊酯 0.12%、右旋苯醚菊酯 0.1%/2010.05.19 至 2015.05.19/微毒
卫生 蚊、蝇、蜚蠊 / 喷雾

安徽榄菊日用制品有限公司 (安徽省明光市工业园区 239400 0550-8153973)

WP20130245 蚊香/0.05%/蚊香/氯氟醚菊酯 0.05%/2013.12.02 至 2018.12.02/微毒
室内 蚊 / 点燃

安徽砀山圣丰生化有限公司 (安徽省砀山县经济开发区 235300 0557-8811518)

PD20120815 甲氨基阿维菌素苯甲酸盐/3%/微乳剂/甲氨基阿维菌素 3%/2012.05.17 至 2017.05.17/低毒
甘蓝 甜菜夜蛾 2.25-3.15克/公顷 喷雾
注:甲氨基阿维菌素苯甲酸盐含量:3.4%。

安庆博远生化科技有限公司 (安徽省安庆市经济技术开发区三期工业园 246008 0556-5422966)

PD85104-8 敌敌畏/95%,92%/原药/敌敌畏 95%,92%/2011.01.08 至 2016.01.08/中等毒
PD85105-74 敌敌畏/80%/乳油/敌敌畏 77.5%(气谱法)/2010.03.25 至 2015.03.25/中等毒
茶树 食叶害虫 600克/公顷 喷雾
粮仓 多种储藏害虫 1)400-500倍液, 2)0.4-0.5克/立方米 1)喷雾 2)挂条熏蒸
棉花 蚜虫、造桥虫 600-1200克/公顷 喷雾
苹果树 小卷叶蛾、蚜虫 400-500毫克/千克 喷雾
青菜 菜青虫 600克/公顷 喷雾
桑树 尺蠖 600克/公顷 喷雾
卫生 多种卫生害虫 1)300-400倍液, 2)0.08克/立方米 1)泼洒 2)挂条熏蒸
小麦 黏虫、蚜虫 600克/公顷 喷雾
PD85156-5 辛硫磷/85%,75%/原药/辛硫磷 85%,75%/2010.07.05 至 2015.07.05/低毒
PD85157-9 辛硫磷/40%/乳油/辛硫磷 40%/2010.07.05 至 2015.07.05/低毒
茶树、桑树 食叶害虫 200-400毫克/千克 喷雾
果树 食心虫、蚜虫、螨 200-400毫克/千克 喷雾
林木 食叶害虫 3000-6000克/公顷 喷雾
棉花 棉铃虫、蚜虫 300-600克/公顷 喷雾
蔬菜 菜青虫 300-450克/公顷 喷雾
烟草 食叶害虫 300-600克/公顷 喷雾
玉米 玉米螟 450-600克/公顷 灌心叶
PD91104-25 敌敌畏/48%/乳油/敌敌畏 48%/2012.01.14 至 2017.01.14/中等毒
茶树 食叶害虫 600克/公顷 喷雾
粮仓 多种储粮害虫 1)300-400倍液 2)0.4-0.5克/立方米 1)喷雾 2)挂条熏蒸
棉花 蚜虫、造桥虫 600-1200克/公顷 喷雾
苹果树 小卷叶蛾、蚜虫 400-500毫克/千克 喷雾
青菜 菜青虫 600克/公顷 喷雾
桑树 尺蠖 600克/公顷 喷雾
卫生 多种卫生害虫 1)250-300倍液2)0.08克/立方米 1)泼洒2)挂条熏蒸
小麦 黏虫、蚜虫 600克/公顷 喷雾
PD20050176 三唑磷/20%/乳油/三唑磷 20%/2010.11.15 至 2015.11.15/中等毒
水稻 三化螟 300-450克/公顷 喷雾

安庆美程化工有限公司 (安徽省安庆市蜡烛山省化校内 246005 0556-5372109)

PD20093406 溴氰 ·敌敌畏/20.5%/乳油/敌敌畏 20%、溴氰菊酯 0.5%/2014.03.20 至 2019.03.20/中等毒
棉花 棉蚜 246-307.5克/公顷 喷雾

安庆强华益农化工有限责任公司 (安徽省安庆市迎江区棋盘山路212号 246003 0556-5349516)

PD20095375 氰戊·辛硫磷/30%/乳油/氰戊菊酯 3%、辛硫磷 27%/2014.04.27 至 2019.04.27/中等毒

棉花 棉蚜 150-225克/公顷 喷雾
棉花 棉铃虫 180-270克/公顷 喷雾
PD20101106 辛硫磷/40%/乳油/辛硫磷 40%/2010.01.25 至 2015.01.25/低毒
十字花科蔬菜 菜青虫 180-240克/公顷 喷雾

池州飞昊达化工有限公司 (安徽省东至县香隅化工开发区 247260 0566-8171227)

PD20110712 乙氧氟草醚/97%/原药/乙氧氟草醚 97%/2011.07.06 至 2016.07.06/低毒
PD20121267 吡氟酰草胺/98%/原药/吡氟酰草胺 98%/2012.09.06 至 2017.09.06/微毒
注:专供出口，不得在国内销售。

合肥久易农业开发有限公司 (安徽省合肥市科学大道103号浙商大厦18F 230088 0551-5368882)

PD85112-15 莠去津/38%/悬浮剂/莠去津 38%/2009.09.14 至 2014.09.14/低毒
茶园 一年生杂草 1125-1875克/公顷 喷于地表
防火隔离带、公路、森林、铁路 一年生杂草 0.8-2克/平方米 喷于地表
甘蔗田 一年生杂草 1050-1500克/公顷 喷于地表
高粱、糜子、玉米田 一年生杂草 1800-2250克/公顷(东北地区) 喷于地表
红松苗圃 一年生杂草 0.2-0.3克/平方米 喷于地表
梨树、苹果树 一年生杂草 1625-1875克/公顷(12年以上树龄东北) 喷于地表
橡胶园 一年生杂草 2250-3750克/公顷 喷于地表
PD86126-5 扑草净/40%/可湿性粉剂/扑草净 40%/2009.09.14 至 2014.09.14/低毒
茶园、成年果园、苗圃 阔叶杂草 1875-3000克/公顷 喷于地表、切勿喷至树上
大豆田、花生田 阔叶杂草 750-1125克/公顷 喷雾
甘蔗田、棉花田、苎麻 阔叶杂草 750-1125克/公顷 播后苗前土壤喷雾
谷子 阔叶杂草 375克/公顷 喷雾
麦田 阔叶杂草 450-750克/公顷 喷雾
水稻秧田、水稻移栽田 阔叶杂草 150-900克/公顷 撒毒土
PD20083602 精喹禾灵/5%/乳油/精喹禾灵 5%/2013.12.12 至 2018.12.12/低毒
大豆田 一年生禾本科杂草 37.5-60克/公顷 茎叶喷雾
冬油菜田 一年生禾本科杂草 750-1050毫升/公顷(制剂) 茎叶喷雾
PD20084632 草除灵/15%/乳油/草除灵 15%/2013.12.18 至 2018.12.18/低毒
冬油菜田 一年生阔叶杂草 225-315克/公顷 茎叶喷雾
PD20085803 精喹禾灵/8.8%/乳油/精喹禾灵 8.8%/2013.12.29 至 2018.12.29/低毒
冬油菜田 一年生禾本科杂草 46.2-59.4克/公顷 茎叶喷雾
PD20090392 氟磺胺草醚/250克/升/水剂/氟磺胺草醚 250克/升/2014.01.12 至 2019.01.12/低毒
春大豆田 一年生阔叶杂草 225-375克/公顷 茎叶喷雾
夏大豆田 一年生阔叶杂草 187.5-225克/公顷 茎叶喷雾
PD20090813 精喹·草除灵/17.5%/乳油/草除灵 15%、精喹禾灵 2.5%/2014.01.19 至 2019.01.19/低毒
冬油菜田 一年生杂草 262.5-393.8克/公顷 茎叶喷雾
PD20090857 苯磺隆/10%/可湿性粉剂/苯磺隆 10%/2014.01.19 至 2019.01.19/低毒
冬小麦田 一年生阔叶杂草 13.5-22.5克/公顷 茎叶喷雾
PD20091356 烟嘧磺隆/95%/原药/烟嘧磺隆 95%/2014.02.02 至 2019.02.02/低毒
PD20092855 精噁唑禾草灵/69克/升/水乳剂/精噁唑禾草灵 69克/升/2014.03.05 至 2019.03.05/低毒
冬小麦田 一年生禾本科杂草 41.4-51.75克/公顷 茎叶喷雾
PD20093321 烟嘧磺隆/40克/升/可分散油悬浮剂/烟嘧磺隆 40克/升/2014.03.16 至 2019.03.16/低毒
玉米田 多种一年生杂草 1200-1500毫升制剂/公顷 茎叶喷雾
PD20095622 苄·乙/18%/可湿性粉剂/苄嘧磺隆 4%、乙草胺 14%/2009.05.12 至 2014.05.12/低毒
水稻移栽田 部分多年生杂草、一年生杂草 84-118克/公顷 药土法
PD20096598 松·喹·氟磺胺/35%/乳油/氟磺胺草醚 9.5%、精喹禾灵 2.5%、异噁草松 23%/2009.09.02 至 2014.09.02/低毒
春大豆田 一年生杂草 525-630克/公顷 茎叶喷雾
PD20097482 辛硫·三唑磷/20%/乳油/三唑磷 10%、辛硫磷 10%/2009.11.03 至 2014.11.03/中等毒
水稻 二化螟 360-480克/公顷 喷雾
PD20101394 烟嘧磺隆/75%/水分散粒剂/烟嘧磺隆 75%/2010.04.14 至 2015.04.14/微毒
玉米田 一年生杂草 50-60克/公顷 茎叶喷雾
PD20101395 烟嘧·莠去津/24%/可分散油悬浮剂/烟嘧磺隆 4%、莠去津 20%/2010.04.14 至 2015.04.14/微毒
玉米田 一年生杂草 288-360克/公顷 茎叶喷雾
PD20101406 烟嘧磺隆/10%/可分散油悬浮剂/烟嘧磺隆 10%/2010.04.14 至 2015.04.14/低毒
玉米田 一年生杂草 37.5-52.5克/公顷 茎叶喷雾
PD20110610 苯磺隆/95%/原药/苯磺隆 95%/2011.06.07 至 2016.06.07/低毒
PD20110782 精噁唑禾草灵/95%/原药/精噁唑禾草灵 95%/2011.07.25 至 2016.07.25/低毒
PD20111415 精喹禾灵/5%/乳油/精喹禾灵 5%/2011.12.22 至 2016.12.22/低毒

	大豆田	一年生禾本科杂草	37.5-60克/公顷	茎叶喷雾
PD20121242	精喹禾灵/98%/原药/精喹禾灵 98%/2012.08.28 至 2017.08.28/低毒			
PD20130829	烟嘧·莠去津/52%/可湿性粉剂/烟嘧磺隆 4%、莠去津 48%/2013.04.22 至 2018.04.22/低毒			
	玉米田	一年生杂草	546-780克/公顷	茎叶喷雾
PD20130839	吡虫啉/5%/乳油/吡虫啉 5%/2013.04.22 至 2018.04.22/低毒			
	烟草	蚜虫	27-37.5克/公顷	喷雾
PD20130974	炔草酸/15%/可湿性粉剂/炔草酯 15%/2013.05.02 至 2018.05.02/低毒			
	小麦田	一年生禾本科杂草	45-67.5克/公顷	茎叶喷雾
PD20131209	多·酮/36%/悬浮剂/多菌灵 32.5%、三唑酮 3.5%/2013.05.28 至 2018.05.28/低毒			
	小麦	白粉病、赤霉病	675-810克/公顷	喷雾
PD20131509	苯磺隆/75%/水分散粒剂/苯磺隆 75%/2013.07.17 至 2018.07.17/低毒			
	小麦田	一年生阔叶杂草	18.0-22.5克/公顷	茎叶喷雾
LS20130010	硝磺草酮/15%/可分散油悬浮剂/硝磺草酮 15%/2014.01.07 至 2015.01.07/低毒			
	玉米田	一年生阔叶杂草及禾本科杂草	105-150克/公顷	茎叶喷雾

合肥星宇化学有限责任公司 (安徽省合肥市望江西路539号鲲鹏产业园3-102室 230088 0551-5324421)

PD20083430	精噁唑禾草灵/69克/升/水乳剂/精噁唑禾草灵 69克/升/2013.12.11 至 2018.12.11/低毒			
	春小麦田	一年生禾本科杂草	62.1-72.45克/公顷	茎叶喷雾
	冬小麦田	一年生禾本科杂草	51.75-62.1克/公顷	茎叶喷雾
PD20083788	氟磺胺草醚/250克/升/水剂/氟磺胺草醚 250克/升/2013.12.15 至 2018.12.15/低毒			
	春大豆田	一年生阔叶杂草	262.5-375克/公顷	茎叶喷雾
	夏大豆田	一年生阔叶杂草	206.25-262.5克/公顷	茎叶喷雾
PD20084886	萎锈·福美双/400克/升/悬浮种衣剂/福美双 200克/升、萎锈灵 200克/升/2013.12.22 至 2018.12.22/低毒			
	玉米	丝黑穗病	1:200-300(药种比)	种子包衣
PD20086214	噻吩磺隆/25%/可湿性粉剂/噻吩磺隆 25%/2013.12.31 至 2018.12.31/低毒			
	春大豆田	一年生阔叶杂草	22.5-30克/公顷	土壤喷雾
PD20090065	烯草酮/120克/升/乳油/烯草酮 120克/升/2014.01.08 至 2019.01.08/低毒			
	春大豆田、夏大豆田	一年生禾本科杂草	63-72克/公顷	茎叶喷雾
PD20090077	烯酰吗啉/50%/可湿性粉剂/烯酰吗啉 50%/2014.01.08 至 2019.01.08/低毒			
	黄瓜	霜霉病	225-300克/公顷	喷雾
PD20090239	乳氟禾草灵/240克/升/乳油/乳氟禾草灵 240克/升/2014.01.09 至 2019.01.09/低毒			
	春大豆田	一年生阔叶杂草	90-126克/公顷	茎叶喷雾
	夏大豆田	一年生阔叶杂草	72-90克/公顷	茎叶喷雾
PD20090242	精喹禾灵/50克/升/乳油/精喹禾灵 50克/升/2014.01.09 至 2019.01.09/低毒			
	春大豆田	一年生禾本科杂草	52.5-60克/公顷	茎叶喷雾
	夏大豆田	一年生禾本科杂草	45-52.5克/公顷	茎叶喷雾
PD20090269	苄嘧磺隆/10%/可湿性粉剂/苄嘧磺隆 10%/2014.01.09 至 2019.01.09/低毒			
	水稻田	莎草、一年生阔叶杂草	30-45克/公顷	毒土法
PD20090272	乳禾·氟磺胺/15%/乳油/氟磺胺草醚 11%、乳氟禾草灵 4%/2014.01.09 至 2019.01.09/低毒			
	春大豆田	一年生阔叶杂草	270-337.5克/公顷	茎叶喷雾
PD20090407	松·喹·氟磺胺/35%/乳油/氟磺胺草醚 9.5%、精喹禾灵 2.5%、异噁草松 23%/2014.01.12 至 2019.01.12/低毒			
	春大豆田	一年生杂草	525-630克/公顷	茎叶喷雾
PD20090412	高效氯氟氰菊酯/25克/升/乳油/高效氯氟氰菊酯 25克/升/2014.01.12 至 2019.01.12/中等毒			
	甘蓝	菜青虫	11.25-15克/公顷	喷雾
PD20090440	毒死蜱/480克/升/乳油/毒死蜱 480克/升/2009.01.12 至 2014.01.12/中等毒			
	水稻	二化螟	432-576克/公顷	喷雾
PD20090509	异噁草松/480克/升/乳油/异噁草松 480克/升/2014.01.12 至 2019.01.12/低毒			
	春大豆田	一年生杂草	1008-1152克/公顷	土壤喷雾
PD20090540	三唑·辛硫磷/20%/乳油/三唑磷 10%、辛硫磷 10%/2014.01.13 至 2019.01.13/中等毒			
	水稻	二化螟	360-480克/公顷	喷雾
PD20090546	高效氟吡甲禾灵/108克/升/乳油/高效氟吡甲禾灵 108克/升/2014.01.13 至 2019.01.13/低毒			
	油菜田	一年生禾本科杂草	45.36-51.84克/公顷	茎叶喷雾
PD20091348	莠去津/20%/悬浮剂/莠去津 20%/2014.02.02 至 2019.02.02/低毒			
	夏玉米田	一年生杂草	540-750克/公顷	茎叶喷雾
PD20092847	草甘膦异丙胺盐/41%/水剂/草甘膦异丙胺盐 41%/2014.03.05 至 2019.03.05/微毒			
	水稻田埂	杂草	1230-2460克/公顷	定向茎叶喷雾
PD20092848	烟嘧磺隆/95%/原药/烟嘧磺隆 95%/2014.03.05 至 2019.03.05/低毒			
PD20093398	噁草酮/120克/升/乳油/噁草酮 120克/升/2014.03.20 至 2019.03.20/低毒			
	移栽水稻田	一年生杂草	360—540克/公顷	移栽前甩施
PD20093429	灭草松/480克/升/水剂/灭草松 480克/升/2014.03.23 至 2019.03.23/低毒			
	春大豆田	一年生阔叶杂草	720-1080克/公顷	茎叶喷雾
	水稻田(直播)	莎草及阔叶杂草	960-1440克/公顷	茎叶喷雾
	夏大豆田	一年生阔叶杂草	1080-1440克/公顷	茎叶喷雾
PD20094751	烟嘧磺隆/40克/升/可分散油悬浮剂/烟嘧磺隆 40克/升/2014.04.10 至 2019.04.10/低毒			

玉米田 一年生杂草 48-60克/公顷 茎叶喷雾

PD20096603 苯磺隆/75%/水分散粒剂/苯磺隆 75%/2009.09.02 至 2014.09.02/低毒

冬小麦田 一年生阔叶杂草 16.88-22.5克/公顷 茎叶喷雾

PD20096640 氯氟吡氧乙酸/200克/升/乳油/氯氟吡氧乙酸 200克/升/2009.09.02 至 2014.09.02/低毒

冬小麦田 一年生阔叶杂草 150-210克/公顷 茎叶喷雾

PD20100394 萎锈·福美双/75%/种子处理可分散粉剂/福美双 37.5%、萎锈灵 37.5%/2010.01.14 至 2015.01.14/低毒

小麦 散黑穗病 187.5—250克/100千克种子 拌种

PD20100447 氟醚·灭草松/440克/升/水剂/三氟羧草醚 80克/升、灭草松 360克/升/2010.01.14 至 2015.01.14/低毒

春大豆田 一年生阔叶杂草 825-990克/公顷 茎叶喷雾

PD20100518 嗪草酮/70%/可湿性粉剂/嗪草酮 70%/2010.01.14 至 2015.01.14/低毒

春大豆田 一年生阔叶杂草 525-735克/公顷 播后苗前土壤喷雾

PD20100686 二甲戊灵/330克/升/乳油/二甲戊灵 330克/升/2010.01.16 至 2015.01.16/低毒

春玉米田 一年生杂草 990-1485克/公顷 播后苗前土壤喷雾

夏玉米田 一年生杂草 742.5-990克/公顷 播后苗前土壤喷雾

PD20100723 丙环唑/250克/升/乳油/丙环唑 250克/升/2010.01.16 至 2015.01.16/低毒

香蕉 叶斑病 250—500毫克/千克 喷雾

PD20100750 三氟羧草醚/21.4%/水剂/三氟羧草醚 21.4%/2010.01.16 至 2015.01.16/低毒

春大豆田 一年生阔叶杂草 369.15-481.5克/公顷 茎叶喷雾

PD20100808 噻菌灵/450克/升/悬浮剂/噻菌灵 450克/升/2010.01.19 至 2015.01.19/低毒

香蕉 贮藏期病害 500—750毫克/千克 浸果

PD20101858 噁草酮/98%/原药/噁草酮 98%/2010.08.04 至 2015.08.04/低毒

PD20101867 灭草松/98%/原药/灭草松 98%/2010.08.04 至 2015.08.04/低毒

PD20110065 丙草胺/30%/乳油/丙草胺 30%/2011.01.11 至 2016.01.11/低毒

直播水稻田 一年生杂草 450-675克/公顷 土壤喷雾

PD20110270 噁草·丁草胺/60%/乳油/丁草胺 50%、噁草酮 10%/2011.03.07 至 2016.03.07/低毒

水稻田(直播) 一年生杂草 720-900克/公顷 土壤喷雾

PD20110391 精喹·乳氟禾/8%/乳油/精喹禾灵 4%、乳氟禾草灵 4%/2011.04.12 至 2016.04.12/低毒

大豆田 一年生杂草 120-144克/公顷 茎叶喷雾

PD20120142 福美·拌种灵/15%/悬浮种衣剂/拌种灵 7.5%、福美双 7.5%/2012.01.29 至 2017.01.29/低毒

棉花 苗期立枯病 200-250克/100千克种子 种子包衣

PD20120310 多·福/15%/悬浮种衣剂/多菌灵 7%、福美双 8%/2012.02.17 至 2017.02.17/低毒

小麦 根腐病、黑穗病 187.5-250克/100千克种子 种子包衣

PD20120495 双草醚/98%/原药/双草醚 98%/2012.03.19 至 2017.03.19/低毒

PD20120946 双草醚/15%/悬浮剂/双草醚 15%/2012.06.14 至 2017.06.14/微毒

水稻田(直播) 稗草、莎草及阔叶杂草 22.5-30克/公顷（南方） 茎叶喷雾

PD20121285 双草醚/10%/悬浮剂/双草醚 10%/2012.09.06 至 2017.09.06/微毒

水稻田(直播) 稗草、莎草及阔叶杂草 23.9-31.9克/公顷 茎叶喷雾

PD20132070 唑草酮/40%/水分散粒剂/唑草酮 40%/2013.10.23 至 2018.10.23/低毒

小麦田 一年生阔叶杂草 30-36克/公顷 茎叶喷雾

PD20132071 氯吡·苯磺隆/18%/可分散油悬浮剂/苯磺隆 4%、氯氟吡氧乙酸 14%/2013.10.23 至 2018.10.23/低毒

小麦田 一年生阔叶杂草 81-135克/公顷 茎叶喷雾

PD20132141 炔草酯/8%/可分散油悬浮剂/炔草酯 8%/2013.10.29 至 2018.10.29/低毒

小麦田 一年生禾本科杂草 45-60克/公顷 茎叶喷雾

PD20132223 苯磺·炔草酯/14%/可分散油悬浮剂/苯磺隆 4%、炔草酯 10%/2013.11.05 至 2018.11.05/低毒

小麦田 一年生杂草 84-105克/公顷 茎叶喷雾

PD20132224 氯氟吡氧乙酸异辛酯/95%/原药/氯氟吡氧乙酸异辛酯 95%/2013.11.05 至 2018.11.05/低毒

PD20132312 砜嘧磺隆/99%/原药/砜嘧磺隆 99%/2013.11.13 至 2018.11.13/微毒

PD20132313 烟嘧·莠去津/23%/可分散油悬浮剂/烟嘧磺隆 1%、莠去津 22%/2013.11.13 至 2018.11.13/低毒

玉米田 一年生杂草 517.5-690克/公顷 茎叶喷雾

PD20132333 氰氟草酯/97.4%/原药/氰氟草酯 97.4%/2013.11.20 至 2018.11.20/低毒

绩溪农华生物科技有限公司 （安徽省绩溪县红星工业园区 245300 0563-8155810)

PD20080101 唑螨酯/96%/原药/唑螨酯 96%/2013.01.03 至 2018.01.03/低毒

PD20082337 阿维菌素/1.8%/乳油/阿维菌素 1.8%/2013.12.01 至 2018.12.01/低毒(原药高毒)

梨树 梨木虱 3-4.5毫克/千克 喷雾

PD20084088 啶虫脒/5%/乳油/啶虫脒 5%/2013.12.16 至 2018.12.16/低毒

黄瓜 蚜虫 18-22.5克/公顷 喷雾

PD20084609 三唑锡/25%/可湿性粉剂/三唑锡 25%/2013.12.18 至 2018.12.18/低毒

柑橘树 红蜘蛛 125-250毫克/千克 喷雾

PD20090409 高效氯氟氰菊酯/25克/升/乳油/高效氯氟氰菊酯 25克/升/2014.01.12 至 2019.01.12/中等毒

苹果树 桃小食心虫 5-6.25毫克/千克 喷雾

PD20090727 氯氰·毒死蜱/522.5克/升/乳油/毒死蜱 475克/升、氯氰菊酯 47.5克/升/2009.01.19 至 2014.01.19/中等毒

十字花科蔬菜 菜青虫 235.125-391.875克/公顷 喷雾

PD20090944 嘧霉胺/400克/升/悬浮剂/嘧霉胺 400克/升/2014.01.19 至 2019.01.19/低毒

黄瓜 灰霉病 468.75-562.5克/公顷 喷雾
PD20091042 咪鲜胺/25%/乳油/咪鲜胺 25%/2014.01.21 至 2019.01.21/低毒
芒果 炭疽病 250-500毫克/千克 喷雾
PD20091125 氟硅唑/400克/升/乳油/氟硅唑 400克/升/2014.01.21 至 2019.01.21/低毒
梨树 黑星病 40-50毫克/千克 喷雾
PD20091204 噁草酮/250克/升/乳油/噁草酮 250克/升/2009.02.01 至 2014.02.01/低毒
移栽水稻田 一年生杂草 375-562.5克/公顷 喷雾法
PD20092118 除虫脲/20%/悬浮剂/除虫脲 20%/2014.02.23 至 2019.02.23/低毒
茶树 茶尺蠖 100-200毫克/千克 喷雾
PD20092308 苯磺隆/10%/可湿性粉剂/苯磺隆 10%/2014.02.24 至 2019.02.24/低毒
冬小麦田 一年生阔叶杂草 15-22.5克/公顷 茎叶喷雾
PD20092425 咪鲜・杀螟丹/16%/可湿性粉剂/咪鲜胺 6%、杀螟丹 10%/2014.02.25 至 2019.02.25/低毒
水稻 恶苗病、干尖线虫病 200-400毫克/千克 浸种
PD20093094 炔螨特/40%/乳油/炔螨特 40%/2014.03.09 至 2019.03.09/低毒
柑橘树 红蜘蛛 266.7-400毫克/千克 喷雾
PD20094029 阿维・杀虫单/20%/微乳剂/阿维菌素 0.2%、杀虫单 19.8%/2014.03.27 至 2019.03.27/低毒(原药高毒)
菜豆 美洲斑潜蝇 120-180克/公顷 喷雾
PD20094549 精喹・草除灵/14%/乳油/草除灵 12%、精喹禾灵 2%/2009.04.09 至 2014.04.09/低毒
油菜田 一年生杂草 189-273克/公顷 喷雾
PD20094552 多抗霉素/1%/水剂/多抗霉素 1%/2009.04.09 至 2014.04.09/低毒
黄瓜 白粉病 75-150克/公顷 喷雾
PD20094621 戊唑醇/250克/升/水乳剂/戊唑醇 250克/升/2009.04.10 至 2014.04.10/低毒
香蕉 叶斑病 167-250毫克/千克 喷雾
PD20094916 异丙草・莠/40%/悬乳剂/异丙草胺 24%、莠去津 16%/2009.04.13 至 2014.04.13/低毒
夏玉米田 一年生杂草 900-1200克/公顷 土壤喷雾
PD20095006 苯醚甲环唑/30克/升/悬浮种衣剂/苯醚甲环唑 30克/升/2009.04.21 至 2014.04.21/低毒
小麦 散黑穗病 6-9克/100千克种子 种子包衣
PD20095358 精喹禾灵/5%/乳油/精喹禾灵 5%/2009.04.27 至 2014.04.27/低毒
春大豆田 一年生禾本科杂草 45-52.5克/公顷 茎叶喷雾
夏大豆田 一年生禾本科杂草 52.5-60克/公顷 茎叶喷雾
PD20095755 高效氟吡甲禾灵/108克/升/乳油/高效氟吡甲禾灵 108克/升/2009.05.18 至 2014.05.18/低毒
花生田 一年生禾本科杂草 48.6-64.8克/公顷 茎叶喷雾
PD20096432 唑螨酯/5%/悬浮剂/唑螨酯 5%/2009.08.05 至 2014.08.05/低毒
柑橘树 锈壁虱 50-62.5毫克/千克 喷雾
PD20096441 苯醚甲环唑/95%/原药/苯醚甲环唑 95%/2009.08.05 至 2014.08.05/低毒
PD20097545 虫酰肼/20%/悬浮剂/虫酰肼 20%/2009.11.03 至 2014.11.03/低毒
甘蓝 甜菜夜蛾 180-300克/公顷 喷雾
PD20097551 吡虫・杀虫单/70%/可湿性粉剂/吡虫啉 2%、杀虫单 68%/2009.11.03 至 2014.11.03/中等毒
水稻 稻飞虱、稻纵卷叶螟 525-735克/公顷 喷雾
PD20097850 高效氯氟氰菊酯/25克/升/水乳剂/高效氯氟氰菊酯 25克/升/2009.11.20 至 2014.11.20/中等毒
十字花科蔬菜 菜青虫 7.5-9.375克/公顷 喷雾
PD20100992 锰锌・腈菌唑/62.25%/可湿性粉剂/腈菌唑 2.25%、代森锰锌 60%/2010.03.05 至 2015.03.05/低毒
梨树 黑星病 1104.2-1556.3毫克/千克 喷雾
PD20101255 苯丁・哒螨灵/10%/乳油/苯丁锡 5%、哒螨灵 5%/2010.03.05 至 2015.03.05/低毒
柑橘树 红蜘蛛 67-100毫克/千克 喷雾
PD20101429 多抗霉素/32%/母药/多抗霉素 32%/2010.04.26 至 2015.04.26/低毒
PD20101491 苯醚甲环唑/10%/水分散粒剂/苯醚甲环唑 10%/2010.05.10 至 2015.05.10/低毒
柑橘树 疮痂病 50-100毫克/千克 喷雾
梨树 黑星病 14.3-16.7毫克/千克 喷雾
PD20101610 春雷霉素/70%/原药/春雷霉素 70%/2010.06.03 至 2015.06.03/低毒
PD20101655 多抗霉素/3%/水剂/多抗霉素 3%/2010.06.03 至 2015.06.03/低毒
番茄 叶霉病 56.25-84.38克/公顷 喷雾
苹果树 斑点落叶病 400-600倍液 喷雾
烟草 赤星病 45-67.5克/公顷 喷雾
PD20101725 霜脲・锰锌/72%/可湿性粉剂/代森锰锌 64%、霜脲氰 8%/2010.06.28 至 2015.06.28/低毒
黄瓜 霜霉病 1440-1800克/公顷 喷雾
PD20101744 甲氨基阿维菌素苯甲酸盐(1.14%)///乳油/甲氨基阿维菌素 1%/2010.06.28 至 2015.06.28/低毒
十字花科蔬菜 甜菜夜蛾 1.5-3克/公顷 喷雾
PD20101812 春雷霉素/6%/可湿性粉剂/春雷霉素 6%/2010.07.19 至 2015.07.19/低毒
水稻 稻瘟病 28-33克/公顷 喷雾
PD20101813 春雷霉素/2%/水剂/春雷霉素 2%/2010.07.19 至 2015.07.19/低毒
水稻 稻瘟病 24-30克/公顷 喷雾
PD20101816 多抗霉素/10%/可湿性粉剂/多抗霉素 10%/2010.07.19 至 2015.07.19/低毒

苹果树 斑点落叶病 67-100毫克/千克 喷雾

PD20102128 苯甲·丙环唑/300克/升/乳油/苯醚甲环唑 150克/升、丙环唑 150克/升/2010.12.02 至 2015.12.02/低毒

水稻 纹枯病 67.5-112.5克/公顷 喷雾

PD20110232 阿维·三唑磷/20%/乳油/阿维菌素 0.2%、三唑磷 19.8%/2011.02.28 至 2016.02.29/中等毒(原药高毒)

水稻 二化螟 210-300克/公顷 喷雾

PD20110718 苯醚甲环唑/250克/升/乳油/苯醚甲环唑 250克/升/2011.07.07 至 2016.07.07/低毒

水稻 纹枯病 56.25-112.5克/公顷 喷雾

香蕉树 叶斑病 83.3—125毫克/千克 喷雾

PD20111418 烯酰·锰锌/69%/可湿性粉剂/代森锰锌 60%、烯酰吗啉 9%/2011.12.23 至 2016.12.23/低毒

葡萄 霜霉病 1380-1725克/公顷 喷雾

PD20122029 苯醚甲环唑/37%/水分散粒剂/苯醚甲环唑 37%/2012.12.19 至 2017.12.19/微毒

柑橘树 疮痂病 92.5-123.3毫克/千克 喷雾

PD20131730 炔草酯/15%/可湿性粉剂/炔草酯 15%/2013.08.16 至 2018.08.16/低毒

冬小麦田 一年生禾本科杂草 45-67.5克/公顷 茎叶喷雾

LS20120200 嘧菌环胺/50%/水分散粒剂/嘧菌环胺 50%/2013.06.04 至 2014.06.04/低毒

葡萄 灰霉病 500-800毫克/千克 喷雾

绩溪县庆丰天鹰生化有限公司 (安徽省绩溪县华红路1号 245300 0563-8168383)

PD89104-10 氰戊菊酯/92%/原药/氰戊菊酯 92%/2009.11.09 至 2014.11.09/中等毒

PD20082254 精喹禾灵/5%/乳油/精喹禾灵 5%/2013.11.27 至 2018.11.27/低毒

冬油菜田 一年生禾本科杂草 37.5-45克/公顷 茎叶喷雾

PD20083433 阿维·苏云菌//可湿性粉剂/阿维菌素 0.1%、苏云金杆菌 100亿活芽孢/克/2013.12.11 至 2018.12.11/低毒(原药高毒)

十字花科蔬菜 小菜蛾 600-750克制剂/公顷 喷雾

PD20085735 嘧霉·福美双/30%/可湿性粉剂/福美双 15%、嘧霉胺 15%/2013.12.26 至 2018.12.26/低毒

番茄 灰霉病 315-450克/公顷 喷雾

PD20096845 苜蓿银纹夜蛾核型多角体病毒/1000亿PIB/毫升/母药/苜蓿银纹夜蛾核型多角体病毒 1000亿PIB/毫升/2009.09.21 至 2014.09.21/低毒

PD20096846 苜蓿银纹夜蛾核型多角体病毒/10亿PIB/毫升/悬浮剂/苜蓿银纹夜蛾核型多角体病毒 10亿PIB/毫升/2009.09.21 至2014.09.21/低毒

十字花科蔬菜 甜菜夜蛾 1500-2250毫升制剂/公顷 喷雾

江苏瑞隆化工（宿州）有限公司 (安徽省宿州市埇桥区化工园 220116 0516-83506009)

PD20050053 甲拌磷/5%/颗粒剂/甲拌磷 5%/2010.04.29 至 2015.04.29/高毒

小麦 地下害虫 1500-1875克/公顷 播种时沟施

PD20084139 高效氯氟氰菊酯/25克/升/乳油/高效氯氟氰菊酯 25克/升/2013.12.16 至 2018.12.16/低毒

十字花科蔬菜 菜青虫 11.25-15克/公顷 喷雾

PD20100537 辛硫磷/40%/乳油/辛硫磷 40%/2010.01.14 至 2015.01.14/低毒

棉花 棉铃虫 300-375克/公顷 喷雾

棉花 蚜虫 180-240克/公顷 喷雾

PD20131489 毒死蜱/10%/颗粒剂/毒死蜱 10%/2013.07.05 至 2018.07.05/中等毒

甘蔗 蔗龟 1800-2250克/公顷 撒施

LS20120383 毒·辛/8%/颗粒剂/毒死蜱 3%、辛硫磷 5%/2013.11.08 至 2014.11.08/低毒

甘蔗 蔗龟 2400-3000克/公顷 撒施

宁国市百立德生物科技有限公司 (安徽省宁国市经济技术开发区宜黄线 242300 0571-56031518)

PD20070266 高氯·辛硫磷/20%/乳油/高效氯氰菊酯 2%、辛硫磷 18%/2012.09.04 至 2017.09.04/中等毒

棉花 棉铃虫 225-300克/公顷 喷雾

十字花科蔬菜 菜青虫 90-120克/公顷 喷雾

PD20092456 溴氰 ·敌敌畏/20.5%/乳油/敌敌畏 20%、溴氰菊酯 0.5%/2014.02.25 至 2019.02.25/中等毒

棉花 棉蚜 307.5-369克/公顷 喷雾

PD20094723 精喹禾灵/5%/乳油/精喹禾灵 5%/2014.04.10 至 2019.04.10/低毒

夏大豆田 一年生禾本科杂草 900-1350毫升制剂/公顷 喷雾

PD20095636 噁草·丁草胺/20%/乳油/丁草胺 14%、噁草酮 6%/2009.05.12 至 2014.05.12/低毒

水稻移栽田 一年生杂草 300-3750毫升制剂/公顷 药土法

PD20101203 甲基立枯磷/20%/乳油/甲基立枯磷 20%/2010.02.09 至 2015.02.09/低毒

棉花 苗期立枯病 200-300克/100千克种子 拌种

水稻 苗期立枯病 450-660克/公顷 苗床喷雾

PD20130477 枯草芽胞杆菌/10亿CUF/克/可湿性粉剂/枯草芽孢杆菌 10亿CFU/克/2013.03.20 至 2018.03.20/微毒

辣椒 枯萎病 2-4克制剂/100克种子 拌种

WP20080293 杀虫水乳剂/0.4%/水乳剂/氯菊酯 0.2%、氯氰菊酯 0.2%/2013.12.03 至 2018.12.03/低毒

卫生 蚊 / 喷洒

太湖县卓创化工有限责任公司 (安徽省太湖县经济开发区 246400 0556-4161117)

PD20094092 氯氟吡氧乙酸异辛酯/95%/原药/氯氟吡氧乙酸异辛酯 95%/2009.03.27 至 2014.03.27/低毒

天长市正德卫生用品厂 (安徽省天长市杨村镇工业园区 239304 0550-7763865)

WP20090094 杀虫水乳剂/0.4%/水乳剂/胺菊酯 0.2%、氯菊酯 0.2%/2014.02.04 至 2019.02.04/低毒

卫生 蚊、蝇 / 喷雾

芜湖市多威农化有限责任公司　（安徽省繁昌县孙村镇黄浒　241207　0553-7230088）

PD20093819　氰戊·乐果/20%/乳油/乐果 18%、氰戊菊酯 2%/2014.03.25 至 2019.03.25/中等毒
十字花科蔬菜　蚜虫　300-360克/公顷　喷雾

PD20098375　仲丁威/20%/乳油/仲丁威 20%/2009.12.18 至 2014.12.18/低毒
水稻　叶蝉　375-555克/公顷　喷雾

PD20101228　马拉硫磷/45%/乳油/马拉硫磷 45%/2010.03.01 至 2015.03.01/低毒
水稻　稻蓟马　675-742.5克/公顷　喷雾
水稻　稻飞虱、叶蝉　675-810克/公顷　喷雾

PD20120721　丙溴·辛硫磷/25%/乳油/丙溴磷 6%、辛硫磷 19%/2012.04.28 至 2017.04.28/低毒
水稻　稻纵卷叶螟　262.5-375克/公顷　喷雾

PD20120934　高氯·马/20%/乳油/高效氯氰菊酯 1.5%、马拉硫磷 18.5%/2012.06.04 至 2017.06.04/低毒
滩(草)地、滩涂　蝗虫　150-210克/公顷　喷雾

中土化工(安徽)有限公司　（安徽省合肥市长丰县双墩工业园　230061　0551-2226616）

PD20091851　乙草胺/50%/乳油/乙草胺 50%/2014.02.06 至 2019.02.06/低毒
冬油菜田　一年生杂草　600-750克/公顷　土壤喷雾

PD20091911　辛硫·三唑磷/20%/乳油/三唑磷 10%、辛硫磷 10%/2014.02.12 至 2019.02.12/中等毒
水稻　二化螟　360-480克/公顷　喷雾

PD20093430　乙草胺/900克/升/乳油/乙草胺 900克/升/2014.03.23 至 2019.03.23/低毒
夏玉米田　一年生杂草　810-1350克/公顷　土壤喷雾

PD20093431　苯磺隆/75%/可分散粒剂/苯磺隆 75%/2014.03.23 至 2019.03.23/低毒
冬小麦田　一年生阔叶杂草　13.5-22.5克/公顷　茎叶喷雾

PD20101141　烟嘧磺隆/40克/升/可分散油悬浮剂/烟嘧磺隆 40克/升/2010.01.25 至 2015.01.25/低毒
玉米田　一年生杂草　75-100毫升制剂/亩　茎叶喷雾

北京市

百农思达（北京）农用化学品有限公司　（北京市海淀区东北旺农场1号办公室608　100193　010-85768383）

PD20085394　高效氯氟氰菊酯/25克/升/乳油/高效氯氟氰菊酯 25克/升/2008.12.24 至 2013.12.24/低毒
十字花科蔬菜　菜青虫　11.25-15克/公顷　喷雾

PD20086195　氟硅唑/400克/升/乳油/氟硅唑 400克/升/2008.12.30 至 2013.12.30/低毒
梨树　黑星病　40-50毫克/千克　喷雾

PD20090352　百菌清/75%/可湿性粉剂/百菌清 75%/2009.01.12 至 2014.01.12/低毒
黄瓜　霜霉病　1856.25-2250克/公顷　喷雾

PD20092117　高效氯氰菊酯/4.5%/乳油/高效氯氰菊酯 4.5%/2009.02.23 至 2014.02.23/低毒
十字花科蔬菜　小菜蛾　20.25-27克/公顷　喷雾

PD20094722　甲基硫菌灵/70%/可湿性粉剂/甲基硫菌灵 70%/2009.04.10 至 2014.04.10/低毒
黄瓜　白粉病　420-504克/公顷　喷雾

PD20094738　乙草胺/900克/升/乳油/乙草胺 900克/升/2009.04.10 至 2014.04.10/低毒
夏玉米田　一年生杂草　1080-1350克/公顷　土壤喷雾

PD20100439　氯氟吡氧乙酸异辛酯/200克/升/乳油/氯氟吡氧乙酸 200克/升/2010.01.14 至 2015.01.14/低毒
冬小麦田　一年生阔叶杂草　150-210克/公顷　茎叶处理
注:氯氟吡氧乙酸异辛酯含量: 288克/升。

PD20120342　甲氨基阿维菌素苯甲酸盐/3%/水分散粒剂/甲氨基阿维菌素 3%/2012.02.17 至 2017.02.17/低毒
甘蓝　小菜蛾　1.8-2.25克/公顷　喷雾
注:甲氨基阿维菌素苯甲酸盐含量: 3.4%。

PD20121425　苯醚甲环唑/250克/升/乳油/苯醚甲环唑 250克/升/2012.09.29 至 2017.09.29/低毒
香蕉　叶斑病　100-125毫克/千克　喷雾

PD20121603　苯醚甲环唑/10%/水分散粒剂/苯醚甲环唑 10%/2012.10.25 至 2017.10.25/低毒
西瓜　炭疽病　60～90克/公顷　喷雾

PD20130327　苯甲·丙环唑/300克/升/乳油/苯醚甲环唑 150克/升、丙环唑 150克/升/2013.03.05 至 2018.03.05/低毒
水稻　纹枯病　90-112.5克/公顷　喷雾

PD20130983　戊唑醇/430克/升/悬浮剂/戊唑醇 430克/升/2013.05.02 至 2018.05.02/低毒
苹果树　斑点落叶病　71.6-86毫克/千克　喷雾

PD20131105　吡虫啉/70%/水分散粒剂/吡虫啉 70%/2013.05.20 至 2018.05.20/低毒
甘蓝　蚜虫　15.75-21克/公顷　喷雾

PD20132340　烯酰吗啉/80%/水分散粒剂/烯酰吗啉 80%/2013.11.20 至 2018.11.20/低毒
黄瓜　霜霉病　240-300克/公顷　喷雾

PD20132353　丙环唑/40%/微乳剂/丙环唑 40%/2013.11.20 至 2018.11.20/低毒
香蕉　叶斑病　266.7-400毫克/千克　喷雾

北京艾比蒂生物科技有限公司　（北京市中关村科技园区超前路11号　102200　010-62889649）

PD20081124　吲哚乙酸/97%/原药/吲哚乙酸 97%/2013.08.19 至 2018.08.19/低毒

PD20081125　吲乙·萘乙酸/50%/可溶粉剂/萘乙酸 20%、吲哚乙酸 30%/2013.08.19 至 2018.08.19/低毒
花生、小麦　调节生长　20-30毫克/千克　拌种
沙棘　调节生长、提高成活率　100-200毫克/千克　浸插条基部

北京北农天风农药有限公司　（北京市通州区工业开发区北二街3号　101113　010-61567798）

PD85157-36 辛硫磷/40%/乳油/辛硫磷 40%/2010.02.15 至 2015.02.15/低毒

茶树、桑树	食叶害虫	200-400毫克/千克	喷雾
果树	食心虫、蚜虫、螨	200-400毫克/千克	喷雾
林木	食叶害虫	3000-6000克/公顷	喷雾
棉花	棉铃虫、蚜虫	300-600克/公顷	喷雾
蔬菜	菜青虫	300-450克/公顷	喷雾
烟草	食叶害虫	300-600克/公顷	喷雾
玉米	玉米螟	450-600克/公顷	灌心叶

PD20080006 啶虫脒/5%/乳油/啶虫脒 5%/2013.01.04 至 2018.01.04/中等毒

柑橘树	蚜虫	12-15毫克/千克	喷雾

PD20082399 阿维·辛硫磷/10%/乳油/阿维菌素 0.1%、辛硫磷 9.9%/2013.12.01 至 2018.12.01/低毒(原药高毒)

十字花科蔬菜	小菜蛾	90-150克/公顷	喷雾

PD20082485 阿维菌素/0.9%/乳油/阿维菌素 0.9%/2013.12.03 至 2018.12.03/低毒(原药高毒)

十字花科蔬菜	菜青虫	8.1-10.8克/公顷	喷雾

PD20083001 噁霉·稻瘟灵/20%/乳油/稻瘟灵 10%、噁霉灵 10%/2013.12.10 至 2018.12.10/低毒

水稻	立枯病	2-3毫升制剂/平方米	苗床喷洒

PD20083023 多唑·甲哌鎓/20%/微乳剂/多效唑 3.3%、甲哌鎓 16.7%/2013.12.10 至 2018.12.10/低毒

冬小麦	调节生长	90-120克/公顷	喷雾

PD20083148 阿维菌素/1.8%/乳油/阿维菌素 1.8%/2013.12.11 至 2018.12.11/低毒(原药高毒)

棉花	红蜘蛛	10.8-16.2克/公顷	喷雾
棉花	棉铃虫	21.6-32.4克/公顷	喷雾
十字花科蔬菜	菜青虫	8.1-10.8克/公顷	喷雾

PD20083251 高效氯氟氰菊酯/2.5%/乳油/高效氯氟氰菊酯 2.5%/2013.12.11 至 2018.12.11/中等毒

苹果树	桃小食心虫	5-6.3毫克/千克	喷雾

PD20084975 杀扑磷/40%/乳油/杀扑磷 40%/2013.12.22 至 2018.12.22/高毒

柑橘树	介壳虫	500-667毫克/千克	喷雾

PD20085382 阿维·辛硫磷/20%/乳油/阿维菌素 0.2%、辛硫磷 19.8%/2013.12.24 至 2018.12.24/低毒(原药高毒)

十字花科蔬菜	小菜蛾	90-150克/公顷	喷雾

PD20110643 丁硫·矿物油/30%/乳油/丁硫克百威 5%、矿物油 25%/2011.06.13 至 2016.06.13/中等毒

棉花	蚜虫	112.5-180克/公顷	喷雾

PD20110767 阿维·矿物油/24.5%/乳油/阿维菌素 0.2%、柴油 24.3%/2011.07.25 至 2016.07.25/低毒(原药高毒)

柑橘树	红蜘蛛	123-245毫克/千克	喷雾

PD20111089 唑螨酯/5%/悬浮剂/唑螨酯 5%/2011.11.15 至 2016.11.15/低毒

柑橘树	红蜘蛛	25-50毫克/千克	喷雾

PD20120562 苯醚甲环唑/10%/水分散粒剂/苯醚甲环唑 10%/2012.03.28 至 2017.03.28/低毒

梨树	黑星病	14.3—16.7毫克/千克	喷雾

PD20120973 咪鲜胺/45%/水乳剂/咪鲜胺 45%/2012.06.21 至 2017.06.21/低毒

水稻	稻瘟病	225～375克/公顷	喷雾

PD20130620 阿维菌素/5%/乳油/阿维菌素 5%/2013.04.03 至 2018.04.03/低毒(原药高毒)

水稻	稻纵卷叶螟	7.5-15克/公顷	喷雾

北京比荣达生化技术开发有限责任公司 (北京市朝阳区南十里居17号楼1701 100016 010-60435529)

PD85122-20 福美双/50%/可湿性粉剂/福美双 50%/2011.03.15 至 2016.03.15/低毒

黄瓜	白粉病、霜霉病	500-1000倍液	喷雾
葡萄	白腐病	500-1000倍液	喷雾
水稻	稻瘟病、胡麻叶斑病	250克/100千克种子	拌种
甜菜、烟草	根腐病	500克/500千克温床土	土壤处理
小麦	白粉病、赤霉病	500倍液	喷雾

PD20091693 阿维·甲氰/1.8%/乳油/阿维菌素 0.2%、甲氰菊酯 1.6%/2014.02.03 至 2019.02.03/低毒(原药高毒)

甘蓝	菜青虫	5.4-8.1克/公顷	喷雾

PD20092179 苏云金杆菌/8000IU/毫克/可湿性粉剂/苏云金杆菌 8000IU/毫克/2009.02.23 至 2014.02.23/低毒

茶树	茶毛虫	400-800倍液	喷雾
棉花	二代棉铃虫	3000-4500克制剂/公顷	喷雾
森林	松毛虫	600-800倍液	喷雾
十字花科蔬菜	菜青虫	750-1500克制剂/公顷	喷雾
十字花科蔬菜	小菜蛾	1500-2250克制剂/公顷	喷雾
水稻	稻纵卷叶螟	3000-4500克制剂/公顷	喷雾
烟草	烟青虫	1500-3000克制剂/公顷	喷雾
玉米	玉米螟	1500-3000克制剂/公顷	加细沙灌心
枣树	枣尺蠖	600-800倍液	喷雾

PD20092332 吡虫啉/5%/可溶液剂/吡虫啉 5%/2014.02.24 至 2019.02.24/低毒

梨树	梨木虱	12.5-25毫克/千克	喷雾

PD20094482 禾草丹/90%/乳油/禾草丹 90%/2014.04.09 至 2019.04.09/低毒

水稻田(直播)	一年生杂草	1350-2430克/公顷（南方）	喷雾

移栽水稻田　一年生杂草　1687.5-2025克/公顷　药土法或喷雾

PD20095195　甲硫·锰锌/75%/可湿性粉剂/甲基硫菌灵 25%、代森锰锌 50%/2009.04.24 至 2014.04.24/低毒

辣椒　疫病　900-1350克/公顷　喷雾

PD20097560　高氯·毒死蜱/30%/乳油/毒死蜱 29%、高效氯氰菊酯 1%/2009.11.03 至 2014.11.03/中等毒

甘蓝　菜青虫、小菜蛾　112.5-168.75克/公顷　喷雾

PD20100095　盐酸吗啉胍/10%/可溶粉剂/盐酸吗啉胍 10%/2010.01.04 至 2015.01.04/低毒

番茄　病毒病　500-750克/公顷　喷雾

PD20100669　高效氯氟氰菊酯/25克/升/乳油/高效氯氟氰菊酯 25克/升/2010.01.15 至 2015.01.15/中等毒

棉花　棉铃虫　7.5-15克/公顷　喷雾

北京达世丰生物科技有限公司　(北京市通州区漷县镇马头村委会西1000米　101109　010-80583661)

PD20081330　啶虫脒/5%/可湿性粉剂/啶虫脒 5%/2013.10.21 至 2018.10.21/低毒

柑橘树　蚜虫　6.7-12毫克/千克　喷雾

PD20084896　甲基硫菌灵/70%/可湿性粉剂/甲基硫菌灵 70%/2013.12.22 至 2018.12.22/低毒

黄瓜　白粉病　336-504克/公顷　喷雾

PD20092144　百·福/70%/可湿性粉剂/百菌清 20%、福美双 50%/2014.02.23 至 2019.02.23/低毒

葡萄　霜霉病　800—600倍液　喷雾

PD20092889　阿维·辛硫磷/20%/乳油/阿维菌素 0.2%、辛硫磷 19.8%/2014.03.05 至 2019.03.05/低毒(原药高毒)

十字花科蔬菜　小菜蛾　120-150克/公顷　喷雾

PD20092937　阿维·敌敌畏/40%/乳油/阿维菌素 0.3%、敌敌畏 39.7%/2014.03.05 至 2019.03.05/中等毒(原药高毒)

黄瓜　美洲斑潜蝇　360-450克/公顷　喷雾

PD20092999　高氯·甲维盐/4%/微乳剂/高效氯氰菊酯 3.7%、甲氨基阿维菌素苯甲酸盐 0.3%/2014.03.09 至 2019.03.09/低毒

十字花科蔬菜　小菜蛾　9-12克/公顷　喷雾

PD20093767　代森锰锌/80%/可湿性粉剂/代森锰锌 80%/2014.03.25 至 2019.03.25/低毒

黄瓜　霜霉病　2040-3000克/公顷　喷雾

PD20094425　三唑锡/20%/悬浮剂/三唑锡 20%/2014.04.01 至 2019.04.01/低毒

苹果树　红蜘蛛　100-200毫克/千克　喷雾

PD20094431　噁霜·锰锌/64%/可湿性粉剂/噁霜灵 8%、代森锰锌 56%/2014.04.01 至 2019.04.01/低毒

黄瓜　霜霉病　1650-1950克/公顷　喷雾

PD20094877　烯酰吗啉/50%/水分散粒剂/烯酰吗啉 50%/2014.04.13 至 2019.04.13/低毒

黄瓜　霜霉病　225-300克/公顷　喷雾

PD20094888　氯氰·毒死蜱/522.5克/升/乳油/毒死蜱 475克/升、氯氰菊酯 47.5克/升/2014.04.13 至 2019.04.13/中等毒

棉花　棉铃虫　548.6-738.75克/公顷　喷雾

PD20095112　苯磺隆/10%/可湿性粉剂/苯磺隆 10%/2014.04.24 至 2019.04.24/低毒

冬小麦田　一年生阔叶杂草　13.5—22.5克/公顷　茎叶喷雾

PD20095934　硫磺·多菌灵/50%/可湿性粉剂/多菌灵 15%、硫磺 35%/2009.06.02 至 2014.06.02/低毒

花生　叶斑病　1200-1800克/公顷　喷雾

PD20097571　阿维菌素/1.8%/乳油/阿维菌素 1.8%/2009.11.03 至 2014.11.03/低毒(原药高毒)

甘蓝　小菜蛾　8.1-10.8克/公顷　喷雾

PD20101165　阿维·苏云菌///可湿性粉剂/阿维菌素 0.1%、苏云金杆菌 100亿活芽孢/克/2010.01.27 至 2015.01.27/低毒(原药高毒)

十字花科蔬菜　小菜蛾　750-1125克制剂/公顷　喷雾

PD20101226　高效氯氟氰菊酯/2.5%/水乳剂/高效氯氟氰菊酯 2.5%/2010.03.01 至 2015.03.01/中等毒

甘蓝　菜青虫　11.25-13.125克/公顷　喷雾

PD20101797　阿维·杀虫单/20%/微乳剂/阿维菌素 0.2%、杀虫单 19.8%/2010.07.13 至 2015.07.13/低毒(原药高毒)

菜豆　美洲斑潜蝇　90-180克/公顷　喷雾

水稻　二化螟　300-600克/公顷　喷雾

PD20102016　甲氨基阿维菌素苯甲酸盐/2%/水分散粒剂/甲氨基阿维菌素 2%/2010.09.25 至 2015.09.25/低毒

十字花科蔬菜　小菜蛾　1.5-2.25克/公顷　喷雾

注:甲氨基阿维菌素苯甲酸盐含量：2.3%。

PD20102043　烟嘧磺隆/40克/升/可分散油悬浮剂/烟嘧磺隆 40克/升/2010.10.27 至 2015.10.27/低毒

玉米田　一年生杂草　42-60克/公顷　茎叶喷雾

PD20110249　甲氨基阿维菌素苯甲酸盐/0.5%/乳油/甲氨基阿维菌素 0.5%/2011.03.03 至 2016.03.03/低毒

甘蓝　甜菜夜蛾　1.5～1.8克/公顷　喷雾

注:甲氨基阿维菌素苯甲酸盐含量:0.57%。

PD20110597　吡虫啉/70%/水分散粒剂/吡虫啉 70%/2011.05.30 至 2016.05.30/低毒

甘蓝　蚜虫　15.75-21克/公顷　喷雾

PD20110698　阿维·矿物油/24.5%/乳油/阿维菌素 0.2%、矿物油 24.3%/2011.06.27 至 2016.06.27/低毒(原药高毒)

十字花科蔬菜　小菜蛾　147-220.5克/公顷　喷雾

PD20110844　嘧霉胺/20%/可湿性粉剂/嘧霉胺 20%/2011.08.10 至 2016.08.10/低毒

黄瓜　灰霉病　450—540克/公顷　喷雾

PD20111364　甲氨基阿维菌素苯甲酸盐/1%/乳油/甲氨基阿维菌素 1%/2011.12.13 至 2016.12.13/低毒

甘蓝　小菜蛾　1.5～1.8克/公顷　喷雾

注:甲氨基阿维菌素苯甲酸盐含量：1.14%。

PD20120712　咪鲜胺锰盐/50%/可湿性粉剂/咪鲜胺锰盐 50%/2012.04.18 至 2017.04.18/低毒

柑橘(果实) 青霉病 250－500毫克/千克 浸果

PD20121092 炔螨·矿物油/73%/乳油/柴油 43%、炔螨特 30%/2012.07.19 至 2017.07.19/中等毒

柑橘树 红蜘蛛 365-730毫克/千克 喷雾

PD20121102 甲维·氟铃脲/10.5%/水分散粒剂/氟铃脲 10%、甲氨基阿维菌素苯甲酸盐 0.5%/2012.07.19 至 2017.07.19/低毒

甘蓝 小菜蛾 31.5-47.25克/公顷 喷雾

LS20100097 烯酰·锰锌/69%/水分散粒剂/代森锰锌 60%、烯酰吗啉 9%/2012.06.08 至 2013.06.08/低毒

黄瓜 霜霉病 1035-1376克/公顷 喷雾

北京富力特农业科技有限责任公司 (北京市大兴区西红门镇新建工业区南路2号 100076 010-81284458)

PD20040693 吡虫啉/5%/乳油/吡虫啉 5%/2009.12.19 至 2014.12.19/低毒

棉花 蚜虫 11.25-18.75克/公顷 喷雾

PD20070646 啶虫脒/5%/乳油/啶虫脒 5%/2012.12.17 至 2017.12.17/低毒

柑橘树 蚜虫 10-12毫克/千克 喷雾

PD20082010 辛硫·高氯氟/25%/乳油/高效氯氟氰菊酯 1%、辛硫磷 24%/2013.11.25 至 2018.11.25/中等毒

棉花 棉铃虫 300-375克/公顷 喷雾

PD20082938 阿维菌素/1.8%/乳油/阿维菌素 1.8%/2013.12.09 至 2018.12.09/中等毒(原药高毒)

苹果 红蜘蛛 3-4.5毫克/千克 喷雾

PD20082954 霜脲·锰锌/72%/可湿性粉剂/代森锰锌 64%、霜脲氰 8%/2013.12.09 至 2018.12.09/低毒

黄瓜 霜霉病 1440-1800克/公顷 喷雾

PD20083201 甲基硫菌灵/70%/可湿性粉剂/甲基硫菌灵 70%/2013.12.11 至 2018.12.11/低毒

番茄 叶霉病 375-560克/公顷 喷雾

PD20083235 腈菌唑/12%/乳油/腈菌唑 12%/2013.12.11 至 2018.12.11/低毒

梨树 黑星病 40-60毫克/千克 喷雾

PD20083850 吡虫啉/200克/升/可溶液剂/吡虫啉 200克/升/2013.12.15 至 2018.12.15/低毒

梨树 梨木虱 50-80毫克/千克 喷雾

PD20084964 丙环唑/250克/升/乳油/丙环唑 250克/升/2013.12.22 至 2018.12.22/低毒

香蕉 叶斑病 250-500毫克/千克 喷雾

PD20085383 高氯·辛硫磷/22%/乳油/高效氯氰菊酯 2%、辛硫磷 20%/2013.12.24 至 2018.12.24/中等毒

十字花科蔬菜 菜青虫 99-132克/公顷 喷雾

PD20085729 阿维·杀虫单/20%/微乳剂/阿维菌素 0.2%、杀虫单 19.8%/2013.12.26 至 2018.12.26/低毒(原药高毒)

菜豆 美洲斑潜蝇 90-180克/公顷 喷雾

PD20085918 阿维·高氯/1%/乳油/阿维菌素 0.2%、高效氯氰菊酯 0.8%/2013.12.29 至 2018.12.29/低毒(原药高毒)

黄瓜 美洲斑潜蝇 6-9克/公顷 喷雾

梨树 梨木虱 6-12毫克/千克 喷雾

十字花科蔬菜 小菜蛾 7.5-15克/公顷 喷雾

PD20086130 噻嗪·杀扑磷/31%/乳油/噻嗪酮 15%、杀扑磷 16%/2013.12.30 至 2018.12.30/低毒(原药高毒)

柑橘树 介壳虫 310-387.5毫克/千克 喷雾

PD20090124 复硝酚钠/1.4%/水剂/5-硝基邻甲氧基苯酚钠 0.3%、对硝基苯酚钠 0.7%、邻硝基苯酚钠 0.4%/2014.01.08 至2019.01.08/低毒

黄瓜 调节生长 5000-6000倍 喷雾

PD20092709 联苯菊酯/100克/升/乳油/联苯菊酯 100克/升/2014.03.04 至 2019.03.04/中等毒

茶树 茶小绿叶蝉 30-37.5克/公顷 喷雾

PD20094781 氯氰·丙溴磷/440克/升/乳油/丙溴磷 400克/升、氯氰菊酯 40克/升/2014.04.13 至 2019.04.13/中等毒

棉花 棉铃虫 528-660克/公顷 喷雾

PD20094843 三唑锡/25%/可湿性粉剂/三唑锡 25%/2014.04.13 至 2019.04.13/低毒

柑橘树 红蜘蛛 125-167毫克/千克 喷雾

PD20097434 烟嘧磺隆/40克/升/可分散油悬浮剂/烟嘧磺隆 40克/升/2009.10.28 至 2014.10.28/低毒

玉米田 一年生杂草 42-60克/公顷 茎叶喷雾

PD20100626 吗胍·乙酸铜/20%/可湿性粉剂/盐酸吗啉胍 10%、乙酸铜 10%/2010.01.14 至 2015.01.14/低毒

番茄 病毒病 333.3-500毫克/千克 喷雾

PD20100644 苯丁锡/50%/可湿性粉剂/苯丁锡 50%/2010.01.15 至 2015.01.15/低毒

柑橘树 红蜘蛛 200-250毫克/千克 喷雾

PD20100668 噻螨酮/5%/乳油/噻螨酮 5%/2010.01.15 至 2015.01.15/低毒

柑橘树 红蜘蛛 20-33毫克/千克 喷雾

PD20100961 异菌脲/50%/可湿性粉剂/异菌脲 50%/2010.01.19 至 2015.01.19/低毒

番茄 灰霉病 525-750克/公顷 喷雾

PD20100991 高效氟吡甲禾灵/108克/升/乳油/高效氟吡甲禾灵 108克/升/2010.01.20 至 2015.01.20/低毒

大豆田 一年生禾本科杂草 48.6-72.9克/公顷 茎叶喷雾

PD20101455 苦参碱/0.3%/水剂/苦参碱 0.3%/2010.05.04 至 2015.05.04/低毒

十字花科蔬菜 菜青虫 2.7-4.5克/公顷 喷雾

PD20120764 甲氨基阿维菌素苯甲酸盐/3%/微乳剂/甲氨基阿维菌素 3%/2012.05.05 至 2017.05.05/低毒

小油菜 甜菜夜蛾 1.98-2.98克/公顷 喷雾

注:甲氨基阿维菌素苯甲酸盐含量：3.4%。

PD20120765 苯醚甲环唑/20%/微乳剂/苯醚甲环唑 20%/2012.05.05 至 2017.05.05/低毒

梨树 黑星病 16.7-20毫克/千克 喷雾
PD20120801 高效氯氟氰菊酯/2.5%/微乳剂/高效氯氟氰菊酯 2.5%/2012.05.17 至 2017.05.17/中等毒
小白菜 菜青虫 11.25-15克/公顷 喷雾
PD20130040 苯甲·丙环唑/50%/乳油/苯醚甲环唑 25%、丙环唑 25%/2013.01.07 至 2018.01.07/低毒
水稻 纹枯病 90-110克/公顷 喷雾
PD20131156 苯甲·咪鲜胺/20%/微乳剂/苯醚甲环唑 5%、咪鲜胺 15%/2013.05.21 至 2018.05.21/低毒
黄瓜 炭疽病 90-150克/公顷 喷雾
LS20120283 苯醚·甲硫灵/40%/悬浮剂/苯醚甲环唑 5%、甲基硫菌灵 35%/2013.08.08 至 2014.08.08/低毒
苹果树 白粉病 150-250毫克/千克 喷雾
LS20130098 苯甲·嘧菌酯/35%/悬浮剂/苯醚甲环唑 15%、嘧菌酯 20%/2013.03.11 至 2014.03.11/低毒
草坪 枯萎病 200-600克/公顷 喷雾
LS20130099 烯酰·霜脲氰/40%/悬浮剂/霜脲氰 15%、烯酰吗啉 25%/2013.03.11 至 2014.03.11/低毒
葡萄 霜霉病 200-267毫克/千克 喷雾
LS20130171 嘧霉·异菌脲/40%/悬浮剂/嘧霉胺 20%、异菌脲 20%/2013.04.03 至 2014.04.03/低毒
葡萄 灰霉病 200～400毫克/千克 喷雾

北京广源益农化学有限责任公司 (北京市海淀区学院路20号北教楼 100083 010-64265489)

PD20110545 吡虫啉/70%/水分散粒剂/吡虫啉 70%/2011.05.12 至 2016.05.12/低毒
甘蓝 蚜虫 15－30克/公顷 喷雾

北京华戎生物激素厂 (北京市朝阳区北辰西路69号 100029 010-58772543)

PD84118-46 多菌灵/25%/可湿性粉剂/多菌灵 25%/2010.03.11 至 2015.03.11/低毒
果树 病害 0.05-0.1%药液 喷雾
花生 倒秧病 750克/公顷 喷雾
麦类 赤霉病 750克/公顷 喷雾,泼浇
棉花 苗期病害 500克/100千克种子 拌种
水稻 稻瘟病、纹枯病 750克/公顷 喷雾,泼浇
油菜 菌核病 1125-1500克/公顷 喷雾
PD85157-34 辛硫磷/40%/乳油/辛硫磷 40%/2010.08.15 至 2015.08.15/低毒
茶树、桑树 食叶害虫 200-400毫克/千克 喷雾
果树 食心虫、蚜虫、螨 200-400毫克/千克 喷雾
林木 食叶害虫 3000-6000克/公顷 喷雾
棉花 棉铃虫、蚜虫 300-600克/公顷 喷雾
蔬菜 菜青虫 300-450克/公顷 喷雾
烟草 食叶害虫 300-600克/公顷 喷雾
玉米 玉米螟 450-600克/公顷 灌心叶
PD86180-11 百菌清/75%/可湿性粉剂/百菌清 75%/2011.12.31 至 2016.12.31/低毒
茶树 炭疽病 600-800倍液 喷雾
豆类 炭疽病、锈病 1275-2325克/公顷 喷雾
柑橘树 疮痂病 750-900毫克/千克 喷雾
瓜类 白粉病、霜霉病 1200-1650克/公顷 喷雾
果菜类蔬菜 多种病害 1125-2400克/公顷 喷雾
花生 锈病、叶斑病 1125-1350克/公顷 喷雾
梨树 斑点落叶病 500倍液 喷雾
苹果树 多种病害 600倍液 喷雾
葡萄 白粉病、黑痘病 600-700倍液 喷雾
水稻 稻瘟病、纹枯病 1125-1425克/公顷 喷雾
橡胶树 炭疽病 500-800倍液 喷雾
小麦 叶斑病、叶锈病 1125-1425克/公顷 喷雾
叶菜类蔬菜 白粉病、霜霉病 1275-1725克/公顷 喷雾
PD20040102 高效氯氰菊酯/4.5%/乳油/高效氯氰菊酯 4.5%/2009.12.19 至 2014.12.19/中等毒
茶树 茶尺蠖 15-25.5克/公顷 喷雾
棉花 红铃虫、红蜘蛛、蚜虫 15-30克/公顷 喷雾
苹果树 桃小食心虫 20-33毫克/千克 喷雾
十字花科蔬菜 菜青虫、小菜蛾 9-25.5克/公顷 喷雾
十字花科蔬菜 蚜虫 3-18克/公顷 喷雾
PD20040129 高效氯氰菊酯/4.5%/水乳剂/高效氯氰菊酯 4.5%/2009.12.19 至 2014.12.19/中等毒
十字花科蔬菜 菜青虫 20.25-33.75克/公顷 喷雾
PD20040323 吡虫啉/5%/乳油/吡虫啉 5%/2009.12.19 至 2014.12.19/低毒
水稻 稻飞虱 15-30克/公顷 喷雾
小麦 蚜虫 15-30克/公顷(南方地区)45-60克/公顷(北方地区) 喷雾
注:水稻为临时登记，有效期2005年12月23日至2006年12月23日。
PD20080031 锰锌·霜脲/72%/可湿性粉剂/代森锰锌 64%、霜脲氰 8%/2013.01.04 至 2018.01.04/低毒
黄瓜 霜霉病 1440-1800克/公顷 喷雾

PD20080043 啶虫脒/5%/乳油/啶虫脒 5%/2013.01.03 至 2018.01.03/中等毒
黄瓜 蚜虫 18-22.5克/公顷 喷雾

PD20080740 嘧霉胺/40%/悬浮剂/嘧霉胺 40%/2013.06.11 至 2018.06.11/低毒
黄瓜 灰霉病 450-540克/公顷 喷雾

PD20081268 甲氨基阿维菌素苯甲酸盐/1.5%/乳油/甲氨基阿维菌素苯甲酸盐 1.5%/2013.09.18 至 2018.09.18/低毒
甘蓝 甜菜夜蛾 2.25-3.75克/公顷 喷雾

PD20081270 甲氨基阿维菌素苯甲酸盐/0.5%/乳油/甲氨基阿维菌素苯甲酸盐 0.5%/2013.09.22 至 2018.09.22/低毒
甘蓝 甜菜夜蛾 2.25-3.75克/公顷 喷雾

PD20082371 阿维·敌敌畏/40%/乳油/阿维菌素 0.3%、敌敌畏 39.7%/2013.12.01 至 2018.12.01/中等毒(原药高毒)
黄瓜 美洲斑潜蝇 360-450克/公顷 喷雾

PD20082915 高氯·硫丹/20%/乳油/高效氯氰菊酯 2%、硫丹 18%/2013.12.09 至 2018.12.09/中等毒
棉花 棉铃虫 120-180克/公顷 喷雾
烟草 蚜虫 90-180克/公顷 喷雾

PD20083864 腈菌唑/5%/乳油/腈菌唑 5%/2013.12.15 至 2018.12.15/低毒
小麦 白粉病 30-60克/公顷 喷雾

PD20083881 唑螨酯/5%/悬浮剂/唑螨酯 5%/2013.12.15 至 2018.12.15/低毒
柑橘树 红蜘蛛 33.3-50毫克/千克 喷雾

PD20084265 异丙威/20%/乳油/异丙威 20%/2013.12.17 至 2018.12.17/中等毒
水稻 稻飞虱 525-600克/公顷 喷雾

PD20084672 百菌清/45%/烟剂/百菌清 45%/2013.12.22 至 2018.12.22/低毒
黄瓜(保护地) 霜霉病 1667-2667克制剂/公顷 点燃放烟

PD20084788 氟氯氰菊酯/50克/升/乳油/氟氯氰菊酯 50克/升/2013.12.22 至 2018.12.22/低毒
棉花 棉铃虫 30-37.5克/公顷 喷雾

PD20085061 高氯·噻嗪酮/20%/乳油/高效氯氰菊酯 2%、噻嗪酮 18%/2013.12.23 至 2018.12.23/低毒
番茄(保护地) 白粉虱 195-240克/公顷 喷雾

PD20085184 杀螟丹/50%/可溶粉剂/杀螟丹 50%/2013.12.23 至 2018.12.23/中等毒
水稻 二化螟 525-750克/公顷 喷雾

PD20085211 毒死蜱/45%/乳油/毒死蜱 45%/2008.12.23 至 2013.12.23/低毒
十字花科蔬菜 小菜蛾 378-567克/公顷 喷雾

PD20085303 丙环唑/250克/升/乳油/丙环唑 250克/升/2013.12.23 至 2018.12.23/低毒
香蕉 叶斑病 250-500毫克/千克 喷雾

PD20085544 三唑锡/25%/可湿性粉剂/三唑锡 25%/2013.12.25 至 2018.12.25/低毒
柑橘树 红蜘蛛 125-250毫克/千克 喷雾

PD20085931 腐霉利/15%/烟剂/腐霉利 15%/2013.12.29 至 2018.12.29/低毒
韭菜(保护地) 灰霉病 300-750克/公顷 点燃放烟

PD20090617 复硝酚钠/1.4%/水剂/5-硝基邻甲氧基苯酚钠 0.3%、对硝基苯酚钠 0.7%、邻硝基苯酚钠 0.4%/2014.01.14 至2019.01.14/低毒
黄瓜 调节生长、增产 4000-5000倍液 喷雾

PD20090772 甲氰·马拉松/40%/乳油/甲氰菊酯 5%、马拉硫磷 35%/2014.01.19 至 2019.01.19/中等毒
苹果树 桃小食心虫 200-400毫克/千克 喷雾

PD20091127 氟硅唑/400克/升/乳油/氟硅唑 400克/升/2014.01.21 至 2019.01.21/低毒
梨树 黑星病 40-66.7毫克/千克 喷雾

PD20091158 锰锌·腈菌唑/60%/可湿性粉剂/腈菌唑 2%、代森锰锌 58%/2014.01.22 至 2019.01.22/低毒
梨树 黑星病 1000-1500倍液 喷雾

PD20092221 联苯菊酯/100克/升/乳油/联苯菊酯 100克/升/2014.02.24 至 2019.02.24/中等毒
茶树 茶小绿叶蝉 30-37.5克/公顷 喷雾

PD20092266 阿维菌素/1.8%/乳油/阿维菌素 1.8%/2014.02.24 至 2019.02.24/低毒(原药高毒)
梨树 山楂叶螨 6-12毫克/千克 喷雾
苹果树 梨木虱 3-6毫克/千克 喷雾

PD20092297 阿维·高氯/2%/乳油/阿维菌素 0.6%、高效氯氰菊酯 1.4%/2014.02.24 至 2019.02.24/低毒(原药高毒)
甘蓝 小菜蛾 7.5-13.5克/公顷 喷雾
梨树 梨木虱 6-12毫克/千克 喷雾

PD20092581 氟铃·辛硫磷/40%/乳油/氟铃脲 2.5%、辛硫磷 37.5%/2014.02.27 至 2019.02.27/低毒
棉花 棉铃虫 360-540克/公顷 喷雾

PD20095730 甲维·毒死蜱/30%/乳油/毒死蜱 29.5%、甲氨基阿维菌素苯甲酸盐 0.5%/2009.05.18 至 2014.05.18/中等毒
甘蓝 甜菜夜蛾 112.5-150克/公顷 喷雾

PD20101773 苯醚甲环唑/20%/水分散粒剂/苯醚甲环唑 20%/2010.07.07 至 2015.07.07/低毒
番茄 早疫病 120-150克/公顷 喷雾

PD20101833 敌百·毒死蜱/30%/乳油/敌百虫 20%、毒死蜱 10%/2010.07.28 至 2015.07.28/低毒
水稻 二化螟 450-675克/公顷 喷雾

PD20111031 吡虫啉/70%/水分散粒剂/吡虫啉 70%/2011.09.30 至 2016.09.30/低毒
节瓜 蓟马 47.25-63克/公顷 喷雾

PD20111055 阿维菌素/10%/水分散粒剂/阿维菌素 10%/2011.10.10 至 2016.10.10/中等毒(原药高毒)

水稻 稻纵卷叶螟 7.5-9克/公顷 喷雾

PD20111229 多杀霉素/10%/水分散粒剂/多杀霉素 10%/2011.11.18 至 2016.11.18/微毒

大白菜 小菜蛾 15-30克/公顷 喷雾

PD20111271 戊唑醇/70%/水分散粒剂/戊唑醇 70%/2011.11.23 至 2016.11.23/低毒

苹果树 斑点落叶病 100-120毫克/公顷 喷雾

PD20120510 啶虫脒/70%/水分散粒剂/啶虫脒 70%/2012.03.28 至 2017.03.28/低毒

黄瓜 蚜虫 18-36克/公顷 喷雾

PD20120894 己唑醇/10%/悬浮剂/己唑醇 10%/2012.05.24 至 2017.05.24/低毒

苹果树 白粉病 40—50毫克/千克 喷雾

PD20130039 灭蝇胺/80%/水分散粒剂/灭蝇胺 80%/2013.01.07 至 2018.01.07/低毒

黄瓜 美洲斑潜蝇 180-225克/公顷 喷雾

PD20130382 甲氨基阿维菌素苯甲酸盐/3%/水分散粒剂/甲氨基阿维菌素 3%/2013.03.12 至 2018.03.12/低毒

大白菜 甜菜夜蛾 3-3.75克/公顷 喷雾

注:甲氨基阿维菌素苯甲酸盐含量: 3.4%。

PD20130435 噻嗪酮/70%/水分散粒剂/噻嗪酮 70%/2013.03.18 至 2018.03.18/低毒

水稻 稻飞虱 105-147克/公顷 喷雾

PD20131498 氟铃脲/15%/水分散粒剂/氟铃脲 15%/2013.07.05 至 2018.07.05/微毒

棉花 棉铃虫 112.5-135克/公顷 喷雾

PD20131503 戊唑醇/30%/悬浮剂/戊唑醇 30%/2013.07.05 至 2018.07.05/低毒

苹果 轮纹病 100-150毫克/千克 喷雾

LS20100062 氟环唑/70%/水分散粒剂/氟环唑 70%/2012.05.10 至 2013.05.10/微毒

小麦 锈病 84—126克/公顷 喷雾

LS20100070 烯啶虫胺/20%/水分散粒剂/烯啶虫胺 20%/2012.05.10 至 2013.05.10/微毒

棉花 蚜虫 15-30克/公顷 喷雾

LS20120151 嘧菌酯/60%/水分散粒剂/嘧菌酯 60%/2013.04.12 至 2014.04.12/低毒

葡萄 霜霉病 300-600毫克/千克 喷雾

LS20130087 吡蚜酮/60%/水分散粒剂/吡蚜酮 60%/2013.03.08 至 2014.03.08/微毒

水稻 稻飞虱 90-135克/公顷 喷雾

LS20130201 噻呋酰胺/40%/水分散粒剂/噻呋酰胺 40%/2013.04.09 至 2014.04.09/低毒

水稻 纹枯病 48-78克/公顷 喷雾

LS20130240 茚虫威/15%/水分散粒剂/茚虫威 15%/2013.04.28 至 2014.04.28/低毒

甘蓝 小菜蛾 18-29.25克/公顷 喷雾

LS20130347 烯啶虫胺/30%/水分散粒剂/烯啶虫胺 30%/2013.07.02 至 2014.07.02/低毒

水稻 稻飞虱 90-112.5克/公顷 喷雾

LS20130449 虫螨腈/50%/水分散粒剂/虫螨腈 50%/2013.09.17 至 2014.09.17/低毒

大白菜 小菜蛾 75-112.5克/公顷 喷雾

LS20130476 噻呋·戊唑醇/30%/水分散粒剂/噻呋酰胺 20%、戊唑醇 10%/2013.11.08 至 2014.11.08/低毒

水稻 纹枯病 67.5-90克/公顷 喷雾

北京金地优诺生物科技发展有限公司 (北京市密云县十里堡镇岭东村村东30米 101500 010-69654520)

PD20084103 异菌·福美双/50%/可湿性粉剂/福美双 40%、异菌脲 10%/2013.12.16 至 2018.12.16/低毒

番茄 灰霉病 703-937克/公顷 喷雾

PD20090910 霜·代·乙膦铝/76%/可湿性粉剂/代森锌 50%、甲霜灵 2%、三乙膦酸铝 24%/2014.01.19 至 2019.01.19/低毒

黄瓜 霜霉病 1068.75-1425克/公顷 喷雾

PD20094034 腐霉利/15%/烟剂/腐霉利 15%/2009.03.27 至 2014.03.27/低毒

番茄(保护地) 灰霉病 450-675克/公顷 点燃放烟

PD20094525 百菌清/45%/烟剂/百菌清 45%/2009.04.09 至 2014.04.09/低毒

黄瓜(保护地) 霜霉病 1012.5-1687.5克/公顷 点燃放烟

PD20094979 琥·铝·甲霜灵/40%/可湿性粉剂/琥胶肥酸铜 30%、甲霜灵 4%、三乙膦酸铝 6%/2009.04.21 至 2014.04.21/低毒

黄瓜 角斑病 270-360克/公顷 喷雾

PD20097468 琥胶肥酸铜/30%/可湿性粉剂/琥胶肥酸铜 30%/2009.11.03 至 2014.11.03/低毒

黄瓜 角斑病 900-1050克/公顷 喷雾

PD20097819 百菌清/20%/烟剂/百菌清 20%/2009.11.20 至 2014.11.20/低毒

黄瓜(保护地) 霜霉病 750-1200克/公顷 点燃放烟

WP20090098 高效氯氰菊酯/5%/悬浮剂/高效氯氰菊酯 5%/2014.02.04 至 2019.02.04/低毒

卫生 蚊、蝇、蜚蠊 40毫克/平方米 滞留喷洒

北京金龙翔工贸有限公司 (北京市通州区永顺地区西富河园1号院11楼221 101101 010-87312689)

WP20090071 驱蚊液/6%/喷射剂/避蚊胺 6%/2014.02.01 至 2019.02.01/微毒

卫生 蚊 / 涂抹

北京科林世纪海鹰科技发展有限公司 (北京市昌平区流村镇北流村科技园环岛西600米 102204 010-89774383)

PD20082849 溴敌隆/0.005%/毒饵/溴敌隆 0.005%/2013.12.09 至 2018.12.09/低毒(原药高毒)

卫生 家鼠 饱和投饵 投饵

PD20095063 溴敌隆/0.5%/母液/溴敌隆 0.5%/2009.04.21 至 2014.04.21/中等毒(原药高毒)

PD20097098 百菌清/20%/烟剂/百菌清 20%/2009.10.10 至 2014.10.10/低毒

黄瓜(保护地) 霜霉病 750-1200克/公顷 点燃放烟

PD20097284 溴鼠灵/0.005%/饵粒/溴鼠灵 0.005%/2009.10.26 至 2014.10.26/低毒(原药高毒)

室内 家鼠 饱和投饵 投放

PD20097577 吗胍·乙酸铜/20%/可湿性粉剂/盐酸吗啉胍 10%、乙酸铜 10%/2009.11.03 至 2014.11.03/低毒

番茄 病毒病 600-750克/公顷 喷雾

PD20097906 琥·铝·甲霜灵/60%/可湿性粉剂/琥胶肥酸铜 16%、甲霜灵 2.5%、三乙膦酸铝 41.5%/2009.11.30 至 2014.11.30/低毒

黄瓜 霜霉病 1125-1500克/公顷 喷雾

PD20100137 甲基硫菌灵/70%/可湿性粉剂/甲基硫菌灵 70%/2010.01.05 至 2015.01.05/低毒

苹果树 轮纹病 778-1000毫克/千克 喷雾

PD20100146 琥铜·甲霜灵/40%/可湿性粉剂/琥胶肥酸铜 30%、甲霜灵 10%/2010.01.07 至 2015.01.07/低毒

黄瓜 霜霉病 900-1200克/公顷 喷雾

PD20100430 乙铝·锰锌/20%/烟剂/代森锰锌 7%、三乙膦酸铝 13%/2010.01.14 至 2015.01.14/低毒

黄瓜(保护地) 霜霉病 750-1050克/公顷 点燃放烟

PD20101408 琥胶肥酸铜/30%/可湿性粉剂/琥胶肥酸铜 30%/2010.04.14 至 2015.04.14/低毒

黄瓜 角斑病 900-1050克/公顷 喷雾

PD20101529 噁霜·锰锌/64%/可湿性粉剂/噁霜灵 8%、代森锰锌 56%/2010.05.19 至 2015.05.19/低毒

黄瓜 霜霉病 1650－1950克/公顷 喷雾

WP20080455 杀虫烟剂/2%/烟剂/高效氯氰菊酯 2%/2013.12.16 至 2018.12.16/低毒

卫生 蜚蠊 20毫克/平方米 点燃

卫生 蚊、蝇 10毫克/立方米 点燃

北京科诺华生物科技有限公司 (北京市平谷区夏各庄镇龙家务开发小区一号 101213 010-89963689)

WP20080473 杀蟑饵剂/30%/饵剂/硼酸 30%/2013.12.16 至 2018.12.16/低毒

卫生 蜚蠊 / 投放

WP20090199 杀虫气雾剂/0.3%/气雾剂/右旋胺菊酯 0.15%、右旋苯醚氰菊酯 0.15%/2014.03.23 至 2019.03.23/低毒

卫生 蜚蠊、蚊、蝇 / 喷雾

WP20100176 杀蚁饵剂/0.04%/饵剂/顺式氯氰菊酯 0.04%/2010.12.16 至 2015.12.16/微毒

卫生 蚂蚁 / 投放

WP20130175 电热蚊香液/1.5%/电热蚊香液/炔丙菊酯 1.5%/2013.08.16 至 2018.08.16/低毒

卫生 蚊 / 电热加温

北京绿百灵化学实验厂 (北京市昌平区流字五号 102211 010-61792480)

WP20090245 胺·氯·高氯菊/8.7%/可溶液剂/胺菊酯 3%、高效氯氰菊酯 2.5%、氯菊酯 3.2%/2009.04.24 至 2014.04.24/低毒

室内 蚊、蝇、蜚蠊 60毫克/平方米 滞留喷洒

WP20090248 杀虫喷射剂/0.85%/喷射剂/Es-生物烯丙菊酯 0.25%、氯菊酯 0.6%/2009.04.24 至 2014.04.24/微毒

卫生 蚊、蝇、蜚蠊 / 喷射

WP20090261 杀虫粉剂/0.68%/粉剂/胺菊酯 0.3%、高效氟氯氰菊酯 0.08%、氯菊酯 0.3%/2009.04.27 至 2014.04.27/微毒

卫生 蜚蠊、蚂蚁 3克制剂/平方米 撒布

WP20130151 电热蚊香液/1.2%/电热蚊香液/炔丙菊酯 1.2%/2013.07.17 至 2018.07.17/微毒

卫生 蚊 / 电热加温

北京绿土地生化制剂有限公司 (北京市海淀区增光路55号紫玉饭店4106 100037 010-68411188)

PD20101596 苦参碱/0.3%/水剂/苦参碱 0.3%/2010.06.03 至 2015.06.03/低毒

十字花科蔬菜 菜青虫、蚜虫 2.81-6.75克/公顷 喷雾

北京绿叶世纪日化用品有限公司 (北京市大兴区西红门金星工业园警大路8号 100162 010-61281091)

WP20100083 杀蟑饵剂/2.5%/饵剂/乙酰甲胺磷 2.5%/2010.06.03 至 2015.06.03/低毒

卫生 蜚蠊 / 投放

WP20110146 杀蟑饵剂/0.05%/饵剂/氟虫腈 0.05%/2011.06.15 至 2016.06.15/低毒

卫生 蜚蠊 / 投放

WP20130017 杀蟑胶饵/0.05%/胶饵/氟虫腈 0.05%/2013.01.24 至 2018.01.24/低毒

卫生 蜚蠊 / 投放

WP20130109 蚊香/0.05%/蚊香/氯氟醚菊酯 0.05%/2013.05.27 至 2018.05.27/微毒

卫生 蚊 / 点燃

注:本产品有三种香型：野菊花香型、百花香型、无香型。

WP20130195 蚊香/0.08%/蚊香/氯氟醚菊酯 0.08%/2013.09.24 至 2018.09.24/微毒

室内 蚊 / 点燃

注:本产品有三种香型：无香型、野菊花香型、百花香型。

WP20130247 杀虫气雾剂/0.13%/气雾剂/高效氯氰菊酯 0.07%、右旋反式氯丙炔菊酯 0.06%/2013.12.09 至 2018.12.09/微毒

室内 蜚蠊、蚊、蝇 / 喷雾

注:本产品有三种香型：柠檬香型、茉莉花香型、无香型。

WL20100237 电热蚊香液/0.8%/电热蚊香液/氯氟醚菊酯 0.8%/2012.08.31 至 2013.08.31/微毒

卫生 蚊 / 电热加温

注:本产品有三种香型：野菊花香型、百花香型、无香型。

WL20100241 电热蚊香片/13毫克/片/电热蚊香片/炔丙菊酯 5.2毫克/片、氯氟醚菊酯 7.8毫克/片/2012.08.31 至 2013.08.31/微毒

卫生 蚊 / 电热加温

注:本品有三种香型：柠檬香型、百花香型、野菊花香型。

北京洛娃日化有限公司 (北京市朝阳区望京利泽中园二区203号洛娃大厦 100102 010-69391807)

WP20090360 蚊香/.3%/蚊香/富右旋反式烯丙菊酯 0.3%/2009.11.04 至 2014.11.04/微毒

卫生	蚊	/	点燃

北京三浦百草绿色植物制剂有限公司 (北京市密云县隆源工业小区15号 100020 010-65911526)

PD20101689 甲氨基阿维菌素苯甲酸盐(0.57%)///微乳剂/甲氨基阿维菌素 0.5%/2010.06.08 至 2015.06.08/低毒

甘蓝	甜菜夜蛾	1.3-1.8克/公顷	喷雾

PD20102071 苦参碱/5%/母药/苦参碱 5%/2010.11.03 至 2015.11.03/低毒

PD20110058 苦参碱/0.5%/水剂/苦参碱 0.5%/2011.01.11 至 2016.01.11/低毒

十字花科蔬菜	蚜虫	6.48-8.64克/公顷	喷雾
十字花科蔬菜	菜青虫	2.7-4.05克/公顷	喷雾

PD20110546 苦参碱/0.3%/水剂/苦参碱 0.3%/2011.05.12 至 2016.05.12/低毒

花卉	蚜虫	/	直接喷雾

PD20121511 甲氨基阿维菌素苯甲酸盐/3%/微乳剂/甲氨基阿维菌素 3%/2012.10.09 至 2017.10.09/低毒

甘蓝	甜菜夜蛾	2-2.7克/公顷	喷雾

注:甲氨基阿维菌素苯甲酸盐含量:3.4%。

PD20121979 香菇多糖/1%/水剂/香菇多糖 1%/2012.12.18 至 2017.12.18/低毒

番茄	病毒病	23-38克/公顷	喷雾

PD20131911 多杀霉素/90%/原药/多杀霉素 90%/2013.09.25 至 2018.09.25/微毒

LS20100022 烯啶虫胺/10%/水剂/烯啶虫胺 10%/2012.03.05 至 2013.03.05/低毒

观赏菊花	烟粉虱	40-66.7毫克/千克	喷雾

LS20110178 氨基寡糖素/3%/水剂/氨基寡糖素 3%/2013.07.07 至 2014.07.07/低毒

番茄	晚疫病	18-22.5克/公顷	喷雾

WP20080417 杀虫喷射剂/0.1%/喷射剂/除虫菊素(Ⅰ+Ⅱ) 0.1%/2013.12.12 至 2018.12.12/低毒

卫生	蚊、蝇	/	喷射

北京市百盟兴科贸有限责任公司 (北京市丰台区东大街53号A1138室 100071)

WP20090253 杀蟑饵剂/0.8%/饵剂/毒死蜱 0.8%/2009.04.27 至 2014.04.27/低毒

卫生	蜚蠊	/	投放

北京市朝阳区利华鼠药厂 (北京市朝阳区小红门南里 100176 010-87603731)

PD20093308 溴敌隆/0.005%/毒饵/溴敌隆 0.005%/2014.03.13 至 2019.03.13/高毒

室内	褐家鼠	20-40克毒饵/15平方米	饱和投饵堆施或穴施

北京市东旺农药厂 (北京市房山区良乡城西固村 102488 010-89356448)

PD20040079 氯氰菊酯/5%/乳油/氯氰菊酯 5%/2009.12.19 至 2014.12.19/中等毒

棉花	棉铃虫	45-90克/公顷	喷雾
十字花科蔬菜	菜青虫	30-45克/公顷	喷雾

PD20040251 高效氯氰菊酯/4.5%/乳油/高效氯氰菊酯 4.5%/2009.12.19 至 2014.12.19/中等毒

茶树	茶尺蠖	15-25.5克/公顷	喷雾
柑橘树	潜叶蛾	15-20毫克/千克	喷雾
棉花	棉铃虫	15-30克/公顷	喷雾
苹果树	食心虫	20-33毫克/千克	喷雾
十字花科蔬菜	菜青虫	9-25.5克/公顷	喷雾
烟草	烟青虫	15-25.5克/公顷	喷雾

PD20040684 高氯·三唑磷/15%/乳油/高效氯氰菊酯 1%、三唑磷 14%/2009.12.19 至 2014.12.19/中等毒

棉花	棉铃虫	94-140克/公顷	喷雾
十字花科蔬菜	小菜蛾	180-225克/公顷	喷雾
十字花科蔬菜	菜青虫	90-135克/公顷	喷雾

PD20085111 甲氰·马拉松/25%/乳油/甲氰菊酯 2%、马拉硫磷 23%/2013.12.23 至 2018.12.23/中等毒

柑橘树	红蜘蛛	250-312.5毫克/千克	喷雾
棉花	棉铃虫	187.5-262.5克/公顷	喷雾
棉花	红蜘蛛	225-300克/公顷	喷雾

PD20085762 高氯·辛硫磷/25%/乳油/高效氯氰菊酯 2.5%、辛硫磷 22.5%/2013.12.29 至 2018.12.29/中等毒

棉花	棉铃虫	187.5-281.25克/公顷	喷雾

PD20085915 辛硫·高氯氟/30%/乳油/高效氯氟氰菊酯 0.25%、辛硫磷 29.75%/2013.12.29 至 2018.12.29/中等毒

十字花科蔬菜	菜青虫	180-270克/公顷	喷雾

PD20094412 甲哌鎓/25%/水剂/甲哌鎓 25%/2014.04.01 至 2019.04.01/低毒

棉花	调节生长	40-60克/公顷	喷雾

PD20096959 高氯·辛硫磷/25%/乳油/高效氯氰菊酯 0.4%、辛硫磷 24.6%/2009.09.29 至 2014.09.29/中等毒

甘蓝	菜青虫	150-225克/公顷	喷雾
棉花	棉铃虫	280-375克/公顷	喷雾

PD20101024 霜霉·络氨铜/48%/水剂/络氨铜 23%、霜霉威 25%/2010.03.22 至 2015.03.22/低毒

烟草	黑胫病	320-480毫克/千克	喷雾

PD20101263 混脂·硫酸铜/8%/水乳剂/混合脂肪酸 7.6%、硫酸铜 0.4%/2010.03.05 至 2015.03.05/低毒

番茄	病毒病	300-450克/公顷	喷雾

	烟草	花叶病毒病	240-300克/公顷	喷雾
PD20101264	混脂·硫酸铜/24%/水乳剂/混合脂肪酸 22.8%、硫酸铜 1.2%/2010.03.05 至 2015.03.05/低毒			
	番茄	病毒病	300-450克/公顷	喷雾
	辣椒、西瓜	病毒病	280-420克/公顷	喷雾
	烟草	花叶病毒病	300-450克/公顷	喷雾
PD20101336	噁霉·络氨铜/19%/水剂/噁霉灵 13%、络氨铜 6%/2010.03.22 至 2015.03.22/低毒			
	烟草	赤星病	95-142克/公顷	喷雾
PD20101728	高氯·甲维盐/5%/微乳剂/高效氯氰菊酯 4.8%、甲氨基阿维菌素苯甲酸盐 0.2%/2010.06.28 至 2015.06.28/中等毒			
	烟草	烟青虫	15-30克/公顷	喷雾
	烟草	斜纹夜蛾	15-30毫升制剂/亩	喷雾
PD20102004	水胺·高氯/22%/乳油/高效氯氰菊酯 1%、水胺硫磷 21%/2010.09.25 至 2015.09.25/高毒			
	棉花	棉铃虫	124-186克/公顷	喷雾
PD20102108	阿维·丁硫/25%/水乳剂/阿维菌素 0.5%、丁硫克百威 24.5%/2010.11.30 至 2015.11.30/中等毒(原药高毒)			
	烟草	根结线虫	125-250毫克/千克	灌根
PD20110803	联苯·甲维盐/5.3%/微乳剂/甲氨基阿维菌素苯甲酸盐 0.3%、联苯菊酯 5%/2011.07.26 至 2016.07.26/中等毒			
	茶树	茶毛虫、茶尺蠖	13.25-26.5毫克/千克	喷雾
PD20110873	甲氨基阿维菌素苯甲酸盐/3%/微乳剂/甲氨基阿维菌素 3%/2011.08.16 至 2016.08.16/低毒			
	甘蓝	甜菜夜蛾、小菜蛾	1.8-2.25克/公顷	喷雾
	注:甲氨基阿维菌素苯甲酸盐含量：3.4%。			
PD20110983	甲戊·烯效唑/30%/乳油/二甲戊灵 28%、烯效唑 2%/2011.09.16 至 2016.09.16/低毒			
	烟草	抑制腋芽生长	160-200倍液	杯淋法
PD20111439	腈菌唑/12.5%/微乳剂/腈菌唑 12.5%/2011.12.29 至 2016.12.29/微毒			
	烟草	白粉病、赤星病	56.25—75克/公顷	喷雾
PD20120017	啶虫脒/3%/微乳剂/啶虫脒 3%/2012.01.06 至 2017.01.06/低毒			
	烟草	蚜虫	13.5—18克/公顷	喷雾
PD20120088	氟铃脲/5%/乳油/氟铃脲 5%/2012.01.19 至 2017.01.19/微毒			
	甘蓝	小菜蛾	52.5—67.5克/公顷	喷雾
WP20100107	高氯·氟铃脲/5%/悬浮剂/氟铃脲 1%、高效氯氰菊酯 4%/2010.07.28 至 2015.07.28/低毒			
	卫生	蜚蠊、蝇	50毫克/平方米	滞留喷洒

北京市隆华新业卫生杀虫剂有限公司 (北京市朝阳区平房乡平房东口工业区 100025 010-65488469/65487951)

PD20080602	溴敌隆/0.01%/饵粒/溴敌隆 0.01%/2013.05.12 至 2018.05.12/低毒(原药高毒)			
	室内	家鼠	10-20克制剂/15平方米	堆施或穴施
PD20081524	溴鼠灵/0.005%/毒饵/溴鼠灵 0.005%/2013.11.06 至 2018.11.06/低毒(原药高毒)			
	室内	家鼠	15-30克/15平方米	堆施或穴施
PD20081761	溴敌隆/0.5%/母液/溴敌隆 0.5%/2013.11.18 至 2018.11.18/中等毒(原药高毒)			
	室外	田鼠	2-5克0.005%毒饵×(300-450)点/公顷	堆施或穴施
PD20086047	溴敌隆/0.005%/毒饵/溴敌隆 0.005%/2013.12.29 至 2018.12.29/低毒(原药高毒)			
	室内	家鼠	10-20克制剂/10平方米	堆施或穴施
	室外	田鼠	2-5克制剂×(300-450)点/公顷	堆施或穴施
PD20086384	杀鼠醚/0.0375%/毒饵/杀鼠醚 0.0375%/2013.12.31 至 2018.12.31/低毒(原药高毒)			
	室内	家鼠	15-20克制剂/堆、穴	堆施或穴施(连续投放5天)
PD20093977	杀鼠醚/0.75%/母粉/杀鼠醚 0.75%/2014.03.27 至 2019.03.27/低毒(原药高毒)			
	室内	家鼠	饱和投饵	配成0.0375%毒饵堆施或穴施
WP20080085	杀蟑胶饵/4.5%/胶饵/灭幼脲 0.5%、乙酰甲胺磷 4%/2013.07.10 至 2018.07.10/低毒			
	卫生	蜚蠊	/	投放
WP20080219	高效氯氰菊酯/5%/悬浮剂/高效氯氰菊酯 5%/2013.11.25 至 2018.11.25/低毒			
	卫生	蚊、蝇	50毫克/平方米	滞留喷雾
	卫生	蜚蠊	83.3毫克/平方米	滞留喷雾
WP20080242	高效氯氟氰菊酯/2.5%/水分散粒剂/高效氯氟氰菊酯 2.5%/2013.11.25 至 2018.11.25/低毒			
	卫生	蚊、蝇、蜚蠊	50毫克/平方米	滞留喷洒
WP20080244	杀蚁饵剂/1%/饵剂/毒死蜱 1%/2013.11.26 至 2018.11.26/低毒			
	卫生	蚂蚁	/	投饵
WP20080247	杀蟑饵剂/2.8%/饵剂/毒死蜱 0.8%、乙酰甲胺磷 2%/2013.11.26 至 2018.11.26/低毒			
	卫生	蜚蠊	/	投饵
WP20080256	杀虫粉剂/0.17%/粉剂/胺菊酯 0.06%、氯菊酯 0.01%、溴氰菊酯 0.10%/2013.11.26 至 2018.11.26/低毒			
	卫生	蜚蠊、蚊、蝇	1.1-2.2毫克/平方米	撒布
WP20080271	杀虫粉剂/0.6%/粉剂/残杀威 0.45%、高效氯氰菊酯 0.15%/2013.12.01 至 2018.12.01/低毒			
	卫生	蜚蠊	3克制剂/平方米	撒布
WP20080400	杀蟑饵剂/2.6%/饵剂/残杀威 2%、毒死蜱 0.6%/2013.12.11 至 2018.12.11/低毒			
	卫生	蜚蠊	/	投饵

WP20080460 杀蟑饵膏/2%/膏剂/残杀威 2%/2013.12.16 至 2018.12.16/低毒
卫生 蜚蠊 / 投饵

WP20080483 高效氯氰菊酯/4.5%/水乳剂/高效氯氰菊酯 4.5%/2013.12.17 至 2018.12.17/低毒
卫生 蚊、蝇 30毫克/平方米 滞留喷洒
卫生 蜚蠊 40毫克/平方米 滞留喷洒

WP20090005 杀蟑饵剂/2.5%/毒饵/灭幼脲 0.5%、乙酰甲胺磷 2.0%/2014.01.04 至 2019.01.04/低毒
卫生 蜚蠊 / 投饵

WP20090212 高效氯氟氰菊酯/2.5%/悬浮剂/高效氯氟氰菊酯 2.5%/2014.03.31 至 2019.03.31/低毒
卫生 蝇 15毫克/平方米 滞留喷洒
卫生 蜚蠊 30毫克/平方米 滞留喷洒

WP20090233 氯氰·敌敌畏/16.5%/乳油/敌敌畏 15%、氯氰菊酯 1.5%/2014.04.13 至 2019.04.13/中等毒
室外 蚊、蝇 0.04-0.06毫升制剂/平方米 喷洒

WP20090319 敌·氯·辛硫磷/12.8%/乳油/敌敌畏 8.8%、氯氰菊酯 0.8%、辛硫磷 3.2%/2009.09.10 至 2014.09.10/中等毒
卫生 蚊、蝇 100倍液 喷洒

WP20100127 杀蟑烟剂/6%/烟剂/高效氯氰菊酯 6%/2010.11.01 至 2015.11.01/低毒
室内 蜚蠊 / 点燃

WP20110010 杀蟑胶饵/2.5%/胶饵/吡虫啉 2.5%/2011.01.04 至 2016.01.04/低毒
卫生 蜚蠊 / 投放

WP20120040 杀蟑胶饵/0.05%/胶饵/氟虫腈 0.05%/2012.03.12 至 2017.03.12/微毒
卫生 蜚蠊 / 投放

WP20120132 杀蟑热雾剂/2.5%/热雾剂/胺菊酯 0.5%、高效氯氰菊酯 2%/2012.07.19 至 2017.07.19/微毒
卫生 蜚蠊 1.5毫升制剂/立方米 热雾机喷雾

WP20120152 杀蟑饵剂/0.05%/饵剂/氟虫腈 0.05%/2012.08.28 至 2017.08.28/微毒
卫生 蜚蠊 / 投饵

WP20120186 吡丙醚/0.5%/颗粒剂/吡丙醚 0.5%/2012.09.19 至 2017.09.19/微毒
卫生 蝇(幼虫) 100毫克/平方米 撒施
卫生 蚊(幼虫) 50毫克/平方米 撒施

WP20130077 烯丙·氯菊/10.5%/微乳剂/Es-生物烯丙菊酯 0.5%、氯菊酯 10%/2013.04.22 至 2018.04.22/微毒
卫生 蚊 / 喷雾

WP20130196 杀蟑饵剂/2%/饵剂/氟蚁腙 2%/2013.09.24 至 2018.09.24/微毒
室内 蜚蠊 / 投放

WP20130203 杀蚁饵剂/1%/饵剂/氟蚁腙 1%/2013.09.25 至 2018.09.25/微毒
室内 蚂蚁 / 投放

北京市益环天敌农业技术服务公司 (北京市密云县水源路保利花园南侧 101500)

LS20120357 松毛虫赤眼蜂/10000头/袋/杀虫卵袋/松毛虫赤眼蜂 10000头/袋/2013.10.30 至 2014.10.30/低毒
玉米 玉米螟 20000－30000头/亩 挂放蜂袋放蜂

北京顺意生物农药厂 (北京市顺义区北石槽镇 101300 010-60421788)

PD20040242 高效氯氰菊酯/4.5%/乳油/高效氯氰菊酯 4.5%/2009.12.19 至 2014.12.19/低毒
茶树 尺蠖 15-25.5克/公顷 喷雾
柑橘树 红蜡蚧 50毫克/千克 喷雾
柑橘树 潜叶蛾 15-20毫克/千克 喷雾
棉花 红铃虫、棉铃虫、蚜虫 15-30克/公顷 喷雾
苹果树 桃小食心虫 30-45毫克/千克 喷雾
十字花科蔬菜 菜青虫、小菜蛾 9-25.5克/公顷 喷雾
十字花科蔬菜 美洲斑潜蝇 27-33.8克/公顷 喷雾
十字花科蔬菜 菜蚜 3-18克/公顷 喷雾
烟草 烟青虫 15-25.5克/公顷 喷雾

PD20040685 吡虫·杀虫单/50%/可湿性粉剂/吡虫啉 1%、杀虫单 49%/2009.12.19 至 2014.12.19/中等毒
水稻 稻飞虱、稻纵卷叶螟 750-900克/公顷 喷雾

PD20060150 氯氰菊酯/5%/乳油/氯氰菊酯 5%/2011.08.24 至 2016.08.24/中等毒
十字花科蔬菜 菜青虫、蚜虫 30-45克/公顷 喷雾

PD20080527 噻吩磺隆/15%/可湿性粉剂/噻吩磺隆 15%/2013.04.29 至 2018.04.29/低毒
冬小麦田 一年生阔叶杂草 22.5-33.8克/公顷 喷雾
花生田、夏大豆田 一年生阔叶杂草 18-27克/公顷 土壤喷雾
夏玉米田 一年生阔叶杂草 18-27克/公顷 土壤或茎叶喷雾

PD20084870 辛硫·氟氯氰/43%/乳油/氟氯氰菊酯 3%、辛硫磷 40%/2013.12.22 至 2018.12.22/低毒
棉花 棉蚜 129-258克/公顷 喷雾
棉花 红蜘蛛 161.25-322.5克/公顷 喷雾(有抑制作用)
棉花 棉铃虫 161.25-322.5克/公顷 喷雾

PD20085045 苯磺隆/10%/可湿性粉剂/苯磺隆 10%/2013.12.23 至 2018.12.23/低毒
冬小麦田 一年生阔叶杂草 13.5-22.5克/公顷 茎叶喷雾

PD20085553 阿维·高氯/3%/乳油/阿维菌素 0.2%、高效氯氰菊酯 2.8%/2013.12.25 至 2018.12.25/低毒(原药高毒)
黄瓜 美洲斑潜蝇 15-30克/公顷 喷雾

	梨树	梨木虱	6-12毫克/千克	喷雾
	十字花科蔬菜	小菜蛾	7.5-15克/公顷	喷雾
PD20085614	百菌清/40%/悬浮剂/百菌清 40%/2013.12.25 至 2018.12.25/低毒			
	番茄	灰霉病	900-1000克/公顷	喷雾
	黄瓜	霜霉病	900-1050克/公顷	喷雾
PD20090133	辛硫·氰氯氰/30%/乳油/氰氯氰菊酯 1%、辛硫磷 29%/2014.01.08 至 2019.01.08/低毒			
	棉花	棉铃虫	150-225克/公顷	喷雾
	棉花	美洲斑潜蝇	180-270克/公顷	喷雾
	十字花科蔬菜	美洲斑潜蝇、蚜虫	135-225克/公顷	喷雾
PD20091732	高氯·马/20%/乳油/高效氯氰菊酯 2%、马拉硫磷 18%/2014.02.04 至 2019.02.04/中等毒			
	茶树	茶毛虫、小绿叶蝉	60-180克/公顷	喷雾
	甘蓝	小菜蛾	150-300克/公顷	喷雾
	甘蓝	菜青虫、蚜虫	45-120克/公顷	喷雾
	棉花	棉铃虫、蚜虫	60-180克/公顷	喷雾
	苹果树	蚜虫	50-200毫克/千克	喷雾
	苹果树	桃小食心虫	133-200毫克/千克	喷雾
	十字花科蔬菜	甜菜夜蛾	90-150克/公顷	喷雾
	小麦	蚜虫	120-150克/公顷	喷雾
PD20093550	复硝酚钠/1.8%/水剂/5-硝基邻甲氧基苯酚钠 0.3%、对硝基苯酚钠 0.9%、邻硝基苯酚钠 0.6%/2009.03.23 至2014.03.23/低毒			
	番茄	调节生长	4.5-6.0毫克/千克	喷雾
PD20094392	氯·灭·辛硫磷/25%/乳油/高效氯氰菊酯 2%、灭多威 5%、辛硫磷 18%/2009.04.01 至 2014.04.01/中等毒(原药高毒)			
	棉花	红蜘蛛、棉铃虫、棉蚜	127.5-187.5克/公顷	喷雾
	棉花	美洲斑潜蝇	187.5-262.5克/公顷	喷雾
PD20094839	噻磺·乙草胺/20%/可湿性粉剂/噻吩磺隆 1%、乙草胺 19%/2009.04.13 至 2014.04.13/低毒			
	冬小麦田	一年生杂草	240-300克/公顷	喷雾
PD20095447	苄·二氯/36%/可湿性粉剂/苄嘧磺隆 4%、二氯喹啉酸 32%/2009.05.11 至 2014.05.11/低毒			
	水稻抛秧田	部分多年生杂草、一年生杂草	216-270克/公顷（南方地区）	排水、喷雾
PD20095568	苄嘧·苯噻酰/50%/可湿性粉剂/苯噻酰草胺 47.4%、苄嘧磺隆 2.6%/2009.05.12 至 2014.05.12/低毒			
	水稻抛秧田	部分多年生杂草、一年生杂草	375-450克/公顷	药土法
PD20095895	精喹·草除灵/17.5%/乳油/草除灵 15%、精喹禾灵 2.5%/2009.05.31 至 2014.05.31/低毒			
	油菜田	一年生杂草	262.5-393.8克/公顷	茎叶喷雾
PD20095904	扑·乙/40%/乳油/扑草净 15%、乙草胺 25%/2009.05.31 至 2014.05.31/低毒			
	春大豆田	一年生杂草	1200-1500克/公顷	喷雾
	春玉米田	一年生杂草	1200-1500克/公顷(东北地区)	喷雾
	花生田	一年生杂草	900-1500克/公顷	喷雾
PD20100231	盐酸吗啉胍/23%/可溶粉剂/盐酸吗啉胍 23%/2010.01.11 至 2015.01.11/低毒			
	番茄	病毒病	703-1406克/公顷	喷雾
PD20110366	阿维·哒螨灵/5%/乳油/阿维菌素 0.2%、哒螨灵 4.8%/2011.03.31 至 2016.03.31/低毒(原药高毒)			
	柑橘树	红蜘蛛	40-60毫克/千克	喷雾
PD20110889	高效氯氰菊酯/4.5%/微乳剂/高效氯氰菊酯 4.5%/2011.08.16 至 2016.08.16/中等毒			
	甘蓝	菜青虫	27-40.5克/公顷	喷雾
WPN2-94	溴氰菊酯/2.5%/可湿性粉剂/溴氰菊酯 2.5%/2009.09.23 至 2014.09.23/中等毒			
	卫生	蜚蠊、蝇	10-20毫克/平方米	喷雾
WP20080220	高效氯氰菊酯/5%/可湿性粉剂/高效氯氰菊酯 5%/2013.11.25 至 2018.11.25/低毒			
	卫生	蚊、蝇	10-20毫克/平方米	滞留喷雾
	卫生	蜚蠊	40毫克/平方米	滞留喷雾
	卫生	蚂蚁	50-100毫克/平方米	滞留喷雾
WP20080267	杀虫粉剂/1%/粉剂/高效氯氰菊酯 1%/2013.11.27 至 2018.11.27/低毒			
	卫生	蜚蠊	6克制剂/平方米	撒布
	卫生	蚂蚁	3克制剂/平方米	撒布
WP20080356	高效氯氰菊酯/5%/悬浮剂/高效氯氰菊酯 5%/2013.12.09 至 2018.12.09/低毒			
	卫生	蚂蚁	50-100毫克/平方米	滞留喷洒
	卫生	蜚蠊、蚊、蝇	10-20毫克/平方米	滞留喷洒
WP20080579	杀虫喷射剂/0.6%/喷射剂/胺菊酯 0.3%、氯菊酯 0.3%/2013.12.29 至 2018.12.29/低毒			
	卫生	蚊、蝇、蜚蠊	/	喷射
WP20090143	高效氟氯氰菊酯/2.5%/悬浮剂/高效氟氯氰菊酯 2.5%/2014.02.26 至 2019.02.26/低毒			
	卫生	蜚蠊、蚊、蝇	玻璃面10毫克/平方米；木板面、石灰面20毫克/平方米	滞留喷洒
	卫生	蚂蚁	20毫克/平方米	滞留喷洒
WP20110255	杀蟑胶饵/2%/胶饵/吡虫啉 2%/2011.11.18 至 2016.11.18/微毒			
	卫生	蜚蠊	/	投放
WP20130088	杀蟑饵剂/0.05%/饵剂/氟虫腈 0.05%/2013.05.07 至 2018.05.07/微毒			

卫生 蜚蠊 / 投放

北京天青源科技有限公司 （北京市海淀区茂林居4号楼408室 100038 010-68575489）

WP20090018 杀蟑饵剂/30%/饵剂/硼酸 30%/2009.01.08 至 2014.01.08/微毒

卫生 蜚蠊 / 投放

北京天擎化工有限责任公司 （北京市平谷区新平南路126号 101200 010-89989146）

WP20090202 杀虫烟剂/5%/烟剂/高效氯氰菊酯 5%/2009.03.25 至 2014.03.25/低毒

卫生 蜚蠊、蚊、蝇 / 点燃

北京沃特瑞尔科技发展有限公司 （北京市海淀区上地西里 100085 010-62964685）

PD20093677 甲·戊·福美双/10%/种衣剂/福美双 4.88%、甲基异柳磷 5%、戊唑醇 0.12%/2009.03.25 至 2014.03.25/中等毒(原药高毒)

小麦 地下害虫、纹枯病 1:50-60(药种比) 种子包衣

PD20093718 多·福/18%/种衣剂/多菌灵 6%、福美双 12%/2009.03.25 至 2014.03.25/低毒

大豆 根腐病 1:40-50（药种比） 种子包衣

PD20094849 辛硫·福美双/15%/油基种衣剂/福美双 11%、辛硫磷 4%/2009.04.13 至 2014.04.13/低毒

玉米 地下害虫、茎基腐病 1：40-50 种子包衣

PD20096415 甲氨基阿维菌素苯甲酸盐(90%)///原药/甲氨基阿维菌素 79.1%/2009.08.04 至 2014.08.04/中等毒

PD20096416 草甘膦/95%/原药/草甘膦 95%/2009.08.04 至 2014.08.04/低毒

PD20096964 烟嘧磺隆/95%/原药/烟嘧磺隆 95%/2009.09.29 至 2014.09.29/低毒

北京亚戈农生物药业有限公司 （北京市平谷区东高村镇崔庄前街13号 101203 010-89922404）

PD20080911 嘧霉·多菌灵/40%/悬浮剂/多菌灵 30%、嘧霉胺 10%/2013.07.14 至 2018.07.14/低毒

黄瓜 灰霉病 450－562.5克/公顷 喷雾

PD20084987 毒死蜱/40%/乳油/毒死蜱 40%/2013.12.22 至 2018.12.22/中等毒

水稻 稻飞虱 300-600克/公顷 喷雾

PD20085526 联苯菊酯/25克/升/乳油/联苯菊酯 25克/升/2013.12.25 至 2018.12.25/低毒

茶树 茶小绿叶蝉 30-37.5克/公顷 喷雾

PD20086039 丙溴·辛硫磷/25%/乳油/丙溴磷 5%、辛硫磷 20%/2013.12.29 至 2018.12.29/低毒

棉花 棉铃虫 225-375克/公顷 喷雾

十字花科蔬菜 小菜蛾 262.5-450克/公顷 喷雾

PD20090088 阿维·杀虫单/15%/微乳剂/阿维菌素 0.3%、杀虫单 14.7%/2014.01.08 至 2019.01.08/低毒(原药高毒)

水稻 二化螟 135-225克/公顷 喷雾

PD20090340 阿维·哒螨灵/10%/乳油/阿维菌素 0.2%、哒螨灵 9.8%/2014.01.12 至 2019.01.12/低毒(原药高毒)

苹果树 红蜘蛛 2000-3000倍液 喷雾

PD20090361 炔螨特/570克/升/乳油/炔螨特 570克/升/2014.01.12 至 2019.01.12/低毒

柑橘树 红蜘蛛 285-427.5毫克/千克 喷雾

PD20090430 氯氰·丙溴磷/440克/升/乳油/丙溴磷 400克/升、氯氰菊酯 40克/升/2014.01.12 至 2019.01.12/中等毒

棉花 棉铃虫 528-660克/公顷 喷雾

PD20090806 丙环唑/250克/升/乳油/丙环唑 250克/升/2014.01.19 至 2019.01.19/低毒

小麦 白粉病 112.5-131.25克/公顷 喷雾

PD20091287 甲霜·锰锌/58%/可湿性粉剂/甲霜灵 10%、代森锰锌 48%/2014.02.01 至 2019.02.01/低毒

黄瓜 霜霉病 696-1044克/公顷 喷雾

PD20092530 高效氯氟氰菊酯/25克/升/乳油/高效氯氟氰菊酯 25克/升/2014.02.26 至 2019.02.26/中等毒

棉花 棉铃虫 15-22.5克/公顷 喷雾

PD20093543 氟硅唑/400克/升/乳油/氟硅唑 400克/升/2014.03.23 至 2019.03.23/低毒

梨树 黑星病 40-50毫克/千克 喷雾

PD20096909 吡虫啉/5%/乳油/吡虫啉 5%/2009.09.23 至 2014.09.23/低毒

苹果树 蚜虫 25-50毫克/千克 喷雾

PD20101265 桉油精/70%/母药/桉油精 70%/2010.03.05 至 2015.03.05/低毒

PD20101270 桉油精/5%/可溶液剂/桉油精 5%/2010.03.05 至 2015.03.05/低毒

十字花科蔬菜 蚜虫 52.5～75克/公顷 喷雾

PD20102013 苦参碱/0.5%/可溶液剂/苦参碱 0.5%/2010.09.25 至 2015.09.25/低毒

甘蓝 蚜虫 4.56-6.84克/公顷 喷雾

PD20131119 甲氨基阿维菌素苯甲酸盐/1%/微乳剂/甲氨基阿维菌素 1%/2013.05.20 至 2018.05.20/低毒

甘蓝 甜菜夜蛾 3.0-4.5克/公顷 喷雾

注:甲氨基阿维菌素苯甲酸盐含量:1.14%。

北京燕化永乐农药有限公司 （北京市通州区永乐店镇德仁务村 102488 010-89360210）

PD86123-3 矮壮素/50%/水剂/矮壮素 50%/2011.07.10 至 2016.07.10/低毒

棉花 防止徒长,化学整枝 10000倍液 喷顶，后期喷全株

棉花 提高产量、植株紧凑 1)10000倍液2)0.3-0.5%药液 1)喷雾2)浸种

棉花 防止疯长 25000倍液 喷顶

小麦 防止倒伏,提高产量 1)3-5%药液 2)100-400倍液 1)拌种2)返青、拔节期喷雾

玉米 增产 0.5%药液 浸种

PD20060164 百草枯/200克/升/水剂/百草枯 200克/升/2012.12.31 至 2014.07.01/中等毒

稻茬免耕小麦田 杂草 450-600克/公顷 播前或播后苗前茎叶喷雾
稻茬免耕油菜田 杂草 450-600克/公顷 播前、播后苗前或移栽前茎叶喷雾
玉米地 杂草 450-600克/公顷 行间定向茎叶喷雾

PD20070318 氯氰·辛硫磷/26%/乳油/氯氰菊酯 1%、辛硫磷 25%/2012.09.27 至 2017.09.27/低毒
棉花 棉铃虫 390-585克/公顷 喷雾

PD20080497 草甘膦异丙胺盐/30%/水剂/草甘膦 30%/2013.04.10 至 2018.04.10/低毒
茶园、柑橘园、剑麻园、梨园、苹果园、桑园、橡胶园 杂草 1125-2250克/公顷 行间定向喷雾
非耕地 一年生和多年生杂草 1230-2460克/公顷 茎叶喷雾
注:草甘膦异丙胺盐含量：41%。

PD20080609 氯氟吡氧乙酸异辛酯/200克/升/乳油/氯氟吡氧乙酸异辛酯 200克/升/2013.05.12 至 2018.05.12/低毒
冬小麦田 一年生阔叶杂草 180-210克/公顷 茎叶喷雾
水田畦畔 空心莲子草 150-180克/公顷 定向茎叶喷雾

PD20081676 二甲戊灵/330克/升/乳油/二甲戊灵 330克/升/2013.11.17 至 2018.11.17/低毒
甘蓝田 一年生禾本科杂草及部分阔叶杂草 594-742.5克/公顷 土壤喷雾

PD20082351 霜脲·锰锌/72%/可湿性粉剂/代森锰锌 64%、霜脲氰 8%/2013.12.01 至 2018.12.01/低毒
黄瓜 霜霉病 1620-1800克/公顷 喷雾
荔枝树 霜疫霉病 1200-1450毫克/千克 喷雾

PD20083068 代森锰锌/80%/可湿性粉剂/代森锰锌 80%/2013.12.10 至 2018.12.10/低毒
柑橘树 疮痂病、炭疽病 1333-2000毫克/千克 喷雾
梨树 黑星病 800-1500毫克/千克 喷雾
荔枝树 霜疫霉病 1333-2000毫克/千克 喷雾
苹果树 斑点落叶病、轮纹病、炭疽病 1000-1500毫克/千克 喷雾
葡萄 白腐病、黑痘病、霜霉病 1000-1600毫克/千克 喷雾
西瓜 炭疽病 1560-2520克/公顷 喷雾

PD20083125 代森锌/80%/可湿性粉剂/代森锌 80%/2013.12.10 至 2018.12.10/低毒
番茄 早疫病 2550-3600克/公顷 喷雾

PD20083202 阿维菌素/2%/乳油/阿维菌素 2%/2013.12.11 至 2018.12.11/低毒(原药高毒)
菜豆、黄瓜 美洲斑潜蝇 10.8-21.6克/公顷 喷雾
柑橘树 红蜘蛛、潜叶蛾 4.5-9毫克/千克 喷雾
柑橘树 锈壁虱 2.25-4.5毫克/千克 喷雾
梨树 梨木虱 6-12毫克/千克 喷雾
苹果树 二斑叶螨 4.5-6毫克/千克 喷雾
苹果树 红蜘蛛 3-6毫克/千克 喷雾
苹果树 桃小食心虫 4.5-9毫克/千克 喷雾
十字花科蔬菜 菜青虫、小菜蛾 8.1-10.8克/公顷 喷雾

PD20083261 噁霜·锰锌/64%/可湿性粉剂/噁霜灵 8%、代森锰锌 56%/2013.12.11 至 2018.12.11/低毒
烟草 黑胫病 1920-2880克/公顷 喷雾

PD20083349 丙环唑/250克/升/乳油/丙环唑 250克/升/2013.12.11 至 2018.12.11/低毒
香蕉 叶斑病 360-500毫克/千克 喷雾

PD20083392 毒死蜱/480克/升/乳油/毒死蜱 480克/升/2013.12.11 至 2018.12.11/中等毒
柑橘树 介壳虫 240-480毫克/千克 喷雾
苹果树 桃小食心虫 160-240毫克/千克 喷雾
苹果树 绵蚜 240-320毫克/千克 喷雾
水稻 稻纵卷叶螟 432-720克/公顷 喷雾

PD20083698 三环唑/75%/可湿性粉剂/三环唑 75%/2013.12.15 至 2018.12.15/中等毒
水稻 稻瘟病 250-300克/公顷 喷雾

PD20084299 三唑酮/25%/可湿性粉剂/三唑酮 25%/2013.12.17 至 2018.12.17/低毒
小麦 白粉病 75-135克/公顷 喷雾

PD20084924 多菌灵/50%/可湿性粉剂/多菌灵 50%/2013.12.22 至 2018.12.22/低毒
苹果树 炭疽病 500-833毫克/千克 喷雾

PD20085182 抑霉唑/50%/乳油/抑霉唑 50%/2013.12.23 至 2018.12.23/低毒
柑橘 绿霉病、青霉病 357-500毫克/千克 浸果

PD20085326 苯丁锡/50%/可湿性粉剂/苯丁锡 50%/2013.12.24 至 2018.12.24/低毒
柑橘树 红蜘蛛 200-250毫克/千克 喷雾

PD20085501 精喹禾灵/50克/升/乳油/精喹禾灵 50克/升/2013.12.25 至 2018.12.25/低毒
棉花田 一年生禾本科杂草 37.5-60克/公顷 茎叶喷雾

PD20085668 除虫脲/25%/可湿性粉剂/除虫脲 25%/2013.12.26 至 2018.12.26/低毒
森林 松毛虫 40-60毫克/千克 喷雾

PD20085810 高效氟吡甲禾灵/108克/升/乳油/高效氟吡甲禾灵 108克/升/2013.12.29 至 2018.12.29/低毒

	春大豆田	一年生禾本科杂草	48.6-56.7克/公顷	茎叶喷雾
	春油菜	一年生禾本科杂草	45.36-51.84克/公顷	茎叶喷雾
	冬油菜田	一年生禾本科杂草	32.5-45克/公顷	茎叶喷雾
	夏大豆田	一年生禾本科杂草	45.4-48.6克/公顷	茎叶喷雾
PD20086289	联苯菊酯/100克/升/乳油/联苯菊酯 100克/升/2013.12.31 至 2018.12.31/低毒			
	茶树	茶小绿叶蝉	37.5-45克/公顷	喷雾
PD20090139	复硝酚钠/1.8%/水剂/5-硝基邻甲氧基苯酚钠 0.3%、对硝基苯酚钠 0.9%、邻硝基苯酚钠 0.6%/2014.01.08 至2019.01.08/低毒			
	番茄	调节生长	3.6-4.5微升/升（4000-5000倍液）	兑水喷雾
PD20091592	烯草酮/240克/升/乳油/烯草酮 240克/升/2014.02.03 至 2019.02.03/低毒			
	大豆田	一年生禾本科杂草	108-144克/公顷	茎叶喷雾
PD20091680	甲基硫菌灵/70%/可湿性粉剂/甲基硫菌灵 70%/2014.02.03 至 2019.02.03/低毒			
	苹果树	轮纹病	700-1167毫克/千克	喷雾
PD20093841	唑磷·毒死蜱/25%/乳油/毒死蜱 10%、三唑磷 15%/2014.03.25 至 2019.03.25/中等毒			
	水稻	二化螟	375-450克/公顷	喷雾
PD20095821	精噁唑禾草灵/69克/升/水乳剂/精噁唑禾草灵 69克/升/2009.05.27 至 2014.05.27/低毒			
	春小麦田	一年生禾本科杂草	51.75-62.1克/公顷	茎叶喷雾
	冬小麦田	一年生禾本科杂草	41.4-51.75克/公顷	茎叶喷雾
PD20096262	香菇多糖/2%/母药/香菇多糖 2%/2009.07.15 至 2014.07.15/低毒			
PD20096263	香菇多糖/0.5%/水剂/香菇多糖 0.5%/2009.07.15 至 2014.07.15/低毒			
	番茄	病毒病	12.45-18.75克/公顷	喷雾
	烟草	病毒病	7.5-12.5克/公顷	喷雾
PD20096418	多·锰锌/50%/可湿性粉剂/多菌灵 8%、代森锰锌 42%/2009.08.04 至 2014.08.04/低毒			
	苹果树	轮纹病	625-833毫克/千克	喷雾
PD20101060	烟嘧磺隆/40克/升/可分散油悬浮剂/烟嘧磺隆 40克/升/2010.01.21 至 2015.01.21/低毒			
	玉米田	一年生杂草	39-54克/公顷	茎叶喷雾
PD20101683	混铜·多菌灵/15%/悬浮剂/多菌灵 3%、混合氨基酸铜 12%/2010.06.08 至 2015.06.08/低毒			
	西瓜	枯萎病	2190-2805克/公顷	灌根
PD20110099	吡嘧·苯噻酰/50%/可湿性粉剂/苯噻酰草胺 48.2%、吡嘧磺隆 1.8%/2011.01.26 至 2016.01.26/低毒			
	水稻移栽田	一年生及部分多年生杂草	375-525克/公顷(南方地区) 525-750克/公顷(北方地区)	药土法
PD20110744	苯醚甲环唑/10%/水分散粒剂/苯醚甲环唑 10%/2011.07.25 至 2016.07.25/低毒			
	苹果树	斑点落叶病	50-66.7毫克/千克	喷雾
PD20110850	高氯·甲维盐/4.8%/微乳剂/高效氯氰菊酯 4.5%、甲氨基阿维菌素苯甲酸盐 0.3%/2011.08.10 至 2016.08.10/低毒			
	甘蓝	甜菜夜蛾	18-28.8克/公顷	喷雾
PD20111419	甲嘧磺隆/10%/悬浮剂/甲嘧磺隆 10%/2011.12.23 至 2016.12.23/低毒			
	林地防火隔离带非耕地	杂草	375-750克/公顷	喷雾
	林地防火隔离带非耕地	杂灌	1050-3000克/公顷	喷雾
	针叶苗圃	杂草	105-210克/公顷	喷雾
PD20120156	吡虫·毒死蜱/22%/乳油/吡虫啉 2%、毒死蜱 20%/2012.01.30 至 2017.01.30/中等毒			
	柑橘树	白粉虱	100-110毫克/千克	喷雾
	水稻	稻飞虱	132-165克/公顷	喷雾
PD20120292	香菇多糖/1%/水剂/香菇多糖 1%/2012.02.17 至 2017.02.17/低毒			
	番茄	病毒病	15－18克/公顷	喷雾
	水稻	条纹叶枯病	15－18克/公顷	喷雾
PD20120395	灭草松/480克/升/水剂/灭草松 480克/升/2012.03.07 至 2017.03.07/低毒			
	直播水稻田	莎草及阔叶杂草	900-1440克/公顷	喷雾/
PD20120548	己唑醇/50%/水分散粒剂/己唑醇 50%/2012.03.28 至 2017.03.28/低毒			
	水稻	纹枯病	60-75克/公顷	喷雾
PD20120751	腈菌唑/40%/可湿性粉剂/腈菌唑 40%/2012.05.05 至 2017.05.05/低毒			
	小麦	白粉病	60-90克/公顷	喷雾
PD20121913	2甲·草甘膦/72.5%/可溶粒剂/草甘膦 68%、2甲4氯 4.5%/2012.12.07 至 2017.12.07/低毒			
	非耕地	杂草	1500-1860克/公顷	茎叶喷雾
	注:草甘膦铵盐含量：75%，2甲4氯钠含量：5%。			
PD20122081	氰氟草酯/100克/升/乳油/氰氟草酯 100克/升/2012.12.24 至 2017.12.24/低毒			
	水稻田(直播)	千金子	75-105克/公顷	茎叶喷雾
PD20130131	甲维·毒死蜱/33%/水乳剂/毒死蜱 32%、甲氨基阿维菌素苯甲酸盐 1%/2013.01.17 至 2018.01.17/中等毒			
	水稻	稻纵卷叶螟	250－300克/公顷	喷雾
PD20130214	噻呋酰胺/240克/升/悬浮剂/噻呋酰胺 240克/升/2013.01.30 至 2018.01.30/低毒			
	水稻	纹枯病	63-80克/公顷	喷雾

PD20130330 2甲·草甘膦/49%/水剂/草甘膦异丙胺盐 41%、2甲4氯钠 8%/2013.03.05 至 2018.03.05/低毒
非耕地 杂草 1980-2970克/公顷 定向茎叶喷雾
PD20130441 戊唑醇/50%/水分散粒剂/戊唑醇 50%/2013.03.18 至 2018.03.18/低毒
苹果树 斑点落叶病 100—167毫克/千克 喷雾
PD20130710 噻螨酮/5%/水乳剂/噻螨酮 5%/2013.04.11 至 2018.04.11/低毒
柑橘树 红蜘蛛 25—33毫克/千克 喷雾
PD20130718 毒死蜱/15%/颗粒剂/毒死蜱 15%/2013.04.12 至 2018.04.12/低毒
花生 蛴螬 1800-3200克/公顷 撒施
PD20131031 戊唑·丙森锌/70%/可湿性粉剂/丙森锌 40%、戊唑醇 30%/2013.05.13 至 2018.05.13/低毒
苹果树 斑点落叶病 175—233毫克/千克 喷雾
PD20131039 烯啶·吡蚜酮/80%/水分散粒剂/吡蚜酮 60%、烯啶虫胺 20%/2013.05.13 至 2018.05.13/低毒
水稻 稻飞虱 60-120克/公顷 喷雾
PD20131067 多杀霉素/5%/悬浮剂/多杀霉素 5%/2013.05.20 至 2018.05.20/低毒
甘蓝 小菜蛾 15-26.25克/公顷 喷雾
水稻 稻纵卷叶螟 55-65克/公顷 喷雾
PD20131073 多杀霉素/20%/水分散粒剂/多杀霉素 20%/2013.05.20 至 2018.05.20/低毒
甘蓝 小菜蛾 15—27克/公顷 喷雾
水稻 稻纵卷叶螟 56-65克/公顷 喷雾
PD20131745 草甘膦钾盐/41%/水剂/草甘膦 41%/2013.08.16 至 2018.08.16/低毒
非耕地 一年生及部分多年生杂草 1275-2475克/公顷 茎叶喷雾
注:草甘膦钾盐含量：50%。
PD20132648 噻呋·已唑醇/50%/悬浮剂/已唑醇 25%、噻呋酰胺 25%/2013.12.20 至 2018.12.20/低毒
水稻 纹枯病 45—75克/公顷 喷雾
LS20120135 烯啶·吡蚜酮/60%/水分散粒剂/吡蚜酮 45%、烯啶虫胺 15%/2013.04.11 至 2014.04.11/低毒
水稻 稻飞虱 90—120克/公顷 喷雾
LS20120142 硝磺·莠去津/33%/悬浮剂/莠去津 30%、硝磺草酮 3%/2013.04.12 至 2014.04.12/低毒
春玉米田 一年生杂草 891-1188克/公顷 茎叶喷雾
夏玉米田 一年生杂草 594-891克/公顷 茎叶喷雾
LS20130097 氟腈·毒死蜱/18%/种子处理微囊悬浮剂/毒死蜱 15%、氟虫腈 3%/2014.03.11 至 2015.03.11/低毒
花生 蛴螬 180-360克/100千克种子 拌种
LS20130136 多杀·甲维盐/10%/水分散粒剂/多杀霉素 6%、甲氨基阿维菌素苯甲酸盐 4%/2014.04.02 至 2015.04.02/低毒
水稻 稻纵卷叶螟 18-24克/公顷 喷雾
LS20130183 多杀霉素/10%/悬浮剂/多杀霉素 10%/2014.04.05 至 2015.04.05/低毒
茄子 蓟马 25.2-37.8克/公顷 喷雾
LS20130303 多杀霉素/8%/水乳剂/多杀霉素 8%/2013.06.04 至 2014.06.04/低毒
茄子 蓟马 25-37.5克/公顷 喷雾
LS20130505 阿维.噻唑膦/10.5%/颗粒剂/阿维菌素 0.5%、噻唑膦 10%/2013.12.09 至 2014.12.09/中等毒(原药高毒)
黄瓜 根结线虫 2364.5-2835克/公顷 撒施、沟施、穴施

北京中农大生物技术股份有限公司 (北京市大兴区安定北街3号(北京市精细化工园区) 102607 010-57230758)

PD20070017 高效氯氰菊酯/4.5%/乳油/高效氯氰菊酯 4.5%/2012.01.18 至 2017.01.18/中等毒
苹果树 桃小食心虫 20-33毫克/千克 喷雾
蔬菜 菜青虫、小菜蛾 9-25.5克/公顷 喷雾
蔬菜 菜蚜 3-18克/公顷 喷雾
PD20084026 阿维菌素/0.9%/乳油/阿维菌素 0.9%/2008.12.16 至 2013.12.16/低毒(原药高毒)
甘蓝 小菜蛾 6-9克/公顷 喷雾
甘蓝 菜青虫 8.1-10.8克/公顷 喷雾
柑橘树 红蜘蛛 1.8-2.25毫克/千克 喷雾
柑橘树 锈壁虱 1.5-1.8毫克/千克 喷雾
苹果树 叶螨 1.5-2.25毫克/千克 喷雾
苹果树 桃小食心虫 1.8-2.25毫克/千克 喷雾
PD20084208 阿维菌素/1.8%/乳油/阿维菌素 1.8%/2013.12.16 至 2018.12.16/低毒(原药高毒)
菜豆、黄瓜 美洲斑潜蝇 10.8-21.6克/公顷 喷雾
柑橘树 红蜘蛛、潜叶蛾 4.5-9毫克/千克 喷雾
柑橘树 锈壁虱 2.25-4.5毫克/千克 喷雾
梨树 梨木虱 6-12毫克/千克 喷雾
棉花 棉铃虫 21.6-32.4克/公顷 喷雾
棉花 红蜘蛛 10.8-16.2克/公顷 喷雾
苹果树 桃小食心虫 4.5-9毫克/千克 喷雾
苹果树 红蜘蛛 3-6毫克/千克 喷雾
苹果树 二斑叶螨 4.5-6毫克/千克 喷雾
十字花科蔬菜 菜青虫、小菜蛾 8.1-10.8克/公顷 喷雾
PD20096501 辛硫·高氯氟/21.5%/可溶液剂/高效氯氰菊酯 1.5%、辛硫磷 20%/2009.08.14 至 2014.08.14/低毒
甘蓝 蚜虫 64.5-96.75克/公顷 喷雾

PD20097557 阿维·高氯氟/1.7%/可溶液剂/阿维菌素 0.2%、高效氯氟氰菊酯 1.5%/2009.11.03 至 2014.11.03/低毒(原药高毒)
十字花科蔬菜 菜青虫 5.1-7.65克/公顷 喷雾
PD20100796 阿维·矿物油/24.5%/乳油/阿维菌素 0.2%、矿物油 24.3%/2010.01.19 至 2015.01.19/低毒(原药高毒)
柑橘树 红蜘蛛 123-245毫克/千克 喷雾
十字花科蔬菜 小菜蛾 110.25-183.75克/公顷 喷雾
PD20102177 阿维·毒死蜱/5.5%/乳油/阿维菌素 0.1%、毒死蜱 5.4%/2010.12.15 至 2015.12.15/低毒(原药高毒)
柑橘树 红蜘蛛 36.7-55毫克/千克 喷雾
棉花 棉铃虫 49.5-66克/公顷 喷雾
PD20110555 甲氨基阿维菌素苯甲酸盐/2%/可溶液剂/甲氨基阿维菌素 2%/2011.05.20 至 2016.05.20/低毒
白菜 甜菜夜蛾 13-17毫升/亩 喷雾
注:甲氨基阿维菌素苯甲酸盐含量: 2.3%。
PD20120316 高效氯氰菊酯/4.5%/水乳剂/高效氯氰菊酯 4.5%/2012.02.17 至 2017.02.17/低毒
甘蓝 菜青虫 33.75-40.5克/公顷 喷雾
PD20120457 啶虫脒/5%/微乳剂/啶虫脒 5%/2012.03.14 至 2017.03.14/低毒
甘蓝 蚜虫 15-22.5克/公顷 喷雾
PD20120966 阿维菌素/5%/可溶液剂/阿维菌素 5%/2012.06.15 至 2017.06.15/中等毒(原药高毒)
白菜 小菜蛾 7.5-9克/公顷 喷雾
PD20131060 混合脂肪酸/10%/水乳剂/混合脂肪酸 10%/2013.05.20 至 2018.05.20/低毒
烟草 花叶病毒病 900-1500克/公顷 喷雾
PD20131615 苯甲·丙环唑/30%/微乳剂/苯醚甲环唑 15%、丙环唑 15%/2013.07.29 至 2018.07.29/低毒
水稻 纹枯病 90-113克/公顷 喷雾

北京中农研创高科技有限公司 (北京市海淀区中关村南大街12号中国农业科学院187号 100081 010-62145748)

PD20083585 异丙甲草胺/720克/升/乳油/异丙甲草胺 720克/升/2013.12.23 至 2018.12.23/低毒
春大豆田 一年生禾本科杂草及部分小粒种子阔叶杂草 1890-2160克/公顷 播后苗前土壤喷雾
夏大豆田 一年生禾本科杂草及部分小粒种子阔叶杂草 1350-1890克/公顷 播后苗前土壤喷雾
PD20084454 苯丁锡/50%/可湿性粉剂/苯丁锡 50%/2013.12.17 至 2018.12.17/低毒
柑橘树 红蜘蛛 200-250毫克/千克 喷雾
PD20084519 炔螨特/57%/乳油/炔螨特 57%/2013.12.18 至 2018.12.18/低毒
柑橘树 红蜘蛛 285-325毫克/千克 喷雾
PD20085014 高效氯氟氰菊酯/25克/升/乳油/高效氯氟氰菊酯 25克/升/2013.12.22 至 2018.12.22/中等毒
十字花科蔬菜 菜青虫 7.5-11.25克/公顷 喷雾
PD20097707 烯禾啶/12.5%/乳油/烯禾啶 12.5%/2009.11.04 至 2014.11.04/低毒
大豆田 一年生禾本科杂草 140.6-187.5克/公顷 茎叶喷雾
PD20097734 三唑锡/25%/可湿性粉剂/三唑锡 25%/2009.11.12 至 2014.11.12/低毒
柑橘树 红蜘蛛 125-167毫克/千克 喷雾
PD20098087 醚菊酯/10%/悬浮剂/醚菊酯 10%/2009.12.08 至 2014.12.08/低毒
甘蓝 菜青虫 450-600毫升制剂/公顷 喷雾
PD20101330 烟嘧磺隆/40克/升/可分散油悬浮剂/烟嘧磺隆 40克/升/2010.03.17 至 2015.03.17/低毒
玉米田 一年生杂草 42-60克/公顷 茎叶喷雾
PD20101825 联苯菊酯/100克/升/乳油/联苯菊酯 100克/升/2010.07.28 至 2015.07.28/中等毒
柑橘树 红蜘蛛 22.2-28.6毫克/千克 喷雾
PD20121685 甲氰·噻螨酮/7.5%/乳油/甲氰菊酯 5%、噻螨酮 2.5%/2012.11.05 至 2017.11.05/低毒
柑橘树 红蜘蛛 75-100毫克/千克 喷雾
PD20130462 精喹禾灵/10%/乳油/精喹禾灵 10%/2013.03.19 至 2018.03.19/低毒
夏大豆田 一年生禾本科杂草 37.5-52.5克/公顷 茎叶喷雾

北京中植科华农业技术有限公司 (北京市通州区永乐经济开发区A区102 101105 010-80514878)

PD20090827 阿维菌素/1.8%/乳油/阿维菌素 1.8%/2014.01.19 至 2019.01.19/中等毒(原药高毒)
十字花科蔬菜 小菜蛾 5.4-10.8克/公顷 喷雾
PD20091618 高效氯氟氰菊酯/25克/升/乳油/高效氯氟氰菊酯 25克/升/2009.02.03 至 2014.02.03/中等毒
十字花科蔬菜 菜青虫 11.25-15克/公顷 喷雾
PD20092646 吡虫啉/5%/可溶液剂/吡虫啉 5%/2014.03.03 至 2019.03.03/低毒
梨树 梨木虱 20-30毫克/千克 喷雾
PD20093234 啶虫脒/5%/乳油/啶虫脒 5%/2014.03.11 至 2019.03.11/低毒
柑橘树 蚜虫 10-15毫克/千克 喷雾
PD20094397 丙环唑/250克/升/乳油/丙环唑 250克/升/2014.04.01 至 2019.04.01/低毒
香蕉 叶斑病 250-500毫克/千克 喷雾
PD20096434 高效氯氰菊酯/4.5%/乳油/高效氯氰菊酯 4.5%/2009.08.05 至 2014.08.05/中等毒
十字花科蔬菜 菜青虫 13.5-27克/公顷 喷雾
PD20096729 二嗪磷/50%/乳油/二嗪磷 50%/2009.09.07 至 2014.09.07/低毒
水稻 二化螟 675-900克/公顷 喷雾
PD20096974 烟嘧磺隆/40克/升/可分散油悬浮剂/烟嘧磺隆 40克/升/2009.09.29 至 2014.09.29/低毒

玉米田 一年生杂草 42-60克/公顷 茎叶喷雾
PD20101179 氟磺胺草醚/250克/升/水剂/氟磺胺草醚 250克/升/2010.01.28 至 2015.01.28/低毒
春大豆田 一年生阔叶杂草 75-100毫升制剂/亩 茎叶喷雾
夏大豆田 一年生阔叶杂草 50-75毫升制剂/亩 茎叶喷雾
PD20121467 芸苔素内酯/0.004%/水剂/芸苔素内酯 0.004%/2012.10.08 至 2017.10.08/低毒
玉米 提高产量 0.02-0.04毫克/升 喷雾
PD20130625 氟硅唑/5%/微乳剂/氟硅唑 5%/2013.04.03 至 2018.04.03/低毒
梨树 黑星病 33-50毫克/千克 喷雾
LS20130126 0.5%阿维菌素乳油/0.5%/乳油/阿维菌素 .5%/2013.04.02 至 2014.04.02/低毒(原药高毒)
十字花科蔬菜 小菜蛾 8.1-10.8克/公顷 喷雾

北京鑫四环消毒技术开发中心 (北京市丰台区7130信箱 100071 010-63754093)
WP20080406 驱蚊喷射剂/10%/喷射剂/避蚊胺 10%/2013.12.12 至 2018.12.12/微毒
卫生 蚊 / 喷射

台湾百泰生物科技股份有限公司 (北京市大兴区西红门镇第肆村民生路北区东七条14号231室 102600 010-60260450)
PD20121487 枯草芽孢杆菌/100亿孢子/克/母药/枯草芽孢杆菌 100亿孢子/克/2012.10.09 至 2017.10.09/低毒
PD20121632 枯草芽孢杆菌/10亿孢子/克/可湿性粉剂/枯草芽孢杆菌 10亿孢子/克/2012.10.30 至 2017.10.30/微毒
草莓 白粉病 500～1000倍 喷雾
黄瓜 白粉病 400-800倍液 喷雾

台湾亿丰农化厂股份有限公司 (北京市西城区宣武门外大街甲1号 100052 010-59337345)
PD20070393 草甘膦异丙胺盐/30%/水剂/草甘膦 30%/2012.11.05 至 2017.11.05/低毒
柑橘园 杂草 1125-2250克/公顷 定向茎叶喷雾
注:草甘膦异丙胺盐含量: 41%。

中港泰富(北京)高科技有限公司 (北京市通州区永乐店镇柴厂屯村委会东南1000米 101115 010-68700216)
PD20085208 异菌脲/50%/可湿性粉剂/异菌脲 50%/2013.12.23 至 2018.12.23/低毒
番茄 灰霉病 562.5-750克/公顷 喷雾
PD20090382 烯草酮/240克/升/乳油/烯草酮 240克/升/2014.01.12 至 2019.01.12/低毒
大豆田 一年生禾本科杂草 108-144克/公顷 茎叶喷雾
PD20090399 氟磺胺草醚/250克/升/水剂/氟磺胺草醚 250克/升/2014.01.12 至 2019.01.12/低毒
春大豆田 一年生阔叶杂草 247.5-375克/公顷 茎叶喷雾
PD20092370 阿维·高氯/3%/乳油/阿维菌素 0.2%、高效氯氰菊酯 2.8%/2014.02.24 至 2019.02.24/低毒(原药高毒)
十字花科蔬菜 菜青虫、小菜蛾 13.5-27克/公顷 喷雾
PD20092992 阿维·炔螨特/40%/乳油/阿维菌素 0.3%、炔螨特 39.7%/2014.03.09 至 2019.03.09/低毒(原药高毒)
柑橘树 红蜘蛛 200-400毫克/千克 喷雾
PD20093449 霜霉威/722克/升/水剂/霜霉威 722克/升/2014.03.23 至 2019.03.23/低毒
黄瓜 霜霉病 864-1080克/公顷 喷雾
PD20093781 草甘膦异丙胺盐/41%/水剂/草甘膦 41%/2014.03.25 至 2019.03.25/低毒
玉米田 一年生和多年生杂草 1230-1537.5克/公顷 行间定向茎叶喷雾
PD20094531 虫酰肼/200克/升/悬浮剂/虫酰肼 200克/升/2009.04.09 至 2014.04.09/低毒
甘蓝 甜菜夜蛾 225-300克/公顷 喷雾
PD20094752 二甲戊灵/330克/升/乳油/二甲戊灵 330克/升/2009.04.10 至 2014.04.10/低毒
甘蓝田 一年生杂草 495-742.5克/公顷 移栽前土壤喷雾
PD20094945 精喹禾灵/8.8%/乳油/精喹禾灵 8.8%/2009.04.17 至 2014.04.17/低毒
夏大豆田 一年生禾本科杂草 39.6-52.8克/公顷 茎叶喷雾
PD20096059 灭草松/480克/升/水剂/灭草松 480克/升/2009.06.18 至 2014.06.18/低毒
大豆田 一年生阔叶杂草 1080-1440克/公顷 茎叶喷雾
PD20096456 甲氨基阿维菌素苯甲酸盐(0.57%)///微乳剂/甲氨基阿维菌素 0.5%/2009.08.05 至 2014.08.05/低毒
甘蓝 甜菜夜蛾 1.5-2.25克/公顷 喷雾
PD20097529 烟嘧磺隆/40克/升/可分散油悬浮剂/烟嘧磺隆 40克/升/2009.11.03 至 2014.11.03/低毒
玉米田 一年生单、双子叶杂草 75-100毫升制剂/亩 茎叶喷雾
PD20102158 吡虫啉/25%/可湿性粉剂/吡虫啉 25%/2010.12.08 至 2015.12.08/低毒
水稻 稻飞虱 15-30克/公顷 喷雾
WP20110235 顺式氯氰菊酯/10%/悬浮剂/顺式氯氰菊酯 10%/2011.10.13 至 2016.10.13/低毒
卫生 蚊、蝇、蜚蠊 20毫克/平方米（玻璃板面）；30毫克/平方米（油漆板面、水泥板面、白灰板面） 滞留喷洒

重庆市

重庆蝶王日化厂 (重庆市德感坪头山 402284 023-47838888)
WP20080488 蚊香/0.2%/蚊香/富右旋反式烯丙菊酯 0.2%/2008.12.17 至 2013.12.17/微毒
卫生 蚊 / 点燃
WP20130261 蚊香/0.05%/蚊香/氯氟醚菊酯 0.05%/2013.12.17 至 2018.12.17/微毒
卫生 蚊 / 点燃

重庆东方农药有限公司 (重庆市忠州忠渝路龙蛇脊 404300 023-54211590)
PD20081691 稻瘟灵/40%/乳油/稻瘟灵 40%/2013.11.17 至 2018.11.17/低毒

水稻 稻瘟病 600-700克/公顷 喷雾

PD20090714 氰戊·乐果/25%/乳油/乐果 22%、氰戊菊酯 3%/2014.01.19 至 2019.01.19/中等毒

十字花科蔬菜 菜青虫 75-150克/公顷 喷雾

PD20096689 草甘膦异丙胺盐(41%)///水剂/草甘膦 30%/2009.09.07 至 2014.09.07/微毒

柑橘园 杂草 1845-2460克/公顷 茎叶喷雾

PD20098492 吡虫·杀虫单/38%/可湿性粉剂/吡虫啉 1.2%、杀虫单 36.8%/2009.12.24 至 2014.12.24/低毒

水稻 稻飞虱、稻纵卷叶螟、二化螟、三化螟 450-750克/公顷 喷雾

PD20101216 烟碱·苦参碱/0.5%/水剂/苦参碱 0.05%、烟碱 0.45%/2010.02.21 至 2015.02.21/中等毒

柑橘树 矢尖蚧 5-10毫克/千克 喷雾

重庆丰化科技有限公司 (重庆市永川区化工路808号 402160 023-49845558)

PD85105-59 敌敌畏/80%/乳油/敌敌畏 77.5%(气谱法)/2010.02.02 至 2015.02.02/中等毒

茶树 食叶害虫 600克/公顷 喷雾

粮仓 多种储藏害虫 1)400-500倍液2)0.4-0.5克/立方米 1)喷雾 2)挂条熏蒸

棉花 蚜虫、造桥虫 600-1200克/公顷 喷雾

苹果树 小卷叶蛾、蚜虫 400-500毫克/千克 喷雾

青菜 菜青虫 600克/公顷 喷雾

桑树 尺蠖 600克/公顷 喷雾

卫生 多种卫生害虫 1)300-400倍液2)0.08克/立方米 1)泼洒2)挂条熏蒸

小麦 黏虫、蚜虫 600克/公顷 喷雾

PD91107-5 农用硫酸链霉素/72%/可溶粉剂/链霉素 72%/2011.06.14 至 2016.06.14/低毒

大白菜 软腐病 150-300克/公顷 喷雾

柑橘树 溃疡病 150-300克/公顷 喷雾

水稻 白叶枯病 150-300克/公顷 喷雾

PD20085352 阿维·辛硫磷/20%/乳油/阿维菌素 0.2%、辛硫磷 19.8%/2013.12.24 至 2018.12.24/低毒(原药高毒)

十字花科蔬菜 小菜蛾 90-150克/公顷 喷雾

PD20091910 甲霜·锰锌/58%/可湿性粉剂/甲霜灵 10%、代森锰锌 48%/2014.02.10 至 2019.02.10/低毒

黄瓜 霜霉病 1305-1632克/公顷 喷雾

烟草 黑胫病 870-1305克/公顷 喷雾

PD20093532 三环唑/20%/可湿性粉剂/三环唑 20%/2009.03.23 至 2014.03.23/微毒

水稻 稻瘟病 240-300克/公顷 喷雾

PD20094079 高氯·毒死蜱/10%/乳油/毒死蜱 8%、高效氯氰菊酯 2%/2009.03.27 至 2014.03.27/中等毒

十字花科蔬菜 菜青虫 75—112.5克/公顷 喷雾

PD20095050 杀虫双/18%/水剂/杀虫双 18%/2009.04.21 至 2014.04.21/低毒

水稻 二化螟 675-810克/公顷 喷雾

PD20095671 杀虫双/3.6%/大粒剂/杀虫双 3.6%/2009.05.14 至 2014.05.14/中等毒

水稻 螟虫 540-675克/公顷 撒施

PD20095850 氰戊·辛硫磷/25%/乳油/氰戊菊酯 6.25%、辛硫磷 18.75%/2009.05.27 至 2014.05.27/中等毒

十字花科蔬菜 菜青虫 150-225克/公顷 喷雾

PD20096677 苄·二氯/27.5%/可湿性粉剂/苄嘧磺隆 2.75%、二氯喹啉酸 24.75%/2009.09.07 至 2014.09.07/微毒

水稻秧田 一年生杂草 206.3-247.5克/公顷 茎叶喷雾

PD20096987 草甘膦/30%/水剂/草甘膦 30%/2009.09.29 至 2014.09.29/微毒

柑橘园 一年生和多年生杂草 1125-2250克/公顷 定向茎叶喷雾

PD20097031 甲氰菊酯/20%/乳油/甲氰菊酯 20%/2009.10.10 至 2014.10.10/中等毒

柑橘树 红蜘蛛 100-133.3毫克/千克 喷雾

PD20097142 草甘膦/95%/原药/草甘膦 95%/2009.10.16 至 2014.10.16/微毒

PD20110781 吡虫·杀虫单/35%/可湿性粉剂/吡虫啉 1%、杀虫单 34%/2011.07.25 至 2016.07.25/低毒

水稻 二化螟、飞虱 525-787.5克/公顷 喷雾

重庆金雕日化有限公司 (重庆市大渡口区跳磴镇双河村 401325 023-68535168)

WL20100005 蚊香/0.05%/蚊香/氯氟醚菊酯 0.05%/2012.01.12 至 2013.01.12/微毒

卫生 蚊 / 点燃

重庆金合蚊香制品有限公司 (重庆市长寿县轻化路96号 401220 023-40614889)

WP20110140 杀虫气雾剂/0.36%/气雾剂/胺菊酯 0.3%、高效氯氰菊酯 0.06%/2011.06.08 至 2016.06.08/微毒

卫生 蚊、蝇、蜚蠊 / 喷雾

WP20110234 蚊香/0.25%/蚊香/富右旋反式烯丙菊酯 0.25%/2011.10.13 至 2016.10.13/微毒

卫生 蚊 / 点燃

WL20110083 电热蚊香液/0.6%/电热蚊香液/氯氟醚菊酯 0.6%/2013.07.07 至 2014.07.07/微毒

卫生 蚊 / 电热加温

重庆金马蚊香厂 (重庆市江津市油溪镇罐头厂内 402285 023-47883166)

WP20090040 蚊香/0.2%/蚊香/富右旋反式烯丙菊酯 0.2%/2014.01.19 至 2019.01.19/低毒

卫生 蚊 / 点燃

WL20100009 蚊香/0.05%/蚊香/氯氟醚菊酯 0.05%/2012.01.12 至 2013.01.12/微毒

卫生 蚊 / 点燃

重庆井口农药有限公司　(重庆市沙坪坝区井口经济桥119号　400033　023-65184249)

PD84119-5　代森铵/45%/水剂/代森铵 45%/2009.09.10 至 2014.09.10/中等毒

白菜、黄瓜	霜霉病	525克/公顷	喷雾
甘薯	黑斑病	200-400倍液	浸种
谷子	白发病	180-360倍液	浸种
水稻	白叶枯病、纹枯病	337.5克/公顷	喷雾
水稻	稻瘟病	525-675克/公顷	喷雾
橡胶树	条溃疡病	150倍液	涂抹
玉米	大斑病、小斑病	525-675克/公顷	喷雾

PD20040094　氯氰菊酯/5%/乳油/氯氰菊酯 5%/2009.12.19 至 2014.12.19/中等毒

十字花科蔬菜	菜青虫	30-45克/公顷	喷雾

PD20080713　甲氰菊酯/20%/乳油/甲氰菊酯 20%/2013.06.11 至 2018.06.11/中等毒

苹果树	红蜘蛛	100-150毫克/千克	喷雾

PD20082286　溴氰菊酯/25克/升/乳油/溴氰菊酯 25克/升/2013.12.01 至 2018.12.01/中等毒

十字花科蔬菜	菜青虫	3.15-4.5克/公顷	喷雾

PD20082910　氰戊·乐果/25%/乳油/乐果 22%、氰戊菊酯 3%/2013.12.09 至 2018.12.09/中等毒

十字花科蔬菜	菜青虫	180-300克/公顷	喷雾

PD20083097　敌敌畏/77.5%/乳油/敌敌畏 77.5%/2013.12.16 至 2018.12.16/中等毒

十字花科蔬菜	菜青虫	600-960克/公顷	喷雾

PD20083509　辛硫磷/40%/乳油/辛硫磷 40%/2013.12.12 至 2018.12.12/低毒

十字花科蔬菜	菜青虫	480-600克/公顷	喷雾

PD20084230　氯氰·辛硫磷/26%/乳油/氯氰菊酯 1%、辛硫磷 25%/2013.12.17 至 2018.12.17/低毒

十字花科蔬菜	菜青虫	195-234克/公顷	喷雾

PD20084654　高效氯氰菊酯/4.5%/乳油/高效氯氰菊酯 4.5%/2013.12.22 至 2018.12.22/中等毒

十字花科蔬菜	小菜蛾	13.5-27克/公顷	喷雾

PD20095507　三唑磷/20%/乳油/三唑磷 20%/2009.05.11 至 2014.05.11/中等毒

水稻	二化螟	300-450克/公顷	喷雾

PD20100811　百草枯/200克/升/水剂/百草枯 200克/升/2012.12.31 至 2014.07.01/中等毒

柑橘园	杂草	600-900克/公顷	喷雾

PD20101237　杀虫双/3.6%/大粒剂/杀虫双 3.6%/2010.03.01 至 2015.03.01/中等毒

水稻	螟虫	540-675克/公顷	撒施

PD20110648　毒死蜱/480克/升/乳油/毒死蜱 480克/升/2011.06.13 至 2016.06.13/中等毒

水稻	稻纵卷叶螟	504-648克/公顷	喷雾

WP20090244　杀虫粉剂/0.9%/粉剂/氰戊菊酯 0.9%/2009.04.24 至 2014.04.24/低毒

卫生	蜚蠊	3克制剂/平方米	撒布

重庆净龙巴州化工有限公司　(重庆市九龙坡区含谷镇净龙村六社　401329　023-65702194)

WP20080462　杀虫粉剂/0.9%/粉剂/氰戊菊酯 0.9%/2013.12.16 至 2018.12.16/微毒

卫生	蜚蠊	3克制剂/平方米	撒布

WP20090279　杀虫粉剂/0.45%/粉剂/高效氯氰菊酯 0.05%、氰戊菊酯 0.4%/2009.06.02 至 2014.06.02/微毒

卫生	蜚蠊	3克制剂/平方米	撒布

WP20110154　杀虫粉剂/0.09%/粉剂/溴氰菊酯 0.09%/2011.06.20 至 2016.06.20/低毒

卫生	蜚蠊	2.7毫克/平方米	撒布

重庆农药化工(集团)有限公司　(重庆市长寿区重化工园区化南路四支路3号　400033　023-65180333)

PD84104-18　杀虫双/18%/水剂/杀虫双 18%/2009.10.15 至 2014.10.15/中等毒

甘蔗、蔬菜、水稻、小麦、玉米	多种害虫	540-675克/公顷	喷雾
果树	多种害虫	225-360毫克/千克	喷雾

PD84111-18　氧乐果/40%/乳油/氧乐果 40%/2009.10.15 至 2014.10.15/中等毒(原药高毒)

棉花	蚜虫、螨	375-600克/公顷	喷雾
森林	松干蚧、松毛虫	500倍液	喷雾或直接涂树干
水稻	稻纵卷叶螟、飞虱	375-600克/公顷	喷雾
小麦	蚜虫	300-450克/公顷	喷雾

PD85121-3　乐果/40%/乳油/乐果 40%/2010.06.21 至 2015.06.21/中等毒

茶树	蚜虫、叶蝉、螨	1000-2000倍液	喷雾
甘薯	小象甲	2000倍液	浸鲜薯片诱杀
柑橘树、苹果树	鳞翅目幼虫、蚜虫、螨	800-1600倍液	喷雾
棉花	蚜虫、螨	450-600克/公顷	喷雾
蔬菜	蚜虫、螨	300-600克/公顷	喷雾
水稻	飞虱、螟虫、叶蝉	450-600克/公顷	喷雾
烟草	蚜虫、烟青虫	300-600克/公顷	喷雾

PD85142-9　氧乐果/70%/原药/氧乐果 70%/2010.08.15 至 2015.08.15/高毒

PD85154-4　氰戊菊酯/20%/乳油/氰戊菊酯 20%/2010.08.15 至 2015.08.15/中等毒

柑橘树	潜叶蛾	10-20毫克/千克	喷雾

果树 梨小食心虫 10-20毫克/千克 喷雾
棉花 红铃虫、蚜虫 75-150克/公顷 喷雾
蔬菜 菜青虫、蚜虫 60-120克/公顷 喷雾
PD86177-2 结晶乐果/98%,97%,96%/结晶/乐果 98%,97%,96%/2011.10.30 至 2016.10.30/中等毒
PD88101-18 水胺硫磷/40%/乳油/水胺硫磷 40%/2013.06.02 至 2018.06.02/高毒
棉花 红蜘蛛、棉铃虫 300-600克/公顷 喷雾
水稻 蓟马、螟虫 450-900克/公顷 喷雾
PD89104-11 氰戊菊酯/89%/原药/氰戊菊酯 89%/2009.10.15 至 2014.10.15/中等毒
PD20040282 吡虫啉/95%/原药/吡虫啉 95%/2009.12.19 至 2014.12.19/低毒
PD20040563 哒螨灵/15%/乳油/哒螨灵 15%/2009.12.19 至 2014.12.19/中等毒
柑橘树 红蜘蛛 50-67毫克/千克 喷雾
PD20040597 吡虫啉/10%/可湿性粉剂/吡虫啉 10%/2009.12.19 至 2014.12.19/低毒
水稻 飞虱 15-30克/公顷 喷雾
PD20050126 杀虫单/95%/原药/杀虫单 95%/2010.08.25 至 2015.08.25/中等毒
PD20070044 乙酰甲胺磷/90%/原药/乙酰甲胺磷 90%/2012.03.06 至 2017.03.06/低毒
PD20080420 啶虫脒/96%/原药/啶虫脒 96%/2013.03.04 至 2018.03.04/低毒
PD20080457 啶虫脒/3%/乳油/啶虫脒 3%/2013.03.27 至 2018.03.27/低毒
柑橘树 蚜虫 10-15毫克/千克 喷雾
PD20084136 乙酰甲胺磷/30%/乳油/乙酰甲胺磷 30%/2013.12.16 至 2018.12.16/低毒
水稻 二化螟 810-1080克/公顷 喷雾
PD20084848 毒死蜱/40%/乳油/毒死蜱 40%/2013.12.22 至 2018.12.22/中等毒
棉花 棉铃虫 600-900克/公顷 喷雾
PD20090253 氰戊·乐果/25%/乳油/乐果 22%、氰戊菊酯 3%/2014.01.09 至 2019.01.09/中等毒
甘蓝 菜青虫 75-150克/公顷 喷雾
柑橘树 潜叶蛾、锈壁虱 125-250毫克/千克 喷雾
PD20091152 乐果·哒螨灵/30%/乳油/哒螨灵 5%、乐果 25%/2014.01.21 至 2019.01.21/中等毒
柑橘树 红蜘蛛 250-375毫克/千克 喷雾
PD20092702 草甘膦/95%/原药/草甘膦 95%/2014.03.03 至 2019.03.03/微毒
PD20096312 杀虫双/25%/母液/杀虫双 25%/2009.07.22 至 2014.07.22/中等毒
PD20110257 草甘膦铵盐/30%/水剂/草甘膦 30%/2011.03.04 至 2016.03.04/低毒
甘蔗田 杂草 1125-2250克/公顷 定向茎叶喷雾
注:草甘膦铵盐含量：33%。

重庆山城蚊香制品有限责任公司 (重庆市合川区清平镇街上 401532 023-42411108)

WP20080105 电热蚊香液/1.2%/电热蚊香液/炔丙菊酯 1.2%/2013.10.20 至 2018.10.20/微毒
卫生 蚊 / 电热加温
WP20080109 电热蚊香片/10毫克/片/电热蚊香片/炔丙菊酯 10毫克/片/2013.10.21 至 2018.10.21/微毒
卫生 蚊 / 电热加温
WP20080591 蚊香/0.25%/蚊香/富右旋反式烯丙菊酯 0.25%/2008.12.29 至 2013.12.29/微毒
卫生 蚊 / 点燃
WP20090286 杀虫气雾剂/0.43%/气雾剂/胺菊酯 0.28%、氯菊酯 0.15%/2009.06.18 至 2014.06.18/微毒
卫生 蜚蠊、蚊、蝇 / 喷雾
WP20100095 电热蚊香液/1.3%/电热蚊香液/四氟苯菊酯 1.3%/2010.07.07 至 2015.07.07/微毒
卫生 蚊 / 电热加温
WL20100076 杀虫气雾剂/0.4%/气雾剂/胺菊酯 0.2%、右旋苯醚氰菊酯 0.2%/2012.03.05 至 2013.03.05/微毒
卫生 蚊、蝇、蜚蠊 / 喷雾
注:本品有三种香型：柠檬香型、茉莉香型、熏衣草香型。
WL20100082 蚊香/0.05%/蚊香/氯氟醚菊酯 0.05%/2012.03.05 至 2013.03.05/微毒
卫生 蚊 / 点燃
注:本品有三种香型：檀香型、百花香型、茉莉香型。

重庆市晨豹日化有限公司 (重庆市江津区几江镇五举办事处石墙村四社 400002 023-47583996)

WL20100038 蚊香/0.05%/蚊香/氯氟醚菊酯 0.05%/2012.02.08 至 2013.02.08/微毒
卫生 蚊 / 点燃

重庆市垫江蚊香厂 (重庆市垫江县桂溪镇城南街上 408300 023-74514076)

WP20090161 蚊香/0.2%/蚊香/富右旋反式烯丙菊酯 0.2%/2009.03.05 至 2014.03.05/微毒
卫生 蚊 / 点燃

重庆市合川区农化厂 (重庆市合川市大石镇龙燕路 400546 023-42672323)

PD20097439 杀虫双/3.6%/大粒剂/杀虫双 3.6%/2009.10.28 至 2014.10.28/中等毒
水稻 螟虫 540-675克/公顷 撒施
PD20097979 草甘膦异丙胺盐(41%)///水剂/草甘膦 30%/2009.12.01 至 2014.12.01/微毒
非耕地 一年生及部分多年生杂草 1125-3000克/公顷 茎叶喷雾

重庆市宏利蚊香厂 (重庆市江津市油溪镇 402285 023-47883428)

WP20090371 蚊香/0.25%/蚊香/富右旋反式烯丙菊酯 0.25%/2009.11.30 至 2014.11.30/微毒
卫生 蚊 / 点燃

WP20130224 蚊香/0.05%/蚊香/氯氟醚菊酯 0.05%/2013.10.29 至 2018.10.29/微毒
室内 蚊 / 点燃
WL20110143 电热蚊香液/0.6%/电热蚊香液/氯氟醚菊酯 0.6%/2013.12.29 至 2014.12.29/低毒
卫生 蚊 / 电热加温

重庆市化工研究院 (重庆市江北区化工村1号 400021 023-67662300)

PD20083745 霜霉威盐酸盐/66.5%/水剂/霜霉威盐酸盐 66.5%/2013.12.15 至 2018.12.15/低毒
黄瓜 霜霉病 649.8-1083克/公顷 喷雾

重庆市诺意农药有限公司 (重庆市双桥区龙滩子街道太平村 400900 023-43331656)

PD20096131 杀虫双/3.6%/大粒剂/杀虫双 3.6%/2009.06.24 至 2014.06.24/中等毒
水稻 螟虫 540-630克/公顷 撒施
PD20120194 四聚乙醛/6%/颗粒剂/四聚乙醛 6%/2012.01.30 至 2017.01.30/低毒
棉花 蜗牛 360-490克/公顷 撒施
PD20130086 四聚乙醛/80%/可湿性粉剂/四聚乙醛 80%/2013.01.15 至 2018.01.15/中等毒
甘蓝 蜗牛 375-750克/公顷 喷雾

重庆市山丹生物农药有限公司 (重庆市永川市南大街175号(兴南路) 402160 023-49831999)

PD20091106 百草枯/20%/水剂/百草枯 20%/2012.12.31 至 2014.07.01/中等毒
柑橘园 杂草 600—900克/公顷 定向喷雾
PD20130658 禾草丹/50%/乳油/禾草丹 50%/2013.04.08 至 2018.04.08/低毒
移栽水稻田 一年生杂草 1995-3000克/公顷 茎叶喷雾
PD20131753 2甲·草甘膦/93%/可溶粉剂/草甘膦铵盐 88%、2甲4氯钠 5%/2013.09.05 至 2018.09.05/低毒
非耕地 杂草 1396-1674克/公顷 茎叶喷雾

重庆市永川化学制品厂 (重庆市永川何埂镇聚美 402185 023-49815881)

PD20094262 麦畏·草甘膦/35%/水剂/草甘膦 32%、麦草畏 3%/2009.03.31 至 2014.03.31/低毒
非耕地 杂草 1050-1575克/公顷 喷雾
PD20094678 莠去津/48%/可湿性粉剂/莠去津 48%/2009.04.10 至 2014.04.10/低毒
春玉米田 一年生杂草 2160-2880克/公顷 土壤喷雾
夏玉米田 一年生杂草 1080-1440克/公顷 土壤喷雾
PD20096053 三唑磷/20%/乳油/三唑磷 20%/2009.06.18 至 2014.06.18/中等毒
水稻 二化螟 243-303.75克/公顷 喷雾
PD20096534 吡虫·杀虫单/35%/可湿性粉剂/吡虫啉 1%、杀虫单 34%/2009.08.20 至 2014.08.20/低毒
水稻 二化螟、飞虱 525-787.5克/公顷 喷雾
PD20097147 2甲4氯钠/56%/可溶粉剂/2甲4氯钠 56%/2009.10.16 至 2014.10.16/低毒
冬小麦田 阔叶杂草 1015-1260克/公顷 茎叶喷雾
PD20097893 阿维·高氯/1.8%/乳油/阿维菌素 0.3%、高效氯氰菊酯 1.5%/2009.11.30 至 2014.11.30/低毒(原药高毒)
甘蓝 菜青虫 8.1-10.8克/公顷 喷雾
PD20100825 井冈·杀虫双/22%/水剂/井冈霉素 3%、杀虫双 19%/2010.01.19 至 2015.01.19/中等毒
水稻 二化螟、纹枯病 660-825克/公顷 喷雾
PD20110860 草甘膦胺盐/50%/可溶粉剂/草甘膦 50%/2011.08.10 至 2016.08.10/低毒
柑橘园 杂草 1125-2250 定向喷雾
注:草甘膦胺盐含量:55%
PD20120519 百草枯/200克/升/水剂/百草枯 200克/升/2012.12.31 至 2014.07.01/中等毒
非耕地 杂草 600-780克/公顷 定向茎叶喷雾
PD20130147 吡嘧磺隆/10%/可湿性粉剂/吡嘧磺隆 10%/2013.01.17 至 2018.01.17/低毒
水稻移栽田 稗草、莎草及阔叶杂草 30-45克/公顷 毒土法
PD20130216 四聚乙醛/6%/颗粒剂/四聚乙醛 6%/2013.01.30 至 2018.01.30/低毒
小白菜 蜗牛 7500-9000克/公顷 撒施

重庆市众力生物工程有限公司 (重庆市江北区建新北路84号 400020 023-67610806)

PD20121941 苄嘧·苯噻酰/0.11%/颗粒剂/苯噻酰草胺 0.1%、苄嘧磺隆 0.01%/2012.12.12 至 2017.12.12/低毒
水稻抛秧田 一年生杂草 330-495克/公顷 撒施
注:本产品为药肥混剂。

重庆树荣化工有限公司 (重庆市永川区经济技术开发区工业园内 402160 023-49583777)

PD84115-4 代森锌/90%/原药/代森锌 90%/2009.11.25 至 2014.11.25/低毒
PD84116-4 代森锌/80%/可湿性粉剂/代森锌 80%/2009.11.25 至 2014.11.25/低毒
茶树 炭疽病 1143-1600毫克/千克 喷雾
观赏植物 炭疽病、锈病、叶斑病 1143-1600毫克/千克 喷雾
花生 叶斑病 750-960克/公顷 喷雾
梨树、苹果树 多种病害 1143-1600毫克/千克 喷雾
马铃薯 晚疫病、早疫病 960-1200克/公顷 喷雾
麦类 锈病 960-1440克/公顷 喷雾
蔬菜、油菜 多种病害 960-1200克/公顷 喷雾
烟草 立枯病、炭疽病 960-1200克/公顷 喷雾
PD20081888 噻嗪酮/25%/可湿性粉剂/噻嗪酮 25%/2013.11.20 至 2018.11.20/低毒
茶树 小绿叶蝉 166-250毫克/千克 喷雾

柑橘树 介壳虫 150-250毫克/千克 喷雾
水稻 飞虱 75-112.5克/公顷 喷雾

PD20082160 三环唑/20%/可湿性粉剂/三环唑 20%/2013.11.26 至 2018.11.26/中等毒
水稻 稻瘟病 225-300克/公顷 喷雾

PD20082300 噻嗪·杀虫单/20%/可湿性粉剂/噻嗪酮 3.5%、杀虫单 16.5%/2013.12.01 至 2018.12.01/中等毒
水稻 稻飞虱、稻纵卷叶螟、二化螟 600-900克/公顷 喷雾

PD20083999 硫磺·三环唑/20%/可湿性粉剂/硫磺 10%、三环唑 10%/2013.12.16 至 2018.12.16/中等毒
水稻 稻瘟病 300-450克/公顷 喷雾

PD20090384 阿维·杀虫单/30%/可湿性粉剂/阿维菌素 0.1%、杀虫单 29.9%/2014.01.12 至 2019.01.12/低毒(原药高毒)
甘蓝 菜青虫 225-315克/公顷 喷雾

PD20090448 氰戊菊酯/20%/乳油/氰戊菊酯 20%/2014.01.12 至 2019.01.12/中等毒
十字花科蔬菜 菜青虫 90-120克/公顷 喷雾

PD20090837 溴氰菊酯/25克/升/乳油/溴氰菊酯 25克/升/2014.01.19 至 2019.01.19/低毒
十字花科蔬菜 菜青虫 11.25-15克/公顷 喷雾

PD20091695 高效氯氟氰菊酯/25克/升/乳油/高效氯氟氰菊酯 2.5%/2014.02.03 至 2019.02.03/中等毒
十字花科蔬菜 菜青虫 7.5-11.25克/公顷 喷雾

PD20091933 甲氰菊酯/20%/乳油/甲氰菊酯 20%/2014.02.12 至 2019.02.12/中等毒
十字花科蔬菜 菜青虫 75-90克/公顷 喷雾

PD20091957 代森锰锌/70%/可湿性粉剂/代森锰锌 70%/2014.02.12 至 2019.02.12/低毒
番茄 早疫病 1837.5-2362.5克/公顷 喷雾

PD20092192 甲霜·锰锌/72%/可湿性粉剂/甲霜灵 8%、代森锰锌 64%/2014.02.23 至 2019.02.23/低毒
葡萄 霜霉病 1500-1800克/公顷 喷雾

PD20092276 代森锰锌/80%/可湿性粉剂/代森锰锌 80%/2014.02.24 至 2019.02.24/低毒
番茄 早疫病 1845-2370克/公顷 喷雾

PD20093521 代森锰锌/85%/原药/代森锰锌 85%/2009.03.23 至 2014.03.23/低毒

PD20094763 代森锌/65%/可湿性粉剂/代森锌 65%/2009.04.13 至 2014.04.13/低毒
番茄 早疫病 975-1200克/公顷 喷雾

PD20095577 草甘膦/50%/可溶粉剂/草甘膦 50%/2009.05.12 至 2014.05.12/微毒
柑橘园 杂草 1125-2250克/公顷 定向茎叶喷雾

PD20096230 多效唑/15%/可湿性粉剂/多效唑 15%/2009.07.15 至 2014.07.15/低毒
水稻 控制生长 225-300克/公顷 喷雾

PD20097030 草甘膦异丙胺盐/30%/水剂/草甘膦 30%/2009.10.10 至 2014.10.10/低毒
柑橘园 杂草 1230-2460克/公顷 定向茎叶喷雾
注:草甘膦异丙胺盐含量: 41%。

PD20098257 乙铝·锰锌/70%/可湿性粉剂/代森锰锌 45%、三乙膦酸铝 25%/2009.12.16 至 2014.12.16/低毒
黄瓜 霜霉病 1400-4200克/公顷 喷雾

PD20100550 稻瘟灵/40%/乳油/稻瘟灵 40%/2010.01.14 至 2015.01.14/低毒
水稻 稻瘟病 450-675克/公顷 喷雾

PD20101456 霜脲·锰锌/72%/可湿性粉剂/代森锰锌 64%、霜脲氰 8%/2010.05.04 至 2015.05.04/低毒
黄瓜 霜霉病 1440-1800克/公顷 喷雾

PD20101679 苏云金杆菌/16000IU/毫克/可湿性粉剂/苏云金杆菌 16000IU/毫克/2010.06.08 至 2015.06.08/微毒
茶树 茶毛虫 400-800倍液 喷雾
棉花 二代棉铃虫 3000-4500克制剂/公顷 喷雾
森林 松毛虫 600-800倍液 喷雾
十字花科蔬菜 小菜蛾 1500-2250克制剂/公顷 喷雾
十字花科蔬菜 菜青虫 750-1500克制剂/公顷 喷雾
水稻 稻纵卷叶螟 3000-4500克制剂/公顷 喷雾
烟草 烟青虫 1500-3000克制剂/公顷 喷雾
玉米 玉米螟 1500-3000克制剂/公顷 加细沙灌心
枣树 枣尺蠖 600-800倍液 喷雾

PD20101706 甲霜·锰锌/58%/可湿性粉剂/甲霜灵 10%、代森锰锌 48%/2010.06.28 至 2015.06.28/低毒
烟草 黑胫病 696-1044克/公顷 喷雾

PD20121131 高效氯氰菊酯/4.5%/水乳剂/高效氯氰菊酯 4.5%/2012.07.20 至 2017.07.20/中等毒
甘蓝 菜青虫 20.25-27克/公顷 喷雾

PD20121631 菌核·福美双/48%/可湿性粉剂/福美双 40%、菌核净 8%/2012.10.30 至 2017.10.30/低毒
番茄 灰霉病 540-1080克/公顷 喷雾

PD20121965 2甲·草甘膦/32%/水剂/草甘膦 30%、2甲4氯 2%/2012.12.12 至 2017.12.12/低毒
非耕地 杂草 960-1920克/公顷 定向茎叶喷雾

PD20121989 唑磷·毒死蜱/32%/水乳剂/毒死蜱 16%、三唑磷 16%/2012.12.18 至 2017.12.18/中等毒
水稻 三化螟 240-288克/公顷 喷雾

PD20130850 2甲4氯钠/56%/可溶粉剂/2甲4氯钠 56%/2013.04.22 至 2018.04.22/低毒
小麦田 阔叶杂草 900-1200克/公顷 茎叶喷雾

重庆双丰化工有限公司 (重庆市永川区萱花北路663号 402160 023-49859888)

PD84125-27	乙烯利/40%/水剂/乙烯利 40%/2009.11.30 至 2014.11.30/低毒			
	番茄	催熟	800-1000倍液	喷雾或浸渍
	棉花	催熟、增产	330-500倍液	喷雾
	柿子、香蕉	催熟	400倍液	喷雾或浸渍
	水稻	催熟、增产	800倍液	喷雾
	橡胶树	增产	5-10倍液	涂布
	烟草	催熟	1000-2000倍液	喷雾
PD86123-9	矮壮素/50%/水剂/矮壮素 50%/2011.10.25 至 2016.10.25/低毒			
	棉花	提高产量、植株紧凑	1)10000倍液2)0.3-0.5%药液	1)喷雾2)浸种
	棉花	防止疯长	25000倍液	喷顶
	棉花	防止徒长,化学整枝	10000倍液	喷顶，后期喷全株
	小麦	防止倒伏,提高产量	1)3-5%药液 2)100-400倍液	1)拌种2)返青、拔节期喷雾
	玉米	增产	0.5%药液	浸种
PD20080315	霜脲·锰锌/72%/可湿性粉剂/代森锰锌 64%、霜脲氰 8%/2013.02.25 至 2018.02.25/低毒			
	黄瓜	霜霉病	1440-1800克/公顷	喷雾
PD20080391	高效氯氟氰菊酯/25克/升/乳油/高效氯氟氰菊酯 25克/升/2013.02.28 至 2018.02.28/中等毒			
	棉花	蚜虫	11.25-22.5克/公顷	喷雾
	十字花科蔬菜	菜青虫	7.5-15克/公顷	喷雾
PD20080447	氯氟吡氧乙酸异辛酯/200克/升/乳油/氯氟吡氧乙酸 200克/升/2013.03.19 至 2018.03.19/低毒			
	冬小麦田	一年生阔叶杂草	150-210克/公顷	茎叶喷雾
	狗牙根草坪	一年生阔叶杂草	120-240克/公顷	茎叶喷雾
	水田畦畔	空心莲子草(水花生)	150-180克/公顷	茎叶喷雾
	注:氯氟吡氧乙酸异辛酯含量：288克/升。			
PD20080554	复硝酚钠/1.4%/水剂/复硝酚钠 1.4%/2013.05.09 至 2018.05.09/低毒			
	番茄	调节生长、增产	5000-6000倍液	喷雾
PD20080780	草甘膦/95%/原药/草甘膦 95%/2013.06.20 至 2018.06.20/微毒			
PD20080988	氯氟吡氧乙酸异辛酯/95%/原药/氯氟吡氧乙酸异辛酯 95%/2013.07.24 至 2018.07.24/低毒			
PD20081747	多·锰锌/40%/可湿性粉剂/多菌灵 20%、代森锰锌 20%/2013.11.18 至 2018.11.18/低毒			
	黄瓜	霜霉病	562.5-900克/公顷	喷雾
PD20081776	苄嘧·苯噻酰/53%/可湿性粉剂/苯噻酰草胺 50%、苄嘧磺隆 3%/2013.11.19 至 2018.11.19/低毒			
	水稻移栽田	一年生及部分多年生杂草	397.5-477克/公顷(南方地区)	药土法
PD20083021	复硝酚钠/0.7%/水剂/复硝酚钠 0.7%/2013.12.10 至 2018.12.10/低毒			
	番茄	调节生长	2000-3000倍液	喷雾
PD20086269	福美双/50%/可湿性粉剂/福美双 50%/2013.12.31 至 2018.12.31/低毒			
	葡萄	白腐病	625-833.3毫克/千克	喷雾
PD20090257	草甘膦/50%/可溶粉剂/草甘膦 50%/2014.01.09 至 2019.01.09/微毒			
	非耕地、柑橘园	杂草	1125-2250克/公顷	喷雾
PD20090325	精喹禾灵/5%/乳油/精喹禾灵 5%/2014.01.12 至 2019.01.12/低毒			
	棉花田	一年生禾本科杂草	45-67.5克/公顷	茎叶喷雾
	油菜田	一年生禾本科杂草	37.5-45克/公顷	茎叶喷雾
PD20092288	乙草胺/20%/可湿性粉剂/乙草胺 20%/2014.02.24 至 2019.02.24/低毒			
	水稻移栽田	一年生禾本科杂草及部分阔叶杂草	90－120克/公顷	药土法
PD20092793	硫磺/50%/悬浮剂/硫磺 50%/2014.03.04 至 2019.03.04/低毒			
	黄瓜	白粉病	1350-1800克/公顷	喷雾
PD20094483	氯吡脲/97%/原药/氯吡脲 97%/2009.04.09 至 2014.04.09/低毒			
PD20094878	异丙甲·苄/20%/可湿性粉剂/苄嘧磺隆 3%、异丙甲草胺 17%/2009.04.13 至 2014.04.13/低毒			
	水稻移栽田	一年生及部分多年生杂草	120-150克/公顷(南方地区)	药土法
PD20095135	氯吡·甲磺隆/14%/乳油/甲磺隆 0.3%、氯氟吡氧乙酸 13.7%/2009.04.24 至 2014.04.24/低毒			
	水稻移栽田	水花生	105-147克/公顷	喷雾
PD20096198	咪鲜胺/25%/乳油/咪鲜胺 25%/2009.07.13 至 2014.07.13/低毒			
	柑橘	蒂腐病、绿霉病、青霉病、炭疽病	333-500毫克/千克	浸果
	芒果树	炭疽病	250-500毫克/千克	喷雾
	水稻	恶苗病	62.5-125毫克/千克	浸种
PD20096250	草甘膦铵盐(33%)///水剂/草甘膦 30%/2009.07.15 至 2014.07.15/微毒			
	柑橘园	杂草	1125-2250克/公顷	定向茎叶喷雾
PD20096300	精喹·草除灵/17.5%/乳油/草除灵 15%、精喹禾灵 2.5%/2009.07.22 至 2014.07.22/低毒			
	油菜田	一年生杂草	262.5-393.8克/公顷	喷雾
PD20096354	苄·乙/18%/可湿性粉剂/苄嘧磺隆 4.5%、乙草胺 13.5%/2009.07.28 至 2014.07.28/低毒			
	水稻移栽田	一年生杂草	84-118克/公顷	药土法
PD20096514	氨氯吡啶酸/95%/原药/氨氯吡啶酸 95%/2009.08.19 至 2014.08.19/低毒			
PD20097069	吲哚丁酸/95%/原药/吲哚丁酸 95%/2009.10.10 至 2014.10.10/低毒			
PD20098246	2甲·氯氟吡/30%/可湿性粉剂/2甲4氯钠 25%、氯氟吡氧乙酸 5%/2009.12.16 至 2014.12.16/低毒			

移栽水稻田 阔叶杂草、莎草科杂草、水花生 450-675克/公顷 茎叶喷雾
PD20098380 吗胍·乙酸铜/20%/可湿性粉剂/盐酸吗啉胍 10%、乙酸铜 10%/2009.12.18 至 2014.12.18/低毒
番茄 病毒病 499.5-750克/公顷 喷雾
PD20100831 吲丁·萘乙酸/10%/可湿性粉剂/萘乙酸 2%、吲哚丁酸 8%/2010.01.19 至 2015.01.19/低毒
玉米 调节生长、增产 15-20毫克/千克 浸种
PD20101578 氯化胆碱/60%/水剂/氯化胆碱 60%/2010.06.01 至 2015.06.01/低毒
甘薯 调节生长、增产 135-180克/公顷 茎叶喷雾
PD20101776 2,4-滴钠盐/85%/可溶粉剂/2,4-滴钠盐 85%/2010.07.07 至 2015.07.07/低毒
番茄 调节生长 10-20毫克/千克 涂花、点花
PD20101883 2,4-滴/96%/原药/2,4-滴 96%/2010.08.09 至 2015.08.09/低毒
PD20111125 氯氟吡氧乙酸异辛酯/25%/乳油/氯氟吡氧乙酸 25%/2011.10.27 至 2016.10.27/低毒
冬小麦田 一年生阔叶杂草 187.5-225克/公顷 茎叶喷雾
非耕地 阔叶杂草 150-187.5克/公顷 茎叶喷雾
注:氯氟吡氧乙酸异辛酯含量: 36%。
PD20111330 氯胆·萘乙酸/18%/可湿性粉剂/氯化胆碱 17%、萘乙酸 1%/2011.12.06 至 2016.12.06/微毒
大蒜 调节生长、增产 180-220.5克/公顷 喷雾
姜 调节生长、增产 135-189克/公顷 喷雾
PD20130336 二氯吡啶酸/30%/水剂/二氯吡啶酸 30%/2013.03.07 至 2018.03.07/低毒
春油菜田 一年生阔叶杂草 135-180克/公顷 茎叶喷雾
PD20130415 氨氯·二氯吡/30%/水剂/氨氯吡啶酸 6%、二氯吡啶酸 24%/2013.03.14 至 2018.03.14/微毒
春油菜田 一年生阔叶杂草 112.5-157.5克/公顷 茎叶喷雾
PD20131452 草甘膦铵盐/65%/可溶粉剂/草甘膦 65%/2013.07.05 至 2018.07.05/微毒
柑橘园 杂草 1646.5-2250克/公顷 定向茎叶喷雾
注:草甘膦铵盐含量: 71.5%。
PD20132329 氯吡脲/0.1%/可溶液剂/氯吡脲 0.1%/2013.11.13 至 2018.11.13/低毒
葡萄 调节生长、增产 10－20毫克/千克 浸幼果穗

重庆泰帮化工有限公司 (重庆市合川区工业园区核心区 401520 023-42723939)

PD20082560 溴敌隆/0.5%/母液/溴敌隆 0.5%/2013.12.04 至 2018.12.04/高毒
农田 田鼠 饱和投饵 配制成0.005%毒饵
PD20083857 溴敌隆/0.005%/毒饵/溴敌隆 0.005%/2013.12.15 至 2018.12.15/微毒(原药高毒)
室内 家鼠 / 饱和投饵
PD20085240 杀虫双/3.6%/大粒剂/杀虫双 3.6%/2013.12.23 至 2018.12.23/中等毒
水稻 二化螟 540-675克/公顷 撒施
WP20080350 蚊香/0.2%/蚊香/富右旋反式烯丙菊酯 0.2%/2013.12.09 至 2018.12.09/微毒
卫生 蚊 / 点燃

重庆正大精细化工研究所有限公司 (重庆市沙坪坝区井口小湾8号 400033 023-65181271)

WP20050015 杀虫粉剂/0.45%/粉剂/氰戊菊酯 0.4%、溴氰菊酯 0.05%/2010.11.14 至 2015.11.14/微毒
卫生 蜚蠊 3克制剂/平方米 撒布
WP20110191 杀虫粉剂/0.48%/粉剂/高效氯氰菊酯 0.08%、氰戊菊酯 0.4%/2011.08.17 至 2016.08.17/低毒
卫生 蜚蠊 3克制剂/平方米 撒布

重庆中邦药业（集团）有限公司 (重庆市涪陵区清溪镇平原村 408013 023-72714888)

PD20081882 苯磺隆/75%/可分散粒剂/苯磺隆 75%/2013.11.20 至 2018.11.20/微毒
冬小麦田 一年生阔叶杂草 15-19.5克/公顷 茎叶喷雾
PD20082743 腐霉利/50%/可湿性粉剂/腐霉利 50%/2013.12.08 至 2018.12.08/低毒
番茄 灰霉病 562.5-750克/公顷 喷雾
PD20090108 阿维·高氯/3%/乳油/阿维菌素 0.3%、高效氯氰菊酯 2.7%/2014.01.08 至 2019.01.08/低毒(原药高毒)
十字花科蔬菜 菜青虫、小菜蛾 13.5-27克/公顷 喷雾
PD20091909 多·锰锌/25%/可湿性粉剂/多菌灵 8.3%、代森锰锌 16.7%/2014.02.10 至 2019.02.10/低毒
梨树 黑星病 1000-1250毫克/千克 喷雾
PD20092364 噻嗪·异丙威/25%/可湿性粉剂/噻嗪酮 5%、异丙威 20%/2014.02.24 至 2019.02.24/低毒
水稻 稻飞虱 375-562.5克/公顷 喷雾
PD20092721 吡虫啉/200克/升/可溶液剂/吡虫啉 200克/升/2009.03.04 至 2014.03.04/低毒
水稻 稻飞虱 18-30克/公顷 喷雾
PD20093643 莠去津/38%/悬浮剂/莠去津 38%/2009.03.25 至 2014.03.25/低毒
春玉米田 一年生杂草 1800-2250克/公顷 播后苗期土壤喷雾
PD20093941 甲氰菊酯/20%/乳油/甲氰菊酯 20%/2009.03.27 至 2014.03.27/中等毒
棉花 棉铃虫 120-150克/公顷 喷雾
PD20094066 三环唑/20%/可湿性粉剂/三环唑 20%/2009.03.27 至 2014.03.27/低毒
水稻 稻瘟病 225-300克/公顷 喷雾
PD20094376 井冈霉素/20%/可溶粉剂/井冈霉素 20%/2009.04.01 至 2014.04.01/低毒
水稻 纹枯病 75-112.5克/公顷 喷雾
PD20094432 稻瘟灵/40%/乳油/稻瘟灵 40%/2009.04.01 至 2014.04.01/低毒
水稻 稻瘟病 400-600克/公顷 喷雾

PD20094773 精喹禾灵/50克/升/乳油/精喹禾灵 50克/升/2009.04.13 至 2014.04.13/低毒
大豆田 一年生禾本科杂草 48.75-60克/公顷 茎叶喷雾
PD20094956 炔螨特/57%/乳油/炔螨特 57%/2009.04.20 至 2014.04.20/低毒
柑橘树 红蜘蛛 285-380毫克/千克 喷雾
PD20095323 百草枯/200克/升/水剂/百草枯 200克/升/2012.12.31 至 2014.07.01/中等毒
柑橘园 杂草 600-900克/公顷 定向茎叶喷雾
PD20097144 烟嘧磺隆/40克/升/可分散油悬浮剂/烟嘧磺隆 40克/升/2009.10.16 至 2014.10.16/低毒
春玉米田 一年生杂草 84-100毫升制剂/亩 茎叶喷雾
PD20097387 阿维菌素/18克/升/乳油/阿维菌素 18克/升/2009.10.28 至 2014.10.28/低毒(原药高毒)
甘蓝 小菜蛾 8.1-10.8克/公顷 喷雾
PD20098411 氯氟吡氧乙酸异辛酯（288克/升）///乳油/氯氟吡氧乙酸 200克/升/2009.12.18 至 2014.12.18/低毒
水田畦畔 空心莲子草(水花生) 150-180克/公顷 茎叶喷雾
PD20100142 吡虫・杀虫单/40%/可湿性粉剂/吡虫啉 1.2%、杀虫单 38.8%/2010.01.05 至 2015.01.05/低毒
水稻 稻纵卷叶螟、二化螟、飞虱、三化螟 450-750克/公顷 喷雾
PD20100434 草甘膦异丙胺盐(41%)///水剂/草甘膦 30%/2010.01.14 至 2015.01.14/微毒
柑橘园 杂草 1125-2250克/公顷 定向茎叶喷雾
PD20100636 咪鲜胺/250克/升/乳油/咪鲜胺 250克/升/2010.01.14 至 2015.01.14/低毒
柑橘 蒂腐病 312.5－500毫克/千克 浸果
PD20100987 精噁唑禾草灵/69克/升/水乳剂/精噁唑禾草灵 69克/升/2010.01.19 至 2015.01.19/低毒
春小麦田 一年生禾本科杂草 51.75-62.1克/公顷 茎叶喷雾
PD20101014 敌敌畏/50%/乳油/敌敌畏 50%/2010.01.20 至 2015.01.20/中等毒
甘蓝 菜青虫 600-750克/公顷 喷雾
PD20101051 毒死蜱/40%/乳油/毒死蜱 40%/2010.01.21 至 2015.01.21/中等毒
棉花 棉铃虫 450-900克/公顷 喷雾
WP20090218 高效氯氟氰菊酯/2.5%/微囊悬浮剂/高效氯氟氰菊酯 2.5%/2009.04.01 至 2014.04.01/低毒
卫生 蚊、蝇 60毫克/平方米 滞留喷洒
卫生 蜚蠊 80毫克/平方米 滞留喷洒

重庆种衣剂厂 （重庆市永川区萱花路段末5-061信箱 402160 023-49838104）

PD20083469 多・福/15%/悬浮种衣剂/多菌灵 7%、福美双 8%/2013.12.12 至 2018.12.12/低毒
水稻 苗期病害 1:40-50(药种比) 种子包衣
玉米 茎基腐病 1:30-40(药种比) 种子包衣
PD20083570 福・克/15%/悬浮种衣剂/福美双 7%、克百威 8%/2013.12.12 至 2018.12.12/高毒
玉米 地老虎、金针虫、蝼蛄、苗期病害、蛴螬 1:40-50(药种比) 种子包衣
PD20091543 戊唑・福美双/10.2%/悬浮种衣剂/福美双 9.8%、戊唑醇 0.4%/2014.02.03 至 2019.02.03/低毒
小麦 散黑穗病 1：60（药种比） 种子包衣
玉米 丝黑穗病 167-255/100千克种子 种子包衣
PD20131008 戊唑醇/6%/悬浮种衣剂/戊唑醇 6%/2013.05.13 至 2018.05.13/低毒
玉米 丝黑穗病 8.57-12克/100千克种子 种子包衣

重庆重大生物技术发展有限公司 （重庆市沙坪坝区沙中路重大科技园大楼2楼 400033 023-65180688）

PD20080670 金龟子绿僵菌/500亿孢子/克/母药/金龟子绿僵菌 500亿孢子/克/2013.05.27 至 2018.05.27/微毒
PD20080671 金龟子绿僵菌/100亿孢子/毫升/油悬浮剂/金龟子绿僵菌 100亿孢子/毫升/2013.05.27 至 2018.05.27/微毒
滩涂 飞蝗 250-500毫升/公顷 超低容量喷雾

重庆紫光国际化工有限责任公司 （重庆市（长寿）化工园区北区化工路3号 401221 023-87200913）

PD20131340 嘧菌酯/95%/原药/嘧菌酯 95%/2013.06.09 至 2018.06.09/低毒

重庆榄菊实业有限公司 （重庆市璧山县丁家镇工业园区 402760 023-41489109）

WP20120001 蚊香/0.03%/蚊香/四氟甲醚菊酯 0.03%/2012.01.05 至 2017.01.05/微毒
卫生 蚊 / 点燃
注:本产品有两种香型：檀香型、薰衣草香型。
WP20120043 蚊香/0.05%/蚊香/氯氟醚菊酯 0.05%/2012.03.14 至 2017.03.14/微毒
卫生 蚊 / 点燃

福建省

福建宝捷利生化农药有限公司 （福建省福安市城南溪口8号 355000 0593-6332665）

PD88101-9 水胺硫磷/40%/乳油/水胺硫磷 40%/2013.04.01 至 2018.04.01/高毒
棉花 红蜘蛛、棉铃虫 300-600克/公顷 喷雾
水稻 蓟马、螟虫 450-900克/公顷 喷雾
PD20094480 二嗪磷/95%/原药/二嗪磷 95%/2009.04.09 至 2014.04.09/低毒

福建高科日化有限公司 （福建省泉州市南安市东大路帽山工业区 362300 0595-86354222）

WP20080080 电热蚊香液/0.8%/电热蚊香液/炔丙菊酯 0.8%/2013.06.11 至 2018.06.11/低毒
卫生 蚊 / 电热加温
WP20100165 13毫克/片贝斯特牌电热蚊香片/13毫克/片/电热蚊香片/炔丙菊酯 13毫克/片/2010.12.15 至 2015.12.15/微毒
卫生 蚊 / 电热加温

福建豪德化工科技有限公司 （福建省龙岩市新罗区龙门镇 364015 0597-2569998）

PD20040411 吡虫啉/10%/可湿性粉剂/吡虫啉 10%/2009.12.19 至 2014.12.19/低毒

甘蓝 蚜虫 15-22.5克/公顷 喷雾

PD20092647 苄·丁/35%/可湿性粉剂/苄嘧磺隆 1.5%、丁草胺 33.5%/2009.03.03 至 2014.03.03/低毒

水稻抛秧田 部分多年生杂草、一年生杂草 525-787.5克/公顷 毒土法

PD20096637 异丙甲·苄/25%/可湿性粉剂/苄嘧磺隆 4%、异丙甲草胺 21%/2009.09.02 至 2014.09.02/低毒

水稻移栽田 一年生杂草 112.5-150克/公顷 药土法

PD20096669 腈菌·福美双/20%/可湿性粉剂/福美双 18%、腈菌唑 2%/2009.09.07 至 2014.09.07/低毒

黄瓜 白粉病 450-600克制剂/公顷 喷雾

PD20096697 敌畏·毒死蜱/35%/乳油/敌敌畏 20%、毒死蜱 15%/2009.09.07 至 2014.09.07/中等毒

十字花科蔬菜 菜青虫 315-525克/公顷 喷雾

PD20096977 氯氰·毒死蜱/25%/乳油/毒死蜱 22.5%、氯氰菊酯 2.5%/2009.09.29 至 2014.09.29/中等毒

叶菜 菜青虫 150-225克/公顷 喷雾

PD20131574 苄·丁/0.35%/颗粒剂/苄嘧磺隆 0.015%、丁草胺 0.335%/2013.07.23 至 2018.07.23/低毒

水稻抛秧田 一年生及部分多年生杂草 525-787.5克/公顷 直接撒施

注:本产品为药肥混剂。

福建浩伦生物工程技术有限公司 (福建省福州市鼓楼区湖东路154号中山大厦A座31层 350003 0591-87833830)

PD20084207 高效氯氟氰菊酯/25克/升/乳油/高效氯氟氰菊酯 25克/升/2013.12.16 至 2018.12.16/低毒

十字花科蔬菜 蚜虫 7.5-11.25克/公顷 喷雾

PD20084903 甲氰菊酯/20%/乳油/甲氰菊酯 20%/2013.12.22 至 2018.12.22/中等毒

柑橘树 红蜘蛛 66.7-133.3毫克/千克 喷雾

PD20084959 甲基硫菌灵/70%/可湿性粉剂/甲基硫菌灵 70%/2013.12.22 至 2018.12.22/低毒

番茄 叶霉病 577.5-787.5克/公顷 喷雾

PD20085062 炔螨特/730克/升/乳油/炔螨特 730克/升/2008.12.23 至 2013.12.23/低毒

柑橘树 红蜘蛛 243-365毫克/千克 喷雾

PD20091097 阿维·苏云菌//可湿性粉剂/阿维菌素 0.1%、苏云金杆菌 100亿活芽孢/克/2014.01.21 至 2019.01.21/低毒(原药高毒)

十字花科蔬菜 小菜蛾 750-1125克制剂/公顷 喷雾

PD20091511 毒死蜱/40%/乳油/毒死蜱 40%/2009.02.02 至 2014.02.02/中等毒

十字花科蔬菜 菜青虫 360-600克/公顷 喷雾

PD20092080 代森锰锌/80%/可湿性粉剂/代森锰锌 80%/2014.02.16 至 2019.02.16/低毒

番茄 早疫病 1920-2400克/公顷 喷雾

PD20092209 三唑锡/25%/可湿性粉剂/三唑锡 25%/2014.02.24 至 2019.02.24/低毒

柑橘树 红蜘蛛 125-166.7毫克/千克 喷雾

PD20093097 代森锌/65%/可湿性粉剂/代森锌 65%/2009.03.09 至 2014.03.09/低毒

番茄 早疫病 3120-3607.5克/公顷 喷雾

PD20093102 丙环唑/250克/升/乳油/丙环唑 25%/2009.03.09 至 2014.03.09/低毒

香蕉 叶斑病 250-500毫克/千克 喷雾

PD20093127 高效氯氰菊酯/4.5%/乳油/高效氯氰菊酯 4.5%/2009.03.10 至 2014.03.10/低毒

棉花 棉铃虫 1050-1500克/公顷 喷雾

十字花科蔬菜 菜青虫 20.25-27克/公顷 喷雾

PD20093167 高氯·辛硫磷/20%/乳油/高效氯氰菊酯 4%、辛硫磷 16%/2009.03.11 至 2014.03.11/中等毒

棉花 棉铃虫 300-375克/公顷 喷雾

PD20095748 联苯菊酯/100克/升/乳油/联苯菊酯 100克/升/2009.05.18 至 2014.05.18/中等毒

茶树 茶小绿叶蝉 30-45克/公顷 喷雾

PD20100300 福·福锌/80%/可湿性粉剂/福美双 30%、福美锌 50%/2010.01.11 至 2015.01.11/低毒

黄瓜 炭疽病 1800-2100克/公顷 喷雾

PD20100637 高氯·马/20%/乳油/高效氯氰菊酯 2%、马拉硫磷 18%/2010.01.14 至 2015.01.14/低毒

棉花 棉铃虫 210-300克/公顷 喷雾

PD20110212 氟铃脲/5%/乳油/氟铃脲 5%/2011.02.24 至 2016.02.24/低毒

棉花 棉铃虫 2100-2400毫升/公顷 喷雾

PD20110264 胺鲜·乙烯利/30%/水剂/胺鲜酯 3%、乙烯利 27%/2011.03.07 至 2016.03.07/低毒

玉米 调节生长、增产 90—112.5克/公顷 喷雾

PD20110462 啶虫脒/5%/乳油/啶虫脒 5%/2011.04.21 至 2016.04.21/低毒

柑橘树 蚜虫 10-12.5毫克/千克 喷雾

PD20110593 阿维菌素/1.8%/可湿性粉剂/阿维菌素 1.8%/2011.05.30 至 2016.05.30/低毒(原药高毒)

甘蓝 小菜蛾 8.1-10.8克/公顷 喷雾

PD20120785 高效氯氟氰菊酯/5%/微乳剂/高效氯氟氰菊酯 5%/2012.05.11 至 2017.05.11/中等毒

白菜 菜青虫 9-15克/公顷 喷雾

PD20130646 咪鲜胺/450克/升/水乳剂/咪鲜胺 450克/升/2013.04.05 至 2018.04.05/低毒

香蕉 冠腐病 333.3-500毫克/千克 喷雾

PD20130682 胺鲜·甲哌鎓/27.5%/水剂/胺鲜酯 2.5%、甲哌鎓 25%/2013.04.09 至 2018.04.09/低毒

Bt棉花 调节生长 111.4-185.6克/公顷 喷雾法

PD20130757 胺鲜酯/8%/水剂/胺鲜酯 8%/2013.04.16 至 2018.04.16/低毒

白菜 调节生长、增产 53.3-80毫克/千克 茎叶喷雾

LS20100059 甲氨基阿维菌素苯甲酸盐/2%/水分散粒剂/甲氨基阿维菌素 2%/2012.04.22 至 2013.04.22/低毒

小白菜 小菜蛾 2.25-3克/公顷 喷雾
注:甲氨基阿维菌素苯甲酸盐含量: 2.3%。

福建凯立生物制品有限公司 (福建省长泰县兴泰工业区 363900 0596-6950678)

PD20096840 淡紫拟青霉/200亿活孢子/克/母药/淡紫拟青霉 200亿活孢子/克/2009.09.21 至 2014.09.21/低毒
PD20096841 淡紫拟青霉/2亿活孢子/克/粉剂/淡紫拟青霉 2亿活孢子/克/2009.09.21 至 2014.09.21/低毒
番茄 线虫 22.5-30千克制剂/公顷 穴施
PD20110113 中生菌素/3%/可湿性粉剂/中生菌素 3%/2011.02.14 至 2016.02.14/低毒
黄瓜 细菌性角斑病 1200-1650克/公顷 喷雾
苹果树 轮纹病 30-37.5毫克/千克 喷雾
PD20110121 中生菌素/12%/母药/中生菌素 12%/2011.01.27 至 2016.01.27/低毒
PD20120784 苯甲·中生/8%/可湿性粉剂/苯醚甲环唑 5%、中生菌素 3%/2012.05.11 至 2017.05.11/中等毒
苹果树 斑点落叶病 40－53.3毫克/千克 喷雾
PD20120933 中生·多菌灵/53%/可湿性粉剂/多菌灵 51%、中生菌素 2%/2012.06.04 至 2017.06.04/低毒
苹果树 轮纹病 353.3－530毫克/千克 喷雾
PD20131736 烯酰·中生/25%/可湿性粉剂/烯酰吗啉 22%、中生菌素 3%/2013.08.16 至 2018.08.16/低毒
黄瓜 霜霉病 112.5～150克/公顷 喷雾

福建浦城绿安生物农药有限公司 (福建省南平市浦城县南浦生态工业园17号 353400 0599-2831937)

PD20083029 苏云金杆菌/50000IU/毫克/原药/苏云金杆菌 50000IU/毫克/2013.12.10 至 2018.12.10/低毒
PD20083182 苏云金杆菌/32000IU/毫克/可湿性粉剂/苏云金杆菌 32000IU/毫克/2013.12.11 至 2018.12.11/低毒
十字花科蔬菜 小菜蛾 450-750克制剂/公顷 喷雾
PD20083324 苏云金杆菌/16000IU/毫克/可湿性粉剂/苏云金杆菌 16000IU/毫克/2013.12.11 至 2018.12.11/低毒
茶树 茶毛虫 800-1600倍液 喷雾
棉花 二代棉铃虫 1500-2250克制剂/公顷 喷雾
森林 松毛虫 1200-1600倍液 喷雾
十字花科蔬菜 小菜蛾 750-1125克制剂/公顷 喷雾
十字花科蔬菜 菜青虫 375-750克制剂/公顷 喷雾
水稻 稻纵卷叶螟 1500-2250克制剂/公顷 喷雾
烟草 烟青虫 750-1500克制剂/公顷 喷雾
玉米 玉米螟 750-1500克制剂/公顷 加细纱灌心
枣树 枣尺蠖 1200-1200倍液 喷雾
PD20083525 苏云金杆菌/6000IU/微升/悬浮剂/苏云金杆菌 6000IU/微升/2013.12.12 至 2018.12.12/低毒
茶树 茶毛虫 200-400倍液 喷雾
棉花 棉铃虫 3000-3750毫升制剂/公顷 喷雾
森林 松毛虫 200-400倍液 喷雾
十字花科蔬菜 菜青虫、小菜蛾 1500-2250毫升制剂/公顷 喷雾
水稻 稻纵卷叶螟 3000-3750毫升制剂/公顷 喷雾
烟草 烟青虫 3000-3750毫升制剂/公顷 喷雾
玉米 玉米螟 2250-3000毫升制剂/公顷 加细沙灌心
枣树 枣尺蠖 200-400倍液 喷雾
PD20083929 苏云金杆菌/8000IU/微升/悬浮剂/苏云金杆菌 8000IU/微升/2013.12.15 至 2018.12.15/微毒
十字花科蔬菜 小菜蛾 1125-2250毫升制剂/公顷 喷雾
PD20085313 苏云金杆菌/4000IU/毫克/粉剂/苏云金杆菌 4000IU/毫克/2013.12.24 至 2018.12.24/低毒
森林 松毛虫 4500-6000克制剂/公顷 喷粉
PD20086093 杀单·苏云菌//可湿性粉剂/杀虫单 51%、苏云金杆菌 100亿活芽孢/克/2013.12.30 至 2018.12.30/中等毒
水稻 三化螟 750-1125克制剂/公顷 喷雾
PD20090646 井冈霉素/8%/水剂/井冈霉素 8%/2014.01.15 至 2019.01.15/低毒
水稻 纹枯病 150-187.5克/公顷 喷雾
PD20093485 井冈霉素/20%/可溶粉剂/井冈霉素 20%/2009.03.23 至 2014.03.23/低毒
水稻 纹枯病 120-150克/公顷 喷雾
PD20094595 井冈霉素/5%/水剂/井冈霉素 5%/2009.04.10 至 2014.04.10/低毒
水稻 纹枯病 150-187.5克/公顷 喷雾
PD20095145 井冈霉素A/60%/原药/井冈霉素 60%/2009.04.24 至 2014.04.24/低毒
PD20130544 枯草芽孢杆菌/200亿孢子/克/可湿性粉剂/枯草芽孢杆菌 200亿孢子/克/2013.04.01 至 2018.04.01/低毒
黄瓜 白粉病 1350-2250克制剂/公顷 喷雾
WP20120259 苏云金杆菌(以色列亚种)/1200ITU/毫克/可湿性粉剂/苏云金杆菌(以色列亚种) 1200ITU/毫克/2012.12.26 至2017.12.26/低毒
室外 蚊(幼虫) 0.5-1克制剂/平方米 喷洒

福建青松股份有限公司 (福建省建阳市回瑶工业园区 354200 0599-5820121)

WP20110016 樟脑/96%/原药/樟脑 96%/2011.01.11 至 2016.01.11/低毒

福建泉州高科日化制造有限公司 (福建省南安市东大路帽山工业区 362300 0595-86354222)

WP20080388 杀虫气雾剂/0.18%/气雾剂/胺菊酯 0.11%、富右旋反式炔丙菊酯 0.05%、溴氰菊酯 0.02%/2013.12.11 至2018.12.11/低毒
卫生 蜚蠊、蚊、蝇 / 喷雾

WP20090043 杀虫气雾剂/0.35%/气雾剂/Es-生物烯丙菊酯 0.05%、胺菊酯 0.2%、氯氰菊酯 0.1%/2014.01.19 至 2019.01.19/低毒
卫生 蜚蠊、蚊、蝇 / 喷雾

WP20100126 蚊香/0.02%/蚊香/四氟甲醚菊酯 0.02%/2010.11.01 至 2015.11.01/微毒
卫生 蚊 / 点燃

WP20120202 电热蚊香液/0.9%/电热蚊香液/氯氟醚菊酯 0.9%/2012.10.25 至 2017.10.25/微毒
卫生 蚊 / 电热加温

WP20120204 电热蚊香液/0.6%/电热蚊香液/氯氟醚菊酯 0.6%/2012.10.25 至 2017.10.25/微毒
卫生 蚊 / 电热加温

WP20130008 蚊香/0.05%/蚊香/氯氟醚菊酯 0.05%/2013.01.14 至 2018.01.14/微毒
卫生 蚊 / 点燃

WP20130086 蚊香/0.05%/蚊香/四氟苯菊酯 0.05%/2013.05.02 至 2018.05.02/微毒
卫生 蚊 / 点燃

WP20130087 电热蚊香液/0.62%/电热蚊香液/四氟甲醚菊酯 0.62%/2013.05.06 至 2018.05.06/微毒
卫生 蚊 / 电热加温

WP20130095 电热蚊香片/8毫克/片/电热蚊香片/炔丙菊酯 4毫克/片、四氟甲醚菊酯 4毫克/片/2013.05.20 至 2018.05.20/微毒
卫生 蚊 / 电热加温

WP20130100 杀虫气雾剂/0.3%/水基气雾剂/炔咪菊酯 0.1%、右旋苯醚氰菊酯 0.2%/2013.05.20 至 2018.05.20/微毒
卫生 蜚蠊 / 喷雾

WP20130112 电热蚊香片/15毫克/片/电热蚊香片/四氟苯菊酯 15毫克/片/2013.05.27 至 2018.05.27/微毒
卫生 蚊 / 电热加温

WP20130119 电热蚊香液/1.3%/电热蚊香液/四氟苯菊酯 1.3%/2013.06.04 至 2018.06.04/微毒
卫生 蚊 / 电热加温

WP20130129 杀虫气雾剂/0.25%/水基气雾剂/炔丙菊酯 0.1%、右旋苯醚菊酯 0.15%/2013.06.08 至 2018.06.08/微毒
卫生 蚊、蝇、蜚蠊 / 喷雾

WP20130131 杀虫气雾剂/0.36%/水基气雾剂/右旋胺菊酯 0.18%、右旋苯醚氰菊酯 0.18%/2013.06.08 至 2018.06.08/微毒
卫生 蚊、蝇、蜚蠊 / 喷雾

WP20130147 电热蚊香片/10毫克/片/电热蚊香片/炔丙菊酯 5毫克/片、氯氟醚菊酯 5毫克/片/2013.07.15 至 2018.07.15/微毒
室内 蚊 / 电热加温

WP20130163 电热蚊香片/13毫克/片/电热蚊香片/炔丙菊酯 5.2毫克/片、氯氟醚菊酯 7.8毫克/片/2013.07.29 至 2018.07.29/微毒
室内 蚊 / 电热加温

福建三农化学农药有限责任公司 （福建省三明市梅列区列东街北段1829号 365000 0598-8238445）

PD84111-21 氧乐果/40%/乳油/氧乐果 40%/2009.12.13 至 2014.12.13/中等毒
棉花 蚜虫、螨 375-600克/公顷 喷雾
森林 松干蚧、松毛虫 500倍液 喷雾或直接涂树干
水稻 稻纵卷叶螟、飞虱 375-600克/公顷 喷雾
小麦 蚜虫 300-450克/公顷 喷雾

PD85121-14 乐果/40%/乳油/乐果 40%/2010.06.13 至 2015.06.13/中等毒
茶树 蚜虫、叶蝉、螨 1000-2000倍液 喷雾
甘薯 小象甲 2000倍液 浸鲜薯片诱杀
柑橘树、苹果树 鳞翅目幼虫、蚜虫、螨 800-1600倍液 喷雾
棉花 蚜虫、螨 450-600克/公顷 喷雾
蔬菜 蚜虫、螨 300-600克/公顷 喷雾
水稻 飞虱、螟虫、叶蝉 450-600克/公顷 喷雾
烟草 蚜虫、烟青虫 300-600克/公顷 喷雾

PD92103-3 草甘膦/95%,93%,90%/原药/草甘膦 95%,93%,90%/2012.08.06 至 2017.08.06/低毒

PD20040441 哒螨灵/15%/乳油/哒螨灵 15%/2009.12.19 至 2014.12.19/中等毒
柑橘树 红蜘蛛 50-67毫克/千克 喷雾
苹果树 叶螨 50-67毫克/千克 喷雾

PD20040645 三唑磷/20%/乳油/三唑磷 20%/2009.12.19 至 2014.12.19/中等毒
棉花 棉红铃虫 375-450克/公顷 喷雾
水稻 二化螟、三化螟 300-450克/公顷 喷雾

PD20050219 三唑磷/85%/原药/三唑磷 85%/2010.12.23 至 2015.12.23/中等毒

PD20082078 草甘膦异丙胺盐/41%/水剂/草甘膦 41%/2013.11.25 至 2018.11.25/低毒
柑橘园 杂草 3000-4500毫升/公顷(制剂) 定向茎叶喷雾

PD20085730 氟磺胺草醚/95%/原药/氟磺胺草醚 95%/2013.12.26 至 2018.12.26/低毒

PD20092777 氟磺胺草醚/250克/升/水剂/氟磺胺草醚 250克/升/2009.03.04 至 2014.03.04/低毒
春大豆田、夏大豆田 一年生阔叶杂草 250-500克/公顷 喷雾

PD20096767 敌敌畏/80%/乳油/敌敌畏 80%/2009.09.15 至 2014.09.15/中等毒
十字花科蔬菜 菜青虫 720-960克/公顷 喷雾

PD20097994 丁草胺/60%/乳油/丁草胺 60%/2009.12.07 至 2014.12.07/低毒
水稻移栽田 一年生杂草 720-1296克/公顷 毒土法

PD20097995 丁草胺/50%/乳油/丁草胺 50%/2009.12.07 至 2014.12.07/低毒
水稻移栽田 一年生杂草 750-1275克/公顷 毒土法

PD20098314 噻嗪酮/25%/可湿性粉剂/噻嗪酮 25%/2009.12.18 至 2014.12.18/低毒
水稻 飞虱 93.75—131.25克/公顷 喷雾
PD20100533 毒死蜱/40%/乳油/毒死蜱 40%/2010.01.14 至 2015.01.14/中等毒
棉花 棉铃虫 720-900克/公顷 喷雾
PD20111043 草甘膦异丙胺盐/46%/母药/草甘膦 46%/2011.10.10 至 2016.10.10/低毒
注:草甘膦异丙胺盐含量:62%。

福建三农农化有限公司 (福建省漳州市龙海市角美镇上房 363107 0596-6774411)

PD20040120 吡虫啉/10%/可湿性粉剂/吡虫啉 10%/2009.12.19 至 2014.12.19/低毒
水稻 飞虱 15-30克/公顷 喷雾
小麦 蚜虫 15-30克/公顷(南方地区) 喷雾
45-60克/公顷(北方地区)
PD20082751 克百威/3%/颗粒剂/克百威 3%/2013.12.08 至 2018.12.08/中等毒(原药高毒)
甘蔗 螟虫 1800-2250克/公顷 撒施
花生 根结线虫 1800-2250克/公顷 沟施
水稻 三化螟 900-1350克/公顷 撒施
PD20101286 草甘膦铵盐(33%)///水剂/草甘膦 30%/2010.03.10 至 2015.03.10/低毒
柑橘园 杂草 1125-1500克/公顷 喷雾

福建神狮日化有限公司 (福建省厦门市台湾街251号 361009 0592-5562406)

WP20100149 蚊香/0.3%/蚊香/富右旋反式烯丙菊酯 0.3%/2010.11.30 至 2015.11.30/微毒
卫生 蚊 / 点燃
WP20100157 电热蚊香液/0.8%/电热蚊香液/炔丙菊酯 0.8%/2010.12.14 至 2015.12.14/微毒
卫生 蚊 / 电热加温
WP20100167 电热蚊香片/10毫克/片/电热蚊香片/富右旋反式炔丙菊酯 10毫克/片/2010.12.15 至 2015.12.15/微毒
卫生 蚊 / 电热加温
WP20100178 杀虫气雾剂/0.6%/气雾剂/胺菊酯 0.3%、氯菊酯 0.3%/2010.12.16 至 2015.12.16/微毒
卫生 蜚蠊、蚊、蝇 / 喷雾

福建省福鼎市绿丰化工有限公司 (福建省宁德市福鼎市山前铁塘里 355200 0593-7851735)

PD20081324 百草枯/20%/水剂/百草枯 20%/2012.12.31 至 2014.07.01/中等毒
非耕地 杂草 450—750克/公顷 茎叶喷雾
PD20081441 草甘膦异丙胺盐/41%/水剂/草甘膦异丙胺盐 41%/2013.10.31 至 2018.10.31/低毒
柑橘园 一年生和多年生杂草 1230-2460克/公顷 定向茎叶喷雾

福建省福州绿色应用化学技术开发有限公司 (福建省福州市晋安区新店镇赤桥村42号 350012 0591-87911376)

WP20110058 杀蟑饵剂/0.1%/饵剂/毒死蜱 0.1%/2011.02.28 至 2016.02.29/微毒
卫生 蜚蠊 / 投放

福建省福州市防治白蚁公司 (福建省福州市古田路29号双福楼东三层 350005 0591-83337717)

WP20080036 杀虫饵剂/0.05%/毒饵/溴氰菊酯 0.05%/2013.03.04 至 2018.03.04/低毒
卫生 蜚蠊、蚂蚁 / 投放

福建省花仙子(厦门)日用化学品有限公司 (福建省厦门市集美区北部工业区 361021 0592-6100323-20)

WP20090291 防蛀防霉片剂/99.5%/片剂/对二氯苯 99.5%/2009.07.08 至 2014.07.08/低毒
卫生 黑皮蠹、霉菌 40克制剂/立方米 投放
WP20110269 防蛀片剂/96%/防蛀片剂/樟脑 96%/2011.12.14 至 2016.12.14/低毒
卫生 黑皮蠹 / 投放

福建省惠安县东岭东山蚊香厂 (福建省惠安县东岭镇东山村 362141 0595-87883313)

WP20090341 蚊香/0.3%/蚊香/富右旋反式烯丙菊酯 0.3%/2009.10.12 至 2014.10.12/微毒
卫生 蚊 / 点燃
WL20110048 杀虫气雾剂/0.5%/气雾剂/胺菊酯 0.3%、氯菊酯 0.2%/2012.04.01 至 2013.04.01/微毒
卫生 蚊、蝇、蜚蠊 / 喷雾

福建省建瓯福农化工有限公司 (福建省南平市建瓯市北门 353100 0599-3851542)

PD86156-12 异丙威/4%/粉剂/异丙威 4%/2009.04.07 至 2014.04.07/中等毒
水稻 飞虱、叶蝉 600克/公顷 喷粉
PD20040289 三唑磷/85%/原药/三唑磷 85%/2009.12.19 至 2014.12.19/中等毒
PD20040524 三唑磷/20%/乳油/三唑磷 20%/2009.12.19 至 2014.12.19/中等毒
水稻 二化螟、三化螟 300-450克/公顷 喷雾
PD20082645 唑磷·毒死蜱/40%/乳油/毒死蜱 20%、三唑磷 20%/2013.12.04 至 2018.12.04/中等毒
水稻 三化螟 210-300克/公顷 喷雾
PD20082661 阿维·高氯/1.8%/乳油/阿维菌素 0.3%、高效氯氰菊酯 1.5%/2013.12.04 至 2018.12.04/低毒(原药高毒)
十字花科蔬菜 小菜蛾 13.5-18.9克/公顷 喷雾
PD20090565 吡虫·噻嗪酮/10%/乳油/吡虫啉 2%、噻嗪酮 8%/2014.01.13 至 2019.01.13/低毒
茶树 茶小绿叶蝉 90-120克/公顷 喷雾
PD20091871 阿维·哒螨灵/5%/乳油/阿维菌素 0.2%、哒螨灵 4.8%/2009.02.09 至 2014.02.09/低毒(原药高毒)
柑橘树 红蜘蛛 33-50毫克/千克 喷雾
PD20092348 三唑磷/40%/乳油/三唑磷 40%/2009.02.24 至 2014.02.24/中等毒
水稻 二化螟 300-450克/公顷 喷雾

福建省金鹿日化股份有限公司　（福建省泉州市南安市洪濑镇东溪开发区金鹿工业园　362331　0595-86696838）

WP20080204　电热蚊香液/0.8%/电热蚊香液/炔丙菊酯 0.8%/2013.11.20 至 2018.11.20/微毒
卫生　蚊　/　电热加温

WP20100073　杀蟑烟片/7%/烟片/右旋苯醚氰菊酯 7%/2010.05.19 至 2015.05.19/低毒
卫生　蜚蠊　/　点燃

WP20100168　蚊香/0.03%/蚊香/四氟甲醚菊酯 0.03%/2010.12.15 至 2015.12.15/微毒
卫生　蚊　/　点燃

WP20110155　杀虫气雾剂/0.65%/气雾剂/Es-生物烯丙菊酯 0.21%、氯菊酯 0.21%、右旋胺菊酯 0.23%/2011.06.20 至 2016.06.20/微毒
卫生　蚂蚁、蚊、蝇、蜚蠊　/　喷雾

WP20110177　杀虫气雾剂（水基）/0.51%/气雾剂/胺菊酯 0.25%、氯菊酯 0.18%、炔丙菊酯 0.08%/2011.07.25 至 2016.07.25/微毒
卫生　蚊、蝇、蜚蠊　/　喷雾

WP20110205　驱蚊花露水/5%/驱蚊花露水/避蚊胺 5%/2011.09.08 至 2016.09.08/微毒
卫生　蚊　/　涂抹

WP20110241　电热蚊香液/0.31%/电热蚊香液/四氟甲醚菊酯 0.31%/2011.10.27 至 2016.10.27/微毒
卫生　蚊　/　电热加温

WP20120023　杀蟑胶饵/2.5%/胶饵/吡虫啉 2.5%/2012.01.30 至 2017.01.30/微毒
卫生　蜚蠊　/　投放

WP20120055　杀虫气雾剂/0.36%/气雾剂/炔丙菊酯 0.07%、右旋胺菊酯 0.17%、右旋苯醚氰菊酯 0.12%/2012.03.28 至2017.03.28/微毒
卫生　蚊、蝇、蜚蠊　/　喷雾

WP20120073　杀虫气雾剂/0.43%/气雾剂/氯菊酯 0.18%、右旋胺菊酯 0.18%、右旋苯醚氰菊酯 0.07%/2012.04.18至2017.04.18/微毒
卫生　蚊、蝇、蜚蠊　/　喷雾

WP20120077　杀虫气雾剂/0.37%/气雾剂/氯菊酯 0.13%、氯氰菊酯 0.06%、右旋胺菊酯 0.18%/2012.04.18 至 2017.04.18/微毒
卫生　蚊、蝇、蜚蠊　/　喷雾

WP20120116　杀虫气雾剂/0.45%/气雾剂/炔丙菊酯 0.14%、右旋苯醚氰菊酯 0.31%/2012.06.15 至 2017.06.15/微毒
卫生　蜚蠊　/　喷雾

WP20120133　电热蚊香片/10毫克/片/电热蚊香片/炔丙菊酯 5毫克/片、四氟甲醚菊酯 5毫克/片/2012.07.19 至 2017.07.19/微毒
卫生　蚊　/　电热加温
注:本产品有三种香型：清香型、果香型、无香型。

WP20120157　蚊香/0.08%/蚊香/氯氟醚菊酯 0.08%/2012.09.04 至 2017.09.04/微毒
卫生　蚊　/　点燃

WP20120183　电热蚊香液/0.62%/电热蚊香液/四氟甲醚菊酯 0.62%/2012.09.19 至 2017.09.19/微毒
卫生　蚊　/　电热加温

WP20120191　蚊香/0.05%/蚊香/氯氟醚菊酯 0.05%/2012.10.09 至 2017.10.09/微毒
卫生　蚊　/　点燃

WP20120192　杀虫气雾剂/0.55%/气雾剂/Es-生物烯丙菊酯 0.3%、氯菊酯 0.25%/2012.10.17 至 2017.10.17/微毒
卫生　蚊、蝇、蜚蠊　/　喷雾

WP20130061　电热蚊香液/0.6%/电热蚊香液/氯氟醚菊酯 0.6%/2013.04.09 至 2018.04.09/微毒
卫生　蚊　/　电热加温

WL20100272　电热蚊香片/13毫克/片/电热蚊香片/炔丙菊酯 5.2毫克/片、氯氟醚菊酯 7.8毫克/片/2012.11.10 至 2013.11.10/微毒
卫生　蚊　/　电热加温

WL20110124　杀虫气雾剂/0.5%/气雾剂/胺菊酯 0.3%、右旋苯醚氰菊酯 0.2%/2013.11.03 至 2014.11.03/微毒
卫生　蚊、蝇、蜚蠊　/　喷雾

WL20110126　杀虫气雾剂/0.33%/气雾剂/胺菊酯 0.2%、氯菊酯 0.13%/2013.11.03 至 2014.11.03/微毒
卫生　蚊、蝇、蜚蠊　/　喷雾

WL20120038　电热蚊香片/10毫克/片/电热蚊香片/炔丙菊酯 5毫克/片、氯氟醚菊酯 5毫克/片/2013.07.12 至 2014.07.12/微毒
卫生　蚊　/　电热加温

福建省锦江日用化工有限公司　（福建省龙海市傍山镇雩林工业区　363100　0596-6593188）

WP20080008　电热蚊香片/12毫克/片/电热蚊香片/富右旋反式炔丙菊酯 12毫克/片/2013.01.03 至 2018.01.03/微毒
卫生　蚊　/　电热加温

WP20080029　电热蚊香液/0.8%/电热蚊香液/富右旋反式炔丙菊酯 0.8%/2013.02.26 至 2018.02.26/微毒
卫生　蚊　/　电热加温

WP20080040　杀虫气雾剂/0.8%/气雾剂/胺菊酯 0.3%、氯氰菊酯 0.3%、烯丙菊酯 0.2%/2013.03.03 至 2018.03.03/微毒
卫生　蚊、蝇、蜚蠊　/　喷雾

WP20080145　蚊香/0.2%/蚊香/富右旋反式烯丙菊酯 0.2%/2013.11.04 至 2018.11.04/低毒
卫生　蚊　/　点燃

WP20110150　杀虫气雾剂/0.55%/气雾剂/Es-生物烯丙菊酯 0.3%、氯菊酯 0.25%/2011.06.20 至 2016.06.20/微毒
卫生　蚊　/　喷雾

福建省晋江金童蚊香制品有限公司　（福建省晋江市五里工业园一区　362216　0595-88183030）

WP20080156　杀虫气雾剂/0.29%/气雾剂/胺菊酯 0.19%、氯菊酯 0.10%/2013.11.06 至 2018.11.06/微毒
卫生　蚊、蝇　/　喷雾

WP20080168　蚊香/0.24%/蚊香/富右旋反式烯丙菊酯 0.24%/2013.11.18 至 2018.11.18/微毒

卫生 蚊 / 点燃

WP20080177 蚊香/0.3%/蚊香/富右旋反式烯丙菊酯 0.3%/2013.11.18 至 2018.11.18/低毒

卫生 蚊 / 点燃

WP20080321 杀虫气雾剂/0.42%/气雾剂/胺菊酯 0.25%、氯菊酯 0.17%/2013.12.05 至 2018.12.05/低毒

卫生 蚊、蝇 / 喷雾

WP20080461 电热蚊香片/13毫克/片/电热蚊香片/炔丙菊酯 13毫克/片/2013.12.22 至 2018.12.22/微毒

卫生 蚊 / 电热加温

WP20080481 杀虫气雾剂/0.38%/气雾剂/富右旋反式烯丙菊酯 0.1%、氯菊酯 0.2%、炔丙菊酯 0.08%/2013.12.17至2018.12.17/微毒

卫生 蚊、蝇、蜚蠊 / 喷雾

WP20080531 电热蚊香液/0.8%/电热蚊香液/炔丙菊酯 0.8%/2013.12.23 至 2018.12.23/微毒

卫生 蚊 / 电热加温

WP20110208 杀蟑气雾剂/0.36%/气雾剂/胺菊酯 0.16%、右旋苯醚氰菊酯 0.2%/2011.09.13 至 2016.09.13/微毒

卫生 蜚蠊 / 喷雾

WP20120137 杀蟑烟片/7%/烟片/右旋苯醚氰菊酯 7%/2012.07.19 至 2017.07.19/微毒

卫生 蜚蠊 / 点燃

WP20120140 蚊香/0.08%/蚊香/氯氟醚菊酯 0.08%/2012.07.20 至 2017.07.20/微毒

卫生 蚊 / 点燃

WP20120203 蚊香/0.05%/蚊香/氯氟醚菊酯 0.05%/2012.10.25 至 2017.10.25/微毒

卫生 蚊 / 点燃

WL20110090 电热蚊香片/10毫克/片/电热蚊香片/炔丙菊酯 5毫克/片、氯氟醚菊酯 5毫克/片/2013.08.04 至 2014.08.04/微毒

卫生 蚊 / 电热加温

WL20110094 电热蚊香液/0.6%/电热蚊香液/氯氟醚菊酯 0.6%/2013.08.04 至 2014.08.04/微毒

卫生 蚊 / 电热加温

WL20120026 杀虫气雾剂（水基）/0.4%/气雾剂/胺菊酯 0.25%、炔咪菊酯 0.15%/2013.05.05 至 2014.05.05/微毒

卫生 蚂蚁、跳蚤、蚊、蝇、蜚蠊、螨 / 喷雾

WL20120036 电热蚊香液/0.4%/电热蚊香液/氯氟醚菊酯 0.4%/2013.07.04 至 2014.07.04/微毒

卫生 蚊 / 电热加温

福建省晋江市安海万兴蚊香厂 （福建省泉州市晋江市安海镇桐林村 362261 0595-85701491）

WP20080068 蚊香/0.18%/蚊香/Es-生物烯丙菊酯 0.18%/2013.05.08 至 2018.05.08/微毒

卫生 蚊 / 点燃

福建省晋江市安海镇双鳄日用品厂 （福建省晋江市安海镇庄头村玉林南里48号 362261 0595-85783020）

WP20120143 蚊香/0.3%/蚊香/富右旋反式烯丙菊酯 0.3%/2012.07.20 至 2017.07.20/微毒

卫生 蚊 / 点燃

福建省晋江市安鹿卫生用品有限公司 （福建省晋江市罗山镇梧安工业区 362200 0595-88195885）

WP20080477 蚊香/0.3%/蚊香/富右旋反式烯丙菊酯 0.3%/2013.12.16 至 2018.12.16/微毒

卫生 蚊 / 点燃

福建省晋江市奔马蚊香有限公司 （福建省晋江市罗山许坑工业区38、40号 362200 0595-88196979）

WP20080302 蚊香/0.25%/蚊香/富右旋反式烯丙菊酯 0.25%/2013.12.04 至 2018.12.04/低毒

卫生 蚊 / 点燃

WP20110019 电热蚊香片/10毫克/片/电热蚊香片/炔丙菊酯 10毫克/片/2011.01.21 至 2016.01.21/微毒

室内 蚊 / 电热加温

WP20120141 蚊香/0.25%/蚊香/富右旋反式烯丙菊酯 0.25%/2012.07.20 至 2017.07.20/微毒

卫生 蚊 / 点燃

WP20120245 电热蚊香液/0.8%/电热蚊香液/炔丙菊酯 0.8%/2012.12.18 至 2017.12.18/微毒

卫生 蚊 / 电热加温

WL20100207 杀虫气雾剂/0.65%/气雾剂/Es-生物烯丙菊酯 0.25%、氯菊酯 0.4%/2012.07.13 至 2013.07.13/微毒

卫生 蚊、蝇、蜚蠊 / 喷雾

福建省晋江市今日日化有限公司 （福建省晋江市罗山镇后林村 362216 0595-88186268）

WP20080446 电热蚊香片/15毫克/片/电热蚊香片/富右旋反式炔丙菊酯 15毫克/片/2008.12.15 至 2013.12.15/微毒

卫生 蚊 / 电热加温

WP20080556 杀虫气雾剂/0.8%/气雾剂/胺菊酯 0.4%、氯菊酯 0.4%/2008.12.24 至 2013.12.24/微毒

卫生 蚊、蝇、蜚蠊 / 喷雾

WL20100054 杀虫气雾剂/0.55%/气雾剂/Es-生物烯丙菊酯 0.3%、氯菊酯 0.25%/2012.02.21 至 2013.02.21/微毒

卫生 蚊、蝇、蜚蠊 / 喷雾

WL20100059 蟑香/7.2%/蟑香/右旋苯醚氰菊酯 7.2%/2012.02.21 至 2013.02.21/微毒

卫生 蜚蠊 / 点燃

福建省晋江市老君日化有限责任公司 （福建省泉州市晋江市五里工业区 362216 0595-88186286）

WP20080172 蚊香/0.25%/蚊香/富右旋反式烯丙菊酯 0.25%/2013.11.18 至 2018.11.18/低毒

卫生 蚊 / 点燃

WP20100152 电热蚊香片/11毫克/片/电热蚊香片/炔丙菊酯 11毫克/片/2010.12.07 至 2015.12.07/微毒

卫生 蚊 / 电热加温

WP20110143 电热蚊香液/0.8%/电热蚊香液/炔丙菊酯 0.8%/2011.06.13 至 2016.06.13/微毒

卫生 蚊 / 电热加温

WP20120221 杀蟑气雾剂/0.4%/气雾剂/炔咪菊酯 0.15%、右旋苯醚氰菊酯 0.25%/2012.11.22 至 2017.11.22/微毒
卫生 蜚蠊 / 喷雾

WP20130010 杀虫气雾剂/0.53%/气雾剂/氯菊酯 0.39%、炔丙菊酯 0.14%/2013.01.17 至 2018.01.17/微毒
卫生 蚊 / 喷雾

WP20130135 蚊香/0.05%/蚊香/氯氟醚菊酯 0.05%/2013.06.20 至 2018.06.20/微毒
卫生 蚊 / /点燃

WL20110101 电热蚊香液/0.6%/电热蚊香液/氯氟醚菊酯 0.6%/2013.08.23 至 2014.08.23/微毒
卫生 蚊 / 电热加温

WL20120057 杀虫气雾剂/0.5%/气雾剂/胺菊酯 0.25%、右旋苯醚氰菊酯 0.25%/2013.11.08 至 2014.11.08/微毒
卫生 蚊 / 喷雾

WL20130027 蟑香/7.2%/蟑香/右旋苯醚氰菊酯 7.2%/2013.06.04 至 2014.06.04/微毒
卫生 蜚蠊 / 点燃

福建省晋江市灵源娃力蚊香厂 (福建省晋江市灵源街道张前东区77号 362200 0595-88171897)

WP20120139 蚊香/0.3%/蚊香/富右旋反式烯丙菊酯 0.3%/2012.07.20 至 2017.07.20/微毒
卫生 蚊 / 点燃

福建省晋江市罗山金马蚊香有限公司 (福建省晋江市罗山镇许坑村工业北区76号 362216 0595-88186953)

WP20120063 蚊香/0.25%/蚊香/富右旋反式烯丙菊酯 0.25%/2012.04.11 至 2017.04.11/微毒
卫生 蚊 / 点燃

福建省晋江市罗山金猫日用蚊香有限公司 (福建省晋江市罗山许坑工业区166号 362200 0595-88197261)

WP20120061 蚊香/0.15%/蚊香/Es-生物烯丙菊酯 0.15%/2012.04.11 至 2017.04.11/微毒
卫生 蚊 / 点燃

福建省晋江市罗山许坑太目蚊香厂 (福建省晋江市罗山许坑工业小区 362200)

WP20120098 蚊香/0.3%/蚊香/富右旋反式烯丙菊酯 0.3%/2012.05.24 至 2017.05.24/微毒
卫生 蚊 / 点燃

福建省晋江市罗山许坑蚊香二厂 (福建省晋江市罗山许坑工业区 362200 0595-88185226)

WP20120117 蚊香/0.3%/蚊香/富右旋反式烯丙菊酯 0.3%/2012.06.15 至 2017.06.15/微毒
卫生 蚊 / 点燃

福建省晋江市亲亲日化有限公司 (福建省晋江市灵源街道办事处张前东区100号 362216 0595-85975337)

WP20080232 蚊香/0.15%/蚊香/富右旋反式炔丙菊酯 0.15%/2013.11.25 至 2018.11.25/微毒
卫生 蚊 / 点燃

福建省科丰农药有限公司 (福建省福州市新店镇埔党村省农科院内 350013 0591-87831983)

PD20091954 联苯菊酯/100克/升/乳油/联苯菊酯 100克/升/2009.02.12 至 2014.02.12/中等毒
茶树 茶小绿叶蝉 30-37.5克/公顷 喷雾

PD20097496 联苯菊酯/25克/升/乳油/联苯菊酯 25克/升/2009.11.03 至 2014.11.03/低毒
茶树 茶小绿叶蝉 30-37.5克/公顷 喷雾

PD20097498 阿维菌素/18克/升/乳油/阿维菌素 18克/升/2009.11.03 至 2014.11.03/低毒(原药高毒)
棉花 红蜘蛛 10.8-16.2克/公顷 喷雾

PD20097542 噻嗪酮/25%/可湿性粉剂/噻嗪酮 25%/2009.11.03 至 2014.11.03/低毒
水稻 飞虱 112.5-150克/公顷 喷雾

PD20097896 高效氯氟氰菊酯/25克/升/乳油/高效氯氟氰菊酯 25克/升/2009.11.30 至 2014.11.30/低毒
茶树 茶小绿叶蝉 30-37.5克/公顷 喷雾

PD20098310 吡虫啉/200克/升/可溶液剂/吡虫啉 200克/升/2009.12.18 至 2014.12.18/低毒
水稻 稻飞虱 20-40克/公顷 喷雾

福建省连城县萤火虫蚊业有限公司 (福建省连城县新泉镇黄松岗工贸小区 366214 0597-8330517)

WP20120059 蚊香/0.3%/蚊香/富右旋反式烯丙菊酯 0.3%/2012.03.31 至 2017.03.31/微毒
卫生 蚊 / 点燃

福建省梦娇兰日用化学品有限公司 (福建省漳州市龙海市龙海颜厝工业开发区 363118 0596-6651636)

WP20070029 蚊香/0.3%/蚊香/富右旋反式烯丙菊酯 0.3%/2012.11.28 至 2017.11.28/低毒
卫生 蚊 / 点燃
注:本产品有三种香型:柠檬香型、檀香型、栀子花香型。

WP20080324 电热蚊香片/12.5毫克/片/电热蚊香片/炔丙菊酯 12.5毫克/片/2013.12.05 至 2018.12.05/微毒
卫生 蚊 / 电热加温
注:本产品有三种香型:柠檬香型、玫瑰香型、薰衣草香型。

WP20090240 电热蚊香液/0.8%/电热蚊香液/炔丙菊酯 0.8%/2009.04.21 至 2014.04.21/微毒
卫生 蚊 / 电热加温

WP20100069 杀虫气雾剂/0.5%/气雾剂/胺菊酯 0.2%、氯菊酯 0.2%、氯氰菊酯 0.1%/2010.05.10 至 2015.05.10/微毒
卫生 蚊、蝇、蜚蠊 / 喷雾
注:本品有三种香型:柠檬香型、玫瑰香型、茉莉香型。

WP20110008 驱蚊花露水/5%/驱蚊花露水/避蚊胺 5%/2011.01.04 至 2016.01.04/微毒
卫生 蚊 / 涂抹

WP20120058 驱蚊乳/7.5%/驱蚊乳/避蚊胺 7.5%/2012.03.30 至 2017.03.30/微毒
卫生 蚊 / 涂抹

WP20120189 杀虫气雾剂/0.6%/气雾剂/Es-生物烯丙菊酯 0.18%、氯菊酯 0.28%、右旋苯醚氰菊酯 0.14%/2012.10.08 至2017.10.08/

微毒
卫生 蚊、蝇、蜚蠊 / 喷雾
注：本产品有三种香型：柠檬香型、玫瑰香型、茉莉香型。
WP20130208 蚊香/0.05%/蚊香/氯氟醚菊酯 0.05%/2013.10.10 至 2018.10.10/微毒
室内 蚊 / 点燃
WP20130258 电热蚊香液/1.3%/电热蚊香液/四氟苯菊酯 1.3%/2013.12.17 至 2018.12.17/微毒
卫生 蚊 / 电热加温

福建省闽侯东亚化工有限公司 （福建省闽侯县白沙镇长坪园11号 350102 0591-2951038）
PD20096506 噻嗪·杀扑磷/20%/乳油/噻嗪酮 10%、杀扑磷 10%/2009.08.17 至 2014.08.17/低毒(原药高毒)
柑橘树 矢尖蚧 250-333.3毫克/千克 喷雾

福建省南安市大通蚊香厂 （福建省南安市康美镇草埔工业区 362332 0595-86651081）
WP20080239 蚊香/0.25%/蚊香/富右旋反式烯丙菊酯 0.25%/2013.11.25 至 2018.11.25/低毒
卫生 蚊 / 点燃
WL20120049 电热蚊香液/0.6%/电热蚊香液/氯氟醚菊酯 0.6%/2013.08.10 至 2014.08.10/微毒
卫生 蚊 / /电热加温

福建省莆田市荔城区康盛蚊香厂 （福建省莆田市荔城区新度镇扬美村田洋14号 351142 0594-2991765）
WP20100040 蚊香/0.3%/蚊香/富右旋反式烯丙菊酯 0.3%/2010.02.21 至 2015.02.21/微毒
卫生 蚊 / 点燃

福建省莆田市友缘实业有限公司 （福建省莆田市涵江区涵华东路塔桥 351111 0594-3586566）
PD20094858 多·福/15%/悬浮种衣剂/多菌灵 10%、福美双 5%/2009.04.13 至 2014.04.13/低毒
水稻 恶苗病 225-300克/100千克种子 种子包衣
水稻 立枯病 25-300克/100千克种子 种子包衣
PD20121049 戊唑醇/0.25%/悬浮种衣剂/戊唑醇 0.25%/2012.07.12 至 2017.07.12/低毒
水稻 恶苗病、立枯病 5-6.25克/100千克种子 种子包衣
PD20121401 戊唑醇/6%/微乳剂/戊唑醇 6%/2012.09.19 至 2017.09.19/低毒
水稻 稻瘟病 67.5-90克/公顷 喷雾

福建省泉州德盛农药有限公司 （福建省泉州市永春县玉斗镇玉斗工业区 362616 0595-23946688）
PD20083224 联苯菊酯/25克/升/乳油/联苯菊酯 25克/升/2013.12.11 至 2018.12.11/低毒
茶树 茶小绿叶蝉 22.5-30克/公顷 喷雾
PD20086241 高效氯氟氰菊酯/25克/升/乳油/高效氯氟氰菊酯 25克/升/2013.12.31 至 2018.12.31/中等毒
茶树 茶尺蠖 7.5-11.25克/公顷 喷雾
PD20093422 氯氰·毒死蜱/20%/乳油/毒死蜱 18.8%、氯氰菊酯 1.2%/2009.06.18 至 2014.06.18/中等毒
柑橘树 矢尖蚧 200-250毫克/千克 喷雾
十字花科蔬菜 甜菜夜蛾 225-300克/公顷 喷雾
PD20096613 草甘膦异丙胺盐(41%)///水剂/草甘膦异丙胺盐 30%/2009.09.02 至 2014.09.02/低毒
柑橘园 杂草 3000-60000毫升制剂/公顷 定向茎叶喷雾
PD20096973 噻螨酮/5%/乳油/噻螨酮 5%/2009.09.29 至 2014.09.29/低毒
柑橘树 红蜘蛛 33-50毫克/千克 喷雾
PD20100744 阿维菌素/18克/升/乳油/阿维菌素 18克/升/2010.01.16 至 2015.01.16/低毒(原药高毒)
甘蓝 小菜蛾 9.45-13.5克/公顷 喷雾
PD20100749 稻丰散/50%/乳油/稻丰散 50%/2010.01.16 至 2015.01.16/中等毒
柑橘树 介壳虫 333.33-500毫克/千克 喷雾
PD20131225 啶虫·毒死蜱/20%/乳油/啶虫脒 2%、毒死蜱 18%/2013.05.28 至 2018.05.28/低毒
柑橘树 介壳虫 133.3-200毫克/千克 喷雾
PD20131973 阿维·哒螨灵/10%/乳油/阿维菌素 0.4%、哒螨灵 9.6%/2013.10.10 至 2018.10.10/中等毒(原药高毒)
柑橘树 红蜘蛛 50-100毫克/千克 喷雾

福建省泉州市神象日化有限公司 （福建省泉州市南安市洪濑镇东溪工业区 362331 0595-86699168）
WP20080496 电热蚊香液/0.8%/电热蚊香液/炔丙菊酯 0.8%/2013.12.18 至 2018.12.18/微毒
卫生 蚊 / 电热加温
WP20080552 电热蚊香片/10毫克/片/电热蚊香片/富右旋反式炔丙菊酯 10毫克/片/2013.12.24 至 2018.12.24/低毒
卫生 蚊 / 电热加温

福建省厦门群鹭香业有限公司 （福建省厦门市集美区灌口镇武警农场内 361023 0592-6381781）
WP20110258 蚊香/0.3%/蚊香/富右旋反式烯丙菊酯 0.3%/2011.11.18 至 2016.11.18/微毒
卫生 蚊 / 点燃
WP20120155 电热蚊香液/0.85%/电热蚊香液/炔丙菊酯 0.85%/2012.09.04 至 2017.09.04/微毒
卫生 蚊 / 电热加温
WP20120156 电热蚊香片/15毫克/片/电热蚊香片/炔丙菊酯 15毫克/片/2012.09.04 至 2017.09.04/微毒
卫生 蚊 / 电热加温
WP20130140 杀虫气雾剂/0.55%/气雾剂/Es-生物烯丙菊酯 0.3%、氯菊酯 0.25%/2013.07.02 至 2018.07.02/微毒
卫生 蚊、蝇、蜚蠊 / 喷雾
注：水基型气雾剂。

福建省厦门市格灵生物技术有限公司 （福建省厦门市湖里区竹坑路深汇大厦1004室 361006 0592-5650701）
LS20100125 松毛虫赤眼蜂/1000粒卵/卡/卡片/松毛虫赤眼蜂 1000粒卵/卡/2012.08.31 至 2013.08.31/低毒

林业苗圃 松毛虫 25000-50000粒卵/亩 挂蜂卡放蜂
LS20100126 平腹小蜂/500粒卵/卡/卡片/平腹小蜂 500粒卵/卡/2012.08.31 至 2013.08.31/低毒
荔枝、龙眼 荔枝蝽蟓 300-500粒寄生卵/株/次，放蜂2次 挂蜂卡放蜂

福建省厦门市绿地康生物工程有限公司 （福建省厦门市同安区同安城南工业区 361100 0592-7129111）

PD20085148 杀虫双/3.6%/颗粒剂/杀虫双 3.6%/2013.12.23 至 2018.12.23/中等毒
水稻 螟虫 540-750克/公顷 撒施
PD20085302 苏云金杆菌/16000IU/毫克/可湿性粉剂/苏云金杆菌 16000IU/毫克/2013.12.23 至 2018.12.23/微毒
茶树 茶毛虫 800-1600倍 喷雾
棉花 棉铃虫 1500-2250克制剂/公顷 喷雾
森林 松毛虫 1200-1600倍 喷雾
十字花科蔬菜 菜青虫 375-750克制剂/公顷 喷雾
十字花科蔬菜 小菜蛾 750-1125克制剂/公顷 喷雾
水稻 稻纵卷叶螟 1500-2250克制剂/公顷 喷雾
烟草 烟青虫 750-1500克制剂/公顷 喷雾
玉米 玉米螟 750-1500克制剂/公顷 加细沙灌心
枣树 枣尺蠖 1200-1600倍 喷雾
PD20085573 三乙膦酸铝/40%/可湿性粉剂/三乙膦酸铝 40%/2013.12.25 至 2018.12.25/低毒
黄瓜 霜霉病 1800－2700克/公顷 喷雾
PD20090798 阿维·毒死蜱/5.5%/乳油/阿维菌素 0.1%、毒死蜱 5.4%/2014.01.19 至 2019.01.19/低毒(原药高毒)
柑橘树 红蜘蛛 27.5-55毫克/千克 喷雾
PD20091812 阿维·苏云菌//可湿性粉剂/阿维菌素 0.1%、苏云金杆菌 100亿活孢子/克/2009.02.04 至 2014.02.04/低毒(原药高毒)
十字花科蔬菜 小菜蛾 900-1500克/公顷 喷雾
PD20092185 杀单·苏云菌//可湿性粉剂/杀虫单 51%、苏云金杆菌 100亿活芽孢/克/2009.02.23 至 2014.02.23/中等毒
水稻 三化螟 1125-1500克制剂/公顷 喷雾
PD20094043 碱式硫酸铜/30%/悬浮剂/碱式硫酸铜 30%/2009.03.27 至 2014.03.27/低毒
柑橘 溃疡病 750-1000毫克/千克 喷雾
梨树 黑星病 750-1000毫克/千克 喷雾
PD20094044 阿维·高氯/3%/乳油/阿维菌素 0.5%、高效氯氰菊酯 2.5%/2009.03.27 至 2014.03.27/中等毒(原药高毒)
十字花科蔬菜 甜菜夜蛾 18-27克/公顷 喷雾
十字花科蔬菜 小菜蛾 7.5-15克/公顷 喷雾
PD20095182 甲硫·福美双/70%/可湿性粉剂/福美双 22%、甲基硫菌灵 48%/2009.04.24 至 2014.04.24/低毒
黄瓜 白粉病 525-787.5克/公顷 喷雾
PD20095882 辛硫磷/3%/颗粒剂/辛硫磷 3%/2009.05.31 至 2014.05.31/微毒
花生 蛴螬 2700-3600克/公顷 沟施

福建省厦门市胜伟达工贸有限公司 （福建省厦门市前埔工业区2号 361009 0592-5024238）

WP20080197 蚊香/0.27%/蚊香/富右旋反式烯丙菊酯 0.27%/2013.11.20 至 2018.11.20/低毒
卫生 蚊 / 点燃
WP20080286 电热蚊香片/10毫克/片/电热蚊香片/富右旋反式炔丙菊酯 10毫克/片/2013.12.02 至 2018.12.02/微毒
卫生 蚊 / 电热加温
WP20080344 电热蚊香液/0.8%/电热蚊香液/富右旋反式炔丙菊酯 0.8%/2013.12.09 至 2018.12.09/微毒
卫生 蚊 / 电热加温
WP20090062 杀虫气雾剂/0.36%/气雾剂/胺菊酯 0.13%、氯菊酯 0.23%/2014.01.22 至 2019.01.22/微毒
卫生 蚊、蝇、蜚蠊 / 喷雾
WP20130211 蚊香/0.05%/蚊香/氯氟醚菊酯 0.05%/2013.10.10 至 2018.10.10/微毒
室内 蚊 / 点燃
WP20130238 残杀威/1%/毒饵/残杀威 1%/2013.11.20 至 2018.11.20/微毒
室内 蜚蠊 / 投放
WL20120063 电热蚊香片/10毫克/片/电热蚊香片/炔丙菊酯 5毫克/片、氯氟醚菊酯 5毫克/片/2013.12.19 至 2014.12.19/微毒
卫生 蚊子(成虫) / 电热加温

福建省厦门市璇桦工贸有限公司（福建省厦门市同安区十四中大雅兴业担连有限公司 361100 0592-7362360）

WP20080039 蚊香/0.29%/蚊香/烯丙菊酯 0.29%/2008.02.29 至 2013.02.28/微毒
卫生 蚊 / 点燃
WP20080129 电热蚊香片/12毫克/片/电热蚊香片/炔丙菊酯 12毫克/片/2008.10.29 至 2013.10.29/微毒
卫生 蚊 / 电热加温

福建省仙游县林字蚊香厂 （福建省仙游县榜头镇官舍村工业区 351256 0594-7795714）

WP20120148 电热蚊香液/0.82%/电热蚊香液/炔丙菊酯 0.82%/2012.08.10 至 2017.08.10/微毒
卫生 蚊 / 电加热温
WP20130236 蚊香/0.3%/蚊香/富右旋反式烯丙菊酯 0.3%/2013.11.08 至 2018.11.08/微毒
室内 蚊 / 点燃
WL20100249 蚊香/0.025%/蚊香/四氟甲醚菊酯 0.025%/2012.09.17 至 2013.09.17/微毒
卫生 蚊 / 点燃

福建省旭化学工业(漳州)有限公司 （福建省漳州市芗城区蓝田工业开发区纵四路 363007 0596-2107556）

PD20096552 复硝酚钠/1.8%/水剂/5-硝基邻甲氧基苯酚钠 0.3%、对硝基苯酚钠 0.9%、邻硝基苯酚钠 0.6%/2009.08.24 至2014.08.

24/微毒
番茄 调节生长 4000-6000倍 茎叶喷雾

福建省漳州快丰收植物生长剂有限公司 (福建省漳州市漳华路新厝段 363000 0596-2551513)

PD20090345 硝钠·萘乙酸/2.85%/水剂/2,4-二硝基苯酚钠 0.15%、对硝基苯酚钠 0.9%、邻苯基苯酚钠 0.6%、萘乙酸钠 1.2%/2014.01.12 至 2019.01.12/低毒
大豆 调节生长 4000-6000倍液 喷雾(二次)
水稻 调节生长 3000-4000倍液 喷雾(二次)
小麦 调节生长 2000-3000倍液 喷雾(二次)

福建省漳州市第二蚊香厂 (福建省漳州市芗城区金锋开发区康村林业区武举路 363000 0596-2526160)

WP20080333 杀虫气雾剂/0.6%/气雾剂/胺菊酯 0.3%、富右旋反式烯丙菊酯 0.2%、氯氰菊酯 0.1%/2008.12.08 至 2013.12.08/微毒
卫生 蚊、蝇、蜚蠊 / 喷雾

福建省漳州市龙文农化有限公司 (福建省漳州市龙文区郭坑镇工业路17号 363006 0596-2188468)

PD85154-15 氰戊菊酯/20%/乳油/氰戊菊酯 20%/2011.09.05 至 2016.09.05/中等毒
柑橘树 潜叶蛾 10-20毫克/千克 喷雾
果树 梨小食心虫 10-20毫克/千克 喷雾
棉花 红铃虫、蚜虫 75-150克/公顷 喷雾
蔬菜 菜青虫、蚜虫 60-120克/公顷 喷雾

PD86148-32 异丙威/20%/乳油/异丙威 20%/2011.09.30 至 2016.09.30/中等毒
水稻 飞虱、叶蝉 450-600克/公顷 喷雾

PD20096646 草甘膦异丙胺盐(41%)///水剂/草甘膦 30%/2009.09.02 至 2014.09.02/低毒
柑橘园 杂草 1125-2250克/公顷 喷雾

福建省漳州永恒化妆品有限公司 (福建省漳州市诏安县闽粤边界贸易加工区北侧 363500 0596-3322568)

WP20080275 杀虫气雾剂/0.4%/气雾剂/Es-生物烯丙菊酯 0.1%、氯菊酯 0.2%、氯氰菊酯 0.1%/2013.12.01 至 2018.12.01/低毒
卫生 蜚蠊、蚊、蝇 / 喷雾

WP20080287 蚊香/0.2%/蚊香/富右旋反式烯丙菊酯 0.2%/2013.12.02 至 2018.12.02/低毒
卫生 蚊 / 点燃

WP20100092 蚊香/0.3%/蚊香/富右旋反式烯丙菊酯 0.3%/2010.06.28 至 2015.06.28/微毒
卫生 蚊 / 涂抹

WP20130003 电热蚊香液/0.8%/电热蚊香液/炔丙菊酯 0.8%/2013.01.07 至 2018.01.07/微毒
卫生 蚊 / 电热加温

福建省漳州庄臣化学品有限公司 (福建省漳州市颜厝工业区 363118 0596-6650486)

WL20100074 杀虫气雾剂/0.55%/气雾剂/Es-生物烯丙菊酯 0.3%、氯菊酯 0.25%/2012.03.05 至 2013.03.05/微毒
卫生 蚊 / 喷雾

WL20100156 蚊香/0.18%/蚊香/富右旋反式烯丙菊酯 0.12%、富右旋反式炔丙菊酯 0.06%/2012.06.03 至 2013.06.03/微毒
卫生 蚊 / 点燃

福建省政和县官湖化工有限公司 (福建省南平市政和县鹤林工业园区 353600 0599-3331953)

PD20101323 松脂酸钠/20%/可溶粉剂/松脂酸钠 20%/2010.03.17 至 2015.03.17/低毒
柑橘树 介壳虫 1667-2000毫克/千克(限冬季清园时使用) 喷雾

福建双飞日化有限公司 (福建省漳州市龙文工业开发区北环城路8号 363005 0596-2172811)

WPN27-99 杀虫气雾剂/0.45%/气雾剂/Es-生物烯丙菊酯 0.15%、氯菊酯 0.2%、氯氰菊酯 0.1%/2012.06.17 至 2017.06.17/低毒
卫生 蚊 / 喷雾
注:本产品有三种香型:柠檬香型、清香型、无香型。

WP20080007 电热蚊香液/0.87%/电热蚊香液/炔丙菊酯 0.87%/2013.01.03 至 2018.01.03/微毒
卫生 蚊 / 电热加温
注:本产品有三种香型:柠檬香型、清香型、无香型。

WP20080120 电热蚊香片/12毫克/片/电热蚊香片/炔丙菊酯 12毫克/片/2013.10.28 至 2018.10.28/微毒
卫生 蚊 / 电热加温

WP20080277 杀蟑气雾剂/0.5%/气雾剂/富右旋反式苯氰菊酯 0.3%、富右旋反式炔丙菊酯 0.2%/2013.12.01 至 2018.12.01/微毒
卫生 蜚蠊 / 喷雾

WP20080436 杀虫气雾剂/0.5/气雾剂/富右旋反式炔丙菊酯 0.2%、高效氯氰菊酯 0.3%/2013.12.15 至 2018.12.15/低毒
卫生 蚊 / 喷雾

WP20100061 驱蚊花露水/5%/驱蚊花露水/避蚊胺 5%/2010.04.26 至 2015.04.26/微毒
卫生 蚊 / 涂抹

WP20120216 杀虫气雾剂/.22%/气雾剂/富右旋反式炔丙菊酯 .1%、炔咪菊酯 .05%、右旋苯醚氰菊酯 .07%/2012.11.08至2017.11.08/微毒
卫生 蚊、蝇、蜚蠊 / 喷雾

WL20100285 蚊香/0.08%/蚊香/氯氟醚菊酯 0.08%/2012.12.02 至 2013.12.02/微毒
卫生 蚊 / 点燃

WL20110052 电热蚊香片/13毫克/片/电热蚊香片/炔丙菊酯 5.2毫克/片、氯氟醚菊酯 7.8毫克/片/2013.04.02 至 2014.04.02/微毒
卫生 蚊 / 电热加温
注:本产品有一种香型:无香型。

WL20110121 电热蚊香液/0.9%/电热蚊香液/氯氟醚菊酯 0.9%/2012.10.13 至 2013.10.13/微毒

卫生 蚊 / 电热加温
WL20110140 电热蚊香液/0.4%/电热蚊香液/氯氟醚菊酯 0.4%/2012.12.06 至 2013.12.06/微毒
卫生 蚊 / 电热加温
WL20120005 电热蚊香液/0.6%/电热蚊香液/氯氟醚菊酯 0.6%/2014.01.09 至 2015.01.09/微毒
卫生 蚊 / 电热加温
WL20120006 蚊香/0.04%/蚊香/氯氟醚菊酯 0.04%/2014.01.09 至 2015.01.09/微毒
卫生 蚊 / 点燃
WL20120062 杀虫气雾剂/0.3%/水基气雾剂/氯菊酯 0.25%、四氟醚菊酯 0.05%/2013.12.12 至 2014.12.12/微毒
卫生 蚊、蝇、蜚蠊 / 喷雾
WL20130032 电热蚊香片/10毫克/片/电热蚊香片/炔丙菊酯 5毫克/片、氯氟醚菊酯 5毫克/片/2013.07.29 至 2014.07.29/微毒
室内 蚊 / 电热加温

福建泰禾农大生化有限公司 (福建省福州市金山农林大学校内 350002 0591-87549409)

PD20080032 高效氯氰菊酯/4.5%/乳油/高效氯氰菊酯 4.5%/2008.01.04 至 2013.01.04/中等毒
甘蓝 菜青虫 13.5-20.25克/公顷 喷雾
PD20091091 阿维菌素/0.5%/乳油/阿维菌素 0.5%/2009.01.21 至 2014.01.21/低毒(原药高毒)
十字花科蔬菜 小菜蛾 6-9克/公顷 喷雾
PD20092389 杀虫双/3.6%/颗粒剂/杀虫双 3.6%/2009.02.25 至 2014.02.25/中等毒
水稻 螟虫 1080-1620克/公顷 撒施

福建泰禾生化科技股份有限公司 (福建省福州市湖东路43号奥林匹克大厦7层 350002 0591-87542888-852)

PD20092066 阿维·苏云菌//可湿性粉剂/阿维菌素 0.1%、苏云金杆菌 100亿活芽孢/克/2009.02.16 至 2014.02.16/低毒(原药高毒)
十字花科蔬菜 小菜蛾 1125-1500克制剂/公顷 喷雾

福建新农大正生物工程有限公司 (福建省福州市杨桥西路268号太阳城综合楼2号楼6F 350002 0591-28308486)

PD86148-79 异丙威/20%/乳油/异丙威 20%/2013.01.08 至 2018.01.08/中等毒
水稻 飞虱、叶蝉 450-600克/公顷 喷雾
PD20040278 高效氯氰菊酯/2.5%/乳油/高效氯氰菊酯 2.5%/2009.12.19 至 2014.12.19/低毒
梨树 梨木虱 16.7-25毫克/千克 喷雾
PD20040442 高效氯氰菊酯/4.5%/乳油/高效氯氰菊酯 4.5%/2009.12.19 至 2014.12.19/低毒
十字花科蔬菜 菜青虫 13.5-27克/公顷 喷雾
PD20040528 哒螨灵/15%/乳油/哒螨灵 15%/2009.12.19 至 2014.12.19/低毒
柑橘树 红蜘蛛 50-67毫克/千克 喷雾
PD20040751 吡虫啉/10%/可湿性粉剂/吡虫啉 10%/2009.12.19 至 2014.12.19/低毒
苹果树 蚜虫 25-33.3毫克/千克 喷雾
水稻 稻飞虱 15-30克/公顷 喷雾
PD20080063 三唑锡/25%/可湿性粉剂/三唑锡 25%/2013.01.03 至 2018.01.03/低毒
柑橘树 红蜘蛛 125-166毫克/千克 喷雾
PD20080388 福美双/50%/可湿性粉剂/福美双 50%/2013.02.28 至 2018.02.28/低毒
黄瓜 霜霉病 700—1125克/公顷 喷雾
PD20080456 多·福/40%/可湿性粉剂/多菌灵 15%、福美双 25%/2013.03.27 至 2018.03.27/低毒
葡萄 霜霉病 1000-1250毫克/千克 喷雾
PD20080535 甲氰·辛硫磷/25%/乳油/甲氰菊酯 5%、辛硫磷 20%/2013.05.04 至 2018.05.04/低毒
棉花 棉铃虫 262.5-375克/公顷 喷雾
PD20080824 烯酰·锰锌/69%/可湿性粉剂/代森锰锌 60%、烯酰吗啉 9%/2013.06.20 至 2018.06.20/低毒
黄瓜 霜霉病 1035-1380克/公顷 喷雾
PD20080896 氰戊·辛硫磷/25%/乳油/氰戊菊酯 6.25%、辛硫磷 18.75%/2013.07.09 至 2018.07.09/中等毒
棉花 棉铃虫 187.5-300克/公顷 喷雾
PD20080957 霜霉威盐酸盐/66.6%/水剂/霜霉威盐酸盐 66.6%/2013.07.23 至 2018.07.23/低毒
黄瓜 霜霉病 650—1083克/公顷 喷雾
PD20081025 代森锰锌/50%/可湿性粉剂/代森锰锌 50%/2013.08.06 至 2018.08.06/低毒
番茄 早疫病 1560-2520克/公顷 喷雾
PD20081030 代森锰锌/80%/可湿性粉剂/代森锰锌 80%/2013.08.06 至 2018.08.06/低毒
番茄 早疫病 1560-2520克/公顷 喷雾
柑橘树 疮痂病、炭疽病 1333-2000毫克/千克 喷雾
梨树 黑星病 800-1600毫克/千克 喷雾
荔枝树 霜疫霉病 1333-2000毫克/千克 喷雾
苹果树 斑点落叶病、轮纹病、炭疽病 1000-1600毫克/千克 喷雾
葡萄 白腐病、黑痘病、霜霉病 1000-1600毫克/千克 喷雾
西瓜 炭疽病 1560-2520克/公顷 喷雾
PD20081139 嘧霉胺/400克/升/悬浮剂/嘧霉胺 400克/升/2013.09.01 至 2018.09.01/低毒
番茄 灰霉病 375-562.5克/公顷 喷雾
PD20081668 锰锌·腈菌唑/60%/可湿性粉剂/腈菌唑 2%、代森锰锌 58%/2013.11.17 至 2018.11.17/低毒
梨树 黑星病 1000—1500倍液 喷雾
PD20081741 硫磺/45%/悬浮剂/硫磺 45%/2013.11.18 至 2018.11.18/低毒
黄瓜 白粉病 1050-1575克/公顷 喷雾

PD20081768 腈菌唑/25%/乳油/腈菌唑 25%/2013.11.18 至 2018.11.18/低毒
小麦 白粉病 37.5-56.25克/公顷 喷雾
PD20083556 芸苔素内酯/0.01%/乳油/芸苔素内酯 0.01%/2013.12.12 至 2018.12.12/低毒
小白菜 调节生长、增产 0.02-0.04毫克/千克 茎叶喷雾
PD20084072 毒死蜱/45%/乳油/毒死蜱 45%/2013.12.16 至 2018.12.16/中等毒
水稻 稻瘿蚊 1800-2160克/公顷 喷雾
PD20084209 阿维菌素/0.5%/乳油/阿维菌素 0.5%/2013.12.16 至 2018.12.16/低毒(原药高毒)
十字花科蔬菜 小菜蛾 8.1-10.8克/公顷 喷雾
PD20084965 四嗪·炔螨特/20%/可湿性粉剂/炔螨特 13%、四螨嗪 7%/2013.12.22 至 2018.12.22/低毒
柑橘树 红蜘蛛 100-200毫克/千克 喷雾
PD20086350 复硝酚钠/1.4%/水剂/复硝酚钠 1.4%/2013.12.31 至 2018.12.31/低毒
黄瓜 调节生长 2-2.8毫克/千克 茎叶喷雾
PD20090794 高氯·辛硫磷/25%/乳油/高效氯氰菊酯 2.5%、辛硫磷 22.5%/2014.01.19 至 2019.01.19/低毒
棉花 棉铃虫 187.5-262.5克/公顷 喷雾
PD20091216 高氯·毒死蜱/15%/乳油/毒死蜱 13.5%、高效氯氰菊酯 1.5%/2009.02.01 至 2014.02.01/中等毒
十字花科蔬菜 斜纹夜蛾 225-337.5克/公顷 喷雾
PD20091478 稻瘟灵/40%/乳油/稻瘟灵 40%/2014.02.02 至 2019.02.02/低毒
水稻 稻瘟病 450-675克/公顷 喷雾
PD20092532 乙铝·锰锌/70%/可湿性粉剂/代森锰锌 45%、三乙膦酸铝 25%/2014.02.26 至 2019.02.26/低毒
黄瓜 霜霉病 1400－4200克/公顷 喷雾
PD20092961 丙环唑/250克/升/乳油/丙环唑 250克/升/2009.03.09 至 2014.03.09/低毒
香蕉 叶斑病 250-500毫克/千克 喷雾
PD20093187 氯氰菊酯/100克/升/乳油/氯氰菊酯 100克/升/2009.03.11 至 2014.03.11/低毒
十字花科蔬菜 蚜虫 30-60克/公顷 喷雾
PD20093362 甲硫·福美双/70%/可湿性粉剂/福美双 22%、甲基硫菌灵 48%/2009.03.18 至 2014.03.18/低毒
黄瓜 白粉病 525－787.5克/公顷 喷雾
PD20093826 杀螺胺/70%/可湿性粉剂/杀螺胺 70%/2009.03.25 至 2014.03.25/低毒
水稻 福寿螺 315～420克/公顷 喷雾
PD20094334 甲维·氟铃脲/2.2%/乳油/氟铃脲 2%、甲氨基阿维菌素苯甲酸盐 0.2%/2009.03.31 至 2014.03.31/低毒
甘蓝 甜菜夜蛾 13.2-19.8克/公顷 喷雾
PD20094576 阿维菌素/1.8%/乳油/阿维菌素 1.8%/2009.04.09 至 2014.04.09/低毒(原药高毒)
菜豆 美洲斑潜蝇 13.5-20.25克/公顷 喷雾
PD20094668 三乙膦酸铝/40%/可湿性粉剂/三乙膦酸铝 40%/2009.04.10 至 2014.04.10/低毒
水稻 稻瘟病 1410-1620克/公顷 喷雾
PD20095167 辛硫磷/40%/乳油/辛硫磷 40%/2009.04.24 至 2014.04.24/低毒
十字花科蔬菜 菜青虫 300-600克/公顷 喷雾
PD20095530 甲维·毒死蜱/15%/乳油/毒死蜱 14.8%、甲氨基阿维菌素苯甲酸盐 0.2%/2009.05.11 至 2014.05.11/低毒
甘蓝 小菜蛾 67.5-112.5克/公顷 喷雾
PD20095703 噻嗪·杀扑磷/20%/乳油/噻嗪酮 15%、杀扑磷 5%/2009.05.15 至 2014.05.15/中等毒(原药高毒)
柑橘(果实) 粉介壳虫 250-333毫克/千克 喷雾
PD20095884 乙铝·锰锌/70%/可湿性粉剂/代森锰锌 45%、三乙膦酸铝 25%/2009.05.31 至 2014.05.31/低毒
黄瓜 霜霉病 1400－4200克/公顷 喷雾
PD20096175 琥·铝·甲霜灵/40%/可湿性粉剂/琥胶肥酸铜 30%、甲霜灵 4%、三乙膦酸铝 6%/2009.10.27 至 2014.10.27/低毒
黄瓜 细菌性角斑病 460-600克/公顷 喷雾
PD20096732 杀扑磷/40%/乳油/杀扑磷 40%/2009.09.07 至 2014.09.07/高毒
柑橘树 介壳虫 266.7-400毫克/千克 喷雾
PD20097187 噻嗪·异丙威/25%/可湿性粉剂/噻嗪酮 5%、异丙威 20%/2009.10.16 至 2014.10.16/低毒
水稻 稻飞虱 562.5-750克/公顷 喷雾
PD20097337 氨基寡糖素/0.5%/水剂/氨基寡糖素 0.5%/2009.10.27 至 2014.10.27/低毒
番茄 晚疫病 14.06-18.75克/公顷 喷雾
PD20100325 代森锌/65%/可湿性粉剂/代森锌 65%/2010.01.11 至 2015.01.11/低毒
芦笋 茎枯病 866.7-1155.6克/公顷 喷雾
PD20100927 十三吗啉/750克/升/乳油/十三吗啉 750克/升/2010.01.19 至 2015.01.19/低毒
橡胶树 红根病 20-25克/株 灌根
PD20100944 春雷霉素/2%/水剂/春雷霉素 2%/2010.01.19 至 2015.01.19/低毒
黄瓜 角斑病 52.5－63克/公顷 喷雾
PD20101199 琥胶肥酸铜/30%/可湿性粉剂/琥胶肥酸铜 30%/2010.02.08 至 2015.02.08/低毒
黄瓜 细菌性角斑病 900-1050克/公顷 喷雾
PD20101435 苦参碱/0.3%/水剂/苦参碱 0.3%/2010.05.04 至 2015.05.04/低毒
十字花科蔬菜 菜青虫 5.4-6.75克/公顷 喷雾
PD20110344 咪鲜胺/450克/升/水乳剂/咪鲜胺 450克/升/2011.03.24 至 2016.03.24/低毒
香蕉 炭疽病 500毫克/千克 浸果
PD20110904 腈菌唑/40%/悬浮剂/腈菌唑 40%/2011.08.17 至 2016.08.17/低毒

	梨树	黑星病	40－50毫克/千克	喷雾
PD20111198	苯醚甲环唑/37%/水分散粒剂/苯醚甲环唑 37%/2011.11.16 至 2016.11.16/低毒			
	香蕉	叶斑病	92.5－123.3毫克/千克	喷雾
PD20111279	啶虫脒/40%/可溶粉剂/啶虫脒 40%/2011.11.23 至 2016.11.23/低毒			
	黄瓜	蚜虫	24-48克/公顷	喷雾
PD20120516	烯酰吗啉/80%/水分散粒剂/烯酰吗啉 80%/2012.03.28 至 2017.03.28/低毒			
	黄瓜	霜霉病	240－300克/公顷	喷雾
PD20120566	毒死蜱/30%/水乳剂/毒死蜱 30%/2012.03.28 至 2017.03.28/中等毒			
	水稻	稻纵卷叶螟	450－540克/公顷	喷雾
PD20120577	阿维・三唑磷/15%/微乳剂/阿维菌素 .1%、三唑磷 14.9%/2012.03.28 至 2017.03.28/中等毒(原药高毒)			
	棉花	棉铃虫	180－270克/公顷	喷雾
PD20120580	高效氯氟氰菊酯/5%/微乳剂/高效氯氟氰菊酯 5%/2012.03.28 至 2017.03.28/中等毒			
	茶树	小绿叶蝉	18.75-22.5克/公顷	喷雾
PD20120597	噻嗪酮/50%/悬浮剂/噻嗪酮 50%/2012.04.11 至 2017.04.11/低毒			
	水稻	稻飞虱	112.5－150克/公顷	喷雾
PD20120608	灭蝇胺/50%/可溶粉剂/灭蝇胺 50%/2012.04.11 至 2017.04.11/低毒			
	菜豆	美洲斑潜蝇	150-225克/公顷	喷雾
PD20120760	阿维菌素/1.8%/水乳剂/阿维菌素 1.8%/2012.05.05 至 2017.05.05/中等毒(原药高毒)			
	甘蓝	小菜蛾	8.1-10.8克/公顷	喷雾
PD20120895	阿维菌素/0.5%/颗粒剂/阿维菌素 0.5%/2012.05.24 至 2017.05.24/低毒			
	黄瓜	根结线虫	225－262.5克/公顷	沟施、穴施
PD20120957	吡虫啉/70%/水分散粒剂/吡虫啉 70%/2012.06.14 至 2017.06.14/低毒			
	甘蓝	蚜虫	10.5-21克/公顷	喷雾
PD20121157	丙溴磷/40%/乳油/丙溴磷 40%/2012.07.30 至 2017.07.30/低毒			
	棉花	棉铃虫	600-720克/公顷	喷雾
PD20121171	甲氨基阿维菌素苯甲酸盐/3%/水分散粒剂/甲氨基阿维菌素 3%/2012.07.30 至 2017.07.30/低毒			
	甘蓝	甜菜夜蛾	4.5-9克/公顷	喷雾
	注:甲氨基阿维菌素苯甲酸盐含量:3.4%。			
PD20121273	阿维菌素/3%/水乳剂/阿维菌素 3%/2012.09.06 至 2017.09.06/低毒(原药高毒)			
	甘蓝	小菜蛾	8.1－10.8克/公顷	喷雾
PD20121366	丙森・霜脲氰/76%/可湿性粉剂/丙森锌 70%、霜脲氰 6%/2012.09.13 至 2017.09.13/低毒			
	黄瓜	霜霉病	1824－2736克/公顷	喷雾
PD20121386	戊唑醇/430克/升/悬浮剂/戊唑醇 430克/升/2012.09.13 至 2017.09.13/低毒			
	苹果树	斑点落叶病	71.7－86毫克/千克	喷雾
PD20122109	丙森・多菌灵/70%/可湿性粉剂/丙森锌 30%、多菌灵 40%/2012.12.26 至 2017.12.26/低毒			
	苹果树	斑点落叶病	467-700毫克/千克	喷雾
PD20130756	甲霜・噁霉灵/3%/水剂/噁霉灵 2.5%、甲霜灵 0.5%/2013.04.16 至 2018.04.16/低毒			
	水稻育秧田	立枯病	0.36-0.54克/平方米	苗床喷雾
PD20131176	毒死蜱/15%/颗粒剂/毒死蜱 15%/2013.05.27 至 2018.05.27/低毒			
	花生	蛴螬	1800-3600克/公顷	撒施
PD20131370	阿维・丁醚脲/15.6%/乳油/阿维菌素 0.6%、丁醚脲 15%/2013.06.24 至 2018.06.24/中等毒(原药高毒)			
	甘蓝	小菜蛾	48.6-58.5克/公顷	喷雾
PD20132038	烯酰・嘧菌酯/80%/水分散粒剂/嘧菌酯 35%、烯酰吗啉 45%/2013.10.22 至 2018.10.22/低毒			
	黄瓜	霜霉病	180-300克/公顷	喷雾
PD20132301	高效氯氟氰菊酯/5%/微乳剂/高效氯氟氰菊酯 5%/2013.11.08 至 2018.11.08/中等毒			
	甘蓝	菜青虫	11.25-15克/公顷	喷雾
PD20132484	啶虫・哒螨灵/20%/微乳剂/哒螨灵 10%、啶虫脒 10%/2013.12.09 至 2018.12.09/中等毒			
	甘蓝	黄条跳甲	60-75克/公顷	喷雾
PD20132644	阿维・三唑锡/11%/悬浮剂/阿维菌素 0.4%、三唑锡 10.6%/2013.12.20 至 2018.12.20/低毒(原药高毒)			
	柑橘树	红蜘蛛	61-91.6毫克/千克	喷雾

福建永春县洁静日化有限公司　（福建省永春县石鼓二轻工业开发区　362600　0595-3866802）

WP20100039	电热蚊香液/1%/电热蚊香液/炔丙菊酯 1%/2010.02.21 至 2015.02.21/微毒			
	卫生	蚊	/	电热加温

福州千姿化妆品有限公司（福州市金山工业集中区金山大道618号橘园洲工业园18号4层 350001 0591-83845330）

WP20110099	驱蚊花露水/5%/驱蚊花露水/避蚊胺 5%/2011.04.22 至 2016.04.22/微毒			
	卫生	蚊	/	涂抹

古田县科达生物化工有限公司　（福建省古田县城东614中路八支路1号　352200　0593-3881066）

PD20120711	二氯异氰尿酸钠/66%/烟剂/二氯异氰尿酸钠 66%/2012.04.18 至 2017.04.18/低毒			
	菇房	霉菌	3.96-5.28克/立方米	点燃放烟
PD20130483	二氯异氰尿酸钠/40%/可溶粉剂/二氯异氰尿酸钠 40%/2013.03.20 至 2018.03.20/低毒			
	平菇	木霉菌	40-48克/100千克干料	拌料

晋江蝙蝠蚊香有限公司　（福建省晋江市罗山镇许坑工业区64号　362200　0595-88184321）

WP20080435	蚊香/0.25%/蚊香/富右旋反式烯丙菊酯 0.25%/2013.12.15 至 2018.12.15/微毒			

卫生 蚊 / 点燃

龙岩市家卫日用制品有限公司 (龙岩市新罗区龙雁工业集中区管理委员会办公楼2层203室 364000 0597-2880798)

WL20100079 蚊香/0.29%/蚊香/富右旋反式烯丙菊酯 0.29%/2012.03.05 至 2013.03.05/微毒
卫生 蚊 / 点燃

纳润(厦门)科技有限公司 (福建省厦门市湖里区仙岳路860号台商务馆11楼 361009 0592-5520555)

WP20110014 驱蚊花露水/5%/驱蚊花露水/避蚊胺 5%/2011.01.11 至 2016.01.11/微毒
卫生 蚊 / 涂抹

邵武市不用拆蚊香厂 (福建省南平市邵武工业园区 363100 0595-88150891)

WP20120045 蚊香/0.15%/蚊香/Es-生物烯丙菊酯 0.15%/2012.03.19 至 2017.03.19/微毒
卫生 蚊 / 点燃

蛙王(福建)日化有限公司 (福建省晋江市罗山街道办事处许坑工业区 362216 0595-88176611)

WP20080250 蚊香/0.25%/蚊香/富右旋反式烯丙菊酯 0.25%/2013.11.26 至 2018.11.26/低毒
卫生 蚊 / 点燃

WP20100082 电热蚊香片/10毫克/片/电热蚊香片/炔丙菊酯 10毫克/片/2010.06.03 至 2015.06.03/微毒
卫生 蚊 / 电热加温

WP20110152 杀虫气雾剂/0.5%/气雾剂/胺菊酯 0.25%、富右旋反式烯丙菊酯 0.15%、氯氰菊酯 0.1%/2011.06.20至2016.06.20/微毒
卫生 蚊、蝇、蜚蠊 / 喷雾

WP20110162 蚊香/0.25%/蚊香/Es-生物烯丙菊酯 0.25%/2011.06.20 至 2016.06.20/微毒
卫生 蚊 / 点燃

WP20120031 电热蚊香液/1.2%/电热蚊香液/炔丙菊酯 1.2%/2012.02.17 至 2017.02.17/微毒
卫生 蚊 / 电热加温

WL20100170 蚊香/0.05%/蚊香/氯氟醚菊酯 0.05%/2012.06.08 至 2013.06.08/微毒
卫生 蚊 / 点燃

WL20100209 蟑香/8.8%/蟑香/右旋苯醚氰菊酯 8.8%/2012.07.13 至 2013.07.13/微毒
卫生 蜚蠊 / 点燃

WL20100256 电热蚊香液/0.6%/电热蚊香液/氯氟醚菊酯 0.6%/2012.11.09 至 2013.11.09/微毒
卫生 蚊 / 电热加温

厦门荣美香业有限公司 (福建省厦门市集美区灌口镇武警农场)

WP20100104 蚊香/0.3%/蚊香/富右旋反式烯丙菊酯 0.3%/2010.07.28 至 2015.07.28/微毒
卫生 蚊 / 点燃

厦门三圈电池有限公司 (福建省厦门市集美区灌南机电工业区 361023 0592-6388721)

WP20080178 电热蚊香液/0.86%/电热蚊香液/富右旋反式炔丙菊酯 0.86%/2008.11.18 至 2013.11.18/低毒
卫生 蚊 / 电热加温

WP20080190 蚊香/0.1%/蚊香/富右旋反式炔丙菊酯 0.1%/2008.11.19 至 2013.11.19/微毒
卫生 蚊 / 点燃

WP20080209 电热蚊香片/11毫克/片/电热蚊香片/富右旋反式炔丙菊酯 11毫克/片/2008.11.21 至 2013.11.21/低毒
卫生 蚊 / 电热加温

WP20080211 蚊香/0.2%/蚊香/富右旋反式烯丙菊酯 0.1%、富右旋反式炔丙菊酯 0.1%/2008.11.21 至 2013.11.21/低毒
卫生 蚊 / 点燃

WP20080212 电热蚊香片/30毫克/片/电热蚊香片/Es-生物烯丙菊酯 30毫克/片/2008.11.21 至 2013.11.21/低毒
卫生 蚊 / 电热加温

WP20080254 杀虫气雾剂/0.34%/气雾剂/富右旋反式炔丙菊酯 0.30%、溴氰菊酯 0.04%/2013.11.26 至 2018.11.26/低毒
卫生 蜚蠊、蚊、蝇 / 喷雾

WP20090239 杀虫气雾剂/0.36%/气雾剂/右旋胺菊酯 0.18%、右旋苯醚氰菊酯 0.18%/2009.04.21 至 2014.04.21/低毒
卫生 蜚蠊、蚊、蝇 / 喷雾

WP20110210 蚊香/0.015%/蚊香/四氟甲醚菊酯 0.015%/2011.09.14 至 2016.09.14/微毒
卫生 蚊 / 点燃

WP20120241 电热蚊香片/10毫克/片/电热蚊香片/炔丙菊酯 5毫克/片、四氟甲醚菊酯 5毫克/片/2012.12.18 至 2017.12.18/低毒
卫生 蚊 / 电热加温

WP20120242 电热蚊香液/0.4%/电热蚊香液/氯氟醚菊酯 0.4%/2012.12.18 至 2017.12.18/微毒
卫生 蚊 / 电热加温

WP20130265 蚊香/0.05%/蚊香/氯氟醚菊酯 0.05%/2013.12.20 至 2018.12.20/微毒
室内 蚊 / 点燃

厦门市象球精细化工有限公司 (福建省厦门市翔安区马巷镇舫阳工业区 361101 0592-7062300)

WP20080437 杀虫气雾剂/0.3%/气雾剂/右旋苯醚氰菊酯 0.15%、右旋反式胺菊酯 0.15%/2013.12.15 至 2018.12.15/低毒
卫生 蜚蠊、蚊、蝇 / 喷雾

WP20100059 杀虫气雾剂/0.55%/气雾剂/胺菊酯 0.35%、氯菊酯 0.1%、右旋烯丙菊酯 0.1%/2010.04.14 至 2015.04.14/微毒
卫生 蚊、蝇、蜚蠊 / 喷雾

WP20100101 蚊香/0.3%/蚊香/富右旋反式烯丙菊酯 0.3%/2010.07.13 至 2015.07.13/微毒
卫生 蚊 / 点燃

WP20100164 电热蚊香液/0.8%/电热蚊香液/炔丙菊酯 0.8%/2010.12.14 至 2015.12.14/微毒
卫生 蚊 / 电热加温

WP20110214 电热蚊香片/10毫克/片/电热蚊香片/炔丙菊酯 10毫克/片/2011.09.15 至 2016.09.15/微毒

卫生　蚊　/　电热加温

WP20130233　蚊香/0.015%/蚊香/四氟甲醚菊酯 0.015%/2013.11.08 至 2018.11.08/微毒

室内　蚊　/　点燃

厦门市允信香业有限公司　(福建省厦门市思明区天湖路50号140　0595-88150891)

WP20120162　蚊香/0.27%/蚊香/富右旋反式烯丙菊酯 0.27%/2012.09.06 至 2017.09.06/微毒

卫生　蚊　/　点燃

元龙（福建）日用品有限公司　(福建省永春县探花山工业园区　362600　0595-23876268)

WP20100078　杀虫气雾剂/0.6%/气雾剂/富右旋反式胺菊酯 0.2%、富右旋反式苯醚菊酯 0.2%、富右旋反式烯丙菊酯 0.2%/2010.06.03 至 2015.06.03/微毒

卫生　蚊、蝇、蜚蠊　/　喷雾

WP20130066　电热蚊香片/15毫克/片/电热蚊香片/富右旋反式炔丙菊酯 15毫克/片/2013.04.18 至 2018.04.18/微毒

卫生　蚊　/　电热加温

WP20130078　蚊香/0.3%/蚊香/富右旋反式烯丙菊酯 0.3%/2013.04.22 至 2018.04.22/微毒

卫生　蚊　/　点燃

WP20130079　电热蚊香液/1.2%/电热蚊香液/炔丙菊酯 1.2%/2013.04.22 至 2018.04.22/微毒

卫生　蚊　/　电热加温

WL20100043　蚊香/0.08%/蚊香/氯氟醚菊酯 0.08%/2012.02.21 至 2013.02.21/微毒

卫生　蚊　/　点燃

WL20120019　蟑香/7.2%/蟑香/右旋苯醚氰菊酯 7.2%/2013.04.11 至 2014.04.11/微毒

卫生　蜚蠊　/　点燃

WL20120035　电热蚊香液/0.6%/电热蚊香液/氯氟醚菊酯 0.6%/2013.07.02 至 2014.07.02/微毒

卫生　蚊　/　电热加温

甘肃省

甘肃国力生物科技开发有限公司　(甘肃省兰州市城关区庆阳路258号　730000　0931-8474900)

PD20120876　狼毒素/9.5%/母药/狼毒素 9.5%/2012.05.24 至 2017.05.24/低毒

PD20120877　狼毒素/1.6%/水乳剂/狼毒素 1.6%/2012.05.24 至 2017.05.24/微毒

十字花科蔬菜　菜青虫　12－24克/公顷　喷雾

甘肃华实农业科技有限公司　(甘肃省定西市安定区南川飞天路　743000　0932-8201091)

PD84111-52　氧乐果//乳油/氧乐果 40%/2010.02.01 至 2015.02.01/中等毒

棉花　蚜虫、螨　375-600克/公顷　喷雾

森林　松干蚧、松毛虫　500倍液　喷雾或直接涂树干

水稻　稻纵卷叶螟、飞虱　375-600克/公顷　喷雾

小麦　蚜虫　300-450克/公顷　喷雾

PD85105-79　敌敌畏/80%/乳油/敌敌畏 77.5%(气谱法)/2010.02.01 至 2015.02.01/中等毒

茶树　食叶害虫　600克/公顷　喷雾

粮仓　多种储藏害虫　1)400-500倍液　1)喷雾

2)0.4-0.5克/立方米　2)挂条熏蒸

棉花　蚜虫、造桥虫　600-1200克/公顷　喷雾

苹果树　小卷叶蛾、蚜虫　400-500毫克/千克　喷雾

青菜　菜青虫　600克/公顷　喷雾

桑树　尺蠖　600克/公顷　喷雾

卫生　多种卫生害虫　1)300-400倍液2)0.08克/立方米　1)泼洒2)挂条熏蒸

小麦　黏虫、蚜虫　600克/公顷　喷雾

PD85154-50　氰戊菊酯/20%/乳油/氰戊菊酯 20%/2010.08.15 至 2015.08.15/中等毒

柑橘树　潜叶蛾　10-20毫克/千克　喷雾

果树　梨小食心虫　10-20毫克/千克　喷雾

棉花　红铃虫、蚜虫　75-150克/公顷　喷雾

蔬菜　菜青虫、蚜虫　60-120克/公顷　喷雾

PD85157-29　辛硫磷/40%/乳油/辛硫磷 40%/2010.08.15 至 2015.08.15/低毒

茶树、桑树　食叶害虫　200-400毫克/千克　喷雾

果树　食心虫、蚜虫、螨　200-400毫克/千克　喷雾

林木　食叶害虫　3000-6000克/公顷　喷雾

棉花　棉铃虫、蚜虫　300-600克/公顷　喷雾

蔬菜　菜青虫　300-450克/公顷　喷雾

烟草　食叶害虫　300-600克/公顷　喷雾

玉米　玉米螟　450-600克/公顷　灌心叶

PD20080011　霜脲氰/94%/原药/霜脲氰 94%/2013.01.04 至 2018.01.04/低毒

PD20092457　氰戊·敌敌畏/20%/乳油/敌敌畏 13.5%、氰戊菊酯 6.5%/2014.02.25 至 2019.02.25/中等毒

棉花　棉铃虫　480-600克/公顷　喷雾

十字花科蔬菜　菜青虫、小菜蛾　150-240克/公顷　喷雾

小麦　蚜虫　60-120克/公顷　喷雾

PD20093714　溴氰菊酯/25克/升/乳油/溴氰菊酯 25克/升/2014.03.25 至 2019.03.25/中等毒

十字花科蔬菜　蚜虫　7.5-15克/公顷　喷雾

PD20093964 氰戊·氧乐果/25%/乳油/氰戊菊酯 2.5%、氧乐果 22.5%/2014.03.27 至 2019.03.27/中等毒(原药高毒)
棉花 蚜虫 150-225克/公顷 喷雾
PD20094422 甲哌鎓/98%/可溶粉剂/甲哌鎓 98%/2014.04.01 至 2019.04.01/低毒
棉花 调节生长 45-60克/公顷 喷雾
PD20094571 氯氟·敌敌畏/20%/乳油/敌敌畏 19.4%、高效氯氟氰菊酯 0.6%/2009.04.09 至 2014.04.09/中等毒
棉花 蚜虫 120-180克/公顷 喷雾
PD20094924 辛硫·高氯氟/26%/乳油/高效氯氟氰菊酯 0.6%、辛硫磷 25.4%/2009.04.13 至 2014.04.13/中等毒
棉花 蚜虫 234-273克/公顷 喷雾
PD20095113 甲氰菊酯/20%/乳油/甲氰菊酯 20%/2009.04.24 至 2014.04.24/中等毒
苹果树 红蜘蛛 100毫克/千克 喷雾
PD20096025 甲氰 ·敌敌畏/20%/乳油/敌敌畏 13%、甲氰菊酯 7%/2009.06.15 至 2014.06.15/中等毒
甘蓝 菜青虫 60-120克/公顷 喷雾
PD20097499 百草枯/200克/升/水剂/百草枯 200克/升/2012.12.31 至 2014.07.01/中等毒
非耕地 杂草 200-300毫升制剂/亩 茎叶喷雾
PD20097543 烟嘧磺隆/40克/升/可分散油悬浮剂/烟嘧磺隆 40克/升/2009.11.03 至 2014.11.03/低毒
玉米田 一年生杂草 42-60克/公顷 茎叶喷雾
PD20097602 溴氰 ·敌敌畏/20%/乳油/敌敌畏 19.4%、溴氰菊酯 0.6%/2009.11.03 至 2014.11.03/中等毒
十字花科蔬菜 菜青虫 120-150克/公顷 喷雾
PD20101460 阿维菌素/1.8%/乳油/阿维菌素 1.8%/2010.05.04 至 2015.05.04/低毒(原药高毒)
甘蓝 小菜蛾 8.1-13.5克/公顷 喷雾
PD20120825 霜脲·锰锌/72%/可湿性粉剂/代森锰锌 64%、霜脲氰 8%/2012.05.22 至 2017.05.22/低毒
黄瓜 霜霉病 1440-1800克/公顷 喷雾
PD20121087 甲霜灵/25%/悬浮种衣剂/甲霜灵 25%/2012.07.19 至 2017.07.19/低毒
马铃薯 晚疫病 31.25-37.5克/100千克种薯 拌种薯
PD20121598 联苯菊酯/100克/升/乳油/联苯菊酯 100克/升/2012.10.25 至 2017.10.25/中等毒
茶树 茶小绿叶蝉 30-37.5克/公顷 喷雾
PD20130378 甲氨基阿维菌素苯甲酸盐/5%/水分散粒剂/甲氨基阿维菌素 5%/2013.03.12 至 2018.03.12/低毒
甘蓝 甜菜夜蛾 2.1-3.15克/公顷 喷雾
注:甲氨基阿维菌素苯甲酸盐含量：5.7%。
PD20130683 苯醚甲环唑/37%/水分散粒剂/苯醚甲环唑 37%/2013.04.09 至 2018.04.09/低毒
柑橘树 疮痂病 923-123毫克/千克 喷雾
PD20130775 烯酰吗啉/80%/水分散粒剂/烯酰吗啉 80%/2013.04.18 至 2018.04.18/低毒
黄瓜 霜霉病 204-300克/公顷 喷雾

甘肃省兰州固诚化工有限公司 (甘肃省兰州市西固区环行东路10号 730060 0931-7324311)

PD85151-5 2,4-滴丁酯/57%/乳油/2,4-滴丁酯 57%/2010.06.17 至 2015.06.17/低毒
谷子、小麦 双子叶杂草 419克/公顷 喷雾
水稻 双子叶杂草 239-419克/公顷 喷雾
玉米 双子叶杂草 1)829克/公顷 1)苗前土壤处理
2)359-419克/公顷 2)喷雾

甘肃省兰州市农药厂 (甘肃省兰州市西固区福利东路49号 730060 0931-7531213)

PDN15-92 野麦畏/400克/升/乳油/野麦畏 400克/升/2011.12.26 至 2016.12.26/低毒
小麦田 野燕麦 900-1200克/公顷 喷雾,毒土
PD20070689 氟乐灵/480克/升/乳油/氟乐灵 480克/升/2012.12.20 至 2017.12.20/低毒
大豆田 部分阔叶杂草、一年生禾本科杂草 900-1260克/公顷 土壤喷雾

甘肃省两西新产品开发试验中心 (甘肃省兰州市科技街64号 730000 0931-8264969)

PD20097566 甲拌磷/5%/颗粒剂/甲拌磷 5%/2009.11.03 至 2014.11.03/高毒
小麦 地下害虫 1500-1875克/公顷 撒施

甘肃省武山县农药厂 (甘肃省武山县洛门镇 741306 0938-3225239)

PD20092321 溴敌隆/0.02%/毒饵/溴敌隆 0.02%/2014.02.24 至 2019.02.24/中等毒(原药高毒)
农田 鼢鼠 5-10克毒饵/洞 洞内投饵
PD20101206 溴敌隆/0.005%/毒饵/溴敌隆 0.005%/2010.02.21 至 2015.02.21/低毒
农田 田鼠 饱和投饵 投放

甘肃省张掖市大弓农化有限公司 (甘肃省张掖市甘州区东北郊开发区 734000 0936-8436169)

PD84111-42 氧乐果/40%/乳油/氧乐果 40%/2012.01.23 至 2017.01.23/中等毒(原药高毒)
棉花 蚜虫、螨 375-600克/公顷 喷雾
森林 松干蚧、松毛虫 500倍液 喷雾或直接涂树干
水稻 稻纵卷叶螟、飞虱 375-600克/公顷 喷雾
小麦 蚜虫 300-450克/公顷 喷雾
PD20080127 仲丁灵/95%/原药/仲丁灵 95%/2013.01.03 至 2018.01.03/低毒
PD20080317 仲丁灵/48%/乳油/仲丁灵 48%/2013.02.26 至 2018.02.26/低毒
花生田 一年生禾本科杂草及部分阔叶杂草 1440-1800克/公顷 播后苗前土壤喷雾
棉花田 一年生禾本科杂草及部分阔叶杂草 1440-1800克/公顷 土壤喷雾
水稻移栽田 一年生禾本科杂草及部分阔叶杂草 1440-1800克/公顷 毒土法

西瓜田 一年生禾本科杂草及部分阔叶杂草 1080-1440克/公顷 土壤喷雾

PD20080595 仲丁灵/360克/升/乳油/仲丁灵 360克/升/2013.05.12 至 2018.05.12/低毒

烟草 抑制腋芽生长 72-90毫克/株 杯淋

PD20082145 氟乐灵/480克/升/乳油/氟乐灵 480克/升/2013.11.25 至 2018.11.25/低毒

棉花田 一年生禾本科杂草及部分阔叶杂草 540-1080克/公顷 播后苗前土壤喷雾

PD20083984 灭多威/20%/乳油/灭多威 20%/2013.12.16 至 2018.12.16/高毒

棉花 蚜虫 75-150克/公顷 喷雾

棉花 棉铃虫 150-225克/公顷 喷雾

PD20085140 辛硫·灭多威/35%/乳油/灭多威 7%、辛硫磷 28%/2013.12.23 至 2018.12.23/高毒

棉花 棉铃虫 373.75-525克/公顷 喷雾

PD20085282 仲灵·乙草胺/50%/乳油/乙草胺 30%、仲丁灵 20%/2013.12.23 至 2018.12.23/低毒

夏大豆田 一年生杂草 750-1500克/公顷 土壤喷雾

PD20085388 速灭威/20%/乳油/速灭威 20%/2013.12.24 至 2018.12.24/低毒

水稻 稻飞虱 525-600克/公顷 喷雾

PD20085564 氰戊·氧乐果/25%/乳油/氰戊菊酯 2.5%、氧乐果 22.5%/2013.12.25 至 2018.12.25/高毒

棉花 棉铃虫、蚜虫 187.5-225克/公顷 喷雾

PD20091025 二甲戊灵/330克/升/乳油/二甲戊灵 330克/升/2014.01.21 至 2019.01.21/低毒

棉花田 一年生杂草 742.5-990克/公顷 播后苗前土壤喷雾

PD20092290 氧乐·灭多威/25%/乳油/灭多威 5%、氧乐果 20%/2014.02.24 至 2019.02.24/高毒

小麦 蚜虫 112.5-150克/公顷 喷雾

PD20092401 阿维菌素/18克/升/乳油/阿维菌素 18克/升/2014.02.25 至 2019.02.25/低毒(原药高毒)

甘蓝 小菜蛾 8.1-10.8克/公顷 喷雾

PD20092685 敌敌畏/80%/乳油/敌敌畏 80%/2009.03.03 至 2014.03.03/中等毒

小麦 蚜虫 600-720克/公顷 喷雾

PD20094161 乙烯利/40%/水剂/乙烯利 40%/2014.03.27 至 2019.03.27/低毒

棉花 催熟 400-500倍 喷雾

PD20094438 乐果/40%/乳油/乐果 40%/2009.04.01 至 2014.04.01/中等毒

十字花科蔬菜 蚜虫 450-600克/公顷 喷雾

PD20095027 敌畏·氧乐果/50%/乳油/敌敌畏 40%、氧乐果 10%/2009.04.21 至 2014.04.21/高毒

水稻 二化螟、飞虱 750-1125克/公顷 喷雾

小麦 蚜虫 375-750克/公顷 喷雾

PD20095494 2,4-滴丁酯/57%/乳油/2,4-滴丁酯 57%/2009.05.11 至 2014.05.11/低毒

春小麦田 一年生阔叶杂草 427.5-641.25克/公顷 茎叶喷雾

冬小麦田 一年生阔叶杂草 342-427.5克/公顷 茎叶喷雾

PD20100836 井冈霉素(5%)///水剂/井冈霉素A 4%/2010.01.19 至 2015.01.19/低毒

移栽水稻田 纹枯病 150－187.5克/公顷 喷雾

PD20101482 草甘膦异丙胺盐/30%/水剂/草甘膦 30%/2010.05.05 至 2015.05.05/低毒

茶园 杂草 1125-1800克/公顷 喷雾

棉田行间 杂草 922.5-1230克/公顷 行间定向茎叶喷雾

注:草甘膦异丙胺盐含量：41%。

PD20110784 仲灵·异噁松/50%/乳油/异噁草松 12.5%、仲丁灵 37.5%/2011.07.25 至 2016.07.25/低毒

烟草田 一年生杂草 1200-1500克/公顷 移栽前土壤喷雾

PD20110785 草甘膦/95%/原药/草甘膦 95%/2011.07.25 至 2016.07.25/低毒

PD20121725 噻嗪酮/25%/可湿性粉剂/噻嗪酮 25%/2012.11.08 至 2017.11.08/低毒

水稻 稻飞虱 93.5－112.5克/公顷 喷雾

PD20130835 噻苯隆/50%/可湿性粉剂/噻苯隆 50%/2013.04.22 至 2018.04.22/低毒

棉花 脱叶 225-300克/公顷 茎叶喷雾

PD20131348 氟乐灵/96%/原药/氟乐灵 96%/2013.06.19 至 2018.06.19/低毒

PD20131421 甲氨基阿维菌素苯甲酸盐/5%/水分散粒剂/甲氨基阿维菌素 5%/2013.07.02 至 2018.07.02/低毒

水稻 二化螟 7.5-11.25克/公顷 喷雾

注:甲氨基阿维菌素苯甲酸盐含量：5.7%。

PD20131996 氟节胺/25%/可分散油悬浮剂/氟节胺 25%/2013.10.10 至 2018.10.10/低毒

烟草 抑制腋芽生长 500-625毫克/千克 杯淋法

PD20132219 茚虫威/72%/母药/茚虫威 72%/2013.11.05 至 2018.11.05/中等毒

PD20132715 仲丁灵/30%/水乳剂/仲丁灵 30%/2013.12.30 至 2018.12.30/低毒

棉花田 一年生禾本科杂草及部分阔叶杂草 1575-1800克/公顷 播后苗前土壤喷雾

甘肃天保农药化工有限公司 (甘肃省陇南市武都区两水镇 746010 0939-8519777)

PD20110686 敌鼠钠盐/0.1%/毒饵/敌鼠钠盐 0.1%/2011.06.20 至 2016.06.20/低毒(原药高毒)

室内 家鼠 饱和投饵 投饵

PD20121640 三唑酮/15%/可湿性粉剂/三唑酮 15%/2012.10.30 至 2017.10.30/低毒

小麦 条锈病 225-270克/公顷 喷雾

兰州爱地森农化科技有限责任公司 (甘肃省兰州市安宁区黄家滩218号 730071 0931-3031252)

PD20090607 腐霉利/10%/烟剂/腐霉利 10%/2014.01.14 至 2019.01.14/低毒

番茄(保护地) 灰霉病 300-450克/公顷 点燃放烟
PD20091512 百菌清/10%/烟剂/百菌清 10%/2014.02.02 至 2019.02.02/低毒
黄瓜(保护地) 霜霉病 750-1200克/公顷 点燃放烟
PD20130315 异丙威/10%/烟剂/异丙威 10%/2013.02.26 至 2018.02.26/低毒
黄瓜(保护地) 蚜虫 750-900克/公顷 点燃
PD20132018 百菌清/40%/烟剂/百菌清 40%/2013.10.21 至 2018.10.21/中等毒
黄瓜(保护地) 霜霉病 750—1200克/公顷 点燃放烟
WP20110223 杀虫烟剂/3%/烟剂/高效氯氰菊酯 3%/2011.09.30 至 2016.09.30/低毒
卫生 蚊、蝇 / 点燃

兰州润泽生化科技有限公司 (甘肃省兰州市安宁区枣林路139号 730070 0931-7617688)

PD20110026 腐酸·硫酸铜/3.3%/水剂/腐殖酸 2.7%、硫酸铜 0.6%/2011.01.04 至 2016.01.04/低毒
苹果树 腐烂病 150-200克原液/平方米病疤或15-20克/株 刮病斑涂抹

武威春飞作物科技有限公司 (甘肃省武威市凉州区武南镇工业开发区华源路 733009 0935-2716018)

PD20111303 多·福/15%/悬浮种衣剂/多菌灵 10%、福美双 5%/2011.11.24 至 2016.11.24/低毒
小麦 黑穗病 214-300克/100千克种子 种子包衣
PD20120543 吡·福·烯唑醇/15%/悬浮种衣剂/吡虫啉 5%、福美双 9.6%、烯唑醇 0.4%/2012.03.28 至 2017.03.28/低毒
玉米 地老虎、金针虫、蝼蛄、蛴螬、丝黑穗病 250-375克/100千克种子 种子包衣

广东省

必安住(广州)日化有限公司 (广州市番禺区东涌镇石基村市南公路东涌段南侧14号 511453 020-34918778)

WP20080309 蚊香/0.3%/蚊香/富右旋反式烯丙菊酯 0.3%/2008.12.04 至 2013.12.04/微毒
卫生 蚊 / 点燃

东莞威乐日用品有限公司 (广东省东莞市虎门镇九门寨第二工业区 523898 0769-85508918)

WP20080303 驱蚊露/15%/蚊香/避蚊胺 15%/2008.12.04 至 2013.12.04/微毒
卫生 蚊 / 涂抹
WL20100152 杀蝇纸/10毫克/片/杀蝇纸/吡虫啉 10毫克/片/2012.05.19 至 2013.05.19/低毒
卫生 蝇 / 粘贴

佛山市高明区万邦生物有限公司 (广东省佛山市高明区沧江工业区名城园区 528518 0757-88831120)

PD20132058 丁醚脲/500克/升/悬浮剂/丁醚脲 500克/升/2013.10.22 至 2018.10.22/低毒
茶树 小绿叶蝉 750-900克/公顷 喷雾

佛山市南海区黄岐嘉纯生物工程有限公司 (广东省南海市黄岐泌冲工业区 528248 0757-85996168)

WP20080348 杀虫气雾剂/1.1%/气雾剂/胺菊酯 0.28%、残杀威 0.82%/2013.12.09 至 2018.12.09/低毒
卫生 蚊、蝇、蜚蠊 / 喷雾

佛山市雅洁丽化妆品有限公司 (广东省佛山市三水中心科技工业区南边工业园 528135 0757-87322028)

WP20130106 杀虫气雾剂/0.2%/气雾剂/胺菊酯 0.15%、氯氰菊酯 0.05%/2013.05.20 至 2018.05.20/微毒
卫生 蜚蠊、蚊、蝇 / 喷雾

广东北大新世纪生物工程股份有限公司 (广东省梅州市梅县锭子桥新世纪大厦 514700 0753-2525191)

PD86109-24 苏云金杆菌/16000IU/毫克/可湿性粉剂/苏云金杆菌 16000IU/毫克/2011.11.01 至 2016.11.01/低毒
白菜、萝卜、青菜 菜青虫、小菜蛾 1500-4500克制剂/公顷 喷雾
茶树 茶毛虫 1500-7500克制剂/公顷 喷雾
大豆、甘薯 天蛾 1500-2250克制剂/公顷 喷雾
柑橘树 柑橘凤蝶 2250-3750克制剂/公顷 喷雾
高粱、玉米 玉米螟 3750-4500克制剂/公顷 喷雾、毒土
梨树 天幕毛虫 1500-3750克制剂/公顷 喷雾
林木 尺蠖、柳毒蛾、松毛虫 2250-7500克制剂/公顷 喷雾
棉花 棉铃虫、造桥虫 1500-7500克制剂/公顷 喷雾
苹果树 巢蛾 2250-3750克制剂/公顷 喷雾
水稻 稻苞虫、稻纵卷叶螟 1500-6000克制剂/公顷 喷雾
烟草 烟青虫 3750-7500克制剂/公顷 喷雾
枣树 尺蠖 3750-4500克制剂/公顷 喷雾

广东大丰植保科技有限公司 (广东省广州市天河区五山省农科院大丰基地内 510640 020-38765158)

PDN31-94 王铜/30%/悬浮剂/王铜 30%/2009.12.07 至 2014.12.07/低毒
柑橘树 溃疡病 375-500毫克/千克 喷雾
PD20040173 吡虫啉/10%/可湿性粉剂/吡虫啉 10%/2009.12.19 至 2014.12.19/低毒
节瓜 蓟马 30-52.5克/公顷 喷雾
PD20040627 高氯·三唑磷/13%/乳油/高效氯氰菊酯 1.7%、三唑磷 11.3%/2009.12.19 至 2014.12.19/中等毒
荔枝树 蒂蛀虫 86.67-130毫克/千克 喷雾
PD20040750 吡虫啉/5%/乳油/吡虫啉 5%/2009.12.19 至 2014.12.19/低毒
节瓜 蓟马 36-45毫克/千克 喷雾
PD20085592 阿维菌素/1.8%/乳油/阿维菌素 1.8%/2013.12.25 至 2018.12.25/中等毒(原药高毒)
柑橘树 潜叶蛾 4.5-9毫升/公顷 喷雾
棉花 红蜘蛛 10.8-16.2克/公顷 喷雾
十字花科蔬菜 小菜蛾 5.4-6.75克/公顷 喷雾

PD20085710 噻嗪·杀虫单/58%/可湿性粉剂/噻嗪酮 8%、杀虫单 50%/2013.12.26 至 2018.12.26/中等毒
水稻 稻飞虱、稻纵卷叶螟 870-1044克/公顷 喷雾
PD20090078 阿维·三唑磷/10.2%/乳油/阿维菌素 0.2%、三唑磷 10%/2009.01.08 至 2014.01.08/中等毒(原药高毒)
节瓜 蓟马 114.75-229.5克/公顷 喷雾
PD20090197 苄·丁/32.5%/可湿性粉剂/苄嘧磺隆 1.5%、丁草胺 31%/2014.01.08 至 2019.01.08/低毒
水稻抛秧田 一年生及部分多年生杂草 585-877.5克/公顷 药土法
PD20090245 啶虫脒/5%/乳油/啶虫脒 5%/2009.01.09 至 2014.01.09/低毒
黄瓜(保护地) 白粉虱 22.5-36克/公顷 喷雾
PD20090298 高氯·毒死蜱/15%/乳油/毒死蜱 11.5%、高效氯氰菊酯 3.5%/2014.01.09 至 2019.01.09/中等毒
荔枝树 蒂蛀虫 150-300毫克/千克 喷雾
PD20090339 阿维·吡虫啉/2.2%/乳油/阿维菌素 0.2%、吡虫啉 2%/2014.01.12 至 2019.01.12/低毒(原药高毒)
节瓜 蓟马 19.8-26.4克/公顷 喷雾
PD20090428 甲氰·三唑磷/20%/乳油/甲氰菊酯 8%、三唑磷 12%/2014.01.12 至 2019.01.12/中等毒
柑橘树 红蜘蛛 133.3-200毫克/千克 喷雾
PD20090437 高氯·辛硫磷/22%/乳油/高效氯氰菊酯 1%、辛硫磷 21%/2014.01.12 至 2019.01.12/中等毒
荔枝树 卷叶虫 110-147毫克/千克 喷雾
PD20092246 吡虫·杀虫双/14.5%/微乳剂/吡虫啉 1%、杀虫双 13.5%/2014.02.24 至 2019.02.24/中等毒
水稻 稻纵卷叶螟、飞虱 326.25-435克/公顷 喷雾
PD20093416 杀螟丹/50%/可溶粉剂/杀螟丹 50%/2014.03.20 至 2019.03.20/低毒
水稻 二化螟 675-750克/公顷 喷雾
PD20093462 多·锰锌/62%/可湿性粉剂/多菌灵 30%、代森锰锌 32%/2014.03.23 至 2019.03.23/低毒
荔枝树 炭疽病 500-700倍液 喷雾
PD20094561 稻丰·仲丁威/40%/乳油/稻丰散 18%、仲丁威 22%/2014.04.09 至 2019.04.09/中等毒
节瓜 蓟马 450-900克/公顷 喷雾
PD20095060 咪锰·三环唑/28%/可湿性粉剂/咪鲜胺锰盐 14%、三环唑 14%/2014.04.21 至 2019.04.21/低毒
菜苔 炭疽病 210-262.8克/公顷 喷雾
PD20097511 乙氧氟草醚/240克/升/乳油/乙氧氟草醚 240克/升/2009.11.03 至 2014.11.03/低毒
甘蔗田 一年生杂草 108-180克/公顷 土壤喷雾
PD20101121 萘乙·乙烯利/10%/水剂/萘乙酸 0.5%、乙烯利 9.5%/2010.01.25 至 2015.01.25/低毒
荔枝树 杀花穗 1000-1200倍液 喷雾
PD20110390 阿维菌素/1.8%/乳油/阿维菌素 1.8%/2011.04.12 至 2016.04.12/中等毒(原药高毒)
柑橘 潜叶蛾 4.5—9毫克/千克 喷雾
棉花 红蜘蛛 10.8—16.2克/公顷 喷雾
PD20120999 甲氨基阿维菌素苯甲酸盐/0.5%/乳油/甲氨基阿维菌素 0.5%/2012.06.21 至 2017.06.21/低毒
甘蓝 甜菜夜蛾 2.25-4.5克/公顷 喷雾
注:甲氨基阿维菌素苯甲酸盐:0.57%。
PD20121874 甲氨基阿维菌素苯甲酸盐/2%/微乳剂/甲氨基阿维菌素 2%/2012.11.28 至 2017.11.28/低毒
甘蓝 甜菜夜蛾 3-4.5克/公顷 喷雾
注:甲氨基阿维菌素苯甲酸盐含量:2.3%。
PD20131053 高氯·甲维盐/4%/微乳剂/高效氯氰菊酯 3.7%、甲氨基阿维菌素苯甲酸盐 0.3%/2013.05.20 至 2018.05.20/低毒
甘蓝 小菜蛾 9-12克/公顷 喷雾
PD20131970 丙环唑/250克/升/乳油/丙环唑 250克/升/2013.10.10 至 2018.10.10/低毒
香蕉树 叶斑病 250-500毫克/千克 喷雾

广东德利生物科技有限公司 (广东省茂名市化州市鉴江经济开发区试验区金垌岭 525100 0668-7363099)

PD20093725 氯氰菊酯/92%/原药/氯氰菊酯 92%/2014.03.25 至 2019.03.25/低毒
PD20094144 高效氯氰菊酯/4.5%/乳油/高效氯氰菊酯 4.5%/2014.03.27 至 2019.03.27/低毒
十字花科蔬菜 菜青虫 13.5-27克/公顷 喷雾
PD20095193 高效氯氰菊酯/27%/母药/高效氯氰菊酯 27%/2014.04.24 至 2019.04.24/低毒
PD20100310 毒·辛/20%/乳油/毒死蜱 4%、辛硫磷 16%/2010.01.11 至 2015.01.11/低毒
萝卜 菜青虫 120-180克/公顷 喷雾
PD20131720 芸苔素内酯/0.01%/乳油/芸苔素内酯 0.01%/2013.08.16 至 2018.08.16/低毒
棉花 调节生长 0.027-0.040毫克/千克 喷雾

广东福尔康化工科技股份有限公司 (广东省普宁市燎原镇广揭公路东侧 515344 0663-2687336)

PD20092480 杀虫双/18%/水剂/杀虫双 18%/2009.02.26 至 2014.02.26/中等毒
水稻 三化螟 675-810克/公顷 喷雾
PD20092682 井冈霉素/5%/水剂/井冈霉素 5%/2009.03.03 至 2014.03.03/低毒
水稻 纹枯病 150-187.5克/公顷 喷雾
PD20093985 氰戊·乐果/25%/乳油/乐果 22%、氰戊菊酯 3%/2009.03.27 至 2014.03.27/中等毒
甘蓝 菜青虫 180-300克/公顷 喷雾
PD20094003 井冈霉素/3%/水剂/井冈霉素 3%/2009.03.27 至 2014.03.27/低毒
水稻 纹枯病 150-187.5克/公顷 喷雾
PD20094004 井冈霉素/5%/可溶粉剂/井冈霉素 5%/2009.03.27 至 2014.03.27/低毒
水稻 纹枯病 18.75-37.5克/公顷 喷雾

PD20095111 氰戊·马拉松/21%/乳油/马拉硫磷 15%、氰戊菊酯 6%/2009.04.24 至 2014.04.24/中等毒
柑橘树 红蜘蛛 53-70毫克/千克 喷雾
PD20100282 草甘膦/30%/水剂/草甘膦 30%/2010.01.11 至 2015.01.11/低毒
柑橘园 杂草 1125-2250克/公顷 茎叶喷雾
PD20131045 草甘膦铵盐/50%/可溶粉剂/草甘膦 50%/2013.05.13 至 2018.05.13/低毒
柑橘园 杂草 1500-2250克/公顷 定向茎叶喷雾
注:草甘膦铵盐含量：55%。

广东浩德作物科技有限公司 (广东省东莞市大岭山镇大岭村 523820 0755-27948402)

PD20081782 苯磺隆/75%/水分散粒剂/苯磺隆 75%/2013.11.19 至 2018.11.19/低毒
冬小麦田 一年生阔叶杂草 13.5—22.5克/公顷 茎叶喷雾
PD20081974 精喹禾灵/8.8%/乳油/精喹禾灵 8.8%/2013.11.25 至 2018.11.25/低毒
冬油菜田 一年生禾本科杂草 46.2-52.8克/公顷 茎叶喷雾
PD20082283 莠灭净/80%/可湿性粉剂/莠灭净 80%/2013.12.01 至 2018.12.01/低毒
甘蔗田 一年生杂草 1800-2400克/公顷 土壤喷雾或定向喷雾
PD20083794 精喹禾灵/50克/升/乳油/精喹禾灵 50克/升/2008.12.15 至 2013.12.15/低毒
大豆田 一年生禾本科杂草 45-60克/公顷 茎叶喷雾
PD20083863 精吡氟禾草灵/150克/升/乳油/精吡氟禾草灵 150克/升/2013.12.15 至 2018.12.15/低毒
大豆田 一年生禾本科杂草 112.5-135克/公顷 茎叶喷雾
PD20084158 乙草胺/900克/升/乳油/乙草胺 900克/升/2013.12.16 至 2018.12.16/低毒
夏大豆田 一年生禾本科杂草及部分小粒种子阔叶杂草 1080-1350克/公顷 土壤喷雾
PD20086088 二甲戊灵/33%/乳油/二甲戊灵 33%/2013.12.30 至 2018.12.30/低毒
大蒜田 一年生杂草 742.5-990克/公顷 土壤喷雾
PD20090100 异噁草松/480克/升/乳油/异噁草松 480克/升/2009.01.08 至 2014.01.08/低毒
春大豆田 一年生杂草 1080-1296克/公顷 播后苗期土壤喷雾
PD20090665 精喹禾灵/10%/乳油/精喹禾灵 10%/2009.01.15 至 2014.01.15/低毒
春大豆田 一年生禾本科杂草 64.8-81克/公顷 茎叶喷雾
PD20090825 苄·乙/20%/可湿性粉剂/苄嘧磺隆 5%、乙草胺 15%/2014.01.19 至 2019.01.19/低毒
水稻移栽田 一年生及部分多年生杂草 84-118克/公顷 药土法
PD20090930 莠去津/48%/可湿性粉剂/莠去津 48%/2014.01.19 至 2019.01.19/低毒
夏玉米田 一年生杂草 1080-1440克/公顷 播后苗前土壤喷雾
PD20090941 高效氟吡甲禾灵/108克/升/乳油/高效氟吡甲禾灵 108克/升/2009.01.19 至 2014.01.19/低毒
花生田 一年生禾本科杂草 48.6-64.8 克/公顷 茎叶喷雾
PD20090943 烯草酮/240克/升/乳油/烯草酮 240克/升/2009.01.19 至 2014.01.19/低毒
大豆田 一年生禾本科杂草 72-108克/公顷 茎叶喷雾
PD20090980 吡嘧磺隆/10%/可湿性粉剂/吡嘧磺隆 10%/2009.01.20 至 2014.01.20/低毒
移栽水稻田 一年生阔叶杂草 21-30克/公顷 药土法
PD20091022 精喹·乳氟禾/11.8%/乳油/精喹禾灵 10%、乳氟禾草灵 1.8%/2014.01.21 至 2019.01.21/低毒
花生田 一年生杂草 53.1-70.8克/公顷 喷雾
PD20091065 苯磺隆/10%/可湿性粉剂/苯磺隆 10%/2014.01.21 至 2019.01.21/低毒
冬小麦田 一年生阔叶杂草 13.5-22.5克/公顷 茎叶喷雾
PD20091292 精喹·草除灵/15%/乳油/草除灵 12%、精喹禾灵 3%/2014.02.01 至 2019.02.01/低毒
冬油菜田 一年生杂草 270-337.5克/公顷 茎叶喷雾
PD20091333 甲·乙·莠/42%/悬乳剂/甲草胺 8%、乙草胺 9%、莠去津 25%/2014.02.01 至 2019.02.01/低毒
夏玉米田 一年生杂草 945-1260克/公顷 土壤喷雾
PD20091585 精喹禾灵/5%/乳油/精喹禾灵 5%/2014.02.03 至 2019.02.03/低毒
大豆田 一年生禾本科杂草 45-60克/公顷 茎叶喷雾
PD20092020 噻吩·苯磺隆/10%/可湿性粉剂/苯磺隆 7%、噻吩磺隆 3%/2014.02.12 至 2019.02.12/低毒
冬小麦田 一年生阔叶杂草 15—22.5克/公顷 茎叶喷雾
PD20092699 莠去津/38%/悬浮剂/莠去津 38%/2014.03.03 至 2019.03.03/低毒
春玉米田 一年生杂草 3000-6000毫升制剂/公顷 土壤喷雾
PD20093279 嗪酮·乙草胺/56%/乳油/嗪草酮 14%、乙草胺 42%/2014.03.11 至 2019.03.11/低毒
夏玉米田 一年生单子叶杂草 924-1120克/公顷 土壤喷雾
PD20093667 氟磺胺草醚/250克/升/水剂/氟磺胺草醚 250克/升/2014.03.25 至 2019.03.25/低毒
夏大豆田 一年生阔叶杂草 187.5-375克/公顷 茎叶喷雾
PD20093836 苄·丁/35%/可湿性粉剂/苄嘧磺隆 1.5%、丁草胺 33.5%/2014.03.25 至 2019.03.25/低毒
水稻抛栽田 一年生及部分多年生杂草 630-787.5克/公顷(南方地区) 药土法
PD20094239 氯氟吡氧乙酸异辛酯/288克/升/乳油/氯氟吡氧乙酸异辛酯 288克/升/2014.03.31 至 2019.03.31/低毒
春小麦田 一年生阔叶杂草 150-210克/公顷 茎叶喷雾
PD20095283 噻·噁·苯磺隆/55%/可湿性粉剂/苯磺隆 8%、精噁唑禾草灵 45%、噻吩磺隆 2%/2014.04.27 至 2019.04.27/低毒
冬小麦田 一年生禾本科杂草及阔叶杂草 82.5-99克/公顷 茎叶喷雾
PD20095485 丙草胺/300克/升/乳油/丙草胺 300克/升/2009.05.11 至 2014.05.11/低毒

	水稻秧田	一年生杂草	562.5-675克/公顷	土壤喷雾
PD20095753	高效氟吡甲禾灵/108克/升/乳油/高效氟吡甲禾灵 108克/升/2009.05.18 至 2014.05.18/低毒			
	甘蓝田、花生田	一年生禾本科杂草	48.6-64.8克/公顷	茎叶喷雾
PD20095788	精噁唑禾草灵/69克/升/水乳剂/精噁唑禾草灵 69克/升/2009.05.27 至 2014.05.27/低毒			
	冬小麦田	一年生禾本科杂草	51.75-62.1克/公顷	茎叶喷雾
	注:安全剂吡啶解草酯含量: 2%。			
PD20096308	烟嘧磺隆/40克/升/可分散油悬浮剂/烟嘧磺隆 40克/升/2009.07.22 至 2014.07.22/低毒			
	玉米田	一年生杂草	42-60克/公顷	茎叶喷雾
PD20097235	苄嘧磺隆/30%/可湿性粉剂/苄嘧磺隆 30%/2009.10.19 至 2014.10.19/低毒			
	水稻移栽田	一年生阔叶杂草	45-90克/公顷	药土法
PD20097452	苄嘧·苯噻酰/53%/可湿性粉剂/苯噻酰草胺 50%、苄嘧磺隆 3%/2009.10.28 至 2014.10.28/低毒			
	水稻移栽田	一年生及部分多年生杂草	397.5-556.5克/公顷(南方地区)	药土法
PD20110629	烟嘧磺隆/8%/可分散油悬浮剂/烟嘧磺隆 8%/2011.06.08 至 2016.06.08/低毒			
	玉米田	一年生杂草	48-60克/公顷	茎叶喷雾
PD20110632	吡虫啉/30%/微乳剂/吡虫啉 30%/2011.06.08 至 2016.06.08/低毒			
	水稻	稻飞虱	22.5－31.5克/公顷	喷雾
PD20120338	噻嗪酮/50%/悬浮剂/噻嗪酮 50%/2012.02.17 至 2017.02.17/低毒			
	水稻	稻飞虱	112.5－150克/公顷	喷雾
PD20120520	高效氯氟氰菊酯/2.5%/水乳剂/高效氯氟氰菊酯 2.5%/2012.03.28 至 2017.03.28/中等毒			
	甘蓝	菜青虫	7.5-15克/公顷	喷雾
PD20120604	烟嘧·莠去津/21%/可分散油悬浮剂/烟嘧磺隆 2%、莠去津 19%/2012.04.11 至 2017.04.11/低毒			
	玉米田	一年生杂草	378-441克/公顷	茎叶喷雾
PD20120885	毒死蜱/15%/颗粒剂/毒死蜱 15%/2012.05.24 至 2017.05.24/低毒			
	花生	蛴螬	2700－3600克/公顷	撒施
PD20121731	啶虫脒/20%/可溶液剂/啶虫脒 20%/2012.11.08 至 2017.11.08/低毒			
	黄瓜	蚜虫	18－30克/公顷	喷雾
PD20130284	氟磺胺草醚/12.8%/微乳剂/氟磺胺草醚 12.8%/2013.02.26 至 2018.02.26/低毒			
	夏大豆田	一年生阔叶杂草	230.4-307.2克/公顷	茎叶喷雾
PD20130738	炔草酯/15%/可湿性粉剂/炔草酯 15%/2013.04.12 至 2018.04.12/低毒			
	小麦田	一年生禾本科杂草	45-67.5克/公顷	茎叶喷雾
PD20131412	精喹禾灵/5%/微乳剂/精喹禾灵 5%/2013.07.02 至 2018.07.02/低毒			
	夏大豆田	一年生禾本科杂草	45-60克/公顷	茎叶喷雾
PD20131614	莠去津/90%/水分散粒剂/莠去津 90%/2013.07.29 至 2018.07.29/低毒			
	春玉米田	一年生杂草	1350-1485克/公顷	土壤喷雾
	夏玉米田	一年生杂草	1215-1350克/公顷	土壤喷雾
PD20131674	烟嘧·莠去津/52%/可湿性粉剂/烟嘧磺隆 2%、莠去津 50%/2013.08.07 至 2018.08.07/低毒			
	玉米田	一年生杂草	780-1170克/公顷	茎叶喷雾
PD20131945	草铵膦/200克/升/水剂/草铵膦 200克/升/2013.10.10 至 2018.10.10/低毒			
	柑橘园	杂草	1050-2100克/公顷	定向茎叶喷雾
PD20131949	氟吡·苯磺隆/20%/可湿性粉剂/苯磺隆 2.7%、氯氟吡氧乙酸 17.3%/2013.10.10 至 2018.10.10/低毒			
	冬小麦田	一年生阔叶杂草	90-120克/公顷	茎叶喷雾
PD20132149	氰氟草酯/100克/升/乳油/氰氟草酯 100克/升/2013.10.29 至 2018.10.29/低毒			
	水稻秧田	千金子	75-105克/公顷	茎叶喷雾
PD20132314	松·喹·氟磺胺/35%/乳油/氟磺胺草醚 9.5%、精喹禾灵 2.5%、异噁草松 23%/2013.11.13 至 2018.11.13/低毒			
	春大豆田	一年生杂草	630-787.5克/公顷	茎叶喷雾
LS20120275	硝磺草酮/15%/悬浮剂/硝磺草酮 15%/2013.08.06 至 2014.08.06/低毒			
	玉米田	一年生禾本科杂草及阔叶杂草	105-150克/公顷	茎叶喷雾

广东金丰化工实业有限公司 （广东省兴宁市官汕一路359号 514500 0753-3266187）

PD85131-23	井冈霉素/4%,2.4%/水剂/井冈霉素 4%,2.4%/2010.12.25 至 2015.12.25/低毒			
	水稻	纹枯病	75-112.5克/公顷	喷雾,泼浇
PD86183-37	赤霉酸/85%/粉剂/赤霉酸 85%/2012.01.15 至 2017.01.15/低毒			
	菠菜	增加鲜重	10-25毫克/千克	叶面处理1-3次
	菠萝	果实增大、增重	40-80毫克/千克	喷花
	柑橘树	果实增大、增重	20-40毫克/千克	喷花
	花卉	提前开花	700毫克/千克	叶面处理涂抹花芽
	绿肥	增产	10-20毫克/千克	喷雾
	马铃薯	苗齐、增产	0.5-1毫克/千克	浸薯块10-30分钟
	棉花	提高结铃率、增产	10-20毫克/千克	点喷、点涂或喷雾
	葡萄	无核、增产	50-200毫克/千克	花后一周处理果穗
	芹菜	增加鲜重	20-100毫克/千克	叶面处理1次
	人参	增加发芽率	20毫克/千克	播种前浸种15分钟
	水稻	增加千粒重、制种	20-30毫克/千克	喷雾
PD20121162	噻嗪·异丙威/25%/可湿性粉剂/噻嗪酮 5%、异丙威 20%/2012.07.30 至 2017.07.30/低毒			

水稻 飞虱 450-562.5克/公顷 喷雾

广东金农达生物科技有限公司 (广东省清远市清城区龙塘镇浩良工业园 511540 0763-3695028)

PD86176-14 乙酰甲胺磷/30%/乳油/乙酰甲胺磷 30%/2010.01.19 至 2015.01.19/低毒
棉花 棉铃虫、蚜虫 450-900克/公顷 喷雾
小麦、玉米 黏虫、玉米螟 540-1080克/公顷 喷雾
烟草 烟青虫 450-900克/公顷 喷雾

PD20040195 高效氯氰菊酯/4.5%/乳油/高效氯氰菊酯 4.5%/2009.12.19 至 2014.12.19/中等毒
十字花科蔬菜 蚜虫 17-27克/公顷 喷雾

PD20040291 氯氰菊酯/10%/乳油/氯氰菊酯 10%/2009.12.19 至 2014.12.19/低毒
蔬菜 菜青虫 30-45克/公顷 喷雾

PD20040461 哒螨灵/15%/乳油/哒螨灵 15%/2009.12.19 至 2014.12.19/中等毒
柑橘树 红蜘蛛 50-67毫克/千克 喷雾

PD20070115 百草枯/200克/升/水剂/百草枯 200克/升/2012.12.31 至 2014.07.01/中等毒
茶园 一年生和多年生杂草 450-750克/公顷 定向茎叶喷雾

PD20070117 丙威·毒死蜱/13%/乳油/毒死蜱 3%、异丙威 10%/2012.05.08 至 2017.05.08/低毒
水稻 稻飞虱 292.5-390克/公顷 喷雾

PD20070119 代森锰锌/50%/可湿性粉剂/代森锰锌 50%/2012.05.08 至 2017.05.08/低毒
番茄 早疫病 1845-2370克/公顷 喷雾

PD20070125 异丙威/20%/乳油/异丙威 20%/2012.05.18 至 2017.05.18/低毒
水稻 稻飞虱 450-600克/公顷 喷雾

PD20070424 氰戊菊酯/20%/乳油/氰戊菊酯 20%/2012.11.12 至 2017.11.12/低毒
十字花科蔬菜 蚜虫 150-180克/公顷 喷雾

PD20070500 乙烯利/40%/水剂/乙烯利 40%/2012.11.28 至 2017.11.28/低毒
香蕉 催熟 800-1000毫克/千克 浸渍

PD20080413 啶虫脒/5%/乳油/啶虫脒 5%/2013.03.04 至 2018.03.04/低毒
柑橘树 蚜虫 10-15毫克/千克 喷雾

PD20080868 芸苔素内酯/0.01%/可溶液剂/芸苔素内酯 0.01%/2013.06.27 至 2018.06.27/低毒
棉花 调节生长、增产 0.02-0.04毫克/千克 苗期、初花、盛花各喷雾1次
小白菜 调节生长、增产 0.02-0.04毫克/千克 苗期和莲座期各喷雾1次
小麦 调节生长、增产 0.02-0.03毫克/千克 扬花和齐穗各喷1次

PD20081429 稻瘟灵/40%/乳油/稻瘟灵 40%/2013.10.31 至 2018.10.31/低毒
水稻 稻瘟病 450-675克/公顷 喷雾

PD20083271 辛硫磷/40%/乳油/辛硫磷 40%/2013.12.11 至 2018.12.11/低毒
十字花科蔬菜 菜青虫 360-450克/公顷 喷雾

PD20083785 咪鲜胺/25%/水乳剂/咪鲜胺 25%/2013.12.15 至 2018.12.15/低毒
香蕉 冠腐病 500-1000毫克/千克 浸果

PD20084241 阿维菌素/1.8%/乳油/阿维菌素 1.8%/2013.12.17 至 2018.12.17/低毒(原药高毒)
十字花科蔬菜 小菜蛾 7.5-11.25克/公顷 喷雾

PD20084646 井冈霉素A/4%/水剂/井冈霉素 4%/2013.12.18 至 2018.12.18/低毒
水稻 纹枯病 120-150克/公顷 喷雾

PD20084847 腈菌·咪鲜胺/12.5%/乳油/腈菌唑 10%、咪鲜胺 2.5%/2013.12.22 至 2018.12.22/低毒
香蕉 叶斑病 600-800倍液 喷雾

PD20085108 鱼藤酮/2.5%/乳油/鱼藤酮 2.5%/2013.12.23 至 2018.12.23/中等毒(原药高毒)
十字花科蔬菜 蚜虫 37.5-56.25克/公顷 喷雾

PD20085157 杀螺胺乙醇胺盐/50%/可湿性粉剂/杀螺胺乙醇胺盐 50%/2013.12.23 至 2018.12.23/低毒
水稻田 福寿螺 450-600克/公顷 撒毒土

PD20085165 甲氰菊酯/20%/乳油/甲氰菊酯 20%/2013.12.23 至 2018.12.23/中等毒
十字花科蔬菜 菜青虫 60-120克/公顷 喷雾

PD20085489 高效氯氰菊酯/4.5%/水乳剂/高效氯氰菊酯 4.5%/2013.12.25 至 2018.12.25/中等毒
十字花科蔬菜 菜青虫 20.25-27克/公顷 喷雾

PD20086301 硫磺·三环唑/45%/悬浮剂/硫磺 40%、三环唑 5%/2013.12.31 至 2018.12.31/低毒
水稻 稻瘟病 675-1012.5克/公顷 喷雾

PD20090417 井冈霉素/3%/水剂/井冈霉素 3%/2014.01.12 至 2019.01.12/低毒
水稻 纹枯病 120-150克/公顷 喷雾

PD20091939 吡虫啉/10%/可湿性粉剂/吡虫啉 10%/2014.02.12 至 2019.02.12/低毒
水稻 稻飞虱 15-30克/公顷 喷雾

PD20101652 阿维·高氯/2.4%/乳油/阿维菌素 0.4%、高效氯氰菊酯 2%/2010.06.03 至 2015.06.03/低毒(原药高毒)
十字花科蔬菜 菜青虫、小菜蛾 7.5-15克/公顷 喷雾

PD20120090 咪鲜·异菌脲/32%/悬浮剂/咪鲜胺 16%、异菌脲 16%/2012.01.29 至 2017.01.29/低毒
香蕉 冠腐病 320-400毫克/千克 浸果

PD20121432 咪鲜·异菌脲/20%/悬浮剂/咪鲜胺 10%、异菌脲 10%/2012.10.08 至 2017.10.08/低毒
香蕉 冠腐病 333～400毫克/千克 浸果
PD20121597 甲氨基阿维菌素苯甲酸盐/3%/水分散粒剂/甲氨基阿维菌素 3%/2012.10.25 至 2017.10.25/低毒
甘蓝 小菜蛾 1.875-2.25克/公顷 喷雾
注:甲氨基阿维菌素苯甲酸盐含量:3.4%。
PD20122026 高效氯氟氰菊酯/2.5%/水乳剂/高效氯氟氰菊酯 2.5%/2012.12.19 至 2017.12.19/中等毒
甘蓝 菜青虫 7.5-9.375克/公顷 喷雾
PD20130724 阿维·哒螨灵/5%/乳油/阿维菌素 0.2%、哒螨灵 4.8%/2013.04.12 至 2018.04.12/低毒(原药高毒)
柑橘树 红蜘蛛 33.3-50毫克/千克 喷雾
PD20131181 阿维·杀虫单/20%/微乳剂/阿维菌素 0.2%、杀虫单 19.8%/2013.05.27 至 2018.05.27/低毒(原药高毒)
水稻 二化螟 450-600克/公顷 喷雾

广东劲劲化工有限公司 (广东省化州市鉴江开发区金锅岭 525100 0668-7361922)

PD20093953 井冈·杀虫双/22%/水剂/井冈霉素 2.5%、杀虫双 19.5%/2009.03.27 至 2014.03.27/低毒
水稻 二化螟、纹枯病 660-825克/公顷 喷雾
PD20094125 氰戊·乐果/15%/乳油/乐果 12.5%、氰戊菊酯 2.5%/2009.03.27 至 2014.03.27/中等毒
十字花科蔬菜 蚜虫 60-120克/公顷 喷雾
PD20096798 高效氯氟氰菊酯/95%/原药/高效氯氟氰菊酯 95%/2009.09.15 至 2014.09.15/中等毒
PD20100495 高效氯氟氰菊酯/25克/升/乳油/高效氯氟氰菊酯 25克/升/2010.01.14 至 2015.01.14/中等毒
茶树 茶尺蠖 5.625-7.5克/公顷 喷雾
柑橘树 潜叶蛾 8.3-16.7毫克/千克 喷雾

广东九极日用保健品有限公司 (广东省广州市天河区高新技术产业开发区科韵路20-22号 511356 020-32223999)

WP20090122 驱蚊液/5.5%/驱蚊液/避蚊胺 5.5%/2009.02.12 至 2014.02.12/低毒
卫生 蚊 / 涂抹

广东莱雅化工有限公司 (广东省佛山市顺德区顺峰山工业区 528333 0757-22325908)

WP20080176 蚊香/0.2%/蚊香/富右旋反式烯丙菊酯 0.2%/2013.11.18 至 2018.11.18/低毒
卫生 蚊 / 点燃
WP20080216 杀虫气雾剂/1.17%/气雾剂/Es-生物烯丙菊酯 0.15%、残杀威 1.0%、溴氰菊酯 0.02%/2013.11.24 至 2018.11.24/低毒
卫生 蜚蠊、蚊、蝇 / 喷雾
WP20080221 杀虫气雾剂/0.4%/气雾剂/胺菊酯 0.25%、氯菊酯 0.15%/2013.11.25 至 2018.11.25/低毒
卫生 蚊、蝇、蜚蠊 / 喷雾
WP20080240 电热蚊香片/11毫克/片/电热蚊香片/富右旋反式炔丙菊酯 11毫克/片/2013.11.25 至 2018.11.25/低毒
卫生 蚊 / 电热加温
WP20080332 电热蚊香液/0.87%/电热蚊香液/炔丙菊酯 0.87%/2013.12.08 至 2018.12.08/低毒
卫生 蚊 电热加温
WP20080334 蚊香/0.25%/蚊香/富右旋反式烯丙菊酯 0.25%/2013.12.08 至 2018.12.08/微毒
卫生 蚊 点燃
WP20080439 驱蚊气雾剂/10%/气雾剂/避蚊胺 10%/2013.12.15 至 2018.12.15/低毒
卫生 蚊 / 喷涂
WP20110207 杀虫气雾剂/0.7%/气雾剂/残杀威 0.5%、氯菊酯 0.1%、右旋胺菊酯 0.1%/2011.09.13 至 2016.09.13/微毒
卫生 蚂蚁、蚊、蝇、蜚蠊 / 喷雾
WP20130060 杀虫气雾剂/0.2%/气雾剂/炔咪菊酯 0.1%、右旋苯醚菊酯 0.1%/2013.04.09 至 2018.04.09/微毒
卫生 蜚蠊、蚂蚁 / 喷雾
WP20130091 杀虫气雾剂/0.4%/气雾剂/炔咪菊酯 0.15%、右旋苯醚氰菊酯 0.25%/2013.05.13 至 2018.05.13/微毒
卫生 蜚蠊、蚂蚁 / 喷雾
WP20130136 杀虫气雾剂/0.2%/气雾剂/高效氯氰菊酯 0.1%、炔咪菊酯 0.1%/2013.06.24 至 2018.06.24/微毒
卫生 蚂蚁、蚊、蝇、蜚蠊 / 喷雾
WP20130161 杀虫气雾剂/0.47%/气雾剂/Es-生物烯丙菊酯 0.115%、氯菊酯 0.18%、右旋胺菊酯 0.175%/2013.07.23至2018.07.23/微毒
卫生 蚂蚁、蚊、蝇、蜚蠊 / 喷雾
WL20100287 杀蟑饵剂/8%/饵剂/硼酸 8%/2012.12.02 至 2013.12.02/微毒
卫生 蜚蠊 / 投放
WL20110097 电热蚊香液/1%/电热蚊香液/四氟苯菊酯 1%/2013.08.04 至 2014.08.04/微毒
卫生 蚊 / 电热加温
WL20120009 电热蚊香片/12毫克/片/电热蚊香片/炔丙菊酯 10毫克/片、四氟苯菊酯 2毫克/片/2013.02.09 至 2014.02.09/微毒
卫生 蚊 / 电热加温

广东立农生物科技有限公司 (广东省化州市同庆镇龙豆管理区林科所内 525127 0668-7813368)

PD85159-35 草甘膦铵盐/30%/水剂/草甘膦 30%/2010.08.15 至 2015.08.15/低毒
茶树、甘蔗、果园、剑麻、林木、桑树、橡胶树 一年生杂草和多年生恶性杂草 1125-2250克/公顷 喷雾
注:草甘膦铵盐含量:33%。
PD20094729 草甘膦异丙胺盐/30%/水剂/草甘膦 30%/2009.04.10 至 2014.04.10/低毒
柑橘园 杂草 / 定向茎叶喷雾

注:草甘膦异丙胺盐含量: 41%。

PD20110342 高效氯氟氰菊酯/2.5%/水乳剂/高效氯氟氰菊酯 2.5%/2011.03.24 至 2016.03.24/中等毒
十字花科蔬菜 蚜虫 7.5-11.25克/公顷 喷雾

PD20111265 百草枯/200克/升/水剂/百草枯 200克/升/2012.12.31 至 2014.07.01/中等毒
柑橘园 杂草 600-900克/公顷 定向茎叶喷雾

PD20121527 草甘膦铵盐/50%/可溶粉剂/草甘膦 50%/2012.10.09 至 2017.10.09/低毒
柑橘园 杂草 1125-2250克/公顷 定向茎叶喷雾
注:草甘膦铵盐含量:55%。

PD20130857 草甘膦铵盐/80%/可溶粉剂/草甘膦 80%/2013.04.22 至 2018.04.22/低毒
橡胶园 杂草 1125-2250克/公顷 定向茎叶喷雾
注:草甘膦铵盐含量: 88%。

PD20131101 草铵膦/200克/升/水剂/草铵膦 200克/升/2013.05.20 至 2018.05.20/低毒
柑橘园 一年生杂草 600-1200克/公顷 定向茎叶喷雾

广东立威化工有限公司 (广东省茂名市茂南区金塘镇 525025 0668-2366098)

PD85159-31 草甘膦/30%/水剂/草甘膦 30%/2010.08.15 至 2015.08.15/低毒
茶树、甘蔗、果园、剑麻、林木、桑树、橡胶树 一年生杂草和多年生恶性杂草 1125-2250克/公顷 喷雾

PD92103-14 草甘膦/95%/原药/草甘膦 95%/2012.12.03 至 2017.12.03/低毒

PD20040038 氯氰菊酯/95%/原药/氯氰菊酯 95%/2009.12.19 至 2014.12.19/中等毒

PD20040336 氯氰菊酯/5%/乳油/氯氰菊酯 5%/2009.12.19 至 2014.12.19/中等毒
十字花科蔬菜 菜青虫 30-45克/公顷 喷雾

PD20040354 氯氰菊酯/10%/乳油/氯氰菊酯 10%/2009.12.19 至 2014.12.19/中等毒
棉花 棉铃虫、棉蚜 45-90克/公顷 喷雾
十字花科蔬菜 菜青虫 30-45克/公顷 喷雾

PD20050036 高效氯氰菊酯/4.5%/乳油/高效氯氰菊酯 4.5%/2010.04.15 至 2015.04.15/中等毒
棉花 棉铃虫、棉蚜 15-30克/公顷 喷雾
蔬菜 菜青虫 9-25.5克/公顷 喷雾

PD20050040 高效氯氰菊酯/4.5%/微乳剂/高效氯氰菊酯 4.5%/2010.04.15 至 2015.04.15/低毒
十字花科蔬菜 菜青虫 13.5-27克/公顷 喷雾

PD20081390 高效氯氟氰菊酯/95%/原药/高效氯氟氰菊酯 95%/2013.10.28 至 2018.10.28/中等毒

PD20081826 氟氯氰菊酯/92%/原药/氟氯氰菊酯 92%/2013.11.20 至 2018.11.20/低毒

PD20082270 高效氯氰菊酯/27%/原药/高效氯氰菊酯 27%/2013.11.27 至 2018.11.27/低毒

PD20083105 高效氟氯氰菊酯/95%/原药/高效氟氯氰菊酯 95%/2013.12.10 至 2018.12.10/中等毒

PD20083825 阿维·高氯/2.5%/乳油/阿维菌素 0.1%、高效氯氰菊酯 2.4%/2013.12.15 至 2018.12.15/低毒(原药高毒)
十字花科蔬菜 菜青虫、小菜蛾 13.5-27克/公顷 喷雾

PD20083980 氟氯氰菊酯/5.7%/乳油/氟氯氰菊酯 5.7%/2013.12.16 至 2018.12.16/低毒
十字花科蔬菜 菜青虫 20-25克/公顷 喷雾

PD20084309 马拉·氟氯氰/20%/乳油/氟氯氰菊酯 2%、马拉硫磷 18%/2013.12.17 至 2018.12.17/中等毒
甘蓝 菜青虫 120-180克/公顷 喷雾

PD20085402 氰戊·辛硫磷/50%/乳油/氰戊菊酯 4.5%、辛硫磷 45.5%/2013.12.24 至 2018.12.24/中等毒
甘蓝 菜青虫、蚜虫 75-150克/公顷 喷雾
棉花 蚜虫 150-225克/公顷 喷雾
小麦 蚜虫 90克/公顷 喷雾

PD20086200 氰戊·马拉松/20%/乳油/马拉硫磷 15%、氰戊菊酯 5%/2013.12.30 至 2018.12.30/中等毒
棉花 棉铃虫 90-150克/公顷 喷雾
苹果树 桃小食心虫 160-333毫克/千克 喷雾
蔬菜 菜青虫、蚜虫 90-150克/公顷 喷雾
小麦 蚜虫 60-90克/公顷 喷雾

PD20091015 氰戊·马拉松/21%/乳油/马拉硫磷 15%、氰戊菊酯 6%/2014.01.21 至 2019.01.21/中等毒
柑橘树 红蜘蛛 53-70毫克/千克 喷雾
花生 斜纹夜蛾 75-90克/公顷 喷雾
苹果树 食心虫 60-100毫克/千克 喷雾
苹果树 红蜘蛛 60-150毫克/千克 喷雾
苹果树 蚜虫 50-75毫克/千克 喷雾

PD20092110 高氯·马/20%/乳油/高效氯氰菊酯 2%、马拉硫磷 18%/2014.02.27 至 2019.02.27/低毒
十字花科蔬菜 菜青虫 90-150克/公顷 喷雾

PD20092384 毒死蜱/92%/原药/毒死蜱 92%/2014.02.25 至 2019.02.25/中等毒

PD20092439 毒死蜱/40%/乳油/毒死蜱 40%/2009.02.25 至 2014.02.25/中等毒
十字花科蔬菜 菜青虫 360-540克/公顷 喷雾

PD20092593 阿维·三唑磷/20%/乳油/阿维菌素 0.1%、三唑磷 19.9%/2014.02.27 至 2019.02.27/中等毒(原药高毒)
水稻 二化螟 180-240克/公顷 喷雾

PD20093392 丙溴磷/40%/乳油/丙溴磷 40%/2014.03.19 至 2019.03.19/中等毒

棉花 棉铃虫 480-600克/公顷 喷雾

PD20096781 高效氯氟氰菊酯/25克/升/乳油/高效氯氟氰菊酯 25克/升/2009.09.15 至 2014.09.15/中等毒

十字花科叶菜 菜青虫 7.5-11.25克/公顷 喷雾

WP20090380 胺菊酯/95%/原药/胺菊酯 95%/2009.12.18 至 2014.12.18/低毒

WP20120164 氯菊酯/95%/原药/氯菊酯 95%/2012.09.06 至 2017.09.06/低毒

广东茂名绿银农化有限公司 (广东省化州市南盛镇山尾村委会竹头岭 525126 0668-7617368)

PD20083215 高效氯氟氰菊酯/25克/升/乳油/高效氯氟氰菊酯 25克/升/2013.12.11 至 2018.12.11/中等毒

茶树 茶尺蠖 5.625-7.5克/公顷 喷雾

PD20083809 顺式氯氰菊酯/30克/升/乳油/顺式氯氰菊酯 30克/升/2013.12.15 至 2018.12.15/中等毒

棉花 棉铃虫 38.3-45克/公顷 喷雾

PD20083868 甲基硫菌灵/70%/可湿性粉剂/甲基硫菌灵 70%/2013.12.15 至 2018.12.15/低毒

番茄 叶霉病 472.5-787.5克/公顷 喷雾

PD20084362 丙环唑/250克/升/乳油/丙环唑 250克/升/2013.12.17 至 2018.12.17/低毒

香蕉 叶斑病 250-500毫克/千克 喷雾

PD20084526 噻嗪酮/25%/可湿性粉剂/噻嗪酮 25%/2013.12.18 至 2018.12.18/低毒

水稻 稻飞虱 112.5-150克/公顷 喷雾

PD20084882 代森锰锌/80%/可湿性粉剂/代森锰锌 80%/2013.12.22 至 2018.12.22/低毒

番茄 早疫病 2160-2400克/公顷 喷雾

PD20091010 百草枯/200克/升/水剂/百草枯 200克/升/2012.12.31 至 2014.07.01/中等毒

柑橘园 杂草 600-900克/公顷 茎叶喷雾

PD20091560 辛硫磷/40%/乳油/辛硫磷 40%/2014.02.03 至 2019.02.03/低毒

甘蓝 菜青虫 360-480克/公顷 喷雾

PD20091725 异丙威/20%/乳油/异丙威 20%/2014.02.04 至 2019.02.04/中等毒

水稻 飞虱 525-600克/公顷 喷雾

PD20093173 三乙膦酸铝/40%/可湿性粉剂/三乙膦酸铝 40%/2014.03.11 至 2019.03.11/低毒

黄瓜 霜霉病 1800-2820克/公顷 喷雾

PD20095106 复硝酚钠/1.8%/水剂/5-硝基邻甲氧基苯酚钠 0.3%、对硝基苯酚钠 0.9%、邻硝基苯酚钠 0.6%/2014.04.24至2019.04.24/低毒

番茄 增产 15-30毫升制剂/亩 喷雾

PD20096348 阿维菌素/18克/升/乳油/阿维菌素 18克/升/2009.07.28 至 2014.07.28/低毒(原药高毒)

甘蓝 小菜蛾 9-10.8克/公顷 喷雾

PD20097054 氟硅唑/400克/升/乳油/氟硅唑 400克/升/2009.10.10 至 2014.10.10/低毒

梨树 黑星病 40－50毫克/千克 喷雾

PD20098005 毒死蜱/480克/升/乳油/毒死蜱 480克/升/2009.12.07 至 2014.12.07/中等毒

棉花 棉铃虫 750-900克/公顷 喷雾

PD20098364 代森锌/65%/可湿性粉剂/代森锌 65%/2009.12.18 至 2014.12.18/低毒

番茄 早疫病 2550-3600克/公顷 喷雾

PD20110843 苯甲·丙环唑/300克/升/乳油/苯醚甲环唑 150克/升、丙环唑 150克/升/2011.08.10 至 2016.08.10/低毒

水稻 纹枯病 67.5-90克/公顷 喷雾

PD20121059 苯醚甲环唑/250克/升/乳油/苯醚甲环唑 250克/升/2012.07.12 至 2017.07.12/低毒

水稻 纹枯病 75-112.5克/公顷 喷雾

PD20130875 戊唑醇/250克/升/乳油/戊唑醇 250克/升/2013.04.25 至 2018.04.25/低毒

苹果树 斑点落叶病 100-167毫克/千克 喷雾

广东梅县侨韵废水处理厂 (广东省梅县丙村镇交通路129号 514000 0753-2858338)

PD20080062 硫酸铜/98%/原药/硫酸铜 98%/2008.01.03 至 2013.01.03/低毒

卫生 臭虫、蜚蠊、黄家蚁、跳蚤、蚊、蝇 40-50毫克/平方米 滞留喷洒

广东美时家庭用品有限公司 (广东省广州市海珠区前进路郭墩新街83号202 510230 020-34286407)

WP20080272 杀虫笔剂/0.65%/笔剂/氯氰菊酯 0.65%/2013.12.01 至 2018.12.01/低毒

卫生 蜚蠊、蚂蚁 / 涂抹

广东全美实业日用化工有限公司 (广东省陆丰市东海经济开发区南合大道 516500 0660-8805088)

WP20080170 蚊香/0.3%/蚊香/富右旋反式烯丙菊酯 0.3%/2013.11.18 至 2018.11.18/微毒

卫生 蚊 / 点燃

WP20080314 杀虫气雾剂/0.66%/气雾剂/胺菊酯 0.21%、残杀威 0.32%、氯氰菊酯 0.13%/2013.12.04 至 2018.12.04/低毒

卫生 蚊、蝇、蜚蠊 / 喷雾

WP20080432 电热蚊香液/1.3%/电热蚊香液/富右旋反式炔丙菊酯 1.3%/2013.12.15 至 2018.12.15/微毒

卫生 蚊 / 电热加温

WP20080516 杀虫气雾剂/0.45%/气雾剂/富右旋反式烯丙菊酯 0.15%、氯氰菊酯 0.3%/2013.12.22 至 2018.12.22/微毒

卫生 蚊、蝇、蜚蠊 / 喷雾

WP20080565 电热蚊香片/15毫克/片/电热蚊香片/富右旋反式炔丙菊酯 15毫克/片/2013.12.24 至 2018.12.24/微毒

卫生 蚊 / 电热加温

WP20090082 杀虫气雾剂/0.6%/气雾剂/胺菊酯 0.2%、富右旋反式烯丙菊酯 0.1%、高效氯氰菊酯 0.3%/2014.02.02至2019.02.02/微毒

卫生 蚊、蝇、蜚蠊 / 喷雾

WL20100281 蚊香/0.08%/蚊香/氯氟醚菊酯 0,08%/2012.12.02 至 2013.12.02/微毒
卫生 蚊 / 点燃

广东省保血(江门)日用制品有限公司 (广东省江门市新会区大泽镇小泽村背江坑 529100 0750-6805680)

WP20120062 蚊香/0.25%/蚊香/富右旋反式烯丙菊酯 0.25%/2012.04.11 至 2017.04.11/微毒
卫生 蚊 / 点燃
WL20100222 烟棒/0.25%/烟棒/富右旋反式烯丙菊酯 0.25%/2012.07.19 至 2013.07.19/微毒
室外 蚊 / 点燃
注:专供出口，不得在国内销售。

广东省潮州市城西荣兴蚊香厂 (广东省潮州市桥东卧石工业区 521000 0768-2287999)

WP20080210 蚊香/0.25%/蚊香/富右旋反式烯丙菊酯 0.25%/2013.11.21 至 2018.11.21/低毒
卫生 蚊 / 点燃
WL20110087 蚊香/0.08%/蚊香/氯氟醚菊酯 0.08%/2013.07.07 至 2014.07.07/微毒
卫生 蚊 / 点燃

广东省东莞博迪化妆品有限公司 (广东省东莞市石排镇铺心管理工业区 523338 0769-6658719)

WP20100139 杀虫喷射剂/0.25%/喷射剂/氯菊酯 0.25%/2010.11.04 至 2015.11.04/微毒
卫生 蜚蠊、蚊、蝇 / 喷洒

广东省东莞市金凤莞香有限公司 (广东省东莞市平乐坊36号 523000 0769-2211049)

WP20080511 蚊香/0.3%/蚊香/富右旋反式烯丙菊酯 0.3%/2013.12.22 至 2018.12.22/微毒
卫生 蚊 / 点燃

广东省东莞市瑞德丰生物科技有限公司 (广东省东莞市大岭山镇大片美管理区 523832 0769-85611090)

PD20040150 三唑酮/20%/乳油/三唑酮 20%/2009.12.19 至 2014.12.19/低毒
小麦 白粉病 120-150克/公顷 喷雾
PD20040188 吡虫啉/10%/可湿性粉剂/吡虫啉 10%/2009.12.19 至 2014.12.19/低毒
水稻 飞虱 15-30克/公顷 喷雾
小麦 蚜虫 15-30克/公顷(南方地区) 喷雾
45-60克/公顷(北方地区)
PD20040629 哒螨灵/20%/可湿性粉剂/哒螨灵 20%/2009.12.19 至 2014.12.19/中等毒
柑橘树 红蜘蛛 50-67毫克/千克 喷雾
PD20040767 多·酮/25%/可湿性粉剂/多菌灵 20%、三唑酮 5%/2009.12.19 至 2014.12.19/低毒
小麦 赤霉病 450-600克/公顷 喷雾
PD20040802 哒螨灵/15%/乳油/哒螨灵 15%/2009.12.19 至 2014.12.19/中等毒
柑橘树 红蜘蛛 50-67毫克/千克 喷雾
PD20050100 氯氰·吡虫啉/10%/乳油/吡虫啉 2%、氯氰菊酯 8%/2010.07.29 至 2015.07.29/中等毒
十字花科蔬菜 蚜虫 22.5-30克/公顷 喷雾
PD20050136 氯氰菊酯/10%/乳油/氯氰菊酯 10%/2010.09.09 至 2015.09.09/低毒
十字花科蔬菜 菜青虫 36-54克/公顷 喷雾
PD20050171 螨醇·哒螨灵/20%/乳油/哒螨灵 15%、三氯杀螨醇 5%/2010.11.14 至 2015.11.14/中等毒
柑橘树 红蜘蛛 133-200毫克/千克 喷雾
PD20060199 吡虫·辛硫磷/25%/乳油/吡虫啉 1%、辛硫磷 24%/2011.12.07 至 2016.12.07/低毒
十字花科蔬菜 蚜虫 56.25-75克/公顷 喷雾
水稻 飞虱 300-375克/公顷 喷雾
PD20070159 草甘膦异丙胺盐/41%/水剂/草甘膦异丙胺盐 41%/2012.06.14 至 2017.06.14/低毒
柑橘园 一年生和多年生杂草 1125-2250克/公顷 定向茎叶喷雾
PD20080055 芸苔素内酯/0.01%/乳油/芸苔素内酯 0.01%/2013.01.04 至 2018.01.04/低毒
小麦 调节生长、增产 0.02-0.05毫克/千克 兑水喷雾2次
PD20080141 多·福/60%/可湿性粉剂/多菌灵 30%、福美双 30%/2013.01.04 至 2018.01.04/低毒
梨树 黑星病 1000-1250毫克/千克 喷雾
葡萄 霜霉病 1000-1250毫克/千克 喷雾
PD20080237 甲霜·锰锌/58%/可湿性粉剂/甲霜灵 10%、代森锰锌 48%/2013.02.14 至 2018.02.14/低毒
黄瓜 霜霉病 1305-1632克/公顷 喷雾
PD20080267 氯氰·辛硫磷/30%/乳油/氯氰菊酯 1.5%、辛硫磷 28.5%/2013.02.20 至 2018.02.20/中等毒
棉花 棉铃虫 270-337.5克/公顷 喷雾
PD20080295 硫磺·三环唑/20%/可湿性粉剂/硫磺 10%、三环唑 10%/2013.02.25 至 2018.02.25/中等毒
水稻 稻瘟病 300-450克/公顷 喷雾
PD20080296 甲基硫菌灵/500克/升/悬浮剂/甲基硫菌灵 500克/升/2013.02.25 至 2018.02.25/低毒
水稻 纹枯病 703-937.5克/公顷 喷雾
PD20080350 四螨嗪/20%/悬浮剂/四螨嗪 20%/2013.02.26 至 2018.02.26/低毒
柑橘树 红蜘蛛 100-200毫克/千克 喷雾
PD20080408 氯氰菊酯/10%/乳油/氯氰菊酯 10%/2013.02.28 至 2018.02.28/低毒
茶树 茶毛虫 45-60克/公顷 喷雾
PD20080790 硫磺·多菌灵/50%/可湿性粉剂/多菌灵 15%、硫磺 35%/2013.06.20 至 2018.06.20/低毒
花生 叶斑病 1200-1800克/公顷 喷雾
PD20081404 哒螨·三唑锡/16%/可湿性粉剂/哒螨灵 8%、三唑锡 8%/2013.10.28 至 2018.10.28/低毒

柑橘树 红蜘蛛 107-160毫克/千克 喷雾

PD20081446 代森锌/65%/可湿性粉剂/代森锌 65%/2013.11.04 至 2018.11.04/低毒

黄瓜 霜霉病 1950-3000克/公顷 喷雾

PD20081447 三唑锡/20%/悬浮剂/三唑锡 20%/2013.11.04 至 2018.11.04/中等毒

柑橘树 红蜘蛛 133-200毫克/千克 喷雾

PD20081466 四螨·三唑锡/10%/悬浮剂/四螨嗪 3%、三唑锡 7%/2013.11.04 至 2018.11.04/中等毒

柑橘树 红蜘蛛 67-100毫克/千克 喷雾

PD20081507 硫磺·三唑酮/45%/悬浮剂/硫磺 40%、三唑酮 5%/2013.11.06 至 2018.11.06/低毒

黄瓜 白粉病 1500-2000倍液 喷雾

PD20081580 氰戊·辛硫磷/20%/乳油/氰戊菊酯 2%、辛硫磷 18%/2013.11.12 至 2018.11.12/低毒

甘蓝 菜青虫 180-240克/公顷 喷雾

苹果树 桃小食心虫 167-250毫克/千克 喷雾

PD20081645 霜脲·锰锌/72%/可湿性粉剂/代森锰锌 64%、霜脲氰 8%/2013.11.14 至 2018.11.14/低毒

黄瓜 霜霉病 1440-1800克/公顷 喷雾

辣椒 疫病 1029-1440克/公顷 喷雾

PD20081646 吡虫·噻嗪酮/22%/可湿性粉剂/吡虫啉 2%、噻嗪酮 20%/2013.11.14 至 2018.11.14/低毒

水稻 稻飞虱 49.5-82.5克/公顷 喷雾

PD20081698 四螨·哒螨灵/10%/悬浮剂/哒螨灵 7%、四螨嗪 3%/2013.11.17 至 2018.11.17/中等毒

柑橘树 红蜘蛛 40-67毫克/千克 喷雾

PD20081732 多·福/30%/可湿性粉剂/多菌灵 15%、福美双 15%/2013.11.18 至 2018.11.18/低毒

辣椒 立枯病 3-4.5克/平方米 每平方米的用药量与15-20千克细土混匀,其中1/3的量撒于苗床底部,2/3的量覆盖在种子上面.

茄子 枯萎病 600-1000毫克/千克 灌根

PD20082437 霜霉威盐酸盐/722克/升/水剂/霜霉威盐酸盐 722克/升/2013.12.02 至 2018.12.02/低毒

黄瓜 霜霉病 650-1300克/公顷 喷雾

PD20082610 灭幼脲/25%/悬浮剂/灭幼脲 25%/2008.12.04 至 2013.12.04/低毒

甘蓝 菜青虫 37.5-75克/公顷 喷雾

苹果树 金纹细蛾 125-167毫克/千克 喷雾

PD20082616 阿维·敌敌畏/40%/乳油/阿维菌素 0.3%、敌敌畏 39.7%/2013.12.04 至 2018.12.04/中等毒(原药高毒)

十字花科蔬菜 小菜蛾 240-360克/公顷 喷雾

PD20082687 阿维·辛硫磷/15%/乳油/阿维菌素 0.1%、辛硫磷 14.9%/2008.12.05 至 2013.12.05/低毒(原药高毒)

十字花科蔬菜 小菜蛾 112.5-168.75克/公顷 喷雾

PD20082740 噁霜·锰锌/64%/可湿性粉剂/噁霜灵 8%、代森锰锌 56%/2013.12.08 至 2018.12.08/低毒

黄瓜 霜霉病 1650-1950克/公顷 喷雾

PD20082939 三唑酮/25%/可湿性粉剂/三唑酮 25%/2013.12.09 至 2018.12.09/低毒

小麦 白粉病 135-168.7克/公顷 喷雾

PD20082940 丙环唑/250克/升/乳油/丙环唑 250克/升/2013.12.09 至 2018.12.09/低毒

香蕉 叶斑病 250-500毫克/千克 喷雾

PD20082943 辛硫磷/40%/乳油/辛硫磷 40%/2013.12.09 至 2018.12.09/低毒

十字花科蔬菜 菜青虫 360-450克/公顷 喷雾

PD20082944 碱式硫酸铜/27.12%/悬浮剂/碱式硫酸铜 27.12%/2008.12.09 至 2013.12.09/低毒

苹果树 轮纹病 542.4-678毫克/千克 喷雾

PD20082990 多菌灵/50%/可湿性粉剂/多菌灵 50%/2013.12.10 至 2018.12.10/微毒

苹果树 轮纹病 500-833毫克/千克 喷雾

PD20082991 腐霉利/50%/可湿性粉剂/腐霉利 50%/2013.12.10 至 2018.12.10/低毒

番茄 灰霉病 525-750克/公顷 喷雾

PD20082995 异菌脲/50%/可湿性粉剂/异菌脲 50%/2013.12.10 至 2018.12.10/低毒

番茄 灰霉病 562.5-750克/公顷 喷雾

PD20082997 噻嗪酮/25%/可湿性粉剂/噻嗪酮 25%/2013.12.10 至 2018.12.10/低毒

水稻 飞虱 93.75-131.25克/公顷 喷雾

PD20083002 甲氰菊酯/20%/乳油/甲氰菊酯 20%/2013.12.10 至 2018.12.10/中等毒

柑橘树 红蜘蛛 66.67-100毫克/千克 喷雾

PD20083003 虫酰肼/20%/悬浮剂/虫酰肼 20%/2013.12.10 至 2018.12.10/低毒

甘蓝 甜菜夜蛾 240-300克/公顷 喷雾

PD20083174 杀扑磷/40%/乳油/杀扑磷 40%/2013.12.11 至 2018.12.11/高毒

柑橘树 介壳虫 400-666.7毫克/千克 喷雾

PD20083175 井冈霉素/8%/可溶粉剂/井冈霉素 8%/2013.12.11 至 2018.12.11/低毒

水稻 纹枯病 150-187.5克/公顷 喷雾

PD20083189 高效氯氟氰菊酯/25克/升/乳油/高效氯氟氰菊酯 25克/升/2013.12.11 至 2018.12.11/中等毒

十字花科蔬菜 蚜虫 7.5-11.25克/公顷 喷雾

PD20083196 杀螺胺/70%/可湿性粉剂/杀螺胺 70%/2013.12.11 至 2018.12.11/低毒

水稻 福寿螺 315-420克/公顷 喷雾

PD20083296 硫双威/375克/升/悬浮剂/硫双威 375克/升/2013.12.11 至 2018.12.11/中等毒

棉花 棉铃虫 450-562.5克/公顷 喷雾

PD20083331 异稻瘟净/40%/乳油/异稻瘟净 40%/2013.12.11 至 2018.12.11/低毒

水稻 稻瘟病 900-1260克/公顷 喷雾

PD20083382 赤霉酸/4%/乳油/赤霉酸 4%/2013.12.11 至 2018.12.11/低毒

芹菜 调节生长、增产 500-1000倍液 茎叶喷雾

PD20083440 噁霉灵/30%/水剂/噁霉灵 30%/2013.12.11 至 2018.12.11/低毒

水稻苗床 立枯病 9000-18000克/公顷 苗床土壤处理

PD20083462 速灭威/25%/可湿性粉剂/速灭威 25%/2013.12.12 至 2018.12.12/低毒

水稻 稻飞虱 562.5-750克/公顷 喷雾

PD20083652 稻瘟灵/40%/乳油/稻瘟灵 40%/2013.12.12 至 2018.12.12/低毒

水稻 稻瘟病 480-720克/公顷 喷雾

PD20083759 毒死蜱/45%/乳油/毒死蜱 45%/2013.12.15 至 2018.12.15/中等毒

水稻 稻纵卷叶螟 576-720克/公顷 喷雾

PD20083768 氟氯氰菊酯/50克/升/乳油/氟氯氰菊酯 50克/升/2013.12.15 至 2018.12.15/中等毒

十字花科蔬菜 菜青虫 20.25-24.75克/公顷 喷雾

PD20083770 炔螨特/57%/乳油/炔螨特 57%/2013.12.15 至 2018.12.15/中等毒

苹果树 红蜘蛛 285-380毫克/千克 喷雾

PD20083877 联苯菊酯/100克/升/乳油/联苯菊酯 100克/升/2013.12.15 至 2018.12.15/低毒

茶树 茶小绿叶蝉 30-37.5克/公顷 喷雾

PD20083934 噁霉灵/70%/可湿性粉剂/噁霉灵 70%/2008.12.15 至 2013.12.15/低毒

甜菜 立枯病 280-490克/100千克种子 拌种

PD20083948 仲丁威/20%/乳油/仲丁威 20%/2013.12.15 至 2018.12.15/低毒

水稻 稻飞虱 450-540克/公顷 喷雾

PD20084048 噻嗪・异丙威/25%/可湿性粉剂/噻嗪酮 5%、异丙威 20%/2013.12.16 至 2018.12.16/低毒

水稻 稻飞虱 450-562.5克/公顷 喷雾

PD20084182 百菌清/40%/悬浮剂/百菌清 40%/2013.12.16 至 2018.12.16/低毒

黄瓜 霜霉病 900-1050克/公顷 喷雾

PD20084228 异菌脲/255克/升/悬浮剂/异菌脲 255克/升/2013.12.17 至 2018.12.17/低毒

香蕉 冠腐病 1275-1700毫克/千克 浸果

PD20084259 嘧啶核苷类抗菌素/4%/水剂/嘧啶核苷类抗菌素 4%/2013.09.17 至 2018.09.17/低毒

西瓜 枯萎病 100-200毫克/千克 灌根

PD20084273 三环唑/20%/可湿性粉剂/三环唑 20%/2013.12.17 至 2018.12.17/低毒

水稻 稻瘟病 225-300克/公顷 喷雾

PD20084274 丙环唑/50%/乳油/丙环唑 50%/2013.12.17 至 2018.12.17/低毒

香蕉 叶斑病 250-500毫克/千克 喷雾

PD20084285 阿维・甲氰/1.8%/乳油/阿维菌素 0.1%、甲氰菊酯 1.7%/2013.12.17 至 2018.12.17/低毒(原药高毒)

苹果树 红蜘蛛 12-18毫克/千克 喷雾

PD20084310 稻瘟灵/30%/乳油/稻瘟灵 30%/2013.12.17 至 2018.12.17/低毒

水稻 稻瘟病 450-675克/公顷 喷雾

PD20084335 多菌灵/80%/可湿性粉剂/多菌灵 80%/2013.12.17 至 2018.12.17/微毒

苹果树 轮纹病 667-1000毫克/千克 喷雾

PD20084355 三环唑/75%/可湿性粉剂/三环唑 75%/2013.12.17 至 2018.12.17/低毒

水稻 稻瘟病 281.25-337.5克/公顷 喷雾

PD20084370 甲基硫菌灵/70%/可湿性粉剂/甲基硫菌灵 70%/2013.12.17 至 2018.12.17/低毒

番茄 叶霉病 577.5-787.5克/公顷 喷雾

PD20084373 三唑锡/70%/可湿性粉剂/三唑锡 70%/2013.12.17 至 2018.12.17/中等毒

柑橘树 红蜘蛛 140-175毫克/千克 喷雾

PD20084388 溴氰菊酯/25克/升/乳油/溴氰菊酯 25克/升/2013.12.17 至 2018.12.17/低毒

十字花科蔬菜 菜青虫 11.25-18.75克/公顷 喷雾

PD20084418 氯氰・毒死蜱/522.5克/升/乳油/毒死蜱 475克/升、氯氰菊酯 47.5克/升/2013.12.17 至 2018.12.17/中等毒

棉花 棉铃虫 627-862.125克/公顷 喷雾

PD20084431 苏云金杆菌/16000IU/毫克/可湿性粉剂/苏云金杆菌 16000IU/毫克/2013.12.17 至 2018.12.17/低毒

十字花科蔬菜 小菜蛾 750-1500克(制剂)/公顷 喷雾

PD20084432 联苯菊酯/25克/升/乳油/联苯菊酯 25克/升/2013.12.17 至 2018.12.17/低毒

茶树 茶小绿叶蝉 22.5-37.5克/公顷 喷雾

PD20084555 二嗪磷/50%/乳油/二嗪磷 50%/2013.12.18 至 2018.12.18/低毒

小麦 蝼蛄 0.2%-0.3%种子量 用水稀释后拌种

PD20084623 硫磺・多菌灵/25%/可湿性粉剂/多菌灵 12.5%、硫磺 12.5%/2013.12.18 至 2018.12.18/低毒

水稻 稻瘟病 1200-1800克/公顷 喷雾

PD20084668 代森锰锌/80%/可湿性粉剂/代森锰锌 80%/2013.12.22 至 2018.12.22/低毒
番茄 早疫病 1920-2400克/公顷 喷雾
PD20084678 阿维·辛硫磷/35%/乳油/阿维菌素 0.12%、辛硫磷 34.88%/2013.12.22 至 2018.12.22/低毒(原药高毒)
十字花科蔬菜 小菜蛾 131.25-262.5克/公顷 喷雾
PD20084723 三唑锡/25%/可湿性粉剂/三唑锡 25%/2013.12.22 至 2018.12.22/中等毒
柑橘树 红蜘蛛 125-250毫克/千克 喷雾
PD20084771 仲丁威/50%/乳油/仲丁威 50%/2013.12.22 至 2018.12.22/低毒
水稻 稻飞虱 375-562.5克/公顷 喷雾
PD20084843 辛硫磷/600克/升/乳油/辛硫磷 600克/升/2013.12.22 至 2018.12.22/低毒
水稻 稻纵卷叶螟 720-900克/公顷 喷雾
PD20084974 阿维菌素/0.9%/乳油/阿维菌素 0.9%/2013.12.22 至 2018.12.22/低毒(原药高毒)
菜豆 斑潜蝇 10.8-21.6克/公顷 喷雾
十字花科蔬菜 菜青虫、小菜蛾 8.1-10.8克/公顷 喷雾
PD20084996 杀螟丹/50%/可溶粉剂/杀螟丹 50%/2013.12.22 至 2018.12.22/低毒
水稻 二化螟 600-750克/公顷 喷雾
PD20085032 氢氧化铜/77%/可湿性粉剂/氢氧化铜 77%/2013.12.22 至 2018.12.22/低毒
柑橘 溃疡病 1283.3-1925毫克/千克 喷雾
PD20085097 灭多威/10%/可湿性粉剂/灭多威 10%/2013.12.23 至 2018.12.23/中等毒(原药高毒)
棉花 棉铃虫 270-360克/公顷 喷雾
PD20085122 四螨嗪/500克/升/悬浮剂/四螨嗪 500克/升/2013.12.23 至 2018.12.23/低毒
苹果树 红蜘蛛 83-100毫克/千克 喷雾
PD20085124 敌敌畏/77.5%/乳油/敌敌畏 77.5%/2013.12.23 至 2018.12.23/中等毒
苹果树 小卷叶蛾 500-667毫克/千克 喷雾
PD20085137 异丙威/20%/乳油/异丙威 20%/2013.12.23 至 2018.12.23/低毒
水稻 稻飞虱 450-600克/公顷 喷雾
PD20085232 杀螟丹/98%/可溶粉剂/杀螟丹 98%/2013.12.23 至 2018.12.23/中等毒
水稻 二化螟 588-882克/公顷 喷雾
PD20085520 腈菌唑/12.5%/乳油/腈菌唑 12.5%/2013.12.25 至 2018.12.25/低毒
小麦 白粉病 45-60克/公顷 喷雾
PD20085820 阿维·三唑磷/15%/乳油/阿维菌素 0.1%、三唑磷 14.9%/2013.12.29 至 2018.12.29/中等毒(原药高毒)
棉花 棉铃虫 67-135克/公顷 喷雾
PD20085851 敌畏·马/50%/乳油/敌敌畏 40%、马拉硫磷 10%/2013.12.29 至 2018.12.29/中等毒
十字花科蔬菜 黄条跳甲 250-375克/公顷 喷雾
PD20085859 阿维菌素/1.8%/乳油/阿维菌素 1.8%/2013.12.29 至 2018.12.29/中等毒(原药高毒)
十字花科蔬菜 菜青虫、小菜蛾 8.1-10.8克/公顷 喷雾
PD20085969 百菌清/75%/可湿性粉剂/百菌清 75%/2013.12.29 至 2018.12.29/低毒
黄瓜 霜霉病 1125-2400克/公顷 喷雾
PD20086119 硫磺·三环唑/45%/悬浮剂/硫磺 40%、三环唑 5%/2013.12.30 至 2018.12.30/低毒
水稻 稻瘟病 675-1012克/公顷 喷雾
PD20090014 阿维·哒螨灵/10.5%/乳油/阿维菌素 0.3%、哒螨灵 10.2%/2014.01.08 至 2019.01.08/低毒(原药高毒)
柑橘树 红蜘蛛 70-105毫克/千克 喷雾
PD20090664 硫磺·甲硫灵/70%/可湿性粉剂/甲基硫菌灵 25%、硫磺 45%/2014.01.15 至 2019.01.15/低毒
黄瓜 白粉病 840-1050克/公顷 喷雾
PD20090723 甲硫·福美双/70%/可湿性粉剂/福美双 40%、甲基硫菌灵 30%/2014.01.19 至 2019.01.19/中等毒
黄瓜 炭疽病 750-975克/公顷 喷雾
PD20090833 阿维·苏云菌//可湿性粉剂/阿维菌素 0.1%、苏云金杆菌 100亿活芽孢/克/2014.01.19 至 2019.01.19/低毒(原药高毒)
十字花科蔬菜 小菜蛾 750-1125克制剂/公顷 喷雾
PD20090891 氟啶脲/50克/升/乳油/氟啶脲 50克/升/2014.01.19 至 2019.01.19/低毒
甘蓝 甜菜夜蛾 45-60克/公顷 喷雾
PD20090921 百草枯/20%/水剂/百草枯 20%/2012.12.31 至 2014.07.01/中等毒
柑橘园 杂草 600-900克/公顷 喷雾
PD20091073 四螨·哒螨灵/12%/可湿性粉剂/哒螨灵 8%、四螨嗪 4%/2014.01.21 至 2019.01.21/中等毒
柑橘树 红蜘蛛 80-120毫克/千克 喷雾
PD20091082 多菌灵/40%/悬浮剂/多菌灵 40%/2009.01.21 至 2014.01.21/低毒
水稻 纹枯病 250-308毫克/千克 喷雾
PD20091363 硫双威/75%/可湿性粉剂/硫双威 75%/2014.02.02 至 2019.02.02/中等毒
棉花 棉铃虫 675-787.5克/公顷 喷雾
PD20091439 百草枯/250克/升/水剂/百草枯 250克/升/2012.12.31 至 2014.07.01/中等毒
柑橘园 杂草 750-900克/公顷 定向茎叶喷雾
PD20092081 阿维·毒死蜱/35%/乳油/阿维菌素 0.5%、毒死蜱 34.5%/2009.02.16 至 2014.02.16/中等毒(原药高毒)
十字花科蔬菜 小菜蛾 262.5-525克/公顷 喷雾
PD20092134 阿维·噻螨酮/10%/乳油/阿维菌素 1%、噻螨酮 9%/2014.02.23 至 2019.02.23/低毒(原药高毒)
柑橘树 红蜘蛛 20-25毫克/千克 喷雾

PD20092486 氯氰·毒死蜱/25%/乳油/毒死蜱 22.5%、氯氰菊酯 2.5%/2014.02.26 至 2019.02.26/中等毒
棉花 棉铃虫 225-375克/公顷 喷雾
PD20092716 草甘膦异丙胺盐/600克/升/水剂/草甘膦异丙胺盐 600克/升/2014.03.04 至 2019.03.04/低毒
柑橘园 杂草 1125-2250克/公顷 定向茎叶喷雾
PD20092926 噻螨酮/5%/乳油/噻螨酮 5%/2014.03.05 至 2019.03.05/微毒
柑橘树 红蜘蛛 20-33.3毫克/千克 喷雾
PD20093507 硫磺/80%/水分散粒剂/硫磺 80%/2014.03.23 至 2019.03.23/低毒
苹果 白粉病 1000-1600毫克/千克 喷雾
PD20093551 硫磺/50%/悬浮剂/硫磺 50%/2014.03.23 至 2019.03.23/低毒
黄瓜 白粉病 1350-1800克/公顷 喷雾
PD20093834 氟硅唑/400克/升/乳油/氟硅唑 400克/升/2014.03.25 至 2019.03.25/低毒
梨树 黑星病 40-50毫克/千克 喷雾
PD20094547 丙溴磷/40%/乳油/丙溴磷 40%/2014.04.09 至 2019.04.09/低毒
棉花 棉铃虫 540-600克/公顷 喷雾
PD20094565 苯醚甲环唑/10%/水分散粒剂/苯醚甲环唑 10%/2014.04.09 至 2019.04.09/低毒
西瓜 炭疽病 60-90克/公顷 喷雾
PD20094615 阿维·吡虫啉/2.5%/乳油/阿维菌素 0.1%、吡虫啉 2.4%/2014.04.10 至 2019.04.10/低毒(原药高毒)
梨树 梨木虱 2000-3000倍液 喷雾
PD20094635 高效氯氰菊酯/4.5%/微乳剂/高效氯氰菊酯 4.5%/2014.04.10 至 2019.04.10/低毒
甘蓝 菜青虫 20.25-33.75克/公顷 喷雾
PD20095130 四聚乙醛/6%/颗粒剂/四聚乙醛 6%/2014.04.24 至 2019.04.24/低毒
十字花科蔬菜 蜗牛 360-495克/公顷 撒施
PD20095131 乙铝·锰锌/70%/可湿性粉剂/代森锰锌 45%、三乙膦酸铝 25%/2014.04.24 至 2019.04.24/低毒
黄瓜 霜霉病 1399.95-4200克/公顷 喷雾
PD20095345 草甘膦铵盐/70%/可溶粒剂/草甘膦 70%/2014.04.27 至 2019.04.27/低毒
柑橘园 杂草 1125-2250克/公顷 定向茎叶喷雾
PD20095903 二甲戊灵/330克/升/乳油/二甲戊灵 330克/升/2009.05.31 至 2014.05.31/低毒
春玉米田 一年生杂草 990-1485克/公顷 土壤喷雾
夏玉米田 一年生杂草 742.5-990克/公顷 土壤喷雾
PD20096475 高氯·甲维盐/4.2%/乳油/高效氯氰菊酯 4%、甲氨基阿维菌素苯甲酸盐 0.2%/2009.08.14 至 2014.08.14/低毒
甘蓝 甜菜夜蛾 37.8-44.1克/公顷 喷雾
PD20096673 甲基硫菌灵/50%/可湿性粉剂/甲基硫菌灵 50%/2009.09.07 至 2014.09.07/低毒
黄瓜 白粉病 450-600克/公顷 喷雾
PD20096711 啶虫脒/5%/乳油/啶虫脒 5%/2009.09.07 至 2014.09.07/低毒
苹果树 蚜虫 10-12毫克/千克 喷雾
PD20096723 阿维·高氯/2%/乳油/阿维菌素 0.6%、高效氯氰菊酯 1.4%/2009.09.07 至 2014.09.07/低毒(原药高毒)
十字花科蔬菜 小菜蛾 7.5-15克/公顷 喷雾
PD20096734 阿维·矿物油/24.5%/乳油/阿维菌素 0.2%、矿物油 24.3%/2009.09.07 至 2014.09.07/低毒(原药高毒)
柑橘树 红蜘蛛 123-245毫克/千克 喷雾
苹果树 二斑叶螨 163.3-245毫克/千克 喷雾
PD20096766 矿物油/95%/乳油/矿物油 95%/2009.09.15 至 2014.09.15/低毒
柑橘树 介壳虫 稀释100-150倍 喷雾
PD20097015 烟嘧磺隆/40克/升/可分散油悬浮剂/烟嘧磺隆 40克/升/2009.10.10 至 2014.10.10/低毒
玉米田 一年生杂草 42-60克/公顷 茎叶喷雾
PD20097112 速灭威/20%/乳油/速灭威 20%/2009.10.12 至 2014.10.12/低毒
水稻 稻飞虱 540-630克/公顷 喷雾
PD20097681 三乙膦酸铝/80%/可湿性粉剂/三乙膦酸铝 80%/2009.11.04 至 2014.11.04/低毒
黄瓜 霜霉病 1440-2880克/公顷 喷雾
PD20097742 唑螨酯/5%/悬浮剂/唑螨酯 5%/2009.11.12 至 2014.11.12/低毒
柑橘树 红蜘蛛 33.3-50毫克/千克 喷雾
PD20097775 双甲脒/200克/升/乳油/双甲脒 200克/升/2009.11.12 至 2014.11.12/低毒
柑橘树 红蜘蛛 133.3-200毫克/千克 喷雾
PD20097883 杀螺胺乙醇胺盐/50%/可湿性粉剂/杀螺胺乙醇胺盐 50%/2009.11.20 至 2014.11.20/低毒
水稻 福寿螺 450-600克/公顷 毒土撒施
PD20097951 吗胍·乙酸铜/20%/可湿性粉剂/盐酸吗啉胍 10%、乙酸铜 10%/2009.11.30 至 2014.11.30/低毒
番茄 病毒病 499.5-750克/公顷 喷雾
PD20097982 喹硫磷/25%/乳油/喹硫磷 25%/2009.12.01 至 2014.12.01/中等毒(原药高毒)
棉花 棉铃虫 300-600克/公顷 喷雾
PD20098367 十三吗啉/750克/升/乳油/十三吗啉 750克/升/2009.12.18 至 2014.12.18/低毒
橡胶树 红根病 15－30克/株 灌淋
PD20100660 多抗霉素/10%/可湿性粉剂/多抗霉素 10%/2010.01.15 至 2015.01.15/微毒
番茄 叶霉病 180－225克/公顷 喷雾
PD20100834 盐酸吗啉胍/20%/可湿性粉剂/盐酸吗啉胍 20%/2010.01.19 至 2015.01.19/低毒

番茄 病毒病 703-1406克/公顷 喷雾
PD20101343 甲氰·噻螨酮/7.5%/乳油/甲氰菊酯 5%、噻螨酮 2.5%/2010.03.26 至 2015.03.26/中等毒
柑橘树 红蜘蛛 75-100毫克/千克 喷雾
PD20101478 吡虫啉/30%/微乳剂/吡虫啉 30%/2010.05.05 至 2015.05.05/低毒
水稻 稻飞虱 22.5-30克/公顷 喷雾
PD20101589 炔螨·矿物油/73%/乳油/矿物油 33%、炔螨特 40%/2010.06.03 至 2015.06.03/中等毒
柑橘树 红蜘蛛 243-486毫克/千克 喷雾
PD20101590 哒螨·矿物油/41%/乳油/哒螨灵 8%、矿物油 33%/2010.06.03 至 2015.06.03/中等毒
柑橘树 红蜘蛛 205-275毫克/千克 喷雾
PD20101608 哒螨·矿物油/34%/乳油/哒螨灵 4%、矿物油 30%/2010.06.03 至 2015.06.03/中等毒
柑橘树 红蜘蛛 226.7-340 毫克/千克 喷雾
PD20101763 哒螨·矿物油/45%/乳油/哒螨灵 5%、矿物油 40%/2010.07.07 至 2015.07.07/中等毒
柑橘树 红蜘蛛 300-450毫克/千克 喷雾
PD20101778 复硝酚钾/2%/水剂/2,4-二硝基苯酚钾 0.1%、对硝基苯酚钾 0.9%、邻硝基苯酚钾 1%/2010.07.07 至 2015.07.07/低毒
叶菜类蔬菜 调节生长、增产 2000-3000倍液 喷雾
PD20101845 毒·矿物油/40%/乳油/毒死蜱 15%、矿物油 25%/2010.07.28 至 2015.07.28/中等毒
柑橘树 介壳虫 400-500毫克/千克 喷雾
PD20101878 联苯菊酯/10%/水乳剂/联苯菊酯 10%/2010.08.09 至 2015.08.09/中等毒
茶树 茶小绿叶蝉 30-37.5克/公顷 喷雾
PD20101891 阿维菌素/3.2%/乳油/阿维菌素 3.2%/2010.08.09 至 2015.08.09/低毒(原药高毒)
柑橘树 红蜘蛛 6－7.5毫克/千克 喷雾
PD20101895 咪鲜胺/25%/乳油/咪鲜胺 25%/2010.08.27 至 2015.08.27/低毒
柑橘 炭疽病 333-500毫克/千克 浸果
PD20101997 戊唑醇/430克/升/悬浮剂/戊唑醇 430克/升/2010.09.25 至 2015.09.25/低毒
苹果树 斑点落叶病 61.4-86毫克/千克 喷雾
PD20102023 异丙威/20%/悬浮剂/异丙威 20%/2010.09.25 至 2015.09.25/低毒
水稻 稻飞虱 150-200毫升制剂/亩 喷雾
PD20102041 苯醚甲环唑/37%/水分散粒剂/苯醚甲环唑 37%/2010.10.27 至 2015.10.27/低毒
香蕉 叶斑病 74-123.3毫克/千克 喷雾
PD20102103 腈菌唑/40%/悬浮剂/腈菌唑 40%/2010.11.30 至 2015.11.30/低毒
梨树 黑星病 40-50毫克/千克 喷雾
PD20102113 络氨铜/15%/水剂/络氨铜 15%/2010.11.30 至 2015.11.30/低毒
柑橘树 溃疡病 200-300倍液 喷雾
PD20102181 溴氰菊酯/2.5%/微乳剂/溴氰菊酯 2.5%/2010.12.15 至 2015.12.15/中等毒
甘蓝 菜青虫 7.5-15克/公顷 喷雾
PD20110103 苯醚甲环唑/250克/升/乳油/苯醚甲环唑 250克/升/2011.01.26 至 2016.01.26/低毒
香蕉 叶斑病 100-125毫克/千克 喷雾
PD20110192 杀虫单/90%/可溶粉剂/杀虫单 90%/2011.02.18 至 2016.02.18/中等毒
水稻 二化螟 675－810克/公顷 喷雾
PD20110196 高效氯氟氰菊酯/5%/水乳剂/高效氯氟氰菊酯 5%/2011.02.18 至 2016.02.18/中等毒
甘蓝 蚜虫 7.5～11.25克/公顷 喷雾
PD20110238 灭蝇胺/50%/可溶粉剂/灭蝇胺 50%/2011.03.03 至 2016.03.03/低毒
菜豆 美洲斑潜蝇 150-225克/公顷 喷雾
PD20110239 甲氨基阿维菌素苯甲酸盐/3%/水分散粒剂/甲氨基阿维菌素 3%/2011.03.03 至 2016.03.03/低毒
甘蓝 甜菜夜蛾 2.7-4.5克/公顷 喷雾
注:甲氨基阿维菌素苯甲酸盐含量:3.4%。
PD20110394 啶虫脒/70%/水分散粒剂/啶虫脒 70%/2011.04.12 至 2016.04.12/低毒
黄瓜 蚜虫 21-26.25克/公顷 喷雾
PD20110429 高氯·啶虫脒/5%/微乳剂/啶虫脒 3%、高效氯氰菊酯 2%/2011.04.21 至 2016.04.21/中等毒
甘蓝 蚜虫 15-30克/公顷 喷雾
PD20110430 高氯·甲维盐/4.2%/水乳剂/高效氯氰菊酯 4%、甲氨基阿维菌素苯甲酸盐 0.2%/2011.04.21 至 2016.04.21/中等毒
甘蓝 甜菜夜蛾 22.05-28.35克/公顷 喷雾
PD20110432 毒死蜱/30%/微乳剂/毒死蜱 30%/2011.04.21 至 2016.04.21/中等毒
萝卜 菜青虫 360～540克/公顷 喷雾
PD20110437 苯甲·丙环唑/300克/升/乳油/苯醚甲环唑 150克/升、丙环唑 150克/升/2011.04.21 至 2016.04.21/低毒
香蕉 叶斑病 120-200毫克/千克 喷雾
PD20110465 吡虫啉/70%/水分散粒剂/吡虫啉 70%/2011.04.22 至 2016.04.22/中等毒
甘蓝 蚜虫 10.5-21克/公顷 喷雾
PD20110479 阿维·三唑磷/15%/微乳剂/阿维菌素 0.1%、三唑磷 14.9%/2011.04.22 至 2016.04.22/中等毒(原药高毒)
棉花 棉铃虫 180-270克/公顷 喷雾
PD20110543 高效氯氟氰菊酯/5%/微乳剂/高效氯氟氰菊酯 5%/2011.05.12 至 2016.05.12/中等毒
甘蓝、小白菜 菜青虫 9-13.5克/公顷 喷雾
PD20110587 戊唑醇/25%/水乳剂/戊唑醇 25%/2011.05.30 至 2016.05.30/低毒

	梨树	黑星病	83.3－125毫克/千克	喷雾
PD20110590	嘧霉胺/400克/升/悬浮剂/嘧霉胺 400克/升/2011.05.30 至 2016.05.30/低毒			
	番茄	灰霉病	375-562.5克/公顷	喷雾
PD20110591	高氯・毒死蜱/44.5%/微乳剂/毒死蜱 41.5%、高效氯氰菊酯 3%/2011.05.30 至 2016.05.30/中等毒			
	棉花	棉铃虫	400.50-534.0克/公顷	喷雾
PD20110599	氯氰菊酯/10%/微乳剂/氯氰菊酯 10%/2011.05.30 至 2016.05.30/低毒			
	甘蓝	菜青虫	30-45克/公顷	喷雾
PD20110611	醚菌酯/50%/水分散粒剂/醚菌酯 50%/2011.06.07 至 2016.06.07/低毒			
	黄瓜	白粉病	112.5－150克/公顷	喷雾
	苹果树	斑点落叶病	100～166.7毫克/千克	喷雾
PD20110617	炔螨特/40%/微乳剂/炔螨特 40%/2011.06.07 至 2016.06.07/低毒			
	柑橘树	红蜘蛛	266.7-400毫克/千克	喷雾
PD20110630	吡虫啉/20%/乳油/吡虫啉 20%/2011.06.08 至 2016.06.08/低毒			
	水稻	稻飞虱	15-30克/公顷	喷雾
PD20110703	毒死蜱/5%/颗粒剂/毒死蜱 5%/2011.07.05 至 2016.07.05/低毒			
	花生	蛴螬	1800－2250克/公顷	撒施
PD20110713	阿维菌素/1.8%/微乳剂/阿维菌素 1.8%/2011.07.06 至 2016.07.06/低毒(原药高毒)			
	甘蓝	小菜蛾	6.75-8.1克/公顷	喷雾
PD20110931	吡虫啉/600克/升/悬浮剂/吡虫啉 600克/升/2011.09.06 至 2016.09.06/低毒			
	水稻	稻飞虱	21.6－28.8克/公顷	喷雾
PD20110979	五硝・多菌灵/40%/可湿性粉剂/多菌灵 32%、五氯硝基苯 8%/2011.09.15 至 2016.09.15/低毒			
	西瓜	枯萎病	0.25-0.33克/株	灌根
PD20110986	丙森锌/70%/可湿性粉剂/丙森锌 70%/2011.09.20 至 2016.09.20/低毒			
	黄瓜	霜霉病	1575-2250克/公顷	喷雾
PD20111098	烯酰吗啉/80%/水分散粒剂/烯酰吗啉 80%/2011.10.13 至 2016.10.13/低毒			
	黄瓜	霜霉病	240-300克/公顷	喷雾
PD20111288	毒死蜱/15%/颗粒剂/毒死蜱 15%/2011.11.23 至 2016.11.23/低毒			
	花生	蛴螬	2700-3600克/公顷	撒施
PD20111336	吡虫・噻嗪酮/300克/升/悬浮剂/吡虫啉 50克/升、噻嗪酮 250克/升/2011.12.06 至 2016.12.06/低毒			
	水稻	稻飞虱	54-72克/公顷	喷雾
PD20120021	烯酰吗啉/50%/可湿性粉剂/烯酰吗啉 50%/2012.01.06 至 2017.01.06/低毒			
	黄瓜	霜霉病	300-375克/公顷	喷雾
PD20120040	多菌灵/50%/水分散粒剂/多菌灵 50%/2012.01.10 至 2017.01.10/低毒			
	油菜	菌核病	1200-1500克/公顷	喷雾
PD20120077	毒死蜱/40%/微乳剂/毒死蜱 40%/2012.01.19 至 2017.01.19/中等毒			
	水稻	稻纵卷叶螟	540-720克/公顷	喷雾
PD20120079	氟磺胺草醚/12.8%/微乳剂/氟磺胺草醚 12.8%/2012.01.19 至 2017.01.19/低毒			
	夏大豆田	一年生阔叶杂草	230.4-384 克/公顷	茎叶喷雾
PD20120096	甲氨基阿维菌素苯甲酸盐/3%/微乳剂/甲氨基阿维菌素 3%/2012.01.29 至 2017.01.29/低毒			
	甘蓝	甜菜夜蛾	2.25-3.75克/公顷	喷雾
	注:甲氨基阿维菌素苯甲酸盐含量：3.4%。			
PD20120161	咪鲜・三环唑/20%/可湿性粉剂/咪鲜胺 5%、三环唑 15%/2012.01.30 至 2017.01.30/低毒			
	水稻	稻瘟病	150－180克/公顷	喷雾
PD20120264	中生菌素/3%/可湿性粉剂/中生菌素 3%/2012.02.15 至 2017.02.15/低毒			
	番茄	青枯病	37.5-50毫克/千克	灌根
PD20120445	阿维・丙溴磷/20%/乳油/阿维菌素 1%、丙溴磷 19%/2012.03.14 至 2017.03.14/低毒(原药高毒)			
	棉花	红蜘蛛	90-150克/公顷	喷雾
PD20120447	苯甲・丙环唑/500克/升/乳油/苯醚甲环唑 250克/升、丙环唑 250克/升/2012.03.14 至 2017.03.14/低毒			
	水稻	纹枯病	67.5-90克/公顷	喷雾
PD20120539	高效氟氯氰菊酯/2.5%/水乳剂/高效氟氯氰菊酯 2.5%/2012.03.28 至 2017.03.28/中等毒			
	甘蓝	菜青虫	7.5-11.25克/公顷	喷雾
PD20120550	氟硅唑/25%/水乳剂/氟硅唑 25%/2012.03.28 至 2017.03.28/低毒			
	黄瓜	黑星病	56.25-75克/公顷	喷雾
PD20120582	百菌清/75%/水分散粒剂/百菌清 75%/2012.03.28 至 2017.03.28/低毒			
	番茄	晚疫病	1125-1462.5克/公顷	喷雾
PD20120700	己唑醇/5%/微乳剂/己唑醇 5%/2012.04.18 至 2017.04.18/低毒			
	梨树	黑星病	40-50毫克/千克	喷雾
PD20120754	灭蝇胺/20%/可溶粉剂/灭蝇胺 20%/2012.05.05 至 2017.05.05/低毒			
	菜豆	美洲斑潜蝇	150－210克/公顷	喷雾
PD20120757	啶虫脒/3%/微乳剂/啶虫脒 3%/2012.05.05 至 2017.05.05/低毒			
	甘蓝	蚜虫	13.5-22.5克/公顷	喷雾
PD20120813	丁硫克百威/5%/颗粒剂/丁硫克百威 5%/2012.05.17 至 2017.05.17/中等毒			
	甘蔗	蔗螟	2250-3000克/公顷	沟施

PD20120846 聚醛·甲萘威/6%/颗粒剂/甲萘威 1.5%、四聚乙醛 4.5%/2012.05.22 至 2017.05.22/低毒
大白菜 蜗牛 540-675克/公顷 撒施
PD20120998 啶虫脒/20%/可溶粉剂/啶虫脒 20%/2012.06.21 至 2017.06.21/低毒
黄瓜 蚜虫 18-36克/公顷 喷雾
PD20121094 氟氯氰菊酯/5.7%/水乳剂/氟氯氰菊酯 5.7%/2012.07.19 至 2017.07.19/中等毒
甘蓝 菜青虫 17.1-25.65克/公顷 喷雾
PD20121099 高效氯氟氰菊酯/2.5%/微乳剂/高效氯氟氰菊酯 2.5%/2012.07.19 至 2017.07.19/中等毒
甘蓝 菜青虫 11.25-15克/公顷 喷雾
PD20121110 丙环唑/25%/水乳剂/丙环唑 25%/2012.07.19 至 2017.07.19/低毒
苹果树 褐斑病 100-167毫克/千克 喷雾
水稻 纹枯病 113-150克/公顷 喷雾
PD20121114 甲氨基阿维菌素苯甲酸盐/3%/悬浮剂/甲氨基阿维菌素 3%/2012.07.19 至 2017.07.19/低毒
甘蓝 小菜蛾 1.8—2.7克/公顷 喷雾
注:甲氨基阿维菌素苯甲酸盐含量：3.4%。
PD20121118 丁醚脲/500克/升/悬浮剂/丁醚脲 500克/升/2012.07.20 至 2017.07.20/中等毒
甘蓝 小菜蛾 300-450克/公顷 喷雾
柑橘树 红蜘蛛 250-500毫克/千克 喷雾
PD20121127 咪鲜胺/40%/水乳剂/咪鲜胺 40%/2012.07.20 至 2017.07.20/低毒
苹果树 炭疽病 225-375毫克/千克 喷雾
水稻 稻瘟病 270-337.5克/公顷 喷雾
香蕉 炭疽病 333—500毫克/千克 浸果
PD20121136 草铵膦/200克/升/水剂/草铵膦 200克/升/2012.07.20 至 2017.07.20/低毒
柑橘园 杂草 1050-1575克/公顷 定向茎叶喷雾
PD20121146 甲氨基阿维菌素苯甲酸盐/5%/乳油/甲氨基阿维菌素 5%/2012.07.20 至 2017.07.20/低毒
甘蓝 甜菜夜蛾 2.25-3.75克/公顷 喷雾
注:甲氨基阿维菌素苯甲酸盐含量：5.7%。
PD20121318 甲氨基阿维菌素苯甲酸盐/0.9%/微囊悬浮剂/甲氨基阿维菌素 0.9%/2012.09.11 至 2017.09.11/低毒
甘蓝 甜菜夜蛾 2.25-3.75克/公顷 喷雾
注:甲氨基阿维菌素苯甲酸盐含量：1%。
PD20121362 异菌脲/500克/升/悬浮剂/异菌脲 500克/升/2012.09.13 至 2017.09.13/低毒
番茄 灰霉病 562.5-750克/公顷 喷雾
PD20121396 三唑磷/40%/乳油/三唑磷 40%/2012.09.14 至 2017.09.14/中等毒
水稻 二化螟 360-480克/公顷 喷雾
PD20121542 丁醚·哒螨灵/40%/悬浮剂/哒螨灵 15%、丁醚脲 25%/2012.10.17 至 2017.10.17/低毒
柑橘树 红蜘蛛 200-266.7毫克/千克 喷雾
PD20121638 甲维·丁醚脲/43.7%/悬浮剂/丁醚脲 42.3%、甲氨基阿维菌素苯甲酸盐 1.4%/2012.10.30 至 2017.10.30/低毒
甘蓝 小菜蛾 64.8—86.4克/公顷 喷雾
PD20121781 阿维·四螨嗪/20.8%/悬浮剂/阿维菌素 0.5%、四螨嗪 20.3%/2012.11.16 至 2017.11.16/低毒(原药高毒)
柑橘树 红蜘蛛 83.2-138.7毫克/千克 喷雾
PD20122009 高效氯氟氰菊酯/2.5%/水乳剂/高效氯氟氰菊酯 2.5%/2012.12.19 至 2017.12.19/低毒
甘蓝 菜青虫 7.5-15克/公顷 喷雾
PD20122047 甲氨基阿维菌素苯甲酸盐/1%/微乳剂/甲氨基阿维菌素 1%/2012.12.24 至 2017.12.24/低毒
甘蓝 甜菜夜蛾 1.5-2.25克/公顷 喷雾
注:甲氨基阿维菌素苯甲酸盐含量:1.1%。
PD20122052 阿维菌素/3%/悬浮剂/阿维菌素 3%/2012.12.24 至 2017.12.24/低毒(原药高毒)
柑橘树 红蜘蛛 7.5—10毫克/千克 喷雾
PD20122106 吡蚜酮/50%/水分散粒剂/吡蚜酮 50%/2012.12.26 至 2017.12.26/低毒
水稻 稻飞虱 60—90克/公顷 喷雾
PD20122116 阿维·丁醚脲/15.6%/乳油/阿维菌素 0.6%、丁醚脲 15%/2012.12.26 至 2017.12.26/低毒(原药高毒)
苹果树 红蜘蛛 52-78毫克/千克 喷雾
PD20130032 戊唑醇/25%/可湿性粉剂/戊唑醇 25%/2013.01.07 至 2018.01.07/低毒
苹果树 斑点落叶病 100-166.7毫克/千克 /喷雾
PD20130163 阿维·丁醚脲/45.5%/悬浮剂/阿维菌素 0.5%、丁醚脲 45%/2013.01.24 至 2018.01.24/低毒(原药高毒)
十字花科蔬菜 小菜蛾 204.75-273克/公顷 喷雾
PD20130173 甲氨基阿维菌素苯甲酸盐/2%/水乳剂/甲氨基阿维菌素 2%/2013.01.24 至 2018.01.24/低毒
甘蓝 甜菜夜蛾 2.1—2.85克/公顷 喷雾
注:甲氨基阿维菌素苯甲酸盐含量：2.2%。
PD20130227 氟硅唑/8%/微乳剂/氟硅唑 8%/2013.01.30 至 2018.01.30/低毒
黄瓜 白粉病 60-72克/公顷 喷雾
PD20130631 苄嘧·丙草胺/40%/可湿性粉剂/苄嘧磺隆 4%、丙草胺 36%/2013.04.05 至 2018.04.05/低毒
水稻田(直播) 一年生杂草 360-480克/公顷 茎叶喷雾
PD20130662 哒螨灵/30%/悬浮剂/哒螨灵 30%/2013.04.08 至 2018.04.08/中等毒
柑橘树 红蜘蛛 75-150毫克/千克 喷雾

PD20130679 嘧菌酯/25%/水分散粒剂/嘧菌酯 25%/2013.04.09 至 2018.04.09/低毒
水稻 纹枯病 187.5～300克/公顷/ 喷雾
PD20130862 嘧霉·百菌清/40%/悬浮剂/百菌清 25%、嘧霉胺 15%/2013.04.22 至 2018.04.22/低毒
番茄 灰霉病 2100-2700克/公顷 喷雾
PD20130866 丁醚脲/50%/可湿性粉剂/丁醚脲 50%/2013.04.22 至 2018.04.22/低毒
甘蓝 小菜蛾 300-450克/公顷 喷雾
PD20131032 噻嗪·毒死蜱/42%/乳油/毒死蜱 28%、噻嗪酮 14%/2013.05.13 至 2018.05.13/中等毒
水稻 稻飞虱 252－315克/公顷 喷雾
PD20131136 苯甲·中生/8%/可湿性粉剂/苯醚甲环唑 5%、中生菌素 3%/2013.05.20 至 2018.05.20/低毒
苹果树 斑点落叶病 40-53毫克/千克 喷雾
PD20131206 四螨·丁醚脲/500克/升/悬浮剂/丁醚脲 300克/升、四螨嗪 200克/升/2013.05.28 至 2018.05.28/低毒
柑橘树 红蜘蛛 166.7-250毫克/千克 喷雾
PD20131310 噻嗪酮/50%/悬浮剂/噻嗪酮 50%/2013.06.08 至 2018.06.08/低毒
水稻 稻飞虱 112.5-150克/公顷 喷雾
PD20131388 甲氰菊酯/20%/水乳剂/甲氰菊酯 20%/2013.06.24 至 2018.06.24/中等毒
苹果树 桃小食心虫 67-100毫克/千克 喷雾
PD20131513 高效氯氟氰菊酯/5%/微乳剂/高效氯氟氰菊酯 5%/2013.07.17 至 2018.07.17/中等毒
十字花科蔬菜 菜青虫 9-13.5克/公顷 喷雾
PD20131637 丁醚脲/25%/乳油/丁醚脲 25%/2013.07.30 至 2018.07.30/低毒
甘蓝 小菜蛾 300-450克/公顷 喷雾
PD20131944 毒死蜱/15%/微乳剂/毒死蜱 15%/2013.10.10 至 2018.10.10/中等毒
水稻 稻纵卷叶螟 300-600克/公顷 喷雾
PD20131948 高效氯氰菊酯/4.5%/水乳剂/高效氯氰菊酯 4.5%/2013.10.10 至 2018.10.10/低毒
甘蓝 菜青虫 13.5-27克/公顷 喷雾
PD20132197 烯酰·中生/25%/可湿性粉剂/烯酰吗啉 22%、中生菌素 3%/2013.10.29 至 2018.10.29/低毒
黄瓜 霜霉病 112.5-150克/公顷 喷雾
PD20132207 中生·多菌灵/53%/可湿性粉剂/多菌灵 51%、中生菌素 2%/2013.10.29 至 2018.10.29/低毒
苹果树 轮纹病 265-530毫克/千克 喷雾
PD20132291 腈菌唑/12.5%/微乳剂/腈菌唑 12.5%/2013.11.08 至 2018.11.08/低毒
梨树 黑星病 42－62.5毫克/千克 喷雾
PD20132315 虫螨腈/30%/悬浮剂/虫螨腈 30%/2013.11.13 至 2018.11.13/低毒
甘蓝 甜菜夜蛾 67.5-90克/公顷 喷雾
PD20132445 阿维·灭幼脲/30%/悬浮剂/阿维菌素 0.3%、灭幼脲 29.7%/2013.12.02 至 2018.12.02/低毒(原药高毒)
甘蓝 小菜蛾 90-180克/公顷 喷雾
PD20132446 甲氰菊酯/20%/水乳剂/甲氰菊酯 20%/2013.12.02 至 2018.12.02/中等毒
柑橘树 潜叶蛾 100-133.3毫克/千克 喷雾
PD20132447 虫螨腈/100克/升/悬浮剂/虫螨腈 100克/升/2013.12.02 至 2018.12.02/低毒
甘蓝 甜菜夜蛾 60-75克/公顷 喷雾
PD20132448 代森锰锌/70%/水分散粒剂/代森锰锌 70%/2013.12.02 至 2018.12.02/低毒
苹果树 轮纹病 1000-1400毫克/千克 喷雾
PD20132474 噻虫嗪/25%/水分散粒剂/噻虫嗪 25%/2013.12.09 至 2018.12.09/低毒
水稻 稻飞虱 11.25-15克/公顷 喷雾
PD20132516 中生·代森锌/46%/可湿性粉剂/代森锌 44%、中生菌素 2%/2013.12.16 至 2018.12.16/低毒
番茄 早疫病 517.5-690克/公顷 喷雾
PD20132583 三环·多菌灵/30%/可湿性粉剂/多菌灵 15%、三环唑 15%/2013.12.17 至 2018.12.17/低毒
水稻 稻瘟病 270－450克/公顷 喷雾
PD20132672 多杀霉素/10%/悬浮剂/多杀霉素 10%/2013.12.25 至 2018.12.25/低毒
棉花 棉铃虫 30-45克/公顷 喷雾
PD20132699 苯醚甲环唑/10%/水乳剂/苯醚甲环唑 10%/2013.12.25 至 2018.12.25/低毒
苹果树 褐斑病 50-66.7毫克/千克 喷雾
LS20120214 甲维·灭幼脲/25%/悬浮剂/甲氨基阿维菌素苯甲酸盐 .5%、灭幼脲 24.5%/2013.06.14 至 2014.06.14/低毒
甘蓝 小菜蛾 37.5-56.25克/公顷 喷雾
LS20120226 甲维·虫酰肼/20%/悬浮剂/虫酰肼 19%、甲氨基阿维菌素苯甲酸盐 1%/2013.06.18 至 2014.06.18/低毒
甘蓝 甜菜夜蛾 48-60克/公顷 /喷雾
LS20120261 烯啶虫胺/10%/水剂/烯啶虫胺 10%/2013.07.19 至 2014.07.19/低毒
棉花 蚜虫 22.5-30克/公顷 喷雾
LS20120355 苯甲·锰锌/55%/可湿性粉剂/苯醚甲环唑 5%、代森锰锌 50%/2013.10.25 至 2014.10.25/低毒
梨树 黑星病 122-157毫克/千克 喷雾
LS20130014 戊唑·多菌灵/42%/悬浮剂/多菌灵 30%、戊唑醇 12%/2013.01.07 至 2014.01.07/低毒
苹果树 轮纹病 210～420毫克/千克 喷雾
LS20130015 烯酰·三乙膦/60%/可湿性粉剂/烯酰吗啉 15%、三乙膦酸铝 45%/2013.01.07 至 2014.01.07/低毒
黄瓜 霜霉病 540～900克/公顷 喷雾
LS20130023 代锰·戊唑醇/50%/可湿性粉剂/代森锰锌 45%、戊唑醇 5%/2013.01.07 至 2014.01.07/低毒

苹果树 斑点落叶病 250～500毫克/千克 喷雾
LS20130048 甲维·茚虫威/10%/悬浮剂/甲氨基阿维菌素苯甲酸盐 1%、茚虫威 9%/2013.02.06 至 2014.02.06/低毒
甘蓝 甜菜夜蛾 30-45克/公顷 喷雾
LS20130246 吡蚜·噻嗪酮/45%/悬浮剂/吡蚜酮 15%、噻嗪酮 30%/2013.04.28 至 2014.04.28/低毒
水稻 飞虱 101.25-168.75克/公顷 喷雾
LS20130273 虫螨腈/30%/悬浮剂/虫螨腈 30%/2013.05.07 至 2014.05.07/低毒
甘蓝 甜菜夜蛾 67.5-90克/公顷 喷雾
LS20130356 苯甲·丙环唑/30%/水乳剂/苯醚甲环唑 15%、丙环唑 15%/2013.07.03 至 2014.07.03/低毒
苹果树 褐斑病 100～150毫克/千克 喷雾
LS20130409 粉唑醇/25%/悬浮剂/粉唑醇 25%/2013.07.29 至 2014.07.29/低毒
小麦 锈病 60-90克/公顷 喷雾
LS20130493 阿维·螺螨酯/22%/悬浮剂/阿维菌素 2%、螺螨酯 20%/2013.11.08 至 2014.11.08/低毒(原药高毒)
柑橘树 红蜘蛛 37-55毫克/千克 喷雾

广东省东莞市万江万宝日用制品厂 (广东省东莞市万江大汾中立州工业区 523052 0769-2784828)

WP20110045 防蛀防霉片剂/98%/片剂/对二氯苯 98%/2011.02.17 至 2016.02.17/低毒
卫生 黑皮蠹、霉菌 40克制剂/立方米 投放
WP20110201 防蛀片剂/94%/片剂/樟脑 94%/2011.09.07 至 2016.09.07/低毒
卫生 黑皮蠹 200克制剂/立方米 投放

广东省东莞万盛家庭用品有限公司 (广东省东莞市万江区莫屋村 523041 0769-2271310)

WP20130157 防蛀球剂/98%/球剂/对二氯苯 98%/2013.07.23 至 2018.07.23/低毒
卫生 黑皮蠹 40克/立方米 投放

广东省佛山市大兴生物化工有限公司 (广东省佛山市禅城区南庄镇醒群工业区 528219 0757-85332748)

PD84105-10 马拉硫磷/45%/乳油/马拉硫磷 45%/2010.02.04 至 2015.02.04/低毒
茶树 长白蚧、象甲 625-1000毫克/千克 喷雾
豆类 食心虫、造桥虫 561.5-750克/公顷 喷雾
果树 蝽蟓、蚜虫 250-333毫克/千克 喷雾
林木、牧草、农田 蝗虫 450-600克/公顷 喷雾
棉花 盲蝽蟓、蚜虫、叶跳虫 375-562.5克/公顷 喷雾
蔬菜 黄条跳甲、蚜虫 562.5-750克/公顷 喷雾
水稻 飞虱、蓟马、叶蝉 562.5-750克/公顷 喷雾
小麦 黏虫、蚜虫 562.5-750克/公顷 喷雾
PD84108-22 敌百虫/97%,90%,87%/原药/敌百虫 97%,90%,87%/2010.02.04 至 2015.02.04/低毒
白菜、青菜 地下害虫 750-1500克/公顷 喷雾
白菜、青菜 菜青虫 960-1200克/公顷 喷雾
茶树 尺蠖、刺蛾 450-900毫克/千克 喷雾
大豆 造桥虫 1800克/公顷 喷雾
柑橘树 卷叶蛾 600-750毫克/千克 喷雾
林木 松毛虫 600-900毫克/千克 喷雾
水稻 螟虫 1500-1800克/公顷 喷雾、泼浇或毒土
小麦 黏虫 1800克/公顷 喷雾
烟草 烟青虫 900毫克/千克 喷雾
PD85121-25 乐果/40%/乳油/乐果 40%/2010.07.13 至 2015.07.13/中等毒
茶树 蚜虫、叶蝉、螨 1000-2000倍液 喷雾
甘薯 小象甲 2000倍液 浸鲜薯片诱杀
柑橘树、苹果树 鳞翅目幼虫、蚜虫、螨 800-1600倍液 喷雾
棉花 蚜虫、螨 450-600克/公顷 喷雾
蔬菜 蚜虫、螨 300-600克/公顷 喷雾
水稻 飞虱、螟虫、叶蝉 450-600克/公顷 喷雾
烟草 蚜虫、烟青虫 300-600克/公顷 喷雾
PD85159-21 草甘膦/30%/水剂/草甘膦 30%/2010.08.15 至 2015.08.15/低毒
茶树、甘蔗、果园、剑麻、林木、桑树、橡胶树 一年生杂草和多年生恶性杂草 1125-2250克/公顷 喷雾
PD86148-56 异丙威/20%/乳油/异丙威 20%/2012.01.22 至 2017.01.22/中等毒
水稻 飞虱、叶蝉 450-600克/公顷 喷雾
PD20040732 氯氰·吡虫啉/6%/乳油/吡虫啉 2%、氯氰菊酯 4%/2009.12.19 至 2014.12.19/中等毒
十字花科蔬菜 蚜虫 18-27克/公顷 喷雾
PD20040762 吡虫啉/10%/可湿性粉剂/吡虫啉 10%/2009.12.19 至 2014.12.19/低毒
十字花科蔬菜 蚜虫 15-22.5克/ 公顷 喷雾
PD20083311 炔螨特/73%/乳油/炔螨特 73%/2013.12.11 至 2018.12.11/低毒
柑橘树 红蜘蛛 292-365毫克/千克 喷雾
PD20083312 甲氰·辛硫磷/20%/乳油/甲氰菊酯 2%、辛硫磷 18%/2013.12.11 至 2018.12.11/中等毒
甘蓝 菜青虫 150-240克/公顷 喷雾

PD20083348 三唑锡/25%/可湿性粉剂/三唑锡 25%/2013.12.11 至 2018.12.11/低毒
柑橘树 红蜘蛛 100-166.7毫克/千克 喷雾
PD20083506 稻瘟灵/30%/乳油/稻瘟灵 30%/2013.12.12 至 2018.12.12/低毒
水稻 稻瘟病 450-675克/公顷 喷雾
PD20083762 阿维菌素/1.8%/乳油/阿维菌素 1.8%/2013.12.15 至 2018.12.15/低毒(原药高毒)
十字花科蔬菜 小菜蛾 8.1-10.8克/公顷 喷雾
PD20083915 三唑锡/20%/悬浮剂/三唑锡 20%/2013.12.15 至 2018.12.15/低毒
柑橘树 红蜘蛛 133-200毫克/千克 喷雾
PD20083924 高氯·毒死蜱/10%/乳油/毒死蜱 8%、高效氯氰菊酯 2%/2008.12.15 至 2013.12.15/中等毒
十字花科蔬菜 菜青虫 75-112.5克/公顷 喷雾
PD20083953 甲基硫菌灵/70%/可湿性粉剂/甲基硫菌灵 70%/2013.12.15 至 2018.12.15/低毒
水稻 稻瘟病 1050－1500克/公顷 喷雾
PD20083991 霜脲·锰锌/72%/可湿性粉剂/代森锰锌 64%、霜脲氰 8%/2013.12.16 至 2018.12.16/低毒
黄瓜 霜霉病 1440-1800克/公顷 喷雾
PD20084164 甲霜·锰锌/58%/可湿性粉剂/甲霜灵 10%、代森锰锌 48%/2013.12.16 至 2018.12.16/低毒
黄瓜 霜霉病 1305-1632克/公顷 喷雾
PD20084294 噻嗪酮/25%/可湿性粉剂/噻嗪酮 25%/2013.12.17 至 2018.12.17/低毒
水稻 稻飞虱 75-112.5克/公顷 喷雾
PD20084381 高效氯氰菊酯/4.5%/乳油/高效氯氰菊酯 4.5%/2013.12.17 至 2018.12.17/低毒
十字花科蔬菜 菜青虫 13.5-27克/公顷 喷雾
PD20084461 氯氰菊酯/5%/乳油/氯氰菊酯 5%/2013.12.17 至 2018.12.17/低毒
十字花科蔬菜 菜青虫 37.5-60克/公顷 喷雾
PD20084660 高效氯氟氰菊酯/25克/升/乳油/高效氯氟氰菊酯 25克/升/2008.12.22 至 2013.12.22/中等毒
十字花科蔬菜 菜青虫 7.5-11.25克/公顷 喷雾
PD20084733 马拉·杀螟松/12%/乳油/马拉硫磷 10%、杀螟硫磷 2%/2008.12.22 至 2013.12.22/中等毒
水稻 二化螟 180-360克/公顷 喷雾
PD20084734 氯氰·敌敌畏/10%/乳油/敌敌畏 8%、氯氰菊酯 2%/2008.12.22 至 2013.12.22/中等毒
甘蓝 菜青虫、蚜虫 50-75克/公顷 喷雾
PD20084911 氯氰·辛硫磷/20%/乳油/氯氰菊酯 1.5%、辛硫磷 18.5%/2008.12.22 至 2013.12.22/中等毒
十字花科蔬菜 菜青虫 90-150克/公顷 喷雾
PD20085056 氰戊·喹硫磷/15%/乳油/喹硫磷 12.5%、氰戊菊酯 2.5%/2008.12.23 至 2013.12.23/中等毒
柑橘树 矢尖蚧 150-215毫克/千克 喷雾
PD20085190 苯丁锡/25%/可湿性粉剂/苯丁锡 25%/2008.12.23 至 2013.12.23/低毒
柑橘树 红蜘蛛、锈壁虱 150-250毫克/千克 喷雾
PD20085207 阿维·高氯/1.8%/乳油/阿维菌素 0.3%、高效氯氰菊酯 1.5%/2008.12.23 至 2013.12.23/中等毒(原药高毒)
十字花科蔬菜 小菜蛾 7.5-15/公顷 喷雾
十字花科蔬菜 菜青虫 7.5-15克/公顷 喷雾
PD20085268 阿维·毒死蜱/10.2%/乳油/阿维菌素 0.2%、毒死蜱 10%/2008.12.23 至 2013.12.23/中等毒(原药高毒)
十字花科蔬菜 小菜蛾 45.9-76.5克/公顷 喷雾
PD20085570 氰戊·马拉松/20%/乳油/马拉硫磷 15%、氰戊菊酯 5%/2008.12.25 至 2013.12.25/中等毒
十字花科蔬菜 菜青虫 150-210克/公顷 喷雾
PD20085767 敌百虫/30%/乳油/敌百虫 30%/2008.12.29 至 2013.12.29/低毒
十字花科蔬菜 菜青虫 450-675克/公顷 喷雾
PD20085770 阿维·氯氰/2.5%/乳油/阿维菌素 0.2%、氯氰菊酯 2.3%/2008.12.29 至 2013.12.29/低毒(原药高毒)
十字花科蔬菜 小菜蛾 18.75-26.25克/公顷 喷雾
PD20090997 溴氰菊酯/25克/升/乳油/溴氰菊酯 25克/升/2009.01.21 至 2014.01.21/低毒
柑橘 蚜虫 12.5-16.7毫克/千克 喷雾
PD20091105 福美双/50%/可湿性粉剂/福美双 50%/2009.01.21 至 2014.01.21/低毒
黄瓜 霜霉病 750-1125克/公顷 喷雾
PD20091187 杀虫双/18%/水剂/杀虫双 18%/2009.01.22 至 2014.01.22/中等毒
水稻 二化螟 675-810克/公顷 喷雾
PD20091324 苯丁·哒螨灵/10%/乳油/苯丁锡 5%、哒螨灵 5%/2009.02.01 至 2014.02.01/中等毒
柑橘树 红蜘蛛 50-67毫克/千克 喷雾
PD20091754 多·福/30%/可湿性粉剂/多菌灵 15%、福美双 15%/2009.02.04 至 2014.02.04/低毒
辣椒 立枯病 3-4.5克/平方米 每平米的药量与细土混合1/3撒于苗床底部2/3覆盖在种子上面
PD20091798 顺式氯氰菊酯/50克/升/乳油/顺式氯氰菊酯 50克/升/2009.02.04 至 2014.02.04/低毒
棉花 棉铃虫 10-20克/公顷 喷雾
PD20092376 氰戊·敌百虫/21%/乳油/敌百虫 20%、氰戊菊酯 1%/2009.02.25 至 2014.02.25/低毒
十字花科蔬菜 菜青虫 157.5-220.5克/公顷 喷雾
PD20093077 阿维·辛硫磷/20%/乳油/阿维菌素 0.2%、辛硫磷 19.8%/2009.03.09 至 2014.03.09/低毒(原药高毒)

十字花科蔬菜 小菜蛾 150-240克/公顷 喷雾

PD20094153 硫磺/50%/悬浮剂/硫磺 50%/2009.03.27 至 2014.03.27/低毒

黄瓜 白粉病 1125-1500克/公顷 喷雾

PD20094157 硫磺·苯丁锡/50%/悬浮剂/苯丁锡 5%、硫磺 45%/2009.03.27 至 2014.03.27/低毒

柑橘树 红蜘蛛 500-625毫克/千克 喷雾

PD20094246 阿维·吡虫啉/1.45%/可湿性粉剂/阿维菌素 0.45%、吡虫啉 1%/2009.03.31 至 2014.03.31/低毒(原药高毒)

十字花科蔬菜 蚜虫 8.7-10.86克/公顷 喷雾

十字花科蔬菜 小菜蛾 17.4-21.75克/公顷 喷雾

PD20094260 腐霉·福美双/25%/可湿性粉剂/腐霉利 5%、福美双 20%/2009.03.31 至 2014.03.31/低毒

番茄 灰霉病 225-375克/公顷 喷雾

PD20094665 氯氰·敌百虫/20%/乳油/敌百虫 18%、氯氰菊酯 2%/2009.04.10 至 2014.04.10/中等毒

十字花科蔬菜 菜青虫 150-300克/公顷 喷雾

PD20094676 辛硫磷/40%/乳油/辛硫磷 40%/2009.04.10 至 2014.04.10/低毒

十字花科蔬菜 菜青虫 225-300克/公顷 喷雾

PD20094797 苯丁锡/95%/原药/苯丁锡 95%/2009.04.13 至 2014.04.13/低毒

PD20094863 苯丁锡/10%/乳油/苯丁锡 10%/2009.04.13 至 2014.04.13/低毒

柑橘树 红蜘蛛 166.7-200毫克/千克 喷雾

PD20096199 敌百·毒死蜱/30%/乳油/敌百虫 20%、毒死蜱 10%/2009.07.13 至 2014.07.13/低毒

十字花科蔬菜 菜青虫 450-540克/公顷 喷雾

PD20096624 噻嗪·杀虫单/25%/可湿性粉剂/噻嗪酮 5%、杀虫单 20%/2009.09.02 至 2014.09.02/低毒

水稻 稻飞虱 187.5-375克/公顷 喷雾

PD20096975 吡虫·杀虫单/58%/可湿性粉剂/吡虫啉 2.5%、杀虫单 55.5%/2009.09.29 至 2014.09.29/中等毒

水稻 稻飞虱、稻纵卷叶螟、二化螟、三化螟 450-750克/公顷 喷雾

PD20097378 苏云金杆菌/8000IU/微升/悬浮剂/苏云金杆菌 8000IU/微升/2009.10.28 至 2014.10.28/低毒

十字花科蔬菜 菜青虫 3000-4500毫升/公顷 喷雾

PD20097737 丙溴磷/40%/乳油/丙溴磷 40%/2009.11.12 至 2014.11.12/低毒

棉花 棉铃虫 360-450克/公顷 喷雾

PD20097980 啶虫脒/5%/乳油/啶虫脒 5%/2009.12.01 至 2014.12.01/低毒

柑橘树 蚜虫 10-12毫克/千克 喷雾

PD20098494 高氯·甲维盐/2.02%/乳油/高效氯氰菊酯 1.9%、甲氨基阿维菌素苯甲酸盐 0.12%/2009.12.24 至 2014.12.24/低毒

甘蓝 甜菜夜蛾 18.18～27.27克/公顷 喷雾

PD20101310 多·锰锌/25%/可湿性粉剂/多菌灵 8%、代森锰锌 17%/2010.03.17 至 2015.03.17/低毒

花生 叶斑病 375-750克/公顷 喷雾

PD20102200 高效氯氰菊酯/4.5%/微乳剂/高效氯氰菊酯 4.5%/2010.12.17 至 2015.12.17/低毒

甘蓝 蚜虫 20.25-27克/公顷 喷雾

PD20110641 哒螨·矿物油/34%/乳油/哒螨灵 4%、矿物油 30%/2011.06.13 至 2016.06.13/低毒

柑橘树 红蜘蛛 170-340毫克/千克 喷雾

PD20110799 联苯菊酯/25克/升/乳油/联苯菊酯 25克/升/2011.07.26 至 2016.07.26/低毒

柑橘树 红蜘蛛 20～30毫克/千克 喷雾

PD20120605 阿维·苏云菌///可湿性粉剂/阿维菌素 0.1%、苏云金杆菌 100亿活芽孢/克/2012.04.11 至 2017.04.11/低毒(原药高毒)

甘蓝 小菜蛾 900-1500克制剂/公顷 喷雾

PD20121932 哒螨灵/15%/乳油/哒螨灵 15%/2012.12.07 至 2017.12.07/中等毒

柑橘树 红蜘蛛 75-150毫克/千克 喷雾

PD20131256 高氯·胺菊/3%/微乳剂/胺菊酯 1%、高效氯氰菊酯 2%/2013.06.04 至 2018.06.04/低毒

卫生 蚊、蝇、蜚蠊 30毫克/平方米 滞留喷洒

PD20132095 甲氨基阿维菌素苯甲酸盐/3%/微乳剂/甲氨基阿维菌素 3%/2013.10.24 至 2018.10.24/低毒

甘蓝 甜菜夜蛾 2.25-3.6克/公顷 喷雾

注:甲氨基阿维菌素苯甲酸盐含量：3.4%。

WP20080595 氯氰·敌敌畏/12.5%/乳油/敌敌畏 10%、氯氰菊酯 2.5%/2008.12.30 至 2013.12.30/低毒

室外 蚊、蝇、蜚蠊 1.875-3.75毫克/立方米 喷雾

WP20130093 顺式氯氰菊酯/1.5%/悬浮剂/顺式氯氰菊酯 1.5%/2013.05.17 至 2018.05.17/低毒

卫生 蚊、蝇、蜚蠊 30毫克/平方米 滞留喷洒

WP20130122 高效氯氰菊酯/4.5%/水乳剂/高效氯氰菊酯 4.5%/2013.06.06 至 2018.06.06/低毒

卫生 蚊、蝇、蜚蠊 50毫克/平方米 滞留喷洒

WP20130124 高氯·胺菊/3%/微乳剂/胺菊酯 1%、高效氯氰菊酯 2%/2013.06.08 至 2018.06.08/低毒

卫生 蚊、蝇、蜚蠊 30毫克/平方米 滞留喷洒

WP20130144 氯氰·氨菊/5%/悬浮剂/胺菊酯 3%、氯氰菊酯 2%/2013.07.05 至 2018.07.05/低毒

卫生 蚊、蝇、蜚蠊 50毫克/平方米 滞留喷洒

广东省佛山市高明佳莉日用化工有限公司 (广东省佛山市高明区更合镇合水工业园瑶村牌坊侧 528524 0757-8887696

WP20080241 杀虫气雾剂/1.2%/气雾剂/胺菊酯 0.4%、氯菊酯 0.8%/2013.11.25 至 2018.11.25/低毒

卫生 蜚蠊、蚊、蝇 / 喷雾

WP20120068 杀虫气雾剂/0.36%/气雾剂/胺菊酯 0.18%、氯氰菊酯 0.18%/2012.04.12 至 2017.04.12/微毒

卫生 蚊、蝇、蜚蠊 / 喷雾

WP20120069 电热蚊香液/0.86%/电热蚊香液/炔丙菊酯 0.86%/2012.04.12 至 2017.04.12/微毒
卫生 蚊 / 电热加温
WP20120246 电热蚊香片//电热蚊香片/炔丙菊酯 11毫克/片/2012.12.19 至 2017.12.19/微毒
卫生 蚊 / 电热加温
WP20130210 蚊香/0.25%/蚊香/富右旋反式烯丙菊酯 0.25%/2013.10.10 至 2018.10.10/微毒
室内 蚊 / 点燃
WP20130216 杀虫气雾剂/0.3%/气雾剂/胺菊酯 0.18%、富右旋反式烯丙菊酯 0.07%、氯菊酯 0.05%/2013.10.24 至 2018.10.24/微毒
室内 蚊、蝇、蜚蠊 / 喷雾

广东省佛山市南海奥帝精细化工有限公司 (广东省佛山市南海区里水镇太行路90号 528244 0757-85666288)

PD20081410 0.46%家居安杀虫气雾剂(C型)(醇基)//气雾剂/富右旋反式炔丙菊酯 0%、氯菊酯 0%、右旋苯醚氰菊酯 0%/2008.10.29 至 2013.10.29/低毒
卫生 蜚蠊、蚊、蝇 / 喷雾
WP20080087 蚊香/0.08%/蚊香/富右旋反式炔丙菊酯 0.08%/2013.08.06 至 2018.08.06/低毒
卫生 蚊 / 点燃
WP20080127 电热蚊香片/12.5毫克/片/电热蚊香片/炔丙菊酯 12.5毫克/片/2013.10.29 至 2018.10.29/低毒
卫生 蚊 / 电热加温
WP20080152 杀虫气雾剂/0.46%/气雾剂/富右旋反式炔丙菊酯 0.12%、氯菊酯 0.22%、右旋苯醚氰菊酯 0.12%/2013.11.05 至2018.11.05/低毒
卫生 蜚蠊、蚊、蝇 / 喷雾
WP20080162 电热蚊香液/0.8%/电热蚊香液/炔丙菊酯 0.8%/2013.11.12 至 2018.11.12/低毒
卫生 蚊 / 电热加温
WP20080180 电热蚊香液/0.8%/电热蚊香液/炔丙菊酯 0.8%/2013.11.19 至 2018.11.19/低毒
卫生 蚊 / 电热加温
WP20080207 电热蚊香片/12.5毫克/片/电热蚊香片/炔丙菊酯 12.5毫克/片/2013.11.21 至 2018.11.21/低毒
卫生 蚊 / 电热加温
WP20090084 杀虫气雾剂/0.65%/气雾剂/Es-生物烯丙菊酯 0.35%、氯菊酯 0.15%、右旋苯醚氰菊酯 0.15%/2014.02.02 至2019.02.02/微毒
卫生 蚊、蝇、蜚蠊 / 喷雾
WP20090109 杀蟑气雾剂/0.3%/气雾剂/炔咪菊酯 0.1%、右旋苯氰菊酯 0.2%/2014.02.06 至 2019.02.06/微毒
卫生 蜚蠊 / 喷雾
WP20090119 杀虫气雾剂/0.31%/气雾剂/Es-生物烯丙菊酯 0.2%、高效氟氯氰菊酯 0.03%、炔咪菊酯 0.08%/2014.02.12 至2019.02.12/微毒
卫生 蚊、蝇、蜚蠊 / 喷雾
WP20090128 电热蚊香片/20毫克/片/电热蚊香片/Es-生物烯丙菊酯 10毫克/片、炔丙菊酯 10毫克/片/2014.02.16 至 2019.02.16/微毒
卫生 蚊 / 电热加温
WP20090173 蚊香/0.3%/蚊香/富右旋反式烯丙菊酯 0.3%/2014.03.10 至 2019.03.10/微毒
卫生 蚊 / 点燃
WP20090210 电热蚊香液/1.2%/电热蚊香液/炔丙菊酯 1.2%/2014.03.27 至 2019.03.27/微毒
卫生 蚊 / 电热加温
WP20090226 杀虫气雾剂/0.8%/气雾剂/Es-生物烯丙菊酯 0.3%、氯菊酯 0.25%、右旋胺菊酯 0.25%/2014.04.09 至 2019.04.09/微毒
卫生 蚊、蝇、蜚蠊 / 喷雾
WP20090277 蚊香/0.25%/蚊香/Es-生物烯丙菊酯 0.25%/2009.05.31 至 2014.05.31/微毒
卫生 蚊 / 点燃
WP20100010 蚊香/0.03%/蚊香/四氟甲醚菊酯 0.03%/2010.01.11 至 2015.01.11/微毒
卫生 蚊 / 点燃
WP20120234 杀虫气雾剂/0.35%/气雾剂/Es-生物烯丙菊酯 0.2%、氯氰菊酯 0.1%、炔咪菊酯 0.05%/2012.12.07 至 2017.12.07/低毒
卫生 蚊、蝇、蜚蠊 / 喷雾
注:本产品有两种香型：清香型、无香型。
WL20100014 蚊香/0.05%/蚊香/氯氟醚菊酯 0.05%/2012.01.12 至 2013.01.12/微毒
卫生 蚊 / 点燃
WL20100084 蟑香/7.2%/蟑香/右旋苯醚氰菊酯 7.2%/2012.03.10 至 2013.03.10/低毒
卫生 蜚蠊 / 点燃
WL20110022 电热蚊香液/0.8%/电热蚊香液/氯氟醚菊酯 0.8%/2012.02.11 至 2013.02.11/微毒
卫生 蚊 / 电热加温
注:本产品有两种香型:清香型、无香型。

广东省佛山市南海里水顺风精细化工厂 (广东省佛山市南海区里水河村西紫工业区 528244 0757-85660166)

WP20080328 杀蟑笔剂/0.50%/笔剂/溴氰菊酯 0.5%/2008.12.08 至 2013.12.08/低毒
卫生 蜚蠊 / 涂抹

广东省佛山市南海区绿宝生化技术研究所 (广东省佛山市南海区平洲东区工业园11号 528251 0757-86705280)

PD20121938 啶虫·杀虫单/45%/粉剂/啶虫脒 15%、杀虫单 30%/2012.12.12 至 2017.12.12/低毒
绿化景观椰子树 椰心叶甲 5-10克制剂/袋，2袋/株 挂袋

广东省佛山市南海施乐华化妆品有限公司 (广东省佛山市南海区金沙镇南沙新墟 528223 0757-86616678)

WP20080382 杀虫气雾剂/0.48%/气雾剂/富右旋反式烯丙菊酯 0.36%、高效氯氰菊酯 0.12%/2013.12.11 至 2018.12.11/微毒
卫生 蜚蠊、蚊 / 喷雾

WP20080445 蚊香/0.3%/蚊香/富右旋反式烯丙菊酯 0.3%/2013.12.15 至 2018.12.15/微毒
卫生 蚊 / 点燃

WP20080479 电热蚊香液/0.8%/电热蚊香液/炔丙菊酯 0.8%/2013.12.16 至 2018.12.16/低毒
卫生 蚊 / 电热加温

WP20080606 电热蚊香片/10毫克/片/电热蚊香片/炔丙菊酯 10毫克/片/2013.12.31 至 2013.12.31/微毒
卫生 蚊 / 电热加温

广东省佛山市南海添惠日化有限公司 (广东省佛山市南海区松岗镇石泉铁坑工业区 528234 0757-85206202)

WP20080564 杀虫气雾剂/0.45%/气雾剂/胺菊酯 0.3%、高效氯氰菊酯 0.15%/2013.12.24 至 2018.12.24/微毒
卫生 蚊、蝇、蜚蠊 / 喷雾

WP20100150 蚊香/0.2%/蚊香/Es-生物烯丙菊酯 0.2%/2010.11.30 至 2015.11.30/微毒
卫生 蚊 / 点燃

WP20120160 电热蚊香液/0.85%/电热蚊香液/炔丙菊酯 0.85%/2012.09.06 至 2017.09.06/微毒
卫生 蚊 / 电热加温

WP20120163 蚊香/0.3%/蚊香/富右旋反式烯丙菊酯 0.3%/2012.09.06 至 2017.09.06/低毒
卫生 蚊 / 点燃

WP20130232 杀虫气雾剂/0.37%/气雾剂/胺菊酯 0.25%、氯菊酯 0.12%/2013.11.08 至 2018.11.08/微毒
室内 蚊、蝇、蜚蠊 / 喷雾

广东省佛山市顺德区香江精细化工实业有限公司 (广东省佛山市顺德区容桂容边天河工业区 528305 0765-8301202)

WP20080449 杀虫气雾剂/0.2%/气雾剂/胺菊酯 0.15%、氯氰菊酯 0.05%/2013.12.16 至 2018.12.16/低毒
卫生 蜚蠊、蚊、蝇 / 喷雾

WP20080538 杀虫气雾剂/0.23%/气雾剂/胺菊酯 0.16%、高效氯氰菊酯 0.07%/2013.12.23 至 2018.12.23/低毒
卫生 蚊、蝇、蜚蠊 / 喷雾

WP20100008 蚊香/0.25%/蚊香/富右旋反式烯丙菊酯 0.25%/2010.01.11 至 2015.01.11/微毒
卫生 蚊 / 点燃

WP20100180 电热蚊香片/10.5毫克/片/电热蚊香片/富右旋反式炔丙菊酯 10.5毫克/片/2010.12.21 至 2015.12.21/微毒
卫生 蚊 / 电热加温

广东省佛山市盈辉作物科学有限公司 (广东省佛山市高明区更合镇合和大道白石工业区内 528522 0757-83032181)

PD20082773 毒死蜱/3%/颗粒剂/毒死蜱 3%/2013.12.08 至 2018.12.08/低毒

PD20083966 敌瘟磷/30%/乳油/敌瘟磷 30%/2013.12.16 至 2018.12.16/中等毒
水稻 稻瘟病 500-600克/公顷 喷雾

PD20084535 灭线磷/10%/颗粒剂/灭线磷 10%/2013.12.18 至 2018.12.18/中等毒(原药高毒)
水稻 稻瘿蚊 1500-1800克/公顷 撒施

PD20085536 阿维·高氯/5.2%/乳油/阿维菌素 0.4%、高效氯氰菊酯 4.8%/2013.12.25 至 2018.12.25/中等毒(原药高毒)
十字花科蔬菜 小菜蛾 13.5-27克/公顷 喷雾

PD20090690 马拉·杀螟松/12%/乳油/马拉硫磷 10%、杀螟硫磷 2%/2014.01.19 至 2019.01.19/低毒
水稻 二化螟 270-360克/公顷 喷雾

PD20091400 异噁草松/480克/升/乳油/异噁草松 480克/升/2014.02.02 至 2019.02.02/低毒
春大豆田 一年生杂草 864-1200克/公顷 茎叶喷雾

PD20093771 苯磺隆/10%/可湿性粉剂/苯磺隆 10%/2009.03.25 至 2014.03.25/低毒
冬小麦田 一年生阔叶杂草 15-22.5克/公顷 茎叶喷雾

PD20094190 灭线磷/5%/颗粒剂/灭线磷 5%/2009.03.30 至 2014.03.30/低毒(原药高毒)
红薯 茎线虫病 750-1125克/公顷 沟、条施
水稻 稻瘿蚊 1500-1800克/公顷 撒施

PD20094274 高氯·虫酰肼/18%/乳油/虫酰肼 15%、高效氯氰菊酯 3%/2009.03.31 至 2014.03.31/低毒
甘蓝 甜菜夜蛾 202.5-270克/公顷 喷雾

PD20094603 丙·噁·滴丁酯/70%/乳油/2,4-滴丁酯 18%、异丙草胺 40%、异噁草松 12%/2009.04.10 至 2014.04.10/低毒
春大豆田 一年生杂草 2100-2520克/公顷 土壤喷雾

PD20096631 氟磺胺草醚/250克/升/水剂/氟磺胺草醚 250克/升/2009.09.02 至 2014.09.02/低毒
春大豆田 一年生阔叶杂草 225-375克/公顷 茎叶喷雾
夏大豆田 一年生阔叶杂草 187.5-225克/公顷 茎叶喷雾

PD20096769 烯禾啶/12.5%/乳油/烯禾啶 12.5%/2009.09.15 至 2014.09.15/低毒
春大豆田 一年生禾本科杂草 150-187.5克/公顷 茎叶喷雾
夏大豆田 一年生禾本科杂草 187.5-225克/公顷 茎叶喷雾

PD20110328 丁硫·啶虫脒/8%/乳油/啶虫脒 2%、丁硫克百威 6%/2011.03.24 至 2016.03.24/中等毒
棉花 蚜虫 36-60克/公顷 喷雾

PD20110735 苯甲·丙环唑/30%/乳油/苯醚甲环唑 15%、丙环唑 15%/2011.07.11 至 2016.07.11/低毒
水稻 纹枯病 67.5-112.5克/公顷 喷雾

PD20110968 阿维菌素/0.5%/颗粒剂/阿维菌素 0.5%/2011.09.13 至 2016.09.13/低毒(原药高毒)
黄瓜 根结线虫 225-300克/公顷 沟施、穴施

PD20111066 阿维·吡虫啉/5%/乳油/阿维菌素 0.5%、吡虫啉 4.5%/2011.10.11 至 2016.10.11/低毒(原药高毒)
甘蓝 蚜虫 7.5—22.5克/公顷 喷雾

PD20111444 莎稗磷/30%/乳油/莎稗磷 30%/2011.12.29 至 2016.12.29/低毒
移栽水稻田 一年生禾本科、莎草科及某些多年生杂草 南方：270-315克/公顷；北方：315-360克/公顷 毒土法

PD20120421 甲氨基阿维菌素苯甲酸盐/2%/微乳剂/甲氨基阿维菌素 2%/2012.03.12 至 2017.03.12/低毒
甘蓝 甜菜夜蛾 1.875-3.75克/公顷 喷雾
注:甲氨基阿维菌素苯甲酸盐含量:2.2%。

PD20121084 枯草芽孢杆菌/100亿孢子/克/可湿性粉剂/枯草芽孢杆菌 100亿孢子/克/2012.07.19 至 2017.07.19/低毒
黄瓜 白粉病 100-120克/公顷 喷雾

PD20121316 吡虫・毒死蜱/45%/乳油/吡虫啉 5%、毒死蜱 40%/2012.09.11 至 2017.09.11/中等毒
水稻 稻飞虱 135-168.75克/公顷 喷雾

PD20121335 棉铃虫核型多角体病毒/20亿PIB/毫升/悬浮剂/棉铃虫核型多角体病毒 20亿PIB/毫升/2012.09.11 至 2017.09.11/低毒
棉花 棉铃虫 750-900毫升制剂/公顷 喷雾

PD20121835 灭草松/480克/升/液剂/灭草松 480克/升/2012.11.22 至 2017.11.22/低毒
大豆田 一年生阔叶杂草 1080-1440克/公顷 茎叶喷雾

PD20122019 淡紫拟青霉/5亿活孢子/克/颗粒剂/淡紫拟青霉 5亿活孢子/克/2012.12.19 至 2017.12.19/低毒
番茄 根结线虫 3000-3500克/亩 沟施

PD20122112 吡蚜酮/25%/可湿性粉剂/吡蚜酮 25%/2012.12.26 至 2017.12.26/低毒
水稻 飞虱 75—90克/公顷 喷雾

PD20130171 丙草胺/50%/水乳剂/丙草胺 50%/2013.01.24 至 2018.01.24/低毒
移栽水稻田 一年生杂草 450-600克/公顷 毒土法

PD20130174 烟嘧磺隆/10%/可分散油悬浮剂/烟嘧磺隆 10%/2013.01.24 至 2018.01.24/低毒
玉米田 一年生杂草 48-60克/公顷 茎叶喷雾

PD20130193 阿维菌素/1%/颗粒剂/阿维菌素 1%/2013.01.24 至 2018.01.24/低毒(原药高毒)
黄瓜 根结线虫 225-300克/公顷 沟施

PD20130288 松・喹・氟磺胺/18%/乳油/氟磺胺草醚 5.8%、精喹禾灵 1%、异噁草松 11.2%/2013.02.26 至 2018.02.26/低毒
春大豆田 一年生杂草 540-594克/公顷 茎叶喷雾

LS20120252 硝磺草酮/15%/悬浮剂/硝磺草酮 15%/2013.07.12 至 2014.07.12/低毒
玉米田 一年生杂草 135-157.5克/公顷 茎叶喷雾

LS20130381 阿维菌素/1.5%/颗粒剂/阿维菌素 1.5%/2013.07.29 至 2014.07.29/低毒(原药高毒)
黄瓜 根结线虫 225-300克/公顷 沟施

WP20110015 氟虫腈/3%/微乳剂/氟虫腈 3%/2011.01.11 至 2016.01.11/低毒
卫生 蝇 20倍液 喷雾（室内）
注:仅限专业人员使用。

WP20110160 吡丙醚/5%/微乳剂/吡丙醚 5%/2011.06.20 至 2016.06.20/低毒
卫生 蝇(幼虫) 100毫克/平方米 喷洒

WP20130217 杀蚁饵剂/0.05%/饵剂/氟虫腈 0.05%/2013.10.24 至 2018.10.24/低毒
卫生 蚂蚁 / 投放

广东省高州化工总厂 (广东省茂名市高州市石仔岭 525200 0668-6621627)

PD20082060 马拉硫磷/85%/原药/马拉硫磷 85%/2008.11.25 至 2013.11.25/低毒

广东省广州帝盟精细化工实业有限公司 (广东省广州市天河区中山大道科韵路6号608 510665 020-82850808)

WP20090214 杀虫气雾剂/0.6%/气雾剂/Es-生物烯丙菊酯 0.18%、氯菊酯 0.28%、右旋苯醚氰菊酯 0.14%/2009.03.31 至2014.03.31/微毒
卫生 蚊、蝇、蜚蠊 / 喷雾

WP20090232 电热蚊香片/36毫克/片/电热蚊香片/炔丙菊酯 10毫克/片、右旋烯丙菊酯 26毫克/片/2009.04.13 至 2014.04.13/微毒
卫生 蚊 / 电热加温

WP20100124 蚊香/0.25%/蚊香/Es-生物烯丙菊酯 0.25%/2010.10.19 至 2015.10.19/微毒
卫生 蚊 / 点燃

WP20100177 电热蚊香片/13毫克/片/电热蚊香片/炔丙菊酯 13毫克/片/2010.12.16 至 2015.12.16/微毒
卫生 蚊 / 电热加温

WP20120017 电热蚊香液/0.86%/电热蚊香液/炔丙菊酯 0.86%/2012.01.31 至 2017.01.31/微毒
卫生 蚊 / 电热加温

广东省广州法德美化妆品有限公司 (广东省广州市机场路建发广场首层C-3A 510403 020-86348808)

WP20080078 杀虫气雾剂/0.4%/气雾剂/胺菊酯 0.3%、氯氰菊酯 0.1%/2008.05.30 至 2013.05.30/低毒
卫生 蜚蠊、蚊、蝇 / 喷雾

WP20120064 蚊香/0.25%/蚊香/富右旋反式烯丙菊酯 0.25%/2012.04.11 至 2017.04.11/低毒
卫生 蚊 / 点燃

WP20130180 驱蚊花露水/2%/驱蚊花露水/避蚊胺 2%/2013.09.06 至 2018.09.06/微毒
卫生 蚊 / 涂抹

广东省广州农泰生物科技有限公司 (广东省广州市花都区新华镇工业大道18号 510812 020-86875496)

PD20081877 多・福/60%/可湿性粉剂/多菌灵 30%、福美双 30%/2013.11.20 至 2018.11.20/低毒
梨树 黑星病 1000-1500毫克/千克 喷雾

PD20082870 氯氰・敌敌畏/20%/乳油/敌敌畏 18%、氯氰菊酯 2%/2013.12.09 至 2018.12.09/中等毒
十字花科蔬菜 黄条跳甲 150-225克/公顷 喷雾

PD20091151 甲硫·锰锌/60%/可湿性粉剂/甲基硫菌灵 15%、代森锰锌 45%/2014.01.21 至 2019.01.21/低毒
梨树 黑星病 600-800倍液 喷雾

PD20092027 福·福锌/60%/可湿性粉剂/福美双 30%、福美锌 30%/2014.02.12 至 2019.02.12/中等毒
黄瓜 炭疽病 900-1350克/公顷 喷雾

PD20097081 苯丁·哒螨灵/10%/乳油/苯丁锡 5%、哒螨灵 5%/2009.10.10 至 2014.10.10/中等毒
柑橘树 红蜘蛛 50-67毫克/千克 喷雾

PD20097338 阿维菌素/1.8%/乳油/阿维菌素 1.8%/2009.10.27 至 2014.10.27/低毒(原药高毒)
甘蓝 小菜蛾 9-11.25克/公顷 喷雾

PD20120498 芸苔素内酯/0.004%/水剂/芸苔素内酯 0.004%/2012.03.19 至 2017.03.19/低毒
菜心 调节生长 0.01-0.02毫克/千克 喷雾

PD20122076 啶虫脒/10%/微乳剂/啶虫脒 10%/2012.12.24 至 2017.12.24/低毒
甘蓝 蚜虫 13.5-22.5克/公顷 喷雾

PD20130783 甲氨基阿维菌素苯甲酸盐/2%/微乳剂/甲氨基阿维菌素 2%/2013.04.22 至 2018.04.22/低毒
甘蓝 甜菜夜蛾 2.31－2.97克/公顷 喷雾
注:甲氨基阿维菌素苯甲酸盐含量: 2.2%。

广东省广州市白云区新东方日用化工品厂 (广东省广州市白云区龙归镇南岭村南新路23号 510445 020-86043881)

WP20080499 驱蚊液/4%/驱蚊液/驱蚊酯 4%/2013.12.18 至 2018.12.18/微毒
卫生 蚊 / 涂抹

广东省广州市广农化工有限公司 (广东省广州市开发区萝岗街水西村樟掘地段 529000 020-82077666)

PD20092954 丁草胺/50%/乳油/丁草胺 50%/2014.03.09 至 2019.03.09/低毒
移栽水稻田 一年生杂草 900-1350克/公顷 药土法

PD20093454 乐果/50%/乳油/乐果 50%/2009.03.23 至 2014.03.23/低毒
十字花科蔬菜 蚜虫 450-600克/公顷 喷雾

PD20121479 硫磺·多菌灵/40%/悬浮剂/多菌灵 20%、硫磺 20%/2012.10.08 至 2017.10.08/低毒
水稻 稻瘟病 1200-1800克/公顷 喷雾

广东省广州市海珠区山田日用品厂 (广东省广州市新窖南路龙潭三社龙三工业区内3号 510315 020-83316762)

WP20080223 电热蚊香片/12毫克/片/电热蚊香片/炔丙菊酯 12毫克/片/2013.11.25 至 2018.11.25/微毒
卫生 蚊 / 电热加温

WP20080224 杀虫气雾剂/0.4%/气雾剂/胺菊酯 0.25%、高效氯氰菊酯 0.15%/2013.11.25 至 2018.11.25/微毒
卫生 蚊、蝇、蜚蠊 / 喷雾

WP20080268 蚊香/0.25%/蚊香/右旋烯丙菊酯 0.25%/2013.12.01 至 2018.12.01/低毒
卫生 蚊 / 点燃

WP20080361 电热蚊香液/0.86%/电热蚊香液/炔丙菊酯 0.86%/2013.12.10 至 2018.12.10/低毒
卫生 蚊 / 电热加温

WP20080451 杀虫气雾剂/1.24%/气雾剂/胺菊酯 0.20%、残杀威 1.00%、氟氯氰菊酯 0.04%/2013.12.16 至 2018.12.16/低毒
卫生 蜚蠊、蚊、蝇 / 喷雾

WL20100187 蚊香/0.08%/蚊香/氯氟醚菊酯 0.08%/2012.06.08 至 2013.06.08/微毒
室内 蚊 / 点燃

WL20100277 电热蚊香片/9.6毫克/片/电热蚊香片/炔丙菊酯 4.8毫克/片、四氟甲醚菊酯 4.8毫克/片/2012.12.02 至 2013.12.02/微毒
卫生 蚊 / 电热加温

广东省广州市豪恩思精细化工有限公司 (广东省广州市白云区罗岗村环岗一路26号 510440 020-36634466)

WP20080370 蚊香/0.2%/蚊香/富右旋反式烯丙菊酯 0.2%/2013.12.10 至 2018.12.10/微毒
卫生 蚊 / 点燃

WP20080386 杀虫气雾剂/0.5%/气雾剂/胺菊酯 0.3%、高效氯氰菊酯 0.1%、氯菊酯 0.1%/2013.12.11 至 2018.12.11/低毒
卫生 蚊、蝇、蜚蠊 / 喷雾

广东省广州市花都区花山日用化工厂 (广东省广州市花都区花山镇坪山东村路 510880 020-86848103)

PD20090962 溴敌隆/0.005%/饵剂/溴敌隆 0.005%/2014.01.20 至 2019.01.20/低毒(原药高毒)
室内、外 家鼠 饱和投饵 投饵

PD20093388 敌鼠钠盐/0.1%/毒饵/敌鼠钠盐 0.1%/2014.03.19 至 2019.03.19/中等毒(原药高毒)
卫生 野鼠 0.05-0.2%谷饵料 条带或饱和法

PD20100396 溴敌隆/0.5%/母液/溴敌隆 0.5%/2010.01.14 至 2015.01.14/高毒

PD20121033 溴鼠灵/0.005%/饵剂/溴鼠灵 0.005%/2012.07.03 至 2017.07.03/低毒(原药剧毒)
室内 家鼠 饱和投饵 堆施

WP20080376 杀虫热雾剂/2%/热雾剂/胺菊酯 1.2%、右旋苯醚氰菊酯 0.8%/2013.12.10 至 2018.12.10/低毒
卫生 蜚蠊、蚊 / 加热雾化

WP20080501 高效氯氰菊酯/2.5%/悬浮剂/高效氯氰菊酯 2.5%/2013.12.18 至 2018.12.18/低毒
卫生 蜚蠊、蝇 25毫克/平方米 滞留喷洒

WP20090015 溴氰菊酯/2.5%/悬浮剂/溴氰菊酯 2.5%/2014.01.08 至 2019.01.08/低毒
卫生 蚊、蝇、蜚蠊 20毫克/平方米 滞留喷洒

WP20090237 杀虫热雾剂/1.5%/热雾剂/氯氰菊酯 1.5%/2014.04.21 至 2019.04.21/微毒
卫生 蜚蠊 30毫克/立方米 喷雾

WP20090252 高效氯氰菊酯/5%/悬浮剂/高效氯氰菊酯 5%/2014.04.27 至 2019.04.27/低毒

卫生 蚊、蝇、蜚蠊 45毫克/平方米 滞留喷洒
WP20090280 吡丙醚/5%/微乳剂/吡丙醚 5%/2009.06.02 至 2014.06.02/微毒
卫生 蝇(幼虫) 0.1克/平方米 喷洒（室外）
WP20100035 高氯·烯丙菊/5%/悬乳剂/高效氯氰菊酯 4%、右旋烯丙菊酯 1%/2010.01.28 至 2015.01.28/低毒
卫生 蜚蠊、蚊 40-50毫克/平方米 滞留喷洒
WP20110052 右胺·氯菊/10%/乳油/氯菊酯 7%、右旋胺菊酯 3%/2011.02.24 至 2016.02.24/低毒
室外 蚊、蝇 1.5-3毫克/平方米 喷雾
WP20110175 氯氰·胺菊/5%/悬浮剂/胺菊酯 3%、氯氰菊酯 2%/2011.07.25 至 2016.07.25/低毒
卫生 蜚蠊 15-30毫克/平方米 喷洒
卫生 蚊、蝇 1.5-3毫克/立方米 喷洒
WP20120106 氯菊酯/5%/超低容量剂/氯菊酯 5%/2012.06.04 至 2017.06.04/微毒
卫生 蚊 0.1-0.35毫升/平方米 超低溶量喷雾

广东省广州市黄埔化工厂 （广东省广州市黄埔东路2009号大院 510730 020-82219793）

WP20090326 樟脑/96%/原药/樟脑 96%/2009.09.21 至 2014.09.21/低毒

广东省广州市佳丽日用化妆品有限公司（广东省广州市天河区高新技术产业开发区工业园 510665 020-85535183）

WP20080202 杀蟑笔剂/0.4%/笔剂/溴氰菊酯 0.4%/2013.11.20 至 2018.11.20/低毒
卫生 蜚蠊 3克制剂/平方米 涂抹
WP20080430 杀虫粉剂/0.4%/粉剂/溴氰菊酯 0.4%/2013.12.15 至 2018.12.15/低毒
卫生 蜚蠊、蚂蚁 3克制剂/平方米 撒布
WP20080433 杀虫气雾剂/0.22%/气雾剂/胺菊酯 0.2%、溴氰菊酯 0.02%/2013.12.15 至 2018.12.15/低毒
卫生 蜚蠊、蚊、蝇 / 喷雾

广东省广州市金农科技开发有限公司 （广东省广州市花都区梯面镇达板隆 510870 020-86781696）

PD20070166 吡虫啉/5%/乳油/吡虫啉 5%/2012.06.25 至 2017.06.25/低毒
水稻 稻飞虱 11.25-22.5克/公顷 喷雾
PD20080025 杀螺胺乙醇胺盐/50%/可湿性粉剂/杀螺胺乙醇胺盐 50%/2013.01.03 至 2018.01.03/低毒
水稻 福寿螺 450-525克/公顷 撒毒土
PD20083885 阿维菌素/1.8%/乳油/阿维菌素 1.8%/2013.12.15 至 2018.12.15/低毒(原药高毒)
十字花科蔬菜 小菜蛾 8.1-10.8克/公顷 喷雾
PD20083908 阿维菌素/0.9%/乳油/阿维菌素 0.9%/2008.12.15 至 2013.12.15/中等毒(原药高毒)
十字花科蔬菜 小菜蛾 8.1-10.8克/公顷 喷雾
PD20084106 敌畏·马/45%/乳油/敌敌畏 40%、马拉硫磷 5%/2013.12.16 至 2018.12.16/中等毒
十字花科蔬菜 黄条跳甲 270-337.5克/公顷 喷雾
PD20090117 阿维·毒死蜱/10.2%/乳油/阿维菌素 0.2%、毒死蜱 10%/2009.01.08 至 2014.01.08/中等毒(原药高毒)
十字花科蔬菜 小菜蛾 45.9-76.5克/公顷 喷雾
PD20091601 阿维·哒螨灵/3.2%/乳油/阿维菌素 0.2%、哒螨灵 3%/2014.02.03 至 2019.02.03/低毒(原药高毒)
柑橘树 红蜘蛛 32-40毫克/千克 喷雾
PD20096874 氯氰·敌敌畏/20%/乳油/敌敌畏 18%、氯氰菊酯 2%/2009.09.23 至 2014.09.23/中等毒
十字花科蔬菜 黄条跳甲 180-250克/公顷 喷雾
PD20100976 甲基硫菌灵/36%/悬浮剂/甲基硫菌灵 36%/2010.01.19 至 2015.01.19/低毒
柑橘 绿霉病 450－600毫克/千克 浸果
PD20130744 甲氨基阿维菌素苯甲酸盐/2%/微乳剂/甲氨基阿维菌素 2%/2013.04.12 至 2018.04.12/低毒
甘蓝 甜菜夜蛾 2.4-3.6克/公顷 喷雾
注:甲氨基阿维菌素苯甲酸盐含量: 2.2%。

广东省广州市浪奇实业股份有限公司 （广东省广州市天河区黄埔大道东128号 510660 020-82161128-6278）

WP20090058 杀虫气雾剂/0.16%/气雾剂/高效氯氰菊酯 0.08%、炔咪菊酯 0.08%/2014.01.21 至 2019.01.21/微毒
卫生 蚊、蝇、蜚蠊 / 喷雾
WP20110244 蚊香/0.3%/蚊香/富右旋反式烯丙菊酯 0.3%/2011.10.28 至 2016.10.28/微毒
卫生 蚊 / 点燃

广东省广州市梦想精细化工有限公司 （广东省广州市白云区良田金盆中路钱岗墩 510545 020-83265555）

WP20080280 蚊香/0.3%/蚊香/富右旋反式烯丙菊酯 0.3%/2013.12.01 至 2018.12.01/微毒
卫生 蚊 / 点燃
WP20080349 杀虫气雾剂/0.55%/气雾剂/胺菊酯 0.4%、高效氯氰菊酯 0.15%/2013.12.09 至 2018.12.09/微毒
卫生 蚊、蝇、蜚蠊 / 喷雾

广东省广州市泰祥白蚁防治工程有限公司 （广东省广州市海珠区新港东路27号江畔楼 510308 020-61169390）

WP20110126 硼酸·硫酸铜/12%/可溶液剂/硼酸 7%、硫酸铜 5%/2011.05.27 至 2016.05.27/低毒
卫生 白蚁、腐朽菌 1500毫克/千克 木材浸泡、喷涂

广东省广州市益农生化有限公司 （广东省广州市花都区新华镇工业大道18号 510800 020-86863970）

PD86148-61 异丙威/20%/乳油/异丙威 20%/2011.11.21 至 2016.11.21/中等毒
水稻 飞虱、叶蝉 450-600克/公顷 喷雾
PD86152-6 乙酰甲胺磷/40%/乳油/乙酰甲胺磷 40%/2011.11.21 至 2016.11.21/低毒
茶树 茶尺蠖 500-1000倍液 喷雾
柑橘树 介壳虫、螨 500-1000倍液 喷雾
棉花 棉铃虫、蚜虫 600-750克/公顷 喷雾

苹果树 食心虫 500-1000倍液 喷雾
蔬菜 菜青虫、蚜虫 500-1000倍液 喷雾
水稻 螟虫、叶蝉 600-750克/公顷 喷雾
小麦、玉米 黏虫、玉米螟 500-1000倍液 喷雾
烟草 烟青虫 500-1000倍液 喷雾

PD86176-5 乙酰甲胺磷/30%/乳油/乙酰甲胺磷 30%/2011.11.21 至 2016.11.21/低毒
柑橘树 介壳虫、螨 500-1000倍液 喷雾
果树 食心虫 500-1000倍液 喷雾
棉花 棉铃虫、蚜虫 450-900克/公顷 喷雾
蔬菜 菜青虫、蚜虫 337.5-540克/公顷 喷雾
水稻 螟虫、叶蝉 562.5-1012.5克/公顷 喷雾
小麦、玉米 黏虫、玉米螟 540-1080克/公顷 喷雾
烟草 烟青虫 450-900克/公顷 喷雾

PD20082646 乙酰甲胺磷/95%/原药/乙酰甲胺磷 95%/2008.12.04 至 2013.12.04/低毒

PD20084406 高效氯氰菊酯/4.5%/乳油/高效氯氰菊酯 4.5%/2013.12.17 至 2018.12.17/低毒
十字花科蔬菜 菜青虫 20.25-27克/公顷 喷雾

PD20085203 辛硫磷/40%/乳油/辛硫磷 40%/2013.12.23 至 2018.12.23/低毒
十字花科蔬菜 菜青虫 360-420克/公顷 喷雾

PD20086166 阿维·氯氰/5%/乳油/阿维菌素 0.2%、氯氰菊酯 4.8%/2013.12.30 至 2018.12.30/低毒(原药高毒)
十字花科蔬菜 小菜蛾 37.5-52.5克/公顷 喷雾

PD20090098 氯氰·敌敌畏/10%/乳油/敌敌畏 8%、氯氰菊酯 2%/2014.01.08 至 2019.01.08/中等毒
十字花科蔬菜 蚜虫 45-75克/公顷 喷雾

PD20091482 乐果/40%/乳油/乐果 40%/2014.02.02 至 2019.02.02/中等毒
十字花科蔬菜 蚜虫 480-600克/公顷 喷雾

PD20093806 草甘膦/30%/水剂/草甘膦 30%/2009.03.25 至 2014.03.25/低毒
茶园、剑麻园、梨园、苹果园、桑园、香蕉园、橡胶园 杂草 1125-2250克/公顷 定向茎叶喷雾
春玉米田、棉花田、夏玉米田 杂草 750-1650克/公顷 定向茎叶喷雾
柑橘园 杂草 1125-2250克/公顷 定向喷雾

PD20094580 井冈霉素/2.4%/水剂/井冈霉素 2.4%/2014.04.09 至 2019.04.09/低毒
水稻 纹枯病 150-187.5克/公顷 喷雾

PD20097583 丁草胺/50%/乳油/丁草胺 50%/2009.11.03 至 2014.11.03/低毒
移栽水稻田 稗草 1012.5-1275克/公顷 毒土法

PD20101442 杀虫双/18%/水剂/杀虫双 18%/2010.05.04 至 2015.05.04/低毒
水稻 三化螟 675-810克/公顷 喷雾

PD20110891 鱼藤酮/2.5%/乳油/鱼藤酮 2.5%/2011.08.16 至 2016.08.16/中等毒
甘蓝 蚜虫 37.5-56.25克/公顷 喷雾

广东省广州市越秀区恒利卫生用品厂 (广东省广州市越秀区广园中路景泰直街68号202室 510405 020-86576997)

WP20090162 高氯·胺菊/3%/微乳剂/胺菊酯 1%、高效氯氰菊酯 2%/2009.03.05 至 2014.03.05/低毒
卫生 蚊、蝇、蜚蠊 20毫克/平方米 滞留喷洒

WP20090251 杀虫喷射剂/0.3%/喷射剂/胺菊酯 0.1%、高效氯氰菊酯 0.2%/2009.04.27 至 2014.04.27/微毒
卫生 蚊 / 喷射

WP20090299 杀虫气雾剂/0.3%/气雾剂/胺菊酯 0.1%、高效氯氰菊酯 0.2%/2009.07.15 至 2014.07.15/微毒
卫生 蚊、蝇、蜚蠊 / 喷雾

WP20100159 氯氰·胺菊/8%/乳油/胺菊酯 2%、氯氰菊酯 6%/2010.12.14 至 2015.12.14/低毒
卫生 蚊、蝇、蜚蠊 48毫克/100平方米 喷洒

广东省广州市智灵公共卫生研究所 (广东省广州市天河区中山大道89号B8层北12号 510630 020-85560984)

WP20090205 氯菊·烯丙菊/5%/微乳剂/Es-生物烯丙菊酯 1%、氯菊酯 4%/2009.03.25 至 2014.03.25/低毒
卫生 蚊、蝇、蜚蠊 / 滞留喷洒

WP20100016 杀虫热雾剂/1%/热雾剂/氯氰菊酯 1%/2010.01.14 至 2015.01.14/低毒
卫生 蜚蠊 / /

WL20130029 烯丙·氯氰/4%/水乳剂/Es-生物烯丙菊酯 1%、氯氰菊酯 3%/2013.07.29 至 2014.07.29/低毒
室内 蚊、蝇 30倍液 喷雾

广东省广州市中达生物工程有限公司 (广东省广州市白云区黄石路江夏越秀区 510420 020-86436066)

PD20095403 多·福/40%/可湿性粉剂/多菌灵 10%、福美双 30%/2009.04.27 至 2014.04.27/低毒
葡萄 霜霉病 1000-1250毫克/千克 喷雾

PD20096252 阿维·高氯/3%/乳油/阿维菌素 0.2%、高效氯氰菊酯 2.8%/2009.07.15 至 2014.07.15/低毒(原药高毒)
十字花科蔬菜 菜青虫、小菜蛾 13.5-27克/公顷 喷雾

PD20096705 吡虫·杀虫单/35%/可湿性粉剂/吡虫啉 1%、杀虫单 34%/2009.09.07 至 2014.09.07/中等毒
水稻 稻飞虱、稻纵卷叶螟、二化螟、三化螟 450-750克/公顷 喷雾

PD20096742 斜纹夜蛾核型多角体病毒/10亿PIB/克/可湿性粉剂/斜纹夜蛾核型多角体病毒 10亿PIB/克/2009.09.07 至 2014.09.07/

低毒
十字花科蔬菜 斜纹夜蛾 600-750克制剂/公顷 喷雾
PD20096743 斜纹夜蛾核型多角体病毒/300亿PIB/克/母药/斜纹夜蛾核型多角体病毒 300亿PIB/克/2009.09.07 至 2014.09.07/低毒
PD20132526 甜菜夜蛾核型多角体病毒/10亿PIB/毫升/悬浮剂/甜菜夜蛾核型多角体病毒 10亿PIB/毫升/2013.12.16 至 2018.12.16/低毒
甘蓝 甜菜夜蛾 750-1500毫升制剂/公顷 喷雾
PD20132627 斜纹夜蛾核型多角体病毒/10亿PIB/毫升/悬浮剂/斜纹夜蛾核型多角体病毒 10亿PIB/毫升/2013.12.20 至 2018.12.20/低毒
甘蓝 斜纹夜蛾 750-1125毫升制剂/公顷 喷雾
WL20120044 杀蚁饵剂/0.05%/饵剂/氟虫腈 0.05%/2013.08.07 至 2014.08.07/低毒
卫生 红火蚁 5-10克/蚁巢 环状撒施于蚁巢附近

广东省广州新天地化学实业有限公司 (广东省广州市天河区黄埔大道中87号 510630 020-85675260)

PD20082245 溴敌隆/0.005%/毒饵/溴敌隆 0.005%/2013.11.27 至 2018.11.27/高毒
室内 家鼠 10-20克制剂/平方米 堆施或穴施
WP20110144 高效氯氰菊酯/5%/悬浮剂/高效氯氰菊酯 5%/2011.06.13 至 2016.06.13/低毒
卫生 蚊、蝇、蜚蠊 玻璃面：60毫克/平方米；木板面：100毫克/平方米；石灰板面：200毫克/平方米 滞留喷洒
WP20110226 氯氰·氯菊/6%/微乳剂/氯菊酯 3%、氯氰菊酯 3%/2011.10.10 至 2016.10.10/低毒
卫生 蚊、蝇 0.6毫克/平方米 喷洒
WP20120134 高效氯氟氰菊酯/2.5%/悬浮剂/高效氯氟氰菊酯 2.5%/2012.07.19 至 2017.07.19/中等毒
卫生 蚊、蝇、蜚蠊 0.6克制剂/100平方米 喷洒
WP20130083 杀蟑热雾剂//热雾剂/残杀威 1%、氯氰菊酯 1.5%/2013.05.02 至 2018.05.02/低毒
卫生 蜚蠊 60毫克/立方米 喷雾
WP20130089 杀虫粉剂/2%/粉剂/吡虫啉 2%/2013.05.07 至 2018.05.07/低毒
蚊虫滋生地 蚊(幼虫) 3克制剂/平方米 撒施

广东省广州粤果农业化学科技有限公司 (广东省广州市天河区五山省农科院果树所 510640 020-38765869)

PD20095572 多效唑/10%/可湿性粉剂/多效唑 10%/2009.05.12 至 2014.05.12/低毒
荔枝树、龙眼树 控梢 250-500倍液 喷雾2次

广东省化州市天力化工有限公司 (广东省茂名市化州市人民南路 525100 0668-7354178)

PD20084281 螨醇·哒螨灵/20%/乳油/哒螨灵 5%、三氯杀螨醇 15%/2008.12.17 至 2013.12.17/中等毒
柑橘树 红蜘蛛 133-200毫克/千克 喷雾
PD20091206 阿维·高氯/1%/乳油/阿维菌素 0.2%、高效氯氰菊酯 0.8%/2014.02.01 至 2019.02.01/低毒(原药高毒)
甘蓝 小菜蛾 7.5-10.5克/公顷 喷雾
PD20091628 高氯·辛乳油/22%/乳油/高效氯氰菊酯 1.7%、辛硫磷 20.3%/2009.02.03 至 2014.02.03/低毒
荔枝树 卷叶虫 110-147毫克/千克 喷雾
PD20094739 高效氯氟氰菊酯/25克/升/乳油/高效氯氟氰菊酯 25克/升/2009.04.10 至 2014.04.10/中等毒
果菜、叶菜 菜青虫 7.5-15克/公顷 喷雾
PD20100820 速灭威/20%/乳油/速灭威 20%/2010.01.19 至 2015.01.19/低毒
水稻 稻飞虱 450-600克/公顷 喷雾
PD20131480 草甘膦铵盐/68%/可溶粒剂/草甘膦 68%/2013.07.05 至 2018.07.05/低毒
柑橘园 杂草 1155-2310克/公顷 定向茎叶喷雾
注:草甘膦铵盐含量74.7%。

广东省江门市新会区农得丰有限公司 (广东省江门市新会区会城镇河口工业大道 529100 0750-6317240)

PD20084163 克百威/3%/颗粒剂/克百威 3%/2013.12.16 至 2018.12.16/中等毒(原药高毒)
甘蔗 螟虫 1350-2250克/公顷 沟施
PD20090083 丁硫克百威/5%/颗粒剂/丁硫克百威 5%/2014.01.08 至 2019.01.08/低毒
甘蔗 螟虫 2250-3750克/公顷 沟施
水稻 稻水象甲 1500-2250克/公顷 撒施
PD20110081 联苯菊酯/0.2%/颗粒剂/联苯菊酯 0.2%/2011.01.21 至 2016.01.21/低毒
甘蔗 小地老虎 90-150克/公顷 撒施
LS20120349 联苯·噻虫胺/1%/颗粒剂/联苯菊酯 0.5%、噻虫胺 0.5%/2013.10.16 至 2014.10.16/低毒
甘蓝 黄条跳甲 450—600克/公顷 撒施

广东省江门市植保有限公司 (广东省江门市杜阮镇北环路9号之一至之四 529000 0750-3287333)

PD20090132 春雷霉素/2%/水剂/春雷霉素 2%/2014.01.08 至 2019.01.08/低毒
番茄 叶霉病 40-50毫克/千克 喷雾
黄瓜 角斑病 42-52.5克/公顷 喷雾
水稻 稻瘟病 24-36克/公顷 喷雾
PD20121600 丙环唑/250克/升/乳油/丙环唑 250克/升/2012.10.25 至 2017.10.25/低毒
香蕉 叶斑病 333-500毫克/千克 喷雾
PD20130273 三环唑/20%/悬浮剂/三环唑 20%/2013.02.21 至 2018.02.21/低毒
水稻 稻瘟病 210-300克/公顷 喷雾

LS20130261 春雷·三环唑/22%/可湿性粉剂/春雷霉素 2%、三环唑 20%/2013.05.02 至 2014.05.02/低毒
水稻 稻瘟病 165-198克/公顷 喷雾
LS20130527 嘧菌·戊唑醇/40%/悬浮剂/嘧菌酯 15%、戊唑醇 25%/2013.12.10 至 2014.12.10/低毒
黄瓜 炭疽病 120-180克/公顷 喷雾

广东省蕉岭县嘉福香业有限公司 (广东省蕉岭县广福镇乐干工业园区 514165 0753-7545843)

WP20100110 蚊香/0.2%/蚊香/Es-生物烯丙菊酯 0.2%/2010.08.09 至 2015.08.09/微毒
卫生 蚊 / 点燃
WP20110108 蚊香/0.3%/蚊香/富右旋反式烯丙菊酯 0.3%/2011.04.22 至 2016.04.22/微毒
卫生 蚊 / 点燃

广东省揭东县雪美化妆品有限公司 (广东省揭阳市揭东县白塔镇南工业区 515526 0663-3594988)

WP20080336 杀虫气雾剂/0.3%/气雾剂/胺菊酯 0.2%、高效氯氰菊酯 0.1%/2013.12.09 至 2018.12.09/低毒
卫生 蚊、蝇、蜚蠊 / 喷雾

广东省揭阳市渔湖中学为民蚂蚁药厂 (广东省揭阳市渔湖中学 522000 0663-8779030)

WP20090105 杀蚁饵剂/0.5%/毒饵/胺菊酯 0.45%、氯氰菊酯 0.05%/2014.02.05 至 2019.02.05/低毒
卫生 蚂蚁 / 投放

广东省揭阳市泓泰百货有限公司 (广东省揭阳市榕城区西环城路三房巷27号 522000 0663-8601199)

WP20080282 蚊香/0.2%/蚊香/富右旋反式烯丙菊酯 0.2%/2013.12.01 至 2018.12.01/低毒
卫生 蚊 / 点燃

广东省揭阳市榕城区榕东潮洲灭蚁药厂 (广东省揭阳市榕城区新兴东路梅兜中路桥边 522000 0663-8675468)

WP20070006 杀白蚁膏/0.84%/膏剂/胺菊酯 0.80%、顺式氯氰菊酯 0.04%/2012.05.08 至 2017.05.08/低毒
卫生 白蚁 / 投放
WP20070009 灭蚁饵剂/0.47%/饵剂/胺菊酯 0.45%、顺式氯氰菊酯 0.02%/2012.05.30 至 2017.05.30/低毒
卫生 蚂蚁 20克制剂/平方米 投放
WP20070011 杀虫粉剂/0.18%/粉剂/氰戊菊酯 0.05%、溴氰菊酯 0.13%/2012.06.07 至 2017.06.07/低毒
卫生 蜚蠊 3.0克制剂/平方米 撒布

广东省开平市马冈镇达豪粘胶日用制品厂 (广东省开平市马冈镇涧渡路口 529353 0750-2877079)

WP20070025 杀蟑饵剂/2%/饵剂/残杀威 2%/2012.11.28 至 2017.11.28/低毒
卫生 蜚蠊 / 投放
WP20110059 杀蟑笔剂/1%/笔剂/高效氯氰菊酯 1%/2011.02.28 至 2016.02.29/低毒
卫生 蜚蠊 3克制剂/平方米 涂抹

广东省雷州市天品有限公司 (广东省雷州市广海北路269号 524200 0759-8892666)

WP20120176 蚊香/0.2%/蚊香/富右旋反式烯丙菊酯 0.2%/2012.09.12 至 2017.09.12/微毒
卫生 蚊 / 点燃
WP20130105 蚊香/0.26%/蚊香/富右旋反式烯丙菊酯 0.25%、四氟醚菊酯 0.01%/2013.05.20 至 2018.05.20/微毒
卫生 蚊 / 点燃

广东省陆丰市飞龙实业有限公司 (广东省陆丰市人民东路12号 516500 0660-8824300)

WP20070037 蚊香/0.3%/蚊香/富右旋反式烯丙菊酯 0.3%/2012.12.03 至 2017.12.03/低毒
卫生 蚊 / 点燃
WP20130199 电热蚊香液/1.1%/电热蚊香液/炔丙菊酯 1.1%/2013.09.24 至 2018.09.24/微毒
室内 蚊 / 电热加温
WP20130201 电热蚊香片/15毫克/片/电热蚊香片/炔丙菊酯 15毫克/片/2013.09.25 至 2018.09.25/微毒
室内 蚊 / 电热加温
WL20100213 蚊香/0.08%/蚊香/氯氟醚菊酯 0.08%/2012.07.13 至 2013.07.13/微毒
室内 蚊 / /

广东省陆丰市港达日用化学品厂 (广东省陆丰市潭西广汕公路南侧上埔路口 516500 0660-8966066)

WP20080320 杀虫气雾剂/0.66%/气雾剂/胺菊酯 0.26%、氯菊酯 0.40%/2013.12.05 至 2018.12.05/低毒
卫生 蜚蠊、蚊、蝇 / 喷雾

广东省陆丰市神力精细化工厂 (广东省陆丰市内湖工业区 516513 0660-8269663)

WP20080143 杀虫气雾剂/0.55%/气雾剂/胺菊酯 0.24%、高效氯氰菊酯 0.03%、氯菊酯 0.28%/2008.11.04 至 2013.11.04/低毒
卫生 蜚蠊、蚊、蝇 / 喷雾

广东省陆丰市通达精细化工厂 (广东省陆丰市亚太工业城 516500 0660-8821790)

WP20080347 杀虫气雾剂/0.8%/气雾剂/胺菊酯 0.5%、氯菊酯 0.3%/2013.12.09 至 2018.12.09/微毒
卫生 蚊、蝇、蜚蠊 / 喷雾

广东省陆丰裕达企业发展公司 (广东省陆丰市河东青山仔 516500 0660-8824076)

WPN33-2000 杀虫气雾剂/0.38%/气雾剂/胺菊酯 0.15%、高效氯氰菊酯 0.20%、氯菊酯 0.03%/2010.02.02 至 2015.02.02/低毒
卫生 蜚蠊、蚊、蝇 / 喷雾
WP20090321 电热蚊香片/12.5毫克/片/电热蚊香片/炔丙菊酯 12.5毫克/片/2009.09.15 至 2014.09.15/微毒
卫生 蚊 / 电热加温
WP20090322 蚊香/0.3%/蚊香/富右旋反式烯丙菊酯 0.3%/2009.09.15 至 2014.09.15/微毒
卫生 蚊 / 点燃

广东省罗定市永安化工有限责任公司 (广东省云浮市罗定市双东镇白荷烟墩村 527200 0766-3903368)

PD84104-50 杀虫双/18%/水剂/杀虫双 18%/2009.10.12 至 2014.10.12/中等毒
甘蔗、蔬菜、水稻、 多种害虫 540-675克/公顷 喷雾

小麦、玉米
果树 多种害虫 225-360毫克/千克 喷雾
PD86121 田安/5%/水剂/田安 5%/2011.11.22 至 2016.11.22/低毒
水稻 纹枯病 150克/公顷 均匀喷雾
PD20040443 三唑磷/20%/乳油/三唑磷 20%/2009.12.19 至 2014.12.19/中等毒
水稻 二化螟、三化螟 300-450克/公顷 喷雾

广东省美晨集团股份有限公司 (广东省广州市荔湾区沙面南街48号 510030 020-81218321)

WP20090278 驱蚊花露水/4.5%/驱蚊花露水/避蚊胺 4.5%/2009.06.02 至 2014.06.02/微毒
卫生 蚊 / 涂抹

广东省南海市狮山雅彩化妆品有限公司 (广东省佛山市南海区狮山工业园 528225 0757-86693548)

WP20080542 杀虫气雾剂/0.3%/气雾剂/胺菊酯 0.2%、高效氯氰菊酯 0.1%/2008.12.23 至 2013.12.23/低毒
卫生 蚊、蝇、蜚蠊 / 喷雾

广东省汕头市哈神实业有限公司 (广东省汕头市升平工业区沿河路12号 515021 0754-2528550)

WP20080367 蚊香/0.3%/蚊香/富右旋反式烯丙菊酯 0.3%/2013.12.10 至 2018.12.10/微毒
卫生 蚊 / 点燃
WP20080467 杀虫气雾剂/0.29%/气雾剂/右旋胺菊酯 0.14%、右旋苯醚氰菊酯 0.15%/2013.12.16 至 2018.12.16/微毒
卫生 蚊、蝇、蜚蠊 / 喷雾
WP20080545 电热蚊香液/0.8%/电热蚊香液/炔丙菊酯 0.8%/2013.12.24 至 2018.12.24/微毒
卫生 蚊 / 电热加温
WP20080578 电热蚊香片/10毫克/片/电热蚊香片/炔丙菊酯 10毫克/片/2013.12.29 至 2018.12.29/微毒
卫生 蚊 / 电热加温

广东省汕头市宏光化工有限公司 (广东省汕头市澄海区溪南中心工业区金山路 515832 0754-85757038)

PD20083793 丙环唑/25%/乳油/丙环唑 25%/2013.12.15 至 2018.12.15/低毒
香蕉 叶斑病 250-500毫克/千克 喷雾
PD20085173 阿维菌素/1.8%/可湿性粉剂/阿维菌素 1.8%/2013.12.23 至 2018.12.23/低毒(原药高毒)
十字花科蔬菜 小菜蛾 8.1-10.8克/公顷 喷雾
PD20086099 腈菌·咪鲜胺/25%/乳油/腈菌唑 15%、咪鲜胺 10%/2013.12.30 至 2018.12.30/低毒
香蕉 叶斑病 200-250毫克/千克 喷雾
PD20091886 阿维·甲氰/5.1%/可湿性粉剂/阿维菌素 0.1%、甲氰菊酯 5%/2014.02.09 至 2019.02.09/低毒(原药高毒)
十字花科蔬菜 小菜蛾 30.6-45.9克/公顷 喷雾
PD20095037 阿维·辛硫磷/20.15%/乳油/阿维菌素 0.15%、辛硫磷 20%/2014.04.21 至 2019.04.21/低毒(原药高毒)
十字花科蔬菜 小菜蛾 120.9-181.35克/公顷 喷雾

广东省汕头市金龙蚊香实业有限公司 (广东省汕头市升平工业区升业北路10号1座 515021 0754-2543287)

WP20080038 电热灭蚊液/0.81%/电热蚊香液/炔丙菊酯 0.81%/2013.02.28 至 2018.02.28/低毒
卫生 蚊 / 电热加温
WP20080115 电热蚊香片/10毫克/片/电热蚊香片/炔丙菊酯 10毫克/片/2013.10.22 至 2018.10.22/低毒
卫生 蚊 / 电热加温
WP20080434 蚊香/0.3%/蚊香/富右旋反式烯丙菊酯 0.3%/2013.12.15 至 2018.12.15/微毒
卫生 蚊 / 点燃
WL20110008 四氟苯菊酯/1.5%/电热蚊香液/四氟苯菊酯 1.5%/2013.01.01 至 2014.01.01/微毒
卫生 蚊 / 电热加温

广东省汕头市三星化学有限公司 (广东省汕头市澄海区溪南镇埭头工业区 515832 0754-5310688)

WP20080359 杀虫气雾剂/0.7%/气雾剂/胺菊酯 0.5%、氯菊酯 0.2%/2008.12.10 至 2013.12.10/低毒
卫生 蜚蠊、蚊、蝇 / 喷雾
WP20090136 蚊香/0.2%/蚊香/右旋烯丙菊酯 0.2%/2009.02.24 至 2014.02.24/低毒
卫生 蚊 / 点燃

广东省汕头市雅百莉化妆品有限公司 (广东省汕头市护堤路马西北二街13号 515000 0754-2482489)

WP20100116 驱蚊花露水/5%/驱蚊花露水/避蚊胺 5%/2010.09.21 至 2015.09.21/微毒
卫生 蚊 / 涂抹

广东省汕头市友情精细化工实业有限公司 (广东省汕头市潮阳区平北工业区中街9号 515100 0754-8720066)

WP20080319 杀虫气雾剂/0.43%/气雾剂/胺菊酯 0.08%、富右旋反式烯丙菊酯 0.20%、氯菊酯 0.15%/2013.12.05至2018.12.05/低毒
卫生 蜚蠊、蚊、蝇 / 喷雾

广东省汕头市倩芬化妆品实业有限公司 (广东省汕头市潮南区峡山镇东沟工业区 515144 0661-7909138)

WP20080352 杀虫气雾剂/0.6%/气雾剂/胺菊酯 0.4%、高效氯氰菊酯 0.2%/2013.12.09 至 2018.12.09/低毒
卫生 蚊、蝇、蜚蠊 / 喷雾

广东省深圳赛亚气雾剂实业公司 (广东省深圳市宝安区观兰镇福民村茜坑南路九号 518101 0755-28024616)

WPN26-99 杀虫气雾剂/0.51%/气雾剂/胺菊酯 0.30%、氯菊酯 0.21%/2009.07.21 至 2014.07.21/低毒
卫生 蚊、蝇、蜚蠊 / 喷雾

广东省深圳市华农生物工程有限公司 (广东省深圳市南山区后海大道东帝海景1栋 518067 0755-26830444)

PD20090716 鱼藤酮/2.5%/乳油/鱼藤酮 2.5%/2009.01.19 至 2014.01.19/中等毒
十字花科蔬菜叶菜 蚜虫 37.5-56.25克/公顷 喷雾

广东省深圳市沃科生物工程有限公司 (广东省深圳市龙岗区坪山镇三洋湖工业大道19栋 518118 0755-84641294)

PD20070045 氯·辛/25%/乳油/氯氰菊酯 5%、辛硫磷 20%/2012.03.06 至 2017.03.06/低毒

十字花科蔬菜　菜青虫　112.5-187.5克/公顷　喷雾

PD20081575　三唑锡/20%/悬浮剂/三唑锡 20%/2013.11.12 至 2018.11.12/低毒
柑橘树　红蜘蛛　133-200毫克/千克　喷雾

PD20082047　多·福/50%/可湿性粉剂/多菌灵 25%、福美双 25%/2013.11.25 至 2018.11.25/低毒
梨树　黑星病　300-500倍液（1000-1667毫克/千克）　喷雾

PD20082686　阿维·毒死蜱/15%/乳油/阿维菌素 0.3%、毒死蜱 14.7%/2008.12.05 至 2013.12.05/中等毒(原药高毒)
十字花科蔬菜　菜青虫　67.5-112.5克/公顷　喷雾

PD20082819　四螨嗪/20%/悬浮剂/四螨嗪 20%/2013.12.09 至 2018.12.09/低毒
柑橘树　红蜘蛛　100-200毫克/千克　喷雾

PD20083504　氯氰·毒死蜱/24%/乳油/毒死蜱 20%、氯氰菊酯 4%/2013.12.12 至 2018.12.12/中等毒
荔枝树　蒂蛀虫　120-160毫克/千克　喷雾

PD20083710　阿维·高氯/1.65%/乳油/阿维菌素 0.15%、高效氯氰菊酯 1.5%/2013.12.15 至 2018.12.15/低毒(原药高毒)
十字花科蔬菜　小菜蛾　9.9-14.85克/公顷　喷雾

PD20084053　苏云金杆菌/16000IU/毫克/可湿性粉剂/苏云金杆菌 16000IU/毫克/2013.12.16 至 2018.12.16/低毒
十字花科蔬菜　小菜蛾　750-1125克制剂/公顷　喷雾

PD20085607　苏云金杆菌/8000IU/毫克/可湿性粉剂/苏云金杆菌 8000IU/毫克/2013.12.25 至 2018.12.25/低毒
十字花科蔬菜　小菜蛾　1500-2250克制剂/公顷　喷雾

PD20085836　灭胺·毒死蜱/25%/可湿性粉剂/毒死蜱 20%、灭蝇胺 5%/2013.12.29 至 2018.12.29/低毒
黄瓜　美洲斑潜蝇　112.5-187.5克/公顷　喷雾

PD20086012　阿维菌素/0.5%/可湿性粉剂/阿维菌素 0.5%/2008.12.29 至 2013.12.29/低毒(原药高毒)
十字花科蔬菜　小菜蛾　8.1-10.8克/公顷　喷雾

PD20086137　丙森锌/70%/可湿性粉剂/丙森锌 70%/2013.12.30 至 2018.12.30/低毒
番茄　早疫病　1200-1680克/公顷　喷雾

PD20090300　阿维·苏云菌//可湿性粉剂/阿维菌素 0.15%、苏云金杆菌 100亿活芽孢/克/2009.01.12 至 2014.01.12/低毒(原药高毒)
十字花科蔬菜　小菜蛾　750-900克制剂/公顷　喷雾

PD20090776　阿维·四螨嗪/5.1%/可湿性粉剂/阿维菌素 0.1%、四螨嗪 5%/2009.01.19 至 2014.01.19/低毒(原药高毒)
柑橘树　红蜘蛛　34-51毫克/千克　喷雾

PD20091255　阿维·甲氰/5.1%/可湿性粉剂/阿维菌素 0.1%、甲氰菊酯 5%/2009.02.01 至 2014.02.01/低毒(原药高毒)
甘蓝　小菜蛾　30.6-45.9克/公顷　喷雾

PD20091832　硫磺·甲硫灵/70%/可湿性粉剂/甲基硫菌灵 25%、硫磺 45%/2009.02.06 至 2014.02.06/低毒
黄瓜　白粉病　840-1050克/公顷　喷雾

PD20092285　咪鲜胺/25%/乳油/咪鲜胺 25%/2009.02.24 至 2014.02.24/低毒
水稻　恶苗病　2000-4000倍液　浸种

PD20093193　阿维·三唑锡/12.15%/可湿性粉剂/阿维菌素 0.15%、三唑锡 12%/2009.03.11 至 2014.03.11/低毒(原药高毒)
柑橘树　红蜘蛛　81-121.5毫克/千克　喷雾

PD20093829　烯唑醇/12.5%/可湿性粉剂/烯唑醇 12.5%/2009.03.25 至 2014.03.25/低毒
梨树　黑星病　3000-4000倍液　喷雾

PD20097155　丙环唑/250克/升/乳油/丙环唑 250克/升/2009.10.16 至 2014.10.16/低毒
香蕉　叶斑病　250－500毫克/千克　喷雾

PD20100015　甲氰·噻螨酮/7.5%/乳油/甲氰菊酯 5%、噻螨酮 2.5%/2010.01.04 至 2015.01.04/中等毒
柑橘树　红蜘蛛　75-100克/公顷　喷雾

PD20101229　复硝酚钠/1.4%/水剂/复硝酚钠 1.4%/2010.03.01 至 2015.03.01/低毒
黄瓜　调节生长、增产　3000-4000倍液　兑水喷雾

广东省四会市农药厂　(广东省肇庆市四会市东城区北三棵榕　526200　0758-3323364)

PD85131-12　井冈霉素/2.4%、4%/水剂/井冈霉素A 2.4%、4%/2010.08.15 至 2015.08.15/低毒
水稻　纹枯病　150-187.5克/公顷　喷雾,泼浇

PD88109-14　井冈霉素/20%/水溶粉剂/井冈霉素 20%/2013.11.25 至 2018.11.25/低毒
水稻　纹枯病　75-112.5克/公顷　喷雾、泼浇

PD20095270　氯氰菊酯/5%/乳油/氯氰菊酯 5%/2009.04.27 至 2014.04.27/低毒
甘蓝　菜青虫　37.5-40克/公顷　喷雾

PD20100544　井冈霉素/3%/可溶粉剂/井冈霉素 3%/2010.01.14 至 2015.01.14/低毒
水稻　纹枯病　150-187.5克/公顷　喷雾

广东省遂溪县农药厂　(广东省湛江市遂溪县城遂海路白泥坡　524300　0759-7732768)

PD20097664　克百威/3%/颗粒剂/克百威 3%/2009.11.04 至 2014.11.04/高毒
甘蔗　蚜虫、蔗龟　1350-2250克/公顷　沟施

广东省台山市日用化工厂　(广东省江门市台山市大江镇公益侨园新村一号　529259　0750-5411298)

WP20090330　防蛀防霉片剂/98%/片剂/对二氯苯 98%/2009.09.23 至 2014.09.23/低毒
卫生　黑皮蠹、青霉菌　40克制剂/立方米　投放

WP20090378　防蛀球剂/94%/球剂/樟脑 94%/2009.12.08 至 2014.12.08/低毒
卫生　黑皮蠹　200克制剂/立方米　投放

WP20100009　防蛀防霉球剂/98%/球剂/对二氯苯 98%/2010.01.11 至 2015.01.11/低毒
卫生　黑皮蠹、青霉菌　40克制剂/立方米　投放

WP20100026	防蛀片剂/94%/防蛀片/樟脑 94%/2010.01.19 至 2015.01.19/低毒			
	卫生	黑皮蠹	40-50克制剂/立方米	投放

广东省英德广农康盛化工有限责任公司　(广东省清远市英德市沙口镇红丰管理区　513052　0763-2551401)

PD84104-19	杀虫双/18%/水剂/杀虫双 18%/2010.02.02 至 2015.02.02/中等毒			
	甘蔗、蔬菜、水稻、小麦、玉米	多种害虫	540-675克/公顷	喷雾
	果树	多种害虫	225-360毫克/千克	喷雾
PD85105-35	敌敌畏/80%/乳油/敌敌畏 77.5%(气谱法)/2011.09.13 至 2016.09.13/中等毒			
	茶树	食叶害虫	600克/公顷	喷雾
	粮仓	多种储藏害虫	1)400-500倍液 2)0.4-0.5克/立方米	1)喷雾 2)挂条熏蒸
	棉花	蚜虫、造桥虫	600-1200克/公顷	喷雾
	苹果树	小卷叶蛾、蚜虫	400-500毫克/千克	喷雾
	青菜	菜青虫	600克/公顷	喷雾
	桑树	尺蠖	600克/公顷	喷雾
	卫生	多种卫生害虫	1)300-400倍液2)0.08克/立方米	1)泼洒2)挂条熏蒸
	小麦	黏虫、蚜虫	600克/公顷	喷雾
PD85121-9	乐果/40%/乳油/乐果 40%/2010.06.28 至 2015.06.28/中等毒			
	茶树	蚜虫、叶蝉、螨	1000-2000倍液	喷雾
	甘薯	小象甲	2000倍液	浸鲜薯片诱杀
	柑橘树、苹果树	鳞翅目幼虫、蚜虫、螨	800-1600倍液	喷雾
	棉花	蚜虫、螨	450-600克/公顷	喷雾
	蔬菜	蚜虫、螨	300-600克/公顷	喷雾
	水稻	飞虱、螟虫、叶蝉	450-600克/公顷	喷雾
	烟草	蚜虫、烟青虫	300-600克/公顷	喷雾
PD86148-55	异丙威/20%/乳油/异丙威 20%/2011.07.31 至 2016.07.31/中等毒			
	水稻	飞虱、叶蝉	450-600克/公顷	喷雾
PD86152-4	乙酰甲胺磷/40%/乳油/乙酰甲胺磷 40%/2011.09.13 至 2016.09.13/低毒			
	茶树	茶尺蠖	500-1000倍液	喷雾
	柑橘树	介壳虫、螨	500-1000倍液	喷雾
	棉花	棉铃虫、蚜虫	600-750克/公顷	喷雾
	苹果树	食心虫	500-1000倍液	喷雾
	蔬菜	菜青虫、蚜虫	500-1000倍液	喷雾
	水稻	螟虫、叶蝉	600-750克/公顷	喷雾
	小麦、玉米	黏虫、玉米螟	500-1000倍液	喷雾
	烟草	烟青虫	500-1000倍液	喷雾
PD86177-4	乐果/96%/原药/乐果 96%/2011.07.31 至 2016.07.31/中等毒			
PD20040799	哒螨灵/15%/乳油/哒螨灵 15%/2009.12.19 至 2014.12.19/中等毒			
	柑橘树	红蜘蛛	50-67毫克/千克	喷雾
PD20050003	氯氰菊酯/10%/乳油/氯氰菊酯 10%/2010.01.04 至 2015.01.04/中等毒			
	棉花	棉铃虫、棉蚜	45-90克/公顷	喷雾
	十字花科蔬菜	菜青虫	30-45克/公顷	喷雾
PD20050004	氯氰菊酯/5%/乳油/氯氰菊酯 5%/2010.01.04 至 2015.01.04/中等毒			
	棉花	棉铃虫、棉蚜	45-90克/公顷	喷雾
	十字花科蔬菜	菜青虫	30-45克/公顷	喷雾
PD20080358	氯氰菊酯/95%/原药/氯氰菊酯 95%/2013.02.28 至 2018.02.28/中等毒			
PD20080361	高效氯氰菊酯/95%/原药/高效氯氰菊酯 95%/2013.02.28 至 2018.02.28/低毒			
PD20080363	乙草胺/93%/原药/乙草胺 93%/2013.02.28 至 2018.02.28/低毒			
PD20080364	高效氯氰菊酯/27%/母药/高效氯氰菊酯 27%/2013.02.28 至 2018.02.28/中等毒			
PD20080402	高效氯氟氰菊酯/95%/原药/高效氯氟氰菊酯 95%/2013.02.28 至 2018.02.28/中等毒			
PD20081480	乙草胺/88%/乳油/乙草胺 88%/2013.11.04 至 2018.11.04/低毒			
	花生田	一年生杂草	制剂用量：1023-1500毫升公顷；68-100毫升/亩	播后苗前土壤喷雾
PD20081672	乐果/50%/乳油/乐果 50%/2013.11.17 至 2018.11.17/中等毒			
	十字花科蔬菜	蚜虫	450-600克/公顷	喷雾
PD20081718	乙草胺/50%/乳油/乙草胺 50%/2013.11.18 至 2018.11.18/低毒			
	大豆田	一年生禾本科杂草及小粒阔叶杂草	1)1200-1875克/公顷(东北地区) 2)750-1050克/公顷(其它地区)	播后、苗前土壤喷雾处理
	花生田	一年生禾本科杂草及小粒阔叶杂草	975-1200克/公顷	播后苗前土壤喷雾处理(覆膜时药量酌减)
	油菜田	一年生禾本科杂草及小粒阔叶杂草	525-750克/公顷	栽前或移栽后3天喷雾

	玉米田	一年生禾本科杂草及小粒阔叶杂草	1)900-1875克/公顷(东北地区) 2)750-1050克/公顷(其它地区)	播后或苗期喷雾
PD20081810	草甘膦异丙胺盐/41%/水剂/草甘膦异丙胺盐 41%/2013.11.19 至 2018.11.19/低毒			
	柑橘园	杂草	1050-3750g/ha	定向茎叶喷雾
PD20082021	高效氯氟氰菊酯/25克/升/乳油/高效氯氟氰菊酯 25克/升/2013.11.25 至 2018.11.25/中等毒			
	叶菜类蔬菜	菜青虫	7.5-15克/公顷	喷雾
PD20084251	毒死蜱/480克/升/乳油/毒死蜱 480克/升/2013.12.17 至 2018.12.17/中等毒			
	水稻	稻飞虱	540-720克/公顷	喷雾
PD20084510	毒死蜱/97%/原药/毒死蜱 97%/2013.12.18 至 2018.12.18/中等毒			
PD20085475	高效氯氰菊酯/4.5%/乳油/高效氯氰菊酯 4.5%/2013.12.25 至 2018.12.25/中等毒			
	果菜、叶菜	蚜虫	20.25-33.75克/公顷	喷雾
PD20090256	氰戊·乐果/40%/乳油/乐果 39.2%、氰戊菊酯 0.8%/2014.01.09 至 2019.01.09/中等毒			
	棉花	蚜虫	150-225克/公顷	喷雾
	十字花科蔬菜	蚜虫	150-195克/公顷	喷雾
	小麦	蚜虫	90克/公顷	喷雾
PD20091397	氯氰·敌敌畏/25%/乳油/敌敌畏 22%、氯氰菊酯 3%/2014.02.02 至 2019.02.02/中等毒			
	十字花科蔬菜	菜青虫	150-225克/公顷	喷雾
PD20091705	氯氰·辛硫磷/20%/乳油/氯氰菊酯 2%、辛硫磷 18%/2014.02.03 至 2019.02.03/中等毒			
	十字花科蔬菜	菜青虫	90-150克/公顷	喷雾
PD20092286	氯氰·毒死蜱/522.5克/升/乳油/毒死蜱 475克/升、氯氰菊酯 47.5克/升/2014.02.24 至 2019.02.24/中等毒			
	十字花科蔬菜叶菜	菜青虫	313.5-470.25克/公顷	喷雾
PD20092460	苄·丁/30%/可湿性粉剂/苄嘧磺隆 1.5%、丁草胺 28.5%/2014.02.25 至 2019.02.25/低毒			
	水稻抛秧田	一年生及部分多年生杂草	540-720克/公顷(南方地区)	药土法
PD20094958	高效氯氰菊酯/4.5%/微乳剂/高效氯氰菊酯 4.5%/2014.04.21 至 2019.04.21/中等毒			
	十字花科蔬菜	菜青虫	20.25-33.75克/公顷	喷雾
PD20096435	滴酯·丁草胺/35%/乳油/2,4-滴丁酯 9.5%、丁草胺 25.5%/2009.08.05 至 2014.08.05/低毒			
	水稻田	一年生杂草	420-525克/公顷	毒土法
PD20110231	克菌丹/92%/原药/克菌丹 92%/2011.02.28 至 2016.02.29/低毒 注:专供出口，不得在国内销售。			
PD20110478	顺式氯氰菊酯/95%/原药/顺式氯氰菊酯 95%/2011.04.22 至 2016.04.22/中等毒			
PD20110692	萎锈灵/98%/原药/萎锈灵 98%/2011.06.22 至 2016.06.22/低毒			
PD20120574	联苯菊酯/96%/原药/联苯菊酯 96%/2012.03.28 至 2017.03.28/中等毒			
PD20120732	棉隆/98%/微粒剂/棉隆 98%/2012.05.03 至 2017.05.03/低毒 注:专供出口,不得在国内销售.			
PD20120733	克菌丹/50%/可湿性粉剂/克菌丹 50%/2012.05.03 至 2017.05.03/低毒 注:专供出口,不得在国内销售。			
PD20120871	克菌丹/80%/水分散粒剂/克菌丹 80%/2012.05.24 至 2017.05.24/低毒 注:专供出口,不得在国内销售。			
PD20121006	甜菜安/96%/原药/甜菜安 96%/2012.06.21 至 2017.06.21/低毒 注:专供出口,不得在国内销售。			
PD20121210	甜菜宁/97%/原药/甜菜宁 97%/2012.08.10 至 2017.08.10/低毒 注:专供出口,不得在国内销售。			
PD20131643	克菌丹/40%/悬浮剂/克菌丹 40%/2013.07.30 至 2018.07.30/低毒 注:专供出口，不得在国内销售。			
PD20131719	噻呋酰胺/96%/原药/噻呋酰胺 96%/2013.08.16 至 2018.08.16/低毒			
PD20132185	克菌丹/90%/水分散粒剂/克菌丹 90%/2013.10.29 至 2018.10.29/低毒 注:专供出口，不得在国内销售。			
LS20100119	灭菌丹/95%/原药/灭菌丹 95%/2012.08.09 至 2013.08.09/低毒 注:专供出口，不得在国内销售。			
LS20100172	土菌灵/96%/原药/土菌灵 96%/2012.12.17 至 2013.12.17/低毒 注:专供出口，不得在国内销售。			
LS20110313	乙氧呋草黄/96%/原药/乙氧呋草黄 96%/2014.12.05 至 2015.12.05/低毒 注:专供出口，不得在国内销售。			
LS20110318	甲羧除草醚/97%/原药/甲羧除草醚 97%/2014.12.06 至 2015.12.06/低毒 注:专供出口，不得在国内销售。			
LS20120070	抑芽丹/99.6%/原药/抑芽丹 99.6%/2014.03.07 至 2015.03.07/低毒			
LS20120288	安·宁·乙呋黄/27.4%/乳油/甜菜安 7.1%、甜菜宁 9.1%、乙氧呋草黄 11.2%/2013.08.10 至 2014.08.10/低毒 注:专供出口，不得在国内销售。			
WP20070036	顺式氯氰菊酯/5%/可湿性粉剂/顺式氯氰菊酯 5%/2012.12.03 至 2017.12.03/低毒			
	卫生	蜚蠊	30-60毫克/平方米	滞留喷洒
	卫生	蚊、蝇	15-30毫克/平方米	滞留喷洒
WP20100186	高效氯氰菊酯/5%/悬浮剂/高效氯氰菊酯 5%/2010.12.23 至 2015.12.23/低毒			
	卫生	蜚蠊、蚊、蝇	600毫克/平方米	滞留喷洒

WL20130037 毒死蜱/45%/乳油/毒死蜱 45%/2013.09.10 至 2014.09.10/中等毒

木材	白蚁	2500-5000毫克/千克	浸泡或涂刷
卫生	白蚁	12.5-25克/平方米	土壤处理

广东省英红华侨农药厂 （广东省英德市坑口咀 513042 0763-2501228)

PDN64-2000 克百威/3%/颗粒剂/克百威 3%/2010.03.19 至 2015.03.19/中等毒(原药高毒)

甘蔗	蚜虫、蔗龟	1350-2250克/公顷	沟施
花生	线虫	1800-2250克/公顷	条施、沟施
棉花	蚜虫	675-900克/公顷	条施、沟施
水稻	螟虫、瘿蚊	900-1350克/公顷	撒施

PD20096471 灭线磷/10%/颗粒剂/灭线磷 10%/2009.08.17 至 2014.08.17/中等毒(原药高毒)

花生	根结线虫	4500-5250克/公顷	沟施
水稻	稻瘿蚊	1500-1800克/公顷	撒施

广东省湛江市春江生物化学实业有限公司 （广东省湛江市遂溪县界炮镇界洋路68号 524391 0759-7353081)

PD20085854 杀虫双/20%/水剂/杀虫双 20%/2008.12.29 至 2013.12.29/低毒

水稻	稻纵卷叶螟	600-750克/公顷	喷雾

PD20101254 苄·丁/0.21%/颗粒剂/苄嘧磺隆 0.01%、丁草胺 0.2%/2010.03.05 至 2015.03.05/低毒

水稻移栽田	部分多年生杂草、一年生杂草	630-945克/公顷	直接撒施

广东省湛江市甘丰农药厂 （广东省湛江市遂溪县新桥 524300 0759-7738538)

PD20091133 甲·克/3%/颗粒剂/甲拌磷 1.8%、克百威 1.2%/2009.01.21 至 2014.01.21/高毒

甘蔗	蔗龟、蔗螟	2250-2700克/公顷	沟施

PD20092569 甲基异柳磷/2.5%/颗粒剂/甲基异柳磷 2.5%/2009.02.26 至 2014.02.26/高毒

甘蔗	蔗龟	1875克/公顷	苗期或中期沟施

PD20110766 杀单·毒死蜱/5%/颗粒剂/毒死蜱 2.5%、杀虫单 2.5%/2011.07.25 至 2016.07.25/低毒

甘蔗	螟虫	3000-3750克/公顷	沟施

广东省中山市晨美化妆品有限公司 （广东省中山市火炬开发区中山港大道沿江东二路 528437 0760-5310888)

WL20100140 杀虫气雾剂/0.55%/气雾剂/胺菊酯 0.35%、氯菊酯 0.1%、氯氰菊酯 0.1%/2012.05.19 至 2013.05.19/微毒

卫生	蜚蠊、蚊、蝇	/	点燃

WL20100141 蚊香/0.05%/蚊香/氯氟醚菊酯 0.05%/2012.05.19 至 2013.05.19/微毒

卫生	蚊	/	点燃

广东省中山市多益化工有限公司 （广东省中山市横栏镇茂辉工业区益辉三路1号 528478 0760-3377880)

WP20070042 电热蚊香片/10毫克/片/电热蚊香片/炔丙菊酯 10毫克/片/2012.12.17 至 2017.12.17/微毒

卫生	蚊	/	电热加温

WP20080097 电热蚊香液/0.8%/电热蚊香液/炔丙菊酯 0.8%/2008.09.16 至 2013.09.16/微毒

卫生	蚊	/	电热加温

WP20110185 杀蟑饵剂/8%/饵剂/硼酸 8%/2011.08.04 至 2016.08.04/微毒

卫生	蜚蠊	/	投放

WL20110001 电热蚊香液/1.45%/电热蚊香液/炔丙菊酯 1.45%/2013.01.04 至 2014.01.04/微毒

卫生	蚊	/	电热加温

WL20110053 电热蚊香液/0.8%/电热蚊香液/氯氟醚菊酯 0.8%/2013.04.02 至 2014.04.02/微毒

卫生	蚊	/	电热加温

WL20110074 杀蟑饵剂/6%/饵剂/硼酸 6%/2013.05.11 至 2014.05.11/微毒

卫生	蜚蠊	/	投放

广东省中山市华越日用制品有限公司 (广东省中山市中山火炬开发区宫花村环村路3号 528436 0760-2123233)

WP20080136 电热蚊香液/0.8%/电热蚊香液/炔丙菊酯 0.8%/2013.10.31 至 2018.10.31/微毒

卫生	蚊	/	电热加温

WP20080330 电热蚊香片/18毫克/片/电热蚊香片/炔丙菊酯 18毫克/片/2013.12.08 至 2018.12.08/微毒

卫生	蚊	/	电热加温

WP20080389 蚊香/0.2%/蚊香/富右旋反式烯丙菊酯 0.2%/2013.12.11 至 2018.12.11/低毒

卫生	蚊	/	点燃

广东省中山市金鸟化工有限公司 （广东省中山市石岐区海景路10号 528401 0760-8710318)

WP20080569 电热蚊香液/0.91%/电热蚊香液/炔丙菊酯 0.91%/2013.12.29 至 2018.12.29/低毒

卫生	蚊	/	电热加温

WP20080585 蚊香/0.2%/蚊香/右旋烯丙菊酯 0.2%/2013.12.29 至 2018.12.29/低毒

卫生	蚊	/	点燃

WP20090033 防蛀片剂/238毫克/片/片剂/右旋烯炔菊酯 238毫克/片/2014.01.14 至 2019.01.14/低毒

卫生	黑毛皮蠹、幕衣蛾	/	投放

注:本品有三种香型:无香型、花香型、柑橘香型。

WP20090107 防蛀片剂/60毫克/片/片剂/右旋烯炔菊酯 60毫克/片/2014.02.05 至 2019.02.05/低毒

卫生	黑毛皮蠹、幕衣蛾	/	投放

注:本品有三种香型: 无香型、柑橘香型、花香型。

WP20120022 驱蚊粒/100毫克/盘/驱蚊粒/四氟苯菊酯 100毫克/盘/2012.01.30 至 2017.01.30/低毒

卫生	蚊	/	电吹风

WP20130103 杀虫气雾剂/0.27%/气雾剂/炔咪菊酯 .07%、右旋苯醚氰菊酯 .2%/2013.05.20 至 2018.05.20/微毒

卫生 蜚蠊、蚂蚁 / 喷雾

WP20130123 杀蟑饵剂/0.05%/饵剂/氟虫腈 0.05%/2013.06.06 至 2018.06.06/低毒

卫生 蜚蠊 / 投放

WP20130156 杀虫气雾剂/0.6%/气雾剂/氯菊酯 0.3%、右旋胺菊酯 0.3%/2013.07.23 至 2018.07.23/低毒

卫生 蚊、蝇、蜚蠊 / 喷雾

WP20130171 防蛀片剂/600毫克/片/防蛀片剂/右旋烯炔菊酯 600毫克/片/2013.07.30 至 2018.07.30/微毒

卫生 黑毛皮蠹 / 投放

WP20130206 驱蚊片/60毫克/片/驱蚊片/甲氧苄氟菊酯 60毫克/片/2013.09.25 至 2018.09.25/低毒

室内 蚊 / 电吹风（风力来源，既可以使用家庭用电源，也可以使用电池，用电动机使药剂筒自身旋转）

WL20120037 防蛀片剂/800毫克/片/片剂/右旋烯炔菊酯 800毫克/片/2013.07.12 至 2014.07.12/微毒

卫生 黑毛皮蠹 / 投放

广东省中山市凯迪日化制品有限公司 （广东省中山市神湾镇成鸿路 528462 0760-6609446）

WP20080340 蚊香/0.2%/蚊香/富右旋反式烯丙菊酯 0.2%/2013.12.09 至 2018.12.09/微毒

卫生 蚊 / 点燃

WP20110167 防蛀防霉球剂/98%/球剂/对二氯苯 98%/2011.07.01 至 2016.07.01/低毒

卫生 黑皮蠹、霉菌 / 投放

WP20110168 防蛀防霉片剂/98%/片剂/对二氯苯 98%/2011.07.01 至 2016.07.01/低毒

卫生 黑皮蠹、霉菌 / 投放

WP20120200 杀虫气雾剂/0.25%/气雾剂/胺菊酯 0.1%、高效氯氰菊酯 0.15%/2012.10.25 至 2017.10.25/微毒

卫生 蚊、蝇、蜚蠊 / 喷雾

注:本产品有一种香型：柠檬香型。

广东省中山市盈科化工实业有限公司 （广东省中山市五桂山长命水 528458 0760-3378888）

WP20080227 蚊香/0.2%/蚊香/富右旋反式烯丙菊酯 0.2%/2013.11.25 至 2018.11.25/低毒

卫生 蚊 / 点燃

WP20080253 电热蚊香片/11毫克/片/电热蚊香片/富右旋反式炔丙菊酯 11毫克/片/2013.11.26 至 2018.11.26/微毒

卫生 蚊 / 电热加温

WP20080368 电热蚊香液/0.87%/电热蚊香液/富右旋反式炔丙菊酯 0.87%/2013.12.10 至 2018.12.10/微毒

卫生 蚊 / 电热加温

WP20090012 杀虫气雾剂/0.66%/气雾剂/胺菊酯 0.20%、富右旋反式烯丙菊酯 0.22%、氯菊酯 0.24%/2014.01.06至2019.01.06/微毒

卫生 蜚蠊、蚊、蝇 / 喷雾

广东省中山榄菊日化实业有限公司 （广东省中山市小榄镇乐丰路 528415 0760-22129538）

WPN31-20 电热蚊香液/0.82%/电热蚊香液/炔丙菊酯 0.82%/2011.08.29 至 2016.08.29/微毒

卫生 蚊 电热加温

WP20070004 蚊香/0.3%/蚊香/富右旋反式烯丙菊酯 0.3%/2012.04.12 至 2017.04.12/微毒

卫生 蚊 / 点燃

WP20070017 杀虫气雾剂/0.32%/气雾剂/胺菊酯 0.17%、富右旋反式烯丙菊酯 0.09%、高效氯氰菊酯 0.06%/2012.09.05 至2017.09.05/微毒

卫生 蜚蠊、蚊、蝇 / 喷雾

注:本品有两种香型：无香型、柠檬香型、。

WP20080001 电热蚊香片/11毫克/片/电热蚊香片/炔丙菊酯 11毫克/片/2013.01.03 至 2018.01.03/微毒

卫生 蚊 / 电热加温

注:本品有三种香型：檀香型、熏衣草香型、野菊花香型。

WP20080010 杀虫气雾剂/1.22%/气雾剂/胺菊酯 0.12%、残杀威 1%、炔丙菊酯 0.1%/2013.01.04 至 2018.01.04/低毒

卫生 蜚蠊、蚊、蝇 / 喷雾

注:本品有一种香型：清香型。

WP20080103 杀虫气雾剂/1.25%/气雾剂/胺菊酯 0.15%、残杀威 1%、富右旋反式烯丙菊酯 0.1%/2013.09.26 至 2018.09.26/微毒

卫生 蚊、蝇、蜚蠊 喷雾

WP20080124 杀虫气雾剂/0.3%/气雾剂/右旋胺菊酯 0.15%、右旋苯醚氰菊酯 0.15%/2013.10.28 至 2018.10.28/低毒

卫生 蚊、蝇、蜚蠊 / 喷雾

WP20080226 杀蟑饵剂/0.1%/饵剂/毒死蜱 0.1%/2013.11.25 至 2018.11.25/微毒

卫生 蜚蠊 / 投放

WP20080236 杀虫气雾剂/1.2%/气雾剂/胺菊酯 0.15%、残杀威 1.0%、富右旋反式炔丙菊酯 0.05%/2008.11.25 至 2013.11.25/低毒

卫生 蜚蠊、蚊、蝇 / 喷雾

WP20080290 蚊香/0.02%/蚊香/四氟甲醚菊酯 0.02%/2013.12.03 至 2018.12.03/微毒

卫生 蚊 / 点燃

注:本产品有两种香型：檀香型、无香型。

WP20080299 杀虫气雾剂/0.3%/气雾剂/胺菊酯 0.17%、富右旋反式烯丙菊酯 0.08%、氯氰菊酯 0.05%/2013.12.03 至 2018.12.03/微毒

卫生 蚊、蝇、蜚蠊 / 喷雾
WP20080312 蚊香/0.15%/蚊香/Es-生物烯丙菊酯 0.15%/2013.12.04 至 2018.12.04/微毒
卫生 蚊 / 点燃
WP20080327 杀虫气雾剂/0.5%/气雾剂/胺菊酯 0.25%、富右旋反式烯丙菊酯 0.15%、氯氰菊酯 0.1%/2013.12.08至2018.12.08/微毒
卫生 蚊、蝇、蜚蠊 / 喷雾
注:本产品有三种香型：无香型、玉兰香型、柠檬香型。
WP20080474 杀虫气雾剂/0.45%/气雾剂/Es-生物烯丙菊酯 0.15%、胺菊酯 0.15%、右旋苯醚氰菊酯 0.15%/2013.12.16 至2018.12.16/微毒
卫生 蚊、蝇、蜚蠊 / 喷雾
注:本产品有三种香型：无香型、玉兰香型、柠檬香型。
WP20080497 电热蚊香液/1.35%/电热蚊香液/炔丙菊酯 1.35%/2013.12.18 至 2018.12.18/微毒
卫生 蚊 / 电热加温
WP20080502 杀虫气雾剂/0.6%/气雾剂/胺菊酯 0.15%、残杀威 0.3%、氯氰菊酯 0.15%/2013.12.18 至 2018.12.18/微毒
卫生 蚊、蝇、蜚蠊 / 喷雾
注:本品有一种香型：清香型。
WP20080598 驱蚊液/5%/驱蚊液/避蚊胺 5%/2013.12.30 至 2018.12.30/微毒
卫生 蚊 / 涂抹
WP20090069 杀虫气雾剂/0.19%/气雾剂/富右旋反式炔丙菊酯 0.1%、炔咪菊酯 0.02%、右旋苯醚氰菊酯 0.07%/2014.02.01 至2019.02.01/微毒
卫生 蚊、蝇、蜚蠊 / 喷雾
WP20090073 蚊香/0.2%/蚊香/Es-生物烯丙菊酯 0.2%/2014.02.01 至 2019.02.01/微毒
卫生 蚊 / 点燃
WP20090139 驱蚊液/7%/驱蚊液/驱蚊酯 7%/2014.02.25 至 2019.02.25/微毒
卫生 蚊 / 涂抹
WP20090327 杀虫气雾剂/0.3%/气雾剂/Es-生物烯丙菊酯 0.1%、胺菊酯 0.1%、右旋苯醚氰菊酯 0.1%/2009.09.23 至 2014.09.23/微毒
卫生 蚊、蝇、蜚蠊 / 喷雾
WP20100187 蚊香/0.03%/蚊香/四氟甲醚菊酯 0.03%/2010.12.23 至 2015.12.23/微毒
卫生 蚊 / 点燃
注:本品有三种香型:檀香型、野菊花香型、无香型。
WP20110054 电热蚊香片/9.6毫克/片/电热蚊香片/炔丙菊酯 4.8毫克/片、四氟甲醚菊酯 4.8毫克/片/2011.02.24 至 2016.02.24/微毒
卫生 蚊 / 电热加温
注:本产品本两种香型：无香型、果香型。
WP20110188 电热蚊香液/0.31%/电热蚊香液/四氟甲醚菊酯 0.31%/2011.08.10 至 2016.08.10/微毒
卫生 蚊 / 电热加温
注:本产品有两种香型：无香型、果香型。
WP20110213 驱蚊花露水/5%/驱蚊花露水/避蚊胺 5%/2011.09.15 至 2016.09.15/微毒
卫生 蚊 / 涂抹
WP20110224 电热蚊香片/15毫克/片/电热蚊香片/炔丙菊酯 15毫克/片/2011.09.30 至 2016.09.30/微毒
卫生 蚊 / 电热加温
WP20110251 电热蚊香液/0.52%/电热蚊香液/四氟甲醚菊酯 0.52%/2011.11.15 至 2016.11.15/微毒
卫生 蚊 / 电热加温
WP20110266 杀蟑气雾剂/0.25%/气雾剂/高效氯氰菊酯 0.2%、炔咪菊酯 0.05%/2011.12.12 至 2016.12.12/微毒
卫生 蜚蠊 / 喷雾
WP20120004 驱蚊乳/15%/驱蚊乳/避蚊胺 15%/2012.01.13 至 2017.01.13/低毒
卫生 蚊 / 涂抹
WP20120025 杀蟑饵剂/0.2%/饵剂/毒死蜱 0.2%/2012.02.09 至 2017.02.09/微毒
卫生 蜚蠊 / 投放
WP20120048 杀虫气雾剂/0.51%/气雾剂/Es-生物烯丙菊酯 0.17%、胺菊酯 0.17%、右旋苯醚氰菊酯 0.17%/2012.03.19 至2017.03.19/微毒
卫生 蚊、蝇、蜚蠊 / 喷雾
注:本产品有三种香型:无香型、玉兰香型、柠檬香型。
WP20120150 蚊香/0.08%/蚊香/氯氟醚菊酯 0.08%/2012.08.27 至 2017.08.27/微毒
卫生 蚊 / 点燃
注:本产品有三种香型:野菊花香型、薄荷香型、无香型。
WP20130182 蚊香/0.05%/蚊香/氯氟醚菊酯 0.05%/2013.09.09 至 2018.09.09/微毒
卫生 蚊 / 点燃
WP20130184 电热蚊香液/0.6%/电热蚊香液/氯氟醚菊酯 0.6%/2013.09.09 至 2018.09.09/微毒
室内 蚊 / 电热加温
注:本产品有三种香型：野菊花香型、清香型、无香型。
WP20130185 电热蚊香片/13毫克/片/电热蚊香片/炔丙菊酯 5.2毫克/片、氯氟醚菊酯 7.8毫克/片/2013.09.09 至 2018.09.09/微毒
室内 蚊 / 电热加温

注:本产品有两种香型:无香型、野菊花香型。
WP20130187 杀虫气雾剂/0.61%/气雾剂/胺菊酯 0.3%、氯菊酯 0.2%、炔丙菊酯 0.11%/2013.09.09 至 2018.09.09/微毒
卫生 蚊、蝇、蜚蠊 / 喷雾
WP20130240 蟑香/7.2%/蟑香/右旋苯醚氰菊酯 7.2%/2013.11.20 至 2018.11.20/微毒
室内 蜚蠊 / 点燃
WP20130241 驱蚊液/15%/驱蚊液/避蚊胺 15%/2013.11.20 至 2018.11.20/低毒
室内 蚊 / 涂抹
WL20110091 电热蚊香片/10毫克/片/电热蚊香片/炔丙菊酯 5毫克/片、氯氟醚菊酯 5毫克/片/2013.08.04 至 2014.08.04/微毒
卫生 蚊 / 电热加温
WL20110134 杀虫气雾剂/0.56%/气雾剂/氯菊酯 0.2%、炔丙菊酯 0.16%、右旋苯醚氰菊酯 0.2%/2013.12.05 至 2014.12.05/微毒
卫生 蚊、蝇、蜚蠊 / 喷雾
WL20110138 电热蚊香液/0.4%/电热蚊香液/氯氟醚菊酯 0.4%/2013.12.06 至 2014.12.06/微毒
卫生 蚊 / 电热加温
WL20110139 杀虫气雾剂/0.51%/气雾剂/Es-生物烯丙菊酯 0.13%、胺菊酯 0.3%、高效氯氰菊酯 0.08%/2013.12.06至2014.12.06/微毒
卫生 蚊、蝇、蜚蠊 / 喷雾
WL20130003 蚊香/0.04%/蚊香/氯氟醚菊酯 0.04%/2014.01.04 至 2015.01.04/微毒
卫生 蚊 / 点燃
WL20130018 蚊香/0.06%/蚊香/四氟苯菊酯 0.03%、氯氟醚菊酯 0.03%/2013.04.02 至 2014.04.02/微毒
卫生 蚊 / 点燃
WL20130019 电热蚊香液/1.0%/电热蚊香液/氯氟醚菊酯 1.0%/2013.04.02 至 2014.04.02/微毒
卫生 蚊 / 电热加温

广东省珠海市华夏生物制剂有限公司 (广东省珠海市斗门区井岸镇濠门工业区 519100 0756-5554013)
PD20040423 吡虫啉/10%/可湿性粉剂/吡虫啉 10%/2009.12.19 至 2014.12.19/低毒
水稻 飞虱 15-30克/公顷 喷雾
PD20090060 阿维·氯氰/2.4%/微乳剂/阿维菌素 0.3%、氯氰菊酯 2.1%/2014.01.08 至 2019.01.08/低毒(原药高毒)
十字花科蔬菜 小菜蛾 18-25.2克/公顷 喷雾
PD20090470 敌畏·马/55%/乳油/敌敌畏 40%、马拉硫磷 15%/2014.01.12 至 2019.01.12/中等毒
十字花科蔬菜 黄条跳甲 412.5-495克/公顷 喷雾
PD20091442 阿维菌素/0.2%/可湿性粉剂/阿维菌素 0.2%/2009.02.02 至 2014.02.02/低毒(原药高毒)
柑橘树 红蜘蛛 2-2.5毫克/千克 喷雾
PD20091448 阿维菌素/0.9%/乳油/阿维菌素 0.9%/2014.02.02 至 2019.02.02/低毒(原药高毒)
十字花科蔬菜 小菜蛾 8.1-10.8克/公顷 喷雾
PD20091485 阿维·苏云菌/ /可湿性粉剂/阿维菌素 0.1%、苏云金杆菌 70亿活芽孢/克/2014.02.02 至 2019.02.02/低毒(原药高毒)
十字花科蔬菜 小菜蛾 700-1200克制剂/公顷 喷雾
PD20091706 阿维菌素/1.8%/乳油/阿维菌素 1.8%/2014.02.03 至 2019.02.03/中等毒(原药高毒)
十字花科蔬菜 小菜蛾 8.1-10.8克/公顷 喷雾
PD20094416 阿维菌素/1.8%/可湿性粉剂/阿维菌素 1.8%/2009.04.01 至 2014.04.01/低毒(原药高毒)
柑橘树 红蜘蛛 2.-2.5毫克/千克 喷雾
十字花科蔬菜 小菜蛾 8.1-10.8克/公顷 喷雾
PD20098111 棉铃虫核型多角体病毒/20亿PIB/毫升/悬浮剂/棉铃虫核型多角体病毒 20亿PIB/毫升/2009.12.08 至 2014.12.08/低毒
棉花 棉铃虫 1350-1800毫升制剂/公顷 喷雾

广东省珠海市佳弘科技有限公司 (广东省珠海市唐家湾镇金唐路一号四栋二楼 519000 0756-3318498)
WP20080305 杀虫气雾剂/0.55%/气雾剂/胺菊酯 0.2%、氯菊酯 0.35%/2013.12.05 至 2018.12.05/低毒
卫生 蜚蠊、蚊、蝇 / 喷雾
WP20090283 胺·氯菊/5%/微乳剂/胺菊酯 1.5%、氯菊酯 3.5%/2009.06.08 至 2014.06.08/微毒
卫生 蚊、蝇 0.3毫升/平方米 喷雾
WL20100253 杀虫气雾剂/0.25%/气雾剂/炔丙菊酯 0.1%、右旋苯醚菊酯 0.15%/2012.09.17 至 2013.09.17/微毒
卫生 蜚蠊、蚊 / 喷雾
WL20110099 杀蟑胶饵/12%/胶饵/硼酸 12%/2013.08.10 至 2014.08.10/微毒
卫生 蜚蠊 / 投放
WL20110132 蚊香/0.06%/蚊香/富右旋反式炔丙菊酯 0.06%/2013.12.02 至 2014.12.02/微毒
卫生 蚊 / 点燃
WL20130048 右旋·苯醚菊/4.8%/水乳剂/右旋胺菊酯 2.8%、右旋苯醚菊酯 2%/2013.11.20 至 2014.11.20/低毒
室内 蜚蠊、蚊 / 滞留喷洒
注:仅限专业人员使用。

广东施露兰化妆品有限公司 (广东省汕头市潮南区峡山桃溪金光南路北工业区 515144 0754-7772388)
WP20090176 驱蚊花露水/5%/驱蚊花露水/避蚊胺 5%/2009.03.11 至 2014.03.11/微毒
卫生 蚊 / 涂抹

广东新秀田化工有限公司 (广东省肇庆市德庆县新圩镇西景山工业开发区 526631 0758-7732213)
PDN30-94 氰·鱼藤/1.3%/乳油/氰戊菊酯 0.5%、鱼藤酮 0.8%/2009.05.18 至 2014.05.18/低毒
蔬菜 菜青虫、蚜虫 19.5-24克/公顷 喷雾
PD20086351 氰戊·鱼藤酮/2.5%/乳油/氰戊菊酯 1%、鱼藤酮 1.5%/2013.12.31 至 2018.12.31/中等毒

十字花科叶菜 菜青虫 30-45克/公顷 喷雾

PD20086352 氰戊·鱼藤酮/7.5%/乳油/氰戊菊酯 4%、鱼藤酮 3.5%/2013.12.31 至 2018.12.31/中等毒(原药高毒)

十字花科蔬菜 小菜蛾 42.4-84.4克/公顷 喷雾

PD20093596 敌百·鱼藤酮/25%/乳油/敌百虫 24.5%、鱼藤酮 0.5%/2009.03.23 至 2014.03.23/中等毒(原药高毒)

甘蓝 菜青虫 150-225克/公顷 喷雾

广东原沣生物工程有限公司 (广东省化州市鉴江开发区文仙路36号 525100 0668-7225928)

PD20110253 低聚糖素/0.4%/水剂/低聚糖素 0.4%/2011.03.04 至 2016.03.04/低毒

水稻 纹枯病 7.2-15克/公顷 喷雾

小麦 赤霉病 7.2-9克/公顷 喷雾

广东园田生物工程有限公司 (广东省江门市新会区大泽镇背江坑 529162 0750-6899313)

PD20082386 甲氰·噻螨酮/12.5%/乳油/甲氰菊酯 10%、噻螨酮 2.5%/2013.12.01 至 2018.12.01/中等毒

柑橘树 红蜘蛛 50-62.5毫克/千克 喷雾

PD20085482 甲基硫菌灵/70%/可湿性粉剂/甲基硫菌灵 70%/2013.12.25 至 2018.12.25/低毒

番茄 叶霉病 577.5-787.5克/公顷 喷雾

PD20091185 高效氯氟氰菊酯/25克/升/乳油/高效氯氟氰菊酯 25克/升/2009.01.22 至 2014.01.22/中等毒

十字花科叶菜 菜青虫 11.25-15克/公顷 喷雾

PD20092468 氯氰菊酯/10%/乳油/氯氰菊酯 10%/2009.02.25 至 2014.02.25/低毒

十字花科蔬菜 菜青虫 30-60克/公顷 喷雾

PD20092955 联苯菊酯/25克/升/乳油/联苯菊酯 25克/升/2009.03.09 至 2014.03.09/低毒

茶树 茶小绿叶蝉 22.5-37.5克/公顷 喷雾

PD20093069 喹硫磷/25%/乳油/喹硫磷 25%/2009.03.09 至 2014.03.09/中等毒

水稻 二化螟 450-525克/公顷 喷雾

PD20094068 氰戊菊酯/20%/乳油/氰戊菊酯 20%/2009.03.27 至 2014.03.27/低毒

十字花科蔬菜 菜青虫 90-120克/公顷 喷雾

PD20094073 代森锰锌/80%/可湿性粉剂/代森锰锌 80%/2009.03.27 至 2014.03.27/低毒

番茄 早疫病 1800-2400克/公顷 喷雾

PD20094138 毒死蜱/480克/升/乳油/毒死蜱 480克/升/2009.03.27 至 2014.03.27/中等毒

十字花科蔬菜 菜青虫 432-540克/公顷 喷雾

PD20094882 氯氰·毒死蜱/220克/升/乳油/毒死蜱 200%、氯氰菊酯 20%/2009.04.13 至 2014.04.13/中等毒

荔枝 蒂蛀虫 275-550毫克/千克 喷雾

PD20096495 丙环唑/250克/升/乳油/丙环唑 250克/升/2009.08.14 至 2014.08.14/低毒

香蕉 叶斑病 250-500毫克/千克 喷雾

PD20097127 噻嗪·异丙威/25%/可湿性粉剂/噻嗪酮 5%、异丙威 20%/2009.10.16 至 2014.10.16/低毒

水稻 稻飞虱 450-562.5克/公顷 喷雾

PD20097578 甲氰菊酯/20%/乳油/甲氰菊酯 20%/2009.11.03 至 2014.11.03/中等毒

甘蓝 菜青虫 60-90克/公顷 喷雾

PD20098394 杀虫双/18%/水剂/杀虫双 18%/2009.12.18 至 2014.12.18/中等毒

水稻 二化螟 675-810克/公顷 喷雾

PD20101449 草甘膦/30%/水剂/草甘膦 30%/2010.05.04 至 2015.05.04/低毒

柑橘园 杂草 1125-2250克/公顷 行间定向茎叶喷雾

PD20110733 高效氯氟氰菊酯/4.5%/微乳剂/高效氯氟氰菊酯 4.5%/2011.07.11 至 2016.07.11/低毒

甘蓝 菜青虫 20.25-27克/公顷 喷雾

PD20130116 吡虫·仲丁威/20%/乳油/吡虫啉 1%、仲丁威 19%/2013.01.17 至 2018.01.17/低毒

水稻 稻飞虱 180-240克/公顷 喷雾

PD20131192 氟硅唑/8%/微乳剂/氟硅唑 8%/2013.05.27 至 2018.05.27/低毒

黄瓜 白粉病 60-72克/公顷 喷雾

广东植物龙生物技术有限公司 (广东省珠海市香洲区南屏科技园屏西七路1号 519060 0756-8699856)

PD20094449 阿维·毒死蜱/15%/乳油/阿维菌素 0.1%、毒死蜱 14.9%/2009.04.01 至 2014.04.01/低毒(原药高毒)

甘蓝 小菜蛾 112.5-157.5克/公顷 喷雾

PD20097693 阿维菌素/1.8%/乳油/阿维菌素 1.8%/2009.11.04 至 2014.11.04/中等毒(原药高毒)

菜豆 美洲斑潜蝇 6-9克/公顷 喷雾

PD20097844 阿维·矿物油/58%/乳油/阿维菌素 0.15%、矿物油 57.85%/2009.11.20 至 2014.11.20/低毒(原药高毒)

柑橘树 红蜘蛛 290-580毫克/千克 喷雾

PD20110094 胺鲜酯/1.6%/水剂/胺鲜酯 1.6%/2011.01.26 至 2016.01.26/低毒

白菜 调节生长、增产 800-1000倍液 喷药2次

PD20110095 胺鲜酯/98%/原药/胺鲜酯 98%/2011.01.26 至 2016.01.26/低毒

PD20121149 胺鲜酯/5%/水剂/胺鲜酯 5%/2012.07.20 至 2017.07.20/低毒

小白菜 调节生长、增产 20-25毫克/千克 /喷雾

PD20130569 芸苔素内酯/0.004%/水剂/芸苔素内酯 0.004%/2013.04.02 至 2018.04.02/微毒

小白菜 调节生长 0.013-0.02毫克/千克 茎叶喷雾

PD20130734 苜蓿银纹夜蛾核型多角体病毒/10亿PIB/毫升/悬浮剂/苜蓿银纹夜蛾核型多角体病毒 10亿PIB/毫升/2013.04.12 至 2018.04.12/低毒

十字花科蔬菜 甜菜夜蛾 1500-1950克制剂/公顷 喷雾

PD20130830 甲氨基阿维菌素苯甲酸盐/5%/悬浮剂/甲氨基阿维菌素 5%/2013.04.22 至 2018.04.22/低毒
水稻 稻纵卷叶螟 9-11.25克/公顷 喷雾
注:甲氨基阿维菌素苯甲酸盐含量: 5.7%。
PD20130867 哒螨灵/30%/悬浮剂/哒螨灵 30%/2013.04.22 至 2018.04.22/中等毒
柑橘树 红蜘蛛 100-140毫克/千克 喷雾
PD20130896 胺鲜酯/2%/水剂/胺鲜酯 2%/2013.04.25 至 2018.04.25/微毒
番茄 调节生长 13.3-20毫克/千克 喷雾
PD20131698 甲氨基阿维菌素苯甲酸盐/0.5%/微乳剂/甲氨基阿维菌素 0.5%/2013.08.07 至 2018.08.07/低毒
甘蓝 甜菜夜蛾 1.64-1.97克/公顷 喷雾
注:甲氨基阿维菌素苯甲酸盐含量: 0.57%。
PD20132053 苏云金杆菌/8000IU/毫克/悬浮剂/苏云金杆菌 8000IU/毫克/2013.10.22 至 2018.10.22/低毒
白菜 菜青虫 100-150克制剂/亩 喷雾
PD20132127 戊唑·百菌清/43%/悬浮剂/百菌清 35%、戊唑醇 8%/2013.10.24 至 2018.10.24/低毒
黄瓜 白粉病 344-430克/公顷 喷雾
LS20120167 联菊·丁醚脲/18%/微乳剂/丁醚脲 15%、联苯菊酯 3%/2013.05.03 至 2014.05.03/低毒
茶树 小绿叶蝉 120—180克/公顷 喷雾
LS20120202 咪鲜·戊唑醇/50%/微乳剂/咪鲜胺 20%、戊唑醇 30%/2013.06.04 至 2014.06.04/低毒
香蕉 叶斑病 250-333毫克/千克 喷雾
LS20120293 咪鲜·稻瘟灵/52%/乳油/稻瘟灵 39%、咪鲜胺 13%/2013.08.10 至 2014.08.10/低毒
水稻 稻瘟病 413.4～647.4克/公顷 喷雾
LS20120368 苯醚甲环唑/25%/微乳剂/苯醚甲环唑 25%/2013.11.08 至 2014.11.08/低毒
香蕉树 叶斑病 100～125毫克/千克 喷雾
LS20130515 丙环·咪鲜胺/50%/微乳剂/丙环唑 30%、咪鲜胺 20%/2013.12.10 至 2014.12.10/低毒
香蕉 叶斑病 250-500毫克/千克 喷雾

广东中迅农科股份有限公司 (广东省惠州市仲恺高新技术产业开发区24号小区 516006 0752-2775592)

PD20040333 吡虫啉/25%/可湿性粉剂/吡虫啉 25%/2009.12.19 至 2014.12.19/低毒
茶树 小绿叶蝉 5000-7500倍液 喷雾
PD20040407 吡虫啉/5%/乳油/吡虫啉 5%/2009.12.19 至 2014.12.19/中等毒
棉花 蚜虫 22.5-37.5克/公顷 喷雾
PD20040556 氯氰·吡虫啉/5%/乳油/吡虫啉 1%、氯氰菊酯 4%/2009.12.19 至 2014.12.19/低毒
甘蓝 蚜虫 22.5-37.5克/公顷 喷雾
PD20040585 氯氰·三唑磷/20%/乳油/氯氰菊酯 2%、三唑磷 18%/2009.12.19 至 2014.12.19/中等毒
荔枝、龙眼 蒂蛀虫 133-200毫克/千克 喷雾
棉花 棉铃虫 300-360克/公顷 喷雾
注:荔枝、龙眼的有效期为2006.08.11至2007.08.11。
PD20080014 灭幼脲/25%/可湿性粉剂/灭幼脲 25%/2013.01.04 至 2018.01.04/低毒
苹果树 金纹细蛾 167-250毫克/千克 喷雾
PD20080057 灭幼脲/25%/悬浮剂/灭幼脲 25%/2013.01.04 至 2018.01.04/低毒
甘蓝 菜青虫 37.5-75克/公顷 喷雾
苹果树 金纹细蛾 125-167毫克/千克 喷雾
松树 松毛虫 112.5-150克/公顷 喷雾
PD20082892 啶虫脒/3%/乳油/啶虫脒 3%/2008.12.09 至 2013.12.09/中等毒
苹果树 蚜虫 15-20毫克/千克 喷雾
PD20083527 阿维菌素/1.8%/乳油/阿维菌素 1.8%/2013.12.12 至 2018.12.12/低毒(原药高毒)
菜豆 美洲斑潜蝇 10.8-21.6克/公顷 喷雾
PD20084872 丙环唑/25%/乳油/丙环唑 25%/2013.12.22 至 2018.12.22/微毒
香蕉 叶斑病 500-1000倍液 喷雾
PD20084986 咪鲜胺/25%/乳油/咪鲜胺 25%/2013.12.22 至 2018.12.22/低毒
水稻 恶苗病 2000-4000倍液 浸种
PD20085089 灭幼脲/20%/悬浮剂/灭幼脲 20%/2013.12.23 至 2018.12.23/低毒
甘蓝 菜青虫 37.5-75克/公顷 喷雾
苹果树 金纹细蛾 125-167毫克/千克 喷雾
松树 松毛虫 112.5-150克/公顷 喷雾
PD20086112 三环·多菌灵/18%/悬浮剂/多菌灵 10%、三环唑 8%/2013.12.30 至 2018.12.30/低毒
水稻 稻瘟病 243-324克/公顷 喷雾
PD20090076 代森锌/65%/可湿性粉剂/代森锌 65%/2014.01.08 至 2019.01.08/低毒
番茄 早疫病 975-1200克/公顷 喷雾
PD20090529 虫酰肼/20%/悬浮剂/虫酰肼 20%/2014.01.12 至 2019.01.12/低毒
甘蓝 甜菜夜蛾 180-288克/公顷 喷雾
PD20090864 草甘膦异丙胺盐/41%/水剂/草甘膦异丙胺盐 41%/2014.01.19 至 2019.01.19/低毒
柑橘园 杂草 1230-2460克/公顷 喷雾
PD20090985 苄嘧·苯噻酰/60%/可湿性粉剂/苯噻酰草胺 53.5%、苄嘧磺隆 6.5%/2014.01.20 至 2019.01.20/低毒
水稻抛秧田 部分多年生杂草、一年生杂草 405—540克/公顷(南方地区) 药土法

PD20091100 噻嗪酮/25%/可湿性粉剂/噻嗪酮 25%/2014.01.21 至 2019.01.21/低毒
柑橘树 介壳虫 167-250毫克/千克 喷雾
PD20091243 毒死蜱/40%/乳油/毒死蜱 40%/2014.02.01 至 2019.02.01/中等毒
苹果树 桃小食心虫 200-267毫克/千克 喷雾
PD20091270 灭多威/90%/可溶粉剂/灭多威 90%/2014.02.01 至 2019.02.01/高毒
棉花 棉铃虫 135-270克/公顷 喷雾
PD20091346 阿维·毒死蜱/15%/乳油/阿维菌素 0.1%、毒死蜱 14.9%/2009.02.02 至 2014.02.02/低毒(原药高毒)
萝卜、青菜 小菜蛾 45-56.25克/公顷 喷雾
PD20091423 腈菌·三唑酮/12%/乳油/腈菌唑 2%、三唑酮 10%/2014.02.02 至 2019.02.02/低毒
小麦 白粉病 45-54克/公顷 喷雾
PD20091466 马拉硫磷/45%/乳油/马拉硫磷 45%/2014.02.02 至 2019.02.02/低毒
十字花科蔬菜 黄条跳甲 540-742.5克/公顷 喷雾
PD20091536 苯丁锡/25%/可湿性粉剂/苯丁锡 25%/2014.02.03 至 2019.02.03/低毒
柑橘树 红蜘蛛 166.7-250毫克/千克 喷雾
PD20091768 霜脲·百菌清/18%/悬浮剂/百菌清 16%、霜脲氰 2%/2014.02.04 至 2019.02.04/低毒
黄瓜 霜霉病 405-506克/公顷 喷雾
PD20091790 敌百虫/30%/乳油/敌百虫 30%/2014.02.04 至 2019.02.04/低毒
十字花科蔬菜 菜青虫 450-675克/公顷 喷雾
PD20091906 异菌脲/50%/可湿性粉剂/异菌脲 50%/2014.02.12 至 2019.02.12/低毒
番茄 早疫病 750-1500克/公顷 喷雾
PD20091959 双甲脒/20%/乳油/双甲脒 20%/2014.02.12 至 2019.02.12/低毒
苹果树 红蜘蛛 133.3-200毫克/千克 喷雾
PD20091984 阿维·吡虫啉/1.8%/可湿性粉剂/阿维菌素 0.1%、吡虫啉 1.7%/2014.02.12 至 2019.02.12/低毒(原药高毒)
甘蓝 蚜虫 6.75-10.8克/公顷 喷雾
PD20092213 三唑锡/25%/可湿性粉剂/三唑锡 25%/2014.02.24 至 2019.02.24/中等毒
柑橘树 红蜘蛛 125-166.7毫克/千克 喷雾
PD20092475 代森锰锌/80%/可湿性粉剂/代森锰锌 80%/2014.02.25 至 2019.02.25/低毒
番茄 早疫病 1845-2370克/公顷 喷雾
PD20092476 三环唑/75%/可湿性粉剂/三环唑 75%/2014.02.25 至 2019.02.25/中等毒
水稻 稻瘟病 225-300克/公顷 喷雾
PD20092649 丙溴磷/40%/乳油/丙溴磷 40%/2014.03.03 至 2019.03.03/中等毒
棉花 棉铃虫 480-600克/公顷 喷雾
PD20093003 百菌清/75%/可湿性粉剂/百菌清 75%/2014.03.09 至 2019.03.09/低毒
苹果树 斑点落叶病 400-600倍液 喷雾
PD20093474 马拉·辛硫磷/20%/乳油/马拉硫磷 10%、辛硫磷 10%/2014.03.23 至 2019.03.23/低毒
棉花 棉铃虫 150-225克/公顷 喷雾
PD20093648 溴氰 ·敌敌畏/20.5%/乳油/敌敌畏 20%、溴氰菊酯 0.5%/2014.03.25 至 2019.03.25/中等毒
棉花 棉蚜 230-307克/公顷 喷雾
PD20094180 噻嗪·异丙威/25%/可湿性粉剂/噻嗪酮 6%、异丙威 19%/2014.03.30 至 2019.03.30/中等毒
水稻 稻飞虱 112.5-184.5克/公顷 喷雾
PD20094220 福美双/50%/可湿性粉剂/福美双 50%/2014.03.31 至 2019.03.31/低毒
黄瓜 霜霉病 750-1125克/公顷 喷雾
PD20094291 苏云金杆菌/16000IU/毫克/可湿性粉剂/苏云金杆菌 16000IU/毫克/2014.03.31 至 2019.03.31/低毒
茶树 茶毛虫 800-1600倍 喷雾
棉花 二代棉铃虫 1500-2250克制剂/公顷 喷雾
森林 松毛虫 1200-1600倍 喷雾
十字花科蔬菜 菜青虫 375-750克制剂/公顷 喷雾
十字花科蔬菜 小菜蛾 750-1125克制剂/公顷 喷雾
水稻 稻纵卷叶螟 1500-2250克制剂/公顷 喷雾
烟草 烟青虫 750-1500克制剂/公顷 喷雾
玉米 玉米螟 750-1500克制剂/公顷 加细沙灌心
枣树 枣尺蠖 1200-1600倍 喷雾
PD20094305 溴氰·硫丹/10%/乳油/硫丹 9.8%、溴氰菊酯 0.2%/2014.03.31 至 2019.03.31/高毒
棉花 棉铃虫 150-210克/公顷 喷雾
PD20094426 氯氰·毒死蜱/25%/乳油/毒死蜱 22.5%、氯氰菊酯 2.5%/2014.04.01 至 2019.04.01/中等毒
棉花 棉铃虫 225-375克/公顷 喷雾
PD20094447 吡虫·灭多威/10%/乳油/吡虫啉 1%、灭多威 9%/2014.04.01 至 2019.04.01/中等毒(原药高毒)
小麦 蚜虫 90-120克/公顷 喷雾
PD20094458 霜霉威盐酸盐/722克/升/水剂/霜霉威盐酸盐 722克/升/2009.04.01 至 2014.04.01/低毒
黄瓜 霜霉病 866.4-1083克/公顷 喷雾
PD20094579 嘧霉胺/40%/悬浮剂/嘧霉胺 40%/2014.04.09 至 2019.04.09/微毒
番茄 灰霉病 375-562.5克/公顷 喷雾
PD20094601 多菌灵/25%/可湿性粉剂/多菌灵 25%/2014.04.10 至 2019.04.10/低毒

油菜 菌核病 1125-1500克/公顷 喷雾
PD20094634 甲基硫菌灵/70%/可湿性粉剂/甲基硫菌灵 70%/2014.04.10 至 2019.04.10/低毒
苹果 轮纹病 467-700毫克/千克 喷雾
PD20095152 辛硫磷/40%/乳油/辛硫磷 40%/2009.04.24 至 2014.04.24/低毒
十字花科蔬菜 菜青虫 300-480克/公顷 喷雾
PD20095153 杀螟丹/50%/可溶粉剂/杀螟丹 50%/2009.04.24 至 2014.04.24/低毒
水稻 二化螟 600-900克/公顷 喷雾
PD20096325 氟铃脲/5%/乳油/氟铃脲 5%/2009.07.22 至 2014.07.22/低毒
棉花 棉铃虫 90-120克/公顷 喷雾
PD20096474 百草枯/200克/升/水剂/百草枯 200克/升/2012.12.31 至 2014.07.01/中等毒
菜心 杂草 450-600克/公顷 定向喷雾
PD20096513 烯唑醇/12.5%/可湿性粉剂/烯唑醇 12.5%/2009.08.19 至 2014.08.19/低毒
梨树 黑星病 31.3-41.7毫克/千克 喷雾
PD20096638 苯丁・哒螨灵/10%/乳油/苯丁锡 5%、哒螨灵 5%/2009.09.02 至 2014.09.02/中等毒
柑橘树 红蜘蛛 50-67毫克/千克 喷雾
PD20097405 锰锌・百菌清/64%/可湿性粉剂/百菌清 8%、代森锰锌 56%/2009.10.28 至 2014.10.28/低毒
番茄 早疫病 1028-1440克/公顷 喷雾
PD20097815 吗胍・乙酸铜/20%/可湿性粉剂/盐酸吗啉胍 10%、乙酸铜 10%/2009.11.20 至 2014.11.20/低毒
番茄 病毒病 525-750克/公顷 喷雾
PD20098356 哒螨・矿物油/34%/乳油/哒螨灵 4%、矿物油 30%/2009.12.18 至 2014.12.18/中等毒
柑橘树 红蜘蛛 11-16毫克/千克 喷雾
PD20100218 速灭威/25%/可湿性粉剂/速灭威 25%/2010.01.11 至 2015.01.11/中等毒
水稻 稻飞虱 750-1125克/公顷 喷雾
PD20100578 阿维・矿物油/24.5%/乳油/阿维菌素 0.2%、矿物油 24.3%/2010.01.14 至 2015.01.14/低毒(原药高毒)
柑橘树 红蜘蛛 123-245毫克/千克 喷雾
PD20100602 乙酸铜/20%/水分散粒剂/乙酸铜 20%/2010.01.14 至 2015.01.14/低毒
柑橘 溃疡病 167-250毫克/千克 喷雾
PD20102093 辛菌・吗啉胍/5.9%/水剂/盐酸吗啉胍 5%、辛菌胺醋酸盐 0.9%/2010.11.25 至 2015.11.25/低毒
番茄 病毒病 135-196.88克/公顷 喷雾
PD20102107 霜霉・辛菌胺/16.8%/水剂/霜霉威盐酸盐 1.8%、辛菌胺醋酸盐 15%/2010.11.30 至 2015.11.30/低毒
黄瓜 霜霉病 300-480克/公顷 喷雾
PD20110024 甲维・氯氰/3.2%/微乳剂/甲氨基阿维菌素 0.2%、氯氰菊酯 3%/2011.01.04 至 2016.01.04/低毒
甘蓝 甜菜夜蛾 24-28.8克/公顷 喷雾
PD20120041 二氯喹啉酸/50%/可湿性粉剂/二氯喹啉酸 50%/2012.01.10 至 2017.01.10/低毒
水稻移栽田 稗草 300-375克/公顷 茎叶喷雾
PD20120044 高效氯氟氰菊酯/25克/升/乳油/高效氯氟氰菊酯 25克/升/2012.01.10 至 2017.01.10/中等毒
甘蓝 菜青虫 7.5-11.25克/公顷 喷雾
PD20120083 霜脲・锰锌/72%/可湿性粉剂/代森锰锌 64%、霜脲氰 8%/2012.01.19 至 2017.01.19/低毒
黄瓜 霜霉病 1350-1620克/公顷 喷雾
PD20120084 吡嘧・二氯喹/50%/可湿性粉剂/吡嘧磺隆 3%、二氯喹啉酸 47%/2012.01.19 至 2017.01.19/低毒
水稻田(直播) 一年生杂草 225-300克/公顷 茎叶喷雾
PD20120085 甲氨基阿维菌素苯甲酸盐/5%/微乳剂/甲氨基阿维菌素 5%/2012.01.19 至 2017.01.19/低毒
甘蓝 小菜蛾 1.5-2.25克/公顷 喷雾
注:甲氨基阿维菌素苯甲酸盐含量：5.7%。
PD20120285 苯醚甲环唑/10%/水分散粒剂/苯醚甲环唑 10%/2012.02.15 至 2017.02.15/低毒
梨树 黑星病 14.3-16.7毫克/千克 喷雾
PD20120384 阿维菌素/1.8%/微乳剂/阿维菌素 1.8%/2012.03.06 至 2017.03.06/中等毒(原药高毒)
甘蓝 小菜蛾 8.1-10.8克/公顷 喷雾
PD20121037 草甘膦铵盐/65%/可溶粉剂/草甘膦 65%/2012.07.04 至 2017.07.04/低毒
柑橘园 杂草 1462.5-2242.5克/公顷 定向喷雾
注:草甘膦铵盐含量：71.5%。
PD20121083 四螨嗪/20%/悬浮剂/四螨嗪 20%/2012.07.19 至 2017.07.19/低毒
柑橘树 红蜘蛛 100-200毫克/千克 喷雾
PD20121135 三唑锡/20%/悬浮剂/三唑锡 20%/2012.07.20 至 2017.07.20/低毒
苹果树 红蜘蛛 100-200毫克/千克 喷雾
PD20121138 三唑酮/25%/可湿性粉剂/三唑酮 25%/2012.07.20 至 2017.07.20/低毒
小麦 白粉病 120－127.5克/公顷 喷雾
PD20121264 吡虫啉/10%/可湿性粉剂/吡虫啉 10%/2012.09.04 至 2017.09.04/低毒
水稻 稻飞虱 15-30克/公顷 喷雾
PD20121270 哒螨灵/20%/可湿性粉剂/哒螨灵 20%/2012.09.06 至 2017.09.06/低毒
苹果树 红蜘蛛 50-66.7毫克/千克 喷雾
PD20121294 联苯菊酯/100克/升/乳油/联苯菊酯 100克/升/2012.09.06 至 2017.09.06/中等毒
茶树 茶小绿叶蝉 37.5-45克/公顷 喷雾

PD20121346 苄嘧·苯噻酰/0.2%/颗粒剂/苯噻酰草胺 0.19%、苄嘧磺隆 0.01%/2012.09.13 至 2017.09.13/低毒
抛秧水稻 一年生杂草 303-454.5克/公顷 撒施
注:本产品为药肥混剂。
PD20121373 高效氯氰菊酯/4.5%/乳油/高效氯氰菊酯 4.5%/2012.09.13 至 2017.09.13/中等毒
棉花 棉铃虫 27-40.5克/公顷 喷雾
PD20121375 哒螨灵/15%/乳油/哒螨灵 15%/2012.09.13 至 2017.09.13/中等毒
柑橘树 红蜘蛛 75-100毫克/千克 喷雾
PD20121495 甲氨基阿维菌素苯甲酸盐/2%/乳油/甲氨基阿维菌素 2%/2012.10.09 至 2017.10.09/低毒
甘蓝 小菜蛾 1.5-3克/公顷 喷雾
注:甲氨基阿维菌素苯甲酸盐含量: 2.3%。
PD20121522 阿维·哒螨灵/10.5%/乳油/阿维菌素 0.25%、哒螨灵 10.25%/2012.10.09 至 2017.10.09/中等毒(原药高毒)
柑橘树 红蜘蛛 70-105毫克/千克 喷雾
PD20121526 阿维菌素/1.8%/水乳剂/阿维菌素 1.8%/2012.10.09 至 2017.10.09/低毒(原药高毒)
柑橘树 红蜘蛛 7.5-10毫克/千克 /喷雾
PD20121699 三唑磷/20%/乳油/三唑磷 20%/2012.11.05 至 2017.11.05/中等毒
水稻 三化螟 360-450克/公顷 喷雾
PD20121758 阿维·哒螨灵/12.5%/可湿性粉剂/阿维菌素 0.25%、哒螨灵 12.25%/2012.11.15 至 2017.11.15/低毒(原药高毒)
苹果树 二斑叶螨 50-83.3毫克/千克 喷雾
PD20121899 灭蝇胺/80%/水分散粒剂/灭蝇胺 80%/2012.12.07 至 2017.12.07/低毒
黄瓜 美洲斑潜蝇 180-216克/公顷 喷雾
PD20122027 五硝·多菌灵/40%/可湿性粉剂/多菌灵 20%、五氯硝基苯 20%/2012.12.19 至 2017.12.19/低毒
西瓜 枯萎病 0.25-0.33克/株 灌根
PD20122033 高效氟吡甲禾灵/108克/升/乳油/高效氟吡甲禾灵 108克/升/2012.12.19 至 2017.12.19/低毒
大豆田 一年生禾本科杂草 48.6-72.9克/公顷 茎叶喷雾
PD20122073 氯氰菊酯/10%/乳油/氯氰菊酯 10%/2012.12.24 至 2017.12.24/低毒
叶菜 菜青虫 30-45克/公顷 喷雾
PD20130241 甲氨基阿维菌素苯甲酸盐/2%/微乳剂/甲氨基阿维菌素 2%/2013.02.05 至 2018.02.05/低毒
水稻 稻纵卷叶螟 9—12克/公顷 喷雾
注:甲氨基阿维菌素苯甲酸盐含量: 2.3%。
PD20130261 己唑醇/5%/微乳剂/己唑醇 5%/2013.02.06 至 2018.02.06/低毒
苹果树 白粉病 33-50毫克/千克 喷雾
PD20130331 噻嗪·毒死蜱/30%/乳油/毒死蜱 15%、噻嗪酮 15%/2013.03.05 至 2018.03.05/中等毒
柑橘树 介壳虫 120-200毫克/千克 喷雾
PD20130552 炔螨特/73%/乳油/炔螨特 73%/2013.04.01 至 2018.04.01/低毒
柑橘树 红蜘蛛 243.3-365毫克/千克 喷雾
PD20130607 吡嘧磺隆/2.5%/泡腾片剂/吡嘧磺隆 2.5%/2013.04.03 至 2018.04.03/低毒
水稻抛秧田 阔叶杂草及莎草科杂草 18.75—30克/公顷 撒施法
PD20131126 阿维·三唑锡/12.5%/可湿性粉剂/阿维菌素 0.25%、三唑锡 12.25%/2013.05.20 至 2018.05.20/低毒(原药高毒)
苹果树 二斑叶螨 83.3-125毫克/千克 喷雾
PD20131264 苄嘧·丙草胺/0.3%/颗粒剂/苄嘧磺隆 0.033%、丙草胺 0.267%/2013.06.04 至 2018.06.04/微毒
水稻田(直播) 一年生杂草 450-675克/公顷 撒施
注:药肥混剂。
PD20131270 苄·二氯/0.3%/颗粒剂/苄嘧磺隆 0.033%、二氯喹啉酸 0.267%/2013.06.05 至 2018.06.05/微毒
水稻田(直播) 一年生杂草 450-675克/公顷 撒施
注:药肥混剂。
PD20131398 啶虫脒/40%/水分散粒剂/啶虫脒 40%/2013.07.02 至 2018.07.02/低毒
甘蓝 蚜虫 13.5-22.5克/公顷 喷雾
PD20131543 氰氟·二氯喹/20%/可湿性粉剂/二氯喹啉酸 17%、氰氟草酯 3%/2013.07.18 至 2018.07.18/低毒
水稻秧田 一年生禾本科杂草 240-300克/公顷 茎叶喷雾
PD20131697 苯磺隆/80%/水分散粒剂/苯磺隆 80%/2013.08.07 至 2018.08.07/低毒
冬小麦田 一年生阔叶杂草 12-24克/公顷 茎叶喷雾
PD20131700 氯吡·苯磺隆/20%/可湿性粉剂/苯磺隆 2.7%、氯氟吡氧乙酸 17.3%/2013.08.07 至 2018.08.07/低毒
冬小麦田 一年生阔叶杂草 90-120克/公顷 茎叶喷雾
PD20131794 氰氟草酯/100克/升/乳油/氰氟草酯 100克/升/2013.09.09 至 2018.09.09/低毒
水稻田(直播) 千金子 90—120克/公顷 茎叶喷雾
PD20132328 吡嘧·苯噻酰/68%/可湿性粉剂/苯噻酰草胺 64%、吡嘧磺隆 4%/2013.11.13 至 2018.11.13/低毒
移栽水稻田 一年生杂草 255-357克/公顷 药土法
PD20132625 精噁唑禾草灵/10%/乳油/精噁唑禾草灵 10%/2013.12.20 至 2018.12.20/低毒
冬小麦田 一年生禾本科杂草 60-90克/公顷 茎叶喷雾
PD20132678 杀螟丹/0.8%/颗粒剂/杀螟丹 0.8%/2013.12.25 至 2018.12.25/低毒
水稻 稻纵卷叶螟 1500-1800克/公顷 撒施
注:本产品为药肥混剂。
LS20110219 炔螨特/30%/水乳剂/炔螨特 30%/2013.08.04 至 2014.08.04/低毒

柑橘树 红蜘蛛 300—400毫克/千克 喷雾

LS20110257 噁霉灵/0.1%/颗粒剂/噁霉灵 0.1%/2013.09.21 至 2014.09.21/低毒

西瓜 枯萎病 450-600克/公顷 撒施

LS20110278 阿维·炔螨特/40%/水乳剂/阿维菌素 0.3%、炔螨特 39.7%/2013.11.03 至 2014.11.03/低毒(原药高毒)

柑橘树 红蜘蛛 200-266.7毫克/千克 喷雾

LS20120018 二氯喹啉酸/75%/可湿性粉剂/二氯喹啉酸 75%/2014.01.09 至 2015.01.09/低毒

水稻抛秧田 稗草 225-337.5克/公顷 茎叶喷雾

LS20120058 卡·二氯/3%/颗粒剂/苄嘧磺隆 0.33%、二氯喹啉酸 2.67%/2013.02.14 至 2014.02.14/低毒

水稻抛秧田 一年生杂草 337.5-450 药土法

LS20120059 苄嘧·丙草胺/3%/颗粒剂/苄嘧磺隆 0.33%、丙草胺 2.67%/2013.02.15 至 2014.02.15/低毒

水稻抛秧田 一年生杂草 337.5-450克/公顷 药土法

LS20120156 阿维·哒螨灵/10%/水乳剂/阿维菌素 0.2%、哒螨灵 9.8%/2013.04.18 至 2014.04.18/低毒(原药高毒)

柑橘树 红蜘蛛 33.3—50毫克/千克 喷雾

LS20120237 烯酰吗啉/80%/可湿性粉剂/烯酰吗啉 80%/2013.07.04 至 2014.07.04/低毒

黄瓜 霜霉病 240-300克/公顷 喷雾

LS20120243 氰氟草酯/10%/水乳剂/氰氟草酯 10%/2013.07.04 至 2014.07.04/低毒

水稻田(直播) 千金子 90～120克/公顷 茎叶喷雾

LS20120406 丙森·戊唑醇/65%/可湿性粉剂/丙森锌 60%、戊唑醇 5%/2013.12.18 至 2014.12.18/低毒

苹果树 斑点落叶病 433-722毫克/千克 喷雾

LS20130169 戊唑·异菌脲/25%/悬浮剂/戊唑醇 5%、异菌脲 20%/2013.04.03 至 2014.04.03/低毒

苹果树 斑点落叶病 62.5-83.3毫克/千克 喷雾

LS20130173 噻唑膦/20%/水乳剂/噻唑膦 20%/2013.04.03 至 2014.04.03/中等毒

黄瓜 根结线虫 2250-3000克/公顷 灌根

LS20130230 虫螨腈/10%/微乳剂/虫螨腈 10%/2013.04.28 至 2014.04.28/低毒

甘蓝 甜菜夜蛾 60-75克/公顷 喷雾

LS20130317 苯甲·嘧菌酯/26%/悬浮剂/苯醚甲环唑 10%、嘧菌酯 16%/2013.06.05 至 2014.06.05/低毒

西瓜 炭疽病 156-234克/公顷 喷雾

LS20130364 吡蚜酮/50%/可湿性粉剂/吡蚜酮 50%/2013.07.05 至 2014.07.05/低毒

水稻 稻飞虱 60-75克/公顷 喷雾

LS20130436 甲维·虫螨腈/6%/微乳剂/虫螨腈 5%、甲氨基阿维菌素 1%/2013.09.09 至 2014.09.09/低毒

甘蓝 甜菜夜蛾 9-18克/公顷 喷雾

LS20130437 吡嘧磺隆/20%/水分散粒剂/吡嘧磺隆 20%/2013.09.09 至 2014.09.09/低毒

水稻田(直播) 一年生阔叶杂草及部分莎草科杂草 22.5-30克/公顷 喷雾

LS20130442 烯啶·噻嗪酮/15%/可湿性粉剂/噻嗪酮 10%、烯啶虫胺 5%/2013.09.10 至 2014.09.10/低毒

水稻 稻飞虱 54-81克/公顷 喷雾

LS20130461 甲维·毒死蜱/20%/微乳剂/毒死蜱 19.5%、甲氨基阿维菌素 0.5%/2013.10.10 至 2014.10.10/中等毒

水稻 稻纵卷叶螟 180-210克/公顷 喷雾

LS20130479 硝磺·莠去津/55%/悬浮剂/莠去津 50%、硝磺草酮 5%/2013.11.08 至 2014.11.08/低毒

夏玉米田 一年生阔叶杂草 660-990克/公顷 茎叶喷雾

LS20130486 氟硅唑/15%/水乳剂/氟硅唑 15%/2013.11.08 至 2014.11.08/低毒

梨树 黑星病 37.5-50毫克/千克 喷雾

LS20130523 甲氨基阿维菌素苯甲酸盐/2%/微囊悬浮剂/甲氨基阿维菌素 2%/2013.12.10 至 2014.12.10/低毒

甘蓝 甜菜夜蛾 2.25-3.75克/公顷 喷雾

注:甲氨基阿维菌素苯甲酸盐: 2.3%。

广州超威日用化学用品有限公司 (广东省广州市芳村区陆居路2号 510370 020-81566936)

WP20080161 蚊香/0.25%/蚊香/富右旋反式烯丙菊酯 0.25%/2008.11.12 至 2013.11.12/微毒

卫生 蚊 / 点燃

WP20080192 电热蚊香片/12毫克/片/电热蚊香片/炔丙菊酯 12毫克/片/2008.11.20 至 2013.11.20/微毒

卫生 蚊 / 电热加温

注:本品有两种香型：艾草香型、无香型。

WP20080230 杀虫气雾剂/0.45%/气雾剂/高效氯氰菊酯 0.1%、右旋胺菊酯 0.25%、右旋苯醚氰菊酯 0.1%/2013.11.25至2018.11.25/微毒

卫生 臭虫、蚂蚁、跳蚤、蚊、蝇、蜚蠊 / 喷雾

注:本品有三种香型：无香型、茉莉香型、玫瑰香型。

WP20080252 杀蟑气雾剂/0.28%/气雾剂/炔咪菊酯 0.08%、右旋苯氰菊酯 0.2%/2013.11.26 至 2018.11.26/低毒

卫生 蜚蠊 / 喷雾

WP20080308 电热蚊香液/1%/电热蚊香液/炔丙菊酯 1%/2013.12.04 至 2018.12.04/微毒

卫生 蚊 / 电热加温

WP20080343 杀蚊气雾剂/0.5%/气雾剂/氯菊酯 0.1%、右旋胺菊酯 0.3%、右旋苯醚菊酯 0.1%/2013.12.09 至 2018.12.09/微毒

卫生 蚊 / 喷雾

注:本产品有一种香型：柠檬香型。

WP20080414 驱蚊花露水/5%/驱蚊花露水/避蚊胺 5%/2013.12.12 至 2018.12.12/微毒

卫生 蚊 / 涂抹

WP20090049 蚊香/0.3%/蚊香/富右旋反式烯丙菊酯 0.3%/2014.01.21 至 2019.01.21/微毒
卫生 蚊 / 点燃

WP20090118 杀虫气雾剂/0.5%/气雾剂/富右旋反式炔丙菊酯 0.15%、氯菊酯 0.2%、右旋苯醚菊酯 0.15%/2009.02.12至2014.02.12/低毒
卫生 蚊、蝇、蜚蠊 / 喷雾

WP20090168 蚊香/0.3%/蚊香/右旋烯丙菊酯 0.3%/2009.03.09 至 2014.03.09/微毒
卫生 蚊 / 点燃

WP20090227 杀虫气雾剂/0.5%/气雾剂/富右旋反式炔丙菊酯 0.15%、氯菊酯 0.2%、右旋苯醚菊酯 0.15%/2009.04.09至2014.04.09/低毒
卫生 蚊、蝇、蜚蠊 / 喷雾

WP20100025 蚊香/0.03%/蚊香/四氟甲醚菊酯 0.03%/2010.01.19 至 2015.01.19/微毒
卫生 蚊 / 点燃
注:本品有三种香型:无香型、艾草香型、荷花香型。

WP20110183 蚊香/0.08%/蚊香/氯氟醚菊酯 0.08%/2011.08.04 至 2016.08.04/微毒
卫生 蚊 / 点燃
注:本产品有三种香型:艾草清香型、香草玫瑰香型、檀香香型。

WP20120071 电热蚊香液/1.5%/电热蚊香液/炔丙菊酯 1.5%/2012.04.18 至 2017.04.18/微毒
卫生 蚊 / 电热加温

WP20130059 电热蚊香片/13毫克/片/电热蚊香片/炔丙菊酯 5.2毫克/片、氯氟醚菊酯 7.8毫克/片/2013.04.08 至 2018.04.08/微毒
卫生 蚊 / 电热加温
注:本产品有三种香型:艾草清香型、玫瑰香草香型、无香型。

WP20130117 电热蚊香液/1%/电热蚊香液/氯氟醚菊酯 1%/2013.06.04 至 2018.06.04/微毒
卫生 蚊 / 电热加温
注:本产品有两种香型:艾草香型、香草玫瑰香型。

WP20130230 电热蚊香液/1.5%/电热蚊香液/四氟苯菊酯 1.5%/2013.11.08 至 2018.11.08/微毒
室内 蚊 / 电热加温

WP20130259 蚊香/0.05%/蚊香/氯氟醚菊酯 0.05%/2013.12.17 至 2018.12.17/微毒
卫生 蚊 / 点燃

WL20100039 杀蚊气雾剂/0.5%/气雾剂/右旋胺菊酯 0.2%、右旋苯醚氰菊酯 0.24%、氯氟醚菊酯 0.06%/2012.02.09至2013.02.09/微毒
卫生 蚊 / 喷雾

WL20120011 杀虫气雾剂/0.6%/气雾剂/除虫菊素 0.6%/2013.02.09 至 2014.02.09/微毒
卫生 蚊、蝇、蜚蠊 / 喷雾

WL20120050 电热蚊香片/15毫克/片/电热蚊香片/炔丙菊酯 10毫克/片、四氟苯菊酯 5毫克/片/2013.08.27 至 2014.08.27/微毒
卫生 蚊 / 电热加温

WL20130012 驱蚊液/9%/驱蚊液/驱蚊酯 9%/2013.02.06 至 2014.02.06/微毒
卫生 蚊 / 涂抹

WL20130021 杀蟑饵剂/0.9%/饵剂/毒死蜱 0.9%/2013.04.28 至 2014.04.28/微毒
卫生 蜚蠊 / 投放

WL20130030 杀蚊气雾剂/0.21%/气雾剂/氯菊酯 0.16%、右旋反式氯丙炔菊酯 0.05%/2013.07.29 至 2014.07.29/微毒
室内 蚊 / 喷雾
注:本产品有一种香型:柠檬香型。

WL20130031 杀蟑气雾剂/0.42%/气雾剂/氯菊酯 0.3%、炔咪菊酯 0.12%/2013.07.29 至 2014.07.29/微毒
卫生 蜚蠊 / 喷雾
注:本产品有一种香型:柠檬香型。

WL20130033 杀虫气雾剂/0.34%/气雾剂/氯菊酯 0.3%、右旋反式氯丙炔菊酯 0.04%/2013.07.29 至 2014.07.29/微毒
室内 臭虫、蚂蚁、跳蚤、蚊、蝇、蜚蠊 / 喷雾
注:本产品有三种香型:茉莉香型、香草玫瑰香型、无香型。

广州农密生物科技有限公司白云分公司 (广东省广州市白云区钟落潭五龙岗康杜岭5号 514700 020-37401360)

PDN4-88 复硝酚钾/2%/水剂/2,4-二硝基苯酚钾 0.1%、对硝基苯酚钾 1%、邻硝基苯酚钾 0.9%/2013.10.30 至 2018.10.30/低毒
茶树 调节生长 4000-6000倍液 喷雾,浸种
甘蔗 调节生长 3000-4000倍液 喷雾,浸种
瓜菜类蔬菜、叶菜类蔬菜 调节生长 2000-3000倍液 喷雾,浸种
黄麻 调节生长 5000-6000倍液 喷雾
亚麻 调节生长 2000-3000倍液 喷雾

PD20130081 四聚乙醛/6%/颗粒剂/四聚乙醛 6%/2013.01.15 至 2018.01.15/低毒
叶菜 蜗牛 360-540克/公顷 撒施

WP20130252 四聚乙醛/40%/悬浮剂/四聚乙醛 40%/2013.12.10 至 2018.12.10/低毒
滩涂 钉螺 1-2克/平方米 喷洒

广州农药厂从化市分厂 (广东省广州市从化市江埔街锦三村 510925 020-87992055)

PDN9-91 丁草胺/60%/乳油/丁草胺 60%/2011.07.31 至 2016.07.31/低毒
水稻田 稗草、牛毛草、鸭舌草 750-1275克/公顷 喷雾,毒土

PDN10-91 丁草胺/50%/乳油/丁草胺 50%/2011.07.31 至 2016.07.31/低毒
水稻田 稗草、牛毛草、鸭舌草 750-1275克/公顷 喷雾,毒土
PD85131-37 井冈霉素/2.4%,4%/水剂/井冈霉素 2.4%,4%/2011.04.29 至 2016.04.29/低毒
水稻 纹枯病 75-112.5克/公顷 喷雾,泼浇
PD86122 乐果/50%/乳油/乐果 50%/2011.07.31 至 2016.07.31/中等毒
棉花 蚜虫、螨 450-600克/公顷 喷雾
水稻 飞虱、螟虫、叶蝉 450-600克/公顷 喷雾
PD91105-2 鱼藤酮/2.5%/乳油/鱼藤酮 2.5%/2011.11.23 至 2016.11.23/低毒(原药高毒)
叶菜 蚜虫 37.5克/公顷 喷雾
PD20082895 克百威/3%/颗粒剂/克百威 3%/2013.12.09 至 2018.12.09/高毒
甘蔗 蚜虫、蔗龟 1350-2250克/公顷 沟施
花生 线虫 1800-2250克/公顷 条施、沟施
棉花 蚜虫 675-900克/公顷 条施、沟施
水稻 二化螟、瘿蚊 900-1350克/公顷 撒施
PD20083380 多菌灵/50%/可湿性粉剂/多菌灵 50%/2013.12.11 至 2018.12.11/低毒
水稻 纹枯病 750-900克/公顷 喷雾
PD20083620 乐果/40%/乳油/乐果 40%/2013.12.12 至 2018.12.12/中等毒
十字花科蔬菜 蚜虫 450-600克/公顷 喷雾
PD20084055 异丙威/20%/乳油/异丙威 20%/2013.12.16 至 2018.12.16/低毒
水稻 叶蝉 600-750克/公顷 喷雾
PD20085480 丁草胺/5%/颗粒剂/丁草胺 5%/2013.12.25 至 2018.12.25/低毒
水稻 稗草、牛毛草、鸭舌草 750-1275克/公顷 撒施
PD20091390 百菌清/75%/可湿性粉剂/百菌清 75%/2009.02.02 至 2014.02.02/低毒
黄瓜 白粉病 1687.5-2250克/公顷 喷雾
PD20092834 草甘膦/30%/水剂/草甘膦 30%/2009.03.05 至 2014.03.05/低毒
柑橘园 杂草 1125-2250克/公顷 定向茎叶喷雾
PD20093970 乙草胺/50%/乳油/乙草胺 50%/2009.03.27 至 2014.03.27/低毒
花生田 一年生禾本科杂草及部分小粒种子阔叶杂草 975-1200克/公顷 播后苗前土壤喷雾
PD20100464 乙草胺/81.5%/乳油/乙草胺 81.5%/2010.01.14 至 2015.01.14/低毒
花生田 一年生杂草 80-100毫升制剂/亩 播后苗前土壤喷雾

广州市立道汽车用品有限公司 (增城市荔城街广汕公路五一路段黄牛山厂房1幢1、2层 515100 020-32822202)

WL20100157 杀虫气雾剂/0.46%/气雾剂/Es-生物烯丙菊酯 0.18%、氯氰菊酯 0.1%、右旋苯醚氰菊酯 0.18%/2012.06.03至2013.06.03/微毒
卫生 蜚蠊、蚊、蝇 / 喷雾

惠州市银农科技有限公司 (广东省惠州市马安镇赤奥地段 516257 0752-5801999)

PD20100442 咪锰·多菌灵/30%/水分散粒剂/多菌灵 20%、咪鲜胺锰盐 10%/2010.10.08 至 2015.10.08/低毒
黄瓜 炭疽病 450－600克/公顷 喷雾
PD20101213 甲氨基阿维菌素苯甲酸盐(5.7%)///水分散粒剂/甲氨基阿维菌素 5%/2010.02.21 至 2015.02.21/低毒
甘蓝 甜菜夜蛾 11.25-15克/公顷 喷雾
PD20101675 苯甲·丙环唑/30%/微乳剂/苯醚甲环唑 15%、丙环唑 15%/2010.06.08 至 2015.06.08/低毒
水稻 纹枯病 67.5－120克/公顷 喷雾
PD20120592 甲氨基阿维菌素苯甲酸盐/5%/微乳剂/甲氨基阿维菌素 5%/2012.04.10 至 2017.04.10/低毒
甘蓝 甜菜夜蛾 3－3.375克/公顷 喷雾
注:甲氨基阿维菌素苯甲酸盐含量: 5.7%。
PD20131546 苯甲·嘧菌酯/48%/悬浮剂/苯醚甲环唑 18%、嘧菌酯 30%/2013.07.18 至 2018.07.18/低毒
西瓜 炭疽病 215-290克/公顷 喷雾
PD20131749 醚菌酯/30%/悬浮剂/醚菌酯 30%/2013.08.16 至 2018.08.16/低毒
黄瓜 白粉病 135-157.5克/公顷 喷雾
LS20120333 噻虫啉/40%/悬浮剂/噻虫啉 40%/2013.10.08 至 2014.10.08/低毒
黄瓜 蚜虫 61.5-123克/公顷 喷雾

江门市大光明农化新会有限公司 (广东省江门市新会区沙堆镇洋关开发区 529148 0750-3508606)

PD84111-33 氧乐果/40%/乳油/氧乐果 40%/2009.10.28 至 2014.10.28/中等毒(原药高毒)
棉花 蚜虫、螨 375-600克/公顷 喷雾
森林 松干蚧、松毛虫 500倍液 喷雾或直接涂树干
水稻 稻纵卷叶螟、飞虱 375-600克/公顷 喷雾
小麦 蚜虫 300-450克/公顷 喷雾
PD84125-17 乙烯利/40%/水剂/乙烯利 40%/2009.10.28 至 2014.10.28/低毒
番茄 催熟 800-1000倍液 喷雾或浸渍
棉花 催熟、增产 330-500倍液 喷雾
柿子、香蕉 催熟 400倍液 喷雾或浸渍
水稻 催熟、增产 800倍液 喷雾
橡胶树 增产 5-10倍液 涂布

	烟草	催熟	1000-2000倍液	喷雾
PD85121-19	乐果/40%/乳油/乐果 40%/2010.07.07 至 2015.07.07/中等毒			
	茶树	蚜虫、叶蝉、螨	1000-2000倍液	喷雾
	甘薯	小象甲	2000倍液	浸鲜薯片诱杀
	柑橘树、苹果树	鳞翅目幼虫、蚜虫、螨	800-1600倍液	喷雾
	棉花	蚜虫、螨	450-600克/公顷	喷雾
	蔬菜	蚜虫、螨	300-600克/公顷	喷雾
	水稻	飞虱、螟虫、叶蝉	450-600克/公顷	喷雾
	烟草	蚜虫、烟青虫	300-600克/公顷	喷雾
PD86148-60	异丙威/20%/乳油/异丙威 20%/2011.12.13 至 2016.12.13/中等毒			
	水稻	飞虱、叶蝉	450-600克/公顷	喷雾
PD86152-3	乙酰甲胺磷/30%/乳油/乙酰甲胺磷 30%/2011.12.13 至 2016.12.13/低毒			
	柑橘树	介壳虫、螨	500-1000倍液	喷雾
	棉花	棉铃虫、蚜虫	450-562.5克/公顷	喷雾
	苹果树	食心虫	500-1000倍液	喷雾
	蔬菜	菜青虫、蚜虫	500-1000倍液	喷雾
	水稻	螟虫、叶蝉	450-562.5克/公顷	喷雾
	玉米	黏虫、玉米螟	500-1000倍液	喷雾
PD86157-16	硫磺/50%/悬浮剂/硫磺 50%/2011.12.13 至 2016.12.13/低毒			
	果树	白粉病	200-400倍液	喷雾
	花卉	白粉病	750-1500克/公顷	喷雾
	黄瓜	白粉病	1125-1500克/公顷	喷雾
	橡胶树	白粉病	1875-3000克/公顷	喷雾
	小麦	白粉病、螨	3000克/公顷	喷雾
PD91106-17	甲基硫菌灵/70%/可湿性粉剂/甲基硫菌灵 70%/2011.04.09 至 2016.04.09/低毒			
	番茄	叶霉病	375-562.5克/公顷	喷雾
	甘薯	黑斑病	360-450毫克/千克	浸薯块
	瓜类	白粉病	337.5-506.25克/公顷	喷雾
	梨树	黑星病	360-450毫克/千克	喷雾
	苹果树	轮纹病	700毫克/千克	喷雾
	水稻	稻瘟病、纹枯病	1050-1500克/公顷	喷雾
	小麦	赤霉病	750-1050克/公顷	喷雾
PD20040390	氯氰菊酯/10%/乳油/氯氰菊酯 10%/2009.12.19 至 2014.12.19/中等毒			
	棉花	棉铃虫、棉蚜	45-90克/公顷	喷雾
	十字花科蔬菜	菜青虫	30-45克/公顷	喷雾
PD20040460	吡虫啉/5%/乳油/吡虫啉 5%/2009.12.19 至 2014.12.19/低毒			
	棉花	蚜虫	11.25-22.5克/公顷	喷雾
	水稻	飞虱	11.25-18.75克/公顷	喷雾
	注:棉花为临时登记状态，有效期2007年4月4日至2010年4月4日。			
PD20040548	吡虫啉/10%/可湿性粉剂/吡虫啉 10%/2009.12.19 至 2014.12.19/低毒			
	十字花科蔬菜	蚜虫	11.25-22.5克/公顷	喷雾
	水稻	飞虱	11.25-18.75克/公顷	喷雾
	注:十字花科蔬菜为临时登记,有效期为2007年2月26日至2011年2月26日。			
PD20040634	高效氯氰菊酯/4.5%/乳油/高效氯氰菊酯 4.5%/2009.12.19 至 2014.12.18/中等毒			
	茶树	茶尺蠖	15-22.5克/公顷	喷雾
	柑橘树	红蜡蚧	50毫克/千克	喷雾
	柑橘树	潜叶蛾	15-20毫克/千克	喷雾
	棉花	红铃虫、棉铃虫、棉蚜	15-30克/公顷	喷雾
	苹果树	桃小食心虫	20-33毫克/千克	喷雾
	十字花科蔬菜	菜青虫、小菜蛾	9-22.5克/公顷	喷雾
	十字花科蔬菜	蚜虫	3-18克/公顷	喷雾
	烟草	烟青虫	15-22.5克/公顷	喷雾
PD20060126	甲氰菊酯/20%/乳油/甲氰菊酯 20%/2011.01.26 至 2016.01.26/中等毒			
	甘蓝	菜青虫	75-90克/公顷	喷雾
	柑橘树	红蜘蛛	67-100毫克/千克	喷雾
	棉花	棉铃虫	90-120克/公顷	喷雾
	苹果树	山楂红蜘蛛	100毫克/千克	喷雾
PD20070100	百草枯/20%/水剂/百草枯 20%/2012.12.31 至 2014.07.01/中等毒			
	柑橘园	杂草	600-750克/公顷	定向茎叶喷雾
PD20070549	芸苔素内酯/0.01%/可溶液剂/芸苔素内酯 0.01%/2012.12.03 至 2017.12.03/微毒			
	草莓、茶树、梨树	调节生长、增产	0.02-0.04毫克/升	喷雾
	大豆、番茄、花生、香蕉、烟草	调节生长	0.02-0.04毫克/升	喷雾

柑橘树 调节生长 0.02-0.04毫克/千克 喷雾
黄瓜 调节生长 0.03—0.05毫克/千克 喷雾
荔枝树、葡萄 调节生长 0.02-0.04 毫克/千克 喷雾
棉花、小白菜 调节生长、增产 0.02-0.04毫克/千克 喷雾
水稻 调节生长、增产 0.02-0.06毫克/千克 喷雾
小麦 调节生长、增产 0.01-0.1毫克/千克 喷雾
玉米 调节生长、增产 0.05-0.2毫克/千克 喷雾
注:在梨树、草莓和茶树上为临时登记，有效期最多至2011年3月19日。

PD20070550 芸苔素内酯/90%/原药/芸苔素内酯 90%/2012.12.03 至 2017.12.03/低毒

PD20080353 草甘膦异丙胺盐/30%/水剂/草甘膦 30%/2013.02.28 至 2018.02.28/低毒
柑橘园 一年生和多年生杂草 1230-2460克/公顷 定向茎叶喷雾
注:草甘膦异丙胺盐含量：41。

PD20080756 灭多威/24%/可溶液剂/灭多威 24%/2013.06.11 至 2018.06.11/中等毒(原药高毒)
棉花 棉铃虫、棉蚜 270-360克/公顷 喷雾
烟草 烟青虫、烟蚜 180-270克/公顷 喷雾

PD20081424 甲氰菊酯/20%/乳油/甲氰菊酯 20%/2013.10.31 至 2018.10.31/中等毒
苹果树 桃小食心虫 67-100毫克/千克 喷雾
苹果树 红蜘蛛 100毫克/千克 喷雾

PD20082321 苯噻酰草胺/50%/可湿性粉剂/苯噻酰草胺 50%/2013.12.01 至 2018.12.01/低毒
水稻抛秧田 一年生杂草 450-525克/公顷(南方地区) 药土法
水稻移栽田 稗草、异型莎草 450-600克/公顷(北方地区) 药土法

PD20083159 氟乐灵/480克/升/乳油/氟乐灵 480克/升/2013.12.11 至 2018.12.11/低毒
春大豆田 一年生禾本科杂草及部分阔叶杂草 1080-1440克/公顷(东北地区) 土壤喷雾
夏大豆田 一年生禾本科杂草及部分阔叶杂草 846-1080克/公顷(其他地区) 土壤喷雾

PD20083190 毒死蜱/45%/乳油/毒死蜱 45%/2013.12.11 至 2018.12.11/中等毒
荔枝 蒂蛀虫 400-500毫克/千克 喷雾
水稻 稻纵卷叶螟 450-600克/公顷 喷雾

PD20083532 高效氯氟氰菊酯/25克/升/乳油/高效氯氟氰菊酯 25克/升/2013.12.12 至 2018.12.12/中等毒
棉花 棉铃虫 7.5-22.5克/公顷 喷雾
十字花科蔬菜 蚜虫 5.625-7.5克/公顷 喷雾

PD20083576 啶虫脒/5%/乳油/啶虫脒 5%/2013.12.12 至 2018.12.12/低毒
柑橘树、苹果树 蚜虫 12-15毫克/千克 喷雾
黄瓜 蚜虫 18-22.5克/公顷 喷雾
烟草 蚜虫 13.5-18克/公顷 喷雾

PD20083628 精喹禾灵/5%/乳油/精喹禾灵 5%/2013.12.12 至 2018.12.12/低毒
花生田 一年生禾本科杂草 45-60克/公顷 茎叶喷雾

PD20085722 苄嘧·苯噻酰/50%/可湿性粉剂/苯噻酰草胺 45%、苄嘧磺隆 5%/2013.12.26 至 2018.12.26/低毒
水稻移栽田 一年生及部分多年生杂草 1)600-750克/公顷(北方地区) 药土法
2)375-525克/公顷(南方地区)

PD20086327 灭多威/20%/乳油/灭多威 20%/2013.12.31 至 2018.12.31/中等毒(原药高毒)
棉花 蚜虫 75-150克/公顷 喷雾
棉花 棉铃虫 150-225克/公顷 喷雾

PD20090285 硫磺·三唑酮/50%/悬浮剂/硫磺 45%、三唑酮 5%/2014.01.09 至 2019.01.09/低毒
小麦 锈病 750-900克/公顷 喷雾
小麦 白粉病 600-750克/公顷 喷雾
小麦 霜霉病 750-1200克/公顷 喷雾

PD20090406 硫磺·三环唑/45%/悬浮剂/硫磺 40%、三环唑 5%/2014.01.12 至 2019.01.12/低毒
水稻 稻瘟病 675-1012.5克/公顷 喷雾

PD20092396 噁霜·锰锌/64%/可湿性粉剂/噁霜灵 8%、代森锰锌 56%/2014.02.25 至 2019.02.25/低毒
黄瓜 霜霉病 1650-1950克/公顷 喷雾

PD20092406 氰戊·乐果/15%/乳油/乐果 13%、氰戊菊酯 2%/2014.02.25 至 2019.02.25/中等毒
柑橘树 潜叶蛾 60-150毫克/千克 喷雾
十字花科蔬菜 菜青虫、蚜虫 60-150毫克/千克 喷雾

PD20092423 甲氰·炔螨特/20%/乳油/甲氰菊酯 5%、炔螨特 15%/2014.02.25 至 2019.02.25/中等毒
柑橘树 红蜘蛛 200-250毫克/千克 喷雾

PD20092576 抗蚜威/25%/水分散粒剂/抗蚜威 25%/2014.02.27 至 2019.02.27/中等毒
烟草 烟蚜 112.5-187.5克/公顷 喷雾

PD20093296 高效氯氰菊酯/4.5%/水乳剂/高效氯氰菊酯 4.5%/2014.03.13 至 2019.03.13/低毒
棉花 棉铃虫 33.75-54克/公顷 喷雾

PD20093994 甲霜·锰锌/58%/可湿性粉剂/甲霜灵 10%、代森锰锌 48%/2014.03.27 至 2019.03.27/低毒
黄瓜 霜霉病 1305-1632克/公顷 喷雾

PD20094409 甲氰·辛硫磷/12%/乳油/甲氰菊酯 10%、辛硫磷 2%/2014.04.01 至 2019.04.01/中等毒
苹果树 桃小食心虫 60-80毫克/千克 喷雾

PD20094707	S-氰戊菊酯/50克/升/乳油/S-氰戊菊酯 50克/升/2014.04.10 至 2019.04.10/中等毒			
	甘蓝	菜青虫	7.5-15克/公顷	喷雾
	棉花	棉铃虫	18.75-26.25克/公顷	喷雾
	苹果树	桃小食心虫	16-25毫克/千克	喷雾
	小麦	蚜虫	9-11.25克/公顷	喷雾
PD20094767	噻螨酮/5%/乳油/噻螨酮 5%/2014.04.13 至 2019.04.13/低毒			
	柑橘树	红蜘蛛	25毫克/千克	喷雾
	棉花	红蜘蛛	37.5-49.5克/公顷	喷雾
	苹果树	苹果红蜘蛛、山楂红蜘蛛	25-30毫克/千克	喷雾
PD20095608	硫磺·百菌清/50%/悬浮剂/百菌清 15%、硫磺 35%/2009.05.12 至 2014.05.12/低毒			
	黄瓜	霜霉病	1125-1875克/公顷	喷雾
PD20096246	喹硫磷/10%/乳油/喹硫磷 10%/2009.07.15 至 2014.07.15/中等毒			
	水稻	稻纵卷叶螟、三化螟	150-180克/公顷	喷雾
PD20097102	高效氯氟氰菊酯/2.5%/可湿性粉剂/高效氯氟氰菊酯 2.5%/2009.10.10 至 2014.10.10/中等毒			
	甘蓝	蚜虫	7.5-11.25克/公顷	喷雾
PD20101392	烯禾啶/12.5%/乳油/烯禾啶 12.5%/2010.04.14 至 2015.04.14/低毒			
	大豆田、花生田、油菜田	一年生禾本科杂草	124.5-187.5克/公顷	茎叶喷雾
PD20101926	三唑磷/20%/乳油/三唑磷 20%/2010.08.27 至 2015.08.27/中等毒			
	水稻	三化螟	300-375克/公顷	喷雾
PD20110681	吡虫啉/70%/水分散粒剂/吡虫啉 70%/2011.06.20 至 2016.06.20/低毒			
	甘蓝	蚜虫	17—20克/公顷	喷雾
PD20121504	硫磺·多菌灵/40%/悬浮剂/多菌灵 20%、硫磺 20%/2012.10.09 至 2017.10.09/低毒			
	水稻	稻瘟病	1200-1800克/公顷	喷雾
PD20121688	甲氨基阿维菌素苯甲酸盐/2%/微乳剂/甲氨基阿维菌素 2%/2012.11.05 至 2017.11.05/低毒			
	甘蓝	甜菜夜蛾	1.43-2.86克/公顷	喷雾
	注：甲氨基阿维菌素苯甲酸盐含量:2.3%。			
PD20130845	戊唑醇/250克/升/水乳剂/戊唑醇 250克/升/2013.04.22 至 2018.04.22/低毒			
	香蕉	叶斑病	250-500毫克/千克	喷雾
PD20131667	乙酰甲胺磷/75%/可溶性粉剂/乙酰甲胺磷 75%/2013.08.06 至 2018.08.06/低毒			
	水稻	稻纵卷叶螟	956.25-1125克/公顷	喷雾
LS20120065	氯虫苯甲酰胺/0.4%/颗粒剂/氯虫苯甲酰胺 0.4%/2013.03.06 至 2014.03.06/微毒			
	水稻	稻纵卷叶螟、二化螟	36—42克/公顷	撒施
WP20080298	高效氯氰菊酯/5%/悬浮剂/高效氯氰菊酯 5%/2013.12.03 至 2018.12.03/低毒			
	室内	蚊、蝇	15毫克/平方米	滞留喷洒
	室内	蜚蠊	22.5毫克/平方米	滞留喷洒
WP20080335	溴氰菊酯/2.5%/悬浮剂/溴氰菊酯 2.5%/2013.12.09 至 2018.12.09/低毒			
	卫生	蜚蠊	15毫克/平方米	滞留喷雾
	卫生	蚊、蝇	10毫克/平方米	滞留喷雾
WP20110136	杀蟑胶饵/2.5%/胶饵/吡虫啉 2.5%/2011.06.07 至 2016.06.07/低毒			
	卫生	蜚蠊	/	投放
WP20120027	烯丙·氯菊/8.5%/水乳剂/富右旋反式烯丙菊酯 0.5%、氯菊酯 8%/2012.02.15 至 2017.02.15/低毒			
	卫生	蝇	80毫克/平方米	滞留喷洒
	卫生	蚊	1）80毫克/平方米；2）稀释20倍	1）滞留喷洒；2)超低容量喷雾
WP20120084	杀蟑热雾剂/2%/热雾剂/胺菊酯 0.5%、氯氰菊酯 1.5%/2012.05.05 至 2017.05.05/低毒			
	仓库	蜚蠊	30毫克/立方米	热雾机喷雾
WP20130193	残杀威/10%/微乳剂/残杀威 10%/2013.09.24 至 2018.09.24/低毒			
	卫生	蚊	1克/平方米	滞留喷洒
WP20130194	毒死蜱/45%/乳油/毒死蜱 45%/2013.09.24 至 2018.09.24/中等毒			
	卫生	白蚁	20-50克/平方米；5000-10000毫克/千克	土壤处理；木材浸泡
WP20130209	氯氰菊酯/10%/乳油/氯氰菊酯 10%/2013.10.10 至 2018.10.10/中等毒			
	室外	蚊、蝇	稀释100倍	喷雾

揭阳试验区百信灭蚊药厂 （广东省揭阳市试验区渔湖镇渔湖桥头 522031 0663-8776907)

WL20110010	杀蟑饵剂/0.3%/饵剂/胺菊酯 0.15%、高效氯氰菊酯 0.15%/2013.01.27 至 2014.01.27/低毒			
	卫生	蜚蠊	/	投放

金奇集团金奇日化有限公司 （广东省汕头市澄海区莲下潜溪工业区 515834 0754-85103656)

WP20100017	电热蚊香片/13毫克/片/电热蚊香片/炔丙菊酯 13毫克/片/2010.01.14 至 2015.01.14/微毒			
	卫生	蚊	/	电热加温
WP20110007	电热蚊香液/1%/电热蚊香液/炔丙菊酯 1%/2011.01.04 至 2016.01.04/微毒			
	卫生	蚊	/	电热加温
WP20120240	蚊香/0.15%/蚊香/Es-生物烯丙菊酯 0.09%、炔丙菊酯 0.06%/2012.12.18 至 2017.12.18/微毒			

卫生 蚊 / 点燃

陆丰市港达实业有限公司日用化学品厂 (广东省陆丰市谭西镇上埔路口 516500 0660-8966066)

WP20090364 杀虫气雾剂/0.15%/气雾剂/胺菊酯 0.1%、高效氯氰菊酯 0.05%/2009.11.12 至 2014.11.12/微毒
卫生 蜚蠊、蚊、蝇 / 喷雾

陆丰市朗肤丽实业有限公司 (广东省陆丰市东海开发区第十一区 528305 0660-8239819，8239828)

WP20080558 蚊香/0.25%/蚊香/富右旋反式烯丙菊酯 0.25%/2013.12.24 至 2018.12.24/微毒
卫生 蚊 / 点燃

普宁市洪阳宏达蚊香厂 (广东省普宁市洪阳镇环城北路 514347 0663-2851696)

WP20100051 杀虫气雾剂/0.31%/气雾剂/胺菊酯 0.08%、氯氰菊酯 0.23%/2010.03.17 至 2015.03.17/微毒
卫生 蜚蠊、蚊 / 喷雾

WP20120054 蚊香/0.3%/蚊香/富右旋反式烯丙菊酯 0.3%/2012.03.28 至 2017.03.28/微毒
卫生 蚊 / 点燃

清远市顾地丰生物科技有限公司 (广东省清远市连南县寨岗镇阳爱村 513300 0763-8481795)

PD85154-30 氰戊菊酯/20%/乳油/氰戊菊酯 20%/2011.07.23 至 2016.07.23/中等毒
柑橘树 潜叶蛾 10-20毫克/千克 喷雾
果树 梨小食心虫 10-20毫克/千克 喷雾
棉花 红铃虫、蚜虫 75-150克/公顷 喷雾
蔬菜 菜青虫、蚜虫 60-120克/公顷 喷雾

PD20090501 高效氯氟氰菊酯/25克/升/乳油/高效氯氟氰菊酯 25克/升/2014.01.12 至 2019.01.12/中等毒
十字花科蔬菜 菜青虫 10.3-13.1克/公顷 喷雾

PD20090514 福美双/50%/可湿性粉剂/福美双 50%/2014.01.12 至 2019.01.12/低毒
黄瓜 霜霉病 750-1125克/公顷 喷雾

PD20091120 百菌清/75%/可湿性粉剂/百菌清 75%/2014.01.21 至 2019.01.21/低毒
黄瓜 霜霉病 1282.5-1766.25克/公顷 喷雾

PD20091203 联苯菊酯/25克/升/乳油/联苯菊酯 25克/升/2014.02.01 至 2019.02.01/低毒
茶树 茶尺蠖 7.5-15克/公顷 喷雾

PD20091521 丙环唑/250克/升/乳油/丙环唑 250克/升/2014.02.02 至 2019.02.02/低毒
香蕉 叶斑病 250-500毫克/千克 喷雾

PD20091522 甲基硫菌灵/70%/可湿性粉剂/甲基硫菌灵 70%/2014.02.02 至 2019.02.02/低毒
小麦 赤霉病 756-1050克/公顷 喷雾

PD20091757 多菌灵/25%/可湿性粉剂/多菌灵 25%/2014.02.04 至 2019.02.04/微毒
水稻 稻瘟病 750-990克/公顷 喷雾

PD20092086 毒死蜱/480克/升/乳油/毒死蜱 480克/升/2009.02.16 至 2014.02.16/中等毒
柑橘树 矢尖蚧 320-480毫克/千克 喷雾

PD20094578 氯氰菊酯/50克/升/乳油/氯氰菊酯 50克/升/2009.04.09 至 2014.04.09/低毒
十字花科蔬菜 菜青虫 33.75-45克/公顷 喷雾

PD20095199 代森锰锌/80%/可湿性粉剂/代森锰锌 80%/2009.04.24 至 2014.04.24/低毒
苹果树 轮纹病 1000-1333毫克/千克 喷雾

PD20101200 甲霜·锰锌/58%/可湿性粉剂/甲霜灵 10%、代森锰锌 48%/2010.02.09 至 2015.02.09/低毒
黄瓜 霜霉病 1305-1635克/公顷 喷雾

PD20130048 阿维菌素/18克/升/乳油/阿维菌素 18克/升/2013.01.07 至 2018.01.07/低毒(原药高毒)
棉花 红蜘蛛 10.8-16.2克/公顷 喷雾

PD20130921 甲氨基阿维菌素苯甲酸盐/5%/微乳剂/甲氨基阿维菌素 5%/2013.04.28 至 2018.04.28/低毒(原药中等毒)
甘蓝 小菜蛾 2.25-3克/公顷 喷雾
注:甲氨基阿维菌素苯甲酸盐含量：5.7%。

PD20131688 噻嗪·异丙威/25%/可湿性粉剂/噻嗪酮 5%、异丙威 20%/2013.08.07 至 2018.08.07/中等毒
水稻 稻飞虱 468.75-562.5克/公顷 喷雾

汕头市润洁日化有限公司 (广东省汕头市金园工业区澄海路首段 515021 0754-88170226)

WL20110021 驱蚊花露水/5%/驱蚊花露水/驱蚊酯 5%/2013.02.11 至 2014.02.11/微毒
卫生 蚊 / 涂抹

WL20110026 驱蚊霜/11%/驱蚊霜/驱蚊酯 11%/2013.02.11 至 2014.02.11/微毒
卫生 蚊 / 涂抹

深圳诺普信农化股份有限公司 (广东省深圳市宝安区西乡水库路113号 518102 0755-29977776)

PD20040169 高效氯氰菊酯/4.5%/乳油/高效氯氰菊酯 4.5%/2009.12.19 至 2014.12.19/低毒
十字花科蔬菜 小菜蛾 27-33.75克/公顷 喷雾

PD20040204 氯氰菊酯/20%/乳油/氯氰菊酯 20%/2009.12.19 至 2014.12.19/中等毒
十字花科蔬菜 菜青虫 30-45克/公顷 喷雾

PD20040227 吡虫啉/30%/微乳剂/吡虫啉 30%/2009.12.19 至 2014.12.19/低毒
水稻 飞虱 22.5-30克/公顷 喷雾

PD20060180 氯氰·毒死蜱/55%/乳油/毒死蜱 50%、氯氰菊酯 5%/2011.11.09 至 2016.11.09/中等毒
棉花 棉铃虫 247.5-330克/公顷 喷雾

PD20080236 甲霜·锰锌/58%/可湿性粉剂/甲霜灵 10%、代森锰锌 48%/2013.02.14 至 2018.02.14/低毒
黄瓜 霜霉病 1305-1632克/公顷 喷雾

PD20080284　三唑锡/20%/可湿性粉剂/三唑锡 20%/2013.02.25 至 2018.02.25/低毒
柑橘树　红蜘蛛　100-200毫克/千克　喷雾
PD20080298　硫磺·三环唑/60%/可湿性粉剂/硫磺 30%、三环唑 30%/2013.02.25 至 2018.02.25/低毒
水稻　稻瘟病　900-1125克/公顷　喷雾
PD20080396　炔螨特/73%/乳油/炔螨特 73%/2013.02.28 至 2018.02.28/低毒
柑橘树　红蜘蛛　292-365毫克/千克　喷雾
PD20080414　高效氯氟氰菊酯/25克/升/乳油/高效氯氟氰菊酯 25克/升/2013.03.04 至 2018.03.04/中等毒
十字花科蔬菜　蚜虫　5.6-7.5克/公顷　喷雾
PD20080735　丙环唑/25%/乳油/丙环唑 25%/2013.06.11 至 2018.06.11/低毒
香蕉　叶斑病　500-1000倍液　喷雾
PD20080976　氰戊菊酯/25%/乳油/氰戊菊酯 25%/2013.07.24 至 2018.07.24/中等毒
十字花科蔬菜　菜青虫　60-120克/公顷　喷雾
PD20081346　异菌脲/50%/可湿性粉剂/异菌脲 50%/2013.10.21 至 2018.10.21/低毒
番茄　早疫病　1050-1500克/公顷　喷雾
PD20081511　咪鲜胺/45%/微乳剂/咪鲜胺 45%/2013.11.06 至 2018.11.06/低毒
芒果　炭疽病　450-600毫克/千克　喷雾
PD20081626　咪鲜·异菌脲/16%/悬浮剂/咪鲜胺 8%、异菌脲 8%/2013.11.12 至 2018.11.12/低毒
香蕉　冠腐病　300-400倍液　浸果
PD20081714　甲霜·锰锌/72%/可湿性粉剂/甲霜灵 8%、代森锰锌 64%/2013.11.18 至 2018.11.18/低毒
黄瓜　霜霉病　1440-1800克/公顷　喷雾
PD20081844　噁霜·锰锌/64%/可湿性粉剂/噁霜灵 8%、代森锰锌 56%/2013.11.20 至 2018.11.20/低毒
黄瓜　霜霉病　1650-1950克/公顷　喷雾
PD20081875　甲硫·福美双/70%/可湿性粉剂/福美双 40%、甲基硫菌灵 30%/2013.11.20 至 2018.11.20/低毒
小麦　赤霉病　1260-1470克/公顷　喷雾
PD20081938　虫酰肼/30%/悬浮剂/虫酰肼 30%/2013.11.24 至 2018.11.24/低毒
甘蓝　甜菜夜蛾　225-270克/公顷　喷雾
PD20082088　草甘膦异丙胺盐/41%/水剂/草甘膦异丙胺盐 41%/2013.11.25 至 2018.11.25/低毒
茶园、柑橘园、橡胶园　杂草　1125-2250克/公顷　定向茎叶喷雾
春玉米田、棉花田、夏玉米田　杂草　750-1650克/公顷　行间定向茎叶喷雾
免耕抛秧晚稻田　杂草　2100-2550克/公顷　茎叶喷雾
注:草甘膦异丙胺盐
PD20082265　三环唑/75%/可湿性粉剂/三环唑 75%/2013.11.27 至 2018.11.27/低毒
水稻　稻瘟病　225-300克/公顷　喷雾
PD20082394　氯氰·啶虫脒/10%/乳油/啶虫脒 1%、氯氰菊酯 9%/2013.12.01 至 2018.12.01/低毒
苹果树　绵蚜　1000-2000倍液　喷雾
PD20082447　阿维菌素/5%/乳油/阿维菌素 5%/2013.12.02 至 2018.12.02/中等毒(原药高毒)
十字花科蔬菜　小菜蛾　8.1-10.8克/公顷　喷雾
PD20082451　腐霉·福美双/25%/可湿性粉剂/腐霉利 5%、福美双 20%/2013.12.02 至 2018.12.02/低毒
番茄　灰霉病　225-300克/公顷　喷雾
PD20082998　稻瘟灵/40%/乳油/稻瘟灵 40%/2013.12.10 至 2018.12.10/低毒
水稻　稻瘟病　600-720克/公顷　喷雾
PD20083061　辛硫磷/40%/乳油/辛硫磷 40%/2013.12.10 至 2018.12.10/低毒
棉花　棉铃虫　540-720克/公顷　喷雾
PD20083197　氟啶脲/50克/升/乳油/氟啶脲 50克/升/2013.12.11 至 2018.12.11/低毒
十字花科蔬菜　甜菜夜蛾　30-60克/公顷　喷雾
PD20083455　杀扑磷/40%/乳油/杀扑磷 40%/2013.12.12 至 2018.12.12/高毒
柑橘树　介壳虫　400-666.7毫克/千克　喷雾
PD20083461　敌敌畏/90%/可溶液剂/敌敌畏 90%/2013.12.12 至 2018.12.12/中等毒
十字花科蔬菜　黄条跳甲　337.5-450克/公顷　喷雾
PD20083474　四螨嗪/20%/悬浮剂/四螨嗪 20%/2013.12.12 至 2018.12.12/低毒
柑橘树　红蜘蛛　100-200毫克/千克　喷雾
PD20083478　甲基硫菌灵/70%/可湿性粉剂/甲基硫菌灵 70%/2013.12.12 至 2018.12.12/低毒
番茄　叶霉病　525-787.5克/公顷　喷雾
PD20083647　异菌脲/255克/升/悬浮剂/异菌脲 255克/升/2013.12.12 至 2018.12.12/低毒
葡萄　灰霉病　510-680毫克/千克　喷雾
油菜　菌核病　459-765克/公顷　喷雾
PD20083838　丙溴·辛硫磷/25%/乳油/丙溴磷 5%、辛硫磷 20%/2013.12.15 至 2018.12.15/低毒
棉花　棉铃虫　187.5-375克/公顷　喷雾
PD20083879　腈菌唑/40%/可湿性粉剂/腈菌唑 40%/2013.12.15 至 2018.12.15/低毒
梨树　黑星病　40-66.7毫克/千克　喷雾
PD20083949　速灭威/25%/可湿性粉剂/速灭威 25%/2013.12.15 至 2018.12.15/低毒

水稻 稻飞虱 562.5-750克/公顷 喷雾

PD20083957 甲氰菊酯/20%/乳油/甲氰菊酯 20%/2013.12.15 至 2018.12.15/中等毒
柑橘树 红蜘蛛 100-133.3毫克/千克 喷雾

PD20084041 吡虫·异丙威/25%/可湿性粉剂/吡虫啉 2%、异丙威 23%/2013.12.16 至 2018.12.16/低毒
水稻 飞虱 112.5-150克/公顷 喷雾

PD20084167 联苯菊酯/100克/升/乳油/联苯菊酯 100克/升/2013.12.16 至 2018.12.16/中等毒
茶树 茶小绿叶蝉 37.5-45克/公顷 喷雾

PD20084184 霜霉威盐酸盐/722克/升/水剂/霜霉威盐酸盐 722克/升/2013.12.16 至 2018.12.16/低毒
黄瓜 霜霉病 705-1174克/公顷 喷雾

PD20084325 百菌清/40%/悬浮剂/百菌清 40%/2013.12.17 至 2018.12.17/低毒
黄瓜 霜霉病 960-1080克/公顷 喷雾

PD20084340 噻嗪酮/25%/可湿性粉剂/噻嗪酮 25%/2013.12.17 至 2018.12.17/低毒
水稻 稻飞虱 75-112.5克/公顷 喷雾

PD20084356 甲基硫菌灵/500克/升/悬浮剂/甲基硫菌灵 500克/升/2013.12.17 至 2018.12.17/低毒
水稻 纹枯病 937.5-1125克/公顷 喷雾

PD20084396 多菌灵/40%/悬浮剂/多菌灵 40%/2013.12.17 至 2018.12.17/低毒
水稻 纹枯病 250-307.7毫克/千克 喷雾

PD20084415 炔螨特/57%/乳油/炔螨特 57%/2013.12.17 至 2018.12.17/低毒
柑橘树 红蜘蛛 285-380毫克/千克 喷雾

PD20084416 氯氰·毒死蜱/522.5克/升/乳油/毒死蜱 475克/升、氯氰菊酯 47.5克/升/2013.12.17 至 2018.12.17/中等毒
棉花 棉铃虫 550-783克/公顷 喷雾

PD20084606 氢氧化铜/53.8%/水分散粒剂/氢氧化铜 53.8%/2013.12.18 至 2018.12.18/低毒
黄瓜 角斑病 565-706克/公顷 喷雾

PD20084709 三唑酮/25%/可湿性粉剂/三唑酮 25%/2013.12.22 至 2018.12.22/低毒
小麦 白粉病 150-168.75克/公顷 喷雾

PD20084787 阿维·辛硫磷/35%/乳油/阿维菌素 0.3%、辛硫磷 34.7%/2013.12.22 至 2018.12.22/低毒(原药高毒)
十字花科蔬菜 小菜蛾 157.5-262.5克/公顷 喷雾

PD20084795 三唑锡/20%/悬浮剂/三唑锡 20%/2013.12.22 至 2018.12.22/低毒
柑橘树 红蜘蛛 100-200毫克/千克 喷雾

PD20084821 甲基硫菌灵/50%/可湿性粉剂/甲基硫菌灵 50%/2013.12.22 至 2018.12.22/低毒
黄瓜 白粉病 450-600克/公顷 喷雾

PD20084944 联苯菊酯/25克/升/乳油/联苯菊酯 25克/升/2013.12.22 至 2018.12.22/低毒
茶树 茶小绿叶蝉 30-37.5克/公顷 喷雾

PD20084948 氟氯氰菊酯/50克/升/乳油/氟氯氰菊酯 50克/升/2013.12.22 至 2018.12.22/中等毒
棉花 棉铃虫 37.5-52.5克/公顷 喷雾

PD20084961 毒死蜱/45%/乳油/毒死蜱 45%/2013.12.22 至 2018.12.22/中等毒
水稻 稻纵卷叶螟 468-612克/公顷 喷雾

PD20084999 仲丁威/80%/乳油/仲丁威 80%/2013.12.22 至 2018.12.22/低毒
水稻 稻飞虱 420-540克/公顷 喷雾

PD20085063 四螨嗪/500克/升/悬浮剂/四螨嗪 500克/升/2013.12.23 至 2018.12.23/低毒
苹果树 红蜘蛛 83.3-100毫克/千克 喷雾

PD20085071 井冈霉素A/4%/可溶粉剂/井冈霉素A 4%/2013.12.23 至 2018.12.23/低毒
水稻 纹枯病 52.5-75克/公顷 喷雾

PD20085077 噁霉灵/15%/水剂/噁霉灵 15%/2013.12.23 至 2018.12.23/低毒
水稻 立枯病 6-12克/平方米；9000-18000克/公顷 苗床土壤处理

PD20085123 敌敌畏/48%/乳油/敌敌畏 48%/2013.12.23 至 2018.12.23/中等毒
十字花科蔬菜 菜青虫 600-900克/公顷 喷雾

PD20085259 噻菌灵/15%/悬浮剂/噻菌灵 15%/2013.12.23 至 2018.12.23/低毒
香蕉 冠腐病 150-250倍液 浸果

PD20085457 马拉硫磷/45%/乳油/马拉硫磷 45%/2013.12.24 至 2018.12.24/低毒
水稻 稻飞虱 675-810克/公顷 喷雾

PD20085466 复硝酚钠/1.8%/水剂/5-硝基邻甲氧基苯酚钠 0.3%、对硝基苯酚钠 0.9%、邻硝基苯酚钠 0.6%/2013.12.24 至2018.12.24/低毒
番茄 调节生长 6-9毫克/升 兑水喷雾，移栽后10天，花蕾期和幼果期各施药一次

PD20085714 溴氰菊酯/2.5%/可湿性粉剂/溴氰菊酯 2.5%/2013.12.26 至 2018.12.26/低毒
甘蓝、小白菜 菜青虫 7.5-15克/公顷 喷雾

PD20085716 三唑锡/25%/可湿性粉剂/三唑锡 25%/2013.12.26 至 2018.12.26/低毒
柑橘树 红蜘蛛 100-167毫克/千克 喷雾

PD20085876 百菌清/75%/可湿性粉剂/百菌清 75%/2013.12.29 至 2018.12.29/低毒
黄瓜 霜霉病 1500-1867.5克/公顷 喷雾

PD20085887 阿维·毒死蜱/26.5%/乳油/阿维菌素 0.5%、毒死蜱 26%/2013.12.29 至 2018.12.29/中等毒(原药高毒)
梨树 梨木虱 177-265毫克/千克 喷雾

PD20085945 氰戊·马拉松/30%/乳油/马拉硫磷 22.5%、氰戊菊酯 7.5%/2013.12.29 至 2018.12.29/中等毒
苹果树 桃小食心虫 150-300毫克/千克 喷雾

PD20085968 甲霜·百菌清/72%/可湿性粉剂/百菌清 64%、甲霜灵 8%/2013.12.29 至 2018.12.29/低毒
葡萄 霜霉病 720-900毫克/千克 喷雾

PD20086204 乙铝·多菌灵/45%/可湿性粉剂/多菌灵 25%、三乙膦酸铝 20%/2013.12.30 至 2018.12.30/低毒
苹果树 轮纹病 300-500倍液 喷雾

PD20086272 氟硅唑/400克/升/乳油/氟硅唑 400克/升/2013.12.31 至 2018.12.31/低毒
梨树 黑星病 40-50毫克/千克 喷雾

PD20086339 丙森锌/70%/可湿性粉剂/丙森锌 70%/2013.12.31 至 2018.12.31/低毒
番茄 早疫病 1312.5-1968.75克/公顷 喷雾

PD20086370 腈菌唑/12.5%/乳油/腈菌唑 12.5%/2013.12.31 至 2018.12.31/低毒
小麦 白粉病 45-60克/公顷 喷雾

PD20090122 阿维·炔螨特/40%/乳油/阿维菌素 0.3%、炔螨特 39.7%/2014.01.08 至 2019.01.08/低毒(原药高毒)
柑橘树 红蜘蛛 1000-2000倍液 喷雾

PD20090164 阿维·灭幼脲/30%/悬浮剂/阿维菌素 0.3%、灭幼脲 29.7%/2014.01.08 至 2019.01.08/低毒(原药高毒)
苹果 金纹细蛾 100-150毫克/千克 喷雾
十字花科蔬菜 小菜蛾 135-180克/公顷 喷雾

PD20090520 硫磺·三环唑/40%/悬浮剂/硫磺 20%、三环唑 20%/2014.01.12 至 2019.01.12/低毒
水稻 稻瘟病 900-1200克/公顷 喷雾

PD20090535 阿维·氯氰/8.8%/可湿性粉剂/阿维菌素 0.3%、氯氰菊酯 8.5%/2014.01.13 至 2019.01.13/低毒(原药高毒)
十字花科蔬菜 小菜蛾 39.6-52.8克/公顷 喷雾

PD20090732 杀螟丹/50%/可溶粉剂/杀螟丹 50%/2014.01.19 至 2019.01.19/低毒
水稻 二化螟 675-825克/公顷 喷雾

PD20090781 代森锰锌/80%/可湿性粉剂/代森锰锌 80%/2014.01.19 至 2019.01.19/低毒
苹果树 轮纹病 500-700倍液 喷雾

PD20090907 阿维·苏云菌//可湿性粉剂/阿维菌素 0.1%、苏云金杆菌 100亿活芽孢/克/2014.01.19 至 2019.01.19/低毒(原药高毒)
十字花科蔬菜 小菜蛾 750-1125克制剂/公顷 喷雾

PD20091031 噻嗪·杀扑磷/28%/乳油/噻嗪酮 8%、杀扑磷 20%/2014.01.21 至 2019.01.21/中等毒(原药高毒)
柑橘树 介壳虫 800-1200倍液 喷雾

PD20091138 百草枯/250克/升/水剂/百草枯 250克/升/2012.12.31 至 2014.07.01/中等毒
香蕉园 杂草 600-750克/公顷 定向茎叶喷雾

PD20091260 喹硫磷/25%/乳油/喹硫磷 25%/2014.02.01 至 2019.02.01/中等毒
水稻 二化螟 450-562.5克/公顷 喷雾

PD20091299 杀螟丹/98%/可溶粉剂/杀螟丹 98%/2014.02.01 至 2019.02.01/中等毒
水稻 二化螟 661.5-955.5克/公顷 喷雾

PD20091368 三乙膦酸铝/80%/可湿性粉剂/三乙膦酸铝 80%/2014.02.02 至 2019.02.02/低毒
黄瓜 霜霉病 1440-2880克/公顷 喷雾

PD20091381 硫双威/75%/可湿性粉剂/硫双威 75%/2014.02.02 至 2019.02.02/低毒
棉花 棉铃虫 600-900克/公顷 喷雾

PD20091420 甲霜·福美双/58%/可湿性粉剂/福美双 50%、甲霜灵 8%/2014.02.02 至 2019.02.02/低毒
荔枝树 霜疫霉病 600-800倍液 喷雾

PD20091440 噻嗪·异丙威/25%/可湿性粉剂/噻嗪酮 5%、异丙威 20%/2014.02.02 至 2019.02.02/低毒
水稻 稻飞虱 337.5～450克/公顷 喷雾

PD20091457 多菌灵/80%/可湿性粉剂/多菌灵 80%/2014.02.02 至 2019.02.02/低毒
苹果树 轮纹病 533-800毫克/千克 喷雾

PD20092075 多菌灵/50%/可湿性粉剂/多菌灵 50%/2014.02.16 至 2019.02.16/低毒
苹果树 轮纹病 500-833.3毫克/千克 喷雾

PD20092123 丙溴磷/40%/乳油/丙溴磷 40%/2014.02.23 至 2019.02.23/低毒
棉花 棉铃虫 562.5-737.5克/公顷 喷雾

PD20092205 草甘膦异丙胺盐/35%/水剂/草甘膦异丙胺盐 35%%/2014.02.24 至 2019.02.24/低毒
柑橘园 杂草 1800-2250克/公顷 定向茎叶喷雾

PD20092242 百草枯/20%/水剂/百草枯 20%/2012.12.31 至 2014.07.01/中等毒
茶园 杂草 600-750克/公顷 定向喷雾

PD20092270 异丙威/20%/乳油/异丙威 20%/2014.02.24 至 2019.02.24/低毒
水稻 稻飞虱 450-600克/公顷 喷雾

PD20092293 毒死蜱/40%/乳油/毒死蜱 40%/2014.02.24 至 2019.02.24/中等毒
柑橘树 矢尖蚧 320-400毫克/千克 喷雾
水稻 稻纵卷叶螟 450-600克/公顷 喷雾

PD20092621 阿维菌素/1.8%/乳油/阿维菌素 1.8%/2014.03.02 至 2019.03.02/低毒(原药高毒)
十字花科蔬菜 菜青虫 8.1-10.8克/公顷 喷雾
十字花科蔬菜 小菜蛾 8.1-13.5克/公顷 喷雾

PD20093317 代森锌/65%/可湿性粉剂/代森锌 65%/2014.03.13 至 2019.03.13/低毒
芦笋 茎枯病 1170-1462.5克/公顷 喷雾
PD20093530 草甘膦/30%/水剂/草甘膦 30%/2014.03.23 至 2019.03.23/微毒
柑橘园 一年生和多年生杂草 1800-2400克/公顷 定向茎叶喷雾
PD20093645 苯甲·丙环唑/300克/升/乳油/苯醚甲环唑 150克/升、丙环唑 150克/升/2014.03.25 至 2019.03.25/低毒
水稻 纹枯病 90-112.5克/公顷 喷雾
PD20094415 敌畏·毒死蜱/35%/乳油/敌敌畏 25%、毒死蜱 10%/2014.04.01 至 2019.04.01/中等毒
水稻 稻纵卷叶螟 420-525克/公顷 喷雾
PD20094870 甲氰·噻螨酮/7.5%/乳油/甲氰菊酯 5%、噻螨酮 2.5%/2014.04.13 至 2019.04.13/低毒
柑橘树 红蜘蛛 75-100毫克/千克 喷雾
PD20094996 甲维·辛硫磷/20.2%/乳油/甲氨基阿维菌素苯甲酸盐 0.2%、辛硫磷 20%/2014.04.21 至 2019.04.21/低毒
甘蓝 小菜蛾 454.5-606克/公顷 喷雾
PD20095245 高效氯氰菊酯/4.5%/水乳剂/高效氯氰菊酯 4.5%/2014.04.27 至 2019.04.27/中等毒
甘蓝 菜青虫 16.875-27克/公顷 喷雾
PD20095339 聚醛·甲萘威/6%/颗粒剂/甲萘威 1.5%、四聚乙醛 4.5%/2014.04.27 至 2019.04.27/低毒
旱地 蜗牛 540-675克/公顷 撒施
PD20096447 除虫脲/20%/悬浮剂/除虫脲 20%/2009.08.05 至 2014.08.05/低毒
甘蓝 菜青虫 60-75克/公顷 喷雾
PD20096889 阿维·毒死蜱/15%/乳油/阿维菌素 0.1%、毒死蜱 14.9%/2009.09.23 至 2014.09.23/中等毒(原药高毒)
十字花科蔬菜 小菜蛾 168.75-225克/公顷 喷雾
PD20097021 稻瘟灵/18%/微乳剂/稻瘟灵 18%/2009.10.10 至 2014.10.10/低毒
水稻 稻瘟病 432-648克/公顷 喷雾
PD20097398 噻螨酮/5%/乳油/噻螨酮 5%/2009.10.28 至 2014.10.28/低毒
柑橘树 红蜘蛛 25-50毫克/千克 喷雾
PD20097474 吗胍·乙酸铜/20%/可湿性粉剂/盐酸吗啉胍 10%、乙酸铜 10%/2009.11.03 至 2014.11.03/低毒
番茄 病毒病 500-750克/公顷 喷雾
PD20097600 苯醚甲环唑/250克/升/乳油/苯醚甲环唑 250克/升/2009.11.03 至 2014.11.03/低毒
香蕉 叶斑病 83.3-125毫克/千克 喷雾
PD20097884 唑螨酯/5%/悬浮剂/唑螨酯 5%/2009.11.20 至 2014.11.20/低毒
柑橘树 红蜘蛛 33.3-50毫克/千克 喷雾
PD20098132 苯醚甲环唑/20%/微乳剂/苯醚甲环唑 20%/2009.12.08 至 2014.12.08/低毒
西瓜 炭疽病 90-120克/公顷 喷雾
PD20100521 丙环唑/40%/微乳剂/丙环唑 40%/2010.01.14 至 2015.01.14/低毒
香蕉 叶斑病 266.7-400毫克/千克 喷雾
PD20100830 阿维菌素/18克/升/乳油/阿维菌素 18克/升/2010.01.19 至 2015.01.19/低毒(原药高毒)
十字花科蔬菜 小菜蛾 8.1-10.8克/公顷 喷雾
PD20100955 多抗霉素/10%/可湿性粉剂/多抗霉素B 10%/2010.01.19 至 2015.01.19/低毒
苹果 斑点落叶病 66.7－100毫克/千克 喷雾
PD20101122 甲硫·噁霉灵/56%/可湿性粉剂/噁霉灵 16%、甲基硫菌灵 40%/2010.01.25 至 2015.01.25/低毒
西瓜 枯萎病 700-933毫克/千克 灌根
PD20101219 哒螨·矿物油/34%/乳油/哒螨灵 4%、矿物油 30%/2010.02.21 至 2015.02.21/中等毒
柑橘树 红蜘蛛 266.7-340毫克/千克 喷雾
PD20101643 炔螨·矿物油/73%/乳油/矿物油 43%、炔螨特 30%/2010.06.03 至 2015.06.03/低毒
柑橘树 红蜘蛛 1000-1200倍液 喷雾
PD20101721 吡虫啉/600克/升/悬浮剂/吡虫啉 600克/升/2010.06.28 至 2015.06.28/低毒
水稻 稻飞虱 27-45克/公顷 喷雾
PD20101762 啶虫脒/20%/可溶粉剂/啶虫脒 20%/2010.07.07 至 2015.07.07/低毒
黄瓜 蚜虫 24-36克/公顷 喷雾
PD20101784 高效氯氟氰菊酯/2.5%/水乳剂/高效氯氟氰菊酯 2.5%/2010.07.13 至 2015.07.13/中等毒
甘蓝 菜青虫 7.5-11.25克/公顷 喷雾
PD20101788 甲氨基阿维菌素苯甲酸盐(0.57%)///乳油/甲氨基阿维菌素 0.5%/2010.07.13 至 2015.07.13/低毒
甘蓝 甜菜夜蛾 3.75-5.625克/公顷 喷雾
PD20101865 哒螨·矿物油/44%/乳油/哒螨灵 9%、矿物油 35%/2010.08.04 至 2015.08.04/中等毒
柑橘树 红蜘蛛 293-440毫克/千克 喷雾
PD20102022 毒死蜱/15%/颗粒剂/毒死蜱 15%/2010.09.25 至 2015.09.25/低毒
花生 地下害虫 800-1600克制剂/亩 撒施
PD20102162 高效氯氰菊酯/4.5%/微乳剂/高效氯氰菊酯 4.5%/2010.12.08 至 2015.12.08/中等毒
甘蓝 菜青虫 20.25-27克/公顷 喷雾
PD20102170 噻嗪酮/65%/可湿性粉剂/噻嗪酮 65%/2010.12.09 至 2015.12.09/低毒
水稻 稻飞虱 97.5－146.25克/公顷 喷雾
PD20110078 己唑醇/5%/微乳剂/己唑醇 5%/2011.01.21 至 2016.01.21/低毒
葡萄 白粉病 20-33.3毫克/千克 喷雾
PD20110115 十三吗啉/750克/升/乳油/十三吗啉 750克/升/2011.01.26 至 2016.01.26/低毒

橡胶树 红根病 22.5－30克/株 灌根

PD20110133 阿维菌素/0.5%/颗粒剂/阿维菌素 0.5%/2011.02.09 至 2016.02.09/低毒(原药高毒)
黄瓜 根结线虫 225-262.5克/公顷 沟施、穴施

PD20110134 高氯·毒死蜱/12%/乳油/毒死蜱 9.5%、高效氯氰菊酯 2.5%/2011.02.09 至 2016.02.09/中等毒
棉花 棉铃虫 180－270克/公顷 喷雾

PD20110156 毒死蜱/40%/微乳剂/毒死蜱 40%/2011.02.10 至 2016.02.10/中等毒
苹果树 绵蚜 240-320毫克/千克 喷雾

PD20110169 苯醚甲环唑/10%/水分散粒剂/苯醚甲环唑 10%/2011.02.11 至 2016.02.11/低毒
西瓜 炭疽病 90-120克/公顷 喷雾

PD20110244 烯酰吗啉/50%/水分散粒剂/烯酰吗啉 50%/2011.03.03 至 2016.03.03/低毒
黄瓜 霜霉病 225-300克/公顷 喷雾

PD20110277 草甘膦铵盐/68%/可溶粒剂/草甘膦 68%/2011.03.11 至 2016.03.11/低毒
柑橘园 杂草 1748-2331克/公顷 定向茎叶喷雾
注:草甘膦铵盐含量：74.7%。

PD20110321 苯甲·丙环唑/500克/升/乳油/苯醚甲环唑 250克/升、丙环唑 250克/升/2011.03.24 至 2016.03.24/低毒
水稻 纹枯病 67.5－90克/公顷 喷雾

PD20110395 毒死蜱/30%/水乳剂/毒死蜱 30%/2011.04.12 至 2016.04.12/中等毒
水稻 稻纵卷叶螟 450-540克/公顷 喷雾

PD20110405 噻嗪·毒死蜱/42%/乳油/毒死蜱 28%、噻嗪酮 14%/2011.04.12 至 2016.04.12/中等毒
水稻 飞虱 126-252克/公顷 喷雾

PD20110433 三唑磷/40%/乳油/三唑磷 40%/2011.04.21 至 2016.04.21/中等毒
水稻 三化螟 480-600克/公顷 喷雾

PD20110477 草甘膦铵盐/50%/可溶粉剂/草甘膦 50%/2011.04.22 至 2016.04.22/低毒
柑橘园 杂草 1500-1875克/公顷 定向茎叶喷雾
注:草甘膦铵盐含量：55%。

PD20110539 仲丁威/20%/微乳剂/仲丁威 20%/2011.05.12 至 2016.05.12/低毒
水稻 稻飞虱 450－540克/公顷 喷雾

PD20110653 高效氯氟氰菊酯/2.5%/微乳剂/高效氯氟氰菊酯 2.5%/2011.06.20 至 2016.06.20/低毒
小白菜 蚜虫 13.13-18.75克/公顷 喷雾

PD20110659 阿维菌素/18克/升/水乳剂/阿维菌素 18克/升/2011.06.20 至 2016.06.20/低毒(原药高毒)
甘蓝 小菜蛾 8.1-10.8克/公顷 喷雾

PD20110668 异丙威/40%/可湿性粉剂/异丙威 40%/2011.06.20 至 2016.06.20/低毒
水稻 稻飞虱 450-600克/公顷 喷雾

PD20110716 腈菌唑/5%/微乳剂/腈菌唑 5%/2011.07.07 至 2016.07.07/低毒
梨树 黑星病 25-50毫克/千克 喷雾

PD20110765 吡虫啉/5%/乳油/吡虫啉 5%/2011.07.25 至 2016.07.25/低毒
水稻 稻飞虱 15-30克/公顷 喷雾

PD20110818 哒螨灵/15%/微乳剂/哒螨灵 15%/2011.08.04 至 2016.08.04/中等毒
甘蓝 黄条跳甲 168.75－225克/公顷 喷雾
柑橘树 红蜘蛛 75-100毫克/千克 喷雾

PD20110966 吡虫啉/20%/可湿性粉剂/吡虫啉 20%/2011.09.08 至 2016.09.08/低毒
水稻 稻飞虱 15-30克/公顷 喷雾
小麦 蚜虫 15-30克/公顷(南方地区) 喷雾
45-60克/公顷(北方地区)

PD20111050 多菌灵/40%/悬浮剂/多菌灵 40%/2011.10.10 至 2016.10.10/低毒
苹果树 轮纹病 400－666.7毫克/千克 喷雾

PD20111106 灭蝇胺/20%/可溶粉剂/灭蝇胺 20%/2011.10.17 至 2016.10.17/低毒
菜豆 美洲斑潜蝇 150-225克/公顷 喷雾

PD20111233 联苯菊酯/2.5%/水乳剂/联苯菊酯 2.5%/2011.11.18 至 2016.11.18/低毒
茶树 茶尺蠖 11.25-15克/公顷 喷雾

PD20111234 噻嗪酮/25%/悬浮剂/噻嗪酮 25%/2011.11.18 至 2016.11.18/低毒
柑橘树 介壳虫 125-250毫克/千克 喷雾

PD20111450 己唑醇/25%/悬浮剂/己唑醇 25%/2011.12.30 至 2016.12.30/低毒
黄瓜 白粉病 30－37.5克/公顷 喷雾

PD20120042 醚菌酯/30%/可湿性粉剂/醚菌酯 30%/2012.01.10 至 2017.01.10/低毒
黄瓜 白粉病 123.75－157.5克/公顷 喷雾

PD20120078 阿维菌素/1.8%/微乳剂/阿维菌素 1.8%/2012.01.19 至 2017.01.19/低毒(原药高毒)
甘蓝 小菜蛾 6-7.5克/公顷 喷雾

PD20120204 吡虫啉/70%/水分散粒剂/吡虫啉 70%/2012.02.07 至 2017.02.07/低毒
甘蓝 蚜虫 10.5-21克/公顷 喷雾

PD20120269 阿维菌素/3%/微乳剂/阿维菌素 3%/2012.02.15 至 2017.02.15/中等毒(原药高毒)
甘蓝 小菜蛾 8.4-10.5克/公顷 喷雾
柑橘树 红蜘蛛 7.5－10毫克/千克 喷雾

水稻 二化螟 4.5-9克/公顷 喷雾

PD20120299 甲氨基阿维菌素苯甲酸盐/5%/微乳剂/甲氨基阿维菌素 5%/2012.02.17 至 2017.02.17/低毒
甘蓝 甜菜夜蛾 2.25－3克/公顷 喷雾
注:甲氨基阿维菌素苯甲酸盐含量:5.7%。

PD20120446 氟硅唑/25%/微乳剂/氟硅唑 25%/2012.03.14 至 2017.03.14/低毒
黄瓜 白粉病 60－75克/公顷 喷雾

PD20120468 阿维菌素/3.2%/乳油/阿维菌素 3.2%/2012.03.19 至 2017.03.19/中等毒(原药高毒)
柑橘树 红蜘蛛 7.5-10毫克/千克 喷雾

PD20120472 毒死蜱/15%/微乳剂/毒死蜱 15%/2012.03.19 至 2017.03.19/中等毒
苹果树 绵蚜 187.5-250毫克/千克 喷雾

PD20120673 戊唑・多菌灵/30%/可湿性粉剂/多菌灵 22%、戊唑醇 8%/2012.04.18 至 2017.04.18/低毒
苹果树 轮纹病 375－500毫克/千克 喷雾

PD20120873 阿维・吡虫啉/5%/乳油/阿维菌素 0.5%、吡虫啉 4.5%/2012.05.24 至 2017.05.24/低毒(原药高毒)
梨树 梨木虱 6.25-10毫克/千克 喷雾

PD20120878 吡虫・噻嗪酮/18%/悬浮剂/吡虫啉 2%、噻嗪酮 16%/2012.05.24 至 2017.05.24/低毒
水稻 稻飞虱 81-108克/公顷 喷雾

PD20121027 溴氰菊酯/2.5%/微乳剂/溴氰菊酯 2.5%/2012.07.02 至 2017.07.02/中等毒
甘蓝 菜青虫 7.5-15克/公顷 喷雾

PD20121030 哒螨灵/10%/微乳剂/哒螨灵 10%/2012.07.02 至 2017.07.02/中等毒
柑橘树 红蜘蛛 50-100毫克/千克 喷雾

PD20121199 高氯・甲维盐/5%/微乳剂/高效氯氰菊酯 4.5%、甲氨基阿维菌素苯甲酸盐 0.5%/2012.08.06 至 2017.08.06/低毒
甘蓝 甜菜夜蛾 22.5-30克/公顷 喷雾

PD20121213 戊唑醇/25%/水乳剂/戊唑醇 25%/2012.08.10 至 2017.08.10/低毒
梨树 黑星病 83.3－125毫克/千克 喷雾
香蕉 叶斑病 167-250毫克/千克 喷雾

PD20121235 丁醚脲/10%/微乳剂/丁醚脲 10%/2012.08.27 至 2017.08.27/低毒
甘蓝 小菜蛾 150-300克/公顷 喷雾

PD20121243 苯醚甲环唑/10%/可湿性粉剂/苯醚甲环唑 10%/2012.08.28 至 2017.08.28/低毒
梨树 黑星病 14.3-16.7毫克/千克 喷雾

PD20121251 丁醚脲/25%/乳油/丁醚脲 25%/2012.09.04 至 2017.09.04/中等毒
甘蓝 小菜蛾 300-450克/公顷 喷雾

PD20121254 烯酰吗啉/25%/悬浮剂/烯酰吗啉 25%/2012.09.04 至 2017.09.04/低毒
葡萄 霜霉病 166.7－250毫克/千克 喷雾

PD20121310 甲氨基阿维菌素苯甲酸盐/2%/微乳剂/甲氨基阿维菌素 2%/2012.09.11 至 2017.09.11/低毒
甘蓝 甜菜夜蛾 2.25-3.75克/公顷 喷雾
注:甲氨基阿维菌素苯甲酸盐含量:2.3%。

PD20121370 炔螨特/40%/微乳剂/炔螨特 40%/2012.09.13 至 2017.09.13/低毒
柑橘树 红蜘蛛 200-400毫克/千克 喷雾

PD20121478 苯醚甲环唑/25%/悬浮剂/苯醚甲环唑 25%/2012.10.08 至 2017.10.08/低毒
番茄 炭疽病 112.5－150克/公顷 喷雾

PD20121484 高效氯氰菊酯/10%/微乳剂/高效氯氰菊酯 10%/2012.10.08 至 2017.10.08/中等毒
甘蓝 菜青虫 15-22.5克/公顷 喷雾

PD20121524 甲氨基阿维菌素苯甲酸盐/3%/微乳剂/甲氨基阿维菌素 3%/2012.10.09 至 2017.10.09/低毒
甘蓝 甜菜夜蛾 2.25-3克/公顷 喷雾
注:甲氨基阿维菌素苯甲酸盐含量: 3.4%。

PD20121740 氯氰菊酯/5%/微乳剂/氯氰菊酯 5%/2012.11.08 至 2017.11.08/低毒
甘蓝 菜青虫 30-45克/公顷 喷雾

PD20121774 甲氨基阿维菌素苯甲酸盐/0.5%/微乳剂/甲氨基阿维菌素 0.5%/2012.11.16 至 2017.11.16/低毒
甘蓝 甜菜夜蛾 2.25-3克/公顷 喷雾
注:甲氨基阿维菌素苯甲酸盐含量: 0.57%。

PD20121961 阿维・高氯/3%/乳油/阿维菌素 0.6%、高效氯氰菊酯 2.4%/2012.12.12 至 2017.12.12/中等毒(原药高毒)
叶菜 小菜蛾 7.5-15克/公顷 喷雾

PD20122100 戊唑醇/430克/升/悬浮剂/戊唑醇 430克/升/2012.12.26 至 2017.12.26/低毒
苹果树 斑点落叶病 71.7～86毫克/千克 喷雾

PD20122122 烯酰吗啉/80%/可湿性粉剂/烯酰吗啉 80%/2012.12.26 至 2017.12.26/低毒
黄瓜 霜霉病 240-300克/公顷 喷雾

PD20122126 甲维・高氯氟/2.6%/微乳剂/高效氯氟氰菊酯 2%、甲氨基阿维菌素苯甲酸盐 0.6%/2012.12.26 至 2017.12.26/低毒
甘蓝 甜菜夜蛾 7.02-9.36克/公顷 喷雾

PD20130169 吡虫啉/10%/微乳剂/吡虫啉 10%/2013.01.24 至 2018.01.24/低毒
甘蓝 蚜虫 15-22.5克/公顷 喷雾

PD20130210 中生菌素/3%/可湿性粉剂/中生菌素 3%/2013.01.30 至 2018.01.30/低毒
番茄 青枯病 37.5-50毫克/千克 灌根

PD20130212 高效氯氟氰菊酯/5%/微乳剂/高效氯氟氰菊酯 5%/2013.01.30 至 2018.01.30/中等毒

甘蓝　蚜虫　7.5-11.25克/公顷　喷雾

PD20130217 咪鲜胺/450克/升/水乳剂/咪鲜胺 450克/升/2013.01.30 至 2018.01.30/低毒

香蕉(果实)　冠腐病　375～500毫克/千克　浸果

PD20130220 苯甲·多菌灵/30%/可湿性粉剂/苯醚甲环唑 5%、多菌灵 25%/2013.01.30 至 2018.01.30/低毒

苹果树　斑点落叶病　200-300毫克/千克　喷雾

PD20130387 噻嗪酮/50%/悬浮剂/噻嗪酮 50%/2013.03.12 至 2018.03.12/低毒

水稻　稻飞虱　112.5-150克/公顷　喷雾

PD20130567 吡蚜酮/70%/水分散粒剂/吡蚜酮 70%/2013.04.01 至 2018.04.01/低毒

水稻　稻飞虱　94.5-126克/公顷　喷雾

PD20130616 草铵膦/200克/升/水剂/草铵膦 200克/升/2013.04.03 至 2018.04.03/低毒

柑橘园　杂草　1050-1575克/公顷　定向茎叶喷雾

PD20130636 阿维·炔螨特/40.6%/微乳剂/阿维菌素 0.6%、炔螨特 40%/2013.04.05 至 2018.04.05/低毒(原药高毒)

柑橘树　红蜘蛛　203-406毫克/千克　喷雾

PD20130840 甲维·苏云菌//可湿性粉剂/甲氨基阿维菌素苯甲酸盐 0.3%、苏云金杆菌 100亿活芽孢/克/2013.04.22 至 2018.04.22/低毒

甘蓝　小菜蛾　750-1125克制剂/公顷　喷雾

PD20131027 甲氰菊酯/10%/微乳剂/甲氰菊酯 10%/2013.05.13 至 2018.05.13/中等毒

柑橘树　红蜘蛛　100-133.3毫克/千克　喷雾

PD20131104 多菌灵/80%/水分散粒剂/多菌灵 80%/2013.05.20 至 2018.05.20/微毒

苹果　轮纹病　533-800毫克/千克　喷雾

PD20131143 丁醚脲/43.5%/悬浮剂/丁醚脲 43.5%/2013.05.20 至 2018.05.20/低毒

甘蓝　小菜蛾　375-525克/公顷　喷雾

PD20131305 阿维·高氯氟/3%/微乳剂/阿维菌素 0.6%、高效氯氟氰菊酯 2.4%/2013.06.08 至 2018.06.08/中等毒(原药高毒)

甘蓝　菜青虫　9-13.5克/公顷　喷雾

PD20131382 阿维·三唑锡/16.8%/可湿性粉剂/阿维菌素 0.3%、三唑锡 16.5%/2013.06.24 至 2018.06.24/低毒(原药高毒)

苹果树　二斑叶螨　84-112毫克/千克　喷雾

PD20131486 多杀霉素/8%/水乳剂/多杀霉素 8%/2013.07.05 至 2018.07.05/低毒

甘蓝　甜菜夜蛾　18-30克/公顷　喷雾

PD20131822 氟硅唑/8%/微乳剂/氟硅唑 8%/2013.09.17 至 2018.09.17/低毒

黄瓜　白粉病　60-72克/公顷　喷雾

PD20131829 咪鲜·三环唑/20%/可湿性粉剂/咪鲜胺 5%、三环唑 15%/2013.09.17 至 2018.09.17/低毒

水稻　稻瘟病　150-270克/公顷　喷雾

PD20132048 螺螨酯/24%/悬浮剂/螺螨酯 24%/2013.10.22 至 2018.10.22/低毒

柑橘树　红蜘蛛　48-60毫克/千克　喷雾

PD20132206 吡虫啉/20%/可溶液剂/吡虫啉 20%/2013.10.29 至 2018.10.29/低毒

甘蓝　蚜虫　24-36克/公顷　喷雾

PD20132214 硫磺·多菌灵/42%/悬浮剂/多菌灵 7%、硫磺 35%/2013.10.29 至 2018.10.29/低毒

水稻　稻瘟病　1764-2142克/公顷　喷雾

PD20132215 腈菌唑/12.5%/微乳剂/腈菌唑 12.5%/2013.10.30 至 2018.10.30/低毒

梨树　黑星病　42－62.5毫克/千克　喷雾

PD20132282 阿维·哒螨灵/5.6%/微乳剂/阿维菌素 0.6%、哒螨灵 5%/2013.11.08 至 2018.11.08/中等毒(原药高毒)

柑橘树　红蜘蛛　28-46.7毫克/千克　喷雾

PD20132283 丙溴磷/20%/微乳剂/丙溴磷 20%/2013.11.08 至 2018.11.08/低毒

甘蓝　小菜蛾　390-450克/公顷　喷雾

PD20132334 虫螨腈/5%/微乳剂/虫螨腈 5%/2013.11.20 至 2018.11.20/低毒

甘蓝　甜菜夜蛾　60-75克/公顷　喷雾

PD20132377 四聚乙醛/6%/颗粒剂/四聚乙醛 6%/2013.11.20 至 2018.11.20/低毒

甘蓝　蜗牛　360-540克/公顷　撒施

PD20132435 阿维·啶虫脒/4%/微乳剂/阿维菌素 0.5%、啶虫脒 3.5%/2013.11.20 至 2018.11.20/低毒(原药高毒)

甘蓝　蚜虫　9－15克/公顷　喷雾

PD20132444 阿维·四螨嗪/10%/悬浮剂/阿维菌素 0.1%、四螨嗪 9.9%/2013.12.02 至 2018.12.02/低毒(原药高毒)

柑橘树　红蜘蛛　50-66.7毫克/千克　喷雾

PD20132475 戊唑醇/80%/水分散粒剂/戊唑醇 80%/2013.12.09 至 2018.12.09/低毒

苹果树　斑点落叶病　100-133.3毫克/千克　喷雾

PD20132482 氟环唑/125克/升/悬浮剂/氟环唑 125克/升/2013.12.09 至 2018.12.09/低毒

香蕉　叶斑病　166.7-250毫克/千克　喷雾

PD20132483 苯醚·甲硫/40%/可湿性粉剂/苯醚甲环唑 5%、甲基硫菌灵 35%/2013.12.09 至 2018.12.09/低毒

苹果树　炭疽病　444-667毫克/千克　喷雾

PD20132488 烯酰·异菌脲/40%/悬浮剂/烯酰吗啉 20%、异菌脲 20%/2013.12.10 至 2018.12.10/低毒

葡萄　霜霉病　267-400毫克/千克　喷雾

PD20132532 阿维·甲氰/5%/微乳剂/阿维菌素 0.5%、甲氰菊酯 4.5%/2013.12.16 至 2018.12.16/低毒(原药高毒)

柑橘树　红蜘蛛　33.3-50毫克/千克　喷雾

PD20132539 苯甲·中生/16%/可湿性粉剂/苯醚甲环唑 14%、中生菌素 2%/2013.12.16 至 2018.12.16/低毒

	苹果树	斑点落叶病	45.7-64毫克/千克	喷雾
PD20132540	烯酰·霜脲氰/70%/水分散粒剂/霜脲氰 20%、烯酰吗啉 50%/2013.12.16 至 2018.12.16/低毒			
	黄瓜	霜霉病	262.5-315克/公顷	喷雾
PD20132686	烯酰吗啉/25%/可湿性粉剂/烯酰吗啉 25%/2013.12.25 至 2018.12.25/低毒			
	黄瓜	霜霉病	225-300克/公顷	喷雾
LS20110294	粉唑醇/25%/悬浮剂/粉唑醇 25%/2013.11.04 至 2014.11.04/低毒			
	小麦	锈病	60－90克/公顷	喷雾
LS20120041	烯啶虫胺/10%/水剂/烯啶虫胺 10%/2014.02.07 至 2015.02.07/低毒			
	棉花	蚜虫	15-30克/公顷	喷雾
LS20120195	中生·代森锌/46%/可湿性粉剂/代森锌 44%、中生菌素 2%/2013.06.04 至 2014.06.04/低毒			
	番茄	早疫病	517.5-690克/公顷	喷雾
LS20120205	烯酰·乙膦铝/60%/可湿性粉剂/烯酰吗啉 15%、三乙膦酸铝 45%/2013.06.04 至 2014.06.04/低毒			
	黄瓜	霜霉病	720～900克/公顷	喷雾
LS20120395	哒螨·啶虫脒/10%/微乳剂/哒螨灵 5%、啶虫脒 5%/2013.12.07 至 2014.12.07/低毒			
	甘蓝	黄条跳甲	60－75克/公顷	喷雾
LS20130022	甲维·灭幼脲/25%/悬浮剂/甲氨基阿维菌素苯甲酸盐 .5%、灭幼脲 24.5%/2014.01.07 至 2015.01.07/中等毒			
	甘蓝	小菜蛾	37.5－56.25克/公顷	喷雾
LS20130348	噻虫啉/48%/悬浮剂/噻虫啉 48%/2013.07.02 至 2014.07.02/低毒			
	黄瓜	蚜虫	36-72克/公顷	喷雾
LS20130475	虫螨·丁醚脲/35%/悬浮剂/虫螨腈 10%、丁醚脲 25%/2013.11.08 至 2014.11.08/低毒			
	甘蓝	小菜蛾	157.5-183.75克/公顷	喷雾
WP20100174	高效氯氰菊酯/4.5%/微乳剂/高效氯氰菊酯 4.5%/2010.12.15 至 2015.12.15/低毒			
	室内	蜚蠊	40-50毫克/平方米	滞留喷洒
WL20110050	毒死蜱/30%/水乳剂/毒死蜱 30%/2012.04.02 至 2013.04.02/中等毒			
	卫生	白蚁	1、25-50克/平方米2、5000-10000毫克/千克	1、土壤处理 2、木材浸泡

深圳市伟丰隆贸易有限公司（深圳市罗湖区宝安北路笋岗仓库827栋桃园商业大厦六层D626 515100 0755-29612691）

WP20120051	蚊香/0.3%/蚊香/富右旋反式烯丙菊酯 0.3%/2012.03.28 至 2017.03.28/微毒			
	卫生	蚊	/	点燃

四会市润土作物科学有限公司 （广东省四会市龙甫镇禄村管理区白石塘酒厂内 526200 0758-3816165）

PD92103-13	草甘膦/95%/原药/草甘膦 95%/2012.11.01 至 2017.11.01/低毒			
PD20083370	仲丁威/20%/乳油/仲丁威 20%/2013.12.11 至 2018.12.11/低毒			
	水稻	飞虱	450-540克/公顷	喷雾
PD20083854	异稻瘟净/40%/乳油/异稻瘟净 40%/2013.12.15 至 2018.12.15/低毒			
	水稻	稻瘟病	900-1200克/公顷	喷雾
PD20084683	井冈霉素/2.4%/水剂/井冈霉素 2.4%/2013.12.22 至 2018.12.22/低毒			
	水稻	纹枯病	157.5-180克/公顷	喷雾
PD20084704	氯氰菊酯/50克/升/乳油/氯氰菊酯 50克/升/2013.12.22 至 2018.12.22/低毒			
	甘蓝	菜青虫	37.5-52.5克/公顷	喷雾
PD20084925	异丙威/20%/乳油/异丙威 20%/2013.12.22 至 2018.12.22/低毒			
	水稻	飞虱	450-600克/公顷	喷雾
PD20090720	草甘膦异丙胺盐(41%)///水剂/草甘膦 30%/2014.01.19 至 2019.01.19/低毒			
	柑橘园	杂草	1125-2250克/公顷	喷雾
PD20092897	杀虫双/18%/水剂/杀虫双 18%/2014.03.05 至 2019.03.05/低毒			
	水稻	三化螟	675-810克/公顷	喷雾
PD20097756	丁草胺/50%/乳油/丁草胺 50%/2009.11.12 至 2014.11.12/低毒			
	移栽水稻田	一年生杂草	1125-1500克/公顷	毒土法
PD20100036	阿维菌素/18克/升/乳油/阿维菌素 18克/升/2010.01.04 至 2015.01.04/低毒(原药高毒)			
	甘蓝	小菜蛾	8.1-10.8克/公顷	喷雾
PD20100613	丙环唑/250克/升/乳油/丙环唑 250克/升/2010.01.14 至 2015.01.14/低毒			
	香蕉	叶斑病	375－500毫克/千克	喷雾
PD20100624	速灭威/20%/乳油/速灭威 20%/2010.01.14 至 2015.01.14/低毒			
	水稻	稻飞虱	450-600克/公顷	喷雾
PD20100629	毒死蜱/480克/升/乳油/毒死蜱 480克/升/2010.01.14 至 2015.01.14/中等毒			
	萝卜	菜青虫	504-576克/公顷	喷雾
PD20100650	乐果/40%/乳油/乐果 40%/2010.01.15 至 2015.01.15/中等毒			
	甘蓝	蚜虫	450-600克/公顷	喷雾
PD20100697	炔螨特/73%/乳油/炔螨特 73%/2010.01.16 至 2015.01.16/低毒			
	柑橘树	红蜘蛛	243-365毫克/千克	喷雾
PD20100803	速灭威/25%/可湿性粉剂/速灭威 25%/2010.01.19 至 2015.01.19/低毒			
	水稻	稻飞虱	375-750克/公顷	喷雾
PD20100805	高效氯氟氰菊酯/25克/升/乳油/高效氯氟氰菊酯 25克/升/2010.01.19 至 2015.01.19/低毒			
	十字花科蔬菜	菜青虫	7.5-11.25克/公顷	喷雾

PD20102005 联苯菊酯/25克/升/乳油/联苯菊酯 25克/升/2010.09.25 至 2015.09.25/低毒
柑橘树 红蜘蛛 25-30毫克/千克 喷雾
PD20110400 乙草胺/50%/乳油/乙草胺 50%/2011.04.12 至 2016.04.12/低毒
花生田 一年生杂草 975-1350克/公顷 播后苗前土壤喷雾
PD20132509 草铵膦/200克/升/水剂/草铵膦 200克/升/2013.12.16 至 2018.12.16/低毒
柑橘园 杂草 900-1050克/公顷 定向茎叶喷雾
WP20130154 杀蟑胶饵/2.5%/胶饵/吡虫啉 2.5%/2013.07.17 至 2018.07.17/低毒
卫生 蜚蠊 / 投饵

肇庆市真格生物科技有限公司 (广东省高要市金渡镇G6小区工业园内 526108 0758-8512569)

PD86148-81 异丙威/20%/乳油/异丙威 20%/2012.01.30 至 2017.01.30/中等毒
水稻 飞虱、叶蝉 450-600克/公顷 喷雾
PD20092112 乐果/40%/乳油/乐果 40%/2014.02.23 至 2019.02.23/中等毒
十字花科蔬菜 蚜虫 360-600克/公顷 喷雾
PD20092676 啶虫脒/3%/乳油/啶虫脒 3%/2009.03.03 至 2014.03.03/低毒
柑橘树 蚜虫 7.5-10毫克/千克 喷雾
PD20093683 杀虫双/18%/水剂/杀虫双 18%/2014.03.25 至 2019.03.25/中等毒
水稻 二化螟 675-810克/公顷 喷雾
PD20093843 高效氯氟氰菊酯/25克/升/乳油/高效氯氟氰菊酯 25克/升/2014.03.25 至 2019.03.25/中等毒
十字花科蔬菜 菜青虫 7.5-11.25克/公顷 喷雾
PD20094176 高效氯氰菊酯/4.5%/乳油/高效氯氰菊酯 4.5%/2009.03.27 至 2014.03.27/中等毒
甘蓝 菜青虫 27-33.75克/公顷 喷雾
PD20094237 高氯·辛/20%/乳油/高效氯氰菊酯 4%、辛硫磷 16%/2009.03.31 至 2014.03.31/中等毒
棉花 棉铃虫 240-360克/公顷 喷雾
PD20094485 代森锰锌/80%/可湿性粉剂/代森锰锌 80%/2009.04.09 至 2014.04.09/低毒
番茄 早疫病 1845-2370克/公顷 喷雾
PD20094540 敌敌畏/80%/乳油/敌敌畏 80%/2009.04.09 至 2014.04.09/中等毒
十字花科蔬菜 菜青虫 600-960克/公顷 喷雾
PD20094554 氯氰·敌敌畏/10%/乳油/敌敌畏 8%、氯氰菊酯 2%/2009.04.09 至 2014.04.09/中等毒
甘蓝 蚜虫 45-75克/公顷 喷雾
PD20095820 百草枯/200克/升/水剂/百草枯 200克/升/2012.12.31 至 2014.07.01/中等毒
柑橘园 杂草 750-900克/公顷 定向茎叶喷雾
PD20097441 吡虫啉/10%/可湿性粉剂/吡虫啉 10%/2009.10.28 至 2014.10.28/低毒
水稻 稻飞虱 15-30克/公顷 喷雾
PD20100461 井冈霉素/3%/水剂/井冈霉素A 3%/2010.01.14 至 2015.01.14/低毒
水稻 纹枯病 150—187.5克/公顷 喷雾
PD20100880 高氯·毒死蜱/15%/乳油/毒死蜱 13.5%、高效氯氰菊酯 1.5%/2010.01.19 至 2015.01.19/中等毒
黄瓜 美洲斑潜蝇 90-135克/公顷 喷雾
PD20101922 草甘膦铵盐(33%)///水剂/草甘膦 30%/2010.08.27 至 2015.08.27/低毒
柑橘园 杂草 1125-2250克/公顷 定向茎叶喷雾
WP20130267 球形芽孢杆菌/80ITU/毫克/悬浮剂/球形芽孢杆菌 80ITU/毫克/2013.12.25 至 2018.12.25/低毒
卫生 孑孓 4毫升/平方米 喷洒

质检总局国家实蝇检疫重点实验室 (广东省广州市珠江新城花城大道66号B705 510623 020-38290672)

PD20101331 假丝酵母/20%/饵剂/假丝酵母 20%/2010.03.18 至 2015.03.18/低毒
专供检验检疫用 地中海实蝇 50倍液 放在特定的诱捕器中
PD20101335 地中海实蝇引诱剂/95%/诱芯/地中海实蝇引诱剂 95%/2010.03.18 至 2015.03.18/低毒
专供检验检疫用 地中海实蝇 检测区内挂1-4个/平方公里 放置于专用诱捕器

中山富士化工有限公司 (广东省中山市火炬开发区世纪三路2号 528436 0760-5331390)

WP20080592 防蛀防霉片剂/99%/片剂/对二氯苯 99%/2013.12.29 至 2018.12.29/低毒
卫生 黑皮蠹、霉菌 40克制剂/立方米 投放
WP20090008 防蛀防霉球剂/99%/球剂/对二氯苯 99%/2014.01.04 至 2019.01.04/低毒
衣柜 黑皮蠹、霉菌 40克制剂/立方米 投放
WP20100002 防蛀片剂/94%/防蛀片剂/樟脑 94%/2010.01.04 至 2015.01.04/低毒
卫生 黑皮蠹 200克制剂/立方米 投放
WP20100032 防蛀球剂/94%/球剂/樟脑 94%/2010.01.25 至 2015.01.25/低毒
卫生 黑皮蠹 200克/立方米 投放

中山凯中有限公司 (广东省中山市东区起湾北道142号 528402 0760-8703869)

PD84104-20 杀虫双/18%/水剂/杀虫双 18%/2009.12.27 至 2014.12.27/中等毒
甘蔗、蔬菜、水稻、小麦、玉米 多种害虫 540-675克/公顷 喷雾
果树 多种害虫 225-360毫克/千克 喷雾
PD85154-5 氰戊菊酯/20%/乳油/氰戊菊酯 20%/2010.08.15 至 2015.08.15/中等毒
柑橘树 潜叶蛾 10-20毫克/千克 喷雾

果树 梨小食心虫 10-20毫克/千克 喷雾
棉花 红铃虫、蚜虫 75-150克/公顷 喷雾
蔬菜 菜青虫、蚜虫 60-120克/公顷 喷雾

PD89104-2 氰戊菊酯/90%/原药/氰戊菊酯 90%/2009.12.27 至 2014.12.27/中等毒

PD20050015 高效氯氰菊酯/92%/原药/高效氯氰菊酯 92%/2010.04.14 至 2015.04.14/中等毒

PD20050135 氯氰菊酯/5%/乳油/氯氰菊酯 5%/2010.09.09 至 2015.09.09/中等毒
棉花 棉铃虫、棉蚜 45-90克/公顷 喷雾
十字花科蔬菜 菜青虫 30-45克/公顷 喷雾

PD20050142 氯氰菊酯/10%/乳油/氯氰菊酯 10%/2010.09.12 至 2015.09.12/中等毒
棉花 棉铃虫、棉蚜 45-90克/公顷 喷雾
十字花科蔬菜 菜青虫 30-45克/公顷 喷雾

PD20050186 高效氯氰菊酯/4.5%/乳油/高效氯氰菊酯 4.5%/2010.11.30 至 2015.11.30/中等毒
茶树 茶尺蠖 15-25.5克/公顷 喷雾
柑橘树 红蜡蚧 50毫克/千克 喷雾
柑橘树 潜叶蛾 15-20毫克/千克 喷雾
棉花 红铃虫、棉铃虫、棉蚜 15-30克/公顷 喷雾
苹果树 桃小食心虫 20-33毫克/千克 喷雾
十字花科蔬菜 菜蚜 3-18克/公顷 喷雾
十字花科蔬菜 菜青虫、小菜蛾 9-25.5克/公顷 喷雾
烟草 烟青虫 15-25.5克/公顷 喷雾

PD20091887 硫磺·多菌灵/40%/悬浮剂/多菌灵 20%、硫磺 20%/2014.02.09 至 2019.02.09/低毒
水稻 稻瘟病 1200-1800克/公顷 喷雾
甜菜 褐斑病 900-1200克/公顷 喷雾

PD20092799 虫酰肼/95%/原药/虫酰肼 95%/2014.03.04 至 2019.03.04/低毒

PD20092911 丙环唑/25%/乳油/丙环唑 25%/2014.03.05 至 2019.03.05/低毒
香蕉 叶斑病 500—700倍液 喷雾

PD20092958 虫酰肼/20%/悬浮剂/虫酰肼 20%/2014.03.09 至 2019.03.09/低毒
十字花科蔬菜 甜菜夜蛾 240-300克/公顷 喷雾

PD20093570 高效氯氟氰菊酯/2.5%/乳油/高效氯氟氰菊酯 2.5%/2014.03.23 至 2019.03.23/中等毒
十字花科蔬菜 蚜虫 9.4-11.25克/公顷 喷雾

PD20094000 氯氰菊酯/90%/原药/氯氰菊酯 90%/2014.03.27 至 2019.03.27/中等毒

PD20094873 甲氰菊酯/20%/乳油/甲氰菊酯 20%/2014.04.13 至 2019.04.13/中等毒
甘蓝 菜青虫 75-105克/公顷 喷雾

PD20095071 甲氰菊酯/92%/原药/甲氰菊酯 92%/2014.04.22 至 2019.04.22/低毒

PD20100509 氟氯氰菊酯/92%/原药/氟氯氰菊酯 92%/2010.01.14 至 2015.01.14/中等毒

PD20100815 顺式氯氰菊酯/92%/原药/顺式氯氰菊酯 92%/2010.01.19 至 2015.01.19/中等毒

PD20102120 丙环唑/90%/原药/丙环唑 90%/2010.12.02 至 2015.12.02/低毒

WPN23-98 杀虫气雾剂/0.36%/气雾剂/胺菊酯 0.13%、氯菊酯 0.23%/2013.08.17 至 2018.08.17/低毒
室内 蜚蠊、蚂蚁、蚊、蝇 / 喷雾

WP20030008 胺菊酯/92%/原药/胺菊酯 92%/2013.04.11 至 2018.04.11/低毒

WP20030009 Es-生物烯丙菊酯/93%/原药/Es-生物烯丙菊酯 93%/2013.05.14 至 2018.05.14/中等毒

WP20030010 右旋烯丙菊酯/总酯93%，右旋91%/原药/右旋烯丙菊酯 总酯93%，右旋91%/2013.06.24 至 2018.06.24/低毒

WP20030014 生物烯丙菊酯/总酯93%，右旋反式体90%/原药/生物烯丙菊酯 总酯93%，右旋反式体90%/2013.07.14 至 2018.07.14/低毒

WP20030015 右旋苯醚菊酯/总酯92%，右旋体89/原药/右旋苯醚菊酯 总酯92%，右旋体89%/2013.10.17 至 2018.10.17/低毒

WP20030016 右旋苯醚氰菊酯/总酯92%，右旋体89/原药/右旋苯醚氰菊酯 总酯92%，右旋体89%/2013.10.17 至 2018.10.17/中等毒

WP20040002 氯菊酯/≥95%/原药/氯菊酯 ≥95%/2014.03.31 至 2019.03.31/低毒

WP20050014 炔丙菊酯/总酯93%,右旋体89/原药/炔丙菊酯 总酯93%,右旋体89%/2010.10.11 至 2015.10.11/中等毒

WP20080095 杀虫气雾剂/0.15%/气雾剂/胺菊酯 0.10%、高效氯氰菊酯 0.05%/2013.09.11 至 2018.09.11/微毒
卫生 蜚蠊、蚂蚁、蚊、蝇 / 喷雾

WP20080119 杀蟑饵剂/0.9%/饵剂/杀螟硫磷 0.9%/2013.10.28 至 2018.10.28/低毒
卫生 蜚蠊 / 投放

WP20080130 电热蚊香片/25毫克/片/电热蚊香液/Es-生物烯丙菊酯 15毫克/片、富右旋反式炔丙菊酯 10毫克/片/2013.10.31 至 2018.10.31/微毒
卫生 蚊 / 电热加温

WP20080137 杀虫气雾剂/0.55%/气雾剂/胺菊酯 0.15%、残杀威 0.32%、高效氯氰菊酯 0.08%/2013.11.04 至 2018.11.04/微毒
卫生 蚂蚁、蚊、蝇、蜚蠊 / 喷雾
注:本品有三种香型：清香型、茉莉香型、柠檬香型。

WP20080270 Es-生物烯丙菊酯/5%/烟雾剂/Es-生物烯丙菊酯 5%/2013.12.01 至 2018.12.01/低毒
卫生 蜚蠊 1克制剂/平方米 加水放烟

WP20080323 蚊香/0.3%/蚊香/生物烯丙菊酯 0.3%/2013.12.05 至 2018.12.05/微毒
卫生 蚊 / 点燃
注:本品有三种香型：檀香型、香樟香型、茉莉香型。

WP20080441 富右旋反式炔丙菊酯/总酯90%,右旋反式80%/原药/富右旋反式炔丙菊酯 总酯90%,右旋反式80%/2013.12.15 至 2018.12.

15/中等毒
WP20080472 富右旋反式烯丙菊酯/总酯93%,右旋反式80%/原药/富右旋反式烯丙菊酯 总酯93%,右旋反式80%/2013.12.16 至 2018.12.16/低毒
WP20080600 烯丙·氯菊/10.5%/乳油/Es-生物烯丙菊酯 0.5%、氯菊酯 10%/2013.12.30 至 2018.12.30/低毒
卫生 蚊 0.1毫升制剂/平方米 超低容量喷雾
WP20090100 氯菊酯/10%/微乳剂/氯菊酯 10%/2014.02.04 至 2019.02.04/低毒
卫生 白蚁 25克/平方米;250毫克/千克 土壤喷洒;木材浸泡
卫生 蚊、蝇 30倍液 喷洒
WP20090131 杀虫气雾剂/0.4%/气雾剂/生物烯丙菊酯 0.2%、右旋苯氰菊酯 0.2%/2014.02.23 至 2019.02.23/微毒
卫生 蚂蚁、蚊、蝇、蜚蠊 / 喷雾
WP20090137 顺式氯氰菊酯/10%/悬浮剂/顺式氯氰菊酯 10%/2014.02.24 至 2019.02.24/低毒
卫生 蜚蠊 玻璃面12.5毫克/平方米 木板面25毫克/平方米 水泥面50毫克/平方米 滞留喷洒
WP20090138 杀虫气雾剂/0.47%/气雾剂/残杀威 0.35%、高效氯氰菊酯 0.075%、炔咪菊酯 0.045%/2014.02.25 至 2019.02.25/低毒
卫生 蚂蚁、蚊、蝇、蜚蠊 / 喷雾
注:本品有三种香型:柠檬型、柑桔香型、清香型。
WP20090150 电热蚊香片/50毫克/片/电热蚊香片/富右旋反式炔丙菊酯 15毫克/片、生物烯丙菊酯 35毫克/片/2014.03.03 至 2019.03.03/低毒
卫生 蚊 / 电热加温
注:本品有三种香型:无香型、清香型、果香型。
WP20090157 杀虫水乳剂/4.5%/水乳剂/高效氯氰菊酯 4.5%/2014.03.04 至 2019.03.04/低毒
卫生 蚊、蝇 100倍液 喷洒
WP20090175 右旋烯炔菊酯/总酯90%,右旋85%/原药/右旋烯炔菊酯 总酯90%,右旋85%/2014.03.11 至 2019.03.11/低毒
WP20090187 高效氯氟氰菊酯/95%/原药/高效氯氟氰菊酯 95%/2014.03.20 至 2019.03.20/中等毒
WP20090188 电热蚊香片/11毫克/片/电热蚊香片/富右旋反式炔丙菊酯 11毫克/片/2014.03.23 至 2019.03.23/低毒
卫生 蚊 / 电热加温
WP20090256 杀蚁饵剂/0.08%/饵剂/右旋苯醚菊酯 0.08%/2014.04.27 至 2019.04.27/低毒
卫生 蚂蚁 / 投放
WP20090320 电热蚊香液/1.8%/电热蚊香液/Es-生物烯丙菊酯 1.8%/2009.09.14 至 2014.09.14/微毒
卫生 蚊 / 电热加温
WP20100065 右旋胺菊酯/总酯92%,右旋体90%/原药/右旋胺菊酯 总酯92%,右旋体90%/2010.05.04 至 2015.05.04/低毒
WP20100075 电热蚊香液/0.9%/电热蚊香液/四氟苯菊酯 0.9%/2010.05.19 至 2015.05.19/微毒
卫生 蚊 / 电热加温
WP20100077 电热蚊香液/1.3%/电热蚊香液/炔丙菊酯 1.3%/2010.05.19 至 2015.05.19/微毒
卫生 蚊 / 电热加温
注:本品有有一种香型:清香型。
WP20100123 四氟苯菊酯/92%/原药/四氟苯菊酯 92%/2010.10.19 至 2015.10.19/低毒
WP20110184 杀飞虫气雾剂/0.65%/气雾剂/氯菊酯 0.4%、生物烯丙菊酯 0.25%/2011.08.04 至 2016.08.04/微毒
卫生 蚊、蝇 / 喷雾
注:本产品有三种香型:柠檬香型、清香型、茉莉香型。
WP20120092 杀虫气雾剂/0.51%/气雾剂/残杀威 0.36%、高效氯氰菊酯 0.09%、炔咪菊酯 0.06%/2012.05.17 至 2017.05.17/微毒
卫生 蜚蠊、蚂蚁、蚊、蝇 / 喷雾
注:本产品有三种香型:无香型、清香型、柑桔香型。
WP20120093 杀虫气雾剂/0.74%/气雾剂/胺菊酯 0.21%、残杀威 0.42%、高效氯氰菊酯 0.11%/2012.05.17 至 2017.05.17/微毒
卫生 蜚蠊、蚂蚁、跳蚤、蚊、蝇 / 喷雾
注:本产品有三种香型:清香型、无香型、飘逸香型。
WP20130034 电热蚊香液/1.5%/电热蚊香液/四氟苯菊酯 1.5%/2013.02.21 至 2018.02.21/微毒
卫生 蚊 / 电热加温
注:本产品有三种香型:清香型、薰衣草香型、无香型。
WP20130075 炔咪菊酯/50.5%/母药/炔咪菊酯 50.5%/2013.04.22 至 2018.04.22/低毒
WP20130076 炔咪菊酯/90%/原药/炔咪菊酯 90%/2013.04.22 至 2018.04.22/中等毒
WL20100289 杀虫气雾剂/0.48%/气雾剂/生物烯丙菊酯 0.2%、四氟苯菊酯 0.08%、右旋苯醚氰菊酯 0.2%/2012.12.07至2013.12.07/微毒
卫生 蚂蚁、蚊、蝇、蜚蠊 / 喷雾
注:本品有三种香型:柑桔香型、清香型、无香型。
WL20110047 杀虫气雾剂/0.81%/气雾剂/胺菊酯 0.36%、残杀威 0.45%/2013.04.01 至 2014.04.01/微毒
卫生 蚂蚁、蚊、蝇、蜚蠊 / 喷雾
注:本产品有两种香型:柠檬香香型、清香型。
WL20110069 杀虫气雾剂/0.6%/气雾剂/胺菊酯 0.15%、残杀威 0.4%、炔丙菊酯 0.05%/2013.05.05 至 2014.05.05/微毒
卫生 蚂蚁、蚊、蝇、蜚蠊 / 喷雾
注:本产品有三种香型:清香型、西柚香型、柠檬香型。

WL20110080 杀蟑气雾剂/0.52%/气雾剂/氯菊酯 0.20%、炔咪菊酯 0.12%、右旋苯醚氰菊酯 0.20%/2013.06.16 至 2014.06.16/微毒
卫生 蜚蠊 / 喷雾
注:本产品有三种香型:无香型、清香型、柑桔香型。

中山市蒙奇化工有限公司 (广东省中山市黄圃镇横档村赖四倾 528429 0760-23308938)

WL20100220 杀虫气雾剂/0.38%/气雾剂/Es-生物烯丙菊酯 0.18%、右旋苯醚氰菊酯 0.2%/2012.07.13 至 2013.07.13/微毒
卫生 蚊、蝇、蜚蠊 / 喷雾

中山雅黛日用化工有限公司 (广东省中山市阜沙镇大有开发区 528434 0760-23452626)

WL20120056 电热蚊香液/0.4%/电热蚊香液/氯氟醚菊酯 0.4%/2013.11.08 至 2014.11.08/微毒
卫生 蚊 / 电热加温
WL20120065 电热蚊香片/10毫克/片/电热蚊香片/炔丙菊酯 5毫克/片、氯氟醚菊酯 5毫克/片/2013.12.19 至 2014.12.19/低毒
卫生 蚊 / 电热加温

珠海真绿色技术有限公司 (广东省珠海市南屏科技工业园屏西7路1号 519060 0756-8699856)

PD20094524 咪鲜胺/0.05%/水剂/咪鲜胺 0.05%/2009.04.09 至 2014.04.09/低毒
柑橘 保鲜 2－3升制剂量/吨 喷涂
PD20095324 咪鲜·抑霉唑/14%/乳油/咪鲜胺 12%、抑霉唑 2%/2009.04.27 至 2014.04.27/低毒
柑橘 蒂腐病、绿霉病、青霉病、酸腐病 600-800倍液 浸果一分钟
PD20097718 咪鲜·异菌脲/16%/悬浮剂/咪鲜胺 8%、异菌脲 8%/2009.11.04 至 2014.11.04/低毒
香蕉 冠腐病 400-500倍液 浸果2分钟
PD20110330 咪鲜胺/10%/微乳剂/咪鲜胺 10%/2011.03.24 至 2016.03.24/低毒
柑橘 绿霉病、青霉病 222-333毫克/千克 浸果
PD20120651 咪鲜胺/45%/微乳剂/咪鲜胺 45%/2012.04.18 至 2017.04.18/低毒
柑橘 绿霉病、青霉病 337.5－450毫克/千克 浸果
PD20120774 异菌脲/25%/悬浮剂/异菌脲 25%/2012.05.05 至 2017.05.05/低毒
香蕉 冠腐病 1500－2000毫克/千克 浸果
LS20130490 咪鲜·抑霉唑/28%/乳油/咪鲜胺 24%、抑霉唑 4%/2013.11.08 至 2014.11.08/低毒
柑橘 蒂腐病、绿霉病、青霉病、酸腐病 233－467毫克/千克 浸果

广西壮族自治区

博白县天地和农药厂 (广西壮族自治区玉林市博白县南洲南路277号 537600 0775-8336278)

PD20084327 氯氰菊酯/50克/升/乳油/氯氰菊酯 50克/升/2013.12.17 至 2018.12.17/低毒
十字花科蔬菜 菜青虫 45-52.5克/公顷 喷雾
PD20084808 异丙威/20%/乳油/异丙威 20%/2013.12.22 至 2018.12.22/中等毒
水稻 飞虱 450-600克/公顷 喷雾
PD20084895 毒死蜱/480克/升/乳油/毒死蜱 480克/升/2013.12.22 至 2018.12.22/中等毒
水稻 稻纵卷叶螟 450-600克/公顷 喷雾
PD20084985 氯氰·丙溴磷/440克/升/乳油/丙溴磷 400克/升、氯氰菊酯 40克/升/2013.12.22 至 2018.12.22/中等毒
棉花 棉铃虫 528-660克/公顷 喷雾
PD20085502 辛硫磷/40%/乳油/辛硫磷 40%/2013.12.25 至 2018.12.25/低毒
棉花 棉铃虫 450-600克/公顷 喷雾
PD20097205 丙环唑/250克/升/乳油/丙环唑 250克/升/2009.10.19 至 2014.10.19/低毒
香蕉 叶斑病 250-500毫克/千克 喷雾
PD20097305 毒·辛/25%/乳油/毒死蜱 10%、辛硫磷 15%/2009.10.26 至 2014.10.26/中等毒
甘蓝 黄条跳甲 900-1050克制剂/公顷 喷雾
PD20101792 联苯菊酯/25克/升/乳油/联苯菊酯 25克/升/2010.07.13 至 2015.07.13/低毒
柑橘树 红蜘蛛 20-33.3毫克/千克 喷雾
PD20102047 高效氯氟氰菊酯/25克/升/乳油/高效氯氟氰菊酯 25克/升/2010.11.01 至 2015.11.01/中等毒
荔枝树 蝽蟓 6.25-12.5毫克/千克 喷雾
PD20111321 阿维菌素/1.8%/乳油/阿维菌素 1.8%/2011.12.05 至 2016.12.05/低毒(原药高毒)
小白菜 小菜蛾 8.1-10.8克/公顷 喷雾
PD20130183 苏云金杆菌/8000IU/毫克/悬浮剂/苏云金杆菌 8000IU/毫克/2013.06.18 至 2018.06.18/低毒
甘蓝 菜青虫 50-100毫升制剂/亩 喷雾

广西安泰化工有限责任公司 (广西壮族自治区贵港市平南县平南镇甘莲村 537300 0775-3252183)

PD20040141 吡虫啉/5%/乳油/吡虫啉 5%/2009.12.19 至 2014.12.19/低毒
水稻 飞虱 15-30克/公顷 喷雾
小麦 蚜虫 15-30克/公顷(南方地区) 喷雾
45-60克/公顷(北方地区)
PD20040179 高效氯氰菊酯/4.5%/微乳剂/高效氯氰菊酯 4.5%/2009.12.19 至 2014.12.19/中等毒
十字花科蔬菜 菜青虫 13.5-27克/公顷 喷雾
PD20040299 高效氯氰菊酯/4.5%/乳油/高效氯氰菊酯 4.5%/2009.12.19 至 2014.12.19/中等毒
茶树 茶尺蠖 15-25.5克/公顷 喷雾
柑橘树 红蜡蚧 50毫克/千克 喷雾
柑橘树 潜叶蛾 15-20 毫克/千克 喷雾
棉花 红铃虫、棉铃虫、棉蚜 15-30克/公顷 喷雾
苹果树 桃小食心虫 20-33毫克/千克 喷雾

	十字花科蔬菜	菜青虫、小菜蛾	9-25.5克/公顷	喷雾
	十字花科蔬菜	菜蚜	3-18克/公顷	喷雾
	烟草	烟青虫	15-22.5克公顷	喷雾
PD20080372	啶虫脒/5%/乳油/啶虫脒 5%/2013.02.28 至 2018.02.28/低毒			
	苹果树	蚜虫	10-15毫克/千克	喷雾
	小麦	蚜虫	18-30克/公顷	喷雾
PD20081304	丙环唑/25%/乳油/丙环唑 25%/2013.10.09 至 2018.10.09/低毒			
	香蕉	叶斑病	250-500毫克/千克	喷雾
PD20081306	杀螟丹/50%/可溶粉剂/杀螟丹 50%/2013.10.09 至 2018.10.09/中等毒			
	水稻	二化螟	600-900克/公顷	喷雾
PD20081418	腐霉・福美双/25%/可湿性粉剂/腐霉利 10%、福美双 15%/2013.10.31 至 2018.10.31/低毒			
	番茄	灰霉病	225-300克/公顷	喷雾
PD20081688	草甘膦/30%/水剂/草甘膦 30%/2013.11.17 至 2018.11.17/低毒			
	柑橘园	杂草	1200-2250克/公顷	定向茎叶喷雾
PD20083385	吡虫・仲丁威/20%/乳油/吡虫啉 1%、仲丁威 19%/2013.12.11 至 2018.12.11/低毒			
	水稻	稻飞虱	180-240克/公顷	喷雾
PD20083702	阿维・哒螨灵/5%/乳油/阿维菌素 0.2%、哒螨灵 4.8%/2013.12.15 至 2018.12.15/低毒(原药高毒)			
	柑橘树	红蜘蛛	25-33毫克/千克	喷雾
	苹果树	红蜘蛛	20-25毫克/千克	喷雾
PD20084028	异稻・稻瘟灵/40%/乳油/稻瘟灵 10%、异稻瘟净 30%/2013.12.16 至 2018.12.16/低毒			
	水稻	稻瘟病	750-900克/公顷	喷雾
PD20084218	甲氰・辛硫磷/12%/乳油/甲氰菊酯 2%、辛硫磷 10%/2013.12.17 至 2018.12.17/中等毒			
	苹果树	桃小食心虫	60-80毫克/千克	喷雾
PD20084389	毒死蜱/40%/乳油/毒死蜱 40%/2008.12.17 至 2013.12.17/中等毒			
	十字花科蔬菜	菜青虫	360-540克/公顷	喷雾
	水稻	稻纵卷叶螟	480-600克/公顷	喷雾
PD20084529	甲霜・锰锌/58%/可湿性粉剂/甲霜灵 10%、代森锰锌 48%/2013.12.18 至 2018.12.18/低毒			
	黄瓜	霜霉病	696-1044克/公顷	喷雾
PD20084621	阿维菌素/1.8%/乳油/阿维菌素 1.8%/2013.12.18 至 2018.12.18/低毒(原药高毒)			
	十字花科蔬菜	小菜蛾	8.1-10.8克/公顷	喷雾
PD20084637	硫磺・三环唑/45%/可湿性粉剂/硫磺 40%、三环唑 5%/2013.12.18 至 2018.12.18/低毒			
	水稻	稻瘟病	742.5-1080克/公顷	喷雾
PD20085491	阿维・毒死蜱/15%/乳油/阿维菌素 0.2%、毒死蜱 14.8%/2008.12.25 至 2013.12.25/中等毒(原药高毒)			
	黄瓜	斑潜蝇	135-180克/公顷	喷雾
	萝卜、小油菜	小菜蛾	90-135克/公顷	喷雾
	水稻	二化螟	90-135克/公顷	喷雾
PD20086147	芸苔素内酯/0.01%/乳油/芸苔素内酯 0.01%/2013.12.30 至 2018.12.30/低毒			
	小白菜	调节生长、增产	0.02-0.04毫克/千克	喷雾
PD20090262	溴氰 ・敌敌畏/15%/乳油/敌敌畏 14.7%、溴氰菊酯 0.3%/2014.01.09 至 2019.01.09/中等毒			
	甘蓝	菜青虫	112.5-225克/公顷	喷雾
PD20090454	高氯・毒死蜱/12%/乳油/毒死蜱 9.5%、高效氯氰菊酯 2.5%/2009.01.12 至 2014.01.12/中等毒			
	甘蓝	菜青虫	54-90克/公顷	喷雾
PD20090951	百菌清/40%/悬浮剂/百菌清 40%/2014.01.20 至 2019.01.20/低毒			
	番茄	早疫病	900－1050克/公顷	喷雾
PD20091005	敌畏・毒死蜱/35%/乳油/敌敌畏 30%、毒死蜱 5%/2014.01.21 至 2019.01.21/中等毒			
	水稻	稻纵卷叶螟	525-630克/公顷	喷雾
PD20091239	毒・辛/20%/乳油/毒死蜱 4%、辛硫磷 16%/2014.02.01 至 2019.02.01/低毒			
	棉花	棉铃虫	300-450克/公顷	喷雾
PD20091294	氯氰・敌敌畏/10%/乳油/敌敌畏 8%、氯氰菊酯 2%/2014.02.01 至 2019.02.01/中等毒			
	甘蓝	蚜虫	37.5-75克/公顷	喷雾
	甘蓝	菜青虫	60-90克/公顷	喷雾
	苹果树	蚜虫	83.3-125毫克/千克	喷雾
PD20091553	甲基硫菌灵/36%/悬浮剂/甲基硫菌灵 36%/2014.02.03 至 2019.02.03/低毒			
	花生	叶斑病	180-216克/公顷	喷雾
PD20091625	二嗪磷/30%/乳油/二嗪磷 30%/2014.02.03 至 2019.02.03/中等毒			
	水稻	二化螟	675-787.5克/公顷	喷雾
PD20092424	阿维菌素/3.2%/乳油/阿维菌素 3.2%/2014.02.25 至 2019.02.25/低毒(原药高毒)			
	甘蓝	小菜蛾	9-12克/公顷	喷雾
PD20092814	高氯・辛硫磷/24%/乳油/高效氯氰菊酯 1.5%、辛硫磷 22.5%/2014.03.04 至 2019.03.04/中等毒			
	甘蓝	小菜蛾	180-270克/公顷	喷雾
	棉花	棉铃虫	270-360克/公顷	喷雾
PD20092925	噻嗪・异丙威/25%/乳油/噻嗪酮 5%、异丙威 20%/2014.03.05 至 2019.03.05/中等毒			
	水稻	稻飞虱	375-562.5克/公顷	喷雾

PD20093065 马拉·灭多威/30%/乳油/马拉硫磷 25%、灭多威 5%/2014.03.09 至 2019.03.09/中等毒(原药高毒)
水稻 稻纵卷叶螟 540-675克/公顷 喷雾
PD20093253 高效氯氟氰菊酯/25克/升/乳油/高效氯氟氰菊酯 25克/升/2014.03.11 至 2019.03.11/中等毒
十字花科蔬菜 菜青虫 11.25-15克/公顷 喷雾
PD20093669 氯氰菊酯/5%/乳油/氯氰菊酯 5%/2014.03.25 至 2019.03.25/低毒
甘蓝 菜青虫 30-45克/公顷 喷雾
PD20093913 联苯菊酯/25克/升/乳油/联苯菊酯 25克/升/2014.03.26 至 2019.03.26/低毒
茶树 茶小绿叶蝉 30-45克/公顷 喷雾
PD20094333 氯氰·敌敌畏/20%/乳油/敌敌畏 16%、氯氰菊酯 4%/2014.03.31 至 2019.03.31/中等毒
甘蓝 菜青虫 120-180克/公顷 喷雾
PD20094651 哒灵·炔螨特/30%/乳油/哒螨灵 6%、炔螨特 24%/2009.04.10 至 2014.04.10/中等毒
柑橘树 红蜘蛛 150-200毫克/千克 喷雾
PD20095094 百草枯/20%/水剂/百草枯 20%/2012.12.31 至 2014.07.01/中等毒
柑橘园 杂草 450-900克/公顷 定向茎叶喷雾
PD20095183 毒·辛/5%/颗粒剂/毒死蜱 2.5%、辛硫磷 2.5%/2009.04.24 至 2014.04.24/低毒
韭菜 韭蛆 1500-1800克/公顷 撒施
PD20095587 苄嘧·苯噻酰/53%/可湿性粉剂/苯噻酰草胺 50%、苄嘧磺隆 3%/2009.05.12 至 2014.05.12/低毒
水稻抛秧田 部分多年生杂草、一年生杂草 318-397.5克/公顷(南方地区) 药土法
PD20095991 阿维·杀虫单/20%/微乳剂/阿维菌素 0.1%、杀虫单 19.9%/2009.06.11 至 2014.06.11/低毒(原药高毒)
水稻 二化螟 300-450克/公顷 喷雾
PD20096483 阿维·甲氰/10%/乳油/阿维菌素 1%、甲氰菊酯 9%/2009.08.14 至 2014.08.14/中等毒(原药高毒)
甘蓝 小菜蛾 45-67.5克/公顷 喷雾
PD20096609 杀虫双/18%/水剂/杀虫双 18%/2009.09.02 至 2014.09.02/低毒
水稻 三化螟 540-675克/公顷 喷雾
PD20097381 高效氯氰菊酯/27%/母药/高效氯氰菊酯 27%/2009.10.28 至 2014.10.28/低毒
PD20098290 噻嗪·异丙威/25%/可湿性粉剂/噻嗪酮 5%、异丙威 20%/2009.12.18 至 2014.12.18/低毒
水稻 稻飞虱 412.5-525克/公顷 喷雾
PD20100059 甲氰·噻螨酮/7.5%/乳油/甲氰菊酯 5%、噻螨酮 2.5%/2010.01.04 至 2015.01.04/低毒
柑橘树 红蜘蛛 78.75-101.25克/公顷 喷雾
PD20100867 阿维·辛硫磷/15%/乳油/阿维菌素 0.1%、辛硫磷 14.9%/2010.01.19 至 2015.01.19/低毒(原药高毒)
甘蓝 小菜蛾 157.5-225克/公顷 喷雾
PD20101363 氯氰·硫丹/18%/乳油/硫丹 16%、氯氰菊酯 2%/2010.04.02 至 2015.04.02/低毒(原药高毒)
棉花 棉铃虫 189-270克/公顷 喷雾
PD20101834 甲氨基阿维菌素苯甲酸盐(0.57%)///微乳剂/甲氨基阿维菌素 0.5%/2010.07.28 至 2015.07.28/低毒
小白菜 甜菜夜蛾 2.25-3克/公顷 喷雾
PD20102210 高效氯氰菊酯/3%/水乳剂/高效氯氰菊酯 3%/2010.12.23 至 2015.12.23/中等毒
甘蓝 菜青虫 22.5-30克/公顷 喷雾
PD20110206 阿维·溴氰/1.5%/乳油/阿维菌素 0.5%、溴氰菊酯 1%/2011.02.18 至 2016.02.18/低毒(原药高毒)
小白菜 小菜蛾 11.25-18克/公顷 喷雾
PD20110248 仲威·毒死蜱/20%/乳油/毒死蜱 10%、仲丁威 10%/2011.03.03 至 2016.03.03/低毒
水稻 稻飞虱 600—660克/公顷 喷雾
PD20110801 阿维·高氯/1.8%/乳油/阿维菌素 0.3%、高效氯氰菊酯 1.5%/2011.07.26 至 2016.07.26/低毒(原药高毒)
甘蓝 小菜蛾 13.5-16.2克/公顷 喷雾
PD20111118 高氯·甲维盐/2%/乳油/高效氯氰菊酯 1.8%、甲氨基阿维菌素苯甲酸盐 0.2%/2011.10.27 至 2016.10.27/低毒
甘蓝 甜菜夜蛾 12-18克/公顷 喷雾
PD20111242 井冈·三环唑/20%/可湿性粉剂/井冈霉素 4%、三环唑 16%/2011.11.18 至 2016.11.18/低毒
水稻 稻瘟病、纹枯病 300—450克/公顷 喷雾
PD20120218 2甲·莠灭净/48%/可湿性粉剂/2甲4氯钠 8%、莠灭净 40%/2012.02.09 至 2017.02.09/低毒
甘蔗田 一年生杂草 1800-2160克/公顷 定向茎叶喷雾
PD20120627 甲氨基阿维菌素苯甲酸盐/1%/乳油/甲氨基阿维菌素 1%/2012.04.11 至 2017.04.11/低毒
棉花 棉铃虫 9-12克/公顷 喷雾
注:甲氨基阿维菌素苯甲酸盐含量: 1.14%。
PD20120838 三唑磷/20%/乳油/三唑磷 20%/2012.05.22 至 2017.05.22/中等毒
水稻 二化螟 360-450克/公顷 喷雾
PD20120852 高效氯氟氰菊酯/5%/水乳剂/高效氯氟氰菊酯 5%/2012.05.22 至 2017.05.22/低毒
甘蓝 菜青虫 7.5—15克/公顷 喷雾
PD20121178 唑磷·毒死蜱/25%/乳油/毒死蜱 5%、三唑磷 20%/2012.07.30 至 2017.07.30/中等毒
水稻 稻纵卷叶螟、二化螟 300-375克/公顷 喷雾
PD20121797 阿维·杀虫单/20%/可湿性粉剂/阿维菌素 0.1%、杀虫单 19.9%/2012.11.22 至 2017.11.22/中等毒(原药高毒)
小白菜 菜青虫 300-360克/公顷 喷雾
PD20122014 高效氯氰菊酯/4.5%/水乳剂/高效氯氰菊酯 4.5%/2012.12.19 至 2017.12.19/低毒
甘蓝 菜青虫 27-40.5克/公顷 喷雾
PD20130141 噻嗪·毒死蜱/20%/可湿性粉剂/毒死蜱 10%、噻嗪酮 10%/2013.01.17 至 2018.01.17/低毒

水稻 飞虱 210-270克/公顷 喷雾
PD20130334 甲氨基阿维菌素苯甲酸盐/0.5%/可湿性粉剂/甲氨基阿维菌素 0.5%/2013.03.07 至 2018.03.07/低毒
小白菜 甜菜夜蛾 2.25-3.75克/公顷 喷雾
注:甲氨基阿维菌素苯甲酸盐含量: 0.57%。
PD20130447 阿维·吡虫啉/3%/乳油/阿维菌素 0.27%、吡虫啉 2.73%/2013.03.18 至 2018.03.18/低毒(原药高毒)
梨树 梨木虱 15-20毫克/千克 喷雾
PD20130638 高氯·啶虫脒/2%/乳油/啶虫脒 1%、高效氯氰菊酯 1%/2013.04.05 至 2018.04.05/低毒
柑橘 蚜虫 8-13.3毫克/千克 喷雾
PD20130643 苯甲·丙环唑/30%/悬浮剂/苯醚甲环唑 15%、丙环唑 15%/2013.04.05 至 2018.04.05/低毒
水稻 纹枯病 90-112.5克/公顷 喷雾
PD20131492 咪锰·多菌灵/20%/可湿性粉剂/多菌灵 4%、咪鲜胺锰盐 16%/2013.07.05 至 2018.07.05/低毒
荔枝 炭疽病 200-400毫克/千克 喷雾
PD20132268 氯氰·丙溴磷/22%/乳油/丙溴磷 20%、氯氰菊酯 2%/2013.11.05 至 2018.11.05/低毒
棉花 棉铃虫 198-264克/公顷 喷雾

广西拜科生物科技有限公司 (广西壮族自治区南宁市科园大道财智时代10楼A1016号 530003 0771-2275880)

PD20093179 井冈霉素/3%/水剂/井冈霉素 3%/2009.03.11 至 2014.03.11/低毒
水稻 纹枯病 75-112.5克/公顷 喷雾
PD20098402 草甘膦异丙胺盐/30%/水剂/草甘膦 30%/2009.12.18 至 2014.12.18/低毒
柑橘园 杂草 1125-2250克/公顷 定向茎叶喷雾
注:草甘膦异丙胺盐含量: 41%。
PD20100196 杀虫双/18%/水剂/杀虫双 18%/2010.01.05 至 2015.01.05/低毒
水稻 三化螟 540-675克/公顷 喷雾
PD20100753 噻嗪·异丙威/25%/可湿性粉剂/噻嗪酮 5%、异丙威 20%/2010.01.16 至 2015.01.16/低毒
水稻 稻飞虱 450-562.5克/公顷 喷雾
PD20121551 草甘膦铵盐/80%/可溶粉剂/草甘膦 80%/2012.10.25 至 2017.10.25/低毒
非耕地 杂草 1128-2256克/公顷 定向茎叶喷雾
注:草甘膦铵盐含量:88%。
PD20121701 草甘膦铵盐/50%/可溶粉剂/草甘膦 50%/2012.11.05 至 2017.11.05/低毒
非耕地 杂草 1125-2250克/公顷 定向茎叶喷雾
注:草甘膦铵盐含量: 55%。
PD20122111 甲氨基阿维菌素苯甲酸盐/3%/微乳剂/甲氨基阿维菌素 3%/2012.12.26 至 2017.12.26/低毒
甘蓝 甜菜夜蛾 2.25－3.15克/公顷 喷雾
注:甲氨基阿维菌素苯甲酸盐含量:3.4%。
PD20130746 辛硫磷/20%/微乳剂/辛硫磷 20%/2013.04.12 至 2018.04.12/低毒
甘蓝 菜青虫 240-300克/公顷 喷雾
PD20131170 滴酸·草甘膦/35.6%/水剂/草甘膦 30%、2,4-滴 2.4%/2013.05.27 至 2018.05.27/低毒
非耕地 杂草 1215-2430克/公顷 定向茎叶喷雾
注: 2,4-滴钠盐含量:2.6%, 草甘膦铵盐含量:33%。
PD20132116 阿维菌素/3%/微乳剂/阿维菌素 3%/2013.10.24 至 2018.10.24/中等毒(原药高毒)
甘蓝 小菜蛾 8.1-10.8克/公顷 喷雾
PD20132131 高氯·甲维盐/3.2%/微乳剂/高效氯氰菊酯 3%、甲氨基阿维菌素苯甲酸盐 0.2%/2013.10.24 至 2018.10.24/低毒
甘蓝 甜菜夜蛾 13.5-18克/公顷 喷雾

广西北海国发海洋生物农药有限公司 (广西壮族自治区北海市北部湾东路78号 536000 0779-6803692)

PD20098403 氨基寡糖素/0.5%/水剂/氨基寡糖素 0.5%/2009.12.18 至 2014.12.18/低毒
番茄 晚疫病 14.06-18.75克/公顷 喷雾
棉花 黄萎病 400倍液 喷雾
西瓜 枯萎病 400－600倍液 喷雾
烟草 花叶病毒病 400－600倍液 喷雾

广西贝嘉尔生物化学制品有限公司 (广西壮族自治区平南县瑞雁广场南 537300 0775-7866335)

PD20083350 炔螨特/73%/乳油/炔螨特 73%/2013.12.11 至 2018.12.11/低毒
柑橘树 红蜘蛛 243-365毫克/千克 喷雾
PD20083910 多菌灵/50%/可湿性粉剂/多菌灵 50%/2013.12.15 至 2018.12.15/微毒
苹果树 轮纹病 800-1000毫克/千克 喷雾
PD20084581 高效氯氟氰菊酯/25克/升/乳油/高效氯氟氰菊酯 25克/升/2013.12.18 至 2018.12.18/中等毒
十字花科蔬菜 菜青虫 7.5-15克/公顷 喷雾
PD20090869 代森锰锌/80%/可湿性粉剂/代森锰锌 80%/2014.01.19 至 2019.01.19/低毒
番茄 早疫病 1650-2520克/公顷 喷雾
PD20091490 氯氰·毒死蜱/522.5克/升/乳油/毒死蜱 475克/升、氯氰菊酯 47.5克/升/2009.02.02 至 2014.02.02/中等毒
菜豆 豆荚螟 391.9-470.25克/公顷 喷雾
PD20091565 联苯菊酯/100克/升/乳油/联苯菊酯 100克/升/2014.02.03 至 2019.02.03/中等毒
茶树 茶尺蠖 7.5-15克/公顷 喷雾
PD20091599 甲基硫菌灵/70%/可湿性粉剂/甲基硫菌灵 70%/2014.02.03 至 2019.02.03/低毒
苹果树 轮纹病 800-1167毫克/千克 喷雾

PD20092409 代森锌/80%/可湿性粉剂/代森锌 80%/2014.02.25 至 2019.02.25/低毒
番茄 早疫病 2400-3600克/公顷 喷雾
PD20092824 百菌清/75%/可湿性粉剂/百菌清 75%/2014.03.04 至 2019.03.04/微毒
黄瓜 霜霉病 1125-1687.5克/公顷 喷雾
PD20093560 毒死蜱/480克/升/乳油/毒死蜱 480克/升/2009.03.23 至 2014.03.23/中等毒
十字花科蔬菜 斜纹夜蛾 216-432克/公顷 喷雾
PD20094217 噁霉灵/15%/水剂/噁霉灵 15%/2014.03.31 至 2019.03.31/低毒
水稻 立枯病 0.9-1.8克/平方米 苗床,育秧箱土壤处理
PD20097093 异菌脲/25%/悬浮剂/异菌脲 25%/2009.10.10 至 2014.10.10/低毒
香蕉 冠腐病 1500-1700毫克/千克 浸果
PD20098110 氟氯氰菊酯/50克/升/乳油/氟氯氰菊酯 50克/升/2009.12.08 至 2014.12.08/低毒
棉花 棉铃虫 37.5-52.5克/公顷 喷雾
PD20098370 溴氰菊酯/25克/升/乳油/溴氰菊酯 25克/升/2009.12.18 至 2014.12.18/中等毒
甘蓝 菜青虫 11.25-18.75克/公顷 喷雾
PD20098427 唑螨酯/5%/悬浮剂/唑螨酯 5%/2009.12.24 至 2014.12.24/低毒
柑橘树 红蜘蛛 25-50毫克/千克 喷雾
PD20100981 氟硅唑/400克/升/乳油/氟硅唑 400克/升/2010.01.19 至 2015.01.19/低毒
葡萄 黑痘病 40-66.7毫克/千克 喷雾
PD20102102 苯醚甲环唑/10%/水分散粒剂/苯醚甲环唑 10%/2010.11.30 至 2015.11.30/低毒
西瓜 炭疽病 67.5－112.5克/公顷 喷雾
PD20110045 噻嗪酮/25%/可湿性粉剂/噻嗪酮 25%/2011.01.11 至 2016.01.11/低毒
水稻 飞虱 112.5－150克/公顷 喷雾
PD20110443 苯醚甲环唑/25%/乳油/苯醚甲环唑 25%/2011.04.21 至 2016.04.21/低毒
香蕉树 叶斑病 83.3－125毫克/千克 喷雾
PD20110450 硫磺/50%/悬浮剂/硫磺 50%/2011.04.21 至 2016.04.21/低毒
黄瓜 白粉病 1125－1500克/公顷 喷雾
PD20110647 百草枯/250克/升/水剂/百草枯 250克/升/2012.12.31 至 2014.07.01/中等毒
非耕地 杂草 450-750克/公顷 茎叶喷雾
PD20110829 高氯・甲维盐/4.2%/乳油/高效氯氰菊酯 4%、甲氨基阿维菌素苯甲酸盐 0.2%/2011.08.10 至 2016.08.10/中等毒
甘蓝 甜菜夜蛾 31.5-37.8克/公顷 喷雾
PD20111093 吡虫啉/70%/水分散粒剂/吡虫啉 70%/2011.10.13 至 2016.10.13/低毒
水稻 飞虱 21-42克/公顷 喷雾
PD20120298 阿维・啶虫脒/5%/微乳剂/阿维菌素 1%、啶虫脒 4%/2012.02.17 至 2017.02.17/低毒(原药高毒)
甘蓝 蚜虫 11.25－15.75克/公顷 喷雾
PD20120320 多抗・锰锌/46%/可湿性粉剂/多抗霉素 2%、代森锰锌 44%/2012.02.17 至 2017.02.17/低毒
苹果树 斑点落叶病 460-575毫克/千克 喷雾
PD20120506 丙环唑/55%/微乳剂/丙环唑 55%/2012.03.20 至 2017.03.20/低毒
香蕉树 叶斑病 275－400毫克/千克 喷雾
PD20120674 戊唑醇/25%/水乳剂/戊唑醇 25%/2012.04.18 至 2017.04.18/低毒
梨树 黑星病 100－125毫克/千克 喷雾
PD20120778 甲氨基阿维菌素苯甲酸盐/5%/水分散粒剂/甲氨基阿维菌素 5%/2012.05.05 至 2017.05.05/低毒
甘蓝 甜菜夜蛾 2.25－3.375克/公顷 喷雾
注:5%甲氨基阿维菌素苯甲酸盐含量：5.7%。
PD20121369 甲氨基阿维菌素苯甲酸盐/3%/水乳剂/甲氨基阿维菌素 3%/2012.09.13 至 2017.09.13/低毒
小白菜 甜菜夜蛾 2.25－3.6克/公顷 喷雾
注:甲氨基阿维菌素苯甲酸盐含量:3.4%。
PD20130022 阿维菌素/3.2%/乳油/阿维菌素 3.2%/2013.01.04 至 2018.01.04/低毒(原药高毒)
叶菜 菜青虫 7.5-11.25克/公顷 喷雾
PD20130772 灭蝇胺/50%/可湿性粉剂/灭蝇胺 50%/2013.04.17 至 2018.04.17/低毒
黄瓜 美洲斑潜蝇 187.5－225克/公顷 喷雾
PD20130859 毒死蜱/30%/微乳剂/毒死蜱 30%/2013.04.22 至 2018.04.22/中等毒
苹果树 绵蚜 150-250毫克/千克 喷雾
PD20132460 啶虫脒/40%/水分散粒剂/啶虫脒 40%/2013.12.02 至 2018.12.02/低毒
甘蓝 蚜虫 18-24克/公顷 喷雾

广西博白县避害增有限公司 (广西壮族自治区玉林市博白县沙河镇河中二路023号 537626 0775-8326259)

PD20091463 氯氰・辛硫磷/20%/乳油/氯氰菊酯 1%、辛硫磷 19%/2014.02.02 至 2019.02.02/中等毒
十字花科蔬菜 蚜虫 150-225克/公顷 喷雾
PD20094402 高效氯氟氰菊酯/2.5%/乳油/高效氯氟氰菊酯 2.5%/2009.04.01 至 2014.04.01/中等毒
十字花科蔬菜 菜青虫 6.25-15克/公顷 喷雾

广西博白县大西南农药厂 (广西壮族自治区博白县城长岗岭 537600 0775-8330381)

PD20091526 氯氰・辛硫磷/40%/乳油/氯氰菊酯 2%、辛硫磷 38%/2014.02.03 至 2019.02.03/中等毒
甘蓝 菜青虫 120-150克/公顷 喷雾

PD20094171 溴氰·马拉松/10%/乳油/马拉硫磷 9.6%、溴氰菊酯 0.4%/2009.03.27 至 2014.03.27/中等毒
十字花科蔬菜 蚜虫 18.75-37.5克/公顷 喷雾

广西发昌香业有限公司 (广西壮族自治区南宁市宾阳县大桥经济开发区 530408 0771-8112820)

WP20090312 蚊香/0.2%/蚊香/富右旋反式烯丙菊酯 0.2%/2009.09.02 至 2014.09.02/微毒
卫生 蚊 / 点燃

WP20120222 杀虫气雾剂/0.5%/气雾剂/胺菊酯 0.2%、氯菊酯 0.2%、炔丙菊酯 0.1%/2012.11.22 至 2017.11.22/微毒
卫生 蚊、蝇、蜚蠊 / 喷雾

WL20100211 蚊香/0.05%/蚊香/氯氟醚菊酯 0.05%/2012.07.13 至 2013.07.13/微毒
卫生 蚊 / 点燃

广西富利海化工有限公司 (广西壮族自治区玉林市玉州区仁厚镇大卢村脚底山 537000 0775-2093318)

PD20090056 氰戊·氧乐果/35%/乳油/氰戊菊酯 5%、氧乐果 30%/2014.01.08 至 2019.01.08/高毒
棉花 棉铃虫 210-270克/公顷 喷雾

PD20092041 异丙威/20%/乳油/异丙威 20%/2014.02.12 至 2019.02.12/低毒
水稻 稻飞虱 450-600克/公顷 喷雾

PD20101030 草甘膦/30%/水剂/草甘膦 30%/2010.01.20 至 2015.01.20/低毒
柑橘园 杂草 750-1500毫升制剂/公顷 定向茎叶喷雾

PD20121028 阿维·毒死蜱/15%/乳油/阿维菌素 0.1%、毒死蜱 14.9%/2012.07.02 至 2017.07.02/中等毒(原药高毒)
水稻 二化螟 157.5-202.5克/公顷 喷雾

广西桂林宝盛农药有限公司 (广西壮族自治区桂林市灵川县普陀路59号 541200 0773-6860629)

PD20040674 吡虫·杀虫单/66.2%/可湿性粉剂/吡虫啉 2.2%、杀虫单 64%/2009.12.19 至 2014.12.19/中等毒
水稻 稻飞虱、稻纵卷叶螟、二化螟、三化螟 450-750克/公顷 喷雾

PD20080754 甲霜·锰锌/60%/可湿性粉剂/甲霜灵 10%、代森锰锌 50%/2013.06.11 至 2018.06.11/低毒
黄瓜 霜霉病 1305-1620克/公顷 喷雾

PD20081037 异稻·稻瘟灵/35%/乳油/稻瘟灵 12.5%、异稻瘟净 22.5%/2013.08.06 至 2018.08.06/低毒
水稻 稻瘟病 525-630克/公顷 喷雾

PD20081315 炔螨特/73%/乳油/炔螨特 73%/2013.10.17 至 2018.10.17/低毒
柑橘树 红蜘蛛 246-365毫克/千克 喷雾

PD20081478 甲氰·哒螨灵/15%/乳油/哒螨灵 7.5%、甲氰菊酯 7.5%/2013.11.04 至 2018.11.04/中等毒
柑橘树 红蜘蛛 75-100毫克/千克 喷雾

PD20081737 三十烷醇/0.1%/微乳剂/三十烷醇 0.1%/2013.11.18 至 2018.11.18/低毒
花生 调节生长、增产 0.5-0.1毫克/千克 喷药2次

PD20082462 甲氰·乐果/30%/乳油/甲氰菊酯 8%、乐果 22%/2013.12.02 至 2018.12.02/中等毒
柑橘树 红蜘蛛 200-300毫克/千克 喷雾

PD20084794 甲氰·氧乐果/30%/乳油/甲氰菊酯 8%、氧乐果 22%/2013.12.22 至 2018.12.22/中等毒(原药高毒)
大豆 蚜虫 130-180克/公顷 喷雾

PD20085159 阿维·毒死蜱/13%/乳油/阿维菌素 0.2%、毒死蜱 12.8%/2008.12.23 至 2013.12.23/中等毒(原药高毒)

PD20086148 溴氰 ·敌敌畏/18%/乳油/敌敌畏 16.5%、溴氰菊酯 1.5%/2013.12.30 至 2018.12.30/中等毒
十字花科蔬菜 蚜虫 81-108克/公顷 喷雾

PD20094994 甲氰菊酯/20%/乳油/甲氰菊酯 20%/2009.06.11 至 2014.06.11/中等毒
柑橘树 潜叶蛾 133.3-200毫克/千克 喷雾

PD20095032 氰戊·乐果/25%/乳油/乐果 14.5%、氰戊菊酯 10.5%/2009.04.21 至 2014.04.21/中等毒
甘蓝 菜青虫 112.5-187.5克/公顷 喷雾

PD20095658 阿维菌素/1.8%/乳油/阿维菌素 1.8%/2009.05.13 至 2014.05.13/低毒(原药高毒)
甘蓝 菜青虫 8.1-10.8克/公顷 喷雾

PD20095908 毒死蜱/40%/乳油/毒死蜱 40%/2009.06.02 至 2014.06.02/中等毒
水稻 稻纵卷叶螟 300-600克/公顷 喷雾

PD20096176 甲氰 ·敌敌畏/35%/乳油/敌敌畏 25%、甲氰菊酯 10%/2009.07.03 至 2014.07.03/低毒
甘蓝 菜青虫 105-210克/公顷 喷雾

PD20101474 敌敌畏/50%/乳油/敌敌畏 50%/2010.05.04 至 2015.05.04/低毒
水稻 稻飞虱 300-450克/公顷 喷雾

PD20101827 咪鲜胺/25%/乳油/咪鲜胺 25%/2010.07.28 至 2015.07.28/低毒
水稻 恶苗病 62.5—125毫克/千克 浸种

广西桂林集琦生化有限公司 (广西壮族自治区桂林市七星区育才路55号 541004 0773-5871685)

PD20080789 阿维菌素/92%/原药/阿维菌素 92%/2013.06.20 至 2018.06.20/高毒

PD20081970 啶虫脒/20%/可湿性粉剂/啶虫脒 20%/2013.11.25 至 2018.11.25/低毒
柑橘树 蚜虫 12.5-25毫克/千克 喷雾

PD20084039 噁霉灵/15%/水剂/噁霉灵 15%/2013.12.16 至 2018.12.16/低毒
水稻 苗期立枯病 0.9-1.8克/平方米 苗床喷雾

PD20084538 阿维菌素/0.9%/乳油/阿维菌素 0.9%/2013.12.18 至 2018.12.18/低毒(原药高毒)
柑橘树 柑橘锈螨 2.25-4.5毫克/千克 喷雾
棉花 棉铃虫 21.6-32.4克/公顷 喷雾
十字花科蔬菜 菜青虫、小菜蛾 8.1-10.8克/公顷 喷雾

PD20085125 阿维菌素/0.3%/乳油/阿维菌素 0.3%/2013.12.23 至 2018.12.23/低毒(原药高毒)

十字花科蔬菜 小菜蛾 1.8-3.6克/公顷 喷雾

PD20085453 代森锰锌/80%/可湿性粉剂/代森锰锌 80%/2013.12.24 至 2018.12.24/低毒

番茄 早疫病 1875－2370克/公顷 喷雾

柑橘树 疮痂病、炭疽病 1333-2000毫克/千克 喷雾

梨树 黑星病 800-1600毫克/千克 喷雾

荔枝树 霜疫霉病 1333-2000毫克/千克 喷雾

苹果树 斑点落叶病、轮纹病、炭疽病 1000-1500毫克/千克 喷雾

葡萄 白腐病、黑痘病、霜霉病 1000-1600毫克/千克 喷雾

西瓜 炭疽病 1560-2520克/公顷 喷雾

PD20085783 阿维菌素/1.8%/乳油/阿维菌素 1.8%/2013.12.29 至 2018.12.29/低毒(原药高毒)

柑橘树 红蜘蛛、潜叶蛾 4.5-9毫克/千克 喷雾

柑橘树 锈壁虱 2.25-4.5毫克/千克 喷雾

梨树 梨木虱 6-12毫克/千克 喷雾

棉花 棉铃虫 21.6-32.4克/公顷 喷雾

苹果树 二斑叶螨 4.5-6毫克/千克 喷雾

苹果树 桃小食心虫 4.5-9毫克/千克 喷雾

苹果树 红蜘蛛 3-6毫克/千克 喷雾

十字花科蔬菜 小菜蛾 8.1-10.8克/公顷 喷雾

水稻 稻纵卷叶螟 8.1-10.8克/公顷 喷雾

PD20086215 霜霉威/722克/升/水剂/霜霉威 722克/升/2013.12.31 至 2018.12.31/低毒

黄瓜 霜霉病 649.8-1083克/公顷 喷雾

PD20086252 阿维·高氯氟/1.3%/乳油/阿维菌素 0.3%、高效氯氟氰菊酯 1%/2013.12.31 至 2018.12.31/低毒(原药高毒)

十字花科蔬菜 小菜蛾 7.8-9.75克/公顷 喷雾

PD20086271 氯氰·辛硫磷/30%/乳油/氯氰菊酯 1.5%、辛硫磷 28.5%/2013.12.31 至 2018.12.31/低毒

棉花 棉铃虫 270-360克/公顷 喷雾

PD20090533 霜脲·锰锌/72%/可湿性粉剂/代森锰锌 64%、霜脲氰 8%/2014.01.13 至 2019.01.13/低毒

黄瓜 霜霉病 1440－1800克/公顷 喷雾

PD20090999 福美双/50%/可湿性粉剂/福美双 50%/2014.01.21 至 2019.01.21/低毒

黄瓜 霜霉病 800－1125克/公顷 喷雾

PD20091405 氟铃·辛硫磷/42%/乳油/氟铃脲 2%、辛硫磷 40%/2014.02.02 至 2019.02.02/低毒

十字花科蔬菜 小菜蛾 567-693克/公顷 喷雾

PD20091519 腐霉·福美双/25%/可湿性粉剂/腐霉利 5%、福美双 20%/2014.02.02 至 2019.02.02/低毒

番茄 灰霉病 225－300克/公顷 喷雾

PD20091578 阿维·杀虫单/30%/可湿性粉剂/阿维菌素 0.1%、杀虫单 29.9%/2014.02.03 至 2019.02.03/低毒(原药高毒)

菜豆 美洲斑潜蝇 180-270克/公顷 喷雾

PD20091922 甲霜·锰锌/58%/可湿性粉剂/甲霜灵 10%、代森锰锌 48%/2014.02.12 至 2019.02.12/低毒

黄瓜 霜霉病 1305－1632克/公顷 喷雾

PD20092049 敌畏·马/50%/乳油/敌敌畏 40%、马拉硫磷 10%/2014.02.12 至 2019.02.12/中等毒

十字花科蔬菜 黄条跳甲 450-600克/公顷 喷雾

PD20092638 腈菌·福美双/20%/可湿性粉剂/福美双 15%、腈菌唑 5%/2014.03.02 至 2019.03.02/低毒

黄瓜 黑星病 200-390克/公顷 喷雾

PD20093681 虫酰肼/20%/悬浮剂/虫酰肼 20%/2014.03.25 至 2019.03.25/低毒

甘蓝 甜菜夜蛾 216-360克/公顷 喷雾

PD20096113 复硝酚钠/1.4%/水剂/复硝酚钠 1.4%/2009.06.18 至 2014.06.18/低毒

番茄 调节生长 3000-4000倍 茎叶喷雾

PD20096591 吡虫·矿物油/25%/乳油/吡虫啉 1%、矿物油 24%/2009.08.25 至 2014.08.25/低毒

棉花 蚜虫 112.5-187.5克/公顷 喷雾

PD20096593 阿维·矿物油/24.5%/乳油/阿维菌素 0.2%、矿物油 24.3%/2009.08.25 至 2014.08.25/低毒(原药高毒)

柑橘树 红蜘蛛 123-245毫克/千克 喷雾

PD20097182 阿维·苏云菌///可湿性粉剂/阿维菌素 0.1%、苏云金杆菌 100亿活芽孢/克/2009.10.16 至 2014.10.16/低毒(原药高毒)

甘蓝 小菜蛾 750-1125克制剂/公顷 喷雾

PD20100248 吡虫啉/5%/乳油/吡虫啉 5%/2010.01.11 至 2015.01.11/低毒

甘蓝 蚜虫 11.25-15克/公顷 喷雾

PD20100948 氯氰·丙溴磷/440克/升/乳油/丙溴磷 400克/升、氯氰菊酯 40克/升/2010.01.19 至 2015.01.19/中等毒

棉花 棉铃虫 80-100毫升制剂/亩 喷雾

PD20101950 苯丁·哒螨灵/10%/乳油/苯丁锡 5%、哒螨灵 5%/2010.09.20 至 2015.09.20/低毒

柑橘树 红蜘蛛 66.7-100毫克/千克 喷雾

PD20110067 阿维·三唑磷/20%/乳油/阿维菌素 0.2%、三唑磷 19.8%/2011.01.11 至 2016.01.11/中等毒(原药高毒)

水稻 二化螟 180-270克/公顷 喷雾

PD20110106 甲氨基阿维菌素苯甲酸盐/0.5%/乳油/甲氨基阿维菌素 0.5%/2011.01.26 至 2016.01.26/低毒

甘蓝 小菜蛾 1.5-1.8克/公顷 喷雾

注:甲氨基阿维菌素苯甲酸盐含量:0.57%

PD20110365 吡虫·毒死蜱/22%/乳油/吡虫啉 2%、毒死蜱 20%/2011.03.31 至 2016.03.31/中等毒

水稻　稻飞虱　132-165克/公顷　喷雾
PD20110747　五硝·多菌灵/40%/可湿性粉剂/多菌灵 32%、五氯硝基苯 8%/2011.07.25 至 2016.07.25/低毒
西瓜　枯萎病　0.25−0.33克/株　灌根
PD20110928　甲氨基阿维菌素苯甲酸盐/5%/水分散粒剂/甲氨基阿维菌素 5%/2011.09.06 至 2016.09.06/低毒
甘蓝　甜菜夜蛾　2.25−3.75克/公顷　喷雾
注:甲氨基阿维菌素苯甲酸盐含量: 5.7%。
PD20111374　阿维菌素/5%/微乳剂/阿维菌素 5%/2011.12.14 至 2016.12.14/中等毒(原药高毒)
甘蓝　小菜蛾　7.5-11.25克/公顷　喷雾
PD20120186　甲氨基阿维菌素苯甲酸盐/5%/乳油/甲氨基阿维菌素 5%/2012.01.30 至 2017.01.30/低毒
甘蓝　甜菜夜蛾　2.25−3.75克/公顷　喷雾
注:甲氨基阿维菌素苯甲酸盐含量: 5.7%。
PD20120811　嘧霉胺/30%/悬浮剂/嘧霉胺 30%/2012.05.17 至 2017.05.17/低毒
番茄　灰霉病　360-540克/公顷　喷雾
PD20130963　氨基寡糖素/20克/升/水剂/氨基寡糖素 20克/升/2013.05.02 至 2018.05.02/低毒
番茄　晚疫病　18-24毫升/公顷　喷雾
PD20131831　甲氨基阿维菌素苯甲酸盐/2%/乳油/甲氨基阿维菌素 2%/2013.09.17 至 2018.09.17/低毒
水稻　稻纵卷叶螟　9-11.25克/公顷　喷雾
注:甲氨基阿维菌素苯甲酸盐含量: 2.3%。
PD20132098　氟硅唑/400克/升/乳油/氟硅唑 400克/升/2013.10.24 至 2018.10.24/低毒
梨树　黑星病　40-50毫克/千克　喷雾

广西桂林井田生化有限公司 (桂林市永福县高新区世纪新城3幢1单元1502室　541004　0773-5801518)

PD20081913　多·福/45%/可湿性粉剂/多菌灵 15%、福美双 30%/2013.11.21 至 2018.11.21/低毒
葡萄　霜霉病　1000-1250毫克/千克　喷雾
PD20081965　多·锰锌/36%/可湿性粉剂/多菌灵 12%、代森锰锌 24%/2013.11.24 至 2018.11.24/低毒
番茄　早疫病　756-1134克/公顷　喷雾
PD20084250　溴氰菊酯/0.006%/粉剂/溴氰菊酯 0.006%/2013.12.17 至 2018.12.17/低毒
仓储原粮　仓储害虫　0.3-0.5克制剂/千克原粮　拌粮
森林　松毛虫　0.5625-1.125克/公顷　喷粉
PD20091303　草甘膦/30%/水剂/草甘膦 30%/2014.02.01 至 2019.02.01/低毒
柑橘园　杂草　1125-2250克/公顷　定向喷雾
PD20096505　代森锰锌/50%/可湿性粉剂/代森锰锌 50%/2009.08.17 至 2014.08.17/低毒
番茄　早疫病　1845-2370克/公顷　喷雾
PD20100713　福·福锌/40%/可湿性粉剂/福美双 15%、福美锌 25%/2010.01.16 至 2015.01.16/低毒
黄瓜　炭疽病　1500-1800克/公顷　喷雾
PD20100888　吡虫啉/10%/可湿性粉剂/吡虫啉 10%/2010.01.19 至 2015.01.19/低毒
水稻　稻飞虱　15-30克/公顷　喷雾
PD20101487　阿维·高氯/1.8%/乳油/阿维菌素 0.2%、高效氯氰菊酯 1.6%/2010.05.10 至 2015.05.10/低毒(原药高毒)
黄瓜　美洲斑潜蝇　15-30克/公顷　喷雾

广西桂林荔浦晶鹰蚊香厂　(广西壮族自治区桂林市荔蒲县荔平路15-13号　546600　0773-7116026)

WP20090145　蚊香/0.2%/蚊香/Es-生物烯丙菊酯 0.2%/2014.02.27 至 2019.02.27/微毒
卫生　蚊　/　/

广西桂林瑞泰化工有限责任公司 (广西壮族自治区桂林市平乐县月城工业开发区365号　542400　0773-7882633)

PD85159-50　草甘膦/30%/水剂/草甘膦 30%/2010.08.15 至 2015.08.15/低毒
茶树、甘蔗、果园、剑麻、林木、桑树、橡胶树　一年生杂草和多年生恶性杂草　1125-2250克/公顷　喷雾

广西桂林市柏松卫生品有限责任公司　(广西壮族自治区桂林市七星区穿山东路16号　541004　0773-5813452)

WP20080158　杀虫粉剂/0.5%/粉剂/氯氰菊酯 0.5%/2013.11.11 至 2018.11.11/微毒
卫生　白蚁　/　撒布建筑物、木材
WP20080260　杀蟑饵剂/0.5%/饵剂/残杀威 0.5%/2013.11.27 至 2018.11.27/微毒
卫生　蜚蠊　/　投放
WP20090304　杀蚁饵剂/15%/饵剂/硼酸 15%/2009.07.22 至 2014.07.22/微毒
卫生　蚂蚁　/　投放
WP20120214　胺·氯菊/2%/水乳剂/胺菊酯 0.5%、氯菊酯 1.5%/2012.11.05 至 2017.11.05/微毒
卫生　蚊、蝇　/　喷雾
WP20130098　杀虫粉剂/0.6%/粉剂/残杀威 0.4%、氯菊酯 0.2%/2013.05.20 至 2018.05.20/微毒
卫生　蜚蠊、蚂蚁　3克制剂/平方米　撒布
WP20130186　杀蟑笔剂/0.5%/笔剂/残杀威 0.2%、氯菊酯 0.3%/2013.09.09 至 2018.09.09/微毒
室内　蜚蠊　/　涂抹
WL20120045　杀蝇饵剂/1.5%/饵剂/残杀威 1.5%/2013.08.10 至 2014.08.10/低毒
卫生　蝇　/　投放
WL20130015　杀虫喷射剂/0.3%/喷射剂/Es-生物烯丙菊酯 0.15%、氯菊酯 0.15%/2013.03.11 至 2014.03.11/微毒
卫生　蚂蚁、蚊、蝇、蜚蠊　/　喷洒

广西桂林市宏田生化有限责任公司　(桂林市兴安县国家高新技术开发区桑立大厦　541300　0773-6259588)

PD20097863　三十烷醇/95%/原药/三十烷醇 95%/2009.11.20 至 2014.11.20/低毒

PD20101421　草甘膦铵盐(33%)/、/水剂/草甘膦 30%/2010.04.26 至 2015.04.26/低毒

柑橘园	杂草	1125-2250克/公顷	定向喷雾

PD20101422　三十烷醇/0.1%/微乳剂/三十烷醇 0.1%/2010.04.26 至 2015.04.26/低毒

小麦	调节生长、增产	0.2-0.4毫克/千克	喷雾2次

PD20110655　络铜·柠铜/21.4%/水剂/络氨铜 15%、柠檬酸铜 6.4%/2011.06.20 至 2016.06.20/低毒

水稻	细菌性条斑病	323.8-485.5克/公顷	喷雾
西瓜	枯萎病	1)0.09-0.1克/株,2)388.5克/公顷	1)灌根,2)喷雾

PD20111112　甲氨基阿维菌素苯甲酸盐/3%/微乳剂/甲氨基阿维菌素 3%/2011.10.27 至 2016.10.27/低毒

甘蓝	小菜蛾	1.8－2.25克/公顷	喷雾

注:甲氨基阿维菌素苯甲酸盐含量: 3.4%。

广西桂林市龙胜各族自治县蚊香厂　(桂林市龙胜各族县兴龙北路罗卜滩7号　541700　0773-7512717)

WL20110077　蚊香/0.04%/蚊香/氯氟醚菊酯 0.04%/2012.06.13 至 2013.06.13/微毒

卫生	蚊	/	点燃

广西桂林五丰化学农药有限公司　(广西壮族自治区桂林市平乐县县城东郊马蹄井　542400　0773-7881161)

PD20070526　氰戊·辛硫磷/12%/乳油/氰戊菊酯 4%、辛硫磷 8%/2012.11.28 至 2017.11.28/低毒

叶菜类蔬菜	菜青虫	72-108克/公顷	喷雾

PD20070624　氯氰·乐果/15%/乳油/乐果 4%、氯氰菊酯 8%/2012.12.14 至 2017.12.14/低毒

十字花科蔬菜	菜青虫	112.5-168.75克/公顷	喷雾

PD20080068　氰戊菊酯/20%/乳油/氰戊菊酯 20%/2013.01.03 至 2018.01.03/中等毒

十字花科蔬菜	菜青虫	90-120克/公顷	喷雾

广西桂林依柯诺农药有限公司 (广西壮族自治区桂林市荔浦县荔城黄寨工业区荔桂路桥富 546600 0773-7231298)

PD85154-12　氰戊菊酯/20%/乳油/氰戊菊酯 20%/2011.04.09 至 2016.04.09/中等毒

柑橘树	潜叶蛾	10-20毫克/千克	喷雾
果树	梨小食心虫	10-20毫克/千克	喷雾
棉花	红铃虫、蚜虫	75-150克/公顷	喷雾
蔬菜	菜青虫、蚜虫	60-120克/公顷	喷雾

PD89104-3　氰戊菊酯/90%/原药/氰戊菊酯 90%/2010.01.18 至 2015.01.18/中等毒

PD20100787　马拉·异丙威/30%/乳油/马拉硫磷 20%、异丙威 10%/2010.01.19 至 2015.01.19/中等毒

水稻	稻飞虱	450-540克/公顷	喷雾

PD20101464　络氨铜/25%/水剂/络氨铜 25%/2010.05.04 至 2015.05.04/低毒

番茄	蕨叶病	1000－1500克/公顷	喷雾

PD20101644　草甘膦/30%/水剂/草甘膦 30%/2010.06.03 至 2015.06.03/低毒

柑橘园	杂草	1125-2250克/公顷	定向喷雾

广西桂林益源农化有限公司　(广西壮族自治区平乐县平乐镇月城村小崴　542400　0773-7890628)

PD20095061　氯氰·敌敌畏/10%/乳油/敌敌畏 8%、氯氰菊酯 2%/2009.04.21 至 2014.04.21/中等毒

十字花科蔬菜	蚜虫	45-75克/公顷	喷雾

PD20100387　杀虫双/18%/水剂/杀虫双 18%/2010.01.14 至 2015.01.14/低毒

水稻	三化螟	675-810克/公顷	喷雾

PD20101638　草甘膦/30%/水剂/草甘膦 30%/2010.06.03 至 2015.06.03/低毒

柑橘园	杂草	1200-2400克/公顷	定向喷雾

PD20131496　溴氰菊酯/0.006%/粉剂/溴氰菊酯 0.006%/2013.07.05 至 2018.07.05/低毒

仓储原粮	仓储害虫	0.3-0.5克制剂/千克原粮	拌粮

广西贵港市恒泰化工有限公司　(广西壮族自治区贵港市覃塘林场　537121　0775-4869722)

PD20093883　丁硫·马/20%/乳油/丁硫克百威 4%、马拉硫磷 16%/2014.03.25 至 2019.03.25/中等毒

水稻	三化螟	300-420克/公顷	喷雾

PD20098472　杀虫双/18%/水剂/杀虫双 18%/2009.12.24 至 2014.12.24/中等毒

水稻	三化螟	675-810克/公顷	喷雾

PD20131477　联苯菊酯/25克/升/乳油/联苯菊酯 25克/升/2013.07.05 至 2018.07.05/低毒

柑橘树	红蜘蛛	25-30毫克/千克	喷雾

广西国泰农药有限公司　(广西壮族自治区陆川县陆兴路532号　537700　0775-7313424)

PD86148-30　异丙威/20%/乳油/异丙威 20%/2012.01.24 至 2017.01.24/中等毒

水稻	飞虱、叶蝉	450-600克/公顷	喷雾

PD20085275　甲基异柳磷/3%/颗粒剂/甲基异柳磷 3%/2013.12.23 至 2018.12.23/中等毒

甘蔗	蔗龟	1875克/公顷	穴施

PD20086319　克百威/3%/颗粒剂/克百威 3%/2013.12.31 至 2018.12.31/中等毒(原药高毒)

甘蔗	蚜虫、蔗龟	1350-2250克/公顷	沟施
花生	线虫	1800-2250克/公顷	条施、沟施
棉花	蚜虫	675-900克/公顷	条施、沟施
水稻	稻瘿蚊、螟虫	900-1350克/公顷	撒施

PD20094705　甲柳·克百威/3%/颗粒剂/甲基异柳磷 1.8%、克百威 1.2%/2009.04.10 至 2014.04.10/中等毒(原药高毒)

甘蔗	螟虫、蔗龟	1800-2700克/公顷	撒施

PD20095687 草甘膦/95%/原药/草甘膦 95%/2009.05.15 至 2014.05.15/低毒

广西禾泰农药有限责任公司 (广西壮族自治区平南县县城郊区 537300 0775-7860448)

PD20084343 马拉·辛硫磷/25%/乳油/马拉硫磷 12.5%、辛硫磷 12.5%/2013.12.17 至 2018.12.17/低毒
水稻 稻纵卷叶螟 300-375克/公顷 喷雾

PD20084474 马拉·杀螟松/12%/乳油/马拉硫磷 10%、杀螟硫磷 2%/2013.12.17 至 2018.12.17/低毒
水稻 二化螟 180-270克/公顷 喷雾

PD20098500 三唑磷/20%/乳油/三唑磷 20%/2009.12.24 至 2014.12.24/中等毒
水稻 二化螟 300-375克/公顷 喷雾

PD20100739 杀螟硫磷/45%/乳油/杀螟硫磷 45%/2010.01.16 至 2015.01.16/低毒
水稻 二化螟 472.5-540克/公顷 喷雾

PD20101376 阿维菌素/1.8%/乳油/阿维菌素 1.8%/2010.04.02 至 2015.04.02/低毒(原药高毒)
甘蓝 小菜蛾 9-12克/公顷 喷雾

PD20110276 阿维菌素/3.2%/乳油/阿维菌素 3.2%/2011.03.11 至 2016.03.11/中等毒(原药高毒)
甘蓝 小菜蛾 8.1-10.8克/公顷 喷雾

PD20110301 甲氨基阿维菌素苯甲酸盐/1%/乳油/甲氨基阿维菌素 1%/2011.03.21 至 2016.03.21/低毒
甘蓝 甜菜夜蛾 2.25—3.75克/公顷 喷雾
注:甲氨基阿维菌素苯甲酸盐含量：1.14%

PD20111254 高效氯氰菊酯/4.5%/水乳剂/高效氯氰菊酯 4.5%/2011.11.23 至 2016.11.23/中等毒
甘蓝 菜青虫 20.25-27克/公顷 喷雾

PD20120953 高效氯氟氰菊酯/2.5%/水乳剂/高效氯氟氰菊酯 2.5%/2012.06.14 至 2017.06.14/中等毒
甘蓝 菜青虫 11.25-15克/公顷 喷雾

PD20121609 毒死蜱/480克/升/乳油/毒死蜱 480克/升/2012.10.25 至 2017.10.25/中等毒
水稻 二化螟 612-720克/公顷 喷雾

PD20130452 吡虫·噻嗪酮/10%/乳油/吡虫啉 2%、噻嗪酮 8%/2013.03.18 至 2018.03.18/低毒
水稻 稻飞虱 75-105克/公顷 喷雾

PD20130603 氯氟·丙溴磷/10%/乳油/丙溴磷 8.5%、高效氯氟氰菊酯 1.5%/2013.04.02 至 2018.04.02/中等毒
棉花 棉铃虫 195-225克/公顷 喷雾

PD20130650 阿维·高氯氟/2%/乳油/阿维菌素 0.2%、高效氯氟氰菊酯 1.8%/2013.04.08 至 2018.04.08/低毒(原药高毒)
甘蓝 小菜蛾 15-18克/公顷 喷雾

PD20130975 甲氨基阿维菌素苯甲酸盐/5%/水分散粒剂/甲氨基阿维菌素 5%/2013.05.02 至 2018.05.02/低毒
甘蓝 甜菜夜蛾 2.25-3.75克/公顷 喷雾
注:甲氨基阿维菌素苯甲酸盐含量：5.7%。

PD20131793 丙溴磷/40%/乳油/丙溴磷 40%/2013.09.09 至 2018.09.09/中等毒
棉花 棉铃虫 450-600克/公顷 喷雾

PD20132668 草甘膦异丙胺盐/30%/水剂/草甘膦 30%/2013.12.20 至 2018.12.20/低毒
柑橘园 杂草 1125-2256克/公顷 定向茎叶喷雾
注:草甘膦异丙胺盐含量：41%。

广西贺州八步区贺街金龙蚊香厂 (广西壮族自治区贺州市贺街城西大道 542801 0774-5022893)

WP20100160 蚊香/0.2%/蚊香/Es-生物烯丙菊酯 0.2%/2010.12.14 至 2015.12.14/微毒
卫生 蚊 / 点燃

广西弘峰(北海)合浦农药有限公司 (广西壮族自治区北海市合浦县廉州镇清水江1号 536100 0779-7223161)

PD20040271 吡虫啉/10%/可湿性粉剂/吡虫啉 10%/2009.12.19 至 2014.12.19/低毒
水稻 飞虱 15-30克/公顷 喷雾

PD20040304 氯氰菊酯/10%/乳油/氯氰菊酯 10%/2009.12.19 至 2014.12.19/低毒
棉花 棉铃虫 67.5-90克/公顷 喷雾
十字花科蔬菜 菜青虫 37.5-52.5克/公顷 喷雾

PD20040409 高效氯氰菊酯/4.5%/乳油/高效氯氰菊酯 4.5%/2009.12.19 至 2014.12.19/低毒
柑橘树 潜叶蛾 22.5-45毫克/千克 喷雾
苹果树 桃小食心虫 18-22.5毫克/千克 喷雾
十字花科蔬菜 蚜虫 20.25-27克/公顷 喷雾
十字花科蔬菜 菜青虫 13.5-27克/公顷 喷雾

PD20040412 吡虫啉/25%/可湿性粉剂/吡虫啉 25%/2009.12.19 至 2014.12.19/低毒
水稻 飞虱 15-30克/公顷 喷雾

PD20040782 哒螨灵/15%/乳油/哒螨灵 15%/2009.12.19 至 2014.12.19/低毒
柑橘树 红蜘蛛 50-67毫克/千克 喷雾

PD20050048 吡虫啉/5%/乳油/吡虫啉 5%/2010.04.27 至 2015.04.27/低毒
水稻 飞虱 15-30克/公顷 喷雾
小麦 蚜虫 15-30克/公顷(南方地区) 喷雾
45-60克/公顷(北方地区)

PD20070331 多菌灵/50%/可湿性粉剂/多菌灵 50%/2012.10.12 至 2017.10.12/低毒
水稻 纹枯病 525-975克/公顷 喷雾

PD20070333 多菌灵/40%/悬浮剂/多菌灵 40%/2012.10.12 至 2017.10.12/低毒
水稻 纹枯病 1300-1600倍液 喷雾

PD20080095	丙环唑/25%/乳油/丙环唑 25%/2013.01.04 至 2018.01.04/低毒			
	香蕉	叶斑病	500-1000倍液	喷雾
PD20080753	甲基硫菌灵/70%/可湿性粉剂/甲基硫菌灵 70%/2013.06.11 至 2018.06.11/低毒			
	番茄	叶霉病	536-825克/公顷	喷雾
PD20081014	仲丁威/25%/乳油/仲丁威 25%/2013.08.06 至 2018.08.06/低毒			
	水稻	飞虱	375-562.5克/公顷	喷雾
PD20081196	氰戊菊酯/20%/乳油/氰戊菊酯 20%/2013.09.11 至 2018.09.11/低毒			
	甘蓝	菜青虫	90-120克/公顷	喷雾
PD20081217	代森锰锌/80%/可湿性粉剂/代森锰锌 80%/2013.09.11 至 2018.09.11/低毒			
	番茄	早疫病	2100－2400克/公顷	喷雾
PD20081307	顺式氯氰菊酯/50克/升/乳油/顺式氯氰菊酯 50克/升/2013.10.09 至 2018.10.09/低毒			
	甘蓝	菜青虫	22.5-30克/公顷	喷雾
PD20081624	杀螟丹/50%/可溶粉剂/杀螟丹 50%/2013.11.12 至 2018.11.12/中等毒			
	水稻	二化螟	600-900克/公顷	喷雾
PD20081780	溴氰菊酯/25克/升/乳油/溴氰菊酯 25克/升/2013.11.19 至 2018.11.19/中等毒			
	苹果树	桃小食心虫	12.5-16.7毫克/千克	喷雾
PD20081803	噻嗪酮/25%/可湿性粉剂/噻嗪酮 25%/2013.11.19 至 2018.11.19/低毒			
	水稻	稻飞虱	75-112.5克/公顷	喷雾
PD20081814	乐果/40%/乳油/乐果 40%/2013.11.19 至 2018.11.19/中等毒			
	水稻	三化螟	450-600克/公顷	喷雾
PD20081893	乙草胺/50%/乳油/乙草胺 50%/2013.11.20 至 2018.11.20/低毒			
	花生田	部分阔叶杂草、一年生禾本科杂草	975-1125克/公顷	喷雾
PD20081911	甲霜·锰锌/72%/可湿性粉剂/甲霜灵 8%、代森锰锌 64%/2013.11.21 至 2018.11.21/低毒			
	黄瓜	霜霉病	1620－2250克/公顷	喷雾
PD20082018	百菌清/40%/悬浮剂/百菌清 40%/2013.11.25 至 2018.11.25/低毒			
	番茄	早疫病	900-1050克/公顷	喷雾
PD20082535	阿维菌素/1.8%/乳油/阿维菌素 1.8%/2013.12.03 至 2018.12.03/低毒(原药高毒)			
	十字花科蔬菜	小菜蛾	8.1-13.5克/公顷	喷雾
PD20082575	乙烯利/40%/水剂/乙烯利 40%/2013.12.04 至 2018.12.04/低毒			
	水稻	调节生长、增产	700-800倍液	喷雾2次
PD20082729	百菌清/75%/可湿性粉剂/百菌清 75%/2013.12.08 至 2018.12.08/低毒			
	番茄	早疫病	1687.5-3037.5克/公顷	喷雾
	花生	叶斑病	1125-1350克/公顷	喷雾
	辣椒	炭疽病	1687.5-2025克/公顷	喷雾
PD20083267	阿维·氯氰/2.1%/乳油/阿维菌素 0.1%、氯氰菊酯 2%/2013.12.11 至 2018.12.11/低毒(原药高毒)			
	十字花科蔬菜	小菜蛾	750-1050克/公顷	喷雾
PD20083977	草甘膦异丙胺盐(41%)///水剂/草甘膦 30%/2013.12.16 至 2018.12.16/低毒			
	甘蔗田	行间杂草	1230-1845克/公顷	定向茎叶喷雾
	果园	行间杂草	1125-2250克/公顷	定向茎叶喷雾
	棉花免耕田、免耕玉米田	行间杂草	1230-1537.5克/公顷	喷雾
	棉田行间	行间杂草	922.5-1230克/公顷	定向茎叶喷雾
PD20084192	高效氯氟氰菊酯/2.5%/乳油/高效氯氟氰菊酯 2.5%/2013.12.16 至 2018.12.16/低毒			
	十字花科叶菜	美洲斑潜蝇	15-18.75克/公顷	喷雾
	十字花科叶菜	蚜虫	5.6-7.5克/公顷	喷雾
	十字花科叶菜	菜青虫	5.625-11.25克/公顷	喷雾
PD20085782	敌敌畏/80%/乳油/敌敌畏 80%/2013.12.29 至 2018.12.29/中等毒			
	十字花科蔬菜	菜青虫	960-1200克/公顷	喷雾
PD20086051	毒死蜱/40%/乳油/毒死蜱 40%/2013.12.29 至 2018.12.29/低毒			
	荔枝树	蒂蛀虫	400-500毫克/千克	喷雾
PD20091173	代森锰锌/30%/悬浮剂/代森锰锌 30%/2014.01.22 至 2019.01.22/低毒			
	番茄	早疫病	1125－1350克/公顷	喷雾
PD20091613	二嗪磷/60%/乳油/二嗪磷 60%/2014.02.03 至 2019.02.03/中等毒			
	水稻	二化螟	450-900克/公顷	喷雾
PD20092608	氯氰·丙溴磷/440克/升/乳油/丙溴磷 400克/升、氯氰菊酯 40克/升/2014.03.02 至 2019.03.02/中等毒			
	棉花	棉铃虫	528-660克/公顷	喷雾
PD20092666	霜脲·锰锌/72%/可湿性粉剂/代森锰锌 64%、霜脲氰 8%/2014.03.03 至 2019.03.03/微毒			
	黄瓜	霜霉病	1800－2160克/公顷	喷雾
PD20096281	二氯喹啉酸/50%/可湿性粉剂/二氯喹啉酸 50%/2009.07.22 至 2014.07.22/低毒			
	水稻移栽田	稗草	450-750克制剂/公顷（北方地区）	喷雾
PD20097694	丁草胺/60%/乳油/丁草胺 60%/2009.11.04 至 2014.11.04/低毒			
	水稻移栽田	一年生杂草	900-1350克/公顷	药土法
PD20097698	己唑醇/5%/悬浮剂/己唑醇 5%/2009.11.04 至 2014.11.04/低毒			

水稻 纹枯病 45—90克/公顷 喷雾

PD20098016 三氟羧草醚/21.4%/水剂/三氟羧草醚 21.4%/2009.12.07 至 2014.12.07/低毒
春大豆田 一年生阔叶杂草 385.2-481.5克/公顷(东北地区) 茎叶喷雾

PD20100627 苯菌灵/50%/可湿性粉剂/苯菌灵 50%/2010.01.14 至 2015.01.14/低毒
香蕉 叶斑病 800—600倍液 喷雾

PD20100673 代森锌/80%/可湿性粉剂/代森锌 80%/2010.01.15 至 2015.01.15/微毒
花生 叶斑病 960-1200克/公顷 喷雾

PD20110504 敌草隆/80%/可湿性粉剂/敌草隆 80%/2011.05.03 至 2016.05.03/低毒
甘蔗田 一年生杂草 1560-2400克/公顷 土壤喷雾

LS20130366 复硝酚钠/2.1%/水剂/复硝酚钠 2.1%/2013.07.05 至 2014.07.05/低毒
番茄 调节生长 4.5-9毫克/千克 喷雾

广西汇丰生物科技有限公司 (广西壮族自治区南宁市江南区明阳石油基地 530267 0771-6722288)

PD20081417 氯氰·乐果/30%/乳油/乐果 27%、氯氰菊酯 3%/2013.10.31 至 2018.10.31/中等毒
白菜 蚜虫 90-180克/公顷 喷雾

PD20121713 甲·灭·敌草隆/55%/可湿性粉剂/敌草隆 15%、2甲4氯 10%、莠灭净 30%/2012.11.08 至 2017.11.08/低毒
甘蔗田 一年生杂草 1485-1732.5克/公顷 茎叶喷雾

PD20131632 吡虫·仲丁威/10%/乳油/吡虫啉 0.5%、仲丁威 9.5%/2013.07.30 至 2018.07.30/低毒
茶树 茶小绿叶蝉 83.3-125毫克/千克 喷雾
水稻 飞虱 150-225克/公顷 喷雾

WP20130246 吡丙醚/0.5%/颗粒剂/吡丙醚 0.5%/2013.12.09 至 2018.12.09/微毒
卫生 蝇(幼虫) 20毫克/平方米 撒施

广西金宏达农药有限公司 (广西壮族自治区陆川县师范学校 537700 0775-7229497)

PD20085288 敌百虫/30%/乳油/敌百虫 30%/2013.12.23 至 2018.12.23/低毒
十字花科蔬菜 菜青虫 450-675克/公顷 喷雾

PD20090600 克百·敌百虫/3%/颗粒剂/敌百虫 2%、克百威 1%/2014.01.14 至 2019.01.14/低毒(原药高毒)
水稻 二化螟 1575-2025克/公顷 撒施

PD20130748 甲·灭·敌草隆/55%/可湿性粉剂/敌草隆 15%、2甲4氯 10%、莠灭净 30%/2013.04.12 至 2018.04.12/低毒
甘蔗田 一年生杂草 1237.5-1732.5克/公顷 定向茎叶喷雾

广西金穗农药有限公司 (广西壮族自治区南宁市新城区邕宾路6号 530023 0771-3902168)

PD20070618 氰戊·倍硫磷/25%/乳油/倍硫磷 19%、氰戊菊酯 6%/2012.12.14 至 2017.12.14/低毒
甘蓝 蚜虫 105-112.5克/公顷 喷雾

PD20070619 草甘膦/30%/水剂/草甘膦 30%/2012.12.14 至 2017.12.14/低毒
柑橘园 杂草 1125—2250克/公顷 定向喷雾

PD20080024 阿维·辛/10%/乳油/阿维菌素 0.1%、辛硫磷 9.9%/2013.01.03 至 2018.01.03/低毒(原药高毒)
十字花科蔬菜 小菜蛾 120-150克/公顷 喷雾

PD20080069 高效氯氟氰菊酯/2.5%/乳油/高效氯氟氰菊酯 2.5%/2013.01.03 至 2018.01.03/低毒
十字花科蔬菜 菜青虫 11.25-15克/公顷 喷雾

PD20080085 毒·辛/25%/乳油/毒死蜱 7%、辛硫磷 18%/2013.01.03 至 2018.01.03/低毒
水稻 稻纵卷叶螟 450-562.5克/公顷 喷雾

PD20080102 高氯·毒死蜱/12%/乳油/毒死蜱 9.5%、高效氯氰菊酯 2.5%/2013.01.03 至 2018.01.03/低毒
棉花 棉铃虫 216-270克/公顷 喷雾

PD20080134 百草枯/20%/水剂/百草枯 20%/2008.01.03 至 2013.01.03/中等毒
茶园 杂草 450-750克/公顷 定向茎叶喷雾

PD20080150 阿维·毒死蜱/10%/乳油/阿维菌素 0.1%、毒死蜱 9.9%/2013.01.03 至 2018.01.03/中等毒(原药高毒)
十字花科蔬菜 小菜蛾 150-180克/公顷 喷雾

PD20082797 敌百·辛硫磷/30%/乳油/敌百虫 20%、辛硫磷 10%/2013.12.09 至 2018.12.09/低毒
水稻 二化螟 450-540克/公顷 喷雾

PD20082812 氰戊·辛硫磷/12%/乳油/氰戊菊酯 4%、辛硫磷 8%/2013.12.09 至 2018.12.09/中等毒
十字花科蔬菜 菜青虫 108-144克/公顷 喷雾

PD20082906 异丙威/20%/乳油/异丙威 20%/2013.12.09 至 2018.12.09/低毒
水稻 稻飞虱 450-600克/公顷 喷雾

PD20083167 辛硫·三唑磷/20%/乳油/三唑磷 10%、辛硫磷 10%/2013.12.11 至 2018.12.11/中等毒
水稻 二化螟 360-480克/公顷 喷雾

PD20083387 敌百虫/30%/乳油/敌百虫 30%/2013.12.11 至 2018.12.11/中等毒
十字花科蔬菜 菜青虫 675-900克/公顷 喷雾

PD20083531 乐果/40%/乳油/乐果 40%/2013.12.12 至 2018.12.12/低毒
水稻 三化螟 540-600克/公顷 喷雾

PD20083599 炔螨特/40%/乳油/炔螨特 40%/2013.12.12 至 2018.12.12/低毒
柑橘树 红蜘蛛 266.7-400毫克/千克 喷雾

PD20084786 马拉硫磷/1.2%/粉剂/马拉硫磷 1.2%/2013.12.22 至 2018.12.22/微毒
原粮 储粮害虫 20-30克/1000千克原粮 拌粮

PD20091172 敌敌畏/50%/乳油/敌敌畏 50%/2014.01.22 至 2019.01.22/中等毒
水稻 稻飞虱 450-675克/公顷 喷雾

PD20092744 马拉·杀螟松/12%/乳油/马拉硫磷 10%、杀螟硫磷 2%/2014.03.04 至 2019.03.04/中等毒
甘蓝 菜青虫 54-90克/公顷 喷雾
水稻 飞虱 144-180克/公顷 喷雾
PD20093379 唑磷·毒死蜱/25%/乳油/毒死蜱 5%、三唑磷 20%/2014.03.18 至 2019.03.18/中等毒
水稻 二化螟 300-375克/公顷 喷雾
PD20094689 啶虫脒/3%/乳油/啶虫脒 3%/2014.04.10 至 2019.04.10/低毒
柑橘树 蚜虫 10-12毫克/千克 喷雾
PD20096235 乙草胺/50%/乳油/乙草胺 50%/2009.07.15 至 2014.07.15/低毒
春玉米田 一年生禾本科杂草及部分阔叶杂草 1500-1875克/公顷 土壤喷雾
夏玉米田 一年生禾本科杂草及部分阔叶杂草 900-1050克/公顷 土壤喷雾
PD20096915 杀虫双/18%/水剂/杀虫双 18%/2009.09.23 至 2014.09.23/中等毒
水稻 三化螟 540-675克/公顷 喷雾
PD20097115 毒死蜱/40%/乳油/毒死蜱 40%/2009.10.12 至 2014.10.12/中等毒
水稻 稻纵卷叶螟 600-720克/公顷 喷雾
PD20100896 多·锰锌/50%/可湿性粉剂/多菌灵 8%、代森锰锌 42%/2010.01.19 至 2015.01.19/低毒
梨树 黑星病 714.3－833.3毫克/千克 喷雾
LS20100007 吡虫·噻嗪酮/18%/乳油/吡虫啉 2%、噻嗪酮 16%/2012.01.16 至 2013.01.16/低毒
水稻 稻飞虱 108～150克/公顷 喷雾

广西金土地生化有限公司 (广西壮族自治区玉林市兴业县长城小区A2-16号 537800 0775-3881389)

PD20080288 马拉硫磷/95%/原药/马拉硫磷 95%/2013.02.25 至 2018.02.25/低毒
PD20081311 马拉·辛硫磷/20%/乳油/马拉硫磷 10%、辛硫磷 10%/2013.10.17 至 2018.10.17/低毒
水稻 稻纵卷叶螟 240-300克/公顷 喷雾
PD20081313 马拉·杀螟松/12%/乳油/马拉硫磷 10%、杀螟硫磷 2%/2013.10.17 至 2018.10.17/低毒
水稻 二化螟 180-270克/公顷 喷雾
PD20081320 毒·辛/20%/乳油/毒死蜱 4%、辛硫磷 16%/2013.10.20 至 2018.10.20/低毒
水稻 三化螟 375-450克/公顷 喷雾
PD20081372 草甘膦/30%/水剂/草甘膦 30%/2013.10.23 至 2018.10.23/微毒
柑橘园 杂草 1200-2400克/公顷 行间定向茎叶喷雾
PD20081824 高效氯氰菊酯/4.5%/乳油/高效氯氰菊酯 4.5%/2013.11.19 至 2018.11.19/中等毒
甘蓝 小菜蛾 27-40.5克/公顷 喷雾
PD20082239 联苯菊酯/25克/升/乳油/联苯菊酯 25克/升/2013.11.27 至 2018.11.27/低毒
茶树 茶小绿叶蝉 30-37.5克/公顷 喷雾
PD20085160 敌百虫/30%/乳油/敌百虫 30%/2013.12.23 至 2018.12.23/低毒
十字花科蔬菜 菜青虫 450-900克/公顷 喷雾
PD20085656 辛硫·三唑磷/20%/乳油/三唑磷 10%、辛硫磷 10%/2013.12.26 至 2018.12.26/中等毒
水稻 二化螟 360-450克/公顷 喷雾
PD20086346 辛硫磷/3%/颗粒剂/辛硫磷 3%/2013.12.31 至 2018.12.31/微毒
花生 地下害虫 1800-3600克/公顷 沟施
PD20094677 阿维菌素/18克/升/乳油/阿维菌素 18克/升/2009.04.10 至 2014.04.10/低毒(原药高毒)
甘蓝 小菜蛾 8.1-10.8克/公顷 喷雾
PD20095300 喹硫磷/25%/乳油/喹硫磷 25%/2009.04.27 至 2014.04.27/中等毒
水稻 二化螟 375-450克/公顷 喷雾
PD20096021 阿维·毒死蜱/10%/乳油/阿维菌素 0.1%、毒死蜱 9.9%/2009.06.15 至 2014.06.15/低毒(原药高毒)
甘蓝 菜青虫 75-105克/公顷 喷雾
PD20096570 异丙威/20%/乳油/异丙威 20%/2009.08.24 至 2014.08.24/低毒
水稻 稻飞虱 450-600克/公顷 喷雾
PD20097151 杀虫双/18%/水剂/杀虫双 18%/2009.10.16 至 2014.10.16/低毒
水稻 三化螟 540-675克/公顷 喷雾
PD20098520 唑磷·毒死蜱/25%/乳油/毒死蜱 8.3%、三唑磷 16.7%/2009.12.24 至 2014.12.24/中等毒
水稻 稻纵卷叶螟 300-375克/公顷 喷雾
PD20130277 丙溴·辛硫磷/25%/乳油/丙溴磷 6%、辛硫磷 19%/2013.02.21 至 2018.02.21/低毒
水稻 二化螟 300-375克/公顷 喷雾
PD20131988 吡虫·仲丁威/10%/乳油/吡虫啉 1%、仲丁威 9%/2013.10.10 至 2018.10.10/低毒
水稻 稻飞虱 150-225克/公顷 喷雾

广西金燕子农药有限公司 (广西壮族自治区贵港市港北区中山路 537100 0775-4566138)

PD20081176 高效氯氟氰菊酯/25克/升/乳油/高效氯氟氰菊酯 25克/升/2013.09.11 至 2018.09.11/中等毒
甘蓝 菜青虫 9.375-11.25克/公顷 喷雾
PD20082034 草甘膦/30%/水剂/草甘膦 30%/2013.11.25 至 2018.11.25/低毒
非耕地 一年生和多年生杂草 1125-3000克/公顷 茎叶喷雾
PD20084316 炔螨特/40%/乳油/炔螨特 40%/2013.12.17 至 2018.12.17/低毒
柑橘树 红蜘蛛 200-400毫克/千克 喷雾
PD20084656 唑磷·毒死蜱/25%/乳油/毒死蜱 8.3%、三唑磷 16.7%/2013.12.22 至 2018.12.22/中等毒
水稻 二化螟、三化螟 225-300克/公顷 喷雾

水稻 稻纵卷叶螟 187.5-262.5克/公顷 喷雾
PD20085292 联苯菊酯/25克/升/乳油/联苯菊酯 25克/升/2013.12.23 至 2018.12.23/低毒
茶树 茶尺蠖 7.5-15克/公顷 喷雾
PD20085386 井冈霉素/3%/水剂/井冈霉素 3%/2013.12.24 至 2018.12.24/低毒
水稻 纹枯病 150-187.5克/公顷 喷雾
PD20085406 阿维·毒死蜱/15%/乳油/阿维菌素 0.1%、毒死蜱 14.9%/2013.12.24 至 2018.12.24/低毒(原药高毒)
水稻 稻飞虱、稻纵卷叶螟、二化螟 112.5-157.5克/公顷 喷雾
PD20085517 辛硫·三唑磷/30%/乳油/三唑磷 7.5%、辛硫磷 22.5%/2013.12.25 至 2018.12.25/中等毒
水稻 稻纵卷叶螟、二化螟、三化螟 405-540克/公顷 喷雾
PD20090379 稻瘟灵/30%/乳油/稻瘟灵 30%/2014.01.12 至 2019.01.12/低毒
水稻 稻瘟病 450-675克/公顷 喷雾
PD20090389 代森锰锌/80%/可湿性粉剂/代森锰锌 80%/2014.01.12 至 2019.01.12/低毒
葡萄 霜霉病 1000-1600毫克/千克 喷雾
PD20090536 甲霜·锰锌/58%/可湿性粉剂/甲霜灵 10%、代森锰锌 48%/2014.01.13 至 2019.01.13/低毒
黄瓜 霜霉病 675-1050克/公顷 喷雾
PD20091188 敌敌畏/80%/乳油/敌敌畏 80%/2014.01.22 至 2019.01.22/中等毒
十字花科蔬菜 菜青虫 600-780克/公顷 喷雾
PD20092984 氯氰·马拉松/16%/乳油/氯氰菊酯 2%、马拉硫磷 14%/2014.03.09 至 2019.03.09/中等毒
荔枝树 蝽蟓 80-106.7毫克/千克 喷雾
十字花科蔬菜 菜青虫 60-120克/公顷 喷雾
PD20093820 毒死蜱/480克/升/乳油/毒死蜱 480克/升/2014.03.25 至 2019.03.25/中等毒
水稻 稻纵卷叶螟 576-648克/公顷 喷雾
PD20100698 异丙威/20%/乳油/异丙威 20%/2010.01.16 至 2015.01.16/中等毒
水稻 稻飞虱 450-600克/公顷 喷雾
PD20121859 敌畏·毒死蜱/70%/乳油/敌敌畏 50%、毒死蜱 20%/2012.11.28 至 2017.11.28/中等毒
水稻 稻飞虱 483-609克/公顷 喷雾
PD20131275 吡虫啉/70%/种子处理可分散粉剂/吡虫啉 70%/2013.06.05 至 2018.06.05/低毒
小麦 蚜虫 175-210克/100千克种子 拌种
PD20131639 噻嗪·毒死蜱/40%/乳油/毒死蜱 32%、噻嗪酮 8%/2013.07.30 至 2018.07.30/中等毒
水稻 稻飞虱 450-540克/公顷 喷雾
WP20130244 杀蟑饵剂/0.05%/饵剂/氟虫腈 0.05%/2013.12.02 至 2018.12.02/微毒
室内 蜚蠊 / 投放

广西金裕隆农药化工有限公司 (广西壮族自治区宾阳县甘棠镇平南岭 530416 0771-8370283)

PD20082493 草甘膦/30%/水剂/草甘膦 30%/2013.12.03 至 2018.12.03/低毒
柑橘园 一年生及部分多年生杂草 1125－2250克/公顷 定向茎叶喷雾
PD20092329 阿维·高氯氟/1.3%/乳油/阿维菌素 0.3%、高效氯氟氰菊酯 1%/2014.02.24 至 2019.02.24/中等毒(原药高毒)
十字花科蔬菜 小菜蛾 7.8-9.75克/公顷 喷雾

广西康赛德农化有限公司 (广西壮族自治区南宁市科园大道创新路西段1号质控大楼420室 530007 0771-2310606)

PD86148-26 异丙威/20%/乳油/异丙威 20%/2011.12.26 至 2016.12.26/中等毒
水稻 飞虱、叶蝉 450-600克/公顷 喷雾
PD20084499 井冈霉素/3%/水剂/井冈霉素 3%/2013.12.18 至 2018.12.18/低毒
水稻 纹枯病 150-187.5克/公顷 喷雾
PD20084682 井冈霉素A/4%/水剂/井冈霉素A 4%/2013.12.22 至 2018.12.22/低毒
水稻 纹枯病 150-187.5克/公顷 喷雾,泼浇
PD20085580 高效氯氟氰菊酯/25克/升/乳油/高效氯氟氰菊酯 25克/升/2013.12.25 至 2018.12.25/中等毒
荔枝树 蝽蟓 6.25-12.5毫克/千克 喷雾
PD20085645 噻嗪酮/25%/可湿性粉剂/噻嗪酮 25%/2013.12.26 至 2018.12.26/低毒
水稻 飞虱 75-150克/公顷 喷雾
PD20090025 溴氰菊酯/25克/升/乳油/溴氰菊酯 25克/升/2014.01.06 至 2019.01.06/中等毒
大白菜、小油菜 菜青虫 7.5-15克/公顷 喷雾
PD20090397 草甘膦异丙胺盐(41%)///水剂/草甘膦 30%/2014.01.12 至 2019.01.12/低毒
甘蔗田 杂草 1125-2250克/公顷 定向喷雾
柑橘园 杂草 1230-2460克/公顷 定向喷雾
PD20091389 氯氰·毒死蜱/522.5克/升/乳油/毒死蜱 475克/升、氯氰菊酯 47.5克/升/2009.02.02 至 2014.02.02/中等毒
甘蓝 菜青虫 391.875-470.25克/公顷 喷雾
PD20091971 杀虫双/18%/水剂/杀虫双 18%/2014.02.12 至 2019.02.12/中等毒
水稻 三化螟 540-675克/公顷 喷雾
PD20096378 噻嗪·异丙威/25%/可湿性粉剂/噻嗪酮 5%、异丙威 20%/2009.08.04 至 2014.08.04/低毒
水稻 稻飞虱 375-562.5克/公顷 喷雾
PD20096440 三唑磷/20%/乳油/三唑磷 20%/2009.08.05 至 2014.08.05/中等毒
水稻 三化螟 300-450克/公顷 喷雾
PD20096548 仲丁威/20%/乳油/仲丁威 20%/2009.08.24 至 2014.08.24/低毒
水稻 稻飞虱 450-540克/公顷 喷雾

PD20096856 毒死蜱/480克/升/乳油/毒死蜱 480克/升/2009.09.22 至 2014.09.22/中等毒
水稻 稻纵卷叶螟 504-612克/公顷 喷雾
PD20098088 杀螺胺/70%/可湿性粉剂/杀螺胺 70%/2009.12.08 至 2014.12.08/低毒
水稻 福寿螺 315-420克/公顷 喷雾
PD20101448 乙草胺/81.5%/乳油/乙草胺 81.5%/2010.05.04 至 2015.05.04/低毒
花生田 一年生禾本科杂草 1080-1350克/公顷 土壤喷雾
PD20101902 草甘膦异丙胺盐/30%/水剂/草甘膦 30%/2010.08.27 至 2015.08.27/低毒
甘蔗田 杂草 1125-2250克/公顷 定向喷雾
注:草甘膦异丙胺盐含量: 41。
PD20110775 辛菌·吗啉胍/5.9%/水剂/盐酸吗啉胍 5%、辛菌胺 0.9%/2011.07.25 至 2016.07.25/低毒
番茄 病毒病 103.2-154.9克/公顷 喷雾
注:本产品辛菌胺醋酸盐含量:1.3%。

广西科联生化有限公司 (广西壮族自治区玉林市塘步岭 530023 0771-5708791)

PD20098262 毒·辛/20%/乳油/毒死蜱 4%、辛硫磷 16%/2009.12.16 至 2014.12.16/低毒
水稻 稻纵卷叶螟 140-160毫升制剂/亩 喷雾
PD20101297 高效氯氟氰菊酯/25克/升/乳油/高效氯氟氰菊酯 25克/升/2010.03.10 至 2015.03.10/中等毒
十字花科蔬菜 菜青虫 7.5-11.25克/公顷 喷雾
PD20101636 阿维菌素/1.8%/乳油/阿维菌素 1.8%/2010.06.03 至 2015.06.03/低毒(原药高毒)
甘蓝 小菜蛾 10.8-13.5克/公顷 喷雾
PD20110144 啶虫脒/5%/乳油/啶虫脒 5%/2011.02.10 至 2016.02.10/低毒
烟草 蚜虫 13.5～18克/公顷 喷雾
PD20120653 吡虫·仲丁威/10%/乳油/吡虫啉 1%、仲丁威 9%/2012.04.18 至 2017.04.18/低毒
水稻 稻飞虱 195-225克/公顷 喷雾
PD20131863 敌畏·毒死蜱/35%/乳油/敌敌畏 30%、毒死蜱 5%/2013.09.24 至 2018.09.24/中等毒
水稻 稻纵卷叶螟 420-630克/公顷 喷雾

广西乐土生物科技有限公司 (广西壮族自治区南宁市江南区高新区科园大道 530003 0771-3210536)

PD20040739 氯氰·吡虫啉/5%/乳油/吡虫啉 1%、氯氰菊酯 4%/2009.12.19 至 2014.12.19/低毒
十字花科蔬菜 菜青虫 37.5-52.5克/公顷 喷雾
PD20080201 马拉·杀螟松/12%/乳油/马拉硫磷 10%、杀螟硫磷 2%/2013.01.11 至 2018.01.11/低毒
水稻 二化螟 180-270克/公顷 喷雾
PD20081054 草甘膦/30%/水剂/草甘膦 30%/2013.08.14 至 2018.08.14/低毒
茶园、柑橘园、剑麻园、梨园、苹果园、桑园、香蕉园、橡胶园 杂草 1125-2250克/公顷 定向喷雾
免耕抛秧晚稻田 稻茬 2100-2550克/公顷 定向喷雾
PD20084748 敌百虫/30%/乳油/敌百虫 30%/2013.12.22 至 2018.12.22/低毒
十字花科蔬菜 菜青虫 450-900克/公顷 喷雾
PD20092300 甲·灭·敌草隆/30%/可湿性粉剂/敌草隆 4%、2甲4氯 6%、莠灭净 20%/2014.02.24 至 2019.02.24/微毒
甘蔗田 一年生杂草 1350-1800克/公顷 土壤或定向喷雾
PD20095463 苄·丁/0.101%/颗粒剂/苄嘧磺隆 0.005%、丁草胺 0.096%/2009.05.11 至 2014.05.11/低毒
水稻抛栽田 一年生杂草 606-757.5克/公顷 直接撒施
注:该产品为药肥混剂
PD20095740 苄·丁/0.32%/颗粒剂/苄嘧磺隆 0.016%、丁草胺 0.304%/2009.05.18 至 2014.05.18/低毒
水稻抛秧田 一年生杂草 606-757.5克/公顷 直接撒施
注:该产品为药肥混剂。
PD20100041 吡虫啉/20%/可溶液剂/吡虫啉 20%/2010.01.04 至 2015.01.04/低毒
水稻 稻飞虱 15-30克/公顷 喷雾
PD20131111 苄嘧·丙草胺/0.2%/颗粒剂/苄嘧磺隆 0.025%、丙草胺 0.175%/2013.05.20 至 2018.05.20/低毒
直播水稻(南方) 一年生杂草 300-360克/公顷 毒土法
注:本产品为药肥混剂。
LS20100026 甲氨基阿维菌素苯甲酸盐/3%/可湿性粉剂/甲氨基阿维菌素 3%/2012.03.05 至 2013.03.05/低毒
甘蓝 甜菜夜蛾 2.25-3.6克/公顷 喷雾
注:甲氨基阿维菌素苯甲酸盐含量: 3.4%。
LS20120276 苄嘧·苯噻酰/0.42%/颗粒剂/苯噻酰草胺 0.396%、苄嘧磺隆 0.024%/2013.08.06 至 2014.08.06/低毒
水稻抛秧田 一年生杂草 630-756克/公顷 撒施
注:本产品为药肥混剂。
LS20120309 苯噻·吡磺隆/0.43%/颗粒剂/苯噻酰草胺 0.414%、吡嘧磺隆 0.016%/2013.09.04 至 2014.09.04/低毒
抛秧水稻 一年生杂草 516-774克/公顷 施撒
注:本产品为药肥混剂。

广西荔浦东升蚊香厂 (广西壮族自治区桂林市荔蒲县东昌镇栗木街 546613 0773-7116230)

WP20090370 蚊香/0.3%/蚊香/富右旋反式烯丙菊酯 0.3%/2009.11.20 至 2014.11.20/微毒
卫生 蚊 / 点燃

广西荔浦县荔东蚊香厂 (广西壮族自治区桂林市荔蒲县东昌镇小学中心对面 546613 0773-7152339)

WP20080490 蚊香/0.2%/蚊香/Es-生物烯丙菊酯 0.2%/2013.12.17 至 2018.12.17/低毒
卫生 蚊 / 点燃

广西荔浦县梦香蚊香厂 (广西壮族自治区荔浦县东昌镇栗木东路街48号 546613 0773-7116899)

WP20090305 蚊香/0.2%/蚊香/Es-生物烯丙菊酯 0.2%/2009.08.04 至 2014.08.04/微毒
卫生 蚊 / 点燃

广西灵川县新华日用卫生制品厂 (广西壮族自治区桂林市灵川县灵川镇灵西路24号 541200 0773-6811246)

WP20090342 蚊香/0.2%/蚊香/Es-生物烯丙菊酯 0.2%/2009.10.12 至 2014.10.12/微毒
卫生 蚊 / 点燃

广西灵川县永辉家用品厂 (广西壮族自治区桂林市灵川县灵西路28号 541200 0773-6821830)

WP20090179 蚊香/0.3%/蚊香/富右旋反式烯丙菊酯 0.3%/2009.03.13 至 2014.03.13/微毒
卫生 蚊 / 点燃

广西灵山县逢春化工有限公司 (广西壮族自治区灵山县十里工业园 535400 0777-6425128)

PD84125-28 乙烯利/40%/水剂/乙烯利 40%/2010.07.01 至 2015.07.01/低毒
番茄 催熟 800-1000倍液 喷雾或浸渍
棉花 催熟、增产 330-500倍液 喷雾
柿子、香蕉 催熟 400倍液 喷雾或浸渍
水稻 催熟、增产 800倍液 喷雾
橡胶树 增产 5-10倍液 涂布
烟草 催熟 1000-2000倍液 喷雾

PD86148-82 异丙威/20%/乳油/异丙威 20%/2010.03.19 至 2015.03.19/中等毒
水稻 飞虱、叶蝉 450-600克/公顷 喷雾

PD20070650 草甘膦异丙胺盐/30%/水剂/草甘膦 30%/2012.12.17 至 2017.12.17/低毒
柑橘园 杂草 1125－2250克/公顷 定向喷雾
注:草甘膦异丙胺盐含量：41%。

PD20095158 杀虫双/18%/水剂/杀虫双 18%/2009.04.24 至 2014.04.24/中等毒
水稻 三化螟 540-810克/公顷 喷雾

PD20101697 2甲4氯钠/13%/水剂/2甲4氯钠 13%/2010.06.28 至 2015.06.28/低毒
移栽水稻田 阔叶杂草、莎草科杂草 585-877.5克/公顷 茎叶喷雾

广西柳州华力家庭品业股份有限公司 (广西壮族自治区柳州市鱼峰区东环路228号 545006 0772-2615888)

WPN12-97 电热蚊香液/0.81%/电热蚊香液/炔丙菊酯 0.81%/2012.06.24 至 2017.06.24/微毒
卫生 蚊 / 电热加温

WP20080218 杀蟑饵剂/1%/毒饵/残杀威 1%/2013.11.25 至 2018.11.25/微毒
卫生 蜚蠊 / 投放

WP20080235 电热蚊香液/0.9%/电热蚊香液/四氟苯菊酯 0.9%/2013.11.25 至 2018.11.25/微毒
卫生 蚊 / 电热加温

WP20080329 电热蚊香液/1.8%/电热蚊香液/四氟苯菊酯 1.8%/2013.12.08 至 2018.12.08/微毒
卫生 蚊 / 电热加温

WP20080589 电热蚊香片/18毫克/片/电热蚊香片/S-生物烯丙菊酯 18毫克/片/2013.12.29 至 2018.12.29/微毒
卫生 蚊 / 电热加温

WP20080609 杀蟑烟片/6.5%/烟片/右旋苯醚氰菊酯 6.5%/2013.12.31 至 2018.12.31/低毒
卫生 蜚蠊 / 点燃

WP20090039 杀蟑胶饵/2.5%/饵剂/吡虫啉 2.5%/2014.01.15 至 2019.01.15/微毒
卫生 蜚蠊 / 投放

WP20100050 蚊香/0.04%/蚊香/四氟醚菊酯 0.04%/2010.03.17 至 2015.03.17/微毒
卫生 蚊 / 点燃

WP20100053 蚊香/0.08%/蚊香/四氟醚菊酯 0.08%/2010.03.23 至 2015.03.23/微毒
卫生 蚊 / 点燃

WP20100087 蚊香/0.05%/蚊香/四氟苯菊酯 0.05%/2010.06.08 至 2015.06.08/微毒
卫生 蚊 / 点燃

WP20100097 蚊香/0.07%/蚊香/炔丙菊酯 0.07%/2010.06.28 至 2015.06.28/微毒
卫生 蚊 / 点燃

WP20100100 电热蚊香片/45毫克/片/电热蚊香片/炔丙菊酯 10毫克/片、右旋烯丙菊酯 35毫克/片/2010.07.13 至 2015.07.13/微毒
卫生 蚊 / 电热加温

WP20110001 蚊香/0.02%/蚊香/四氟甲醚菊酯 0.02%/2011.01.04 至 2016.01.04/微毒
室内 蚊 / 点燃
注:本品有三种香型：清香型、檀香型、野菊花香型。

WP20110119 杀虫气雾剂/0.5%/气雾剂/富右旋反式烯丙菊酯 0.15%、高效氯氰菊酯 0.1%、右旋胺菊酯 0.25%/2011.05.12至2016.05.12/微毒
室内 蜚蠊、蚊、蝇 / 喷雾
注:本产品有三种香型:青蒿香型、清香型、百花香型。

WP20120129 电热蚊香片/13毫克/片/电热蚊香片/炔丙菊酯 13毫克/片/2012.07.12 至 2017.07.12/微毒
卫生 蚊 / 电热加温

WP20130027 杀虫气雾剂/0.25%/气雾剂/高效氯氰菊酯 0.04%、炔丙菊酯 0.02%、右旋胺菊酯 0.19%/2013.01.30至2018.01.30/微毒
卫生 蚊、蝇、蜚蠊 / 喷雾
WP20130052 杀蟑气雾剂/0.45%/气雾剂/氯菊酯 0.3%、炔咪菊酯 0.15%/2013.03.27 至 2018.03.27/微毒
卫生 蜚蠊 / 喷雾
WP20130214 杀虫气雾剂/0.25%/气雾剂/高效氯氰菊酯 0.1%、炔丙菊酯 0.15%/2013.10.22 至 2018.10.22/微毒
卫生 蚊、蝇、蜚蠊 / 喷雾
WL20100053 蚊香/0.05%/蚊香/氯氟醚菊酯 0.05%/2012.02.21 至 2013.02.21/微毒
卫生 蚊 / 点燃
WL20100057 电热蚊香片/13毫克/片/电热蚊香片/炔丙菊酯 5.2毫克/片、氯氟醚菊酯 7.8毫克/片/2012.02.21 至 2013.02.21/微毒
卫生 蚊 / 电热加温
WL20100284 杀虫喷射剂/0.2%/喷射剂/氯菊酯 0.12%、四氟苯菊酯 0.08%/2012.12.02 至 2013.12.02/微毒
卫生 蚊、蝇、蜚蠊 / 点燃
WL20110092 电热蚊香液/0.4%/电热蚊香液/氯氟醚菊酯 0.4%/2013.08.04 至 2014.08.04/微毒
卫生 蚊 / 电热加温
WL20110100 电热蚊香液/0.8%/电热蚊香液/氯氟醚菊酯 0.8%/2013.08.10 至 2014.08.10/微毒
室内 蚊 / 电热加温

广西柳州市白云杀虫剂厂 (广西壮族自治区柳州市柳南区革新路一区304号 545007 0772-3955911)

PD20110697 溴鼠灵/0.005%/饵剂/溴鼠灵 0.005%/2011.06.27 至 2016.06.27/低毒(原药高毒)
室内 家鼠 饱和投饵 堆施
PD20120121 溴敌隆/0.005%/饵剂/溴敌隆 0.005%/2012.01.31 至 2017.01.31/低毒(原药高毒)
卫生 家鼠 饱和投饵 堆施
WP20070031 杀蟑饵剂/0.8%/饵剂/乙酰甲胺磷 0.8%/2012.11.28 至 2017.11.28/低毒
卫生 蜚蠊 / 投放
WP20080573 顺式氯氰菊酯/4.5%/微乳剂/顺式氯氰菊酯 4.5%/2013.12.26 至 2018.12.26/低毒
卫生 蜚蠊、蝇 25毫克/平方米 滞留喷洒
WP20090050 杀蟑烟片/6%/烟剂/胺菊酯 3%、高效氯氰菊酯 3%/2014.01.21 至 2019.01.21/低毒
卫生 蜚蠊 / 点燃
WP20090204 杀虫粉剂/1.6%/粉剂/胺菊酯 0.8%、高效氯氰菊酯 0.8%/2014.03.25 至 2019.03.25/低毒
卫生 蜚蠊 3克制剂/平方米 撒布
WP20110076 杀蟑胶饵/2.5%/胶饵/吡虫啉 2.5%/2011.03.24 至 2016.03.24/微毒
卫生 蜚蠊 / 投放
WP20120008 杀蟑烟剂/5%/烟剂/高效氯氰菊酯 5%/2012.01.18 至 2017.01.18/低毒
卫生 蜚蠊 / 点燃
WP20120108 吡虫啉/10%/悬浮剂/吡虫啉 10%/2012.06.14 至 2017.06.14/低毒
卫生 白蚁 5克有效成份/平方米；1000毫克/千克 土壤处理；木材浸泡
WP20120188 溴氰菊酯/2.5%/悬浮剂/溴氰菊酯 2.5%/2012.10.08 至 2017.10.08/低毒
卫生 蜚蠊、蚊、蝇 20-25毫克/平方米 滞留喷洒
WP20130092 高效氯氰菊酯/5%/悬浮剂/高效氯氰菊酯 5%/2013.05.17 至 2018.05.17/低毒
卫生 蜚蠊、蚊 45毫克/平方米 滞留喷洒
WP20130231 联苯菊酯/5%/水乳剂/联苯菊酯 5%/2013.11.08 至 2018.11.08/低毒
木材 白蚁 250-625毫克/千克 浸泡
土壤 白蚁 2.5-3.1克/平方米 喷洒
WP20130257 杀蟑热雾剂/1%/热雾剂/高效氯氰菊酯 1%/2013.12.16 至 2018.12.16/低毒
室内 蜚蠊 25.714-71.428毫克/立方米 喷雾

广西柳州蚊敌香业有限公司 (广西壮族自治区柳州市西江路静兰工业开发区 545006 0772-3161159)

WP20110038 蚊香/0.3%/蚊香/富右旋反式烯丙菊酯 0.3%/2011.02.10 至 2016.02.10/微毒
卫生 蚊 / 点燃
WP20110090 蚊香/0.07%/蚊香/炔丙菊酯 0.07%/2011.04.15 至 2016.04.15/微毒
卫生 蚊 / 点燃
WL20100065 蚊香/0.05%/蚊香/氯氟醚菊酯 0.05%/2012.02.21 至 2013.02.21/微毒
卫生 蚊 / 点燃
WL20110075 杀虫气雾剂/0.46%/气雾剂/Es-生物烯丙菊酯 0.18%、氯氰菊酯 0.1%、右旋苯醚氰菊酯 0.18%/2014.05.11 至2015.05.11/微毒
卫生 蚊、蝇、蜚蠊 / 喷雾
WL20120064 电热蚊香液/1.4%/电热蚊香液/炔丙菊酯 1.4%/2013.12.19 至 2014.12.19/低毒
室内 蚊 / 电热加温

广西柳州昊邦日化有限公司 (广西壮族自治区柳州市鹿寨县中心工业园一区 545600 0772-6826721)

WP20090268 电热蚊香片/12.5毫克/片/电热蚊香片/炔丙菊酯 12.5毫克/片/2009.05.12 至 2014.05.12/微毒
卫生 蚊 / 电热加温
WP20110061 蚊香/0.015%/蚊香/四氟甲醚菊酯 0.015%/2011.02.28 至 2016.02.29/微毒
室内 蚊 / 点燃
WL20100176 蚊香/0.05%/蚊香/氯氟醚菊酯 0.05%/2012.06.08 至 2013.06.08/微毒

室内 蚊 / 点燃

WL20110125 电热蚊香液/0.6%/电热蚊香液/氯氟醚菊酯 0.6%/2013.11.03 至 2014.11.03/微毒

卫生 蚊 / 电热加温

广西隆丰农药化工有限公司 (广西壮族自治区南宁地区宾州宾黎公路七里路口 530405 0771-8231008)

PD20110969 硫磺/91%/粉剂/硫磺 91%/2011.09.14 至 2016.09.14/低毒

橡胶树 白粉病 10237.5－13650克/公顷 喷粉

广西路明宝农药厂 (广西壮族自治区博白县东平镇博龙街149号 537619 0775-8512128)

PD20081252 草甘膦/30%/水剂/草甘膦 30%/2013.09.18 至 2018.09.18/低毒

甘蔗田 杂草 1200-2250克/公顷 定向茎叶喷雾

PD20081266 马拉·异丙威/30%/乳油/马拉硫磷 15%、异丙威 15%/2013.09.18 至 2018.09.18/中等毒

水稻 稻飞虱 450-630克/公顷 喷雾

PD20081783 异稻·稻瘟灵/30%/乳油/稻瘟灵 6%、异稻瘟净 24%/2013.11.19 至 2018.11.19/低毒

水稻 稻瘟病 900-1200克/公顷 喷雾

PD20081790 高氯·马/30%/乳油/高效氯氰菊酯 1%、马拉硫磷 29%/2013.11.19 至 2018.11.19/低毒

十字花科蔬菜 小菜蛾 270-360克/公顷 喷雾

PD20098185 乐果/40%/乳油/乐果 40%/2009.12.14 至 2014.12.14/中等毒

水稻 稻飞虱 450-600克/公顷 喷雾

广西绿田农药厂 (广西壮族自治区玉林市容县石头镇 537519 0775-5587120)

PD20080352 草甘膦/30%/水剂/草甘膦 30%/2013.02.28 至 2018.02.28/低毒

甘蔗田 杂草 1125-2250克/公顷 定向茎叶喷雾

PD20082561 甲氰·马拉松/30%/乳油/甲氰菊酯 3.5%、马拉硫磷 26.5%/2008.12.04 至 2013.12.04/低毒

十字花科叶菜 菜青虫 180-225克/公顷 喷雾

广西南宁化工股份有限公司 (广西壮族自治区南宁市亭洪路80号 530031 0771-2104219)

PD84108-10 敌百虫/90%/可溶粉剂/敌百虫 90%/2009.11.18 至 2014.11.18/低毒

白菜、青菜 菜青虫 960-1200克/公顷 喷雾

白菜、青菜 地下害虫 750-1500克/公顷 喷雾

茶树 尺蠖、刺蛾 450-900毫克/千克 喷雾

大豆 造桥虫 1800克/公顷 喷雾

柑橘树 卷叶蛾 600-750毫克/千克 喷雾

林木 松毛虫 600-900毫克/千克 喷雾

水稻 螟虫 1500-1800克/公顷 喷雾、泼浇或毒土

小麦 黏虫 1800克/公顷 喷雾

烟草 烟青虫 900毫克/千克 喷雾

PD85105-22 敌敌畏/80%/乳油/敌敌畏 77.5%(气谱法)/2010.03.24 至 2015.03.24/中等毒

茶树 食叶害虫 600克/公顷 喷雾

粮仓 多种储藏害虫 1)400-500倍液 1)喷雾

2)0.4-0.5克/立方米 2)挂条熏蒸

棉花 蚜虫、造桥虫 600-1200克/公顷 喷雾

苹果树 小卷叶蛾、蚜虫 400-500毫克/千克 喷雾

青菜 菜青虫 600克/公顷 喷雾

桑树 尺蠖 600克/公顷 喷雾

卫生 多种卫生害虫 1)300-400倍液2)0.08克/立方米 1)泼洒2)挂条熏蒸

小麦 黏虫、蚜虫 600克/公顷 喷雾

PD20097776 敌百虫/90%/原药/敌百虫 90%/2009.11.12 至 2014.11.12/低毒

广西南宁利民农用化学品有限公司 (广西壮族自治区南宁市新城区邕宾路6号 530023 0771-5709105)

PD20085393 甲氰·辛硫磷/20%/乳油/甲氰菊酯 2%、辛硫磷 18%/2013.12.24 至 2018.12.24/低毒

十字花科叶菜 菜青虫 180-240克/公顷 喷雾

PD20086155 高效氯氟氰菊酯/25克/升/乳油/高效氯氟氰菊酯 25克/升/2013.12.30 至 2018.12.30/中等毒

十字花科蔬菜 菜青虫 9.4～11.25克/公顷 喷雾

PD20090202 氯氟·敌敌畏/20%/乳油/敌敌畏 19.4%、高效氯氟氰菊酯 0.6%/2014.01.09 至 2019.01.09/中等毒

棉花 蚜虫 120～240克/公顷 喷雾

PD20090443 丙溴·辛硫磷/25%/乳油/丙溴磷 5%、辛硫磷 20%/2014.01.12 至 2019.01.12/中等毒

棉花 棉铃虫 225～300克/公顷 喷雾

PD20091315 毒·辛/25%/乳油/毒死蜱 5%、辛硫磷 20%/2014.02.01 至 2019.02.01/中等毒

水稻 稻纵卷叶螟 450～562.5克/公顷 喷雾

PD20092411 高效氯氰菊酯/4.5%/乳油/高效氯氰菊酯 4.5%/2014.02.25 至 2019.02.25/中等毒

十字花科蔬菜 菜青虫 20.25-27克/公顷 喷雾

PD20093978 联苯菊酯/25克/升/乳油/联苯菊酯 25克/升/2009.03.27 至 2014.03.27/低毒

茶树 小绿叶蝉 30-37.5克/公顷 喷雾

PD20094728 井冈霉素A/2.4%/水剂/井冈霉素A 2.4%/2009.04.10 至 2014.04.10/微毒

水稻 纹枯病 120-150克/公顷 喷雾

PD20097870 草甘膦铵盐(33%)///水剂/草甘膦 30%/2009.11.20 至 2014.11.20/微毒

柑橘园 杂草 1125－2250克/公顷 行间定向茎叶喷雾

PD20100389 杀螺胺乙醇胺盐/50%/可湿性粉剂/杀螺胺乙醇胺盐 50%/2010.01.14 至 2015.01.14/低毒
水稻 福寿螺 450-525克/公顷 毒土撒施

PD20101180 高氯·杀虫单/16%/水乳剂/高效氯氰菊酯 1%、杀虫单 15%/2010.01.28 至 2015.01.28/中等毒
黄瓜 美洲斑潜蝇 120-180克/公顷 喷雾

PD20101567 辛硫·三唑磷/20%/乳油/三唑磷 10%、辛硫磷 10%/2010.05.19 至 2015.05.19/中等毒
水稻 二化螟 360～450克/公顷 喷雾

PD20101929 毒死蜱/40%/乳油/毒死蜱 40%/2010.08.27 至 2015.08.27/中等毒
棉花 棉铃虫 660-900克/公顷 喷雾

PD20111142 吡虫·毒死蜱/22%/乳油/吡虫啉 2%、毒死蜱 20%/2011.11.03 至 2016.11.03/中等毒
水稻 稻飞虱 264-396克/公顷 喷雾

PD20120725 吡虫·仲丁威/20%/乳油/吡虫啉 1%、仲丁威 19%/2012.05.02 至 2017.05.02/低毒
水稻 稻飞虱 225-300克/公顷 喷雾

PD20121008 阿维菌素/18克/升/乳油/阿维菌素 18克/升/2012.06.21 至 2017.06.21/中等毒(原药高毒)
小白菜 小菜蛾 8.1-13.5克/公顷 喷雾

PD20121371 唑磷·毒死蜱/20%/乳油/毒死蜱 5%、三唑磷 15%/2012.09.19 至 2017.09.19/中等毒
水稻 三化螟 240-300克/公顷 喷雾

PD20121403 阿维·三唑磷/15%/乳油/阿维菌素 0.1%、三唑磷 14.9%/2012.09.19 至 2017.09.19/中等毒(原药高毒)
水稻 二化螟 225-315克/公顷 喷雾

PD20121554 仲丁威/20%/乳油/仲丁威 20%/2012.10.25 至 2017.10.25/低毒
水稻 飞虱 450－600克/公顷 喷雾

广西南宁神鹰卫生害虫防治有限责任公司 (广西壮族自治区南宁市人民东路11-1号 530012 0771-2822256)

WP20090060 杀虫粉剂/0.05%/粉剂/溴氰菊酯 0.05%/2014.01.21 至 2019.01.21/低毒
卫生 蜚蠊 3克制剂/平方米 撒布

广西南宁泰达丰化工有限公司 (广西壮族自治区南宁市武鸣县双桥镇 530100 0771-3214916)

PD20083724 高效氯氟氰菊酯/2.5%/乳油/高效氯氟氰菊酯 2.5%/2013.12.15 至 2018.12.15/中等毒
十字花科蔬菜 菜青虫 7.5-15克/公顷 喷雾

PD20085001 敌百虫/30%/乳油/敌百虫 30%/2013.12.22 至 2018.12.22/低毒
十字花科蔬菜 菜青虫 450-675克/公顷 喷雾

PD20085610 草甘膦异丙胺盐/30%/水剂/草甘膦 30%/2013.12.25 至 2018.12.25/低毒
柑橘园 杂草 1125-2250克/公顷 定向茎叶喷雾
注:草甘膦异丙胺盐含量:41%。

PD20092882 阿维·毒死蜱/10.2%/乳油/阿维菌素 0.2%、毒死蜱 10%/2009.03.05 至 2014.03.05/低毒(原药高毒)
十字花科蔬菜 小菜蛾 61.2-76.5克/公顷 喷雾

PD20095585 毒·辛/20%/乳油/毒死蜱 4%、辛硫磷 16%/2009.05.12 至 2014.05.12/低毒
棉花 棉铃虫 300-450克/公顷 喷雾

PD20096168 敌畏·毒死蜱/35%/乳油/敌敌畏 25%、毒死蜱 10%/2009.06.24 至 2014.06.24/中等毒
水稻 稻纵卷叶螟 420-525克/公顷 喷雾

PD20096582 辛硫·高氯氟/16%/乳油/高效氯氟氰菊酯 0.7%、辛硫磷 15.3%/2009.08.25 至 2014.08.25/低毒
棉花 棉铃虫 135～168克/公顷 喷雾

PD20098453 马拉·辛硫磷/20%/乳油/马拉硫磷 10%、辛硫磷 10%/2009.12.24 至 2014.12.24/低毒
棉花 棉铃虫 225-300克/公顷 喷雾

PD20102109 联苯菊酯/25克/升/乳油/联苯菊酯 25克/升/2010.11.30 至 2015.11.30/低毒
柑橘树 红蜘蛛 20-31.25毫克/千克 喷雾

PD20120507 啶虫脒/5%/乳油/啶虫脒 5%/2012.03.20 至 2017.03.20/低毒
柑橘树 蚜虫 10－12毫克/千克 喷雾

PD20130714 阿维菌素/1.8%/乳油/阿维菌素 1.8%/2013.04.11 至 2018.04.11/低毒(原药高毒)
甘蓝 小菜蛾 9-11克/公顷 喷雾

PD20131204 甲氨基阿维菌素苯甲酸盐/1%/乳油/甲氨基阿维菌素 1%/2013.05.27 至 2018.05.27/低毒
甘蓝 小菜蛾 2.25-3克/公顷 喷雾
注:甲氨基阿维菌素苯甲酸盐含量:1.14%。

广西农大生化科技有限责任公司 (广西壮族自治区扶绥县渠黎镇 530007 0771-3219691)

PD85159-48 草甘膦/30%/水剂/草甘膦 30%/2009.11.05 至 2014.11.05/低毒
茶树、甘蔗、果园、剑麻、林木、桑树、橡胶树 一年生杂草和多年生恶性杂草 1125-2250克/公顷 喷雾

PD20040456 吡虫·杀虫单/70%/可湿性粉剂/吡虫啉 2%、杀虫单 68%/2009.12.19 至 2014.12.19/中等毒
水稻 飞虱、螟虫 420-630克/公顷 喷雾

PD20070616 高氯·辛硫磷/20%/乳油/高效氯氰菊酯 2%、辛硫磷 18%/2012.12.14 至 2017.12.14/低毒
棉花 棉铃虫 180-240克/公顷 喷雾

PD20080964 百草枯/200克/升/水剂/百草枯 200克/升/2012.12.31 至 2014.07.01/中等毒
柑橘园 杂草 450-900克/公顷 定向茎叶喷雾

PD20080983 霜脲·锰锌/72%/可湿性粉剂/代森锰锌 64%、霜脲氰 8%/2013.07.24 至 2018.07.24/低毒
黄瓜 霜霉病 1440-1800克/公顷 喷雾

PD20090490 阿维·杀虫单/20%/微乳剂/阿维菌素 0.2%、杀虫单 19.8%/2014.01.12 至 2019.01.12/低毒(原药高毒)
菜豆 斑潜蝇 120-150克/公顷 喷雾
PD20090972 苄嘧·苯噻酰/53%/可湿性粉剂/苯噻酰草胺 50%、苄嘧磺隆 3%/2014.01.20 至 2019.01.20/低毒
水稻抛秧田 部分多年生杂草、一年生杂草 397.5-477克/公顷(南方地区) 药土法
PD20094486 苄·丁/35%/可湿性粉剂/苄嘧磺隆 1.5%、丁草胺 33.5%/2009.04.09 至 2014.04.09/低毒
水稻移栽田 一年生及部分多年生杂草 600-900克/公顷 药土法
PD20100103 烯唑·多菌灵/30%/可湿性粉剂/多菌灵 26%、烯唑醇 4%/2010.01.04 至 2015.01.04/低毒
梨树 黑星病 250-333毫克/千克 喷雾
PD20110455 草甘膦铵盐/65%/可溶粉剂/草甘膦 65%/2011.04.21 至 2016.04.21/低毒
非耕地 杂草 1125-2250克/公顷 茎叶喷雾
注:草甘膦铵盐含量：71.5%。
PD20131144 甲·灭·敌草隆/55%/可湿性粉剂/敌草隆 15%、2甲4氯 10%、莠灭净 30%/2013.05.20 至 2018.05.20/低毒
甘蔗田 一年生杂草 1237.5-1732.5克/公顷 茎叶喷雾

广西农喜作物科学有限公司 (南宁市科园大道创新路西段1号质控大楼420室 530007 0771-2310513)

PD20110902 毒死蜱/30%/水乳剂/毒死蜱 30%/2011.08.17 至 2016.08.17/中等毒
水稻 稻纵卷叶螟 360—540克/公顷 喷雾
PD20111032 仲丁威/20%/乳油/仲丁威 20%/2011.09.30 至 2016.09.30/低毒
水稻 稻飞虱 450-540克/公顷 喷雾
PD20120036 百草枯/250克/升/水剂/百草枯 250克/升/2012.12.31 至 2014.07.01/中等毒
柑橘园 杂草 600-900克/公顷 定向茎叶喷雾
PD20120200 啶虫脒/5%/乳油/啶虫脒 5%/2012.02.03 至 2017.02.03/低毒
柑橘树 蚜虫 7.5-10毫克/千克 喷雾
PD20120455 高效氯氟氰菊酯/25克/升/乳油/高效氯氟氰菊酯 25克/升/2012.03.14 至 2017.03.14/中等毒
甘蓝 菜青虫 7.5-11.25克/公顷 喷雾
PD20120666 甲氨基阿维菌素苯甲酸盐/5%/乳油/甲氨基阿维菌素 5%/2012.04.18 至 2017.04.18/低毒
水稻 稻纵卷叶螟 11.25-15克/公顷 喷雾
注:甲氨基阿维菌素苯甲酸盐含量:5.7%。
PD20121337 阿维菌素/1.8%/水乳剂/阿维菌素 1.8%/2012.09.11 至 2017.09.11/低毒(原药高毒)
甘蓝 小菜蛾 8.1-10.8克/公顷 喷雾
PD20121437 阿维·高氯/1.8%/乳油/阿维菌素 0.2%、高效氯氰菊酯 1.6%/2012.10.08 至 2017.10.08/低毒(原药高毒)
小白菜 菜青虫、小菜蛾 13.5-27克/公顷 喷雾
PD20121536 阿维菌素/5%/乳油/阿维菌素 5%/2012.10.17 至 2017.10.17/中等毒(原药高毒)
水稻 稻纵卷叶螟 4.5—6克/公顷 喷雾
LS20120097 甲·灭·敌草隆/62%/可湿性粉剂/敌草隆 8%、2甲4氯钠 10%、莠灭净 44%/2014.03.12 至 2015.03.12/低毒
甘蔗田 一年生杂草 1627-2046克/公顷 定向茎叶喷雾
LS20130456 氰氟草酯/15%/水乳剂/氰氟草酯 15%/2013.10.10 至 2014.10.10/低毒
水稻移栽田 一年生禾本科杂草 67.5-112.5克/公顷 茎叶喷雾

广西喷施宝集团有限公司博林公司 (广西壮族自治区北海市合浦县宝塔角 536100 0779-2072630)

PD20097290 阿维·毒死蜱/5.5%/乳油/阿维菌素 0.1%、毒死蜱 5.4%/2009.10.26 至 2014.10.26/低毒(原药高毒)
柑橘树 红蜘蛛 55-73毫克/千克 喷雾
棉花 棉铃虫 49.5-66克/公顷 喷雾

广西平乐农药厂 (广西壮族自治区桂林地区平乐县平乐镇正北街307号 542400 0773-7890026)

PD84104-16 杀虫双/18%/水剂/杀虫双 18%/2009.12.21 至 2014.12.21/中等毒
甘蔗、蔬菜、水稻、小麦、玉米 多种害虫 540-675克/公顷 喷雾
果树 多种害虫 225-360毫克/千克 喷雾
PD85159-10 草甘膦/30%/水剂/草甘膦 30%/2010.07.29 至 2015.07.29/低毒
茶树、甘蔗、果园、剑麻、林木、桑树、橡胶树 一年生杂草和多年生恶性杂草 1125-2250克/公顷 喷雾
PD20098444 草甘膦/95%/原药/草甘膦 95%/2009.12.24 至 2014.12.24/低毒
PD20100315 噻嗪酮/95%/原药/噻嗪酮 95%/2010.01.11 至 2015.01.11/低毒
PD20100707 杀螟丹/98%/原药/杀螟丹 98%/2010.01.16 至 2015.01.16/中等毒
PD20101499 阿维·辛硫磷/10%/乳油/阿维菌素 0.1%、辛硫磷 9.9%/2010.05.10 至 2015.05.10/低毒(原药高毒)
甘蓝 小菜蛾 90-150克/公顷 喷雾

广西平乐野牛有限责任公司 (广西壮族自治区平乐县平乐镇东泉街138号 542400 0773-7882218)

WPN32-2000 电热蚊香片/50毫克/片/电热蚊香片/右旋烯丙菊酯 50毫克/片/2009.12.07 至 2014.12.07/微毒
卫生 蚊 / 电热加温
WP20030017 蚊香/0.2%/蚊香/富右旋反式烯丙菊酯 0.2%/2013.10.27 至 2018.10.27/微毒
卫生 蚊 / 点燃
WP20080169 蚊香/0.3%/蚊香/富右旋反式烯丙菊酯 0.3%/2013.11.18 至 2018.11.18/微毒
卫生 蚊 / 点燃
WP20130168 蚊香/0.05%/蚊香/氯氟醚菊酯 0.05%/2013.07.29 至 2018.07.29/微毒

室内 蚊 / 点燃
注:本产品有一种香型：桂花香型。

广西钦州谷虫净总厂 (广西壮族自治区钦州市钦南区黄屋屯镇 535033 0777-3525158)

PD20080520 溴氰·八角油/0.042%/微粒剂/八角茴香油 0.018%、溴氰菊酯 0.024%/2013.04.29 至 2018.04.29/低毒
仓储原粮 仓储害虫 1-1.5:1000(药:粮) 分层均匀撒施

广西全州县安农化工有限责任公司 (广西壮族自治区桂林市全州县绍水镇 541501 0773-4681153)

PD20040743 高效氯氰菊酯/5%/微乳剂/高效氯氰菊酯 5%/2009.12.19 至 2014.12.19/中等毒
十字花科蔬菜 菜青虫 13.5-27克/公顷 喷雾

PD20100491 三十烷醇/0.1%/微乳剂/三十烷醇 0.1%/2010.01.14 至 2015.01.14/微毒
小麦 调节生长、增产 0.25-0.5毫克/千克 喷雾

PD20101222 高氯·杀虫单/16%/微乳剂/高效氯氰菊酯 1%、杀虫单 15%/2010.02.24 至 2015.02.24/中等毒
番茄 斑潜蝇 180-360克/公顷 喷雾

广西上思县农药厂 (广西壮族自治区上思县县城东郊 535500 0771-5624046)

PD20100952 马拉·异丙威/30%/乳油/马拉硫磷 15%、异丙威 15%/2010.01.19 至 2015.01.19/低毒
水稻 稻飞虱 450-630克/公顷 喷雾

广西省柳州市万友家庭卫生害虫防治所 (广西壮族自治区柳州市柳邕路123号 545005 0772-3161262)

WP20080459 蚊香/0.2%/蚊香/烯丙菊酯 0.2%/2013.12.16 至 2018.12.16/微毒
卫生 蚊 / 点燃

WP20100067 蚊香/0.3%/蚊香/富右旋反式烯丙菊酯 0.3%/2010.05.05 至 2015.05.05/微毒
卫生 蚊 / 点燃

WP20130013 溴鼠灵/0.005%/饵粒/溴鼠灵 0.005%/2013.01.17 至 2018.01.17/低毒
卫生 家鼠 饱和投饵 投放

WP20130133 杀虫粉剂/0.3%/粉剂/残杀威 0.3%/2013.06.08 至 2018.06.08/低毒
室内 蜚蠊、黄家蚁 3克制剂/平方米 撒布

WP20130226 杀虫饵粒/1%/饵剂/乙酰甲胺磷 1%/2013.11.05 至 2018.11.05/低毒
室内 蜚蠊、蚂蚁 / 投放

WL20100086 杀虫粉剂/0.25%/粉剂/高效氯氰菊酯 0.25%/2012.03.10 至 2013.03.10/微毒
卫生 蜚蠊、蚂蚁 7.5毫克/平方米 撒布

WL20110120 杀虫气雾剂/0.33%/气雾剂/胺菊酯 0.2%、氯菊酯 0.13%/2013.10.13 至 2014.10.13/微毒
卫生 蚊、蝇、蜚蠊 / 喷雾

广西施乐农化科技开发有限责任公司 (广西壮族自治区南宁市城北区南宁市科园大道60号 530007 0771-3214636)

PD20083523 鱼藤酮/95%/原药/鱼藤酮 95%/2013.12.12 至 2018.12.12/中等毒

PD20090576 马拉·异丙威/23%/乳油/马拉硫磷 12%、异丙威 11%/2014.01.14 至 2019.01.14/低毒
水稻 飞虱 172.5-258.75克/公顷 喷雾

PD20091876 鱼藤酮/7.5%/乳油/鱼藤酮 7.5%/2014.02.09 至 2019.02.09/低毒
十字花科叶菜 蚜虫 33.75-45克/公顷 喷雾

PD20095175 藤酮·辛硫磷/18%/乳油/辛硫磷 17.3%、鱼藤酮 0.7%/2009.04.24 至 2014.04.24/低毒
甘蓝 斜纹夜蛾 162-324克/公顷 喷雾

PD20098486 阿维·氯氰/7.5%/乳油/阿维菌素 0.3%、氰戊菊酯 7.2%/2009.12.24 至 2014.12.24/低毒(原药高毒)
梨树 梨木虱 3000-4000倍液 喷雾

广西田园生化股份有限公司 (广西壮族自治区南宁市创新路西段1号质控中心楼 530007 0771-2310528)

PD20050134 高氯·三唑磷/15%/乳油/高效氯氰菊酯 2%、三唑磷 13%/2010.09.09 至 2015.09.09/中等毒
荔枝树 蒂蛀虫 100-150毫克/千克 喷雾

PD20080378 异稻·稻瘟灵/40%/乳油/稻瘟灵 10%、异稻瘟净 30%/2013.02.28 至 2018.02.28/低毒
水稻 稻瘟病 600-1000克/公顷 喷雾

PD20080379 敌畏·辛硫磷/25%/乳油/敌敌畏 17%、辛硫磷 8%/2013.02.28 至 2018.02.28/低毒
水稻 二化螟 450-562克/公顷 喷雾
水稻 稻纵卷叶螟 300—450克/公顷 喷雾

PD20081554 三环·多菌灵/75%/可湿性粉剂/多菌灵 45%、三环唑 30%/2013.11.11 至 2018.11.11/中等毒
水稻 稻瘟病 292.5-405克/公顷 喷雾

PD20081557 高效氯氟氰菊酯/2.5%/乳油/高效氯氟氰菊酯 2.5%/2013.11.11 至 2018.11.11/中等毒
十字花科蔬菜 小菜蛾 15-30克/公顷 喷雾

PD20081622 马拉·辛硫磷/25%/乳油/马拉硫磷 12.5%、辛硫磷 12.5%/2013.11.12 至 2018.11.12/低毒
棉花 盲蝽蟓 300-375克/公顷 喷雾
水稻 二化螟 337.5-375克/公顷 喷雾
水稻 稻纵卷叶螟 300—375克/公顷 喷雾

PD20083856 氯氟·敌敌畏/20%/乳油/敌敌畏 19.4%、高效氯氟氰菊酯 0.6%/2013.12.15 至 2018.12.15/中等毒
棉花 蚜虫 120-180克/公顷 喷雾

PD20085264 联苯菊酯/25克/升/乳油/联苯菊酯 25克/升/2013.12.23 至 2018.12.23/低毒
茶树 茶尺蠖 11.25-15克/公顷 喷雾

PD20085586 辛硫磷/3%/颗粒剂/辛硫磷 3%/2013.12.25 至 2018.12.25/低毒
玉米 玉米螟 135-180克/公顷 心叶期喇叭口撒施

PD20085741 甲氰·辛硫磷/25%/乳油/甲氰菊酯 5%、辛硫磷 20%/2013.12.26 至 2018.12.26/中等毒

棉花 棉铃虫 225-345克/公顷 喷雾
苹果树 红蜘蛛 166.67-250毫克/千克 喷雾
十字花科蔬菜 菜青虫 93.75-187.5克/公顷 喷雾
PD20086081 杀虫双/29%/水剂/杀虫双 29%/2013.12.30 至 2018.12.30/低毒
水稻 二化螟 540-660克/公顷 喷雾
PD20086157 春雷·硫磺/50.5%/可湿性粉剂/春雷霉素 0.5%、硫磺 50%/2013.12.30 至 2018.12.30/低毒
水稻 稻瘟病 1060.5-1212克/公顷 喷雾
PD20086188 春雷·三环唑/10%/可湿性粉剂/春雷霉素 1%、三环唑 9%/2013.12.30 至 2018.12.30/中等毒
水稻 稻瘟病 150-195克/公顷 喷雾
PD20086220 2甲·莠灭净/49%/可湿性粉剂/2甲4氯钠 7%、莠灭净 42%/2013.12.31 至 2018.12.31/低毒
甘蔗田 一年生杂草 1470-2205克/公顷 茎叶喷雾
PD20086227 毒死蜱/45%/乳油/毒死蜱 45%/2013.12.31 至 2018.12.31/中等毒
水稻 稻纵卷叶螟 432-576克/公顷 喷雾
PD20086247 草甘膦异丙胺盐(41%)///水剂/草甘膦 30%/2013.12.31 至 2018.12.31/低毒
柑橘园 杂草 200-400毫升制剂/公亩 定向喷雾
PD20086257 阿维·杀虫单/20%/微乳剂/阿维菌素 0.2%、杀虫单 19.8%/2013.12.31 至 2018.12.31/低毒(原药高毒)
菜豆 美洲斑潜蝇 90-180克/公顷 喷雾
PD20086274 吡虫啉/5%/乳油/吡虫啉 5%/2013.12.31 至 2018.12.31/低毒
小麦 蚜虫 15-22.5克/公顷 喷雾
PD20086329 辛硫·灭多威/20%/乳油/灭多威 10%、辛硫磷 10%/2013.12.31 至 2018.12.31/中等毒(原药高毒)
棉花 棉铃虫 240-300克/公顷 喷雾
PD20090121 吡虫·仲丁威/25%/乳油/吡虫啉 1%、仲丁威 24%/2014.01.08 至 2019.01.08/低毒
甘蓝 蚜虫 150-225克/公顷 喷雾
水稻 飞虱 187.5-281.25克/公顷 喷雾
PD20090218 高效氯氟氰菊酯/0.6%/乳油/高效氯氟氰菊酯 0.6%/2014.01.09 至 2019.01.09/中等毒
棉花 棉铃虫 6.3-8.1克/公顷 喷雾
PD20090238 氰戊·辛硫磷/25%/乳油/氰戊菊酯 5%、辛硫磷 20%/2014.01.09 至 2019.01.09/中等毒
棉花 棉铃虫 281.25-375克/公顷 喷雾
十字花科蔬菜 菜青虫 150-225克/公顷 喷雾
小麦 蚜虫 112.5-150克/公顷 喷雾
PD20090251 硫丹·灭多威/20%/乳油/硫丹 10%、灭多威 10%/2014.01.09 至 2019.01.09/中等毒(原药高毒)
棉花 棉铃虫 120-150克/公顷 喷雾
PD20090559 毒·辛/25%/乳油/毒死蜱 10%、辛硫磷 15%/2009.01.13 至 2014.01.13/中等毒
十字花科蔬菜 黄条跳甲 187.5-262.5克/公顷 喷雾
PD20090615 溴氰·马拉松/10%/乳油/马拉硫磷 9.6%、溴氰菊酯 0.4%/2014.01.14 至 2019.01.14/中等毒
叶菜类十字花科蔬菜 蚜虫 18.75-37.5克/公顷 喷雾
PD20091234 高氯·毒死蜱/52.25%/乳油/毒死蜱 50%、高效氯氰菊酯 2.25%/2014.02.01 至 2019.02.01/中等毒
柑橘树 潜叶蛾 348.3-522.5毫克/千克 喷雾
PD20091366 辛硫·高氯氟/26%/乳油/高效氯氟氰菊酯 1%、辛硫磷 25%/2014.02.02 至 2019.02.02/中等毒
棉花 棉铃虫 312-390克/公顷 喷雾
十字花科蔬菜 小菜蛾 162.63-243.75克/公顷 喷雾
PD20091493 百草枯/200克/升/水剂/百草枯 200克/升/2012.12.31 至 2014.07.01/中等毒
柑橘园 杂草 600-900克/公顷 定向喷雾
PD20091803 三唑磷/20%/乳油/三唑磷 20%/2014.02.04 至 2019.02.04/中等毒
水稻 三化螟 180-225克/公顷 喷雾
PD20092021 氯氰·辛硫磷/20%/乳油/氯氰菊酯 1.5%、辛硫磷 18.5%/2014.02.12 至 2019.02.12/中等毒
棉花 棉铃虫 225-300克/公顷 喷雾
十字花科蔬菜 小菜蛾 150-225克/公顷 喷雾
PD20092100 辛硫磷/40%/乳油/辛硫磷 40%/2014.02.23 至 2019.02.23/低毒
棉花 棉铃虫 225-300克/公顷 喷雾
PD20092161 高氯·马/20%/乳油/高效氯氰菊酯 2%、马拉硫磷 18%/2014.02.23 至 2019.02.23/低毒
甘蓝 菜青虫 90-150克/公顷 喷雾
PD20092168 高效氯氰菊酯/4.5%/乳油/高效氯氰菊酯 4.5%/2014.02.23 至 2019.02.23/低毒
茶树 茶尺蠖 13.5-20.25克/公顷 喷雾
烟草 烟青虫 13.5-20.25克/公顷 喷雾
PD20092408 马拉·杀螟松/12%/乳油/马拉硫磷 10%、杀螟硫磷 2%/2014.02.25 至 2019.02.25/低毒
水稻 二化螟 180-270克/公顷 喷雾
PD20092529 辛硫·三唑磷/20%/乳油/三唑磷 10%、辛硫磷 10%/2014.02.26 至 2019.02.26/中等毒
水稻 稻纵卷叶螟 270～360克/公顷 喷雾
水稻 二化螟 360-480克/公顷 喷雾
PD20092720 乙草胺/50%/乳油/乙草胺 50%/2014.03.04 至 2019.03.04/低毒
冬油菜田 一年生杂草 600-750克/公顷 土壤喷雾
PD20092930 硫磺·百菌清/40%/可湿性粉剂/百菌清 8%、硫磺 32%/2014.03.05 至 2019.03.05/低毒

花生 叶斑病 900—1200克/公顷 喷雾
PD20093749 杀双·灭多威/20%/水剂/灭多威 10%、杀虫双 10%/2014.03.25 至 2019.03.25/中等毒(原药高毒)
水稻 二化螟 240-300克/公顷 喷雾
PD20094539 烯唑醇/25%/乳油/烯唑醇 25%/2009.04.09 至 2014.04.09/低毒
梨树 黑星病 5000-7000倍液 喷雾
小麦 白粉病 75-112.5克/公顷 喷雾
PD20095832 阿维·高氯氟/1.3%/乳油/阿维菌素 0.3%、高效氟氯氰菊酯 1%/2009.05.27 至 2014.05.27/低毒(原药高毒)
甘蓝 小菜蛾 7.8-11.7克/公顷 喷雾
PD20095998 阿维·辛硫磷/15%/乳油/阿维菌素 0.1%、辛硫磷 14.9%/2009.06.11 至 2014.06.11/低毒(原药高毒)
甘蓝 小菜蛾 112.5-168.75克/公顷 喷雾
PD20096000 阿维·毒死蜱/10%/乳油/阿维菌素 0.1%、毒死蜱 9.9%/2009.06.11 至 2014.06.11/低毒(原药高毒)
甘蓝 小菜蛾 112.5-150克/公顷 喷雾
PD20096055 阿维·甲氰/10%/乳油/阿维菌素 1%、甲氰菊酯 9%/2009.06.18 至 2014.06.18/中等毒(原药高毒)
甘蓝 小菜蛾 45-67.5克/公顷 喷雾
PD20096079 吡虫啉/20%/可溶液剂/吡虫啉 20%/2009.06.18 至 2014.06.18/低毒
水稻 稻飞虱 15-30克/公顷 喷雾
PD20096323 哒螨灵/15%/乳油/哒螨灵 15%/2009.07.22 至 2014.07.22/中等毒
柑橘树 红蜘蛛 30-40毫克/千克 喷雾
PD20097335 敌敌畏/50%/乳油/敌敌畏 50%/2009.10.27 至 2014.10.27/中等毒
水稻 稻飞虱 420-450克/公顷 喷雾
PD20097495 高效氯氟氰菊酯/2.5%/水乳剂/高效氯氟氰菊酯 2.5%/2009.11.03 至 2014.11.03/低毒
茶树 茶尺蠖 3.75—7.5克/公顷 喷雾
甘蓝 菜青虫 7.5-9.375克/公顷 喷雾
PD20097649 阿维菌素/1.8%/乳油/阿维菌素 1.8%/2009.11.04 至 2014.11.04/低毒(原药高毒)
甘蓝 小菜蛾 8.1-10.8克/公顷 喷雾
柑橘树 红蜘蛛 6-8毫克/千克 喷雾
水稻 稻纵卷叶螟 4.5-6克/公顷 喷雾
PD20097650 阿维菌素/3.2%/乳油/阿维菌素 3.2%/2009.11.04 至 2014.11.04/低毒(原药高毒)
菜豆 美洲斑潜蝇 10.8-21.6克/公顷 喷雾
水稻 稻纵卷叶螟 4.5—6克/公顷 喷雾
PD20097706 毒死蜱/40%/乳油/毒死蜱 40%/2009.11.04 至 2014.11.04/低毒
水稻 稻纵卷叶螟 288-360克/公顷 喷雾
PD20098075 稻瘟灵/30%/乳油/稻瘟灵 30%/2009.12.08 至 2014.12.08/低毒
水稻 稻瘟病 270-324克/公顷 喷雾
PD20098460 阿维·矿物油/25%/乳油/阿维菌素 0.2%、矿物油 24.8%/2009.12.24 至 2014.12.24/低毒(原药高毒)
柑橘树 红蜘蛛 125-250毫克/千克 喷雾
PD20101753 哒螨·矿物油/34%/乳油/哒螨灵 4%、矿物油 30%/2010.07.07 至 2015.07.07/中等毒
柑橘树 红蜘蛛 226.7-340毫克/千克 喷雾
PD20110329 苯甲·丙环唑/300克/升/乳油/苯醚甲环唑 150克/升、丙环唑 150克/升/2011.03.24 至 2016.03.24/低毒
水稻 纹枯病 67.5—90克/公顷 喷雾
PD20110685 联苯菊酯/2.5%/微乳剂/联苯菊酯 2.5%/2011.07.04 至 2016.07.04/低毒
茶树 茶小绿叶蝉 30-37.5克/公顷 喷雾
PD20110699 络氨铜/15%/水剂/络氨铜 15%/2011.07.04 至 2016.07.04/低毒
西瓜 枯萎病 200-300倍液 灌根
PD20110701 吡虫·噻嗪酮/10%/乳油/吡虫啉 2%、噻嗪酮 8%/2011.07.05 至 2016.07.05/低毒
水稻 稻飞虱 60-75克/公顷 喷雾
PD20110757 甲氨基阿维菌素苯甲酸盐/2%/乳油/甲氨基阿维菌素 2%/2011.07.25 至 2016.07.25/低毒
甘蓝 小菜蛾 3-3.3克/公顷 喷雾
水稻 稻纵卷叶螟 10.2-13.4克/公顷 喷雾
注:甲氨基阿维菌素苯甲酸盐含量：2.3%。
PD20110778 丙溴磷/40%/乳油/丙溴磷 40%/2011.07.25 至 2016.07.25/低毒
水稻 稻纵卷叶螟 480—600克/公顷 喷雾
PD20110779 啶虫脒/5%/乳油/啶虫脒 5%/2011.07.25 至 2016.07.25/低毒
大白菜 蚜虫 12-15克/公顷 喷雾
PD20110864 阿维·炔螨特/40%/乳油/阿维菌素 0.3%、炔螨特 39.7%/2011.08.10 至 2016.08.10/低毒(原药高毒)
柑橘树 红蜘蛛 200-400毫克/千克 喷雾
PD20110868 甲维·毒死蜱/10%/乳油/毒死蜱 9.9%、甲氨基阿维菌素苯甲酸盐 0.1%/2011.08.10 至 2016.08.10/中等毒
水稻 稻纵卷叶螟 375-600克/公顷 喷雾
PD20111001 甲·灭·敌草隆/56%/可湿性粉剂/敌草隆 7%、2甲4氯钠 9%、莠灭净 40%/2011.09.21 至 2016.09.21/低毒
甘蔗田 一年生杂草 1260-1680克/公顷 定向茎叶喷雾
PD20111052 百草枯/250克/升/水剂/百草枯 250克/升/2012.12.31 至 2014.07.01/中等毒
柑橘园 杂草 600-900克/公顷 定向茎叶喷雾
PD20111054 阿维·毒死蜱/5.5%/乳油/阿维菌素 0.1%、毒死蜱 5.4%/2011.10.10 至 2016.10.10/低毒(原药高毒)

柑橘树 红蜘蛛 55-73毫克/千克 喷雾
水稻 稻纵卷叶螟 247.5-297克/公顷 喷雾

PD20111228 高效氯氟氰菊酯/5%/水乳剂/高效氯氟氰菊酯 5%/2011.11.18 至 2016.11.18/中等毒
茶树 茶小绿叶蝉 15～30克/公顷 喷雾

PD20111231 甲氨基阿维菌素苯甲酸盐/1%/乳油/甲氨基阿维菌素 1%/2011.11.18 至 2016.11.18/低毒
甘蓝 小菜蛾 1.5-2.25克/公顷 喷雾
注:甲氨基阿维菌素苯甲酸盐含量：1.14%。

PD20111346 灭蝇胺/50%/可湿性粉剂/灭蝇胺 50%/2011.12.09 至 2016.12.09/低毒
菜豆 美洲斑潜蝇 150—225克/公顷 喷雾

PD20111395 丙环唑/50%/乳油/丙环唑 50%/2011.12.21 至 2016.12.21/低毒
香蕉 叶斑病 333—500毫克/千克 喷雾

PD20111396 甲苯·丙环唑/500克/升/乳油/苯醚甲环唑 250克/升、丙环唑 250克/升/2011.12.21 至 2016.12.21/低毒
水稻 纹枯病 60—120克/公顷 喷雾

PD20120067 高效氯氰菊酯/3%/水乳剂/高效氯氰菊酯 3%/2012.02.03 至 2017.02.03/低毒
甘蓝 菜青虫 22.5-45克/公顷 喷雾

PD20120284 阿维·氟铃脲/3%/乳油/阿维菌素 1%、氟铃脲 2%/2012.02.15 至 2017.02.15/低毒
甘蓝 小菜蛾 22.5—27克/公顷 喷雾

PD20120588 甲氨基阿维菌素苯甲酸盐/5%/乳油/甲氨基阿维菌素 5%/2012.04.10 至 2017.04.10/低毒
水稻 稻纵卷叶螟 11.25-15克/公顷 喷雾
注:甲氨基阿维菌素苯甲酸盐含量：5.7%。

PD20120738 噻嗪酮/65%/可湿性粉剂/噻嗪酮 65%/2012.05.03 至 2017.05.03/低毒
水稻 飞虱 78-146.25克/公顷 喷雾

PD20121107 噻嗪·仲丁威/25%/乳油/噻嗪酮 5%、仲丁威 20%/2012.07.19 至 2017.07.19/低毒
水稻 飞虱 281.25-337.5克/公顷 喷雾

PD20121172 噁霉灵/15%/水剂/噁霉灵 15%/2012.07.30 至 2017.07.30/低毒
西瓜 枯萎病 375～500毫克/千克 灌根

PD20121197 吡嘧·苯噻酰/0.15%/颗粒剂/苯噻酰草胺 0.14%、吡嘧磺隆 0.01%/2012.08.06 至 2017.08.06/低毒
水稻抛秧田 一年生杂草 450-675克/公顷 毒土法
注:本产品为药肥混剂。

PD20121206 苄嘧·苯噻酰/0.11%/颗粒剂/苯噻酰草胺 0.1%、苄嘧磺隆 0.01%/2012.08.08 至 2017.08.08/低毒
水稻抛秧田 一年生杂草 330-495克/公顷 毒土法
注:本产品为药肥混剂。

PD20121259 甲氨基阿维菌素苯甲酸盐/0.5%/乳油/甲氨基阿维菌素 0.5%/2012.09.04 至 2017.09.04/低毒
甘蓝 小菜蛾 1.65-1.8克/公顷 喷雾
注:甲氨基阿维菌素苯甲酸盐含量：0.57%。

PD20121272 阿维·吡虫啉/2.2%/乳油/阿维菌素 0.2%、吡虫啉 2%/2012.09.06 至 2017.09.06/低毒(原药高毒)
水稻 稻飞虱 27-30克/公顷 喷雾

PD20121880 丁硫克百威/35%/种子处理干粉剂/丁硫克百威 35%/2012.11.28 至 2017.11.28/中等毒
水稻 稻瘿蚊 600—800克/100千克种子 拌种

PD20122120 噻嗪·毒死蜱/10%/乳油/毒死蜱 6%、噻嗪酮 4%/2012.12.26 至 2017.12.26/低毒
水稻 稻飞虱 112.5—135克/公顷 喷雾

PD20130138 唑磷·毒死蜱/25%/乳油/毒死蜱 8.3%、三唑磷 16.7%/2013.01.17 至 2018.01.17/中等毒
水稻 二化螟 337.5—375克/公顷 喷雾

PD20130240 高效氯氰菊酯/4.5%/微乳剂/高效氯氰菊酯 4.5%/2013.02.05 至 2018.02.05/中等毒
甘蓝 菜青虫 13.5-27克/公顷 喷雾

PD20130314 噻嗪酮/25%/乳油/噻嗪酮 25%/2013.02.26 至 2018.02.26/低毒
水稻 飞虱 75-150克/公顷 喷雾

PD20130414 吡蚜酮/25%/可湿性粉剂/吡蚜酮 25%/2013.03.14 至 2018.03.14/低毒
水稻 飞虱 60-75克/公顷 喷雾

PD20130502 氰氟草酯/15%/乳油/氰氟草酯 15%/2013.03.26 至 2018.03.26/微毒
水稻田(直播) 稗草、千金子等禾本科杂草 75-105克/公顷 茎叶喷雾

PD20130900 烯啶虫胺/50%/可溶粒剂/烯啶虫胺 50%/2013.04.27 至 2018.04.27/低毒
水稻 稻飞虱 37.5-75克/公顷 喷雾

PD20130943 丙溴·辛硫磷/25%/乳油/丙溴磷 6%、辛硫磷 19%/2013.05.02 至 2018.05.02/低毒
水稻 稻纵卷叶螟、二化螟 300-375克/公顷 喷雾

PD20130988 苄嘧·双草醚/30%/可湿性粉剂/苄嘧磺隆 12%、双草醚 18%/2013.05.06 至 2018.05.06/低毒
水稻田(直播) 一年生杂草 45-67.5克/公顷 茎叶喷雾

PD20131102 啶虫脒/15%/乳油/啶虫脒 15%/2013.05.20 至 2018.05.20/低毒
大白菜 蚜虫 15-30克/公顷 喷雾

PD20131282 杀螺胺乙醇胺盐/50%/可湿性粉剂/杀螺胺乙醇胺盐 50%/2013.06.08 至 2018.06.08/低毒
水稻 福寿螺 450—600克/公顷 喷雾

PD20131923 草甘膦铵盐/65%/可溶粉剂/草甘膦 65%/2013.09.25 至 2018.09.25/低毒
非耕地 杂草 1657.5-2242.5克/公顷 茎叶喷雾

注:草甘膦铵盐含量: 71.5%。

PD20132007 苄嘧·丙草胺/40%/可湿性粉剂/苄嘧磺隆 4%、丙草胺 36%/2013.10.18 至 2018.10.18/低毒
水稻田(直播) 一年生杂草 222-300克/公顷 播后苗前土壤喷雾

PD20132013 烯啶虫胺/50%/可湿性粉剂/烯啶虫胺 50%/2013.10.21 至 2018.10.21/低毒
水稻 飞虱 37.5-75克/公顷 喷雾

PD20132281 异丙甲草胺/960克/升/乳油/异丙甲草胺 960克/升/2013.11.08 至 2018.11.08/低毒
玉米田 一年生杂草 1296-1620克/公顷 土壤喷雾

PD20132321 苄嘧·草甘膦/75%/可湿性粉剂/苄嘧磺隆 3%、草甘膦 72%/2013.11.13 至 2018.11.13/低毒
非耕地 杂草 1687.5-2250克/公顷 定向茎叶喷雾

LS20110051 甲维·丙溴磷/20%/乳油/丙溴磷 19.5%、甲氨基阿维菌素苯甲酸盐 0.5%/2013.03.03 至 2014.03.03/低毒
水稻 稻纵卷叶螟 320—400克/公顷 喷雾

LS20110117 阿维·毒死蜱/32%/乳油/阿维菌素 2%、毒死蜱 30%/2013.04.18 至 2014.04.18/中等毒(原药高毒)
水稻 稻纵卷叶螟 72—86.4克/公顷 喷雾

LS20110285 甲氨基阿维菌素苯甲酸盐/3%/水乳剂/甲氨基阿维菌素 3%/2013.11.03 至 2014.11.03/低毒
水稻 稻纵卷叶螟 11.25—15克/公顷 喷雾
注:甲氨基阿维菌素苯甲酸盐含量: 3.4%。

LS20120033 甲·灭·敌草隆/70%/可湿性粉剂/敌草隆 8.75%、2甲4氯钠 11.25%、莠灭净 50%/2014.02.03 至 2015.02.03/低毒
甘蔗田 一年生杂草 1260-1890克/公顷 定向茎叶喷雾

LS20130117 烯啶·异丙威/25%/可湿性粉剂/烯啶虫胺 5%、异丙威 20%/2014.03.29 至 2015.03.29/低毒
水稻 飞虱 187.5-300克/公顷 喷雾

LS20130177 杀螺胺乙醇胺盐/0.6%/颗粒剂/杀螺胺乙醇胺盐 0.6%/2013.04.03 至 2014.04.03/低毒
水稻 福寿螺 405-675克/公顷 撒施
注:本品为药肥混剂。

LS20130358 毒氟磷/98%/原药/毒氟磷 98%/2013.07.04 至 2014.07.04/低毒

LS20130359 毒氟磷/30%/可湿性粉剂/毒氟磷 30%/2013.07.04 至 2014.07.04/低毒
番茄 病毒病 400-500克/公顷 喷雾
水稻 黑条矮缩病 200-340克/公顷 喷雾

WP20120258 氟虫腈/3%/微乳剂/氟虫腈 3%/2012.12.26 至 2017.12.26/低毒
卫生 蝇 稀释20倍 喷雾

广西梧州蒙山县广字蚊香厂 (广西壮族自治区梧州市蒙山县蒙山镇高堆村 546700 0774-2347505)

WP20090056 蚊香/0.3%/蚊香/富右旋反式烯丙菊酯 0.3%/2014.01.21 至 2019.01.21/微毒
卫生 蚊 / 点燃

广西兴安县农药厂 (广西壮族自治区桂林市兴安县兴安镇兴桂南路60号 541300 0773-6222579)

PD84104-39 杀虫双/18%/水剂/杀虫双 18%/2009.09.21 至 2014.09.21/中等毒
甘蔗、蔬菜、水稻、小麦、玉米 多种害虫 540-675克/公顷 喷雾
果树 多种害虫 225-360毫克/千克 喷雾

PD85159-26 草甘膦/30%/水剂/草甘膦 30%/2010.08.15 至 2015.08.15/低毒
茶树、甘蔗、果园、剑麻、林木、桑树、橡胶树 一年生杂草和多年生恶性杂草 1125-2250克/公顷 定向喷雾

PD86148-31 异丙威/20%/乳油/异丙威 20%/2011.12.05 至 2016.12.05/中等毒
水稻 飞虱、叶蝉 450-600克/公顷 喷雾

广西兄弟农药厂 (广西壮族自治区大新县城南郊 532300 0771-3624998)

PD20081474 稻瘟灵/40%/乳油/稻瘟灵 40%/2013.11.04 至 2018.11.04/低毒
水稻 稻瘟病 450—660克/公顷 喷雾

PD20083020 异丙威/20%/乳油/异丙威 20%/2013.12.10 至 2018.12.10/中等毒
水稻 飞虱 450-600克/公顷 喷雾

PD20092278 甲氰 ·敌敌畏/35%/乳油/敌敌畏 25%、甲氰菊酯 10%/2014.02.24 至 2019.02.24/中等毒
甘蓝 菜青虫、蚜虫 105-157.5克/公顷 喷雾

PD20092623 辛硫磷/40%/乳油/辛硫磷 40%/2014.03.02 至 2019.03.02/低毒
十字花科蔬菜 菜青虫 300-450克/公顷 喷雾

PD20096939 异松·乙草胺/58%/乳油/乙草胺 34%、异噁草松 24%/2009.09.29 至 2014.09.29/低毒
春大豆田 一年生杂草 140-160毫升制剂/亩 播后苗前土壤喷雾

PD20100093 甲氰·辛硫磷/25%/乳油/甲氰菊酯 5%、辛硫磷 20%/2010.01.04 至 2015.01.04/中等毒
十字花科蔬菜 菜青虫 93.75-187.5克/公顷 喷雾

PD20100416 毒死蜱/40%/乳油/毒死蜱 40%/2010.01.14 至 2015.01.14/中等毒
棉花 棉铃虫 450-900克/公顷 喷雾

PD20110996 高效氯氰菊酯/3%/水乳剂/高效氯氰菊酯 3%/2011.09.21 至 2016.09.21/低毒
甘蓝 菜青虫 22.5-31.5克/公顷 喷雾

PD20111277 联苯菊酯/2.5%/微乳剂/联苯菊酯 2.5%/2011.11.23 至 2016.11.23/低毒
茶树 茶小绿叶蝉 30-37.5克/公顷 喷雾

PD20111407 阿维菌素/1.8%/微乳剂/阿维菌素 1.8%/2011.12.22 至 2016.12.22/低毒

	甘蓝	小菜蛾	8.1-10.8克/公顷	喷雾
PD20130891	高效氯氟氰菊酯/2.5%/微乳剂/高效氯氟氰菊酯 2.5%/2013.04.25 至 2018.04.25/中等毒			
	甘蓝	菜青虫	7.5-15克/公顷	喷雾
PD20130978	草甘膦铵盐/30%/水剂/草甘膦 30%/2013.05.02 至 2018.05.02/低毒			
	非耕地	杂草	1687.5-2250克/公顷	茎叶喷雾
	注:草甘膦铵盐含量:33%。			
PD20131937	甲氨基阿维菌素苯甲酸盐/1%/微乳剂/甲氨基阿维菌素 1%/2013.09.30 至 2018.09.30/低毒			
	甘蓝	甜菜夜蛾	1.875-3克/公顷	喷雾
	注:甲氨基阿维菌素苯甲酸盐含量: 1.14%。			
广西易多收生物科技有限公司 (广西壮族自治区南宁市大学路32-1号 530007 0771-3244986)				
PD20080392	高效氯氟氰菊酯/25克/升/乳油/高效氯氟氰菊酯 25克/升/2013.02.28 至 2018.02.28/低毒			
	烟草	烟青虫	7.5-9.375克/公顷	喷雾
PD20080504	三唑磷/20%/乳油/三唑磷 20%/2013.04.10 至 2018.04.10/中等毒			
	水稻	二化螟、三化螟	300-450克/公顷	喷雾
PD20080542	吡虫・杀虫单/58%/可湿性粉剂/吡虫啉 2.5%、杀虫单 55.5%/2013.05.04 至 2018.05.04/中等毒			
	水稻	稻飞虱、稻纵卷叶螟	450-750克/公顷	喷雾
PD20080794	草甘膦铵盐/30%/水剂/草甘膦 30%/2009.12.31 至 2014.12.31/低毒			
	柑橘园	杂草	1125—2250克/公顷	定向喷雾
	注:草甘膦铵盐含量: 33%。			
PD20080977	敌敌畏/80%/乳油/敌敌畏 80%/2013.07.24 至 2018.07.24/中等毒			
	叶菜类十字花科蔬菜	菜青虫	600-780克/公顷	喷雾
PD20081149	草甘膦异丙胺盐/41%/水剂/草甘膦异丙胺盐 41%/2013.09.01 至 2018.09.01/低毒			
	柑橘园	杂草	1660-2214毫升/公顷	定向茎叶喷雾
PD20081385	炔螨特/40%/乳油/炔螨特 40%/2013.10.28 至 2018.10.28/低毒			
	柑橘树	红蜘蛛	200-400毫克/千克	喷雾
PD20081555	毒死蜱/40%/乳油/毒死蜱 40%/2013.11.11 至 2018.11.11/中等毒			
	水稻	稻纵卷叶螟	480-600克/公顷	喷雾
PD20084214	硫磺・三环唑/45%/可湿性粉剂/硫磺 40%、三环唑 5%/2013.12.16 至 2018.12.16/低毒			
	水稻	稻瘟病	1012.5—1215克/公顷	喷雾
PD20084554	乙草胺/50%/乳油/乙草胺 50%/2013.12.18 至 2018.12.18/低毒			
	春玉米田	一年生禾本科杂草及部分小粒种子阔叶杂草	1125-1350克/公顷	土壤喷雾
	夏玉米田	一年生禾本科杂草及部分小粒种子阔叶杂草	900-1050克/公顷	土壤喷雾
PD20084580	甲氰菊酯/20%/乳油/甲氰菊酯 20%/2013.12.18 至 2018.12.18/中等毒			
	十字花科蔬菜	菜青虫	75-90克/公顷	喷雾
PD20084703	敌百虫/30%/乳油/敌百虫 30%/2013.12.22 至 2018.12.22/低毒			
	甘蓝	菜青虫	450-675克/公顷	喷雾
PD20084973	甲霜・锰锌/58%/可湿性粉剂/甲霜灵 10%、代森锰锌 48%/2013.12.22 至 2018.12.22/低毒			
	黄瓜	霜霉病	1305-1740克/公顷	喷雾
PD20085440	氰戊・辛硫磷/25%/乳油/氰戊菊酯 3%、辛硫磷 22%/2013.12.24 至 2018.12.24/中等毒			
	十字花科蔬菜	菜青虫	150-225克/公顷	喷雾
PD20086284	敌百・辛硫磷/30%/乳油/敌百虫 10%、辛硫磷 20%/2013.12.31 至 2018.12.31/低毒			
	水稻	二化螟	450-540克/公顷	喷雾
PD20090297	氯氰・毒死蜱/22%/乳油/毒死蜱 20%、氯氰菊酯 2%/2009.01.09 至 2014.01.09/低毒			
	十字花科蔬菜	菜青虫	132-264克/公顷	喷雾
PD20090402	莠灭净/40%/可湿性粉剂/莠灭净 40%/2014.01.12 至 2019.01.12/低毒			
	甘蔗田	一年生杂草	1500—2100克/公顷	土壤喷雾
PD20091345	丁草胺/50%/乳油/丁草胺 50%/2014.02.02 至 2019.02.02/低毒			
	移栽水稻田	稗草、牛毛草、鸭舌草等杂草	900-1275克/公顷	毒土法
PD20091529	丙环唑/25%/乳油/丙环唑 25%/2014.02.03 至 2019.02.03/低毒			
	香蕉树	叶斑病	250-500毫克/千克	喷雾
PD20091699	联苯菊酯/25克/升/乳油/联苯菊酯 25克/升/2014.02.03 至 2019.02.03/低毒			
	茶树	小绿叶蝉	30-37.克/公顷	喷雾
PD20091923	辛硫磷/3%/颗粒剂/辛硫磷 3%/2014.02.12 至 2019.02.12/低毒			
	花生	地下害虫	2700—3600克/公顷	沟施
PD20092449	高效氯氰菊酯/2.5%/乳油/高效氯氰菊酯 2.5%/2014.02.25 至 2019.02.25/低毒			
	甘蓝	菜青虫	15-22.5克/公顷	喷雾
PD20092972	异丙威/20%/乳油/异丙威 20%/2014.03.09 至 2019.03.09/低毒			
	水稻	稻飞虱	525-600克/公顷	喷雾
PD20093166	敌畏・毒死蜱/35%/乳油/敌敌畏 25%、毒死蜱 10%/2014.03.11 至 2019.03.11/中等毒			
	水稻	稻纵卷叶螟	472.5-525克/公顷	喷雾
PD20093709	氯氰菊酯/5%/乳油/氯氰菊酯 5%/2014.03.25 至 2019.03.25/低毒			

十字花科蔬菜 菜青虫 30-45克/公顷 喷雾
PD20093817 联苯菊酯/100克/升/乳油/联苯菊酯 100克/升/2014.03.25 至 2019.03.25/中等毒
茶树 小绿叶蝉 30-37.5克/公顷 喷雾
PD20094503 草甘膦/30%/可溶粉剂/草甘膦 30%/2009.04.09 至 2014.04.09/低毒
柑橘园 杂草 1125-2250克/公顷 喷雾
PD20094617 溴氰菊酯/2.8%/乳油/溴氰菊酯 2.8%/2009.04.10 至 2014.04.10/低毒
大白菜 菜青虫 7.5-15克/公顷 喷雾
PD20094680 氰戊·乐果/25%/乳油/乐果 20%、氰戊菊酯 5%/2009.04.10 至 2014.04.10/低毒
甘蓝 菜青虫 187.5-262.5克/公顷 喷雾
PD20094847 高氯 ·敌敌畏/26%/乳油/敌敌畏 25%、高效氯氰菊酯 1%/2009.04.13 至 2014.04.13/中等毒
十字花科蔬菜 菜青虫 156－234克/公顷 喷雾
PD20095000 乐果·敌百虫/40%/乳油/敌百虫 20%、乐果 20%/2009.04.21 至 2014.04.21/低毒
水稻 稻纵卷叶螟 450-540克/公顷 喷雾
PD20096020 复硝酚钠/1.8%/水剂/复硝酚钠 1.8%/2009.06.15 至 2014.06.15/微毒
番茄 调节生长 2000-3000倍液 喷雾3次
PD20097158 2甲4氯钠/13%/水剂/2甲4氯钠 13%/2009.10.16 至 2014.10.16/低毒
水稻 阔叶杂草及莎草科杂草 450-975克/公顷 茎叶喷雾
PD20097269 马拉·杀螟松/12%/乳油/马拉硫磷 10%、杀螟硫磷 2%/2009.10.26 至 2014.10.26/低毒
水稻 二化螟 180-360克/公顷 喷雾
PD20097486 杀虫双/20%/水剂/杀虫双 20%/2009.11.03 至 2014.11.03/低毒
水稻 稻纵卷叶螟、三化螟 540-675克/公顷 喷雾
PD20097489 辛硫·三唑磷/20%/乳油/三唑磷 10%、辛硫磷 10%/2009.11.03 至 2014.11.03/中等毒
水稻 二化螟 360-450克/公顷 喷雾
PD20100835 2甲4氯钠/56%/可溶粉剂/2甲4氯钠 56%/2010.01.19 至 2015.01.19/低毒
移栽水稻田 阔叶杂草及莎草科杂草 504-840克/公顷 茎叶喷雾
PD20100936 杀虫双/18%/水剂/杀虫双 18%/2010.01.19 至 2015.01.19/低毒
水稻 三化螟 405－675克/公顷 喷雾
PD20101352 2甲·莠灭净/48%/可湿性粉剂/2甲4氯钠 8%、莠灭净 40%/2010.03.26 至 2015.03.26/低毒
甘蔗田 一年生杂草 1440-2160克/公顷 喷雾
PD20110780 啶虫脒/5%/乳油/啶虫脒 5%/2011.07.25 至 2016.07.25/低毒
柑橘树 蚜虫 8-10毫克/千克 喷雾
PD20111037 丙草胺/95%/原药/丙草胺 95%/2011.10.10 至 2016.10.10/低毒
PD20121644 草甘膦铵盐/68%/可溶粒剂/草甘膦 68%/2012.10.30 至 2017.10.30/低毒
非耕地 杂草 1122-2244克/公顷 定向茎叶喷雾
注:草甘膦铵盐含量: 74.7%。
LS20110315 甲·灭·敌草隆/58%/可湿性粉剂/敌草隆 8%、2甲4氯 10%、莠灭净 40%/2013.12.05 至 2014.12.05/低毒
甘蔗田 杂草 1305-1740克/公顷 定向茎叶喷雾
LS20110330 2甲·草甘膦/38%/可溶粉剂/草甘膦 30%、2甲4氯 8%/2013.12.06 至 2014.12.06/低毒
非耕地 一年生杂草 1140-1710克/公顷 茎叶喷雾
LS20130354 甲维·杀虫双/26%/微乳剂/甲氨基阿维菌素苯甲酸盐 0.5%、杀虫双 25.5%/2013.07.03 至 2014.07.03/低毒
甘蔗 二点螟 390-975克/公顷 喷雾
LS20130368 滴酸·草甘膦/31%/水剂/草甘膦 30%、2,4-滴 1%/2013.07.17 至 2014.07.17/低毒
非耕地 一年生杂草 1237.5-2475克/公顷 茎叶喷雾
LS20130465 杀双·辛硫磷/8%/颗粒剂/杀虫双 5%、辛硫磷 3%/2013.10.10 至 2014.10.10/低毒
甘蔗 二点螟 3600-4800克/公顷 拌毒土撒施

广西易多收生物科技有限公司河池农药厂 （广西壮族自治区河池市东江镇 547001 0771-3244986）

PD20080930 敌敌畏/95%/原药/敌敌畏 95%/2013.07.17 至 2018.07.17/中等毒
PD20080933 草甘膦/95%/原药/草甘膦 95%/2013.07.17 至 2018.07.17/低毒
PD20081086 丁草胺/90%/原药/丁草胺 90%/2013.08.18 至 2018.08.18/低毒
PD20081508 百草枯/42%/母药/百草枯 42%/2013.11.06 至 2018.11.06/中等毒
PD20097491 高效氯氰菊酯/95%/原药/高效氯氰菊酯 95%/2009.11.03 至 2014.11.03/中等毒

广西玉林市百能达日用粘胶制品厂 （广西壮族自治区玉林市一环北路西环里153号 537000 0775-2098073）

WP20110084 杀虫饵粒/1.5%/饵粒/残杀威 1.5%/2011.04.06 至 2016.04.06/微毒
卫生 蜚蠊、蚂蚁 / 投放
WP20110118 杀蟑笔剂/0.35%/笔剂/残杀威 0.25%、高效氯氰菊酯 0.1%/2011.05.12 至 2016.05.12/微毒
卫生 蜚蠊 3克制剂/平方米 涂抹
WP20110219 杀蟑胶饵/1%/胶饵/杀螟硫磷 1%/2011.09.23 至 2016.09.23/微毒
卫生 蜚蠊 / 投放
WP20120086 高氯·残杀威/10%/微乳剂/残杀威 6%、高效氯氰菊酯 4%/2012.05.10 至 2017.05.10/低毒
卫生 蚊、蝇、蜚蠊 玻璃面：30毫克/平方米；木板面，水泥面：50毫克/平方米 滞留喷洒
WP20120218 杀蟑烟片/8%/烟片/右旋苯醚氰菊酯 8%/2012.11.08 至 2017.11.08/低毒
室内 蜚蠊 / 点燃

WL20110130 杀虫热雾剂/2.5%/热雾剂/残杀威 1%、氯氰菊酯 1.5%/2012.11.03 至 2013.11.03/微毒
卫生 蜚蠊、蚊 25毫克/立方米 热雾机喷雾

广西玉林市农宝农药厂 (广西壮族自治区玉林市博白江南工业区 537600 0775-8333828)

PD20081274 马拉硫磷/45%/乳油/马拉硫磷 45%/2013.09.25 至 2018.09.25/低毒
水稻 叶蝉 675-810克/公顷 喷雾
PD20081275 辛硫磷/40%/乳油/辛硫磷 40%/2013.09.25 至 2018.09.25/低毒
甘蓝 菜青虫 450-600克/公顷 喷雾
PD20081296 氰戊・马拉松/20%/乳油/马拉硫磷 15%、氰戊菊酯 5%/2013.10.06 至 2018.10.06/中等毒
十字花科蔬菜 菜青虫 90-150克/公顷 喷雾
PD20081955 乐果/40%/乳油/乐果 40%/2013.11.24 至 2018.11.24/中等毒
水稻 三化螟 480-600克/公顷 喷雾
PD20083553 丙溴・辛硫磷/25%/乳油/丙溴磷 5%、辛硫磷 20%/2013.12.12 至 2018.12.12/低毒
棉花 棉铃虫 187.5-281.25克/公顷 喷雾
PD20097470 杀虫双/18%/水剂/杀虫双 18%/2009.11.03 至 2014.11.03/中等毒
水稻 三化螟 540-675克/公顷 喷雾
PD20101980 敌敌畏/50%/乳油/敌敌畏 50%/2010.09.21 至 2015.09.21/中等毒
水稻 飞虱 450-675克/公顷 喷雾

广西玉林祥和源化工药业有限公司 (广西壮族自治区玉林市城站路73号 537001 0775-3832736)

PD20101562 溴敌隆/0.005%/毒饵/溴敌隆 0.005%/2010.05.19 至 2015.05.19/低毒(原药高毒)
室内 家鼠 20-30克毒饵/10平方米 投放毒饵
PD20101811 杀鼠醚/0.0375%/毒饵/杀鼠醚 0.0375%/2010.07.19 至 2015.07.19/低毒(原药高毒)
卫生 家鼠 10-20克毒饵/10平方米 饱和投饵
PD20111263 敌鼠钠盐/0.05%/毒饵/敌鼠钠盐 0.05%/2011.11.23 至 2016.11.23/低毒(原药高毒)
室内 家鼠 10-20克毒饵/10平方米 饱和投饵
WP20100071 杀虫饵粒/1.5%/饵粒/残杀威 1.5%/2010.05.19 至 2015.05.19/低毒
卫生 蜚蠊、蚂蚁 / 投放
WL20100051 杀蟑饵膏/0.5%/饵膏/氟磺酰胺 0.5%/2012.02.21 至 2013.02.21/微毒
卫生 蜚蠊 / 投放

广西植保农药厂 (广西壮族自治区博白县城玉公公路边 537600 0775-8338385)

PD20094861 氰戊・辛硫磷/12%/乳油/氰戊菊酯 4%、辛硫磷 8%/2009.04.13 至 2014.04.13/低毒
十字花科蔬菜 菜青虫 72-108克/公顷 喷雾
PD20095812 氰戊・辛硫磷/50%/乳油/氰戊菊酯 5%、辛硫磷 45%/2009.05.27 至 2014.05.27/中等毒
甘蓝 菜青虫 75-150克/公顷 喷雾
PD20097413 毒・辛/20%/乳油/毒死蜱 4%、辛硫磷 16%/2009.10.28 至 2014.10.28/低毒
棉花 棉铃虫 360-390克/公顷 喷雾
PD20097427 乐果・敌百虫/40%/乳油/敌百虫 20%、乐果 20%/2009.10.28 至 2014.10.28/中等毒
水稻 稻纵卷叶螟 600-720克/公顷 喷雾
PD20100402 敌敌畏/80%/乳油/敌敌畏 80%/2010.01.14 至 2015.01.14/中等毒
十字花科蔬菜 菜青虫 600-900克/公顷 喷雾
PD20101680 马拉・杀螟松/12%/乳油/马拉硫磷 10%、杀螟硫磷 2%/2010.06.08 至 2015.06.08/低毒
水稻 二化螟 180—270克/公顷 喷雾
PD20101746 草甘膦铵盐(33%)///水剂/草甘膦 30%/2010.06.28 至 2015.06.28/低毒
柑橘园 杂草 1125-2250克/公顷 定向茎叶喷雾

广西钟山县农药厂 (广西壮族自治区贺州市钟山县城北环东路309号 542600 0774-8982606)

PD86148-29 异丙威/20%/乳油/异丙威 20%/2011.11.02 至 2016.11.02/中等毒
水稻 飞虱、叶蝉 450-600克/公顷 喷雾
PD20100254 灭线磷/10%/颗粒剂/灭线磷 10%/2010.01.11 至 2015.01.11/低毒(原药高毒)
水稻 瘿蚊 1500-2250克/公顷 拌细土撒施

广西壮族自治区化工研究院 (广西壮族自治区南宁市城北区望州路北二里7号 530001 0771-3331751)

PD85159 草甘膦/30%/水剂/草甘膦 30%/2010.05.20 至 2015.05.20/低毒
茶树、甘蔗、果园、剑麻、林木、桑树、橡胶树 一年生杂草和多年生恶性杂草 1125-2250克/公顷 喷雾
PD20083225 辛硫磷/3%/颗粒剂/辛硫磷 3%/2013.12.11 至 2018.12.11/微毒
甘蔗 蔗龟、蔗螟 1800-3600克/公顷 撒施
花生 金针虫、蝼蛄、蛴螬 1800-2700克/公顷 穴施
PD20092334 草甘膦/95%/原药/草甘膦 95%/2014.02.24 至 2019.02.24/低毒
PD20092798 溴氰・敌敌畏/24%/乳油/敌敌畏 23.5%、溴氰菊酯 0.5%/2014.03.04 至 2019.03.04/中等毒
甘蓝 菜青虫 72-108克/公顷 喷雾
PD20094172 草甘膦异丙胺盐(41%)///水剂/草甘膦 30%/2009.03.27 至 2014.03.27/低毒
柑橘园 杂草 1125-2250克/公顷 定向茎叶喷雾
PD20094227 莠去津/95%/原药/莠去津 95%/2009.03.31 至 2014.03.31/低毒
PD20094962 丙环唑/250克/升/乳油/丙环唑 250克/升/2009.04.21 至 2014.04.21/低毒

香蕉 叶斑病 250-500毫克/千克 喷雾
PD20095078 杀虫双/18%/水剂/杀虫双 18%/2009.04.22 至 2014.04.22/低毒
水稻 三化螟 675-810克/公顷 喷雾
PD20095326 莠去津/38%/悬浮剂/莠去津 38%/2009.04.27 至 2014.04.27/低毒
甘蔗田 一年生杂草 1197-1425克/公顷 土壤喷雾
PD20100963 滴酸·草甘膦/32%/水剂/草甘膦 30%、2,4-滴 2%/2010.01.19 至 2015.01.19/微毒
柑橘园 杂草 1215-2430克/公顷 茎叶喷雾
PD20101208 甲·莠·敌草隆/20%/可湿性粉剂/敌草隆 6%、2甲4氯钠 5%、莠去津 9%/2010.02.21 至 2015.02.21/低毒
甘蔗田 一年生杂草 1200-1800克/公顷 杂草3-5叶期茎叶喷雾
PD20101431 氯氰·烟碱/4%/水乳剂/氯氰菊酯 0.6%、烟碱 3.4%/2010.05.04 至 2015.05.04/中等毒
甘蓝 蚜虫 60-120克/公顷 喷雾
PD20130045 草甘膦铵盐/50%/可溶粉剂/草甘膦 50%/2013.01.07 至 2018.01.07/低毒
柑橘园 杂草 1125-2250克/公顷 定向茎叶喷雾
注:草甘膦铵盐含量:55%。
PD20131021 草甘膦铵盐/65%/可溶粉剂/草甘膦 65%/2013.05.13 至 2018.05.13/低毒
柑橘园 杂草 1125-2250克/公顷 行间定向茎叶喷雾
注:草甘膦铵盐含量: 71.5%。
LS20120210 甲·灭·敌草隆/73%/可湿性粉剂/敌草隆 23%、2甲4氯钠 10%、莠灭净 40%/2013.06.04 至 2014.06.04/低毒
甘蔗田 一年生杂草 1314-1752克/公顷 喷雾

广西自主化工有限公司 (广西壮族自治区南宁市江南区白沙大道100号 530031 0771-4832589)

PD85159-12 草甘膦异丙胺盐/30%/水剂/草甘膦 30%/2009.07.14 至 2014.07.14/低毒
茶树、甘蔗、果园、剑麻、林木、桑树、橡胶树 一年生杂草和多年生恶性杂草 1125-2250克/公顷 喷雾
注:草甘膦异丙胺盐含量: 41%。

广西鑫金泰化工有限公司 (广西壮族自治区贵港市平南县瑞雁广场南 537300 0775-7866335)

PD20083351 代森锰锌/80%/可湿性粉剂/代森锰锌 80%/2013.12.11 至 2018.12.11/低毒
荔枝树 霜疫霉病 1333-2000毫克/千克 喷雾
PD20083426 丙环唑/250克/升/乳油/丙环唑 250克/升/2013.12.11 至 2018.12.11/低毒
香蕉 叶斑病 250-500毫克/千克 喷雾
PD20083830 甲氰菊酯/20%/乳油/甲氰菊酯 20%/2013.12.15 至 2018.12.15/中等毒
十字花科蔬菜 菜青虫 90-120克/公顷 喷雾
PD20083852 高效氯氟氰菊酯/25克/升/乳油/高效氯氟氰菊酯 25克/升/2013.12.15 至 2018.12.15/低毒
十字花科蔬菜 菜青虫 7.5-15克/公顷 喷雾
PD20084016 杀螟丹/50%/可溶粉剂/杀螟丹 50%/2013.12.16 至 2018.12.16/中等毒
水稻 二化螟 600-750克/公顷 喷雾
PD20084539 甲基硫菌灵/70%/可湿性粉剂/甲基硫菌灵 70%/2013.12.18 至 2018.12.18/低毒
水稻 纹枯病 1050-1470克/公顷 喷雾
PD20085384 噻嗪·异丙威/25%/可湿性粉剂/噻嗪酮 5%、异丙威 20%/2013.12.24 至 2018.12.24/低毒
水稻 稻飞虱 450-562.5克/公顷 喷雾
PD20086245 三唑锡/25%/可湿性粉剂/三唑锡 25%/2013.12.31 至 2018.12.31/中等毒
柑橘树 红蜘蛛 125-167毫克/千克 喷雾
PD20090882 敌百·仲丁威/36%/乳油/敌百虫 24%、仲丁威 12%/2014.01.19 至 2019.01.19/低毒
水稻 飞虱 486-648克/公顷 喷雾
PD20091244 仲丁威/50%/乳油/仲丁威 50%/2014.02.01 至 2019.02.01/低毒
水稻 稻飞虱 600-900克/公顷 喷雾
PD20092948 三环唑/75%/可湿性粉剂/三环唑 75%/2014.03.09 至 2019.03.09/中等毒
水稻 稻瘟病 225-375克/公顷 喷雾
PD20093458 联苯菊酯/25克/升/乳油/联苯菊酯 25克/升/2014.03.23 至 2019.03.23/低毒
茶树 茶小绿叶蝉 30-37.5克/公顷 喷雾
PD20094314 硫磺·三环唑/40%/悬浮剂/硫磺 35%、三环唑 5%/2014.03.31 至 2019.03.31/中等毒
水稻 稻瘟病 720-120克/公顷 喷雾
PD20094747 硫磺·百菌清/50%/悬浮剂/百菌清 15%、硫磺 35%/2014.04.10 至 2019.04.10/低毒
黄瓜 霜霉病 1125-1875克/公顷 喷雾
PD20094809 甲霜·锰锌/58%/可湿性粉剂/甲霜灵 10%、代森锰锌 48%/2014.04.13 至 2019.04.13/低毒
黄瓜 霜霉病 696-1044克/公顷 喷雾
PD20095161 杀虫双/18%/水剂/杀虫双 18%/2014.04.24 至 2019.04.24/中等毒
水稻 三化螟 675-810克/公顷 喷雾
PD20095766 虫酰肼/200克/升/悬浮剂/虫酰肼 200克/升/2009.05.18 至 2014.05.18/低毒
十字花科蔬菜 甜菜夜蛾 240-360克/公顷 喷雾
PD20095805 阿维菌素/18克/升/乳油/阿维菌素 18克/升/2009.05.27 至 2014.05.27/低毒(原药高毒)
十字花科蔬菜 小菜蛾 8.1-10.8克/公顷 喷雾

PD20096107 毒死蜱/480克/升/乳油/毒死蜱 480克/升/2009.06.18 至 2014.06.18/中等毒
十字花科蔬菜 菜青虫 360-720克/公顷 喷雾
PD20096245 喹硫磷/25%/乳油/喹硫磷 25%/2009.07.15 至 2014.07.15/中等毒
水稻 二化螟 450-562.5克/公顷 喷雾
PD20097383 吡虫啉/20%/可溶液剂/吡虫啉 20%/2009.10.28 至 2014.10.28/低毒
水稻 稻飞虱 30-45克/公顷 喷雾
PD20100190 杀螺胺乙醇胺盐/50%/可湿性粉剂/杀螺胺乙醇胺盐 50%/2010.01.05 至 2015.01.05/低毒
水稻 福寿螺 450-525克/公顷 毒土撒施
PD20100441 吡嘧磺隆/10%/可湿性粉剂/吡嘧磺隆 10%/2010.01.14 至 2015.01.14/低毒
移栽水稻田 稗草、莎草及阔叶杂草 22.5-30克/公顷 药土法
PD20110454 高效氯氰菊酯/4.5%/微乳剂/高效氯氰菊酯 4.5%/2011.04.21 至 2016.04.21/低毒
甘蓝 菜青虫 20.25-27克/公顷 喷雾
PD20121283 草甘膦铵盐/80%/可溶粒剂/草甘膦 80%/2012.09.06 至 2017.09.06/低毒
非耕地 杂草 1125-3000克/公顷 定向茎叶喷雾
注:草甘膦铵盐含量：88%。
PD20121635 戊唑醇/430克/升/悬浮剂/戊唑醇 430克/升/2012.10.30 至 2017.10.30/低毒
梨树 黑星病 107.5-143.2毫克/千克 喷雾
PD20130680 阿维·啶虫脒/5%/微乳剂/阿维菌素 1%、啶虫脒 4%/2013.04.09 至 2018.04.09/低毒(原药高毒)
甘蓝 蚜虫 11.25—13.5克/公顷 喷雾
PD20130856 高效氯氟氰菊酯/8%/微乳剂/高效氯氟氰菊酯 8%/2013.04.22 至 2018.04.22/中等毒
甘蓝 菜青虫 12—18克/公顷 喷雾
LS20120074 阿维·啶虫脒/5%/微乳剂/阿维菌素 1%、啶虫脒 4%/2013.03.07 至 2014.03.07/低毒(原药高毒)
甘蓝 蚜虫 11.25—13.5克/公顷 喷雾
LS20130196 苯甲·多菌灵/55%/可湿性粉剂/苯醚甲环唑 5%、多菌灵 50%/2013.04.08 至 2014.04.08/低毒
苹果树 轮纹病 367-550毫克/千克 喷雾

桂林桂开生物科技股份有限公司 （广西壮族自治区桂林市灵川县花江 541200 0773-6860735)

PD20093726 复硝酚钠/0.9%/水剂/5-硝基邻甲氧基苯酚钠 0.15%、对硝基苯酚钠 0.45%、邻硝基苯酚钠 0.3%/2009.03.25至2014.03.25/低毒
柑橘树 调节生长、增产 2000-3000倍液 喷雾
PD20094867 氰戊·马拉松/30%/乳油/马拉硫磷 22.5%、氰戊菊酯 7.5%/2014.04.13 至 2019.04.13/中等毒
苹果树 桃小食心虫 120-150毫克/千克 喷雾
PD20096481 多效唑/15%/可湿性粉剂/多效唑 15%/2009.08.14 至 2014.08.14/低毒
花生 调节生长 108-135克/公顷 茎叶喷雾
PD20100120 复硝酚钠/1.4%/水剂/复硝酚钠 1.4%/2010.01.05 至 2015.01.05/低毒
柑橘树 调节生长 5000-6000倍液 喷雾
PD20101563 复硝酚钠/0.9%/可湿性粉剂/5-硝基邻甲氧基苯酚钠 0.15%、对硝基苯酚钠 0.45%、邻硝基苯酚钠 0.3%/2010.05.19 至 2015.05.19/低毒
柑橘树 调节生长 2000-3000倍液 喷雾
PD20101632 阿维·高氯/2%/乳油/阿维菌素 0.6%、高效氯氰菊酯 1.4%/2010.06.03 至 2015.06.03/低毒(原药高毒)
甘蓝 小菜蛾 7.5-10.5克/公顷 喷雾

桂林荔浦辉煌香业厂 （广西壮族自治区荔浦县新坪镇道班 546600 ）

WP20120239 蚊香/0.2%/蚊香/Es-生物烯丙菊酯 0.2%/2012.12.12 至 2017.12.12/低毒
卫生 蚊 / 点燃

柳州市惠农化工有限公司 （广西壮族自治区柳州市雒容工业园 545616 0772-6520508)

PD20040613 哒螨灵/15%/乳油/哒螨灵 15%/2009.12.19 至 2014.12.19/中等毒
柑橘树 红蜘蛛 50-67毫克/千克 喷雾
PD20050043 哒螨灵/20%/乳油/哒螨灵 20%/2010.04.15 至 2015.04.15/中等毒
柑橘树 红蜘蛛 2000-2500倍液 喷雾
PD20084471 炔螨特/70%/乳油/炔螨特 70%/2013.12.17 至 2018.12.17/低毒
柑橘树 红蜘蛛 280-350毫克/千克 喷雾
PD20085724 甲氰·三唑磷/22%/乳油/甲氰菊酯 4%、三唑磷 18%/2013.12.26 至 2018.12.26/中等毒
柑橘树 红蜘蛛 147-220毫克/千克 喷雾
PD20092450 哒灵·炔螨特/33%/乳油/哒螨灵 3.5%、炔螨特 29.5%/2014.02.25 至 2019.02.25/中等毒
柑橘树 红蜘蛛 132-220毫克/千克 喷雾
PD20093847 吡虫·噻嗪酮/11.5%/乳油/吡虫啉 1%、噻嗪酮 10.5%/2014.03.25 至 2019.03.25/低毒
水稻 稻飞虱 69-103.5克/公顷 喷雾
PD20093867 多·锰锌/50%/可湿性粉剂/多菌灵 6%、代森锰锌 44%/2014.03.25 至 2019.03.25/低毒
柑橘树 炭疽病 500-800倍液 喷雾
PD20101423 水胺·辛硫磷/26%/乳油/水胺硫磷 24%、辛硫磷 2%/2010.04.26 至 2015.04.26/中等毒(原药高毒)
水稻 三化螟 156-234克/公顷 喷雾
PD20111007 喹硫磷/25%/乳油/喹硫磷 25%/2011.09.22 至 2016.09.22/中等毒
柑橘树 木虱 125—166.7毫克/千克 喷雾
PD20111151 阿维菌素/1.8%/乳油/阿维菌素 1.8%/2011.11.04 至 2016.11.04/低毒(原药高毒)

柑橘树 潜叶蛾 7.2-12毫克/千克 喷雾
PD20120291 咪鲜胺/25%/乳油/咪鲜胺 25%/2012.02.17 至 2017.02.17/低毒
柑橘(果实) 绿霉病、青霉病 250－500毫克/千克 浸果
PD20120295 丙森锌/70%/可湿性粉剂/丙森锌 70%/2012.02.17 至 2017.02.17/低毒
柑橘树 炭疽病 875－1167毫克/千克 喷雾
PD20120400 高氯·毒死蜱/51.5%/乳油/毒死蜱 50%、高效氯氰菊酯 1.5%/2012.03.07 至 2017.03.07/中等毒
柑橘树 木虱 257.5-515毫克/千克 喷雾
PD20120466 矿物油/97%/乳油/矿物油 97%/2012.03.19 至 2017.03.19/低毒
柑橘树 红蜘蛛 4850－9700毫克/千克 喷雾
PD20121714 联苯菊酯/4.5%/水乳剂/联苯菊酯 4.5%/2012.11.08 至 2017.11.08/低毒
柑橘树 潜叶蛾 15-22.5毫克/千克 喷雾
柑橘树 木虱 18-30毫克/千克 喷雾
PD20121716 高效氟氯氰菊酯/2.5%/水乳剂/高效氟氯氰菊酯 2.5%/2012.11.08 至 2017.11.08/低毒
柑橘树 木虱 10-16.7毫克/千克 喷雾
PD20121762 抑霉唑/22%/水乳剂/抑霉唑 22%/2012.11.15 至 2017.11.15/低毒
柑橘(果实) 绿霉病、青霉病 250-500毫克/千克 浸果
PD20121955 阿维菌素/1.8%/水乳剂/阿维菌素 1.8%/2012.12.12 至 2017.12.12/低毒(原药高毒)
柑橘树 潜叶蛾 7.2-12毫克/千克 喷雾
PD20121967 氟硅唑/10%/水乳剂/氟硅唑 10%/2012.12.12 至 2017.12.12/低毒
柑橘树 树脂病(砂皮病) 50～66.7毫克/千克 喷雾
柑橘树 炭疽病 50-100毫克/千克 喷雾
PD20130468 苯醚甲环唑/10%/水分散粒剂/苯醚甲环唑 10%/2013.03.20 至 2018.03.20/低毒
柑橘树 疮痂病 50-67毫克/千克 喷雾
PD20130524 啶虫脒/5%/乳油/啶虫脒 5%/2013.03.27 至 2018.03.27/低毒
柑橘树 蚜虫 10-12.5毫克/千克 喷雾
PD20130571 阿维·苯丁锡/10.8%/悬浮剂/阿维菌素 0.8%、苯丁锡 10%/2013.04.02 至 2018.04.02/低毒(原药高毒)
柑橘树 红蜘蛛 72－108毫克/千克 喷雾
柑橘树 锈壁虱 54－72毫克/千克 喷雾
PD20132300 松脂酸铜/20%/可湿性粉剂/松脂酸铜 20%/2013.11.08 至 2018.11.08/低毒
柑橘树 溃疡病 250—400毫克/千克 喷雾
PD20132572 嘧菌酯/250克/升/悬浮剂/嘧菌酯 250克/升/2013.12.17 至 2018.12.17/低毒
柑橘树 疮痂病 800-1200倍液 喷雾

柳州市新岩消杀药剂厂 (广西壮族自治区柳州市雅儒路291号8栋1-5-1 545000 0772-3917686)

WP20120249 杀蟑饵剂/1.5%/饵剂/残杀威 1.5%/2012.12.19 至 2017.12.19/微毒
室内 蜚蠊 / 投放
WP20120252 杀蟑烟片/5%/烟片/高效氯氰菊酯 5%/2012.12.19 至 2017.12.19/微毒
室内 蜚蠊 / 点燃

南宁市德丰富化工有限责任公司 (广西壮族自治区南宁市创新路西段1号520室 530007 0771-2311350)

PD20081962 草甘膦/30%/水剂/草甘膦 30%/2013.11.24 至 2018.11.24/低毒
柑橘园 杂草 1200－2400克/公顷 定向茎叶喷雾
PD20097588 氯氰·敌敌畏/43%/乳油/敌敌畏 38%、氯氰菊酯 5%/2009.11.03 至 2014.11.03/中等毒
甘蓝 菜青虫 75-150克/公顷 喷雾
PD20098057 仲丁威/50%/乳油/仲丁威 50%/2009.12.07 至 2014.12.07/低毒
水稻 飞虱 375-562.5克/公顷 喷雾
PD20101856 阿维菌素/3.2%/乳油/阿维菌素 3.2%/2010.07.28 至 2015.07.28/中等毒(原药高毒)
十字花科蔬菜 小菜蛾 9.6-12克/公顷 喷雾
PD20101857 高效氯氟氰菊酯/25克/升/乳油/高效氯氟氰菊酯 25克/升/2010.07.28 至 2015.07.28/低毒
甘蓝 蚜虫 20-30毫升制剂/亩 喷雾
PD20110038 甲氨基阿维菌素苯甲酸盐/1%/乳油/甲氨基阿维菌素 1%/2011.01.11 至 2016.01.11/低毒
甘蓝 小菜蛾 2.625-3 克/公顷 喷雾
水稻 稻纵卷叶螟 11.25-15克/公顷 喷雾
注:甲氨基阿维菌素苯甲酸盐含量:1.14%。
PD20110673 阿维菌素/1.8%/乳油/阿维菌素 1.8%/2011.06.20 至 2016.06.20/中等毒(原药高毒)
甘蓝 小菜蛾 7.5－9克/公顷 喷雾
PD20110954 噻嗪酮/80%/可湿性粉剂/噻嗪酮 80%/2011.09.08 至 2016.09.08/低毒
水稻 稻飞虱 108-156克/公顷 喷雾
PD20111085 草甘膦铵盐/80%/可溶粉剂/草甘膦 80%/2011.10.13 至 2016.10.13/低毒
柑橘园 杂草 1120.5-2241克/公顷 定向茎叶喷雾
注:草甘膦铵盐含量: 88%。
PD20111173 甲氨基阿维菌素苯甲酸盐/3%/水分散粒剂/甲氨基阿维菌素 3%/2011.11.15 至 2016.11.15/低毒
甘蓝 甜菜夜蛾 2.7－3.15克/公顷 喷雾
注:甲氨基阿维菌素苯甲酸盐含量3.4%。
PD20111387 百草枯/250克/升/水剂/百草枯 250克/升/2012.12.31 至 2014.07.01/低毒

柑橘园 一年生杂草 600-900克/公顷 定向喷雾

PD20111435 草甘膦铵盐/58%/可溶粉剂/草甘膦 58%/2011.12.29 至 2016.12.29/低毒

柑橘园 一年生杂草 1866-2488克/公顷 定向茎叶喷雾

注:草甘膦铵盐含量：63.8%。

PD20120023 高氯·甲维盐/2%/乳油/高效氯氰菊酯 1.8%、甲氨基阿维菌素苯甲酸盐 0.2%/2012.01.09 至 2017.01.09/低毒

甘蓝 甜菜夜蛾 12—18克/公顷 喷雾

PD20120532 甲氨基阿维菌素苯甲酸盐/5%/微乳剂/甲氨基阿维菌素 5%/2012.03.28 至 2017.03.28/低毒

甘蓝 小菜蛾 2.25-4.5克/公顷 喷雾

注:甲氨基阿维菌素苯甲酸盐含量：5.7%。

PD20120660 春雷霉素/2%/水分散粒剂/春雷霉素 2%/2012.04.18 至 2017.04.18/低毒

水稻 稻瘟病 27—30克/公顷 喷雾

PD20120717 阿维菌素/5%/乳油/阿维菌素 5%/2012.04.18 至 2017.04.18/低毒(原药高毒)

甘蓝 小菜蛾 9-12克/公顷 喷雾

PD20121004 甲氨基阿维菌素苯甲酸盐/5%/乳油/甲氨基阿维菌素 5%/2012.06.21 至 2017.06.21/低毒

甘蓝 小菜蛾 2.25-3克/公顷 喷雾

注:甲氨基阿维菌素苯甲酸盐含量:5.7%。

PD20121575 甲氨基阿维菌素苯甲酸盐/2%/水分散粒剂/甲氨基阿维菌素 2%/2012.10.25 至 2017.10.25/低毒

甘蓝 甜菜夜蛾 2.25-3.45克/公顷 喷雾

注:甲氨基阿维菌素苯甲酸盐含量：2.3%。

PD20130312 乙草胺/89%/乳油/乙草胺 89%/2013.02.26 至 2018.02.26/低毒

花生田 一年生杂草 1001.25-1201.5克/公顷 播后苗前土壤喷雾

PD20130910 甲氨基阿维菌素苯甲酸盐/0.5%/水乳剂/甲氨基阿维菌素 0.5%/2013.04.28 至 2018.04.28/低毒

甘蓝 小菜蛾 1.5-2.25克/公顷 喷雾

注:甲氨基阿维菌素苯甲酸盐含量：0.57%。

贵州省

贵州毕节闽黔化工有限公司 （贵州省毕节市三板桥 551700 0857-7101686)

PD20082853 石硫合剂/45%/结晶粉/石硫合剂 45%/2008.12.09 至 2013.12.09/中等毒

柑橘树 红蜘蛛 1500-2250毫克/千克（稀释200-300倍） 喷雾

PD20085627 石硫合剂/29%/水剂/石硫合剂 29%/2008.12.25 至 2013.12.25/低毒

柑橘树 红蜘蛛 15-30倍液 喷雾

贵州道元生物技术有限公司 （贵州省贵阳市白云区白云南路186号 550014 0851-4485550)

PD20096096 噻嗪·杀虫单/17.5%/悬浮剂/噻嗪酮 2.5%、杀虫单 15%/2009.06.18 至 2014.06.18/中等毒

水稻 二化螟、飞虱 525-787.5克/公顷 喷雾

PD20100897 甲霜·锰锌/58%/可湿性粉剂/甲霜灵 10%、代森锰锌 48%/2010.01.19 至 2015.01.19/低毒

黄瓜 霜霉病 875—1075克/公顷 喷雾

PD20110561 己唑醇/5%/悬浮剂/己唑醇 5%/2011.05.26 至 2016.05.26/低毒

水稻 纹枯病 60—75克/公顷 喷雾

PD20110562 甲氨基阿维菌素苯甲酸盐/3%/微乳剂/甲氨基阿维菌素 3%/2011.05.26 至 2016.05.26/低毒

甘蓝 小菜蛾 1.8—2.25克/公顷 喷雾

注:甲氨基阿维菌素苯甲酸盐含量：3.4%。

PD20120237 丙唑·吗啉胍/18%/可湿性粉剂/丙硫唑 2%、盐酸吗啉胍 16%/2012.02.13 至 2017.02.13/低毒

烟草 病毒病 270-405克/公顷 喷雾

PD20120238 丙硫唑/10%/悬浮剂/丙硫唑 10%/2012.02.13 至 2017.02.13/低毒

水稻 稻瘟病 225-300克/公顷 喷雾

PD20120239 丙硫唑/98%/原药/丙硫唑 98%/2012.02.13 至 2017.02.13/低毒

PD20120587 啶虫脒/5%/微乳剂/啶虫脒 5%/2012.04.10 至 2017.04.10/低毒

甘蓝 蚜虫 15—30克/公顷 喷雾

PD20120667 高效氯氟氰菊酯/5%/水乳剂/高效氯氟氰菊酯 5%/2012.04.18 至 2017.04.18/中等毒

甘蓝 菜青虫 7.5—11.25克/公顷 喷雾

PD20121368 丙唑·多菌灵/6%/悬浮剂/丙硫唑 1%、多菌灵 5%/2012.09.13 至 2017.09.13/低毒

水稻 稻瘟病 150-225克/公顷 喷雾

PD20122090 丙硫唑/10%/水分散粒剂/丙硫唑 10%/2012.12.26 至 2017.12.26/低毒

西瓜 炭疽病 225克/公顷 喷雾

贵州贵大科技产业有限责任公司 （贵州省安顺市经济技术开发区 561000 0853-3413058)

PD20083260 吡·井·杀虫单/60%/可湿性粉剂/吡虫啉 2%、井冈霉素 5%、杀虫单 53%/2013.12.11 至 2018.12.11/中等毒

水稻 二化螟、飞虱、纹枯病 900-1080克/公顷 喷雾

PD20085684 高氯 ·敌敌畏/26%/乳油/敌敌畏 25.6%、高效氯氰菊酯 0.4%/2013.12.26 至 2018.12.26/中等毒

甘蓝 菜青虫 117-234克/公顷 喷雾

PD20092762 甲霜·噁霉灵/3%/水剂/噁霉灵 2.5%、甲霜灵 0.5%/2014.03.04 至 2019.03.04/低毒

黄瓜 枯萎病 500-700倍液每株250毫升 灌根

水稻 立枯病 0.36-0.54克/平方米 喷雾

PD20120350 阿维·三唑磷/10.2%/乳油/阿维菌素 0.2%、三唑磷 10%/2012.02.23 至 2017.02.23/低毒(原药高毒)

水稻 二化螟 153-229.5克/公顷 喷雾
PD20121315 阿维菌素/5%/乳油/阿维菌素 5%/2012.09.11 至 2017.09.11/低毒
水稻 稻纵卷叶螟 6-9克/公顷 喷雾
PD20121322 甲氨基阿维菌素苯甲酸盐/5%/乳油/甲氨基阿维菌素 5%/2012.09.11 至 2017.09.11/低毒
甘蓝 甜菜夜蛾 2.25-3克/公顷 喷雾
注：甲氨基阿维菌素苯甲酸盐含量:5.7%。
PD20131207 2甲·草甘膦/77.7%/可湿性粉剂/草甘膦 70%、2甲4氯钠 7.7%/2013.05.28 至 2018.05.28/低毒
非耕地 杂草 1165.5-3496.5克/公顷 茎叶喷雾
PD20131638 哒螨灵/15%/乳油/哒螨灵 15%/2013.07.30 至 2018.07.30/中等毒
柑橘树 红蜘蛛 31.7-47.5毫克/千克 喷雾
PD20132665 阿维菌素/1.8%/乳油/阿维菌素 1.8%/2013.12.20 至 2018.12.20/低毒(原药高毒)
大白菜 小菜蛾 6.75-10.8克/公顷 喷雾
PD20132683 氨基寡糖素/2%/水剂/氨基寡糖素 2%/2013.12.25 至 2018.12.25/低毒
番茄 病毒病 48-81克/公顷 喷雾
LS20120025 甲·灭·敌草隆/68%/可湿性粉剂/敌草隆 12%、2甲4氯钠 10%、莠灭净 46%/2014.01.10 至 2015.01.10/低毒
甘蔗田 一年生杂草 1530-2040克/公顷 定向茎叶喷雾

贵州利尔化工有限公司 (贵州省惠水县高镇 550601 0854-6328750)
PD20040592 吡虫·杀虫单/70%/可湿性粉剂/吡虫啉 2%、杀虫单 68%/2009.12.19 至 2014.12.19/中等毒
水稻 稻飞虱、二化螟 525-630克/公顷 喷雾
PD20094361 苄·乙·扑草净/7%/粉剂/苄嘧磺隆 0.3%、扑草净 1.7%、乙草胺 5%/2009.04.01 至 2014.04.01/低毒
水稻移栽田 一年生杂草 84-105克/公顷 药土法
PD20095133 高氯 ·敌敌畏/26%/乳油/敌敌畏 25.6%、高效氯氰菊酯 0.4%/2009.04.24 至 2014.04.24/中等毒
甘蓝 菜青虫 117-234克/公顷 喷雾
PD20096985 溴氰菊酯/2.8%/乳油/溴氰菊酯 2.8%/2009.09.29 至 2014.09.29/中等毒
十字花科蔬菜 菜青虫 1.8-2.7克/公顷 喷雾
WP20090194 杀虫粉剂/0.09%/粉剂/溴氰菊酯 0.09%/2009.03.23 至 2014.03.23/低毒
卫生 蜚蠊 3克制剂/平方米 撒布

贵州南明远航蚊香厂 (贵州省贵阳市南明区小碧乡柏腊山农场 550005 0851-3902011)
WP20080547 蚊香/0.3%/蚊香/富右旋反式烯丙菊酯 0.3%/2013.12.24 至 2018.12.24/微毒
卫生 蚊 / 点燃

贵州省贵阳市花溪茂业植物速丰剂厂 (贵州省贵阳市花溪区花溪乡 550025 0851-8292170)
PD20131347 抗坏血酸/6%/水剂/抗坏血酸 6%/2013.06.09 至 2018.06.09/低毒
烟草 调节生长 2000倍液 喷雾2次

贵州省华鹰化学工业有限责任公司 (贵州省遵义地区遵义市桃溪寺 0852-8425637)
WP20080495 溴氰·高氯氟/4.5%/可湿性粉剂/高效氯氟氰菊酯 2.5%、溴氰菊酯 2%/2013.12.18 至 2018.12.18/低毒
卫生 蚊、蝇、蜚蠊 玻璃面蚊、蝇15毫克/平方米，蜚蠊25毫克/平方米；木板面蚊、蝇30毫克/平方米，蜚蠊50毫克/平方米；石灰面蚊、蝇60毫克/平方米，蜚蠊75毫克/平方米 滞留喷洒

贵州省化工研究院 (贵州省贵阳市晒田坝路1号 550002 0851-5923040)
PD20082086 高氯·马/40%/乳油/高效氯氰菊酯 1.2%、马拉硫磷 38.8%/2013.11.25 至 2018.11.25/中等毒
十字花科蔬菜 菜青虫 240-360克/公顷 喷雾
PD20085216 高氯 ·敌敌畏/18%/乳油/敌敌畏 17.3%、高效氯氰菊酯 0.7%/2013.12.23 至 2018.12.23/中等毒
菜豆 蚜虫 81-108克/公顷 喷雾

贵州省铜仁地区植保技术服务公司 (贵州省铜仁市北关路2号附23号 554300 0856-5223815)
PD20084517 三环唑/75%/可湿性粉剂/三环唑 75%/2013.12.18 至 2018.12.18/中等毒
水稻 稻瘟病 225-300克/公顷 喷雾
PD20084605 甲氰菊酯/20%/乳油/甲氰菊酯 20%/2013.12.18 至 2018.12.18/中等毒
十字花科蔬菜 菜青虫 90-150克/公顷 喷雾

贵州省镇远县宝丰农化有限责任公司 (贵州省镇远县工业园区 557702 0855-5810179)
PD20085540 高氯·马/40%/乳油/高效氯氰菊酯 1.2%、马拉硫磷 38.8%/2013.12.25 至 2018.12.25/中等毒
柑橘树 蚜虫 200-267毫克/千克 喷雾
十字花科蔬菜 菜青虫 150-240克/公顷 喷雾
PD20086163 高氯 ·敌敌畏/26%/乳油/敌敌畏 25.6%、高效氯氰菊酯 0.4%/2013.12.30 至 2018.12.30/中等毒
十字花科蔬菜 菜青虫 117-234克/公顷 喷雾

贵州省遵义市连大磷化铝厂 (贵州省遵义市南白镇铝厂院内 563100 0852-7227395)
PD84121-13 磷化铝/56%/片剂/磷化铝 56%/2009.12.14 至 2014.12.14/高毒
洞穴 室外啮齿动物 根据洞穴大小而定 密闭熏蒸
货物 仓储害虫 5-10片/1000千克 密闭熏蒸
空间 多种害虫 1-4片/立方米 密闭熏蒸
粮食、种子 储粮害虫 3-10片/1000千克 密闭熏蒸

贵州亚净卫生用品有限公司 (贵州省贵阳市云岩区南垭路15号 550000 0851-6807300)

WP20120166 杀蝇饵粒/0.4%/饵粒/甲基吡噁磷 0.4%/2012.09.06 至 2017.09.06/低毒
卫生 蝇 / 投放

贵州遵义泉通化工有限公司 (贵州省遵义市红花岗区上海路4#同盛华庭C栋402室 563002 0852-8624626)

PD20096884 异丙甲草胺/72%/乳油/异丙甲草胺 72%/2009.09.23 至 2014.09.23/低毒
烟草 一年生杂草 1080-1620克/公顷 土壤喷雾

PD20100546 仲丁灵/360克/升/乳油/仲丁灵 360克/升/2010.01.14 至 2015.01.14/低毒
烟草 抑制腋芽生长 5.4-7.2毫克/株 杯淋法

PD20121964 赤霉酸/4%/水剂/赤霉酸A3 4%/2012.12.12 至 2017.12.12/低毒
烟草 调节生长 6.7-13.3毫克/千克 茎叶喷雾

贵州仝鑫工贸有限公司 (贵州省平坝县夏云镇茶场 561104 0853-4299898)

WP20130262 蚊香/0.05%/蚊香/氯氟醚菊酯 0.05%/2013.12.17 至 2018.12.17/微毒
卫生 蚊 / 点燃

海南省

海南博士威农用化学有限公司 (海南省澄迈县老城开发区工业大道美朗路东侧 571100 0898-65868371)

PD20040769 吡虫啉/10%/可湿性粉剂/吡虫啉 10%/2009.12.19 至 2014.12.19/低毒
水稻 飞虱 22.5-30克/公顷 喷雾

PD20070621 丙环唑/25%/乳油/丙环唑 25%/2012.12.14 至 2017.12.14/低毒
香蕉 叶斑病 250-500毫克/千克 喷雾

PD20070666 高效氯氟氰菊酯/2.5%/乳油/高效氯氟氰菊酯 2.5%/2012.12.17 至 2017.12.17/低毒
甘蓝 菜青虫 11.25-18.75克/公顷 喷雾

PD20081667 腈菌·三唑酮/12%/乳油/腈菌唑 2%、三唑酮 10%/2013.11.17 至 2018.11.17/低毒
小麦 白粉病 45-54克/公顷 喷雾

PD20082708 阿维菌素/1.8%/乳油/阿维菌素 1.8%/2013.12.05 至 2018.12.05/低毒(原药高毒)
棉花 棉铃虫 21.6-32.4克/公顷 喷雾
棉花 红蜘蛛 10.8-16.2克/公顷 喷雾
十字花科蔬菜 菜青虫、小菜蛾 8.1-10.8克/公顷 喷雾

PD20083088 阿维菌素/3.2%/乳油/阿维菌素 3.2%/2013.12.10 至 2018.12.10/低毒(原药高毒)
菜豆 美洲斑潜蝇 10.8-21.6克/公顷 喷雾

PD20083598 烯腺·羟烯腺/0.004%/可溶粉剂/羟烯腺嘌呤 0.0035%、烯腺嘌呤 0.0005%/2013.12.12 至 2018.12.12/低毒
番茄 调节生长、增产 1000-1500倍液 兑水喷雾

PD20093680 丁硫克百威/200克/升/乳油/丁硫克百威 200克/升/2014.03.25 至 2019.03.25/中等毒
水稻 稻飞虱 525-600克/公顷 喷雾

PD20094326 联苯菊酯/100克/升/乳油/联苯菊酯 100克/升/2014.03.31 至 2019.03.31/中等毒
茶树 茶小绿叶蝉 30-45克/公顷 喷雾

PD20101793 甲氨基阿维菌素苯甲酸盐/5%/微乳剂/甲氨基阿维菌素 5%/2010.07.13 至 2015.07.13/低毒
小油菜 甜菜夜蛾 4.5-6克/公顷 喷雾
注:甲氨基阿维菌素苯甲酸盐含量：5.7%。

PD20102018 嘧霉胺/25%/乳油/嘧霉胺 25%/2010.09.25 至 2015.09.25/低毒
番茄 灰霉病 250-312.5毫克/千克 喷雾

PD20102089 甲氨基阿维菌素苯甲酸盐/0.5%/微乳剂/甲氨基阿维菌素 0.5%/2010.11.25 至 2015.11.25/低毒
小油菜 甜菜夜蛾 18-26毫升制剂/亩 喷雾
注:甲氨基阿维菌素苯甲酸盐含量：0.57%

PD20110006 烟嘧磺隆/40克/升/可分散油悬浮剂/烟嘧磺隆 40克/升/2011.01.04 至 2016.01.04/低毒
玉米田 一年生杂草 40-60克/升 茎叶喷雾

PD20110029 咪鲜胺/15%/微乳剂/咪鲜胺 15%/2011.01.04 至 2016.01.04/低毒
柑橘 蒂腐病、黑腐病、绿霉病、青霉病 200-300毫克/千克 浸果

PD20110102 甲氨基阿维菌素苯甲酸盐/3%/微乳剂/甲氨基阿维菌素 3%/2011.01.26 至 2016.01.26/低毒
小油菜 甜菜夜蛾 3.75-5.4克/公顷 喷雾
注:甲氨基阿维菌素苯甲酸盐含量:3.4%。

PD20110428 咪鲜胺/45%/微乳剂/咪鲜胺 45%/2011.04.21 至 2016.04.21/低毒
柑橘 蒂腐病、绿霉病、青霉病 225—300毫克/千克 浸果

PD20110791 烯酰吗啉/80%/水分散粒剂/烯酰吗啉 80%/2011.07.26 至 2016.07.26/低毒
黄瓜 霜霉病 240—300克/公顷 喷雾

PD20110936 吡虫啉/20%/可溶液剂/吡虫啉 20%/2011.09.07 至 2016.09.07/低毒
十字花科蔬菜 蚜虫 22.5-30克/公顷 喷雾

PD20110940 噻螨酮/5%/乳油/噻螨酮 5%/2011.09.07 至 2016.09.07/低毒
柑橘树 红蜘蛛 25-35毫克/千克 喷雾

PD20111004 吡虫啉/70%/水分散粒剂/吡虫啉 70%/2011.09.21 至 2016.09.21/低毒
甘蓝 蚜虫 21—31.5克/公顷 喷雾

PD20111368 春雷霉素/2%/水剂/春雷霉素 2%/2011.12.14 至 2016.12.14/低毒
水稻 稻瘟病 30—36克/公顷 喷雾

PD20111369 苯醚甲环唑/20%/微乳剂/苯醚甲环唑 20%/2011.12.14 至 2016.12.14/低毒
梨树 黑星病 16.7-25毫克/千克 喷雾

水稻 稻飞虱 15-30克/公顷 喷雾
PD20096662 阿维菌素/3%/微乳剂/阿维菌素 3%/2009.09.07 至 2014.09.07/中等毒(原药高毒)
十字花科蔬菜 小菜蛾 8.1-10.8克/公顷 喷雾
PD20102205 甲氨基阿维菌素苯甲酸盐/3%/微乳剂/甲氨基阿维菌素 3%/2010.12.23 至 2015.12.23/低毒
甘蓝 甜菜夜蛾 3-4.5克/公顷 喷雾
注:甲氨基阿维菌素苯甲酸盐含量:3.4%。
PD20110076 印楝素/0.3%/乳油/印楝素 0.3%/2011.01.21 至 2016.01.21/低毒
十字花科蔬菜 小菜蛾 2.25-3.6克/公顷 喷雾
PD20110145 甲氨基阿维菌素苯甲酸盐/0.5%/微乳剂/甲氨基阿维菌素 0.5%/2011.02.10 至 2016.02.10/低毒
甘蓝 甜菜夜蛾 26-39毫升/亩 喷雾
注:甲氨基阿维菌素苯甲酸盐含量:0.57%。
PD20110387 阿维·矿物油/40%/乳油/阿维菌素 0.3%、矿物油 39.7%/2011.04.12 至 2016.04.12/低毒(原药高毒)
柑橘树 红蜘蛛 200-400毫克/千克 喷雾
PD20120948 草甘膦铵盐/80%/可溶粒剂/草甘膦 80%/2012.06.14 至 2017.06.14/低毒
柑橘园 杂草 1125-2250克/公顷 定向茎叶喷雾
注:草甘膦铵盐含量:88%。
PD20121593 甲氨基阿维菌素苯甲酸盐/5%/水分散粒剂/甲氨基阿维菌素 5%/2012.10.25 至 2017.10.25/低毒
甘蓝 甜菜夜蛾 2.25～3.75克/公顷 喷雾
注:甲氨基阿维菌素苯甲酸盐含量:5.7%。
PD20130894 高氯·甲维盐/4.2%/微乳剂/高效氯氰菊酯 4%、甲氨基阿维菌素苯甲酸盐 0.2%/2013.04.25 至 2018.04.25/低毒
甘蓝 甜菜夜蛾 37.8-44.1克/公顷 喷雾
PD20131476 枯草芽孢杆菌/200亿活芽孢/克/可湿性粉剂/枯草芽孢杆菌 200亿活芽孢/克/2013.07.05 至 2018.07.05/低毒
水稻 稻瘟病 80-100克制剂/亩 喷雾
LS20110216 丙环唑/70%/乳油/丙环唑 70%/2013.09.12 至 2014.09.12/低毒
香蕉 叶斑病 375－400毫克/千克 喷雾
LS20130043 苯醚甲环唑/10%/热雾剂/苯醚甲环唑 10%/2014.02.06 至 2015.02.06/低毒
橡胶树 炭疽病 90～120克/公顷 热雾机喷雾
LS20130293 氟硅唑/8%/热雾剂/氟硅唑 8%/2013.06.04 至 2014.06.04/低毒
橡胶树 白粉病 120-130克/公顷 喷雾
LS20130517 虫螨腈/20%/微乳剂/虫螨腈 20%/2013.12.10 至 2014.12.10/低毒
甘蓝 小菜蛾 45-75克/公顷 喷雾

海南力智生物工程有限责任公司 (海南省海口市美兰区海甸五西路15号16栋 570208 0898-66286100)

PD20083404 啶虫脒/20%/可溶粉剂/啶虫脒 20%/2013.12.11 至 2018.12.11/低毒
黄瓜 蚜虫 15-30克/公顷 喷雾
PD20093410 联苯菊酯/25克/升/乳油/联苯菊酯 25克/升/2014.03.20 至 2019.03.20/低毒
茶树 茶尺蠖 7.5-15克/公顷 喷雾
PD20094097 高效氯氟氰菊酯/2.5%/水乳剂/高效氯氟氰菊酯 2.5%/2014.03.27 至 2019.03.27/中等毒
十字花科蔬菜 菜青虫 7.5-11.25克/公顷 喷雾
PD20094259 杀螟丹/50%/可溶粉剂/杀螟丹 50%/2014.03.31 至 2019.03.31/中等毒
水稻 二化螟 525-750克/公顷 喷雾
PD20094519 顺式氯氰菊酯/3%/乳油/顺式氯氰菊酯 3%/2009.04.09 至 2014.04.09/低毒
黄瓜 蚜虫 7.5-15克/公顷 喷雾
PD20100455 氟啶脲/5%/乳油/氟啶脲 5%/2010.01.14 至 2015.01.14/低毒
甘蓝 小菜蛾 45-60克/公顷 喷雾
PD20100858 联苯菊酯/100克/升/乳油/联苯菊酯 100克/升/2010.01.19 至 2015.01.19/中等毒
番茄 白粉虱 12-15克/公顷 喷雾
PD20101321 锰锌·腈菌唑/62.25%/可湿性粉剂/腈菌唑 2.25%、代森锰锌 60%/2010.03.17 至 2015.03.17/低毒
黄瓜 白粉病 1867.5-2340克/公顷 喷雾
PD20101940 甲氨基阿维菌素苯甲酸盐/0.5%/乳油/甲氨基阿维菌素 0.5%/2010.08.27 至 2015.08.27/低毒
甘蓝 小菜蛾 1.2-1.8克/公顷 喷雾
注:甲氨基阿维菌素苯甲酸盐含量含量: 0.57%。
PD20110175 高效氯氰菊酯/4.5%/微乳剂/高效氯氰菊酯 4.5%/2011.02.17 至 2016.02.17/低毒
甘蓝 菜青虫 13.5-20.25克/公顷 喷雾
PD20111009 阿维菌素/0.5%/颗粒剂/阿维菌素 0.5%/2011.09.28 至 2016.09.28/低毒(原药高毒)
胡椒 根结线虫 225-375克/公顷 沟施或穴施
PD20120068 吡虫啉/20%/可溶液剂/吡虫啉 20%/2012.01.16 至 2017.01.16/低毒
甘蓝 蚜虫 15-30克/公顷 喷雾
PD20131114 丙环·戊唑醇/40%/水乳剂/丙环唑 15%、戊唑醇 25%/2013.05.20 至 2018.05.20/低毒
香蕉 叶斑病 333-500毫克/千克 喷雾
PD20131560 甲维·高氯氟/4%/微乳剂/高效氯氟氰菊酯 3.5%、甲氨基阿维菌素苯甲酸盐 0.5%/2013.07.23 至 2018.07.23/中等毒
甘蓝 甜菜夜蛾 15-21克/公顷 喷雾
PD20132468 阿维菌素/3%/水乳剂/阿维菌素 3%/2013.12.02 至 2018.12.02/低毒(原药高毒)
甘蓝 小菜蛾 8.1-10.8克/公顷 喷雾

PD20132479 阿维·毒死蜱/42%/水乳剂/阿维菌素 2%、毒死蜱 40%/2013.12.09 至 2018.12.09/中等毒(原药高毒)
水稻 稻纵卷叶螟 175-225克/公顷 喷雾

PD20132623 啶虫脒/10%/水乳剂/啶虫脒 10%/2013.12.20 至 2018.12.20/低毒
柑橘树 蚜虫 10-12.5毫克/千克 喷雾

海南侨华农药厂 (海南省海口市金盘工业区金盘路12号 570216 0898-6816763)

PD20097043 阿维菌素/18克/升/乳油/阿维菌素 18克/升/2009.10.10 至 2014.10.10/低毒
甘蓝 小菜蛾 8.1-10.8克/公顷 喷雾

海南润禾农药有限公司 (海南省海口市秀英区工业水库旁 570311 0898-68661580)

PD20091342 草甘膦异丙胺盐/41%/水剂/草甘膦异丙胺盐 41%/2014.02.01 至 2019.02.01/低毒
橡胶园 杂草 1845-2460克/公顷 喷雾

PD20092036 草甘膦/50%/可溶粉剂/草甘膦 50%/2014.02.12 至 2019.02.12/低毒
橡胶园 杂草 1500-2625克/公顷 喷雾

PD20131079 多效唑/15%/可湿性粉剂/多效唑 15%/2013.05.20 至 2018.05.20/低毒
水稻育秧田 控制生长 200-300毫克/升 茎叶喷雾

海南正业中农高科股份有限公司 (海南省澄迈县老城开发区富昌村 571924 0898-66766912)

PD20082630 炔螨特/40%/乳油/炔螨特 40%/2013.12.04 至 2018.12.04/低毒
柑橘树 红蜘蛛 266.7-400毫克/千克 喷雾

PD20083753 乙铝·锰锌/50%/可湿性粉剂/代森锰锌 22%、三乙膦酸铝 28%/2013.12.15 至 2018.12.15/低毒
黄瓜 霜霉病 1125—1875克/公顷 喷雾

PD20084011 敌百虫/30%/乳油/敌百虫 30%/2013.12.16 至 2018.12.16/低毒
十字花科蔬菜 菜青虫 450-675克/公顷 喷雾

PD20084186 阿维菌素/1.8%/乳油/阿维菌素 1.8%/2013.12.16 至 2018.12.16/中等毒(原药高毒)
梨树 梨木虱 6-12毫克/千克 喷雾

PD20084237 异菌脲/50%/可湿性粉剂/异菌脲 50%/2013.12.17 至 2018.12.17/低毒
番茄 早疫病 750-1500克/公顷 喷雾

PD20085845 代森锰锌/80%/可湿性粉剂/代森锰锌 80%/2013.12.29 至 2018.12.29/低毒
柑橘树 疮痂病、炭疽病 1333-2000毫克/千克 喷雾
梨树 黑星病 800-1600毫克/千克 喷雾
荔枝树 霜疫霉病 1333-2000毫克/千克 喷雾
苹果树 斑点落叶病、轮纹病、炭疽病 1000-1500毫克/千克 喷雾
葡萄 白腐病、黑痘病、霜霉病 1000-1600毫克/千克 喷雾
西瓜 炭疽病 1560-2520克/公顷 喷雾

PD20085893 甲硫·福美双/70%/可湿性粉剂/福美双 22%、甲基硫菌灵 48%/2013.12.29 至 2018.12.29/低毒
黄瓜 白粉病 525-787.5克/公顷 喷雾

PD20085902 草甘膦/30%/可溶粉剂/草甘膦 30%/2013.12.29 至 2018.12.29/低毒
柑橘园 一年生杂草 675-1125克/公顷 杂草生长旺盛期喷雾
柑橘园 多年生杂草 1125-2250克/公顷 杂草生长旺盛期喷雾

PD20086127 毒死蜱/40%/乳油/毒死蜱 40%/2013.12.30 至 2018.12.30/中等毒
柑橘树 矢尖蚧 200-400毫克/千克 喷雾

PD20086293 阿维·辛硫磷/15%/乳油/阿维菌素 0.1%、辛硫磷 14.9%/2013.12.31 至 2018.12.31/中等毒(原药高毒)
十字花科蔬菜 小菜蛾 112.5-180克/公顷 喷雾

PD20086317 腈菌·福美双/20%/可湿性粉剂/福美双 18%、腈菌唑 2%/2013.12.31 至 2018.12.31/低毒
黄瓜 黑星病 200-400克/公顷 喷雾

PD20090093 毒死蜱/40%/乳油/毒死蜱 40%/2014.01.08 至 2019.01.08/中等毒
苹果树 绵蚜 200-250毫克/千克 喷雾

PD20090138 霜脲·锰锌/72%/可湿性粉剂/代森锰锌 64%、霜脲氰 8%/2014.01.08 至 2019.01.08/低毒
黄瓜 霜霉病 1440-1800克/公顷 喷雾

PD20091454 硫磺·三环唑/45%/可湿性粉剂/硫磺 40%、三环唑 5%/2014.02.02 至 2019.02.02/低毒
水稻 稻瘟病 1012.5-1215克/公顷 喷雾

PD20091855 甲霜·锰锌/58%/可湿性粉剂/甲霜灵 10%、代森锰锌 48%/2014.02.06 至 2019.02.06/低毒
葡萄 霜霉病 1087.5-1740克/公顷 喷雾

PD20092448 联苯菊酯/25克/升/乳油/联苯菊酯 25克/升/2014.02.25 至 2019.02.25/低毒
茶树 茶尺蠖 7.5-15克/公顷 喷雾

PD20092517 三环唑/75%/可湿性粉剂/三环唑 75%/2014.02.26 至 2019.02.26/低毒
水稻 稻瘟病 225-300克/公顷 喷雾

PD20092943 咪鲜胺/25%/乳油/咪鲜胺 25%/2014.03.09 至 2019.03.09/低毒
芒果 炭疽病 250-500毫克/千克 喷雾

PD20092981 高效氯氟氰菊酯/2.5%/乳油/高效氯氟氰菊酯 2.5%/2014.03.09 至 2019.03.09/中等毒
棉花 棉铃虫 18.75-26.25克/公顷 喷雾

PD20093032 腐霉利/50%/可湿性粉剂/腐霉利 50%/2014.03.09 至 2019.03.09/低毒
番茄 灰霉病 500-750克/公顷 喷雾

PD20093093　三唑锡/25%/可湿性粉剂/三唑锡 25%/2009.03.09 至 2014.03.09/低毒
柑橘树　红蜘蛛　125-166毫克/千克　喷雾
PD20093275　噻螨酮/5%/乳油/噻螨酮 5%/2014.03.11 至 2019.03.11/低毒
柑橘树　红蜘蛛　33.3-50毫克/千克　喷雾
PD20093587　吡虫啉/20%/可溶液剂/吡虫啉 20%/2009.03.23 至 2014.03.23/低毒
棉花　蚜虫　15-30克/公顷　喷雾
PD20093592　杀螺胺/70%/可湿性粉剂/杀螺胺 70%/2009.03.23 至 2014.03.23/低毒
水稻　福寿螺　450-600克/公顷　喷雾或撒毒土
PD20093644　杀螟丹/50%/可溶粉剂/杀螟丹 50%/2009.03.25 至 2014.03.25/中等毒
水稻　二化螟　500-750克/公顷　喷雾
PD20093723　氟铃脲/5%/乳油/氟铃脲 5%/2009.03.25 至 2014.03.25/低毒
十字花科蔬菜　小菜蛾　30-56.25克/公顷　喷雾
PD20093740　草甘膦异丙胺盐/41%/水剂/草甘膦异丙胺盐 41%/2014.03.25 至 2019.03.25/低毒
橡胶园　杂草　2050-3075克/公顷　定向茎叶喷雾
PD20093757　丙环唑/250克/升/乳油/丙环唑 250克/升/2009.03.25 至 2014.03.25/低毒
香蕉　叶斑病　250-500毫克/千克　喷雾
PD20093758　哒螨灵/15%/乳油/哒螨灵 15%/2014.03.25 至 2019.03.25/中等毒
柑橘树　红蜘蛛　60-100毫克/千克　喷雾
PD20094014　哒螨灵/20%/可湿性粉剂/哒螨灵 20%/2009.03.27 至 2014.03.27/低毒
苹果树　红蜘蛛　66.7-100毫克/千克　喷雾
PD20094024　四螨嗪/10%/可湿性粉剂/四螨嗪 10%/2009.03.27 至 2014.03.27/低毒
柑橘树　红蜘蛛　100-125毫克/千克　喷雾
PD20094025　甲基硫菌灵/70%/可湿性粉剂/甲基硫菌灵 70%/2009.03.27 至 2014.03.27/微毒
苹果树　轮纹病　600-800毫克/千克　喷雾
PD20094091　稻瘟灵/40%/乳油/稻瘟灵 40%/2009.03.27 至 2014.03.27/低毒
水稻　稻瘟病　450-600克/公顷　喷雾
PD20094290　多菌灵/80%/可湿性粉剂/多菌灵 80%/2009.03.31 至 2014.03.31/低毒
水稻　稻瘟病　700-900克/公顷　喷雾
PD20094569　氟硅唑/400克/升/乳油/氟硅唑 400克/升/2009.04.09 至 2014.04.09/低毒
梨树　赤星病　40-50毫克/千克　喷雾
PD20094659　代森锌/80%/可湿性粉剂/代森锌 80%/2009.04.10 至 2014.04.10/低毒
番茄　早疫病　2550-3600克/公顷　喷雾
PD20094753　联苯菊酯/100克/升/乳油/联苯菊酯 100克/升/2009.04.10 至 2014.04.10/中等毒
茶树　茶小绿叶蝉　30-37.5克/公顷　喷雾
PD20094769　丙环唑/95%/原药/丙环唑 95%%/2009.04.13 至 2014.04.13/低毒
PD20094770　草甘膦/95%/原药/草甘膦 95%/2009.04.13 至 2014.04.13/低毒
PD20095680　阿维・哒螨灵/6%/微乳剂/阿维菌素 0.6%、哒螨灵 5.4%/2009.05.15 至 2014.05.15/中等毒(原药高毒)
苹果树　二斑叶螨　30-40毫克/千克　喷雾
PD20096854　琥胶肥酸铜/30%/可湿性粉剂/琥胶肥酸铜 30%/2009.09.21 至 2014.09.21/低毒
黄瓜　角斑病　900-1080克/公顷　喷雾
PD20098536　高效氯氰菊酯/4.5%/微乳剂/高效氯氰菊酯 4.5%/2009.12.24 至 2014.12.24/低毒
甘蓝　菜青虫　20.25-27克/公顷　喷雾
PD20100452　啶虫脒/5%/乳油/啶虫脒 5%/2010.01.14 至 2015.01.14/低毒
柑橘树　蚜虫　10-12毫克/千克　喷雾
PD20100639　百菌清/75%/可湿性粉剂/百菌清 75%/2010.01.15 至 2015.01.15/低毒
柑橘树　疮痂病　900-1250毫克/千克　喷雾
PD20100999　噻嗪・异丙威/25%/可湿性粉剂/噻嗪酮 5%、异丙威 20%/2010.01.20 至 2015.01.20/低毒
水稻　稻飞虱　1500-2250克制剂/亩　喷雾
PD20102057　乙蒜素/80%/乳油/乙蒜素 80%/2010.11.03 至 2015.11.03/中等毒
水稻　烂秧病　100-133毫克/千克　浸种
PD20102099　啶虫脒/40%/可溶粉剂/啶虫脒 40%/2010.11.25 至 2015.11.25/低毒
黄瓜　白粉虱　18-30克/公顷　喷雾
PD20102173　丙环唑/50%/微乳剂/丙环唑 50%/2010.12.14 至 2015.12.14/低毒
香蕉　叶斑病　250-400毫克/千克　喷雾
PD20110137　高氯・甲维盐/3.2%/微乳剂/高效氯氰菊酯 3%、甲氨基阿维菌素苯甲酸盐 0.2%/2011.02.09 至 2016.02.09/中等毒
甘蓝　甜菜夜蛾　19.2-28.8克/公顷　喷雾
PD20110711　高效氯氟氰菊酯/2.5%/水乳剂/高效氯氟氰菊酯 2.5%/2011.07.06 至 2016.07.06/中等毒
棉花　棉铃虫　18.75－26.25克/公顷　喷雾
PD20110724　阿维菌素/1.8%/水乳剂/阿维菌素 1.8%/2011.07.11 至 2016.07.11/中等毒(原药高毒)
梨树　梨木虱　6－12毫克/千克　喷雾
PD20110753　吡虫啉/45%/微乳剂/吡虫啉 45%/2011.07.25 至 2016.07.25/低毒
节瓜　蓟马　22.5-30克/公顷　喷雾
PD20110786　甲氨基阿维菌素苯甲酸盐/0.5%/微乳剂/甲氨基阿维菌素 0.5%/2011.07.25 至 2016.07.25/低毒

甘蓝 甜菜夜蛾 1.5-3克/公顷 喷雾
注:甲氨基阿维菌素苯甲酸盐含量：0.57%。

PD20110797 吡虫·噻嗪酮/16%/可湿性粉剂/吡虫啉 2%、噻嗪酮 14%/2011.07.26 至 2016.07.26/低毒
水稻 稻飞虱 52.8-60克/公顷 喷雾

PD20110837 代森锰锌/75%/水分散粒剂/代森锰锌 75%/2011.08.10 至 2016.08.10/低毒
黄瓜 霜霉病 1046-1687克/公顷 喷雾

PD20110845 丙溴磷/40%/乳油/丙溴磷 40%/2011.08.10 至 2016.08.10/低毒
甘蓝 斜纹夜蛾 480-600克/公顷 喷雾

PD20110846 哒螨灵/15%/水乳剂/哒螨灵 15%/2011.08.10 至 2016.08.10/中等毒
柑橘树 红蜘蛛 60－100毫克/千克 喷雾

PD20110856 阿维·杀虫单/20%/微乳剂/阿维菌素 0.2%、杀虫单 19.8%/2011.08.10 至 2016.08.10/低毒(原药高毒)
菜豆 美洲斑潜蝇 150-210克/公顷 喷雾

PD20110863 啶虫脒/5%/微乳剂/啶虫脒 5%/2011.08.10 至 2016.08.10/低毒
柑橘树 蚜虫 10-12.5毫克/千克 喷雾

PD20110897 毒死蜱/40%/水乳剂/毒死蜱 40%/2011.08.17 至 2016.08.17/中等毒
苹果树 绵蚜 150-250毫克/千克 喷雾

PD20110987 咪鲜胺/25%/水乳剂/咪鲜胺 25%/2011.09.21 至 2016.09.21/低毒
芒果树 炭疽病 250－500毫克/千克 喷雾

PD20111015 氟硅唑/95%/原药/氟硅唑 95%/2011.09.28 至 2016.09.28/低毒

PD20111026 烯酰·膦酸铝/50%/可湿性粉剂/烯酰吗啉 8%、三乙膦酸铝 42%/2011.09.30 至 2016.09.30/低毒
马铃薯 晚疫病 281.25-375克/公顷 喷雾

PD20111027 戊唑醇/97%/原药/戊唑醇 97%/2011.09.30 至 2016.09.30/低毒

PD20111171 噻嗪酮/98%/原药/噻嗪酮 98%/2011.11.15 至 2016.11.15/低毒

PD20111352 草甘膦铵盐/65%/可溶粉剂/草甘膦 65%/2011.12.12 至 2016.12.12/低毒
橡胶园 杂草 1125-2250克/公顷 定向茎叶喷雾
注:草甘膦铵盐含量：71.5%。

PD20111361 灭蝇胺/30%/可湿性粉剂/灭蝇胺 30%/2011.12.12 至 2016.12.12/低毒
黄瓜 美洲斑潜蝇 120-150克/公顷 喷雾

PD20111367 唑酯·炔螨特/13%/乳油/炔螨特 10%、唑螨酯 3%/2011.12.13 至 2016.12.13/低毒
柑橘树 红蜘蛛 86.7-130毫克/千克 喷雾

PD20111372 松脂酸铜/12%/乳油/松脂酸铜 12%/2011.12.14 至 2016.12.14/低毒
柑橘 溃疡病 240-400毫克/千克 喷雾

PD20111412 联苯菊酯/100克/升/水乳剂/联苯菊酯 100克/升/2011.12.22 至 2016.12.22/中等毒
茶树 茶小绿叶蝉 22.5－37.5克/公顷 喷雾

PD20120007 甲维·哒螨灵/15.5%/乳油/哒螨灵 15.3%、甲氨基阿维菌素苯甲酸盐 0.2%/2012.01.05 至 2017.01.05/中等毒
柑橘树 红蜘蛛 77.5-103毫克/千克 喷雾

PD20120158 腈菌唑/12.5%/微乳剂/腈菌唑 12.5%/2012.01.30 至 2017.01.30/低毒
梨树 黑星病 41.7-62.5毫克/千克 喷雾

PD20120377 甲氨基阿维菌素苯甲酸盐/5%/水分散粒剂/甲氨基阿维菌素 5%/2012.02.24 至 2017.02.24/低毒
芥蓝 小菜蛾 2.75－3.25克/公顷 喷雾
注:甲氨基阿维菌素苯甲酸盐含量：5.7%。

PD20121446 氨基寡糖素/5%/水剂/氨基寡糖素 5%/2012.10.08 至 2017.10.08/低毒
梨树 黑星病 75-100毫克/千克 喷雾
棉花 枯萎病 56-75克/公顷 喷雾
水稻 稻瘟病 56-75克/公顷 喷雾
西瓜 枯萎病 37.5-75克/公顷 喷雾
小麦 赤霉病 56.25-75克/公顷 喷雾
烟草 病毒病 56-75克/公顷 喷雾
玉米 粗缩病 56-75克/公顷 喷雾

PD20121594 丙威·毒死蜱/25%/乳油/毒死蜱 15%、异丙威 10%/2012.10.25 至 2017.10.25/中等毒
水稻 二化螟 375-450克/公顷 喷雾

PD20121751 啶虫·仲丁威/22%/乳油/啶虫脒 2%、仲丁威 20%/2012.11.15 至 2017.11.15/低毒
水稻 稻飞虱 132-198克/公顷 喷雾

PD20121813 低聚糖素/6%/水剂/低聚糖素 6%/2012.11.22 至 2017.11.22/低毒
番茄 病毒病 56-75克/公顷 喷雾
胡椒 病毒病 50-100毫克/千克 喷雾
水稻 稻瘟病 56-75克/公顷 喷雾
小麦 赤霉病 54-72克/公顷 喷雾
玉米 粗缩病 56-75克/公顷 喷雾

PD20121969 甲氰·甲维盐/10.5%/乳油/甲氨基阿维菌素苯甲酸盐 0.2%、甲氰菊酯 10.3%/2012.12.18 至 2017.12.18/中等毒
苹果树 红蜘蛛 52.5-105毫克/千克 喷雾

PD20130008 苯醚甲环唑/20%/水乳剂/苯醚甲环唑 20%/2013.01.04 至 2018.01.04/低毒
柑橘树 炭疽病 40-50毫克/千克 喷雾

PD20130458 阿维·毒死蜱/42%/微乳剂/阿维菌素 1%、毒死蜱 41%/2013.03.19 至 2018.03.19/中等毒(原药高毒)
橡胶树 红蜘蛛 140-186.7毫克/千克 喷雾
PD20130504 草铵膦/200克/升/水剂/草铵膦 200克/升/2013.03.27 至 2018.03.27/低毒
非耕地 杂草 900-1200克/公顷 喷雾
PD20130555 氨基·嘧霉胺/25%/悬浮剂/氨基寡糖素 5%、嘧霉胺 20%/2013.04.01 至 2018.04.01/低毒
番茄 灰霉病 375-563克/公顷 喷雾
PD20130556 氨基·氟硅唑/15%/微乳剂/氨基寡糖素 5%、氟硅唑 10%/2013.04.01 至 2018.04.01/低毒
香蕉树 黑星病 115-150毫克/千克 喷雾
PD20130557 氨基·烯酰/23%/悬浮剂/氨基寡糖素 3%、烯酰吗啉 20%/2013.04.01 至 2018.04.01/低毒
黄瓜 霜霉病 115-230克/公顷 喷雾
PD20130558 氨基·戊唑醇/33%/悬浮剂/氨基寡糖素 3%、戊唑醇 30%/2013.04.01 至 2018.04.01/低毒
苹果树 斑点落叶病 83-110毫克/千克 喷雾
PD20130559 氨基·嘧菌酯/23%/悬浮剂/氨基寡糖素 3%、嘧菌酯 20%/2013.04.01 至 2018.04.01/低毒
黄瓜 白粉病 225-337.5克/公顷 喷雾
PD20130597 氨基寡糖素/85%/原药/氨基寡糖素 85%/2013.04.02 至 2018.04.02/低毒
PD20130967 氨基·乙蒜素/25%/微乳剂/氨基寡糖素 5%、乙蒜素 20%/2013.05.02 至 2018.05.02/中等毒
棉花 枯萎病 187.5-250克/公顷 喷雾
PD20132012 甲维·虫螨腈/5%/水乳剂/虫螨腈 4.5%、甲氨基阿维菌素苯甲酸盐 0.5%/2013.10.21 至 2018.10.21/低毒
芥蓝 小菜蛾 2.25-3克/公顷 喷雾
LS20110014 氨基寡糖素/5%/水剂/氨基寡糖素 5%/2012.01.11 至 2013.01.11/低毒
西瓜 枯萎病 37.5-75克/公顷 喷雾
LS20110063 苯甲·丙环唑/40%/微乳剂/苯醚甲环唑 20%、丙环唑 20%/2013.03.11 至 2014.03.11/低毒
水稻 纹枯病 67.5-112.5克/公顷 喷雾
LS20110064 烯酰吗啉/25%/微乳剂/烯酰吗啉 25%/2013.03.24 至 2014.03.24/低毒
黄瓜 霜霉病 270-300克/公顷 喷雾

上海家化海南日用化学品有限公司 (海南省澄迈县金江镇金江大道西侧 571900 0898-68660726)

WP20120147 驱蚊花露水/4.5%/驱蚊花露水/驱蚊酯 4.5%/2012.08.06 至 2017.08.06/低毒
卫生 蚊 / 涂抹

河北省

保定大中方香业有限公司 (河北省保定市长城北大街2397号 071000 0312-5092500)

WP20130032 蚊香/0.2%/蚊香/富右旋反式烯丙菊酯 0.18%、四氟苯菊酯 0.02%/2013.02.21 至 2018.02.21/微毒
卫生 蚊 / 点燃
WP20130134 杀虫气雾剂/0.6%/气雾剂/胺菊酯 0.3%、高效氯氰菊酯 0.1%、氯菊酯 0.2%/2013.06.09 至 2018.06.09/微毒
卫生 蚊、蝇、蜚蠊 / 喷雾
注:本产品有三种香型:茉莉香型、桂花香型、柠檬香型。

保定鸿鑫制香有限公司 (河北省高阳县邢南工业区 071500 0312-6803856)

WP20110040 电热蚊香片/11毫克/块/电热蚊香片/炔丙菊酯 11毫克/块/2011.02.15 至 2016.02.15/微毒
卫生 蚊 / 电热加温

保定嘉瑞日化科技有限公司 (河北省保定市莲池南大街 071000 0312-2111505)

WP20130022 电热蚊香液/1.24%/电热蚊香液/四氟苯菊酯 1.24%/2013.01.30 至 2018.01.30/微毒
室内 蚊 / 电热加温
WP20130030 电热蚊香片/56毫克/片/电热蚊香片/右旋烯丙菊酯 56毫克/片/2013.02.21 至 2018.02.21/微毒
室内 蚊 / 电热加温
WP20130031 杀虫气雾剂/0.64%/气雾剂/Es-生物烯丙菊酯 0.32%、右旋苯醚菊酯 0.32%/2013.02.21 至 2018.02.21/微毒
室内 蚊、蝇、蜚蠊 / 喷雾
WP20130181 蚊香/0.02%/蚊香/富右旋反式烯丙菊酯 0.18%、四氟苯菊酯 0.02%/2013.09.06 至 2018.09.06/微毒
室内 蚊 / 点燃

保定康宝制香有限公司 (河北省定兴县天宫寺乡李八营村 072658 0312-6880178)

WP20080096 蚊香/0.2%/蚊香/富右旋反式烯丙菊酯 0.2%/2013.09.11 至 2018.09.11/微毒
卫生 蚊 / 点燃
WP20130064 杀虫气雾剂/0.47%/气雾剂/胺菊酯 0.3%、氯氰菊酯 0.17%/2013.04.17 至 2018.04.17/低毒
卫生 蚊、蝇 / 喷雾

保定农药厂 (河北省保定市高保路清苑西石桥开发区 071106 0312-8041236)

PD20083294 阿维菌素/1.8%/乳油/阿维菌素 1.8%/2013.12.11 至 2018.12.11/低毒(原药高毒)
梨树 梨木虱 6-12毫克/千克 喷雾
PD20083548 啶虫脒/5%/可湿性粉剂/啶虫脒 5%/2013.12.12 至 2018.12.12/低毒
小麦 蚜虫 22.5-30克/公顷 喷雾
PD20084349 多·锰锌/50%/可湿性粉剂/多菌灵 20%、代森锰锌 30%/2013.12.17 至 2018.12.17/低毒
苹果树 斑点落叶病 1000-1250毫克/千克 喷雾
PD20085841 甲基硫菌灵/70%/可湿性粉剂/甲基硫菌灵 70%/2013.12.29 至 2018.12.29/低毒
苹果树 轮纹病 700-1166.7毫克/千克 喷雾
PD20090488 氯氰·毒死蜱/20%/乳油/毒死蜱 18%、氯氰菊酯 2%/2014.01.12 至 2019.01.12/低毒
棉花 棉铃虫 225-270克/公顷 喷雾

PD20094963 高效氯氰菊酯/4.5%/乳油/高效氯氰菊酯 4.5%/2014.04.21 至 2019.04.21/低毒
十字花科蔬菜 小菜蛾 22.5-33.75克/公顷 喷雾

PD20095857 单甲脒盐酸盐/25%/水剂/单甲脒盐酸盐 25%/2009.05.27 至 2014.05.27/低毒
柑橘树 红蜘蛛 250-312.5毫克/千克 喷雾

PD20098276 碱式硫酸铜/95%/原药/碱式硫酸铜 95%/2009.12.18 至 2014.12.18/低毒

PD20100066 碱式硫酸铜/30%/悬浮剂/碱式硫酸铜 30%/2010.01.04 至 2015.01.04/低毒
梨树 黑星病 700-1000毫克/千克 喷雾
苹果树 叶果病害 750-1000毫克/千克 喷雾

PD20111248 啶虫脒/20%/可湿性粉剂/啶虫脒 20%/2011.11.23 至 2016.11.23/低毒
小麦 蚜虫 30-36克/公顷 喷雾

PD20131115 哒螨·单甲脒/20%/悬浮剂/哒螨灵 5%、单甲脒盐酸盐 15%/2013.05.20 至 2018.05.20/低毒
柑橘树 红蜘蛛 111.1-166.7毫克/千克 喷雾

LS20110170 单甲脒盐酸盐/55%/水剂/单甲脒盐酸盐 55%/2013.06.16 至 2014.06.16/中等毒
柑橘树 红蜘蛛 220-366.7毫克/千克 喷雾

LS20120319 单甲脒盐酸盐/80%/水分散粒剂/单甲脒盐酸盐 80%/2013.09.10 至 2014.09.10/中等毒
棉花 红蜘蛛 600—750克/公顷 喷雾

LS20130018 阿维·单甲脒/25%/水分散粒剂/阿维菌素 1%、单甲脒盐酸盐 24%/2014.01.07 至 2015.01.07/低毒(原药高毒)
国槐 木虱 156-312毫克/千克 喷雾

LS20130047 甲氰·单甲脒/60%/水分散粒剂/单甲脒盐酸盐 48%、甲氰菊酯 12%/2014.02.06 至 2015.02.06/中等毒
柑橘树 红蜘蛛 300-400毫克/千克 喷雾

保定市地芭化工有限公司 (河北省保定市清苑县第三工业园区路21号 071000 0312-8011791)

PD20082920 复硝酚钠/2.7%/水剂/2,4-二硝基苯酚钠 0.2%、5-硝基邻甲氧基苯酚钠 0.6%、对硝基苯酚钠 0.8%、邻硝基苯酚钠 1.1%/2013.12.09 至 2018.12.09/低毒
小麦 调节生长 3000-4000倍液 兑水喷雾

PD20091891 霜脲·锰锌/72%/可湿性粉剂/代森锰锌 64%、霜脲氰 8%/2014.02.09 至 2019.02.09/低毒
黄瓜 霜霉病 1440-1800克/公顷 喷雾

PD20132237 丙森·霜脲氰 /50%/可湿性粉剂/丙森锌 38%、霜脲氰 12%/2013.11.05 至 2018.11.05/低毒
番茄 晚疫病 1275-1725克/公顷 喷雾

保定市恒洁日化有限公司 (河北省保定市天香街4-18号 071000 0312-8621688)

WP20130074 蚊香/0.3%/蚊香/富右旋反式烯丙菊酯 0.3%/2013.04.22 至 2018.04.22/低毒
卫生 蚊 / 点燃

保定市康美日化有限公司 (河北省保定市天威中路715号 071000 0312-2205086)

WP20090383 蚊香/0.2%/蚊香/富右旋反式烯丙菊酯 0.2%/2009.12.24 至 2014.12.24/微毒
卫生 蚊 / 点燃

WP20100037 杀虫气雾剂/0.46%/气雾剂/胺菊酯 0.33%、氯菊酯 0.1%、氯氰菊酯 0.03%/2010.02.08 至 2015.02.08/微毒
卫生 蚊、蝇、蜚蠊 / 喷雾

保定市顺博日化有限公司 (河北省保定市北市区后辛庄工业园 071000 0312-5013749)

WP20120170 杀虫气雾剂/0.55%/气雾剂/胺菊酯 0.3%、氯菊酯 0.2%、氯氰菊酯 0.05%/2012.09.11 至 2017.09.11/微毒
卫生 蚊、蝇、蜚蠊 / 喷雾

WP20120226 蚊香/0.3%/蚊香/富右旋反式烯丙菊酯 0.3%/2012.11.22 至 2017.11.22/微毒
卫生 蚊 / 点燃

保定市天润康华日化有限公司 (河北省保定市乐凯南大街2989号 071000 0312-2199880)

WP20130033 杀虫气雾剂/0.46%/气雾剂/Es-生物烯丙菊酯 0.06%、氯菊酯 0.2%、右旋胺菊酯 0.02%/2013.02.21至2018.02.21/低毒
卫生 蚊、蝇、蜚蠊 / 喷雾

保定市一诺日化科技有限公司 (河北省保定市保新路8号 071000 0312-8081288)

WP20090323 蚊香/0.3%/蚊香/富右旋反式烯丙菊酯 0.3%/2009.09.15 至 2014.09.15/微毒
卫生 蚊 / 点燃
注:本产品有两种香型:无香型、绿茶香型。

WP20110005 杀虫气雾剂/0.48%/气雾剂/胺菊酯 0.3%、氯菊酯 0.13%、氯氰菊酯 0.05%/2011.01.04 至 2016.01.04/微毒
卫生 蜚蠊、蚊、蝇 / 喷雾

WP20110081 杀虫气雾剂/0.39%/气雾剂/Es-生物烯丙菊酯 0.06%、氯菊酯 0.10%、右旋胺菊酯 0.23%/2011.03.31 至 2016.03.31/微毒
卫生 蜚蠊、蚊、蝇 / 喷雾

WP20110094 电热蚊香片/56毫克/片/电热蚊香片/右旋烯丙菊酯 56毫克/片/2011.04.21 至 2016.04.21/微毒
卫生 蚊 / 电热加温

WP20110242 电热蚊香液/1.28%/电热蚊香液/炔丙菊酯 1.28%/2011.10.27 至 2016.10.27/微毒
卫生 蚊 / 电热加温

WP20120006 蚊香/0.20%/蚊香/富右旋反式烯丙菊酯 0.18%、四氟苯菊酯 0.02%/2012.01.16 至 2017.01.16/微毒
卫生 蚊 / 点燃
注:本产品有三种香型:檀香型、清香型、绿茶香型。

保定市益佳日化有限公司 (河北省保定市永华南大街22号 071000 0312-2215610)

WP20120130 蚊香/0.24%/蚊香/富右旋反式烯丙菊酯 0.24%/2012.07.12 至 2017.07.12/微毒
卫生 蚊 / 点燃

WP20130239　杀虫气雾剂/0.42%/气雾剂/胺菊酯 0.19%、富右旋反式烯丙菊酯 0.15%、氯菊酯 0.08%/2013.11.20至2018.11.20/微毒
室内　蚊、蝇、蜚蠊　/　喷雾

保定正大阳光日用品有限公司　(河北省保定市清苑县孙村乡戌官营　071104　0312-8080353)

WP20130063　蚊香/0.25%/蚊香/富右旋反式烯丙菊酯 0.25%/2013.04.16 至 2018.04.16/微毒
卫生　蚊　/　点燃

WP20130071　杀虫气雾剂/0.35%/气雾剂/胺菊酯 0.3%、氯氰菊酯 0.05%/2013.04.18 至 2018.04.18/微毒
卫生　蚊、蝇、蜚蠊　/　喷雾

北农(海利)涿州种衣剂有限公司　(河北省涿州市中国农业大学农业科技园区　072750　0312-3792300)

PD20040826　甲拌·多菌灵/15%/悬浮种衣剂/多菌灵 8%、甲拌磷 7%/2009.12.31 至 2014.12.31/高毒
花生　地下害虫、根腐病、茎腐病　1:40-50(药种比)　种子包衣

PD20083199　克·醇·福美双/16%/悬浮种衣剂/福美双 8%、克百威 7%、三唑醇 1%/2013.12.11 至 2018.12.11/中等毒(原药高毒)
玉米　金针虫、蝼蛄、蛴螬、丝黑穗病、小地老虎　1:30-50(药种比)　种子包衣

PD20083362　克·戊·福美双/63%/干粉种衣剂/福美双 25%、克百威 35%、戊唑醇 3%/2013.12.11 至 2018.12.11/高毒
玉米　地下害虫、丝黑穗病　1:200-300（药种比）　种子包衣

PD20083827　辛硫磷/1.5%/颗粒剂/辛硫磷 1.5%/2013.12.15 至 2018.12.15/低毒
玉米　玉米螟　112.5-168.75克/公顷　（喇叭口）撒心

PD20084180　甲柳·福美双/20%/悬浮种衣剂/福美双 10%、甲基异柳磷 10%/2013.12.16 至 2018.12.16/高毒
玉米　地老虎、茎基腐病、金针虫、蝼蛄、蛴螬　1:40-50(药种比)　种子包衣

PD20084573　多·福·克/35%/悬浮种衣剂/多菌灵 15%、福美双 10%、克百威 10%/2013.12.18 至 2018.12.18/高毒
大豆　根腐病、蓟马、蚜虫　1.5-2%种子重　种子包衣

PD20084628　多·福·甲拌磷/17%/悬浮种衣剂/多菌灵 5%、福美双 4%、甲拌磷 8%/2013.12.18 至 2018.12.18/高毒
小麦　地下害虫、黑穗病　1:40-50(药种比)　种子包衣

PD20085899　福·克/20%/悬浮种衣剂/福美双 10%、克百威 10%/2013.12.29 至 2018.12.29/高毒
玉米　蓟马、黏虫、蚜虫、玉米螟　1:40(药种比)　种子包衣

PD20085980　福·克/18%/悬浮种衣剂/福美双 10%、克百威 8%/2013.12.29 至 2018.12.29/高毒
玉米　地下害虫、茎腐病　1:40-50(药种比)　种子包衣

PD20090018　克百·多菌灵/20%/悬浮种衣剂/多菌灵 10%、克百威 10%/2014.01.06 至 2019.01.06/高毒
花生　地老虎、金针虫、立枯病、蝼蛄、蛴螬　500-667克/100千克种子　种子包衣
棉花　立枯病、苗蚜　500-666克/100千克种子　种子包衣

PD20091396　多·福/17%/悬浮种衣剂/多菌灵 5%、福美双 12%/2014.02.02 至 2019.02.02/中等毒
棉花　苗期立枯病、炭疽病　486-567克/100千克种子　种子包衣
水稻　恶苗病　340—425克/100千克种子　种子包衣
小麦　根腐病、黑穗病　243-283克/100千克种子　种子包衣

PD20093370　克百·敌百虫/3%/颗粒剂/敌百虫 1.5%、克百威 1.5%/2014.03.18 至 2019.03.18/中等毒(原药高毒)
水稻　二化螟　1800-2025克/公顷　撒施

PD20093694　吡·萎·福美双/63%/干粉种衣剂/吡虫啉 18%、福美双 22.5%、萎锈灵 22.5%/2009.03.25 至 2014.03.25/低毒
棉花　立枯病、蚜虫　175-233克/100千克种子　种子包衣

PD20094185　戊唑·福美双/6%/干粉种衣剂/福美双 4.5%、戊唑醇 1.5%/2014.03.30 至 2019.03.30/低毒
小麦　散黑穗病　1：560-1：840（药种比）　种子包衣

PD20094370　多·福·毒死蜱/25%/悬浮种衣剂/毒死蜱 7%、多菌灵 6%、福美双 12%/2009.04.01 至 2014.04.01/中等毒
花生　地下害虫、根腐病　417-500克/100千克种子　种子包衣

PD20094949　咪鲜·吡虫啉/2.5%/悬浮种衣剂/吡虫啉 2%、咪鲜胺 0.5%/2009.04.17 至 2014.04.17/低毒
水稻　恶苗病、蓟马　药种比：1：40-1：50　种子包衣

PD20094969　滴丁·莠去津/45%/悬乳剂/2,4-滴丁酯 12%、莠去津 33%/2009.04.21 至 2014.04.21/低毒
春玉米田　一年生杂草　1822.5-2025克/公顷　土壤喷雾

PD20094972　戊·氯·吡虫啉/6.5%/悬浮种衣剂/吡虫啉 3.2%、高效氯氰菊酯 2.4%、戊唑醇 0.9%/2009.04.21 至 2014.04.21/低毒
玉米　金针虫、丝黑穗病　81.25-92.86克/100千克种子　种子包衣

PD20097188　多·福·毒死蜱/38%/悬浮种衣剂/毒死蜱 8%、多菌灵 10%、福美双 20%/2009.10.16 至 2014.10.16/中等毒
大豆　地下害虫、根腐病　1:60-80（药种比）　种子包衣

PD20102131　精喹禾灵/10%/乳油/精喹禾灵 10%/2010.12.02 至 2015.12.02/低毒
春大豆田、春油菜田　一年生禾本科杂草　60-80克/公顷　茎叶喷雾

PD20111174　吡虫啉/70%/可湿性粉剂/吡虫啉 70%/2011.11.15 至 2016.11.15/低毒
棉花　蚜虫　15.75-31.5克/公顷　喷雾

阜城县永发化工厂　(河北省阜城县阜城镇杜场村南　053700　)

PD20096161　磷化铝/56%/片剂/磷化铝 56%/2009.06.24 至 2014.06.24/高毒
粮食　储粮害虫　4-6克/立方米　密闭熏蒸

高碑店市田星生物工程有限公司　(河北省高碑店市东大街45号　074000　0312-2812066)

PD86183-12　赤霉酸/85%/结晶粉/赤霉酸 85%/2011.12.13 至 2016.12.13/低毒
菠菜　增加鲜重　10-25毫克/千克　叶面处理1-3次
菠萝　果实增大、增重　40-80毫克/千克　喷花
柑橘树　果实增大、增重　20-40毫克/千克　喷花
花卉　提前开花　700毫克/千克　叶面处理涂抹花芽

绿肥 增产 10-20毫克/千克 喷雾
马铃薯 苗齐、增产 0.5-1毫克/千克 浸薯块10-30分钟
棉花 提高结铃率、增产 10-20毫克/千克 点喷、点涂或喷雾
葡萄 无核、增产 50-200毫克/千克 花后一周处理果穗
芹菜 增加鲜重 20-100毫克/千克 叶面处理1次
人参 增加发芽率 20毫克/千克 播种前浸种15分钟
水稻 增加千粒重、制种 20-30毫克/千克 喷雾

PD20082584 烯腺·羟烯腺/0.006%/母药/羟烯腺嘌呤 0.004%、烯腺嘌呤 0.002%/2013.12.04 至 2018.12.04/低毒

PD20086388 羟烯腺·烯腺/0.0001%/可湿性粉剂/羟烯腺嘌呤 0.00006%、烯腺嘌呤 0.00004%/2013.12.31 至 2018.12.31/低毒
大豆 调节生长 0.0017毫克/千克 喷雾
水稻、玉米 调节生长 1)0.0017毫克/千克2)100-150倍液 1)喷雾2)浸种

PD20096992 羟烯腺·烯腺/0.0001%/水剂/羟烯腺嘌呤 0.00004%、烯腺嘌呤 0.00006%/2009.09.29 至 2014.09.29/低毒
番茄 调节生长、增产 200-400倍液 喷雾(3次)

PD20096993 甲硫·萘乙酸/3.315%/涂抹剂/甲基硫菌灵 3.3%、萘乙酸 0.015%/2009.09.29 至 2014.09.29/低毒
苹果树 腐烂病 原液 涂抹于病疤

高阳县康华爱卫用品厂　(河北省高阳县庞石公路西侧　071504　0312-5655888)

WP20130158 电热蚊香片/60毫克/片/电热蚊香片/右旋烯丙菊酯 60毫克/片/2013.07.23 至 2018.07.23/微毒
卫生 蚊 / 电热加温

WP20130166 杀虫气雾剂/0.65%/气雾剂/胺菊酯 0.34%、氯菊酯 0.21%、右旋烯丙菊酯 0.1%/2013.07.29 至 2018.07.29/微毒
室内 蚊、蝇、蜚蠊 / 喷雾

故城保润生物化工有限公司　(河北省保定市涿州市经济技术开发区环城东路　072750　0312-3956543)

PD20095694 百草枯/42%/母药/百草枯 42%/2009.05.15 至 2014.05.15/中等毒

PD20121505 双草醚/95%/原药/双草醚 95%/2012.10.09 至 2017.10.09/低毒

邯郸市新阳光化工有限公司　(河北省邯郸市(馆陶)新型化工园区昊阳道3号　056003　0310-4042112)

PD84108-18 敌百虫原粉//原药/敌百虫 97%,90%,87%/2009.12.22 至 2014.12.22/低毒
白菜、青菜 菜青虫 960-1200克/公顷 喷雾
白菜、青菜 地下害虫 750-1500克/公顷 喷雾
茶树 尺蠖、刺蛾 450-900毫克/千克 喷雾
大豆 造桥虫 1800克/公顷 喷雾
柑橘树 卷叶蛾 600-750毫克/千克 喷雾
林木 松毛虫 600-900毫克/千克 喷雾
水稻 螟虫 1500-1800克/公顷 喷雾、泼浇或毒土
小麦 黏虫 1800克/公顷 喷雾
烟草 烟青虫 900毫克/千克 喷雾

PD85105-34 敌敌畏/80%/乳油/敌敌畏 77.5%(气谱法)/2009.12.22 至 2014.12.22/中等毒
茶树 食叶害虫 600克/公顷 喷雾
粮仓 多种储藏害虫 1)400-500倍液, 2)0.4-0.5克/立方米 1)喷雾, 2)挂条熏蒸
棉花 蚜虫、造桥虫 600-1200克/公顷 喷雾
苹果树 小卷叶蛾、蚜虫 400-500毫克/千克 喷雾
青菜 菜青虫 600克/公顷 喷雾
桑树 尺蠖 600克/公顷 喷雾
卫生 多种卫生害虫 1)300-400倍液 2)0.08克/立方米 1)泼洒. 2)挂条熏蒸
小麦 黏虫、蚜虫 600克/公顷 喷雾

PD85158-9 喹硫磷/25%/乳油/喹硫磷 25%/2010.08.15 至 2015.08.15/高毒
棉花 棉铃虫、蚜虫 180-600克/公顷 喷雾
水稻 螟虫 375-495克/公顷 喷雾

PD20080536 敌敌畏/95%/原药/敌敌畏 95%/2013.05.04 至 2018.05.04/中等毒

PD20093130 草甘膦/95%/原药/草甘膦 95%/2014.03.10 至 2019.03.10/低毒

PD20093497 草甘膦异丙胺盐/41%/水剂/草甘膦异丙胺盐 41%/2014.03.23 至 2019.03.23/低毒
玉米田 杂草 1100-2250克/公顷 行间定向茎叶喷雾

PD20097325 敌百虫/30%/乳油/敌百虫 30%/2009.10.27 至 2014.10.27/低毒
甘蓝 菜青虫 450-675克/公顷 喷雾

河北安霖制药有限公司　(河北省邯郸市高科技经济开发区科技路2号　056003　0310-8067016)

WP20090190 甲基吡噁磷/10%/可湿性粉剂/甲基吡噁磷 10%/2014.03.23 至 2019.03.23/低毒
卫生 蝇 200-300毫克/平方米 滞留喷洒

WP20090191 杀虫饵剂/1%/饵剂/甲基吡噁磷 1%/2014.03.23 至 2019.03.23/低毒
卫生 蜚蠊、蝇 / 投放

WP20090192 甲基吡噁磷/98%/原药/甲基吡噁磷 98%/2014.03.23 至 2019.03.23/低毒

河北奥德植保药业有限公司　(河北省南宫市南环路1号　055750　0319-5229081)

PD86109-31 苏云金杆菌/16000IU/毫克/可湿性粉剂/苏云金杆菌 16000IU/毫克/2011.10.15 至 2016.10.15/低毒
白菜、萝卜、青菜 菜青虫、小菜蛾 1500-4500克制剂/公顷 喷雾

茶树 茶毛虫 1500-7500克制剂/公顷 喷雾
大豆、甘薯 天蛾 1500-2250克制剂/公顷 喷雾
柑橘树 柑橘凤蝶 2250-3750克制剂/公顷 喷雾
高粱、玉米 玉米螟 3750-4500克制剂/公顷 喷雾、毒土
梨树 天幕毛虫 1500-3750克制剂/公顷 喷雾
林木 尺蠖、柳毒蛾、松毛虫 2250-7500克制剂/公顷 喷雾
棉花 棉铃虫、造桥虫 1500-7500克制剂/公顷 喷雾
苹果树 巢蛾 2250-3750克制剂/公顷 喷雾
水稻 稻苞虫、稻纵卷叶螟 1500-6000克制剂/公顷 喷雾
烟草 烟青虫 3750-7500克制剂/公顷 喷雾
枣树 尺蠖 3750-4500克制剂/公顷 喷雾

PD20101201 氨基寡糖素/0.5%/水剂/氨基寡糖素 0.5%/2010.02.09 至 2015.02.09/低毒
番茄 晚疫病 14.06-18.75克/公顷 喷雾
烟草 病毒病 7.5-11.25克/公顷 喷雾

PD20131376 氨基寡糖素/3%/水剂/氨基寡糖素 3%/2013.06.24 至 2018.06.24/低毒
黄瓜 枯萎病 30～50毫克/千克 灌根

河北八源生物制品有限公司 （河北省石家庄市长安区西兆通镇店上村北 050036 0311-85307866）

PD85157-31 辛硫磷/40%/乳油/辛硫磷 40%/2010.07.25 至 2015.07.25/低毒
茶树、桑树 食叶害虫 200-400毫克/千克 喷雾
果树 食心虫、蚜虫、螨 200-400毫克/千克 喷雾
林木 食叶害虫 3000-6000克/公顷 喷雾
棉花 棉铃虫、蚜虫 300-600克/公顷 喷雾
蔬菜 菜青虫 300-450克/公顷 喷雾
烟草 食叶害虫 300-600克/公顷 喷雾
玉米 玉米螟 450-600克/公顷 灌心叶

PD20040093 氯氰菊酯/5%/乳油/氯氰菊酯 5%/2009.12.19 至 2014.12.19/低毒
梨树 梨木虱 33.3-50毫克/千克 喷雾
棉花 棉铃虫 60-90克/公顷 喷雾
十字花科蔬菜 菜青虫 22.5-37.5克/公顷 喷雾
小麦 蚜虫 37.5-52.5克/公顷 喷雾

PD20040315 吡虫啉/5%/乳油/吡虫啉 5%/2009.12.19 至 2014.12.19/低毒
梨树 梨木虱 12.5-16.7毫克/千克 喷雾
棉花 蚜虫 15-22.5克/公顷 喷雾
水稻 飞虱 15-22.5克/公顷 喷雾
小麦 蚜虫 22.5-37.5克/公顷 喷雾

PD20040345 高效氯氰菊酯/4.5%/乳油/高效氯氰菊酯 4.5%/2009.12.19 至 2014.12.19/低毒
梨树 梨木虱 20.8-31.25毫克/千克 喷雾
棉花 棉铃虫 22.5-30克/公顷 喷雾
小麦 蚜虫 15-22.5克/公顷 喷雾

PD20081099 敌畏·吡虫啉/26%/乳油/吡虫啉 1%、敌敌畏 25%/2013.08.18 至 2018.08.18/中等毒
梨树 黄粉虫 173.3-260毫克/千克 喷雾
棉花 蚜虫 234-312克/公顷 喷雾
水稻 飞虱 234-312克/公顷 喷雾
小麦 蚜虫 156-234克/公顷 喷雾

PD20083102 毒死蜱/40%/乳油/毒死蜱 40%/2013.12.10 至 2018.12.10/中等毒
棉花 棉铃虫 225-300克/公顷 喷雾

PD20084368 辛硫磷/40%/乳油/辛硫磷 40%/2013.12.17 至 2018.12.17/低毒
棉花 棉铃虫 420-480克/公顷 喷雾

PD20085319 辛硫·灭多威/30%/乳油/灭多威 10%、辛硫磷 20%/2013.12.24 至 2018.12.24/高毒
棉花 棉铃虫 180-360克/公顷 喷雾

PD20090395 氯氰·辛硫磷/40/乳油/氯氰菊酯 2%、辛硫磷 38%/2014.01.12 至 2019.01.12/中等毒
棉花 棉铃虫 180-270克/公顷 喷雾

PD20095924 高效氯氰菊酯/4.5%/水乳剂/高效氯氰菊酯 4.5%/2009.06.02 至 2014.06.02/低毒
甘蓝 小菜蛾 20.25-27克/公顷 喷雾

PD20096098 双甲脒/10%/乳油/双甲脒 10%/2009.06.18 至 2014.06.18/中等毒
梨树 梨木虱 67-100毫克/千克 喷雾
棉花 红蜘蛛 90-120克/公顷 喷雾

PD20097820 吡虫·矿物油/25%/乳油/吡虫啉 1%、矿物油 24%/2009.11.20 至 2014.11.20/低毒
棉花 蚜虫 112.5-187.5克/公顷 喷雾
苹果树 黄蚜 125-167毫克/千克 喷雾
小麦 蚜虫 225-375克/公顷 喷雾

PD20097859 阿维·矿物油/18%/乳油/阿维菌素 1%、矿物油 17%/2009.11.20 至 2014.11.20/低毒(原药高毒)
梨树 梨木虱 4000-5000倍液 喷雾

	苹果树	二斑叶螨	3000-4000倍液	喷雾
PD20098179	辛硫·矿物油/50%/乳油/矿物油 30%、辛硫磷 20%/2009.12.14 至 2014.12.14/中等毒			
	棉花	棉铃虫	300-450克/公顷	喷雾
	小麦	蚜虫	600-750克/公顷	喷雾
PD20100997	阿维·矿物油/24.5%/乳油/阿维菌素 0.2%、矿物油 24.3%/2010.04.22 至 2015.04.22/低毒(原药高毒)			
	柑橘树	红蜘蛛	1000-2000倍液	喷雾
	梨树	梨木虱	1500-2000倍液	喷雾
PD20101092	百草枯/200克/升/水剂/百草枯 200克/升/2012.12.31 至 2014.07.01/中等毒			
	苹果园	杂草	600-900克/公顷	定向喷雾
PD20120797	啶虫脒/20%/可溶液剂/啶虫脒 20%/2012.05.17 至 2017.05.17/低毒			
	棉花	蚜虫	15-30克/公顷	喷雾
PD20121581	高效氯氟氰菊酯/2.5%/微乳剂/高效氯氟氰菊酯 2.5%/2012.10.25 至 2017.10.25/中等毒			
	甘蓝	菜青虫	7.5-11.25克/公顷	喷雾
PD20121679	阿维菌素/1.8%/微乳剂/阿维菌素 1.8%/2012.11.05 至 2017.11.05/低毒(原药高毒)			
	梨树	梨木虱	6-12毫克/千克	喷雾
	苹果	二斑叶螨	4.5-6毫克/千克	喷雾
PD20132472	哒螨灵/10%/微乳剂/哒螨灵 10%/2013.12.09 至 2018.12.09/低毒			
	棉花	红蜘蛛	90～112.5克/公顷	喷雾
WP20090108	高效氯氰菊酯/6%/悬浮剂/高效氯氰菊酯 6%/2014.02.05 至 2019.02.05/低毒			
	卫生	蝇	24毫克/平方米	滞留喷洒

河北博嘉农业有限公司　(河北省石家庄市桥西区友谊南大街46号楼　050051　0311-83027025)

PD20080370	啶虫脒/5%/乳油/啶虫脒 5%/2013.02.28 至 2018.02.28/低毒			
	黄瓜	蚜虫	13.5-22.5克/公顷	喷雾
PD20081694	高氯·辛硫磷/20%/乳油/高效氯氰菊酯 2%、辛硫磷 18%/2013.11.17 至 2018.11.17/中等毒			
	棉花	棉铃虫	150-225克/公顷	喷雾
PD20085414	毒死蜱/480克/升/乳油/毒死蜱 480克/升/2008.12.24 至 2013.12.24/中等毒			
	苹果树	绵蚜	240-400毫克/千克	喷雾
PD20085518	马拉硫磷/45%/乳油/马拉硫磷 45%/2013.12.25 至 2018.12.25/低毒			
	棉花	盲蝽蟓	562.5-750克/公顷	喷雾
PD20090173	春雷霉素/2%/水剂/春雷霉素 2%/2014.01.08 至 2019.01.08/低毒			
	番茄	叶霉病	42-65克/公顷	喷雾
PD20091637	高效氯氟氰菊酯/25克/升/乳油/高效氯氟氰菊酯 25克/升/2014.02.03 至 2019.02.03/中等毒			
	棉花	棉蚜	7.5-15克/公顷	喷雾
	小麦	蚜虫	4.5-7.5克/公顷	喷雾
PD20092156	四螨嗪/20%/悬浮剂/四螨嗪 20%/2014.02.23 至 2019.02.23/低毒			
	柑橘树	红蜘蛛	100-200毫克/千克	喷雾
PD20093344	氟啶脲/50克/升/乳油/氟啶脲 50克/升/2014.03.18 至 2019.03.18/低毒			
	甘蓝	小菜蛾	30-60克/公顷	喷雾
PD20093510	三唑锡/25%/可湿性粉剂/三唑锡 25%/2014.03.23 至 2019.03.23/低毒			
	苹果树	红蜘蛛	166.7-250毫克/千克	喷雾
PD20093539	阿维菌素/2%/乳油/阿维菌素 2%/2014.03.23 至 2019.03.23/低毒(原药高毒)			
	菜豆	美洲斑潜蝇	6-7.5克/公顷	喷雾
	棉花	红蜘蛛	10.8-16.2克/公顷	喷雾
	棉花	棉铃虫	21.6-32.8克/公顷	喷雾
PD20093722	氟磺胺草醚/250克/升/水剂/氟磺胺草醚 250克/升/2014.03.25 至 2019.03.25/低毒			
	春大豆田	阔叶杂草	375-487.5克/公顷	茎叶喷雾
PD20093731	烟嘧磺隆/40克/升/可分散油悬浮剂/烟嘧磺隆 40克/升/2014.03.25 至 2019.03.25/低毒			
	玉米田	一年生杂草	83-100毫升制剂/亩	茎叶喷雾
PD20093762	草甘膦异丙胺盐(41%)///水剂/草甘膦 30%/2014.03.25 至 2019.03.25/低毒			
	春玉米田	杂草	1125-1433克/公顷	行间定向茎叶喷雾
PD20093782	噁霉灵/30%/水剂/噁霉灵 30%/2014.03.25 至 2019.03.25/低毒			
	西瓜	枯萎病	375-500毫克/千克	灌根
PD20096239	烯草酮/120克/升/乳油/烯草酮 120克/升/2009.07.15 至 2014.07.15/低毒			
	春大豆田	一年生禾本科杂草	72-108克/公顷	茎叶喷雾
PD20096292	丁硫克百威/200克/升/乳油/丁硫克百威 200克/升/2009.07.22 至 2014.07.22/中等毒			
	棉花	蚜虫	90-180克/公顷	喷雾
PD20096402	乙烯利/40%/水剂/乙烯利 40%/2009.08.04 至 2014.08.04/低毒			
	棉花	催熟	330-350倍液	茎叶喷雾
PD20098369	联苯菊酯/25克/升/乳油/联苯菊酯 25克/升/2009.12.18 至 2014.12.18/低毒			
	棉花	红蜘蛛	45-60克/公顷	喷雾
PD20098421	吡虫啉/200克/升/可溶液剂/吡虫啉 200克/升/2009.12.24 至 2014.12.24/低毒			
	棉花	伏蚜	45-60克/公顷	喷雾
PD20100453	春雷霉素/70%/原药/春雷霉素 70%/2010.01.14 至 2015.01.14/低毒			

PD20100978 噻螨酮/5%/乳油/噻螨酮 5%/2010.01.19 至 2015.01.19/低毒
苹果树 红蜘蛛 20-40毫克/千克 喷雾

PD20101170 灭草松/480克/升/水剂/灭草松 480克/升/2010.01.28 至 2015.01.28/低毒
春大豆田 一年生阔叶杂草 1440-1800克/公顷 茎叶喷雾

PD20110209 阿维菌素/3.2%/乳油/阿维菌素 3.2%/2011.02.22 至 2016.02.22/中等毒(原药高毒)
棉花 红蜘蛛 8.64-15.36克/公顷 喷雾

PD20110569 阿维菌素/5%/乳油/阿维菌素 5%/2011.05.27 至 2016.05.27/中等毒(原药高毒)
水稻 稻纵卷叶螟 5.25—6克/公顷 喷雾

PD20111382 甲氨基阿维菌素苯甲酸盐/0.5%/微乳剂/甲氨基阿维菌素 0.5%/2011.12.14 至 2016.12.14/低毒
甘蓝 甜菜夜蛾 3.75-4.5克/公顷 喷雾
注:甲氨基阿维菌素苯甲酸盐含量:0.57%。

PD20120104 啶虫脒/10%/乳油/啶虫脒 10%/2012.01.29 至 2017.01.29/低毒
黄瓜 蚜虫 15-22.5克/公顷 喷雾

PD20120554 啶虫脒/40%/水分散粒剂/啶虫脒 40%/2012.03.28 至 2017.03.28/低毒
甘蓝 蚜虫 18—24克/公顷 喷雾

PD20120656 甲氨基阿维菌素苯甲酸盐/3%/微乳剂/甲氨基阿维菌素 3%/2012.04.18 至 2017.04.18/低毒
甘蓝 甜菜夜蛾 3—3.75克/公顷 喷雾
注:甲氨基阿维菌素苯甲酸盐含量：3.4%。

PD20120810 甲氨基阿维菌素苯甲酸盐/1%/微乳剂/甲氨基阿维菌素 1%/2012.05.17 至 2017.05.17/低毒
甘蓝 甜菜夜蛾 3-3.75克/公顷 喷雾
注:甲氨基阿维菌素苯甲酸盐含量：1.14%。

PD20130897 磺草·莠去津/36%/悬浮剂/磺草酮 12%、莠去津 24%/2013.04.27 至 2018.04.27/低毒
夏玉米 一年生杂草 1080-1620克/公顷 茎叶喷雾

PD20131262 甲氨基阿维菌素苯甲酸盐/8%/水分散粒剂/甲氨基阿维菌素 8%/2013.06.04 至 2018.06.04/低毒
大白菜 甜菜夜蛾 2.25-3.75克/公顷 喷雾
注:甲氨基阿维菌素苯甲酸盐含量：9.1%。

PD20131553 吡虫啉/25%/可湿性粉剂/吡虫啉 25%/2013.07.23 至 2018.07.23/低毒
小麦 蚜虫 45-75克/公顷 喷雾

PD20131725 吡蚜酮/50%/可湿性粉剂/吡蚜酮 50%/2013.08.16 至 2018.08.16/低毒
观赏菊花 蚜虫 166.7-250毫克/千克 喷雾
水稻 稻飞虱 60-90克/公顷 喷雾

LS20130191 咪鲜·嘧菌酯/30%/微乳剂/咪鲜胺 28%、嘧菌酯 2%/2013.04.07 至 2014.04.07/低毒
水稻 稻瘟病、纹枯病 135-180克/公顷 喷雾

LS20130296 虱脲·毒死蜱/30%/微乳剂/毒死蜱 28.8%、虱螨脲 1.2%/2013.06.04 至 2014.06.04/中等毒
棉花 棉铃虫 405-675克/公顷 喷雾

LS20130339 吡蚜·醚菊酯/21%/悬浮剂/吡蚜酮 16%、醚菊酯 5%/2013.07.02 至 2014.07.02/低毒
观赏菊花 蚜虫 105-210毫克/千克 喷雾

河北德美化工有限责任公司 (河北省元氏城南工业区 050000 0311-84627922)

PD85109-12 甲拌磷//乳油/甲拌磷 55%/2010.01.31 至 2015.01.31/高毒
棉花 地下害虫、蚜虫、螨 600-800克/100千克种子 浸种、拌种
注:甲拌磷乳油只准用于浸、拌种，严禁喷雾使用。

PD20040085 高效氯氰菊酯/4.5%/乳油/高效氯氰菊酯 4.5%/2009.12.19 至 2014.12.19/中等毒
棉花 棉铃虫、棉蚜 15-30克/公顷 喷雾
十字花科蔬菜 菜青虫、小菜蛾 9-25.5克/公顷 喷雾
十字花科蔬菜 菜蚜 3-18克/公顷 喷雾

PD20094366 多·福·锰锌/50%/可湿性粉剂/多菌灵 15%、福美双 25%、代森锰锌 10%/2009.04.01 至 2014.04.01/低毒
苹果树 轮纹病 500-800倍液 喷雾

PD20098191 氯氰菊酯/5%/乳油/氯氰菊酯 5%/2009.12.14 至 2014.12.14/中等毒
棉花 棉铃虫 45-90克/公顷 喷雾

PD20101603 锰锌·三唑酮/33%/可湿性粉剂/代森锰锌 23%、三唑酮 10%/2010.06.03 至 2015.06.03/低毒
梨树 黑星病 800-1200倍液 喷雾

PD20110901 甲氨基阿维菌素苯甲酸盐/2%/乳油/甲氨基阿维菌素 2%/2011.08.17 至 2016.08.17/低毒
甘蓝 小菜蛾 2.25—3克/公顷 喷雾
注:甲氨基阿维菌素苯甲酸盐含量:2.3%。

PD20120197 过氧乙酸/21%/水剂/过氧乙酸 21%/2012.01.30 至 2017.01.30/低毒
黄瓜 灰霉病 441-735克/公顷 喷雾

PD20120290 阿维菌素/5%/乳油/阿维菌素 5%/2012.02.17 至 2017.02.17/低毒(原药高毒)
甘蓝 菜青虫 8.1-10.5克/公顷 喷雾

PD20132533 丁硫克百威/200克/升/乳油/丁硫克百威 200克/升/2013.12.16 至 2018.12.16/中等毒
棉花 蚜虫 90-180克/公顷 喷雾

PD20132682 高效氯氟氰菊酯/25克/升/乳油/高效氯氟氰菊酯 25克/升/2013.12.25 至 2018.12.25/中等毒
小麦 麦蚜 4.5-7.5克/公顷 喷雾

LS20120181 烯啶虫胺/10%/水剂/烯啶虫胺 10%/2013.05.05 至 2014.05.05/低毒

棉花 蚜虫 22.5—30克/公顷 喷雾
LS20130274 吡蚜酮/50%/可湿性粉剂/吡蚜酮 50%/2013.05.07 至 2014.05.07/低毒
观赏菊花 蚜虫 166.7-250毫克/千克 喷雾

河北德农生物化工有限公司 (河北省沧州市崔尔庄工业园 061027 0317-4984444)

PD92103-22 草甘膦/95%/原药/草甘膦 95%/2013.06.14 至 2018.06.14/低毒
PD20081755 草甘膦异丙胺盐/41%/水剂/草甘膦异丙胺盐 41%/2013.11.18 至 2018.11.18/低毒
柑橘园 一年生和多年生杂草 1107-2460克/公顷 定向茎叶喷雾

河北德瑞化工有限公司 (河北省藁城市新区1号路1号 052160 0311-86597290)

PD20120812 啶虫脒/99%/原药/啶虫脒 99%/2012.05.17 至 2017.05.17/中等毒
PD20121147 吡虫啉/98%/原药/吡虫啉 98%/2012.07.20 至 2017.07.20/中等毒
PD20130800 噻虫嗪/98%/原药/噻虫嗪 98%/2013.04.22 至 2018.04.22/低毒

河北德裕祥生物化工有限公司 (河北省石家庄市裕华区二十里铺镇大马村东 050031 0311-85968298)

PD20082194 高效氯氰菊酯/4.5%/乳油/高效氯氰菊酯 4.5%/2013.11.26 至 2018.11.26/低毒
十字花科蔬菜 菜青虫 20.25-27克/公顷 喷雾
PD20083834 阿维菌素/1.8%/乳油/阿维菌素 1.8%/2013.12.15 至 2018.12.15/低毒(原药高毒)
十字花科蔬菜 小菜蛾 8.1-10.8克/公顷 喷雾
PD20084684 阿维菌素/2.8%/乳油/阿维菌素 2.8%/2008.12.22 至 2013.12.22/中等毒(原药高毒)
十字花科蔬菜 小菜蛾 8.1-10.8克/公顷 喷雾
PD20085133 阿维菌素/2%/乳油/阿维菌素 2%/2008.12.23 至 2013.12.23/低毒(原药高毒)
梨树 梨木虱 6-12毫克/千克 喷雾
PD20090582 氯氰·毒死蜱/20%/乳油/毒死蜱 18%、氯氰菊酯 2%/2009.01.14 至 2014.01.14/低毒
柑橘树 介壳虫 200-250毫克/千克 喷雾
十字花科蔬菜 甜菜夜蛾 225-300克/公顷 喷雾
PD20091873 啶虫脒/5%/可湿性粉剂/啶虫脒 5%/2009.02.09 至 2014.02.09/中等毒
小麦 蚜虫 22.5-30克/公顷 喷雾
PD20091890 锰锌·腈菌唑/50%/可湿性粉剂/腈菌唑 2%、代森锰锌 48%/2009.02.09 至 2014.02.09/低毒
梨树 黑星病 800-1000倍液 喷雾
PD20092258 高氯·啶虫脒/5%/乳油/啶虫脒 1.5%、高效氯氰菊酯 3.5%/2009.02.24 至 2014.02.24/低毒
番茄 蚜虫 26.25-30克/公顷 喷雾
PD20092431 阿维·高氯/1.2%/乳油/阿维菌素 0.2%、高效氯氰菊酯 1%/2009.02.25 至 2014.02.25/低毒(原药高毒)
梨树 梨木虱 6-12毫克/千克 喷雾
PD20092518 高氯·辛硫磷/20%/乳油/高效氯氰菊酯 1%、辛硫磷 19%/2009.02.26 至 2014.02.26/低毒
棉花 棉铃虫 1125—1500克制剂/公顷 喷雾
PD20093281 阿维菌素/0.5%/乳油/阿维菌素 0.5%/2009.03.11 至 2014.03.11/低毒(原药高毒)
梨树 梨木虱 1.25-1.67毫克/千克 喷雾
PD20093640 高效氯氟氰菊酯/25克/升/乳油/高效氯氟氰菊酯 25克/升/2009.03.25 至 2014.03.25/低毒
苹果树 桃小食心虫 6.3-8.3毫克/千克 喷雾
PD20093788 阿维菌素/0.3%/乳油/阿维菌素 0.3%/2009.03.25 至 2014.03.25/低毒(原药高毒)
苹果树 红蜘蛛 1-1.5毫克/千克 喷雾
PD20093906 辛硫·灭多威/30%/乳油/灭多威 10%、辛硫磷 20%/2009.03.26 至 2014.03.26/高毒
棉花 棉铃虫 180-360克/公顷 喷雾
PD20094001 丁硫克百威/5%/乳油/丁硫克百威 5%/2009.03.27 至 2014.03.27/中等毒
棉花 蚜虫 28.05-37.5克/公顷 喷雾
PD20094820 多菌灵/80%/可湿性粉剂/多菌灵 80%/2009.04.13 至 2014.04.13/低毒
苹果树 褐斑病 667-800毫克/千克 喷雾
PD20095841 多·锰锌/50%/可湿性粉剂/多菌灵 20%、代森锰锌 30%/2009.05.27 至 2014.05.27/低毒
苹果树 斑点落叶病 1000-1250毫克/千克 喷雾

河北格雷特生物科技有限公司 (河北省南宫市邢德路96号 055750 0319-5196611)

PD20083475 阿维菌素/1.8%/乳油/阿维菌素 1.8%/2013.12.12 至 2018.12.12/低毒(原药高毒)
梨树 梨木虱 1.5-2.25毫克/千克 喷雾
棉花 棉铃虫 11.25-22.5克/公顷 喷雾
十字花科蔬菜 菜青虫 3-6克/公顷 喷雾
PD20121893 啶虫脒/5%/可湿性粉剂/啶虫脒 5%/2012.12.07 至 2017.12.07/低毒
甘蓝 蚜虫 15-22.5克/公顷 喷雾
PD20121894 高效氯氟氰菊酯/25克/升/乳油/高效氯氟氰菊酯 25克/升/2012.12.07 至 2017.12.07/中等毒
小麦 蚜虫 4.5-7.5克/公顷 喷雾
PD20121895 吡虫啉/10%/可湿性粉剂/吡虫啉 10%/2012.12.07 至 2017.12.07/低毒
小麦 蚜虫 15-30克/公顷(南方地区) 喷雾
45-60克/公顷(北方地区)
PD20132016 阿维菌素/5%/乳油/阿维菌素 5%/2013.10.21 至 2018.10.21/中等毒(原药高毒)
柑橘树 潜叶蛾 4.5-9毫克/千克 喷雾
PD20132584 吡蚜酮/50%/可湿性粉剂/吡蚜酮 50%/2013.12.17 至 2018.12.17/低毒
观赏菊花 蚜虫 166.7-250毫克/千克 喷雾

LS20130272 吡蚜酮/50%/可湿性粉剂/吡蚜酮 50%/2013.05.07 至 2014.05.07/低毒

观赏菊花	蚜虫	166.7-250毫克/千克	喷雾

河北古城香业集团股份有限公司 (河北省保定市清苑县发展东街030号 071100 0312-7966371)

WP20110028 电热蚊香片/12毫克/片/电热蚊香片/炔丙菊酯 12毫克/片/2011.01.26 至 2016.01.26/微毒

卫生	蚊	/	电热加温

WP20110133 电热蚊香液/0.8%/电热蚊香液/炔丙菊酯 0.8%/2011.06.07 至 2016.06.07/低毒

卫生	蚊	/	电热加温

WP20120078 蚊香/0.05%/蚊香/氯氟醚菊酯 0.05%/2012.04.18 至 2017.04.18/微毒

卫生	蚊	/	点燃

WL20100015 蚊香/0.03%/蚊香/四氟醚菊酯 0.03%/2012.01.12 至 2013.01.12/微毒

卫生	蚊	/	点燃

河北冠龙农化有限公司 (河北省衡水市胜利东路169号京华大厦 053000 0318-2036368)

PD84118-42 多菌灵/25%/可湿性粉剂/多菌灵 25%/2009.12.24 至 2014.12.24/低毒

果树	病害	0.05-0.1%药液	喷雾
花生	倒秧病	750克/公顷	喷雾
麦类	赤霉病	750克/公顷	喷雾,泼浇
棉花	苗期病害	500克/100千克种子	拌种
水稻	稻瘟病、纹枯病	750克/公顷	喷雾,泼浇
油菜	菌核病	1125-1500克/公顷	喷雾

PD85122-13 福美双/50%/可湿性粉剂/福美双 50%/2010.07.29 至 2015.07.29/中等毒

黄瓜	白粉病、霜霉病	500-1000倍液	喷雾
葡萄	白腐病	500-1000倍液	喷雾
水稻	稻瘟病、胡麻叶斑病	250克/100千克种子	拌种
甜菜、烟草	根腐病	500克/500千克温床土	土壤处理
小麦	白粉病、赤霉病	500倍液	喷雾

PD85123-10 胂·锌·福美双/50%/可湿性粉剂/福美甲胂 12.5%、福美双 25%、福美锌 12.5%/2010.07.14 至 2013.12.31/中等毒

大白菜	霜霉病	750-1125克/公顷	喷雾
梨树	黑星病	500-800倍液	喷雾
苹果树	炭疽病	500-800倍液	喷雾
葡萄	黑痘病、炭疽病	500-1000倍液	喷雾
水稻	纹枯病	562.5-712.5克/公顷	喷雾
烟草	炭疽病	562.5-712.5克/公顷	喷雾
芝麻	疫病	2500倍液	喷雾

PD85124-8 福·福锌/80%/可湿性粉剂/福美双 30%、福美锌 50%/2010.07.29 至 2015.07.29/中等毒

黄瓜、西瓜	炭疽病	1500-1800克/公顷	喷雾
麻	炭疽病	240-400克/100千克种子	拌种
棉花	苗期病害	0.5%药液	浸种
苹果树、杉木、橡胶树	炭疽病	500-600倍液	喷雾

PD85125-9 福美胂/40%/可湿性粉剂/福美胂 40%/2010.07.14 至 2013.12.31/中等毒

黄瓜	白粉病	1125-1500克/公顷	喷雾
苹果树	白粉病	700倍液	喷雾
水稻	稻粒瘟病	542.5-645克/公顷	喷雾
豌豆	白粉病	900-1025克/公顷	喷雾
小麦	白粉病	542.5-750克/公顷	喷雾

PD85150-36 多菌灵/50%/可湿性粉剂/多菌灵 50%/2010.07.29 至 2015.07.29/低毒

果树	病害	0.05-0.1%药液	喷雾
花生	倒秧病	750克/公顷	喷雾
麦类	赤霉病	750克/公顷	喷雾、泼浇
棉花	苗期病害	250克/50千克种子	拌种
水稻	稻瘟病、纹枯病	750克/公顷	喷雾、泼浇
油菜	菌核病	1125-1500克/公顷	喷雾

PD96101-3 福·福锌/40%/可湿性粉剂/福美双 15%、福美锌 25%/2011.10.17 至 2016.10.17/中等毒

黄瓜、西瓜	炭疽病	1500-1800克/公顷	喷雾
麻	炭疽病	240-400克/100千克种子	拌种
棉花	苗期病害	4000毫克/千克	浸种
苹果树、橡胶树	炭疽病	1600-1333毫克/千克	喷雾
杉木	炭疽病	1333-1600毫克/千克	喷雾

PD20060138 福美双/95%/原药/福美双 95%/2011.07.21 至 2016.07.21/低毒

PD20080318 多·福/40%/可湿性粉剂/多菌灵 5%、福美双 35%/2013.02.26 至 2018.02.26/低毒

葡萄	霜霉病	1000-1500毫克/千克	喷雾

PD20082538 烯酰吗啉/95%/原药/烯酰吗啉 95%/2013.12.03 至 2018.12.03/低毒

PD20083451 氟啶脲/50克/升/乳油/氟啶脲 50克/升/2013.12.12 至 2018.12.12/低毒

	十字花科蔬菜	小菜蛾	30-60克/公顷	喷雾
PD20083814	异菌脲/255克/升/悬浮剂/异菌脲 255克/升/2013.12.15 至 2018.12.15/低毒			
	油菜	菌核病	450-750克/公顷	喷雾
PD20083935	高效氯氟氰菊酯/25克/升/乳油/高效氯氟氰菊酯 25克/升/2013.12.15 至 2018.12.15/中等毒			
	十字花科蔬菜	菜青虫	7.5-11.25克/公顷	喷雾
	小麦	蚜虫	7.5—11.25克/公顷	喷雾
PD20084456	三环唑/75%/可湿性粉剂/三环唑 75%/2013.12.17 至 2018.12.17/中等毒			
	水稻	稻瘟病	225-300克/公顷	喷雾
PD20084503	多・福/60%/可湿性粉剂/多菌灵 30%、福美双 30%/2013.12.18 至 2018.12.18/低毒			
	梨树	黑星病	1000-1500毫克/千克	喷雾
PD20084592	炔螨特/730克/升/乳油/炔螨特 730克/升/2013.12.18 至 2018.12.18/低毒			
	柑橘树	红蜘蛛	243-365毫克/千克	喷雾
PD20084708	噁霉・福美双/68%/可湿性粉剂/噁霉灵 8%、福美双 60%/2013.12.22 至 2018.12.22/低毒			
	黄瓜	枯萎病	680-850毫克/千克	灌根
PD20084713	甲基硫菌灵/70%/可湿性粉剂/甲基硫菌灵 70%/2013.12.22 至 2018.12.22/低毒			
	番茄	叶霉病	375-562.5克/公顷	喷雾
PD20084725	代森锰锌/80%/可湿性粉剂/代森锰锌 80%/2013.12.22 至 2018.12.22/低毒			
	梨树	黑星病	800-1333毫克/千克	喷雾
PD20084778	异菌脲/50%/可湿性粉剂/异菌脲 50%/2013.12.22 至 2018.12.22/低毒			
	番茄	早疫病	375-750克/公顷	喷雾
PD20084842	多菌灵/80%/可湿性粉剂/多菌灵 80%/2013.12.22 至 2018.12.22/低毒			
	苹果树	轮纹病	667-1000毫克/千克	喷雾
PD20084900	丙环唑/250克/升/乳油/丙环唑 250克/升/2013.12.22 至 2018.12.22/低毒			
	香蕉	叶斑病	250-500毫克/千克	喷雾
PD20084994	虫酰肼/200克/升/悬浮剂/虫酰肼 200克/升/2008.12.22 至 2013.12.22/低毒			
	甘蓝	甜菜夜蛾	200-300克/公顷	喷雾
PD20085116	福美锌/90%/原药/福美锌 90%/2013.12.23 至 2018.12.23/低毒			
PD20085588	氯氰・丙溴磷/440克/升/乳油/丙溴磷 400克/升、氯氰菊酯 40克/升/2013.12.25 至 2018.12.25/低毒			
	棉花	棉铃虫	528-660克/公顷	喷雾
PD20091288	甲硫・福美双/70%/可湿性粉剂/福美双 40%、甲基硫菌灵 30%/2014.02.01 至 2019.02.01/低毒			
	黄瓜	炭疽病	750-975克/公顷	喷雾
PD20092816	嘧霉・福美双/50%/可湿性粉剂/福美双 40%、嘧霉胺 10%/2014.03.04 至 2019.03.04/低毒			
	番茄	灰霉病	900-1050克/公顷	喷雾
PD20094381	烯酰吗啉/10%/水乳剂/烯酰吗啉 10%/2014.04.01 至 2019.04.01/低毒			
	黄瓜	霜霉病	225-300克/公顷	喷雾
PD20096151	吡虫・噻嗪酮/22%/可湿性粉剂/吡虫啉 2%、噻嗪酮 20%/2009.06.24 至 2014.06.24/低毒			
	水稻	稻飞虱	66-82.5克/公顷	喷雾
PD20096547	多・福・锌/80%/可湿性粉剂/多菌灵 25%、福美双 25%、福美锌 30%/2009.08.24 至 2014.08.24/低毒			
	苹果树	轮纹病	1000-1143毫克/千克	喷雾
PD20096984	唑磷・毒死蜱/30%/乳油/毒死蜱 7%、三唑磷 23%/2009.09.29 至 2014.09.29/低毒			
	水稻	稻纵卷叶螟	315—450克/公顷	喷雾
PD20097333	氟硅唑/400克/升/乳油/氟硅唑 400克/升/2009.10.27 至 2014.10.27/低毒			
	葡萄	黑痘病	40-50毫克/千克	喷雾
PD20098170	多・锰锌/80%/可湿性粉剂/多菌灵 15%、代森锰锌 65%/2009.12.14 至 2014.12.14/低毒			
	苹果树	斑点落叶病	1000-1333毫克/千克	喷雾
PD20100177	马拉・杀螟松/12%/乳油/马拉硫磷 10%、杀螟硫磷 2%/2010.01.05 至 2015.01.05/低毒			
	水稻	二化螟	180-270克/公顷	喷雾
PD20101445	联苯菊酯/25克/升/乳油/联苯菊酯 25克/升/2010.05.04 至 2015.05.04/低毒			
	茶树	茶小绿叶蝉	30-37.5克/公顷	喷雾
PD20101962	啶虫脒/20%/可溶粉剂/啶虫脒 20%/2010.09.20 至 2015.09.20/低毒			
	黄瓜	蚜虫	24—36克/公顷	喷雾
PD20102097	咪鲜胺/450克/升/水乳剂/咪鲜胺 450克/升/2010.11.25 至 2015.11.25/低毒			
	香蕉	炭疽病	250—500毫克/千克	浸果
PD20110306	阿维菌素/5%/乳油/阿维菌素 5%/2011.03.22 至 2016.03.22/低毒(原药高毒)			
	甘蓝	小菜蛾	7.5-11.25克/公顷	喷雾
	水稻	稻纵卷叶螟	6-9克/公顷	喷雾
PD20110308	己唑醇/30%/悬浮剂/己唑醇 30%/2011.03.22 至 2016.03.22/微毒			
	水稻	纹枯病	67.5—76.5克/公顷	喷雾
PD20110309	吡虫啉/70%/水分散粒剂/吡虫啉 70%/2011.03.22 至 2016.03.22/低毒			
	甘蓝	蚜虫	15.75-21克/公顷	喷雾
	小麦	蚜虫	21-31.5	喷雾
PD20110402	甲氨基阿维菌素苯甲酸盐/5%/水分散粒剂/甲氨基阿维菌素 5%/2011.04.12 至 2016.04.12/低毒			
	甘蓝	甜菜夜蛾	2.14-3.85克/公顷	喷雾

注:甲氨基阿维菌素苯甲酸盐含量: 5.7%。
PD20110456 烯酰吗啉/50%/水分散粒剂/烯酰吗啉 50%/2011.04.21 至 2016.04.21/低毒
黄瓜 霜霉病 225-300克/公顷 喷雾
PD20110858 苯甲·丙环唑/30%/悬浮剂/苯醚甲环唑 15%、丙环唑 15%/2011.08.10 至 2016.08.10/低毒
水稻 纹枯病 78.75—90克/公顷 喷雾
PD20111067 烯酰吗啉/50%/可湿性粉剂/烯酰吗啉 50%/2011.10.11 至 2016.10.11/低毒
黄瓜 霜霉病 225-300克/公顷 喷雾
PD20111388 烯酰吗啉/80%/水分散粒剂/烯酰吗啉 80%/2011.12.21 至 2016.12.21/微毒
黄瓜 霜霉病 270—300克/公顷 喷雾
PD20120461 苯醚甲环唑/37%/水分散粒剂/苯醚甲环唑 37%/2012.03.16 至 2017.03.16/低毒
香蕉 叶斑病 92.5-123.5毫克/千克 喷雾
PD20120601 克菌丹/80%/水分散粒剂/克菌丹 80%/2012.04.11 至 2017.04.11/低毒
注:专供出口，不得在国内销售。
PD20120648 克菌丹/97%/原药/克菌丹 97%/2012.04.18 至 2017.04.18/低毒
注:专供出口，不得在国内销售。
PD20120819 克菌丹/50%/可湿性粉剂/克菌丹 50%/2012.05.22 至 2017.05.22/低毒
注:专供出口，不得在国内销售。
PD20121507 戊唑·多菌灵/60%/水分散粒剂/多菌灵 45%、戊唑醇 15%/2012.10.09 至 2017.10.09/低毒
水稻 稻曲病 292.5-315克/公顷 喷雾
PD20121508 戊唑醇/12.5%/水乳剂/戊唑醇 12.5%/2012.10.09 至 2017.10.09/低毒
香蕉树 叶斑病 167-250毫克/千克 喷雾
PD20121788 嘧霉胺/80%/水分散粒剂/嘧霉胺 80%/2012.11.22 至 2017.11.22/微毒
黄瓜 灰霉病 450-540克/公顷 喷雾
PD20121818 吡蚜酮/50%/水分散粒剂/吡蚜酮 50%/2012.11.22 至 2017.11.22/低毒
观赏菊花 蚜虫 150—225克/公顷 喷雾
水稻 稻飞虱 90-150克/公顷 喷雾
PD20122056 福美双/80%/水分散粒剂/福美双 80%/2012.12.24 至 2017.12.24/低毒
黄瓜 白粉病 900-1200克/公顷 喷雾
PD20130583 嘧菌酯/50%/水分散粒剂/嘧菌酯 50%/2013.04.02 至 2018.04.02/低毒
草坪 枯萎病 200-400克/公顷 喷雾
PD20132528 咯菌腈/97%/原药/咯菌腈 97%/2013.12.16 至 2018.12.16/低毒
LS20110292 嘧霉胺/80%/水分散粒剂/嘧霉胺 80%/2012.11.04 至 2013.11.04/微毒
黄瓜 灰霉病 450-540克/公顷 喷雾
LS20120066 戊唑·多菌灵/60%/水分散粒剂/多菌灵 45%、戊唑醇 15%/2012.03.06 至 2013.03.06/低毒
水稻 稻曲病 270-315克/公顷 喷雾
LS20130289 茚虫威/23%/悬浮剂/茚虫威 23%/2013.05.20 至 2014.05.20/低毒
棉花 棉铃虫 22.5-40克/公顷 喷雾

河北国东化工科技有限公司 (河北省衡水市枣强县裕华东街178号 053100 0318-8986699)

PD85108-2 甲拌磷/80%/原药/甲拌磷 80%/2010.01.04 至 2015.01.04/高毒
PD85109-4 甲拌磷/55%/乳油/甲拌磷 55%/2010.01.04 至 2015.01.04/高毒
棉花 地下害虫、蚜虫、螨 600-800克/100千克种子 浸种、拌种
注:甲拌磷乳油只准用于浸、拌种，严禁喷雾使用。
PD20040269 高效氯氰菊酯/4.5%/乳油/高效氯氰菊酯 4.5%/2009.12.19 至 2014.12.19/中等毒
十字花科蔬菜 菜青虫 9-25.5克/公顷 喷雾
PD20050131 甲拌磷/3%/颗粒剂/甲拌磷 3%/2010.09.08 至 2015.09.08/高毒
棉花 蚜虫 1125-1875克/公顷 沟施,穴施
PD20090495 丙环唑/250克/升/乳油/丙环唑 250克/升/2009.01.12 至 2014.01.12/低毒
小麦 白粉病 131.25-168.75克/公顷 喷雾
PD20091202 啶虫脒/3%/乳油/啶虫脒 3%/2009.02.01 至 2014.02.01/低毒
苹果树 蚜虫 10-15毫克/千克 喷雾
PD20093549 马拉硫磷/95%/原药/马拉硫磷 95%/2009.03.23 至 2014.03.23/低毒
PD20093710 精喹禾灵/5%/乳油/精喹禾灵 5%/2009.03.25 至 2014.03.25/低毒
春大豆田 一年生禾本科杂草 45-52.5克/公顷 喷雾
PD20093734 苄嘧·苯噻酰/53%/可湿性粉剂/苯噻酰草胺 50%、苄嘧磺隆 3%/2009.03.25 至 2014.03.25/低毒
水稻抛秧田 部分多年生杂草、一年生杂草 397.5-556.5克/公顷(南方地区) 药土法
PD20093832 丙环唑/95%/原药/丙环唑 95%/2009.03.25 至 2014.03.25/低毒
PD20094925 高效氯氟氰菊酯/25克/升/乳油/高效氯氟氰菊酯 25克/升/2009.04.13 至 2014.04.13/中等毒
棉花 棉铃虫 15-22.5克/公顷 喷雾
PD20096253 炔螨特/40%/乳油/炔螨特 40%/2009.07.15 至 2014.07.15/低毒
柑橘树 红蜘蛛 200-400毫克/千克 喷雾
PD20096512 辛硫·灭多威/30%/乳油/灭多威 10%、辛硫磷 20%/2009.08.19 至 2014.08.19/中等毒(原药高毒)
棉花 棉铃虫 225-337.5克/公顷 喷雾
PD20096905 灭线磷/95%/原药/灭线磷 95%/2009.09.23 至 2014.09.23/高毒

PD20097449 灭线磷/10%/颗粒剂/灭线磷 10%/2009.10.28 至 2014.10.28/中等毒(原药高毒)
水稻 稻瘿蚊 1500-1800克/公顷 撒施
PD20097662 辛硫磷/3%/颗粒剂/辛硫磷 3%/2009.11.04 至 2014.11.04/低毒
玉米 玉米螟 135-180克/公顷 心叶期喇叭口撒施
PD20098100 马拉硫磷/45%/乳油/马拉硫磷 45%/2009.12.08 至 2014.12.08/低毒
大豆 食心虫 540-742.5克/公顷 喷雾
棉花 盲蝽蟓 540-742.5克/公顷 喷雾

河北国美化工有限公司 (河北省沧县杜林西街 061028 03174837222)

PD20083904 氯氰菊酯/100克/升/乳油/氯氰菊酯 100克/升/2013.12.15 至 2018.12.15/低毒
甘蓝 菜青虫 37.5-52.5克/公顷 喷雾
PD20084700 氰戊菊酯/20%/乳油/氰戊菊酯 20%/2013.12.22 至 2018.12.22/低毒
甘蓝 菜青虫 60-120克/公顷 喷雾
PD20092560 阿维菌素/18克/升/乳油/阿维菌素 18克/升/2014.02.26 至 2019.02.26/低毒(原药高毒)
甘蓝 小菜蛾 9-10.8克/公顷 喷雾
PD20094399 高效氯氟氰菊酯/25克/升/乳油/高效氯氟氰菊酯 25克/升/2014.04.01 至 2019.04.01/中等毒
小麦 蚜虫 4.5-7.5克/公顷 喷雾
PD20095596 百草枯/200克/升/水剂/百草枯 200克/升/2012.12.31 至 2014.07.01/中等毒
玉米田 一年生杂草 300-450克/公顷 茎叶喷雾
PD20096537 氟乐灵/480克/升/乳油/氟乐灵 480克/升/2009.08.20 至 2014.08.20/低毒
春大豆田 一年生杂草 1080-1260克/公顷 土壤喷雾
夏大豆田 一年生杂草 900-1080克/公顷 土壤喷雾
PD20098234 马拉硫磷/45%/乳油/马拉硫磷 45%/2009.12.16 至 2014.12.16/低毒
甘蓝 蚜虫 540-675克/公顷 喷雾
PD20098298 高效氟吡甲禾灵/108克/升/乳油/高效氟吡甲禾灵 108克/升/2009.12.18 至 2014.12.18/低毒
大豆田 一年生禾本科杂草 40.5-56.7克/公顷 茎叶喷雾
PD20100589 毒死蜱/480克/升/乳油/毒死蜱 480克/升/2010.01.14 至 2015.01.14/中等毒
甘蓝 菜青虫 360-540克/公顷 喷雾

河北国欣诺农生物技术有限公司 (河北省河间市经济技术开发区齐会大街西侧 062450 0317-7685666)

PD20092160 联苯菊酯/25克/升/乳油/联苯菊酯 25克/升/2014.02.23 至 2019.02.23/低毒
茶树 茶小绿叶蝉 30-37.5克/公顷 喷雾
PD20092167 高效氯氟氰菊酯/25克/升/乳油/高效氯氟氰菊酯 25克/升/2014.02.23 至 2019.02.23/中等毒
小麦 蚜虫 4.5-7.5克/公顷 喷雾
PD20092953 四螨嗪/20%/悬浮剂/四螨嗪 20%/2014.03.09 至 2019.03.09/低毒
柑橘树 红蜘蛛 100-200毫克/千克 喷雾
PD20094053 丙环唑/250克/升/乳油/丙环唑 250克/升/2014.03.27 至 2019.03.27/低毒
香蕉 叶斑病 250-500毫克/千克 喷雾
PD20097477 炔螨特/57%/乳油/炔螨特 57%/2009.11.03 至 2014.11.03/低毒
苹果树 红蜘蛛 250-450毫克/千克 喷雾
PD20100855 异丙甲草胺/720克/升/乳油/异丙甲草胺 720克/升/2010.01.19 至 2015.01.19/低毒
玉米田 一年生杂草 春玉米：1296-1620克/公顷；夏玉米：972-1296克/公顷 土壤喷雾
PD20100923 春雷霉素/2%/水剂/春雷霉素 2%/2010.01.19 至 2015.01.19/低毒
水稻 稻瘟病 30—36克/公顷 喷雾
PD20110496 阿维菌素/1.8%/乳油/阿维菌素 1.8%/2011.05.03 至 2016.05.03/低毒(原药高毒)
柑橘树 潜叶蛾 4.5-9毫克/千克 喷雾
PD20110634 苯醚甲环唑/10%/水分散粒剂/苯醚甲环唑 10%/2011.06.13 至 2016.06.13/低毒
西瓜 炭疽病 75—112.5克/公顷 喷雾
PD20120416 吡虫啉/5%/片剂/吡虫啉 5%/2012.03.12 至 2017.03.12/低毒
黄瓜 蚜虫 6.5—9.75毫克/株 穴施
PD20121016 甲氨基阿维菌素苯甲酸盐/3%/微乳剂/甲氨基阿维菌素 3%/2012.07.02 至 2017.07.02/低毒
小白菜 甜菜夜蛾 2.25-4.5克/公顷 喷雾
注：甲氨基阿维菌素苯甲酸盐含量：3.4%。
PD20121193 高效氯氰菊酯/4.5%/微乳剂/高效氯氰菊酯 4.5%/2012.08.06 至 2017.08.06/中等毒
甘蓝 菜青虫 20.25-27克/公顷 喷雾
PD20131591 丙溴磷/50%/乳油/丙溴磷 50%/2013.07.29 至 2018.07.29/中等毒
棉花 棉铃虫 360-540克/公顷 喷雾
PD20132327 甲哌鎓/98%/可溶粉剂/甲哌鎓 98%/2013.11.13 至 2018.11.13/低毒
棉花 调节生长 45-75克/公顷 喷雾
PD20132511 二甲戊灵/33%/乳油/二甲戊灵 33%/2013.12.16 至 2018.12.16/低毒
甘蓝田 一年生杂草 495-742.5克/公顷 土壤喷雾

河北海虹生化有限公司 (河北省南和县和阳镇东关东路南侧 054400 0319-4565155)

PD20092531 毒死蜱/480克/升/乳油/毒死蜱 480克/升/2009.02.26 至 2014.02.26/低毒
十字花科蔬菜 菜青虫 504-576克/公顷 喷雾

PD20093350 啶虫脒/3%/乳油/啶虫脒 3%/2009.03.18 至 2014.03.18/低毒
黄瓜 蚜虫 18-22.5克/公顷 喷雾
PD20093986 高效氯氟氰菊酯/25克/升/乳油/高效氯氟氰菊酯 25克/升/2014.03.27 至 2019.03.27/中等毒
甘蓝 蚜虫 7.5-11.25克/公顷 喷雾
PD20094740 高氯·辛硫磷/20%/乳油/高效氯氰菊酯 1.5%、辛硫磷 18.5%/2014.04.10 至 2019.04.10/低毒
甘蓝 菜青虫 120-150克/公顷 喷雾
PD20095286 阿维菌素/18克/升/乳油/阿维菌素 18克/升/2009.04.27 至 2014.04.27/低毒(原药高毒)
十字花科蔬菜 小菜蛾 10.8-13.5克/公顷 喷雾
PD20098419 混合氨基酸铜/10%/水剂/混合氨基酸铜 10%/2009.12.24 至 2014.12.24/低毒
西瓜 枯萎病 150－200倍液 灌根
PD20101385 苦参碱/0.36%/可溶液剂/苦参碱 0.36%/2010.04.14 至 2015.04.14/低毒
梨树 黑星病 600-800倍液 喷雾
PD20102140 过氧乙酸/21%/水剂/过氧乙酸 21%/2010.12.02 至 2015.12.02/低毒
黄瓜 灰霉病 441-735克/公顷 喷雾

河北贺森化工有限公司 (河北省邢台市广宗县兴广北路168号 054600 0319-7212184)

PD20070561 代森锰锌/70%/可湿性粉剂/代森锰锌 70%/2012.12.03 至 2017.12.03/低毒
番茄 早疫病 1845-2370克/公顷 喷雾
PD20082763 代森锰锌/80%/可湿性粉剂/代森锰锌 80%/2013.12.08 至 2018.12.08/低毒
番茄 早疫病 1845-2370克/公顷 喷雾
PD20083751 乙铝·锰锌/70%/可湿性粉剂/代森锰锌 45%、三乙膦酸铝 25%/2013.12.15 至 2018.12.15/低毒
黄瓜 霜霉病 1399.95-4200克/公顷 喷雾
PD20092234 吡虫啉/10%/可湿性粉剂/吡虫啉 10%/2014.02.24 至 2019.02.24/低毒
水稻 稻飞虱 15-30克/公顷 喷雾
PD20093911 甲霜·锰锌/58%/可湿性粉剂/甲霜灵 10%、代森锰锌 48%/2014.03.26 至 2019.03.26/低毒
葡萄 霜霉病 1087.5-1740克/公顷 喷雾
PD20094607 代森锰锌/50%/可湿性粉剂/代森锰锌 50%/2009.04.10 至 2014.04.10/低毒
番茄 早疫病 1845-2370克/公顷 喷雾
PD20094761 啶虫脒/5%/乳油/啶虫脒 5%/2009.04.13 至 2014.04.13/低毒
柑橘树 蚜虫 12.5-16.7毫克/千克 喷雾
PD20094834 硫磺·锰锌/70%/可湿性粉剂/硫磺 42%、代森锰锌 28%/2009.04.13 至 2014.04.13/低毒
豇豆 锈病 1575-2100克/公顷 喷雾
PD20098487 代森锰锌/85%/原药/代森锰锌 85%/2009.12.24 至 2014.12.24/低毒

河北华灵农药有限公司 (河北省南宫市南关外 055750 0311-84773688)

PD84111-50 氧乐果/40%/乳油/氧乐果 40%/2009.12.16 至 2014.12.16/中等毒
棉花 蚜虫、螨 375-600克/公顷 喷雾
森林 松干蚧、松毛虫 500倍液 喷雾或直接涂树干
水稻 稻纵卷叶螟、飞虱 375-600克/公顷 喷雾
小麦 蚜虫 300-450克/公顷 喷雾
PD85126-21 三氯杀螨醇/20%/乳油/三氯杀螨醇 20%/2009.12.16 至 2014.12.16/低毒
棉花 红蜘蛛 225-300克/公顷 喷雾
苹果树 红蜘蛛、锈蜘蛛 800-1000倍液 喷雾
PD20080052 氟乐灵/480克/升/乳油/氟乐灵 480克/升/2013.01.03 至 2018.01.03/低毒
棉花田 一年生杂草 810-1080克/公顷 土壤喷雾
PD20080245 敌敌畏/48%/乳油/敌敌畏 48%/2013.02.18 至 2018.02.18/中等毒
棉花 蚜虫 900-1200克/公顷 喷雾
PD20080265 乙酰甲胺磷/30%/乳油/乙酰甲胺磷 30%/2013.02.20 至 2018.02.20/低毒
棉花 蚜虫 810-900克/公顷 喷雾
PD20080297 高效氯氰菊酯/4.5%/乳油/高效氯氰菊酯 4.5%/2013.02.25 至 2018.02.25/中等毒
甘蓝 蚜虫 13.5-20.25克/公顷 喷雾
甘蓝 菜青虫、小菜蛾 13.5-22.5克/公顷 喷雾
棉花 红铃虫、棉铃虫、蚜虫 13.5-30.375克/公顷 喷雾
苹果树 桃小食心虫 22.5-37.5毫克/千克 喷雾
PD20080712 乙烯利/40%/水剂/乙烯利 40%/2013.06.11 至 2018.06.11/低毒
棉花 催熟、增产 300-400倍液(1000-1333毫克/千克) 兑水喷雾
PD20082986 三十烷醇/0.1%/微乳剂/三十烷醇 0.1%/2013.12.10 至 2018.12.10/低毒
小麦 调节生长、增产 0.4-0.6毫克/千克 喷雾2-3次
PD20083121 氯氰菊酯/5%/乳油/氯氰菊酯 5%/2013.12.10 至 2018.12.10/中等毒
棉花 棉铃虫 45-60克/公顷 喷雾
PD20084464 高效氯氟氰菊酯/25克/升/乳油/高效氯氟氰菊酯 25克/升/2013.12.17 至 2018.12.17/中等毒
棉花 棉铃虫 22.5-30克/公顷 喷雾
小麦 麦蚜 4.5-7.5克/公顷 喷雾
PD20084809 毒死蜱/40%/乳油/毒死蜱 40%/2013.12.22 至 2018.12.22/中等毒

	棉花	棉铃虫	600-900克/公顷	喷雾
PD20096596	氰戊菊酯/20%/乳油/氰戊菊酯 20%/2009.09.02 至 2014.09.02/中等毒			
	棉花	红铃虫	75-150克/公顷	喷雾
PD20096962	联苯菊酯/100克/升/乳油/联苯菊酯 100克/升/2009.09.29 至 2014.09.29/中等毒			
	棉花	棉铃虫	30-52.5克/公顷	喷雾
PD20097066	辛硫磷/40%/乳油/辛硫磷 40%/2009.10.10 至 2014.10.10/低毒			
	棉花	棉铃虫	540-720克/公顷	喷雾
PD20097159	噁霉灵/15%/水剂/噁霉灵 15%/2009.10.16 至 2014.10.16/低毒			
	水稻	立枯病	1.35-1.8克/平方米	苗床土壤处理
PD20098292	啶虫脒/5%/乳油/啶虫脒 5%/2009.12.18 至 2014.12.18/中等毒			
	棉花	蚜虫	9-13.5克/公顷	喷雾
PD20110952	过氧乙酸/21%/水剂/过氧乙酸 21%/2011.09.08 至 2016.09.08/低毒			
	黄瓜	灰霉病	441-735克/公顷	喷雾
PD20111377	阿维菌素/1.8%/乳油/阿维菌素 1.8%/2011.12.14 至 2016.12.14/低毒(原药高毒)			
	棉花	红蜘蛛	10.8-16.2克/公顷	喷雾
PD20120541	丁硫克百威/200克/升/乳油/丁硫克百威 200克/升/2012.03.28 至 2017.03.28/中等毒			
	棉花	蚜虫	90-180克/公顷	喷雾
PD20121129	甲氨基阿维菌素苯甲酸盐/5%/水分散粒剂/甲氨基阿维菌素 5%/2012.07.20 至 2017.07.20/低毒			
	甘蓝	甜菜夜蛾	2.82—3.375克/公顷	喷雾
	注:甲氨基阿维菌素苯甲酸盐含量: 5.7%。			
PD20121261	啶虫脒/20%/可溶液剂/啶虫脒 20%/2012.09.04 至 2017.09.04/低毒			
	黄瓜	蚜虫	15—30克/公顷	喷雾
PD20121262	苯醚甲环唑/10%/水分散粒剂/苯醚甲环唑 10%/2012.09.04 至 2017.09.04/低毒			
	梨树	黑星病	16.7～20毫克/千克	喷雾

河北金德伦生化科技有限公司　(河北省石家庄市鹿泉市寺家庄镇东营北街　050225　0311-82266866)

PD20083153	阿维菌素/1.8%/乳油/阿维菌素 1.8%/2013.12.11 至 2018.12.11/低毒(原药高毒)			
	十字花科蔬菜	菜青虫	8.1-10.8克/公顷	喷雾
PD20083871	毒死蜱/480克/升/乳油/毒死蜱 480克/升/2013.12.15 至 2018.12.15/中等毒			
	棉花	棉铃虫	648-900克/公顷	喷雾
PD20084008	联苯菊酯/25克/升/乳油/联苯菊酯 25克/升/2013.12.16 至 2018.12.16/低毒			
	茶树	茶毛虫、茶尺蠖	7.5-15克/公顷	喷雾
PD20084211	马拉硫磷/45%/乳油/马拉硫磷 45%/2013.12.16 至 2018.12.16/低毒			
	棉花	盲蝽蟓	472.5-573.75克/公顷	喷雾
	水稻	稻飞虱	540-742.5克/公顷	喷雾
PD20084626	啶虫脒/5%/乳油/啶虫脒 5%/2013.12.18 至 2018.12.18/低毒			
	柑橘树	蚜虫	8.3-12毫克/千克	喷雾
PD20085884	马拉·吡虫啉/6%/可湿性粉剂/吡虫啉 1%、马拉硫磷 5%/2013.12.29 至 2018.12.29/低毒			
	甘蓝	蚜虫	45-63克/公顷	喷雾
PD20085944	马拉硫磷/1.2%/粉剂/马拉硫磷 1.2%/2013.12.29 至 2018.12.29/低毒			
	仓储原粮	储粮害虫	12-24克/1000千克原粮	撒施(拌粮)
PD20092861	马拉硫磷/90%/原药/马拉硫磷 90%/2014.03.05 至 2019.03.05/低毒			
PD20095310	氟铃脲/5%/乳油/氟铃脲 5%/2009.04.27 至 2014.04.27/低毒			
	甘蓝	小菜蛾	37.5-52.5克/公顷	喷雾
PD20097983	吡虫·杀虫单/40%/可湿性粉剂/吡虫啉 1%、杀虫单 39%/2009.12.01 至 2014.12.01/中等毒			
	水稻	稻飞虱、稻纵卷叶螟、二化螟、三化螟	450-750克/公顷	喷雾
PD20098452	氟铃·辛硫磷/20%/乳油/氟铃脲 2%、辛硫磷 18%/2009.12.24 至 2014.12.24/低毒			
	十字花科蔬菜	小菜蛾	120-150克/公顷	喷雾
PD20100615	高效氯氰菊酯/4.5%/乳油/高效氯氰菊酯 4.5%/2010.01.14 至 2015.01.14/中等毒			
	棉花	棉铃虫	22.5-30克/公顷	喷雾
PD20101612	吡虫啉/25%/可湿性粉剂/吡虫啉 25%/2010.06.03 至 2015.06.03/低毒			
	小麦	蚜虫	15-30克/公顷(南方地区) 45-60克/公顷(北方地区)	喷雾
PD20101983	井冈霉素/20%/可溶粉剂/井冈霉素 20%/2010.09.21 至 2015.09.21/低毒			
	水稻	纹枯病	150-187.5克/公顷	喷雾
PD20110008	阿维菌素/5%/乳油/阿维菌素 5%/2011.01.04 至 2016.01.04/中等毒(原药高毒)			
	甘蓝	菜青虫	8.1-10.5毫升/公顷	喷雾
PD20110389	啶虫脒/20%/可湿性粉剂/啶虫脒 20%/2011.04.12 至 2016.04.12/低毒			
	柑橘树	蚜虫	10-13.3毫克/千克	喷雾
PD20130242	吡虫啉/350克/升/悬浮剂/吡虫啉 350克/升/2013.02.05 至 2018.02.05/低毒			
	水稻	稻飞虱	36—45克/公顷	喷雾
PD20130408	烟嘧磺隆//可分散油悬浮剂/烟嘧磺隆 40克/升/2013.03.12 至 2018.03.12/低毒			
	玉米田	一年生杂草	48-60克/公顷	茎叶喷雾
PD20131518	苯醚甲环唑/30%/悬浮剂/苯醚甲环唑 30%/2013.07.17 至 2018.07.17/低毒			

香蕉 叶斑病 84-125毫克/千克 喷雾

PD20132198 吡虫啉/5%/乳油/吡虫啉 5%/2013.10.29 至 2018.10.29/低毒

小麦 蚜虫 45-60克/公顷 喷雾

WP20090289 高效氯氰菊酯/5%/悬浮剂/高效氯氰菊酯 5%/2009.06.24 至 2014.06.24/低毒

卫生 蚊、蝇 30毫克/平方米 滞留喷洒

河北军星生物化工有限公司 (河北省曲周县县城西工业区军星路1号 057250 0310-8896758)

PD85131-31 井冈霉素/2.4%/水剂/井冈霉素 2.4%/2011.11.19 至 2016.11.19/低毒

水稻 纹枯病 75-112.5克/公顷 喷雾,泼浇

注:井冈霉素含量:3%。

PD85132-3 井冈霉素/2.4%/可溶粉剂/井冈霉素A 2.4%/2011.11.19 至 2016.11.19/低毒

水稻 纹枯病 75-112.5克/公顷 喷雾、泼浇

注:井冈霉素含量: 3%。

PD85157-19 辛硫磷/40%/乳油/辛硫磷 40%/2010.07.25 至 2015.07.25/低毒

茶树、桑树 食叶害虫 200-400毫克/千克 喷雾

果树 食心虫、蚜虫、螨 200-400毫克/千克 喷雾

林木 食叶害虫 3000-6000克/公顷 喷雾

棉花 棉铃虫、蚜虫 300-600克/公顷 喷雾

蔬菜 菜青虫 300-450克/公顷 喷雾

烟草 食叶害虫 300-600克/公顷 喷雾

玉米 玉米螟 450-600克/公顷 灌心叶

PD20040157 氯氰菊酯/5%/乳油/氯氰菊酯 5%/2009.12.19 至 2014.12.19/中等毒

棉花 棉铃虫 60-90克/公顷 喷雾

十字花科蔬菜 菜青虫 15-30克/公顷 喷雾

小麦 蚜虫 37.5-52.5克/公顷 喷雾

PD20040174 高效氯氰菊酯/4.5%/乳油/高效氯氰菊酯 4.5%/2009.12.19 至 2014.12.19/中等毒

梨树 梨木虱 20.8-31.25毫克/千克 喷雾

十字花科蔬菜 菜青虫 13.5-22.5克/公顷 喷雾

小麦 蚜虫 15-22.5克/公顷 喷雾

PD20080290 敌畏·吡虫啉/26%/乳油/吡虫啉 1%、敌敌畏 25%/2013.02.25 至 2018.02.25/中等毒

棉花 蚜虫 234-312克/公顷 喷雾

水稻 飞虱 234-312克/公顷 喷雾

PD20083824 氰戊·马拉松/20%/乳油/马拉硫磷 15%、氰戊菊酯 5%/2013.12.15 至 2018.12.15/中等毒

棉花 棉铃虫 90-150克/公顷 喷雾

苹果树 桃小食心虫 160-333毫克/千克 喷雾

蔬菜 菜青虫、蚜虫 90-150克/公顷 喷雾

小麦 蚜虫 60-90克/公顷 喷雾

PD20085594 辛硫磷/40%/乳油/辛硫磷 40%/2013.12.25 至 2018.12.25/低毒

甘蓝 菜青虫 300-450克/公顷 喷雾

棉花 棉铃虫 360-480克/公顷 喷雾

PD20085713 氯氰·辛硫磷/40%/乳油/氯氰菊酯 2%、辛硫磷 38%/2013.12.26 至 2018.12.26/中等毒

棉花 棉铃虫 180-270克/公顷 喷雾

PD20090062 氰戊·马拉松/40%/乳油/马拉硫磷 30%、氰戊菊酯 10%/2014.01.08 至 2019.01.08/中等毒

棉花 棉铃虫 90-150克/公顷 喷雾

小麦 蚜虫 60-90克/公顷 喷雾

PD20090175 氰戊·辛硫磷/40%/乳油/氰戊菊酯 5%、辛硫磷 35%/2014.01.08 至 2019.01.08/中等毒

棉花 棉铃虫 300-360克/公顷 喷雾

PD20090184 氰戊·辛硫磷/50%/乳油/氰戊菊酯 4.5%、辛硫磷 45.5%/2014.01.08 至 2019.01.08/中等毒

棉花 棉铃虫 600-750克/公顷 喷雾

棉花 蚜虫 150-225克/公顷 喷雾

小麦 蚜虫 90克/公顷 喷雾

PD20092394 双甲脒/10%/乳油/双甲脒 10%/2014.02.25 至 2019.02.25/中等毒

梨树 梨木虱 60-100毫克/千克 喷雾

PD20096343 吡虫啉/10%/可湿性粉剂/吡虫啉 10%/2009.07.28 至 2014.07.28/低毒

小麦 蚜虫 15-30克/公顷(南方地区) 喷雾

45-60克/公顷(北方地区)

PD20096458 氰戊菊酯/20%/乳油/氰戊菊酯 20%/2009.08.06 至 2014.08.06/中等毒

甘蓝 菜青虫 37.5-75克/公顷 喷雾

棉花 棉铃虫 120-150克/公顷 喷雾

PD20096560 氧乐果/40%/乳油/氧乐果 40%/2009.08.24 至 2014.08.24/中等毒(原药高毒)

棉花、小麦 蚜虫 81-162克/公顷 喷雾

PD20097316 烟嘧磺隆/40克/升/可分散油悬浮剂/烟嘧磺隆 40克/升/2009.10.27 至 2014.10.27/低毒

玉米田 一年生杂草 42-60克/公顷 茎叶喷雾

PD20101524 氰戊·水胺/30%/乳油/氰戊菊酯 7.5%、水胺硫磷 22.5%/2010.05.19 至 2015.05.19/中等毒(原药高毒)

棉花 棉铃虫 225-270克/公顷 喷雾
PD20110347 水胺硫磷/35%/乳油/水胺硫磷 35%/2011.03.24 至 2016.03.24/高毒
棉花 红蜘蛛 252-336克/公顷 喷雾
棉花 棉铃虫 210-315克/公顷 喷雾
水稻 象甲 105-210克/公顷 喷雾
PD20121126 吡虫啉/70%/水分散粒剂/吡虫啉 70%/2012.07.20 至 2017.07.20/低毒
甘蓝 蚜虫 15-30克/公顷 喷雾
PD20121702 啶虫脒/40%/水分散粒剂/啶虫脒 40%/2012.11.05 至 2017.11.05/低毒
甘蓝 蚜虫 18-22.50克/公顷 /喷雾
PD20121838 甲氨基阿维菌素苯甲酸盐/5%/水分散粒剂/甲氨基阿维菌素 5%/2012.11.23 至 2017.11.23/低毒
甘蓝 小菜蛾 1.69—2.25克/公顷 喷雾
注:甲氨基阿维菌素苯甲酸盐含量：5.7%。
PD20130621 甲氨基阿维菌素苯甲酸盐/5%/微乳剂/甲氨基阿维菌素 5%/2013.04.03 至 2018.04.03/低毒
甘蓝 小菜蛾 1.5-2.25克/公顷 喷雾
注:甲氨基阿维菌素苯甲酸盐含量:5.7%。
PD20131188 高效氯氟氰菊酯/5%/水乳剂/高效氯氟氰菊酯 5%/2013.05.27 至 2018.05.27/中等毒
甘蓝 菜青虫 7.5-11.25克/公顷 喷雾
PD20131196 高氯·甲维盐/3.5%/微乳剂/高效氯氰菊酯 3%、甲氨基阿维菌素苯甲酸盐 0.5%/2013.05.27 至 2018.05.27/中等毒
甘蓝 小菜蛾 14-21克/公顷 喷雾
PD20132384 阿维·毒死蜱/20%/微乳剂/阿维菌素 0.5%、毒死蜱 19.5%/2013.11.20 至 2018.11.20/中等毒(原药高毒)
水稻 二化螟 180-225克/公顷 喷雾
PD20132655 高效氯氟氰菊酯/2.5%/微乳剂/高效氯氟氰菊酯 2.5%/2013.12.20 至 2018.12.20/低毒
小白菜 甜菜夜蛾 15-24.3克/公顷 喷雾

河北康达有限公司 (河北省保定市天鹅中路118号 071051 400-055-1989)

WP20080543 电热蚊香液/0.86%/电热蚊香液/炔丙菊酯 0.86%/2013.12.23 至 2018.12.23/微毒
卫生 蚊 / 电热加温
WP20090121 电热蚊香液/1.1%/电热蚊香液/炔丙菊酯 1.1%/2014.02.12 至 2019.02.12/微毒
卫生 蚊 / 电热加温
注:本品有三种香型：无香型、熏衣草香型、清香型。
WP20090347 电热蚊香片/14.5毫克/片/电热蚊香片/炔丙菊酯 14.5毫克/片/2009.10.26 至 2014.10.26/微毒
卫生 蚊 / 电热加温
WP20110020 杀蟑气雾剂/0.3%/气雾剂/炔咪菊酯 0.13%、右旋苯醚氰菊酯 0.17%/2011.01.21 至 2016.01.21/微毒
卫生 蜚蠊 / 喷雾
WP20110046 杀虫气雾剂/0.61%/气雾剂/Es-生物烯丙菊酯 0.06%、胺菊酯 0.34%、氯菊酯 0.21%/2011.02.18 至 2016.02.18/微毒
卫生 蜚蠊、蚊、蝇 / 喷雾
注:本产品有一种香型：清香型。
WP20110070 蚊香/0.26%/蚊香/富右旋反式烯丙菊酯 0.26%/2011.03.24 至 2016.03.24/微毒
家庭 蚊 / 点燃
注:本产品有一种香型：绿茶香型。
WP20110074 杀虫气雾剂/0.65%/气雾剂/胺菊酯 0.34%、氯菊酯 0.21%、右旋烯丙菊酯 0.1%/2011.03.24 至 2016.03.24/微毒
家庭 蜚蠊、蚂蚁、跳蚤、蚊、蝇 / 喷雾
注:本产品有一种香型:清香型。
WP20110078 蚊香/0.24%/蚊香/右旋烯丙菊酯 0.24%/2011.03.24 至 2016.03.24/微毒
家庭 蚊 / 点然
注:本产品有一种香型：檀香型。
WP20110093 杀虫气雾剂/0.515%/气雾剂/胺菊酯 0.33%、氯菊酯 0.16%、四氟苯菊酯 0.025%/2011.04.21 至 2016.04.21/微毒
卫生 蚊、蝇、蜚蠊 / 喷雾
注:本产品有一种香型：绿茶香型。
WP20110100 杀虫气雾剂/0.25%/气雾剂/Es-生物烯丙菊酯 0.15%、高效氯氰菊酯 0.045%、四氟苯菊酯 0.055%/2011.04.22 至2016.04.22/微毒
卫生 蚊、蝇、蜚蠊 / 喷雾
WP20110120 杀飞虫气雾剂/0.53%/气雾剂/氯菊酯 0.39%、炔丙菊酯 0.14%/2011.05.12 至 2016.05.12/微毒
卫生 蚊、蝇 / 喷雾
注:本产品有一种香型：清香型。
WP20110132 杀蚊气雾剂/0.3%/气雾剂/Es-生物烯丙菊酯 0.15%、四氟苯菊酯 0.04%、右旋苯醚菊酯 0.11%/2011.06.07 至2016.06.07/微毒
卫生 蚊 / 喷雾
注:本产品有两种香型：无香型、柠檬香型。
WP20110134 蚊香/0.26%/蚊香/四氟苯菊酯 0.02%、右旋烯丙菊酯 0.24%/2011.06.07 至 2016.06.07/微毒
卫生 蚊 / 点燃
注:本产品有三种香型：草本香型、清香型、无香型。
WP20110138 杀虫气雾剂/0.42%/气雾剂/胺菊酯 0.33%、高效氯氰菊酯 0.06%、四氟苯菊酯 0.03%/2011.06.07 至 2016.06.07/微毒
卫生 蚂蚁、蚊、蝇、蜚蠊 / 喷雾

注:本产品有两种香型:薰衣草香型、绿茶香型。

WP20110139 电热蚊香液/1.24%/电热蚊香液/四氟苯菊酯 1.24%/2011.06.07 至 2016.06.07/微毒
卫生 蚊 / 电热加温
注:本产品有三种香型:清香型、薰衣草香型、无香型。

WP20110187 杀虫气雾剂/0.41%/气雾剂/Es-生物烯丙菊酯 0.22%、右旋苯醚菊酯 0.19%/2011.08.10 至 2016.08.10/微毒
卫生 蚊、蝇、蜚蠊 / 喷雾

WP20110189 电热蚊香液/0.72%/电热蚊香液/四氟醚菊酯 0.72%/2011.08.16 至 2016.08.16/微毒
卫生 蚊 / 电热加温
注:本产品有一种香型:薰衣草香型。

WP20110190 杀蟑胶饵/0.05%/胶饵/氟虫腈 0.05%/2011.08.16 至 2016.08.16/微毒
卫生 蜚蠊 / 投放

WP20110216 电热蚊香片/30.5毫克/片/电热蚊香片/Es-生物烯丙菊酯 23.2毫克/片、四氟苯菊酯 7.3毫克/片/2011.09.20 至 2016.09.20/微毒
卫生 蚊 / 电热加温
注:本产品有三种香型:清香型、绿茶香型、无香型。

WP20110217 电热蚊香片/27.8毫克/片/电热蚊香片/Es-生物烯丙菊酯 17.4毫克/片、炔丙菊酯 10.4毫克/片/2011.09.20 至2016.09.20/微毒
卫生 蚊 / 电热加温
注:本产品有三种香型:无香型、薰衣草香型、绿茶香型。

WP20120010 杀蟑饵剂/2%/饵剂/吡虫啉 2%/2012.01.18 至 2017.01.18/微毒
卫生 蜚蠊 / 投放

WP20120032 蟑香/8.8%/蟑香/右旋苯醚氰菊酯 8.8%/2012.02.23 至 2017.02.23/微毒
卫生 蜚蠊 / 点燃

WP20120223 蚊香/0.08%/蚊香/氯氟醚菊酯 0.08%/2012.11.22 至 2017.11.22/微毒
卫生 蚊 / 点燃
注:本产品有三种香型:清香型、绿茶香型、无香型。

河北阔达生物制品有限公司 (河北省高邑县千秋西路8号 051330 0311-84066686)

PD90106-3 苏云金杆菌/8000IU/微升/悬浮剂/苏云金杆菌 8000IU/微升/2011.02.26 至 2016.02.26/低毒
白菜、萝卜、青菜 菜青虫、小菜蛾 1500-2250克制剂/公顷 喷雾
茶树 茶毛虫 3000克制剂/公顷 喷雾
高粱、玉米 玉米螟 2250-3000克制剂/公顷 加细沙灌心叶
梨树、苹果树、桃树、枣树 尺蠖、食心虫 200倍液 喷雾
林木 尺蠖、柳毒蛾、松毛虫 150-200倍液 喷雾
棉花 棉铃虫、造桥虫 3750-6000克制剂/公顷 喷雾
水稻 稻苞虫、螟虫 3000-6000克制剂/公顷 喷雾
烟草 烟青虫 3000克制剂/公顷 喷雾

PD20084017 阿维菌素/3.2%/乳油/阿维菌素 3.2%/2013.12.16 至 2018.12.16/低毒(原药高毒)
菜豆 美洲斑潜蝇 10.8-21.6克/公顷 喷雾

PD20084636 阿维菌素/1.8%/乳油/阿维菌素 1.8%/2013.12.18 至 2018.12.18/低毒(原药高毒)
梨树 梨木虱 6-12毫克/千克 喷雾
棉花 棉铃虫 21.6-32.4克/公顷 喷雾
十字花科蔬菜 菜青虫 8.1-10.8克/公顷 喷雾

PD20101233 苦参碱/0.3%/水剂/苦参碱 0.3%/2010.03.01 至 2015.03.01/低毒
梨树 黑星病 800-600倍液 喷雾
十字花科蔬菜 蚜虫 6.75-11.25克/公顷 喷雾

PD20101507 苦参碱/0.3%/水剂/苦参碱 .3%/2010.05.10 至 2015.05.10/低毒
十字花科蔬菜 蚜虫 6.75-11.25克/公顷 喷雾

PD20120481 甲氨基阿维菌素苯甲酸盐/2%/乳油/甲氨基阿维菌素 2%/2012.03.19 至 2017.03.19/低毒
甘蓝 菜青虫 1.8-2.55克/公顷 喷雾
注:甲氨基阿维菌素苯甲酸盐含量:2.3%。

河北廊坊乐万家联合家化有限公司 (河北省廊坊市经济技术开发区金源道 065001 0316-6083788)

WP20090365 电热蚊香片/13毫克/片/电热蚊香片/炔丙菊酯 13毫克/片/2009.11.12 至 2014.11.12/微毒
卫生 蚊 / 电热加温

WP20100047 蚊香/0.25%/蚊香/Es-生物烯丙菊酯 0.25%/2010.03.10 至 2015.03.10/微毒
卫生 蚊 / 点燃

WP20110087 蚊香/0.25%/蚊香/富右旋反式烯丙菊酯 0.25%/2011.04.12 至 2016.04.12/低毒
卫生 蚊 / 点燃

WP20120005 杀虫气雾剂/0.47%/气雾剂/胺菊酯 0.45%、高效氯氰菊酯 0.02%/2012.01.16 至 2017.01.16/微毒
卫生 蚊、蝇、蜚蠊 / 喷雾

WP20130018 蚊香/0.05%/蚊香/氯氟醚菊酯 0.05%/2013.01.24 至 2018.01.24/微毒
卫生 蚊 / 点燃

WL20100007 杀虫气雾剂/0.6%/气雾剂/Es-生物烯丙菊酯 0.15%、氯菊酯 0.25%、右旋胺菊酯 0.2%/2012.01.12 至 2013.01.12/微毒

卫生　蚊、蝇、蜚蠊　/　喷雾
WL20100010　杀虫气雾剂/0.41%/气雾剂/高效氯氰菊酯 0.06%、右旋胺菊酯 0.25%、右旋烯丙菊酯 0.1%/2012.01.12 至 2013.01.12/微毒
卫生　蚊、蝇、蜚蠊　/　喷雾
WL20100023　杀蟑气雾剂/0.4%/气雾剂/炔咪菊酯 0.15%、右旋苯醚氰菊酯 0.25%/2012.01.18 至 2013.01.18/微毒
卫生　蜚蠊　/　喷雾
WL20100073　电热蚊香液/0.6%/电热蚊香液/氯氟醚菊酯 0.6%/2012.03.05 至 2013.03.05/微毒
卫生　蚊　/　电热加温

河北利时捷生物科技有限公司　(河北省赵县工业区生物产业园区兴园路8号　051530　0311-86050792)
PD20097585　阿维菌素/1.8%/乳油/阿维菌素 1.8%/2009.11.03 至 2014.11.03/低毒(原药高毒)
菜豆　美洲斑潜蝇　5.4-10.8克/公顷　喷雾
PD20100459　多菌灵/50%/可湿性粉剂/多菌灵 50%/2010.01.14 至 2015.01.14/低毒
小麦　赤霉病　937.5—1125克/公顷　喷雾
PD20101166　敌敌畏/80%/乳油/敌敌畏 80%/2010.01.27 至 2015.01.27/中等毒
十字花科蔬菜　菜青虫　600-780克/公顷　喷雾
PD20120357　甲氨基阿维菌素苯甲酸盐/5%/水分散粒剂/甲氨基阿维菌素 5%/2012.02.23 至 2017.02.23/低毒
甘蓝　小菜蛾　1.5-3克/公顷　喷雾
注:甲氨基阿维菌素苯甲酸盐含量：5.7%。
PD20121534　阿维・高氯/5.4%/乳油/阿维菌素 0.9%、高效氯氰菊酯 4.5%/2012.10.17 至 2017.10.17/中等毒(原药高毒)
甘蓝　小菜蛾　8.1-16.2克/公顷　喷雾
PD20121653　甲氨基阿维菌素苯甲酸盐/1%/乳油/甲氨基阿维菌素 1%/2012.10.30 至 2017.10.30/低毒
甘蓝　小菜蛾　1.125-2.25克/公顷　喷雾
注:甲氨基阿维菌素苯甲酸盐含量:1.14%。

河北绿风肥业集团有限公司　(河北省徐水县史端乡南营　072550　0312-8596888)
PD20097220　复硝酚钠/1.8%/水剂/5-硝基邻甲氧基苯酚钠 0.3%、对硝基苯酚钠 0.9%、邻硝基苯酚钠 0.6%/2009.10.19 至2014.10.19/微毒
番茄　调节生长　3000-5000倍液　喷雾

河北农佳生物科技有限公司　(河北省邯郸县代召裴堡村南309国道南侧　056108　0310-8172666)
PD20040383　吡虫啉/5%/可溶液剂/吡虫啉 5%/2009.12.19 至 2014.12.19/低毒
苹果树　蚜虫　15-30毫克/千克　喷雾

河北欧亚化学工业有限公司　(河北省衡水市景县景新西大街158号　053500　0318-4307288)
PD20092037　异丙草・莠/40%/悬乳剂/异丙草胺 24%、莠去津 16%/2009.02.12 至 2014.02.12/低毒
夏玉米田　一年生杂草　1200-1500克/公顷　土壤喷雾
PD20094336　烟嘧磺隆/40克/升/可分散油悬浮剂/烟嘧磺隆 40克/升/2009.03.31 至 2014.03.31/低毒
玉米田　一年生杂草　48-60克/公顷　茎叶喷雾
PD20095329　烟嘧磺隆/95%/原药/烟嘧磺隆 95%/2009.04.27 至 2014.04.27/低毒
PD20095651　苯磺隆/10%/可湿性粉剂/苯磺隆 10%/2009.05.12 至 2014.05.12/低毒
冬小麦田　一年生阔叶杂草　15～22.5克/公顷　茎叶喷雾
PD20130021　乙・莠/48%/悬乳剂/乙草胺 20%、莠去津 28%/2013.01.04 至 2018.01.04/低毒
玉米田　一年生杂草　1440-2160克/公顷（春玉米田）　播后苗前土壤喷雾
1080-1440克/公顷（夏玉米田）
PD20130120　烟嘧・莠去津/22%/可分散油悬浮剂/烟嘧磺隆 2%、莠去津 20%/2013.01.17 至 2018.01.17/低毒
玉米田　一年生杂草　412.5-660克/公顷　茎叶喷雾
WP20110089　双硫磷/90%/原药/双硫磷 90%/2011.04.14 至 2016.04.14/低毒
注:专供出口，不得在国内销售。
WP20110265　杀蚊颗粒剂/1%/颗粒剂/双硫磷 1%/2011.12.05 至 2016.12.05/低毒
卫生　蚊(幼虫)　50毫克/平方米　投入水中
注:专供出口，不得在国内销售。

河北奇峰化工有限公司　(河北省晋州市通达路鼓城桥北　052260　0311-84323874)
PD85159-11　草甘膦/30%/水剂/草甘膦 30%/2010.08.15 至 2015.08.15/低毒
茶树、甘蔗、果园、剑麻、林木、桑树、橡胶树　一年生杂草和多年生恶性杂草　1125-2250克/公顷　喷雾
PD92103-8　草甘膦/95%,93%,90%/原药/草甘膦 95%,93%,90%/2012.07.11 至 2017.07.11/低毒
PD20060141　草甘膦异丙胺盐/62%/母药/草甘膦异丙胺盐 62%/2011.08.07 至 2016.08.07/低毒
PD20060142　草甘膦异丙胺盐/41%/水剂/草甘膦 41%/2011.08.07 至 2016.08.07/低毒
苹果园　一年生和多年生杂草　1125-2250克/公顷　定向茎叶喷雾
PD20082323　二嗪磷/95%/原药/二嗪磷 95%/2008.12.01 至 2013.12.01/中等毒
PD20083649　二嗪磷/50%/乳油/二嗪磷 50%/2008.12.12 至 2013.12.12/低毒
水稻　二化螟　375-600克/公顷　喷雾

河北青园农药有限公司　(河北省邢台市钢铁北路邢化街3号　054000　0319-5906255)
PD90106-29　苏云金杆菌/8000IU/微升/悬浮剂/苏云金杆菌 8000IU/微升/2010.07.01 至 2015.07.01/低毒
茶树　茶毛虫　100-200倍液　喷雾

	林木	美国白蛾	250-350倍液	喷雾
	棉花	二代棉铃虫	6000-7500毫升制剂/公顷	喷雾
	森林	松毛虫	100-200倍液	喷雾
	十字花科蔬菜	菜青虫、小菜蛾	3000-4500毫升制剂/公顷	喷雾
	水稻	稻纵卷叶螟	6000-7500毫升制剂/公顷	喷雾
	烟草	烟青虫	6000-7500毫升制剂/公顷	喷雾
	玉米	玉米螟	4500-6000毫升制剂/公顷	加细沙灌心叶
	枣树	尺蠖	100-200倍液	喷雾
PD20040727	吡虫啉/10%/可湿性粉剂/吡虫啉 10%/2009.12.19 至 2014.12.19/低毒			
	水稻	飞虱	15-30克/公顷	喷雾
PD20081996	代森锰锌/70%/可湿性粉剂/代森锰锌 70%/2013.11.25 至 2018.11.25/低毒			
	番茄	早疫病	1845-2370克/公顷	喷雾
PD20082193	福美双/50%/可湿性粉剂/福美双 50%/2013.11.26 至 2018.11.26/低毒			
	黄瓜	霜霉病	937.5-1406.25克/公顷	喷雾
PD20082582	甲基硫菌灵/70%/可湿性粉剂/甲基硫菌灵 70%/2013.12.04 至 2018.12.04/低毒			
	梨树	黑星病	1000-1500倍液	喷雾
PD20083736	代森锰锌/50%/可湿性粉剂/代森锰锌 50%/2013.12.15 至 2018.12.15/低毒			
	番茄	早疫病	1845-2370克/公顷	喷雾
PD20083898	高氯·马/37%/乳油/高效氯氰菊酯 1%、马拉硫磷 36%/2013.12.15 至 2018.12.15/中等毒			
	甘蓝	菜青虫	175.5-354克/公顷	喷雾
PD20085153	毒死蜱/480克/升/乳油/毒死蜱 480克/升/2013.12.23 至 2018.12.23/中等毒			
	苹果树	绵蚜	200-267毫克/千克	喷雾
PD20090739	乙铝·锰锌/70%/可湿性粉剂/代森锰锌 45%、三乙膦酸铝 25%/2014.01.19 至 2019.01.19/低毒			
	黄瓜	霜霉病	1312.5-1968.8克/公顷	喷雾
PD20090784	多·福/60%/可湿性粉剂/多菌灵 30%、福美双 30%/2014.01.19 至 2019.01.19/低毒			
	梨树	黑星病	1000-1500毫克/千克	喷雾
PD20091001	高效氯氟氰菊酯/25克/升/乳油/高效氯氟氰菊酯 25克/升/2014.01.21 至 2019.01.21/中等毒			
	苹果	桃小食心虫	8.3-9.3毫克/千克	喷雾
PD20091814	代森锰锌/80%/可湿性粉剂/代森锰锌 80%/2014.02.05 至 2019.02.05/低毒			
	番茄	早疫病	1845-2370克/公顷	喷雾
PD20091993	乙铝·多菌灵/60%/可湿性粉剂/多菌灵 20%、三乙膦酸铝 40%/2014.02.12 至 2019.02.12/低毒			
	苹果	轮纹病	1200-1500毫克/千克	喷雾
PD20092901	噻螨酮/5%/可湿性粉剂/噻螨酮 5%/2014.03.05 至 2019.03.05/低毒			
	柑橘树	红蜘蛛	33.3-50毫克/千克	喷雾
PD20093162	多·锰锌/40%/可湿性粉剂/多菌灵 20%、代森锰锌 20%/2014.03.11 至 2019.03.11/低毒			
	梨树	黑星病	1000-1250毫克/千克	喷雾
PD20093908	高氯·毒死蜱/15%/乳油/毒死蜱 13.5%、高效氯氰菊酯 1.5%/2009.03.26 至 2014.03.26/中等毒			
	黄瓜	美洲斑潜蝇	112.5-157.5克/公顷	喷雾
PD20097627	噻嗪酮/25%/可湿性粉剂/噻嗪酮 25%/2009.11.03 至 2014.11.03/低毒			
	水稻	飞虱	75-150克/公顷	喷雾
PD20097744	丙环唑/250克/升/乳油/丙环唑 250克/升/2009.11.12 至 2014.11.12/低毒			
	香蕉	叶斑病	312.5-500毫克/千克	喷雾
PD20097872	三唑锡/25%/可湿性粉剂/三唑锡 25%/2009.11.20 至 2014.11.20/低毒			
	苹果树	红蜘蛛	125-250毫克/千克	喷雾
PD20098225	代森锌/65%/可湿性粉剂/代森锌 65%/2009.12.16 至 2014.12.16/低毒			
	番茄	早疫病	3075－3600克/公顷	喷雾
PD20111042	过氧乙酸/21%/水剂/过氧乙酸 21%/2011.10.10 至 2016.10.10/低毒			
	黄瓜	灰霉病	441-735克/公顷	喷雾
PD20121555	阿维菌素/1.8%/乳油/阿维菌素 1.8%/2012.10.25 至 2017.10.25/低毒(原药高毒)			
	柑橘树	潜叶蛾	4.5-9毫克/千克	喷雾

河北荣威生物药业有限公司 (河北省廊坊市固安县公主府固东路南侧 065500 0316-6196476)

PD20085409	多·锰锌/50%/可湿性粉剂/多菌灵 10%、代森锰锌 40%/2013.12.24 至 2018.12.24/低毒			
	梨树	黑星病	1000-1250毫克/千克	喷雾
PD20091009	乙草胺/900克/升/乳油/乙草胺 900克/升/2014.01.21 至 2019.01.21/低毒			
	花生田	一年生杂草	1080-1350克/公顷	土壤喷雾
PD20095272	异噁草松/480克/升/乳油/异噁草松 480克/升/2009.04.27 至 2014.04.27/低毒			
	春大豆田	一年生杂草	900-1008克/公顷	土壤喷雾
PD20100512	莠去津/38%/悬浮剂/莠去津 38%/2010.01.14 至 2015.01.14/低毒			
	夏玉米田	一年生杂草	180-200毫升制剂/亩	茎叶喷雾
PD20121867	阿维·高氯/1.8%/乳油/阿维菌素 0.3%、高效氯氰菊酯 1.5%/2012.11.28 至 2017.11.28/中等毒(原药高毒)			
	甘蓝	菜青虫、小菜蛾	7.5-15克/公顷	喷雾
PD20121950	二甲戊灵/30%/悬浮剂/二甲戊灵 30%/2012.12.12 至 2017.12.12/低毒			
	甘蓝田	一年生杂草	630-765克/公顷	土壤喷雾

PD20131651 莠去津/80%/可湿性粉剂/莠去津 80%/2013.08.01 至 2018.08.01/低毒
夏玉米田 一年生杂草 1200-1400克/公顷 播后苗前土壤喷雾
PD20132566 乙·莠/40%/悬乳剂/乙草胺 16%、莠去津 24%/2013.12.17 至 2018.12.17/低毒
春玉米田 一年生杂草 300－400毫升制剂/亩 土壤喷雾

河北瑞宝德生物化学有限公司 (河北省石家庄市栾城县樊家屯工业区 051430 0311-85430988)

PD20080151 乙烯利/89%/原药/乙烯利 89%/2013.01.03 至 2018.01.03/低毒
PD20082218 氰戊·马拉松/20%/乳油/马拉硫磷 15%、氰戊菊酯 5%/2013.11.26 至 2018.11.26/中等毒
苹果树 桃小食心虫 200-400毫克/千克 喷雾
PD20082287 阿维菌素/1.8%/乳油/阿维菌素 1.8%/2013.12.01 至 2018.12.01/低毒(原药高毒)
柑橘树 红蜘蛛、潜叶蛾 4.5-9毫克/千克 喷雾
柑橘树 锈壁虱 2.25-4.5毫克/千克 喷雾
棉花 红蜘蛛 10.8-16.2克/公顷 喷雾
棉花 棉铃虫 21.6-32.4克/公顷 喷雾
十字花科蔬菜 小菜蛾 8.1-10.8克/公顷 喷雾
PD20082874 乙酰甲胺磷/30%/乳油/乙酰甲胺磷 30%/2013.12.09 至 2018.12.09/低毒
水稻 二化螟 675－900克/公顷 喷雾
PD20084147 辛硫磷/91%/原药/辛硫磷 91%/2013.12.16 至 2018.12.16/低毒
PD20084312 毒死蜱/480克/升/乳油/毒死蜱 480克/升/2013.12.17 至 2018.12.17/中等毒
水稻 二化螟 360-648克/公顷 喷雾
小麦 蚜虫 144－216克/公顷 喷雾
PD20084400 高效氯氟氰菊酯/25克/升/乳油/高效氯氟氰菊酯 25克/升/2013.12.17 至 2018.12.17/中等毒
十字花科蔬菜 菜青虫 7.5-15.5克/公顷 喷雾
小麦 蚜虫 4.5-7.5克/公顷 喷雾
PD20084442 高效氯氟氰菊酯/95%/原药/高效氯氟氰菊酯 95%/2013.12.17 至 2018.12.17/中等毒
PD20084742 丁硫克百威/5%/乳油/丁硫克百威 5%/2013.12.22 至 2018.12.22/中等毒
棉花 蚜虫 22.5-37.5克/公顷 喷雾
PD20085299 多菌灵/25%/可湿性粉剂/多菌灵 25%/2013.12.23 至 2018.12.23/低毒
苹果树 轮纹病 333-500毫克/千克 喷雾
PD20085690 辛硫磷/40%/乳油/辛硫磷 40%/2013.12.26 至 2018.12.26/低毒
十字花科蔬菜 菜青虫 360-480克/公顷 喷雾
PD20085823 啶虫脒/20%/可湿性粉剂/啶虫脒 20%/2013.12.29 至 2018.12.29/低毒
柑橘树 蚜虫 10-13.3毫克/千克 喷雾
PD20086095 乙烯利/40%/水剂/乙烯利 40%/2013.12.30 至 2018.12.30/低毒
棉花 催熟 800-1333毫克/千克 喷雾
PD20092863 丙溴·辛硫磷/24%/乳油/丙溴磷 10%、辛硫磷 14%/2014.03.05 至 2019.03.05/中等毒
十字花科蔬菜 菜青虫 144-198克/公顷 喷雾
PD20093248 啶虫脒/5%/乳油/啶虫脒 5%/2014.03.11 至 2019.03.11/低毒
柑橘树 蚜虫 10-12.5毫克/千克 喷雾
PD20096386 阿维·矿物油/24.5%/乳油/阿维菌素 0.2%、矿物油 24.3%/2009.08.04 至 2014.08.04/低毒(原药高毒)
柑橘树 红蜘蛛 123-245毫克/千克 喷雾
PD20096770 辛硫磷/40%/乳油/辛硫磷 40%/2009.09.15 至 2014.09.15/低毒
棉花 棉铃虫 375-450克/公顷 喷雾
PD20110243 毒死蜱/5%/颗粒剂/毒死蜱 5%/2011.03.03 至 2016.03.03/低毒
韭菜 韭蛆 1500-1875克/公顷 撒施
PD20110695 甲氨基阿维菌素苯甲酸盐/2%/乳油/甲氨基阿维菌素 2%/2011.06.22 至 2016.06.22/低毒
甘蓝 小菜蛾 6.7-10.4克/公顷 喷雾
注:甲氨基阿维菌素苯甲酸盐含量：2.3%。
PD20110935 烯酰吗啉/50%/可湿性粉剂/烯酰吗啉 50%/2011.09.07 至 2016.09.07/低毒
黄瓜 霜霉病 225－375克/公顷 喷雾
PD20111101 高效氯氰菊酯/10%/水乳剂/高效氯氰菊酯 10%/2011.10.17 至 2016.10.17/低毒
棉花 棉铃虫 45-75克/公顷 喷雾
PD20111309 阿维菌素/5%/乳油/阿维菌素 5%/2011.11.24 至 2016.11.24/中等毒(原药高毒)
甘蓝 小菜蛾 9－12克/公顷 喷雾
PD20130486 啶虫脒/10%/乳油/啶虫脒 10%/2013.03.20 至 2018.03.20/低毒
柑橘树 蚜虫 10-20毫克/千克 喷雾
PD20131407 吡虫啉/25%/可湿性粉剂/吡虫啉 25%/2013.07.02 至 2018.07.02/低毒
小麦 蚜虫 45-60克/公顷 喷雾
PD20131487 甲氨基阿维菌素苯甲酸盐/5%/水分散粒剂/甲氨基阿维菌素 5%/2013.07.05 至 2018.07.05/低毒
甘蓝 甜菜夜蛾 2.25-3.75克/公顷 喷雾
注:甲氨基阿维菌素苯甲酸盐含量：5.7%。
PD20131830 阿维菌素/5%/水乳剂/阿维菌素 5%/2013.09.17 至 2018.09.17/低毒(原药高毒)
水稻 稻纵卷叶螟 5.25-6.75克/公顷 喷雾

河北润达农药化工有限公司 (河北省石家庄市藁城市经济技术开发区创业路 052160 0311-88315148)

PD20082202 多·福/40%/可湿性粉剂/多菌灵 5%、福美双 35%/2013.11.26 至 2018.11.26/低毒

梨树	黑星病	1000-1500毫克/千克	喷雾
葡萄	霜霉病	1000-1250毫克/千克	喷雾

PD20084165 代森锰锌/80%/可湿性粉剂/代森锰锌 80%/2013.12.16 至 2018.12.16/低毒

番茄	早疫病	1920-2400克/公顷	喷雾

PD20084505 啶虫脒/20%/可湿性粉剂/啶虫脒 20%/2013.12.18 至 2018.12.18/低毒

柑橘树	蚜虫	10-13.3毫克/千克	喷雾

PD20085000 高效氯氟氰菊酯/25克/升/乳油/高效氯氟氰菊酯 25克/升/2013.12.22 至 2018.12.22/低毒

十字花科蔬菜	菜青虫	7.5-15克/公顷	喷雾

PD20085314 噻嗪·异丙威/25%/可湿性粉剂/噻嗪酮 5%、异丙威 20%/2013.12.24 至 2018.12.24/低毒

水稻	稻飞虱	375-562.5克/公顷	喷雾

PD20085964 多·锰锌/50%/可湿性粉剂/多菌灵 8%、代森锰锌 42%/2013.12.29 至 2018.12.29/低毒

苹果树	斑点落叶病	1000-1250毫克/千克	喷雾

PD20091019 吡虫啉/25%/可湿性粉剂/吡虫啉 25%/2009.01.21 至 2014.01.21/低毒

小麦	蚜虫	15-30克/公顷(南方地区)	喷雾
		45-60克/公顷(北方地区)	

PD20093463 吡虫啉/10%/可湿性粉剂/吡虫啉 10%/2014.03.23 至 2019.03.23/低毒

小麦	蚜虫	15-30克/公顷(南方地区)	喷雾
		45-60克/公顷(北方地区)	

PD20096497 啶虫脒/5%/乳油/啶虫脒 5%/2009.08.14 至 2014.08.14/低毒

柑橘树	蚜虫	10-14.3毫克/千克	喷雾

PD20110178 阿维菌素/18克/升/乳油/阿维菌素 18克/升/2011.02.17 至 2016.02.17/低毒(原药高毒)

棉花	红蜘蛛	9.45-10.8克/公顷	喷雾

PD20110293 啶虫脒/25%/乳油/啶虫脒 25%/2011.03.11 至 2016.03.11/低毒

柑橘树	蚜虫	10—13.3毫克/千克	喷雾

PD20110375 阿维·高氯/10%/乳油/阿维菌素 1%、高效氯氰菊酯 9%/2011.04.11 至 2016.04.11/低毒(原药高毒)

甘蓝	小菜蛾	22.5-30克/公顷	喷雾

PD20110527 阿维菌素/5%/乳油/阿维菌素 5%/2011.05.12 至 2016.05.12/中等毒(原药高毒)

棉花	红蜘蛛	9-15克/公顷	喷雾

PD20120003 甲氨基阿维菌素苯甲酸盐/5%/乳油/甲氨基阿维菌素 5%/2012.01.05 至 2017.01.05/低毒

甘蓝	小菜蛾	3—3.75克/公顷	喷雾

注:甲氨基阿维菌素苯甲酸盐含量：5.7%。

PD20120263 阿维·高氯/2%/乳油/阿维菌素 0.2%、高效氯氰菊酯 1.8%/2012.02.14 至 2017.02.14/低毒(原药高毒)

甘蓝	菜青虫、小菜蛾	13.5-27克/公顷	喷雾

PD20121024 啶虫脒/40%/水分散粒剂/啶虫脒 40%/2012.07.02 至 2017.07.02/低毒

甘蓝	蚜虫	18-24克/颂	喷雾

PD20131890 甲氨基阿维菌素苯甲酸盐/5%/水分散粒剂/甲氨基阿维菌素 5%/2013.09.25 至 2018.09.25/低毒

甘蓝	甜菜夜蛾	1.125-3.375克/公顷	喷雾

注:甲氨基阿维菌素苯甲酸盐含量：5.7%。

PD20132392 噻嗪酮/50%/可湿性粉剂/噻嗪酮 50%/2013.11.20 至 2018.11.20/微毒

茶树	小绿叶蝉	166--250毫克/千克	喷雾

河北润农化工有限公司 (河北省宁晋县工业园区 055550 0319-5862062)

PD84111-51 氧乐果/40%/乳油/氧乐果 40%/2010.03.10 至 2015.03.10/高毒

棉花	蚜虫、螨	375-600克/公顷	喷雾
森林	松干蚧、松毛虫	500倍液	喷雾或直接涂树干
水稻	稻纵卷叶螟、飞虱	375-600克/公顷	喷雾
小麦	蚜虫	300-450克/公顷	喷雾

PD85105-78 敌敌畏/80%/乳油/敌敌畏 77.5%(气谱法)/2010.03.10 至 2015.03.10/中等毒

茶树	食叶害虫	600克/公顷	喷雾
粮仓	多种储藏害虫	1)400-500倍液	1)喷雾
		2)0.4-0.5克/立方米	2)挂条熏蒸
棉花	蚜虫、造桥虫	600-1200克/公顷	喷雾
苹果树	小卷叶蛾、蚜虫	400-500毫克/千克	喷雾
青菜	菜青虫	600克/公顷	喷雾
桑树	尺蠖	600克/公顷	喷雾
卫生	多种卫生害虫	1)300-400倍液2)0.08克/立方米	1)泼洒2)挂条熏蒸
小麦	黏虫、蚜虫	600克/公顷	喷雾

PD20085180 阿维菌素/1.8%/乳油/阿维菌素 1.8%/2008.12.23 至 2013.12.23/低毒(原药高毒)

十字花科蔬菜	小菜蛾	6-9克/公顷	喷雾

PD20093441 高效氟吡甲禾灵/108克/升/乳油/高效氟吡甲禾灵 108克/升/2014.03.23 至 2019.03.23/低毒

大豆田	一年生禾本科杂草	48.6-56.7克/公顷	茎叶喷雾

PD20094282 氰戊·辛硫磷/40%/乳油/氰戊菊酯 5%、辛硫磷 35%/2014.03.31 至 2019.03.31/中等毒

棉花	棉铃虫	300-360克/公顷	喷雾

PD20097586	氧乐果/40%/乳油/氧乐果 40%/2009.11.03 至 2014.11.03/高毒			
	小麦	蚜虫	81-162克/公顷	喷雾
PD20097972	高效氯氟氰菊酯/25克/升/乳油/高效氯氟氰菊酯 25克/升/2009.12.01 至 2014.12.01/中等毒			
	甘蓝	蚜虫	5.625—9.375克/公顷	喷雾
	小麦	蚜虫	6—7.5克/公顷	喷雾
PD20098036	丙环唑/250克/升/乳油/丙环唑 250克/升/2009.12.07 至 2014.12.07/低毒			
	香蕉	叶斑病	250-500毫克/千克	喷雾
PD20110307	阿维菌素/5%/乳油/阿维菌素 5%/2011.03.22 至 2016.03.22/低毒(原药高毒)			
	甘蓝	小菜蛾	7.5—11.25克/公顷	喷雾
	棉花	红蜘蛛	7.5—10.5克/公顷	喷雾
PD20110373	甲氨基阿维菌素苯甲酸盐/5%/乳油/甲氨基阿维菌素 5%/2011.03.31 至 2016.03.31/低毒			
	甘蓝	小菜蛾	1.71—3.42克/公顷	喷雾
	注:甲氨基阿维菌素苯甲酸盐含量: 5.7%。			
PD20111207	过氧乙酸/21%/水剂/过氧乙酸 21%/2011.11.17 至 2016.11.17/低毒			
	黄瓜	灰霉病	441-735克/公顷	喷雾
PD20120827	毒死蜱/30%/微乳剂/毒死蜱 30%/2012.05.22 至 2017.05.22/中等毒			
	水稻	稻纵卷叶螟	450-540克/公顷	喷雾
PD20130640	啶虫脒/20%/可溶液剂/啶虫脒 20%/2013.04.05 至 2018.04.05/低毒			
	棉花	蚜虫	15-30克/公顷	喷雾

河北赛瑞德化工有限公司 (河北省沧州临港化工园区精细化工区 061108 0317-5488335)

PD85105-90	敌敌畏/77.5%/乳油/敌敌畏 77.5%/2010.02.03 至 2015.02.03/中等毒			
	茶树	食叶害虫	600克/公顷	喷雾
	粮仓	多种储藏害虫	1)400-500倍液 2)0.4-0.5克/立方米	1)喷雾 2)挂条熏蒸
	棉花	蚜虫、造桥虫	600-1200克/公顷	喷雾
	苹果树	小卷叶蛾、蚜虫	400-500毫克/千克	喷雾
	青菜	菜青虫	600克/公顷	喷雾
	桑树	尺蠖	600克/公顷	喷雾
	卫生	多种卫生害虫	1)300-400倍液2)0.08克/立方米	1)泼洒2)挂条熏蒸
	小麦	黏虫、蚜虫	600克/公顷	喷雾
PD85109-17	甲拌磷/55%/乳油/甲拌磷 55%/2010.02.03 至 2015.02.03/高毒			
	棉花	地下害虫、蚜虫、螨	600-800克/100千克种子	浸种、拌种
	注:甲拌磷乳油只准用于浸、拌种,严禁喷雾使用。			
PD91104-14	敌敌畏/50%/乳油/敌敌畏 48%(气谱法)/2011.12.31 至 2016.12.31/中等毒			
	茶树	食叶害虫	600克/公顷	喷雾
	粮仓	多种储粮害虫	1)300-400倍液 2)0.4-0.5克/立方米	1)喷雾 2)挂条熏蒸
	棉花	蚜虫、造桥虫	600-1200克/公顷	喷雾
	苹果树	小卷叶蛾、蚜虫	400-500毫克/千克	喷雾
	青菜	菜青虫	600克/公顷	喷雾
	桑树	尺蠖	600克/公顷	喷雾
	卫生	多种卫生害虫	1)250-300倍液2)0.08克/立方米	1)泼洒2)挂条熏蒸
	小麦	黏虫、蚜虫	600克/公顷	喷雾
PD91104-33	敌敌畏/50%/乳油/敌敌畏 48%(气谱法)/2011.01.16 至 2016.01.16/中等毒			
	茶树	食叶害虫	600克/公顷	喷雾
	粮仓	多种储粮害虫	1)300-400倍液 2)0.4-0.5克/立方米	1)喷雾 2)挂条熏蒸
	棉花	蚜虫、造桥虫	600-1200克/公顷	喷雾
	苹果树	小卷叶蛾、蚜虫	400-500毫克/千克	喷雾
	青菜	菜青虫	600克/公顷	喷雾
	桑树	尺蠖	600克/公顷	喷雾
	卫生	多种卫生害虫	1)250-300倍液2)0.08克/立方米	1)泼洒2)挂条熏蒸
	小麦	黏虫、蚜虫	600克/公顷	喷雾
PD20040062	高效氯氰菊酯/95%/原药/高效氯氰菊酯 95%/2009.12.19 至 2014.12.19/中等毒			
PD20040088	氯氰菊酯/5%/乳油/氯氰菊酯 5%/2009.12.19 至 2014.12.19/中等毒			
	棉花	棉铃虫	45-90克/公顷	喷雾
	十字花科蔬菜	菜青虫	30-45克/公顷	喷雾
PD20040089	高效氯氰菊酯/4.5%/乳油/高效氯氰菊酯 4.5%/2009.12.19 至 2014.12.19/中等毒			
	棉花	红铃虫、棉铃虫、蚜虫	15-30克/公顷	喷雾
	十字花科蔬菜	菜青虫、小菜蛾	9-25.5克/公顷	喷雾
	十字花科蔬菜	蚜虫	3-18克/公顷	喷雾
PD20040116	氯氰菊酯/5%/微乳剂/氯氰菊酯 5%/2009.12.19 至 2014.12.19/中等毒			
	十字花科蔬菜	菜青虫	30-45克/公顷	喷雾

PD20040231 高效氯氰菊酯/4.5%/微乳剂/高效氯氰菊酯 4.5%/2009.12.19 至 2014.12.19/中等毒
十字花科蔬菜 菜青虫 13.5-20.25克/公顷 喷雾
PD20085257 马拉硫磷/45%/乳油/马拉硫磷 45%/2013.12.23 至 2018.12.23/低毒
棉花 盲蝽蟓 540-607.5克/公顷 喷雾
PD20085785 甲氰菊酯/20%/乳油/甲氰菊酯 20%/2013.12.29 至 2018.12.29/中等毒
苹果树 山楂红蜘蛛 100-150毫克/千克 喷雾
PD20086100 甲硫·福美双/70%/可湿性粉剂/福美双 40%、甲基硫菌灵 30%/2013.12.30 至 2018.12.30/中等毒
黄瓜 炭疽病 750-975克/公顷 喷雾
PD20090087 阿维·高氯/1.2%/乳油/阿维菌素 0.3%、高效氯氰菊酯 0.9%/2014.01.08 至 2019.01.08/低毒(原药高毒)
甘蓝 甜菜夜蛾 10.8-14.4克/公顷 喷雾
苹果树 红蜘蛛 6-8毫克/千克 喷雾
PD20090581 烯酰·福美双/35%/可湿性粉剂/福美双 30.5%、烯酰吗啉 4.5%/2014.01.14 至 2019.01.14/低毒
黄瓜 霜霉病 1050-1470克/公顷 喷雾
PD20091265 甲基硫菌灵/70%/可湿性粉剂/甲基硫菌灵 70%/2014.02.01 至 2019.02.01/低毒
梨树 黑星病 360-450克/公顷 喷雾
PD20091760 辛硫磷/40%/乳油/辛硫磷 40%/2014.02.04 至 2019.02.04/低毒
十字花科蔬菜 菜青虫 300-480克/公顷 喷雾
PD20093048 高氯·辛硫磷/35%/乳油/高效氯氰菊酯 1%、辛硫磷 34%/2014.03.09 至 2019.03.09/中等毒
甘蓝 菜青虫 131.3-262.50克/公顷 喷雾
棉花 棉铃虫 262.5-525克/公顷 喷雾
苹果树 桃小食心虫 233-350毫克/千克 喷雾
PD20094814 敌畏·氧乐果/30%/乳油/敌敌畏 10%、氧乐果 20%/2014.04.13 至 2019.04.13/中等毒(原药高毒)
小麦 蚜虫 225-270克/公顷 喷雾
PD20098160 复硝酚钠/1.8%/水剂/5-硝基邻甲氧基苯酚钠 0.3%、对硝基苯酚钠 0.9%、邻硝基苯酚钠 0.6%/2009.12.14 至2014.12.14/低毒
番茄 调节生长 4.5-6毫克/千克 茎叶喷雾
PD20100864 噁霉灵/99%/原药/噁霉灵 99%/2010.01.19 至 2015.01.19/低毒

河北三农农用化工有限公司 (河北省石家庄市栾城县窦妪工业区 051430 0311-85468900)

PD20060201 多·福/40%/可湿性粉剂/多菌灵 10%、福美双 30%/2011.12.07 至 2016.12.07/中等毒
梨树 黑星病 500-750倍液 喷雾
PD20070153 多·福/60%/可湿性粉剂/多菌灵 30%、福美双 30%/2012.06.08 至 2017.06.08/低毒
梨树 黑星病 1000-1500毫克/千克 喷雾
PD20070466 嘧霉胺/95%/原药/嘧霉胺 95%/2012.11.20 至 2017.11.20/低毒
PD20080033 嘧霉胺/20%/可湿性粉剂/嘧霉胺 20%/2013.01.03 至 2018.01.03/低毒
黄瓜 灰霉病 375-450克/公顷 喷雾
PD20080261 啶虫脒/5%/可湿性粉剂/啶虫脒 5%/2013.02.20 至 2018.02.20/低毒
小麦 蚜虫 15-30克/公顷 喷雾
PD20080282 啶虫脒/10%/可湿性粉剂/啶虫脒 10%/2013.02.25 至 2018.02.25/低毒
苹果树 蚜虫 16.7-33毫克/千克 喷雾
PD20080612 霜脲·锰锌/72%/可湿性粉剂/代森锰锌 64%、霜脲氰 8%/2013.05.12 至 2018.05.12/低毒
黄瓜 霜霉病 1350-1800克/公顷 喷雾
PD20080721 代森锰锌/80%/可湿性粉剂/代森锰锌 80%/2013.06.11 至 2018.06.11/低毒
番茄 早疫病 1800-2160克/公顷 喷雾
PD20082640 阿维菌素/1.8%/乳油/阿维菌素 1.8%/2013.12.04 至 2018.12.04/低毒(原药高毒)
十字花科蔬菜 菜青虫 8.1-10.8克/公顷 喷雾
PD20082691 阿维·高氯/3%/乳油/阿维菌素 1%、高效氯氰菊酯 2%/2013.12.05 至 2018.12.05/低毒(原药高毒)
棉花 棉铃虫 22.5-33.75克/公顷 喷雾
PD20082700 啶虫脒/5%/微乳剂/啶虫脒 5%/2013.12.05 至 2018.12.05/低毒
棉花 蚜虫 15-22.5克/公顷 喷雾
PD20082953 辛硫·高氯氟/26%/乳油/高效氯氟氰菊酯 1%、辛硫磷 25%/2013.12.09 至 2018.12.09/中等毒
十字花科蔬菜 小菜蛾 156-234克/公顷 喷雾
PD20083728 吡虫啉/20%/可溶液剂/吡虫啉 20%/2013.12.15 至 2018.12.15/低毒
十字花科蔬菜 蚜虫 15-30克/公顷 喷雾
PD20084647 阿维菌素/3.2%/乳油/阿维菌素 3.2%/2013.12.18 至 2018.12.18/低毒(原药高毒)
梨树 梨木虱 6-12毫克/千克 喷雾
PD20085449 乙铝·锰锌/70%/可湿性粉剂/代森锰锌 45%、三乙膦酸铝 25%/2013.12.24 至 2018.12.24/低毒
黄瓜 霜霉病 2800-4200克/公顷 喷雾
PD20085512 异菌脲/50%/可湿性粉剂/异菌脲 50%/2013.12.25 至 2018.12.25/低毒
番茄 灰霉病 375-750克/公顷 喷雾
PD20085654 联苯菊酯/100克/升/乳油/联苯菊酯 100克/升/2013.12.26 至 2018.12.26/中等毒
茶树 茶小绿叶蝉 30-37.5克/公顷 喷雾
PD20090126 阿维菌素/3%/微乳剂/阿维菌素 3%/2014.01.08 至 2019.01.08/中等毒(原药高毒)
黄瓜 美洲斑潜蝇 10.8-21.6克/公顷 喷雾

PD20090166 阿维·毒死蜱/24%/乳油/阿维菌素 1%、毒死蜱 23%/2014.01.08 至 2019.01.08/低毒(原药高毒)
梨树 梨木虱 48-60毫克/千克 喷雾
PD20090332 腈菌唑/12.5%/可湿性粉剂/腈菌唑 12.5%/2014.01.12 至 2019.01.12/低毒
黄瓜 黑星病 56.25-75克/公顷 喷雾
PD20090343 氰戊·马拉松/20%/乳油/马拉硫磷 15%、氰戊菊酯 5%/2014.01.12 至 2019.01.12/中等毒
苹果树 桃小食心虫 167-333毫克/千克 喷雾
PD20090472 腈菌·福美双/20%/可湿性粉剂/福美双 18%、腈菌唑 2%/2014.01.12 至 2019.01.12/中等毒
黄瓜 黑星病 195-390克/公顷 喷雾
PD20091898 氯氰·毒死蜱/25%/乳油/毒死蜱 22.5%、氯氰菊酯 2.5%/2009.02.09 至 2014.02.09/中等毒
韭菜 根蛆 1312.5-1875克/公顷 灌根
PD20092867 阿维·哒螨灵/10.5%/可湿性粉剂/阿维菌素 0.5%、哒螨灵 10%/2014.03.05 至 2019.03.05/低毒(原药高毒)
柑橘树 红蜘蛛 52.5-70毫克/千克 喷雾
PD20092885 吡虫啉/10%/可湿性粉剂/吡虫啉 10%/2014.03.05 至 2019.03.05/低毒
小麦 蚜虫 15-30克/公顷（南方地区） 喷雾
45-60克/公顷（北方地区）
PD20093148 高效氯氰菊酯/10%/微乳剂/高效氯氰菊酯 10%/2014.03.11 至 2019.03.11/中等毒
甘蓝 菜青虫 13.5-27克/公顷 喷雾
PD20093365 吡虫啉/70%/水分散粒剂/吡虫啉 70%/2014.03.18 至 2019.03.18/低毒
十字花科蔬菜 蚜虫 15-30克/公顷 喷雾
PD20093435 甲维·毒死蜱/20%/乳油/毒死蜱 19.5%、甲氨基阿维菌素苯甲酸盐 0.5%/2009.03.23 至 2014.03.23/低毒
十字花科蔬菜 甜菜夜蛾 90-120克/公顷 喷雾
PD20095023 甲氨基阿维菌素苯甲酸盐/1%/乳油/甲氨基阿维菌素 1%/2014.04.21 至 2019.04.21/低毒
十字花科蔬菜 小菜蛾 1.5-3克/公顷 喷雾
水稻 二化螟 11.25-15克/公顷 喷雾
注:甲氨基阿维菌素苯甲酸盐:1.2%。
PD20097869 氟虫腈/95%/原药/氟虫腈 95%/2009.11.20 至 2014.11.20/中等毒
PD20097873 四螨嗪/500克/升/悬浮剂/四螨嗪 500克/升/2009.11.20 至 2014.11.20/低毒
苹果树 红蜘蛛 83-100毫克/千克 喷雾
PD20110251 硫酸链霉素/85%/原药/硫酸链霉素 85%/2011.03.04 至 2016.03.04/低毒
PD20110252 硫酸链霉素/72%/可溶粉剂/硫酸链霉素 72%/2011.03.04 至 2016.03.04/低毒
烟草 野火病 180-720毫克/千克 喷雾
PD20111202 噻唑膦/96%/原药/噻唑膦 96%/2011.11.16 至 2016.11.16/中等毒
PD20120734 噻唑膦/10%/颗粒剂/噻唑膦 10%/2012.05.03 至 2017.05.03/中等毒
黄瓜 根结线虫 2250-3000克/公顷 土壤撒施
PD20121002 甲氨基阿维菌素苯甲酸盐/5%/水分散粒剂/甲氨基阿维菌素 5%/2012.06.21 至 2017.06.21/低毒
甘蓝 甜菜夜蛾 3-3.75克/公顷 喷雾
注:甲氨基阿维菌素苯甲酸盐含量：5.7%。
PD20121461 苯醚甲环唑/25%/乳油/苯醚甲环唑 25%/2012.10.08 至 2017.10.08/低毒
香蕉 叶斑病 103-125毫克/千克 喷雾
PD20130785 噻呋酰胺/240克/升/悬浮剂/噻呋酰胺 240克/升/2013.04.22 至 2018.04.22/低毒
水稻 纹枯病 45.3-81.5克/公顷 喷雾
PD20131040 硝磺草酮/15%/悬浮剂/硝磺草酮 15%/2013.05.13 至 2018.05.13/低毒
玉米田 一年生杂草 150.75-191.25克/公顷 茎叶喷雾
PD20131087 硝磺草酮/95%/原药/硝磺草酮 95%/2013.05.20 至 2018.05.20/低毒
PD20131535 噻呋酰胺/96%/原药/噻呋酰胺 96%/2013.07.17 至 2018.07.17/低毒
PD20131580 戊唑醇/80%/可湿性粉剂/戊唑醇 80%/2013.07.23 至 2018.07.23/低毒
小麦 锈病 75-125克/公顷 喷雾
PD20131772 多杀霉素/5%/悬浮剂/多杀霉素 5%/2013.09.06 至 2018.09.06/低毒
甘蓝 小菜蛾 18.75-26.25克/公顷 喷雾
PD20131816 噻虫嗪/50%/水分散粒剂/噻虫嗪 50%/2013.09.17 至 2018.09.17/低毒
水稻 稻飞虱 7.5-15克/公顷 喷雾
LS20120180 噻唑膦/75%/乳油/噻唑膦 75%/2013.05.05 至 2014.05.05/中等毒
番茄 根结线虫 2250～3000克/公顷 本田灌根
WP20100007 四氟苯菊酯/92%/原药/四氟苯菊酯 92%/2010.01.05 至 2015.01.05/低毒
WL20100278 氯烯炔菊酯/90%/原药/氯烯炔菊酯 90%/2012.12.02 至 2013.12.02/中等毒
WL20120058 七氟甲醚菊酯/93%/原药/七氟甲醚菊酯 93%/2013.11.08 至 2014.11.08/低毒

河北上瑞化工有限公司 （河北省栾城县窦妪工业区窦南路2号 050031 0311-85666800)

PD20085528 春雷霉素/2%/可湿性粉剂/春雷霉素 2%/2013.12.25 至 2018.12.25/微毒
黄瓜 枯萎病 200-270克/公顷 喷雾、灌根
PD20092735 吡虫啉/200克/升/可溶液剂/吡虫啉 200克/升/2009.03.04 至 2014.03.04/低毒
十字花科蔬菜 蚜虫 15-30克/公顷 喷雾
PD20095855 阿维菌素/18克/升/乳油/阿维菌素 18克/升/2009.05.27 至 2014.05.27/低毒(原药高毒)
甘蓝 小菜蛾 8.1-10.8克/公顷 喷雾

PD20120065　除虫脲/5%/可湿性粉剂/除虫脲 5%/2012.01.16 至 2017.01.16/低毒
苹果树　金纹细蛾　125-166.7毫升/千克　喷雾
PD20120971　苯醚甲环唑/10%/微乳剂/苯醚甲环唑 10%/2012.06.21 至 2017.06.21/低毒
梨树　黑星病　12.5-25毫克/千克　喷雾
PD20122125　甲氨基阿维菌素苯甲酸盐/2%/微乳剂/甲氨基阿维菌素 2%/2012.12.26 至 2017.12.26/低毒
甘蓝　小菜蛾　1.8-2.4克/公顷　喷雾
注:甲氨基阿维菌素苯甲酸盐含量:2.2%。
LS20110316　烯酰吗啉/10%/悬浮剂/烯酰吗啉 10%/2013.12.06 至 2014.12.06/微毒
葡萄　霜霉病　167－250毫克/千克　喷雾

河北神华药业有限公司　(河北省黄骅市经济技术开发区7号路　061100　0317-5334888)

PD20060054　三唑酮/20%/乳油/三唑酮 20%/2011.03.06 至 2016.03.06/低毒
小麦　白粉病　120-127.5克/公顷　喷雾
PD20060193　氯氰菊酯/5%/乳油/氯氰菊酯 5%/2011.12.06 至 2016.12.06/低毒
棉花　棉铃虫　75-90克/公顷　喷雾
PD20082907　啶虫脒/5%/乳油/啶虫脒 5%/2013.12.09 至 2018.12.09/低毒
柑橘树　蚜虫　8.3-10毫克/千克　喷雾
PD20083046　氯氰·辛硫磷/20%/乳油/氯氰菊酯 1.5%、辛硫磷 18.5%/2013.12.10 至 2018.12.10/低毒
棉花　棉铃虫　300-360克/公顷　喷雾
PD20091154　啶虫脒/5%/可湿性粉剂/啶虫脒 5%/2014.01.21 至 2019.01.21/低毒
十字花科蔬菜　蚜虫　15-22.5克/公顷　喷雾
PD20093815　乙烯利/40%/水剂/乙烯利 40%/2014.03.25 至 2019.03.25/低毒
棉花　催熟　330-500倍液　喷雾
PD20094443　甲硫·福美双/40%/可湿性粉剂/福美双 25%、甲基硫菌灵 15%/2009.04.01 至 2014.04.01/低毒
西瓜　枯萎病　500-667毫克/千克　灌根
PD20095079　氧乐果/40%/乳油/氧乐果 40%/2014.04.22 至 2019.04.22/中等毒(原药高毒)
棉花　蚜虫　108-162克/公顷　喷雾
PD20098062　马拉硫磷/45%/乳油/马拉硫磷 45%/2009.12.07 至 2014.12.07/低毒
棉花　盲蝽蟓　337.5-540克/公顷　喷雾
PD20098146　高效氯氟氰菊酯/25克/升/乳油/高效氯氟氰菊酯 25克/升/2009.12.14 至 2014.12.14/低毒
甘蓝　菜青虫　7.5－11.25克/公顷　喷雾
PD20098506　顺式氯氰菊酯/50克/升/乳油/顺式氯氰菊酯 50克/升/2009.12.24 至 2014.12.24/低毒
甘蓝　菜青虫　11.25-15克/公顷　喷雾
PD20100194　唑螨酯/5%/悬浮剂/唑螨酯 5%/2010.01.05 至 2015.01.05/低毒
柑橘树　红蜘蛛　33.33-50毫克/千克　喷雾
PD20100253　矮壮素/50%/水剂/矮壮素 50%/2010.01.11 至 2015.01.11/低毒
棉花　调节生长　50-62.5克/公顷　茎叶喷雾
PD20100800　虫酰肼/200克/升/悬浮剂/虫酰肼 200克/升/2010.01.19 至 2015.01.19/低毒
苹果树　卷叶蛾　100-133.3毫克/千克　喷雾
PD20100817　氟啶脲/50克/升/乳油/氟啶脲 50克/升/2010.01.19 至 2015.01.19/低毒
棉花　棉铃虫　75-105克/公顷　喷雾
PD20101197　乙酰甲胺磷/30%/乳油/乙酰甲胺磷 30%/2010.02.08 至 2015.02.08/低毒
棉花　棉铃虫　675-900克/公顷　喷雾
PD20101454　阿维菌素/1.8%/乳油/阿维菌素 1.8%/2010.05.04 至 2015.05.04/低毒(原药高毒)
甘蓝　小菜蛾　8.1-13.5克/公顷　喷雾
PD20110030　醚菊酯/10%/悬浮剂/醚菊酯 10%/2011.01.04 至 2016.01.04/低毒
甘蓝　菜青虫　45-60克/公顷　喷雾
PD20110888　辛菌胺醋酸盐/1.8%/水剂/辛菌胺醋酸盐 1.8%/2011.08.16 至 2016.08.16/低毒
苹果树　腐烂病　500-1000毫克/千克　喷雾
WP20090369　杀虫粉剂/0.25%/粉剂/溴氰菊酯 0.25%/2009.11.20 至 2014.11.20/低毒
卫生　蜚蠊、蚊、蝇　2-3克制剂/平方米　撒布

河北省霸州市腾达精细日用化工厂　(河北省霸州市南4公里老堤村中亭河北　065700　0316-5317681)

WP20080322　杀虫气雾剂/0.51%/气雾剂/胺菊酯 0.35%、富右旋反式烯丙菊酯 0.11%、氯氰菊酯 0.05%/2013.12.05 至2018.12.05/低毒
卫生　蚊、蝇、蜚蠊　/　喷雾
WL20100206　杀虫气雾剂/0.55%/气雾剂/Es-生物烯丙菊酯 0.15%、氯菊酯 0.2%、右旋胺菊酯 0.2%/2012.07.13 至2013.07.13/微毒
卫生　蚊、蝇、蜚蠊　/　喷雾

河北省保定安康蚊香有限公司　(河北省保定市徐水县遂城开发区　072557　0312-8903818)

WP20080279　蚊香/0.2%/蚊香/富右旋反式烯丙菊酯 0.2%/2008.12.01 至 2013.12.01/低毒
卫生　蚊　/　点燃

河北省保定古堡香厂　(河北省满城县要庄乡前大留村　072150　0312-7015191)

WP20100054　蚊香/0.25%/蚊香/富右旋反式烯丙菊酯 0.25%/2010.03.26 至 2015.03.26/低毒
卫生　蚊　/　点燃

河北省保定容泰卫生保健用品有限公司 (河北省保定市容城县津保路容泰工业园118号 071700　0312-5612780)

WP20080183 蚊香/0.27%/蚊香/富右旋反式烯丙菊酯 0.27%/2008.11.19 至 2013.11.19/低毒
卫生 蚊 / 点燃
WP20080186 蚊香/0.25%/电热蚊香片/富右旋反式烯丙菊酯 0.25%/2008.11.19 至 2013.11.19/低毒
卫生 蚊 / 点燃
WP20080188 杀虫气雾剂/0.26%/气雾剂/胺菊酯 0.20%、氯菊酯 0.06%/2013.11.19 至 2018.11.19/低毒
卫生 蚊、蝇、蜚蠊 / 喷雾
WP20080195 杀蚊烟片/0.8%/烟片/富右旋反式烯丙菊酯 0.8%/2008.11.20 至 2013.11.20/低毒
卫生 蚊 / 点燃
WP20080196 蚊香/0.2%/蚊香/富右旋反式烯丙菊酯 0.2%/2013.11.20 至 2018.11.20/微毒
卫生 蚊 / 点燃
WP20080201 杀虫气雾剂/0.26%/气雾剂/胺菊酯 0.20%、氯菊酯 0.06%/2013.11.20 至 2018.11.20/低毒
卫生 蜚蠊、蚊、蝇 / 喷雾
WP20080217 电热蚊香片/11毫克/片/电热蚊香片/炔丙菊酯 11毫克/片/2013.11.24 至 2018.11.24/低毒
卫生 蚊 / 电热加温
WP20080607 蚊香/0.07%/蚊香/炔丙菊酯 0.07%/2013.12.31 至 2018.12.31/低毒
卫生 蚊 / 点燃
WP20090080 杀虫气雾剂/0.47%/气雾剂/胺菊酯 0.45%、高效氯氰菊酯 0.02%/2014.02.02 至 2019.02.02/低毒
卫生 蚊、蝇、蜚蠊 / 喷雾
WP20090093 电热蚊香液/0.86%/电热蚊香液/炔丙菊酯 0.86%/2014.02.03 至 2019.02.03/微毒
卫生 蚊 / 电热加温
WP20090106 杀虫气雾剂/0.47%/气雾剂/胺菊酯 0.40%、氯氰菊酯 0.07%/2014.02.05 至 2019.02.05/低毒
卫生 蜚蠊、蚊、蝇 / 喷雾
WP20100179 高氯·溴氰/5%/悬浮剂/高效氯氰菊酯 4.5%、溴氰菊酯 0.5%/2010.12.21 至 2015.12.21/低毒
卫生 蚊、蝇 15-25毫克/平方米 滞留喷洒
卫生 蜚蠊 18-30毫克/平方米 滞留喷雾
WP20120185 杀虫气雾剂/0.28%/气雾剂/炔咪菊酯 0.1%、四氟苯菊酯 0.06%、右旋苯醚菊酯 0.12%/2012.09.19 至2017.09.19/微毒
室内 蚂蚁、蚊、蝇、蜚蠊 / 喷雾
WP20130080 蚊香/0.05%/蚊香/氯氟醚菊酯 0.05%/2013.04.25 至 2018.04.25/微毒
卫生 蚊 / 点燃
WP20130081 蚊香/0.115%/蚊香/Es-生物烯丙菊酯 0.08%、四氟苯菊酯 0.035%/2013.04.25 至 2018.04.25/微毒
卫生 蚊 / 点燃
WP20130183 电热蚊香液/0.6%/电热蚊香液/氯氟醚菊酯 0.6%/2013.09.09 至 2018.09.09/微毒
室内 蚊 / 电热加温
WL20100037 杀虫气雾剂/0.46%/气雾剂/氯菊酯 0.2%、炔丙菊酯 0.2%、右旋反式氯丙炔菊酯 0.06%/2012.02.08 至2013.02.08/微毒
卫生 蚊、蝇 / 喷雾
WL20100208 蚊香/0.08%/蚊香/氯氟醚菊酯 0.08%/2012.07.13 至 2013.07.13/微毒
卫生 蚊 / 点燃
WL20100212 电热蚊香片/12毫克/片/电热蚊香片/炔丙菊酯 4.8毫克/片、氯氟醚菊酯 7.2毫克/片/2012.07.13 至 2013.07.13/微毒
卫生 蚊 / 电热加温

河北省保定市保力康日化有限公司 (河北省保定市富昌路 071000 0312-3215793)

WP20080003 电热蚊香片/11毫克/片/电热蚊香片/炔丙菊酯 11毫克/片/2013.01.03 至 2018.01.03/低毒
卫生 蚊 / 电热加温
WP20080009 蚊香/0.2%/蚊香/富右旋反式烯丙菊酯 0.2%/2013.01.04 至 2018.01.04/低毒
卫生 蚊 / 点燃
WP20100066 杀虫气雾剂/0.36%/气雾剂/胺菊酯 0.28%、氯菊酯 0.08%/2010.05.04 至 2015.05.04/微毒
卫生 蚊、蝇、蜚蠊 / 喷雾
WP20110086 电热蚊香液/1%/电热蚊香液/炔丙菊酯 1%/2011.04.12 至 2016.04.12/微毒
卫生 蚊 / 电热加温
注:本产品有两种香型:薰衣草香型、无香型。

河北省保定市甘雨日化有限公司 (河北省保定市永华南大街22号 071000 0312-2273239)

WP20120165 蚊香/0.23%/蚊香/富右旋反式烯丙菊酯 0.23%/2012.09.06 至 2017.09.06/低毒
卫生 蚊 / 点燃

河北省保定市金诺制香有限公司 (河北省保定市清苑县保新路戎官营变电站南 071000 0312-8080328)

WP20080041 杀虫气雾剂/0.52%/气雾剂/胺菊酯 0.33%、氯菊酯 0.19%/2013.03.03 至 2018.03.03/微毒
卫生 蚊、蝇 / 喷雾
WP20110179 蚊香/0.05%/蚊香/四氟苯菊酯 0.05%/2011.07.26 至 2016.07.26/微毒
卫生 蚊 / 点燃
WP20130218 电热蚊香片/11毫克/片/电热蚊香片/炔丙菊酯 11毫克/片/2013.10.24 至 2018.10.24/微毒
室内 蚊 / 电热加温

河北省保定市康华香业有限公司 (河北省保定市西大街13号 071000 0312-2035438)

WP20080249 蚊香/0.2%/蚊香/富右旋反式烯丙菊酯 0.2%/2008.11.26 至 2013.11.26/低毒
卫生 蚊 / 点燃

河北省保定市科绿丰生化科技有限公司 (河北省保定市南市区宝硕路 071000 0312-5065511)

PD20080283 霜脲·锰锌/72%/可湿性粉剂/代森锰锌 64%、霜脲氰 8%/2013.02.28 至 2018.02.28/低毒
黄瓜 霜霉病 1440-1800克/公顷 喷雾

PD20092395 多·锰锌/50%/可湿性粉剂/多菌灵 8%、代森锰锌 42%/2014.02.25 至 2019.02.25/低毒
苹果树 斑点落叶病 1000-1250毫克/千克 喷雾

PD20092419 甲哌鎓/98%/可溶粉剂/甲哌鎓 98%/2014.02.25 至 2019.02.25/低毒
棉花 调节生长 45-60克/公顷 茎叶喷雾

PD20092465 马拉硫磷/45%/乳油/马拉硫磷 45%/2014.02.25 至 2019.02.25/低毒
棉花 盲蝽蟓 405-607.5克/公顷 喷雾
枣树 盲蝽 250-450毫克/千克 喷雾

PD20092588 吡虫·辛硫磷/20%/乳油/吡虫啉 1%、辛硫磷 19%/2014.02.27 至 2019.02.27/低毒
韭菜 韭蛆 1500-2250克/公顷 灌根

PD20092715 百草枯/200克/升/水剂/百草枯 200克/升/2012.12.31 至 2014.07.01/中等毒
苹果园 杂草 600-900克/公顷 定向茎叶喷雾

PD20093646 啶虫脒/5%/乳油/啶虫脒 5%/2014.03.25 至 2019.03.25/低毒
柑橘树 蚜虫 10-15毫克/千克 喷雾

PD20093753 啶虫脒/20%/可溶粉剂/啶虫脒 20%/2014.03.25 至 2019.03.25/低毒
棉花 蚜虫 9-18克/公顷 喷雾

PD20093987 甲氰菊酯/20%/乳油/甲氰菊酯 20%/2014.03.27 至 2019.03.27/中等毒
柑橘树 红蜘蛛 100-150毫克/千克 喷雾

PD20095279 多·福/50%/可湿性粉剂/多菌灵 25%、福美双 25%/2009.04.27 至 2014.04.27/低毒
梨树 黑星病 1000-1500毫克/千克 喷雾

PD20096152 毒死蜱/40%/乳油/毒死蜱 40%/2009.06.24 至 2014.06.24/中等毒
棉花 棉铃虫 600-900克/公顷 喷雾
苹果树 桃小食心虫 200-300毫克/千克 喷雾

PD20096621 吡虫啉/10%/可湿性粉剂/吡虫啉 10%/2009.09.02 至 2014.09.02/低毒
水稻 稻飞虱 15-30克/公顷 喷雾

PD20096712 阿维·高氯/1.8%/乳油/阿维菌素 0.3%、高效氯氰菊酯 1.5%/2009.09.07 至 2014.09.07/低毒(原药高毒)
甘蓝 菜青虫、小菜蛾 7.5-15克/公顷 喷雾

PD20098196 阿维菌素/3.2%/乳油/阿维菌素 3.2%/2009.12.16 至 2014.12.16/中等毒(原药高毒)
菜豆 美洲斑潜蝇 10.8-21.6克/公顷 喷雾

PD20098445 石硫合剂/45%/结晶粉/石硫合剂 45%/2009.12.24 至 2014.12.24/低毒
柑橘树 锈壁虱 900-1500毫克/千克 喷雾
柑橘树 红蜘蛛 1500-2250毫克/千克 喷雾

PD20101654 枯草芽孢杆菌/10亿活芽孢/克/可湿性粉剂/枯草芽孢杆菌 10亿活芽孢/克/2010.06.03 至 2015.06.03/低毒
棉花 黄萎病 1:10-15(拌种)；1125-1500克制剂/公顷（喷雾） 拌种或喷雾

PD20111306 吡虫啉/5%/油剂/吡虫啉 5%/2011.11.24 至 2016.11.24/低毒
草原 蝗虫 9-15克/公顷 超低容量喷雾

河北省保定市联合家用化工有限责任公司 (河北省保定市东外环路焦庄乡政府西 071000 0312-2169938)

WP20090111 电热蚊香片/12毫克/片/电热蚊香片/炔丙菊酯 12毫克/片/2009.02.09 至 2014.02.09/微毒
卫生 蚊 / 电热加温

WP20100181 蚊香/0.3%/蚊香/富右旋反式烯丙菊酯 0.3%/2010.12.21 至 2015.12.21/低毒
室内 蚊 / 点燃

WP20110064 蚊香/0.05%/蚊香/氯氟醚菊酯 0.05%/2011.03.04 至 2016.03.04/微毒
卫生 蚊 / 点燃

WP20120033 杀虫气雾剂/0.45%/气雾剂/胺菊酯 0.3%、高效氯氰菊酯 0.05%、氯菊酯 0.1%/2012.02.24 至 2017.02.24/微毒
卫生 蚊、蝇、蜚蠊 / 喷雾

WP20130137 杀蟑气雾剂/0.3%/气雾剂/炔咪菊酯 0.1%、右旋苯醚氰菊酯 0.2%/2013.06.24 至 2018.06.24/微毒
卫生 蜚蠊 / 喷雾

WP20130213 蚊香/0.08%/蚊香/氯氟醚菊酯 0.08%/2013.10.10 至 2018.10.10/微毒
室内 蚊 / 点燃

WL20110040 电热蚊香液/0.6%/电热蚊香液/氯氟醚菊酯 0.6%/2013.03.03 至 2014.03.03/微毒
卫生 蚊 / 电热加温

WL20110117 电热蚊香片/10毫克/片/电热蚊香片/炔丙菊酯 5毫克/片、氯氟醚菊酯 5毫克/片/2013.10.10 至 2014.10.10/微毒
卫生 蚊 / 电热加温

河北省保定市南市区三利源日化厂 (河北省保定市油田路109号 071000 0312-2177708)

WP20080427 蚊香/0.2%/蚊香/富右旋反式烯丙菊酯 0.2%/2013.12.15 至 2018.12.15/低毒
卫生 蚊 / 点燃

河北省保定市神采美日化有限公司 (河北省保定市东外环路焦庄村南 071000 0312-2165819)

WP20080353 蚊香/0.25%/蚊香/富右旋反式烯丙菊酯 0.25%/2013.12.09 至 2018.12.09/低毒
卫生 蚊 / 点燃

WP20080554 杀虫气雾剂/0.76%/气雾剂/胺菊酯 0.72%、氯氰菊酯 0.04%/2013.12.24 至 2018.12.24/低毒
卫生 蚊、蝇 / 喷雾

河北省保定市新市区开元蚊香厂　(河北省保定市富昌园小区4号楼702室　071051　0312-3174613)

WP20080159　蚊香/0.23%/蚊香/富右旋反式烯丙菊酯 0.23%/2013.11.11 至 2018.11.11/低毒
　卫生　蚊　/　点燃

WP20110036　杀虫气雾剂/0.36%/气雾剂/胺菊酯 0.13%、氯菊酯 0.23%/2011.02.10 至 2016.02.10/微毒
　卫生　蜚蠊、蚊、蝇　/　喷雾

WP20110164　电热蚊香片/10毫克/片/电热蚊香片/炔丙菊酯 10毫克/片/2011.06.22 至 2016.06.22/微毒
　卫生　蚊　/　电热加温

河北省保定市亚达化工有限公司　(河北省徐水县交警大队南65号信箱　072550　0312-8683157)

PD20083233　丙环唑/250克/升/乳油/丙环唑 250克/升/2013.12.11 至 2018.12.11/低毒
　香蕉　叶斑病　250-500毫克/千克　喷雾

PD20084005　毒死蜱/480克/升/乳油/毒死蜱 480克/升/2008.12.16 至 2013.12.16/中等毒
　水稻　二化螟　468-576克/公顷　喷雾

PD20084747　石硫合剂/29%/水剂/石硫合剂 29%/2013.12.22 至 2018.12.22/低毒
　苹果树　白粉病　0.5-0.75Be　喷雾

PD20085004　噁霉灵/15%/水剂/噁霉灵 15%/2013.12.22 至 2018.12.22/低毒
　水稻　立枯病　9000-18000克/公顷　苗床,育秧箱土壤处理

PD20085042　氟啶脲/50克/升/乳油/氟啶脲 50克/升/2013.12.23 至 2018.12.23/低毒
　甘蓝　菜青虫　45-60克/公顷　喷雾

PD20091347　高效氯氟氰菊酯/25克/升/乳油/高效氯氟氰菊酯 25克/升/2014.02.02 至 2019.02.02/中等毒
　苹果树　桃小食心虫　5-6.3毫克/千克　喷雾

PD20095005　烯酰吗啉/10%/水乳剂/烯酰吗啉 10%/2014.04.21 至 2019.04.21/低毒
　黄瓜　霜霉病　225-300克/公顷　喷雾

PD20101707　联苯菊酯/100克/升/乳油/联苯菊酯 100克/升/2010.06.28 至 2015.06.28/中等毒
　柑橘树　红蜘蛛　20-33.3毫克/千克　喷雾

PD20110312　丁子香酚/0.3%/可溶液剂/丁子香酚 0.3%/2011.03.22 至 2016.03.22/低毒
　番茄　灰霉病　4-5.3克/公顷　喷雾

PD20120294　阿维菌素/1.8%/乳油/阿维菌素 1.8%/2012.02.17 至 2017.02.17/低毒(原药高毒)
　棉花　红蜘蛛　10.8-16.2克/公顷　喷雾

PD20120620　甲氨基阿维菌素苯甲酸盐/1%/微乳剂/甲氨基阿维菌素 1%/2012.04.11 至 2017.04.11/低毒
　甘蓝　小菜蛾　1.5-2.25克/公顷　喷雾
　注:甲氨基阿维菌素苯甲酸盐含量:1.14%。

PD20120826　苦参碱/0.5%/水剂/苦参碱 0.5%/2012.05.22 至 2017.05.22/低毒
　马铃薯　晚疫病　5.625～6.75克/公顷　喷雾

PD20130085　啶虫脒/5%/乳油/啶虫脒 5%/2013.01.15 至 2018.01.15/低毒
　柑橘树　蚜虫　10-15毫克/千克　喷雾

河北省保定燕赵制香有限公司　(河北省高阳县邢南工业区198号　071500　0312-6803399)

WP20100151　杀虫气雾剂/0.53%/气雾剂/胺菊酯 0.35%、富右旋反式烯丙菊酯 0.12%、氯氰菊酯 0.06%/2010.12.02 至2015.12.02/低毒
　卫生　蜚蠊、蚊、蝇　/　喷雾

WP20110247　蚊香/0.23%/蚊香/富右旋反式烯丙菊酯 0.23%/2011.11.04 至 2016.11.04/低毒
　室内　蚊　/　点燃

WP20110259　蚊香/0.15%/蚊香/Es-生物烯丙菊酯 0.15%/2011.11.21 至 2016.11.21/微毒
　卫生　蚊　/　点燃

WP20120153　蚊香/0.015%/蚊香/四氟甲醚菊酯 0.015%/2012.08.28 至 2017.08.28/微毒
　卫生　蚊　/　点燃

WP20120172　电热蚊香片/11毫克/片/电热蚊香片/炔丙菊酯 11毫克/片/2012.09.11 至 2017.09.11/微毒
　卫生　蚊　/　电热加温

河北省沧州百斯特生物技术有限公司　(河北省辛集市朗口经济园区　062650　0317-4298999)

PD20092139　丁硫克百威/200克/升/乳油/丁硫克百威 200克/升/2014.02.23 至 2019.02.23/中等毒
　水稻　三化螟　750-900克/公顷　喷雾

PD20092978　马拉硫磷/45%/乳油/马拉硫磷 45%/2014.03.09 至 2019.03.09/低毒
　水稻　稻飞虱　675－810克/公顷　喷雾

PD20094226　百草枯/200克/升/水剂/百草枯 200克/升/2012.12.31 至 2014.07.01/中等毒
　夏玉米田　一年生杂草　450-600克/公顷　定向茎叶喷雾

PD20095194　高效氯氟氰菊酯/25克/升/乳油/高效氯氟氰菊酯 25克/升/2014.04.24 至 2019.04.24/中等毒
　苹果树　桃小食心虫　8.3-12.5毫克/千克　喷雾

PD20098538　阿维菌素/18克/升/乳油/阿维菌素 18克/升/2009.12.24 至 2014.12.24/低毒(原药高毒)
　甘蓝　小菜蛾　10.8-13.5克/公顷　喷雾

PD20132585　甲维·毒死蜱/20%/水乳剂/毒死蜱 19.5%、甲氨基阿维菌素苯甲酸盐 0.5%/2013.12.17 至 2018.12.17/中等毒
　水稻　二化螟　300-400克/公顷　喷雾

河北省沧州华太金洁日化有限公司　(河北省东光县棉纺路西侧　061600　0317-7722885)

WP20090014　杀虫气雾剂/0.36%/气雾剂/胺菊酯 0.2%、富右旋反式烯丙菊酯 0.1%、高效氯氰菊酯 0.06%/2009.01.08 至2014.01.08/

低毒
卫生　　蚊、蝇、蜚蠊　　/　　喷雾

河北省沧州科润化工有限公司　(河北省沧州市兴济镇　061021　0317-4856207)

PD86175-9　乙酰甲胺磷/98%/原药/乙酰甲胺磷 98%/2011.11.16 至 2016.11.16/低毒
PD20081226　烯禾啶/95%/原药/烯禾啶 95%/2013.09.11 至 2018.09.11/低毒
PD20083071　烯禾啶/12.5%/乳油/烯禾啶 12.5%/2013.12.10 至 2018.12.10/低毒
棉花田、夏大豆田　一年生禾本科杂草　150-187.5克/公顷　茎叶喷雾
PD20091207　啶虫脒/5%/乳油/啶虫脒 5%/2009.02.01 至 2014.02.01/低毒
烟草　蚜虫　13.5-18克/公顷　喷雾
PD20091360　阿维菌素/1.8%/乳油/阿维菌素 1.8%/2009.02.02 至 2014.02.02/低毒(原药高毒)
十字花科蔬菜　小菜蛾　7.5-10.5克/公顷　喷雾
PD20094167　氟磺胺草醚/250克/升/水剂/氟磺胺草醚 250克/升/2009.03.27 至 2014.03.27/低毒
春大豆　一年生阔叶杂草　225-375克/公顷　茎叶喷雾
夏大豆　一年生阔叶杂草　187.5-225克/公顷　茎叶喷雾
PD20094828　烯草酮/90%/原药/烯草酮 90%/2009.04.13 至 2014.04.13/低毒
PD20095554　丁・莠/40%/悬浮剂/丁草胺 20%、莠去津 20%/2009.05.12 至 2014.05.12/低毒
春玉米田　一年生杂草　2100-2400克/公顷　土壤喷雾
夏玉米田　一年生杂草　1200-1500克/公顷　土壤喷雾
PD20095754　烯草酮/240克/升/乳油/烯草酮 240克/升/2009.05.18 至 2014.05.18/低毒
春大豆田　一年生禾本科杂草　90-108克/公顷　茎叶喷雾
夏大豆田　一年生禾本科杂草　79.2-90克/公顷　茎叶喷雾
PD20095906　烯草酮/120克/升/乳油/烯草酮 120克/升/2009.05.31 至 2014.05.31/低毒
春大豆田　一年生禾本科杂草　72-108克/公顷　茎叶喷雾
春油菜、夏大豆田　一年生禾本科杂草　63-72克/公顷　茎叶喷雾
冬油菜田　一年生禾本科杂草　54-72克/公顷　茎叶喷雾
PD20095975　乙草胺/81.5%/乳油/乙草胺 81.5%/2009.06.04 至 2014.06.04/低毒
春大豆田　一年生禾本科杂草及部分阔叶杂草　1350-1890克/公顷　土壤喷雾
夏大豆田　一年生禾本科杂草及部分阔叶杂草　1080-1350克/公顷　土壤喷雾
PD20096154　异噁草松/480克/升/乳油/异噁草松 480克/升/2009.06.24 至 2014.06.24/低毒
春大豆田　一年生杂草　1000-1200克/公顷　土壤喷雾
PD20097480　精喹禾灵/50克/升/乳油/精喹禾灵 50克/升/2009.11.03 至 2014.11.03/低毒
春大豆田　一年生禾本科杂草　52.5-60克/公顷　茎叶喷雾
夏大豆田　一年生禾本科杂草　45-52.5克/公顷　茎叶喷雾
PD20100918　高效氯氟氰菊酯/25克/升/乳油/高效氯氟氰菊酯 25克/升/2010.01.19 至 2015.01.19/低毒
棉花　棉铃虫　15-22.5克/公顷　喷雾
PD20101157　异松・乙草胺/50%/乳油/乙草胺 40%、异噁草松 10%/2010.01.25 至 2015.01.25/低毒
冬油菜田　一年生杂草　525-600克/公顷　土壤喷雾

河北省沧州润德农药有限公司　(河北省沧县兴济镇　061021　0317-4856900)

PD20082281　啶虫脒/3%/微乳剂/啶虫脒 3%/2013.12.01 至 2018.12.01/低毒
黄瓜　蚜虫　13.5-22.5克/公顷　喷雾
PD20093019　高氯・辛硫磷/25%/乳油/高效氯氰菊酯 2.5%、辛硫磷 22.5%/2014.03.09 至 2019.03.09/低毒
棉花　棉铃虫　225-280克/公顷　喷雾
PD20094624　辛硫磷/40%/乳油/辛硫磷 40%/2014.04.10 至 2019.04.10/低毒
甘蓝　菜青虫　300-450克/公顷　喷雾
PD20100350　高效氯氟氰菊酯/25克/升/乳油/高效氯氟氰菊酯 25克/升/2010.01.11 至 2015.01.11/中等毒
棉花　棉铃虫　15-22.5克/公顷　喷雾
PD20102151　高效氯氰菊酯/4.5%/微乳剂/高效氯氰菊酯 4.5%/2010.12.07 至 2015.12.07/低毒
甘蓝　菜青虫　13.5-27克/公顷　喷雾
PD20110608　氯氰・吡虫啉/5%/乳油/吡虫啉 1%、氯氰菊酯 4%/2011.06.08 至 2016.06.08/低毒
甘蓝　蚜虫　22.5-37.5克/公顷　喷雾
PD20111193　阿维・毒死蜱/15%/乳油/阿维菌素 0.2%、毒死蜱 14.8%/2011.11.16 至 2016.11.16/中等毒(原药高毒)
水稻　稻纵卷叶螟　135-157.5克/公顷　喷雾
PD20111430　阿维・三唑磷/20%/乳油/阿维菌素 0.2%、三唑磷 19.8%/2011.12.28 至 2016.12.28/中等毒(原药高毒)
水稻　二化螟　150-210克/公顷　喷雾
PD20120265　乙草胺/89%/乳油/乙草胺 89%/2012.02.15 至 2017.02.15/低毒
花生田　一年生禾本科杂草　1080-1350克/公顷　播后苗前土壤喷雾
PD20130078　阿维菌素/3.2%/乳油/阿维菌素 3.2%/2013.01.14 至 2018.01.14/中等毒
甘蓝　小菜蛾　9-12克/公顷　喷雾
PD20130890　阿维・哒螨灵/10%/乳油/阿维菌素 0.3%、哒螨灵 9.7%/2013.04.25 至 2018.04.25/低毒(原药高毒)
柑橘树　红蜘蛛　50-66.7毫克/千克　喷雾

河北省沧州市天和农药厂　(河北省沧州市运河区北环桥北小圈村　061001　0317-2166388)

PD20083774　虫酰肼/95%/原药/虫酰肼 95%/2013.12.15 至 2018.12.15/低毒
PD20085138　氰戊・马拉松/40%/乳油/马拉硫磷 30%、氰戊菊酯 10%/2008.12.23 至 2013.12.23/中等毒

苹果树 桃小食心虫 160-333毫克/千克 喷雾
小麦 蚜虫 60-90克/公顷 喷雾

PD20085229 氰戊·马拉松/20%/乳油/马拉硫磷 15%、氰戊菊酯 5%/2008.12.23 至 2013.12.23/中等毒
苹果树 桃小食心虫 160-333毫克/千克 喷雾
十字花科蔬菜 菜青虫、蚜虫 90-150克/公顷 喷雾
小麦 蚜虫 60-90克/公顷 喷雾

PD20092174 井冈霉素/3%/水剂/井冈霉素 3%/2009.02.23 至 2014.02.23/低毒
水稻 纹枯病 150-187.5克/公顷 喷雾

PD20092352 高效氯氟氰菊酯/25克/升/乳油/高效氯氟氰菊酯 25克/升/2009.02.24 至 2014.02.24/中等毒
棉花 棉铃虫 18.75-26.25克/公顷 喷雾

PD20092722 高氯·毒死蜱/15%/乳油/毒死蜱 13.5%、高效氯氰菊酯 1.5%/2009.03.04 至 2014.03.04/中等毒
黄瓜 美洲斑潜蝇 112.5-135克/公顷 喷雾

PD20093022 敌畏·马/35%/乳油/敌敌畏 26%、马拉硫磷 9%/2009.03.09 至 2014.03.09/中等毒
水稻 稻水象甲 210-262.5克/公顷 喷雾

PD20093109 顺式氯氰菊酯/3%/乳油/顺式氯氰菊酯 3%/2009.03.09 至 2014.03.09/低毒
黄瓜 蚜虫 18-22.5克/公顷 喷雾

PD20093196 百草枯/42%/母药/百草枯 42%/2009.03.11 至 2014.03.11/中等毒

PD20093900 氯氰·敌敌畏/10%/乳油/敌敌畏 8%、氯氰菊酯 2%/2009.03.26 至 2014.03.26/低毒
十字花科蔬菜 蚜虫 60-75克/公顷 喷雾

PD20094183 阿维菌素/1.8%/乳油/阿维菌素 1.8%/2009.03.30 至 2014.03.30/低毒(原药高毒)
十字花科蔬菜 小菜蛾 10.8-13.5克/公顷 喷雾

PD20094388 高氯·辛硫磷/25%/乳油/高效氯氰菊酯 2.5%、辛硫磷 22.5%/2009.04.01 至 2014.04.01/中等毒
棉花 棉铃虫 300-375克/公顷 喷雾

PD20094475 阿维·三唑磷/20%/乳油/阿维菌素 0.2%、三唑磷 19.8%/2009.04.09 至 2014.04.09/中等毒(原药高毒)
水稻 二化螟 180-240克/公顷 喷雾

PD20095070 乙酰甲胺磷/30%/乳油/乙酰甲胺磷 30%/2009.04.21 至 2014.04.21/低毒
玉米 玉米螟 810-1080克/公顷 喷雾

PD20095309 乙烯利/40%/水剂/乙烯利 40%/2009.04.27 至 2014.04.27/低毒
棉花 催熟 300-500倍液 兑水喷雾

PD20096477 啶虫脒/5%/乳油/啶虫脒 5%/2009.08.14 至 2014.08.14/低毒
黄瓜 蚜虫 360-450毫升制剂/公顷 喷雾

PD20097703 氟铃脲/5%/乳油/氟铃脲 5%/2009.11.04 至 2014.11.04/低毒
甘蓝 小菜蛾 30-60克/公顷 喷雾

PD20101389 阿维·辛硫磷/20%/乳油/阿维菌素 0.2%、辛硫磷 19.8%/2010.04.14 至 2015.04.14/低毒(原药高毒)
甘蓝 小菜蛾 120-150克/公顷 喷雾

PD20101402 阿维·高氯/2%/乳油/阿维菌素 0.3%、高效氯氰菊酯 1.7%/2010.04.14 至 2015.04.14/低毒(原药高毒)
甘蓝 菜青虫、小菜蛾 7.5-15克/公顷 喷雾

河北省沧州天马绿化农药有限公司 (河北省沧州市北郊兴济镇工业区 061021 0317-4856568)

PD20070608 啶虫脒/5%/乳油/啶虫脒 5%/2012.12.14 至 2017.12.14/低毒
苹果树 蚜虫 12—15毫克/千克 喷雾

PD20082253 马拉硫磷/45%/乳油/马拉硫磷 45%/2008.11.27 至 2013.11.27/低毒
棉花 盲蝽蟓 405-607.5克/公顷 喷雾

PD20082873 氟乐灵/480克/升/乳油/氟乐灵 480克/升/2008.12.09 至 2013.12.09/低毒
春大豆田 一年生禾本科杂草及部分阔叶杂草 1080-1440克/公顷(东北地区) 土壤喷雾
夏大豆田 一年生禾本科杂草及部分阔叶杂草 900-1080克/公顷(其它地区) 土壤喷雾

PD20083549 溴氰·辛硫磷/50%/乳油/辛硫磷 49.5%、溴氰菊酯 0.5%/2008.12.12 至 2013.12.12/中等毒
棉花 棉铃虫、蚜虫 150-187.5克/公顷 喷雾

PD20084386 氯氰菊酯/5%/乳油/氯氰菊酯 5%/2008.12.17 至 2013.12.17/低毒
十字花科蔬菜 菜青虫 30-45克/公顷 喷雾

PD20094062 多菌灵/40%/可湿性粉剂/多菌灵 40%/2009.03.27 至 2014.03.27/低毒
苹果树 轮纹病 667-1000毫克/千克 喷雾

PD20095647 乐果/40%/乳油/乐果 40%/2009.05.12 至 2014.05.12/低毒
棉花 蚜虫 480-600克/公顷 喷雾

PD20095867 烯禾啶/12.5%/乳油/烯禾啶 12.5%/2009.05.27 至 2014.05.27/低毒
春大豆田 一年生禾本科杂草 187.5-225克/公顷 茎叶喷雾
夏大豆田 一年生禾本科杂草 150-187.5克/公顷 茎叶喷雾

PD20100794 溴氰菊酯/25克/升/乳油/溴氰菊酯 25克/升/2010.01.19 至 2015.01.19/低毒
苹果树 桃小食心虫 16.7-25毫克/千克 喷雾

河北省沧州天胜农药化工厂 (河北省沧州市兴济镇 061021 0317-4867026)

PD20093546 氰戊菊酯/20%/乳油/氰戊菊酯 20%/2009.03.23 至 2014.03.23/低毒
棉花 棉蚜 180～300克/公顷 喷雾

PD20095973 乙酰甲胺磷/40%/乳油/乙酰甲胺磷 40%/2009.06.04 至 2014.06.04/低毒
棉花 棉铃虫 600～840克/公顷 喷雾

PD20096197 氟乐灵/480克/升/乳油/氟乐灵 480克/升/2009.07.15 至 2014.07.15/低毒
春大豆田 一年生禾本科杂草及部分阔叶杂草 125-175克制剂/亩 播后苗前土壤喷雾
PD20096213 乙草胺/81.5%/乳油/乙草胺 81.5%/2009.07.15 至 2014.07.15/低毒
春玉米田 一年生禾本科杂草及部分小粒种子阔叶杂草 100-120毫升制剂/亩 土壤喷雾
PD20096863 啶虫脒/5%/乳油/啶虫脒 5%/2009.09.22 至 2014.09.22/低毒
柑橘树 蚜虫 10-16.7毫克/千克 喷雾
PD20097440 高效氯氰菊酯/4.5%/乳油/高效氯氰菊酯 4.5%/2009.10.28 至 2014.10.28/中等毒
甘蓝 菜青虫 27-33.75克/公顷 喷雾
PD20097817 毒死蜱/480克/升/乳油/毒死蜱 480克/升/2009.11.20 至 2014.11.20/中等毒
苹果树 桃小食心虫 200-240毫克/千克 喷雾
PD20098252 辛硫磷/40%/乳油/辛硫磷 40%/2009.12.16 至 2014.12.16/低毒
甘蓝 菜青虫 360-480克/公顷 喷雾

河北省沧州正兴生物农药有限公司 (河北省沧州市献县河城街镇后沿路2号 062250 0317-4658738)

PD20096540 高效氟氯氰菊酯/25克/升/乳油/高效氟氯氰菊酯 25克/升/2009.08.20 至 2014.08.20/低毒
苹果树 桃小食心虫 12.5—16.6毫克/千克 喷雾
PD20098431 灭草松/480克/升/水剂/灭草松 480克/升/2009.12.24 至 2014.12.24/低毒
春大豆田 一年生阔叶杂草 1440-2160克/公顷 茎叶喷雾
PD20100671 毒死蜱/480克/升/乳油/毒死蜱 480克/升/2010.01.15 至 2015.01.15/中等毒
水稻 稻纵卷叶螟 432-576克/公顷 喷雾
PD20100966 吡虫啉/200克/升/可溶液剂/吡虫啉 200克/升/2010.01.19 至 2015.01.19/低毒
甘蓝 蚜虫 18-30克/公顷 喷雾
PD20101023 阿维菌素/18克/升/乳油/阿维菌素 18克/升/2010.01.20 至 2015.01.20/低毒(原药高毒)
十字花科蔬菜 小菜蛾 9.45-12.15克/公顷 喷雾
PD20131203 苦参碱/0.5%/水剂/苦参碱 0.5%/2013.05.27 至 2018.05.27/低毒
大白菜 菜青虫 4.5-6.75克/公顷 喷雾
WP20120212 杀蟑饵剂/2.5%/饵剂/吡虫啉 2.5%/2012.11.05 至 2017.11.05/微毒
卫生 蜚蠊 / 投饵
WP20130111 高效氟氯氰菊酯/2.5%/微囊悬浮剂/高效氟氯氰菊酯 2.5%/2013.05.27 至 2018.05.27/低毒
卫生 蚊、蝇、蜚蠊 20-25毫克/平方米 滞留喷洒
WL20120034 高效氟氯氰菊酯/6%/悬浮剂/高效氟氯氰菊酯 6%/2013.06.04 至 2014.06.04/低毒
卫生 蚊、蝇、蜚蠊 20毫克/平方米 滞留喷洒

河北省沧州志诚化工有限公司 (河北省沧州市盐山县城东化工园区 061300 0317-3301828)

PD20070600 辛硫·高氯氟/20%/乳油/高效氟氯氰菊酯 1%、辛硫磷 19%/2012.12.14 至 2017.12.14/低毒
棉花 棉铃虫 360-420克/公顷 喷雾
PD20080152 啶虫脒/5%/可湿性粉剂/啶虫脒 5%/2013.01.03 至 2018.01.03/低毒
柑橘树 蚜虫 10-12毫克/千克 喷雾
PD20080189 氟乐灵/480克/升/乳油/氟乐灵 480克/升/2013.01.07 至 2018.01.07/低毒
棉花田 一年生禾本科杂草及部分阔叶杂草 720-1080克/公顷 土壤喷雾
PD20080219 啶虫脒/20%/可湿性粉剂/啶虫脒 20%/2013.01.11 至 2018.01.11/中等毒
柑橘树 蚜虫 10-13.3毫克/千克 喷雾
PD20080689 精喹禾灵/8.8%/乳油/精喹禾灵 8.8%/2013.06.04 至 2018.06.04/低毒
夏大豆田 一年生禾本科杂草 39.6-52.8克/公顷 喷雾
PD20080767 二甲戊灵/330克/升/乳油/二甲戊灵 330克/升/2013.06.11 至 2018.06.11/低毒
甘蓝(保护地) 一年生杂草 618.75-742.5克/公顷 喷雾
PD20081559 辛硫磷/40%/乳油/辛硫磷 40%/2013.11.11 至 2018.11.11/低毒
苹果树 桃小食心虫 333.3-400毫克/千克 喷雾
PD20082804 啶虫脒/5%/乳油/啶虫脒 5%/2013.12.09 至 2018.12.09/低毒
柑橘树 蚜虫 10-15毫克/千克 喷雾
PD20083641 乐果/40%/乳油/乐果 40%/2013.12.12 至 2018.12.12/低毒
棉花 蚜虫 540-600克/公顷 喷雾
PD20084377 丙环唑/250克/升/乳油/丙环唑 250克/升/2013.12.17 至 2018.12.17/低毒
小麦 白粉病 125-150克/公顷 喷雾
PD20098014 联苯菊酯/25克/升/乳油/联苯菊酯 25克/升/2009.12.07 至 2014.12.07/低毒
棉花 棉铃虫 30-52.5克/公顷 喷雾
PD20098130 福美双/50%/可湿性粉剂/福美双 50%/2009.12.08 至 2014.12.08/低毒
葡萄 白腐病 500-1000毫克/千克 喷雾
PD20098181 辛硫·矿物油/40%/乳油/矿物油 25%、辛硫磷 15%/2009.12.14 至 2014.12.14/低毒
十字花科蔬菜 菜青虫 300-450克/公顷 喷雾
PD20098222 阿维菌素/3.2%/乳油/阿维菌素 3.2%/2009.12.16 至 2014.12.16/低毒(原药高毒)
菜豆 美洲斑潜蝇 10.8-21.6克/公顷 喷雾
PD20098269 代森锰锌/80%/可湿性粉剂/代森锰锌 80%/2009.12.18 至 2014.12.18/低毒
苹果树 斑点落叶病 1000—1143毫克/千克 喷雾

PD20098443 阿维·矿物油/24.5%/乳油/阿维菌素 0.2%、矿物油 24.3%/2009.12.24 至 2014.12.24/低毒(原药高毒)
柑橘树 红蜘蛛 163.3-245毫克/千克 喷雾

PD20110028 甲基硫菌灵/70%/可湿性粉剂/甲基硫菌灵 70%/2011.01.04 至 2016.01.04/低毒
苹果树 轮纹病 700-800毫克/千克,875-1000倍液 喷雾

PD20130527 噻苯隆/50%/可湿性粉剂/噻苯隆 50%/2013.03.27 至 2018.03.27/低毒
棉花 脱叶 225-300克/公顷 茎叶喷雾

河北省沧州中天化工有限责任公司 (河北省沧州市青县上伍乡小许庄村南工业园 062650 0317-4286958)

PD20070235 代森锰锌/80%/可湿性粉剂/代森锰锌 80%/2012.08.08 至 2017.08.08/低毒
苹果树 轮纹病 1000-1333.3毫克/千克 喷雾

PD20081891 辛硫·高氯氟/26%/乳油/高效氯氟氰菊酯 0.6%、辛硫磷 25.4%/2013.11.20 至 2018.11.20/低毒
棉花 蚜虫 234-312克/公顷 喷雾

PD20084567 啶虫脒/3%/乳油/啶虫脒 3%/2013.12.18 至 2018.12.18/低毒
柑橘树 蚜虫 10-12毫克/千克 喷雾

PD20090717 马拉硫磷/45%/乳油/马拉硫磷 45%/2009.01.19 至 2014.01.19/低毒
棉花 盲蝽蟓 506.3-607.5克/公顷 喷雾

PD20091623 乙酰甲胺磷/30%/乳油/乙酰甲胺磷 30%/2009.02.03 至 2014.02.03/低毒
玉米 玉米螟 810-1080克/公顷 喷雾

PD20091646 辛硫磷/40%/乳油/辛硫磷 40%/2009.02.03 至 2014.02.03/低毒
十字花科蔬菜 菜青虫 300-450克/公顷 喷雾

PD20092516 吡虫啉/200克/升/可溶液剂/吡虫啉 200克/升/2009.02.26 至 2014.02.26/低毒
苹果树 蚜虫 33.3-40毫克/千克 喷雾

PD20092950 异丙威/20%/乳油/异丙威 20%/2009.03.09 至 2014.03.09/低毒
水稻 稻飞虱、叶蝉 450-600克/公顷 喷雾

PD20093736 乙烯利/40%/水剂/乙烯利 40%/2009.03.25 至 2014.03.25/低毒
棉花 催熟、增产 330-500倍液 兑水喷雾

PD20093860 三唑磷/20%/乳油/三唑磷 20%/2009.03.25 至 2014.03.25/中等毒
水稻 二化螟 360-600克/公顷 喷雾

PD20093907 精喹禾灵/50克/升/乳油/精喹禾灵 50克/升/2009.03.26 至 2014.03.26/低毒
大豆田 一年生禾本科杂草 45-52.5克/公顷 茎叶喷雾

PD20094418 乐果/40%/乳油/乐果 40%/2009.04.01 至 2014.04.01/中等毒
棉花 蚜虫 600-750克/公顷 喷雾

PD20095149 高效氯氟氰菊酯/25克/升/乳油/高效氯氟氰菊酯 25克/升/2009.04.24 至 2014.04.24/中等毒
小麦 粘虫、蚜虫 7.5-10.5克/公顷 喷雾

PD20095752 烯禾啶/12.5%/乳油/烯禾啶 12.5%/2009.05.18 至 2014.05.18/低毒
大豆田 一年生禾本科杂草 150-187.5克/公顷 茎叶喷雾

PD20095970 多·福/50%/可湿性粉剂/多菌灵 15%、福美双 35%/2009.06.04 至 2014.06.04/低毒
葡萄 霜霉病 1000-1250毫克/千克 喷雾

PD20096014 氟铃脲/5%/乳油/氟铃脲 5%/2009.06.15 至 2014.06.15/低毒
甘蓝 小菜蛾 45-60克/公顷 喷雾

PD20096160 阿维·高氯/3%/乳油/阿维菌素 0.2%、高效氯氰菊酯 2.8%/2009.06.24 至 2014.06.24/低毒(原药高毒)
甘蓝 小菜蛾 13.5-27克/公顷 喷雾

PD20097402 毒死蜱/40%/乳油/毒死蜱 40%/2009.10.28 至 2014.10.28/中等毒
苹果树 桃小食心虫 200-250毫克/千克 喷雾

PD20097599 吡虫·杀虫单/40%/可湿性粉剂/吡虫啉 1%、杀虫单 39%/2009.11.03 至 2014.11.03/低毒
水稻 稻飞虱、稻纵卷叶螟、二化螟、三化螟 450-750克/公顷 喷雾

PD20098229 高效氯氰菊酯/4.5%/乳油/高效氯氰菊酯 4.5%/2009.12.16 至 2014.12.16/低毒
甘蓝 菜青虫 20.25-27克/公顷 喷雾

PD20100883 甲氰·噻螨酮/7.5%/乳油/甲氰菊酯 5%、噻螨酮 2.5%/2010.01.19 至 2015.01.19/中等毒
苹果树 红蜘蛛 50-75毫克/千克 喷雾

PD20100914 辛硫·三唑磷/20%/乳油/三唑磷 10%、辛硫磷 10%/2010.01.19 至 2015.01.19/中等毒
水稻 稻水象甲 120-210克/公顷 喷雾

PD20110494 水胺硫磷/35%/乳油/水胺硫磷 35%/2011.05.03 至 2016.05.03/高毒
水稻 象甲 105-210克/公顷 喷雾

PD20111380 氟铃·辛硫磷/20%/乳油/氟铃脲 2%、辛硫磷 18%/2011.12.14 至 2016.12.14/低毒
甘蓝 小菜蛾 120-150克/公顷 喷雾

PD20132579 烯草酮/240克/升/乳油/烯草酮 240克/升/2013.12.17 至 2018.12.17/低毒
大豆田 一年生禾本科杂草 108-144克/公顷 茎叶喷雾

PD20132716 二甲戊灵/330克/升/乳油/二甲戊灵 330克/升/2013.12.30 至 2018.12.30/低毒
玉米田 一年生杂草 742.5-1485克/公顷 土壤喷雾

河北省定兴县五合日用化学有限公司 (河北省定兴县北南蔡乡北蔡村 072652 0312-6972189)

WP20080454 杀虫气雾剂/0.75%/气雾剂/胺菊酯 0.60%、氯菊酯 0.15%/2013.12.16 至 2018.12.16/低毒
卫生 蚊、蝇 / 喷雾

河北省定州市长城日用化学厂 (河北省定州市明月经济开发区 073004 0312-2590792)

WP20080135 杀虫气雾剂/0.73%/气雾剂/胺菊酯 0.45%、高效氯氰菊酯 0.08%、氯菊酯 0.2%/2013.10.31 至 2018.10.31/低毒
卫生 蚊、蝇 / 喷雾

WP20090332 蚊香/0.2%/蚊香/富右旋反式烯丙菊酯 0.2%/2009.09.27 至 2014.09.27/微毒
卫生 蚊 / 点燃

WP20100064 杀虫气雾剂/0.4%/气雾剂/胺菊酯 0.35%、高效氯氰菊酯 0.05%/2010.05.04 至 2015.05.04/微毒
卫生 蝇 / 喷雾

WP20100163 电热蚊香液/2.6%/电热蚊香液/Es-生物烯丙菊酯 2.6%/2010.12.14 至 2015.12.14/低毒
卫生 蚊 / 电热加温

河北省高碑店市白沟京南气雾剂厂 (河北省高碑店市白沟镇白西后街72号 074004 0312-2883775)

WP20080409 杀虫气雾剂/0.45%/气雾剂/胺菊酯 0.25%、高效氯氰菊酯 0.2%/2008.12.12 至 2013.12.12/低毒
卫生 蜚蠊、蚊、蝇 / 喷雾

河北省高碑店市神达化工有限责任公司 (河北省高碑店市经济开发区 074000 0312-2883575)

WP20130101 杀虫气雾剂/0.47%/气雾剂/胺菊酯 0.45%、高效氯氰菊酯 0.02%/2013.05.20 至 2018.05.20/低毒
卫生 蚊、蝇、蜚蠊 / 喷雾

WP20130104 蚊香/0.25%/蚊香/富右旋反式烯丙菊酯 0.25%/2013.05.20 至 2018.05.20/低毒
卫生 蚊 / 点燃

河北省高阳县豪捷制香有限公司 (河北省高阳县三利工业区 071500 0312-6717281)

WP20080443 蚊香/0.23%/蚊香/富右旋反式烯丙菊酯 0.23%/2013.12.15 至 2018.12.15/低毒
卫生 蚊 / 点燃

河北省邯郸市方鑫化工有限公司 (河北省邯郸市树脂路29号 056003 0310-4052768)

WP20090343 对二氯苯/99.5%/原药/对二氯苯 99.5%/2009.10.16 至 2014.10.16/低毒

河北省邯郸市建华植物农药厂 (河北省邯郸市北环西路 056106 0310-7195018)

PD20091645 阿维菌素/18克/升/乳油/阿维菌素 18克/升/2014.02.03 至 2019.02.03/低毒(原药高毒)
甘蓝 小菜蛾 8.1-10.8克/公顷 喷雾

PD20100541 高效氯氟氰菊酯/25克/升/乳油/高效氯氟氰菊酯 25克/升/2010.01.14 至 2015.01.14/中等毒
棉花 棉铃虫 60-80毫升制剂/亩 喷雾

PD20100661 丁硫克百威/200克/升/乳油/丁硫克百威 200克/升/2010.01.15 至 2015.01.15/中等毒
水稻 三化螟 600-750克/公顷 喷雾

PD20110125 藜芦碱/0.5%/可溶液剂/藜芦碱 0.5%/2011.01.27 至 2016.01.27/低毒
甘蓝 菜青虫 5.625-7.5克/公顷 喷雾
棉花 棉蚜 5.625-7.5克/公顷 喷雾

PD20132262 咪鲜胺/45%/水乳剂/咪鲜胺 45%/2013.11.05 至 2018.11.05/低毒
香蕉 冠腐病 250-500毫克/千克 浸果

河北省邯郸市金英精细化工有限公司 (河北省邯郸市馆陶县 城西工业区 057750 0310-2885869)

WP20090185 杀虫气雾剂/0.38%/气雾剂/胺菊酯 0.33%、氯氰菊酯 0.05%/2014.03.19 至 2019.03.19/低毒
卫生 蜚蠊、蚊、蝇 / 喷雾

河北省邯郸市瑞田农药有限公司 (河北省邯郸市邯大公路38公里处 056700 0310-7388368)

PD20040080 氯氰菊酯/5%/乳油/氯氰菊酯 5%/2009.12.19 至 2014.12.19/中等毒
十字花科蔬菜 菜青虫 30-45克/公顷 喷雾

PD20040228 高效氯氰菊酯/4.5%/乳油/高效氯氰菊酯 4.5%/2009.12.19 至 2014.12.19/中等毒
棉花 红铃虫、棉铃虫、棉蚜 15-30克/公顷 喷雾
十字花科蔬菜 菜蚜 3-18克/公顷 喷雾
十字花科蔬菜 菜青虫、小菜蛾 9-25.5克/公顷 喷雾

PD20080395 毒死蜱/95%/原药/毒死蜱 95%/2013.02.28 至 2018.02.28/中等毒

PD20080597 哒螨灵/20%/可湿性粉剂/哒螨灵 20%/2013.05.12 至 2018.05.12/低毒
苹果树 红蜘蛛 67-100毫克/千克 喷雾

PD20080645 氯氰·辛硫磷/40%/乳油/氯氰菊酯 2%、辛硫磷 38%/2013.05.13 至 2018.05.13/中等毒
棉花 棉铃虫 180-240克/公顷 喷雾

PD20081767 联苯菊酯/93%/原药/联苯菊酯 93%/2013.11.18 至 2018.11.18/中等毒

PD20081961 联苯菊酯/2.5%/乳油/联苯菊酯 2.5%/2013.11.24 至 2018.11.24/低毒
棉花 棉铃虫 37.5-45克/公顷 喷雾

PD20086179 氯氰·毒死蜱/15%/乳油/毒死蜱 10%、氯氰菊酯 5%/2008.12.30 至 2013.12.30/低毒
十字花科蔬菜 小菜蛾 90-135克/公顷 喷雾

PD20090234 甲硫·福美双/50%/可湿性粉剂/福美双 40%、甲基硫菌灵 10%/2014.01.09 至 2019.01.09/中等毒
梨树 黑星病 600-700倍液 喷雾

PD20091724 高效氯氟氰菊酯/25克/升/乳油/高效氯氟氰菊酯 25克/升/2014.02.04 至 2019.02.04/中等毒
棉花 棉铃虫 15-22.5克/公顷 喷雾

PD20092906 阿维·甲氰/1.8%/乳油/阿维菌素 0.2%、甲氰菊酯 1.6%/2014.03.05 至 2019.03.05/低毒(原药高毒)
苹果树 红蜘蛛 12-18毫克/千克 喷雾

PD20094427 啶虫脒/3%/乳油/啶虫脒 3%/2009.04.01 至 2014.04.01/低毒
黄瓜 蚜虫 18-22.5克/公顷 喷雾

PD20094566 草甘膦/95%/原药/草甘膦 95%/2009.04.09 至 2014.04.09/低毒

PD20097073 阿维菌素/18克/升/乳油/阿维菌素 18克/升/2009.10.10 至 2014.10.10/低毒(原药高毒)
甘蓝 小菜蛾 8.1-10.8克/公顷 喷雾
PD20097525 烟嘧磺隆/95%/原药/烟嘧磺隆 95%/2009.11.03 至 2014.11.03/低毒
PD20100261 高效氯氟氰菊酯/95%/原药/高效氯氟氰菊酯 95%/2010.01.11 至 2015.01.11/中等毒
PD20101403 哒螨·矿物油/34%/乳油/哒螨灵 4%、矿物油 30%/2010.04.14 至 2015.04.14/中等毒
苹果树 红蜘蛛 170-340毫克/千克 喷雾

河北省邯郸市太行农药厂 (河北省魏县城西西邯大路北 056800 0310-5208899)

PD85157-10 辛硫磷/40%/乳油/辛硫磷 40%/2010.08.15 至 2015.08.15/低毒
茶树、桑树 食叶害虫 200-400毫克/千克 喷雾
果树 食心虫、蚜虫、螨 200-400毫克/千克 喷雾
林木 食叶害虫 3000-6000克/公顷 喷雾
棉花 棉铃虫、蚜虫 300-600克/公顷 喷雾
蔬菜 菜青虫 300-450克/公顷 喷雾
烟草 食叶害虫 300-600克/公顷 喷雾
玉米 玉米螟 450-600克/公顷 灌心叶
PD88101-16 水胺硫磷/40%/乳油/水胺硫磷 40%/2013.03.04 至 2018.03.04/高毒
棉花 红蜘蛛、棉铃虫 300-600克/公顷 喷雾
水稻 蓟马、螟虫 450-900克/公顷 喷雾
PD20090755 氯氰·马拉松/20%/乳油/马拉硫磷 15%、氰戊菊酯 5%/2009.01.19 至 2014.01.19/中等毒
棉花 棉铃虫 90-150克/公顷 喷雾
苹果树 桃小食心虫 160-333毫克/千克 喷雾
十字花科蔬菜 菜青虫、蚜虫 90-150克/公顷 喷雾
小麦 蚜虫 60-90克/公顷 喷雾

河北省河间市长盛樟脑有限公司 (河北省河间市行别营乡南大史村 062452 0317-3898401)

WP20110149 杀蟑饵剂/2.5%/饵剂/吡虫啉 2.5%/2011.06.20 至 2016.06.20/微毒
卫生 蜚蠊 / 投放
WP20120056 防蛀防霉片剂/99%/片剂/对二氯苯 99%/2012.03.28 至 2017.03.28/低毒
卫生 黑皮蠹、霉菌 / 投放
WP20120088 杀蝇饵剂/1%/饵剂/甲基吡噁磷 1%/2012.05.11 至 2017.05.11/低毒
卫生 蝇 / 投放

河北省衡水北方农药化工有限公司 (河北省衡水市枣强县肖张镇 053100 0318-8489235)

PD84101-2 马拉硫磷/90%,85%,75%/原药/马拉硫磷 90%,85%,75%/2011.12.30 至 2016.12.30/低毒
PD84105-7 马拉硫磷/45%/乳油/马拉硫磷 45%/2011.07.17 至 2016.07.17/低毒
茶树 长白蚧、象甲 625-1000毫克/千克 喷雾
豆类 食心虫、造桥虫 561.5-750克/公顷 喷雾
果树 蝽蟓、蚜虫 250-333毫克/千克 喷雾
林木、牧草、农田 蝗虫 450-600克/公顷 喷雾
棉花 盲蝽蟓、蚜虫、叶跳虫 375-562.2克/公顷 喷雾
蔬菜 黄条跳甲、蚜虫 562.5-750克/公顷 喷雾
水稻 飞虱、蓟马、叶蝉 562.5-750克/公顷 喷雾
小麦 黏虫、蚜虫 562.5-750克/公顷 喷雾
PD20084676 高效氯氟氰菊酯/25克/升/乳油/高效氯氟氰菊酯 25克/升/2013.12.22 至 2018.12.22/低毒
苹果树 桃小食心虫 5-6.25毫克/千克 喷雾
PD20085751 氯氰菊酯/100克/升/乳油/氯氰菊酯 100克/升/2013.12.29 至 2018.12.29/低毒
十字花科蔬菜 菜青虫 30-45克/公顷 喷雾
PD20086158 吡虫啉/98%/原药/吡虫啉 98%/2013.12.30 至 2018.12.30/低毒
PD20090856 烯草酮/240克/升/乳油/烯草酮 240克/升/2014.01.19 至 2019.01.19/低毒
春大豆田 一年生禾本科杂草 72-108克/公顷 茎叶喷雾
PD20091052 氟磺胺草醚/25%/水剂/氟磺胺草醚 25%/2014.01.21 至 2019.01.21/低毒
春大豆田 一年生阔叶杂草 337.5-412.5克/公顷 喷雾
PD20091941 咪唑乙烟酸/15%/水剂/咪唑乙烟酸 15%/2014.02.12 至 2019.02.12/低毒
春大豆田 一年生杂草 90-112.5克/公顷 茎叶喷雾
PD20093176 精喹禾灵/50克/升/乳油/精喹禾灵 50克/升/2014.03.11 至 2019.03.11/低毒
大豆田 一年生禾本科杂草 52.5-60克/公顷 茎叶喷雾
PD20094229 咪唑乙烟酸/10%/水剂/咪唑乙烟酸 10%/2014.03.31 至 2019.03.31/低毒
春大豆田 一年生杂草 90-105克/公顷 茎叶喷雾
PD20094602 烟嘧磺隆/95%/原药/烟嘧磺隆 95%/2014.04.10 至 2019.04.10/低毒
PD20096797 丁硫克百威/200克/升/乳油/丁硫克百威 200克/升/2009.09.15 至 2014.09.15/低毒
棉花 蚜虫 90-180克/公顷 喷雾
PD20096957 烟嘧磺隆/40克/升/可分散油悬浮剂/烟嘧磺隆 40克/升/2009.09.29 至 2014.09.29/低毒
玉米田 一年生杂草 42-60克/公顷 茎叶喷雾
PD20101799 联苯菊酯/25克/升/乳油/联苯菊酯 25克/升/2010.07.13 至 2015.07.13/低毒
柑橘树 红蜘蛛 20-33毫克/千克 喷雾

PD20110424 啶虫脒/99%/原药/啶虫脒 99%/2011.04.15 至 2016.04.15/中等毒

PD20110972 吡虫啉/50%/可湿性粉剂/吡虫啉 50%/2011.09.14 至 2016.09.14/低毒
水稻 稻飞虱 22.5-30克/公顷 喷雾

PD20121606 烟嘧·莠去津/23%/可分散油悬浮剂/烟嘧磺隆 3%、莠去津 20%/2012.10.25 至 2017.10.25/低毒
玉米田 一年生杂草 310.5-379.5克/公顷 茎叶喷雾

PD20130308 啶虫脒/20%/可溶液剂/啶虫脒 20%/2013.02.26 至 2018.02.26/低毒
棉花 蚜虫 15-30克/公顷 喷雾

PD20130778 烟嘧·辛酰溴/20%/油悬浮剂/辛酰溴苯腈 16%、烟嘧磺隆 4%/2013.04.19 至 2018.04.19/低毒
玉米田 一年生杂草 1200－1500毫升制剂/公顷 茎叶喷雾

PD20131097 杀螟丹/98%/原药/杀螟丹 98%/2013.05.20 至 2018.05.20/中等毒

PD20131394 茚虫威/70.5%/母药/茚虫威 70.5%/2013.07.02 至 2018.07.02/低毒

河北省黄骅市鸿承企业有限公司 (河北省沧州市黄骅市经济技术开发区 061100 0317-5620205)

PD84125-5 乙烯利/40%/水剂/乙烯利 40%/2009.11.19 至 2014.11.19/低毒
番茄 催熟 800-1000倍液 喷雾或浸渍
棉花 催熟、增产 330-500倍液 喷雾
柿子、香蕉 催熟 400倍液 喷雾或浸渍
水稻 催熟、增产 800倍液 喷雾
橡胶树 增产 5-10倍液 涂布
烟草 催熟 1000-2000倍液 喷雾

PD86123-2 矮壮素/50%/水剂/矮壮素 50%/2011.10.15 至 2016.10.15/低毒
棉花 防止徒长,化学整枝 10000倍液 喷顶，后期喷全株
棉花 防止疯长 25000倍液 喷顶
棉花 提高产量、植株紧凑 1)10000倍液2)0.3-0.5%药液 1)喷雾2)浸种
小麦 防止倒伏,提高产量 1)3-5%药液 2)100-400倍液 1)拌种2)返青、拔节期喷雾
玉米 增产 0.5%药液 浸种

PD20081585 乙烯利/85%/原药/乙烯利 85%/2013.11.12 至 2018.11.12/低毒

PD20083155 矮壮素/98%/原药/矮壮素 98%/2013.12.11 至 2018.12.11/低毒

河北省黄骅市绿园农药化工有限公司 (河北省黄骅市滕庄工业区大港路2号 061106 0317-5474058)

PD20040260 三唑酮/20%/乳油/三唑酮 20%/2009.12.19 至 2014.12.19/低毒
小麦 白粉病 120-127.5克/公顷 喷雾

PD20040719 高氯·吡虫啉/5%/乳油/吡虫啉 2%、高效氯氰菊酯 3%/2009.12.19 至 2014.12.19/低毒
梨树 梨木虱 1500-2000倍液 喷雾

PD20082887 吡虫·辛硫磷/20%/乳油/吡虫啉 2%、辛硫磷 18%/2013.12.09 至 2018.12.09/低毒
棉花 棉铃虫、蚜虫 300-360克/公顷 喷雾

PD20091329 高氯·马/20%/乳油/高效氯氰菊酯 0.5%、马拉硫磷 19.5%/2009.02.01 至 2014.02.01/中等毒
甘蓝 菜青虫 90-150克/公顷 喷雾

PD20091468 马拉硫磷/45%/乳油/马拉硫磷 45%/2009.02.02 至 2014.02.02/低毒
牧草 蝗虫 472.5-607.5克/公顷 喷雾

PD20091562 氯氰菊酯/50克/升/乳油/氯氰菊酯 50克/升/2009.02.03 至 2014.02.03/低毒
苹果树 桃小食心虫 50-60毫克/千克 喷雾

PD20092241 辛硫磷/40%/乳油/辛硫磷 40%/2009.02.24 至 2014.02.24/低毒
棉花 棉铃虫 450-600克/公顷 喷雾

PD20093359 烯唑醇/10%/乳油/烯唑醇 10%/2009.03.18 至 2014.03.18/低毒
梨树 黑星病 2000-3000倍液 喷雾

PD20093685 精喹禾灵/50克/升/乳油/精喹禾灵 50克/升/2009.03.25 至 2014.03.25/低毒
春大豆田 一年生禾本科杂草 52.5-60克/公顷 茎叶喷雾

PD20095775 氟乐灵/480克/升/乳油/氟乐灵 480克/升/2009.05.18 至 2014.05.18/低毒
棉花田 一年生杂草 900-1080克/公顷 土壤喷雾

河北省冀州市凯明农药有限责任公司 (河北省冀州市飞机场 053200 0318-8683376)

PD85105-31 敌敌畏/77.5%(气谱法)/乳油/敌敌畏 77.5%(气谱法)/2010.03.23 至 2015.03.23/中等毒
茶树 食叶害虫 600克/公顷 喷雾
粮仓 多种储藏害虫 1)400-500倍液 2)0.4-0.5克/立方米 1)喷雾 2)挂条熏蒸
棉花 蚜虫、造桥虫 600-1200克/公顷 喷雾
苹果树 小卷叶蛾、蚜虫 400-500毫克/千克 喷雾
青菜 菜青虫 600克/公顷 喷雾
桑树 尺蠖 600克/公顷 喷雾
卫生 多种卫生害虫 1)300-400倍液2)0.08克/立方米 1)泼洒2)挂条熏蒸
小麦 黏虫、蚜虫 600克/公顷 喷雾

PD85157-6 辛硫磷/40%/乳油/辛硫磷 40%/2010.07.25 至 2015.07.25/低毒
茶树、桑树 食叶害虫 200-400毫克/千克 喷雾
果树 食心虫、蚜虫、螨 200-400毫克/千克 喷雾

	林木	食叶害虫	3000-6000克/公顷	喷雾
	棉花	棉铃虫、蚜虫	300-600克/公顷	喷雾
	蔬菜	菜青虫	300-450克/公顷	喷雾
	烟草	食叶害虫	300-600克/公顷	喷雾
	玉米	玉米螟	450-600克/公顷	灌心叶
PD96101-5	福·福锌/40%/可湿性粉剂/福美双 15%、福美锌 25%/2011.09.15 至 2016.09.15/低毒			
	黄瓜、西瓜	炭疽病	1500-1800克/公顷	喷雾
	麻	炭疽病	240-400克/100千克种子	拌种
	棉花	苗期病害	4000毫克/千克	浸种
	苹果树、杉木、橡胶树	炭疽病	1600-1333毫克/千克	喷雾
PD20040197	氯氰菊酯/5%/乳油/氯氰菊酯 5%/2009.12.19 至 2014.12.19/中等毒			
	棉花	棉铃虫、蚜虫	45-90克/公顷	喷雾
	十字花科蔬菜	菜青虫	30-45克/公顷	喷雾
PD20040198	高效氯氰菊酯/4.5%/乳油/高效氯氰菊酯 4.5%/2009.12.19 至 2014.12.19/中等毒			
	草地	蝗虫	40-60毫升制剂/亩	喷雾
	棉花	红铃虫、棉铃虫、棉蚜	15-30克/公顷	喷雾
	苹果树	桃小食心虫	15-25.5克/公顷	喷雾
	十字花科蔬菜	菜青虫、小菜蛾	9-25.5克/公顷	喷雾
	十字花科蔬菜	菜蚜	3-18克/公顷	喷雾
	烟草	烟青虫	15-25.5克/公顷	喷雾
PD20040199	氯氰菊酯/10%/乳油/氯氰菊酯 10%/2009.12.19 至 2014.12.19/中等毒			
	棉花	棉铃虫、棉蚜	45-90克/公顷	喷雾
	十字花科蔬菜	菜青虫	30-45克/公顷	喷雾
PD20040791	辛硫·三唑磷/20%/乳油/三唑磷 10%、辛硫磷 10%/2009.12.19 至 2014.12.19/中等毒			
	棉花	棉铃虫	90-120克/公顷	喷雾
	水稻	二化螟	300-450克/公顷	喷雾
	水稻	稻水象甲	120-150克/公顷	喷雾
PD20081966	丁硫克百威/90%/原药/丁硫克百威 90%/2013.11.25 至 2018.11.25/中等毒			
PD20082429	啶虫脒/5%/乳油/啶虫脒 5%/2013.12.02 至 2018.12.02/低毒			
	黄瓜	蚜虫	18-22.5克/公顷	喷雾
PD20082820	代森锰锌/50%/可湿性粉剂/代森锰锌 50%/2013.12.09 至 2018.12.09/低毒			
	番茄	早疫病	1845-2370克/公顷	喷雾
PD20090768	硫丹/350克/升/乳油/硫丹 350克/升/2014.01.19 至 2019.01.19/中等毒(原药高毒)			
	棉花	棉铃虫	525-840克/公顷	喷雾
PD20092152	霜脲·锰锌/72%/可湿性粉剂/代森锰锌 64%、霜脲氰 8%/2014.02.23 至 2019.02.23/低毒			
	黄瓜	霜霉病	1440-1800克/公顷	喷雾
PD20092380	敌畏·氧乐果/30%/乳油/敌敌畏 15%、氧乐果 15%/2014.02.25 至 2019.02.25/中等毒(原药高毒)			
	小麦	蚜虫	225-360克/公顷	喷雾
PD20092403	高效氯氰菊酯/4.5%/微乳剂/高效氯氰菊酯 4.5%/2014.02.25 至 2019.02.25/低毒			
	苹果树	桃小食心虫	30-45毫克/千克	喷雾
PD20092495	高效氯氟氰菊酯/25克/升/乳油/高效氯氟氰菊酯 25克/升/2014.02.26 至 2019.02.26/低毒			
	苹果树	桃小食心虫	8.33-12.5毫克/千克	喷雾
PD20093518	甲硫·福美双/50%/可湿性粉剂/福美双 30%、甲基硫菌灵 20%/2014.03.23 至 2019.03.23/中等毒			
	黄瓜	炭疽病	450-600克/公顷	喷雾
PD20093631	丁硫克百威/200克/升/乳油/丁硫克百威 200克/升/2014.03.25 至 2019.03.25/中等毒			
	棉花	蚜虫	90-180克/公顷	喷雾
PD20094281	高效氯氰菊酯/95%/原药/高效氯氰菊酯 95%/2014.03.31 至 2019.03.31/中等毒			
PD20120624	高效氯氟氰菊酯/2.5%/水乳剂/高效氯氟氰菊酯 2.5%/2012.04.11 至 2017.04.11/中等毒			
	苹果树	桃小食心虫	8.3-12.5毫克/千克	喷雾
PD20131077	啶虫脒/70%/水分散粒剂/啶虫脒 70%/2013.05.20 至 2018.05.20/低毒			
	黄瓜	蚜虫	21-42克/公顷	喷雾
PD20131365	高效氯氰菊酯/4.5%/水乳剂/高效氯氰菊酯 4.5%/2013.06.20 至 2018.06.20/低毒			
	大白菜	菜青虫	30-37.5克/公顷	喷雾
WP20090254	高效氯氰菊酯/4.5%/微乳剂/高效氯氰菊酯 4.5%/2014.04.27 至 2019.04.27/低毒			
	卫生	蝇	90毫克/平方米	滞留喷洒

河北省廊坊强盛精细化工有限公司　(河北省廊坊市大城县外贸局院内　065900　0316-3506156)

PD20081407	0.37%健强杀虫气雾剂//气雾剂/胺菊酯 0%、富右旋反式烯丙菊酯 0%、氯菊酯 0%/2008.10.29 至 2013.10.29/低毒			
	卫生	蜚蠊、蚊、蝇	/	喷雾
WP20080150	杀虫气雾剂/0.37%/气雾剂/胺菊酯 0.17%、富右旋反式烯丙菊酯 0.05%、氯菊酯 0.15%/2013.11.05至2018.11.05/低毒			
	卫生	蜚蠊、蚊、蝇	/	喷雾

河北省廊坊市奥姿化妆品有限公司　(河北省廊坊市文安县陈黄甫开发区1号楼　065800　0316-5033238)

WP20080005	0.4%癞蛤蟆杀虫气雾剂//气雾剂/胺菊酯 0.2%、富右旋反式烯丙菊酯 0.1%、氯菊酯 0.1%/2013.01.04 至2018.01.04/

低毒
卫生 蜚蠊、蚂蚁、蚊、蝇 / 喷雾

WP20080379 蚊香/0.25%/蚊香/富右旋反式烯丙菊酯 0.25%/2013.12.11 至 2018.12.11/微毒
卫生 蚊 / 点燃

WP20120199 蚊香/0.05%/蚊香/氯氟醚菊酯 0.05%/2012.10.25 至 2017.10.25/微毒
卫生 蚊 / 点燃

河北省廊坊天威日化有限公司 (河北省廊坊市文安县黄庄工业区 065800 0316-5057088)

WP20080411 杀虫气雾剂/0.65%/气雾剂/胺菊酯 0.3%、高效氯氰菊酯 0.15%、氯菊酯 0.2%/2013.12.12 至 2018.12.12/低毒
卫生 蚊、蝇 / 喷雾

河北省农药化工有限公司 (河北省石家庄市无极城北工业区 052460 0311-85758709)

PD20082597 辛硫·高氯氟/20%/乳油/高效氯氟氰菊酯 1%、辛硫磷 19%/2013.12.04 至 2018.12.04/低毒
棉花 棉铃虫 300-360克/公顷 喷雾

PD20083229 高效氯氟氰菊酯/25克/升/乳油/高效氯氟氰菊酯 25克/升/2013.12.11 至 2018.12.11/中等毒
棉花 棉铃虫 22.5-26.25克/公顷 喷雾
小麦 蚜虫 7.5-11.25克/公顷 喷雾

PD20084063 马拉硫磷/45%/乳油/马拉硫磷 45%/2013.12.16 至 2018.12.16/低毒
小麦 蚜虫 573.75-742.5克/公顷 喷雾

PD20084531 灭多威/10%/可湿性粉剂/灭多威 10%/2013.12.18 至 2018.12.18/高毒
棉花 棉铃虫 225-300克/公顷 喷雾

PD20084753 阿维菌素/1.8%/乳油/阿维菌素 1.8%/2013.12.22 至 2018.12.22/低毒(原药高毒)
十字花科蔬菜 小菜蛾 8.1-10.8克/公顷 喷雾
水稻 稻纵卷叶螟 8.1-9.45克/公顷 喷雾

PD20086001 啶虫脒/5%/乳油/啶虫脒 5%/2013.12.29 至 2018.12.29/低毒
苹果树 蚜虫 12-20毫克/千克 喷雾

PD20090095 辛硫磷/40%/乳油/辛硫磷 40%/2014.01.08 至 2019.01.08/低毒
棉花 棉铃虫 300-600克/公顷 喷雾

PD20091747 高氯·毒死蜱/15%/乳油/毒死蜱 13.5%、高效氯氰菊酯 1.5%/2009.02.04 至 2014.02.04/低毒
棉花 棉铃虫 180-270克/公顷 喷雾

PD20092047 萘乙酸/5%/水剂/萘乙酸 5%/2014.02.12 至 2019.02.12/低毒
番茄 调节生长、增产 4000-5000倍 喷花

PD20094940 高效氯氰菊酯/4.5%/乳油/高效氯氰菊酯 4.5%/2014.04.16 至 2019.04.16/低毒
甘蓝 菜青虫 13-27克/公顷 喷雾
柑橘树 潜叶蛾 37.5-75毫克/千克 喷雾
小麦 蚜虫 13.5—20.25克/公顷 喷雾

PD20095967 毒死蜱/45%/乳油/毒死蜱 45%/2009.06.04 至 2014.06.04/中等毒
韭菜 韭蛆 1440-1800克/公顷 灌根
小麦 蚜虫 135-202.5克/公顷 喷雾

PD20097798 阿维菌素/5%/乳油/阿维菌素 5%/2009.11.20 至 2014.11.20/中等毒(原药高毒)
十字花科蔬菜 小菜蛾 7.5-11.25克/公顷 喷雾
水稻 稻纵卷叶螟 6-9克/公顷 喷雾

PD20097950 混合氨基酸铜/10%/水剂/混合氨基酸铜 10%/2009.11.30 至 2014.11.30/低毒
西瓜 枯萎病 250-350倍液 灌根

PD20098264 阿维·矿物油/18%/乳油/阿维菌素 1%、矿物油 17%/2009.12.16 至 2014.12.16/中等毒(原药高毒)
梨树 梨木虱 36-45毫克/千克 喷雾

PD20100174 唑磷·毒死蜱/30%/乳油/毒死蜱 7%、三唑磷 23%/2010.01.05 至 2015.01.05/中等毒
水稻 稻纵卷叶螟 315-450克/公顷 喷雾

PD20101244 苦参碱/0.3%/水剂/苦参碱 0.3%/2010.03.01 至 2015.03.01/低毒
甘蓝 蚜虫 6.48-8.64克/公顷 喷雾

PD20102031 水胺硫磷/35%/乳油/水胺硫磷 35%/2010.10.19 至 2015.10.19/高毒
棉花 棉铃虫 300-600克/公顷 喷雾

PD20110361 甲氨基阿维菌素苯甲酸盐/5%/乳油/甲氨基阿维菌素 5%/2011.03.31 至 2016.03.31/低毒
甘蓝 小菜蛾 1.71-3.42克/公顷 喷雾
注:甲氨基阿维菌素苯甲酸盐含量: 5.7%。

PD20120071 吡虫啉/10%/可湿性粉剂/吡虫啉 10%/2012.01.18 至 2017.01.18/低毒
苹果树 黄蚜 25—50毫克/千克 喷雾
小麦 蚜虫 22.5-30克/公顷(南方地区)45-60克/公顷(北方地区) 喷雾

PD20120229 甲氨基阿维菌素苯甲酸盐/5%/水分散粒剂/甲氨基阿维菌素 5%/2012.02.10 至 2017.02.10/低毒
甘蓝 甜菜夜蛾 1.875-3.375克/公顷（按甲氨基阿维菌素含量计）） 喷雾
注:甲氨基阿维菌素苯甲酸盐含量:5.7%。

PD20120385 咪鲜胺/450克/升/水乳剂/咪鲜胺 450克/升/2012.03.06 至 2017.03.06/低毒
香蕉(果实) 炭疽病 333—500毫克/千克 浸果

PD20121057 吡虫啉/25%/可湿性粉剂/吡虫啉 25%/2012.07.12 至 2017.07.12/低毒
水稻 稻飞虱 15-30克/公顷 喷雾
PD20130584 嘧菌酯/25%/悬浮剂/嘧菌酯 25%/2013.04.02 至 2018.04.02/低毒
黄瓜 霜霉病 120-180克/公顷 喷雾
PD20130585 吡蚜酮/25%/可湿性粉剂/吡蚜酮 25%/2013.04.02 至 2018.04.02/低毒
观赏菊花 蚜虫 150-225克/公顷 喷雾

河北省容城超达精细化工有限公司 (河北省容城县东城路108号 071700 0312-5611757)

WP20070024 杀虫气雾剂/0.28%/气雾剂/胺菊酯 0.26%、高效氯氰菊酯 0.02%/2012.11.22 至 2017.11.22/低毒
卫生 蜚蠊、蚊、蝇 / 喷雾
WP20110097 蚊香/0.25%/蚊香/富右旋反式烯丙菊酯 0.25%/2011.04.22 至 2016.04.22/低毒
卫生 蚊 / 点燃

河北省容城县浩达日用制品有限公司 (河北省容城县北环路23号 071700 0312-5616185)

WP20130228 杀虫气雾剂/0.35%/气雾剂/胺菊酯 0.3%、氯氰菊酯 0.05%/2013.11.05 至 2018.11.05/低毒
卫生 蚊、蝇 / 喷雾
WP20130260 蚊香/0.28%/蚊香/富右旋反式烯丙菊酯 0.28%/2013.12.17 至 2018.12.17/低毒
卫生 蚊 / 点燃

河北省容城县宏旺日用制品有限公司 (河北省容城县南关大街8号 071700 0312-5609976)

WP20130069 蚊香/0.25%/蚊香/富右旋反式烯丙菊酯 0.25%/2013.04.18 至 2018.04.18/微毒
卫生 蚊 / 点燃
WP20130070 杀虫气雾剂/0.46%/气雾剂/胺菊酯 0.4%、高效氯氰菊酯 0.06%/2013.04.18 至 2018.04.18/微毒
卫生 蚊、蝇、蜚蠊 / 喷雾

河北省容城县鑫荣达日用制品有限公司 (河北省容城县西关 071700 0312-5615872)

WP20100055 蚊香/0.25%/蚊香/富右旋反式烯丙菊酯 0.25%/2010.03.26 至 2015.03.26/微毒
卫生 蚊 / 点燃
WP20130068 杀虫气雾剂/0.45%/气雾剂/胺菊酯 0.4%、高效氯氰菊酯 0.05%/2013.04.18 至 2018.04.18/微毒
卫生 蚊、蝇、蜚蠊 / 喷雾

河北省三河中澳科技发展有限公司 (河北省三河市李旗庄镇何屯村北李翟路东侧 065206 0316-3455161)

PD20092392 高效氯氟氰菊酯/25克/升/乳油/高效氯氟氰菊酯 25克/升/2009.02.25 至 2014.02.25/中等毒
甘蓝 菜青虫 9.4—11.25克/公顷 喷雾
PD20095178 毒死蜱/480克/升/乳油/毒死蜱 480克/升/2009.04.24 至 2014.04.24/中等毒
棉花 棉铃虫 600-900克/公顷 喷雾
PD20095701 碱式硫酸铜/30%/悬浮剂/碱式硫酸铜 30%/2009.05.15 至 2014.05.15/低毒
梨树 黑星病 350-500倍液 喷雾
PD20098182 草甘膦异丙胺盐(41%)///水剂/草甘膦 30%/2009.12.14 至 2014.12.14/低毒
玉米田 一年生杂草 922.5-1650克/公顷 定向茎叶喷雾
PD20098528 阿维菌素/1.8%/乳油/阿维菌素 1.8%/2009.12.24 至 2014.12.24/中等毒(原药高毒)
菜豆 美洲斑潜蝇 10.8-21.6克/公顷 喷雾

河北省深州市奥邦农化有限责任公司 (河北省深州市双井工业区 052860 0318-3517409)

PD20082101 硫磺·甲硫灵/70%/可湿性粉剂/甲基硫菌灵 40%、硫磺 30%/2013.11.25 至 2018.11.25/低毒
黄瓜 白粉病 840-1050克/公顷 喷雾
PD20082419 阿维菌素/1.8%/乳油/阿维菌素 1.8%/2013.12.02 至 2018.12.02/中等毒(原药高毒)
苹果树 红蜘蛛 3—4.5毫克/千克 喷雾
PD20084123 锰锌·硫磺/70%/可湿性粉剂/硫磺 42%、代森锰锌 28%/2013.12.16 至 2018.12.16/低毒
豇豆 锈病 1575-2100克/公顷 喷雾
PD20092444 高氯·辛硫磷/20%/乳油/高效氯氰菊酯 1%、辛硫磷 19%/2014.02.25 至 2019.02.25/低毒
棉花 棉铃虫 240-300克/公顷 喷雾
PD20093634 啶虫脒/5%/乳油/啶虫脒 5%/2009.03.25 至 2014.03.25/低毒
苹果树 蚜虫 10-12毫克/千克 喷雾
PD20094332 多·福/40%/可湿性粉剂/多菌灵 5%、福美双 35%/2009.03.31 至 2014.03.31/低毒
梨树 黑星病 1000-1500毫克/千克 喷雾
PD20098060 吡虫啉/10%/可湿性粉剂/吡虫啉 10%/2009.12.07 至 2014.12.07/低毒
小麦 蚜虫 15-30克/公顷(南方地区) 喷雾
45-60克/公顷(北方地区)
PD20120139 过氧乙酸/21%/水剂/过氧乙酸 21%/2012.01.29 至 2017.01.29/低毒
黄瓜 灰霉病 441-735克/公顷 喷雾

河北省石家庄宝丰化工有限公司 (河北省石家庄市栾城县窦妪工业区 051431 0311-85971250)

PD92103-10 草甘膦/95%/原药/草甘膦 95%/2012.08.28 至 2017.08.28/低毒
PD20040002 百草枯/42%/母药/百草枯 42%/2014.03.02 至 2019.03.02/中等毒
PD20040003 百草枯/200克/升/水剂/百草枯 200克/升/2012.12.31 至 2014.07.01/中等毒
稻茬免耕小麦田 杂草 450-900克/公顷 定向茎叶喷雾
稻茬免耕油菜田 杂草 450-900克/公顷 茎叶喷雾
苹果园 杂草 600-900克/公顷 定向喷雾
香蕉园 杂草 450-900克/公顷 定向喷雾

	玉米田	杂草	300-600克/公顷	行间定向茎叶喷雾
PD20040324	吡虫啉/5%/乳油/吡虫啉 5%/2009.12.19 至 2014.12.19/低毒			
	棉花	棉蚜	15-22.5克/公顷	喷雾
PD20082285	阿维菌素/0.5%/乳油/阿维菌素 0.5%/2013.12.05 至 2018.12.05/低毒(原药高毒)			
	十字花科蔬菜	小菜蛾	8.1-10.8克/公顷	喷雾
PD20084799	唑酮·福美双/45%/可湿性粉剂/福美双 40%、三唑酮 5%/2013.12.22 至 2018.12.22/中等毒			
	水稻	恶苗病	750-1500毫克/千克	浸种
PD20084945	阿维菌素/0.3%/乳油/阿维菌素 0.3%/2013.12.22 至 2018.12.22/微毒(原药高毒)			
	梨树	梨木虱	1-2毫克/千克	喷雾
PD20085396	草甘膦异丙胺盐(41%)///水剂/草甘膦 30%/2013.12.24 至 2018.12.24/低毒			
	茶树、甘蔗、果园、剑麻、林木、桑树、橡胶树	一年生杂草和多年生恶性杂草	1125-2250克/公顷	喷雾
	柑橘园	杂草	1107-2214克/公顷	定向茎叶喷雾
PD20090168	阿维·敌敌畏/40%/乳油/阿维菌素 0.3%、敌敌畏 39.7%/2014.01.08 至 2019.01.08/中等毒(原药高毒)			
	黄瓜	美洲斑潜蝇	360-450克/公顷	喷雾
PD20090235	阿维·辛硫磷/20%/乳油/阿维菌素 0.1%、辛硫磷 19.9%/2014.01.09 至 2019.01.09/低毒(原药高毒)			
	苹果树	山楂红蜘蛛	200-400毫克/千克	喷雾
PD20090309	阿维菌素/1.8%/乳油/阿维菌素 1.8%/2014.01.12 至 2019.01.12/中等毒(原药高毒)			
	柑橘树	红蜘蛛	9-12毫克/千克	喷雾
PD20091316	甲霜·福美双/35%/可湿性粉剂/福美双 25%、甲霜灵 10%/2014.02.01 至 2019.02.01/中等毒			
	水稻苗床	立枯病	3500-5250克/公顷	苗床浇洒
PD20091395	福·甲·杀虫单/40%/可湿性粉剂/福美双 18%、甲霜灵 12%、杀虫单 10%/2009.02.02 至 2014.02.02/中等毒			
	水稻苗床	蝼蛄、苗期立枯病	0.4-0.6克/平方米	苗床喷雾
PD20100063	阿维·矿物油/24.5%/乳油/阿维菌素 0.2%、矿物油 24.3%/2010.01.04 至 2015.01.04/低毒(原药高毒)			
	柑橘树	红蜘蛛	163.3-245毫克/千克	喷雾
PD20101987	啶虫脒/5%/乳油/啶虫脒 5%/2010.09.25 至 2015.09.25/低毒			
	柑橘树	蚜虫	7.5-10毫克/千克	喷雾
PD20110676	过氧乙酸/21%/水剂/过氧乙酸 21%/2011.06.20 至 2016.06.20/低毒			
	黄瓜	灰霉病	441-735克/公顷	喷雾
PD20120536	甲氨基阿维菌素苯甲酸盐/3%/微乳剂/甲氨基阿维菌素 3%/2012.03.28 至 2017.03.28/低毒			
	甘蓝	甜菜夜蛾	2.25-3.15克/公顷	喷雾
	注:甲氨基阿维菌素苯甲酸盐：3.4%。			
PD20120879	阿维菌素/5%/乳油/阿维菌素 5%/2012.05.24 至 2017.05.24/中等毒(原药高毒)			
	甘蓝	小菜蛾	9-11.25克/公顷	喷雾
PD20121061	啶虫脒/25%/乳油/啶虫脒 25%/2012.07.12 至 2017.07.12/低毒			
	柑橘树	蚜虫	10-12.5毫克/千克	喷雾
PD20131042	双草醚/95%/原药/双草醚 95%/2013.05.13 至 2018.05.13/微毒			

河北省石家庄华农化工有限责任公司　(河北省石家庄市栾城县窦妪工业区　051430　0311-85468001)

PD20083437	啶虫脒/3%/乳油/啶虫脒 3%/2008.12.11 至 2013.12.11/低毒			
	黄瓜	蚜虫	18-22.5克/公顷	喷雾
PD20092916	甲基硫菌灵/70%/可湿性粉剂/甲基硫菌灵 70%/2014.03.05 至 2019.03.05/低毒			
	番茄	叶霉病	375-562.5克/公顷	喷雾
PD20094189	阿维菌素/2%/乳油/阿维菌素 2%/2009.03.30 至 2014.03.30/中等毒(原药高毒)			
	菜豆	美洲斑潜蝇	10.8-21.6克/公顷	喷雾
PD20097097	辛硫磷/3%/颗粒剂/辛硫磷 3%/2009.10.10 至 2014.10.10/低毒			
	玉米	玉米螟	135-157.5克/公顷	加细沙后在喇叭口处均匀撒施
PD20097687	吡虫啉/10%/可湿性粉剂/吡虫啉 10%/2009.11.04 至 2014.11.04/低毒			
	水稻	稻飞虱	15-30克/公顷	喷雾
PD20102055	烟嘧磺隆/95%/原药/烟嘧磺隆 95%/2010.11.03 至 2015.11.03/低毒			

河北省石家庄市绿丰化工有限公司　(河北省深泽县南苑路88号　052560　0311-83520670)

PD85122-16	福美双/50%/可湿性粉剂/福美双 50%/2012.03.07 至 2017.03.07/中等毒			
	黄瓜	白粉病、霜霉病	500-1000倍液	喷雾
	葡萄	白腐病	500-1000倍液	喷雾
	水稻	稻瘟病、胡麻叶斑病	250克/100千克种子	拌种
	甜菜、烟草	根腐病	500克/500千克温床土	土壤处理
	小麦	白粉病、赤霉病	500倍液	喷雾
PD85123-11	福·福甲胂·福锌/50%/可湿性粉剂/福美甲胂 12.5%、福美双 25%、福美锌 12.5%/2011.01.04 至 2013.12.31/中等毒			
	大白菜	霜霉病	750-1125克/公顷	喷雾
	梨树	黑星病	500-800倍液	喷雾
	苹果树	炭疽病	500-800倍液	喷雾
	葡萄	黑痘病、炭疽病	500-1000倍液	喷雾

	水稻	纹枯病	562.5-712.5克/公顷	喷雾
	烟草	炭疽病	562.5-712.5克/公顷	喷雾
	芝麻	疫病	2500倍液	喷雾
PD85124-12	福·福锌/80%/可湿性粉剂/福美双 30%、福美锌 50%/2011.01.04 至 2016.01.04/中等毒			
	黄瓜、西瓜	炭疽病	1500-1800克/公顷	喷雾
	麻	炭疽病	240-400克/100千克种子	拌种
	棉花	苗期病害	0.5%药液	浸种
	苹果树、杉木、橡胶树	炭疽病	500-600倍液	喷雾
PD85125-11	福美胂/40%/可湿性粉剂/福美胂 40%/2011.03.01 至 2013.12.31/中等毒			
	黄瓜	白粉病	1025-1500克/公顷	喷雾
	苹果树	白粉病	700倍液	喷雾
	水稻	稻粒瘟病	542.5-645克/公顷	喷雾
	豌豆	白粉病	900-1025克/公顷	喷雾
	小麦	白粉病	542.5-750克/公顷	喷雾
PD20060157	四螨嗪/98%/原药/四螨嗪 98%/2011.08.30 至 2016.08.30/低毒			
PD20070171	福美双/95%/原药/福美双 95%/2012.06.25 至 2017.06.25/低毒			
PD20070336	四螨嗪/20%/悬浮剂/四螨嗪 20%/2012.10.17 至 2017.10.17/低毒			
	苹果树	红蜘蛛	100-125毫克/千克	喷雾
PD20101192	异菌脲/50%/可湿性粉剂/异菌脲 50%/2010.02.08 至 2015.02.08/低毒			
	番茄	灰霉病	375－750克/公顷	喷雾
PD20111292	阿维·四螨嗪/40%/悬浮剂/阿维菌素 0.5%、四螨嗪 39.5%/2011.11.24 至 2016.11.24/低毒			
	柑橘树	红蜘蛛	100－133毫克/千克	喷雾

河北省石家庄市青冠化工有限公司　(河北省石家庄市桥西区滨河街南头　050091　0311-83824531)

PD20086090	啶虫·辛硫磷/21%/乳油/啶虫脒 1%、辛硫磷 20%/2013.12.30 至 2018.12.30/低毒			
	甘蓝	白粉虱	126-189克/公顷	喷雾
PD20094067	辛硫·氧乐果/30%/乳油/辛硫磷 15%、氧乐果 15%/2009.03.27 至 2014.03.27/中等毒(原药高毒)			
	小麦	蚜虫	225-300克/公顷	喷雾
PD20094462	乙铝·百菌清/70%/可湿性粉剂/百菌清 20%、三乙膦酸铝 50%/2009.04.01 至 2014.04.01/低毒			
	黄瓜	霜霉病	1406－2109克/公顷	喷雾
PD20094662	多·锰锌/60%/可湿性粉剂/多菌灵 25%、代森锰锌 35%/2009.04.10 至 2014.04.10/低毒			
	梨树	黑星病	1000-1250毫克/千克	喷雾
	苹果树	轮纹病	600-800倍液	喷雾
PD20096656	氯氰·毒死蜱/15%/乳油/毒死蜱 10%、氯氰菊酯 5%/2009.09.07 至 2014.09.07/中等毒			
	甘蓝	甜菜夜蛾	67.5-90克/公顷	喷雾
PD20097443	吡虫啉/10%/可湿性粉剂/吡虫啉 10%/2009.10.28 至 2014.10.28/低毒			
	水稻	稻飞虱	15-30克/公顷	喷雾
PD20100388	马拉硫磷/45%/乳油/马拉硫磷 45%/2010.01.14 至 2015.01.14/低毒			
	梨树	蛑蟓	250-300毫克/千克	喷雾
PD20101117	阿维·矿物油/24.5%/乳油/阿维菌素 0.2%、矿物油 24.3%/2010.01.25 至 2015.01.25/低毒(原药高毒)			
	柑橘树	红蜘蛛	123-245毫克/千克	喷雾
PD20101484	络氨铜/15%/水剂/络氨铜 15%/2010.05.05 至 2015.05.05/低毒			
	西瓜	枯萎病	0.075－0.1克/株	灌根
PD20101623	水胺·辛硫磷/35%/乳油/水胺硫磷 11.5%、辛硫磷 23.5%/2010.06.03 至 2015.06.03/中等毒(原药高毒)			
	棉花	棉铃虫	262.5-472.5克/公顷	喷雾
PD20110768	三唑磷/15%/微乳剂/三唑磷 15%/2011.07.25 至 2016.07.25/中等毒			
	水稻	二化螟	225-300克/公顷	喷雾
PD20130548	丁硫克百威/200克/升/乳油/丁硫克百威 200克/升/2013.04.01 至 2018.04.01/中等毒			
	棉花	蚜虫	135-180克/公顷	喷雾
PD20132536	甲氨基阿维菌素苯甲酸盐/3%/微乳剂/甲氨基阿维菌素 3%/2013.12.16 至 2018.12.16/低毒			
	甘蓝	甜菜夜蛾	2.25-3克/公顷	喷雾
	注:甲氨基阿维菌素苯甲酸盐含量：3.4%。			

河北省石家庄市深泰化工有限公司　(河北省石家庄市深泽县城西正饶路路南　052560　0311-83525409)

PD86158-5	三乙膦酸铝/95%、87%/原药/三乙膦酸铝 95%、87%/2011.10.30 至 2016.10.30/低毒			
PD20070256	多·锰锌/70%/可湿性粉剂/多菌灵 20%、代森锰锌 50%/2012.09.04 至 2017.09.04/低毒			
	梨树	黑星病	1000-1250毫克/千克	喷雾
PD20070276	乙铝·锰锌/70%/可湿性粉剂/代森锰锌 25%、三乙膦酸铝 45%/2012.09.05 至 2017.09.05/低毒			
	黄瓜	霜霉病	1312.5-1515克/公顷	喷雾
PD20080164	啶虫脒/5%/乳油/啶虫脒 5%/2013.01.03 至 2018.01.03/中等毒			
	苹果树	蚜虫	12-15毫克/千克	喷雾
PD20082392	三乙膦酸铝/80%/可湿性粉剂/三乙膦酸铝 80%/2013.12.01 至 2018.12.01/低毒			
	黄瓜	霜霉病	2175-2820克/公顷	喷雾
	烟草	黑胫病	4500－4875克/公顷	喷雾

PD20090027 氰戊·马拉松/20%/乳油/马拉硫磷 15%、氰戊菊酯 5%/2014.01.06 至 2019.01.06/中等毒
甘蓝 菜青虫 120-150克/公顷 喷雾

PD20094052 哒螨灵/15%/乳油/哒螨灵 15%/2014.03.27 至 2019.03.27/中等毒
苹果树 红蜘蛛 50-60毫克/千克 喷雾

PD20100535 氟铃脲/5%/乳油/氟铃脲 5%/2010.01.14 至 2015.01.14/微毒
甘蓝 小菜蛾 45-56.25克/公顷 喷雾

PD20110271 啶虫脒/20%/可湿性粉剂/啶虫脒 20%/2011.03.07 至 2016.03.07/低毒
柑橘树 蚜虫 10-13.3毫克/千克 喷雾

PD20110291 高效氯氟氰菊酯/5%/水乳剂/高效氯氟氰菊酯 5%/2011.03.11 至 2016.03.11/中等毒
甘蓝 菜青虫 11.25-15克/公顷 喷雾

PD20110296 甲氨基阿维菌素苯甲酸盐/2%/乳油/甲氨基阿维菌素 2%/2011.03.11 至 2016.03.11/低毒
甘蓝 小菜蛾 2.25-3克/公顷 喷雾
注:甲氨基阿维菌素苯甲酸盐含量: 2.3%。

PD20120741 阿维菌素/3%/水乳剂/阿维菌素 3%/2012.05.03 至 2017.05.03/中等毒(原药高毒)
水稻 稻纵卷叶螟 9-13.5克/公顷 喷雾

PD20130507 吡虫啉/50%/可湿性粉剂/吡虫啉 50%/2013.03.27 至 2018.03.27/低毒
小麦 蚜虫 15-30克/公顷 喷雾

PD20132677 吡蚜酮/50%/可湿性粉剂/吡蚜酮 50%/2013.12.25 至 2018.12.25/低毒
水稻 稻飞虱 60-90克/公顷 喷雾

河北省肃宁县芳溢日化有限公司 (河北省肃宁县师素镇西淡 062350 0317-5072888)

WP20120037 杀虫气雾剂/0.45%/气雾剂/胺菊酯 0.25%、氯氰菊酯 0.2%/2012.03.07 至 2017.03.07/微毒
卫生 蚊、蝇 / 喷雾

河北省肃宁县伸力日用化工有限责任公司 (河北省肃宁县付佐工业区2号付佐橡胶厂 062350 0317-5092380)

WP20080198 杀虫气雾剂/0.55%/气雾剂/胺菊酯 0.30%、氯菊酯 0.25%/2013.11.20 至 2018.11.20/低毒
卫生 蜚蠊、蚊、蝇 / 喷雾

河北省肃宁县兴业精细化工厂 (河北省肃宁县城关镇大五里 062350 0312-6032111)

WP20100088 杀虫气雾剂/0.45%/气雾剂/胺菊酯 0.2%、氯氰菊酯 0.25%/2010.06.08 至 2015.06.08/低毒
卫生 蜚蠊、蚊、蝇 / 喷雾
注:本品有一种香型: 柠檬香型。

河北省唐山市瑞华生物农药有限公司 (河北省滦南县扒齿港镇绳庄村南 063502 0315-4422197)

PD20080694 氰戊·马拉松/20%/乳油/马拉硫磷 15%、氰戊菊酯 5%/2013.06.04 至 2018.06.04/中等毒
棉花 棉铃虫 90-150克/公顷 喷雾
小麦 蚜虫 60-90克/公顷 喷雾

PD20082302 百菌清/75%/可湿性粉剂/百菌清 75%/2013.12.01 至 2018.12.01/低毒
黄瓜 霜霉病 1237.5-1575克/公顷 喷雾

PD20083645 多菌灵/50%/可湿性粉剂/多菌灵 50%/2013.12.12 至 2018.12.12/低毒
水稻 稻瘟病 600-750克/公顷 喷雾

PD20086092 噁霉灵/15%/水剂/噁霉灵 15%/2013.12.30 至 2018.12.30/低毒
水稻苗床、水稻育秧箱 立枯病 0.9-1.8克/平方米 土壤处理

PD20090521 百草枯/200克/升/水剂/百草枯 200克/升/2012.12.31 至 2014.07.01/中等毒
玉米田 一年生杂草 375-450克/公顷 行间定向茎叶喷雾

PD20092107 敌畏·马/35%/乳油/敌敌畏 26%、马拉硫磷 9%/2014.02.23 至 2019.02.23/中等毒
水稻 稻水象甲 210-262.5克/公顷 喷雾

PD20093898 高效氟吡甲禾灵/108克/升/乳油/高效氟吡甲禾灵 108克/升/2014.03.26 至 2019.03.26/低毒
大豆田 一年生禾本科杂草 48.6-72.9克/公顷 茎叶喷雾
花生田 一年生禾本科杂草 40.5-48.6克/公顷 茎叶喷雾

PD20097422 烟嘧磺隆/40克/升/可分散油悬浮剂/烟嘧磺隆 40克/升/2009.10.28 至 2014.10.28/低毒
玉米田 一年生杂草 42-60克/公顷 茎叶喷雾

PD20097953 吗胍·乙酸铜/20%/可湿性粉剂/盐酸吗啉胍 10%、乙酸铜 10%/2009.12.01 至 2014.12.01/低毒
番茄 病毒病 500-750克/公顷 喷雾

PD20100072 甲基硫菌灵/70%/可湿性粉剂/甲基硫菌灵 70%/2010.01.04 至 2015.01.04/低毒
苹果 轮纹病 600-800毫克/千克 喷雾

PD20101140 烯酰吗啉/50%/可湿性粉剂/烯酰吗啉 50%/2010.01.25 至 2015.01.25/低毒
葡萄 霜霉病 166.7-250毫克/千克 喷雾

PD20130476 甲氨基阿维菌素苯甲酸盐/3%/微乳剂/甲氨基阿维菌素 3%/2013.03.20 至 2018.03.20/低毒
甘蓝 甜菜夜蛾 2.25-2.7克/公顷 喷雾
注:甲氨基阿维菌素苯甲酸盐含量:3.4%。

PD20130519 阿维·高氯氟/2%/微乳剂/阿维菌素 0.4%、高效氯氟氰菊酯 1.6%/2013.03.27 至 2018.03.27/低毒(原药高毒)
甘蓝 小菜蛾 9-15克/公顷 喷雾

PD20130587 阿维菌素/1.8%/乳油/阿维菌素 1.8克/升/2013.04.02 至 2018.04.02/低毒(原药高毒)
柑橘树 潜叶蛾 4.5-6.75毫克/千克 喷雾

PD20130622 阿维·哒螨灵/5%/乳油/阿维菌素 0.2%、哒螨灵 4.8%/2013.04.03 至 2018.04.03/低毒(原药高毒)

柑橘树 红蜘蛛 33.3-50毫克/千克 喷雾
PD20131261 高效氯氰菊酯/5%/油剂/高效氯氰菊酯 5%/2013.06.04 至 2018.06.04/低毒
滩涂 飞蝗 18.75-22.5克/公顷 超低容量喷雾
PD20131699 氟硅唑/8%/微乳剂/氟硅唑 8%/2013.08.07 至 2018.08.07/低毒
黄瓜 白粉病 60-90克/公顷 喷雾
PD20132047 啶虫脒/5%/乳油/啶虫脒 5%/2013.10.22 至 2018.10.22/低毒
柑橘树 蚜虫 10-15毫克/千克 喷雾

河北省唐山鑫华农药有限公司 (河北省唐山市丰润区丰遵路压库山 064000 0315-5196002)

PD20085366 敌畏·马/35%/乳油/敌敌畏 26%、马拉硫磷 9%/2013.12.24 至 2018.12.24/中等毒
水稻 稻水象甲 210-262.5克/公顷 喷雾
PD20090036 磷化铝/56%/片剂/磷化铝 56%/2014.01.06 至 2019.01.06/高毒
贮粮 害虫 4-7克/立方米 密闭熏蒸
PD20090137 氰戊·马拉松/21%/乳油/马拉硫磷 15%、氰戊菊酯 6%/2014.01.08 至 2019.01.08/中等毒
苹果树 食心虫 60-100毫克/千克 喷雾
苹果树 蚜虫 50-75毫克/千克 喷雾
苹果树 红蜘蛛 60—150毫克/千克 喷雾
PD20091101 高氯·辛硫磷/20%/乳油/高效氯氰菊酯 2%、辛硫磷 18%/2014.01.21 至 2019.01.21/低毒
棉花 棉铃虫 240-300克/公顷 喷雾
PD20093581 腐霉利/15%/烟剂/腐霉利 15%/2014.03.23 至 2019.03.23/低毒
番茄(保护地) 灰霉病 350-675克/公顷 点燃放烟
PD20095439 福·甲·硫磺/70%/可湿性粉剂/福美双 24%、甲基硫菌灵 16%、硫磺 30%/2009.05.11 至 2014.05.11/低毒
小麦 赤霉病 1470-2100克/公顷 喷雾
PD20097541 吗胍·硫酸铜/1.5%/水剂/盐酸吗啉胍 1%、硫酸铜 0.5%/2009.11.03 至 2014.11.03/低毒
番茄 病毒病 90-112.5克/公顷 喷雾
PD20101238 百菌清/20%/烟剂/百菌清 20%/2010.03.01 至 2015.03.01/低毒
黄瓜(保护地) 霜霉病 750-1200克/公顷 点燃放烟

河北省万全农药厂 (河北省万全县孔家庄镇 076250 0313-4221601)

PD85151-4 2,4-滴丁酯/57%/乳油/2,4-滴丁酯 57%/2010.08.15 至 2015.08.15/低毒
谷子、小麦 双子叶杂草 419克/公顷 喷雾
水稻 双子叶杂草 239-419克/公顷 喷雾
玉米 双子叶杂草 1)829克/公顷 1)苗前土壤处理
2)359-419克/公顷 2)喷雾
PD85156-7 辛硫磷/85%/原药/辛硫磷 85%/2010.08.15 至 2015.08.15/低毒
PD85157-22 辛硫磷/40%/乳油/辛硫磷 40%/2010.08.15 至 2015.08.15/低毒
茶树、桑树 食叶害虫 200-400毫克/千克 喷雾
果树 食心虫、蚜虫、螨 200-400毫克/千克 喷雾
林木 食叶害虫 3000-6000克/公顷 喷雾
棉花 棉铃虫、蚜虫 300-600克/公顷 喷雾
蔬菜 菜青虫 300-450克/公顷 喷雾
烟草 食叶害虫 300-600克/公顷 喷雾
玉米 玉米螟 450-600克/公顷 灌心叶
PD20080588 霜脲氰/97%/原药/霜脲氰 97%/2013.05.12 至 2018.05.12/低毒
PD20081686 二甲戊灵/95%/原药/二甲戊灵 95%/2013.11.17 至 2018.11.17/低毒
PD20081796 毒死蜱/97%/原药/毒死蜱 97%/2013.11.19 至 2018.11.19/中等毒
PD20082114 氯氰·辛硫磷/40%/乳油/氯氰菊酯 2%、辛硫磷 38%/2013.11.25 至 2018.11.25/低毒
棉花 蚜虫 90-150克/公顷 喷雾
棉花 棉铃虫 180-240克/公顷 喷雾
PD20082580 异菌·福美双/50%/可湿性粉剂/福美双 40%、异菌脲 10%/2013.12.04 至 2018.12.04/低毒
番茄 灰霉病 705-937.5克/公顷 喷雾
PD20082945 霜脲·锰锌/72%/可湿性粉剂/代森锰锌 64%、霜脲氰 8%/2013.12.09 至 2018.12.09/低毒
黄瓜 霜霉病 1440-1800克/公顷 喷雾
PD20084031 辛硫磷/2.5%/微粒剂/辛硫磷 2.5%/2008.12.16 至 2013.12.16/低毒
仓储原粮 储粮害虫 1毫克/千克原粮 拌原粮
PD20090241 毒死蜱/40%/乳油/毒死蜱 40%/2009.01.09 至 2014.01.09/中等毒
十字花科蔬菜 菜青虫 360-540克/公顷 喷雾
PD20091907 氰戊·辛硫磷/50%/乳油/氰戊菊酯 4.5%、辛硫磷 45.5%/2014.02.09 至 2019.02.09/低毒
甘蓝 菜青虫、蚜虫 75-150克/公顷 喷雾
棉花 棉铃虫 450-562.5克/公顷 喷雾
棉花 蚜虫 150-225克/公顷 喷雾
小麦 蚜虫 90克/公顷 喷雾
PD20093878 二甲戊灵/330克/升/乳油/二甲戊灵 330克/升/2014.03.25 至 2019.03.25/低毒
春玉米田 一年生杂草 990-1485克/公顷 播后苗前土壤喷雾
夏玉米田 一年生杂草 742.5-990克/公顷 播后苗前土壤喷雾

PD20094572 2,4-滴/96%/原药/2,4-滴 96%/2014.04.09 至 2019.04.09/中等毒
PD20094995 2,4-滴丁酯/96%/原药/2,4-滴丁酯 96%/2014.04.21 至 2019.04.21/低毒
PD20096632 高效氟吡甲禾灵/95%/原药/高效氟吡甲禾灵 95%/2009.09.02 至 2014.09.02/低毒
PD20097730 琥铜 ·霜脲氰/50%/可湿性粉剂/琥胶肥酸铜 42%、霜脲氰 8%/2009.11.04 至 2014.11.04/低毒

黄瓜	霜霉病、细菌性角斑病	500-700倍液	喷雾

LS20110118 吡唑草胺/97%/原药/吡唑草胺 97%/2013.04.19 至 2014.04.19/低毒
LS20120092 双酰草胺/98%/原药/双酰草胺 98%/2014.03.07 至 2015.03.07/低毒
注:专供出口,不得在国内销售。

河北省吴桥农药有限公司 (河北省吴桥县经济开发区宋门工业园区 061800 0317-7238181)

PD20081839 四螨·哒螨灵/10%/悬浮剂/哒螨灵 7%、四螨嗪 3%/2008.11.20 至 2013.11.20/中等毒

苹果树	山楂叶螨	50毫克/千克	喷雾

PD20084603 马拉硫磷/90%/原药/马拉硫磷 90%/2013.12.18 至 2018.12.18/低毒
PD20090747 马拉硫磷/45%/乳油/马拉硫磷 45%/2014.01.19 至 2019.01.19/低毒

柑橘树	蚜虫	225-300毫克/千克	喷雾
棉花	盲蝽蟓	405-540克/公顷	喷雾

PD20100911 啶虫脒/96%/原药/啶虫脒 96%/2010.01.19 至 2015.01.19/中等毒
PD20101090 敌敌畏/95%/原药/敌敌畏 95%/2010.01.25 至 2015.01.25/中等毒
PD20101915 噁草酮/95%/原药/噁草酮 95%/2010.08.27 至 2015.08.27/低毒
PD20120722 烯草酮/90%/原药/烯草酮 90%/2012.04.28 至 2017.04.28/低毒
PD20130923 烯啶虫胺/95%/原药/烯啶虫胺 95%/2013.04.28 至 2018.04.28/低毒
注:专供出口,不得在国内销售。

河北省邢台富强化工有限公司

PD20110592 过氧乙酸/21%/水剂/过氧乙酸 21%/2011.05.30 至 2016.05.30/低毒

黄瓜	灰霉病	441-735克/公顷	喷雾

河北省邢台市农药有限公司 (河北省邢台市任县邢得公路西侧 055150 0319-7572899)

PD85157-15 辛硫磷/40%/乳油/辛硫磷 40%/2011.01.06 至 2016.01.06/低毒

茶树、桑树	食叶害虫	200-400毫克/千克	喷雾
果树	食心虫、蚜虫、螨	200-400毫克/千克	喷雾
林木	食叶害虫	3000-6000克/公顷	喷雾
棉花	棉铃虫、蚜虫	300-600克/公顷	喷雾
蔬菜	菜青虫	300-450克/公顷	喷雾
烟草	食叶害虫	300-600克/公顷	喷雾
玉米	玉米螟	450-600克/公顷	灌心叶

PD20050122 高效氯氰菊酯/4.5%/乳油/高效氯氰菊酯 4.5%/2010.08.15 至 2015.08.15/中等毒

棉花	红铃虫、棉铃虫、棉蚜	15-30克/公顷	喷雾
苹果树	桃小食心虫	20-33毫克/千克	喷雾
十字花科蔬菜	菜青虫、小菜蛾	9-25.5克/公顷	喷雾
十字花科蔬菜	菜蚜	3-18克/公顷	喷雾

PD20081111 丁酰肼/98%/原药/丁酰肼 98%/2008.08.19 至 2013.08.19/低毒
PD20081112 丁酰肼/92%/可溶粉剂/丁酰肼 92%/2008.08.19 至 2013.08.19/低毒

观赏菊花	调节生长	2500-3500毫克/千克	喷雾

PD20083660 辛硫磷/91%/原药/辛硫磷 91%/2008.12.12 至 2013.12.12/低毒
PD20085328 克百威/3%/颗粒剂/克百威 3%/2008.12.24 至 2013.12.24/中等毒(原药高毒)

甘蔗	蚜虫、蔗龟、蔗螟	1350-2250克/公顷	沟施
花生	线虫	1800-2250克/公顷	条施、沟施
棉花	蚜虫	675-900克/公顷	条施、沟施
水稻	二化螟、螟虫、瘿蚊	900-1350克/公顷	撒施

PD20090247 阿维·高氯/1.8%/乳油/阿维菌素 0.3%、高效氯氰菊酯 1.5%/2009.01.09 至 2014.01.09/低毒(原药高毒)

十字花科蔬菜	菜青虫、小菜蛾	7.5-15克/公顷	喷雾

PD20090469 吡虫·辛硫磷/25%/乳油/吡虫啉 1.5%、辛硫磷 23.5%/2009.01.12 至 2014.01.12/低毒

十字花科蔬菜	蚜虫	150-225克/公顷	喷雾

PD20090989 辛硫磷/3%/颗粒剂/辛硫磷 3%/2009.01.21 至 2014.01.21/低毒

玉米	玉米螟	135-180克/公顷	喇叭口撒施

PD20092651 腐霉·多菌灵/15%/烟剂/多菌灵 10%、腐霉利 5%/2009.03.03 至 2014.03.03/低毒

番茄(保护地)	灰霉病	765-900克/公顷	点燃放烟

PD20092875 百菌清/5%/粉剂/百菌清 5%/2009.03.05 至 2014.03.05/低毒

黄瓜(保护地)	霜霉病	750-1125克/公顷	喷粉

PD20093697 百菌清/30%/烟剂/百菌清 30%/2009.03.25 至 2014.03.25/低毒

黄瓜(保护地)	霜霉病	750-1200克/公顷	点燃放烟

PD20094998 敌敌畏/17%/烟剂/敌敌畏 17%/2009.04.21 至 2014.04.21/中等毒

黄瓜(保护地)	白粉虱	867-1020克/公顷	点燃放烟

PD20096908 溴氰菊酯/2.5%/乳油/溴氰菊酯 2.5%/2009.09.23 至 2014.09.23/中等毒

茶树	害虫	3.75-7.5克/公顷	喷雾

	大白菜、棉花	害虫	11.25-18.75克/公顷	喷雾
	柑橘树	害虫	5-10毫克/千克	喷雾
	苹果树	蚜虫	10-12.5毫克/公顷	喷雾
	烟草	烟青虫	7.5-9克/公顷	喷雾
PD20097555	甲霜·百菌清/12.5%/烟剂/百菌清 10%、甲霜灵 2.5%/2009.11.03 至 2014.11.03/低毒			
	番茄(保护地)	晚疫病	637.5-750克/公顷	点燃
	黄瓜(保护地)	霜霉病	637.5-750克/公顷	点燃
WP20090258	杀蟑烟剂/5%/烟剂/高效氯氰菊酯 5%/2009.04.27 至 2014.04.27/低毒			
	卫生	蜚蠊	/	点燃

河北省雄县凯晨日化有限公司 (河北省雄县南董庄村 071800 0312-5793688)

WP20100042	蚊香/0.25%/蚊香/富右旋反式烯丙菊酯 0.25%/2010.03.01 至 2015.03.01/低毒			
	卫生	蚊	/	点燃
WP20100070	杀虫气雾剂/0.51%/气雾剂/胺菊酯 0.2%、高效氯氰菊酯 0.06%、氯菊酯 0.25%/2010.05.10 至 2015.05.10/低毒			
	卫生	蚊、蝇、蜚蠊	/	喷雾
WL20100060	蚊香/0.05%/蚊香/氯氟醚菊酯 0.05%/2012.02.21 至 2013.02.21/微毒			
	卫生	蚊	/	点燃

河北省徐水吉利仿生农药有限公司 (河北省徐水县康明北路15号信箱 072550 0312-8689888)

PD20082448	阿维菌素/1.8%/乳油/阿维菌素 1.8%/2013.12.02 至 2018.12.02/低毒(原药高毒)			
	十字花科蔬菜	小菜蛾	8.1-10.8克/公顷	喷雾
PD20082801	灭幼脲/25%/悬浮剂/灭幼脲 25%/2013.12.09 至 2018.12.09/低毒			
	甘蓝	菜青虫	37.5-75克/公顷	喷雾
PD20083103	阿维菌素/0.9%/乳油/阿维菌素 0.9%/2013.12.10 至 2018.12.10/低毒(原药高毒)			
	十字花科蔬菜	菜青虫	8.1-10.8克/公顷	喷雾
PD20100591	丁硫·矿物油/30%/乳油/丁硫克百威 5%、矿物油 25%/2010.01.14 至 2015.01.14/中等毒			
	棉花	蚜虫	112.5-180克/公顷	喷雾
PD20100672	阿维·矿物油/24.5%/乳油/阿维菌素 0.2%、矿物油 24.3%/2010.01.15 至 2015.01.15/中等毒(原药高毒)			
	柑橘树	红蜘蛛	123-245毫克/千克	喷雾
PD20111205	过氧乙酸/21%/水剂/过氧乙酸 21%/2011.11.16 至 2016.11.16/低毒			
	黄瓜	灰霉病	441-735克/公顷	喷雾

河北省张家口长城农化(集团)有限责任公司 (河北省张家口市怀来县沙城 075400 0313-6893518)

PDN39-96	甲哌鎓/98%/可溶粉剂/甲哌鎓 98%/2011.04.09 至 2016.04.09/低毒			
	棉花	调节生长	45-60克/公顷	喷雾
PD20091140	四螨·哒螨灵/16%/可湿性粉剂/哒螨灵 7%、四螨嗪 9%/2014.01.21 至 2019.01.21/低毒			
	苹果树	红蜘蛛	80-100毫克/千克	喷雾
PD20092912	甲哌鎓/250克/升/水剂/甲哌鎓 250克/升/2014.03.05 至 2019.03.05/低毒			
	棉花	调节生长、增产	45-60克/公顷	喷雾
PD20093087	四螨嗪/20%/可湿性粉剂/四螨嗪 20%/2014.03.09 至 2019.03.09/低毒			
	苹果树	山楂红蜘蛛	100-200毫克/千克	喷雾
PD20093141	四螨嗪/95%/原药/四螨嗪 95%/2014.03.11 至 2019.03.11/低毒			
PD20093792	莠去津/38%/悬浮剂/莠去津 38%/2014.03.25 至 2019.03.25/低毒			
	春玉米田	一年生杂草	1995-2280克/公顷	播后苗前土壤喷雾
	夏玉米田	一年生杂草	1140-1425克/公顷	播后苗前土壤喷雾
PD20093801	乙草胺/50%/乳油/乙草胺 50%/2014.03.25 至 2019.03.25/低毒			
	大豆田	小粒种子阔叶杂草、一年生禾本科杂草	1200-1875克/公顷(东北地区) 750-1050克/公顷(其它地区)	喷雾
	花生田	小粒种子阔叶杂草、一年生禾本科杂草	750-1200克/公顷(覆膜时药量酌减)	喷雾
	油菜田	小粒种子阔叶杂草、一年生禾本科杂草	525-750克/公顷	喷雾
	玉米田	小粒种子阔叶杂草、一年生禾本科杂草	900-1875克/公顷(东北地区) 750-1050克/公顷(其它地区)	喷雾
PD20093851	四螨嗪/20%/悬浮剂/四螨嗪 20%/2014.03.25 至 2019.03.25/低毒			
	苹果树	红蜘蛛	80-100毫克/千克	喷雾
PD20101808	甲哌鎓/98%/原药/甲哌鎓 98%/2010.07.14 至 2015.07.14/低毒			

河北省张家口金赛制药有限公司 (河北省张家口市桥西区印台沟7号 075000 0313-4101198)

PD86118	杀鼠灵/98%/原药/杀鼠灵 98%/2011.11.16 至 2016.11.16/高毒			
	卫生	田鼠	/	配制成毒饵
PD86119	杀鼠灵/2.5%/母药/杀鼠灵 2.5%/2011.11.16 至 2016.11.16/高毒			
	卫生	家鼠、田鼠	/	配置成毒饵
PD86120	杀鼠灵/0.025%/毒饵/杀鼠灵 0.025%/2011.11.16 至 2016.11.16/高毒			
	室内	家鼠	/	配制成毒饵
	室外	田鼠	/	配制成毒饵
PD20070387	溴敌隆/95%/原药/溴敌隆 95%/2012.11.05 至 2017.11.05/高毒			
PD20081319	杀鼠醚/10%/母液/杀鼠醚 10%/2008.10.20 至 2013.10.20/高毒			

	室内	家鼠	500-1000克/公顷	配制成0.0375%毒饵后,堆施或穴施
	室外	田鼠	500-1000克/公顷	配制成0.0375%毒饵后,堆施或穴施
PD20081322	杀鼠醚/0.75%/母粉/杀鼠醚 0.75%/2008.10.20 至 2013.10.20/高毒			
	室内	家鼠	5-10克/平方米	配成0.0375%毒饵后堆施或穴施
	室外	田鼠	500-1000克/公顷	配成0.0375%毒饵后堆施或穴施
PD20081323	溴敌隆/0.5%/母药/溴敌隆 0.5%/2008.10.20 至 2013.10.20/高毒			
	农田	田鼠	2-5克0.005%毒饵×(300-450点)/公顷	配成0.005%毒饵后堆施或穴施
	室内	家鼠	10-20克0.005%毒饵/10平方米	配成0.005%毒饵后堆施或穴施
PD20081332	杀鼠醚/7.5%/母药/杀鼠醚 7.5%/2008.10.21 至 2013.10.21/高毒			
	室内	家鼠	饱和投饵	配制成毒饵
	室外	田鼠	饱和投饵	配制成毒饵
PD20081333	溴敌隆/0.5%/母粉/溴敌隆 0.5%/2008.10.21 至 2013.10.21/高毒			
	农田	田鼠	(2-5克)0.005%毒饵×(300-450点)/公顷	配成0.005%毒饵后堆施或穴施
PD20081342	杀鼠醚/0.0375%/毒饵/杀鼠醚 0.0375%/2008.10.21 至 2013.10.21/高毒			
	室内	家鼠	饱和投饵	投饵
PD20083972	溴敌隆/0.005%/饵剂/溴敌隆 0.005%/2008.12.16 至 2013.12.16/高毒			
	农田	田鼠	每公顷300-450点,每点2-5克0.005%毒饵	堆施或穴施
	室内	家鼠	每10平方米房间用10-20克0.005%毒饵	堆施或穴施
PD20085508	代森锰锌/80%/可湿性粉剂/代森锰锌 80%/2008.12.25 至 2013.12.25/低毒			
	番茄	早疫病	1845-2370克/公顷	喷雾
PD20085637	溴鼠灵/95%/原药/溴鼠灵 95%/2013.12.26 至 2018.12.26/剧毒			
PD20090250	阿维·鱼藤酮/1.8%/乳油/阿维菌素 0.4%、鱼藤酮 1.4%/2009.01.09 至 2014.01.09/中等毒(原药高毒)			
	甘蓝	小菜蛾	8.1-10.8克/公顷	喷雾
PD20090871	代森锰锌/70%/可湿性粉剂/代森锰锌 70%/2009.01.19 至 2014.01.19/低毒			
	番茄	早疫病	1845-2370克/公顷	喷雾
PD20090909	杀鼠醚/3.75%/母粉/杀鼠醚 3.75%/2009.01.19 至 2014.01.19/高毒			
	室内	家鼠	饱和毒饵	配制成毒饵
	室外	田鼠	饱和毒饵	配制成毒饵
PD20092001	氰戊·马拉松/25%/乳油/马拉硫磷 20%、氰戊菊酯 5%/2009.02.12 至 2014.02.12/低毒			
	苹果树	黄蚜	800-1000倍液	喷雾
PD20093309	溴鼠灵/0.5%/母液/溴鼠灵 0.5%/2009.03.13 至 2014.03.13/高毒			
	室内、外	家鼠	配成0.005%的毒饵，饱和投饵	堆施或穴施
PD20095142	溴鼠灵/0.005%/毒饵/溴鼠灵 0.005%/2009.04.24 至 2014.04.24/低毒(原药高毒)			
	室内	家鼠	饱和投饵	堆施或穴施
PD20101547	杀鼠醚/98%/原药/杀鼠醚 98%/2010.05.19 至 2015.05.19/高毒			

河北省遵化市金山神猴日化厂　(河北省遵化市清东陵南新城　064206　0315-6947907)

WP20090353	高效氯氰菊酯/5%/悬浮剂/高效氯氰菊酯 5%/2009.11.03 至 2014.11.03/低毒			
	卫生	蚊、蝇、蜚蠊	50毫克/平方米	滞留喷洒

河北省涞水县威中威制香有限公司　(河北省保定市涞水县南桥头村　074100　0312-4581570)

WP20080273	蚊香/0.28%/蚊香/富右旋反式烯丙菊酯 0.28%/2008.12.01 至 2013.12.01/低毒			
	卫生	蚊	/	点燃

河北省涿州市桃园农药厂　(河北省保定市涿州市长城桥南　072750　0312-3986844)

PD86180-7	百菌清/75%/可湿性粉剂/百菌清 75%/2011.11.29 至 2016.11.29/低毒			
	茶树	炭疽病	600-800倍液	喷雾
	豆类	炭疽病、锈病	1275-2325克/公顷	喷雾
	柑橘树	疮痂病	750-900毫克/千克	喷雾
	瓜类	白粉病、霜霉病	1200-1650克/公顷	喷雾
	果菜类蔬菜	多种病害	1125-2400克/公顷	喷雾
	花生	锈病、叶斑病	1125-1350克/公顷	喷雾
	梨树	斑点落叶病	500倍液	喷雾
	苹果树	多种病害	600倍液	喷雾
	葡萄	白粉病、黑痘病	600-700倍液	喷雾
	水稻	稻瘟病、纹枯病	1125-1425克/公顷	喷雾
	橡胶树	炭疽病	500-800倍液	喷雾

小麦 叶斑病、叶锈病 1125-1425克/公顷 喷雾
叶菜类蔬菜 白粉病、霜霉病 1275-1725克/公顷 喷雾

河北省蠡县华松工艺制香厂 (河北省保定市蠡县北埝开发北区 071400 0312-6039977)

WP20090127 蚊香/0.25%/蚊香/富右旋反式烯丙菊酯 0.25%/2014.02.16 至 2019.02.16/低毒
卫生 蚊 / 点燃

河北省蠡县华业精细化工有限公司 (河北省蠡县张七村 071400 0312-6033045)

WP20090295 杀虫气雾剂/0.7%/气雾剂/胺菊酯 0.45%、氯菊酯 0.25%/2009.07.13 至 2014.07.13/低毒
卫生 蜚蠊、蚊、蝇 / 喷雾
WP20120083 杀虫气雾剂/0.33%/气雾剂/胺菊酯 0.29%、高效氯氰菊酯 0.04%/2012.05.05 至 2017.05.05/低毒
卫生 蚊、蝇 / 喷雾
WP20120097 蚊香/0.25%/蚊香/富右旋反式烯丙菊酯 0.25%/2012.05.22 至 2017.05.22/低毒
卫生 蚊 / 点燃

河北省蠡县冀中华联精细化工有限公司 (河北省蠡县传七村 071401 0312-6033818)

WP20080049 杀虫气雾剂/0.40%/气雾剂/胺菊酯 0.35%、高效氯氰菊酯 0.05%/2013.03.04 至 2018.03.04/低毒
卫生 蜚蠊、蚊、蝇 / 喷雾
WP20080262 蚊香/0.25%/蚊香/右旋反式烯丙菊酯 0.25%/2013.11.27 至 2018.11.27/低毒
卫生 蚊 / 点燃
WP20120123 电热蚊香片/11毫克/片/电热蚊香片/炔丙菊酯 11毫克/片/2012.06.21 至 2017.06.21/低毒
卫生 蚊 / 电热加温

河北省蠡县冀蠡精细化工有限公司 (河北省蠡县北埝乡张七村 071400 0312-6033050)

WP20120247 杀虫气雾剂/0.26%/气雾剂/高效氯氰菊酯 0.06%、右旋胺菊酯 0.2%/2012.12.19 至 2017.12.19/低毒
卫生 蚊、蝇 / 喷雾
WP20130028 蚊香/0.26%/蚊香/富右旋反式烯丙菊酯 0.26%/2013.02.05 至 2018.02.05/低毒
卫生 蚊 / 点燃
注:本产品有三种香型：桂花香型、茉莉香型、檀香型。

河北省蠡县远大日化有限公司 (河北省蠡县北埝乡白庄 071400 0312-6036163)

WP20130120 杀虫气雾剂/0.45%/气雾剂/胺菊酯 0.25%、氯氰菊酯 0.2%/2013.06.05 至 2018.06.05/微毒
卫生 蚊、蝇 / 喷雾

河北省蠡县争锋精细化工有限公司 (河北省蠡县北埝乡泊庄 071401 0312-6033535)

WP20080383 杀虫气雾剂/0.45%/气雾剂/胺菊酯 0.25%、氯氰菊酯 0.2%/2013.12.11 至 2018.12.11/微毒
卫生 蚊、蝇、蜚蠊 / 喷雾

河北盛世基农生物科技股份有限公司 (河北省沧州高新技术产业开发区永济西路北侧 061028 0317-4042067)

PD20040364 高效氯氰菊酯/2.5%/乳油/高效氯氰菊酯 2.5%/2009.12.19 至 2014.12.19/中等毒
梨树 梨木虱 12.5-20.8毫克/千克 喷雾
苹果树 桃小食心虫 12.5-25毫克/千克 喷雾
PD20040368 高效氯氰菊酯/4.5%/乳油/高效氯氰菊酯 4.5%/2009.12.19 至 2014.12.19/中等毒
十字花科蔬菜 菜青虫 9-25.5克/公顷 喷雾
PD20040565 吡虫啉/5%/乳油/吡虫啉 5%/2009.12.19 至 2014.12.19/低毒
小麦 蚜虫 11.25-18.75克/公顷 喷雾
PD20060175 辛硫磷/40%/乳油/辛硫磷 40%/2011.11.01 至 2016.11.01/低毒
棉花 棉铃虫 450-600克/公顷 喷雾
PD20070578 氯氰菊酯/5%/乳油/氯氰菊酯 5%/2012.12.03 至 2017.12.03/低毒
甘蓝 菜青虫 45-60克/公顷 喷雾
PD20080158 啶虫脒/5%/可湿性粉剂/啶虫脒 5%/2013.01.03 至 2018.01.03/低毒
柑橘树 蚜虫 10-12毫克/千克 喷雾
PD20080225 啶虫脒/5%/乳油/啶虫脒 5%/2013.01.11 至 2018.01.11/低毒
烟草 蚜虫 13.5-18克/公顷 喷雾
PD20080823 苯磺隆/75%/水分散粒剂/苯磺隆 75%/2013.06.20 至 2018.06.20/低毒
冬小麦田 一年生阔叶杂草 13.5-22.5克/公顷 茎叶喷雾
PD20082238 氰戊·辛硫磷/50%/乳油/氰戊菊酯 5%、辛硫磷 45%/2013.11.26 至 2018.11.26/低毒
甘蓝 菜青虫 112.5-150克/公顷 喷雾
PD20082738 苯磺隆/10%/可湿性粉剂/苯磺隆 10%/2013.12.08 至 2018.12.08/低毒
冬小麦田 一年生阔叶杂草 15-22.5克/公顷 茎叶喷雾
PD20082865 马拉硫磷/45%/乳油/马拉硫磷 45%/2013.12.09 至 2018.12.09/低毒
牧草 蝗虫 450-600克/公顷 喷雾
PD20083256 高氯·氧乐果/20%/乳油/高效氯氰菊酯 1%、氧乐果 19%/2013.12.11 至 2018.12.11/中等毒(原药高毒)
小麦 蚜虫 120-180克/公顷 喷雾
PD20083663 高氯·杀虫单/16%/微乳剂/高效氯氰菊酯 1%、杀虫单 15%/2013.12.12 至 2018.12.12/中等毒
番茄 美洲斑潜蝇 180-360克/公顷 喷雾
PD20084038 灭多威/10%/可湿性粉剂/灭多威 10%/2013.12.16 至 2018.12.16/低毒(原药高毒)
棉花 棉铃虫 225-300克/公顷 喷雾
PD20084765 阿维菌素/1.8%/乳油/阿维菌素 1.8%/2013.12.22 至 2018.12.22/低毒(原药高毒)
小油菜 小菜蛾 6-9克/公顷 喷雾

PD20085862 甲硫·福美双/50%/可湿性粉剂/福美双 30%、甲基硫菌灵 20%/2013.12.29 至 2018.12.29/低毒
黄瓜 炭疽病 500-600克/公顷 喷雾
PD20086005 丙溴·灭多威/25%/乳油/丙溴磷 15%、灭多威 10%/2013.12.29 至 2018.12.29/中等毒(原药高毒)
棉花 棉铃虫 281.25-375克/公顷 喷雾
PD20091170 氰戊·马拉松/20%/乳油/马拉硫磷 15%、氰戊菊酯 5%/2014.01.22 至 2019.01.22/低毒
苹果树 桃小食心虫 200-333毫克/千克 喷雾
PD20091661 氟铃脲/5%/乳油/氟铃脲 5%/2014.02.03 至 2019.02.03/低毒
甘蓝 小菜蛾 45-60克/公顷 喷雾
PD20091675 三唑锡/25%/可湿性粉剂/三唑锡 25%/2014.02.03 至 2019.02.03/低毒
柑橘树 红蜘蛛 125-250毫克/千克 喷雾
PD20101614 毒死蜱/40%/乳油/毒死蜱 40%/2010.06.03 至 2015.06.03/低毒
柑橘树 矢尖蚧 250-500毫克/千克 喷雾
PD20111070 吡虫啉/10%/可湿性粉剂/吡虫啉 10%/2011.10.11 至 2016.10.11/低毒
棉花 蚜虫 22.5-37.5克/公顷 喷雾
PD20111289 甲氨基阿维菌素苯甲酸盐/2%/微乳剂/甲氨基阿维菌素 2%/2011.11.23 至 2016.11.23/低毒
甘蓝 小菜蛾 1.8-2.4克/公顷 喷雾
注:甲氨基阿维菌素苯甲酸盐含量：2.2%。
PD20130007 高效氯氟氰菊酯/25克/升/乳油/高效氯氟氰菊酯 25克/升/2013.01.04 至 2018.01.04/低毒
苹果树 桃小食心虫 8.33-12.5克/公顷 喷雾
PD20130055 阿维·三唑磷/20%/乳油/阿维菌素 0.2%、三唑磷 19.8%/2013.01.07 至 2018.01.07/中等毒(原药高毒)
水稻 二化螟 150-210克/公顷 喷雾
PD20130480 烟嘧磺隆/40克/升/可分散油悬浮剂/烟嘧磺隆 40克/升/2013.03.20 至 2018.03.20/低毒
玉米田 一年生杂草 40-60克/公顷 茎叶喷雾
PD20130570 阿维菌素/1.8%/乳油/阿维菌素 1.8%/2013.04.02 至 2018.04.02/中等毒(原药高毒)
棉花 红蜘蛛 10.8-16.2克/公顷 喷雾
PD20130916 己唑醇/5%/悬浮剂/己唑醇 5%/2013.04.28 至 2018.04.28/低毒
水稻 纹枯病 60-75克/公顷 喷雾
PD20130930 虫酰肼/20%/悬浮剂/虫酰肼 20%/2013.04.28 至 2018.04.28/低毒
甘蓝 甜菜夜蛾 240-300克/公顷 喷雾

河北圣邦药业有限公司 (河北省阜城县王集乡工业区 053701 0318-4926690)

PD20070590 辛硫磷/40%/乳油/辛硫磷 40%/2012.12.14 至 2017.12.14/低毒
十字花科蔬菜 菜青虫 300-450克/公顷 喷雾
PD20080169 马拉硫磷/45%/乳油/马拉硫磷 45%/2013.01.04 至 2018.01.04/低毒
小麦 蚜虫 540-742.5克/公顷 喷雾
LS20100006 高氯·辛硫磷/25%/微乳剂/高效氯氰菊酯 3%、辛硫磷 22%/2012.01.12 至 2013.01.12/低毒
棉花 棉铃虫 187.5-225克/公顷 喷雾

河北圣禾化工有限公司 (河北省石家庄市和平西路598号6-1-401 050051 0311-87050011)

PD20084785 阿维菌素/1.8%/乳油/阿维菌素 1.8%/2013.12.22 至 2018.12.22/低毒(原药高毒)
十字花科蔬菜 小菜蛾 8.1-10.8克/公顷 喷雾
PD20090432 甲基硫菌灵/70%/可湿性粉剂/甲基硫菌灵 70%/2014.01.12 至 2019.01.12/低毒
水稻 纹枯病 1050-1500克/公顷 喷雾

河北圣亚达化工有限公司 (河北省沧州市盐山县沧乐路常金路口西侧 061300 0317-6320159)

PD20040215 氯氰菊酯/5%/乳油/氯氰菊酯 5%/2009.12.19 至 2014.12.19/中等毒
棉花 棉铃虫 45-90克/公顷 喷雾
PD20080837 氯氰·辛硫磷/20%/乳油/氯氰菊酯 1.5%、辛硫磷 18.5%/2013.06.20 至 2018.06.20/中等毒
棉花 棉铃虫 225-300克/公顷 喷雾
PD20083932 马拉硫磷/45%/乳油/马拉硫磷 45%/2013.12.15 至 2018.12.15/低毒
棉花 盲蝽蟓 472.5-607.5克/公顷 喷雾
PD20091842 乙烯利/40%/水剂/乙烯利 40%/2014.02.06 至 2019.02.06/低毒
棉花 催熟 300-500倍液 喷雾
PD20091946 多菌灵/50%/可湿性粉剂/多菌灵 50%/2014.02.12 至 2019.02.12/低毒
水稻 纹枯病 750-1000克/公顷 喷雾
PD20093201 高氯·马/20%/乳油/高效氟氯氰菊酯 2%、马拉硫磷 18%/2014.03.11 至 2019.03.11/低毒
甘蓝 菜青虫 90-120克/公顷 喷雾
PD20093221 多·福·锰锌/50%/可湿性粉剂/多菌灵 20%、福美双 20%、代森锰锌 10%/2014.03.11 至 2019.03.11/中等毒
苹果树 轮纹病 500-650倍液 喷雾
PD20095960 阿维·辛硫磷/15%/乳油/阿维菌素 0.3%、辛硫磷 14.7%/2009.06.04 至 2014.06.04/低毒(原药高毒)
十字花科蔬菜 小菜蛾 90-135克/公顷 喷雾
PD20097605 啶虫脒/5%/乳油/啶虫脒 5%/2009.11.03 至 2014.11.03/低毒
柑橘树 蚜虫 10-12.5毫克/千克 喷雾
PD20098188 哒螨灵/20%/可湿性粉剂/哒螨灵 20%/2009.12.14 至 2014.12.14/低毒
苹果树 红蜘蛛 66.7-100毫克/千克 喷雾
PD20111206 啶虫脒/5%/可湿性粉剂/啶虫脒 5%/2011.11.17 至 2016.11.17/微毒

	柑橘	蚜虫	8.6-12毫克/千克	喷雾
PD20131484	高效氯氰菊酯/4.5%/乳油/高效氯氰菊酯 4.5%/2013.07.05 至 2018.07.05/低毒			
	梨树	梨木虱	12.5-25毫克/千克	喷雾
PD20131673	甲氨基阿维菌素苯甲酸盐/1%/乳油/甲氨基阿维菌素 1%/2013.08.07 至 2018.08.07/低毒			
	棉花	棉铃虫	11.25-15克/公顷	喷雾
	注:甲氨基阿维菌素苯甲酸盐含量：1.14%。			
PD20131823	氰戊·吡虫啉/7.5%/乳油/吡虫啉 1.5%、氰戊菊酯 6%/2013.09.17 至 2018.09.17/中等毒			
	甘蓝	蚜虫	45-67.5克/公顷	喷雾
河北师大化工厂 (河北省石家庄市裕华区西仰陵 050801 0311-85319004)				
PD85122-9	福美双/50%/可湿性粉剂/福美双 50%/2010.07.01 至 2015.07.01/中等毒			
	黄瓜	白粉病、霜霉病	500-1000倍液	喷雾
	葡萄	白腐病	500-1000倍液	喷雾
	水稻	稻瘟病、胡麻叶斑病	250克/100千克种子	拌种
	甜菜、烟草	根腐病	500克/500千克温床土	土壤处理
	小麦	白粉病、赤霉病	500倍液	喷雾
PD85123-6	胂·锌·福美双/50%/可湿性粉剂/福美甲胂 12.5%、福美双 25%、福美锌 12.5%/2010.07.01 至 2013.12.31/中等毒			
	大白菜	霜霉病	750-1125克/公顷	喷雾
	梨树	黑星病	500-800倍液	喷雾
	苹果树	炭疽病	500-800倍液	喷雾
	葡萄	黑痘病、炭疽病	500-1000倍液	喷雾
	水稻	纹枯病	562.5-712.5克/公顷	喷雾
	烟草	炭疽病	562.5-712.5克/公顷	喷雾
	芝麻	疫病	2500倍液	喷雾
PD85124-6	福·福锌/80%/可湿性粉剂/福美双 30%、福美锌 50%/2010.07.01 至 2015.07.01/中等毒			
	黄瓜、西瓜	炭疽病	1500-1800克/公顷	喷雾
	麻	炭疽病	240-400克/100千克种子	拌种
	棉花	苗期病害	0.5%药液	浸种
	苹果树、杉木、橡胶树	炭疽病	500-600倍液	喷雾
PD85125-8	福美胂/40%/可湿性粉剂/福美胂 40%/2010.07.01 至 2013.12.31/中等毒			
	黄瓜	白粉病	1025-1500克/公顷	喷雾
	苹果树	白粉病	700倍液	喷雾
	水稻	稻粒瘟病	542.5-645克/公顷	喷雾
	豌豆	白粉病	900-1025克/公顷	喷雾
	小麦	白粉病	542.5-750克/公顷	喷雾
PD85140-4	福美·拌种灵/40%/可湿性粉剂/拌种灵 20%、福美双 20%/2010.07.01 至 2015.07.01/中等毒			
	高粱	黑穗病	120-200克/100千克种子	拌种
	红麻	炭疽病	160倍液	浸种
	花生	锈病	500倍液	喷雾
	棉花	苗期病害	200克/100千克种子	拌种
	小麦	黑穗病	40-80克/100千克种子	拌种
	玉米	黑穗病	200克/100千克种子	拌种
PD20097651	福·福锌/40%/可湿性粉剂/福美双 15%、福美锌 25%/2009.11.04 至 2014.11.04/低毒			
	黄瓜	炭疽病	1500-1800克/公顷	喷雾
河北石家庄市龙汇精细化工有限责任公司 (河北省石家庄市赵县赵元路024号 051530 0311-86063818)				
PD20086233	甲氨基阿维菌素苯甲酸盐/90%/原药/甲氨基阿维菌素苯甲酸盐 90%/2013.12.31 至 2018.12.31/中等毒			
PD20111454	矿物油/95%/乳油/矿物油 95%/2011.12.30 至 2016.12.30/低毒			
	柑橘树	介壳虫	9500－19000毫克/千克	喷雾
PD20130316	甲氨基阿维菌素苯甲酸盐/5%/可溶粒剂/甲氨基阿维菌素 5%/2013.02.26 至 2018.02.26/低毒			
	甘蓝	甜菜夜蛾	2.25-3克/公顷	喷雾
	注:甲氨基阿维菌素苯甲酸盐含量:5.7%。			
PD20132671	草铵膦/95%/原药/草铵膦 95%/2013.12.25 至 2018.12.25/低毒			
WP20090363	杀虫饵剂/1.1%/饵剂/氯菊酯 0.1%、乙酰甲胺磷 1.0%/2009.11.09 至 2014.11.09/低毒			
	卫生	蜚蠊、蚂蚁	/	投放
河北石滦农药化工有限公司 (河北省滦平县滦平镇庄头营村 068250 0314-8586510)				
PD20121411	高效氯氟氰菊酯/2.5%/微乳剂/高效氯氟氰菊酯 2.5%/2012.11.08 至 2017.11.08/中等毒			
	甘蓝	菜青虫	9-15克/公顷	喷雾
PD20121811	甲氨基阿维菌素苯甲酸盐/0.5%/微乳剂/甲氨基阿维菌素 0.5%/2012.11.22 至 2017.11.22/低毒			
	甘蓝	小菜蛾	1.875-2.25克/公顷	喷雾
	注:甲氨基阿维菌素苯甲酸盐含量:0.57%。			
河北双吉化工有限公司 (河北省石家庄市辛集市东郊 052360 0311-83372618)				
PD84119-9	代森铵/45%/水剂/代森铵 45%/2009.12.15 至 2014.12.15/低毒			
	白菜、黄瓜	霜霉病	525克/公顷	喷雾

	甘薯	黑斑病	200-400倍液	浸种
	谷子	白发病	180-360倍液	浸种
	苹果树	腐烂病、枝干轮纹病	2250-4500毫克/千克	涂抹
	水稻	稻瘟病	535-675克/公顷	喷雾
	水稻	白叶枯病、纹枯病	337.5克/公顷	喷雾
	橡胶树	条溃疡病	150倍液	涂抹
	玉米	大斑病、小斑病	525-675克/公顷	喷雾
PD86157	硫磺/50%/悬浮剂/硫磺 50%/2011.10.23 至 2016.10.23/微毒			
	果树	白粉病	200-400倍液	喷雾
	哈密瓜、黄瓜	白粉病	1125-1500克/公顷	喷雾
	花卉	白粉病	750-1500克/公顷	喷雾
	芦笋	茎枯病	870-1170克/公顷	喷雾
	橡胶树	白粉病	1875-3000克/公顷	喷雾
	小麦	白粉病、螨	3000克/公顷	喷雾
PD88112-6	石硫合剂/29%/水剂/石硫合剂 29%/2013.11.21 至 2018.11.21/中等毒			
	茶树	红蜘蛛	0.5-1Be(波美)	喷雾
	柑橘树	白粉病、红蜘蛛	1Be(波美)	喷雾
	观赏植物	白粉病、介壳虫	0.5Be(波美)	喷雾
	核桃树、麦类	白粉病	1Be(波美)	喷雾
	苹果树	白粉病	0.5Be(波美)	喷雾
	葡萄	白粉病	3-5Be(波美)	喷雾
PD90105-2	石硫合剂/45%/结晶/石硫合剂 45%/2010.03.25 至 2015.03.25/低毒			
	茶树	叶螨	150倍液	喷雾
	柑橘树	锈壁虱	300-500倍液	晚秋喷雾
	柑橘树	介壳虫、螨	1)180-300倍液 2)300-500倍液	1)早春喷雾 2)晚秋喷雾
	麦类	白粉病	150倍液	喷雾
	苹果树	叶螨	20-30倍液	萌芽前喷雾
PD96103	硫磺/99.5%/原药/硫磺 99.5%/2012.01.18 至 2017.01.18/微毒			
PD20070496	代森锰锌/70%/可湿性粉剂/代森锰锌 70%/2012.11.28 至 2017.11.28/微毒			
	番茄	早疫病	1837.5-2362.5克/公顷	喷雾
	柑橘树	疮痂病、炭疽病	1333-2000毫克/千克	喷雾
	花生	叶斑病	720-900克/公顷	喷雾
	黄瓜	霜霉病	2040-3000毫克/千克	喷雾
	辣椒	炭疽病、疫病	1800-2520克/公顷	喷雾
	梨树	黑星病	800-1600毫克/千克	喷雾
	荔枝树	霜疫霉病	1333-2000毫克/千克	喷雾
	马铃薯	晚疫病	1440-2160克/公顷	喷雾
	苹果树	斑点落叶病、轮纹病、炭疽病	1000-1600毫克/千克	喷雾
	葡萄	白腐病、黑痘病、霜霉病	1000-1600毫克/千克	喷雾
	西瓜	炭疽病	1560-2520克/公顷	喷雾
	烟草	赤星病	1440-1920克/公顷	喷雾
PD20070509	代森锰锌/88%/原药/代森锰锌 88%/2012.11.28 至 2017.11.28/低毒			
PD20080424	代森锌/90%/原药/代森锌 90%/2013.03.07 至 2018.03.07/低毒			
PD20080482	甲霜·锰锌/58%/可湿性粉剂/甲霜灵 10%、代森锰锌 48%/2013.03.31 至 2018.03.31/低毒			
	黄瓜	霜霉病	1305-1632克/公顷	喷雾
	烟草	黑胫病	696-1044克/公顷	茎基部喷淋
PD20080723	代森锌/65%/可湿性粉剂/代森锌 65%/2013.06.11 至 2018.06.11/微毒			
	黄瓜	霜霉病	1950-3000克/公顷	喷雾
PD20080917	霜脲·锰锌/72%/可湿性粉剂/代森锰锌 64%、霜脲氰 8%/2013.07.14 至 2018.07.14/低毒			
	黄瓜	霜霉病	1440-1800克/公顷	喷雾
PD20081295	代森锰锌/80%/可湿性粉剂/代森锰锌 80%/2013.10.06 至 2018.10.06/微毒			
	番茄	早疫病	1845-2370克/公顷	喷雾
	柑橘树	疮痂病、炭疽病	1333-2000毫克/千克	喷雾
	花生	叶斑病	720-900克/公顷	喷雾
	黄瓜	霜霉病	2040-3000克/公顷	喷雾
	辣椒	炭疽病、疫病	1800-2520克/公顷	喷雾
	梨树	黑星病	800-1600毫克/千克	喷雾
	荔枝树	霜疫霉病	1333-2000毫克/千克	喷雾
	芦笋	茎枯病	900-1200克/公顷	喷雾
	马铃薯	晚疫病	1440-2160克/公顷	喷雾
	苹果树	斑点落叶病、炭疽病	1000-1600毫克/千克	喷雾
	苹果树	轮纹病	600-800倍液	喷雾

	葡萄	白腐病、黑痘病、霜霉病	1000-1600毫克/千克	喷雾
	西瓜	炭疽病	1560-2520克/公顷	喷雾
	烟草	赤星病	1440-1920克/公顷	喷雾
PD20082657	硫磺·多菌灵/50%/悬浮剂/多菌灵 15%、硫磺 35%/2013.12.04 至 2018.12.04/微毒			
	花生	叶斑病	1200-1800克/公顷	喷雾
PD20085301	代森锰锌/30%/悬浮剂/代森锰锌 30%/2013.12.23 至 2018.12.23/微毒			
	番茄	早疫病	1080-1440克/公顷	喷雾
	香蕉	叶斑病	1200－1500毫克/千克	喷雾
PD20091950	硫磺·锰锌/70%/可湿性粉剂/硫磺 42%、代森锰锌 28%/2014.02.12 至 2019.02.12/微毒			
	豇豆	锈病	1575-2100克/公顷	喷雾
PD20094428	硫磺/80%/水分散粒剂/硫磺 80%/2009.04.01 至 2014.04.01/微毒			
	苹果树	白粉病	800-1600毫克/千克	喷雾
PD20094654	硫磺·锰锌/50%/可湿性粉剂/硫磺 30%、代森锰锌 20%/2009.04.10 至 2014.04.10/微毒			
	豇豆	锈病	1875-2100克/公顷	喷雾
PD20095880	代森锰锌/75%/水分散粒剂/代森锰锌 75%/2009.05.31 至 2014.05.31/微毒			
	番茄	早疫病	1687.5-2250克/公顷	喷雾
	柑橘树	疮痂病、炭疽病	1333－2000毫克/千克	喷雾
	黄瓜	霜霉病	2040-3000克/公顷	喷雾
	辣椒	炭疽病、疫病	1800-2520克/公顷	喷雾
	梨树	黑星病	800-1600毫克/千克	喷雾
	马铃薯	晚疫病	1440－2160克/公顷	喷雾
	苹果	轮纹病	937.5-1250毫克/千克	喷雾
	苹果树	斑点落叶病、炭疽病	1000-1600毫克/千克	喷雾
	西瓜	炭疽病	2475-2700克/公顷	喷雾
PD20096093	代森锌/80%/可湿性粉剂/代森锌 80%/2009.06.18 至 2014.06.18/微毒			
	花生	叶斑病	780-960克/公顷	喷雾
	烟草	炭疽病	960－1200克/公顷	喷雾
PD20101306	硫磺/91%/粉剂/硫磺 91%/2010.03.17 至 2015.03.17/微毒			
	橡胶树	白粉病	10237.5－13650克/公顷	喷粉
PD20110179	多菌灵/50%/水分散粒剂/多菌灵 50%/2011.02.17 至 2016.02.17/低毒			
	苹果树	轮纹病	667-1000毫克/千克	喷雾
PD20110741	吡虫啉/70%/水分散粒剂/吡虫啉 70%/2011.07.18 至 2016.07.18/中等毒			
	水稻	稻飞虱	21-31.5克/公顷	喷雾
PD20111335	甲氨基阿维菌素苯甲酸盐/5%/水分散粒剂/甲氨基阿维菌素 5%/2011.12.06 至 2016.12.06/中等毒			
	甘蓝	小菜蛾	1.5－3克/公顷	喷雾
	注:甲氨基阿维菌素苯甲酸盐含量：5.7%。			
PD20130593	多菌灵/50%/可湿性粉剂/多菌灵 50%/2013.04.02 至 2018.04.02/微毒			
	油菜	菌核病	1125-1500克/公顷	喷雾
PD20130934	啶虫脒/5%/乳油/啶虫脒 5%/2013.05.02 至 2018.05.02/低毒			
	苹果树	蚜虫	10-12毫克/千克	喷雾
PD20131172	吡虫啉/10%/可湿性粉剂/吡虫啉 10%/2013.05.27 至 2018.05.27/低毒			
	水稻	稻飞虱	15-30克/公顷	喷雾
PD20131507	丙森锌/70%/可湿性粉剂/丙森锌 70%/2013.07.15 至 2018.07.15/低毒			
	黄瓜	霜霉病	1575-2247克/公顷	喷雾
PD20132072	乙铝·锰锌//可湿性粉剂/代森锰锌 45%、三乙膦酸铝 25%/2013.10.23 至 2018.10.23/低毒			
	黄瓜	霜霉病	1440-4200克/公顷	喷雾
河北桃园农药有限公司 (河北省涿州市长城桥南 072750 0312-3986844)				
PD20080325	百草枯/42%/母药/百草枯 42%/2013.02.26 至 2018.02.26/中等毒			
PD20085644	灭多威/98%/原药/灭多威 98%/2013.12.26 至 2018.12.26/高毒			
PD20085978	灭多威/20%/乳油/灭多威 20%/2013.12.29 至 2018.12.29/高毒			
	棉花	蚜虫	75-150克/公顷	喷雾
	棉花	棉铃虫	150-225克/公顷	喷雾
PD20090584	灭多威/90%/可溶粉剂/灭多威 90%/2014.01.14 至 2019.01.14/高毒			
	棉花	棉铃虫、蚜虫	105-180克/公顷	喷雾
PD20093310	高效氯氰菊酯/95%/原药/高效氯氰菊酯 95%/2014.03.13 至 2019.03.13/中等毒			
PD20093712	氯氰菊酯/10%/乳油/氯氰菊酯 10%/2014.03.25 至 2019.03.25/中等毒			
	棉花	棉铃虫、棉蚜	45-90克/公顷	喷雾
	蔬菜	菜青虫	30-45克/公顷	喷雾
PD20094914	氯氰菊酯/92%/原药/氯氰菊酯 92%/2014.04.13 至 2019.04.13/中等毒			
PD20095932	高效氯氰菊酯/4.5%/乳油/高效氯氰菊酯 4.5%/2009.06.02 至 2014.06.02/中等毒			
	棉花	红铃虫、棉铃虫、棉蚜	15-30克/公顷	喷雾
	十字花科蔬菜	菜青虫、小菜蛾	9-25.5克/公顷	喷雾
	十字花科蔬菜	菜蚜	3-18克/公顷	喷雾

PD20100167 溴氰菊酯/25克/升/乳油/溴氰菊酯 25克/升/2010.01.05 至 2015.01.05/中等毒
大白菜、棉花 害虫 7.5-15克/公顷 喷雾
WP20090329 高效氯氰菊酯/5%/可湿性粉剂/高效氯氰菊酯 5%/2009.09.23 至 2014.09.23/低毒
卫生 蚊、蝇 20-25毫克/平方米 滞留喷雾

河北天路生物化工有限公司 (河北省新乐市东部开发区南双晶村东 05000 0311-67693786)

PD20082845 氰戊·乐果/25%/乳油/乐果 22%、氰戊菊酯 3%/2013.12.09 至 2018.12.09/中等毒
甘蓝 菜青虫 75-150克/公顷 喷雾
柑橘树 潜叶蛾 125-250毫克/千克 喷雾
柑橘树 锈壁虱 125-150毫克/千克 喷雾
小麦 蚜虫 75-112.5克/公顷 喷雾
烟草 蚜虫、烟青虫 75-187.5克/公顷 喷雾
PD20090068 氰戊·马拉松/20%/乳油/马拉硫磷 15%、氰戊菊酯 5%/2014.01.08 至 2019.01.08/低毒
十字花科蔬菜 菜青虫 90-150克/公顷 喷雾
PD20091126 甲氰菊酯/20%/乳油/甲氰菊酯 20%/2014.01.21 至 2019.01.21/中等毒
柑橘树 红蜘蛛 100-133毫克/千克 喷雾
PD20098232 高效氯氟氰菊酯/25克/升/乳油/高效氯氟氰菊酯 25克/升/2009.12.16 至 2014.12.16/低毒
十字花科蔬菜 菜青虫 9.375-13.125克/公顷 喷雾
PD20098413 联苯菊酯/25克/升/乳油/联苯菊酯 25克/升/2009.12.24 至 2014.12.24/低毒
苹果树 桃小食心虫 25-31.25毫克/千克 喷雾
PD20120267 啶虫脒/5%/乳油/啶虫脒 5%/2012.02.15 至 2017.02.15/低毒
柑橘树 蚜虫 10-12.5毫克/千克 喷雾
PD20120972 阿维·高氯氟/1.8%/乳油/阿维菌素 0.3%、高效氯氟氰菊酯 1.5%/2012.06.21 至 2017.06.21/低毒(原药高毒)
叶菜 小菜蛾 8.1-13.5克/公顷 喷雾
WP20080019 杀虫粉剂/0.9%/粉剂/氰戊菊酯 0.9%/2008.01.11 至 2013.01.11/低毒
卫生 蜚蠊 / /

河北天顺生物工程有限公司 (河北省石家庄市晋州市工业经济园区工业路南侧26号 052460 0311-85760288)

PD20083941 代森锰锌/80%/可湿性粉剂/代森锰锌 80%/2013.12.15 至 2018.12.15/低毒
苹果树 斑点落叶病 1000-1500毫克/千克 喷雾
PD20092307 鱼藤酮/4%/乳油/鱼藤酮 4%/2014.02.24 至 2019.02.24/中等毒(原药高毒)
十字花科蔬菜 蚜虫 24-36克/公顷 喷雾
PD20092909 高效氯氰菊酯/4.5%/乳油/高效氯氰菊酯 4.5%/2014.03.05 至 2019.03.05/低毒
棉花 棉铃虫 30-45克/公顷 喷雾
PD20095935 鱼藤酮/95%/原药/鱼藤酮 95%/2009.06.02 至 2014.06.02/中等毒
PD20096036 阿维菌素/18克/升/乳油/阿维菌素 18克/升/2009.06.15 至 2014.06.15/低毒(原药高毒)
甘蓝 小菜蛾 9.45-10.8克/公顷 喷雾
PD20096559 辛硫磷/40%/乳油/辛硫磷 40%/2009.08.24 至 2014.08.24/低毒
玉米 玉米螟 480－600克/公顷 拌毒土撒施心叶
PD20096954 烟嘧磺隆/40克/升/可分散油悬浮剂/烟嘧磺隆 40克/升/2009.09.29 至 2014.09.29/低毒
玉米田 一年生杂草 42-60克/公顷 茎叶喷雾
PD20100797 毒死蜱/480克/升/乳油/毒死蜱 480克/升/2010.01.19 至 2015.01.19/中等毒
苹果树 桃小食心虫 192-240毫克/千克 喷雾
PD20100900 啶虫脒/5%/乳油/啶虫脒 5%/2010.01.19 至 2015.01.19/低毒
柑橘树 蚜虫 10-12.5毫克/千克 喷雾
PD20110925 甲氨基阿维菌素苯甲酸盐/5%/水分散粒剂/甲氨基阿维菌素 5%/2011.09.06 至 2016.09.06/低毒
甘蓝 小菜蛾 1.125-2.25克/公顷 喷雾
注:甲氨基阿维菌素苯甲酸盐含量:5.7%。
PD20110939 甲氨基阿维菌素苯甲酸盐/2%/微乳剂/甲氨基阿维菌素 2%/2011.09.07 至 2016.09.07/低毒
甘蓝 甜菜夜蛾 1.8-2.25克/公顷 喷雾
注:甲氨基阿维菌素苯甲酸盐含量: 2.2%。
PD20111240 甲氨基阿维菌素苯甲酸盐/79.1%/原药/甲氨基阿维菌素 79.1%/2011.11.18 至 2016.11.18/中等毒
注:甲氨基阿维菌素苯甲酸盐含量:90%。

河北万博生物科技有限公司 (河北省赞皇县龙门乡榆底村 051230 0311-84262111)

PD20132006 阿维菌素/95%/原药/阿维菌素 95%/2013.10.17 至 2018.10.17/高毒

河北万全宏宇化工有限责任公司 (河北省万全县郭磊庄镇 076250 0313-4831054)

PD20096012 烯草酮/90%/原药/烯草酮 90%/2009.06.12 至 2014.06.12/低毒
PD20097051 烯草酮/37%/母液/烯草酮 37%/2009.10.10 至 2014.10.10/低毒
注:专供出口,不得在国内销售。
PD20120243 苯嗪草酮/98%/原药/苯嗪草酮 98%/2012.02.13 至 2017.02.13/低毒
注:仅供出口,不得在国内销售。
PD20120248 苯嗪草酮/70%/水分散粒剂/苯嗪草酮 70%/2012.02.13 至 2017.02.13/低毒
注:仅供出口,不得在国内销售。

河北万全力华化工有限责任公司 (河北省万全县孔家庄镇 076250 0313-4230078)

PD20080650 氨氯吡啶酸/95%/原药/氨氯吡啶酸 95%/2013.05.27 至 2018.05.27/低毒

PD20080651 烯草酮/70%/母液/烯草酮 70%/2013.05.27 至 2018.05.27/低毒

PD20080652 烯草酮/120克/升/乳油/烯草酮 120克/升/2013.05.27 至 2018.05.27/低毒

春大豆田	一年生禾本科杂草	72-108克/公顷	茎叶喷雾
夏大豆田	一年生禾本科杂草	63-72克/公顷	茎叶喷雾

PD20080653 烯草酮/90%/原药/烯草酮 90%/2013.05.27 至 2018.05.27/低毒

PD20081658 三氯吡氧乙酸/99%/原药/三氯吡氧乙酸 99%/2013.11.14 至 2018.11.14/低毒

PD20081987 高效氟吡甲禾灵/95%/原药/高效氟吡甲禾灵 95%/2013.11.25 至 2018.11.25/低毒

PD20081988 氯氟吡氧乙酸异辛酯/95%/原药/氯氟吡氧乙酸异辛酯 95%/2013.11.25 至 2018.11.25/低毒

PD20082235 烯禾啶/50%/母药/烯禾啶 50%/2013.11.26 至 2018.11.26/低毒

PD20082236 烯禾啶/94%/原药/烯禾啶 94%/2013.11.26 至 2018.11.26/低毒

PD20082988 氯氟吡氧乙酸/200克/升/乳油/氯氟吡氧乙酸 200克/升/2013.12.10 至 2018.12.10/低毒

小麦田	阔叶杂草	150-200克/公顷	茎叶喷雾

PD20083009 烯禾啶/12.5%/乳油/烯禾啶 12.5%/2013.12.10 至 2018.12.10/低毒

夏大豆田	一年生禾本科杂草	150-187.5克/公顷	茎叶喷雾

PD20083648 高效氟吡甲禾灵/108克/升/乳油/高效氟吡甲禾灵 108克/升/2013.12.12 至 2018.12.12/低毒

春大豆田	一年生禾本科杂草	48.6-56.7克/公顷	茎叶喷雾
夏大豆田	一年生禾本科杂草	40.5-48.6克/公顷	茎叶喷雾

PD20101783 二氯吡啶酸/95%/原药/二氯吡啶酸 95%/2010.07.13 至 2015.07.13/低毒

PD20110903 氨氯吡啶酸/21%/水剂/氨氯吡啶酸 21%/2011.08.17 至 2016.08.17/低毒

森林	阔叶杂草	1200-1800克/公顷	茎叶喷雾
森林	灌木	1200-3600克/公顷	茎叶喷雾

LS20120006 杀虫畏/98%/原药/杀虫畏 98%/2014.01.06 至 2015.01.06/低毒

注:专供出口,不得在国内销售。

河北万特生物化学有限公司 (河北省衡水市大麻森乡后野营村 053000 0318-85202981)

PD20085074 代森锰锌/80%/可湿性粉剂/代森锰锌 80%/2013.12.23 至 2018.12.23/低毒

番茄	早疫病	1560-2520克/公顷	喷雾
马铃薯	晚疫病	1440-2160克/公顷	喷雾

PD20086217 多·锰锌/50%/可湿性粉剂/多菌灵 8%、代森锰锌 42%/2013.12.31 至 2018.12.31/低毒

苹果树	斑点落叶病	1000-1250毫克/千克	喷雾

PD20091692 福美双/50%/可湿性粉剂/福美双 50%/2014.02.03 至 2019.02.03/低毒

水稻	稻瘟病	750-937.5克/公顷	喷雾

PD20096261 阿维·高氯/3%/乳油/阿维菌素 0.4%、高效氯氰菊酯 2.6%/2009.07.15 至 2014.07.15/低毒(原药高毒)

甘蓝	菜青虫、小菜蛾	7.5-15克/公顷	喷雾

PD20096803 福·福锌/80%/可湿性粉剂/福美双 30%、福美锌 50%/2009.09.15 至 2014.09.15/低毒

苹果树、西瓜、橡胶树	炭疽病	1600-2000毫克/千克	喷雾

PD20097186 毒死蜱/480克/升/乳油/毒死蜱 480克/升/2009.10.16 至 2014.10.16/中等毒

苹果树	棉蚜	240-480毫克/千克	喷雾

PD20097889 代森锌/80%/可湿性粉剂/代森锌 80%/2009.11.25 至 2014.11.25/低毒

番茄	早疫病	3000－3500克/公顷	喷雾

PD20098481 吡虫啉/10%/可湿性粉剂/吡虫啉 10%/2009.12.24 至 2014.12.24/低毒

小麦	蚜虫	15-30克/公顷(南方地区) 45-60克/公顷(北方地区)	喷雾

PD20100229 甲硫·福美双/70%/可湿性粉剂/福美双 35%、甲基硫菌灵 35%/2010.01.11 至 2015.01.11/低毒

苹果树	轮纹病	1000－1167毫克/千克	喷雾

PD20100526 氢氧化铜/77%/可湿性粉剂/氢氧化铜 77%/2010.01.14 至 2015.01.14/低毒

柑橘树	溃疡病	1283－1925毫克/千克	喷雾
黄瓜	角斑病	1732.5－2310克/公顷	喷雾

PD20110491 吗胍·乙酸铜/20%/可湿性粉剂/盐酸吗啉胍 10%、乙酸铜 10%/2011.05.03 至 2016.05.03/低毒

烟草	病毒病	450-600克/公顷	喷雾

PD20111158 霜脲·锰锌/72%/可湿性粉剂/代森锰锌 64%、霜脲氰 8%/2011.11.07 至 2016.11.07/低毒

黄瓜	霜霉病	1600-1800克/公顷	喷雾

LS20120331 苦参碱/1.3%/水剂/苦参碱 1.3%/2013.09.28 至 2014.09.28/微毒

甘蓝	蚜虫	6.34－7.8克/公顷	喷雾

河北威远生物化工股份有限公司 (河北省石家庄市和平东路393号 050031 400-800-5888)

PD86165-6 甲基异柳磷/40%/乳油/甲基异柳磷 40%/2011.12.06 至 2016.12.06/高毒

甘薯	茎线虫病	1500-3000克/公顷	拌土条施或铺施
甘薯	蛴螬	600克/公顷	毒饵
甘蔗	黑色蔗龟	1500克/公顷	淋于蔗苗基部并覆薄土
高粱	地下害虫	0.05%药液	拌种
花生	蛴螬	1500克/公顷	沟施花生墩旁
小麦	地下害虫	40克/100千克种子	拌种

	玉米	地下害虫	0.1%药液	拌种
PD86176-15	乙酰甲胺磷/30%/乳油/乙酰甲胺磷 30%/2012.01.24 至 2017.01.24/低毒			
	柑橘树	介壳虫、螨	500-1000倍液	喷雾
	果树	食心虫	500-1000倍液	喷雾
	棉花	棉铃虫、蚜虫	450-900克/公顷	喷雾
	蔬菜	菜青虫、蚜虫	337.5-540克/公顷	喷雾
	水稻	螟虫、叶蝉	562.5-1012.5克/公顷	喷雾
	小麦、玉米	黏虫、玉米螟	540-1080克/公顷	喷雾
	烟草	烟青虫	450-900克/公顷	喷雾
PD88101-10	水胺硫磷/40%/乳油/水胺硫磷 40%/2013.03.11 至 2018.03.11/高毒			
	棉花	红蜘蛛、棉铃虫	300-600克/公顷	喷雾
	水稻	蓟马、螟虫	450-900克/公顷	喷雾
PD20040051	吡虫啉/95%/原药/吡虫啉 95%/2009.12.19 至 2014.12.19/低毒			
PD20040319	吡虫啉/25%/可湿性粉剂/吡虫啉 25%/2009.12.19 至 2014.12.19/低毒			
	水稻	稻飞虱	15-30克/公顷	喷雾
PD20040380	吡虫啉/5%/可溶液剂/吡虫啉 5%/2009.12.19 至 2014.12.19/低毒			
	梨树	梨木虱	15-20毫克/千克	喷雾
	苹果树	黄蚜	2000-4000倍液	喷雾
PD20040381	吡虫啉/5%/乳油/吡虫啉 5%/2009.12.19 至 2014.12.19/低毒			
	小麦	蚜虫	12-15克/公顷	喷雾
PD20040382	吡虫啉/10%/乳油/吡虫啉 10%/2009.12.19 至 2014.12.19/低毒			
	水稻	飞虱	22.5-30克/公顷	喷雾
PD20040464	吡虫啉/10%/可湿性粉剂/吡虫啉 10%/2009.12.19 至 2014.12.19/低毒			
	茶树	小绿叶蝉	25-33毫克/千克	喷雾
	黄瓜(温棚)	白粉虱	15-30克/公顷	喷雾
	梨树	梨木虱	20-25毫克/千克	喷雾
	梨树	黄粉虫	4000-5000倍液	喷雾
	棉花	蚜虫	30-45克/公顷	喷雾
	苹果树	黄蚜	25-50毫克/千克	喷雾
	十字花科蔬菜	蚜虫	12-18克/公顷	喷雾
	水稻	飞虱	15-30克/公顷	喷雾
	桃树	桃蚜	4000-5000倍液	喷雾
	小麦	蚜虫	15-30克/公顷	喷雾
PD20050215	阿维菌素/92%/原药/阿维菌素 92%/2010.12.23 至 2015.12.23/高毒			
PD20070362	甲氨基阿维菌素苯甲酸盐/1%/乳油/甲氨基阿维菌素 1%/2012.10.24 至 2017.10.24/低毒			
	甘蓝	小菜蛾	2.25-3克/公顷	喷雾
	棉花	棉铃虫	7.5-11.25克/公顷	喷雾
	水稻	稻纵卷叶螟	7.5—15克/公顷	喷雾
	注:甲氨基阿维菌素苯甲酸盐含量：1.1%。			
PD20070363	甲氨基阿维菌素苯甲酸盐/83.5%/原药/甲氨基阿维菌素 83.5%/2012.10.24 至 2017.10.24/中等毒			
	注:甲氨基阿维菌素苯甲酸盐含量:95%。			
PD20080154	啶虫脒/5%/乳油/啶虫脒 5%/2013.01.04 至 2018.01.04/低毒			
	柑橘树	蚜虫	16.7-20毫克/千克	喷雾
PD20080182	啶虫脒/96%/原药/啶虫脒 96%/2013.01.04 至 2018.01.04/中等毒			
PD20081248	苯磺隆/10%/可湿性粉剂/苯磺隆 10%/2013.09.18 至 2018.09.18/低毒			
	冬小麦田	一年生阔叶杂草	15—22.5克/公顷	茎叶喷雾
PD20082406	阿维·辛硫磷/15%/乳油/阿维菌素 0.1%、辛硫磷 14.9%/2013.12.02 至 2018.12.02/低毒(原药高毒)			
	十字花科蔬菜	小菜蛾	112.5-168.75克/公顷	喷雾
PD20082621	除虫脲/98%/原药/除虫脲 98%/2013.12.04 至 2018.12.04/低毒			
PD20083017	阿维菌素/0.9%/乳油/阿维菌素 0.9%/2008.12.10 至 2013.12.10/低毒(原药高毒)			
	菜豆	美洲斑潜蝇	16.2-21.6克/公顷	喷雾
	柑橘树	锈壁虱	2.25-4.5毫克/千克	喷雾
	梨树	梨木虱	6-12毫克/千克	喷雾
	棉花	棉铃虫	21.6-32.4克/公顷	喷雾
	苹果树	红蜘蛛	3-6毫克/千克	喷雾
	十字花科蔬菜	菜青虫	8.1-10.8克/公顷	喷雾
PD20083096	啶虫·辛硫磷/20%/乳油/啶虫脒 1%、辛硫磷 19%/2013.12.10 至 2018.12.10/低毒			
	苹果树	蚜虫	100-133毫克/千克	喷雾
	十字花科蔬菜	白粉虱	90-150克/公顷	喷雾
	小麦	蚜虫	75-105克/公顷	喷雾
PD20083129	阿维菌素/1.8%/乳油/阿维菌素 1.8%/2013.12.10 至 2018.12.10/低毒(原药高毒)			
	菜豆	美洲斑潜蝇	16.2-21.6克/公顷	喷雾
	柑橘树	锈壁虱	2.25-4.5毫克/千克	喷雾

梨树 梨木虱 6-12毫克/千克 喷雾
棉花 棉铃虫 21.6-32.4克/公顷 喷雾
苹果树 红蜘蛛 3-6毫克/千克 喷雾
十字花科蔬菜 菜青虫 8.1-10.8克/公顷 喷雾
水稻 稻纵卷叶螟 3.78-4.86克/公顷 喷雾

PD20083836 阿维·哒螨灵/5%/乳油/阿维菌素 0.2%、哒螨灵 4.8%/2013.12.15 至 2018.12.15/低毒(原药高毒)
柑橘树 红蜘蛛 25-50毫克/千克 喷雾

PD20084493 除虫脲/25%/可湿性粉剂/除虫脲 25%/2013.12.18 至 2018.12.18/低毒
苹果树 金纹细蛾 50-62.5毫克/千克 喷雾

PD20084671 乙酰甲胺磷/95%/原药/乙酰甲胺磷 95%/2013.12.22 至 2018.12.22/低毒

PD20085367 腐霉·福美双/25%/可湿性粉剂/腐霉利 5%、福美双 20%/2013.12.24 至 2018.12.24/低毒
番茄 灰霉病 225—300克/公顷 喷雾

PD20085379 啶虫脒/5%/可湿性粉剂/啶虫脒 5%/2013.12.24 至 2018.12.24/低毒
苹果树 绵蚜 16.7-25毫克/千克 喷雾

PD20085380 阿维·高氯/1.1%/微乳剂/阿维菌素 0.1%、高效氯氰菊酯 1%/2013.12.24 至 2018.12.24/低毒(原药高毒)
黄瓜 美洲斑潜蝇 15-30克/公顷 喷雾

PD20085468 高氯·辛硫磷/20%/乳油/高效氯氰菊酯 2%、辛硫磷 18%/2013.12.25 至 2018.12.25/低毒
大豆 甜菜夜蛾 240-360克/公顷 喷雾
十字花科蔬菜 蚜虫 150-225克/公顷 喷雾

PD20090070 吡虫·辛硫磷/30%/乳油/吡虫啉 1%、辛硫磷 29%/2014.01.08 至 2019.01.08/低毒
棉花 蚜虫 67.5-90克/公顷 喷雾

PD20090116 烯唑·三唑酮/15%/乳油/三唑酮 10%、烯唑醇 5%/2014.01.08 至 2019.01.08/低毒
小麦 白粉病 90-120克/公顷 喷雾

PD20090769 氟铃脲/95%/原药/氟铃脲 95%/2014.01.19 至 2019.01.19/低毒

PD20091144 除虫脲/5%/乳油/除虫脲 5%/2014.01.21 至 2019.01.21/低毒
茶树 茶尺蠖 33-50毫克/千克 喷雾
苹果树 金纹细蛾 25-50毫克/千克 喷雾

PD20091195 高氯·毒死蜱/20%/乳油/毒死蜱 18%、高效氯氰菊酯 2%/2014.02.01 至 2019.02.01/中等毒
棉花 棉铃虫 120-180克/公顷 喷雾
苹果树 桃小食心虫 111-333毫克/千克 喷雾

PD20091451 百菌清/20%/烟剂/百菌清 20%/2014.02.02 至 2019.02.02/低毒
黄瓜(保护地) 霜霉病 750-1200克/公顷 点燃放烟

PD20091672 啶虫脒/3%/微乳剂/啶虫脒 3%/2014.02.03 至 2019.02.03/低毒
番茄 白粉虱 13.5-27克/公顷 喷雾

PD20092132 除脲·辛硫磷/20%/乳油/除虫脲 1%、辛硫磷 19%/2014.02.23 至 2019.02.23/低毒
十字花科蔬菜 菜青虫 90-120克/公顷 喷雾

PD20092314 阿维·敌敌畏/40%/乳油/阿维菌素 0.3%、敌敌畏 39.7%/2014.02.24 至 2019.02.24/中等毒(原药高毒)
黄瓜 美洲斑潜蝇 360-480克/公顷 喷雾

PD20092361 阿维·杀虫单/20%/微乳剂/阿维菌素 0.2%、杀虫单 19.8%/2014.02.24 至 2019.02.24/低毒(原药高毒)
菜豆 美洲斑潜蝇 135-180克/公顷 喷雾

PD20092455 高氯 ·敌敌畏/20%/乳油/敌敌畏 19%、高效氯氰菊酯 1%/2014.02.25 至 2019.02.25/中等毒
棉花 棉铃虫 120-180克/公顷 喷雾

PD20092821 氟铃脲/5%/乳油/氟铃脲 5%/2014.03.04 至 2019.03.04/低毒
棉花 棉铃虫 90-120克/公顷 喷雾
十字花科蔬菜 小菜蛾 30-52.5克/公顷 喷雾

PD20093047 苄·丁/35%/可湿性粉剂/苄嘧磺隆 1.5%、丁草胺 33.5%/2014.03.09 至 2019.03.09/低毒
水稻移栽田 部分多年生杂草、一年生杂草 577.5—787.5克/公顷 药土法

PD20093968 高氯·甲维盐/2%/微乳剂/高效氯氰菊酯 1.9%、甲氨基阿维菌素苯甲酸盐 0.1%/2014.03.27 至 2019.03.27/低毒
十字花科蔬菜 小菜蛾、斜纹夜蛾 12-18克/公顷 喷雾

PD20094750 除虫脲/20%/悬浮剂/除虫脲 20%/2014.04.10 至 2019.04.10/低毒
茶树 茶尺蠖 100-133 毫克/千克 喷雾
甘蓝 菜青虫 30-75克/公顷 喷雾
松树 松毛虫 112.5-150克/公顷 喷雾

PD20095305 百草枯/200克/升/水剂/百草枯 200克/升/2012.12.31 至 2014.07.01/中等毒
玉米田 杂草 300-600克/公顷 定向茎叶喷雾

PD20095675 阿维·高氯/6%/乳油/阿维菌素 0.4%、高效氯氰菊酯 5.6%/2009.05.14 至 2014.05.14/低毒(原药高毒)
甘蓝 小菜蛾 18-24克/公顷 喷雾
黄瓜 美洲斑潜蝇 22.5-31.5克/公顷 喷雾

PD20095784 霜脲·锰锌/72%/可湿性粉剂/代森锰锌 64%、霜脲氰 8%/2009.05.27 至 2014.05.27/低毒
番茄 晚疫病 1440—1944克/公顷 喷雾
黄瓜 霜霉病 1440—1800克/公顷 喷雾

PD20096270 锰锌·烯唑醇/40%/可湿性粉剂/代森锰锌 37%、烯唑醇 3%/2009.07.22 至 2014.07.22/低毒
梨树 黑星病 600-1000倍液 喷雾

PD20096524 阿维·啶虫脒/1.8%/微乳剂/阿维菌素 0.3%、啶虫脒 1.5%/2009.08.20 至 2014.08.20/低毒(原药高毒)
黄瓜 美洲斑潜蝇 8.1-16.2克/公顷 喷雾

PD20097166 甲氨基阿维菌素苯甲酸盐/0.5%/微乳剂/甲氨基阿维菌素 0.5%/2009.10.16 至 2014.10.16/低毒
甘蓝 甜菜夜蛾 0.75-1.5克/公顷 喷雾
烟草 烟青虫 1—2.25克/公顷 喷雾
注:甲氨基阿维菌素苯甲酸盐含量:0.6%。

PD20097485 甲氨基阿维菌素苯甲酸盐(2.3%)///乳油/甲氨基阿维菌素 2%/2009.11.03 至 2014.11.03/低毒
棉花 棉铃虫 11.25-22.5克/公顷 喷雾

PD20098073 高效氯氰菊酯/4.5%/乳油/高效氯氰菊酯 4.5%/2009.12.08 至 2014.12.08/低毒
梨树 梨木虱 20.8-31.25毫克/千克 喷雾

PD20098189 阿维·矿物油/20%/乳油/阿维菌素 0.2%、矿物油 19.8%/2009.12.14 至 2014.12.14/低毒(原药高毒)
梨树 梨木虱 100-133毫克/千克 喷雾

PD20098362 甲氨基阿维菌素苯甲酸盐(2.3%)///可溶粒剂/甲氨基阿维菌素 2%/2009.12.18 至 2014.12.18/低毒
十字花科蔬菜 甜菜夜蛾 2.25-3克/公顷 喷雾

PD20101495 阿维菌素/2%/微囊悬浮剂/阿维菌素 2%/2010.05.10 至 2015.05.10/低毒(原药高毒)
梨树 梨木虱 4-5毫克/千克 喷雾
水稻 稻纵卷叶螟 4.5-9克/公顷 喷雾

PD20102028 水胺硫磷/95%/原药/水胺硫磷 95%/2010.10.18 至 2015.10.18/高毒

PD20110087 水胺硫磷/35%/乳油/水胺硫磷 35%/2011.02.17 至 2016.02.17/中等毒(原药高毒)
棉花 棉铃虫 210-315克/公顷 喷雾
水稻 象甲 105-210克/公顷 喷雾

PD20110284 阿维菌素/5%/乳油/阿维菌素 5%/2011.03.11 至 2016.03.11/中等毒(原药高毒)
苹果树 二斑叶螨 4.5-6毫克/千克 喷雾
水稻 稻纵卷叶螟 9-18克/公顷 喷雾

PD20111245 啶虫脒/20%/可溶液剂/啶虫脒 20%/2011.11.18 至 2016.11.18/低毒
苹果树 蚜虫 25-30毫克/千克 喷雾

PD20111293 阿维菌素/1%/水乳剂/阿维菌素 1%/2011.11.24 至 2016.11.24/低毒(原药高毒)
菜豆 美洲斑潜蝇 15-22.5克/公顷 喷雾

PD20120179 甲氨基阿维菌素苯甲酸盐/2%/微乳剂/甲氨基阿维菌素 2%/2012.01.30 至 2017.01.30/低毒
甘蓝 小菜蛾 1.5-2.25克/公顷 喷雾
甘蓝 斜纹夜蛾 1.5-2.1克/公顷 喷雾
注:甲氨基阿维菌素苯甲酸盐含量:2.3%。

PD20120187 甲维·毒死蜱/30%/微乳剂/毒死蜱 29%、甲氨基阿维菌素苯甲酸盐 1%/2012.01.30 至 2017.01.30/中等毒
水稻 二化螟 360—450克/公顷 喷雾

PD20120286 乙酰甲胺磷/75%/可溶粉剂/乙酰甲胺磷 75%/2012.02.16 至 2017.02.16/中等毒
水稻 稻纵卷叶螟 750-1500克/公顷 喷雾

PD20120383 吡虫啉/70%/种子处理可分散粉剂/吡虫啉 70%/2012.03.06 至 2017.03.06/中等毒
夏玉米 蚜虫 350-490克/100千克种子 拌种

PD20120459 甲氨基阿维菌素苯甲酸盐/5%/乳油/甲氨基阿维菌素 5%/2012.03.14 至 2017.03.14/低毒
甘蓝 甜菜夜蛾、小菜蛾 1.5-2克/公顷 喷雾
水稻 稻纵卷叶螟 12-18克/公顷 喷雾
注:甲氨基阿维菌素苯甲酸盐含量:5.7%。

PD20120755 除脲·毒死蜱/20%/乳油/除虫脲 1%、毒死蜱 19%/2012.05.05 至 2017.05.05/中等毒
棉花 棉铃虫 240-300克/公顷 喷雾

PD20121012 甲氨基阿维菌素苯甲酸盐/5%/可溶粒剂/甲氨基阿维菌素 5%/2012.06.27 至 2017.06.27/低毒
棉花 棉铃虫 9.9-19.7克/公顷 喷雾
注:甲氨基阿维菌素苯甲酸盐含量:5.7%。

PD20121050 烯酰吗啉/50%/可湿性粉剂/烯酰吗啉 50%/2012.07.12 至 2017.07.12/低毒
黄瓜 霜霉病、疫病 225-300克/公顷 喷雾

PD20121486 嘧菌酯/97%/原药/嘧菌酯 97%/2012.10.09 至 2017.10.09/微毒

PD20121717 草铵膦/200克/升/水剂/草铵膦 200克/升/2012.11.08 至 2017.11.08/低毒
柑橘园 杂草 750-1050克/公顷 定向茎叶喷雾

PD20130151 阿维菌素/5%/可湿性粉剂/阿维菌素 5%/2013.01.17 至 2018.01.17/低毒(原药高毒)
甘蓝 小菜蛾 11.25-15克/公顷 喷雾

PD20130518 嘧菌酯/250克/升/悬浮剂/嘧菌酯 250克/升/2013.03.27 至 2018.03.27/低毒
水稻 稻瘟病 75-150克/公顷 喷雾

PD20131090 草铵膦/95%/原药/草铵膦 95%/2013.05.20 至 2018.05.20/低毒

PD20132147 噻唑膦/10%/颗粒剂/噻唑膦 10%/2013.10.29 至 2018.10.29/中等毒
番茄 根结线虫 2000-3000克/公顷 撒施或沟施

PD20132443 高氯·啶虫脒/5%/可湿性粉剂/啶虫脒 3%、高效氯氰菊酯 2%/2013.12.02 至 2018.12.02/低毒
番茄 烟粉虱 18.75-30克/公顷 喷雾

PD20132560 甲氨基阿维菌素苯甲酸盐/5%/水分散粒剂/甲氨基阿维菌素 5%/2013.12.17 至 2018.12.17/低毒
注: 专供出口，不得在国内销售。 甲氨基阿维菌素苯甲酸盐含量：5.7%。

LS20120172 噻虫胺/95%/原药/噻虫胺 95%/2013.05.03 至 2014.05.03/低毒

LS20130279 噻虫胺/20%/悬浮剂/噻虫胺 20%/2013.05.07 至 2014.05.07/低毒

水稻	稻飞虱	90-150克/公顷	喷雾

LS20130397 烟嘧·硝磺·莠/24%/可分散油悬浮剂/烟嘧磺隆 2%、莠去津 18%、硝磺草酮 4%/2013.07.29 至 2014.07.29/低毒

玉米田	一年生杂草	540-720克/公顷	喷雾

河北沃德丰药业有限公司 (河北省廊坊市大城县文大路西魏11号 065901 0316-5882888)

PD20132586 甲氨基阿维菌素苯甲酸盐/2%/微乳剂/甲氨基阿维菌素 2%/2013.12.17 至 2018.12.17/低毒

甘蓝	甜菜夜蛾	2.1-2.7克/公顷	喷雾

注:甲氨基阿维菌素苯甲酸盐含量: 2.3%

PD20132689 苦参碱/0.3%/水剂/苦参碱 0.3%/2013.12.25 至 2018.12.25/低毒

甘蓝	菜青虫	5.625-6.75克/公顷	喷雾

WP20080412 杀虫气雾剂/0.6%/气雾剂/胺菊酯 0.35%、氯菊酯 0.15%、氯氰菊酯 0.1%/2013.12.12 至 2018.12.12/低毒

卫生	蜚蠊、蚊、蝇	/	喷雾

WP20080567 蚊香/0.28%/蚊香/富右旋反式烯丙菊酯 0.28%/2013.12.24 至 2018.12.24/低毒

卫生	蚊	/	点燃

河北希普种衣剂有限责任公司 (河北省石家庄市翟营大街翟营投递公司3102号信箱 050031)

PD20070475 嘧霉胺/95%/原药/嘧霉胺 95%/2012.11.28 至 2017.11.28/低毒

PD20080214 嘧霉胺/20%/悬浮剂/嘧霉胺 20%/2013.01.11 至 2018.01.11/低毒

黄瓜	灰霉病	375-562.5克/公顷	喷雾

PD20083391 阿维菌素/1.8%/乳油/阿维菌素 1.8%/2013.12.11 至 2018.12.11/低毒(原药高毒)

柑橘树	红蜘蛛	6-7.2毫克/千克	喷雾
十字花科蔬菜	小菜蛾	8.1-10.8克/公顷	喷雾

PD20083688 吡虫啉/10%/可溶液剂/吡虫啉 10%/2013.12.15 至 2018.12.15/低毒

水稻	稻飞虱	30-45克/公顷	喷雾

PD20085260 吡虫啉/6%/可溶液剂/吡虫啉 6%/2008.12.23 至 2013.12.23/低毒

苹果树	黄蚜	20-30毫克/千克	喷雾

PD20093945 高效氯氰菊酯/4.5%/乳油/高效氯氰菊酯 4.5%/2014.03.27 至 2019.03.27/低毒

棉花	棉铃虫	47.25-60.75克/公顷	喷雾

PD20096173 高效氯氰菊酯/4.5%/微乳剂/高效氯氰菊酯 4.5%/2009.07.02 至 2014.07.02/低毒

甘蓝	菜青虫	20.25-33.75克/公顷	喷雾

PD20096759 吡虫啉/95%/原药/吡虫啉 95%/2009.09.15 至 2014.09.15/低毒

PD20100821 阿维·矿物油/24.5%/乳油/阿维菌素 0.2%、矿物油 24.3%/2010.01.19 至 2015.01.19/低毒(原药高毒)

柑橘树	红蜘蛛	163-245毫克/千克	喷雾

WP20080463 高效氯氰菊酯/5%/悬浮剂/高效氯氰菊酯 5%/2013.12.16 至 2018.12.16/低毒

卫生	蚊、蝇	25毫克/平方米	滞留喷洒

河北欣田生化工程有限公司 (河北省柏乡县固路东侧188号 055450 0319-7799399)

PD20101551 啶虫脒/20%/可湿性粉剂/啶虫脒 20%/2010.05.19 至 2015.05.19/低毒

柑橘树	蚜虫	10-13.33毫克/千克	喷雾

PD20121361 苦参碱/0.3%/可溶液剂/苦参碱 0.3%/2012.09.13 至 2017.09.13/低毒

梨树	黑星病	4.5－6毫克/千克	喷雾

PD20131386 阿维菌素/1.8%/乳油/阿维菌素 1.8%/2013.06.24 至 2018.06.24/低毒(原药高毒)

甘蓝	小菜蛾	8.1-10.8克/公顷	喷雾

PD20131571 吡虫啉/20%/可溶液剂/吡虫啉 20%/2013.07.23 至 2018.07.23/低毒

甘蓝	蚜虫	15-30克/公顷	喷雾

河北新农生物化工有限公司 (河北省海兴县农场西 061202 0317-6656228)

PD20098128 棉铃虫核型多角体病毒/20亿PIB/毫升/悬浮剂/棉铃虫核型多角体病毒 20亿PIB/毫升/2009.12.08 至 2014.12.08/低毒

棉花	棉铃虫	750-900毫升/公顷	喷雾

PD20100019 高效氯氟氰菊酯/25克/升/乳油/高效氯氟氰菊酯 25克/升/2010.01.04 至 2015.01.04/低毒

十字花科叶菜	蚜虫	7.5-9.375克/公顷	喷雾
小麦	蚜虫	7.5-15克/公顷	喷雾

PD20100271 顺式氯氰菊酯/50克/升/乳油/顺式氯氰菊酯 50克/升/2010.01.11 至 2015.01.11/低毒

甘蓝	菜青虫	11.25-15.75克/公顷	喷雾

PD20110770 啶虫脒/5%/乳油/啶虫脒 5%/2011.07.25 至 2016.07.25/低毒

柑橘树	蚜虫	10-15毫克/千克；3333－5000倍稀释	喷雾

PD20110937 吡虫啉/25%/可湿性粉剂/吡虫啉 25%/2011.09.07 至 2016.09.07/低毒

水稻	稻飞虱	22.5－30克/公顷	喷雾

PD20111437 甲氨基阿维菌素苯甲酸盐/2%/乳油/甲氨基阿维菌素 2%/2011.12.29 至 2016.12.29/低毒

甘蓝	小菜蛾	1.5－3克/公顷	喷雾

注:甲氨基阿维菌素苯甲酸盐含量:2.3%。

PD20120061 啶虫脒/20%/可湿性粉剂/啶虫脒 20%/2012.01.16 至 2017.01.16/低毒

柑橘树	蚜虫	10－13.3毫克/千克	喷雾

PD20130825 阿维·毒死蜱/15%/乳油/阿维菌素 0.1%、毒死蜱 14.9%/2013.04.22 至 2018.04.22/中等毒(原药高毒)

	水稻	二化螟	90-180克/公顷	喷雾
PD20132246	阿维·三唑磷/20%/乳油/阿维菌素 0.2%、三唑磷 19.8%/2013.11.05 至 2018.11.05/中等毒(原药剧毒)			
	水稻	二化螟	180-270克/公顷	喷雾
河北新兴化工有限责任公司 (河北省保定市涿州市松林店镇 072761 0312-3615555)				
PD84111-7	氧乐果/40%/乳油/氧乐果 40%/2009.10.26 至 2014.10.26/中等毒(原药高毒)			
	棉花	蚜虫、螨	375-600克/公顷	喷雾
	森林	松干蚧、松毛虫	500倍液	喷雾或直接涂树干
	水稻	稻纵卷叶螟、飞虱	375-600克/公顷	喷雾
	小麦	蚜虫	300-450克/公顷	喷雾
PD20080828	噁草酮/25.5%/乳油/噁草酮 25.5%/2013.06.20 至 2018.06.20/低毒			
	春大豆田	一年生杂草	750-1125克/公顷	土壤喷雾
PD20080831	噁草酮/94%/原药/噁草酮 94%/2013.06.20 至 2018.06.20/低毒			
PD20080886	噁草酮/12.5%/乳油/噁草酮 12.5%/2013.07.09 至 2018.07.09/低毒			
	移栽水稻田	一年生杂草	375-468.8克/公顷	直接撒施或药土法
PD20080937	嗪草酮/50%/可湿性粉剂/嗪草酮 50%/2013.07.17 至 2018.07.17/低毒			
	春大豆田	一年生阔叶杂草	525-637.5克/公顷	土壤喷雾
PD20080938	嗪草酮/95%/原药/嗪草酮 95%/2013.07.17 至 2018.07.17/低毒			
PD20080939	嗪草酮/70%/可湿性粉剂/嗪草酮 70%/2013.07.17 至 2018.07.17/低毒			
	大豆田	一年生阔叶杂草	525—735克/公顷	土壤喷雾
PD20082918	双甲脒/98%/原药/双甲脒 98%/2013.12.09 至 2018.12.09/中等毒			
PD20097531	草甘膦/95%/原药/草甘膦 95%/2009.11.03 至 2014.11.03/低毒			
河北宣化农药有限责任公司 (河北省张家口市宣化区大东门外三里台 075100 0313-3185125)				
PD85112-4	莠去津/38%/悬浮剂/莠去津 38%/2010.04.18 至 2015.04.18/低毒			
	茶园	一年生杂草	1125-1875克/公顷	喷于地表
	防火隔离带、公路、森林、铁路	一年生杂草	0.8-2克/平方米	喷于地表
	甘蔗	一年生杂草	1050-1500克/公顷	喷于地表
	高粱、糜子、玉米	一年生杂草	1800-2250克/公顷(东北地区)	喷于地表
	红松苗圃	一年生杂草	0.2-0.3克/平方米	喷于地表
	梨园、苹果园	一年生杂草	1625-1875克/公顷	喷于地表
	橡胶园	一年生杂草	2250-3750克/公顷	喷于地表
PD93105-3	莠去津/92%，88%，85%/原药/莠去津 92%，88%，85%/2013.06.03 至 2018.06.03/低毒			
PD20040575	哒螨灵/15%/乳油/哒螨灵 15%/2009.12.19 至 2014.12.19/中等毒			
	柑橘树、苹果树	红蜘蛛	50-67毫克/千克	喷雾
PD20080060	苯磺隆/95%/原药/苯磺隆 95%/2013.01.04 至 2018.01.04/低毒			
PD20080128	啶虫脒/96%/原药/啶虫脒 96%/2013.01.04 至 2018.01.04/中等毒			
PD20080308	苯磺隆/75%/水分散粒剂/苯磺隆 75%/2013.02.25 至 2018.02.25/低毒			
	冬小麦田	一年生阔叶杂草	13.5-22.5克/公顷	茎叶喷雾
PD20081428	硫双威/95%/原药/硫双威 95%/2013.10.31 至 2018.10.31/中等毒			
PD20081662	异丙草胺/90%/原药/异丙草胺 90%/2013.11.14 至 2018.11.14/低毒			
PD20081695	氯嘧磺隆/95%/原药/氯嘧磺隆 95%/2013.11.17 至 2018.11.17/低毒			
PD20082276	异噁草松/95%/原药/异噁草松 95%/2013.11.27 至 2018.11.27/低毒			
PD20082880	异噁草松/480克/升/乳油/异噁草松 480克/升/2008.12.09 至 2013.12.09/低毒			
	春大豆田	一年生杂草	2100-2500毫升/公顷(制剂)	播后苗前土壤喷雾处理
PD20083806	异丙草胺/70%/乳油/异丙草胺 70%/2013.12.15 至 2018.12.15/低毒			
	春大豆田	一年生禾本科杂草及部分小粒种子阔叶杂草	1575-2100克/公顷(东北地区)	播后苗前土壤喷雾
	夏大豆田	一年生禾本科杂草及部分小粒种子阔叶杂草	1260-1575克/公顷(其它地区)	播后苗前土壤喷雾
PD20084715	啶虫脒/3%/乳油/啶虫脒 3%/2008.12.22 至 2013.12.22/中等毒			
	黄瓜	蚜虫	18-22.5克/公顷	喷雾
	苹果树	蚜虫	15-20毫克/千克	喷雾
PD20085847	异丙草胺/868克/升/乳油/异丙草胺 868克/升/2013.12.29 至 2018.12.29/低毒			
	春大豆田	部分阔叶杂草、一年生禾本科杂草	1953-2604克/公顷(东北地区)	土壤喷雾
	夏大豆田	部分阔叶杂草、一年生禾本科杂草	1302-1953克/公顷(其它地区)	土壤喷雾
PD20086302	乙·莠/40%/悬乳剂/乙草胺 20%、莠去津 20%/2013.12.31 至 2018.12.31/低毒			
	春玉米田	一年生杂草	1800-2400克/公顷(东北地区)	播后苗前土壤处理
	夏玉米田	一年生杂草	900-1500克/公顷(华北地区)	播后苗前土壤处理
PD20090624	吡嘧磺隆/10%/可湿性粉剂/吡嘧磺隆 10%/2014.01.14 至 2019.01.14/低毒			
	水稻移栽田	稗草、阔叶杂草、莎草	15-30克/公顷	毒土
PD20090770	苯磺隆/10%/可湿性粉剂/苯磺隆 10%/2014.01.19 至 2019.01.19/低毒			
	小麦田	阔叶杂草	10.05-19.5克/公顷	喷雾

PD20092138 噻吩磺隆/70%/可湿性粉剂/噻吩磺隆 70%/2014.02.23 至 2019.02.23/低毒
春大豆田、春玉米田 一年生阔叶杂草 29.4—50.4克/公顷(东北地区) 土壤喷雾
PD20092316 异丙·异噁松/51%/乳油/异丙草胺 36%、异噁草松 15%/2014.02.24 至 2019.02.24/低毒
春大豆田 一年生杂草 1530-1912.5克/公顷(东北地区) 喷雾
冬油菜(移栽田) 一年生杂草 688.5—841.5克/公顷 茎叶喷雾
花生田 一年生杂草 765—1147.5克/公顷 土壤喷雾
PD20092791 苯磺隆/25%/可溶粉剂/苯磺隆 25%/2014.03.04 至 2019.03.04/低毒
冬小麦田 一年生阔叶杂草 15—22.5克/公顷 茎叶喷雾
PD20092993 唑草·苯磺隆/28%/可湿性粉剂/苯磺隆 16%、唑草酮 12%/2014.03.09 至 2019.03.09/低毒
小麦田 一年生杂草 21—25.2克/公顷 茎叶喷雾
PD20095196 异松·乙草胺/80%/乳油/乙草胺 60%、异噁草松 20%/2014.04.24 至 2019.04.24/低毒
大豆田 一年生杂草 1680—2040克/公顷 土壤喷雾
PD20095198 丁·莠/48%/悬乳剂/丁草胺 19%、莠去津 29%/2014.04.24 至 2019.04.24/低毒
夏玉米田 一年生杂草 1080-1440克/公顷 播后苗前土壤喷雾
PD20095372 异松·乙草胺/45%/乳油/乙草胺 30%、异噁草松 15%/2014.04.27 至 2019.04.27/低毒
大豆田 一年生杂草 1012.5-1350克/公顷 播后苗前土壤喷雾处理
PD20095414 乙·莠/52%/悬乳剂/乙草胺 27%、莠去津 25%/2009.05.11 至 2014.05.11/低毒
春玉米田 一年生杂草 1560-1950克/公顷 播后苗前土壤喷雾
夏玉米田 一年生杂草 957-1560克/公顷 播后苗前土壤喷雾
PD20095435 乙草胺/50%/乳油/乙草胺 50%/2009.05.11 至 2014.05.11/低毒
大豆田 一年生禾本科杂草及小粒阔叶杂草 1)1200-1875克/公顷(东北地区) 2)750-1050克/公顷(其它地区) 播前、播后苗前土壤处理
花生田 一年生禾本科杂草及小粒阔叶杂草 750-1200克/公顷 播后苗前土壤处理(覆膜时药量酌减)
油菜田 一年生禾本科杂草及小粒阔叶杂草 525-750克/公顷 栽前或栽后3天土壤处理
玉米田 一年生禾本科杂草及小粒阔叶杂草 1)900-1875克/公顷(东北地区) 2)750-1050克/公顷(其它地区) 播后苗期土壤处理
PD20095448 吡嘧磺隆/95%/原药/吡嘧磺隆 95%/2009.05.11 至 2014.05.11/低毒
PD20095573 莠去津/50%/悬浮剂/莠去津 50%/2009.05.12 至 2014.05.12/低毒
春玉米田 一年生杂草 1800-2250克/公顷(东北地区) 播后苗前土壤喷雾
夏玉米田 一年生杂草 1050-1500克/公顷(其它地区) 播后苗前土壤喷雾
PD20095814 乙·莠· 滴丁酯/43.2%/悬乳剂/2,4-滴丁酯 7.2%、乙草胺 18%、莠去津 18%/2009.05.27 至 2014.05.27/低毒
春玉米田 一年生杂草 2916-3240克/公顷(东北地区) 土壤喷雾
PD20095837 吡嘧·苯噻酰/40%/可湿性粉剂/苯噻酰草胺 39%、吡嘧磺隆 1%/2009.05.27 至 2014.05.27/低毒
水稻移栽田 一年生及部分多年生杂草 600-720克/公顷 药土法
PD20095864 砜嘧·莠去津/50%/可湿性粉剂/砜嘧磺隆 1%、莠去津 49%/2009.05.27 至 2014.05.27/低毒
春玉米田 一年生杂草 900-1125克/公顷(东北地区) 茎叶喷雾
夏玉米田 一年生杂草 675-900克/公顷 茎叶喷雾
PD20095974 乙草胺/81.5%/乳油/乙草胺 81.5%/2009.06.04 至 2014.06.04/低毒
春大豆田 一年生禾本科杂草及部分阔叶杂草 1636.2-2045克/公顷 土壤喷雾
夏大豆田 一年生禾本科杂草及部分阔叶杂草 1090.8-1636.2克/公顷 土壤喷雾
PD20097467 2,4-滴丁酯/57%/乳油/2,4-滴丁酯 57%/2009.11.03 至 2014.11.03/低毒
春小麦田 一年生阔叶杂草 810-1080克/公顷 喷雾
冬小麦田 一年生阔叶杂草 540-810克/公顷 茎叶喷雾
PD20131070 烟嘧·莠去津/20.5%/可分散油悬浮剂/烟嘧磺隆 1.5%、莠去津 19%/2013.05.20 至 2018.05.20/低毒
玉米田 一年生杂草 615-768.75克/公顷 茎叶喷雾
PD20132194 砜嘧·莠去津/19.5%/可分散油悬浮剂/砜嘧磺隆 0.5%、莠去津 19%/2013.10.29 至 2018.10.29/低毒
春玉米田 杂草 731.25-877.5克/公顷 茎叶喷雾
夏玉米田 杂草 585-731.25克/公顷 茎叶喷雾

河北野田农用化学有限公司 (河北省石家庄市元氏县城南工业区 051130 0311-85321692)

PD20040132 高效氯氰菊酯/4.5%/微乳剂/高效氯氰菊酯 4.5%/2009.12.19 至 2014.12.19/低毒
十字花科蔬菜 菜青虫 20.25-27克/公顷 喷雾
PD20070481 啶虫脒/99%/原药/啶虫脒 99%/2012.11.28 至 2017.11.28/低毒
PD20081521 吡虫啉/97%/原药/吡虫啉 97%/2013.11.06 至 2018.11.06/低毒
PD20081781 苯磺隆/10%/可湿性粉剂/苯磺隆 10%/2013.11.19 至 2013.11.19/低毒
冬小麦田 一年生阔叶杂草 13.5-22.5克/公顷 茎叶喷雾
PD20082089 啶虫脒/5%/乳油/啶虫脒 5%/2013.11.25 至 2018.11.25/低毒
柑橘树 蚜虫 8.3-10毫克/千克 喷雾
PD20082684 阿维菌素/1.8%/乳油/阿维菌素 1.8%/2013.12.05 至 2018.12.05/低毒(原药高毒)
十字花科蔬菜 小菜蛾 8.1-10.8克/公顷 喷雾
PD20083616 阿维·啶虫脒/4%/乳油/阿维菌素 1%、啶虫脒 3%/2013.12.12 至 2018.12.12/低毒(原药高毒)

苹果树 蚜虫 8-13.3毫克/千克 喷雾
PD20083782 阿维菌素/3.2%/乳油/阿维菌素 3.2%/2013.12.15 至 2018.12.15/低毒(原药高毒)
菜豆 美洲斑潜蝇 10.8-21.6克/公顷 喷雾
PD20084225 莠去津/48%/可湿性粉剂/莠去津 48%/2013.12.17 至 2018.12.17/低毒
春玉米田 一年生杂草 2160-2592克/公顷 播后苗前土壤喷雾
夏玉米田 一年生杂草 1080-1440克/公顷 播后苗前土壤喷雾
PD20084460 啶虫脒/10%/微乳剂/啶虫脒 10%/2013.12.17 至 2018.12.17/低毒
苹果树 蚜虫 12-15毫克/千克 喷雾
PD20091146 啶虫脒/5%/乳油/啶虫脒 5%/2014.01.21 至 2019.01.21/低毒
黄瓜 蚜虫 18-22.5克/公顷 喷雾
PD20091350 啶虫脒/5%/可湿性粉剂/啶虫脒 5%/2014.02.02 至 2019.02.02/低毒
十字花科蔬菜 蚜虫 15-22.5克/公顷 喷雾
PD20092084 阿维・矿物油/24.5%/乳油/阿维菌素 0.2%、矿物油 24.3%/2014.02.16 至 2019.02.16/低毒(原药高毒)
柑橘树 红蜘蛛 163.3-245毫克/千克 喷雾
PD20093647 高氯・毒死蜱/15%/乳油/毒死蜱 13.5%、高效氯氰菊酯 1.5%/2009.03.25 至 2014.03.25/低毒
黄瓜 美洲斑潜蝇 112.5-180克/公顷 喷雾
PD20093892 甲氨基阿维菌素苯甲酸盐/1%/乳油/甲氨基阿维菌素 1%/2014.03.25 至 2019.03.25/低毒
甘蓝 小菜蛾 2.25-4.5克/公顷 喷雾
注:甲氨基阿维菌素苯甲酸盐含量:1.14%。
PD20111371 吡虫啉/10%/可湿性粉剂/吡虫啉 10%/2011.12.14 至 2016.12.14/低毒
棉花 蚜虫 30-45克/公顷 喷雾
PD20111456 甲氨基阿维菌素苯甲酸盐/0.57%/微乳剂/甲氨基阿维菌素 0.5%/2011.12.30 至 2016.12.30/低毒
甘蓝 甜菜夜蛾 1.125-2.25克/公顷 喷雾
注:甲氨基阿维菌素苯甲酸盐含量: 0.57%。
PD20120018 吡虫啉/10%/乳油/吡虫啉 10%/2012.01.06 至 2017.01.06/低毒
水稻 稻飞虱 15-30克/公顷 喷雾
小麦 蚜虫 15-30克/公顷(南方地区) 喷雾
45-60克/公顷(北方地区)
PD20121056 高氯・甲维盐/2%/乳油/高效氯氰菊酯 1.9%、甲氨基阿维菌素苯甲酸盐 0.1%/2012.07.12 至 2017.07.12/低毒
甘蓝 小菜蛾 18-24克/公顷 喷雾
PD20121523 啶虫脒/20%/可溶液剂/啶虫脒 20%/2012.10.09 至 2017.10.09/低毒
柑橘树 蚜虫 10-13.3毫克/千克 喷雾
PD20121806 吡虫啉/5%/乳油/吡虫啉 5%/2012.11.22 至 2017.11.22/低毒
小麦 蚜虫 15-30克/公顷(南方地区) 喷雾
45-60克/公顷(北方地区)
PD20121810 吡虫啉/25%/可湿性粉剂/吡虫啉 25%/2012.11.22 至 2017.11.22/低毒
棉花 蚜虫 22.5-45克/公顷 喷雾
PD20121839 吡虫啉/70%/可湿性粉剂/吡虫啉 70%/2012.11.23 至 2017.11.23/低毒
棉花 蚜虫 30-37.5克/公顷 喷雾
PD20121904 吡虫啉/20%/乳油/吡虫啉 20%/2012.12.07 至 2017.12.07/低毒
棉花 蚜虫 22.5-31.5克/公顷 喷雾
PD20121945 甲氨基阿维菌素苯甲酸盐/3%/微乳剂/甲氨基阿维菌素 3%/2012.12.12 至 2017.12.12/低毒
甘蓝 小菜蛾 1.5-3克/公顷 喷雾
注:甲氨基阿维菌素苯甲酸盐含量: 3.4%。
PD20130568 啶虫脒/50%/水分散粒剂/啶虫脒 50%/2013.04.01 至 2018.04.01/低毒
甘蓝 蚜虫 18—20.25克/公顷 喷雾

河北伊诺生化有限公司 (河北省新乐市新无公路南侧888号 050081 0311-88680030)

PD20084457 啶虫脒/5%/乳油/啶虫脒 5%/2013.12.17 至 2018.12.17/低毒
柑橘树 蚜虫 10-12.5毫克/千克 喷雾
PD20084949 高效氯氟氰菊酯/25克/升/乳油/高效氯氟氰菊酯 25克/升/2013.12.22 至 2018.12.22/中等毒
十字花科蔬菜 菜青虫 11.25-15克/公顷 喷雾
小麦 蚜虫 7.5-9克/公顷 喷雾
PD20085258 氰戊・马拉松/20%/乳油/马拉硫磷 15%、氰戊菊酯 5%/2013.12.23 至 2018.12.23/中等毒
棉花 棉铃虫 180-360克/公顷 喷雾
PD20085524 吡虫啉/10%/可湿性粉剂/吡虫啉 10%/2013.12.25 至 2018.12.25/低毒
水稻 稻飞虱 15-30克/公顷 喷雾
小麦 蚜虫 15-30克/公顷 (南方地区) 喷雾
45-60克/公顷 (北方地区)
PD20085538 三唑锡/25%/可湿性粉剂/三唑锡 25%/2013.12.25 至 2018.12.25/低毒
柑橘树 红蜘蛛 125-166.7毫克/千克 喷雾
PD20085635 代森锰锌/80%/可湿性粉剂/代森锰锌 80%/2013.12.26 至 2018.12.26/低毒
苹果树 轮纹病 1000-1333.3毫克/千克 喷雾
PD20090144 马拉硫磷/45%/乳油/马拉硫磷 45%/2014.01.08 至 2019.01.08/低毒

水稻 稻飞虱 675-810克/公顷 喷雾

PD20092222 多·锰锌/70%/可湿性粉剂/多菌灵 20%、代森锰锌 50%/2014.02.24 至 2019.02.24/低毒

梨树 黑星病 1000-1250毫克/千克 喷雾

苹果 斑点落叶病 1000-1250毫克/千克 喷雾

PD20092373 氟铃脲/5%/乳油/氟铃脲 5%/2014.02.25 至 2019.02.25/低毒

甘蓝 小菜蛾 30-52.5克/公顷 喷雾

PD20092568 毒死蜱/40%/乳油/毒死蜱 40%/2014.02.26 至 2019.02.26/中等毒

苹果树 食心虫 133.3-200毫克/千克 喷雾

PD20092724 甲基硫菌灵/70%/可湿性粉剂/甲基硫菌灵 70%/2014.03.04 至 2019.03.04/低毒

甘薯 黑斑病 1000-2333毫克/千克 浸种薯

梨树 黑星病 360-450毫克/千克 喷雾

PD20092985 百菌清/75%/可湿性粉剂/百菌清 75%/2014.03.09 至 2019.03.09/低毒

黄瓜 霜霉病 1650-3000克/公顷 喷雾

PD20093482 联苯菊酯/100克/升/乳油/联苯菊酯 100克/升/2014.03.23 至 2019.03.23/中等毒

茶树 茶小绿叶蝉 30-37.5克/公顷 喷雾

柑橘树 红蜘蛛 20-40克/公顷 喷雾

PD20093590 吡虫啉/200克/升/可溶液剂/吡虫啉 200克/升/2014.03.23 至 2019.03.23/低毒

水稻 稻飞虱 30-45克/公顷 喷雾

烟草 蚜虫 30-45克/公顷 喷雾

PD20093597 井冈霉素/5%/水剂/井冈霉素 5%/2014.03.23 至 2019.03.23/低毒

水稻 纹枯病 150-187.5克/公顷 喷雾

PD20093619 噻嗪·异丙威/25%/可湿性粉剂/噻嗪酮 5%、异丙威 20%/2014.03.25 至 2019.03.25/低毒

水稻 稻飞虱 375-562.5克/公顷 喷雾

PD20093665 杀扑磷/40%/乳油/杀扑磷 40%/2014.03.25 至 2019.03.25/高毒

柑橘树 介壳虫 400-600毫克/千克 喷雾

PD20094598 阿维菌素/18克/升/乳油/阿维菌素 18克/升/2009.04.10 至 2014.04.10/低毒(原药高毒)

甘蓝 小菜蛾 10.8-13.5克/公顷 喷雾

黄瓜 斑潜蝇 2.7-3.6克/公顷 喷雾

PD20094643 乙烯利/40%/水剂/乙烯利 40%/2014.04.10 至 2019.04.10/低毒

棉花 调节生长 800-1333毫克/千克（300-500倍液） 喷雾法

PD20094854 啶虫脒/5%/可湿性粉剂/啶虫脒 5%/2010.04.27 至 2015.04.27/低毒

小麦 蚜虫 22.5-30克/公顷 喷雾

PD20096454 溴氰菊酯/25克/升/乳油/溴氰菊酯 25克/升/2009.08.05 至 2014.08.05/中等毒

十字花科蔬菜 菜青虫 11.25-18.75克/公顷 喷雾

PD20097456 阿维·高氯/3%/乳油/阿维菌素 0.2%、高效氯氰菊酯 2.8%/2009.10.28 至 2014.10.28/低毒(原药高毒)

甘蓝 菜青虫、小菜蛾 13.5-27克/公顷 喷雾

PD20097589 高氯·矿物油/26%/乳油/高效氯氰菊酯 2%、矿物油 24%/2009.11.03 至 2014.11.03/低毒

黄瓜 蚜虫 195-273克/公顷 喷雾

PD20100150 阿维·高氯/2.4%/可湿性粉剂/阿维菌素 0.3%、高效氯氰菊酯 2.1%/2010.01.05 至 2015.01.05/低毒(原药高毒)

甘蓝 菜青虫、小菜蛾 13.5-27克/公顷 喷雾

PD20101000 春雷霉素/2%/水剂/春雷霉素 2%/2010.01.20 至 2015.01.20/低毒

黄瓜 角斑病 47.25－52.5克/公顷 喷雾

PD20101025 烟嘧磺隆/40克/升/可分散油悬浮剂/烟嘧磺隆 40克/升/2010.01.20 至 2015.01.20/低毒

玉米田 一年生杂草 40-60克/公顷 茎叶喷雾

PD20101154 百草枯/200克/升/水剂/百草枯 200克/升/2012.12.31 至 2014.07.01/中等毒

玉米田 一年生杂草 450-600克/公顷 行间定向茎叶喷雾

PD20102126 嘧霉胺/40%/悬浮剂/嘧霉胺 40%/2010.12.02 至 2015.12.02/低毒

黄瓜 灰霉病 63-94毫升制剂/亩 喷雾

PD20102198 烯酰吗啉/50%/可湿性粉剂/烯酰吗啉 50%/2010.12.17 至 2015.12.17/低毒

黄瓜 霜霉病 225-300克/公顷 喷雾

PD20110119 苯醚甲环唑/10%/水分散粒剂/苯醚甲环唑 10%/2011.01.26 至 2016.01.26/低毒

梨树 黑星病 14.3－16.7毫克/千克 喷雾

PD20110272 烯酰·锰锌/69%/可湿性粉剂/代森锰锌 60%、烯酰吗啉 9%/2011.03.07 至 2016.03.07/低毒

黄瓜 霜霉病 1035-1380克/公顷 喷雾

PD20121468 阿维菌素/5%/乳油/阿维菌素 5%/2012.10.08 至 2017.10.08/中等毒(原药高毒)

水稻 稻纵卷叶螟 7.5-15克/公顷 喷雾

PD20131194 毒死蜱/30%/微囊悬浮剂/毒死蜱 30%/2013.05.27 至 2018.05.27/低毒

花生 蛴螬 1575-2250克/公顷 灌根

PD20131997 草甘膦异丙胺盐/41%/水剂/草甘膦 41%/2013.10.10 至 2018.10.10/低毒

非耕地 杂草 1107-2091克/公顷 定向茎叶喷雾

注:草甘膦异丙胺盐含量：55%。

PD20132133 草铵膦/200克/升/水剂/草铵膦 200克/升/2013.10.24 至 2018.10.24/低毒

柑橘园　杂草　900-1050克/公顷　定向茎叶喷雾
PD20132208　甲氨基阿维菌素苯甲酸盐/2%/微乳剂/甲氨基阿维菌素 2%/2013.10.29 至 2018.10.29/低毒
甘蓝　甜菜夜蛾　1.8—2.4克/公顷　喷雾
注:甲氨基阿维菌素苯甲酸盐含量: 2.3%。
PD20132618　高效氯氰菊酯/10%/水乳剂/高效氯氰菊酯 10%/2013.12.20 至 2018.12.20/低毒
棉花　棉铃虫　60-75克/公顷　喷雾

河北益海安格诺农化有限公司　(河北省藁城市市府东段路南　052160　0311-85159081)

PD20050207　甲硫·福美双/70%/可湿性粉剂/福美双 35%、甲基硫菌灵 35%/2010.12.23 至 2015.12.23/低毒
苹果树　轮纹病　875-1167毫克/千克　喷雾
PD20050210　多·福/60%/可湿性粉剂/多菌灵 30%、福美双 30%/2010.12.23 至 2015.12.23/低毒
梨树　黑星病　1000-1500毫克/千克　喷雾
PD20070434　炔螨特/57%/乳油/炔螨特 57%/2012.11.20 至 2017.11.20/低毒
柑橘树　红蜘蛛　285-380毫克/千克　喷雾
PD20070572　高效氯氟氰菊酯/25克/升/乳油/高效氯氟氰菊酯 25克/升/2012.12.03 至 2017.12.03/低毒
棉花　棉铃虫　15-22.5克/公顷　喷雾
小麦　蚜虫　7.5-11.25克/公顷　喷雾
PD20080327　莠去津/48%/可湿性粉剂/莠去津 48%/2013.02.26 至 2018.02.26/低毒
春玉米田　一年生杂草　2160-2880克/公顷　土壤喷雾
夏玉米田　一年生杂草　1152-1440克/公顷　土壤喷雾
PD20081440　马拉硫磷/45%/乳油/马拉硫磷 45%/2013.10.31 至 2018.10.31/低毒
棉花　盲蝽蟓　540-675克/公顷　喷雾
PD20081599　毒死蜱/40%/乳油/毒死蜱 40%/2013.11.12 至 2018.11.12/中等毒
苹果树　桃小食心虫　200-266.7毫克/千克　喷雾
PD20082905　草甘膦异丙胺盐/41%/水剂/草甘膦异丙胺盐 41%/2013.12.09 至 2018.12.09/低毒
苹果园　杂草　1125-2250克/公顷　定向茎叶喷雾
PD20083565　啶虫脒/5%/可湿性粉剂/啶虫脒 5%/2013.12.12 至 2018.12.12/低毒
小麦　蚜虫　22.5-30克/公顷　喷雾
PD20083938　丙环唑/250克/升/乳油/丙环唑 250克/升/2013.12.15 至 2018.12.15/低毒
香蕉　叶斑病　250-500毫克/千克　喷雾
PD20083990　精喹禾灵/10%/乳油/精喹禾灵 10%/2013.12.16 至 2018.12.16/低毒
夏大豆田　一年生禾本科杂草　39.6-52.8克/公顷　茎叶喷雾
PD20084014　多菌灵/80%/可湿性粉剂/多菌灵 80%/2013.12.16 至 2018.12.16/低毒
水稻　纹枯病　720-900克/公顷　喷雾
PD20085418　联苯菊酯/100克/升/乳油/联苯菊酯 100克/升/2013.12.24 至 2018.12.24/低毒
茶树　茶小绿叶蝉　30-37.5克/公顷　喷雾
PD20090141　春雷霉素/2%/可湿性粉剂/春雷霉素 2%/2014.01.08 至 2019.01.08/低毒
水稻　稻瘟病　30-36克/公顷　喷雾
PD20093299　甲氨基阿维菌素苯甲酸盐/1%/乳油/甲氨基阿维菌素 1%/2014.03.13 至 2019.03.13/低毒
甘蓝　小菜蛾　2.25-3克/公顷　喷雾
注:甲氨基阿维菌素苯甲酸盐含量: 1.1%。
PD20095489　吡虫啉/70%/可湿性粉剂/吡虫啉 70%/2009.05.11 至 2014.05.11/低毒
小麦　蚜虫　15-30克/公顷(南方地区)　喷雾
45-60克/公顷(北方地区)
PD20097218　烟嘧磺隆/40克/升/可分散油悬浮剂/烟嘧磺隆 40克/升/2009.10.19 至 2014.10.19/低毒
玉米田　一年生杂草　42-60克/公顷　茎叶喷雾
PD20097373　啶虫脒/20%/可溶粉剂/啶虫脒 20%/2009.10.28 至 2014.10.28/低毒
黄瓜　蚜虫　18-36克/公顷　喷雾
PD20097831　阿维·高氯/3%/乳油/阿维菌素 0.2%、高效氯氰菊酯 2.8%/2009.11.20 至 2014.11.20/低毒(原药高毒)
十字花科蔬菜　小菜蛾　13.5-27克/公顷　喷雾
PD20098507　吡虫啉/10%/可湿性粉剂/吡虫啉 10%/2009.12.24 至 2014.12.24/低毒
小麦　蚜虫　15-30克/公顷(南方地区)　喷雾
45-60克/公顷(北方地区)
PD20101848　嘧霉胺/40%/可湿性粉剂/嘧霉胺 40%/2010.07.28 至 2015.07.28/低毒
番茄　灰霉病　360-540克/公顷　喷雾
PD20102098　阿维菌素/1.8%/乳油/阿维菌素 1.8%/2010.11.25 至 2015.11.25/中等毒(原药高毒)
梨树　梨木虱　6-12毫克/千克　喷雾
PD20110339　氟啶脲/50克/升/乳油/氟啶脲 50克/升/2011.03.24 至 2016.03.24/微毒
棉花　棉铃虫　75-105克/公顷　喷雾
PD20110379　高效氯氰菊酯/4.5%/乳油/高效氯氰菊酯 4.5%/2011.04.11 至 2016.04.11/低毒
棉花　棉铃虫　16.88-30.38克/公顷　喷雾
小麦　蚜虫　13.5-37克/公顷　喷雾
PD20110411　百草枯/20%/水剂/百草枯 20%/2012.12.31 至 2014.07.01/中等毒
非耕地　杂草　600-750克/公顷　茎叶喷雾

PD20110955 稻瘟灵/40%/乳油/稻瘟灵 40%/2011.09.08 至 2016.09.08/低毒
水稻 稻瘟病 480-600克/公顷 喷雾
PD20111143 阿维菌素/5%/乳油/阿维菌素 5%/2011.11.03 至 2016.11.03/中等毒(原药高毒)
水稻 稻纵卷叶螟 6-10克/公顷 喷雾
PD20111144 阿维·毒死蜱/25%/乳油/阿维菌素 1%、毒死蜱 24%/2011.11.03 至 2016.11.03/中等毒(原药高毒)
水稻 二化螟 300—375克/公顷 喷雾
PD20111146 甲氨基阿维菌素苯甲酸盐/5%/乳油/甲氨基阿维菌素 5%/2011.11.03 至 2016.11.03/低毒
甘蓝 小菜蛾 3—5克/公顷 喷雾
注:甲氨基阿维菌素苯甲酸盐含量: 5.7%。
PD20111237 噻嗪·毒死蜱/42%/乳油/毒死蜱 28%、噻嗪酮 14%/2011.11.18 至 2016.11.18/中等毒(原药高毒)
水稻 稻飞虱 157.5-189克/公顷 喷雾
PD20120220 高效氯氟氰菊酯/2.5%/可湿性粉剂/高效氯氟氰菊酯 2.5%/2012.02.09 至 2017.02.09/低毒
大白菜 蚜虫 7.5-11.25克/公顷 喷雾
PD20120276 啶虫脒/10%/乳油/啶虫脒 10%/2012.02.15 至 2017.02.15/低毒
苹果树 蚜虫 25-33.3毫克/千克 喷雾
PD20120330 苯醚甲环唑/37%/水分散粒剂/苯醚甲环唑 37%/2012.02.17 至 2017.02.17/低毒
香蕉 叶斑病 92.5—123.3毫克/千克 喷雾
PD20120929 阿维·哒螨灵/10.5%/乳油/阿维菌素 0.3%、哒螨灵 10.2%/2012.06.04 至 2017.06.04/中等毒
柑橘树 红蜘蛛 70-105毫克/千克 喷雾
PD20121257 吡虫啉/70%/种子处理可分散粉剂/吡虫啉 70%/2012.09.04 至 2017.09.04/低毒
棉花 蚜虫 400-500克/100千克种子 拌种
PD20121585 烯酰吗啉/50%/水分散粒剂/烯酰吗啉 50%/2012.10.25 至 2017.10.25/低毒
葡萄 霜霉病 225-375克/公顷 喷雾
PD20121729 甲氨基阿维菌素苯甲酸盐/2%/微乳剂/甲氨基阿维菌素 2%/2012.11.08 至 2017.11.08/低毒
甘蓝 小菜蛾 1.65-2.31克/公顷 喷雾
注:甲氨基阿维菌素苯甲酸盐含量:2.3%。
PD20130537 乙草·莠去津/52%/悬乳剂/乙草胺 26%、莠去津 26%/2013.04.01 至 2018.04.01/低毒
夏玉米田 一年生杂草 1170-1560克/公顷 土壤喷雾
PD20131253 阿维菌素/1.8%/水乳剂/阿维菌素 1.8%/2013.06.04 至 2018.06.04/低毒(原药高毒)
梨树 梨木虱 10—12毫克/千克 喷雾
PD20131623 戊唑醇/430克/升/悬浮剂/戊唑醇 430克/升/2013.07.30 至 2018.07.30/低毒
苹果树 斑点落叶病 64.5-107.5毫克/千克 喷雾
PD20131978 高效氯氟氰菊酯/2.5%/水乳剂/高效氯氟氰菊酯 2.5%/2013.10.10 至 2018.10.10/中等毒
棉花 棉铃虫 20-22.5克/公顷 喷雾
PD20132029 杀螺胺乙醇胺盐/25%/可湿性粉剂/杀螺胺乙醇胺盐 25%/2013.10.21 至 2018.10.21/低毒
水稻 福寿螺 375-450克/公顷 喷雾
PD20132061 醚菌酯/50%/水分散粒剂/醚菌酯 50%/2013.10.22 至 2018.10.22/低毒
黄瓜 白粉病 130-150克/公顷 喷雾

河北益康制香有限公司 (河北省涞水县南关永安大街221号 074100 0312-4522440)

WP20080126 蚊香/0.25%/蚊香/富右旋反式烯丙菊酯 0.25%/2008.10.29 至 2013.10.29/低毒
卫生 蚊 / 点燃
注:本品有一种香型: 艾草香型。
WP20080140 电热蚊香片/12毫克/片/电热蚊香片/富右旋反式炔丙菊酯 12毫克/片/2013.11.04 至 2018.11.04/低毒
卫生 蚊 / 电热加温
注:本品有三种香型: 茉莉香型、绿茶香型、无香型。
WP20080146 杀虫气雾剂/0.65%/气雾剂/胺菊酯 0.30%、氯菊酯 0.35%/2013.11.05 至 2018.11.05/低毒
卫生 蜚蠊、蚊、蝇 / 喷雾
注:本品有三种香型: 茉莉香型、奶香型、柠檬香型。
WP20080206 杀虫气雾剂/0.65%/气雾剂/胺菊酯 0.35%、氯氰菊酯 0.30%/2008.11.21 至 2013.11.21/低毒
卫生 蜚蠊、蚊、蝇 / 喷雾
注:本品有三种香型: 柠檬香型、茉莉香型、绿茶香型。
WP20080385 杀蝇饵粒/0.06%/饵剂/溴氰菊酯 0.06%/2013.12.11 至 2018.12.11/低毒
卫生 蝇 / 投放
WP20100052 电热蚊香液/1%/电热蚊香液/炔丙菊酯 1%/2010.03.17 至 2015.03.17/微毒
卫生 蚊 / 电热加温
注:本品有三种香型: 清香型、无香型、绿茶香型。
WP20110095 杀虫气雾剂/0.65%/气雾剂/胺菊酯 0.35%、高效氯氰菊酯 0.1%、氯菊酯 0.2%/2011.04.21 至 2016.04.21/微毒
卫生 蚊、蝇、蜚蠊 / 喷雾
注:本产品有三种香型:奶香型、柠檬香型、茉莉香型。
WP20110101 杀蟑气雾剂/0.6%/气雾剂/氯菊酯 0.35%、炔咪菊酯 0.05%、右旋胺菊酯 0.2%/2011.04.22 至 2016.04.22/微毒
卫生 蜚蠊 / 喷雾
WP20110142 杀虫气雾剂/0.46%/气雾剂/Es-生物烯丙菊酯 0.2%、右旋苯醚菊酯 0.26%/2011.06.13 至 2016.06.13/微毒
卫生 蚊、蝇、蜚蠊 / 喷雾

注:本产品有三种香型:无香型、柠檬香型、茉莉香型。

WP20110202 杀虫气雾剂/0.43%/气雾剂/右旋胺菊酯 0.24%、右旋苯醚菊酯 0.19%/2011.09.08 至 2016.09.08/微毒

卫生	蚊、蝇、蜚蠊	/	喷雾

注:本产品有三种香型：无香型、柠檬香型、茉莉香型。

WP20120003 蚊香/0.025%/蚊香/四氟甲醚菊酯 0.025%/2012.01.11 至 2017.01.11/微毒

卫生	蚊	/	点燃

注:本产品有三种香型：绿茶香型、檀香型、桂花香型。

WP20130153 蚊香/0.05%/蚊香/氯氟醚菊酯 0.05%/2013.07.17 至 2018.07.17/微毒

卫生	蚊	/	点燃

河北赞峰生物工程有限公司 (河北省武邑县清凉店镇长兴路19号 053411 0318-5811111)

PD85122-3 福美双/50%/可湿性粉剂/福美双 50%/2011.01.08 至 2016.01.08/中等毒

黄瓜	白粉病、霜霉病	500-1000倍液	喷雾
葡萄	白腐病	500-1000倍液	喷雾
水稻	稻瘟病、胡麻叶斑病	250克/100千克种子	拌种
甜菜、烟草	根腐病	500克/500千克温床土	土壤处理
小麦	白粉病、赤霉病	500倍液	喷雾

PD85123-2 胂·锌·福美双/50%/可湿性粉剂/福美甲胂 12.5%、福美双 25%、福美锌 12.5%/2011.01.08 至 2013.12.31/中等毒

大白菜	霜霉病	750-1125克/公顷	喷雾
柑橘	疮痂病	500-600倍液	喷雾
梨树	黑星病	500-800倍液	喷雾
苹果树	炭疽病	500-800倍液	喷雾
葡萄	黑痘病、炭疽病	500-1000倍液	喷雾
水稻	纹枯病	562.5-712.5克/公顷	喷雾
烟草	炭疽病	562.5-712.5克/公顷	喷雾
芝麻	疫病	500-600倍液	喷雾

PD85124-2 福·福锌/80%/可湿性粉剂/福美双 30%、福美锌 50%/2011.01.08 至 2016.01.08/中等毒

黄瓜、西瓜	炭疽病	1500-1800克/公顷	喷雾
麻	炭疽病	240-400克/100千克种子	拌种
棉花	苗期病害	0.5%药液	浸种
苹果树、杉木、橡胶树	炭疽病	500-600倍液	喷雾

PD85125-7 福美胂/40%/可湿性粉剂/福美胂 40%/2011.01.08 至 2013.12.31/中等毒

黄瓜	白粉病	1025-1500克/公顷	喷雾
苹果树	白粉病	700倍液	喷雾
水稻	稻粒瘟病	542.5-645克/公顷	喷雾
豌豆	白粉病	900-1025克/公顷	喷雾
小麦	白粉病	542.5-750克/公顷	喷雾

PD96101-4 福·福锌/40%/可湿性粉剂/福美双 15%、福美锌 25%/2011.10.19 至 2016.10.19/中等毒

黄瓜、西瓜	炭疽病	1500-1800克/公顷	喷雾
麻	炭疽病	240-400克/100千克种子	拌种
棉花	苗期病害	4000毫克/千克	浸种
苹果树、杉木、橡胶树	炭疽病	1600-1333毫克/千克	喷雾

PD20040004 福美双/95%/原药/福美双 95%/2009.03.21 至 2014.03.21/低毒

PD20083157 甲基硫菌灵/70%/可湿性粉剂/甲基硫菌灵 70%/2008.12.11 至 2013.12.11/低毒

番茄	叶霉病	337.5-506.25克/公顷	喷雾

PD20083221 百·福/70%/可湿性粉剂/百菌清 20%、福美双 50%/2008.12.11 至 2013.12.11/低毒

葡萄	霜霉病	875-1167毫克/千克	喷雾

PD20091332 氟铃脲/95%/原药/氟铃脲 95%/2009.02.01 至 2014.02.01/低毒

PD20093322 福·福锌/60%/可湿性粉剂/福美双 23%、福美锌 37%/2009.03.16 至 2014.03.16/中等毒

黄瓜	炭疽病	1440-1800克/公顷	喷雾

PD20094159 多·福·锰锌/50%/可湿性粉剂/多菌灵 20%、福美双 20%、代森锰锌 10%/2009.03.27 至 2014.03.27/中等毒

苹果树	轮纹病	500-650倍液	喷雾

PD20094253 硫·酮·多菌灵/40%/悬浮剂/多菌灵 10%、硫磺 27.5%、三唑酮 2.5%/2009.03.31 至 2014.03.31/低毒

水稻	稻瘟病、纹枯病	1200-1500克/公顷	喷雾

PD20095154 甲硫·福美双/40%/可湿性粉剂/福美双 15%、甲基硫菌灵 25%/2009.04.24 至 2014.04.24/低毒

西瓜	枯萎病	500-667毫克/千克	灌根

PD20100938 阿维菌素/1.8%/乳油/阿维菌素 1.8%/2010.01.19 至 2015.01.19/低毒(原药高毒)

甘蓝	小菜蛾	6-9克/公顷	喷雾

河北志诚生物化工有限公司 (河北省晋州市工业路45号 052260 0311-84322902)

PD84111-6 氧乐果/40%/乳油/氧乐果 40%/2009.11.09 至 2014.11.09/中等毒(原药高毒)

棉花	蚜虫、螨	375-600克/公顷	喷雾
森林	松干蚧、松毛虫	500倍液	喷雾或直接涂树干

水稻 稻纵卷叶螟、飞虱 375-600克/公顷 喷雾
小麦 蚜虫 300-450克/公顷 喷雾
PD20040522 吡虫啉/5%/乳油/吡虫啉 5%/2009.12.19 至 2014.12.19/低毒
小麦 蚜虫 7.5-11.2克/公顷 喷雾
PD20040596 吡虫啉/10%/可湿性粉剂/吡虫啉 10%/2009.12.19 至 2014.12.19/低毒
水稻 飞虱 75-150克/公顷 喷雾
PD20082808 阿维菌素/1.8%/乳油/阿维菌素 1.8%/2013.12.09 至 2018.12.09/低毒(原药高毒)
梨树 梨木虱 6-12毫克/千克 喷雾
PD20082846 阿维菌素/1.8%/乳油/阿维菌素 1.8%/2013.12.09 至 2018.12.09/低毒(原药高毒)
棉花 棉铃虫 21.6-32.4克/公顷 喷雾
PD20083111 毒死蜱/40%/乳油/毒死蜱 40%/2013.12.10 至 2018.12.10/中等毒
水稻 稻飞虱 450-600克/公顷 喷雾
PD20090216 腈菌·福美双/20%/可湿性粉剂/福美双 18%、腈菌唑 2%/2014.01.09 至 2019.01.09/低毒
黄瓜 黑星病 195-390克/公顷 喷雾
PD20090912 氯氰·辛硫磷/30%/乳油/氯氰菊酯 1.5%、辛硫磷 28.5%/2014.01.19 至 2019.01.19/低毒
棉花 棉铃虫 360—450克/公顷 喷雾
PD20091800 高效氯氰菊酯/4.5%/乳油/高效氯氰菊酯 4.5%/2014.02.04 至 2019.02.04/低毒
甘蓝 菜青虫 20.25-30.375克/公顷 喷雾
PD20094088 精喹禾灵/8.8%/乳油/精喹禾灵 8.8%/2014.03.27 至 2019.03.27/低毒
夏大豆田 一年生禾本科杂草 46.2-52.8克/公顷 茎叶喷雾
PD20094726 腈菌唑/12%/乳油/腈菌唑 12%/2014.04.10 至 2019.04.10/低毒
小麦 白粉病 36-54克/公顷 喷雾
PD20094827 莠去津/48%/可湿性粉剂/莠去津 48%/2014.04.13 至 2019.04.13/低毒
春玉米田 一年生杂草 2160-2520克/公顷 播后苗前土壤喷雾
夏玉米田 一年生杂草 1260-1440克/公顷 播后苗前土壤喷雾
PD20095384 辛硫磷/40%/乳油/辛硫磷 40%/2014.04.27 至 2019.04.27/低毒
甘蓝 菜青虫 360-420克/公顷 喷雾
PD20095946 多·福/40%/可湿性粉剂/多菌灵 20%、福美双 20%/2009.06.02 至 2014.06.02/低毒
葡萄 霜霉病 1000-1250毫克/千克 喷雾
PD20110367 阿维菌素/5%/乳油/阿维菌素 5%/2011.03.31 至 2016.03.31/中等毒(原药高毒)
棉花 棉铃虫 22.5-37.5克/公顷 喷雾
PD20120153 甲氨基阿维菌素苯甲酸盐/5%/乳油/甲氨基阿维菌素 5%/2012.01.30 至 2017.01.30/低毒
甘蓝 小菜蛾 2.25-3.75克/公顷 喷雾
注:甲氨基阿维菌素苯甲酸盐含量:5.7%。
PD20120266 甲氨基阿维菌素苯甲酸盐/2%/乳油/甲氨基阿维菌素 2%/2012.02.15 至 2017.02.15/低毒
甘蓝 小菜蛾 3—3.9克/公顷 喷雾
注:甲氨基阿维菌素苯甲酸盐含量:2.3%。
PD20120341 苄嘧磺隆/10%/可湿性粉剂/苄嘧磺隆 10%/2012.02.17 至 2017.02.17/低毒
水稻移栽田 莎草、一年生阔叶杂草 30-45克/公顷 药土法
PD20120535 吡虫啉/25%/可湿性粉剂/吡虫啉 25%/2012.03.28 至 2017.03.28/低毒
小麦 蚜虫 45—75克/公顷(北方地区) 喷雾
PD20130572 烟嘧·莠去津/48%/可湿性粉剂/烟嘧磺隆 3.5%、莠去津 44.5%/2013.04.02 至 2018.04.02/低毒
玉米田 一年生杂草 540-828克/公顷 茎叶喷雾
PD20130784 阿维菌素/3.2%/乳油/阿维菌素 3.2%/2013.04.22 至 2018.04.22/中等毒(原药高毒)
棉花 棉铃虫 22.5-37.5克/公顷 喷雾
PD20132394 苯磺隆/20%/可湿性粉剂/苯磺隆 20%/2013.11.20 至 2018.11.20/微毒
小麦田 一年生阔叶杂草 15-18克/公顷 茎叶喷雾

河北中谷药业有限公司 (河北省盐山县韩集镇辛霞公路纸坊段 061300 0317-6336679)

PD20100899 代森锰锌/80%/可湿性粉剂/代森锰锌 80%/2010.01.19 至 2015.01.19/低毒
苹果树 斑点落叶病 1000—1600毫克/千克 喷雾
PD20101078 乙烯利/40%/水剂/乙烯利 40%/2010.01.25 至 2015.01.25/低毒
棉花 增产 1000-1333毫克/千克 喷雾
PD20101086 噻嗪·异丙威/25%/可湿性粉剂/噻嗪酮 5%、异丙威 20%/2010.01.25 至 2015.01.25/低毒
水稻 稻飞虱 450-562.5克/公顷 喷雾
PD20130402 高效氯氰菊酯/4.5%/乳油/高效氯氰菊酯 4.5%/2013.03.12 至 2018.03.12/中等毒
甘蓝 菜青虫 13.5—27克/公顷 喷雾
PD20130611 阿维菌素/5%/乳油/阿维菌素 5%/2013.04.03 至 2018.04.03/中等毒(原药高毒)
棉花 红蜘蛛 7.5—11.25克/公顷 喷雾
PD20130618 吡虫啉/10%/乳油/吡虫啉 10%/2013.04.03 至 2018.04.03/中等毒
水稻 稻飞虱 22.5—30克/公顷 喷雾
PD20131051 啶虫脒/10%/乳油/啶虫脒 10%/2013.05.13 至 2018.05.13/中等毒
棉花 蚜虫 9-13.5克/公顷 喷雾
PD20131456 烟嘧磺隆/40克/升/可分散油悬浮剂/烟嘧磺隆 40克/升/2013.07.05 至 2018.07.05/低毒

玉米田 一年生杂草 40-60克/公顷 茎叶喷雾

LS20130353 甲氨基阿维菌素苯甲酸盐/5%/微囊悬浮剂/甲氨基阿维菌素 5%/2013.07.03 至 2014.07.03/低毒
甘蓝 小菜蛾 2.25-3克/公顷 喷雾
注:甲氨基阿维菌素苯甲酸盐含量: 5.7%。

河北卓诚化工有限责任公司 (河北省内丘县清修岗工业园区 054200 0319-2624298)

PDN32-95 甲拌磷/26%/粉剂/甲拌磷 26%/2010.08.15 至 2015.08.15/高毒
棉花 地下害虫、蚜虫 1.2-1.8千克/100千克种子 拌种
小麦 地下害虫 0.3千克/100千克种子 拌种

PD20084544 啶虫脒/20%/可溶粉剂/啶虫脒 20%/2013.12.18 至 2018.12.18/低毒
柑橘树 蚜虫 20-30毫克/千克 喷雾

PD20084869 腈菌唑/25%/乳油/腈菌唑 25%/2013.12.22 至 2018.12.22/低毒
小麦 白粉病 60-90克/公顷 喷雾

PD20100729 丁硫克百威/200克/升/乳油/丁硫克百威 200克/升/2010.01.16 至 2015.01.16/中等毒
棉花 蚜虫 90-180克/公顷 喷雾

PD20111201 过氧乙酸/21%/水剂/过氧乙酸 21%/2011.11.16 至 2016.11.16/低毒
黄瓜 灰霉病 441-735克/公顷 喷雾

PD20131229 阿维菌素/0.5%/颗粒剂/阿维菌素 0.5%/2013.05.28 至 2018.05.28/低毒(原药高毒)
黄瓜 根结线虫 220-260克/公顷 沟施、穴施

PD20131558 苯醚甲环唑/40%/悬浮剂/苯醚甲环唑 40%/2013.07.23 至 2018.07.23/低毒
香蕉 叶斑病 83-125毫克/千克 喷雾

河北昊澜化工科技有限公司 (河北省石家庄市新华区中华北大街203号 050000 0311-85468900)

PD20083817 甲氰·辛硫磷/30%/乳油/甲氰菊酯 2%、辛硫磷 28%/2013.12.15 至 2018.12.15/中等毒
甘蓝 菜青虫 360-540克/公顷 喷雾

PD20085132 辛硫·灭多威/30%/乳油/灭多威 10%、辛硫磷 20%/2013.12.23 至 2018.12.23/高毒
棉花 棉铃虫 180-360克/公顷 喷雾

PD20092099 马拉硫磷/45%/乳油/马拉硫磷 45%/2014.02.23 至 2019.02.23/低毒
水稻 稻飞虱 675-810克/公顷 喷雾

PD20092135 高效氯氟氰菊酯/25克/升/乳油/高效氯氟氰菊酯 25克/升/2014.02.23 至 2019.02.23/中等毒
十字花科蔬菜 菜青虫 11.25-15克/公顷 喷雾

PD20092458 毒死蜱/480克/升/乳油/毒死蜱 480克/升/2014.02.25 至 2019.02.25/中等毒
水稻 稻纵卷叶螟 432-576克/公顷 喷雾

PD20096396 氧乐果/40%/乳油/氧乐果 40%/2009.08.04 至 2014.08.04/高毒
小麦 蚜虫 90-150克/公顷 喷雾

PD20097920 百草枯/200克/升/水剂/百草枯 200克/升/2012.12.31 至 2014.07.01/中等毒
玉米田 一年生杂草 450-600克/公顷 行间茎叶定向喷雾

PD20121309 阿维菌素/5%/乳油/阿维菌素 5%/2012.09.11 至 2017.09.11/中等毒(原药高毒)
甘蓝 小菜蛾 9-10.8克/公顷 喷雾

PD20130026 高效氯氰菊酯/10%/乳油/高效氯氰菊酯 10%/2013.01.04 至 2018.01.04/低毒
甘蓝 菜青虫 15-30克/公顷 喷雾

PD20131722 啶虫脒/20%/可湿性粉剂/啶虫脒 20%/2013.08.16 至 2018.08.16/低毒
柑橘树 蚜虫 10-20毫克/千克 喷雾

PD20131910 甲氨基阿维菌素苯甲酸盐/2%/乳油/甲氨基阿维菌素 2%/2013.09.25 至 2018.09.25/低毒
甘蓝 小菜蛾 2-3.9克/公顷 喷雾
注:甲氨基阿维菌素苯甲酸盐含量: 2.3%。

河北昊阳化工有限公司 (河北馆陶县寿山寺乡麻呼寨村北 056800 0310-3532921)

PD20050013 甲拌磷/95%/原药/甲拌磷 95%/2010.04.12 至 2015.04.12/剧毒

PD20060086 氯氰菊酯/5%/乳油/氯氰菊酯 5%/2011.05.11 至 2016.05.11/低毒
甘蓝 菜青虫 30-45克/公顷 喷雾

PD20081700 辛硫磷/40%/乳油/辛硫磷 40%/2013.11.17 至 2018.11.17/低毒
十字花科蔬菜 菜青虫 450-600克/公顷 喷雾

PD20085809 氰戊·马拉松/20%/乳油/马拉硫磷 15%、氰戊菊酯 5%/2013.12.29 至 2018.12.29/低毒
十字花科蔬菜 菜青虫 150-180克/公顷 喷雾

PD20092870 高效氯氟氰菊酯/25克/升/乳油/高效氯氟氰菊酯 25克/升/2014.03.05 至 2019.03.05/低毒
小麦 蚜虫 4.5-7.5克/公顷 喷雾

PD20093721 草甘膦/95%/原药/草甘膦 95%/2014.03.25 至 2019.03.25/低毒

PD20094051 氟乐灵/480克/升/乳油/氟乐灵 480克/升/2014.03.27 至 2019.03.27/低毒
棉花田 一年生杂草 720-1080克/公顷 播后苗前土壤喷雾

PD20096614 氧乐果/40%/乳油/氧乐果 40%/2009.09.02 至 2014.09.02/中等毒(原药高毒)
小麦 蚜虫 108-162克/公顷 喷雾

PD20097721 鱼藤酮/2.5%/乳油/鱼藤酮 2.5%/2009.11.04 至 2014.11.04/低毒
十字花科叶菜 蚜虫 37.5-56.25克/公顷 喷雾

PD20100026 二甲戊灵/330克/升/乳油/二甲戊灵 330克/升/2010.01.04 至 2015.01.04/低毒
玉米田 一年生杂草 742.5-990克/公顷 土壤喷雾

PD20100085 甲拌磷/55%/乳油/甲拌磷 55%/2010.01.04 至 2015.01.04/高毒
棉花 地下害虫 550-825克/100千克种子 浸种、拌种
PD20100642 草甘膦异丙胺盐（41%）///水剂/草甘膦 30%/2010.01.15 至 2015.01.15/低毒
柑橘园 杂草 1230-2460克/公顷 喷雾
PD20120728 辛硫磷/5%/颗粒剂/辛硫磷 5%/2012.05.02 至 2017.05.02/低毒
玉米 玉米螟 112.5-180克/公顷 撒施
PD20121153 2甲4氯/97%/原药/2甲4氯 97%/2012.07.30 至 2017.07.30/低毒
注:专供出口，不得在国内销售。
PD20130453 杀虫双/3.6%/颗粒剂/杀虫双 3.6%/2013.03.18 至 2018.03.18/低毒
甘蔗 蔗螟 1350-2700克/公顷 撒施
PD20130482 嘧菌酯/96%/原药/嘧菌酯 96%/2013.03.20 至 2018.03.20/微毒
注:专供出口，不得在国内销售。
PD20130810 辛硫磷/30%/微囊悬浮剂/辛硫磷 30%/2013.04.22 至 2018.04.22/微毒
花生 蛴螬 1:40-60（药种比） 拌种
PD20131177 噻虫嗪/98%/原药/噻虫嗪 98%/2013.05.27 至 2018.05.27/低毒
PD20131641 阿维菌素/1.8%/乳油/阿维菌素 1.8%/2013.07.30 至 2018.07.30/低毒(原药高毒)
棉花 红蜘蛛 10.8-16.2克/公顷 喷雾
PD20131711 毒·辛/8%/颗粒剂/毒死蜱 3%、辛硫磷 5%/2013.08.15 至 2018.08.15/低毒
甘蔗 蔗龟 3000－3600克/公顷 撒施
PD20131938 甲·灭·敌草隆/55%/可湿性粉剂/敌草隆 15%、2甲4氯 10%、莠灭净 30%/2013.09.30 至 2018.09.30/低毒
甘蔗田 一年生杂草 1237.5-1650克/公顷 定向茎叶喷雾
PD20132605 噻虫嗪/70%/种子处理可分散粉剂/噻虫嗪 70%/2013.12.19 至 2018.12.19/低毒
棉花 苗期蚜虫 315-420克/100千克种子 拌种
WP20090359 高效氯氰菊酯/4.5%/乳油/高效氯氰菊酯 4.5%/2009.11.03 至 2014.11.03/低毒
卫生 蚊、蝇 1.5毫克/立方米 喷雾(仅限室外)

河北馥稷生物科技有限公司 （河北省新乐市建新街1号 050700 0311-88586867）

PD20101371 苦参碱/0.3%/乳油/苦参碱 0.3%/2010.04.02 至 2015.04.02/低毒
黄瓜 霜霉病 5.4-7.2克/公顷 喷雾
PD20102064 藜芦碱/1%/母药/藜芦碱 1%/2010.11.10 至 2015.11.10/低毒
PD20102081 藜芦碱/0.5%/可溶液剂/藜芦碱 0.5%/2010.11.10 至 2015.11.10/低毒
甘蓝 菜青虫 5.625-7.5克/公顷 喷雾
棉花 棉铃虫、棉蚜 5.625-7.5克/公顷 喷雾
PD20120012 苦参碱/0.3%/水剂/苦参碱 0.3%/2012.01.05 至 2017.01.05/低毒
十字花科蔬菜 菜青虫 2.81-6.75克/公顷 喷雾
PD20130125 甲氨基阿维菌素苯甲酸盐/1%/微乳剂/甲氨基阿维菌素 1%/2013.01.17 至 2018.01.17/低毒
甘蓝 小菜蛾 1.5-1.8克/公顷 喷雾
注:甲氨基阿维菌素苯甲酸盐含量：1.14%。

衡水景美化学工业有限公司 （河北省枣强县肖张镇工业园 053500 0318-8485678）

PD20070080 咪唑乙烟酸/98%/原药/咪唑乙烟酸 98%/2012.04.12 至 2017.04.12/低毒
PD20081806 咪唑乙烟酸/5%/水剂/咪唑乙烟酸 5%/2013.11.19 至 2018.11.19/低毒
春大豆田 一年生杂草 75-100.5克/公顷 土壤喷雾处理,苗后早期喷雾处理
PD20081958 咪唑乙烟酸/10%/水剂/咪唑乙烟酸 10%/2013.11.24 至 2018.11.24/低毒
春大豆田 一年生杂草 90-105克/公顷(东北地区) 喷雾
PD20110340 烯草酮/95%/原药/烯草酮 95%/2011.03.24 至 2016.03.24/低毒
PD20121307 精喹禾灵/10%/乳油/精喹禾灵 10%/2012.09.11 至 2017.09.11/低毒
夏大豆田 一年生禾本科杂草 37.5-52.5克/公顷 茎叶喷雾
PD20121681 灭草松/48%/水剂/灭草松 48%/2012.11.05 至 2017.11.05/低毒
春大豆田 一年生阔叶杂草 1510.74-1726.56克/公顷 茎叶喷雾
PD20121760 烟嘧磺隆/8%/可分散油悬浮剂/烟嘧磺隆 8%/2012.11.15 至 2017.11.15/低毒
玉米田 一年生杂草 42-60克/公顷 茎叶喷雾
PD20121767 草甘膦异丙胺盐/41%/水剂/草甘膦 41%/2012.11.15 至 2017.11.15/低毒
非耕地 杂草 1237.5-2062.5克/公顷 定向茎叶喷雾
注:草甘膦异丙胺盐含量：55%。
PD20130902 莎稗磷/91%/原药/莎稗磷 91%/2013.04.27 至 2018.04.27/低毒
PD20131033 烟嘧磺隆/75%/水分散粒剂/烟嘧磺隆 75%/2013.05.13 至 2018.05.13/低毒
夏玉米田 一年生杂草 45-56.25克/公顷 茎叶喷雾

华北制药股份有限公司 （河北省石家庄市和平东路388号 050015 0311-87206965）

PD91107 农用硫酸链霉素/72%/可溶粉剂/硫酸链霉素 72%(720单位/毫克)/2011.03.15 至 2016.03.15/低毒
大白菜 软腐病 150-300克/公顷 喷雾
柑橘树 溃疡病 150-300克/公顷 喷雾
水稻 白叶枯病 150-300克/公顷 喷雾
PD20070281 春雷霉素/65%/原药/春雷霉素 65%/2012.09.05 至 2017.09.05/低毒

PD20081484 春雷霉素/6%/可湿性粉剂/春雷霉素 6%/2013.11.05 至 2018.11.05/低毒
水稻 稻瘟病 28-33克/公顷 喷雾
PD20085636 春雷霉素/2%/水剂/春雷霉素 2%/2013.12.26 至 2018.12.26/微毒
水稻 稻瘟病 24-36克/公顷 喷雾
PD20092478 噻嗪酮/25%/可湿性粉剂/噻嗪酮 25%/2014.02.26 至 2019.02.26/低毒
水稻 稻飞虱 93.75-112.5克/公顷 喷雾
PD20097998 春雷·王铜/47%/可湿性粉剂/春雷霉素 2%、王铜 45%/2009.12.07 至 2014.12.07/低毒
黄瓜 霜霉病 530-580克/公顷 喷雾
PD20111301 嘧霉·多菌灵/40%/可湿性粉剂/多菌灵 30%、嘧霉胺 10%/2011.11.24 至 2016.11.24/低毒
番茄 灰霉病 525-675克/公顷 喷雾
LS20110103 春雷·咪锰/10%/可湿性粉剂/春雷霉素 2%、咪鲜胺锰盐 8%/2013.04.11 至 2014.04.11/低毒
烟草 赤星病 105-120克/公顷 喷雾

华北制药集团爱诺有限公司 (河北省石家庄市良村经济技术开发区兴业街 052165 0311-83096353)

PD20030007 阿维菌素/90%/原药/阿维菌素 90%/2013.07.10 至 2018.07.10/高毒
PD20081932 腈菌唑/12.5%/乳油/腈菌唑 12.5%/2013.11.24 至 2018.11.24/低毒
梨树 黑星病 31.25-62.5毫克/千克 喷雾
小麦 白粉病 30—60克/公顷 喷雾
PD20082372 阿维·吡虫啉/3.15%/乳油/阿维菌素 0.15%、吡虫啉 3.0%/2013.12.01 至 2018.12.01/低毒(原药高毒)
梨树 梨木虱 15.75-31.5毫克/千克 喷雾
PD20082832 阿维菌素/1.8%/乳油/阿维菌素 1.8%/2013.12.09 至 2018.12.09/低毒(原药高毒)
黄瓜 美洲斑潜蝇 900-1200克/公顷 喷雾
梨树 梨木虱 6-12毫克/千克 喷雾
棉花 棉铃虫 21.6-32.4克/公顷 喷雾
苹果树 红蜘蛛 3.6-4.5毫克/千克 喷雾
苹果树 蚜虫 4.5-6毫克/千克 喷雾
十字花科蔬菜 菜青虫、小菜蛾 8.1-10.8克/公顷 喷雾
PD20083134 阿维菌素/1%/乳油/阿维菌素 1%/2008.12.10 至 2013.12.10/低毒(原药高毒)
黄瓜 美洲斑潜蝇 16.2-21.6克/公顷 喷雾
梨树 梨木虱 1600-3200倍液 喷雾
棉花 棉铃虫 21.6-32.4克/公顷 喷雾
苹果树 红蜘蛛 2200-2700倍液 喷雾
苹果树 蚜虫 4.5-6毫克/千克 喷雾
十字花科蔬菜 菜青虫、小菜蛾 8.1-10.8克/公顷 喷雾
PD20083208 阿维菌素/3.2%/微乳剂/阿维菌素 3.2%/2013.12.11 至 2018.12.11/中等毒(原药高毒)
梨树 梨木虱 6-12毫克/千克 喷雾
PD20084084 春雷霉素/2%/水剂/春雷霉素 2%/2013.12.16 至 2018.12.16/低毒
番茄 叶霉病 40-50克/公顷 喷雾
水稻 稻瘟病 30-33克/公顷 喷雾
PD20085164 甲霜·乙膦铝/50%/可湿性粉剂/甲霜灵 12.5%、三乙膦酸铝 37.5%/2013.12.23 至 2018.12.23/低毒
葡萄 霜霉病 750-1000倍液 喷雾
PD20085476 阿维·哒螨灵/6.78%/乳油/阿维菌素 0.11%、哒螨灵 6.67%/2013.12.29 至 2018.12.29/中等毒(原药高毒)
柑橘树 红蜘蛛 33.9-45.2毫克/千克 喷雾
苹果树 二斑叶螨 27.12-45.2毫克/千克 喷雾
苹果树 红蜘蛛 27.12-33.9毫克/千克 喷雾
PD20090557 烯酰·锰锌/50%/可湿性粉剂/代森锰锌 43.5%、烯酰吗啉 6.5%/2014.01.13 至 2019.01.13/低毒
番茄 晚疫病 1215-1395克/公顷 喷雾
PD20091262 草甘膦/30%/水剂/草甘膦 30%/2014.02.01 至 2019.02.01/低毒
柑橘园、苹果树 杂草 1350-2250克/公顷 喷雾
PD20092802 阿维·高氯/3.3%/乳油/阿维菌素 0.8%、高效氯氰菊酯 2.5%/2014.03.04 至 2019.03.04/中等毒(原药高毒)
十字花科蔬菜 菜青虫、小菜蛾 7.5-15克/公顷 喷雾
PD20094345 阿维·三唑锡/5.5%/乳油/阿维菌素 0.2%、三唑锡 5.3%/2014.04.01 至 2019.04.01/低毒(原药高毒)
柑橘树 红蜘蛛 22-36.9毫克/千克 喷雾
PD20094497 阿维·三唑磷/15%/乳油/阿维菌素 0.3%、三唑磷 14.7%/2014.04.09 至 2019.04.09/中等毒(原药高毒)
水稻 二化螟 135-202.5克/公顷 喷雾
PD20095244 精喹禾灵/8.8%/乳油/精喹禾灵 8.8%/2009.04.27 至 2014.04.27/低毒
油菜田 禾本科杂草 45-51克/公顷 茎叶喷雾
PD20096809 代森锰锌/80%/可湿性粉剂/代森锰锌 80%/2009.09.15 至 2014.09.15/低毒
苹果树 斑点落叶病 1000—1333毫克/千克 喷雾
PD20097761 异丙威/20%/乳油/异丙威 20%/2009.11.12 至 2014.11.12/低毒
水稻 飞虱 450-600克/公顷 喷雾
PD20097782 甲氨基阿维菌素苯甲酸盐(0.57%)///水乳剂/甲氨基阿维菌素 0.5%/2009.11.20 至 2014.11.20/低毒
甘蓝 小菜蛾 1.5-2.25克/公顷 喷雾
PD20097785 啶虫脒/20%/可湿性粉剂/啶虫脒 20%/2009.11.20 至 2014.11.20/低毒

	苹果树	黄蚜	25-33毫克/千克	喷雾
PD20098223	高效氯氰菊酯/4.5%/水乳剂/高效氯氰菊酯 4.5%/2009.12.16 至 2014.12.16/中等毒			
	甘蓝	小菜蛾	40.5-47.25克/公顷	喷雾
PD20098235	噻嗪酮/25%/可湿性粉剂/噻嗪酮 25%/2009.12.16 至 2014.12.16/低毒			
	水稻	稻飞虱	112.5-150克/公顷	喷雾
PD20100727	戊唑醇/12.5%/微乳剂/戊唑醇 12.5%/2010.01.16 至 2015.01.16/低毒			
	苹果树	斑点落叶病	41.7-62.5毫克/千克	喷雾
	香蕉	叶斑病	156.25-208毫克/千克	喷雾
PD20101293	吡虫啉/70%/水分散粒剂/吡虫啉 70%/2010.03.10 至 2015.03.10/低毒			
	棉花	蚜虫	15.75-31.5克/公顷	喷雾
PD20101889	氟铃·毒死蜱/22%/乳油/毒死蜱 20%、氟铃脲 2%/2010.08.09 至 2015.08.09/中等毒			
	棉花	棉铃虫	297-330克/公顷	喷雾
PD20110334	苯醚甲环唑/250克/升/乳油/苯醚甲环唑 250克/升/2011.03.24 至 2016.03.24/低毒			
	香蕉树	叶斑病	125-166.7毫克/千克	喷雾
PD20110526	阿维菌素/5%/乳油/阿维菌素 5%/2011.05.12 至 2016.05.12/中等毒(原药高毒)			
	梨树	梨木虱	6-9毫克/千克	喷雾
	水稻	稻纵卷叶螟	6.75-9克/公顷	喷雾
PD20110565	甲氨基阿维菌素苯甲酸盐/2%/微乳剂/甲氨基阿维菌素 2%/2011.05.26 至 2016.05.26/低毒			
	甘蓝	甜菜夜蛾	1.5－1.875克/公顷	喷雾
	注:甲氨基阿维菌素苯甲酸盐含量:2.3%。			
PD20120127	甲氨基阿维菌素苯甲酸盐/5%/乳油/甲氨基阿维菌素 5%/2012.01.29 至 2017.01.29/低毒			
	甘蓝	甜菜夜蛾	2.85-3.56克/公顷	喷雾
	注:甲氨基阿维菌素苯甲酸盐含量:5.7%。			
PD20120406	戊唑醇/430克/升/悬浮剂/戊唑醇 430克/升/2012.03.07 至 2017.03.07/低毒			
	苹果树	斑点落叶病	95.6－143.3毫克/千克	喷雾
PD20120473	高氯·甲维盐/4%/微乳剂/高效氯氰菊酯 3.7%、甲氨基阿维菌素苯甲酸盐 0.3%/2012.03.19 至 2017.03.19/中等毒			
	甘蓝	小菜蛾	6-12克/公顷	喷雾
PD20121684	哒灵·炔螨特/31%/乳油/哒螨灵 4%、炔螨特 27%/2012.11.05 至 2017.11.05/中等毒			
	柑橘树	红蜘蛛	155-206.7毫克/千克	喷雾
PD20130148	嘧霉·百菌清/40%/悬浮剂/百菌清 25%、嘧霉胺 15%/2013.01.17 至 2018.01.17/低毒			
	番茄	灰霉病	1800-2100克/公顷	喷雾
PD20130635	高效氯氟氰菊酯/2.5%/水乳剂/高效氯氟氰菊酯 2.5%/2013.04.05 至 2018.04.05/中等毒			
	甘蓝	菜青虫	11.25-18.75克/公顷	喷雾
PD20131724	阿维菌素/1%/颗粒剂/阿维菌素 1%/2013.08.16 至 2018.08.16/低毒(原药高毒)			
	黄瓜	根结线虫	225-263克/公顷	沟施/穴施
LS20130387	阿维菌素/10%/悬浮剂/阿维菌素 10%/2013.07.29 至 2014.07.29/中等毒(原药高毒)			
	水稻	稻纵卷叶螟	6.75-9克/公顷	喷雾
LS20130488	丙森·醚菌酯/56%/可湿性粉剂/丙森锌 52%、醚菌酯 4%/2013.11.08 至 2014.11.08/低毒			
	苹果树	斑点落叶病	933.3-1120毫克/千克	喷雾

冀州市恒伟化工有限公司　(河北省冀州市化工园区　053200　0318-5250565)

PD20083123	氰戊·辛硫磷/35%/乳油/氰戊菊酯 5%、辛硫磷 30%/2013.12.10 至 2018.12.10/中等毒			
	棉花	棉铃虫	210-315克/公顷	喷雾
PD20084288	阿维菌素/1.8%/乳油/阿维菌素 1.8%/2013.12.17 至 2018.12.17/低毒(原药高毒)			
	梨树	梨木虱	6-12毫克/千克	喷雾
PD20086172	阿维·哒螨灵/6%/乳油/阿维菌素 0.15%、哒螨灵 5.85%/2013.12.30 至 2018.12.30/低毒(原药高毒)			
	苹果树	红蜘蛛	24-30毫克/千克	喷雾
PD20122032	丁硫克百威/200克/升/乳油/丁硫克百威 200克/升/2012.12.19 至 2017.12.19/中等毒			
	棉花	蚜虫	35-45克/公顷	喷雾

廊坊亿得安化工有限公司　(河北省固安县马庄镇辛庄户村　065502　0316-6208571)

WP20080203	杀虫气雾剂/0.53%/气雾剂/胺菊酯 0.35%、富右旋反式烯丙菊酯 0.12%、氯菊酯 0.06%/2013.11.20至2018.11.20/低毒			
	卫生	蚊、蝇、蜚蠊	/	喷雾
WP20090052	杀虫气雾剂/0.28%/气雾剂/胺菊酯 0.25%、高效氯氰菊酯 0.03%/2014.01.21 至 2019.01.21/低毒			
	卫生	蚊、蝇、蜚蠊	/	喷雾
WP20090053	蚊香/0.25%/蚊香/富右旋反式烯丙菊酯 0.25%/2014.01.21 至 2019.01.21/低毒			
	卫生	蚊	/	点燃
WL20100165	杀虫气雾剂/0.55%/气雾剂/Es-生物烯丙菊酯 0.15%、氯菊酯 0.2%、右旋胺菊酯 0.2%/2012.06.08至2013.06.08/微毒			
	卫生	蚊、蝇、蜚蠊	/	喷雾

秦皇岛金兰电器有限责任公司　(河北省秦皇岛市卢龙县印庄　066405　0335-7048241)

WP20100162	电热蚊香液/2.6%/电热蚊香液/Es-生物烯丙菊酯 2.6%/2010.12.14 至 2015.12.14/低毒			
	卫生	蚊	/	电热加温

石家庄宏科生物化工有限公司　(河北省无极县县城无极路（原正深路40公里处）　052460　0311-85571185)

PD20084718	辛硫·高氯氟/40%/乳油/高效氯氟氰菊酯 0.5%、辛硫磷 39.5%/2013.12.22 至 2018.12.22/中等毒			
	棉花	棉铃虫	300-420克/公顷	喷雾

PD20100577 毒死蜱/480克/升/乳油/毒死蜱 480克/升/2010.01.14 至 2015.01.14/中等毒
水稻 稻纵卷叶螟 432-576克/公顷 喷雾
PD20120767 阿维菌素/5%/乳油/阿维菌素 5%/2012.05.05 至 2017.05.05/低毒
甘蓝 小菜蛾 11.3-13.5克/公顷 喷雾
PD20121413 甲氨基阿维菌素苯甲酸盐/5%/水分散粒剂/甲氨基阿维菌素 5%/2012.09.19 至 2017.09.19/低毒
甘蓝 甜菜夜蛾 2.4-3.2克/公顷 喷雾
注:甲氨基阿维菌素苯甲酸盐含量: 5.7%。
LS20100120 啶虫脒/50%/水分散粒剂/啶虫脒 50%/2012.08.09 至 2013.08.09/低毒
柑橘树 蚜虫 12.5-20毫克/千克 喷雾

石家庄瑞凯化工有限公司 (河北省石家庄市裕华东路148号国际名邸A2101 050031 0311-89626916)

PD20121159 苄嘧磺隆/96%/原药/苄嘧磺隆 96%/2012.07.30 至 2017.07.30/低毒
PD20121163 双草醚/95%/原药/双草醚 95%/2012.07.30 至 2017.07.30/低毒
PD20121186 高效氯氟氰菊酯/97%/原药/高效氯氟氰菊酯 97%/2012.08.06 至 2017.08.06/中等毒
PD20121189 噻虫嗪/98%/原药/噻虫嗪 98%/2012.08.06 至 2017.08.06/低毒
PD20121414 噻菌灵/99%/原药/噻菌灵 99%/2012.09.29 至 2017.09.29/低毒
PD20121422 乙烯利/90%/原药/乙烯利 90%/2012.09.29 至 2017.09.29/低毒
PD20121423 毒死蜱/97%/原药/毒死蜱 97%/2012.09.29 至 2017.09.29/中等毒
PD20121949 百菌清/98.5%/原药/百菌清 98.5%/2012.12.12 至 2017.12.12/低毒
PD20130903 唑螨酯/98.5%/原药/唑螨酯 98.5%/2013.04.27 至 2018.04.27/中等毒
PD20131965 草铵膦/95%/原药/草铵膦 95%/2013.10.10 至 2018.10.10/低毒

石家庄沙飞日化有限公司 (河北省石家庄市正定县东柏棠 050800 0311-87237789)

WP20080205 蚊香/0.23%/蚊香/富右旋反式烯丙菊酯 0.23%/2013.11.21 至 2018.11.21/微毒
卫生 蚊 / 点燃
WP20080278 杀虫气雾剂/0.45%/气雾剂/胺菊酯 0.27%、氯菊酯 0.13%、氯氰菊酯 0.05%/2013.12.01 至 2018.12.01/低毒
卫生 蚊、蝇、蜚蠊 / 喷雾
WP20100038 电热蚊香片/10毫克/片/电热蚊香片/富右旋反式炔丙菊酯 10毫克/片/2010.02.08 至 2015.02.08/微毒
卫生 蚊 / 电热加温
WL20110058 蚊香/0.05%/蚊香/氯氟醚菊酯 0.05%/2012.04.11 至 2013.04.11/微毒
卫生 蚊 / 点燃

石家庄市华星农药有限公司 (河北省石家庄307国道251公里处开发区 052260 0311-84451368)

PD20040214 高效氯氰菊酯/4.5%/乳油/高效氯氰菊酯 4.5%/2009.12.19 至 2014.12.19/中等毒
甘蓝 菜青虫 10.1-20.25克/公顷 喷雾
PD20082403 阿维菌素/0.9%/乳油/阿维菌素 0.9%/2008.12.01 至 2013.12.01/低毒(原药高毒)
苹果树 红蜘蛛 1.8-3毫克/千克 喷雾
PD20082511 多·福/60%/可湿性粉剂/多菌灵 30%、福美双 30%/2013.12.03 至 2018.12.03/低毒
梨树 黑星病 400-600倍液 喷雾
WP20120205 氟虫腈/50克/升/悬浮剂/氟虫腈 50克/升/2012.10.25 至 2017.10.25/低毒
室内 蜚蠊 62.5毫克/平方米 滞留喷洒

石家庄市兴柏生物工程有限公司 (河北省石家庄市赵县南柏舍镇工业园 050000 0311-86063840)

PD20094210 阿维菌素/92%/原药/阿维菌素 92%/2009.03.31 至 2014.03.31/高毒
PD20097114 阿维菌素/18克/升/乳油/阿维菌素 18克/升/2009.10.12 至 2014.10.12/中等毒(原药高毒)
十字花科蔬菜 小菜蛾 8.1-10.8克/公顷 喷雾
PD20111243 甲氨基阿维菌素苯甲酸盐/2%/乳油/甲氨基阿维菌素 2%/2011.11.18 至 2016.11.18/低毒
甘蓝 小菜蛾 2.25-3.0克/公顷 喷雾
注:甲氨基阿维菌素苯甲酸盐含量: 2.3%。
PD20120360 阿维菌素/1.8%/水乳剂/阿维菌素 1.8%/2012.02.23 至 2017.02.23/低毒(原药高毒)
甘蓝 小菜蛾 8.1-13.5克/公顷 喷雾
PD20120376 阿维菌素/5%/乳油/阿维菌素 5%/2012.02.24 至 2017.02.24/低毒(原药高毒)
甘蓝 小菜蛾 8.1—10.8克/公顷 喷雾
PD20121271 甲氨基阿维菌素苯甲酸盐/5%/水分散粒剂/甲氨基阿维菌素 5%/2012.09.06 至 2017.09.06/低毒
甘蓝 小菜蛾 2.25-3.75克/公顷 喷雾
注:甲氨基阿维菌素苯甲酸盐含量: 5.7%。
PD20130383 螺螨酯/98%/原药/螺螨酯 98%/2013.03.12 至 2018.03.12/低毒
PD20130404 咯菌腈/98%/原药/咯菌腈 98%/2013.03.12 至 2018.03.12/低毒
PD20130506 噻虫嗪/98%/原药/噻虫嗪 98%/2013.03.27 至 2018.03.27/低毒
PD20131666 噻呋酰胺/98%/原药/噻呋酰胺 98%/2013.08.05 至 2018.08.05/低毒
PD20131789 多杀霉素/92%/原药/多杀霉素 92%/2013.09.09 至 2018.09.09/低毒
LS20130474 呋虫胺/98%/原药/呋虫胺 98%/2013.11.01 至 2014.11.01/低毒

石家庄曙光制药厂 (河北省石家庄长安区高营大街17号 050031 0311-85612065)

PD20092564 阿维·哒螨灵/10%/乳油/阿维菌素 0.2%、哒螨灵 9.8%/2014.02.26 至 2019.02.26/低毒(原药高毒)
苹果树 红蜘蛛 25-50毫克/千克 喷雾
PD20092846 阿维·高氯/1%/乳油/阿维菌素 0.1%、高效氯氰菊酯 0.9%/2009.03.05 至 2014.03.05/低毒(原药高毒)
梨树 梨木虱 12-24毫克/千克 喷雾

十字花科蔬菜 菜青虫 7.5-15克/公顷 喷雾
十字花科蔬菜 小菜蛾 13.5-27克/公顷 喷雾

PD20097321 乙铝·乙酸铜/30%/可溶粉剂/三乙膦酸铝 25%、乙酸铜 3%/2009.10.27 至 2014.10.27/低毒
黄瓜 霜霉病、细菌性角斑病 450-675克/公顷 喷雾

PD20098010 吗胍·乙酸铜/20%/可溶粉剂/盐酸吗啉胍 15%、乙酸铜 5%/2009.12.07 至 2014.12.07/低毒
番茄 病毒病 450-600克/公顷 喷雾

石家庄曙光制药原料药有限公司 (河北省石家庄市高营大街29号 050031 0311-85611841)

PD20083880 阿维菌素/92%/原药/阿维菌素 92%/2013.12.15 至 2018.12.15/高毒

顺平县农药厂 (河北省顺平县火车站 072251 0312-7682144)

PD20040764 氯氰·吡虫啉/5%/乳油/吡虫啉 1%、氯氰菊酯 4%/2009.12.19 至 2014.12.19/中等毒
十字花科蔬菜 蚜虫 30-45克/公顷 喷雾

PD20092459 高效氯氟氰菊酯/25克/升/乳油/高效氯氟氰菊酯 25克/升/2014.02.25 至 2019.02.25/中等毒
苹果树 桃小食心虫 8.3-12.5毫克/千克 喷雾

PD20095166 炔螨特/57%/乳油/炔螨特 57%/2014.04.24 至 2019.04.24/低毒
苹果树 红蜘蛛 285-380毫克/千克 喷雾

PD20097668 高氯·马/20%/乳油/高效氯氰菊酯 2%、马拉硫磷 18%/2009.11.04 至 2014.11.04/低毒
棉花 棉铃虫 120-180克/公顷 喷雾

肃宁县海蓝农药有限公司 (河北省肃宁县梁村镇丰乐堡村西 062350 022-23733585)

PD20085050 氯氰菊酯/5%/乳油/氯氰菊酯 5%/2013.12.23 至 2018.12.23/低毒
十字花科蔬菜 菜青虫 22.5-45克/公顷 喷雾

PD20085095 多菌灵/50%/可湿性粉剂/多菌灵 50%/2013.12.23 至 2018.12.23/低毒
水稻 纹枯病 600-750克/公顷 喷雾

PD20086212 甲基硫菌灵/70%/可湿性粉剂/甲基硫菌灵 70%/2013.12.31 至 2018.12.31/低毒
苹果树 轮纹病 600-700毫克/千克 喷雾

PD20091046 辛硫磷/40%/乳油/辛硫磷 40%/2014.01.21 至 2019.01.21/低毒
十字花科蔬菜 菜青虫 360-540克/公顷 喷雾

PD20092504 乙草胺/900克/升/乳油/乙草胺 900克/升/2014.02.26 至 2019.02.26/低毒
春玉米田 一年生禾本科杂草及部分小粒种子阔叶杂草 1620-1890克/公顷 播后苗前土壤喷雾
夏玉米田 一年生禾本科杂草及部分小粒种子阔叶杂草 1080-1350克/公顷 播后苗前土壤喷雾

PD20092679 马拉硫磷/45%/乳油/马拉硫磷 45%/2014.03.03 至 2019.03.03/低毒
棉花 盲蝽蟓 375-562.2克/公顷 喷雾

PD20093470 氟乐灵/480克/升/乳油/氟乐灵 480克/升/2014.03.23 至 2019.03.23/低毒
棉花田 一年生禾本科杂草 720-1080克/公顷 土壤喷雾

PD20093833 联苯菊酯/25克/升/乳油/联苯菊酯 25克/升/2014.03.25 至 2019.03.25/低毒
苹果树 桃小食心虫 20-30毫克/千克 喷雾

PD20101160 精喹禾灵/50克/升/乳油/精喹禾灵 50克/升/2010.01.25 至 2015.01.25/低毒
棉花田 一年生禾本科杂草 37.5-60克/公顷 喷雾

PD20101919 毒死蜱/40%/乳油/毒死蜱 40%/2010.08.27 至 2015.08.27/中等毒
棉花 棉铃虫 450-900克/公顷 喷雾

PD20111281 高效氯氰菊酯/4.5%/水乳剂/高效氯氰菊酯 4.5%/2011.11.23 至 2016.11.23/低毒
甘蓝 菜青虫 20.25—27克/公顷 喷雾

邢台佰斯特化工科技有限公司 (河北省邢台县祝村镇大吕村北 054000 0319-89691963)

PD85154-16 氰戊菊酯/20%/乳油/氰戊菊酯 20%/2010.07.23 至 2015.07.23/中等毒
柑橘树 潜叶蛾 10-20毫克/千克 喷雾
果树 梨小食心虫 10-20毫克/千克 喷雾
棉花 红铃虫、蚜虫 75-150克/公顷 喷雾
蔬菜 菜青虫、蚜虫 60-120克/公顷 喷雾

PD85157-27 辛硫磷/40%/乳油/辛硫磷 40%/2011.09.14 至 2016.09.14/低毒
茶树、桑树 食叶害虫 200-400毫克/千克 喷雾
果树 食心虫、蚜虫、螨 200-400毫克/千克 喷雾
林木 食叶害虫 3000-6000克/公顷 喷雾
棉花 棉铃虫、蚜虫 300-600克/公顷 喷雾
蔬菜 菜青虫 300-450克/公顷 喷雾
烟草 食叶害虫 300-600克/公顷 喷雾
玉米 玉米螟 450-600克/公顷 灌心叶

PD20092554 高效氯氟氰菊酯/25克/升/乳油/高效氯氟氰菊酯 25克/升/2009.02.26 至 2014.02.26/中等毒
苹果树 桃小食心虫 8.33-12.5毫克/千克 喷雾

PD20094955 毒·辛/40%/乳油/毒死蜱 10%、辛硫磷 30%/2009.04.20 至 2014.04.20/中等毒
棉花 棉铃虫 420-450克/公顷 喷雾

PD20094999 多·福/40%/可湿性粉剂/多菌灵 20%、福美双 20%/2009.04.21 至 2014.04.21/低毒
梨树 黑星病 800-1000毫克/千克 喷雾

PD20110349 啶虫脒/20%/可湿性粉剂/啶虫脒 20%/2011.04.08 至 2016.04.08/低毒
柑橘树 蚜虫 10—13.3毫克/千克 喷雾
PD20111213 过氧乙酸/21%/水剂/过氧乙酸 21%/2011.11.17 至 2016.11.17/低毒
黄瓜 灰霉病 441-735克/公顷 喷雾
PD20131541 阿维菌素/5%/乳油/阿维菌素 5%/2013.07.17 至 2018.07.17/中等毒(原药高毒)
棉花 红蜘蛛 9—15克/公顷 喷雾

邢台宝波农药有限公司 (河北省邢台市西郊贾乡口 054009 0319-2991999)

PD20050137 高效氯氰菊酯/4.5%/乳油/高效氯氰菊酯 4.5%/2010.09.09 至 2015.09.09/中等毒
棉花 棉铃虫、蚜虫 15-30克/公顷 喷雾
苹果树 桃小食心虫 20-33毫克/千克 喷雾
十字花科蔬菜 蚜虫 3-18克/公顷 喷雾
十字花科蔬菜 菜青虫、小菜蛾 9-25.5克/公顷 喷雾
PD20085795 丁酰肼/98%/原药/丁酰肼 98%/2013.12.29 至 2018.12.29/低毒
PD20086122 高氯·辛硫磷/20%/乳油/高效氯氰菊酯 2%、辛硫磷 18%/2013.12.30 至 2018.12.30/低毒
棉花 棉铃虫 225-300克/公顷 喷雾
PD20090704 丁酰肼/92%/可溶粉剂/丁酰肼 92%/2014.01.19 至 2019.01.19/低毒
观赏菊花 调节生长 2500-3500毫克/千克 喷雾
PD20091430 辛硫磷/40%/乳油/辛硫磷 40%/2014.02.02 至 2019.02.02/低毒
甘蓝 菜青虫 360-480克/公顷 喷雾
PD20094536 高效氯氟氰菊酯/25克/升/乳油/高效氯氟氰菊酯 25克/升/2014.04.09 至 2019.04.09/中等毒
苹果 桃小食心虫 8.3-9.3毫克/千克 喷雾
PD20097925 马拉硫磷/45%/乳油/马拉硫磷 45%/2009.11.30 至 2014.11.30/低毒
小麦 蚜虫 405-742.5克/公顷 喷雾
PD20130908 阿维·哒螨灵/10%/乳油/阿维菌素 0.2%、哒螨灵 9.8%/2013.04.27 至 2018.04.27/低毒(原药高毒)
柑橘树 红蜘蛛 25-50毫克/千克 喷雾

张家口长城农药有限公司 (河北省张家口市怀来县沙城镇 075400 0313-6893300)

PD20085397 乙草胺/900克/升/乳油/乙草胺 900克/升/2013.12.24 至 2018.12.24/低毒
春大豆田、春玉米田 一年生杂草 1620-1890克/公顷 土壤喷雾
夏大豆田、夏玉米田 一年生杂草 1080-1350克/公顷 土壤喷雾
PD20093773 莠去津/50%/悬浮剂/莠去津 50%/2014.03.25 至 2019.03.25/低毒
春玉米田 一年生杂草 1800-2250克/公顷 播后苗前土壤喷雾
夏玉米田 一年生杂草 1050-1500克/公顷 播后苗前土壤喷雾
PD20093805 苯磺隆/10%/可湿性粉剂/苯磺隆 10%/2014.03.25 至 2019.03.25/低毒
冬小麦田 一年生阔叶杂草 18-22.5克/公顷 茎叶喷雾
PD20095548 滴丁·乙草胺/70%/乳油/2,4-滴丁酯 20%、乙草胺 50%/2009.05.12 至 2014.05.12/低毒
春大豆田、春玉米田 一年生杂草 2100-2625克/公顷 土壤喷雾
PD20096509 异丙草·莠/40%/悬乳剂/异丙草胺 20%、莠去津 20%/2009.08.19 至 2014.08.19/低毒
春玉米田 一年生杂草 2100-2400克/公顷 土壤喷雾
夏玉米田 一年生杂草 1200-1500克/公顷 土壤喷雾
PD20096684 甲·乙·莠/40%/悬乳剂/甲草胺 11%、乙草胺 9%、莠去津 20%/2009.09.07 至 2014.09.07/低毒
春玉米田 一年生杂草 2100-2400克/公顷 土壤喷雾
夏玉米田 一年生杂草 1200-1500克/公顷 土壤喷雾
PD20110516 烟嘧·莠去津/15%/可分散油悬浮剂/烟嘧磺隆 1.5%、莠去津 13.5%/2011.05.03 至 2016.05.03/低毒
玉米田 一年生杂草 337.5-562.5克/公顷 茎叶喷雾
PD20110663 精喹禾灵/15%/乳油/精喹禾灵 15%/2011.06.20 至 2016.06.20/低毒
花生田 一年生禾本科杂草 45-67.5克/公顷 茎叶喷雾
PD20111115 烟嘧·乙·莠/40%/可分散油悬浮剂/烟嘧磺隆 2%、乙草胺 22%、莠去津 16%/2011.10.27 至 2016.10.27/低毒
玉米田 一年生杂草 900-1200克/公顷 茎叶喷雾
PD20121855 乙·莠·滴丁酯/63%/悬乳剂/2,4-滴丁酯 9%、乙草胺 27%、莠去津 27%/2012.11.28 至 2017.11.28/低毒
春玉米田 一年生杂草 2362.5-3307.5克/公顷 播后苗前土壤喷雾
PD20121925 烟·莠·辛酰腈/39%/可分散油悬浮剂/辛酰溴苯腈 15%、烟嘧磺隆 4%、莠去津 20%/2012.12.07 至 2017.12.07/低毒
玉米田 一年生杂草 468-585克/公顷 茎叶喷雾
PD20130547 烟嘧·莠去津/48%/可湿性粉剂/烟嘧磺隆 3.5%、莠去津 44.5%/2013.04.01 至 2018.04.01/低毒
玉米田 一年生杂草 720-822.9克/公顷 茎叶喷雾
LS20120152 烟·莠·辛酰/39%/可分散油悬浮剂/辛酰溴苯腈 15%、烟嘧磺隆 4%、莠去津 20%/2012.04.12 至 2013.04.12/低毒
玉米田 一年生杂草 468-585克/公顷 茎叶喷雾
LS20120153 乙·莠·滴丁酯/63%/悬乳剂/2,4-滴丁酯 9%、乙草胺 27%、莠去津 27%/2012.04.12 至 2013.04.12/低毒
春玉米田 一年生杂草 2362.5-3307.5克/公顷 播后苗前土壤喷雾

中国农科院植保所廊坊农药中试厂 (河北省廊坊市广阳区九洲镇中国农科院科研基地内 100094 010-62816599)

PD20050184 高效氯氰菊酯/4.5%/乳油/高效氯氰菊酯 4.5%/2010.11.15 至 2015.11.15/低毒
梨树 梨木虱 20.8-31.25毫克/千克 喷雾
马铃薯 二十八星瓢虫 15-30克/公顷 喷雾
十字花科蔬菜 菜青虫 13.5-27克/公顷 喷雾

PD20081950 霜脲·锰锌/72%/可湿性粉剂/代森锰锌 64%、霜脲氰 8%/2013.11.24 至 2018.11.24/低毒

番茄	晚疫病	1440-1800克/公顷	喷雾
黄瓜	霜霉病	1440-1800克/公顷	喷雾
辣椒	疫病	1080-1800克/公顷	喷淋

PD20081971 氰戊·马拉松/20%/乳油/马拉硫磷 15%、氰戊菊酯 5%/2013.12.01 至 2018.12.01/中等毒

棉花	棉铃虫	90-150克/公顷	喷雾
苹果树	桃小食心虫	160-333毫克/千克	喷雾
蔬菜	菜青虫、蚜虫	90-150克/公顷	喷雾

PD20082401 嘧霉胺/40%/悬浮剂/嘧霉胺 40%/2013.12.01 至 2018.12.01/低毒

黄瓜	灰霉病	375-562.5克/公顷	喷雾

PD20082572 阿维·哒螨灵/8%/乳油/阿维菌素 0.2%、哒螨灵 7.8%/2013.12.04 至 2018.12.04/低毒(原药高毒)

柑橘树	红蜘蛛	40-53毫克/千克	喷雾

PD20083409 锰锌·腈菌唑/62.25%/可湿性粉剂/腈菌唑 2.25%、代森锰锌 60%/2013.12.11 至 2018.12.11/低毒

黄瓜	白粉病	1867.5—2340克/公顷	喷雾

PD20083467 高效氯氰菊酯/95%/原药/高效氯氰菊酯 95%/2013.12.12 至 2018.12.12/中等毒

PD20083510 氰戊·杀螟松/20%/乳油/氰戊菊酯 6%、杀螟硫磷 14%/2013.12.12 至 2018.12.12/中等毒

棉花	棉铃虫	120-150克/公顷	喷雾
苹果树	桃小食心虫	160-333毫克/千克	喷雾

PD20084453 异稻·三环唑/20%/可湿性粉剂/三环唑 10%、异稻瘟净 10%/2013.12.17 至 2018.12.17/低毒

水稻	稻瘟病	300-450克/公顷	喷雾

PD20084712 噻嗪·异丙威/25%/可湿性粉剂/噻嗪酮 5%、异丙威 20%/2013.12.22 至 2018.12.22/低毒

水稻	稻飞虱	375-487.5克/公顷	喷雾

PD20085277 硫丹·辛硫磷/35%/乳油/硫丹 5%、辛硫磷 30%/2013.12.23 至 2018.12.23/低毒

棉花	棉铃虫	制剂量：750-1125克/公顷	喷雾

PD20085772 阿维·杀虫单/20%/微乳剂/阿维菌素 0.2%、杀虫单 19.8%/2013.12.29 至 2018.12.29/低毒(原药高毒)

菜豆	美洲斑潜蝇	90-180克/公顷	喷雾

PD20085852 甲霜·噁霉灵/3%/水剂/噁霉灵 2.5%、甲霜灵 0.5%/2013.12.29 至 2018.12.29/低毒

黄瓜	枯萎病	50-60毫克/千克，250毫升/株	灌根
水稻	立枯病	0.36-0.54克/平方米	喷雾

PD20086314 苄·乙/20%/可湿性粉剂/苄嘧磺隆 5%、乙草胺 15%/2013.12.31 至 2018.12.31/低毒

移栽水稻田	部分多年生杂草、一年生杂草	84-118克/公顷	药土法

PD20086321 乙·莠·氰草津/40%/悬浮剂/氰草津 26.6%、乙草胺 6.7%、莠去津 6.7%/2013.12.31 至 2018.12.31/低毒

夏玉米田	一年生杂草	1320-1800克/公顷	土壤喷雾

PD20090383 腈菌唑/25%/乳油/腈菌唑 25%/2014.01.12 至 2019.01.12/低毒

小麦	白粉病	48-60克/公顷	喷雾

PD20090796 阿维·毒死蜱/15%/乳油/阿维菌素 0.2%、毒死蜱 14.8%/2009.01.19 至 2014.01.19/低毒(原药高毒)

十字花科蔬菜	小菜蛾	90-135克/公顷	喷雾
水稻	稻纵卷叶螟	135-157.5克/公顷	喷雾

PD20091123 草甘膦异丙胺盐/41%/水剂/草甘膦异丙胺盐 41%/2014.01.21 至 2019.01.21/低毒

柑橘园	杂草	1230-2460克/公顷	定向喷雾

PD20092178 烯酰吗啉/10%/水乳剂/烯酰吗啉 10%/2014.02.23 至 2019.02.23/低毒

黄瓜	霜霉病	225-300克/公顷	喷雾

PD20092578 联苯菊酯/100克/升/乳油/联苯菊酯 100克/升/2014.02.27 至 2019.02.27/中等毒

茶树	粉虱	30-37.5克/公顷	喷雾

PD20093243 烯唑醇/5%/微乳剂/烯唑醇 5%/2014.03.11 至 2019.03.11/低毒

梨树	黑星病	25-50毫克/千克	喷雾

PD20093255 噻螨酮/5%/可湿性粉剂/噻螨酮 5%/2014.03.11 至 2019.03.11/低毒

柑橘树	红蜘蛛	25-50毫克/千克	喷雾

PD20093390 苯醚甲环唑/10%/微乳剂/苯醚甲环唑 10%/2014.03.19 至 2019.03.19/低毒

番茄	早疫病	112.5-150克/公顷	喷雾

PD20093766 阿维·啶虫脒/4%/乳油/阿维菌素 1%、啶虫脒 3%/2014.03.25 至 2019.03.25/低毒(原药高毒)

黄瓜	蚜虫	6-12克/公顷	喷雾

PD20095200 丙环唑/20%/微乳剂/丙环唑 20%/2014.04.24 至 2019.04.24/低毒

香蕉	叶斑病	250-500毫克/千克	喷雾

PD20095330 多·福·溴菌腈/40%/可湿性粉剂/多菌灵 20%、福美双 10%、溴菌腈 10%/2014.04.27 至 2019.04.27/低毒

黄瓜	炭疽病	600-900克/公顷	喷雾

PD20095695 霜霉威盐酸盐/722克/升/水剂/霜霉威盐酸盐 722克/升/2009.05.15 至 2014.05.15/低毒

甜椒	疫病	775.5-1164克/公顷	喷雾

PD20096345 除虫脲/25%/可湿性粉剂/除虫脲 25%/2009.07.28 至 2014.07.28/低毒

苹果树	金纹细蛾	125-250毫克/千克	喷雾

PD20096645 高氯·甲维盐/3%/微乳剂/高效氯氰菊酯 2.7%、甲氨基阿维菌素苯甲酸盐 0.3%/2009.09.02 至 2014.09.02/低毒

甘蓝	甜菜夜蛾、小菜蛾	13.5-18克/公顷	喷雾

PD20096919 烟嘧磺隆/40克/升/可分散油悬浮剂/烟嘧磺隆 40克/升/2009.09.23 至 2014.09.23/低毒

玉米田 一年生杂草 42-60克/公顷 茎叶喷雾

PD20097364 琥胶肥酸铜/30%/悬浮剂/琥胶肥酸铜 30%/2009.10.27 至 2014.10.27/低毒
柑橘 溃疡病 400-500倍液 喷雾

PD20097705 烯草酮/120克/升/乳油/烯草酮 120克/升/2009.11.04 至 2014.11.04/低毒
油菜田 一年生禾本科杂草 54-72克/公顷 茎叶喷雾

PD20097711 噻苯隆/0.1%/可湿性粉剂/噻苯隆 0.1%/2009.11.04 至 2014.11.04/低毒
甜瓜 提高座瓜率、增产 2.5-3.3毫克/升 兑水喷雾

PD20097723 烯腺·羟烯腺/0.02%/母药/羟烯腺嘌呤 0.01%、烯腺嘌呤 0.01%/2009.11.04 至 2014.11.04/低毒

PD20097957 烯·羟·吗啉胍/40%/可溶粉剂/盐酸吗啉胍 39.996%、羟烯腺嘌呤 0.002%、烯腺嘌呤 0.002%/2009.12.01 至2014.12.01/低毒
番茄 病毒病 600-900克/公顷 喷雾

PD20100007 三唑磷/20%/微乳剂/三唑磷 20%/2010.01.04 至 2015.01.04/中等毒
水稻 二化螟 375-450克/公顷 喷雾

PD20101432 烯腺·羟烯腺/0.0025%/可溶粉剂/羟烯腺嘌呤 0.001%、烯腺嘌呤 0.0015%/2010.05.04 至 2015.05.04/低毒
番茄 调节生长、增产 600-800倍液 喷雾

PD20101781 高效氯氰菊酯/4.5%/微乳剂/高效氯氰菊酯 4.5%/2010.07.13 至 2015.07.13/低毒
甘蓝 菜青虫 20.25-27克/公顷 喷雾

PD20131447 吡虫·三唑磷/20%/乳油/吡虫啉 2%、三唑磷 18%/2013.07.05 至 2018.07.05/中等毒
水稻 稻飞虱、二化螟 300-390克/公顷 喷雾

PD20132074 精噁唑禾草灵/69克/升/水乳剂/精噁唑禾草灵 69克/升/2013.10.23 至 2018.10.23/低毒
棉花田 一年生禾本科杂草 51.75-72.45克/公顷 茎叶喷雾

LS20100032 阿维·毒死蜱/5.2%/颗粒剂/阿维菌素 0.2%、毒死蜱 5%/2012.03.10 至 2013.03.10/低毒(原药高毒)
草坪 地老虎、金针虫、蝼蛄、蛴螬 1560-2340克/公顷 撒施

LS20110306 金龟子绿僵菌/25亿孢子/克/可湿性粉剂/金龟子绿僵菌 25亿孢子/克/2013.12.05 至 2014.12.05/低毒
滩涂 蝗虫 22500－30000亿孢子/公顷 喷雾
椰树 椰心叶甲 375－500亿孢子/株 喷雾

WP20100011 高效氯氰菊酯/4.5%/微乳剂/高效氯氰菊酯 4.5%/2010.01.11 至 2015.01.11/低毒
卫生 蚊、蝇、蜚蠊 50毫克/平方米 滞留喷洒

涿州拜奥威生物科技有限公司 (河北省涿州市桃园区镇安寺 072650 0312-3981978)

PD20121389 吡虫啉/20%/可溶液剂/吡虫啉 20%/2012.09.14 至 2017.09.14/低毒
草坪 蛴螬 1050-2100克/公顷 喷雾(施药前及施药后小水浅浇)

涿州市翔翊华太生物技术有限公司 (河北省保定市涿州市松林店镇 072761 0312-3615738)

PD20081006 毒死蜱/40%/乳油/毒死蜱 40%/2013.08.06 至 2018.08.06/中等毒
苹果树 绵蚜 266.7-400毫克/千克 喷雾

PD20082299 啶虫脒/20%/可溶液剂/啶虫脒 20%/2013.12.01 至 2018.12.01/低毒
棉花 蚜虫 30-45克/公顷 喷雾

PD20082644 甲氰·辛硫磷/25%/乳油/甲氰菊酯 5%、辛硫磷 20%/2013.12.04 至 2018.12.04/低毒
棉花 棉铃虫 300－375克/公顷 喷雾

PD20082866 啶虫脒/20%/可溶粉剂/啶虫脒 20%/2013.12.09 至 2018.12.09/低毒
黄瓜 蚜虫 18-36克/公顷 喷雾

PD20083383 啶虫脒/5%/可湿性粉剂/啶虫脒 5%/2013.12.11 至 2018.12.11/低毒
小麦 蚜虫 22.5-30克/公顷 喷雾

PD20084161 阿维菌素/1.8%/乳油/阿维菌素 1.8%/2013.12.16 至 2018.12.16/中等毒(原药高毒)
梨树 梨木虱 6-12毫克/千克 喷雾

PD20091441 高效氯氟氰菊酯/25克/升/乳油/高效氯氟氰菊酯 25克/升/2014.02.02 至 2019.02.02/中等毒
十字花科蔬菜 菜青虫 11.25-15克/公顷 喷雾

PD20092181 福·福锌/40%/可湿性粉剂/福美双 15%、福美锌 25%/2014.02.23 至 2019.02.23/低毒
苹果树 炭疽病 1333-1600毫克/千克 喷雾

PD20093727 异菌·多菌灵/20%/悬浮剂/多菌灵 15%、异菌脲 5%/2014.03.25 至 2019.03.25/低毒
苹果树 斑点落叶病 400-500毫克/千克 喷雾

PD20095981 哒螨灵/15%/乳油/哒螨灵 15%/2009.06.04 至 2014.06.04/中等毒
苹果树 红蜘蛛 50-75毫克/千克 喷雾

PD20098399 高氯·啶虫脒/5%/乳油/啶虫脒 1.5%、高效氯氰菊酯 3.5%/2009.12.18 至 2014.12.18/中等毒
番茄 蚜虫 22.5-30克/公顷 喷雾

PD20100075 烟嘧磺隆/40克/升/可分散油悬浮剂/烟嘧磺隆 40克/升/2010.01.04 至 2015.01.04/低毒
玉米田 一年生杂草 42-60克/公顷 茎叶喷雾

PD20111215 甲氨基阿维菌素苯甲酸盐/3%/微乳剂/甲氨基阿维菌素 3%/2011.11.17 至 2016.11.17/低毒
甘蓝 甜菜夜蛾 5-6.7毫升/亩 喷雾
注:甲氨基阿维菌素苯甲酸盐含量:3.4%。

PD20120637 阿维菌素/3%/微乳剂/阿维菌素 3%/2012.04.12 至 2017.04.12/低毒(原药高毒)
甘蓝 小菜蛾 8.1-10.8克/公顷 喷雾

PD20130884 苯丁·哒螨灵/25%/可湿性粉剂/苯丁锡 8%、哒螨灵 17%/2013.04.25 至 2018.04.25/中等毒

柑橘树 红蜘蛛 166.7-250毫克/千克 喷雾

PD20131865 己唑醇/5%/悬浮剂/己唑醇 5%/2013.09.24 至 2018.09.24/低毒

苹果树 斑点落叶病 25-33.3毫克/千克 喷雾

蠡县华奥工艺制香厂 （河北省蠡县北埝乡李岗村 071400 0312-6031098）

WP20120213 蚊香/0.26%/蚊香/富右旋反式烯丙菊酯 0.26%/2012.11.05 至 2017.11.05/低毒

卫生 蚊 / 点燃

蠡县金诺达制香有限公司 （河北省蠡县李岗 071401 0312-6031288）

PD20094117 溴敌隆/0.005%/毒饵/溴敌隆 0.005%/2009.03.27 至 2014.03.27/低毒(原药高毒)

农田 田鼠 饱和投饵 投饵

室内 家鼠 饱和投饵 投饵

WP20130142 蚊香/0.05%/蚊香/氯氟醚菊酯 0.05%/2013.07.03 至 2018.07.03/微毒

卫生 蚊 / 点燃

河南省

爱普瑞（焦作）农药有限公司 （河南省博爱县温博路南4公里 454450 0391-8610516）

PD85156-9 辛硫磷/90%、87%、80%/原药/辛硫磷 90%、87%、80%/2010.07.21 至 2015.07.21/低毒

PD20040408 吡虫啉/5%/乳油/吡虫啉 5%/2009.12.19 至 2014.12.19/低毒

水稻 飞虱 9-18克/公顷 喷雾

PD20040806 吡虫啉/5%/片剂/吡虫啉 5%/2009.12.20 至 2014.12.20/低毒

棉花 蚜虫 15-22.5克/公顷 喷雾

PD20050072 高效氯氰菊酯/4.5%/乳油/高效氯氰菊酯 4.5%/2010.06.24 至 2015.06.24/中等毒

棉花 棉铃虫 15-30克/公顷 喷雾

PD20092862 霜脲·锰锌/72%/可湿性粉剂/代森锰锌 64%、霜脲氰 8%/2014.03.05 至 2019.03.05/低毒

黄瓜 霜霉病 1440-1800克/公顷 喷雾

PD20094241 芸苔素内酯/0.01%/乳油/芸苔素内酯 0.01%/2014.03.31 至 2019.03.31/低毒

冬小麦 调节生长、增产 0.02-0.04毫克/千克 喷雾

PD20095818 辛硫磷/3%/颗粒剂/辛硫磷 3%/2009.05.27 至 2014.05.27/低毒

花生 地下害虫 2700-3600克/公顷 沟施

PD20097062 苯磺隆/10%/可湿性粉剂/苯磺隆 10%/2009.10.10 至 2014.10.10/低毒

冬小麦田 一年生阔叶杂草 13.5-22.5克/公顷 茎叶喷雾

PD20097576 啶虫脒/95%/原药/啶虫脒 95%/2009.11.03 至 2014.11.03/中等毒

PD20100180 氧乐果/40%/乳油/氧乐果 40%/2010.01.05 至 2015.01.05/高毒

小麦 蚜虫 81-162克/公顷 喷雾

PD20101846 毒死蜱/95%/原药/毒死蜱 95%/2010.07.28 至 2015.07.28/中等毒

PD20110031 吡虫啉/95%/原药/吡虫啉 95%/2011.01.07 至 2016.01.07/低毒

PD20120867 阿维菌素/95%/原药/阿维菌素 95%/2012.05.23 至 2017.05.23/高毒

PD20132119 草甘膦/95%/原药/草甘膦 95%/2013.10.24 至 2018.10.24/低毒

安阳全丰生物科技有限公司 （河南省安阳市北关区韩工业园创业大道中段路北 455000 0372-3723338）

PD86123-4 矮壮素/50%/水剂/矮壮素 50%/2011.04.13 至 2016.04.13/低毒

棉花 防止疯长 25000倍液 喷顶

棉花 防止徒长,化学整枝 10000倍液 喷顶，后期喷全株

棉花 提高产量、植株紧凑 1)10000倍液2)0.3-0.5%药液 1)喷雾2)浸种

小麦 防止倒伏,提高产量 1)3-5%药液 2)100-400倍液 1)拌种2)返青、拔节期喷雾

玉米 增产 0.5%药液 浸种

PD20082698 氰戊·辛硫磷/50%/乳油/氰戊菊酯 4.5%、辛硫磷 45.5%/2013.12.05 至 2018.12.05/中等毒

棉花 棉铃虫 450-562.5克/公顷 喷雾

PD20085988 氰戊·马拉松/20%/乳油/马拉硫磷 15%、氰戊菊酯 5%/2013.12.29 至 2018.12.29/中等毒

十字花科蔬菜 菜青虫 90-150克/公顷 喷雾

PD20092808 阿维·灭幼脲/20%/可湿性粉剂/阿维菌素 0.2%、灭幼脲 19.8%/2014.03.04 至 2019.03.04/低毒(原药高毒)

十字花科蔬菜 甜菜夜蛾 240-360克/公顷 喷雾

PD20095758 敌鼠钠盐/0.05%/饵剂/敌鼠钠盐 0.05%/2009.05.18 至 2014.05.18/低毒(原药高毒)

农田 田鼠 20克制剂/50平方米 投饵

PD20095861 乙烯利/90%/原药/乙烯利 90%/2009.05.27 至 2014.05.27/低毒

PD20097416 矮壮素/80%/可溶粉剂/矮壮素 80%/2009.10.28 至 2014.10.28/低毒

棉花 调节生长、增产 8000—16000倍 茎叶喷雾

小麦 调节生长 1500-2000毫克/千克 茎叶喷雾

PD20097453 萘乙酸/95%/原药/萘乙酸 95%/2009.10.28 至 2014.10.28/低毒

PD20097877 除虫脲/98%/原药/除虫脲 98%/2009.11.20 至 2014.11.20/低毒

PD20098407 矮壮素/97%/原药/矮壮素 97%/2009.12.18 至 2014.12.18/中等毒

PD20098457 啶虫脒/5%/乳油/啶虫脒 5%/2009.12.24 至 2014.12.24/低毒

黄瓜 蚜虫 24-36毫升制剂/亩 喷雾

PD20100170 虫酰肼/200克/升/悬浮剂/虫酰肼 200克/升/2010.01.05 至 2015.01.05/低毒

甘蓝 甜菜夜蛾 190-285克/公顷 喷雾

PD20100410 敌敌畏/50%/乳油/敌敌畏 50%/2010.01.14 至 2015.01.14/中等毒
甘蓝 菜青虫 600-900克/公顷 喷雾
PD20100551 复硝酚钠/1.8%/水剂/5-硝基邻甲氧基苯酚钠 0.3%、对硝基苯酚钠 0.9%、邻硝基苯酚钠 0.6%/2010.01.14 至2015.01.14/低毒
番茄 调节生长、增产 6-9毫克/千克 茎叶喷雾
PD20100647 草甘膦异丙胺盐/30%/水剂/草甘膦 30%/2010.01.15 至 2015.01.15/低毒
柑橘园 杂草 1230-1845克/公顷 定向茎叶喷雾
注:草甘膦异丙胺盐含量: 41%。
PD20101979 氟虫脲/50克/升/可分散液剂/氟虫脲 50克/升/2010.09.21 至 2015.09.21/低毒
柑橘树 红蜘蛛 50-8303毫克/千克 喷雾
PD20111165 高效氯氰菊酯/4.5%/乳油/高效氯氰菊酯 4.5%/2011.11.07 至 2016.11.07/低毒
柑橘树 红蜡蚧 50-60克/公顷 喷雾
棉花 棉蚜 30－45克/公顷 喷雾
PD20131548 乙烯利/40%/水剂/乙烯利 40%/2013.07.19 至 2018.07.19/低毒
玉米 调节生长、增产 60-90克/公顷 喷雾
PD20132163 吡虫啉/600克/升/悬浮剂/吡虫啉 600克/升/2013.10.29 至 2018.10.29/低毒
甘蓝 蚜虫 21.6-28.8克/公顷 喷雾
LS20100016 烯效唑/5%/乳油/烯效唑 5%/2012.02.21 至 2013.02.21/低毒
水稻秧田 调节生长 50-100毫克/千克 茎叶喷雾
LS20100046 萘乙酸/10%/泡腾片剂/萘乙酸 10%/2012.04.02 至 2013.04.02/低毒
番茄 调节生长 10-20 mg/L 茎叶喷雾
LS20100108 矮壮·多效唑/30%/悬浮剂/矮壮素 24%、多效唑 6%/2012.07.07 至 2013.07.07/低毒
花生 调节生长 40-50毫升制剂/亩 茎叶喷雾
WP20080311 顺式氯氰菊酯/2.5%/微乳剂/顺式氯氰菊酯 2.5%/2013.12.04 至 2018.12.04/中等毒
卫生 蚊、蝇 0.02克/平方米 滞留喷雾
WP20080541 高效氯氰菊酯/8%/悬浮剂/高效氯氰菊酯 8%/2013.12.23 至 2018.12.23/低毒
卫生 蜚蠊 8毫克/平方米 滞留喷洒
卫生 蚊、蝇 4毫克/平方米 滞留喷洒
WP20080594 蚊香/0.25%/蚊香/富右旋反式烯丙菊酯 0.25%/2013.12.30 至 2018.12.30/微毒
卫生 蚊 / 点燃
WP20090219 高氯·残杀威/8%/悬浮剂/残杀威 5%、高效氯氰菊酯 3%/2009.04.03 至 2014.04.03/低毒
卫生 蜚蠊 1克制剂/平方米 滞留喷雾
卫生 蚊、蝇 0.08克/平方米 滞留喷雾
WP20090260 杀虫气雾剂/0.7%/气雾剂/胺菊酯 0.4%、氯菊酯 0.3%/2009.04.27 至 2014.04.27/低毒
卫生 蚊、蝇 / 喷雾
WP20090270 杀虫气雾剂/0.4%/气雾剂/胺菊酯 0.2%、高效氯氰菊酯 0.05%、氯菊酯 0.15%/2009.05.18 至 2014.05.18/低毒
卫生 蚊、蝇 / 喷雾
WP20100158 杀虫气雾剂/0.36%/气雾剂/胺菊酯 0.13%、氯菊酯 0.23%/2010.12.14 至 2015.12.14/中等毒
卫生 蚊、蝇、蜚蠊 / 喷雾
WL20110032 杀蟑烟片/2.5%/烟剂/残杀威 2.5%/2012.03.03 至 2013.03.03/低毒
卫生 蜚蠊 / 点燃

安阳市安诺农化有限公司 (河南省安阳市滑县白道口镇 450462 0372-5571879)

PD20132614 百菌清/10%/烟剂/百菌清 10%/2013.12.20 至 2018.12.20/低毒
黄瓜(保护地) 霜霉病 1095—1200克/公顷 点燃放烟

安阳市方圆农药科技有限责任公司 (河南省安阳市北关区韩陵工业园区 455000)

PD20093450 草甘膦异丙胺盐/41%/水剂/草甘膦异丙胺盐 41%/2014.03.23 至 2019.03.23/低毒
柑橘园 杂草 1125-2250克/公顷 定向喷雾
PD20131858 甲哌鎓/250克/升/水剂/甲哌鎓 250克/升/2013.09.24 至 2018.09.24/低毒
棉花 调节生长 45-60克/公顷 喷雾
PD20131864 灭幼脲/25%/悬浮剂/灭幼脲 25%/2013.09.24 至 2018.09.24/低毒
松树 松毛虫 100-167毫克/千克 喷雾

登封市金博农药化工有限公司 (郑州市经三路68号金成国际广场6号楼东1502-1503室 450000 0371-65793692)

PD86109-32 苏云金杆菌/16000IU/毫克/可湿性粉剂/苏云金杆菌 16000IU/毫克/2011.11.29 至 2016.11.29/低毒
茶树 茶毛虫 400-800倍液 喷雾
棉花 二代棉铃虫 3000-4500克制剂/公顷 喷雾
森林 松毛虫 600-800倍液 喷雾
十字花科蔬菜 小菜蛾 1500-2250克制剂/公顷 喷雾
十字花科蔬菜 菜青虫 750-1500克制剂/公顷 喷雾
水稻 稻纵卷叶螟 3000-4500克制剂/公顷 喷雾
烟草 烟青虫 1500-3000克制剂/公顷 喷雾
玉米 玉米螟 1500-3000克制剂/公顷 加细沙灌心
枣树 尺蠖 600-800倍液 喷雾
PD20084625 氯氰·毒死蜱/522.5克/升/乳油/毒死蜱 475克/升、氯氰菊酯 47.5克/升/2008.12.18 至 2013.12.18/中等毒

	甘蓝	菜青虫	313.5-470.25克/公顷	喷雾
PD20085038	高效氯氟氰菊酯/25克/升/乳油/高效氯氟氰菊酯 25克/升/2013.12.23 至 2018.12.23/低毒			
	十字花科蔬菜	菜青虫	11.25-15克/公顷	喷雾
PD20085422	精喹禾灵/50克/升/乳油/精喹禾灵 50克/升/2008.12.24 至 2013.12.24/低毒			
	冬油菜田、花生田	一年生禾本科杂草	45-52.5克/公顷	茎叶喷雾
PD20090354	氟磺胺草醚/250克/升/水剂/氟磺胺草醚 250克/升/2014.01.12 至 2019.01.12/低毒			
	春大豆田	一年生阔叶杂草	375-468.75克/公顷	茎叶喷雾
PD20092052	莠去津/38%/悬浮剂/莠去津 38%/2014.02.12 至 2019.02.12/低毒			
	夏玉米田	一年生杂草	1140-1425克/公顷	播后苗前土壤喷雾
PD20092072	精喹禾灵/10%/乳油/精喹禾灵 10%/2014.02.16 至 2019.02.16/低毒			
	夏大豆田	一年生禾本科杂草	48.6-64.8克/公顷	茎叶喷雾
PD20093188	氯氟吡氧乙酸异辛酯/288克/升/乳油/氯氟吡氧乙酸异辛酯 288克/升/2014.03.11 至 2019.03.11/低毒			
	冬小麦田	一年生阔叶杂草	180-210克/公顷	茎叶喷雾
PD20095169	三唑酮/20%/乳油/三唑酮 20%/2014.04.24 至 2019.04.24/低毒			
	小麦	白粉病	120-150克/公顷	喷雾
PD20095191	灭草松/48%/水剂/灭草松 48%/2009.05.11 至 2014.05.11/低毒			
	水稻移栽田	阔叶杂草及莎草科杂草	1260-1440克/公顷	茎叶喷雾
PD20095263	高效氟吡甲禾灵/108克/升/乳油/高效氟吡甲禾灵 108克/升/2014.04.27 至 2019.04.27/低毒			
	冬油菜田、花生田	一年生禾本科杂草	32.4-48.6克/公顷	茎叶喷雾
PD20095527	二甲戊灵/330克/升/乳油/二甲戊灵 330克/升/2009.05.11 至 2014.05.11/低毒			
	甘蓝田	一年生杂草	618.8-742.5克/公顷	土壤喷雾
PD20095872	苯磺隆/75%/水分散粒剂/苯磺隆 75%/2009.05.27 至 2014.05.27/低毒			
	冬小麦田	一年生阔叶杂草	18-22.5克/公顷	茎叶喷雾
PD20096045	乙草胺/81.5%/乳油/乙草胺 81.5%/2009.06.16 至 2014.06.16/低毒			
	冬油菜田	一年生禾本科杂草	1215-1350克/公顷	土壤喷雾
PD20096130	乙烯利/40%/水剂/乙烯利 40%/2009.06.24 至 2014.06.24/低毒			
	番茄	催熟	800-1000倍	喷雾
PD20097037	草甘膦异丙胺盐(41%)///水剂/草甘膦 30%/2009.10.10 至 2014.10.10/低毒			
	柑橘园	一年生和多年生杂草	1845-2460克/公顷	定向茎叶喷雾
PD20097347	苯磺隆/10%/可湿性粉剂/苯磺隆 10%/2009.10.27 至 2014.10.27/低毒			
	冬小麦田	一年生阔叶杂草	15-22.5克/公顷	茎叶喷雾
PD20097805	烟嘧·莠去津/20%/可分散油悬浮剂/烟嘧磺隆 3%、莠去津 17%/2009.11.20 至 2014.11.20/低毒			
	夏玉米田	一年生杂草	100-120毫升制剂/亩	茎叶喷雾
PD20098376	烟嘧磺隆/40克/升/可分散油悬浮剂/烟嘧磺隆 40克/升/2009.12.18 至 2014.12.18/低毒			
	夏玉米田	一年生杂草	48-60克/公顷	茎叶喷雾
PD20100359	异丙甲草胺/720克/升/乳油/异丙甲草胺 720克/升/2010.01.11 至 2015.01.11/低毒			
	玉米田	一年生杂草	972-1944克/公顷	土壤喷雾
PD20100476	精噁唑禾草灵/69克/升/水乳剂/精噁唑禾草灵 69克/升/2010.01.14 至 2015.01.14/低毒			
	小麦田	看麦娘、野燕麦等一年生禾本科杂草	62.1-82.8克/公顷	茎叶喷雾
PD20100734	吡嘧磺隆/10%/可湿性粉剂/吡嘧磺隆 10%/2010.01.16 至 2015.01.16/低毒			
	移栽水稻田	一年生阔叶杂草	15-30克/公顷	毒土法
PD20100772	苄嘧磺隆/30%/可湿性粉剂/苄嘧磺隆 30%/2010.01.18 至 2015.01.18/低毒			
	移栽水稻田	一年生阔叶杂草	45-90克/公顷	毒土法
PD20100819	乙蒜素/15%/可湿性粉剂/乙蒜素 15%/2010.01.19 至 2015.01.19/低毒			
	水稻	稻瘟病	292.5-360克/公顷	喷雾
PD20101350	乙蒜素/80%/乳油/乙蒜素 80%/2010.03.26 至 2015.03.26/低毒			
	水稻	烂秧病	100-133毫克/千克	浸种
PD20101470	2甲4氯钠/56%/可溶粉剂/2甲4氯钠 56%/2010.05.04 至 2015.05.04/低毒			
	小麦田	一年生阔叶杂草	900-1200克/公顷	茎叶喷雾
PD20101637	乙氧氟草醚/240克/升/乳油/乙氧氟草醚 240克/升/2010.06.03 至 2015.06.03/低毒			
	大蒜田	一年生杂草	144-180克/公顷	播后苗前土壤喷雾
PD20121256	噻吩磺隆/15%/可湿性粉剂/噻吩磺隆 15%/2012.09.04 至 2017.09.04/低毒			
	冬小麦田	一年生阔叶杂草	22.5-33.75克/公顷	茎叶喷雾
PD20131012	草甘膦铵盐/65%/可溶粉剂/草甘膦 65%/2013.05.13 至 2018.05.13/低毒			
	非耕地	杂草	1560-2047.5克/公顷	茎叶喷雾
	注:草甘膦铵盐含量:72%			
PD20131013	草甘膦铵盐/80%/可溶粒剂/草甘膦 80%/2013.05.13 至 2018.05.13/微毒			
	非耕地	杂草	85-170克/亩	茎叶喷雾
	注:草甘膦铵盐含量：88%。			
PD20132046	草除灵/500克/升/悬浮剂/草除灵 500克/升/2013.10.22 至 2018.10.22/低毒			
	油菜田	繁缕、牛繁缕、雀舌草等阔叶杂草	238-275克/公顷	喷雾
PD20132060	甲氨基阿维菌素苯甲酸盐/5%/水分散粒剂/甲氨基阿维菌素 5%/2013.10.22 至 2018.10.22/低毒			
	甘蓝	甜菜夜蛾	13.125-15克/公顷	喷雾

注:甲氨基阿维菌素苯甲酸盐含量: 5.7%。

LS20130419 硝磺草酮/20%/悬浮剂/硝磺草酮 20%/2013.09.09 至 2014.09.09/微毒

玉米田	一年生杂草	150-195克/公顷	茎叶喷雾

航空航天部正阳六九三兴华化工厂 (河南省正阳县南关街178号 463600 0396-8222636)

PD84111-54 氧乐果/40%/乳油/氧乐果 40%/2011.04.05 至 2016.04.05/高毒

棉花	蚜虫、螨	375-600克/公顷	喷雾
森林	松干蚧、松毛虫	500倍液	喷雾或直接涂树干
水稻	稻纵卷叶螟、飞虱	375-600克/公顷	喷雾
小麦	蚜虫	300-450克/公顷	喷雾

PD85105-66 敌敌畏/80%/乳油/敌敌畏 77.5%(气谱法)/2010.03.07 至 2015.03.07/中等毒

茶树	食叶害虫	600克/公顷	喷雾
粮仓	多种储藏害虫	1)400-500倍液 2)0.4-0.5克/立方米	1)喷雾 2)挂条熏蒸
棉花	蚜虫、造桥虫	600-1200克/公顷	喷雾
苹果树	小卷叶蛾、蚜虫	400-500毫克/千克	喷雾
青菜	菜青虫	600克/公顷	喷雾
桑树	尺蠖	600克/公顷	喷雾
卫生	多种卫生害虫	1)300-400倍液2)0.08克/立方米	1)泼洒2)挂条熏蒸
小麦	黏虫、蚜虫	600克/公顷	喷雾

PD85131-34 井冈霉素/2.4%, 4%/水剂/井冈霉素 2.4%, 4%/2011.04.05 至 2016.04.05/低毒

水稻	纹枯病	75-112.5克/公顷	喷雾,泼浇

PD20092354 三唑酮/20%/乳油/三唑酮 20%/2009.02.24 至 2014.02.24/低毒

小麦	白粉病	120-127.5克/公顷	喷雾

PD20093289 溴氰菊酯/2.5%/乳油/溴氰菊酯 2.5%/2009.03.11 至 2014.03.11/中等毒

棉花	棉铃虫、棉蚜	3-4.5克/公顷	喷雾

PD20094121 甲氰·辛硫磷/23%/乳油/甲氰菊酯 5%、辛硫磷 18%/2009.03.27 至 2014.03.27/中等毒

棉花	棉铃虫	258.8-345克/公顷	喷雾

PD20094142 丁草胺/50%/乳油/丁草胺 50%/2009.03.27 至 2014.03.27/低毒

水稻移栽田	一年生杂草	937.5-1275克/公顷	毒土法

PD20095311 乙草胺/50%/乳油/乙草胺 50%/2009.04.27 至 2014.04.27/低毒

夏玉米田	一年生禾本科杂草及部分阔叶杂草	750-1050克/公顷	播后1-2天内喷雾

河南倍尔农化有限公司 (河南省商丘市梁园区(周集)农药化工工业园 476115 0370-3488336)

PD86108-6 菌核净/40%/可湿性粉剂/菌核净 40%/2010.03.17 至 2015.03.17/低毒

水稻	纹枯病	1200-1500克/公顷	喷雾
烟草	赤星病	1125-2025克/公顷	喷雾
油菜	菌核病	600-900克/公顷	喷雾

PD20097710 溴氰·辛硫磷/25%/乳油/辛硫磷 24.5%、溴氰菊酯 0.5%/2009.11.04 至 2014.11.04/中等毒

棉花	棉铃虫	300-375克/公顷	喷雾

PD20100859 甲基硫菌灵/70%/可湿性粉剂/甲基硫菌灵 70%/2010.01.19 至 2015.01.19/低毒

梨树	黑星病	400-450毫克/千克	喷雾

PD20100882 高效氯氟氰菊酯/25克/升/乳油/高效氯氟氰菊酯 25克/升/2010.01.19 至 2015.01.19/中等毒

十字花科蔬菜	菜青虫	405-495毫升/公顷	喷雾

PD20100908 代森锰锌/80%/可湿性粉剂/代森锰锌 80%/2010.01.19 至 2015.01.19/低毒

番茄	早疫病	1600-2370克/公顷	喷雾

PD20101073 多菌灵/25%/可湿性粉剂/多菌灵 25%/2010.01.21 至 2015.01.21/低毒

苹果树	轮纹病	500—833.3毫克/千克	喷雾

PD20101102 苯磺隆/10%/可湿性粉剂/苯磺隆 10%/2010.01.25 至 2015.01.25/低毒

小麦田	阔叶杂草	13.5-22.5克/公顷	喷雾

PD20101113 烯·羟·硫酸铜/6%/可湿性粉剂/羟烯腺嘌呤 0.000015%、硫酸铜 6%、烯腺嘌呤 0.000015%/2010.01.25至2015.01.25/低毒

辣椒	病毒病	200-250倍液	喷雾
烟草	病毒病	528-600克/公顷	喷雾

PD20101144 乙烯利/40%/水剂/乙烯利 40%/2010.01.25 至 2015.01.25/低毒

棉花	催熟、增产	300-500倍液	茎叶喷雾

PD20101155 腐霉·福美双/50%/可湿性粉剂/腐霉利 10%、福美双 40%/2010.01.25 至 2015.01.25/低毒

番茄	灰霉病	600-900克/公顷	喷雾

PD20101660 乙草胺/50%/乳油/乙草胺 50%/2010.06.03 至 2015.06.03/低毒

玉米田	一年生禾本科杂草及小粒阔叶杂草	夏玉米: 900-1125克/公顷; 春玉米: 1612-1875克/公顷	土壤喷雾

PD20102017 啶虫脒/5%/乳油/啶虫脒 5%/2010.09.25 至 2015.09.25/低毒

黄瓜	蚜虫	18-22.5克/公顷	喷雾

PD20110014 烟嘧磺隆/40克/升/可分散油悬浮剂/烟嘧磺隆 40克/升/2011.01.04 至 2016.01.04/低毒

玉米田	一年生杂草	50-60克/公顷	茎叶喷雾

PD20120612 辛硫磷/3%/颗粒剂/辛硫磷 3%/2012.04.11 至 2017.04.11/低毒
小麦 地下害虫 1350-1800克/公顷 沟施

河南波尔森农业科技有限公司 （河南省商丘市梁园区周集化工园张周大道西侧 453700 0371-86058373）

PD20081636 复硝酚钠/1.4%/水剂/复硝酚钠 1.4%/2013.11.14 至 2018.11.14/低毒
番茄、黄瓜、茄子 促进生长 6000-8000倍液 喷雾

PD20083369 联苯菊酯/25克/升/乳油/联苯菊酯 25克/升/2013.12.11 至 2018.12.11/低毒
茶树 茶小绿叶蝉 25-37.5毫克/千克 喷雾

PD20084035 乙草胺/900克/升/乳油/乙草胺 900克/升/2013.12.16 至 2018.12.16/低毒
夏玉米田 一年生杂草 1080-1350克/公顷 土壤喷雾

PD20084061 炔螨特/730克/升/乳油/炔螨特 730克/升/2013.12.16 至 2018.12.16/低毒
棉花 红蜘蛛 273.75-492.75克/公顷 喷雾

PD20084233 高效氯氟氰菊酯/25克/升/乳油/高效氯氟氰菊酯 25克/升/2013.12.17 至 2018.12.17/中等毒
十字花科蔬菜 菜青虫 7.5-11.25克/公顷 喷雾

PD20085451 氯氰・丙溴磷/440克/升/乳油/丙溴磷 400克/升、氯氰菊酯 40克/升/2013.12.24 至 2018.12.24/低毒
棉花 棉铃虫 462-660克/公顷 喷雾

PD20091013 吡虫啉/50%/可湿性粉剂/吡虫啉 50%/2014.01.21 至 2019.01.21/低毒
水稻 稻飞虱 22.5-30克/公顷 喷雾

PD20092078 氯氰・毒死蜱/522.5克/升/乳油/毒死蜱 475克/升、氯氰菊酯 47.5克/升/2009.02.16 至 2014.02.16/中等毒
十字花科蔬菜 菜青虫 391.875-470.25克/公顷 喷雾

PD20092402 高效氟吡甲禾灵/108克/升/乳油/高效氟吡甲禾灵 108克/升/2014.02.25 至 2019.02.25/低毒
夏大豆田 一年生禾本科杂草 48.6-72.9克/公顷 茎叶喷雾

PD20095950 阿维菌素/18克/升/乳油/阿维菌素 18克/升/2009.06.02 至 2014.06.02/低毒(原药高毒)
十字花科蔬菜 小菜蛾 8.1-10.8克/公顷 喷雾

PD20096754 阿维菌素/1.8%/乳油/阿维菌素 1.8%/2009.09.07 至 2014.09.07/低毒(原药高毒)
十字花科蔬菜 小菜蛾 8.1-10.8克/公顷 喷雾

PD20097993 高效氯氟氰菊酯/25克/升/乳油/高效氯氟氰菊酯 25克/升/2009.12.07 至 2014.12.07/中等毒
甘蓝 菜青虫 7.5-11.25克/公顷 喷雾

PD20110604 阿维菌素/5%/乳油/阿维菌素 5%/2011.06.07 至 2016.06.07/中等毒(原药高毒)
甘蓝 小菜蛾 8.1—10.8克/公顷 喷雾

PD20111360 苯甲・丙环唑/300克/升/乳油/苯醚甲环唑 150克/升、丙环唑 150克/升/2011.12.12 至 2016.12.12/低毒
水稻 纹枯病 67.5-90克/公顷 喷雾

PD20130073 烟嘧磺隆/40克/升/可分散油悬浮剂/烟嘧磺隆 40克/升/2013.01.07 至 2018.01.07/低毒
玉米田 一年生杂草 48-60克/公顷 茎叶喷雾

PD20130478 高氯・甲维盐/3.8%/乳油/高效氯氰菊酯 3.7%、甲氨基阿维菌素苯甲酸盐 0.1%/2013.03.20 至 2018.03.20/低毒
棉花 棉铃虫 28.5-42.75克/公顷 喷雾

WP20130067 杀虫水乳剂/0.45%/水乳剂/胺菊酯 0.25%、氯菊酯 0.2%/2013.04.18 至 2018.04.18/低毒
卫生 蚊、蝇 / 喷雾

河南地卫士生物科技有限公司 （河南省郑州市庆丰路北段路东 450002 0371-63779080）

PD20091881 马拉・灭多威/32%/乳油/马拉硫磷 24%、灭多威 8%/2009.02.09 至 2014.02.09/低毒(原药高毒)
棉花 棉铃虫、蚜虫 360-480克/公顷 喷雾

PD20095779 唑酮・氧乐果/30%/乳油/三唑酮 7%、氧乐果 23%/2009.05.21 至 2014.05.21/高毒
小麦 白粉病、红蜘蛛、蚜虫 450-480克/公顷 喷雾

PD20096265 甲氰・氧乐果/20%/乳油/甲氰菊酯 1%、氧乐果 19%/2009.07.20 至 2014.07.20/高毒
大豆 食心虫、蚜虫 120-180克/公顷 喷雾
小麦 蚜虫 120-150克/公顷 喷雾

PD20101080 二嗪磷/5%/颗粒剂/二嗪磷 5%/2010.01.25 至 2015.01.25/低毒
花生 地下害虫 600-1800克/公顷 撒施

PD20121097 高效氯氟氰菊酯/2.5%/水乳剂/高效氯氟氰菊酯 2.5%/2012.07.19 至 2017.07.19/中等毒
甘蓝 菜青虫 7.5-11.25克/公顷 喷雾

PD20121743 阿维菌素/0.5%/颗粒剂/阿维菌素 0.5%/2012.11.08 至 2017.11.08/中等毒(原药高毒)
黄瓜 根结线虫 225-450克/公顷 沟施

河南广农农药厂 （河南省商丘市梁园区周集化工园区 473000 0377-63727333）

PD20083030 辛硫・高氯氟/25%/乳油/高效氯氟氰菊酯 0.5%、辛硫磷 24.5%/2013.12.10 至 2018.12.10/中等毒
棉花 棉铃虫 300-375克/公顷 喷雾

PD20083962 毒死蜱/40%/乳油/毒死蜱 40%/2008.12.16 至 2013.12.16/中等毒
十字花科蔬菜 菜青虫 420-600克/公顷 喷雾

河南好年景生物发展有限公司 （郑州市金水区农科路金城国际广场4号楼1单元2002室 450008 0371-55011191）

PD20082012 高效氯氟氰菊酯/25克/升/乳油/高效氯氟氰菊酯 25克/升/2013.11.25 至 2018.11.25/中等毒
十字花科蔬菜 菜青虫 7.5-15克/公顷 喷雾

PD20083274 联苯菊酯/25克/升/乳油/联苯菊酯 25克/升/2013.12.11 至 2018.12.11/低毒
茶树 茶小绿叶蝉 30-37.5克/公顷 喷雾

PD20092064 二嗪・辛硫磷/16%/乳油/二嗪磷 5%、辛硫磷 11%/2014.02.16 至 2019.02.16/低毒
水稻 三化螟 540-600克/公顷 喷雾

PD20095537 井冈·硫酸铜/4.5%/水剂/井冈霉素 4%、硫酸铜 0.5%/2009.05.12 至 2014.05.12/低毒
水稻 纹枯病 417-625倍液 喷雾
PD20095574 氟氯·毒死蜱/11%/乳油/毒死蜱 10%、氟氯氰菊酯 1%/2009.05.12 至 2014.05.12/中等毒
十字花科蔬菜 菜青虫 168-198克/公顷 喷雾
PD20097173 草甘膦/30%/水剂/草甘膦 30%/2009.10.16 至 2014.10.16/低毒
茶园 杂草 1125-2250克/公顷 定向茎叶喷雾
LS20110290 吡虫啉/2%/缓释粒/吡虫啉 2%/2013.11.04 至 2014.11.04/低毒
黄瓜 蚜虫 300-600克/公顷 穴施
小麦 蚜虫 450-600克/公顷 沟施
烟草 蚜虫 450-600克/公顷 穴施
LS20130021 阿维菌素/1%/缓释粒/阿维菌素 1%/2014.01.07 至 2015.01.07/低毒(原药高毒)
黄瓜 根结线虫 338-375克/公顷 沟施、穴施
LS20130062 吡虫·杀虫单/0.5%/缓释粒剂/吡虫啉 0.4%、杀虫单 0.1%/2013.02.20 至 2014.02.20/低毒
甘蔗 条螟、蚜虫 3375-4500克/公顷 沟施
LS20130489 吡虫啉/0.2%/缓释粒剂/吡虫啉 0.2%/2013.11.08 至 2014.11.08/低毒
小麦 蚜虫 600-900克/公顷 沟施

河南鹤壁陶英陶生物科技有限公司 (河南省鹤壁市新区黎阳路398号城信社8楼 456250 0392-2223355)

PD20101847 印楝素/12%/母药/印楝素 12%/2010.07.28 至 2015.07.28/微毒
PD20110147 印楝素/0.7%/乳油/印楝素 0.7%/2011.02.10 至 2016.02.10/低毒
甘蓝 小菜蛾 6.3-8.4克/公顷 喷雾
甘蓝 菜青虫 4.2-6.3克/公顷 喷雾

河南恒信农化有限公司 (河南省郑州市经三路68号1-1502 450008 0371-65388271)

WP20110109 高效氯氟氰菊酯/2.5%/悬浮剂/高效氯氟氰菊酯 2.5%/2011.04.22 至 2016.04.22/低毒
卫生 蚊、蝇、蜚蠊 30-50毫克/平方米 滞留喷洒

河南捷利康农化有限公司 (河南省郑州市中牟县城花桥东路北100米 451450 0371-65646786)

PD20092868 氰戊·辛硫磷/25%/乳油/氰戊菊酯 6.25%、辛硫磷 18.75%/2014.03.05 至 2019.03.05/中等毒
棉花 棉铃虫 300-375克/公顷 喷雾
PD20093620 氯氰·氧乐果/10%/乳油/氯氰菊酯 1%、氧乐果 9%/2014.03.25 至 2019.03.25/低毒(原药高毒)
棉花 蚜虫 60-75克/公顷 喷雾
PD20094903 乙草胺/50%/乳油/乙草胺 50%/2014.04.13 至 2019.04.13/低毒
夏玉米田 一年生禾本科杂草及部分阔叶杂草 900-1200克/公顷 土壤喷雾
PD20095503 二氯异氰尿酸钠/20%/可溶粉剂/二氯异氰尿酸钠 20%/2009.05.11 至 2014.05.11/低毒
黄瓜 霜霉病 562.5-750克/公顷 喷雾
PD20095630 阿维菌素/1.8%/乳油/阿维菌素 1.8%/2009.05.12 至 2014.05.12/低毒(原药高毒)
梨树 梨木虱 1.25-1.67毫克/千克 喷雾
PD20095641 高效氯氰菊酯/4.5%/乳油/高效氯氰菊酯 4.5%/2009.05.12 至 2014.05.12/低毒
梨树 梨木虱 20.8-31.25毫克/千克 喷雾
PD20097654 高效氯氟氰菊酯/25克/升/乳油/高效氯氟氰菊酯 25克/升/2009.11.04 至 2014.11.04/中等毒
甘蓝 菜青虫 20-30毫升制剂/亩 喷雾

河南金鹏化工有限公司 (河南省郑州市管城区十八里河小刘村工业园 450003 0371-69077656)

PD20040308 氯氰菊酯/5%/乳油/氯氰菊酯 5%/2009.12.19 至 2014.12.19/中等毒
甘蓝 菜青虫 30-45克/公顷 喷雾
PD20040400 三唑酮/20%/乳油/三唑酮 20%/2009.12.19 至 2014.12.19/低毒
小麦 白粉病 75-105克/公顷 喷雾
PD20085131 高氯·马/37%/乳油/高效氯氰菊酯 0.8%、马拉硫磷 36.2%/2013.12.23 至 2018.12.23/低毒
棉花 棉铃虫 333-444克/公顷 喷雾
PD20091784 辛硫磷/3%/颗粒剂/辛硫磷 3%/2014.02.04 至 2019.02.04/低毒
玉米 地下害虫 1350-1800克/公顷 播前沟施
PD20093555 敌百·氧乐果/40%/乳油/敌百虫 20%、氧乐果 20%/2014.03.23 至 2019.03.23/中等毒(原药高毒)
小麦 蚜虫 360-480克/公顷 喷雾
PD20094160 高氯·辛硫磷/20%/乳油/高效氯氰菊酯 0.8%、辛硫磷 19.2%/2014.03.27 至 2019.03.27/中等毒
十字花科蔬菜 菜青虫 100-150克/公顷 喷雾
PD20095593 辛硫磷/1.5%/颗粒剂/辛硫磷 1.5%/2009.05.12 至 2014.05.12/低毒
玉米 玉米螟 112.5-168.75克/公顷 撒施（喇叭口）
PD20096337 辛硫磷/40%/乳油/辛硫磷 40%/2009.07.22 至 2014.07.22/低毒
棉花 棉铃虫 300-375克/公顷 喷雾
PD20098162 高效氯氟氰菊酯/25克/升/乳油/高效氯氟氰菊酯 25克/升/2009.12.14 至 2014.12.14/中等毒
甘蓝 菜青虫 25-30毫升制剂/亩 喷雾
PD20098209 阿维菌素/18克/升/乳油/阿维菌素 18克/升/2009.12.16 至 2014.12.16/低毒(原药高毒)
甘蓝 小菜蛾 9-13.5克/公顷 喷雾
PD20100645 硫双威/95%/原药/硫双威 95%/2010.01.15 至 2015.01.15/中等毒

河南金田地农化有限责任公司 (河南省尉氏县工业基地二环路南 475500 0378-3208809)

PD20090913 2甲·草甘膦/46%/可溶粉剂/草甘膦 38%、2甲4氯 8%/2014.01.19 至 2019.01.19/低毒

苹果园 杂草 1242-2070克/公顷 喷雾
PD20090946 精喹禾灵/8.8%/乳油/精喹禾灵 8.8%/2014.01.19 至 2019.01.19/低毒
夏大豆田 一年生禾本科杂草 39.6-52.8克/公顷 喷雾
PD20091280 百菌清/30%/烟剂/百菌清 30%/2014.02.01 至 2019.02.01/低毒
黄瓜(保护地) 霜霉病 750-1200克/公顷 点燃放烟
PD20091837 敌敌畏/30%/烟剂/敌敌畏 30%/2014.02.06 至 2019.02.06/中等毒
黄瓜(保护地) 蚜虫 1125-1350克/公顷 点燃放烟
PD20092043 乙草胺/900克/升/乳油/乙草胺 900克/升/2014.02.12 至 2019.02.12/低毒
春大豆田、春玉米田 部分阔叶杂草、一年生禾本科杂草 1620-2025克/公顷(东北地区) 喷雾
花生田、棉花田 部分阔叶杂草、一年生禾本科杂草 945-1080克/公顷 喷雾
夏玉米田 部分阔叶杂草、一年生禾本科杂草 810-1080克/公顷 喷雾
PD20095083 异丙甲草胺/720克/升/乳油/异丙甲草胺 720克/升/2014.04.22 至 2019.04.22/低毒
春大豆田 一年生禾本科杂草及部分阔叶杂草 1620-2160克/公顷(东北地区) 喷雾
PD20095980 噁草・丁草胺/40%/乳油/丁草胺 24%、噁草酮 16%/2009.06.04 至 2014.06.04/低毒
水稻(旱育秧及半旱育秧田) 一年生杂草 600-800克/公顷 喷雾
PD20097104 烟嘧磺隆/6%/可分散油悬浮剂/烟嘧磺隆 6%/2009.10.10 至 2014.10.10/低毒
玉米田 一年生杂草 40-65毫升制剂/亩 茎叶喷雾
PD20097342 乙・莠/48%/可湿性粉剂/乙草胺 16%、莠去津 32%/2009.10.27 至 2014.10.27/低毒
甘蔗田 一年生杂草 1440-1800克/公顷 土壤喷雾
夏玉米田 一年生杂草 1080-1440克/公顷 喷雾
PD20098462 烟嘧・莠去津/31.5%/悬浮剂/烟嘧磺隆 3.5%、莠去津 28%/2009.12.24 至 2014.12.24/低毒
玉米田 一年生杂草 150-200毫升制剂/亩 茎叶喷雾
PD20130882 二嗪磷/0.1%/颗粒剂/二嗪磷 0.1%/2013.04.25 至 2018.04.25/低毒
小麦 蝼蛄、蛴螬 600-750克/公顷 撒施
注:本产品为药肥混剂。
PD20132075 辛硫磷/0.3%/颗粒剂/辛硫磷 0.3%/2013.10.23 至 2018.10.23/低毒
小麦 蝼蛄、蛴螬 1800-2250克/公顷 撒施
注:本产品为药药肥混剂。
LS20100145 高效氟吡甲禾灵/17%/微乳剂/高效氟吡甲禾灵 17%/2012.11.09 至 2013.11.09/低毒
花生田 一年生禾本科杂草 40.3-55.4克/公顷 茎叶喷雾
LS20110341 氯吡・苯磺隆/38%/可湿性粉剂/苯磺隆 5%、氯氟吡氧乙酸 33%/2013.12.30 至 2014.12.30/低毒
冬小麦田 一年生阔叶杂草 114-171克/公顷 茎叶喷雾
LS20130118 阿维・噻唑膦/5.5%/颗粒剂/阿维菌素 0.5%、噻唑膦 5%/2013.03.29 至 2014.03.29/低毒(原药高毒)
黄瓜 根结线虫 2062-3300克/公顷 土壤撒施
LS20130250 丁硫克百威/30%/微囊悬浮剂/丁硫克百威 30%/2013.04.28 至 2014.04.28/中等毒
草坪 蛴螬 1800-2250克/公顷 喷雾
LS20130316 噁草・丙草胺/25%/展膜油剂/丙草胺 20%、噁草酮 5%/2013.06.05 至 2014.06.05/低毒
水稻移栽田 一年生杂草 562.5-656.25克/公顷 甩施
LS20130322 噻唑膦/5%/颗粒剂/噻唑膦 5%/2013.06.09 至 2014.06.09/低毒
黄瓜 根结线虫 3000-3750克/公顷 土壤撒施
LS20130481 硝磺草酮/15%/可分散油悬浮剂/硝磺草酮 15%/2013.11.08 至 2014.11.08/低毒
玉米田 一年生杂草 150-210克/公顷 茎叶喷雾

河南今越生物技术有限公司 (河南省西华县西工业区 466611 0394-2342185)

PD20070425 氯氰・辛硫磷/20%/乳油/氯氰菊酯 1.5%、辛硫磷 18.5%/2012.11.12 至 2017.11.12/低毒
棉花 棉铃虫 210-300克/公顷 喷雾
PD20094424 草甘膦/95%/原药/草甘膦 95%/2009.04.01 至 2014.04.01/低毒

河南锦绣之星作物保护有限公司 (河南省新郑市郭店镇合欢路与轻工路交叉口东南角 450008 0371-65826231)

PD20083293 氯氰・辛硫磷/20%/乳油/氯氰菊酯 2%、辛硫磷 18%/2013.12.11 至 2018.12.11/中等毒
棉花 棉铃虫 150-210克/公顷 喷雾
棉花 棉蚜 75-150克/公顷 喷雾
PD20096653 百草枯/200克/升/水剂/百草枯 200克/升/2012.12.31 至 2014.07.01/中等毒
玉米田 一年生杂草 450-600克/公顷 行间定向茎叶喷雾
PD20096881 氟磺胺草醚/250克/升/水剂/氟磺胺草醚 250克/升/2009.09.23 至 2014.09.23/低毒
夏大豆田 一年生阔叶杂草 187.5-225克/公顷 茎叶喷雾
PD20097251 代森锰锌/80%/可湿性粉剂/代森锰锌 80%/2009.10.19 至 2014.10.19/低毒
梨树 黑星病 1000—1333毫克/千克 喷雾
PD20097502 烟嘧磺隆/40克/升/可分散油悬浮剂/烟嘧磺隆 40克/升/2009.11.03 至 2014.11.03/低毒
玉米田 一年生杂草 48-60克/公顷 茎叶喷雾
PD20097516 高效氯氰氰菊酯/25克/升/乳油/高效氯氰氰菊酯 25克/升/2009.11.03 至 2014.11.03/中等毒
大豆 食心虫 5.625—7.5克/公顷 喷雾
PD20097536 甲基硫菌灵/70%/可湿性粉剂/甲基硫菌灵 70%/2009.11.03 至 2014.11.03/低毒
水稻 纹枯病 1050—1575克/公顷 喷雾

PD20097828 草甘膦异丙胺盐(41%)///水剂/草甘膦 30%/2009.11.20 至 2014.11.20/低毒
棉花田 杂草 922.5-1537.5克/公顷 行间定向茎叶喷雾
PD20098109 丁硫克百威/200克/升/乳油/丁硫克百威 200克/升/2009.12.08 至 2014.12.08/中等毒
棉花 蚜虫 120-180克/公顷 喷雾
PD20098430 阿维菌素/18克/升/乳油/阿维菌素 18克/升/2009.12.24 至 2014.12.24/中等毒(原药高毒)
甘蓝 小菜蛾 9.45-10.8克/公顷 喷雾
PD20100237 腐霉利/50%/可湿性粉剂/腐霉利 50%/2010.01.11 至 2015.01.11/低毒
黄瓜 灰霉病 375－750克/公顷 喷雾
PD20100241 毒死蜱/480克/升/乳油/毒死蜱 480克/升/2010.01.11 至 2015.01.11/中等毒
水稻 二化螟 468－576克/公顷 喷雾
PD20101453 精喹禾灵/50克/升/乳油/精喹禾灵 50克/升/2010.05.04 至 2015.05.04/低毒
花生田 一年生禾本科杂草 37.5-60克/公顷 茎叶喷雾
PD20110107 吡虫啉/20%/可溶液剂/吡虫啉 20%/2011.01.26 至 2016.01.26/低毒
水稻 稻飞虱 45-60克/公顷 喷雾
PD20110497 精喹禾灵/10%/乳油/精喹禾灵 10%/2011.05.03 至 2016.05.03/低毒
花生田 一年生禾本科杂草 48.6-64.8克/公顷 茎叶喷雾
PD20120990 苯磺隆/10%/可湿性粉剂/苯磺隆 10%/2012.06.21 至 2017.06.21/低毒
冬小麦田 一年生阔叶杂草 22.5-30克/公顷 茎叶喷雾
PD20122045 联苯菊酯/100克/升/乳油/联苯菊酯 100克/升/2012.12.24 至 2017.12.24/中等毒
苹果树 桃小食心虫 25-33.3毫克/千克 喷雾
PD20130197 氯氟吡氧乙酸异辛酯/200克/升/乳油/氯氟吡氧乙酸 200克/升/2013.01.24 至 2018.01.24/低毒
小麦田 一年生阔叶杂草 180-210克/公顷 茎叶喷雾
注:氯氟吡氧乙酸异辛酯含量:288克/升。
PD20132017 噻嗪酮/25%/悬浮剂/噻嗪酮 25%/2013.10.21 至 2018.10.21/低毒
水稻 稻飞虱 112.5－150克／公顷 喷雾
PD20132062 戊唑醇/430克/升/悬浮剂/戊唑醇 430克/升/2013.10.22 至 2018.10.22/低毒
水稻 稻曲病 96.75-129克/公顷 喷雾
PD20132088 毒死蜱/30%/微囊悬浮剂/毒死蜱 30%/2013.10.24 至 2018.10.24/中等毒
花生 蛴螬 1570-2925克/公顷 喷雾于播种穴
PD20132128 烯草酮/240克/升/乳油/烯草酮 240克/升/2013.10.24 至 2018.10.24/低毒
夏大豆田 一年生禾本科杂草 108-144克/公顷 茎叶喷雾
LS20130455 吡蚜·毒死蜱/25%/可湿性粉剂/吡蚜酮 10%、毒死蜱 15%/2013.10.10 至 2014.10.10/低毒
水稻 稻飞虱 112.5-187.5克/公顷 喷雾
LS20130457 硝磺·莠去津/25%/可分散油悬浮剂/莠去津 20%、硝磺草酮 5%/2013.10.10 至 2014.10.10/低毒
玉米田 一年生杂草 562.5-750克/公顷 茎叶喷雾

河南科邦化工有限公司 (河南省社旗县城郊东岗工业区 473300 0377-67912208)

PD20101232 乙蒜素/80%/乳油/乙蒜素 80%/2010.03.01 至 2015.03.01/中等毒
棉花 黄萎病 300-360克/公顷 喷雾
WP20080419 高氯·残杀威/8%/悬浮剂/残杀威 5%、高效氯氰菊酯 3%/2013.12.12 至 2018.12.12/低毒
卫生 蚊、蝇 1克制剂/平方米 滞留喷洒
WP20110107 顺式氯氰菊酯/5%/可湿性粉剂/顺式氯氰菊酯 5%/2011.04.22 至 2016.04.22/低毒
卫生 蚊、蝇 35毫克/平方米 滞留喷洒

河南科辉实业有限公司 (河南省新密市白寨镇光武陈村 452372 0371-69926888)

PD20096879 高效氯氟氰菊酯/25克/升/乳油/高效氯氟氰菊酯 25克/升/2009.09.23 至 2014.09.23/中等毒
甘蓝 菜青虫 7.5－11.25克/公顷 喷雾
PD20100016 敌百·氧乐果/40%/乳油/敌百虫 20%、氧乐果 20%/2010.01.04 至 2015.01.04/高毒
小麦 蚜虫 360-600克/公顷 喷雾

河南雷力农用化工有限公司 (河南省郑州市经三路北段63号院3号楼1号 450003 0371-65772890)

PD20060071 三唑酮/10%/乳油/三唑酮 10%/2011.04.13 至 2016.04.13/低毒
小麦 白粉病 75-105克/公顷 喷雾
PD20080194 高氯·马/30%/乳油/高效氯氰菊酯 1%、马拉硫磷 29%/2013.01.10 至 2018.01.10/低毒
棉花 棉铃虫 225-337.5克/公顷 喷雾
棉花 棉蚜 180-270克/公顷 喷雾
PD20093347 唑酮·氧乐果/40%/乳油/三唑酮 10%、氧乐果 30%/2009.03.18 至 2014.03.18/中等毒(原药高毒)
小麦 白粉病、蚜虫 420-480克/公顷 喷雾
PD20093579 高效氯氰菊酯/2.5%/乳油/高效氯氰菊酯 2.5%/2009.03.23 至 2014.03.23/低毒
十字花科蔬菜 菜青虫 9.375-13.5克/公顷 喷雾
PD20094202 辛硫·灭多威/26%/乳油/灭多威 7%、辛硫磷 19%/2009.03.30 至 2014.03.30/中等毒(原药高毒)
棉花 棉铃虫 195-292.5克/公顷 喷雾
水稻 稻纵卷叶螟、二化螟 195-234克/公顷 喷雾
PD20095506 辛硫·三唑磷/20%/乳油/三唑磷 10%、辛硫磷 10%/2009.05.11 至 2014.05.11/低毒
水稻 二化螟 360-450克/公顷 喷雾

河南力克化工有限公司 (河南省郑州市金水区经三路28号融丰花苑A7A 450046 0371-69191269)

PD20082701 溴氰菊酯/25克/升/乳油/溴氰菊酯 25克/升/2013.12.05 至 2018.12.05/低毒
苹果树 桃小食心虫 12.5-16.7毫克/千克 喷雾
PD20083145 毒死蜱/40%/乳油/毒死蜱 40%/2013.12.10 至 2018.12.10/中等毒
棉花 蚜虫 600-900克/公顷 喷雾
PD20083482 三唑酮/15%/可湿性粉剂/三唑酮 15%/2013.12.12 至 2018.12.12/低毒
小麦 白粉病 135-180克/公顷 喷雾
PD20084089 啶虫脒/5%/乳油/啶虫脒 5%/2013.12.16 至 2018.12.16/低毒
柑橘树 蚜虫 10-12毫克/千克 喷雾
PD20085399 噻嗪·杀虫单/50%/可湿性粉剂/噻嗪酮 10%、杀虫单 40%/2013.12.24 至 2018.12.24/中等毒
水稻 稻飞虱、二化螟 450-525克/公顷 喷雾
水稻 稻纵卷叶螟 375-450克/公顷 喷雾
PD20085974 辛硫·灭多威/30%/乳油/灭多威 7%、辛硫磷 23%/2013.12.29 至 2018.12.29/中等毒(原药高毒)
棉花 棉铃虫 360-540克/公顷 喷雾
PD20090019 唑酮·氧乐果/30%/乳油/三唑酮 7%、氧乐果 23%/2014.01.06 至 2019.01.06/中等毒(原药高毒)
小麦 白粉病、蚜虫 450-480克/公顷 喷雾
PD20090327 多·硫/25%/可湿性粉剂/多菌灵 13%、硫磺 12%/2014.01.12 至 2019.01.12/低毒
水稻 稻瘟病 1200-1800克/公顷 喷雾
PD20091281 苯磺隆/10%/可湿性粉剂/苯磺隆 10%/2014.02.01 至 2019.02.01/低毒
春小麦田 一年生阔叶杂草 22.5-30克/公顷(东北地区) 茎叶喷雾
冬小麦田 一年生阔叶杂草 13.5-22.5克/公顷(其它地区) 茎叶喷雾
PD20091434 百草枯/200克/升/水剂/百草枯 200克/升/2012.12.31 至 2014.07.01/中等毒
夏玉米田 杂草 450—600克/公顷 定向喷雾
PD20091581 阿维·高氯/1.5%/乳油/阿维菌素 0.45%、高效氯氰菊酯 1.05%/2014.02.03 至 2019.02.03/低毒(原药高毒)
甘蓝 菜青虫、小菜蛾 7.5-15克/公顷 喷雾
梨树 梨木虱 6-12毫克/千克 喷雾
PD20091807 氰戊·马拉松/20%/乳油/马拉硫磷 15%、氰戊菊酯 5%/2014.02.04 至 2019.02.04/中等毒
棉花 棉铃虫 90-150克/公顷 喷雾
PD20092002 高效氟氯氰菊酯/2.5%/乳油/高效氟氯氰菊酯 2.5%/2014.02.12 至 2019.02.12/低毒
十字花科蔬菜 菜青虫 7.5-11.25克/公顷 喷雾
PD20092125 多菌灵/25%/可湿性粉剂/多菌灵 25%/2014.02.23 至 2019.02.23/低毒
油菜 菌核病 1320-1500克/公顷 喷雾
PD20092491 三唑酮/20%/乳油/三唑酮 20%/2014.02.26 至 2019.02.26/低毒
小麦 白粉病 75-90克/公顷 喷雾
PD20092521 敌敌畏/50%/乳油/敌敌畏 50%/2009.02.26 至 2014.02.26/中等毒
棉花 蚜虫 900-1200克/公顷 喷雾
PD20092556 马拉·辛硫磷/25%/乳油/马拉硫磷 12.5%、辛硫磷 12.5%/2014.02.26 至 2019.02.26/低毒
水稻 稻纵卷叶螟 300-375克/公顷 喷雾
PD20092644 乐果/40%/乳油/乐果 40%/2014.03.03 至 2019.03.03/低毒
烟草 烟青虫 420-600克/公顷 喷雾
PD20093169 溴敌隆/0.5%/母液/溴敌隆 0.5%/2014.03.11 至 2019.03.11/低毒
农田 田鼠 配成0.005%毒饵，300-450点/公顷，4-5克毒饵/点 堆施或穴施
PD20093192 多效唑/15%/可湿性粉剂/多效唑 15%/2014.03.11 至 2019.03.11/低毒
花生 调节生长 90—112.5克/公顷 喷雾
PD20093490 甲哌鎓/25%/水剂/甲哌鎓 25%/2009.03.23 至 2014.03.23/低毒
棉花 调节生长 45-60克/公顷 喷雾
PD20093777 精噁禾灵/5%/乳油/精噁禾灵 5%/2014.03.25 至 2019.03.25/低毒
棉花田 一年生禾本科杂草 45—52.5克/公顷 茎叶喷雾
PD20094035 乙草胺/50%/乳油/乙草胺 50%/2014.03.27 至 2019.03.27/低毒
夏大豆田 一年生禾本科杂草及部分小粒种子阔叶杂草 900-1125克/公顷 土壤喷雾
PD20094120 辛硫磷/40%/乳油/辛硫磷 40%%/2014.03.27 至 2019.03.27/低毒
棉花 棉铃虫 300-375克/公顷 喷雾
PD20094309 异丙草·莠/40%/悬乳剂/异丙草胺 24%、莠去津 16%/2014.03.31 至 2019.03.31/低毒
夏玉米田 一年生杂草 1200-1500克/公顷 土壤喷雾
PD20096681 哒螨·矿物油/34%/乳油/哒螨灵 4%、矿物油 30%/2009.09.07 至 2014.09.07/低毒
苹果树 红蜘蛛 170-226.7毫克/千克 喷雾
PD20096910 吡虫啉/10%/可湿性粉剂/吡虫啉 10%/2009.09.23 至 2014.09.23/低毒
水稻 稻飞虱 15-30克/公顷 喷雾
PD20097317 毒·辛/20%/乳油/毒死蜱 4%、辛硫磷 16%/2009.10.27 至 2014.10.27/低毒
棉花 棉铃虫 80-140毫升制剂/亩 喷雾
PD20100230 腈菌·福美双/20%/可湿性粉剂/福美双 18%、腈菌唑 2%/2010.01.11 至 2015.01.11/低毒
黄瓜 黑星病 200-400克/公顷 喷雾

PD20100246 阿维菌素/1.8%/乳油/阿维菌素 1.8%/2010.01.11 至 2015.01.11/低毒(原药高毒)
甘蓝 小菜蛾 6-9克/公顷 喷雾
PD20100324 高氯·辛硫磷/20%/乳油/高效氯氰菊酯 2%、辛硫磷 18%/2010.01.11 至 2015.01.11/低毒
大豆 甜菜夜蛾 240-300克/公顷 喷雾
PD20100409 高氯·马/20%/乳油/高效氯氰菊酯 2%、马拉硫磷 18%/2010.01.14 至 2015.01.14/低毒
苹果树 桃小食心虫 133-200毫克/千克 喷雾
PD20100818 吡虫啉/5%/乳油/吡虫啉 5%/2010.01.19 至 2015.01.19/低毒
小麦 蚜虫 7.5-11.25克/公顷 喷雾
PD20101759 萘乙·硝钠/2.85%/水剂/2,4-二硝基苯酚钠 0.15%、对硝基苯酚钠 0.9%、邻硝基苯酚钠 0.6%、萘乙酸1.2%/2010.07.07 至 2015.07.07/低毒
冬小麦 调节生长 2000-3000倍液 喷雾(2次)
PD20101964 辛硫·三唑磷/20%/乳油/三唑磷 10%、辛硫磷 10%/2010.09.21 至 2015.09.21/低毒
水稻 稻水象甲 120-150克/公顷 喷雾
PD20101994 吡虫·杀虫单/35%/可湿性粉剂/吡虫啉 1%、杀虫单 34%/2010.09.25 至 2015.09.25/中等毒
水稻 稻飞虱 450-750克/公顷 喷雾
PD20102180 甲氨基阿维菌素苯甲酸盐/1%/乳油/甲氨基阿维菌素 1%/2010.12.15 至 2015.12.15/低毒
甘蓝 小菜蛾 1.3-2.6克/公顷 喷雾
注:甲氨基阿维菌素苯甲酸盐含量为1.14%
PD20110123 甲霜·锰锌/58%/可湿性粉剂/甲霜灵 48%、代森锰锌 10%/2011.01.27 至 2016.01.27/低毒
黄瓜 霜霉病 1305-1632克/公顷 喷雾
PD20110602 2甲4氯钠/13%/水剂/2甲4氯钠 13%/2011.05.30 至 2016.05.30/低毒
移栽水稻田 阔叶杂草 487-633克/公顷 茎叶喷雾
PD20120456 四螨·哒螨灵/15%/可湿性粉剂/哒螨灵 10%、四螨嗪 5%/2012.03.14 至 2017.03.14/中等毒
柑橘树 红蜘蛛 75-100毫克/千克 喷雾
PD20121970 哒螨灵/15%/乳油/哒螨灵 15%/2012.12.18 至 2017.12.18/低毒
棉花 红蜘蛛 22.5-36克/公顷 喷雾
PD20132709 苯醚甲环唑/10%/水分散粒剂/苯醚甲环唑 10%/2013.12.30 至 2018.12.30/低毒
苹果树 斑点落叶病 50-66.7毫克/千克 喷雾

河南绿保科技发展有限公司 (河南省郑州市农业路1号 450002 0371-65731962)

PD20040375 多·酮/30%/悬浮剂/多菌灵 25%、三唑酮 5%/2009.12.19 至 2014.12.19/低毒
小麦 纹枯病 315-405克/公顷 喷雾
PD20082006 萘乙酸/4.2%/水剂/萘乙酸 4.2%/2013.11.25 至 2018.11.25/低毒
冬小麦 调节生长 21-31.5毫克/千克 茎叶喷雾
PD20082682 噻磺·乙草胺/50%/乳油/噻吩磺隆 0.3%、乙草胺 49.7%/2013.12.05 至 2018.12.05/低毒
夏大豆田、夏花生田、夏玉米田 一年生杂草 600-750克/公顷 播后苗前土壤喷雾
PD20083161 氰草·莠去津/30%/悬浮剂/氰草津 15%、莠去津 15%/2013.12.11 至 2018.12.11/低毒
春玉米田 一年生杂草 1350-1710克/公顷 茎叶喷雾
夏玉米田 一年生杂草 900-1350克/公顷 播后苗前土壤喷雾
PD20085221 高氯·辛硫磷/20%/乳油/高效氯氰菊酯 1.5%、辛硫磷 18.5%/2013.12.23 至 2018.12.23/中等毒
棉花 棉铃虫 180-240克/公顷 喷雾
十字花科蔬菜 菜青虫 120-150克/公顷 喷雾
小麦 蚜虫 120-180克/公顷 喷雾
PD20085404 氰戊·氧乐果/25%/乳油/氰戊菊酯 5%、氧乐果 20%/2013.12.24 至 2018.12.24/高毒
棉花 棉红蜘蛛 112.5-180克/公顷 喷雾
棉花 棉铃虫、棉蚜 112.5-150克/公顷 喷雾
小麦 蚜虫 75-150克/公顷 喷雾
PD20092996 吡虫·辛硫磷/22%/乳油/吡虫啉 2%、辛硫磷 20%/2014.03.09 至 2019.03.09/低毒
花生 蛴螬 1485-1980克/公顷 撒毒土
PD20096999 异丙草·莠/42%/悬乳剂/异丙草胺 16%、莠去津 26%/2009.09.29 至 2014.09.29/低毒
春玉米田 一年生杂草 1890-2394克/公顷 土壤喷雾
夏玉米田 一年生杂草 1134-1512克/公顷 土壤喷雾
PD20097292 烟嘧磺隆/40克/升/可分散油悬浮剂/烟嘧磺隆 40克/升/2009.10.26 至 2014.10.26/低毒
玉米田 一年生杂草 70-100毫升制剂/亩 茎叶喷雾
PD20102056 精喹禾灵/10%/乳油/精喹禾灵 10%/2010.11.03 至 2015.11.03/低毒
大豆田、花生田、棉花田 一年生禾本科杂草 30-40毫升制剂/亩 茎叶喷雾
LS20130460 吡虫啉/35%/种子处理悬浮剂/吡虫啉 35%/2013.10.10 至 2014.10.10/低毒
小麦 蚜虫 120-200克/千克种子 拌种

河南赛诺化工科技有限公司 (河南省荥阳市汜水镇清净沟 450002 0371-65646889)

PD20070491 氯氰菊酯/5%/乳油/氯氰菊酯 5%/2012.12.03 至 2017.12.03/低毒
棉花 棉铃虫 45-90克/公顷 喷雾
PD20097490 氯氰·辛硫磷/30%/乳油/氯氰菊酯 1.5%、辛硫磷 28.5%/2009.11.03 至 2014.11.03/中等毒

棉花　棉铃虫　300-450克/公顷　喷雾
PD20100383　高效氯氰菊酯/4.5%/乳油/高效氯氰菊酯 4.5%/2010.01.14 至 2015.01.14/中等毒
甘蓝　菜青虫　20.25-27克/公顷　喷雾

河南省安阳市安林生物化工有限责任公司　(河南省安阳市北关区韩陵路1号　455000　0372-2941379)

PD85105-53　敌敌畏/80%/乳油/敌敌畏 77.5%(气谱法)/2010.03.18 至 2015.03.18/中等毒
茶树　食叶害虫　600克/公顷　喷雾
粮仓　多种储藏害虫　1)400-500倍液, 2)0.4-0.5克/立方米　1)喷雾, 2)挂条熏蒸
棉花　蚜虫、造桥虫　600-1200克/公顷　喷雾
苹果树　小卷叶蛾、蚜虫　400-500毫克/千克　喷雾
青菜　菜青虫　600克/公顷　喷雾
桑树　尺蠖　600克/公顷　喷雾
卫生　多种卫生害虫　1)300-400倍液, 2)0.08克/立方米　1)泼洒. 2)挂条熏蒸
小麦　黏虫、蚜虫　600克/公顷　喷雾
PD85159-24　草甘膦异丙胺盐/30%/水剂/草甘膦 30%/2010.08.15 至 2015.08.15/低毒
茶园、甘蔗田、果园、剑麻园、林场、桑园、橡胶园　杂草　1125-2250克/公顷　喷雾
非耕地　杂草　1125-3000克/公顷　茎叶喷雾
注:草甘膦异丙胺盐含量: 41%。
PD86168　百菌清/10%/油剂/百菌清 10%/2012.03.28 至 2017.03.28/低毒
林木　病害　300-375克/公顷　超低量喷雾或喷烟
PD92103-4　草甘膦/95%/原药/草甘膦 95%/2012.10.12 至 2017.10.12/低毒
PD20050075　三唑酮/20%/乳油/三唑酮 20%/2010.06.24 至 2015.06.24/低毒
小麦　白粉病　120-127.5克/公顷　喷雾
PD20081546　灭幼脲/95%/原药/灭幼脲 95%/2013.11.11 至 2018.11.11/低毒
PD20083203　阿维菌素/1.8%/乳油/阿维菌素 1.8%/2013.12.11 至 2018.12.11/低毒(原药高毒)
十字花科蔬菜　小菜蛾　8.1-10.8克/公顷　喷雾
PD20084092　除虫脲/97.9%/原药/除虫脲 97.9%/2013.12.16 至 2018.12.16/低毒
PD20084875　百菌清/30%/烟剂/百菌清 30%/2013.12.22 至 2018.12.22/低毒
黄瓜(保护地)　霜霉病　750-1200克/公顷　点燃放烟
PD20084888　百菌清/20%/烟剂/百菌清 20%/2013.12.22 至 2018.12.22/低毒
黄瓜(保护地)　霜霉病　750-1200克/公顷　点燃放烟
PD20084890　百菌清/45%/烟剂/百菌清 45%/2013.12.22 至 2018.12.22/低毒
黄瓜(保护地)　霜霉病　750-1200克/公顷　点燃放烟
PD20084940　灭幼脲/25%/悬浮剂/灭幼脲 25%/2013.12.22 至 2018.12.22/低毒
甘蓝　菜青虫　37.5-75克/公顷　喷雾
松树　松毛虫　112.5-150克/公顷　喷雾
PD20085310　氰戊·马拉松/20%/乳油/马拉硫磷 15%、氰戊菊酯 5%/2013.12.23 至 2018.12.23/中等毒
棉花　棉铃虫　90-150克/公顷　喷雾
苹果树　桃小食心虫　160-333毫克/千克　喷雾
小麦　蚜虫　60-90克/公顷　喷雾
PD20085465　百菌清/40%/悬浮剂/百菌清 40%/2013.12.24 至 2018.12.24/低毒
黄瓜　霜霉病　1050-1500克/公顷　喷雾
PD20085639　腐霉·百菌清/10%/烟剂/百菌清 5%、腐霉利 5%/2013.12.26 至 2018.12.26/低毒
番茄(保护地)　灰霉病　450-600克/公顷　点燃放烟
PD20085651　腐霉·百菌清/20%/烟剂/百菌清 10%、腐霉利 10%/2013.12.26 至 2018.12.26/低毒
番茄(保护地)　灰霉病　600-900克/公顷　点燃放烟
PD20090679　氯氰·辛硫磷/40%/乳油/氯氰菊酯 2%、辛硫磷 38%/2014.01.19 至 2019.01.19/中等毒
棉花　棉铃虫　180-270克/公顷　喷雾
PD20090811　百菌清/10%/烟剂/百菌清 10%/2014.01.19 至 2019.01.19/低毒
黄瓜(保护地)　霜霉病　750-1200克/公顷　点燃放烟
PD20091418　腐霉利/10%/烟剂/腐霉利 10%/2014.02.02 至 2019.02.02/低毒
番茄(保护地)　灰霉病　300-450克/公顷　点燃放烟
PD20091976　氟铃脲/5%/乳油/氟铃脲 5%/2014.02.12 至 2019.02.12/低毒
甘蓝　小菜蛾　30-56.25克/公顷　喷雾
PD20092069　草甘膦/50%/可溶粉剂/草甘膦 50%/2014.02.16 至 2019.02.16/低毒
柑橘园、苹果园　杂草　1125-2250克/公顷　喷雾
PD20094098　除虫脲/20%/悬浮剂/除虫脲 20%/2014.03.27 至 2019.03.27/低毒
十字花科蔬菜　菜青虫　60-90克/公顷　喷雾
PD20095098　异丙威/10%/烟剂/异丙威 10%/2014.04.24 至 2019.04.24/中等毒
黄瓜(保护地)　蚜虫　450-600克/公顷　点燃放烟

PD20096272 敌敌畏/30%/烟剂/敌敌畏 30%/2009.07.22 至 2014.07.22/中等毒
黄瓜(保护地) 蚜虫 1350克/公顷 点燃放烟
PD20110638 甲维·灭幼脲/25%/悬浮剂/甲氨基阿维菌素苯甲酸盐 0.2%、灭幼脲 24.8%/2011.06.20 至 2016.06.20/低毒
杨树 舟蛾 125-250毫克/千克 喷雾
PD20111024 腈菌·咪鲜胺/10%/热雾剂/腈菌唑 4.5%、咪鲜胺 5.5%/2011.09.30 至 2016.09.30/低毒
橡胶树 炭疽病 150-180克/公顷 热雾机喷雾
PD20121341 毒死蜱/20%/微囊悬浮剂/毒死蜱 20%/2012.09.12 至 2017.09.12/低毒
苹果树 桃小食心虫 160-250毫克/千克 喷雾
水稻 稻纵卷叶螟 450-525克/公顷 喷雾
小麦 金针虫、蝼蛄、蛴螬 1650-1950克/公顷 灌根
PD20121428 阿维·除虫脲/10%/悬浮剂/阿维菌素 0.3%、除虫脲 9.7%/2012.10.08 至 2017.10.08/低毒(原药高毒)
甘蓝 菜青虫 45-75克/公顷 喷雾
松树 松毛虫 100-125毫克/千克 喷雾

河南省安阳市国丰农药有限责任公司 (河南省安阳市滑县道口镇人民大道高科技开发区 456400 0372-8128858)

PD20083965 稻瘟灵/30%/乳油/稻瘟灵 30%/2013.12.16 至 2018.12.16/低毒
水稻 稻瘟病 450-675克/公顷 喷雾
PD20084546 丁硫克百威/35%/种子处理干粉剂/丁硫克百威 35%/2013.12.18 至 2018.12.18/中等毒
水稻 蓟马 305-400克/100千克种子 拌种
PD20084741 百菌清/10%/烟剂/百菌清 10%/2013.12.22 至 2018.12.22/低毒
黄瓜 霜霉病 750-1200克/公顷 点燃放烟
PD20091236 井冈·多菌灵/28%/悬浮剂/多菌灵 24%、井冈霉素 4%/2014.02.01 至 2019.02.01/低毒
水稻 稻瘟病 420-525克/公顷 喷雾
PD20091607 阿维菌素/0.5%/乳油/阿维菌素 0.5%/2014.02.03 至 2019.02.03/低毒(原药高毒)
十字花科蔬菜 小菜蛾 6-9克/公顷 喷雾
PD20091733 噻吩磺隆/15%/可湿性粉剂/噻吩磺隆 15%/2014.02.04 至 2019.02.04/低毒
冬小麦田 一年生阔叶杂草 22.5-33.8克/公顷 茎叶喷雾
PD20093337 甲氨基阿维菌素苯甲酸盐/1%/乳油/甲氨基阿维菌素苯甲酸盐 1%/2014.03.18 至 2019.03.18/低毒
十字花科蔬菜 小菜蛾 1.5-3克/公顷 喷雾
PD20095399 吡虫·杀虫单/70%/可湿性粉剂/吡虫啉 2%、杀虫单 68%/2009.04.27 至 2014.04.27/中等毒
水稻 稻飞虱 525-735克/公顷 喷雾
PD20096480 异丙威/20%/烟剂/异丙威 20%/2009.08.14 至 2014.08.14/低毒
黄瓜(保护地) 白粉虱 600-900克/公顷 点燃放烟
PD20098208 多抗霉素/3%/可湿性粉剂/多抗霉素B 3%/2009.12.16 至 2014.12.16/低毒
番茄 晚疫病 196.2—225克/公顷 喷雾
PD20100185 吗胍·硫酸铜/20%/水剂/盐酸吗啉胍 16%、硫酸铜 4%/2010.01.05 至 2015.01.05/低毒
辣椒 病毒病 180—300克/公顷 喷雾
PD20100264 香菇多糖/0.5%/水剂/香菇多糖 0.5%/2010.01.11 至 2015.01.11/低毒
烟草 病毒病 150-200毫升制剂/亩 喷雾
PD20100832 复硝酚钠/1.8%/水剂/5-硝基邻甲氧基苯酚钠 0.3%、对硝基苯酚钠 0.9%、邻硝基苯酚钠 0.6%/2010.01.19 至2015.01.19/低毒
番茄 调节生长 6-9毫克/千克 茎叶喷雾
PD20101441 芸苔素内酯/0.004%/水剂/芸苔素内酯 0.004%/2010.05.04 至 2015.05.04/低毒
玉米 提高产量 / 茎叶喷雾
PD20102010 络氨铜/25%/水剂/络氨铜 25%/2010.09.25 至 2015.09.25/低毒
水稻 纹枯病 465—690克/公顷 喷雾
PD20110311 辛菌胺醋酸盐/1.26%/水剂/辛菌胺 1.26%/2011.03.22 至 2016.03.22/低毒
棉花 枯萎病 40-60毫克/千克 喷雾
水稻 稻瘟病、条纹叶枯病 180-225克/公顷 喷雾
注:辛菌胺醋酸盐含量:1.8%。
PD20120766 辛菌胺醋酸盐/1.8%/水剂/辛菌胺醋酸盐 1.8%/2012.05.05 至 2017.05.05/低毒
棉花 枯萎病 300—200倍液 喷雾
PD20130411 地衣芽孢杆菌/80亿个/毫升/水剂/地衣芽孢杆菌 80亿个/毫升/2013.03.13 至 2018.03.13/低毒
西瓜 枯萎病 500-700倍液 灌根

河南省安阳市红旗药业有限公司 (河南省安阳市滑县民寨工业城 456462 0372-8498666)

PD85157-14 辛硫磷/40%/乳油/辛硫磷 40%/2010.08.15 至 2015.08.15/低毒
茶树、桑树 食叶害虫 200-400毫克/千克 喷雾
果树 食心虫、蚜虫、螨 200-400毫克/千克 喷雾
林木 食叶害虫 3000-6000克/公顷 喷雾
棉花 棉铃虫、蚜虫 300-600克/公顷 喷雾
蔬菜 菜青虫 300-450克/公顷 喷雾
烟草 食叶害虫 300-600克/公顷 喷雾
玉米 玉米螟 450-600克/公顷 灌心叶
PD20080677 苄嘧·苯噻酰/18%/可湿性粉剂/苯噻酰草胺 17%、苄嘧磺隆 1%/2013.06.04 至 2018.06.04/低毒

	水稻移栽田	部分多年生杂草、一年生杂草	216-270克/公顷(北方地区)	药土法
PD20083237	克百威/3%/颗粒剂/克百威 3%/2013.12.11 至 2018.12.11/高毒			
	花生	线虫	1800-2250克/公顷	条施.沟施
	棉花	蚜虫	675-900克/公顷	条施.沟施
PD20084004	啶虫脒/3%/乳油/啶虫脒 3%/2013.12.16 至 2018.12.16/低毒			
	苹果树	蚜虫	12-15毫克/千克	喷雾
PD20085006	辛硫磷/3%/颗粒剂/辛硫磷 3%/2013.12.22 至 2018.12.22/低毒			
	玉米	玉米螟	112.5-157.5克/公顷	加细沙后在喇叭口期均匀撒施
PD20085721	氰戊·辛硫磷/50%/乳油/氰戊菊酯 4.5%、辛硫磷 45.5%/2013.12.26 至 2018.12.26/中等毒			
	甘蓝	菜青虫、蚜虫	75-150克/公顷	喷雾
	棉花	蚜虫	150-225克/公顷	喷雾
	小麦	蚜虫	90克/公顷	喷雾
PD20091758	氰戊·辛硫磷/25%/乳油/氰戊菊酯 6.25%、辛硫磷 18.75%/2014.02.04 至 2019.02.04/低毒			
	棉花	棉铃虫	281.25-375克/公顷	喷雾
	苹果树	蚜虫	125-250毫克/千克	喷雾
	十字花科蔬菜	菜青虫	150-225克/公顷	喷雾
PD20095576	阿维·苏云菌//可湿性粉剂/阿维菌素 0.1%、苏云金杆菌 100亿活芽孢/克/2009.05.12 至 2014.05.12/低毒(原药高毒)			
	十字花科蔬菜	小菜蛾	750-1050克制剂/公顷	喷雾
PD20100420	苯磺隆/10%/可湿性粉剂/苯磺隆 10%/2010.01.14 至 2015.01.14/低毒			
	冬小麦田	阔叶杂草	15-19.5克/公顷	茎叶喷雾
PD20100523	精喹禾灵/5%/乳油/精喹禾灵 5%/2010.01.14 至 2015.01.14/低毒			
	春大豆田	一年生禾本科杂草	52.5-75克/公顷	茎叶喷雾
	夏大豆田	一年生禾本科杂草	45-52.5克/公顷	茎叶喷雾
PD20100632	噻菌灵/98%/原药/噻菌灵 98%/2010.01.14 至 2015.01.14/低毒			
PD20100682	氟铃脲/5%/乳油/氟铃脲 5%/2010.01.16 至 2015.01.16/低毒			
	甘蓝	小菜蛾	30-56.25克/公顷	喷雾
PD20100998	乙草胺/50%/乳油/乙草胺 50%/2010.01.20 至 2015.01.20/低毒			
	夏玉米田	一年生禾本科杂草及部分阔叶杂草	1050-1350克/公顷	播后苗前土壤喷雾
PD20110489	异甲·莠去津/50%/悬乳剂/异丙甲草胺 30%、莠去津 20%/2011.05.03 至 2016.05.03/低毒			
	夏玉米	一年生杂草	1125-1500克/公顷	土壤喷雾
河南省安阳市红星农化有限公司 (河南省安阳市滑县白道口镇东开发区 456462 0372-8490666)				
PD20121973	异丙威/10%/烟剂/异丙威 10%/2012.12.18 至 2017.12.18/低毒			
	黄瓜(保护地)	蚜虫	525-675克/公顷	点燃
河南省安阳市化工实验厂 (河南省安阳市北关区韩陵路 455000 0372-2912107)				
PD86101-42	赤霉酸/4%/乳油/赤霉酸 4%/2011.11.07 至 2016.11.07/低毒			
	菠菜	增加鲜重	10-25毫克/千克	叶面处理1-3次
	菠萝	果实增大、增重	40-80毫克/千克	喷花
	柑橘树	果实增大、增重	20-40毫克/千克	喷花
	花卉	提前开花	700毫克/千克	叶面处理涂抹花芽
	绿肥	增产	10-20毫克/千克	喷雾
	马铃薯	苗齐、增产	0.5-1毫克/千克	浸薯块10-30分钟
	棉花	提高结铃率、增产	10-20毫克/千克	点喷、点涂或喷雾
	葡萄	无核、增产	50-200毫克/千克	花后1周处理果穗
	芹菜	增产	20-100毫克/千克	叶面处理1次
	人参	增加发芽率	20毫克/千克	播前浸种15分钟
	水稻	增加千粒重、制种	20-30毫克/千克	喷雾
PD86123-8	矮壮素/50%/水剂/矮壮素 50%/2011.11.07 至 2016.11.07/低毒			
	棉花	提高产量、植株紧凑	1)10000倍液2)0.3-0.5%药液	1)喷雾
	棉花	防止疯长	25000倍液	2)浸种喷顶
	棉花	防止徒长,化学整枝	10000倍液	喷顶，后期喷全株
	小麦	防止倒伏,提高产量	1)3-5%药液 2)100-400倍液	1)拌种2)返青、拔节期喷雾
	玉米	增产	0.5%药液	浸种
PD86124-2	萘乙酸/80%/母药/萘乙酸 80%/2011.11.07 至 2016.11.07/低毒			
PD20093135	萘乙酸/5%/水剂/萘乙酸 5%/2009.03.10 至 2014.03.10/低毒			
	番茄	调节生长、增产	4000-5000倍液	开花后喷花
河南省安阳市瑞泽农药有限责任公司 (河南省安阳市七里店 455000 0372-3979123)				
PD20082837	灭幼脲/20%/悬浮剂/灭幼脲 20%/2013.12.09 至 2018.12.09/低毒			
	甘蓝	菜青虫	45-75克/公顷	喷雾
PD20092171	腐霉·百菌清/15%/烟剂/百菌清 12%、腐霉利 3%/2009.02.23 至 2014.02.23/低毒			
	番茄(保护地)	灰霉病	450-675克/公顷	点燃放烟
PD20093202	百菌清/30%/烟剂/百菌清 30%/2009.03.11 至 2014.03.11/低毒			

黄瓜(保护地) 霜霉病 900-1200克/公顷 点燃放烟
PD20094264 百菌清/10%/烟剂/百菌清 10%/2009.03.31 至 2014.03.31/低毒
黄瓜(保护地) 霜霉病 750-1200克/公顷 点燃放烟
PD20100044 棉铃虫核型多角体病毒/10亿PIB/克/可湿性粉剂/棉铃虫核型多角体病毒 10亿PIB/克/2010.01.04 至 2015.01.04/低毒
棉花 棉铃虫 1200-1500克制剂/公顷 喷雾
WP20100105 高氯·残杀威/8%/悬浮剂/残杀威 5%、高效氯氰菊酯 3%/2010.07.28 至 2015.07.28/低毒
卫生 蜚蠊、蚊、蝇 / 滞留喷洒
WP20110246 高效氯氰菊酯/4.5%/微乳剂/高效氯氰菊酯 4.5%/2011.11.04 至 2016.11.04/低毒
卫生 蚊、蝇 0.036克/平方米 滞留喷洒

河南省安阳市锐普农化有限责任公司 (河南省滑县上官开发区 456472 0372-8326006)

PD20084264 多菌灵/25%/可湿性粉剂/多菌灵 25%/2013.12.17 至 2018.12.17/低毒
水稻 稻瘟病 750-937.5克/公顷 喷雾
PD20091788 异丙威/10%/烟剂/异丙威 10%/2014.02.04 至 2019.02.04/低毒
黄瓜(保护地) 蚜虫 750-900克/公顷 点燃放烟
PD20094631 2甲·草甘膦/46%/可溶粉剂/草甘膦 38%、2甲4氯钠 8%/2014.04.10 至 2019.04.10/低毒
苹果园 一年生杂草 1380-1725克/公顷 定向茎叶喷雾
PD20095490 乙烯利/40%/水剂/乙烯利 40%/2009.05.11 至 2014.05.11/低毒
番茄 催熟 500-666.7毫克/千克 喷雾
PD20096010 甲氨基阿维菌素苯甲酸盐（2.3%）///乳油/甲氨基阿维菌素 2%/2009.06.11 至 2014.06.11/低毒
甘蓝 甜菜夜蛾 2.25-3.83克/公顷 喷雾
PD20096221 草甘膦铵盐(74.7%)///可溶粒剂/草甘膦 68%/2009.07.15 至 2014.07.15/低毒
柑橘园 杂草 1120.5-2241克/公顷 定向茎叶喷雾
PD20097085 草甘膦异丙胺盐(41%)///水剂/草甘膦 30%/2009.10.10 至 2014.10.10/低毒
苹果园 杂草 200-400毫升制剂/亩 定向喷雾
PD20101461 烟嘧磺隆/40克/升/可分散油悬浮剂/烟嘧磺隆 40克/升/2010.05.04 至 2015.05.04/低毒
玉米田 一年生杂草 70-100毫升制剂/亩 茎叶喷雾
PD20111261 高效氯氰菊酯/4.5%/乳油/高效氯氰菊酯 4.5%/2011.11.23 至 2016.11.23/中等毒
甘蓝 菜青虫 13.5-22.5克/公顷 喷雾
PD20121182 百菌清/40%/烟剂/百菌清 40%/2012.08.06 至 2017.08.06/中等毒
黄瓜(保护地) 霜霉病 750～1200克/公顷 点燃放烟
PD20121202 百菌清/10%/烟剂/百菌清 10%/2012.08.06 至 2017.08.06/中等毒
黄瓜(保护地) 霜霉病 1050—1200克/公顷 点燃放烟
PD20121711 腐霉利/10%/烟剂/腐霉利 10%/2012.11.08 至 2017.11.08/低毒
番茄(保护地) 灰霉病 300-450克/公顷 点燃
PD20131842 吡蚜酮/50%/水分散粒剂/吡蚜酮 50%/2013.09.23 至 2018.09.23/低毒
观赏菊花 蚜虫 150-225克/公顷 喷雾
WP20080526 高效氯氰菊酯/5%/悬浮剂/高效氯氰菊酯 5%/2013.12.23 至 2018.12.23/低毒
卫生 蚊、蝇、蜚蠊 40毫克/平方米 滞留喷洒
WP20100170 杀虫烟剂/3%/烟剂/高效氯氰菊酯 3%/2010.12.15 至 2015.12.15/低毒
卫生 蚊、蝇 / 点燃

河南省安阳市五星农药厂 (河南省安阳市滑县道口镇解放北路112号 456400 0372-8113571)

PD20090587 硫丹·辛硫磷/36%/乳油/硫丹 6%、辛硫磷 30%/2014.01.14 至 2019.01.14/低毒
棉花 棉铃虫 432-648克/公顷 喷雾
PD20092545 异丙威/20%/乳油/异丙威 20%/2014.02.26 至 2019.02.26/低毒
水稻 稻飞虱 525-600克/公顷 喷雾
PD20094929 百菌清/20%/烟剂/百菌清 20%/2014.04.13 至 2019.04.13/中等毒
黄瓜(保护地) 霜霉病 975-1200克/公顷 点燃发烟
PD20102096 甲氨基阿维菌素苯甲酸盐/1%/乳油/甲氨基阿维菌素 1%/2010.11.25 至 2015.11.25/低毒
甘蓝 小菜蛾 13.2-17.5克制剂/亩 喷雾
注:氨基阿维菌素苯甲酸盐含量:1.14%
PD20110085 烟碱·苦参碱/0.6%/乳油/苦参碱 0.5%、烟碱 0.1%/2011.01.21 至 2016.01.21/中等毒
甘蓝 蚜虫 5.4-10.8克/公顷 喷雾
PD20111157 异丙威/15%/烟剂/异丙威 15%/2011.11.07 至 2016.11.07/低毒
黄瓜(保护地) 蚜虫 562.5-675克/公顷 点燃放烟
PD20132090 敌百·毒死蜱/3%/颗粒剂/敌百虫 2%、毒死蜱 1%/2013.10.24 至 2018.10.24/低毒
甘蔗 蔗龟 2025-2250克/公顷 撒施

河南省安阳市小康农药有限责任公司 (河南省安阳市北关区工业园创业大道8号 455000 0372-2713399)

PD20081490 甲哌鎓/98%/原药/甲哌鎓 98%/2013.11.05 至 2018.11.05/低毒
棉花 调节生长 45-60克/公顷 喷雾
PD20084981 百菌清/28%/烟剂/百菌清 28%/2013.12.22 至 2018.12.22/低毒
黄瓜(保护地) 霜霉病 840-1200克/公顷 点燃放烟
PD20085530 腐霉·百菌清/15%/烟剂/百菌清 12%、腐霉利 3%/2013.12.25 至 2018.12.25/中等毒
番茄(保护地) 灰霉病 450-675克/公顷 点燃放烟

PD20091092 甲哌鎓/250克/升/水剂/甲哌鎓 250克/升/2014.01.21 至 2019.01.21/低毒
棉花 调节生长、增产 45-60克/公顷 喷雾
玉米 调节生长 500-833毫克/千克 兑水喷雾，在玉米大喇叭口期

PD20091319 甲哌嗡/12.5%/可溶粉剂/甲哌鎓 12.5%/2014.02.01 至 2019.02.01/低毒
棉花 调节生长、增产 45-60克/公顷 茎叶喷雾

PD20092442 萘乙酸/1%/水剂/萘乙酸 1%/2014.02.25 至 2019.02.25/低毒
番茄 调节生长、增产 4000-5000倍液 喷花

PD20096364 萘乙酸/40%/可溶粉剂/萘乙酸 40%/2009.08.04 至 2014.08.04/低毒
番茄 调节生长、增产 20—30毫克/千克 喷花

PD20097034 乙烯利/40%/水剂/乙烯利 40%/2009.10.10 至 2014.10.10/低毒
棉花 催熟 800-1333毫克/千克 喷雾
棉花 增产 300-500倍液 喷雾

PD20097506 烟嘧磺隆/40克/升/可分散油悬浮剂/烟嘧磺隆 40克/升/2009.11.03 至 2014.11.03/低毒
玉米田 一年生杂草 42-60克/公顷 茎叶喷雾

PD20131750 异丙威/10%/烟剂/异丙威 10%/2013.08.16 至 2018.08.16/低毒
黄瓜(保护地) 蚜虫 525-600克/公顷 点燃放烟

PD20131914 高效氯氰菊酯/3%/烟剂/高效氯氰菊酯 3%/2013.09.25 至 2018.09.25/低毒
番茄(保护地) 白粉虱 67.5-157.5克/公顷 点燃放烟

WP20100022 高效氯氰菊酯/5%/悬浮剂/高效氯氰菊酯 5%/2010.01.14 至 2015.01.14/低毒
卫生 蚊、蝇 40毫克/平方米 滞留喷洒

WP20120101 杀虫喷射剂/0.6%/喷射剂/胺菊酯 0.3%、氯菊酯 0.3%/2012.05.24 至 2017.05.24/低毒
卫生 蚊、蝇 / 喷射

河南省安阳市振华化工有限责任公司 (河南省安阳市滑县白道口东工业区 456462 0372-8491699)

PD20082402 啶虫脒/5%/乳油/啶虫脒 5%/2013.12.01 至 2018.12.01/低毒
柑橘树 蚜虫 10-15毫克/千克 喷雾

PD20083448 三唑锡/25%/可湿性粉剂/三唑锡 25%/2013.12.12 至 2018.12.12/低毒
柑橘树 红蜘蛛 125-250毫克/千克 喷雾

PD20083696 噻嗪酮/25%/可湿性粉剂/噻嗪酮 25%/2013.12.15 至 2018.12.15/低毒
水稻 稻飞虱 150-187.5克/公顷 喷雾

PD20084480 甲霜·锰锌/58%/可湿性粉剂/甲霜灵 10%、代森锰锌 48%/2013.12.17 至 2018.12.17/低毒
黄瓜 霜霉病 1305-1635.6克/公顷 喷雾

PD20091752 腐霉·百菌清/20%/烟剂/百菌清 10%、腐霉利 10%/2014.02.04 至 2019.02.04/中等毒
黄瓜(保护地) 灰霉病 525-600克/公顷 点燃放烟

PD20095696 阿维·辛硫磷/15%/乳油/阿维菌素 0.1%、辛硫磷 14.9%/2009.05.15 至 2014.05.15/低毒(原药高毒)
十字花科蔬菜 小菜蛾 135-168.75克/公顷 喷雾

PD20100654 香菇多糖/0.5%/水剂/香菇多糖 0.5%/2010.01.15 至 2015.01.15/低毒
番茄 病毒病 12.45-18.75克/公顷 喷雾

PD20130759 异丙威/20%/烟剂/异丙威 20%/2013.04.16 至 2018.04.16/低毒
黄瓜(保护地) 蚜虫 600-900克/公顷 点燃放烟

河南省博爱惠丰生化农药有限公司 (河南省焦作市博爱县城汽车站南2公里路东 454450 0391-8695669)

PD20081617 阿维菌素/1.8%/乳油/阿维菌素 1.8%/2013.11.12 至 2018.11.12/低毒(原药高毒)
菜豆 美洲斑潜蝇 5.4-10.8克/公顷 喷雾

PD20082125 莠去津/97%/原药/莠去津 97%/2013.11.25 至 2018.11.25/低毒

PD20082728 精喹禾灵/5%/乳油/精喹禾灵 5%/2013.12.08 至 2018.12.08/低毒
夏大豆田 一年生禾本科杂草 52.5-75克/公顷 茎叶喷雾

PD20083085 乙·莠/48%/悬乳剂/乙草胺 16%、莠去津 32%/2013.12.10 至 2018.12.10/低毒
夏玉米田 一年生杂草 1875-3000毫升/公顷(制剂) 土壤喷雾

PD20085272 莠去津/38%/悬浮剂/莠去津 38%/2013.12.23 至 2018.12.23/低毒
春玉米田 一年生杂草 300-400毫升制剂/亩 播后苗前土壤喷雾
夏玉米田 一年生杂草 230-260毫升制剂/亩 播后苗前土壤喷雾

PD20090446 炔螨特/73%/乳油/炔螨特 73%/2014.01.12 至 2019.01.12/低毒
柑橘树 红蜘蛛 243-365毫克/千克 喷雾

PD20090543 高效氯氟氰菊酯/25克/升/乳油/高效氯氟氰菊酯 25克/升/2014.01.13 至 2019.01.13/中等毒
十字花科蔬菜 菜青虫 7.5-15克/公顷 喷雾

PD20095551 矮壮·甲哌鎓/18%/水剂/矮壮素 15%、甲哌鎓 3%/2009.05.12 至 2014.05.12/低毒
棉花 调节生长、增产 40.5-67.5克/公顷 茎叶喷雾

PD20097018 烟嘧磺隆/40克/升/可分散油悬浮剂/烟嘧磺隆 40克/升/2009.10.10 至 2014.10.10/低毒
玉米田 一年生杂草 42-60克/公顷 茎叶喷雾

PD20097481 烟嘧磺隆/97%/原药/烟嘧磺隆 97%/2009.11.03 至 2014.11.03/低毒

PD20097935 棉铃虫核型多角体病毒/10亿PIB/克/可湿性粉剂/棉铃虫核型多角体病毒 10亿PIB/克/2009.11.30 至 2014.11.30/低毒
棉花 棉铃虫 1200-1500克制剂/公顷 喷雾

PD20098243 棉铃虫核型多角体病毒/5000亿PIB/克/母药/棉铃虫核型多角体病毒 5000亿PIB/克/2009.12.16 至 2014.12.16/低毒

PD20100130 二甲戊灵/330克/升/乳油/二甲戊灵 330克/升/2010.01.05 至 2015.01.05/低毒
甘蓝田 一年生杂草 495-742.5克/公顷 土壤喷雾
PD20101241 棉核·辛硫磷///可湿性粉剂/棉铃虫核型多角体病毒 10亿PIB/克、辛硫磷 16%/2010.03.01 至 2015.03.01/低毒
棉花 棉铃虫 1200-1500克制剂/公顷 喷雾
PD20101313 氯氟吡氧乙酸异辛酯(288克/升)///乳油/氯氟吡氧乙酸 200克/升/2010.03.17 至 2015.03.17/低毒
冬小麦田 一年生阔叶杂草 50-66.5毫升制剂/亩 茎叶喷雾
PD20101377 苯磺隆/75%/水分散粒剂/苯磺隆 75%/2010.04.02 至 2015.04.02/低毒
冬小麦田 一年生阔叶杂草 14.6-19.1克/公顷 茎叶喷雾
PD20121538 甲氨基阿维菌素苯甲酸盐/3%/微乳剂/甲氨基阿维菌素 3%/2012.10.17 至 2017.10.17/低毒
甘蓝 小菜蛾 1.8-2.7克/公顷 喷雾
注:甲氨基阿维菌素苯甲酸盐含量：3.4%。
PD20121576 丁子香酚/0.3%/可溶液剂/丁子香酚 0.3%/2012.10.25 至 2017.10.25/低毒
番茄 灰霉病 4.05-5.4克/公顷 喷雾
PD20121773 烟嘧·莠去津/19%/可分散油悬浮剂/烟嘧磺隆 1.5%、莠去津 17.5%/2012.11.16 至 2017.11.16/低毒
玉米田 一年生杂草 570-760克/公顷 茎叶喷雾
PD20130149 吡虫啉/5%/乳油/吡虫啉 5%/2013.01.17 至 2018.01.17/低毒
小麦 蚜虫 20.25-27克/公顷 喷雾
PD20130256 过氧乙酸/21%/水剂/过氧乙酸 21%/2013.02.06 至 2018.02.06/低毒
黄瓜 灰霉病 441-740克/公顷 喷雾

河南省春光农化有限公司 (河南省安阳市滑县白道口镇东高开区 456462 0372-8492888)

PD20092858 敌敌畏/80%/乳油/敌敌畏 80%/2009.03.05 至 2014.03.05/中等毒
十字花科蔬菜 菜青虫 600-720克/公顷 喷雾
PD20095628 乙草胺/81.5%/乳油/乙草胺 81.5%/2009.05.12 至 2014.05.12/低毒
春大豆田 一年生禾本科杂草及部分阔叶杂草 1350-1890克/公顷 土壤喷雾
夏大豆田 一年生禾本科杂草及部分阔叶杂草 1080-1350克/公顷 土壤喷雾
PD20097282 精喹禾灵/5%/乳油/精喹禾灵 5%/2009.10.26 至 2014.10.26/低毒
花生田 一年生禾本科杂草 37.5-60克/公顷 茎叶喷雾
PD20098524 氟铃脲/5%/乳油/氟铃脲 5%/2009.12.24 至 2014.12.24/低毒
甘蓝 甜菜夜蛾 22.5-30克/公顷 喷雾
PD20110042 草甘膦铵盐/50%/可溶粉剂/草甘膦 50%/2011.01.11 至 2016.01.11/低毒
苹果园 杂草 1687.5-2250克/公顷 定向茎叶喷雾
注:草甘膦铵盐含量:55%。
PD20130469 除虫脲/98%/原药/除虫脲 98%/2013.03.20 至 2018.03.20/低毒
PD20130752 异丙威/15%/烟剂/异丙威 15%/2013.04.16 至 2018.04.16/低毒
黄瓜(保护地) 蚜虫 562.5-675克/公顷 点燃

河南省邓州农康化工有限公司 (河南省南阳市邓州市南环路工业区 474150 0377-63090888)

PD20082722 氯氰·辛硫磷/27%/乳油/氯氰菊酯 4%、辛硫磷 23%/2008.12.05 至 2013.12.05/中等毒
棉花 棉铃虫 121.5-162克/公顷 喷雾
PD20086123 氰戊·灭多威/9%/乳油/灭多威 6%、氰戊菊酯 3%/2008.12.30 至 2013.12.30/高毒
棉花 蚜虫 180-240克/公顷 喷雾
PD20086139 马拉·灭多威/30%/乳油/马拉硫磷 20%、灭多威 10%/2008.12.30 至 2013.12.30/高毒
棉花 棉铃虫 300-450克/公顷 喷雾
PD20094207 甲柳·三唑酮/10%/乳油/甲基异柳磷 8%、三唑酮 2%/2009.03.30 至 2014.03.30/高毒
小麦 地下害虫 40-80克/100千克种子 拌种

河南省邓州市禾尔康农药化工有限责任公司 (河南省南阳市邓州市工业园区018号 474150 0377-62181886)

PD20092555 毒死蜱/40%/乳油/毒死蜱 40%/2009.02.26 至 2014.02.26/中等毒
十字花科蔬菜 菜青虫 300-450克/公顷 喷雾

河南省丰收乐化学有限公司 (河南省郑州市金水区花园路53号 450003 0371-65727259)

PD20040746 吡虫啉/10%/可湿性粉剂/吡虫啉 10%/2009.12.19 至 2014.12.19/低毒
小麦 蚜虫 15-30克/公顷 喷雾
PD20096659 阿维菌素/1.8%/可湿性粉剂/阿维菌素 1.8%/2009.09.07 至 2014.09.07/低毒(原药高毒)
柑橘树 红蜘蛛 1.3-2毫克/千克 喷雾
PD20097729 毒死蜱/480克/升/乳油/毒死蜱 480克/升/2009.11.04 至 2014.11.04/中等毒
水稻 稻飞虱 62.5-83毫升制剂/亩 喷雾
PD20100925 噻嗪·异丙威/25%/可湿性粉剂/噻嗪酮 5%、异丙威 20%/2010.01.19 至 2015.01.19/低毒
水稻 稻飞虱 375-562.5克/公顷 喷雾

河南省鹤壁市农林制药有限公司 (河南省鹤壁市浚县卫贤镇于村 456283 0392-5682288)

PD20094105 异丙威/10%/烟剂/异丙威 10%/2009.03.27 至 2014.03.27/低毒
黄瓜(保护地) 蚜虫 450-600克/公顷 点燃放烟
PD20095751 草甘膦/50%/可溶粉剂/草甘膦 50%/2009.05.18 至 2014.05.18/低毒
苹果园 杂草 1125-2250克/公顷 喷雾
PD20095954 草甘膦/95%/原药/草甘膦 95%/2009.06.03 至 2014.06.03/低毒
PD20096515 百菌清/10%/烟剂/百菌清 10%/2009.03.27 至 2014.03.27/低毒

黄瓜(保护地) 霜霉病 750-1200克/公顷 点燃放烟
PD20097834 草甘膦异丙胺盐(41%)///水剂/草甘膦 30%/2009.11.20 至 2014.11.20/低毒
茶园 一年生及部分多年生杂草 200-400毫升制剂/亩 定向茎叶喷雾
PD20100663 腐霉利/10%/烟片/腐霉利 10%/2010.01.15 至 2015.01.15/低毒
番茄(保护地) 灰霉病 300-450克/公顷 点燃

河南省鹤壁市锐沣生物科技发展中心 (河南省鹤壁市淇滨经济开发区 458030 0392-2635699)

WP20110203 蚊香/0.28%/蚊香/富右旋反式烯丙菊酯 0.28%/2011.09.08 至 2016.09.08/微毒
卫生 蚊 / 点燃
WP20110225 杀虫气雾剂/0.26%/气雾剂/高效氯氰菊酯 0.06%、右旋胺菊酯 0.2%/2011.09.30 至 2016.09.30/微毒
卫生 蚊、蝇 / 喷雾
WP20120215 杀虫气雾剂/0.45%/气雾剂/胺菊酯 0.3%、富右旋反式烯丙菊酯 0.1%、氯氰菊酯 0.05%/2012.11.05 至2017.11.05/微毒
卫生 蚊、蝇、蜚蠊 / 喷雾
WP20130026 电热蚊香液/0.9%/电热蚊香液/四氟苯菊酯 0.9%/2013.01.30 至 2018.01.30/微毒
卫生 蚊 / 电热加温
WL20110102 电热蚊香片/15毫克/片/电热蚊香片/四氟苯菊酯 15毫克/片/2013.08.23 至 2014.08.23/低毒
卫生 蚊 / 电热加温

河南省鹤壁天元股份有限公司 (河南省鹤壁市淇滨经济开发区 458000 0392-2106888)

WP20110127 电热蚊香片/30毫克/片/电热蚊香片/Es-生物烯丙菊酯 30毫克/片/2011.05.27 至 2016.05.27/微毒
卫生 蚊 / 电热加温
WP20110128 杀虫气雾剂/0.3%/气雾剂/胺菊酯 0.15%、高效氯氰菊酯 0.03%、氯菊酯 0.12%/2011.05.30 至 2016.05.30/低毒
卫生 蚊、蝇、蜚蠊 / 喷雾
WP20130090 蚊香/0.05%/蚊香/氯氟醚菊酯 0.05%/2013.05.13 至 2018.05.13/微毒
卫生 蚊 / 点燃

河南省华威化学有限公司 (河南省荥阳市豫龙镇工业园区 450121 0371-65646652)

PD20040734 多·酮/40%/可湿性粉剂/多菌灵 35%、三唑酮 5%/2009.12.19 至 2014.12.19/低毒
小麦 白粉病、赤霉病 450-600克/公顷 喷雾
杂交水稻 叶尖枯病、云形病 450-600克/公顷 喷雾
PD20082520 啶虫脒/5%/乳油/啶虫脒 5%/2013.12.03 至 2018.12.03/低毒
黄瓜 蚜虫 18-22.5克/公顷 喷雾
苹果树 蚜虫 12-15毫克/千克 喷雾
PD20082867 烯酰·锰锌/69%/可湿性粉剂/代森锰锌 61%、烯酰吗啉 8%/2013.12.09 至 2018.12.09/低毒
黄瓜 霜霉病 1035-1380克/公顷 喷雾
PD20084223 氰戊·辛硫磷/50%/乳油/氰戊菊酯 4.5%、辛硫磷 45.5%/2013.12.17 至 2018.12.17/中等毒
棉花 蚜虫 150-225克/公顷 喷雾
PD20084897 乙铝·锰锌/61%/可湿性粉剂/代森锰锌 25%、三乙膦酸铝 36%/2013.12.22 至 2018.12.22/低毒
苹果树 斑点落叶病 1016-2033毫克/千克 喷雾
PD20091563 阿维·高氯/1%/乳油/阿维菌素 0.3%、高效氯氰菊酯 0.7%/2014.02.03 至 2019.02.03/低毒(原药高毒)
十字花科蔬菜 小菜蛾 6-9克/公顷 喷雾
PD20091897 井冈·杀虫单/50%/可湿性粉剂/井冈霉素 6.5%、杀虫单 43.5%/2014.02.09 至 2019.02.09/中等毒
水稻 螟虫、纹枯病 600-750克/公顷 喷雾

河南省化肥矿山公司化工厂 (河南省郑州市二七区齐礼闫乡荆胡村 450063 0371-68831088)

PD20060135 吡虫啉/5%/乳油/吡虫啉 5%/2011.07.14 至 2016.07.14/低毒
小麦 蚜虫 15-30克/公顷 喷雾
PD20083033 氯氰·辛硫磷/20%/乳油/氯氰菊酯 1.5%、辛硫磷 18.5%/2008.12.10 至 2013.12.10/中等毒
棉花 棉铃虫、蚜虫 150-210克/公顷 喷雾
PD20091861 氰戊·灭多威/9%/乳油/灭多威 6%、氰戊菊酯 3%/2009.02.09 至 2014.02.09/中等毒(原药高毒)
棉花 蚜虫 180-240克/公顷 喷雾
棉花 棉铃虫 506-1012克/公顷 喷雾

河南省获嘉县星火化工厂 (河南省新乡市获嘉县照镜镇樊庄城北马引桥 453801 0373-4958036)

PDN14-91 丁·西/5.3%/颗粒剂/丁草胺 4.0%、西草净 1.3%/2011.08.02 至 2016.08.02/低毒
水稻田 多种杂草 795-1200克/公顷(南方地区) 撒施
1200-1590克/公顷(东北地区)

河南省济源白云实业有限公司 (河南省济源市济水大道东段 454652 0391-6608655)

PD20097636 棉铃虫核型多角体病毒/5000亿PIB/克/母药/棉铃虫核型多角体病毒 5000亿PIB/克/2009.11.12 至 2014.11.12/低毒
PD20110609 吡虫啉/70%/水分散粒剂/吡虫啉 70%/2011.06.07 至 2016.06.07/低毒
棉花 棉蚜 26-31.5克/公顷 喷雾
PD20120501 棉铃虫核型多角体病毒/600亿PIB/克/水分散粒剂/棉铃虫核型多角体病毒 600亿PIB/克/2012.03.19 至2017.03.19/低毒
棉花 棉铃虫 30-37.5克制剂/公顷 喷雾
PD20121005 棉铃虫核型多角体病毒/50亿PIB/毫升/悬浮剂/棉铃虫核型多角体病毒 50亿PIB/毫升/2012.06.21 至 2017.06.21/低毒
棉花 棉铃虫 300-360克制剂/公顷 喷雾
PD20121168 斜纹夜蛾核型多角体病毒/200亿PIB/克/水分散粒剂/斜纹夜蛾核型多角体病毒 200亿PIB/克/2012.07.30 至 2017.07.30/低毒
十字花科蔬菜 斜纹夜蛾 45-60克制剂/公顷 喷雾

PD20121694 小菜蛾颗粒体病毒/300亿 OB/毫升/悬浮剂/小菜蛾颗粒体病毒 300亿 OB/毫升/2012.11.05 至 2017.11.05/低毒
十字花科蔬菜 小菜蛾 375-450毫升制剂/公顷 喷雾
PD20121697 甜菜夜蛾核型多角体病毒/2000亿PIB/克/母药/甜菜夜蛾核型多角体病毒 2000亿PIB/克/2012.11.05至2017.11.05/低毒
PD20130162 甜菜夜蛾核型多角体病毒/30亿PIB/毫升/悬浮剂/甜菜夜蛾核型多角体病毒 30亿PIB/毫升/2013.01.24 至 2018.01.24/低毒
十字花科蔬菜 甜菜夜蛾 300-450克制剂/公顷 喷雾
PD20130186 甜菜夜蛾核型多角体病毒/300亿PIB/克/水分散粒剂/甜菜夜蛾核型多角体病毒 300亿PIB/克/2013.01.24 至 2018.01.24/低毒
十字花科蔬菜 甜菜夜蛾 30-75克制剂/公顷 喷雾
LS20110217 阿维菌素/10%/悬浮剂/阿维菌素 10%/2013.08.04 至 2014.08.04/低毒(原药高毒)
棉花 红蜘蛛 10.5-16.5克/公顷 喷雾

河南省焦作华生化工有限公司 (河南省焦作市温县朱沟工业区 454850 0391-6105738)

PD20096521 混灭威/50%/乳油/混灭威 50%/2009.08.20 至 2014.08.20/低毒
水稻 稻飞虱 562.5-750克/公顷 喷雾
PD20096620 仲丁威/50%/乳油/仲丁威 50%/2009.09.02 至 2014.09.02/低毒
水稻 稻飞虱 750-900克/公顷 喷雾
PD20101281 杀螟丹/50%/可溶粉剂/杀螟丹 50%/2010.03.10 至 2015.03.10/低毒
水稻 二化螟 675-750克/公顷 喷雾
PD20120655 阿维·高氯氟/1%/乳油/阿维菌素 0.2%、高效氯氟氰菊酯 0.8%/2012.04.18 至 2017.04.18/中等毒(原药高毒)
甘蓝 小菜蛾 9-12克/公顷 喷雾
PD20131174 三唑磷/20%/乳油/三唑磷 20%/2013.05.27 至 2018.05.27/低毒
水稻 二化螟 225-300克/公顷 喷雾
PD20132111 吡虫啉/5%/乳油/吡虫啉 5%/2013.10.24 至 2018.10.24/低毒
水稻 稻飞虱 13.5-18克/公顷 喷雾
PD20132190 啶虫脒/5%/乳油/啶虫脒 5%/2013.10.29 至 2018.10.29/低毒
柑橘树 蚜虫 10-15毫克/千克 喷雾

河南省焦作市红马农药厂 (河南省博爱县城南博张路西侧 454450 0391-8903303)

PD20040365 吡虫啉/5%/乳油/吡虫啉 5%/2009.12.19 至 2014.12.19/低毒
棉花 蚜虫 11.25-18.75克/公顷 喷雾
PD20040571 吡虫·杀虫单/75%/可湿性粉剂/吡虫啉 3%、杀虫单 72%/2009.12.19 至 2014.12.19/低毒
水稻 稻纵卷叶螟、飞虱 540-756克/公顷 喷雾
PD20040577 哒螨灵/15%/乳油/哒螨灵 15%/2009.12.19 至 2014.12.19/中等毒
苹果树 红蜘蛛 50-67毫克/千克 喷雾
PD20084019 甲氰·辛硫磷/25%/乳油/甲氰菊酯 5%、辛硫磷 20%/2013.12.16 至 2018.12.16/中等毒
棉花 棉铃虫 281.25-375克/公顷 喷雾
PD20096064 丙环唑/250克/升/乳油/丙环唑 250克/升/2009.06.18 至 2014.06.18/低毒
小麦 锈病 125-150克/公顷 喷雾
PD20100345 阿维·高氯/2%/乳油/阿维菌素 0.4%、高效氯氰菊酯 1.6%/2010.01.11 至 2015.01.11/低毒(原药高毒)
甘蓝 小菜蛾 7.5-10.5克/公顷 喷雾

河南省焦作市瑞宝丰生化农药有限公司 (河南省焦作市博爱县月山火车站东600米 454493 0391-8987818)

PD20040275 高效氯氰菊酯/4.5%/乳油/高效氯氰菊酯 4.5%/2009.12.19 至 2014.12.19/中等毒
十字花科蔬菜 菜蚜 9-18克/公顷 喷雾
PD20040334 吡虫啉/10%/可湿性粉剂/吡虫啉 10%/2009.12.19 至 2014.12.19/低毒
水稻 稻飞虱 15-30克/公顷 喷雾
小麦 蚜虫 15-30克/公顷(南方地区) 喷雾
45-60克/公顷(北方地区)
PD20081608 啶虫脒/5%/乳油/啶虫脒 5%/2013.11.12 至 2018.11.12/低毒
小麦 蚜虫 11.25－22.5克/公顷 喷雾
PD20085239 阿维·高氯/1%/乳油/阿维菌素 0.3%、高效氯氰菊酯 0.7%/2013.12.23 至 2018.12.23/低毒(原药高毒)
十字花科蔬菜 小菜蛾 7.5-15克/公顷 喷雾
PD20090508 嗪酮·乙草胺/56%/乳油/嗪草酮 14%、乙草胺 42%/2014.01.12 至 2019.01.12/低毒
夏玉米田 一年生杂草 840-1008克/公顷 喷雾
PD20090555 吡·井·杀虫单/50%/可湿性粉剂/吡虫啉 1%、井冈霉素 6.5%、杀虫单 42.5%/2014.01.13 至 2019.01.13/中等毒
水稻 飞虱、纹枯病 750-900克/公顷 喷雾
PD20092169 阿维·高氯/3%/乳油/阿维菌素 0.2%、高效氯氰菊酯 2.8%/2014.02.23 至 2019.02.23/低毒(原药高毒)
十字花科蔬菜 菜青虫、小菜蛾 13.5-27克/公顷 喷雾
PD20096625 三唑锡/25%/可湿性粉剂/三唑锡 25%/2009.09.02 至 2014.09.02/低毒
柑橘树 红蜘蛛 166.7-250毫克/千克 喷雾
PD20096773 炔螨特/73%/乳油/炔螨特 73%/2009.09.15 至 2014.09.15/低毒
柑橘树 红蜘蛛 292-486.67毫克/千克 喷雾
PD20097363 棉核·高氯///可湿性粉剂/高效氯氰菊酯 2%、棉铃虫核型多角体病毒 1亿PIB/克/2009.10.27 至 2014.10.27/低毒
棉花 棉铃虫 1050-1500克制剂/公顷 喷雾
PD20097423 棉核·辛硫磷///可湿性粉剂/棉铃虫核型多角体病毒 1亿PIB/克、辛硫磷 18%/2009.10.28 至 2014.10.28/低毒

棉花 棉铃虫 1050-1500克制剂/公顷 喷雾
PD20100200 阿维·哒螨灵/10.5%/乳油/阿维菌素 0.5%、哒螨灵 10%/2010.01.05 至 2015.01.05/中等毒(原药高毒)
苹果树 红蜘蛛 4000-5000倍液 喷雾
PD20100941 辛硫磷/40%/乳油/辛硫磷 40%/2010.01.19 至 2015.01.19/低毒
棉花 棉铃虫 225-300克/公顷 喷雾
PD20101304 高氯·辛硫磷/21.5%/可湿性粉剂/高效氯氰菊酯 1.5%、辛硫磷 20%/2010.03.17 至 2015.03.17/低毒
棉花 棉铃虫 225.75-290.25克/公顷 喷雾
PD20101541 哒螨·矿物油/34%/乳油/哒螨灵 4%、矿物油 30%/2010.05.19 至 2015.05.19/中等毒
柑橘树 红蜘蛛 226.7-340毫克/千克 喷雾
PD20102175 硝钠·萘乙酸/2.85%/水剂/5-硝基邻甲氧基苯酚钠 0.27%、对硝基苯酚钠 0.83%、邻硝基苯酚钠 0.55%、萘乙酸 1.2%/2010.12.14 至 2015.12.14/低毒
大豆 调节生长 4000-6000倍液 喷雾

河南省金亮精细化工有限公司 (河南省商丘市周集工业园区 467000 0370-3489999)

PD20096510 高效氯氟氰菊酯/25克/升/乳油/高效氯氟氰菊酯 25克/升/2009.08.19 至 2014.08.19/中等毒
十字花科蔬菜 菜青虫 30-60毫升制剂/亩 喷雾
PD20097005 多菌灵/50%/可湿性粉剂/多菌灵 50%/2009.09.29 至 2014.09.29/低毒
花生 倒秧病 750-900克/公顷 喷雾

河南省金旺生化有限公司 (河南省周口市沈丘县付井镇工业区 466321 0394-5322208)

PD85151-7 2,4-滴丁酯/72%/乳油/2,4-滴丁酯 72%/2011.12.20 至 2016.12.20/低毒
谷子田、小麦田 双子叶杂草 525克/公顷 喷雾
水稻田 双子叶杂草 300-525克/公顷 喷雾
玉米田 双子叶杂草 1)1050克/公顷 1)苗前土壤处理
2)450-525克/公顷 2)喷雾
PD20040096 高效氯氰菊酯/4.5%/乳油/高效氯氰菊酯 4.5%/2009.12.19 至 2014.12.19/中等毒
茶树 茶尺蠖 15-25.5克/公顷 喷雾
柑橘树 红蜡蚧 50毫克/千克 喷雾
柑橘树 潜叶蛾 15-20毫克/千克 喷雾
棉花 红铃虫、棉铃虫、棉蚜 15-30克/公顷 喷雾
苹果树 桃小食心虫 20-33毫克/千克 喷雾
十字花科蔬菜 菜蚜 3-18克/公顷 喷雾
十字花科蔬菜 菜青虫、小菜蛾 9-25.5克/公顷 喷雾
PD20094109 氯氰·辛硫磷/20%/乳油/氯氰菊酯 1.5%、辛硫磷 18.5%/2009.03.27 至 2014.03.27/中等毒
棉花 棉铃虫、棉蚜 225-300克/公顷 喷雾
PD20096527 辛硫磷/40%/乳油/辛硫磷 40%/2009.08.20 至 2014.08.20/低毒
棉花 蚜虫 120-180克/公顷 喷雾
PD20100520 敌百·氧乐果/40%/乳油/敌百虫 20%、氧乐果 20%/2010.01.14 至 2015.01.14/高毒
小麦 蚜虫 360-600克/公顷 喷雾
PD20100581 氧乐果/40%/乳油/氧乐果 40%/2010.01.14 至 2015.01.14/高毒
小麦 蚜虫 81-162克/公顷 喷雾

河南省浚县粮保农药有限责任公司 (河南省浚县城东工业区 456250 0392-5523001)

PD20094464 磷化铝/56%/片剂/磷化铝 56%/2014.04.01 至 2019.04.01/剧毒
原粮 储粮害虫 4-8克/立方米 密闭熏蒸

河南省浚县绿宝农药厂 (河南省鹤壁市浚县屯子北2公里 456250 0392-2223355)

PD20081433 代森锰锌/90%/原药/代森锰锌 90%/2013.10.31 至 2018.10.31/低毒
PD20084716 代森锰锌/70%/可湿性粉剂/代森锰锌 70%/2013.12.22 至 2018.12.22/低毒
番茄 早疫病 1837.5-2362.5克/公顷 喷雾
PD20092177 百菌清/10%/烟剂/百菌清 10%/2014.02.23 至 2019.02.23/低毒
黄瓜(保护地) 霜霉病 750-1200克/公顷 点燃放烟
PD20092997 百菌清/40%/烟剂/百菌清 40%/2014.03.09 至 2019.03.09/低毒
黄瓜(保护地) 霜霉病 750-1200克/公顷 点燃放烟
PD20093319 霜脲·百菌清/25%/可湿性粉剂/百菌清 20%、霜脲氰 5%/2014.03.13 至 2019.03.13/低毒
黄瓜 霜霉病 562.6-703.1克/公顷 喷雾
PD20093491 哒螨·异丙威/12%/烟剂/哒螨灵 3%、异丙威 9%/2014.03.23 至 2019.03.23/中等毒
黄瓜(保护地) 蚜虫 360-540克/公顷 点燃放烟
黄瓜(保护地) 白粉虱 540-720克/公顷 点燃放烟
PD20093858 百菌清/30%/烟剂/百菌清 30%/2014.03.25 至 2019.03.25/低毒
黄瓜(保护地) 霜霉病 750-1200克/公顷 点燃放烟
PD20093974 氯氰·辛硫磷/20%/乳油/氯氰菊酯 1.5%、辛硫磷 18.5%/2014.03.27 至 2019.03.27/中等毒
苹果树 桃小食心虫 133-200毫克/千克 喷雾
PD20094084 高氯·马/37%/乳油/高效氯氰菊酯 0.8%、马拉硫磷 36.2%/2014.03.27 至 2019.03.27/中等毒
棉花 棉铃虫 555-666克/公顷 喷雾
PD20094128 精喹禾灵/50克/升/乳油/精喹禾灵 50克/升/2009.03.27 至 2014.03.27/低毒
大豆田 一年生禾本科杂草 52.5-67.5克/公顷 茎叶喷雾

PD20094247 稻丰散/50%/乳油/稻丰散 50%/2014.03.31 至 2019.03.31/中等毒
水稻 二化螟 750-900克/公顷 喷雾
PD20094311 锰锌·腈菌唑/47%/可湿性粉剂/腈菌唑 5%、代森锰锌 42%/2014.03.31 至 2019.03.31/低毒
番茄 叶霉病 705-951.75克/公顷 喷雾
PD20094375 甲硫·锰锌/50%/可湿性粉剂/甲基硫菌灵 20%、代森锰锌 30%/2014.04.01 至 2019.04.01/低毒
青椒 炭疽病 703.1-937.5克/公顷 喷雾
PD20094444 百菌清/20%/烟剂/百菌清 20%/2014.04.01 至 2019.04.01/低毒
黄瓜(保护地) 霜霉病 750-1200克/公顷 点燃放烟
PD20094453 腐霉·百菌清/15%/烟剂/百菌清 12%、腐霉利 3%/2014.04.01 至 2019.04.01/低毒
番茄(保护地) 灰霉病 450-675克/公顷 点燃放烟
PD20095410 烯唑·甲硫灵/47%/可湿性粉剂/甲基硫菌灵 42%、R-烯唑醇 5%/2014.04.30 至 2019.04.30/低毒
梨树 黑星病 1500-2000倍液 喷雾
PD20095550 异丙威/10%/烟剂/异丙威 10%/2009.05.12 至 2014.05.12/中等毒
黄瓜(保护地) 蚜虫 450-600克/公顷 点燃放烟
PD20095581 腐霉利/10%/烟剂/腐霉利 10%/2009.05.12 至 2014.05.12/低毒
番茄(保护地) 灰霉病 350—675克/公顷 放烟
PD20097559 异菌·百菌清/15%/烟剂/百菌清 9%、异菌脲 6%/2009.11.03 至 2014.11.03/低毒
番茄(保护地) 灰霉病 450-675克/公顷 点燃放烟
PD20100631 福·甲·硫磺/70%/可湿性粉剂/福美双 25%、甲基硫菌灵 15%、硫磺 30%/2010.01.14 至 2015.01.14/低毒
辣椒 炭疽病 735-945克/公顷 喷雾

河南省开封克灵丰药业有限公司 (河南省开封市尉氏县十八里镇 452171 0378-7486660)

PD85126-14 三氯杀螨醇/20%/乳油/三氯杀螨醇 20%/2010.06.28 至 2015.06.28/低毒
棉花 红蜘蛛 240-300克/公顷 喷雾
苹果树 红蜘蛛、锈蜘蛛 800-1000倍液 喷雾
PD85154-11 氰戊菊酯/20%/乳油/氰戊菊酯 20%/2010.06.28 至 2015.06.28/中等毒
柑橘树 潜叶蛾 10-20毫克/千克 喷雾
果树 梨小食心虫 10-20毫克/千克 喷雾
棉花 红铃虫、蚜虫 75-150克/公顷 喷雾
PD20060116 氯氰菊酯/5%/乳油/氯氰菊酯 5%/2011.06.13 至 2016.06.13/中等毒
棉花 棉铃虫 60-90克/公顷 喷雾
PD20082517 氰戊·辛硫磷/50%/乳油/氰戊菊酯 4.5%、辛硫磷 45.5%/2013.12.03 至 2018.12.03/中等毒
棉花 蚜虫 150-225克/公顷 喷雾
PD20083381 辛硫·高氯氟/25%/乳油/高效氯氟氰菊酯 0.5%、辛硫磷 24.5%/2013.12.11 至 2018.12.11/中等毒
棉花 棉铃虫 300-375克/公顷 喷雾
PD20084598 氰戊·马拉松/20%/乳油/马拉硫磷 15%、氰戊菊酯 5%/2013.12.18 至 2018.12.18/中等毒
棉花 棉铃虫 300-360克/公顷 喷雾
PD20084853 溴氰·辛硫磷/25%/乳油/辛硫磷 24.5%、溴氰菊酯 0.5%/2013.12.22 至 2018.12.22/中等毒
棉花 棉铃虫 300-375克/公顷 喷雾
PD20085145 甲氰·辛硫磷/25%/乳油/甲氰菊酯 5%、辛硫磷 20%/2013.12.23 至 2018.12.23/中等毒
棉花 棉铃虫 225-345克/公顷 喷雾
PD20092765 辛硫磷/40%/乳油/辛硫磷 40%/2014.03.04 至 2019.03.04/低毒
棉花 棉铃虫 225-300克/公顷 喷雾
PD20095705 氧乐果/40%/乳油/氧乐果 40%/2009.05.15 至 2014.05.15/高毒
小麦 蚜虫 81-162克/公顷 喷雾

河南省开封市丰田化工厂 (河南省尉氏县人民路西关段 475500 0378-7539599)

PD20093336 草甘膦/95%/原药/草甘膦 95%/2014.03.18 至 2019.03.18/低毒
PD20093586 马拉硫磷/45%/乳油/马拉硫磷 45%/2014.03.23 至 2019.03.23/低毒
棉花 盲蝽蟓 405-607.5克/公顷 喷雾
PD20094124 甲霜·锰锌/58%/可湿性粉剂/甲霜灵 10%、代森锰锌 48%/2014.03.27 至 2019.03.27/低毒
黄瓜 霜霉病 1305-1632克/公顷 喷雾
PD20094833 氯氰·辛硫磷/20%/乳油/氯氰菊酯 1.5%、辛硫磷 18.5%/2014.04.13 至 2019.04.13/中等毒
棉花 棉铃虫 225-300克/公顷 喷雾
PD20095093 阿维·高氯/1.8%/乳油/阿维菌素 0.3%、高效氯氰菊酯 1.5%/2009.04.24 至 2014.04.24/低毒(原药高毒)
甘蓝 小菜蛾 10.8-15克/公顷 喷雾
PD20095397 氯氰·氧乐果/10%/乳油/氯氰菊酯 1%、氧乐果 9%/2009.04.27 至 2014.04.27/中等毒(原药高毒)
棉花 蚜虫 60-75克/公顷 喷雾
PD20095734 精喹禾灵/5%/乳油/精喹禾灵 5%/2009.05.18 至 2014.05.18/低毒
夏大豆田 一年生禾本科杂草 22.5-31.5克/公顷 茎叶喷雾
PD20097784 氯氰·毒死蜱/522.5克/升/乳油/毒死蜱 475克/升、氯氰菊酯 47.5克/升/2009.11.20 至 2014.11.20/中等毒
甘蓝 菜青虫 391.9-470.25克/公顷 喷雾
PD20101504 氯氰·水胺/20%/乳油/氯氰菊酯 1.5%、水胺硫磷 18.5%/2010.05.10 至 2015.05.10/高毒
棉花 棉铃虫 120-150克/公顷 喷雾

河南省开封市浪潮化工有限公司 (河南省尉氏县大营工业区 452170 0378-7369666)

PD20085534 炔螨特/73%/乳油/炔螨特 73%/2013.12.25 至 2018.12.25/低毒
柑橘树 红蜘蛛 292-365毫克/千克 喷雾
PD20085718 高效氯氟氰菊酯/25克/升/乳油/高效氯氟氰菊酯 25克/升/2013.12.26 至 2018.12.26/中等毒
小麦 蚜虫 4.5-7.5克/公顷 喷雾
PD20091252 毒死蜱/480克/升/乳油/毒死蜱 480克/升/2014.02.01 至 2019.02.01/中等毒
水稻 稻纵卷叶螟 576-720克/公顷 喷雾
PD20091461 噻嗪・异丙威/25%/可湿性粉剂/噻嗪酮 5%、异丙威 20%/2014.02.02 至 2019.02.02/低毒
水稻 稻飞虱 506.25-562.5克/公顷 喷雾
PD20091915 敌敌畏/80%/乳油/敌敌畏 80%/2014.02.12 至 2019.02.12/中等毒
甘蓝 菜青虫 600-960克/公顷 喷雾
PD20092470 氯氰・丙溴磷/440克/升/乳油/丙溴磷 400克/升、氯氰菊酯 40克/升/2014.02.25 至 2019.02.25/低毒
棉花 棉铃虫 462～660克/公顷 喷雾
PD20092601 三唑磷/10%/乳油/三唑磷 10%/2009.02.27 至 2014.02.27/中等毒
水稻 二化螟 210-240克/公顷 喷雾
PD20093666 氰草・莠去津/30%/悬浮剂/氰草津 15%、莠去津 15%/2014.03.25 至 2019.03.25/低毒
夏玉米田 一年生杂草 900-1350克/公顷 土壤喷雾
PD20094104 异丙甲草胺/720克/升/乳油/异丙甲草胺 720克/升/2014.03.27 至 2019.03.27/低毒
夏玉米田 一年生禾本科杂草及部分小粒种子阔叶杂草 1350-1620克/公顷 土壤喷雾
PD20094116 精喹禾灵/10.8%/乳油/精喹禾灵 10.8%/2009.03.27 至 2014.03.27/低毒
夏大豆田 一年生禾本科杂草 48.6-64.8克/公顷 茎叶喷雾
PD20094901 阿维菌素/18克/升/乳油/阿维菌素 18克/升/2014.04.13 至 2019.04.13/低毒(原药高毒)
甘蓝 小菜蛾 8.1-10.8克/公顷 喷雾
PD20096551 乙草胺/81.5%/乳油/乙草胺 81.5%/2009.08.24 至 2014.08.24/低毒
夏玉米田 一年生禾本科杂草及部分小粒种子阔叶杂草 1080-1350克/公顷 播后苗前土壤喷雾
PD20097546 苯磺隆/75%/水分散粒剂/苯磺隆 75%/2009.11.03 至 2014.11.03/低毒
冬小麦田 一年生阔叶杂草 13.5-22.5克/公顷 茎叶喷雾
PD20098049 多菌灵/25%/可湿性粉剂/多菌灵 25%/2009.12.07 至 2014.12.07/低毒
水稻 稻瘟病 750-937.5克/公顷 喷雾
PD20101378 啶虫脒/5%/乳油/啶虫脒 5%/2010.04.02 至 2015.04.02/低毒
苹果树 蚜虫 8-12毫克/千克 喷雾
PD20101803 联苯菊酯/25克/升/乳油/联苯菊酯 25克/升/2010.07.13 至 2015.07.13/低毒
柑橘树 红蜘蛛 20.8-31.25毫克/千克 喷雾
PD20121472 甲氨基阿维菌素苯甲酸盐/2%/乳油/甲氨基阿维菌素 2%/2012.10.08 至 2017.10.08/低毒
甘蓝 小菜蛾 2.1-3.3克/公顷 喷雾
注:甲氨基阿维菌素苯甲酸盐含量：2.3%。
PD20131426 阿维・哒螨灵/6.8%/乳油/阿维菌素 0.1%、哒螨灵 6.7%/2013.07.03 至 2018.07.03/低毒(原药高毒)
柑橘树 红蜘蛛 33.9-45.2毫克/千克 喷雾

河南省开封市利民农药厂 (河南省开封市城北王周庄 475021 0378-5956725)

PD85109-5 55%甲拌磷乳油//乳油/甲拌磷 55%/2010.04.15 至 2015.04.15/高毒
棉花 地下害虫、蚜虫、螨 600-800克/100千克种子 浸种、拌种
注:甲拌磷乳油只准用于浸、拌种，严禁喷雾使用。

河南省开封市农药厂 (河南省开封市郊区南干道东转盘南300米 475003 0378-2943454)

PD20084128 氰戊・马拉松/20%/乳油/马拉硫磷 15%、氰戊菊酯 5%/2013.12.16 至 2018.12.16/中等毒
棉花 棉铃虫 90-150克/公顷 喷雾
苹果树 桃小食心虫 160-333毫克/千克 喷雾
小麦 蚜虫 60-90克/公顷 喷雾
PD20084500 灭多威/20%/乳油/灭多威 20%/2013.12.18 至 2018.12.18/高毒
棉花 蚜虫 75-150克/公顷 喷雾
棉花 棉铃虫 150-225克/公顷 喷雾
PD20086011 氰戊・氧乐果/25%/乳油/氰戊菊酯 5%、氧乐果 20%/2013.12.29 至 2018.12.29/高毒
棉花 棉铃虫、棉蚜 112.5-150克/公顷 喷雾
棉花 棉红蜘蛛 112.5-180克/公顷 喷雾
PD20094206 丙溴・灭多威/25%/乳油/丙溴磷 15%、灭多威 10%/2014.03.30 至 2019.03.30/中等毒(原药高毒)
棉花 棉铃虫 225-375克/公顷 喷雾
PD20095518 丙溴・辛硫磷/25%/乳油/丙溴磷 5%、辛硫磷 20%/2009.05.11 至 2014.05.11/低毒
棉花 棉铃虫 187.5-281.25克/公顷 喷雾

河南省开封市种衣剂厂 (河南省开封市南关区金粱45号 475003 0378-2535607)

PD20092113 福・克/20%/悬浮种衣剂/福美双 10%、克百威 10%/2014.02.23 至 2019.02.23/高毒
玉米 地下害虫 1:40-50(药种比) 种子包衣
PD20093055 甲・戊・福美双/14%/悬浮种衣剂/福美双 10%、甲基异柳磷 3.88%、戊唑醇 0.12%/2014.03.09 至 2019.03.09/低毒(原药高毒)

小麦 地下害虫、纹枯病 1:50(药种比) 种子包衣

PD20102127 溴氰菊酯/25克/升/乳油/溴氰菊酯 25克/升/2010.12.02 至 2015.12.02/中等毒

棉花 棉铃虫、棉蚜 3-4.5克/公顷 喷雾

小白菜 蚜虫 2.25-3克/公顷 喷雾

PD20131791 辛硫·多菌灵/16%/悬浮种衣剂/多菌灵 8%、辛硫磷 8%/2013.09.09 至 2018.09.09/低毒

花生 根腐病、蛴螬 266.7-400克/100千克种子 种子包衣

河南省开封田威生物化学有限公司 (开封市经济开发区黄龙园区开封县科教大道11号 475100 0378-6668982)

PD20080374 啶虫脒/5%/乳油/啶虫脒 5%/2013.02.28 至 2018.02.28/低毒

黄瓜 蚜虫 18-22.5克/公顷 喷雾

PD20083737 氟乐灵/480克/升/乳油/氟乐灵 480克/升/2013.12.15 至 2018.12.15/低毒

棉花田 一年生禾本科杂草及部分阔叶杂草 900-1080克/公顷 土壤喷雾

PD20090671 精噁唑禾草灵/69克/升/水乳剂/精噁唑禾草灵 69克/升/2014.01.19 至 2019.01.19/低毒

春小麦田、冬小麦田 一年生禾本科杂草 51.75-72.45克/公顷 茎叶喷雾

PD20091926 烯草酮/240克/升/乳油/烯草酮 240克/升/2014.02.12 至 2019.02.12/低毒

春大豆田 一年生禾本科杂草 90-144克/公顷 茎叶喷雾

夏大豆田 一年生禾本科杂草 72-90克/公顷 茎叶喷雾

PD20091970 溴氰菊酯/25克/升/乳油/溴氰菊酯 25克/升/2014.02.12 至 2019.02.12/低毒

十字花科蔬菜 菜青虫 3.15-4.05克/公顷 喷雾

PD20093164 多菌灵/50%/可湿性粉剂/多菌灵 50%/2014.03.11 至 2019.03.11/低毒

小麦 赤霉病 750-900克/公顷 喷雾

PD20093170 联苯菊酯/100克/升/乳油/联苯菊酯 100克/升/2014.03.11 至 2019.03.11/中等毒

茶树 茶尺蠖 11.25-15克/公顷 喷雾

PD20093542 氯氟吡氧乙酸异辛酯/95%/原药/氯氟吡氧乙酸异辛酯 95%/2014.03.23 至 2019.03.23/低毒

PD20093564 氯氟吡氧乙酸/200克/升/乳油/氯氟吡氧乙酸 200克/升/2014.03.23 至 2019.03.23/低毒

冬小麦田 一年生阔叶杂草 150-210克/公顷 茎叶喷雾

PD20093811 乙铝·锰锌/42%/可湿性粉剂/代森锰锌 17%、三乙膦酸铝 25%/2014.03.25 至 2019.03.25/低毒

黄瓜 霜霉病 1181.25-2362.5克/公顷 喷雾

PD20094481 精喹禾灵/5%/乳油/精喹禾灵 5%/2009.04.09 至 2014.04.09/低毒

夏大豆田 一年生禾本科杂草 37.5-52.5克/公顷 喷雾

PD20094862 阿维菌素/1.8%/乳油/阿维菌素 1.8%/2009.04.13 至 2014.04.13/低毒(原药高毒)

十字花科蔬菜 小菜蛾 6-7.5克/公顷 喷雾

PD20095684 腈菌唑/12.5%/乳油/腈菌唑 12.5%/2009.05.15 至 2014.05.15/低毒

黄瓜 白粉病 22.5-30克/公顷 喷雾

PD20096065 烟嘧磺隆/95%/原药/烟嘧磺隆 95%/2009.06.18 至 2014.06.18/低毒

PD20096529 多抗霉素/3%/可湿性粉剂/多抗霉素 3%/2009.08.20 至 2014.08.20/低毒

番茄 晚疫病 213.75—270克/公顷 喷雾

PD20097391 烟嘧磺隆/40克/升/可分散油悬浮剂/烟嘧磺隆 40克/升/2009.10.28 至 2014.10.28/低毒

玉米田 一年生杂草 42-60克/公顷 茎叶喷雾

PD20097988 丙环唑/250克/升/乳油/丙环唑 250克/升/2009.12.07 至 2014.12.07/低毒

香蕉 叶斑病 250—500毫克/千克 喷雾

PD20100403 草甘膦异丙胺盐(41%)///水剂/草甘膦 30%/2010.01.14 至 2015.01.14/低毒

玉米田 杂草 922.5-1230克/公顷 定向茎叶喷雾

PD20111034 乙蒜素/90%/原药/乙蒜素 90%/2011.10.08 至 2016.10.08/中等毒

PD20121040 阿维菌素/3.2%/乳油/阿维菌素 3.2%/2012.07.04 至 2017.07.04/低毒(原药高毒)

水稻 稻纵卷叶螟 4.5-7.5克/公顷 喷雾

河南省兰考县苏豫精细化工厂 (河南省兰考县城关乡高场村工业园内 475300 0378-6915589)

PD20084033 氯氰·氧乐果/10%/乳油/氯氰菊酯 2%、氧乐果 8%/2013.12.16 至 2018.12.16/高毒

棉花 蚜虫 90-120克/公顷 喷雾

PD20084036 高效氯氟氰菊酯/25克/升/乳油/高效氯氟氰菊酯 25克/升/2013.12.16 至 2018.12.16/中等毒

棉花 棉铃虫 7.5-9.375克/公顷 喷雾

PD20085395 唑酮·氧乐果/30%/乳油/三唑酮 10%、氧乐果 20%/2013.12.24 至 2018.12.24/高毒

小麦 白粉病、蚜虫 408-480克/公顷 喷雾

PD20090725 马拉硫磷/45%/乳油/马拉硫磷 45%/2014.01.19 至 2019.01.19/低毒

棉花 盲蝽蟓 506.25-607.5克/公顷 喷雾

PD20097217 烟嘧磺隆/40克/升/可分散油悬浮剂/烟嘧磺隆 40克/升/2009.10.19 至 2014.10.19/低毒

玉米田 一年生杂草 42-60克/公顷 茎叶喷雾

PD20101240 溴氰菊酯/25克/升/乳油/溴氰菊酯 25克/升/2010.03.01 至 2015.03.01/中等毒

棉花 蚜虫 3-4.5克/公顷 喷雾

PD20101471 复硝酚钠/1.8%/水剂/5-硝基邻甲氧基苯酚钠 0.3%、对硝基苯酚钠 0.9%、邻硝基苯酚钠 0.6%/2010.05.04 至2015.05.04/低毒

棉花 调节生长、增产 2000-3000倍液 喷雾

PD20110946 阿维菌素/18克/片/乳油/阿维菌素 18克/片/2011.09.07 至 2016.09.07/低毒(原药高毒)

棉花 红蜘蛛 10.8-16.2克/公顷 喷雾

PD20111370 甲氨基阿维菌素苯甲酸盐/0.5%/微乳剂/甲氨基阿维菌素 0.5%/2011.12.14 至 2016.12.14/低毒
甘蓝 甜菜夜蛾 1.5-3克/公顷 喷雾
注:甲氨基阿维菌素苯甲酸盐含量：0.57%。
PD20121013 啶虫脒/5%/可湿性粉剂/啶虫脒 5%/2012.07.02 至 2017.07.02/低毒
甘蓝 蚜虫 13.5-22.5克/公顷 喷雾

河南省洛阳龙邦生化科技有限公司 (河南省洛阳市洛龙区花园经济开发区 471023 0371-65360990)

PD20092180 甲基硫菌灵/70%/可湿性粉剂/甲基硫菌灵 70%/2014.02.23 至 2019.02.23/低毒
番茄 叶霉病 525-630克/公顷 喷雾
PD20094234 氯氟吡氧乙酸/200克/升/乳油/氯氟吡氧乙酸 200克/升/2014.03.31 至 2019.03.31/低毒
冬小麦田 一年生阔叶杂草 150-210克/公顷 茎叶喷雾
PD20095062 代森锰锌/80%/可湿性粉剂/代森锰锌 80%/2014.04.21 至 2019.04.21/低毒
番茄 早疫病 1800-2400克/公顷 喷雾
PD20131461 高氯·甲维盐/5.5%/微乳剂/高效氯氰菊酯 5%、甲氨基阿维菌素苯甲酸盐 0.5%/2013.07.05 至 2018.07.05/中等毒
甘蓝 甜菜夜蛾 28.88-33克/公顷 喷雾

河南省洛阳市绿野生物工程有限公司 (河南省洛阳市涧西区天津路70号 471003 0379-64282284)

PD20085212 克百·多菌灵/16%/悬浮种衣剂/多菌灵 6%、克百威 10%/2013.12.23 至 2018.12.23/高毒
小麦 地老虎、金针虫、蝼蛄、蛴螬、纹枯病 1:25-30(药种比) 种子包衣
PD20091307 多·福·克/30%/悬浮种衣剂/多菌灵 10%、福美双 10%、克百威 10%/2014.02.01 至 2019.02.01/中等毒(原药高毒)
大豆 地老虎、根腐病、金针虫、蝼蛄、蛴螬 1:60-80(药种比) 种子包衣
PD20091394 福·克/20%/悬浮种衣剂/福美双 10%、克百威 10%/2014.02.02 至 2019.02.02/高毒
玉米 茎基腐病、金针虫、蝼蛄、蛴螬 1:30-40(药种比) 种子包衣
PD20095987 氯氰·毒死蜱/25%/乳油/毒死蜱 22.5%、氯氰菊酯 2.5%/2009.06.11 至 2014.06.11/低毒
棉花 棉铃虫 225-375克/公顷 喷雾

河南省洛阳市三叶草生物工程有限公司 (河南省洛阳市廛河回族区龙泉三街坊31号楼 471002 0379-62724097)

PD20096561 溴鼠灵/0.005%/毒饵/溴鼠灵 0.005%/2009.08.24 至 2014.08.24/低毒(原药高毒)
室内、外 家鼠 15-30克毒饵/15平方米 堆施或穴施
PD20111011 溴敌隆/0.005%/毒饵/溴敌隆 0.005%/2011.09.28 至 2016.09.28/低毒(原药高毒)
室内 家鼠 饱和投饵 投饵
WP20110075 杀蟑饵粒/1%/饵粒/残杀威 1%/2011.03.24 至 2016.03.24/低毒
卫生 蜚蠊 / 投放
WP20130266 右胺·残·高氯/10%/水乳剂/残杀威 5%、高效氯氰菊酯 3%、右旋胺菊酯 2%/2013.12.25 至 2018.12.25/低毒
室内 蚊、蝇、蜚蠊 15毫升/立方米（蚊、蝇） 滞留喷洒
150毫升/平方米（蜚蠊）
WL20100261 杀虫热雾剂/2.5%/热雾剂/高效氯氰菊酯 2%、右旋胺菊酯 0.5%/2012.11.09 至 2013.11.09/低毒
卫生 蚊、蝇、蜚蠊 / 加热雾化
WL20110011 烯丙·氯菊/12%/水乳剂/富右旋反式烯丙菊酯 4%、氯菊酯 8%/2013.01.07 至 2014.01.07/低毒
卫生 蚊、蝇、蜚蠊 130-150毫克/平方米 滞留喷洒
WL20110017 右胺·氯菊/10%/微乳剂/氯菊酯 5.5%、右旋胺菊酯 4.5%/2013.02.11 至 2014.02.11/低毒
卫生 蚊、蝇、蜚蠊 1.3-1.5克制剂/平方米 滞留喷洒
WL20120014 右胺·高氯氟/5%/水乳剂/高效氯氟氰菊酯 3%、右旋胺菊酯 2%/2013.03.07 至 2014.03.07/中等毒
室外 蚊、蝇 3毫克/平方米 超低容量喷雾

河南省孟州市华丰生化农药有限公司 (河南省孟州市东南化工工业区 457450 0391-8433263)

PD20040737 吡虫啉/5%/乳油/吡虫啉 5%/2009.12.19 至 2014.12.19/低毒
水稻 稻飞虱 9-18克/公顷 喷雾
PD20091308 多·福/50%/可湿性粉剂/多菌灵 25%、福美双 25%/2014.02.01 至 2019.02.01/低毒
梨树 黑星病 300-500倍液 喷雾
PD20097033 阿维菌素/1.8%/乳油/阿维菌素 1.8%/2009.10.10 至 2014.10.10/低毒(原药高毒)
甘蓝 小菜蛾 6-9克/公顷 喷雾

河南省孟州市平原农药有限责任公司 (河南省焦作市孟州市西工区 454750 0391-8166530)

PD20081757 硫磺·多菌灵/50%/悬浮剂/多菌灵 15%、硫磺 35%/2013.11.18 至 2018.11.18/低毒
花生 叶斑病 1200-1800克/公顷 喷雾
PD20081758 硫磺·多菌灵/50%/可湿性粉剂/多菌灵 15%、硫磺 35%/2013.11.18 至 2018.11.18/低毒
花生 叶斑病 1200-1800克/公顷 喷雾
PD20094135 辛硫磷/3%/颗粒剂/辛硫磷 3%/2009.03.27 至 2014.03.27/低毒
花生 地下害虫 2250-3600克/公顷 撒施
PD20094213 甲硫·福美双/70%/可湿性粉剂/福美双 22%、甲基硫菌灵 48%/2009.03.31 至 2014.03.31/中等毒
黄瓜 炭疽病 525-787.5克/公顷 喷雾
PD20095459 阿维菌素/1.8%/乳油/阿维菌素 1.8%/2009.05.11 至 2014.05.11/低毒(原药高毒)
十字花科蔬菜 小菜蛾 6.75-10.8克/公顷 喷雾
PD20101622 多菌灵/50%/可湿性粉剂/多菌灵 50%/2010.06.03 至 2015.06.03/低毒
苹果树 炭疽病 1000-1250毫克/千克 喷雾
PD20110279 吡虫啉/5%/乳油/吡虫啉 5%/2011.03.11 至 2016.03.11/低毒
水稻 稻飞虱 13.5-27克/公顷 喷雾

河南省南阳大华化工厂 (河南省南阳市宛城区溧河乡经济开发区 473000 0377-62262058)

PD20097149 井冈霉素/3%/水剂/井冈霉素 3%/2009.10.16 至 2014.10.16/低毒
水稻 纹枯病 150—187.5克公顷 喷雾
PD20100762 三唑磷/20%/乳油/三唑磷 20%/2010.01.18 至 2015.01.18/中等毒
水稻 三化螟 1875-2250毫升制剂/公顷 喷雾

河南省南阳市丰达农药化工有限责任公司 (河南省南阳市宛城区北郊大庄 473000 0377-63223639)

PD20082557 甲氰·辛硫磷/23%/乳油/甲氰菊酯 5%、辛硫磷 18%/2013.12.04 至 2018.12.04/中等毒
棉花 棉铃虫 258.8-345克/公顷 喷雾
PD20082654 溴氰·马拉松/26%/乳油/马拉硫磷 25.2%、溴氰菊酯 0.8%/2013.12.04 至 2018.12.04/中等毒
棉花 棉铃虫 195-390克/公顷 喷雾
PD20082792 氰戊·马拉松/20%/乳油/马拉硫磷 15%、氰戊菊酯 5%/2013.12.09 至 2018.12.09/中等毒
棉花 棉铃虫 90-150克/公顷 喷雾
苹果树 桃小食心虫 160-333毫克/千克 喷雾
十字花科蔬菜 菜青虫、蚜虫 90-150克/公顷 喷雾
小麦 蚜虫 90-120克/公顷 喷雾

河南省南阳市福来石油化学有限公司 (河南省南阳市七一路五号 473010 0377-63216501)

PD20040092 高效氯氰菊酯/4.5%/乳油/高效氯氰菊酯 4.5%/2009.12.19 至 2014.12.19/中等毒
棉花 棉铃虫 15-30克/公顷 喷雾
PD20040185 氯氰菊酯/5%/乳油/氯氰菊酯 5%/2009.12.19 至 2014.12.19/中等毒
十字花科蔬菜 菜青虫 30-45克/公顷 喷雾
PD20082412 炔螨特/730克/升/乳油/炔螨特 730克/升/2013.12.02 至 2018.12.02/低毒
柑橘树 红蜘蛛 243.3-292毫克/千克 喷雾
PD20082537 炔螨特/57%/乳油/炔螨特 57%/2013.12.03 至 2018.12.03/低毒
柑橘树 红蜘蛛 228-380毫克/千克 喷雾
PD20084199 炔螨特/25%/乳油/炔螨特 25%/2013.12.16 至 2018.12.16/低毒
柑橘树 红蜘蛛 250-333毫克/千克 喷雾
PD20084521 氯氰·辛硫磷/20%/乳油/氯氰菊酯 1.5%、辛硫磷 18.5%/2013.12.18 至 2018.12.18/中等毒
棉花 棉铃虫 225-300克/公顷 喷雾
PD20084613 炔螨特/40%/乳油/炔螨特 40%/2013.12.18 至 2018.12.18/低毒
柑橘树 红蜘蛛 266.7-400毫克/千克 喷雾
棉花 红蜘蛛 240-360克/公顷 喷雾
苹果树 红蜘蛛 320-400毫克/千克 喷雾
PD20091334 高氯·马/20%/乳油/高效氯氰菊酯 2%、马拉硫磷 18%/2014.02.01 至 2019.02.01/低毒
茶树 茶小绿叶蝉 120-180克/公顷 喷雾
棉花 棉铃虫 60-180克/公顷 喷雾
PD20092693 毒·辛/40%/乳油/毒死蜱 10%、辛硫磷 30%/2014.03.03 至 2019.03.03/低毒
棉花 棉铃虫 360-450克/公顷 喷雾
PD20094567 阿维菌素/1.8%/乳油/阿维菌素 1.8%/2014.04.09 至 2019.04.09/低毒(原药高毒)
柑橘树 红蜘蛛 6-9毫克/千克 喷雾
PD20097023 吡虫啉/200克/升/可溶液剂/吡虫啉 200克/升/2009.10.10 至 2014.10.10/低毒
水稻 飞虱 24—30克/公顷 喷雾
PD20100049 高效氯氟氰菊酯/25克/升/乳油/高效氯氟氰菊酯 25克/升/2010.01.04 至 2015.01.04/低毒
十字花科叶菜 菜青虫 7. 5-15克/公顷 喷雾
PD20100222 丙环唑/250克/升/乳油/丙环唑 250克/升/2010.01.11 至 2015.01.11/低毒
香蕉树 叶斑病 250-500毫克/千克 喷雾
PD20100289 联苯菊酯/100克/升/乳油/联苯菊酯 100克/升/2010.01.11 至 2015.01.11/低毒
茶树 茶小绿叶蝉 30-45克/公顷 喷雾
PD20100298 毒死蜱/480克/升/乳油/毒死蜱 480克/升/2010.01.11 至 2015.01.11/中等毒
水稻 飞虱 70-90毫升制剂/亩 喷雾

河南省南阳市宛城农药化工厂 (河南省南阳市宛城区溧河乡何庄路口 473000 0377-63650077)

PD20040661 哒螨灵/15%/乳油/哒螨灵 15%/2009.12.19 至 2014.12.19/中等毒
柑橘树 红蜘蛛 50-67毫克/千克 喷雾

河南省南阳卧龙农药厂 (河南省南阳市中州西路130号 473000 0377-63551825)

PD20101511 乙蒜素/20%/乳油/乙蒜素 20%/2010.05.10 至 2015.05.10/低毒
黄瓜 霜霉病 210—262.5克/公顷 喷雾
棉花 枯萎病 210—262.5克/公顷 喷雾
水稻 稻瘟病 225-281.25克/公顷 喷雾
LS20100056 噁霉·乙蒜素/19.8%/可湿性粉剂/噁霉灵 4.8%、乙蒜素 15%/2012.04.14 至 2013.04.14/低毒
辣椒 炭疽病 178.2-222.75克/公顷 喷雾

河南省平顶山市梨园化工总厂 (河南省汝州市广城西路 467500 0375-6862027)

PD85105-86 敌敌畏/77.5%/乳油/敌敌畏 77.5%/2010.04.08 至 2015.04.08/中等毒
茶树 食叶害虫 600克/公顷 喷雾
粮仓 多种储藏害虫 1)400-500倍液 1)喷雾

			2)0.4-0.5克/立方米	2)挂条熏蒸
	棉花	蚜虫、造桥虫	600-1200克/公顷	喷雾
	苹果树	小卷叶蛾、蚜虫	400-500毫克/千克	喷雾
	青菜	菜青虫	600克/公顷	喷雾
	桑树	尺蠖	600克/公顷	喷雾
	卫生	多种卫生害虫	1)300-400倍液2)0.08克/立方米	1)泼洒2)挂条熏蒸
	小麦	黏虫、蚜虫	600克/公顷	喷雾

河南省汝州市试剂厂　(河南省新郑市薛店镇草花路东侧　451100　)

PD20097968	烟嘧磺隆/40克/升/可分散油悬浮剂/烟嘧磺隆 40克/升/2009.12.01 至 2014.12.01/低毒			
	玉米田	一年生杂草	42-60克/公顷	茎叶喷雾

河南省商丘天神农药厂　(河南省商丘市睢阳区城东南门　476100　0370-3313106)

PD84118-44	多菌灵/25%/可湿性粉剂/多菌灵 25%/2010.04.27 至 2015.04.27/低毒			
	果树	病害	0.05-0.1%药液	喷雾
	花生	倒秧病	750克/公顷	喷雾
	麦类	赤霉病	750克/公顷	喷雾,泼浇
	棉花	苗期病害	500克/100千克种子	拌种
	水稻	稻瘟病、纹枯病	750克/公顷	喷雾,泼浇
	油菜	菌核病	1125-1500克/公顷	喷雾
PD85126-17	三氯杀螨醇/20%/乳油/三氯杀螨醇 20%/2010.04.27 至 2015.04.27/低毒			
	棉花	红蜘蛛	225-300克/公顷	喷雾
	苹果树	红蜘蛛、锈蜘蛛	800-1000倍液	喷雾
PD20060209	吡虫啉/2%/乳油/吡虫啉 2%/2011.12.10 至 2016.12.10/低毒			
	水稻	飞虱	9-18克/公顷	喷雾
PD20070586	啶虫脒/5%/乳油/啶虫脒 5%/2012.12.14 至 2017.12.14/低毒			
	苹果树	蚜虫	15-20毫克/千克	喷雾
PD20082335	噻吩磺隆/15%/可湿性粉剂/噻吩磺隆 15%/2013.12.01 至 2018.12.01/低毒			
	冬小麦田	一年生阔叶杂草	22.5-31.5克/公顷	茎叶喷雾
PD20091583	氯氰·辛硫磷/20%/乳油/氯氰菊酯 1.5%、辛硫磷 18.5%/2009.02.03 至 2014.02.03/中等毒			
	棉花	棉铃虫、棉蚜	225-300克/公顷	喷雾
PD20091595	阿维·高氯/1%/乳油/阿维菌素 0.2%、高效氯氰菊酯 0.8%/2009.02.03 至 2014.02.03/低毒(原药高毒)			
	十字花科蔬菜	小菜蛾	7.5-10.5克/公顷	喷雾
PD20092022	辛硫磷/3%/颗粒剂/辛硫磷 3%/2009.02.12 至 2014.02.12/低毒			
	小麦	地下害虫	1350-1800克/公顷	撒施
PD20092214	异丙草·莠/40%/悬乳剂/异丙草胺 16%、莠去津 24%/2009.02.24 至 2014.02.24/低毒			
	夏玉米田	一年生杂草	1050-1500克/公顷	喷雾
PD20092535	马拉·三唑酮/35%/乳油/马拉硫磷 28%、三唑酮 7%/2009.02.26 至 2014.02.26/低毒			
	小麦	白粉病、蚜虫	525-656克/公顷	喷雾
PD20093251	辛硫·三唑酮/28.5%/乳油/三唑酮 4.5%、辛硫磷 24%/2009.03.11 至 2014.03.11/低毒			
	小麦	地下害虫	28.5-42.75克/100千克种子	拌种
PD20094717	辛硫·灭多威/20%/乳油/灭多威 10%、辛硫磷 10%/2009.04.10 至 2014.04.10/高毒			
	棉花	蚜虫	150-180克/公顷	喷雾
PD20094758	硫磺·锰锌/70%/可湿性粉剂/硫磺 42%、代森锰锌 28%/2009.04.13 至 2014.04.13/低毒			
	豇豆	锈病	1575-2100克/公顷	喷雾
PD20094911	苄嘧·苯噻酰/50%/可湿性粉剂/苯噻酰草胺 47%、苄嘧磺隆 3%/2009.04.13 至 2014.04.13/低毒			
	水稻抛秧田	多年生杂草、一年生杂草	375-450克/公顷	药土法
PD20095744	辛硫磷/40%/乳油/辛硫磷 40%/2009.05.18 至 2014.05.18/低毒			
	棉花	蚜虫	120-180克/公顷	喷雾
PD20095939	毒死蜱/45%/乳油/毒死蜱 45%/2009.06.02 至 2014.06.02/中等毒			
	水稻	二化螟	432－576克/公顷	喷雾
PD20096047	高效氯氟氰菊酯/25克/升/乳油/高效氯氟氰菊酯 25克/升/2009.06.18 至 2014.06.18/中等毒			
	十字花科叶菜	菜青虫	7.5－11.25克/公顷	喷雾
PD20096223	高效氯氰菊酯/4.5%/乳油/高效氯氰菊酯 4.5%/2009.07.15 至 2014.07.15/中等毒			
	棉花	棉铃虫	15-22.5克/公顷	喷雾
PD20097689	氧乐果/40%/乳油/氧乐果 40%/2009.11.04 至 2014.11.04/中等毒(原药高毒)			
	棉花	蚜虫	81-162克/公顷	喷雾
PD20097837	烟嘧磺隆/40克/升/可分散油悬浮剂/烟嘧磺隆 40克/升/2009.11.20 至 2014.11.20/低毒			
	玉米田	一年生杂草	42-60克/公顷	茎叶喷雾
PD20098533	氰戊·乐果/25%/乳油/乐果 22.5%、氰戊菊酯 2.5%/2009.12.24 至 2014.12.24/中等毒			
	棉花	蚜虫	225-300克/公顷	喷雾
PD20100128	甲柳·三唑酮/10%/乳油/甲基异柳磷 8%、三唑酮 2%/2010.01.05 至 2015.01.05/高毒			
	小麦	地下害虫	40-80克/100千克种子	拌种
PD20100251	乐果/40%/乳油/乐果 40%/2010.01.11 至 2015.01.11/中等毒			
	水稻	二化螟	480-600克/公顷	喷雾

PD20100906 乐果·敌百虫/40%/乳油/敌百虫 20%、乐果 20%/2010.01.19 至 2015.01.19/低毒
水稻 稻纵卷叶螟 600-720克/公顷 喷雾
PD20101450 芸苔素内酯/0.01%/水剂/芸苔素内酯 0.01%/2010.05.04 至 2015.05.04/低毒
小麦 调节生长、增产 0.05-0.1毫克/千克 喷雾2次
PD20111023 咪鲜胺/25%/乳油/咪鲜胺 25%/2011.09.30 至 2016.09.30/低毒
水稻 恶苗病 62.5－125毫克/千克 浸种
PD20111169 噻螨酮/5%/乳油/噻螨酮 5%/2011.11.15 至 2016.11.15/低毒
柑橘树 红蜘蛛 25-33.3毫克/千 喷雾
PD20120126 乙草胺/50%/乳油/乙草胺 50%/2012.01.29 至 2017.01.29/低毒
夏玉米田 一年生杂草 900-1350克/公顷 播后苗前土壤喷雾
PD20120714 草甘膦异丙胺盐/30%/水剂/草甘膦 30%/2012.04.18 至 2017.04.18/低毒
柑橘园 杂草 1200-2400克/公项 定向茎叶喷雾
注:草甘膦异丙胺盐含理：41%

河南省商丘永佳精细化工厂 (河南省睢县城西2公里 476900 0370-8158587)

PD20050061 高效氯氰菊酯/2.5%/乳油/高效氯氰菊酯 2.5%/2010.06.16 至 2015.06.16/中等毒
梨树 梨木虱 12.5-20.8毫克/千克 喷雾
PD20091449 氯氰·氧乐果/10%/乳油/氯氰菊酯 2%、氧乐果 8%/2009.02.02 至 2014.02.02/高毒
棉花 蚜虫 60-75克/公顷 喷雾
PD20094022 氯氰·辛硫磷/20%/乳油/氯氰菊酯 1.5%、辛硫磷 18.5%/2009.03.27 至 2014.03.27/中等毒
棉花 棉铃虫 150-225克/公顷 喷雾
PD20097567 氧乐果/40%/乳油/氧乐果 40%/2009.11.03 至 2014.11.03/高毒
小麦 蚜虫 135-202.5克/公顷 喷雾
PD20098539 辛硫磷/40%/乳油/辛硫磷 40%/2009.12.24 至 2014.12.24/低毒
棉花 棉铃虫 225-300克/公顷 喷雾
PD20100973 代森锰锌/80%/可湿性粉剂/代森锰锌 80%/2010.01.19 至 2015.01.19/低毒
番茄 早疫病 2000-2370克/公顷 喷雾
PD20130285 四聚乙醛/6%/颗粒剂/四聚乙醛 6%/2013.02.26 至 2018.02.26/低毒
小白菜 蜗牛 450-540克/公顷 拌土撒施
PD20132531 高效氯氟氰菊酯/25克/升/乳油/高效氯氟氰菊酯 25克/升/2013.12.16 至 2018.12.16/中等毒
十字花科蔬菜 菜青虫 7.5-11.25克/公顷 喷雾

河南省商水艾尔植物激素厂 (河南省商水县西环工业区(科技路3号) 466100 0371-55695745)

WP20100141 高氯·残杀威/8%/悬浮剂/残杀威 5%、高效氯氰菊酯 3%/2010.11.08 至 2015.11.08/低毒
卫生 蚊、蝇 50毫克/平方米 滞留喷洒

河南省沈丘县农药厂 (河南省沈丘县新安集镇 466312 0394-5681125)

PD85105-52 敌敌畏/80%/乳油/敌敌畏 77.5%(气谱法)/2010.03.18 至 2015.03.18/中等毒
茶树 食叶害虫 600克/公顷 喷雾
粮仓 多种储藏害虫 1)400-500倍液 1)喷雾
2)0.4-0.5克/立方米 2)挂条熏蒸
棉花 蚜虫、造桥虫 600-1200克/公顷 喷雾
苹果树 小卷叶蛾、蚜虫 400-500毫克/千克 喷雾
青菜 菜青虫 600克/公顷 喷雾
桑树 尺蠖 600克/公顷 喷雾
卫生 多种卫生害虫 1)300-400倍液2)0.08克/立方米 1)泼洒2)挂条熏蒸
小麦 黏虫、蚜虫 600克/公顷 喷雾

河南省天源农业有限公司 (河南省新密市苟堂镇新寨村 452384 0371-9268268)

PD20096665 莠去津/38%/悬浮剂/莠去津 38%/2009.09.07 至 2014.09.07/低毒
春玉米田 一年生杂草 250-400毫升制剂/亩 播后苗前地表喷雾
夏玉米田 一年生杂草 200毫升制剂/亩 播后苗前地表喷雾

河南省尉氏县农药总厂 (河南省开封市尉氏县西关大转盘南侧 452170 0378-7585382)

PD20084669 马拉·辛硫磷/20%/乳油/马拉硫磷 10%、辛硫磷 10%/2013.12.22 至 2018.12.22/低毒
棉花 棉铃虫 225-300克/公顷 喷雾
PD20090405 高氯·氧乐果/10%/乳油/高效氯氰菊酯 2%、氧乐果 8%/2014.01.12 至 2019.01.12/高毒
棉花 蚜虫 45-75克/公顷 喷雾
PD20096319 吡虫啉/10%/可湿性粉剂/吡虫啉 10%/2009.07.22 至 2014.07.22/低毒
水稻 稻飞虱 15-30克/公顷 喷雾
PD20097924 阿维·矿物油/24.5%/乳油/阿维菌素 0.2%、矿物油 24.3%/2009.11.30 至 2014.11.30/低毒(原药高毒)
柑橘树 红蜘蛛 122.5-245毫克/千克 喷雾
PD20101738 敌敌畏/48%/乳油/敌敌畏 48%/2010.06.28 至 2015.06.28/中等毒
小麦 蚜虫 600-750克/公顷 喷雾
PD20102209 春雷霉素/2%/水剂/春雷霉素 2%/2010.12.23 至 2015.12.23/低毒
水稻 稻瘟病 1500-2250毫升制剂/公顷 喷雾
PD20130392 高效氯氟氰菊酯/2.5%/微乳剂/高效氯氟氰菊酯 2.5%/2013.03.12 至 2018.03.12/中等毒
甘蓝 菜青虫 11.25-15克/公顷 喷雾

河南省新乡市东风化工厂　(河南省新乡市小店工业区　453232　0373-3686009)

PD20101574　苦皮藤素/1%/乳油/苦皮藤素 1%/2010.06.01 至 2015.06.01/低毒
　十字花科蔬菜　菜青虫　7.5-10.5克/公顷　喷雾

PD20101575　苦皮藤素/6%/母药/苦皮藤素 6%/2010.06.01 至 2015.06.01/低毒

河南省新乡市洪洲农化有限公司　(河南省辉县市辉上路洪洲　453600　0373-6668776)

PD20090477　2甲4氯钠/13%/水剂/2甲4氯钠 13%/2014.01.12 至 2019.01.12/低毒
　冬小麦田　阔叶杂草及莎草科杂草　585-780克/公顷　茎叶喷雾
　水稻移栽田　阔叶杂草及莎草科杂草　487.5-585克/公顷　茎叶喷雾

PD20096581　2甲4氯钠/56%/可溶粉剂/2甲4氯钠 56%/2009.08.25 至 2014.08.25/低毒
　冬小麦田　阔叶杂草及莎草科杂草　840-1008克/公顷　茎叶喷雾
　水稻移栽田、玉米田　阔叶杂草及莎草科杂草　672-1008克/公顷　茎叶喷雾

PD20096649　氧乐果/40%/乳油/氧乐果 40%/2009.09.02 至 2014.09.02/高毒
　小麦　蚜虫　135-162克/公顷　喷雾

河南省新乡市康大消毒剂有限公司　(河南省新乡市新获路西环路口西100米　453700　0373-2682137)

WP20090160　杀虫水乳剂/0.12%/水乳剂/高效氯氰菊酯 0.12%/2009.03.05 至 2014.03.05/低毒
　卫生　蚊、蝇　/　喷射

河南省新乡市植物化学厂　(河南省辉县西新乡市农科所院内　453600　0373-6280428)

PD20040623　吡虫啉/5%/乳油/吡虫啉 5%/2009.12.19 至 2014.12.19/低毒
　小麦　蚜虫　7.5-11.2克/公顷　喷雾

PD20090670　辛硫・灭多威/30%/乳油/灭多威 10%、辛硫磷 20%/2009.01.19 至 2014.01.19/高毒
　棉花　棉铃虫　450-675克/公顷　喷雾

PD20093240　甲柳・三唑酮/10%/乳油/甲基异柳磷 8%、三唑酮 2%/2009.03.11 至 2014.03.11/高毒
　小麦　白粉病、地下害虫　40-60克/100千克种子　拌种

PD20093816　2甲・绿麦隆/35%/可湿性粉剂/2甲4氯 30.5%、绿麦隆 4.5%/2009.03.25 至 2014.03.25/低毒
　冬小麦田　一年生阔叶杂草　682.5-945克/公顷　喷雾

河南省信阳富邦化工股份有限公司　(河南省信阳市双井工业园16号　464000　0376-6325999)

PD85112-9　莠去津/38%/悬浮剂/莠去津 38%/2010.06.09 至 2015.06.09/低毒
　茶园　一年生杂草　1125-1875克/公顷　喷于地表
　防火隔离带、公路、森林、铁路　一年生杂草　0.8-2克/平方米　喷于地表
　甘蔗　一年生杂草　1050-1500克/公顷　喷于地表
　高粱、糜子、玉米　一年生杂草　1800-2250克/公顷(东北地区)　喷于地表
　红松苗圃　一年生杂草　0.2-0.3克/平方米　喷于地表
　梨树、苹果树　一年生杂草　1625-1875克/公顷　喷于地表
　橡胶园　一年生杂草　2250-3750克/公顷　喷于地表

PD88101-2　水胺硫磷/35%/乳油/水胺硫磷 35%/2013.03.17 至 2018.03.17/高毒
　棉花　红蜘蛛、棉铃虫　300-600克/公顷　喷雾
　水稻　蓟马、螟虫　450-900克/公顷　喷雾

PD93108-2　水胺硫磷/20%/乳油/水胺硫磷 20%/2014.02.17 至 2019.02.17/高毒
　棉花　红蜘蛛、棉铃虫　300-600克/公顷　喷雾
　水稻　蓟马、螟虫　450-900克/公顷　喷雾

河南省星火农业技术公司　(河南省郑州市金水区花园路61号　450008　0371-65826095)

PD20091808　多・锰锌/70%/可湿性粉剂/多菌灵 12%、代森锰锌 58%/2014.02.04 至 2019.02.04/低毒
　苹果树　斑点落叶病　1000-1250毫克/千克　喷雾

PD20093270　高效氯氟氰菊酯/25克/升/乳油/高效氯氟氰菊酯 25克/升/2009.03.11 至 2014.03.11/中等毒
　十字花科蔬菜　菜青虫　7.5-11.25克/公顷　喷雾

PD20093466　炔螨特/57%/乳油/炔螨特 57%/2009.03.23 至 2014.03.23/低毒
　柑橘树　红蜘蛛　243～365毫克/千克　喷雾

PD20093659　联苯菊酯/100克/升/乳油/联苯菊酯 100克/升/2009.03.25 至 2014.03.25/低毒
　茶树　粉虱　30-37.5克/公顷　喷雾

PD20094296　氰戊・马拉松/20%/乳油/马拉硫磷 15%、氰戊菊酯 5%/2009.03.31 至 2014.03.31/中等毒
　甘蓝　菜青虫　90-150克/公顷　喷雾

PD20094904　苄・乙/30%/可湿性粉剂/苄嘧磺隆 7%、乙草胺 23%/2009.04.13 至 2014.04.13/低毒
　移栽水稻田　一年生杂草　84-118克/公顷　药土法

PD20095028　唑酮・氧乐果/20%/乳油/三唑酮 5%、氧乐果 15%/2009.04.21 至 2014.04.21/高毒
　小麦　白粉病、蚜虫　405-480克/公顷　喷雾

PD20095543　辛硫磷/40%/乳油/辛硫磷 40%/2009.05.12 至 2014.05.12/低毒
　棉花　棉铃虫　300克/公顷　喷雾
　十字花科蔬菜　菜青虫　210-270克/公顷　喷雾

PD20096528　三唑磷/20%/乳油/三唑磷 20%/2009.08.20 至 2014.08.20/中等毒
　水稻　三化螟　375-450克/公顷　喷雾

PD20096970　井冈霉素(5%)///水剂/井冈霉素A 4%/2009.09.29 至 2014.09.29/低毒
　水稻　纹枯病　150-187.5克/公顷　喷雾

PD20097592 吡虫啉/10%/可湿性粉剂/吡虫啉 10%/2009.11.03 至 2014.11.03/低毒
水稻 稻飞虱 15-30克/公顷 喷雾
PD20097669 氧乐果/40%/乳油/氧乐果 40%/2009.11.04 至 2014.11.04/高毒
小麦 蚜虫 81-162克/公顷 喷雾
PD20100448 三环唑/75%/可湿性粉剂/三环唑 75%/2010.01.14 至 2015.01.14/中等毒
水稻 稻瘟病 225-300克/公顷 喷雾
PD20101058 毒死蜱/95%/原药/毒死蜱 95%/2010.01.21 至 2015.01.21/中等毒
PD20101108 异丙威/20%/乳油/异丙威 20%/2010.01.25 至 2015.01.25/低毒
水稻 稻飞虱 450-600克/公顷 喷雾
PD20101451 毒死蜱/480克/升/乳油/毒死蜱 480克/升/2010.05.04 至 2015.05.04/中等毒
水稻 二化螟 432-576克/公顷 喷雾
PD20101520 草甘膦异丙胺盐(56%)///水剂/草甘膦 41%/2010.05.19 至 2015.05.19/低毒
苹果园 杂草 200-400毫升制剂/亩 定向茎叶喷雾
PD20101688 草甘膦异丙胺盐(41%)///水剂/草甘膦 30%/2010.06.08 至 2015.06.08/低毒
茶园 一年生及部分多年生杂草 1125-2250克/公顷 定向茎叶喷雾
PD20102075 2甲4氯钠/56%/可溶粉剂/2甲4氯钠 56%/2010.11.03 至 2015.11.03/低毒
冬小麦田 一年生阔叶杂草 1050-1260克/公顷 茎叶喷雾
PD20102079 2甲4氯钠/13%/水剂/2甲4氯钠 13%/2010.11.03 至 2015.11.03/低毒
冬小麦田 一年生阔叶杂草 750-900克/公顷 茎叶喷雾

河南省许昌晶威化工有限公司 (河南省许昌市魏都区毓秀路北段 461000 0374-2334153)

PD20086046 辛硫磷/3%/颗粒剂/辛硫磷 3%/2008.12.29 至 2013.12.29/低毒
花生 地下害虫 2700-3600克/公顷 沟施
玉米 玉米螟 112.5-157.5克/公顷 喇叭口撒施
WP20080507 杀虫粉剂/1%/粉剂/残杀威 1%/2013.12.22 至 2018.12.22/低毒
卫生 蜚蠊 0.2-1克/平方米 撒施
WP20120154 高效氟氯氰菊酯/2.5%/悬浮剂/高效氟氯氰菊酯 2.5%/2012.09.03 至 2017.09.03/低毒
卫生 蚊、蝇、蜚蠊 25-30毫克/平方米 滞留喷洒

河南省许昌县昌盛日化实业有限公司 (河南省许昌县邓庄乡邓庄村 461113 0374-5671115)

PD20130777 阿维菌素/1.8%/乳油/阿维菌素 1.8%/2013.04.19 至 2018.04.19/低毒(原药高毒)
甘蓝 小菜蛾 8.1-10.8克/公顷 喷雾
PD20131740 苄嘧磺隆/30%/可湿性粉剂/苄嘧磺隆 30%/2013.08.16 至 2018.08.16/低毒
移栽水稻田 一年生阔叶杂草及部分莎草科杂草 56.25-67.5克/公顷 毒土法

河南省禹州市百灵生物药业有限责任公司 (河南省禹州市花园工业区 461670 0374-8200548)

PD20093356 阿维菌素/1.8%/乳油/阿维菌素 1.8%/2014.03.18 至 2019.03.18/低毒(原药高毒)
棉花 红蜘蛛 10.8-16.2克/公顷 喷雾
棉花 蚜虫 3-4.5克/公顷 喷雾
十字花科蔬菜 小菜蛾 8.1-10.8克/公顷 喷雾
PD20098113 棉铃虫核型多角体病毒/10亿PIB/克/可湿性粉剂/棉铃虫核型多角体病毒 10亿PIB/克/2009.12.08 至 2014.12.08/低毒
棉花 棉铃虫 12000-15000亿PIB/公顷/次 喷雾
PD20098195 棉铃虫核型多角体病毒/20亿PIB/毫升/悬浮剂/棉铃虫核型多角体病毒 20亿PIB/毫升/2009.12.16 至 2014.12.16/低毒
棉花 棉铃虫 750-900毫升制剂/公顷 喷雾

河南省原阳县第一农药厂 (河南省新乡市原阳县城北干道198号 453500 0373-7291716)

PD20093541 高氯·辛硫磷/20%/乳油/高效氯氰菊酯 1.5%、辛硫磷 18.5%/2009.03.23 至 2014.03.23/低毒
棉花 棉铃虫 225-450克/公顷 喷雾
PD20094080 马拉·杀螟松/12%/乳油/马拉硫磷 10%、杀螟硫磷 2%/2009.03.27 至 2014.03.27/中等毒
甘蓝 菜青虫 63-72克/公顷 喷雾
水稻 二化螟 180-270克/公顷 喷雾
PD20094977 马拉·辛硫磷/22%/乳油/马拉硫磷 12%、辛硫磷 10%/2009.04.21 至 2014.04.21/低毒
水稻 二化螟 264-396克/公顷 喷雾
水稻 稻水象甲 231-330克/公顷 喷雾
PD20095317 马拉硫磷/1.2%/粉剂/马拉硫磷 1.2%/2009.04.27 至 2014.04.27/低毒
仓储原粮 储粮害虫 12-24克/1000千克原粮 撒施(拌粮)
PD20095476 乙酰甲胺磷/20%/乳油/乙酰甲胺磷 20%/2009.05.11 至 2014.05.11/低毒
棉花 蚜虫 750-900克/公顷 喷雾
PD20097686 辛硫磷/3%/颗粒剂/辛硫磷 3%/2009.11.04 至 2014.11.04/低毒
花生 地下害虫 1800-2700克/公顷 撒施
PD20098490 高效氯氰菊酯/4.5%/乳油/高效氯氰菊酯 4.5%/2009.12.24 至 2014.12.24/中等毒
十字花科蔬菜 菜青虫 18-25.5克/公顷 喷雾
PD20100115 喹硫·辛硫磷/30% /乳油/喹硫磷 24%、辛硫磷 6%/2010.01.05 至 2015.01.05/高毒
棉花 蚜虫 120-150克/公顷 喷雾
PD20100471 唑酮·氧乐果/25%/乳油/三唑酮 7%、氧乐果 18%/2010.01.14 至 2015.01.14/高毒
小麦 蚜虫 375-420克/公顷 喷雾
PD20101176 高氯·马/37%/乳油/高效氯氰菊酯 1%、马拉硫磷 36%/2010.01.28 至 2015.01.28/中等毒

	甘蓝	菜青虫	175.5-354克/公顷	喷雾
PD20101961	水胺·辛硫磷/35%/乳油/水胺硫磷 17.5%、辛硫磷 17.5%/2010.09.20 至 2015.09.20/高毒			
	棉花	棉铃虫、棉蚜	210-270克/公顷	喷雾
PD20110537	水胺·高氯/20%/乳油/高效氯氰菊酯 1.5%、水胺硫磷 18.5%/2011.05.12 至 2016.05.12/中等毒(原药高毒)			
	棉花	棉铃虫	120-150克/公顷	喷雾

河南省正阳县原野化工有限责任公司　(河南省正阳县明临路　463600　0396-3286589)

PD20085217	三唑锡/20%/悬浮剂/三唑锡 20%/2013.12.23 至 2018.12.23/低毒			
	柑橘树	红蜘蛛	100-200毫克/千克	喷雾
PD20092375	抗蚜威/25%/水分散粒剂/抗蚜威 25%/2014.02.25 至 2019.02.25/低毒			
	十字花科蔬菜	蚜虫	75-135克/公顷	喷雾
PD20094327	代森锰锌/70%/可湿性粉剂/代森锰锌 70%/2014.03.31 至 2019.03.31/低毒			
	番茄	早疫病	1837.5-2362.5克/公顷	喷雾

河南省郑州爱力生化工产品有限公司 (郑州经三路金印现代城1号楼2单元501室 450004 0371-66313180)

PD20090530	氯氰菊酯/10%/乳油/氯氰菊酯 10%/2014.01.12 至 2019.01.12/低毒			
	十字花科蔬菜	菜青虫	30-45克/公顷	喷雾
PD20092550	高效氯氰菊酯/4.5%/乳油/高效氯氰菊酯 4.5%/2014.02.26 至 2019.02.26/中等毒			
	十字花科蔬菜	小菜蛾	20.25-27克/公顷	喷雾
PD20110932	高效氯氟氰菊酯/2.5%/水乳剂/高效氯氟氰菊酯 2.5%/2011.09.06 至 2016.09.06/中等毒			
	甘蓝	菜青虫	7.5-11.25克/公顷	喷雾

河南省郑州富利达农药有限公司 (河南省郑州市中牟县中牟白沙工业区富利达大道1号　451464　0371-62366569)

PD20081309	啶虫脒/3%/乳油/啶虫脒 3%/2008.10.17 至 2013.10.17/低毒			
	苹果树	蚜虫	12－15毫克/千克	喷雾
PD20081885	乙酰甲胺磷/30%/乳油/乙酰甲胺磷 30%/2013.11.20 至 2018.11.20/低毒			
	棉花	棉铃虫	450－675克/公顷	喷雾
PD20082015	氯氰·毒死蜱/25%/乳油/毒死蜱 22.5%、氯氰菊酯 2.5%/2013.12.01 至 2018.12.01/中等毒			
	棉花	棉铃虫	375－525克/公顷	喷雾
PD20082045	高效氯氰菊酯/4.5%/乳油/高效氯氰菊酯 4.5%/2013.11.25 至 2018.11.25/低毒			
	棉花	蚜虫	27－40.5克/公顷	喷雾
PD20082128	毒死蜱/400克/升/乳油/毒死蜱 400克/升/2013.11.25 至 2018.11.25/中等毒			
	棉花	棉铃虫	450－900克/公顷	喷雾
PD20082234	敌敌畏/80%/乳油/敌敌畏 80%/2013.11.26 至 2018.11.26/中等毒			
	棉花	蚜虫	600-1200克/公顷	喷雾
PD20082568	辛硫磷/40%/乳油/辛硫磷 40%/2013.12.04 至 2018.12.04/低毒			
	十字花科蔬菜	菜青虫	300-450克/公顷	喷雾
PD20082647	三唑酮/20%/乳油/三唑酮 20%/2013.12.04 至 2018.12.04/低毒			
	小麦	白粉病	120－135克/公顷	喷雾
PD20082844	辛硫·高氯氟/25%/乳油/高效氯氟氰菊酯 0.5%、辛硫磷 24.5%/2013.12.09 至 2018.12.09/低毒			
	棉花	棉铃虫	300-375克/公顷	喷雾
PD20082966	高氯·辛硫磷/25%/乳油/高效氯氰菊酯 2.5%、辛硫磷 22.5%/2013.12.09 至 2018.12.09/低毒			
	棉花	棉铃虫	225-281.25克/公顷	喷雾
PD20082968	精喹禾灵/10%/乳油/精喹禾灵 10%/2013.12.09 至 2018.12.09/低毒			
	花生田	一年生禾本科杂草	45-75克/公顷	茎叶喷雾
PD20084060	高效氯氟氰菊酯/25克/升/乳油/高效氯氟氰菊酯 25克/升/2013.12.16 至 2018.12.16/低毒			
	苹果树	桃小食心虫	5－6.25毫克/千克	喷雾
PD20084284	三氯杀螨醇/20%/乳油/三氯杀螨醇 20%/2013.12.17 至 2018.12.17/低毒			
	苹果树	红蜘蛛	200-250毫克/千克	喷雾
PD20090979	高氯·敌敌畏/40%/乳油/敌敌畏 39%、高效氯氰菊酯 1%/2009.01.20 至 2014.01.20/中等毒			
	甘蓝	菜青虫	150-240克/公顷	喷雾
PD20091769	三唑磷/20%/乳油/三唑磷 20%/2009.02.04 至 2014.02.04/中等毒			
	水稻	二化螟	300－450克/公顷	喷雾
PD20093361	氰戊·马拉松/21%/乳油/马拉硫磷 15%、氰戊菊酯 6%/2009.03.18 至 2014.03.18/中等毒			
	棉花	红蜘蛛	120-180克/公顷	喷雾
	棉花	蚜虫	75-120克/公顷	喷雾
	苹果树	红蜘蛛	60-150毫克/千克	喷雾
	苹果树	食心虫	60-100毫克/千克	喷雾
	苹果树	蚜虫	50-75毫克/千克	喷雾
PD20095246	阿维菌素/1.8%/乳油/阿维菌素 1.8%/2009.04.27 至 2014.04.27/低毒(原药高毒)			
	甘蓝	菜青虫	8.1-10.8克/公顷	喷雾
PD20096699	吡虫·辛硫磷/25%/乳油/吡虫啉 1%、辛硫磷 24%/2009.09.07 至 2014.09.07/低毒			
	白菜	蚜虫	150－225克/公顷	喷雾
PD20098530	阿维·毒死蜱/5.5%/乳油/阿维菌素 0.5%、毒死蜱 5%/2009.12.24 至 2014.12.24/低毒(原药高毒)			
	萝卜	小菜蛾	49.5-66克/公顷	喷雾
PD20101142	精喹·草除灵/17.5%/乳油/草除灵 15%、精喹禾灵 2.5%/2010.01.25 至 2015.01.25/低毒			

冬油菜田 一年生杂草 1500-2250毫升制剂/公顷 茎叶喷雾
PD20101616 高效氟吡甲禾灵/108克/升/乳油/高效氟吡甲禾灵 108克/升/2010.06.03 至 2015.06.03/低毒
花生田 一年生禾本科杂草 25-35毫升制剂/亩 茎叶喷雾
PD20101755 草甘膦铵盐(33%)///水剂/草甘膦 30%/2010.07.07 至 2015.07.07/低毒
苹果园 一年生和多年生杂草 1125-2250克/公顷 定向茎叶喷雾

河南省郑州良友种衣剂有限公司 (河南省郑州市新密市下庄河经济开发区 452392 0371-63102126)

PD20082347 高氯·氧乐果/10%/乳油/高效氯氰菊酯 2%、氧乐果 8%/2013.12.01 至 2018.12.01/中等毒(原药高毒)
棉花 蚜虫 45-75克/公顷 喷雾
PD20082745 氯氰·毒死蜱/52.25%/乳油/毒死蜱 47.5%、氯氰菊酯 4.75%/2013.12.08 至 2018.12.08/中等毒
棉花 棉铃虫 550-825克/公顷 喷雾
PD20132251 丁硫·福美双/25%/悬浮种衣剂/丁硫克百威 6%、福美双 19%/2013.11.05 至 2018.11.05/中等毒
大豆 地下害虫、根腐病 500-625克/100千克种子 种子包衣
玉米 地下害虫、茎基腐病 417-625克/100千克种子 种子包衣

河南省郑州农达生化制品有限公司 (河南省郑州市中牟县姚家乡工业园区 450002 0371-65739147)

PD20093882 复硝酚钠/98%/原药/5-硝基邻甲氧基苯酚钠 16.3%、对硝基苯酚钠 49.1%、邻硝基苯酚钠 32.6%/2009.03.25 至2014.03.25/低毒
PD20096359 复硝酚钠/1.8%/水剂/5-硝基邻甲氧基苯酚钠 0.3%、对硝基苯酚钠 0.9%、邻硝基苯酚钠 0.6%/2009.07.28 至2014.07.28/低毒
番茄 调节生长 4.5-6.0毫克/千克 喷雾
PD20096941 三环唑/20%/可湿性粉剂/三环唑 20%/2009.09.29 至 2014.09.29/低毒
水稻 稻瘟病 225-300克/公顷 喷雾
PD20098166 辛硫磷/40%/乳油/辛硫磷 40%/2009.12.14 至 2014.12.14/低毒
棉花 棉铃虫 75-100毫升制剂/亩 喷雾
PD20098258 三乙膦酸铝/80%/可湿性粉剂/三乙膦酸铝 80%/2009.12.16 至 2014.12.16/低毒
黄瓜 霜霉病 2160-2820克/公顷 喷雾
PD20098289 高效氯氟氰菊酯/25克/升/乳油/高效氯氟氰菊酯 25克/升/2009.12.18 至 2014.12.18/低毒
十字花科蔬菜 菜青虫 150-30毫升制剂/亩 喷雾

河南省郑州沙隆达伟新农药有限公司 (河南省郑州市管城回族区东南路57号 450009 0371-66819824)

LS20100114 苯氧威/3%/乳油/苯氧威 3%/2012.07.13 至 2013.07.13/低毒
松树 松毛虫 5-7.5毫克/千克 喷雾

河南省郑州生化实业有限公司 (河南省郑州市管城回族区化工路西段 450042 0371-67818724)

PD20098086 高效氯氟氰菊酯/25克/升/乳油/高效氯氟氰菊酯 25克/升/2009.12.08 至 2014.12.08/中等毒
甘蓝 菜青虫 7.5-15克/公顷 喷雾

河南省郑州天邦生物制品有限公司 (河南省郑州市兴隆铺路5号 450053 0371-63739985)

PD20070597 三十烷醇/89%/原药/三十烷醇 89%/2012.12.14 至 2017.12.14/低毒
PD20091820 三十烷醇/0.1%/微乳剂/三十烷醇 0.1%/2009.02.05 至 2014.02.05/低毒
花生 提高产量 0.5-1.0毫克/千克 开花末期及下针末期叶面喷雾
棉花 提高产量 0.5-0.8毫克/千克 盛花期及其后第2-3周叶面喷雾2次
小麦 提高产量 0.4-0.6毫克/千克 孕穗、扬花期叶面喷雾2次
烟草 提高产量 0.4-0.6毫克/千克 团棵至生长旺期叶面喷雾2-3次

河南省郑州天宝日化有限公司 (河南省郑州市管城回族区新郑路南段(苏庄) 450005 0371-66807118)

WP20090328 杀虫气雾剂/0.32%/气雾剂/胺菊酯 0.16%、氯菊酯 0.16%/2009.09.23 至 2014.09.23/低毒
卫生 蚊、蝇 / 喷雾

河南省郑州现代化工有限公司 (河南省郑州市邙山区花园口大庙 450045 0371-65591162)

PD85132-4 井冈霉素/4%/可溶粉剂/井冈霉素A 4%/2011.08.13 至 2016.08.13/低毒
水稻 纹枯病 75-112.5克/公顷 喷雾、泼浇
PD20090638 百菌清/28%/烟剂/百菌清 28%/2014.01.14 至 2019.01.14/低毒
黄瓜(保护地) 霜霉病 750-1200克/公顷 点燃放烟
PD20093291 芸苔素内酯/0.01%/乳油/芸苔素内酯 0.01%/2009.03.11 至 2014.03.11/低毒
水稻 调节生长、增产 0.030-0.045毫克/千克 喷雾1-2次
小麦 调节生长、增产 0.01-0.1毫克/千克 喷雾1-2次
PD20093854 甲柳·三唑酮/10%/粉剂/甲基异柳磷 8%、三唑酮 2%/2009.03.25 至 2014.03.25/高毒
小麦 地下害虫(兼治小麦白粉病、条锈病) 40-80克/100千克种子 拌种
PD20094396 多·福/50%/可湿性粉剂/多菌灵 25%、福美双 25%/2009.04.01 至 2014.04.01/低毒
梨树 黑星病 1000-1500毫克/千克 喷雾
葡萄 霜霉病 1000-1250毫克/千克 喷雾
PD20095398 唑酮·氧乐果/20%/乳油/三唑酮 7%、氧乐果 13%/2009.04.27 至 2014.04.27/高毒
小麦 白粉病、蚜虫 360-450克/公顷 喷雾
PD20096557 阿维·高氯/3%/乳油/阿维菌素 0.2%、高效氯氰菊酯 2.8%/2009.08.24 至 2014.08.24/低毒(原药高毒)

甘蓝 菜青虫、小菜蛾 13.5-27克/公顷 喷雾
PD20097424 氧乐果/40%/乳油/氧乐果 40%/2009.10.28 至 2014.10.28/高毒
小麦 蚜虫 81-162克/公顷 喷雾
PD20098207 炔螨特/73%/乳油/炔螨特 73%/2009.12.16 至 2014.12.16/低毒
柑橘树 红蜘蛛 292-365毫克/千克 喷雾
PD20098213 啶虫脒/5%/乳油/啶虫脒 5%/2009.12.16 至 2014.12.16/低毒
柑橘树 蚜虫 10-12毫克/千克 喷雾
PD20098309 辛硫磷/40%/乳油/辛硫磷 40%/2009.12.18 至 2014.12.18/低毒
棉花 棉铃虫 225-300克/公顷 喷雾
水稻 三化螟 600-750克/公顷 喷雾
PD20100382 吡虫·杀虫单/80%/可湿性粉剂/吡虫啉 2%、杀虫单 78%/2010.01.13 至 2015.01.13/中等毒
水稻 稻飞虱、稻纵卷叶螟、二化螟、三化螟 450-750克/公顷 喷雾
PD20101311 唑酮·乙蒜素/32%/乳油/三唑酮 2%、乙蒜素 30%/2010.03.17 至 2015.03.17/中等毒
棉花 枯萎病 199.5-300克/公顷 喷雾
PD20101805 吡虫啉/5%/乳油/吡虫啉 5%/2010.07.13 至 2015.07.13/低毒
小麦 蚜虫 15-30克/公顷(南方地区) 喷雾
45-60克/公顷(北方地区)
PD20110731 哒螨·矿物油/34%/乳油/哒螨灵 4%、矿物油 30%/2011.07.11 至 2016.07.11/低毒
柑橘树 红蜘蛛 226.7-340毫克/千克 喷雾

河南省郑州裕通化工有限公司 (河南省荥阳市南环路中段 450100 0371-65696909)

PD85154-45 氰戊菊酯/20%/乳油/氰戊菊酯 20%/2010.04.12 至 2015.04.12/中等毒
柑橘树 潜叶蛾 10-20毫克/千克 喷雾
果树 梨小食心虫 10-20毫克/千克 喷雾
棉花 红铃虫、蚜虫 75-150克/公顷 喷雾
蔬菜 菜青虫、蚜虫 60-120克/公顷 喷雾
PD20095125 莠去津/48%/可湿性粉剂/莠去津 48%/2009.04.24 至 2014.04.24/低毒
春玉米田 一年生杂草 1800-2520克/公顷 播后苗前土壤喷雾
PD20095610 精喹禾灵/10%/乳油/精喹禾灵 10%/2009.05.12 至 2014.05.12/低毒
棉花田 一年生禾本科杂草 30-40毫升制剂/亩 茎叶喷雾
PD20096297 苯磺隆/75%/水分散粒剂/苯磺隆 75%/2009.07.22 至 2014.07.22/低毒
冬小麦田 一年生阔叶杂草 13.5-22.5克/公顷 茎叶喷雾
PD20096490 乙草胺/81.5%/乳油/乙草胺 81.5%/2009.08.14 至 2014.08.14/低毒
夏玉米田 一年生禾本科杂草及部分阔叶杂草 1080-1350克/公顷 播后苗前土壤喷雾
PD20101439 氯氟吡氧乙酸异辛酯(288克/升)///乳油/氯氟吡氧乙酸 200克/升/2010.05.04 至 2015.05.04/低毒
冬小麦田 一年生阔叶杂草 150-210克/公顷 茎叶喷雾
PD20101838 吡虫啉/50%/可湿性粉剂/吡虫啉 50%/2010.07.28 至 2015.07.28/低毒
水稻 稻飞虱 15-30克/公顷 喷雾
LS20120012 烟嘧·滴辛酯/40%/可分散油悬浮剂/2,4-滴异辛酯 36%、烟嘧磺隆 4%/2014.01.09 至 2015.01.09/低毒
春玉米田 一年生杂草 600-720克/公顷 茎叶喷雾
夏玉米田 一年生杂草 480-600克/公顷 茎叶喷雾

河南省郑州郑氏化工产品有限公司 (郑州市金水区农业路72号国际企业中心A座25层东 450008 0371-63817136)

PD20081163 啶虫脒/3%/乳油/啶虫脒 3%/2013.09.11 至 2018.09.11/低毒
苹果树 蚜虫 12-15毫克/千克 喷雾
PD20081294 复硝酚钠/98%/原药/复硝酚钠 98%/2013.09.26 至 2018.09.26/低毒
PD20082840 噁霜·锰锌/64%/可湿性粉剂/噁霜灵 8%、代森锰锌 56%/2013.12.09 至 2018.12.09/低毒
黄瓜 霜霉病 1650-1950克/公顷 喷雾
PD20100454 咪鲜胺锰盐/50%/可湿性粉剂/咪鲜胺锰盐 50%/2010.01.14 至 2015.01.14/低毒
柑橘 青霉病 333.3-500毫克/千克 浸果
PD20100824 虫酰肼/200克/升/悬浮剂/虫酰肼 200克/升/2010.01.19 至 2015.01.19/低毒
甘蓝 甜菜夜蛾 250-300克/公顷 喷雾
PD20100916 复硝酚钠/1.8%/水剂/5-硝基邻甲氧基苯酚钠 0.3%、对硝基苯酚钠 0.9%、邻硝基苯酚钠 0.6%/2010.01.19 至2015.01.19/低毒
番茄、棉花 调节生长 6-9毫克/千克 茎叶喷雾
水稻 调节生长 5.1-6.0毫克/千克 茎叶喷雾
PD20101477 萘乙酸钠(98%)///原药/萘乙酸 87%/2010.05.05 至 2015.05.05/低毒
PD20110529 胺鲜酯/98%/原药/胺鲜酯 98%/2011.05.12 至 2016.05.12/低毒
PD20110682 胺鲜酯/8%/可溶粉剂/胺鲜酯 8%/2011.06.20 至 2016.06.20/低毒
大白菜 调节生长 50-66.7毫克/千克 喷雾3次
PD20131316 多效唑/15%/可湿性粉剂/多效唑 15%/2013.06.08 至 2018.06.08/低毒
花生 调节生长 90-112.5克/公顷 茎叶喷雾
PD20131343 多唑·甲哌鎓/10%/可湿性粉剂/多效唑 2.5%、甲哌鎓 7.5%/2013.06.09 至 2018.06.09/低毒
小麦 调节生长、增产 200-333毫克/千克 茎叶喷雾
PD20131460 噻苯隆/50%/可湿性粉剂/噻苯隆 50%/2013.07.05 至 2018.07.05/低毒

	棉花	脱叶	225-300克/公顷	茎叶喷雾
PD20131537	氟硅唑/8%/微乳剂/氟硅唑 8%/2013.07.17 至 2018.07.17/低毒			
	黄瓜	白粉病	48-72克/公顷	喷雾
PD20131801	胺鲜·乙烯利/30%/水剂/胺鲜酯 3%、乙烯利 27%/2013.09.10 至 2018.09.10/低毒			
	玉米	调节生长、增产	200-300毫克/千克	茎叶喷雾
LS20120363	胺鲜·甲哌鎓/27.5%/水剂/胺鲜酯 2.5%、甲哌鎓 25%/2013.11.05 至 2014.11.05/低毒			
	大豆	调节生长	61.9-103.1克/公顷	茎叶喷雾

河南省郑州志信农化有限公司 （河南省新郑市欧江大道中段 451150 0371-62620388）

PD20084025	乙草胺/90%/乳油/乙草胺 90%/2013.12.16 至 2018.12.16/低毒			
	夏玉米田	一年生禾本科杂草及部分小粒种子阔叶杂草	1080-1350克/公顷	播后苗前土壤喷雾
PD20090233	乙草胺/50%/乳油/乙草胺 50%/2014.01.09 至 2019.01.09/低毒			
	夏玉米田	部分阔叶杂草、一年生禾本科杂草	900-1125克/公顷	土壤喷雾
PD20091164	草甘膦异丙胺盐/41%/水剂/草甘膦异丙胺盐 41%/2014.01.22 至 2019.01.22/低毒			
	苹果园	杂草	1125—2250克/公顷	定向茎叶喷雾
PD20092983	丙环唑/250克/升/乳油/丙环唑 250克/升/2009.03.09 至 2014.03.09/低毒			
	香蕉树	叶斑病	250-500毫克/千克	喷雾
	小麦	条锈病	112.5-150克/公顷	喷雾
PD20093612	溴氰菊酯/25克/升/乳油/溴氰菊酯 25克/升/2009.03.25 至 2014.03.25/低毒			
	小麦	蚜虫	4.69-5.63克/公顷	喷雾
PD20093837	甲基硫菌灵/70%/可湿性粉剂/甲基硫菌灵 70%/2009.03.25 至 2014.03.25/低毒			
	水稻	纹枯病	1050-1500克/公顷	喷雾
PD20094054	高效氟吡甲禾灵/108克/升/乳油/高效氟吡甲禾灵 108克/升/2009.03.27 至 2014.03.27/低毒			
	大豆田	一年生禾本科杂草	45-52.5克/公顷	茎叶喷雾
PD20094055	异丙甲草胺/720克/升/乳油/异丙甲草胺 720克/升/2009.03.27 至 2014.03.27/低毒			
	春大豆田	一年生禾本科杂草及部分小粒种子阔叶杂草	1512-1944克/公顷	土壤喷雾
	夏大豆田	一年生禾本科杂草及部分小粒种子阔叶杂草	1080-1512克/公顷	土壤喷雾
PD20094061	烯唑醇/12.5%/可湿性粉剂/烯唑醇 12.5%/2009.03.27 至 2014.03.27/低毒			
	梨树	黑星病	3000-4000倍液	喷雾
	小麦	白粉病	90-120克/公顷	喷雾
PD20094558	高效氯氟氰菊酯/25克/升/乳油/高效氯氟氰菊酯 25克/升/2009.04.09 至 2014.04.09/中等毒			
	棉花	棉铃虫	15-22.5克/公顷	喷雾
PD20094560	代森锰锌/80%/可湿性粉剂/代森锰锌 80%/2009.04.09 至 2014.04.09/低毒			
	番茄	早疫病	1845-2370克/公顷	喷雾
	柑橘树	疮痂病、炭疽病	1333-2000毫克/千克	喷雾
	梨树	黑星病	800-1600毫克/千克	喷雾
	荔枝树	霜疫霉病	1333-2000毫克/千克	喷雾
	苹果树	斑点落叶病、轮纹病、炭疽病	1000-1500毫克/千克	喷雾
	葡萄	白腐病、黑痘病、霜霉病	1000-1600毫克/千克	喷雾
	西瓜	炭疽病	1560-2520克/公顷	喷雾
PD20094803	氟硅唑/400克/升/乳油/氟硅唑 400克/升/2009.04.13 至 2014.04.13/低毒			
	梨树	黑星病	40-50毫克/千克	喷雾
PD20095933	草甘膦/95%/原药/草甘膦 95%/2009.06.02 至 2014.06.02/低毒			
PD20096980	毒死蜱/480克/升/乳油/毒死蜱 480克/升/2009.09.29 至 2014.09.29/中等毒			
	韭菜	韭蛆	1800-2160克/公顷	拌毒土撒施
PD20097382	氢氧化铜/77%/可湿性粉剂/氢氧化铜 77%/2009.10.28 至 2014.10.28/低毒			
	黄瓜	角斑病	1732.5-2310克/公顷	喷雾
PD20098469	敌草胺/50%/水分散粒剂/敌草胺 50%/2009.12.24 至 2014.12.24/低毒			
	烟草田	一年生杂草	1500-1875克/公顷	移栽前土壤喷雾
PD20100283	唑磷·毒死蜱/30%/乳油/毒死蜱 15%、三唑磷 15%/2010.01.11 至 2015.01.11/中等毒			
	水稻	三化螟	157.5-247.5克/公顷	喷雾
PD20100598	丙环唑/95%/原药/丙环唑 95%/2010.01.14 至 2015.01.14/低毒			
PD20100607	毒死蜱/97%/原药/毒死蜱 97%/2010.01.14 至 2015.01.14/中等毒			
PD20100612	百菌清/95%/原药/百菌清 95%/2010.01.14 至 2015.01.14/低毒			
PD20100691	氯氟吡氧乙酸/200克/升/乳油/氯氟吡氧乙酸 200克/升/2010.01.16 至 2015.01.16/低毒			
	小麦田	一年生阔叶杂草	150-199.5克/公顷	茎叶喷雾
PD20100717	氢氧化铜/88%/原药/氢氧化铜 88%/2010.01.16 至 2015.01.16/低毒			
PD20100802	高效氯氟氰菊酯/95%/原药/高效氯氟氰菊酯 95%/2010.01.19 至 2015.01.19/中等毒			
PD20100902	敌敌畏/95%/原药/敌敌畏 95%/2010.01.19 至 2015.01.19/中等毒			
PD20101105	氢氧化铜/53.8%/水分散粒剂/氢氧化铜 53.8%/2010.01.25 至 2015.01.25/低毒			
	黄瓜	角斑病	550.5-672克/公顷	喷雾

PD20101115 甲基硫菌灵/97%/原药/甲基硫菌灵 97%/2010.01.25 至 2015.01.25/低毒

PD20101362 烟嘧磺隆/40克/升/可分散油悬浮剂/烟嘧磺隆 40克/升/2010.04.02 至 2015.04.02/低毒

玉米田 一年生杂草 65-100毫升/亩 茎叶喷雾

PD20110198 阿维菌素/18克/升/乳油/阿维菌素 18克/升/2011.02.18 至 2016.02.18/中等毒(原药高毒)

棉花 红蜘蛛 10.8-13.5克/公顷 喷雾

河南省周口市德贝尔生物化学品工程有限公司 (周口市太康县符草楼镇高新经济开发区 466421 0394-6792588)

PD85126-16 三氯杀螨醇/20%/乳油/三氯杀螨醇 20%/2010.07.29 至 2015.07.29/低毒

棉花 红蜘蛛 225-300克/公顷 喷雾

PD20040191 高效氯氰菊酯/4.5%/乳油/高效氯氰菊酯 4.5%/2009.12.19 至 2014.12.19/中等毒

十字花科蔬菜 菜青虫 9-25.5克/公顷 喷雾

PD20082272 氯氰·辛硫磷/26%/乳油/氯氰菊酯 1%、辛硫磷 25%/2013.11.27 至 2018.11.27/中等毒

棉花 棉铃虫 390-585克/公顷 喷雾

PD20130099 烟嘧磺隆/40克/升/可分散油悬浮剂/烟嘧磺隆 40克/升/2013.01.17 至 2018.01.17/低毒

夏玉米田 一年生杂草 40-60克/公顷 茎叶喷雾

河南省周口市红旗农药有限公司 (河南省项城市郑郭经济开发区 466200 0394-4692888)

PD84125-6 乙烯利/40%/水剂/乙烯利 40%/2010.03.18 至 2015.03.18/低毒

番茄 催熟 800-1000倍液 喷雾或浸渍

棉花 催熟、增产 330-500倍液 喷雾

柿子、香蕉 催熟 400倍液 喷雾或浸渍

水稻 催熟、增产 800倍液 喷雾

橡胶树 增产 5-10倍液 涂布

烟草 催熟 1000-2000倍液 喷雾

PD20040422 吡虫啉/5%/乳油/吡虫啉 5%/2009.12.19 至 2014.12.19/低毒

水稻 飞虱 11.25-15.75克/公顷 喷雾

PD20040541 吡虫·杀虫单/35%/可湿性粉剂/吡虫啉 1%、杀虫单 34%/2009.12.19 至 2014.12.19/中等毒

水稻 二化螟 525-787.5克/公顷 喷雾

PD20080129 氯·辛/20%/乳油/氯氰菊酯 1.5%、辛硫磷 18.5%/2013.01.04 至 2018.01.04/中等毒

棉花 棉铃虫、蚜虫 240-360克/公顷 喷雾

PD20084792 三唑磷/20%/乳油/三唑磷 20%/2013.12.22 至 2018.12.22/中等毒

水稻 二化螟 300-450克/公顷 喷雾

PD20086300 氰戊·氧乐果/20%/乳油/氰戊菊酯 2.5%、氧乐果 17.5%/2013.12.31 至 2018.12.31/高毒

棉花 棉铃虫、棉蚜 112.5-150克/公顷 喷雾

小麦 蚜虫 180-240克/公顷 喷雾

PD20095957 阿维菌素/1.8%/乳油/阿维菌素 1.8%/2009.06.03 至 2014.06.03/低毒(原药高毒)

十字花科蔬菜 小菜蛾 7.2-10.8克/公顷 喷雾

PD20131280 阿维菌素/0.5%/颗粒剂/阿维菌素 0.5%/2013.06.08 至 2018.06.08/低毒(原药高毒)

黄瓜 根结线虫 225-262.5克/公顷 穴施

注:本产品为药肥混剂。

河南省周口市金石化工有限公司 (河南省周口市太康县河滨公园3号 461400 0394-6910098)

PD20070437 氯氰·辛硫磷/30%/乳油/氯氰菊酯 1.5%、辛硫磷 28.5%/2012.11.20 至 2017.11.20/中等毒

棉花 棉铃虫 270-337.5克/公顷 喷雾

PD20093995 井冈霉素A/5%/可溶粉剂/井冈霉素A 5%/2009.03.27 至 2014.03.27/低毒

水稻 纹枯病 52.5-75克/公顷 喷雾

PD20095095 吡虫·杀虫单/35%/可湿性粉剂/吡虫啉 1%、杀虫单 34%/2009.04.24 至 2014.04.24/中等毒

水稻 稻飞虱、稻纵卷叶螟、二化螟、三化螟 450-750克/公顷 喷雾

PD20096203 三唑磷/20%/乳油/三唑磷 20%/2009.07.13 至 2014.07.13/中等毒

水稻 二化螟 300-450克/公顷 喷雾

PD20096238 辛硫磷/1.5%/颗粒剂/辛硫磷 1.5%/2009.07.15 至 2014.07.15/低毒

玉米 玉米螟 112.5-168.75克/公顷 撒心（喇叭口）

PD20097446 高效氯氰菊酯/4.5%/乳油/高效氯氰菊酯 4.5%/2009.10.28 至 2014.10.28/低毒

棉花 棉铃虫 22.5—30克/公顷 喷雾

PD20100493 井冈霉素(3%)///水剂/井冈霉素A 2.4%/2010.01.14 至 2015.01.14/低毒

水稻 纹枯病 150-187.5克/公顷 喷雾

PD20100503 阿维·高氯/1.1%/乳油/阿维菌素 0.1%、高效氯氰菊酯 1%/2010.01.14 至 2015.01.14/低毒(原药高毒)

甘蓝 菜青虫、小菜蛾 13.5-27克/公顷 喷雾

PD20100565 啶虫脒/5%/乳油/啶虫脒 5%/2010.01.14 至 2015.01.14/中等毒

苹果树 蚜虫 10-12毫克/千克 喷雾

河南省周口市先达化工有限公司 (河南省周口市太康县城南谢庄 461400 0394-6917209)

PD85109-7 甲拌磷/55%/乳油/甲拌磷 55%/2010.03.18 至 2015.03.18/高毒

棉花 地下害虫、蚜虫、螨 600-800克/100千克种子 浸种、拌种

注:甲拌磷乳油只准用于拌种,严禁喷雾使用

PD86123-10 矮壮素/50%/水剂/矮壮素 50%/2010.03.18 至 2015.03.18/低毒

棉花 防止徒长,化学整枝 10000倍液 喷顶，后期喷全株

棉花 防止疯长 25000倍液 喷顶

棉花 提高产量、植株紧凑 1)10000倍液2)0.3-0.5%药液 1)喷雾2)浸种

小麦 防止倒伏,提高产量 1)3-5%药液 2)100-400倍液 1)拌种2)返青、拔节期喷雾

玉米 增产 0.5%药液 浸种

PD20083341 氰·辛·敌敌畏/30%/乳油/敌敌畏 7%、氰戊菊酯 3%、辛硫磷 20%/2013.12.11 至 2018.12.11/中等毒

棉花 棉铃虫 75-112.5克/公顷 喷雾

PD20092289 辛硫磷/40%/乳油/辛硫磷 40%/2009.02.24 至 2014.02.24/低毒

棉花 棉铃虫 300克/公顷 喷雾

PD20093314 敌百·辛硫磷/50%/乳油/敌百虫 25%、辛硫磷 25%/2009.03.13 至 2014.03.13/低毒

棉花 棉铃虫、棉蚜 450-600克/公顷 喷雾

PD20094078 辛硫·三唑酮/20%/乳油/三唑酮 5.5%、辛硫磷 14.5%/2009.03.27 至 2014.03.27/低毒

小麦 白粉病、蚜虫 360-450克/公顷 喷雾

PD20095526 吡虫啉/5%/乳油/吡虫啉 5%/2009.05.11 至 2014.05.11/低毒

小麦 蚜虫 7.5-11.2克/公顷 喷雾

PD20095858 氰戊·辛硫磷/40%/乳油/S-氰戊菊酯 1%、辛硫磷 39%/2009.05.27 至 2014.05.27/低毒

棉花 棉铃虫 240-360克/公顷 喷雾

PD20095969 敌百·氧乐果/40%/乳油/敌百虫 20%、氧乐果 20%/2009.06.04 至 2014.06.04/高毒

小麦 蚜虫 360-600克/公顷 喷雾

PD20098321 高效氯氟氰菊酯/25克/升/乳油/高效氯氟氰菊酯 25克/升/2009.12.18 至 2014.12.18/中等毒

甘蓝 菜青虫 20-30毫升制剂/亩 喷雾

PD20101670 水胺·辛硫磷/30%/乳油/水胺硫磷 10%、辛硫磷 20%/2010.06.08 至 2015.06.08/高毒

棉花 棉铃虫 270-450克/公顷 喷雾

棉花 蚜虫 270-360克/公顷 喷雾

河南省周口市豫东农药厂 (河南省沈丘县老城北关 466333 0394-5381199)

PD20070278 敌畏·辛硫磷/30%/乳油/敌敌畏 10%、辛硫磷 20%/2012.09.05 至 2017.09.05/中等毒

棉花 棉铃虫 315-450克/公顷 喷雾

PD20080338 氯氰·辛硫磷/26%/乳油/氯氰菊酯 1%、辛硫磷 25%/2013.02.26 至 2018.02.26/中等毒

棉花 棉铃虫 312-390克/公顷 喷雾

PD20100893 高效氯氰菊酯/4.5%/乳油/高效氯氰菊酯 4.5%/2010.01.19 至 2015.01.19/低毒

十字花科蔬菜 菜青虫 20.25-27克/公顷 喷雾

PD20121756 阿维菌素/1.8%/乳油/阿维菌素 1.8%/2012.11.15 至 2017.11.15/低毒(原药高毒)

甘蓝 小菜蛾 8.1-10.8克/公顷 喷雾

河南省周口市中科化工有限公司 (河南省周口市太康县毛庄镇经济开发区 461400 0394-6910116)

PD20090564 辛硫·灭多威/20%/乳油/灭多威 6%、辛硫磷 14%/2014.01.13 至 2019.01.13/高毒

棉花 棉铃虫 150-300克/公顷 喷雾

PD20090779 高氯·氧乐果/10%/乳油/高效氯氰菊酯 2%、氧乐果 8%/2014.01.19 至 2019.01.19/高毒

棉花 蚜虫 45-75克/公顷 喷雾

PD20131561 高效氯氰菊酯/4.5%/乳油/高效氯氰菊酯 4.5%/2013.07.23 至 2018.07.23/低毒

梨树 梨木虱 25-31.25毫克/千克(1440-1800倍液) 喷雾

PD20132107 高效氯氟氰菊酯/25克/升/乳油/高效氯氟氰菊酯 25克/升/2013.10.24 至 2018.10.24/中等毒

小麦 蚜虫 4.5-7.5克/公顷 喷雾

河南省淅川县丰源农药有限公司 (河南省郑州市农业路16号省汇中心B座2808 450003 0371-63582119)

PD84108-33 敌百虫/90%/原药/敌百虫 90%/2010.03.18 至 2015.03.18/低毒

PD85105-15 敌敌畏/80%/乳油/敌敌畏 77.5%(气谱法)/2010.03.18 至 2015.03.18/中等毒

茶树 食叶害虫 600克/公顷 喷雾

粮仓 多种储藏害虫 1)400-500倍液 2)0.4-0.5克/立方米 1)喷雾 2)挂条熏蒸

棉花 蚜虫、造桥虫 600-1200克/公顷 喷雾

苹果树 小卷叶蛾、蚜虫 400-500毫克/千克 喷雾

青菜 菜青虫 600克/公顷 喷雾

桑树 尺蠖 600克/公顷 喷雾

卫生 多种卫生害虫 1)300-400倍液2)0.08克/立方米 1)泼洒2)挂条熏蒸

小麦 黏虫、蚜虫 600克/公顷 喷雾

PD85157-25 辛硫磷/40%/乳油/辛硫磷 40%/2011.03.25 至 2016.03.25/低毒

茶树、桑树 食叶害虫 200-400毫克/千克 喷雾

果树 食心虫、蚜虫、螨 200-400毫克/千克 喷雾

林木 食叶害虫 3000-6000克/公顷 喷雾

棉花 棉铃虫、蚜虫 300-600克/公顷 喷雾

蔬菜 菜青虫 300-450克/公顷 喷雾

烟草 食叶害虫 300-600克/公顷 喷雾

玉米 玉米螟 450-600克/公顷 灌心叶

PD91104-28 敌敌畏/50%/乳油/敌敌畏 48%/2011.03.28 至 2016.03.28/中等毒

茶树 食叶害虫 600克/公顷 喷雾

粮仓 多种储粮害虫 1)300-400倍液 1)喷雾

2)0.4-0.5克/立方米 2)挂条熏蒸

棉花 蚜虫、造桥虫 600-1200克/公顷 喷雾

苹果树 小卷叶蛾、蚜虫 400-500毫克/千克 喷雾

青菜 菜青虫 600克/公顷 喷雾

桑树 尺蠖 600克/公顷 喷雾

卫生 多种卫生害虫 1)250-300倍液2)0.08克/立方米 1)泼洒2)挂条熏蒸

小麦 黏虫、蚜虫 600克/公顷 喷雾

PD20082901 氯氰·辛硫磷/20%/乳油/氯氰菊酯 1.5%、辛硫磷 18.5%/2013.12.09 至 2018.12.09/中等毒

棉花 棉铃虫 225-450克/公顷 喷雾

PD20083236 克百威/3%/颗粒剂/克百威 3%/2013.12.11 至 2018.12.11/高毒

甘蔗 蚜虫、蔗龟 1350-2250克/公顷 沟施

花生 线虫 1800-2250克/公顷 条施、沟施

棉花 蚜虫 675-900克/公顷 条施、沟施

水稻 蚜虫、瘿蚊 900-1350克/公顷 撒施

PD20084475 辛硫磷/3%/颗粒剂/辛硫磷 3%/2013.12.17 至 2018.12.17/低毒

玉米 玉米螟 112.5-157.5克/公顷 喷雾

PD20085126 辛硫·灭多威/20%/乳油/灭多威 10%、辛硫磷 10%/2013.12.23 至 2018.12.23/高毒

棉花 棉蚜 75-150克/公顷 喷雾

PD20085452 敌百·辛硫磷/50%/乳油/敌百虫 25%、辛硫磷 25%/2013.12.24 至 2018.12.24/低毒

棉花 棉铃虫 450-600克/公顷 喷雾

PD20090694 敌百虫/30%/乳油/敌百虫 30%/2014.01.19 至 2019.01.19/低毒

十字花科蔬菜 菜青虫 450-675克/公顷 喷雾

PD20093655 克百·敌百虫/3%/颗粒剂/敌百虫 1.5%、克百威 1.5%/2014.03.25 至 2019.03.25/高毒

棉花 蚜虫 900-1125克/公顷 穴施,沟施

PD20094151 阿维·高氯/2%/乳油/阿维菌素 0.4%、高效氯氰菊酯 1.6%/2014.03.27 至 2019.03.27/低毒(原药高毒)

甘蓝 小菜蛾 7.5-15克/公顷 喷雾

PD20096117 草甘膦/95%/原药/草甘膦 95%/2009.06.18 至 2014.06.18/低毒

河南省漯河市康丰达药业有限公司 (河南省漯河市漓江路东段 462000 0395-2693129)

PD20084766 井冈霉素/3%/水剂/井冈霉素 3%/2013.12.22 至 2018.12.22/低毒

水稻 纹枯病 150-187.5克/公顷 喷雾

PD20120748 阿维·高氯/1.8%/水乳剂/阿维菌素 0.3%、高效氯氰菊酯 1.5%/2012.05.05 至 2017.05.05/低毒(原药高毒)

甘蓝 小菜蛾 8.1-16.2克/公顷 喷雾

PD20120866 苯磺隆/75%/水分散粒剂/苯磺隆 75%/2012.05.23 至 2017.05.23/低毒

冬小麦田 一年生阔叶杂草 18-22.5克/公顷 茎叶喷雾

河南省漯河市山鑫化工有限公司 (河南省漯河市文化路183号 462400 0395-6162823)

WP20120171 杀虫喷射剂/0.45%/喷射剂/胺菊酯 0.25%、氯菊酯 0.2%/2012.09.11 至 2017.09.11/低毒

卫生 蚊、蝇 / 喷射

河南省濮阳市科濮生化有限公司 (河南省濮阳市工业路北段 457600 0393-8981189)

PD20094248 苏云金杆菌/16000IU/毫克/可湿性粉剂/苏云金杆菌 16000IU/毫克/2009.03.31 至 2014.03.31/低毒

十字花科蔬菜 小菜蛾 750-1125克制剂/公顷 喷雾

PD20094760 氯氰·辛硫磷/27%/乳油/氯氰菊酯 4%、辛硫磷 23%/2009.04.13 至 2014.04.13/中等毒

棉花 蚜虫 121.5-162克/公顷 喷雾

棉花 棉铃虫 81-121.5克/公顷 喷雾

PD20130709 烟嘧磺隆/40克/升/可分散油悬浮剂/烟嘧磺隆 40克/升/2013.04.11 至 2018.04.11/低毒

玉米田 一年生杂草 36-60克/公顷 茎叶喷雾

PD20130940 毒死蜱/45%/乳油/毒死蜱 45%/2013.05.02 至 2018.05.02/中等毒

水稻 飞虱 450-600克/公顷 喷雾

PD20130944 高效氯氟氰菊酯/25克/升/乳油/高效氯氟氰菊酯 25克/升/2013.05.02 至 2018.05.02/中等毒

甘蓝 菜青虫 7.5-15克/公顷 喷雾

河南省濮阳市农科所科技开发中心 (河南省濮阳市建设路6号 457000 0393-4421456)

PD20100812 盐酸吗啉胍/30%/可溶粉剂/盐酸吗啉胍 30%/2010.01.19 至 2015.01.19/低毒

番茄、烟草 病毒病 112.5-225克/公顷 喷雾

河南省濮阳市双灵化工有限公司 (河南省濮阳市南乐县城南2公里 457400 0393-4431899)

PD20081464 阿维菌素/1.8%/乳油/阿维菌素 1.8%/2013.11.04 至 2018.11.04/低毒(原药高毒)

柑橘树 红蜘蛛 4.5-9毫克/千克 喷雾

PD20090906 毒死蜱/480克/升/乳油/毒死蜱 480克/升/2014.01.19 至 2019.01.19/中等毒

水稻 二化螟 432-576克/公顷 喷雾

PD20091086 三环唑/20%/可湿性粉剂/三环唑 20%/2014.01.21 至 2019.01.21/低毒

水稻 稻瘟病 225-300克/公顷 喷雾

PD20121724 甲氨基阿维菌素苯甲酸盐/1%/乳油/甲氨基阿维菌素 1%/2012.11.08 至 2017.11.08/低毒

甘蓝 小菜蛾 1.5-2.25克/公顷 喷雾
注:甲氨基阿维菌素苯甲酸盐含量: 1.14%。
PD20130997 炔螨特/73%/乳油/炔螨特 73%/2013.05.07 至 2018.05.07/低毒
柑橘树 红蜘蛛 243.3－365毫克/千克 喷雾

河南省濮阳市新科化工有限公司 (河南省濮阳市台前县城关镇尚庄工业区 457600 0393-2219288)

PD20050211 氯氰·辛硫磷/20%/乳油/氯氰菊酯 1.5%、辛硫磷 18.5%/2010.12.23 至 2015.12.23/中等毒
棉花 棉铃虫 210-300克/公顷 喷雾
PD20082912 甲氰·辛硫磷/25%/乳油/甲氰菊酯 5%、辛硫磷 20%/2013.12.09 至 2018.12.09/中等毒
棉花 棉铃虫 281.25-375克/公顷 喷雾
PD20092412 井冈霉素/5%/可溶粉剂/井冈霉素 5%/2009.02.25 至 2014.02.25/低毒
水稻 纹枯病 150-187.5克/公顷 喷雾
PD20094074 阿维·高氯/1.1%/乳油/阿维菌素 0.1%、高效氯氰菊酯 1%/2009.03.27 至 2014.03.27/低毒(原药高毒)
甘蓝 菜青虫、小菜蛾 13.5-27克/公顷 喷雾
PD20094538 多·福/50%/可湿性粉剂/多菌灵 25%、福美双 25%/2009.04.09 至 2014.04.09/低毒
梨树 黑星病 1000-1500毫克/千克 喷雾
PD20095230 烟嘧磺隆/40克/升/可分散油悬浮剂/烟嘧磺隆 40克/升/2009.04.27 至 2014.04.27/低毒
玉米田 一年生杂草 42-60克/公顷 茎叶喷雾
PD20095513 百草枯/200克/升/水剂/百草枯 200克/升/2012.12.31 至 2014.07.01/中等毒
玉米田 一年生杂草 450-600克/公顷 行间定向茎叶喷雾
PD20095958 乙草胺/50%/乳油/乙草胺 50%/2009.06.03 至 2014.06.03/低毒
夏玉米田 一年生禾本科杂草及部分阔叶杂草 1050-1200克/公顷 土壤喷雾
PD20096174 井冈霉素/3%/水剂/井冈霉素 3%/2009.07.02 至 2014.07.02/低毒
水稻 纹枯病 150-187.5克/公顷 喷雾
PD20096738 毒死蜱/95%/原药/毒死蜱 95%/2009.09.07 至 2014.09.07/中等毒
PD20100062 烟嘧磺隆/95%/原药/烟嘧磺隆 95%/2010.01.04 至 2015.01.04/低毒
PD20101175 啶虫脒/20%/可湿性粉剂/啶虫脒 20%/2010.01.28 至 2015.01.28/低毒
柑橘树 蚜虫 12.5-18.75毫克/千克 喷雾
PD20130693 烟嘧·莠去津/23%/可分散油悬浮剂/烟嘧磺隆 3%、莠去津 20%/2013.04.11 至 2018.04.11/低毒
春玉米田 一年生杂草 310.5-345克/公顷 茎叶喷雾
PD20131845 乙草胺/81.5%/乳油/乙草胺 81.5%/2013.09.23 至 2018.09.23/低毒
春玉米田 一年生禾本科杂草及部分阔叶杂草 1589-1895克/公顷 播后苗前土壤喷雾
PD20131848 氟磺胺草醚/250克/升/水剂/氟磺胺草醚 250克/升/2013.09.23 至 2018.09.23/低毒
春大豆田 一年生阔叶杂草 300-375克/公顷 茎叶喷雾

河南省濮阳市豫北农药厂 (河南省濮阳市范县新区 457500 0393-5261231)

PD20060070 高氯·辛硫磷/20%/乳油/高效氯氰菊酯 1.5%、辛硫磷 18.5%/2011.04.13 至 2016.04.13/中等毒
棉花 棉铃虫 180-240克/公顷 喷雾
PD20082929 高氯·马/37%/乳油/高效氯氰菊酯 0.8%、马拉硫磷 36.2%/2013.12.09 至 2018.12.09/中等毒
十字花科蔬菜 菜青虫 194.25-360.75克/公顷 喷雾

河南省柘城县新威农药有限公司 (河南省商丘市柘城县春水西路工业区 476200 0370-7277699)

PD86109-15 苏云金杆菌/16000IU/毫克/可湿性粉剂/苏云金杆菌 16000IU/毫克/2012.01.30 至 2017.01.30/低毒
白菜、萝卜、青菜 菜青虫、小菜蛾 1500-4500克制剂/公顷 喷雾
茶树 茶毛虫 1500-7500克制剂/公顷 喷雾
大豆、甘薯 天蛾 1500-2250克制剂/公顷 喷雾
柑橘树 柑橘凤蝶 2250-3750克制剂/公顷 喷雾
高粱、玉米 玉米螟 3750-4500克制剂/公顷 喷雾、毒土
梨树 天幕毛虫 1500-3750克制剂/公顷 喷雾
林木 尺蠖、柳毒蛾、松毛虫 2250-7500克制剂/公顷 喷雾
棉花 棉铃虫、造桥虫 1500-7500克制剂/公顷 喷雾
苹果树 巢蛾 2250-3750克制剂/公顷 喷雾
水稻 稻苞虫、稻纵卷叶螟 1500-6000克制剂/公顷 喷雾
烟草 烟青虫 3750-7500克制剂/公顷 喷雾
枣树 尺蠖 3750-4500克制剂/公顷 喷雾
PD90106-18 苏云金杆菌/8000IU/微升/悬浮剂/苏云金杆菌 8000IU/微升/2010.07.29 至 2015.07.29/低毒
茶树 茶毛虫 100-200倍液 喷雾
棉花 二代棉铃虫 6000-7500毫升制剂/公顷 喷雾
森林 松毛虫 100-200倍液 喷雾
十字花科蔬菜 菜青虫、小菜蛾 3000-4500毫升制剂/公顷 喷雾
水稻 稻纵卷叶螟 6000-7500毫升制剂/公顷 喷雾
烟草 烟青虫 6000-7500毫升制剂/公顷 喷雾
玉米 玉米螟 4500-6000毫升制剂/公顷 加细沙灌心叶
枣树 尺蠖 100-200倍液 喷雾
PD20050074 吡虫啉/5%/乳油/吡虫啉 5%/2010.06.24 至 2015.06.24/低毒
小麦 蚜虫 7.5-11.2克/公顷 喷雾

河南世诚生物科技有限公司 (河南省漯河市孟庙镇中原路45号 462311 0395-3126778)

PD20095640 丙环唑/250克/升/乳油/丙环唑 250克/升/2009.05.12 至 2014.05.12/低毒
香蕉 叶斑病 375—500毫克/千克 喷雾
小麦 锈病 124.5—149克/公顷 喷雾
PD20096009 氟铃脲/5%/乳油/氟铃脲 5%/2009.06.11 至 2014.06.11/低毒
棉花 棉铃虫 90-120克/公顷 喷雾
PD20097564 氧乐果/40%/乳油/氧乐果 40%/2009.11.03 至 2014.11.03/中等毒
小麦 蚜虫 81-162克/公顷 喷雾
PD20100391 井冈霉素/3%/水剂/井冈霉素 3%/2010.01.14 至 2015.01.14/低毒
水稻 纹枯病 150—187.5克/公顷 喷雾
PD20100404 噁霉灵/15%/水剂/噁霉灵 15%/2010.01.14 至 2015.01.14/低毒
水稻苗床 立枯病 900-1800克/公顷 土壤喷雾
PD20100730 咪鲜胺/25%/乳油/咪鲜胺 25%/2010.01.16 至 2015.01.16/低毒
柑橘 绿霉病、青霉病 250—500毫克/千克 浸果
PD20101558 苯醚甲环唑/250克/升/乳油/苯醚甲环唑 250克/升/2010.05.19 至 2015.05.19/低毒
香蕉树 叶斑病 83.3—125毫克/千克 喷雾
PD20130348 烟嘧磺隆/40克/升/可分散油悬浮剂/烟嘧磺隆 40克/升/2013.03.11 至 2018.03.11/低毒
玉米田 一年生杂草 51-60克/公顷 茎叶喷雾
PD20132286 王铜/30%/悬浮剂/王铜 30%/2013.11.08 至 2018.11.08/低毒
柑橘树 溃疡病 375-500毫克/千克 喷雾

河南翔大化工有限公司 (河南省郑州市金水区柳林镇唐庄 450003 0371-63816581)

PD20081969 高氯·马/40%/乳油/高效氯氰菊酯 0.7%、马拉硫磷 39.3%/2013.11.25 至 2018.11.25/中等毒
棉花 棉铃虫 120-240克/公顷 喷雾
PD20084197 氯氰·辛硫磷/20%/乳油/氯氰菊酯 1.5%、辛硫磷 18.5%/2013.12.16 至 2018.12.16/中等毒
棉花 棉铃虫、棉蚜 75-150克/公顷 喷雾
PD20085898 马拉·三唑酮/35%/乳油/马拉硫磷 27%、三唑酮 8%/2013.12.29 至 2018.12.29/低毒
小麦 白粉病、蚜虫 525-656克/公顷 喷雾
PD20092151 苯磺隆/10%/可湿性粉剂/苯磺隆 10%/2014.02.23 至 2019.02.23/低毒
冬小麦田 一年生阔叶杂草 13.5—22.5克/公顷 茎叶喷雾
PD20094205 甲柳·三唑酮/10%/乳油/甲基异柳磷 8%、三唑酮 2%/2014.03.30 至 2019.03.30/高毒
小麦 地下害虫 40-80克/100千克种子 拌种
PD20098304 高效氯氟氰菊酯/25克/升/乳油/高效氯氟氰菊酯 25克/升/2009.12.18 至 2014.12.18/中等毒
甘蓝 菜青虫 20-40毫升制剂/亩 喷雾
PD20100357 莠去津/38%/悬浮剂/莠去津 38%/2010.01.11 至 2015.01.11/低毒
春玉米田 一年生杂草 1995-2280克/公顷 土壤喷雾

河南欣农化工有限公司 (河南省郑州市中原区未来大道65号天地大厦505号 450002 0371-65930933)

PD20090023 百菌清/75%/可湿性粉剂/百菌清 75%/2014.01.06 至 2019.01.06/低毒
黄瓜 霜霉病 1856-2408克/公顷 喷雾
PD20090851 霜脲·锰锌/36%/可湿性粉剂/代森锰锌 32%、霜脲氰 4%/2014.01.19 至 2019.01.19/低毒
黄瓜 霜霉病 1440-1800克/公顷 喷雾
PD20090898 唑酮·氧乐果/25%/乳油/三唑酮 7%、氧乐果 18%/2014.01.19 至 2019.01.19/高毒
小麦 白粉病、蚜虫 405-480克/公顷 喷雾
PD20091755 苯磺隆/10%/可湿性粉剂/苯磺隆 10%/2014.02.04 至 2019.02.04/低毒
冬小麦田 一年生阔叶杂草 15-22.5克/公顷 茎叶喷雾
PD20092145 氯氰·辛硫磷/27%/乳油/氯氰菊酯 4%、辛硫磷 23%/2014.02.23 至 2019.02.23/低毒
棉花 棉铃虫 162-243克/公顷 喷雾
PD20092900 硫磺·三环唑/45%/可湿性粉剂/硫磺 40%、三环唑 5%/2014.03.05 至 2019.03.05/低毒
水稻 稻瘟病 810-1215克/公顷 喷雾
PD20092927 硝钠·萘乙酸/2.85%/水剂/萘乙酸 1.2%、复硝酚钠 1.65%/2014.03.05 至 2019.03.05/低毒
水稻 调节生长 3000-4000倍液 喷雾(2次)
PD20092989 啶虫脒/5%/乳油/啶虫脒 5%/2014.03.09 至 2019.03.09/低毒
苹果树 蚜虫 12-15毫克/千克 喷雾
PD20093963 辛硫磷/40%/乳油/辛硫磷 40%/2014.03.27 至 2019.03.27/低毒
棉花 蚜虫 240-300克/公顷 喷雾
PD20094141 氯氰·敌敌畏/45%/乳油/敌敌畏 42%、氯氰菊酯 3%/2014.03.27 至 2019.03.27/中等毒
甘蓝 菜青虫 236.25-315克/公顷 喷雾
PD20094283 硫磺·锰锌/70%/可湿性粉剂/硫磺 30%、代森锰锌 40%/2014.03.31 至 2019.03.31/低毒
豇豆 锈病 1575-2100克/公顷 喷雾
PD20095173 福·福锌/60%/可湿性粉剂/福美双 23%、福美锌 37%/2014.04.24 至 2019.04.24/低毒
西瓜 炭疽病 1500-1800克/公顷 喷雾
PD20096808 马拉硫磷/45%/乳油/马拉硫磷 45%/2009.09.15 至 2014.09.15/低毒
棉花 盲蝽蟓 405-573.75克/公顷 喷雾
PD20096950 敌敌畏/80%/乳油/敌敌畏 80%/2009.09.29 至 2014.09.29/中等毒

	小麦	蚜虫	50-60毫升制剂/亩	喷雾
PD20097574	福·甲·硫磺/70%/可湿性粉剂/福美双 25%、甲基硫菌灵 14%、硫磺 31%/2009.11.03 至 2014.11.03/低毒			
	辣椒	炭疽病	735-1050克/公顷	喷雾
PD20097764	多菌灵/80%/可湿性粉剂/多菌灵 80%/2009.11.12 至 2014.11.12/低毒			
	花生	倒秧病	720—840克/公顷	喷雾
PD20100555	丙环唑/250克/升/乳油/丙环唑 250克/升/2010.01.14 至 2015.01.14/低毒			
	香蕉	叶斑病	357—500毫克/千克	喷雾
PD20100752	阿维·矿物油/24.5%/乳油/阿维菌素 0.2%、矿物油 24.3%/2010.01.16 至 2015.01.16/低毒(原药高毒)			
	苹果树	红蜘蛛	1500-2000倍液	喷雾
PD20101602	代森锰锌/80%/可湿性粉剂/代森锰锌 80%/2010.06.03 至 2015.06.03/低毒			
	番茄	早疫病	2100-2400克/公顷	喷雾
PD20132481	阿维·甲氰/1.8%/乳油/阿维菌素 0.3%、甲氰菊酯 1.5%/2013.12.09 至 2018.12.09/低毒(原药高毒)			
	柑橘树	红蜘蛛	9-18毫克/千克	喷雾

河南新乡中电除草剂有限公司　(河南省新乡县朗公庙镇新原路口　453700　0373-5701262)

PD20092485	氯氰·辛硫磷/40%/乳油/氯氰菊酯 2%、辛硫磷 38%/2009.02.26 至 2014.02.26/中等毒			
	甘蓝	菜青虫	120-150克/公顷	喷雾
	棉花	棉铃虫	180-240克/公顷	喷雾
PD20095171	苄·二氯/36%/可湿性粉剂/苄嘧磺隆 3%、二氯喹啉酸 33%/2009.04.24 至 2014.04.24/低毒			
	水稻抛秧田、水稻移栽田	一年生杂草	216-270克/公顷	喷雾
PD20095591	异丙草·莠/40%/悬浮剂/异丙草胺 16%、莠去津 24%/2009.05.12 至 2014.05.12/低毒			
	夏玉米田	一年生杂草	1200-1500克/公顷	土壤喷雾
PD20096232	乙·莠/48%/可湿性粉剂/乙草胺 24%、莠去津 24%/2009.07.15 至 2014.07.15/低毒			
	夏玉米田	一年生杂草	900-1440克/公顷	土壤喷雾
PD20096493	烟嘧磺隆/4.2%/可分散油悬浮剂/烟嘧磺隆 4.2%/2009.08.14 至 2014.08.14/低毒			
	玉米田	一年生杂草	42-60克/公顷	茎叶喷雾
PD20096568	苄·乙/14%/可湿性粉剂/苄嘧磺隆 3.5%、乙草胺 10.5%/2009.08.24 至 2014.08.24/低毒			
	水稻移栽田	一年生杂草	84-118克/公顷	毒土法
PD20102121	2甲·苯磺隆/50.8%/可湿性粉剂/苯磺隆 0.8%、2甲4氯钠 50%/2010.12.22 至 2015.12.22/低毒			
	小麦田	一年生阔叶杂草	381—571.5克/公顷	茎叶喷雾
PD20131596	丁·莠/48%/悬乳剂/丁草胺 19%、莠去津 29%/2013.07.29 至 2018.07.29/低毒			
	夏玉米田	一年生杂草	1080-1440克/公顷	土壤喷雾

河南银田精细化工有限公司　(河南省新乡市原阳县原齐路6号　453500　0373-7275605)

PD20040691	三唑酮/20%/乳油/三唑酮 20%/2009.12.19 至 2014.12.19/低毒			
	小麦	白粉病	75-90克/公顷	喷雾
PD20085324	马拉·辛硫磷/20%/乳油/马拉硫磷 10%、辛硫磷 10%/2013.12.24 至 2018.12.24/低毒			
	棉花	棉铃虫	150-225克/公顷	喷雾
PD20086094	灭多威/10%/可湿性粉剂/灭多威 10%/2013.12.30 至 2018.12.30/中等毒(原药高毒)			
	棉花	棉铃虫	270-360克/公顷	喷雾
PD20086106	啶虫脒/3%/乳油/啶虫脒 3%/2013.12.30 至 2018.12.30/低毒			
	苹果树	蚜虫	12-15毫克/千克	喷雾
	小麦	蚜虫	13.5-18克/公顷	喷雾
PD20086276	丙环唑/250克/升/乳油/丙环唑 250克/升/2013.12.31 至 2018.12.31/低毒			
	香蕉树	叶斑病	250-500毫克/千克	喷雾
PD20090356	杀扑磷/40%/乳油/杀扑磷 40%/2014.01.12 至 2019.01.12/高毒			
	柑橘树	介壳虫	400-500毫克/千克	喷雾
PD20090816	辛硫磷/3%/颗粒剂/辛硫磷 3%/2014.01.19 至 2019.01.19/微毒			
	花生	地下害虫	1800-3600克/公顷	沟施
PD20091523	敌畏·仲丁威/20%/乳油/敌敌畏 12%、仲丁威 8%/2014.02.02 至 2019.02.02/中等毒			
	水稻	飞虱	300-360克/公顷	喷雾
PD20091600	异丙威/10%/烟剂/异丙威 10%/2014.02.03 至 2019.02.03/低毒			
	黄瓜(保护地)	蚜虫	450-600克/公顷	喷雾
PD20091696	氯氰·毒死蜱/52.25%/乳油/毒死蜱 47.5%、氯氰菊酯 4.75%/2014.02.03 至 2019.02.03/中等毒			
	柑橘树	潜叶蛾	348.3-522.5毫克/千克	喷雾
PD20091802	异菌·百菌清/15%/烟剂/百菌清 9%、异菌脲 6%/2014.02.04 至 2019.02.04/低毒			
	番茄(保护地)	灰霉病	562.5-675克/公顷	点燃放烟
PD20092104	毒死蜱/40%/乳油/毒死蜱 40%/2014.02.23 至 2019.02.23/中等毒			
	苹果树	桃小食心虫	160-267毫克/千克	喷雾
PD20092603	腐霉利/15%/烟剂/腐霉利 15%/2014.02.27 至 2019.02.27/低毒			
	韭菜(保护地)	灰霉病	562.5-787.5克/公顷	点燃放烟
PD20092652	多·福/50%/可湿性粉剂/多菌灵 25%、福美双 25%/2014.03.03 至 2019.03.03/低毒			
	葡萄	霜霉病	1000-1250毫克/千克	喷雾
PD20093088	氰戊·辛硫磷/25%/乳油/氰戊菊酯 6.25%、辛硫磷 18.75%/2014.03.09 至 2019.03.09/低毒			

棉花 棉铃虫 270-300克/公顷 喷雾
PD20093171 阿维·吡虫啉/5%/乳油/阿维菌素 0.5%、吡虫啉 4.5%/2014.03.11 至 2019.03.11/低毒(原药高毒)
梨树 梨木虱 6.25-10毫克/千克 喷雾
PD20093451 辛硫·三唑酮/20%/乳油/三唑酮 5%、辛硫磷 15%/2014.03.23 至 2019.03.23/低毒
小麦 白粉病、蚜虫 420-450克/公顷 喷雾
PD20093477 百菌清/20%/烟剂/百菌清 20%/2014.03.23 至 2019.03.23/低毒
黄瓜(保护地) 霜霉病 900-1200克/公顷 点燃放烟
PD20093495 氰戊·马拉松/20%/乳油/马拉硫磷 15%、氰戊菊酯 5%/2014.03.23 至 2019.03.23/低毒
小麦 蚜虫 90-120克/公顷 喷雾
PD20094152 霜脲·百菌清/22%/烟剂/百菌清 19%、霜脲氰 3%/2014.03.27 至 2019.03.27/低毒
黄瓜(保护地) 霜霉病 660-825克/公顷 点燃放烟
PD20094931 高效氯氰菊酯/4.5%/微乳剂/高效氯氰菊酯 4.5%/2009.04.13 至 2014.04.13/低毒
甘蓝 菜青虫 13.5-27克/公顷 喷雾
PD20094951 氯溴异氰尿酸/50%/可溶粉剂/氯溴异氰尿酸 50%/2009.04.20 至 2014.04.20/低毒
大白菜 软腐病 375-450克/公顷 喷雾
黄瓜 霜霉病 450-525克/公顷 喷雾
水稻 白叶枯病 300-450克/公顷 喷雾
PD20094952 氯溴异氰尿酸/90%/原药/氯溴异氰尿酸 90%/2009.04.20 至 2014.04.20/低毒
PD20095164 复硝酚钠/1.4%/水剂/5-硝基邻甲氧基苯酚钠 0.3%、对硝基苯酚钠 0.7%、邻硝基苯酚钠 0.4%/2009.04.24 至2014.04.24/低毒
小麦 调节生长 2.8-3.5毫克/千克 喷雾
PD20095306 精喹禾灵/8.8%/乳油/精喹禾灵 8.8%/2009.04.27 至 2014.04.27/低毒
夏大豆田 一年生禾本科杂草 39.6-52.8克/公顷 茎叶喷雾
PD20095418 高效氟吡甲禾灵/108克/升/乳油/高效氟吡甲禾灵 108克/升/2009.05.11 至 2014.05.11/低毒
冬油菜田 一年生禾本科杂草 32.4-48.6克/公顷 茎叶喷雾
PD20095452 阿维·哒螨灵/6.78%/乳油/阿维菌素 0.11%、哒螨灵 6.67%/2009.05.11 至 2014.05.11/中等毒(原药高毒)
苹果树 红蜘蛛 27.12-33.9毫克/千克 喷雾
PD20095638 苯磺隆/10%/可湿性粉剂/苯磺隆 10%/2009.05.12 至 2014.05.12/低毒
冬小麦田 一年生阔叶杂草 15～22.5克/公顷 茎叶喷雾
PD20095870 吡虫啉/10%/可湿性粉剂/吡虫啉 10%/2009.05.27 至 2014.05.27/低毒
水稻 稻飞虱 22.5-30克/公顷 喷雾
PD20097132 辛硫磷/40%/乳油/辛硫磷 40%/2009.10.16 至 2014.10.16/低毒
棉花 棉铃虫 225-300克/公顷 喷雾
PD20100073 阿维菌素/1.8%/乳油/阿维菌素 1.8%/2010.01.04 至 2015.01.04/中等毒(原药高毒)
菜豆 美洲斑潜蝇 10.8-21.6克/公顷 喷雾
WP20090081 杀蟑烟剂/5%/烟剂/高效氯氰菊酯 5%/2014.02.02 至 2019.02.02/低毒
卫生 蜚蠊 / 点燃

河南颖泰农化股份有限公司 (河南省濮阳市胜利路西段路南 457000 0393-8910798)

PD20110830 乙草胺/97%/原药/乙草胺 97%/2011.08.10 至 2016.08.10/低毒
PD20130919 丙草胺/95%/原药/丙草胺 95%/2013.04.28 至 2018.04.28/低毒

河南豫之星作物保护有限公司 (河南省焦作市番田镇余村 454800 0371-87000803)

PD20084121 溴氰·马拉松/25%/乳油/马拉硫磷 24.4%、溴氰菊酯 0.6%/2013.12.16 至 2018.12.16/中等毒
棉花 棉铃虫 225-300克/公顷 喷雾
PD20097804 矮壮素/50%/水剂/矮壮素 50%/2009.11.20 至 2014.11.20/低毒
棉花 调节生长 10000倍液 喷雾
PD20097960 三唑磷/20%/乳油/三唑磷 20%/2009.12.01 至 2014.12.01/低毒
水稻 二化螟 225-375克/公顷 喷雾
PD20098175 高效氯氰菊酯/4.5%/乳油/高效氯氰菊酯 4.5%/2009.12.14 至 2014.12.14/低毒
甘蓝 菜青虫 40-60毫升制剂/亩 喷雾
PD20098353 炔螨特/73%/乳油/炔螨特 73%/2009.12.18 至 2014.12.18/低毒
柑橘树 红蜘蛛 243-365毫克/千克 喷雾
PD20098456 烟嘧磺隆/40克/升/可分散油悬浮剂/烟嘧磺隆 40克/升/2009.12.24 至 2014.12.24/低毒
玉米田 一年生杂草 42-60克/公顷 茎叶喷雾
PD20100181 丙环唑/250克/升/乳油/丙环唑 250克/升/2010.01.05 至 2015.01.05/低毒
香蕉 叶斑病 250—500毫克/千克 喷雾
PD20100278 乙烯利/40%/水剂/乙烯利 40%/2010.01.11 至 2015.01.11/低毒
番茄 催熟 400-500毫克/千克 喷雾或涂抹
PD20100352 毒死蜱/480克/升/乳油/毒死蜱 480克/升/2010.01.11 至 2015.01.11/中等毒
水稻 稻飞虱 576-864克/公顷 喷雾
PD20100746 氯氟吡氧乙酸/200克/升/乳油/氯氟吡氧乙酸 200克/升/2010.01.16 至 2015.01.16/低毒
冬小麦田 一年生阔叶杂草 50-70毫升制剂/亩 茎叶喷雾
PD20101648 高效氟吡甲禾灵/108克/升/乳油/高效氟吡甲禾灵 108克/升/2010.06.03 至 2015.06.03/低毒
花生田 一年生禾本科杂草 32.4-64.8克克/公顷 茎叶喷雾

PD20120260 吡虫啉/70%/种子处理可分散粉剂/吡虫啉 70%/2012.02.14 至 2017.02.14/低毒
玉米 蚜虫 350-490克/100千克种子 拌种

河南远东生物工程有限公司 (河南省西华县西华营镇工业区 466223 0394-2321058)

PD20097610 复硝酚钠/1.4%/水剂/5-硝基邻甲氧基苯酚钠 0.23%、对硝基苯酚钠 0.7%、邻硝基苯酚钠 0.47%/2009.11.03 至2014.11.03/低毒
番茄、黄瓜、茄子 促进生长 6000-8000倍液 喷雾

PD20110208 混合氨基酸铜/7.5%/水剂/混合氨基酸铜 7.5%/2011.02.22 至 2016.02.22/低毒
黄瓜 枯萎病 375-187.5毫克/千克 灌根
小麦 纹枯病 200-250毫升/亩 喷雾

河南远见农业科技有限公司 (河南省尉氏县新尉工业园区 450053 0371-63821932)

PD85126-20 三氯杀螨醇/20%/乳油/三氯杀螨醇 20%/2010.01.14 至 2015.01.14/低毒
棉花 红蜘蛛 225-300克/公顷 喷雾
苹果树 红蜘蛛、锈蜘蛛 800-1000倍液 喷雾

PD20040098 高效氯氰菊酯/4.5%/乳油/高效氯氰菊酯 4.5%/2009.12.19 至 2014.12.19/中等毒
十字花科蔬菜 菜青虫 15-22.5克/公顷 喷雾

PD20040109 三唑酮/15%/可湿性粉剂/三唑酮 15%/2009.12.19 至 2014.12.19/低毒
小麦 白粉病 120-150克/公顷 喷雾

PD20040110 三唑酮/20%/乳油/三唑酮 20%/2009.12.19 至 2014.12.19/低毒
小麦 白粉病 105-120克/公顷 喷雾

PD20040190 吡虫啉/10%/可湿性粉剂/吡虫啉 10%/2009.12.19 至 2014.12.19/低毒
水稻 飞虱 15-30克/公顷 喷雾
小麦 蚜虫 15-30克/公顷 喷雾
烟草 蚜虫 11.25-18.75克/公顷 喷雾

PD20040317 吡虫啉/10%/可湿性粉剂/吡虫啉 10%/2009.12.19 至 2014.12.19/低毒
水稻 飞虱 10-15克/公顷 喷雾

PD20040320 吡虫啉/5%/乳油/吡虫啉 5%/2009.12.19 至 2014.12.19/低毒
小麦 蚜虫 12-15克/公顷 喷雾

PD20040508 哒螨灵/15%/乳油/哒螨灵 15%/2009.12.19 至 2014.12.19/中等毒
苹果树 红蜘蛛 30-40毫克/千克 喷雾

PD20080075 溴敌隆/0.5%/母液/溴敌隆 0.5%/2013.01.04 至 2018.01.04/中等毒(原药高毒)
农田 田鼠 饱和投饵 配成0.005-0.008%毒饵堆施或穴施

PD20080199 氰戊·马拉松/21%/乳油/马拉硫磷 15%、氰戊菊酯 6%/2013.01.11 至 2018.01.11/中等毒
苹果树 蚜虫 105-210毫克/千克 喷雾

PD20080376 溴敌隆/0.5%/母粉/溴敌隆 0.5%/2013.02.28 至 2018.02.28/中等毒(原药高毒)
农田 田鼠 0.05-0.08克/公顷 配成0.005-0.008%毒饵堆施或穴施

PD20080688 百草枯/200克/升/水剂/百草枯 200克/升/2012.12.31 至 2014.07.01/中等毒
玉米田 杂草 450-600克/公顷 定向喷雾

PD20081627 百草枯/200克/升/水剂/百草枯 200克/升/2012.12.31 至 2014.07.01/中等毒
非耕地 杂草 600-750克/公顷 喷雾

PD20082306 苯磺隆/10%/可湿性粉剂/苯磺隆 10%/2013.12.01 至 2018.12.01/低毒
冬小麦田 一年生阔叶杂草 13.5-22.5克/公顷 茎叶喷雾

PD20082467 精喹禾灵/5%/乳油/精喹禾灵 5%/2013.12.03 至 2018.12.03/低毒
花生 一年生禾本科杂草 37.5-60克/公顷 茎叶喷雾
夏大豆田 一年生禾本科杂草 45－52.5克/公顷 茎叶喷雾

PD20082821 溴鼠灵/0.5%/母液/溴鼠灵 0.5%/2013.12.09 至 2018.12.09/高毒
室外 田鼠 配成0.005%毒饵每洞15克 投放毒饵

PD20082830 三乙膦酸铝/40%/可湿性粉剂/三乙膦酸铝 40%/2013.12.09 至 2018.12.09/低毒
黄瓜 霜霉病 1410-2820克/公顷 喷雾

PD20082900 草甘膦异丙胺盐/41%/水剂/草甘膦异丙胺盐 41%/2013.12.09 至 2018.12.09/低毒
非耕地 一年生和多年生杂草 1500-2250克/公顷 喷雾

PD20083246 高氯·马/37%/乳油/高效氯氰菊酯 0.8%、马拉硫磷 36.2%/2013.12.11 至 2018.12.11/中等毒
十字花科蔬菜 菜青虫 30-45克/公顷 喷雾

PD20083344 溴敌隆/0.005%/毒饵/溴敌隆 0.005%/2013.12.11 至 2018.12.11/低毒(原药高毒)
农田 田鼠 饱和投饵 投饵
室内、外 家鼠 饱和投饵 投饵

PD20083421 阿维菌素/1%/乳油/阿维菌素 1%/2013.12.11 至 2018.12.11/低毒(原药高毒)
甘蓝 小菜蛾 8.1-10.8克/公顷 喷雾

PD20083946 苏云金杆菌/16000IU/毫克/可湿性粉剂/苏云金杆菌 16000IU/毫克/2013.12.15 至 2018.12.15/低毒
十字花科蔬菜 小菜蛾 750-1125克制剂/公顷 喷雾

PD20084366 井冈霉素/5%/水剂/井冈霉素 5%/2013.12.17 至 2018.12.17/低毒
水稻 纹枯病 150-187.5克/公顷 喷雾

PD20084434 多·福/45%/可湿性粉剂/多菌灵 15%、福美双 30%/2013.12.17 至 2018.12.17/低毒
葡萄 霜霉病 1000-1250毫克/千克 喷雾

PD20084783 溴敌隆/0.05%/母药/溴敌隆 0.05%/2013.12.22 至 2018.12.22/低毒(原药高毒)
室内 家鼠 15-30克毒饵/15平方米 饱和投饵
室外 田鼠 2250-3000克毒饵/公顷 饱和投饵
室外 家鼠 5-10克毒饵/15平方米 饱和投饵

PD20084839 百菌清/40%/悬浮剂/百菌清 40%/2013.12.22 至 2018.12.22/低毒
番茄 早疫病 900-1050克/公顷 喷雾

PD20085214 啶虫脒/10%/乳油/啶虫脒 10%/2013.12.23 至 2018.12.23/低毒
苹果树 蚜虫 10-12.5毫克/千克 喷雾

PD20085494 百菌清/10%/烟剂/百菌清 10%/2013.12.25 至 2018.12.25/低毒
黄瓜(保护地) 霜霉病 750-1200克/公顷 点燃放烟

PD20090592 溴敌隆/95%/原药/溴敌隆 95%/2014.01.14 至 2019.01.14/剧毒

PD20090929 多抗霉素/1%/水剂/多抗霉素 1%/2014.01.19 至 2019.01.19/低毒
黄瓜 白粉病 75-150克/公顷 喷雾

PD20090971 阿维菌素/5%/乳油/阿维菌素 5%/2014.01.20 至 2019.01.20/低毒(原药高毒)
十字花科蔬菜 菜青虫 3.6-4.5克/公顷 喷雾

PD20091295 异丙草·莠/40%/悬乳剂/异丙草胺 16%、莠去津 24%/2014.02.01 至 2019.02.01/低毒
春玉米田 一年生杂草 1800-2400克/公顷(东北地区) 土壤喷雾
夏玉米田 一年生杂草 1050-1500克/公顷 土壤喷雾

PD20091524 阿维菌素/0.22%/可湿性粉剂/阿维菌素 0.22%/2014.02.02 至 2019.02.02/低毒(原药高毒)
甘蓝 小菜蛾 1.35-1.8克/公顷 喷雾

PD20092194 辛硫磷/3%/颗粒剂/辛硫磷 3%/2014.02.23 至 2019.02.23/低毒
小麦 地下害虫 1350-1800克/公顷 沟施
玉米 玉米螟 112.5-157.5克/公顷 喇叭口期撒施

PD20092306 唑酮·氧乐果/32%/乳油/三唑酮 8%、氧乐果 24%/2014.02.24 至 2019.02.24/中等毒
小麦 白粉病、蚜虫 480-600克/公顷 喷雾

PD20092473 辛硫·灭多威/20%/乳油/灭多威 6%、辛硫磷 14%/2014.02.25 至 2019.02.25/高毒
棉花 棉铃虫 150-300克/公顷 喷雾

PD20092766 阿维菌素/1.8%/可湿性粉剂/阿维菌素 1.8%/2009.03.04 至 2014.03.04/低毒(原药高毒)
柑橘树 红蜘蛛 1.3-2毫克/千克 喷雾

PD20092767 辛硫磷/40%/乳油/辛硫磷 40%/2009.03.04 至 2014.03.04/低毒
棉花 棉铃虫 120-150克/公顷 喷雾

PD20092923 阿维·高氯/2%/乳油/阿维菌素 0.4%、高效氯氰菊酯 1.6%/2009.03.05 至 2014.03.05/低毒(原药高毒)
梨树 梨木虱 6-12毫克/千克 喷雾
十字花科蔬菜 菜青虫 7.5-15克/公顷 喷雾
十字花科蔬菜 小菜蛾 7.5-10.5克/公顷 喷雾

PD20094096 乙草胺/900克/升/乳油/乙草胺 900克/升/2009.03.27 至 2014.03.27/低毒
大豆田 一年生杂草 东北地区：1350-1890克/公顷 播后苗前土壤喷雾
其他：810-1350克/公顷
花生田、油菜田 一年生禾本科杂草及部分小粒种子阔叶杂草 810-1215克/公顷 土壤喷雾

PD20094308 异丙草·莠/40%/悬乳剂/异丙草胺 24%、莠去津 16%/2009.03.31 至 2014.03.31/低毒
夏玉米田 一年生杂草 1200－1500克/公顷 土壤喷雾

PD20094577 烟嘧磺隆/40克/升/悬浮剂/烟嘧磺隆 40克/升/2009.04.09 至 2014.04.09/低毒
玉米田 一年生杂草 42-60克/公顷 茎叶喷雾

PD20094950 阿维菌素/1.8%/乳油/阿维菌素 1.8%/2009.04.17 至 2014.04.17/低毒(原药高毒)
菜豆、黄瓜 美洲斑潜蝇 10.8-21.6克/公顷 喷雾
柑橘树 红蜘蛛、潜叶蛾 4.5-9毫克/千克 喷雾
柑橘树 锈壁虱 2.25-4.5毫克/千克 喷雾
梨树 梨木虱 6-12毫克/千克 喷雾
棉花 棉铃虫 21.6-32.4克/公顷 喷雾
苹果树 二斑叶螨 4.5-6毫克/千克 喷雾
苹果树 桃小食心虫 4.5-9毫克/千克 喷雾
苹果树 红蜘蛛 3-6毫克/千克 喷雾
十字花科蔬菜 菜青虫、小菜蛾 8.1-10.8克/公顷 喷雾

PD20095170 噻吩磺隆/15%/可湿性粉剂/噻吩磺隆 15%/2009.04.24 至 2014.04.24/低毒
冬小麦田 一年生阔叶杂草 22.5-33.8克/公顷 茎叶喷雾

PD20095923 阿维·矿物油/24.5%/乳油/阿维菌素 0.2%、矿物油 24.3%/2009.06.02 至 2014.06.02/低毒(原药高毒)
柑橘树 红蜘蛛 1000-2000倍液 喷雾

PD20096177 氧乐果/40%/乳油/氧乐果 40%/2009.07.03 至 2014.07.03/中等毒(原药高毒)
小麦 蚜虫 81-162克/公顷 喷雾

PD20096496 氯氟吡氧乙酸/200克/升/乳油/氯氟吡氧乙酸 200克/升/2009.08.14 至 2014.08.14/低毒

冬小麦田 一年生阔叶杂草 150-199.5克/公顷 茎叶喷雾

PD20096676 氟磺胺草醚/250克/升/水剂/氟磺胺草醚 250克/升/2009.09.07 至 2014.09.07/低毒
春大豆田 一年生阔叶杂草 300-375克/公顷 茎叶喷雾
夏大豆田 一年生阔叶杂草 188-225克/公顷 茎叶喷雾

PD20096722 精噁唑禾草灵/69克/升/水乳剂/精噁唑禾草灵 69克/升/2009.09.07 至 2014.09.07/低毒
冬小麦田 一年生禾本科杂草 41.4-51.75克/公顷 茎叶喷雾

PD20097116 莠去津/38%/悬浮剂/莠去津 38%/2009.10.12 至 2014.10.12/低毒
春玉米田 一年生杂草 275-375毫升制剂/亩 播后苗前土壤喷雾

PD20097179 吗胍·乙酸铜/20%/可湿性粉剂/盐酸吗啉胍 10%、乙酸铜 10%/2009.10.16 至 2014.10.16/低毒
番茄 病毒病 500-750克/公顷 喷雾

PD20097603 丙溴·辛硫磷/40%/乳油/丙溴磷 6%、辛硫磷 34%/2009.11.03 至 2014.11.03/中等毒
甘蓝 甜菜夜蛾 300-420克/公顷 喷雾
棉花 棉铃虫 125-187.5克/公顷 喷雾

PD20097625 噁草·丁草胺/20%/乳油/丁草胺 12%、噁草酮 8%/2009.11.03 至 2014.11.03/微毒
旱稻田 一年生杂草 750-1050克/公顷 土壤喷雾

PD20098066 百菌清/75%/可湿性粉剂/百菌清 75%/2009.12.07 至 2014.12.07/低毒
番茄 早疫病 975-1125克/公顷 喷雾

PD20098395 甲柳·三唑酮/3.5%/种衣剂/甲基异柳磷 2.5%、三唑酮 1%/2009.12.18 至 2014.12.18/高毒
花生 地下害虫 1:30-40(药种比) 种子包衣
小麦、玉米 地下害虫 1:40(药种比) 种子包衣

PD20100291 毒死蜱/40%/乳油/毒死蜱 40%/2010.01.11 至 2015.01.11/中等毒
萝卜 菜青虫 360-540克/公顷 喷雾
棉花 棉铃虫 600-900克/公顷 喷雾
苹果树 桃小食心虫 200-250克/公顷 喷雾
水稻 稻纵卷叶螟 450-600克/公顷 喷雾
小麦 蚜虫 108-180克/公顷 喷雾

PD20101829 络氨铜/15%/水剂/络氨铜 15%/2010.07.28 至 2015.07.28/低毒
柑橘树 疮痂病 200-300倍液 喷雾

PD20102035 丁硫克百威/200克/升/乳油/丁硫克百威 200克/升/2010.10.19 至 2015.10.19/中等毒
水稻 三化螟 600-750克/公顷 喷雾

PD20102148 螨醇·哒螨灵/20%/乳油/哒螨灵 15%、三氯杀螨醇 5%/2010.12.07 至 2015.12.07/低毒
柑橘树 红蜘蛛 133-200毫克/千克 喷雾

PD20120070 阿维·毒死蜱/32%/乳油/阿维菌素 2%、毒死蜱 30%/2012.01.18 至 2017.01.18/中等毒
水稻 稻纵卷叶螟 240—336克/公顷 喷雾

PD20120275 苯丁·哒螨灵/10%/乳油/苯丁锡 5%、哒螨灵 5%/2012.02.15 至 2017.02.15/低毒
柑橘树 红蜘蛛 50-66.7毫克/千克 喷雾

PD20120607 精喹禾灵/20%/水分散粒剂/精喹禾灵 20%/2012.04.11 至 2017.04.11/低毒
棉花田 一年生禾本科杂草 48-60克/公顷 茎叶喷雾

PD20121352 草甘膦铵盐/65%/可溶粉剂/草甘膦 65%/2012.09.13 至 2017.09.13/低毒
非耕地 杂草 1675.5-2242.5克/公顷 定向茎叶喷雾
注:草甘膦铵盐含量:71.5%

PD20121612 2甲·草甘膦/56%/可溶粉剂/草甘膦铵盐 44%、2甲4氯钠 12%/2012.10.30 至 2017.10.30/低毒
非耕地 杂草 1560-2340克/公顷 茎叶喷雾

PD20122025 苯醚甲环唑/10%/水分散粒剂/苯醚甲环唑 10%/2012.12.19 至 2017.12.19/低毒
苹果树 斑点落叶病 50-70毫克/千克 喷雾

PD20122080 高效氟吡甲禾灵/108克/升/乳油/高效氟吡甲禾灵 108克/升/2012.12.24 至 2017.12.24/低毒
花生田 一年生禾本科杂草 40.5-56.7克/公顷 茎叶喷雾

PD20130550 氰氟·精噁唑/15%/微乳剂/精噁唑禾草灵 3%、氰氟草酯 12%/2013.04.01 至 2018.04.01/低毒
移栽水稻田 一年生禾本科杂草 90-135克/公顷 茎叶喷雾

PD20131092 精喹·氟磺胺/15%/微乳剂/氟磺胺草醚 10%、精喹禾灵 5%/2013.05.20 至 2018.05.20/低毒
大豆田 一年生杂草 夏大豆：180-225克/公顷；春大豆：225-270克/公顷 茎叶喷雾

PD20131210 烟嘧·滴辛酯/40%/可分散油悬浮剂/2,4-滴异辛酯 36%、烟嘧磺隆 4%/2013.05.28 至 2018.05.28/低毒
玉米田 一年生杂草 480-600克/公顷 茎叶喷雾

PD20131747 矿物油/97%/乳油/矿物油 97%/2013.08.16 至 2018.08.16/低毒
柑橘树 介壳虫 9700-12933毫克/千克 喷雾

PD20131833 2甲·草甘膦/80%/可溶粒剂/草甘膦铵盐 75%、2甲4氯钠 5%/2013.09.17 至 2018.09.17/低毒
非耕地 杂草 1680-1875克/公顷 定向茎叶喷雾

LS20110279 氯吡·炔草酯/18%/悬浮剂/氯氟吡氧乙酸 12%、炔草酯 6%/2013.11.03 至 2014.11.03/低毒
冬小麦田 一年生杂草 108-135克/公顷 茎叶喷雾

LS20110280 精喹·草除灵/38%/悬浮剂/草除灵 30%、精喹禾灵 8%/2013.11.03 至 2014.11.03/低毒
冬油菜田 一年生杂草 285-342克/公顷 茎叶喷雾

LS20130214 40%百菌清可湿性粉剂/40%/可湿性粉剂/百菌清 40%/2013.04.16 至 2014.04.16/低毒

番茄　早疫病　975-1125克/公顷　喷雾
LS20130215　百菌清/40%/可湿性粉剂/百菌清 40%/2013.04.16 至 2014.04.16/低毒
番茄　早疫病　975-1125克/公顷　喷雾
WL20130006　氟虫腈/5%/悬浮剂/氟虫腈 5%/2014.01.07 至 2015.01.07/低毒
卫生　蚊、蝇　50毫克/平方米　滞留喷洒

河南郑州裕元工贸有限责任公司　(河南省郑州市须水工贸园区　450042　0371-67622765)

PD20092414　磷化铝/56%/片剂/磷化铝 56%/2009.02.25 至 2014.02.25/高毒
粮仓　储粮害虫　5-7克制剂/立方米　密闭熏蒸
PD20093318　多·福/40%/可湿性粉剂/多菌灵 5%、福美双 35%/2009.03.13 至 2014.03.13/低毒
梨树　黑星病　1000-1500毫克/千克　喷雾
PD20097553　哒螨灵/15%/乳油/哒螨灵 15%/2009.11.03 至 2014.11.03/低毒
柑橘树　红蜘蛛　30-40毫克/千克　喷雾

河南中天恒信生物化学科技有限公司(郑州市农业路政七街交叉口省汇中心B座2107　450007　0371-65711277)

PD20081510　氯氰·辛硫磷/26%/乳油/氯氰菊酯 1%、辛硫磷 25%/2013.11.06 至 2018.11.06/中等毒
棉花　棉铃虫　312-390克/公顷　喷雾
PD20097176　高效氯氟氰菊酯/25克/升/乳油/高效氯氟氰菊酯 25克/升/2009.10.16 至 2014.10.16/中等毒
十字花科叶菜　菜青虫　7.5-15克/公顷　喷雾
小麦　蚜虫　7.5-11.25克/公顷　喷雾
PD20110234　高效氟吡甲禾灵/108克/升/乳油/高效氟吡甲禾灵 108克/升/2011.03.02 至 2016.03.02/低毒
大豆田　一年生禾本科杂草　40.5-48.6克/公顷　茎叶喷雾
PD20110236　草甘膦异丙胺盐/30%/水剂/草甘膦 30%/2011.03.03 至 2016.03.03/低毒
柑橘园　杂草　1230-2460克/公顷　定向茎叶喷雾
注:草甘膦异丙胺盐含量:41%。
PD20110237　百草枯/200克/升/水剂/百草枯 200克/升/2012.12.31 至 2014.07.01/中等毒
非耕地　杂草　600-780克/公顷　定向茎叶喷雾
PD20110241　吡嘧磺隆/10%/可湿性粉剂/吡嘧磺隆 10%/2011.03.03 至 2016.03.03/低毒
水稻移栽田　一年生阔叶杂草　22.5-30克/公顷　毒土法
PD20110245　氟磺胺草醚/250克/升/水剂/氟磺胺草醚 250克/升/2011.03.03 至 2016.03.03/低毒
夏大豆田　一年生阔叶杂草　206.25-225克/公顷　茎叶喷雾
PD20121226　氯氟吡氧乙酸异辛酯/200克/升/乳油/氯氟吡氧乙酸 200克/升/2012.08.24 至 2017.08.24/低毒
小麦田　一年生阔叶杂草　150-210克/公顷　茎叶喷雾
注:本产品氯氟吡氧乙酸异辛酯含量为：288克/升。
PD20121227　精噁唑禾草灵/69克/升/水乳剂/精噁唑禾草灵 69克/升/2012.08.24 至 2017.08.24/低毒
冬小麦田　一年生禾本科杂草　51.8-62.1克/公顷　茎叶喷雾
PD20121228　烯草酮/120克/升/乳油/烯草酮 120克/升/2012.08.24 至 2017.08.24/低毒
油菜田　一年生禾本科杂草　54-72克/公顷　茎叶喷雾
PD20121457　烟嘧磺隆/40克/升/可分散油悬浮剂/烟嘧磺隆 40克/升/2012.10.08 至 2017.10.08/低毒
玉米田　一年生杂草　51-60克/公顷　茎叶喷雾

河南中威高科技化工有限公司　(河南省郑州市金水区农业路东22号兴业大厦B座10层　450008　0371-65336800)

PD20060167　复硝酚钠/95%/原药/5-硝基邻甲氧基苯酚钠 15.8%、对硝基苯酚钠 47.5%、邻硝基苯酚钠 31.7%/2011.10.31至2016.10.31/低毒
PD20080349　甲霜·锰锌/58%/可湿性粉剂/甲霜灵 10%、代森锰锌 48%/2013.02.26 至 2018.02.26/低毒
黄瓜　霜霉病　1305-1632克/公顷　喷雾
PD20090547　氰戊·马拉松/20%/乳油/马拉硫磷 15%、氰戊菊酯 5%/2014.01.13 至 2019.01.13/中等毒
苹果树　黄蚜　160-333毫克/千克　喷雾
PD20091551　阿维·哒螨灵/3.2%/乳油/阿维菌素 0.2%、哒螨灵 3%/2014.02.03 至 2019.02.03/低毒(原药高毒)
柑橘树　红蜘蛛　32-40毫克/千克　喷雾
PD20092148　高氯·毒死蜱/15%/乳油/毒死蜱 13.5%、高效氯氰菊酯 1.5%/2009.02.23 至 2014.02.23/中等毒
黄瓜　美洲斑潜蝇　90-135克/公顷　喷雾
PD20094156　硝钠·萘乙酸/2.85%/水剂/2,4-二硝基苯酚钠 0.15%、对硝基苯酚钠 0.9%、邻硝基苯酚钠 0.6%、萘乙酸钠 1.2%/2009.03.27 至 2014.03.27/低毒
冬小麦　调节生长、增产　2000-3000倍液　喷雾(2次)
黄瓜　调节生长、增产　5000-6000倍液　茎叶喷雾
PD20095366　甲哌鎓/250克/升/水剂/甲哌鎓 250克/升/2009.04.27 至 2014.04.27/低毒
棉花　调节生长、增产　52.5-67.5克/公顷　喷雾
PD20095438　乙烯利/40%/水剂/乙烯利 40%/2009.05.11 至 2014.05.11/低毒
棉花　催熟、增产　300-500倍液　茎叶喷雾
PD20095468　甲哌鎓/8%/可溶粉剂/甲哌鎓 8%/2009.05.11 至 2014.05.11/低毒
棉花　调节生长、增产　48-60克/公顷　喷雾
PD20095512　复硝酚钠/1.4%/可溶粉剂/5-硝基邻甲氧基苯酚钠 0.24%、对硝基苯酚钠 0.7%、邻硝基苯酚钠 0.46%/2009.05.11 至 2014.05.11/低毒
番茄　调节生长　4000－5000倍液　茎叶喷雾
PD20101287　乙蒜素/30%/乳油/乙蒜素 30%/2010.03.10 至 2015.03.10/低毒

棉花 枯萎病 247.5-353.6克/公顷 喷雾

河南中州种子科技发展有限公司 (河南省济源市东郊3公里 454650 0391-6606308)

PD20084444 多·酮·福美双/15%/悬浮种衣剂/多菌灵 10%、福美双 4%、三唑酮 1%/2013.12.17 至 2018.12.17/中等毒
棉花 红腐病 1:50-60(药种比) 种子包衣

PD20084811 福·克/20%/悬浮种衣剂/福美双 10%、克百威 10%/2013.12.22 至 2018.12.22/高毒
玉米 蓟马、黏虫、蚜虫、玉米螟 1:40(药种比) 种子包衣

PD20084938 克·酮·福美双/15%/悬浮种衣剂/福美双 7%、克百威 7%、三唑酮 1%/2008.12.22 至 2013.12.22/高毒
小麦 地下害虫、黑穗病 1:30-40(药种比) 种子包衣
玉米 地下害虫、茎基腐病 1:30-40(药种比) 种子包衣

PD20085622 腈菌·戊唑醇/0.8%/悬浮种衣剂/腈菌唑 0.6%、戊唑醇 0.2%/2013.12.25 至 2018.12.25/低毒
小麦 全蚀病 20-26.67克/100千克种子 种子包衣

PD20085784 克·酮·多菌灵/17%/悬浮种衣剂/多菌灵 11.2%、克百威 4.3%、三唑酮 1.5%/2013.12.29 至 2018.12.29/高毒
小麦 白粉病、地下害虫 1:50-60(药比种) 种子包衣

PD20091806 克·酮·多菌灵/22.7%/悬浮种衣剂/多菌灵 12%、克百威 9.5%、三唑酮 1.2%/2014.02.04 至 2019.02.04/高毒
棉花 地老虎、红腐病、金针虫、蝼蛄、蛴螬、蚜虫 1:50-60(药比种) 种子包衣

PD20130661 戊唑·福美双/10.6%/悬浮种衣剂/福美双 10%、戊唑醇 0.6%/2013.04.08 至 2018.04.08/低毒
玉米 丝黑穗病 177-212克/100千克种子 种子包衣

鹤壁市维多利生物科技有限公司 (河南省浚县黎阳工业区天宇路 456250 0392-5509339)

PD20096147 异丙威/20%/乳油/异丙威 20%/2009.06.24 至 2014.06.24/低毒
水稻 稻飞虱 450—600克/公顷 喷雾

PD20096209 草甘膦异丙胺盐(41%)///水剂/草甘膦 30%/2009.07.15 至 2014.07.15/低毒
柑橘园 杂草 200-400毫升制剂/亩 定向茎叶喷雾

PD20111322 草甘膦铵盐/65%/可溶粉剂/草甘膦 65%/2011.12.05 至 2016.12.05/低毒
柑橘园 杂草 1125-2250克/公顷 定向喷雾
注:草甘膦铵盐含量:75.7%。

PD20120649 甲氨基阿维菌素苯甲酸盐/2%/乳油/甲氨基阿维菌素 2%/2012.04.18 至 2017.04.18/低毒
甘蓝 小菜蛾 2.25-3克/公顷 喷雾
注:甲氨基阿维菌素苯甲酸盐含量:2.3%。

PD20121690 百菌清/40%/烟剂/百菌清 40%/2012.11.05 至 2017.11.05/中等毒
黄瓜(保护地) 霜霉病 900-1200克/公顷 点燃

PD20130980 百菌清/10%/烟剂/百菌清 10%/2013.05.02 至 2018.05.02/中等毒
黄瓜(保护地) 霜霉病 750-1200克/公顷 点燃放烟

PD20131049 异丙威/10%/烟剂/异丙威 10%/2013.05.13 至 2018.05.13/低毒
黄瓜(保护地) 蚜虫 450-675克/公顷 点燃放烟

WP20090379 顺式氯氰菊酯/50克/升/悬浮剂/顺式氯氰菊酯 50克/升/2009.12.14 至 2014.12.14/低毒
卫生 蜚蠊、蚊、蝇 25毫克/平方米 滞留喷洒

淮阳县蓝天化工有限责任公司 (河南省郑州市东风路20号河畔人家2号楼4单元3楼东户 450008 0371-65771751)

PD20110958 烯酰吗啉/50%/水分散粒剂/烯酰吗啉 50%/2011.09.08 至 2016.09.08/低毒
黄瓜 霜霉病 300—375克/公顷 喷雾

济源艾格弗作物保护有限公司 (河南省济源市亚桥罡头村南 454600 0391-6608855)

PD85105-42 敌敌畏/80%/乳油/敌敌畏 77.5%(气谱法)/2010.03.17 至 2015.03.17/中等毒
茶树 食叶害虫 600克/公顷 喷雾
粮仓 多种储藏害虫 1)400-500倍液,2)0.4-0.5克/立方米 1)喷雾,2)挂条熏蒸
棉花 蚜虫、造桥虫 600-1200克/公顷 喷雾
苹果树 小卷叶蛾、蚜虫 400-500毫克/千克 喷雾
青菜 菜青虫 600克/公顷 喷雾
桑树 尺蠖 600克/公顷 喷雾
卫生 多种卫生害虫 1)300-400倍液,2)0.08克/立方米 1)泼洒.2)挂条熏蒸
小麦 黏虫、蚜虫 600克/公顷 喷雾

PD20096799 代森锰锌/80%/可湿性粉剂/代森锰锌 80%/2009.09.15 至 2014.09.15/低毒
番茄 早疫病 1680-1896克/公顷 喷雾

PD20097216 炔螨特/57%/乳油/炔螨特 57%/2009.10.19 至 2014.10.19/低毒
柑橘树 红蜘蛛 285-380毫升/千克 喷雾

PD20100405 甲基硫菌灵/70%/可湿性粉剂/甲基硫菌灵 70%/2010.01.14 至 2015.01.14/低毒
梨树 黑星病 560-700毫克/千克 喷雾

PD20100611 多菌灵/25%/可湿性粉剂/多菌灵 25%/2010.01.14 至 2015.01.14/低毒
苹果树 轮纹病 400—500毫克/千克 喷雾

PD20100980 甲霜·锰锌/58%/可湿性粉剂/甲霜灵 10%、代森锰锌 48%/2010.01.19 至 2015.01.19/低毒
黄瓜 霜霉病 835.2-1305克/公顷 喷雾

开封卞京蒂国生物化学有限公司 (河南省开封市尉氏县新世纪广场东100米 475500 0378-7585236)

PD20091652 马拉·辛硫磷/25%/乳油/马拉硫磷 12.5%、辛硫磷 12.5%/2009.02.03 至 2014.02.03/低毒

大蒜	根蛆	2812.5-3750克/公顷	灌根
棉花	棉铃虫	262.5-300克/公顷	喷雾
十字花科蔬菜	菜青虫	187.5-281.25克/公顷	喷雾
水稻	稻纵卷叶螟	300-375克/公顷	喷雾
小麦	蚜虫	187.5-281.25克/公顷	喷雾

PD20092397 高效氯氟氰菊酯/25克/升/乳油/高效氯氟氰菊酯 25克/升/2009.02.25 至 2014.02.25/中等毒

十字花科蔬菜	蚜虫	7.5-11.25克/公顷	喷雾

PD20092592 辛硫·灭多威/20%/乳油/灭多威 10%、辛硫磷 10%/2009.02.27 至 2014.02.27/高毒

棉花	蚜虫	135-180克/公顷	喷雾
棉花	棉铃虫	225-300克/公顷	喷雾

PD20095692 二甲戊灵/330克/升/乳油/二甲戊灵 330克/升/2009.05.15 至 2014.05.15/低毒

夏玉米田	一年生杂草	742.5-990克/公顷	播后苗前土壤喷雾

PD20096990 多·硫·锰锌/70%/可湿性粉剂/多菌灵 10%、硫磺 40%、代森锰锌 20%/2009.09.29 至 2014.09.29/低毒

花生	叶斑病	1600-1800克/公顷	喷雾

PD20098391 乙草胺/81.5%/乳油/乙草胺 81.5%/2009.12.18 至 2014.12.18/低毒

玉米田	一年生禾本科杂草及小粒阔叶杂草	100-120毫升制剂/亩(东北地区) 80-100毫升制剂/亩(其它地区)	播后苗期土壤喷雾

PD20100783 毒死蜱/480克/升/乳油/毒死蜱 480克/升/2010.01.18 至 2015.01.18/中等毒

水稻	稻纵卷叶螟	450-600克/公顷	喷雾

PD20100801 丙环唑/250克/升/乳油/丙环唑 250克/升/2010.01.19 至 2015.01.19/低毒

香蕉	叶斑病	250-500毫克/千克	喷雾

PD20100932 联苯菊酯/25克/升/乳油/联苯菊酯 25克/升/2010.01.19 至 2015.01.19/中等毒

棉花	红铃虫	1200-2100毫升制剂/公顷	喷雾
苹果树	桃小食心虫	20-30毫克/千克	喷雾

PD20100942 敌敌畏/80%/乳油/敌敌畏 80%/2010.01.19 至 2015.01.19/中等毒

小麦	蚜虫	600-700克/公顷	喷雾

PD20101118 赤霉酸/4%/乳油/赤霉酸 4%/2010.01.25 至 2015.01.25/低毒

棉花	调节生长、增产	10-20毫克/千克	点喷、点涂、喷雾

PD20101123 百草枯/200克/升/水剂/百草枯 200克/升/2010.01.25 至 2014.07.01/中等毒

苹果园	杂草	600-900克/公顷	定向茎叶喷雾

PD20101907 烟嘧磺隆/40克/升/可分散油悬浮剂/烟嘧磺隆 40克/升/2010.08.27 至 2015.08.27/低毒

玉米田	一年生杂草	42-60克/公顷	茎叶喷雾

开封博凯生物化工有限公司 (河南省开封市南郊杨正门 475003 0378-2633385)

PD85154-44 氰戊菊酯/20%/乳油/氰戊菊酯 20%/2010.08.15 至 2015.08.15/中等毒

柑橘树	潜叶蛾	10-20毫克/千克	喷雾
果树	梨小食心虫	10-20毫克/千克	喷雾
棉花	红铃虫、蚜虫	75-150克/公顷	喷雾
蔬菜	菜青虫、蚜虫	60-120克/公顷	喷雾

PD20050073 氯氰菊酯/5%/乳油/氯氰菊酯 5%/2010.06.24 至 2015.06.24/中等毒

棉花	棉铃虫、棉蚜	45-90克/公顷	喷雾
苹果树	桃小食心虫	33.3-50毫克/千克	喷雾
十字花科蔬菜	菜青虫	30-45克/公顷	喷雾

PD20060165 氯氰菊酯/10%/乳油/氯氰菊酯 10%/2011.10.10 至 2016.10.10/中等毒

棉花	棉铃虫、棉蚜	45-90克/公顷	喷雾
苹果树	桃小食心虫	33.5-50毫克/千克	喷雾
十字花科蔬菜	菜青虫	30-45克/公顷	喷雾

PD20092005 氰戊·氧乐果/25%/乳油/氰戊菊酯 5%、氧乐果 20%/2014.02.12 至 2019.02.12/高毒

棉花	红蜘蛛、棉铃虫、棉蚜	112.5-180克/公顷	喷雾
小麦	红蜘蛛、蚜虫	37.5-56.75克/公顷	喷雾

PD20092235 氰戊·氧乐果/20%/乳油/氰戊菊酯 2.5%、氧乐果 17.5%/2014.02.24 至 2019.02.24/高毒

棉花	红蜘蛛、棉铃虫、棉蚜	112.5-180克/公顷	喷雾
小麦	蚜虫	30-45克/公顷	喷雾
小麦	红蜘蛛	45-60克/公顷	喷雾

PD20093174 氰戊菊酯/90%/原药/氰戊菊酯 90%/2009.03.11 至 2014.03.11/中等毒

PD20095319 氯氰菊酯/95%/原药/氯氰菊酯 95%/2009.04.27 至 2014.04.27/低毒

PD20095455 辛硫·三唑酮/20%/乳油/三唑酮 2%、辛硫磷 18%/2009.05.11 至 2014.05.11/低毒

小麦	地下害虫	15-30克/100千克种子	拌种
小麦	麦蚜	60-120克/公顷	喷雾

注:对小麦白粉病有预防作用。

PD20130824 嘧菌酯/95%/原药/嘧菌酯 95%/2013.04.22 至 2018.04.22/低毒

开封大地农化生物科技有限公司 (河南省郑州市金水区文化路北晨商务1号楼D座1201室 450011 0371-63563375)

PD20091475 毒死蜱/40%/乳油/毒死蜱 40%/2014.02.02 至 2019.02.02/中等毒

棉花 棉铃虫 600-780克/公顷 喷雾

PD20095266 噁酮·乙草胺/36%/乳油/噁草酮 6%、乙草胺 30%/2009.04.27 至 2014.04.27/低毒

棉花田、夏大豆田 一年生杂草 540-810克/公顷 播后苗前喷雾

PD20095817 乳氟·喹禾灵/10.8%/乳油/喹禾灵 6.0%、乳氟禾草灵 4.8%/2009.05.27 至 2014.05.27/低毒

夏大豆田 一年生杂草 81-97.2克/公顷 喷雾

PD20096302 阿维菌素/1.8%/乳油/阿维菌素 1.8%/2009.07.22 至 2014.07.22/低毒(原药高毒)

甘蓝 小菜蛾 8.1-10.8克/公顷 喷雾

PD20096983 乙草胺/81.5%/乳油/乙草胺 81.5%/2009.09.29 至 2014.09.29/低毒

玉米田 一年生禾本科杂草及小粒阔叶杂草 100-120毫升制剂/亩(东北地区)，80-100毫升制剂/亩(其它地区) 播后苗前土壤喷雾

PD20098335 高效氯氟氰菊酯/25克/升/乳油/高效氯氟氰菊酯 25克/升/2009.12.18 至 2014.12.18/中等毒

十字花科叶菜 菜青虫 20-30毫升制剂/亩 喷雾

PD20100480 唑酮·乙蒜素/32%/乳油/三唑酮 2%、乙蒜素 30%/2010.01.14 至 2015.01.14/中等毒

黄瓜 枯萎病 360-450克/公顷 喷雾

棉花 枯萎病 199.5-300克/公顷 喷雾

苹果树 轮纹病 900-1200倍液 喷雾

水稻 稻瘟病 360-450克/公顷 喷雾

PD20100545 乙蒜素/90%/原药/乙蒜素 90%/2010.01.14 至 2015.01.14/中等毒

PD20101282 唑酮·乙蒜素/16%/可湿性粉剂/三唑酮 1%、乙蒜素 15%/2010.03.10 至 2015.03.10/中等毒

水稻 稻瘟病 108-144克/公顷 喷雾

PD20101285 乙蒜素/80%/乳油/乙蒜素 80%/2010.03.10 至 2015.03.10/中等毒

棉花 立枯病 133.3-160毫克/千克 浸种

PD20101469 苦参碱/1%/可溶液剂/苦参碱 1%/2010.05.04 至 2015.05.04/低毒

甘蓝 菜青虫 15-18克/公顷 喷雾

PD20101918 啶虫脒/5%/乳油/啶虫脒 5%/2010.08.27 至 2015.08.27/低毒

黄瓜 蚜虫 18-22.5克/公顷 喷雾

PD20131278 苄嘧磺隆/10%/可湿性粉剂/苄嘧磺隆 10%/2013.06.05 至 2018.06.05/低毒

移栽水稻田 一年生阔叶杂草 30-45克/公顷 药土法

开封市普朗克生物化学有限公司 (河南省郑州市未来路71号未来花园F座1-202室 450008 0371-65611343)

PD20040370 高效氯氰菊酯/4.5%/乳油/高效氯氰菊酯 4.5%/2009.12.19 至 2014.12.19/中等毒

十字花科蔬菜 菜蚜 3-18克/公顷 喷雾

十字花科蔬菜 菜青虫、小菜蛾 9-25.5克/公顷 喷雾

PD20040566 吡虫啉/5%/乳油/吡虫啉 5%/2009.12.19 至 2014.12.19/低毒

水稻 稻飞虱 9-18克/公顷 喷雾

PD20070463 多·福/50%/可湿性粉剂/多菌灵 25%、福美双 25%/2012.11.20 至 2017.11.20/低毒

梨树 黑星病 1000-1500毫克/千克 喷雾

PD20080067 氯氰·辛硫磷/20%/乳油/氯氰菊酯 1.5%、辛硫磷 18.5%/2013.01.04 至 2018.01.04/中等毒

棉花 棉铃虫、蚜虫 300-360克/公顷 喷雾

PD20080487 辛硫·三唑磷/30%/乳油/三唑磷 15%、辛硫磷 15%/2013.04.07 至 2018.04.07/中等毒

水稻 三化螟 315-405克/公顷 喷雾

PD20081874 硫磺·多菌灵/50%/可湿性粉剂/多菌灵 15%、硫磺 35%/2013.11.20 至 2018.11.20/低毒

花生 叶斑病 1200-1800克/公顷 喷雾

PD20082566 代森锰锌/50%/可湿性粉剂/代森锰锌 50%/2013.12.04 至 2018.12.04/低毒

苹果树 轮纹病 600-800倍液 喷雾

PD20082903 霜霉威盐酸盐/35%/水剂/霜霉威盐酸盐 35%/2013.12.09 至 2018.12.09/低毒

黄瓜 霜霉病 562.5-843.75克/公顷 喷雾

PD20083277 溴敌隆/0.5%/母液/溴敌隆 0.5%/2013.12.11 至 2018.12.11/中等毒(原药高毒)

室内 家鼠 堆施或穴施 配成0.005%的毒饵饱和投饵

PD20084122 灭多威/20%/乳油/灭多威 20%/2013.12.16 至 2018.12.16/高毒

棉花 棉铃虫 120-150克/公顷 喷雾

PD20084359 溴敌隆/0.005%/毒饵/溴敌隆 0.005%/2013.12.17 至 2018.12.17/低毒(原药高毒)

室内、外 家鼠 室内：30－45克毒饵/15平方米 室外：15克毒饵/10平方米 投饵

PD20084394 敌畏·毒死蜱/40%/乳油/敌敌畏 30%、毒死蜱 10%/2013.12.17 至 2018.12.17/中等毒

水稻 稻飞虱 480-600克/公顷 喷雾

PD20084921 溴敌隆/98%/原药/溴敌隆 98%/2013.12.22 至 2018.12.22/剧毒

PD20086131 福·甲·硫磺/50%/可湿性粉剂/福美双 18%、甲基硫菌灵 10%、硫磺 22%/2013.12.30 至 2018.12.30/低毒

辣椒 炭疽病 1125克/公顷 喷雾

PD20090644 溴鼠灵/0.5%/母液/溴鼠灵 0.5%/2014.01.15 至 2019.01.15/高毒

室外 田鼠 饱和投饵 配制成0.005%毒饵投饵

PD20091894 甲基异柳磷/2.5%/颗粒剂/甲基异柳磷 2.5%/2014.02.09 至 2019.02.09/高毒

小麦 吸浆虫 562.5-750克/公顷 土壤处理
PD20092029 异菌脲/10%/乳油/异菌脲 10%/2014.02.12 至 2019.02.12/低毒
苹果树 斑点落叶病 500-600倍液 喷雾
PD20092223 莠去津/48%/可湿性粉剂/莠去津 48%/2014.02.24 至 2019.02.24/低毒
夏玉米田 一年生杂草 1080-1440克/公顷 播后苗前土壤喷雾
PD20092878 唑酮·氧乐果/20%/乳油/三唑酮 5%、氧乐果 15%/2009.03.05 至 2014.03.05/高毒
小麦 白粉病、蚜虫 450-480克/公顷 喷雾
PD20093383 甲柳·三唑酮/10%/乳油/甲基异柳磷 8%、三唑酮 2%/2009.03.19 至 2014.03.19/高毒
小麦 地下害虫 40-80克/100千克种子 拌种
PD20093553 三唑酮/20%/乳油/三唑酮 20%/2009.03.23 至 2014.03.23/低毒
小麦 白粉病 120-135克/公顷 喷雾
PD20094071 烯唑醇/12.5%/可湿性粉剂/烯唑醇 12.5%/2009.03.27 至 2014.03.27/低毒
小麦 白粉病 60-120克/公顷 喷雾
PD20094593 百草枯/20%/水剂/百草枯 20%/2012.12.31 至 2014.07.01/中等毒
玉米田 杂草 300-600克/公顷 茎叶喷雾
PD20096577 精喹禾灵/5%/乳油/精喹禾灵 5%/2009.08.25 至 2014.08.25/低毒
夏大豆田 一年生禾本科杂草 52.5-75克/公顷 茎叶喷雾
PD20097547 啶虫脒/20%/可湿性粉剂/啶虫脒 20%/2009.11.03 至 2014.11.03/低毒
柑橘树 蚜虫 10-13.3毫克/千克 喷雾
PD20097584 乙草胺/50%/乳油/乙草胺 50%/2009.11.03 至 2014.11.03/低毒
夏玉米田 一年生杂草 750-1125克/公顷 土壤喷雾
PD20097663 苯磺隆/10%/可湿性粉剂/苯磺隆 10%/2009.11.04 至 2014.11.04/低毒
冬小麦田 一年生阔叶杂草 13.5-22.5克/公顷 茎叶喷雾
PD20097822 氧乐果/40%/乳油/氧乐果 40%/2009.11.20 至 2014.11.20/中等毒(原药高毒)
小麦 蚜虫 81-162克/公顷 喷雾
PD20101859 络氨铜/15%/水剂/络氨铜 15%/2010.08.04 至 2015.08.04/低毒
水稻 稻曲病 525-750克/公顷 喷雾
PD20101890 哒螨·矿物油/34%/乳油/哒螨灵 4%、矿物油 30%/2010.08.09 至 2015.08.09/中等毒
苹果树 红蜘蛛 170-340毫克/千克 喷雾
PD20101996 啶虫脒/5%/乳油/啶虫脒 5%/2010.09.25 至 2015.09.25/低毒
黄瓜 蚜虫 24-36毫升/亩 喷雾
PD20110408 阿维菌素/1.8%/可湿性粉剂/阿维菌素 1.8%/2011.04.12 至 2016.04.12/低毒(原药高毒)
甘蓝 小菜蛾 8.1-10.8克/公顷 喷雾
PD20110511 甲氨基阿维菌素苯甲酸盐/1%/乳油/甲氨基阿维菌素 1%/2011.05.03 至 2016.05.03/低毒
甘蓝 小菜蛾 1.5-3克/公顷 喷雾
注:甲氨基阿维菌素苯甲酸盐含量:1.14%。
PD20111029 高效氯氟氰菊酯/2.5%/水乳剂/高效氯氟氰菊酯 2.5%/2011.09.30 至 2016.09.30/中等毒
甘蓝 菜青虫 5.625-9.375克/公顷 喷雾
WP20090063 杀蟑饵剂/1%/饵剂/毒死蜱 1%/2014.01.22 至 2019.01.22/低毒
卫生 蜚蠊 / 投放
WP20090207 残杀威/20%/乳油/残杀威 20%/2009.03.27 至 2014.03.27/低毒
卫生 蜚蠊 50毫克/平方米 滞留喷洒
WP20090229 杀虫饵粒/2%/饵剂/吡虫啉 2%/2009.04.10 至 2014.04.10/低毒
卫生 蜚蠊、蝇 / 投防
WP20090262 氟氯氰菊酯/10%/可湿性粉剂/氟氯氰菊酯 10%/2009.05.11 至 2014.05.11/低毒
卫生 蚊、蝇、蜚蠊 50-62.5毫克/平方米 滞留喷洒

联保作物科技有限公司 (河南省郑州市新郑港区新港大道 450003 0371-66238576)

PD20121455 甲氨基阿维菌素苯甲酸盐/5%/水分散粒剂/甲氨基阿维菌素 5%/2012.10.08 至 2017.10.08/低毒
甘蓝 甜菜夜蛾 2.25-4.5克/公顷 喷雾
注:甲氨基阿维菌素苯甲酸盐含量: 5.7%。
PD20121589 戊唑醇/430克/升/悬浮剂/戊唑醇 430克/升/2012.10.25 至 2017.10.25/低毒
苹果树 轮纹病 107.5～143.3毫克/千克 喷雾
PD20121977 阿维菌素/1.8%/水乳剂/阿维菌素 1.8%/2012.12.18 至 2017.12.18/低毒(原药高毒)
甘蓝 小菜蛾 8.1-10.8克/公顷 喷雾
PD20130302 啶虫脒/40%/水分散粒剂/啶虫脒 40%/2013.02.26 至 2018.02.26/低毒
黄瓜 蚜虫 24-48克/公顷 喷雾
PD20131871 螺螨酯/24%/悬浮剂/螺螨酯 24%/2013.09.25 至 2018.09.25/低毒
柑橘树 红蜘蛛 40-60毫克/千克 喷雾
PD20132426 咪鲜胺/450克/升/水乳剂/咪鲜胺 450克/升/2013.11.20 至 2018.11.20/低毒
水稻 恶苗病 62.5-125毫克/千克 浸种
PD20132582 醚菌酯//水分散粒剂/醚菌酯 50%/2013.12.17 至 2018.12.17/低毒
黄瓜 白粉病 105-150克/公顷 喷雾

洛阳市嘉创农业开发有限公司 (河南省洛阳市高新技术开发区孙旗屯 471003 0379-64281612)

PD20091927 氯氰·敌敌畏/43%/乳油/敌敌畏 38%、氯氰菊酯 5%/2009.02.12 至 2014.02.12/中等毒
棉花 棉铃虫 387-516克/公顷 喷雾

PD20092044 福·克/20%/悬浮种衣剂/福美双 10%、克百威 10%/2014.02.12 至 2019.02.12/高毒
玉米 蚜虫 1:40(药种比) 种子包衣

PD20100208 克·酮·多菌灵/17%/悬浮种衣剂/多菌灵 11.2%、克百威 4.3%、三唑酮 1.5%/2010.01.05 至 2015.01.05/中等毒
小麦 白粉病、地下害虫 1:50-60(药种比) 种子包衣

南阳神圣农化科技有限公司 (河南省南阳市新华城市广场兴达国际D1906 473000 0377-63177799)

PD20130296 复硝酚钠/1.8%/水剂/复硝酚钠 1.8%/2013.02.26 至 2018.02.26/低毒
番茄 调节生长 6.0-9.0毫克/千克 喷雾

平顶山市益农科技有限公司 (河南省郏县城关镇龙山大道东段 467100 0375-5186166)

PD20091074 乙草胺/50%/乳油/乙草胺 50%/2014.01.21 至 2019.01.21/低毒
夏大豆田 一年生禾本科杂草及小粒阔叶杂草 900-1125克/公顷 土壤喷雾

PD20093006 氟铃脲/5%/乳油/氟铃脲 5%/2014.03.09 至 2019.03.09/低毒
棉花 棉铃虫 90-120克/公顷 喷雾

PD20097931 啶虫脒/5%/乳油/啶虫脒 5%/2009.11.30 至 2014.11.30/低毒
苹果树 蚜虫 8.6-12毫克/千克 喷雾

PD20098154 丙环唑/250克/升/乳油/丙环唑 250克/升/2009.12.14 至 2014.12.14/低毒
小麦 白粉病 124—150克/公顷 喷雾

PD20121831 啶虫脒/20%/可湿性粉剂/啶虫脒 20%/2012.11.22 至 2017.11.22/低毒
柑橘树 蚜虫 10-13.3毫克/千克 喷雾

PD20121993 高效氯氟氰菊酯/25克/升/乳油/高效氯氟氰菊酯 25克/升/2012.12.18 至 2017.12.18/中等毒
棉花 棉铃虫 7.5-9.375克/公顷 喷雾

沁阳市新兴化工有限公司 (河南省沁阳市崇义镇小金陵北 454550 0391-5055073)

PD20090916 啶虫脒/5%/乳油/啶虫脒 5%/2014.01.19 至 2019.01.19/低毒
小麦 蚜虫 18-27克/公顷 喷雾

PD20091729 苄·乙·扑草净/14.5%/粉剂/苄嘧磺隆 0.8%、扑草净 4.2%、乙草胺 9.5%/2014.02.04 至 2019.02.04/低毒
水稻移栽田 一年生及部分多年生杂草 84-126克/公顷(南方地区) 药土法

PD20092734 阿维·辛硫磷/15%/乳油/阿维菌素 0.1%、辛硫磷 14.9%/2014.03.04 至 2019.03.04/低毒(原药高毒)
十字花科蔬菜 小菜蛾 112.5-168.75克/公顷 喷雾

PD20093348 氟铃·辛硫磷/20%/乳油/氟铃脲 2%、辛硫磷 18%/2014.03.18 至 2019.03.18/低毒
棉花 棉铃虫 150-225克/公顷 喷雾

PD20096387 草甘膦/30%/可溶粉剂/草甘膦 30%/2009.08.04 至 2014.08.04/低毒
非耕地 杂草 1125—2250克/公顷 茎叶喷雾

PD20096426 氰戊·灭多威/20%/乳油/灭多威 15%、氰戊菊酯 5%/2009.08.04 至 2014.08.04/高毒
棉花 棉铃虫 150-187.5克/公顷 喷雾

PD20096627 辛硫·矿物油/40%/乳油/矿物油 20%、辛硫磷 20%/2009.09.02 至 2014.09.02/低毒
棉花 棉铃虫 600-900克/公顷 喷雾

PD20101850 辛菌胺醋酸盐(1.8%)///水剂/辛菌胺 1.26%/2010.07.28 至 2015.07.28/低毒
苹果树 腐烂病 500-1000毫克/千克 涂抹、喷雾

撒尔夫(河南)农化有限公司 (河南省禹州市朱阁工业园区 461670 0374-8121568)

PD20040213 高效氯氰菊酯/4.5%/乳油/高效氯氰菊酯 4.5%/2009.12.19 至 2014.12.19/中等毒
十字花科蔬菜 菜青虫、蚜虫 9-25.5克/公顷 喷雾

PD20040795 氯氰·辛硫磷/20%/乳油/氯氰菊酯 1.5%、辛硫磷 18.5%/2009.12.19 至 2014.12.19/中等毒
棉花 棉铃虫、蚜虫 75-150克/公顷 喷雾

PD20084286 阿维·高氯/1.1%/乳油/阿维菌素 0.1%、高效氯氰菊酯 1%/2013.12.17 至 2018.12.17/低毒(原药高毒)
十字花科蔬菜 菜青虫、小菜蛾 13.5-27克/公顷 喷雾

PD20084930 啶虫脒/5%/乳油/啶虫脒 5%/2013.12.22 至 2018.12.22/低毒
黄瓜 蚜虫 18-22.5克/公顷 喷雾

PD20085828 辛硫·灭多威/30%/乳油/灭多威 10%、辛硫磷 20%/2013.12.29 至 2018.12.29/高毒
棉花 棉铃虫 630-900克/公顷 喷雾

PD20086126 辛硫·灭多威/20%/乳油/灭多威 6%、辛硫磷 14%/2013.12.30 至 2018.12.30/高毒
棉花 棉铃虫 150-300克/公顷 喷雾
水稻 稻飞虱 180-240克/公顷 喷雾

PD20086278 灭多威/20%/乳油/灭多威 20%/2013.12.31 至 2018.12.31/高毒
棉花 蚜虫 75-150克/公顷 喷雾
棉花 棉铃虫 150-225克/公顷 喷雾

PD20094487 灭多威/98%/原药/灭多威 98%/2009.04.09 至 2014.04.09/高毒

PD20096906 百草枯/200克/升/水剂/百草枯 200克/升/2012.12.31 至 2014.07.01/中等毒
玉米田 一年生杂草 450-600克/公顷 行间定向茎叶喷雾

PD20100714 三唑磷/20%/乳油/三唑磷 20%/2010.01.16 至 2015.01.16/中等毒
水稻 二化螟 300-450克/公顷 喷雾

PD20100851 甲氨基阿维菌素苯甲酸盐(1.14%)///乳油/甲氨基阿维菌素 1%/2010.01.19 至 2015.01.19/低毒
甘蓝 小菜蛾 150-225毫升制剂/公顷 喷雾

PD20100996 复硝酚钠/1.8%/水剂/5-硝基邻甲氧基苯酚钠 0.3%、对硝基苯酚钠 0.9%、邻硝基苯酚钠 0.6%/2010.01.20 至2015.01.20/低毒
番茄 调节生长 6.075-8.1克/公顷 茎叶喷雾
PD20101568 辛菌胺醋酸盐/1.8%/水剂/辛菌胺醋酸盐 1.8%/2010.05.19 至 2015.05.19/低毒
苹果树 腐烂病 500-1000毫克/千克 喷雾,涂抹
WP20120075 噁虫威/20%/可湿性粉剂/噁虫威 20%/2012.04.18 至 2017.04.18/低毒
室内 蚊、蝇、蜚蠊 120毫克/平方米（蚊和蝇） 300毫克/平方米（蜚蠊） 滞留喷洒
WP20120076 噁虫威/98%/原药/噁虫威 98%/2012.04.18 至 2017.04.18/中等毒
注:仅限于室内使用。
WP20130162 噁虫威/80%/可湿性粉剂/噁虫威 80%/2013.07.29 至 2018.07.29/中等毒
室外 蚊、蝇 0.16-0.24克/平方米 喷雾

山都丽化工有限公司 (河南省周口市建设路东段10号 466001 0394-8690100)

PD20040221 高效氯氰菊酯/4.5%/乳油/高效氯氰菊酯 4.5%/2009.12.19 至 2014.12.19/中等毒
茶树 茶尺蠖 15-25.5克/公顷 喷雾
柑橘树 潜叶蛾 15-20毫克/千克 喷雾
柑橘树 红蜡蚧 50毫克/千克 喷雾
棉花 红铃虫、棉铃虫、蚜虫 15-30克/公顷 喷雾
十字花科蔬菜 菜青虫、小菜蛾 9-25.5克/公顷 喷雾
十字花科蔬菜 蚜虫 3-18克/公顷 喷雾
烟草 烟青虫 15-25.5克/公顷 喷雾
PD20040273 高效氯氰菊酯/2.5%/乳油/高效氯氰菊酯 2.5%/2009.12.19 至 2014.12.19/中等毒
番茄 美洲斑潜蝇 18.75-22.5克/公顷 喷雾
梨树 梨木虱 12.5-20.8毫克/千克 喷雾
PD20040406 吡虫啉/5%/乳油/吡虫啉 5%/2009.12.18 至 2014.12.18/低毒
小麦 蚜虫 7.5-11.2克/公顷 喷雾
PD20080254 噻酚磺隆/95%/原药/噻吩磺隆 95%/2013.02.19 至 2018.02.19/低毒
PD20081933 噻吩磺隆/15%/可湿性粉剂/噻吩磺隆 15%/2013.11.24 至 2018.11.24/低毒
冬小麦田 一年生阔叶杂草 22.5-33.8克/公顷 喷雾
PD20084030 霜脲·锰锌/36%/可湿性粉剂/代森锰锌 32%、霜脲氰 4%/2013.12.16 至 2018.12.16/低毒
黄瓜 霜霉病 1458-1728克/公顷 喷雾
PD20090015 三唑锡/25%/可湿性粉剂/三唑锡 25%/2014.01.06 至 2019.01.06/低毒
柑橘树 红蜘蛛 125-166毫克/千克 喷雾
苹果树 红蜘蛛 200-400毫克/千克 喷雾
PD20090904 杀扑磷/40%/乳油/杀扑磷 40%/2014.01.19 至 2019.01.19/高毒
柑橘树 介壳虫 400-500毫克/千克 喷雾
PD20091109 吡虫·三唑锡/20%/可湿性粉剂/吡虫啉 2%、三唑锡 18%/2014.01.21 至 2019.01.21/中等毒
苹果树 红蜘蛛、黄蚜 100-200毫克/千克 喷雾
PD20091233 高效氯氟氰菊酯/25克/升/乳油/高效氯氟氰菊酯 25克/升/2014.02.01 至 2019.02.01/中等毒
苹果树 桃小食心虫 5-6.25毫克/千克 喷雾
小麦 蚜虫 7.5-11.25克/公顷 喷雾
PD20091259 炔螨特/40%/乳油/炔螨特 40%/2014.02.01 至 2019.02.01/低毒
柑橘 红蜘蛛 266.7-400毫克/千克 喷雾
PD20091793 三唑锡/20%/悬浮剂/三唑锡 20%/2014.02.04 至 2019.02.04/中等毒
柑橘树 红蜘蛛 133-267毫克/千克 喷雾
苹果树 红蜘蛛 100-200毫克/千克 喷雾
PD20091853 多菌灵/25%/可湿性粉剂/多菌灵 25%/2014.02.06 至 2019.02.06/低毒
水稻 纹枯病 562.5-750克/公顷 喷雾
PD20091940 丙环唑/250克/升/乳油/丙环唑 250克/升/2014.02.12 至 2019.02.12/低毒
香蕉 叶斑病 250-500毫克/千克 喷雾
PD20092032 代森锰锌/70%/可湿性粉剂/代森锰锌 70%/2014.02.12 至 2019.02.12/低毒
番茄 早疫病 1837.5-2362.5克/公顷 喷雾
PD20092454 百草枯/200克/升/水剂/百草枯 200克/升/2012.12.31 至 2014.07.01/中等毒
玉米 杂草 450-600克/公顷 定向喷雾
PD20092657 抑霉唑/22.2%/乳油/抑霉唑 22.2%/2014.03.03 至 2019.03.03/低毒
柑橘(果实) 青霉病 370-493毫克/千克 浸果
PD20092822 苯磺隆/75%/水分散粒剂/苯磺隆 75%/2014.03.04 至 2019.03.04/低毒
冬小麦田 一年生阔叶杂草 11.25-22.5克/公顷 茎叶喷雾
PD20093052 精唑·草除灵/17.5%/乳油/草除灵 15%、精唑禾灵 2.5%/2014.03.09 至 2019.03.09/低毒
冬油菜田 一年生杂草 262.5-393.8克/公顷 喷雾
PD20093144 硫磺/45%/悬浮剂/硫磺 45%/2014.03.11 至 2019.03.11/低毒
黄瓜 白粉病 1012.5-1647克/公顷 喷雾
PD20093493 复硝酚钠/1.8%/水剂/复硝酚钠 1.8%/2014.03.23 至 2019.03.23/低毒

荔枝 保果 7.2-9毫克/千克 喷雾2次
PD20093500 甲基硫菌灵/50%/可湿性粉剂/甲基硫菌灵 50%/2014.03.23 至 2019.03.23/低毒
苹果 轮纹病 625-833毫克/千克 喷雾
PD20095047 氟磺胺草醚/250克/升/水剂/氟磺胺草醚 250克/升/2014.04.21 至 2019.04.21/低毒
春大豆田 一年生阔叶杂草 375-450克/公顷 茎叶喷雾
PD20095096 苯磺隆/10%/可湿性粉剂/苯磺隆 10%/2014.04.24 至 2019.04.24/低毒
冬小麦田 一年生阔叶杂草 15-19.5克/公顷 茎叶喷雾
PD20095470 异噁草松/48%/乳油/异噁草松 48%/2009.05.11 至 2014.05.11/低毒
春大豆田 一年生杂草 864-1195克/公顷 土壤喷雾
PD20095492 乙烯利/40%/水剂/乙烯利 40%/2009.05.11 至 2014.05.11/低毒
番茄 催熟 400-500毫克/千克 浸果
PD20095571 敌草胺/50%/可湿性粉剂/敌草胺 50%/2009.05.12 至 2014.05.12/低毒
烟草 一年生禾本科杂草及部分阔叶杂草 1125-1875克/公顷 土壤喷雾
PD20095600 高效氟吡甲禾灵/108克/升/乳油/高效氟吡甲禾灵 108克/升/2009.05.12 至 2014.05.12/低毒
棉花田 一年生禾本科杂草 40.5-48.6克/公顷 茎叶喷雾
PD20095966 乙草胺/81.5%/乳油/乙草胺 81.5%/2009.06.04 至 2014.06.04/低毒
冬油菜田 一年生禾本科杂草及部分阔叶杂草 540-810克/公顷 土壤喷雾
PD20096133 噻吩磺隆/75%/水分散粒剂/噻吩磺隆 75%/2009.06.24 至 2014.06.24/低毒
大豆田 一年生阔叶杂草 20.25-24.75克/公顷(东北地区) 播后苗期土壤喷雾
16.875-20.25克/公顷(其它地区)
PD20096137 异丙草・莠/50%/悬浮剂/异丙草胺 20%、莠去津 30%/2009.06.24 至 2014.06.24/低毒
夏玉米田 一年生杂草 750-1125克/公顷 土壤喷雾
PD20096157 草甘膦异丙胺盐(41%)/30%/水剂/草甘膦 30%/2009.06.24 至 2014.06.24/低毒
苹果园 杂草 1125-2250克/公顷 定向喷雾
PD20096212 烟嘧磺隆/95%/原药/烟嘧磺隆 95%/2009.07.15 至 2014.07.15/低毒
PD20096224 烟嘧磺隆/40克/升/可分散油悬浮剂/烟嘧磺隆 40克/升/2009.07.15 至 2014.07.15/低毒
玉米田 一年生杂草 80-100毫升制剂/亩 茎叶喷雾
PD20097396 吗胍・乙酸铜/20%/可湿性粉剂/盐酸吗啉胍 10%、乙酸铜 10%/2009.10.28 至 2014.10.28/低毒
番茄 病毒病 499.5-750克/公顷 喷雾
PD20098061 三唑锡/95%/原药/三唑锡 95%/2009.12.07 至 2014.12.07/中等毒
PD20098410 灭线磷/10%/颗粒剂/灭线磷 10%/2009.12.18 至 2014.12.18/中等毒(原药高毒)
水稻 稻瘿蚊 1500-1800克/公顷 撒施
PD20100308 春雷霉素/2%/可湿性粉剂/春雷霉素 2%/2010.01.11 至 2015.01.11/低毒
水稻 稻瘟病 24-36克/公顷 喷雾
PD20100648 苏云金杆菌/8000IU/毫克/悬浮剂/苏云金杆菌 8000IU/毫克/2010.01.15 至 2015.01.15/低毒
茶树 茶毛虫 200-400倍液 喷雾
PD20100777 异菌脲/255克/升/悬浮剂/异菌脲 255克/升/2010.01.18 至 2015.01.18/低毒
香蕉 冠腐病 170-250倍液 浸果
PD20121732 噻苯隆/50%/可湿性粉剂/噻苯隆 50%/2012.11.08 至 2017.11.08/低毒
棉花 脱叶 225-300克/公顷 茎叶喷雾
PD20121951 氰氟・精噁唑/10%/乳油/精噁唑禾草灵 5%、氰氟草酯 5%/2012.12.12 至 2017.12.12/低毒
直播水稻(南方) 一年生禾本科杂草 60-90克/公顷 茎叶喷雾
PD20130236 三唑磷/20%/乳油/三唑磷 20%/2013.01.30 至 2018.01.30/中等毒
水稻 二化螟 300-450克/公顷 喷雾
PD20130951 己唑醇/5%/悬浮剂/己唑醇 5%/2013.05.02 至 2018.05.02/低毒
梨树 黑星病 33.3-60克/公顷 喷雾
PD20131649 精噁唑禾草灵/10%/乳油/精噁唑禾草灵 10%/2013.08.01 至 2018.08.01/低毒
小麦田 一年生禾本科杂草 45-60克/公顷 茎叶喷雾
PD20131681 吡嘧・丙草胺/20%/可湿性粉剂/吡嘧磺隆 1%、丙草胺 19%/2013.08.07 至 2018.08.07/低毒
直播水稻田 一年生杂草 360-540克/公顷 茎叶喷雾
PD20131717 唑草酮/10%/可湿性粉剂/唑草酮 10%/2013.08.16 至 2018.08.16/低毒
小麦田 一年生阔叶杂草 24-36克/公顷 茎叶喷雾
PD20131960 虫酰肼/20%/悬浮剂/虫酰肼 20%/2013.10.10 至 2018.10.10/低毒
甘蓝 甜菜夜蛾 210-240克/公顷 喷雾
LS20130305 唑草酮/10%/可湿性粉剂/唑草酮 10%/2013.06.04 至 2014.06.04/低毒
小麦田 一年生阔叶杂草 24-36克/公顷 茎叶喷雾

商丘市大卫化工厂 (河南省商丘市虞城县木兰大道 476300 0370-4114685)

PD85105-64 敌敌畏/80%/乳油/敌敌畏 77.5%(气谱法)/2010.03.04 至 2015.03.04/中等毒
茶树 食叶害虫 600克/公顷 喷雾
粮仓 多种储藏害虫 1)400-500倍液, 1)喷雾,
2)0.4-0.5克/立方米 2)挂条熏蒸
棉花 蚜虫、造桥虫 600-1200克/公顷 喷雾
苹果树 小卷叶蛾、蚜虫 400-500毫克/千克 喷雾

	青菜	菜青虫	600克/公顷	喷雾
	桑树	尺蠖	600克/公顷	喷雾
	卫生	多种卫生害虫	1)300-400倍液, 2)0.08克/立方米	1)泼洒. 2)挂条熏蒸
	小麦	黏虫、蚜虫	600克/公顷	喷雾
PD20086063	溴敌隆/0.5%/母液/溴敌隆 0.5%/2013.12.30 至 2018.12.30/中等毒(原药高毒)			
	室内	家鼠	配成0.005%毒饵10-20克/10平方米	投饵
	室外	田鼠	配成0.005%毒饵300-450堆/公顷	饱和投饵
PD20086244	溴敌隆/0.01%/毒饵/溴敌隆 0.01%/2013.12.31 至 2018.12.31/低毒(原药高毒)			
	农田	田鼠	饱和投饵 初始投饵2250-3000克毒饵/公顷	堆施
PD20090852	溴敌隆/95%/原药/溴敌隆 95%/2014.01.19 至 2019.01.19/剧毒			
PD20093420	溴鼠灵/0.005%/毒饵/溴鼠灵 0.005%/2009.03.23 至 2014.03.23/低毒(原药高毒)			
	农田	田鼠	饱和投饵	堆施
PD20094627	溴敌隆/0.5%/母药/溴敌隆 0.5%/2009.04.10 至 2014.04.10/低毒(原药高毒)			
	农田	田鼠	饱和投饵 初始饵量 2250-3000克毒饵/公顷	堆施
PD20097078	溴鼠灵/0.5%/母药/溴鼠灵 0.5%/2009.10.10 至 2014.10.10/中等毒(原药高毒)			
	农田	田鼠	2250-3000克毒饵/公顷	配制成0.005%毒饵饱和投饵
WP20090206	杀虫颗粒剂/5%/颗粒剂/倍硫磷 5%/2009.03.26 至 2014.03.26/低毒			
	卫生	蚊(幼虫)、蝇(幼虫)	/	撒布
WL20100193	蚊香/0.1%/蚊香/四氟苯菊酯 0.1%/2013.06.09 至 2014.06.09/低毒			
	卫生	蚊	/	点燃
	注:本品有三种香型：檀香型、野菊花香型、茉莉香型。			
WL20110108	电热蚊香液/0.6%/电热蚊香液/氯氟醚菊酯 0.6%/2013.09.13 至 2014.09.13/微毒			
	卫生	蚊	/	电热加温
WL20120010	电热蚊香片/10毫克/片/电热蚊香片/炔丙菊酯 5毫克/片、氯氟醚菊酯 5毫克/片/2013.03.13 至 2014.03.13/微毒			
	卫生	蚊	/	电热加温

商丘市纽茵兰农药厂　(河南省商丘市梁园区周集乡张周公路西农药化工工业园内　476000　0371-63217739)

PD20122007	烟嘧磺隆/40克/升/可分散油悬浮剂/烟嘧磺隆 40克/升/2012.12.19 至 2017.12.19/低毒			
	玉米田	一年生杂草	45-60克/公顷	茎叶喷雾
PD20130166	精喹禾灵/10%/乳油/精喹禾灵 10%/2013.03.06 至 2018.03.06/低毒			
	夏大豆田	一年生禾本科杂草	30-52.5克/公顷	茎叶喷雾
PD20130347	精噁唑禾草灵/69克/升/水乳剂/精噁唑禾草灵 69克/升/2013.03.11 至 2018.03.11/低毒			
	冬小麦田	一年生禾本科杂草	41.4-51.75克/公顷	茎叶喷雾
PD20130937	氟磺胺草醚/250克/升/水剂/氟磺胺草醚 250克/升/2013.05.02 至 2018.05.02/低毒			
	春大豆田	一年生阔叶杂草	300-375克/公顷	茎叶喷雾
PD20130964	苯磺隆/10%/可湿性粉剂/苯磺隆 10%/2013.05.02 至 2018.05.02/低毒			
	冬小麦田	一年生阔叶杂草	16.5-22.5克/公顷	茎叶喷雾

上海沪联生物药业（夏邑）股份有限公司（河南省夏邑县高新开发区文昌西路1299号　476400　0370-6272208)

PD20080218	啶虫脒/5%/乳油/啶虫脒 5%/2013.01.11 至 2018.01.11/低毒			
	苹果树	蚜虫	10-15毫克/千克	喷雾
PD20081848	咪鲜胺/25%/乳油/咪鲜胺 25%/2013.11.20 至 2018.11.20/低毒			
	水稻	恶苗病	62.5-125毫克/千克	浸种
PD20082656	敌敌畏/80%/乳油/敌敌畏 80%/2013.12.04 至 2018.12.04/中等毒			
	小麦	蚜虫	600-720克/公顷	喷雾
PD20082720	三环唑/20%/可湿性粉剂/三环唑 20%/2013.12.05 至 2018.12.05/低毒			
	水稻	稻瘟病	225—300克/公顷	喷雾
PD20082782	多・锰锌/35%/可湿性粉剂/多菌灵 17.5%、代森锰锌 17.5%/2013.12.22 至 2018.12.22/低毒			
	苹果	斑点落叶病	1000-1250毫克/千克	喷雾
PD20082879	乙酰甲胺磷/97%/原药/乙酰甲胺磷 97%/2013.12.09 至 2018.12.09/低毒			
PD20083077	三环唑/75%/可湿性粉剂/三环唑 75%/2013.12.10 至 2018.12.10/低毒			
	水稻	稻瘟病	225-300克/公顷	喷雾
PD20083117	噻嗪酮/25%/可湿性粉剂/噻嗪酮 25%/2013.12.10 至 2018.12.10/低毒			
	水稻	稻飞虱	75-112.5克/公顷	喷雾
PD20083166	乙草胺/50%/乳油/乙草胺 50%/2013.12.11 至 2018.12.11/低毒			
	春玉米田	一年生禾本科杂草及部分阔叶杂草	2700-3750毫升/公顷(制剂)	土壤喷雾
	夏玉米田	一年生禾本科杂草及部分阔叶杂草	1800-2700毫升/公顷(制剂)	土壤喷雾
PD20083254	霜脲・锰锌/72%/可湿性粉剂/代森锰锌 64%、霜脲氰 8%/2013.12.11 至 2018.12.11/低毒			
	黄瓜	霜霉病	1440-1836克/公顷	喷雾
PD20083318	甲霜・锰锌/58%/可湿性粉剂/甲霜灵 10%、代森锰锌 48%/2013.12.11 至 2018.12.11/低毒			
	黄瓜	霜霉病	1305-1632克/公顷	喷雾

PD20083321	硫磺·多菌灵/50%/可湿性粉剂/多菌灵 15%、硫磺 35%/2013.12.11 至 2018.12.11/低毒		
花生	叶斑病	1200-1800克/公顷	喷雾
PD20083333	三唑酮/20%/乳油/三唑酮 20%/2013.12.11 至 2018.12.11/低毒		
小麦	白粉病	120-135克/公顷	喷雾
PD20083347	多·福/30%/可湿性粉剂/多菌灵 4%、福美双 26%/2013.12.11 至 2018.12.11/低毒		
梨树	黑星病	1000-1500毫克/千克	喷雾
PD20083371	多·锰锌/60%/可湿性粉剂/多菌灵 25%、代森锰锌 35%/2013.12.11 至 2018.12.11/低毒		
梨树	黑星病	1000-1250毫克/千克	喷雾
PD20083411	多菌灵/50%/可湿性粉剂/多菌灵 50%/2013.12.11 至 2018.12.11/低毒		
水稻	纹枯病	562.5-750克/公顷	喷雾
PD20083494	代森锰锌/50%/可湿性粉剂/代森锰锌 50%/2013.12.12 至 2018.12.12/低毒		
番茄	早疫病	1845－2370克/公顷	喷雾
PD20083502	井冈霉素/5%/水剂/井冈霉素 5%/2013.12.12 至 2018.12.12/低毒		
水稻	纹枯病	75-112.5克/公顷	喷雾
PD20083539	代森锰锌/70%/可湿性粉剂/代森锰锌 70%/2013.12.12 至 2018.12.12/低毒		
番茄	早疫病	1845-2370克/公顷	喷雾
PD20083551	阿维菌素/1.8%/乳油/阿维菌素 1.8%/2013.12.12 至 2018.12.12/低毒(原药高毒)		
十字花科蔬菜	小菜蛾	8.1-10.8克/公顷	喷雾
PD20083559	硫磺·多菌灵/25%/可湿性粉剂/多菌灵 13%、硫磺 12%/2013.12.12 至 2018.12.12/低毒		
水稻	稻瘟病	1200-1800克/公顷	喷雾
PD20083634	高效氯氟氰菊酯/2.5%/水乳剂/高效氯氟氰菊酯 2.5%/2013.12.12 至 2018.12.12/低毒		
十字花科蔬菜	菜青虫	7.5-9.375克/公顷	喷雾
PD20083761	代森锰锌/80%/可湿性粉剂/代森锰锌 80%/2013.12.15 至 2018.12.15/低毒		
番茄	早疫病	1845-2370克/公顷	喷雾
PD20083787	井冈霉素/3%/可溶粉剂/井冈霉素 3%/2013.12.15 至 2018.12.15/低毒		
水稻	纹枯病	150-187.5克/公顷	喷雾
PD20083951	硫磺·三环唑/45%/可湿性粉剂/硫磺 40%、三环唑 5%/2013.12.15 至 2018.12.15/低毒		
水稻	稻瘟病	844-1012克/公顷	喷雾
PD20083988	硫磺·甲硫灵/70%/可湿性粉剂/甲基硫菌灵 40%、硫磺 30%/2013.12.16 至 2018.12.16/低毒		
黄瓜	白粉病	840－1050克/公顷	喷雾
PD20084027	高氯·马/20%/乳油/高效氯氰菊酯 1.5%、马拉硫磷 18.5%/2013.12.16 至 2018.12.16/中等毒		
苹果树	桃小食心虫	1000-1500倍液	喷雾
PD20084043	三乙膦酸铝/95%/原药/三乙膦酸铝 95%/2013.12.16 至 2018.12.16/低毒		
PD20084083	三唑酮/15%/可湿性粉剂/三唑酮 15%/2013.12.16 至 2018.12.16/低毒		
小麦	白粉病	135-180克/公顷	喷雾
PD20084095	代森锌/65%/可湿性粉剂/代森锌 65%/2013.12.16 至 2018.12.16/低毒		
黄瓜	霜霉病	1950-3000克/公顷	喷雾
PD20084105	三唑磷/20%/乳油/三唑磷 20%/2013.12.16 至 2018.12.16/中等毒		
水稻	二化螟	360-450克/公顷	喷雾
PD20084357	氯氰菊酯/5%/乳油/氯氰菊酯 5%/2013.12.17 至 2018.12.17/低毒		
十字花科蔬菜	菜青虫	30－45克/公顷	喷雾
PD20084384	多·锰锌/70%/可湿性粉剂/多菌灵 20%、代森锰锌 50%/2013.12.17 至 2018.12.17/低毒		
梨树	黑星病	1000-1250毫克/千克	喷雾
PD20084392	多·福/64%/可湿性粉剂/多菌灵 8%、福美双 56%/2013.12.17 至 2018.12.17/低毒		
葡萄	霜霉病	1000-1250毫克/千克	喷雾
PD20084566	腈菌唑/12.5%/乳油/腈菌唑 12.5%/2013.12.18 至 2018.12.18/低毒		
小麦	白粉病	30-60克/公顷	喷雾
PD20084589	井冈霉素/20%/可溶粉剂/井冈霉素 20%/2013.12.18 至 2018.12.18/低毒		
水稻	纹枯病	150-187.5克/公顷	喷雾
PD20084601	三唑锡/25%/可湿性粉剂/三唑锡 25%/2013.12.18 至 2018.12.18/低毒		
柑橘树	红蜘蛛	125-167毫克/千克	喷雾
PD20084648	烯酰·锰锌/69%/可湿性粉剂/代森锰锌 60%、烯酰吗啉 9%/2013.12.18 至 2018.12.18/低毒		
黄瓜	霜霉病	1035-1376.5克/公顷	喷雾
PD20084884	井冈霉素/3%/水剂/井冈霉素 3%/2013.12.22 至 2018.12.22/低毒		
水稻	纹枯病	150-187.5克/公顷	喷雾
PD20085223	氰戊·辛硫磷/20%/乳油/氰戊菊酯 5%、辛硫磷 15%/2013.12.23 至 2018.12.23/中等毒		
棉花	棉铃虫	300-360克/公顷	喷雾
PD20085325	哒螨灵/15%/乳油/哒螨灵 15%/2013.12.24 至 2018.12.24/中等毒		
柑橘树	红蜘蛛	50-60毫克/千克	喷雾
PD20085470	三乙膦酸铝/40%/可湿性粉剂/三乙膦酸铝 40%/2013.12.25 至 2018.12.25/低毒		
黄瓜	霜霉病	1800-2700克/公顷	喷雾
PD20085547	锰锌·腈菌唑/60%/可湿性粉剂/腈菌唑 2%、代森锰锌 58%/2013.12.25 至 2018.12.25/低毒		
梨树	黑星病	400-600毫克/千克	喷雾

PD20085582 毒死蜱/5%/颗粒剂/毒死蜱 5%/2008.12.25 至 2013.12.25/低毒
韭菜 韭蛆 1612.5-1875克/公顷 撒施

PD20085609 三乙膦酸铝/90%/可溶粉剂/三乙膦酸铝 90%/2013.12.25 至 2018.12.25/低毒
黄瓜 霜霉病 2025-2700克/公顷 喷雾

PD20085720 嗪酮・乙草胺/28%/可湿性粉剂/嗪草酮 8%、乙草胺 20%/2013.12.26 至 2018.12.26/低毒
夏大豆田 一年生杂草 630-882克/公顷 土壤喷雾

PD20085924 毒死蜱/480克/升/乳油/毒死蜱 480克/升/2008.12.29 至 2013.12.29/中等毒
十字花科蔬菜 黄条跳甲 432-576克/公顷 喷雾

PD20085932 百草枯/200克/升/水剂/百草枯 200克/升/2012.12.31 至 2014.07.01/中等毒
柑橘园 杂草 600-900克/公顷 定向喷雾

PD20086014 阿维・哒螨灵/10%/乳油/阿维菌素 0.3%、哒螨灵 9.7%/2013.12.29 至 2018.12.29/中等毒(原药高毒)
苹果树 红蜘蛛 1500-2000倍液 喷雾

PD20086072 杀扑磷/40%/乳油/杀扑磷 40%/2013.12.30 至 2018.12.30/中等毒(原药高毒)
柑橘树 介壳虫 400-500毫克/千克 喷雾

PD20086265 苯磺隆/10%/可湿性粉剂/苯磺隆 10%/2013.12.31 至 2018.12.31/低毒
春小麦田 一年生阔叶杂草 22.5-27克/公顷(东北地区) 茎叶喷雾
冬小麦田 一年生阔叶杂草 13.5-22.5克/公顷(其它地区) 茎叶喷雾

PD20090127 阿维・杀虫单/20%/微乳剂/阿维菌素 0.2%、杀虫单 19.8%/2014.01.08 至 2019.01.08/低毒(原药高毒)
菜豆 美洲斑潜蝇 90-180克/公顷 喷雾

PD20090268 硫磺・三环唑/40%/悬浮剂/硫磺 35%、三环唑 5%/2014.01.09 至 2019.01.09/低毒
水稻 稻瘟病 675-1200克/公顷 喷雾

PD20090308 丙环唑/250克/升/乳油/丙环唑 250克/升/2014.01.12 至 2019.01.12/低毒
香蕉 叶斑病 250-500毫克/千克 喷雾

PD20090396 吡虫啉/10%/可湿性粉剂/吡虫啉 10%/2014.01.12 至 2019.01.12/低毒
水稻 稻飞虱 15-30克/公顷 喷雾

PD20090489 乙铝・锰锌/70%/可湿性粉剂/代森锰锌 45%、三乙膦酸铝 25%/2014.01.12 至 2019.01.12/低毒
黄瓜 霜霉病 1312.5-2100克/公顷 喷雾

PD20090621 杀螺胺乙醇胺盐/50%/可湿性粉剂/杀螺胺乙醇胺盐 50%/2014.01.14 至 2019.01.14/低毒
水稻 福寿螺 525-600克/公顷 喷雾

PD20090629 灭幼脲/25%/悬浮剂/灭幼脲 25%/2014.01.14 至 2019.01.14/低毒
苹果树 金纹细蛾 125-167毫克/千克 喷雾

PD20090649 阿维・辛硫磷/15%/乳油/阿维菌素 0.1%、辛硫磷 14.9%/2014.01.15 至 2019.01.15/低毒(原药高毒)
十字花科蔬菜 小菜蛾 112.5-168.75克/公顷 喷雾

PD20090661 吡虫・杀虫单/70%/可湿性粉剂/吡虫啉 2%、杀虫单 68%/2014.01.15 至 2019.01.15/中等毒
水稻 稻飞虱、稻纵卷叶螟、二化螟、三化螟 450-750克/公顷 喷雾

PD20090824 溴氰菊酯/25克/升/乳油/溴氰菊酯 25克/升/2014.01.19 至 2019.01.19/低毒
十字花科蔬菜 菜青虫 11.25-15克/公顷 喷雾

PD20090879 苄・丁/35%/可湿性粉剂/苄嘧磺隆 1.5%、丁草胺 33.5%/2014.01.19 至 2019.01.19/低毒
水稻移栽田 一年生及部分多年生杂草 525-630克/公顷(南方地区) 毒土法

PD20091069 井冈・多菌灵/28%/悬浮剂/多菌灵 24%、井冈霉素 4%/2014.01.21 至 2019.01.21/低毒
小麦 赤霉病 420-525克/公顷 喷雾

PD20091320 高氯 ・敌敌畏/20%/乳油/敌敌畏 18%、高效氯氰菊酯 2%/2014.02.01 至 2019.02.01/中等毒
棉花 棉铃虫 120-180克/公顷 喷雾

PD20091545 吡虫・辛硫磷/25%/乳油/吡虫啉 1%、辛硫磷 24%/2014.02.03 至 2019.02.03/低毒
白菜 蚜虫 112.5-187.5克/公顷 喷雾

PD20091630 草甘膦异丙胺盐/41%/水剂/草甘膦异丙胺盐 41%/2014.02.03 至 2019.02.03/低毒
苹果园 杂草 1230-2460克/公顷 定向喷雾

PD20091759 吡虫・毒死蜱/22%/乳油/吡虫啉 2%、毒死蜱 20%/2014.02.04 至 2019.02.04/中等毒
苹果树 绵蚜 88-146.7毫克/千克 喷雾

PD20091978 精喹禾灵/15.8%/乳油/精喹禾灵 15.8%/2014.02.12 至 2019.02.12/低毒
油菜田 一年生及部分多年生禾本科杂草 47.4-59.25克/公顷 茎叶喷雾

PD20092274 精喹禾灵/5%/乳油/精喹禾灵 5%/2014.02.24 至 2019.02.24/低毒
春大豆田 一年生禾本科杂草 52.5-75克/公顷(东北地区) 茎叶喷雾
夏大豆田 一年生禾本科杂草 45-52.5克/公顷(其它地区) 茎叶喷雾

PD20092342 多・福・福锌/80%/可湿性粉剂/多菌灵 25%、福美双 25%、福美锌 30%/2014.02.24 至 2019.02.24/低毒
苹果树 轮纹病 1000-1143毫克/千克 喷雾

PD20092665 乙铝・多菌灵/60%/可湿性粉剂/多菌灵 40%、三乙膦酸铝 20%/2014.03.03 至 2019.03.03/低毒
苹果树 轮纹病 400-600倍液 喷雾

PD20092806 福美双/50%/可湿性粉剂/福美双 50%/2014.03.04 至 2019.03.04/中等毒
黄瓜 霜霉病 750-1125克/公顷 喷雾

PD20092827 多・锰锌/50%/可湿性粉剂/多菌灵 8%、代森锰锌 42%/2014.03.04 至 2019.03.04/低毒
苹果树 斑点落叶病 1000-1250毫克/千克 喷雾

PD20092866 吡虫・异丙威/25%/可湿性粉剂/吡虫啉 1%、异丙威 24%/2014.03.05 至 2019.03.05/低毒

	水稻	稻飞虱	112.5-150克/公顷	喷雾
PD20093044	氯氰·毒死蜱/47.7%/乳油/毒死蜱 43.4%、氯氰菊酯 4.3%/2014.03.09 至 2019.03.09/中等毒			
	棉花	棉铃虫	470.25-627克/公顷	喷雾
PD20093224	异甲·莠去津/500克/升/悬浮剂/异丙甲草胺 300克/升、莠去津 200克/升/2014.03.11 至 2019.03.11/低毒			
	夏玉米田	一年生杂草	1125-1500克/公顷	土壤喷雾
PD20093231	福·福锌/40%/可湿性粉剂/福美双 15%、福美锌 25%/2014.03.11 至 2019.03.11/低毒			
	黄瓜	炭疽病	1500-1800克/公顷	喷雾
PD20093389	哒螨灵/20%/可湿性粉剂/哒螨灵 20%/2014.03.19 至 2019.03.19/中等毒			
	苹果树	红蜘蛛	3000-4000倍液	喷雾
PD20094515	氟铃·辛硫磷/20%/乳油/氟铃脲 2%、辛硫磷 18%/2014.04.09 至 2019.04.09/低毒			
	甘蓝	小菜蛾	120-150克/公顷	喷雾
PD20094650	甲基硫菌灵/70%/可湿性粉剂/甲基硫菌灵 70%/2014.04.10 至 2019.04.10/低毒			
	苹果树	轮纹病	1000-1200倍液	喷雾
PD20095424	噻嗪·杀虫单/25%/可湿性粉剂/噻嗪酮 5%、杀虫单 20%/2009.05.11 至 2014.05.11/低毒			
	水稻	稻飞虱	225-300克/公顷	喷雾
PD20095652	四螨·哒螨灵/10%/悬浮剂/哒螨灵 7%、四螨嗪 3%/2009.05.12 至 2014.05.12/低毒			
	苹果树	红蜘蛛	50-100毫克/千克	喷雾
PD20095848	噁霜·锰锌/64%/可湿性粉剂/噁霜灵 8%、代森锰锌 56%/2009.05.27 至 2014.05.27/低毒			
	黄瓜	霜霉病	1650-1950克/公顷	喷雾
PD20096346	甲霜·噁霉灵/3%/水剂/噁霉灵 2.5%、甲霜灵 0.5%/2009.07.28 至 2014.07.28/低毒			
	黄瓜	枯萎病	42.9-60毫克/千克，250毫升/株	灌根
PD20096388	甲氨基阿维菌素苯甲酸盐/79.1%/原药/甲氨基阿维菌素 79.1%/2009.08.04 至 2014.08.04/中等毒			
	注:甲氨基阿维菌素苯甲酸盐含量：90%。			
PD20096422	阿维·毒死蜱/15%/乳油/阿维菌素 0.1%、毒死蜱 14.9%/2009.08.06 至 2014.08.06/中等毒(原药高毒)			
	菜豆	美洲斑潜蝇	45-56.25克/公顷	喷雾
PD20096423	福·福锌/80%/可湿性粉剂/福美双 30%、福美锌 50%/2009.08.04 至 2014.08.04/低毒			
	黄瓜	炭疽病	1500-1800克/公顷	喷雾
PD20097108	仲丁威/25%/乳油/仲丁威 25%/2009.10.12 至 2014.10.12/低毒			
	水稻	稻飞虱	468.75-562.5克/公顷	喷雾
PD20097278	马拉硫磷/45%/乳油/马拉硫磷 45%/2009.10.26 至 2014.10.26/低毒			
	水稻	飞虱	1455-1650毫升/公顷	喷雾
PD20097799	哒螨·矿物油/40%/乳油/哒螨灵 5%、矿物油 35%/2009.11.20 至 2014.11.20/中等毒			
	苹果树	红蜘蛛	1500-2000倍液	喷雾
PD20098009	异丙威/20%/乳油/异丙威 20%/2009.12.07 至 2014.12.07/低毒			
	水稻	飞虱	450-600克/公顷	喷雾
PD20098029	杀螟硫磷/45%/乳油/杀螟硫磷 45%/2009.12.07 至 2014.12.07/低毒			
	水稻	飞虱	375-562.5克/公顷	喷雾
PD20098140	速灭威/25%/可湿性粉剂/速灭威 25%/2009.12.08 至 2014.12.08/低毒			
	水稻	飞虱	375-750克/公顷	喷雾
PD20098148	吡虫啉/20%/可溶液剂/吡虫啉 20%/2009.12.14 至 2014.12.14/低毒			
	水稻	飞虱	25-30克/公顷	喷雾
PD20098201	杀虫双/18%/水剂/杀虫双 18%/2009.12.16 至 2014.12.16/低毒			
	水稻	二化螟	540-675克/公顷	喷雾
PD20100099	吗胍·乙酸铜/20%/可湿性粉剂/盐酸吗啉胍 16%、乙酸铜 4%/2010.01.04 至 2015.01.04/低毒			
	番茄	病毒病	500－750克/公顷	喷雾
PD20100360	吡虫·杀虫单/30%/可湿性粉剂/吡虫啉 1%、杀虫单 29%/2010.01.11 至 2015.01.11/低毒			
	水稻	稻纵卷叶螟、二化螟、飞虱、三化螟	450-750克/公顷	喷雾
PD20101061	氟铃脲/5%/乳油/氟铃脲 5%/2010.01.21 至 2015.01.21/低毒			
	甘蓝	小菜蛾	45-60克/公顷	喷雾
PD20101104	吡虫·异丙威/10%/可湿性粉剂/吡虫啉 2%、异丙威 8%/2010.01.25 至 2015.01.25/低毒			
	水稻	稻飞虱	112.5-150克/公顷	喷雾
PD20101605	高效氯氰菊酯/4.5%/乳油/高效氯氰菊酯 4.5%/2010.06.03 至 2015.06.03/中等毒			
	甘蓝	小菜蛾	20.25-27克/公顷	喷雾
PD20101619	敌磺钠/50%/可溶粉剂/敌磺钠 50%/2010.06.03 至 2015.06.03/中等毒			
	水稻秧田	立枯病	13125-15000克/公顷	喷雾
PD20101713	甲氨基阿维菌素苯甲酸盐/1%/乳油/甲氨基阿维菌素 1%/2010.06.28 至 2015.06.28/低毒			
	甘蓝	小菜蛾	1.5-1.8克/公顷	喷雾
	注:甲氨基阿维菌素苯甲酸盐含量：1.1%。			
PD20102082	络氨铜/15%/水剂/络氨铜 15%/2010.11.25 至 2015.11.25/低毒			
	柑橘树	溃疡病	200-300倍液	喷雾
PD20110677	螨醇·哒螨灵/20%/乳油/哒螨灵 5%、三氯杀螨醇 15%/2011.06.20 至 2016.06.20/中等毒			
	苹果树	红蜘蛛	1000-2000倍液	喷雾
PD20120578	高效氯氟氰菊酯/5%/微乳剂/高效氯氟氰菊酯 5%/2012.03.28 至 2017.03.28/低毒			

	小白菜	菜青虫	11.25-15克/公顷	喷雾
PD20120789	草甘膦铵盐/65%/可溶粉剂/草甘膦 65%/2012.05.11 至 2017.05.11/低毒			
	非耕地	杂草	1125-2062.5克/公顷	定向茎叶喷雾
	注:草甘膦铵盐含量:71.5%。			
PD20120831	甲维盐・氯氰/3.2%/微乳剂/甲氨基阿维菌素苯甲酸盐 0.2%、氯氰菊酯 3%/2012.05.22 至 2017.05.22/中等毒			
	甘蓝	甜菜夜蛾	24-28.8克/公顷	喷雾
PD20121132	苯醚甲环唑/37%/水分散粒剂/苯醚甲环唑 37%/2012.07.20 至 2017.07.20/低毒			
	香蕉树	叶斑病	92.5—123.3毫克/千克	喷雾
PD20121175	啶虫脒/70%/水分散粒剂/啶虫脒 70%/2012.07.30 至 2017.07.30/低毒			
	黄瓜	蚜虫	15.75—26.25克/公顷	喷雾
PD20121180	烯酰吗啉/80%/水分散粒剂/烯酰吗啉 80%/2012.07.30 至 2017.07.30/低毒			
	黄瓜	霜霉病	240-300克/公顷	喷雾
PD20121546	阿维菌素/5%/乳油/阿维菌素 5%/2012.10.25 至 2017.10.25/中等毒(原药高毒)			
	水稻	稻纵卷叶螟	10-16.7克/公顷	喷雾
PD20121596	阿维菌素/3%/水乳剂/阿维菌素 3%/2012.10.25 至 2017.10.25/低毒(原药高毒)			
	甘蓝	小菜蛾	8.1-10.8克/公顷	/喷雾
PD20121849	丙溴磷/40%/乳油/丙溴磷 40%/2012.11.28 至 2017.11.28/低毒			
	水稻	稻纵卷叶螟	540—600克/公顷	喷雾
PD20130033	松脂酸钠/20%/可溶粉剂/松脂酸钠 20%/2013.01.07 至 2018.01.07/低毒			
	柑橘树	介壳虫	1333-2000毫克/千克	冬季清园或早春新梢抽发前喷雾
PD20130320	烟嘧磺隆/8%/可分散油悬浮剂/烟嘧磺隆 8%/2013.02.26 至 2018.02.26/低毒			
	夏玉米田	一年生杂草	48-60克/公顷	茎叶喷雾
PD20130345	阿维・啶虫脒/4%/乳油/阿维菌素 1%、啶虫脒 3%/2013.03.11 至 2018.03.11/低毒(原药高毒)			
	黄瓜	蚜虫	6-12克/公顷	喷雾
PD20130932	吡蚜酮/25%/可湿性粉剂/吡蚜酮 25%/2013.04.28 至 2018.04.28/低毒			
	水稻	稻飞虱	60-75克/公顷	喷雾
PD20131325	嘧霉胺/40%/悬浮剂/嘧霉胺 40%/2013.06.08 至 2018.06.08/低毒			
	黄瓜	灰霉病	375-563克/公顷	喷雾
PD20131694	甲氨基阿维菌素苯甲酸盐/5%/乳油/甲氨基阿维菌素 5%/2013.08.07 至 2018.08.07/低毒			
	水稻	稻纵卷叶螟	9-11.25克/公顷	喷雾
	注:甲氨基阿维菌素苯甲酸盐含量：5.7%。			
PD20131855	丙森・多菌灵/70%/可湿性粉剂/丙森锌 30%、多菌灵 40%/2013.09.24 至 2018.09.24/低毒			
	苹果树	斑点落叶病	560-700毫克/千克	喷雾
PD20131867	己唑醇/5%/悬浮剂/己唑醇 5%/2013.09.25 至 2018.09.25/低毒			
	水稻	纹枯病	60-75克/公顷	喷雾
PD20131896	草铵膦/200克/升/水剂/草铵膦 200克/升/2013.09.25 至 2018.09.25/低毒			
	柑橘园	杂草	600-900克/公顷	定向茎叶喷雾
PD20131902	甲维・啶虫脒/3.2%/微乳剂/啶虫脒 3%、甲氨基阿维菌素苯甲酸盐 0.2%/2013.09.25 至 2018.09.25/低毒			
	甘蓝	蚜虫	16.8-21.6克/公顷	喷雾
PD20132050	阿维・高氯/6%/乳油/阿维菌素 0.4%、高效氯氰菊酯 5.6%/2013.10.22 至 2018.10.22/中等毒(原药高毒)			
	甘蓝	菜青虫	13.5-27克/公顷	喷雾
PD20132065	阿维・吡虫啉/5%/乳油/阿维菌素 0.5%、吡虫啉 4.5%/2013.10.22 至 2018.10.22/低毒(原药高毒)			
	梨树	梨木虱	6.25-10毫克/千克	喷雾
PD20132080	阿维・高氯/5%/乳油/阿维菌素 0.5%、高效氯氰菊酯 4.5%/2013.10.23 至 2018.10.23/中等毒(原药高毒)			
	梨树	梨木虱	12-24毫克/千克	喷雾
PD20132258	阿维・高氯/2.8%/乳油/阿维菌素 0.3%、高效氯氰菊酯 2.5%/2013.11.05 至 2018.11.05/低毒(原药高毒)			
	甘蓝	菜青虫、小菜蛾	16.8-25.2克/公顷	喷雾
PD20132267	毒死蜱/30%/微囊悬浮剂/毒死蜱 30%/2013.11.05 至 2018.11.05/中等毒			
	花生	蛴螬	1575-2250克/公顷	灌根
PD20132298	矿物油/97%/乳油/矿物油 97%/2013.11.08 至 2018.11.08/低毒			
	柑橘树	介壳虫	9700-19400毫克/千克	喷雾
PD20132432	吡虫啉/70%/水分散粒剂/吡虫啉 70%/2013.11.20 至 2018.11.20/低毒			
	甘蓝	蚜虫	12.6-20克/公顷	喷雾
PD20132465	苯甲・丙环唑/30%/悬浮剂/苯醚甲环唑 15%、丙环唑 15%/2013.12.02 至 2018.12.02/低毒			
	水稻	纹枯病	67.5-90克/公顷	喷雾
PD20132530	己唑醇/5%/微乳剂/己唑醇 5%/2013.12.16 至 2018.12.16/低毒			
	葡萄	白粉病	20-30毫克/千克	喷雾
PD20132553	甲氨基阿维菌素苯甲酸盐/2%/水分散粒剂/甲氨基阿维菌素 2%/2013.12.17 至 2018.12.17/低毒			
	甘蓝	甜菜夜蛾	1.5-2.25克/公顷	喷雾
	注:甲氨基阿维菌素苯甲酸盐含量：2.3%。			
PD20132562	吡蚜酮/50%/水分散粒剂/吡蚜酮 50%/2013.12.17 至 2018.12.17/低毒			
	观赏菊花	蚜虫	150-225克/公顷	喷雾

PD20132573 阿维菌素/3.2%/乳油/阿维菌素 3.2%/2013.12.17 至 2018.12.17/中等毒(原药高毒)
甘蓝 小菜蛾 9.6-12克/公顷 喷雾
PD20132577 吡蚜酮/70%/水分散粒剂/吡蚜酮 70%/2013.12.17 至 2018.12.17/低毒
水稻 稻飞虱 63-94.5克/公顷 喷雾
WP20090097 杀虫气雾剂/0.37%/气雾剂/胺菊酯 0.25%、氯菊酯 0.1%、氯氰菊酯 0.02%/2014.02.04 至 2019.02.04/低毒
卫生 蚊、蝇、蜚蠊 / 喷雾

上海帅克(河南)化学有限公司 (河南省沈丘县周营经济开发区 466332 0394-5581118)

PD20082169 氰戊·辛硫磷/50%/乳油/氰戊菊酯 4.5%、辛硫磷 45.5%/2013.11.26 至 2018.11.26/中等毒
棉花 棉铃虫 450-562.5克/公顷 喷雾
PD20086298 硫磺·三唑酮/20%/可湿性粉剂/硫磺 10%、三唑酮 10%/2013.12.31 至 2018.12.31/低毒
小麦 白粉病、锈病 150-225克/公顷 喷雾
PD20090172 氰戊·灭多威/9%/乳油/灭多威 6%、氰戊菊酯 3%/2014.01.08 至 2019.01.08/高毒
棉花 棉蚜 180-240克/公顷 喷雾
PD20094238 赤霉酸/4%/乳油/赤霉酸 4%/2014.03.31 至 2019.03.31/低毒
芹菜 调节生长、增产 50-100毫克/千克 茎叶喷雾
PD20095325 三唑磷/20%/乳油/三唑磷 20%/2009.04.27 至 2014.04.27/中等毒
水稻 二化螟 225-300克/公顷 喷雾
PD20095822 氰戊菊酯/20%/乳油/氰戊菊酯 20%/2009.05.27 至 2014.05.27/中等毒
十字花科叶菜 菜青虫 36-48克/公顷 喷雾
WP20110066 蚊香/0.2%/蚊香/富右旋反式烯丙菊酯 0.2%/2011.03.07 至 2016.03.07/微毒
卫生 蚊 / 点燃
注:本产品有三种香型:清新香型、冰橙香型、柠檬香型。

上海宜邦生物工程(信阳)有限公司 (河南省信阳市八一路152号金源大厦806# 464000 0376-6379888)

PD20083489 马拉硫磷/45%/乳油/马拉硫磷 45%/2013.12.12 至 2018.12.12/低毒
十字花科蔬菜 蚜虫 675-810克/公顷 喷雾
PD20083810 异丙威/20%/乳油/异丙威 20%/2013.12.15 至 2018.12.15/低毒
水稻 稻飞虱 540-630克/公顷 喷雾
PD20083891 辛硫磷/40%/乳油/辛硫磷 40%/2013.12.15 至 2018.12.15/低毒
玉米 玉米螟 450-600克/公顷 灌心叶
PD20084166 乐果/40%/乳油/乐果 40%/2013.12.16 至 2018.12.16/中等毒
十字花科蔬菜 蚜虫 450-600克/公顷 喷雾
PD20084295 炔螨特/57%/乳油/炔螨特 57%/2013.12.17 至 2018.12.17/低毒
柑橘树 红蜘蛛 228-380毫克/千克 喷雾
PD20084564 联苯菊酯/25克/升/乳油/联苯菊酯 25克/升/2013.12.18 至 2018.12.18/低毒
茶树 茶小绿叶蝉 30-37.5克/公顷 喷雾
PD20085013 棉铃虫核型多角体病毒/10亿PIB/克/可湿性粉剂/棉铃虫核型多角体病毒 10亿PIB/克/2013.12.22 至 2018.12.22/低毒
棉花 棉铃虫 1500－2500克制剂/公顷 喷雾
PD20085070 敌敌畏/50%/乳油/敌敌畏 50%/2008.12.23 至 2013.12.23/中等毒
十字花科蔬菜 菜青虫 600-750克/公顷 喷雾
PD20085213 杀虫双/18%/水剂/杀虫双 18%/2013.12.23 至 2018.12.23/低毒
水稻 稻纵卷叶螟 607.5-675克/公顷 喷雾
PD20090628 百草枯/200克/升/水剂/百草枯 200克/升/2012.12.31 至 2014.07.01/中等毒
苹果园 杂草 600-900克/公顷 定向茎叶喷雾
PD20093366 高效氯氰菊酯/4.5%/乳油/高效氯氰菊酯 4.5%/2014.03.18 至 2019.03.18/低毒
十字花科蔬菜 菜青虫 20.25-27克/公顷 喷雾
PD20097754 高效氯氟氰菊酯/25克/升/乳油/高效氯氟氰菊酯 25克/升/2009.11.12 至 2014.11.12/中等毒
苹果树 桃小食心虫 5-6.3毫克/千克 喷雾
PD20097757 仲丁威/20%/乳油/仲丁威 20%/2009.11.12 至 2014.11.12/低毒
水稻 稻飞虱 450-540克/公顷 喷雾
PD20097881 代森锌/65%/可湿性粉剂/代森锌 65%/2009.11.20 至 2014.11.20/低毒
番茄 早疫病 2535－3607克/公顷 喷雾
PD20098115 阿维·矿物油/24.5%/乳油/阿维菌素 0.2%、矿物油 24.3%/2009.12.08 至 2014.12.08/低毒(原药高毒)
柑橘树 红蜘蛛 163－245毫克/千克 喷雾
PD20098169 毒死蜱/480克/升/乳油/毒死蜱 480克/升/2009.12.14 至 2014.12.14/中等毒
柑橘 矢尖蚧 250-500毫克/千克 喷雾
PD20098197 棉铃虫核型多角体病毒/20亿PIB/毫升/悬浮剂/棉铃虫核型多角体病毒 20亿PIB/毫升/2009.12.16 至 2014.12.16/低毒
棉花 棉铃虫 600-750毫升制剂/公顷 喷雾
PD20101251 马拉·杀螟松/12%/乳油/马拉硫磷 10%、杀螟硫磷 2%/2010.03.05 至 2015.03.05/低毒
水稻 二化螟 270-360克/公顷 喷雾
PD20101409 辛硫·三唑磷/20%/乳油/三唑磷 10%、辛硫磷 10%/2010.04.14 至 2015.04.14/低毒
水稻 稻纵卷叶螟 360-480克/公顷 喷雾
PD20120546 吡虫啉/10%/可湿性粉剂/吡虫啉 10%/2012.03.28 至 2017.03.28/低毒
棉花 蚜虫 22.5-37.5克/公顷 喷雾

PD20120595 啶虫脒/5%/乳油/啶虫脒 5%/2012.04.11 至 2017.04.11/低毒
棉花 蚜虫 13.5-18克/公顷 喷雾

上海易施特农药（郑州）有限公司 (河南省郑州市二七区马寨工业苑区东方路1号 450064 0371-67860894)

PD20040144 吡虫啉/10%/可湿性粉剂/吡虫啉 10%/2009.12.19 至 2014.12.19/低毒
水稻 飞虱 15-30克/公顷 喷雾
小麦 蚜虫 7.5-15克/公顷 喷雾
PD20040259 三唑酮/20%/乳油/三唑酮 20%/2009.12.19 至 2014.12.19/低毒
小麦 白粉病 66-90克/公顷 喷雾
PD20040276 高效氯氰菊酯/4.5%/乳油/高效氯氰菊酯 4.5%/2009.12.19 至 2014.12.19/中等毒
棉花 棉铃虫 15-22.5克/公顷 喷雾
PD20083343 甲氰·辛硫磷/25%/乳油/甲氰菊酯 5%、辛硫磷 20%/2013.12.11 至 2018.12.11/中等毒
棉花 棉铃虫 225-345克/公顷 喷雾
苹果树 黄蚜 800-1200倍液 喷雾
PD20085171 异丙威/20%/烟剂/异丙威 20%/2013.12.23 至 2018.12.23/低毒
黄瓜(保护地) 蚜虫 450-600克/公顷 点燃放烟
PD20085417 辛硫·灭多威/20%/乳油/灭多威 10%、辛硫磷 10%/2013.12.24 至 2018.12.24/中等毒(原药高毒)
棉花 蚜虫 75-150克/公顷 喷雾
PD20090380 异稻·稻瘟灵/40%/乳油/稻瘟灵 10%、异稻瘟净 30%/2014.01.12 至 2019.01.12/低毒
水稻 稻瘟病 900-1200克/公顷 喷雾
PD20092051 乙草胺/20%/可湿性粉剂/乙草胺 20%/2014.02.12 至 2019.02.12/低毒
水稻移栽田 稗草、异型莎草 90-120克/公顷 药土法
PD20093040 硫磺·三环唑/45%/可湿性粉剂/硫磺 40%、三环唑 5%/2014.03.09 至 2019.03.09/低毒
水稻 稻瘟病 810-1012.5克/公顷 喷雾
PD20093386 辛硫磷/40%/乳油/辛硫磷 40%/2014.03.19 至 2019.03.19/低毒
棉花 棉铃虫 225-300克/公顷 喷雾
PD20093397 高氯·甲维盐/1.1%/乳油/高效氯氰菊酯 1%、甲氨基阿维菌素苯甲酸盐 0.1%/2014.03.20 至 2019.03.20/低毒
甘蓝 菜青虫 5.775-9.075克/公顷 喷雾
PD20096810 矿物油·敌敌畏/80%/乳油/敌敌畏 40%、矿物油 40%/2009.09.15 至 2014.09.15/中等毒
棉花 棉蚜 960-1200克/公顷 喷雾
十字花科蔬菜 菜青虫 720-960克/公顷 喷雾
PD20096878 矿物油·乙酰甲/50%/乳油/矿物油 35%、乙酰甲胺磷 15%/2009.09.23 至 2014.09.23/低毒
棉花 蚜虫 900-1125克/公顷 喷雾
PD20097074 氧乐果/40%/乳油/氧乐果 40%/2009.10.10 至 2014.10.10/中等毒(原药高毒)
棉花 蚜虫 162-202.5克/公顷 喷雾
小麦 蚜虫 81-162克/公顷 喷雾
PD20097206 异威·矿物油/20%/乳油/矿物油 12%、异丙威 8%/2009.10.19 至 2014.10.19/低毒
水稻 叶蝉 450-600克/公顷 喷雾
PD20097223 毒·矿物油/40%/乳油/毒死蜱 10%、矿物油 30%/2009.10.19 至 2014.10.19/中等毒
棉花 蚜虫 420-480克/公顷 喷雾
PD20097241 马拉·矿物油/40%/乳油/矿物油 30%、马拉硫磷 10%/2009.10.19 至 2014.10.19/低毒
棉花 蚜虫 480-600克/公顷 喷雾
PD20097242 辛硫·矿物油/40%/乳油/矿物油 25%、辛硫磷 15%/2009.10.19 至 2014.10.19/低毒
柑橘树 蚜虫 400-500毫克/千克 喷雾
十字花科蔬菜 菜青虫 360-480克/公顷 喷雾
PD20098074 联苯菊酯/95%/原药/联苯菊酯 95%/2009.12.08 至 2014.12.08/中等毒
PD20098236 高效氟吡甲禾灵/108克/升/乳油/高效氟吡甲禾灵 108克/升/2009.12.16 至 2014.12.16/低毒
大豆田 一年生禾本科杂草 48.6-51.8克/公顷 茎叶喷雾
PD20101234 苦参碱/0.3%/水剂/苦参碱 0.3%/2010.03.01 至 2015.03.01/低毒
十字花科蔬菜 菜青虫 2.7-4.05克/公顷 喷雾
PD20101424 乐果·矿物油/40%/乳油/矿物油 20%、乐果 20%/2010.04.26 至 2015.04.26/低毒
棉花 蚜虫 480-600克/公顷 喷雾
PD20101427 唑磷·矿物油/40%/乳油/矿物油 30%、三唑磷 10%/2010.04.26 至 2015.04.26/中等毒
水稻 二化螟 600-720克/公顷 喷雾
PD20110061 乙酰甲胺磷/95%/原药/乙酰甲胺磷 95%/2011.01.11 至 2016.01.11/低毒

舞阳永泰化学有限公司 (河南省舞阳县姜店乡工业园区 462400 0395-77811111)

PD20081615 溴氰·辛硫磷/50%/乳油/辛硫磷 49.5%、溴氰菊酯 0.5%/2013.11.12 至 2018.11.12/中等毒
甘蓝 菜青虫、蚜虫 150-187.5克/公顷 喷雾
棉花 棉铃虫、蚜虫 150-187.5克/公顷 喷雾
PD20082756 马拉·辛硫磷/20%/乳油/马拉硫磷 10%、辛硫磷 10%/2013.12.08 至 2018.12.08/低毒
棉花 棉铃虫 150-225克/公顷 喷雾
PD20086323 高氯·氧乐果/10%/乳油/高效氯氰菊酯 2%、氧乐果 8%/2013.12.31 至 2018.12.31/中等毒(原药高毒)
小麦 蚜虫 60-90克/公顷 喷雾
PD20096612 毒死蜱/95%/原药/毒死蜱 95%/2009.09.02 至 2014.09.02/中等毒

新乡市莱恩坪安园林有限公司　(河南省郑州市惠济区三全路与江山路交叉口东200米路南　450000　0371-65659988)

PD20090047　辛硫·灭多威/20%/乳油/灭多威 10%、辛硫磷 10%/2014.01.06 至 2019.01.06/中等毒(原药高毒)
棉花　棉铃虫　150-300克/公顷　喷雾

信阳信化化工有限公司　(河南省信阳市东方红大道60号　464000　0376-6207718)

PD20091620　苯磺隆/10%/可湿性粉剂/苯磺隆 10%/2009.02.03 至 2014.02.03/低毒
冬小麦田　阔叶杂草　13.5－22.5克/公顷　茎叶喷雾
PD20093008　乙酰甲胺磷/97%/原药/乙酰甲胺磷 97%/2009.03.09 至 2014.03.09/低毒
PD20093213　乙酰甲胺磷/20%/乳油/乙酰甲胺磷 20%/2009.03.11 至 2014.03.11/低毒
棉花　棉铃虫　675-900克/公顷　喷雾
PD20093527　三唑磷/20%/乳油/三唑磷 20%/2009.03.23 至 2014.03.23/中等毒
水稻　二化螟　360-450克/公顷　喷雾
PD20093750　氰草·莠去津/30%/悬浮剂/氰草津 15%、莠去津 15%/2009.03.25 至 2014.03.25/低毒
夏玉米田　一年生杂草　1125-1462.5克/公顷　茎叶喷雾
PD20097868　甲草胺/95%/原药/甲草胺 95%/2009.11.20 至 2014.11.20/低毒
PD20097974　丁草胺/93%/原药/丁草胺 93%/2009.12.01 至 2014.12.01/低毒
PD20101659　乙草胺/93%/原药/乙草胺 93%/2010.06.03 至 2015.06.03/低毒
PD20101699　丙草胺/95%/原药/丙草胺 95%/2010.06.28 至 2015.06.28/低毒

许昌东方化工有限公司　(河南省许昌县张潘镇工业园区　461100　0374-5699566)

PD20060134　高效氯氰菊酯/4.5%/乳油/高效氯氰菊酯 4.5%/2011.07.14 至 2016.07.14/中等毒
茶树　茶尺蠖　15-25.5克/公顷　喷雾
柑橘树　红蜡蚧　50毫克/千克　喷雾
柑橘树　潜叶蛾　15-20毫克/千克　喷雾
棉花　红铃虫、棉铃虫、蚜虫　15-30克/公顷　喷雾
蔬菜　菜青虫、小菜蛾　9-25.5克/公顷　喷雾
蔬菜　菜蚜　3-18克/公顷　喷雾
烟草　烟青虫　15-25.5克/公顷　喷雾
PD20060139　氯氰菊酯/10%/乳油/氯氰菊酯 10%/2011.07.21 至 2016.07.21/中等毒
棉花　棉铃虫、棉蚜　45-90克/公顷　喷雾
十字花科蔬菜　菜青虫　30-45克/公顷　喷雾
PD20060190　高效氯氰菊酯/27%/母液/高效氯氰菊酯 27%/2011.12.06 至 2016.12.06/中等毒
PD20060192　氯氰菊酯/5%/乳油/氯氰菊酯 5%/2011.12.06 至 2016.12.06/中等毒
棉花　棉铃虫、棉蚜　45-90克/公顷　喷雾
十字花科蔬菜　菜青虫　30-45克/公顷　喷雾
PD20080928　草甘膦/95%/原药/草甘膦 95%/2013.07.17 至 2018.07.17/低毒
PD20083136　氯氰·辛硫磷/30%/乳油/氯氰菊酯 1.5%、辛硫磷 28.5%/2008.12.10 至 2013.12.10/中等毒
棉花　棉铃虫　270-337.5克/公顷　喷雾
PD20083156　阿维·高氯/1%/乳油/阿维菌素 0.2%、高效氯氰菊酯 0.8%/2008.12.11 至 2013.12.11/低毒(原药高毒)
十字花科蔬菜　小菜蛾　7.5-15克/公顷　喷雾
PD20083719　高氯　·敌敌畏/20%/乳油/敌敌畏 19.5%、高效氯氰菊酯 0.5%/2008.12.15 至 2013.12.15/中等毒
十字花科蔬菜　菜青虫　150-225克/公顷　喷雾
PD20092736　高氯·马/37%/乳油/高效氯氰菊酯 1%、马拉硫磷 36%/2009.03.04 至 2014.03.04/中等毒
甘蓝　菜青虫　175.5-354克/公顷　喷雾
柑橘树　橘蚜　92.5-185毫克/千克　喷雾
PD20094139　氯氰菊酯/93%/原药/氯氰菊酯 93%/2009.03.27 至 2014.03.27/中等毒
PD20101318　草甘膦异丙胺盐(41%)///水剂/草甘膦 30%/2010.03.17 至 2015.03.17/低毒
柑橘园　杂草　1230-2460克/公顷　定向茎叶喷雾
PD20110059　阿维·矿物油/24.5%/乳油/阿维菌素 0.2%、矿物油 24.3%/2011.01.11 至 2016.01.11/低毒(原药高毒)
柑橘树　红蜘蛛　123-245毫克/千克　喷雾

许昌鹏杰科技有限公司　(河南省许昌县尚集镇工业园区　461100　0374-5961227)

WP20130190　杀虫水乳剂/0.45%/水乳剂/胺菊酯 0.25%、氯菊酯 0.2%/2013.09.17 至 2018.09.17/低毒
卫生　蚊、蝇　/　喷洒

许昌魏都农药化工有限公司　(河南省许昌市魏都区北郊陈庄　461000　0374-4519408)

PD20092446　氯氰·辛硫磷/20%/乳油/氯氰菊酯 1.5%、辛硫磷 18.5%/2014.02.25 至 2019.02.25/低毒
棉花　棉铃虫　300-600克/公顷　喷雾
PD20092941　敌·马/60%/乳油/敌百虫 40%、马拉硫磷 20%/2014.03.09 至 2019.03.09/中等毒
棉花　蚜虫　450-675克/公顷　喷雾
PD20110268　百草枯/200克/升/水剂/百草枯 200克/升/2012.12.31 至 2014.07.01/中等毒
玉米田　一年生杂草　450-600克公顷　行间定向茎叶喷雾
PD20110269　嗪酮·乙草胺/56%/乳油/嗪草酮 14%、乙草胺 42%/2011.03.07 至 2016.03.07/低毒
夏玉米田　一年生杂草　840-1008克/公顷　喷雾

郑州大农药业有限公司　(河南省新郑市薛店镇草花路东侧　451100　0371-85908179)

PD20100381　高效氯氟氰菊酯/25克/升/乳油/高效氯氟氰菊酯 25克/升/2010.01.11 至 2015.01.11/中等毒
棉花　棉铃虫　15-22.5克/公顷　喷雾

PD20110650　复硝酚钠/1.8%/水剂/5-硝基邻甲氧基苯酚钠 0.3%、对硝基苯酚钠 0.9%、邻硝基苯酚钠 0.6%/2011.06.20 至 2016.06.20/低毒
　棉花　调节生长　4.5-6毫克/千克　茎叶喷雾
PD20130842　阿维·三唑磷/20%/乳油/阿维菌素 0.2%、三唑磷 19.8%/2013.04.22 至 2018.04.22/中等毒(原药高毒)
　水稻　二化螟　180-240克/公顷　喷雾
PD20131741　阿维·哒螨灵/10.5%/乳油/阿维菌素 0.3%、哒螨灵 10.2%/2013.08.16 至 2018.08.16/中等毒(原药高毒)
　柑橘树　红蜘蛛　70-105毫克/千克　喷雾

郑州福瑞得化工有限公司　(河南省郑州市金水区政七街27号院3号楼　450102　0371-65749156)

PD20094192　敌敌畏/80%/乳油/敌敌畏 80%/2009.03.30 至 2014.03.30/低毒
　小麦　蚜虫　750-1050克制剂/公顷　喷雾
WP20090183　杀虫粉剂/0.1%/粉剂/高效氯氰菊酯 0.1%/2014.03.25 至 2019.03.25/低毒
　卫生　蚊、蝇、蜚蠊　3克制剂/平方米　撒布
WP20090230　蚊香/0.25%/蚊香/富右旋反式烯丙菊酯 0.25%/2014.04.13 至 2019.04.13/低毒
　卫生　蚊　/　点燃

郑州科银生物制品有限公司　(河南省郑州市航海东路河南企业总部基地　451464　0371-62366586)

PD20094822　苏云金杆菌/8000IU/毫克/可湿性粉剂/苏云金杆菌 8000IU/毫克/2009.04.13 至 2014.04.13/低毒
　棉花　棉铃虫　3000-4500克制剂/公顷　喷雾
　蔬菜　菜青虫、小菜蛾　750-1500克制剂/公顷　喷雾
PD20096293　辛硫·高氯氟/26%/乳油/高效氯氟氰菊酯 1%、辛硫磷 25%/2009.07.22 至 2014.07.22/低毒
　棉花　棉铃虫　312-390克/公顷　喷雾
LS20100018　精喹·乙羧氟/15%/乳油/精喹禾灵 10%、乙羧氟草醚 5%/2012.02.21 至 2013.02.21/低毒
　夏大豆田　一年生杂草　20-30毫升制剂/亩　茎叶喷雾

郑州兰博尔科技有限公司　(河南省郑州市城东南路57号　450009　0371-66813582)

PD84111-5　氧乐果/40%/乳油/氧乐果 40%/2009.12.01 至 2014.12.01/中等毒(原药高毒)
　棉花　蚜虫、螨　375-600克/公顷　喷雾
　森林　松干蚧、松毛虫　500倍液　喷雾或直接涂树干
　水稻　稻纵卷叶螟、飞虱　375-600克/公顷　喷雾
　小麦　蚜虫　300-450克/公顷　喷雾
PD85105-72　敌敌畏/80%/乳油/敌敌畏 77.5%(气谱法)/2010.03.08 至 2015.03.08/中等毒
　茶树　食叶害虫　600克/公顷　喷雾
　粮仓　多种储藏害虫　1)400-500倍液 2)0.4-0.5克/立方米　1)喷雾, 2)挂条熏蒸
　棉花　蚜虫、造桥虫　600-1200克/公顷　喷雾
　苹果树　小卷叶蛾、蚜虫　400-500毫克/千克　喷雾
　青菜　菜青虫　600克/公顷　喷雾
　桑树　尺蠖　600克/公顷　喷雾
　卫生　多种卫生害虫　1)300-400倍液 2)0.08克/立方米　1)泼洒. 2)挂条熏蒸
　小麦　黏虫、蚜虫　600克/公顷　喷雾
PD85142-10　氧乐果/70%/原药/氧乐果 70%/2010.06.15 至 2015.06.15/高毒
PD20040759　吡虫·杀虫单/35%/可湿性粉剂/吡虫啉 1%、杀虫单 34%/2009.12.19 至 2014.12.19/低毒
　水稻　二化螟　450-750克/公顷　喷雾
PD20070043　乙草胺/900克/升/乳油/乙草胺 900克/升/2012.03.06 至 2017.03.06/低毒
　春大豆田、春玉米田　一年生禾本科杂草及部分小粒种子阔叶杂草　1620-1890克/公顷　播后苗前土壤喷雾
　夏玉米田　部分阔叶杂草、一年生禾本科杂草　1080-1350克/公顷　播后苗前土壤喷雾
PD20070259　乙草胺/50%/乳油/乙草胺 50%/2012.09.04 至 2017.09.04/低毒
　夏玉米田　一年生禾本科杂草及部分阔叶杂草　900-1125克/公顷　播后苗前土壤喷雾
PD20070260　乙草胺/93%/原药/乙草胺 93%/2012.09.04 至 2017.09.04/低毒
PD20070450　啶虫脒/96%/原药/啶虫脒 96%/2012.11.20 至 2017.11.20/低毒
PD20070673　啶虫脒/5%/乳油/啶虫脒 5%/2012.12.17 至 2017.12.17/低毒
　苹果树　黄蚜　12-15毫克/千克　喷雾
　小麦、烟草　蚜虫　13.5-18克/公顷　喷雾
PD20070675　啶虫脒/20%/可溶液剂/啶虫脒 20%/2012.12.17 至 2017.12.17/低毒
　棉花　蚜虫　15-18克/公顷　喷雾
PD20080013　啶虫脒/5%/可湿性粉剂/啶虫脒 5%/2013.01.03 至 2018.01.03/低毒
　柑橘树　蚜虫　7.5-15毫克/千克　喷雾
PD20081612　苯磺隆/10%/可湿性粉剂/苯磺隆 10%/2013.11.12 至 2018.11.12/低毒
　冬小麦田　一年生阔叶杂草　13.5-22.5克/公顷　茎叶喷雾
PD20081754　锰锌·腈菌唑/50%/可湿性粉剂/腈菌唑 2%、代森锰锌 48%/2013.11.18 至 2018.11.18/低毒
　梨树　黑星病　1500-1750倍液　喷雾
PD20083625　900克/升乙草胺乳油/900克/升/乳油/乙草胺 900克/升/2008.12.12 至 2013.12.12/低毒
　春大豆田、春玉米田　一年生禾本科杂草及部分小粒种子阔叶杂　1620-1890克/公顷　播后苗前土壤喷雾

草

PD20083708 氯氰·毒死蜱/20%/乳油/毒死蜱 16.6%、氯氰菊酯 3.4%/2013.12.15 至 2018.12.15/中等毒
棉花 棉铃虫 180-210克/公顷 喷雾

PD20084104 吡虫啉/95%/原药/吡虫啉 95%/2013.12.16 至 2018.12.16/中等毒

PD20084899 高效氯氰氰菊酯/2.5%/乳油/高效氯氟氰菊酯 2.5%/2013.12.22 至 2018.12.22/中等毒
柑橘树 潜叶蛾 12.5-25毫克/千克 喷雾
梨树 梨小食心虫 6.25-16.7毫克/千克 喷雾
荔枝 蝽蟓 6.25-12.5毫克/千克 喷雾
荔枝 蒂蛀虫 12.5-25毫克/千克 喷雾
苹果树 桃小食心虫 6.25-16.7毫克/千克 喷雾
十字花科蔬菜 菜青虫 7.5-11.25克/公顷 喷雾
小麦 蚜虫 7.5-11.25克/公顷 喷雾

PD20085972 唑酮·氧乐果/20%/乳油/三唑酮 5%、氧乐果 15%/2013.12.29 至 2018.12.29/高毒
小麦 白粉病、蚜虫 405-480克/公顷 喷雾

PD20086286 氰戊·氧乐果/30%/乳油/氰戊菊酯 10%、氧乐果 20%/2013.12.31 至 2018.12.31/中等毒(原药高毒)
棉花 红铃虫、棉铃虫 90-180克/公顷 喷雾
棉花 蚜虫 67.5-135克/公顷 喷雾

PD20090675 敌畏·氧乐果/40%/乳油/敌敌畏 20%、氧乐果 20%/2014.01.19 至 2019.01.19/中等毒(原药高毒)
棉花、小麦 蚜虫 240-360克/公顷 喷雾

PD20090788 辛硫·灭多威/20%/乳油/灭多威 6%、辛硫磷 14%/2014.01.19 至 2019.01.19/中等毒(原药高毒)
棉花 棉铃虫 150-300克/公顷 喷雾

PD20090995 乙草胺/990克/升/乳油/乙草胺 990克/升/2009.01.21 至 2014.01.21/低毒
春大豆田 一年生禾本科杂草及部分小粒种子阔叶杂草 1485-1930.5克/公顷 播后苗前土壤喷雾
春玉米田 一年生禾本科杂草及部分阔叶杂草 1336.5-1633.5克/公顷 播后苗前土壤喷雾
夏玉米田 一年生禾本科杂草及部分小粒种子阔叶杂草 1039.5-1336.5克/公顷 播后苗前土壤喷雾

PD20091095 氯氰·敌敌畏/10%/乳油/敌敌畏 8%、氯氰菊酯 2%/2014.01.21 至 2019.01.21/低毒
十字花科蔬菜 蚜虫 45—75克/公顷 喷雾

PD20093360 甲柳·三唑酮/10%/乳油/甲基异柳磷 8%、三唑酮 2%/2014.03.18 至 2019.03.18/高毒
小麦 地下害虫 40-80克/100千克种子 拌种

PD20095391 苄·丁/35%/可湿性粉剂/苄嘧磺隆 1.4%、丁草胺 33.6%/2009.05.11 至 2014.05.11/低毒
水稻移栽田 一年生及部分多年生杂草 120-150克制剂/亩 药土法

PD20097722 苄嘧·苯噻酰/53%/可湿性粉剂/苯噻酰草胺 50%、苄嘧磺隆 3%/2009.11.04 至 2014.11.04/低毒
水稻移栽田 一年生杂草和多年生恶性杂草 318-397.5克/公顷(南方地区) 毒土法

PD20098355 阿维·矿物油/24.5%/乳油/阿维菌素 0.2%、矿物油 24.3%/2009.12.18 至 2014.12.18/低毒(原药高毒)
柑橘树 红蜘蛛 122.5-245毫克/千克 喷雾

PD20100094 吡虫啉/10%/可湿性粉剂/吡虫啉 10%/2010.01.04 至 2015.01.04/低毒
水稻 稻飞虱 22.5-30克/公顷 喷雾

PD20111239 啶虫脒/20%/可溶粉剂/啶虫脒 20%/2011.11.18 至 2016.11.18/低毒
棉花 蚜虫 12-18克/公顷 喷雾

PD20120076 高效氯氟氰菊酯/2.5%/水乳剂/高效氯氟氰菊酯 2.5%/2012.01.19 至 2017.01.19/低毒
甘蓝 菜青虫 7.5-15克/公顷 喷雾

PD20131438 噻虫嗪/25%/水分散粒剂/噻虫嗪 25%/2013.07.03 至 2018.07.03/低毒
小麦 蚜虫 30-37.5克/公顷 喷雾

PD20132158 吡蚜酮/50%/水分散粒剂/吡蚜酮 50%/2013.10.29 至 2018.10.29/低毒
水稻 飞虱 90-150克/公顷 喷雾

郑州领先化工有限公司 (河南省郑州市金水区农科路38号5号楼2单元2107室 450008 0371-65862880)

PD20121456 烟嘧磺隆/40克/升/可分散油悬浮剂/烟嘧磺隆 40克/升/2012.10.08 至 2017.10.08/低毒
夏玉米田 一年生杂草 42-60克/公顷 茎叶喷雾

PD20131762 吡虫啉/600克/升/悬浮种衣剂/吡虫啉 600克/升/2013.09.06 至 2018.09.06/低毒
花生 蛴螬 240—300克/100千克种子 种子包衣

PD20132002 高效氯氟氰菊酯/2.5%/水乳剂/高效氯氟氰菊酯 2.5%/2013.10.10 至 2018.10.10/中等毒
甘蓝 菜青虫 9.375-15克/公顷 喷雾

郑州农丰化工有限公司 (河南省郑州市金水区祭城镇弓庄村 450046 0371-65643008)

PD20040391 高效氯氰菊酯/2.5%/乳油/高效氯氰菊酯 2.5%/2009.12.19 至 2014.12.19/低毒
梨树 梨木虱 20.8-31.25毫克/千克 喷雾

PD20040633 吡虫啉/5%/乳油/吡虫啉 5%/2009.12.19 至 2014.12.19/中等毒
小麦 蚜虫 7.5-11.2克/公顷 喷雾

PD20040736 吡虫·杀虫单/35%/可湿性粉剂/吡虫啉 1%、杀虫单 34%/2009.12.19 至 2014.12.19/低毒
水稻 二化螟、飞虱 450-750克/公顷 喷雾

PD20082634 氯氰·辛硫磷/20%/乳油/氯氰菊酯 1.5%、辛硫磷 18.5%/2013.12.04 至 2018.12.04/中等毒
棉花 棉蚜 240-300克/公顷 喷雾

PD20083569 高氯·马/37%/乳油/高效氯氰菊酯 0.8%、马拉硫磷 36.2%/2013.12.12 至 2018.12.12/中等毒
十字花科蔬菜 菜青虫 277.5-388.5克/公顷 喷雾
PD20084006 硫磺·三唑酮/20%/可湿性粉剂/硫磺 10%、三唑酮 10%/2013.12.16 至 2018.12.16/低毒
小麦 白粉病 370-450克/公顷 喷雾
PD20084759 多·硫/25%/可湿性粉剂/多菌灵 10%、硫磺 15%/2013.12.22 至 2018.12.22/低毒
水稻 稻瘟病 1200-1800克/公顷 喷雾
PD20085830 多·锰锌/40%/可湿性粉剂/多菌灵 20%、代森锰锌 20%/2013.12.29 至 2018.12.29/低毒
梨树 黑星病 1000-1250毫克/千克 喷雾
PD20086170 敌百·毒死蜱/40%/乳油/敌百虫 20%、毒死蜱 20%/2013.12.30 至 2018.12.30/低毒
棉花 棉铃虫 360-480克/公顷 喷雾
PD20090289 毒死蜱/40%/乳油/毒死蜱 40%/2014.01.09 至 2019.01.09/低毒
水稻 稻纵卷叶螟 480-600克/公顷 喷雾
PD20090336 阿维·高氯/1.1%/乳油/阿维菌素 0.1%、高效氯氰菊酯 1%/2014.01.12 至 2019.01.12/低毒(原药高毒)
十字花科蔬菜 菜青虫、小菜蛾 14.85-26.4克/公顷 喷雾
PD20091137 啶虫脒/5%/乳油/啶虫脒 5%/2014.01.21 至 2019.01.21/低毒
苹果树 蚜虫 12-15毫克/千克 喷雾
PD20092250 吡虫啉/10%/可湿性粉剂/吡虫啉 10%/2014.02.24 至 2019.02.24/低毒
水稻 稻飞虱 22.5-30克/公顷 喷雾
PD20092801 唑酮·氧乐果/20%/乳油/三唑酮 4%、氧乐果 16%/2014.03.04 至 2019.03.04/高毒
小麦 红蜘蛛、蚜虫 520-600克/公顷 喷雾
PD20094477 甲柳·三唑酮/10%/乳油/甲基异柳磷 8%、三唑酮 2%/2014.04.09 至 2019.04.09/高毒
小麦 地下害虫 40-80克/100千克种子 拌种
注:兼治白粉病。
PD20097515 苯磺隆/10%/可湿性粉剂/苯磺隆 10%/2009.11.03 至 2014.11.03/低毒
春小麦田 一年生阔叶杂草 22.5-30克/公顷 茎叶喷雾
PD20120184 乙蒜素/30%/乳油/乙蒜素 30%/2012.01.30 至 2017.01.30/低毒
棉花 枯萎病 247.5-353.6克/公顷 喷雾

郑州沙隆达植物保护技术有限公司 (郑州市金水区郑花路59号13幢东5单元1层西户 450000 0371-60909266)

PD20082791 苯磺隆/10%/可湿性粉剂/苯磺隆 10%/2013.12.09 至 2018.12.09/低毒
冬小麦田 一年生杂草 13.5—22.5克/公顷 茎叶喷雾
PD20082864 敌畏·辛硫磷/30%/乳油/敌敌畏 10%、辛硫磷 20%/2013.12.09 至 2018.12.09/中等毒
棉花 棉红蜘蛛、棉铃虫、蚜虫 315-450克/公顷 喷雾
PD20083572 氰戊·辛硫磷/16%/乳油/氰戊菊酯 1.5%、辛硫磷 14.5%/2013.12.12 至 2018.12.12/中等毒
甘蓝 菜青虫 168-240克/公顷 喷雾
PD20085096 唑酮·氧乐果/20%/乳油/三唑酮 7%、氧乐果 13%/2013.12.23 至 2018.12.23/高毒
小麦 白粉病、红蜘蛛、锈病、蚜虫 405-480克/公顷 喷雾
PD20090712 百草枯/200克/升/水剂/百草枯 200克/升/2012.12.31 至 2014.07.01/中等毒
玉米田 一年生杂草 450-600克/公顷 行间定向茎叶喷雾
PD20091684 多·锰锌/25%/可湿性粉剂/多菌灵 8.3%、代森锰锌 16.7%/2014.02.03 至 2019.02.03/低毒
花生 褐斑病、网斑病 375-750克/公顷 喷雾
PD20091835 乙铝·锰锌/61%/可湿性粉剂/代森锰锌 25%、三乙膦酸铝 36%/2014.02.06 至 2019.02.06/低毒
梨树 黑星病 300-500倍液 喷雾
梨树、苹果树 轮纹病 400-600倍液 喷雾
苹果树 斑点落叶病 1016-2033毫克/千克 喷雾
PD20091844 井冈·三唑酮/15%/可湿性粉剂/井冈霉素 8%、三唑酮 7%/2014.02.06 至 2019.02.06/低毒
小麦 白粉病、纹枯病 225-300克/公顷 喷雾
PD20091987 氯氰·氧乐果/21.5%/乳油/氯氰菊酯 1.5%、氧乐果 20%/2014.02.12 至 2019.02.12/高毒
大豆 食心虫、蚜虫 193.5-290.25克/公顷 喷雾
PD20092850 甲柳·三唑酮/10%/乳油/甲基异柳磷 8%、三唑酮 2%/2014.03.05 至 2019.03.05/高毒
小麦 白粉病、地下害虫、条锈病 40-80克/100千克种子 拌种
PD20095885 氧乐果/40%/乳油/氧乐果 40%/2009.05.31 至 2014.05.31/中等毒(原药高毒)
小麦 蚜虫 108-162克/公顷 喷雾
PD20131770 唑磷·毒死蜱/30%/乳油/毒死蜱 15%、三唑磷 15%/2013.09.06 至 2018.09.06/中等毒
水稻 三化螟 540-675克/公顷 喷雾
WL20110057 杀虫水乳剂/0.46%/水乳剂/胺菊酯 0.11%、氯菊酯 0.35%/2013.04.11 至 2014.04.11/微毒
卫生 蚊、蝇 / 喷射

郑州田丰生化工程有限公司 (河南省郑州市经三路85号院1号楼 450003 0371-65727259)

PD20083304 百菌清/75%/可湿性粉剂/百菌清 75%/2013.12.11 至 2018.12.11/低毒
黄瓜 霜霉病 1200-1650克/公顷 喷雾
PD20083855 甲基硫菌灵/70%/可湿性粉剂/甲基硫菌灵 70%/2013.12.15 至 2018.12.15/低毒
黄瓜 白粉病 336-504克/公顷 喷雾
PD20084328 溴敌隆/0.5%/母液/溴敌隆 0.5%/2013.12.17 至 2018.12.17/中等毒(原药剧毒)
PD20084336 三唑锡/25%/可湿性粉剂/三唑锡 25%/2013.12.17 至 2018.12.17/低毒

柑橘树 红蜘蛛 125-250毫克/千克 喷雾
PD20084695 多·锰锌/35%/可湿性粉剂/多菌灵 17.5%、代森锰锌 17.5%/2013.12.22 至 2018.12.22/低毒
苹果树 斑点落叶病 1000-1250毫克/千克 喷雾
PD20084754 氯氰菊酯/50克/升/乳油/氯氰菊酯 50克/升/2013.12.22 至 2018.12.22/低毒
十字花科蔬菜 菜青虫 37.5-45克/公顷 喷雾
PD20085220 代森锰锌/80%/可湿性粉剂/代森锰锌 80%/2013.12.23 至 2018.12.23/低毒
柑橘树 疮痂病 1333-2000毫克/千克 喷雾
PD20092358 辛硫·三唑酮/14%/乳油/三唑酮 2%、辛硫磷 12%/2014.02.24 至 2019.02.24/低毒
小麦 白粉病、地下害虫、蚜虫 42-56克/100千克种子 拌种
PD20094762 阿维菌素/18克/升/乳油/阿维菌素 18克/升/2009.04.13 至 2014.04.13/低毒(原药高毒)
甘蓝 小菜蛾 6.75-8.1克/公顷 喷雾
PD20095104 氯氰·辛硫磷/20%/乳油/氯氰菊酯 1.5%、辛硫磷 18.5%/2009.04.24 至 2014.04.24/中等毒
大豆 食心虫 90-120克/公顷 喷雾
棉花 棉铃虫 180-240克/公顷 喷雾
PD20096875 复硝酚钠/1.8%/水剂/复硝酚钠 1.8%/2009.09.23 至 2014.09.23/低毒
番茄 调节生长 2000-2500倍 茎叶喷雾
PD20130409 高效氯氟氰菊酯/25克/升/乳油/高效氯氟氰菊酯 25克/升/2013.03.12 至 2018.03.12/低毒
甘蓝 蚜虫 8-10克/公顷 喷雾

郑州万荣农用物资有限公司 (河南省郑州市中原区石佛镇瑞丰路附4号 450005 0371-7980585)

PD20083500 硫磺·三唑酮/20%/可湿性粉剂/硫磺 10%、三唑酮 10%/2013.12.12 至 2018.12.12/低毒
小麦 白粉病 150-225克/公顷 喷雾
PD20083662 氰戊·马拉松/20%/乳油/马拉硫磷 15%、氰戊菊酯 5%/2013.12.12 至 2018.12.12/中等毒
苹果树 桃小食心虫 160-333毫克/千克 喷雾
PD20094204 甲柳·三唑酮/10%/乳油/甲基异柳磷 8%、三唑酮 2%/2014.03.30 至 2019.03.30/高毒
小麦 地下害虫 40-80克/100千克种子 拌种
PD20101410 哒螨·矿物油/28%/乳油/哒螨灵 5%、矿物油 23%/2010.04.14 至 2015.04.14/中等毒
苹果树 红蜘蛛 70-140毫克/千克 喷雾

郑州先利达化工有限公司 (河南省郑州市金水区农业路1号 450007 0371-65383128)

PD20085270 代森锰锌/85%/原药/代森锰锌 85%/2013.12.23 至 2018.12.23/低毒
PD20086043 炔螨特/40%/乳油/炔螨特 40%/2013.12.29 至 2018.12.29/低毒
柑橘树 红蜘蛛 200-400毫克/千克 喷雾
PD20090232 甲霜·锰锌/58%/可湿性粉剂/甲霜灵 10%、代森锰锌 48%/2014.01.09 至 2019.01.09/低毒
黄瓜 霜霉病 1305-1632克/公顷 喷雾
PD20091318 百菌清/75%/可湿性粉剂/百菌清 75%/2014.02.01 至 2019.02.01/低毒
水稻 稻瘟病 1125-1425克/公顷 喷雾
PD20092157 多效唑/15%/可湿性粉剂/多效唑 15%/2014.02.23 至 2019.02.23/低毒
水稻育秧田 控制生长 200-300毫克/千克 喷雾法
PD20093147 阿维菌素/0.5%/乳油/阿维菌素 0.5%/2014.03.11 至 2019.03.11/低毒(原药高毒)
十字花科蔬菜 小菜蛾 6-9克/公顷 喷雾
PD20094273 多·福/60%/可湿性粉剂/多菌灵 30%、福美双 30%/2014.03.31 至 2019.03.31/低毒
梨树 黑星病 1000-1500毫克/千克 喷雾
PD20094628 百草枯/200克/升/水剂/百草枯 200克/升/2012.12.31 至 2014.07.01/中等毒
夏玉米田 杂草 450-600克/公顷 定向喷雾
PD20094795 锰锌·腈菌唑/60%/可湿性粉剂/腈菌唑 2%、代森锰锌 58%/2014.04.13 至 2019.04.13/低毒
梨树 黑星病 400-600毫克/千克 喷雾
PD20097505 代森锌/65%/可湿性粉剂/代森锌 65%/2009.11.03 至 2014.11.03/低毒
番茄 早疫病 2925—3412.5克/公顷 喷雾
PD20098126 代森锰锌/80%/可湿性粉剂/代森锰锌 80%/2009.12.08 至 2014.12.08/低毒
番茄 早疫病 1920-2400克/公顷 喷雾
PD20098277 福美双/50%/可湿性粉剂/福美双 50%/2009.12.18 至 2014.12.18/低毒
黄瓜 白粉病 787.5-1050克/千克 喷雾
PD20100069 甲氨基阿维菌素苯甲酸盐/1%/乳油/甲氨基阿维菌素 1%/2010.01.04 至 2015.01.04/低毒
棉花 棉铃虫 7.5-11.25克/公顷 喷雾
注:甲氨基阿维菌素苯甲酸盐含量：1.14%。
PD20100143 丙环唑/250克/升/乳油/丙环唑 250克/升/2010.01.05 至 2015.01.05/低毒
香蕉 叶斑病 250-500毫克/千克 喷雾
PD20100204 氟铃脲/5%/乳油/氟铃脲 5%/2010.01.05 至 2015.01.05/低毒
甘蓝 小菜蛾 30-56.25克/公顷 喷雾
PD20100252 乙铝·多菌灵/60%/可湿性粉剂/多菌灵 40%、三乙膦酸铝 20%/2010.01.11 至 2015.01.11/低毒
苹果树 斑点落叶病 1000-1500毫克/千克 喷雾
PD20100373 甲基硫菌灵/70%/可湿性粉剂/甲基硫菌灵 70%/2010.01.11 至 2015.01.11/低毒
黄瓜 白粉病 315-420克/公顷 喷雾
PD20100378 唑磷·毒死蜱/30%/乳油/毒死蜱 15%、三唑磷 15%/2010.01.11 至 2015.01.11/中等毒

水稻 三化螟 180-270克/公顷 喷雾
PD20100767 多菌灵/80%/可湿性粉剂/多菌灵 80%/2010.01.18 至 2015.01.18/低毒
苹果树 轮纹病 667-1000毫克/千克 喷雾
PD20101182 联苯菊酯/25克/升/乳油/联苯菊酯 25克/升/2010.01.28 至 2015.01.28/低毒
茶树 茶小绿叶蝉 1200-1500毫升制剂/公顷 喷雾
PD20110899 草甘膦异丙胺盐/30%/水剂/草甘膦 30%/2011.08.17 至 2016.08.17/低毒
柑橘园 杂草 1230-2460克/公顷 定向茎叶喷雾
注:草甘膦异丙胺盐含量:41%。
PD20121293 烯酰吗啉/50%/水分散粒剂/烯酰吗啉 50%/2012.09.06 至 2017.09.06/低毒
黄瓜 霜霉病 225—300克/公顷 喷雾
PD20130056 氯氟吡氧乙酸/200克/升/乳油/氯氟吡氧乙酸 200克/升/2013.01.07 至 2018.01.07/低毒
冬小麦田 一年生阔叶杂草 150-210克/公顷 茎叶喷雾

郑州豫珠恒力生物科技有限责任公司 (河南省郑州市金水区农科路38号金成国际广场4号楼103室 450008 0371-65862

PD20040314 三唑酮/20%/乳油/三唑酮 20%/2009.12.19 至 2014.12.19/低毒
小麦 白粉病 66-90克/公顷 喷雾
PD20040619 吡虫·杀虫单/35%/可湿性粉剂/吡虫啉 1%、杀虫单 34%/2009.12.19 至 2014.12.19/低毒
水稻 稻纵卷叶螟、二化螟、飞虱、三化螟 450-750克/公顷 喷雾
PD20082472 多效唑/5%/乳油/多效唑 5%/2013.12.03 至 2018.12.03/低毒
水稻 调节生长、增产 100-150毫克/千克 兑水喷雾
PD20082950 苯磺隆/10%/可湿性粉剂/苯磺隆 10%/2013.12.09 至 2018.12.09/低毒
冬小麦田 阔叶杂草 13.5—22.5克/公顷 茎叶喷雾
PD20083552 高氯·马/40%/乳油/高效氯氰菊酯 0.7%、马拉硫磷 39.3%/2013.12.12 至 2018.12.12/低毒
棉花 棉铃虫 120-240克/公顷 喷雾
十字花科蔬菜 菜青虫 180-240克/公顷 喷雾
PD20085194 马拉·三唑酮/35%/乳油/马拉硫磷 28%、三唑酮 7%/2013.12.23 至 2018.12.23/低毒
小麦 白粉病、蚜虫 525-682.5克/公顷 喷雾
PD20093068 阿维·高氯/1%/乳油/阿维菌素 0.2%、高效氯氰菊酯 0.8%/2009.03.09 至 2014.03.09/低毒(原药高毒)
十字花科蔬菜 小菜蛾 7.5-15克/公顷 喷雾
PD20093385 甲柳·三唑酮/10%/乳油/甲基异柳磷 8%、三唑酮 2%/2009.03.19 至 2014.03.19/高毒
小麦 白粉病、地下害虫 60-80克/100千克种子 拌种
PD20093661 氟磺胺草醚/250克/升/水剂/氟磺胺草醚 250克/升/2009.03.25 至 2014.03.25/低毒
春大豆田 一年生阔叶杂草 300-375克/公顷 茎叶喷雾
PD20094640 丁·莠/48%/悬乳剂/丁草胺 19%、莠去津 29%/2009.04.10 至 2014.04.10/低毒
夏玉米田 一年生杂草 1080-1440克/公顷 播后苗前土壤喷雾
PD20095445 精噁唑禾草灵/69克/升/水乳剂/精噁唑禾草灵 69克/升/2009.05.11 至 2014.05.11/低毒
冬小麦田 一年生禾本科杂草 41.1-51.75克/公顷 茎叶喷雾
PD20095520 烟嘧磺隆/40克/升/可分散油悬浮剂/烟嘧磺隆 40克/升/2009.05.11 至 2014.05.11/低毒
玉米田 一年生杂草 42-60克/公顷 茎叶喷雾
PD20095534 异丙甲草胺/960克/升/乳油/异丙甲草胺 960克/升/2009.05.12 至 2014.05.12/低毒
西瓜田 一年生杂草 1080-1656克/公顷 土壤喷雾
PD20095637 乙草胺/89%/乳油/乙草胺 89%/2009.05.12 至 2014.05.12/低毒
花生田 一年生禾本科杂草及部分阔叶杂草 1242-1380克/公顷 播后苗前土壤喷雾
PD20097394 丙溴磷/40%/乳油/丙溴磷 40%/2009.10.28 至 2014.10.28/低毒
棉花 棉铃虫 360-480克/公顷 喷雾
PD20098344 烷醇·硫酸铜/2.8%/悬浮剂/十二烷基硫酸钠 1.1%、硫酸铜 0.8%、三十烷醇 0.1%、硫酸锌 0.8%/2009.12.18 至2014.12.18/低毒
辣椒 病毒病 82.1-125毫升/亩 喷雾
烟草 花叶病 62.6-125毫升/亩 喷雾
PD20100071 矮壮·甲哌鎓/20%/水剂/矮壮素 17%、甲哌鎓 3%/2010.01.04 至 2015.01.04/低毒
棉花 调节生长、增产 45-75克/公顷 喷雾
PD20101300 毒·矿物油/48%/乳油/毒死蜱 16%、矿物油 32%/2010.03.10 至 2015.03.10/低毒
萝卜 菜青虫 540-720克/公顷 喷雾
PD20101539 辛硫·矿物油/40%/乳油/矿物油 25%、辛硫磷 15%/2010.05.19 至 2015.05.19/低毒
十字花科蔬菜 菜青虫 300-450克/公顷 喷雾
PD20101750 哒螨·矿物油/34%/乳油/哒螨灵 4%、矿物油 30%/2010.06.30 至 2015.06.30/中等毒
苹果树 红蜘蛛 170-340毫克/千克 喷雾
PD20110007 乙草胺/40%/水乳剂/乙草胺 40%/2011.01.04 至 2016.01.04/低毒
花生田 一年生禾本科杂草及阔叶杂草 1260-1440克/公顷 土壤喷雾
PD20110359 高效氯氟氰菊酯/2.5%/水乳剂/高效氯氟氰菊酯 2.5%/2011.03.31 至 2016.03.31/中等毒
甘蓝 菜青虫 7.5-11.25克/公顷 喷雾
PD20120856 烟嘧·莠去津/20%/可分散油悬浮剂/烟嘧磺隆 3%、莠去津 17%/2012.05.22 至 2017.05.22/低毒
玉米田 一年生杂草 240-300克/公顷 茎叶喷雾
PD20120962 苯醚·丙环唑/30%/微乳剂/苯醚甲环唑 15%、丙环唑 15%/2012.06.21 至 2017.06.21/低毒

	水稻	纹枯病	67.5-90克/公顷	喷雾
PD20121151	苯醚甲环唑/10%/微乳剂/苯醚甲环唑 10%/2012.07.30 至 2017.07.30/低毒			
	梨树	黑星病	14.3-16.7毫克/千克	喷雾
PD20131183	乙羧氟草醚/10%/乳油/乙羧氟草醚 10%/2013.05.27 至 2018.05.27/低毒			
	花生田	一年生阔叶杂草	37.5-45克/公顷	茎叶喷雾

郑州中港万象作物科学有限公司　(河南省郑州市新郑市孟庄镇城后马工业区　451161　0371-62469748)

PD20083005	顺式氯氰菊酯/50克/升/乳油/顺式氯氰菊酯 50克/升/2013.12.10 至 2018.12.10/低毒			
	棉花	盲蝽蟓	25.5-34.5克/公顷	喷雾
PD20083492	炔螨特/57%/乳油/炔螨特 57%/2013.12.12 至 2018.12.12/低毒			
	柑橘树	红蜘蛛	285-380毫克/千克	喷雾
PD20083496	毒死蜱/480克/升/乳油/毒死蜱 480克/升/2013.12.12 至 2018.12.12/中等毒			
	水稻	稻纵卷叶螟	504-648克/公顷	喷雾
PD20083497	多菌灵/80%/可湿性粉剂/多菌灵 80%/2013.12.12 至 2018.12.12/低毒			
	苹果树	轮纹病	667-1000毫克/千克	喷雾
PD20083508	联苯菊酯/25克/升/乳油/联苯菊酯 25克/升/2013.12.12 至 2018.12.12/低毒			
	番茄	白粉虱	11.25-15克/公顷	喷雾
PD20084157	噻嗪·异丙威/25%/可湿性粉剂/噻嗪酮 5%、异丙威 20%/2013.12.16 至 2018.12.16/低毒			
	水稻	稻飞虱	450-562.5克/公顷	喷雾
PD20084445	多·福/50%/可湿性粉剂/多菌灵 8%、福美双 42%/2013.12.17 至 2018.12.17/低毒			
	葡萄	霜霉病	1000-1250毫克/千克	喷雾
PD20084651	联苯菊酯/100克/升/乳油/联苯菊酯 100克/升/2013.12.18 至 2018.12.18/中等毒			
	茶树	茶小绿叶蝉	30-37.5克/公顷	喷雾
PD20084689	硫磺·三唑酮/20%/可湿性粉剂/硫磺 15%、三唑酮 5%/2013.12.22 至 2018.12.22/低毒			
	小麦	白粉病	300-450克/公顷	喷雾
PD20084979	马拉硫磷/45%/乳油/马拉硫磷 45%/2013.12.22 至 2018.12.22/低毒			
	棉花	盲蝽蟓	472.5-573.75克/公顷	喷雾
PD20085312	乙酰甲胺磷/30%/乳油/乙酰甲胺磷 30%/2013.12.24 至 2018.12.24/中等毒			
	玉米	玉米螟	810-1080克/公顷	喷雾
PD20085678	噻螨酮/5%/乳油/噻螨酮 5%/2013.12.26 至 2018.12.26/低毒			
	苹果树	红蜘蛛	25-33.3毫克/千克	喷雾
PD20086348	噻螨酮/5%/可湿性粉剂/噻螨酮 5%/2013.12.31 至 2018.12.31/低毒			
	柑橘树	红蜘蛛	20-33.3毫克/千克	喷雾
PD20090386	三唑磷/20%/乳油/三唑磷 20%/2014.01.12 至 2019.01.12/中等毒			
	水稻	二化螟	225-300克/公顷	喷雾
PD20090431	井冈霉素/3%/水剂/井冈霉素 3%/2014.01.12 至 2019.01.12/低毒			
	水稻	纹枯病	150-187.5克/公顷	喷雾
PD20092704	阿维·高氯/6%/乳油/阿维菌素 0.4%、高效氯氰菊酯 5.6%/2014.03.03 至 2019.03.03/低毒(原药高毒)			
	梨树	梨木虱	12-24毫克/千克	喷雾
PD20093219	啶虫脒/5%/可湿性粉剂/啶虫脒 5%/2014.03.11 至 2019.03.11/低毒			
	甘蓝	蚜虫	15-22.5克/公顷	喷雾
PD20093407	炔螨特/73%/乳油/炔螨特 73%/2014.03.20 至 2019.03.20/低毒			
	柑橘树	红蜘蛛	324-486毫克/千克	喷雾
PD20093910	氰戊·辛硫磷/16%/乳油/氰戊菊酯 1.5%、辛硫磷 14.5%/2014.03.26 至 2019.03.26/低毒			
	小麦	蚜虫	96-120克/公顷	喷雾
PD20095316	吡虫·杀虫单/30%/可湿性粉剂/吡虫啉 1%、杀虫单 29%/2014.04.27 至 2019.04.27/低毒			
	水稻	稻纵卷叶螟、二化螟、飞虱、三化螟	450-750克/公顷	喷雾
PD20096083	苄·乙/18%/可湿性粉剂/苄嘧磺隆 4%、乙草胺 14%/2009.06.18 至 2014.06.18/低毒			
	移栽水稻田	一年生杂草	84-118克/公顷	药土法
PD20096103	吡虫啉/5%/乳油/吡虫啉 5%/2009.06.18 至 2014.06.18/低毒			
	小麦	蚜虫	15-30克/公顷(南方地区) 45-60克/公顷(北方地区)	喷雾
PD20096104	阿维·高氯/1.65%/可湿性粉剂/阿维菌素 0.15%、高效氯氰菊酯 1.5%/2009.06.18 至 2014.06.18/低毒(原药高毒)			
	十字花科蔬菜	菜青虫、小菜蛾	13.5-27克/公顷	喷雾
PD20097039	联苯菊酯/95%/原药/联苯菊酯 95%/2009.10.10 至 2014.10.10/低毒			
PD20098044	吡虫啉/10%/可湿性粉剂/吡虫啉 10%/2009.12.07 至 2014.12.07/低毒			
	水稻	稻飞虱	15-30克/公顷	喷雾
PD20121343	烯酰吗啉/50%/水分散粒剂/烯酰吗啉 50%/2012.09.12 至 2017.09.12/低毒			
	黄瓜	霜霉病	150～300克/公顷	喷雾
PD20131140	哒螨灵/20%/可湿性粉剂/哒螨灵 20%/2013.05.20 至 2018.05.20/低毒			
	柑橘树	红蜘蛛	80-100毫克/千克	喷雾

漯河科瑞达生物科技有限公司　(河南省漯舞路36公里处舞阳化工园区　462415　0395-7632396)

PD20040112	氯氰·辛硫磷/20%/乳油/氯氰菊酯 1.5%、辛硫磷 18.5%/2009.12.19 至 2014.12.19/中等毒			
	棉花	棉铃虫	225-300克/公顷	喷雾

PD20040274 高氯·马/30%/乳油/高效氯氰菊酯 0.7%、马拉硫磷 29.3%/2009.12.19 至 2014.12.19/低毒
棉花 棉铃虫 225-337.5克/公顷 喷雾
PD20040704 唑酮·氧乐果/23%/乳油/三唑酮 8%、氧乐果 15%/2009.12.19 至 2014.12.19/高毒
小麦 白粉病、蚜虫 310.5-414克/公顷 喷雾
PD20040768 甲柳·三唑酮/10%/乳油/甲基异柳磷 8%、三唑酮 2%/2009.12.19 至 2014.12.19/高毒
小麦 地下害虫 40-80克/100千克种子 拌种
PD20090835 辛硫·灭多威/30%/乳油/灭多威 7%、辛硫磷 23%/2014.01.19 至 2019.01.19/高毒
棉花 棉铃虫 225-270克/公顷 喷雾
PD20091884 敌敌畏/80%/乳油/敌敌畏 80%/2009.02.09 至 2014.02.09/中等毒
苹果树 蚜虫 400-500毫克/千克 喷雾
PD20098275 啶虫脒/5%/乳油/啶虫脒 5%/2009.12.18 至 2014.12.18/低毒
黄瓜 蚜虫 18-22.5克/公顷 喷雾
PD20101639 唑磷·毒死蜱/30%/乳油/毒死蜱 15%、三唑磷 15%/2010.06.03 至 2015.06.03/中等毒
水稻 三化螟 120-180毫升制剂/亩 喷雾

黑龙江省

德强生物股份有限公司 （黑龙江省哈尔滨市开发区哈平路集中区大连路18号 150060 0451-86786299）

PD20060034 吡虫啉/5%/乳油/吡虫啉 5%/2011.02.06 至 2016.02.06/低毒
十字花科蔬菜 蚜虫 30-45克/公顷 喷雾
烟草 蚜虫 22.5-37.5克/公顷 喷雾
PD20080855 咪鲜胺/25%/乳油/咪鲜胺 25%/2013.06.23 至 2018.06.23/低毒
水稻 恶苗病 4000－2000倍液 浸种
PD20081425 霜霉威盐酸盐/66.5%/水剂/霜霉威盐酸盐 66.5%/2013.10.31 至 2018.10.31/低毒
黄瓜 霜霉病 810-1080克/公顷 喷雾
烟草 黑胫病 902.5-1203.3毫克/千克 喷雾
PD20097120 宁南霉素/40%/母药/宁南霉素 40%/2009.10.12 至 2014.10.12/低毒
PD20097121 宁南霉素/2%/水剂/宁南霉素 2%/2009.10.12 至 2014.10.12/低毒
大豆 根腐病 18-24克/公顷 播前拌种
水稻 条纹叶枯病 60-100克/公顷 喷雾
PD20097122 宁南霉素/8%/水剂/宁南霉素 8%/2009.10.12 至 2014.10.12/低毒
番茄 病毒病 90-120克/公顷 喷雾
辣椒 病毒病 90-125克/公顷 喷雾
苹果树 斑点落叶病 26.7-40毫克/千克 喷雾
水稻 黑条矮缩病 54-72克/公顷 喷雾
烟草 病毒病 50-75克/公顷 喷雾
PD20110754 宁南霉素/10%/可溶粉剂/宁南霉素 10%/2011.07.25 至 2016.07.25/低毒
黄瓜 白粉病 75-112.5克/公顷 喷雾
PD20110793 枯草芽孢杆菌/1万亿芽孢/克/母药/枯草芽孢杆菌 1万亿芽孢/克/2011.07.26 至 2016.07.26/微毒
PD20110951 淡紫拟青霉/5亿活孢子/克/颗粒剂/淡紫拟青霉 5亿活孢子/克/2011.09.08 至 2016.09.08/低毒
草坪、番茄 根结线虫 37.5-45千克制剂/公顷 沟施或穴施
PD20110973 枯草芽孢杆菌/1000亿芽孢/克/可湿性粉剂/枯草芽孢杆菌 1000亿芽孢/克/2011.09.14 至 2016.09.14/低毒
马铃薯 晚疫病 150-210克制剂/公顷 喷雾
棉花 黄萎病 1：500+10-30克/亩（制剂） 浸种+喷雾
水稻 稻瘟病 90-180克制剂/公顷 喷雾
烟草 黑胫病 225-306克制剂/公顷 喷淋茎基部
PD20110980 淡紫拟青霉/100亿孢子/克/母药/淡紫拟青霉 100亿孢子/克/2011.09.15 至 2016.09.15/低毒
PD20120780 高效氯氰菊酯/4.5%/乳油/高效氯氰菊酯 4.5%/2012.05.05 至 2017.05.05/低毒
甘蓝 菜青虫 20.25-27克/公顷 喷雾
PD20130002 阿维菌素/5%/水乳剂/阿维菌素 5%/2013.01.04 至 2018.01.04/中等毒(原药高毒)
小白菜 小菜蛾 7.5-11.25克/公顷 喷雾
PD20130534 甲氨基阿维菌素苯甲酸盐/5%/微乳剂/甲氨基阿维菌素 5%/2013.04.01 至 2018.04.01/低毒
小白菜 甜菜夜蛾 2.25-3.75克/公顷 喷雾
注:甲氨基阿维菌素苯甲酸盐含量：5.7%。
LS20130509 宁南·嘧菌酯/25%/悬浮剂/嘧菌酯 20%、宁南霉素 5%/2013.12.10 至 2014.12.10/微毒
黄瓜 霜霉病 112.5-150.5克/公顷 喷雾

东部福阿母韩农（黑龙江）化工有限公司 （黑龙江省宁安市宁安农场工业开发区 157412 0453-7842871）

PD20090897 三环唑/75%/可湿性粉剂/三环唑 75%/2014.01.19 至 2019.01.19/中等毒
水稻 稻瘟病 225-337.5克/公顷 喷雾
PD20091997 百菌清/75%/可湿性粉剂/百菌清 75%/2014.02.12 至 2019.02.12/低毒
白菜 霜霉病 1462.5-1687.5克/公顷 喷雾
黄瓜 霜霉病 2362.5-3037.5克/公顷 喷雾
PD20092129 稻瘟灵/40%/乳油/稻瘟灵 40%/2014.02.23 至 2019.02.23/低毒
水稻 稻瘟病 400-600克/公顷 喷雾
PD20092386 多菌灵/50%/可湿性粉剂/多菌灵 50%/2014.02.25 至 2019.02.25/低毒

苹果树 炭疽病 500-833毫克/千克 喷雾

PD20093172 二甲戊灵/33%/乳油/二甲戊灵 33%/2014.03.11 至 2019.03.11/低毒

甘蓝田 一年生杂草 618.8-742.5克/公顷 土壤喷雾

PD20093737 丁草胺/60%/乳油/丁草胺 60%/2014.03.25 至 2019.03.25/低毒

移栽水稻田 一年生杂草 990-1260克/公顷 毒土法

PD20094355 乙草胺/900克/升/乳油/乙草胺 900克/升/2009.04.01 至 2014.04.01/低毒

春大豆田、春玉米田 一年生杂草 1350-1890克/公顷 土壤喷雾

PD20094890 腐霉利/50%/可湿性粉剂/腐霉利 50%/2009.04.13 至 2014.04.13/低毒

番茄、黄瓜 灰霉病 562.5-750克/公顷 喷雾

PD20094926 丁草胺/5%/颗粒剂/丁草胺 5%/2009.04.13 至 2014.04.13/低毒

移栽水稻田 一年生杂草 1012.5-1275克/公顷 撒施

PD20094954 咪唑乙烟酸/5%/水剂/咪唑乙烟酸 5%/2009.04.20 至 2014.04.20/低毒

春大豆田 一年生杂草 90-105克/公顷 播后苗前土壤喷雾

PD20095187 草甘膦异丙胺盐/30%/水剂/草甘膦 30%/2009.04.24 至 2014.04.24/低毒

非耕地 杂草 1230-2460克/公顷 喷雾

注:草甘膦异丙胺盐含量：41%。

PD20095301 灭草松/480克/升/水剂/灭草松 480克/升/2009.04.27 至 2014.04.27/低毒

大豆田 一年生阔叶杂草 1080-1440克/公顷 茎叶喷雾

移栽水稻田 一年生阔叶杂草及部分莎草科杂草 1188-1440克/公顷 茎叶喷雾

PD20095346 乙烯利/40%/水剂/乙烯利 40%/2009.04.27 至 2014.04.27/低毒

番茄 催熟 400-500毫克/千克 喷雾

PD20095737 苄嘧磺隆/10%/可湿性粉剂/苄嘧磺隆 10%/2009.05.18 至 2014.05.18/低毒

移栽水稻田 一年生阔叶杂草 30-45克/公顷 药土法

PD20095894 吡嘧磺隆/10%/可湿性粉剂/吡嘧磺隆 10%/2009.05.31 至 2014.05.31/低毒

移栽水稻田 一年生阔叶杂草 18.75-30克/公顷 药土法

PD20095937 异丙甲草胺/72%/乳油/异丙甲草胺 72%/2009.06.02 至 2014.06.02/低毒

大豆田、玉米田 一年生禾本科杂草及部分阔叶杂草 1296-1836克/公顷 土壤喷雾

PD20095940 莎稗磷/30%/乳油/莎稗磷 30%/2009.06.02 至 2014.06.02/低毒

水稻移栽田 莎草、一年生禾本科杂草 270-315克/公顷 毒土法

PD20096061 氯氰菊酯/5%/乳油/氯氰菊酯 5%/2009.06.18 至 2014.06.18/低毒

十字花科蔬菜 菜青虫 45-52.5克/公顷 喷雾

PD20096073 高效氟吡甲禾灵/10.8%/乳油/高效氟吡甲禾灵 10.8%/2009.06.18 至 2014.06.18/低毒

大豆田 一年生禾本科杂草 30-40毫升制剂/亩 茎叶喷雾

PD20096648 高效氯氟氰菊酯/25克/升/乳油/高效氯氟氰菊酯 25克/升/2009.09.02 至 2014.09.02/中等毒

大豆 食心虫 5.625—7.5克/公顷 喷雾

十字花科叶菜 菜青虫 7.5—9.375克/公顷 喷雾

PD20098498 噁霉灵/30%/水剂/噁霉灵 30%/2009.12.24 至 2014.12.24/低毒

水稻 立枯病 1.35-1.8克/平方米 苗床喷雾

西瓜 枯萎病 375-500毫克/千克 灌根

PD20111111 阿维·哒螨灵/10%/乳油/阿维菌素 0.2%、哒螨灵 9.8%/2011.10.26 至 2016.10.26/中等毒(原药高毒)

苹果树 红蜘蛛 33.3—50毫克/千克 喷雾

PD20120173 吡虫啉/10%/可湿性粉剂/吡虫啉 10%/2012.01.30 至 2017.01.30/低毒

甘蓝 蚜虫 15-30克/公顷 喷雾

PD20121566 丙森锌/70%/可湿性粉剂/丙森锌 70%/2012.10.25 至 2017.10.25/低毒

番茄 早疫病 1313-1995克/公顷 喷雾

黄瓜 霜霉病 1575-2205克/公顷 喷雾

PD20131124 苄嘧·苯噻酰/53%/可湿性粉剂/苯噻酰草胺 50%、苄嘧磺隆 3%/2013.05.20 至 2018.05.20/低毒

水稻移栽田 一年生杂草 556.5-636克/公顷 药土法

PD20131166 苄嘧·丙草胺//可湿性粉剂/苄嘧磺隆 4%、丙草胺 36%/2013.05.27 至 2018.05.27/低毒

水稻移栽田 一年生杂草 420-480克/公顷 茎叶喷雾

PD20132478 代森锰锌/80%/可湿性粉剂/代森锰锌 80%/2013.12.09 至 2018.12.09/低毒

马铃薯 晚疫病 1440-2160克/公顷 喷雾

LS20130244 三环唑/40%/悬浮剂/三环唑 40%/2013.04.28 至 2014.04.28/低毒

水稻 稻瘟病 225-340克/公顷 喷雾

哈尔滨汇丰生物农化有限公司 (黑龙江省哈尔滨市阿城区杨树乡永康村 150314 0451-53874958)

PD20094059 高氯·辛硫磷/30%/乳油/高效氯氰菊酯 1.2%、辛硫磷 28.8%/2014.03.27 至 2019.03.27/中等毒

棉花 棉铃虫 75-100克/公顷 喷雾

PD20095467 嗪草酮/70%/可湿性粉剂/嗪草酮 70%/2009.05.11 至 2014.05.11/低毒

春大豆田 一年生阔叶杂草 525-735克/公顷 土壤喷雾

PD20097063 滴丁·乙草胺/50%/乳油/2,4-滴丁酯 18%、乙草胺 32%/2009.10.10 至 2014.10.10/低毒

春大豆田、春玉米田 一年生杂草 1875-2250克/公顷(东北地区) 土壤喷雾

PD20097568 嗪酮·乙草胺/45%/乳油/嗪草酮 9%、乙草胺 36%/2009.11.03 至 2014.11.03/低毒

春大豆田 一年生杂草 1350-2025克/公顷(东北地区) 播后苗前喷雾

	春玉米田	一年生杂草	1350-1687.5克/公顷(东北地区)	播后苗前喷雾

哈尔滨火龙神农业生物化工有限公司 (黑龙江省哈尔滨市阿城市新华镇利新利平小区 150315 0451-53870092)

PD20084907	多·福·克/30%/悬浮种衣剂/多菌灵 10%、福美双 10%、克百威 10%/2013.12.22 至 2018.12.22/中等毒(原药高毒)			
	大豆	地下害虫、根腐病	1:50-60(药种比)	种子包衣
PD20085860	氯氰·吡虫啉/5%/乳油/吡虫啉 1%、氯氰菊酯 4%/2013.12.29 至 2018.12.29/中等毒			
	十字花科蔬菜	蚜虫	22.5-37.5克/公顷	喷雾
PD20086296	福·克/20%/悬浮种衣剂/福美双 10%、克百威 10%/2013.12.31 至 2018.12.31/高毒			
	玉米	地下害虫、茎基腐病	1:40-50(药种比)	种子包衣
PD20097853	吗胍·乙酸铜/20%/可湿性粉剂/盐酸吗啉胍 16%、乙酸铜 4%/2009.11.20 至 2014.11.20/低毒			
	番茄	病毒病	500-750克/公顷	喷雾
PD20120058	辛硫·福美双/18%/种子处理微囊悬浮剂/福美双 10%、辛硫磷 8%/2012.01.16 至 2017.01.16/低毒			
	花生	地下害虫、根腐病	300—450克/100千克种子	种子包衣
	绿豆	地下害虫、根腐病	164—225克/100千克种子	种子包衣
	向日葵	地下害虫、根腐病	450—720克/100千克种子	种子包衣
	玉米	地下害虫、根腐病	360—600克/100千克种子	种子包衣
PD20131685	莎稗磷/30%/乳油/莎稗磷 30%/2013.08.07 至 2018.08.07/低毒			
	水稻移栽田	稗草	225-270克/公顷(南方地区),270-315克/公顷(北方地区)	药土法

哈尔滨理工化工科技有限公司 (黑龙江省哈尔滨市南岗区学府路52号 150080 0451-86669387)

PD20080061	苄嘧·苯噻酰/53%/可湿性粉剂/苯噻酰草胺 50%、苄嘧磺隆 3%/2013.01.04 至 2018.01.04/低毒			
	水稻移栽田	一年生及部分多年生杂草	556.5-636克/公顷(北方地区)318-397.5克/公顷(南方地区)	药土法
PD20084774	霜脲·锰锌/36%/悬浮剂/代森锰锌 32%、霜脲氰 4%/2013.12.22 至 2018.12.22/低毒			
	黄瓜	霜霉病	1440-1800克/公顷	喷雾
PD20090812	阿维·马拉松/36%/乳油/阿维菌素 0.12%、马拉硫磷 35.88%/2014.01.19 至 2019.01.19/低毒(原药高毒)			
	甘蓝	小菜蛾	270-405克/公顷	喷雾
PD20095469	异丙草胺/50%/乳油/异丙草胺 50%/2009.05.11 至 2014.05.11/低毒			
	春大豆田	部分阔叶杂草、一年生禾本科杂草	1500-1875克/公顷	喷雾
PD20097362	混合氨基酸铜/10%/水剂/混合氨基酸铜 10%/2009.10.27 至 2014.10.27/低毒			
	西瓜	枯萎病	300-450毫克/千克	灌根

哈尔滨瑞丰农业科技发展有限公司 (黑龙江省哈尔滨市松北区万宝镇巨宝村 150020 0451-88349900)

PD20086101	氰戊·马拉松/21%/乳油/马拉硫磷 15%、氰戊菊酯 6%/2013.12.30 至 2018.12.30/低毒			
	大豆	食心虫	94.5-126克/公顷	喷雾
PD20090183	高氯·马/20%/乳油/高效氯氰菊酯 2%、马拉硫磷 18%/2014.01.08 至 2019.01.08/低毒			
	十字花科蔬菜	菜青虫	90-120克/公顷	喷雾
PD20090274	精喹禾灵/10%/乳油/精喹禾灵 10%/2014.01.09 至 2019.01.09/低毒			
	春大豆田、春油菜	一年生禾本科杂草	64.8-81克/公顷	喷雾
PD20090451	甲氰·氧乐果/30%/乳油/甲氰菊酯 8%、氧乐果 22%/2014.01.12 至 2019.01.12/高毒			
	大豆	蚜虫	135-180克/公顷	喷雾
	大豆	食心虫	270-360克/公顷	喷雾
PD20090593	吡嘧磺隆/10%/可湿性粉剂/吡嘧磺隆 10%/2014.01.14 至 2019.01.14/低毒			
	水稻移栽田	一年生禾本科杂草及阔叶杂草	15-30克/公顷	毒土法
PD20090959	咪唑乙烟酸/5%/水剂/咪唑乙烟酸 5%/2014.01.20 至 2019.01.20/低毒			
	春大豆田	一年生杂草	75-97.5克/公顷	苗后早期喷雾
PD20091128	甲霜·福美双/42%/可湿性粉剂/福美双 34.5%、甲霜灵 7.5%/2014.01.21 至 2019.01.21/低毒			
	水稻	立枯病	1.0—1.5克/平方米	苗床喷洒
PD20092122	灭草松/480克/升/水剂/灭草松 480克/升/2014.02.23 至 2019.02.23/低毒			
	春大豆田	一年生阔叶杂草	1140-1800克/公顷	茎叶喷雾
PD20093107	甲霜·噁霉灵/3%/水剂/噁霉灵 2.5%、甲霜灵 0.5%/2014.03.09 至 2019.03.09/低毒			
	水稻秧田	立枯病	0.36-0.54克/平方米	喷雾
PD20093116	草甘膦异丙胺盐/41%/水剂/草甘膦异丙胺盐 41%/2014.03.10 至 2019.03.10/微毒			
	非耕地	杂草	1230-2460克/公顷	茎叶喷雾
PD20093944	苄·二氯/35%/可湿性粉剂/苄嘧磺隆 6%、二氯喹啉酸 29%/2014.03.27 至 2019.03.27/低毒			
	水稻移栽田	一年生及部分多年生杂草	210-262.5克/公顷	喷雾
PD20095729	滴丁·乙草胺/78%/乳油/2,4-滴丁酯 28%、乙草胺 50%/2009.05.18 至 2014.05.18/低毒			
	春大豆田	一年生禾本科杂草及部分阔叶杂草	1989-2340克/公顷(东北地区)	播后苗前土壤喷雾
	春玉米田	一年生禾本科杂草及部分阔叶杂草	1989-2340克/公顷	播后苗前土壤喷雾
PD20097915	氟磺胺草醚/250克/升/水剂/氟磺胺草醚 250克/升/2009.11.30 至 2014.11.30/低毒			
	大豆田	一年生阔叶杂草	375-487.5克/公顷(东北地区)187.5-281.25克/公顷(其他地区)	茎叶喷雾
PD20098114	异丙甲草胺/720克/升/乳油/异丙甲草胺 720克/升/2009.12.08 至 2014.12.08/低毒			
	大豆田	一年生禾本科杂草及部分小粒种子阔叶杂	1620-2160克/公顷(东北地区)	播后苗前土壤喷雾

草 1080-1620克/公顷(其他地区)

PD20121934 烟嘧磺隆/40克/升/可分散油悬浮剂/烟嘧磺隆 40克/升/2012.12.07 至 2017.12.07/低毒
春玉米田 一年生杂草 50-60克/公顷 茎叶喷雾

哈尔滨市益农生化制品开发集团有限公司 (黑龙江省哈尔滨市道里区新农乡前进村 150078 0451-84100068)

PD20080200 氰戊·马拉松/21%/乳油/马拉硫磷 15%、氰戊菊酯 6%/2013.01.11 至 2018.01.11/中等毒
棉花 蚜虫 75-120克/公顷 喷雾

PD20080820 苄嘧磺隆/10%/可湿性粉剂/苄嘧磺隆 10%/2013.06.20 至 2018.06.20/低毒
水稻移栽田 部分多年生阔叶杂草、莎草科杂草、一年生杂草 30-45克/公顷 药土法

PD20081148 二氯喹啉酸/50%/可湿性粉剂/二氯喹啉酸 50%/2013.09.01 至 2018.09.01/低毒
水稻移栽田 稗草 300-375克/公顷 茎叶喷雾

PD20081242 苄嘧磺隆/30%/可湿性粉剂/苄嘧磺隆 30%/2013.09.16 至 2018.09.16/低毒
水稻移栽田 阔叶杂草、莎草科杂草 45-90克/公顷 药土法

PD20081494 乙草胺/81.5%/乳油/乙草胺 81.5%/2013.11.05 至 2018.11.05/低毒
春大豆田、春玉米田 部分阔叶杂草、一年生禾本科杂草 1350-1890克/公顷(东北地区) 播后苗前土壤喷雾

PD20081681 苄嘧·苯噻酰/53%/可湿性粉剂/苯噻酰草胺 50%、苄嘧磺隆 3%/2013.11.17 至 2018.11.17/低毒
水稻移栽田 一年生及部分多年生杂草 556.5-636克/公顷(北方地区) 药土法

PD20082491 精喹禾灵/5%/乳油/精喹禾灵 5%/2013.12.03 至 2018.12.03/低毒
春大豆田 一年生禾本科杂草 52.5-75克/公顷 茎叶喷雾

PD20082977 丁草胺/85%/乳油/丁草胺 85%/2013.12.09 至 2018.12.09/中等毒
水稻移栽田 部分一年生阔叶杂草、一年生禾本科杂草 1080-1350克/公顷 药土法

PD20083826 草甘膦/41%/水剂/草甘膦 41%/2013.12.15 至 2018.12.15/低毒
非耕地 杂草 1230-2460克/公顷 茎叶喷雾

PD20084574 福·克/15%/悬浮种衣剂/福美双 8%、克百威 7%/2013.12.18 至 2018.12.18/高毒
玉米 地下害虫、苗期病害 1:40-50(药种比) 种子包衣

PD20085430 氟胺·灭草松/447克/升/水剂/氟磺胺草醚 87克/升、灭草松 360克/升/2013.12.24 至 2018.12.24/低毒
春大豆田 一年生阔叶杂草及莎草科杂草 1341-1676.25克/公顷 茎叶喷雾

PD20085510 噻吩磺隆/15%/可湿性粉剂/噻吩磺隆 15%/2013.12.25 至 2018.12.25/低毒
春大豆田 一年生阔叶杂草 22.5-33.8克/公顷 土壤喷雾

PD20085603 丁·扑/19%/可湿性粉剂/丁草胺 16%、扑草净 3%/2013.12.25 至 2018.12.25/低毒
水稻(旱育秧及半旱育秧田) 一年生杂草 1600-2000克/公顷 覆土后喷雾

PD20085774 氟磺胺草醚/280克/升/水剂/氟磺胺草醚 280克/升/2013.12.29 至 2018.12.29/低毒
春大豆田 一年生阔叶杂草 336-420克/公顷 茎叶喷雾

PD20085775 灭草松/480克/升/水剂/灭草松 480克/升/2013.12.29 至 2018.12.29/低毒
春大豆田 一年生阔叶杂草 1080-1440克/公顷 茎叶喷雾
移栽水稻田 一年生阔叶杂草及部分莎草科杂草 900-1440克/公顷 茎叶喷雾

PD20086107 甲霜·福美双/42%/可湿性粉剂/福美双 34.5%、甲霜灵 7.5%/2013.12.30 至 2018.12.30/中等毒
水稻 立枯病 1.0-1.5克/平方米 喷淋或浇灌

PD20086290 嗪草酮/70%/可湿性粉剂/嗪草酮 70%/2013.12.31 至 2018.12.31/低毒
春大豆田 一年生阔叶杂草 630-735克/公顷 土壤喷雾

PD20086322 甲霜·福美双/7%/粉剂/福美双 6.1%、甲霜灵 0.9%/2013.12.31 至 2018.12.31/低毒
水稻 立枯病 0.7-0.9克/平方米 拌毒土撒施于苗床

PD20090200 杀虫双/3.6%/颗粒剂/杀虫双 3.6%/2014.01.09 至 2019.01.09/低毒
水稻 二化螟 540-810克/公顷 撒施

PD20092695 丙草胺/50%/乳油/丙草胺 50%/2014.03.03 至 2019.03.03/低毒
移栽水稻田 一年生杂草 525-600克/公顷 毒土

PD20092756 多·福·克/30%/悬浮种衣剂/多菌灵 10%、福美双 10%、克百威 10%/2014.03.04 至 2019.03.04/中等毒(原药高毒)
大豆 地下害虫、根腐病 1:50-60(药种比) 种子包衣

PD20095606 乙·嗪·滴丁酯/60%/乳油/2,4-滴丁酯 18%、嗪草酮 5%、乙草胺 37%/2009.05.12 至 2014.05.12/低毒
春大豆田、春玉米田 一年生杂草 1800-2250克/公顷(东北地区) 土壤喷雾

PD20095650 异噁草松/48%/乳油/异噁草松 48%/2009.05.12 至 2014.05.12/低毒
春大豆田 一年生杂草 1000-1200克/公顷 喷雾

PD20096634 吡嘧磺隆/10%/可湿性粉剂/吡嘧磺隆 10%/2009.09.02 至 2014.09.02/低毒
移栽水稻田 一年生阔叶杂草及莎草科杂草 22.5-30克/公顷 药土法

PD20097431 咪唑乙烟酸/5%/水剂/咪唑乙烟酸 5%/2009.10.28 至 2014.10.28/低毒
春大豆田 一年生杂草 90-105克/公顷 茎叶喷雾

PD20097786 克·戊·三唑酮/8.1%/悬浮种衣剂/克百威 7%、三唑酮 0.9%、戊唑醇 0.2%/2009.11.20 至 2014.11.20/低毒(原药高毒)
玉米 苗期害虫、丝黑穗病 1：35—45 种子包衣

PD20100571 苄·二氯/35%/可湿性粉剂/苄嘧磺隆 6%、二氯喹啉酸 29%/2010.01.14 至 2015.01.14/低毒
水稻移栽田 一年生杂草 262.5-315克/公顷 喷雾

鹤岗市旭祥禾友化工有限公司 (黑龙江省鹤岗市工农区禾友路45号 154108 0468-3348475)

PD85101-2 敌稗/16%/乳油/敌稗 16%/2010.03.10 至 2015.03.10/低毒

	水稻	稗草	3000-4500克/公顷	喷雾
PD85166	绿麦隆/25%/可湿性粉剂/绿麦隆 25%/2010.03.10 至 2015.03.10/低毒			
	大麦、小麦、玉米	一年生杂草	1500-3000克/公顷(北方地区)，600-1500克/公顷(南方地区)	播后苗前或苗期喷雾
PD87107	敌稗/92%,90%/原药/敌稗 92%,90%/2012.10.09 至 2017.10.09/低毒			
PD20080394	禾草灵/95%/原药/禾草灵 95%/2013.02.28 至 2018.02.28/低毒			
PD20093748	敌草隆/25%/可湿性粉剂/敌草隆 25%/2014.03.25 至 2019.03.25/低毒			
	甘蔗田	一年生杂草	1500-2400克/公顷	喷雾
PD20093808	敌草隆/97%/原药/敌草隆 97%/2014.03.25 至 2019.03.25/低毒			
黑龙江八一农垦大学种衣剂厂　(黑龙江省密山市裴德镇　158308　0467-5070719)				
PD20091556	福·克/20%/悬浮种衣剂/福美双 10%、克百威 10%/2009.02.03 至 2014.02.03/高毒			
	玉米	地下害虫、苗期病害	500-600克/100千克种子	种子包衣
PD20093114	多·福·克/35%/悬浮种衣剂/多菌灵 15%、福美双 10%、克百威 10%/2009.03.10 至 2014.03.10/高毒			
	大豆	根腐病、蓟马、蚜虫	1.5-2%种子重	种子包衣
PD20094060	唑酮·福美双/11%/悬浮种衣剂/福美双 10%、三唑酮 1%/2009.03.27 至 2014.03.27/低毒			
	春小麦	白粉病、锈病	145-600克/100千克种子	种子包衣
黑龙江华诺生物科技有限责任公司　(黑龙江省哈尔滨市双城市新兴镇新兴村　150137　0451-86629367)				
PD20096448	烯禾啶/12.5%/乳油/烯禾啶 12.5%/2009.08.05 至 2014.08.05/低毒			
	春大豆田	一年生禾本科杂草	187.5-225克/公顷(东北地区)	茎叶喷雾
	夏大豆田	一年生禾本科杂草	150-187.5克/公顷(其它地区)	茎叶喷雾
PD20132611	乙氧氟草醚/10%/水乳剂/乙氧氟草醚 10%/2013.12.20 至 2018.12.20/低毒			
	水稻移栽田	一年生杂草	东北地区：120-180克/公顷	甩施
黑龙江九洲农药有限公司 (黑龙江省哈尔滨市道外区南平街88号好旺达公寓1503室　150020　0451-82334592)				
PD20082428	氟磺胺草醚/250克/升/水剂/氟磺胺草醚 250克/升/2013.12.02 至 2018.12.02/低毒			
	春大豆田	一年生阔叶杂草	375-450克/公顷	茎叶喷雾
PD20085736	烯草酮/240克/升/乳油/烯草酮 240克/升/2013.12.26 至 2018.12.26/低毒			
	大豆田	一年生禾本科杂草	72-108克/公顷	茎叶喷雾
PD20086277	精吡氟禾草灵/150克/升/乳油/精吡氟禾草灵 150克/升/2013.12.31 至 2018.12.31/微毒			
	春大豆田	一年生禾本科杂草	135-180克/公顷	茎叶喷雾
PD20110995	高氯·吡虫啉/5%/乳油/吡虫啉 1%、高效氯氰菊酯 4%/2011.09.21 至 2016.09.21/低毒			
	甘蓝	蚜虫	22.5-30克/公顷	喷雾
黑龙江科润生物科技有限公司　(黑龙江省五常市背荫河镇白旗村　150020　0451-56653000)				
PD20084195	丁草胺/85%/乳油/丁草胺 85%/2013.12.16 至 2018.12.16/低毒			
	水稻移栽田	一年生杂草	900—1440克/公顷	药土法
PD20085552	乙草胺/900克/升/乳油/乙草胺 900克/升/2013.12.25 至 2018.12.25/低毒			
	春大豆田、春玉米田	一年生杂草	1620-2025克/公顷(东北地区)	播后苗前土壤喷雾
PD20095479	异噁草松/480克/升/乳油/异噁草松 480克/升/2009.05.11 至 2014.05.11/低毒			
	春大豆田	一年生杂草	1008-1152克/公顷(东北地区)	土壤喷雾
PD20095760	精喹·氟磺胺/21%/乳油/氟磺胺草醚 17.5%、精喹禾灵 3.5%/2009.05.18 至 2014.05.18/低毒			
	大豆田	一年生杂草	267.8-378克/公顷	茎叶喷雾
PD20095819	滴丁·乙草胺/78%/乳油/2,4-滴丁酯 28%、乙草胺 50%/2009.05.27 至 2014.05.27/低毒			
	春大豆田	阔叶杂草、一年生禾本科杂草	1989-2340克/公顷(东北地区)	播后苗前土壤喷雾
	春玉米田	阔叶杂草、一年生禾本科杂草	1989-2340克/公顷	播后苗前土壤喷雾
PD20096328	乙·噻·滴丁酯/81%/乳油/2,4-滴丁酯 21.5%、噻吩磺隆 0.5%、乙草胺 59%/2009.07.22 至 2014.07.22/低毒			
	春大豆田、春玉米田	一年生杂草	1822.5-2430克/公顷	播后苗前土壤喷雾
PD20096479	甲氰·氧乐果/30%/乳油/甲氰菊酯 8%、氧乐果 22%/2009.08.14 至 2014.08.14/高毒			
	大豆	食心虫、蚜虫	60-90克/公顷	喷雾
PD20096532	丁·扑/40%/乳油/丁草胺 30%、扑草净 10%/2009.08.20 至 2014.08.20/低毒			
	水稻秧田	一年生杂草	16-20克/100平方米(东北地区)	土壤喷雾
PD20097958	丁·扑/1.2%/粉剂/丁草胺 1%、扑草净 0.2%/2009.12.01 至 2014.12.01/低毒			
	水稻秧田	一年生杂草	1200-1500克/公顷(东北地区)	药土法
LS20110255	异丙甲草胺/79%/乳油/异丙甲草胺 79%/2013.09.21 至 2014.09.21/低毒			
	南瓜田	一年生杂草	984-1476克/公顷	播后苗前土壤喷雾
黑龙江绿丰源生物科技有限公司　(黑龙江省佳木斯市东风区长安路107号　154005　0454-8333588)				
PD86109-26	苏云金杆菌/16000IU/毫克/可湿性粉剂/苏云金杆菌 16000IU/毫克/2012.10.18 至 2017.10.18/低毒			
	白菜、萝卜、青菜	菜青虫、小菜蛾	1500-4500克制剂/公顷	喷雾
	茶树	茶毛虫	1500-7500克制剂/公顷	喷雾
	大豆、甘薯	天蛾	1500-2250克制剂/公顷	喷雾
	柑橘树	柑橘凤蝶	2250-3750克制剂/公顷	喷雾
	高粱、玉米	玉米螟	3750-4500克制剂/公顷	喷雾、毒土
	梨树	天幕毛虫	1500-3750克制剂/公顷	喷雾
	林木	尺蠖、柳毒蛾、松毛虫	2250-7500克制剂/公顷	喷雾
	棉花	棉铃虫、造桥虫	1500-7500克制剂/公顷	喷雾

苹果树 巢蛾 2250-3750克制剂/公顷 喷雾
水稻 稻苞虫、稻纵卷叶螟 1500-6000克制剂/公顷 喷雾
烟草 烟青虫 3750-7500克制剂/公顷 喷雾
枣树 尺蠖 3750-4500克制剂/公顷 喷雾
PD20086316 乙草胺/900克/升/乳油/乙草胺 900克/升/2013.12.31 至 2018.12.31/低毒
春大豆田 一年生禾本科杂草及部分小粒种子阔叶杂草 1350-1620克/公顷 土壤喷雾
PD20090223 滴丁·乙草胺/78%/乳油/2,4-滴丁酯 28%、乙草胺 50%/2014.01.09 至 2019.01.09/低毒
春大豆田、春玉米田 一年生杂草 2106-2574克/公顷 播后苗前土壤喷雾

黑龙江梅亚种业有限公司 (黑龙江省佳木斯市富锦市中央大街3号 156100 0454-2335466)

PD20110397 精喹禾灵/10%/乳油/精喹禾灵 10%/2011.04.12 至 2016.04.12/低毒
大豆田 一年生禾本科杂草 48.6-64.8克/公顷 茎叶喷雾
PD20120843 噁霉灵/8%/水剂/噁霉灵 8%/2012.05.22 至 2017.05.22/低毒
水稻 立枯病 0.48-0.96克/平方米 苗床土壤喷雾

黑龙江企达农药开发有限公司 (黑龙江省绥化市绥兰路288号 152054 0455-6888288)

PD20040175 甲拌磷/5%/颗粒剂/甲拌磷 5%/2009.12.19 至 2014.12.19/中等毒(原药高毒)
高粱 蚜虫 150-300克/公顷 撒施
PD20040229 甲拌磷/3%/颗粒剂/甲拌磷 3%/2009.12.19 至 2014.12.19/中等毒(原药高毒)
高粱 蚜虫 150-300克/公顷 撒施
PD20080859 噁霉灵/99%/原药/噁霉灵 99%/2013.06.23 至 2018.06.23/低毒
PD20082228 多·福/60%/可湿性粉剂/多菌灵 30%、福美双 30%/2013.11.26 至 2018.11.26/低毒
梨树 黑星病 1000-1500毫克/千克 喷雾
PD20082761 甲霜·噁霉灵/3%/粉剂/噁霉灵 1.8%、甲霜灵 1.2%/2013.12.08 至 2018.12.08/低毒
水稻苗床 立枯病 0.65－0.75克/平方米 拌土撒施
PD20084150 甲霜·福美双/1%/粉剂/福美双 0.92%、甲霜灵 0.08%/2013.12.16 至 2018.12.16/低毒
水稻苗床 立枯病 0.8-1.2克/平方米 拌土撒施
PD20084380 辛硫磷/3%/颗粒剂/辛硫磷 3%/2013.12.17 至 2018.12.17/低毒
花生 地下害虫 2700-3600克/公顷 沟施
PD20085839 甲霜·噁霉灵/3.2%/水剂/噁霉灵 2.6%、甲霜灵 0.6%/2013.12.29 至 2018.12.29/低毒
水稻 立枯病 0.48-0.64克/平方米 喷雾
PD20090418 福·福锌/60%/可湿性粉剂/福美双 30%、福美锌 30%/2014.01.12 至 2019.01.12/低毒
黄瓜 炭疽病 900-1350克/公顷 喷雾
PD20097368 琥胶肥酸铜/30%/可湿性粉剂/琥胶肥酸铜 30%/2009.10.28 至 2014.10.28/低毒
黄瓜 角斑病 900-1050克/公顷 喷雾
PD20097369 琥铜·乙膦铝/48%/可湿性粉剂/琥胶肥酸铜 20%、三乙膦酸铝 28%/2009.10.28 至 2014.10.28/低毒
黄瓜 霜霉病、细菌性角斑病 1125-1680克/公顷 喷雾
PD20097580 琥铜·吗啉胍/25%/可湿性粉剂/琥胶肥酸铜 9%、盐酸吗啉胍 16%/2009.11.03 至 2014.11.03/低毒
番茄 病毒病 499.5-750克/公顷 喷雾

黑龙江省大地丰农业科技开发有限公司 (黑龙江省绥化市工业开发区 152000 0455-8508678)

PD20090351 稻瘟灵/40%/乳油/稻瘟灵 40%/2014.01.12 至 2019.01.12/低毒
水稻 稻瘟病 420-540克/公顷 喷雾
PD20100564 香菇多糖/0.5%/水剂/香菇多糖 0.5%/2010.01.14 至 2015.01.14/低毒
番茄 病毒病 11.25-18.75克/公顷 喷雾
水稻 条纹叶枯病 3.75-5.63克/公顷 喷雾
烟草 病毒病 11.25-15克/公顷 喷雾
PD20111163 甲霜·福美双/3.3%/粉剂/福美双 2.4%、甲霜灵 0.9%/2011.11.07 至 2016.11.07/低毒
水稻秧田 立枯病 0.83-1.09克/平方米 苗床撒施
PD20130717 香菇多糖/2%/水剂/香菇多糖 2%/2013.04.11 至 2018.04.11/低毒
番茄 病毒病 30-36克/公顷 喷雾
水稻 条纹叶枯病 12-15克/公顷 喷雾
PD20131964 戊唑醇/430克/升/悬浮剂/戊唑醇 430克/升/2013.10.10 至 2018.10.10/低毒
水稻 稻曲病、纹枯病 65-97克/公顷 喷雾

黑龙江省大庆卫健生物科技有限公司 (黑龙江省大庆市高新技术产业开发区科技创业园 163316 0459-6291025)

WP20110098 杀虫饵粒/1.8%/饵粒/乙酰甲胺磷 1.8%/2011.04.22 至 2016.04.22/低毒
卫生 蜚蠊、蚂蚁 / 投放

黑龙江省大庆志飞生物化工有限公司 (黑龙江省大庆市让胡路区高新区宏伟园区 163411 0459-5619317)

PD20070068 阿维菌素/93%/原药/阿维菌素 93%/2012.03.21 至 2017.03.21/高毒
PD20080929 甲氨基阿维菌素苯甲酸盐/90%/原药/甲氨基阿维菌素苯甲酸盐 90%/2013.07.17 至 2018.07.17/中等毒
PD20081872 甲氨基阿维菌素苯甲酸盐/1%/乳油/甲氨基阿维菌素 1%/2013.11.20 至 2018.11.20/低毒
甘蓝 甜菜夜蛾、小菜蛾 2.25-3克/公顷 喷雾
注:甲氨基阿维菌素苯甲酸盐含量：1.14%。
PD20130187 阿维菌素/1.8%/微乳剂/阿维菌素 1.8%/2013.01.24 至 2018.01.24/低毒(原药高毒)
甘蓝 小菜蛾 8.1-10.8克/公顷 喷雾

PD20130493 甲氨基阿维菌素苯甲酸盐/5%/水分散粒剂/甲氨基阿维菌素 5%/2013.03.20 至 2018.03.20/低毒
甘蓝 甜菜夜蛾、小菜蛾 2.25-3克/公顷 喷雾
注:甲氨基阿维菌素苯甲酸盐含量:5.7%。
PD20130869 甲氨基阿维菌素苯甲酸盐/2%/微乳剂/甲氨基阿维菌素 2%/2013.04.24 至 2018.04.24/低毒
甘蓝 小菜蛾 1.65-2.64克/公顷 喷雾
甘蓝 甜菜夜蛾 2.5-3.3克/公顷 喷雾
注:甲氨基阿维菌素苯甲酸盐含量：2.3%。

黑龙江省哈尔滨富利生化科技发展有限公司 (黑龙江省哈尔滨市南岗区王岗工业园区 150088 0451-86621166)

PD20081886 精喹禾灵/5%/乳油/精喹禾灵 5%/2013.11.20 至 2018.11.20/低毒
春大豆田 一年生禾本科杂草 52.5-60克/公顷 茎叶喷雾
PD20082495 氟磺胺草醚/25%/水剂/氟磺胺草醚 25%/2013.12.03 至 2018.12.03/低毒
春大豆田 一年生阔叶杂草 401.3－521.6克/公顷 茎叶喷雾
PD20082498 吡嘧磺隆/10%/可湿性粉剂/吡嘧磺隆 10%/2013.12.03 至 2018.12.03/低毒
移栽水稻田 稗草、莎草及阔叶杂草 15-30克/公顷 药土法
PD20082956 草甘膦异丙胺盐/41%/水剂/草甘膦异丙胺盐 41%/2013.12.09 至 2018.12.09/低毒
非耕地 杂草 1125-3000克/公顷 茎叶喷雾
PD20083115 噻吩磺隆/75%/水分散粒剂/噻吩磺隆 75%/2013.12.10 至 2018.12.10/低毒
春大豆田 一年生阔叶杂草 22.5－33.8克/公顷 播后苗前土壤喷雾
PD20093525 高氯·吡虫啉/4%/乳油/吡虫啉 1.8%、高效氯氰菊酯 2.2%/2014.03.23 至 2019.03.23/低毒
大豆 蚜虫 18-24克/公顷 喷雾
PD20093654 烟嘧·莠去津/21.5%/悬浮剂/烟嘧磺隆 1.5%、莠去津 20%/2014.03.25 至 2019.03.25/低毒
春玉米田 一年生杂草 322.15-387克/公顷 茎叶喷雾
PD20093729 松·喹·氟磺胺/22%/乳油/氟磺胺草醚 8%、精喹禾灵 3%、异噁草松 11%/2014.03.25 至 2019.03.25/低毒
春大豆田 一年生杂草 495-594克/公顷 茎叶喷雾
PD20094046 苯噻酰草胺/50%/可湿性粉剂/苯噻酰草胺 50%/2014.03.27 至 2019.03.27/低毒
移栽水稻田 一年生杂草 450-525克/公顷(南方地区) 药土法
525-600克/公顷(北方地区)
PD20094123 氟磺胺草醚/12.8%/乳油/氟磺胺草醚 12.8%/2014.03.27 至 2019.03.27/低毒
春大豆田 一年生阔叶杂草 288－384克/公顷 茎叶喷雾
PD20094132 二氯喹啉酸/25%/泡腾粒剂/二氯喹啉酸 25%/2014.03.27 至 2019.03.27/低毒
移栽水稻田 稗草 300-375克/公顷 毒土法
PD20094638 丙·莠·滴丁酯/60%/悬乳剂/2,4-滴丁酯 10%、异丙草胺 25%、莠去津 25%/2014.04.10 至 2019.04.10/低毒
春玉米田 一年生杂草 3450-4200毫升制剂/公顷 喷雾
PD20094709 烟嘧磺隆/40克/升/悬浮剂/烟嘧磺隆 40克/升/2014.04.10 至 2019.04.10/低毒
春玉米田 一年生杂草 48-60克/公顷 茎叶喷雾
PD20095075 灭草松/480克/升/水剂/灭草松 480克/升/2014.04.22 至 2019.04.22/低毒
春大豆田 莎草、一年生阔叶杂草 1080-1440克/公顷 茎叶喷雾
PD20095120 丙草胺/52%/乳油/丙草胺 52%/2014.04.24 至 2019.04.24/低毒
水稻移栽田 一年生禾本科、莎草科及部分阔叶杂草 468-546克/公顷 毒土法
PD20095497 烯草酮/12%/乳油/烯草酮 12%/2009.05.11 至 2014.05.11/低毒
春大豆田 一年生禾本科杂草 72-90克/公顷 茎叶喷雾
PD20095564 滴丁·乙草胺/78%/乳油/2,4-滴丁酯 28%、乙草胺 50%/2009.05.12 至 2014.05.12/低毒
春大豆田 一年生杂草 1989-2340克/公顷 土壤喷雾
PD20095831 乙·噁·滴丁酯/55%/乳油/2,4-滴丁酯 8%、乙草胺 35%、异噁草松 12%/2009.05.27 至 2014.05.27/低毒
春大豆田 一年生杂草 990-1155克/公顷 播后苗前土壤喷雾
PD20095962 松·喹·氟磺胺/35%/乳油/氟磺胺草醚 11%、精喹禾灵 2%、异噁草松 22%/2009.06.04 至 2014.06.04/低毒
春大豆田 一年生杂草 525-787.5克/公顷 茎叶喷雾
PD20096108 咪唑乙烟酸/20%/水剂/咪唑乙烟酸 20%/2009.06.18 至 2014.06.18/低毒
春大豆田 一年生杂草 75－105克/公顷 茎叶喷雾
PD20096115 烯禾啶/25%/乳油/烯禾啶 25%/2009.06.18 至 2014.06.18/低毒
春大豆田 一年生禾本科杂草 187.5-225克/公顷 茎叶喷雾
PD20096257 乙·嗪·滴丁酯/69%/乳油/2,4-滴丁酯 20.5%、嗪草酮 4.5%、乙草胺 44%/2009.07.15 至 2014.07.15/低毒
春大豆田、春玉米田 一年生杂草 2070-2482.5克/公顷 播后苗前土壤喷雾
PD20096549 异噁草松/360克/升/乳油/异噁草松 360克/升/2009.08.24 至 2014.08.24/低毒
春大豆田 一年生杂草 864-972克/公顷 土壤喷雾
PD20097643 乙·噁·滴丁酯/48%/乳油/2,4-滴丁酯 6%、乙草胺 30%、异噁草松 12%/2009.11.04 至 2014.11.04/低毒
春大豆田 一年生杂草 1800-2250毫升制剂/公顷 播后苗前土壤处理
PD20120449 丙·氧·噁草酮/34%/微乳剂/丙草胺 15%、噁草酮 7%、乙氧氟草醚 12%/2012.03.14 至 2017.03.14/微毒
水稻移栽田 一年生杂草 255-306克/公顷 药土法
PD20120450 丙·氧·噁草酮/34%/乳油/丙草胺 15%、噁草酮 7%、乙氧氟草醚 12%/2012.03.14 至 2017.03.14/低毒
移栽水稻田 一年生杂草 255-306克/公顷 药土法
PD20121897 异噁·甲戊灵/18%/可湿性粉剂/二甲戊灵 16%、异噁草松 2%/2012.12.07 至 2017.12.07/低毒
水稻移栽田 一年生杂草 175.5-216克/公顷 毒土法

PD20130566 苄·苯·西草净/76%/可湿性粉剂/苯噻酰草胺 50%、苄嘧磺隆 6%、西草净 20%/2013.04.01 至 2018.04.01/低毒
水稻移栽田 一年生杂草 684-912克/公顷 药土法

PD20131683 吡嘧·苯噻酰/52.5%/可湿性粉剂/苯噻酰草胺 50%、吡嘧磺隆 2.5%/2013.08.07 至 2018.08.07/低毒
移栽水稻田 一年生杂草 472.5-630克/公顷 毒土法

LS20120286 氰氟草酯/15%/微乳剂/氰氟草酯 15%/2013.08.10 至 2014.08.10/微毒
水稻插秧田 一年生禾本科杂草 78.75-112.5克/公顷 茎叶喷雾

黑龙江省哈尔滨广洁环境卫生用品研究所 (黑龙江省哈尔滨市南岗区哈平路134号 150040 0451-87506608)

WP20090158 杀蟑胶饵/2.5%/饵剂/吡虫啉 2.5%/2014.03.05 至 2019.03.05/低毒
卫生 蜚蠊 / 投放

黑龙江省哈尔滨利民农化技术有限公司 (黑龙江省哈尔滨市呼兰县利民经济技术开发区 150025 0451-88083468)

PD20060104 丁草胺/85%/乳油/丁草胺 85%/2011.06.12 至 2016.06.12/低毒
水稻移栽田 稗草、部分阔叶杂草 945-1350克/公顷 药土法

PD20070186 草甘膦异丙胺盐/30%/水剂/草甘膦 30%/2012.07.10 至 2017.07.10/低毒
非耕地 一年生和多年生杂草 1230-2460克/公顷 茎叶喷雾
注:草甘膦异丙胺盐含量:41%。

PD20070258 苄嘧磺隆/32%/可湿性粉剂/苄嘧磺隆 32%/2012.09.04 至 2017.09.04/低毒
水稻移栽田 阔叶杂草、莎草科杂草 48-72克/公顷 药土法

PD20070416 咪唑乙烟酸/5%/水剂/咪唑乙烟酸 5%/2012.11.06 至 2017.11.06/低毒
春大豆田 一年生杂草 75-100.5克/公顷 播后苗前或苗后早期喷雾

PD20080300 乙草胺/81.5%/乳油/乙草胺 81.5%/2013.02.25 至 2018.02.25/低毒
春大豆田、春玉米田 一年生禾本科杂草及部分阔叶杂草 1350-1890克/公顷(东北地区) 土壤喷雾
花生田、油菜田 一年生禾本科杂草及部分阔叶杂草 810-1215克/公顷 土壤喷雾

PD20080529 苄·二氯/44%/可湿性粉剂/苄嘧磺隆 6%、二氯喹啉酸 38%/2013.04.29 至 2018.04.29/低毒
水稻移栽田 部分多年生杂草、一年生杂草 264-300克/公顷 喷雾

PD20080603 精喹禾灵/5%/乳油/精喹禾灵 5%/2013.05.12 至 2018.05.12/低毒
春大豆田 禾本科杂草 52.5-75克/公顷 喷雾

PD20080619 二氯喹啉酸/50%/可湿性粉剂/二氯喹啉酸 50%/2013.05.12 至 2018.05.12/低毒
水稻移栽田 稗草 300-450克/公顷(北方地区) 喷雾

PD20080623 异丙甲草胺/720克/升/乳油/异丙甲草胺 720克/升/2013.05.12 至 2018.05.12/低毒
春大豆田、春玉米田 一年生禾本科杂草及部分阔叶杂草 1620-2160克/公顷(东北地区) 土壤喷雾

PD20080749 灭草松/480克/升/水剂/灭草松 480克/升/2013.06.11 至 2018.06.11/低毒
春大豆田 莎草科杂草、一年生阔叶杂草 1440-1800克/公顷(东北地区) 茎叶喷雾
水稻移栽田 阔叶杂草、莎草 1080-1440克/公顷 喷雾
夏大豆田 莎草科杂草、一年生阔叶杂草 1080-1440克/公顷(其它地区) 茎叶喷雾

PD20080768 异噁草松/480克/升/乳油/异噁草松 480克/升/2013.06.11 至 2018.06.11/低毒
春大豆田 一年生杂草 936-1152克/公顷 土壤喷雾

PD20081241 烯草酮/240克/升/乳油/烯草酮 240克/升/2013.09.16 至 2018.09.16/低毒
春大豆田 一年生禾本科杂草 97.5-144克/公顷 茎叶喷雾

PD20081550 咪唑乙烟酸/15%/水剂/咪唑乙烟酸 15%/2013.11.11 至 2018.11.11/低毒
春大豆田 一年生杂草 72-96克/公顷(东北地区) 土壤喷雾

PD20081595 烯禾啶/25%/乳油/烯禾啶 25%/2013.11.12 至 2018.11.12/低毒
春大豆 一年生禾本科杂草 131.3-225克/公顷 喷雾

PD20081614 咪鲜胺/25%/乳油/咪鲜胺 25%/2013.11.12 至 2018.11.12/低毒
水稻 恶苗病 62.5-125毫克/千克 浸种

PD20082438 嗪草酮/70%/可湿性粉剂/嗪草酮 70%/2013.12.02 至 2018.12.02/低毒
春大豆田 一年生阔叶杂草 525-735克/公顷 播后苗前土壤喷雾

PD20082752 吡嘧磺隆/10%/可湿性粉剂/吡嘧磺隆 10%/2013.12.08 至 2018.12.08/低毒
水稻移栽田 部分多年生杂草、一年生杂草 18.25-30克/公顷 药土法

PD20091815 氟磺胺草醚/250克/升/水剂/氟磺胺草醚 250克/升/2014.02.05 至 2019.02.05/低毒
春大豆田 一年生阔叶杂草 270-337.5克/公顷 茎叶喷雾

PD20091896 精吡氟禾草灵/150克/升/乳油/精吡氟禾草灵 150克/升/2014.02.09 至 2019.02.09/低毒
春大豆田 部分多年生禾本科杂草、一年生禾本科杂草 135-180克/公顷 茎叶喷雾

PD20093794 氟胺·灭草松/447克/升/水剂/氟磺胺草醚 87克/升、灭草松 360克/升/2014.03.25 至 2019.03.25/低毒
春大豆田 一年生阔叶杂草 1173.4-1341克/公顷 茎叶喷雾

PD20094182 异丙草胺/720克/升/乳油/异丙草胺 720克/升/2014.03.30 至 2019.03.30/低毒
春大豆田 一年生禾本科杂草及部分小粒种子阔叶杂草 1620-2160克/公顷 播后苗前土壤喷雾

PD20094559 2,4-滴丁酯/57%/乳油/2,4-滴丁酯 57%/2014.04.09 至 2019.04.09/低毒
春玉米田 阔叶杂草 769.5-940.5克/公顷 土壤喷雾

PD20095184 咪乙·异噁松/36%/乳油/咪唑乙烟酸 4%、异噁草松 32%/2014.04.24 至 2019.04.24/低毒
春大豆田 一年生杂草 540－810克/公顷(东北地区) 土壤喷雾或茎叶

喷雾

PD20095219 莠去津/38%/悬浮剂/莠去津 38%/2014.04.24 至 2019.04.24/低毒
春玉米田 一年生杂草 1710-2280克/公顷 播后苗前土壤喷雾

PD20095288 乙·嗪·滴丁酯/60%/乳油/2,4-滴丁酯 18%、嗪草酮 5%、乙草胺 37%/2014.04.27 至 2019.04.27/低毒
春大豆田、春玉米田 一年生杂草 1800-2250克/公顷(东北地区) 播后苗前喷雾

PD20095328 苄嘧磺隆/30%/可湿性粉剂/苄嘧磺隆 30%/2014.04.27 至 2019.04.27/低毒
移栽水稻田 阔叶杂草及莎草科杂草 45-67.5克/公顷 毒土法

PD20095370 丁草胺/60%/乳油/丁草胺 60%/2014.04.27 至 2019.04.27/低毒
水稻移栽田 一年生禾本科杂草及部分阔叶杂草 720-1296克/公顷 毒土法

PD20095382 扑草净/50%/可湿性粉剂/扑草净 50%/2014.04.27 至 2019.04.27/低毒
谷子 阔叶杂草 750-1125克/公顷 播后苗前土壤喷雾

PD20095580 滴丁·乙草胺/800克/升/乳油/2,4-滴丁酯 180克/升、乙草胺 620克/升/2009.05.12 至 2014.05.12/低毒
春大豆田、春玉米田 一年生杂草 1800-2400克/公顷(东北地区) 土壤喷雾

PD20095718 丁草胺/90%/原药/丁草胺 90%/2009.05.18 至 2014.05.18/低毒

PD20095731 丙草胺/94%/原药/丙草胺 94%/2009.05.18 至 2014.05.18/低毒

PD20095853 烟嘧磺隆/40克/升/可分散油悬浮剂/烟嘧磺隆 40克/升/2009.05.27 至 2014.05.27/低毒
春玉米田 一年生杂草 42-60克/公顷 茎叶喷雾

PD20096018 二甲戊灵/33%/乳油/二甲戊灵 33%/2009.06.15 至 2014.06.15/低毒
水稻秧田 一年生杂草 0.2-0.3毫升（制剂）/平方米 土壤喷雾

PD20096088 滴丁·莠去津/50%/悬乳剂/2,4-滴丁酯 15%、莠去津 35%/2009.06.18 至 2014.06.18/低毒
春玉米田 一年生杂草 1500－2250克/公顷 土壤喷雾

PD20096389 2,4-滴丁酯/80%/乳油/2,4-滴丁酯 80%/2009.08.04 至 2014.08.04/低毒
春玉米田 一年生阔叶杂草 1)480-720克/公顷 1)茎叶喷雾
2)720-900克/顷 2)土壤喷雾

PD20096431 乙·嗪·滴丁酯/65%/乳油/2,4-滴丁酯 18%、嗪草酮 5%、乙草胺 42%/2009.08.05 至 2014.08.05/低毒
春大豆田、春玉米田 一年生杂草 1950-2437.5克/公顷(东北地区) 播后苗前土壤喷雾

PD20097646 滴丁·乙草胺/82%/乳油/2,4-滴丁酯 18%、乙草胺 64%/2009.11.04 至 2014.11.04/低毒
春玉米田 一年生杂草 130-180毫升制剂/亩 播后苗前土壤喷雾

PD20097845 丙草胺/50%/水乳剂/丙草胺 50%/2009.11.20 至 2014.11.20/低毒
移栽水稻田 一年生杂草 450-525克/公顷 毒土法

PD20098149 异噁草松/92%/原药/异噁草松 92%/2009.12.14 至 2014.12.14/低毒

PD20098206 草甘膦铵盐(69.3%)///可溶粒剂/草甘膦 63%/2009.12.16 至 2014.12.16/低毒
非耕地 杂草 1120.5-1680.8克/公顷 茎叶喷雾

PD20111411 苄嘧·苯噻酰/53%/可湿性粉剂/苯噻酰草胺 50%、苄嘧磺隆 3%/2011.12.22 至 2016.12.22/低毒
移栽水稻田 一年生杂草 北方：556.5-636克/公顷； 毒土法
南方：397.5-556.5克/公顷

PD20121442 噁草酮/35&/悬浮剂/噁草酮 35%/2012.10.08 至 2017.10.08/低毒
水稻移栽田 一年生杂草 342-513克/公顷 毒土法

PD20121490 噁草·丁草胺/45%/乳油/丁草胺 35%、噁草酮 10%/2012.10.09 至 2017.10.09/低毒
水稻移栽田 一年生杂草 599.1-798.8克/公顷 毒土法

PD20121752 烟嘧·莠去津/40%/可分散油悬浮剂/烟嘧磺隆 3%、莠去津 37%/2012.11.15 至 2017.11.15/低毒
春玉米田 一年生杂草 480-720克/公顷 茎叶喷雾

PD20121975 吡嘧·苯噻酰/60%/可湿性粉剂/苯噻酰草胺 57%、吡嘧磺隆 3%/2012.12.18 至 2017.12.18/低毒
水稻移栽田 一年生杂草 630-810克/公顷 毒土法

PD20122071 氟磺胺草醚/20%/乳油/氟磺胺草醚 20%/2012.12.24 至 2017.12.24/低毒
春大豆田 一年生阔叶杂草 279.7-372.9克/公顷 茎叶喷雾

PD20130135 松·喹·氟磺胺/18%/乳油/氟磺胺草醚 5.5%、精喹禾灵 1.5%、异噁草松 11%/2013.01.17 至 2018.01.17/低毒
春大豆田 一年生杂草 486-540克/公顷 茎叶喷雾

PD20130237 莠去津/90%/水分散粒剂/莠去津 90%/2013.01.30 至 2018.01.30/低毒
春玉米田 一年生禾本科杂草及部分阔叶杂草 1485-1755克/公顷 播后苗前土壤喷雾

PD20131133 精喹禾灵/5%/水乳剂/精喹禾灵 5%/2013.05.20 至 2018.05.20/低毒
春大豆田 一年生禾本科杂草 52.5-75克/公顷 茎叶喷雾

PD20131135 苄嘧磺隆/60%/水分散粒剂/苄嘧磺隆 60%/2013.05.20 至 2018.05.20/低毒
移栽水稻田 阔叶杂草及莎草科杂草 45-63克/公顷 毒土法

LS20130229 烟嘧·硝草酮/18%/可分散油悬浮剂/烟嘧磺隆 4.5%、硝磺草酮 13.5%/2013.04.28 至 2014.04.28/低毒
春玉米田 一年生杂草 162-216克/公顷 茎叶喷雾

黑龙江省哈尔滨龙志农资化工有限公司 （黑龙江省哈尔滨市香坊区向阳乡东长林子 150039 0451-82032504）

PD20084032 多·福·克/30%/悬浮种衣剂/多菌灵 7%、福美双 11%、克百威 12%/2013.12.16 至 2018.12.16/高毒
大豆 地老虎、根腐病、金针虫、蝼蛄、蛴螬 1.2-1.5%种子重 种子包衣

PD20084801 福·克/20%/悬浮种衣剂/福美双 10%、克百威 10%/2013.12.22 至 2018.12.22/高毒
玉米 地老虎、茎腐病、金针虫、蛴螬 1:40(药种比) 种子包衣

PD20130602 灭草松/480克/升/水剂/灭草松 480克/升/2013.04.02 至 2018.04.02/低毒
水稻移栽田 一年生阔叶杂草 1080-1440克/公顷 茎叶喷雾

黑龙江省哈尔滨市动力区为民消杀制剂厂　(黑龙江省哈尔滨市动力区电材三道街　150040　0451-82688116)

WP20080492　杀蟑饵粒/3%/饵粒/乙酰甲胺磷 3%/2013.12.17 至 2018.12.17/低毒
　卫生　蜚蠊　/　投放

黑龙江省哈尔滨市联丰农药化工有限公司　(黑龙江省哈尔滨市道外区松北区松北镇　150028　0451-88109023)

PD20081016　烯禾啶/12.5%/乳油/烯禾啶 12.5%/2013.08.06 至 2018.08.06/低毒
　春大豆田　一年生禾本科杂草　187.5-243.8克/公顷(东北地区)　茎叶喷雾

PD20081034　咪唑乙烟酸/100克/升/水剂/咪唑乙烟酸 100克/升/2013.08.06 至 2018.08.06/低毒
　春大豆田　一年生杂草　90-105克/公顷　茎叶喷雾

PD20081036　苄嘧磺隆/30%/可湿性粉剂/苄嘧磺隆 30%/2013.08.06 至 2018.08.06/低毒
　水稻移栽田　阔叶杂草、莎草科杂草　45-90克/公顷　药土法

PD20082031　滴丁·乙草胺/70%/乳油/2,4-滴丁酯 24%、乙草胺 46%/2013.11.25 至 2018.11.25/低毒
　春大豆田、春玉米田　一年生杂草　2100-2625克/公顷(东北地区)　播后苗前土壤喷雾

PD20083165　咪鲜胺/25%/乳油/咪鲜胺 25%/2013.12.11 至 2018.12.11/低毒
　水稻　恶苗病　2000-4000倍液　浸种

PD20086167　2甲·灭草松/37.5%/水剂/2甲4氯 9.5%、灭草松 28%/2013.12.30 至 2018.12.30/低毒
　水稻移栽田　阔叶杂草及莎草科杂草　900-1125克/公顷　茎叶喷雾

PD20090260　高氯·毒死蜱/15%/乳油/毒死蜱 13.5%、高效氯氰菊酯 1.5%/2009.01.09 至 2014.01.09/中等毒
　黄瓜　美洲斑潜蝇　135-180克/公顷　喷雾

PD20090517　乳氟禾草灵/240克/升/乳油/乳氟禾草灵 240克/升/2014.01.12 至 2019.01.12/低毒
　春大豆田　阔叶杂草　108-126克/公顷　喷雾

PD20095707　莎稗磷/30%/乳油/莎稗磷 30%/2009.05.15 至 2014.05.15/低毒
　水稻移栽田　稗草等杂草　1)225-270克/公顷(南方地区)　药土法
　2)270-315克/公顷(北方地区)

PD20097934　甲氰·氧乐果/30%/乳油/甲氰菊酯 8%、氧乐果 22%/2009.11.30 至 2014.11.30/高毒
　大豆　食心虫　180-225克/公顷　喷雾

黑龙江省哈尔滨市绿海应用技术研究所　(黑龙江省哈尔滨市道里区群力乡王家店　150040　0451-82107557)

PD20097355　琥铜·乙膦铝/23%/可湿性粉剂/琥胶肥酸铜 7.5%、三乙膦酸铝 15.5%/2009.10.27 至 2014.10.27/低毒
　水稻　苗期立枯病　0.6-1.2克/平方米(商品量)　苗床喷洒
　甜菜　立枯病　92-115克/100千克种子　拌种

PD20100186　吲丁·萘乙酸/50%/可溶粉剂/萘乙酸 10%、吲哚丁酸 40%/2010.01.05 至 2015.01.05/低毒
　水稻　调节生长　15-20毫克/千克　茎叶喷雾

黑龙江省哈尔滨市农丰科技化工有限公司　(黑龙江省哈尔滨市呼兰区呼兰镇兰河村　150521　0451-55635617)

PD20090211　稻瘟灵/40%/乳油/稻瘟灵 40%/2014.01.09 至 2019.01.09/低毒
　水稻　稻瘟病　400-600克/公顷　喷雾

PD20090222　草甘膦异丙胺盐/41%/水剂/草甘膦异丙胺盐 41%/2014.01.09 至 2019.01.09/低毒
　非耕地　杂草　1230-2460克/公顷　喷雾

PD20100974　春雷·稻瘟灵/41%/可湿性粉剂/春雷霉素 1%、稻瘟灵 40%/2010.01.19 至 2015.01.19/低毒
　水稻　稻瘟病　307.5—615克/公顷　喷雾

PD20131815　松·喹·氟磺胺/35%/乳油/氟磺胺草醚 9.5%、精喹禾灵 2.5%、异噁草松 23%/2013.09.17 至 2018.09.17/低毒
　春大豆田　一年生杂草　525-735克/公顷　茎叶喷雾

黑龙江省哈尔滨市农欢化工厂　(黑龙江省哈尔滨市道外区水泥路50号　150050　0451-57680921)

PD20090193　甲霜·噁霉灵/45%/可湿性粉剂/噁霉灵 27.5%、甲霜灵 17.5%/2014.01.08 至 2019.01.08/低毒
　水稻　苗期立枯病、青枯病　1-1.5克/平方米　苗床喷雾

PD20090342　甲霜·噁霉灵/3.2%/水剂/噁霉灵 2.6%、甲霜灵 0.6%/2014.01.12 至 2019.01.12/低毒
　水稻苗床　立枯病　3200-4800克/公顷　喷雾

PD20092217　氰戊·马拉松/21%/乳油/马拉硫磷 15%、氰戊菊酯 6%/2014.02.24 至 2019.02.24/中等毒
　棉花　棉铃虫　75-120克/公顷　喷雾
　棉花　蚜虫　120-180克/公顷　喷雾

PD20095643　唑酮·福美双/45%/可湿性粉剂/福美双 40%、三唑酮 5%/2009.05.12 至 2014.05.12/低毒
　水稻　恶苗病　750-1500毫克/千克　浸种

PD20101217　扑·乙·滴丁酯/40%/乳油/2,4-滴丁酯 12%、扑草净 6%、乙草胺 22%/2010.02.21 至 2015.02.21/低毒
　春大豆田　一年生杂草　1600-2000克/公顷　播后苗前土壤喷雾
　春玉米田　一年生杂草　1500-1800克/公顷　土壤喷雾

黑龙江省哈尔滨正业农药有限公司　(黑龙江省哈尔滨市太平区化工路181号　150056　0451-82430333)

PD86159-6　三乙膦酸铝/40%/可湿性粉剂/三乙膦酸铝 40%/2011.05.11 至 2016.05.11/低毒
　胡椒　瘟病　1克/株　灌根
　棉花　疫病　1410-2820克/公顷　喷雾
　蔬菜　霜霉病　1410-2820克/公顷　喷雾
　水稻　稻瘟病、纹枯病　1410克/公顷　喷雾
　橡胶树　割面条溃疡病　1)100倍液　1）切口涂药,
　2)100倍液　2)喷雾
　烟草　黑胫病　1）4500克/公顷,2）0.8克/株　1）喷雾2）灌根

PD20080393　S-氰戊菊酯/50克/升/乳油/S-氰戊菊酯 50克/升/2013.02.28 至 2018.02.28/中等毒

甘蓝 菜青虫 7.5-15克/公顷 喷雾
棉花 棉铃虫 18.75-26.25克/公顷 喷雾
苹果树 桃小食心虫 16-25毫克/千克 喷雾
小麦 蚜虫 9-11.25克/公顷 喷雾

PD20080647 氟乐灵/480克/升/乳油/氟乐灵 480克/升/2013.05.13 至 2018.05.13/低毒
大豆田 部分阔叶杂草、一年生禾本科杂草 900-1260克/公顷 播前土壤处理

PD20080734 精喹禾灵/5%/乳油/精喹禾灵 5%/2013.06.11 至 2018.06.11/低毒
春大豆田 一年生禾本科杂草 60-75克/公顷(东北地区) 喷雾

PD20081273 噁草酮/13%/乳油/噁草酮 13%/2013.09.25 至 2018.09.25/低毒
水稻田 杂草 360-480克/公顷 喷雾

PD20081279 溴氰菊酯/25克/升/乳油/溴氰菊酯 25克/升/2013.09.25 至 2018.09.25/中等毒
茶树 害虫 3.75-7.5克/公顷 喷雾
柑橘树 害虫 12.5-16.6毫克/千克 喷雾
棉花 红铃虫、棉铃虫、棉蚜 11.25-18.75克/公顷 喷雾
苹果树 桃小食心虫 12.5-16.6毫克/千克 喷雾
烟草 烟青虫 7.5-9克/公顷 喷雾
叶菜类蔬菜 菜青虫、蚜虫 11.25-18.75克/公顷 喷雾

PD20083128 烯禾啶/12.5%/乳油/烯禾啶 12.5%/2013.12.10 至 2018.12.10/低毒
大豆田、花生田、棉花田、亚麻 一年生禾本科杂草 124.5-187.5克/公顷 喷雾

PD20090742 氰戊·马拉松/21%/乳油/马拉硫磷 15%、氰戊菊酯 6%/2014.01.19 至 2019.01.19/中等毒
苹果树 蚜虫 50-70毫克/千克 喷雾

PD20096121 甲氰菊酯/20%/乳油/甲氰菊酯 20%/2009.06.18 至 2014.06.18/中等毒
甘蓝 菜青虫 75-90克/公顷 喷雾
柑橘树 红蜘蛛 67-100毫克/千克 喷雾
棉花 棉铃虫 90-120克/公顷 喷雾
苹果树 山楂红蜘蛛 100毫克/千克 喷雾

黑龙江省哈尔滨周元有害生物防制科技有限公司 (黑龙江省哈尔滨市南岗区河沟街1号 150001 0451-53003331)

WP20120039 杀蟑饵粒/1%/饵粒/乙酰甲胺磷 1%/2012.03.07 至 2017.03.07/低毒
卫生 蜚蠊 / 投放

黑龙江省鹤岗市清华紫光英力农化有限公司 (黑龙江省鹤岗市工农区禾友路58号 154108 0468-3405275)

PD20070407 敌稗/97%/原药/敌稗 97%/2012.11.05 至 2017.11.05/低毒

PD20080331 百草枯/42%/母液/百草枯 42%/2013.02.26 至 2018.02.26/中等毒

PD20121106 敌稗/360克/升/乳油/敌稗 360克/升/2012.07.19 至 2017.07.19/低毒
注:专供出口,不得在国内销售。

PD20121532 2,4-滴二甲胺盐/720克/升/水剂/2,4-滴二甲胺盐 720克/升/2012.10.17 至 2017.10.17/低毒
注:专供出口,不得在国内销售。

黑龙江省化工研究院天泽农药有限公司(黑龙江哈尔滨市开发区迎宾路集中区南湖街3号 150078 0451-53227886)

PD20082152 乙氧氟草醚/24%/乳油/乙氧氟草醚 24%/2013.11.25 至 2018.11.25/低毒
林业苗圃 一年生杂草 270-360克/公顷 喷雾
水稻移栽田 一年生杂草 72-108克/公顷(东北地区)54-72克/公顷(其它地区) 毒土法

PD20085917 霜霉威盐酸盐/66.5%/水剂/霜霉威盐酸盐 66.5%/2013.12.29 至 2018.12.29/低毒
黄瓜 霜霉病 649.8-1083克/公顷 喷雾

黑龙江省佳木斯市恺乐农药有限公司 (黑龙江省佳木斯市长安路101号 154005 0454-6113806)

PD20080028 精喹禾灵/5%/乳油/精喹禾灵 5%/2013.01.04 至 2018.01.04/低毒
春大豆田 一年生禾本科杂草 52.5-75克/公顷 喷雾
花生田 一年生禾本科杂草 45-60克/公顷 喷雾
棉花田 一年生禾本科杂草 37.5-60克/公顷 喷雾
油菜田 一年生禾本科杂草 30-45克/公顷 喷雾

PD20080165 氟磺胺草醚/95%/原药/氟磺胺草醚 95%/2013.01.04 至 2018.01.04/低毒

PD20080624 氟乐灵/480克/升/乳油/氟乐灵 480克/升/2013.05.12 至 2018.05.12/低毒
大豆田 一年生禾本科杂草及部分阔叶杂草 900-1260克/公顷 播前喷雾土壤

PD20080648 乳氟禾草灵/80%/原药/乳氟禾草灵 80%/2013.05.13 至 2018.05.13/低毒

PD20080782 乳氟禾草灵/240克/升/乳油/乳氟禾草灵 240克/升/2013.06.20 至 2018.06.20/低毒
春大豆田 一年生阔叶杂草 108-144克/公顷(东北地区) 茎叶喷雾
花生田 一年生阔叶杂草 54-108克/公顷 茎叶喷雾
夏大豆田 一年生阔叶杂草 90-108克/公顷(其它地区) 茎叶喷雾

PD20081389 氟磺胺草醚/250克/升/水剂/氟磺胺草醚 250克/升/2013.10.28 至 2018.10.28/低毒
大豆田 一年生阔叶杂草 250-500克/公顷 喷雾

PD20081577 精吡氟禾草灵/150克/升/乳油/精吡氟禾草灵 150克/升/2013.11.12 至 2018.11.12/低毒
大豆、甜菜 一年生禾本科杂草 112.5-150克/公顷 茎叶喷雾

PD20081596 烯禾啶/12.5%/乳油/烯禾啶 12.5%/2013.11.12 至 2018.11.12/低毒

大豆田　一年生禾本科杂草　124.5-187.5克/公顷　喷雾
PD20085424　乙草胺/900克/升/乳油/乙草胺 900克/升/2013.12.24 至 2018.12.24/低毒
春大豆田　一年生禾本科杂草及部分阔叶杂草　1350-1890克/公顷　播后苗前土壤喷雾
夏大豆田　一年生禾本科杂草及部分阔叶杂草　810-1350克/公顷　播后苗前土壤喷雾
PD20085425　灭草松/480克/升/水剂/灭草松 480克/升/2013.12.24 至 2018.12.24/低毒
春大豆田　一年生阔叶杂草及莎草科杂草　1440—1800克/公顷　茎叶喷雾
PD20085737　咪唑乙烟酸/50克/升/水剂/咪唑乙烟酸 50克/升/2013.12.26 至 2018.12.26/低毒
春大豆田　一年生杂草　75-101.25克/公顷　播后苗前土壤喷雾
PD20090259　氟磺胺草醚/20%/乳油/氟磺胺草醚 20%/2014.01.09 至 2019.01.09/低毒
春大豆田　一年生阔叶杂草　210-270克/公顷　茎叶喷雾
PD20121397　莎稗磷/95%/原药/莎稗磷 95%/2012.09.14 至 2017.09.14/低毒
PD20121634　莎稗磷/30%/乳油/莎稗磷 30%/2012.10.30 至 2017.10.30/低毒
移栽水稻田　莎草及稗草　225-270克/公顷　毒土法
PD20121857　吡嘧·苯噻酰/50%/可湿性粉剂/苯噻酰草胺 48.2%、吡嘧磺隆 1.8%/2012.11.28 至 2017.11.28/低毒
水稻移栽田　一年生杂草　375-525克/公顷(南方地区)　毒土法
525-750克/公顷(北方地区)
PD20132458　丙草胺/50%/水乳剂/丙草胺 50%/2013.12.02 至 2018.12.02/低毒
水稻移栽田　一年生杂草　450-525克/公顷　药土法
WP20120100　氟蚁腙/98%/原药/氟蚁腙 98%/2012.05.24 至 2017.05.24/低毒
WP20120107　杀蟑胶饵/2%/胶饵/氟蚁腙 2%/2012.06.04 至 2017.06.04/低毒
卫生　蜚蠊　/　投放

黑龙江省佳木斯兴宇生物技术开发有限公司　(黑龙江省佳木斯市杏林路307号　154002　0454-8330400)

PD20097671　甲氨基阿维菌素苯甲酸盐(90%)///原药/甲氨基阿维菌素 79.1%/2009.11.04 至 2014.11.04/中等毒
PD20101440　阿维菌素/1.8%/乳油/阿维菌素 1.8%/2010.05.04 至 2015.05.04/中等毒(原药高毒)
甘蓝　小菜蛾　8.1-10.8克/公顷　喷雾
PD20110374　甲氨基阿维菌素苯甲酸盐/5%/可溶粒剂/甲氨基阿维菌素 5%/2011.04.11 至 2016.04.11/低毒
小白菜　小菜蛾　2.25-3克/公顷　喷雾
注:甲氨基阿维菌素苯甲酸盐含量: 5.7%。
PD20110376　甲氨基阿维菌素苯甲酸盐/1%/乳油/甲氨基阿维菌素 1%/2011.04.11 至 2016.04.11/低毒
甘蓝　小菜蛾　1.5-2.25克/公顷　喷雾
注:甲氨基阿维菌素苯甲酸盐含量:1.14%。
PD20120618　甲氨基阿维菌素苯甲酸盐/1%/泡腾片剂/甲氨基阿维菌素 1%/2012.04.11 至 2017.04.11/低毒
小白菜　小菜蛾　2.25-3克/公顷　喷雾
注:甲氨基阿维菌素苯甲酸盐含量: 1.14%。
PD20120705　高氯·甲维盐/5%/微乳剂/高效氯氰菊酯 4%、甲氨基阿维菌素苯甲酸盐 1%/2012.04.18 至 2017.04.18/低毒
甘蓝　小菜蛾　4.5-9克/公顷　喷雾
PD20121395　甲维·苏云菌///悬浮剂/甲氨基阿维菌素苯甲酸盐 0.5%、苏云金杆菌 4000IU/毫克/2012.09.14 至 2017.09.14/低毒
小白菜　小菜蛾　450-600克制剂/公顷　喷雾
LS20100065　苏云金杆菌/4000IU/毫克/悬浮种衣剂/苏云金杆菌 4000IU/毫克/2012.05.10 至 2013.05.10/低毒
大豆　孢囊线虫　1: 60-80(药种比)　种子包衣

黑龙江省绿洲农药厂　(黑龙江省嫩江县尖山农场场直5委422号　161444　0456-7891324)

PD20084851　精喹禾灵/5%/乳油/精喹禾灵 5%/2013.12.22 至 2018.12.22/低毒
春大豆田　一年生禾本科杂草　52.5-75克/公顷(东北地区)　茎叶喷雾
PD20085778　高效氟吡甲禾灵/108克/升/乳油/高效氟吡甲禾灵 108克/升/2013.12.29 至 2018.12.29/低毒
春大豆田　一年生禾本科杂草　48.6-51.8克/公顷　茎叶喷雾
PD20086231　乙草胺/81.5%/乳油/乙草胺 81.5%/2013.12.31 至 2018.12.31/低毒
春大豆田　一年生禾本科杂草及部分小粒种子阔叶杂草　1620-1890克/公顷　土壤喷雾
春玉米田　部分阔叶杂草、一年生禾本科杂草　1620-1890克/公顷　土壤喷雾
PD20091049　氟磺胺草醚/12.8%/乳油/氟磺胺草醚 12.8%/2014.01.21 至 2019.01.21/低毒
春大豆田　一年生阔叶杂草　192—288克/公顷　茎叶喷雾
PD20092303　福·克/20%/悬浮种衣剂/福美双 10%、克百威 10%/2014.02.24 至 2019.02.24/高毒
玉米　地老虎、茎腐病、金针虫、蝼蛄、蛴螬　1:30-40(药种比)　种子包衣
PD20093353　多·福/15%/悬浮种衣剂/多菌灵 7%、福美双 8%/2014.03.18 至 2019.03.18/低毒
小麦　根腐病、黑穗病　1:50-100(药种比)　种子包衣

黑龙江省苗必壮农业科技有限公司　(黑龙江省绥化市　152000　0455-8313218)

PD20094289　甲霜·福美双/3.3%/粉剂/福美双 2.4%、甲霜灵 0.9%/2014.03.31 至 2019.03.31/低毒
水稻　立枯病　8250-10890克/公顷　苗床撒施

黑龙江省牡丹江金达农化有限公司　(黑龙江省牡丹江市海浪路87号　157000　)

PD20095796　甲霜·福美双/3.3%/粉剂/福美双 2.4%、甲霜灵 0.9%/2009.05.27 至 2014.05.27/低毒
水稻　立枯病　0.825-1.2375克/平方米　苗床撒施

黑龙江省牡丹江农垦朝阳化工有限公司　(黑龙江省鸡西市密山市八五七农场　158322　0467-5079171)

PD20084714　福·克/20%/悬浮种衣剂/福美双 10%、克百威 10%/2013.12.22 至 2018.12.22/高毒

玉米　地下害虫　1:50(药种比)　种子包衣
PD20084720　多·福·克/35%/悬浮种衣剂/多菌灵 15%、福美双 10%、克百威 10%/2013.12.22 至 2018.12.22/高毒
大豆　根腐病、蓟马、蚜虫　1.5-2%种子重　种子包衣
PD20084978　多·福/14%/悬浮种衣剂/多菌灵 5%、福美双 9%/2013.12.22 至 2018.12.22/低毒
小麦　根腐病、黑穗病　140-210克/100千克种子　种子包衣
PD20090400　噁霉·稻瘟灵/21%/乳油/稻瘟灵 11%、噁霉灵 10%/2014.01.12 至 2019.01.12/低毒
水稻　苗期立枯病　2-3毫升制剂/平方米　苗床喷洒

黑龙江省牡丹江市水稻壮秧剂厂　(黑龙江省牡丹江市西安区温春镇桥南　157041　0453-6402938)

PD20086186　2甲·灭草松/37.5%/水剂/2甲4氯钠 5.5%、灭草松 32%/2013.12.30 至 2018.12.30/低毒
水稻移栽田　阔叶杂草及莎草科杂草　1125-1406.25克/公顷　喷雾
PD20092747　甲霜·福美双/0.8%/粉剂/福美双 0.3%、甲霜灵 0.5%/2014.03.04 至 2019.03.04/低毒
水稻　立枯病　1.2-1.6克/平方米　撒施

黑龙江省嫩江绿芳化工有限公司　(黑龙江省嫩江县前进工业小区　161400　0456-7558775)

PD20082339　咪唑乙烟酸/16%/水剂/咪唑乙烟酸 16%/2013.12.01 至 2018.12.01/低毒
春大豆田　一年生杂草　96-120克/公顷　茎叶喷雾
PD20082559　氟磺胺草醚/25%/水剂/氟磺胺草醚 25%/2013.12.04 至 2018.12.04/低毒
春大豆田　一年生阔叶杂草　337.5-412.5克/公顷　茎叶喷雾
PD20085505　精喹禾灵/5%/乳油/精喹禾灵 5%/2013.12.25 至 2018.12.25/低毒
春大豆田　一年生禾本科杂草　52.5-60克/公顷　喷雾
PD20091043　异噁草松/480克/升/乳油/异噁草松 480克/升/2014.01.21 至 2019.01.21/低毒
春大豆田　一年生杂草　936-1152克/公顷　茎叶喷雾
PD20091471　烯草酮/240克/升/乳油/烯草酮 240克/升/2014.02.02 至 2019.02.02/低毒
春大豆田　一年生禾本科杂草　90-108克/公顷　茎叶喷雾
PD20091619　烯禾啶/12.5%/乳油/烯禾啶 12.5%/2014.02.03 至 2019.02.03/低毒
春大豆田　禾本科杂草　187.5-225克/公顷　茎叶喷雾
PD20094245　磷化铝/56%/片剂/磷化铝 56%/2009.03.31 至 2014.03.31/高毒
粮仓　仓储害虫　4-8克/1000千克粮食　密闭熏蒸
PD20130077　2,4-滴异辛酯/77%/乳油/2,4-滴异辛酯 77%/2013.01.14 至 2018.01.14/低毒
春大豆田、春玉米田　一年生阔叶杂草　573.5-675克/公顷　播后苗前土壤喷雾
春小麦田　一年生阔叶杂草　405-472.5克/公顷　茎叶喷雾
注:质量体积为900克/升。
PD20130301　2,4-滴异辛酯/62%/乳油/2,4-滴异辛酯 62%/2013.02.26 至 2018.02.26/低毒
春小麦田　一年生阔叶杂草　790.5-930克/公顷(东北地区)　喷雾

黑龙江省平山林业制药厂　(黑龙江省哈尔滨市阿城市平山镇　150324　0451-53834374)

PD88106　敌敌畏/2%/烟剂/敌敌畏 2%/2013.06.05 至 2018.06.05/低毒
林木　松毛虫、天幕毛虫、杨柳毒蛾、竹蝗　150-300克/公顷　点燃放烟
PD20080696　敌敌畏/22.5%/油剂/敌敌畏 22.5%/2013.06.04 至 2018.06.04/中等毒
林木　松毛虫　1)1200-2400克/公顷2)600-1200克/公顷　1)地面超低量喷雾 2)飞机超低量喷雾
PD20092899　乙草胺/25%/微囊悬浮剂/乙草胺 25%/2014.03.05 至 2019.03.05/低毒
春大豆田　一年生禾本科杂草及部分小粒种子阔叶杂草　1125-1500克/公顷　播后苗前土壤喷雾
PD20093113　百菌清/10%/烟剂/百菌清 10%/2014.03.10 至 2019.03.10/低毒
黄瓜(保护地)　霜霉病　750-1200克/公顷　点燃放烟
PD20095910　溴敌隆/0.005%/毒饵/溴敌隆 0.005%/2009.06.02 至 2014.06.02/低毒(原药高毒)
农田　田鼠　饱和投饵　投饵
PD20096034　高效氯氰菊酯/3%/微囊悬浮剂/高效氯氰菊酯 3%/2009.06.15 至 2014.06.15/低毒
杨树　天牛　30-60毫克/千克　喷雾
PD20110230　阿维菌素/1%/微囊悬浮剂/阿维菌素 1%/2011.02.28 至 2016.02.29/低毒(原药高毒)
苹果　红蜘蛛　3-6毫克/千克　喷雾
松树　松材线虫　0.012-0.014毫升/厘米胸径　树干打孔注射
PD20121616　高效氯氟氰菊酯/2.5%/微囊悬浮剂/高效氯氟氰菊酯 2.5%/2012.10.30 至 2017.10.30/中等毒
小白菜　菜青虫　6.25-7.5克/公顷　喷雾
PD20130258　烟碱·苦参碱/3.6%/微囊悬浮剂/苦参碱 0.6%、烟碱 3%/2013.02.06 至 2018.02.06/低毒
林木　美国白蛾　12—36毫克/千克　喷雾
PD20131568　烟碱·苦参碱/1.2%/烟剂/苦参碱 0.5%、烟碱 0.7%/2013.07.23 至 2018.07.23/低毒
松树　松毛虫　180-360克/公顷　点燃放烟
WP20090055　杀虫喷射剂/0.3%/微囊悬浮剂/炔丙菊酯 0.1%、右旋苯醚菊酯 0.2%/2014.01.21 至 2019.01.21/低毒
卫生　蜚蠊　/　喷雾

黑龙江省齐齐哈尔市田丰农药化工有限公司 (黑龙江省齐齐哈尔市龙沙区明海公路48号　161005　0452-2347251)

PD20081604　氟磺胺草醚/250克/升/水剂/氟磺胺草醚 250克/升/2013.11.12 至 2018.11.12/低毒
春大豆田　一年生阔叶杂草　450-562.5克/公顷　茎叶喷雾
PD20082310　二氯喹啉酸/25%/可湿性粉剂/二氯喹啉酸 25%/2013.12.01 至 2018.12.01/低毒

水稻田(直播) 稗草 225-375克/公顷 茎叶喷雾

PD20082515 精喹禾灵/20%/乳油/精喹禾灵 20%/2013.12.03 至 2018.12.03/低毒

春大豆田 一年生禾本科杂草 52.5-65.6克/公顷 茎叶喷雾

PD20082696 吡嘧磺隆/10%/可湿性粉剂/吡嘧磺隆 10%/2013.12.05 至 2018.12.05/低毒

水稻移栽田 稗草、莎草及阔叶杂草 15-30克/公顷 药土法

PD20083654 咪唑乙烟酸/10%/水剂/咪唑乙烟酸 10%/2013.12.12 至 2018.12.12/低毒

春大豆田 一年生杂草 90-105克/公顷 茎叶喷雾

PD20095015 多·福/30%/可湿性粉剂/多菌灵 15%、福美双 15%/2009.04.21 至 2014.04.21/低毒

辣椒 立枯病 3-4.5克/平方米 每平米的用药量与15-20千克细土混匀,其中1/3的量撒于苗床底部,2/3的量覆盖在种子上面。

PD20097357 琥铜·乙膦铝/50%/可湿性粉剂/琥胶肥酸铜 30%、三乙膦酸铝 20%/2009.10.27 至 2014.10.27/低毒

黄瓜 霜霉病 1125-1410克/公顷 喷雾

PD20121590 吗胍·乙酸铜/20%/可湿性粉剂/盐酸吗啉胍 16%、乙酸铜 4%/2012.10.25 至 2017.10.25/低毒

番茄 病毒病 499.5-750克/公顷 喷雾

PD20121734 琥胶肥酸铜/30%/可湿性粉剂/琥胶肥酸铜 30%/2012.11.08 至 2017.11.08/低毒

黄瓜 细菌性角斑病 900-1050克/公顷 喷雾

黑龙江省齐齐哈尔四友化工有限公司 (黑龙江省齐齐哈尔市建华区北明海公路5号 161000 0452-2787111-8001)

PDN41-96 吗胍·乙酸铜/20%/可湿性粉剂/盐酸吗啉胍 10%、乙酸铜 10%/2011.05.24 至 2016.05.24/低毒

番茄 病毒病 499.5-750克/公顷 喷雾

注:在烟草上登记有效期至2008年12月31日止。在辣椒和水稻上登记有效期至2009年6月6日止。

PD20086070 多·福/30%/可湿性粉剂/多菌灵 15%、福美双 15%/2013.12.30 至 2018.12.30/低毒

辣椒 立枯病 3-4.5克/平方米 每平方米的用药量与15-20千克细土混匀, 其中1/3的量撒于苗床底部,2/3的量覆盖在种子上面

茄子 立枯病 24-45克/平方米 毒土处理

PD20090213 霜脲·锰锌/72%/可湿性粉剂/代森锰锌 64%、霜脲氰 8%/2014.01.09 至 2019.01.09/低毒

黄瓜 霜霉病 1440-1800克/公顷 喷雾

PD20090220 苄嘧·苯噻酰/53%/可湿性粉剂/苯噻酰草胺 50%、苄嘧磺隆 3%/2014.01.09 至 2019.01.09/低毒

水稻移栽田 部分多年生杂草、一年生杂草 397.5-477克/公顷(东北地区除外) 药土法

PD20090627 异菌脲/50%/可湿性粉剂/异菌脲 50%/2014.01.14 至 2019.01.14/低毒

番茄 灰霉病 562.5-750克/公顷 喷雾

PD20090886 甲霜·福美双/35%/可湿性粉剂/福美双 25%、甲霜灵 10%/2014.01.19 至 2019.01.19/低毒

水稻苗床 苗期立枯病 3501.75-10500.6克/公顷 浇洒床土或秧苗喷雾

PD20090889 高效氯氟氰菊酯/25克/升/乳油/高效氯氟氰菊酯 25克/升/2009.01.19 至 2014.01.19/中等毒

十字花科蔬菜 蚜虫 7.5-15克/公顷 喷雾

PD20090981 腐霉·福美双/25%/可湿性粉剂/腐霉利 5%、福美双 20%/2014.01.20 至 2019.01.20/低毒

番茄 灰霉病 225-300克/公顷 喷雾

PD20091085 烯腺·羟烯腺/0.0002%/水剂/羟烯腺嘌呤 0.0001%、烯腺嘌呤 0.0001%/2014.01.21 至 2019.01.21/低毒

大豆、甘蓝 调节生长、增产 800-1000倍液 喷雾

PD20092566 辛硫·高氯氟/16%/乳油/高效氯氟氰菊酯 0.7%、辛硫磷 15.3%/2009.02.26 至 2014.02.26/低毒

棉花 棉铃虫 96-135克/公顷 喷雾

PD20097366 琥铜·乙膦铝/48%/可湿性粉剂/琥胶肥酸铜 20%、三乙膦酸铝 28%/2009.10.28 至 2014.10.28/低毒

黄瓜 霜霉病、细菌性角斑病 1875-2800克制剂/公顷 喷雾

PD20097367 琥胶肥酸铜/30%/可湿性粉剂/琥胶肥酸铜 30%/2009.10.28 至 2014.10.28/低毒

黄瓜 细菌性角斑病 900-1050克/公顷 喷雾

辣椒 炭疽病 292.5-418.5克/公顷 喷雾

水稻 稻曲病 375-450克/公顷 喷雾

PD20098023 吗胍·乙酸铜/60%/可溶片剂/盐酸吗啉胍 30%、乙酸铜 30%/2009.12.07 至 2014.12.07/低毒

番茄 病毒病 504-750克/公顷 喷雾

PD20100179 五硝·多菌灵/40%/可湿性粉剂/多菌灵 32%、五氯硝基苯 8%/2010.01.05 至 2015.01.05/低毒

西瓜 枯萎病 0.25-0.33克/株 灌根

PD20100188 羟烯·吗啉胍/10.0001%/水剂/盐酸吗啉胍 10%、羟烯腺嘌呤 0.0001%/2010.01.05 至 2015.01.05/低毒

番茄 病毒病 375-562.5克/公顷 喷雾

烟草 病毒病 280—375克/公顷 喷雾

PD20100606 乙酸铜/20%/可湿性粉剂/乙酸铜 20%/2010.01.14 至 2015.01.14/低毒

柑橘树 溃疡病 800-1200倍液 喷雾

PD20101584 福·甲·咪鲜胺/16%/种子处理悬浮剂/福美双 13%、甲霜灵 2%、咪鲜胺 1%/2010.06.03 至 2015.06.03/低毒
水稻 恶苗病、立枯病 267—400克/100千克种子 种子包衣

黑龙江省双城市盖敌农药有限责任公司 （黑龙江省双城市承旭公园路北 150100 0451-53117004）

PD20086109 甲霜·噁霉灵/3%/水剂/噁霉灵 2.5%、甲霜灵 0.5%/2013.12.30 至 2018.12.30/低毒
水稻育秧田 立枯病 0.36-0.54克/平方米 喷雾

PD20090167 甲霜·福美双/40%/可湿性粉剂/福美双 30%、甲霜灵 10%/2014.01.08 至 2019.01.08/低毒
水稻 立枯病 1.0-1.5克制剂/平方米 苗床浇洒

黑龙江省绥化农垦晨环生物制剂有限责任公司 （黑龙江省绥化市绥庆路4公里处 152001 0455-8595666）

PD20083575 啶虫脒/5%/乳油/啶虫脒 5%/2013.12.12 至 2018.12.12/低毒
苹果树 蚜虫 12-20毫克/千克 喷雾

PD20084179 阿维菌素/1.8%/乳油/阿维菌素 1.8%/2013.12.16 至 2018.12.16/低毒(原药高毒)
棉花 棉铃虫 21.6-32.4克/公顷 喷雾

PD20085703 多·福·克/38%/种衣剂/多菌灵 13%、福美双 13%、克百威 12%/2013.12.26 至 2018.12.26/高毒
大豆 根腐病、金针虫、蝼蛄、蛴螬 1:60-80(药种比) 种子包衣

PD20085765 甲氨基阿维菌素苯甲酸盐/1%/乳油/甲氨基阿维菌素苯甲酸盐 1%/2013.12.29 至 2018.12.29/低毒
十字花科蔬菜 小菜蛾 1.5-3克/公顷 喷雾

PD20110280 阿维·矿物油/24.5%/乳油/阿维菌素 0.2%、矿物油 24.3%/2011.03.11 至 2016.03.11/低毒(原药高毒)
柑橘树 红蜘蛛 122.5-245毫克/千克 喷雾

PD20110993 苄嘧·二甲戊/16%/可湿性粉剂/苄嘧磺隆 4%、二甲戊灵 12%/2011.09.21 至 2016.09.21/低毒
移栽水稻田 一年生杂草 96-144克/公顷 药土法

PD20121364 阿维·三唑磷/20%/乳油/阿维菌素 0.2%、三唑磷 19.8%/2012.09.13 至 2017.09.13/中等毒(原药高毒)
水稻 二化螟 180-270克/公顷 喷雾

PD20130924 霜脲·锰锌/72%/可湿性粉剂/代森锰锌 64%、霜脲氰 8%/2013.04.28 至 2018.04.28/低毒
黄瓜 霜霉病 1440-1800克/公顷 喷雾

PD20131359 甲氨基阿维菌素苯甲酸盐/2%/微乳剂/甲氨基阿维菌素 2%/2013.06.20 至 2018.06.20/低毒
甘蓝 甜菜夜蛾 2.35-4.7克/公顷 喷雾
注:甲氨基阿维菌素苯甲酸盐含量:2.3%

黑龙江省绥化市农业高新技术开发试验中心 （黑龙江省绥化市西直南三路福野招待所 152000 0455-8325000）

PD20085080 甲霜·福美双/3%/粉剂/福美双 2.6%、甲霜灵 0.4%/2008.12.23 至 2013.12.23/微毒
水稻 苗期立枯病 0.9-1.5克制剂/平方米 苗床撒施

黑龙江省绥化市沣源复合肥料有限公司 （黑龙江省绥化市北林区绥庆路133号 152000 0455-8352402）

PD20084332 甲霜·福美双/3.3%/粉剂/福美双 2.4%、甲霜灵 0.9%/2013.12.17 至 2018.12.17/低毒
水稻苗床 立枯病 0.825-1克/平方米 药土撒施

黑龙江省卫星生物科技有限公司 （黑龙江省虎林市八五零农场 158422 0467-5982157）

PD90106-26 苏云金杆菌/8000IU/微升/悬浮剂/苏云金杆菌 8000IU/微升/2010.06.27 至 2015.06.27/低毒
茶树 茶毛虫 100-200倍液 喷雾
林木 松毛虫 100-200倍液 喷雾
棉花 二代棉铃虫 6000-7500毫升制剂/公顷 喷雾
十字花科蔬菜 菜青虫、小菜蛾 3000-4500毫升制剂/公顷 喷雾
水稻 稻纵卷叶螟 6000-7500毫升制剂/公顷 喷雾
烟草 烟青虫 6000-7500毫升制剂/公顷 喷雾
玉米 玉米螟 4500-6000毫升制剂/公顷 加细沙灌心叶
枣树 尺蠖 100-200倍液 喷雾

PD20130472 阿维菌素/1.8%/乳油/阿维菌素 1.8%/2013.03.20 至 2018.03.20/低毒(原药高毒)
白菜 小菜蛾 8.1-10.8克/公顷 喷雾

黑龙江省沃达农业科技开发有限公司 （黑龙江省绥化市北林区西直北路1号 152000 0455-8321766）

PD20085378 甲霜·福美双/3.3%/粉剂/福美双 2.4%、甲霜灵 0.9%/2013.12.24 至 2018.12.24/低毒
辣椒、西瓜 苗期立枯病 0.8-1.2克/平方米 苗床拌毒土
水稻 苗期立枯病 25-33克制剂/平方米 药土撒施

PD20085763 三环唑/20%/可湿性粉剂/三环唑 20%/2013.12.29 至 2018.12.29/低毒
水稻 稻瘟病 225-375克/公顷 喷雾

PD20085777 唑酮·福美双/45%/可湿性粉剂/福美双 40%、三唑酮 5%/2013.12.29 至 2018.12.29/低毒
水稻 恶苗病 750-1000毫克/千克 浸种

PD20090452 丁·扑/1.2%/粉剂/丁草胺 1%、扑草净 0.2%/2014.01.12 至 2019.01.12/低毒
水稻苗床 一年生杂草 1200-1500克/公顷 毒土法

黑龙江省新兴农药有限责任公司 （黑龙江省哈尔滨市南岗区学府路368号 150086 0451-86671254）

PD20082835 丁·扑/1.2%/粉剂/丁草胺 1.0%、扑草净 0.2%/2013.12.09 至 2018.12.09/低毒
水稻旱育秧田 多种一年生杂草 1200-1500克/公顷 毒土法

PD20084576 多·福·克/35%/粉剂/多菌灵 15%、福美双 10%、克百威 10%/2013.12.18 至 2018.12.18/低毒(原药高毒)
大豆 地下害虫、根腐病 1:60-80(药种比) 种子包衣

PD20085853 甲霜·福美双/0.6%/粉剂/福美双 0.53%、甲霜灵 0.07%/2013.12.29 至 2018.12.29/低毒
水稻 立枯病 1.02-1.5克/平方米 混药土撒施于苗床

PD20090051 福·克/17%/悬浮种衣剂/福美双 7%、克百威 10%/2014.01.06 至 2019.01.06/中等毒(原药高毒)
玉米 地下害虫、茎基腐病 1:40－1:30（药:种比） 种子包衣
PD20090058 唑酮·福美双/50%/种衣剂/福美双 40%、三唑酮 10%/2014.01.08 至 2019.01.08/中等毒
小麦 根腐病、黑穗病 100-125克/100千克种子 种子包衣
PD20090745 多·福·克/30%/悬浮种衣剂/多菌灵 10%、福美双 10%、克百威 10%/2014.01.19 至 2019.01.19/高毒
大豆 地下害虫、根腐病 1:50-60(药种比) 种子包衣
PD20091905 敌磺钠/1.5%/可湿性粉剂/敌磺钠 1.5%/2009.02.09 至 2014.02.09/中等毒
水稻 立枯病 1.95-2.25克/平方米 苗床撒施
PD20095352 烯唑醇/5%/种子处理干粉剂/烯唑醇 5%/2009.04.27 至 2014.04.27/低毒
玉米 丝黑穗病 1:80-100（药种比） 种子包衣
PD20110333 草甘膦异丙胺盐/30%/水剂/草甘膦 30%/2011.03.24 至 2016.03.24/低毒
水稻田埂 杂草 1230-2460克/公顷 定向喷雾
注:草甘膦异丙胺盐含量:41%。
PD20121622 灭草松/480克/升/水剂/灭草松 480克/升/2012.10.30 至 2017.10.30/低毒
移栽水稻田 阔叶杂草及莎草科杂草 720-1440克/公顷 茎叶喷雾

黑龙江绥农农药有限公司 （黑龙江省绥化市三河镇 152035 0455-8313381）

PD20082061 萘乙酸/0.03%/水剂/萘乙酸 0.03%/2013.11.25 至 2018.11.25/低毒
水稻秧田 调节生长 500－750倍液 茎叶喷雾
PD20082613 阿维·辛硫磷/15%/乳油/阿维菌素 0.1%、辛硫磷 14.9%/2013.12.04 至 2018.12.04/低毒(原药高毒)
十字花科蔬菜 小菜蛾 112.5-168.75克/公顷 喷雾
PD20083503 甲霜·福美双/3.3%/粉剂/福美双 2.4%、甲霜灵 .9%/2013.12.12 至 2018.12.12/低毒
水稻 立枯病 0.66－1.09克/平方米 药土法
PD20083740 萘乙酸/1%/水剂/萘乙酸 1%/2013.12.15 至 2018.12.15/低毒
水稻秧田 调节生长 500-750倍液 喷雾
PD20085487 萘乙酸/1%/可溶粉剂/萘乙酸 1%/2013.12.25 至 2018.12.25/低毒
水稻秧田 调节生长 1000－1500倍 茎叶喷雾
PD20120448 香菇多糖/0.5%/水剂/香菇多糖 0.5%/2012.03.14 至 2017.03.14/低毒
番茄 病毒病 11.25－18.75克/公顷 喷雾
水稻 条纹叶枯病 3.75－5.63克/公顷 喷雾

黑龙江五常农化技术有限公司 （黑龙江省哈尔滨市五常市文化路南端 150200 0451-53549035）

PD20082512 萘乙酸/1%/水剂/萘乙酸 1%/2013.12.03 至 2018.12.03/低毒
水稻秧田 调节生长 500－750倍液 兑水茎叶喷雾
PD20085532 丁·扑/40%/乳油/丁草胺 30%、扑草净 10%/2013.12.25 至 2018.12.25/低毒
水稻秧田 一年生杂草 16-20克/平方米 土壤喷雾
PD20086120 吡嘧磺隆/10%/可湿性粉剂/吡嘧磺隆 10%/2013.12.30 至 2018.12.30/低毒
移栽水稻田 一年生阔叶杂草及莎草科杂草 22.5-30克/公顷 药土法
PD20086183 2甲·灭草松/25%/水剂/2甲4氯钠 5%、灭草松 20%/2013.12.30 至 2018.12.30/低毒
水稻移栽田 阔叶杂草、莎草 937.5-1125克/公顷 茎叶喷雾
PD20090123 噁霉·福美双/36%/可湿性粉剂/噁霉灵 18%、福美双 18%/2014.01.08 至 2019.01.08/低毒
水稻苗床 立枯病 0.36-0.54克/平方米 苗床喷淋
PD20091866 丁·扑/1.15%/颗粒剂/丁草胺 1%、扑草净 0.15%/2014.02.09 至 2019.02.09/低毒
水稻(旱育秧及半旱育秧田) 一年生杂草 1150-1437.5克/公顷(东北地区) 药土法
PD20092511 甲霜·福美双/3.3%/粉剂/福美双 2.4%、甲霜灵 0.9%/2014.02.26 至 2019.02.26/低毒
水稻 立枯病 0.825-1.089克/平方米 苗床撒施
PD20094430 烯禾啶/12.5%/乳油/烯禾啶 12.5%/2009.04.01 至 2014.04.01/低毒
春大豆田 一年生禾本科杂草 187.5-225克/公顷 茎叶喷雾
PD20096266 敌磺钠/1%/可湿性粉剂/敌磺钠 1%/2009.07.20 至 2014.07.20/中等毒
水稻 苗期立枯病 1.5-1.8克/平方米 药土撒施
PD20132285 噁霉灵/30%/水剂/噁霉灵 30%/2013.11.08 至 2018.11.08/低毒
水稻苗床 立枯病 1.35-1.8克平方米 苗床喷洒

黑龙江岱安生物科技有限公司 （黑龙江省双城市朝阳乡胜德村 150100 0451-53209304）

PD20095473 敌磺钠/1%/湿粉/敌磺钠 1%/2009.05.11 至 2014.05.11/低毒
水稻苗床 立枯病 1.5-1.8克/平方米 药土撒施

佳木斯黑龙农药化工股份有限公司 （黑龙江省佳木斯市东风区长安路118号 154005 0454-8330810）

PD85102-11 2甲4氯钠盐/13%/水剂/2甲4氯钠 13%/2010.01.21 至 2015.01.21/低毒
水稻 多种杂草 450-900克/公顷 喷雾
小麦 多种杂草 600-900克/公顷 喷雾
PD85103-3 2甲4氯钠盐/56%/可溶粉剂/2甲4氯钠 56%/2010.01.24 至 2015.01.24/低毒
水稻 三棱草、眼子菜 450-900克/公顷 喷雾
小麦、玉米 阔叶杂草 900-1200克/公顷 喷雾
PD85151 2,4-滴丁酯/57%/乳油/2,4-滴丁酯 57%/2010.08.15 至 2015.08.15/低毒
小麦 双子叶杂草 419克/公顷 喷雾

	玉米	双子叶杂草	1)829克/公顷 2)359-419克/公顷	1)苗前土壤处理 2)喷雾
PD20070535	高效氟吡甲禾灵/98%/原药/高效氟吡甲禾灵 98%/2012.12.03 至 2017.12.03/低毒			
PD20080544	氟磺胺草醚/25%/水剂/氟磺胺草醚 25%/2013.05.08 至 2018.05.08/低毒			
	大豆田	一年生阔叶杂草	225-375克/公顷	喷雾
PD20080549	精喹禾灵/5%/乳油/精喹禾灵 5%/2013.05.08 至 2018.05.08/低毒			
	春大豆田	一年生禾本科杂草	60-75克/公顷	茎叶喷雾
	棉花田	一年生禾本科杂草	37.5-60克/公顷	喷雾
PD20080629	精吡氟禾草灵/92%/原药/精吡氟禾草灵 92%/2013.05.13 至 2018.05.13/低毒			
PD20081398	噁草酮/120克/升/乳油/噁草酮 120克/升/2013.10.28 至 2018.10.28/低毒			
	移栽水稻田	一年生禾本科杂草及阔叶杂草	270-450克/公顷	瓶洒
PD20081469	噁草酮/96%/原药/噁草酮 96%/2013.11.04 至 2018.11.04/低毒			
PD20081549	咪唑乙烟酸/5%/水剂/咪唑乙烟酸 5%/2013.11.11 至 2018.11.11/低毒			
	春大豆田	一年生阔叶杂草	75-90克/公顷	喷雾
PD20081778	高效氟吡甲禾灵/108克/升/乳油/高效氟吡甲禾灵 108克/升/2013.11.19 至 2018.11.19/低毒			
	春大豆田	一年生禾本科杂草	45-52.5克/公顷	茎叶喷雾
	棉花田	一年生禾本科杂草	40.5-48.6克/公顷	茎叶喷雾
	油菜田	一年生禾本科杂草	32.4-48.6克/公顷	茎叶喷雾
PD20082292	精吡氟禾草灵/15%/乳油/精吡氟禾草灵 15%/2013.12.01 至 2018.12.01/低毒			
	春大豆田	一年生禾本科杂草	112.5-135克/公顷	茎叶喷雾
	花生田	一年生禾本科杂草	112.5-150克/公顷	茎叶喷雾
	棉花田	一年生禾本科杂草	90-150克/公顷	茎叶喷雾
PD20083982	2甲4氯/95%/原药/2甲4氯 95%/2013.12.16 至 2018.12.16/低毒			
PD20085344	2甲4氯钠/88%/原药/2甲4氯钠 88%/2013.12.24 至 2018.12.24/低毒			
PD20086013	2甲4氯钠/40%/可湿性粉剂/2甲4氯钠 40%/2013.12.29 至 2018.12.29/低毒			
	水稻移栽田	阔叶杂草、莎草科杂草	600-900克/公顷	茎叶喷雾
PD20093300	2甲・灭草松/25%/水剂/2甲4氯钠 12%、灭草松 13%/2014.03.13 至 2019.03.13/低毒			
	水稻移栽田	阔叶杂草、莎草科杂草	825-1125克/公顷	喷雾
PD20094154	咪鲜胺/25%/乳油/咪鲜胺 25%/2014.03.27 至 2019.03.27/低毒			
	柑橘	蒂腐病、绿霉病、青霉病	250-500毫克/千克	浸果
	水稻	稻瘟病	225-337.5克/公顷	喷雾
	水稻	恶苗病	62.5-125毫克/千克	浸种
PD20094777	2,4-滴钠盐/85%/可溶粉剂/2,4-滴钠盐 85%/2014.04.13 至 2019.04.13/低毒			
	春小麦田	一年生阔叶杂草	1083.8-1593.8克/公顷	茎叶喷雾
PD20095714	2,4-滴丁酯/92%/原药/2,4-滴丁酯 92%/2009.05.18 至 2014.05.18/中等毒			
PD20095892	扑・乙・滴丁酯/50%/乳油/2,4-滴丁酯 15%、扑草净 3%、乙草胺 32%/2009.05.31 至 2014.05.31/低毒			
	春大豆田	一年生杂草	1500-1875克/公顷	喷雾
	春玉米田	一年生杂草	1575-2100克/公顷(东北地区)	喷雾
PD20096553	嗪酮・乙草胺/50%/乳油/嗪草酮 10%、乙草胺 40%/2009.08.24 至 2014.08.24/低毒			
	春大豆田	一年生杂草	1125-1500克/公顷	土壤喷雾
	春玉米田	一年生杂草	1125-1500克/公顷(东北地区)	土壤喷雾
	马铃薯田	一年生杂草	1275-1875克/公顷	土壤喷雾
PD20096701	噻吩磺隆/75%/水分散粒剂/噻吩磺隆 75%/2009.09.07 至 2014.09.07/低毒			
	春大豆田	多年生阔叶杂草、一年生阔叶杂草	16.8-22.5克/公顷	播后苗前土壤喷雾
PD20098432	2,4-滴/96%/原药/2,4-滴 96%/2009.12.24 至 2014.12.24/低毒			
PD20098473	噻吩磺隆/25%/可湿性粉剂/噻吩磺隆 25%/2009.12.24 至 2014.12.24/低毒			
	春大豆田、春玉米田	一年生阔叶杂草	30-37.5克/公顷	喷雾
PD20101326	2,4-滴二甲胺盐/55%/水剂/2,4-滴二甲胺盐 55%/2010.03.17 至 2015.03.17/低毒			
	春小麦田	一年生阔叶杂草	990-1237.5克/公顷	茎叶喷雾

牡丹江佰佳信生物科技有限公司　(黑龙江省牡丹江市阳明区机车路55号　157013　010-57283082)

PD20121408	多杀霉素/91%/原药/多杀霉素 91%/2012.09.19 至 2017.09.19/低毒			

齐齐哈尔华丰化工有限公司　(黑龙江省齐齐哈尔市建华区建华乡　161000　0452-2560635)

PD20094012	腐霉・福美双/25%/可湿性粉剂/腐霉利 5%、福美双 20%/2009.03.27 至 2014.03.27/低毒			
	番茄	灰霉病	225-300克/公顷	喷雾
PD20097320	琥铜・乙膦铝/48%/可湿性粉剂/琥胶肥酸铜 20%、三乙膦酸铝 28%/2009.10.27 至 2014.10.27/低毒			
	黄瓜	霜霉病、细菌性角斑病	1125-1680克/公顷	喷雾
PD20097406	琥胶肥酸酮/30%/可湿性粉剂/琥胶肥酸铜 30%/2009.10.28 至 2014.10.28/低毒			
	黄瓜	细菌性角斑病	900-1050克/公顷	喷雾
PD20097500	烟嘧磺隆/40克/升/可分散油悬浮剂/烟嘧磺隆 40克/升/2009.11.03 至 2014.11.03/低毒			
	玉米田	一年生禾本科杂草及阔叶杂草	42-60克/公顷	茎叶喷雾
PD20097955	吗胍・乙酸铜/20%/可湿性粉剂/盐酸吗啉胍 16%、乙酸铜 4%/2009.12.01 至 2014.12.01/低毒			
	番茄	病毒病	499.5-750克/公顷	喷雾
PD20101124	氟磺胺草醚/250克/升/水剂/氟磺胺草醚 250克/升/2010.01.25 至 2015.01.25/低毒			

大豆田 一年生阔叶杂草 春大豆：337.5-412.5克/公顷 茎叶喷雾
夏大豆：262.5-337.5克/公顷

PD20101253 苄嘧磺隆/30%/可湿性粉剂/苄嘧磺隆 30%/2010.03.05 至 2015.03.05/低毒
水稻移栽田 阔叶杂草及莎草科杂草 45-67.5克/公顷 毒土法

PD20101290 春雷霉素/4%/可湿性粉剂/春雷霉素 4%/2010.03.10 至 2015.03.10/低毒
黄瓜 枯萎病 0.01－0.0133克/株 灌根

PD20101954 五硝·多菌灵/40%/可湿性粉剂/多菌灵 32%、五氯硝基苯 8%/2010.09.20 至 2015.09.20/低毒
西瓜 枯萎病 0.25-0.33克/株 灌根

齐齐哈尔盛泽农药有限公司 (黑龙江省齐齐哈尔市富裕县塔哈乡冯屯村 161231 0451-3083999)

PD20084174 多·福/15%/悬浮种衣剂/多菌灵 7%、福美双 8%/2013.12.16 至 2018.12.16/低毒
水稻 恶苗病 300-500克/100千克种子 种子包衣
小麦 根腐病、黑穗病 214-300克/100千克种子 种子包衣

PD20084449 多·福·克/35%/悬浮种衣剂/多菌灵 15%、福美双 10%、克百威 10%/2013.12.17 至 2018.12.17/高毒
大豆 孢囊线虫、地下害虫、根腐病 1.6-2%种子重 种子包衣

PD20084569 多·福·克/30%/悬浮种衣剂/多菌灵 10%、福美双 10%、克百威 10%/2013.12.18 至 2018.12.18/高毒
大豆 地下害虫、根腐病 1:60-80(药种比) 种子包衣
玉米 地下害虫 1:50-60(药种比) 种子包衣

PD20091357 戊唑·福美双/6%/可湿性粉剂/福美双 4%、戊唑醇 2%/2014.02.02 至 2019.02.02/低毒
小麦 散黑穗病 6-8克/100千克种子 拌种
玉米 丝黑穗病 18-30克/100千克种子 拌种

PD20091480 克百威/9%/悬浮种衣剂/克百威 9%/2014.02.04 至 2019.02.04/高毒
大豆 地下害虫 1:50-60(药种比) 种子包衣
玉米 地下害虫 180-225/100千克种子 种子包衣

PD20092008 克·戊·三唑酮/8.1%/悬浮种衣剂/克百威 7%、三唑酮 0.9%、戊唑醇 0.2%/2014.02.12 至 2019.02.12/中等毒(原药高毒)
玉米 地下害虫、丝黑穗病 1:35-45(药种比) 种子包衣

PD20093676 氟磺胺草醚/250克/升/水剂/氟磺胺草醚 250克/升/2014.03.25 至 2019.03.25/低毒
春大豆田 一年生阔叶杂草 225-375克/公顷 茎叶喷雾

PD20093754 精喹禾灵/10%/乳油/精喹禾灵 10%/2014.03.25 至 2019.03.25/低毒
大豆 一年生禾本科杂草 39.6-52.8克/公顷 喷雾

PD20094224 氟磺胺草醚/20%/乳油/氟磺胺草醚 20%/2014.03.31 至 2019.03.31/低毒
春大豆田 一年生阔叶杂草 270－330克/公顷 茎叶喷雾

PD20094243 灭草松/480克/升/水剂/灭草松 480克/升/2014.03.31 至 2019.03.31/低毒
移栽水稻田 阔叶杂草及莎草科杂草 1080-1440克/公顷 茎叶喷雾

PD20094244 喹·唑·氟磺胺/20%/乳油/氟磺胺草醚 14%、精喹禾灵 3%、咪唑乙烟酸 3%/2014.03.31 至 2019.03.31/低毒
春大豆田 一年生杂草 300-450克/公顷(东北地区) 茎叶喷雾

PD20096517 咪唑乙烟酸/10%/水剂/咪唑乙烟酸 10%/2009.08.19 至 2014.08.19/低毒
春大豆田 一年生杂草 100-150克/公顷 喷雾

PD20100348 噁霉灵/30%/水剂/噁霉灵 30%/2010.01.11 至 2015.01.11/低毒
水稻苗床 立枯病 0.9－1.8克/平方米 浇灌

PD20101383 烟嘧磺隆/40克/升/可分散油悬浮剂/烟嘧磺隆 40克/升/2010.04.14 至 2015.04.14/低毒
玉米田 一年生杂草 42-60克/公顷 茎叶喷雾

PD20110027 高效氯氰菊酯/4.5%/微乳剂/高效氯氰菊酯 4.5%/2011.01.04 至 2016.01.04/低毒
甘蓝 菜青虫 450-600毫升制剂/公顷 喷雾

PD20121443 乙·莠·滴丁酯/50%/悬乳剂/2,4-滴丁酯 5%、乙草胺 30%、莠去津 15%/2012.10.08 至 2017.10.08/低毒
春玉米田 一年生杂草 1875-2250克/公顷 播后苗前土壤喷雾

PD20121639 丙草胺/50%/水乳剂/丙草胺 50%/2012.10.30 至 2017.10.30/低毒
移栽水稻田 一年生杂草 450－600克/公顷 毒土法

湖北省

成都彩虹电器（集团）中南有限公司 (湖北省武穴市龙坪办事处 435402 0713-6573531)

WP20090302 杀蚊气雾剂/0.36%/气雾剂/胺菊酯 0.3%、氯氰菊酯 0.06%/2009.07.22 至 2014.07.22/微毒
卫生 蚊 / 喷雾

WP20090303 蚊香/0.25%/蚊香/富右旋反式烯丙菊酯 0.25%/2009.07.22 至 2014.07.22/微毒
卫生 蚊 / 点燃

湖北犇星农化有限责任公司 (湖北省随州市经济开发区特9号 441300 0722-3587289)

PD84105-5 马拉硫磷/45%/乳油/马拉硫磷 45%/2011.02.20 至 2016.02.20/低毒
茶树 长白蚧、象甲 625-1000毫克/千克 喷雾
豆类 食心虫、造桥虫 561.5-750克/公顷 喷雾
果树 蝽蟓、蚜虫 250-333毫克/千克 喷雾
林木、牧草、农田 蝗虫 450-600克/公顷 喷雾
棉花 盲蝽蟓、蚜虫、叶跳虫 375-562.5克/公顷 喷雾
蔬菜 黄条跳甲、蚜虫 562.5-750克/公顷 喷雾
水稻 飞虱、蓟马、叶蝉 562.5-750克/公顷 喷雾

	小麦	黏虫、蚜虫	562.5-750克/公顷	喷雾
PD91104-11	敌敌畏/50%/乳油/敌敌畏 48%/2011.02.21 至 2016.02.21/中等毒			
	茶树	食叶害虫	600克/公顷	喷雾
	粮仓	多种储粮害虫	1)300-400倍液 2)0.4-0.5克/立方米	1)喷雾 2)挂条熏蒸
	棉花	蚜虫、造桥虫	600-1200克/公顷	喷雾
	苹果树	小卷叶蛾、蚜虫	400-500毫克/千克	喷雾
	青菜	菜青虫	600克/公顷	喷雾
	桑树	尺蠖	600克/公顷	喷雾
	卫生	多种卫生害虫	1)250-300倍液2)0.08克/立方米	1)泼洒2)挂条熏蒸
	小麦	黏虫、蚜虫	600克/公顷	喷雾
PD20040583	多·酮/40%/可湿性粉剂/多菌灵 35%、三唑酮 5%/2009.12.19 至 2014.12.19/低毒			
	小麦	白粉病、赤霉病	450-600克/公顷	喷雾
PD20090039	多·锰锌/40%/可湿性粉剂/多菌灵 16%、代森锰锌 24%/2014.01.06 至 2019.01.06/低毒			
	苹果	斑点落叶病	1000-1250毫克/千克	喷雾
PD20090104	甲氰·辛硫磷/25%/乳油/甲氰菊酯 5%、辛硫磷 20%/2014.01.08 至 2019.01.08/中等毒			
	棉花	棉铃虫	225-345克/公顷	喷雾
PD20090953	氰戊·马拉松/20%/乳油/马拉硫磷 15%、氰戊菊酯 5%/2014.01.20 至 2019.01.20/中等毒			
	棉花	棉铃虫	90-150克/公顷	喷雾
	苹果树	桃小食心虫	160-333毫克/千克	喷雾
	十字花科蔬菜	菜青虫、蚜虫	90-150克/公顷	喷雾
	小麦	蚜虫	60-90克/公顷	喷雾
PD20091223	噻嗪·杀虫单/42%/可湿性粉剂/噻嗪酮 6%、杀虫单 36%/2014.02.01 至 2019.02.01/中等毒			
	水稻	稻飞虱	504-630克/公顷	喷雾
PD20093199	多·福/45%/可湿性粉剂/多菌灵 9%、福美双 36%/2014.03.11 至 2019.03.11/低毒			
	葡萄	霜霉病	1000-1250毫克/千克	喷雾
PD20093285	敌磺·福美双/48%/可湿性粉剂/敌磺钠 29%、福美双 19%/2014.03.11 至 2019.03.11/低毒			
	水稻	苗期立枯病	6120-7200克/公顷	泼浇
PD20093891	马·氰·辛硫磷/26%/乳油/马拉硫磷 12%、氰戊菊酯 4%、辛硫磷 10%/2014.03.25 至 2019.03.25/中等毒			
	甘蓝	菜青虫、蚜虫	120-195克/公顷	喷雾
PD20096204	氯氰·毒死蜱/522.5克/升/乳油/毒死蜱 475克/升、氯氰菊酯 47.5克/升/2009.07.13 至 2014.07.13/中等毒			
	菜豆	豆荚螟	312.5-470.25克/公顷	喷雾
PD20101380	草甘膦/30%/水剂/草甘膦 30%/2010.04.02 至 2015.04.02/低毒			
	柑橘园	杂草	1125-2250克/公顷	定向喷雾
PD20111186	毒死蜱/97%/原药/毒死蜱 97%/2011.11.16 至 2016.11.16/中等毒			
湖北贝斯特农化有限责任公司　(湖北省随州市曾都区新街随新路1号　441334　0722-4772017)				
PD84118-22	多菌灵/25%/可湿性粉剂/多菌灵 25%/2012.11.18 至 2017.11.18/低毒			
	果树	病害	0.05-0.1%药液	喷雾
	花生	倒秧病	750克/公顷	喷雾
	麦类	赤霉病	750克/公顷	喷雾,泼浇
	棉花	苗期病害	500克/100千克种子	拌种
	水稻	稻瘟病、纹枯病	750克/公顷	喷雾,泼浇
	油菜	菌核病	1125-1500克/公顷	喷雾
PD85105-17	敌敌畏/77.5%/乳油/敌敌畏 77.5%/2013.11.27 至 2018.11.27/中等毒			
	茶树	食叶害虫	600克/公顷	喷雾
	粮仓	多种储藏害虫	1)400-500倍液 2)0.4-0.5克/立方米	1)喷雾 2)挂条熏蒸
	棉花	蚜虫、造桥虫	600-1200克/公顷	喷雾
	苹果树	小卷叶蛾、蚜虫	400-500毫克/千克	喷雾
	青菜	菜青虫	600克/公顷	喷雾
	桑树	尺蠖	600克/公顷	喷雾
	卫生	多种卫生害虫	1)300-400倍液 2)0.08克/立方米	1)泼洒 2)挂条熏蒸
	小麦	黏虫、蚜虫	600克/公顷	喷雾
PD85121-26	乐果/40%/乳油/乐果 40%/2013.11.27 至 2018.11.27/中等毒			
	茶树	蚜虫、叶蝉、螨	1000-2000倍液	喷雾
	甘薯	小象甲	2000倍液	浸鲜薯片诱杀
	柑橘树、苹果树	鳞翅目幼虫、蚜虫、螨	800-1600倍液	喷雾
	棉花	蚜虫、螨	450-600克/公顷	喷雾
	蔬菜	蚜虫、螨	300-600克/公顷	喷雾
	水稻	飞虱、螟虫、叶蝉	450-600克/公顷	喷雾
	烟草	蚜虫、烟青虫	300-600克/公顷	喷雾
PD85154-29	氰戊菊酯/20%/乳油/氰戊菊酯 20%/2013.11.27 至 2018.11.27/中等毒			

	柑橘树	潜叶蛾	10-20毫克/千克	喷雾
	果树	梨小食心虫	10-20毫克/千克	喷雾
	棉花	红铃虫、蚜虫	75-150克/公顷	喷雾
	蔬菜	菜青虫、蚜虫	60-120克/公顷	喷雾
PD90101-9	异丙威/2%/粉剂/异丙威 2%/2012.11.18 至 2017.11.18/中等毒			
	水稻	飞虱、叶蝉	450-900克/公顷	喷粉
PD20040479	三唑磷/20%/乳油/三唑磷 20%/2009.12.19 至 2014.12.19/中等毒			
	水稻	二化螟、三化螟	300-450克/公顷	喷雾
PD20101337	咪鲜胺/25%/乳油/咪鲜胺 25%/2010.03.23 至 2015.03.23/低毒			
	柑橘	蒂腐病	250-500毫克/千克	浸果
PD20101780	高效氯氰菊酯/4.5%/乳油/高效氯氰菊酯 4.5%/2010.07.07 至 2015.07.07/中等毒			
	十字花科蔬菜	菜青虫	15-22.5克/公顷	喷雾
PD20101925	啶虫脒/5%/乳油/啶虫脒 5%/2010.08.27 至 2015.08.27/低毒			
	小麦	蚜虫	18-22.5克/公顷	喷雾
PD20130535	氟磺胺草醚/250克/升/水剂/氟磺胺草醚 250克/升/2013.04.01 至 2018.04.01/低毒			
	春大豆田	一年生阔叶杂草	300-375克/公顷	茎叶喷雾
	夏大豆田	一年生阔叶杂草	225-300克/公顷	茎叶喷雾
PD20131082	2甲4氯钠盐/56%/可溶粉剂/2甲4氯钠 56%/2013.05.20 至 2018.05.20/低毒			
	玉米田	一年生阔叶杂草	1050-1200克/公顷	茎叶喷雾
PD20131493	精喹禾灵/10%/乳油/精喹禾灵 10%/2013.07.05 至 2018.07.05/低毒			
	夏大豆田	一年生禾本科杂草	57.5-152.5克/公顷	茎叶喷雾
PD20131612	氯氟吡氧乙酸异辛酯/200克/升/乳油/氯氟吡氧乙酸 200克/升/2013.07.29 至 2018.07.29/低毒			
	冬小麦田	一年生阔叶杂草	150-210克/公顷	茎叶喷雾
	注:氯氟吡氧乙酸异辛酯含量：288克/升。			
PD20131894	苯磺隆/10%/可湿性粉剂/苯磺隆 10%/2013.09.25 至 2018.09.25/低毒			
	冬小麦田	杂草	15-22.5克/公顷	茎叶喷雾
PD20132201	烯草酮/120克/升/乳油/烯草酮 120克/升/2013.10.29 至 2018.10.29/低毒			
	冬油菜田	一年生禾本科杂草	54-72克/公顷	茎叶喷雾
湖北昌威制罐有限公司　(湖北省宜昌市夷陵区云盘路10号　443100　0717-7827074)				
WP20090133	杀虫气雾剂/0.45%/气雾剂/胺菊酯 0.15%、氯菊酯 0.3%/2009.02.24 至 2014.02.24/低毒			
	卫生	蚊	/	喷雾
湖北谷瑞特生物技术有限公司　(湖北省武汉市东湖高新区光谷软件园E3栋903室　430074　027-87056252)				
LS20110140	阿维菌素/0.1%/饵剂/阿维菌素 0.1%/2013.05.11 至 2014.05.11/低毒(原药高毒)			
	柑橘树	橘大实蝇、橘小实蝇	2.7-4.05克/公顷(稀释2-3倍后,每个诱集罐加稀释液54毫升,每亩挂10个诱集罐)	装入诱罐诱杀
	苦瓜	瓜实蝇	180-270毫升/亩，稀释2-3倍后装入诱集罐，10个诱集罐/亩	装入诱罐诱杀
湖北禾泰农化有限公司　(湖北省鄂州市鄂城区樊口薛家沟　436001　0711-3611901)				
PD20094278	苏云金杆菌/4000IU/微升/悬浮剂/苏云金杆菌 4000IU/微升/2009.03.31 至 2014.03.31/低毒			
	十字花科蔬菜	菜青虫	1500-2250毫升/公顷（制剂）	喷雾
PD20094542	敌敌畏/80%/乳油/敌敌畏 80%/2009.04.09 至 2014.04.09/中等毒			
	十字花科蔬菜	菜青虫	600-720克/公顷	喷雾
PD20095151	异丙威/2%/粉剂/异丙威 2%/2009.04.24 至 2014.04.24/低毒			
	水稻	稻飞虱	750-1050克/公顷	喷粉
PD20097963	阿维菌素/18克/升/乳油/阿维菌素 18克/升/2009.12.01 至 2014.12.01/中等毒(原药高毒)			
	甘蓝	小菜蛾	9-13.5克/公顷	喷雾
PD20100570	丙环唑/250克/升/乳油/丙环唑 250克/升/2010.01.14 至 2015.01.14/低毒			
	香蕉	叶斑病	250-500毫克/千克	喷雾
湖北华意峰生物科技有限公司　(湖北省襄樊市高新区团山镇　441047　0710-3824274)				
PD85126-13	三氯杀螨醇/20%/乳油/三氯杀螨醇 20%/2010.01.18 至 2015.01.18/低毒			
	苹果树	红蜘蛛、锈蜘蛛	800-1000倍液	喷雾
PD91104-13	敌敌畏/50%/乳油/敌敌畏 50%/2011.04.19 至 2016.04.19/中等毒			
	茶树	食叶害虫	600克/公顷	喷雾
	粮仓	多种储粮害虫	1)300-400倍液 2)0.4-0.5克/立方米	1)喷雾 2)挂条熏蒸
	棉花	蚜虫、造桥虫	600-1200克/公顷	喷雾
	苹果树	小卷叶蛾、蚜虫	400-500毫克/千克	喷雾
	青菜	菜青虫	600克/公顷	喷雾
	桑树	尺蠖	600克/公顷	喷雾
	卫生	多种卫生害虫	1)250-300倍液2)0.08克/立方米	1)泼洒2)挂条熏蒸
	小麦	黏虫、蚜虫	600克/公顷	喷雾
PD20100780	三氯杀螨醇/20%/乳油/三氯杀螨醇 20%/2010.01.18 至 2015.01.18/低毒			

	苹果树	红蜘蛛、锈蜘蛛	800-1000倍液	喷雾
PD20120771	甲氨基阿维菌素苯甲酸盐/3%/微乳剂/甲氨基阿维菌素 3%/2012.05.05 至 2017.05.05/低毒			
	甘蓝	甜菜夜蛾	1.8-2.7克/公顷	喷雾
	注:甲氨基阿维菌素苯甲酸盐含量:3.4%。			
PD20120772	烯酰吗啉/50%/可湿性粉剂/烯酰吗啉 50%/2012.05.05 至 2017.05.05/低毒			
	黄瓜	霜霉病	225—300克/公顷	喷雾

湖北汇达科技发展有限公司 (湖北省江陵县滩桥镇观音寺工业园 434111 0716-4764192)

PD20110795	双草醚/95%/原药/双草醚 95%/2011.07.26 至 2016.07.26/低毒			
PD20121769	草甘膦/95%/原药/草甘膦 95%/2012.11.15 至 2017.11.15/低毒			
PD20132674	双草醚/100克/升/悬浮剂/双草醚 100克/升/2013.12.25 至 2018.12.25/低毒			
	水稻田(直播)	稗草、莎草及阔叶杂草	30-45克/公顷	茎叶喷雾

湖北佳禾化工科技有限公司 (湖北省荆州市江陵县新园路1号 434100 0716-4738903)

PD85105-60	敌敌畏/80%/乳油/敌敌畏 77.5%(气谱法)/2010.05.09 至 2015.05.09/中等毒			
	茶树	食叶害虫	600克/公顷	喷雾
	粮仓	多种储藏害虫	1)400-500倍液 2)0.4-0.5克/立方米	1)喷雾 2)挂条熏蒸
	棉花	蚜虫、造桥虫	600-1200克/公顷	喷雾
	苹果树	小卷叶蛾、蚜虫	400-500毫克/千克	喷雾
	青菜	菜青虫	600克/公顷	喷雾
	桑树	尺蠖	600克/公顷	喷雾
	卫生	多种卫生害虫	1)300-400倍液2)0.08克/立方米	1)泼洒2)挂条熏蒸
	小麦	黏虫、蚜虫	600克/公顷	喷雾
PD86148-70	异丙威/20%/乳油/异丙威 20%/2012.06.12 至 2017.06.12/中等毒			
	水稻	飞虱、叶蝉	450-600克/公顷	喷雾
PD91104-16	敌敌畏/50%/乳油/敌敌畏 48%(气谱法)/2011.03.15 至 2016.03.15/中等毒			
	茶树	食叶害虫	600克/公顷	喷雾
	粮仓	多种储粮害虫	1)300-400倍液 2)0.4-0.5克/立方米	1)喷雾 2)挂条熏蒸
	棉花	蚜虫、造桥虫	600-1200克/公顷	喷雾
	苹果树	小卷叶蛾、蚜虫	400-500毫克/千克	喷雾
	青菜	菜青虫	600克/公顷	喷雾
	桑树	尺蠖	600克/公顷	喷雾
	卫生	多种卫生害虫	1)250-300倍液2)0.08克/立方米	1)泼洒2)挂条熏蒸
	小麦	黏虫、蚜虫	600克/公顷	喷雾
PD20040374	哒螨灵/20%/可湿性粉剂/哒螨灵 20%/2009.12.19 至 2014.12.19/中等毒			
	柑橘树	红蜘蛛	50-67毫克/千克	喷雾
PD20040388	哒螨灵/15%/乳油/哒螨灵 15%/2009.12.19 至 2014.12.19/中等毒			
	柑橘树	红蜘蛛	50-67毫克/千克	喷雾
PD20040474	吡虫啉/10%/可湿性粉剂/吡虫啉 10%/2009.12.19 至 2014.12.19/低毒			
	水稻	飞虱	15-30克/公顷	喷雾
	小麦	蚜虫	15-30克/公顷(南方地区) 45-60克/公顷(北方地区)	喷雾
PD20040612	三唑磷/20%/乳油/三唑磷 20%/2009.12.19 至 2014.12.19/中等毒			
	水稻	二化螟、三化螟	300-450克/公顷	喷雾
PD20082854	噻嗪酮/25%/可湿性粉剂/噻嗪酮 25%/2013.12.09 至 2018.12.09/低毒			
	茶树	茶小绿叶蝉	166-250毫克/千克	喷雾
	柑橘树	介壳虫	150-250毫克/千克	喷雾
	水稻	飞虱	75-112.5克/公顷	喷雾
PD20086069	氰戊·丙溴磷/25%/乳油/丙溴磷 12.5%、氰戊菊酯 12.5%/2013.12.30 至 2018.12.30/中等毒			
	棉花	棉铃虫	262.5-375克/公顷	喷雾
PD20096356	草甘膦异丙胺盐/30%/水剂/草甘膦 30%/2009.07.28 至 2014.07.28/低毒			
	茶园	杂草	1125-2250克/公顷	定向茎叶喷雾
	注:草甘膦异丙胺盐含量:41%。			

湖北金海潮科技有限公司 (湖北省武汉市武昌珞瑜路618号滨湖花园2—401 430074 027-87495550)

PD20131345	螺威/4%/粉剂/螺威 4%/2013.06.09 至 2018.06.09/低毒			
	滩涂	钉螺	0.2-0.3克/平方米	撒施
PD20131346	螺威/50%/母药/螺威 50%/2013.06.09 至 2018.06.09/低毒			

湖北康欣农用药业有限公司 (湖北省武汉市洪山区南湖大道8号 430064 027-59101989)

PD86109-33	苏云金杆菌/16000IU/毫克/可湿性粉剂/苏云金杆菌 16000IU/毫克/2010.06.30 至 2015.06.30/低毒			
	茶树	茶毛虫	800-1600倍液	喷雾
	棉花	二代棉铃虫	1500-2250克制剂/公顷	喷雾
	森林	松毛虫	1200-1600倍液	喷雾
	十字花科蔬菜	小菜蛾	750-1125克制剂/公顷	喷雾

	十字花科蔬菜	菜青虫	375-750克制剂/公顷	喷雾
	水稻	稻纵卷叶螟	1500-2250克制剂/公顷	喷雾
	烟草	烟青虫	750-1500克制剂/公顷	喷雾
	玉米	玉米螟	750-1500克制剂/公顷	加细沙灌心
	枣树	枣尺蠖	1200-1600倍液	喷雾
PD90106	苏云金杆菌/6000IU/微升/悬浮剂/苏云金杆菌 6000IU/微升/2010.06.30 至 2015.06.30/低毒			
	茶树	茶毛虫	100-200倍液	喷雾
	林木	松毛虫	100-200倍液	喷雾
	棉花	二代棉铃虫	6000-7500毫升制剂/公顷	喷雾
	十字花科蔬菜	菜青虫、小菜蛾	3000-4500毫升制剂/公顷	喷雾
	水稻	稻纵卷叶螟	6000-7500毫升制剂/公顷	喷雾
	烟草	烟青虫	6000-7500毫升制剂/公顷	喷雾
	玉米	玉米螟	4500-6000毫升制剂/公顷	加细沙灌心叶
	枣树	尺蠖	100-200倍液	喷雾
PD20085104	阿维·毒死蜱/24%/乳油/阿维菌素 0.15%、毒死蜱 23.85%/2013.12.23 至 2018.12.23/中等毒(原药高毒)			
	梨树	梨木虱	80-100毫克/千克	喷雾
PD20090089	哒螨·辛硫磷/25%/乳油/哒螨灵 4%、辛硫磷 21%/2014.01.08 至 2019.01.08/低毒			
	柑橘树	红蜘蛛	1000-1500倍液	喷雾
PD20090486	唑磷·毒死蜱/30%/乳油/毒死蜱 15%、三唑磷 15%/2014.01.12 至 2019.01.12/中等毒			
	水稻	三化螟	180-270克/公顷	喷雾
PD20091697	杀单·苏云菌/46%/可湿性粉剂/杀虫单 45%、苏云金杆菌 1%/2014.02.03 至 2019.02.03/低毒			
	甘蓝	菜青虫、小菜蛾	207-414克/公顷	喷雾
	水稻	二化螟	345-517.5克/公顷	喷雾
	水稻	稻纵卷叶螟	241.5-345克/公顷	喷雾
PD20092317	阿维·苏云菌/2%/可湿性粉剂/阿维菌素 0.1%、苏云金杆菌 1.9%/2014.02.24 至 2019.02.24/低毒(原药高毒)			
	十字花科蔬菜	菜青虫、小菜蛾	450-750克制剂/公顷	喷雾
PD20093486	苏云金杆菌/16000IU/毫克/水分散粒剂/苏云金杆菌 16000IU/毫克/2014.03.23 至 2019.03.23/低毒			
	十字花科蔬菜	小菜蛾	750-1125克制剂/公顷	喷雾
PD20094271	苏云金杆菌/8000IU/微升/油悬浮剂/苏云金杆菌 8000IU/微升/2014.03.31 至 2019.03.31/低毒			
	松树	松毛虫	4500-6000毫升制剂/公顷	超低容量喷雾
PD20096391	霜脲·锰锌/72%/可湿性粉剂/代森锰锌 64%、霜脲氰 8%/2009.08.04 至 2014.08.04/低毒			
	黄瓜	霜霉病	1440-1800克/公顷	喷雾
PD20096594	苏云金杆菌/50000IU/毫克/原药/苏云金杆菌 50000IU/毫克/2009.08.25 至 2014.08.25/低毒			
PD20097697	高氯·苏云菌/2.5%/可湿性粉剂/高效氯氰菊酯 2%、苏云金杆菌 0.5%/2009.11.04 至 2014.11.04/低毒			
	十字花科蔬菜	小菜蛾	15-18.75克/公顷	喷雾
PD20097736	苏云金杆菌/0.2%/颗粒剂/苏云金杆菌 0.2%/2009.11.12 至 2014.11.12/低毒			
	玉米	玉米螟	9-15克/公顷	心叶撒施
PD20100165	苏云金杆菌/32000IU/毫克/可湿性粉剂/苏云金杆菌 32000IU/毫克/2010.01.05 至 2015.01.05/低毒			
	十字花科蔬菜	小菜蛾	450-750克制剂/公顷	喷雾
	十字花科蔬菜	甜菜夜蛾	600-900克制剂/公顷	喷雾
PD20102021	苏云金杆菌/8000IU/毫克/悬浮剂/苏云金杆菌 8000IU/毫克/2010.09.25 至 2015.09.25/低毒			
	茶树	茶毛虫	200-400倍液	喷雾
	棉花	二代棉铃虫	3000-3750毫升制剂/公顷	喷雾
	森林	松毛虫	200-400倍液	喷雾
	十字花科蔬菜	菜青虫、小菜蛾	1500-2250毫升制剂/公顷	喷雾
	水稻	稻纵卷叶螟	3000-3750毫升制剂/公顷	喷雾
	烟草	烟青虫	3000-3750毫克制剂/公顷	喷雾
	玉米	玉米螟	2250-3000毫升制剂/公顷	加细沙灌心叶
	枣树	枣尺蠖	200-400倍液	喷雾
LS20110065	枯草芽孢杆菌/100亿活芽孢/克/可湿性粉剂/枯草芽孢杆菌 100亿活芽孢/克/2012.04.01 至 2013.04.01/低毒			
	草莓	白粉病	1800-2250克/公顷	喷雾
WP20110272	苏云金杆菌(以色列亚种)/7000ITU/毫克/原药/苏云金杆菌(以色列亚种) 7000ITU/毫克/2011.12.29至2016.12.29/微毒			
WP20130253	苏云金杆菌/200ITU/微升/悬浮剂/苏云金杆菌(以色列亚种) 200ITU/微升/2013.12.10 至 2018.12.10/低毒			
	卫生	孑孓	2.5-5毫升制剂/平方米	喷洒

湖北龙圣化工有限公司　(湖北省钟祥市胡集镇桥垱十组　431911　0724-8485424)

PD84111-15	氧乐果/40%/乳油/氧乐果 40%/2010.01.14 至 2015.01.14/高毒			
	棉花	蚜虫、螨	375-600克/公顷	喷雾
	森林	松干蚧、松毛虫	500倍液	喷雾或直接涂树干
	水稻	稻纵卷叶螟、飞虱	375-600克/公顷	喷雾
	小麦	蚜虫	300-450克/公顷	喷雾
PD85105-20	敌敌畏/80%/乳油/敌敌畏 80%/2010.01.14 至 2015.01.14/中等毒			
	甘蓝	菜青虫	600克/公顷	喷雾
	棉花	蚜虫、造桥虫	600-1200克/公顷	喷雾

	苹果树	小卷叶蛾、蚜虫	400-500毫克/千克	喷雾
	卫生	多种卫生害虫	1)300-400倍液 2)0.08克/立方米	1)泼洒 2)挂条熏蒸
	小麦	黏虫、蚜虫	600克/公顷	喷雾
PD86148-23	异丙威/20%/乳油/异丙威 20%/2011.09.29 至 2016.09.29/中等毒			
	水稻	飞虱、叶蝉	450-600克/公顷	喷雾
PD20092215	氯氰菊酯/50克/升/乳油/氯氰菊酯 50克/升/2014.02.24 至 2019.02.24/中等毒			
	棉花	棉铃虫	75-90克/公顷	喷雾
PD20092385	苏云金杆菌/16000IU/毫克/可湿性粉剂/苏云金杆菌 16000IU/毫克/2014.02.25 至 2019.02.25/低毒			
	十字花科蔬菜	小菜蛾	750-1500克制剂/公顷	喷雾
PD20093007	甲霜·锰锌/58%/可湿性粉剂/甲霜灵 10%、代森锰锌 48%/2014.03.09 至 2019.03.09/低毒			
	黄瓜	霜霉病	1305-1740克/公顷	喷雾
PD20093962	高效氯氟氰菊酯/2.5%/乳油/高效氯氟氰菊酯 2.5%/2009.03.27 至 2014.03.27/中等毒			
	十字花科蔬菜	菜青虫	15-22.5克/公顷	喷雾
PD20094115	精喹禾灵/50克/升/乳油/精喹禾灵 50克/升/2009.03.27 至 2014.03.27/低毒			
	冬油菜田	一年生禾本科杂草	45-67.5克/公顷	茎叶喷雾
PD20094146	高效氯氰菊酯/4.5%/乳油/高效氯氰菊酯 4.5%/2014.03.27 至 2019.03.27/中等毒			
	十字花科蔬菜	菜青虫	27-40.5克/公顷	喷雾
PD20094365	丁硫克百威/200克/升/乳油/丁硫克百威 200克/升/2014.04.01 至 2019.04.01/中等毒			
	水稻	三化螟	600-750克/公顷	喷雾
PD20094532	代森锌/80%/可湿性粉剂/代森锌 80%/2014.04.09 至 2019.04.09/低毒			
	番茄	早疫病	3000-3600克/公顷	喷雾
PD20094793	甲氰菊酯/20%/乳油/甲氰菊酯 20%/2014.04.13 至 2019.04.13/低毒			
	柑橘树	红蜘蛛	100-150毫克/千克	喷雾
PD20098515	阿维菌素/18克/升/乳油/阿维菌素 18克/升/2009.12.24 至 2014.12.24/中等毒(原药高毒)			
	十字花科蔬菜	小菜蛾	8.1-10.8克/公顷	喷雾
PD20100148	三唑磷/20%/乳油/三唑磷 20%/2010.01.05 至 2015.01.05/中等毒			
	水稻	二化螟	225-270克/公顷	喷雾
PD20101205	敌敌畏/80%/乳油/敌敌畏 80%/2010.02.09 至 2015.02.09/低毒			
	甘蓝	菜青虫	600克/公顷	喷雾
	棉花	蚜虫、造桥虫	600-1200克/公顷	喷雾
	苹果树	小卷叶蛾、蚜虫	400-500克/公顷	喷雾
	卫生	多种卫生害虫	1)300-400倍液 2)0.08克/立方米	1)泼洒 2)挂条熏蒸
	小麦	黏虫、蚜虫	600克/公顷	喷雾

湖北农本化工有限公司 (湖北省黄冈市武穴市万丈湖新港 435403 0713-6280512)

PD20084662	杀单·克百威/3%/颗粒剂/克百威 0.5%、杀虫单 2.5%/2013.12.22 至 2018.12.22/低毒(原药高毒)			
	水稻	二化螟	900-1350克/公顷	拌毒土撒施
PD20085020	辛硫磷/3%/颗粒剂/辛硫磷 3%/2013.12.22 至 2018.12.22/低毒			
	花生	地老虎、金针虫、蝼蛄、蛴螬	2700-3600克/公顷	撒施
PD20092807	甲硫·福美双/70%/可湿性粉剂/福美双 40%、甲基硫菌灵 30%/2009.03.04 至 2014.03.04/低毒			
	苹果树	轮纹病	612-816毫克/千克	喷雾
PD20095681	氧乐果/40%/乳油/氧乐果 40%/2009.05.15 至 2014.05.15/高毒			
	棉花	蚜虫	81-162克/公顷	喷雾
PD20096207	乙铝·锰锌/50%/可湿性粉剂/代森锰锌 22%、三乙膦酸铝 28%/2009.07.15 至 2014.07.15/低毒			
	黄瓜	霜霉病	800-1400克/公顷	喷雾
PD20100160	敌敌畏/48%/乳油/敌敌畏 48%/2010.01.05 至 2015.01.05/中等毒			
	水稻	飞虱	480-720克/公顷	喷雾

湖北三海股份公司广水市东篁日用化工厂 (湖北省广水市东站路161号 432721 0722-6491962)

WP20080426	杀蚊烟片/1.2%/烟片/胺菊酯 1.2%/2008.12.15 至 2013.12.15/低毒			
	卫生	蚊	/	点燃

湖北沙隆达股份有限公司 (湖北省荆州市沙市区北京东路93号 434001 0716-8314802)

PD84108-9	敌百虫/90%/原药/敌百虫 90%/2009.12.07 至 2014.12.07/低毒			
	白菜、青菜	地下害虫	750-1500克/公顷	喷雾
	白菜、青菜	菜青虫	960-1200克/公顷	喷雾
	茶树	尺蠖、刺蛾	450-900毫克/千克	喷雾
	大豆	造桥虫	1800克/公顷	喷雾
	柑橘树	卷叶蛾	600-750毫克/千克	喷雾
	林木	松毛虫	600-900毫克/千克	喷雾
	水稻	螟虫	1500-1800克/公顷	喷雾、泼浇或毒土
	小麦	黏虫	1800克/公顷	喷雾
	烟草	烟青虫	900毫克/千克	喷雾
PD85104-3	敌敌畏/95%92%/原药/敌敌畏 95%92%/2009.12.07 至 2014.12.07/中等毒			

PD85105-18	敌敌畏/80%/乳油/敌敌畏 77.5%(气谱法)/2009.12.07 至 2014.12.07/中等毒			
	茶树	食叶害虫	600克/公顷	喷雾
	粮仓	多种储藏害虫	1)400-500倍液	1)喷雾
			2)0.4-0.5克/立方米	2)挂条熏蒸
	棉花	蚜虫、造桥虫	600-1200克/公顷	喷雾
	苹果树	小卷叶蛾、蚜虫	400-500毫克/千克	喷雾
	青菜	菜青虫	600克/公顷	喷雾
	桑树	尺蠖	600克/公顷	喷雾
	卫生	多种卫生害虫	1)300-400倍液2)0.08克/立方米	1)泼洒2)挂条熏蒸
	小麦	黏虫、蚜虫	600克/公顷	喷雾
PD85159-22	草甘膦/30%/水剂/草甘膦 30%/2010.08.15 至 2015.08.15/低毒			
	茶树、甘蔗、果园、剑麻、林木、桑树、橡胶树	一年生杂草和多年生恶性杂草	1125-2250克/公顷	喷雾
PD85162-2	敌百虫/80%/可溶粉剂/敌百虫 80%/2010.08.23 至 2015.08.23/低毒			
	茶树	尺蠖	700-1400倍液	喷雾
	荔枝树	蝽蟓	700倍液	喷雾
	林木	松毛虫	1500-2000倍液	喷雾
	蔬菜	斜纹夜蛾	1000倍液	喷雾
	水稻	螟虫	700倍液	喷雾
	小麦	黏虫	350-700倍液	喷雾
	枣树	黏虫	700倍液	喷雾
PD86132-6	仲丁威/98.5%,97%,95%/原药/仲丁威 98.5%,97%,95%/2011.10.26 至 2016.10.26/低毒			
PD86133-7	仲丁威/25%/乳油/仲丁威 25%/2013.03.19 至 2018.03.19/低毒			
	水稻	飞虱、叶蝉	375-562.5克/公顷	喷雾
PD86147-8	异丙威/98%, 95%, 90%/原药/异丙威 98%, 95%, 90%/2011.10.26 至 2016.10.26/中等毒			
PD86148-53	异丙威/20%/乳油/异丙威 20%/2011.12.31 至 2016.12.31/中等毒			
	水稻	飞虱、叶蝉	450-600克/公顷	喷雾
PD86175-6	乙酰甲胺磷/90%/原药/乙酰甲胺磷 90%/2012.02.07 至 2017.02.07/低毒			
PD86176-4	乙酰甲胺磷/30%/乳油/乙酰甲胺磷 30%/2012.06.10 至 2017.06.10/低毒			
	柑橘树	介壳虫、螨	500-1000倍液	喷雾
	果树	食心虫	500-1000倍液	喷雾
	棉花	棉铃虫、蚜虫	450-900克/公顷	喷雾
	蔬菜	菜青虫、蚜虫	337.5-540克/公顷	喷雾
	水稻	螟虫、叶蝉	562.5-1012.5克/公顷	喷雾
	小麦、玉米	黏虫、玉米螟	540-1080克/公顷	喷雾
	烟草	烟青虫	450-900克/公顷	喷雾
PD88101-5	水胺硫磷/35%/乳油/水胺硫磷 35%/2013.01.27 至 2018.01.27/高毒			
	棉花	红蜘蛛、棉铃虫	300-600克/公顷	喷雾
	水稻	蓟马、螟虫	450-900克/公顷	喷雾
PD90101-11	异丙威/2%/粉剂/异丙威 2%/2010.03.29 至 2015.03.29/中等毒			
	水稻	飞虱、叶蝉	450-900克/公顷	喷粉
PD92103-2	草甘膦/95%/原药/草甘膦 95%/2012.06.07 至 2017.06.07/低毒			
PD93102	异丙威/10%/粉剂/异丙威 10%/2013.03.19 至 2018.03.19/中等毒			
	水稻	飞虱、叶蝉	450-900克/公顷	喷粉
PD20040280	吡虫啉/95%/原药/吡虫啉 95%/2009.12.19 至 2014.12.19/低毒			
PD20040296	哒螨灵/95%/原药/哒螨灵 95%/2009.12.19 至 2014.12.19/中等毒			
PD20040321	吡虫啉/5%/乳油/吡虫啉 5%/2009.12.19 至 2014.12.19/低毒			
	梨树	梨木虱	25-33.3毫克/千克	喷雾
	棉花、小麦	蚜虫	7.5-15克/公顷	喷雾
	水稻	稻飞虱	15-22.5克/公顷	喷雾
	注:水稻、梨树的有效期至2009年10月29日。			
PD20040533	哒螨灵/20%/可湿性粉剂/哒螨灵 20%/2009.12.19 至 2014.12.19/中等毒			
	柑橘树、苹果树	红蜘蛛	50-67毫克/千克	喷雾
	棉花	红蜘蛛	90-135克/公顷	喷雾
PD20040598	吡虫·杀虫单/60%/可湿性粉剂/吡虫啉 2%、杀虫单 58%/2009.12.19 至 2014.12.19/中等毒			
	水稻	稻飞虱	360-540克/公顷	喷雾
PD20040624	哒螨灵/15%/乳油/哒螨灵 15%/2009.12.19 至 2014.12.19/中等毒			
	柑橘树	红蜘蛛	50-67毫克/千克	喷雾
	棉花	红蜘蛛	90-135克/公顷	喷雾
	注:哒螨灵质量浓度：135克/升。			
PD20040690	氯氰·三唑磷/20%/乳油/氯氰菊酯 1.8%、三唑磷 18.2%/2009.12.19 至 2014.12.19/中等毒			
	棉花	红铃虫	180-300克/公顷	喷雾

	棉花	蚜虫	180-240克/公顷	喷雾
	棉花	棉铃虫	300-360克/公顷	喷雾
PD20040748	吡虫啉/10%/可湿性粉剂/吡虫啉 10%/2009.12.19 至 2014.12.19/低毒			
	梨树	梨木虱	33.3-50毫克/千克	喷雾
	棉花	蚜虫	15-30克/公顷	喷雾
	蔬菜	蚜虫	7.5克/公顷	喷雾
	水稻	飞虱	15-30克/公顷	喷雾
	小麦	蚜虫	15-30克/公顷(南方地区) 45-60克/公顷(北方地区)	喷雾
PD20040807	三唑磷/20%/乳油/三唑磷 20%/2009.12.20 至 2014.12.20/中等毒			
	棉花	棉铃虫	375-450克/公顷	喷雾
	水稻	二化螟、三化螟	300-450克/公顷	喷雾
	注:棉花登记有效期至2009年12月9日。			
PD20050024	氯氰菊酯/10%/乳油/氯氰菊酯 10%/2010.04.15 至 2015.04.15/中等毒			
	甘蓝	菜青虫	30-45克/公顷	喷雾
	棉花	棉铃虫	67.5-90克/公顷	喷雾
PD20050026	高效氯氰菊酯/4.5%/乳油/高效氯氰菊酯 4.5%/2010.04.15 至 2015.04.15/中等毒			
	棉花	棉铃虫	33.75-40.5克/公顷	喷雾
	棉花	棉蚜	13.5-27克/公顷	喷雾
	棉花	红铃虫	20.25-33.75克/公顷	喷雾
	苹果树	桃小食心虫	22.5-30毫克/千克	喷雾
	十字花科蔬菜	菜青虫	13.5-20.25克/公顷	喷雾
	十字花科蔬菜	小菜蛾	20.25-33.75克/公顷	喷雾
	注:苹果树登记有效期至2009年12月9日。			
PD20050027	高效氯氰菊酯/4.5%/微乳剂/高效氯氰菊酯 4.5%/2010.04.15 至 2015.04.15/低毒			
	甘蓝	菜青虫	13.5-27克/公顷	喷雾
PD20050119	三唑磷/85%/原药/三唑磷 85%/2010.08.15 至 2015.08.15/中等毒			
PD20070508	丁硫克百威/90%/原药/丁硫克百威 90%/2012.11.28 至 2017.11.28/低毒			
PD20080243	毒死蜱/98%/原药/毒死蜱 98%/2013.02.14 至 2018.02.14/中等毒			
PD20080403	灭多威/98%/原药/灭多威 98%/2013.02.28 至 2018.02.28/高毒			
PD20082048	高效氟吡甲禾灵/98%/原药/高效氟吡甲禾灵 98%/2013.11.25 至 2018.11.25/低毒			
PD20082140	高效氯氟氰菊酯/95%/原药/高效氯氟氰菊酯 95%/2013.11.25 至 2018.11.25/中等毒			
PD20082142	二氯喹啉酸/50%/可湿性粉剂/二氯喹啉酸 50%/2013.11.25 至 2018.11.25/低毒			
	水稻移栽田	稗草	200-390克/公顷(北方地区)	茎叶喷雾
PD20082230	虫酰肼/20%/悬浮剂/虫酰肼 20%/2013.11.26 至 2018.11.26/低毒			
	十字花科蔬菜	甜菜夜蛾	210-300克/公顷	喷雾
PD20082269	阿维·氯氰/2.1%/乳油/阿维菌素 0.1%、氯氰菊酯 2%/2013.11.27 至 2018.11.27/低毒(原药高毒)			
	十字花科蔬菜	小菜蛾	15.75-22.05克/公顷	喷雾
PD20082461	高效氯氟氰菊酯/2.5%/乳油/高效氯氟氰菊酯 2.5%/2013.12.02 至 2018.12.02/中等毒			
	棉花	棉铃虫	22.5-30克/公顷	喷雾
	十字花科蔬菜	菜青虫	11.25-15克/公顷	喷雾
PD20082669	阿维菌素/1.8%/乳油/阿维菌素 1.8%/2013.12.05 至 2018.12.05/低毒(原药高毒)			
	棉花	棉铃虫	13.5-21.6克/公顷	喷雾
	十字花科蔬菜	小菜蛾	8.1-13.5克/公顷	喷雾
PD20082765	敌百虫/30%/乳油/敌百虫 30%/2013.12.08 至 2018.12.08/低毒			
	十字花科蔬菜	菜青虫	450-675克/公顷	喷雾
PD20082772	氯氰·毒死蜱/52.25%/乳油/毒死蜱 47.5%、氯氰菊酯 4.75%/2008.12.08 至 2013.12.08/中等毒			
	十字花科蔬菜	菜青虫	235.125-391.875克/公顷	喷雾
PD20082884	灭多威/20%/乳油/灭多威 20%/2013.12.09 至 2018.12.09/高毒			
	棉花	棉铃虫	150-225克/公顷	喷雾
	棉花	蚜虫	75-150克/公顷	喷雾
PD20083141	辛硫·高氯氟/26%/乳油/高效氯氟氰菊酯 1%、辛硫磷 25%/2013.12.10 至 2018.12.10/中等毒			
	棉花	棉铃虫	300克/公顷	喷雾
	叶菜类蔬菜	菜青虫	162.63-243.75克/公顷	喷雾
PD20083659	毒死蜱/40%/乳油/毒死蜱 40%/2013.12.12 至 2018.12.12/中等毒			
	柑橘树	矢尖蚧、锈壁虱	267-500毫克/千克	喷雾
	棉花	棉铃虫、蚜虫	450-900克/公顷	喷雾
	苹果树	绵蚜	1500-2000倍液	喷雾
	苹果树	桃小食心虫	160-240毫克/千克	喷雾
	水稻	稻飞虱	300-600克/公顷	喷雾
	水稻	稻纵卷叶螟	480-600克/公顷	喷雾
	小麦	蚜虫	120-180克/公顷	喷雾
PD20083738	克百威/97%/原药/克百威 97%/2013.12.15 至 2018.12.15/高毒			

PD20084110 高效氟吡甲禾灵/10.8%/乳油/高效氟吡甲禾灵 10.8%/2013.12.16 至 2018.12.16/低毒
冬油菜田 一年生禾本科杂草 32.4－48.6克/公顷 茎叶喷雾
花生田、棉花田、夏大豆田 一年生禾本科杂草 40.5－56.7克/公顷 茎叶喷雾

PD20084204 甲萘威/85%/可湿性粉剂/甲萘威 85%/2013.12.16 至 2018.12.16/中等毒
棉花 棉铃虫 1275-1912.5克/公顷 喷雾

PD20085146 毒死蜱/30%/微乳剂/毒死蜱 30%/2013.12.23 至 2018.12.23/中等毒
苹果树 绵蚜 200-250毫克/千克 喷雾

PD20085262 精喹·草除灵/17.5%/乳油/草除灵 15%、精喹禾灵 2.5%/2013.12.23 至 2018.12.23/低毒
冬油菜田 一年生杂草 262.5-393.8克/公顷 茎叶喷雾

PD20085274 克百·敌百虫/3%/颗粒剂/敌百虫 1.5%、克百威 1.5%/2013.12.23 至 2018.12.23/低毒(原药高毒)
棉花 蚜虫 1125-1350克/公顷 沟施或穴施
水稻 二化螟、三化螟 1350-1800克/公顷 撒施

PD20085339 克百威/3%/颗粒剂/克百威 3%/2013.12.24 至 2018.12.24/中等毒(原药高毒)
甘蔗 蚜虫、蔗龟 1350-2250克/公顷 沟施
花生 线虫 1800-2250克/公顷 条施,沟施
棉花 蚜虫 675-900克/公顷 条施,沟施
水稻 螟虫、瘿蚊 900-1350克/公顷 撒施

PD20085987 草甘膦异丙胺盐/41%/水剂/草甘膦异丙胺盐 41%/2013.12.29 至 2018.12.29/低毒
冬油菜田（免耕） 一年生杂草 750-1200克/公顷 茎叶喷雾
果园 杂草 1125-2250克/公顷 定向茎叶喷雾
免耕春油菜田 杂草 1500-2250克/公顷 茎叶喷雾
免耕抛秧晚稻田 杂草 2100-2550克/公顷 茎叶喷雾

PD20090681 代森锰锌/80%/可湿性粉剂/代森锰锌 80%/2014.01.19 至 2019.01.19/低毒
柑橘树 疮痂病、炭疽病 1333-2000毫克/千克 喷雾
黄瓜 霜霉病 1800-2400克/公顷 喷雾
梨树 黑星病 800-1600毫克/千克 喷雾
荔枝树 霜疫霉病 1333-2000毫克/千克 喷雾
苹果树 斑点落叶病、轮纹病、炭疽病 1000-1600毫克/千克 喷雾
葡萄 白腐病、黑痘病、霜霉病 1000-1600毫克/千克 喷雾
西瓜 炭疽病 1560-2520毫克/千克 喷雾

PD20090710 乐果/40%/乳油/乐果 40%/2014.01.19 至 2019.01.19/中等毒
十字花科蔬菜 蚜虫 540-600克/公顷 喷雾

PD20090731 精喹禾灵/5%/乳油/精喹禾灵 5%/2014.01.19 至 2019.01.19/低毒
花生田、棉花田 一年生禾本科杂草 45-60克/公顷 茎叶喷雾
西瓜田 一年生禾本科杂草 30-45克/公顷 茎叶喷雾
夏大豆田 一年生禾本科杂草 52.5-67.5克/公顷 喷雾
油菜田 一年生禾本科杂草 45-67.5克/公顷 喷雾
芝麻 一年生禾本科杂草 37.5-60克/公顷 茎叶喷雾

PD20090757 吡虫·氧乐果/20%/乳油/吡虫啉 1%、氧乐果 19%/2014.01.19 至 2019.01.19/中等毒(原药高毒)
小麦 蚜虫 45-60克/公顷 喷雾

PD20091118 烯唑醇/12.5%/可湿性粉剂/烯唑醇 12.5%/2014.01.21 至 2019.01.21/低毒
小麦 白粉病 60-120克/公顷 喷雾

PD20092057 百草枯/200克/升/水剂/百草枯 200克/升/2012.12.31 至 2014.07.01/中等毒
稻茬免耕小麦田 杂草 382.5-510克/公顷 茎叶喷雾

PD20093393 高效氯氰菊酯/95%/原药/高效氯氰菊酯 95%/2014.03.19 至 2019.03.19/低毒

PD20095676 阿维·哒螨灵/5%/乳油/阿维菌素 0.2%、哒螨灵 4.8%/2009.05.14 至 2014.05.14/低毒(原药高毒)
苹果树 红蜘蛛 25-50毫克/千克 喷雾

PD20097523 百草枯/42%/母药/百草枯 42%/2009.11.03 至 2014.11.03/中等毒

PD20101309 虫酰肼/95%/原药/虫酰肼 95%/2010.03.17 至 2015.03.17/低毒

PD20101516 乙酰甲胺磷/75%/可溶粉剂/乙酰甲胺磷 75%/2010.05.12 至 2015.05.12/低毒
水稻 稻纵卷叶螟 787.5-1125克/公顷 喷雾

PD20101556 草甘膦异丙胺盐(62%)///母药/草甘膦 46%/2010.05.19 至 2015.05.19/低毒

PD20110386 草甘膦铵盐/68%/可溶粒剂/草甘膦 68%/2011.04.12 至 2016.04.12/低毒
非耕地 杂草 1125-2250克/公顷 茎叶喷雾
注:草甘膦铵盐含量：74.7%。

PD20110865 乙酰甲胺磷/92%/可溶粒剂/乙酰甲胺磷 92%/2011.08.10 至 2016.08.10/低毒
棉花 蚜虫 552～690克/公顷 喷雾

PD20110991 草甘膦铵盐/50%/可溶粉剂/草甘膦 50%/2011.09.21 至 2016.09.21/低毒
柑橘园 杂草 1856-2475克/公顷 定向茎叶喷雾
注:草甘膦铵盐含量：55%。

PD20120309 2,4-滴二甲胺盐/720克/升/水剂/2,4-滴二甲胺盐 720克/升/2012.02.17 至 2017.02.17/低毒
注:专供出口，不得在国内销售。

PD20131506　2,4-滴/98%/原药/2,4-滴 98%/2013.07.15 至 2018.07.15/中等毒
注:专供出口，不得在国内销售。
PD20132692　敌敌畏/90%/可溶液剂/敌敌畏 90%/2013.12.25 至 2018.12.25/中等毒

观赏菊花	蚜虫	900-1125毫克/千克	喷雾

湖北沙隆达天门农化有限责任公司　(湖北省天门市皂市镇古都大道179号　431703　0728-4811345)

PD20080084　百草枯/200克/升/水剂/百草枯 200克/升/2008.01.03 至 2013.01.03/低毒

茶园	杂草	450-900克/公顷	定向喷雾
非耕地	杂草	600-900克/公顷	茎叶喷雾
免耕油菜	杂草	450-600克/公顷	茎叶喷雾
夏玉米田	杂草	450-600克/公顷	定向喷雾

湖北省赤壁志诚生物工程有限公司　(湖北省赤壁市凤凰山苦竹桥　437322　0715-5260250)

PD20092500　杀单·苏云菌/63.6%/可湿性粉剂/杀虫单 63%、苏云金杆菌 0.6%/2014.02.26 至 2019.02.26/中等毒

水稻	二化螟	477-667.8克/公顷	喷雾

PD20092860　阿维·毒死蜱/26%/乳油/阿维菌素 0.15%、毒死蜱 25.85%/2009.03.05 至 2014.03.05/中等毒(原药高毒)

黄瓜	斑潜蝇	58.5-97.5克/公顷	喷雾

PD20094641　唑磷·毒死蜱/32%/乳油/毒死蜱 16%、三唑磷 16%/2014.04.10 至 2019.04.10/中等毒

水稻	三化螟	192-288克/公顷	喷雾

PD20095176　灭多威/10%/可湿性粉剂/灭多威 10%/2009.04.24 至 2014.04.24/高毒

棉花	棉铃虫	150-225克/公顷	喷雾

PD20097285　阿维·苏云菌/2%/可湿性粉剂/阿维菌素 0.1%、苏云金杆菌 1.9%/2009.10.26 至 2014.10.26/低毒(原药高毒)

甘蓝	菜青虫	6-9克/公顷	喷雾

PD20097862　苏云金杆菌/16000IU/毫克/可湿性粉剂/苏云金杆菌 16000IU/毫克/2009.11.20 至 2014.11.20/低毒

茶树	茶毛虫	800-1600倍液	喷雾
棉花	二代棉铃虫	1500-2250克制剂/公顷	喷雾
森林	松毛虫	1200-1600倍液	喷雾
十字花科蔬菜	菜青虫	375-750克制剂/公顷	喷雾
十字花科蔬菜	小菜蛾	750-1125克制剂/公顷	喷雾
水稻	稻纵卷叶螟	1500-2250克制剂/公顷	喷雾
烟草	烟青虫	750-1500克制剂/公顷	喷雾
玉米	玉米螟	750-1500克制剂/公顷	喷雾
枣树	枣尺蠖	1200-1600倍液	喷雾

PD20098123　棉铃虫核型多角体病毒/10亿PIB/克/可湿性粉剂/棉铃虫核型多角体病毒 10亿PIB/克/2009.12.08 至 2014.12.08/低毒

棉花	棉铃虫	1500-2250克制剂/公顷	喷雾

湖北省汉川瑞天利化工有限公司　(湖北省孝感市汉川市田二河镇振兴路　431605　0712-8752532)

PD20083427　高效氯氰菊酯/4.5%/水乳剂/高效氯氰菊酯 4.5%/2013.12.11 至 2018.12.11/低毒

甘蓝	菜青虫	20.25-27克/公顷	喷雾

PD20095443　三唑磷/20%/乳油/三唑磷 20%/2009.05.11 至 2014.05.11/低毒

水稻	三化螟	375-450克/公顷	喷雾

PD20100659　复硝酚钾/2%/水剂/2,4-二硝基苯酚钾 0.15%、对硝基苯酚钾 1.0%、邻硝基苯酚钾 0.9%/2010.01.15 至 2015.01.15/低毒

茶树	调节生长	4000-6000倍液	喷雾、浸种
豆菜、瓜菜类蔬菜、叶菜类蔬菜	调节生长	2000-3000倍液	喷雾、浸种
甘蔗	调节生长	1)4000-6000倍液2)3000-4000倍液	喷雾、浸种
黄麻	调节生长	5000-6000倍液	喷雾
亚麻	调节生长	2000-3000倍液	喷雾

PD20120952　甲氨基阿维菌素苯甲酸盐/0.5%/乳油/甲氨基阿维菌素 0.5%/2012.06.14 至 2017.06.14/低毒

甘蓝	甜菜夜蛾	2.25-3.75克/公顷	喷雾

注:甲氨基阿维菌素苯甲酸盐含量: 0.57%。
PD20120954　阿维菌素/1.8%/乳油/阿维菌素 1.8%/2012.06.14 至 2017.06.14/低毒(原药高毒)

苹果树	红蜘蛛	3-6毫克/千克	喷雾

PD20132256　啶虫脒/5%/乳油/啶虫脒 5%/2013.11.05 至 2018.11.05/低毒

柑橘树	蚜虫	10-12.5毫克/千克	喷雾

湖北省荆州市荆江化工有限责任公司　(湖北省荆州市沙市区航空路8号　434000　0716-8212989)

WP20080276　蚊香/0.22%/蚊香/富右旋反式烯丙菊酯 0.22%/2008.12.01 至 2013.12.01/低毒

卫生	蚊	/	点燃

湖北省荆州市扬长日化有限公司　(湖北省公安县杨家厂镇斗杨路18号　434303　0716-5394358)

WP20080228　杀蚊烟片/1.8%/片剂/胺菊酯 1.8%/2013.11.25 至 2018.11.25/低毒

卫生	蚊	/	点燃

湖北省荆州市鑫隆达农药化工有限公司　(湖北省荆州市荆州区弥市镇刘家桥村　434035　0716-8817235)

PD84104-51　杀虫双/18%/水剂/杀虫双 18%/2009.10.15 至 2014.10.15/中等毒

甘蔗、蔬菜、水稻、小麦、玉米	多种害虫	540-675克/公顷	喷雾

果树　多种害虫　225-360毫克/千克　喷雾

湖北省天门市生物农药厂　(湖北省天门市蒋湖农工路3号　431725　0728-4691209)

PD20040373　高效氯氰菊酯/4.5%/乳油/高效氯氰菊酯 4.5%/2009.12.19 至 2014.12.19/中等毒
棉花　棉铃虫　15-30克/公顷　喷雾

PD20082395　高氯·辛硫磷/27.5%/乳油/高效氯氰菊酯 2.5%、辛硫磷 25%/2013.12.01 至 2018.12.01/中等毒
棉花　棉铃虫　247.5-330克/公顷　喷雾

PD20082542　氰戊·辛硫磷/34%/乳油/氰戊菊酯 4%、辛硫磷 30%/2013.12.03 至 2018.12.03/中等毒
棉花　棉铃虫　255-306克/公顷　喷雾

PD20097117　棉铃虫核型多角体病毒/5000亿PIB/克/母药/棉铃虫核型多角体病毒 5000亿PIB/克/2009.10.12 至 2014.10.12/低毒

PD20097118　棉铃虫核型多角体病毒/10亿PIB/克/可湿性粉剂/棉铃虫核型多角体病毒 10亿PIB/克/2009.10.12 至 2014.10.12/低毒
棉花　棉铃虫　1200-1500克制剂/公顷　喷雾

PD20097119　棉铃虫核型多角体病毒/20亿PIB/克/悬浮剂/棉铃虫核型多角体病毒 20亿PIB/克/2009.10.12 至 2014.10.12/低毒
棉花　棉铃虫　750-900毫升制剂/公顷　喷雾

湖北省天门斯普林植物保护有限公司　(湖北省天门市岳口镇沿河大道3-1号　431702　0728-4725817)

PD20092019　甲哌鎓/25%/水剂/甲哌鎓 25%/2014.02.12 至 2019.02.12/低毒
棉花　调节生长　45-60克/公顷　喷雾

PD20100873　硫磺·多菌灵/40%/悬浮剂/多菌灵 20%、硫磺 20%/2010.01.19 至 2015.01.19/低毒
水稻　稻瘟病　1200-1800克/公顷　喷雾
甜菜　褐斑病　900-1200克/公顷　喷雾

PD20110149　啶虫脒/3%/微乳剂/啶虫脒 3%/2011.02.10 至 2016.02.10/低毒
烟草　蚜虫　18-27克/公顷　喷雾

PD20110159　吡虫啉/2%/颗粒剂/吡虫啉 2%/2011.02.10 至 2016.02.10/低毒
烟草　蚜虫　135-195克/公顷　穴施

PD20110501　络氨铜/25%/水剂/络氨铜 25%/2011.05.03 至 2016.05.03/低毒
棉花　立枯病、炭疽病　99-132克/100千克种子　拌种

PD20120166　阿维菌素/1.8%/微乳剂/阿维菌素 1.8%/2012.01.30 至 2017.01.30/低毒(原药高毒)
棉花　棉铃虫　21.6-32.4克/公顷　喷雾
棉花　红蜘蛛　10.8-16.2克/公顷　喷雾

湖北省天门易普乐农化有限公司　(湖北省天门市岳口镇沿河大道3号　431702　0728-4725817)

PDN8-91　三环唑/20%/可湿性粉剂/三环唑 20%/2011.04.12 至 2016.04.12/中等毒
水稻　稻瘟病　225-300克/公顷　喷雾

PD84118-9　多菌灵/25%/可湿性粉剂/多菌灵 25%/2010.01.21 至 2015.01.21/低毒
果树　病害　0.05-0.1%药液　喷雾
花生　倒秧病　750克/公顷　喷雾
麦类　赤霉病　750克/公顷　喷雾.泼浇
棉花　苗期病害　500克/100千克种子　拌种
水稻　稻瘟病、纹枯病　750克/公顷　喷雾.泼浇
油菜　菌核病　1125-1500克/公顷　喷雾

PD84125-11　乙烯利/40%/水剂/乙烯利 40%/2010.01.21 至 2015.01.21/低毒
番茄　催熟　800-1000倍液　喷雾或浸渍
棉花　催熟、增产　330-500倍液　喷雾
柿子、香蕉　催熟　400倍液　喷雾或浸渍
水稻　催熟、增产　800倍液　喷雾
橡胶树　增产　5-10倍液　涂布
烟草　催熟　1000-2000倍液　喷雾

PD85150-11　多菌灵/50%/可湿性粉剂/多菌灵 50%/2011.04.11 至 2016.04.11/低毒
果树　病害　0.05-0.1%药液　喷雾
花生　倒秧病　750克/公顷　喷雾
麦类　赤霉病　750克/公顷　喷雾、泼浇
棉花　苗期病害　250克/50千克种子　拌种
水稻　稻瘟病、纹枯病　750克/公顷　喷雾、泼浇
油菜　菌核病　1125-1500克/公顷　喷雾

PD86133-5　仲丁威/25%/乳油/仲丁威 25%/2011.11.13 至 2016.11.13/低毒
水稻　飞虱、叶蝉　375-562.5克/公顷　喷雾

PD86134-4　多菌灵/40%/悬浮剂/多菌灵 40%/2011.11.13 至 2016.11.13/低毒
果树　病害　0.05-0.1%药液　喷雾
花生　倒秧病　750克/公顷　喷雾
绿萍　霉腐病　0.05%药液　喷雾
麦类　赤霉病　0.025%药液　喷雾
棉花　苗期病害　0.3%药液　浸种
水稻　纹枯病　0.025%药液　喷雾
甜菜　褐斑病　250-500倍液　喷雾
油菜　菌核病　1125-1500克/公顷　喷雾

PD86148-22 异丙威/20%/乳油/异丙威 20%/2011.11.13 至 2016.11.13/中等毒
水稻 飞虱、叶蝉 450-600克/公顷 喷雾
PD86153-5 叶枯唑/20%/可湿性粉剂/叶枯唑 20%/2011.11.13 至 2016.11.13/低毒
水稻 白叶枯病 300-375克/公顷 喷雾、弥雾
PD86156-4 异丙威/4%/粉剂/异丙威 4%/2011.11.13 至 2016.11.13/中等毒
水稻 飞虱、叶蝉 600克/公顷 喷粉
PD90101-2 异丙威/2%/粉剂/异丙威 2%/2010.01.06 至 2015.01.06/中等毒
水稻 飞虱、叶蝉 450-900克/公顷 喷粉
PD20040610 三唑酮/15%/可湿性粉剂/三唑酮 15%/2009.12.19 至 2014.12.19/低毒
小麦 白粉病、锈病 135-180克/公顷 喷雾
玉米 丝黑穗病 60-90克/100千克种子 拌种
PD20040649 三唑酮/20%/乳油/三唑酮 20%/2009.12.19 至 2014.12.19/低毒
小麦 白粉病 120-127.5克/公顷 喷雾
PD20085441 高效氯氟氰菊酯/25克/升/乳油/高效氯氟氰菊酯 25克/升/2013.12.24 至 2018.12.24/中等毒
茶树 茶尺蠖 3.75-7.5克/公顷 喷雾
PD20091436 毒死蜱/40%/乳油/毒死蜱 40%/2009.02.02 至 2014.02.02/中等毒
十字花科蔬菜 菜青虫 420-540克/公顷 喷雾
PD20091753 异稻·三环唑/20%/可湿性粉剂/三环唑 12%、异稻瘟净 8%/2014.02.04 至 2019.02.04/中等毒
水稻 稻瘟病 300-450克/公顷 喷雾
PD20091994 甲基异柳磷/2.5%/颗粒剂/甲基异柳磷 2.5%/2014.02.12 至 2019.02.12/高毒
小麦 吸浆虫 495-750克/公顷 土壤处理
PD20092068 溴氰菊酯/2.5%/乳油/溴氰菊酯 2.5%/2014.02.16 至 2019.02.16/中等毒
茶树 害虫 3.75-7.5克/公顷 喷雾
大白菜、棉花 害虫 7.5-15克/公顷 喷雾
柑橘树、苹果树 害虫 5-10毫克/千克 喷雾
烟草 烟青虫 7.5-9克/公顷 喷雾
PD20093316 噻嗪酮/25%/可湿性粉剂/噻嗪酮 25%/2014.03.13 至 2019.03.13/低毒
水稻 飞虱 150-187.5克/公顷 喷雾
PD20093465 草甘膦/30%/水剂/草甘膦 30%/2014.03.23 至 2019.03.23/低毒
柑橘园 杂草 1125-2250克/公顷 定向喷雾
PD20094864 甲霜·锰锌/72%/可湿性粉剂/甲霜灵 64%、代森锰锌 8%/2014.04.13 至 2019.04.13/低毒
黄瓜 霜霉病 1944-2268克/公顷 喷雾
PD20102174 甲氨基阿维菌素苯甲酸盐/2%/乳油/甲氨基阿维菌素苯甲酸盐 2%/2010.12.14 至 2015.12.14/低毒
棉花 棉铃虫 9.675-12.9克/公顷 喷雾
注:甲氨基阿维菌素苯甲酸盐含量：2.3%
PD20110384 苯甲·丙环唑/30%/乳油/苯醚甲环唑 15%、丙环唑 15%/2011.04.12 至 2016.04.12/低毒
香蕉 叶斑病 150—300毫克/千克 喷雾
PD20110758 甲氨基阿维菌素苯甲酸盐/5%/水分散粒剂/甲氨基阿维菌素 5%/2011.07.25 至 2016.07.25/低毒
甘蓝 甜菜夜蛾 2.5-3.75克/公顷 喷雾
注:甲氨基阿维菌素苯甲酸盐含量为:5.7%。
PD20111110 阿维菌素/1.8%/乳油/阿维菌素 1.8%/2011.10.18 至 2016.10.18/低毒(原药高毒)
柑橘树 红蜘蛛 6-7.2毫克/千克 喷雾
PD20120132 啶虫脒/20%/可溶粉剂/啶虫脒 20%/2012.01.29 至 2017.01.29/低毒
黄瓜 蚜虫 30-45克/公顷 喷雾
PD20130130 吡虫啉/70%/水分散粒剂/吡虫啉 70%/2013.01.17 至 2018.01.17/低毒
甘蓝 蚜虫 14-20克/公顷 喷雾
PD20130678 烯酰·锰锌/69%/可湿性粉剂/代森锰锌 61%、烯酰吗啉 8%/2013.04.09 至 2018.04.09/低毒
黄瓜 霜霉病 1035-1400克/公顷 喷雾
PD20130708 草甘膦铵盐/80%/可溶粒剂/草甘膦 80%/2013.04.11 至 2018.04.11/低毒
非耕地 杂草 1200-2400克/公顷 定向茎叶喷雾
橡胶园 杂草 1800-2400克/公顷 行间定向茎叶喷雾
注:草甘膦铵盐含量:88.8%。

湖北省蚊香厂 (湖北省黄梅县环城路1号 435500 0713-3636236)

WP20100014 蚊香/0.3%/蚊香/富右旋反式烯丙菊酯 0.3%/2010.01.14 至 2015.01.14/微毒
卫生 蚊 / 点燃

湖北省武汉爱卫灭鼠消杀药品供应站 (湖北省武汉市武昌区长虹桥2—5号 430064 027-88023117)

PD20080899 溴敌隆/0.005%/饵剂/溴敌隆 0.005%/2008.07.09 至 2013.07.09/低毒(原药高毒)
室内、外 鼠 饱和投饵 撒施

湖北省武汉汉南同心化工有限公司 (湖北省武汉市汉南区汉南大道810号 430090 027-84854610)

PD84111-46 氧乐果/40%/乳油/氧乐果 40%/2009.11.19 至 2014.11.19/高毒
棉花 蚜虫、螨 375-600克/公顷 喷雾
森林 松干蚧、松毛虫 500倍液 喷雾或直接涂树干
水稻 稻纵卷叶螟、飞虱 375-600克/公顷 喷雾

	小麦	蚜虫	300-450克/公顷	喷雾
PD85105-37	敌敌畏/80%/乳油/敌敌畏 77.5%(气谱法)/2010.03.19 至 2015.03.19/中等毒			
	茶树	食叶害虫	600克/公顷	喷雾
	粮仓	多种储藏害虫	1)400-500倍液 2)0.4-0.5克/立方米	1)喷雾 2)挂条熏蒸
	棉花	蚜虫、造桥虫	600-1200克/公顷	喷雾
	苹果树	小卷叶蛾、蚜虫	400-500毫克/千克	喷雾
	青菜	菜青虫	600克/公顷	喷雾
	桑树	尺蠖	600克/公顷	喷雾
	卫生	多种卫生害虫	1)300-400倍液2)0.08克/立方米	1)泼洒2)挂条熏蒸
	小麦	黏虫、蚜虫	600克/公顷	喷雾
PD85151-6	2,4-滴丁酯/57%/乳油/2,4-滴丁酯 57%/2010.08.15 至 2015.08.15/低毒			
	谷子、小麦	双子叶杂草	525克/公顷	喷雾
	水稻	双子叶杂草	300-525克/公顷	喷雾
	玉米	双子叶杂草	1)1050克/公顷 2)450-525克/公顷	1)苗前土壤处理 2)喷雾
PD91104-8	敌敌畏/50%/乳油/敌敌畏 48%(气谱法)/2012.03.06 至 2017.03.06/中等毒			
	茶树	食叶害虫	600克/公顷	喷雾
	粮仓	多种储粮害虫	1)300-400倍液 2)0.4-0.5克/立方米	1)喷雾 2)挂条熏蒸
	棉花	蚜虫、造桥虫	600-1200克/公顷	喷雾
	苹果树	小卷叶蛾、蚜虫	400-500毫克/千克	喷雾
	青菜	菜青虫	600克/公顷	喷雾
	桑树	尺蠖	600克/公顷	喷雾
	卫生	多种卫生害虫	1)250-300倍液2)0.08克/立方米	1)泼洒2)挂条熏蒸
	小麦	黏虫、蚜虫	600克/公顷	喷雾
PD20040599	哒螨灵/20%/可湿性粉剂/哒螨灵 20%/2009.12.19 至 2014.12.19/中等毒			
	柑橘树、苹果树	红蜘蛛	50-67毫克/千克	喷雾
PD20040668	哒螨灵/15%/乳油/哒螨灵 15%/2009.12.19 至 2014.12.19/中等毒			
	柑橘树、苹果树	红蜘蛛	50-67毫克/千克	喷雾
PD20040676	三唑磷/20%/乳油/三唑磷 20%/2009.12.19 至 2014.12.19/中等毒			
	棉花	棉铃虫	375-450克/公顷	喷雾
	水稻	二化螟、三化螟	300-450克/公顷	喷雾
PD20070667	辛硫磷/40%/乳油/辛硫磷 40%/2012.12.17 至 2017.12.17/低毒			
	棉花	棉铃虫	540-720克/公顷	喷雾
PD20085066	敌百虫/30%/乳油/敌百虫 30%/2013.12.23 至 2018.12.23/低毒			
	十字花科蔬菜	菜青虫	450-675克/公顷	喷雾
PD20090618	草甘膦/30%/水剂/草甘膦 30%/2014.01.14 至 2019.01.14/低毒			
	甘蔗田	一年生和多年生杂草	1125-2250克/公顷	喷雾
PD20092769	2甲4氯钠/13%/水剂/2甲4氯钠 13%/2014.03.04 至 2019.03.04/低毒			
	水稻	部分阔叶杂草	450-900克/公顷	喷雾
	小麦	部分阔叶杂草	600-900克/公顷	喷雾
PD20096185	单甲脒盐酸盐/25%/水剂/单甲脒盐酸盐 25%/2009.07.10 至 2014.07.10/中等毒			
	柑橘树	红蜘蛛	250毫克/千克	喷雾

湖北省武汉环保盾高新科技发展有限公司 （湖北省武汉市汉阳区杨泗港路1号 430052 027-84523259)

WP20100029	杀虫水乳剂/0.3%/水乳剂/氯菊酯 0.3%/2010.01.20 至 2015.01.20/低毒			
	卫生	蚊、蝇	/	喷洒
WP20120114	氯菊酯/24%/乳油/氯菊酯 24%/2012.06.14 至 2017.06.14/低毒			
	卫生	蚊、蝇	10毫克/平方米(玻璃)，20毫克/平方米(木)，30毫克/平方米(水泥)	滞留喷洒
	卫生	蜚蠊	20毫克/平方米(玻璃)，40毫克/平方米(木)，60毫克/平方米(水泥)	滞留喷洒

湖北省武汉洁利日化有限责任公司 （湖北省武汉市蔡甸区汉口青年路56号 430022 027-85769452)

WP20090257	杀虫气雾剂/0.46%/气雾剂/Es-生物烯丙菊酯 0.06%、胺菊酯 0.2%、氯菊酯 0.2%/2009.04.27 至 2014.04.27/低毒			
	卫生	蜚蠊、蚊、蝇	/	喷雾
WP20100056	蚊香/0.3%/蚊香/富右旋反式烯丙菊酯 0.3%/2010.03.26 至 2015.03.26/微毒			
	卫生	蚊	/	点燃

湖北省武汉天惠生物工程有限公司 （湖北武汉市洪山区华中农业大学狮子山大道天惠楼 430070 027-87287660)

PD20082288	阿维菌素/1.8%/乳油/阿维菌素 1.8%/2013.12.01 至 2018.12.01/低毒(原药高毒)			
	柑橘树	红蜘蛛	4.5-9毫克/千克	喷雾
	十字花科蔬菜	小菜蛾	8.1-10.8克/公顷	喷雾
PD20082628	阿维菌素/92%/原药/阿维菌素 92%/2013.12.04 至 2018.12.04/高毒			
PD20090205	三唑磷/20%/乳油/三唑磷 20%/2014.01.09 至 2019.01.09/中等毒			

	水稻	二化螟、三化螟	300-450克/公顷	喷雾
PD20091472	苏云金杆菌/16000IU/毫克/可湿性粉剂/苏云金杆菌 16000IU/毫克/2014.02.02 至 2019.02.02/低毒			
	茶树	茶毛虫	800-1600倍	喷雾
	棉花	二代棉铃虫、棉铃虫	1500-2250克制剂/公顷	喷雾
	森林	松毛虫	1200-1600倍	喷雾
	十字花科蔬菜	菜青虫	375-750克制剂/公顷	喷雾
	十字花科蔬菜	小菜蛾	750-1125克制剂/公顷	喷雾
	水稻	稻纵卷叶螟	1500-2250克制剂/公顷	喷雾
	烟草	烟青虫	750-1500克制剂/公顷	喷雾
	玉米	玉米螟	750-1500克制剂/公顷	喷雾
	枣树	枣尺蠖	1200-1600倍	喷雾
PD20096215	多抗霉素/32%/原药/多抗霉素 32%/2009.07.15 至 2014.07.15/低毒			
PD20096234	唑磷·毒死蜱/25%/乳油/毒死蜱 5%、三唑磷 20%/2009.07.15 至 2014.07.15/中等毒			
	水稻	稻纵卷叶螟	300-375克/公顷	喷雾
PD20096823	枯草芽孢杆菌/2000亿孢子/克/母药/枯草芽孢杆菌 2000亿孢子/克/2009.09.21 至 2014.09.21/低毒			
PD20096824	枯草芽孢杆菌/1000亿孢子/克/可湿性粉剂/枯草芽孢杆菌 1000亿孢子/克/2009.09.21 至 2014.09.21/低毒			
	草莓	灰霉病	600-900克制剂/公顷	喷雾
	黄瓜	白粉病	840-1260克制剂/公顷	喷雾
	水稻	稻瘟病	375-450克/公顷	喷雾
PD20097517	井冈霉素A/5%/可溶粉剂/井冈霉素A 5%/2009.11.03 至 2014.11.03/低毒			
	水稻	纹枯病	52.5-75克/公顷	喷雾
PD20098521	多抗霉素/3%/可湿性粉剂/多抗霉素 3%/2009.12.24 至 2014.12.24/低毒			
	烟草	赤星病	105－135克/公顷	喷雾
PD20100393	井冈霉素/20%/可溶粉剂/井冈霉素 20%/2010.01.14 至 2015.01.14/低毒			
	水稻	纹枯病	105－150克/公顷	喷雾
PD20121347	蛇床子素/10%/母药/蛇床子素 10%/2012.09.13 至 2017.09.13/低毒			
PD20121348	蛇床子素/0.4%/乳油/蛇床子素 0.4%/2012.09.13 至 2017.09.13/低毒			
	茶树	茶尺蠖	6-7.2克/公顷	喷雾
	十字花科蔬菜	菜青虫	4.8-7.2克/公顷	喷雾
PD20121828	胺·吡·草除灵/14.5%/可湿性粉剂/胺苯磺隆 1%、草除灵 10%、高效氟吡甲禾灵 3.5%/2012.11.22 至 2017.11.22/低毒			
	油菜田	一年生杂草	108.75-130.5克/公顷	茎叶喷雾
PD20131035	阿维菌素/5%/微乳剂/阿维菌素 5%/2013.05.13 至 2018.05.13/低毒(原药高毒)			
	菜豆	美洲斑潜蝇	8.1-12.15克/公顷	喷雾
PD20131519	啶虫脒/3%/微乳剂/啶虫脒 3%/2013.07.17 至 2018.07.17/低毒			
	甘蓝	蚜虫	18-22.5克/公顷	喷雾
PD20132186	甲氨基阿维菌素苯甲酸盐/3%/水分散粒剂/甲氨基阿维菌素 3%/2013.10.29 至 2018.10.29/低毒			
	甘蓝	甜菜夜蛾	2.25-3.75克/公顷	喷雾
	注:甲氨基阿维菌素苯甲酸盐含量：3.4%。			
LS20100045	蛇床子素/2%/乳油/蛇床子素 2%/2012.03.31 至 2013.03.31/低毒			
	水稻	稻曲病	15-30克/公顷	喷雾
LS20110163	几丁聚糖/0.5%/悬浮种衣剂/几丁聚糖 0.5%/2014.06.13 至 2015.06.13/低毒			
	春大豆、冬小麦、棉花、玉米	调节生长、增产	1:30-40(药种比)	种子包衣

湖北省武汉武隆农药有限公司　(湖北省武汉市新洲区仓埠街方杨林岗　430314　027-83413411)

PD85105-36	敌敌畏/80%/乳油/敌敌畏 77.5%(气谱法)/2010.01.14 至 2015.01.14/中等毒			
	茶树	食叶害虫	600克/公顷	喷雾
	粮仓	多种储藏害虫	1)400-500倍液 2)0.4-0.5克/立方米	1)喷雾 2)挂条熏蒸
	棉花	蚜虫、造桥虫	600-1200克/公顷	喷雾
	苹果树	小卷叶蛾、蚜虫	400-500毫克/千克	喷雾
	青菜	菜青虫	600克/公顷	喷雾
	桑树	尺蠖	600克/公顷	喷雾
	卫生	多种卫生害虫	1)300-400倍液2)0.08克/立方米	1)泼洒2)挂条熏蒸
	小麦	黏虫、蚜虫	600克/公顷	喷雾
PD86142-4	三氯杀虫酯/98%,95%/原药/三氯杀虫酯 98%,95%/2011.10.23 至 2016.10.23/低毒			
PD86148-20	异丙威/20%/乳油/异丙威 20%/2011.10.23 至 2016.10.23/中等毒			
	水稻	飞虱、叶蝉	450-600克/公顷	喷雾
PD91104-30	敌敌畏/50%/乳油/敌敌畏 48%(气谱法)/2011.01.17 至 2016.01.17/中等毒			
	茶树	食叶害虫	600克/公顷	喷雾
	粮仓	多种储粮害虫	1)300-400倍液 2)0.4-0.5克/立方米	1)喷雾2)挂条熏蒸
	棉花	蚜虫、造桥虫	600-1200克/公顷	喷雾
	苹果树	小卷叶蛾、蚜虫	400-500毫克/千克	喷雾

青菜 菜青虫 600克/公顷 喷雾
桑树 尺蠖 600克/公顷 喷雾
卫生 多种卫生害虫 1)250-300倍液2)0.08克/立方米 1)泼洒2)挂条熏蒸
小麦 黏虫、蚜虫 600克/公顷 喷雾

PD20050172 高效氯氰菊酯/4.5%/乳油/高效氯氰菊酯 4.5%/2010.11.14 至 2015.11.14/中等毒
茶树 尺蠖 15-25.5克/公顷 喷雾
柑橘树 潜叶蛾 15-20毫克/千克 喷雾
柑橘树 红蜡蚧 50毫克/千克 喷雾
棉花 红铃虫、棉铃虫、蚜虫 15-30克/公顷 喷雾
十字花科蔬菜 菜蚜 3-18克/公顷 喷雾
十字花科蔬菜 菜青虫、小菜蛾 9-25.5克/公顷 喷雾
烟草 烟青虫 15-25.5克/公顷 喷雾

PD20082277 甲氰菊酯/20%/乳油/甲氰菊酯 20%/2013.11.27 至 2018.11.27/中等毒
十字花科叶菜 小菜蛾 120-240克/公顷 喷雾

PD20082967 精吡氟禾草灵/15%/乳油/精吡氟禾草灵 15%/2013.12.09 至 2018.12.09/低毒
棉花田 一年生禾本科杂草 75-150克/公顷 茎叶喷雾

PD20083139 溴氰菊酯/2.5%/乳油/溴氰菊酯 2.5%/2013.12.10 至 2018.12.10/中等毒
十字花科蔬菜 菜青虫 7.5-15克/公顷 喷雾

PD20090683 杀单·苏云/63.1%/可湿性粉剂/杀虫单 62.6%、苏云金杆菌 0.5%/2014.01.19 至 2019.01.19/中等毒
水稻 二化螟 437.25-662.55克/公顷 喷雾

PD20090780 氰戊·氧乐果/30%/乳油/氰戊菊酯 10%、氧乐果 20%/2014.01.19 至 2019.01.19/高毒
棉花 红铃虫、棉铃虫 90-180克/公顷 喷雾
棉花 蚜虫 67.5-135克/公顷 喷雾

PD20095677 氰戊·马拉松/20%/乳油/马拉硫磷 15%、氰戊菊酯 5%/2009.05.14 至 2014.05.14/中等毒
棉花 棉铃虫、蚜虫 90-150克/公顷 喷雾
苹果树 桃小食心虫 160-333毫克/千克 喷雾
十字花科蔬菜 菜青虫、蚜虫 90—150克/公顷 喷雾
小麦 蚜虫 60-90克/公顷 喷雾

PD20097310 毒死蜱/480克/升/乳油/毒死蜱 480克/升/2009.10.27 至 2014.10.27/中等毒
水稻 稻纵卷叶螟 468-612克/公顷 喷雾

湖北省武汉兴泰生物技术有限公司 (湖北省武汉市武昌区小洪山中区44号 430071 027-87198641)

PD20100176 松毛虫质型多角体病毒/50亿PIB/毫升/母药/松毛虫质型多角体病毒 50亿PIB/毫升/2010.01.05 至 2015.01.05/低毒

PD20110518 松质·赤眼蜂///杀虫卡/松毛虫质型多角体病毒 1亿个PIB/每卡、松毛虫赤眼蜂 1500头/每卡/2011.05.03 至 2016.05.03/微毒
松树 松毛虫 75-120卡/公顷 悬挂

LS20120136 松毛虫质型多角体病毒/10/原药/ /2012.04.11 至 2013.04.11/低毒

WP20100134 球形芽孢杆菌/80ITU/毫克/悬浮剂/球形芽孢杆菌 80ITU/毫克/2010.11.03 至 2015.11.03/低毒
卫生 孑孓 3毫升/平方米 喷洒

湖北省武汉中鑫化工有限公司 (湖北省武汉市江夏区金口街五里堤85号 430209 027-87989222)

PD20082928 稻瘟灵/40%/乳油/稻瘟灵 40%/2013.12.09 至 2018.12.09/低毒
水稻 稻瘟病 450-675克/公顷 喷雾

PD20083295 辛硫磷/3%/颗粒剂/辛硫磷 3%/2013.12.11 至 2018.12.11/低毒
花生 地老虎、金针虫、蝼蛄、蛴螬 2700-3600克/公顷 撒施

PD20086259 氯氰·马拉松/37%/乳油/氯氰菊酯 1%、马拉硫磷 36%/2013.12.31 至 2018.12.31/中等毒
十字花科蔬菜 菜青虫 333-444克/公顷 喷雾

PD20090067 氰戊·马拉松/20%/乳油/马拉硫磷 15%、氰戊菊酯 5%/2014.01.08 至 2019.01.08/中等毒
十字花科蔬菜 菜青虫 90-150克/公顷 喷雾

PD20091070 草甘膦/95%/原药/草甘膦 95%/2014.01.21 至 2019.01.21/低毒

PD20093311 乙草胺/50%/乳油/乙草胺 50%/2014.03.13 至 2019.03.13/低毒
夏玉米田 一年生禾本科杂草及部分阔叶杂草 750-1050克/公顷 土壤喷雾

PD20093575 乐果/50%/乳油/乐果 50%/2014.03.23 至 2019.03.23/中等毒
水稻 三化螟 600-750克/公顷 喷雾

PD20094741 多·福/40%/可湿性粉剂/多菌灵 5%、福美双 35%/2009.04.10 至 2014.04.10/低毒
葡萄 霜霉病 1000-1250毫克/千克 喷雾

PD20095631 丁草胺/50%/乳油/丁草胺 50%/2009.05.12 至 2014.05.12/低毒
水稻移栽田 一年生杂草 750-1050克/公顷 毒土法

PD20101908 溴氰菊酯/25克/升/乳油/溴氰菊酯 25克/升/2010.08.27 至 2015.08.27/中等毒
棉花 棉铃虫 3.15-4.5克/公顷 喷雾

PD20111058 草甘膦异丙胺盐/30%/水剂/草甘膦 30%/2011.10.11 至 2016.10.11/低毒
柑橘园 杂草 200-400毫升/亩 定向茎叶喷雾
注:草甘膦异丙胺盐含量: 41%。

PD20111166 三唑磷/20%/乳油/三唑磷 20%/2011.11.07 至 2016.11.07/中等毒
水稻 二化螟 225—300克/公顷 喷雾

PD20131853　辛硫·矿物油/40%/乳油/矿物油 25%、辛硫磷 15%/2013.09.24 至 2018.09.24/低毒
　甘蓝　菜青虫　300-480克/公顷　喷雾

湖北省孝感市日用化工厂　(湖北省孝感市黄花路中段　432000　0712-2466220)

WP20090315　蚊香/0.28%/蚊香/富右旋反式烯丙菊酯 0.28%/2009.09.07 至 2014.09.07/低毒
　卫生　蚊　/　点燃

湖北省阳新县化工厂　(湖北省黄石市阳新县兴国镇太墒　435200　0714-7300156)

PD84104-8　杀虫双/18%/水剂/杀虫双 18%/2009.11.25 至 2014.11.25/中等毒
　甘蔗、蔬菜、水稻、小麦、玉米　多种害虫　540-675克/公顷　喷雾
　果树　多种害虫　225-360毫克/千克　喷雾

PD20081525　毒死蜱/98%/原药/毒死蜱 98%/2013.11.06 至 2018.11.06/中等毒

PD20082150　氯氰·毒死蜱/522.5克/升/乳油/毒死蜱 475克/升、氯氰菊酯 47.5克/升/2013.11.25 至 2018.11.25/中等毒
　棉花　棉铃虫　548.625-705.375克/公顷　喷雾

PD20082677　毒死蜱/480克/升/乳油/毒死蜱 480克/升/2013.12.05 至 2018.12.05/中等毒
　柑橘树　介壳虫　1000-1500倍液　喷雾
　苹果树　绵蚜　1800-3000倍液　喷雾
　水稻　稻飞虱　468-612克/公顷　喷雾
　水稻　稻纵卷叶螟　450-600克/公顷　喷雾

PD20083410　氯氰·辛硫磷/20%/乳油/氯氰菊酯 1.5%、辛硫磷 18.5%/2013.12.11 至 2018.12.11/中等毒
　棉花　棉铃虫、蚜虫　75-150克/公顷　喷雾

PD20093861　杀扑磷/95%/原药/杀扑磷 95%/2009.03.25 至 2014.03.25/高毒

PD20096243　三唑磷/20%/乳油/三唑磷 20%/2009.07.15 至 2014.07.15/中等毒
　水稻　二化螟　300-450克/公顷　喷雾

PD20111175　三唑磷/60%/乳油/三唑磷 60%/2011.11.15 至 2016.11.15/中等毒
　水稻　二化螟　360-450克/公顷　喷雾

PD20120531　三唑磷/85%/原药/三唑磷 85%/2012.03.28 至 2017.03.28/中等毒

PD20121608　唑磷·毒死蜱/30%/乳油/毒死蜱 15%、三唑磷 15%/2012.10.25 至 2017.10.25/中等毒
　水稻　三化螟　270-360克/公顷　喷雾

湖北省阳新县泰鑫化工有限公司　(湖北省阳新县星国镇　435200　0714-7300776)

PD20111096　甲氨基阿维菌素苯甲酸盐/3%/微乳剂/甲氨基阿维菌素 3%/2011.10.13 至 2016.10.13/低毒
　甘蓝　小菜蛾　1.8—2.25克/公顷　喷雾
　注:甲氨基阿维菌素苯甲酸盐含量:3.4%。

湖北省宜昌地区三峡农药厂　(湖北省枝江市白洋镇　443208　0717-4401918)

PD90105-3　石硫合剂/45%/结晶粉/石硫合剂 45%(以CaS4 计)/2010.05.17 至 2015.05.17/低毒
　茶树　叶螨　150倍液　喷雾
　柑橘树　锈壁虱　300-500倍液　晚秋喷雾
　柑橘树　介壳虫、螨　1)180-300倍液 2)300-500倍液　1)早春喷雾 2)晚秋喷雾
　麦类　白粉病　150倍液　喷雾
　苹果树　叶螨　20-30倍液　萌芽前喷雾

PD20082927　石硫合剂/29%/水剂/石硫合剂 29%/2013.12.09 至 2018.12.09/低毒
　柑橘树　红蜘蛛　0.5-1Be(波美)　喷雾
　苹果树　白粉病　0.5Be(波美)　喷雾

PD20083258　氰戊·马拉松/21%/乳油/马拉硫磷 15%、氰戊菊酯 6%/2013.12.11 至 2018.12.11/中等毒
　棉花　红蜘蛛　120-180克/公顷　喷雾
　棉花　蚜虫　75-120克/公顷　喷雾
　苹果树　桃小食心虫　60-100毫克/千克　喷雾
　苹果树　红蜘蛛　60-150毫克/千克　喷雾
　苹果树　蚜虫　50-70毫克/千克　喷雾

湖北省宜昌三峡农药厂　(湖北省枝江市白洋镇　443208　0716-4401918，8714066)

PD20082058　草甘膦/30%/水剂/草甘膦 30%/2013.11.25 至 2018.11.25/低毒
　柑橘园　杂草　3750-7500毫升制剂/公顷　定向茎叶喷雾

PD20083970　草甘膦/95%/原药/草甘膦 95%/2013.12.16 至 2018.12.16/低毒

PD20100141　硫磺/99.5%/原药/硫磺 99.5%/2010.01.05 至 2015.01.05/低毒

湖北省云梦县同德农化有限公司　(湖北省孝感市云梦县城关镇建设西路9号　432500　0712-4338618)

PD20081218　S-氰戊菊酯/5%/乳油/S-氰戊菊酯 5%/2013.09.11 至 2018.09.11/中等毒
　甘蓝　菜青虫　7.5-15克/公顷　喷雾
　棉花　棉铃虫　18.75-26.5克/公顷　喷雾
　苹果树　桃小食心虫　16-25毫克/千克　喷雾
　小麦　麦蚜、黏虫　9-11.25克/公顷　喷雾

PD20084437　井冈霉素/5%/水剂/井冈霉素A 5%/2013.12.17 至 2018.12.17/低毒
　水稻　纹枯病　112.5-150克/公顷　喷雾

PD20084893　吡虫啉/200克/升/可溶液剂/吡虫啉 200克/升/2013.12.22 至 2018.12.22/低毒

	十字花科蔬菜	蚜虫	22.5-30克/公顷	喷雾
PD20084966	丁硫克百威/200克/升/乳油/丁硫克百威 200克/升/2008.12.22 至 2013.12.22/中等毒			
	水稻	三化螟	600-750克/公顷	喷雾
PD20085237	甲氰菊酯/20%/乳油/甲氰菊酯 20%/2013.12.23 至 2018.12.23/中等毒			
	柑橘树	潜叶蛾	133.3-200毫克/千克	喷雾
	柑橘树	红蜘蛛	67-100毫克/千克	喷雾
	棉花	红铃虫、棉铃虫	90-120克/公顷	喷雾
	苹果树	桃小食心虫	67-100毫克/千克	喷雾
	苹果树	山楂红蜘蛛	100毫克/千克	喷雾
PD20085529	仲丁威/20%/乳油/仲丁威 20%/2013.12.25 至 2018.12.25/低毒			
	水稻	稻飞虱	450-600克/公顷	喷雾

湖北省枣阳市先飞高科农药有限公司 (湖北省枣阳市襄阳路79号 441200 0710-6223368)

PD20040603	氯氰·三唑磷/20%/乳油/氯氰菊酯 5%、三唑磷 15%/2009.12.19 至 2014.12.19/中等毒			
	棉花	棉铃虫	225-300克/公顷	喷雾
PD20040755	多·硫/25%/可湿性粉剂/多菌灵 12.5%、硫磺 12.5%/2009.12.19 至 2014.12.19/低毒			
	水稻	稻瘟病	1200-1800克/公顷	喷雾
PD20040758	硫磺·三唑酮/20%/可湿性粉剂/硫磺 10%、三唑酮 10%/2009.12.19 至 2014.12.19/低毒			
	小麦	白粉病、锈病	150-225克/公顷	喷雾
PD20050069	三唑磷/20%/乳油/三唑磷 20%/2010.06.24 至 2015.06.24/中等毒			
	水稻	二化螟、三化螟	300-450克/公顷	喷雾
PD20082605	甲氰菊酯/20%/乳油/甲氰菊酯 20%/2013.12.04 至 2018.12.04/中等毒			
	苹果树	红蜘蛛	100-133.3毫克/千克	喷雾
	苹果树	桃小食心虫	67-100毫克/千克	喷雾
PD20085781	苯磺隆/10%/可湿性粉剂/苯磺隆 10%/2013.12.29 至 2018.12.29/低毒			
	冬小麦田	一年生阔叶杂草	15—22.5克/公顷	茎叶喷雾
PD20092203	甲氰·乐果/20%/乳油/甲氰菊酯 4%、乐果 16%/2009.02.23 至 2014.02.23/低毒			
	棉花	棉铃虫	210-270克/公顷	喷雾
PD20096056	喹禾灵/10%/乳油/喹禾灵 10%/2009.06.18 至 2014.06.18/低毒			
	夏大豆田	一年生禾本科杂草	105-150克/公顷	喷雾
PD20096307	西净·乙草胺/20%/可湿性粉剂/西草净 14%、乙草胺 6%/2009.07.22 至 2014.07.22/低毒			
	水稻本田	一年生杂草	120-150克/公顷	毒土法

湖北省枣阳天燕化工有限公司 (湖北省枣阳市徐寨天燕路1号 441223 0710-6591802)

PD84102-4	杀螟硫磷/45%/乳油/杀螟硫磷 45%/2009.11.26 至 2014.11.26/中等毒			
	茶树	尺蠖、毛虫、小绿叶蝉	250-500毫克/千克	喷雾
	甘薯	小象甲	525-900克/公顷	喷雾
	果树	卷叶蛾、毛虫、食心虫	250-500毫克/千克	喷雾
	棉花	红铃虫、棉铃虫	375-750克/公顷	喷雾
	棉花	蚜虫、叶蝉、造桥虫	375-562.5克/公顷	喷雾
	水稻	飞虱、螟虫、叶蝉	375-562.5克/公顷	喷雾
PD90102-2	扑草净/25%/可湿性粉剂/扑草净 25%/2011.05.15 至 2016.05.15/低毒			
	麦田	杂草	375-562.5克/公顷	喷雾
	水稻	阔叶杂草	187.5-562.5克/公顷	毒土
PD20091413	甲哌鎓/250克/升/水剂/甲哌鎓 250克/升/2014.02.04 至 2019.02.04/低毒			
	棉花	调节生长	45-60克/公顷	喷雾
PD20094479	甲哌鎓/96%/原药/甲哌鎓 96%/2009.04.09 至 2014.04.09/低毒			

湖北省钟祥市第二化工农药厂 (湖北省荆门市钟祥市中山镇 431903 0724-4338065)

PD84104-59	杀虫双/18%/水剂/杀虫双 18%/2009.12.22 至 2014.12.22/中等毒			
	甘蔗、蔬菜、水稻、小麦、玉米	多种害虫	540-675克/公顷	喷雾
	果树	多种害虫	225-360毫克/千克	喷雾
PD85105-21	敌敌畏/80%/乳油/敌敌畏 77.5%(气谱法)/2010.03.23 至 2015.03.23/中等毒			
	茶树	食叶害虫	600克/公顷	喷雾
	粮仓	多种储藏害虫	1)400-500倍液 2)0.4-0.5克/立方米	1)喷雾 2)挂条熏蒸
	棉花	蚜虫、造桥虫	600-1200克/公顷	喷雾
	苹果树	小卷叶蛾、蚜虫	400-500毫克/千克	喷雾
	青菜	菜青虫	600克/公顷	喷雾
	桑树	尺蠖	600克/公顷	喷雾
	卫生	多种卫生害虫	1)300-400倍液2)0.08克/立方米	1)泼洒2)挂条熏蒸
	小麦	黏虫、蚜虫	600克/公顷	喷雾
PD88101-7	水胺硫磷/40%/乳油/水胺硫磷 40%/2013.04.09 至 2018.04.09/高毒			
	棉花	红蜘蛛、棉铃虫	300-600克/公顷	喷雾
	水稻	蓟马、螟虫	450-900克/公顷	喷雾

PD20040212	高效氯氰菊酯/4.5%/乳油/高效氯氰菊酯 4.5%/2009.12.19 至 2014.12.19/中等毒			
	茶树	茶尺蠖	15-25.5克/公顷	喷雾
	柑橘树	潜叶蛾	15-20毫克/千克	喷雾
	柑橘树	红蜡蚧	50毫克/千克	喷雾
	棉花	红铃虫、棉铃虫、棉蚜	15-30克/公顷	喷雾
	十字花科蔬菜	菜青虫、小菜蛾	9-25.5克/公顷	喷雾
	十字花科蔬菜	菜蚜	3-18克/公顷	喷雾
	烟草	烟青虫	15-25.5克/公顷	喷雾
PD20040600	杀虫单/90%/可溶粉剂/杀虫单 90%/2009.12.19 至 2014.12.19/中等毒			
	水稻	螟虫	525-750克/公顷	喷雾
PD20091167	噻嗪·杀虫单/60%/可湿性粉剂/噻嗪酮 10%、杀虫单 50%/2009.01.22 至 2014.01.22/中等毒			
	水稻	稻飞虱、稻纵卷叶螟	450-540克/公顷	喷雾
PD20092508	敌畏·氧乐/30%/乳油/敌敌畏 15%、氧乐果 15%/2009.02.26 至 2014.02.26/高毒			
	小麦	蚜虫	157.5-247.5克/公顷	喷雾
PD20093368	单甲脒盐酸盐/25%/水剂/单甲脒盐酸盐 25%/2009.03.18 至 2014.03.18/低毒			
	柑橘树	红蜘蛛	208-250毫克/千克	喷雾
PD20096214	丙溴磷/40%/乳油/丙溴磷 40%/2009.07.15 至 2014.07.15/低毒			
	棉花	棉铃虫	360-450克/公顷	喷雾
PD20096283	辛硫磷/40%/乳油/辛硫磷 40%/2009.07.22 至 2014.07.22/低毒			
	十字花科蔬菜	菜青虫	180-240克/公顷	喷雾
PD20096764	甲氰菊酯/20%/乳油/甲氰菊酯 20%/2009.09.15 至 2014.09.15/中等毒			
	茶树	茶尺蠖	60-90克/公顷	喷雾
PD20120322	甲氨基阿维菌素苯甲酸盐/2%/乳油/甲氨基阿维菌素 2%/2012.02.17 至 2017.02.17/低毒			
	甘蓝	小菜蛾	1.5-3克/公顷	喷雾
	注:甲氨基阿维菌素苯甲酸盐含量：2.3%。			
WP20120053	高效氯氰菊酯/5%/悬浮剂/高效氯氰菊酯 5%/2012.03.28 至 2017.03.28/低毒			
	卫生	蜚蠊	80毫克/平方米	滞留喷洒
	卫生	蝇	40毫克/平方米	滞留喷洒
WL20100283	杀虫热雾剂/2.5%/热雾剂/胺菊酯 0.5%、高效氯氰菊酯 2%/2012.12.02 至 2013.12.02/低毒			
	卫生	蜚蠊、蚊	2毫升/立方米	喷雾
湖北泰盛化工有限公司　(湖北省宜昌市猇亭区长江路29号　443007　0717-6917409)				
PD20086040	草甘膦/95%/原药/草甘膦 95%/2013.12.29 至 2018.12.29/低毒			
PD20100652	草甘膦异丙胺盐(41%)///水剂/草甘膦 30%/2010.01.15 至 2015.01.15/低毒			
	柑橘园	杂草	1230-2460克/公顷	定向茎叶喷雾
PD20110035	草甘膦异丙胺盐/46%/水剂/草甘膦 46%/2011.01.07 至 2016.01.07/低毒			
	柑橘园	杂草	1860-2604克/公顷	定向喷雾
	注:草甘膦异丙胺盐含量：62%。			
PD20111012	草甘膦铵盐/30%/水剂/草甘膦 30%/2011.09.28 至 2016.09.28/低毒			
	柑橘园	杂草	1125-2250克/公顷	定向茎叶喷雾
	注:草甘膦铵盐含量：33%。			
PD20131714	草甘膦铵盐/68%/可溶粒剂/草甘膦 68%/2013.08.16 至 2018.08.16/低毒			
	非耕地	杂草	1122-2244克/公顷	茎叶喷雾
	注:草甘膦铵盐含量：75.7%。			
PD20132155	草甘膦铵盐/65%/可溶粉剂/草甘膦 65%/2013.10.29 至 2018.10.29/低毒			
	柑橘园	一年生和多年生杂草	1170-2145克/公顷	定向茎叶喷雾
	注:草甘膦铵盐含量：71.5%。			
湖北太极生化有限公司　(湖北省恩施土家族苗族自治州恩施市后山湾高井河65号　445000　0718-8281369)				
PD90104-4	机油/95%/乳油/机油 95%/2010.04.06 至 2015.04.06/低毒			
	柑橘树	锈壁虱、蚜虫	100-200倍液	喷雾
	柑橘树、杨梅树、枇杷树	介壳虫	50-60倍液	喷雾
PD90106-33	苏云金杆菌/8000IU/微升/悬浮剂/苏云金杆菌 8000IU/微升/2010.06.29 至 2015.06.29/低毒			
	白菜、萝卜、青菜	菜青虫、小菜蛾	1500-2250克制剂/公顷	喷雾
	茶树	茶毛虫	3000克制剂/公顷	喷雾
	高粱、玉米	玉米螟	2250-3000克制剂/公顷	加细沙灌心叶
	梨树、苹果树、桃树、枣树	尺蠖、食心虫	200倍液	喷雾
	林木	尺蠖、柳毒蛾、松毛虫	150-200倍液	喷雾
	棉花	棉铃虫、造桥虫	3750-6000克制剂/公顷	喷雾
	水稻	稻苞虫、螟虫	3000-6000克制剂/公顷	喷雾
	烟草	烟青虫	3000克制剂/公顷	喷雾
PD20085408	石硫合剂/29%/水剂/石硫合剂 29%/2013.12.24 至 2018.12.24/低毒			
	苹果	白粉病	0.5-0.8Be（波美）	喷雾

PD20094476 氰戊·马拉松/20%/乳油/马拉硫磷 15%、氰戊菊酯 5%/2009.04.09 至 2014.04.09/低毒

十字花科蔬菜	菜青虫	120-150克/公顷	喷雾

PD20094943 二嗪磷/50%/乳油/二嗪磷 50%/2009.04.17 至 2014.04.17/中等毒

水稻	二化螟	750-900克/公顷	喷雾

PD20096080 高效氯氟氰菊酯/25克/升/乳油/高效氯氟氰菊酯 25克/升/2009.06.18 至 2014.06.18/低毒

十字花科蔬菜	蚜虫	7.5-11.25克/公顷	喷雾

PD20096299 石硫合剂/45%/结晶/石硫合剂 45%/2009.07.22 至 2014.07.22/中等毒

柑橘树	红蜘蛛	1800-2250毫克/千克	喷雾

PD20097252 福美双/50%/可湿性粉剂/福美双 50%/2009.10.19 至 2014.10.19/低毒

烟草	根腐病	500克/500千克温床土	土壤处理

PD20101344 硫磺/50%/悬浮剂/硫磺 50%/2010.03.26 至 2015.03.26/低毒

苹果树	白粉病	1250－2500毫克/千克	喷雾

PD20101345 草甘膦异丙胺盐(41%)///水剂/草甘膦 30%/2010.03.26 至 2015.03.26/低毒

茶园	杂草	1230-1845克/公顷	定向茎叶喷雾

湖北天泽农生物工程有限公司 (湖北省武汉市洪山区珞狮路449号 430070 027-87386569)

PD20081539 高效氯氟氰菊酯/25克/升/乳油/高效氯氟氰菊酯 25克/升/2013.11.11 至 2018.11.11/中等毒

十字花科蔬菜	菜青虫	7.5-15克/公顷	喷雾

PD20081972 苏云金杆菌/16000IU/毫克/可湿性粉剂/苏云金杆菌 16000IU/毫克/2013.11.25 至 2018.11.25/低毒

茶树	茶毛虫	稀释800-1600倍	喷雾
棉花	二代棉铃虫	1500-2250克制剂/公顷	喷雾
森林	松毛虫	稀释1200-1600倍	喷雾
十字花科蔬菜	小菜蛾	750-1125克制剂/公顷	喷雾
十字花科蔬菜	菜青虫	375-750克制剂/公顷	喷雾
水稻	稻纵卷叶螟	1500-2250克制剂/公顷	喷雾
烟草	烟青虫	750-1500克制剂/公顷	喷雾
玉米	玉米螟	750-1500克制剂/公顷	加细沙灌心
枣树	枣尺蠖	稀释1200-1600倍	喷雾

PD20082346 苏云金杆菌/8000IU/毫克/可湿性粉剂/苏云金杆菌 8000IU/毫克/2013.12.01 至 2018.12.01/低毒

茶树	茶毛虫	稀释400-800倍	喷雾
棉花	二代棉铃虫	3000-4500克制剂/公顷	喷雾
森林	松毛虫	稀释600-800倍	喷雾
十字花科蔬菜	菜青虫	750-1500克制剂/公顷	喷雾
十字花科蔬菜	小菜蛾	1500-2250克制剂/公顷	喷雾
水稻	稻纵卷叶螟	3000-4500克制剂/公顷	喷雾
烟草	烟青虫	1500-3000克制剂/公顷	喷雾
玉米	玉米螟	1500-3000克制剂/公顷	加细沙灌心
枣树	枣尺蠖	稀释600-800倍	喷雾

PD20082766 联苯菊酯/100克/升/乳油/联苯菊酯 100克/升/2013.12.08 至 2018.12.08/中等毒

茶树	茶小绿叶蝉	30-37.5克/公顷	喷雾

PD20083756 阿维菌素/18克/升/乳油/阿维菌素 18克/升/2013.12.15 至 2018.12.15/低毒(原药高毒)

甘蓝	小菜蛾	8.1-10.8克/公顷	喷雾

PD20083760 噻嗪·异丙威/25%/可湿性粉剂/噻嗪酮 5%、异丙威 20%/2013.12.15 至 2018.12.15/低毒

水稻	稻飞虱	450-562.5克/公顷	喷雾

PD20084302 甲霜·锰锌/58%/可湿性粉剂/甲霜灵 10%、代森锰锌 48%/2013.12.17 至 2018.12.17/低毒

黄瓜	霜霉病	870-1305克/公顷	喷雾

PD20092327 阿维·高氯/1.8%/乳油/阿维菌素 0.3%、高效氯氰菊酯 1.5%/2014.02.24 至 2019.02.24/低毒(原药高毒)

甘蓝	菜青虫、小菜蛾	7.5-15克/公顷	喷雾

PD20092519 阿维·苏云菌/2%/可湿性粉剂/阿维菌素 0.1%、苏云金杆菌 1.9%/2014.02.26 至 2019.02.26/低毒(原药高毒)

小油菜	小菜蛾	9-15克/公顷	喷雾

PD20093796 唑磷·毒死蜱/30%/乳油/毒死蜱 15%、三唑磷 15%/2014.03.25 至 2019.03.25/中等毒

水稻	三化螟	225-270克/公顷	喷雾

PD20096968 毒死蜱/480克/升/乳油/毒死蜱 480克/升/2009.09.29 至 2014.09.29/中等毒

棉花	棉铃虫	675-900克/公顷	喷雾

PD20097634 丙环唑/250克/升/乳油/丙环唑 250克/升/2009.11.03 至 2014.11.03/低毒

小麦	白粉病	125－156克/公顷	喷雾

PD20097774 甲氰菊酯/20%/乳油/甲氰菊酯 20%/2009.11.12 至 2014.11.12/中等毒

柑橘树	红蜘蛛	67-133毫克/千克	喷雾

PD20098271 杀单·苏云菌/46%/可湿性粉剂/杀虫单 45%、苏云金杆菌 1%/2009.12.18 至 2014.12.18/中等毒

水稻	稻纵卷叶螟	345-448.5克/公顷	喷雾

PD20131515 申嗪霉素/1%/悬浮剂/申嗪霉素 1%/2013.07.17 至 2018.07.17/低毒

辣椒	疫病	7.5-18克/公顷	喷雾
水稻	纹枯病	7.5-10.5/公顷	喷雾
西瓜	枯萎病	500-1000倍液	灌根

湖北旺世化工有限公司 （湖北省武汉市武昌区南湖通惠桥58号 430064 027-88034139）

PD85105-45	敌敌畏/80%/乳油/敌敌畏 77.5%/2012.10.28 至 2017.10.28/中等毒			
	茶树	食叶害虫	600克/公顷	喷雾
	粮仓	多种储藏害虫	1)400-500倍液 2)0.4-0.5克/立方米	1)喷雾 2)挂条熏蒸
	棉花	蚜虫、造桥虫	600-1200克/公顷	喷雾
	苹果树	小卷叶蛾、蚜虫	400-500毫克/千克	喷雾
	青菜	菜青虫	600克/公顷	喷雾
	桑树	尺蠖	600克/公顷	喷雾
	卫生	多种卫生害虫	1)300-400倍液2)0.08克/立方米	1)泼洒2)挂条熏蒸
	小麦	黏虫、蚜虫	600克/公顷	喷雾
PD86148-59	异丙威/20%/乳油/异丙威 20%/2012.10.28 至 2017.10.28/中等毒			
	水稻	飞虱、叶蝉	450-600克/公顷	喷雾
PD20040728	高效氯氰菊酯/4.5%/乳油/高效氯氰菊酯 4.5%/2009.12.19 至 2014.12.19/中等毒			
	棉花	蚜虫	13.5-20.25克/公顷	喷雾
	棉花	棉铃虫	15-30克/公顷	喷雾
PD20081473	乙草胺/88%/乳油/乙草胺 88%/2008.11.04 至 2013.11.04/低毒			
	夏大豆	部分阔叶杂草、一年生禾本科杂草	1056－1320克/公顷	土壤喷雾
PD20085144	氰戊·敌敌畏/25%/乳油/敌敌畏 20%、氰戊菊酯 5%/2013.12.29 至 2018.12.29/中等毒			
	甘蓝	蚜虫	112.5-187.5克/公顷	喷雾
PD20091659	精喹禾灵/5%/乳油/精喹禾灵 5%/2009.02.03 至 2014.02.03/低毒			
	油菜田	一年生禾本科杂草	45-67.5克/公顷	茎叶喷雾
PD20093345	敌百虫/30%/乳油/敌百虫 30%/2009.03.18 至 2014.03.18/低毒			
	甘蓝、萝卜、小油菜	菜青虫	450-900克/公顷	喷雾

湖北武汉宝世卫生药械有限责任公司 （湖北省武汉市东西湖区环湖路中部慧谷2栋2号 430048 027-59351697）

WP20100001	杀虫气雾剂/0.37%/气雾剂/胺菊酯 0.3%、高效氯氰菊酯 0.07%/2010.01.04 至 2015.01.04/微毒			
	卫生	蜚蠊、蚊、蝇	/	喷雾
	注:本产品有三种香型：甜橙香型、薰衣草香型、柠檬香型。			
WP20100003	蚊香/0.2%/蚊香/富右旋反式烯丙菊酯 0.2%/2010.01.04 至 2015.01.04/微毒			
	卫生	蚊	/	点燃
WP20110220	烯丙·氯菊/10%/乳油/Es-生物烯丙菊酯 2.5%、氯菊酯 7.5%/2011.09.28 至 2016.09.28/低毒			
	卫生	蚊、蝇	1)300-500毫克/平方米 2)7.5毫克/立方米	1)滞留喷洒 2）喷雾
	卫生	蜚蠊	300-500毫克/平方米	滞留喷洒
	卫生	蚊、蝇、蜚蠊	/	热烟雾机喷雾
WP20120035	苯氰·残杀威/10%/乳油/残杀威 5%、右旋苯醚氰菊酯 5%/2012.02.24 至 2017.02.24/低毒			
	室内	蜚蠊	250毫克/平方米	滞留喷洒
WP20120036	蚊香/0.05%/蚊香/氯氟醚菊酯 0.05%/2012.02.24 至 2017.02.24/低毒			
	卫生	蚊	/	点燃
WP20120126	烯丙·氯菊/5%/水乳剂/富右旋反式烯丙菊酯 1%、氯菊酯 4%/2012.07.02 至 2017.07.02/低毒			
	卫生	蚊、蝇	7.5毫克/立方米	喷洒
WP20130084	电热蚊香液/0.6%/电热蚊香液/氯氟醚菊酯 0.6%/2013.05.02 至 2018.05.02/低毒			
	卫生	蚊	/	电热加温
WP20130094	杀虫气雾剂/0.7%/气雾剂/胺菊酯 0.31%、富右旋反式烯丙菊酯 0.08%、氯菊酯 0.31%/2013.05.20 至 2018.05.20/微毒			
	卫生	蚊、蝇、蜚蠊	/	喷雾
WP20130130	杀蟑气雾剂/0.5%/气雾剂/胺菊酯 0.32%、高效氯氰菊酯 0.06%、右旋苯醚氰菊酯 0.12%/2013.06.08 至 2018.06.08/微毒			
	卫生	蜚蠊	/	喷雾
WP20130197	杀虫喷射剂/0.68%/喷射剂/胺菊酯 0.34%、富右旋反式烯丙菊酯 0.07%、氯菊酯 0.27%/2013.09.24至2018.09.24/微毒			
	室内	蚊、蝇、蜚蠊	/	喷射

湖北仙光日化有限公司 （湖北省仙桃市三伏潭镇毛场街 433005 0728-2839459）

WP20090337	电热蚊香液/0.86%/电热蚊香液/炔丙菊酯 0.86%/2009.10.10 至 2014.10.10/微毒			
	卫生	蚊	/	电热加温

湖北仙隆化工股份有限公司 （湖北省仙桃市沿江大道东36号 433000 0728-3221415 3221061）

PD84112-2	亚胺硫磷/20%/乳油/亚胺硫磷 20%/2010.01.11 至 2015.01.11/中等毒			
	白菜	菜青虫、蚜虫	700-1000倍液	喷雾
	大豆	食心虫	975-1275克/公顷	喷雾
	柑橘树	介壳虫	250-400倍液	喷雾
	棉花	棉铃虫、蚜虫、螨	300-2000倍液	喷雾
	水稻	螟虫	750-900克/公顷	喷雾
	玉米	黏虫、玉米螟	200-400倍液	喷雾
PD86163-2	甲基异柳磷/95%,90%,85%/原药/甲基异柳磷 95%,90%,85%/2011.12.07 至 2016.12.07/高毒			
PD86164-2	甲基异柳磷/35%/乳油/甲基异柳磷 35%/2011.12.07 至 2016.12.07/中等毒			

	甘薯	茎线虫病	1500-3000克/公顷	拌土条施或铺施
	甘薯	蛴螬	600克/公顷	毒饵
	甘蔗	黑色蔗龟	1500克/公顷	淋于蔗苗基部并覆薄土
	高粱	地下害虫	0.05%药液	拌种
	花生	蛴螬	1500克/公顷	沟施花生墩旁
	小麦	地下害虫	40克/100千克种子	拌种
	玉米	地下害虫	0.1%药液	拌种
PD86165-3	甲基异柳磷/40%/乳油/甲基异柳磷 40%/2011.12.07 至 2016.12.07/高毒			
	甘薯	茎线虫病	1500-3000克/公顷	拌土条施或铺施
	甘薯	蛴螬	600克/公顷	毒饵
	甘蔗	黑色蔗龟	1500克/公顷	淋于蔗苗基部并覆薄土
	高粱	地下害虫	0.05%药液	拌种
	花生	蛴螬	1500克/公顷	沟施花生墩旁
	小麦	地下害虫	40克/100千克种子	拌种
	玉米	地下害虫	0.1%药液	拌种
PD88101	水胺硫磷/40%/乳油/水胺硫磷 40%/2013.02.25 至 2018.02.25/高毒			
	棉花	红蜘蛛、棉铃虫	300-600克/公顷	喷雾
	水稻	蓟马、螟虫	450-900克/公顷	喷雾
PD93108	水胺硫磷/20%/乳油/水胺硫磷 20%/2010.03.23 至 2015.03.23/中等毒(原药高毒)			
	棉花	红蜘蛛、棉铃虫	300-600克/公顷	喷雾
	水稻	蓟马、螟虫	450-900克/公顷	喷雾
PD20040310	杀虫单/95%/原药/杀虫单 95%/2009.12.19 至 2014.12.19/中等毒			
PD20040401	高效氯氰菊酯/4.5%/乳油/高效氯氰菊酯 4.5%/2009.12.19 至 2014.12.19/中等毒			
	十字花科蔬菜	菜青虫	10.125-20.25克/公顷	喷雾
PD20040489	三唑磷/30%/乳油/三唑磷 30%/2009.12.19 至 2014.12.19/中等毒			
	水稻	二化螟	225-300克/公顷	喷雾
PD20040604	吡虫·杀虫单/80%/可湿性粉剂/吡虫啉 2%、杀虫单 78%/2009.12.19 至 2014.12.19/低毒			
	水稻	飞虱、三化螟	450-750克/公顷	喷雾
PD20040615	杀虫单/90%/可溶粉剂/杀虫单 90%/2009.12.19 至 2014.12.19/中等毒			
	水稻	三化螟	675-810克/公顷	喷雾
PD20040811	三唑磷//原药/三唑磷 85%/2009.12.23 至 2014.12.23/中等毒			
PD20040812	三唑磷/20%/乳油/三唑磷 20%/2009.12.23 至 2014.12.23/中等毒			
	水稻	二化螟	300-450克/公顷	喷雾
PD20070098	百草枯/20%/水剂/百草枯 20%/2012.12.31 至 2014.07.01/中等毒			
	茶树	一年生和多年生杂草	450-750克/公顷	定向喷雾
PD20070101	百草枯/42%/母液/百草枯 42%/2012.04.20 至 2017.04.20/中等毒			
PD20070460	炔螨特/90%/原药/炔螨特 90%/2012.11.20 至 2017.11.20/中等毒			
PD20070513	敌敌畏/95%/原药/敌敌畏 95%/2012.11.28 至 2017.11.28/低毒			
PD20080183	辛硫磷/90%/原药/辛硫磷 90%/2013.01.04 至 2018.01.04/低毒			
PD20080806	乙酰甲胺磷/95%/原药/乙酰甲胺磷 95%/2013.06.20 至 2018.06.20/低毒			
PD20080918	草甘膦/95%/原药/草甘膦 95%/2013.07.17 至 2018.07.17/低毒			
PD20082026	甲霜·福美双/40%/可湿性粉剂/福美双 30%、甲霜灵 10%/2013.11.25 至 2018.11.25/低毒			
	水稻	立枯病、青枯病	140-200克/100千克种子	拌种
PD20082033	草甘膦/30%/水剂/草甘膦 30%/2013.11.25 至 2018.11.25/低毒			
	柑橘园	一年生及部分多年生杂草	1125-2250克/公顷	定向茎叶喷雾
PD20082049	井冈霉素/5%/水剂/井冈霉素 5%/2013.12.01 至 2018.12.01/微毒			
	水稻	纹枯病	150-187.5克/公顷	喷雾
PD20082261	炔螨特/70%/乳油/炔螨特 70%/2013.11.27 至 2018.11.27/中等毒			
	柑橘树、苹果树	红蜘蛛	233.3-350毫克/千克	喷雾
PD20082320	阿维菌素/0.9%/乳油/阿维菌素 0.9%/2008.12.01 至 2013.12.01/低毒(原药高毒)			
	柑橘树	红蜘蛛	1.8-2.25毫克/千克	喷雾
PD20082564	辛硫磷/40%/乳油/辛硫磷 40%/2013.12.04 至 2018.12.04/低毒			
	十字花科蔬菜	菜青虫	300-450克/公顷	喷雾
PD20082637	高效氯氟氰菊酯/2.5%/乳油/高效氯氟氰菊酯 2.5%/2013.12.04 至 2018.12.04/中等毒			
	十字花科蔬菜	菜青虫	7.5-11.25克/公顷	喷雾
PD20082735	炔螨特/40%/乳油/炔螨特 40%/2013.12.08 至 2018.12.08/低毒			
	柑橘树	红蜘蛛	266.7-400毫克/千克	喷雾
	苹果树	红蜘蛛	1000-1500倍液	喷雾
PD20082960	敌敌畏/50%/乳油/敌敌畏 50%/2013.12.09 至 2018.12.09/中等毒			
	十字花科蔬菜	菜青虫	600-750克/公顷	喷雾
PD20083323	高效氯氰菊酯/95%/原药/高效氯氰菊酯 95%/2013.12.11 至 2018.12.11/中等毒			

PD20083373 敌敌畏/77.5%/乳油/敌敌畏 77.5%/2013.12.11 至 2018.12.11/中等毒
棉花 蚜虫 600-1200克/公顷 喷雾
苹果树 小卷叶蛾、蚜虫 400-500毫克/千克 喷雾
十字花科蔬菜 菜青虫 600-840克/公顷 喷雾
小麦 蚜虫 600克/公顷 喷雾

PD20083384 腈菌唑/95%/原药/腈菌唑 95%/2013.12.11 至 2018.12.11/低毒

PD20083540 阿维·高氯/1%/乳油/阿维菌素 0.1%、高效氯氰菊酯 0.9%/2013.12.12 至 2018.12.12/低毒(原药高毒)
十字花科蔬菜 小菜蛾 13.5-27克/公顷 喷雾

PD20083715 腈菌唑/12.5%/乳油/腈菌唑 12.5%/2013.12.15 至 2018.12.15/低毒
小麦 白粉病 30-60克/公顷 喷雾

PD20083733 二甲戊灵/33%/乳油/二甲戊灵 33%/2013.12.15 至 2018.12.15/低毒
移栽甘蓝田 一年生杂草 495-742.5克/公顷 土壤喷雾

PD20083847 甲氰菊酯/10%/乳油/甲氰菊酯 10%/2013.12.15 至 2018.12.15/中等毒
苹果树 红蜘蛛 80-120毫克/千克 喷雾

PD20084134 杀螟丹/98%/原药/杀螟丹 98%/2013.12.16 至 2018.12.16/中等毒

PD20084837 马拉硫磷/90%/原药/马拉硫磷 90%/2013.12.22 至 2018.12.22/低毒

PD20085047 毒死蜱/98%/原药/毒死蜱 98%/2013.12.23 至 2018.12.23/中等毒

PD20085647 甲基异柳磷/3%/颗粒剂/甲基异柳磷 3%/2013.12.26 至 2018.12.26/中等毒(原药高毒)
甘蔗 蔗龟 1875克/公顷 穴施

PD20090299 杀虫双/25%/母药/杀虫双 25%/2014.01.09 至 2019.01.09/中等毒

PD20090357 阿维·苏云菌/1.5%/可湿性粉剂/阿维菌素 0.1%、苏云金杆菌 1.4%/2014.01.12 至 2019.01.12/低毒(原药高毒)
十字花科蔬菜 小菜蛾 750-900克制剂/公顷 喷雾

PD20090462 毒死蜱/40%/乳油/毒死蜱 40%/2014.01.12 至 2019.01.12/中等毒
棉花 棉铃虫 600-900克/公顷 喷雾
苹果树 桃小食心虫 1500-2500倍液 喷雾
水稻 稻飞虱 300-600克/公顷 喷雾

PD20090563 甲硫·腈菌唑/25%/可湿性粉剂/甲基硫菌灵 22.5%、腈菌唑 2.5%/2014.01.13 至 2019.01.13/低毒
番茄 叶霉病 375-525克/公顷 喷雾

PD20091865 腈菌·咪鲜胺/15%/乳油/腈菌唑 12.5%、咪鲜胺 2.5%/2014.02.09 至 2019.02.09/低毒
香蕉 叶斑病 600-900倍液 喷雾

PD20092061 毒死蜱/45%/乳油/毒死蜱 45%/2014.02.13 至 2019.02.13/中等毒
棉花 棉铃虫 300-420克/公顷 喷雾

PD20092512 阿维菌素/1.8%/乳油/阿维菌素 1.8%/2014.02.26 至 2019.02.26/低毒(原药高毒)
棉花 棉铃虫 21.6-22.5克/公顷 喷雾

PD20092611 锰锌·腈菌唑/25%/可湿性粉剂/腈菌唑 5%、代森锰锌 20%/2014.03.02 至 2019.03.02/低毒
梨树 黑星病 1250-1500倍液 喷雾

PD20092764 杀虫双/400克/升/水剂/杀虫双 400克/升/2009.03.04 至 2014.03.04/中等毒
水稻 二化螟 600-900克/公顷 喷雾

PD20094368 亚胺硫磷/95%/原药/亚胺硫磷 95%/2009.04.01 至 2014.04.01/中等毒

PD20095235 杀虫双/18%/水剂/杀虫双 18%/2009.04.27 至 2014.04.27/低毒
水稻 三化螟 540-675克/公顷 喷雾

PD20095539 阿维·吡虫啉/1.5%/乳油/阿维菌素 0.1%、吡虫啉 1.4%/2009.05.12 至 2014.05.12/低毒(原药高毒)
十字花科蔬菜 小菜蛾、蚜虫 11.25-22.5克/公顷 喷雾

PD20095762 杀螟丹/95%/可溶粉剂/杀螟丹 95%/2009.05.18 至 2014.05.18/中等毒
水稻 二化螟 600-900克/公顷 喷雾

PD20095921 吡虫啉/10%/可湿性粉剂/吡虫啉 10%/2009.06.02 至 2014.06.02/低毒
水稻 稻飞虱 15-30克/公顷 喷雾

PD20096429 辛硫·三唑磷/20%/乳油/三唑磷 10%、辛硫磷 10%/2009.08.05 至 2014.08.05/中等毒
水稻 稻纵卷叶螟 275-480克/公顷 喷雾

PD20097484 棉铃虫核型多角体病毒/20亿PIB/毫升/悬浮剂/棉铃虫核型多角体病毒 20亿PIB/毫升/2009.11.03 至 2014.11.03/低毒
棉花 棉铃虫 750-900毫升制剂/公顷 喷雾

PD20100751 棉铃虫核型多角体病毒/10亿PIB/克/可湿性粉剂/棉铃虫核型多角体病毒 10亿PIB/克/2010.01.16 至 2015.01.16/低毒
棉花 棉铃虫 12000-15000亿PIB/公顷 喷雾

PD20101346 水胺硫磷/95%/原药/水胺硫磷 95%/2010.03.26 至 2015.03.26/高毒

PD20101479 氯氰·水胺/20%/乳油/氯氰菊酯 1.5%、水胺硫磷 18.5%/2010.05.05 至 2015.05.05/中等毒(原药高毒)
棉花 红蜘蛛、蚜虫 90-120克/公顷 喷雾
棉花 红铃虫 120-150克/公顷 喷雾

PD20102070 水胺·吡虫啉/29%/乳油/吡虫啉 1%、水胺硫磷 28%/2010.11.03 至 2015.11.03/中等毒(原药高毒)
棉花 蚜虫 174-217.5克/公顷 喷雾

PD20110481 烟嘧磺隆/95%/原药/烟嘧磺隆 95%/2011.04.29 至 2016.04.29/低毒

PD20121093 高效氯氰菊酯/4.5%/水乳剂/高效氯氰菊酯 4.5%/2012.07.19 至 2017.07.19/低毒
甘蓝 菜青虫 27-40.5克/公顷 喷雾

PD20121246 阿维·矿物油/24.5%/乳油/阿维菌素 0.2%、柴油 24.3%/2012.08.28 至 2017.08.28/低毒(原药高毒)

柑橘树 红蜘蛛 123-245毫克/千克 喷雾

PD20121489 甲氨基阿维菌素苯甲酸盐/5%/水分散粒剂/甲氨基阿维菌素 5%/2012.10.09 至 2017.10.09/低毒

甘蓝 小菜蛾 2.25-3.75克/公顷 /喷雾

注:甲氨基阿维菌素苯甲酸盐含量: 5.7%。

PD20121873 异丙甲草胺/72%/乳油/异丙甲草胺 720克/升/2012.11.28 至 2017.11.28/低毒

夏大豆田 部分阔叶杂草、一年生禾本科杂草 1296-1620克/公顷 土壤喷雾

PD20121876 草甘膦/50%/可溶粉剂/草甘膦 50%/2012.11.28 至 2017.11.28/低毒

柑橘园 杂草 1125-2250克/公顷 定向茎叶喷雾

PD20130262 阿维·吡虫啉//乳油/ /2013.02.06 至 2018.02.06/低毒

柑橘树 红蜘蛛 123-245毫克/千克 喷雾

PD20130814 嘧菌酯/98%/原药/嘧菌酯 98%/2013.04.22 至 2018.04.22/低毒

PD20130815 茚虫威/70.5%/原药/茚虫威 70.5%/2013.04.22 至 2018.04.22/低毒

PD20132565 毒死蜱/40%/水乳剂/毒死蜱 40%/2013.12.17 至 2018.12.17/中等毒

水稻 稻纵卷叶螟 600-720克/公顷 喷雾

湖北信风作物保护有限公司 (武汉市珞狮南路517号国家农业科技园明泽大厦1538室 430070 027-87677780)

PD20080946 联苯菊酯/25克/升/乳油/联苯菊酯 25克/升/2013.07.23 至 2018.07.23/低毒

茶树 小绿叶蝉 30-37.5克/公顷 喷雾

PD20080952 氟啶脲/5%/乳油/氟啶脲 5%/2013.07.23 至 2018.07.23/低毒

甘蓝 甜菜夜蛾 33.75-45克/公顷 喷雾

PD20080963 高效氟吡甲禾灵/108克/升/乳油/高效氟吡甲禾灵 108克/升/2013.07.23 至 2018.07.23/低毒

冬油菜田 一年生禾本科杂草 32-45克/公顷 茎叶喷雾

PD20080970 高效氯氰菊酯/25克/升/乳油/高效氯氰菊酯 25克/升/2013.07.24 至 2018.07.24/中等毒

甘蓝 菜青虫 7.5-15克/公顷 喷雾

PD20085936 苄嘧·苯噻酰/53%/可湿性粉剂/苯噻酰草胺 50%、苄嘧磺隆 3%/2013.12.29 至 2018.12.29/低毒

水稻移栽田 一年生及部分多年生杂草 397.5-450克/公顷(南方) 药土法

PD20091540 吡虫啉/70%/可湿性粉剂/吡虫啉 70%/2014.02.03 至 2019.02.03/低毒

水稻 飞虱 15-30克/公顷 喷雾

PD20094842 阿维·高氯/6%/乳油/阿维菌素 1%、高效氯氰菊酯 5%/2009.04.13 至 2014.04.13/低毒(原药高毒)

十字花科蔬菜 菜青虫、小菜蛾 7.5-15克/公顷 喷雾

PD20096687 唑磷·毒死蜱/30%/乳油/毒死蜱 15%、三唑磷 15%/2009.09.07 至 2014.09.07/中等毒

水稻 三化螟 180-270克/公顷 喷雾

PD20110635 苯甲·丙环唑/300克/升/乳油/苯醚甲环唑 100克/升、丙环唑 200克/升/2011.06.13 至 2016.06.13/中等毒

水稻 稻曲病 67.5-112.5克/公顷 喷雾

湖北移栽灵农业科技股份有限公司 (湖北省公安县斗湖堤镇荆江河路90号 434300 0716-5236488)

PD20086357 噁霉·稻瘟灵/20%/乳油/稻瘟灵 10%、噁霉灵 10%/2013.12.31 至 2018.12.31/低毒

水稻 立枯病 2-3毫升制剂/平方米 苗床喷洒

烟草 立枯病 1000-1500倍液 播种前喷洒苗床,移栽后再喷雾一次

PD20096408 毒死蜱/40%/乳油/毒死蜱 40%/2009.08.04 至 2014.08.04/中等毒

水稻 飞虱 540-648克/公顷 喷雾

水稻 稻纵卷叶螟 446-600克/公顷 喷雾

PD20120168 噁霉·稻瘟灵/20%/微乳剂/稻瘟灵 10%、噁霉灵 10%/2012.01.30 至 2017.01.30/低毒

西瓜 枯萎病 120-180克/公顷 灌根

烟草 黑胫病 120-180克/公顷 苗床浇洒、本田灌根

PD20131295 草甘膦异丙胺盐/50%/可溶粒剂/草甘膦 50%/2013.06.08 至 2018.06.08/低毒

柑橘园 杂草 1687.5-2250克/公顷 定向茎叶喷雾

注:草甘膦异丙胺盐含量: 67.5%。

LS20100132 调环酸钙/5%/泡腾片剂/调环酸钙 5%/2012.09.07 至 2013.09.07/低毒

水稻 调节生长 315-450克制剂/公顷 喷雾

LS20100133 调环酸钙/85%/原药/调环酸钙 85%/2012.09.07 至 2013.09.07/低毒

湖北蕲农化工有限公司 (湖北省蕲春县蕲州镇南门街23号 435315 0713-7501059)

PD84111-17 氧乐果/40%/乳油/氧乐果 40%/2010.01.31 至 2015.01.31/中等毒

棉花 蚜虫、螨 375-600克/公顷 喷雾

森林 松干蚧、松毛虫 500倍液 喷雾或直接涂树干

水稻 稻纵卷叶螟、飞虱 375-600克/公顷 喷雾

小麦 蚜虫 300-450克/公顷 喷雾

PD84117-7 多菌灵/92%/原药/多菌灵 92%/2010.01.31 至 2015.01.31/低毒

PD84118-10 多菌灵/25%/可湿性粉剂/多菌灵 25%/2010.01.31 至 2015.01.31/低毒

果树 病害 0.05-0.1%药液 喷雾

花生 倒秧病 750克/公顷 喷雾

麦类 赤霉病 750克/公顷 喷雾,泼浇

	棉花	苗期病害	500克/100千克种子	拌种
	水稻	稻瘟病、纹枯病	750克/公顷	喷雾,泼浇
	油菜	菌核病	1125-1500克/公顷	喷雾
PD85150-12	多菌灵/50%/可湿性粉剂/多菌灵 50%/2010.08.15 至 2015.08.15/低毒			
	果树	病害	0.05-0.1%药液	喷雾
	花生	倒秧病	750克/公顷	喷雾
	麦类	赤霉病	750克/公顷	喷雾、泼浇
	棉花	苗期病害	250克/50千克种子	拌种
	水稻	稻瘟病、纹枯病	750克/公顷	喷雾、泼浇
	油菜	菌核病	1125-1500克/公顷	喷雾
PD86134-5	多菌灵/40%/悬浮剂/多菌灵 40%/2012.05.08 至 2017.05.08/低毒			
	果树	病害	0.05-0.1%药液	喷雾
	花生	倒秧病	750克/公顷	喷雾
	绿萍	霉腐病	0.05%药液	喷雾
	麦类	赤霉病	0.025%药液	喷雾
	棉花	苗期病害	0.3%药液	浸种
	水稻	纹枯病	0.025%药液	喷雾
	甜菜	褐斑病	250-500倍液	喷雾
	油菜	菌核病	1125-1500克/公顷	喷雾
PD86148-25	异丙威/20%/乳油/异丙威 20%/2012.05.08 至 2017.05.08/中等毒			
	水稻	飞虱、叶蝉	450-600克/公顷	喷雾
PD86153-6	叶枯唑/20%/可湿性粉剂/叶枯唑 20%/2012.07.24 至 2017.07.24/低毒			
	水稻	白叶枯病	300-375克/公顷	喷雾、弥雾
PD20040262	吡虫·杀虫单/35%/可湿性粉剂/吡虫啉 1%、杀虫单 34%/2009.12.19 至 2014.12.19/中等毒			
	水稻	飞虱	450-750克/公顷	喷雾
PD20081784	三唑酮/20%/乳油/三唑酮 20%/2013.11.19 至 2018.11.19/低毒			
	小麦	白粉病	120-127.5克/公顷	喷雾
PD20083112	敌敌畏/77.5%/乳油/敌敌畏 77.5%/2013.12.10 至 2018.12.10/中等毒			
	十字花科蔬菜	菜青虫	制剂量：60-80克/亩	喷雾
PD20083701	辛硫磷/40%/乳油/辛硫磷 40%/2013.12.15 至 2018.12.15/低毒			
	十字花科蔬菜	菜青虫	360-450克/公顷	喷雾
PD20083735	克百威/3%/颗粒剂/克百威 3%/2013.12.15 至 2018.12.15/低毒(原药高毒)			
	甘蔗	蚜虫、蔗龟	1350-2250克/公顷	沟施
	花生	线虫	1800-2250克/公顷	条施、沟施
	棉花	蚜虫	675-900克/公顷	条施、沟施
	水稻	二化螟、瘿蚊	900-1350克/公顷	撒施
PD20083773	噻嗪酮/25%/可湿性粉剂/噻嗪酮 25%/2013.12.15 至 2018.12.15/低毒			
	茶树	茶小绿叶蝉	166-250毫克/千克	喷雾
	柑橘树	介壳虫	150-250毫克/千克	喷雾
	水稻	稻飞虱	75-112.5克/公顷	喷雾
PD20085113	杀虫双/3.6%/大粒剂/杀虫双 3.6%/2013.12.23 至 2018.12.23/中等毒			
	水稻	二化螟、三化螟	540-675克/公顷	撒施
PD20085800	硫磺·多菌灵/40%/悬浮剂/多菌灵 20%、硫磺 20%/2013.12.29 至 2018.12.29/低毒			
	水稻	稻瘟病	1200-1800克/公顷	喷雾
	甜菜	褐斑病	900-1200克/公顷	喷雾
PD20085881	马拉·克百威/3%/颗粒剂/克百威 1%、马拉硫磷 2%/2013.12.29 至 2018.12.29/低毒(原药高毒)			
	水稻	飞虱	900-1125克/公顷	撒施
PD20085913	硫磺·多菌灵/25%/可湿性粉剂/多菌灵 12.5%、硫磺 12.5%/2013.12.29 至 2018.12.29/低毒			
	水稻	稻瘟病	1200-1800克/公顷	喷雾
PD20085923	异稻·三环唑/20%/可湿性粉剂/三环唑 12%、异稻瘟净 8%/2013.12.29 至 2018.12.29/中等毒			
	水稻	稻瘟病	285-435克/公顷	喷雾
PD20090659	毒死蜱/480克/升/乳油/毒死蜱 480克/升/2009.01.15 至 2014.01.15/中等毒			
	苹果树	桃小食心虫	200-240毫克/千克	喷雾
PD20090773	氯氰·毒死蜱/25%/乳油/毒死蜱 22.5%、氯氰菊酯 2.5%/2014.01.19 至 2019.01.19/中等毒			
	棉花	棉铃虫	225-300克/公顷	喷雾
PD20091159	丁硫·辛硫磷/21%/乳油/丁硫克百威 1%、辛硫磷 20%/2014.01.22 至 2019.01.22/低毒			
	棉花	蚜虫	189-252克/公顷	喷雾
PD20091658	杀单·克百威/3%/颗粒剂/克百威 1.5%、杀虫单 1.5%/2009.02.03 至 2014.02.03/高毒			
	水稻	蓟马	90-135克/公顷	撒施
PD20091834	苄·乙/20%/可湿性粉剂/苄嘧磺隆 4.5%、乙草胺 15.5%/2014.02.06 至 2019.02.06/低毒			
	水稻移栽田	一年生及部分多年生杂草	84-118克/公顷	毒土或毒砂法
PD20092596	氰戊·氧乐果/30%/乳油/氰戊菊酯 10%、氧乐果 20%/2014.02.27 至 2019.02.27/中等毒(原药高毒)			
	棉花	红铃虫、棉铃虫	90-180克/公顷	喷雾

棉花 蚜虫 67.5-135克/公顷 喷雾
PD20095303 甲哌鎓/250克/升/水剂/甲哌鎓 250克/升/2014.04.27 至 2019.04.27/低毒
棉花 调节生长 45-60克/公顷 喷雾
PD20096694 阿维菌素/18克/升/乳油/阿维菌素 18克/升/2009.09.07 至 2014.09.07/低毒(原药高毒)
甘蓝 小菜蛾 8.1-10.8克/公顷 喷雾
PD20096955 毒死蜱/97%/原药/毒死蜱 97%/2009.09.29 至 2014.09.29/中等毒
PD20097237 丙溴磷/89%/原药/丙溴磷 89%/2009.10.19 至 2014.10.19/中等毒
PD20101379 乙酰甲胺磷/30%/乳油/乙酰甲胺磷 30%/2010.04.02 至 2015.04.02/低毒
棉花 棉铃虫 675-900克/公顷 喷雾
PD20130677 丙溴磷/40%/乳油/丙溴磷 40%/2013.04.09 至 2018.04.09/低毒
水稻 稻纵卷叶螟 480-600克/公顷 喷雾
PD20131636 印楝素/0.3%/乳油/印楝素 0.3%/2013.07.30 至 2018.07.30/低毒
甘蓝 小菜蛾 3.6-5.4克/公顷 喷雾

利洁时家化（中国）有限公司 （湖北省荆州市北京东路34号 434001 0716-8317085）

WP20080399 电热蚊香液/2.6%/电热蚊香液/Es-生物烯丙菊酯 2.6%/2008.12.11 至 2013.12.11/微毒
卫生 蚊 / 电热加温
WP20080405 电热蚊香液/1.8%/电热蚊香液/Es-生物烯丙菊酯 1.8%/2008.12.12 至 2013.12.12/微毒
卫生 蚊 / 电热加温
WP20090196 电热蚊香液/2%/电热蚊香液/Es-生物烯丙菊酯 2%/2009.03.23 至 2014.03.23/微毒
卫生 蚊 / 电热加温

武汉楚强生物科技有限公司 （湖北省武汉市蔡甸经济开发区常福工业园17号地块 430070 027-87387836）

PD20060149 菜青虫颗粒体病毒/1亿个/毫克/原药/菜青虫颗粒体病毒 1亿个/毫克/2011.08.24 至 2016.08.24/低毒
PD20070419 菜颗·苏云菌//可湿性粉剂/菜青虫颗粒体病毒 1万PIB/毫克、苏云金杆菌 16000IU/毫克/2012.11.06 至 2017.11.06/低毒
甘蓝 菜青虫 750-1125克制剂/公顷 喷雾
PD20086027 甜核·苏云菌/16000IU/毫克，1万PIB/毫克/可湿性粉剂/苏云金杆菌 16000IU/毫克、甜菜夜蛾核型多角体病毒 1万PIB/毫克/2013.12.29 至 2018.12.29/低毒
十字花科蔬菜 甜菜夜蛾 1125-1500克制剂/公顷 喷雾
PD20086028 甜菜夜蛾核型多角体病毒/200亿PIB/克/母药/甜菜夜蛾核型多角体病毒 200亿PIB/克/2013.12.29 至 2018.12.29/低毒
PD20086029 松毛虫质型多角体病毒/100亿PIB/克/母药/松毛虫质型多角体病毒 100亿PIB/克/2013.12.29 至 2018.12.29/低毒
PD20086030 苏·松质病毒//可湿性粉剂/松毛虫质型多角体病毒 1万PIB/毫克、苏云金杆菌 1.6万IU/毫克/2013.12.29 至 2018.12.29/低毒
森林 松毛虫 1000-1200倍液 喷雾
PD20086035 茶核·苏云菌//悬浮剂/茶尺蠖核型多角体病毒 1千万PIB/毫升、苏云金杆菌 2000IU/微升/2013.12.29 至 2018.12.29/低毒
茶树 尺蠖 1500-2250毫升制剂/公顷 喷雾
PD20086036 茶尺蠖核型多角体病毒/200亿PIB/克/母药/茶尺蠖核型多角体病毒 200亿PIB/克/2013.12.29 至 2018.12.29/低毒
PD20097412 苜核·苏云菌///悬浮剂/苜蓿银纹夜蛾核型多角体病毒 1千万PIB/毫升、苏云金杆菌 2000IU/微升/2009.10.28 至 2014.10.28/低毒
十字花科蔬菜 甜菜夜蛾 1125-1500毫升制剂/公顷 喷雾
PD20097660 高氯·斜夜核///悬浮剂/高效氯氰菊酯 3%、斜纹夜蛾核型多角体病毒 1千万PIB/毫升/2009.11.04 至 2014.11.04/低毒
十字花科蔬菜 斜纹夜蛾 1125-1500毫升制剂/公顷 喷雾
PD20098198 棉核·苏云菌///悬浮剂/棉铃虫核型多角体病毒 1千万PIB/毫升、苏云金杆菌 2000IU/微升/2009.12.16 至 2014.12.16/低毒
棉花 棉铃虫 3000-6000毫升制剂/公顷 喷雾
PD20120875 菜颗·苏云菌//悬浮剂/菜青虫颗粒体病毒 1000万PIB/毫升、苏云金杆菌 0.2%/2012.05.24 至 2017.05.24/低毒
十字花科蔬菜 菜青虫 3000-3600毫升制剂/公顷 喷雾
LS20130003 甜菜夜蛾核型多角体病毒/5亿PIB/克/悬浮剂/甜菜夜蛾核型多角体病毒 5亿PIB/克/2014.01.04 至 2015.01.04/微毒
十字花科蔬菜 甜菜夜蛾 1800-2400毫升制剂/公顷 喷雾
WP20080055 诱虫烯/90%/原药/诱虫烯 90%/2013.03.11 至 2018.03.11/微毒
WP20080081 蟑螂病毒/1亿PIB/毫升/原药/蟑螂病毒 1亿PIB/毫升/2013.06.16 至 2018.06.16/低毒
WP20080082 杀蟑饵剂/6000PIB/克/饵剂/蟑螂病毒 6000PIB/克/2013.06.16 至 2018.06.16/微毒
卫生 蜚蠊 / 投放

武汉富强科技发展有限责任公司 （湖北省武汉市武昌南湖瑶苑省农科院内 430205 027-51768518）

PD20095307 苄·乙/20%/可湿性粉剂/苄嘧磺隆 4.4%、乙草胺 15.6%/2009.04.27 至 2014.04.27/低毒
水稻移栽田 部分多年生杂草、一年生杂草 84-118克/公顷 药土法
PD20097336 阿维·氰戊/2.2%/乳油/阿维菌素 0.4%、氰戊菊酯 1.8%/2009.10.27 至 2014.10.27/低毒(原药高毒)
甘蓝 小菜蛾 9.9-13.2克/公顷 喷雾
PD20101821 毒死蜱/40%/乳油/毒死蜱 40%/2010.07.19 至 2015.07.19/中等毒
棉花 棉铃虫 675-900克/公顷 喷雾

武汉科诺生物科技股份有限公司 （湖北省武汉市洪山区关南工业园 430074 027-87514031）

PD85131-32 井冈霉素(3%,5%)/2.4%,4%/水剂/井冈霉素A 2.4%,4%/2010.07.04 至 2015.07.04/低毒
水稻 纹枯病 75-112.5克/公顷 喷雾,泼浇

PD86110-4	嘧啶核苷类抗菌素/2%,4%/水剂/嘧啶核苷类抗菌素 2%,4%/2011.11.28 至 2016.11.28/低毒			
	大白菜	黑斑病	100毫克/千克	喷雾
	番茄	疫病	100毫克/千克	喷雾
	瓜类、花卉、苹果、葡萄、烟草	白粉病	100毫克/千克	喷雾
	水稻	炭疽病、纹枯病	150-180克/公顷	喷雾
	西瓜	枯萎病	100毫克/千克	灌根
	小麦	锈病	100毫克/千克	喷雾
PD88109-19	井冈霉素(20%)///可溶粉剂/井冈霉素A 16%/2010.03.18 至 2015.03.18/低毒			
	草坪	褐斑病	200-400毫克/千克	喷雾
	水稻	纹枯病	75-112.5克/公顷	喷雾、泼浇
	小麦	纹枯病	105-135克/公顷	喷雾
	注:草坪褐斑病为临时登记,有效期至2010年年10月19日。			
PD90106-20	苏云金杆菌/6000IU/微升/悬浮剂/苏云金杆菌 6000IU/微升/2010.07.04 至 2015.07.04/低毒			
	茶树	茶毛虫	100-200倍液	喷雾
	棉花	二代棉铃虫	6000-7500毫升制剂/公顷	喷雾
	森林	松毛虫	100-200倍液	喷雾
	十字花科蔬菜	菜青虫、小菜蛾	3000-4500毫升制剂/公顷	喷雾
	水稻	稻纵卷叶螟	6000-7500毫升制剂/公顷	喷雾
	烟草	烟青虫	6000-7500毫升制剂/公顷	喷雾
	玉米	玉米螟	4500-6000毫升制剂/公顷	加细沙灌心叶
	枣树	尺蠖	100-200倍液	喷雾
PD20040651	吡虫啉/10%/可湿性粉剂/吡虫啉 10%/2009.12.19 至 2014.12.19/低毒			
	梨树	梨木虱	13.3-20毫克/千克	喷雾
	十字花科蔬菜	蚜虫	15-30克/公顷	喷雾
	水稻	飞虱	15-30克/公顷	喷雾
	小麦	蚜虫	15-30克/公顷(南方地区) 45-60克/公顷(北方地区)	喷雾
	注:十字花科蔬菜为临时登记状态，有效期至2008年6月2日止。			
PD20081367	井冈霉素A/60%/原药/井冈霉素A 60%/2013.10.22 至 2018.10.22/低毒			
PD20081860	井冈霉素A/5%/可溶粉剂/井冈霉素A 5%/2013.11.20 至 2018.11.20/低毒			
	水稻	纹枯病	52.5-75克/公顷	喷雾
PD20084969	苏云金杆菌/32000IU/毫克/可湿性粉剂/苏云金杆菌 32000IU/毫克/2013.12.22 至 2018.12.22/低毒			
	十字花科蔬菜	菜青虫	450-750克制剂/公顷	喷雾
PD20085215	苏云金杆菌/50000IU/毫克/原药/苏云金杆菌 50000IU/毫克/2013.12.23 至 2018.12.23/低毒			
PD20085347	苏云金杆菌/8000IU/微升/悬浮剂/苏云金杆菌 8000IU/微升/2013.12.24 至 2018.12.24/低毒			
	茶树	茶毛虫	1500-2250毫升制剂/公顷	喷雾
	棉花	棉铃虫	6000-7500毫升制剂/公顷	喷雾
	森林	松毛虫	稀释200-300倍液	喷雾
	十字花科蔬菜	菜青虫	375-562毫升制剂/公顷	喷雾
	水稻	稻纵卷叶螟	3000-6000毫升制剂/公顷	喷雾
	玉米	玉米螟	2500-3000毫升制剂/公顷	拌细沙灌心
PD20085683	苏云金杆菌/16000IU/毫克/可湿性粉剂/苏云金杆菌 16000IU/毫克/2013.12.26 至 2018.12.26/低毒			
	茶树	茶毛虫	800-1600倍液	喷雾
	棉花	二代棉铃虫	1500-2250克制剂/公顷	喷雾
	森林	松毛虫	1200-1600倍液	喷雾
	十字花科蔬菜	小菜蛾	750-1125克制剂/公顷	喷雾
	十字花科蔬菜	菜青虫	375-750克制剂/公顷	喷雾
	水稻	稻纵卷叶螟	1500-2250克制剂/公顷	喷雾
	烟草	烟青虫	750-1500克制剂/公顷	喷雾
	玉米	玉米螟	750-1500克制剂/公顷	拌细沙灌心
	枣树	枣尺蠖	1200-1600倍液	喷雾
PD20090594	苏云·虫酰肼/3.6%/可湿性粉剂/虫酰肼 1.6%、苏云金杆菌 2.0%/2014.01.14 至 2019.01.14/低毒			
	甘蓝	甜菜夜蛾	43.2-54克/公顷	喷雾
PD20091358	阿维·苏云菌/1.5%/可湿性粉剂/阿维菌素 0.1%、苏云金杆菌 1.4%/2014.02.02 至 2019.02.02/低毒(原药高毒)			
	十字花科蔬菜	小菜蛾	600-750克制剂/公顷	喷雾
	十字花科蔬菜	菜青虫	450-750克制剂/公顷	喷雾
PD20091518	苏云·灭多威/11%/可湿性粉剂/灭多威 9%、苏云金杆菌 2%/2009.02.02 至 2014.02.02/中等毒(原药高毒)			
	棉花	棉铃虫	82.5-99克制剂/公顷	喷雾
PD20092637	苄·丁/15%/可湿性粉剂/苄嘧磺隆 0.7%、丁草胺 14.3%/2014.03.02 至 2019.03.02/低毒			
	水稻移栽田	部分多年生杂草、一年生杂草	675-787.5克/公顷	药土法
PD20096351	杀单·苏云菌/55%/可湿性粉剂/杀虫单 54%、苏云金杆菌 1%/2009.07.28 至 2014.07.28/中等毒			
	甘蓝	小菜蛾	412.5-495克/公顷	喷雾

	甘蓝	菜青虫	330-412.5克/公顷	喷雾
	水稻	三化螟	660-825克/公顷	喷雾
	水稻	稻纵卷叶螟	412.5-495克/公顷	喷雾
	水稻	二化螟	288.8-412.5克/公顷	喷雾
PD20096733	阿维菌素/1.8%/乳油/阿维菌素 1.8%/2009.09.07 至 2014.09.07/低毒(原药高毒)			
	甘蓝	小菜蛾	8.1-10.8克/公顷	喷雾
PD20097752	噻嗪酮/25%/可湿性粉剂/噻嗪酮 25%/2009.11.12 至 2014.11.12/低毒			
	水稻	飞虱	75-112.5克/公顷	喷雾
PD20111155	井冈霉素/8%/可溶粉剂/井冈霉素A 8%/2011.11.04 至 2016.11.04/低毒			
	水稻	纹枯病	52.5-75克/公顷	喷雾
	注:井冈霉素含量:10%。			
PD20121477	井冈霉素/8%/水剂/井冈霉素A 8%/2012.10.08 至 2017.10.08/低毒			
	水稻	纹枯病	60～120克/公顷	喷雾
LS20120005	井冈霉素/24%/水剂/井冈霉素A 24%/2014.01.05 至 2015.01.05/低毒			
	水稻	纹枯病	52.5－75克/公顷	喷雾
LS20120043	井冈霉素/28%/可溶粉剂/井冈霉素A 28%/2013.02.07 至 2014.02.07/低毒			
	水稻	纹枯病	52.5－75克/公顷	喷雾
WL20100026	苏云金杆菌/400ITU/微升/悬浮剂/苏云金杆菌(以色列亚种) 400ITU/微升/2012.01.22 至 2013.01.22/低毒			
	卫生	蚊(幼虫)	/	喷洒
WL20100260	苏云金杆菌(以色列亚种)/1200ITU/毫克/可湿性粉剂/苏云金杆菌(以色列亚种) 1200ITU/毫克/2012.11.09至2013.11.09/低毒			
	卫生	蚊(幼虫)	/	喷洒

武汉老马入和化妆品有限公司　(湖北省武汉市巨龙大道198号盘龙工业园10栋2号　430311　027-61889812)

WP20090026	驱蚊花露水/4.5%/驱蚊花露水/驱蚊酯 4.5%/2014.01.09 至 2019.01.09/低毒			
	卫生	蚊	/	涂抹

襄阳楚天源化工有限公司　(湖北省襄阳市襄城区余家湖工业园区　441048　0710-3723798)

PD84104-37	杀虫双/18%/水剂/杀虫双 18%/2011.04.04 至 2016.04.04/中等毒			
	甘蔗、蔬菜、水稻、小麦、玉米	多种害虫	540-675克/公顷	喷雾
	果树	多种害虫	225-360毫克/千克	喷雾
PD20040738	杀虫单/90%/可溶粉剂/杀虫单 90%/2009.12.19 至 2014.12.19/中等毒			
	水稻	螟虫	675-810克/公顷	喷雾
PD20080684	甲氰菊酯/20%/乳油/甲氰菊酯 20%/2008.06.04 至 2013.06.04/中等毒			
	苹果树	桃小食心虫	67-100毫克/千克	喷雾
	苹果树	红蜘蛛	100-133.3毫克/千克	喷雾
PD20083222	阿维菌素/1.8%/乳油/阿维菌素 1.8%/2013.12.11 至 2018.12.11/低毒(原药高毒)			
	柑橘树	红蜘蛛	4.5-9毫克/千克	喷雾
PD20090682	氰戊·马拉松/21%/乳油/马拉硫磷 15%、氰戊菊酯 6%/2014.01.19 至 2019.01.19/中等毒			
	白菜	蚜虫	75-120克/公顷	喷雾
	棉花	棉铃虫	150-300克/公顷	喷雾
	苹果树	红蜘蛛	200-300毫克/千克	喷雾
	苹果树	蚜虫	100-200毫克/千克	喷雾
PD20095428	苄嘧磺隆/10%/可湿性粉剂/苄嘧磺隆 10%/2009.05.11 至 2014.05.11/低毒			
	移栽水稻田	一年生阔叶杂草	30-45克/公顷	毒土法
PD20101641	甲氨基阿维菌素苯甲酸盐/83.5%/原药/甲氨基阿维菌素 83.5%/2010.06.03 至 2015.06.03/中等毒			
	注:甲氨基阿维菌素苯甲酸盐含量：95%。			

湖南省

常德双鹤日化有限公司　(湖南省常德市武陵镇常沅路100号　415101　0736-2599666)

WP20080413	杀虫气雾剂/0.3%/气雾剂/胺菊酯 0.2%、高效氯氰菊酯 0.1%/2013.12.12 至 2018.12.12/微毒			
	卫生	蚊、蝇、蜚蠊	/	喷雾
WP20110033	蚊香/0.03%/蚊香/四氟醚菊酯 0.03%/2011.02.10 至 2016.02.10/微毒			
	卫生	蚊	/	点燃
	注:本产品有三种香型：桂花香型、野菊花香型、艾草香型。			

湖南比德生化科技有限公司　(湖南省临湘市儒溪化工工业园　414013　0731-53584732)

PD84104-25	杀虫双/18%/水剂/杀虫双 18%/2011.02.19 至 2016.02.19/中等毒			
	甘蔗、蔬菜、水稻、小麦、玉米	多种害虫	540-675克/公顷	喷雾
	果树	多种害虫	225-360毫克/千克	喷雾
PD20050063	杀虫单/95%/原药/杀虫单 95%/2010.06.24 至 2015.06.24/中等毒			
PD20101548	三氯吡氧乙酸/99%/原药/三氯吡氧乙酸 99%/2010.05.19 至 2015.05.19/低毒			
PD20130036	三氯吡氧乙酸丁氧基乙酯/98%/原药/三氯吡氧乙酸丁氧基乙酯 98%/2013.01.07 至 2018.01.07/低毒			
	注:专供出口，不得在国内销售。			
PD20130837	硫双威/95%/原药/硫双威 95%/2013.04.22 至 2018.04.22/中等毒			

PD20130918 氯氟吡氧乙酸异辛酯/96%/原药/氯氟吡氧乙酸异辛酯 96%/2013.04.28 至 2018.04.28/低毒

PD20130956 氨氯吡啶酸/95%/原药/氨氯吡啶酸 95%/2013.05.02 至 2018.05.02/低毒

PD20132547 麦草畏/98%/原药/麦草畏 98%/2013.12.16 至 2018.12.16/低毒

PD20132629 戊唑醇/98%/原药/戊唑醇 98%/2013.12.20 至 2018.12.20/低毒

PD20132638 二氯吡啶酸/75%/水分散粒剂/二氯吡啶酸 75%/2013.12.20 至 2018.12.20/低毒
夏玉米田 一年生阔叶杂草 150-300克/公顷 茎叶喷雾

LS20110268 噻虫胺/96.5%/原药/噻虫胺 96.5%/2013.10.12 至 2014.10.12/低毒

LS20110282 噻虫啉/98%/原药/噻虫啉 98%/2013.11.03 至 2014.11.03/中等毒

湖南博翰化学科技有限公司 （湖南省临湘市儒溪农药化工产业园 414013 0730-3769582）

PD20102216 噁草酮/95%/原药/噁草酮 95%/2010.12.23 至 2015.12.23/低毒

PD20121923 噁草·丁草胺/60%/乳油/丁草胺 50%、噁草酮 10%/2012.12.07 至 2017.12.07/低毒
水稻田(直播) 一年生杂草 720-900克/公顷 播后苗前土壤喷雾

湖南长青润慷宝农化有限公司 （湖南省益阳市资阳区长春工业园长春东路8号 413001 0737-4300076）

PD84104-26 杀虫双/18%/水剂/杀虫双 18%/2009.10.28 至 2014.10.28/中等毒
甘蔗、蔬菜、水稻、小麦、玉米 多种害虫 540-675克/公顷 喷雾
果树 多种害虫 225-360毫克/千克 喷雾

PD86148-15 异丙威/20%/乳油/异丙威 20%/2009.07.15 至 2014.07.15/中等毒
水稻 飞虱、叶蝉 450-600克/公顷 喷雾

PD20085051 辛硫·高氯氟/20%/乳油/高效氯氟氰菊酯 1.5%、辛硫磷 18.5%/2013.12.23 至 2018.12.23/中等毒
棉花 棉铃虫 300-360克/公顷 喷雾

PD20090148 氯氟·毒死蜱/10%/乳油/毒死蜱 8.5%、高效氯氟氰菊酯 1.5%/2014.01.08 至 2019.01.08/中等毒
十字花科蔬菜 菜青虫 120-150克/公顷 喷雾

PD20091893 噻嗪·杀虫单/70%/可湿性粉剂/噻嗪酮 8%、杀虫单 62%/2014.02.09 至 2019.02.09/中等毒
水稻 稻飞虱、稻纵卷叶螟 570-630克/公顷 喷雾

PD20101715 草甘膦/30%/水剂/草甘膦 30%/2010.06.28 至 2015.06.28/低毒
柑橘园 杂草 1125-2250克/公顷 定向喷雾

PD20110453 毒死蜱/480克/升/乳油/毒死蜱 480克/升/2011.04.21 至 2016.04.21/中等毒
水稻 稻飞虱、稻纵卷叶螟 65-85毫升/亩 喷雾

PD20120848 阿维菌素/5%/乳油/阿维菌素 5%/2012.05.22 至 2017.05.22/中等毒(原药高毒)
甘蓝 小菜蛾 8.25-11.25克/公顷 喷雾

PD20122054 甲维·毒死蜱/14.1%/乳油/毒死蜱 14%、甲氨基阿维菌素苯甲酸盐 0.1%/2012.12.24 至 2017.12.24/中等毒
水稻 稻纵卷叶螟 126.9-148.05克/公顷 喷雾

PD20130034 阿维·丙溴磷/25.5%/乳油/阿维菌素 0.5%、丙溴磷 25%/2013.01.07 至 2018.01.07/低毒(原药高毒)
水稻 稻纵卷叶螟 306-382.5克/公顷 喷雾

PD20130735 氟啶·丙溴磷/30%/乳油/丙溴磷 29%、氟啶脲 1%/2013.04.12 至 2018.04.12/低毒
棉花 棉铃虫 225-315克/公顷 喷雾

PD20131329 甲维·杀虫双/20.1%/微乳剂/甲氨基阿维菌素苯甲酸盐 0.1%、杀虫双 20%/2013.06.08 至 2018.06.08/低毒
水稻 二化螟 301.5-542.7克/公顷 喷雾

湖南创力农化有限公司 （湖南省长沙市岳麓山观沙岭工业园茶子山村 410013 0731-8682952）

PD20085879 甲硫·福美双/40%/可湿性粉剂/福美双 25%、甲基硫菌灵 15%/2013.12.29 至 2018.12.29/低毒
辣椒 炭疽病 480-600克/公顷 喷雾

PD20085909 井冈·多菌灵/20%/可湿性粉剂/多菌灵 6%、井冈霉素 14%/2013.12.29 至 2018.12.29/微毒
水稻 纹枯病 60-90克/公顷 喷雾

PD20090037 多·锰锌/50%/可湿性粉剂/多菌灵 15%、代森锰锌 35%/2014.01.06 至 2019.01.06/低毒
番茄 早疫病 600-750克/公顷 喷雾

PD20090678 苄·乙/25%/可湿性粉剂/苄嘧磺隆 6%、乙草胺 19%/2014.01.19 至 2019.01.19/低毒
水稻移栽田 一年生及部分多年生杂草 84-118克/公顷 药土法

PD20091179 吡虫·异丙威/35%/可湿性粉剂/吡虫啉 3%、异丙威 32%/2014.01.22 至 2019.01.22/低毒
水稻 稻飞虱 105-131.25克/公顷 喷雾

PD20091707 甲氰·噻螨酮/7.5%/乳油/甲氰菊酯 5%、噻螨酮 2.5%/2014.02.03 至 2019.02.03/中等毒
柑橘树 红蜘蛛 75-100毫克/千克 喷雾

PD20091823 唑酮·福美双/25%/可湿性粉剂/福美双 17%、三唑酮 8%/2014.02.05 至 2019.02.05/低毒
小麦 白粉病 225-300克/公顷 喷雾

PD20093638 百草枯/200克/升/水剂/百草枯 200克/升/2012.12.31 至 2014.07.01/中等毒
柑橘园 杂草 600-750克/公顷 喷雾

PD20093884 高效氯氰菊酯/4.5%/乳油/高效氯氰菊酯 4.5%/2014.03.25 至 2019.03.25/中等毒
棉花 棉铃虫 27-47.25克/公顷 喷雾

PD20094529 阿维·哒螨灵/10%/乳油/阿维菌素 0.2%、哒螨灵 9.8%/2014.04.09 至 2019.04.09/低毒(原药高毒)
柑橘树 红蜘蛛 33.3-50毫克/千克 喷雾

PD20095911 毒死蜱/45%/乳油/毒死蜱 45%/2009.06.02 至 2014.06.02/中等毒
水稻 稻纵卷叶螟 375-450克/公顷 喷雾

PD20096099 噻嗪·异丙威/25%/可湿性粉剂/噻嗪酮 5%、异丙威 20%/2009.06.18 至 2014.06.18/低毒

水稻 稻飞虱 450-562.5克/公顷 喷雾

湖南大乘医药化工有限公司 (湖南省冷水江市禾青镇里福村 417506 0738-5276510)

PD20040643 吡虫·杀虫单/60%/可湿性粉剂/吡虫啉 2%、杀虫单 58%/2009.12.19 至 2014.12.19/中等毒
水稻 稻飞虱、稻纵卷叶螟、二化螟、三化螟 450-750克/公顷 喷雾

PD20083008 多效唑/15%/可湿性粉剂/多效唑 15%/2013.12.10 至 2018.12.10/低毒
水稻育秧田 控制生长 200-300毫克/千克 喷雾
油菜(苗床) 控制生长 100-200毫克/千克 喷雾

PD20083060 稻瘟灵/40%/乳油/稻瘟灵 40%/2013.12.10 至 2018.12.10/低毒
水稻 稻瘟病 480-600克/公顷 喷雾

PD20090221 草甘膦铵盐/30%/水剂/草甘膦 30%/2014.01.09 至 2019.01.09/微毒
茶园 杂草 1125-2250克/公顷 定向茎叶喷雾
注:草甘膦铵盐含量:(33%)

PD20092356 辛硫·高氯氟/26%/乳油/高效氯氟氰菊酯 1%、辛硫磷 25%/2014.02.24 至 2019.02.24/中等毒
甘蓝 小菜蛾 162.63-243.75克/公顷 喷雾

PD20093621 敌畏·毒死蜱/35%/乳油/敌敌畏 25%、毒死蜱 10%/2009.03.25 至 2014.03.25/中等毒
水稻 稻纵卷叶螟 420-525克/公顷 喷雾

PD20093689 溴氰 ·敌敌畏/26%/乳油/敌敌畏 25.5%、溴氰菊酯 0.5%/2009.03.25 至 2014.03.25/中等毒
十字花科蔬菜 甜菜夜蛾 351-390克/公顷 喷雾

PD20094810 苄·丁·乙草胺/27.4%/可湿性粉剂/苄嘧磺隆 1.4%、丁草胺 24.8%、乙草胺 1.2%/2009.04.13 至 2014.04.13/低毒
水稻抛秧田 一年生及部分多年生杂草 328.8-411克/公顷 毒土法

PD20094905 苄·乙/20%/可湿性粉剂/苄嘧磺隆 4.5%、乙草胺 15.5%/2009.04.13 至 2014.04.13/低毒
水稻移栽田 一年生及部分多年生杂草 84-118克/公顷 毒土法

PD20096360 阿维菌素/18克/升/乳油/阿维菌素 18克/升/2009.07.28 至 2014.07.28/低毒(原药高毒)
十字花科蔬菜 小菜蛾 8.1-10.8克/公顷 喷雾

PD20097264 氰戊菊酯/20%/乳油/氰戊菊酯 20%/2009.10.26 至 2014.10.26/低毒
十字花科叶菜 菜青虫 90-120克/公顷 喷雾

PD20097410 咪鲜胺/25%/乳油/咪鲜胺 25%/2009.10.28 至 2014.10.28/低毒
柑橘树 炭疽病 75-100毫克/千克 喷雾

PD20098249 烯效唑/5%/可湿性粉剂/烯效唑 5%/2009.12.16 至 2014.12.16/微毒
水稻 控制生长 100-150mg/Kg 浸种

PD20100343 毒·辛/40%/乳油/毒死蜱 15%、辛硫磷 25%/2010.01.11 至 2015.01.11/中等毒
水稻 稻纵卷叶螟 450-750克/公顷 喷雾

PD20110563 甲氨基阿维菌素苯甲酸盐/0.5%/乳油/甲氨基阿维菌素 0.5%/2011.05.26 至 2016.05.26/低毒
甘蓝 甜菜夜蛾 1.8-2.4克/公顷 喷雾
注:甲氨基阿维菌素苯甲酸盐含量:0.57%。

WP20080342 氰戊菊酯/20%/乳油/氰戊菊酯 20%/2013.12.09 至 2018.12.09/低毒
卫生 白蚁 2500-5000毫克/千克 木材喷洒;土壤处理

湖南大方农化有限公司 (湖南省长沙市芙蓉区东湖 410127 0731-4690178)

PD20040653 杀虫单/90%/可溶粉剂/杀虫单 90%/2009.12.19 至 2014.12.19/中等毒
水稻 二化螟 552-759克/公顷 喷雾

PD20040695 三唑磷/30%/乳油/三唑磷 30%/2009.12.19 至 2014.12.19/中等毒
水稻 二化螟 300-450克/公顷 喷雾

PD20050121 吡虫啉/10%/可湿性粉剂/吡虫啉 10%/2010.08.15 至 2015.08.15/低毒
水稻 飞虱 15-30克/公顷 喷雾

PD20070169 三环唑/75%/可湿性粉剂/三环唑 75%/2012.06.25 至 2017.06.25/低毒
水稻 稻瘟病 225－300克/公顷 喷雾

PD20080037 噻嗪酮/25%/可湿性粉剂/噻嗪酮 25%/2013.01.03 至 2018.01.03/低毒
柑橘树 介壳虫 200-250毫克/千克 喷雾
水稻 稻飞虱 90-120克/公顷 喷雾

PD20080086 炔螨特/73%/乳油/炔螨特 73%/2013.01.03 至 2018.01.03/低毒
柑橘树 红蜘蛛 243.3-365毫克/千克 喷雾

PD20080546 啶虫脒/5%/乳油/啶虫脒 5%/2013.05.08 至 2018.05.08/低毒
小麦 蚜虫 18-27克/公顷 喷雾

PD20080562 甲氰菊酯/20%/乳油/甲氰菊酯 20%/2013.05.09 至 2018.05.09/中等毒
十字花科蔬菜 菜青虫 90－120克/公顷 喷雾

PD20080873 高效氯氟氰菊酯/2.5%/乳油/高效氯氟氰菊酯 2.5%/2013.06.27 至 2018.06.27/中等毒
十字花科蔬菜 菜青虫 7.5-11.25克/公顷 喷雾

PD20081005 精喹禾灵/5%/乳油/精喹禾灵 5%/2013.08.06 至 2018.08.06/低毒
棉花田 一年生禾本科杂草 45-52.5克/公顷 茎叶喷雾

PD20081317 高效氟吡甲禾灵/108克/升/乳油/高效氟吡甲禾灵 108克/升/2013.10.17 至 2018.10.17/低毒
棉花田 一年生禾本科杂草 40.5-48.6克/公顷 茎叶喷雾

PD20081343 草甘膦异丙胺盐(41%)///水剂/草甘膦 30%/2013.10.21 至 2018.10.21/低毒

	柑橘园	杂草	1230-2460克/公顷	定向茎叶喷雾
PD20082157	三唑锡/25%/可湿性粉剂/三唑锡 25%/2013.11.26 至 2018.11.26/低毒			
	柑橘树	红蜘蛛	125-166.7毫克/千克	喷雾
PD20082375	代森锰锌/80%/可湿性粉剂/代森锰锌 80%/2013.12.01 至 2018.12.01/低毒			
	番茄	早疫病	1920-2400克/公顷	喷雾
	柑橘树	疮痂病、炭疽病	1333-2000毫克/千克	喷雾
	花生	叶斑病	720-900克/公顷	喷雾
	梨树	黑星病	800-1600毫克/千克	喷雾
	荔枝树	霜疫霉病	1333-2000毫克/千克	喷雾
	马铃薯	晚疫病	1440-2160克/公顷	喷雾
	苹果树	斑点落叶病、轮纹病、炭疽病	1000-1500毫克/千克	喷雾
	葡萄	白腐病、黑痘病、霜霉病	1000-1600毫克/千克	喷雾
	西瓜	炭疽病	1560-2520克/公顷	喷雾
	烟草	赤星病	1440-1920克/公顷	喷雾
PD20082450	溴氰・马拉松/25%/乳油/马拉硫磷 24.4%、溴氰菊酯 0.6%/2013.12.02 至 2018.12.02/中等毒			
	甘蓝、小白菜	菜青虫	112.5-187.5克/公顷	喷雾
	棉花	棉铃虫	225-300克/公顷	喷雾
PD20082674	苯・苄・异丙甲/34%/可湿性粉剂/苯噻酰草胺 22%、苄嘧磺隆 3%、异丙甲草胺 9%/2013.12.05 至 2018.12.05/低毒			
	水稻抛秧田	一年生及部分多年生杂草	204-255克/公顷(南方地区)	药土法
PD20082736	联苯菊酯/25克/升/乳油/联苯菊酯 25克/升/2013.12.08 至 2018.12.08/低毒			
	茶树	茶尺蠖	7.5-15克/公顷	喷雾
PD20082755	乙草胺/900克/升/乳油/乙草胺 900克/升/2013.12.08 至 2018.12.08/低毒			
	夏玉米田	一年生禾本科杂草及部分小粒种子阔叶杂草	1080-1350克/公顷	播后苗前土壤喷雾
PD20084127	甲氨基阿维菌素苯甲酸盐(1.1%)///乳油/甲氨基阿维菌素 1.0%/2013.12.16 至 2018.12.16/低毒			
	甘蓝	小菜蛾	1.2-2.4克/公顷	喷雾
PD20085256	春雷霉素/4%/可湿性粉剂/春雷霉素 4%/2013.12.23 至 2018.12.23/微毒			
	水稻	稻瘟病	30-37.5克/公顷	喷雾
PD20085585	溴氰菊酯/2.8%/乳油/溴氰菊酯 2.8%/2013.12.25 至 2018.12.25/低毒			
	十字花科蔬菜	菜青虫	16.8-21克/公顷	喷雾
PD20085858	烯酰吗啉/25%/可湿性粉剂/烯酰吗啉 25%/2013.12.29 至 2018.12.29/低毒			
	黄瓜	霜霉病	225-300克/公顷	喷雾
PD20085910	甲硫・福美双/50%/可湿性粉剂/福美双 30%、甲基硫菌灵 20%/2013.12.29 至 2018.12.29/低毒			
	黄瓜	炭疽病	525-750克/公顷	喷雾
PD20086270	异丙威/20%/乳油/异丙威 20%/2013.12.31 至 2018.12.31/低毒			
	水稻	飞虱	450-600克/公顷	喷雾
PD20086288	氟啶脲/5%/乳油/氟啶脲 5%/2013.12.31 至 2018.12.31/低毒			
	十字花科蔬菜	甜菜夜蛾	37.5-52.5克/公顷	喷雾
PD20090189	稻瘟灵/40%/乳油/稻瘟灵 40%/2014.01.08 至 2019.01.08/低毒			
	水稻	稻瘟病	420-600克/公顷	喷雾
PD20091510	毒死蜱/480克/升/乳油/毒死蜱 480克/升/2009.02.02 至 2014.02.02/中等毒			
	水稻	稻纵卷叶螟	504-648克/公顷	喷雾
PD20091589	丙溴・辛硫磷/35%/乳油/丙溴磷 8.5%、辛硫磷 26.5%/2014.02.03 至 2019.02.03/低毒			
	棉花	棉铃虫	262.5-393.75克/公顷	喷雾
PD20092030	三唑磷/20%/乳油/三唑磷 20%/2014.02.12 至 2019.02.12/中等毒			
	水稻	二化螟	360-450克/公顷	喷雾
PD20092207	噻螨酮/5%/乳油/噻螨酮 5%/2014.02.24 至 2019.02.24/低毒			
	柑橘树	红蜘蛛	25-33.3毫克/千克	喷雾
PD20092320	氯氰・毒死蜱/522.5克/升/乳油/毒死蜱 475克/升、氯氰菊酯 47.5克/升/2014.02.24 至 2019.02.24/中等毒			
	棉花	棉铃虫	548.6-783.75克/公顷	喷雾
PD20093236	辛硫磷/40%/乳油/辛硫磷 40%/2014.03.11 至 2019.03.11/低毒			
	水稻	稻纵卷叶螟	600-900克/公顷	喷雾
PD20093241	福美双/50%/可湿性粉剂/福美双 50%/2014.03.11 至 2019.03.11/低毒			
	小麦	白粉病	900-997.5克/公顷	喷雾
PD20093487	丙环唑/250克/升/乳油/丙环唑 250克/升/2014.03.23 至 2019.03.23/低毒			
	小麦	锈病	112.5-150克/公顷	喷雾
PD20093732	除脲・辛硫磷/20%/乳油/除虫脲 1%、辛硫磷 19%/2014.03.25 至 2019.03.25/低毒			
	十字花科蔬菜	菜青虫	90-120克/公顷	喷雾
PD20094417	百菌清/75%/可湿性粉剂/百菌清 75%/2014.04.01 至 2019.04.01/微毒			
	黄瓜	霜霉病	1125-1687.5克/公顷	喷雾
PD20094688	阿维菌素/1.8%/乳油/阿维菌素 1.8%/2009.04.10 至 2014.04.10/中等毒(原药高毒)			
	甘蓝	菜青虫	8.1-10.8克/公顷	喷雾
PD20094835	苄・乙/12%/可湿性粉剂/苄嘧磺隆 5.8%、乙草胺 6.2%/2009.04.13 至 2014.04.13/低毒			

	水稻抛秧田	一年生及部分多年生杂草	72-81克/公顷	药土法
PD20095105	苄·乙·甲/20%/可湿性粉剂/苄嘧磺隆 1.85%、甲磺隆 0.25%、乙草胺 17.9%/2009.04.24 至 2014.04.24/低毒			
	水稻移栽田	一年生杂草	69-75克/公顷	药土法撒施
PD20095570	苄·乙/20%/可湿性粉剂/苄嘧磺隆 4.5%、乙草胺 15.5%/2009.05.12 至 2014.05.12/低毒			
	水稻移栽田	一年生杂草	84-118克/公顷(南方地区)	药土法
PD20095590	苄·二氯/22%/可湿性粉剂/苄嘧磺隆 2%、二氯喹啉酸 20%/2009.05.12 至 2014.05.12/低毒			
	水稻秧田	一年生杂草	165-198克/公顷	喷雾
PD20096347	辛硫磷/40%/乳油/辛硫磷 40%/2009.07.28 至 2014.07.28/低毒			
	棉花	棉铃虫	300-450克/公顷	喷雾
	水稻	稻纵卷叶螟	450-600克/公顷	喷雾
PD20100702	复硝酚钠/1.8%/水剂/5-硝基邻甲氧基苯酚钠 0.3%、对硝基苯酚铵 0.9%、邻硝基苯酚铵 0.6%/2010.01.16 至2015.01.16/微毒			
	水稻	调节生长	4.5-6毫克/千克	茎叶喷雾
PD20101668	苯甲·丙环唑/300克/升/乳油/苯醚甲环唑 150克/升、丙环唑 150克/升/2010.06.08 至 2015.06.08/低毒			
	水稻	纹枯病	67.5－90克/公顷	喷雾
PD20110210	毒死蜱/40%/乳油/毒死蜱 40%/2011.02.24 至 2016.02.24/中等毒			
	水稻	稻纵卷叶螟	300-600克/公顷	喷雾
PD20110235	苄嘧·丙草胺/30%/可湿性粉剂/苄嘧磺隆 4%、丙草胺 26%/2011.03.02 至 2016.03.02/低毒			
	水稻田(直播)	一年生杂草	225-270克/公顷(南方)	播后苗前土壤喷雾
PD20110816	噻嗪酮/50%/可湿性粉剂/噻嗪酮 50%/2011.08.04 至 2016.08.04/低毒			
	水稻	飞虱	75-135克/公顷	喷雾
PD20120004	苄·乙/20%/大粒剂/苄嘧磺隆 4.5%、乙草胺 15.5%/2012.01.05 至 2017.01.05/低毒			
	水稻移栽田	一年生杂草	84-118克/公顷	撒施
PD20120005	醚菊酯/10%/悬浮剂/醚菊酯 10%/2012.01.05 至 2017.01.05/低毒			
	甘蓝	菜青虫	45-60克/公顷	喷雾
PD20120006	阿维·哒螨灵/10.2%/乳油/阿维菌素 0.2%、哒螨灵 10%/2012.01.05 至 2017.01.05/中等毒(原药高毒)			
	柑橘树	红蜘蛛	34-51毫克/千克	喷雾
PD20120100	甲氨基阿维菌素苯甲酸盐/5%/水分散粒剂/甲氨基阿维菌素 5%/2012.01.29 至 2017.01.29/低毒			
	甘蓝	小菜蛾	1.5-3克/公顷	喷雾
	注:甲氨基阿维菌素苯甲酸盐含量：5.7%。			
PD20120262	阿维·炔螨特/40%/乳油/阿维菌素 0.3%、炔螨特 39.7%/2012.02.14 至 2017.02.14/中等毒(原药高毒)			
	柑橘树	红蜘蛛	200-400毫克/千克	喷雾
PD20120817	吡虫啉/70%/水分散粒剂/吡虫啉 70%/2012.05.22 至 2017.05.22/低毒			
	水稻	飞虱	22.5-30克/公顷	喷雾
PD20120925	阿维菌素/5%/乳油/阿维菌素 5%/2012.06.04 至 2017.06.04/中等毒(原药高毒)			
	甘蓝	小菜蛾	9-11.25克/公顷	喷雾
PD20121029	阿维·杀螟松/20%/乳油/阿维菌素 0.2%、杀螟硫磷 19.8%/2012.07.02 至 2017.07.02/低毒(原药高毒)			
	水稻	二化螟	210-270克/公顷	喷雾
PD20121204	阿维·高氯/7%/微乳剂/阿维菌素 1%、高效氯氰菊酯 6%/2012.08.08 至 2017.08.08/中等毒(原药高毒)			
	甘蓝	菜青虫、小菜蛾	7.5-15克/公顷	喷雾
PD20121236	吡虫啉/30%/微乳剂/吡虫啉 30%/2012.08.27 至 2017.08.27/低毒			
	水稻	稻飞虱	22.5-30克/公顷	喷雾
PD20121299	阿维菌素/1.8%/乳油/阿维菌素 1.8%/2012.09.06 至 2017.09.06/低毒(原药高毒)			
	水稻	稻纵卷叶螟	3.75-4.5克/公顷	喷雾
PD20121434	阿维·毒死蜱/15%/乳油/阿维菌素 0.1%、毒死蜱 14.9%/2012.10.08 至 2017.10.08/中等毒(原药高毒)			
	水稻	稻纵卷叶螟	180-225克/公顷	喷雾
PD20121562	氟铃·毒死蜱/46.8%/乳油/毒死蜱 44%、氟铃脲 2.8%/2012.10.25 至 2017.10.25/中等毒			
	棉花	棉铃虫	765-1020克/公顷	喷雾
PD20121906	咪鲜胺/450克/升/水乳剂/咪鲜胺 450克/升/2012.12.07 至 2017.12.07/低毒			
	柑橘	青霉病	250-500毫克/千克	浸果
PD20121918	甲氨基阿维菌素苯甲酸盐/0.5%/微乳剂/甲氨基阿维菌素 0.5%/2012.12.07 至 2017.12.07/微毒			
	甘蓝	甜菜夜蛾	1.2-1.5克/公顷	喷雾
	注:甲氨基阿维菌素苯甲酸盐：0.56%。			
PD20121937	哒螨灵/15%/乳油/哒螨灵 15%/2012.12.12 至 2017.12.12/中等毒			
	柑橘树	红蜘蛛	50-67毫克/千克	喷雾
PD20122028	戊唑醇/80%/可湿性粉剂/戊唑醇 80%/2012.12.19 至 2017.12.19/低毒			
	小麦	锈病	60～96克/公顷	喷雾
PD20130355	氟硅唑/400克/升/乳油/氟硅唑 400克/升/2013.03.11 至 2018.03.11/低毒			
	黄瓜	黑星病	48-72克/公顷	喷雾
PD20130398	烟嘧磺隆/75%/水分散粒剂/烟嘧磺隆 75%/2013.03.12 至 2018.03.12/低毒			
	玉米田	一年生杂草	39.38-56.25克/公顷	茎叶喷雾
PD20130487	高效氯氟氰菊酯/2.5%/微乳剂/高效氯氟氰菊酯 2.5%/2013.03.20 至 2018.03.20/中等毒			
	小白菜	菜青虫	7.5-15克/公顷	喷雾

PD20130782 氟铃脲/5%/乳油/氟铃脲 5%/2013.04.22 至 2018.04.22/低毒

甘蓝	小菜蛾	45-60克/公顷	喷雾

PD20130954 吡虫啉/10%/微乳剂/吡虫啉 10%/2013.05.02 至 2018.05.02/低毒

水稻	稻飞虱	30-45克/公顷	喷雾

PD20130961 苯甲·丙环唑/18%/水分散粒剂/苯醚甲环唑 9%、丙环唑 9%/2013.05.02 至 2018.05.02/低毒

水稻	纹枯病	81-135克/公顷	喷雾

PD20130962 草甘膦铵盐/68%/可溶粒剂/草甘膦 68%/2013.05.02 至 2018.05.02/低毒

柑橘园	杂草	1020-2040克/公顷	定向茎叶喷雾

注:草甘膦铵盐含量:74.8%。

PD20131283 苄·乙/12%/大粒剂/苄嘧磺隆 6%、乙草胺 6%/2013.06.08 至 2018.06.08/低毒

水稻抛秧田	一年生杂草	57.6-79.2克/公顷	撒施

PD20131379 毒死蜱/30%/水乳剂/毒死蜱 30%/2013.06.24 至 2018.06.24/中等毒

水稻	稻纵卷叶螟	360-540克/公顷	喷雾

PD20131718 嘧菌酯/250克/升/悬浮剂/嘧菌酯 250克/升/2013.08.16 至 2018.08.16/低毒

黄瓜	霜霉病	120-180克/公顷	喷雾

PD20132196 精甲霜·锰锌/68%/水分散粒剂/精甲霜灵 4%、代森锰锌 64%/2013.10.29 至 2018.10.29/低毒

黄瓜	霜霉病	1020-1224克/公顷	喷雾

LS20100067 噻嗪·毒死蜱/50%/乳油/毒死蜱 30%、噻嗪酮 20%/2012.05.10 至 2013.05.10/中等毒

水稻	稻飞虱	225-375克/公顷	喷雾

LS20100086 阿维·噻螨酮/5%/乳油/阿维菌素 1%、噻螨酮 4%/2012.05.19 至 2013.05.19/低毒(原药高毒)

柑橘树	红蜘蛛	25-50毫克/千克	喷雾

湖南东永化工有限责任公司 (湖南省长沙市岳麓区茶子山 410004 0731-5562259)

PD84104-46 杀虫双/18%/水剂/杀虫双 18%/2009.10.26 至 2014.10.26/中等毒

甘蔗、蔬菜、水稻、小麦、玉米	多种害虫	540-675克/公顷	喷雾
果树	多种害虫	225-360毫克/千克	喷雾

PD84118-48 多菌灵/25%/可湿性粉剂/多菌灵 25%/2009.11.02 至 2014.11.02/低毒

果树	病害	0.05-0.1%药液	喷雾
花生	倒秧病	750克/公顷	喷雾
麦类	赤霉病	750克/公顷	喷雾,泼浇
棉花	苗期病害	500克/100千克种子	拌种
水稻	稻瘟病、纹枯病	750克/公顷	喷雾,泼浇
油菜	菌核病	1125-1500克/公顷	喷雾

PD85122-19 福美双/50%/可湿性粉剂/福美双 50%/2009.11.02 至 2014.11.02/中等毒

黄瓜	白粉病、霜霉病	500-1000倍液	喷雾
葡萄	白腐病	500-1000倍液	喷雾
水稻	稻瘟病、胡麻叶斑病	250克/100千克种子	拌种
甜菜、烟草	根腐病	500克/500千克温床土	土壤处理
小麦	白粉病、赤霉病	500倍液	喷雾

PD86148-72 异丙威/20%/乳油/异丙威 20%/2013.03.25 至 2018.03.25/中等毒

水稻	飞虱、叶蝉	450-600克/公顷	喷雾

PD91106-19 甲基硫菌灵/70%,50%/可湿性粉剂/甲基硫菌灵 70%,50%/2011.08.01 至 2016.08.01/低毒

番茄	叶霉病	375-562.5克/公顷	喷雾
甘薯	黑斑病	360-450毫克/千克	浸薯块
瓜类	白粉病	337.5-506.25克/公顷	喷雾
梨树	黑星病	360-450毫克/千克	喷雾
苹果树	轮纹病	700毫克/千克	喷雾
水稻	稻瘟病、纹枯病	1050-1500克/公顷	喷雾
小麦	赤霉病	750-1050克/公顷	喷雾

PD20050089 三唑酮/15%/可湿性粉剂/三唑酮 15%/2010.07.01 至 2015.07.01/低毒

小麦	白粉病、锈病	135-180克/公顷	喷雾

PD20085391 噻嗪酮/25%/可湿性粉剂/噻嗪酮 25%/2013.12.24 至 2018.12.24/低毒

水稻	飞虱	75-112.5克/公顷	喷雾

PD20086061 硫磺·多菌灵/50%/可湿性粉剂/多菌灵 15%、硫磺 35%/2013.12.30 至 2018.12.30/低毒

花生	叶斑病	1200-1800克/公顷	喷雾
黄瓜	白粉病	937.5-1125克/公顷	喷雾

PD20090273 异稻·三环唑/20%/可湿性粉剂/三环唑 10%、异稻瘟净 10%/2014.01.09 至 2019.01.09/中等毒

水稻	稻瘟病	300-450克/公顷	喷雾

PD20090538 噻嗪·异丙威/25%/可湿性粉剂/噻嗪酮 7%、异丙威 18%/2014.01.13 至 2019.01.13/中等毒

水稻	稻飞虱	93.75-131.28克/公顷	喷雾

PD20091691 硫磺·多菌灵/25%/可湿性粉剂/多菌灵 7.5%、硫磺 17.5%/2014.02.03 至 2019.02.03/低毒

花生	叶斑病	1200-1800克/公顷	喷雾

PD20091709 苄·乙/14%/可湿性粉剂/苄嘧磺隆 3.2%、乙草胺 10.8%/2014.02.03 至 2019.02.03/低毒

水稻移栽田 多年生杂草、一年生莎草、一年生禾本科杂草 84-118克/公顷 毒土法

PD20091764 硫磺·三环唑/20%/可湿性粉剂/硫磺 0%、三环唑 0%/2014.02.04 至 2019.02.04/中等毒
水稻 稻瘟病 300-450克/公顷 喷雾

PD20092025 氰戊·辛硫磷/25%/乳油/氰戊菊酯 2.2%、辛硫磷 22.8%/2014.02.12 至 2019.02.12/中等毒
棉花 棉铃虫 187.5-225克/公顷 喷雾
蔬菜 菜青虫 75-150克/公顷 喷雾

PD20092085 福·甲·硫磺/70%/可湿性粉剂/福美双 25%、甲基硫菌灵 14%、硫磺 31%/2014.02.16 至 2019.02.16/低毒
辣椒 炭疽病 525-945克/公顷 喷雾
西瓜 枯萎病 800-1000倍液 灌根
小麦 白粉病 840-1050 克/公顷 喷雾

PD20092686 吡·硫·多菌灵/60%/可湿性粉剂/吡虫啉 2%、多菌灵 25%、硫磺 33%/2014.03.03 至 2019.03.03/低毒
小麦 白粉病、蚜虫 540-900克/公顷 喷雾

PD20093060 吡虫·异丙威/25%/可湿性粉剂/吡虫啉 1%、异丙威 24%/2014.03.09 至 2019.03.09/中等毒
水稻 稻飞虱 112.5-150克/公顷 喷雾

PD20093257 唑酮·福美双/15%/可湿性粉剂/福美双 8%、三唑酮 7%/2014.03.11 至 2019.03.11/低毒
小麦 白粉病 202.5-225克/公顷 喷雾
小麦 锈病 135－180克/公顷 喷雾

PD20093812 苄·丁/31.5%/可湿性粉剂/苄嘧磺隆 1.5%、丁草胺 30%/2009.03.25 至 2014.03.25/低毒
水稻抛秧田 部分多年生杂草、一年生杂草 540-720克/公顷 毒土法

PD20093938 苄·二氯/22%/可湿性粉剂/苄嘧磺隆 2%、二氯喹啉酸 20%/2009.03.27 至 2014.03.27/低毒
水稻秧田、水稻移栽田 一年生杂草 165-198克/公顷 秧苗＞2叶期喷雾处理

PD20094233 福·甲·硫磺/50%/可湿性粉剂/福美双 18%、甲基硫菌灵 10%、硫磺 22%/2009.03.31 至 2014.03.31/低毒
辣椒 炭疽病 1125克/公顷 喷雾

PD20094347 草甘膦/30%/可溶粉剂/草甘膦 30%/2009.04.01 至 2014.04.01/低毒
柑橘园 杂草 900-1800克/公顷 定向茎叶喷雾

PD20094548 草甘膦异丙胺盐(41%)///水剂/草甘膦 30%/2009.04.09 至 2014.04.09/低毒
柑橘园 杂草 1230-1845克/公顷 喷雾

PD20094899 苯·苄·乙草胺/30%/可湿性粉剂/苯噻酰草胺 25%、苄嘧磺隆 2.5%、乙草胺 2.5%/2009.04.13 至 2014.04.13/低毒
水稻抛秧田 部分多年生杂草、一年生杂草 225-315克/公顷(南方地区) 毒土法

PD20100223 毒死蜱/480克/升/乳油/毒死蜱 480克/升/2010.01.11 至 2015.01.11/中等毒
水稻 稻纵卷叶螟 504-648克/公顷 喷雾

PD20100778 阿维菌素/18克/升/乳油/阿维菌素 18克/升/2010.01.18 至 2015.01.18/低毒(原药高毒)
甘蓝 小菜蛾 8.9-13.5克/公顷 喷雾

PD20120422 甲氨基阿维菌素苯甲酸盐/3%/微乳剂/甲氨基阿维菌素 3%/2012.03.14 至 2017.03.14/低毒
甘蓝 甜菜夜蛾 1.8-2.25克/公顷 喷雾
注:甲氨基阿维菌素苯甲酸盐含量:3.4%。

PD20120887 苯甲·丙环唑/300克/升/乳油/苯醚甲环唑 150克/升、丙环唑 150克/升/2012.05.24 至 2017.05.24/低毒
水稻 纹枯病 67.5-112.5克/公顷 喷雾

PD20121240 阿维菌素/5%/乳油/阿维菌素 5%/2012.08.28 至 2017.08.28/中等毒(原药高毒)
甘蓝 小菜蛾 9.375－11.25克/公顷 喷雾

湖南国发精细化工科技有限公司 (湖南省临湘市儒溪镇 414013 0730-8411560)

PDN46-97 克百威/95%,97%/原药/克百威 95%,97%/2012.03.28 至 2017.03.28/高毒
PD85134-6 速灭威/95%/原药/速灭威 95%/2010.08.15 至 2015.08.15/中等毒
PD86132-7 仲丁威/97%,95%/原药/仲丁威 97%,95%/2011.12.28 至 2016.12.28/低毒
PD86147-7 异丙威/98%, 95%, 90%/原药/异丙威 98%, 95%, 90%/2011.12.28 至 2016.12.28/中等毒
PD20093489 高效氯氟氰菊酯/95%/原药/高效氯氟氰菊酯 95%/2009.03.23 至 2014.03.23/中等毒
PD20097503 甲基硫菌灵/95%/原药/甲基硫菌灵 95%/2009.11.03 至 2014.11.03/微毒
PD20097533 丁硫克百威/90%/原药/丁硫克百威 90%/2009.11.03 至 2014.11.03/中等毒
PD20098505 多菌灵/98%/原药/多菌灵 98%/2009.12.24 至 2014.12.24/低毒
PD20121842 甲氨基阿维菌素苯甲酸盐/83.5%/原药/甲氨基阿维菌素 83.5%/2012.11.28 至 2017.11.28/中等毒
注:甲氨基阿维菌素苯甲酸盐含量: 95%。

PD20131527 甲氨基阿维菌素苯甲酸盐/2%/微乳剂/甲氨基阿维菌素 2%/2013.07.17 至 2018.07.17/低毒
甘蓝 小菜蛾 1.65-3.3克/公顷 喷雾
注:甲氨基阿维菌素苯甲酸盐含量: 2.2%。

PD20131577 苯菌灵/95%/原药/苯菌灵 95%/2013.07.23 至 2018.07.23/低毒
注:专供出口，不得在国内销售。

PD20131906 异丙威/4%/粉剂/异丙威 4%/2013.09.25 至 2018.09.25/中等毒
水稻 稻飞虱 450-600克/公顷 喷粉

湖南海利常德农药化工有限公司 (湖南省常德市武陵区德山开发区 415001 0736-7340168)

PD84104-7 杀虫双/18%/水剂/杀虫双 18%/2009.09.20 至 2014.09.20/中等毒
甘蔗、蔬菜、水稻、 多种害虫 540-675克/公顷 喷雾

小麦、玉米
果树　多种害虫　225 360毫克/千克　喷雾
PD85121-6　乐果/40%/乳油/乐果 40%/2010.06.03 至 2015.06.03/中等毒
茶树　蚜虫、叶蝉、螨　1000-2000倍液　喷雾
甘薯　小象甲　2000倍液　浸鲜薯片诱杀
柑橘树、苹果树　鳞翅目幼虫、蚜虫、螨　800-1600倍液　喷雾
棉花　蚜虫、螨　450-600克/公顷　喷雾
蔬菜　蚜虫、螨　300-600克/公顷　喷雾
水稻　飞虱、螟虫、叶蝉　450-600克/公顷　喷雾
烟草　蚜虫、烟青虫　300-600克/公顷　喷雾
PD20040576　杀虫单/90%/可溶粉剂/杀虫单 90%/2009.12.19 至 2014.12.19/中等毒
水稻　二化螟　675-810克/公顷　喷雾
PD20082248　乐果/98%/原药/乐果 98%/2013.11.27 至 2018.11.27/中等毒
PD20093005　杀虫单/95%/原药/杀虫单 95%/2014.03.09 至 2019.03.09/中等毒
PD20100401　乐果/50%/乳油/乐果 50%/2010.01.14 至 2015.01.14/中等毒
十字花科蔬菜　蚜虫　450-600克/公顷　喷雾
水稻　二化螟　450-600克/公顷　喷雾
烟草　烟青虫　450-600克/公顷　喷雾

湖南海利化工股份有限公司　(湖南省长沙市望城县芙蓉中路二段251号　410007　0731-85357911)

PDN44-97　克百威/97%90%/原药/克百威 97%90%/2011.12.26 至 2016.12.26/高毒
PDN45-97　克百威/3%/颗粒剂/克百威 3%/2011.12.26 至 2016.12.26/中等毒(原药高毒)
甘蔗　蚜虫、蔗龟　1350-2250克/公顷　沟施
花生　线虫　1800-2250克/公顷　条施.沟施
棉花　蚜虫　675-900克/公顷　条施.沟施
水稻　螟虫、瘿蚊　900-1350克/公顷　撒施
PD85134-2　速灭威/98%,95%,90%/原药/速灭威 98%,95%,90%/2010.06.03 至 2015.06.03/中等毒
PD86132-3　仲丁威/98%,95%,90%/原药/仲丁威 98%,95%,90%/2011.10.26 至 2016.10.26/低毒
PD86147-2　异丙威/98%,95%,90%/原药/异丙威 98%,95%,90%/2011.10.26 至 2016.10.26/中等毒
PD86148-2　异丙威/20%/乳油/异丙威 20%/2011.12.26 至 2016.12.26/中等毒
水稻　飞虱、叶蝉　450-600克/公顷　喷雾
PD91109　速灭威/20%/乳油/速灭威 20%/2011.12.26 至 2016.12.26/中等毒
水稻　飞虱、叶蝉　450-600克/公顷　喷雾
PD92106　仲丁威/20%/乳油/仲丁威 20%/2012.11.01 至 2017.11.01/低毒
水稻　飞虱、叶蝉　375-562.5克/公顷　喷雾
PD20040292　三唑磷/90%/原药/三唑磷 90%/2009.12.19 至 2014.12.19/中等毒
PD20040530　三唑磷/20%/乳油/三唑磷 20%/2009.12.19 至 2014.12.19/中等毒
水稻　二化螟　300-450克/公顷　喷雾
PD20070468　苯噻酰草胺/95%/原药/苯噻酰草胺 95%/2012.11.28 至 2017.11.28/低毒
PD20080564　胺苯磺隆/5%/可湿性粉剂/胺苯磺隆 5%/2008.05.09 至 2013.12.31/低毒
春油菜　阔叶杂草　22.5-30克/公顷(北方地区)　喷雾
18.75-22.5克/公顷(南方地区)
PD20081556　甲基嘧啶磷/90%/原药/甲基嘧啶磷 90%/2013.11.11 至 2018.11.11/低毒
PD20082298　丁硫克百威/20%/乳油/丁硫克百威 20%/2013.12.01 至 2018.12.01/中等毒
棉花　蚜虫　60-90克/公顷　喷雾
PD20082869　丁硫克百威/90%/原药/丁硫克百威 90%/2013.12.09 至 2018.12.09/中等毒
PD20083067　二嗪磷/96%/原药/二嗪磷 96%/2013.12.10 至 2018.12.10/中等毒
PD20086236　异噁草松/90%/原药/异噁草松 90%/2013.12.31 至 2018.12.31/低毒
PD20092748　丁硫克百威/35%/种子处理干粉剂/丁硫克百威 35%/2014.03.04 至 2019.03.04/中等毒
水稻秧田　蓟马　350-420克/100千克种子　拌种
PD20093708　丁硫・辛硫磷/20%/乳油/丁硫克百威 5%、辛硫磷 15%/2014.03.25 至 2019.03.25/中等毒
棉花　棉铃虫　300-375克/公顷　喷雾
PD20093768　乐果・高氯氟/20.5%/乳油/高效氯氟氰菊酯 0.5%、乐果 20%/2014.03.25 至 2019.03.25/中等毒
甘蓝　菜青虫　215.3-307.5克/公顷　喷雾
PD20094530　乐果・仲丁威/40%/乳油/乐果 32%、仲丁威 8%/2014.04.09 至 2019.04.09/中等毒
水稻　稻飞虱　600-900克/公顷　喷雾
PD20095034　苄嘧・苯噻酰/53%/可湿性粉剂/苯噻酰草胺 50%、苄嘧磺隆 3%/2014.04.21 至 2019.04.21/低毒
水稻抛秧田　部分多年生杂草、一年生杂草　318-397.5克/公顷　毒土法
水稻移栽田　部分多年生杂草、一年生杂草　556.5-636克/公顷(北方地区)318-397.5克/公顷(南方地区)　毒土法
PD20096344　异噁草松/480克/升/乳油/异噁草松 480克/升/2009.07.28 至 2014.07.28/低毒
春大豆田　一年生杂草　720-864克/公顷　土壤喷雾
PD20097488　胺苯磺隆/95%/原药/胺苯磺隆 95%/2009.11.03 至 2014.11.03/低毒
PD20110475　苯・苄・异丙草/33%/可湿性粉剂/苯噻酰草胺 25%、苄嘧磺隆 3%、异丙甲草胺 5%/2011.04.22 至 2016.04.22/低毒

	水稻抛秧田	杂草	247.5—297克/公顷	药土法
PD20111225	丙硫克百威/94%/原药/丙硫克百威 94%/2011.11.17 至 2016.11.17/中等毒			
PD20121032	甲基嘧啶磷/55%/乳油/甲基嘧啶磷 55%/2012.07.03 至 2017.07.03/低毒			
	稻谷原粮	赤拟谷盗、谷蠹、玉米象	5-10毫克/千克	喷雾
PD20121046	硫双威/95%/原药/硫双威 95%/2012.07.11 至 2017.07.11/中等毒			
PD20121659	抗蚜威/96%/原药/抗蚜威 96%/2012.10.30 至 2017.10.30/中等毒			
PD20131116	甲萘威/99%/原药/甲萘威 99%/2013.05.20 至 2018.05.20/中等毒			
PD20132606	噻虫嗪/98.5%/原药/噻虫嗪 98.5%/2013.12.19 至 2018.12.19/低毒			
LS20120211	溴氰·甲嘧磷/2%/粉剂/甲基嘧啶磷 1.8%、溴氰菊酯 0.2%/2013.06.07 至 2014.06.07/低毒			
	稻谷原粮	赤拟谷盗、谷蠹、玉米象	4-5毫克/千克	拌粮
WPN1-94	残杀威/97%/原药/残杀威 97%/2014.03.31 至 2019.03.31/中等毒			
WP20080371	残杀威/20%/乳油/残杀威 20%/2013.12.10 至 2018.12.10/低毒			
	卫生	蜚蠊	0.25-0.5克/平方米（玻璃） 0.5-0.75克/平方米(木) 1-1.5克/平方米(水泥)	滞留喷洒
WL20120020	甲基嘧啶磷/5%/粉剂/甲基嘧啶磷 5%/2013.04.12 至 2014.04.12/低毒			
	稻谷原粮	仓储害虫	5-0毫克/千克	拌粮
湖南衡阳莱德生物药业有限公司　(湖南省衡阳市湘江南路83号　421001　0734-2895028)				
PD84121-4	磷化铝/56%/片剂/磷化铝 56%/2011.03.19 至 2016.03.19/高毒			
	洞穴	室外啮齿动物	根据洞穴大小而定	密闭熏蒸
	货物	仓储害虫	5-10片/1000千克	密闭熏蒸
	空间	多种害虫	1-4片/立方米	密闭熏蒸
	粮食、种子	储粮害虫	3-10片/1000千克	密闭熏蒸
PD85105-32	敌敌畏/80%/乳油/敌敌畏 77.5%(气谱法)/2011.03.16 至 2016.03.16/中等毒			
	茶树	食叶害虫	600克/公顷	喷雾
	粮仓	多种储藏害虫	1)400-500倍液2) 0.4-0.5克/立方米	1)喷雾 2)挂条熏蒸
	棉花	蚜虫、造桥虫	600-1200克/公顷	喷雾
	苹果树	小卷叶蛾、蚜虫	400-500毫克/千克	喷雾
	青菜	菜青虫	600克/公顷	喷雾
	桑树	尺蠖	600克/公顷	喷雾
	卫生	多种卫生害虫	1)300-400倍液2)0.08克/立方米	1)泼洒2)挂条熏蒸
	小麦	黏虫、蚜虫	600克/公顷	喷雾
PD85131-39	井冈霉素(3%,5%)///水剂/井冈霉素A 2.4%,4%/2010.03.10 至 2015.03.10/低毒			
	水稻	纹枯病	75-112.5克/公顷	喷雾.泼浇
PD86182-3	稻瘟灵/30%/乳油/稻瘟灵 30%/2012.04.22 至 2017.04.22/低毒			
	水稻	稻瘟病	450-675克/公顷	喷雾
PD88109-3	井冈霉素/10%,20%/水溶粉剂/井冈霉素 10%,20%/2014.03.12 至 2019.03.12/低毒			
	水稻	纹枯病	150-187.5克/公顷	喷雾、泼浇
PD90106-35	苏云金杆菌/8000IU/毫克/悬浮剂/苏云金杆菌 8000IU/毫克/2010.03.10 至 2015.03.10/低毒			
	茶树	茶毛虫	100-200倍液	喷雾
	林木	松毛虫	100-200倍液	喷雾
	棉花	二代棉铃虫	6000-7500毫升制剂/公顷	喷雾
	十字花科蔬菜	菜青虫、小菜蛾	3000-4500毫升制剂/公顷	喷雾
	水稻	稻纵卷叶螟	6000-7500毫升制剂/公顷	喷雾
	烟草	烟青虫	6000-7500毫升制剂/公顷	喷雾
	玉米	玉米螟	4500-6000毫升制剂/公顷	加细沙灌心叶
	枣树	尺蠖	100-200倍液	喷雾
PD91104-18	敌敌畏/48%/乳油/敌敌畏 48%/2009.07.20 至 2014.07.20/中等毒			
	茶树	食叶害虫	600克/公顷	喷雾
	粮仓	多种储粮害虫	1)300-400倍液 2)0.4-0.5克/立方米	1)喷雾 2)挂条熏蒸
	棉花	蚜虫、造桥虫	600-1200克/公顷	喷雾
	苹果树	小卷叶蛾、蚜虫	400-500毫克/千克	喷雾
	青菜	菜青虫	600克/公顷	喷雾
	桑树	尺蠖	600克/公顷	喷雾
	卫生	多种卫生害虫	1)250-300倍液2)0.08克/立方米	1)泼洒2)挂条熏蒸
	小麦	黏虫、蚜虫	600克/公顷	喷雾
PD20040286	三唑磷/85%/原药/三唑磷 85%/2009.12.19 至 2014.12.19/中等毒			
PD20040820	三唑磷/20%/乳油/三唑磷 20%/2009.12.27 至 2014.12.27/中等毒			
	十字花科蔬菜	菜青虫	120-180克/公顷	喷雾
	水稻	二化螟、三化螟	300-450克/公顷	喷雾
PD20080022	40%稻瘟灵乳油//乳油/稻瘟灵 40%/2013.01.04 至 2018.01.04/低毒			

水稻 稻瘟病 450-675克/公顷 喷雾

PD20081271 稻瘟灵/95%/原药/稻瘟灵 95%/2013.09.22 至 2018.09.22/低毒

PD20081301 异稻·稻瘟灵/30%/乳油/稻瘟灵 20%、异稻瘟净 10%/2013.10.09 至 2018.10.09/低毒

水稻 稻瘟病 562.5-675克/公顷 喷雾

PD20081522 乙酰甲胺磷/95%/原药/乙酰甲胺磷 95%/2013.11.06 至 2018.11.06/低毒

PD20082398 乙酰甲胺磷/30%/乳油/乙酰甲胺磷 30%/2013.12.01 至 2018.12.01/低毒

水稻 稻纵卷叶螟 765-990克/公顷 喷雾

水稻 二化螟 810-990克/公顷 喷雾

PD20082497 草甘膦/95%/原药/草甘膦 95%/2013.12.03 至 2018.12.03/低毒

PD20090844 苏云金杆菌/8000IU/毫克/可湿性粉剂/苏云金杆菌 8000IU/毫克/2014.01.19 至 2019.01.19/低毒

茶树 茶毛虫 400-800倍液 喷雾

棉花 二代棉铃虫 3000-4500克制剂/公顷 喷雾

森林 松毛虫 600-800倍液 喷雾

十字花科蔬菜 菜青虫 750-1500克制剂/公顷 喷雾

十字花科蔬菜 小菜蛾 1500-2250克制剂/公顷 喷雾

水稻 稻纵卷叶螟 3000-4500克制剂/公顷 喷雾

烟草 烟青虫 1500-3000克制剂/公顷 喷雾

玉米 玉米螟 1500-3000克制剂/公顷 加细沙灌心

枣树 尺蠖 600-800倍液 喷雾

PD20092548 井冈霉素A/5%/可溶粉剂/井冈霉素A 5%/2014.02.26 至 2019.02.26/低毒

水稻 纹枯病 52.5-75克/公顷 喷雾

湖南惠民生物科技有限公司 (湖南省中方县工业园 418000 0745-2393526)

PD20082478 草甘膦铵盐(33%)///水剂/草甘膦 30%/2013.12.03 至 2018.12.03/微毒

茶园 一年生和多年生杂草 1125-2250克/公顷 定向茎叶喷雾

PD20082975 异丙威/20%/乳油/异丙威 20%/2013.12.09 至 2018.12.09/低毒

水稻 稻飞虱 450-600克/公顷 喷雾

湖南绿叶化工有限公司 (湖南省长沙市天心区芙蓉中路三段270号 410007 0731-5228337)

PD20040502 三唑磷/20%/乳油/三唑磷 20%/2009.12.19 至 2014.12.19/中等毒

水稻 二化螟 300-450克/公顷 喷雾

PD20040711 唑磷·杀虫单/35%/可湿性粉剂/三唑磷 15%、杀虫单 20%/2009.12.19 至 2014.12.19/中等毒

水稻 二化螟 472.5-525克/公顷 喷雾

水稻 稻纵卷叶螟 420-525克/公顷 喷雾

注:稻纵卷叶螟为临时登记，有效期最多至2010年4月28日。

PD20090112 阿维·高氯/3%/乳油/阿维菌素 0.5%、高效氯氰菊酯 2.5%/2014.01.08 至 2019.01.08/低毒(原药高毒)

十字花科蔬菜 菜青虫、小菜蛾 7.5-15克/公顷 喷雾

PD20090147 丙溴·辛硫磷/25%/乳油/丙溴磷 5%、辛硫磷 20%/2014.01.08 至 2019.01.08/低毒

棉花 棉铃虫 281.25-337.5克/公顷 喷雾

PD20091242 顺式氯氰菊酯/5%/乳油/顺式氯氰菊酯 5%/2014.02.01 至 2019.02.01/中等毒

十字花科蔬菜 菜青虫 15-22.5克/公顷 喷雾

PD20091437 吡虫啉/10%/可湿性粉剂/吡虫啉 10%/2014.02.02 至 2019.02.02/低毒

水稻 稻飞虱 15-30克/公顷 喷雾

PD20091579 马拉·辛硫磷/25%/乳油/马拉硫磷 12.5%、辛硫磷 12.5%/2014.02.03 至 2019.02.03/低毒

棉花 棉铃虫 300-375克/公顷 喷雾

PD20091969 噻嗪酮/25%/可湿性粉剂/噻嗪酮 25%/2014.02.12 至 2019.02.12/低毒

水稻 稻飞虱 75-150克/公顷 喷雾

PD20092626 乐果·高氯氟/20.5%/乳油/高效氯氟氰菊酯 0.5%、乐果 20%/2014.03.02 至 2019.03.02/中等毒

十字花科蔬菜 菜青虫 215.3-301.5克/公顷 喷雾

PD20093571 硫磺·稻瘟灵/50%/可湿性粉剂/稻瘟灵 20%、硫磺 30%/2014.03.23 至 2019.03.23/低毒

水稻 稻瘟病 675-900克/公顷 喷雾

PD20094960 咪鲜胺/25%/乳油/咪鲜胺 25%/2014.04.21 至 2019.04.21/低毒

水稻 恶苗病 62.5-125毫克/千克 浸种

PD20096633 哒螨灵/15%/乳油/哒螨灵 15%/2009.09.02 至 2014.09.02/中等毒

柑橘树 红蜘蛛 30-60毫克/千克 喷雾

PD20098518 唑磷·毒死蜱/30%/乳油/毒死蜱 15%、三唑磷 15%/2009.12.24 至 2014.12.24/中等毒

水稻 三化螟 270-360克/公顷 喷雾

PD20130087 阿维·氟铃脲/2.5%/乳油/阿维菌素 0.4%、氟铃脲 2.1%/2013.01.15 至 2018.01.15/低毒(原药高毒)

甘蓝 小菜蛾 11.25-22.5克/公顷 喷雾

PD20130248 吡虫·毒死蜱/22%/乳油/吡虫啉 2%、毒死蜱 20%/2013.02.05 至 2018.02.05/中等毒

水稻 稻飞虱 132-198克/公顷 喷雾

PD20130250 吡虫·噻嗪酮/20%/可湿性粉剂/吡虫啉 2%、噻嗪酮 18%/2013.02.05 至 2018.02.05/低毒

水稻 稻飞虱 120-150克/公顷 喷雾

湖南猫头家化有限公司 (湖南省益阳市五一东路149号 413001 0737-3104318)

WP20080288 杀蚊烟片/0.8%/片剂/富右旋反式烯丙菊酯 0.8%/2013.12.03 至 2018.12.03/低毒

卫生 蚊 / 点燃

WP20080295 杀虫气雾剂/1.27%/气雾剂/胺菊酯 0.54%、氯菊酯 0.72%、溴氰菊酯 0.01%/2013.12.03 至 2018.12.03/低毒

卫生 蜚蠊、蚊、蝇 / 喷雾

WP20080337 蚊香/0.3%/蚊香/富右旋反式烯丙菊酯 0.3%/2013.12.09 至 2018.12.09/微毒

卫生 蚊 / 点燃熏烟

WP20100122 电热蚊香液/1.2%/电热蚊香液/炔丙菊酯 1.2%/2010.09.25 至 2015.09.25/微毒

卫生 蚊 / 电热加温

注:本品有一种香型：花香型。

WL20100003 杀虫气雾剂/0.6%/气雾剂/Es-生物烯丙菊酯 0.2%、氯菊酯 0.25%、右旋苯醚氰菊酯 0.15%/2012.01.05 至 2013.01.05/微毒

卫生 蚊、蝇、蜚蠊 / 喷雾

WL20100159 蚊香/0.05%/蚊香/氯氟醚菊酯 0.05%/2012.06.03 至 2013.06.03/微毒

卫生 蚊 / 点燃

注:本品有三种香型：荷花香型、檀香型、桂花香型。

湖南南天实业股份有限公司 (湖南省湘潭市岳塘区易家湾 411103 0732-3281364)

PD84104-35 杀虫双/18%/水剂/杀虫双 18%/2009.06.16 至 2014.06.16/中等毒

甘蔗、蔬菜、水稻、小麦、玉米 多种害虫 540-675克/公顷 喷雾

果树 多种害虫 225-360毫克/千克 喷雾

PD84108-14 敌百虫/90%/原药/敌百虫 90%/2009.12.22 至 2014.12.22/低毒

白菜、青菜 地下害虫 750-1500克/公顷 毒饵

白菜、青菜 菜青虫 960-1200克/公顷 喷雾

茶树 尺蠖、刺蛾 450-900毫克/千克 喷雾

大豆 造桥虫 1800克/公顷 喷雾

柑橘树 卷叶蛾 600-750毫克/千克 喷雾

林木 松毛虫 600-900毫克/千克 喷雾

水稻 螟虫 1500-1800克/公顷 喷雾、泼浇或毒土

小麦 黏虫 1800克/公顷 喷雾

烟草 烟青虫 900毫克/千克 喷雾

PD84111-30 氧乐果/40%/乳油/氧乐果 40%/2008.12.24 至 2013.12.24/高毒

棉花 蚜虫、螨 375-600克/公顷 喷雾

森林 松干蚧、松毛虫 500倍液 喷雾或直接涂树干

水稻 稻纵卷叶螟、飞虱 375-600克/公顷 喷雾

小麦 蚜虫 300-450克/公顷 喷雾

PD85105-14 敌敌畏/80%/乳油/敌敌畏 77.5%(气谱法)/2009.12.22 至 2014.12.22/中等毒

茶树 食叶害虫 600克/公顷 喷雾

粮仓 多种储藏害虫 1)400-500倍液 2)0.4-0.5克/立方米 1)喷雾 2)挂条熏蒸

棉花 蚜虫、造桥虫 600-1200克/公顷 喷雾

苹果树 小卷叶蛾、蚜虫 400-500毫克/千克 喷雾

青菜 菜青虫 600克/公顷 喷雾

桑树 尺蠖 600克/公顷 喷雾

卫生 多种卫生害虫 1)300-400倍液2)0.08克/立方米 1)泼洒2)挂条熏蒸

小麦 黏虫、蚜虫 600克/公顷 喷雾

PD85136-6 速灭威/25%/可湿性粉剂/速灭威 25%/2010.12.21 至 2015.12.21/中等毒

水稻 飞虱、叶蝉 375-750克/公顷 喷雾

PD86175-13 乙酰甲胺磷/90%/原药/乙酰甲胺磷 90%/2011.11.22 至 2016.11.22/低毒

PD86176-7 乙酰甲胺磷/30%/乳油/乙酰甲胺磷 30%/2011.11.22 至 2016.11.22/低毒

柑橘树 介壳虫、螨 500-1000倍液 喷雾

果树 食心虫 500-1000倍液 喷雾

棉花 棉铃虫、蚜虫 450-900克/公顷 喷雾

蔬菜 菜青虫、蚜虫 337.5-540克/公顷 喷雾

水稻 螟虫、叶蝉 562.5-1012.5克/公顷 喷雾

小麦、玉米 黏虫、玉米螟 540-1080克/公顷 喷雾

烟草 烟青虫 450-900克/公顷 喷雾

PD86179-3 百菌清/98%,96%,90%/原药/百菌清 98%,96%,90%/2011.11.22 至 2016.11.22/低毒

PD86180-4 百菌清/75%/可湿性粉剂/百菌清 75%/2011.11.22 至 2016.11.22/低毒

茶树 炭疽病 600-800倍液 喷雾

豆类 炭疽病、锈病 1275-2325克/公顷 喷雾

柑橘树 疮痂病 750-900毫克/千克 喷雾

瓜类 白粉病、霜霉病 1200-1650克/公顷 喷雾

果菜类蔬菜 多种病害 1125-2400克/公顷 喷雾

花生 锈病、叶斑病 1125-1350克/公顷 喷雾

	梨树	斑点落叶病	500倍液	喷雾
	苹果树	多种病害	600倍液	喷雾
	葡萄	白粉病、黑痘病	600-700倍液	喷雾
	水稻	稻瘟病、纹枯病	1125-1425克/公顷	喷雾
	橡胶树	炭疽病	500-800倍液	喷雾
	小麦	叶斑病、叶锈病	1125-1425克/公顷	喷雾
	叶菜类蔬菜	白粉病、霜霉病	1275-1725克/公顷	喷雾
PD20040404	吡虫啉/10%/可湿性粉剂/吡虫啉 10%/2009.12.19 至 2014.12.19/低毒			
	水稻	飞虱	15-30克/公顷	喷雾
PD20040677	三唑磷/20%/乳油/三唑磷 20%/2009.12.19 至 2014.12.19/中等毒			
	水稻	二化螟、三化螟	300-450克/公顷	喷雾
PD20092045	噻嗪酮/25%/可湿性粉剂/噻嗪酮 25%/2009.02.12 至 2014.02.12/低毒			
	水稻	稻飞虱	93.75-112.5克/公顷	喷雾
PD20093086	噻嗪·异丙威/25%/可湿性粉剂/噻嗪酮 5%、异丙威 20%/2009.03.09 至 2014.03.09/低毒			
	水稻	稻飞虱	450-562.5克/公顷	喷雾
PD20093976	毒死蜱/480克/升/乳油/毒死蜱 480克/升/2009.03.27 至 2014.03.27/中等毒			
	水稻	稻纵卷叶螟	504-576克/公顷	喷雾
PD20094145	仲丁威/20%/乳油/仲丁威 20%/2009.03.27 至 2014.03.27/低毒			
	水稻	稻飞虱	375.0-562.5克/公顷	喷雾
PD20094168	异丙威/20%/乳油/异丙威 20%/2009.03.27 至 2014.03.27/中等毒			
	水稻	稻飞虱	450-600克/公顷	喷雾
PD20094437	速灭威/20%/乳油/速灭威 20%/2009.04.01 至 2014.04.01/中等毒			
	水稻	稻飞虱	525-600克/公顷	喷雾
湖南农大海特农化有限公司 (湖南省岳阳市云溪工业园 414009 0730-8419804)				
PD20083205	氰戊菊酯/20%/乳油/氰戊菊酯 20%/2013.12.11 至 2018.12.11/低毒			
	苹果树	黄蚜	50-62.5毫克/千克	喷雾
PD20083358	苏云金杆菌/16000IU/毫克/可湿性粉剂/苏云金杆菌 16000IU/毫克/2013.12.11 至 2018.12.11/低毒			
	茶树	茶毛虫	800—1600倍液	喷雾
	棉花	二代棉铃虫	1500—2250克制剂/公顷	喷雾
	森林	松毛虫	1200—1600倍液	喷雾
	十字花科蔬菜	小菜蛾	750—1125克制剂/公顷	喷雾
	十字花科蔬菜	菜青虫	375-750克制剂/公顷	喷雾
	水稻	稻纵卷叶螟	1500—2250克制剂/公顷	喷雾
	烟草	烟青虫	750—1500克制剂/公顷	喷雾
	玉米	玉米螟	750—1500克制剂/公顷	加细沙灌心
	枣树	枣尺蠖	1200—1600倍液	喷雾
PD20084271	啶虫脒/3%/可湿性粉剂/啶虫脒 3%/2013.12.17 至 2018.12.17/低毒			
	柑橘树	蚜虫	7.5-10毫克/千克	喷雾
PD20084617	阿维菌素/1.8%/乳油/阿维菌素 1.8%/2013.12.18 至 2018.12.18/低毒(原药高毒)			
	甘蓝、萝卜、小油菜	小菜蛾	8.1-10.8克/公顷	喷雾
PD20084692	氰戊·马拉松/20%/乳油/马拉硫磷 15%、氰戊菊酯 5%/2013.12.22 至 2018.12.22/低毒			
	十字花科蔬菜	菜青虫	90-150克/公顷	喷雾
PD20084873	代森锰锌/80%/可湿性粉剂/代森锰锌 80%/2013.12.22 至 2018.12.22/低毒			
	番茄	早疫病	1845-2370克/公顷	喷雾
PD20084902	多·锰锌/50%/可湿性粉剂/多菌灵 8%、代森锰锌 42%/2013.12.22 至 2018.12.22/低毒			
	苹果	斑点落叶病	1000-1250毫克/千克	喷雾
PD20085343	灭威·毒死蜱/30%/乳油/毒死蜱 20%、灭多威 10%/2013.12.24 至 2018.12.24/中等毒(原药高毒)			
	棉花	甜菜夜蛾	315-405克/公顷	喷雾
PD20085550	乙铝·锰锌/50%/可湿性粉剂/代森锰锌 22%、三乙膦酸铝 28%/2013.12.25 至 2018.12.25/低毒			
	黄瓜	霜霉病	1400-4200克/公顷	喷雾
PD20085789	苄·二氯/40%/可湿性粉剂/苄嘧磺隆 2.5%、二氯喹啉酸 37.5%/2013.12.29 至 2018.12.29/低毒			
	水稻田(直播)	一年生杂草	240-300克/公顷	喷雾
PD20086160	阿维菌素/0.5%/可湿性粉剂/阿维菌素 0.5%/2013.12.30 至 2018.12.30/低毒(原药高毒)			
	十字花科蔬菜	小菜蛾	8.1-10.8克/公顷	喷雾
PD20090815	阿维·毒死蜱/10.2%/乳油/阿维菌素 0.2%、毒死蜱 10%/2009.01.19 至 2014.01.19/低毒(原药高毒)			
	十字花科蔬菜	小菜蛾	61.2-76.5克/公顷	喷雾
PD20090963	多·福·硫磺/25%/可湿性粉剂/多菌灵 5%、福美双 10%、硫磺 10%/2014.01.20 至 2019.01.20/低毒			
	水稻	稻瘟病	600-750克/公顷	喷雾
PD20091992	阿维·辛硫磷/15%/乳油/阿维菌素 0.1%、辛硫磷 14.9%/2014.02.12 至 2019.02.12/低毒(原药高毒)			
	十字花科蔬菜	小菜蛾	112.5-168.75克/公顷	喷雾
PD20092417	氯氰·毒死蜱/25%/乳油/毒死蜱 22.5%、氯氰菊酯 2.5%/2014.02.25 至 2019.02.25/低毒			
	棉花	棉铃虫	225-375克/公顷	喷雾
PD20092664	高效氯氰菊酯/2.5%/乳油/高效氯氰菊酯 2.5%/2014.03.03 至 2019.03.03/低毒			

梨树 梨木虱 16.67-31.25毫克/千克 喷雾
PD20093163 福·甲·硫磺/70%/可湿性粉剂/福美双 20%、甲基硫菌灵 14%、硫磺 36%/2014.03.11 至 2019.03.11/低毒
黄瓜 炭疽病 840-1260克/公顷 喷雾
PD20093235 咪鲜·吡虫啉/1.3%/悬浮种衣剂/吡虫啉 1.0%、咪鲜胺 0.3%/2014.03.11 至 2019.03.11/低毒
水稻 稻蓟马、恶苗病 1:40-50(药种比) 种子包衣
PD20093752 福·福锌/80%/可湿性粉剂/福美双 30%、福美锌 50%/2014.03.25 至 2019.03.25/低毒
黄瓜 炭疽病 1500-1800克/公顷 喷雾
PD20094017 苄嘧·丙草胺/35%/可湿性粉剂/苄嘧磺隆 2%、丙草胺 33%/2014.03.27 至 2019.03.27/低毒
水稻抛秧田 一年生及部分多年生杂草 315-367.5克/公顷(南方地区) 药土法
水稻田(直播) 一年生杂草 315-367.5克/公顷 喷雾
PD20096327 苄·乙/15%/可湿性粉剂/苄嘧磺隆 3.4%、乙草胺 11.6%/2009.07.22 至 2014.07.22/低毒
水稻移栽田 部分多年生杂草 84-118克/公顷 药土法
PD20096578 敌敌畏/77.5%/乳油/敌敌畏 77.5%/2009.08.25 至 2014.08.25/中等毒
茶树 茶尺蠖 600－840克/公顷 喷雾
PD20097080 灭多威/20%/乳油/灭多威 20%/2009.10.10 至 2014.10.10/中等毒(原药高毒)
棉花 棉铃虫 112.5-157.5克/公顷 喷雾
PD20097780 异丙甲·苄/23%/可湿性粉剂/苄嘧磺隆 3%、异丙甲草胺 20%/2009.11.17 至 2014.11.17/低毒
水稻移栽田 一年生及部分多年生杂草 120.8-172.5克/公顷 药土法
PD20100919 乙草胺/900克/升/乳油/乙草胺 900克/升/2010.01.19 至 2015.01.19/低毒
夏玉米田 一年生禾本科杂草及部分阔叶杂草 1080-1350克/公顷 播后苗前土壤喷雾
PD20111278 甲氨基阿维菌素苯甲酸盐/3%/微乳剂/甲氨基阿维菌素 3%/2011.11.23 至 2016.11.23/低毒
甘蓝 甜菜夜蛾 2.25-3.15克/亩 喷雾
注:甲氨基阿维菌素苯甲酸盐含量:3.4%。
PD20120046 毒死蜱/30%/水乳剂/毒死蜱 30%/2012.01.10 至 2017.01.10/中等毒
水稻 稻飞虱 450－585克/公顷 喷雾
PD20120047 噁草·丁草胺/40%/乳油/丁草胺 34%、噁草酮 6%/2012.01.10 至 2017.01.10/低毒
水稻秧田 一年生杂草 600-750克/公顷 土壤喷雾
PD20120089 苄嘧·丁草胺/30%/可湿性粉剂/苄嘧磺隆 1.5%、丁草胺 28.5%/2012.01.19 至 2017.01.19/低毒
水稻抛秧田 一年生杂草 650-900克/公顷 毒土法
PD20120761 氰氟草酯/15%/乳油/氰氟草酯 15%/2012.05.05 至 2017.05.05/低毒
直播水稻(南方) 千金子 67.5-112.5克/公顷 茎叶喷雾
PD20121327 草甘膦铵盐/65%/可溶粉剂/草甘膦 65%/2012.09.11 至 2017.09.11/低毒
柑橘园 杂草 1462.5-1950克/公顷 喷雾
注:草甘膦铵盐含量:71.5%。
PD20121417 二氯喹啉酸/75%/可湿性粉剂/二氯喹啉酸 75%/2012.09.19 至 2017.09.19/低毒
水稻抛秧田 稗草 225-337.5克/公顷 茎叶喷雾
PD20122107 稻瘟灵/40%/乳油/稻瘟灵 40%/2012.12.26 至 2017.12.26/低毒
水稻 稻瘟病 450～672克/公顷 喷雾
PD20130742 阿维·噻嗪酮/15%/可湿性粉剂/阿维菌素 0.15%、噻嗪酮 14.85%/2013.04.12 至 2018.04.12/低毒(原药高毒)
水稻 稻飞虱 67.5-90克/公顷 喷雾
PD20130901 吡虫·异丙威/45%/可湿性粉剂/吡虫啉 5%、异丙威 40%/2013.04.27 至 2018.04.27/低毒
水稻 稻飞虱 101.25-135克/公顷 喷雾
PD20131353 吡嘧·二氯喹/50%/可湿性粉剂/吡嘧磺隆 3%、二氯喹啉酸 47%/2013.06.20 至 2018.06.20/低毒
直播水稻田 一年生杂草 225-300克/公顷 茎叶喷雾
PD20131422 丁草胺/60%/乳油/丁草胺 60%/2013.07.02 至 2018.07.02/低毒
水稻移栽田 一年生杂草 900-1350克/公顷 毒土法
PD20131706 吡嘧磺隆/10%/可湿性粉剂/吡嘧磺隆 10%/2013.08.07 至 2018.08.07/低毒
水稻移栽田 阔叶杂草及莎草科杂草 22.5-30克/公顷 毒土法
PD20131857 丙草胺/300克/升/乳油/丙草胺 300克/升/2013.09.24 至 2018.09.24/低毒
水稻移栽田 一年生杂草 450-675克/公顷 药土法
PD20131954 噻嗪酮/75%/可湿性粉剂/噻嗪酮 75%/2013.10.10 至 2018.10.10/低毒
水稻 稻飞虱 112.5-168.75克/公顷 喷雾
PD20132000 噻嗪·异丙威/50%/可湿性粉剂/噻嗪酮 12%、异丙威 38%/2013.10.10 至 2018.10.10/低毒
水稻 稻飞虱 337.5-562.5克/公顷 喷雾
PD20132235 烯草酮/240克/升/乳油/烯草酮 240克/升/2013.11.05 至 2018.11.05/低毒
大豆田 一年生禾本科杂草 72-108克/公顷 茎叶喷雾
PD20132266 阿维菌素/1.8%/水乳剂/阿维菌素 1.8%/2013.11.05 至 2018.11.05/中等毒(原药高毒)
水稻 稻纵卷叶螟 6-9克/公顷 喷雾
PD20132272 二甲戊灵/330克/升/乳油/二甲戊灵 330克/升/2013.11.05 至 2018.11.05/低毒
玉米田 一年生杂草 742.5-990克/公顷 播后苗前土壤喷雾
LS20110253 阿维·毒死蜱/15%/水乳剂/阿维菌素 0.2%、毒死蜱 14.8%/2013.09.15 至 2014.09.15/低毒(原药高毒)
水稻 稻纵卷叶螟 135－157.5克/公顷 喷雾
LS20120316 多杀霉素/2.5%/水乳剂/多杀霉素 2.5%/2013.09.10 至 2014.09.10/低毒

甘蓝 蓟马 26.25-37.5克/公顷 喷雾

湖南农杰生物科技有限公司 (湖南省浏阳市现代农业园 410301 0731-4673878)

PD20091966 噻嗪酮/25%/可湿性粉剂/噻嗪酮 25%/2014.02.12 至 2019.02.12/低毒
水稻 稻飞虱 112.5-150克/公顷 喷雾

PD20093895 毒死蜱/40%/乳油/毒死蜱 40%/2009.04.02 至 2014.04.02/中等毒
甘蓝 菜青虫 432-540克/公顷 喷雾

湖南瑞泽农化有限公司 (湖南省长沙市芙蓉区荷花园中扬华苑701室 410016 0731-4770396)

PD20091921 联苯菊酯/25克/升/乳油/联苯菊酯 25克/升/2014.02.12 至 2019.02.12/低毒
柑橘树 红蜘蛛 20-25毫克/千克 喷雾

PD20092197 毒死蜱/40%/乳油/毒死蜱 40%/2014.02.23 至 2019.02.23/中等毒
棉花 棉铃虫 600-750克/公顷 喷雾

PD20092353 噻嗪·异丙威/25%/可湿性粉剂/噻嗪酮 5%、异丙威 20%/2014.02.24 至 2019.02.24/低毒
水稻 稻飞虱 468.75-562.5克/公顷 喷雾

PD20092482 甲氰菊酯/20%/乳油/甲氰菊酯 20%/2014.02.26 至 2019.02.26/中等毒
十字花科蔬菜 小菜蛾 75-90克/公顷 喷雾

PD20094420 高效氯氟氰菊酯/25克/升/乳油/高效氯氟氰菊酯 25克/升/2009.04.01 至 2014.04.01/低毒
棉花 棉铃虫 15-22.5克/公顷 喷雾

PD20097084 异丙威/20%/乳油/异丙威 20%/2009.10.10 至 2014.10.10/低毒
水稻 稻飞虱 450-600克/公顷 喷雾

PD20097105 阿维菌素/18克/升/乳油/阿维菌素 18克/升/2009.10.10 至 2014.10.10/低毒(原药高毒)
甘蓝 小菜蛾 8.1-10.8克/公顷 喷雾

PD20110573 草甘膦异丙胺盐/30%/水剂/草甘膦 30%/2011.05.27 至 2016.05.27/低毒
柑橘园 一年生和多年生杂草 1125-2250克/公顷 定向茎叶喷雾
注:草甘膦异丙胺盐含量:41%。

湖南神网生物化工有限公司 (湖南省长沙市芙蓉中路二段12号机电大楼504 410025 0731-6784168)

WP20080410 杀虫喷射剂/0.45%/喷射剂/Es-生物烯丙菊酯 0.15%、氯菊酯 0.30%/2013.12.12 至 2018.12.12/低毒
卫生 蜚蠊、蚊、蝇 / 喷洒

湖南生华农化有限公司 (湖南省益阳市安化县烟溪镇 413512 0737-7553883)

PD20091616 速灭威/20%/乳油/速灭威 20%/2014.02.03 至 2019.02.03/中等毒
水稻 飞虱 450-600克/公顷 喷雾

PD20091710 辛硫磷/40%/乳油/辛硫磷 40%/2014.02.03 至 2019.02.03/低毒
烟草 烟青虫 450-600克/公顷 喷雾

PD20095261 毒死蜱/480克/升/乳油/毒死蜱 480克/升/2009.04.27 至 2014.04.27/中等毒
水稻 稻纵卷叶螟 450-600克/公顷 喷雾

PD20101277 丙溴磷/40%/乳油/丙溴磷 40%/2010.03.10 至 2015.03.10/低毒
棉花 棉铃虫 360-450克/公顷 喷雾

LS20100025 甲氨基阿维菌素苯甲酸盐/1%/微乳剂/甲氨基阿维菌素 1%/2012.03.05 至 2013.03.05/低毒
甘蓝 小菜蛾 1.8-2.25克/公顷 喷雾
注:甲氨基阿维菌素苯甲酸盐含量为：1.17%。

湖南省安乡县天马蚊香厂 (湖南省常德市安乡县北河口 415606 0736-4773048)

WP20090147 杀蚊烟片/1%/电热蚊香片/富右旋反式烯丙菊酯 1%/2014.03.02 至 2019.03.02/低毒
卫生 蚊 / 点燃

WP20090368 蚊香/0.2%/蚊香/富右旋反式烯丙菊酯 0.2%/2009.11.20 至 2014.11.20/低毒
卫生 蚊 / 点燃

湖南省常德鹤王蚊香有限公司 (湖南省常德市鼎城区武陵镇金霞大道 415101 0736-2599666)

WP20080141 杀蚊烟片/1%/烟片/富右旋反式烯丙菊酯 1%/2013.11.04 至 2018.11.04/低毒
卫生 蚊 / 点燃

WP20090348 蚊香/0.3%/蚊香/富右旋反式烯丙菊酯 0.3%/2009.10.26 至 2014.10.26/微毒
卫生 蚊 / 点燃

WP20090355 蚊香/0.3%/蚊香/富右旋反式烯丙菊酯 0.2%、富右旋反式炔丙菊酯 0.1%/2009.11.03 至 2014.11.03/微毒
卫生 蚊 / 点燃

WP20110003 电热蚊香液/1%/电热蚊香液/炔丙菊酯 1%/2011.01.04 至 2016.01.04/微毒
卫生 蚊 / 电热加温

WP20130132 蚊香/0.05%/蚊香/四氟苯菊酯 0.05%/2013.06.08 至 2018.06.08/微毒
卫生 蚊子(成虫) / 点燃

WP20130178 杀虫气雾剂/0.48%/气雾剂/氯菊酯 0.21%、右旋胺菊酯 0.18%、右旋苯醚氰菊酯 0.09%/2013.09.06至2018.09.06/微毒
卫生 蚊、蝇、蜚蠊 / 喷雾
注:本产品有三种香型：柠檬香型、茉莉香型、哈蜜瓜香型。

WP20130191 杀虫气雾剂/0.36%/气雾剂/炔丙菊酯 0.07%、右旋胺菊酯 0.17%、右旋苯醚氰菊酯 0.12%/2013.09.23至2018.09.23/微毒
室内 蚊、蝇、蜚蠊 / 喷雾
注:本产品有三种香型：茉莉香型、柠檬香型、兰花香型。

WL20100133 蚊香/0.08%/蚊香/氯氟醚菊酯 0.08%/2012.05.10 至 2013.05.10/微毒

卫生　　蚊　　/　　点燃
注:本品有三种香型：檀香型、桂花檀香型、麝香玫瑰香型。
WL20110004　蚊香/0.05%/蚊香/氯氟醚菊酯 0.05%/2013.01.07 至 2014.01.07/微毒
卫生　　蚊　　/　　点燃
注:本产品有三种香型：桂花香型、野菊花香型、艾叶香型。

湖南省常德市鼎城万球日用品有限公司　（湖南省常德市鼎城区武陵镇常沅路71号　415101　0736-7392211）

WP20080489　杀蚊烟片/1%/烟片/富右旋反式烯丙菊酯 1%/2013.12.17 至 2018.12.17/微毒
卫生　　蚊　　/　　点燃
WP20100080　蚊香/0.2%/蚊香/富右旋反式烯丙菊酯 0.2%/2010.06.03 至 2015.06.03/低毒
卫生　　蚊　　/　　点燃

湖南省常宁市银河化工有限公司　（湖南省常宁市宜阳镇培元塔　421500　0734-7221955）

PD84104-22　杀虫双/18%/水剂/杀虫双 18%/2009.11.16 至 2014.11.16/中等毒
甘蔗、蔬菜、水稻、小麦、玉米　　多种害虫　　540-675克/公顷　　喷雾
果树　　多种害虫　　225-360毫克/千克　　喷雾

湖南省长沙美佳家庭用品有限公司　（湖南省长沙市星沙镇灰埠二片四栋　410100　0731-4016193）

WP20080590　防蛀片剂/96%/片剂/对二氯苯 96%/2013.12.29 至 2018.12.29/低毒
卫生　　黑皮蠹　　40克/立方米　　投放

湖南省长沙向阳日用化工厂　（湖南省长沙市开福区捞刀河镇太阳山村　410152　0731-5537757）

WP20100169　防蛀片剂/96%/片剂/对二氯苯 96%/2010.12.15 至 2015.12.15/低毒
卫生　　黑皮蠹　　40克制剂/立方米　　投放

湖南省郴州市金穗农药化工有限责任公司　（湖南省郴州市北湖区华塘镇　423000　0735-2835057）

PD92106-2　仲丁威/20%/乳油/仲丁威 20%/2012.11.29 至 2017.11.29/低毒
水稻　　飞虱、叶蝉　　375-562.5克/公顷　　喷雾
PD20081995　异丙威/20%/乳油/异丙威 20%/2013.11.25 至 2018.11.25/低毒
水稻　　稻飞虱　　450-600克/公顷　　喷雾
PD20091246　辛硫磷/40%/乳油/辛硫磷 40%/2014.02.01 至 2019.02.01/低毒
十字花科蔬菜　　菜青虫　　360-450克/公顷　　喷雾
PD20096668　草甘膦/30%/水剂/草甘膦 30%/2009.09.07 至 2014.09.07/低毒
柑橘园　　杂草　　1125－2250克/公顷　　定向茎叶喷雾

湖南省郴州市新春化工有限公司　（湖南省郴州市苏仙区白鹿洞镇官庄坪村　423000　0735-2833699）

PD20095859　异丙威/20%/乳油/异丙威 20%/2009.05.27 至 2014.05.27/低毒
水稻　　稻飞虱　　525-600克/公顷　　喷雾
PD20100568　百草枯/20%/水剂/百草枯 20%/2012.12.31 至 2014.07.01/中等毒
茶园　　杂草　　450-750克/公顷　　定向茎叶喷雾
PD20120779　草甘膦铵盐/30%/水剂/草甘膦 30%/2012.05.05 至 2017.05.05/低毒
茶园　　杂草　　1125-2250克/公顷　　定向茎叶喷雾
注:草甘膦铵盐含量：33%。

湖南省郴州天龙农药化工有限公司　（湖南省郴州市国庆北路47号　423000　0735-2646276）

PD84104-6　杀虫双/18%/水剂/杀虫双 18%/2009.10.19 至 2014.10.19/中等毒
甘蔗、蔬菜、水稻、小麦、玉米　　多种害虫　　540-675克/公顷　　喷雾
果树　　多种害虫　　225-360毫克/千克　　喷雾
PD84105-2　马拉硫磷/45%/乳油/马拉硫磷 45%/2009.10.19 至 2014.10.19/低毒
茶树　　长白蚧、象甲　　625-1000毫克/千克　　喷雾
豆类　　食心虫、造桥虫　　562.5-750克/公顷　　喷雾
果树　　蝽蟓、蚜虫　　250-333毫克/千克　　喷雾
林木、牧草、农田　　蝗虫　　450-600克/公顷　　喷雾
棉花　　盲蝽蟓、蚜虫、叶跳虫　　375-562.2克/公顷　　喷雾
蔬菜　　黄条跳甲、蚜虫　　562.5-750克/公顷　　喷雾
水稻　　飞虱、蓟马、叶蝉　　562.5-750克/公顷　　喷雾
小麦　　黏虫、蚜虫　　562.5-750克/公顷　　喷雾
PD20090737　杀虫双/25%/母药/杀虫双 25%/2014.01.19 至 2019.01.19/低毒
PD20097201　杀虫单/95%/原药/杀虫单 95%/2009.10.19 至 2014.10.19/中等毒

湖南省洞口县农药厂　（湖南省邵阳市洞口县高沙镇高武路2号　422312　0739-7965237）

PD85136-2　速灭威/25%/可湿性粉剂/速灭威 25%/2013.09.08 至 2018.09.08/中等毒
水稻　　飞虱、叶蝉　　375-750克/公顷　　喷雾
PD85168-7　混灭威/50%/乳油/混灭威 50%/2011.09.13 至 2016.09.13/中等毒
水稻　　飞虱、叶蝉　　375-750克/公顷　　喷雾、泼浇
PD86148-18　异丙威/20%/乳油/异丙威 20%/2011.09.13 至 2016.09.13/中等毒
水稻　　飞虱、叶蝉　　450-600克/公顷　　喷雾
PD91109-3　速灭威/20%/乳油/速灭威 20%/2011.09.13 至 2016.09.13/中等毒
水稻　　飞虱、叶蝉　　450-600克/公顷　　喷雾

PD20081312 噻嗪酮/25%/可湿性粉剂/噻嗪酮 25%/2008.10.17 至 2013.12.24/低毒
水稻 飞虱 75-112.5克/公顷 喷雾
PD20084408 噻嗪·异丙威/25%/可湿性粉剂/噻嗪酮 5%、异丙威 20%/2013.12.17 至 2018.12.17/中等毒
水稻 稻飞虱 112.5-184.5克/公顷 喷雾
PD20090702 阿维·三唑磷/20%/乳油/阿维菌素 0.1%、三唑磷 19.9%/2014.01.19 至 2019.01.19/中等毒(原药高毒)
水稻 二化螟 360-450克/公顷 喷雾
PD20091826 克百·敌百虫/3%/颗粒剂/敌百虫 1.8%、克百威 1.2%/2014.02.05 至 2019.02.05/低毒(原药高毒)
水稻 二化螟、三化螟 1125-1350克/公顷 撒施
PD20091895 克百威/3%/颗粒剂/克百威 3%/2014.02.09 至 2019.02.09/中等毒(原药高毒)
甘蔗 蚜虫 1350-2250克/公顷 条施,沟施
PD20098051 毒死蜱/15%/微乳剂/毒死蜱 15%/2009.12.07 至 2014.12.07/中等毒
水稻 稻纵卷叶螟 300-360克/公顷 喷雾
PD20101586 三唑磷/8%/微乳剂/三唑磷 8%/2010.06.03 至 2015.06.03/中等毒
水稻 二化螟 180-216克/公顷 喷雾

湖南省海洋生物工程有限公司 (湖南省湘潭市雨湖区宝丰街520号 411100 0731-52318008)

PD20091677 高效氯氟氰菊酯/2.5%/乳油/高效氯氟氰菊酯 2.5%/2009.02.03 至 2014.02.03/中等毒
棉花 棉铃虫 15-22.5克/公顷 喷雾
十字花科蔬菜 菜青虫 18.75-22.5克/公顷 喷雾
PD20093387 噻嗪·异丙威/25%/乳油/噻嗪酮 5%、异丙威 20%/2009.03.19 至 2014.03.19/中等毒
水稻 稻飞虱 450-562.5克/公顷 喷雾
PD20094340 三氯异氰尿酸/40%/可湿性粉剂/三氯异氰尿酸 40%/2009.04.01 至 2014.04.01/低毒
水稻 细菌性条斑病 300-600倍液 浸种
PD20094378 三氯异氰尿酸/36%/可湿性粉剂/三氯异氰尿酸 36%/2009.04.01 至 2014.04.01/低毒
棉花 黄萎病、枯萎病 432-540克/公顷 喷雾
棉花 立枯病、炭疽病 540-900克/公顷 喷雾
水稻 稻瘟病 270-324克/公顷 喷雾
水稻 白叶枯病、纹枯病、细菌性条斑病 324-486克/公顷 喷雾
PD20095210 三氯异氰尿酸/42%/可湿性粉剂/三氯异氰尿酸 42%/2009.04.24 至 2014.04.24/低毒
辣椒 炭疽病 525-787.5克/公顷 喷雾
烟草 赤星病、青枯病 189-315克/公顷 喷雾
PD20095947 氯溴异氰尿酸/50%/可溶粉剂/氯溴异氰尿酸 50%/2009.06.02 至 2014.06.02/低毒
水稻 白叶枯病 165-375克/公顷 喷雾
PD20101266 2-(乙酰氧基)苯甲酸/30%/可溶粉剂/2-(乙酰氧基)苯甲酸 30%/2010.03.05 至 2015.03.05/低毒
水稻 调节生长、增产 225-270克/公顷 喷雾
PD20101267 2-(乙酰氧基)苯甲酸/99%/原药/2-(乙酰氧基)苯甲酸 99%/2010.03.05 至 2015.03.05/低毒

湖南省华容县远大农资有限公司 (湖南省华容县麻里泗工业区 414200 0730-4224758)

PD20097041 草甘膦异丙胺盐(41%)///水剂/草甘膦 30%/2009.10.10 至 2014.10.10/低毒
茶园 杂草 200-350毫升制剂/亩 定向茎叶喷雾

湖南省金穗农药有限公司 (湖南省汨罗市建设路14号 414400 0730-5111945)

PD20091694 井冈·蜡芽菌/12.5%/水剂/井冈霉素 2.5%、蜡质芽孢杆菌 10%/2009.02.03 至 2014.02.03/低毒
水稻 纹枯病 187.5-243.75克/公顷 喷雾
PD20092245 辛硫·灭多威/18%/乳油/灭多威 5%、辛硫磷 13%/2009.02.24 至 2014.02.24/高毒
棉花 棉铃虫 135-270克/公顷 喷雾
水稻 稻纵卷叶螟 270-337.5克/公顷 喷雾
PD20093609 异稻·稻瘟灵/40%/乳油/稻瘟灵 20%、异稻瘟净 20%/2009.03.24 至 2014.03.24/低毒
水稻 稻瘟病 600-900克/公顷 喷雾
PD20094856 噻嗪·异丙威/25%/乳油/噻嗪酮 5%、异丙威 20%/2009.04.13 至 2014.04.13/中等毒
水稻 飞虱 375-562.5克/公顷 喷雾
PD20097612 杀螟硫磷/45%/乳油/杀螟硫磷 45%/2009.11.03 至 2014.11.03/中等毒
水稻 二化螟 300-375克/公顷 喷雾

湖南省九喜日化有限公司 (湖南省岳阳市汨罗市汨罗江工业园区 414413 0730-5630899)

WP20080011 蚊香/0.2%/蚊香/右旋烯丙菊酯 0.2%/2008.01.04 至 2013.01.04/低毒
卫生 蚊 / 点燃
WP20080012 蚊香/0.2/蚊香/富右旋反式烯丙菊酯 0.2%/2013.01.04 至 2018.01.04/微毒
卫生 蚊 / 点燃
WP20080233 蚊香/0.33%/蚊香/富右旋反式烯丙菊酯 0.33%/2008.11.25 至 2013.11.25/低毒
卫生 蚊 / 点燃
WP20080582 杀虫气雾剂/0.55%/气雾剂/富右旋反式烯丙菊酯 0.25%、高效氯氰菊酯 0.15%、右旋苯醚氰菊酯 0.15%/2013.12.29至2018.12.29/微毒
卫生 蚊、蝇、蜚蠊 / 喷雾
WP20100156 杀虫气雾剂/0.35%/气雾剂/胺菊酯 0.25%、氯氰菊酯 0.1%/2010.12.09 至 2015.12.09/低毒
卫生 蜚蠊、蚊、蝇 / 喷雾
WP20110026 蚊香/0.02%/蚊香/四氟甲醚菊酯 0.02%/2011.01.26 至 2016.01.26/微毒

	卫生	蚊	/	点燃
	注:本产品有三种香型:薰衣草香型、花香型、檀香型。			
WP20130264	蚊香/0.04%/蚊香/氯氟醚菊酯 0.04%/2013.12.20 至 2018.12.20/微毒			
	室内	蚊	/	点燃
	注:本产品有三种香型: 花香型、檀香型、薰衣草香型。			
WL20100011	蚊香/0.08%/蚊香/氯氟醚菊酯 0.08%/2012.01.12 至 2013.01.12/微毒			
	卫生	蚊	/	点燃
WL20100019	杀虫气雾剂/0.55%/气雾剂/Es-生物烯丙菊酯 0.35%、右旋苯醚菊酯 0.2%/2012.01.12 至 2013.01.12/微毒			
	卫生	蚊、蝇、蜚蠊	/	喷雾
WL20120030	电热蚊香液/0.6%/电热蚊香液/氯氟醚菊酯 0.6%/2013.06.04 至 2014.06.04/微毒			
	室内	蚊	/	电热加温

湖南省临湘市化学农药厂 (湖南省岳阳市云溪区陆城镇 414013 0730-8462898)

PD84104-23	杀虫双/18%/水剂/杀虫双 18%/2010.04.12 至 2015.04.12/中等毒			
	甘蔗、蔬菜、水稻、小麦、玉米	多种害虫	540-675克/公顷	喷雾
	果树	多种害虫	225-360毫克/千克	喷雾
PD84108-32	敌百虫/97%,90%/原药/敌百虫 97%,90%/2010.12.29 至 2015.12.29/低毒			
	白菜、青菜	菜青虫	960-1200克/公顷	喷雾
	白菜、青菜	地下害虫	750-1500克/公顷	毒饵
	茶树	尺蠖、刺蛾	450-900毫克/千克	喷雾
	大豆	造桥虫	1800克/公顷	喷雾
	柑橘树	卷叶蛾	600-750毫克/千克	喷雾
	林木	松毛虫	600-900毫克/千克	喷雾
	水稻	螟虫	1500-1800克/公顷	喷雾、泼浇或毒土
	小麦	黏虫	1800克/公顷	喷雾
	烟草	烟青虫	900毫克/千克	喷雾
PD85105-71	敌敌畏/80%/乳油/敌敌畏 77.5%(气谱法)/2011.02.22 至 2016.02.22/中等毒			
	茶树	食叶害虫	600克/公顷	喷雾
	粮仓	多种储藏害虫	1)400-500倍液 2)0.4-0.5克/立方米	1)喷雾 2)挂条熏蒸
	棉花	蚜虫、造桥虫	600-1200克/公顷	喷雾
	苹果树	小卷叶蛾、蚜虫	400-500毫克/千克	喷雾
	青菜	菜青虫	600克/公顷	喷雾
	桑树	尺蠖	600克/公顷	喷雾
	卫生	多种卫生害虫	1)300-400倍液2)0.08克/立方米	1)泼洒2)挂条熏蒸
	小麦	黏虫、蚜虫	600克/公顷	喷雾
PD86148-67	异丙威/20%/乳油/异丙威 20%/2011.11.21 至 2016.11.21/中等毒			
	水稻	飞虱、叶蝉	450-600克/公顷	喷雾
PD20060187	杀虫单/95%/原药/杀虫单 95%/2011.12.06 至 2016.12.06/中等毒			
	水稻	螟虫	525-750克/公顷	喷雾
PD20070573	克百威/3%/颗粒剂/克百威 3%/2012.12.03 至 2017.12.03/低毒			
	棉花	蚜虫	675-900克/公顷	条施,沟施
	水稻	稻瘿蚊、二化螟、三化螟	900-1350克/公顷	撒施
PD20096531	嗪草酮/95%/原药/嗪草酮 95%/2009.08.20 至 2014.08.20/低毒			
PD20100032	丙草胺/95%/原药/丙草胺 95%/2010.01.04 至 2015.01.04/低毒			
PD20100583	百菌清/98%/原药/百菌清 98%/2010.01.14 至 2015.01.14/低毒			
PD20121829	敌鼠钠盐/0.1%/饵粒/敌鼠钠盐 0.1%/2012.11.22 至 2017.11.22/低毒(原药高毒)			
	室内	家鼠	饱和投饵	投放

湖南省娄底化工总厂 (湖南省娄底市西郊 417008 0738-8710278)

PD20096508	苯·苄·乙草胺/32%/可湿性粉剂/苯噻酰草胺 27%、苄嘧磺隆 2%、乙草胺 3%/2009.08.19 至 2014.08.19/低毒			
	水稻抛秧田	部分多年生杂草、一年生杂草	216-288克/公顷(南方地区)	药土法

湖南省娄底农科所农药实验厂 (湖南省娄底市娄星区关家脑 417000 0738-8326272)

PD20081895	苄嘧·苯噻酰/60%/可湿性粉剂/苯噻酰草胺 55%、苄嘧磺隆 5%/2013.11.21 至 2018.11.21/低毒			
	水稻移栽田	一年生及部分多年生杂草	450-540克/公顷	药土法
PD20082774	苄·二氯/38.5%/可湿性粉剂/苄嘧磺隆 2.8%、二氯喹啉酸 35.7%/2013.12.08 至 2018.12.08/低毒			
	水稻秧田	一年生杂草	202-231克/公顷	茎叶喷雾
PD20091250	草甘膦铵盐/30%/可溶粉剂/草甘膦 30%/2014.02.01 至 2019.02.01/低毒			
	柑橘园	杂草	1125-2250克/公顷	定向茎叶喷雾
	注:草甘膦铵盐的含量: 33%。			
PD20091649	苯·苄·乙草胺/36%/可湿性粉剂/苯噻酰草胺 30%、苄嘧磺隆 1.5%、乙草胺 4.5%/2014.02.03 至 2019.02.03/低毒			
	水稻抛秧田	一年生及部分多年生杂草	216-270克/公顷	药土法
PD20094488	苄·丁·乙草胺/22.5%/可湿性粉剂/苄嘧磺隆 1%、丁草胺 19%、乙草胺 2.5%/2009.04.09 至 2014.04.09/低毒			
	水稻抛秧田	一年生杂草	270-337.5克/公顷	药土法

PD20094514 苄·丁·乙草胺/20%/可湿性粉剂/苄嘧磺隆 1.9%、丁草胺 7.7%、乙草胺 10.4%/2009.04.09 至 2014.04.09/低毒
水稻移栽田 多年生杂草、一年生杂草 90-120克/公顷 药土法

PD20095464 苄·乙·甲/10%/可湿性粉剂/苄嘧磺隆 3.6%、甲磺隆 0.4%、乙草胺 6%/2009.05.11 至 2014.05.11/低毒
水稻抛秧田 部分多年生杂草、一年生杂草 37.5-52.5克/公顷 药土法

PD20095466 甲磺·乙草胺/19.2%/可湿性粉剂/甲磺隆 0.8%、乙草胺 18.4%/2009.05.11 至 2014.05.11/低毒
水稻移栽田 一年生杂草 72-86.4克/公顷 药土法

PD20097255 苄·乙·甲/18.2%/可湿性粉剂/苄嘧磺隆 1.25%、甲磺隆 0.55%、乙草胺 16.4%/2009.10.19 至 2014.10.19/低毒
水稻移栽田 多年生杂草、一年生杂草 60-75克/公顷 毒土法

PD20100547 三环唑/20%/可湿性粉剂/三环唑 20%/2010.01.14 至 2015.01.14/低毒
水稻 稻瘟病 300-375克/公顷 喷雾

PD20101050 三乙膦酸铝/40%/可湿性粉剂/三乙膦酸铝 40%/2010.01.21 至 2015.01.21/低毒
黄瓜 霜霉病 2400－3000克/公顷 喷雾

PD20110207 草甘膦异丙胺盐/30%/水剂/草甘膦 30%/2011.02.18 至 2016.02.18/低毒
柑橘园 杂草 270-360毫升/亩 定向喷雾
注:草甘膦异丙胺盐含量: 41%。

PD20110762 苄·乙·甲磺隆/10%/大粒剂/苄嘧磺隆 0.68%、甲磺隆 0.27%、乙草胺 8.05%/2011.07.25 至 2016.07.25/低毒
水稻移栽田 一年生及部分多年生杂草 54-67.5克/公顷 撒施

PD20120573 草甘膦铵盐/80%/可溶粉剂/草甘膦 80%/2012.03.28 至 2017.03.28/低毒
柑橘园 一年生和多年生杂草 1120.5-2241克/公顷 定向茎叶喷雾
注:草甘膦铵盐含量: 88%

PD20120902 苄嘧·丙草胺/25%/可湿性粉剂/苄嘧磺隆 2%、丙草胺 23%/2012.05.24 至 2017.05.24/低毒
直播水稻田 一年生杂草和多年生恶性杂草 375-450克/公顷(南方地区) 播后苗前土壤喷雾

湖南省麻阳苗族自治县农药化工公司 (湖南省麻阳苗族自治县县城建设北路258号 419400 0745-5824461)

PD20083913 氰戊·辛硫磷/25%/乳油/氰戊菊酯 5%、辛硫磷 20%/2013.12.15 至 2018.12.15/中等毒
棉花 棉铃虫 300-375克/公顷 喷雾
十字花科蔬菜 菜青虫 150-225克/公顷 喷雾

PD20084553 溴氰 ·敌敌畏/25%/乳油/敌敌畏 24.5%、溴氰菊酯 0.5%/2013.12.18 至 2018.12.18/中等毒
十字花科蔬菜 菜青虫 75-112.5克/公顷 喷雾

PD20093574 噻嗪·氧乐果/30%/乳油/噻嗪酮 10%、氧乐果 20%/2014.03.23 至 2019.03.23/中等毒(原药高毒)
水稻 飞虱 225-315克/公顷 喷雾

湖南省南县云昌蚊香厂 (湖南省南县鸟嘴乡 413223 0737-5739366)

WP20080494 蚊香/0.2%/烟雾剂/烯丙菊酯 0.2%/2013.12.18 至 2018.12.18/低毒
卫生 蚊 / 点燃

WP20120177 杀蚊烟片/1%/烟片/富右旋反式烯丙菊酯 1%/2012.09.12 至 2017.09.12/低毒
卫生 蚊 / 点燃

湖南省平江县化学农药厂 (湖南省岳阳市平江县天岳经济开发区 415400 0730-6282989)

PD86148-44 异丙威/20%/乳油/异丙威 20%/2011.12.29 至 2016.12.29/中等毒
水稻 飞虱、叶蝉 450-600克/公顷 喷雾

PD91109-4 速灭威/20%/乳油/速灭威 20%/2011.07.31 至 2016.07.31/中等毒
水稻 飞虱、叶蝉 450-600克/公顷 喷雾

湖南省湘潭市昭山农药厂 (湖南省湘潭市岳塘区易家湾 411103 0732-3281165)

PD85136-10 速灭威/25%/可湿性粉剂/速灭威 25%/2010.08.15 至 2015.08.15/中等毒
水稻 飞虱、叶蝉 375-750克/公顷 喷雾

PD86148-50 异丙威/20%/乳油/异丙威 20%/2011.09.19 至 2016.09.19/中等毒
水稻 飞虱、叶蝉 450-600克/公顷 喷雾

PD90101 异丙威/2%/粉剂/异丙威 2%/2010.03.07 至 2015.03.07/中等毒
水稻 飞虱、叶蝉 450-900克/公顷 喷粉

PD91109-2 速灭威/20%/乳油/速灭威 20%/2011.06.05 至 2016.06.05/中等毒
水稻 飞虱、叶蝉 450-600克/公顷 喷雾

PD20040447 吡虫啉/10%/可湿性粉剂/吡虫啉 10%/2009.12.19 至 2014.12.19/低毒
十字花科蔬菜 蚜虫 22.5-30克/公顷 喷雾
水稻 飞虱 15-30克/公顷 喷雾

PD20090843 高效氯氟氰菊酯/2.5%/乳油/高效氯氟氰菊酯 2.5%/2014.01.19 至 2019.01.19/中等毒
棉花 棉铃虫 18.75-22.5克/公顷 喷雾
十字花科蔬菜 菜青虫 7.5-15克/公顷 喷雾
烟草 烟青虫 7.5-9.375克/公顷 喷雾

PD20093713 噻嗪酮/25%/可湿性粉剂/噻嗪酮 25%/2009.03.25 至 2014.03.25/低毒
水稻 飞虱 75-112.5克/公顷 喷雾

PD20094413 噻嗪·异丙威/25%/可湿性粉剂/噻嗪酮 7%、异丙威 18%/2009.04.01 至 2014.04.01/中等毒
水稻 稻飞虱 150-225克/公顷 喷雾

PD20094855 噻嗪·异丙威/30%/乳油/噻嗪酮 7%、异丙威 23%/2009.04.13 至 2014.04.13/中等毒
水稻 稻飞虱 270-360克/公顷 喷雾

PD20098345 苄·乙·二氯喹/19.2%/可湿性粉剂/苄嘧磺隆 2.8%、二氯喹啉酸 1%、乙草胺 15.4%/2009.12.18 至 2014.12.18/低毒

水稻移栽田　部分多年生杂草、一年生杂草　86.4-115.2克/公顷(南方地区)　药土法
PD20100002　毒死蜱/40%/乳油/毒死蜱 40%/2010.01.04 至 2015.01.04/中等毒
水稻　稻纵卷叶螟　480-600克/公顷　喷雾
PD20100928　阿维菌素/18克/升/乳油/阿维菌素 18克/升/2010.01.19 至 2015.01.19/低毒(原药高毒)
甘蓝　小菜蛾　8.1-10.8克/公顷　喷雾
PD20101260　三唑磷/20%/乳油/三唑磷 20%/2010.03.05 至 2015.03.05/中等毒
水稻　二化螟　300-450克/公顷　喷雾

湖南省益阳海润化工科技有限公司　(湖南省益阳市化工路七号　413000　0737-2669100)

WP20090085　高氯·残杀威/10%/微乳剂/残杀威 6%、高效氯氰菊酯 4%/2014.02.02 至 2019.02.02/低毒
卫生　蜚蠊、蝇　30毫克/平方米(玻璃板面); 50毫克/平方米(木板面、水泥面、白灰面)　滞留喷洒
WP20090132　氯氰·残杀威/15%/乳油/残杀威 10%、氯氰菊酯 5%/2014.02.23 至 2019.02.23/低毒
卫生　蜚蠊　玻璃面50毫克/平方米; 油漆、石灰面200毫克/平方米　滞留喷洒
WP20090181　甲基嘧啶磷/20%/水乳剂/甲基嘧啶磷 20%/2014.03.18 至 2019.03.18/低毒
卫生　蚊、蝇　玻璃面: 1克/平方米; 油漆面、石灰面3克/平方米　滞留喷洒
WP20090236　蚊香/0.2%/蚊香/富右旋反式烯丙菊酯 0.2%/2009.04.21 至 2014.04.21/微毒
卫生　蚊　/　点燃
WP20090290　灭蚊烟片/1.0%/烟片/富右旋反式烯丙菊酯 1%/2009.06.29 至 2014.06.29/低毒
卫生　蚊　/　点燃

湖南省益阳市千山红蚊香厂　(湖南省益阳市千山红镇　413119　0737-2556221)

WP20090156　蚊香/0.2%/蚊香/富右旋反式烯丙菊酯 0.2%/2009.03.04 至 2014.03.04/低毒
卫生　蚊　/　点燃
WL20110018　蚊香/0.05%/蚊香/氯氟醚菊酯 0.05%/2013.02.11 至 2014.02.11/微毒
卫生　蚊　/　点燃
注:本产品有两种香型: 桂花香型、艾叶香型。

湖南省益阳市生物农药厂　(湖南省益阳市赫山区泉交河镇　413002　0737-6502632)

PD85131-24　井冈霉素/2.4%、4%/水剂/井冈霉素A 2.4%,4%/2010.07.21 至 2015.07.21/低毒
水稻　纹枯病　75-112.5克/公顷　喷雾,泼浇

湖南省益阳市资江蚊香厂　(湖南省益阳市资阳区新桥河镇　413056　0737-3263117)

WP20080310　蚊香/0.2%/蚊香/富右旋反式烯丙菊酯 0.2%/2013.12.04 至 2018.12.04/低毒
卫生　蚊　/　点燃
WP20080420　杀蚊烟片/1.0%/片剂/富右旋反式烯丙菊酯 1.0%/2013.12.12 至 2018.12.12/低毒
卫生　蚊　/　点燃
WP20120042　杀虫气雾剂/0.4%/气雾剂/胺菊酯 0.2%、氯菊酯 0.2%/2012.03.14 至 2017.03.14/微毒
卫生　蚊、蝇、蜚蠊　/　喷雾

湖南省益阳市资阳区金宇灭蚊药片厂　(湖南省益阳市资阳区马良开发区　413001　0737-4315401)

WP20090095　蚊香/0.2%/蚊香/富右旋反式烯丙菊酯 0.2%/2014.02.04 至 2019.02.04/低毒
卫生　蚊　/　点燃

湖南省永州广丰农化有限公司　(湖南省永州市零陵区桃江路53号　425006　0746-6389941)

PD86148-51　异丙威/20%/乳油/异丙威 20%/2011.12.21 至 2016.12.21/中等毒
水稻　飞虱、叶蝉　450-600克/公顷　喷雾
PD20083686　杀虫双/20%/水剂/杀虫双 20%/2013.12.15 至 2018.12.15/低毒
水稻　二化螟　600-750克/公顷　喷雾
PD20091452　杀双·灭多威/20%/水剂/灭多威 4%、杀虫双 16%/2009.02.02 至 2014.02.02/低毒(原药高毒)
水稻　二化螟　240-300克/公顷　喷雾
PD20093772　草甘膦异丙胺盐/41%/水剂/草甘膦 41%/2009.03.25 至 2014.03.25/低毒
茶园　杂草　1230-1845克/公顷　喷雾
PD20093779　草甘膦/95%/原药/草甘膦 95%/2009.03.25 至 2014.03.25/低毒
PD20094990　氯氰·敌敌畏/10%/乳油/敌敌畏 9%、氯氰菊酯 1%/2009.04.21 至 2014.04.21/中等毒
甘蓝　蚜虫　37.5-75克/公顷　喷雾
PD20131710　草甘膦铵盐/70%/可溶粒剂/草甘膦 70%/2013.08.08 至 2018.08.08/低毒
柑橘园　杂草　1575-2100克/公顷　定向茎叶喷雾
注:草甘膦铵盐含量: 77.7%。

湖南省袁隆平农业高科技股份有限公司　(湖南省长沙市芙蓉区马坡岭高科技园　410125　0731-4690269)

PD20083541　苄嘧·苯噻酰/52.5%/可湿性粉剂/苯噻酰草胺 50%、苄嘧磺隆 2.5%/2013.12.12 至 2018.12.12/低毒
水稻抛秧田　一年生及部分多年生杂草　393.8-472.5克/公顷　药土法
PD20091698　苄·乙/18%/可湿性粉剂/苄嘧磺隆 4%、乙草胺 14%/2014.02.03 至 2019.02.03/低毒
水稻　杂草　84-118克/公顷　毒土或毒砂法
PD20091938　甲硫·锰锌/20%/可湿性粉剂/甲基硫菌灵 10%、代森锰锌 10%/2014.02.12 至 2019.02.12/低毒
辣椒　炭疽病、疫病　240-480克/公顷　喷雾

西瓜 炭疽病 375-480克/公顷 喷雾
PD20092251 锰锌·拌种灵/20%/可湿性粉剂/拌种灵 10%、代森锰锌 10%/2014.02.24 至 2019.02.24/低毒
辣椒 疮痂病、炭疽病 300-450克/公顷 喷雾
PD20092884 四螨·哒螨灵/5%/可湿性粉剂/哒螨灵 2.5%、四螨嗪 2.5%/2014.03.05 至 2019.03.05/中等毒
柑橘树 红蜘蛛 62.5-100毫克/千克 喷雾
PD20093244 苯·苄·乙草胺/33%/可湿性粉剂/苯噻酰草胺 26%、苄嘧磺隆 2.5%、乙草胺 4.5%/2014.03.11 至 2019.03.11/低毒
水稻抛秧田 部分多年生杂草、一年生杂草 198-247.5克/公顷(南方地区) 药土法
PD20094690 赤霉酸/4%/乳油/赤霉酸 4%/2009.04.10 至 2014.04.10/低毒
水稻制种 调节生长 180-240克/公顷 喷雾2-3次
PD20097094 苄·乙/10%/可湿性粉剂/苄嘧磺隆 5%、乙草胺 5%/2009.10.10 至 2014.10.10/低毒
水稻抛秧田 部分多年生杂草、一年生杂草 67.5-90克/公顷(南方地区) 药土法
PD20097601 苄·乙·甲/15.6%/可湿性粉剂/苄嘧磺隆 0.96%、甲磺隆 0.24%、乙草胺 14.4%/2009.11.03 至 2014.11.03/低毒
水稻移栽田 部分多年生杂草、一年生杂草 70.2-93.6克/公顷 药土法
PD20110217 赤霉酸A3/85%/结晶粉/赤霉酸A3 85%/2011.02.24 至 2016.02.24/低毒
水稻制种 调节生长 180-240克/公顷 喷雾
PD20132008 苄·丁/0.64%/颗粒剂/苄嘧磺隆 0.032%、丁草胺 0.608%/2013.10.21 至 2018.10.21/低毒
水稻抛秧田 一年生杂草 576-720克/公顷 撒施
注:本产品为药肥混剂。
LS20120310 苄嘧·丙草胺/0.2%/颗粒剂/苄嘧磺隆 0.025%、丙草胺 0.175%/2013.09.04 至 2014.09.04/低毒
直播水稻(南方) 一年生杂草 300-360克/公顷 撒施
注:本产品为药肥混剂。

湖南省株洲邦化化工有限公司 (湖南省株洲市石峰区湘珠路 412005 0733-2546966)

PD84104-24 杀虫双/18%/水剂/杀虫双 18%/2010.03.08 至 2015.03.08/中等毒
甘蔗、蔬菜、水稻、小麦、玉米 多种害虫 540-675克/公顷 喷雾
果树 多种害虫 225-360毫克/千克 喷雾
PD92103-12 草甘膦/90%/原药/草甘膦 90%/2012.08.08 至 2017.08.08/低毒
PD20082199 草甘膦异丙胺盐/30%/水剂/草甘膦 30%/2013.11.26 至 2018.11.26/低毒
柑橘园 杂草 1125-2250克/公顷 喷雾
注:草甘膦异丙胺盐含量：41%。
PD20091673 草甘膦/30%/可溶粉剂/草甘膦 30%/2014.02.03 至 2019.02.03/低毒
柑橘园 杂草 1485-2250克/公顷 定向茎叶喷雾
PD20121241 草甘膦铵盐/68%/可溶粒剂/草甘膦 68%/2012.08.28 至 2017.08.28/低毒
柑橘树 杂草 1050-2100克/公顷 定向茎叶喷雾
注:草甘膦铵盐含量：74.7%。

湖南省沅江市永丰化工有限公司 (湖南省沅江市南嘴镇 413104 0737-2286028)

PD20091919 异丙威/20%/乳油/异丙威 20%/2009.02.12 至 2014.02.12/低毒
水稻 稻飞虱 450-600克/公顷 喷雾
PD20092147 高效氯氟氰菊酯/25克/升/乳油/高效氯氟氰菊酯 25克/升/2009.02.23 至 2014.02.23/中等毒
十字花科蔬菜 菜青虫 9.375-11.25克/公顷 喷雾
PD20092969 甲氰·噻螨酮/7.5%/乳油/甲氰菊酯 5%、噻螨酮 2.5%/2009.03.09 至 2014.03.09/低毒
柑橘树 红蜘蛛 75-100毫克/千克 喷雾
PD20093902 联苯菊酯/25克/升/乳油/联苯菊酯 25克/升/2009.03.26 至 2014.03.26/低毒
茶树 茶尺蠖 7.5-15克/公顷 喷雾
PD20095046 丙溴·辛硫磷/35%/乳油/丙溴磷 8.5%、辛硫磷 26.5%/2009.04.21 至 2014.04.21/低毒
棉花 棉铃虫 367.5-525克/公顷 喷雾
PD20097594 三唑磷/20%/乳油/三唑磷 20%/2009.11.03 至 2014.11.03/中等毒
水稻 二化螟 202.5-303.75克/公顷 喷雾
PD20100162 阿维菌素/1.8%/乳油/阿维菌素 1.8%/2010.01.05 至 2015.01.05/中等毒(原药高毒)
甘蓝 小菜蛾 8.1-10.8克/公顷 喷雾

湖南省醴陵市金牛蚊香厂 (湖南省醴陵市三刀石19号 412000 0733-3228679)

WP20100140 蚊香/0.2%/蚊香/富右旋反式烯丙菊酯 0.2%/2010.11.04 至 2015.11.04/微毒
卫生 蚊 / 点燃

湖南圣雨药业有限公司 (湖南省长沙市芙蓉区雄天路98号孵化楼2号501房 410127 0731-84692778)

PD20040652 杀虫单/90%/可溶粉剂/杀虫单 90%/2009.12.19 至 2014.12.19/中等毒
水稻 二化螟 540-810克/公顷 喷雾

湖南穗丰化工有限公司 (湖南省长沙市远大二路马坡岭隆平高科技园 410007 0731-4693010)

PD86176-10 乙酰甲胺磷/30%/乳油/乙酰甲胺磷 30%/2012.01.14 至 2017.01.14/低毒
柑橘树 介壳虫、螨 500-1000倍液 喷雾
果树 食心虫 500-1000倍液 喷雾
棉花 棉铃虫、蚜虫 450-900克/公顷 喷雾
蔬菜 菜青虫、蚜虫 337.5-540克/公顷 喷雾
水稻 螟虫、叶蝉 562.5-1012.5克/公顷 喷雾

小麦、玉米 黏虫、玉米螟 540-1080克/公顷 喷雾
烟草 烟青虫 450-900克/公顷 喷雾
PD20094225 毒死蜱/480克/升/乳油/毒死蜱 480克/升/2009.03.31 至 2014.03.31/中等毒
水稻 二化螟 432-576克/公顷 喷雾
PD20097403 草甘膦/30%/水剂/草甘膦 30%/2009.10.28 至 2014.10.27/低毒
柑橘园 杂草 1125-2250克/公顷 茎叶喷雾

湖南天鸟生化科技有限公司 (湖南省长沙市岳麓区高新区火炬城M7-1栋 410013 0731-8917208)

PD20096988 氢氧化铜/77%/可湿性粉剂/氢氧化铜 77%/2009.09.29 至 2014.09.29/低毒
柑橘树 溃疡病 400-600倍液 喷雾
PD20097861 仲丁威/20%/乳油/仲丁威 20%/2009.11.20 至 2014.11.20/低毒
水稻 稻飞虱 450－570克/公顷 喷雾
PD20098047 王铜/30%/悬浮剂/王铜 30%/2009.12.07 至 2014.12.07/低毒
柑橘树 溃疡病 600-800倍液 喷雾
PD20100554 王铜/70%/可湿性粉剂/王铜 70%/2010.01.14 至 2015.01.14/低毒
柑橘树 溃疡病 1000-1200倍液 喷雾

湖南天人农药有限公司 (湖南省长沙市宁乡县玉潭镇戴亭路10号 410600 0731-7823888)

PD20040570 三唑酮/8%/可湿性粉剂/三唑酮 8%/2009.12.19 至 2014.12.19/低毒
水稻 叶尖枯病 120－144克/公顷 喷雾
PD20040786 三唑磷/20%/乳油/三唑磷 20%/2009.12.19 至 2014.12.19/中等毒
水稻 二化螟 225-300克/公顷 喷雾
PD20081158 吡虫・仲丁威/25%/乳油/吡虫啉 1%、仲丁威 24%/2013.09.11 至 2018.09.11/低毒
水稻 飞虱 187.5-281.25克/公顷 喷雾
PD20082413 阿维菌素/0.3%/乳油/阿维菌素 0.3%/2013.12.02 至 2018.12.02/低毒(原药高毒)
十字花科蔬菜 小菜蛾 3.6-5.4克/公顷 喷雾
PD20082506 异稻・稻瘟灵/40%/乳油/稻瘟灵 20%、异稻瘟净 20%/2013.12.03 至 2018.12.03/低毒
水稻 稻瘟病 600-750克/公顷 喷雾
PD20084289 溴氰菊酯/2.8%/乳油/溴氰菊酯 2.8%/2013.12.17 至 2018.12.17/低毒
十字花科蔬菜 菜青虫 2.7-4.5克/公顷 喷雾
PD20085872 苄・丁/30%/可湿性粉剂/苄嘧磺隆 1.5%、丁草胺 28.5%/2013.12.29 至 2018.12.29/低毒
水稻抛秧田 部分多年生杂草、一年生杂草 675-900克/公顷 药土法
PD20091161 辛硫磷/40%/乳油/辛硫磷 40%/2014.01.22 至 2019.01.22/低毒
棉花 棉铃虫 300-375克/公顷 喷雾
PD20091713 高效氯氟氰菊酯/2.5%/乳油/高效氯氟氰菊酯 2.5%/2014.02.03 至 2019.02.03/中等毒
十字花科蔬菜 菜青虫 7.5-11.25克/公顷 喷雾
PD20091988 敌畏・高氯/20%/乳油/敌敌畏 19%、高效氯氰菊酯 1%/2014.02.12 至 2019.02.12/中等毒
棉花 棉铃虫 180-240克/公顷 喷雾
PD20092137 噻嗪酮/25%/可湿性粉剂/噻嗪酮 25%/2014.02.23 至 2019.02.23/低毒
柑橘树 介壳虫 200-250毫克/千克 喷雾
PD20092351 联苯菊酯/25克/升/乳油/联苯菊酯 25克/升/2014.02.24 至 2019.02.24/低毒
棉花 红蜘蛛 52.5-60克/公顷 喷雾
PD20093049 仲丁威/20%/乳油/仲丁威 20%/2009.03.09 至 2014.03.09/低毒
水稻 飞虱 450-562.5克/公顷 喷雾
PD20096709 阿维菌素/18克/升/乳油/阿维菌素 18克/升/2009.09.07 至 2014.09.07/低毒(原药高毒)
甘蓝 小菜蛾 9.45-10.8克/公顷 喷雾
PD20097838 辛硫・三唑磷/20%/乳油/三唑磷 10%、辛硫磷 10%/2009.11.20 至 2014.11.20/中等毒
水稻 稻纵卷叶螟 240-360克/公顷 喷雾
PD20100109 氯氰・丙溴磷/440克/升/乳油/丙溴磷 400克/升、氯氰菊酯 40克/升/2010.01.05 至 2015.01.05/中等毒
棉花 棉铃虫 528-660克/公顷 喷雾
PD20100508 毒死蜱/40%/乳油/毒死蜱 40%/2010.01.14 至 2015.01.14/中等毒
棉花 棉铃虫 720-900克/公顷 喷雾
PD20110513 甲氨基阿维菌素苯甲酸盐/3%/微乳剂/甲氨基阿维菌素 3%/2011.05.03 至 2016.05.03/低毒
甘蓝 甜菜夜蛾 1.8-2.7克/公顷 喷雾
注:甲氨基阿维菌素苯甲酸盐含量：3.4%。

湖南万家丰科技有限公司 (湖南省益阳市沅江市竹莲工业园 413100 0737-2630228)

PD20092873 辛硫・高氯氟/26%/乳油/高效氯氟氰菊酯 1%、辛硫磷 25%/2009.03.05 至 2014.03.05/中等毒
棉花 棉铃虫 273-312克/公顷 喷雾
PD20093230 咪鲜胺/25%/乳油/咪鲜胺 25%/2009.03.11 至 2014.03.11/低毒
柑橘 炭疽病 333.3-500毫克/千克 浸果
PD20093245 丙溴・辛硫磷/25%/乳油/丙溴磷 5%、辛硫磷 20%/2009.03.11 至 2014.03.11/低毒
棉花 棉铃虫 300-375克/公顷 喷雾
PD20093622 高氯・辛硫磷/20%/乳油/高效氯氰菊酯 2.5%、辛硫磷 17.5%/2009.03.25 至 2014.03.25/低毒
十字花科蔬菜 菜青虫 120-150克/公顷 喷雾
PD20094636 噻嗪・异丙威/25%/可湿性粉剂/噻嗪酮 5%、异丙威 20%/2009.04.10 至 2014.04.10/低毒

	水稻	稻飞虱	450-562.5克/公顷	喷雾
PD20095488	复硝酚钠/1.8%/水剂/5-硝基邻甲氧基苯酚钠 0.3%、对硝基苯酚钠 0.9%、邻硝基苯酚钠 0.6%/2009.05.11 至2014.05.11/低毒			
	黄瓜	调节生长、增产	2-2.5毫克/千克	茎叶喷雾
PD20097344	阿维菌素/1.8%/乳油/阿维菌素 1.8%/2009.10.27 至 2014.10.27/低毒(原药高毒)			
	甘蓝	菜青虫	8.1-10.8克/公顷	喷雾
PD20097695	乙酸铜/20%/可湿性粉剂/乙酸铜 20%/2009.11.04 至 2014.11.04/低毒			
	黄瓜	苗期猝倒病	3000-4500克/公顷	灌根
PD20100385	啶虫脒/5%/乳油/啶虫脒 5%/2010.01.14 至 2015.01.14/低毒			
	柑橘树	蚜虫	10-12毫克/千克	喷雾
PD20120052	松脂酸铜/18%/乳油/松脂酸铜 18%/2012.01.11 至 2017.01.11/低毒			
	柑橘树	炭疽病	228.6-400毫克/千克	喷雾
PD20120185	咪鲜胺/450克/升/水乳剂/咪鲜胺 450克/升/2012.01.30 至 2017.01.30/低毒			
	柑橘	炭疽病	300－450毫克/千克	浸果
PD20120366	苯甲·丙环唑/300克/升/乳油/苯醚甲环唑 150克/升、丙环唑 150克/升/2012.02.24 至 2017.02.24/低毒			
	水稻	纹枯病	90－112.5克/公顷	喷雾
湖南湘沙化工有限公司　(湖南省岳阳市湘阴县袁家铺镇　414602　0730-2603999)				
PD20092490	硫磺·三环唑/45%/可湿性粉剂/硫磺 40%、三环唑 5%/2009.02.26 至 2014.02.26/低毒			
	水稻	稻瘟病	742.5-945克/公顷	喷雾
PD20093046	杀虫双/18%/水剂/杀虫双 18%/2009.03.09 至 2014.03.09/低毒			
	水稻	二化螟	540-675克/公顷	喷雾
PD20093085	甲氰·马拉松/22.5%/乳油/甲氰菊酯 4.5%、马拉硫磷 18%/2009.03.09 至 2014.03.09/中等毒			
	甘蓝	菜青虫	135-202.5克/公顷	喷雾
PD20093914	高效氯氟氰菊酯/25克/升/乳油/高效氯氟氰菊酯 25克/升/2009.03.26 至 2014.03.26/中等毒			
	甘蓝	菜青虫	7.5-15克/公顷	喷雾
PD20094921	阿维菌素/18克/升/乳油/阿维菌素 18克/升/2009.04.13 至 2014.04.13/低毒(原药高毒)			
	十字花科蔬菜	小菜蛾	8.1-10.8克/公顷	喷雾
PD20095052	马拉·辛硫磷/20%/乳油/马拉硫磷 10%、辛硫磷 10%/2009.04.21 至 2014.04.21/低毒			
	棉花	棉铃虫	225-300克/公顷	喷雾
PD20120995	阿维·毒死蜱/15%/乳油/阿维菌素 0.1%、毒死蜱 14.9%/2012.06.21 至 2017.06.21/中等毒(原药高毒)			
	水稻	稻纵卷叶螟	112.5-135克/公顷	喷雾
湖南新斑马实业股份有限公司　(湖南省津市市北大路240号　415400　0736-4223565)				
WP20080266	杀虫气雾剂/0.36%/气雾剂/胺菊酯 0.15%、高效氯氰菊酯 0.21%/2008.11.27 至 2013.11.27/低毒			
	卫生	蜚蠊、蚊、蝇	/	喷雾
WP20080306	蚊香/0.24%/蚊香/右旋烯丙菊酯 0.24%/2008.12.04 至 2013.12.04/低毒			
	卫生	蚊	/	点燃
WP20080418	电热蚊香片/50毫克/片/电热蚊香片/右旋烯丙菊酯 50毫克/片/2008.12.12 至 2013.12.12/低毒			
	卫生	蚊	/	电热加温
湖南亚泰生物发展有限公司　(湖南省长沙市经济技术开发区漓湘路98号弘祥科技园　410100　0731-84021026)				
PD85131-20	井冈霉素/2.4%/水剂/井冈霉素A 2.4%/2011.03.02 至 2016.03.02/低毒			
	水稻	纹枯病	75-112.5克/公顷	喷雾.泼浇
	注:井冈霉素含量：3%。			
PD85131-40	井冈霉素/4%/水剂/井冈霉素A 4%/2011.03.02 至 2016.03.02/低毒			
	水稻	纹枯病	75-112.5克/公顷	喷雾.泼浇
	注:井冈霉素含量：5%。			
PD86101-2	赤霉酸/4%/乳油/赤霉酸 4%/2011.09.10 至 2016.09.10/低毒			
	菠菜	增加鲜重	10-25毫克/千克	叶面处理1-3次
	菠萝	果实增大、增重	40-80毫克/千克	喷花
	柑橘树	果实增大、增重	20-40毫克/千克	喷花
	花卉	提前开花	700毫克/千克	叶面处理涂抹花芽
	绿肥	增产	10-20毫克/千克	喷雾
	马铃薯	苗齐、增产	0.5-1毫克/千克	浸薯块10-30分钟
	棉花	提高结铃率、增产	10-20毫克/千克	点喷、点涂或喷雾
	葡萄	无核、增产	50-200毫克/千克	花后1周处理果穗
	芹菜	增产	20-100毫克/千克	叶面处理1次
	人参	增加发芽率	20毫克/千克	播前浸种15分钟
	水稻	增加千粒重、制种	20-30毫克/千克	喷雾
PD86183-2	赤霉酸/85%/结晶粉/赤霉酸 85%/2011.12.20 至 2016.12.20/低毒			
	菠菜	增加鲜重	10-25毫克/千克	叶面处理1-3次
	菠萝	果实增大、增重	40-80毫克/千克	喷花
	柑橘树	果实增大、增重	20-40毫克/千克	喷花
	花卉	提前开花	700毫克/千克	叶面处理涂抹花芽
	绿肥	增产	10-20毫克/千克	喷雾

马铃薯 苗齐、增产 0.5-1毫克/千克 浸薯块10-30分钟
棉花 提高结铃率、增产 10-20毫克/千克 点喷、点涂或喷雾
葡萄 无核、增产 50-200毫克/千克 花后一周处理果穗
芹菜 增产 20-100毫克/千克 叶面处理1次
人参 增加发芽率 20毫克/千克 播种前浸种15分钟
水稻 增加千粒重、制种 20-30毫克/千克 喷雾

PD88109-6 井冈霉素/20%/水溶粉剂/井冈霉素 20%/2009.02.26 至 2014.02.26/低毒
水稻 纹枯病 75-112.5克/公顷 喷雾、泼浇

PD93106 井冈霉素/10%/水剂/井冈霉素 10%/2008.08.25 至 2013.08.25/低毒
水稻 纹枯病 75-112.5克/公顷 喷雾、泼浇

湖南益阳飞鱼蚊香有限公司 (湖南省益阳市赫山区罗溪南路 413002 0737-4425168)

WP20090070 蚊香/0.2%/蚊香/富右旋反式炔丙菊酯 0.2%/2009.02.01 至 2014.02.01/低毒
卫生 蚊 / 点燃

湖南岳阳安达化工有限公司 (湖南省临湘市儒溪镇石子岭农场 414306 0730-3890388)

PDN47-97 克百威/3%/颗粒剂/克百威 3%/2012.04.22 至 2017.04.22/中等毒(原药高毒)
花生 线虫 1800-2250克/公顷 条施.沟施
水稻 螟虫、瘿蚊 900-1350克/公顷 撒施

PD85171-4 甲萘威/25%/可湿性粉剂/甲萘威 25%/2011.12.29 至 2016.12.29/中等毒
豆类 造桥虫 750-975克/公顷 喷雾
棉花 红铃虫、蚜虫 375-975克/公顷 喷雾
水稻 飞虱、叶蝉 750-975克/公顷 喷雾
烟草 烟青虫 375-975克/公顷 喷雾

PD86148-75 异丙威/20%/乳油/异丙威 20%/2011.12.28 至 2016.12.28/中等毒
水稻 飞虱、叶蝉 450-600克/公顷 喷雾

PD91109-11 速灭威/20%/乳油/速灭威 20%/2011.12.29 至 2016.12.29/中等毒
水稻 飞虱、叶蝉 450-600克/公顷 喷雾

PD92106-6 仲丁威/20%/乳油/仲丁威 20%/2012.09.17 至 2017.09.17/低毒
水稻 飞虱、叶蝉 375-562.5克/公顷 喷雾

PD97102 仲丁威/80%/乳油/仲丁威 80%/2012.03.28 至 2017.03.28/低毒
水稻 飞虱、叶蝉 375-562.5克/公顷 喷雾

PD97103 仲丁威/50%/乳油/仲丁威 50%/2012.03.28 至 2017.03.28/低毒
水稻 飞虱、叶蝉 375-562.5克/公顷 喷雾

PD20040026 杀螟丹/98%/原药/杀螟丹 98%/2009.12.07 至 2014.12.07/中等毒

PD20093031 杀螟丹/50%/可溶粉剂/杀螟丹 50%/2009.03.09 至 2014.03.09/中等毒
水稻 三化螟 600-750克/公顷 喷雾

PD20093256 灭多威/20%/乳油/灭多威 20%/2009.03.11 至 2014.03.11/高毒
棉花 棉铃虫 150-225克/公顷 喷雾

PD20093649 杀螟丹/98%/可溶粉剂/杀螟丹 98%/2009.03.25 至 2014.03.25/中等毒
茶树 茶小绿叶蝉 441-588克/公顷 喷雾
柑橘树 潜叶蛾 490-653毫克/千克 喷雾

湖南泽丰农化有限公司 (湖南省长沙市芙蓉区马坡岭省农科院 410125 0731-4693082)

PD20085423 毒死蜱/480克/升/乳油/毒死蜱 480克/升/2008.12.24 至 2013.12.24/中等毒
水稻 稻纵卷叶螟 432-576克/公顷 喷雾

PD20086203 高效氯氟氰菊酯/25克/升/乳油/高效氯氟氰菊酯 25克/升/2013.12.30 至 2018.12.30/中等毒
十字花科蔬菜 菜青虫 7.5-11.25克/公顷 喷雾

PD20090914 丙环唑/250克/升/乳油/丙环唑 250克/升/2014.01.19 至 2019.01.19/低毒
香蕉 叶斑病 250-500毫克/千克 喷雾

PD20092243 噻嗪·异丙威/25%/可湿性粉剂/噻嗪酮 5%、异丙威 20%/2014.02.24 至 2019.02.24/低毒
水稻 稻飞虱 450-562.5克/公顷 喷雾

湖南中盛生物科技发展有限公司 (湖南省邵阳市大祥区面铺乡罗市镇 422000 0730-5620588)

PD20092232 杀虫双/18%/水剂/杀虫双 18%/2009.02.24 至 2014.02.24/中等毒
水稻 三化螟 675-810克/公顷 喷雾

PD20092481 敌敌畏/80%/乳油/敌敌畏 80%/2009.02.26 至 2014.02.26/中等毒
十字花科蔬菜 菜青虫 600-840克/公顷 喷雾

PD20096231 井冈·蜡芽菌/12.5%/水剂/井冈霉素 2.5%、蜡质芽孢杆菌 10%/2009.07.15 至 2014.07.15/微毒
水稻 纹枯病 1800-2400克制剂/公顷 喷雾

湖南中迅农科农化有限公司 (湖南省岳阳市云溪工业园 414009 0730-8419847)

PD84104-56 杀虫双/18%/水剂/杀虫双 18%/2009.12.23 至 2014.12.23/中等毒
甘蔗、蔬菜、水稻、小麦、玉米 多种害虫 540-675克/公顷 喷雾
果树 多种害虫 225-360毫克/千克 喷雾

PD85170-2 敌鼠钠原药/80%/原药/敌鼠钠盐 80%/2011.03.07 至 2016.03.07/高毒

PD20040621 吡虫·杀虫单/30%/可湿性粉剂/吡虫啉 1%、杀虫单 29%/2009.12.19 至 2014.12.19/中等毒

水稻　稻纵卷叶螟、二化螟、飞虱、三化螟　450-750克/公顷　喷雾
PD20050120　杀虫单/90%/可溶粉剂/杀虫单 90%/2010.08.15 至 2015.08.15/中等毒
水稻　二化螟　675-1012.5克/公顷　喷雾
PD20093295　杀虫双/29%/水剂/杀虫双 29%/2014.03.13 至 2019.03.13/中等毒
水稻　二化螟　600-750克/公顷　喷雾
PD20100375　辛硫·高氯氟/26%/乳油/高效氯氟氰菊酯 1%、辛硫磷 25%/2010.01.11 至 2015.01.11/低毒
棉花　棉铃虫　273-390克/公顷　喷雾
PD20120713　甲氨基阿维菌素苯甲酸盐/1%/微乳剂/甲氨基阿维菌素 1%/2012.04.18 至 2017.04.18/低毒
甘蓝　小菜蛾　1.5—3克/公顷　喷雾
注:甲氨基阿维菌素苯甲酸盐含量:1.14%。
PD20121248　草甘膦铵盐/65%/可溶粉剂/草甘膦 65%/2012.09.04 至 2017.09.04/低毒
柑橘园　杂草　1462.5-1950克/公顷　定向茎叶喷雾
注:草甘膦铵盐含量: 71.5%。

湖南众业科技实业有限公司　(湖南省长沙市天心区仰天湖新村1号　410015　0731-5135799)
WP20080181　避蚊胺/98.5%/原药/避蚊胺 98.5%/2013.11.19 至 2018.11.19/低毒
WP20080521　驱蚊酯/98%/原药/驱蚊酯 98%/2013.12.23 至 2018.12.23/低毒

湖南沅江赤蜂农化有限公司　(湖南省沅江市南嘴镇　413104　0737-2288898)
PD84108-15　敌百虫/97%/原药/敌百虫 97%/2009.11.29 至 2014.11.29/低毒
白菜、青菜　地下害虫　750-1500克/公顷　喷雾
白菜、青菜　菜青虫　960-1200克/公顷　喷雾
茶树　尺蠖、刺蛾　450-900毫克/千克　喷雾
大豆　造桥虫　1800克/公顷　喷雾
柑橘树　卷叶蛾　600-750毫克/千克　喷雾
林木　松毛虫　600-900毫克/千克　喷雾
水稻　螟虫　1500-1800克/公顷　喷雾、泼浇或毒土
小麦　黏虫　1800克/公顷　喷雾
烟草　烟青虫　900毫克/千克　喷雾
PD86175-5　乙酰甲胺磷/90%/原药/乙酰甲胺磷 90%/2011.12.13 至 2016.12.13/低毒
PD86177-6　乐果/98%/原药/乐果 98%/2011.12.13 至 2016.12.13/中等毒
PD88101-4　水胺硫磷/40%/乳油/水胺硫磷 40%/2013.04.07 至 2018.04.07/高毒
棉花　红蜘蛛、棉铃虫　300-600克/公顷　喷雾
水稻　蓟马、螟虫　450-900克/公顷　喷雾
PD20080351　氯氰菊酯/92%/原药/氯氰菊酯 92%/2013.02.28 至 2018.02.28/低毒
PD20080736　苯噻酰草胺/95%/原药/苯噻酰草胺 95%/2013.06.11 至 2018.06.11/低毒
PD20085241　百菌清/96%/原药/百菌清 96%/2013.12.23 至 2018.12.23/微毒
PD20094614　氯氟吡氧乙酸异辛酯/96%/原药/氯氟吡氧乙酸异辛酯 96%/2009.04.10 至 2014.04.10/低毒
PD20095560　氨氯吡啶酸/95%/原药/氨氯吡啶酸 95%/2009.05.12 至 2014.05.12/微毒
PD20101167　甲基立枯磷/20%/乳油/甲基立枯磷 20%/2010.01.28 至 2015.01.28/低毒
棉花　苗期立枯病　200-300克/100千克种子　拌种
PD20111379　二氯吡啶酸/95%/原药/二氯吡啶酸 95%/2011.12.14 至 2016.12.14/低毒
注:专供出口，不得在国内销售。
WP20080131　Es-生物烯丙菊酯/93%/原药/Es-生物烯丙菊酯 93%/2013.10.31 至 2018.10.31/中等毒
WP20080291　氯菊酯/93%/原药/氯菊酯 93%/2013.12.03 至 2018.12.03/低毒
WP20080354　右旋苯醚氰菊酯/93%/原药/右旋苯醚菊酯 93%/2013.12.09 至 2018.12.09/中等毒
WP20090036　胺菊酯/92%/原药/胺菊酯 92%/2009.01.14 至 2014.01.14/低毒

湖南昊华化工有限责任公司　(湖南省株洲市石峰区丁山路18号　412005　0733-2969000)
PD84104-27　杀虫双/18%/水剂/杀虫双 18%/2009.10.19 至 2014.10.19/中等毒
水稻　多种害虫　540-675克/公顷　喷雾
PD84111-26　氧乐果/40%/乳油/氧乐果 40%/2009.10.19 至 2014.10.19/高毒
棉花　蚜虫、螨　375-600克/公顷　喷雾
森林　松干蚧、松毛虫　500倍液　喷雾或直接涂树干
水稻　稻纵卷叶螟、飞虱　375-600克/公顷　喷雾
小麦　蚜虫　300-450克/公顷　喷雾
PD20040696　杀虫单/90%/可溶粉剂/杀虫单 90%/2009.12.19 至 2014.12.19/中等毒
水稻　螟虫　675-810克/公顷　喷雾
PD20050086　杀虫单/95%/原药/杀虫单 95%/2010.06.24 至 2015.06.24/中等毒
PD20050177　杀螟丹/98%/原药/杀螟丹 98%/2010.11.15 至 2015.11.15/低毒
PD20084631　杀螟丹/50%/可溶粉剂/杀螟丹 50%/2013.12.18 至 2018.12.18/中等毒
水稻　二化螟　600-900克/公顷　喷雾

新晃龙辰化工有限公司　(湖南省新晃县波州镇红岩村　419202　0745-6421348)
PD86148-17　异丙威/20%/乳油/异丙威 20%/2013.01.17 至 2018.01.17/中等毒
水稻　飞虱、叶蝉　450-600克/公顷　喷雾
PD20084633　马拉·异丙威/30%/乳油/马拉硫磷 15%、异丙威 15%/2013.12.18 至 2018.12.18/中等毒

水稻　飞虱、叶蝉　450-600克/公顷　喷雾
PD20084816　噻嗪·异丙威/25%/可湿性粉剂/噻嗪酮 6%、异丙威 19%/2013.12.22 至 2018.12.22/中等毒
水稻　稻飞虱　131.25-187.5克/公顷　喷雾

岳阳迪普化工技术有限公司　(湖南省岳阳市巴陵中路创业中心617室　414000　0730-8287679)

PD20096369　乙氧氟草醚/97%/原药/乙氧氟草醚 97%/2009.08.04 至 2014.08.04/微毒
PD20120193　双草醚/95%/原药/双草醚 95%/2012.01.30 至 2017.01.30/低毒
PD20131475　噻虫嗪/98%/原药/噻虫嗪 98%/2013.07.05 至 2018.07.05/低毒
PD20132019　双草醚/40%/悬浮剂/双草醚 40%/2013.10.21 至 2018.10.21/低毒
水稻田(直播)　稗草、莎草及阔叶杂草　30-45克/公顷　茎叶喷雾
LS20110298　粉唑醇/250克/升/悬浮剂/粉唑醇 250克/升/2013.11.17 至 2014.11.17/低毒
注:专供出口，不得在国内销售。

澧县城头山蚊香厂　(湖南省澧县澧澹乡白羊村　415500　0736-3264278)

WP20080317　蚊香/0.2%/蚊香/富右旋反式烯丙菊酯 0.2%/2013.12.04 至 2018.12.04/低毒
卫生　蚊　/　点燃

吉林省

吉林邦农生物农药有限公司　(吉林省长春市绿园区青年路9549号　130114　0431-2631666)

PD85151-9　2,4-滴丁酯/57%/乳油/2,4-滴丁酯 57%/2010.02.02 至 2015.02.02/低毒
谷子、小麦　双子叶杂草　415.53克/公顷　喷雾
水稻　双子叶杂草　237.69-415.53克/公顷　喷雾
玉米　双子叶杂草　1)829.35克/公顷　1)苗前土壤处理
2)359.1-415.53克/公顷　2)喷雾
PD20085450　苄嘧磺隆/32%/可湿性粉剂/苄嘧磺隆 32%/2013.12.24 至 2018.12.24/低毒
移栽水稻田　一年生阔叶杂草及莎草科杂草　48-72克/公顷(东北地区)　药土法
36-72克/公顷(其它地区)
PD20085455　精喹禾灵/10%/乳油/精喹禾灵 10%/2013.12.24 至 2018.12.24/低毒
春大豆田　一年生禾本科杂草　52.5-60克/公顷　茎叶喷雾
夏大豆田　一年生禾本科杂草　37.5-52.5克/公顷　茎叶喷雾
PD20090120　甲霜·噁霉灵/3%/水剂/噁霉灵 2.5%、甲霜灵 0.5%/2014.01.08 至 2019.01.08/低毒
水稻　立枯病　0.36-0.54克/平方米　喷雾
PD20090970　甲霜·福美双/38%/可湿性粉剂/福美双 33%、甲霜灵 5%/2014.01.20 至 2019.01.20/低毒
水稻　立枯病　1)1.2-1.5克商品量/平方米　1)苗床浇洒
2)114-136.8克/100千克种子　2)苗床拌种
PD20091409　乙草胺/900克/升/乳油/乙草胺 900克/升/2014.02.02 至 2019.02.02/低毒
春玉米田　部分阔叶杂草、一年生禾本科杂草　1350-2092.5克/公顷　播后苗前土壤喷雾
PD20091774　稻瘟灵/40%/乳油/稻瘟灵 40%/2014.02.04 至 2019.02.04/低毒
水稻　稻瘟病　450-600克/公顷　喷雾
PD20093074　丁草胺/900克/升/乳油/丁草胺 900克/升/2009.03.09 至 2014.03.09/低毒
水稻移栽田　稗草、千金子等禾本科杂草　904.5-1350克/公顷　毒土法
PD20093142　吡虫啉/20%/可溶液剂/吡虫啉 20%/2014.03.11 至 2019.03.11/低毒
十字花科蔬菜　蚜虫　15-30克/公顷　喷雾
PD20094461　甲霜·噁霉灵/39%/可湿性粉剂/噁霉灵 19%、甲霜灵 20%/2014.04.01 至 2019.04.01/低毒
水稻　苗期立枯病　0.35-0.51克/平方米　苗床泼浇
PD20095951　2甲·灭草松/37.5%/水剂/2甲4氯钠 7.5%、灭草松 30%/2009.06.02 至 2014.06.02/低毒
水稻移栽田　阔叶杂草、莎草　900-1012.5克/公顷　茎叶喷雾
PD20096119　滴丁·莠去津/45%/悬乳剂/2,4-滴丁酯 12%、莠去津 33%/2009.06.18 至 2014.06.18/低毒
春玉米田　一年生杂草　1485-2025克/公顷　茎叶或土壤喷雾
PD20096914　咪鲜胺/25%/乳油/咪鲜胺 25%/2009.09.23 至 2014.09.23/低毒
水稻　恶苗病　62.5-125毫克/千克　浸种
PD20097083　滴丁·乙草胺/73%/乳油/2,4-滴丁酯 16.5%、乙草胺 56.5%/2009.10.10 至 2014.10.10/低毒
春大豆田、春玉米田　一年生阔叶杂草及禾本科杂草　2400-3300毫升/公顷(制剂)　播后苗前土壤喷雾
PD20100582　烟嘧磺隆/40克/升/可分散油悬浮剂/烟嘧磺隆 40克/升/2010.01.14 至 2015.01.14/低毒
玉米田　一年生杂草　42-60克/公顷　茎叶喷雾
PD20101038　乙草胺/81.5%/乳油/乙草胺 81.5%/2010.01.21 至 2015.01.21/低毒
春大豆田　稗草、千金子等禾本科杂草　1350-2700克/公顷　播后苗期土壤喷雾
PD20110534　二氯喹啉酸/50%/可湿性粉剂/二氯喹啉酸 50%/2011.05.12 至 2016.05.12/低毒
水稻移栽田　稗草　225-375克/公顷　茎叶喷雾
PD20120662　苄嘧·苯噻酰/70%/可湿性粉剂/苯噻酰草胺 65%、苄嘧磺隆 5%/2012.04.18 至 2017.04.18/低毒
移栽水稻田　一年生杂草　630-750克/公顷　毒土法
PD20120776　苯噻酰草胺/50%/可湿性粉剂/苯噻酰草胺 50%/2012.05.05 至 2017.05.05/低毒
水稻移栽田　一年生杂草　600-750克/公顷　毒土法
PD20130311　烟嘧·莠去津/48%/可湿性粉剂/烟嘧磺隆 3%、莠去津 45%/2013.02.26 至 2018.02.26/低毒
春玉米田　一年生杂草　720-864克/公顷　茎叶喷雾
PD20130730　滴丁·烟嘧/23%/可分散油悬浮剂/2,4-滴丁酯 20%、烟嘧磺隆 3%/2013.04.12 至 2018.04.12/低毒

	春玉米田	一年生禾本科杂草及阔叶杂草	345-414克/公顷	茎叶喷雾
PD20130926	丁·莠·烟嘧/32%/可分散油悬浮剂/丁草胺 10%、烟嘧磺隆 2%、莠去津 20%/2013.04.28 至 2018.04.28/低毒			
	春玉米田	一年生禾本科杂草及阔叶杂草	480-720克/公顷	茎叶喷雾

吉林金秋农药有限公司　(吉林省磐石市磐石大街325号　132300　0432-5223363)

PD85112-3	莠去津/38%/悬浮剂/莠去津 38%/2010.04.29 至 2015.04.29/低毒			
	茶园	一年生杂草	1125-1875克/公顷	喷于地表
	甘蔗	一年生杂草	1050-1500克/公顷	喷于地表
	高粱、糜子、玉米	一年生杂草	1800-2250克/公顷(东北地区)	喷于地表
	公路、森林、铁路	一年生杂草	0.8-2克/平方米	喷于地表
	红松苗圃	一年生杂草	0.2-0.3克/平方米	喷于地表
	梨树(12年以上树龄)、苹果树(12年以上树龄)	一年生杂草	1625-1875克/公顷	喷于地表
	橡胶园	一年生杂草	2250-3750克/公顷	喷于地表
PD20080359	乙草胺/93%/原药/乙草胺 93%/2013.02.28 至 2018.02.28/低毒			
PD20081482	莠去津/92%/原药/莠去津 92%/2013.11.04 至 2018.11.04/低毒			
PD20081514	甲基硫菌灵/70%/可湿性粉剂/甲基硫菌灵 70%/2013.11.06 至 2018.11.06/低毒			
	苹果树	轮纹病	700-875毫克/千克	喷雾
PD20081719	西草净/25%/可湿性粉剂/西草净 25%/2013.11.18 至 2018.11.18/低毒			
	水稻移栽田	阔叶杂草	562.5－750克/公顷	药土法
PD20081735	乙草胺/900克/升/乳油/乙草胺 900克/升/2013.11.18 至 2018.11.18/低毒			
	春大豆田、春玉米田	一年生禾本科杂草及部分小粒种子阔叶杂草	1350-1755克/公顷	播后苗前土壤喷雾
	春油菜田、花生田	一年生禾本科杂草及部分小粒种子阔叶杂草	810-1215克/公顷	播后苗前土壤喷雾
	冬油菜田	一年生禾本科杂草及部分小粒种子阔叶杂草	810-1215克/公顷	移栽前土壤喷雾
	棉花田	一年生禾本科杂草及部分小粒种子阔叶杂草	742.5-1147.5克/公顷	播后苗前土壤喷雾
	夏大豆田、夏玉米田	一年生禾本科杂草及部分小粒种子阔叶杂草	810-1350克/公顷	播后苗前土壤喷雾
PD20081819	丁草胺/60%/乳油/丁草胺 60%/2013.11.19 至 2018.11.19/低毒			
	移栽水稻田	部分阔叶杂草、一年生禾本科杂草	900-1350克/公顷	药土法
PD20081881	苄嘧磺隆/30%/可湿性粉剂/苄嘧磺隆 30%/2013.11.20 至 2018.11.20/低毒			
	水稻移栽田	莎草及阔叶杂草	60-90克/公顷	毒土法
PD20081907	二氯喹啉酸/25%/可湿性粉剂/二氯喹啉酸 25%/2013.11.21 至 2018.11.21/低毒			
	水稻移栽田	稗草	225－375克/公顷	喷雾
PD20081923	稻瘟灵/40%/乳油/稻瘟灵 40%/2013.11.21 至 2018.11.21/低毒			
	水稻	稻瘟病	450-750克/公顷	喷雾
PD20081924	乙草胺/50%/乳油/乙草胺 50%/2013.11.21 至 2018.11.21/低毒			
	春大豆田、春玉米田	一年生禾本科杂草及部分小粒种子阔叶杂草	1350-1800克/公顷	播后苗前土壤喷雾
	春油菜田、冬油菜田	一年生禾本科杂草及部分小粒种子阔叶杂草	787.5-1200克/公顷	播后苗前土壤喷雾
	花生田	一年生禾本科杂草及部分小粒种子阔叶杂草	750-1125克/公顷	播后苗前土壤喷雾
	夏大豆田、夏玉米田	一年生禾本科杂草及部分小粒种子阔叶杂草	825-1350克/公顷	播后苗前土壤喷雾
PD20081926	丁草胺/900克/升/乳油/丁草胺 900克/升/2013.11.21 至 2018.11.21/低毒			
	移栽水稻田	一年生杂草	945-1350克/公顷	药土法
PD20082856	异丙草胺/720克/升/乳油/异丙草胺 720克/升/2013.12.09 至 2018.12.09/低毒			
	春玉米田	阔叶杂草、一年生禾本科杂草	1620-2160克/公顷(东北地区)	播后苗前土壤喷雾
	夏玉米田	阔叶杂草、一年生禾本科杂草	1404-1620克/公顷(其它地区)	播后苗前土壤喷雾
PD20085263	丁·扑/19%/可湿性粉剂/丁草胺 16%、扑草净 3%/2013.12.23 至 2018.12.23/低毒			
	水稻(旱育秧及半旱育秧田)	一年生杂草	1430-2380克/公顷	土壤喷雾
PD20085297	异丙草·莠/40%/悬浮剂/异丙草胺 24%、莠去津 16%/2013.12.23 至 2018.12.23/低毒			
	春玉米田	一年生杂草	1800-2400克/公顷(东北地区)	土壤喷雾
	夏玉米田	一年生杂草	1200-1500克/公顷(其它地区)	土壤喷雾
PD20085685	苄嘧·西草净/22%/可湿性粉剂/苄嘧磺隆 3%、西草净 19%/2013.12.26 至 2018.12.26/低毒			
	水稻移栽田	一年生阔叶杂草及莎草科杂草	330-396克/公顷	药土法
PD20085747	嗪酮·乙草胺/50%/乳油/嗪草酮 10%、乙草胺 40%/2013.12.26 至 2018.12.26/低毒			
	春大豆田、春玉米田	一年生杂草	1500-1875克/公顷	播后苗前土壤喷雾

PD20086280	西净·乙草胺/40%/乳油/西草净 10%、乙草胺 30%/2013.12.31 至 2018.12.31/低毒			
	春大豆田	一年生杂草	1200-1500克/公顷	播后苗前喷雾
	春玉米田	一年生杂草	1200-1500克/公顷	播后苗前喷雾
	花生田、夏大豆田	一年生杂草	900-1200克/公顷	播后苗前喷雾
PD20092309	乙草胺/90.5%/乳油/乙草胺 90.5%/2014.02.24 至 2019.02.24/低毒			
	春大豆田、春玉米田	一年生禾本科杂草及部分小粒种子阔叶杂草	1350-1755克/公顷	播后苗前土壤喷雾
	春油菜田、冬油菜田、花生田	一年生禾本科杂草及部分小粒种子阔叶杂草	810-1215克/公顷	土壤喷雾
	夏大豆田、夏玉米田	一年生禾本科杂草及部分小粒种子阔叶杂草	810-1350克/公顷	播后苗前土壤喷雾
PD20094221	咪唑乙烟酸/50克/升/水剂/咪唑乙烟酸 50克/升/2014.03.31 至 2019.03.31/低毒			
	春大豆田	一年生杂草	75-112.5克/公顷	播后苗前土壤喷雾
PD20095080	莠去津/55%/悬浮剂/莠去津 55%/2014.04.22 至 2019.04.22/低毒			
	春玉米田	一年生杂草	2062.5-2475克/公顷	土壤喷雾
	夏玉米田	一年生杂草	1237.5-1650克/公顷	土壤喷雾
PD20095134	丙·莠·滴丁酯/45%/悬乳剂/2,4-滴丁酯 10.5%、异丙草胺 16.5%、莠去津 18%/2014.04.24 至 2019.04.24/低毒			
	春玉米田	一年生杂草	2025-2700克/公顷	土壤喷雾
PD20095359	丙·莠·滴丁酯/45%/悬乳剂/2,4-滴丁酯 10.5%、异丙草胺 16.5%、莠去津 18%/2014.04.27 至 2019.04.27/低毒			
	春玉米田	一年生杂草	2062.5-2887.5克/公顷	土壤喷雾
	甘蔗田	一年生杂草	1350-2025克/公顷	定向茎叶喷雾
PD20096530	2,4-滴丁酯/57%/乳油/2,4-滴丁酯 57%/2009.08.20 至 2014.08.20/低毒			
	春小麦田	阔叶杂草	810-1080克/公顷	茎叶喷雾
	春玉米田	阔叶杂草	810-1080克/公顷	播后苗前土壤喷雾
PD20096647	扑·乙·滴丁酯/40%/乳油/2,4-滴丁酯 12%、扑草净 6%、乙草胺 22%/2009.09.02 至 2014.09.02/低毒			
	春大豆田、春玉米田	一年生杂草	1600-2000克/公顷	土壤喷雾
PD20097244	滴丁·乙草胺/78%/乳油/2,4-滴丁酯 28%、乙草胺 50%/2009.10.19 至 2014.10.19/低毒			
	春大豆田、春玉米田	一年生杂草	1989-2340克/公顷	土壤喷雾
PD20100781	莠去津/60%/悬浮剂/莠去津 60%/2010.01.18 至 2015.01.18/低毒			
	春玉米田	一年生阔叶杂草	200-250克制剂/亩	播后苗期土壤喷雾
	夏玉米田	一年生阔叶杂草	100-150克制剂/亩	播后苗期土壤喷雾
PD20101079	精噁唑禾草灵/69克/升/水乳剂/精噁唑禾草灵 69克/升/2010.01.25 至 2015.01.25/低毒			
	春小麦田	一年生禾本科杂草	40-60毫升制剂/亩	茎叶喷雾
	冬小麦田	一年生禾本科杂草	40-50毫升制剂/亩	茎叶喷雾
PD20101083	精噁唑禾草灵/69克/升/水乳剂/精噁唑禾草灵 69克/升/2010.01.25 至 2015.01.25/低毒			
	大豆田	一年生禾本科杂草	51.8-72.5克/公顷	茎叶喷雾
	棉花田	一年生禾本科杂草	51.8-62.1克/公顷	茎叶喷雾
PD20110510	精喹禾灵/20%/乳油/精喹禾灵 20%/2011.05.03 至 2016.05.03/低毒			
	大豆田	一年生禾本科杂草	39.4-52.5克/公顷(南方) 52.5-65.6(北方)	茎叶喷雾
PD20130245	2甲·灭·敌隆/55%/可湿性粉剂/敌草隆 15%、2甲4氯钠 10%、莠灭净 30%/2013.02.05 至 2018.02.05/低毒			
	甘蔗田	一年生杂草	1237.5－2062.5克/公顷	定向茎叶喷雾
PD20130377	2甲·灭·敌隆/88%/可湿性粉剂/敌草隆 24%、2甲4氯钠 16%、莠灭净 48%/2013.03.12 至 2018.03.12/低毒			
	甘蔗田	一年生杂草	1188-1980克/公顷	定向茎叶喷雾
PD20131798	苄·二氯/31%/泡腾粒剂/苄嘧磺隆 2%、二氯喹啉酸 29%/2013.09.09 至 2018.09.09/低毒			
	水稻移栽田	一年生及部分多年生杂草	325.5-372克/公顷	撒施
PD20131810	松·喹·氟磺胺/18%/乳油/氟磺胺草醚 5.5%、精喹禾灵 1.5%、异噁草松 11%/2013.09.17 至 2018.09.17/低毒			
	春大豆田	一年生杂草	540-675克/公顷	茎叶喷雾
PD20131811	异丙草·莠/52%/悬乳剂/异丙草胺 26%、莠去津 26%/2013.09.17 至 2018.09.17/低毒			
	春玉米田	一年生杂草	1560-1950克/公顷	土壤喷雾
	夏玉米田	一年生杂草	1170-1560克/公顷	土壤喷雾
PD20132412	异丙草·莠/60%/悬乳剂/异丙草胺 30%、莠去津 30%/2013.11.20 至 2018.11.20/低毒			
	春玉米田	一年生杂草	1710-2070克/公顷	播后苗前土壤喷雾
	夏玉米田	一年生杂草	900-1350克/公顷	播后苗前土壤喷雾
PD20132439	乙·莠/62%/悬乳剂/乙草胺 31%、莠去津 31%/2013.11.28 至 2018.11.28/低毒			
	玉米田	一年生杂草	1581-1953克/公顷（东北地区） 837-1395克/公顷（其他地区）	播后苗前土壤喷雾
PD20132570	2甲·莠灭净/48%/可湿性粉剂/2甲4氯钠 8%、莠灭净 40%/2013.12.17 至 2018.12.17/低毒			
	甘蔗田	一年生杂草	1440－1800克/公顷	定向茎叶喷雾
LS20100163	戊·氧·乙草胺/45%/乳油/二甲戊灵 22%、乙草胺 18%、乙氧氟草醚 5%/2012.12.02 至 2013.12.02/低毒			
	大蒜田	一年生杂草	675-1080克/公顷	播后苗前土壤喷雾
LS20110119	烟嘧·乙·莠/62%/可分散油悬浮剂/烟嘧磺隆 3%、乙草胺 20%、莠去津 39%/2013.04.19 至 2014.04.19/低毒			
	玉米田	一年生杂草	651-744克/公顷	茎叶喷雾

LS20110297 烟嘧·莠去津/92%/水分散粒剂/烟嘧磺隆 8%、莠去津 84%/2013.11.16 至 2014.11.16/低毒
玉米田 一年生杂草 552-690克/公顷 茎叶喷雾

LS20120133 灭·喹·氟磺胺/42%/微乳剂/氟磺胺草醚 9%、精喹禾灵 3%、灭草松 30%/2014.04.10 至 2015.04.10/低毒
春大豆田 一年生杂草 693-819克/公顷 茎叶喷雾

LS20120161 乙·莠·滴丁酯/73%/悬浮剂/2,4-滴丁酯 7%、乙草胺 40%、莠去津 26%/2014.04.18 至 2015.04.18/低毒
春玉米田 一年生杂草 春玉米：1423.5-1752克/公顷；夏玉米田：985.5-1314克/公顷 播后苗前土壤喷雾
注:仅限东北地区使用。

LS20120184 硝磺草酮/15%/悬浮剂/硝磺草酮 15%/2014.05.17 至 2015.05.17/低毒
玉米田 一年生杂草 108-201克/公顷 茎叶喷雾

LS20120269 辛·烟·莠去津/38%/可分散油悬浮剂/辛酰溴苯腈 13%、烟嘧磺隆 3%、莠去津 22%/2013.08.06 至 2014.08.06/低毒
玉米田 一年生杂草 513-627克/公顷 茎叶喷雾

LS20120381 噁草·丁草胺/65%/微乳剂/丁草胺 55%、噁草酮 10%/2013.11.08 至 2014.11.08/低毒
水稻移栽田 一年生杂草 877.5-1072.5克/公顷 直接瓶用

LS20120390 扑·噻·乙草胺/78%/悬乳剂/扑草净 17%、噻吩磺隆 0.8%、乙草胺 60.2%/2013.11.15 至 2014.11.15/低毒
花生田 一年生杂草 1170-1521克/公顷 播后苗前土壤喷雾

LS20130234 苄嘧·苯噻酰/82%/水分散粒剂/苯噻酰草胺 77.5%、苄嘧磺隆 4.5%/2014.04.28 至 2015.04.28/低毒
水稻移栽田 一年生杂草 676.5-861克/公顷（东北地区）；492-676.5克/公顷（其他地区） 药土法

LS20130239 乙·莠·滴辛酯/69%/悬乳剂/2,4-滴异辛酯 8%、乙草胺 39%、莠去津 22%/2014.04.28 至 2015.04.28/低毒
夏玉米田 一年生杂草 931.5-1138.5克/公顷 播后苗前土壤喷雾

LS20130249 烟·灭·莠去津/33%/可分散油悬浮剂/灭草松 10%、烟嘧磺隆 3%、莠去津 20%/2014.04.28 至 2015.04.28/低毒
夏玉米田 一年生杂草 445.5-544.5克/公顷 茎叶喷雾

LS20130376 烟嘧·莠·氯吡/35%/可分散油悬浮剂/氯氟吡氧乙酸 2%、烟嘧磺隆 3%、莠去津 30%/2013.07.29 至 2014.07.29/低毒
夏玉米田 一年生杂草 472.5-577.5克/公顷 茎叶喷雾

吉林美联化学品有限公司 （吉林省吉林市吉林哈达湾工业开发区 132002 0432-62748700）

PD85112-13 莠去津/38%/悬浮剂/莠去津 38%/2010.04.28 至 2015.04.28/低毒
茶园 一年生杂草 1125-1875克/公顷 喷于地表
甘蔗 一年生杂草 1050-1500克/公顷 喷于地表
高粱、糜子、玉米 一年生杂草 1800-2250克/公顷(东北地区) 喷于地表
公路、森林、铁路 一年生杂草 0.8-2克/平方米 喷于地表
红松苗圃 一年生杂草 0.2-0.3克/平方米 喷于地表
梨树(12年以上树龄)、苹果树(12年以上树龄) 一年生杂草 1625-1875克/公顷(东北地区) 喷于地表
橡胶园 一年生杂草 2250-3750克/公顷 喷于地表

PD20082170 乙草胺/50%/乳油/乙草胺 50%/2013.11.26 至 2018.11.26/低毒
大豆田 一年生杂草 1）春大豆1500-1875克公顷 2）夏大豆：900-1125克/公顷 土壤喷雾
玉米田 一年生杂草 1）春玉米1500-1875克公顷 2）夏玉米：900-1125克/公顷 土壤喷雾

PD20082881 乙·莠/40%/悬乳剂/乙草胺 15%、莠去津 25%/2013.12.09 至 2018.12.09/低毒
春玉米田 一年生杂草 1800-2400克/公顷(东北地区) 播后苗前土壤喷雾
夏玉米田 一年生杂草 1200-1500克/公顷(其它地区) 播后苗前土壤喷雾

PD20085874 西净·乙草胺/40%/乳油/西草净 10%、乙草胺 30%/2013.12.29 至 2018.12.29/低毒
春大豆田 一年生杂草 1200-1500克/公顷 播后苗前喷雾
花生田、夏大豆田、夏玉米田 一年生杂草 900-1200克/公顷 播后苗前喷雾

PD20091899 丁·扑/40%/乳油/丁草胺 30%、扑草净 10%/2014.02.09 至 2019.02.09/低毒
水稻秧田 一年生杂草 16-20克/100平方米 土壤喷雾

PD20101194 烟嘧磺隆/40克/升/可分散油悬浮剂/烟嘧磺隆 40克/升/2010.02.08 至 2015.02.08/低毒
玉米田 一年生杂草 42-60克/公顷 茎叶喷雾

吉林省八达农药有限公司 （吉林省四平市公主岭市西兴华街9号 136100 0434-6351819）

PD20040449 哒螨灵/20%/可湿性粉剂/哒螨灵 20%/2009.12.19 至 2014.12.19/低毒
棉花 红蜘蛛 60-90克/公顷 喷雾
苹果树 红蜘蛛 50-67毫克/千克 喷雾
注:在棉花的登记有效期至2006年1月12日。

PD20040494 吡虫啉/10%/可湿性粉剂/吡虫啉 10%/2009.12.19 至 2014.12.19/低毒
水稻 稻飞虱 15-30克/公顷 喷雾

PD20040574 哒螨灵/15%/乳油/哒螨灵 15%/2009.12.19 至 2014.12.19/中等毒
柑橘树、苹果树 红蜘蛛 50-67毫克/千克 喷雾

PD20080430 高效氯氟氰菊酯/25克/升/乳油/高效氯氟氰菊酯 25克/升/2013.03.10 至 2018.03.10/中等毒
棉花 棉铃虫 18.75-26.25克/公顷 喷雾

PD20080829	苄嘧·苯噻酰/60%/可湿性粉剂/苯噻酰草胺 56.5%、苄嘧磺隆 3.5%/2013.06.20 至 2018.06.20/低毒			
	水稻移栽田	部分多年生杂草、一年生杂草	630−810克/公顷	药土法
PD20080869	苯噻酰草胺/50%/可湿性粉剂/苯噻酰草胺 50%/2013.06.27 至 2018.06.27/低毒			
	水稻移栽田	稗草等杂草	525−600克/公顷	药土法
PD20081375	噻吩磺隆/15%/可湿性粉剂/噻吩磺隆 15%/2013.10.27 至 2018.10.27/低毒			
	春大豆	一年生阔叶杂草	22.5-27克/公顷	土壤喷雾
	冬小麦	一年生阔叶杂草	22.5-33.8克/公顷	茎叶喷雾
	夏大豆	一年生阔叶杂草	18-22.5克/公顷	土壤喷雾
PD20081378	啶虫脒/5%/乳油/啶虫脒 5%/2013.10.27 至 2018.10.27/低毒			
	柑橘树	蚜虫	6-10毫克/千克	喷雾
PD20081387	苄·二氯/36%/可湿性粉剂/苄嘧磺隆 5%、二氯喹啉酸 31%/2013.10.28 至 2018.10.28/低毒			
	水稻移栽田	部分多年生杂草、一年生杂草	270-324克/公顷	喷雾或药土法
PD20081512	戊唑醇/2%/湿拌种剂/戊唑醇 2%/2013.11.06 至 2018.11.06/低毒			
	玉米	丝黑穗病	8-12克/100千克种子	拌种
PD20081536	咪鲜胺/250克/升/乳油/咪鲜胺 250克/升/2013.11.11 至 2018.11.11/低毒			
	柑橘	蒂腐病、绿霉病、青霉病、炭疽病	250-500毫克/千克	浸果
	水稻	恶苗病	2000-4000倍液	浸种
PD20081544	二氯喹啉酸/50%/可湿性粉剂/二氯喹啉酸 50%/2013.11.11 至 2018.11.11/低毒			
	水稻移栽田	稗草等杂草	225−375克/公顷	喷雾或药土法
PD20081687	稻瘟灵/40%/乳油/稻瘟灵 40%/2013.11.17 至 2018.11.17/低毒			
	水稻	稻瘟病	564−675克/公顷	喷雾
PD20081769	苄嘧磺隆/30%/可湿性粉剂/苄嘧磺隆 30%/2013.11.18 至 2018.11.18/低毒			
	水稻移栽田	多年生莎草、阔叶杂草	45-67.5克/公顷	药土法
PD20081858	莠去津/38%/悬浮剂/莠去津 38%/2013.11.20 至 2018.11.20/低毒			
	春玉米	一年生杂草	1710-2318克/公顷	土壤喷雾
	夏玉米	一年生杂草	1140-1710克/公顷	土壤喷雾
PD20081940	苄嘧磺隆/10%/可湿性粉剂/苄嘧磺隆 10%/2013.11.24 至 2018.11.24/低毒			
	水稻移栽田	阔叶杂草及莎草科杂草	30−45克/公顷	药土法
PD20081941	多效唑/15%/可湿性粉剂/多效唑 15%/2013.11.24 至 2018.11.24/低毒			
	水稻秧田	控制生长	200−300毫克/千克	茎叶喷雾
PD20081951	霜脲·锰锌/72%/可湿性粉剂/代森锰锌 64%、霜脲氰 8%/2013.11.24 至 2018.11.24/低毒			
	黄瓜	霜霉病	1440−1800克/公顷	喷雾
PD20082143	乙草胺/900克/升/乳油/乙草胺 900克/升/2013.11.25 至 2018.11.25/低毒			
	春大豆田	一年生禾本科杂草及部分阔叶杂草	1350-1890克/公顷(东北地区)	土壤喷雾
	春玉米田	部分阔叶杂草、一年生禾本科杂草	1350-1890克/公顷(东北地区)	土壤喷雾
	夏大豆田	一年生禾本科杂草及部分阔叶杂草	1080-1350克/公顷(其它地区)	土壤喷雾
	夏玉米田	部分阔叶杂草、一年生禾本科杂草	1080-1350克/公顷(其它地区)	土壤喷雾
PD20082574	异噁草松/48%/乳油/异噁草松 48%/2013.12.04 至 2018.12.04/低毒			
	春大豆田	一年生杂草	1008-1224克/公顷	播后苗前土壤喷雾
PD20082617	阿维菌素/1.8%/乳油/阿维菌素 1.8%/2013.12.04 至 2018.12.04/中等毒(原药高毒)			
	十字花科蔬菜	小菜蛾	8.1-10.8克/公顷	喷雾
PD20083050	苄嘧磺隆/32%/可湿性粉剂/苄嘧磺隆 32%/2013.12.10 至 2018.12.10/低毒			
	移栽水稻田	一年生阔叶杂草及莎草科杂草	36-48克/公顷(南方地区)	药土法
			48-72克/公顷(东北地区)	
PD20083094	氟磺胺草醚/250克/升/水剂/氟磺胺草醚 250克/升/2013.12.10 至 2018.12.10/低毒			
	春大豆田	一年生阔叶杂草	1800-2250毫升/公顷(制剂)	茎叶喷雾
	夏大豆田	一年生阔叶杂草	1500-1800毫升/公顷(制剂)	茎叶喷雾
PD20083133	丁草胺/900克/升/乳油/丁草胺 900克/升/2013.12.10 至 2018.12.10/低毒			
	移栽水稻田	一年生杂草	945-1350克/公顷	药土法
PD20083403	精喹禾灵/5%/乳油/精喹禾灵 5%/2013.12.11 至 2018.12.11/低毒			
	春大豆田	一年生禾本科杂草	52.5-75克/公顷	茎叶喷雾
	冬油菜田	一年生禾本科杂草	37.5-52.5克/公顷	茎叶喷雾
	棉花田	一年生禾本科杂草	45-60克/公顷	茎叶喷雾
PD20083535	百草枯/200克/升/水剂/百草枯 200克/升/2012.12.31 至 2014.07.01/低毒			
	稻茬免耕小麦田	杂草	450-600克/公顷	土壤喷雾
	玉米田	杂草	450-600克/公顷	定向茎叶喷雾
PD20083536	高效氟吡甲禾灵/108克/升/乳油/高效氟吡甲禾灵 108克/升/2013.12.12 至 2018.12.12/低毒			
	油菜田	一年生禾本科杂草	30-45克/公顷	茎叶喷雾
PD20083574	草除灵/30%/悬浮剂/草除灵 30%/2013.12.12 至 2018.12.12/低毒			
	冬油菜田	一年生阔叶杂草	750-975毫升/公顷(制剂)	茎叶喷雾
PD20083590	草甘膦异丙胺盐/410克/升/水剂/草甘膦异丙胺盐 410克/升/2013.12.12 至 2018.12.12/低毒			
	柑橘园	杂草	3000-6000毫升/公顷(制剂)	定向茎叶喷雾
PD20083601	乙草胺/50%/乳油/乙草胺 50%/2013.12.12 至 2018.12.12/低毒			

春大豆田、春玉米田 一年生禾本科杂草及部分阔叶杂草 1498.5-2081.25克/公顷 土壤喷雾
夏大豆田、夏玉米田 一年生禾本科杂草及部分阔叶杂草 999-1498.5克/公顷 土壤喷雾
PD20083842 精喹禾灵/8.8%/乳油/精喹禾灵 8.8%/2013.12.15 至 2018.12.15/低毒
春大豆田 一年生禾本科杂草 52.8-72.6克/公顷 茎叶喷雾
春油菜 一年生禾本科杂草 52.8-79.2克/公顷 茎叶喷雾
冬油菜田、夏大豆田 一年生禾本科杂草 39.6-52.8克/公顷 茎叶喷雾
PD20084590 甲霜·福美双/50%/干拌种剂/福美双 41%、甲霜灵 9%/2013.12.18 至 2018.12.18/低毒
水稻 苗期立枯病 1:400-500(药种比) 浸种后拌药
PD20084664 福·克/15%/悬浮种衣剂/福美双 7%、克百威 8%/2013.12.22 至 2018.12.22/中等毒(原药高毒)
玉米 地下害虫、苗期病害 1:40-50(药种比) 种子包衣
PD20084705 甲霜·福美双/15%/悬浮种衣剂/福美双 13%、甲霜灵 2%/2013.12.22 至 2018.12.22/低毒
水稻 恶苗病、立枯病 1:40-50(药种比) 种子包衣
PD20084883 甲柳·福美双/15%/悬浮种衣剂/福美双 10%、甲基异柳磷 5%/2013.12.22 至 2018.12.22/低毒(原药高毒)
玉米 地下害虫、茎基腐病 1:40-50(药种比) 种子包衣
PD20085065 甲霜·福美双/38%/可湿性粉剂/福美双 29%、甲霜灵 9%/2013.12.23 至 2018.12.23/低毒
黄瓜 猝倒病 0.76-1.14克/平方米 苗床浇洒
水稻苗床 立枯病 5700-9505.5克/公顷 苗床浇洒
PD20085642 咪唑乙烟酸/50克/升/水剂/咪唑乙烟酸 50克/升/2013.12.26 至 2018.12.26/低毒
春大豆田 一年生杂草 75－105克/公顷(东北地区) 茎叶喷雾
PD20085643 吡嘧磺隆/10%/可湿性粉剂/吡嘧磺隆 10%/2013.12.26 至 2018.12.26/低毒
水稻移栽田 阔叶杂草、莎草科杂草 22.5－30克/公顷 药土法
PD20085801 苯磺隆/10%/可湿性粉剂/苯磺隆 10%/2013.12.29 至 2018.12.29/低毒
冬小麦田 一年生阔叶杂草 13.5－22.5克/公顷 茎叶喷雾
PD20086237 毒死蜱/40%/乳油/毒死蜱 40%/2013.12.31 至 2018.12.31/中等毒
水稻 稻纵卷叶螟 600-750克/公顷 喷雾
PD20090831 扑·乙/40%/乳油/扑草净 10%、乙草胺 30%/2014.01.19 至 2019.01.19/低毒
春玉米田 一年生杂草 1500-1800克/公顷 播后苗前，土壤喷雾
花生田、夏玉米田 一年生杂草 1200-1500克/公顷 播后苗前，土壤喷雾
PD20090870 戊唑·克百威/7.5%/悬浮种衣剂/克百威 7%、戊唑醇 0.5%/2014.01.19 至 2019.01.19/中等毒(原药高毒)
玉米 地下害虫、丝黑穗病 1:40-50(药种比) 种子包衣
PD20090986 甲柳·三唑醇/7.5%/悬浮种衣剂/甲基异柳磷 4.7%、三唑醇 2.8%/2014.01.20 至 2019.01.20/高毒
小麦 地下害虫、散黑穗病 1:80-100(药种比) 种子包衣
玉米 地下害虫、丝黑穗病 1:35-40(药种比) 种子包衣
PD20091424 苄·乙/20%/可湿性粉剂/苄嘧磺隆 4.5%、乙草胺 15.5%/2014.02.02 至 2019.02.02/低毒
水稻移栽田 一年生杂草 84-118克/公顷(南方地区) 药土法
PD20091547 丁·扑/19%/可湿性粉剂/丁草胺 16%、扑草净 3%/2014.02.03 至 2019.02.03/低毒
水稻秧田 一年生杂草 1500-2000克/公顷(东北地区) 毒土法
PD20091739 烯唑·福美双/15%/悬浮剂/福美双 13%、烯唑醇 2%/2014.02.04 至 2019.02.04/低毒
梨树 黑星病 800-1200倍液 喷雾
PD20091792 多·福·克/26%/悬浮种衣剂/多菌灵 8%、福美双 11%、克百威 7%/2014.02.04 至 2019.02.04/高毒
大豆 地下害虫、根腐病 1:40-50(药种比) 种子包衣
PD20091936 氰戊·马拉松/20%/乳油/马拉硫磷 15%、氰戊菊酯 5%/2014.02.12 至 2019.02.12/低毒
苹果树 桃小食心虫 200-250毫克/千克 喷雾
PD20092093 多·福·克/30%/悬浮种衣剂/多菌灵 10%、福美双 10%、克百威 10%/2014.02.16 至 2019.02.16/高毒
大豆 地下害虫、根腐病 1:50-60(药种比) 种子包衣
PD20092233 百草枯/250克/升/水剂/百草枯 250克/升/2012.12.31 至 2014.07.01/中等毒
非耕地 一年生和多年生杂草 562.5-750克/公顷 茎叶喷雾
PD20092583 精噁唑禾草灵/100克/升/乳油/精噁唑禾草灵 100克/升/2014.02.27 至 2019.02.27/低毒
冬小麦田 看麦娘、野燕麦等一年生禾本科杂草 75－90克/公顷 茎叶喷雾
PD20093157 高氯·马/30%/乳油/高效氯氰菊酯 1.5%、马拉硫磷 28.5%/2014.03.11 至 2019.03.11/中等毒
苹果树 黄蚜 1000-2000倍液 喷雾
PD20093442 嗪酮·乙草胺/50%/乳油/嗪草酮 10%、乙草胺 40%/2014.03.23 至 2019.03.23/低毒
春大豆田、春玉米田 一年生杂草 1500-1875克/公顷(东北地区) 土壤喷雾
夏大豆田、夏玉米田 一年生杂草 900-1125克/公顷(其他地区) 土壤喷雾
PD20093980 烯草酮/24%/乳油/烯草酮 24%/2014.03.27 至 2019.03.27/低毒
冬油菜田 一年生禾本科杂草 54-72克/公顷 茎叶喷雾
PD20094983 甲霜·福美双/1%/微粒剂/福美双 0.75%、甲霜灵 0.25%/2014.04.21 至 2019.04.21/低毒
水稻 苗期立枯病 0.5-0.9克/平方米 药土法
PD20095411 滴丁·乙草胺/51%/乳油/2,4-滴丁酯 15%、乙草胺 36%/2009.05.11 至 2014.05.11/低毒
春大豆田、春玉米田 一年生杂草 1683-1912.5克/公顷(东北地区) 喷雾
PD20095522 烟嘧磺隆/40克/升/可分散油悬浮剂/烟嘧磺隆 40克/升/2009.05.11 至 2014.05.11/低毒

玉米田 一年生杂草 42-60克/公顷 茎叶喷雾

PD20095804 烯唑·福美双/15%/悬浮种衣剂/福美双 13%、烯唑醇 2%/2009.05.27 至 2014.05.27/低毒
玉米 丝黑穗病 1:30-40(药种比) 种子包衣

PD20096350 苄·丁/35%/可湿性粉剂/苄嘧磺隆 1.5%、丁草胺 33.5%/2009.07.28 至 2014.07.28/低毒
水稻抛栽田 部分多年生杂草、一年生杂草 630－787.5克/公顷(南方地区) 药土法

PD20101536 氯氟吡氧乙酸异辛酯(288克/升)///乳油/氯氟吡氧乙酸 200克/升/2010.05.19 至 2015.05.19/低毒
冬小麦田 一年生阔叶杂草 150-198克/公顷 茎叶喷雾

PD20101686 水胺·马拉松/36.8%/乳油/马拉硫磷 19.5%、水胺硫磷 17.3%/2010.06.08 至 2015.06.08/中等毒(原药高毒)
水稻 稻水象甲 331.2-441.6克/公顷 喷雾

PD20110595 吡虫啉/600克/升/悬浮种衣剂/吡虫啉 600克/升/2011.05.30 至 2016.05.30/低毒
棉花 蚜虫 350-500克/100千克种子 种子包衣

PD20110808 甲氨基阿维菌素苯甲酸盐/5%/水分散粒剂/甲氨基阿维菌素 5%/2011.08.04 至 2016.08.04/微毒
甘蓝 甜菜夜蛾 2.25～3.75克/公顷 /喷雾
注:甲氨基阿维菌素苯甲酸盐含量：5.7%。

PD20111347 草甘膦铵盐/80%/可溶粒剂/草甘膦 80%/2011.12.09 至 2016.12.09/微毒
非耕地 杂草 1332-1998克/公顷 定向茎叶喷雾
注:草甘膦铵盐含量:88%。

PD20120094 精喹禾灵/15%/乳油/精喹禾灵 15%/2012.01.29 至 2017.01.29/低毒
花生田 禾本科杂草 35.6-52.1克/公顷 茎叶喷雾

PD20121552 萎锈·福美双/400克/升/悬浮种衣剂/福美双 200克/升、萎锈灵 200克/升/2012.10.25 至 2017.10.25/低毒
玉米 丝黑穗病 160－200克/100千克种子 拌种

PD20121630 吡·戊·福美双/20%/悬浮种衣剂/吡虫啉 5%、福美双 14.4%、戊唑醇 0.6%/2012.10.30 至 2017.10.30/低毒
玉米 地下害虫、丝黑穗病 333.3～400克/100千克种子（药种比1：60～1：50） 种子包衣

PD20121841 苯甲·丙环唑/300克/升/乳油/苯醚甲环唑 150克/升、丙环唑 150克/升/2012.11.28 至 2017.11.28/低毒
水稻 稻曲病、纹枯病 67.5-90克/公顷 喷雾

PD20122072 莎稗磷/50%/可湿性粉剂/莎稗磷 50%/2012.12.24 至 2017.12.24/低毒
水稻移栽田 一年生杂草 225-270克/公顷（南方地区） 毒土法
270-315克/公顷（北方地区）

PD20130340 草甘膦铵盐/58%/可溶粉剂/草甘膦 58%/2013.03.11 至 2018.03.11/低毒
非耕地 一年生和多年生杂草 1130-2175克/公顷 茎叶喷雾
注:草甘膦铵盐含量：63.8%。

PD20130341 多·咪鲜·甲霜/20%/悬浮种衣剂/多菌灵 17%、甲霜灵 2.3%、咪鲜胺 .7%/2013.03.11 至 2018.03.11/微毒
水稻 立枯病 250～333克/100千克种子 种子包衣

PD20130346 阿维·毒死蜱/30%/可湿性粉剂/阿维菌素 0.3%、毒死蜱 29.7%/2013.03.11 至 2018.03.11/中等毒(原药高毒)
水稻 稻纵卷叶螟 135-225克/公顷 喷雾

PD20130412 莎稗磷/40%/乳油/莎稗磷 40%/2013.03.14 至 2018.03.14/低毒
水稻移栽田 稗草、千金子等禾本科杂草 1)225-270克/公顷(南方地区) 药土法
2)270-315克/公顷(北方地区)

PD20130413 滴·莠·丁草胺/48%/悬乳剂/2,4-滴丁酯 5%、丁草胺 24%、莠去津 19%/2013.03.14 至 2018.03.14/低毒
春玉米田 一年生杂草 1800-2160克/公顷 播后苗前土壤喷雾

PD20130489 2,4-滴异辛酯/30%/悬乳剂/2,4-滴异辛酯 30%/2013.03.20 至 2018.03.20/低毒
玉米田 一年生阔叶杂草 540-675克/公顷 播后苗前土壤喷雾

PD20130530 噁草酮/30%/可湿性粉剂/噁草酮 30%/2013.03.28 至 2018.03.28/微毒
水稻移栽田 一年生杂草 360-562.5克/公顷 毒土法

PD20130628 炔草酯/15%/可湿性粉剂/炔草酯 15%/2013.04.03 至 2018.04.03/低毒
小麦田 一年生禾本科杂草 29.25-45克/公顷 喷雾

PD20130629 苄嘧·丙草胺/40%/可湿性粉剂/苄嘧磺隆 4%、丙草胺 36%/2013.04.03 至 2018.04.03/低毒
直播水稻(南方) 一年生杂草 450-600克/公顷 土壤喷雾

PD20130668 阿维·哒螨灵/6%/乳油/阿维菌素 0.2%、哒螨灵 5.8%/2013.04.08 至 2018.04.08/低毒(原药高毒)
柑橘树 红蜘蛛 30-40毫克/千克 喷雾

PD20130669 双草醚/100克/升/悬浮剂/双草醚 100克/升/2013.04.08 至 2018.04.08/低毒
水稻田(直播) 稗草、莎草及阔叶杂草 22.5-30克/公顷 茎叶喷雾

PD20131473 异丙草·莠/52%/悬乳剂/异丙草胺 32%、莠去津 20%/2013.07.05 至 2018.07.05/低毒
春玉米田 一年生杂草 1482-2340克/公顷 土壤喷雾
夏玉米田 一年生杂草 1053-1482克/公顷 土壤喷雾

PD20131627 丁硫·吡虫啉/30%/悬浮剂/吡虫啉 7.5%、丁硫克百威 22.5%/2013.07.30 至 2018.07.30/中等毒
水稻 稻飞虱 103.5-121.5克/公顷 喷雾

PD20131778 戊唑醇/6%/悬浮种衣剂/戊唑醇 6%/2013.09.06 至 2018.09.06/低毒
玉米 丝黑穗病 6-12克/100千克种子 种子包衣

PD20132010 扑·乙·滴丁酯/72%/乳油/2,4-滴丁酯 17%、扑草净 10%、乙草胺 45%/2013.10.21 至 2018.10.21/低毒
春大豆田、春玉米田 一年生杂草 1944-2268克/公顷（东北地区） 土壤喷雾
1296-1620克/公顷（其他地区）

PD20132138 乙·嗯·滴丁酯/81.8%/乳油/2,4-滴丁酯 24%、乙草胺 49%、异噁草松 8.8%/2013.10.24 至 2018.10.24/低毒
春大豆田 一年生杂草 1595-1840.5克/公顷 播后苗前土壤喷雾

PD20132139 滴异·莠去津/51%/悬乳剂/2,4-滴异辛酯 15%、莠去津 36%/2013.10.24 至 2018.10.24/低毒
春玉米田 一年生阔叶杂草 765-1224克/公顷 土壤喷雾
夏玉米田 一年生阔叶杂草 535.5-765克/公顷 土壤喷雾

PD20132140 烟嘧·莠去津/20%/可分散油悬浮剂/烟嘧磺隆 3%、莠去津 17%/2013.10.24 至 2018.10.24/低毒
玉米田 一年生杂草 240-300克/公顷 茎叶喷雾

PD20132255 草甘膦异丙胺盐/35%/水剂/草甘膦 35%/2013.11.05 至 2018.11.05/低毒
非耕地 杂草 1164-2982.75克/公顷 茎叶喷雾
注:草甘膦异丙胺盐含量：47%。

PD20132269 甲霜·戊唑醇/6%/悬浮种衣剂/甲霜灵 1%、戊唑醇 5%/2013.11.05 至 2018.11.05/低毒
玉米 茎基腐病、丝黑穗病 6-12克/100千克种子 种子包衣

PD20132330 精噁唑禾草灵/10%/水乳剂/精噁唑禾草灵 10%/2013.11.13 至 2018.11.13/低毒
冬小麦田 一年生禾本科杂草 60-75克/公顷 茎叶喷雾

PD20132407 戊唑醇/430克/升/悬浮剂/戊唑醇 430克/升/2013.11.20 至 2018.11.20/低毒
苹果树 斑点落叶病 61.4-86毫克/千克 喷雾

PD20132647 滴丁·烟嘧/40%/可分散油悬浮剂/2,4-滴丁酯 32%、烟嘧磺隆 8%/2013.12.20 至 2018.12.20/低毒
春玉米田 一年生杂草 240-300克/公顷 茎叶喷雾

LS20100015 戊唑·福美双/18%/悬浮种衣剂/福美双 16%、戊唑醇 2%/2012.02.21 至 2013.02.21/微毒
小麦 散黑穗病 18—36克/100千克种子 种子包衣

LS20100131 吡嘧·苯噻酰/40%/泡腾粒剂/苯噻酰草胺 37.7%、吡嘧磺隆 2.3%/2012.09.07 至 2013.09.07/微毒
水稻移栽田 单、双子叶杂草 北方：483.6-604.5克/公顷；南方：241.8-483.6克/公顷 毒土法

LS20100160 丁香菌酯/96%/原药/丁香菌酯 96%/2012.12.02 至 2013.12.02/中等毒

LS20100164 丁香菌酯/20%/悬浮剂/丁香菌酯 20%/2012.12.02 至 2013.12.02/低毒
苹果树 腐烂病 130-200倍液 涂抹

LS20110184 苄嘧·莎稗磷/38%/可湿性粉剂/苄嘧磺隆 5%、莎稗磷 33%/2013.07.07 至 2014.07.07/低毒
水稻移栽田 一年生杂草 285-342克/公顷 药土法

LS20110287 乙·莠·滴辛酯/68%/悬乳剂/2,4-滴异辛酯 10%、乙草胺 36%、莠去津 22%/2013.11.03 至 2014.11.03/低毒
春玉米田 一年生杂草 1530-1836克/公顷 播后苗前土壤喷雾
夏玉米田 一年生杂草 1020-1326克/公顷 播后苗前土壤喷雾

LS20120168 麦畏·草甘膦/35%/水剂/草甘膦 30.5%、麦草畏 4.5%/2013.05.03 至 2014.05.03/微毒
非耕地 杂草 630-1260克/公顷 定向茎叶喷雾

LS20120253 乙·莠/63%/悬乳剂/乙草胺 35%、莠去津 28%/2013.07.12 至 2014.07.12/微毒
玉米田 一年生杂草 春玉米：1474.2-2031.8克/公顷；夏玉米：945-1417.5克/公顷 土壤喷雾

LS20130500 丁香·戊唑醇/40%/悬浮剂/戊唑醇 30%、丁香菌酯 10%/2013.12.09 至 2014.12.09/低毒
水稻 纹枯病 48-60克/公顷 喷雾

吉林省长白山化工有限公司 （吉林省临江市迎宾路2669号滨江楼 134600 0439-6133555)

WP20130219 杀虫粉剂/85%/粉剂/硅藻土 85%/2013.10.29 至 2018.10.29/微毒
卫生 蜚蠊、蚂蚁 3克制剂/平方米 撒布

吉林省长春阿尔丹化工有限公司 （高新技术开发区火炬路1239号 130012 0431-5184333)

WP20090017 杀蟑饵剂/30%/饵剂/硼酸 30%/2009.01.08 至 2014.01.08/低毒
卫生 蜚蠊 / 投饵

吉林省长春市长双农药有限公司 （吉林省长春市宽城区兰家镇兰西大路4055号 130114 0431-82620782)

PD20084616 咪锰·多菌灵/50%/可湿性粉剂/多菌灵 40%、咪鲜胺锰盐 10%/2013.12.18 至 2018.12.18/低毒
水稻 恶苗病 166.7-250毫克/千克 浸种

PD20085008 甲霜·福美双/38%/可湿性粉剂/福美双 33%、甲霜灵 5%/2013.12.22 至 2018.12.22/低毒
水稻 立枯病 117.8-136.8克/100千克种子 拌种

PD20097745 苄嘧磺隆/30%/可湿性粉剂/苄嘧磺隆 30%/2009.11.12 至 2014.11.12/低毒
水稻移栽田 一年生阔叶杂草及莎草科杂草 45-67.5克/公顷 毒土法

PD20110383 甲霜·噁霉灵/3%/水剂/噁霉灵 2.5%、甲霜灵 0.5%/2011.04.12 至 2016.04.12/低毒
水稻 立枯病 0.36-0.54克/平方米 苗床喷雾

PD20110512 甲霜·噁霉灵/30%/水剂/噁霉灵 25%、甲霜灵 5%/2011.05.03 至 2016.05.03/低毒
水稻 立枯病 0.36—0.54克/平方米 苗床喷雾

PD20110740 咪锰·甲霜灵/20%/可湿性粉剂/甲霜灵 10%、咪鲜胺锰盐 10%/2011.07.18 至 2016.07.18/低毒
水稻 立枯病 0.2—0.4克/千克种子 拌种

PD20121100 咪锰·多菌灵/50%/水分散粒剂/多菌灵 40%、咪鲜胺锰盐 10%/2012.07.19 至 2017.07.19/低毒
水稻 恶苗病 166.7-250毫克/千克 浸种

PD20121190 咪鲜·稻瘟灵/40%/乳油/稻瘟灵 30%、咪鲜胺 10%/2012.08.06 至 2017.08.06/低毒
水稻 稻瘟病 420-660克/公顷 喷雾

PD20131939 精甲·噁霉灵/3%/水剂/噁霉灵 2.5%、精甲霜灵 0.5%/2013.10.09 至 2018.10.09/低毒
水稻 立枯病 0.36-0.48克/平方米 苗床喷洒

PD20132145　精甲·噁霉灵/30%/水剂/噁霉灵 25%、精甲霜灵 5%/2013.10.29 至 2018.10.29/低毒
　水稻　立枯病　0.36-0.48克/平方米　喷雾
PD20132493　莎稗磷/30%/乳油/莎稗磷 30%/2013.12.10 至 2018.12.10/中等毒
　水稻移栽田　莎草及稗草　225-270克/公顷(南方地区)　毒土法
　　　270-315克/公顷(北方地区)

吉林省长春市恒大实业有限责任公司　(吉林省长春市卡伦经济技术开发区　130507　0431-2557329)

PD20090691　克·醇·福美双/15%/悬浮种衣剂/福美双 6%、克百威 7%、三唑醇 2%/2014.01.19 至 2019.01.19/低毒(原药高毒)
　玉米　地下害虫、黑穗病　1:30-50(药种比)　种子包衣

吉林省吉林市吉丰农药有限公司　(吉林省吉林市龙潭区遵义东路11号　132021　0432-3035033)

PD85112-5　莠去津/38%/悬浮剂/莠去津 38%/2012.12.09 至 2017.12.09/低毒
　茶园　一年生杂草　1125-1875克/公顷　喷于地表
　防火隔离带、公路、森林、铁路　一年生杂草　0.8-2克/平方米　喷于地表
　甘蔗田　一年生杂草　1050-1500克/公顷　喷于地表
　高粱田、糜子田、玉米田　一年生杂草　1800-2250克/公顷(东北地区)　喷于地表
　红松苗圃　一年生杂草　0.2-0.3克/平方米　喷于地表
　梨园（12年以上树龄）、苹果园（12年以上树龄）　一年生杂草　1875-2625克/公顷(东北地区)　喷于地表
　橡胶园　一年生杂草　2250-3750克/公顷　喷于地表
PD20085416　丁草胺/60%/乳油/丁草胺 60%/2013.12.24 至 2018.12.24/低毒
　水稻移栽田　一年生杂草　900-1125克/公顷　毒土法
PD20085798　乙草胺/50%/乳油/乙草胺 50%/2013.12.29 至 2018.12.29/低毒
　春大豆田、春玉米田　一年生杂草　1500-1875克/公顷　土壤喷雾
　夏大豆田、夏玉米田　一年生杂草　900-1200克/公顷　土壤喷雾
PD20095623　乙草胺/81.5%/乳油/乙草胺 81.5%/2009.05.12 至 2014.05.12/低毒
　春大豆田、春玉米田　一年生杂草　1620-2025克/公顷　土壤喷雾
　夏大豆田、夏玉米田　一年生杂草　1080-1350克/公顷　土壤喷雾
PD20095726　2,4-滴丁酯/57%/乳油/2,4-滴丁酯 57%/2009.05.18 至 2014.05.18/低毒
　春玉米田　一年生阔叶杂草　684-855克/公顷　土壤喷雾
PD20095891　西草净/25%/可湿性粉剂/西草净 25%/2009.05.31 至 2014.05.31/低毒
　水稻移栽田　阔叶杂草　750-937.5克/公顷(东北地区)　毒土法
PD20096106　百草枯/200克/升/水剂/百草枯 200克/升/2012.12.31 至 2014.07.01/中等毒
　春玉米田　杂草　450-600克/公顷　定向喷雾
PD20096536　丁草胺/50%/乳油/丁草胺 50%/2009.08.20 至 2014.08.20/低毒
　移栽水稻田　一年生杂草　900-1350克/公顷　药土法
PD20101171　烟嘧磺隆/40克/升/可分散油悬浮剂/烟嘧磺隆 40克/升/2010.01.28 至 2015.01.28/低毒
　春玉米田　一年生杂草　42-60克/公顷　茎叶喷雾
PD20132077　莠去津/45%/悬浮剂/莠去津 45%/2013.10.23 至 2018.10.23/低毒
　春玉米田　一年生杂草　2250-2550克/公顷　土壤喷雾

吉林省吉林市绿邦科技发展有限公司　(吉林省吉林市遵义东路27号　132021　0432-3973640)

PD20101273　硅丰环/50%/湿拌种剂/硅丰环 50%/2010.03.05 至 2015.03.05/低毒
　冬小麦　调节生长、增产　1000-2000毫克/千克(拌种)或200毫克/千克(浸种)　拌种或浸种
PD20101274　硅丰环/98%/原药/硅丰环 98%/2010.03.05 至 2015.03.05/低毒

吉林省吉林市农科院高新技术研究所　(吉林省吉林市九站街　132101　0432-3050453)

PD20093001　芸苔·乙烯利/30%/水剂/乙烯利 30%、芸苔素内酯 0.0004%/2014.03.09 至 2019.03.09/低毒
　玉米　调节生长　150-180克/公顷　兑水喷雾

吉林省吉林市升泰农药有限责任公司　(吉林省吉林市昌邑区 桦皮厂镇松树村三社　132205　0432-62080828)

PD20081977　乙草胺/900克/升/乳油/乙草胺 900克/升/2008.11.25 至 2013.11.25/低毒
　春大豆田、春玉米田　一年生禾本科杂草及部分小粒种子阔叶杂草　1620-1822克/公顷　播后苗前土壤喷雾
PD20083322　莠去津/38%/悬浮剂/莠去津 38%/2013.12.11 至 2018.12.11/低毒
　春玉米田　一年生杂草　4500-5625毫升/公顷(制剂)　土壤喷雾
PD20084757　咪鲜胺/25%/乳油/咪鲜胺 25%/2013.12.22 至 2018.12.22/低毒
　水稻　恶苗病　62.5-125毫克/千克　浸种
PD20084950　甲霜·福美双/0.75%/微粒剂/福美双 0.55%、甲霜灵 0.2%/2013.12.22 至 2018.12.22/低毒
　水稻　立枯病　0.7-0.9克/平方米　拌土
PD20085329　异丙草·莠/40%/悬乳剂/异丙草胺 16%、莠去津 24%/2013.12.24 至 2018.12.24/低毒
　春玉米田　一年生杂草　300-400毫升制剂/亩　土壤喷雾
　　　4500-6000毫升制剂/公顷
PD20095433　滴丁·乙草胺/52%/乳油/2,4-滴丁酯 14%、乙草胺 38%/2009.05.11 至 2014.05.11/低毒

	春大豆田、春玉米田	一年生杂草	1638-1950克/公顷	土壤喷雾
PD20095662	芸苔·乙烯利/30%/水剂/乙烯利 30%、芸苔素内酯 0.0004%/2009.05.13 至 2014.05.13/低毒			
	玉米	调节生长	150-180克/公顷	喷雾
PD20096322	2,4-滴丁酯/57%/乳油/2,4-滴丁酯 57%/2009.07.22 至 2014.07.22/低毒			
	春玉米田	一年生阔叶杂草	513-684克/公顷	土壤喷雾
PD20097058	烟嘧磺隆/40克/升/可分散油悬浮剂/烟嘧磺隆 40克/升/2009.10.10 至 2014.10.10/低毒			
	玉米田	一年生杂草	42-60克/公顷	茎叶喷雾
PD20100428	异噁草松/480克/升/乳油/异噁草松 480克/升/2010.01.14 至 2015.01.14/低毒			
	春大豆田	一年生杂草	1000.8-1195.2克/公顷(东北地区)	播后苗前土壤喷雾
PD20100604	滴丁·乙草胺/83.2%/乳油/2,4-滴丁酯 22.4%、乙草胺 60.8%/2010.01.14 至 2015.01.14/低毒			
	春大豆田、春玉米田	一年生杂草	1797.1-1946.9克/公顷	土壤喷雾
PD20131669	吡嘧·苯噻酰/68%/可湿性粉剂/苯噻酰草胺 64%、吡嘧磺隆 4%/2013.08.07 至 2018.08.07/微毒			
	水稻移栽田	一年生杂草	510-714克/公顷	毒土法
PD20131672	苄嘧·苯噻酰/60%/可湿性粉剂/苯噻酰草胺 56.5%、苄嘧磺隆 3.5%/2013.08.07 至 2018.08.07/低毒			
	水稻移栽田	一年生及部分多年生杂草	630-810克/公顷(东北地区) 540-630克/公顷(其它地区)	毒土法
PD20131819	乙·莠·滴丁酯/64%/悬乳剂/2,4-滴丁酯 5%、乙草胺 31%、莠去津 28%/2013.09.17 至 2018.09.17/低毒			
	春玉米田	一年生杂草	2544-2784克/公顷	播后苗前土壤喷雾
吉林省吉林市世纪农药有限责任公司 (吉林省吉林市龙潭区黎明路38号 132021 0432-3026666)				
PD20093975	莠去津/38%/悬浮剂/莠去津 38%/2009.03.27 至 2014.03.27/低毒			
	玉米田	一年生杂草	1140-1995克/公顷	播后苗前土壤喷雾
PD20094374	西草净/25%/可湿性粉剂/西草净 25%/2009.04.01 至 2014.04.01/低毒			
	水稻田	部分阔叶杂草	562.5-937.5克/公顷	毒土法
PD20094405	扑草净/25%/可湿性粉剂/扑草净 25%/2009.04.01 至 2014.04.01/低毒			
	水稻本田	阔叶杂草	450-675克/公顷	毒土法
PD20094526	乙草胺/50%/乳油/乙草胺 50%/2009.04.09 至 2014.04.09/低毒			
	春大豆田	一年生禾本科杂草及部分阔叶杂草	1125-1875克/公顷	土壤喷雾
	夏大豆田	一年生禾本科杂草及部分阔叶杂草	750-1125克/公顷	土壤喷雾
PD20094746	乙草胺/900克/升/乳油/乙草胺 900克/升/2009.04.10 至 2014.04.10/低毒			
	春玉米田	小粒种子阔叶杂草、一年生禾本科杂草	1350-2025克/公顷	播后苗前土壤喷雾
	大豆田	一年生禾本科杂草及阔叶杂草	1012.5-1687.5克/公顷	播后苗前土壤喷雾
PD20095738	丁·扑/40%/乳油/丁草胺 30%、扑草净 10%/2009.05.18 至 2014.05.18/低毒			
	水稻苗床	一年生禾本科杂草及阔叶杂草	0.16-0.24克/平方米	土壤处理
PD20097401	丁·莠/40%/悬浮剂/丁草胺 20%、莠去津 20%/2009.10.28 至 2014.10.28/低毒			
	春玉米田	一年生杂草	300-400毫升制剂/亩	播后苗前土壤喷雾
	夏玉米田	一年生杂草	1200-1800克/公顷	播后苗前土壤喷雾
PD20100100	900克/升乙草胺乳油/900克/升/乳油/乙草胺 900克/升/2010.01.04 至 2015.01.04/低毒			
	春玉米	一年生杂草	/	/
PD20100210	40%丁·莠悬浮剂/40%/悬浮剂/丁草胺 20%、莠去津 20%/2010.01.05 至 2015.01.05/低毒			
	春玉米	一年生杂草	/	/
吉林省吉林市松润农药厂 (吉林省吉林市龙潭区乌拉街镇前阿拉村 132227 0432-4938386)				
PD20081412	扑草净/25%/可湿性粉剂/扑草净 25%/2013.10.29 至 2018.10.29/低毒			
	移栽水稻田	阔叶杂草	375-562.5克/公顷	药土法
PD20081621	西草净/25%/可湿性粉剂/西草净 25%/2013.11.12 至 2018.11.12/低毒			
	移栽水稻田	阔叶杂草	562.5-750克/公顷	药土法
PD20081736	丁草胺/85%/乳油/丁草胺 85%/2008.11.18 至 2013.11.18/低毒			
	水稻移栽田	部分阔叶杂草、一年生禾本科杂草	1080-1350克/公顷	药土法
PD20093585	敌磺钠/50%/可湿性粉剂/敌磺钠 50%/2014.03.23 至 2019.03.23/中等毒			
	水稻秧田	立枯病	1-1.5克/平方米	苗期喷雾
PD20094136	2甲4氯钠/13%/水剂/2甲4氯钠 13%/2014.03.27 至 2019.03.27/低毒			
	水稻移栽田	阔叶杂草及莎草科杂草	682.5-877.5克/公顷	茎叶喷雾
PD20095713	滴丁·乙草胺/50%/乳油/2,4-滴丁酯 17.1%、乙草胺 32.9%/2009.05.18 至 2014.05.18/低毒			
	春大豆田、春玉米田	一年生杂草	1200-1800克/公顷	播后苗前土壤喷雾
PD20097860	敌草隆/25%/可湿性粉剂/敌草隆 25%/2009.11.20 至 2014.11.20/低毒			
	甘蔗田	一年生杂草	1500-2400克/公顷	喷雾
PD20100377	莠去津/50%/悬浮剂/莠去津 50%/2010.01.11 至 2015.01.11/低毒			
	春玉米田	一年生杂草	1800-2700克/公顷	播后苗期土壤喷雾
	夏玉米田	一年生杂草	1125-1500克/公顷	播后苗期土壤喷雾
吉林省吉林市田丰农药有限公司 (吉林省吉林市吉林大街103号 132013 0432-4689929)				
PD20081475	复硝酚钠/1.8%/水剂/5-硝基邻甲氧基苯酚钠 0.3%、对硝基苯酚钠 0.9%、邻苯基苯酚钠 0.6%/2013.11.04至2018.11.29/低毒			
	番茄	促进生长	2-2.5毫克/千克	喷雾
吉林省吉林市新民农药有限公司 (吉林省吉林市龙潭区黎明路26号 132021 0432-63038486)				

PD20080707 西草净/25%/可湿性粉剂/西草净 25%/2013.06.04 至 2018.06.04/低毒
水稻移栽田 阔叶杂草 750-937.5克/公顷(东北地区) 撒毒土
375-562.5克/公顷(其它地区)
PD20080865 扑草净/40%/可湿性粉剂/扑草净 40%/2013.06.27 至 2018.06.27/低毒
水稻移栽田 部分多年生杂草、一年生杂草 600-900克/公顷(东北地区) 毒土法
300-420克/公顷(其它地区)
PD20080892 苄嘧磺隆/32%/可湿性粉剂/苄嘧磺隆 32%/2013.07.09 至 2018.07.09/低毒
水稻移栽田 阔叶杂草及莎草科杂草 48-60克/公顷 毒土法
PD20080962 扑·乙/40%/乳油/扑草净 15%、乙草胺 25%/2013.07.23 至 2018.07.23/低毒
春大豆田 一年生杂草 1500-1800克/公顷(东北地区) 土壤喷雾
春玉米田 一年生杂草 1500-1800克/公顷 播后苗前土壤喷雾
花生田、夏大豆田 一年生杂草 1200-1500克/公顷 土壤喷雾
PD20081192 丁·西/5.3%/颗粒剂/丁草胺 4%、西草净 1.3%/2013.09.11 至 2018.09.11/低毒
水稻移栽田 一年生杂草 1)795-1200克/公顷(南方地区) 撒施
2)1200-1590克/公顷(北方地区)
PD20081259 丁·扑/40%/乳油/丁草胺 30%、扑草净 10%/2013.09.18 至 2018.09.18/低毒
水稻(旱育秧及半旱育秧田) 一年生杂草 1600-2000克/公顷(东北地区) 喷雾
PD20081777 噁酮·乙草胺/36%/乳油/噁草酮 6%、乙草胺 30%/2013.11.19 至 2018.11.19/低毒
春大豆田 一年生杂草 1242-1404克/公顷(东北地区) 喷雾
花生田 一年生杂草 1080-1350克/公顷 喷雾
PD20084534 嗪酮·乙草胺/56%/乳油/嗪草酮 14%、乙草胺 42%/2013.12.18 至 2018.12.18/低毒
春大豆田 一年生杂草 1260-1680克/公顷 播后苗前土壤喷雾
玉米田 一年生杂草 840-1680克/公顷 播后苗前土壤喷雾
PD20090130 敌磺钠/1.5%/湿粉/敌磺钠 1.5%/2014.01.08 至 2019.01.08/低毒
水稻 苗期立枯病 1.35-1.95克/平方米 苗床处理(与细土拌匀撒于苗床)
PD20091973 莠去津/38%/悬浮剂/莠去津 38%/2014.02.12 至 2019.02.12/低毒
春玉米田 一年生杂草 1800-2200克/公顷 播后苗前土壤喷雾
PD20092851 甲霜·福美双/43%/可湿性粉剂/福美双 37%、甲霜灵 6%/2014.03.05 至 2019.03.05/低毒
水稻 苗期立枯病、青枯病 5590-9460克/公顷 苗床浇洒
PD20100064 滴丁·乙草胺/83%/乳油/2,4-滴丁酯 22.5%、乙草胺 60.5%/2010.01.04 至 2015.01.04/低毒
春大豆田、春玉米田 一年生杂草 1743-2117克/公顷 土壤喷雾
PD20122098 扑·乙·滴丁酯/64%/乳油/2,4-滴丁酯 18%、扑草净 6%、乙草胺 40%/2012.12.26 至 2017.12.26/低毒
春玉米田 一年生杂草 1920-2400克/公顷 土壤喷雾
PD20130100 苄嘧·苯噻酰/70%/可湿性粉剂/苯噻酰草胺 65%、苄嘧磺隆 5%/2013.01.17 至 2018.01.17/低毒
水稻移栽田 一年生杂草 630-735克/公顷 毒土法
PD20132702 乙·莠·滴丁酯/50%/悬乳剂/2,4-滴丁酯 5%、乙草胺 30%、莠去津 15%/2013.12.25 至 2018.12.25/低毒
春玉米田 一年生杂草 1875-2250克/公顷 播后苗前土壤喷雾

吉林省吉林市永青农药厂 (吉林省吉林市经济技术开发区九站街工农路47号 132101 0432-3059462)

PD20085400 苄嘧磺隆/30%/可湿性粉剂/苄嘧磺隆 30%/2013.12.24 至 2018.12.24/低毒
移栽水稻田 一年生阔叶杂草及部分莎草科杂草 36-67.5克/公顷 药土法

吉林省瑞野农药有限公司 (吉林省公主岭市国家农业科技园区瑞泽工业园 136100 0434-6268055)

PD20081669 苄嘧磺隆/30%/可湿性粉剂/苄嘧磺隆 30%/2013.11.17 至 2018.11.17/低毒
抛秧水稻 阔叶杂草、莎草科杂草 45-67.5克/公顷(南方地区) 药土法
移栽水稻田 阔叶杂草、莎草科杂草 45-67.5克/公顷 药土法
PD20082596 草甘膦异丙胺盐/41%/水剂/草甘膦异丙胺盐 41%/2013.12.04 至 2018.12.04/低毒
棉花田、玉米田 一年生和多年生杂草 150-250毫升/亩; 行间定向茎叶喷雾
2250-3750毫升/公顷
苹果园 一年生和多年生杂草 250-400毫升/亩; 定向茎叶喷雾
3750-6000毫升/公顷
PD20082823 乙草胺/900克/升/乳油/乙草胺 900克/升/2013.12.09 至 2018.12.09/低毒
春大豆田、春玉米田 一年生禾本科杂草及部分小粒种子阔叶杂草 1620-2025克/公顷 土壤喷雾
PD20083608 苄嘧·苯噻酰/55%/干悬浮剂/苯噻酰草胺 50%、苄嘧磺隆 5%/2013.12.12 至 2018.12.12/低毒
水稻抛秧田 一年生及部分多年生杂草 412-577.5克/公顷 药土法
水稻移栽田 一年生及部分多年生杂草 577.5-825克/公顷 药土法
PD20084135 福·克/15%/悬浮种衣剂/福美双 8%、克百威 7%/2013.12.16 至 2018.12.16/中等毒(原药高毒)
玉米 地下害虫、茎基腐病 1:40-50(药种比) 种子包衣
PD20084963 多·福·克/30%/悬浮种衣剂/多菌灵 10%、福美双 10%、克百威 10%/2013.12.22 至 2018.12.22/高毒
大豆 地下害虫、根腐病 1:50-70(药种比) 种子包衣
PD20085025 多·福·克/35%/悬浮种衣剂/多菌灵 15%、福美双 10%、克百威 10%/2013.12.22 至 2018.12.22/高毒
大豆 地下害虫、根腐病 1:70-90(药种比) 种子包衣

PD20090494 精喹禾灵/5%/乳油/精喹禾灵 5%/2014.01.12 至 2019.01.12/低毒

春大豆田	一年生禾本科杂草	52.5-67.5克/公顷	茎叶喷雾
林业苗圃	一年生禾本科杂草	60-75克/公顷	茎叶喷雾

PD20091359 噻吩磺隆/25%/可湿性粉剂/噻吩磺隆 25%/2014.02.02 至 2019.02.02/低毒

春大豆田、春玉米田	一年生阔叶杂草	30-37.5克/公顷	土壤喷雾
冬小麦田	一年生阔叶杂草	22.5-37.5克/公顷	土壤喷雾

PD20092365 甲戊·乙草胺/40%/乳油/二甲戊灵 10%、乙草胺 30%/2014.02.24 至 2019.02.24/低毒

姜田	一年生杂草	600-900克/公顷	播后苗前土壤喷雾

PD20092378 苄嘧磺隆/30%/水分散粒剂/苄嘧磺隆 30%/2014.02.25 至 2019.02.25/低毒

抛秧水稻	一年生阔叶杂草及部分莎草科杂草	36-49.5克/公顷	药土法
移栽水稻田	一年生阔叶杂草及部分莎草科杂草	36-72克/公顷	药土法

PD20092932 咪乙·氟磺胺/25%/水剂/氟磺胺草醚 21%、咪唑乙烟酸 4%/2014.03.05 至 2019.03.05/低毒

春大豆田	一年生杂草	375-450克/公顷(东北地区)	茎叶喷雾

PD20093468 二氯喹啉酸/50%/水分散粒剂/二氯喹啉酸 50%/2014.03.23 至 2019.03.23/微毒

移栽水稻田	稗草	225-300克/公顷	喷雾或药土法

PD20093554 克·戊·三唑酮/8.1%/悬浮种衣剂/克百威 7%、三唑酮 0.9%、戊唑醇 0.2%/2014.03.23 至 2019.03.23/中等毒(原药高毒)

玉米	地下害虫、黑穗病	1:35-45(药种比)	种子包衣

PD20094452 戊唑·福美双/11%/悬浮种衣剂/福美双 10.4%、戊唑醇 0.6%/2014.04.01 至 2019.04.01/低毒

玉米	丝黑穗病	183-275克/100千克种子	种子包衣

PD20094865 扑·乙/40%/乳油/扑草净 15%、乙草胺 25%/2014.04.13 至 2019.04.13/低毒

春大豆田、花生田	一年生杂草	1200-1500克/公顷	土壤喷雾
春玉米田、夏玉米田	一年生杂草	1200-1800克/公顷	播后苗前土壤喷雾

PD20095276 苄·二氯/36%/泡腾颗粒剂/苄嘧磺隆 3%、二氯喹啉酸 33%/2014.04.27 至 2019.04.27/低毒

移栽水稻田	一年生杂草	216-324克/公顷	直接撒施

PD20095409 滴丁·乙草胺/79%/乳油/2,4-滴丁酯 21%、乙草胺 58%/2014.04.27 至 2019.04.27/低毒

春大豆田、春玉米田	一年生杂草	2014.5-2370克/公顷	土壤喷雾

PD20100297 噁霉灵/15%/可湿性粉剂/噁霉灵 15%/2010.01.11 至 2015.01.11/低毒

水稻	恶苗病、立枯病	93.75-150毫克/千克	浸种

吉林省四平市圣峰化学有限公司 (吉林省四平市铁东区北山东路 136001 0434-3580313)

PD85112-10 莠去津/38%/悬浮剂/莠去津 38%/2010.04.19 至 2015.04.19/低毒

茶园	一年生杂草	1125-1875克/公顷	喷于地表
甘蔗	一年生杂草	1050-1500克/公顷	喷于地表
高粱、糜子	一年生杂草	1800-2250克/公顷(东北地区)	喷于地表
公路、森林防火道、铁路	一年生杂草	0.8-2克/平方米	喷于地表
红松苗圃	一年生杂草	0.2-0.3克/平方米	喷于地表
梨树(12年以上树龄)	一年生杂草	1625-1875克/公顷(东北地区)	喷于地表
苹果树(12年以上树龄)	一年生杂草	1625-1875克/公顷	喷于地表
橡胶园	一年生杂草	2250-3750克/公顷	喷于地表
玉米	一年生杂草	1800-2250克/公顷	喷于地表

吉林省通化绿地农药化学有限公司 (吉林省柳河县柳河镇三道沟村 135300 0435-3213408)

PD85157-28 辛硫磷/40%/乳油/辛硫磷 40%/2010.07.20 至 2015.07.20/低毒

茶树、桑树	食叶害虫	200-400毫克/千克	喷雾
果树	食心虫、蚜虫、螨	200-400毫克/千克	喷雾
林木	食叶害虫	3000-6000克/公顷	喷雾
棉花	棉铃虫、蚜虫	300-600克/公顷	喷雾
蔬菜	菜青虫	300-450克/公顷	喷雾
烟草	食叶害虫	300-600克/公顷	喷雾
玉米	玉米螟	450-600克/公顷	灌心叶

PD20050111 甲拌磷/5%/颗粒剂/甲拌磷 5%/2010.08.15 至 2015.08.15/高毒

高粱	蚜虫	150-300克/公顷	撒施

PD20081631 灭幼脲/25%/悬浮剂/灭幼脲 25%/2013.11.12 至 2018.11.12/低毒

苹果树	金纹细蛾	100-167毫克/千克	喷雾

PD20096455 氟磺胺草醚/250克/升/水剂/氟磺胺草醚 250克/升/2009.08.05 至 2014.08.05/低毒

春大豆田	一年生阔叶杂草	375—487.5克/公顷	茎叶喷雾

PD20100490 滴丁·乙草胺/50%/乳油/2,4-滴丁酯 13%、乙草胺 37%/2010.01.14 至 2015.01.14/低毒

春大豆田、春玉米田	一年生杂草	1875-2250克/公顷	土壤喷雾

PD20101005 咪唑乙烟酸/5%/水剂/咪唑乙烟酸 5%/2010.01.20 至 2015.01.20/中等毒

春大豆田	一年生杂草	75-112.5克/公顷	茎叶喷雾

吉林省通化农药化工股份有限公司 (吉林省通化市雪花路2299号 134001 0435-5083707)

PD20070347 杀铃脲/20%/悬浮剂/杀铃脲 20%/2012.10.24 至 2017.10.24/低毒

苹果树 金纹细蛾 33.3-40毫克/千克 喷雾
PD20070348 杀铃脲/99%/原药/杀铃脲 99%/2012.10.24 至 2017.10.24/低毒
PD20070356 灭幼脲/96%/原药/灭幼脲 96%/2012.10.24 至 2017.10.24/低毒
PD20070357 灭幼脲/20%/悬浮剂/灭幼脲 20%/2012.10.24 至 2017.10.24/低毒
苹果树 金纹细蛾 125-166.7毫克/千克 喷雾
PD20080643 灭脲·吡虫啉/25%/可湿性粉剂/吡虫啉 2.5%、灭幼脲 22.5%/2013.05.13 至 2018.05.13/低毒
苹果树 黄蚜、金纹细蛾 100-167毫克/千克 喷雾
PD20080827 杀铃脲/5%/乳油/杀铃脲 5%/2013.06.20 至 2018.06.20/低毒
甘蓝 菜青虫 22.5-37.5克/公顷 喷雾
甘蓝 小菜蛾 37.5-52.5克/公顷 喷雾
苹果树 金纹细蛾 33-50毫克/千克 喷雾
PD20081069 杀铃脲/5%/悬浮剂/杀铃脲 5%/2013.08.14 至 2018.08.14/低毒
苹果树 金纹细蛾 33-50毫克/千克 喷雾
PD20085574 丁硫克百威/35%/种子处理干粉剂/丁硫克百威 35%/2013.12.25 至 2018.12.25/中等毒
水稻秧田 蓟马 350-420克/100千克种子 拌种
PD20092269 灭幼脲/25%/悬浮剂/灭幼脲 25%/2014.02.27 至 2019.02.27/低毒
马尾松 松毛虫 112.5-150克/公顷 喷雾
苹果树 金纹细蛾 100-167毫克/千克 喷雾
PD20094446 杀铃脲/40%/悬浮剂/杀铃脲 40%/2014.04.01 至 2019.04.01/微毒
甘蓝 小菜蛾 48-60克/公顷 喷雾
柑橘树 潜叶蛾 57-80毫克/千克 喷雾
PD20095613 哒螨·灭幼脲/30%/可湿性粉剂/哒螨灵 10%、灭幼脲 20%/2009.05.12 至 2014.05.12/中等毒
苹果树 金纹细蛾、山楂红蜘蛛 150-200毫克/千克 喷雾
PD20095644 乙铝·百菌清/80%/可湿性粉剂/百菌清 30%、三乙膦酸铝 50%/2009.05.12 至 2014.05.12/低毒
黄瓜 霜霉病 1440-2100克/公顷 喷雾
PD20096169 莠去津/38%/悬浮剂/莠去津 38%/2009.06.29 至 2014.06.29/低毒
春玉米田 一年生杂草 1795.5-2251.5克/公顷 土壤喷雾
PD20096575 乙·莠· 滴丁酯/28%/悬浮剂/2,4-滴丁酯 4%、乙草胺 12%、莠去津 12%/2009.08.24 至 2014.08.24/低毒
春玉米田 一年生杂草 1890-2100克/公顷(东北地区) 土壤喷雾
PD20110777 阿维·灭幼脲/30%/悬浮剂/阿维菌素 0.3%、灭幼脲 29.7%/2011.07.25 至 2016.07.25/低毒(原药高毒)
甘蓝 小菜蛾 135-225克/公顷 喷雾
PD20110948 阿维·杀铃脲/5%/悬浮剂/阿维菌素 0.3%、杀铃脲 4.7%/2011.09.07 至 2016.09.07/低毒
甘蓝 小菜蛾 37.5-45克/公顷 喷雾
PD20131312 除虫脲/98%/原药/除虫脲 98%/2013.06.08 至 2018.06.08/低毒
LS20130100 甲维·杀铃脲/6%/悬浮剂/甲氨基阿维菌素苯甲酸盐 1%、杀铃脲 5%/2014.03.11 至 2015.03.11/低毒
甘蓝 小菜蛾 45－54克/公顷 喷雾
WP20090287 高效氯氰菊酯/10%/悬浮剂/高效氯氰菊酯 10%/2009.06.18 至 2014.06.18/低毒
卫生 蜚蠊 40毫克/平方米 滞留喷洒
WP20100021 高效氯氰菊酯/8%/可湿性粉剂/高效氯氰菊酯 8%/2010.01.14 至 2015.01.14/低毒
卫生 蜚蠊 30-40毫克/平方米 滞留喷洒

吉林省延边春雷生物药业有限公司 （吉林省延边朝鲜族自治州延吉市延河路5839号 133000 0433-2450105）

PD85163 多抗霉素/1.5%,3%/可湿性粉剂/多抗霉素 1.5%,3%/2010.08.23 至 2015.08.23/低毒
茶树 茶饼病 100单位液 喷雾
番茄、烟草 赤星病、晚疫病 200单位液 喷雾
花卉 白粉病、霜霉病 150-200单位液 喷雾
黄瓜 白发病、霜霉病 150-200单位液 喷雾
梨树、苹果树 黑斑病、灰斑病 50-200单位液 喷雾
棉花、甜菜 褐斑病、立枯病 100-200单位液 喷雾
人参 黑斑病 100-200单位液 喷雾
水稻、小麦 白粉病、纹枯病 100-200单位液 喷雾
PD85164 春雷霉素/6%，4%，2%/可湿性粉剂/春雷霉素 6%，4%，2%/2010.08.23 至 2015.08.23/低毒
黄瓜 枯萎病 200-400单位液 喷雾、灌根、抹病斑
水稻 稻瘟病 40毫克/千克 喷雾
烟草 野火病 37.5－50克/公顷 喷雾
PD20070254 春雷霉素/55%/原药/春雷霉素 55%/2012.09.04 至 2017.09.04/低毒
PD20081904 春雷霉素/2%/水剂/春雷霉素 2%/2013.11.21 至 2018.11.21/低毒
水稻 稻瘟病 30-45克/公顷 喷雾
PD20083122 多抗霉素/32%/原药/多抗霉素 32%/2013.12.10 至 2018.12.10/低毒
PD20092745 春雷·三环唑/13%/可湿性粉剂/春雷霉素 3%、三环唑 10%/2014.03.04 至 2019.03.04/低毒
水稻 稻瘟病 117-195克/公顷 喷雾
PD20098015 多抗·福美双/25.75%/可湿性粉剂/多抗霉素 0.75%、福美双 25%/2009.12.07 至 2014.12.07/低毒
黄瓜 霜霉病 386-724克/公顷 喷雾

马铃薯　晚疫病　385-580克/公顷　喷雾

PD20120708　多抗霉素/1.5%/水剂/多抗霉素 1.5%/2012.04.18 至 2017.04.18/低毒
苹果树　斑点落叶病　25—50毫克/千克　喷雾

PD20120773　春雷·多菌灵/50%/可湿性粉剂/春雷霉素 4%、多菌灵 46%/2012.05.05 至 2017.05.05/低毒
辣椒　炭疽病　562.5-703克/公顷　喷雾

吉林省延边绿州化工有限责任公司　（吉林省龙井市河西街龙延路　133400　0433-3283698）

PDN17-92　噁霉灵/15%/水剂/噁霉灵 15%/2012.05.10 至 2017.05.10/低毒
水稻　立枯病　9000-18000克/公顷　苗床、育秧箱土壤处理

PD20094119　噁霉灵/99%/原药/噁霉灵 99%/2009.03.27 至 2014.03.27/低毒

吉林省延边天泰生物工程科贸有限公司（吉林省延边朝鲜族自治州龙井市光新乡吉兴村 133400 0433-2838019）

PD86169-2　百菌清/2.5%/烟剂/百菌清 2.5%/2012.06.03 至 2017.06.03/低毒
林木　病害　750-1200克/公顷　点燃放烟

PD88106-2　敌敌畏/2%/烟剂/敌敌畏 2%/2012.06.10 至 2017.06.10/低毒
森林　松毛虫、天幕毛虫、杨柳毒蛾、竹蝗　150-300克/公顷　点燃放烟

PD20086375　杀鼠醚/0.0375%/毒饵/杀鼠醚 0.0375%/2013.12.31 至 2018.12.31/高毒
室内　家鼠　饱和投饵　投饵

吉林省延边西爱斯开化学农药厂　（吉林省延边朝鲜族自治州延吉市小营镇东新村　133001　0433-2526171）

PDN16-92　噁霉灵/15%/水剂/噁霉灵 15%/2013.01.14 至 2018.01.14/低毒
水稻　立枯病　9000-18000克/公顷　苗床,育秧箱土壤处理

PD20092191　噁霉灵/99%/原药/噁霉灵 99%/2014.02.23 至 2019.02.23/低毒

PD20092945　噁霉·福美双/54.5%/可湿性粉剂/噁霉灵 9.5%、福美双 45%/2009.03.09 至 2014.03.09/低毒
黄瓜　立枯病　2.0—2.5克/平方米　苗床浇洒

PD20093711　苄嘧·苯噻酰/53%/可湿性粉剂/苯噻酰草胺 49.6%、苄嘧磺隆 3.4%/2009.03.25 至 2014.03.25/低毒
水稻移栽田　一年生及部分多年生杂草　397.5-636克/公顷　药土法

PD20095092　苄·丁/20%/粉剂/苄嘧磺隆 1%、丁草胺 19%/2009.04.24 至 2014.04.24/低毒
水稻田　一年生及部分多年生杂草　600-900克/公顷　毒土法

吉林市吉九农科农药有限公司　（吉林省吉林市经济技术开发区农研西路1号　132101　0432-3050448）

PD20084722　福·克/15%/悬浮种衣剂/福美双 7%、克百威 8%/2013.12.22 至 2018.12.22/高毒
玉米　地下害虫、苗期茎基腐病　1:30-40(药种比)　种子包衣

PD20085589　多菌灵/50%/可湿性粉剂/多菌灵 50%/2013.12.25 至 2018.12.25/低毒
水稻　纹枯病　750克/公顷　喷雾

PD20085596　甲霜·福美双/38%/可湿性粉剂/福美双 29%、甲霜灵 9%/2013.12.25 至 2018.12.25/中等毒
水稻苗床　立枯病　0.57-0.95克/平方米　苗床浇淋

PD20085761　甲霜·福美双/0.75%/微粒剂/福美双 0.55%、甲霜灵 0.20%/2013.12.29 至 2018.12.29/低毒
水稻　苗期立枯病　0.6-0.9克/平方米　苗床浇洒

PD20086282　甲柳·福美双/15%/悬浮种衣剂/福美双 10.2%、甲基异柳磷 4.8%/2013.12.31 至 2018.12.31/中等毒(原药高毒)
玉米　茎基腐病、金针虫、蝼蛄、蛴螬、小地老虎　1:40-50(药种比)　种子包衣

PD20090542　柳·戊·三唑酮/6.9%/悬浮种衣剂/甲基异柳磷 4.8%、三唑酮 1.8%、戊唑醇 0.3%/2014.01.13 至 2019.01.13/中等毒(原药高毒)
玉米　地下害虫、丝黑穗病　1:40-50(药种比)　种子包衣

PD20091063　丁草胺/60%/乳油/丁草胺 60%/2014.01.21 至 2019.01.21/低毒
水稻移栽田　一年生杂草　900—1350克/公顷　药土法

PD20091251　咪鲜胺/25%/乳油/咪鲜胺 25%/2014.02.01 至 2019.02.01/低毒
水稻　恶苗病　2000—4000倍液　浸种

PD20091663　多·福·克/20%/悬浮种衣剂/多菌灵 8%、福美双 7%、克百威 5%/2014.02.03 至 2019.02.03/中等毒(原药高毒)
大豆　地下害虫、根腐病　1:30-40(药种比)　种子包衣

PD20093216　克·戊·三唑酮/9.1%/悬浮种衣剂/克百威 7%、三唑酮 1.8%、戊唑醇 0.3%/2014.03.11 至 2019.03.11/中等毒(原药高毒)
玉米　地下害虫、丝黑穗病　1:40-50(药种比)　种子包衣

PD20094093　苄嘧磺隆/30%/可湿性粉剂/苄嘧磺隆 30%/2014.03.27 至 2019.03.27/低毒
水稻移栽田　阔叶杂草、莎草　45—90克/公顷　喷雾法或药土法

PD20095137　丁·扑/4.7%/颗粒剂/丁草胺 3.4%、扑草净 1.3%/2014.04.24 至 2019.04.24/低毒
水稻秧田　一年生杂草　1500-2000克/公顷(东北地区)　毒土法

PD20095453　苄·丁·扑草净/33%/可湿性粉剂/苄嘧磺隆 1%、丁草胺 28%、扑草净 4%/2009.05.11 至 2014.05.11/低毒
水稻半旱育秧田、水稻旱育秧田　一年生杂草　1320-1650克/公顷　土壤喷雾

PD20095519　福·克/60%/种子处理干粉剂/福美双 28%、克百威 32%/2009.05.11 至 2014.05.11/高毒
玉米　地下害虫、茎基腐病　1:120-150(药种比)　种子包衣

PD20095649　异丙草·莠/40%/悬乳剂/异丙草胺 24%、莠去津 16%/2009.05.12 至 2014.05.12/低毒
春玉米田　一年生杂草　1800—2100克/公顷　土壤喷雾

PD20096170 扑·乙·滴丁酯/40%/乳油/2,4-滴丁酯 12%、扑草净 6%、乙草胺 22%/2009.06.29 至 2014.06.29/低毒
大豆田 一年生杂草 1600-2000克/公顷 喷雾
玉米田 一年生杂草 1600-2000克/公顷 毒土法

PD20096249 滴丁·乙草胺/50%/乳油/2,4-滴丁酯 17.1%、乙草胺 32.9%/2009.07.15 至 2014.07.15/低毒
春大豆田、春玉米田 一年生杂草 1245-1500克/公顷 播后苗前土壤喷雾

PD20096324 乙草胺/81.5%/乳油/乙草胺 81.5%/2009.07.22 至 2014.07.22/低毒
春玉米田 部分阔叶杂草、一年生禾本科杂草 1350－1620克/公顷 土壤喷雾

PD20096664 滴丁·莠去津/45%/悬乳剂/2,4-滴丁酯 12%、莠去津 33%/2009.09.07 至 2014.09.07/低毒
春玉米田 一年生杂草 1485-2025克/公顷 土壤喷雾

PD20096872 扑·乙·滴丁酯/50%/乳油/2,4-滴丁酯 13%、扑草净 2%、乙草胺 35%/2009.09.23 至 2014.09.23/低毒
春玉米田 一年生杂草 1575-1875克/公顷 土壤喷雾

吉林市绿盛农药化工有限公司 (吉林省吉林市江北郑州路15-1号 132021 0432-63039810)

PDN7-90 丁草胺/60%/乳油/丁草胺 60%/2010.07.25 至 2015.07.25/低毒
水稻 稗草、牛毛草、鸭舌草 750-1275克/公顷 毒土、喷雾

PDN26-93 丁草胺/92%,85%,80%/原药/丁草胺 92%,85%,80%/2013.12.26 至 2018.12.26/低毒

PDN29-93 丁草胺/50%/乳油/丁草胺 50%/2011.04.03 至 2016.04.03/低毒
水稻 稗草、牛毛草、鸭舌草 750-1275克/公顷 喷雾、毒土

PD85111 西玛津/50%/可湿性粉剂/西玛津 50%/2010.04.22 至 2015.04.22/低毒
茶园、甘蔗 一年生杂草 1125-1875克/公顷 喷于地表
公路、森林防火道、铁路 一年生杂草 0.8-2克/平方米 喷于地表
红松苗圃 一年生杂草 0.2-0.4克/平方米 喷于地表
梨树(12年以上树龄)、苹果树(12年以上树龄) 一年生杂草 1800-3000克/公顷 喷于地表
玉米 一年生杂草 2250-3000克/公顷 喷于地表

PD85112 莠去津/38%/悬浮剂/莠去津 38%/2010.04.13 至 2015.04.13/低毒
茶园 一年生杂草 1068.75-1781.25克/公顷 土壤喷雾
防火隔离带、公路、森林、铁路 一年生杂草 0.76-1.9克/平方米 土壤喷雾
甘蔗 一年生杂草 997.5-1425克/公顷 土壤喷雾
高粱、糜子、玉米 一年生杂草 1710-2137.5克/公顷(东北地区) 土壤喷雾
红松苗圃 一年生杂草 0.19-0.285克/平方米 土壤喷雾
梨树(12年以上树龄) 一年生杂草 1781.25-2493.75克公顷 土壤喷雾
苹果树(12年以上树龄) 一年生杂草 1781.25-2493.75克/公顷 土壤喷雾
橡胶园 一年生杂草 2137.5-3562.5克/公顷 土壤喷雾

PD86103 莠去津/48%/可湿性粉剂/莠去津 48%/2012.01.09 至 2017.01.09/低毒
茶园 一年生杂草 1500-2250克/公顷 喷于地表
甘蔗田 一年生杂草 1125-1875克/公顷 喷于地表
高粱田、糜子 一年生杂草 1875-2625克/公顷(东北地区) 喷于地表
公路 一年生杂草 0.8-2克/平方米 喷雾
红松苗圃 一年生杂草 0.25-0.5克/平方米 喷洒苗床
梨树(12年以上树龄)、苹果树(12年以上树龄) 一年生杂草 3000-3750克/公顷(东北地区) 喷于地表
葡萄园 一年生杂草 2250-3000克/公顷 避开葡萄根部
森林、铁路 一年生杂草 1-2.5克/平方米 喷雾
橡胶园 一年生杂草 3750-4500克/公顷 喷于地表
玉米田 一年生杂草 2250-3000克/公顷(东北地区) 喷于地表

PD86105 西草净/25%/可湿性粉剂/西草净 25%/2012.01.09 至 2017.01.09/低毒
水稻田 阔叶杂草、眼子菜 750-937.5克/公顷(东北地区) 撒毒土

PD86125-2 扑草净/95%,90%,80%/原药/扑草净 95%,90%,80%/2012.01.09 至 2017.01.09/低毒

PD86126-3 扑草净/50%/可湿性粉剂/扑草净 50%/2012.01.09 至 2017.01.09/低毒
茶园、成年果园、苗圃 阔叶杂草 1875-3000克/公顷 喷于地表,切勿喷至树上
大豆田、花生田 阔叶杂草 1125克/公顷 喷雾
甘蔗田、棉花田、苎麻 阔叶杂草 1500-2250克/公顷 播后苗前土壤喷雾
谷子田 阔叶杂草 375克/公顷 喷雾
麦田 阔叶杂草 450-750克/公顷 喷雾
水稻秧田 阔叶杂草 150-900克/公顷 撒毒土

PD90102 扑草净/25%/可湿性粉剂/扑草净 25%/2010.02.04 至 2015.02.04/低毒

麦田 杂草 375-562.5克/公顷 喷雾
水稻 阔叶杂草 187.5-562.5克/公顷 毒土
PD92105-2 西草净/80%/原药/西草净 80%/2012.11.12 至 2017.11.12/低毒
PD93104 西玛津/85%/原药/西玛津 85%/2013.05.27 至 2018.05.27/低毒
PD93105 莠去津/92%,88%,85%/原药/莠去津 92%,88%,85%/2013.05.27 至 2018.05.27/低毒
PD20070507 戊唑醇/95%/原药/戊唑醇 95%/2012.11.28 至 2017.11.28/低毒
PD20080679 草除灵/95%/原药/草除灵 95%/2013.06.04 至 2018.06.04/低毒
PD20080687 二甲戊灵/90%/原药/二甲戊灵 90%/2013.06.04 至 2018.06.04/低毒
PD20080704 精喹禾灵/95%/原药/精喹禾灵 95%/2013.06.04 至 2018.06.04/低毒
PD20080745 乙草胺/93%/原药/乙草胺 93%/2013.06.11 至 2018.06.11/低毒
PD20081485 二甲戊灵/33%/乳油/二甲戊灵 33%/2013.11.05 至 2018.11.05/低毒
春大豆田、春玉米田 一年生杂草及部分阔叶杂草 1237.5-1485克/公顷(东北地区) 土壤喷雾
大蒜田、甘蓝田 一年生杂草 742.5-990克/公顷 土壤喷雾
夏玉米田 一年生杂草及部分阔叶杂草 742.5-990克/公顷(其它地区) 土壤喷雾
烟草 抑制腋芽生长 66-82.5毫克/株 杯淋法
PD20081620 精喹禾灵/5%/乳油/精喹禾灵 5%/2013.11.12 至 2018.11.12/低毒
春大豆田 一年生禾本科杂草 52.5-75克/公顷 茎叶喷雾
冬油菜田、花生田、棉花田、夏大豆田 一年生禾本科杂草 45-52.5克/公顷 茎叶喷雾
绿豆田 一年生禾本科杂草 52.5-67.5克/公顷(东北地区) 37.5-52.5克/公顷(其它地区) 茎叶喷雾
PD20081625 乙草胺/900克/升/乳油/乙草胺 900克/升/2013.11.12 至 2018.11.12/低毒
春大豆田 一年生禾本科杂草及部分小粒种子阔叶杂草 1350-1755克/公顷 播后苗前土壤喷雾
春油菜田、冬油菜田、花生田 一年生禾本科杂草及部分小粒种子阔叶杂草 810-1215克/公顷 土壤喷雾
春玉米田 一年生禾本科杂草及部分小粒种子阔叶杂草 1350-1775克/公顷 播后苗前土壤喷雾
夏大豆田、夏玉米田 一年生禾本科杂草及部分小粒种子阔叶杂草 810-1350克/公顷 播后苗前土壤喷雾
PD20081699 乙草胺/50%/微乳剂/乙草胺 50%/2013.11.17 至 2018.11.17/低毒
春大豆田 部分阔叶杂草、一年生禾本科杂草 1500-1875克/公顷(东北地区) 土壤喷雾
春玉米田 一年生禾本科杂草及小粒阔叶杂草 1500-1875克/公顷 土壤喷雾
棉花田、夏玉米田 一年生禾本科杂草及小粒阔叶杂草 900-1125克/公顷 土壤喷雾
夏大豆田 部分阔叶杂草、一年生禾本科杂草 900-1200克/公顷(其它地区) 土壤喷雾
PD20081702 丁草胺/900克/升/乳油/丁草胺 900克/升/2013.11.17 至 2018.11.17/低毒
水稻移栽田 部分阔叶杂草、一年生禾本科杂草 1080-1350克/公顷 药土法
PD20081703 乙草胺/50%/乳油/乙草胺 50%/2013.11.17 至 2018.11.17/低毒
大豆田 小粒种子阔叶杂草、一年生禾本科杂草 1200-1875克/公顷(东北地区) 750-1050克/公顷(其它地区) 播前、播后苗前土壤喷雾处理
花生田 小粒种子阔叶杂草、一年生禾本科杂草 750-1200克/公顷(覆膜时药量酌减) 播后苗前土壤喷雾处理
棉花田 小粒种子阔叶杂草、一年生禾本科杂草 900-1125克/公顷 播后苗前喷雾
油菜田 小粒种子阔叶杂草、一年生禾本科杂草 525-750克/公顷 栽前或移栽后3天喷雾
玉米田 小粒种子阔叶杂草、一年生禾本科杂草 900-1875克/公顷(东北地区) 750-1050克/公顷(其它地区) 播后或苗期喷雾
PD20083268 丁草胺/50%/微乳剂/丁草胺 50%/2013.12.11 至 2018.12.11/低毒
水稻移栽田 一年生杂草 900—1275克/公顷 药土法
PD20083676 乙·莠/40%/悬乳剂/乙草胺 15%、莠去津 25%/2013.12.15 至 2018.12.15/低毒
春玉米田 一年生杂草 1800-2400克/公顷(东北地区) 播后苗前土壤喷雾
夏玉米田 一年生杂草 1200-1500克/公顷(其他地区) 播后苗前土壤喷雾
PD20085161 丁·莠/40%/悬乳剂/丁草胺 20%、莠去津 20%/2013.12.23 至 2018.12.23/低毒
春玉米田 一年生杂草 1800-2400克/公顷(东北地区) 播后苗前土壤喷雾
夏玉米田 一年生杂草 1200-1500克/公顷(华北地区) 播后苗前土壤喷雾
PD20085806 丁·扑/40%/乳油/丁草胺 30%、扑草净 10%/2013.12.29 至 2018.12.29/低毒
水稻旱育秧田 多种一年生杂草 1600-2000克/公顷 旱育秧播种盖土后喷雾
PD20092980 扑·乙/40%/乳油/扑草净 12%、乙草胺 28%/2014.03.09 至 2019.03.09/低毒
春大豆田 一年生杂草 1500-1800克/公顷 土壤喷雾
花生田、夏大豆田 一年生杂草 900-1500克/公顷 土壤喷雾
棉花田 一年生杂草 900-1200克/公顷 土壤喷雾
PD20093859 甲戊·乙草胺/40%/乳油/二甲戊灵 22%、乙草胺 18%/2014.03.25 至 2019.03.25/低毒

大蒜田、姜田　一年生杂草　900-1200克/公顷　土壤喷雾
PD20093893　甲戊·扑草净/35%/乳油/二甲戊灵 20%、扑草净 15%/2014.03.25 至 2019.03.25/低毒
大蒜　一年生杂草　787.5-1050克/公顷　土壤喷雾
马铃薯　一年生杂草　1312.5-1575克/公顷(东北地区)　土壤喷雾
787.5-1312.5克/公顷(其它地区)
PD20094851　乙草胺/990克/升/乳油/乙草胺 990克/升/2014.04.13 至 2019.04.13/低毒
春大豆田、春玉米田　一年生杂草　1485-1930.5克/公顷　播后苗前土壤喷雾
夏大豆田、夏玉米田　一年生杂草　1039.5-1336.5克/公顷　播后苗前土壤喷雾
PD20094923　精喹禾灵/15%/乳油/精喹禾灵 15%/2014.04.13 至 2019.04.13/低毒
春大豆田　一年生禾本科杂草　67.5-78.75克/公顷　茎叶喷雾
花生田　一年生禾本科杂草　45-56.25克/公顷　茎叶喷雾
夏大豆田　一年生禾本科杂草　56.25-67.5克/公顷　茎叶喷雾
PD20097598　烟嘧磺隆/40克/升/可分散油悬浮剂/烟嘧磺隆 40克/升/2009.11.03 至 2014.11.03/低毒
玉米田　一年生杂草　42-60克/公顷　茎叶喷雾
PD20100219　莠去津/50%/悬浮剂/莠去津 50%/2010.01.11 至 2015.01.11/低毒
春玉米田　一年生杂草　1800-2250克/公顷　土壤喷雾
夏玉米田　一年生杂草　1125-1500克/公顷　土壤喷雾
PD20131882　乙草胺/50%/水乳剂/乙草胺 50%/2013.09.25 至 2018.09.25/低毒
春玉米田　一年生杂草　1500-1875克/公顷　播后苗前土壤喷雾
夏玉米田　一年生杂草　900-1200克/公顷　播后苗前土壤喷雾
PD20131886　乙·莠/62%/悬乳剂/乙草胺 36%、莠去津 26%/2013.09.25 至 2018.09.25/低毒
玉米田　一年生杂草　2139-2604克/公顷（东北地区）　土壤喷雾
1302-1674克/公顷（其他地区）
PD20131888　异丙草·莠/50%/悬乳剂/异丙草胺 30%、莠去津 20%/2013.09.25 至 2018.09.25/低毒
春玉米田　一年生杂草　2250-2625克/公顷　土壤喷雾
夏玉米田　一年生杂草　1500-1875克/公顷　土壤喷雾
PD20131895　烟嘧·莠去津/23%/可分散油悬浮剂/烟嘧磺隆 3%、莠去津 20%/2013.09.25 至 2018.09.25/低毒
玉米田　一年生杂草　345-517.5克/公顷　茎叶喷雾
PD20131898　乙·莠· 滴丁酯/62%/悬乳剂/2,4-滴丁酯 8%、乙草胺 32%、莠去津 22%/2013.09.25 至 2018.09.25/低毒
春玉米田　一年生杂草　2325-2790克/公顷　土壤喷雾

吉林延边天保生物制剂有限公司　(吉林省敦化市经济开发区工业园区　133700　0433-6343000)

PD20097538　烟嘧磺隆/40克/升/可分散油悬浮剂/烟嘧磺隆 40克/升/2009.11.03 至 2014.11.03/低毒
玉米田　一年生杂草　42-60克/公顷　茎叶喷雾
PD20101275　莪术醇/92%/原药/莪术醇 92%/2010.03.05 至 2015.03.05/低毒
PD20101276　莪术醇/0.2%/饵剂/莪术醇 0.2%/2010.03.05 至 2015.03.05/低毒
农田　田鼠　5000克毒饵/公顷　饱和投饵
森林　害鼠　5000克毒饵/公顷　饱和投饵

江苏省

常熟力菱精细化工有限公司　(江苏省常熟市沿江经济开发区兴港路698号　215537　0512-52275230)

PD20101800　噁嗪草酮/96.5%/原药/噁嗪草酮 96.5%/2010.07.13 至 2015.07.13/低毒
PD20121821　啶虫脒/99%/原药/啶虫脒 99%/2012.11.22 至 2017.11.22/中等毒

常州康美化工有限公司　(江苏省金坛市儒林镇　213225　0519-2561700)

PD20050156　联苯菊酯/95%/原药/联苯菊酯 95%/2010.10.11 至 2015.10.11/中等毒
PD20050180　高效氯氟氰菊酯/95%/原药/高效氯氟氰菊酯 95%/2010.11.15 至 2015.11.15/中等毒
PD20050181　氯氰菊酯/95%/原药/氯氰菊酯 95%/2010.11.15 至 2015.11.15/中等毒
PD20060106　溴氰菊酯/98%/原药/溴氰菊酯 98%/2011.06.13 至 2016.06.13/中等毒
WP20040008　氯菊酯原药/93%/原药/氯菊酯 93%/2009.12.27 至 2014.12.27/低毒
WP20050002　右旋烯丙菊酯/总酯93%,右旋80/原药/右旋烯丙菊酯 总酯93%,右旋80%/2010.01.14 至 2015.01.14/中等毒
WP20050004　胺菊酯/92%/原药/胺菊酯 92%/2010.04.05 至 2015.04.05/低毒
WP20050006　炔丙菊酯/总酯93%，右旋体82/原药/炔丙菊酯 总酯93%，右旋体82%/2010.06.21 至 2015.06.21/中等毒
WP20060003　Es-生物烯丙菊酯/总酯93%,右旋体82%/原药/Es-生物烯丙菊酯 总酯93%,右旋体82%/2011.03.02 至 2016.03.02/中等毒
WP20070003　右旋苯醚菊酯/总酯93%,右旋体90%/原药/右旋苯醚菊酯 总酯93%,右旋体90%/2012.04.12 至 2017.04.12/低毒
WP20070007　四氟苯菊酯/92%/原药/四氟苯菊酯 92%/2012.05.08 至 2017.05.08/微毒
WP20070022　右旋苯醚氰菊酯/93%/原药/右旋苯醚氰菊酯 93%/2012.11.20 至 2017.11.20/低毒
WP20080033　右旋胺菊酯/总酯92%，右旋体90%/原药/右旋胺菊酯 92%/2013.02.28 至 2018.02.28/低毒
WP20080107　富右旋反式炔丙菊酯/总酯94%,右旋体85%/原药/富右旋反式烯丙菊酯 总酯94%,右旋体85%/2013.10.21 至 2023.10.21/低毒
WP20080116　S-生物烯丙菊酯/总酯95%，右旋反式体90%/原药/S-生物烯丙菊酯 总酯95%，右旋反式体90%/2013.10.22至2018.10.22/中等毒
WP20090243　富右旋反式烯丙菊酯/总酯93％，右旋反式体82％/原药/富右旋反式烯丙菊酯 93%/2009.04.24 至 2014.04.24/低毒
WL20120053　七氟甲醚菊酯/92%/原药/七氟甲醚菊酯 92%/2013.10.12 至 2014.10.12/低毒

常州市闰江防蛀用品有限公司　(江苏省常州市武进区湖塘镇周家巷85号　213161　0519-86562693)

WP20100023　防蛀片剂/96%/防蛀片剂/樟脑 96%/2010.01.16 至 2015.01.16/低毒

卫生　黑皮蠹　200克制剂/立方米　投放
WP20110267　防蛀防霉片剂/99%/防蛀片剂/对二氯苯 99%/2011.12.13 至 2016.12.13/低毒
卫生　黑皮蠹、霉菌、青霉菌　40克/立方米　投放
WP20120046　防蛀片剂/125毫克/片/防蛀片剂/右旋烯炔菊酯 125毫克/片/2012.03.19 至 2017.03.19/微毒
卫生　黑皮蠹　/　投放
WP20120047　防蛀防霉球剂/99%/防蛀球剂/对二氯苯 99%/2012.03.19 至 2017.03.19/低毒
卫生　黑皮蠹、霉菌、青霉菌　/　投放

发事达(南通)化工有限公司　(江苏省如皋市如皋港经济开发区精细化工园区　226532　0513-87688188)

PD20090427　螨醇·哒螨灵/20%/乳油/哒螨灵 5%、三氯杀螨醇 15%/2014.01.12 至 2019.01.12/中等毒
柑橘树　红蜘蛛　100-133毫克/千克　喷雾
PD20097684　精噁唑禾草灵/69克/升/水乳剂/精噁唑禾草灵 69克/升/2009.11.04 至 2014.11.04/低毒
小麦田　看麦娘、野燕麦等一年生禾本科杂草　62.1-82.8克/公顷　茎叶喷雾
PD20110378　草甘膦铵盐/68%/可溶粒剂/草甘膦 68%/2011.04.11 至 2016.04.11/低毒
非耕地　杂草　1530-2040克/公顷　茎叶喷雾
柑橘园　杂草　1120.5-2241克/公顷　定向茎叶喷雾
注:草甘膦铵盐含量:74.7%。
PD20110717　啶虫脒/40%/水分散粒剂/啶虫脒 40%/2011.07.07 至 2016.07.07/中等毒
甘蓝　蚜虫　13.5-22.5克/公顷　喷雾
PD20121844　戊唑醇/430克/升/悬浮剂/戊唑醇 430克/升/2012.11.28 至 2017.11.28/低毒
苹果树　斑点落叶病　71.67-107.5毫克/千克　喷雾
PD20121974　丙溴·氟铃脲/32%/乳油/丙溴磷 30%、氟铃脲 2%/2012.12.18 至 2017.12.18/低毒
甘蓝　小菜蛾　192-288克/公顷　喷雾
PD20130290　醚菌酯/50%/水分散粒剂/醚菌酯 50%/2013.02.26 至 2018.02.26/微毒
黄瓜　白粉病　112.5～150克/公顷　喷雾
PD20130696　甲氨基阿维菌素苯甲酸盐/5%/水分散粒剂/甲氨基阿维菌素 5%/2013.04.11 至 2018.04.11/低毒
甘蓝　甜菜夜蛾　2.625-3.375克/公顷　喷雾
注:甲氨基阿维菌素苯甲酸盐含量: 5.7%。
PD20131450　吡蚜酮/60%/水分散粒剂/吡蚜酮 60%/2013.07.05 至 2018.07.05/微毒
水稻　飞虱　72-90克/公顷　喷雾
LS20130059　炔苯酰草胺/50%/可湿性粉剂/炔苯酰草胺 50%/2014.02.06 至 2015.02.06/微毒
莴苣田　一年生杂草　1125-1875克/公顷　移栽前土壤喷雾

阜宁宁翔化工有限公司　(江苏省金坛市水北镇水潢路99号　224400　0515-87954457)

PD20081486　联苯菊酯/96%/原药/联苯菊酯 96%/2013.11.05 至 2018.11.05/中等毒

海门兆丰化工有限公司　(江苏省海门市青龙化工园区大庆路　215622　0513-82609168)

PD20094938　四聚乙醛/98%/原药/四聚乙醛 98%/2014.04.16 至 2019.04.16/中等毒
PD20120795　四聚乙醛/6%/颗粒剂/四聚乙醛 6%/2012.05.11 至 2017.05.11/低毒
水稻　福寿螺　360－490克/公顷　撒施

姜堰市兴农生物工程有限公司　(江苏省姜堰市桥头工业园区　22511　0523-88789888)

PD20120938　苦参碱/0.3%/水剂/苦参碱 0.3%/2012.06.04 至 2017.06.04/低毒
甘蓝　菜青虫　3.375-5.625克/公顷　喷雾
LS20100095　苦参碱/0.3%/水剂/苦参碱 0.3%/2012.06.03 至 2013.06.03/低毒
甘蓝　菜青虫　3.6-5.625克/公顷　喷雾

江苏艾津农化有限责任公司　(江苏省南京市六合区红山精细化工园双巷路58号　211511　025-68172666)

PD20100363　杀螺胺乙醇胺盐/50%/可湿性粉剂/杀螺胺乙醇胺盐 50%/2010.01.11 至 2015.01.11/低毒
滩涂　钉螺　1-2克/平方米　浸杀、喷洒
PD20101906　吡虫啉/70%/水分散粒剂/吡虫啉 70%/2010.08.27 至 2015.08.27/低毒
甘蓝、十字花科蔬菜　蚜虫　15.75－21克/公顷　喷雾
PD20111333　杀螺胺/70%/可湿性粉剂/杀螺胺 70%/2011.12.06 至 2016.12.06/低毒
水稻　福寿螺　315-420克/公顷　喷雾
PD20120234　吡虫啉/20%/可溶液剂/吡虫啉 20%/2012.02.13 至 2017.02.13/微毒
水稻　稻飞虱　21-30克/公顷　喷雾
PD20121564　吡虫啉/350克/升/悬浮剂/吡虫啉 350克/升/2012.10.25 至 2017.10.25/低毒
甘蓝　蚜虫　15.75-26.25克/公顷　喷雾
PD20130146　双草醚/10%/悬浮剂/双草醚 10%/2013.01.17 至 2018.01.17/低毒
注:专供出口,不得在国内销售。
PD20130699　草甘膦铵盐/68%/可溶粒剂/草甘膦 68%/2013.04.11 至 2018.04.11/微毒
非耕地　杂草　1020-2040克/公顷　定向茎叶喷雾
注:草甘膦铵盐含量: 74.4%。
PD20132169　阿维菌素/5%/乳油/阿维菌素 5%/2013.10.29 至 2018.10.29/低毒(原药高毒)
甘蓝　小菜蛾　8.1-10.8克/公顷　喷雾
LS20130141　杀螺胺乙醇胺盐/5%/颗粒剂/杀螺胺乙醇胺盐 5%/2013.05.08 至 2014.05.08/微毒
滩涂　钉螺　0.5-1克/平方米　撒施
WP20110222　四聚·杀螺胺/26%/悬浮剂/杀螺胺乙醇胺盐 25%、四聚乙醛 1%/2011.09.28 至 2016.09.28/微毒

	沟渠	钉螺	0.52-1.04克/平方米	浸杀
	滩涂	钉螺	0.52-1.04克/平方米	喷洒
WL20120018	四聚乙醛/40%/悬浮剂/四聚乙醛 40%/2013.03.30 至 2014.03.30/低毒			
	滩涂	钉螺	0.5-0.8克/平方米	喷洒
WL20130013	杀螺胺乙醇胺盐/1%/展膜油剂/杀螺胺 1%/2013.02.06 至 2014.02.06/低毒			
	卫生	日本血吸虫尾蚴	0.02-0.04克/平方米	洒施

江苏爱特福84股份有限公司　(江苏省淮安市金湖县陈桥镇84号　211628　0517-86407484)

WP20080123	电热蚊香片/10毫克/片/电热蚊香片/炔丙菊酯 10毫克/片/2013.10.28 至 2018.10.28/低毒			
	卫生	蚊	/	电热加温
WP20110009	杀虫气雾剂/0.41%/气雾剂/富右旋反式烯丙菊酯 0.16%、高效氯氰菊酯 0.03%、氯菊酯 0.22%/2011.01.04至2016.01.04/微毒			
	卫生	蚊、蝇、蜚蠊	/	喷雾
	注:本产品有三种香型：柑橘香型、桂花香型、薰衣草香型。			
WP20110011	杀虫气雾剂/0.7%/气雾剂/胺菊酯 0.25%、富右旋反式烯丙菊酯 0.1%、氯菊酯 0.35%/2011.01.04 至 2016.01.04/微毒			
	卫生	蚊、蝇、蜚蠊	/	喷雾
	注:本产品有两种香型：茉莉香型、无香型。			
WP20110050	杀虫气雾剂/0.55%/气雾剂/胺菊酯 0.3%、氯菊酯 0.25%/2011.02.23 至 2016.02.23/微毒			
	卫生	蚊、蝇、蜚蠊	/	喷雾
WP20110105	蚊香/0.15%/蚊香/Es-生物烯丙菊酯 0.15%/2011.04.22 至 2016.04.22/微毒			
	卫生	蚊	/	点燃
	注:本产品有一种香型：薰衣草香型。			
WP20110112	杀虫气雾剂/0.72%/气雾剂/胺菊酯 0.12%、氯菊酯 0.45%、四氟苯菊酯 0.15%/2011.04.29 至 2016.04.29/微毒			
	卫生	蚊、蝇、蜚蠊	/	喷雾
	注:本产品有两种香型：檀香型、柠檬香型。			
WP20110113	杀虫气雾剂/0.5%/气雾剂/胺菊酯 0.25%、富右旋反式烯丙菊酯 0.15%、氯氰菊酯 0.1%/2011.05.03至2016.05.03/微毒			
	卫生	蚊、蝇、蜚蠊	/	喷雾
	注:本产品有一种香型：檀香型。			
WP20110196	杀虫气雾剂/0.45%/气雾剂/胺菊酯 0.4%、高效氯氰菊酯 0.05%/2011.09.06 至 2016.09.06/微毒			
	卫生	蚊、蝇、蜚蠊	/	喷雾
	注:本产品有两种香型：薰衣草香型、茉莉香型。			
WP20110238	杀虫气雾剂/0.45%/气雾剂/Es-生物烯丙菊酯 0.3%、高效氯氰菊酯 0.15%/2011.10.14 至 2016.10.14/微毒			
	卫生	蚊、蝇	/	喷雾
	注:本产品有一种香型：檀香型。			
WP20130056	蚊香/0.04%/蚊香/氯氟醚菊酯 0.04%/2013.04.02 至 2018.04.02/微毒			
	卫生	蚊	/	点燃
WL20110128	电热蚊香片/10毫克/片/电热蚊香片/炔丙菊酯 5毫克/片、氯氟醚菊酯 5毫克/片/2012.11.03 至 2013.11.03/微毒			
	卫生	蚊	/	喷雾
	注:本产品有一种香型：无香型。			
WL20120002	电热蚊香液/0.4%/电热蚊香液/氯氟醚菊酯 0.4%/2014.01.06 至 2015.01.06/微毒			
	卫生	蚊	/	电热加温
	注:本产品有两种香型：柠檬香型、无味型。			
WL20120003	电热蚊香液/0.8%/电热蚊香液/氯氟醚菊酯 0.8%/2014.01.06 至 2015.01.06/微毒			
	卫生	蚊	/	电热加温
WL20120008	杀虫气雾剂/0.2%/气雾剂/高效氯氰菊酯 0.1%、炔咪菊酯 0.1%/2014.02.06 至 2015.02.06/微毒			
	卫生	蜚蠊	/	喷雾
WL20130011	杀虫气雾剂/0.60%/醇基气雾剂/富右旋反式烯丙菊酯 0.35%、氯菊酯 0.25%/2014.02.06 至 2015.02.06/微毒(原药低毒)			
	室内	蚊、蝇、蜚蠊	/	喷雾

江苏安邦电化有限公司　(江苏省淮安市清浦区化工路30号　223002　0517-83556168)

PDN37-96	噻嗪酮/98%/原药/噻嗪酮 98%/2012.03.11 至 2017.03.11/低毒			
PDN38-96	噻嗪酮/25%/可湿性粉剂/噻嗪酮 25%/2011.03.15 至 2016.03.15/低毒			
	茶树	小绿叶蝉	166-250毫克/千克	喷雾
	柑橘树	矢尖蚧	150-250毫克/千克	喷雾
	水稻	飞虱	75-112.5克/公顷	喷雾
PD84104-52	杀虫双/18%/水剂/杀虫双 18%/2009.10.26 至 2014.10.26/中等毒			
	甘蔗、蔬菜、水稻、小麦、玉米	多种害虫	540-675克/公顷	喷雾
	果树	多种害虫	225-360毫克/千克	喷雾
PD84108-23	敌百虫/90%/原药/敌百虫 90%/2009.12.28 至 2014.12.28/低毒			
	白菜、青菜	地下害虫	750-1500克/公顷	毒饵
	白菜、青菜	菜青虫	960-1200克/公顷	喷雾
	茶树	尺蠖、刺蛾	450-900毫克/千克	喷雾
	柑橘树	卷叶蛾	600-750毫克/千克	喷雾
	水稻	螟虫	1500-1800克/公顷	喷雾、泼浇或毒土

	烟草	烟青虫	900毫克/千克	喷雾
PD84125-3	乙烯利/40%/水剂/乙烯利 40%/2009.12.28 至 2014.12.28/低毒			
	大麦	防止倒伏、调节生长	300-360 克/公顷	兑水喷雾
	番茄	催熟	800-1000倍液	喷雾或浸渍
	棉花	催熟、增产	330-500倍液	喷雾
	柿子树、香蕉	催熟	400倍液	喷雾或浸渍
	水稻	催熟、增产	800倍液	喷雾
	橡胶树	增产	5-10倍液	涂布
	烟草	催熟	1000-2000倍液	喷雾
	注:大麦为临时登记状态。			
PD85105-49	敌敌畏/77.5%/乳油/敌敌畏 77.5%/2009.12.28 至 2014.12.28/中等毒			
	茶树	食叶害虫	600克/公顷	喷雾
	粮仓	多种储藏害虫	1)400-500倍液 2)0.4-0.5克/立方米	1)喷雾 2)挂条熏蒸
	棉花	蚜虫、造桥虫	600-1200克/公顷	喷雾
	苹果树	小卷叶蛾、蚜虫	400-500毫克/千克	喷雾
	青菜	菜青虫	600克/公顷	喷雾
	桑树	尺蠖	600克/公顷	喷雾
	卫生	多种卫生害虫	1)300-400倍液2)0.08克/立方米	1)泼洒2)挂条熏蒸
	小麦	黏虫、蚜虫	600克/公顷	喷雾
PD94106	乙烯利/70%/原药/乙烯利 70%/2014.04.12 至 2019.04.12/低毒			
PD20040071	三唑酮/20%/乳油/三唑酮 20%/2009.12.19 至 2014.12.19/低毒			
	小麦	白粉病	120-127.5克/公顷	喷雾
PD20040105	多·酮/40%/可湿性粉剂/多菌灵 35%、三唑酮 5%/2009.12.19 至 2014.12.19/低毒			
	水稻	叶尖枯病	750-900克/公顷	喷雾
	小麦	白粉病、赤霉病	750-850克/公顷	喷雾
PD20040125	吡虫啉/10%/可湿性粉剂/吡虫啉 10%/2009.12.19 至 2014.12.19/低毒			
	水稻	飞虱	15-30克/公顷	喷雾
PD20040130	三唑酮/15%/可湿性粉剂/三唑酮 15%/2009.12.19 至 2014.12.19/低毒			
	小麦	白粉病	120-127.5克/公顷	喷雾
PD20040551	杀虫单/90%/可溶粉剂/杀虫单 90%/2009.12.19 至 2014.12.19/中等毒			
	水稻	螟虫	675-810克/公顷	喷雾
PD20050080	杀虫单/95%/原药/杀虫单 95%/2010.06.24 至 2015.06.24/中等毒			
PD20050116	吡虫·杀虫单/72%/可湿性粉剂/吡虫啉 2.4%、杀虫单 69.6%/2010.08.15 至 2015.08.15/低毒			
	水稻	稻飞虱、稻纵卷叶螟、二化螟、三化螟	450-750克/公顷	喷雾
PD20060178	草甘膦/95%/原药/草甘膦 95%/2011.11.09 至 2016.11.09/低毒			
PD20070372	吡蚜酮/96%/原药/吡蚜酮 96%/2012.10.24 至 2017.10.24/中等毒			
PD20070373	吡蚜酮/25%/可湿性粉剂/吡蚜酮 25%/2012.10.24 至 2017.10.24/低毒			
	水稻	飞虱	60-75克/公顷	喷雾
	小麦	蚜虫	60-75克/公顷	喷雾
PD20070467	噻·酮·杀虫单/45%/可湿性粉剂/噻嗪酮 7%、杀虫单 33%、三唑酮 5%/2012.11.20 至 2017.11.20/中等毒			
	杂交水稻	稻飞虱、稻纵卷叶螟、二化螟、叶尖枯病	600-815克/公顷	喷雾
PD20080538	硫丹/96%/原药/硫丹 96%/2013.05.04 至 2018.05.04/高毒			
PD20080728	草甘膦异丙胺盐/41%/水剂/草甘膦异丙胺盐 41%/2013.06.11 至 2018.06.11/微毒			
	柑橘园	杂草	1230—2460克/公顷	喷雾
PD20081705	杀虫双/25%/母液/杀虫双 25%/2013.11.17 至 2018.11.17/中等毒			
PD20081818	杀螟丹/98%/原药/杀螟丹 98%/2013.11.19 至 2018.11.19/中等毒			
PD20082053	苄·二氯/27.5%/可湿性粉剂/苄嘧磺隆 2.75%、二氯喹啉酸 24.75%/2013.11.25 至 2018.11.25/低毒			
	水稻秧田	单、双子叶杂草	202-231克/公顷	喷雾
PD20082284	二氯喹啉酸/50%/可湿性粉剂/二氯喹啉酸 50%/2013.12.01 至 2018.12.01/低毒			
	水稻移栽田	稗草	200-375克/公顷	喷雾
PD20082816	硫丹/35%/乳油/硫丹 35%/2013.12.09 至 2018.12.09/中等毒(原药高毒)			
	棉花	棉铃虫	630-945克/公顷	喷雾
PD20082909	三环唑/20%/可湿性粉剂/三环唑 20%/2013.12.09 至 2018.12.09/中等毒			
	水稻	稻瘟病	225-300克/公顷	喷雾
PD20083063	氰戊·辛硫磷/50%/乳油/氰戊菊酯 4.5%、辛硫磷 45.5%/2013.12.10 至 2018.12.10/中等毒			
	棉花	蚜虫	150-225克/公顷	喷雾
PD20086354	醚磺隆/92%/原药/醚磺隆 92%/2013.12.31 至 2018.12.31/低毒			
PD20090085	草甘膦异丙胺盐/62%/水剂/草甘膦异丙胺盐 62%/2014.01.08 至 2019.01.08/微毒			
	柑橘园	杂草	1125-2250克/公顷	定向茎叶喷雾
PD20091726	醚磺隆/10%/可湿性粉剂/醚磺隆 10%/2014.02.04 至 2019.02.04/低毒			
	水稻移栽田	一年生阔叶杂草及莎草科杂草	18-30克/公顷	毒土法
PD20095197	乙烯利/5%/膏剂/乙烯利 5%/2009.04.24 至 2014.04.24/微毒			

橡胶树　增产　0.06-0.08克/株　涂抹

PD20095334　井·噻·杀虫单/48%/可湿性粉剂/井冈霉素 7%、噻嗪酮 7%、杀虫单 34%/2009.04.27 至 2014.04.27/中等毒

水稻　稻飞虱、二化螟、纹枯病　720-864克/公顷　喷雾

PD20095529　苄·乙/20%/可湿性粉剂/苄嘧磺隆 4.5%、乙草胺 15.5%/2009.05.11 至 2014.05.11/低毒

水稻移栽田　部分多年生杂草、一年生杂草　84-118克/公顷　毒土法

PD20095598　醚磺·乙草胺/25%/可湿性粉剂/醚磺隆 4%、乙草胺 21%/2009.05.12 至 2014.05.12/低毒

水稻移栽田　一年生及部分多年生杂草　75-112.5克/公顷　药土法

PD20096218　乙草胺/50%/乳油/乙草胺 50%/2009.07.15 至 2014.07.15/低毒

玉米田　一年生禾本科杂草及部分小粒种子阔叶杂草　180-220毫升制剂/亩(东北地区)　播后苗前土壤喷雾

100-180毫升制剂/亩(其它地区)

PD20096457　羟烯·乙烯利/40%/水剂/羟烯腺嘌呤 0.3毫克/毫升、乙烯利 40%/2009.08.05 至 2014.08.05/低毒

玉米　防止倒伏　150-180克/公顷　喷雾

PD20097512　乙草胺/93%/原药/乙草胺 93%/2009.11.03 至 2014.11.03/低毒

PD20097616　苯菌灵/95%/原药/苯菌灵 95%/2009.11.03 至 2014.11.03/低毒

PD20100065　苯菌灵/50%/可湿性粉剂/苯菌灵 50%/2010.01.04 至 2015.01.04/低毒

柑橘　疮痂病　500-600倍液　喷雾

PD20102115　吡蚜酮/50%/水分散粒剂/吡蚜酮 50%/2010.11.30 至 2015.11.30/低毒

茶树　茶小绿叶蝉　200-100mg/kg　喷雾

甘蓝　蚜虫　52.5-112.5克/公顷　喷雾

水稻　稻飞虱　75-90克/公顷　喷雾

PD20110072　杀虫双/29%/水剂/杀虫双 29%/2011.01.19 至 2016.01.19/低毒

水稻　二化螟　613.8-688.2克/公顷　喷雾

PD20121198　吡蚜·噻嗪酮/25%/悬浮剂/吡蚜酮 8%、噻嗪酮 17%/2012.08.06 至 2017.08.06/微毒

水稻　稻飞虱　112.5-150克/公顷　喷雾

PD20122008　吡蚜·噻嗪酮/50%/水分散粒剂/吡蚜酮 17%、噻嗪酮 33%/2012.12.19 至 2017.12.19/低毒

水稻　稻飞虱　97.5-150克/公顷　喷雾

PD20130982　2甲4氯钠/56%/可溶粉剂/2甲4氯钠 56%/2013.05.02 至 2018.05.02/低毒

小麦田　一年生阔叶杂草　840-1176克/公顷　茎叶喷雾

PD20131260　噻嗪酮/40%/悬浮剂/噻嗪酮 40%/2013.06.04 至 2018.06.04/微毒

茶树　小绿叶蝉　200-267毫克/千克　喷雾

水稻　稻飞虱　150-180克/公顷　喷雾

PD20131402　2甲4氯钠/13%/水剂/2甲4氯钠 13%/2013.07.02 至 2018.07.02/低毒

小麦田　一年生阔叶杂草　585-878克/公顷　茎叶喷雾

PD20131656　2，4-滴丁酯/57%/乳油/2,4-滴丁酯 57%/2013.08.01 至 2018.08.01/低毒

小麦田　一年生阔叶杂草　342-641.25克/公顷　茎叶喷雾

LS20130051　乙烯利/70%/水剂/乙烯利 70%/2014.02.06 至 2015.02.06/低毒

棉花　催熟　800-1200毫克/千克　喷雾

江苏敖广日化集团股份有限公司　(江苏省南京市高淳县漆桥镇双高路205号　211302　025-57852678)

WP20080182　杀虫气雾剂/0.65%/气雾剂/胺菊酯 0.33%、富右旋反式烯丙菊酯 0.1%、氯菊酯 0.22%/2013.11.19 至 2018.11.19/微毒

卫生　蚊、蝇、蜚蠊　/　喷雾

WP20080403　杀虫气雾剂/0.6%/气雾剂/胺菊酯 0.30%、富右旋反式烯丙菊酯 0.10%、氯菊酯 0.20%/2013.12.12 至 2018.12.12/低毒

卫生　蚊、蝇、蜚蠊　/　喷雾

WP20090224　电热蚊香片/9.5毫克/片/电热蚊香片/炔丙菊酯 9.5毫克/片/2014.04.09 至 2019.04.09/微毒

卫生　蚊　/　电热加温

WP20090358　电热蚊香液/1.5%/电热蚊香液/炔丙菊酯 1.5%/2009.11.03 至 2014.11.03/微毒

卫生　蚊　/　电热加温

WP20120138　驱蚊液/5%/驱蚊液/避蚊胺 5%/2012.07.20 至 2017.07.20/微毒

卫生　蚊　/　喷雾

WP20120181　杀虫气雾剂/0.55%/气雾剂/Es-生物烯丙菊酯 0.25%、氯菊酯 0.3%/2012.09.13 至 2017.09.13/微毒

卫生　蚊、蝇、蜚蠊　/　喷雾

WP20120198　电热蚊香片/13毫克/片/电热蚊香片/炔丙菊酯 13毫克/片/2012.10.25 至 2017.10.25/微毒

卫生　蚊　/　电热加温

WP20130007　蚊香/0.05%/蚊香/氯氟醚菊酯 0.05%/2013.01.07 至 2018.01.07/微毒

卫生　蚊　/　点燃

WP20130009　蚊香/0.26%/蚊香/富右旋反式烯丙菊酯 0.25%、四氟醚菊酯 0.01%/2013.01.15 至 2018.01.15/微毒

卫生　蚊　/　点燃

注:本产品有一种香型：莲花香型。

WP20130155　蚊香/0.08%/蚊香/氯氟醚菊酯 0.08%/2013.07.18 至 2018.07.18/微毒

卫生　蚊　/　点燃

WL20110042　电热蚊香液/0.6%/电热蚊香液/氯氟醚菊酯 0.6%/2013.03.03 至 2014.03.03/微毒

卫生　蚊　/　电热加温

江苏百灵农化有限公司　(江苏省江阴市澄江中路276号西单元11楼　214434　0510-81602513)

PD85150-33　多菌灵/50%/可湿性粉剂/多菌灵 50%/2011.01.12 至 2016.01.12/低毒

	果树	病害	0.05-0.1%药液	喷雾
	花生	倒秧病	750克/公顷	喷雾
	麦类	赤霉病	750克/公顷	喷雾、泼浇
	棉花	苗期病害	500克/100千克种子	拌种
	水稻	稻瘟病、纹枯病	750克/公顷	喷雾、泼浇
	油菜	菌核病	1125-1500克/公顷	喷雾
PD85154-18	氰戊菊酯/20%/乳油/氰戊菊酯 20%/2010.08.15 至 2015.08.15/中等毒			
	柑橘树	潜叶蛾	10-20毫克/千克	喷雾
	果树	梨小食心虫	10-20毫克/千克	喷雾
	棉花	红铃虫、蚜虫	75-150克/公顷	喷雾
	蔬菜	菜青虫、蚜虫	60-120克/公顷	喷雾
PD20040223	氯氰菊酯/10%/乳油/氯氰菊酯 10%/2009.12.19 至 2014.12.19/中等毒			
	棉花	棉铃虫、蚜虫	45-90克/公顷	喷雾
	十字花科蔬菜	菜青虫	30-45克/公顷	喷雾
PD20040450	哒螨灵/20%/可湿性粉剂/哒螨灵 20%/2009.12.19 至 2014.12.19/中等毒			
	柑橘树、苹果树	红蜘蛛	50-67毫克/千克	喷雾
PD20040579	哒螨灵/15%/乳油/哒螨灵 15%/2009.12.19 至 2014.12.19/中等毒			
	柑橘树	红蜘蛛	50-67毫克/千克	喷雾
PD20070252	草甘膦/95%/原药/草甘膦 95%/2012.09.03 至 2017.09.03/低毒			
PD20070262	噻菌灵/98.5%/原药/噻菌灵 98.5%/2012.09.04 至 2017.09.04/低毒			
PD20070264	氯氰菊酯/94%/原药/氯氰菊酯 94%/2012.09.04 至 2017.09.04/低毒			
PD20070273	高效氯氟氰菊酯/95%/原药/高效氯氟氰菊酯 95%/2012.09.05 至 2017.09.05/中等毒			
PD20070287	百菌清/98%/原药/百菌清 98%/2012.09.05 至 2017.09.05/低毒			
PD20070328	双甲脒/98%/原药/双甲脒 98%/2012.10.10 至 2017.10.10/中等毒			
PD20070417	噁草酮/94%/原药/噁草酮 94%/2012.11.06 至 2017.11.06/低毒			
PD20070489	吡虫啉/95%/原药/吡虫啉 95%/2012.11.28 至 2017.11.28/低毒			
PD20070493	醚菊酯/96%/原药/醚菊酯 96%/2012.11.28 至 2017.11.28/低毒			
PD20070510	戊唑醇/95%/原药/戊唑醇 95%/2012.11.28 至 2017.11.28/低毒			
PD20070648	甲基硫菌灵/95%/原药/甲基硫菌灵 95%/2012.12.17 至 2017.12.17/低毒			
PD20080038	氟磺胺草醚/95%/原药/氟磺胺草醚 95%/2013.01.03 至 2018.01.03/低毒			
PD20080112	噻嗪酮/95%/原药/噻嗪酮 95%/2013.01.03 至 2018.01.03/低毒			
PD20080116	乙草胺/93%/原药/乙草胺 93%/2013.01.03 至 2018.01.03/低毒			
PD20080176	异丙甲草胺/96%/原药/异丙甲草胺 96%/2013.01.03 至 2018.01.03/低毒			
PD20080178	乙烯利/85%/原药/乙烯利 85%/2013.01.03 至 2018.01.03/低毒			
PD20080412	杀螺胺/98%/原药/杀螺胺 98%/2013.02.28 至 2018.02.28/低毒			
PD20080575	毒死蜱/97%/原药/毒死蜱 97%/2013.05.12 至 2018.05.12/中等毒			
PD20080737	代森锰锌/90%/原药/代森锰锌 90%/2013.06.11 至 2018.06.11/低毒			
PD20081062	阿维菌素/95%/原药/阿维菌素 95%/2013.08.14 至 2018.08.14/高毒			
PD20081137	丙环唑/95%/原药/丙环唑 95%/2013.09.01 至 2018.09.01/低毒			
PD20081151	氟乐灵/96%/原药/氟乐灵 96%/2013.09.01 至 2018.09.01/低毒			
PD20081329	三环·杀虫单/50%/可湿性粉剂/三环唑 17%、杀虫单 33%/2013.10.21 至 2018.10.21/中等毒			
	水稻	稻瘟病、三化螟	750-937.5克/公顷	喷雾
PD20081538	多菌灵/98%/原药/多菌灵 98%/2013.11.11 至 2018.11.11/低毒			
PD20081745	双甲脒/20%/乳油/双甲脒 20%/2013.11.18 至 2018.11.18/中等毒			
	柑橘树	红蜘蛛	100-200毫克/千克	喷雾
PD20082213	溴氰菊酯/2.5%/乳油/溴氰菊酯 2.5%/2013.11.26 至 2018.11.26/中等毒			
	棉花	棉铃虫	7.5-15克/公顷	喷雾
PD20082587	赤霉酸/90%/原药/赤霉酸 90%/2013.12.04 至 2018.12.04/低毒			
PD20083227	高效氯氟氰菊酯/25克/升/乳油/高效氯氟氰菊酯 25克/升/2013.12.11 至 2018.12.11/中等毒			
	十字花科蔬菜	菜青虫	7.5-11.25克/公顷	喷雾
PD20083573	阿维·双甲脒/10.8%/乳油/阿维菌素 0.2%、双甲脒 10.6%/2013.12.12 至 2018.12.12/低毒(原药高毒)			
	梨树	梨木虱	27-36毫克/千克	喷雾
PD20096193	乙烯利/40%/水剂/乙烯利 40%/2009.07.13 至 2014.07.13/低毒			
	水稻	催熟、增产	500-666.7毫克/千克	兑水喷雾
PD20096574	噁草酮/250克/升/乳油/噁草酮 250克/升/2009.08.24 至 2014.08.24/低毒			
	移栽水稻田	一年生杂草	375-487.5克/公顷	土壤喷雾
PD20096588	氟乐灵/480克/升/乳油/氟乐灵 480克/升/2009.08.25 至 2014.08.25/低毒			
	棉花田	一年生禾本科杂草	133-150毫升制剂/亩	播后苗前土壤喷雾
PD20096703	异丙甲草胺/720克/升/乳油/异丙甲草胺 720克/升/2009.09.07 至 2014.09.07/低毒			
	大豆田	一年生杂草	100-180毫升制剂/亩	播前或播后苗前土壤处理
PD20096793	噻菌灵/42%/悬浮剂/噻菌灵 42%/2009.09.15 至 2014.09.15/微毒			
	柑橘	青霉病	1250－1500mg/kg	浸果

PD20096857 噻嗪酮/25%/可湿性粉剂/噻嗪酮 25%/2009.09.22 至 2014.09.22/低毒
水稻 稻飞虱 150－187.5克/公顷 喷雾
PD20097007 毒死蜱/40%/乳油/毒死蜱 40%/2009.09.29 至 2014.09.29/中等毒
水稻 三化螟 720－864克/公顷 喷雾
PD20097057 百菌清/75%/可湿性粉剂/百菌清 75%/2009.10.10 至 2014.10.10/低毒
黄瓜 霜霉病 1350－1642.5克/公顷 喷雾
PD20097106 代森锰锌/80%/可湿性粉剂/代森锰锌 80%/2009.10.10 至 2014.10.10/低毒
苹果树 斑点落叶病 500-800倍液 喷雾
PD20097204 丙环唑/250克/升/乳油/丙环唑 250克/升/2009.10.19 至 2014.10.19/低毒
小麦 白粉病 112.5-187.5克/公顷 喷雾
PD20097233 赤霉酸/20%/可溶粉剂/赤霉酸 20%/2009.10.19 至 2014.10.19/低毒
移栽水稻田 调节生长 60-90克/公顷 喷雾
PD20097539 氟磺胺草醚/250克/升/水剂/氟磺胺草醚 250克/升/2009.11.03 至 2014.11.03/低毒
春大豆田 一年生阔叶杂草 375-525克/公顷 茎叶喷雾
PD20098033 草甘膦异丙胺盐(41%)///水剂/草甘膦 30%/2009.12.07 至 2014.12.07/低毒
棉花田 一年生及部分多年生杂草 120-270毫升制剂/亩 行间定向茎叶喷雾
PD20098216 乙草胺/81.5%/乳油/乙草胺 81.5%/2009.12.16 至 2014.12.16/低毒
夏玉米田 一年生禾本科杂草 80-100毫升制剂/亩 播后苗前土壤喷雾
PD20098294 甲基硫菌灵/70%/可湿性粉剂/甲基硫菌灵 70%/2009.12.18 至 2014.12.18/低毒
苹果树 轮纹病 700－875毫克/千克 喷雾
PD20098420 吡虫啉/10%/可湿性粉剂/吡虫啉 10%/2009.12.24 至 2014.12.24/低毒
水稻 稻飞虱 30-45克/公顷 喷雾
PD20098438 醚菊酯/10%/悬浮剂/醚菊酯 10%/2009.12.24 至 2014.12.24/低毒
甘蓝 菜青虫 45－60克/公顷 喷雾
PD20101404 杀螺胺乙醇胺盐/70%/可湿性粉剂/杀螺胺 70%/2010.04.14 至 2015.04.14/低毒
水稻 福寿螺 420-525克/公顷 毒土法
注:杀螺胺乙醇胺盐含量：83.1%。
PD20102221 哒螨灵/95%/原药/哒螨灵 95%/2010.12.31 至 2015.12.31/中等毒
PD20110146 阿维菌素/1.8%/乳油/阿维菌素 1.8%/2011.02.10 至 2016.02.10/低毒(原药高毒)
棉花 红蜘蛛 10.8-16.2克/公顷 喷雾
PD20131566 三环唑/75%/可湿性粉剂/三环唑 75%/2013.07.23 至 2018.07.23/中等毒
注:专供出口，不得在国内销售。
PD20132209 多效唑/95%/原药/多效唑 95%/2013.10.29 至 2018.10.29/低毒
注:专供出口，不得在国内销售。

江苏宝灵化工股份有限公司 (江苏省南通经济开发区通旺路9号 226017 0513-89052850)

PD85156-8 辛硫磷/91%/原药/辛硫磷 91%/2010.07.22 至 2015.07.22/低毒
PD85157-3 辛硫磷/40%/乳油/辛硫磷 40%/2010.07.22 至 2015.07.22/低毒
茶树、桑树 食叶害虫 200-400毫克/千克 喷雾
果树 食心虫、蚜虫、螨 200-400毫克/千克 喷雾
林木 食叶害虫 3000-6000克/公顷 喷雾
棉花 棉铃虫、蚜虫 300-600克/公顷 喷雾
蔬菜 菜青虫 300-450克/公顷 喷雾
烟草 食叶害虫 300-600克/公顷 喷雾
玉米 玉米螟 450-600克/公顷 灌心叶
PD20070139 氯氰·毒死蜱/50%/乳油/毒死蜱 45%、氯氰菊酯 5%/2012.05.30 至 2017.05.30/中等毒
棉花 棉铃虫 300-375克/公顷 喷雾
苹果树 绵蚜 200-333.3毫克/千克 喷雾
PD20070188 甲霜灵/35%/种子处理干粉剂/甲霜灵 35%/2012.07.10 至 2017.07.10/低毒
谷子 白发病 70-105克/100千克种子 拌种
PD20070228 氯氰·辛硫磷/20%/乳油/氯氰菊酯 1.5%、辛硫磷 18.5%/2012.08.08 至 2017.08.08/低毒
棉花 棉铃虫 210-300克/公顷 喷雾
PD20070253 毒死蜱/97%/原药/毒死蜱 97%/2012.09.04 至 2017.09.04/中等毒
PD20070301 虫酰肼/95%/原药/虫酰肼 95%/2012.09.21 至 2017.09.21/低毒
PD20070449 虫酰肼/20%/悬浮剂/虫酰肼 20%/2012.11.20 至 2017.11.20/低毒
甘蓝 甜菜夜蛾 180-210克/公顷 喷雾
PD20080166 丙溴磷/90%/原药/丙溴磷 90%/2013.01.04 至 2018.01.04/中等毒
PD20080404 霜霉威/98%/原药/霜霉威 98%/2013.02.28 至 2018.02.28/低毒
PD20081143 甲霜灵/95%/原药/甲霜灵 95%/2013.09.01 至 2018.09.01/低毒
PD20081927 四螨嗪/20%/悬浮剂/四螨嗪 20%/2013.11.21 至 2018.11.21/低毒
苹果树 红蜘蛛 80-100毫克/千克 喷雾
PD20082132 丙溴磷/40%/乳油/丙溴磷 40%/2013.11.25 至 2018.11.25/中等毒
棉花 棉铃虫 480-600克/公顷 喷雾
水稻 稻纵卷叶螟 480-600克/公顷 喷雾

PD20082404	丙溴磷/500克/升/乳油/丙溴磷 500克/升/2013.12.01 至 2018.12.01/低毒			
	棉花	棉铃虫	562.5-937.5克/公顷	喷雾
PD20082441	二嗪磷/50%/乳油/二嗪磷 50%/2013.12.02 至 2018.12.02/低毒			
	棉花	蚜虫	600-900克/公顷	喷雾
	水稻	二化螟	450-900克/公顷	喷雾
PD20082753	霜霉威盐酸盐/722克/升/水剂/霜霉威盐酸盐 722克/升/2013.12.08 至 2018.12.08/低毒			
	黄瓜	霜霉病	705-1174克/公顷	喷雾
	烟草	黑胫病	775.5-1164克/公顷	喷雾
PD20083368	甲霜·锰锌/72%/可湿性粉剂/甲霜灵 8%、代森锰锌 64%/2013.12.11 至 2018.12.11/低毒			
	黄瓜	霜霉病	1620-2250克/公顷	喷雾
	葡萄	霜霉病	1087.5-1740克/公顷	喷雾
	烟草	黑胫病	696-1044克/公顷	灌根
PD20083681	毒死蜱/480克/升/乳油/毒死蜱 480克/升/2013.12.15 至 2018.12.15/低毒			
	柑橘树	矢尖蚧	360-480毫克/千克	喷雾
	水稻	稻飞虱	435-576克/公顷	喷雾
	水稻	稻纵卷叶螟	360-720克/公顷	喷雾
	水稻	二化螟	576-720克/公顷	喷雾
PD20084096	氯氰·丙溴磷/44%/乳油/丙溴磷 40%、氯氰菊酯 4%/2008.12.16 至 2013.12.16/低毒			
	棉花	棉铃虫	528-660克/公顷	喷雾
PD20084693	甲霜·锰锌/58%/可湿性粉剂/甲霜灵 10%、代森锰锌 48%/2013.12.22 至 2018.12.22/低毒			
	马铃薯	晚疫病	870-1044克/公顷	喷雾
	葡萄	霜霉病	1087.5-1740克/公顷	喷雾
	烟草	黑胫病	696-1044克/公顷	喷淋茎基部
PD20084846	毒死蜱/40%/乳油/毒死蜱 40%/2013.12.22 至 2018.12.22/中等毒			
	棉花	棉铃虫、蚜虫	450-900克/公顷	喷雾
	苹果树	桃小食心虫	160-240毫克/千克	喷雾
	水稻	稻飞虱	300-600克/公顷	喷雾
PD20084910	辛硫磷/3%/颗粒剂/辛硫磷 3%/2013.12.22 至 2018.12.22/低毒			
	花生	地老虎、金针虫、蝼蛄、蛴螬	1800-2250克/公顷	沟施
PD20085464	辛硫磷/30%/微囊悬浮剂/辛硫磷 30%/2013.12.24 至 2018.12.24/微毒			
	花生	蛴螬	500-600克/100千克种子	拌种
	十字花科蔬菜	菜青虫	270-360克/公顷	喷雾
PD20085868	代森锰锌/30%/悬浮剂/代森锰锌 30%/2013.12.29 至 2018.12.29/微毒			
	番茄	早疫病	1080-1440克/公顷	喷雾
PD20085984	甲霜·福美双/70%/可湿性粉剂/福美双 60%、甲霜灵 10%/2013.12.29 至 2018.12.29/低毒			
	黄瓜	霜霉病	1312.5-1575克/公顷	喷雾
PD20090188	丙溴·敌百虫/48%/乳油/丙溴磷 12%、敌百虫 36%/2014.01.08 至 2019.01.08/中等毒			
	棉花	棉铃虫	360-720克/公顷	喷雾
	水稻	二化螟	576-720克/公顷	喷雾
PD20091765	甲霜·霜霉威/25%/可湿性粉剂/甲霜灵 15%、霜霉威盐酸盐 10%/2014.02.04 至 2019.02.04/低毒			
	番茄	晚疫病	312.5-468.75克/公顷	喷雾
	黄瓜	霜霉病	469.5-703.5克/公顷	喷雾
	辣椒	疫病	0.06-0.1克/株	灌根
	葡萄	霜霉病	312.5-416.7毫克/千克	喷雾
	水稻	苗期立枯病	0.38-0.5克/平方米	喷雾或浇施
	烟草	黑胫病	300-375克/公顷	灌根
PD20092599	毒死蜱/30%/微囊悬浮剂/毒死蜱 30%/2014.02.27 至 2019.02.27/低毒			
	花生	蛴螬	1)1800-2250克/公顷 2)500-600克/100千克种子	1)灌根 2)拌种
	水稻	稻飞虱、稻纵卷叶螟、二化螟	450-630克/公顷	喷雾
PD20096190	氯氰·丙溴磷/44%/乳油/丙溴磷 40%、氯氰菊酯 4%/2009.07.10 至 2014.07.10/低毒			
	柑橘树	潜叶蛾	146.7-220毫克/千克	喷雾
	棉花	棉铃虫	528-660克/公顷	喷雾
	十字花科蔬菜	小菜蛾	396-528克/公顷	喷雾
PD20098313	精甲霜灵/90%/原药/精甲霜灵 90%/2009.12.18 至 2014.12.18/低毒			
PD20098502	甲霜灵/25%/可湿性粉剂/甲霜灵 25%/2009.12.24 至 2014.12.24/低毒			
	注:专供出口，不得在国内销售。			
PD20100068	三唑磷/89%/原药/三唑磷 89%/2010.01.04 至 2015.01.04/中等毒			
PD20100587	毒死蜱//乳油/毒死蜱 480克/升/2010.01.14 至 2015.01.14/低毒			
	水稻	稻飞虱	/	喷雾
PD20110286	甲霜·霜脲氰/25%/可湿性粉剂/甲霜灵 12.5%、霜脲氰 12.5%/2011.03.11 至 2016.03.11/低毒			
	辣椒	疫病	416.7-625毫克/千克	灌根
PD20110755	丙溴磷/720克/升/乳油/丙溴磷 720克/升/2011.07.25 至 2016.07.25/低毒			

水稻 稻纵卷叶螟、二化螟 432-540克/公顷 喷雾
PD20111016 甲氨基阿维菌素苯甲酸盐/5%/水分散粒剂/甲氨基阿维菌素 5%/2011.09.28 至 2016.09.28/低毒
水稻 稻纵卷叶螟、二化螟 7.5-11.25克/公顷 喷雾
注:甲氨基阿维菌素苯甲酸盐含量：5.7%。
PD20111275 甲霜·锰锌/58/可湿性粉剂/甲霜灵 10%、代森锰锌 48%/2011.11.23 至 2016.11.23/—
荔枝树 霜霉病 / /
马铃薯 晚疫病 870-1044克/公顷 喷雾
葡萄 霜霉病 1087.5-1740克/公顷 喷雾
烟草 黑胫病 696-1044克/公顷 喷淋茎基部
PD20111284 氟铃脲/5%/乳油/氟铃脲 5%/2011.11.23 至 2016.11.23/低毒
甘蓝 小菜蛾 28.13-56.25克/公顷 喷雾
PD20120545 毒死蜱/30%/水乳剂/毒死蜱 30%/2012.03.28 至 2017.03.28/中等毒
水稻 稻纵卷叶螟 540-675克/公顷 喷雾
PD20120850 阿维·毒死蜱/41%/乳油/阿维菌素 1%、毒死蜱 40%/2012.05.22 至 2017.05.22/中等毒(原药高毒)
棉花 棉铃虫 461.25-615克/公顷 喷雾
PD20121001 甲维·丙溴磷/40.2%/乳油/丙溴磷 40%、甲氨基阿维菌素苯甲酸盐 0.2%/2012.06.21 至 2017.06.21/低毒
水稻 稻纵卷叶螟、二化螟 241.2-482.4克/公顷 喷雾
PD20121978 丙森·甲霜灵/68%/可湿性粉剂/丙森锌 64%、甲霜灵 4%/2012.12.18 至 2017.12.18/低毒
烟草 黑胫病 612-1020克/公顷 喷雾
PD20131307 丙溴·辛硫磷/25%/乳油/丙溴磷 6%、辛硫磷 19%/2013.06.08 至 2018.06.08/低毒
水稻 稻纵卷叶螟 262.5-337.5克/公顷 喷雾
LS20120039 氯啶菌酯/95%/原药/氯啶菌酯 95%/2014.02.06 至 2015.02.06/低毒
LS20120040 氯啶菌酯/15%/乳油/氯啶菌酯 15%/2014.02.06 至 2015.02.06/低毒
水稻 稻曲病、稻瘟病 90-148.5克/公顷 喷雾
小麦 白粉病 33.75-56.25克/公顷 喷雾
油菜 菌核病 90-148.5克/公顷 喷雾
LS20120364 氯啶·戊唑醇/15%/悬浮剂/戊唑醇 5%、氯啶菌酯 10%/2013.11.05 至 2014.11.05/低毒
水稻 稻瘟病、纹枯病 101.25-150.75克/公顷 喷雾
LS20130260 氯啶菌酯/15%/水乳剂/氯啶菌酯 15%/2013.05.02 至 2014.05.02/低毒
水稻 稻瘟病 90-135克/公顷 喷雾
LS20130326 甲霜·霜脲氰/25%/水分散粒剂/甲霜灵 12.5%、霜脲氰 12.5%/2013.06.09 至 2014.06.09/低毒
辣椒 疫病 416-625毫克/千克 灌根
WP20080246 毒死蜱/40%/乳油/毒死蜱 40%/2013.11.26 至 2018.11.26/中等毒
卫生 白蚁 1)5克/平方米 1)土壤处理
2)27.6克/立方米 2)木材浸泡

江苏宝众宝达药业有限公司 (江苏省如皋市港口经济开发区精细化工园区 226532 0513-87680088)

PD20101173 异噁草松/92%/原药/异噁草松 92%/2010.01.28 至 2015.01.28/低毒
PD20101901 唑草酮/90%/原药/唑草酮 90%/2010.08.27 至 2015.08.27/低毒
PD20130375 甲磺草胺/91%/原药/甲磺草胺 91%/2013.03.11 至 2018.03.11/低毒
LS20100127 甲磺草胺/90%/原药/甲磺草胺 90%/2012.08.31 至 2013.08.31/低毒
注:专供出口，不得在国内销售。

江苏常隆化工有限公司 (江苏省常州市新北区长江北路1229号 213033 0519-68865770)

PD85136-11 速灭威/25%/可湿性粉剂/速灭威 25%/2010.07.14 至 2015.07.14/中等毒
水稻 飞虱、叶蝉 375-750克/公顷 喷雾
PD85154-21 氰戊菊酯/20%/乳油/氰戊菊酯 20%/2010.07.14 至 2015.07.14/中等毒
柑橘树 潜叶蛾 10-20毫克/千克 喷雾
果树 梨小食心虫 10-20毫克/千克 喷雾
棉花 红铃虫、蚜虫 75-150克/公顷 喷雾
蔬菜 菜青虫、蚜虫 60-120克/公顷 喷雾
PD85168-2 混灭威/50%/乳油/混灭威 50%/2010.10.25 至 2015.10.25/中等毒
水稻 飞虱、叶蝉 375-750克/公顷 喷雾、泼浇
PD86148-69 异丙威/20%/乳油/异丙威 20%/2012.01.30 至 2017.01.30/中等毒
水稻 飞虱、叶蝉 450-600克/公顷 喷雾
PD91109-10 速灭威/20%/乳油/速灭威 20%/2011.06.21 至 2016.06.21/中等毒
水稻 飞虱、叶蝉 450-600克/公顷 喷雾
PD20040518 吡虫啉/10%/可湿性粉剂/吡虫啉 10%/2009.12.19 至 2014.12.19/低毒
水稻 飞虱 15-30克/公顷 喷雾
小麦 蚜虫 15-30克/公顷(南方地区) 喷雾
45-60克/公顷(北方地区)
PD20040701 吡虫啉/20%/可溶液剂/吡虫啉 20%/2009.12.19 至 2014.12.19/低毒
水稻 稻飞虱 15-30克/公顷 喷雾
烟草 蚜虫 30-60克/公顷 喷雾
PD20040761 吡虫啉/5%/可溶液剂/吡虫啉 5%/2009.12.19 至 2014.12.19/低毒

	苹果树	蚜虫	25-50毫克/千克	喷雾
	十字花科蔬菜	蚜虫	15-22.5克/公顷	喷雾
	水稻	稻飞虱	15-30克/公顷	喷雾
PD20040814	异丙隆/70%/可湿性粉剂/异丙隆 70%/2009.12.23 至 2014.12.23/低毒			
	冬小麦田	一年生单子叶杂草、一年生双子叶杂草	1050-1200克/公顷	喷雾
PD20070602	啶虫脒/5%/乳油/啶虫脒 5%/2012.12.14 至 2017.12.14/中等毒			
	柑橘树	蚜虫	6-10毫克/千克	喷雾
	苹果树	蚜虫	10-15毫克/千克	喷雾
	十字花科蔬菜	蚜虫	9-13.5克/公顷	喷雾
	小麦	蚜虫	13.5-18克/公顷	喷雾
PD20080130	苯噻酰草胺/50%/可湿性粉剂/苯噻酰草胺 50%/2013.01.04 至 2018.01.04/低毒			
	水稻移栽田	稗草、异型莎草	450-600克/公顷(北方地区) 375-450克/公顷(南方地区)	毒土法
PD20080646	噻嗪酮/25%/可湿性粉剂/噻嗪酮 25%/2013.05.13 至 2018.05.13/低毒			
	柑橘树	矢尖蚧	200-250毫克/千克	喷雾
	水稻	飞虱	75-112.5克/公顷	喷雾
PD20081581	吡嘧磺隆/10%/可湿性粉剂/吡嘧磺隆 10%/2013.11.12 至 2018.11.12/微毒			
	移栽水稻田	阔叶杂草、莎草科杂草	22.5-30克/公顷	药土法
PD20081729	高效氯氟氰菊酯/25克/升/乳油/高效氯氟氰菊酯 25克/升/2013.11.18 至 2018.11.18/中等毒			
	茶树	小绿叶蝉	15-30克/公顷	喷雾
	茶树	茶尺蠖	7.5—15克/公顷	喷雾
	大豆	食心虫	5.625-7.5克/公顷	喷雾
	梨树	梨小食心虫	5-8.3毫克/千克	喷雾
	荔枝树	蝽蟓	6.25—12.5克/公顷	喷雾
	棉花	棉铃虫	15-22.5克/公顷	喷雾
	棉花	红铃虫、蚜虫	15—30克/公顷	喷雾
	十字花科蔬菜	菜青虫	7.5-11.25克/公顷	喷雾
	十字花科蔬菜	蚜虫	11.25—22.5克/公顷	喷雾
	烟草	烟青虫	7.5-9.375克/公顷	喷雾
PD20081734	乙草胺/900克/升/乳油/乙草胺 900克/升/2013.11.18 至 2018.11.18/低毒			
	春大豆、春玉米	一年生禾本科杂草及部分阔叶杂草	1620—1890克/公顷	播后苗前土壤喷雾
	冬油菜	一年生禾本科杂草及部分阔叶杂草	1080—1350克/公顷	播后苗前土壤喷雾
	花生、夏大豆、夏玉米	一年生禾本科杂草及部分阔叶杂草	1080—1350克/公顷	土壤喷雾
PD20081850	丁硫克百威/20%/乳油/丁硫克百威 20%/2013.11.20 至 2018.11.20/中等毒			
	棉花	蚜虫	90-180克/公顷	喷雾
PD20081902	丁草胺/60%/乳油/丁草胺 60%/2013.11.21 至 2018.11.21/低毒			
	水稻移栽田	稗草、牛毛草	900-1350克/公顷	药土法
PD20081953	丙草胺/30%/乳油/丙草胺 30%/2013.11.24 至 2018.11.24/低毒			
	水稻抛秧田	一年生杂草	495-675克/公顷	药土法
	水稻田(直播)	一年生杂草	450-675克/公顷(南方地区)	土壤喷雾
	水稻秧田	一年生杂草	450-525克/公顷	喷雾
PD20081973	苯磺隆/75%/水分散粒剂/苯磺隆 75%/2013.11.25 至 2018.11.25/低毒			
	冬小麦田	阔叶杂草	10.05-19.5克/公顷	茎叶喷雾
PD20081984	克百威/3%/颗粒剂/克百威 3%/2013.11.25 至 2018.11.25/高毒			
	棉花	蚜虫	900-1575克/公顷	沟施
PD20082257	甲草胺/43%/乳油/甲草胺 43%/2013.11.27 至 2018.11.27/低毒			
	夏大豆田	一年生禾本科杂草及部分阔叶杂草	1419-1935克/公顷	播后苗前土壤喷雾
PD20082264	苄嘧磺隆/10%/可湿性粉剂/苄嘧磺隆 10%/2013.11.27 至 2018.11.27/低毒			
	水稻移栽田	阔叶杂草、莎草科杂草	18-30克/公顷	毒土法
PD20082304	丙草胺/50%/乳油/丙草胺 50%/2013.12.01 至 2018.12.01/低毒			
	水稻抛秧田	一年生杂草	300-450克/公顷	毒土
	水稻移栽田	一年生杂草	450-525克/公顷	毒土
PD20082427	乙草胺/50%/乳油/乙草胺 50%/2013.12.02 至 2018.12.02/低毒			
	花生田、夏大豆田、夏玉米田	一年生禾本科杂草及部分小粒种子阔叶杂草	900-1125克/公顷	播后苗前土壤喷雾
	油菜(移栽田)	一年生禾本科杂草及部分小粒种子阔叶杂草	600-750克/公顷	移栽前或移栽后3天土壤喷雾
PD20082449	苄·二氯/36%/可湿性粉剂/苄嘧磺隆 2%、二氯喹啉酸 34%/2013.12.02 至 2018.12.02/低毒			
	水稻秧田、水稻移栽田	单、双子叶杂草	216-270克/公顷	喷雾
PD20082655	噻菌灵/450克/升/悬浮剂/噻菌灵 450克/升/2013.12.04 至 2018.12.04/微毒			
	柑橘	绿霉病	1000-1500毫克/千克	浸果

PD20082664	异丙草胺/50%/乳油/异丙草胺 50%/2013.12.04 至 2018.12.04/低毒			
	水稻移栽田	一年生禾本科杂草及部分小粒种子阔叶杂草	112.5-150克/公顷(南方地区)	药土法
PD20082685	溴氰菊酯/25克/升/乳油/溴氰菊酯 25克/升/2013.12.05 至 2018.12.05/中等毒			
	棉花	棉铃虫	11.25-18.75克/公顷	喷雾
	十字花科蔬菜	菜青虫	7.5-15克/公顷	喷雾
PD20082924	仲丁威/50%/乳油/仲丁威 50%/2013.12.09 至 2018.12.09/低毒			
	水稻	稻飞虱	600-937.5克/公顷	喷雾
PD20083036	炔螨特/57%/乳油/炔螨特 57%/2013.12.10 至 2018.12.10/低毒			
	柑橘树	红蜘蛛	285-570毫克/千克	喷雾
PD20083078	苄嘧·苯噻酰/68%/可湿性粉剂/苯噻酰草胺 64.8%、苄嘧磺隆 3.2%/2013.12.10 至 2018.12.10/低毒			
	水稻抛秧田、水稻田(直播)	一年生杂草	408-612克/公顷	药土法
	水稻移栽田	一年生杂草	408-510克/公顷(南方地区) 663-816克/公顷(北方地区)	药土法
PD20083101	敌草隆/80%/可湿性粉剂/敌草隆 80%/2013.12.10 至 2018.12.10/低毒			
	甘蔗	杂草	1560-1980克/公顷	土壤喷雾
PD20083611	戊唑醇/2%/湿拌种剂/戊唑醇 2%/2013.12.12 至 2018.12.12/低毒			
	玉米	丝黑穗病	8-12克/100千克种子	拌种
PD20083632	异丙·苄/10%/可湿性粉剂/苄嘧磺隆 1.25%、异丙草胺 8.75%/2013.12.12 至 2018.12.12/低毒			
	水稻移栽田	一年生杂草	90-112.5克/公顷	毒土法
PD20083743	苄嘧磺隆/30%/可湿性粉剂/苄嘧磺隆 30%/2013.12.15 至 2018.12.15/微毒			
	移栽水稻田	一年生阔叶杂草及莎草科杂草	45-75克/公顷	药土法
PD20083976	异丙甲草胺/70%/乳油/异丙甲草胺 70%/2013.12.16 至 2018.12.16/低毒			
	水稻移栽田	一年生杂草	105.5-210克/公顷	毒土法
	夏玉米田	部分阔叶杂草、一年生禾本科杂草	1260－1575克/公顷	播后苗前土壤喷雾
PD20083978	联苯菊酯/25克/升/乳油/联苯菊酯 25克/升/2013.12.16 至 2018.12.16/低毒			
	茶树	茶小绿叶蝉	30-45克/公顷	喷雾
	棉花	棉铃虫	41.25-52.5克/公顷	喷雾
PD20083979	丙环唑/25%/乳油/丙环唑 25%/2013.12.16 至 2018.12.16/中等毒			
	香蕉树	叶斑病	375-500毫克/千克	喷雾
	小麦	白粉病、根腐病	124.5-249克/公顷	喷雾
PD20083981	烯酰吗啉/50%/可湿性粉剂/烯酰吗啉 50%/2013.12.16 至 2018.12.16/低毒			
	黄瓜	霜霉病	225-300克/公顷	喷雾
	葡萄	霜霉病	250-400克/公顷	喷雾
PD20084650	灭多威/20%/乳油/灭多威 20%/2013.12.18 至 2018.12.18/高毒			
	棉花	蚜虫	75-150克/公顷	喷雾
	棉花	棉铃虫	150-225克/公顷	喷雾
PD20085021	苯磺隆/10%/可湿性粉剂/苯磺隆 10%/2013.12.22 至 2018.12.22/微毒			
	冬小麦田	一年生阔叶杂草	13.5-22.5克/公顷	茎叶喷雾
PD20085571	甲萘威/85%/可湿性粉剂/甲萘威 85%/2013.12.25 至 2018.12.25/中等毒			
	棉花	地老虎	1530-2040克/公顷	喷雾
	棉花	红铃虫	1275-1912.5克/公顷	喷雾
PD20090403	异丙草胺/30%/可湿性粉剂/异丙草胺 30%/2014.01.12 至 2019.01.12/低毒			
	夏玉米田	一年生禾本科杂草及部分小粒种子阔叶杂草	1125-1350克/公顷	播后苗前土壤喷雾
PD20091877	异丙甲·苄/9%/细粒剂/苄嘧磺隆 2%、异丙甲草胺 7%/2014.02.09 至 2019.02.09/低毒			
	水稻移栽田	一年生及部分多年生杂草	108-135克/公顷(南方地区)	药土法
PD20092323	苄·丁/47%/可湿性粉剂/苄嘧磺隆 2%、丁草胺 45%/2014.02.24 至 2019.02.24/低毒			
	水稻移栽田	部分多年生杂草、部分一年生杂草	564-846克/公顷	药土法
PD20092998	硫双威/375克/升/悬浮剂/硫双威 375克/升/2014.03.09 至 2019.03.09/低毒			
	棉花	棉铃虫	421.9-506.3克/公顷	喷雾
PD20094799	甲磺隆/60%/水分散粒剂/甲磺隆 60%/2009.06.15 至 2013.12.31/微毒			
	冬小麦田	一年生阔叶杂草	7.2克/公顷	喷雾
PD20094840	甲磺·氯磺隆/10%/可湿性粉剂/甲磺隆 4%、氯磺隆 6%/2014.04.13 至 2019.04.13/低毒			
	小麦田	看麦娘、猪殃殃等一年生单、双子叶杂草	11.25-12.5克/公顷	喷雾
PD20094978	苄·甲·异丙甲/8%/细粒剂/苄嘧磺隆 0.8%、甲磺隆 0.16%、异丙甲草胺 7.04%/2014.04.21 至 2019.04.21/低毒			
	水稻移栽田	稗草、阔叶杂草、一年生莎草	90-127.5克/公顷	毒土法
PD20095874	甲磺隆/10%/可湿性粉剂/甲磺隆 10%/2009.05.27 至 2013.12.31/低毒			
	冬小麦田	一年生杂草	7.5克/公顷	播后苗前或苗后(看麦娘2.5叶期)叶面处理
PD20096033	乙草胺/20%/可湿性粉剂/乙草胺 20%/2009.06.15 至 2014.06.15/低毒			

	水稻移栽田	部分阔叶杂草、一年生禾本科杂草	90-120克/公顷	药土法
PD20096114	烯唑醇/12.5%/可湿性粉剂/烯唑醇 12.5%/2009.06.18 至 2014.06.18/微毒			
	小麦	条锈病	56.25-93.75克/公顷	喷雾
PD20097865	苄嘧·禾草敌/45%/细粒剂/苄嘧磺隆 0.5%、禾草敌 44.5%/2009.11.20 至 2014.11.20/低毒			
	水稻田(直播)、水稻秧田	部分多年生杂草、一年生杂草	1012.5-1350克/公顷	毒土法
PD20101316	苄·丁/20%/可湿性粉剂/苄嘧磺隆 0.4%、丁草胺 19.6%/2010.03.17 至 2015.03.17/低毒			
	水稻移栽田	部分多年生杂草、一年生杂草	600-900克/公顷	毒土法
PD20110317	吡酰·异丙隆/60%/可湿性粉剂/吡氟酰草胺 10%、异丙隆 50%/2011.03.23 至 2016.03.23/低毒			
	冬小麦田	一年生杂草	1080-1350克/公顷	茎叶喷雾
PD20120154	嘧霉胺/20%/悬浮剂/嘧霉胺 20%/2012.01.30 至 2017.01.30/微毒			
	黄瓜	灰霉病	375-562.5克/公顷	喷雾
PD20120246	丁醚脲/500克/升/悬浮剂/丁醚脲 500克/升/2012.02.13 至 2017.02.13/低毒			
	茶树	小绿叶蝉	750-900克/公顷	喷雾
PD20120247	丁醚脲/50%/可湿性粉剂/丁醚脲 50%/2012.02.13 至 2017.02.13/低毒			
	甘蓝	小菜蛾	375-562.5克/公顷	喷雾
	柑橘树	红蜘蛛	250-500毫克/千克	喷雾
PD20120297	甲嘧磺隆/10%/悬浮剂/甲嘧磺隆 10%/2012.02.17 至 2017.02.17/微毒			
	森林防火道	杂灌	1050-3000 克/公顷	喷雾
PD20120719	高效氯氟氰菊酯/10%/可湿性粉剂/高效氯氟氰菊酯 10%/2012.04.28 至 2017.04.28/中等毒			
	甘蓝	菜青虫	7.5-15克/公顷	喷雾
PD20120744	氯嘧磺隆/25%/水分散粒剂/氯嘧磺隆 25%/2012.05.05 至 2017.05.05/微毒			
	注:专供出口，不得在国内销售。			
PD20120937	吡虫啉/70%/水分散粒剂/吡虫啉 70%/2012.06.04 至 2017.06.04/低毒			
	注:专供出口，不得在国内销售。			
PD20120969	吡虫啉/70%/种子处理可分散粉剂/吡虫啉 70%/2012.06.15 至 2017.06.15/低毒			
	玉米	蚜虫	455-490克/100千克种子	拌种
PD20121119	噻嗪酮/37%/悬浮剂/噻嗪酮 37%/2012.07.20 至 2017.07.20/微毒			
	水稻	稻飞虱	111-150克/公顷	喷雾
PD20121500	烯酰吗啉/80%/水分散粒剂/烯酰吗啉 80%/2012.10.09 至 2017.10.09/低毒			
	黄瓜	霜霉病	240～300克/公顷	喷雾
LS20091240	吡虫·仲丁威/10%/乳油/吡虫啉 1%、仲丁威 9%/2012.04.30 至 2013.04.30/低毒			
	水稻	稻飞虱	180—225克/公顷	喷雾
LS20100072	噻嗪·速灭威/20%/可湿性粉剂/噻嗪酮 15%、速灭威 5%/2012.05.12 至 2013.05.12/低毒			
	水稻	稻飞虱	240-300克/公顷	喷雾

江苏常隆农化有限公司　(江苏省泰州市泰兴经济开发区团结河路8号　225442　0519-68865770)

PD85134-3	速灭威/95%/原药/速灭威 95%/2010.07.14 至 2015.07.14/中等毒
PD85153-2	甲萘威/95%/原药/甲萘威 95%/2010.07.14 至 2015.07.14/中等毒
PD85167-2	混灭威/90%/原药/混灭威 90%/2010.10.25 至 2015.10.25/中等毒
PD86147-3	异丙威/98%/原药/异丙威 98%/2012.01.30 至 2017.01.30/中等毒
PD89104-5	氰戊菊酯/85%/原药/氰戊菊酯 85%/2009.10.15 至 2014.10.15/中等毒
PD20040047	吡虫啉/95%/原药/吡虫啉 95%/2009.12.19 至 2014.12.19/低毒
PD20040813	异丙隆/95%/原药/异丙隆 95%/2009.12.23 至 2014.12.23/低毒
PD20060119	灭多威/98%/原药/灭多威 98%/2011.06.15 至 2016.06.15/高毒
PD20070325	啶虫脒/96%/原药/啶虫脒 96%/2012.10.10 至 2017.10.10/中等毒
PD20070408	丙草胺/原药/原药/丙草胺 94%/2012.11.05 至 2017.11.05/低毒
PD20070413	噻嗪酮/95%/原药/噻嗪酮 95%/2012.11.05 至 2017.11.05/低毒
PD20080046	丙环唑/95%/原药/丙环唑 95%/2013.01.03 至 2018.01.03/低毒
PD20080072	仲丁威/95%/原药/仲丁威 95%/2013.01.03 至 2018.01.03/低毒
PD20080109	苯噻酰草胺/95%/原药/苯噻酰草胺 95%/2013.01.04 至 2018.01.04/低毒
PD20080125	苯磺隆/95%/原药/苯磺隆 95%/2013.01.03 至 2018.01.03/低毒
PD20080365	噁霜灵/96%/原药/噁霜灵 96%/2013.02.28 至 2018.02.28/低毒
PD20080561	克百威/96%/原药/克百威 96%/2013.05.09 至 2018.05.09/高毒
PD20080576	炔螨特/90%/原药/炔螨特 90%/2013.05.12 至 2018.05.12/低毒
PD20080594	吡嘧磺隆/97%/原药/吡嘧磺隆 97%/2013.05.12 至 2018.05.12/低毒
PD20080655	溴氰菊酯/98%/原药/溴氰菊酯 98%/2013.05.27 至 2018.05.27/中等毒
PD20080665	草除灵/96%/原药/草除灵 96%/2013.05.27 至 2018.05.27/微毒
PD20080763	嘧霉胺/98%/原药/嘧霉胺 98%/2013.06.11 至 2018.06.11/低毒
PD20081108	烯酰吗啉/95%/原药/烯酰吗啉 95%/2013.09.01 至 2018.09.01/低毒
PD20081128	噻菌灵/98.5%/原药/噻菌灵 98.5%/2013.08.21 至 2018.08.21/低毒
PD20081155	敌草隆/95%/原药/敌草隆 95%/2013.09.02 至 2018.09.02/低毒
PD20081193	乙草胺/93%/原药/乙草胺 93%/2013.09.11 至 2018.09.11/低毒
PD20081246	氯嘧磺隆/95%/原药/氯嘧磺隆 95%/2013.09.18 至 2018.09.18/低毒

注:专供出口，不得在国内销售。
PD20081463 异丙草胺/90%/原药/异丙草胺 90%/2013.11.04 至 2018.11.04/低毒
PD20081479 丁硫克百威/90%/原药/丁硫克百威 90%/2013.11.04 至 2018.11.04/中等毒
PD20081562 苄嘧磺隆/96%/原药/苄嘧磺隆 96%/2013.11.11 至 2018.11.11/低毒
PD20081642 联苯菊酯/95%/原药/联苯菊酯 95%/2013.11.14 至 2018.11.14/中等毒
PD20082051 甲草胺/95%/原药/甲草胺 95%/2013.11.25 至 2018.11.25/低毒
PD20082123 异丙甲草胺/93%/原药/异丙甲草胺 93%/2013.11.25 至 2018.11.25/低毒
PD20082206 氯磺隆/95%/原药/氯磺隆 95%/2008.11.26 至 2013.12.31/低毒
PD20082730 戊唑醇/95%/原药/戊唑醇 95%/2013.12.08 至 2018.12.08/低毒
PD20083821 硫双威/95%/原药/硫双威 95%/2013.12.15 至 2018.12.15/中等毒
PD20085863 丁草胺/90%/原药/丁草胺 90%/2013.12.29 至 2018.12.29/低毒
PD20094223 烯唑醇/96%/原药/烯唑醇 96%/2014.03.31 至 2019.03.31/低毒
PD20095899 甲磺隆/96%/原药/甲磺隆 96%/2009.05.31 至 2014.05.31/低毒
PD20097353 高效氯氟氰菊酯/96%/原药/高效氯氟氰菊酯 96%/2009.11.09 至 2014.11.09/中等毒
PD20110316 吡氟酰草胺/98%/原药/吡氟酰草胺 98%/2011.03.23 至 2016.03.23/低毒
PD20111365 烟嘧磺隆/95%/原药/烟嘧磺隆 95%/2011.12.13 至 2016.12.13/微毒
PD20120188 杀螟丹/98%/原药/杀螟丹 98%/2012.01.30 至 2017.01.30/中等毒
PD20120249 丁醚脲/97%/原药/丁醚脲 97%/2012.02.13 至 2017.02.13/中等毒
PD20120321 甲嘧磺隆/95%/原药/甲嘧磺隆 95%/2012.02.17 至 2017.02.17/微毒
PD20121017 毒死蜱/97%/原药/毒死蜱 97%/2012.07.02 至 2017.07.02/中等毒
PD20121176 甲氰菊酯/95%/原药/甲氰菊酯 95%/2012.07.30 至 2017.07.30/中等毒
PD20121298 草甘膦/95%/原药/草甘膦 95%/2012.09.06 至 2017.09.06/低毒
PD20121870 咪鲜胺/97%/原药/咪鲜胺 97%/2012.11.28 至 2017.11.28/低毒
PD20122119 异菌脲/96%/原药/异菌脲 96%/2012.12.26 至 2017.12.26/微毒
PD20130715 高效氯氰菊酯/95%/原药/高效氯氰菊酯 95%/2013.04.11 至 2018.04.11/中等毒
PD20130729 噻虫嗪/98%/原药/噻虫嗪 98%/2013.04.12 至 2018.04.12/低毒
PD20131377 吡虫啉/350克/升/悬浮剂/吡虫啉 350克/升/2013.06.24 至 2018.06.24/低毒
注:专供出口,不得在国内销售。
PD20132496 硫双威/80%/水分散粒剂/硫双威 80%/2013.12.10 至 2018.12.10/中等毒
甘蓝 甜菜夜蛾 780-900克/公顷 喷雾
LS20130020 甲基苯噻隆/96%/原药/甲基苯噻隆 96%/2014.01.07 至 2015.01.07/低毒
注:专供出口，不得在国内销售。
LS20130263 丁噻隆/97%/原药/丁噻隆 97%/2013.05.02 至 2014.05.02/低毒
WP20080035 残杀威/97%/原药/残杀威 97%/2013.02.28 至 2018.02.28/中等毒

江苏长青农化股份有限公司 (江苏省扬州市江都市浦头镇江灵路1号 225218 0514-6421237)

PD20040167 吡虫啉/10%/可湿性粉剂/吡虫啉 10%/2009.12.19 至 2014.12.19/低毒
水稻 飞虱 15-30克/公顷 喷雾
小麦 蚜虫 15-30克/公顷(南方地区) 喷雾
45-60克/公顷(北方地区)
PD20040607 吡虫·杀虫单/40%/可湿性粉剂/吡虫啉 1.2%、杀虫单 38.8%/2009.12.19 至 2014.12.19/中等毒
水稻 稻飞虱、三化螟 450-750克/公顷 喷雾
PD20040647 三唑磷/40%/乳油/三唑磷 40%/2009.12.19 至 2014.12.19/中等毒
水稻 二化螟、三化螟 300-450克/公顷 喷雾
PD20040654 三唑磷/20%/乳油/三唑磷 20%/2009.12.19 至 2014.12.19/中等毒
棉花 棉铃虫 420-480克/公顷 喷雾
十字花科蔬菜 菜青虫 150-180克/公顷 喷雾
水稻 二化螟、三化螟 300-360克/公顷 喷雾
PD20060035 噻嗪·异丙威/25%/可湿性粉剂/噻嗪酮 5%、异丙威 20%/2011.02.07 至 2016.02.07/低毒
水稻 稻飞虱 187.5-262.5克/公顷 喷雾
PD20060103 三唑磷/85%/原药/三唑磷 85%/2011.06.08 至 2016.06.08/中等毒
PD20070008 多·酮/33%/可湿性粉剂/多菌灵 28%、三唑酮 5%/2012.01.16 至 2017.01.16/低毒
小麦 白粉病、赤霉病 445.5-594克/公顷 喷雾
油菜 菌核病 495-643.5克/公顷 喷雾
PD20070469 三氟羧草醚/88%/原药/三氟羧草醚 88%/2012.11.20 至 2017.11.20/低毒
PD20070520 草除灵/95%/原药/草除灵 95%/2012.11.28 至 2017.11.28/低毒
PD20070551 异噁草松/93%/原药/异噁草松 93%/2012.12.03 至 2017.12.03/低毒
PD20070595 噻嗪·杀虫单/25%/可湿性粉剂/噻嗪酮 5%、杀虫单 20%/2012.12.14 至 2017.12.14/低毒
水稻 稻飞虱 375-450克/公顷 喷雾
PD20070622 噻嗪·杀虫单/75%/可湿性粉剂/噻嗪酮 11.6%、杀虫单 63.4%/2012.12.14 至 2017.12.14/低毒
水稻 稻飞虱 337.5-562.5克/公顷 喷雾
PD20080005 噻嗪酮/25%/可湿性粉剂/噻嗪酮 25%/2013.01.04 至 2018.01.04/低毒
水稻 稻飞虱 75-112.5克/公顷 喷雾
PD20080012 吡虫啉/95%/原药/吡虫啉 95%/2013.01.03 至 2018.01.03/低毒

PD20080088	咪唑乙烟酸/96%/原药/咪唑乙烟酸 96%/2013.01.03 至 2018.01.03/低毒			
PD20080120	辛酰溴苯腈/95%/原药/辛酰溴苯腈 95%/2013.01.04 至 2018.01.04/中等毒			
PD20080397	咪鲜胺/25%/乳油/咪鲜胺 25%/2013.03.04 至 2018.03.04/低毒			
	柑橘	青霉病	333-500毫克/千克	浸果
	水稻	恶苗病	2000-4000倍液	浸种
PD20080411	苄嘧·苯噻酰/53%/可湿性粉剂/苯噻酰草胺 50%、苄嘧磺隆 3%/2013.02.28 至 2018.02.28/低毒			
	水稻抛秧田	一年生及部分多年生杂草	318-397.5克/公顷(南方地区)	毒土法
PD20080528	氟磺胺草醚/95%/原药/氟磺胺草醚 95%/2013.04.29 至 2018.04.29/低毒			
PD20080539	烯酰吗啉/95%/原药/烯酰吗啉 95%/2013.05.04 至 2018.05.04/低毒			
PD20080556	三环唑/20%/可湿性粉剂/三环唑 20%/2013.05.09 至 2018.05.09/中等毒			
	水稻	稻瘟病	225-300克/公顷	喷雾
PD20080559	三环唑/96%/原药/三环唑 96%/2013.05.09 至 2018.05.09/中等毒			
PD20080573	三环唑/75%/可湿性粉剂/三环唑 75%/2013.05.12 至 2018.05.12/中等毒			
	水稻	稻瘟病	225-300克/公顷	喷雾
PD20080618	乳氟禾草灵/80%/原药/乳氟禾草灵 80%/2013.05.12 至 2018.05.12/低毒			
PD20080816	咪唑乙烟酸/5%/水剂/咪唑乙烟酸 5%/2013.06.20 至 2018.06.20/低毒			
	春大豆田	一年生杂草	90-105克/公顷	喷雾
PD20080830	乳氟禾草灵/24%/乳油/乳氟禾草灵 24%/2013.06.20 至 2018.06.20/低毒			
	春大豆田	一年生阔叶杂草	108-144克/公顷(东北地区)	茎叶喷雾
	夏大豆田	一年生阔叶杂草	90-108克/公顷(其它地区)	茎叶喷雾
PD20081104	氟磺胺草醚/25%/水剂/氟磺胺草醚 25%/2013.09.01 至 2018.09.01/低毒			
	春大豆田	一年生阔叶杂草	375-450克/公顷	茎叶喷雾
	夏大豆田	一年生阔叶杂草	250-300克/公顷	喷雾
PD20081135	异噁草松/48%/乳油/异噁草松 48%/2013.09.01 至 2018.09.01/低毒			
	春大豆田	一年生杂草	1008-1080克/公顷(东北地区)	播后苗前土壤喷雾
	注:仅限于非豆麦轮作的地区使用。			
PD20081159	稻瘟灵/30%/乳油/稻瘟灵 30%/2013.09.11 至 2018.09.11/低毒			
	水稻	稻瘟病	450－675克/公顷	喷雾
PD20081344	苄·乙/14%/可湿性粉剂/苄嘧磺隆 3.2%、乙草胺 10.8%/2013.10.21 至 2018.10.21/低毒			
	水稻移栽田	一年生及部分多年生杂草	84-118克/公顷	药土法
PD20081347	异松·乙草胺/58%/乳油/乙草胺 34%、异噁草松 24%/2013.10.21 至 2018.10.21/低毒			
	春大豆田	一年生杂草	1044-1392克/公顷(东北地区)	土壤喷雾
PD20081363	草除灵/30%/悬浮剂/草除灵 30%/2013.10.22 至 2018.10.22/低毒			
	冬油菜田	一年生阔叶杂草	225-292.5克/公顷	茎叶喷雾
PD20081815	苯磺隆/10%/可湿性粉剂/苯磺隆 10%/2013.11.19 至 2018.11.19/低毒			
	冬小麦田	一年生阔叶杂草	13.5-22.5克/公顷	茎叶喷雾
PD20082017	异稻·三环唑/20%/可湿性粉剂/三环唑 6%、异稻瘟净 14%/2013.11.25 至 2018.11.25/低毒			
	水稻	稻瘟病	300-450克/公顷	喷雾
PD20082063	毒死蜱/97%/原药/毒死蜱 97%/2013.11.25 至 2018.11.25/中等毒			
PD20082171	莠去津/38%/悬浮剂/莠去津 38%/2013.11.26 至 2018.11.26/低毒			
	春玉米田	一年生杂草	1425-1710克/公顷(东北地区)	茎叶喷雾
PD20082260	扑·乙·滴丁酯/65%/乳油/2,4-滴丁酯 20%、扑草净 8%、乙草胺 37%/2013.11.27 至 2018.11.27/低毒			
	春大豆田、春玉米田	一年生杂草	1462.5-1950克/公顷(东北地区)	播后苗前土壤喷雾
PD20082824	松·喹·氟磺胺/18%/乳油/氟磺胺草醚 6%、精喹禾灵 1.6%、异噁草松 10.4%/2013.12.09 至 2018.12.09/低毒			
	春大豆田	一年生杂草	486-540克/公顷	茎叶喷雾
PD20083035	烯酰·锰锌/50%/可湿性粉剂/代森锰锌 44%、烯酰吗啉 6%/2013.12.10 至 2018.12.10/低毒			
	黄瓜	霜霉病	1050-1350克/公顷	喷雾
PD20083337	高效氯氟氰菊酯/95%/原药/高效氯氟氰菊酯 95%/2013.12.11 至 2018.12.11/中等毒			
PD20084666	毒死蜱/480克/升/乳油/毒死蜱 480克/升/2008.12.22 至 2013.12.22/中等毒			
	水稻	稻飞虱	360-432克/公顷	喷雾
PD20085069	溴氰菊酯/2.5%/乳油/溴氰菊酯 2.5%/2013.12.23 至 2018.12.23/低毒			
	十字花科蔬菜	菜青虫	7.5-11.25克/公顷	喷雾
PD20085831	草甘膦异丙胺盐(55%)///水剂/草甘膦 41%/2013.12.29 至 2018.12.29/低毒			
	茶园、柑橘园	杂草	1230-2460克/公顷	定向茎叶喷雾
PD20085849	精喹禾灵/50克/升/乳油/精喹禾灵 50克/升/2013.12.29 至 2018.12.29/低毒			
	春大豆田	一年生禾本科杂草	52.5-75克/公顷	茎叶喷雾
PD20085994	草甘膦/30%/水剂/草甘膦 30%/2013.12.29 至 2018.12.29/低毒			
	茶园、柑橘园	杂草	1125-2250克/公顷	定向茎叶喷雾
PD20086048	精喹·草除灵/17.5%/乳油/草除灵 15%、精喹禾灵 2.5%/2013.12.29 至 2018.12.29/低毒			
	冬油菜田	一年生杂草	262.5-393.8克/公顷	喷雾
PD20086078	烯草酮/93%/原药/烯草酮 93%/2013.12.30 至 2018.12.30/低毒			
PD20086113	三氟羧草醚/21.4%/水剂/三氟羧草醚 21.4%/2013.12.30 至 2018.12.30/低毒			
	春大豆田	一年生阔叶杂草	401.25-481.5克/公顷	茎叶喷雾

PD20090760　啶虫脒/3%/乳油/啶虫脒 3%/2014.01.19 至 2019.01.19/中等毒
柑橘树　蚜虫　20-40毫克/千克　喷雾
PD20091062　高效氟吡甲禾灵/108克/升/乳油/高效氟吡甲禾灵 108克/升/2014.01.21 至 2019.01.21/低毒
春大豆田　一年生禾本科杂草　48.6-64.8克/公顷　茎叶喷雾
PD20091149　苄·二氯/36%/可湿性粉剂/苄嘧磺隆 3%、二氯喹啉酸 33%/2014.01.21 至 2019.01.21/低毒
水稻移栽田　一年生杂草　216-270克/公顷　移栽田浅水层喷雾处理
PD20092105　井冈·烯唑醇/12%/可湿性粉剂/井冈霉素 10%、烯唑醇 2%/2014.02.23 至 2019.02.23/低毒
水稻　稻曲病　81-135克/公顷　喷雾
PD20092257　辛酰溴苯腈/25%/乳油/辛酰溴苯腈 25%/2014.02.24 至 2019.02.24/低毒
玉米田　一年生阔叶杂草　375-562.5克/公顷　喷雾
PD20092281　氧氟·乙草胺/40%/乳油/乙草胺 34%、乙氧氟草醚 6%/2014.02.24 至 2019.02.24/低毒
花生田　一年生杂草　600-720克/公顷　播后苗前喷雾
PD20092369　氟醚·灭草松/440克/升/水剂/三氟羧草醚 80克/升、灭草松 360克/升/2014.02.24 至 2019.02.24/低毒
春大豆田　一年生阔叶杂草　924-1056克/公顷　茎叶喷雾
PD20092421　氟·咪·灭草松/32%/水剂/氟磺胺草醚 9%、灭草松 20%、咪唑乙烟酸 3%/2014.02.25 至 2019.02.25/低毒
春大豆田　一年生杂草　672-768克/公顷　茎叶喷雾
PD20092655　吡虫啉/20%/可溶液剂/吡虫啉 20%/2014.03.03 至 2019.03.03/低毒
十字花科蔬菜　蚜虫　22.5-30克/公顷　喷雾
PD20092902　阿维·三唑磷/20%/乳油/阿维菌素 0.2%、三唑磷 19.8%/2014.03.05 至 2019.03.05/中等毒(原药高毒)
水稻　二化螟　150-210克/公顷　喷雾
PD20093151　噁草·丁草胺/42%/乳油/丁草胺 32%、噁草酮 10%/2014.03.11 至 2019.03.11/低毒
水稻旱育秧田　一年生杂草　567-693克/公顷　复土后盖膜前喷雾
PD20093582　二嗪磷/50%/乳油/二嗪磷 50%/2014.03.23 至 2019.03.23/中等毒
水稻　二化螟、三化螟　450-600克/公顷　喷雾
PD20094169　异噁·氟磺胺/26%/乳油/氟磺胺草醚 10%、异噁草松 16%/2014.03.27 至 2019.03.27/低毒
春大豆田　一年生杂草　487.5-585克/公顷　茎叶喷雾
PD20094337　乙羧氟草醚/10%/乳油/乙羧氟草醚 10%/2014.04.01 至 2019.04.01/低毒
春大豆田　一年生阔叶杂草　75-90克/公顷　茎叶喷雾
PD20094338　乙羧氟草醚/95%/原药/乙羧氟草醚 95%/2014.04.01 至 2019.04.01/低毒
PD20094830　异噁草松/36%/乳油/异噁草松 36%/2009.04.13 至 2014.04.13/低毒
春大豆田　一年生杂草　540-648克/公顷　土壤喷雾
PD20095068　唑磷·敌百虫/50%/乳油/敌百虫 40%、三唑磷 10%/2009.04.21 至 2014.04.21/中等毒
水稻　二化螟、三化螟　750-900克/公顷　喷雾
PD20095101　二甲戊灵/33%/乳油/二甲戊灵 33%/2009.04.24 至 2014.04.24/低毒
甘蓝田　一年生杂草　618.8-742.5克/公顷　喷雾
PD20095284　烟嘧磺隆/94%/原药/烟嘧磺隆 94%/2009.04.27 至 2014.04.27/低毒
PD20095406　乙·嗪·滴丁酯/60%/乳油/2,4-滴丁酯 6%、嗪草酮 5%、乙草胺 49%/2009.04.27 至 2014.04.27/低毒
春大豆田、春玉米田　一年生杂草　2250-2700克/公顷　播后苗前土壤喷雾
PD20095511　烯草酮/120克/升/乳油/烯草酮 120克/升/2009.05.11 至 2014.05.11/低毒
春大豆田　一年生禾本科杂草　72-108克/公顷　茎叶喷雾
PD20095719　烯禾啶/12.5%/乳油/烯禾啶 12.5%/2009.05.18 至 2014.05.18/低毒
春大豆田　一年生禾本科杂草　187.5-281.25克/公顷　茎叶喷雾
PD20095767　氟磺胺草醚/48%/水剂/氟磺胺草醚 48%/2009.05.18 至 2014.05.18/低毒
春大豆田　一年生阔叶杂草　360-432克/公顷　茎叶喷雾
PD20096002　烯唑·多菌灵/30%/可湿性粉剂/多菌灵 26%、烯唑醇 4%/2009.06.11 至 2014.06.11/低毒
梨树　黑星病　900-1200倍液　喷雾
PD20096039　烯唑醇/12.5%/可湿性粉剂/烯唑醇 12.5%/2009.06.15 至 2014.06.15/低毒
梨树　黑星病　2500-3500倍液　喷雾
PD20096267　苄嘧·丙草胺/35%/可湿性粉剂/苄嘧磺隆 2%、丙草胺 33%/2009.07.20 至 2014.07.20/低毒
直播水稻(南方)　一年生杂草　367.5-420克/公顷　喷雾
PD20096352　精喹·乙羧氟/20%/乳油/精喹禾灵 6%、乙羧氟草醚 14%/2009.07.28 至 2014.07.28/低毒
夏大豆田　一年生杂草　90-120克/公顷　茎叶喷雾
PD20096439　乙羧·氟磺胺/30%/水剂/氟磺胺草醚 25%、乙羧氟草醚 5%/2009.08.05 至 2014.08.05/低毒
春大豆田　一年生阔叶杂草　180-225克/公顷(东北地区)　喷雾
PD20096657　异松·乙草胺/35%/可湿性粉剂/乙草胺 25%、异噁草松 10%/2009.09.07 至 2014.09.07/微毒
冬油菜田　一年生杂草　315-367.5克/公顷　土壤喷雾
PD20097089　草甘膦/95%/原药/草甘膦 95%/2009.10.10 至 2014.10.10/微毒
PD20097981　异噁·乙·滴丁酯/48%/乳油/2,4-滴丁酯 6%、乙草胺 30%、异噁草松 12%/2009.12.01 至 2014.12.01/低毒
春大豆田　一年生杂草　864-1080克/公顷　土壤喷雾
PD20098219　毒死蜱/40%/乳油/毒死蜱 40%/2009.12.16 至 2014.12.16/中等毒
水稻　稻纵卷叶螟　480-600克/公顷　喷雾
PD20100096　腈菌唑/12.5%/乳油/腈菌唑 12.5%/2010.01.04 至 2015.01.04/低毒

小麦 白粉病 30-60克/公顷 喷雾

PD20100525 氟磺胺草醚/48%/母药/氟磺胺草醚 48%/2010.01.14 至 2015.01.14/低毒
注:专供出口，不得在国内销售。

PD20101340 烟嘧磺隆/40克/升/可分散油悬浮剂/烟嘧磺隆 40克/升/2010.03.23 至 2015.03.23/低毒
春玉米田 一年生杂草 48-60克/公顷 茎叶喷雾
夏玉米田 一年生杂草 36-48克/公顷 茎叶喷雾

PD20101430 氟虫腈/95%/原药/氟虫腈 95%/2010.05.04 至 2015.05.04/中等毒

PD20110044 丙草胺/96%/原药/丙草胺 96%/2011.01.11 至 2016.01.11/低毒

PD20110112 啶虫脒/99%/原药/啶虫脒 99%/2011.01.26 至 2016.01.26/中等毒

PD20110444 烯草酮/70%/母药/烯草酮 70%/2011.04.21 至 2016.04.21/低毒

PD20120940 己唑醇/5%/悬浮剂/己唑醇 5%/2012.06.12 至 2017.06.12/微毒
水稻 纹枯病 60-75克/公顷 喷雾

PD20121203 噻苯隆/50%/可湿性粉剂/噻苯隆 50%/2012.08.08 至 2017.08.08/低毒
棉花 脱叶 225-300克/公顷 茎叶喷雾

PD20121223 丁醚脲/95%/原药/丁醚脲 95%/2012.08.10 至 2017.08.10/低毒
注:专供出口,不得在国内销售。

PD20122105 吡虫啉/350克/升/悬浮剂/吡虫啉 350克/升/2012.12.26 至 2017.12.26/低毒
水稻 稻飞虱 15.75-26.25克/公顷 喷雾

PD20130253 苯甲·丙环唑/30%/悬浮剂/苯醚甲环唑 15%、丙环唑 15%/2013.02.06 至 2018.02.06/低毒
水稻 纹枯病 70-90克/公顷 喷雾

PD20130751 醚苯磺隆/95/原药/醚苯磺隆 95%/2013.04.16 至 2018.04.16/低毒
注:专供出口,不得在国内销售。

PD20131490 甲维·毒死蜱/30%/乳油/毒死蜱 29.7%、甲氨基阿维菌素苯甲酸盐 0.3%/2013.07.05 至 2018.07.05/中等毒
水稻 稻飞虱、稻纵卷叶螟 270-405克/公顷 喷雾

PD20132051 茚虫威/71.25%/母药/茚虫威 71.25%/2013.10.22 至 2018.10.22/中等毒

PD20132067 氟虫腈/5%/悬浮种衣剂/氟虫腈 5%/2013.10.22 至 2018.10.22/低毒
玉米 蚜虫 125-150克/100千克种子 种子包衣

PD20132082 精异丙甲草胺/96%/原药/精异丙甲草胺 96%/2013.10.24 至 2018.10.24/低毒

PD20132434 茚虫威/15%/悬浮剂/茚虫威 15%/2013.11.20 至 2018.11.20/低毒
甘蓝 小菜蛾 33.75-45克/公顷 喷雾
水稻 稻纵卷叶螟 33.75-45克/公顷 喷雾

PD20132656 噻虫嗪/98%/原药/噻虫嗪 98%/2013.12.20 至 2018.12.20/低毒

LS20110121 硝磺草酮/10%/可分散油悬浮剂/硝磺草酮 10%/2013.05.03 至 2014.05.03/微毒
玉米田 一年生阔叶杂草及禾本科杂草 120-150克/公顷 茎叶喷雾

LS20110122 烟嘧·硝草酮/25%/可分散油悬浮剂/烟嘧磺隆 5%、硝磺草酮 20%/2013.05.03 至 2014.05.03/微毒
玉米田 一年生杂草 150-187.5有效成分克/公顷 茎叶喷雾

LS20120182 丁醚脲/50%/悬浮剂/丁醚脲 50%/2013.05.11 至 2014.05.11/低毒
甘蓝 小菜蛾 375-500克/公顷 喷雾

LS20120334 氟磺隆/95%/原药/氟磺隆 95%/2013.10.08 至 2014.10.08/低毒
注:专供出口,不得在国内销售。

江苏长青农化南通有限公司 (江苏省如东县洋口镇化学工业园黄海三路 226407 0513-81903116)

PD20132217 麦草畏/98%/原药/麦草畏 98%/2013.11.05 至 2018.11.05/低毒

PD20132452 氰氟草酯/96%/原药/氰氟草酯 96%/2013.12.02 至 2018.12.02/低毒

江苏春江农化有限公司 (江苏省金坛市直溪镇潘家湾84号 213251 0519-82442918)

PD20070405 高效氯氟氰菊酯/95%/原药/高效氯氟氰菊酯 95%/2012.11.05 至 2017.11.05/中等毒

PD20080596 联苯菊酯/96%/原药/联苯菊酯 96%/2013.05.12 至 2018.05.12/中等毒

PD20092610 氟氯氰菊酯/92%/原药/氟氯氰菊酯 92%/2014.03.02 至 2019.03.02/低毒

PD20097755 联苯菊酯/100克/升/乳油/联苯菊酯 100克/升/2009.11.12 至 2014.11.12/中等毒
苹果树 桃小食心虫 20-33毫克/千克 喷雾

PD20111063 高效氯氟氰菊酯/10%/可湿性粉剂/高效氯氟氰菊酯 10%/2011.10.11 至 2016.10.11/中等毒
甘蓝 菜青虫 11.25-15克/公顷 喷雾

PD20121563 氰戊菊酯/96%/原药/氰戊菊酯 96%/2012.10.25 至 2017.10.25/中等毒

江苏东宝农药化工有限公司 (江苏省扬州市江都市宜陵镇 225225 0514-6731500)

PD20040082 高效氯氰菊酯/5%/水乳剂/高效氯氰菊酯 5%/2009.12.19 至 2014.12.19/中等毒
十字花科蔬菜 菜青虫 30-37.5克/公顷 喷雾

PD20040101 高效氯氰菊酯/4.5%/乳油/高效氯氰菊酯 4.5%/2009.12.19 至 2014.12.19/低毒
十字花科蔬菜 菜青虫、小菜蛾、蚜虫 13.5-27克/公顷 喷雾

PD20040108 多·酮/47%/可湿性粉剂/多菌灵 45%、三唑酮 2%/2009.12.19 至 2014.12.19/低毒
小麦 白粉病、赤霉病 450-600克/公顷 喷雾

PD20040256 多·酮/30%/可湿性粉剂/多菌灵 20%、三唑酮 10%/2009.12.19 至 2014.12.19/低毒
水稻 稻瘟病、叶尖枯病 450-600克/公顷 喷雾
小麦 赤霉病 360-450克/公顷 喷雾
小麦 白粉病 450-600克/公顷 喷雾

PD20040707 井冈·杀虫单/65%/可溶粉剂/井冈霉素 7%、杀虫单 58%/2009.12.19 至 2014.12.19/中等毒
水稻 二化螟、纹枯病 682.5-975克/公顷 喷雾
PD20040770 苏云·杀虫单//可湿性粉剂/杀虫单 46%、苏云金杆菌 100亿活芽孢/克/2009.12.19 至 2014.12.19/中等毒
水稻 二化螟 750-900克制剂/公顷 喷雾
PD20040803 吡·井·杀虫单/44%/可湿性粉剂/吡虫啉 1%、井冈霉素 7%、杀虫单 36%/2009.12.20 至 2014.12.20/中等毒
水稻 二化螟、飞虱、纹枯病 660-792克/公顷 喷雾
PD20080274 氰戊·辛硫磷/25%/乳油/氰戊菊酯 6.2%、辛硫磷 18.8%/2013.02.22 至 2018.02.22/中等毒
甘蓝 菜青虫、蚜虫 150-225克/公顷 喷雾
棉花 棉铃虫 281.25-375克/公顷 喷雾
PD20080276 噻嗪·杀虫单/70%/可湿性粉剂/噻嗪酮 10%、杀虫单 60%/2013.02.22 至 2018.02.22/中等毒
水稻 稻纵卷叶螟 525-630克/公顷 喷雾
水稻 稻飞虱、二化螟 630-735克/公顷 喷雾
PD20080613 苄嘧·苯噻酰/50%/可湿性粉剂/苯噻酰草胺 47%、苄嘧磺隆 3%/2013.05.12 至 2018.05.12/低毒
水稻田(直播) 部分多年生杂草、一年生杂草 375-525克/公顷 药土法
PD20080783 苯磺·异丙隆/70%/可湿性粉剂/苯磺隆 1%、异丙隆 69%/2013.06.20 至 2018.06.20/低毒
冬小麦田 一年生杂草 1050－1575克/公顷 茎叶喷雾
PD20080799 氰戊菊酯/20%/乳油/氰戊菊酯 20%/2013.06.20 至 2018.06.20/低毒
十字花科蔬菜 蚜虫 90-120克/公顷 喷雾
PD20080814 嘧霉胺/20%/可湿性粉剂/嘧霉胺 20%/2013.06.20 至 2018.06.20/低毒
黄瓜 灰霉病 360-480克/公顷 喷雾
PD20081058 氧氟·乙草胺/40%/乳油/乙草胺 34%、乙氧氟草醚 6%/2013.08.14 至 2018.08.14/低毒
夏大豆田 一年生杂草 600-720克/公顷 土壤喷雾
PD20081198 精喹禾灵/5%/乳油/精喹禾灵 5%/2013.09.11 至 2018.09.11/低毒
冬油菜田 一年生禾本科杂草 37.5－52.5克/公顷 茎叶喷雾
PD20081236 苯磺隆/10%/可湿性粉剂/苯磺隆 10%/2013.09.16 至 2018.09.16/低毒
冬小麦田 阔叶杂草 15－22.5克/公顷 茎叶喷雾
PD20081287 苄·二氯/36%/可湿性粉剂/苄嘧磺隆 3%、二氯喹啉酸 33%/2013.09.25 至 2018.09.25/低毒
水稻抛秧田 部分多年生杂草、一年生杂草 216-270克/公顷 喷雾或药土法
水稻田(直播) 部分多年生杂草、一年生杂草 216-324克/公顷(南方地区) 喷雾
PD20081300 硫磺·三环唑/45%/可湿性粉剂/硫磺 40%、三环唑 5%/2013.10.09 至 2018.10.09/低毒
水稻 稻瘟病 810-1215克/公顷 喷雾
PD20081812 三唑酮/25%/可湿性粉剂/三唑酮 25%/2013.11.19 至 2018.11.19/低毒
小麦 白粉病、锈病 150-168.7克/公顷 喷雾
PD20081821 氯氰菊酯/100克/升/乳油/氯氰菊酯 100克/升/2013.11.19 至 2018.11.19/中等毒
十字花科蔬菜 菜青虫 45-52.5克/公顷 喷雾
PD20081905 联苯菊酯/100克/升/乳油/联苯菊酯 100克/升/2013.11.21 至 2018.11.21/中等毒
茶树 茶毛虫、茶尺蠖 7.5-15克/公顷 喷雾
PD20081925 精喹·草除灵/17.5%/乳油/草除灵 15%、精喹禾灵 2.5%/2013.11.21 至 2018.11.21/低毒
冬油菜田 一年生杂草 262.5－393.8克/公顷 茎叶喷雾
PD20082303 高效氯氟氰菊酯/25克/升/乳油/高效氯氟氰菊酯 25克/升/2013.12.01 至 2018.12.01/中等毒
十字花科蔬菜 菜青虫 11.25-22.5克/公顷 喷雾
PD20082364 高效氟吡甲禾灵/95%/原药/高效氟吡甲禾灵 95%/2013.12.01 至 2018.12.01/低毒
PD20082408 二嗪磷/50%/乳油/二嗪磷 50%/2013.12.02 至 2018.12.02/中等毒
水稻 二化螟 675-900克/公顷 喷雾
PD20082979 甲氨基阿维菌素苯甲酸盐/1%/乳油/甲氨基阿维菌素苯甲酸盐 1%/2013.12.09 至 2018.12.09/低毒
甘蓝 小菜蛾 15-30毫升/亩 喷雾
PD20083065 稻瘟灵/40%/可湿性粉剂/稻瘟灵 40%/2013.12.10 至 2018.12.10/低毒
水稻 稻瘟病 480-600克/公顷 喷雾
PD20083140 毒死蜱/480克/升/乳油/毒死蜱 480克/升/2013.12.10 至 2018.12.10/中等毒
水稻 稻飞虱、稻纵卷叶螟 504-576克/公顷 喷雾
PD20083252 丙草胺/300克/升/乳油/丙草胺 300克/升/2013.12.11 至 2018.12.11/低毒
直播水稻田 一年生杂草 490-530克/公顷 土壤喷雾
PD20083359 丙溴·辛硫磷/40%/乳油/丙溴磷 6%、辛硫磷 34%/2013.12.11 至 2018.12.11/中等毒
棉花 棉铃虫 150-187.5克/公顷 喷雾
水稻 三化螟 600-720克/公顷 喷雾
PD20083460 三环唑/20%/可湿性粉剂/三环唑 20%/2013.12.12 至 2018.12.12/低毒
水稻 稻瘟病 262.5-300克/公顷 喷雾
PD20083464 氰戊·三唑酮/20%/乳油/氰戊菊酯 10%、三唑酮 10%/2013.12.12 至 2018.12.12/中等毒
小麦 白粉病、蚜虫 210-240克/公顷 喷雾
PD20083519 噻嗪酮/25%/可湿性粉剂/噻嗪酮 25%/2013.12.12 至 2018.12.12/低毒
水稻 稻飞虱 112.5－150克/公顷 喷雾
PD20083583 阿维·高氯/3%/乳油/阿维菌素 0.2%、高效氯氰菊酯 2.8%/2013.12.12 至 2018.12.12/低毒(原药高毒)
黄瓜 美洲斑潜蝇 15-30克/公顷 喷雾

梨树 梨木虱 20-30毫克/千克 喷雾
十字花科蔬菜 菜青虫 18-27克/公顷 喷雾
十字花科蔬菜 小菜蛾 13.5-27克/公顷 喷雾

PD20083732 苄嘧磺隆/10%/可湿性粉剂/苄嘧磺隆 10%/2013.12.15 至 2018.12.15/低毒
移栽水稻田、直播水稻田 一年生阔叶杂草及部分莎草科杂草 32.5-45克/公顷 药土法

PD20083859 高效氟吡甲禾灵/108克/升/乳油/高效氟吡甲禾灵 108克/升/2013.12.15 至 2018.12.15/低毒
夏大豆田 一年生禾本科杂草 45-52.5克/公顷 茎叶喷雾

PD20084069 三环·杀虫单/50%/可湿性粉剂/三环唑 14%、杀虫单 36%/2013.12.16 至 2018.12.16/中等毒
水稻 稻瘟病、螟虫 750-900克/公顷 喷雾

PD20084486 三唑磷/20%/乳油/三唑磷 20%/2013.12.17 至 2018.12.17/中等毒
水稻 二化螟、三化螟 300-450克/公顷 喷雾

PD20085079 溴氰·乐果/20%/乳油/乐果 19.2%、溴氰菊酯 0.8%/2013.12.23 至 2018.12.23/中等毒
十字花科蔬菜 菜青虫、菜蚜 45-75克/公顷 喷雾

PD20085155 噻嗪·异丙威/25%/可湿性粉剂/噻嗪酮 5%、异丙威 20%/2013.12.23 至 2018.12.23/低毒
水稻 稻飞虱 487.5-562.5克/公顷 喷雾

PD20085197 吡虫啉/10%/可湿性粉剂/吡虫啉 10%/2013.12.23 至 2018.12.23/低毒
水稻 稻飞虱 15-30克/公顷 喷雾

PD20085433 毒·辛/20%/乳油/毒死蜱 4%、辛硫磷 16%/2013.12.24 至 2018.12.24/低毒
水稻 稻纵卷叶螟 450-480克/公顷 喷雾

PD20085666 氯氰·乐果/20%/乳油/乐果 14.5%、氯氰菊酯 5.5%/2013.12.26 至 2018.12.26/中等毒
十字花科蔬菜 菜青虫 150-300克/公顷 喷雾

PD20085846 阿维·毒死蜱/15%/乳油/阿维菌素 0.1%、毒死蜱 14.9%/2008.12.29 至 2013.12.29/低毒(原药高毒)
十字花科蔬菜 小菜蛾 600-750克制剂/公顷 喷雾
水稻 二化螟 112.5-157.5克/公顷 喷雾
水稻 稻飞虱、稻纵卷叶螟 112.5-135克/公顷 喷雾

PD20090278 阿维·苏云菌//可湿性粉剂/阿维菌素 0.1%、苏云金杆菌 100亿活芽孢/克/2014.01.09 至 2019.01.09/低毒(原药高毒)
十字花科蔬菜 菜青虫 750-1050克制剂/公顷 喷雾
十字花科蔬菜 小菜蛾 900-1200克制剂/公顷 喷雾
水稻 稻纵卷叶螟 1500-1800克制剂/公顷 喷雾

PD20090420 乐·酮·多菌灵/60%/可湿性粉剂/多菌灵 30%、乐果 20%、三唑酮 10%/2014.01.12 至 2019.01.12/中等毒
小麦 白粉病、赤霉病、蚜虫 630-720克/公顷 喷雾

PD20090534 阿维·三唑磷/20%/乳油/阿维菌素 0.1%、三唑磷 19.9%/2014.01.13 至 2019.01.13/中等毒(原药高毒)
水稻 二化螟 360-450克/公顷 喷雾
水稻 三化螟 300-360克/公顷 喷雾

PD20091192 乙草胺/20%/可湿性粉剂/乙草胺 20%/2014.02.01 至 2019.02.01/低毒
水稻移栽田 部分阔叶杂草、一年生禾本科杂草 90-112.5克/公顷(南方地区) 药土法

PD20091199 精噁唑禾草灵/69克/升/水乳剂/精噁唑禾草灵 69克/升/2014.02.01 至 2019.02.01/低毒
冬小麦田 一年生禾本科杂草 41.4-82.8克/公顷 茎叶喷雾

PD20091410 苄·乙/14%/可湿性粉剂/苄嘧磺隆 3.2%、乙草胺 10.8%/2014.02.02 至 2019.02.02/低毒
水稻移栽田 部分多年生杂草、一年生杂草 84-118克/公顷 药土法

PD20091586 氯氟吡氧乙酸异辛酯/200克/升/乳油/氯氟吡氧乙酸异辛酯 200克/升/2014.02.03 至 2019.02.03/低毒
冬小麦田 一年生阔叶杂草 150-210克/公顷 茎叶喷雾

PD20091682 苏云·氟铃脲//可湿性粉剂/氟铃脲 1.5%、苏云金杆菌 50亿活孢子/克/2014.02.03 至 2019.02.03/低毒
甘蓝 甜菜夜蛾 1200-1800克制剂/公顷 喷雾

PD20091900 阿维·吡虫啉/2%/乳油/阿维菌素 0.2%、吡虫啉 1.8%/2014.02.09 至 2019.02.09/低毒(原药高毒)
十字花科蔬菜 菜青虫、小菜蛾、蚜虫 12-18克/公顷 喷雾

PD20092510 阿维·氟铃脲/2.5%/乳油/阿维菌素 0.2%、氟铃脲 2.3%/2014.02.26 至 2019.02.26/微毒(原药高毒)
甘蓝 小菜蛾 30-37.5克/公顷 喷雾
甘蓝 菜青虫 22.5-30克/公顷 喷雾

PD20092760 阿维·哒螨灵/10%/乳油/阿维菌素 0.2%、哒螨灵 9.8%/2009.03.04 至 2014.03.04/中等毒(原药高毒)
棉花 红蜘蛛 90-120克/公顷 喷雾

PD20093818 扑·乙/40%/可湿性粉剂/扑草净 20%、乙草胺 20%/2009.03.25 至 2014.03.25/低毒
水稻移栽田 一年生杂草 120-180克/公顷 毒土法

PD20094198 草甘膦异丙胺盐(41%)///水剂/草甘膦 30%/2009.03.30 至 2014.03.30/微毒
春玉米田、柑橘园、棉花田、夏玉米田 杂草 1125-2250毫升/公顷 定向喷雾
冬油菜田（免耕）、防火隔离带、非耕地、公路、免耕春油菜田、免耕抛秧晚稻田、铁路 杂草 1125-2250毫升/公顷 喷雾

PD20094383 混灭·噻嗪酮/30%/乳油/混灭威 25%、噻嗪酮 5%/2009.04.01 至 2014.04.01/低毒

水稻 稻飞虱 337.5-405克/公顷 喷雾
PD20095036 溴氰菊酯/25克/升/乳油/溴氰菊酯 25克/升/2009.04.21 至 2014.04.21/中等毒
十字花科蔬菜 菜青虫 11.25-15克/公顷 喷雾
十字花科蔬菜 小菜蛾 7.5-15克/公顷 喷雾
PD20095451 乙羧氟草醚/10%/乳油/乙羧氟草醚 10%/2009.05.11 至 2014.05.11/低毒
夏大豆田 一年生阔叶杂草 60-90克/公顷 茎叶喷雾
PD20095686 草甘膦/95%/原药/草甘膦 95%/2009.05.15 至 2014.05.15/低毒
PD20096284 井冈·三环唑/20%/可湿性粉剂/井冈霉素 5%、三环唑 15%/2009.07.22 至 2014.07.22/中等毒
水稻 稻曲病、稻瘟病、纹枯病 300-450克/公顷 喷雾
PD20096285 井冈·杀虫双/22%/水剂/井冈霉素 2%、杀虫双 20%/2009.07.22 至 2014.07.22/中等毒
水稻 螟虫 660-825克/公顷 喷雾
PD20096409 哒螨酯/96%/原药/哒螨酯 96%/2009.08.04 至 2014.08.04/中等毒
PD20096567 苄嘧·禾草丹/35%/可湿性粉剂/苄嘧磺隆 0.8%、禾草丹 34.2%/2009.08.24 至 2014.08.24/低毒
水稻秧田 一年生杂草 1050-1312.5克/公顷 喷雾或药土法
PD20096592 烟嘧磺隆/40克/升/可分散油悬浮剂/烟嘧磺隆 40克/升/2009.08.25 至 2014.08.25/微毒
玉米田 一年生杂草 42-60克/公顷 茎叶喷雾
PD20096630 混灭威/50%/乳油/混灭威 50%/2009.09.02 至 2014.09.02/中等毒
水稻 稻飞虱 562.5-750克/公顷 喷雾
PD20096945 二甲戊灵/330克/升/乳油/二甲戊灵 330克/升/2009.09.29 至 2014.09.29/低毒
玉米田 一年生杂草 200-250毫升制剂/亩 播后苗前土壤喷雾
PD20096949 精吡氟禾草灵/90%/原药/精吡氟禾草灵 90%/2009.09.29 至 2014.09.29/低毒
PD20097826 哒螨酯/5%/悬浮剂/哒螨酯 5%/2009.11.20 至 2014.11.20/低毒
柑橘树 红蜘蛛 33.3-50毫克/千克 喷雾
PD20098080 氯氰·丙溴磷/440克/升/乳油/丙溴磷 400克/升、氯氰菊酯 40克/升/2009.12.08 至 2014.12.08/低毒
棉花 棉铃虫 528-792克/公顷 喷雾
PD20098359 井·噻·杀虫单/50%/可湿性粉剂/井冈霉素 7%、噻嗪酮 7%、杀虫单 36%/2009.12.18 至 2014.12.18/中等毒
水稻 稻飞虱、二化螟、三化螟、纹枯病 600-900克/公顷 喷雾
PD20100212 氟乐灵/480克/升/乳油/氟乐灵 480克/升/2010.01.05 至 2015.01.05/低毒
棉花田 一年生杂草 720-1080克/公顷 土壤喷雾
PD20100887 氯溴异氰尿酸/50%/可溶粉剂/氯溴异氰尿酸 50%/2010.01.19 至 2015.01.19/低毒
大白菜 软腐病 375-450克/公顷 喷雾
水稻 白叶枯病、细菌性条斑病 300-450克/公顷 喷雾
水稻 条纹叶枯病 450-600克/公顷 喷雾
PD20101492 辛菌胺醋酸盐/1.2%/水剂/辛菌胺 1.2%/2010.05.10 至 2015.05.10/低毒
辣椒 病毒病 36-54克/公顷 喷雾
棉花 枯萎病 27-45克/公顷 喷雾
水稻 细菌性条斑病 23.4-28.8克/公顷 喷雾
注:辛菌胺醋酸盐含量: 1.8%。
PD20102027 苯甲·丙环唑/30%/悬浮剂/苯醚甲环唑 15%、丙环唑 15%/2010.10.18 至 2015.10.18/低毒
水稻 纹枯病 67.5—90克/公顷 喷雾
PD20102220 吡虫啉/350克/升/悬浮剂/吡虫啉 350克/升/2010.12.31 至 2015.12.31/低毒
水稻 稻飞虱 4-6毫升/亩 喷雾
PD20110560 噻苯隆/50%/可湿性粉剂/噻苯隆 50%/2011.05.20 至 2016.05.20/低毒
棉花 调节生长 150-300克/公顷 茎叶喷雾
PD20110751 氰氟草酯/10%/乳油/氰氟草酯 10%/2011.07.25 至 2016.07.25/微毒
直播水稻(南方) 一年生禾本科杂草 75-105克/公顷 茎叶喷雾
PD20111366 吡虫啉/70%/水分散粒剂/吡虫啉 70%/2011.12.13 至 2016.12.13/低毒
甘蓝 蚜虫 15.75—26.25克/公顷 喷雾
水稻 飞虱 26.25-31.5克/公顷 喷雾
PD20120898 苯甲·丙环唑/30%/乳油/苯醚甲环唑 15%、丙环唑 15%/2012.05.24 至 2017.05.24/低毒
水稻 纹枯病 68-90克/公顷 喷雾
小麦 纹枯病 67.5-90克/公顷 喷雾
PD20121196 丁醚脲/50%/悬浮剂/丁醚脲 50%/2012.08.06 至 2017.08.06/低毒
茶树 小绿叶蝉 450-600克/公顷 /喷雾
PD20130054 炔草酯/15%/可湿性粉剂/炔草酯 15%/2013.01.07 至 2018.01.07/低毒
小麦田 一年生禾本科杂草 45-67.5克/公顷 茎叶喷雾
PD20130515 甲氨基阿维菌素苯甲酸盐/5%/水分散粒剂/甲氨基阿维菌素 5%/2013.03.27 至 2018.03.27/低毒
水稻 稻纵卷叶螟 7.5-11.25克/公顷 喷雾
注:甲氨基阿维菌素苯甲酸盐含量: 5.7%。
PD20130610 甲维·茚虫威/20%/悬浮剂/甲氨基阿维菌素苯甲酸盐 4%、茚虫威 16%/2013.04.03 至 2018.04.03/低毒
水稻 稻纵卷叶螟 24-36克/公顷 喷雾
PD20130849 丙威·毒死蜱/20%/可湿性粉剂/毒死蜱 5%、异丙威 15%/2013.04.22 至 2018.04.22/中等毒
水稻 稻飞虱 300-360克/公顷 喷雾

PD20130990 草甘膦铵盐/80%/可溶粒剂/草甘膦 80%/2013.05.07 至 2018.05.07/低毒
非耕地 一年生和多年生杂草 1125-2250 定向茎叶喷雾
注:草甘膦铵盐含量: 88.8%。
PD20130993 啶虫脒/40%/水分散粒剂/啶虫脒 40%/2013.05.07 至 2018.05.07/低毒
甘蓝 蚜虫 13.5-22.5克/公顷 喷雾
PD20131071 醚菌酯/50%/水分散粒剂/醚菌酯 50%/2013.05.20 至 2018.05.20/微毒
黄瓜 白粉病 100-150克/公顷 喷雾
PD20131396 虫螨·虫酰肼/10%/可湿性粉剂/虫螨腈 3%、虫酰肼 7%/2013.07.02 至 2018.07.02/低毒
甘蓝 斜纹夜蛾 90-150克/公顷 喷雾
PD20131657 嘧菌酯/250克/升/悬浮剂/嘧菌酯 250克/升/2013.08.01 至 2018.08.01/微毒
黄瓜 白粉病 225-337.5克/公顷 喷雾
PD20131881 苯磺·炔草酯/30%/可湿性粉剂/苯磺隆 10%、炔草酯 20%/2013.09.25 至 2018.09.25/微毒
冬小麦田 一年生杂草 67.5-90克/公顷 茎叶喷雾
PD20132631 井冈·蜡芽菌/2.5%/水剂/井冈霉素 2.5%、蜡质芽孢杆菌 10亿个/毫升/2013.12.20 至 2018.12.20/微毒
水稻 纹枯病 130-160毫升/亩 喷雾
WP20090216 蚊香/0.25%/蚊香/富右旋反式烯丙菊酯 0.25%/2009.04.01 至 2014.04.01/微毒
卫生 蚊 / 点燃

江苏东进农药化工厂 (江苏省泰兴市黄桥镇 225411 0523-7227386)

PD20092400 辛硫磷/40%/乳油/辛硫磷 40%/2014.02.25 至 2019.02.25/低毒
玉米 玉米螟 1125-1500克制剂/公顷 灌心叶
PD20093396 乐果/40%/乳油/乐果 40%/2014.03.19 至 2019.03.19/低毒
水稻 稻飞虱 85-100毫升制剂/亩 喷雾
PD20097768 三唑酮/20%/乳油/三唑酮 20%/2009.11.12 至 2014.11.12/低毒
小麦 白粉病 120—150克/公顷 喷雾

江苏飞翔化工股份有限公司 (江苏省张家港市凤凰镇 215613 0512-58110118)

PD20094966 十三吗啉/99%/原药/十三吗啉 99%/2009.04.21 至 2014.04.21/低毒
PD20131304 氟环唑/96%/原药/氟环唑 96%/2013.06.08 至 2018.06.08/微毒

江苏丰登农药有限公司 (江苏省金坛市直溪镇登冠集镇 213253 0519-82426026)

PDN23-92 三环唑/20%/可湿性粉剂/三环唑 20%/2012.09.26 至 2017.09.26/中等毒
水稻 稻瘟病 225-300克/公顷 喷雾
PD84104-3 杀虫双/18%/水剂/杀虫双 18%/2009.10.19 至 2014.10.19/中等毒
甘蔗、蔬菜、水稻、小麦、玉米 多种害虫 540-675克/公顷 喷雾
果树 多种害虫 225-360毫克/千克 喷雾
PD20040318 杀虫单/95%/可溶粉剂/杀虫单 95%/2009.12.19 至 2014.12.19/中等毒
水稻 螟虫 675-810克/公顷 喷雾
PD20060090 三环唑/75%/可湿性粉剂/三环唑 75%/2011.05.19 至 2016.05.19/低毒
水稻 稻瘟病 225-300克/公顷 喷雾
PD20060093 三环唑/95%/原药/三环唑 95%/2011.05.19 至 2016.05.19/中等毒
PD20060110 丙环唑/95%/原药/丙环唑 95%/2011.06.13 至 2016.06.13/低毒
PD20070412 丙环唑/25%/乳油/丙环唑 25%/2012.11.05 至 2017.11.05/低毒
水稻 纹枯病 75-150克/公顷 喷雾
香蕉 叶斑病 500—1000倍液 喷雾
小麦 纹枯病 112.5-225克/公顷 喷雾
小麦 锈病 131-169克/公顷 喷雾
PD20070441 已唑醇/95%/原药/已唑醇 95%/2012.11.20 至 2017.11.20/低毒
PD20070477 嘧霉胺/95%/原药/嘧霉胺 95%/2012.11.28 至 2017.11.28/低毒
PD20070506 戊唑醇/96%/原药/戊唑醇 96%/2012.11.28 至 2017.11.28/低毒
PD20080017 嘧霉胺/40%/可湿性粉剂/嘧霉胺 40%/2013.01.03 至 2018.01.03/低毒
番茄、黄瓜 灰霉病 375—562.5克/公顷 喷雾
PD20080059 高效氯氟氰菊酯/2.5%/乳油/高效氯氟氰菊酯 2.5%/2013.01.03 至 2018.01.03/低毒
十字花科蔬菜 菜青虫 7.5-11.25克/公顷 喷雾
PD20080202 高效氯氟氰菊酯/95%/原药/高效氯氟氰菊酯 95%/2013.01.11 至 2018.01.11/中等毒
PD20081594 苯醚甲环唑/95%/原药/苯醚甲环唑 95%/2013.11.12 至 2018.11.12/低毒
PD20085870 苯醚甲环唑/10%/水分散粒剂/苯醚甲环唑 10%/2013.12.29 至 2018.12.29/低毒
大蒜 叶枯病 30-45克制剂/亩 喷雾
番茄 早疫病 100-150克/公顷 喷雾
梨树 黑星病 16.7-20毫克/千克 喷雾
葡萄 黑痘病 1000倍液 喷雾
芹菜 斑枯病 30-45克制剂/亩 喷雾
三七 黑斑病 30-45克制剂/亩 喷雾
西瓜 炭疽病 75-112.5克/公顷 喷雾
PD20090107 苯甲·丙环唑/300克/升/乳油/苯醚甲环唑 150克/升、丙环唑 150克/升/2014.01.08 至 2019.01.08/低毒

水稻 纹枯病 67.5-90克/公顷 喷雾

PD20090821 异稻·三环唑/20%/可湿性粉剂/三环唑 10%、异稻瘟净 10%/2014.01.19 至 2019.01.19/中等毒

水稻 稻瘟病 300-450克/公顷 喷雾

PD20090955 苯醚甲环唑/250克/升/乳油/苯醚甲环唑 250克/升/2014.01.20 至 2019.01.20/低毒

香蕉 叶斑病 83.3-125毫克/千克 喷雾

PD20095103 硫磺·三环唑/45%/可湿性粉剂/硫磺 40%、三环唑 5%/2009.04.24 至 2014.04.24/中等毒

水稻 稻瘟病 675-1012克/公顷 喷雾

PD20097407 戊唑醇/25%/乳油/戊唑醇 25%/2009.10.28 至 2014.10.28/低毒

苹果树 斑点落叶病 100－125毫克/千克 喷雾

香蕉 叶斑病 167-250毫克/千克 喷雾

PD20098415 己唑醇/50克/升/悬浮剂/己唑醇 50克/升/2009.12.24 至 2014.12.24/微毒

番茄 灰霉病 56.25-112.5克/公顷 喷雾

水稻 稻曲病 56.25-75克/公顷 喷雾

PD20110295 戊唑醇/80%/可湿性粉剂/戊唑醇 80%/2011.03.11 至 2016.03.11/低毒

水稻 稻曲病 96-120克/公顷 喷雾

小麦 锈病 75-120克/公顷 喷雾

PD20120426 嘧菌酯/95%/原药/嘧菌酯 95%/2012.03.14 至 2017.03.14/低毒

注:专供出口，不得在国内销售。

PD20120490 三环唑/35%/悬浮剂/三环唑 35%/2012.03.19 至 2017.03.19/中等毒

水稻 稻瘟病 225－300克/公顷 喷雾

PD20130373 粉唑醇/12.5%/悬浮剂/粉唑醇 12.5%/2013.03.11 至 2018.03.11/低毒

小麦 白粉病 56.25-112.5克/公顷 喷雾

PD20130374 粉唑醇/95%/原药/粉唑醇 95%/2013.03.11 至 2018.03.11/低毒

LS20110174 环丙唑醇/95%/原药/环丙唑醇 95%/2013.07.04 至 2014.07.04/中等毒

注:专供出口，不得在国内销售。

江苏丰山集团有限公司 (江苏省大丰市王港闸南首 224145 0515-85057096)

PD85154-60 氰戊菊酯/20%/乳油/氰戊菊酯 20%/2010.05.31 至 2015.05.31/中等毒

柑橘树 潜叶蛾 10-20毫克/千克 喷雾

果树 梨小食心虫 10-20毫克/千克 喷雾

棉花 红铃虫、蚜虫 75-150克/公顷 喷雾

蔬菜 菜青虫、蚜虫 60-120克/公顷 喷雾

PD85157-21 辛硫磷/40%/乳油/辛硫磷 40%/2010.08.15 至 2015.08.15/低毒

茶树、桑树 食叶害虫 200-400毫克/千克 喷雾

果树 食心虫、蚜虫、螨 200-400毫克/千克 喷雾

林木 食叶害虫 3000-6000克/公顷 喷雾

棉花 棉铃虫、蚜虫 300-600克/公顷 喷雾

蔬菜 菜青虫 300-450克/公顷 喷雾

烟草 食叶害虫 300-600克/公顷 喷雾

玉米 玉米螟 450-600克/公顷 灌心叶

PD20040053 甲拌磷/3%/颗粒剂/甲拌磷 3%/2009.12.19 至 2014.12.19/高毒

棉花 蚜虫 1125-1875克/公顷 沟施,穴施

PD20040580 吡虫啉/10%/可湿性粉剂/吡虫啉 10%/2009.12.19 至 2014.12.19/低毒

棉花 蚜虫 22.5-37.5克/公顷 喷雾

水稻 飞虱 15-30克/公顷 喷雾

小麦 蚜虫 15-30克/公顷 喷雾

PD20050088 吡虫啉/5%/乳油/吡虫啉 5%/2010.07.01 至 2015.07.01/低毒

水稻 飞虱 15-30克/公顷 喷雾

小麦 蚜虫 15-30克/公顷(南方地区) 喷雾

45-60克/公顷(北方地区)

PD20050165 氟乐灵/96%/原药/氟乐灵 96%/2010.11.04 至 2015.11.04/低毒

PD20060075 炔螨特/90%/原药/炔螨特 90%/2011.04.14 至 2016.04.14/低毒

PD20060091 氟乐灵/480克/升/乳油/氟乐灵 480克/升/2011.05.19 至 2016.05.19/低毒

春大豆田 一年生禾本科杂草及部分阔叶杂草 1080-1440克/公顷 土壤喷雾

棉花 一年生禾本科杂草及部分阔叶杂草 540-1080克/公顷 土壤喷雾

夏大豆田 一年生禾本科杂草及部分阔叶杂草 792-1080克/公顷 土壤喷雾

PD20070095 炔螨特/57%/乳油/炔螨特 57%/2012.04.19 至 2017.04.19/低毒

柑橘树 红蜘蛛 190-380毫克/千克 喷雾

PD20070220 炔螨特/73%/乳油/炔螨特 73%/2012.08.08 至 2017.08.08/低毒

柑橘树 红蜘蛛 243-365毫克/千克 喷雾

PD20070303 喹禾灵/10%/乳油/喹禾灵 10%/2012.09.21 至 2017.09.21/低毒

棉花田、夏大豆田、油菜田 一年生禾本科杂草 100-150克/公顷 茎叶喷雾

PD20070633 三环唑/20%/可湿性粉剂/三环唑 20%/2012.12.14 至 2017.12.14/低毒

	水稻	稻瘟病	255－300克/公顷	喷雾
PD20070687	精喹禾灵/95%/原药/精喹禾灵 95%/2012.12.19 至 2017.12.19/低毒			
PD20080454	吡虫啉/95%/原药/吡虫啉 95%/2013.03.27 至 2018.03.27/中等毒			
PD20080458	啶虫脒/96%/原药/啶虫脒 96%/2013.03.27 至 2018.03.27/中等毒			
PD20080654	噻嗪酮/25%/可湿性粉剂/噻嗪酮 25%/2013.05.27 至 2018.05.27/低毒			
	水稻	稻飞虱	75-112.5克/公顷	喷雾
PD20080660	高氯·毒死蜱/12%/乳油/毒死蜱 10%、高效氯氰菊酯 2%/2013.05.27 至 2018.05.27/中等毒			
	棉花	棉铃虫	216-270克/公顷	喷雾
PD20080738	氯氰·辛硫磷/25%/乳油/氯氰菊酯 4%、辛硫磷 21%/2013.06.11 至 2018.06.11/低毒			
	棉花	棉铃虫	300-375克/公顷	喷雾
	小麦	蚜虫	112.5-150克/公顷	喷雾
PD20080803	氰戊·辛硫磷/25%/乳油/氰戊菊酯 6.25%、辛硫磷 18.75%/2013.06.20 至 2018.06.20/中等毒			
	甘蓝	菜青虫	150-225克/公顷	喷雾
	棉花	棉铃虫	281.25-337.5克/公顷	喷雾
	苹果树	蚜虫	125-250毫克/千克	喷雾
	小麦	蚜虫	150-187.5克/公顷	喷雾
	玉米	玉米螟	300-375克/公顷	喷雾
PD20081007	高效氯氟氰菊酯/95%/原药/高效氯氟氰菊酯 95%/2013.08.06 至 2018.08.06/中等毒			
PD20081050	精喹禾灵/8.8%/乳油/精喹禾灵 8.8%/2013.08.14 至 2018.08.14/低毒			
	春大豆田	一年生禾本科杂草	52.8-66克/公顷	茎叶喷雾
	夏大豆田	一年生禾本科杂草	46.2-52.8克/公顷	茎叶喷雾
PD20081085	高效氯氟氰菊酯/25克/升/乳油/高效氯氟氰菊酯 25克/升/2013.08.18 至 2018.08.18/中等毒			
	十字花科蔬菜	菜青虫	9.375-11.25克/公顷	喷雾
PD20081136	氯氰菊酯/92%/原药/氯氰菊酯 92%/2013.09.01 至 2018.09.01/中等毒			
PD20081356	灭线磷/95%/原药/灭线磷 95%/2013.10.21 至 2018.10.21/高毒			
PD20081680	精喹禾灵/5%/乳油/精喹禾灵 5%/2013.11.17 至 2018.11.17/低毒			
	春大豆田	一年生禾本科杂草	52.5-67.5克/公顷	茎叶喷雾
	花生田、西瓜田	一年生禾本科杂草	45-52.5克/公顷	茎叶喷雾
	棉花田	一年生禾本科杂草	37.5-60克/公顷	茎叶喷雾
	夏大豆田	一年生禾本科杂草	37.5-52.5克/公顷	茎叶喷雾
	油菜田	一年生禾本科杂草	30-45克/公顷	茎叶喷雾
PD20081829	毒死蜱/97%/原药/毒死蜱 97%/2013.11.20 至 2018.11.20/中等毒			
PD20081981	啶虫脒/3%/乳油/啶虫脒 3%/2008.11.25 至 2013.11.25/低毒			
	柑橘树	蚜虫	10-15毫克/千克	喷雾
	棉花	蚜虫	9-13.5克/公顷	喷雾
PD20083006	草甘膦/95%/原药/草甘膦 95%/2013.12.10 至 2018.12.10/低毒			
PD20083110	二嗪磷/25%/乳油/二嗪磷 25%/2013.12.10 至 2018.12.10/低毒			
	水稻	二化螟、三化螟	600-900克/公顷	喷雾
PD20083154	阿维·二嗪磷/20%/乳油/阿维菌素 0.1%、二嗪磷 19.9%/2013.12.11 至 2018.12.11/低毒(原药高毒)			
	水稻	二化螟	360-450克/公顷	喷雾
PD20083200	三唑磷/20%/乳油/三唑磷 20%/2013.12.11 至 2018.12.11/中等毒			
	水稻	二化螟、三化螟	360-450克/公顷	喷雾
PD20083211	灭线磷/10%/颗粒剂/灭线磷 10%/2013.12.11 至 2018.12.11/高毒			
	甘薯	茎线虫病	1500-2250克/公顷	穴施
	花生	根结线虫	4500-5250克/公顷	沟施
	水稻	稻瘿蚊	1500-1800克/公顷	撒施
PD20083940	杀单·毒死蜱/25%/可湿性粉剂/毒死蜱 5%、杀虫单 20%/2013.12.15 至 2018.12.15/低毒			
	水稻	稻纵卷叶螟	562.5-750克/公顷	喷雾
PD20084081	阿维·三唑磷/20%/乳油/阿维菌素 0.1%、三唑磷 19.9%/2013.12.16 至 2018.12.16/中等毒(原药高毒)			
	草地	东亚蝗虫	240-270克/公顷	喷雾
	水稻	三化螟	270-360克/公顷	喷雾
PD20084565	灭线磷/5%/颗粒剂/灭线磷 5%/2013.12.18 至 2018.12.18/低毒(原药高毒)			
	甘薯	茎线虫病	1875-2250克/公顷	穴施
	花生	根结线虫	4500－5250克/公顷	沟施
PD20086342	乐果·三唑磷/25%/乳油/乐果 15%、三唑磷 10%/2013.12.31 至 2018.12.31/中等毒			
	水稻	二化螟	450-562.5克/公顷	喷雾
PD20090358	精喹·草除灵/14%/乳油/草除灵 12%、精喹禾灵 2%/2014.01.12 至 2019.01.12/低毒			
	冬油菜田	一年生杂草	252-294克/公顷	喷雾
PD20090476	丙草胺/94%/原药/丙草胺 94%/2014.01.12 至 2019.01.12/低毒			
PD20091311	噻嗪·高氯氟/9%/乳油/高效氯氟氰菊酯 1%、噻嗪酮 8%/2014.02.01 至 2019.02.01/中等毒			
	茶树	小绿叶蝉	90-120毫克/千克	喷雾
PD20091438	烟嘧磺隆/95%/原药/烟嘧磺隆 95%/2014.02.02 至 2019.02.02/低毒			
PD20095938	烟嘧磺隆/40克/升/可分散油悬浮剂/烟嘧磺隆 40克/升/2009.06.02 至 2014.06.02/微毒			

	玉米田	一年生杂草	42-60克/公顷	茎叶喷雾
PD20096075	苯磺隆/10%/可湿性粉剂/苯磺隆 10%/2009.06.18 至 2014.06.18/微毒			
	冬小麦田	一年生阔叶杂草	15-22.5克/公顷	茎叶喷雾
PD20096397	唑磷·毒死蜱/25%/乳油/毒死蜱 5%、三唑磷 20%/2009.08.04 至 2014.08.04/中等毒			
	水稻	稻纵卷叶螟	225～300克/公顷	喷雾
PD20096720	二甲戊灵/330克/升/乳油/二甲戊灵 330克/升/2009.09.07 至 2014.09.07/低毒			
	玉米田	一年生杂草	742.5-990克/公顷	土壤喷雾
PD20096994	苯·苄·异丙甲/33%/可湿性粉剂/苯噻酰草胺 25%、苄嘧磺隆 3%、异丙甲草胺 5%/2009.09.29 至 2014.09.29/低毒			
	水稻抛秧田	一年生及部分多年生杂草	247.5-297克/公顷(南方地区)	药土法
PD20097006	氯氟吡氧乙酸异辛酯(288克/升)///乳油/氯氟吡氧乙酸 200克/升/2009.09.29 至 2014.09.29/低毒			
	冬小麦田、玉米田	阔叶杂草	180-210克/公顷	茎叶喷雾
PD20097641	唑螨酯/5%/悬浮剂/唑螨酯 5%/2009.11.04 至 2014.11.04/低毒			
	苹果树	红蜘蛛	20-25毫克/千克	喷雾
PD20097849	联苯菊酯/100克/升/乳油/联苯菊酯 100克/升/2009.11.20 至 2014.11.20/中等毒			
	茶树	茶小绿叶蝉	30-37.5克/公顷	喷雾
	棉花	红蜘蛛	52.5-60克/公顷	喷雾
PD20097973	草甘膦异丙胺盐(41%)///水剂/草甘膦 30%/2009.12.01 至 2014.12.01/低毒			
	桑园、水稻田埂	杂草	200-400毫升制剂/亩	定向茎叶喷雾
PD20100133	烯草酮/120克/升/乳油/烯草酮 120克/升/2010.01.05 至 2015.01.05/低毒			
	油菜田	一年生禾本科杂草	54-72克/公顷	茎叶喷雾
PD20100320	多·酮/40%/可湿性粉剂/多菌灵 35%、三唑酮 5%/2010.01.11 至 2015.01.11/低毒			
	小麦	白粉病、赤霉病	810－900克/公顷	喷雾
PD20101933	毒死蜱/480克/升/乳油/毒死蜱 480克/升/2010.08.27 至 2015.08.27/中等毒			
	水稻	稻纵卷叶螟	432-576克/公顷	喷雾
PD20101939	氰戊·硫丹/25%/乳油/硫丹 20%、氰戊菊酯 5%/2010.08.27 至 2015.08.27/高毒			
	棉花	棉铃虫	375-468.75克/公顷	喷雾
PD20120478	丙溴磷/40%/乳油/丙溴磷 40%/2012.03.19 至 2017.03.19/低毒			
	水稻	稻纵卷叶螟	540-600克/公顷	喷雾
PD20120567	精喹禾灵/15%/乳油/精喹禾灵 15%/2012.03.28 至 2017.03.28/低毒			
	大豆田	一年生禾本科杂草	45-67.5克/公顷	茎叶喷雾
	棉花田	一年生禾本科杂草	45-56.25克/公顷	茎叶喷雾
PD20120703	苯磺·异丙隆/50%/可湿性粉剂/苯磺隆 0.5%、异丙隆 49.5%/2012.04.18 至 2017.04.18/低毒			
	冬小麦田	一年生杂草	937.5-1125克/公顷	茎叶喷雾
PD20120976	苄嘧·丙草胺/30%/乳油/苄嘧磺隆 2%、丙草胺 28%/2012.06.21 至 2017.06.21/低毒			
	水稻田(直播)	一年生杂草	360-540克/公顷	喷雾
PD20121116	高效氯氟氰菊酯/5%/微乳剂/高效氯氟氰菊酯 5%/2012.07.20 至 2017.07.20/中等毒			
	棉花	棉铃虫	15-22.5克/公顷	喷雾
PD20122058	甲氨基阿维菌素苯甲酸盐/1%/可湿性粉剂/甲氨基阿维菌素 1%/2012.12.24 至 2017.12.24/低毒			
	水稻	二化螟	10.5-13.5克/公顷	喷雾
	注:甲氨基阿维菌素苯甲酸盐含量:1.14%。			
PD20122121	吡虫啉/15%/泡腾片剂/吡虫啉 15%/2012.12.26 至 2017.12.26/中等毒			
	水稻	稻飞虱	33.75-45克/公顷	喷雾
PD20130391	毒死蜱/25%/微乳剂/毒死蜱 25%/2013.03.12 至 2018.03.12/中等毒			
	水稻	稻纵卷叶螟	487-562克/公顷	喷雾
PD20130641	吡虫啉/480克/升/悬浮剂/吡虫啉 480克/升/2013.04.05 至 2018.04.05/低毒			
	水稻	稻飞虱	26.25-31.5克/公顷	喷雾
PD20130674	烯啶虫胺/60%/可湿性粉剂/烯啶虫胺 60%/2013.04.09 至 2018.04.09/低毒			
	水稻	飞虱	30-45克/公顷	喷雾
PD20130851	阿维菌素/1%/颗粒剂/阿维菌素 1%/2013.04.22 至 2018.04.22/低毒(原药高毒)			
	黄瓜	根结线虫	220-260克/公顷	沟施、穴施
PD20131201	阿维菌素/5%/微乳剂/阿维菌素 5%/2013.05.27 至 2018.05.27/低毒(原药高毒)			
	甘蓝	菜青虫	5.4-10.8克/公顷	喷雾
PD20131281	吡蚜酮/25%/可湿性粉剂/吡蚜酮 25%/2013.06.08 至 2018.06.08/低毒			
	水稻	飞虱	60-90克/公顷	喷雾
PD20131361	苯甲·丙环唑/40%/微乳剂/苯醚甲环唑 20%、丙环唑 20%/2013.06.20 至 2018.06.20/低毒			
	水稻	纹枯病	90-120克/公顷	喷雾
PD20131366	丙草胺/30%/乳油/丙草胺 30%/2013.06.24 至 2018.06.24/低毒			
	水稻田(直播)	一年生杂草	450-540克/公顷	喷雾
PD20131465	氰氟草酯/20%/可分散油悬浮剂/氰氟草酯 20%/2013.07.05 至 2018.07.05/低毒			
	水稻田(直播)	稗草、千金子等禾本科杂草	90-105克/公顷	茎叶喷雾
PD20131479	吡嘧磺隆/10%/可湿性粉剂/吡嘧磺隆 10%/2013.07.05 至 2018.07.05/低毒			
	水稻移栽田	一年生阔叶杂草	19.5-30克/公顷	药土法
PD20131554	毒死蜱/30%/微囊悬浮剂/毒死蜱 30%/2013.07.23 至 2018.07.23/中等毒			

	花生	蛴螬	1575-2925克/公顷	喷雾于播种穴
PD20132030	氟磺胺草醚/250克/升/水剂/氟磺胺草醚 250克/升/2013.10.21 至 2018.10.21/低毒			
	大豆田	一年生阔叶杂草	281.25-375克/公顷（东北地区） 187.5-281.25克/公顷（其他地区）	茎叶喷雾

江苏丰源生物工程有限公司　(江苏省射阳县合德镇红旗路6号(原9号)　224300　0515-2353191)

PD86101-39	赤霉酸/4%/乳油/赤霉酸 4%/2011.11.29 至 2016.11.29/低毒			
	菠菜	增加鲜重	10-25毫克/千克	叶面处理1-3次
	菠萝	果实增大、增重	40-80毫克/千克	喷花
	柑橘树	果实增大、增重	20-40毫克/千克	喷花
	花卉	提前开花	700毫克/千克	叶面处理涂抹花芽
	绿肥	增产	10-20毫克/千克	喷雾
	马铃薯	苗齐、增产	0.5-1毫克/千克	浸薯块10-30分钟
	棉花	提高结铃率、增产	10-20毫克/千克	点喷、点涂或喷雾
	葡萄	无核、增产	50-200毫克/千克	花后1周处理果穗
	芹菜	增产	20-100毫克/千克	叶面处理1次
	人参	增加发芽率	20毫克/千克	播前浸种15分钟
	水稻	增加千粒重、制种	20-30毫克/千克	喷雾
PD86183-42	赤霉酸/85%/结晶粉/赤霉酸 85%/2011.11.29 至 2016.11.29/低毒			
	菠菜	增加鲜重	10-25毫克/千克	叶面处理1-3次
	菠萝	果实增大、增重	40-80毫克/千克	喷花
	柑橘树	果实增大、增重	20-40毫克/千克	喷花
	花卉	提前开花	700毫克/千克	叶面处理涂抹花芽
	绿肥	增产	10-20毫克/千克	喷雾
	马铃薯	苗齐、增产	0.5-1毫克/千克	浸薯块10-30分钟
	棉花	提高结铃率、增产	10-20毫克/千克	点喷、点涂或喷雾
	葡萄	无核、增产	50-200毫克/千克	花后一周处理果穗
	芹菜	增加鲜重	20-100毫克/千克	叶面处理1次
	人参	增加发芽率	20毫克/千克	播种前浸种15分钟
	水稻	增加千粒重、制种	20-30毫克/千克	喷雾
PD20070096	赤霉酸/90%/原药/赤霉酸 90%/2012.04.20 至 2017.04.20/低毒			
PD20070110	阿维菌素/92%/原药/阿维菌素 92%/2012.04.26 至 2017.04.26/高毒			
PD20081394	苄氨基嘌呤/99%/原药/苄氨基嘌呤 99%/2013.10.28 至 2018.10.28/低毒			
PD20081401	苄氨・赤霉酸/3.8%/乳油/苄氨基嘌呤 1.9%、赤霉酸A4+A7 1.9%/2013.10.28 至 2018.10.28/低毒			
	苹果树	调节果型	800-1000倍液	喷雾
PD20081598	赤霉酸/10%/可溶粉剂/赤霉酸 10%/2013.11.12 至 2018.11.12/低毒			
	芹菜	调节生长	90-100毫克/千克	喷雾2次
PD20083844	赤霉酸GA3/20%/可溶粉剂/赤霉酸A3 20%/2013.12.15 至 2018.12.15/低毒			
	菠菜	调节生长、增产	20-30 毫克/千克	喷雾2次
PD20084112	赤霉酸/90%/原药/赤霉酸A4+A7 90%/2013.12.16 至 2018.12.16/低毒			
PD20084232	阿维菌素/1.8%/乳油/阿维菌素 1.8%/2013.12.17 至 2018.12.17/低毒(原药高毒)			
	菜豆	斑潜蝇	10.8-21.6克/公顷	喷雾
	甘蓝	菜青虫	8.1-10.8克/公顷	喷雾
	棉花	棉铃虫	21.6-32.4克/公顷	喷雾
	苹果树	红蜘蛛	3-6毫克/千克	喷雾
PD20097807	赤霉酸A3/40%/可溶粉剂/赤霉酸A3 40%/2009.11.20 至 2014.11.20/低毒			
	菠菜	调节生长、增产	20-30 毫克/千克	喷雾2次
PD20101734	赤4＋7・赤霉酸/2.7%/脂膏/赤霉酸A4+A7 1.35%、赤霉酸A3 1.35%/2010.06.28 至 2015.06.28/微毒			
	梨树	调节生长	0.405－0.675毫克/果	涂抹
PD20101957	赤霉酸/10%/可溶片剂/赤霉酸A3 10%/2010.09.20 至 2015.09.20/微毒			
	水稻制种	调节生长、增产	160-240毫克/升	兑水喷雾，两次（抽穗始期和盛期）
PD20101973	赤霉酸/20%/可溶片剂/赤霉酸A3 20%/2010.09.21 至 2015.09.21/微毒			
	芹菜	调节生长、增产	40-60毫克/千克	喷雾，2次
PD20110090	阿维菌素/5%/乳油/阿维菌素 5%/2011.01.25 至 2016.01.25/中等毒(原药高毒)			
	甘蓝	小菜蛾	8.1-10.8克/公顷	喷雾
	水稻	稻纵卷叶螟	7.5-11.25克/公顷	喷雾
PD20110302	阿维菌素/3.2%/乳油/阿维菌素 3.2%/2011.03.21 至 2016.03.21/中等毒(原药高毒)			
	菜豆	美洲斑潜蝇	14.4-21.6克/公顷	喷雾
PD20111022	多抗霉素/34%/母药/多抗霉素B 34%/2011.09.30 至 2016.09.30/低毒			
PD20121387	赤霉酸/4.1%/脂膏/赤霉酸A4+A7 2.05%、赤霉酸A3 2.05%/2012.09.13 至 2017.09.13/低毒			
	梨树	调节生长	0.53-0.62毫克/果	涂果柄
LS20130458	赤霉酸A4+A7膏脂/2%/膏剂/赤霉酸A4+A7 2%/2013.10.10 至 2014.10.10/低毒			

梨树 调节生长、增产 0.22-0.38毫克/果 涂沫

江苏富田农化有限公司 (江苏省南京市化学工业园红山精细化工园双巷路60号 210012 025-52893118)

PD20040497 毒·唑磷/30%/乳油/毒死蜱 15%、三唑磷 15%/2009.12.19 至 2014.12.19/中等毒
水稻 三化螟 180-270克/公顷 喷雾

PD20040499 井冈·杀虫单/65%/可溶粉剂/井冈霉素 7%、杀虫单 58%/2009.12.19 至 2014.12.19/中等毒
水稻 稻纵卷叶螟、纹枯病 682.5-877.5克/千克 喷雾

PD20040500 吡虫·三唑酮/15.8%/可湿性粉剂/吡虫啉 1.8%、三唑酮 14%/2009.12.19 至 2014.12.19/低毒
小麦 白粉病、蚜虫 130-160克/公顷 喷雾

PD20040509 三唑·辛硫磷/27%/乳油/三唑磷 22%、辛硫磷 5%/2009.12.19 至 2014.12.19/中等毒
水稻 二化螟 243-324克/公顷 喷雾

PD20040617 吡虫啉/10%/可湿性粉剂/吡虫啉 10%/2009.12.19 至 2014.12.19/低毒
水稻 稻飞虱 15-30克/公顷 喷雾
小麦 蚜虫 15-30克/公顷(南方地区) 喷雾
45-60克/公顷(北方地区)

PD20040632 异丙隆/50%/可湿性粉剂/异丙隆 50%/2009.12.19 至 2014.12.19/低毒
冬小麦 一年生杂草 1050-1200克/公顷 喷雾

PD20040797 高效氯氰菊酯/10%/乳油/高效氯氰菊酯 10%/2009.12.19 至 2014.12.19/中等毒
十字花科蔬菜 菜青虫 15-22.5克/公顷 喷雾
小麦 蚜虫 13.5-27克/公顷 喷雾

PD20060207 高效氯氟氰菊酯/95%/原药/高效氯氟氰菊酯 95%/2011.12.07 至 2016.12.07/中等毒

PD20070094 氧氟·乙草胺/42%/乳油/乙草胺 34%、乙氧氟草醚 8%/2012.04.19 至 2017.04.19/低毒
大蒜田 一年生杂草 567-693克/公顷 土壤喷雾
棉花田 一年生杂草 630-945克/公顷 土壤喷雾

PD20070154 苄嘧磺隆/30%/可湿性粉剂/苄嘧磺隆 30%/2012.06.14 至 2017.06.14/低毒
水稻移栽田 一年生阔叶杂草及莎草科杂草 45-90克/公顷 毒土法

PD20070207 毒死蜱/480克/升/乳油/毒死蜱 480克/升/2012.08.07 至 2017.08.07/中等毒
水稻 稻纵卷叶螟 504-576克/公顷 喷雾

PD20070415 丙草胺/30%/乳油/丙草胺 30%/2012.11.06 至 2017.11.06/低毒
水稻秧田 一年生杂草 450-675克/公顷(南方地区) 土壤喷雾

PD20070462 苄·乙/18%/可湿性粉剂/苄嘧磺隆 2%、乙草胺 16%/2012.11.20 至 2017.11.20/低毒
水稻移栽田 一年生杂草 81-121.5克/公顷 药土法

PD20080045 乙·异噁/35%/可湿性粉剂/乙草胺 25%、异噁草松 10%/2013.01.07 至 2018.01.07/微毒
冬油菜(移栽田) 一年生杂草 315-367.5克/公顷 土壤喷雾

PD20080080 苄·丁/37.5%/可湿性粉剂/苄嘧磺隆 1.5%、丁草胺 36%/2013.01.03 至 2018.01.03/低毒
水稻抛秧田 部分多年生杂草、一年生杂草 675-843.8克/公顷 药土法

PD20080222 乙·异噁松/50%/乳油/乙草胺 40%、异噁草松 10%/2013.01.11 至 2018.01.11/微毒
冬油菜(移栽田) 一年生杂草 525-600克/公顷 移栽前土壤喷雾

PD20080228 毒·辛/35%/乳油/毒死蜱 10%、辛硫磷 25%/2013.01.11 至 2018.01.11/中等毒
水稻 稻纵卷叶螟 472.5-525克/公顷 喷雾

PD20080235 仲威·毒死蜱/25%/乳油/毒死蜱 5%、仲丁威 20%/2013.02.19 至 2018.02.19/低毒
水稻 稻飞虱 300-450克/公顷 喷雾

PD20080253 吡嘧磺隆/10%/可湿性粉剂/吡嘧磺隆 10%/2013.02.19 至 2018.02.19/微毒
移栽水稻田 稗草、莎草及阔叶杂草 22.5-30克/公顷 毒土法

PD20080257 苄·噻磺/15%/可湿性粉剂/苄嘧磺隆 5%、噻吩磺隆 10%/2013.02.19 至 2018.02.19/低毒
冬小麦田 一年生阔叶杂草 36-45克/公顷 喷雾

PD20080258 胺苯磺隆/5%/可湿性粉剂/胺苯磺隆 5%/2008.02.19 至 2013.12.31/低毒
冬油菜(移栽田) 一年生阔叶杂草 22.5-30克/公顷 茎叶喷雾

PD20080259 氯氟吡氧乙酸/20%/乳油/氯氟吡氧乙酸 20%/2013.02.20 至 2018.02.20/低毒
冬小麦田 一年生阔叶杂草 150—210克/公顷 茎叶喷雾

PD20080380 噻嗪·异丙威/25%/可湿性粉剂/噻嗪酮 7%、异丙威 18%/2013.02.28 至 2018.02.28/低毒
水稻 稻飞虱 150-225克/公顷 喷雾

PD20080423 噻吩磺隆/15%/可湿性粉剂/噻吩磺隆 15%/2013.03.07 至 2018.03.07/低毒
春大豆田 一年生阔叶杂草 22.5-33.8克/公顷 土壤喷雾
冬小麦田 一年生阔叶杂草 22.5-33.8克/公顷 喷雾
夏大豆田 一年生阔叶杂草 18-27克/公顷 土壤喷雾

PD20080451 烟嘧磺隆/95%/原药/烟嘧磺隆 95%/2013.03.27 至 2018.03.27/微毒

PD20080543 噻嗪酮/25%/可湿性粉剂/噻嗪酮 25%/2013.05.04 至 2018.05.04/低毒
水稻 稻飞虱 112.5-150克/公顷 喷雾

PD20080586 虫酰肼/20%/悬浮剂/虫酰肼 20%/2013.05.12 至 2018.05.12/微毒
甘蓝 甜菜夜蛾 210-300克/公顷 喷雾

PD20080587 精喹禾灵/8.8%/乳油/精喹禾灵 8.8%/2013.05.12 至 2018.05.12/低毒
冬油菜田 一年生禾本科杂草 46.2-59.4克/公顷 茎叶喷雾
夏大豆田 一年生禾本科杂草 52.8-66克/公顷 茎叶喷雾

PD20080667 噁草·丁草胺/30%/乳油/丁草胺 24%、噁草酮 6%/2013.05.27 至 2018.05.27/低毒

水稻半旱育秧田、水稻旱育秧田 一年生杂草 600-720克/公顷 喷雾

PD20080922 苄·二氯/36%/可湿性粉剂/苄嘧磺隆 2%、二氯喹啉酸 34%/2013.07.17 至 2018.07.17/低毒

水稻田(直播) 一年生杂草 216-270克/公顷 喷雾

PD20080950 二氯喹啉酸/50%/可湿性粉剂/二氯喹啉酸 50%/2013.07.23 至 2018.07.23/低毒

水稻田(直播) 稗草 225-375克/公顷 茎叶喷雾

PD20081156 苯磺隆/10%/可湿性粉剂/苯磺隆 10%/2013.09.02 至 2018.09.02/微毒

冬小麦田 一年生阔叶杂草 13.5-22.5克/公顷 茎叶喷雾

PD20081655 硫磺·三环唑/45%/可湿性粉剂/硫磺 40%、三环唑 5%/2013.11.14 至 2018.11.14/低毒

水稻 稻瘟病 810-1215克/公顷 喷雾

PD20081656 苯磺·异丙隆/50%/可湿性粉剂/苯磺隆 1%、异丙隆 49%/2013.11.14 至 2018.11.14/低毒

冬小麦田 一年生杂草 900-1125克/公顷 茎叶喷雾

PD20082016 氟磺胺草醚/250克/升/水剂/氟磺胺草醚 250克/升/2013.11.25 至 2018.11.25/微毒

夏大豆田 一年生阔叶杂草 187.5-225克/公顷 茎叶喷雾

PD20082620 异丙·苄/18.5%/可湿性粉剂/苄嘧磺隆 3.5%、异丙草胺 15%/2013.12.04 至 2018.12.04/低毒

水稻移栽田 部分多年生杂草、一年生杂草 111-138.8克/公顷 药土法

PD20083041 三环唑/20%/可湿性粉剂/三环唑 20%/2013.12.10 至 2018.12.10/低毒

水稻 稻瘟病 225-300克/公顷 喷雾

PD20083604 苯磺隆/75%/水分散粒剂/苯磺隆 75%/2013.12.12 至 2018.12.12/低毒

冬小麦田 一年生阔叶杂草 13.5-22.5克/公顷 茎叶喷雾

PD20083717 草除灵/30%/悬浮剂/草除灵 30%/2013.12.15 至 2018.12.15/低毒

冬油菜田 一年生阔叶杂草 225-300克/公顷 喷雾

PD20083963 甲戊·乙草胺/40%/乳油/二甲戊灵 20%、乙草胺 20%/2013.12.16 至 2018.12.16/低毒

大蒜田 一年生杂草 600-900克/公顷 土壤喷雾处理

PD20085462 精噁唑禾草灵/69克/升/水乳剂/精噁唑禾草灵 69克/升/2013.12.24 至 2018.12.24/低毒

冬小麦田 一年生禾本科杂草 51.75-62.1克/公顷 茎叶喷雾

PD20085989 异稻·三环唑/20%/可湿性粉剂/三环唑 10%、异稻瘟净 10%/2013.12.29 至 2018.12.29/低毒

水稻 稻瘟病 300-450克/公顷 喷雾

PD20090063 苄嘧·丙草胺/25%/可湿性粉剂/苄嘧磺隆 5%、丙草胺 20%/2014.01.08 至 2019.01.08/微毒

水稻田(直播) 一年生及部分多年生杂草 225-300克/公顷 喷雾法

PD20090182 苄·乙·扑/19%/可湿性粉剂/苄嘧磺隆 1.9%、扑草净 5.6%、乙草胺 11.5%/2014.01.08 至 2019.01.08/低毒

冬小麦田 一年生杂草 427.5-570克/公顷 喷雾

水稻移栽田 一年生杂草 85.5-142.5克/公顷(南方地区) 药土法

PD20090348 高效氯氟氰菊酯/2.5%/乳油/高效氯氟氰菊酯 2.5%/2014.01.12 至 2019.01.12/中等毒

小麦 蚜虫 7.5-11.25克/公顷 喷雾

PD20091374 烟嘧磺隆/40克/升/可分散油悬浮剂/烟嘧磺隆 40克/升/2014.02.02 至 2019.02.02/微毒

夏玉米田 一年生单、双子叶杂草 66-100毫升制剂/亩 茎叶喷雾

PD20092667 喹·胺·草除灵/20%/可湿性粉剂/胺苯磺隆 1%、草除灵 14%、喹禾灵 5%/2014.03.18 至 2019.03.18/低毒

冬油菜田 一年生杂草 150-210克/公顷 喷雾

PD20092784 草甘膦异丙胺盐/30%/水剂/草甘膦 30%/2009.03.04 至 2014.03.04/低毒

非耕地 杂草 1230-2460克/公顷 茎叶喷雾

注:草甘膦异丙胺盐含量: 41%

PD20092797 杀单·毒死蜱/25%/可湿性粉剂/毒死蜱 5%、杀虫单 20%/2014.03.04 至 2019.03.04/中等毒

水稻 稻纵卷叶螟 450-562.5克/公顷 喷雾

PD20093259 氟吡甲禾灵/108克/升/乳油/高效氟吡甲禾灵 108克/升/2014.03.11 至 2019.03.11/低毒

夏大豆田 一年生禾本科杂草 48.6-56.7克/公顷 茎叶喷雾

PD20093373 丙威·毒死蜱/20%/可湿性粉剂/毒死蜱 5%、异丙威 15%/2014.03.18 至 2019.03.18/低毒

水稻 稻飞虱 240-360克/公顷 喷雾

PD20093376 苯·苄·乙草胺/30%/可湿性粉剂/苯噻酰草胺 22.5%、苄嘧磺隆 2.5%、乙草胺 5%/2014.03.18 至 2019.03.18/低毒

水稻抛秧田 部分多年生杂草、一年生杂草 202.5-270克/公顷(南方地区) 药土法

PD20094919 吡虫·异丙威/24%/可湿性粉剂/吡虫啉 1.5%、异丙威 22.5%/2014.04.13 至 2019.04.13/低毒

水稻 稻飞虱 144-180克/公顷 喷雾

PD20095655 噻磺·乙草胺/20%/可湿性粉剂/噻吩磺隆 1%、乙草胺 19%/2009.05.12 至 2014.05.12/低毒

冬小麦田 一年生杂草 240-300克/公顷 土壤喷雾

夏玉米田 一年生杂草 600-750克/公顷 土壤喷雾

PD20096978 三环唑/75%/可湿性粉剂/三环唑 75%/2009.09.29 至 2014.09.29/中等毒

水稻 稻瘟病 225-300克/公顷 喷雾

PD20111389 己唑醇/5%/悬浮剂/己唑醇 5%/2011.12.21 至 2016.12.21/低毒

水稻 纹枯病 60-75克/公顷 喷雾

PD20120606 阿维·毒死蜱/15%/乳油/阿维菌素 0.1%、毒死蜱 14.9%/2012.04.11 至 2017.04.11/中等毒(原药高毒)

水稻 稻纵卷叶螟 112.5-135克/公顷 喷雾

PD20120977 丙溴磷/50%/乳油/丙溴磷 50%/2012.06.21 至 2017.06.21/低毒

	水稻	稻纵卷叶螟	600-750克/公顷	喷雾
PD20130066	阿维·丙溴磷/20%/乳油/阿维菌素 0.1%、丙溴磷 19.9%/2013.01.07 至 2018.01.07/低毒(原药高毒)			
	水稻	稻纵卷叶螟	180-300克/公顷	喷雾
PD20130090	氰氟·精噁唑/10%/乳油/精噁唑禾草灵 5%、氰氟草酯 5%/2013.01.15 至 2018.01.15/低毒			
	水稻田(直播)	一年生禾本科杂草	60-90克/公顷	茎叶喷雾
PD20130139	氰氟草酯/97%/原药/氰氟草酯 97%/2013.01.17 至 2018.01.17/低毒			
PD20130198	氰氟草酯/15%/乳油/氰氟草酯 15%/2013.01.24 至 2018.01.24/低毒			
	水稻田(直播)	稗草、千金子等禾本科杂草	90-105克/公顷	茎叶喷雾
PD20130264	双草醚/10%/悬浮剂/双草醚 10%/2013.02.21 至 2018.02.21/低毒			
	水稻田(直播)	一年生杂草	30-45克/公顷	茎叶喷雾
PD20130384	噁草·丁草胺/60%/乳油/丁草胺 50%、噁草酮 10%/2013.03.12 至 2018.03.12/低毒			
	水稻旱直播田	一年生杂草	720-900克/公顷	土壤喷雾
PD20130401	吡蚜酮/25%/可湿性粉剂/吡蚜酮 25%/2013.03.12 至 2018.03.12/低毒			
	水稻	稻飞虱	60-90克/公顷	喷雾
PD20130403	炔草酯/20%/可湿性粉剂/炔草酯 20%/2013.03.12 至 2018.03.12/低毒			
	小麦田	部分禾本科杂草	45-60克/公顷	茎叶喷雾
PD20131588	咪鲜胺/40%/水乳剂/咪鲜胺 40%/2013.07.29 至 2018.07.29/低毒			
	水稻	恶苗病	66.7-100毫克/千克	浸种
PD20131598	二甲戊灵/30%/悬浮剂/二甲戊灵 30%/2013.07.29 至 2018.07.29/低毒			
	甘蓝田	一年生杂草	585-720克/公顷	土壤喷雾
PD20131610	噻唑膦/10%/颗粒剂/噻唑膦 10%/2013.07.29 至 2018.07.29/中等毒			
	番茄	根结线虫	2.25-3.0千克/公顷	土壤撒施
PD20132001	毒死蜱/30%/微囊悬浮剂/毒死蜱 30%/2013.10.10 至 2018.10.10/低毒			
	花生	蛴螬	1800-2250克/公顷	灌根
PD20132708	阿维菌素/1.8%/乳油/阿维菌素 1.8%/2013.12.30 至 2018.12.30/低毒(原药高毒)			
	水稻	稻纵卷叶螟	4.05-6.75克/公顷	喷雾
PD20132713	莠去津/38%/悬浮剂/莠去津 38%/2013.12.30 至 2018.12.30/低毒			
	春玉米田	一年生杂草	1710-2137.5克/公顷	土壤喷雾
LS20110207	硝磺草酮/15%/悬浮剂/硝磺草酮 15%/2013.08.04 至 2014.08.04/低毒			
	玉米田	一年生阔叶杂草及禾本科杂草	150-200克/公顷	茎叶喷雾

江苏耕耘化学有限公司 (江苏省连云港市灌南县堆沟港镇(化学工业园) 222523 0518-80923880)

PD20082741	甲氰菊酯/92%/原药/甲氰菊酯 92%/2008.12.08 至 2013.12.08/中等毒			
PD20092990	腈菌唑/12%/乳油/腈菌唑 12%/2014.03.09 至 2019.03.09/低毒			
	小麦	白粉病	30-60克/公顷	喷雾
PD20097746	三环唑/75%/可湿性粉剂/三环唑 75%/2009.11.12 至 2014.11.12/中等毒			
	水稻	稻瘟病	225—300克/公顷	喷雾
LS20110179	丁吡吗啉/20%/悬浮剂/丁吡吗啉 20%/2013.07.07 至 2014.07.07/低毒			
	番茄	晚疫病	375-450克/公顷	喷雾
	辣椒	疫病	375-450克/公顷	喷雾

江苏好收成韦恩农化股份有限公司 (江苏省南通市启东市老启东港 226221 0513-83889007)

PD84105-3	马拉硫磷/45%/乳油/马拉硫磷 45%/2009.12.23 至 2014.12.23/低毒			
	茶树	长白蚧、象甲	625-1000毫克/千克	喷雾
	林木、牧草	蝗虫	450-600克/公顷	喷雾
	水稻	飞虱、蓟马、叶蝉	562.5-750克/公顷	喷雾
PD85157-17	辛硫磷/40%/乳油/辛硫磷 40%/2010.08.15 至 2015.08.15/低毒			
	茶树、林木	食叶害虫	200-400毫克/千克	喷雾
	果树	食心虫、蚜虫、螨	200-400毫克/千克	喷雾
	蔬菜	菜青虫	300-450克/公顷	喷雾
	烟草	食叶害虫	300-600克/公顷	喷雾
PD20040123	三唑酮/20%/乳油/三唑酮 20%/2009.12.19 至 2014.12.19/低毒			
	小麦	白粉病	120-127.5克/公顷	喷雾
PD20040486	三唑磷/20%/乳油/三唑磷 20%/2009.12.19 至 2014.12.19/中等毒			
	水稻	二化螟、三化螟	300-450克/公顷	喷雾
PD20040527	三唑磷/20%/乳油/三唑磷 20%/2009.12.19 至 2014.12.19/中等毒			
	水稻	二化螟、三化螟	300-450克/公顷	喷雾
PD20040537	吡虫啉/10%/可湿性粉剂/吡虫啉 10%/2009.12.19 至 2014.12.19/低毒			
	水稻	飞虱	15-30克/公顷	喷雾
PD20050049	三唑磷/40%/乳油/三唑磷 40%/2010.04.27 至 2015.04.27/中等毒			
	水稻	二化螟	300-420克/公顷	喷雾
PD20050078	三唑磷/85%/原药/三唑磷 85%/2010.06.24 至 2015.06.24/中等毒			
PD20050173	马拉硫磷/90%/原药/马拉硫磷 90%/2010.11.14 至 2015.11.14/低毒			
PD20050182	草甘膦/95%/原药/草甘膦 95%/2010.11.15 至 2015.11.15/低毒			
PD20050183	辛硫磷/87%/原药/辛硫磷 87%/2010.11.15 至 2015.11.15/低毒			

PD20070533	草甘膦异丙胺盐(41%)///水剂/草甘膦 30%/2012.12.03 至 2017.12.03/低毒			
	茶园、柑橘园、剑麻园、桑园、橡胶园	杂草	1125-2250克/公顷	定向茎叶喷雾
	春玉米田、夏玉米田	杂草	750-1650克/公顷	定向茎叶喷雾
	非耕地	杂草	1230-2460克/公顷	定向茎叶喷雾
PD20070617	草甘膦异丙胺盐/46%/水剂/草甘膦 46%/2012.12.14 至 2017.12.14/低毒			
	非耕地	杂草	150-200毫升/亩	茎叶喷雾
	注:草甘膦异丙胺盐含量：62%。			
PD20080656	抑食肼/90%/原药/抑食肼 90%/2013.05.30 至 2018.05.30/中等毒			
PD20080668	抑食肼/20%/可湿性粉剂/抑食肼 20%/2013.05.27 至 2018.05.27/低毒			
	水稻	稻黏虫、稻纵卷叶螟	150-300克/公顷	喷雾
PD20081443	嘧霉胺/98%/原药/嘧霉胺 98%/2013.10.31 至 2018.10.31/低毒			
PD20081499	麦草畏/97.5%/原药/麦草畏 97.5%/2013.11.05 至 2018.11.05/低毒			
PD20081530	腈菌唑/96%/原药/腈菌唑 96%/2013.11.06 至 2018.11.06/低毒			
PD20081822	麦草畏/480克/升/水剂/麦草畏 480克/升/2013.11.19 至 2018.11.19/低毒			
	春小麦田	一年生阔叶杂草	180-216克/公顷	茎叶喷雾
PD20081876	腈菌唑/12%/乳油/腈菌唑 12%/2013.11.20 至 2018.11.20/低毒			
	梨树	黑星病	3000-4000倍液	喷雾
	香蕉	叶斑病	800-1000倍液	喷雾
	小麦	白粉病	30-60克/公顷	喷雾
PD20081930	腈菌唑/25%/乳油/腈菌唑 25%/2013.11.24 至 2018.11.24/低毒			
	香蕉	黑星病	62.5-83.3毫克/千克	喷雾
	小麦	白粉病	30-60克/公顷	喷雾
PD20082227	锰锌·腈菌唑/50%/可湿性粉剂/腈菌唑 2%、代森锰锌 48%/2013.11.26 至 2018.11.26/低毒			
	梨树	黑星病	1500-1750倍液	喷雾
PD20082415	多效唑/15%/可湿性粉剂/多效唑 15%/2013.12.02 至 2018.12.02/低毒			
	水稻育秧田	控制生长	200-300毫克/千克	兑水喷雾
	油菜(苗床)	控制生长	100-200毫克/千克	兑水喷雾
PD20082658	草甘膦铵盐/98%/原药/草甘膦铵盐 98%/2013.12.04 至 2018.12.04/低毒			
PD20082767	腈菌唑/5%/乳油/腈菌唑 5%/2008.12.08 至 2013.12.08/低毒			
	梨树	黑星病	1000-1500倍液	喷雾
PD20083766	甜菜安/96%/原药/甜菜安 96%/2013.12.15 至 2018.12.15/低毒			
PD20085848	嘧霉胺/20%/悬浮剂/嘧霉胺 20%/2013.12.29 至 2018.12.29/低毒			
	黄瓜	灰霉病	375-562.5克/公顷	喷雾
PD20086303	草甘膦铵盐/77.7%/可溶粒剂/草甘膦 77.7%/2013.12.31 至 2018.12.31/低毒			
	茶园、柑橘园、剑麻园、梨园、苹果园、桑园、香蕉园、橡胶园	杂草	1125-2250克/公顷	定向茎叶喷雾
	春玉米田、棉花田、夏玉米田	杂草	750-1650克/公顷	定向茎叶喷雾
	冬油菜田（免耕）	杂草	750-1200克/公顷	定向茎叶喷雾
	免耕春油菜田	杂草	1500-2250克/公顷	定向茎叶喷雾
	免耕抛秧晚稻田	杂草	2100-2550克/公顷	定向茎叶喷雾
PD20090522	草甘膦铵盐/31.5%/可溶粉剂/草甘膦铵盐 31.5%/2014.01.12 至 2019.01.12/低毒			
	非耕地	杂草	1417.5-2362.5克/公顷	喷雾
	柑橘园、剑麻园、橡胶园	杂草	1125-2250克/公顷	定向茎叶喷雾
PD20092189	甜菜宁/96%/原药/甜菜宁 96%/2014.02.23 至 2019.02.23/低毒			
PD20094200	聚醛·甲萘威/6%/毒饵/甲萘威 1.5%、四聚乙醛 4.5%/2014.03.30 至 2019.03.30/低毒			
	旱地	蜗牛	585-630克/公顷	撒施
PD20097068	甜菜宁/16%/乳油/甜菜宁 16%/2009.10.10 至 2014.10.10/低毒			
	甜菜田	阔叶杂草	960-1600克/公顷	茎叶喷雾
PD20100515	2,4-滴/96%/原药/2,4-滴 96%/2010.01.14 至 2015.01.14/低毒			
PD20102065	2,4-滴二甲胺盐/720克/升/水剂/2,4-滴二甲胺盐 720克/升/2010.11.03 至 2015.11.03/低毒			
	柑橘园	一年生阔叶杂草	2160-2700克/公顷	定向喷雾
	注:专供出口，不得在国内销售。			
PD20110431	草甘膦铵盐/30%/水剂/草甘膦 30%/2011.04.21 至 2016.04.21/低毒			
	非耕地	杂草	1950-2400克/公顷	茎叶喷雾
	注:草甘膦铵盐含量：33%。			
PD20110662	戊唑醇/96%/原药/戊唑醇 96%/2011.06.20 至 2016.06.20/低毒			
PD20111190	四聚乙醛/6%/颗粒剂/四聚乙醛 6%/2011.11.16 至 2016.11.16/低毒			
	小白菜	蜗牛	450—585克/公顷	撒施

PD20111258 草甘膦铵盐/50%/可溶粒剂/草甘膦 50%/2011.11.23 至 2016.11.23/低毒
柑橘园 杂草 1969.5-2424克/公顷 定向茎叶喷雾
注:草甘膦铵盐含量：55%。
PD20120145 四聚乙醛/80%/可湿性粉剂/四聚乙醛 80%/2012.01.29 至 2017.01.29/中等毒
小白菜 蜗牛 540-600克/公顷 喷雾
PD20120575 甜菜安/16%/乳油/甜菜安 16%/2012.03.28 至 2017.03.28/低毒
甜菜田 一年生阔叶杂草 960-1200克/公顷 茎叶喷雾
PD20120677 乙氧呋草黄/20%/乳油/乙氧呋草黄 20%/2012.04.18 至 2017.04.18/低毒
甜菜田 部分阔叶杂草 6-8升/公顷 茎叶喷雾
PD20120718 乙氧呋草黄/96%/原药/乙氧呋草黄 96%/2012.04.19 至 2017.04.19/低毒
PD20120932 吡虫啉/70%/水分散粒剂/吡虫啉 70%/2012.06.04 至 2017.06.04/低毒
水稻 飞虱 31.5-42克/公顷 喷雾
PD20130523 戊唑醇/80%/水分散粒剂/戊唑醇 80%/2013.03.27 至 2018.03.27/低毒
香蕉 叶斑病 167-250毫克/千克 叶面喷雾
PD20131165 安·宁·乙呋黄/21%/乳油/甜菜安 7%、甜菜宁 7%、乙氧呋草黄 7%/2013.05.27 至 2018.05.27/低毒
甜菜田 阔叶杂草 1260-1680克/公顷 茎叶喷雾
PD20132142 戊唑醇/430克/升/悬浮剂/戊唑醇 430克/升/2013.10.29 至 2018.10.29/低毒
小麦 白粉病 100-130克/公顷 喷雾
PD20132688 草铵膦/95%/原药/草铵膦 95%/2013.12.25 至 2018.12.25/低毒
LS20110086 草铵膦/200克/升/水剂/草铵膦 200克/升/2013.04.01 至 2014.04.01/低毒
非耕地 杂草 1400-1750克/公顷 定向茎叶喷雾
LS20110146 丁醚脲/96%/原药/丁醚脲 96%/2013.05.11 至 2014.05.11/中等毒
LS20110156 草甘膦异丙胺盐/38%/水剂/草甘膦 38%/2013.06.10 至 2014.06.10/低毒
注:专供出口，不得在国内销售；草甘膦异丙胺盐含量：51%。

江苏禾本生化有限公司 （江苏省南通市如东县沿海经济开发区（小洋口）化工园区二期 226407 0513-81903444)

PD20070576 噻螨酮/97%/原药/噻螨酮 97%/2012.12.03 至 2017.12.03/低毒
PD20081531 辛酰溴苯腈/97%/原药/辛酰溴苯腈 97%/2013.11.06 至 2018.11.06/低毒
PD20084412 氟菌唑/95%/原药/氟菌唑 95%/2013.12.17 至 2018.12.17/低毒
PD20095909 苯醚甲环唑/97%/原药/苯醚甲环唑 97%/2009.06.02 至 2014.06.02/低毒
PD20110049 乙氧氟草醚/97%/原药/乙氧氟草醚 97%/2011.01.11 至 2016.01.11/低毒

江苏禾笑化工有限公司 （江苏省江都市小纪镇西贾村 225245 0514-6631149)

PD20081468 三环唑/75%/可湿性粉剂/三环唑 75%/2013.11.04 至 2018.11.04/低毒
水稻 稻瘟病 280－337.5克/公顷 喷雾
PD20081797 毒死蜱/40%/乳油/毒死蜱 40%/2013.11.19 至 2018.11.19/中等毒
水稻 稻纵卷叶螟 480-600克/公顷 喷雾
PD20092991 吡虫啉/10%/可湿性粉剂/吡虫啉 10%/2014.03.09 至 2019.03.09/微毒
水稻 稻飞虱 15-30克/公顷 喷雾
PD20093626 井冈·烯唑醇/12%/可湿性粉剂/井冈霉素 10%、烯唑醇 2%/2014.03.25 至 2019.03.25/低毒
水稻 纹枯病 90-108克/公顷 喷雾
水稻 稻曲病 108-130克/公顷 喷雾
PD20093946 氯氰·马拉松/16%/乳油/氯氰菊酯 2%、马拉硫磷 14%/2014.03.27 至 2019.03.27/低毒
十字花科蔬菜 菜青虫 120-168克/公顷 喷雾
PD20095127 除虫脲/25%/可湿性粉剂/除虫脲 25%/2009.04.24 至 2014.04.24/低毒
森林 松毛虫 206.25-225克/公顷 喷雾
PD20095140 丙环唑/250克/升/乳油/丙环唑 250克/升/2009.04.24 至 2014.04.24/低毒
香蕉 叶斑病 375-500毫克/千克 喷雾
PD20095280 硫磺·三环唑/45％/可湿性粉剂/硫磺 40%、三环唑 5%/2009.04.27 至 2014.04.27/低毒
水稻 稻瘟病 810-1215克/公顷 喷雾
PD20097867 阿维菌素/1.8%/乳油/阿维菌素 1.8%/2009.11.20 至 2014.11.20/低毒(原药高毒)
甘蓝 菜青虫、小菜蛾 8.1-10.8克/公顷 喷雾
PD20100191 吗胍·乙酸铜/20%/可湿性粉剂/盐酸吗啉胍 10%、乙酸铜 10%/2010.01.05 至 2015.01.05/微毒
番茄 病毒病 540-660克/公顷 喷雾

江苏禾业农化有限公司 （江苏省盐城市射阳县临海化工集中区 224354 0515-82540118)

PD20091249 精喹禾灵/5%/乳油/精喹禾灵 5%/2014.02.01 至 2019.02.01/低毒
大豆田 一年生禾本科杂草 45-60克/公顷 茎叶喷雾
PD20094630 四聚乙醛/6%/颗粒剂/四聚乙醛 6%/2014.04.10 至 2019.04.10/低毒
十字花科蔬菜 蜗牛 450-630克/公顷 毒土撒施
PD20098501 吡虫啉/10%/可湿性粉剂/吡虫啉 10%/2009.12.24 至 2014.12.24/低毒
水稻 稻飞虱 15-30克/公顷 喷雾
PD20100651 吡虫啉/95%/原药/吡虫啉 95%/2010.01.15 至 2015.01.15/低毒
PD20100667 噻嗪·异丙威/25%/可湿性粉剂/噻嗪酮 5%、异丙威 20%/2010.01.15 至 2015.01.15/低毒
水稻 稻飞虱 375-562.5克/公顷 喷雾
PD20100901 咪鲜胺/45%/水乳剂/咪鲜胺 45%/2010.01.19 至 2015.01.19/低毒

	水稻	恶苗病	56.25－112.5毫克/千克	浸种
PD20101398	氯氰菊酯/10%/乳油/氯氰菊酯 10%/2010.04.14 至 2015.04.14/低毒			
	十字花科蔬菜	小菜蛾	37.5-52.5克/公顷	喷雾
PD20101463	阿维菌素/18克/升/乳油/阿维菌素 18克/升/2010.05.04 至 2015.05.04/中等毒(原药高毒)			
	十字花科蔬菜	小菜蛾	9.45-13.5克/公顷	喷雾
PD20111122	毒死蜱/45%/乳油/毒死蜱 45%/2011.10.27 至 2016.10.27/中等毒			
	水稻	稻飞虱、稻纵卷叶螟、三化螟	432-576克/公顷	喷雾
PD20120059	甲霜灵/98%/原药/甲霜灵 98%/2012.01.16 至 2017.01.16/低毒			
PD20131093	苯磺·异丙隆/50%/可湿性粉剂/苯磺隆 1.5%、异丙隆 48.5%/2013.05.20 至 2018.05.20/低毒			
	冬小麦田	一年生杂草	600－900克/公顷	茎叶喷雾
PD20131197	苄·二氯/36%/可湿性粉剂/苄嘧磺隆 3%、二氯喹啉酸 33%/2013.05.27 至 2018.05.27/低毒			
	水稻秧田	一年生杂草	270-324克/公顷	茎叶喷雾
PD20131652	氰氟草酯/100克/升/乳油/氰氟草酯 100克/升/2013.08.01 至 2018.08.01/低毒			
	水稻秧田和南方直播田	稗草、千金子等禾本科杂草	75-105克/公顷	茎叶喷雾

江苏黑鹰化学工业有限公司　(江苏省海门市常乐工业园区　226142　0513-82075822)

WP20080024	杀虫气雾剂/0.16%/气雾剂/胺菊酯 0.1%、氯氰菊酯 0.06%/2008.01.11 至 2013.01.11/低毒			
	卫生	蜚蠊、蚊、蝇	/	喷雾
WP20080104	电热蚊香液/1.2%/电热蚊香液/炔丙菊酯 1.2%/2013.10.06 至 2018.10.06/低毒			
	卫生	蚊	/	电热加温
WP20080110	电热蚊香片/21毫克/片/电热蚊香片/Es-生物烯丙菊酯 16毫克/片、炔丙菊酯 5毫克/片/2013.10.22 至 2018.10.22/低毒			
	卫生	蚊	/	电热加温
WP20080111	蚊香/0.3%/蚊香/富右旋反式烯丙菊酯 0.3%/2013.10.22 至 2018.10.22/低毒			
	卫生	蚊	/	点燃
WP20080112	蚊香/0.28%/蚊香/富右旋反式烯丙菊酯 0.28%/2013.10.22 至 2018.10.22/微毒			
	卫生	蚊	/	点燃
WP20080160	杀虫气雾剂/0.6%/气雾剂/胺菊酯 0.3%、富右旋反式烯丙菊酯 0.1%、氯菊酯 0.2%/2013.11.12 至 2018.11.12/低毒			
	卫生	蜚蠊、蚊、蝇	/	喷雾
WP20080384	驱蚊花露水/5%/驱蚊花露水/避蚊胺 5%/2013.12.11 至 2018.12.11/低毒			
	卫生	蚊	/	涂抹
WP20090292	蚊香/0.2%/蚊香/Es-生物烯丙菊酯 0.2%/2009.07.13 至 2014.07.13/微毒			
	卫生	蚊	/	点燃
WP20120227	电热蚊香片/12毫克/片/电热蚊香片/炔丙菊酯 10毫克/片、四氟苯菊酯 2毫克/片/2012.11.22 至 2017.11.22/微毒			
	卫生	蚊	/	电热加温
	注:本产品有一种香型:茉莉香型。			
WP20120243	杀蚊气雾剂/0.55%/气雾剂/胺菊酯 0.35%、富右旋反式烯丙菊酯 0.1%、氯菊酯 0.1%/2012.12.18 至 2017.12.18/微毒			
	卫生	蚊	/	喷雾
	注:本产品有三种香型:薰衣草香型、柠檬香型、茉莉香型。			
WP20130005	蚊香/0.05%/蚊香/氯氟醚菊酯 0.05%/2013.01.07 至 2018.01.07/微毒			
	卫生	蚊	/	点燃
	注:本产口有三种香型:桂花香型、薰衣草香型、檀香型。			
WP20130148	蚊香/0.08%/蚊香/氯氟醚菊酯 0.08%/2013.07.05 至 2018.07.05/微毒			
	卫生	蚊	/	点燃
	注:本产品有三种香型:桂花香型、檀香型、薰衣草香型。			
WP20130164	杀蟑气雾剂/0.3%/气雾剂/炔咪菊酯 0.13%、右旋苯醚氰菊酯 0.17%/2013.07.29 至 2018.07.29/微毒			
	室内	蜚蠊	/	喷雾
	注:本产品有一种香型:冰橙香型。			
WL20100273	电热蚊香液/0.9%/电热蚊香液/氯氟醚菊酯 0.9%/2012.11.10 至 2013.11.10/低毒			
	卫生	蚊	/	电热加温
	注:本品有三种香型:茉莉香型、薰衣草香型、茶香型。			
WL20130035	电热蚊香液/0.8%/电热蚊香液/氯氟醚菊酯 0.8%/2013.07.29 至 2014.07.29/低毒			
	室内	蚊	/	电热加温
	注:本产品有三种香型:茉莉香型、薰衣草香型、茶香型。			

江苏华农生物化学有限公司　(江苏省东台市北关路28号　224200　0515-85272588)

PD85131-8	井冈霉素/2.4%,4%/水剂/井冈霉素A 2.4%,4%/2010.08.15 至 2015.08.15/低毒			
	水稻	纹枯病	75-112.5克/公顷	喷雾,泼浇
PD20080354	丙草胺/30%/乳油/丙草胺 30%/2013.02.28 至 2018.02.28/低毒			
	水稻田(直播)	一年生杂草	495-675克/公顷(南方地区)	喷雾
PD20093642	马拉硫磷/45%/乳油/马拉硫磷 45%/2014.03.25 至 2019.03.25/低毒			
	棉花	盲蝽蟓	540-607.5克/公顷	喷雾
PD20094800	毒死蜱/45%/乳油/毒死蜱 45%/2014.04.13 至 2019.04.13/中等毒			
	水稻	稻飞虱	450-600克/公顷	喷雾
PD20095354	乙烯利/40%/水剂/乙烯利 40%/2014.04.27 至 2019.04.27/低毒			

棉花　催熟　750-1000克/公顷(300-400倍)　喷雾
PD20097174　甲氨基阿维菌素苯甲酸盐（1.14%）///乳油/甲氨基阿维菌素 1%/2009.10.16 至 2014.10.16/微毒
甘蓝　小菜蛾　2.25-3.75克/公顷　喷雾
PD20097175　氯氟吡氧乙酸异辛酯（288克/升）///乳油/氯氟吡氧乙酸 200克/升/2009.10.16 至 2014.10.16/低毒
小麦田　一年生阔叶杂草　195-225克/公顷　茎叶喷雾
PD20098467　精喹禾灵/10%/乳油/精喹禾灵 10%/2009.12.24 至 2014.12.24/低毒
夏大豆田　一年生杂草　48.6-64.8克/公顷　茎叶喷雾
PD20110043　阿维·氟铃脲/3%/乳油/阿维菌素 1%、氟铃脲 2%/2011.01.11 至 2016.01.11/低毒(原药高毒)
甘蓝　小菜蛾　18－22克/公顷　喷雾
PD20110143　丙草胺/50%/乳油/丙草胺 50%/2011.02.10 至 2016.02.10/低毒
水稻抛秧田　一年生杂草　375-450克/公顷　毒土法
PD20110300　甲维·丙溴磷/31%/乳油/丙溴磷 30%、甲氨基阿维菌素苯甲酸盐 1%/2011.03.21 至 2016.03.21/低毒
水稻　稻纵卷叶螟　279-325.5克/公顷　喷雾
PD20120647　烟嘧·莠去津/24%/可分散油悬浮剂/烟嘧磺隆 4%、莠去津 20%/2012.04.18 至 2017.04.18/低毒
玉米田　一年生杂草　288-360克/公顷　茎叶喷雾
PD20122000　炔草酸/8%/水乳剂/炔草酯 8%/2012.12.19 至 2017.12.19/低毒
小麦田　一年生禾本科杂草　45-67.5克/公顷　茎叶喷雾
LS20130005　井冈·戊唑醇/15%/悬浮剂/井冈霉素A 5%、戊唑醇 10%/2014.01.04 至 2015.01.04/低毒
水稻　纹枯病　135-180克/公顷　喷雾

江苏华农种衣剂有限责任公司　(江苏省无锡市江阴市西石桥镇　214441　0510-6601311)

PD20050163　吡虫啉/1%/悬浮种衣剂/吡虫啉 1%/2010.11.10 至 2015.11.10/低毒
水稻秧田　蓟马　1：30-40(药种比)　种子包衣
PD20080427　咪鲜胺/0.5%/悬浮种衣剂/咪鲜胺 0.5%/2013.03.10 至 2018.03.10/低毒
水稻　恶苗病　1:30-40(药种比)　种子包衣
PD20084542　多·福·克/25%/种衣剂/多菌灵 5%、福美双 10%、克百威 10%/2013.12.18 至 2018.12.18/高毒
大豆　根腐病、线虫　500-625克/100千克种子　种子包衣
PD20084563　克百·三唑酮/9%/悬浮种衣剂/克百威 7%、三唑酮 2%/2013.12.18 至 2018.12.18/高毒
玉米　地老虎、金针虫、蛴螬　1:40-50(药种比)　种子包衣
PD20084629　福美·拌种灵/10%/悬浮种衣剂/拌种灵 5%、福美双 5%/2013.12.18 至 2018.12.18/低毒
棉花　苗期病害　200-250克/100千克种子　种子包衣
PD20090109　福美·拌种灵/70%/可湿粉种衣剂/拌种灵 35%、福美双 35%/2014.01.08 至 2019.01.08/中等毒
棉花　立枯病、炭疽病　210-280克/100千克种子　种子包衣
PD20090338　福·克/20%/悬浮种衣剂/福美双 10%、克百威 10%/2014.01.12 至 2019.01.12/高毒
玉米　地下害虫、茎基腐病、蚜虫　444.4-800克/100千克种子　种子包衣
PD20094782　戊唑醇/2%/种衣剂/戊唑醇 2%/2009.04.13 至 2014.04.13/低毒
小麦　散黑穗病　2-3克/100千克种子　种子包衣
玉米　丝黑穗病　8-12克/100千克种子　种子包衣
PD20097811　戊唑醇/60克/升/悬浮种衣剂/戊唑醇 60克/升/2009.11.20 至 2014.11.20/低毒
小麦　散黑穗病　1：2000-3000(药种比)　种子包衣
玉米　丝黑穗病　1：400-600(药种比)　种子包衣
PD20130704　噁霉灵/70%/种子处理干粉剂/噁霉灵 70%/2013.04.11 至 2018.04.11/低毒
大豆、油菜　立枯病　70-140克/100千克种子　种子包衣
棉花　立枯病　70-93克/100千克种子　种子包衣
水稻　恶苗病、立枯病　70-140克/100千克种子　种子包衣
PD20130834　丁硫克百威/47%/种子处理乳剂/丁硫克百威 47%/2013.04.22 至 2018.04.22/中等毒
棉花　地老虎、金针虫、蝼蛄、蛴螬、蚜虫　1：100－225（药种比）　拌种
水稻　稻蓟马　1：300-400(药种比)　拌种
小麦　地下害虫　1：500-700（药种比）　拌种
玉米　地老虎、金针虫、蝼蛄、蛴螬　1：350－450（药种比）　拌种

江苏华裕农化有限公司　(江苏省扬州市江都市小纪镇竹墩路　225246　0514-86599110)

PD20040192　三唑酮/20%/乳油/三唑酮 20%/2009.12.19 至 2014.12.19/低毒
小麦　白粉病　120-135克/公顷　喷雾
PD20060058　多·酮/40%/可湿性粉剂/多菌灵 35%、三唑酮 5%/2011.03.06 至 2016.03.06/低毒
水稻　叶尖枯病　450-600克/公顷　喷雾
小麦　白粉病、赤霉病　450-600克/公顷　喷雾
PD20080373　高氯·辛硫磷/25%/乳油/高效氯氰菊酯 1.5%、辛硫磷 23.5%/2013.02.28 至 2018.02.28/中等毒
棉花　棉铃虫　300-375克/公顷　喷雾
PD20083213　毒·辛/25%/乳油/毒死蜱 7%、辛硫磷 18%/2013.12.11 至 2018.12.11/中等毒
水稻　稻纵卷叶螟　375-450克/公顷　喷雾
PD20083664　吡·井·杀虫单/40%/可湿性粉剂/吡虫啉 1.5%、井冈霉素 5%、杀虫单 33.5%/2013.12.12 至 2018.12.12/低毒
水稻　二化螟、飞虱、纹枯病　600-720克/公顷　喷雾
PD20090518　噻嗪·三唑磷/30%/乳油/噻嗪酮 7%、三唑磷 23%/2014.01.12 至 2019.01.12/中等毒
水稻　稻纵卷叶螟、二化螟、飞虱　360-540克/公顷　喷雾

PD20091962 毒死蜱/480克/升/乳油/毒死蜱 480克/升/2009.02.12 至 2014.02.12/中等毒
水稻 二化螟 468-576克/公顷 喷雾
PD20092164 噻嗪酮/25%/可湿性粉剂/噻嗪酮 25%/2014.02.23 至 2019.02.23/低毒
水稻 稻飞虱 112.5-150克/公顷 喷雾
PD20094637 吡虫啉/10%/可湿性粉剂/吡虫啉 10%/2009.04.10 至 2014.04.10/低毒
水稻 稻飞虱 18.75-22.5克/公顷 喷雾
PD20095348 三环唑/75%/可湿性粉剂/三环唑 75%/2009.04.27 至 2014.04.27/低毒
水稻 稻瘟病 225-300克/公顷 喷雾
PD20096097 仲丁威/20%/乳油/仲丁威 20%/2009.06.18 至 2014.06.18/低毒
水稻 稻飞虱 495-570克/公顷 喷雾
PD20100950 高氯·毒死蜱/12%/乳油/毒死蜱 9.5%、高效氯氰菊酯 2.5%/2010.01.19 至 2015.01.19/中等毒
甘蓝 菜青虫 54-72克/公顷 喷雾
PD20110660 苯甲·丙环唑/300克/升/乳油/苯醚甲环唑 150克/升、丙环唑 150克/升/2011.06.20 至 2016.06.20/低毒
水稻 纹枯病 90-112.5克/公顷 喷雾
PD20121516 高效氯氰菊酯/4.5%/乳油/高效氯氰菊酯 4.5%/2012.10.09 至 2017.10.09/中等毒
甘蓝 菜青虫 20.25-27克/公顷 喷雾
PD20131367 丙溴·辛硫磷/25%/乳油/丙溴磷 6%、辛硫磷 19%/2013.06.24 至 2018.06.24/低毒
水稻 二化螟 318.75-375克/公顷 喷雾

江苏皇马农化有限公司 (江苏省镇江市丹阳市皇塘镇大南庄村 212327 0511-6632428)

PDN59-99 甲氰菊酯/20%/乳油/甲氰菊酯 20%/2014.02.27 至 2019.02.27/中等毒
苹果树 桃小食心虫 67-100毫克/千克 喷雾
苹果树 红蜘蛛 100毫克/千克 喷雾
PD85154-26 氰戊菊酯/20%/乳油/氰戊菊酯 20%/2010.02.08 至 2015.02.08/中等毒
柑橘树 潜叶蛾 10-20毫克/千克 喷雾
果树 梨小食心虫 10-20毫克/千克 喷雾
棉花 红铃虫、蚜虫 75-150克/公顷 喷雾
蔬菜 菜青虫、蚜虫 60-120克/公顷 喷雾
PD89104-9 氰戊菊酯/93%/原药/氰戊菊酯 93%/2009.09.28 至 2014.09.28/中等毒
PD20040033 氯氰菊酯/92%/原药/氯氰菊酯 92%/2009.12.19 至 2014.12.19/中等毒
PD20040045 高效氯氰菊酯/95%/原药/高效氯氰菊酯 95%/2009.12.19 至 2014.12.19/中等毒
PD20040194 氯氰菊酯/10%/乳油/氯氰菊酯 10%/2009.12.19 至 2014.12.19/中等毒
十字花科蔬菜 菜青虫 30-45克/公顷 喷雾
PD20040241 顺式氯氰菊酯/5%/乳油/顺式氯氰菊酯 5%/2009.12.19 至 2014.12.19/中等毒
十字花科蔬菜 菜青虫 22.5-30克/公顷 喷雾
PD20040243 吡虫啉/10%/可湿性粉剂/吡虫啉 10%/2009.12.19 至 2014.12.19/低毒
水稻 飞虱 75-150克/公顷 喷雾
PD20040244 高效氯氰菊酯/4.5%/乳油/高效氯氰菊酯 4.5%/2009.12.19 至 2014.12.19/中等毒
十字花科蔬菜 菜青虫 13.5-20.25克/公顷 喷雾
PD20050037 吡虫啉/20%/可溶液剂/吡虫啉 20%/2010.04.15 至 2015.04.15/中等毒
水稻 飞虱 20-30克/公顷 喷雾
PD20050138 顺式氯氰菊酯/90%/原药/顺式氯氰菊酯 90%/2010.09.09 至 2015.09.09/中等毒
PD20070536 啶虫脒/96%/原药/啶虫脒 96%/2012.12.03 至 2017.12.03/低毒
PD20070678 吡虫啉/95%/原药/吡虫啉 95%/2013.03.06 至 2018.03.06/低毒
PD20080264 啶虫脒/20%/可溶粉剂/啶虫脒 20%/2013.02.20 至 2018.02.20/低毒
柑橘树 蚜虫 20-40毫克/千克 喷雾
PD20081505 联苯菊酯/96%/原药/联苯菊酯 96%/2013.11.06 至 2018.11.06/中等毒
PD20081661 啶虫脒/20%/可溶液剂/啶虫脒 20%/2013.11.25 至 2018.11.25/低毒
柑橘树 蚜虫 15-20毫克/千克 喷雾
PD20081898 甲氰菊酯/92%/原药/甲氰菊酯 92%/2013.11.21 至 2018.11.21/中等毒
PD20082029 啶虫脒/3%/乳油/啶虫脒 3%/2013.11.25 至 2018.11.25/中等毒
柑橘树 蚜虫 20-40毫克/千克 喷雾
PD20083902 S-氰戊菊酯/95%/原药/S-氰戊菊酯 95%/2013.12.15 至 2018.12.15/中等毒
PD20084235 联苯菊酯/10%/乳油/联苯菊酯 10%/2013.12.17 至 2018.12.17/中等毒(原药高毒)
苹果树 桃小食心虫 3000-4000倍液 喷雾
PD20084253 联苯菊酯/25克/升/乳油/联苯菊酯 25克/升/2013.12.17 至 2018.12.17/中等毒
苹果树 桃小食心虫 12.5-25毫克/千克 喷雾
PD20084361 毒死蜱/40%/乳油/毒死蜱 40%/2013.12.17 至 2018.12.17/中等毒
棉花 棉铃虫 450-900克/公顷 喷雾
PD20084584 氯氰菊酯/250克/升/乳油/氯氰菊酯 250克/升/2013.12.18 至 2018.12.18/中等毒
十字花科蔬菜 菜青虫 37.5-45克/公顷 喷雾
PD20084624 毒死蜱/95%/原药/毒死蜱 95%/2013.12.18 至 2018.12.18/中等毒
PD20085287 高效氯氟氰菊酯/96%/原药/高效氯氟氰菊酯 96%/2013.12.23 至 2018.12.23/中等毒
PD20085595 S-氰戊菊酯/50克/升/乳油/S-氰戊菊酯 50克/升/2013.12.25 至 2018.12.25/中等毒

棉花 棉铃虫 30-37.5克/公顷 喷雾
PD20093595 高效氯氟氰菊酯/25克/升/乳油/高效氯氟氰菊酯 25克/升/2009.03.23 至 2014.03.23/中等毒
棉花 棉铃虫 7.5-22.5克/公顷 喷雾
PD20111047 高效氯氟氰菊酯/50克/升/乳油/高效氯氟氰菊酯 50克/升/2011.10.10 至 2016.10.10/中等毒
棉花 棉铃虫 15-22.5克/公顷 喷雾
PD20130142 草铵膦/95%/原药/草铵膦 95%/2013.01.17 至 2018.01.17/低毒
PD20130274 草铵膦/18%/水剂/草铵膦 18%/2013.02.21 至 2018.02.21/低毒
柑橘园 杂草 891-1782克/公顷 定向茎叶喷雾
PD20131131 嘧菌酯/98%/原药/嘧菌酯 98%/2013.05.20 至 2018.05.20/低毒
LS20110030 草铵膦/50%/母药/草铵膦 50%/2013.02.11 至 2014.02.11/低毒

江苏辉丰农化股份有限公司 (江苏省大丰市新丰镇中闸村二组 224100 0515-83551820)

PD84104-29 杀虫双/18%/水剂/杀虫双 18%/2012.06.21 至 2017.06.21/中等毒
甘蔗、蔬菜、水稻、小麦、玉米 多种害虫 540-675克/公顷 喷雾
果树 多种害虫 225-360毫克/千克 喷雾
PD84117-5 多菌灵/95%/原药/多菌灵 95%/2009.12.14 至 2014.12.14/低毒
PD85105-24 敌敌畏/80%/乳油/敌敌畏 77.5%/2009.12.14 至 2014.12.14/中等毒
茶树 食叶害虫 600克/公顷 喷雾
粮仓 多种储藏害虫 1)400-500倍液 2)0.4-0.5克/立方米 1)喷雾 2)挂条熏蒸
棉花 蚜虫、造桥虫 600-1200克/公顷 喷雾
苹果树 小卷叶蛾、蚜虫 400-500毫克/千克 喷雾
青菜 菜青虫 600克/公顷 喷雾
桑树 尺蠖 600克/公顷 喷雾
卫生 多种卫生害虫 1)300-400倍液, 2)0.08克/立方米 1)泼洒 2)挂条熏蒸
小麦 黏虫、蚜虫 600克/公顷 喷雾
PD85154-55 氰戊菊酯/20%/乳油/氰戊菊酯 20%/2011.07.26 至 2016.07.26/中等毒
柑橘树 潜叶蛾 10-20毫克/千克 喷雾
果树 梨小食心虫 10-20毫克/千克 喷雾
棉花 红铃虫、蚜虫 75-150克/公顷 喷雾
蔬菜 菜青虫、蚜虫 60-120克/公顷 喷雾
PD85167 混灭威/85%/原药/混灭威 85%/2010.10.25 至 2015.10.25/中等毒
PD85168 混灭威/50%/乳油/混灭威 50%/2010.10.25 至 2015.10.25/中等毒
水稻 飞虱、叶蝉 375-750克/公顷 喷雾,泼浇
PD86132-2 仲丁威/98%、95%、90%/原药/仲丁威 98%、95%、90%/2011.10.23 至 2016.10.23/低毒
PD86147-4 异丙威/98%、95%、90%/原药/异丙威 98%、95%、90%/2011.10.23 至 2016.10.23/中等毒
PD86148-46 异丙威/20%/乳油/异丙威 20%/2011.10.23 至 2016.10.23/中等毒
水稻 飞虱、叶蝉 450-600克/公顷 喷雾
PD86148-66 异丙威/20%/乳油/异丙威 20%/2011.12.05 至 2016.12.05/中等毒
水稻 飞虱、叶蝉 450-600克/公顷 喷雾
PD86156-11 异丙威/4%/粉剂/异丙威 4%/2011.12.05 至 2016.12.05/中等毒
水稻 飞虱、叶蝉 600克/公顷 喷粉
PD91104-20 敌敌畏/48%/乳油/敌敌畏 48%/2011.01.10 至 2016.01.10/中等毒
茶树 食叶害虫 600克/公顷 喷雾
粮仓 多种储粮害虫 1)300-400倍液 2)0.4-0.5克/立方米 1)喷雾 2)挂条熏蒸
棉花 蚜虫、造桥虫 600-1200克/公顷 喷雾
苹果树 小卷叶蛾、蚜虫 400-500毫克/千克 喷雾
青菜 菜青虫 600克/公顷 喷雾
桑树 尺蠖 600克/公顷 喷雾
卫生 多种卫生害虫 1)250-300倍液2)0.08克/立方米 1)泼洒2)挂条熏蒸
小麦 黏虫、蚜虫 600克/公顷 喷雾
PD20040248 高效氯氰菊酯/4.5%/乳油/高效氯氰菊酯 4.5%/2009.12.19 至 2014.12.19/中等毒
茶树 茶尺蠖 15-25.5克/公顷 喷雾
柑橘树 红蜡蚧 50毫克/千克 喷雾
柑橘树 潜叶蛾 15-20毫克/千克 喷雾
棉花 红铃虫、棉铃虫、棉蚜 15-30克/公顷 喷雾
苹果树 桃小食心虫 20-33毫克/千克 喷雾
蔬菜 菜青虫、小菜蛾 9-25.5克/公顷 喷雾
蔬菜 菜蚜 3-18克/公顷 喷雾
烟草 烟青虫 15-25.5克/公顷 喷雾
PD20040288 氯氰菊酯/10%/乳油/氯氰菊酯 10%/2009.05.13 至 2014.07.19/中等毒

	十字花科蔬菜	菜青虫	30-45克/公顷	喷雾
PD20040309	杀虫单/95%/原药/杀虫单 95%/2009.12.19 至 2014.12.19/中等毒			
PD20040340	高效氯氰菊酯/2.5%/乳油/高效氯氰菊酯 2.5%/2009.05.13 至 2014.12.19/中等毒			
	梨树	梨木虱	20.8-31.25毫克/千克	喷雾
	苹果树	桃小食心虫	12.5-25毫克/千克	喷雾
	小麦	蚜虫	7.5-11.25克/公顷	喷雾
PD20040349	高效氯氰菊酯/4.5%/乳油/高效氯氰菊酯 4.5%/2009.05.13 至 2014.12.19/中等毒			
	十字花科蔬菜	菜青虫	9-25.5克/公顷	喷雾
PD20040436	哒螨灵/15%/乳油/哒螨灵 15%/2009.05.13 至 2014.12.19/中等毒			
	柑橘树	红蜘蛛	50-67毫克/千克	喷雾
PD20050070	杀虫单/90%/可溶粉剂/杀虫单 90%/2010.06.24 至 2015.06.24/中等毒			
	水稻	螟虫	525-750克/公顷	喷雾
PD20060063	氟乐灵/480克/升/乳油/氟乐灵 480克/升/2011.03.24 至 2016.03.24/低毒			
	棉花	部分阔叶杂草、一年生禾本科杂草	720-1080克/公顷	土壤喷雾
PD20070446	咪鲜胺锰盐/98%/原药/咪鲜胺锰盐 98%/2012.11.20 至 2017.11.20/低毒			
PD20070522	咪鲜胺锰盐/50%/可湿性粉剂/咪鲜胺锰盐 50%/2012.11.28 至 2017.11.28/低毒			
	大蒜	叶枯病	375－450克/公顷	喷雾
	柑橘	绿霉病、青霉病	250-500毫克/千克	浸果
	辣椒	灰霉病	225-300克/公顷	喷雾
	芒果	炭疽病	500-1000毫克/千克	浸果
	蘑菇	湿泡病	0.4-0.6克/平方米	喷雾
	葡萄	黑痘病	250－333.3毫克/千克	喷雾
	水稻	稻瘟病	450-525克/公顷	喷雾
	西瓜	枯萎病	333－625毫克/千克	喷雾
	烟草	赤星病	263－350克/公顷	喷雾
PD20070548	咪鲜胺/98%/原药/咪鲜胺 98%/2012.12.03 至 2017.12.03/低毒			
PD20070655	咪鲜胺/450克/升/水乳剂/咪鲜胺 450克/升/2012.12.17 至 2017.12.17/低毒			
	水稻	稻瘟病	300－375克/公顷	喷雾
	香蕉	冠腐病	500-1000毫克/千克	浸果
PD20080001	咪鲜胺/25%/乳油/咪鲜胺 25%/2013.01.03 至 2018.01.03/低毒			
	大蒜	叶枯病	375-450克/公顷	喷雾
	柑橘	蒂腐病、绿霉病、青霉病、炭疽病	250-500毫克/千克	浸果
	黄瓜	炭疽病	250-500毫克/千克	喷雾
	辣椒	枯萎病	333-500毫克/千克	喷雾
	荔枝、龙眼	炭疽病	208.3-250毫克/千克	喷雾
	芒果	炭疽病	1)167-250毫克/千克	1)喷雾
			2)371-500毫克/千克	2)浸果
	苹果	炭疽病	250-333.3毫克/千克	喷雾
	葡萄	黑痘病	225-300克/公顷	喷雾
	水稻	稻曲病	187.5-225克/公顷	喷雾
	水稻	恶苗病	2000-4000倍液	浸种
	水稻	稻瘟病	225-375克/公顷	喷雾
	西瓜	枯萎病	250-333.3毫克/千克	喷雾
	香蕉	炭疽病	250-500毫克/千克	浸果
	小麦	白粉病、赤霉病	187.5-225克/公顷	喷雾
	烟草	赤星病	188-375克/公顷	喷雾
	油菜	菌核病	150-187.5克/公顷	喷雾
PD20080634	草甘膦/95%/原药/草甘膦 95%/2013.05.13 至 2018.05.13/低毒			
PD20080697	异丙甲草胺/96%/原药/异丙甲草胺 96%/2013.06.04 至 2018.06.04/低毒			
PD20080699	辛酰溴苯腈/95%/原药/辛酰溴苯腈 95%/2013.06.04 至 2018.06.04/低毒			
PD20080700	异丙甲草胺/720克/升/乳油/异丙甲草胺 720克/升/2013.06.04 至 2018.06.04/低毒			
	春大豆田、春玉米田	一年生杂草	1620-2160克/公顷	土壤喷雾
	夏大豆田、夏玉米田	一年生杂草	1080-1620克/公顷	土壤喷雾
PD20080701	草甘膦/30%/水剂/草甘膦 30%/2013.06.04 至 2018.06.04/低毒			
	苹果园	杂草	1125-2250克/公顷	定向喷雾
PD20081041	麦畏·草甘膦/400克/升/水剂/草甘膦 380克/升、麦草畏 20克/升/2013.08.06 至 2018.08.06/微毒			
	非耕地	杂草	1200-1500克/公顷	喷雾
PD20081504	毒死蜱/95%/原药/毒死蜱 95%/2013.11.06 至 2018.11.06/中等毒			
PD20081660	醚菊酯/96%/原药/醚菊酯 96%/2013.11.14 至 2018.11.14/微毒			
PD20082971	氰戊·辛硫磷/50%/乳油/氰戊菊酯 4.5%、辛硫磷 45.5%/2013.12.09 至 2018.12.09/中等毒			
	甘蓝	菜青虫、蚜虫	75-150克/公顷	喷雾
	棉花	蚜虫	150-225克/公顷	喷雾
	小麦	蚜虫	90克/公顷	喷雾

PD20083031	啶虫脒/20%/可溶粉剂/啶虫脒 20%/2013.12.10 至 2018.12.10/低毒			
	苹果树	蚜虫	25-33.3毫克/千克	喷雾
	水稻	稻飞虱	22.5-30克/公顷	喷雾
PD20083119	氯氟吡氧乙酸/200克/升/乳油/氯氟吡氧乙酸 200克/升/2013.12.10 至 2018.12.10/低毒			
	冬小麦田	一年生阔叶杂草	150－210克/公顷	茎叶喷雾
	水田畦畔	空心莲子草(水花生)	150－210克/公顷	茎叶喷雾
PD20083147	阿维·毒死蜱/15%/乳油/阿维菌素 0.1%、毒死蜱 14.9%/2013.12.10 至 2018.12.10/中等毒(原药高毒)			
	水稻	二化螟	180－270克/公顷	喷雾
PD20083149	氰戊·辛硫磷/25%/乳油/氰戊菊酯 6.25%、辛硫磷 18.75%/2013.12.11 至 2018.12.11/中等毒			
	棉花	棉铃虫	270-300克/公顷	喷雾
	十字花科蔬菜	蚜虫	112.5-150克/公顷	喷雾
	小麦	蚜虫	75-112.5克/公顷	喷雾
PD20083626	醚菊酯/10%/悬浮剂/醚菊酯 10%/2013.12.12 至 2018.12.12/微毒			
	十字花科蔬菜	甜菜夜蛾、小菜蛾	120-150克/公顷	喷雾
	水稻	稻飞虱、稻水象甲	120-150克/公顷	喷雾
PD20084929	唑螨酯/96%/原药/唑螨酯 96%/2013.12.22 至 2018.12.22/低毒			
PD20085090	硫丹·辛硫磷/45%/乳油/硫丹 15%、辛硫磷 30%/2013.12.23 至 2018.12.23/高毒			
	棉花	棉铃虫	675-810克/公顷	喷雾
PD20085640	咪鲜·杀螟丹/18%/悬浮剂/咪鲜胺 8%、杀螟丹 10%/2013.12.26 至 2018.12.26/中等毒			
	水稻	恶苗病、干尖线虫病	800-1000倍液	浸种
PD20085804	乙烯利/91%/原药/乙烯利 91%/2013.12.29 至 2018.12.29/低毒			
PD20085856	草甘膦异丙胺盐/41%/水剂/草甘膦异丙胺盐 41%/2013.12.29 至 2018.12.29/微毒			
	非耕地	杂草	1125-3000克/公顷	茎叶喷雾
PD20085999	高效氟吡甲禾灵/108克/升/乳油/高效氟吡甲禾灵 108克/升/2013.12.29 至 2018.12.29/微毒			
	花生田、油菜田	一年生禾本科杂草	32.4-40.5克/公顷	喷雾
PD20091108	氟节胺/95%/原药/氟节胺 95%/2014.01.21 至 2019.01.21/微毒			
PD20091558	异菌脲/96%/原药/异菌脲 96%/2014.02.03 至 2019.02.03/低毒			
PD20092506	毒死蜱/480克/升/乳油/毒死蜱 480克/升/2009.02.26 至 2014.02.26/中等毒			
	水稻	稻飞虱、稻纵卷叶螟	504-648克/公顷	喷雾
PD20092700	烟嘧磺隆/95%/原药/烟嘧磺隆 95%/2009.03.03 至 2014.03.03/微毒			
PD20093514	联苯菊酯/100克/升/乳油/联苯菊酯 100克/升/2009.03.23 至 2014.03.23/低毒			
	苹果树	桃小食心虫	25-33毫克/千克	喷雾
PD20093629	萎锈灵/98%/原药/萎锈灵 98%/2009.03.25 至 2014.03.25/低毒			
PD20093756	溴苯腈/97%/原药/溴苯腈 97%/2009.03.25 至 2014.03.25/中等毒			
PD20093915	噻苯隆/97%/原药/噻苯隆 97%/2009.03.26 至 2014.03.26/微毒			
PD20094557	噻嗪酮/25%/可湿性粉剂/噻嗪酮 25%/2009.04.09 至 2014.04.09/低毒			
	茶树	小绿叶蝉	166-250毫克/千克	喷雾
	柑橘树	矢尖蚧	150-250毫克/千克	喷雾
	水稻	飞虱	75-112.5克/公顷	喷雾
PD20094589	杀扑磷/40%/乳油/杀扑磷 40%/2009.04.10 至 2014.04.10/高毒			
	柑橘树	矢尖蚧	500-800倍液	喷雾
PD20094913	阿维·毒死蜱/12%/乳油/阿维菌素 0.3%、毒死蜱 11.7%/2009.04.13 至 2014.04.13/低毒(原药高毒)			
	十字花科蔬菜	小菜蛾	108-162克/公顷	喷雾
PD20094967	烯唑醇/12.5%/可湿性粉剂/烯唑醇 12.5%/2009.04.21 至 2014.04.21/低毒			
	柑橘树	疮痂病	63-83毫克/千克	喷雾
	花生	叶斑病	47-62.5克/公顷	喷雾
	梨树	黑星病	31-42毫克/千克	喷雾
	芦笋	茎枯病	56.25-70克/公顷	喷雾
	苹果树	斑点落叶病	50-125毫克/千克	喷雾
	水稻	纹枯病	70.3－93.75克/公顷	喷雾
	香蕉	叶斑病	62.5-125毫克/千克	喷雾
	小麦	锈病	56.25-93.75克/公顷	喷雾
	小麦	白粉病	60-120克/公顷	喷雾
PD20095190	噻苯隆/50%/可湿性粉剂/噻苯隆 50%/2009.04.24 至 2014.04.24/低毒			
	棉花	脱叶	225-300克/公顷	喷雾
PD20095589	苄·乙·甲/16%/可湿性粉剂/苄嘧磺隆 1%、甲磺隆 0.2%、乙草胺 14.8%/2009.05.12 至 2014.05.12/低毒			
	水稻移栽田	部分多年生杂草、一年生杂草	84-108克/公顷	毒土法
PD20096162	杀单·毒死蜱/2%/粉剂/毒死蜱 0.4%、杀虫单 1.6%/2009.06.24 至 2014.06.24/低毒			
	水稻	三化螟	450-600克/公顷	撒施
PD20096459	高氯·毒死蜱/40%/乳油/毒死蜱 39%、高效氯氰菊酯 1%/2009.08.14 至 2014.08.14/中等毒			
	黄瓜	美洲斑潜蝇	120-180克/公顷	喷雾
PD20096460	毒死蜱/40%/乳油/毒死蜱 40%/2009.08.14 至 2014.08.14/中等毒			
	棉花	棉铃虫、棉蚜	450-900克/公顷	喷雾

苹果树 桃小食心虫 160-240毫克/千克 喷雾
水稻 稻飞虱 300-600克/公顷 喷雾
PD20096587 联苯菊酯/100克/升/乳油/联苯菊酯 100克/升/2009.08.25 至 2014.08.25/中等毒
茶树 茶小绿叶蝉 30-45克/公顷 喷雾
PD20096590 氟啶脲/5%/乳油/氟啶脲 5%/2009.08.25 至 2014.08.25/低毒
甘蓝 甜菜夜蛾 45-60克/公顷 喷雾
PD20096704 丙环唑/250克/升/乳油/丙环唑 250克/升/2009.09.07 至 2014.09.07/低毒
香蕉 叶斑病 250-500毫克/千克 喷雾
PD20096707 高氯·敌敌畏/20%/乳油/敌敌畏 19.5%、高效氯氰菊酯 0.5%/2009.09.07 至 2014.09.07/中等毒
甘蓝 菜青虫 150-225克/公顷 喷雾
PD20096725 杀虫双/3.6%/颗粒剂/杀虫双 3.6%/2009.09.07 至 2014.09.07/中等毒
水稻 三化螟 540-750克/公顷 撒施
水稻 二化螟 540-645克/公顷 撒施
PD20096804 烯草酮/120克/升/乳油/烯草酮 120克/升/2009.09.15 至 2014.09.15/低毒
大豆田 一年生禾本科杂草 63-72克/公顷 茎叶喷雾
PD20097040 烟嘧磺隆/40克/升/可分散油悬浮剂/烟嘧磺隆 40克/升/2009.10.10 至 2014.10.10/微毒
玉米田 一年生杂草 42-60克/公顷 茎叶喷雾
PD20097090 唑螨酯/5%/悬浮剂/唑螨酯 5%/2009.10.10 至 2014.10.10/微毒
柑橘树 红蜘蛛 25-50毫克/千克 喷雾
PD20097141 乙烯利/40%/水剂/乙烯利 40%/2009.10.16 至 2014.10.16/微毒
棉花 催熟 330-415倍液 茎叶喷雾
PD20097472 杀单·苏云菌///可湿性粉剂/杀虫单 19.3%、苏云金杆菌 50亿活芽孢/克/2009.11.03 至 2014.11.03/中等毒
水稻 二化螟 1800-2250克制剂/公顷 喷雾
PD20097524 杀虫双/25%/母药/杀虫双 25%/2009.11.03 至 2014.11.03/中等毒
PD20097550 单甲脒/25%/水剂/单甲脒 25%/2009.11.03 至 2014.11.03/中等毒
柑橘树 红蜘蛛 250毫克/千克 喷雾
PD20097830 烯禾啶/12.5%/乳油/烯禾啶 12.5%/2009.11.20 至 2014.11.20/微毒
大豆田 一年生禾本科杂草 131.25-187.5克/公顷 茎叶喷雾
PD20098509 异菌脲/500克/升/悬浮剂/异菌脲 500克/升/2009.12.24 至 2014.12.24/低毒
番茄 灰霉病、早疫病 562.5—750克/公顷 喷雾
PD20098526 炔螨特/40%/乳油/炔螨特 40%/2009.12.24 至 2014.12.24/低毒
柑橘树 红蜘蛛 250-385毫克/千克 喷雾
PD20100123 氟节胺/125克/升/乳油/氟节胺 125克/升/2010.01.05 至 2015.01.05/低毒
烟草 抑制腋芽生长 10-12毫克/株 杯淋
PD20100438 2甲4氯钠/13%/水剂/2甲4氯钠 13%/2010.01.14 至 2015.01.14/低毒
小麦田 一年生阔叶杂草 600-900克/公顷 茎叶喷雾
PD20101021 异菌脲/255克/升/悬浮剂/异菌脲 255克/升/2010.01.20 至 2015.01.20/微毒
油菜 菌核病 600—750克/公顷 喷雾
PD20101186 2,4-滴/98%/原药/2,4-滴 98%/2010.01.28 至 2015.01.28/中等毒
PD20101555 哒螨·矿物油/34%/乳油/哒螨灵 4%、矿物油 30%/2010.05.19 至 2015.05.19/中等毒
柑橘树 红蜘蛛 227-340毫克/千克 喷雾
PD20102077 烯草酮/95%/原药/烯草酮 95%/2010.11.03 至 2015.11.03/低毒
PD20110025 甲氨基阿维菌素苯甲酸盐/1%/微乳剂/甲氨基阿维菌素 1%/2011.01.04 至 2016.01.04/低毒
小油菜 甜菜夜蛾 1.5-2.25克/公顷 喷雾
注:甲氨基阿维菌素苯甲酸盐含量:1.14%
PD20110051 咪锰·多菌灵/59.7%/可湿性粉剂/多菌灵 13.5%、咪鲜胺 46.2%/2011.01.11 至 2016.01.11/低毒
水稻 稻瘟病 720-810克/公顷 喷雾
小麦 赤霉病 206.25—225克/公顷 喷雾
注:咪鲜胺锰盐含量:50%。
PD20110082 烯酰吗啉/50%/可湿性粉剂/烯酰吗啉 50%/2011.01.21 至 2016.01.21/低毒
黄瓜 霜霉病 262.5—300克/公顷 喷雾
PD20110139 联苯菊酯/97%/原药/联苯菊酯 97%/2011.02.10 至 2016.02.10/中等毒
PD20110190 2甲·溴苯腈/400克/升/乳油/2甲4氯 200克/升、溴苯腈 200克/升/2011.02.18 至 2016.02.18/低毒
冬小麦田 一年生阔叶杂草 480—600克/公顷 茎叶喷雾
PD20110398 烯酰吗啉/98%/原药/烯酰吗啉 98%/2011.04.12 至 2016.04.12/微毒
PD20110756 氰氟草酯/97.4%/原药/氰氟草酯 97.4%/2011.07.25 至 2016.07.25/低毒
PD20110840 高效氯氟氰菊酯/2.5%/微乳剂/高效氯氟氰菊酯 2.5%/2011.08.10 至 2016.08.10/中等毒
小油菜 菜青虫 7.5-15克/公顷 喷雾
PD20110938 高效氯氟氰菊酯/10%/水乳剂/高效氯氟氰菊酯 10%/2011.09.07 至 2016.09.07/中等毒
甘蓝 菜青虫 7.5-15克/公顷 喷雾
PD20111057 草甘膦铵盐/65%/可溶粉剂/草甘膦 65%/2011.10.10 至 2016.10.10/微毒
非耕地 杂草 1462.5-2925克/公顷 定向茎叶喷雾
注:草甘膦铵盐含量: 71.5%。

PD20111132 甲氨基阿维菌素苯甲酸盐/5%/微乳剂/甲氨基阿维菌素 5%/2011.11.15 至 2016.11.15/低毒
甘蓝 甜菜夜蛾 2.25-4.5克/公顷 喷雾
注:甲氨基阿维菌素苯甲酸盐含量: 5.7%。
PD20111401 辛酰溴苯腈/30%/乳油/辛酰溴苯腈 30%/2011.12.22 至 2016.12.22/中等毒
大蒜田 阔叶杂草 337.5-405克/公顷 茎叶喷雾
PD20120133 2,4-滴二甲胺盐/70%/水剂/2,4-滴二甲胺盐 70%/2012.01.29 至 2017.01.29/低毒
注:专供出口,不得在国内销售。860克/升2, 4-滴二甲胺盐水剂。
PD20120140 2,4-滴丁酯/72%/乳油/2,4-滴丁酯 72%/2012.01.29 至 2017.01.29/低毒
注:专供出口,不得在国内销售。
PD20120155 烟嘧·溴苯腈/75%/水分散粒剂/溴苯腈 60%、烟嘧磺隆 15%/2012.01.30 至 2017.01.30/中等毒
玉米田 一年生杂草 281.25-337.5克/公顷 茎叶喷雾
PD20120167 溴苯腈/80%/可溶粉剂/溴苯腈 80%/2012.01.30 至 2017.01.30/中等毒
小麦田 多种一年生阔叶杂草 360-480克/公顷 茎叶喷雾
玉米田 多种一年生阔叶杂草 480—600克/公顷 茎叶喷雾
PD20120175 二氰蒽醌/95%/原药/二氰蒽醌 95%/2012.01.30 至 2017.01.30/中等毒
注:专供出口,不得在国内销售。
PD20120272 溴腈·莠灭净/78%/可湿性粉剂/溴苯腈 13%、莠灭净 65%/2012.02.15 至 2017.02.15/低毒
甘蔗田 杂草 1755-2925克/公顷 茎叶喷雾
玉米田 一年生杂草 1462.5-1755克/公顷 茎叶喷雾
PD20120328 烯草酮/37%/母药/烯草酮 37%/2012.02.17 至 2017.02.17/低毒
PD20120617 甲嘧磺隆/75%/水分散粒剂/甲嘧磺隆 75%/2012.04.11 至 2017.04.11/微毒
非耕地 杂草 506.3-675克/公顷 喷雾
PD20120832 阿维菌素/5%/微乳剂/阿维菌素 5%/2012.05.22 至 2017.05.22/中等毒(原药高毒)
甘蓝 小菜蛾 7.5-11.25克/公顷 喷雾
PD20120891 草甘膦铵盐/80%/可溶粉剂/草甘膦 80%/2012.05.24 至 2017.05.24/微毒
非耕地 杂草 1140-2280克/公顷 茎叶喷雾
注:草甘膦铵盐含量:88%
PD20120950 烯草酮/70%/母液/烯草酮 70%/2012.06.14 至 2017.06.14/低毒
注:专供出口,不得在国内销售。
PD20121071 氟环唑/97%/原药/氟环唑 97%/2012.07.12 至 2017.07.12/低毒
PD20121079 高效氯氟氰菊酯/95%/原药/高效氯氟氰菊酯 95%/2012.07.19 至 2017.07.19/高毒
PD20121085 吡氟酰草胺/98%/原药/吡氟酰草胺 98%/2012.07.19 至 2017.07.19/微毒
注:专供出口,不得在国内销售。
PD20121115 氟环唑/12.5%/悬浮剂/氟环唑 12.5%/2012.07.20 至 2017.07.20/微毒
苹果树 褐斑病 190-250毫克/千克 喷雾
水稻 稻曲病 90-112.5克/公顷 喷雾
香蕉树 叶斑病 125-250毫克/千克 喷雾
小麦 锈病 90-112.5克/公顷 喷雾
PD20121778 2,4-滴异辛酯/96%/原药/2,4-滴异辛酯 96%/2012.11.16 至 2017.11.16/低毒
PD20121872 氰氟草酯/10%/乳油/氰氟草酯 10%/2012.11.28 至 2017.11.28/低毒
水稻秧田、直播水稻(南方) 稗草、千金子等禾本科杂草 75-105克/公顷 茎叶喷雾
PD20121886 烯草酮/240克/升/乳油/烯草酮 240克/升/2012.11.28 至 2017.11.28/低毒
大豆田 一年生禾本科杂草 72～144克/公顷 茎叶喷雾
PD20121896 戊唑醇/430克/升/悬浮剂/戊唑醇 430克/升/2012.12.07 至 2017.12.07/低毒
水稻 纹枯病 65-97克/公顷 喷雾
水稻 稻曲病 81-97克/公顷 喷雾
PD20130280 草铵膦/95%/原药/草铵膦 95%/2013.02.21 至 2018.02.21/低毒
PD20131003 烯酰·咪鲜胺/30%/悬浮剂/咪鲜胺 15%、烯酰吗啉 15%/2013.05.13 至 2018.05.13/低毒
荔枝树 霜疫霉病 375-500毫克/千克 喷雾
PD20131384 吡虫啉/350克/升/悬浮剂/吡虫啉 350克/升/2013.06.24 至 2018.06.24/低毒
水稻 稻飞虱 26.25-36.75克/公顷 喷雾
PD20131986 高效氯氰菊酯/4.5%/微乳剂/高效氯氰菊酯 4.5%/2013.10.10 至 2018.10.10/中等毒
甘蓝 菜青虫 13.5-20.25克/公顷 喷雾
PD20132261 2,4-滴钠盐/85%/可溶粉剂/2,4-滴钠盐 85%/2013.11.05 至 2018.11.05/低毒
小麦田 一年生阔叶杂草 1020-1326克/公顷 茎叶喷雾
PD20132293 2,4-滴二甲胺盐/720克/升/水剂/2,4-滴二甲胺盐 720克/升/2013.11.08 至 2018.11.08/低毒
注:专供出口, 不得在国内销售。
PD20132449 噻苯隆/0.5%/可溶液剂/噻苯隆 0.5%/2013.12.02 至 2018.12.02/微毒
苹果树 调节生长 2-4毫克/千克 喷雾
PD20132549 草铵膦/18%/水剂/草铵膦 18%/2013.12.16 至 2018.12.16/低毒
柑橘园 杂草 1053-2106克/公顷 定向茎叶喷雾
PD20132601 2,4-滴丁酯/96%/原药/2,4-滴丁酯 96%/2013.12.17 至 2018.12.17/低毒

注:专供出口，不得在国内销售。
PD20132624 甲磺隆/60%/水分散粒剂/甲磺隆 60%/2013.12.20 至 2018.12.20/低毒
注:专供出口，不得在国内销售。
LS20110037 除草定/95%/原药/除草定 95%/2013.02.12 至 2014.02.12/低毒
LS20110059 抗倒酯/97%/原药/抗倒酯 97%/2013.03.07 至 2014.03.07/低毒
LS20110239 咪鲜胺铜盐/98%/原药/咪鲜胺铜盐 98%/2013.09.13 至 2014.09.13/微毒
注:专供出口，不得在国内销售。
LS20110259 甲羧除草醚/97%/原药/甲羧除草醚 97%/2014.09.26 至 2015.09.26/微毒
注:专供出口，不得在国内销售。
LS20120063 二氰蒽醌/70%/水分散粒剂/二氰蒽醌 70%/2013.02.17 至 2014.02.17/低毒

苹果	轮纹病	700-1000毫克/千克	喷雾

LS20120199 二氰蒽醌/50%/悬浮剂/二氰蒽醌 50%/2013.06.04 至 2014.06.04/低毒

苹果	轮纹病	625-1000毫克/千克	喷雾

LS20120335 2甲4氯异辛酯/92%/原药/2甲4氯异辛酯 92%/2013.10.08 至 2014.10.08/低毒
LS20120351 氟环唑/50%/悬浮剂/氟环唑 50%/2013.10.17 至 2014.10.17/低毒

水稻	稻曲病	90-112.5克/公顷	喷雾
香蕉	叶斑病	125-250毫克/千克	喷雾

LS20130057 辛酰碘苯腈/30%/水乳剂/辛酰碘苯腈 30%/2013.02.06 至 2014.02.06/低毒

玉米田	一年生阔叶杂草	540-765克/公顷	茎叶喷雾

LS20130058 辛酰碘苯腈/95%/原药/辛酰碘苯腈 95%/2013.02.06 至 2014.02.06/中等毒

江苏辉胜农药有限公司 (江苏省睢宁县沙集镇三丁村 221232 0516-88001024)

PD20083210 毒死蜱/480克/升/乳油/毒死蜱 480克/升/2013.12.11 至 2018.12.11/中等毒

水稻	稻纵卷叶螟	576-648克/公顷	喷雾

PD20092737 噻嗪·异丙威/25%/可湿性粉剂/噻嗪酮 5%、异丙威 20%/2009.03.04 至 2014.03.04/低毒

水稻	稻飞虱	375-562.5克/公顷	喷雾

PD20092886 敌敌畏/50%/乳油/敌敌畏 50%/2009.03.05 至 2014.03.05/中等毒

十字花科蔬菜	菜青虫	600-750克/公顷	喷雾

PD20095986 阿维菌素/18克/升/乳油/阿维菌素 18克/升/2009.06.11 至 2014.06.11/低毒(原药高毒)

十字花科蔬菜	小菜蛾	8.1-10.8克/公顷	喷雾

PD20100458 氰戊菊酯/20%/乳油/氰戊菊酯 20%/2010.01.14 至 2015.01.14/低毒

十字花科叶菜	菜青虫	56.25-75克/公顷	喷雾

PD20100655 异丙威/20%/乳油/异丙威 20%/2010.01.15 至 2015.01.15/低毒

水稻	飞虱	450-600克/公顷	喷雾

PD20111078 甲氨基阿维菌素苯甲酸盐/3%/微乳剂/甲氨基阿维菌素 3%/2011.10.12 至 2016.10.12/低毒

甘蓝	甜菜夜蛾	1.8-2.7克/公顷	喷雾

注:甲氨基阿维菌素苯甲酸盐含量:3.4%。
PD20120614 高效氯氟氰菊酯/25克/升/乳油/高效氯氟氰菊酯 25克/升/2012.04.11 至 2017.04.11/中等毒

叶菜类蔬菜	蚜虫	7.5-9.375克/公顷	喷雾

PD20122097 高效氯氰菊酯/4.5%/水乳剂/高效氯氰菊酯 4.5%/2012.12.26 至 2017.12.26/低毒

甘蓝	菜青虫	20.25-33.75克/公顷	喷雾

江苏汇丰科技有限公司 (江苏省泰兴市经济开发区新港南路9-1号 225453 0523-87986850)

PD20130313 嘧菌酯/95%/原药/嘧菌酯 95%/2013.02.26 至 2018.02.26/低毒
PD20130460 丁草胺/93%/原药/丁草胺 93%/2013.03.19 至 2018.03.19/低毒
PD20130623 乙草胺/95%/原药/乙草胺 95%/2013.04.03 至 2018.04.03/低毒

江苏嘉隆化工有限公司 (江苏省徐州市铜山县三堡镇街 221112 0516-85136818)

PD84118-12 多菌灵/25%/可湿性粉剂/多菌灵 25%/2010.01.10 至 2015.01.10/低毒

果树	病害	0.05-0.1%药液	喷雾
花生	倒秧病	750克/公顷	喷雾
麦类	赤霉病	750克/公顷	喷雾,泼浇
棉花	苗期病害	500克/100千克种子	拌种
水稻	稻瘟病、纹枯病	750克/公顷	喷雾,泼浇
油菜	菌核病	1125-1500克/公顷	喷雾

PD85105-27 敌敌畏/80%/乳油/敌敌畏 77.5%(气谱法)/2010.03.18 至 2015.03.18/中等毒

茶树	食叶害虫	600克/公顷	喷雾
粮仓	多种储藏害虫	1)400-500倍液 2)0.4-0.5克/立方米	1)喷雾 2)挂条熏蒸
棉花	蚜虫、造桥虫	600-1200克/公顷	喷雾
苹果树	小卷叶蛾、蚜虫	400-500毫克/千克	喷雾
青菜	菜青虫	600克/公顷	喷雾
桑树	尺蠖	600克/公顷	喷雾
卫生	多种卫生害虫	1)300-400倍液, 2)0.08克/立方米	1)泼洒 2)挂条熏蒸
小麦	黏虫、蚜虫	600克/公顷	喷雾

PD85109-3	甲拌磷/55%/乳油/甲拌磷 55%/2010.03.18 至 2015.03.18/高毒			
	棉花	地下害虫、蚜虫、螨	600-800克/100千克种子	浸种、拌种
	注:甲拌磷乳油只用于浸、拌种，严禁喷雾使用。			
PD90101-7	异丙威/2%/粉剂/异丙威 2%/2010.03.18 至 2015.03.18/中等毒			
	水稻	飞虱、叶蝉	450-900克/公顷	喷粉
PD91106-3	甲基硫菌灵/50%/可湿性粉剂/甲基硫菌灵 50%/2012.02.25 至 2017.02.25/低毒			
	番茄	叶霉病	375-562.5克/公顷	喷雾
	甘薯	黑斑病	360-450毫克/千克	浸薯块
	瓜类	白粉病	337.5-506.25克/公顷	喷雾
	梨树	黑星病	360-450毫克/千克	喷雾
	苹果树	轮纹病	700毫克/千克	喷雾
	水稻	稻瘟病、纹枯病	1050-1500克/公顷	喷雾
	小麦	赤霉病	750-1050克/公顷	喷雾
PD20040055	甲拌磷/5%/颗粒剂/甲拌磷 5%/2009.12.19 至 2014.12.19/中等毒(原药高毒)			
	高粱	蚜虫	150-300克/公顷	撒施
	棉花	蚜虫	1125-1875克/公顷	沟施,穴施
PD20040072	甲拌磷/3%/颗粒剂/甲拌磷 3%/2009.12.19 至 2014.12.19/中等毒(原药高毒)			
	甘蔗	蔗螟	2250-3000克/公顷	沟施
	甘蔗	蔗龟	2250克/公顷	沟施
	甘蔗	天牛	3750克/公顷	沟施
	高粱	蚜虫	150-300克/公顷	撒施
	棉花	蚜虫	1125-1875克/公顷	沟施,穴施
PD20040158	高效氯氰菊酯/3%/水乳剂/高效氯氰菊酯 3%/2009.12.19 至 2014.12.19/中等毒			
	十字花科蔬菜	蚜虫	11.25-15克/公顷	喷雾
PD20040159	高效氯氰菊酯/4.5%/乳油/高效氯氰菊酯 4.5%/2009.12.19 至 2014.12.19/中等毒			
	茶树	茶尺蠖	15-25.5克/公顷	喷雾
	柑橘树	红蜡蚧	50毫克/千克	喷雾
	柑橘树	潜叶蛾	15-20毫克/千克	喷雾
	棉花	红铃虫、棉铃虫、蚜虫	15-30克/公顷	喷雾
	十字花科蔬菜	蚜虫	3-18克/公顷	喷雾
	十字花科蔬菜	菜青虫、小菜蛾	9-25.5克/公顷	喷雾
	烟草	烟青虫	15-25.5克/公顷	喷雾
PD20040348	多·甲拌/15%/悬浮种衣剂/多菌灵 5%、甲拌磷 10%/2009.12.19 至 2014.12.19/高毒			
	小麦	地下害虫、纹枯病	333-400克/100千克种子	种子包衣
	玉米	地下害虫	1:40-50(药种比)	种子包衣
PD20040729	吡虫·杀虫单/60%/可湿性粉剂/吡虫啉 2%、杀虫单 58%/2009.12.19 至 2014.12.19/中等毒			
	水稻	飞虱、螟虫	450-750克/公顷	喷雾
PD20080094	异噁草松/480克/升/乳油/异噁草松 480克/升/2013.01.03 至 2018.01.03/低毒			
	春大豆田	一年生杂草	900-1005克/公顷	喷雾
	甘蔗田	一年生杂草	900-1008克/公顷	喷雾
PD20080289	溴氰菊酯/25克/升/乳油/溴氰菊酯 25克/升/2013.02.25 至 2018.02.25/中等毒			
	茶树	茶毛虫、茶尺蠖、茶小绿叶蝉、刺蛾、黑刺粉虱、介壳虫、卷叶蛾、蚜虫	3.75-7.5克/公顷	喷雾
	柑橘树	潜叶蛾、蚜虫	5-10毫克/千克	喷雾
	棉花	红铃虫、蓟马、盲蝽蟓、棉铃虫、棉造桥虫、蚜虫	7.5-15克/公顷	喷雾
	苹果树	桃小食心虫、蚜虫	5-10毫克/千克	喷雾
	十字花科蔬菜	菜青虫、黄条跳甲、小菜蛾、斜纹夜蛾、蚜虫	7.5-15克/公顷	喷雾
	烟草	烟青虫	7.5-9克/公顷	喷雾
PD20080348	克百威/75%/母粉/克百威 75%/2013.02.26 至 2018.02.26/高毒			
PD20080431	噻菌灵/98.5%/原药/噻菌灵 98.5%/2013.03.10 至 2018.03.10/低毒			
PD20080432	克百威/97%/原药/克百威 97%/2013.03.11 至 2018.03.11/高毒			
PD20081689	乙草胺/50%/乳油/乙草胺 50%/2013.11.17 至 2018.11.17/低毒			
	夏玉米田	一年生禾本科杂草及部分小粒种子阔叶杂草	900-1125克/公顷	播后苗前土壤喷雾
PD20081833	敌草隆/20%/悬浮剂/敌草隆 20%/2013.11.20 至 2018.11.20/低毒			
	甘蔗	一年生杂草	1500-2100克/公顷	土壤喷雾
PD20081937	敌草隆/95%/原药/敌草隆 95%/2013.11.24 至 2018.11.24/低毒			
PD20082014	丁硫克百威/5%/乳油/丁硫克百威 5%/2013.11.25 至 2018.11.25/低毒			
	棉花	蚜虫	22.5-37.5克/公顷	喷雾
	水稻	稻飞虱	150-225克/公顷	喷雾
PD20082200	炔螨特/25%/乳油/炔螨特 25%/2013.11.26 至 2018.11.26/低毒			

	柑橘树	红蜘蛛	250-312.5毫克/千克	喷雾
PD20083040	丁硫克百威/90%/原药/丁硫克百威 90%/2013.12.10 至 2018.12.10/中等毒			
PD20083286	多·福/50%/可湿性粉剂/多菌灵 25%、福美双 25%/2013.12.11 至 2018.12.11/中等毒			
	梨树	黑星病	1000-1500毫克/千克	喷雾
	葡萄	霜霉病	1000-1250毫克/千克	喷雾
PD20083866	噻菌灵/42%/悬浮剂/噻菌灵 42%/2013.12.15 至 2018.12.15/低毒			
	柑橘	保鲜、防腐、绿霉病、青霉病	1000-1500毫克/千克	浸果
PD20084002	辛硫磷/3%/颗粒剂/辛硫磷 3%/2013.12.16 至 2018.12.16/低毒			
	根菜类蔬菜	蛴螬等地下害虫	1800-3750克/公顷	沟施
	花生	地下害虫	1800-3750克/公顷	播种时沟施
	玉米	玉米螟	135-180克/公顷	加细沙后在喇叭口处均匀撒施
PD20084156	丁硫·福美双/25%/悬浮种衣剂/丁硫克百威 6%、福美双 19%/2013.12.16 至 2018.12.16/低毒			
	玉米	地下害虫、黑穗病、茎基腐病	417-625克/100千克种子	种子包衣
PD20084216	丁硫克百威/20%/乳油/丁硫克百威 20%/2013.12.17 至 2018.12.17/中等毒			
	棉花	棉蚜	90—180克/公顷	喷雾
PD20084836	福·克/30%/悬浮种衣剂/福美双 10%、克百威 20%/2013.12.22 至 2018.12.22/高毒			
	大豆	地下害虫、根腐病	1:50-75（药种比）	种子包衣
PD20084915	克百·多菌灵/15%/悬浮种衣剂/多菌灵 5%、克百威 10%/2013.12.22 至 2018.12.22/高毒			
	玉米	地下害虫	1:30-40(药种比)	种子包衣
PD20085031	丁硫克百威/5%/颗粒剂/丁硫克百威 5%/2013.12.22 至 2018.12.22/低毒			
	甘薯	线虫	2700-4050克/公顷	条施、穴施
	甘蔗	蔗龟、蔗螟	2025-3375克/公顷	拌毒土撒施
PD20085398	甲·克/25%/悬浮种衣剂/甲拌磷 20%、克百威 5%/2013.12.24 至 2018.12.24/高毒			
	花生	地下害虫、蚜虫	0.7%-1%种子量	种子包衣
PD20085662	克百威/3%/颗粒剂/克百威 3%/2013.12.26 至 2018.12.26/中等毒(原药高毒)			
	棉花	蚜虫	675-900克/公顷	随种撒施
PD20090161	异稻·三环唑/20%/可湿性粉剂/三环唑 7%、异稻瘟净 13%/2014.01.08 至 2019.01.08/低毒			
	水稻	稻瘟病	300-450克/公顷	喷雾
PD20090708	甲·克/3%/颗粒剂/甲拌磷 1.8%、克百威 1.2%/2014.01.19 至 2019.01.19/中等毒(原药高毒)			
	甘蔗	蔗龟、蔗螟	2250-2700克/公顷	沟施
	棉花	地老虎、蚜虫	1800-2250克/公顷	沟施
PD20090838	毒·辛/5%/颗粒剂/毒死蜱 2%、辛硫磷 3%/2014.01.19 至 2019.01.19/低毒			
	甘蔗	蔗龟、蔗螟	2250-3000克/公顷	拌毒土撒施
PD20091040	甲·克/25%/悬浮种衣剂/甲拌磷 17%、克百威 8%/2014.01.21 至 2019.01.21/高毒			
	花生	地下害虫、蚜虫	1:40-50（药种比）	种子包衣
PD20091080	灭多威/20%/乳油/灭多威 20%/2014.01.21 至 2019.01.21/高毒			
	棉花	蚜虫	75-150克/公顷	喷雾
	棉花	棉铃虫	150-225克/公顷	喷雾
PD20093572	井冈·杀虫单/32%/可湿性粉剂/井冈霉素 10%、杀虫单 22%/2014.03.23 至 2019.03.23/中等毒			
	水稻	稻纵卷叶螟、二化螟、纹枯病	720-960克/公顷	喷雾
PD20093611	杀单·克百威/3%/颗粒剂/克百威 1.5%、杀虫单 1.5%/2014.03.25 至 2019.03.25/中等毒(原药高毒)			
	水稻	蓟马	90-135克/公顷	撒施
PD20093730	聚醛·甲萘威/6%/颗粒剂/甲萘威 1.5%、四聚乙醛 4.5%/2014.03.25 至 2019.03.25/低毒			
	旱地	蜗牛	540-675克/公顷	撒施
PD20094252	氰戊·三唑酮/24%/可湿性粉剂/氰戊菊酯 9%、三唑酮 15%/2014.03.31 至 2019.03.31/中等毒			
	小麦	白粉病、蚜虫	180-216克/公顷	喷雾
PD20094343	丁硫·福·戊唑/20%/悬浮种衣剂/丁硫克百威 6%、福美双 13.6%、戊唑醇 0.4%/2014.04.01 至 2019.04.01/中等毒			
	玉米	地下害虫、丝黑穗病	334-500克/100千克种子	拌种
PD20094588	高效氯氟氰菊酯/2%/悬浮剂/高效氯氟氰菊酯 2%/2014.04.10 至 2019.04.10/中等毒			
	甘蓝	蚜虫	4.5-7.5克/公顷	喷雾
PD20095069	多·福·克/35%/悬浮种衣剂/多菌灵 15%、福美双 10%、克百威 10%/2014.04.21 至 2019.04.21/高毒			
	大豆	根腐病、蓟马、蚜虫	360-450克/100千克种子	种子包衣
PD20095595	异隆·乙草胺/40%/可湿性粉剂/乙草胺 20%、异丙隆 20%/2009.05.12 至 2014.05.12/低毒			
	冬小麦田	一年生杂草	720-960克/公顷	土壤喷雾
PD20095605	苄嘧·丙草胺/20%/可湿性粉剂/苄嘧磺隆 2%、丙草胺 18%/2009.05.12 至 2014.05.12/低毒			
	水稻移栽田	一年生及部分多年生杂草	360-420克/公顷（南方地区）	药土法
PD20095665	毒死蜱/3%/颗粒剂/毒死蜱 3%/2009.05.14 至 2014.05.14/低毒			
	十字花科蔬菜	地老虎、金针虫、蝼蛄、蛴螬	1800—2250克/公顷	沟施或撒施
PD20095972	丁草胺/5%/颗粒剂/丁草胺 5%/2009.06.04 至 2014.06.04/低毒			
	水稻	稗草、牛毛草、鸭舌草	750-1275克/公顷	撒施
PD20096765	聚醛·甲萘威/30%/粉剂/甲萘威 20%、四聚乙醛 10%/2009.09.15 至 2014.09.15/中等毒			
	棉花	蜗牛	1125-2250克/公顷	毒饵撒施

PD20098139 唑醇·甲拌磷/10.9%/悬浮种衣剂/甲拌磷 8.9%、三唑醇 2%/2009.12.08 至 2014.12.08/高毒
小麦 地下害虫、纹枯病 1:80-100(药种比) 拌种
PD20101298 苦参碱/0.3%/水乳剂/苦参碱 0.3%/2010.03.10 至 2015.03.10/低毒
十字花科蔬菜 菜青虫 4.5-6.75克/公顷 喷雾
PD20101947 戊唑醇/0.2%/种子处理悬浮剂/戊唑醇 0.2%/2010.09.20 至 2015.09.20/低毒
小麦 纹枯病 3.3—5克/100千克种子 种子包衣
PD20102150 丁硫克百威/35%/种子处理干粉剂/丁硫克百威 35%/2010.12.07 至 2015.12.07/中等毒
水稻 稻蓟马 350-437.5克/100千克种子 拌种
PD20110403 甲萘威/98%/原药/甲萘威 98%/2011.04.14 至 2016.04.14/低毒
PD20111003 异丙威/98%/原药/异丙威 98%/2011.09.21 至 2016.09.21/低毒
PD20111090 甲氨基阿维菌素苯甲酸盐/3%/微乳剂/甲氨基阿维菌素 3%/2011.10.13 至 2016.10.13/低毒
甘蓝 甜菜夜蛾 2.7-3.375克/公顷 喷雾
注:甲氨基阿维菌素苯甲酸盐含量: 3.4%。
PD20111403 四聚乙醛/99%/原药/四聚乙醛 99%/2011.12.22 至 2016.12.22/低毒
PD20120724 阿维菌素/0.5%/颗粒剂/阿维菌素 0.5%/2012.05.02 至 2017.05.02/低毒(原药高毒)
黄瓜 根结线虫 225-262.5克/公顷 穴施、沟施
PD20120798 仲丁威/98%/原药/仲丁威 98%/2012.05.17 至 2017.05.17/中等毒
PD20131285 辛硫磷/30%/微囊悬浮剂/辛硫磷 30%/2013.06.08 至 2018.06.08/低毒
花生 蛴螬 333-500克/100千克种子 种子包衣
PD20131804 硫双威/95%/原药/硫双威 95%/2013.09.16 至 2018.09.16/中等毒
PD20132092 噻唑膦/95%/原药/噻唑膦 95%/2013.10.24 至 2018.10.24/中等毒
PD20132093 噻唑膦/10%/颗粒剂/噻唑膦 10%/2013.10.24 至 2018.10.24/低毒
番茄 根结线虫 2250-3000克/公顷 撒施
PD20132520 毒死蜱/30%/水乳剂/毒死蜱 30%/2013.12.16 至 2018.12.16/低毒
水稻 稻纵卷叶螟 450-540克/公顷 喷雾
LS20120124 辛硫磷/10%/颗粒剂/辛硫磷 10%/2013.03.30 至 2014.03.30/低毒
花生 蛴螬 2400-3000克/公顷 沟施
LS20120238 辛硫磷/5%/颗粒剂/辛硫磷 5%/2013.07.04 至 2014.07.04/低毒
萝卜 蛴螬 2400-3000克/公顷 撒施

江苏健谷化工有限公司 (江苏省宿迁市宿城区城北路35号 223800 0527-4377065)

PD84118-15 多菌灵/25%/可湿性粉剂/多菌灵 25%/2009.12.22 至 2014.12.22/低毒
果树 病害 0.05-0.1%药液 喷雾
花生 倒秧病 750克/公顷 喷雾
麦类 赤霉病 750克/公顷 喷雾、泼浇
棉花 苗期病害 500克/100千克种子 拌种
水稻 稻瘟病、纹枯病 750克/公顷 喷雾、泼浇
油菜 菌核病 1125-1500克/公顷 喷雾
PD85102-10 2甲4氯钠盐/13%/水剂/2甲4氯钠 13%/2010.01.24 至 2015.01.24/低毒
水稻 多种杂草 450-900克/公顷 喷雾
小麦 多种杂草 600-900克/公顷 喷雾
PD85150-15 多菌灵/50%/可湿性粉剂/多菌灵 50%/2010.07.08 至 2015.07.08/低毒
果树 病害 0.05-0.1%药液 喷雾
花生 倒秧病 750克/公顷 喷雾
麦类 赤霉病 750克/公顷 喷雾、泼浇
棉花 苗期病害 500克/100千克种子 拌种
水稻 稻瘟病、纹枯病 750克/公顷 喷雾、泼浇
油菜 菌核病 1125-1500克/公顷 喷雾
PD85166-3 绿麦隆/25%/可湿性粉剂/绿麦隆 25%/2010.09.26 至 2015.09.26/低毒
大麦、小麦、玉米 一年生杂草 1500-3000克/公顷(北方地区) 播后苗前或苗期喷雾
600-1500克/公顷(南方地区)
PD20040721 吡虫啉/10%/可湿性粉剂/吡虫啉 10%/2009.12.19 至 2014.12.19/低毒
水稻 飞虱 15-30克/公顷 喷雾
PD20040724 吡虫·三唑酮/18%/可湿性粉剂/吡虫啉 3%、三唑酮 15%/2009.12.19 至 2014.12.19/低毒
小麦 白粉病、蚜虫 130-160克/公顷 喷雾
PD20070451 噻嗪酮/25%/可湿性粉剂/噻嗪酮 25%/2012.11.20 至 2017.11.20/低毒
水稻 飞虱 75-112.5克/公顷 喷雾
PD20082103 乙草胺/50%/乳油/乙草胺 50%/2013.11.25 至 2018.11.25/低毒
冬油菜(移栽田) 一年生禾本科杂草及部分小粒种子阔叶杂草 525-750克/公顷 土壤喷雾
PD20090118 2甲4氯钠/56%/可溶粉剂/2甲4氯钠 56%/2014.01.08 至 2019.01.08/低毒
冬小麦田 一年生阔叶杂草 840-1260克/公顷 茎叶喷雾
水稻移栽田 阔叶杂草及莎草科杂草 672-1008克/公顷 茎叶喷雾
玉米田 一年生阔叶杂草 900-1200克/公顷 茎叶喷雾

PD20090510 乙草胺/20%/可湿性粉剂/乙草胺 20%/2014.01.12 至 2019.01.12/低毒
水稻本田 稗草 90-112.5克/公顷 毒土法(限长江以南)
PD20092280 噻·酮·杀虫单/43%/可湿性粉剂/噻嗪酮 8%、杀虫单 28%、三唑酮 7%/2014.02.24 至 2019.02.24/中等毒
杂交水稻 稻飞虱、叶尖枯病 645-810克/公顷 喷雾
PD20095682 噻嗪·异丙威/25%/可湿性粉剂/噻嗪酮 5%、异丙威 20%/2009.05.15 至 2014.05.15/低毒
水稻 稻飞虱 168.75-187.5克/公顷 喷雾
PD20095920 毒死蜱/40%/乳油/毒死蜱 40%/2009.06.02 至 2014.06.02/中等毒
水稻 稻纵卷叶螟 540—600克/公顷 喷雾
PD20101963 噻嗪酮/95%/原药/噻嗪酮 95%/2010.09.21 至 2015.09.21/低毒
PD20130529 吡蚜酮/25%/可湿性粉剂/吡蚜酮 25%/2013.03.28 至 2018.03.28/低毒
水稻 飞虱 67.5-75克/公顷 喷雾
PD20130895 噻嗪酮/50%/悬浮剂/噻嗪酮 50%/2013.04.25 至 2018.04.25/低毒
水稻 飞虱 112.5—150克/公顷 喷雾
PD20131802 烯啶虫胺/10%/水剂/烯啶虫胺 10%/2013.09.16 至 2018.09.16/低毒
水稻 飞虱 37.5-45克/公顷 喷雾

江苏健神生物农化有限公司 (江苏省镇江市高资镇江苏丹徒经济开发区 212114 0511-5682828)

PD20092951 吡虫啉/20%/可溶液剂/吡虫啉 20%/2009.03.09 至 2014.03.09/低毒
棉花 蚜虫 27-36克/公顷 喷雾
PD20094016 吡虫啉/10%/可湿性粉剂/吡虫啉 10%/2009.03.27 至 2014.03.27/低毒
水稻 稻飞虱 15-30克/公顷 喷雾
PD20095084 三环唑/20%/可湿性粉剂/三环唑 20%/2009.04.22 至 2014.04.22/低毒
水稻 稻瘟病 210-270克/公顷 喷雾
PD20095355 高效氯氰菊酯/4.5%/乳油/高效氯氰菊酯 4.5%/2009.04.27 至 2014.04.27/低毒
甘蓝 菜青虫 20.25-27克/公顷 喷雾
PD20095514 苯磺隆/75%/水分散粒剂/苯磺隆 75%/2009.05.11 至 2014.05.11/低毒
冬小麦田 一年生阔叶杂草 16.9-22.5克/公顷 茎叶喷雾
PD20095552 吡嘧磺隆/10%/可湿性粉剂/吡嘧磺隆 10%/2009.05.12 至 2014.05.12/低毒
移栽水稻田 稗草、莎草及阔叶杂草 22.5-45克/公顷 毒土法
PD20098461 草甘膦异丙胺盐（41%）///水剂/草甘膦 30%/2009.12.24 至 2014.12.24/低毒
非耕地 杂草 1125-3000克/公顷 茎叶喷雾
PD20110427 异丙隆/50%/可湿性粉剂/异丙隆 50%/2011.04.21 至 2016.04.21/低毒
冬小麦田 一年生杂草 1125-1350克/公顷 茎叶喷雾
PD20111137 吡虫啉/70%/水分散粒剂/吡虫啉 70%/2011.11.03 至 2016.11.03/低毒
甘蓝 蚜虫 15.75-26.25克/公顷 喷雾
PD20120565 戊唑醇/96%/原药/戊唑醇 96%/2012.03.28 至 2017.03.28/低毒
PD20121123 烯酰吗啉/80%/水分散粒剂/烯酰吗啉 80%/2012.07.20 至 2017.07.20/低毒
黄瓜 霜霉病 240-360克/公顷 喷雾
PD20121214 双草醚/95%/原药/双草醚 95%/2012.08.10 至 2017.08.10/微毒
PD20130451 戊唑醇/80%/水分散粒剂/戊唑醇 80%/2013.03.18 至 2018.03.18/低毒
水稻 稻曲病 72-96克/公顷 喷雾

江苏剑牌农化股份有限公司 (江苏省盐城市建湖县城冠华东路1008号 224700 0515-86253585)

PDN33-95 三唑酮/95%/原药/三唑酮 95%/2010.07.14 至 2015.07.14/低毒
PDN34-95 三唑酮/20%/乳油/三唑酮 20%/2010.08.15 至 2015.08.15/低毒
小麦 白粉病 120-127.5克/公顷 喷雾
PD86130 灭草松/25%/水剂/灭草松 25%/2011.11.15 至 2016.11.15/低毒
草原牧场 阔叶杂草 1500-1875克/公顷 喷雾
茶园、大豆田、甘薯田 阔叶杂草 750-1500克/公顷 喷雾
水稻田 阔叶杂草、莎草 750-1500克/公顷 喷雾
小麦田 阔叶杂草 750克/公顷 喷雾
PD20040103 三唑酮/15%/可湿性粉剂/三唑酮 15%/2009.12.19 至 2014.12.19/低毒
小麦 白粉病、锈病 135-180克/公顷 喷雾
玉米 丝黑穗病 60-90克/100千克种子 拌种
PD20040104 三唑酮/25%/可湿性粉剂/三唑酮 25%/2009.12.19 至 2014.12.19/低毒
小麦 锈病 135-180克/公顷 喷雾
小麦 白粉病 120-127.5克/公顷 喷雾
PD20040172 三唑酮/15%/烟雾剂/三唑酮 15%/2009.12.19 至 2014.12.19/低毒
橡胶树 白粉病 90-120克/公顷 烟雾机喷烟雾
PD20070149 嗪草酮/95%/原药/嗪草酮 95%/2012.06.07 至 2017.06.07/低毒
PD20070209 炔螨特/570克/升/乳油/炔螨特 570克/升/2012.08.07 至 2017.08.07/低毒
柑橘树 红蜘蛛 228-380毫克/千克 喷雾
PD20070222 炔螨特/92%/原药/炔螨特 92%/2012.08.08 至 2017.08.08/低毒

PD20070251	丙森锌/80%/母药/丙森锌 80%/2012.08.30 至 2017.08.30/低毒			
PD20070541	三唑醇/97%/原药/三唑醇 97%/2012.12.03 至 2017.12.03/低毒			
PD20080292	戊唑醇/97%/原药/戊唑醇 97%/2013.02.25 至 2018.02.25/低毒			
PD20080480	多效唑/95%/原药/多效唑 95%/2013.03.31 至 2018.03.31/低毒			
PD20080481	多效唑/15%/可湿性粉剂/多效唑 15%/2013.03.31 至 2018.03.31/低毒			
	花生	调节生长、增产	90-112.5克/公顷	茎叶喷雾
	水稻育秧田	控制生长	200-300毫克/千克	喷雾
	油菜(苗床)	控制生长	100-200毫克/千克	喷雾
PD20081122	联苯三唑醇/25%/可湿性粉剂/联苯三唑醇 25%/2013.08.19 至 2018.08.19/低毒			
	花生	叶斑病	187.5-312.5克/公顷	喷雾
PD20081373	灭草松/40%/水剂/灭草松 40%/2013.10.23 至 2018.10.23/低毒			
	水稻移栽田	阔叶杂草及莎草科杂草	1080-1440克/公顷	喷雾
PD20081648	烯唑醇/95/原药/烯唑醇 95%/2013.11.14 至 2018.11.14/低毒			
PD20081840	烯效唑/90%/原药/烯效唑 90%/2013.11.20 至 2018.11.20/中等毒			
PD20082611	烯效唑/5%/可湿性粉剂/烯效唑 5%/2013.12.04 至 2018.12.04/低毒			
	草坪	调节生长	300−450毫克/千克	茎叶喷雾
	水稻秧田	控制生长	50-150毫克/千克	浸种
PD20085796	联苯三唑醇/97%/原药/联苯三唑醇 97%/2013.12.29 至 2018.12.29/低毒			
PD20086153	三唑醇/15%/可湿性粉剂/三唑醇 15%/2013.12.30 至 2018.12.30/低毒			
	水稻	稻曲病、稻瘟病、纹枯病	135-157.5克/公顷	喷雾
	小麦	纹枯病	30-45克/100千克种子	拌种
PD20090134	四螨·哒螨灵/16%/可湿性粉剂/哒螨灵 9%、四螨嗪 7%/2014.01.08 至 2019.01.08/中等毒			
	苹果树	红蜘蛛	80-100毫克/千克	喷雾
PD20090301	戊唑醇/25%/可湿性粉剂/戊唑醇 25%/2014.01.12 至 2019.01.12/低毒			
	花生	叶斑病	93.75-125克/公顷	喷雾
	苹果树	斑点落叶病	83.3-125毫克/千克	喷雾
PD20091314	高氯·马/37%/乳油/高效氯氰菊酯 0.8%、马拉硫磷 36.2%/2014.02.01 至 2019.02.01/中等毒			
	甘蓝	菜青虫	175.5-354克/公顷	喷雾
	柑橘树	橘蚜	92.5-185毫克/千克	喷雾
PD20091655	嗪草酮/70%/可湿性粉剂/嗪草酮 70%/2014.02.03 至 2019.02.03/低毒			
	春大豆田	一年生阔叶杂草	570-795克/公顷(东北地区)	土壤喷雾
PD20092097	丙森锌/70%/可湿性粉剂/丙森锌 70%/2014.02.16 至 2019.02.16/低毒			
	大白菜	霜霉病	1365-1680克/公顷	喷雾
	番茄	晚疫病	1890-2835克/公顷	喷雾
	番茄	早疫病	1575-1968.75克/公顷	喷雾
	黄瓜	霜霉病	1890-2835克/公顷	喷雾
	苹果	斑点落叶病	1000-1167毫克/千克	喷雾
	葡萄	霜霉病	1400-1750毫克/千克	喷雾
PD20092812	毒死蜱/480克/升/乳油/毒死蜱 480克/升/2009.03.04 至 2014.03.04/中等毒			
	水稻	稻飞虱、稻纵卷叶螟	504-648克/公顷	喷雾
PD20094948	烯唑醇/12.5%/可湿性粉剂/烯唑醇 12.5%/2014.04.17 至 2019.04.17/低毒			
	梨树	黑星病	31-42毫克/千克	喷雾
	葡萄	黑痘病、炭疽病	2000-3000倍液	喷雾
	小麦	白粉病	60-120克/公顷	喷雾
PD20095922	灭草松/96%/原药/灭草松 96%/2009.06.02 至 2014.06.02/低毒			
PD20097890	R-烯唑醇/74.5%/原药/R-烯唑醇 74.5%/2009.11.30 至 2014.11.30/低毒			
PD20101052	R-烯唑醇/12.5%/可湿性粉剂/R-烯唑醇 12.5%/2010.01.21 至 2015.01.21/微毒			
	梨树	黑星病	25−32毫克/千克	喷雾
PD20110015	啶虫脒/5%/可湿性粉剂/啶虫脒 5%/2011.01.04 至 2016.01.04/微毒			
	柑橘树	蚜虫	10-12.5毫克/千克	喷雾
PD20110605	己唑醇/30%/悬浮剂/己唑醇 30%/2011.06.07 至 2016.06.07/低毒			
	水稻	纹枯病	54−72克/公顷	喷雾
PD20110923	多效唑/25%/悬浮剂/多效唑 25%/2011.09.06 至 2016.09.06/低毒			
	荔枝	控梢	300-400毫克/千克	茎叶喷雾
PD20110990	戊唑醇/25%/悬浮剂/戊唑醇 25%/2011.09.21 至 2016.09.21/低毒			
	苹果	轮纹病	62.5-125毫克/千克	喷雾
PD20111076	吡虫啉/350克/升/悬浮剂/吡虫啉 350克/升/2011.10.12 至 2016.10.12/低毒			
	水稻	飞虱	21-31.5克/公顷	喷雾
PD20111092	毒死蜱/30%/水乳剂/毒死蜱 30%/2011.10.13 至 2016.10.13/中等毒			
	水稻	稻纵卷叶螟	360-540克/公顷	喷雾
PD20111267	阿维菌素/3%/水乳剂/阿维菌素 3%/2011.11.23 至 2016.11.23/中等毒(原药高毒)			
	柑橘树	红蜘蛛	4-10毫克/千克	喷雾
	水稻	稻纵卷叶螟	5.4-8.1克/公顷	喷雾

PD20120093 阿维菌素/5%/乳油/阿维菌素 5%/2012.01.29 至 2017.01.29/中等毒(原药高毒)
水稻 稻纵卷叶螟 6-9克/公顷 喷雾
PD20120274 阿维·毒死蜱/20%/水乳剂/阿维菌素 0.2%、毒死蜱 19.8%/2012.02.15 至 2017.02.15/低毒(原药高毒)
水稻 二化螟 180-240克/公顷 喷雾
PD20120287 戊唑醇/430克/升/悬浮剂/戊唑醇 430克/升/2012.02.16 至 2017.02.16/低毒
苹果树 斑点落叶病 86-107.5毫克/千克 喷雾
水稻 稻曲病、纹枯病 64.5-96.75克/公顷 喷雾
小麦 白粉病 64.5-96.75克/公顷 喷雾
PD20120288 炔螨特/73%/乳油/炔螨特 73%/2012.02.16 至 2017.02.16/低毒
柑橘树 红蜘蛛 243-365毫克/千克 喷雾
PD20121329 戊唑醇/25/可湿性粉剂/戊唑醇 25%/2012.09.11 至 2017.09.11/低毒
花生 叶斑病 93.75-125克/公顷 喷雾
苹果树 斑点落叶病 83.3－125毫克/千克 喷雾
PD20121333 多菌灵/40%/悬浮剂/多菌灵 40%/2012.09.11 至 2017.09.11/微毒
小麦 赤霉病 600-750克/公顷 喷雾
PD20121497 啶虫脒/10%/微乳剂/啶虫脒 10%/2012.10.09 至 2017.10.09/低毒
甘蓝 蚜虫 15-22.5克/公顷 喷雾
PD20121543 咪鲜胺/450克/升/水乳剂/咪鲜胺 450克/升/2012.10.25 至 2017.10.25/低毒
柑橘(果实) 炭疽病 225-450毫克/千克 浸果
PD20121892 三唑酮/44%/悬浮剂/三唑酮 44%/2012.12.07 至 2017.12.07/低毒
小麦 锈病 135-180克/公顷 喷雾
PD20121939 戊唑·多菌灵/40%/悬浮剂/多菌灵 35%、戊唑醇 5%/2012.12.12 至 2017.12.12/微毒
小麦 赤霉病 330-450克/公顷 喷雾
PD20121943 甲维·高氯氟/5%/水乳剂/高效氯氟氰菊酯 4%、甲氨基阿维菌素 1%/2012.12.12 至 2017.12.12/中等毒
甘蓝 小菜蛾 7.5-11.25克/公顷 喷雾
PD20130038 三唑醇/25%/乳油/三唑醇 25%/2013.01.07 至 2018.01.07/低毒
香蕉 叶斑病 166.7-250毫克/千克 喷雾
PD20130060 高效氯氟氰菊酯/5%/水乳剂/高效氯氟氰菊酯 5%/2013.01.07 至 2018.01.07/中等毒
棉花 蚜虫 9-18克/公顷 喷雾
PD20130072 戊唑醇/80%/可湿性粉剂/戊唑醇 80%/2013.01.07 至 2018.01.07/低毒
苹果树 斑点落叶病 89-133毫克/千克 喷雾
PD20130089 噻嗪酮/37%/悬浮剂/噻嗪酮 37%/2013.01.15 至 2018.01.15/微毒
水稻 稻飞虱 90-150克/公顷 喷雾
PD20130109 戊唑·丙森锌/65%/可湿性粉剂/丙森锌 60%、戊唑醇 5%/2013.01.17 至 2018.01.17/微毒
苹果树 斑点落叶病 433-722毫克/千克 喷雾
PD20130127 炔螨特/50%/水乳剂/炔螨特 50%/2013.01.17 至 2018.01.17/低毒
柑橘树 红蜘蛛 250-333.3毫克/千克 喷雾
PD20130152 阿维·炔螨特/40%/水乳剂/阿维菌素 0.5%、炔螨特 39.5%/2013.01.17 至 2018.01.17/低毒(原药高毒)
柑橘树 红蜘蛛 200-266.7毫克/千克 喷雾
PD20130178 氯氟·毒死蜱/22%/水乳剂/毒死蜱 20%、高效氯氟氰菊酯 2%/2013.01.24 至 2018.01.24/中等毒
棉花 棉铃虫 148.5-198克/公顷 喷雾
PD20130252 苯醚甲环唑/40%/悬浮剂/苯醚甲环唑 40%/2013.02.05 至 2018.02.05/低毒
梨树 黑星病 16-20毫克/千克 喷雾
PD20130333 阿维菌素/3%/水乳剂/阿维菌素 0%/2013.03.05 至 2018.03.05/中等毒(原药高毒)
PD20130753 甲氨基阿维菌素苯甲酸盐/5%/水分散粒剂/甲氨基阿维菌素 5%/2013.04.16 至 2018.04.16/中等毒
甘蓝 甜菜夜蛾 2.25-3.375 喷雾
注:甲氨基阿维菌素苯甲酸盐含量：5.7%。
PD20131309 甲基硫菌灵/50%/悬浮剂/甲基硫菌灵 50%/2013.06.08 至 2018.06.08/低毒
苹果树 轮纹病 625-714毫克/千克 喷雾
PD20131319 己唑醇/40%/悬浮剂/己唑醇 40%/2013.06.08 至 2018.06.08/微毒
苹果树 斑点落叶病 40-50毫克/千克 喷雾
PD20131679 四螨嗪/40%/悬浮剂/四螨嗪 40%/2013.08.07 至 2018.08.07/微毒
柑橘树 红蜘蛛 100-133毫克/千克 喷雾
PD20131716 甲维·毒死蜱/26%/水乳剂/毒死蜱 25%、甲氨基阿维菌素 1%/2013.08.16 至 2018.08.16/中等毒
水稻 二化螟 78-156克/公顷 喷雾
PD20132118 三唑锡/30%/悬浮剂/三唑锡 30%/2013.10.24 至 2018.10.24/低毒
柑橘树 红蜘蛛 100-150毫克/千克 喷雾
PD20132393 丙环唑/40%/水乳剂/丙环唑 40%/2013.11.20 至 2018.11.20/低毒
香蕉 叶斑病 267-400毫克/千克 喷雾
PD20132492 烯酰吗啉/40%/悬浮剂/烯酰吗啉 40%/2013.12.10 至 2018.12.10/低毒
葡萄 霜霉病 181.8-266.7毫克/千克 喷雾
PD20132501 哒螨灵/40%/悬浮剂/哒螨灵 40%/2013.12.10 至 2018.12.10/低毒
苹果树 红蜘蛛 57.2-80毫克/千克 喷雾

LS20120190 环丙唑醇/95%/原药/环丙唑醇 95%/2013.05.31 至 2014.05.31/低毒
注:专供出口,不得在国内销售。
LS20120196 烯酰·丙森锌/70%/可湿性粉剂/丙森锌 62.5%、烯酰吗啉 7.5%/2013.06.04 至 2014.06.04/低毒
黄瓜 霜霉病 945-1260克/公顷 喷雾
LS20120224 咪鲜·丙森锌/70%/可湿性粉剂/丙森锌 50%、咪鲜胺锰盐 20%%/2013.06.15 至 2014.06.15/低毒
黄瓜 炭疽病 945-1260克/公顷 喷雾
LS20120242 四螨·哒螨灵/16%/悬浮剂/哒螨灵 9%、四螨嗪 7%/2013.07.04 至 2014.07.04/微毒
苹果树 红蜘蛛 64-106.7毫克/千克 喷雾
LS20120284 仲丁威/20%/水乳剂/仲丁威 20%/2013.08.10 至 2014.08.10/低毒
水稻 稻纵卷叶螟、飞虱 450-540克/公顷 喷雾
LS20120318 甲氨基阿维菌素苯甲酸盐/3%/悬浮剂/甲氨基阿维菌素 3%/2013.09.10 至 2014.09.10/低毒
水稻 稻纵卷叶螟 6.75-9克/公顷 喷雾
注:甲氨基阿维菌素苯甲酸盐含量:3.4%。
LS20120339 异丙威/30%/悬浮剂/异丙威 30%/2013.10.08 至 2014.10.08/低毒
水稻 稻飞虱 450-585克/公顷 喷雾
LS20120344 阿维·高氯氟/5%/水乳剂/阿维菌素 1%、高效氯氟氰菊酯 4%/2013.10.09 至 2014.10.09/中等毒(原药高毒)
棉花 棉铃虫 15-30克/公顷 喷雾
LS20120369 烯唑醇/30%/悬浮剂/烯唑醇 30%/2013.11.08 至 2014.11.08/低毒
花生 叶斑病 54-72克/公顷 喷雾
LS20130071 吡虫·异丙威/30%/悬浮剂/吡虫啉 5%、异丙威 25%/2014.02.26 至 2015.02.26/低毒
水稻 飞虱 90-180克/公顷 喷雾
LS20130388 阿维·毒死蜱/25%/水乳剂/阿维菌素 1%、毒死蜱 24%/2013.07.29 至 2014.07.29/中等毒(原药高毒)
水稻 稻纵卷叶螟 75-150克/公顷 喷雾
LS20130390 嘧菌·丙森锌/70%/可湿性粉剂/丙森锌 60%、嘧菌酯 10%/2013.07.29 至 2014.07.29/微毒
番茄 晚疫病 630-1260克/公顷 喷雾
LS20130395 嘧菌酯/30%/悬浮剂/嘧菌酯 30%/2013.07.29 至 2014.07.29/微毒
葡萄 霜霉病 150-300毫克/千克 喷雾
LS20130406 丙森·多菌灵/75%/可湿性粉剂/丙森锌 50%、多菌灵 25%/2013.07.29 至 2014.07.29/微毒
苹果树 轮纹病 625-937.5毫克/千克 喷雾
LS20130407 甲硫·戊唑醇/48%/悬浮剂/甲基硫菌灵 36%、戊唑醇 12%/2013.07.29 至 2014.07.29/低毒
苹果树 轮纹病 240-480毫克/千克 喷雾
LS20130412 四螨·三唑锡/28%/悬浮剂/四螨嗪 8%、三唑锡 20%/2013.07.30 至 2014.07.30/低毒
柑橘树 红蜘蛛 70-140毫克/千克 喷雾
LS20130421 噻嗪·异丙威/35/悬浮剂/噻嗪酮 7%、异丙威 28%/2013.09.09 至 2014.09.09/低毒
水稻 稻飞虱 315-420克/公顷 喷雾
LS20130467 井冈·三唑醇/21%/可湿性粉剂/井冈霉素 14%、三唑醇 7%/2013.10.10 至 2014.10.10/微毒
水稻 纹枯病 126-189克/公顷 喷雾
LS20130470 吡蚜酮/50%/可湿性粉剂/吡蚜酮 50%/2013.10.10 至 2014.10.10/微毒
水稻 飞虱 60-90克/公顷 喷雾
LS20130483 吡蚜·异丙威/39%/可湿性粉剂/吡蚜酮 6%、异丙威 33%/2013.11.08 至 2014.11.08/低毒
水稻 飞虱 117-292.5克/公顷 喷雾

江苏建农农药化工有限公司 (江苏省盐城市建湖县钟庄北郊 224741 0515-86392058)

PD20040745 吡虫·杀虫单/70%/可湿性粉剂/吡虫啉 2%、杀虫单 68%/2009.12.19 至 2014.12.19/中等毒
水稻 稻飞虱、稻纵卷叶螟 525-735克/公顷 喷雾
PD20050012 三唑酮/95%/原药/三唑酮 95%/2010.04.12 至 2015.04.12/低毒
PD20050093 三唑酮/15%/可湿性粉剂/三唑酮 15%/2010.07.01 至 2015.07.01/低毒
小麦 白粉病、锈病 135-180克/公顷 喷雾
玉米 丝黑穗病 60-90克/100千克种子 拌种
PD20050094 三唑酮/20%/乳油/三唑酮 20%/2010.07.01 至 2015.07.01/低毒
小麦 白粉病 120-127.5克/公顷 喷雾
PD20050102 氯氰·吡虫啉/5%/乳油/吡虫啉 1%、氯氰菊酯 4%/2010.07.29 至 2015.07.29/中等毒
苹果树 黄蚜 25-50毫克/千克 喷雾
PD20050178 异噁草松/94%/原药/异噁草松 94%/2010.11.15 至 2015.11.15/低毒
PD20060057 多·酮/40%/可湿性粉剂/多菌灵 35%、三唑酮 5%/2011.03.06 至 2016.03.06/低毒
水稻 稻曲病 480-600克/公顷 喷雾
小麦 白粉病、赤霉病 480-600克/公顷 喷雾
PD20060067 异噁草松/480克/升/乳油/异噁草松 480克/升/2011.04.04 至 2016.04.04/低毒
春大豆 一年生杂草 1008-1080克/公顷(东北地区) 播前或播后苗前土壤喷雾
PD20070116 灭草松/95%/原药/灭草松 95%/2012.05.08 至 2017.05.08/低毒
PD20070123 灭草松/40%/水剂/灭草松 40%/2012.05.18 至 2017.05.18/低毒
大豆田 阔叶杂草 1152－1440克/公顷 茎叶喷雾
水稻田 阔叶杂草及莎草科杂草 1152－1440克/公顷 茎叶喷雾

PD20080923 多效唑/95%/原药/多效唑 95%/2013.07.17 至 2018.07.17/低毒

PD20081162 噻·酮·杀虫单/43%/可湿性粉剂/噻嗪酮 8%、杀虫单 28%、三唑酮 7%/2013.09.11 至 2018.09.11/中等毒
杂交水稻 稻飞虱、叶尖枯病 645-810克/公顷 喷雾

PD20081195 多效唑/15%/可湿性粉剂/多效唑 15%/2013.09.11 至 2018.09.11/低毒
花生 调节生长、增产 90-135克/公顷 茎叶喷雾
水稻育秧田 控制生长 200-300毫克/千克 喷雾
油菜(苗床) 控制生长 100-200毫克/千克 喷雾

PD20081452 杀螺胺/98%/原药/杀螺胺 98%/2013.11.04 至 2018.11.04/低毒

PD20081523 氟硅唑/93%/原药/氟硅唑 93%/2013.11.06 至 2018.11.06/低毒

PD20082414 戊唑醇/96%/原药/戊唑醇 96%/2013.12.02 至 2018.12.02/低毒

PD20082445 吡虫啉/95%/原药/吡虫啉 95%/2013.12.02 至 2018.12.02/低毒

PD20082633 三唑酮/25%/可湿性粉剂/三唑酮 25%/2008.12.04 至 2013.12.04/低毒
小麦 白粉病 93.75-131.25克/公顷 喷雾

PD20082996 氟硅唑/40%/乳油/氟硅唑 40%/2013.12.10 至 2018.12.10/低毒
梨树 黑星病 8000-10000倍液 喷雾
葡萄 白腐病、炭疽病 40-50毫克/千克 喷雾

PD20083389 杀螺胺/70%/可湿性粉剂/杀螺胺 70%/2013.12.11 至 2018.12.11/低毒
水稻 福寿螺 315-420克/公顷 喷雾

PD20091393 丁·莠/48%/悬乳剂/丁草胺 19%、莠去津 29%/2014.02.02 至 2019.02.02/低毒
夏玉米田 一年生杂草 1080-1440克/公顷 播后苗前土壤喷雾

PD20091967 吡虫啉/10%/可湿性粉剂/吡虫啉 10%/2014.02.12 至 2019.02.12/低毒
水稻 稻飞虱 15-30克/公顷 喷雾

PD20094057 烯唑醇/12.5%/可湿性粉剂/烯唑醇 12.5%/2014.03.27 至 2019.03.27/低毒
梨树 黑星病 31－42毫克/千克 喷雾
水稻 纹枯病 46.88-75克/公顷 喷雾
小麦 白粉病 60-120克/公顷 喷雾

PD20094406 烯唑醇/5%/微乳剂/烯唑醇 5%/2014.04.01 至 2019.04.01/低毒
梨树 黑星病 35-45毫克/千克 喷雾

PD20094918 烯唑醇/95%/原药/烯唑醇 95%/2014.04.13 至 2019.04.13/低毒

PD20094975 烯唑·多菌灵/32%/可湿性粉剂/多菌灵 30%、烯唑醇 2%/2014.04.21 至 2019.04.21/低毒
小麦 白粉病、赤霉病 336-432克/公顷 喷雾

PD20097901 啶虫脒/20%/可湿性粉剂/啶虫脒 20%/2009.11.30 至 2014.11.30/低毒
柑橘树 蚜虫 10－13.33毫克/千克 喷雾

PD20110627 戊唑醇/430克/升/悬浮剂/戊唑醇 430克/升/2011.06.08 至 2016.06.08/低毒
水稻 纹枯病 96.75－129克/公顷 喷雾

PD20120028 氟硅唑/10%/水乳剂/氟硅唑 10%/2012.01.09 至 2017.01.09/低毒
梨树 黑星病 25－50毫克/千克 喷雾

PD20130293 多效唑/25%/悬浮剂/多效唑 25%/2013.02.26 至 2018.02.26/低毒
苹果树 调节生长 71.4-89.3毫克/千克 沟施

LS20110213 粉唑醇/125克/升/悬浮剂/粉唑醇 125克/升/2013.08.04 至 2014.08.04/低毒
小麦 白粉病 93.75－121.875克/公顷 喷雾

WP20130177 氟酰脲/98.5%/原药/氟酰脲 98.5%/2013.09.06 至 2018.09.06/低毒
注:专供出口，不得在国内销售。

江苏江南农化有限公司 (江苏省连云港市灌云县临港产业园区（燕尾港）经十路1号 222228 0518-88651800)

PD20080231 氰戊·敌敌畏/30%/乳油/敌敌畏 25%、氰戊菊酯 5%/2013.01.11 至 2018.01.11/中等毒
棉花 棉铃虫 540-675克/公顷 喷雾

PD20080332 精喹禾灵/5%/乳油/精喹禾灵 5%/2013.02.26 至 2018.02.26/低毒
油菜田 一年生禾本科杂草 45-75克/公顷 喷雾

PD20080719 噻吩磺隆/75%/水分散粒剂/噻吩磺隆 75%/2013.06.11 至 2018.06.11/低毒
春大豆田 一年生阔叶杂草 22.5-33.8克/公顷(东北地区) 土壤喷雾

PD20080750 啶虫脒/5%/可湿性粉剂/啶虫脒 5%/2013.06.11 至 2018.06.11/低毒
柑橘树 蚜虫 10－15毫克/千克 喷雾

PD20080761 噻吩磺隆/15%/可湿性粉剂/噻吩磺隆 15%/2013.06.11 至 2018.06.11/低毒
春大豆田 一年生阔叶杂草 22.5-33.8克/公顷 土壤喷雾

PD20080871 氰戊菊酯/40%/乳油/氰戊菊酯 40%/2013.06.27 至 2018.06.27/低毒
叶菜类十字花科蔬菜 菜青虫 120-180克/公顷 喷雾

PD20081103 苯磺隆/75%/水分散粒剂/苯磺隆 75%/2013.08.18 至 2018.08.18/微毒
冬小麦田 一年生阔叶杂草 13.5-22.5克/公顷 茎叶喷雾

PD20081183 丙环唑/250克/升/乳油/丙环唑 250克/升/2013.09.11 至 2018.09.11/低毒
香蕉 叶斑病 250-500毫克/千克 喷雾

PD20081233 草甘膦异丙胺盐/30%/水剂/草甘膦 30%/2013.09.16 至 2018.09.16/微毒
非耕地 杂草 1230-2460克/公顷 茎叶喷雾
注:草甘膦异丙胺盐含量：41%。

PD20081316 氯氟吡氧乙酸异辛酯/200克/升/乳油/氯氟吡氧乙酸异辛酯 200克/升/2013.10.17 至 2018.10.17/低毒
春小麦田 一年生阔叶杂草 180-210克/公顷 茎叶喷雾
冬小麦田 一年生阔叶杂草 150-210克/公顷 茎叶喷雾

PD20081336 乙草胺/50%/乳油/乙草胺 50%/2013.10.21 至 2018.10.21/低毒
冬油菜田 一年生禾本科杂草 600-750克/公顷 土壤喷雾

PD20081851 莠去津/38%/悬浮剂/莠去津 38%/2013.11.20 至 2018.11.20/低毒
春玉米田 一年生杂草 1710-2280克/公顷(东北地区) 土壤喷雾

PD20081997 嘧霉胺/400克/升/悬浮剂/嘧霉胺 400克/升/2013.11.25 至 2018.11.25/低毒
黄瓜 灰霉病 360-510克/公顷 喷雾

PD20083069 噻嗪酮/25%/可湿性粉剂/噻嗪酮 25%/2013.12.10 至 2018.12.10/低毒
水稻 稻飞虱 112.5－150克/公顷 喷雾

PD20083082 毒死蜱/40%/乳油/毒死蜱 40%/2013.12.10 至 2018.12.10/中等毒
水稻 稻纵卷叶螟 480－600克/公顷 喷雾

PD20083090 乙酰甲胺磷/40%/乳油/乙酰甲胺磷 40%/2013.12.16 至 2018.12.16/低毒
水稻 稻纵卷叶螟 540-900克/公顷 喷雾

PD20083281 甲氰菊酯/20%/乳油/甲氰菊酯 20%/2013.12.11 至 2018.12.11/中等毒
柑橘树 潜叶蛾 66.7-200毫克/千克 喷雾

PD20083651 联苯菊酯/25克/升/乳油/联苯菊酯 25克/升/2013.12.12 至 2018.12.12/低毒
茶树 茶毛虫 11.25-15克/公顷 喷雾

PD20083939 高效氯氟氰菊酯/25克/升/乳油/高效氯氟氰菊酯 25克/升/2013.12.15 至 2018.12.15/低毒
十字花科蔬菜 菜青虫 9.375-11.25克/公顷 喷雾

PD20084074 苯磺隆/10%/可湿性粉剂/苯磺隆 10%/2013.12.16 至 2018.12.16/微毒
冬小麦田 阔叶杂草 15－22.5克/公顷 茎叶喷雾

PD20084549 吡虫啉/10%/可湿性粉剂/吡虫啉 10%/2013.12.18 至 2018.12.18/低毒
水稻 飞虱 15-30克/公顷 喷雾

PD20084807 高效氯氰菊酯/4.5%/乳油/高效氯氰菊酯 4.5%/2013.12.22 至 2018.12.22/低毒
十字花科蔬菜 菜青虫 20.25-27克/公顷 喷雾

PD20085242 苄·乙/14%/可湿性粉剂/苄嘧磺隆 3.5%、乙草胺 10.5%/2013.12.23 至 2018.12.23/微毒
水稻移栽田 一年生及部分多年生杂草 84-118克/公顷 药土法

PD20085738 甲氰·辛硫磷/25%/乳油/甲氰菊酯 5%、辛硫磷 20%/2013.12.26 至 2018.12.26/中等毒
十字花科蔬菜 菜青虫 93.75-187.5克/公顷 喷雾

PD20085965 乙草胺/20%/可湿性粉剂/乙草胺 20%/2013.12.29 至 2018.12.29/低毒
水稻移栽田 部分阔叶杂草、一年生禾本科杂草 90－120克/公顷 药土法（限长江以南）

PD20086366 硫磺·三环唑/45%/可湿性粉剂/硫磺 40%、三环唑 5%/2013.12.31 至 2018.12.31/低毒
水稻 稻瘟病 675-1012克/公顷 喷雾

PD20090977 苄嘧磺隆/10%/可湿性粉剂/苄嘧磺隆 10%/2014.01.20 至 2019.01.20/微毒
移栽水稻田 莎草及阔叶杂草 30-45克/公顷 毒土法

PD20090998 精噁唑禾草灵/69克/升/水乳剂/精噁唑禾草灵 69克/升/2014.01.21 至 2019.01.21/低毒
春小麦田 一年生禾本科杂草 62.1-77.625克/公顷 茎叶喷雾
冬小麦田 一年生禾本科杂草 51.75-62.1克/公顷 茎叶喷雾

PD20091213 吡嘧磺隆/10%/可湿性粉剂/吡嘧磺隆 10%/2014.02.01 至 2019.02.01/微毒
移栽水稻田 稗草、莎草及阔叶杂草 22.5-30克/公顷 毒土法

PD20095569 吡虫啉/10%/可湿性粉剂/吡虫啉 10%/2009.05.12 至 2014.05.12/低毒
水稻 稻飞虱 15-30克/公顷 喷雾

PD20095778 溴氰菊酯/25克/升/乳油/溴氰菊酯 25克/升/2009.05.21 至 2014.05.21/中等毒
十字花科蔬菜 蚜虫 3-4.5克/公顷 喷雾

PD20098383 2,4-滴丁酯/57%/乳油/2,4-滴丁酯 57%/2009.12.18 至 2014.12.18/低毒
春小麦田 一年生阔叶杂草 675-810克/公顷 茎叶喷雾

PD20100275 精噁唑禾草灵/69克/升/水乳剂/精噁唑禾草灵 69克/升/2010.01.11 至 2015.01.11/低毒
大豆田 一年生禾本科杂草 52.5-73.5克/公顷 茎叶喷雾
棉花田、油菜田 一年生禾本科杂草 52.5-61.2克/公顷 茎叶喷雾

PD20100765 烟嘧磺隆/40克/升/可分散油悬浮剂/烟嘧磺隆 40克/升/2010.01.18 至 2015.01.18/微毒
玉米田 一年生单、双子叶杂草 50.4-63克/公顷 茎叶喷雾

PD20101671 苯甲·丙环唑/300克/升/乳油/苯醚甲环唑 150克/升、丙环唑 150克/升/2010.06.08 至 2015.06.08/低毒
水稻 纹枯病 80－90克/公顷 喷雾

PD20110122 精噁唑禾草灵/69克/升/水乳剂/精噁唑禾草灵 69克/升/2011.01.27 至 2016.01.27/微毒
大麦田 一年生禾本科杂草 41.4-51.75克/公顷(冬大麦) 茎叶喷雾
50-60克/公顷(春大麦)

PD20110127 三唑磷/20%/乳油/三唑磷 20%/2011.01.28 至 2016.01.28/中等毒
水稻 二化螟 202.5-303.75克/公顷 喷雾

PD20110631 阿维·三唑磷/20%/乳油/阿维菌素 0.3%、三唑磷 19.7%/2011.06.08 至 2016.06.08/中等毒(原药高毒)
水稻 二化螟 120-180克/公顷 喷雾

PD20121755 双草醚/20%/可湿性粉剂/双草醚 20%/2012.11.15 至 2017.11.15/低毒
水稻田(直播) 一年生杂草 30-60克/公倾 茎叶喷雾
PD20121766 砜嘧磺隆/25%/水分散粒剂/砜嘧磺隆 25%/2012.11.15 至 2017.11.15/低毒
马铃薯田 一年生杂草 18.75-22.5克/公顷 定向茎叶喷雾
烟草 一年生杂草 18.75-22.5克/公顷 定向喷雾
PD20122018 双草醚/40%/悬浮剂/双草醚 40%/2012.12.19 至 2017.12.19/微毒
水稻田(直播) 稗草 24-30克/公倾 喷雾
PD20130001 苄嘧·丙草胺/40%/可湿性粉剂/苄嘧磺隆 4%、丙草胺 36%/2013.01.04 至 2018.01.04/低毒
水稻田(直播) 一年生及部分多年生杂草 360-480克/公顷 喷雾
PD20130097 二氯喹啉酸/250克/升/悬浮剂/二氯喹啉酸 250克/升/2013.01.17 至 2018.01.17/微毒
直播水稻田 稗草 187.5-375克/公顷 茎叶喷雾
PD20131212 二氯喹啉酸/50%/可湿性粉剂/二氯喹啉酸 50%/2013.05.28 至 2018.05.28/低毒
水稻抛秧田 稗草等杂草 262.5-300克/公顷 茎叶喷雾
PD20131514 乙氧磺隆/15%/水分散粒剂/乙氧磺隆 15%/2013.07.17 至 2018.07.17/低毒
水稻田(直播) 阔叶杂草 9-13.5克/公顷 茎叶喷雾

江苏洁利三三有限责任公司 (江苏省南京市江宁开发区秦淮路33号 211100 025-52121833)

WP20080396 杀虫气雾剂/0.43%/气雾剂/胺菊酯 0.2%、氯菊酯 0.2%、氯氰菊酯 0.03%/2013.12.11 至 2018.12.11/微毒
卫生 蚊、蝇、蜚蠊 / 喷雾
WP20080513 电热蚊香片/10毫克/片/电热蚊香片/炔丙菊酯 10毫克/片/2013.12.22 至 2018.12.22/低毒
卫生 蚊 / 电热加温
WP20080514 窗纱涂剂/1.8%/涂抹剂/残杀威 0.75%、氯菊酯 0.30%、氯氰菊酯 0.75%/2013.12.22 至 2018.12.22/低毒
卫生 蚊、蝇 0.54克/平方米 涂刷
WP20080584 杀虫气雾剂/1.13%/气雾剂/Es-生物烯丙菊酯 0.08%、胺菊酯 0.25%、氯菊酯 0.80%/2013.12.29 至 2018.12.29/低毒
卫生 蜚蠊、蚊、蝇 / 喷雾
WP20090023 杀虫气雾剂/0.58%/气雾剂/Es-生物烯丙菊酯 0.08%、胺菊酯 0.30%、氯菊酯 0.20%/2014.01.08 至 2019.01.08/微毒
卫生 蜚蠊、蚊、蝇 / 喷雾
WP20090075 驱蚊花露水/7.5%/驱蚊花露水/避蚊胺 7.5%/2014.02.01 至 2019.02.01/微毒
卫生 蚊 / 涂抹
WP20090182 杀蟑气雾剂/1.6%/气雾剂/残杀威 0.75%、氯菊酯 0.50%、氯氰菊酯 0.35%/2014.03.18 至 2019.03.18/低毒
卫生 蜚蠊 / 喷雾
WP20130054 驱蚊花露水/4%/驱蚊花露水/驱蚊酯 4%/2013.04.02 至 2018.04.02/微毒
卫生 蚊 / 涂抹
WP20130099 驱蚊花露水/5%/驱蚊花露水/避蚊胺 5%/2013.05.20 至 2018.05.20/微毒
卫生 蚊 / 涂抹
WP20130121 驱蚊花露水/5%/驱蚊花露水/驱蚊酯 5%/2013.06.05 至 2018.06.05/微毒
卫生 蚊 / 涂抹
注:本产品有一种香型:草本香型。
WP20130126 驱蚊液/7.5%/驱蚊液/驱蚊酯 7.5%/2013.06.08 至 2018.06.08/微毒
卫生 蚊 / 涂抹
WP20130143 驱蚊乳/5%/驱蚊乳/避蚊胺 5%/2013.07.05 至 2018.07.05/微毒
卫生 蚊 / 涂抹
注:本产品有一种香型:鲜花香型。
WP20130145 驱蚊乳/5%/驱蚊乳/驱蚊酯 5%/2013.07.05 至 2018.07.05/微毒
卫生 蚊 / 涂抹
注:本产品有一种香型:草本香型。
WP20130234 驱蚊液/4.5%/驱蚊液/驱蚊酯 4.5%/2013.11.08 至 2018.11.08/微毒
室内 蚊 / 涂抹

江苏景宏生物科技有限公司 (江苏省连云港市灌南县堆沟港镇(化学工业园) 222500 0518-80926596)

PD84104-14 杀虫双/18%/水剂/杀虫双 18%/2009.10.25 至 2014.10.25/中等毒
甘蔗、蔬菜、水稻、小麦、玉米 多种害虫 540-675克/公顷 喷雾
果树 多种害虫 225-360毫克/千克 喷雾
PD84104-53 杀虫双/18%/水剂/杀虫双 18%/2009.12.10 至 2014.12.10/中等毒
甘蔗、蔬菜、水稻、小麦、玉米 多种害虫 540-675克/公顷 喷雾
果树 多种害虫 225-360毫克/千克 喷雾
PD20040307 杀虫单/95%/原药/杀虫单 95%/2009.12.19 至 2014.12.19/中等毒
PD20040774 吡虫·杀虫单/33%/可湿性粉剂/吡虫啉 1%、杀虫单 32%/2009.12.19 至 2014.12.19/低毒
水稻 稻飞虱、二化螟 594-742.5克/公顷 喷雾
PD20083144 啶虫脒/5%/可湿性粉剂/啶虫脒 5%/2013.12.10 至 2018.12.10/低毒
小麦 蚜虫 22.5-30克/公顷 喷雾
PD20083528 烯效唑/5%/可湿性粉剂/烯效唑 5%/2013.12.12 至 2018.12.12/微毒
水稻 调节生长 100-150毫克/千克 浸种

PD20083680 杀虫双/3.6%/大粒剂/杀虫双 3.6%/2013.12.15 至 2018.12.15/中等毒
水稻 螟虫 540-675克/公顷 撒施
PD20085200 毒死蜱/480克/升/乳油/毒死蜱 480克/升/2013.12.23 至 2018.12.23/中等毒
水稻 稻纵卷叶螟 468-612克/公顷 喷雾
PD20085787 速灭威/25%/可湿性粉剂/速灭威 25%/2013.12.29 至 2018.12.29/中等毒
水稻 稻飞虱 375-750克/公顷 喷雾
PD20086050 杀虫双/25%/母液/杀虫双 25%/2013.12.29 至 2018.12.29/中等毒
PD20086242 炔螨特/570克/升/乳油/炔螨特 570克/升/2013.12.31 至 2018.12.31/低毒
柑橘树 红蜘蛛 285-380毫克/千克 喷雾
PD20090045 高效氯氟氰菊酯/25克/升/乳油/高效氯氟氰菊酯 25克/升/2014.01.06 至 2019.01.06/中等毒
小麦 蚜虫 7.5-9.375克/公顷 喷雾
PD20092231 马拉·杀螟松/12%/乳油/马拉硫磷 10%、杀螟硫磷 2%/2014.02.24 至 2019.02.24/中等毒
白菜、甘蓝 菜青虫 63-72克/公顷 喷雾
PD20094871 杀螺胺乙醇胺盐/50%/可湿性粉剂/杀螺胺乙醇胺盐 50%/2014.04.13 至 2019.04.13/低毒
水稻 福寿螺 450-600克/公顷 毒土撒施
PD20096911 毒·辛/40%/乳油/毒死蜱 10%、辛硫磷 30%/2009.09.23 至 2014.09.23/低毒
棉花 棉铃虫 420-480克/公顷 喷雾
PD20100233 噻嗪·速灭威/25%/可湿性粉剂/噻嗪酮 5%、速灭威 20%/2010.01.11 至 2015.01.11/中等毒
水稻 稻飞虱 281.25-375克/公顷 喷雾
PD20100575 敌畏·毒死蜱/40%/乳油/敌敌畏 30%、毒死蜱 10%/2010.01.14 至 2015.01.14/中等毒
水稻 稻纵卷叶螟 480-600克/公顷 喷雾
PD20120340 杀虫单/90%/可溶粉剂/杀虫单 90%/2012.02.17 至 2017.02.17/中等毒
水稻 二化螟 540-1080克/公顷 喷雾
PD20130051 苯磺隆/10%/可湿性粉剂/苯磺隆 10%/2013.01.07 至 2018.01.07/低毒
冬小麦田 阔叶杂草 15-22.5克/公顷 茎叶喷雾
PD20131565 三唑酮/25%/可湿性粉剂/三唑酮 25%/2013.07.23 至 2018.07.23/低毒
小麦 白粉病 150-225克/公顷 喷雾

江苏康鹏农化有限公司 (江苏省姜堰市桥头工业园 225511 0523-8781612)

PD20050084 吡虫啉/10%/可湿性粉剂/吡虫啉 10%/2010.06.24 至 2015.06.24/低毒
水稻 飞虱 15-30克/公顷 喷雾
PD20050085 吡虫啉/95%/原药/吡虫啉 95%/2010.06.24 至 2015.06.24/低毒
PD20050105 吡虫·杀虫单/40%/可湿性粉剂/吡虫啉 1%、杀虫单 39%/2010.08.04 至 2015.08.04/中等毒
水稻 稻飞虱、三化螟 450-750克/公顷 喷雾
PD20070482 啶虫脒/97%/原药/啶虫脒 97%/2012.11.28 至 2017.11.28/低毒
PD20080461 啶虫脒/3%/乳油/啶虫脒 3%/2008.03.27 至 2013.03.27/中等毒
小麦 蚜虫 13.5-18克/公顷 喷雾
PD20082921 啶虫脒/20%/可溶液剂/啶虫脒 20%/2013.12.09 至 2018.12.09/低毒
棉花 蚜虫 30-45克/公顷 喷雾
PD20083195 吡虫啉/20%/可溶液剂/吡虫啉 20%/2013.12.11 至 2018.12.11/低毒
水稻 稻飞虱 15-30克/公顷 喷雾
PD20086010 多效唑/15%/可湿性粉剂/多效唑 15%/2013.12.29 至 2018.12.29/低毒
水稻育秧田 控制生长 200-300毫克/千克 喷雾
油菜(苗床) 控制生长 100-200毫克/千克 喷雾
PD20093566 啶虫脒/20%/可溶粉剂/啶虫脒 20%/2009.03.23 至 2014.03.23/低毒
黄瓜 蚜虫 18-24克/公顷 喷雾

江苏克胜集团股份有限公司 (江苏省盐城市建湖县盐淮路888号 224700 0515-86273936)

PD20040061 吡虫啉/95%/原药/吡虫啉 95%/2009.12.19 至 2014.12.19/低毒
PD20040069 三唑酮/15%/可湿性粉剂/三唑酮 15%/2009.12.19 至 2014.12.19/低毒
小麦 白粉病、锈病 135-180克/公顷 喷雾
玉米 丝黑穗病 60-90克/100千克种子 拌种
PD20040435 哒螨灵/20%/可湿性粉剂/哒螨灵 20%/2009.12.19 至 2014.12.19/中等毒
柑橘树、苹果树 红蜘蛛 50-67毫克/千克 喷雾
棉花 红蜘蛛 90-135克/公顷 喷雾
PD20040487 三唑酮/20%/乳油/三唑酮 20%/2009.12.19 至 2014.12.19/低毒
小麦 白粉病 120-127.5克/公顷 喷雾
PD20040506 三唑磷/20%/乳油/三唑磷 20%/2009.12.19 至 2014.12.19/中等毒
水稻 二化螟 300-450克/公顷 喷雾
PD20040517 吡虫啉/50%/可湿性粉剂/吡虫啉 50%/2009.12.19 至 2014.12.19/中等毒
水稻 飞虱 15-30克/公顷 喷雾
PD20040529 哒螨灵/15%/乳油/哒螨灵 15%/2009.12.19 至 2014.12.19/中等毒
柑橘树 红蜘蛛 50-67毫克/千克 喷雾
棉花 红蜘蛛 90-135克/公顷 喷雾
苹果树 叶螨 45-50毫克/千克 喷雾

PD20040549	哒螨灵/15%/可湿性粉剂/哒螨灵 15%/2009.12.19 至 2014.12.19/中等毒			
	苹果树	红蜘蛛	50-67毫克/千克	喷雾
PD20040561	吡虫·杀虫单/35%/可湿性粉剂/吡虫啉 1%、杀虫单 34%/2009.12.19 至 2014.12.19/低毒			
	水稻	二化螟、飞虱	450-750克/公顷	喷雾
PD20040754	吡虫啉/5%/乳油/吡虫啉 5%/2009.12.19 至 2014.12.19/低毒			
	柑橘树	蚜虫	20-33.3毫克/千克	喷雾
	棉花	蚜虫	22.5-30克/公顷	喷雾
	苹果树	蚜虫	50-100毫克/千克	喷雾
	十字花科蔬菜	蚜虫	7.5-15克/公顷	喷雾
PD20040756	吡虫啉/10%/可湿性粉剂/吡虫啉 10%/2009.12.19 至 2014.12.19/低毒			
	柑橘树	蚜虫	20-33毫克/千克	喷雾
	苹果树	蚜虫	25-50毫克/千克	喷雾
	水稻	飞虱	75-150克/公顷	喷雾
	小麦	蚜虫	60-105克/公顷	喷雾
PD20050017	哒螨灵/95%/原药/哒螨灵 95%/2010.04.15 至 2015.04.15/中等毒			
PD20080030	苄嘧·苯噻酰/53%/可湿性粉剂/苯噻酰草胺 50%、苄嘧磺隆 3%/2013.01.04 至 2018.01.04/低毒			
	水稻抛秧田	一年生及部分多年生禾本科杂草	375-450克/公顷(南方地区)	毒土法
PD20080035	噻螨酮/95%/原药/噻螨酮 95%/2013.01.03 至 2018.01.03/低毒			
PD20080187	噻螨酮/5%/乳油/噻螨酮 5%/2013.01.07 至 2018.01.07/低毒			
	柑橘树	红蜘蛛	25-33.3毫克/千克	喷雾
PD20080281	啶虫脒/95%/原药/啶虫脒 95%/2013.02.25 至 2018.02.25/低毒			
PD20080310	四螨·哒螨灵/10%/悬浮剂/哒螨灵 7%、四螨嗪 3%/2013.02.25 至 2018.02.25/中等毒			
	柑橘树	红蜘蛛	40-67.6毫克/千克	喷雾
	苹果树	山楂叶螨	50-67.6毫克/千克	喷雾
PD20080362	炔螨特/90%/原药/炔螨特 90%/2013.02.28 至 2018.02.28/低毒			
PD20081606	多效唑/15%/可湿性粉剂/多效唑 15%/2013.11.12 至 2018.11.12/低毒			
	水稻	控制生长	200-300毫克/千克	喷雾
PD20081664	苯磺隆/10%/可湿性粉剂/苯磺隆 10%/2013.11.14 至 2018.11.14/低毒			
	冬小麦田	一年生阔叶杂草	13.5—22.5克/公顷	茎叶喷雾
PD20081726	炔螨特/57%/乳油/炔螨特 57%/2013.11.18 至 2018.11.18/低毒			
	柑橘树	红蜘蛛	228-380毫克/千克	喷雾
PD20081738	炔螨特/73%/乳油/炔螨特 73%/2013.11.18 至 2018.11.18/低毒			
	苹果树	红蜘蛛	243-365毫克/千克	喷雾
PD20082005	啶虫脒/5%/可湿性粉剂/啶虫脒 5%/2013.11.25 至 2018.11.25/低毒			
	柑橘树	蚜虫	12-15毫克/千克	喷雾
PD20082122	炔螨特/40%/乳油/炔螨特 40%/2013.11.25 至 2018.11.25/低毒			
	柑橘树	红蜘蛛	266.7-400毫克/千克	喷雾
PD20082585	乙草胺/50%/乳油/乙草胺 50%/2013.12.04 至 2018.12.04/低毒			
	花生田	一年生禾本科杂草及部分小粒种子阔叶杂草	750-1200克/公顷	播后苗前土壤喷雾
	玉米田	一年生禾本科杂草及部分小粒种子阔叶杂草	1)900-1875克/公顷(东北地区) 2)750-1050克/公顷(其他地区)	播后苗前土壤喷雾
PD20082930	啶虫脒/5%/乳油/啶虫脒 5%/2013.12.09 至 2018.12.09/低毒			
	柑橘树	蚜虫	6-10毫克/千克	喷雾
	棉花	蚜虫	9-13.5克/公顷	喷雾
PD20083171	戊唑醇/91%/原药/戊唑醇 91%/2013.12.11 至 2018.12.11/低毒			
PD20083726	毒死蜱/95%/原药/毒死蜱 95%/2013.12.15 至 2018.12.15/中等毒			
PD20083995	吡虫啉/70%/水分散粒剂/吡虫啉 70%/2013.12.16 至 2018.12.16/低毒			
	甘蓝	蚜虫	15-30克/公顷	喷雾
PD20084066	毒死蜱/30%/微乳剂/毒死蜱 30%/2013.12.16 至 2018.12.16/中等毒			
	棉花	蚜虫	450-675克/公顷	喷雾
PD20084168	氟啶脲/5%/乳油/氟啶脲 5%/2013.12.16 至 2018.12.16/低毒			
	青菜	菜青虫、小菜蛾	60-75克/公顷	喷雾
PD20084221	阿维·哒螨灵/10.2%/乳油/阿维菌素 0.2%、哒螨灵 10%/2013.12.17 至 2018.12.17/中等毒(原药高毒)			
	苹果树	二斑叶螨	51-67毫克/千克	喷雾
PD20084484	吡虫啉/350克/升/悬浮剂/吡虫啉 350克/升/2013.12.17 至 2018.12.17/低毒			
	甘蓝	蚜虫	15-30克/公顷	喷雾
PD20084634	阿维菌素/1.8%/乳油/阿维菌素 1.8%/2013.12.18 至 2018.12.18/中等毒(原药高毒)			
	柑橘树	红蜘蛛	4.5-9毫克/千克	喷雾
PD20090066	抗蚜·吡虫啉/24%/可湿性粉剂/吡虫啉 2%、抗蚜威 22%/2014.01.08 至 2019.01.08/中等毒			
	小麦	蚜虫	54-72克/公顷	喷雾
PD20090502	噻螨·哒螨灵/12.5%/乳油/哒螨灵 10%、噻螨酮 2.5%/2014.01.12 至 2019.01.12/中等毒			
	柑橘树	红蜘蛛	62.5-125毫克/千克	喷雾

PD20091166 毒死蜱/40%/乳油/毒死蜱 40%/2014.01.22 至 2019.01.22/中等毒
水稻 二化螟 375-562.5克/公顷 喷雾
PD20092183 戊唑醇/12.5%/水乳剂/戊唑醇 12.5%/2014.02.23 至 2019.02.23/低毒
香蕉 叶斑病 800-1000倍液 喷雾
PD20092294 甲氨基阿维菌素苯甲酸盐(1.14%)///乳油/甲氨基阿维菌素 1%/2014.02.24 至 2019.02.24/低毒
甘蓝 小菜蛾 1.5-2.25克/公顷 喷雾
PD20092607 草甘膦/95%/原药/草甘膦 95%/2014.03.02 至 2019.03.02/低毒
PD20092823 哒灵·炔螨特/30%/乳油/哒螨灵 10%、炔螨特 20%/2014.03.04 至 2019.03.04/中等毒
柑橘树 红蜘蛛 150-200毫克/千克 喷雾
PD20093181 戊唑醇/30%/悬浮剂/戊唑醇 30%/2014.03.11 至 2019.03.11/低毒
苹果树 斑点落叶病 2000-3000倍液 喷雾
PD20093930 啶虫脒/20%/可溶粉剂/啶虫脒 20%/2014.03.27 至 2019.03.27/低毒
柑橘树 蚜虫 20-40毫克/千克 喷雾
PD20100364 甲氨基阿维菌素苯甲酸盐(0.57%)///乳油/甲氨基阿维菌素 0.5%/2010.01.11 至 2015.01.11/低毒
甘蓝 甜菜夜蛾、小菜蛾 1.5-1.8克/公顷 喷雾
PD20101258 吡虫啉/25%/可湿性粉剂/吡虫啉 25%/2010.03.05 至 2015.03.05/低毒
水稻 稻飞虱 18.75-37.5克/公顷 喷雾
PD20101366 高效氯氰菊酯/4.5%/乳油/高效氯氰菊酯 4.5%/2010.04.02 至 2015.04.02/低毒
甘蓝 菜青虫 13.5-27克/公顷 喷雾
PD20110442 草甘膦异丙胺盐/46%/水剂/草甘膦 46%/2011.04.21 至 2016.04.21/低毒
非耕地 杂草 1209-2325克/公顷 定向茎叶喷雾
注:草甘膦异丙胺盐含量：６２％。
PD20110852 阿维·毒死蜱/25%/乳油/阿维菌素 0.2%、毒死蜱 24.8%/2011.08.10 至 2016.08.10/中等毒(原药高毒)
水稻 二化螟 300-375克/公顷 喷雾
PD20111074 草甘膦异丙胺盐/30%/水剂/草甘膦 30%/2011.10.12 至 2016.10.12/低毒
非耕地 杂草 1845-2460克/公顷 茎叶喷雾
注:草甘膦异丙胺盐含量：41%。
PD20111256 苯甲·丙环唑/50%/水乳剂/苯醚甲环唑 25%、丙环唑 25%/2011.11.23 至 2016.11.23/低毒
水稻 纹枯病 67.5－90克/公顷 喷雾
PD20111257 甲维·高氯氟/5%/水乳剂/高效氯氟氰菊酯 4%、甲氨基阿维菌素苯甲酸盐 1%/2011.11.23 至 2016.11.23/中等毒
甘蓝 甜菜夜蛾 6-9克/公顷 喷雾
PD20120915 草甘膦/50%/水分散粒剂/草甘膦 50%/2012.06.04 至 2017.06.04/低毒
非耕地 杂草 1125-2250克/公顷 定向茎叶喷雾
PD20121317 甲维·毒死蜱/30.2%/乳油/毒死蜱 30%、甲氨基阿维菌素苯甲酸盐 0.2%/2012.09.11 至 2017.09.11/中等毒
水稻 稻纵卷叶螟、二化螟 226.5-317.1克/公顷 喷雾
PD20121321 阿维·三唑磷/20.5%/乳油/阿维菌素 0.3%、三唑磷 20.2%/2012.09.11 至 2017.09.11/中等毒(原药高毒)
水稻 二化螟 184.5-215.25克/公顷 喷雾
PD20130019 吡蚜酮/97%/原药/吡蚜酮 97%/2013.01.24 至 2018.01.24/低毒
PD20130028 吡蚜酮/25%/悬浮剂/吡蚜酮 25%/2013.01.04 至 2018.01.04/低毒
水稻 稻飞虱 75-90克/公顷 喷雾
PD20130118 吡虫·毒死蜱/30%/乳油/吡虫啉 3%、毒死蜱 27%/2013.01.17 至 2018.01.17/中等毒
水稻 稻飞虱 360-450克/公顷 喷雾
PD20131173 嘧菌酯/95%/原药/嘧菌酯 95%/2013.05.27 至 2018.05.27/低毒
PD20131263 嘧菌酯/50%/水分散粒剂/嘧菌酯 50%/2013.06.04 至 2018.06.04/低毒
黄瓜 白粉病 225-337.5克/公顷 喷雾
PD20131495 苯甲·嘧菌酯/32.5%/悬浮剂/苯醚甲环唑 12.5%、嘧菌酯 20%/2013.07.05 至 2018.07.05/低毒
水稻 稻瘟病 150-195克/公顷 喷雾
LS20110038 吡蚜酮/50%/可湿性粉剂/吡蚜酮 50%/2013.02.16 至 2014.02.16/低毒
水稻 飞虱 75～90克/公顷 喷雾
LS20110066 吡蚜·异丙威/50%/可湿性粉剂/吡蚜酮 10%、异丙威 40%/2013.04.01 至 2014.04.01/低毒
水稻 飞虱 150-180克/公顷 喷雾
LS20120139 丁醚·哒螨灵/40%/悬浮剂/哒螨灵 15%、丁醚脲 25%/2013.04.11 至 2014.04.11/中等毒
柑橘树 红蜘蛛 200-266.7毫克/千克 喷雾
LS20130309 氯氟·毒死蜱/44%/水乳剂/毒死蜱 40%、高效氯氟氰菊酯 4%/2013.06.04 至 2014.06.04/中等毒
棉花 棉铃虫 132-198克/公顷 喷雾
LS20130327 戊唑·咪鲜胺/45%/水乳剂/咪鲜胺 30%、戊唑醇 15%/2013.06.09 至 2014.06.09/低毒
水稻 稻瘟病 101-236克/公顷 喷雾
LS20130331 多杀霉素/20%/悬浮剂/多杀霉素 20%/2013.06.09 至 2014.06.09/低毒
水稻 稻纵卷叶螟 45-60克/公顷 喷雾

江苏克胜集团克山天华化工有限公司 (黑龙江省克山县南二街路东 161600 0452-4524279)

PD20095277 异噁草松/480克/升/乳油/异噁草松 480克/升/2009.04.27 至 2014.04.27/低毒
春大豆田 一年生杂草 864-1152克/公顷 土壤喷雾
PD20100494 精喹禾灵/5%/乳油/精喹禾灵 5%/2010.01.14 至 2015.01.14/低毒

	春大豆田	一年生禾本科杂草	52.5-75克/公顷	茎叶喷雾
PD20101351	噻磺·乙草胺/48%/乳油/噻吩磺隆 1%、乙草胺 47%/2010.03.26 至 2015.03.26/低毒			
	春大豆田	一年生杂草	1440～1800克/公顷	土壤喷雾
	春玉米田	一年生杂草	1440-1800克/公顷	土壤喷雾

江苏快达农化股份有限公司　(江苏省南通市如东县马塘镇建设路2号　226401　0513-84541320)

PD85126-2	三氯杀螨醇/20%/乳油/三氯杀螨醇 20%/2010.06.07 至 2015.06.07/低毒			
	棉花	红蜘蛛	225-300克/公顷	喷雾
	苹果树	红蜘蛛、锈蜘蛛	800-1000倍液	喷雾
PD85137-3	绿麦隆/95%/原药/绿麦隆 95%/2010.06.07 至 2015.06.07/低毒			
PD85153	甲萘威/95%,93%,90%/原药/甲萘威 95%,93%,90%/2010.06.07 至 2015.06.07/中等毒			
PD20040266	异丙隆/97%/原药/异丙隆 97%/2009.12.19 至 2014.12.19/低毒			
PD20040658	异丙隆/50%/可湿性粉剂/异丙隆 50%/2009.12.19 至 2014.12.19/低毒			
	冬小麦田	一年生杂草	1050-1200克/公顷	喷雾
PD20050159	敌草胺/96%/原药/敌草胺 96%/2010.11.02 至 2015.11.02/低毒			
PD20050167	异菌脲/96%/原药/异菌脲 96%/2010.11.14 至 2015.11.14/低毒			
PD20050212	硫丹/94%/原药/硫丹 94%/2010.12.23 至 2015.12.23/高毒			
PD20050214	苄嘧磺隆/96%/原药/苄嘧磺隆 96%/2010.12.23 至 2015.12.23/低毒			
PD20060109	草甘膦/95%/原药/草甘膦 95%/2011.06.13 至 2016.06.13/低毒			
PD20060129	苯磺隆/95%/原药/苯磺隆 95%/2011.06.26 至 2016.06.26/低毒			
PD20060211	S-氰戊菊酯/90%/原药/S-氰戊菊酯 90%/2011.12.11 至 2016.12.11/中等毒			
PD20070175	虫酰肼/95%/原药/虫酰肼 95%/2012.06.25 至 2017.06.25/低毒			
PD20070324	嘧霉胺/98%/原药/嘧霉胺 98%/2012.10.10 至 2017.10.10/低毒			
PD20070376	苯噻酰草胺/95%/原药/苯噻酰草胺 95%/2012.10.24 至 2017.10.24/低毒			
PD20070377	苯噻酰草胺/50%/可湿性粉剂/苯噻酰草胺 50%/2012.10.24 至 2017.10.24/低毒			
	水稻抛秧田	一年生杂草	375-450克/公顷(南方地区)	毒土法
	水稻移栽田	一年生杂草	450-600克/公顷(东北地区) 375-450克/公顷(南方地区)	毒土法
PD20070554	苄嘧·苯噻酰/53%/可湿性粉剂/苯噻酰草胺 50%、苄嘧磺隆 3%/2012.12.03 至 2017.12.03/低毒			
	水稻抛秧田	部分多年生杂草、一年生杂草	318.5-397.5克/公顷	药土(砂)法
	水稻田(直播)	部分多年生杂草、一年生杂草	636-795克/公顷(南方地区)	喷雾、药土法
	水稻移栽田	部分多年生杂草、一年生杂草	556.5-636克/公顷(北方地区) 318-397.6克/公顷(南方地区)	药土(砂)法
PD20070643	嘧霉胺/40%/悬浮剂/嘧霉胺 40%/2012.12.14 至 2017.12.14/低毒			
	番茄、黄瓜	灰霉病	375－562.5克/公顷	喷雾
PD20080093	毒死蜱/97%/原药/毒死蜱 97%/2013.01.03 至 2018.01.03/低毒			
PD20080210	异菌脲/50%/可湿性粉剂/异菌脲 50%/2013.01.11 至 2018.01.11/低毒			
	番茄	早疫病	750-1500克/公顷	喷雾
	烟草	赤星病	750-937.5克/公顷	喷雾
PD20080321	烟嘧磺隆/95%/原药/烟嘧磺隆 95%/2013.02.26 至 2018.02.26/低毒			
PD20080759	吡嘧磺隆/97%/原药/吡嘧磺隆 97%/2013.06.11 至 2018.06.11/低毒			
PD20080800	绿麦隆/25%/可湿性粉剂/绿麦隆 25%/2013.06.20 至 2018.06.20/低毒			
	春小麦田	一年生杂草	2250-3000克/公顷	土壤或茎叶喷雾
	冬小麦田	一年生杂草	1125-2250克/公顷	土壤或茎叶喷雾
PD20080804	苯磺隆/75%/水分散粒剂/苯磺隆 75%/2013.06.20 至 2018.06.20/低毒			
	冬小麦田	多种一年生阔叶杂草	13.5－22.5克/公顷	茎叶喷雾
PD20080867	苄嘧磺隆/10%/可湿性粉剂/苄嘧磺隆 10%/2013.06.27 至 2018.06.27/低毒			
	水稻田(直播)	阔叶杂草、莎草科杂草	22.5-45克/公顷	药土法
	水稻秧田	莎草科杂草、一年生阔叶杂草	22.5-30克/公顷	喷雾或药土
	水稻移栽田	莎草科杂草、一年生阔叶杂草	19.5-30克/公顷	药土法
	水稻移栽田	扁杆藨草、阔叶杂草	62.5-75克/公顷(东北地区)	药土法
PD20080995	敌草胺/50%/可湿性粉剂/敌草胺 50%/2013.08.06 至 2018.08.06/低毒			
	大蒜	一年生禾本科杂草及部分阔叶杂草	900-1500克/公顷	喷雾
	棉花田	一年生杂草	1125-1875克/公顷	土壤喷雾
	甜菜	一年生禾本科杂草及部分阔叶杂草	750－1500克/公顷	土壤喷雾
	西瓜	一年生禾本科杂草及部分阔叶杂草	1125-1875克/公顷	喷雾
	烟草	一年生杂草	1125-1875克/公顷	喷雾
	油菜田	一年生禾本科杂草及部分阔叶杂草	750-900克/公顷	喷雾
PD20080996	敌草胺/20%/乳油/敌草胺 20%/2013.08.06 至 2018.08.06/低毒			
	油菜田	部分阔叶杂草、一年生禾本科杂草	750-900克/公顷	喷雾
PD20081115	敌草隆/98%/原药/敌草隆 98%/2013.08.19 至 2018.08.19/低毒			
PD20081116	敌草隆/80%/可湿性粉剂/敌草隆 80%/2013.08.19 至 2018.08.19/低毒			
	甘蔗田	杂草	1200-1500克/公顷	土壤喷雾
PD20081744	乙草胺/900克/升/乳油/乙草胺 900克/升/2013.11.18 至 2018.11.18/低毒			

春大豆田、春玉米田 部分阔叶杂草、一年生禾本科杂草 1620-2025克/公顷(东北地区) 土壤喷雾
夏大豆田、夏玉米田 部分阔叶杂草、一年生禾本科杂草 1080-1350克/公顷(其它地区) 土壤喷雾

PD20081760 苯磺·异丙隆/50%/可湿性粉剂/苯磺隆 0.8%、异丙隆 49.2%/2013.11.18 至 2018.11.18/低毒
冬小麦田 一年生杂草 937.5-1125克/公顷 茎叶喷雾

PD20081771 硫丹/35%/乳油/硫丹 35%/2013.11.18 至 2018.11.18/高毒
棉花 棉铃虫 525-840克/公顷 喷雾

PD20081813 苯磺隆/10%/可湿性粉剂/苯磺隆 10%/2013.11.19 至 2018.11.19/微毒
冬小麦田 一年生阔叶杂草 13.5-22.5克/公顷 茎叶喷雾

PD20081857 S-氰戊菊酯/5%/乳油/S-氰戊菊酯 5%/2013.11.20 至 2018.11.20/中等毒
棉花 棉铃虫 30-37.5克/公顷 喷雾

PD20081896 氰戊·硫丹/22%/乳油/硫丹 20%、S-氰戊菊酯 2%/2013.11.21 至 2018.11.21/高毒
棉花 棉铃虫 198-264克/公顷 喷雾

PD20081943 草甘膦异丙胺盐/30%/水剂/草甘膦 30%/2013.11.24 至 2018.11.24/低毒
柑橘园 杂草 1125-1500克/公顷 定向茎叶喷雾
注:草甘膦异丙胺盐含量：41%。

PD20081989 二氯喹啉酸/50%/可湿性粉剂/二氯喹啉酸 50%/2013.11.25 至 2018.11.25/低毒
水稻田(直播) 稗草 225-300克/公顷 喷雾

PD20082136 草甘膦铵盐/30%/水剂/草甘膦 30%/2009.12.31 至 2014.12.31/低毒
桑园 杂草 1125-2250克/公顷 定向茎叶喷雾
注:草甘膦铵盐含量：33%。

PD20082501 苄嘧·丙草胺/35%/可湿性粉剂/苄嘧磺隆 2%、丙草胺 33%/2013.12.03 至 2018.12.03/低毒
水稻田(直播)、水稻移栽田 一年生及部分多年生杂草 367.5-420克/公顷 喷雾

PD20083658 草甘膦铵盐/30%/可溶粉剂/草甘膦 30%/2013.12.12 至 2018.12.12/低毒
非耕地 杂草 1125-3000克/公顷 茎叶喷雾
注:草甘膦铵盐含量：33%。

PD20083816 苄嘧磺隆/32%/可湿性粉剂/苄嘧磺隆 32%/2013.12.15 至 2018.12.15/低毒
冬小麦田 一年生阔叶杂草 48-57.6克/公顷 茎叶喷雾
水稻田(直播)、水稻移栽田 阔叶杂草及莎草科杂草 36-48克/公顷 毒土法
水稻秧田 阔叶杂草及莎草科杂草 28.8-48克/公顷 毒土法

PD20083954 吡虫啉/200克/升/可溶液剂/吡虫啉 200克/升/2013.12.15 至 2018.12.15/低毒
水稻 稻飞虱 15-30克/公顷 喷雾

PD20084091 虫酰肼/200克/升/悬浮剂/虫酰肼 200克/升/2013.12.16 至 2018.12.16/低毒
甘蓝 甜菜夜蛾 150-225克/公顷 喷雾

PD20084196 毒死蜱/45%/乳油/毒死蜱 45%/2013.12.16 至 2018.12.16/中等毒
水稻 稻纵卷叶螟、二化螟、飞虱、三化螟 432-576克/公顷 喷雾

PD20084402 噻嗪酮/25%/可湿性粉剂/噻嗪酮 25%/2013.12.17 至 2018.12.17/微毒
水稻 飞虱 75-150克/公顷 喷雾

PD20084425 高效氯氟氰菊酯/25克/升/乳油/高效氯氟氰菊酯 25克/升/2013.12.17 至 2018.12.17/中等毒
十字花科蔬菜 菜青虫 11.25-18.75克/公顷 喷雾

PD20084627 苄·丁/30%/可湿性粉剂/苄嘧磺隆 1.5%、丁草胺 28.5%/2013.12.18 至 2018.12.18/低毒
水稻抛秧田、水稻移栽田 一年生及部分多年生杂草 675-900克/公顷 毒土法

PD20085174 阿维·三唑磷/18%/乳油/阿维菌素 0.2%、三唑磷 17.8%/2008.12.23 至 2013.12.23/中等毒(原药高毒)
水稻 二化螟、三化螟 216-270克/公顷 喷雾

PD20085204 敌草胺/50%/水分散粒剂/敌草胺 50%/2013.12.23 至 2018.12.23/微毒
烟草 一年生禾本科杂草及部分阔叶杂草 1500-1875克/公顷 土壤喷雾

PD20085316 苄嘧·异丙隆/50%/可湿性粉剂/苄嘧磺隆 3%、异丙隆 47%/2013.12.24 至 2018.12.24/低毒
冬小麦田 一年生杂草 750-1125克/公顷 茎叶喷雾

PD20085364 氰戊·辛硫磷/28%/乳油/S-氰戊菊酯 1.5%、辛硫磷 26.5%/2013.12.24 至 2018.12.24/中等毒
棉花 棉铃虫 252-336克/公顷 喷雾
苹果树 桃小食心虫 1000-2000倍液 喷雾
十字花科蔬菜 菜青虫 126-168克/公顷 喷雾
小麦 蚜虫 126-168克/公顷 喷雾
烟草 烟青虫 252-336克/公顷 喷雾

PD20085493 草甘膦铵盐/65%/可溶粉剂/草甘膦 65%/2013.12.25 至 2018.12.25/低毒
非耕地 一年生及部分多年生杂草 1125-3000克/公顷 茎叶喷雾
注:草甘膦铵盐含量：71.5%。

PD20085857 异菌·福美双/50%/可湿性粉剂/福美双 42%、异菌脲 8%/2013.12.29 至 2018.12.29/低毒
番茄 灰霉病 700-900克/公顷 喷雾
黄瓜 灰霉病 600-1200克/公顷 喷雾
苹果树 斑点落叶病 600-800倍液 喷雾

PD20085950 异菌·多菌灵/52.5%/可湿性粉剂/多菌灵 17.5%、异菌脲 35%/2013.12.29 至 2018.12.29/低毒
番茄 早疫病 787.5-1181.25克/公顷 喷雾
PD20086187 苄·二氯/30%/可湿性粉剂/苄嘧磺隆 5%、二氯喹啉酸 25%/2013.12.30 至 2018.12.30/低毒
水稻田(直播)、水稻秧田、水稻移栽田 部分多年生阔叶杂草、一年生禾本科杂草 180-225克/公顷 喷雾或毒土法
PD20086255 异菌脲/25%/悬浮剂/异菌脲 25%/2013.12.31 至 2018.12.31/低毒
番茄 灰霉病 375-750克/公顷 喷雾
香蕉 冠腐病、轴腐病 1500-2000毫克/千克 浸果
PD20090288 吡虫·异丙威/24%/可湿性粉剂/吡虫啉 1.5%、异丙威 22.5%/2014.01.09 至 2019.01.09/中等毒
水稻 飞虱 144-180克/公顷 喷雾
PD20090642 吡嘧磺隆/10%/可湿性粉剂/吡嘧磺隆 10%/2014.01.14 至 2019.01.14/微毒
移栽水稻田 一年生阔叶杂草及部分莎草科杂草 15-30克/公顷 药土法
PD20090996 苄·乙/14%/可湿性粉剂/苄嘧磺隆 3.2%、乙草胺 10.8%/2014.01.21 至 2019.01.21/低毒
水稻田 杂草 84-118克/公顷 毒土法
PD20092154 精噁唑禾草灵/69克/升/水乳剂/精噁唑禾草灵 69克/升/2014.02.23 至 2019.02.23/微毒
春小麦田、冬小麦田 一年生禾本科杂草 51.75-62.1克/公顷 茎叶喷雾
PD20092255 精喹禾灵/50克/升/乳油/精喹禾灵 50克/升/2014.02.24 至 2019.02.24/低毒
春大豆田 一年生禾本科杂草 45-60克/公顷 茎叶喷雾
夏大豆田 一年生禾本科杂草 37.5-45克/公顷 茎叶喷雾
PD20095129 吡虫啉/10%/可湿性粉剂/吡虫啉 10%/2014.04.24 至 2019.04.24/低毒
棉花 蚜虫 30-45克/公顷 喷雾
水稻 飞虱 15-30克/公顷 喷雾
小麦 蚜虫 15-30克/公顷(南方地区) 45-60克/公顷(北方地区) 喷雾
PD20096005 毒·辛/480克/升/乳油/毒死蜱 120克/升、辛硫磷 360克/升/2009.06.11 至 2014.06.11/低毒
水稻 稻纵卷叶螟 300-420克/公顷 喷雾
PD20096381 烟嘧磺隆/40克/升/可分散油悬浮剂/烟嘧磺隆 40克/升/2009.08.04 至 2014.08.04/微毒
春玉米田、夏玉米田 一年生杂草 42-60克/公顷 茎叶喷雾
PD20101747 草甘膦异丙胺盐(62%)///母药/草甘膦 46%/2010.06.28 至 2015.06.28/微毒
PD20120253 吡嘧·二氯喹/50%/可湿性粉剂/吡嘧磺隆 3%、二氯喹啉酸 47%/2012.02.14 至 2017.02.14/低毒
水稻田(直播) 一年生杂草 337.5-450克/公顷 茎叶喷雾
PD20121303 吡嘧·苯噻酰/68%/可湿性粉剂/苯噻酰草胺 64%、吡嘧磺隆 4%/2012.09.11 至 2017.09.11/低毒
移栽水稻田 一年生杂草 306-714克/公顷 毒土法
PD20121400 二氯喹啉酸/96%/原药/二氯喹啉酸 96%/2012.09.19 至 2017.09.19/低毒
PD20121775 苄嘧·苯噻酰/69%/可湿性粉剂/苯噻酰草胺 64.5%、苄嘧磺隆 4.5%/2012.11.16 至 2017.11.16/微毒
移栽水稻田 一年生杂草 517.5-931.5克/公顷（东北地区） 毒土法（东北地区）
PD20131634 敌草隆/80%/水分散粒剂/敌草隆 80%/2013.07.30 至 2018.07.30/低毒
注:专供出口，不得在国内销售。
PD20131950 苄嘧磺隆/30%/水分散粒剂/苄嘧磺隆 30%/2013.10.10 至 2018.10.10/微毒
水稻移栽田 阔叶杂草、一年生及部分多年生莎草 36-54克/公顷 毒土法
PD20132441 氰氟草酯/20%/可湿性粉剂/氰氟草酯 20%/2013.12.02 至 2018.12.02/微毒
水稻田(直播) 一年生禾本科杂草 90-105克/公顷 茎叶喷雾
PD20132497 苄嘧·苯噻酰/53%/水分散粒剂/苯噻酰草胺 50%、苄嘧磺隆 3%/2013.12.10 至 2018.12.10/微毒
水稻抛秧田 一年生杂草 318-477克/公顷 毒土法
PD20132521 草铵膦/200克/升/水剂/草铵膦 200克/升/2013.12.16 至 2018.12.16/低毒
非耕地 杂草 900-1800克/公顷 茎叶喷雾
PD20132578 氰氟·二氯喹/25%/可湿性粉剂/二氯喹啉酸 21%、氰氟草酯 4%/2013.12.17 至 2018.12.17/微毒
水稻田(直播) 一年生禾本科杂草 225-375克/公顷 茎叶喷雾
LS20130497 丁噻隆/97%/原药/丁噻隆 97%/2013.11.13 至 2014.11.13/中等毒
注:专供出口，不得在国内销售。
WP20070008 吡丙醚/98%/原药/吡丙醚 98%/2012.05.29 至 2017.05.29/低毒

江苏蓝丰生物化工股份有限公司 (江苏新沂经济开发区苏化路1号 221400 0516-88983486)

PD84117-6 多菌灵/98%/原药/多菌灵 98%/2009.11.26 至 2014.11.26/低毒
PD84118-6 多菌灵/25%/可湿性粉剂/多菌灵 25%/2009.11.26 至 2014.11.26/低毒
果树 病害 0.05-0.1%药液 喷雾
花生 倒秧病 750克/公顷 喷雾
麦类 赤霉病 750克/公顷 喷雾,泼浇
棉花 苗期病害 500克/100千克种子 拌种
水稻 稻瘟病、纹枯病 750克/公顷 喷雾,泼浇
油菜 菌核病 1125-1500克/公顷 喷雾
PD85120-3 乐果/90%/原药/乐果 90%/2010.06.27 至 2015.06.27/中等毒
PD85121-2 乐果/40%/乳油/乐果 40%/2010.06.27 至 2015.06.27/中等毒

	茶树	蚜虫、叶蝉、螨	1000-2000倍液	喷雾
	甘薯	小象甲	2000倍液	浸鲜薯片诱杀
	柑橘树、苹果树	鳞翅目幼虫、蚜虫、螨	800-1600倍液	喷雾
	棉花	蚜虫、螨	450-600克/公顷	喷雾
	蔬菜	蚜虫、螨	300-600克/公顷	喷雾
	水稻	飞虱、螟虫、叶蝉	450-600克/公顷	喷雾
	烟草	蚜虫、烟青虫	300-600克/公顷	喷雾
PD85150-8	多菌灵/50%/可湿性粉剂/多菌灵 50%/2010.08.15 至 2015.08.15/低毒			
	果树	病害	0.05-0.1%药液	喷雾
	花生	倒秧病	750克/公顷	喷雾
	麦类	赤霉病	750克/公顷	喷雾、泼浇
	棉花	苗期病害	500克/100千克种子	拌种
	水稻	稻瘟病、纹枯病	750克/公顷	喷雾、泼浇
	油菜	菌核病	1125-1500克/公顷	喷雾
PD85159-15	草甘膦异丙铵盐/30%/水剂/草甘膦 30%/2010.08.15 至 2015.08.15/低毒			
	茶树、甘蔗、果园、剑麻、林木、桑树、橡胶园	一年生杂草和多年生恶性杂草	1125-2250克/公顷	定向喷雾
	非耕地	杂草	1125-3000克/公顷	喷雾
	注:草甘膦异丙铵盐含量: 41%。			
PD86115	甲基硫菌灵/95%,92%,85%/原药/甲基硫菌灵 95%,92%,85%/2011.08.23 至 2016.08.23/低毒			
PD86116	36%甲基硫菌灵悬浮剂/36%/悬浮剂/甲基硫菌灵 36%/2011.04.17 至 2016.04.17/低毒			
	甘薯	黑斑病	800-1000倍液	浸种,喷雾
	柑橘树	绿霉病、青霉病	800倍液	浸果
	禾谷类	黑穗病	1000-2000倍液	浸种
	花生	叶斑病	1500-1800倍液	喷雾
	梨树、苹果树	白粉病、黑星病	800-1200倍液	喷雾
	马铃薯	环腐病	800倍液	浸种
	毛竹	枯梢病	1500倍液	喷雾
	棉花	枯萎病	170倍液	浸种
	葡萄、桑树、烟草	白粉病	800-1000倍液	喷雾
	蔬菜	多种病害	400-1200倍液	喷雾
	水稻	稻瘟病、纹枯病	800-1500倍液	喷雾
	甜菜	褐斑病	1300倍液	喷雾
	小麦	白粉病、赤霉病	1500倍液	喷雾
	油菜	菌核病	1500倍液	喷雾
PD86134-3	多菌灵/40%/悬浮剂/多菌灵 40%/2011.08.23 至 2016.08.23/低毒			
	果树	病害	0.05-0.1%药液	喷雾
	花生	倒秧病	750克/公顷	喷雾
	绿萍	霉腐病	0.05%药液	喷雾
	麦类	赤霉病	0.025%药液	喷雾
	棉花	苗期病害	0.3%药液	浸种
	水稻	纹枯病	0.025%药液	喷雾
	甜菜	褐斑病	250-500倍液	喷雾
	油菜	菌核病	1125-1500克/公顷	喷雾
PD91106-8	甲基硫菌灵/50%/可湿性粉剂/甲基硫菌灵 50%/2011.04.18 至 2016.04.18/低毒			
	番茄	叶霉病	375-562.5克/公顷	喷雾
	甘薯	黑斑病	360-450毫克/千克	浸薯块
	瓜类	白粉病	337.5-506.25克/公顷	喷雾
	梨树	黑星病	360-450毫克/千克	喷雾
	苹果树	轮纹病	700毫克/千克	喷雾
	水稻	稻瘟病、纹枯病	1050-1500克/公顷	喷雾
	小麦	赤霉病	750-1050克/公顷	喷雾
PD91106-29	甲基硫菌灵/70%/可湿性粉剂/甲基硫菌灵 70%/2011.05.09 至 2016.05.09/低毒			
	番茄	叶霉病	375-562.5克/公顷	喷雾
	甘薯	黑斑病	360-450毫克/千克	浸薯块
	瓜类	白粉病	337.5-506.25克/公顷	喷雾
	梨树	黑星病	360-450毫克/千克	喷雾
	苹果树	轮纹病	700毫克/千克	喷雾
	水稻	稻瘟病、纹枯病	1050-1500克/公顷	喷雾
	小麦	赤霉病	750-1050克/公顷	喷雾
PD92103-17	草甘膦/80%,85%,92%/原药/草甘膦 80%,85%,92%/2012.08.06 至 2017.08.06/低毒			
PD20040036	氯氰菊酯/95%/原药/氯氰菊酯 95%/2009.12.19 至 2014.12.19/中等毒			

PD20040042 吡虫啉/95%/原药/吡虫啉 95%/2009.12.19 至 2014.12.19/低毒

PD20040117 吡虫啉/10%/可湿性粉剂/吡虫啉 10%/2009.12.19 至 2014.12.19/低毒

十字花科蔬菜、小麦 蚜虫 15-30克/公顷 喷雾

水稻 飞虱 15-30克/公顷 喷雾

PD20040149 高效氯氰菊酯/96%/原药/高效氯氰菊酯 96%/2009.12.19 至 2014.12.19/中等毒

PD20040151 高效氯氰菊酯/4.5%/乳油/高效氯氰菊酯 4.5%/2009.12.19 至 2014.12.19/中等毒

棉花 棉铃虫 15-30克/公顷 喷雾

十字花科蔬菜 小菜蛾 20.75-27克/公顷 喷雾

PD20040171 吡虫啉/70%/湿拌种剂/吡虫啉 70%/2009.12.19 至 2014.12.19/低毒

玉米 蚜虫 420-490克/100千克种子 拌种

PD20040189 氯氰菊酯/10%/乳油/氯氰菊酯 10%/2009.12.19 至 2014.12.19/中等毒

蔬菜 菜青虫 30-45克/公顷 喷雾

PD20040295 哒螨灵/95%/原药/哒螨灵 95%/2009.12.19 至 2014.12.19/中等毒

PD20040498 哒螨灵/15%/乳油/哒螨灵 15%/2009.12.19 至 2014.12.19/中等毒

苹果树 叶螨 50-67毫克/千克 喷雾

PD20040550 哒螨灵/20%/可湿性粉剂/哒螨灵 20%/2009.12.19 至 2014.12.19/中等毒

柑橘树、苹果树 红蜘蛛 50-67毫克/千克 喷雾

PD20040601 吡虫・杀虫单/35%/可湿性粉剂/吡虫啉 1%、杀虫单 34%/2009.12.19 至 2014.12.19/中等毒

水稻 稻纵卷叶螟、二化螟、飞虱、三化螟 450-750克/公顷 喷雾

PD20060076 乙酰甲胺磷/97%/原药/乙酰甲胺磷 97%/2011.04.14 至 2016.04.14/低毒

PD20070140 异菌脲/96%/原药/异菌脲 96%/2012.05.30 至 2017.05.30/低毒

PD20070141 环嗪酮/98%/原药/环嗪酮 98%/2012.05.30 至 2017.05.30/低毒

PD20070384 环嗪酮/25%/可溶液剂/环嗪酮 25%/2012.10.24 至 2017.10.24/低毒

森林防火道 灌木、杂草 1252.5-1875克/公顷 茎叶喷雾

PD20070388 草除灵/95%/原药/草除灵 95%/2012.11.05 至 2017.11.05/低毒

PD20070389 噁草酮/95%/原药/噁草酮 95%/2012.11.05 至 2017.11.05/低毒

PD20070635 异丙甲草胺/96%/原药/异丙甲草胺 96%/2012.12.14 至 2017.12.14/低毒

PD20080066 甲基硫菌灵/500克/升/悬浮剂/甲基硫菌灵 500克/升/2013.01.03 至 2018.01.03/低毒

小麦 赤霉病 900-1200克/公顷 喷雾

PD20080078 甲基毒死蜱/95%/原药/甲基毒死蜱 95%/2013.01.04 至 2018.01.04/低毒

PD20080118 啶虫脒/96%/原药/啶虫脒 96%/2013.01.04 至 2018.01.04/低毒

PD20080145 啶虫脒/3%/乳油/啶虫脒 3%/2008.01.04 至 2013.01.04/低毒

柑橘树 蚜虫 10-15毫克/千克 喷雾

PD20080208 硫磺・多菌灵/50%/悬浮剂/多菌灵 15%、硫磺 35%/2013.01.25 至 2018.01.25/低毒

小麦 赤霉病 900-1200克/公顷 喷雾

PD20080250 硫磺・多菌灵/40%/悬浮剂/多菌灵 20%、硫磺 20%/2013.02.19 至 2018.02.19/低毒

水稻 稻瘟病 1200-1800克/公顷 喷雾

PD20080251 福・甲・硫磺/50%/可湿性粉剂/福美双 18%、甲基硫菌灵 10%、硫磺 22%/2013.02.19 至 2018.02.19/低毒

小麦 赤霉病 1575-2100克/公顷 喷雾

PD20080304 毒死蜱/40%/乳油/毒死蜱 40%/2013.02.25 至 2018.02.25/低毒

棉花 棉铃虫 600-900克/公顷 喷雾

水稻 稻纵卷叶螟 600-720克/公顷 喷雾

PD20080333 多菌灵/500克/升/悬浮剂/多菌灵 500克/升/2013.02.26 至 2018.02.26/低毒

苹果树 轮纹病 625-833.3毫克/千克 喷雾

PD20080607 zeta-氯氰菊酯/90%/原药/zeta-氯氰菊酯 90%/2013.05.12 至 2018.05.12/中等毒

PD20080659 噁草酮/250克/升/乳油/噁草酮 250克/升/2013.05.27 至 2018.05.27/低毒

水稻田 一年生禾本科杂草 450-487.5克/公顷 药土法

PD20081326 克百威/98%/原药/克百威 98%/2013.10.20 至 2018.10.20/高毒

PD20081403 氯菊酯/94%/原药/氯菊酯 94%/2013.10.28 至 2018.10.28/低毒

PD20081408 氟磺胺草醚/95%/原药/氟磺胺草醚 95%/2013.10.29 至 2018.10.29/低毒

PD20081610 啶虫脒/5%/乳油/啶虫脒 5%/2013.11.12 至 2018.11.12/中等毒

柑橘树 蚜虫 10-15毫克/千克 喷雾

PD20081643 苯噻酰草胺/95%/原药/苯噻酰草胺 95%/2013.11.14 至 2018.11.14/低毒

PD20081654 霜霉威/98%/原药/霜霉威 98%/2013.11.14 至 2018.11.14/低毒

PD20081673 异丙甲草胺/72%/乳油/异丙甲草胺 72%/2013.11.17 至 2018.11.17/低毒

夏玉米田 一年生禾本科杂草及部分阔叶杂草 1080-1620克/公顷 喷雾

PD20081773 硫磺・多菌灵/50%/可湿性粉剂/多菌灵 15%、硫磺 35%/2008.11.18 至 2013.11.18/低毒

花生 叶斑病 1200-1800克/公顷 喷雾

PD20081910 克百威/90%/母粉/克百威 90%/2013.11.21 至 2018.11.21/高毒

PD20081963 毒死蜱/95%/原药/毒死蜱 95%/2013.11.24 至 2018.11.24/中等毒

PD20081991 啶虫脒/20%/可溶液剂/啶虫脒 20%/2013.11.25 至 2018.11.25/低毒

棉花 蚜虫 30-45克/公顷 喷雾

PD20082172 高效氯氟氰菊酯/95%/原药/高效氯氟氰菊酯 95%/2013.11.26 至 2018.11.26/中等毒

PD20082178 啶虫脒/20%/可湿性粉剂/啶虫脒 20%/2013.11.26 至 2018.11.26/中等毒
柑橘树 蚜虫 12-20毫克/千克 喷雾
PD20082203 氟磺胺草醚/25%/水剂/氟磺胺草醚 25%/2013.11.26 至 2018.11.26/低毒
夏大豆田 一年生阔叶杂草 262.5-375克/公顷 茎叶喷雾
PD20082417 乙·莠/40%/可湿性粉剂/乙草胺 14%、莠去津 26%/2013.12.02 至 2018.12.02/低毒
夏玉米田 一年生杂草 1200-1500克/公顷 播后苗前土壤喷雾
PD20082563 异菌脲/50%/可湿性粉剂/异菌脲 50%/2013.12.04 至 2018.12.04/低毒
番茄 早疫病 900－1200克/公顷 喷雾
PD20082591 硫磺·多菌灵/25%/可湿性粉剂/多菌灵 12.5%、硫磺 12.5%/2013.12.04 至 2018.12.04/低毒
水稻 稻瘟病 1200-1800克/公顷 喷雾
PD20082608 硫磺/50%/悬浮剂/硫磺 50%/2013.12.04 至 2018.12.04/低毒
苹果树 白粉病 1250-2500毫克/千克 喷雾
PD20082660 硫磺·甲硫灵/50%/悬浮剂/甲基硫菌灵 20%、硫磺 30%/2013.12.04 至 2018.12.04/低毒
黄瓜 炭疽病 1125-2250克/公顷 喷雾
PD20082783 霜霉威盐酸盐/722克/升/水剂/霜霉威盐酸盐 722克/升/2013.12.09 至 2018.12.09/低毒
黄瓜 霜霉病 975-1950克/公顷 喷雾
PD20082788 克百威/75%/母药/克百威 75%/2013.12.09 至 2018.12.09/高毒
PD20083265 高效氯氟氰菊酯/25克/升/乳油/高效氯氟氰菊酯 25克/升/2013.12.11 至 2018.12.11/中等毒
柑橘树 潜叶蛾 12.5-25毫克/千克 喷雾
十字花科蔬菜 菜青虫 7.5-11.25克/公顷 喷雾
PD20083485 霜霉威盐酸盐/35%/水剂/霜霉威盐酸盐 35%/2013.12.12 至 2018.12.12/低毒
黄瓜 霜霉病 649.8-1083克/公顷 喷雾
PD20083635 阿维·啶虫脒/1.5%/微乳剂/阿维菌素 0.2%、啶虫脒 1.3%/2013.12.12 至 2018.12.12/低毒(原药高毒)
十字花科蔬菜 小菜蛾 13.5-18克/公顷 喷雾
PD20083727 氯氰·毒死蜱/50%/乳油/毒死蜱 45%、氯氰菊酯 5%/2008.12.15 至 2013.12.15/中等毒
棉花 棉铃虫 225-375克/公顷 喷雾
十字花科蔬菜 甜菜夜蛾 225-375克/公顷 喷雾
PD20084140 环嗪酮/5%/颗粒剂/环嗪酮 5%/2013.12.16 至 2018.12.16/低毒
森林防火道 杂草 1125-1875克/公顷 直接撒施
森林防火道 杂灌 1875-2250克/公顷 直接撒施
PD20084194 草除灵/30%/悬浮剂/草除灵 30%/2013.12.16 至 2018.12.16/低毒
油菜田 一年生阔叶杂草 750-1000毫升/公顷(制剂) 茎叶喷雾
PD20084441 甲硫·福美双/50%/可湿性粉剂/福美双 20%、甲基硫菌灵 30%/2013.12.17 至 2018.12.17/低毒
小麦 赤霉病 900-1200克/公顷 喷雾
PD20085833 多·锰锌/80%/可湿性粉剂/多菌灵 30%、代森锰锌 50%/2013.12.29 至 2018.12.29/低毒
梨树 黑星病 1000-1250毫克/千克 喷雾
苹果树 斑点落叶病 1000-1250毫克/千克 喷雾
PD20085943 异甲·莠去津/40%/悬乳剂/异丙甲草胺 20%、莠去津 20%/2013.12.29 至 2018.12.29/低毒
夏玉米田 一年生杂草 1200-1500克/公顷 播后苗前土壤喷雾
PD20091656 精喹禾灵/5%/乳油/精喹禾灵 5%/2014.02.03 至 2019.02.03/低毒
夏大豆田 一年生禾本科杂草 37.5-52.5克/公顷 喷雾
PD20092582 阿维·哒螨灵/5%/乳油/阿维菌素 0.2%、哒螨灵 4.8%/2014.02.27 至 2019.02.27/低毒(原药高毒)
柑橘树 红蜘蛛 33.3-50毫克/千克 喷雾
PD20093363 代森锰锌/30%/悬浮剂/代森锰锌 30%/2014.03.18 至 2019.03.18/低毒
番茄 早疫病 1080-1440克/公顷 喷雾
PD20095102 精喹禾灵/95%/原药/精喹禾灵 95%/2009.04.24 至 2014.04.24/低毒
PD20095393 环嗪酮/75%/水分散粒剂/环嗪酮 75%/2009.04.27 至 2014.04.27/低毒
森林防火道 杂草 1800-2250克/公顷 茎叶喷雾
PD20096852 苯菌灵/95%/原药/苯菌灵 95%/2009.09.21 至 2014.09.21/低毒
PD20096853 苯菌灵/50%/可湿性粉剂/苯菌灵 50%/2009.09.21 至 2014.09.21/低毒
柑橘树 疮痂病 833-1000毫克/千克 喷雾
PD20100322 乙霉威/95%/原药/乙霉威 95%/2010.01.11 至 2015.01.11/微毒
PD20100323 甲硫·乙霉威/65%/可湿性粉剂/甲基硫菌灵 52.5%、乙霉威 12.5%/2010.01.11 至 2015.01.11/低毒
黄瓜 灰霉病 780-1218.75克/公顷 喷雾
PD20100477 甲基毒死蜱/40%/乳油/甲基毒死蜱 40%/2010.01.14 至 2015.01.14/低毒
棉花 棉铃虫 798-1041克/公顷 喷雾
PD20100530 乙霉·多菌灵/50%/可湿性粉剂/多菌灵 40%、乙霉威 10%/2010.01.14 至 2015.01.14/低毒
番茄 灰霉病 703-1125克/公顷 喷雾
PD20100566 乙霉·多菌灵/50%/可湿性粉剂/多菌灵 25%、乙霉威 25%/2010.01.14 至 2015.01.14/低毒
番茄 灰霉病 750-1125克/公顷 喷雾
PD20101212 乙酰甲胺磷/30%/乳油/乙酰甲胺磷 30%/2010.02.21 至 2015.02.21/低毒
棉花 棉铃虫 675～765克/公顷 喷雾
水稻 稻飞虱 675-1012.5克/公顷 喷雾

PD20101259　乙霉·多菌灵/25%/可湿性粉剂/多菌灵 20%、乙霉威 5%/2010.03.05 至 2015.03.05/低毒
　黄瓜　灰霉病　803.6-1125克/公顷　喷雾
PD20101625　氢氧化铜/77%/可湿性粉剂/氢氧化铜 77%/2010.06.03 至 2015.06.03/低毒
　柑橘树　溃疡病　400-600倍液　喷雾
PD20110574　环嗪·敌草隆/60%/可湿性粉剂/敌草隆 46.8%、环嗪酮 13.2%/2011.05.27 至 2016.05.27/低毒
　甘蔗田　一年生杂草　1305-1665克/公顷　定向喷雾
PD20120799　敌草隆/98%/原药/敌草隆 98%/2012.05.17 至 2017.05.17/低毒
　注:专供出口，不得在国内销售。
PD20121073　丁硫克百威/90%/原药/丁硫克百威 90%/2012.07.19 至 2017.07.19/中等毒
PD20121990　乙酰甲胺磷/75%/可溶粉剂/乙酰甲胺磷 75%/2012.12.18 至 2017.12.18/低毒
　棉花　棉铃虫　900-1350克/公顷　喷雾
　水稻　二化螟　900-1350克/公顷　喷雾
PD20130526　敌草隆/80%/水分散粒剂/敌草隆 80%/2013.03.27 至 2018.03.27/低毒
　注:专供出口,不得在国内销售。
PD20131005　乙烯利/89%/原药/乙烯利 89%/2013.05.13 至 2018.05.13/低毒
PD20131733　咪鲜胺/98%/原药/咪鲜胺 98%/2013.08.16 至 2018.08.16/低毒
PD20131757　吡唑草胺/97%/原药/吡唑草胺 97%/2013.09.06 至 2018.09.06/低毒
　注:专供出口，不得在国内销售。
PD20132091　环嗪·敌草隆/60%/水分散粒剂/敌草隆 46.8%、环嗪酮 13.2%/2013.10.24 至 2018.10.24/低毒
　甘蔗田　一年生杂草　1260-1620克/公顷　定向茎叶喷雾
PD20132551　异菌脲/500克/升/悬浮剂/异菌脲 500克/升/2013.12.16 至 2018.12.16/低毒
　苹果树　斑点落叶病　333.3-500毫克/千克　喷雾
LS20110176　脱叶磷/70.5%/乳油/脱叶磷 70.5%/2013.07.07 至 2014.07.07/中等毒
　注:专供出口，不得在国内销售。
LS20110177　脱叶磷/98%/原药/脱叶磷 98%/2013.07.07 至 2014.07.07/中等毒
　注:专供出口，不得在国内销售。
LS20120255　敌草隆/40%/悬浮剂/敌草隆 40%/2013.07.12 至 2014.07.12/低毒
　注:专供出口，不得在国内销售。
LS20130088　丁噻隆/95%/原药/丁噻隆 95%/2014.03.11 至 2015.03.11/低毒
LS20130090　丁噻隆/500克/升/悬浮剂/丁噻隆 500克/升/2014.03.11 至 2015.03.11/低毒
　森林防火道　杂草　637.5-937.5克/公顷　茎叶喷雾
LS20130190　乙酰甲胺磷/97%/可溶粒剂/乙酰甲胺磷 97%/2013.04.05 至 2014.04.05/低毒
　注:专供出口,不得在国内销售。

江苏利达农药有限公司　(江苏省宜兴市周铁镇分水　214262　0510-87551550)

PD20040183　氯氰菊酯/10%/乳油/氯氰菊酯 10%/2009.12.19 至 2014.12.19/低毒
　十字花科蔬菜　菜青虫　30-45克/公顷　喷雾
PD20070558　氰戊菊酯/20%/乳油/氰戊菊酯 20%/2012.12.03 至 2017.12.03/低毒
　甘蓝　菜青虫　60-120克/公顷　喷雾
PD20081147　甲氰菊酯/20%/乳油/甲氰菊酯 20%/2013.09.01 至 2018.09.01/中等毒
　苹果树　红蜘蛛　67-100毫克/千克　喷雾
PD20083346　高效氯氟氰菊酯/25克/升/乳油/高效氯氟氰菊酯 25克/升/2013.12.11 至 2018.12.11/中等毒
　十字花科蔬菜　菜青虫　7.5-15克/公顷　喷雾
PD20084200　溴氰菊酯/25克/升/乳油/溴氰菊酯 25克/升/2013.12.16 至 2018.12.16/中等毒
　十字花科蔬菜　蚜虫　15-22.5克/公顷　喷雾
PD20084736　氰戊·辛硫磷/50%/乳油/氰戊菊酯 4.5%、辛硫磷 45.5%/2013.12.23 至 2018.12.23/低毒
　十字花科蔬菜　菜青虫　112.5-225克/公顷　喷雾
PD20095785　溴氰·敌敌畏/25%/乳油/敌敌畏 24.5%、溴氰菊酯 0.5%/2009.05.27 至 2014.05.27/中等毒
　十字花科蔬菜　蚜虫　300-375克/公顷　喷雾
PD20096470　毒死蜱/480克/升/乳油/毒死蜱 480克/升/2009.08.14 至 2014.08.14/中等毒
　水稻　二化螟　576-720克/公顷　喷雾

江苏联合农用化学有限公司　(江苏省南京市栖霞区靖安镇太平村　210019　025-86520571)

PD20040119　吡虫啉/20%/可溶液剂/吡虫啉 20%/2009.12.19 至 2014.12.19/中等毒
　水稻　稻飞虱　20-30克/公顷　喷雾
PD20040245　高效氯氰菊酯/4.5%/水乳剂/高效氯氰菊酯 4.5%/2009.12.19 至 2014.12.19/中等毒
　十字花科蔬菜　菜青虫　40.5-54克/公顷　喷雾
PD20080550　啶虫脒/20%/可溶粉剂/啶虫脒 20%/2013.05.08 至 2018.05.08/低毒
　棉花　蚜虫　9-13.5克/公顷　喷雾
PD20101446　溴苯腈/97%/原药/溴苯腈 97%/2010.05.04 至 2015.05.04/中等毒
PD20101826　十三吗啉/99%/原药/十三吗啉 99%/2010.07.28 至 2015.07.28/低毒
PD20101837　丙草胺/96%/原药/丙草胺 96%/2010.07.28 至 2015.07.28/低毒
PD20121929　十三吗啉/86%/油剂/十三吗啉 86%/2012.12.07 至 2017.12.07/低毒
　橡胶树　红根病　20-30克/株　灌要
PD20121991　双草醚/100克/升/悬浮剂/双草醚 100克/升/2012.12.18 至 2017.12.18/低毒

	水稻田(直播)	稗草	22.5-30克/公顷	茎叶喷雾

江苏联化科技有限公司　(江苏省盐城市响水县陈家港化工区纬一路　224631　0515-86734222)

PD20070133	异噁草松/90%/原药/异噁草松 90%/2012.05.21 至 2017.05.21/低毒			
	注:专供出口，不得在国内销售。			
PD20070300	联苯菊酯/95.5%/原药/联苯菊酯 95.5%/2012.09.21 至 2017.09.21/中等毒			
PD20081498	氟磺胺草醚/98%/原药/氟磺胺草醚 98%/2013.11.05 至 2018.11.05/低毒			
PD20082183	唑草酮/90%/原药/唑草酮 90%/2013.11.26 至 2018.11.26/低毒			
PD20110752	噁唑酰草胺/96%/原药/噁唑酰草胺 96%/2011.07.25 至 2016.07.25/低毒			
PD20111036	嗪草酸甲酯/95%/原药/嗪草酸甲酯 95%/2011.10.10 至 2016.10.10/微毒			
PD20120244	氯丙嘧啶酸/87%/原药/氯丙嘧啶酸 87%/2012.02.13 至 2017.02.13/微毒			
	注:仅供出口，不得在国内销售。			
PD20130281	氰氟草酯/97.5%/原药/氰氟草酯 97.5%/2013.02.26 至 2018.02.26/低毒			
PD20130376	甲磺草胺/91%/原药/甲磺草胺 91%/2013.03.11 至 2018.03.11/低毒			
LS20100137	甲磺草胺/90%/原药/甲磺草胺 90%/2012.09.21 至 2013.09.21/低毒			
	注:专供出口，不得在国内销售。			

江苏连云港立本农药化工有限公司　(江苏省连云港市灌南县堆沟港镇化工产业园区　222002　0518-83377550)

PD85154-2	氰戊菊酯/20%/乳油/氰戊菊酯 20%/2011.08.15 至 2016.08.15/中等毒			
	柑橘树	潜叶蛾	10-20毫克/千克	喷雾
	果树	梨小食心虫	10-20毫克/千克	喷雾
	棉花	红铃虫、蚜虫	75-150克/公顷	喷雾
	蔬菜	菜青虫、蚜虫	60-120克/公顷	喷雾
PD85156-3	辛硫磷/85%/原药/辛硫磷 85%/2010.08.15 至 2015.08.15/低毒			
PD85157-2	辛硫磷/40%/乳油/辛硫磷 40%/2010.08.15 至 2015.08.15/低毒			
	茶树、桑树	食叶害虫	200-400毫克/千克	喷雾
	果树	食心虫、蚜虫、螨	200-400毫克/千克	喷雾
	林木	食叶害虫	3000-6000克/公顷	喷雾
	棉花	棉铃虫、蚜虫	300-600克/公顷	喷雾
	蔬菜	菜青虫	300-450克/公顷	喷雾
	水稻	稻纵卷叶螟	600-900克/公顷	喷雾
	小麦	地下害虫	72-96克/100千克种子	拌种
	烟草	食叶害虫	300-600克/公顷	喷雾
	玉米	玉米螟	450-600克/公顷	灌心叶
PD20040232	氯氰菊酯/5%/乳油/氯氰菊酯 5%/2009.12.19 至 2014.12.19/低毒			
	十字花科蔬菜	菜青虫	33.7-45克/公顷	喷雾
PD20040457	哒螨灵/15%/乳油/哒螨灵 15%/2009.12.19 至 2014.12.19/中等毒			
	柑橘树	红蜘蛛	50-67毫克/千克	喷雾
	棉花	红蜘蛛	90-135克/公顷	喷雾
	苹果树	红蜘蛛	45-67.5毫克/千克	喷雾
PD20040472	吡虫啉/5%/乳油/吡虫啉 5%/2009.12.19 至 2014.12.19/低毒			
	水稻	稻飞虱	13.5-18克/公顷	喷雾
PD20040525	三唑磷/20%/乳油/三唑磷 20%/2009.12.19 至 2014.12.19/中等毒			
	水稻	二化螟	300-450克/公顷	喷雾
PD20040817	哒螨灵/95%/原药/哒螨灵 95%/2009.12.23 至 2014.12.23/中等毒			
PD20040818	哒螨灵/20%/可湿性粉剂/哒螨灵 20%/2009.12.23 至 2014.12.23/低毒			
	柑橘树、苹果树	红蜘蛛	50-67毫克/千克	喷雾
	棉花	红蜘蛛	90-135克/公顷	喷雾
PD20070406	已唑醇/95%/原药/已唑醇 95%/2012.11.05 至 2017.11.05/低毒			
PD20070647	啶虫脒/95%/原药/啶虫脒 95%/2012.12.17 至 2017.12.17/低毒			
PD20080811	氟磺胺草醚/95%/原药/氟磺胺草醚 95%/2013.06.20 至 2018.06.20/低毒			
PD20081438	毒死蜱/95%/原药/毒死蜱 95%/2013.10.31 至 2018.10.31/中等毒			
PD20082081	精喹禾灵/5%/乳油/精喹禾灵 5%/2013.11.25 至 2018.11.25/低毒			
	夏大豆田	一年生禾本科杂草	900-1050毫升/公顷(制剂)	茎叶喷雾
PD20082380	啶虫脒/5%/乳油/啶虫脒 5%/2013.12.01 至 2018.12.01/低毒			
	柑橘树	蚜虫	10-12毫克/千克	喷雾
	棉花	蚜虫	9-18克/公顷	喷雾
PD20082407	氰戊·辛硫磷/25%/乳油/氰戊菊酯 2.2%、辛硫磷 22.8%/2013.12.02 至 2018.12.02/中等毒			
	棉花	棉铃虫	337.5-450克/公顷	喷雾
PD20082519	啶虫脒/5%/可湿性粉剂/啶虫脒 5%/2013.12.03 至 2018.12.03/低毒			
	柑橘树	蚜虫	10-12毫克/千克	喷雾
PD20082562	吡嘧磺隆/90%/原药/吡嘧磺隆 90%/2013.12.04 至 2018.12.04/低毒			
PD20082594	苯磺隆/95%/原药/苯磺隆 95%/2013.12.04 至 2018.12.04/低毒			
PD20082716	氰戊·辛硫磷/40%/乳油/氰戊菊酯 3.6%、辛硫磷 36.4%/2013.12.05 至 2018.12.05/中等毒			
	棉花	棉铃虫	300-360克/公顷	喷雾

	苹果树	桃小食心虫	200-400毫克/千克	喷雾
PD20082805	氟磺胺草醚/250克/升/水剂/氟磺胺草醚 250克/升/2013.12.09 至 2018.12.09/低毒			
	大豆田	一年生阔叶杂草	250-500克/公顷	茎叶喷雾
PD20083282	苯磺隆/10%/可湿性粉剂/苯磺隆 10%/2013.12.11 至 2018.12.11/低毒			
	冬小麦田	一年生阔叶杂草	15～22.5克/公顷	茎叶喷雾
PD20083547	氰戊菊酯/20%/乳油/氰戊菊酯 20%/2013.12.12 至 2018.12.12/低毒			
	十字花科蔬菜	菜青虫	37.5-75克/公顷	喷雾
PD20083703	阿维菌素/1.8%/乳油/阿维菌素 1.8%/2013.12.15 至 2018.12.15/低毒(原药高毒)			
	棉花	棉铃虫	21.6-32.4克/公顷	喷雾
	棉花	红蜘蛛	10.8-16.2克/公顷	喷雾
PD20084904	辛硫磷/3%/颗粒剂/辛硫磷 3%/2013.12.22 至 2018.12.22/中等毒			
	花生	地老虎、金针虫、蝼蛄、蛴螬	3000-3750克/公顷	沟施
PD20085926	己唑醇/5%/微乳剂/己唑醇 5%/2013.12.29 至 2018.12.29/低毒			
	梨树	黑星病	40-50毫克/千克	喷雾
	苹果树	白粉病	40-50毫克/千克	喷雾
PD20086251	吡嘧磺隆/10%/可湿性粉剂/吡嘧磺隆 10%/2013.12.31 至 2018.12.31/低毒			
	水稻	稗草、阔叶杂草、莎草	15-30克/公顷	毒土法(移栽水稻插秧后3-8天，稗草1.5叶期前施药)
PD20092140	乙烯利/90%/原药/乙烯利 90%/2014.02.23 至 2019.02.23/低毒			
PD20092346	高效氟吡甲禾灵/108克/升/乳油/高效氟吡甲禾灵 108克/升/2014.02.24 至 2019.02.24/低毒			
	大豆田、冬油菜田	一年生禾本科杂草	32.4-48.6克/公顷	喷雾
PD20092800	炔螨特/20%/水乳剂/炔螨特 20%/2014.03.04 至 2019.03.04/低毒			
	苹果	二斑叶螨	133.3-200毫克/千克	喷雾
PD20093496	异丙甲草胺/96%/原药/异丙甲草胺 96%/2009.03.23 至 2014.03.23/低毒			
PD20093839	异丙草胺/72%/乳油/异丙草胺 72%/2009.03.25 至 2014.03.25/低毒			
	春大豆田	一年生禾本科杂草及部分小粒种子阔叶杂草	1620-2160克/公顷(东北地区)	土壤喷雾
PD20094133	乙烯利/40%/水剂/乙烯利 40%/2009.03.27 至 2014.03.27/低毒			
	棉花	催熟	330-500 倍液	喷雾
PD20094255	精吡氟禾草灵/150克/升/乳油/精吡氟禾草灵 150克/升/2009.03.31 至 2014.03.31/低毒			
	大豆田	一年生禾本科杂草	112.5-157.5克/公顷	茎叶喷雾
PD20094328	苄嘧磺隆/10%/可湿性粉剂/苄嘧磺隆 10%/2009.03.31 至 2014.03.31/低毒			
	水稻移栽田	阔叶杂草及莎草科杂草	45-60克/公顷	毒土法
PD20094394	马拉硫磷/45%/乳油/马拉硫磷 45%/2009.04.01 至 2014.04.01/低毒			
	棉花	盲蝽蟓	468-562.5克/公顷	喷雾
PD20094408	三环唑/75%/可湿性粉剂/三环唑 75%/2009.04.01 至 2014.04.01/中等毒			
	水稻	稻瘟病	225-300克/公顷	喷雾
PD20094434	异噁草松/95%/原药/异噁草松 95%/2009.04.01 至 2014.04.01/低毒			
PD20094544	2甲4氯钠/56%/可溶粉剂/2甲4氯钠 56%/2009.04.09 至 2014.04.09/低毒			
	冬小麦田	阔叶杂草	840-1008克/公顷	喷雾
PD20094715	苄嘧磺隆/30%/可湿性粉剂/苄嘧磺隆 30%/2009.04.10 至 2014.04.10/低毒			
	冬小麦田	一年生阔叶杂草	45-54克/公顷	茎叶喷雾
	水稻移栽田	一年生阔叶杂草及莎草科杂草	58.5-90克/公顷	毒土法
PD20094784	高效氟吡甲禾灵/92%/原药/高效氟吡甲禾灵 92%/2009.04.13 至 2014.04.13/低毒			
PD20095144	吡嘧·苯噻酰/50%/可湿性粉剂/苯噻酰草胺 48%、吡嘧磺隆 2%/2009.04.24 至 2014.04.24/低毒			
	水稻抛秧田	一年生及部分多年生杂草	375-450克/公顷(南方地区)	药土法
PD20095257	乙羧氟草醚/10%/乳油/乙羧氟草醚 10%/2009.04.27 至 2014.04.27/低毒			
	春大豆田	阔叶杂草	75-105克/公顷	茎叶喷雾
	春小麦田	阔叶杂草	60-90克/公顷	茎叶喷雾
	花生田	阔叶杂草	45-75克/公顷	茎叶喷雾
PD20095281	氟乐灵/96%/原药/氟乐灵 96%/2009.04.27 至 2014.04.27/低毒			
PD20095336	乙草胺/81.5%/乳油/乙草胺 81.5%/2009.04.27 至 2014.04.27/低毒			
	春大豆田	一年生禾本科杂草及部分阔叶杂草	1350-2025克/公顷	土壤喷雾
PD20095425	氟磺胺草醚/10%/乳油/氟磺胺草醚 10%/2009.05.11 至 2014.05.11/低毒			
	花生田	一年生阔叶杂草	105-150克/公顷	茎叶喷雾
	夏大豆田	一年生阔叶杂草	150-225克/公顷	茎叶喷雾
PD20095484	莠去津/38%/悬浮剂/莠去津 38%/2009.05.11 至 2014.05.11/低毒			
	春玉米田	一年生杂草	1710-2280克/公顷	土壤喷雾
PD20095542	苄·乙/20%/可湿性粉剂/苄嘧磺隆 5%、乙草胺 15%/2009.05.12 至 2014.05.12/低毒			
	移栽水稻田	一年生及部分多年生杂草	84-118克/公顷	药土法
PD20095549	咪唑乙烟酸/50克/升/水剂/咪唑乙烟酸 50克/升/2009.05.12 至 2014.05.12/低毒			

	春大豆田	一年生杂草	75-112.5克/公顷	土壤喷雾
PD20095609	草甘膦/95%/原药/草甘膦 95%/2009.05.12 至 2014.05.12/低毒			
PD20095877	氯氟吡氧乙酸异辛酯(290克/升)///乳油/氯氟吡氧乙酸 200克/升/2009.05.31 至 2014.05.31/低毒			
	冬小麦田	阔叶杂草	150-200克/公顷	茎叶喷雾
PD20095919	乙羧氟草醚/95%/原药/乙羧氟草醚 95%/2009.06.02 至 2014.06.02/低毒			
PD20096023	苄嘧磺隆/96%/原药/苄嘧磺隆 96%/2009.06.15 至 2014.06.15/低毒			
PD20096084	乙草胺/20%/可湿性粉剂/乙草胺 20%/2009.06.18 至 2014.06.18/低毒			
	水稻移栽田	一年生禾本科杂草及部分阔叶杂草	90-112.5克/公顷(南方地区)	毒土法
PD20096089	乙草胺/90%/原药/乙草胺 90%/2009.06.18 至 2014.06.18/低毒			
PD20096091	氟乐灵/480克/升/乳油/氟乐灵 480克/升/2009.06.18 至 2014.06.18/低毒			
	大豆田	一年生禾本科杂草及部分阔叶杂草	900-1260克/公顷	土壤喷雾
PD20096205	阿维菌素/1.8%/可湿性粉剂/阿维菌素 1.8%/2009.07.13 至 2014.07.13/低毒(原药高毒)			
	十字花科蔬菜	小菜蛾	8.1-10.8克/公顷	喷雾
PD20096390	异丙甲草胺/720克/升/乳油/异丙甲草胺 720克/升/2009.08.04 至 2014.08.04/低毒			
	春大豆田	一年生禾本科杂草及部分小粒种子阔叶杂草	1890-2160克/公顷	播后苗前土壤喷雾
	夏大豆田	一年生禾本科杂草及部分小粒种子阔叶杂草	1350-1890克/公顷	播后苗前土壤喷雾
PD20096410	己唑醇/10%/乳油/己唑醇 10%/2009.08.04 至 2014.08.04/微毒			
	水稻	纹枯病	45-75克/公顷	喷雾
	水稻	稻曲病	52.5-75克/公顷	喷雾
PD20096486	异噁草松/480克/升/乳油/异噁草松 480克/升/2009.08.14 至 2014.08.14/低毒			
	春大豆田	一年生杂草	936-1152克/公顷	播后苗前土壤喷雾
PD20096569	2甲4氯钠/13%/水剂/2甲4氯钠 13%/2009.08.24 至 2014.08.24/微毒			
	冬小麦田	一年生阔叶杂草	750-1200克/公顷	喷雾
PD20096661	氟啶脲/5%/乳油/氟啶脲 5%/2009.09.07 至 2014.09.07/微毒			
	甘蓝	甜菜夜蛾	45-60克/公顷	喷雾
PD20097075	2,4-滴丁酯/57%/乳油/2,4-滴丁酯 57%/2009.10.10 至 2014.10.10/低毒			
	春大豆田	一年生阔叶杂草	864-1296克/公顷	播后苗前土壤喷雾
	冬小麦田	一年生阔叶杂草	486-540克/公顷	茎叶喷雾
PD20110166	吡嘧磺隆/20%/可湿性粉剂/吡嘧磺隆 20%/2011.02.11 至 2016.02.11/低毒			
	水稻移栽田	阔叶杂草	75-150克/公顷	毒土法
LS20110168	烯啶虫胺/20%/水剂/烯啶虫胺 20%/2013.06.16 至 2014.06.16/低毒			
	水稻	稻飞虱	60-90克/公顷	喷雾
LS20110262	烯啶虫胺/50%/可溶粉剂/烯啶虫胺 50%/2013.10.10 至 2014.10.10/低毒			
	水稻	稻飞虱	60-90克/公顷	喷雾

江苏粮满仓农化有限公司　(江苏省扬州市江都市周西振兴街2号　225247　0514-6640888)

PD84118-45	多菌灵/25%/可湿性粉剂/多菌灵 25%/2009.12.15 至 2014.12.15/低毒			
	果树	病害	0.05-0.1%药液	喷雾
	花生	倒秧病	750克/公顷	喷雾
	麦类	赤霉病	750克/公顷	喷雾,泼浇
	棉花	苗期病害	500克/100千克种子	拌种
	水稻	稻瘟病、纹枯病	750克/公顷	喷雾,泼浇
	油菜	菌核病	1125-1500克/公顷	喷雾
PD85150-42	多菌灵/50%/可湿性粉剂/多菌灵 50%/2011.01.18 至 2016.01.18/低毒			
	果树	病害	0.05-0.1%药液	喷雾
	花生	倒秧病	750克/公顷	喷雾
	麦类	赤霉病	750克/公顷	喷雾、泼浇
	棉花	苗期病害	500克/100千克种子	拌种
	水稻	稻瘟病、纹枯病	750克/公顷	喷雾、泼浇
	油菜	菌核病	1125-1500克/公顷	喷雾
PD86130-2	灭草松/25%/水剂/灭草松 25%/2012.07.23 至 2017.07.23/低毒			
	草原牧场	阔叶杂草	1500-1875克/公顷	喷雾
	茶园、大豆田、甘薯田	阔叶杂草	750-1500克/公顷	喷雾
	水稻田	阔叶杂草、莎草	750-1500克/公顷	喷雾
	小麦田	阔叶杂草	750克/公顷	喷雾
PD20040378	多·酮/40%/可湿性粉剂/多菌灵 35%、三唑酮 5%/2009.12.19 至 2014.12.19/低毒			
	水稻	稻瘟病、叶尖枯病	480-600克/公顷	喷雾
	小麦	白粉病、赤霉病	450-600克/公顷	喷雾
PD20040448	三唑磷/20%/乳油/三唑磷 20%/2009.12.19 至 2014.12.19/中等毒			
	水稻	二化螟、三化螟	300-450克/公顷	喷雾
PD20040648	三唑磷/40%/乳油/三唑磷 40%/2009.12.19 至 2014.12.19/中等毒			

水稻	二化螟、三化螟	300-450克/公顷	喷雾

PD20080004 噻嗪酮/25%/可湿性粉剂/噻嗪酮 25%/2013.01.05 至 2018.01.05/低毒

水稻	稻飞虱	112.5-150克/公顷	喷雾

PD20080171 三环唑/75%/可湿性粉剂/三环唑 75%/2013.01.04 至 2018.01.04/中等毒

水稻	稻瘟病	225-300克/公顷	喷雾

PD20080293 三环唑/20%/可湿性粉剂/三环唑 20%/2013.02.25 至 2018.02.25/中等毒

水稻	稻瘟病	225-300克/公顷	喷雾

PD20080302 硫磺·三环唑/45%/可湿性粉剂/硫磺 40%、三环唑 5%/2013.02.25 至 2018.02.25/低毒

水稻	稻瘟病	810-1215克/公顷	喷雾

PD20080742 三环唑/95%/原药/三环唑 95%/2013.06.11 至 2018.06.11/中等毒

PD20082829 多·硫/50%/悬浮剂/多菌灵 15%、硫磺 35%/2013.12.09 至 2018.12.09/低毒

花生	叶斑病	1200-1800克/公顷	喷雾

PD20083027 多·福/50%/可湿性粉剂/多菌灵 12.5%、福美双 37.5%/2013.12.10 至 2018.12.10/中等毒

梨树	黑星病	1000-1500毫克/千克	喷雾
葡萄	霜霉病	1000-1250毫克/千克	喷雾

PD20084835 井·噻·杀虫单/50%/可湿性粉剂/井冈霉素 6%、噻嗪酮 6%、杀虫单 38%/2013.12.22 至 2018.12.22/中等毒

水稻	稻纵卷叶螟、二化螟、飞虱、纹枯病	900-1125克/公顷	喷雾

PD20085990 噻嗪·异丙威/25%/可湿性粉剂/噻嗪酮 7%、异丙威 18%/2013.12.29 至 2018.12.29/中等毒

水稻	稻飞虱	300-375克/公顷	喷雾

PD20086337 异稻·三环唑/20%/可湿性粉剂/三环唑 8%、异稻瘟净 12%/2013.12.31 至 2018.12.31/中等毒

水稻	稻瘟病	360-450克/公顷	喷雾

PD20093419 毒死蜱/40%/乳油/毒死蜱 40%/2014.03.23 至 2019.03.23/低毒

水稻	稻飞虱、稻纵卷叶螟	504-648克/公顷	喷雾

PD20093563 硫磺·三环唑/75%/可湿性粉剂/硫磺 30%、三环唑 45%/2014.03.23 至 2019.03.23/低毒

水稻	稻瘟病	281-337克/公顷	喷雾

PD20095648 乙草胺/50%/乳油/乙草胺 50%/2009.05.12 至 2014.05.12/低毒

春大豆田、春玉米田、夏大豆田、夏玉米田	一年生禾本科杂草及部分小粒种子阔叶杂草	1350-1800克/公顷	播前苗后土壤喷雾
花生田	一年生禾本科杂草及部分小粒种子阔叶杂草	750-1125克/公顷	播前苗后土壤喷雾
油菜田	一年生禾本科杂草及部分小粒种子阔叶杂草	787.5-1200克/公顷	播前苗后土壤喷雾

PD20098382 三唑磷/85%/原药/三唑磷 85%/2009.12.18 至 2014.12.18/中等毒

PD20101307 扑·乙/25%/乳油/扑草净 5%、乙草胺 20%/2010.03.17 至 2015.03.17/低毒

夏大豆田、夏玉米田	一年生杂草	937.5—1125克/公顷	土壤喷雾

PD20101426 井冈·杀虫双/22%/水剂/井冈霉素 2%、杀虫双 20%/2010.04.26 至 2015.04.26/中等毒

水稻	螟虫、纹枯病	660-825克/公顷	喷雾

PD20101701 水胺·三唑磷/20%/乳油/三唑磷 10%、水胺硫磷 10%/2010.06.28 至 2015.06.28/中等毒(原药高毒)

水稻	三化螟	360-420克/公顷	喷雾
水稻	二化螟	360-390克/公顷	喷雾

PD20102000 吡虫啉/10%/可湿性粉剂/吡虫啉 10%/2010.09.25 至 2015.09.25/低毒

水稻	飞虱	22.5—30克/公顷	喷雾

PD20131257 阿维·三唑磷/15%/微乳剂/阿维菌素 0.3%、三唑磷 14.7%/2013.06.04 至 2018.06.04/中等毒(原药高毒)

水稻	二化螟、三化螟	135-202.5克/公顷	喷雾

PD20131642 甲氨基阿维菌素苯甲酸盐/1%/微乳剂/甲氨基阿维菌素 1%/2013.07.30 至 2018.07.30/低毒

棉花	棉铃虫	9-10.5克/公顷	喷雾

注:甲氨基阿维菌素苯甲酸盐含量: 1.14%。

江苏龙灯化学有限公司 (江苏省昆山开发区龙灯路88号 215301 0512-57718696)

PD84102-5 杀螟硫磷/50%/乳油/杀螟硫磷 50%/2009.10.12 至 2014.10.12/中等毒

茶树	尺蠖、毛虫、小绿叶蝉	250-500毫克/千克	喷雾
甘薯	小象甲	525-900克/公顷	喷雾
果树	卷叶蛾、毛虫、食心虫	250-500毫克/千克	喷雾
棉花	红铃虫、棉铃虫	375-750克/公顷	喷雾
棉花	蚜虫、叶蝉、造桥虫	375-562.5克/公顷	喷雾
水稻	飞虱、螟虫、叶蝉	375-562.5克/公顷	喷雾

PD84116-6 代森锌/80%/可湿性粉剂/代森锌 80%/2009.11.16 至 2014.11.16/低毒

观赏植物	炭疽病、锈病、叶斑病	1143-1600毫克/千克	喷雾
花生	叶斑病	750-960克/公顷	喷雾
马铃薯	晚疫病、早疫病	960-1200克/公顷	喷雾
烟草	立枯病、炭疽病	960-1200克/公顷	喷雾

PD84125-21 乙烯利/40%/水剂/乙烯利 40%/2009.11.16 至 2014.11.16/低毒

番茄	催熟	800-1000倍液	喷雾或浸渍

	棉花	催熟、增产	330-500倍液	喷雾
	柿子、香蕉	催熟	400倍液	喷雾或浸渍
	水稻	催熟、增产	800倍液	喷雾
	橡胶树	增产	5-10倍液	涂布
	烟草	催熟	1000-2000倍液	喷雾
PD85121-32	乐果/40%/乳油/乐果 40%/2010.05.12 至 2015.05.12/中等毒			
	茶树	蚜虫、叶蝉、螨	1000-2000倍液	喷雾
	甘薯	小象甲	2000倍液	浸鲜薯片诱杀
	柑橘树、苹果树	鳞翅目幼虫、蚜虫、螨	800-1600倍液	喷雾
	棉花	蚜虫、螨	450-600克/公顷	喷雾
	蔬菜	蚜虫、螨	300-600克/公顷	喷雾
	水稻	飞虱、螟虫、叶蝉	450-600克/公顷	喷雾
	烟草	蚜虫、烟青虫	300-600克/公顷	喷雾
PD85150-40	多菌灵/50%/可湿性粉剂/多菌灵 50%/2010.07.18 至 2015.07.18/低毒			
	果树	病害	0.05-0.1%药液	喷雾
	花生	倒秧病	750克/公顷	喷雾
	麦类	赤霉病	750克/公顷	喷雾、泼浇
	棉花	苗期病害	500克/100千克种子	拌种
	水稻	稻瘟病、纹枯病	750克/公顷	喷雾、泼浇
	油菜	菌核病	1125-1500克/公顷	喷雾
PD86180-9	百菌清/75%/可湿性粉剂/百菌清 75%/2011.11.06 至 2016.11.06/低毒			
	茶树	炭疽病	600-800倍液	喷雾
	豆类	炭疽病、锈病	1275-2325克/公顷	喷雾
	柑橘树	疮痂病	750-900毫克/千克	喷雾
	瓜类	白粉病、霜霉病	1200-1650克/公顷	喷雾
	果菜类蔬菜	多种病害	1125-2400克/公顷	喷雾
	花生	锈病、叶斑病	1125-1350克/公顷	喷雾
	梨树	斑点落叶病	500倍液	喷雾
	苹果树	多种病害	600倍液	喷雾
	葡萄	白粉病、黑痘病	600-700倍液	喷雾
	水稻	稻瘟病、纹枯病	1125-1425克/公顷	喷雾
	橡胶树	炭疽病	500-800倍液	喷雾
	小麦	叶斑病、叶锈病	1125-1425克/公顷	喷雾
	叶菜类蔬菜	白粉病、霜霉病	1275-1725克/公顷	喷雾
PD20040163	吡虫啉/10%/可湿性粉剂/吡虫啉 10%/2009.12.19 至 2014.12.19/低毒			
	水稻	飞虱	15-30克/公顷	喷雾
PD20040666	氯氰·吡虫啉/7.5%/乳油/吡虫啉 2.5%、氯氰菊酯 5%/2009.12.19 至 2014.12.19/中等毒			
	茶树	小绿叶蝉	33.75-56.25克/公顷	喷雾
PD20060047	氯氰·辛硫磷/25%/乳油/氯氰菊酯 3%、辛硫磷 22%/2011.02.27 至 2016.02.27/中等毒			
	十字花科蔬菜	菜青虫	112.5-187.5克/公顷	喷雾
PD20070213	氯氰·毒死蜱/25%/乳油/毒死蜱 22%、氯氰菊酯 3%/2012.08.07 至 2017.08.07/中等毒			
	棉花	棉铃虫	150-225克/公顷	喷雾
PD20070560	代森锰锌/80%/可湿性粉剂/代森锰锌 80%/2012.12.03 至 2017.12.03/低毒			
	番茄	早疫病	1845-2370克/公顷	喷雾
	柑橘	疮痂病、炭疽病	1600-2000毫克/千克	喷雾
	黄瓜	霜霉病	2040-3000克/公顷	喷雾
	辣椒、甜椒	炭疽病、疫病	1800-2520克/公顷	喷雾
	梨树	黑星病	1000-1333毫克/千克	喷雾
	荔枝树	霜疫霉病	1333-2000毫克/千克	喷雾
	苹果树	斑点落叶病、轮纹病	1000-1500毫克/千克	喷雾
	苹果树	炭疽病	1143-1333毫克/千克	喷雾
	葡萄	白腐病、黑痘病、霜霉病	1000-1600毫克/千克	喷雾
	西瓜	炭疽病	1560-2520克/公顷	喷雾
PD20080053	稻瘟灵/40%/乳油/稻瘟灵 40%/2013.01.03 至 2018.01.03/低毒			
	水稻	稻瘟病	564-675克/公顷	喷雾
PD20080107	噻螨酮/5%/乳油/噻螨酮 5%/2013.01.03 至 2018.01.03/低毒			
	柑橘树	红蜘蛛	25-37.5毫克/千克	喷雾
	棉花	红蜘蛛	45-56.25克/公顷	喷雾
	苹果树	红蜘蛛	25-31.25毫克/千克	喷雾
PD20080138	甲基硫菌灵/70%/可湿性粉剂/甲基硫菌灵 70%/2013.01.04 至 2018.01.04/低毒			
	苹果树	轮纹病	700-875毫克/千克	喷雾
	水稻	纹枯病	1050-2100克/公顷	喷雾
	小麦	赤霉病	787.5-1050克/公顷	喷雾

PD20080213 啶虫脒/5%/乳油/啶虫脒 5%/2013.01.11 至 2018.01.11/低毒

柑橘树	蚜虫	10-12毫克/千克	喷雾
烟草	蚜虫	13.5-18克/公顷	喷雾

PD20080615 精喹禾灵/8.8%/乳油/精喹禾灵 8.8%/2013.05.12 至 2018.05.12/低毒

冬油菜田	一年生禾本科杂草	46.2-59.4克/公顷	茎叶喷雾
夏大豆田	一年生禾本科杂草	52.8-66克/公顷	茎叶喷雾

PD20080793 高效氯氰菊酯/4.5%/水乳剂/高效氯氰菊酯 4.5%/2013.06.20 至 2018.06.20/低毒

甘蓝	蚜虫	27-33.75克/公顷	喷雾
甘蓝	菜青虫、小菜蛾	20.25-27克/公顷	喷雾

PD20080798 噻嗪酮/25%/可湿性粉剂/噻嗪酮 25%/2013.06.20 至 2018.06.20/低毒

茶树	茶小绿叶蝉	112.5-187.5克/公顷	喷雾
柑橘树	介壳虫	166.7-250毫克/千克	喷雾
水稻	飞虱	75-112.5克/公顷	喷雾

PD20080853 苯磺隆/75%/水分散粒剂/苯磺隆 75%/2013.06.23 至 2018.06.23/低毒

小麦田	阔叶杂草	14-16.87克/公顷	喷雾

PD20081189 多菌灵/500克/升/悬浮剂/多菌灵 500克/升/2013.09.11 至 2018.09.11/低毒

花生	叶斑病	500-625毫克/千克	喷雾

PD20081202 溴氰菊酯/50克/升/乳油/溴氰菊酯 50克/升/2013.09.11 至 2018.09.11/中等毒

大白菜	菜青虫	15-22.5克/公顷	喷雾

PD20081214 毒死蜱/40%/乳油/毒死蜱 40%/2008.09.11 至 2013.09.11/中等毒

十字花科叶菜	菜青虫	420-540克/公顷	喷雾

注:第30批错报导致续展及打证，后撤销。

PD20081216 异菌·多·锰锌/75%/可湿性粉剂/多菌灵 20%、代森锰锌 40%、异菌脲 15%/2013.09.11 至 2018.09.11/低毒

番茄	灰霉病	1125-1575克/公顷	喷雾

PD20081249 噁草酮/250克/升/乳油/噁草酮 250克/升/2013.09.18 至 2018.09.18/低毒

花生田	一年生杂草	450-750克/公顷	土壤喷雾

PD20081267 溴氰菊酯/25克/升/乳油/溴氰菊酯 25克/升/2013.09.18 至 2018.09.18/低毒

大白菜	菜青虫	11.25-18.75克/公顷	喷雾

PD20081369 烯草酮/120克/升/乳油/烯草酮 120克/升/2013.10.22 至 2018.10.22/微毒

冬油菜田	一年生禾本科杂草	54-72克/公顷	茎叶喷雾

PD20081635 草甘膦异丙胺盐/41%/水剂/草甘膦异丙胺盐 41%/2013.11.14 至 2018.11.14/低毒

茶园、柑橘园、剑麻、梨园、桑园、香蕉园、橡胶园	杂草	1125-2250克/公顷	定向喷雾
春玉米、棉花、夏玉米	杂草	750-1650克/公顷	定向喷雾
免耕小麦	杂草	1230-1537.5克/公顷	喷雾
苹果园	杂草	1440-2160克/公顷	喷雾

PD20081647 烯草酮/240克/升/乳油/烯草酮 240克/升/2013.11.14 至 2018.11.14/低毒

大豆田	一年生禾本科杂草	108-144克/公顷	茎叶喷雾
冬油菜田	一年生禾本科杂草	72-90克/公顷	茎叶喷雾

PD20081715 氧氟·甲戊灵/34%/乳油/二甲戊灵 25%、乙氧氟草醚 9%/2013.11.18 至 2018.11.18/低毒

大蒜田	一年生杂草	375-510克/公顷	土壤喷雾
花生田	一年生杂草	408-612克/公顷	土壤喷雾

PD20081785 二甲戊灵/330克/升/乳油/二甲戊灵 330克/升/2013.11.19 至 2018.11.19/低毒

甘蓝田	一年生杂草	495-742.5克/公顷	移栽前土壤喷雾
花生田	一年生杂草	742.5-891克/公顷	播后苗前土壤喷雾
韭菜田	一年生杂草	495-742.5克/公顷	土壤喷雾
棉花田、水稻旱育秧田	一年生杂草	743-990克/公顷	播后苗前土壤喷雾
移栽白菜	一年生禾本科杂草及部分阔叶杂草	618.8-742.5克/公顷	土壤喷雾
玉米田	一年生杂草	742.5-1114克/公顷（其他） 1114-1485克/公顷（东北）	播后苗前土壤喷雾

PD20082013 灭多威/90%/可溶粉剂/灭多威 90%/2013.11.25 至 2018.11.25/高毒

棉花	棉铃虫	202.5-243克/公顷	喷雾

PD20082106 甲基硫菌灵/500克/升/悬浮剂/甲基硫菌灵 500克/升/2013.11.25 至 2018.11.25/低毒

苹果树	轮纹病	800-1000倍液	喷雾
水稻	稻瘟病、纹枯病	750-1125克/公顷	喷雾
小麦	赤霉病	750-1125克/公顷	喷雾

PD20082130 抗蚜威/50%/可湿性粉剂/抗蚜威 50%/2013.11.25 至 2018.11.25/中等毒

小麦	蚜虫	75-112.5克/公顷	喷雾

PD20082341 吡虫啉/350克/升/悬浮剂/吡虫啉 350克/升/2013.12.01 至 2018.12.01/低毒

甘蓝	蚜虫	15.75-26.25克/公顷	喷雾

PD20082422 阿维菌素/1.8%/乳油/阿维菌素 1.8%/2013.12.05 至 2018.12.05/低毒(原药高毒)

菜豆、黄瓜	美洲斑潜蝇	10.8-21.6克/公顷	喷雾
柑橘树	红蜘蛛	4.5-6毫克/千克	喷雾
柑橘树	潜叶蛾	4.5-9毫克/千克	喷雾
柑橘树	锈壁虱	2.25-4.5毫克/千克	喷雾
梨树	梨木虱	6-12毫克/千克	喷雾
苹果树	二斑叶螨	4.5-6毫克/千克	喷雾
苹果树	红蜘蛛	3-6毫克/千克	喷雾
苹果树	桃小食心虫	4.5-9毫克/千克	喷雾
十字花科蔬菜	菜青虫、小菜蛾	8.1-10.8克/公顷	喷雾

PD20082913 双甲脒/20%/乳油/双甲脒 20%/2013.12.09 至 2018.12.09/中等毒

棉花	红蜘蛛	120-150克/公顷	喷雾

PD20083039 灭多威/40%/可溶粉剂/灭多威 40%/2013.12.10 至 2018.12.10/中等毒(原药高毒)

棉花	棉铃虫	240-300克/公顷	喷雾

PD20083438 吡虫啉/200克/升/可溶液剂/吡虫啉 200克/升/2008.12.11 至 2013.12.11/低毒

十字花科蔬菜	蚜虫	22.5-30克/公顷	喷雾

PD20083588 硫丹/350克/升/乳油/硫丹 350克/升/2013.12.12 至 2018.12.12/中等毒(原药高毒)

棉花	棉铃虫	682.5-840克/公顷	喷雾

PD20083798 阿维・高氯/2.8%/乳油/阿维菌素 0.2%、高效氯氰菊酯 2.6%/2013.12.15 至 2018.12.15/低毒(原药高毒)

黄瓜	美洲斑潜蝇	15-30克/公顷	喷雾
十字花科蔬菜	小菜蛾	13.5-27克/公顷	喷雾

PD20083959 噻嗪・异丙威/25%/可湿性粉剂/噻嗪酮 5%、异丙威 20%/2013.12.16 至 2018.12.16/低毒

水稻	稻飞虱	450-562.5克/公顷	喷雾

PD20084064 二甲戊灵/30%/乳油/二甲戊灵 30%/2013.12.16 至 2018.12.16/低毒

甘蓝田	一年生杂草	618.75-742.5克/公顷	土壤喷雾

PD20084188 高效氯氰菊酯/4.5%/乳油/高效氯氰菊酯 4.5%/2013.12.16 至 2018.12.16/低毒

十字花科蔬菜	蚜虫	27-33.75克/公顷	喷雾

PD20084306 高效氯氟氰菊酯/50克/升/乳油/高效氯氟氰菊酯 50克/升/2013.12.17 至 2018.12.17/中等毒

茶树	茶小绿叶蝉	22.5-30克/公顷	喷雾

PD20084513 甲霜・百菌清/81%/可湿性粉剂/百菌清 72%、甲霜灵 9%/2013.12.18 至 2018.12.18/低毒

黄瓜	霜霉病	1215-1458克/公顷	喷雾

PD20084579 吡虫啉/600克/升/悬浮种衣剂/吡虫啉 600克/升/2013.12.18 至 2018.12.18/低毒

小麦	蚜虫	360-420克/100千克种子	种子包衣

PD20084822 灭多威/20%/乳油/灭多威 20%/2013.12.22 至 2018.12.22/高毒

棉花	棉铃虫	150-225克/公顷	喷雾

PD20084826 吡虫啉/200克/升/悬浮剂/吡虫啉 200克/升/2013.12.22 至 2018.12.22/低毒

甘蓝	蚜虫	22.5-30克/公顷	喷雾

PD20085037 70%甲基硫菌灵可湿性粉剂/70%/可湿性粉剂/甲基硫菌灵 70%/2008.12.22 至 2013.12.22/低毒

苹果树	轮纹病	700-875毫克/千克	喷雾

PD20085129 甲基硫菌灵/50%/悬浮剂/甲基硫菌灵 50%/2008.12.23 至 2013.12.23/低毒

小麦	赤霉病	750-1125克/公顷	喷雾

PD20085616 毒死蜱/480克/升/乳油/毒死蜱 480克/升/2013.12.25 至 2018.12.25/中等毒

水稻	稻纵卷叶螟	504-648克/公顷	喷雾

PD20085621 噻螨酮/5%/可湿性粉剂/噻螨酮 5%/2013.12.25 至 2018.12.25/低毒

柑橘树	红蜘蛛	25-31.25毫克/千克	喷雾

PD20085646 溴氰菊酯/2.5%/可湿性粉剂/溴氰菊酯 2.5%/2013.12.26 至 2018.12.26/低毒

十字花科蔬菜	菜青虫	15-22.5克/公顷	喷雾

PD20085979 甲基硫菌灵/500克/升/悬浮剂/甲基硫菌灵 500克/升/2008.12.29 至 2013.12.29/低毒

苹果树	轮纹病	800-1000倍液	喷雾
水稻	稻瘟病、纹枯病	750-1125克/公顷	喷雾

PD20090043 丙溴磷/50%/乳油/丙溴磷 50%/2014.01.06 至 2019.01.06/中等毒

棉花	棉铃虫	480-600克/公顷	喷雾

PD20090114 吡虫・异丙威/30%/可湿性粉剂/吡虫啉 3%、异丙威 27%/2014.01.08 至 2019.01.08/低毒

水稻	飞虱	135-225克/公顷	喷雾

PD20090447 毒・辛/48%/乳油/毒死蜱 16%、辛硫磷 32%/2009.01.12 至 2014.01.12/低毒

韭菜	韭蛆	1440-2160克/公顷	喷淋灌根

PD20090849 联苯菊酯/100克/升/乳油/联苯菊酯 100克/升/2014.01.19 至 2019.01.19/中等毒

茶树	茶小绿叶蝉	30-37.5克/公顷	喷雾

PD20091266 硫双威/350克/升/悬浮剂/硫双威 350克/升/2014.02.01 至 2019.02.01/中等毒

棉花	棉铃虫	420-525克/公顷	喷雾

PD20091300 虫螨腈/100克/升/悬浮剂/虫螨腈 100克/升/2014.02.01 至 2019.02.01/低毒

十字花科蔬菜	甜菜夜蛾、小菜蛾	75-105克/公顷	喷雾

PD20091341 二甲戊灵/330克/升/乳油/二甲戊灵 330克/升/2014.02.01 至 2019.02.01/低毒

	烟草	抑制腋芽生长	60-80毫克/株	杯淋法
PD20092200	吡虫啉/480克/升/悬浮剂/吡虫啉 480克/升/2014.02.23 至 2019.02.23/低毒			
	十字花科蔬菜	蚜虫	14.4-28.8克/公顷	喷雾
PD20092438	甲霜·锰锌/70%/可湿性粉剂/甲霜灵 10%、代森锰锌 60%/2014.02.25 至 2019.02.25/低毒			
	葡萄	霜霉病	600-700倍液	喷雾
PD20092673	异稻·三环唑/20%/可湿性粉剂/三环唑 10%、异稻瘟净 10%/2014.03.03 至 2019.03.03/中等毒			
	水稻	稻瘟病	300-450克/公顷	喷雾
PD20092783	双甲脒/12.5%/乳油/双甲脒 12.5%/2014.03.04 至 2019.03.04/中等毒			
	柑橘树	红蜘蛛	83-125毫克/千克	喷雾
PD20093692	烯唑·多菌灵/27%/可湿性粉剂/多菌灵 25%、R-烯唑醇 2%/2014.03.25 至 2019.03.25/低毒			
	梨树	黑星病	1000-1500倍液	喷雾
PD20093706	草甘膦异丙胺盐/62%/母液/草甘膦异丙胺盐 62%/2014.03.25 至 2019.03.25/低毒			
PD20094196	波尔·霜脲氰/85%/可湿性粉剂/波尔多液 77%、霜脲氰 8%/2014.03.30 至 2019.03.30/低毒			
	黄瓜	霜霉病	1366.1-1912.5克/公顷	喷雾
PD20094325	啶虫脒/20%/可溶粉剂/啶虫脒 20%/2014.03.31 至 2019.03.31/低毒			
	黄瓜	蚜虫	15-30克/公顷	喷雾
PD20095394	铜钙·多菌灵/60%/可湿性粉剂/多菌灵 20%、硫酸铜钙 40%/2009.04.27 至 2014.04.27/低毒			
	苹果树	轮纹病	1000-1500毫克/千克	喷雾
PD20095770	吡嘧磺隆/10%/可湿性粉剂/吡嘧磺隆 10%/2009.05.18 至 2014.05.18/低毒			
	移栽水稻田	一年生阔叶杂草及莎草科杂草	15-30克/公顷	药土法
PD20096015	甲哌鎓/250克/升/水剂/甲哌鎓 250克/升/2009.06.15 至 2014.06.15/低毒			
	棉花	调节生长、增产	45-90克/公顷	喷雾
PD20096043	甲磺隆/60%/可湿性粉剂/甲磺隆 60%/2009.06.15 至 2014.06.15/低毒			
	注:专供出口，不得在国内销售。			
PD20096134	杀扑磷/40%/乳油/杀扑磷 40%/2009.06.24 至 2014.06.24/高毒			
	柑橘树	介壳虫	400-500毫克/千克	喷雾
PD20096516	硫酸铜钙/77%/可湿性粉剂/硫酸铜钙 77%/2009.08.19 至 2014.08.19/低毒			
	柑橘树	溃疡病	1283-1925毫克/千克	喷雾
	黄瓜	霜霉病	1444-2022克/公顷	喷雾
PD20096589	烯草酮/240克/升/乳油/烯草酮 240克/升/2009.08.25 至 2014.08.25/低毒			
	冬油菜田	一年生禾本科杂草	72-90克/公顷	茎叶喷雾
PD20096635	仲丁灵/48%/乳油/仲丁灵 48%/2009.09.02 至 2014.09.02/低毒			
	春大豆田	一年生杂草	1800-2160克/公顷	土壤喷雾
	西瓜田	一年生杂草	1080-1440克/公顷	土壤喷雾
	夏大豆田	一年生杂草	1620-1800克/公顷	土壤喷雾
PD20096979	波尔·甲霜灵/85%/可湿性粉剂/波尔多液 77%、甲霜灵 8%/2009.09.29 至 2014.09.29/低毒			
	黄瓜	霜霉病	900-1275克/公顷	喷雾
PD20097064	烟嘧磺隆/40克/升/可分散油悬浮剂/烟嘧磺隆 40克/升/2009.10.10 至 2014.10.10/低毒			
	玉米田	一年生杂草	42-60克/公顷	茎叶喷雾
PD20097417	王铜·甲霜灵/50%/可湿性粉剂/甲霜灵 15%、王铜 35%/2009.10.28 至 2014.10.28/低毒			
	黄瓜	霜霉病	750-937.5克/公顷	喷雾
PD20097463	异菌脲/45%/悬浮剂/异菌脲 45%/2009.11.03 至 2014.11.03/低毒			
	番茄	灰霉病	562.5-750克/公顷	喷雾
PD20098145	吡虫啉/70%/种子处理可分散粉剂/吡虫啉 70%/2009.12.14 至 2014.12.14/低毒			
	棉花	蚜虫	420-500克/100公斤种子	拌种
PD20098184	甲霜·锰锌/72%/可湿性粉剂/甲霜灵 8%、代森锰锌 64%/2009.12.14 至 2014.12.14/低毒			
	黄瓜	霜霉病	1620-2250克/公顷	喷雾
PD20100046	三环唑/75%/可湿性粉剂/三环唑 75%/2010.01.04 至 2015.01.04/中等毒			
	水稻	稻瘟病	281.25—337.5克/公顷	喷雾
PD20100201	异噁草松/480克/升/乳油/异噁草松 480克/升/2010.01.05 至 2015.01.05/低毒			
	春大豆田	一年生杂草	936-1152克/公顷	土壤喷雾
PD20100449	螨醇·噻螨酮/22.5%/乳油/三氯杀螨醇 20%、噻螨酮 2.5%/2010.01.14 至 2015.01.14/中等毒			
	柑橘树、苹果树	红蜘蛛	150-225毫克/千克	喷雾
PD20101225	吡虫啉/70%/水分散粒剂/吡虫啉 70%/2010.03.01 至 2015.03.01/低毒			
	甘蓝	蚜虫	35-45克/公顷	喷雾
PD20102051	戊唑醇/60克/升/悬浮种衣剂/戊唑醇 60克/升/2010.11.01 至 2015.11.01/低毒			
	小麦	黑穗病	1.8-3.6克/100千克种子	种子包衣
PD20110004	丙酰芸苔素内酯/0.003%/水剂/丙酰芸苔素内酯 0.003%/2011.01.04 至 2016.01.04/低毒			
	黄瓜、葡萄	促进生长	3000-5000倍液	喷雾
	烟草	促进生长	2000-4000倍液	喷雾
PD20110189	环嗪酮/75%/水分散粒剂/环嗪酮 75%/2011.02.18 至 2016.02.18/微毒			
	森林防火道	杂灌	1237.5-1913克/公顷	茎叶喷雾
PD20110332	戊唑·多菌灵/30%/悬浮剂/多菌灵 22%、戊唑醇 8%/2011.03.24 至 2016.03.24/低毒			

苹果树 轮纹病 375-500毫克/千克 喷雾
水稻 稻曲病 270-315克/公顷 喷雾
PD20110879 甲硫·三环唑/70%/可湿性粉剂/甲基硫菌灵 35%、三环唑 35%/2011.08.16 至 2016.08.16/低毒
水稻 稻瘟病 315-420克/公顷 喷雾
PD20111038 戊唑醇/250克/升/水乳剂/戊唑醇 250克/升/2011.10.10 至 2016.10.10/低毒
注:专供出口，不得在国内销售。
PD20111094 戊唑醇/25%/乳油/戊唑醇 25%/2011.10.13 至 2016.10.13/低毒
苹果树 斑点落叶病 100-167.7毫克/千克 喷雾
注:戊唑醇质量浓度:250克/升。
PD20111138 百菌清/720克/升/悬浮剂/百菌清 720克/升/2011.11.03 至 2016.11.03/低毒
注:专供出口，不得在国内销售。
PD20111152 戊唑醇/430克/升/悬浮剂/戊唑醇 430克/升/2011.11.04 至 2016.11.04/低毒
苹果树 斑点落叶病 107.5-143.3毫克/千克 喷雾
PD20111241 嗪草酮/44%/悬浮剂/嗪草酮 44%/2011.11.18 至 2016.11.18/低毒
春大豆田 一年生阔叶杂草 540-648克/公顷 播后苗前土壤喷雾
注:嗪草酮质量浓度：480克/升。
PD20111409 烟嘧磺隆/75%/水分散粒剂/烟嘧磺隆 75%/2011.12.22 至 2016.12.22/低毒
玉米田 一年生杂草 40-60克/公顷 茎叶喷雾
PD20111424 氟苯虫酰胺/10%/悬浮剂/氟苯虫酰胺 10%/2011.12.23 至 2016.12.23/微毒
甘蓝 小菜蛾 30-37.5克/公顷 喷雾
水稻 稻纵卷叶螟、二化螟 27-33克/公顷 喷雾
PD20111425 噁草酮/380克/升/悬浮剂/噁草酮 380克/升/2011.12.23 至 2016.12.23/微毒
移栽水稻田 一年生杂草 360-480克/公顷 毒土法
PD20120030 烯酰吗啉/50%/可湿性粉剂/烯酰吗啉 50%/2012.01.09 至 2017.01.09/低毒
黄瓜 霜霉病 262.5-300克/公顷 喷雾
PD20120049 噻吩磺隆/75%/水分散粒剂/噻吩磺隆 75%/2012.01.11 至 2017.01.11/低毒
注:专供出口，不得在国内销售。
PD20120280 吡虫啉/240克/升/悬浮剂/吡虫啉 240克/升/2012.02.15 至 2017.02.15/低毒
注:仅供出口，不得在国内销售。
PD20120281 甲哌鎓/50克/升/水剂/甲哌鎓 50克/升/2012.02.15 至 2017.02.15/低毒
注:专供出口，不得在国内销售。
PD20120282 吡虫啉/350克/升/悬浮种衣剂/吡虫啉 350克/升/2012.02.15 至 2017.02.15/低毒
注:专供出口，不得在国内销售。
PD20120323 氰氟草酯/180克/升/乳油/氰氟草酯 180克/升/2012.02.17 至 2017.02.17/低毒
注:专供出口,不得在国内销售。
PD20120371 烯酰·王铜/73%/可湿性粉剂/王铜 67%、烯酰吗啉 6%/2012.02.24 至 2017.02.24/低毒
黄瓜 霜霉病 766.5-876克/公顷 喷雾
PD20120572 高效氯氟氰菊酯/120克/升/乳油/高效氯氟氰菊酯 120克/升/2012.03.28 至 2017.03.28/中等毒
注:专供出口,不得在国内销售。
PD20120579 噻吩·苯磺隆/75%/水分散粒剂/苯磺隆 25%、噻吩磺隆 50%/2012.03.28 至 2017.03.28/微毒
注:专供出口，不得在国内销售。
PD20120600 氟苯虫酰胺/20%/水分散粒剂/氟苯虫酰胺 20%/2012.04.11 至 2017.04.11/低毒
白菜 小菜蛾 39-50克/公顷 喷雾
水稻 稻纵卷叶螟、二化螟 27-33克/公顷 喷雾
PD20121252 甲硫·戊唑醇/41%/悬浮剂/甲基硫菌灵 34.2%、戊唑醇 6.8%/2012.09.04 至 2017.09.04/低毒
水稻 纹枯病 216-288克/公顷 喷雾
PD20121404 阿维菌素/2%/乳油/阿维菌素 2%/2012.09.19 至 2017.09.19/中等毒(原药高毒)
注:专供出口,不得在国内销售。
PD20121533 甲霜·锰锌/63.5%/可湿性粉剂/甲霜灵 7.5%、代森锰锌 56%/2012.10.17 至 2017.10.17/中等毒
注:专供出口，不得在国内销售。
PD20121565 十三吗啉/860克/升/油剂/十三吗啉 860克/升/2012.10.25 至 2017.10.25/低毒
橡胶树 红根病 20-25克/株 灌根
PD20121601 杀铃脲/40%/悬浮剂/杀铃脲 40%/2012.10.25 至 2017.10.25/低毒
甘蓝 小菜蛾 86.4-108克/公顷 喷雾
PD20121660 咪鲜胺/450克/升/乳油/咪鲜胺 450克/升/2012.10.30 至 2017.10.30/低毒
柑橘 绿霉病、青霉病 250-500毫克/千克 浸果
PD20121689 戊唑·多菌灵/250克/升/悬浮剂/多菌灵 125克/升、戊唑醇 125克/升/2012.11.05 至 2017.11.05/低毒
注:专供出口,不得在国内销售。
PD20121776 麦草畏/70%/可溶粒剂/麦草畏 70%/2012.11.16 至 2017.11.16/低毒
非耕地 一年生阔叶杂草 420-525克/公顷 茎叶喷雾
PD20121782 戊唑·吡虫啉/21%/悬浮种衣剂/吡虫啉 19.9%、戊唑醇 1.1%/2012.11.16 至 2017.11.16/低毒
玉米 丝黑穗病、蚜虫 98.4-196.8克/100千克种子 种子包衣
PD20121843 硫双威/80%/水分散粒剂/硫双威 80%/2012.11.28 至 2017.11.28/中等毒

棉花 棉铃虫 420-540克/公顷 喷雾

PD20121882 嘧菌酯/250克/升/悬浮剂/嘧菌酯 250克/升/2012.11.28 至 2017.11.28/微毒

黄瓜 白粉病 263-338克/公顷 喷雾

PD20121942 丁醚脲/500克/升/悬浮剂/丁醚脲 500克/升/2012.12.12 至 2017.12.12/低毒

注:专供出口，不得在国内销售。

PD20122068 噻吩·苯磺隆/55%/水分散粒剂/苯磺隆 15%、噻吩磺隆 40%/2012.12.24 至 2017.12.24/低毒

注:专供出口，不得在国内销售。

PD20122083 嘧菌·戊唑醇/22%/悬浮剂/嘧菌酯 7.2%、戊唑醇 14.8%/2012.12.24 至 2017.12.24/低毒

黄瓜 白粉病 90-108克/公顷 喷雾

PD20130357 烯酰·锰锌/69%/可湿性粉剂/代森锰锌 60%、烯酰吗啉 9%/2013.03.11 至 2018.03.11/低毒

黄瓜 霜霉病 828-1242克/公顷 喷雾

PD20130405 三唑酮/250克/升/乳油/三唑酮 250克/升/2013.03.12 至 2018.03.12/低毒

注:专供出口，不得在国内销售。

PD20130425 乙酰甲胺磷/75%/可溶性粉剂/乙酰甲胺磷 75%/2013.03.18 至 2018.03.18/中等毒

注:专供出口，不得在国内销售。

PD20130697 腐霉利/43%/悬浮剂/腐霉利 43%/2013.04.11 至 2018.04.11/低毒

番茄 灰霉病 375-600克/公顷 喷雾

PD20130781 百菌清/720克/升/悬浮剂/百菌清 720克/升/2013.04.22 至 2018.04.22/低毒

黄瓜 霜霉病 918-1026克/公顷 喷雾

PD20130817 氯氰菊酯/200克/升/乳油/氯氰菊酯 200克/升/2013.04.22 至 2018.04.22/低毒

注:专供出口，不得在国内销售。

PD20130854 戊唑·百菌清/500克/升/悬浮剂/百菌清 375克/升、戊唑醇 125克/升/2013.04.22 至 2018.04.22/低毒

注:专供出口,不得在国内销售。

PD20131433 吡氟酰草胺/50%/水分散粒剂/吡氟酰草胺 50%/2013.07.03 至 2018.07.03/低毒

小麦田 一年生阔叶杂草 101.25-120克/公顷 茎叶喷雾

PD20131440 多效唑/25%/悬浮剂/多效唑 25%/2013.07.03 至 2018.07.03/低毒

小麦 调节生长 稀释1667-2500倍 喷雾

PD20131648 氟磺胺草醚/250克/升/水剂/氟磺胺草醚 250克/升/2013.08.01 至 2018.08.01/微毒

非耕地 一年生阔叶杂草 375-450克/公顷 茎叶喷雾

PD20131663 溴氰菊酯/15克/升/水乳剂/溴氰菊酯 15克/升/2013.08.01 至 2018.08.01/低毒

注:专供出口，不得在国内销售。

PD20131780 炔草酯/24%/乳油/炔草酯 24%/2013.09.09 至 2018.09.09/低毒

小麦田 部分禾本科杂草 43.2～54.0克/公顷 茎叶喷雾

PD20131866 杀单·氟酰胺/80%/可湿性粉剂/杀虫单 76.4%、氟苯虫酰胺 3.6%/2013.09.25 至 2018.09.25/中等毒

水稻 稻纵卷叶螟、二化螟 480-720克/公顷 喷雾

PD20131879 稻瘟灵/40%/可湿性粉剂/稻瘟灵 40%/2013.09.25 至 2018.09.25/低毒

水稻 稻瘟病 450-600克/公顷 喷雾

PD20131889 阿维·吡虫啉/29%/悬浮剂/阿维菌素 2.5%、吡虫啉 26.5%/2013.09.25 至 2018.09.25/中等毒(原药高毒)

甘蓝 蚜虫 9.84-29.52克/公顷 喷雾

PD20131900 草铵膦/200克/升/水剂/草铵膦 200克/升/2013.09.25 至 2018.09.25/低毒

非耕地 杂草 1200-1500克/公顷 定向茎叶喷雾

PD20132378 甲磺隆/20%/水分散粒剂/甲磺隆 20%/2013.11.20 至 2018.11.20/微毒

注:专供出口，不得在国内销售。

PD20132386 甲磺隆/20%/可溶粒剂/甲磺隆 20%/2013.11.20 至 2018.11.20/微毒

注:专供出口，不得在国内销售。

PD20132413 噻磺·甲磺隆/75%/水分散粒剂/甲磺隆 6.8%、噻吩磺隆 68.2%/2013.11.20 至 2018.11.20/微毒

注:专供出口，不得在国内售。

PD20132470 甲磺隆/60%/水分散粒剂/甲磺隆 60%/2013.12.02 至 2018.12.02/低毒

注:专供出口，不得在国内销售。

PD20132471 苯磺·甲磺隆/50%/水分散粒剂/苯磺隆 25%、甲磺隆 25%/2013.12.02 至 2018.12.02/微毒

注:专供出口，不得在国内销售。

LS20120088 霜脲·百菌清/36%/悬浮剂/百菌清 31.8%、霜脲氰 4.2%/2013.03.07 至 2014.03.07/低毒

黄瓜 霜霉病 402-510克/公顷 喷雾

LS20120093 烯酰·百菌清/47%/悬浮剂/百菌清 39%、烯酰吗啉 8%/2013.03.07 至 2014.03.07/低毒

黄瓜 霜霉病 900-1080克/公顷 喷雾

WP20120112 溴氰菊酯/50克/升/悬浮剂/溴氰菊酯 50克/升/2012.06.14 至 2017.06.14/低毒

卫生 蜚蠊、蝇 25-50毫克/平方米 滞留喷洒

WP20130102 吡丙醚/10%/乳油/吡丙醚 10%/2013.05.20 至 2018.05.20/低毒

卫生 蝇(幼虫) 100毫克/平方米 喷洒

江苏隆力奇生物科技股份有限公司 (江苏省苏州市常熟市隆力奇生物工业园 215555 0512-52485538)

WP20080377 驱蚊花露水/5%/驱蚊花露水/避蚊胺 5%/2013.12.10 至 2018.12.10/微毒

卫生 蚊 / 涂抹

江苏绿利来股份有限公司 (江苏省响水县生态化工园区内疏港公路2号 224631 0512-86166548)

PDN2-88	丁草胺/60%/乳油/丁草胺 60%/2013.09.17 至 2018.09.17/低毒			
	水稻	稗草、牛毛草、鸭舌草	750-1275克/公顷	喷雾,毒土
PDN18-92	丁草胺/50%/乳油/丁草胺 50%/2012.04.11 至 2017.04.11/低毒			
	水稻田	稗草、牛毛草、鸭舌草	750-1275克/公顷	毒土、喷雾
PDN19-92	丁草胺/95%/原药/丁草胺 95%/2012.04.10 至 2017.04.10/低毒			
PD85112-8	莠去津/38%/悬浮剂/莠去津 38%/2010.04.07 至 2015.04.07/低毒			
	茶园	一年生杂草	1125-1875克/公顷	喷于地表
	防火隔离带、公路、森林、铁路	一年生杂草	0.8-2克/平方米	喷于地表
	甘蔗	一年生杂草	1050-1500克/公顷	喷于地表
	高粱、糜子、玉米	一年生杂草	1800-2250克/公顷(东北地区)	喷于地表
	红松苗圃	一年生杂草	0.2-0.3克/平方米	喷于地表
	梨树、苹果树	一年生杂草	1625-1875克/公顷	喷于地表
	橡胶园	一年生杂草	2250-3750克/公顷	喷于地表
PD86130-3	灭草松/25%/水剂/灭草松 25%/2011.11.21 至 2016.11.21/低毒			
	草原牧场	阔叶杂草	1500-1875克/公顷	喷雾
	茶园、大豆田、甘薯田	阔叶杂草	750-1500克/公顷	喷雾
	水稻田	阔叶杂草、莎草	750-1500克/公顷	喷雾
	小麦田	阔叶杂草	750克/公顷	喷雾
PD20040720	异丙隆/75%/可湿性粉剂/异丙隆 75%/2009.12.19 至 2014.12.19/低毒			
	冬小麦	一年生单、双子叶杂草	1050-1200克/公顷	喷雾
PD20050208	灭草松/95%/原药/灭草松 95%/2010.12.23 至 2015.12.23/低毒			
PD20060102	灭草松/480克/升/水剂/灭草松 480克/升/2011.05.22 至 2016.05.22/低毒			
	春大豆	莎草科杂草、一年生阔叶杂草	1440-1800克/公顷(东北地区)	喷雾
	水稻田(直播)、水稻移栽田	阔叶杂草、莎草	1080-1440克/公顷	喷雾
PD20060217	二甲戊灵/95%/原药/二甲戊灵 95%/2011.12.26 至 2016.12.26/低毒			
PD20070176	乙氧氟草醚/97%/原药/乙氧氟草醚 97%/2012.06.25 至 2017.06.25/微毒			
PD20080598	丁草胺/900克/升/乳油/丁草胺 900克/升/2013.05.12 至 2018.05.12/低毒			
	水稻移栽田	一年生杂草	810-1215克/公顷	毒土法
PD20080888	乙草胺/94%/原药/乙草胺 94%/2013.07.09 至 2018.07.09/低毒			
PD20080935	二氯喹啉酸/90%/原药/二氯喹啉酸 90%/2013.07.17 至 2018.07.17/低毒			
PD20080978	乙草胺/900克/升/乳油/乙草胺 900克/升/2013.07.24 至 2018.07.24/低毒			
	春大豆田	一年生杂草	1620-2025克/公顷(东北地区)	土壤喷雾
	春玉米田	一年生禾本科杂草及部分阔叶杂草	1350-1620克/公顷	播后苗前土壤喷雾
	冬油菜(移栽田)	部分阔叶杂草、一年生禾本科杂草	810-1080克/公顷	土壤喷雾
	花生田	部分阔叶杂草、一年生禾本科杂草	1080-1350克/公顷	土壤喷雾
	夏大豆田	部分阔叶杂草、一年生禾本科杂草	810-1080克/公顷	喷雾
	夏玉米田	一年生杂草	756-1053克/公顷	播后苗前喷雾
PD20081047	乙草胺/900克/升/乳油/乙草胺 900克/升/2013.08.14 至 2018.08.14/低毒			
	春玉米田	小粒种子阔叶杂草、一年生禾本科杂草	1350-1620克/公顷	土壤喷雾
	夏玉米田	小粒种子阔叶杂草、一年生禾本科杂草	1080-1350克/公顷	土壤喷雾
PD20081064	乙氧氟草醚/20%/乳油/乙氧氟草醚 20%/2013.08.14 至 2018.08.14/低毒			
	水稻田	一年生杂草	37.5-75克/公顷	毒土法
PD20081495	丁草胺/40%/水乳剂/丁草胺 40%/2013.11.05 至 2018.11.05/低毒			
	水稻移栽田	一年生禾本科杂草	制剂用量：120-150毫升/亩	药土法
PD20081515	苄·二氯/36%/可湿性粉剂/苄嘧磺隆 2%、二氯喹啉酸 34%/2008.11.06 至 2013.11.06/低毒			
	水稻田(直播)、水稻秧田	一年生及部分多年生杂草	216-270克/公顷	排水喷雾
PD20081602	异丙草胺/90%/原药/异丙草胺 90%/2013.11.12 至 2018.11.12/低毒			
PD20081628	噁草·丁草胺/40%/乳油/丁草胺 34%、噁草酮 6%/2008.11.12 至 2013.11.12/低毒			
	水稻(旱育秧及半旱育秧田)	一年生杂草	600-750克/公顷	喷雾
PD20081748	乙草胺/50%/乳油/乙草胺 50%/2013.11.18 至 2018.11.18/低毒			
	大豆田	一年生禾本科杂草及小粒阔叶杂草	1)1200-1875克/公顷(东北地区) 2)750-1050克/公顷(其它地区)	播前、播后苗前土壤喷雾处理
	花生田	一年生禾本科杂草及小粒阔叶杂草	750-1200克/公顷(覆膜时药量酌减)	播后苗前土壤处理
	油菜田	一年生禾本科杂草及小粒阔叶杂草	525-750克/公顷	栽前或栽后3天喷雾
	玉米田	一年生禾本科杂草及小粒阔叶杂草	1)900-1875克/公顷(东北地区) 2)750-1050克/公顷(其它地区)	播后或苗期喷雾

PD20082080	吡嘧·苯噻酰/50%/可湿性粉剂/苯噻酰草胺 48.2%、吡嘧磺隆 1.8%/2013.11.25 至 2018.11.25/低毒			
	水稻抛秧田	一年生及部分多年生杂草	450-525克/公顷(南方地区)	毒土法
	水稻移栽田	一年生及部分多年生杂草	1)375-525克/公顷(南方地区) 2)525-750克/公顷(北方地区)	毒土法
PD20082189	二氯喹啉酸/50%/可湿性粉剂/二氯喹啉酸 50%/2013.11.26 至 2018.11.26/低毒			
	水稻田(直播)	稗草等杂草	300-375克/公顷	喷雾
	水稻秧田	稗草等杂草	150-225克/公顷	喷雾
	水稻移栽田	稗草等杂草	200-390克/公顷(北方地区)	喷雾
PD20082697	吡嘧·二氯喹/50%/可湿性粉剂/吡嘧磺隆 3%、二氯喹啉酸 47%/2013.12.05 至 2018.12.05/低毒			
	水稻移栽田	一年生及部分多年生杂草	225-300克/公顷	施药前排干田水喷雾
PD20082842	苄嘧·苯噻酰/50%/可湿性粉剂/苯噻酰草胺 47%、苄嘧磺隆 3%/2013.12.09 至 2018.12.09/低毒			
	水稻抛秧田	一年生及部分多年生杂草	450-525克/公顷(南方地区)	毒土法
	水稻移栽田	一年生及部分多年生杂草	1)375-450克/公顷(南方地区) 2)600-800克/公顷(北方地区)	毒土法
PD20083683	二氯喹啉酸/25%/悬浮剂/二氯喹啉酸 25%/2013.12.15 至 2018.12.15/微毒			
	水稻抛秧田	稗草	225-300克/公顷	喷雾
PD20083729	吡嘧磺隆/10%/可湿性粉剂/吡嘧磺隆 10%/2013.12.15 至 2018.12.15/低毒			
	水稻田	稗草、阔叶杂草、莎草	15-30克/公顷	毒土法
PD20083823	草甘膦/95%/原药/草甘膦 95%/2013.12.15 至 2018.12.15/低毒			
PD20085579	莠去津/97%/原药/莠去津 97%/2013.12.25 至 2018.12.25/低毒			
PD20085625	吡嘧磺隆/98%/原药/吡嘧磺隆 98%/2013.12.25 至 2018.12.25/低毒			
PD20085766	乙·莠/40%/可湿性粉剂/乙草胺 14%、莠去津 26%/2013.12.29 至 2018.12.29/低毒			
	春玉米田	一年生禾本科杂草及阔叶杂草	1800-2400克/公顷	播后苗前土壤喷雾
	甘蔗田	一年生禾本科杂草及阔叶杂草	1200-1500克/公顷	土壤喷雾
	夏玉米田	一年生禾本科杂草及阔叶杂草	1200-1500克/公顷	播后苗前土壤喷雾
PD20086018	2甲·灭草松/22%/水剂/2甲4氯钠 12%、灭草松 10%/2013.12.29 至 2018.12.29/低毒			
	冬小麦田	多种一年生阔叶杂草	825-1155克/公顷	茎叶喷雾
	水稻移栽田	莎草及阔叶杂草	825-1155克/公顷	茎叶喷雾
PD20086185	吡嘧·丁草胺/24%/可湿性粉剂/吡嘧磺隆 0.4%、丁草胺 23.6%/2013.12.30 至 2018.12.30/低毒			
	水稻抛秧田	多年生杂草、一年生杂草	630-792克/公顷	药土法
	水稻田(直播)	一年生及部分多年生杂草	540-720克/公顷(南方地区)	药土法
	水稻移栽田	一年生杂草	720-900克/公顷	药土法
PD20086345	异丙草胺/72%/乳油/异丙草胺 72%/2013.12.31 至 2018.12.31/低毒			
	春大豆田、春玉米田	一年生禾本科杂草及部分小粒种子阔叶杂草	1620-2160克/公顷(东北地区)	播后苗前土壤喷雾
	夏大豆田、夏玉米田	一年生禾本科杂草及部分小粒种子阔叶杂草	1080-1620克/公顷(其它地区)	播后苗前土壤喷雾
PD20090684	异丙草·莠/41%/悬乳剂/异丙草胺 21%、莠去津 20%/2014.01.19 至 2019.01.19/低毒			
	夏玉米田	一年生杂草	1230—1537.5克/公顷	播后苗前土壤喷雾
PD20091355	二甲戊灵/330克/升/乳油/二甲戊灵 330克/升/2014.02.02 至 2019.02.02/低毒			
	春玉米田	一年生杂草	1237.5-1732.5克/公顷(东北地区)	土壤喷雾
	棉花田	一年生杂草	742.5-990克/公顷	土壤喷雾
	夏玉米田	一年生杂草	750-1125克/公顷	土壤喷雾
PD20091370	草甘膦异丙胺盐/30%/水剂/草甘膦 30%/2014.02.02 至 2019.02.02/微毒			
	橡胶园	杂草	1125-2250克/公顷	定向喷雾
	注:草甘膦异丙胺盐含量：41%。			
PD20092007	苄嘧磺隆/96%/原药/苄嘧磺隆 96%/2014.02.12 至 2019.02.12/微毒			
PD20092743	烟嘧磺隆/95%/原药/烟嘧磺隆 95%/2014.03.04 至 2019.03.04/低毒			
PD20092820	苄·丁/30%/可湿性粉剂/苄嘧磺隆 1.5%、丁草胺 28.5%/2014.03.04 至 2019.03.04/低毒			
	水稻抛秧田	部分多年生杂草、一年生杂草	540-720克/公顷	毒土法
PD20093456	乙草胺/40%/水乳剂/乙草胺 40%/2014.03.23 至 2019.03.23/低毒			
	大豆田	一年生禾本科杂草及小粒阔叶杂草	900-1200克/公顷	土壤喷雾
	花生田	一年生禾本科杂草及小粒阔叶杂草	600-900克/公顷	土壤喷雾
PD20093928	氟胺·灭草松/447克/升/水剂/氟磺胺草醚 87克/升、灭草松 360克/升/2014.03.27 至 2019.03.27/低毒			
	夏大豆田	莎草科杂草、一年生阔叶杂草	1005.75-1341克/公顷	茎叶喷雾
PD20093989	苄·乙/14%/可湿性粉剂/苄嘧磺隆 4%、乙草胺 10%/2014.03.27 至 2019.03.27/微毒			
	水稻移栽田	部分多年生杂草、一年生杂草	84-105克/公顷(南方地区)	药土法
PD20094457	苄·乙/10%/可湿性粉剂/苄嘧磺隆 5%、乙草胺 5%/2014.04.01 至 2019.04.01/低毒			
	抛秧水稻	一年生杂草	75-90克/公顷	药土法
PD20095502	乙草胺/20%/可湿性粉剂/乙草胺 20%/2009.05.11 至 2014.05.11/低毒			
	水稻移栽田	稗草、部分阔叶杂草、异型莎草	105-150克/公顷	毒土法
PD20095871	异丙草·莠/40%/悬乳剂/异丙草胺 20%、莠去津 20%/2009.05.27 至 2014.05.27/低毒			

春玉米田 一年生杂草 1800—2400克/公顷 土壤喷雾
夏玉米田 一年生杂草 1200—1500克/公顷 土壤喷雾

PD20096897 莠灭净/75%/可湿性粉剂/莠灭净 75%/2009.09.23 至 2014.09.23/低毒
甘蔗田 一年生禾本科杂草及阔叶杂草 1710-2280克/公顷 喷雾

PD20102188 丙草胺/95%/原药/丙草胺 95%/2010.12.15 至 2015.12.15/低毒

PD20120315 苄·二氯/32%/可湿性粉剂/苄嘧磺隆 4%、二氯喹啉酸 28%/2012.02.17 至 2017.02.17/低毒
注:专供出口,不得在国内销售。

PD20120335 苄·乙/17%/可湿性粉剂/苄嘧磺隆 2.4%、乙草胺 14.6%/2012.02.17 至 2017.02.17/低毒
注:专供出口,不得在国内销售。

PD20120552 二氯喹啉酸/50%/水分散粒剂/二氯喹啉酸 50%/2012.03.28 至 2017.03.28/低毒
移栽水稻田 稗草 225-375克/公顷 茎叶喷雾

PD20120927 苄·二氯/40%/可湿性粉剂/苄嘧磺隆 4%、二氯喹啉酸 36%/2012.06.04 至 2017.06.04/低毒
注:专供出口，不得在国内销售。

PD20121571 草甘膦铵盐/68%/可溶粒剂/草甘膦 68%/2012.10.25 至 2017.10.25/低毒
非耕地 杂草 1120.5-2970克/公顷 定向茎叶喷雾
注:草甘膦铵盐含量: 74.7%。

PD20121626 草甘膦异丙胺盐/46%/水剂/草甘膦 46%/2012.10.30 至 2017.10.30/低毒
非耕地 杂草 1120-3000克/公顷 茎叶喷雾处理
注:草甘膦异丙胺盐含量:62%。

PD20131009 苄·二氯/40%/水分散粒剂/苄嘧磺隆 6%、二氯喹啉酸 34%/2013.05.13 至 2018.05.13/低毒
直播水稻田 一年生杂草 210-300克/公顷 茎叶喷雾

PD20131137 丙草胺/50%/水乳剂/丙草胺 50%/2013.05.20 至 2018.05.20/低毒
移栽水稻田 一年生杂草 375-525克/公顷 药土法

PD20132110 吡嘧·二氯喹/50%/水分散粒剂/吡嘧磺隆 3%、二氯喹啉酸 47%/2013.10.24 至 2018.10.24/低毒
移栽水稻田 一年生杂草 225-300克/公顷 药土法

江苏绿叶农化有限公司 (江苏省阜宁县生态化工园(郭墅镇西北村一组) 224000 0515-88601455)

PD85131-19 井冈霉素/3%/水剂/井冈霉素A 2.4%/2011.05.17 至 2016.05.17/低毒
水稻 纹枯病 75-112.5克/公顷 喷雾,泼浇
注:井冈霉素含量: 3%。

PD85131-41 井冈霉素/4%/水剂/井冈霉素A 4%/2011.05.17 至 2016.05.17/低毒
水稻 纹枯病 75-112.5克/公顷 喷雾,泼浇
注:井冈霉素含量: 5%

PD88109-11 井冈霉素/20%/水溶粉剂/井冈霉素 20%/2013.11.11 至 2018.11.11/低毒
水稻 纹枯病 75-112.5克/公顷 喷雾、泼浇

PD20097530 三唑酮/25%/可湿性粉剂/三唑酮 25%/2009.11.03 至 2014.11.03/低毒
小麦 白粉病 187.5-225克/公顷 喷雾

PD20100977 井冈霉素/8%/水剂/井冈霉素A 8%/2010.01.19 至 2015.01.19/微毒
水稻 纹枯病 75—150克/公顷 喷雾
注:井冈霉素含量度10%。

PD20101814 吡虫啉/95%/原药/吡虫啉 95%/2010.07.19 至 2015.07.19/低毒

PD20101854 戊唑醇/96%/原药/戊唑醇 96%/2010.07.28 至 2015.07.28/低毒

PD20101875 毒死蜱/97%/原药/毒死蜱 97%/2010.08.09 至 2015.08.09/中等毒

PD20101876 啶虫脒/99%/原药/啶虫脒 99%/2010.08.09 至 2015.08.09/低毒

PD20101877 咪鲜胺/95%/原药/咪鲜胺 95%/2010.08.09 至 2015.08.09/低毒

PD20101894 硫双威/95%/原药/硫双威 95%/2010.08.27 至 2015.08.27/中等毒

PD20102078 辛酰溴苯腈/92%/原药/辛酰溴苯腈 92%/2010.11.03 至 2015.11.03/中等毒

PD20110909 三唑酮/95%/原药/三唑酮 95%/2011.08.22 至 2016.08.22/低毒

PD20120654 除草定/95%/原药/除草定 95%/2012.04.18 至 2017.04.18/低毒

PD20120676 除草定/80%/可湿性粉剂/除草定 80%/2012.04.18 至 2017.04.18/低毒
注:专供出口，不得在国内销售。

PD20120689 丙草胺/96%/原药/丙草胺 96%/2012.04.18 至 2017.04.18/低毒

PD20121279 井冈·硫酸铜/4.5%/水剂/井冈霉素 4%、硫酸铜 0.5%/2012.09.06 至 2017.09.06/微毒
水稻 纹枯病 67.5-91克/公顷 喷雾

PD20121433 井冈·蜡芽菌/2.5%/水剂/井冈霉素A 2.5%、蜡质芽孢杆菌 10亿个/毫升/2012.10.08 至 2017.10.08/低毒
水稻 纹枯病 1500-3000克制剂/公顷 喷雾

PD20121619 灭草松/97%/原药/灭草松 97%/2012.10.30 至 2017.10.30/低毒

PD20121856 嘧菌酯/95%/原药/嘧菌酯 95%/2012.11.28 至 2017.11.28/低毒

PD20121910 噻虫嗪/98%/原药/噻虫嗪 98%/2012.12.07 至 2017.12.07/低毒

PD20122092 嗪草酮/70%/可湿性粉剂/嗪草酮 70%/2012.12.26 至 2017.12.26/低毒
春大豆田 一年生阔叶杂草 577.5-787.5克/公顷 土壤喷雾
夏大豆田 一年生阔叶杂草 367.5-577.5克/公顷 土壤喷雾

PD20130243 噻虫嗪/25%/水分散粒剂/噻虫嗪 25%/2013.02.05 至 2018.02.05/低毒
水稻 飞虱 11.25-15克/公顷 喷雾

PD20130310 嘧菌酯/250克/升/悬浮剂/嘧菌酯 250克/升/2013.02.26 至 2018.02.26/低毒

葡萄	霜霉病	166-250毫克/千克	喷雾

LS20110134 炔苯酰草胺/96%/原药/炔苯酰草胺 96%/2013.05.09 至 2014.05.09/低毒

LS20110225 炔苯酰草胺/50%/可湿性粉剂/炔苯酰草胺 50%/2013.08.10 至 2014.08.10/低毒

莴苣田	杂草	1500-2000克/公顷	土壤喷雾

江苏茂期化工有限公司 (江苏省连云港市灌南县堆沟港镇化学工业园区 222532 0518-83616088)

PD20130516 三乙膦酸铝/80%/水分散粒剂/三乙膦酸铝 80%/2013.03.27 至 2018.03.27/低毒

黄瓜	霜霉病	2160-2760克/公顷	喷雾

PD20130999 吡虫啉/70%/水分散粒剂/吡虫啉 70%/2013.05.07 至 2018.05.07/低毒

甘蓝	蚜虫	10.5-21克/公顷	喷雾

江苏梦达日用品有限公司 (江苏省苏州市张家港市(保税区)后塍工业园 215631 0512-58777888)

WP20080101 电热蚊香片/12.5毫克/片/电热蚊香片/炔丙菊酯 12.5毫克/片/2013.09.25 至 2018.09.25/微毒

卫生	蚊	/	电热加温

注:本品有三种香型:无香型、草木香型、薄荷香型。

WP20080157 杀虫气雾剂/0.32%/气雾剂/富右旋反式烯丙菊酯 0.11%、氯菊酯 0.20%、溴氰菊酯 0.01%/2013.11.06 至 2018.11.06/低毒

卫生	蚊、蝇、蜚蠊	/	喷雾

注:本品有三种香型:无香型、花香型、薄荷香型。

WP20080171 蚊香/0.3%/蚊香/Es-生物烯丙菊酯 0.3%/2013.11.18 至 2018.11.18/低毒

卫生	蚊	/	点燃

注:本品有三种香型:檀香型、草木香型、薄荷香型。

WP20110245 电热蚊香液/0.8%/电热蚊香液/炔丙菊酯 0.8%/2011.11.04 至 2016.11.04/低毒

卫生	蚊	/	电热加温

注:本产品有三种香型:无香型、草本香型、薄荷香型。

WP20120026 驱蚊液/7%/驱蚊液/避蚊胺 7%/2012.02.14 至 2017.02.14/微毒

卫生	蚊	/	涂抹

注:本产品有三种香型:无香型、清新香型、清凉薄荷香型。

WL20100008 杀虫气雾剂/0.79%/气雾剂/Es-生物烯丙菊酯 0.4%、氯菊酯 0.29%、右旋苯醚氰菊酯 0.1%/2012.01.12 至 2013.01.12/微毒

卫生	跳蚤、蚊、蝇、蜚蠊	/	喷雾

注:本品有三种香型:无香型\百花香型\薄荷香型

WL20100097 蚊香/0.08%/蚊香/氯氟醚菊酯 0.08%/2012.03.31 至 2013.03.31/微毒

卫生	蚊	/	点燃

注:本品有三种香型:檀香型\草本香型\薄荷香型

WL20120017 电热蚊香液/0.6%/电热蚊香液/氯氟醚菊酯 0.6%/2013.03.30 至 2014.03.30/微毒

卫生	蚊	/	电热加温

注:本产品有三种香型:无香型、草本香型、薄荷香型。

WL20120022 杀虫气雾剂/0.6%/醇基气雾剂/富右旋反式烯丙菊酯 0.35%、氯菊酯 0.25%/2013.05.05 至 2014.05.05/微毒

卫生	蚊、蝇、蜚蠊	/	喷雾

注:本产品有三种香型:茉莉香型、薄荷香型、无香型。

WL20120024 杀虫气雾剂(油基)/0.6%/气雾剂/富右旋反式烯丙菊酯 0.35%、氯菊酯 0.25%/2013.05.05 至 2014.05.05/微毒

卫生	蚊、蝇、蜚蠊	/	喷雾

WL20120029 蚊香/0.04%/蚊香/氯氟醚菊酯 0.04%/2013.06.04 至 2014.06.04/微毒

卫生	蚊	/	点燃

注:本产品有三种香型:檀香型、草本香型、薄荷香型。

WL20130041 杀虫气雾剂/0.49%/气雾剂/Es-生物烯丙菊酯 0.39%、右旋苯醚氰菊酯 0.1%/2013.10.10 至 2014.10.10/微毒

室内	蚊、蝇、蜚蠊	/	喷雾

注:本产品有三种香型:无香型、百花香型、清凉薄荷香型。

江苏南京常丰农化有限公司 (江苏省南京市六合区瓜埠镇红山窑 211511 025-57634368)

PD84125-18 乙烯利/40%/水剂/乙烯利 40%/2009.12.14 至 2014.12.14/低毒

番茄	催熟	800-1000倍液	喷雾或浸渍
棉花	催熟、增产	330-500倍液	喷雾
柿子、香蕉	催熟	400倍液	喷雾或浸渍
水稻	催熟、增产	800倍液	喷雾
橡胶树	增产	5-10倍液	涂布
烟草	催熟	1000-2000倍液	喷雾

PD85105-4 敌敌畏/77.5%/乳油/敌敌畏 77.5%/2009.12.14 至 2014.12.14/中等毒

茶树	食叶害虫	600克/公顷	喷雾
粮仓	多种储藏害虫	1)400-500倍液 2)0.4-0.5克/立方米	1)喷雾 2)挂条熏蒸
棉花	蚜虫、造桥虫	600-1200克/公顷	喷雾
苹果树	小卷叶蛾、蚜虫	400-500毫克/千克	喷雾
青菜	菜青虫	600克/公顷	喷雾

桑树 尺蠖 600克/公顷 喷雾
卫生 多种卫生害虫 1)300-400倍液 1)泼洒
2)0.08克/立方米 2)挂条熏蒸
小麦 黏虫、蚜虫 600克/公顷 喷雾
PD20082328 戊唑醇/95%/原药/戊唑醇 95%/2013.12.01 至 2018.12.01/低毒
PD20091027 乙烯利/90%/原药/乙烯利 90%/2014.01.21 至 2019.01.21/低毒
PD20096424 氟乐灵/480克/升/乳油/氟乐灵 480克/升/2009.08.04 至 2014.08.04/低毒
大豆田 一年生禾本科杂草及阔叶杂草 720-1080克/公顷 播前或播后苗前土壤喷雾
棉花田 一年生禾本科杂草及部分阔叶杂草 720-1080克/公顷 播前或播后苗前土壤喷雾
PD20110353 2,4-滴二甲胺盐/60%/水剂/2,4-滴二甲胺盐 60%/2011.03.24 至 2016.03.24/低毒
春小麦田 一年生阔叶杂草 432-540克/公顷 茎叶喷雾
PD20121610 2,4-滴异辛酯/96%/原药/2,4-滴异辛酯 96%/2012.10.29 至 2017.10.29/低毒
PD20131117 2，4-滴异辛酯/50%/乳油/2,4-滴异辛酯 50%/2013.05.20 至 2018.05.20/低毒
小麦田 一年生阔叶杂草 750～900克/公顷 茎叶喷雾
PD20131800 2甲4氯/97%/原药/2甲4氯 97%/2013.09.09 至 2018.09.09/中等毒
注:专供出口，不得在国内销售。
PD20132144 麦草畏/98%/原药/麦草畏 98%/2013.10.29 至 2018.10.29/低毒
LS20110327 滴胺·麦草畏/41%/水剂/2,4-滴二甲胺盐 30%、麦草畏 11%/2013.12.06 至 2014.12.06/低毒
冬小麦田 一年生阔叶杂草 517.5-621克/公顷 茎叶喷雾

江苏磐希化工有限公司 (江苏省泰兴市经济开发区新港路6－2号 225404 0523-7676205)

WP20090061 避蚊胺/99%/原药/避蚊胺 99%/2014.01.21 至 2019.01.21/低毒

江苏七洲绿色化工股份有限公司 (江苏省张家港市东沙化工集中区 215600 0512-58680566)

PD86130-4 灭草松/25%/水剂/灭草松 25%/2010.07.13 至 2015.07.13/低毒
草原牧场 阔叶杂草 1500-1875克/公顷 喷雾
茶园、大豆、甘薯 阔叶杂草 750-1500克/公顷 喷雾
水稻 阔叶杂草、莎草 750-1500克/公顷 喷雾
小麦 阔叶杂草 750克/公顷 喷雾
PD20040048 多·酮/30%/可湿性粉剂/多菌灵 20%、三唑酮 10%/2009.12.19 至 2014.12.19/低毒
水稻 纹枯病、叶尖枯病 675-900克/公顷 喷雾
小麦 白粉病、赤霉病 450-600克/公顷 喷雾
PD20040177 三唑酮/20%/乳油/三唑酮 20%/2009.12.19 至 2014.12.19/低毒
小麦 白粉病 120-127.5克/公顷 喷雾
PD20040424 吡虫·三唑酮/15.8%/可湿性粉剂/吡虫啉 1.8%、三唑酮 14%/2009.12.19 至 2014.12.19/低毒
小麦 白粉病、蚜虫 189.6-237克/公顷 喷雾
PD20040708 三唑酮/15%/可湿性粉剂/三唑酮 15%/2009.12.19 至 2014.12.19/低毒
小麦 白粉病、锈病 135-180克/公顷 喷雾
玉米 丝黑穗病 60-90克/100千克种子 拌种
PD20050022 三唑酮/95%/原药/三唑酮 95%/2010.04.15 至 2015.04.15/低毒
PD20050023 吡虫·杀虫单/46.5%/可湿性粉剂/吡虫啉 1.5%、杀虫单 45%/2010.04.15 至 2015.04.15/低毒
水稻 稻飞虱、稻纵卷叶螟、二化螟、三化螟 450-750克/公顷 喷雾
PD20070351 烯效唑/90%/原药/烯效唑 90%/2012.10.24 至 2017.10.24/低毒
PD20070352 烯效唑/5%/可湿性粉剂/烯效唑 5%/2012.10.24 至 2017.10.24/低毒
水稻 控制生长 50-150毫克/千克 浸种
PD20070360 已唑醇/95%/原药/已唑醇 95%/2012.10.24 至 2017.10.24/微毒
PD20070361 已唑醇/5%/悬浮剂/已唑醇 5%/2012.10.24 至 2017.10.24/微毒
葡萄 白粉病 10-20毫克/千克 喷雾
水稻 纹枯病 56.25-67.5克/公顷 喷雾
小麦 锈病 22.5-30克/公顷 喷雾
小麦 白粉病 15-22.5克/公顷 喷雾
PD20070464 醚菊酯/96%/原药/醚菊酯 96%/2012.11.20 至 2017.11.20/低毒
PD20080051 醚菊酯/10%/悬浮剂/醚菊酯 10%/2013.01.03 至 2018.01.03/低毒
十字花科蔬菜 菜青虫 45-60克/公顷 喷雾
水稻 稻象甲 120-150克/公顷 喷雾
PD20080090 丙环唑/95%/原药/丙环唑 95%/2013.01.04 至 2018.01.04/低毒
PD20080144 噻嗪酮/98%/原药/噻嗪酮 98%/2013.01.03 至 2018.01.03/微毒
PD20080234 丙环唑/25%/乳油/丙环唑 25%/2013.02.14 至 2018.02.14/低毒
香蕉 叶斑病 250-500毫克/千克 喷雾
PD20080521 噻嗪酮/25%/可湿性粉剂/噻嗪酮 25%/2013.04.29 至 2018.04.29/低毒
水稻 稻飞虱 112.5-150克/公顷 喷雾
PD20080796 三唑醇/97%/原药/三唑醇 97%/2013.06.20 至 2018.06.20/低毒
PD20081256 多效唑/15%/可湿性粉剂/多效唑 15%/2013.09.18 至 2018.09.18/低毒

冬小麦 调节生长 76.5-90克/公顷 喷雾
花生 调节生长、增产 90-120克/公顷 喷雾
水稻育秧田 控制生长 200-300毫克/千克 喷雾
油菜(苗床) 控制生长 100-200毫克/千克 喷雾
PD20081265 多效唑/95%/原药/多效唑 95%/2013.09.18 至 2018.09.18/低毒
PD20081516 嗪草酮/93%/原药/嗪草酮 93%/2013.11.06 至 2018.11.06/低毒
PD20082107 戊唑醇/96%/原药/戊唑醇 96%/2013.11.25 至 2018.11.25/低毒
PD20082579 烯草酮/95%/原药/烯草酮 95%/2013.12.04 至 2018.12.04/低毒
PD20082931 戊唑醇/2%/湿拌种剂/戊唑醇 2%/2013.12.09 至 2018.12.09/微毒
玉米 丝黑穗病 8-12克/100千克种子 拌种
PD20084551 三唑醇/15%/可湿性粉剂/三唑醇 15%/2013.12.18 至 2018.12.18/低毒
小麦 纹枯病 30-45克/100千克种子 拌种
PD20084933 嗪草酮/70%/可湿性粉剂/嗪草酮 70%/2013.12.22 至 2018.12.22/低毒
春大豆田 一年生阔叶杂草 525-735克/公顷(东北地区) 播后苗前土壤喷雾
PD20085381 嗪草酮/50%/可湿性粉剂/嗪草酮 50%/2013.12.24 至 2018.12.24/低毒
春大豆田 一年生阔叶杂草 450-600克/公顷(东北地区) 播后苗前土壤喷雾
PD20092188 戊唑醇/25%/乳油/戊唑醇 25%/2014.02.23 至 2019.02.23/低毒
香蕉 叶斑病 833-1250倍液 喷雾
PD20093502 戊唑醇/5%/悬浮拌种剂/戊唑醇 5%/2014.03.23 至 2019.03.23/微毒
小麦 纹枯病 3－4克/100千克种子 拌种
PD20095163 烯唑醇/12.5%/可湿性粉剂/烯唑醇 12.5%/2014.04.24 至 2019.04.24/低毒
梨树 黑星病 30-50毫克/千克 喷雾
PD20095203 烯唑醇/95%/原药/烯唑醇 95%/2014.04.24 至 2019.04.24/低毒
PD20097670 多效唑/10%/可湿性粉剂/多效唑 0%/2009.11.04 至 2014.11.04/低毒
大豆 控制生长、增产 90-112.5克/公顷 喷雾
冬小麦 增产 76.5-90克/公顷 /
冬小麦 调节生长 76.5-90克/公顷 茎叶喷雾
花生 调节生长、增产 90-120克/公顷 喷雾
PD20101302 草甘膦/95%/原药/草甘膦 95%/2010.03.17 至 2015.03.17/低毒
PD20110168 三唑醇/25%/乳油/三唑醇 25%/2011.02.11 至 2016.02.11/低毒
小麦 白粉病 75-150克/公顷 喷雾
PD20110262 苯甲·丙环唑/300克/升/乳油/苯醚甲环唑 150克/升、丙环唑 150克/升/2011.03.04 至 2016.03.04/低毒
水稻 纹枯病 67.5－90克/公顷 喷雾
PD20110425 嗪草酮/70%/水分散粒剂/嗪草酮 70%/2011.04.15 至 2016.04.15/低毒
春大豆田 一年生阔叶杂草 525-630克/公顷 土壤喷雾
PD20110615 戊唑醇/430克/升/悬浮剂/戊唑醇 430克/升/2011.06.07 至 2016.06.07/低毒
苹果树 斑点落叶病 86-143毫克/千克 喷雾
水稻 稻曲病 64.5-96.75克/公顷 喷雾
PD20110675 多效唑/25%/悬浮剂/多效唑 25%/2011.06.20 至 2016.06.20/低毒
小麦 调节生长、增产 100-150 毫克/升 兑水喷雾
PD20111182 己唑·腐霉利/16%/悬浮剂/腐霉利 14%、己唑醇 2%/2011.11.15 至 2016.11.15/微毒
番茄 灰霉病 160－200毫克/千克 喷雾
PD20111222 戊唑醇/25%/可湿性粉剂/戊唑醇 25%/2011.11.17 至 2016.11.17/微毒
小麦 白粉病、锈病 225-262.5克/公顷 喷雾
PD20111319 粉唑醇/12.5%/悬浮剂/粉唑醇 12.5%/2011.12.05 至 2016.12.05/微毒
注:专供出口，不得在国内销售。
PD20111343 粉唑醇/95%/原药/粉唑醇 95%/2011.12.06 至 2016.12.06/中等毒
注:专供出口，不得在国内销售。
PD20111345 苯醚甲环唑/95%/原药/苯醚甲环唑 95%/2011.12.09 至 2016.12.09/低毒
注:专供出口，不得在国内销售。
PD20120903 氟环唑/125克/升/悬浮剂/氟环唑 125克/升/2012.05.24 至 2017.05.24/微毒
小麦 锈病 84－112.5克/公顷 喷雾
注:专供出口,不得在国内销售。
PD20120926 氟环唑/95%/原药/氟环唑 95%/2012.06.04 至 2017.06.04/低毒
注:专供出口，不得在国内销售。
PD20121156 嗪草酮/480克/升/悬浮剂/嗪草酮 480克/升/2012.07.30 至 2017.07.30/低毒
注:专供出口，不得在国内销售。
PD20121394 苯醚甲环唑/10%/水分散粒剂/苯醚甲环唑 10%/2012.09.14 至 2017.09.14/微毒
大白菜 黑斑病 52.5-75克/公顷 喷雾
梨树 黑星病 20-25毫克/千克 喷雾
PD20122039 苯醚甲环唑/95%/原药/苯醚甲环唑 95%/2012.12.24 至 2017.12.24/低毒
PD20130176 草铵膦/95%/原药/草铵膦 95%/2013.01.24 至 2018.01.24/低毒
PD20131063 氟环唑/95%/原药/氟环唑 95%/2013.05.20 至 2018.05.20/低毒

PD20131629 己唑醇//悬浮剂/ /2013.07.30 至 2018.07.30/低毒
小麦 锈病 22.5－30克/公顷 喷雾
小麦 白粉病 15－22.5克/公顷 喷雾
PD20131779 氟环唑/125克/升/悬浮剂/氟环唑 125克/升/2013.09.09 至 2018.09.09/微毒
小麦 锈病 84-112.5克/公顷 喷雾
PD20131818 苯醚甲环唑/25%/乳油/苯醚甲环唑 25%/2013.09.17 至 2018.09.17/低毒
注:专供出口，不得在国内销售。
PD20132581 丙环唑/447克/升/乳油/丙环唑 447克/升/2013.12.17 至 2018.12.17/低毒
注: 专供出口，不得在国内销售。 丙环唑质量分娄为: 41.8%。
LS20120394 环丙唑醇/98%/原药/环丙唑醇 98%/2013.12.07 至 2014.12.07/中等毒
注:专供出口，不得在国内销售。

江苏洽益农化有限公司 (江苏省盐城市东台市许河镇工业园区 224232 0515-85635182)

PD20080453 敌畏·辛硫磷/40%/乳油/敌敌畏 25%、辛硫磷 15%/2013.03.27 至 2018.03.27/中等毒
桑树 毛虫 333-500毫克/千克 喷雾
PD20093633 氟啶脲/5%/乳油/氟啶脲 5%/2009.03.25 至 2014.03.25/低毒
棉花 棉铃虫 82.5-105克/公顷 喷雾
PD20094086 精吡氟禾草灵/150克/升/乳油/精吡氟禾草灵 150克/升/2009.03.27 至 2014.03.27/微毒
冬油菜田 一年生禾本科杂草 120-150克/公顷 茎叶喷雾
PD20094584 毒死蜱/480克/升/乳油/毒死蜱 480克/升/2009.04.10 至 2014.04.10/中等毒
水稻 稻飞虱 450-600克/公顷 喷雾
PD20096690 高效氯氟氰菊酯/25克/升/乳油/高效氯氟氰菊酯 25克/升/2009.09.07 至 2014.09.07/中等毒
十字花科叶菜 菜青虫 7.5-15克/公顷 喷雾
PD20097459 氯氰·毒死蜱/522.5克/升/乳油/毒死蜱 475克/升、氯氰菊酯 47.5克/升/2009.11.03 至 2014.11.03/中等毒
十字花科蔬菜 菜青虫 247.5-495.8克/公顷 喷雾
PD20100933 杀螟丹/50%/可溶粉剂/杀螟丹 50%/2010.01.19 至 2015.01.19/中等毒
水稻 二化螟 600-900克/公顷 喷雾
PD20130522 咪鲜胺锰盐/50%/可湿性粉剂/咪鲜胺锰盐 50%/2013.03.27 至 2018.03.27/低毒
柑橘 绿霉病、青霉病 250-500毫克/千克 浸果
黄瓜 炭疽病 380-500克/公顷 喷雾
PD20131112 苯醚甲环唑/250克/升/乳油/苯醚甲环唑 250克/升/2013.05.20 至 2018.05.20/低毒
香蕉 叶斑病 100-125毫克/千克 喷雾
PD20131428 甲氨基阿维菌素苯甲酸盐/2%/乳油/甲氨基阿维菌素 2%/2013.07.03 至 2018.07.03/低毒
甘蓝 小菜蛾 1.8-2.4克/公顷 喷雾
注:甲氨基阿维菌素苯甲酸盐: 含量2.28%。
PD20131646 阿维菌素/1.8%/乳油/阿维菌素 1.8%/2013.08.01 至 2018.08.01/低毒(原药高毒)
柑橘树 潜叶蛾 4.5-6.0毫克/千克 喷雾

江苏侨基生物化学有限公司 (江苏省南通市海安县仇湖镇仇湖南路168号 226692 0513-88433136)

PD20081922 杀螺胺/98%/原药/杀螺胺 98%/2013.11.21 至 2018.11.21/微毒
PD20090480 杀螟丹/50%/可溶粉剂/杀螟丹 50%/2014.01.12 至 2019.01.12/中等毒
水稻 二化螟 600-750克/公顷 喷雾
PD20096191 杀螺胺/70%/可湿性粉剂/杀螺胺 70%/2009.07.10 至 2014.07.10/低毒
水稻 福寿螺 315-420克/公顷 喷雾
PD20110074 戊唑醇/430克/升/悬浮剂/戊唑醇 430克/升/2011.01.19 至 2016.01.19/微毒
大白菜 黑斑病 120-150克/公顷 喷雾
苹果树 轮纹病 107.5-143毫克/千克 喷雾
苹果树 斑点落叶病 61.4-86毫克/千克 喷雾
PD20110848 丙环唑/250克/升/乳油/丙环唑 250克/升/2011.08.10 至 2016.08.10/低毒
香蕉 叶斑病 250-500毫克/千克 喷雾
小麦 白粉病 100-150克/公顷 喷雾
PD20111080 高效氯氟氰菊酯/25克/升/乳油/高效氯氟氰菊酯 25克/升/2011.10.12 至 2016.10.12/中等毒
甘蓝 菜青虫 7.5-15克/公顷 喷雾
PD20120424 苯醚甲环唑/250克/升/乳油/苯醚甲环唑 250克/升/2012.03.14 至 2017.03.14/低毒
香蕉 叶斑病 100－125毫克/千克 喷雾
PD20120433 咪鲜胺/450克/升/水乳剂/咪鲜胺 450克/升/2012.03.14 至 2017.03.14/低毒
水稻 恶苗病 62.5-125毫克/千克 浸种
PD20121492 阿维·啶虫脒/4%/乳油/阿维菌素 1%、啶虫脒 3%/2012.10.09 至 2017.10.09/低毒(原药高毒)
黄瓜 蚜虫 9-12克/公顷 喷雾
PD20132437 嘧菌酯/250克/升/悬浮剂/嘧菌酯 250克/升/2013.11.20 至 2018.11.20/低毒
葡萄 霜霉病 125-250克/公顷 喷雾

江苏仁信作物保护技术有限公司 (江苏省南京市化学工业园区赵桥河南路168号 210009 025-84712673)

PD20110613 戊唑醇/430克/升/悬浮剂/戊唑醇 430克/升/2011.06.07 至 2016.06.07/低毒
苹果树 斑点落叶病 86－107.5毫克/千克 喷雾
PD20122036 甲氨基阿维菌素苯甲酸盐/5%/水分散粒剂/甲氨基阿维菌素 5%/2012.12.19 至 2017.12.19/低毒

甘蓝　小菜蛾　1.92-2.57克/公顷　喷雾
注:甲氨基阿维菌素苯甲酸盐含量：5.7%。
PD20131189　丙环唑/95%/原药/丙环唑 95%/2013.05.27 至 2018.05.27/低毒
PD20132621　草甘膦异丙胺盐/30%/水剂/草甘膦 30%/2013.12.20 至 2018.12.20/低毒
非耕地　杂草　1125-1685克/公顷　喷雾
注:草甘膦异丙胺盐含量：41%。

江苏瑞邦农药厂有限公司　(江苏省南通市如东县洋口化工聚集区　226400　0513-84815022)

PD20070039　苯磺隆/95%/原药/苯磺隆 95%/2012.03.06 至 2017.03.06/低毒
PD20070269　苯磺隆/75%/水分散粒剂/苯磺隆 75%/2012.09.05 至 2017.09.05/低毒
冬小麦田　杂草　13.5—22.5克/公顷　茎叶喷雾
PD20070270　草甘膦/95%/原药/草甘膦 95%/2012.09.05 至 2017.09.05/低毒
PD20070447　毒死蜱/480克/升/乳油/毒死蜱 480克/升/2012.11.20 至 2017.11.20/低毒
水稻　二化螟　468-576克/公顷　喷雾
PD20070556　多菌灵/80%/可湿性粉剂/多菌灵 80%/2012.12.03 至 2017.12.03/低毒
水稻　稻瘟病　750-900克/公顷　喷雾
PD20080015　苄嘧磺隆/97%/原药/苄嘧磺隆 97%/2013.01.03 至 2018.01.03/低毒
PD20080148　炔螨特/57%/乳油/炔螨特 57%/2013.01.03 至 2018.01.03/低毒
柑橘树　红蜘蛛　285-380毫克/千克　喷雾
PD20080306　灭蝇胺/50%/可湿性粉剂/灭蝇胺 50%/2013.02.25 至 2018.02.25/低毒
黄瓜　美洲斑潜蝇　187.5-225克/公顷　喷雾
PD20080312　苯磺隆/10%/可湿性粉剂/苯磺隆 10%/2013.02.25 至 2018.02.25/低毒
冬小麦田　杂草　15—22.5克/公顷　茎叶喷雾
PD20080445　胺苯磺隆/20%/可溶粉剂/胺苯磺隆 20%/2008.03.17 至 2013.12.31/低毒
冬油菜(移栽田)　一年生阔叶杂草　22.5-30克/公顷　喷雾
PD20080459　烟嘧磺隆/95%/原药/烟嘧磺隆 95%/2013.03.27 至 2018.03.27/低毒
PD20080503　草甘膦异丙胺盐/41%/水剂/草甘膦异丙胺盐 41%/2013.04.10 至 2018.04.10/低毒
柑橘园　杂草　1125-2250克/公顷　定向茎叶喷雾
PD20080540　噻吩磺隆/15%/可湿性粉剂/噻吩磺隆 15%/2013.05.04 至 2018.05.04/低毒
冬小麦田　一年生阔叶杂草　22.5-30克/公顷　喷雾
PD20080558　噻吩磺隆/75%/水分散粒剂/噻吩磺隆 75%/2013.05.09 至 2018.05.09/低毒
夏大豆田　一年生阔叶杂草　20-25克/公顷　土壤喷雾
夏玉米田　一年生阔叶杂草　15-25克/公顷　土壤或茎叶喷雾
PD20080852　吡嘧磺隆/10%/可湿性粉剂/吡嘧磺隆 10%/2013.06.23 至 2018.06.23/低毒
水稻移栽田　阔叶杂草、莎草科杂草　22.5—30克/公顷　药土法
PD20080854　精喹禾灵/5%/乳油/精喹禾灵 5%/2013.06.23 至 2018.06.23/低毒
冬油菜田、夏大豆田　一年生禾本科杂草　45-52.5克/公顷　茎叶喷雾
PD20080920　硫双威/95%/原药/硫双威 95%/2013.07.17 至 2018.07.17/中等毒
PD20081277　灭草松/97%/原药/灭草松 97%/2013.09.25 至 2018.09.25/低毒
PD20081788　精喹·草除灵/17.5%/乳油/草除灵 15%、精喹禾灵 2.5%/2013.11.19 至 2018.11.19/低毒
冬油菜田　一年生杂草　262.5-393.8克/公顷　喷雾
PD20082022　苄·二氯/36%/可湿性粉剂/苄嘧磺隆 3%、二氯喹啉酸 33%/2013.11.25 至 2018.11.25/低毒
水稻田(直播)　一年生及部分多年生杂草　216-270克/公顷　茎叶喷雾
PD20082258　硫双威/375克/升/悬浮剂/硫双威 375克/升/2008.11.27 至 2013.11.27/中等毒
棉花　棉铃虫　562.5-787.5克/公顷　喷雾
PD20082367　氯氰·辛硫磷/40%/乳油/氯氰菊酯 5%、辛硫磷 35%/2013.12.01 至 2018.12.01/中等毒
棉花　棉铃虫　360-480克/公顷　喷雾
PD20082725　二氯喹啉酸/50%/可湿性粉剂/二氯喹啉酸 50%/2013.12.08 至 2018.12.08/低毒
水稻秧田　稗草　225-375克/公顷　喷雾
水稻移栽田　稗草　225-375克/公顷　喷雾或药土法
PD20082750　除虫脲/25%/可湿性粉剂/除虫脲 25%/2013.12.08 至 2018.12.08/微毒
甘蓝　菜青虫　215.7-225克/公顷　喷雾
PD20082999　硫双威/75%/可湿性粉剂/硫双威 75%/2013.12.10 至 2018.12.10/中等毒
棉花　棉铃虫　675-900克/公顷　喷雾
PD20083099　莠去津/48%/可湿性粉剂/莠去津 48%/2013.12.10 至 2018.12.10/低毒
夏玉米田　一年生杂草　1080-1440克/公顷　土壤喷雾
PD20083151　高氯·毒死蜱/20%/乳油/毒死蜱 18%、高效氯氰菊酯 2%/2013.12.11 至 2018.12.11/中等毒
棉花　棉铃虫　240-270克/公顷　喷雾
PD20083178　腐霉利/80%/可湿性粉剂/腐霉利 80%/2013.12.11 至 2018.12.11/微毒
番茄　灰霉病　375-750克/公顷　喷雾
PD20083925　除虫脲/75%/可湿性粉剂/除虫脲 75%/2013.12.15 至 2018.12.15/低毒
十字花科蔬菜　菜青虫　188-244克/公顷　喷雾
PD20084173　锰锌·腈菌唑/25%/可湿性粉剂/腈菌唑 2%、代森锰锌 23%/2013.12.16 至 2018.12.16/低毒
梨树　黑星病　700-1000倍液　喷雾

PD20084806 除虫脲/98%/原药/除虫脲 98%/2013.12.22 至 2018.12.22/低毒

PD20085338 丙溴磷/500克/升/乳油/丙溴磷 500克/升/2013.12.24 至 2018.12.24/低毒

棉花	棉铃虫	450-600克/公顷	喷雾

PD20085569 异丙草胺/72%/乳油/异丙草胺 72%/2013.12.25 至 2018.12.25/低毒

夏玉米田	一年生禾本科杂草及部分阔叶杂草	1080-1620克/公顷	喷雾

PD20085993 辛酰溴苯腈/25%/乳油/辛酰溴苯腈 25%/2013.12.29 至 2018.12.29/低毒

玉米田	一年生阔叶杂草	375-562.5克/公顷	茎叶喷雾

PD20092088 异丙·苄/10%/可湿性粉剂/苄嘧磺隆 1.25%、异丙草胺 8.75%/2014.02.16 至 2019.02.16/微毒

水稻抛秧田	一年生杂草	112.5－150克/公顷	药土法

PD20092199 乳氟禾草灵/240克/升/乳油/乳氟禾草灵 240克/升/2014.02.23 至 2019.02.23/低毒

花生田	一年生阔叶杂草	54-108克/公顷	茎叶喷雾

PD20092347 噻苯隆/50%/可湿性粉剂/噻苯隆 50%/2014.02.24 至 2019.02.24/微毒

棉花	脱叶	225-300克/公顷	喷雾

PD20093034 精吡氟禾草灵/150克/升/乳油/精吡氟禾草灵 150克/升/2014.03.09 至 2019.03.09/低毒

大豆田	一年生禾本科杂草	60-70毫升制剂/亩	茎叶喷雾
棉花田	一年生禾本科杂草	50-60毫升制剂/亩	茎叶喷雾

PD20093131 咪唑乙烟酸/10%/水剂/咪唑乙烟酸 10%/2014.03.10 至 2019.03.10/微毒

春大豆田	一年生杂草	75-100.5克/公顷	茎叶喷雾

PD20093703 草甘膦/75.7%/可溶粒剂/草甘膦 75.7%/2009.03.25 至 2014.03.25/低毒

柑橘	杂草	1873.5-2498.1克/公顷	喷雾

PD20095847 噻磺·乙草胺/20%/可湿性粉剂/噻吩磺隆 1%、乙草胺 19%/2009.05.27 至 2014.05.27/低毒

夏大豆田、夏玉米田	一年生杂草	600-750克/公顷	播后苗前土壤喷雾

PD20096008 甲磺隆/60%/水分散粒剂/甲磺隆 60%/2009.06.11 至 2013.12.31/低毒

冬小麦田	一年生杂草	7.5克/公顷	喷雾

PD20096035 甲磺隆/60%/可湿性粉剂/甲磺隆 60%/2009.06.15 至 2014.06.15/微毒

冬小麦田	一年生杂草	7.5克/公顷	喷雾

注:专供出口，不得在国内销售。

PD20096050 吡虫啉/98%/原药/吡虫啉 98%/2009.06.18 至 2014.06.18/低毒

PD20096150 精噁唑禾草灵/10%/乳油/精噁唑禾草灵 10%/2009.06.24 至 2014.06.24/低毒

花生田	一年生禾本科杂草	51.4-62.4克/公顷	茎叶喷雾
棉花田	一年生禾本科杂草	48.3-60.4克/公顷	茎叶喷雾

PD20096187 灭草松/560克/升/水剂/灭草松 560克/升/2009.07.10 至 2014.07.10/低毒

春大豆田	一年生阔叶杂草	1176-1512克/公顷	茎叶喷雾

PD20097042 精噁唑禾草灵/69克/升/水乳剂/精噁唑禾草灵 69克/升/2009.10.10 至 2014.10.10/低毒

小麦田	看麦娘、野燕麦等一年生禾本科杂草	41.4-62.1克/公顷	茎叶喷雾

PD20097238 多菌灵/98%/原药/多菌灵 98%/2009.10.19 至 2014.10.19/低毒

PD20097657 烟嘧磺隆/40克/升/可分散油悬浮剂/烟嘧磺隆 40克/升/2009.11.04 至 2014.11.04/低毒

玉米田	一年生杂草	42-60克/公顷	茎叶喷雾

PD20098299 联苯菊酯/100克/升/乳油/联苯菊酯 100克/升/2009.12.18 至 2014.12.18/中等毒

茶树	茶尺蠖	7.5-15克/公顷	喷雾
茶树	茶小绿叶蝉	30-37.5克/公顷	喷雾

PD20101359 噁草·丁草胺/60%/乳油/丁草胺 50%、噁草酮 10%/2010.04.02 至 2015.04.02/低毒

棉花田	一年生杂草	810-1080克/公顷	土壤喷雾
水稻旱直播田	一年生杂草	720-900克/公顷	土壤喷雾

PD20101381 苄嘧·丙草胺/40%/可湿性粉剂/苄嘧磺隆 4%、丙草胺 36%/2010.04.07 至 2015.04.07/低毒

水稻田(直播)	一年生及部分多年生杂草	450-480克/公顷(南方地区)	喷雾

PD20101851 乙氧氟草醚/240克/升/乳油/乙氧氟草醚 240克/升/2010.07.28 至 2015.07.28/低毒

甘蔗田	一年生杂草	108-180克/公顷	土壤喷雾

PD20110083 吡虫啉/70%/可湿性粉剂/吡虫啉 70%/2011.01.21 至 2016.01.21/低毒

甘蓝	蚜虫	21－31.5克/公顷	喷雾

PD20110343 噻苯隆/80%/可湿性粉剂/噻苯隆 80%/2011.03.24 至 2016.03.24/低毒

棉花	脱叶	240-300克/公顷	茎叶喷雾

PD20110810 吡虫啉/70%/种子处理可分散粉剂/吡虫啉 70%/2011.08.04 至 2016.08.04/低毒

棉花	蚜虫	280-420 克/100千克种子	拌种

PD20110823 苄嘧磺隆/60%/水分散粒剂/苄嘧磺隆 60%/2011.08.04 至 2016.08.04/低毒

移栽水稻田	一年生阔叶杂草及莎草科杂草	27-54克/公顷	药土法

PD20111014 啶虫脒/70%/可湿性粉剂/啶虫脒 70%/2011.09.28 至 2016.09.28/低毒

注:专供出口，不得在国内销售。

PD20111141 多菌灵/500克/升/悬浮剂/多菌灵 500克/升/2011.11.03 至 2016.11.03/低毒

水稻	纹枯病	750－900克/公顷	喷雾

PD20120013 甲嘧磺隆/75%/可湿性粉剂/甲嘧磺隆 75%/2012.01.05 至 2017.01.05/低毒

非耕地	杂草	450-675克/公顷	喷雾

PD20120130 硫双威/375克/升/悬浮种衣剂/硫双威 375克/升/2012.01.29 至 2017.01.29/中等毒

	棉花	小地老虎	350-1050克 /100千克种子	拌种法
PD20120208	氯嘧磺隆/25%/可湿性粉剂/氯嘧磺隆 25%/2012.02.07 至 2017.02.07/低毒			
	注:仅供出口，不得在国内销售。			
PD20120209	氯嘧磺隆/50%/可湿性粉剂/氯嘧磺隆 50%/2012.02.07 至 2017.02.07/低毒			
	注:仅供出口，不得在国内销售。			
PD20120254	氯嘧磺隆/75%/水分散粒剂/氯嘧磺隆 75%/2012.02.14 至 2017.02.14/低毒			
	注:专供出口，不得在国内销售。			
PD20120255	氯嘧磺隆/25%/水分散粒剂/氯嘧磺隆 25%/2012.02.14 至 2017.02.14/低毒			
	注:专供出口，不得在国内销售。			
PD20120685	吡虫啉/70%/水分散粒剂/吡虫啉 70%/2012.04.18 至 2017.04.18/低毒			
	甘蓝	蚜虫	21.0-31.5克/公顷	喷雾
PD20120694	精噁唑禾草灵/69克/升/水乳剂/精噁唑禾草灵 69克/升/2012.04.18 至 2017.04.18/低毒			
	大麦田	一年生禾本科杂草	51.75-62.1克/公顷	喷雾
PD20121682	2甲・唑草酮/70.5%/可湿性粉剂/2甲4氯钠 66.5%、唑草酮 4%/2012.11.05 至 2017.11.05/低毒			
	冬小麦田	一年生阔叶杂草	370-475.9克/公顷	茎叶喷雾
PD20121836	烟嘧磺隆/75%/水分散粒剂/烟嘧磺隆 75%/2012.11.22 至 2017.11.22/低毒			
	玉米田	一年生杂草	40-60克/公顷	茎叶喷雾
PD20121883	嘧菌酯/98%/原药/嘧菌酯 98%/2012.11.28 至 2017.11.28/低毒			
PD20121890	砜嘧磺隆/99%/原药/砜嘧磺隆 99%/2012.12.07 至 2017.12.07/低毒			
PD20121891	酰嘧磺隆/97%/原药/酰嘧磺隆 97%/2012.12.07 至 2017.12.07/低毒			
PD20130057	噻吩磺隆/97%/原药/噻吩磺隆 97%/2013.01.07 至 2018.01.07/低毒			
PD20130126	噻苯隆/98%/原药/噻苯隆 98%/2013.01.17 至 2018.01.17/低毒			
PD20130325	乙氧磺隆/97%/原药/乙氧磺隆 97%/2013.03.04 至 2018.03.04/低毒			
PD20131068	双草醚/95%/原药/双草醚 95%/2013.05.20 至 2018.05.20/低毒			
PD20132024	嗪草酮/97%/原药/嗪草酮 97%/2013.10.21 至 2018.10.21/低毒			
PD20132430	吡嘧磺隆/98%/原药/吡嘧磺隆 98%/2013.11.20 至 2018.11.20/低毒			
PD20132457	甲磺隆/20%/水分散粒剂/甲磺隆 20%/2013.12.02 至 2018.12.02/低毒			
	注:专供出口，不得在国内销售。			
PD20132469	异噁・甲戊灵/18%/可湿性粉剂/二甲戊灵 16%、异噁草松 2%/2013.12.02 至 2018.12.02/低毒			
	移栽水稻田	一年生杂草	175.5-216.0克/公顷	毒土法
PD20132718	唑草酮/nullnull/原药/唑草酮 92%/2013.12.30 至 2018.12.30/低毒			
江苏瑞东农药有限公司 (江苏省金坛市良常东路12号 213200 0519-82356988)				
PD85154-52	氰戊菊酯/20%/乳油/氰戊菊酯 20%/2011.03.05 至 2016.03.05/中等毒			
	柑橘树	潜叶蛾	10-20毫克/千克	喷雾
	果树	梨小食心虫	10-20毫克/千克	喷雾
	棉花	红铃虫、蚜虫	75-150克/公顷	喷雾
	蔬菜	菜青虫、蚜虫	60-120克/公顷	喷雾
PD20080858	苄嘧磺隆/30%/可湿性粉剂/苄嘧磺隆 30%/2013.06.23 至 2018.06.23/低毒			
	水稻移栽田	莎草科杂草、一年生禾本科杂草及部分阔叶杂草	31.5-63克/公顷	药土法
PD20081456	苄・二氯/40%/可湿性粉剂/苄嘧磺隆 6%、二氯喹啉酸 34%/2013.11.04 至 2018.11.04/低毒			
	水稻田(直播)	一年生杂草	189-270克/公顷	喷雾
PD20081685	三环唑/75%/可湿性粉剂/三环唑 75%/2013.11.17 至 2018.11.17/低毒			
	水稻	稻瘟病	225-337.5克/公顷	喷雾
PD20082240	苯磺隆/10%/可湿性粉剂/苯磺隆 10%/2013.11.27 至 2018.11.27/低毒			
	冬小麦田	一年生阔叶杂草	13.5—22.5克/公顷	茎叶喷雾
PD20083405	高效氯氟氰菊酯/25克/升/乳油/高效氯氟氰菊酯 25克/升/2013.12.11 至 2018.12.11/中等毒			
	十字花科蔬菜	菜青虫	7.5-11.25克/公顷	喷雾
PD20084143	苄嘧・扑草净/36%/可湿性粉剂/苄嘧磺隆 4%、扑草净 32%/2013.12.16 至 2018.12.16/低毒			
	水稻抛秧田	一年生阔叶杂草及莎草科杂草	162-216克/公顷(南方地区)	药土法
PD20084635	精喹禾灵/10%/乳油/精喹禾灵 10%/2013.12.18 至 2018.12.18/低毒			
	夏大豆田	一年生禾本科杂草	39.6-52.8克/公顷	茎叶喷雾
PD20085198	吡嘧磺隆/10%/可湿性粉剂/吡嘧磺隆 10%/2013.12.23 至 2018.12.23/低毒			
	移栽水稻田	一年生阔叶杂草及莎草科杂草	15-30克/公顷	药土法
PD20086105	高效氟吡甲禾灵/108克/升/乳油/高效氟吡甲禾灵 108克/升/2013.12.30 至 2018.12.30/低毒			
	夏大豆田	一年生禾本科杂草	40.5-56.7克/公顷	茎叶喷雾
PD20092050	莠去津/38%/悬浮剂/莠去津 38%/2014.02.12 至 2019.02.12/低毒			
	苹果园	一年生杂草	1140-1710克/公顷	土壤喷雾
PD20095318	噻吩磺隆/75%/水分散粒剂/噻吩磺隆 75%/2014.04.27 至 2019.04.27/低毒			
	春大豆田	一年生阔叶杂草	22.5-33.75克/公顷	土壤喷雾
PD20095460	苄・乙/14%/可湿性粉剂/苄嘧磺隆 3.5%、乙草胺 10.5%/2009.05.11 至 2014.05.11/低毒			
	移栽水稻田	一年生及部分多年生杂草	84-118克/公顷	药土法
PD20097773	联苯菊酯/100克/升/乳油/联苯菊酯 100克/升/2009.11.12 至 2014.11.12/中等毒			

	苹果树	桃小食心虫	25-33毫克/千克	喷雾
PD20097990	吡嘧磺隆/98%/原药/吡嘧磺隆 98%/2009.12.07 至 2014.12.07/低毒			
PD20098230	苯磺隆/75%/水分散粒剂/苯磺隆 75%/2009.12.16 至 2014.12.16/微毒			
	小麦田	一年生阔叶杂草	11.3-22.5克/公顷	茎叶喷雾
PD20098388	丙环唑/250克/升/乳油/丙环唑 250克/升/2009.12.18 至 2014.12.18/低毒			
	小麦	白粉病	112.5-150克/公顷	喷雾
PD20101218	二氯喹啉酸/50%/可湿性粉剂/二氯喹啉酸 50%/2010.02.21 至 2015.02.21/低毒			
	移栽水稻田	稗草	225-375克/公顷	茎叶喷雾
PD20111296	吡虫啉/70%/水分散粒剂/吡虫啉 70%/2011.11.24 至 2016.11.24/低毒			
	甘蓝	蚜虫	15.75-31.5克/公顷	喷雾
PD20120396	氯嘧磺隆/25%/可湿性粉剂/氯嘧磺隆 25%/2012.03.07 至 2017.03.07/微毒			
	注:专供出口，不得在国内销售。			
PD20120397	氯嘧磺隆/75%/水分散粒剂/氯嘧磺隆 75%/2012.03.07 至 2017.03.07/低毒			
	注:专供出口，不得在国内销售。			
PD20120428	噁草・丁草胺/60%/乳油/丁草胺 50%、噁草酮 10%/2012.03.14 至 2017.03.14/低毒			
	水稻旱直播田	一年生杂草	720-900克/公顷	播后苗前土壤喷雾
PD20122038	苯醚甲环唑/10%/水分散粒剂/苯醚甲环唑 10%/2012.12.24 至 2017.12.24/微毒			
	梨树	黑星病	14.3-16.7克/公顷	喷雾
PD20130269	氯嘧磺隆/25%/水分散粒剂/氯嘧磺隆 25%/2013.02.21 至 2018.02.21/微毒			
	注:专供出口，不得在国内销售。			
PD20130289	氰氟草酯/10%/乳油/氰氟草酯 10%/2013.02.26 至 2018.02.26/低毒			
	水稻田(直播)	稗草、千金子等禾本科杂草	90-105克/公顷	茎叶喷雾
PD20131884	乙羧氟草醚/10%/乳油/乙羧氟草醚 10%/2013.09.25 至 2018.09.25/低毒			
	春大豆田	一年生阔叶杂草	75-105克/公顷	茎叶喷雾
PD20131977	氯嘧磺隆/98%/原药/氯嘧磺隆 98%/2013.10.10 至 2018.10.10/微毒			
	注:专供出口，不得在国内销售。			
PD20132123	炔草酯/15%/可湿性粉剂/炔草酯 15%/2013.10.24 至 2018.10.24/低毒			
	小麦田	一年生禾本科杂草	45-56.3克/公顷	茎叶喷雾
PD20132125	烟嘧磺隆/75%/水分散粒剂/烟嘧磺隆 75%/2013.10.24 至 2018.10.24/微毒			
	春玉米田	一年生杂草	33.8—56.3克/公顷	茎叶喷雾
PD20132363	甲磺隆/60%/可湿性粉剂/甲磺隆 60%/2013.11.20 至 2018.11.20/微毒			
	注:专供出口，不得在国内销售。			
PD20132366	甲磺隆/97%/原药/甲磺隆 97%/2013.11.20 至 2018.11.20/微毒			
	注:专供出口，不得在国内销售。			
PD20132368	甲磺隆/60%/水分散粒剂/甲磺隆 60%/2013.11.20 至 2018.11.20/微毒			
	注:专供出口，不得在国内销售。			
PD20132372	甲磺隆/20%/水分散粒剂/甲磺隆 20%/2013.11.20 至 2018.11.20/微毒			
	注:专供出口，不得在国内销售。			
LS20120003	吡・西・扑草净/31%/可湿性粉剂/吡嘧磺隆 3%、扑草净 12%、西草净 16%/2014.01.05 至 2015.01.05/低毒			
	移栽水稻田	一年生杂草	232.5-279克/公顷	药土法
LS20120179	双草醚/40%/悬浮剂/双草醚 40%/2013.05.05 至 2014.05.05/微毒			
	水稻田(直播)	稗草、部分一年生阔叶草及莎草	30-36克/公顷（南方）	茎叶喷雾
LS20120187	吡嘧・二氯喹/68%/可湿性粉剂/吡嘧磺隆 5%、二氯喹啉酸 63%/2013.05.31 至 2014.05.31/微毒			
	水稻移栽田	一年生杂草	255-306克/公顷	茎叶喷雾
LS20120201	吡嘧・苯噻酰/68%/可湿性粉剂/苯噻酰草胺 64%、吡嘧磺隆 4%/2013.06.04 至 2014.06.04/低毒			
	水稻移栽田	一年生杂草	306-510克/公顷	毒土法
LS20130198	双草醚/40%/可湿性粉剂/双草醚 40%/2013.04.09 至 2014.04.09/微毒			
	水稻田(直播)	一年生杂草	30-42克/公顷	茎叶喷雾

江苏瑞禾生物科技有限公司　(江苏省南京市玄武区经济技术开发区尧新大道233号　210002　025-57712638)

PD20040097	高效氯氰菊酯/4.5%/乳油/高效氯氰菊酯 4.5%/2009.12.19 至 2014.12.19/低毒			
	十字花科蔬菜	菜青虫	20.25-27克/公顷	喷雾
PD20120665	啶虫脒/50%/水分散粒剂/啶虫脒 50%/2012.04.18 至 2017.04.18/中等毒			
	柑橘	蚜虫	12.5～20毫克/千克	喷雾

江苏瑞泽农化有限公司　(江苏省洪泽县永安东路70号　223100　0517-7223544)

PD20082139	噻嗪酮/25%/可湿性粉剂/噻嗪酮 25%/2013.11.25 至 2018.11.25/低毒			
	茶树	茶小绿叶蝉	166-250毫克/千克	喷雾
	柑橘树	介壳虫	166-250毫克/千克	喷雾
	水稻	稻飞虱	75-112.5克/公顷	喷雾
PD20083143	噁草・丁草胺/36%/乳油/丁草胺 30%、噁草酮 6%/2013.12.10 至 2018.12.10/低毒			
	水稻(旱育秧及半旱育秧田)	一年生杂草	540-720克/公顷	播后苗前土壤喷雾
PD20090623	2甲4氯钠/56%/可溶粉剂/2甲4氯钠 56%/2014.01.14 至 2019.01.14/低毒			
	冬小麦田	一年生阔叶杂草	840—1260克/公顷	茎叶喷雾

PD20091174　甲霜·福美双/40%/可湿性粉剂/福美双 31%、甲霜灵 9%/2014.01.22 至 2019.01.22/中等毒
水稻　立枯病　2400-3600克/公顷　苗床浇洒或秧苗喷雾
PD20093903　苯磺隆/10%/可湿性粉剂/苯磺隆 10%/2014.03.26 至 2019.03.26/低毒
冬小麦田　一年生阔叶杂草　10-15克制剂/亩　茎叶喷雾
PD20100485　马拉硫磷/45%/乳油/马拉硫磷 45%/2010.01.14 至 2015.01.14/低毒
水稻　稻飞虱　100-120毫升制剂/亩　喷雾
PD20101110　仲丁威/20%/乳油/仲丁威 20%/2010.01.25 至 2015.01.25/低毒
水稻　稻飞虱　465-555克/公顷　喷雾

江苏润鸿生物化学有限公司　(江苏省海安县角斜镇环镇西路12号　226633　0513-88247423)

PD84118-18　多菌灵/25%/可湿性粉剂/多菌灵 25%/2010.02.03 至 2015.02.03/低毒
果树　病害　0.05-0.1%药液　喷雾
花生　倒秧病　750克/公顷　喷雾
麦类　赤霉病　750克/公顷　喷雾,泼浇
棉花　苗期病害　500克/100千克种子　拌种
水稻　稻瘟病、纹枯病　750克/公顷　喷雾,泼浇
油菜　菌核病　1125-1500克/公顷　喷雾
PD85150-17　多菌灵/50%/可湿性粉剂/多菌灵 50%/2012.02.06 至 2017.02.06/低毒
果树　病害　0.05-0.1%药液　喷雾
花生　倒秧病　750克/公顷　喷雾
麦类　赤霉病　750克/公顷　喷雾、泼浇
棉花　苗期病害　500克/100千克种子　拌种
水稻　稻瘟病、纹枯病　750克/公顷　喷雾、泼浇
油菜　菌核病　1125-1500克/公顷　喷雾
PD85154-34　氰戊菊酯/20%/乳油/氰戊菊酯 20%/2012.02.06 至 2017.02.06/中等毒
柑橘树　潜叶蛾　10-20毫克/千克　喷雾
果树　梨小食心虫　10-20毫克/千克　喷雾
棉花　红铃虫、蚜虫　75-150克/公顷　喷雾
蔬菜　菜青虫、蚜虫　60-120克/公顷　喷雾
PD85166-7　绿麦隆/25%/可湿性粉剂/绿麦隆 25%/2012.02.06 至 2017.02.06/低毒
大麦田、小麦田、玉米田　一年生杂草　1500-3000克/公顷(北方地区) 600-1500克/公顷(南方地区)　播后苗前或苗期喷雾
PD20070524　三环唑/20%/可湿性粉剂/三环唑 20%/2012.11.28 至 2017.11.28/低毒
水稻　稻瘟病　225-300克/公顷　喷雾
PD20080534　噻嗪酮/95%/原药/噻嗪酮 95%/2013.05.04 至 2018.05.04/低毒
PD20080985　噻嗪酮/25%/可湿性粉剂/噻嗪酮 25%/2013.07.24 至 2018.07.24/低毒
水稻　飞虱　75-112.5克/公顷　喷雾
PD20083853　异菌脲/50%/可湿性粉剂/异菌脲 50%/2013.12.15 至 2018.12.15/低毒
番茄　早疫病　562.5-750克/公顷　喷雾
PD20084010　啶虫脒/5%/可湿性粉剂/啶虫脒 5%/2013.12.16 至 2018.12.16/低毒
柑橘树　蚜虫　10-12毫克/千克　喷雾
PD20084272　三环唑/95%/原药/三环唑 95%/2013.12.17 至 2018.12.17/中等毒
PD20084375　噻嗪·异丙威/25%/可湿性粉剂/噻嗪酮 5%、异丙威 20%/2013.12.17 至 2018.12.17/低毒
水稻　稻飞虱　450-562.5克/公顷　喷雾
PD20084790　甲霜灵/98%/原药/甲霜灵 98%/2013.12.22 至 2018.12.22/低毒
PD20084898　马拉硫磷/95%/原药/马拉硫磷 95%/2013.12.22 至 2018.12.22/低毒
PD20085026　双甲脒/20%/乳油/双甲脒 20%/2013.12.22 至 2018.12.22/中等毒
柑橘树　红蜘蛛　100-200毫克/千克　喷雾
梨树　梨木虱　166-250毫克/千克　喷雾
苹果树　红蜘蛛　130-200毫克/千克　喷雾
PD20085681　三环唑/75%/可湿性粉剂/三环唑 75%/2013.12.26 至 2018.12.26/低毒
水稻　稻瘟病　300-337.5克/公顷　喷雾
PD20086194　啶虫脒/5%/乳油/啶虫脒 5%/2013.12.30 至 2018.12.30/低毒
柑橘树　蚜虫　10-12毫克/千克　喷雾
PD20090729　氟啶脲/5%/乳油/氟啶脲 5%/2014.01.19 至 2019.01.19/低毒
十字花科蔬菜　菜青虫、小菜蛾　30-60克/公顷　喷雾
PD20092407　高效氯氟氰菊酯/25克/升/乳油/高效氯氟氰菊酯 25克/升/2014.02.25 至 2019.02.25/中等毒
甘蓝　菜青虫　15-30克/公顷　喷雾
PD20092919　苯磺隆/10%/可湿性粉剂/苯磺隆 10%/2014.03.05 至 2019.03.05/低毒
冬小麦田　一年生阔叶杂草　15-22.5克/公顷　茎叶喷雾
PD20093871　马拉硫磷/45%/乳油/马拉硫磷 45%/2014.03.25 至 2019.03.25/低毒
十字花科蔬菜　蚜虫　405-675克/公顷　喷雾
PD20093873　丙环唑/250克/升/乳油/丙环唑 250克/升/2014.03.25 至 2019.03.25/低毒

香蕉 叶斑病 250-500毫克/千克 喷雾

PD20093929 乙草胺/900克/升/乳油/乙草胺 900克/升/2009.03.27 至 2014.03.27/低毒

冬油菜田 一年生禾本科杂草及部分阔叶杂草 945-1080克/公顷 土壤喷雾

PD20095221 高效氟吡甲禾灵/108克/升/乳油/高效氟吡甲禾灵 108克/升/2014.04.24 至 2019.04.24/低毒

春大豆田 一年生禾本科杂草 48.6-64.8克/公顷 茎叶喷雾

夏大豆田 一年生禾本科杂草 40.6-48.6克/公顷 茎叶喷雾

PD20095357 吡嘧磺隆/10%/可湿性粉剂/吡嘧磺隆 10%/2014.04.27 至 2019.04.27/低毒

移栽水稻田 一年生阔叶杂草及莎草科杂草 15-30克/公顷 茎叶喷雾

PD20095710 吡虫啉/10%/可湿性粉剂/吡虫啉 10%/2009.05.18 至 2014.05.18/低毒

水稻 稻飞虱 15-30克/公顷 喷雾

PD20096310 井冈·噻嗪酮/28%/可湿性粉剂/井冈霉素 12%、噻嗪酮 16%/2009.07.22 至 2014.07.22/低毒

水稻 稻飞虱、纹枯病 168-210克/公顷 喷雾

PD20096535 唑磷·毒死蜱/30%/乳油/毒死蜱 15%、三唑磷 15%/2009.08.20 至 2014.08.20/中等毒

水稻 三化螟 225-270克/公顷 喷雾

PD20097027 草甘膦异丙胺盐(41%)///水剂/草甘膦 30%/2009.10.10 至 2014.10.10/低毒

非耕地 杂草 1125-2250克/公顷 喷雾

PD20097919 草甘膦/95%/原药/草甘膦 95%/2009.11.30 至 2014.11.30/低毒

PD20100235 丙环唑/95%/原药/丙环唑 95%/2010.01.11 至 2015.01.11/低毒

PD20100392 毒死蜱/97%/原药/毒死蜱 97%/2010.01.14 至 2015.01.14/中等毒

PD20100722 吡虫啉/95%/原药/吡虫啉 95%/2010.01.16 至 2015.01.16/低毒

PD20101951 苯磺隆/75%/水分散粒剂/苯磺隆 75%/2010.09.20 至 2015.09.20/低毒

冬小麦田 阔叶杂草 10-15克/公顷 茎叶喷雾

江苏润泽农化有限公司 (江苏省金坛市金城镇后阳化工园区16号 213215 0519-82618985)

PD85154-22 氰戊菊酯/20%/乳油/氰戊菊酯 20%/2011.03.16 至 2016.03.16/中等毒

柑橘树 潜叶蛾 10-20毫克/千克 喷雾

果树 梨小食心虫 10-20毫克/千克 喷雾

棉花 红铃虫、蚜虫 75-150克/公顷 喷雾

蔬菜 菜青虫、蚜虫 60-120克/公顷 喷雾

PD89104-7 氰戊菊酯/90%/原药/氰戊菊酯 90%/2009.11.23 至 2014.11.23/中等毒

PD20080341 联苯菊酯/95%/原药/联苯菊酯 95%/2013.02.26 至 2018.02.26/中等毒

PD20083363 高效氯氟氰菊酯/95%/原药/高效氯氟氰菊酯 95%/2013.12.11 至 2018.12.11/中等毒

PD20084777 氟氯氰菊酯/92%/原药/氟氯氰菊酯 92%/2013.12.22 至 2018.12.22/中等毒

PD20085139 甲哌鎓/98%/原药/甲哌鎓 98%/2013.12.23 至 2018.12.23/低毒

PD20093014 S-氰戊菊酯/90%/原药/S-氰戊菊酯 90%/2009.03.09 至 2014.03.09/中等毒

PD20093965 氰戊菊酯/40%/乳油/氰戊菊酯 40%/2009.03.27 至 2014.03.27/中等毒

十字花科蔬菜 菜青虫 120-180克/公顷 喷雾

PD20093979 毒死蜱/97%/原药/毒死蜱 97%/2009.03.27 至 2014.03.27/中等毒

PD20094372 氰戊·氧乐果/25%/乳油/氰戊菊酯 2.5%、氧乐果 22.5%/2009.04.01 至 2014.04.01/高毒

棉花 棉铃虫、蚜虫 187.5-225克/公顷 喷雾

PD20094892 溴氰菊酯/2.5%/乳油/溴氰菊酯 2.5%/2009.04.13 至 2014.04.13/中等毒

甘蓝 菜青虫 7.5-15克/公顷 喷雾

PD20097191 甲哌鎓/250克/升/水剂/甲哌鎓 250克/升/2009.10.16 至 2014.10.16/低毒

棉花 调节生长 45-60克/公顷 喷雾

PD20101497 噻螨酮/97%/原药/噻螨酮 97%/2010.05.10 至 2015.05.10/中等毒

PD20120073 双草醚/98%/原药/双草醚 98%/2012.01.18 至 2017.01.18/微毒

PD20121840 双草醚/80%/可湿性粉剂/双草醚 80%/2012.11.28 至 2017.11.28/微毒

注:专供出口，不得在国内销售。

PD20122086 双草醚/20%/可湿性粉剂/双草醚 20%/2012.12.24 至 2017.12.24/微毒

注:专供出口，不得在内销售。

PD20131205 噻吩磺隆/95%/原药/噻吩磺隆 95%/2013.05.27 至 2018.05.27/低毒

PD20131617 苯嗪草酮/98%/原药/苯嗪草酮 98%/2013.07.29 至 2018.07.29/低毒

注:专供出口，不得在国内销售。

江苏三迪化学有限公司 (江苏省泰州市孤山中路121号 214522 0523-4560377-8118)

PD90104-2 机油/94%/乳油/机油 94%/2010.03.31 至 2015.03.31/低毒

柑橘树 锈壁虱、蚜虫 100-200倍液 喷雾

柑橘树、杨梅树、枇杷树 介壳虫 50-60倍液 喷雾

PD20040076 多·酮/60%/可湿性粉剂/多菌灵 57%、三唑酮 3%/2009.12.19 至 2014.12.19/低毒

小麦 白粉病、赤霉病 450-600克/公顷 喷雾

PD20040683 吡虫·三唑酮/18%/可湿性粉剂/吡虫啉 2.4%、三唑酮 15.6%/2009.12.19 至 2014.12.19/低毒

小麦 白粉病、蚜虫 135-189克/公顷 喷雾

PD20040715 吡虫·杀虫单/70%/可湿性粉剂/吡虫啉 2.5%、杀虫单 67.5%/2009.12.19 至 2014.12.19/中等毒

水稻 飞虱、螟虫 630-735克/公顷 喷雾

PD20040783 吡虫·多菌灵/60%/可湿性粉剂/吡虫啉 3%、多菌灵 57%/2009.12.19 至 2014.12.19/低毒
小麦 赤霉病、蚜虫 540-720克/公顷 喷雾

PD20091515 井冈·杀虫单/55%/可溶粉剂/井冈霉素 10%、杀虫单 45%/2009.02.02 至 2014.02.02/中等毒
水稻 稻纵卷叶螟、螟虫、纹枯病 577.5-742.5克/公顷 喷雾

PD20091520 三环·多菌灵/50%/可湿性粉剂/多菌灵 42%、三环唑 8%/2009.02.02 至 2014.02.02/中等毒
水稻 稻瘟病 375-525克/公顷 喷雾

PD20092190 井冈·噻嗪酮/29%/可湿性粉剂/井冈霉素 14.5%、噻嗪酮 14.5%/2009.02.23 至 2014.02.23/低毒
水稻 飞虱、纹枯病 174-217.5克/公顷 喷雾

PD20092212 井·噻·杀虫单/45%/可湿性粉剂/井冈霉素 7.5%、噻嗪酮 7.5%、杀虫单 30%/2009.02.24 至 2014.02.24/中等毒
水稻 飞虱、螟虫 600-750克/公顷 喷雾
水稻 纹枯病 675-742.5克/公顷 喷雾

PD20092606 抗·酮·多菌灵/37.5%/可湿性粉剂/多菌灵 24%、抗蚜威 7.5%、三唑酮 6%/2009.03.02 至 2014.03.02/中等毒
小麦 白粉病、赤霉病、蚜虫 562.5-703.9克/公顷 喷雾

PD20093205 腐霉·多菌灵/50%/可湿性粉剂/多菌灵 31%、腐霉利 19%/2009.03.11 至 2014.03.11/低毒
油菜 菌核病 600-675克/公顷 喷雾

PD20097261 噻嗪·异丙威/25%/可湿性粉剂/噻嗪酮 5%、异丙威 20%/2009.10.26 至 2014.10.26/低毒
水稻 飞虱 225-300克/公顷 喷雾

PD20100771 丙草胺/30%/乳油/丙草胺 30%/2010.01.18 至 2015.01.18/低毒
直播水稻田 一年生杂草 450-540克/公顷 土壤喷雾

PD20111285 吡虫啉/20%/可溶液剂/吡虫啉 20%/2011.11.23 至 2016.11.23/低毒
水稻 稻飞虱 15-30克/公顷 喷雾

PD20121075 高效氯氟氰菊酯/2.5%/乳油/高效氯氟氰菊酯 2.5%/2012.07.19 至 2017.07.19/中等毒
甘蓝 菜青虫 7.5-11.25克/公顷 喷雾

PD20121424 噻嗪酮/25%/可湿性粉剂/噻嗪酮 25%/2012.09.29 至 2017.09.29/低毒
水稻 稻飞虱 112.5-131.25克/公顷 喷雾

PD20121426 多菌灵/40%/悬浮剂/多菌灵 40%/2012.09.29 至 2017.09.29/低毒
苹果树 轮纹病 666.7－1000毫克/千克 喷雾

LS20100107 多素·高氯氟/2.5%/乳油/多杀霉素 0.5%、高效氯氟氰菊酯 2%/2012.07.07 至 2013.07.07/中等毒
甘蓝 小菜蛾 15-22.5克/公顷 喷雾

WP20120254 杀虫粉剂/0.3%/粉剂/氟氯氰菊酯 0.3%/2012.12.24 至 2017.12.24/低毒
室内 蜚蠊 3克制剂/平方米 撒布

WL20130038 杀虫粉剂/0.15%/粉剂/高效氟氯氰菊酯 0.15%/2013.09.10 至 2014.09.10/低毒
室内 蚂蚁 3克制剂/平方米 撒施

江苏三泉农化有限责任公司 （江苏省镇江市丹阳市后巷镇高桥 212316 0511-86397436）

PD20040086 多·酮/33%/可湿性粉剂/多菌灵 25%、三唑酮 8%/2009.12.19 至 2014.12.19/低毒
小麦 白粉病、赤霉病 450-600克/公顷 喷雾

PD20040483 吡虫·三唑酮/15.8%/可湿性粉剂/吡虫啉 1.8%、三唑酮 14%/2009.12.19 至 2014.12.19/低毒
小麦 白粉病、蚜虫 130-160克/公顷 喷雾

PD20040659 吡虫·杀虫单/46%/可湿性粉剂/吡虫啉 1%、杀虫单 45%/2009.12.19 至 2014.12.19/中等毒
水稻 飞虱 450-750克/公顷 喷雾

PD20040741 吡虫啉/10%/可湿性粉剂/吡虫啉 10%/2009.12.19 至 2014.12.19/低毒
水稻 飞虱 15-30克/公顷 喷雾
小麦 蚜虫 15-30克/公顷 喷雾

PD20081430 噻嗪酮/25%/可湿性粉剂/噻嗪酮 25%/2008.10.31 至 2013.12.24/低毒
茶树 茶小绿叶蝉 166-250毫克/千克 喷雾
柑橘树 矢尖蚧 150-250毫克/千克 喷雾
水稻 稻飞虱 75-112.5克/公顷 喷雾

PD20081597 敌百·辛硫磷/30%/乳油/敌百虫 10%、辛硫磷 20%/2008.11.12 至 2013.12.24/低毒
水稻 二化螟 450-540克/公顷 喷雾

PD20081862 三环·多菌灵/40%/可湿性粉剂/多菌灵 30%、三环唑 10%/2008.11.20 至 2013.12.24/低毒
水稻 稻瘟病 480-600克/公顷 喷雾

PD20082075 氰戊·辛硫磷/25%/乳油/氰戊菊酯 6.25%、辛硫磷 18.75%/2008.11.25 至 2013.12.24/中等毒
棉花 棉铃虫 270-300克/公顷 喷雾

PD20082099 霜霉盐/40%/水剂/霜霉威盐酸盐 40%/2008.11.25 至 2013.12.24/低毒
黄瓜 霜霉病 649.8-1083克/公顷 喷雾

PD20082115 苄嘧·苯噻酰/50%/可湿性粉剂/苯噻酰草胺 47%、苄嘧磺隆 3%/2008.11.25 至 2013.12.24/低毒
水稻移栽田 一年生及部分多年生杂草 375-450克/公顷(南方地区) 药土法

PD20082162 霜霉威盐酸盐/722克/升/水剂/霜霉威盐酸盐 722克/升/2008.11.26 至 2013.12.24/低毒
黄瓜 霜霉病 705-1174克/公顷 喷雾

PD20082216 苯噻酰草胺/50%/可湿性粉剂/苯噻酰草胺 50%/2008.11.26 至 2013.12.24/低毒
水稻移栽田 稗草等杂草 375-450克/公顷(南方地区) 药土法

PD20083214 噻嗪·杀虫单/50%/可湿性粉剂/噻嗪酮 8%、杀虫单 42%/2013.12.11 至 2018.12.11/中等毒
水稻 稻飞虱、螟虫 750-900克/公顷 喷雾

PD20083893	唑磷·毒死蜱/30%/乳油/毒死蜱 15%、三唑磷 15%/2013.12.15 至 2018.12.15/中等毒			
	水稻	稻飞虱、三化螟	675-810克/公顷	喷雾
PD20084113	苄嘧磺隆/30%/可湿性粉剂/苄嘧磺隆 30%/2013.12.16 至 2018.12.16/低毒			
	水稻移栽田	阔叶杂草及一年生莎草	31.5-63克/公顷	药土法
PD20085172	苄·乙/20%/可湿性粉剂/苄嘧磺隆 4.5%、乙草胺 15.5%/2013.12.23 至 2018.12.23/低毒			
	水稻移栽田	一年生杂草	90-120克/公顷（南方地区）	药土法
	水稻移栽田	一年生及部分多年生杂草	84-118克/公顷	毒土法
PD20086377	阿维菌素/0.2%/可湿性粉剂/阿维菌素 0.2%/2008.12.31 至 2013.12.31/低毒(原药高毒)			
	十字花科蔬菜	菜青虫	1.5-2.25克/公顷	喷雾
PD20090176	井·噻·杀虫单/50%/可湿性粉剂/井冈霉素 6%、噻嗪酮 8%、杀虫单 36%/2014.01.08 至 2019.01.08/中等毒			
	水稻	稻飞虱、稻纵卷叶螟、二化螟	750-950克/公顷	喷雾
PD20092054	腈菌·福美双/20%/可湿性粉剂/福美双 18%、腈菌唑 2%/2014.02.13 至 2019.02.13/低毒			
	黄瓜	黑星病	200-400克/公顷	喷雾
PD20092056	阿维·高氯氟/2%/乳油/阿维菌素 0.2%、高效氯氟氰菊酯 1.8%/2014.02.13 至 2019.02.13/中等毒(原药高毒)			
	十字花科蔬菜	小菜蛾	15-18克/公顷	喷雾
PD20092059	敌畏·毒死蜱/40%/乳油/敌敌畏 20%、毒死蜱 20%/2009.02.13 至 2014.02.13/中等毒			
	菜豆	美洲斑潜蝇	240-360克/公顷	喷雾
PD20101138	苄·乙·甲/18.2%/可湿性粉剂/苄嘧磺隆 1%、甲磺隆 0.2%、乙草胺 17%/2010.01.25 至 2015.01.25/低毒			
	水稻移栽田	一年生及部分多年生杂草	68.3-81.9克/公顷	毒土法
江苏三山农药有限公司　(江苏省淮安市工业园区枚乘西路118号　223002　0517-83852011)				
PD84118	多菌灵/25%/可湿性粉剂/多菌灵 25%/2010.01.18 至 2015.01.18/低毒			
	果树	病害	0.05-0.1%药液	喷雾
	花生	倒秧病	750克/公顷	喷雾
	麦类	赤霉病	750克/公顷	喷雾,泼浇
	棉花	苗期病害	500克/100千克种子	拌种
	水稻	稻瘟病、纹枯病	750克/公顷	喷雾,泼浇
	油菜	菌核病	1125-1500克/公顷	喷雾
PD85150-2	多菌灵/50%/可湿性粉剂/多菌灵 50%/2010.07.12 至 2015.07.12/低毒			
	果树	病害	0.05-0.1%药液	喷雾
	花生	倒秧病	750克/公顷	喷雾
	麦类	赤霉病	750克/公顷	喷雾、泼浇
	棉花	苗期病害	500克/100千克种子	拌种
	水稻	稻瘟病、纹枯病	750克/公顷	喷雾、泼浇
	油菜	菌核病	1125-1500克/公顷	喷雾
PD20040709	吡虫啉/10%/可湿性粉剂/吡虫啉 10%/2009.12.19 至 2014.12.19/低毒			
	水稻	飞虱	15-30克/公顷	喷雾
	小麦	蚜虫	15-30克/公顷(南方地区)	喷雾
			45-60克/公顷(北方地区)	
	注:小麦的有效期为2005年6月29日至2006年6月29日。			
PD20082092	三环唑/20%/可湿性粉剂/三环唑 20%/2013.11.25 至 2018.11.25/中等毒			
	水稻	稻瘟病	225-300克/公顷	喷雾
PD20082205	噻嗪酮/25%/可湿性粉剂/噻嗪酮 25%/2013.11.26 至 2018.11.26/低毒			
	水稻	稻飞虱	75-112.5克/公顷	喷雾
PD20082421	硫磺·三环唑/45%/可湿性粉剂/硫磺 40%、三环唑 5%/2013.12.02 至 2018.12.02/低毒			
	水稻	稻瘟病	675-1012.5克/公顷	喷雾
PD20083887	硫磺·多菌灵/50%/可湿性粉剂/多菌灵 15%、硫磺 35%/2013.12.15 至 2018.12.15/低毒			
	花生	叶斑病	1200-1800克/公顷	喷雾
PD20096951	三环唑/75%/可湿性粉剂/三环唑 75%/2009.09.29 至 2014.09.29/中等毒			
	水稻	稻瘟病	225-375克/公顷	喷雾
PD20098332	噻嗪·异丙威/25%/可湿性粉剂/噻嗪酮 5%、异丙威 20%/2009.12.18 至 2014.12.18/低毒			
	水稻	稻飞虱	468.75-562.5克/公顷	喷雾
PD20101372	草甘膦异丙胺盐(41%)///水剂/草甘膦 30%/2010.04.02 至 2015.04.02/低毒			
	柑橘园	杂草	1687.5-3375克/公顷	定向茎叶喷雾
江苏三笑集团有限公司　(江苏省扬州市邗江区杭集镇三笑大道1号　225111　0514-87278082)				
WP20070026	蚊香/0.23%/蚊香/Es-生物烯丙菊酯 0.23%/2012.11.28 至 2017.11.28/低毒			
	卫生	蚊	/	点燃
WP20080108	电热蚊香片/13毫克/片/电热蚊香片/炔丙菊酯 13毫克/片/2008.10.21 至 2013.10.21/低毒			
	卫生	蚊	/	电热加温
WP20080173	驱蚊露/15%/驱蚊露/避蚊胺 15%/2013.11.18 至 2018.11.18/微毒			
	卫生	蚊	/	涂抹
WP20080189	电热蚊香液/0.8%/电热蚊香液/炔丙菊酯 0.8%/2013.11.19 至 2018.11.19/低毒			
	卫生	蚊	/	电热加温
WP20080214	杀虫气雾剂/0.5%/气雾剂/右旋胺菊酯 0.3%、右旋苯醚菊酯 0.2%/2013.11.21 至 2018.11.21/低毒			

卫生 蚊、蝇、蜚蠊 / 喷雾
WP20080318 蚊香/0.25%/蚊香/富右旋反式烯丙菊酯 0.25%/2008.12.05 至 2013.12.05/微毒
卫生 蚊 / 点燃
WP20080338 驱蚊花露水/5%/驱蚊花露水/避蚊胺 5%/2013.12.09 至 2018.12.09/微毒
卫生 蚊 / 涂抹
WP20090367 蚊香/0.03%/蚊香/四氟甲醚菊酯 0.03%/2009.11.12 至 2014.11.12/微毒
卫生 蚊 / 点燃
注:本品有一种香型：檀香型、茉莉香型、桂花香型。
WP20100060 杀虫气雾剂/0.55%/气雾剂/胺菊酯 0.3%、高效氯氰菊酯 0.05%、氯菊酯 0.2%/2010.04.14 至 2015.04.14/微毒
卫生 蚊、蝇、蜚蠊 / 喷雾
WP20110174 杀蟑气雾剂/0.3%/气雾剂/炔咪菊酯 0.1%、右旋苯醚氰菊酯 0.2%/2011.07.13 至 2016.07.13/微毒
卫生 蜚蠊 / 喷雾
注:本产品有两种香型：香樟香型、无香型。
WP20110186 电热蚊香片/10毫克/片/电热蚊香片/炔丙菊酯 5毫克/片、四氟甲醚菊酯 5毫克/片/2011.09.06 至 2016.09.06/微毒
卫生 蚊 / 热雾机喷雾
注:本产品有三种香型：薰衣草香型、清香型、无香型。
WP20110228 杀虫气雾剂/0.33%/气雾剂/氯菊酯 0.28%、四氟醚菊酯 0.05%/2011.10.10 至 2016.10.10/微毒
卫生 蚊、蝇、蜚蠊 / 喷雾
注:本产品有三种香型:柠檬香型、清香型、无香型。
WP20120144 蚊香/0.05%/蚊香/氯氟醚菊酯 0.05%/2012.07.20 至 2017.07.20/微毒
卫生 蚊 / 点燃
注:本产品有三种香型：檀香型、茉莉香型、桂花香型。
WP20120220 电热蚊香液/1.5%/电热蚊香液/氯氟醚菊酯 1.5%/2012.11.22 至 2017.11.22/低毒
卫生 蚊 / 电热加温
WP20120236 杀虫气雾剂/0.15%/气雾剂/高效氯氰菊酯 0.1%、右旋反式氯丙炔菊酯 0.05%/2012.12.12 至 2017.12.12/微毒
卫生 蚊、蝇、蜚蠊 / 喷雾
注:本产品有三种香型：柠檬香型、薰衣草香型、薄荷丁香香型。
WP20130015 电热蚊香液/0.6%/电热蚊香液/氯氟醚菊酯 0.6%/2013.01.17 至 2018.01.17/微毒
室内 蚊 / 电热加温
WP20130141 蚊香/0.08%/蚊香/氯氟醚菊酯 0.08%/2013.07.03 至 2018.07.03/微毒
卫生 蚊 / 点燃
注:本产品有三种香型：檀香型、茉莉香型、桂花香型。
WP20130146 电热蚊香片/13毫克/片/电热蚊香片/炔丙菊酯 5.2毫克/片、氯氟醚菊酯 7.8毫克/片/2013.07.05 至 2018.07.05/微毒
卫生 蚊 / 电热加温
注:本产品有三种香型：薰衣草香型、清香型、无香型。
WL20120025 电热蚊香液/0.8%/电热蚊香液/氯氟醚菊酯 0.8%/2013.05.05 至 2014.05.05/微毒
卫生 蚊 / 电热加温
WL20130009 杀虫气雾剂/0.2%/气雾剂/右旋苯醚菊酯 0.15%、四氟醚菊酯 0.05%/2014.01.18 至 2015.01.18/微毒
室内 蚊、蝇、蜚蠊 / 喷雾
注:本产品有两种香型:柠檬香型、清新香型。
WL20130010 杀虫气雾剂/0.5%/气雾剂/Es-生物烯丙菊酯 0.3%、右旋苯醚氰菊酯 0.2%/2014.01.18 至 2015.01.18/微毒
室内 蚊、蝇、蜚蠊 / 喷雾
注:本产品有两种香型：柠檬香型、清新香型。

江苏射阳黄海农药化工有限公司 (江苏省射阳县临海化工集中地 224300 0515-2324359)

PD20093887 辛硫磷/87%/原药/辛硫磷 87%/2009.03.25 至 2014.03.25/低毒
PD20100268 三唑磷/85%/原药/三唑磷 85%/2010.01.11 至 2015.01.11/中等毒
PD20110100 戊唑醇/95%/原药/戊唑醇 95%/2011.01.26 至 2016.01.26/低毒
PD20110109 丙环唑/95%/原药/丙环唑 95%/2011.01.26 至 2016.01.26/低毒

江苏生久农化有限公司 (江苏省东台市三仓镇新农街新秀路69号 224235 0515-5682999)

PD20085598 毒死蜱/40%/乳油/毒死蜱 40%/2013.12.25 至 2018.12.25/中等毒
桑树 桑尺蠖 200-267毫克/千克 喷雾
水稻 稻飞虱 450-600克/公顷 喷雾
PD20097787 炔螨特/73%/乳油/炔螨特 73%/2009.11.20 至 2014.11.20/低毒
桑树 朱砂叶螨 243.3-487毫克/千克 喷雾
PD20121393 残杀威/8%/可湿性粉剂/残杀威 8%/2012.09.14 至 2017.09.14/中等毒
蚕桑树 桑象虫 53.33-80毫克/千克 喷雾
PD20121480 敌畏·马/60%/乳油/敌敌畏 40%、马拉硫磷 20%/2012.10.08 至 2017.10.08/低毒
蚕桑树 桑尺蠖 400～600毫克/千克 喷雾
PD20131985 高效氯氟氰菊酯/2.5%/悬浮剂/高效氯氟氰菊酯 2.5%/2013.10.10 至 2018.10.10/低毒
甘蓝 菜青虫 11.25-15克/公顷 喷雾
WP20100103 高效氯氟氰菊酯/2.5%/微囊悬浮剂/高效氯氟氰菊酯 2.5%/2010.07.28 至 2015.07.28/低毒
室内 蜚蠊、蚊、蝇 / 滞留喷洒
WP20100130 顺式氯氰菊酯/100克/升/悬浮剂/顺式氯氰菊酯 100克/升/2010.11.01 至 2015.11.01/低毒

卫生 蜚蠊、蚊、蝇 20-30毫克/平方米 滞留喷洒

WP20110068 溴氰菊酯/2.5%/可湿性粉剂/溴氰菊酯 2.5%/2011.03.21 至 2016.03.21/低毒

卫生 蚊、蝇、蜚蠊 15－25毫克/平方米 滞留喷洒

WP20110165 顺氯·残杀威/10%/乳油/残杀威 6%、顺式氯氰菊酯 4%/2011.06.27 至 2016.06.27/中等毒

室外 蚊、蝇 100倍液 喷雾

WP20120016 杀虫水乳剂/0.6%/水乳剂/胺菊酯 0.3%、氯菊酯 0.3%/2012.01.29 至 2017.01.29/低毒

卫生 蚊、蝇、蜚蠊 / 喷雾

WP20120109 高效氯氰菊酯/8%/悬浮剂/高效氯氰菊酯 8%/2012.06.14 至 2017.06.14/低毒

卫生 蚊、蝇、蜚蠊 40毫克/平方米 滞留喷洒

WP20130202 杀蝇饵剂/2%/饵剂/吡虫啉 2%/2013.09.25 至 2018.09.25/微毒

室内 蝇 / 投放

江苏省常熟市农药厂有限公司　(江苏省常熟市莫城镇南　215556　0512-52451166)

PD84125-4 乙烯利/40%/水剂/乙烯利 40%/2009.12.01 至 2014.12.01/低毒

番茄 催熟 800-1000倍液 喷雾或浸渍

棉花 催熟、增产 330-500倍液 喷雾

柿子、香蕉 催熟 400倍液 喷雾或浸渍

水稻 催熟、增产 800倍液 喷雾

橡胶树 增产 5-10倍液 涂布

烟草 催熟 1000-2000倍液 喷雾

PD92103-18 草甘膦/95%,93%,90%/原药/草甘膦 95%,93%,90%/2012.07.16 至 2017.07.16/低毒

PD94106-3 乙烯利/91%/原药/乙烯利 91%/2009.04.01 至 2014.04.01/低毒

PD20082810 草甘膦异丙胺盐/41%/水剂/草甘膦异丙胺盐 41%/2013.12.09 至 2018.12.09/低毒

非耕地、苹果园 杂草 1230-2460克/公顷 喷雾

PD20121062 乙烯利/5%/糊剂/乙烯利 5%/2012.07.12 至 2017.07.12/低毒

注:专供出口,不得在国内销售。

PD20132418 草甘膦异丙胺盐/46%/水剂/草甘膦 46%/2013.11.20 至 2018.11.20/低毒

非耕地 杂草 1209-2325克/公顷 茎叶喷雾

注:草甘膦异丙胺盐含量: 62%。

LS20110067 乙烯利/54%/水剂/乙烯利 54%/2013.04.01 至 2014.04.01/低毒

注:专供出口，不得在国内销售。

江苏省常熟市义农农化有限公司　(江苏省苏州市常熟市大义镇　215557　0512-52391347)

PD20040236 多·酮/36%/可湿性粉剂/多菌灵 27%、三唑酮 9%/2009.12.19 至 2014.12.19/低毒

小麦 白粉病、赤霉病 450-600克/公顷 喷雾

小麦 纹枯病 66-99克/100千克种子 拌种

PD20040742 吡虫·杀虫单/46%/可湿性粉剂/吡虫啉 1.5%、杀虫单 44.5%/2009.12.19 至 2014.12.19/中等毒

水稻 稻飞虱 450-750克/公顷 喷雾

PD20040775 杀虫单/90%/可溶粉剂/杀虫单 90%/2009.12.19 至 2014.12.19/中等毒

水稻 螟虫 675-810克/公顷 喷雾

PD20090326 咪鲜·三环唑/20%/可湿性粉剂/咪鲜胺 5%、三环唑 15%/2014.01.12 至 2019.01.12/低毒

水稻 稻瘟病 150-180克/公顷 喷雾

PD20090453 阿维·杀虫单/30%/微乳剂/阿维菌素 0.2%、杀虫单 29.8%/2014.01.12 至 2019.01.12/低毒(原药高毒)

水稻 二化螟 450-675克/公顷 喷雾

PD20091066 井·噻·杀虫单/55%/可湿性粉剂/井冈霉素 7%、噻嗪酮 8%、杀虫单 40%/2014.01.21 至 2019.01.21/中等毒

水稻 二化螟、飞虱、纹枯病 825-990克/公顷 喷雾

PD20091090 敌百·三唑磷/36%/乳油/敌百虫 30%、三唑磷 6%/2014.01.21 至 2019.01.21/中等毒

水稻 二化螟 810-972克/公顷 喷雾

PD20091391 阿维·三唑磷/20%/乳油/阿维菌素 0.2%、三唑磷 19.8%/2014.02.02 至 2019.02.02/中等毒(原药高毒)

水稻 二化螟 150-210克/公顷 喷雾

PD20092436 阿维·氟铃脲/2.5%/乳油/阿维菌素 0.4%、氟铃脲 2.1%/2014.02.25 至 2019.02.25/低毒(原药高毒)

甘蓝 甜菜夜蛾、小菜蛾 11.25-15克/公顷 喷雾

PD20093305 井冈·烯唑醇/18%/可湿性粉剂/井冈霉素 15%、烯唑醇 3%/2009.03.13 至 2014.03.13/低毒

水稻 稻曲病 81-135克/公顷 喷雾

PD20093508 井冈·杀虫单/42%/可溶粉剂/井冈霉素 6%、杀虫单 36%/2009.03.23 至 2014.03.23/中等毒

水稻 螟虫、纹枯病 630-787.5克/公顷 喷雾

PD20096242 氰戊·辛硫磷/30%/乳油/氰戊菊酯 3%、辛硫磷 27%/2009.07.15 至 2014.07.15/中等毒

棉花 棉铃虫 270-360克/公顷 喷雾

PD20101934 水胺·三唑磷/30%/乳油/三唑磷 10%、水胺硫磷 20%/2010.08.27 至 2015.08.27/中等毒(原药高毒)

水稻 二化螟 315-450克/公顷 喷雾

PD20130762 吡蚜酮/25%/可湿性粉剂/吡蚜酮 25%/2013.04.16 至 2018.04.16/微毒

水稻 飞虱 60-75克/公顷 喷雾

PD20131992 噻嗪·异丙威/25%/可湿性粉剂/噻嗪酮 5%、异丙威 20%/2013.10.10 至 2018.10.10/低毒

水稻 稻飞虱 450-562.5克/公顷 喷雾

江苏省常州华夏农药有限公司　(江苏省常州市武进区夏溪镇新东街65号　213148　0519-3582888)

PD20070046 双甲脒/200克/升/乳油/双甲脒 200克/升/2012.03.06 至 2017.03.06/低毒

柑橘树	红蜘蛛	100-200毫克/千克	喷雾

PD20070049 双甲脒/97%/原药/双甲脒 97%/2012.03.06 至 2017.03.06/低毒

江苏省常州兰陵制药有限公司 (江苏省常州市天宁区采菱东路58号 213018 0519-8771316)

PD20090001 荧光假单胞杆菌/6000亿个/克/母药/荧光假单胞杆菌 6000亿个/克/2014.01.04 至 2019.01.04/低毒

PD20090002 荧光假单胞杆菌/3000亿个/克/粉剂/荧光假单胞杆菌 3000亿个/克/2014.01.04 至 2019.01.04/微毒

番茄	青枯病	6562.5-8250克制剂/公顷	浸种＋泼浇＋灌根
烟草	青枯病	7687.5-9937.5克制剂/公顷	浸种＋泼浇＋灌根

江苏省常州市宝利德农药有限公司 (江苏省常州市新北区罗溪镇 213136 0519-3401033)

PD85154-9 氰戊菊酯/20%/乳油/氰戊菊酯 20%/2010.08.15 至 2015.08.15/中等毒

柑橘树	潜叶蛾	10-20毫克/千克	喷雾
果树	梨小食心虫	10-20毫克/千克	喷雾
棉花	红铃虫、蚜虫	75-150克/公顷	喷雾
蔬菜	菜青虫、蚜虫	60-120克/公顷	喷雾

PD85157-5 辛硫磷/40%/乳油/辛硫磷 40%/2010.08.15 至 2015.08.15/低毒

茶树、桑树	食叶害虫	200-400毫克/千克	喷雾
果树	食心虫、蚜虫、螨	200-400毫克/千克	喷雾
林木	食叶害虫	3000-6000克/公顷	喷雾
棉花	棉铃虫、蚜虫	300-600克/公顷	喷雾
蔬菜	菜青虫	300-450克/公顷	喷雾
烟草	食叶害虫	300-600克/公顷	喷雾
玉米	玉米螟	450-600克/公顷	灌心叶

PD20080972 杀螟丹/98%/原药/杀螟丹 98%/2008.07.24 至 2013.07.24/中等毒

PD20080974 甲氰菊酯/20%/乳油/甲氰菊酯 20%/2008.07.24 至 2013.07.24/中等毒

甘蓝	菜青虫	75-90克/公顷	喷雾

PD20083546 杀螟丹/50%/可溶粉剂/杀螟丹 50%/2008.12.12 至 2013.12.12/中等毒

水稻	二化螟	600-750克/公顷	喷雾

PD20085315 杀螟丹/95%/可溶粉剂/杀螟丹 95%/2008.12.24 至 2013.12.24/中等毒

水稻	二化螟	570-712.5克/公顷	喷雾

PD20085753 杀螟丹/98%/可溶粉剂/杀螟丹 98%/2008.12.29 至 2013.12.29/中等毒

水稻	二化螟	735-882克/公顷	喷雾

PD20094287 溴氰菊酯/25克/升/乳油/溴氰菊酯 25克/升/2009.03.31 至 2014.03.31/中等毒

茶树	害虫	3.75-7.5克/公顷	喷雾
大白菜、棉花	害虫	7.5-15克/公顷	喷雾
柑橘树、苹果树	害虫	5-10毫克/千克	喷雾
烟草	烟青虫	7.5-9克/公顷	喷雾

江苏省常州市农林药业有限公司 (江苏省常州市金坛市西门常湟线汤庄镇 213200 0519-2892688)

PD20083310 高效氯氟氰菊酯/25克/升/乳油/高效氯氟氰菊酯 25克/升/2013.12.11 至 2018.12.11/中等毒

十字花科蔬菜	蚜虫	5.625-9.375克/公顷	喷雾

PD20083858 噻嗪酮/25%/可湿性粉剂/噻嗪酮 25%/2013.12.15 至 2018.12.15/低毒

水稻	稻飞虱	112.5－150克/公顷	喷雾

PD20084404 三环唑/20%/可湿性粉剂/三环唑 20%/2013.12.17 至 2018.12.17/低毒

水稻	稻瘟病	225-300克/公顷	喷雾

PD20084739 氰戊菊酯/20%/乳油/氰戊菊酯 20%/2013.12.22 至 2018.12.22/低毒

十字花科蔬菜	菜青虫	60-120克/公顷	喷雾

PD20084962 丙环唑/250克/升/乳油/丙环唑 250克/升/2013.12.22 至 2018.12.22/低毒

香蕉	叶斑病	333-500毫克/千克	喷雾

PD20085750 联苯菊酯/25克/升/乳油/联苯菊酯 25克/升/2013.12.29 至 2018.12.29/低毒

茶树	茶小绿叶蝉	30－37.5克/公顷	/喷雾

PD20090515 精喹禾灵/10.8%/乳油/精喹禾灵 10.8%/2009.01.12 至 2014.01.12/低毒

大豆田	一年生禾本科杂草	48.6-56.7克/公顷	茎叶喷雾

PD20096564 苯磺隆/10%/可湿性粉剂/苯磺隆 10%/2009.08.24 至 2014.08.24/低毒

冬小麦田	一年生阔叶杂草	18-22.5克/公顷	茎叶喷雾

PD20130299 噁草·丁草胺/40%/乳油/丁草胺 34%、噁草酮 6%/2013.02.26 至 2018.02.26/低毒

水稻(旱育秧及半旱育秧田)	一年生杂草	660-750克/公顷	土壤喷雾

江苏省常州市武进恒隆农药有限公司 (江苏省常州市武进区西门外卜弋镇 213141 0519-3319230)

PD20070426 双甲脒/95%/原药/双甲脒 95%/2012.11.12 至 2017.11.12/低毒

PD20070682 嗪草酮/95%/原药/嗪草酮 95%/2012.12.17 至 2017.12.17/低毒

PD20094414 杀螟硫磷/93%/原药/杀螟硫磷 93%/2014.04.01 至 2019.04.01/中等毒

PD20120074 双甲脒/200克/升/乳油/双甲脒 200克/升/2012.01.18 至 2017.01.18/低毒

棉花	红蜘蛛	135-150克/公顷	喷雾

PD20120398 嗪草酮/70%/可湿性粉剂/嗪草酮 70%/2012.03.07 至 2017.03.07/低毒

春大豆田 一年生阔叶杂草 630-735克/公顷 土壤喷雾
PD20120984 马拉硫磷/95%/原药/马拉硫磷 95%/2012.06.21 至 2017.06.21/低毒
PD20121738 丙环唑/95%/原药/丙环唑 95%/2012.11.08 至 2017.11.08/低毒
PD20131909 灭草松/95%/原药/灭草松 95%/2013.09.25 至 2018.09.25/低毒
PD20132134 戊唑醇/96%/原药/戊唑醇 96%/2013.10.24 至 2018.10.24/低毒
PD20132679 吡虫啉/97%/原药/吡虫啉 97%/2013.12.25 至 2018.12.25/低毒

江苏省常州沃富斯农化有限公司 (江苏省金坛市北环西路146号 213200 0519-2822581)

PD20095312 甲哌鎓/96%/可溶粉剂/甲哌鎓 96%/2009.04.27 至 2014.04.27/低毒
棉花 调节生长 45-60克/公顷 喷雾
PD20097436 烟嘧磺隆/40克/升/可分散油悬浮剂/烟嘧磺隆 40克/升/2009.10.28 至 2014.10.28/低毒
玉米田 一年生杂草 42-60克/公顷 茎叶喷雾
PD20110678 戊唑醇/430克/升/悬浮剂/戊唑醇 430克/升/2011.06.20 至 2016.06.20/低毒
苹果树 斑点落叶病 61.43-86毫克/千克 喷雾
PD20110730 高效氯氟氰菊酯/10%/水乳剂/高效氯氟氰菊酯 10%/2011.07.11 至 2016.07.11/中等毒
茶树 小绿叶蝉 30-45克/公顷 喷雾
茶树 茶尺蠖 15-45克/公顷 喷雾
柑橘树 潜叶蛾 12.5-25毫克/千克 喷雾
苹果树 桃小食心虫 6.25-12.5毫克/千克 喷雾
十字花科蔬菜 蚜虫 3.75-7.5克/公顷 喷雾
十字花科蔬菜 小菜蛾 15-22.5克/公顷 喷雾
十字花科蔬菜 菜青虫 7.5-15克/公顷 喷雾
烟草 烟青虫 4.875-11.25克/公顷 喷雾
PD20132464 草甘膦异丙胺盐/41%/水剂/草甘膦 41%/2013.12.02 至 2018.12.02/微毒
非耕地 杂草 1230-2460克/公顷 茎叶喷雾
注:草甘膦异丙胺盐含量: 55%。

江苏省常州永泰丰化工有限公司 (江苏省常州市新北区滨江化工开发西区 213033 0519-89859020)

PD20083591 草甘膦/95%/原药/草甘膦 95%/2013.12.16 至 2018.12.16/低毒
PD20095816 2,4-滴/96%/原药/2,4-滴 96%/2009.05.27 至 2014.05.27/低毒
PD20096452 2,4-滴丁酯/96%/原药/2,4-滴丁酯 96%/2009.08.05 至 2014.08.05/低毒
PD20100053 2,4-滴异辛酯/96%/原药/2,4-滴异辛酯 96%/2010.01.04 至 2015.01.04/低毒
PD20100446 2,4滴丁酯/57%/乳油/2,4-滴丁酯 57%/2010.01.14 至 2015.01.14/低毒
春小麦田 一年生阔叶杂草 75-100克制剂/亩 喷雾
冬小麦田 一年生阔叶杂草 50-75克制剂/亩 喷雾
PD20101034 2,4-滴二甲胺盐/58%/水剂/2,4-滴 58%/2010.01.21 至 2015.01.21/低毒
非耕地 阔叶杂草 1612.5-2418.5克/公顷 喷雾
水稻移栽田 阔叶杂草 258-774克/公顷 喷雾
注:2,4-滴二甲胺盐含量: 70%(860克/升)。
PD20110039 2,4-滴异辛酯/50%/乳油/2,4-滴异辛酯 50%/2011.01.11 至 2016.01.11/低毒
小麦田 一年生阔叶杂草 750-900克/公顷 茎叶喷雾
PD20110525 2,4-滴钠盐/95%/原药/2,4-滴钠盐 95%/2011.05.12 至 2016.05.12/低毒
PD20110620 2甲4氯/95%/原药/2甲4氯 95%/2011.06.08 至 2016.06.08/低毒
PD20120639 2,4-滴异辛酯/77%/乳油/2,4-滴异辛酯 77%/2012.04.12 至 2017.04.12/低毒
小麦田 一年生阔叶杂草 510-635.7克/公顷 茎叶喷雾
PD20122117 2甲4氯钠/56%/可溶粉剂/2甲4氯钠 56%/2012.12.26 至 2017.12.26/低毒
小麦田 一年生阔叶杂草 840-1260克/公顷 喷雾
PD20130987 2,4-滴二甲胺盐/720克/升/水剂/2,4-滴二甲胺盐 720克/升/2013.05.02 至 2018.05.02/低毒
小麦田 一年生阔叶杂草 486-648克/公顷 茎叶喷雾
LS20110111 2甲4氯异辛酯/95%/原药/2甲4氯异辛酯 95%/2013.04.11 至 2014.04.11/低毒
WP20110137 氟蚁腙/95%/原药/氟蚁腙 95%/2011.06.07 至 2016.06.07/低毒

江苏省常州中天气雾制品有限公司 (江苏省常州市勤业西路1号 213023 0519-3906531)

WP20080044 杀虫气雾剂/0.55%/气雾剂/胺菊酯 0.3%、氯菊酯 0.25%/2013.03.04 至 2018.03.04/低毒
卫生 蚊、蝇、蜚蠊 / 喷雾

江苏省常州晔康化学制品有限公司 (江苏省常州市武进区邹区镇段庄村 213147 0519-88235050)

WP20040004 氟虫胺/95%/原药/氟虫胺 95%/2009.11.02 至 2014.11.02/低毒
WP20040005 杀蟑胶饵/1%/胶饵/氟虫胺 1%/2009.11.02 至 2014.11.02/微毒
卫生 蜚蠊 / 投放
WP20100136 联苯菊酯/5%/悬浮剂/联苯菊酯 5%/2010.11.03 至 2015.11.03/低毒
卫生 白蚁 1)50-100克制剂/平方米 1) 土壤喷雾
2)100倍液 2) 木材浸泡
WP20110044 高效氯氰菊酯/10%/悬浮剂/高效氯氰菊酯 10%/2011.02.17 至 2016.02.17/低毒
卫生 蜚蠊、蚊、蝇 0.5克/平方米 滞留喷洒
WP20120180 杀蚁饵片/0.08%/饵片/氟虫胺 0.08%/2012.09.13 至 2017.09.13/微毒
卫生 白蚁 / 投放

WP20120230 氟虫腈/0.05%/胶饵/氟虫腈 0.05%/2012.11.22 至 2017.11.22/低毒
卫生 蜚蠊 / 投放

WP20130082 吡虫啉/10%/悬浮剂/吡虫啉 10%/2013.05.02 至 2018.05.02/微毒
卫生 白蚁 1）5克/平方米; 1)土壤处理
2)500毫克/千克 2）木材浸泡

WP20130116 氟虫腈/5%/悬浮剂/氟虫腈 5%/2013.06.04 至 2018.06.04/低毒(原药中等毒)
室内 蜚蠊、蚂蚁 20-50毫克/平方米 滞留喷洒
卫生 白蚁 250-312毫克/千克 木材浸泡

WP20130128 联苯菊酯/5%/微囊悬浮剂/联苯菊酯 5%/2013.06.08 至 2018.06.08/低毒
卫生 白蚁 1)2.5-5克/平方米; 1）土壤喷洒
2)250-500毫克/千克 2）木材浸泡

WL20130020 高效氟氯氰菊酯/2.5%/微囊悬浮剂/高效氟氯氰菊酯 2.5%/2013.04.09 至 2014.04.09/低毒
卫生 蚊、蝇、蜚蠊 / 滞留喷洒

江苏省丹阳市农药化工厂 (江苏省丹阳市里庄镇东 212363 0511-6672029)

PD20070631 三环唑/20%/可湿性粉剂/三环唑 20%/2012.12.14 至 2017.12.14/低毒
水稻 稻瘟病 225-300克/公顷 喷雾

PD20080894 噻嗪·杀虫单/75%/可湿性粉剂/噻嗪酮 12%、杀虫单 63%/2013.07.09 至 2018.07.09/低毒
水稻 飞虱 562.5-675克/公顷 喷雾

PD20101242 噻嗪酮/25%/可湿性粉剂/噻嗪酮 25%/2010.03.01 至 2015.03.01/低毒
水稻 稻飞虱 75-112.5克/公顷 喷雾

江苏省东台市东南农药化工有限公司 (江苏省东台市高新技术工业园区（头灶镇） 224247 0515-85488869)

PD20070459 多·酮/40%/可湿性粉剂/多菌灵 35%、三唑酮 5%/2012.11.20 至 2017.11.20/低毒
水稻 纹枯病 480-600克/公顷 喷雾
小麦 白粉病、赤霉病 450-600克/公顷 喷雾

PD20082914 辛硫·灭多威/35%/乳油/灭多威 7%、辛硫磷 28%/2008.12.09 至 2013.12.09/高毒
棉花 棉铃虫 525-648.75克/公顷 喷雾

PD20092893 氰戊·辛硫磷/50%/乳油/氰戊菊酯 4.5%、辛硫磷 45.5%/2014.03.05 至 2019.03.05/中等毒
甘蓝 菜青虫、蚜虫 75-150克/公顷 喷雾
棉花 蚜虫 150-225克/公顷 喷雾
小麦 蚜虫 90克/公顷 喷雾

PD20110322 吡蚜酮/25%/可湿性粉剂/吡蚜酮 25%/2011.03.24 至 2016.03.24/微毒
水稻 飞虱 75-112.5克/公顷 喷雾

PD20120152 噻嗪·异丙威/25%/可湿性粉剂/噻嗪酮 5%、异丙威 20%/2012.01.30 至 2017.01.30/低毒
水稻 飞虱 375～562.5克/公顷 喷雾

PD20120928 炔螨特/73%/乳油/炔螨特 73%/2012.06.04 至 2017.06.04/低毒
柑橘树 红蜘蛛 243.3-365毫克/千克 喷雾

PD20120968 毒死蜱/480克/升/乳油/毒死蜱 480克/升/2012.06.15 至 2017.06.15/中等毒
水稻 稻飞虱 432-648克/公顷 喷雾

PD20121520 唑磷·毒死蜱/18%/乳油/毒死蜱 6%、三唑磷 12%/2012.10.09 至 2017.10.09/中等毒
水稻 二化螟 189-216克/公顷 喷雾

PD20130899 吡蚜·异丙威/50%/可湿性粉剂/吡蚜酮 10%、异丙威 40%/2013.04.27 至 2018.04.27/低毒
水稻 稻飞虱 150-187.5克/公顷 喷雾

PD20131218 高效氯氟氰菊酯/25克/升/乳油/高效氯氟氰菊酯 25克/升/2013.05.28 至 2018.05.28/中等毒
茶树 茶小绿叶蝉 30-37.5克/公顷 喷雾

江苏省东台市化工三厂 (江苏省东台市富安镇西头 224222 0515-5571096)

PD20097548 毒死蜱/40%/乳油/毒死蜱 40%/2009.11.03 至 2014.11.03/中等毒
甘蓝 蚜虫 450-600克/公顷 喷雾

江苏省丰县百农思达农用化学品有限公司 (江苏省徐州市丰县常店镇 221700 0516-4591009)

PD20097732 吡虫啉/200克/升/可溶液剂/吡虫啉 200克/升/2009.11.12 至 2014.11.12/低毒
十字花科蔬菜 蚜虫 15-30克/公顷 喷雾

PD20097741 抗蚜威/25%/水分散粒剂/抗蚜威 25%/2009.11.12 至 2014.11.12/中等毒
甘蓝 蚜虫 131.25-187.5克/公顷 喷雾

江苏省高邮市丰田农药有限公司 (江苏省高邮市周山镇中奎路85号 225612 0514-84302157)

PD20040133 吡虫啉/10%/可湿性粉剂/吡虫啉 10%/2009.12.19 至 2014.12.19/低毒
水稻 飞虱 15-22.5克/公顷 喷雾
小麦 蚜虫 15-22.5克/公顷 喷雾

PD20040347 吡·多·三唑酮/50%/可湿性粉剂/吡虫啉 3%、多菌灵 40%、三唑酮 7%/2009.12.19 至 2014.12.19/低毒
小麦 白粉病、赤霉病、蚜虫 600-750克/公顷 喷雾

PD20040622 吡虫·杀虫单/75%/可湿性粉剂/吡虫啉 2%、杀虫单 73%/2009.12.19 至 2014.12.19/中等毒
水稻 稻纵卷叶螟、二化螟、飞虱、三化螟 450-750克/公顷 喷雾

PD20040636 吡虫·多菌灵/32%/可湿性粉剂/吡虫啉 2%、多菌灵 30%/2009.12.19 至 2014.12.19/低毒
小麦 赤霉病、蚜虫 720-816克/公顷 喷雾

PD20040713 吡虫·三唑磷/25%/乳油/吡虫啉 1.5%、三唑磷 23.5%/2009.12.19 至 2014.12.19/中等毒

水稻 飞虱、三化螟 375-450克/公顷 喷雾

PD20081683 噻嗪·杀虫单/75%/可湿性粉剂/噻嗪酮 12.5%、杀虫单 62.5%/2013.11.17 至 2018.11.17/中等毒

水稻 稻飞虱、二化螟 675-787.5克/公顷 喷雾

PD20081854 氯氰·辛硫磷/24%/乳油/氯氰菊酯 2%、辛硫磷 22%/2013.11.20 至 2018.11.20/中等毒

茶树 茶尺蠖 216-288克/公顷 喷雾

棉花 棉铃虫 216-288克/公顷 喷雾

小麦 蚜虫 144-252克/公顷 喷雾

玉米 玉米螟 216-288克/公顷 喇叭口灌心

PD20083629 甲霜·锰锌/72%/可湿性粉剂/甲霜灵 8%、代森锰锌 64%/2013.12.12 至 2018.12.12/低毒

黄瓜 霜霉病 1620-1944克/公顷 喷雾

PD20090753 吡·井·杀虫单/46%/可湿性粉剂/吡虫啉 1.2%、井冈霉素 7.8%、杀虫单 37%/2014.01.19 至 2019.01.19/低毒

水稻 稻飞虱、二化螟、纹枯病 690-828克/公顷 喷雾

PD20090762 井冈·三环唑/40%/可湿性粉剂/井冈霉素 10%、三环唑 30%/2014.01.19 至 2019.01.19/中等毒

水稻 稻瘟病、纹枯病 300-450克/公顷 喷雾

PD20093807 精喹·草除灵/17.5%/乳油/草除灵 15%、精喹禾灵 2.5%/2009.03.25 至 2014.03.25/低毒

油菜田 一年生禾本科杂草及部分阔叶杂草 262.5－393.8克/公顷 茎叶喷雾

PD20094869 高氯·啶虫脒/5%/乳油/啶虫脒 2%、高效氯氰菊酯 3%/2009.04.13 至 2014.04.13/低毒

十字花科蔬菜 菜青虫、蚜虫 30-37.5克/公顷 喷雾

PD20121657 敌百·毒死蜱/40%/乳油/敌百虫 22%、毒死蜱 18%/2012.10.30 至 2017.10.30/低毒

水稻 稻纵卷叶螟 600-720克/公顷 喷雾

LS20110305 丙环·咪鲜胺/30%/水乳剂/丙环唑 10%、咪鲜胺 20%/2013.12.05 至 2014.12.05/低毒

水稻 稻曲病、稻瘟病、纹枯病 270-360克/公顷 喷雾

江苏省海门市江乐农药化工有限责任公司 (江苏省南通市海门市青龙港大庆路2号 226121 0513-82606504)

PD84111-3 氧乐果/40%/乳油/氧乐果 40%/2009.11.30 至 2014.11.30/中等毒(原药高毒)

棉花 蚜虫、螨 375-600克/公顷 喷雾

森林 松干蚧、松毛虫 500倍液 喷雾或直接涂树干

水稻 稻纵卷叶螟、飞虱 375-600克/公顷 喷雾

小麦 蚜虫 300-450克/公顷 喷雾

PD20095223 辛硫·氧乐果/45%/乳油/辛硫磷 25%、氧乐果 20%/2009.04.24 至 2014.04.24/中等毒(原药高毒)

棉花 棉铃虫 450-600克/公顷 喷雾

PD20110853 虫酰·辛硫磷/20%/乳油/虫酰肼 5%、辛硫磷 15%/2011.08.10 至 2016.08.10/低毒

大白菜 甜菜夜蛾 240-300克/公顷 喷雾

江苏省淮安市国业日化有限公司 (江苏省淮安市徐溜工业区 223321 0517-4662362)

WP20080519 蚊香/0.25%/蚊香/富右旋反式烯丙菊酯 0.25%/2008.12.23 至 2013.12.23/低毒

卫生 蚊 / 点燃

江苏省激素研究所股份有限公司 (江苏省金坛市经济技术开发区环园北路95号 213200 0519-82824504)

PD20070478 噻吩磺隆/95%/原药/噻吩磺隆 95%/2012.11.28 至 2017.11.28/低毒

PD20080242 噻吩磺隆/15%/可湿性粉剂/噻吩磺隆 15%/2013.02.14 至 2018.02.14/低毒

冬小麦田 一年生阔叶杂草 22.5－33.8克/公顷 茎叶喷雾

夏玉米田 一年生阔叶杂草及禾本科杂草 22.5－27克/公顷 播后苗前土壤喷雾

PD20080530 灭蝇胺/98%/原药/灭蝇胺 98%/2013.04.29 至 2018.04.29/低毒

PD20081126 二氯喹啉酸/90%/原药/二氯喹啉酸 90%/2013.08.20 至 2018.08.20/低毒

PD20081127 二氯喹啉酸/50%/可湿性粉剂/二氯喹啉酸 50%/2013.08.20 至 2018.08.20/低毒

水稻田(直播) 稗草 225-375克/公顷 喷雾

PD20081204 氯嘧磺隆/95%/原药/氯嘧磺隆 95%/2013.09.11 至 2018.09.11/低毒

PD20081209 麦草畏/90%/原药/麦草畏 90%/2013.09.11 至 2018.09.11/低毒

PD20081222 苯磺隆/95%/原药/苯磺隆 95%/2013.09.11 至 2018.09.11/低毒

PD20081254 胺苯磺隆/95%/原药/胺苯磺隆 95%/2013.09.18 至 2018.09.18/低毒

PD20081325 氯磺隆/25%/可湿性粉剂/氯磺隆 25%/2008.10.20 至 2013.10.20/低毒

冬小麦田 一年生单、双子叶杂草 7.5-9克/公顷 喷雾

PD20081327 苯磺隆/75%/水分散粒剂/苯磺隆 75%/2013.10.20 至 2018.10.20/微毒

小麦田 阔叶杂草 15.75-22.5克/公顷 喷雾

PD20081368 氯磺隆/95%/原药/氯磺隆 95%/2008.10.22 至 2013.10.22/低毒

PD20081370 氯磺隆/10%/可湿性粉剂/氯磺隆 10%/2008.10.23 至 2013.10.23/低毒

小麦 一年生单、双子叶杂草 7.5克/公顷 喷雾

PD20081437 高效氯氟氰菊酯/95%/原药/高效氯氟氰菊酯 95%/2013.10.31 至 2018.10.31/中等毒

PD20081570 S-氰戊菊酯/97%/原药/S-氰戊菊酯 97%/2013.11.12 至 2018.11.12/中等毒

PD20082946 烟嘧磺隆/95%/原药/烟嘧磺隆 95%/2013.12.09 至 2018.12.09/微毒

PD20083106 灭蝇胺/50%/可湿性粉剂/灭蝇胺 50%/2013.12.10 至 2018.12.10/低毒

黄瓜 美洲斑潜蝇 112.5-150克/公顷 喷雾

PD20083423 苯磺隆/10%/可湿性粉剂/苯磺隆 10%/2013.12.11 至 2018.12.11/微毒

冬小麦田 一年生阔叶杂草 16－22.5克/公顷 茎叶喷雾

PD20083669 苄嘧磺隆/10%/可湿性粉剂/苄嘧磺隆 10%/2013.12.12 至 2018.12.12/低毒

移栽水稻田 一年生阔叶杂草及莎草科杂草 19.95-30克/公顷 毒土法

PD20084018 苄嘧磺隆/96%/原药/苄嘧磺隆 96%/2013.12.16 至 2018.12.16/低毒

PD20084190 苄嘧磺隆/30%/可湿性粉剂/苄嘧磺隆 30%/2013.12.16 至 2018.12.16/低毒

水稻移栽田 多年生阔叶杂草及莎草科杂草 45-60克/公顷 药土法

水稻移栽田 一年生阔叶杂草及莎草科杂草 30-45克/公顷 药土法

PD20084577 胺苯磺隆/20%/可溶粉剂/胺苯磺隆 20%/2008.12.18 至 2013.12.31/低毒

冬油菜(移栽田) 一年生阔叶杂草 22.5-30克/公顷 茎叶喷雾

PD20085134 氯磺隆/75%/水分散粒剂/氯磺隆 75%/2008.12.23 至 2013.12.31/低毒

冬小麦田 一年生杂草 15-22.5克/公顷 土壤或茎叶喷雾

PD20085295 噁草·丁草胺/40%/乳油/丁草胺 34%、噁草酮 6%/2013.12.23 至 2018.12.23/低毒

水稻半旱育秧田、水稻旱育秧田 一年生杂草 600-750克/公顷 喷雾

PD20085930 苄·丁/30%/可湿性粉剂/苄嘧磺隆 1.5%、丁草胺 28.5%/2013.12.29 至 2018.12.29/低毒

水稻抛秧田 部分多年生杂草、一年生杂草 540-725克/公顷 毒土法

PD20085952 二氯喹啉酸/25%/可湿性粉剂/二氯喹啉酸 25%/2013.12.29 至 2018.12.29/低毒

水稻田(直播) 稗草 225-375克/公顷 喷雾

PD20086084 苄·二氯/40%/可湿性粉剂/苄嘧磺隆 6%、二氯喹啉酸 34%/2013.12.30 至 2018.12.30/低毒

水稻插秧田 一年生及部分多年生杂草 216-270克/公顷 毒土法或喷雾

水稻田(直播)、水稻秧田 一年生及部分多年生杂草 210-300克/公顷 喷雾

PD20090284 高效氯氟氰菊酯/25克/升/乳油/高效氯氟氰菊酯 25克/升/2014.01.09 至 2019.01.09/低毒

柑橘树 潜叶蛾 8.3-16.67毫克/千克 喷雾

棉花 棉铃虫 18.75-22.5克/公顷 喷雾

苹果 桃小食心虫 6.25-8.33毫克/千克 喷雾

十字花科蔬菜 小菜蛾 15-30克/公顷 喷雾

十字花科蔬菜 菜青虫、蚜虫 11.25-22.5克/公顷 喷雾

PD20090410 烯草酮/240克/升/乳油/烯草酮 240克/升/2014.01.12 至 2019.01.12/低毒

大豆田 一年生禾本科杂草 72-108克/公顷 茎叶喷雾

PD20090545 灭胺·毒死蜱/50%/可湿性粉剂/毒死蜱 42.5%、灭蝇胺 7.5%/2009.01.13 至 2014.01.13/中等毒

黄瓜 美洲斑潜蝇 285-562.5克/公顷 喷雾

PD20091075 喹禾灵/10%/乳油/喹禾灵 10%/2014.01.21 至 2019.01.21/低毒

棉花田、油菜田 一年生禾本科杂草 90-150克/公顷 喷雾

PD20091200 苄嘧·草甘膦/75%/可湿性粉剂/苄嘧磺隆 3%、草甘膦 72%/2014.02.01 至 2019.02.01/低毒

橡胶园 杂草 1125-2250克/公顷 喷雾

PD20091671 苄嘧·苯噻酰/50%/可湿性粉剂/苯噻酰草胺 47%、苄嘧磺隆 3%/2014.02.03 至 2019.02.03/低毒

水稻抛秧田 部分多年生杂草、一年生杂草 375-450克/公顷(南方地区) 毒土法

PD20092131 双草醚/95%/原药/双草醚 95%/2014.02.23 至 2019.02.23/低毒

PD20092237 双草醚/20%/可湿性粉剂/双草醚 20%/2014.02.24 至 2019.02.24/低毒

水稻田(直播) 部分多年生杂草、一年生杂草 30-45克/公顷(南方稻区) 苗后喷雾

PD20092260 甲磺隆/96%/原药/甲磺隆 96%/2014.02.24 至 2019.02.24/低毒

PD20092357 草甘膦/95%/原药/草甘膦 95%/2014.02.24 至 2019.02.24/微毒

PD20092484 精喹·草除灵/17.5%/乳油/草除灵 15%、精喹禾灵 2.5%/2014.02.26 至 2019.02.26/低毒

冬油菜(移栽田) 一年生杂草 262.5-393.8克/公顷 茎叶喷雾

PD20092488 苄·乙·甲/20%/可湿性粉剂/苄嘧磺隆 1.1%、甲磺隆 0.23%、乙草胺 18.67%/2014.02.26 至 2019.02.26/低毒

水稻移栽田 部分多年生杂草、一年生杂草 72-112.5克/公顷 移栽返青(稗草1.5叶)时药土(沙)撒施

PD20092492 苄嘧磺隆/60%/水分散粒剂/苄嘧磺隆 60%/2014.02.26 至 2019.02.26/低毒

水稻田(直播) 莎草科杂草 27-45克/公顷 毒土法或喷雾

小麦田 阔叶杂草 45-75克/公顷 茎叶喷雾

PD20092494 甲磺隆/60%/水分散粒剂/甲磺隆 60%/2009.02.26 至 2013.12.31/低毒

冬小麦田 一年生阔叶杂草 7.2-10.8克/公顷 土壤或茎叶喷雾

PD20092498 苄·乙/20%/可湿性粉剂/苄嘧磺隆 4.5%、乙草胺 15.5%/2014.02.26 至 2019.02.26/低毒

水稻移栽田 部分多年生杂草、阔叶杂草、莎草科杂草、一年生禾本科杂草 84-118克/公顷 移后返青(5-7天)药土法撒施

PD20092499 甲磺·乙草胺/20%/可湿性粉剂/甲磺隆 0.34%、乙草胺 19.66%/2014.02.26 至 2019.02.26/低毒

水稻移栽田 一年生杂草 75-90克/公顷 毒土法

PD20092503 苄嘧·甲磺隆/10%/可湿性粉剂/苄嘧磺隆 8.25%、甲磺隆 1.75%/2014.02.26 至 2019.02.26/低毒

移栽水稻田 阔叶杂草及一年生莎草 6-10克/公顷 药土法

PD20094591 甲磺·异丙隆/45%/可湿性粉剂/甲磺隆 0.5%、异丙隆 44.5%/2009.04.10 至 2014.04.10/低毒

冬小麦田 一年生杂草 540-675克/公顷 播前至小麦1-2叶期喷雾

PD20094974 甲磺隆/10%/可湿性粉剂/甲磺隆 10%/2009.04.21 至 2013.12.31/低毒

冬小麦田 一年生杂草 7.5克/公顷 播后苗前或苗后(看麦娘2.5叶期)叶面处理

PD20095541 噻苯隆/50%/可湿性粉剂/噻苯隆 50%/2009.05.12 至 2014.05.12/低毒
棉花 脱叶 150-300克/公顷 茎叶喷雾

PD20095763 甲磺·氯磺隆/10%/可湿性粉剂/甲磺隆 4%、氯磺隆 6%/2009.05.18 至 2014.05.18/低毒
小麦田 看麦娘、一年生单、双子叶杂草、猪殃殃 11.25-12.5克/公顷 喷雾

PD20096247 苄嘧·双草醚/30%/可湿性粉剂/苄嘧磺隆 12%、双草醚 18%/2009.07.15 至 2014.07.15/低毒
水稻田(直播) 部分多年生杂草、一年生杂草 45-67.5克/公顷(南方地区) 喷雾

PD20096264 甲嘧磺隆/95%/原药/甲嘧磺隆 95%/2009.05.15 至 2014.05.15/低毒

PD20097593 烟嘧磺隆/40克/升/可分散油悬浮剂/烟嘧磺隆 40克/升/2009.11.03 至 2014.11.03/低毒
玉米田 一年生杂草 40-60克/公顷 茎叶喷雾

PD20097688 噻苯隆/95%/原药/噻苯隆 95%/2009.11.04 至 2014.11.04/微毒

PD20100481 吡虫啉/95%/原药/吡虫啉 95%/2010.01.14 至 2015.01.14/低毒

PD20100558 毒死蜱/97%/原药/毒死蜱 97%/2010.01.14 至 2015.01.14/中等毒

PD20102165 醚苯磺隆/95%/原药/醚苯磺隆 95%/2010.12.08 至 2015.12.08/低毒
注:专供出口，不得在国内销售。

PD20102166 醚苯磺隆/10%/可湿性粉剂/醚苯磺隆 10%/2010.12.08 至 2015.12.08/低毒
注:专供出口，不得在国内销售。

PD20110577 氰氟草酯/10%/乳油/氰氟草酯 10%/2011.05.27 至 2016.05.27/微毒
水稻田(直播) 稗草、千金子等禾本科杂草 75-105克/公顷 茎叶喷雾

PD20110871 甲嘧磺隆/75%/水分散粒剂/甲嘧磺隆 75%/2011.08.16 至 2016.08.16/微毒
防火隔离带 一年生杂草 506.3-675克/公顷 喷雾

PD20111429 啶虫脒/99%/原药/啶虫脒 99%/2011.12.28 至 2016.12.28/中等毒

PD20120405 高效氯氟氰菊酯/2.5%/水乳剂/高效氯氟氰菊酯 2.5%/2012.03.07 至 2017.03.07/中等毒
茶叶 茶尺蠖 15-30克/公顷 喷雾
茶叶 茶小绿叶蝉 22.5-37.5克/公顷 喷雾
柑橘树 潜叶蛾 12.5-25毫克/千克 喷雾
苹果树 桃小食心虫 8.33-12.5毫克/千克 喷雾
十字花科蔬菜 小菜蛾 12.5-25毫克/千克 喷雾
十字花科蔬菜 菜青虫、蚜虫 7.5-15克/公顷 喷雾
烟草 烟青虫 7.5-11.25克/公顷 喷雾

PD20120834 精喹禾灵/10%/乳油/精喹禾灵 10%/2012.05.31 至 2017.05.31/微毒
大豆田、花生田、棉花田、油菜田 一年生禾本科杂草 48.75-60克/公顷 茎叶喷雾

PD20120910 双草醚/10%/悬浮剂/双草醚 10%/2012.05.31 至 2017.05.31/微毒
水稻田(直播) 一年生及部分多年生杂草 37.5-45克/公顷 茎叶喷雾

PD20121069 砜嘧磺隆/25%/水分散粒剂/砜嘧磺隆 25%/2012.07.12 至 2017.07.12/微毒
烟草田 一年生杂草 18.75-22.5gai/ha 定向喷雾
玉米田 一年生杂草 18.75-25gai/ha 定向喷雾

PD20121158 丙草胺/30%/乳油/丙草胺 30%/2012.07.30 至 2017.07.30/低毒
水稻田(直播) 一年生禾本科杂草 450-675克/公顷 播后苗前封土壤喷雾施药
水稻育秧田 一年生禾本科杂草 450-525克/公顷 播后苗前封土壤喷雾施药

PD20121801 氟磺胺草醚/75%/水分散粒剂/氟磺胺草醚 75%/2012.11.22 至 2017.11.22/低毒
大豆田 一年生杂草 夏大豆田225-300公顷 春大豆田300-375克/公顷 茎叶喷雾
花生田 一年生杂草 225-300克/公顷 茎叶喷雾

PD20130155 氯嘧磺隆/25%/水分散粒剂/氯嘧磺隆 25%/2013.01.17 至 2018.01.17/微毒
注:专供出口,不得在国内销售。

PD20131231 噻苯·敌草隆/540克/升/悬浮剂/敌草隆 180克/升、噻苯隆 360克/升/2013.05.28 至 2018.05.28/低毒
棉花 脱叶 82.8-97.2克/公顷 茎叶喷雾

PD20131323 苄嘧·苯磺隆/35%/可湿性粉剂/苯磺隆 10%、苄嘧磺隆 25%/2013.06.08 至 2018.06.08/低毒
冬小麦田 一年生阔叶杂草 52.5-73.5克/公顷 茎叶喷雾

PD20131597 甲哌鎓/98%/原药/甲哌鎓 98%/2013.07.29 至 2018.07.29/中等毒
注:专供出口，不得在国内销售。

PD20132032 氰氟·双草醚/40%/可湿性粉剂/氰氟草酯 30%、双草醚 10%/2013.10.21 至 2018.10.21/微毒
水稻田(直播) 一年生阔叶杂草及禾本科杂草 90-108克/公顷 茎叶喷雾

PD20132491 甲磺隆/20%/可湿性粉剂/甲磺隆 20%/2013.12.10 至 2018.12.10/微毒
注:专供出口，不得在国内销售。

PD20132502 甲磺隆/20%/水分散粒剂/甲磺隆 20%/2013.12.10 至 2018.12.10/低毒
注:专供出口，不得在国内销售。

PD20132575 炔草酯/95%/原药/炔草酯 95%/2013.12.17 至 2018.12.17/中等毒
注:专供出口，不得在国内销售。

LS20120391 噻吩·苯磺隆/50%/水分散粒剂/苯磺隆 10%、噻吩磺隆 40%/2013.12.07 至 2014.12.07/低毒
注:专供出口,不得在国内销售。

江苏省江阴市福达农化有限公司 (江苏省无锡市江阴市祝塘镇化工工业园区内 214415 0510-86391848)

PD20050115 吡虫啉/10%/可湿性粉剂/吡虫啉 10%/2010.08.15 至 2015.08.15/低毒
水稻 稻飞虱 12-18克/公顷 喷雾

PD20070014 多菌灵/50%/可湿性粉剂/多菌灵 50%/2012.01.18 至 2017.01.18/低毒
水稻 纹枯病 750—900克/公顷 喷雾

PD20070021 草甘膦异丙胺盐/41%/水剂/草甘膦异丙胺盐 41%/2012.01.18 至 2017.01.18/低毒
茶园 一年生和多年生杂草 1537.5-2460克/公顷 定向喷雾

PD20070040 草甘膦/30%/水剂/草甘膦 30%/2012.03.06 至 2017.03.06/微毒
茶园 一年生和多年生杂草 1500-2400克/公顷 定向茎叶喷雾

PD20070041 甲基硫菌灵/70%/可湿性粉剂/甲基硫菌灵 70%/2012.03.06 至 2017.03.06/微毒
苹果树 轮纹病 800-1000倍液 喷雾

PD20070217 氯氰菊酯/10%/乳油/氯氰菊酯 10%/2012.08.08 至 2017.08.08/低毒
十字花科蔬菜 菜青虫 30-45克/公顷 喷雾

PD20070525 福·甲·硫磺/50%/可湿性粉剂/福美双 18%、甲基硫菌灵 10%、硫磺 22%/2012.11.28 至 2017.11.28/低毒
黄瓜 灰霉病 550—600克/公顷 喷雾

PD20080003 多·福/50%/可湿性粉剂/多菌灵 15%、福美双 35%/2013.01.03 至 2018.01.03/低毒
梨树 黑星病 1000-1667毫克/千克 喷雾

PD20081944 精噁唑禾草灵/6.9%/水乳剂/精噁唑禾草灵 6.9%/2013.11.24 至 2018.11.24/低毒
冬小麦田 一年生禾本科杂草 62.1—72.5克/公顷 茎叶喷雾

PD20082184 精噁唑禾草灵/69克/升/水乳剂/精噁唑禾草灵 69克/升/2013.11.26 至 2018.11.26/低毒
春大豆田 一年生禾本科杂草 62.1-72.5克/公顷 茎叶喷雾

PD20082872 噁霜·锰锌/64%/可湿性粉剂/噁霜灵 8%、代森锰锌 56%/2013.12.09 至 2018.12.09/微毒
黄瓜 霜霉病 1560-1950克/公顷 喷雾

PD20085322 氯氰·丙溴磷/44%/乳油/丙溴磷 40%、氯氰菊酯 4%/2013.12.24 至 2018.12.24/低毒
棉花 棉铃虫 462-660克/公顷 喷雾

PD20093054 高效氯氰菊酯/4.5%/乳油/高效氯氰菊酯 4.5%/2014.03.09 至 2019.03.09/低毒
甘蓝 菜青虫 13.5-20.25克/公顷 喷雾

PD20096780 丙环唑/250克/升/乳油/丙环唑 250克/升/2009.09.15 至 2014.09.15/低毒
香蕉 叶斑病 333—500毫克/千克 喷雾

PD20101089 甲霜·锰锌/72%/可湿性粉剂/甲霜灵 8%、代森锰锌 64%/2010.01.25 至 2015.01.25/低毒
黄瓜 霜霉病 1080—1800克/公顷 喷雾

PD20101861 多·硫磺/50%/可湿性粉剂/多菌灵 15%、硫磺 35%/2010.08.04 至 2015.08.04/微毒
花生 叶斑病 1200-1800克/公顷 喷雾

PD20111355 多菌灵/40%/悬浮剂/多菌灵 40%/2011.12.12 至 2016.12.12/低毒
小麦 赤霉病 750-900克/公顷 喷雾

PD20131213 丙森·多菌灵/53%/可湿性粉剂/丙森锌 45%、多菌灵 8%/2013.05.28 至 2018.05.28/微毒
苹果树 轮纹病 660-880毫克/千克 喷雾

PD20131763 多菌灵/80%/可湿性粉剂/多菌灵 80%/2013.09.06 至 2018.09.06/低毒
苹果树 轮纹病 875-1000毫克/千克 喷雾

PD20131956 噻嗪酮/25%/可湿性粉剂/噻嗪酮 25%/2013.10.10 至 2018.10.10/微毒
水稻 飞虱 112.5-150克/公顷 喷雾

江苏省江阴市农药二厂有限公司 (江苏省江阴市青阳镇青桐路1号 214401 0510-86016757)

PD84125-20 乙烯利/40%/水剂/乙烯利 40%/2009.11.11 至 2014.11.11/低毒
番茄 催熟 800-1000倍液 喷雾或浸渍
棉花 催熟、增产 330-500倍液 喷雾
柿子、香蕉 催熟 400倍液 喷雾或浸渍
水稻 催熟、增产 800倍液 喷雾
橡胶树 增产 5-10倍液 涂布
烟草 催熟 1000-2000倍液 喷雾

PD85150-3 多菌灵/50%/可湿性粉剂/多菌灵 50%/2011.09.19 至 2016.09.19/低毒
果树 病害 0.05-0.1%药液 喷雾
花生 倒秧病 750克/公顷 喷雾
麦类 赤霉病 750克/公顷 喷雾、泼浇
棉花 苗期病害 500克/100千克种子 拌种
水稻 稻瘟病、纹枯病 750克/公顷 喷雾、泼浇
油菜 菌核病 1125-1500克/公顷 喷雾

PD85159-39 草甘膦/30%/水剂/草甘膦 30%/2010.07.29 至 2015.07.29/低毒
茶树、甘蔗、果园、剑麻、林木、桑树、 一年生杂草和多年生恶性杂草 1125-2250克/公顷 喷雾

橡胶树

PD20040043 多菌灵/95%/原药/多菌灵 95%/2009.12.19 至 2014.12.19/低毒

PD20040560 吡虫啉/10%/可湿性粉剂/吡虫啉 10%/2009.12.19 至 2014.12.19/低毒

梨树	梨木虱	2000-2500倍液	喷雾
苹果树	黄蚜	2000-4000倍液	喷雾
十字花科蔬菜	蚜虫	15-22.5克公顷	喷雾
水稻	飞虱	15-30克/公顷	喷雾
小麦	蚜虫	15-30克/公顷(南方地区)	喷雾
		45-60克/公顷(北方地区)	

PD20070174 草甘膦/95%/原药/草甘膦 95%/2012.06.25 至 2017.06.25/微毒

PD20080077 噻嗪酮/90%/原药/噻嗪酮 90%/2013.01.04 至 2018.01.04/低毒

PD20080126 噻嗪·异丙威/25%/可湿性粉剂/噻嗪酮 8%、异丙威 17%/2013.01.04 至 2018.01.04/中等毒

水稻	稻飞虱	187.5-225克/公顷	喷雾

PD20080186 噻嗪酮/25%/可湿性粉剂/噻嗪酮 25%/2013.01.07 至 2018.01.07/低毒

茶树	小绿叶蝉	250-312毫克/千克	喷雾
柑橘树	矢尖蚧	200-250毫克/千克	喷雾
水稻	飞虱	75-112.5克/公顷	喷雾

PD20080485 草甘膦异丙胺盐/41%/水剂/草甘膦异丙胺盐 41%/2013.04.07 至 2018.04.07/低毒

茶园、柑橘园、桑园	杂草	1125-2250克/公顷	定向茎叶喷雾
非耕地	杂草	1125-3000克/公顷	茎叶喷雾
油菜(移栽田)	一年生杂草	615-922.5克/公顷	定向茎叶喷雾
油菜免耕田	一年生杂草	750-1200克/公顷(免耕冬油菜)	茎叶喷雾
		1500-2250克/公顷(免耕春油菜)	

PD20081820 精噁唑禾草灵/69克/升/水乳剂/精噁唑禾草灵 69克/升/2013.11.19 至 2018.11.19/低毒

冬小麦田	一年生禾本科杂草	51.75-62.1克/公顷	茎叶喷雾

PD20082526 硫磺·多菌灵/50%/可湿性粉剂/多菌灵 15%、硫磺 35%/2013.12.03 至 2018.12.03/微毒

花生	叶斑病	1200-1800克/公顷	喷雾

PD20090355 多菌灵/80%/可湿性粉剂/多菌灵 80%/2009.01.12 至 2014.01.12/微毒

水稻	稻瘟病	900-1080克/公顷	喷雾

PD20097247 乙烯利/85%/原药/乙烯利 85%/2009.10.19 至 2014.10.19/微毒

PD20101560 甲基硫菌灵/70%/可湿性粉剂/甲基硫菌灵 70%/2010.05.19 至 2015.05.19/低毒

苹果树	轮纹病	700-875毫克/千克	喷雾

PD20102171 草甘膦异丙胺盐/46%/母药/草甘膦 46%/2010.12.14 至 2015.12.14/微毒

注：草甘膦异丙胺盐含量：62%

江苏省金坛市兴达化工厂 (江苏省金坛市薛埠镇 213245 0519-2660755)

PD20060127 三乙膦酸铝/95%/原药/三乙膦酸铝 95%/2011.06.26 至 2016.06.26/微毒

PD20070034 三乙膦酸铝/80%/可湿性粉剂/三乙膦酸铝 80%/2012.01.29 至 2017.01.29/低毒

烟草	黑胫病	4200-4800克/公顷	喷雾

PD20070180 三乙膦酸铝/40%/可湿性粉剂/三乙膦酸铝 40%/2012.06.25 至 2017.06.25/微毒

橡胶树	割面条溃疡病	50-100倍液	切口涂抹

PD20082818 三乙膦酸铝/90%/可溶粉剂/三乙膦酸铝 90%/2013.12.09 至 2018.12.09/微毒

番茄	晚疫病	1080-1620克/公顷	喷雾

PD20095942 乙铝·锰锌/70%/可湿性粉剂/代森锰锌 45%、三乙膦酸铝 25%/2009.06.02 至 2014.06.02/低毒

黄瓜	霜霉病	1575-3937.5克/公顷	喷雾

PD20097287 烟嘧磺隆/40克/升/可分散油悬浮剂/烟嘧磺隆 40克/升/2009.10.26 至 2014.10.26/低毒

玉米田	一年生杂草	42-60克/公顷	茎叶喷雾

PD20120210 烯酰·乙膦铝/50%/可湿性粉剂/烯酰吗啉 9%、三乙膦酸铝 41%/2012.02.07 至 2017.02.07/低毒

葡萄	霜霉病	180—220毫克/千克	喷雾

PD20121557 三乙膦酸铝/80%/可分散粒剂/三乙膦酸铝 80%/2012.10.25 至 2017.10.25/微毒

烟草	黑胫病	4200-4800克/公顷	茎基部喷淋法

江苏省靖江市新茂塑化厂 (江苏省靖江市常安南路184号 214517 0523-4281900)

PD90104-3 矿物油/95%/乳油/矿物油 95%/2009.12.30 至 2014.12.30/低毒

柑橘树	锈壁虱、蚜虫	100-200倍液	喷雾
柑橘树、杨梅树、枇杷树	介壳虫	50-60倍液	喷雾

江苏省句容市宏达生物农药科技有限公司 (江苏省句容市茅山镇茅山村168号 212466 0511-7833036)

PD20096192 阿维菌素/1.8%/乳油/阿维菌素 1.8%/2009.07.13 至 2014.07.13/低毒(原药高毒)

甘蓝	小菜蛾	8.1-10.8克/公顷	喷雾

江苏省昆山瑞泽农药有限公司 (江苏省昆山市陆扬镇新杨东路 215313 0512-57645999)

PD20080322 嘧霉胺/40%/可湿性粉剂/嘧霉胺 40%/2008.02.26 至 2013.02.26/低毒

黄瓜	灰霉病	375-562.5克/公顷	喷雾

PD20080418 嘧霉胺/95%/原药/嘧霉胺 95%/2008.03.04 至 2013.03.04/低毒

PD20081589 嗪草酮/95%/原药/嗪草酮 95%/2008.11.12 至 2013.11.12/低毒

PD20092254 嗪草酮/70%/可湿性粉剂/嗪草酮 70%/2009.02.24 至 2014.02.24/低毒

春大豆田	一年生阔叶杂草	525-735克/公顷	土壤喷雾

江苏省昆山市鼎烽农药有限公司 (江苏省昆山市周市镇尉州路21号 215314 0512-57621705)

PD84118-35 多菌灵/25%/可湿性粉剂/多菌灵 25%/2009.12.15 至 2014.12.15/低毒

果树	病害	0.05-0.1%药液	喷雾
花生	倒秧病	750克/公顷	喷雾
麦类	赤霉病	750克/公顷	喷雾,泼浇
棉花	苗期病害	500克/100千克种子	拌种
水稻	稻瘟病、纹枯病	750克/公顷	喷雾,泼浇
油菜	菌核病	1125-1500克/公顷	喷雾

PD85150-27 多菌灵/50%/可湿性粉剂/多菌灵 50%/2010.07.13 至 2015.07.13/低毒

果树	病害	0.05-0.1%药液	喷雾
花生	倒秧病	750克/公顷	喷雾
麦类	赤霉病	750克/公顷	喷雾、泼浇
棉花	苗期病害	500克/100千克种子	拌种
水稻	稻瘟病、纹枯病	750克/公顷	喷雾、泼浇
油菜	菌核病	1125-1500克/公顷	喷雾

PD92101-3 多菌灵/40%/可湿性粉剂/多菌灵 40%/2012.01.22 至 2017.01.22/低毒

果树	病害	0.05-0.1%药液	喷雾
花生	倒秧病	750克/公顷	喷雾
麦类	赤霉病	750克/公顷	喷雾,泼浇
棉花	苗期病害	500克/100千克种子	拌种
水稻	稻瘟病、纹枯病	750克/公顷	喷雾,泼浇
油菜	菌核病	1125-1500克/公顷	喷雾

PD20040322 吡虫啉/10%/可湿性粉剂/吡虫啉 10%/2009.12.19 至 2014.12.19/低毒

水稻	稻飞虱	15-30克/公顷	喷雾

PD20040520 异丙隆/50%/可湿性粉剂/异丙隆 50%/2009.12.19 至 2014.12.19/低毒

冬小麦田	一年生杂草	1050-1200克/公顷	土壤或茎叶喷雾

PD20040714 吡虫·杀虫单/40%/可湿性粉剂/吡虫啉 1.7%、杀虫单 38.3%/2009.12.19 至 2014.12.19/中等毒

水稻	稻飞虱、稻纵卷叶螟	600-750克/公顷	喷雾

PD20081863 苄嘧·苯噻酰/53%/可湿性粉剂/苯噻酰草胺 50%、苄嘧磺隆 3%/2013.11.20 至 2018.11.20/低毒

水稻抛秧田	一年生及部分多年生杂草	397.5-477克/公顷(南方地区)	药土法

PD20081901 乙草胺/900克/升/乳油/乙草胺 900克/升/2013.11.21 至 2018.11.21/低毒

春玉米田	一年生杂草	1485-2025克/公顷	播后苗前土壤喷雾

PD20082305 三环唑/20%/可湿性粉剂/三环唑 20%/2013.12.01 至 2018.12.01/中等毒

水稻	稻瘟病	225-300克/公顷	喷雾

PD20090142 丁草胺/10%/微粒剂/丁草胺 10%/2014.01.08 至 2019.01.08/低毒

水稻	稗草、牛毛草	750-1275克/公顷	毒土,毒肥

PD20090764 硫磺·多菌灵/40%/悬浮剂/多菌灵 20%、硫磺 20%/2014.01.19 至 2019.01.19/低毒

水稻	稻瘟病	1200-1800克/公顷	喷雾

PD20090828 井冈·三环唑/20%/悬浮剂/井冈霉素 5%、三环唑 15%/2014.01.19 至 2019.01.19/中等毒

水稻	稻瘟病、纹枯病	300-450克/公顷	喷雾

PD20091263 苄嘧·丙草胺/30%/可湿性粉剂/苄嘧磺隆 1.5%、丙草胺 28.5%/2014.02.01 至 2019.02.01/低毒

水稻田(直播)	一年生及部分多年生杂草	360—540克/公顷	喷雾或毒土法

PD20092746 苄·丁/10%/微粒剂/苄嘧磺隆 0.4%、丁草胺 9.6%/2014.03.04 至 2019.03.04/低毒

水稻移栽田	部分多年生杂草、一年生杂草	600-900克/公顷	毒土法撒施

PD20093464 苄·乙/6%/微粒剂/苄嘧磺隆 1.5%、乙草胺 4.5%/2014.03.23 至 2019.03.23/低毒

水稻移栽田	杂草	84-118克/公顷	药土法撒施

PD20093855 乙草胺/20%/可湿性粉剂/乙草胺 20%/2014.03.25 至 2019.03.25/低毒

水稻移栽田	稗草、一年生莎草	90-120克/公顷	毒土法

PD20095014 井冈·多菌灵/28%/悬浮剂/多菌灵 24%、井冈霉素 4%/2014.04.21 至 2019.04.21/低毒

水稻	稻瘟病	375-525克/公顷	喷雾
小麦	赤霉病	375克/公顷	喷雾

PD20095018 异隆·氯磺隆/50%/可湿性粉剂/氯磺隆 0.5%、异丙隆 49.5%/2014.04.21 至 2019.04.21/低毒

冬小麦田	一年生单、双子叶杂草	750-900克/公顷	喷雾

PD20121035 苯磺·异丙隆/50%/可湿性粉剂/苯磺隆 1%、异丙隆 49%/2012.07.04 至 2017.07.04/低毒

冬小麦田	一年生杂草	900-1050克/公顷	茎叶喷雾

江苏省连云港市东金化工有限公司 (江苏省连云港市东海县驼峰新区 222300 0518-87319228)

PD20081816 甲基立枯磷/95%/原药/甲基立枯磷 95%/2013.11.19 至 2018.11.19/低毒

PD20081817 甲基立枯磷/20%/乳油/甲基立枯磷 20%/2013.11.19 至 2018.11.19/低毒

棉花	苗期病害	200-300克/100千克种子	拌种

PD20085186 高效氯氰菊酯/4.5%/乳油/高效氯氰菊酯 4.5%/2013.12.23 至 2018.12.23/中等毒

棉花	棉铃虫	33.75-40.5克/公顷	喷雾

PD20086364 高氯·辛硫磷/35%/乳油/高效氯氰菊酯 1%、辛硫磷 34%/2013.12.31 至 2018.12.31/低毒
棉花 棉铃虫 315-420克/公顷 喷雾
PD20092379 吡虫啉/10%/可湿性粉剂/吡虫啉 10%/2014.02.25 至 2019.02.25/低毒
水稻 飞虱 22.5-30克/公顷 喷雾
PD20096602 苄·丁/20%/可湿性粉剂/苄嘧磺隆 0.8%、丁草胺 19.2%/2009.09.02 至 2014.09.02/低毒
水稻移栽田 部分多年生杂草、一年生杂草 600-900克/公顷 毒土法
PD20100424 乐果/96%/原药/乐果 96%/2010.01.14 至 2015.01.14/中等毒
PD20120944 辛硫磷/40%/乳油/辛硫磷 40%/2012.06.14 至 2017.06.14/低毒
甘蓝 菜青虫 300-450克/公顷 喷雾
PD20121081 吡虫啉/5%/乳油/吡虫啉 5%/2012.07.19 至 2017.07.19/中等毒
棉花 蚜虫 22.5-30克/公顷 喷雾
PD20121572 乙酰甲胺磷/95%/原药/乙酰甲胺磷 95%/2012.10.25 至 2017.10.25/低毒
PD20121789 辛硫磷/90%/原药/辛硫磷 90%/2012.11.22 至 2017.11.22/低毒
PD20121832 乙酰甲胺磷/30%/乳油/乙酰甲胺磷 30%/2012.11.22 至 2017.11.22/低毒
水稻 二化螟 900-1012克/公顷 喷雾
PD20130582 乐果/40%/乳油/乐果 40%/2013.04.02 至 2018.04.02/低毒
水稻 三化螟 525-600克/公顷 喷雾

江苏省连云港死海溴化物有限公司 (江苏省连云港市连云区西墅 222042 0518-2320777)

PD84122 溴甲烷/99%/原药/溴甲烷 99%/2009.12.15 至 2014.12.15/高毒
粮食、食品、种子 多种害虫、鼠 27-37.5克/立方米 密闭熏蒸
烟草(苗床) 土壤线虫、真菌 50-100克/平方米 熏蒸
PD20070193 溴甲烷/98%/气体制剂/溴甲烷 98%/2012.07.11 至 2017.07.11/中等毒(原药高毒)
姜 根结线虫 50-75克制剂/平方米 土壤处理
烟草(苗床) 土壤线虫 500-750千克/公顷 土壤处理

江苏省绿盾植保农药实验有限公司 (江苏省句容市后白镇工业园区31号 212444 0511-87274221)

PD20040095 吡虫啉/10%/可湿性粉剂/吡虫啉 10%/2009.12.19 至 2014.12.19/低毒
水稻 飞虱 22.5-30克/公顷 喷雾
PD20040187 吡·多·三唑酮/24%/可湿性粉剂/吡虫啉 1%、多菌灵 20%、三唑酮 3%/2009.12.19 至 2014.12.19/低毒
小麦 白粉病、赤霉病、蚜虫 432-612克/公顷 喷雾
PD20040206 多·酮/25%/可湿性粉剂/多菌灵 22%、三唑酮 3%/2009.12.19 至 2014.12.19/低毒
小麦 赤霉病 400-600克/公顷 喷雾
油菜 菌核病 900-1200克/公顷 喷雾
PD20040664 吡虫·杀虫单/42%/可湿性粉剂/吡虫啉 1.7%、杀虫单 40.3%/2009.12.19 至 2014.12.19/中等毒
水稻 稻纵卷叶螟、二化螟、飞虱、三化螟 450-750克/公顷 喷雾
PD20080505 噻嗪酮/25%/可湿性粉剂/噻嗪酮 25%/2013.04.10 至 2018.04.10/低毒
水稻 稻飞虱 150-168.75克/公顷 喷雾
PD20082127 咪鲜·杀螟丹/16%/可湿性粉剂/咪鲜胺 4%、杀螟丹 12%/2013.11.25 至 2018.11.25/中等毒
水稻 恶苗病、干尖线虫病 400-700倍液 浸种
PD20083158 毒死蜱/40%/乳油/毒死蜱 40%/2013.12.11 至 2018.12.11/中等毒
水稻 稻纵卷叶螟 480-600克/公顷 喷雾
PD20090187 杀螟丹/6%/水剂/杀螟丹 6%/2014.01.08 至 2019.01.08/低毒
水稻 干尖线虫病 30-60毫克/千克 浸种
PD20091501 高氯·毒死蜱/12%/乳油/毒死蜱 9.5%、高效氯氰菊酯 2.5%/2009.02.02 至 2014.02.02/中等毒
十字花科蔬菜 菜青虫 54-72克/公顷 喷雾
PD20091925 辛硫·三唑磷/40%/乳油/三唑磷 20%、辛硫磷 20%/2014.02.12 至 2019.02.12/中等毒
水稻 二化螟 480-600克/公顷 喷雾
PD20098326 2甲·苄/38%/可湿性粉剂/苄嘧磺隆 4%、2甲4氯钠 34%/2009.12.18 至 2014.12.18/低毒
冬小麦田 一年生阔叶杂草 228-342克/公顷 茎叶喷雾
PD20101215 杀螟·乙蒜素/17%/可湿性粉剂/杀螟丹 5%、乙蒜素 12%/2010.02.21 至 2015.02.21/中等毒
水稻 恶苗病、干尖线虫病 200-400倍液 浸种
PD20121463 阿维菌素/5%/可湿性粉剂/阿维菌素 5%/2012.10.08 至 2017.10.08/低毒(原药高毒)
水稻 稻纵卷叶螟 12-24克/公顷 喷雾
PD20130590 咪鲜胺/50%/可湿性粉剂/咪鲜胺 50%/2013.04.02 至 2018.04.02/低毒
水稻 稻曲病 225-300克/公顷 喷雾
小麦 赤霉病 225-300克/公顷 喷雾
PD20131723 咪鲜·甲硫灵/42%/可湿性粉剂/甲基硫菌灵 35%、咪鲜胺 7%/2013.08.16 至 2018.08.16/低毒
水稻 稻瘟病 378-504克/公顷 喷雾
小麦 赤霉病 378-504克/公顷 喷雾
LS20110016 甲维·毒死蜱/25%/水乳剂/毒死蜱 24.8%、甲氨基阿维菌素苯甲酸盐 0.2%/2012.01.11 至 2014.01.11/低毒
水稻 稻纵卷叶螟 225-300克/公顷 喷雾
LS20120360 吡蚜·异丙威/30%/可湿性粉剂/吡蚜酮 10%、异丙威 20%/2013.11.05 至 2014.11.05/低毒
水稻 飞虱 135-180克/公顷 喷雾

江苏省南京巴黎贝丽丝香水有限公司 (江苏省南京市江宁经济技术开发区董村路39号 211100 025-52127151)

WP20090265 驱蚊花露水/4%/驱蚊花露水/驱蚊酯 4%/2009.05.12 至 2014.05.12/微毒
卫生 蚊 / 涂抹

江苏省南京博臣农化有限公司 (江苏省高淳县古柏镇 211316 025-57354064)

PD20040507 吡虫·三唑磷/21%/乳油/吡虫啉 1%、三唑磷 20%/2009.12.19 至 2014.12.19/中等毒
水稻 二化螟、三化螟 315-472.5克/公顷 喷雾

PD20040626 哒螨灵/15%/乳油/哒螨灵 15%/2009.12.19 至 2014.12.19/中等毒
柑橘树、苹果树 红蜘蛛 50-67毫克/千克 喷雾

PD20080925 二氯喹啉酸/50%/可湿性粉剂/二氯喹啉酸 50%/2013.07.17 至 2018.07.17/低毒
水稻移栽田 稗草 225-375克/公顷(北方地区) 喷雾

PD20081056 苄·二氯/27.5%/可湿性粉剂/苄嘧磺隆 2.5%、二氯喹啉酸 25%/2013.08.14 至 2018.08.14/低毒
水稻移栽田 部分多年生杂草、一年生杂草 206.3-268 克/公顷 喷雾

PD20083610 啶虫脒/5%/乳油/啶虫脒 5%/2013.12.12 至 2018.12.12/低毒
苹果树 蚜虫 10-15毫克/千克 喷雾

PD20084942 炔螨特/57%/乳油/炔螨特 57%/2013.12.22 至 2018.12.22/低毒
柑橘树、苹果树 红蜘蛛 285-380毫克/千克 喷雾

PD20086258 甲硫·福美双/70%/可湿性粉剂/福美双 30%、甲基硫菌灵 40%/2013.12.31 至 2018.12.31/低毒
苹果树 炭疽病 600-800倍液 喷雾

PD20091219 高氯·马/37%/乳油/高效氯氰菊酯 0.8%、马拉硫磷 36.2%/2014.02.01 至 2019.02.01/中等毒
苹果树 黄蚜 123-185毫克/千克 喷雾

PD20091998 阿维·高氯/1%/乳油/阿维菌素 0.2%、高效氯氰菊酯 0.8%/2014.02.12 至 2019.02.12/低毒(原药高毒)
苹果树 二斑叶螨 1500-2000倍液 喷雾
十字花科蔬菜 小菜蛾 6-9克/公顷 喷雾

PD20092683 螨醇·哒螨灵/20%/乳油/哒螨灵 5%、三氯杀螨醇 15%/2009.03.03 至 2014.03.03/中等毒
苹果树 红蜘蛛 100-133毫克/千克 喷雾

PD20096485 灭多威/10%/可湿性粉剂/灭多威 10%/2009.08.14 至 2014.08.14/中等毒(原药高毒)
棉花 棉铃虫 120-150克/公顷 喷雾

PD20121263 杀螺胺/70%/可湿性粉剂/杀螺胺 70%/2012.09.04 至 2017.09.04/低毒
水稻 福寿螺 367.5-472.5克/公顷 喷雾

江苏省南京高正农用化工有限公司 (江苏省南京市化学工业园方水东路1号 210047 025-58392868)

PD20093504 苄·二氯/36%/可湿性粉剂/苄嘧磺隆 3%、二氯喹啉酸 33%/2014.03.23 至 2019.03.23/低毒
水稻田(直播) 一年生杂草 216-324克/公顷(北方地区) 落干田水喷雾一天
162-216克/公顷(南方地区) 后保水3-5厘米一周以上

PD20094836 苄·乙·甲/16%/可湿性粉剂/苄嘧磺隆 1.1%、甲磺隆 0.2%、乙草胺 14.7%/2009.04.13 至 2014.04.13/低毒
水稻移栽田 多年生阔叶杂草、一年生莎草、一年生杂草 72-96克/公顷 返青后拌药土均匀撒施

PD20130107 萎锈·福美双/400克/升/悬浮种衣剂/福美双 200克/升、萎锈灵 200克/升/2013.01.17 至 2018.01.17/低毒
棉花 立枯病 160-200克/100千克种子 种子包衣

PD20130222 戊唑醇/60克/升/悬浮种衣剂/戊唑醇 60克/升/2013.01.30 至 2018.01.30/低毒
玉米 丝黑穗病 6-12克/100千克种子 种子包衣

PD20130443 烟嘧磺隆/40克/升/可分散油悬浮剂/烟嘧磺隆 40克/升/2013.03.18 至 2018.03.18/微毒
玉米田 一年生杂草 48-60克/公顷 茎叶喷雾

PD20132717 嘧菌酯/250克/升/悬浮剂/嘧菌酯 250克/升/2013.12.30 至 2018.12.30/低毒
黄瓜 白粉病 112.5-337.5克/公顷 喷雾

江苏省南京红太阳生物化学有限责任公司 (江苏省南京市高淳县城宝塔路269号 211300 025-57888659)

PD20081501 百草枯/32.6%/母药/百草枯 32.6%/2013.11.06 至 2018.11.06/中等毒
注:百草枯二氯盐含量：45%（质量浓度为500克/升）

PD20082072 百草枯/200克/升/水剂/百草枯 200克/升/2012.12.31 至 2014.07.01/中等毒
苹果园 一年生及部分多年生杂草 450-750克/公顷 定向茎叶喷雾

PD20096678 草甘膦/96%/原药/草甘膦 96%/2009.09.07 至 2014.09.07/低毒

PD20110734 氨氯吡啶酸/95%/原药/氨氯吡啶酸 95%/2011.07.11 至 2016.07.11/低毒
注:专供出口，不得在国内销售。

PD20111326 草甘膦铵盐/68%/可溶粒剂/草甘膦 68%/2011.12.06 至 2016.12.06/低毒
非耕地 杂草 2040-3060克/公顷 定向茎叶喷雾
注:草甘膦铵盐含量:74.7%。

PD20120278 二氯吡啶酸/95%/原药/二氯吡啶酸 95%/2012.02.15 至 2017.02.15/低毒
注:专供出口，不得在国内销售。

PD20120430 草甘膦铵盐/89%/原药/草甘膦 89%/2012.03.14 至 2017.03.14/低毒
注:草甘膦铵盐含量：98%。

PD20120993 草甘膦/450克/升/水剂/草甘膦 450克/升/2012.06.21 至 2017.06.21/低毒
注:专供出口，不得在国内销售。

PD20122089 氰氟草酯/95%/原药/氰氟草酯 95%/2012.12.26 至 2017.12.26/低毒

PD20131604 草铵膦/95%/原药/草铵膦 95%/2013.07.29 至 2018.07.29/低毒

PD20131912 百草枯/20%/可溶胶剂/百草枯 20%/2013.09.25 至 2018.09.25/中等毒
非耕地 杂草 450-600克/公顷 定向茎叶喷雾
PD20132160 二氯吡啶酸/300克/升/水剂/二氯吡啶酸 300克/升/2013.10.29 至 2018.10.29/低毒
注:专供出口，不得在国内销售。

江苏省南京惠宇农化有限公司 (江苏省南京市六合区横梁镇石庙村 211515 025-57606338)

PD20050050 吡虫·杀虫单/62%/可湿性粉剂/吡虫啉 2%、杀虫单 60%/2010.04.29 至 2015.04.29/中等毒
水稻 稻纵卷叶螟、二化螟、飞虱、三化螟 450-750克/公顷 喷雾
PD20070411 多·酮/33%/可湿性粉剂/多菌灵 24%、三唑酮 9%/2012.11.05 至 2017.11.05/低毒
小麦 白粉病、赤霉病 445-594克/公顷 喷雾
PD20080188 多菌灵/50%/可湿性粉剂/多菌灵 50%/2013.01.07 至 2018.01.07/微毒
油菜 菌核病 1125-1500克/公顷 喷雾
PD20080356 多·福/50%/可湿性粉剂/多菌灵 15%、福美双 35%/2013.02.28 至 2018.02.28/微毒
梨树 黑星病 1000-1500毫克/千克 喷雾
PD20080617 硫磺·多菌灵/50%/可湿性粉剂/多菌灵 15%、硫磺 35%/2013.05.12 至 2018.05.12/低毒
花生 叶斑病 1200-1800克/公顷 喷雾
PD20080791 硫磺·甲硫灵/70%/可湿性粉剂/甲基硫菌灵 40%、硫磺 30%/2013.06.20 至 2018.06.20/低毒
黄瓜 白粉病 840-1050克/公顷 喷雾
PD20080818 毒·辛/40%/乳油/毒死蜱 15%、辛硫磷 25%/2013.06.20 至 2018.06.20/低毒
水稻 稻纵卷叶螟、三化螟 450-750克/公顷 喷雾
水稻 稻飞虱 540-750克/公顷 喷雾
PD20082532 甲基硫菌灵/70%/可湿性粉剂/甲基硫菌灵 70%/2013.12.03 至 2018.12.03/低毒
番茄 叶霉病 525－630克/公顷 喷雾
PD20083397 井冈霉素/10%/水剂/井冈霉素 10%/2008.12.11 至 2013.12.11/微毒
水稻 纹枯病 150-187.5克/公顷 喷雾
PD20084217 辛硫·三唑磷/40%/乳油/三唑磷 15%、辛硫磷 25%/2013.12.17 至 2018.12.17/中等毒
水稻 稻纵卷叶螟、三化螟 450-750克/公顷 喷雾
PD20084652 吡虫啉/10%/可湿性粉剂/吡虫啉 10%/2013.12.18 至 2018.12.18/低毒
水稻 稻飞虱 15-30克/公顷 喷雾
PD20084908 井冈·杀虫单/50%/可湿性粉剂/井冈霉素 7.5%、杀虫单 42.5%/2013.12.22 至 2018.12.22/中等毒
水稻 稻纵卷叶螟、纹枯病 750-900克/公顷 喷雾
PD20085291 阿维·三唑磷/20%/乳油/阿维菌素 0.1%、三唑磷 19.9%/2013.12.23 至 2018.12.23/中等毒(原药高毒)
水稻 二化螟 150-180克/公顷 喷雾
PD20085371 唑磷·仲丁威/35%/乳油/三唑磷 14%、仲丁威 21%/2013.12.24 至 2018.12.24/中等毒
水稻 稻纵卷叶螟、二化螟 393.75-656.25克/公顷 喷雾
PD20086355 井冈·己唑醇/11%/可湿性粉剂/井冈霉素 8.5%、己唑醇 2.5%/2013.12.31 至 2018.12.31/低毒
水稻 纹枯病 49.5-57.75克/公顷 喷雾
小麦 纹枯病 99-148.5克/公顷 喷雾
注:小麦为临时登记状态，有效期至2011年12月31日。
PD20096287 吡·井·杀虫单/54%/可湿性粉剂/吡虫啉 1.5%、井冈霉素 7.5%、杀虫单 45%/2009.07.22 至 2014.07.22/中等毒
水稻 稻纵卷叶螟、飞虱、纹枯病 810-972克/公顷 喷雾
PD20101438 水胺·三唑磷/30%/乳油/三唑磷 10%、水胺硫磷 20%/2010.05.04 至 2015.05.04/中等毒(原药高毒)
水稻 二化螟 405-540克/公顷 喷雾
PD20120911 井冈·己唑醇/3.5%/微乳剂/井冈霉素A 2.3%、己唑醇 1.2%/2012.05.31 至 2017.05.31/微毒
水稻 纹枯病 31.5-36.75克/公顷 喷雾
PD20130986 噁草·丁草胺/42%/乳油/丁草胺 32%、噁草酮 10%/2013.05.02 至 2018.05.02/低毒
直播水稻(南方) 一年生杂草 567-787.5克/公顷 播后苗前土壤喷雾
LS20100085 苄·戊·异丙隆/50%/可湿性粉剂/苄嘧磺隆 5.6%、二甲戊灵 12.4%、异丙隆 32%/2012.05.19 至 2013.05.19/微毒
直播水稻(南方) 一年生杂草 450-525克/公顷 播后苗前土壤喷雾
LS20100113 辛硫磷/70%/乳油/辛硫磷 70%/2012.07.13 至 2013.07.13/低毒
鲜食大豆 蛴螬 1050-1260克/公顷 土壤喷雾
LS20120008 阿维·抑食肼/33%/可湿性粉剂/阿维菌素 3%、抑食肼 30%/2014.01.06 至 2015.01.06/低毒
水稻 稻纵卷叶螟 123.75-148.5克/公顷 喷雾
LS20130161 炔草酯/8%/水乳剂/炔草酯 8%/2013.04.03 至 2014.04.03/低毒
冬小麦田 一年生禾本科杂草 36-48克/公顷 茎叶喷雾
LS20130342 甲氨基阿维菌素苯甲酸盐/5%/可湿性粉剂/甲氨基阿维菌素 5%/2013.07.02 至 2014.07.02/低毒
水稻 稻纵卷叶螟 15-22.5克/公顷 喷雾
注:甲氨基阿维菌素苯甲酸盐含量: 5.7%。
WP20080518 高效氯氰菊酯/4.5%/水乳剂/高效氯氰菊酯 4.5%/2013.12.23 至 2018.12.23/低毒
卫生 蚊、蝇 22.5毫克/平方米 喷洒

江苏省南京金芭蕾化妆品有限公司 (江苏省南京市雨花台区雨花东路112号 210012 025-52410550)

WP20080422 驱蚊花露水/4.5%/驱蚊花露水/避蚊胺 4.5%/2008.12.12 至 2013.12.12/低毒
卫生 蚊 / 涂抹
WP20090317 驱蚊花露水/3.5%/水剂/驱蚊酯 3.5%/2009.09.07 至 2014.09.07/微毒

卫生 蚊 / 涂抹

江苏省南京金陵蚊香实业有限公司 (江苏省南京市白下区光华门火车站33号 210007 025-84619002)

WP20080153 蚊香/0.12%/蚊香/Es-生物烯丙菊酯 0.12%/2013.11.05 至 2018.11.05/微毒
卫生 蚊 / 点燃

WP20080163 电热蚊香片/10毫克/片/电热蚊香片/Es-生物烯丙菊酯 10毫克/片/2013.11.12 至 2018.11.12/低毒
卫生 蚊 / 电热加温

WP20080179 蚊香/0.2%/蚊香/富右旋反式烯丙菊酯 0.2%/2008.11.19 至 2013.11.19/微毒
卫生 蚊 / 点燃

WP20080199 蚊香/0.24%/蚊香/富右旋反式烯丙菊酯 0.24%/2008.11.20 至 2013.11.20/低毒
卫生 蚊 / 点燃

WP20080208 杀虫气雾剂/0.5%/气雾剂/胺菊酯 0.25%、氯菊酯 0.25%/2013.11.21 至 2018.11.21/低毒
卫生 蚊、蝇、蜚蠊 / 喷雾

WP20080213 电热蚊香液/2.6%/电热蚊香液/Es-生物烯丙菊酯 2.6%/2013.11.21 至 2018.11.21/低毒
卫生 蚊 / 电热加温

WP20080301 驱蚊液/5%/驱蚊液/避蚊胺 5%/2008.12.04 至 2013.12.04/微毒
卫生 蚊 / 涂抹

江苏省南京莱顿日用化工有限公司 (江苏省南京市高淳县东坝镇化工园区 211301 025-57831568)

WP20080142 杀虫气雾剂/0.65%/气雾剂/胺菊酯 0.35%、氯菊酯 0.2%、右旋苯醚氰菊酯 0.1%/2008.11.04 至 2013.11.04/微毒
卫生 蚊、蝇、蜚蠊 / 喷雾

WP20080164 蚊香/0.3%/蚊香/富右旋反式烯丙菊酯 0.3%/2008.11.12 至 2013.11.12/微毒
卫生 蚊 / 点燃

江苏省南京荣诚化工有限公司 (江苏省南京市高淳县固城镇工业园 211304 025-52431141)

WP20080407 高效氯氰菊酯/6%/可湿性粉剂/高效氯氰菊酯 6%/2013.12.12 至 2018.12.12/低毒
卫生 蚊、蝇、蜚蠊 玻璃面,木板面50毫克/平方米；石灰面100毫克/平方米 滞留喷洒

WP20090184 杀虫气雾剂/0.44%/气雾剂/胺菊酯 0.25%、氯菊酯 0.15%、氯氰菊酯 0.04%/2009.03.18 至 2014.03.18/微毒
卫生 蚊、蝇 / 喷雾

WP20090250 高氯·残杀威/10%/悬浮剂/残杀威 6%、高效氯氰菊酯 4%/2009.04.27 至 2014.04.27/低毒
卫生 蚊、蝇、蜚蠊 50-100毫克/平方米 滞留喷洒

WP20100043 高效氯氟氰菊酯/10%/可湿性粉剂/高效氯氟氰菊酯 10%/2010.03.01 至 2015.03.01/低毒
卫生 蚊、蝇、蜚蠊 20毫克/平方米 滞留喷洒

WP20100086 顺式氯氰菊酯/5%/可湿性粉剂/顺式氯氰菊酯 5%/2010.06.08 至 2015.06.08/低毒
卫生 蚊、蝇、蜚蠊 30毫克/平方米 滞留喷洒

WP20100120 杀虫超低容量液剂/2%/超低容量液剂/胺菊酯 1%、富右旋反式苯醚菊酯 1%/2010.09.25 至 2015.09.25/低毒
卫生 蚊、蝇 0.15毫升制剂/平方米 喷洒

WP20100121 高氯·辛硫磷/21%/可溶液剂/高效氯氟氰菊酯 1%、辛硫磷 20%/2010.09.25 至 2015.09.25/低毒
卫生 蚊、蝇 0.3毫升制剂/平方米 喷洒

WP20110030 联苯菊酯/5%/悬浮剂/联苯菊酯 5%/2011.01.26 至 2016.01.26/低毒
卫生 白蚁 2.5-3.8克/平方米；100-200倍液 土壤处理；木材浸泡

WP20110035 吡虫啉/350克/升/悬浮剂/吡虫啉 350克/升/2011.02.10 至 2016.02.10/低毒
卫生 白蚁 5-6克/平方米；500-1000毫克/千克 土壤处理；木材浸泡

WP20120159 氯菊酯/25%/可湿性粉剂/氯菊酯 25%/2012.09.06 至 2017.09.06/低毒
卫生 蚊、蝇、蜚蠊 200-250毫克/平方米 滞留喷洒

WP20120187 氯氰·氯菊/0.3%/水乳剂/氯菊酯 0.15%、氯氰菊酯 0.15%/2012.10.08 至 2017.10.08/低毒
卫生 蚊、蝇 200毫克/平方米（滞留喷洒） 喷雾或滞留喷洒

江苏省南京祥宇农药有限公司 (江苏省南京市江宁区滨江开发区 211162 025-86121898)

PD20080821 噻吩磺隆/75%/水分散粒剂/噻吩磺隆 75%/2013.06.20 至 2018.06.20/低毒
春大豆田 一年生阔叶杂草 22.5-28.125克/公顷 土壤喷雾

PD20081022 噻吩磺隆/15%/可湿性粉剂/噻吩磺隆 15%/2013.08.06 至 2018.08.06/低毒
春大豆田 一年生阔叶杂草 22.5-27克/公顷 播后苗前土壤喷雾
夏大豆田 一年生阔叶杂草 18－27克/公顷 播后苗前土壤喷雾

PD20081046 精喹禾灵/5%/乳油/精喹禾灵 5%/2013.08.14 至 2018.08.14/低毒
春大豆田 一年生禾本科杂草 52.5-67.5克/公顷 茎叶喷雾
冬油菜田 一年生禾本科杂草 37.5-52.5克/公顷 茎叶喷雾

PD20081096 啶虫脒/5%/乳油/啶虫脒 5%/2013.08.18 至 2018.08.18/低毒
柑橘树 蚜虫 10-15毫克/千克 喷雾

PD20081795 胺苯磺隆/25%/可湿性粉剂/胺苯磺隆 25%/2008.11.19 至 2013.12.31/低毒
冬油菜田 一年生阔叶杂草 18.8-22.5克/公顷 茎叶喷雾

PD20082635 甲氰菊酯/20%/乳油/甲氰菊酯 20%/2013.12.04 至 2018.12.04/中等毒
苹果树 桃小食心虫 66.7-100毫克/千克 喷雾

PD20085150 井冈·杀虫双/22%/水剂/井冈霉素 2%、杀虫双 20%/2013.12.23 至 2018.12.23/中等毒

水稻 稻螟铃、稻纵卷叶螟、二化螟、纹枯病 900-1050克/公顷 喷雾
PD20085226 苯磺隆/10%/可湿性粉剂/苯磺隆 10%/2013.12.23 至 2018.12.23/低毒
冬小麦田 一年生阔叶杂草 13.5-22.5克/公顷 茎叶喷雾
PD20086184 苄·二氯/36%/可湿性粉剂/苄嘧磺隆 4%、二氯喹啉酸 32%/2013.12.30 至 2018.12.30/微毒
水稻田(直播) 一年生及部分多年生杂草 216-270克/公顷 茎叶喷雾
PD20090275 苯磺隆/75%/水分散粒剂/苯磺隆 75%/2014.01.09 至 2019.01.09/低毒
冬小麦田 一年生阔叶杂草 13.5-22.5克/公顷 茎叶喷雾
PD20090459 精喹禾灵/5%/乳油/精喹禾灵 5%%/2014.01.12 至 2019.01.12/低毒
春大豆田 一年生禾本科杂草 64.8-81.0克/公顷 茎叶喷雾
PD20090880 精噁唑禾草灵/69克/升/水乳剂/精噁唑禾草灵 69克/升/2014.01.19 至 2019.01.19/微毒
冬小麦田 一年生禾本科杂草 51.8-62.1克/公顷 茎叶喷雾
PD20091401 松·喹·氟磺胺/35%/乳油/氟磺胺草醚 9.5%、精喹禾灵 2.5%、异噁草松 23%/2014.02.02 至 2019.02.02/低毒
春大豆田 一年生杂草 525-787.5克/公顷(东北地区) 喷雾
PD20091690 吡虫啉/10%/可湿性粉剂/吡虫啉 10%/2014.02.03 至 2019.02.03/低毒
水稻 稻飞虱 15-30克/公顷 喷雾
PD20091816 高效氟吡甲禾灵/108克/升/乳油/高效氟吡甲禾灵 108克/升/2014.02.05 至 2019.02.05/低毒
春大豆田 一年生禾本科杂草 45-52.5克/公顷 喷雾
PD20092625 氟磺胺草醚/250克/升/水剂/氟磺胺草醚 250克/升/2014.03.02 至 2019.03.02/微毒
春大豆田 一年生阔叶杂草 300-375克/公顷 茎叶喷雾
PD20094094 异噁草松/480克/升/乳油/异噁草松 480克/升/2014.03.27 至 2019.03.27/低毒
春大豆田 一年生杂草 936-1152克/公顷 播后苗前土壤喷雾
PD20094644 精吡氟禾草灵/150克/升/乳油/精吡氟禾草灵 150克/升/2014.04.10 至 2019.04.10/微毒
大豆田 一年生禾本科杂草 112.5-135克/公顷 茎叶喷雾
PD20094933 咪唑乙烟酸/15%/水剂/咪唑乙烟酸 15%/2014.04.13 至 2019.04.13/低毒
春大豆田 一年生杂草 96-120克/公顷 茎叶喷雾
PD20095314 苄·乙/14%/可湿性粉剂/苄嘧磺隆 3.5%、乙草胺 10.5%/2014.04.27 至 2019.04.27/低毒
水稻移栽田 部分多年生杂草、一年生杂草 84-118克/公顷 药土法
PD20095495 吡嘧·苯噻酰/50%/可湿性粉剂/苯噻酰草胺 48.2%、吡嘧磺隆 1.8%/2009.05.11 至 2014.05.11/低毒
水稻抛秧田 一年生及部分多年生杂草 375-450克/公顷 毒土法
PD20095607 松·喹·氟磺胺/18%/乳油/氟磺胺草醚 5.5%、精喹禾灵 1.5%、异噁草松 11%/2009.05.12 至 2014.05.12/低毒
春大豆田 一年生杂草 486-540克/公顷 茎叶喷雾
PD20095833 高效氯氰菊酯/4.5%/乳油/高效氯氰菊酯 4.5%/2009.05.27 至 2014.05.27/低毒
甘蓝 菜青虫 15-30克/公顷 喷雾
PD20095868 苄·乙/20%/可湿性粉剂/苄嘧磺隆 4.4%、乙草胺 15.6%/2009.05.27 至 2014.05.27/低毒
水稻移栽田 一年生杂草 84-118克/公顷 毒土法
PD20096943 烟嘧磺隆/40克/升/可分散油悬浮剂/烟嘧磺隆 40克/升/2009.09.29 至 2014.09.29/微毒
春玉米田 一年生杂草 42-60克/公顷 茎叶喷雾
PD20097013 氯氟吡氧乙酸异辛酯(280克/升)///乳油/氯氟吡氧乙酸 200克/升/2009.09.29 至 2014.09.29/低毒
冬小麦田 一年生阔叶杂草 150-180克/公顷 茎叶喷雾
PD20098426 辛硫·三唑磷/40%/乳油/三唑磷 20%、辛硫磷 20%/2009.12.24 至 2014.12.24/低毒
水稻 二化螟 360-480克/公顷 喷雾
PD20101099 烯草酮/120克/升/乳油/烯草酮 120克/升/2010.01.25 至 2015.01.25/低毒
大豆田 一年生禾本科杂草 72-90克/公顷 茎叶喷雾

江苏省南通宝叶化工有限公司 (如东沿海经济开发区洋口化工园区海滨四路(小洋口) 226407 0513-68125689)

PD85122-10 福美双/50%/可湿性粉剂/福美双 50%/2010.06.24 至 2015.06.24/中等毒
黄瓜 白粉病、霜霉病 500-1000倍液 喷雾
葡萄 白腐病 500-1000倍液 喷雾
水稻 稻瘟病、胡麻叶斑病 250克/100千克种子 拌种
甜菜、烟草 根腐病 500克/500千克温床土 土壤处理
小麦 白粉病、赤霉病 500倍液 喷雾
PD85133-4 福美双/95%/原药/福美双 95%/2010.07.29 至 2015.07.29/中等毒
PD20070156 代森锰锌/85%/原药/代森锰锌 85%/2012.06.14 至 2017.06.14/低毒
PD20070398 四螨嗪/96%/原药/四螨嗪 96%/2012.11.05 至 2017.11.05/低毒
PD20070414 代森锰锌/80%/可湿性粉剂/代森锰锌 80%/2012.11.06 至 2017.11.06/低毒
番茄 早疫病 2000-2370克/公顷 喷雾
柑橘树 疮痂病、炭疽病 1333-2000毫克/千克 喷雾
梨树 黑星病 800-1600毫克/千克 喷雾
荔枝树 霜疫霉病 1333-2000毫克/千克 喷雾
苹果树 斑点落叶病、轮纹病、炭疽病 1000-1600毫克/千克 喷雾
葡萄 白腐病、黑痘病、霜霉病 1000-1600毫克/千克 喷雾
西瓜 炭疽病 1560-2320克/公顷 喷雾
PD20070429 代森锰锌/70%/可湿性粉剂/代森锰锌 70%/2012.11.12 至 2017.11.12/低毒
番茄 早疫病 1837.5-2362.5克/公顷 喷雾

PD20070504 代森锰锌/50%/可湿性粉剂/代森锰锌 50%/2012.11.28 至 2017.11.28/低毒
番茄 早疫病 1845-2370克/公顷 喷雾
PD20080103 丙森锌/85%/原药/丙森锌 85%/2013.01.03 至 2018.01.03/低毒
PD20080511 霜脲·锰锌/72%/可湿性粉剂/代森锰锌 64%、霜脲氰 8%/2013.04.29 至 2018.04.29/低毒
黄瓜 霜霉病 1440－1800克/公顷 喷雾
PD20093440 四螨嗪/10%/可湿性粉剂/四螨嗪 10%/2009.03.23 至 2014.03.23/低毒
柑橘树 红蜘蛛 100-125毫克/千克 喷雾
PD20095344 吡虫啉/10%/可湿性粉剂/吡虫啉 10%/2009.04.27 至 2014.04.27/低毒
水稻 稻飞虱 15-30克/公顷 喷雾
PD20100971 代森锌/80%/可湿性粉剂/代森锌 80%/2010.01.19 至 2015.01.19/低毒
花生 叶斑病 750-960克/公顷 喷雾
PD20110356 丙森锌/70%/可湿性粉剂/丙森锌 70%/2011.03.31 至 2016.03.31/低毒
黄瓜 霜霉病 1575-2247克/公顷 喷雾
PD20120675 丙森·多菌灵/70%/可湿性粉剂/丙森锌 30%、多菌灵 40%/2012.04.18 至 2017.04.18/微毒
苹果树 斑点落叶病 467-700毫克/千克 喷雾
PD20130541 烯酰·锰锌/69%/可湿性粉剂/代森锰锌 60%、烯酰吗啉 9%/2013.04.01 至 2018.04.01/低毒
黄瓜 霜霉病 1035-1380克/公顷 喷雾
PD20131979 咪鲜·丙森锌/30%/可湿性粉剂/丙森锌 20%、咪鲜胺锰盐 10%/2013.10.10 至 2018.10.10/微毒
黄瓜 炭疽病 787.5-1125克/公顷 喷雾
PD20132636 代森锰锌/85%/可湿性粉剂/代森锰锌 85%/2013.12.20 至 2018.12.20/低毒
黄瓜 霜霉病 2295-2677.5克/公顷 喷雾
LS20120107 丙森锌/70%/水分散粒剂/丙森锌 70%/2013.03.14 至 2014.03.14/低毒
黄瓜 霜霉病 1575-2250克/公顷 喷雾

江苏省南通飞天化学实业有限公司 (江苏省南通市崇川区人民西路12号飞天大厦 226001 0513-85507107)

PD20082466 草甘膦/30%/可溶粉剂/草甘膦 30%/2013.12.03 至 2018.12.03/低毒
防火隔离带 多年生杂草 1800-2250克/公顷 茎叶喷雾
非耕地 一年生杂草 675-1125克/公顷 茎叶喷雾
非耕地 多年生杂草 1125-2250克/公顷 茎叶喷雾
PD20082976 草甘膦/30%/水剂/草甘膦 30%/2013.12.09 至 2018.12.09/低毒
非耕地 杂草 1125-3000克/公顷 茎叶喷雾
PD20083279 草甘膦/95%/原药/草甘膦 95%/2013.12.11 至 2018.12.11/低毒
PD20086004 草甘膦铵盐/98%/原药/草甘膦铵盐 98%/2013.12.29 至 2018.12.29/低毒
PD20091669 草甘膦铵盐/88.8%/可溶粒剂/草甘膦铵盐 88.8%/2014.02.03 至 2019.02.03/低毒
非耕地、柑橘园 杂草 1198.8－2264.4克/公顷 定向喷雾
橡胶园 杂草 1864.8－3063.6克/公顷 定向喷雾
PD20091670 草甘膦/50%/可溶粉剂/草甘膦 50%/2014.02.03 至 2019.02.03/低毒
非耕地 多年生杂草 1125-2250克/公顷 杂草生长旺盛期茎叶喷雾处理
非耕地 一年生杂草 675-1125克/公顷 杂草生长旺盛期茎叶喷雾处理
PD20092341 草甘膦/65%/可溶粉剂/草甘膦 65%/2014.02.24 至 2019.02.24/低毒
防火隔离带 杂草、杂灌 1950-2437.5克/公顷 茎叶喷雾
非耕地、柑橘园 杂草 1170-1462.5克/公顷 茎叶喷雾

江苏省南通丰田化工有限公司 (江苏省南通市城港路309号 226003 0513-85632518)

PD20085298 氟草·喹禾灵/7.5%/乳油/三氟羧草醚 2.5%、喹禾灵 5%/2013.12.23 至 2018.12.23/低毒
夏大豆田 一年生杂草 90-135克/公顷 苗后喷雾
PD20085700 丙溴·辛硫磷/40%/乳油/丙溴磷 6%、辛硫磷 34%/2013.12.26 至 2018.12.26/中等毒
棉花 棉铃虫 450-600克/公顷 喷雾
水稻 稻纵卷叶螟 540-660克/公顷 喷雾
PD20085904 吡嘧·丁草胺/28%/可湿性粉剂/吡嘧磺隆 1.4%、丁草胺 26.6%/2013.12.29 至 2018.12.29/低毒
水稻移栽田 部分多年生杂草、一年生杂草 504-630克/公顷 药土法
PD20085934 代森锌/65%/可湿性粉剂/代森锌 65%/2013.12.29 至 2018.12.29/低毒
马铃薯 晚疫病 731.25-1092克/公顷 喷雾
PD20090013 吡嘧·二氯喹/20%/可湿性粉剂/吡嘧磺隆 1.5%、二氯喹啉酸 18.5%/2014.01.04 至 2019.01.04/低毒
水稻抛秧田、水稻秧田、水稻移栽田 一年生及部分多年生杂草 210-270克/公顷 茎叶喷雾
水稻田(直播) 一年生及部分多年生杂草 210-300克/公顷 茎叶喷雾
PD20110819 二氯喹啉酸/50%/可湿性粉剂/二氯喹啉酸 50%/2011.08.04 至 2016.08.04/低毒
水稻田(直播) 稗草 300-375克/公顷 茎叶喷雾
PD20120959 丙溴·辛硫磷/40%/乳油/丙溴磷 4%、辛硫磷 36%/2012.06.14 至 2017.06.14/低毒
桑树 桑尺蠖 240-360克/公顷 喷雾
PD20120996 精喹禾灵/10%/乳油/精喹禾灵 10%/2012.06.21 至 2017.06.21/低毒
夏大豆田 一年生禾本科杂草 32.4-64.8克/公顷 茎叶喷雾

江苏省南通功成精细化工有限公司　(江苏省南通市如东县洋口化工园黄海五路　226406　0513-84823982)

PD20070505	噻嗪酮/95%/原药/噻嗪酮 95%/2012.11.28 至 2017.11.28/低毒			
PD20080500	联苯菊酯/95%/原药/联苯菊酯 95%/2013.04.10 至 2018.04.10/低毒			
PD20095020	唑螨酯/96%/原药/唑螨酯 96%/2014.04.21 至 2019.04.21/中等毒			
PD20095990	噻嗪酮/25%/可湿性粉剂/噻嗪酮 25%/2009.06.11 至 2014.06.11/微毒			
	水稻	飞虱	93.75－112.5克/公顷	喷雾
PD20096860	唑螨酯/5%/悬浮剂/唑螨酯 5%/2009.09.22 至 2014.09.22/微毒			
	柑橘树	红蜘蛛	25-50毫克/千克	喷雾
	苹果树	红蜘蛛	20-33.3毫克/千克	喷雾
PD20111294	高效氯氟氰菊酯/10%/可湿性粉剂/高效氯氟氰菊酯 10%/2011.11.24 至 2016.11.24/中等毒			
	苹果树	桃小食心虫	6.25-12.5毫克/千克	喷雾
PD20130647	氯氟·吡虫啉/7.5%/悬浮剂/吡虫啉 5%、高效氯氟氰菊酯 2.5%/2013.04.05 至 2018.04.05/低毒			
	小麦	蚜虫	33.75-39.375克/公顷	喷雾
PD20131251	甲维·吡虫啉/10%/可溶液剂/吡虫啉 9%、甲氨基阿维菌素苯甲酸盐 1%/2013.06.04 至 2018.06.04/低毒			
	松树、杨树	天牛	0.1-0.15克/厘米胸径	树干注射
PD20131467	苦参碱/1%/水剂/苦参碱 1%/2013.07.05 至 2018.07.05/低毒			
	松树	松毛虫	6.67-10毫克/千克	喷雾
LS20120158	噻虫啉/3%/微囊悬浮剂/噻虫啉 3%/2013.04.18 至 2014.04.18/低毒			
	松树、杨树	天牛	10－15毫克/千克	喷雾
LS20120165	噻虫啉/1.5%/微囊粉剂/噻虫啉 1.5%/2013.04.28 至 2014.04.28/低毒			
	松树、杨树	天牛	45－67.5克/公顷	喷粉
WP20070032	高效氯氰菊酯/10%/悬浮剂/高效氯氰菊酯 10%/2012.11.28 至 2017.11.28/低毒			
	卫生	蚊、蝇	50毫克/平方米	滞留喷洒
	卫生	蜚蠊	83.3毫克/平方米	滞留喷洒
	卫生	跳蚤	10毫克/平方米(吸收地面)	滞留喷洒
WP20080043	高效氯氰菊酯/5%/悬浮剂/高效氯氰菊酯 5%/2013.03.04 至 2018.03.04/低毒			
	卫生	蚊、蝇、蜚蠊	50毫克/平方米	滞留喷洒
WP20080048	高效氯氰菊酯/8%/可湿性粉剂/高效氯氰菊酯 8%/2013.03.04 至 2018.03.04/低毒			
	卫生	跳蚤	10毫克/平方米(吸收板面)	滞留喷洒
	卫生	蜚蠊、蚊、蝇	40毫克/平方米	滞留喷洒
WP20080066	吡丙醚/97%/原药/吡丙醚 97%/2013.05.04 至 2018.05.04/低毒			
WP20080067	氯菊酯/95%/原药/氯菊酯 95%/2013.05.04 至 2018.05.04/低毒			
WP20080102	残杀威/97%/原药/残杀威 97%/2013.09.26 至 2018.09.26/中等毒			
WP20080128	高效氟氯氰菊酯/2.5%/悬浮剂/高效氟氯氰菊酯 2.5%/2013.10.29 至 2018.10.29/低毒			
	卫生	蚊、蝇、蜚蠊	25毫克/平方米	滞留喷洒
WP20080166	高氯·残杀威/10%/悬浮剂/残杀威 6%、高效氯氰菊酯 4%/2013.11.14 至 2018.11.14/低毒			
	卫生	蜚蠊	120毫克/平方米	滞留喷洒
	卫生	蚊	50毫克/平方米	滞留喷洒
	卫生	蝇	80毫克/平方米	滞留喷洒
WP20080355	吡虫啉/10%/悬浮剂/吡虫啉 10%/2013.12.09 至 2018.12.09/低毒			
	卫生	白蚁	37.5克/立方米；1000毫克/千克	土壤喷洒；木材浸泡
WP20080358	高效氯氰菊酯/4.5%/乳油/高效氯氰菊酯 4.5%/2013.12.10 至 2018.12.10/低毒			
	卫生	蚊、蝇	50毫克/平方米	滞留喷洒
WP20080364	联苯菊酯/5%/悬浮剂/联苯菊酯 5%/2013.12.10 至 2018.12.10/低毒			
	木材、土壤	白蚁	2.5-5克/平方米；500毫克/千克	喷洒
	卫生	蜚蠊、蚊、蝇	40-60毫克/平方米	滞留喷洒
	卫生	跳蚤	15-20毫克/平方米	滞留喷洒
WP20080365	杀虫水乳剂/0.3%/水乳剂/氯菊酯 0.15%、氯氰菊酯 0.15%/2013.12.10 至 2018.12.10/微毒			
	卫生	蚊、蝇	/	喷洒
WP20080527	顺式氯氰菊酯/10%/悬浮剂/顺式氯氰菊酯 10%/2013.12.23 至 2018.12.23/低毒			
	卫生	蚊、蝇、蜚蠊	20-30毫克/平方米（玻璃与漆木板面）；20-40毫克/平方米（白灰板面与水泥板面）	滞留喷洒
	卫生	跳蚤	15-25毫克/平方米	滞留喷洒
WP20080540	高效氯氟氰菊酯/10%/可湿性粉剂/高效氯氟氰菊酯 10%/2013.12.23 至 2018.12.23/中等毒			
	室外	蚊	1毫克/立方米	喷雾
WP20080599	杀虫颗粒剂/0.5%/颗粒剂/吡丙醚 0.5%/2013.12.30 至 2018.12.30/微毒			
	卫生	孑孓、蝇(幼虫)	100毫克/平方米	撒施
WP20090004	杀蟑胶饵/1%/胶饵/毒死蜱 1%/2014.01.04 至 2019.01.04/微毒			
	卫生	蜚蠊	/	投放
WP20090020	杀虫粉剂/0.6%/粉剂/高效氯氰菊酯 0.6%/2014.01.08 至 2019.01.08/低毒			
	卫生	蜚蠊	3克制剂/平方米	撒布

卫生 跳蚤 / 撒布
WP20090103 高氯·毒死蜱/12%/乳油/毒死蜱 9%、高效氯氰菊酯 3%/2014.02.05 至 2019.02.05/中等毒
卫生 蚊、蝇 1.8-3.6毫克/平方米 喷雾
注:本品仅限专业人员在公共场所使用（不包括儿童聚集地）。
WP20090164 辛硫·高氯氟/21%/乳油/高效氯氟氰菊酯 1%、辛硫磷 20%/2014.03.09 至 2019.03.09/低毒
室外 蚊、蝇 21-42毫克/立方米 喷雾
WP20090306 顺式氯氰菊酯/8%/可湿性粉剂/顺式氯氰菊酯 8%/2009.08.06 至 2014.08.06/低毒
卫生 跳蚤、蚊、蝇、蜚蠊 30毫克/平方米 滞留喷洒
WP20090309 残杀威/20%/乳油/残杀威 20%/2009.09.02 至 2014.09.02/低毒
卫生 蜚蠊、蚊、蝇 玻璃面和漆木面：1克/平方米；水泥面：1-1.5克/平方米 滞留喷洒
WP20090318 溴氰菊酯/2.5%/悬浮剂/溴氰菊酯 2.5%/2009.09.07 至 2014.09.07/低毒
卫生 蜚蠊、蚊、蝇 25毫克/平方米 滞留喷洒
WP20090333 高效氯氟氰菊酯/10%/微囊悬浮剂/高效氯氟氰菊酯 10%/2009.10.10 至 2014.10.10/微毒
卫生 蜚蠊、蚊、蝇 10-20毫克/平方米 滞留喷洒
WP20090334 高效氯氟氰菊酯/2.5%/悬浮剂/高效氯氟氰菊酯 2.5%/2009.10.10 至 2014.10.10/低毒
卫生 蜚蠊、蚊、蝇 40-50毫克/平方米 滞留喷洒
WP20090336 高效氯氟氰菊酯/5%/悬浮剂/高效氯氟氰菊酯 5%/2009.10.10 至 2014.10.10/低毒
卫生 蜚蠊、蚊、蝇 40-50毫克/平方米 滞留喷洒
WP20090344 氟氯氰菊酯/10%/可湿性粉剂/氟氯氰菊酯 10%/2009.10.16 至 2014.10.16/低毒
卫生 蜚蠊、蚊、蝇 22.5-45毫克/平方米 滞留喷洒
WP20090345 氟氯氰菊酯/5%/水乳剂/氟氯氰菊酯 5%/2009.10.16 至 2014.10.16/低毒
卫生 蜚蠊、蚊、蝇 30-60毫克/平方米 滞留喷洒
WP20100113 杀蟑胶饵/2.15%/胶饵/吡虫啉 2.15%/2010.08.27 至 2015.08.27/微毒
卫生 蜚蠊 / 投放
WP20100114 杀蟑热雾剂/1%/热雾剂/高效氯氰菊酯 1%/2010.08.27 至 2015.08.27/微毒
室内 蜚蠊 33毫克/平方米 热雾机喷雾
WP20100119 杀虫饵剂/1.5%/饵剂/乙酰甲胺磷 1.5%/2010.09.25 至 2015.09.25/微毒
卫生 蜚蠊、蚂蚁 / 投放
WP20100172 杀蟑胶饵/0.05%/胶饵/氟虫腈 0.05%/2010.12.15 至 2015.12.15/微毒
卫生 蜚蠊 / 投放
WP20100173 溴氰菊酯/2.5%/可湿性粉剂/溴氰菊酯 2.5%/2010.12.15 至 2015.12.15/微毒
卫生 臭虫 25～30毫克/平方米 滞留喷洒
卫生 跳蚤、蚊、蝇、蜚蠊 20～25毫克/平方米 滞留喷洒
WP20110173 胺·氯菊/10%/微乳剂/胺菊酯 4.5%、氯菊酯 5.5%/2011.07.11 至 2016.07.11/低毒
室外 蚊、蝇 1.5毫克/平方米 超低容量喷雾
WP20110194 杀蟑饵剂/0.1%/饵剂/甲氨基阿维菌素 0.1%/2011.08.22 至 2016.08.22/微毒
卫生 蜚蠊 / 投放
注:甲氨基阿维菌素苯甲酸盐含量为:0.11%。
WP20110195 联苯菊酯/2.5%/水乳剂/联苯菊酯 2.5%/2011.08.22 至 2016.08.22/低毒
木材 白蚁 500-625毫克/千克 浸泡
土壤 白蚁 2.5-3.125克/平方米 喷洒
WP20110204 杀蟑胶饵/2%/胶饵/氟蚁腙 2%/2011.09.08 至 2016.09.08/微毒
卫生 蜚蠊 / 投放
WP20110249 吡虫啉/20%/悬浮剂/吡虫啉 20%/2011.11.07 至 2016.11.07/微毒
木材 白蚁 1000-1200毫克/千克 浸泡
土壤 白蚁 5-6克/平方米 喷洒
WP20110261 氯菊酯/25%/可湿性粉剂/氯菊酯 25%/2011.11.23 至 2016.11.23/低毒
卫生 蚊、蝇、蜚蠊 50毫克/平方米（蚊、蝇）75毫克/平方米（蜚蠊） 滞留喷洒
WP20110262 顺氯·残杀威/10%/可湿性粉剂/残杀威 2.5%、顺式氯氰菊酯 7.5%/2011.11.24 至 2016.11.24/低毒
室内 蚊、蝇、蜚蠊 50毫克/平方米 滞留喷洒
WP20110273 杀虫粉剂/0.5%/粉剂/氟虫腈 0.5%/2011.12.29 至 2016.12.29/微毒
卫生 白蚁 / 施撒
WP20120104 驱蚊液/15%/驱蚊液/避蚊胺 15%/2012.06.04 至 2017.06.04/低毒
卫生 蚊、蜱 / 涂抹
WP20120128 氯菊·烯丙菊/10.4%/水乳剂/氯菊酯 10.26%、S-生物烯丙菊酯 .14%/2012.07.12 至 2017.07.12/低毒
卫生 蚊 1.5毫米/立方米 超低容量喷雾
WP20120167 高效氟氯氰菊酯/7.5%/悬浮剂/高效氟氯氰菊酯 7.5%/2012.09.06 至 2017.09.06/低毒
卫生 蚊、蝇、蜚蠊 40毫克/平方米 滞留喷洒
WP20130170 氟虫腈/2.5%/悬浮剂/氟虫腈 2.5%/2013.07.30 至 2018.07.30/低毒
木材 白蚁 250-625毫克/千克 木材涂刷
卫生 蜚蠊 62.5毫克/平方米 滞留喷洒

WL20100147 吡丙醚/5%/水乳剂/吡丙醚 5%/2012.05.19 至 2013.05.19/微毒
卫生 蚊(幼虫)、蝇(幼虫) 0.1克/平方米 喷洒（室外）

WL20120004 联苯菊酯/7.5%/水乳剂/联苯菊酯 7.5%/2014.01.06 至 2015.01.06/中等毒
卫生 白蚁 1）3.125—6.25克/平方米； 1）土壤喷洒；
2）62.5—125毫克/平方米 2）木材浸泡

WL20120027 氯菊酯·S-生物烯丙菊酯/16.86%/水乳剂/氯菊酯 16.15%、S-生物烯丙菊酯 0.71%/2013.05.05 至 2014.05.05/低毒
卫生 蚊、蝇、蜚蠊 / 喷雾

WL20120033 联苯菊酯/15%/悬浮剂/联苯菊酯 15%/2013.06.04 至 2014.06.04/低毒
卫生 白蚁 3.125克/平方米（土壤处理） 土壤处理；
625毫克/千克（木材浸泡） 木材浸泡

WL20120055 高效氯氰菊酯/20%/悬浮剂/高效氯氰菊酯 20%/2013.11.08 至 2014.11.08/低毒
室内 跳蚤 10-20毫克/平方米 滞留喷洒
室内 蚊、蝇、蜚蠊 30-50毫克/平方米（蚊、蝇） 滞留喷洒
30-80毫克/平方米（蜚蠊）

WL20130007 氟虫腈/5%/悬浮剂/氟虫腈 5%/2014.01.07 至 2015.01.07/低毒
卫生 蜚蠊 62.5毫克/平方米 滞留喷洒

WL20130043 顺式氯氰菊酯/15%/悬浮剂/顺式氯氰菊酯 15%/2013.11.08 至 2014.11.08/低毒
室内 蚊、蝇、蜚蠊 40毫克/平方米 滞留喷洒
室内 跳蚤 20毫克/平方米 滞留喷洒

WL20130044 高氯·残杀威/15%/悬浮剂/残杀威 6.5%、高效氯氰菊酯 8.5%/2013.11.08 至 2014.11.08/低毒
室内 蜚蠊、跳蚤、蚊、蝇 / 滞留喷洒

WL20130046 氯菊酯/50%/乳油/氯菊酯 50%/2013.11.08 至 2014.11.08/低毒
室内 蚊 / 滞留喷洒

江苏省南通宏洋化工有限公司 （江苏省南通市海安县角斜镇环镇东路65号 226633 0513-88247133）

PD20084467 噻嗪·异丙威/25%/可湿性粉剂/噻嗪酮 5%、异丙威 20%/2013.12.17 至 2018.12.17/低毒
水稻 稻飞虱 450-562.5克/公顷 喷雾

PD20100756 虫酰肼/200克/升/悬浮剂/虫酰肼 200克/升/2010.01.18 至 2015.01.18/低毒
甘蓝 甜菜夜蛾 210-300克/公顷 喷雾

PD20100766 杀螺胺/70%/可湿性粉剂/杀螺胺 70%/2010.01.18 至 2015.01.18/低毒
水稻 福寿螺 315-420克/公顷 毒土法或喷雾

PD20121981 吡虫啉/70%/水分散粒剂/吡虫啉 70%/2012.12.18 至 2017.12.18/低毒
水稻 蚜虫 21-42克/公顷 喷雾

PD20132420 啶虫脒/20%/可溶粉剂/啶虫脒 20%/2013.11.20 至 2018.11.20/低毒
甘蓝 蚜虫 36-48克/公顷 喷雾

江苏省南通嘉禾化工有限公司 （江苏省海门市临江新区 226121 0513-82658678）

PD20070494 咪唑乙烟酸/96%/原药/咪唑乙烟酸 96%/2012.11.28 至 2017.11.28/低毒

PD20080802 乙氧氟草醚/97%/原药/乙氧氟草醚 97%/2013.06.20 至 2018.06.20/低毒

PD20096179 精喹禾灵/95%/原药/精喹禾灵 95%/2009.07.03 至 2014.07.03/低毒

PD20096189 草甘膦异丙胺盐(41%)///水剂/草甘膦 30%/2009.07.10 至 2014.07.10/低毒
柑橘园 一年生及部分多年生杂草 200-400毫升制剂/亩 定向茎叶喷雾

PD20101953 乙氧氟草醚/240克/升/乳油/乙氧氟草醚 240克/升/2010.09.20 至 2015.09.20/低毒
大蒜田 一年生杂草 144-180克/公顷 播后苗前土壤喷雾
林业苗圃 一年生杂草 270-360克/公顷 土嚷喷雾

PD20120534 吡氟酰草胺/98%/原药/吡氟酰草胺 98%/2012.03.28 至 2017.03.28/低毒
注:专供出口,不得在国内销售。

PD20130103 甲咪唑烟酸/97%/原药/甲咪唑烟酸 97%/2013.01.17 至 2018.01.17/低毒
注:专供出口，不得在国内销售。

PD20130111 咪唑烟酸/98%/原药/咪唑烟酸 98%/2013.01.17 至 2018.01.17/低毒
注:专供出口,不得在国内销售。

LS20110300 炔苯酰草胺/97%/原药/炔苯酰草胺 97%/2013.12.02 至 2014.12.02/低毒

江苏省南通江山农药化工股份有限公司 （江苏省南通经济技术开发区江山路998号 226017 0513-83517630）

PDN3-88 丁草胺/60%/乳油/丁草胺 60%/2013.07.15 至 2018.07.15/低毒
水稻 稗草、牛毛草、鸭舌草 750-1275克/公顷 毒土、喷雾

PDN27-93 丁草胺/95%/原药/丁草胺 95%/2013.12.02 至 2018.12.02/低毒

PDN28-93 丁草胺/50%/乳油/丁草胺 50%/2013.12.11 至 2018.12.11/低毒
水稻 稗草、部分阔叶杂草、牛毛草、鸭舌草、一年生禾本科杂草 750-1200克/公顷 喷雾,毒土

PDN63-2000 喹禾灵/95%/原药/喹禾灵 95%/2010.01.07 至 2015.01.07/低毒

PD84108-5 敌百虫/97%、90%/原药/敌百虫 97%、90%/2011.11.06 至 2016.11.06/低毒
白菜、青菜 菜青虫 960-1200克/公顷 喷雾
白菜、青菜 地下害虫 750-1500克/公顷 毒饵
茶树 尺蠖、刺蛾 450-900毫克/千克 喷雾
大豆 造桥虫 1800克/公顷 喷雾

柑橘树 卷叶蛾 600-750毫克/千克 喷雾
林木 松毛虫 600-900毫克/千克 喷雾
水稻 螟虫 1500-1800克/公顷 喷雾、泼浇或毒土
小麦 黏虫 1800克/公顷 喷雾
烟草 烟青虫 900毫克/千克 喷雾

PD85104-5 敌敌畏/95%/原药/敌敌畏 95%/2010.01.07 至 2015.01.07/中等毒

PD85105-2 敌敌畏/80%/乳油/敌敌畏 77.5%(气谱法)/2010.01.07 至 2015.01.07/中等毒
茶树 食叶害虫 600克/公顷 喷雾
粮仓 多种储藏害虫 1)400-500倍液 2)0.4-0.5克/立方米 1)喷雾 2)挂条熏蒸
棉花 蚜虫、造桥虫 600-1200克/公顷 喷雾
苹果树 小卷叶蛾、蚜虫 400-500毫克/千克 喷雾
青菜 菜青虫 600克/公顷 喷雾
桑树 尺蠖 600克/公顷 喷雾
卫生 多种卫生害虫 1)300-400倍液2)0.08克/立方米 1)泼洒2)挂条熏蒸
小麦 黏虫、蚜虫 600克/公顷 喷雾

PD85140 拌种·双/40%/可湿性粉剂/拌种灵 20%、福美双 20%/2010.08.15 至 2015.08.15/中等毒
高粱 黑穗病 120-200克/100千克种子 拌种
红麻 炭疽病 160倍液 浸种
花生 锈病 500倍液 喷雾
棉花 苗期病害 200克/100千克种子 拌种
小麦 黑穗病 40-80克/100千克种子 拌种
玉米 黑穗病 200克/100千克种子 拌种

PD86141 拌种灵/90%/原药/拌种灵 90%/2011.11.06 至 2016.11.06/低毒

PD91104-29 敌敌畏/50%/乳油/敌敌畏 50%/2011.01.21 至 2016.01.21/中等毒
茶树 食叶害虫 600克/公顷 喷雾
粮仓 多种储粮害虫 1)300-400倍液 2)0.4-0.5克/立方米 1)喷雾 2)挂条熏蒸
棉花 蚜虫、造桥虫 600-1200克/公顷 喷雾
苹果树 小卷叶蛾、蚜虫 400-500毫克/千克 喷雾
青菜 菜青虫 600克/公顷 喷雾
桑树 尺蠖 600克/公顷 喷雾
卫生 多种卫生害虫 1)250-300倍液2)0.08克/立方米 1)泼洒2)挂条熏蒸
小麦 黏虫、蚜虫 600克/公顷 喷雾

PD92103-20 草甘膦/95%，93%，90%/原药/草甘膦 95%，93%，90%/2012.08.05 至 2017.08.05/低毒

PD20070308 二嗪磷/96%/原药/二嗪磷 96%/2012.09.21 至 2017.09.21/中等毒

PD20070443 丁草胺/900克/升/乳油/丁草胺 900克/升/2012.11.20 至 2017.11.20/低毒
移栽水稻田 阔叶杂草、一年生禾本科杂草 810—1215克/公顷 药土法

PD20070445 甲草胺/97%/原药/甲草胺 97%/2012.11.20 至 2017.11.20/低毒

PD20070452 丁草胺/600克/升/水乳剂/丁草胺 600克/升/2012.11.20 至 2017.11.20/低毒
水稻移栽田 一年生杂草 900-1350克/公顷 药土法

PD20070472 咪鲜胺/45%/水乳剂/咪鲜胺 45%/2012.11.20 至 2017.11.20/低毒
香蕉 冠腐病、炭疽病 500-1000毫克/千克 浸果

PD20070502 高效氯氟氰菊酯/25克/升/乳油/高效氯氟氰菊酯 25克/升/2012.11.28 至 2017.11.28/中等毒
棉花 棉铃虫 15-22.5克/公顷 喷雾
苹果树 桃小食心虫 5-6.25毫克/千克 喷雾
十字花科蔬菜 菜青虫 7.5-11.25克/公顷 喷雾

PD20070537 甲草胺/43%/乳油/甲草胺 43%/2012.12.03 至 2017.12.03/低毒
花生田、棉花田、夏大豆田 一年生禾本科杂草及部分阔叶杂草 1290-1935克/公顷 播后苗前土壤喷雾
注:43%甲草胺质量浓度为480克/升。

PD20070591 咪鲜胺锰盐/98%/原药/咪鲜胺锰盐 98%/2012.12.14 至 2017.12.14/低毒

PD20070614 咪鲜胺锰盐/50%/可湿性粉剂/咪鲜胺锰盐 50%/2012.12.14 至 2017.12.14/低毒
黄瓜 炭疽病 300-525克/公顷 喷雾
辣椒 炭疽病 280-555克/公顷 喷雾
芒果 炭疽病 250-500毫克/千克(采前) 500-1000毫克/千克(采后) 采前喷雾,采后浸果
蘑菇 褐腐病 0.8-1.2克/平方米 喷雾或拌土

PD20070649 咪鲜胺/25%/乳油/咪鲜胺 25%/2012.12.17 至 2017.12.17/低毒
柑橘 蒂腐病、绿霉病、青霉病、炭疽病 100-125毫克/千克 浸果
芒果 炭疽病 1)250-500毫克/千克毫 2)500-1000克/千克 1)喷雾 2)浸果
水稻 恶苗病 100-125毫克/千克 浸种

PD20070685 咪鲜胺/97%/原药/咪鲜胺 97%/2012.12.17 至 2017.12.17/低毒

PD20080174 乙草胺/93%/原药/乙草胺 93%/2013.01.04 至 2018.01.04/低毒

PD20080175 精喹禾灵/95%/原药/精喹禾灵 95%/2013.01.04 至 2018.01.04/低毒

PD20080305 二嗪磷/50%/乳油/二嗪磷 50%/2013.02.25 至 2018.02.25/低毒

棉花	蚜虫	750-900克/公顷	喷雾
水稻	二化螟、三化螟	450-750克/公顷	喷雾
小麦	地下害虫	100-200克/100千克种子	拌种

PD20080462 草甘膦异丙胺盐/30%/水剂/草甘膦 30%/2013.03.27 至 2018.03.27/低毒

非耕地	杂草	1125-3000克/公顷	茎叶喷雾
柑橘园、桑园	杂草	1125-2250克/公顷	定向茎叶喷雾

注:草甘膦异丙胺盐含量: 41%。质量浓度比为: 480克/升

PD20080491 乙草胺/50%/乳油/乙草胺 50%/2013.04.07 至 2018.04.07/低毒

大豆田	小粒种子阔叶杂草、一年生禾本科杂草	1200-1875克/公顷(东北地区) 750-1050克公顷(其它地区)	播前、播后苗前土壤喷雾处理
花生田	小粒种子阔叶杂草、一年生禾本科杂草	750-1200克/公顷(覆膜时药量酌减)	播后苗前土壤喷雾处理
油菜田	小粒种子阔叶杂草、一年生禾本科杂草	525-750克/公顷	移栽前土壤喷雾
玉米田	小粒种子阔叶杂草、一年生禾本科杂草	900-1875克/公顷(东北地区) 750-1050克/公顷(其它地区)	播后苗前土壤喷雾

PD20080716 毒死蜱/97%/原药/毒死蜱 97%/2013.06.11 至 2018.06.11/中等毒

PD20080905 毒死蜱/40%/乳油/毒死蜱 40%/2013.07.09 至 2018.07.09/中等毒

棉花	蚜虫	480-600克/公顷	喷雾
苹果树	绵蚜	200-266.7毫克/千克	喷雾
苹果树	桃小食心虫	160-200毫克/千克	喷雾
水稻	稻飞虱、稻纵卷叶螟	480-600克/公顷	喷雾

PD20080926 喹禾灵/10%/乳油/喹禾灵 10%/2008.07.17 至 2013.07.17/低毒

大豆田、甜菜	一年生禾本科杂草	90-150克/公顷	喷雾
棉花田	一年生禾本科杂草	75-120克/公顷	喷雾

PD20081386 异丙甲草胺原药/96%/原药/异丙甲草胺 96%/2013.10.28 至 2018.10.28/低毒

PD20081519 异丙甲草胺/72%/乳油/异丙甲草胺 72%/2013.11.06 至 2018.11.06/低毒

甘蔗田	一年生禾本科杂草及部分阔叶杂草	1620-2160克/公顷	播后苗前土壤喷雾
花生田、夏大豆、夏玉米	一年生禾本科杂草及部分阔叶杂草	1350-1620克/公顷	播后苗前土壤喷雾

PD20081990 乙草胺/900克/升/乳油/乙草胺 900克/升/2013.11.25 至 2018.11.25/低毒

春大豆田、春玉米田	部分阔叶杂草、一年生禾本科杂草	1350-1890克/公顷(东北地区)	土壤喷雾
夏大豆田、夏玉米田	部分阔叶杂草、一年生禾本科杂草	1080-1350克/公顷(其它地区)	土壤喷雾

PD20082037 精喹禾灵/5%/乳油/精喹禾灵 5%/2013.11.25 至 2018.11.25/低毒

大白菜、西瓜田	一年生禾本科杂草	30-45克/公顷	茎叶喷雾
冬油菜田、夏大豆田	一年生禾本科杂草	37.5-52.5克/公顷	茎叶喷雾
花生田	一年生禾本科杂草	45-60克/公顷	茎叶喷雾
棉花田	一年生禾本科杂草	37.5-60克/公顷	茎叶喷雾

PD20082111 毒死蜱/10%/颗粒剂/毒死蜱 10%/2013.11.25 至 2018.11.25/中等毒

花生	地下害虫	1350-2250克/公顷	撒施

PD20082297 二嗪磷/10%/颗粒剂/二嗪磷 10%/2013.12.01 至 2018.12.01/低毒

花生	地下害虫	600-750克/公顷	撒施

PD20082527 氯噻啉/10%/可湿性粉剂/氯噻啉 10%/2013.12.03 至 2018.12.03/低毒

茶树	小绿叶蝉	30-45克/公顷	喷雾
番茄(大棚)	白粉虱	22.5-45克/公顷	喷雾
甘蓝	蚜虫	15-22.5克/公顷	喷雾
柑橘树	蚜虫	20-25毫克/千克	喷雾
水稻	飞虱	15-30克/公顷	喷雾
小麦	蚜虫	22.5-30克/公顷	喷雾

PD20082528 氯噻啉/95%/原药/氯噻啉 95%/2013.12.03 至 2018.12.03/低毒

PD20084023 毒死蜱/25%/微乳剂/毒死蜱 25%/2008.12.16 至 2013.12.16/中等毒

柑橘树	红蜘蛛、矢尖蚧、锈壁虱	250-500毫克/千克	喷雾
苹果树	绵蚜、桃小食心虫	125-250毫克/千克	喷雾
十字花科蔬菜	菜青虫、蚜虫	300-450克/公顷	喷雾
十字花科蔬菜	斜纹夜蛾	337.5-525克/公顷	喷雾
水稻	稻飞虱、稻纵卷叶螟	375-562.5克/公顷	喷雾

PD20085100 草甘膦异丙胺盐/62%/母药/草甘膦异丙胺盐 62%/2013.12.23 至 2018.12.23/低毒

PD20086000 乙草胺/40%/水乳剂/乙草胺 40%/2013.12.29 至 2018.12.29/低毒

春大豆田、春玉米田	部分阔叶杂草、一年生禾本科杂草	1500-1800克/公顷(东北地区)	土壤喷雾
夏大豆田、夏玉米田	部分阔叶杂草、一年生禾本科杂草	900-1200克/公顷(其它地区)	土壤喷雾

PD20094681 敌稗·丁草胺/550克/升/乳油/敌稗 275克/升、丁草胺 275克/升/2009.04.10 至 2014.04.10/低毒
水稻抛秧田 一年生杂草 825-1072.5克/公顷(南方地区) 喷雾

PD20096024 氯噻啉/40%/水分散粒剂/氯噻啉 40%/2009.06.15 至 2014.06.15/低毒
水稻 稻飞虱 24-30克/公顷 喷雾
烟草 蚜虫 24-30克/公顷 喷雾

PD20096818 烯啶虫胺/95%/原药/烯啶虫胺 95%/2009.09.21 至 2014.09.21/低毒

PD20096819 烯啶虫胺/10%/可溶液剂/烯啶虫胺 10%/2009.09.21 至 2014.09.21/低毒
柑橘树 蚜虫 20-25毫克/千克 喷雾

PD20101587 草甘膦铵盐/30%/水剂/草甘膦 30%/2010.09.07 至 2015.09.07/低毒
茶树、甘蔗、果园、剑麻、林木、桑树、橡胶园 一年生杂草和多年生恶性杂草 1125-2250克/公顷 喷雾
注:草甘膦铵盐含量：33%。

PD20110229 烯啶虫胺/50%/可溶粒剂/烯啶虫胺 50%/2011.02.28 至 2016.02.29/低毒
柑橘树 蚜虫 20-25毫克/千克 喷雾
水稻 稻飞虱 15-30克/公顷 喷雾

PD20110750 草甘膦异丙胺盐/46%/水剂/草甘膦 46%/2011.07.25 至 2016.07.25/低毒
非耕地 一年生和多年生杂草 1116-2232克/公顷 定向茎叶喷雾
注:草甘膦异丙胺盐含量:62%

PD20120207 草甘膦铵盐/65%/可溶粉剂/草甘膦 65%/2012.02.07 至 2017.02.07/低毒
非耕地 杂草 1125-2250克/公顷 定向茎叶喷雾
注:草甘膦铵盐含量:71.5%。

PD20120899 草甘膦铵盐/68%/可溶粒剂/草甘膦 68%/2012.05.24 至 2017.05.24/低毒
非耕地 杂草 1125-2250克/公顷 茎叶喷雾处理
注:草甘膦铵盐含量：74.7%。

PD20121440 莠去津/90%/水分散粒剂/莠去津 90%/2012.10.08 至 2017.10.08/低毒
玉米田 一年生杂草 春玉米田：1620-1755克/公顷 播后苗前土壤喷雾
夏玉米田：1350-1485克/公顷

PD20131940 草甘膦/450克/升/水剂/草甘膦 450克/升/2013.10.09 至 2018.10.09/低毒
注:专供出口，不得在国内销售。

PD20131976 敌稗·丁草胺/700克/升/乳油/敌稗 350克/升、丁草胺 350克/升/2013.10.10 至 2018.10.10/低毒
水稻抛秧田 一年生杂草 1743-1890克/公顷 茎叶喷雾

江苏省南通金陵农化有限公司 (江苏省如东县沿海经济开发区化学工业园黄海二路 226407 0513-84543278)

PD20070402 甲霜灵/98%/原药/甲霜灵 98%/2012.11.05 至 2017.11.05/低毒

PD20080557 苄嘧磺隆/32%/可湿性粉剂/苄嘧磺隆 32%/2013.05.09 至 2018.05.09/微毒
移栽水稻田 阔叶杂草、莎草科杂草 48-72克/公顷 喷雾或药土法

PD20080711 丁草胺/900克/升/乳油/丁草胺 900克/升/2013.06.10 至 2018.06.10/低毒
移栽水稻田 部分阔叶杂草、一年生禾本科杂草 1080-1350克/公顷 药土法

PD20080769 丙草胺/300克/升/乳油/丙草胺 300克/升/2013.06.11 至 2018.06.11/低毒
水稻秧田 一年生杂草 450-675克/公顷 土壤喷雾

PD20080779 高效氯氟氰菊酯/25克/升/乳油/高效氯氟氰菊酯 25克/升/2013.06.20 至 2018.06.20/中等毒
棉花 棉铃虫 15-22.5克/公顷 喷雾

PD20080850 苄嘧·苯噻酰/53%/可湿性粉剂/苯噻酰草胺 50%、苄嘧磺隆 3%/2013.06.23 至 2018.06.23/微毒
抛秧水稻 一年生及部分多年生杂草 397.5-477克/公顷 药土法

PD20081130 乙草胺/900克/升/乳油/乙草胺 900克/升/2013.09.01 至 2018.09.01/低毒
春玉米田 一年生杂草 1350-2025克/公顷 土壤喷雾

PD20081178 精噁唑禾草灵/69克/升/水乳剂/精噁唑禾草灵 69克/升/2013.09.11 至 2018.09.11/低毒
春小麦田 一年生禾本科杂草 51.75-62.1克/公顷 茎叶喷雾
冬小麦田 一年生禾本科杂草 41.4-51.75克/公顷 茎叶喷雾

PD20081237 烯禾啶/12.5%/乳油/烯禾啶 12.5%/2013.09.16 至 2018.09.16/低毒
春大豆田 一年生禾本科杂草 187.5—225克/公顷 茎叶喷雾

PD20081492 苄嘧磺隆/10%/可湿性粉剂/苄嘧磺隆 10%/2013.11.05 至 2018.11.05/低毒
水稻移栽田 莎草科杂草、一年生阔叶杂草 30-45克/公顷 喷雾或药土法

PD20081920 精噁唑禾草灵/69克/升/水乳剂/精噁唑禾草灵 69克/升/2013.11.21 至 2018.11.21/低毒
大豆田 一年生禾本科杂草 50-70克/公顷 茎叶喷雾

PD20082291 百草枯/200克/升/水剂/百草枯 200克/升/2012.12.31 至 2014.07.01/中等毒
非耕地 杂草 600-900克/公顷 茎叶喷雾

PD20082336 苄·二氯/35%/可湿性粉剂/苄嘧磺隆 5%、二氯喹啉酸 30%/2013.12.01 至 2018.12.01/低毒
水稻田(直播)、水稻移栽田 一年生杂草 262.5-315克/公顷 喷雾

PD20082420 咪唑乙烟酸/50克/升/水剂/咪唑乙烟酸 50克/升/2013.12.02 至 2018.12.02/低毒
春大豆田 一年生杂草 75-105克/公顷 播后苗前土壤喷雾

PD20082540 氟磺胺草醚/250克/升/水剂/氟磺胺草醚 250克/升/2013.12.03 至 2018.12.03/低毒

	春大豆田	一年生阔叶杂草	450-562.5克/公顷(东北地区)	茎叶喷雾
	夏大豆田	一年生阔叶杂草	375-450克/公顷(其它地区)	茎叶喷雾
PD20082600	甲哌鎓/98%/原药/甲哌鎓 98%/2013.12.04 至 2018.12.04/低毒			
	棉花	调节生长	45-60克/公顷	喷雾
PD20082642	灭草松/480克/升/水剂/灭草松 480克/升/2013.12.04 至 2018.12.04/低毒			
	移栽水稻田	阔叶杂草及莎草科杂草	1080-1440克/公顷	茎叶喷雾
PD20082653	氧氟·乙草胺/40%/乳油/乙草胺 34%、乙氧氟草醚 6%/2013.12.04 至 2018.12.04/低毒			
	花生田	一年生杂草	600-720克/公顷	土壤喷雾
PD20082825	毒死蜱/480克/升/乳油/毒死蜱 480克/升/2008.12.09 至 2013.12.09/中等毒			
	水稻	稻飞虱	468-612克/公顷	喷雾
PD20082899	丙草胺/500克/升/乳油/丙草胺 500克/升/2008.12.09 至 2013.12.09/低毒			
	水稻移栽田	一年生禾本科、莎草科及部分阔叶杂草	450-525克/公顷	毒土法
PD20083749	噻嗪·异丙威/25%/可湿性粉剂/噻嗪酮 5%、异丙威 20%/2013.12.15 至 2018.12.15/低毒			
	水稻	稻飞虱	487.5-562.5克/公顷	喷雾
PD20083750	精喹禾灵/50克/升/乳油/精喹禾灵 50克/升/2008.12.15 至 2013.12.15/低毒			
	春大豆田	一年生禾本科杂草	52.5-75克/公顷	茎叶喷雾
PD20084369	甲霜·锰锌/58%/可湿性粉剂/甲霜灵 10%、代森锰锌 48%/2013.12.17 至 2018.12.17/低毒			
	黄瓜	霜霉病	1050-1425克/公顷	喷雾
PD20085085	二氯喹啉酸/50%/可湿性粉剂/二氯喹啉酸 50%/2013.12.23 至 2018.12.23/微毒			
	移栽水稻田	稗草	225-300克/公顷	茎叶喷雾
PD20085323	虫酰肼/200克/升/悬浮剂/虫酰肼 200克/升/2008.12.24 至 2013.12.24/低毒			
	苹果树	卷叶蛾	100-133.3毫克/千克	喷雾
PD20085612	丁·扑/19%/可湿性粉剂/丁草胺 16%、扑草净 3%/2013.12.25 至 2018.12.25/低毒			
	水稻(旱育秧及半旱育秧田)	一年生杂草	14.3-20克/100平方米	土壤喷雾
PD20090450	草甘膦异丙胺盐/41%/水剂/草甘膦异丙胺盐 41%/2014.01.12 至 2019.01.12/低毒			
	茶园	一年生和多年生杂草	1125-2250克/公顷	定向茎叶喷雾
PD20091411	苄·丁/30%/可湿性粉剂/苄嘧磺隆 1.5%、丁草胺 28.5%/2014.02.02 至 2019.02.02/低毒			
	抛秧水稻	一年生及部分多年生杂草	600-900克/公顷(南方地区)	药土法
PD20091742	吡虫啉/10%/可湿性粉剂/吡虫啉 10%/2014.02.04 至 2019.02.04/低毒			
	水稻	稻飞虱	15-30克/公顷	喷雾
PD20091857	毒死蜱/40%/乳油/毒死蜱 40%/2009.02.09 至 2014.02.09/中等毒			
	十字花科蔬菜	蚜虫	360-540克/公顷	喷雾
	水稻	稻纵卷叶螟	600-750克/公顷	喷雾
PD20092839	苄嘧·丙草胺/35%/可湿性粉剂/苄嘧磺隆 2%、丙草胺 33%/2014.03.05 至 2019.03.05/低毒			
	移栽水稻田	一年生杂草	367.5-420克/公顷	喷雾法或药土法
	直播水稻(南方)	一年生杂草	367.5-420克/公顷	土壤喷雾
PD20093445	苯磺隆/10%/可湿性粉剂/苯磺隆 10%/2014.03.23 至 2019.03.23/低毒			
	冬小麦田	一年生阔叶杂草	13.5-22.5克/公顷	茎叶喷雾
PD20093716	苯磺·异丙隆/50%/可湿性粉剂/苯磺隆 0.8%、异丙隆 49.2%/2014.03.25 至 2019.03.25/低毒			
	冬小麦田	一年生杂草	937.5-1125克/公顷	茎叶喷雾
PD20093800	异丙隆/50%/可湿性粉剂/异丙隆 50%/2014.03.25 至 2019.03.25/低毒			
	小麦田	一年生禾本科杂草及部分阔叶杂草	900-1350克/公顷	喷雾
PD20094008	吡嘧磺隆/10%/可湿性粉剂/吡嘧磺隆 10%/2014.03.27 至 2019.03.27/低毒			
	移栽水稻田	阔叶杂草及莎草科杂草	15-45克/公顷	毒土法
PD20095258	苄·乙/14%/可湿性粉剂/苄嘧磺隆 3.2%、乙草胺 10.8%/2014.04.27 至 2019.04.27/微毒			
	移栽水稻田	部分多年生杂草、一年生杂草	84-118克/公顷	药土法
PD20096379	噻嗪酮/25%/可湿性粉剂/噻嗪酮 25%/2009.08.04 至 2014.08.04/微毒			
	水稻	稻飞虱	112.5-150克/公顷	喷雾
PD20096466	甲哌鎓/98%/可溶粉剂/甲哌鎓 98%/2009.08.14 至 2014.08.14/中等毒			
	棉花	调节生长	45-60克/公顷	茎叶喷雾
PD20097070	异丙甲草胺/720克/升/乳油/异丙甲草胺 720克/升/2009.10.10 至 2014.10.10/低毒			
	花生田	一年生阔叶杂草及禾本科杂草	1080-1620克/公顷	土壤喷雾
PD20097225	吡嘧磺隆/20%/可湿性粉剂/吡嘧磺隆 20%/2009.10.19 至 2014.10.19/微毒			
	移栽水稻田	阔叶杂草及莎草科杂草	30-45克/公顷	毒土法
PD20098286	稻瘟灵/40%/乳油/稻瘟灵 40%/2009.12.18 至 2014.12.18/低毒			
	水稻田	稻瘟病	600－750克/公顷	喷雾
PD20101357	唑磷·毒死蜱/30%/乳油/毒死蜱 15%、三唑磷 15%/2010.04.02 至 2015.04.02/中等毒			
	水稻	三化螟	180-360克/公顷	喷雾
PD20101786	吡虫啉/25%/可湿性粉剂/吡虫啉 25%/2010.07.13 至 2015.07.13/低毒			
	水稻	稻飞虱	30-45克/公顷	喷雾
PD20101809	吡虫·异丙威/24%/可湿性粉剂/吡虫啉 1.5%、异丙威 22.5%/2010.07.19 至 2015.07.19/低毒			
	水稻	稻飞虱	144-288克/公顷	喷雾

PD20131266 高效氯氰菊酯/4.5%/乳油/高效氯氰菊酯 4.5%/2013.06.04 至 2018.06.04/低毒
甘蓝 菜青虫 20.25-27克/公顷 喷雾
PD20131825 噻吩磺隆/15%/可湿性粉剂/噻吩磺隆 15%/2013.09.17 至 2018.09.17/低毒
夏大豆田 一年生阔叶杂草 22.5-33.75克/公顷 土壤喷雾
PD20131981 苄嘧·异丙隆/50%/可湿性粉剂/苄嘧磺隆 3%、异丙隆 47%/2013.10.10 至 2018.10.10/微毒
冬小麦田 一年生杂草 1125-1500克/公顷 茎叶喷雾
PD20131990 甲氨基阿维菌素苯甲酸盐/2%/微乳剂/甲氨基阿维菌素 2%/2013.10.10 至 2018.10.10/中等毒
甘蓝 小菜蛾 1.65-2.64克/公顷 喷雾
注:甲氨基阿维菌素苯甲酸盐含量：2.2%。

江苏省南通利华农化有限公司 (江苏省如东沿海经济开发区黄海一路(小洋口) 226407 0513-84515998)

PD85166-12 绿麦隆/25%/可湿性粉剂/绿麦隆 25%/2011.07.10 至 2016.07.10/低毒
大麦田、小麦田、玉米田 一年生杂草 1500-3000克/公顷（北方地区） 600-1500克/公顷（南方地区） 播后苗前或苗期喷雾
PD85171-3 甲萘威/25%/可湿性粉剂/甲萘威 25%/2011.06.28 至 2016.06.28/中等毒
豆类 造桥虫 750-975克/公顷 喷雾
棉花 红铃虫、蚜虫 375-975克/公顷 喷雾
水稻 飞虱、叶蝉 750-975克/公顷 喷雾
烟草 烟青虫 375-975克/公顷 喷雾
PD20070214 草甘膦/95%/原药/草甘膦 95%/2012.08.07 至 2017.08.07/低毒
PD20083329 吡虫啉/10%/可湿性粉剂/吡虫啉 10%/2008.12.11 至 2013.12.11/低毒
水稻 稻飞虱 15-30克/公顷 喷雾
PD20090111 草甘膦异丙胺盐/41%/水剂/草甘膦异丙胺盐 41%/2014.01.08 至 2019.01.08/微毒
非耕地 杂草 1230-2460克/公顷 茎叶喷雾
PD20091728 草甘膦/50%/可溶粉剂/草甘膦 50%/2009.02.04 至 2014.02.04/低毒
苹果园 杂草 1125-1500克/公顷 喷雾
PD20093813 二氯喹啉酸/50%/可湿性粉剂/二氯喹啉酸 50%/2009.03.25 至 2014.03.25/微毒
水稻秧田 稗草 300-375克/公顷(北方地区) 225-300克/公顷(南方地区) 喷雾
PD20097911 唑磷·毒死蜱/30%/乳油/毒死蜱 15%、三唑磷 15%/2009.11.30 至 2014.11.30/中等毒
水稻 三化螟 180-270克/公顷 喷雾
PD20101220 草甘膦异丙胺盐(62%)///母液/草甘膦 46%/2010.02.21 至 2015.02.21/低毒

江苏省南通联农农药制剂研究开发有限公司 (江苏省南通市外环西路21号 226006 0513-83516727)

PD20110956 甲氨基阿维菌素苯甲酸盐/5%/水分散粒剂/甲氨基阿维菌素 5%/2011.09.08 至 2016.09.08/低毒
甘蓝 小菜蛾 3-3.75克/公顷 喷雾
注:甲氨基阿维菌素苯甲酸盐含量:5.7%。
PD20111150 吡虫啉/70%/水分散粒剂/吡虫啉 70%/2011.11.04 至 2016.11.04/低毒
水稻 稻飞虱 21-42克/公顷 喷雾
PD20120923 草甘膦铵盐/68%/可溶粒剂/草甘膦 68%/2012.06.04 至 2017.06.04/低毒
非耕地 杂草 96.5-257.4克/亩 定向茎叶喷雾
注:草甘膦铵盐含量：74.7%。
PD20121420 毒死蜱/36%/微囊悬浮剂/毒死蜱 36%/2012.09.19 至 2017.09.19/低毒
花生 蛴螬 600-1200克/100千克种子 拌种
PD20131240 四螨嗪/75%/水分散粒剂/四螨嗪 75%/2013.05.29 至 2018.05.29/低毒
柑橘树 红蜘蛛 150-187.5毫克/千克 喷雾
LS20120277 阿维菌素/5%/微囊悬浮剂/阿维菌素 5%/2013.08.06 至 2014.08.06/中等毒(原药高毒)
黄瓜 根结线虫 262.5-337.5克/公顷 沟施或穴施
WP20120122 高效氯氟氰菊酯/10%/微囊悬浮剂/高效氯氟氰菊酯 10%/2012.06.21 至 2017.06.21/中等毒
室外 蚊、蝇、蜚蠊 30毫克/平方米 喷雾
注:仅限专业人员使用。
WL20120052 联苯·吡虫啉/60%/水分散粒剂/吡虫啉 54%、联苯菊酯 6%/2013.09.13 至 2014.09.13/低毒
木材 白蚁 500毫克/千克 浸泡
土壤 白蚁 4-5克/平方米 喷雾

江苏省南通南沈植保科技开发有限公司 (江苏省南通市港闸经济开发区永兴路65号 226003 0513-85602100)

PD20050016 高效氯氰菊酯/4.5%/水乳剂/高效氯氰菊酯 4.5%/2010.04.15 至 2015.04.15/中等毒
十字花科蔬菜 菜青虫 40.5-54克/公顷 喷雾
PD20085099 福美·拌种灵/40%/悬浮种衣剂/拌种灵 20%、福美双 20%/2013.12.23 至 2018.12.23/低毒
棉花 立枯病、苗炭疽病 1:160-200(药种比) 种子包衣
PD20090845 咪鲜胺/1.5%/水乳种衣剂/咪鲜胺 1.5%/2014.01.19 至 2019.01.19/低毒
水稻 恶苗病 1:100-120(药种比) 种子包衣
PD20092515 多·福/20%/悬浮种衣剂/多菌灵 10%、福美双 10%/2014.02.26 至 2019.02.26/中等毒
棉花 苗期病害 333.3-400克/100千克种子 种子包衣
PD20092662 福美·拌种灵/10%/悬浮种衣剂/拌种灵 5%、福美双 5%/2014.03.03 至 2019.03.03/低毒
棉花 苗期病害 200-250克/100千克种子 种子包衣

PD20093844 氰戊菊酯/30%/水乳剂/氰戊菊酯 30%/2009.03.25 至 2014.03.25/中等毒
甘蓝 菜青虫 90-112.5克/公顷 喷雾
PD20094894 福·克/20%/悬浮种衣剂/福美双 15%、克百威 5%/2009.04.13 至 2014.04.13/高毒
玉米 地下害虫、黑粉病 1:40-50(药种比) 种子包衣
PD20094896 戊唑醇/2%/悬浮种衣剂/戊唑醇 2%/2009.04.13 至 2014.04.13/低毒
小麦 散黑穗病 1:700-1000（药种比） 种子包衣
PD20094912 高效氯氟氰菊酯/2.5%/水乳剂/高效氯氟氰菊酯 2.5%/2009.04.13 至 2014.04.13/中等毒
甘蓝 菜青虫 5.625-9.375克/公顷 喷雾
PD20095308 氰戊菊酯/20%/水乳剂/氰戊菊酯 20%/2009.04.27 至 2014.04.27/中等毒
甘蓝 菜青虫 90-120克/公顷 喷雾
PD20101726 草甘膦异丙胺盐/30%/水剂/草甘膦 30%/2010.06.28 至 2015.06.28/低毒
非耕地 杂草 1230-2460克/公顷 茎叶喷雾
注:本产品草甘膦异丙胺盐含量: 41%。
PD20121515 烯啶虫胺/50%/可溶粒剂/烯啶虫胺 50%/2012.10.09 至 2017.10.09/低毒
水稻 稻飞虱 15—30克/公顷 喷雾
PD20131081 烯啶虫胺/10%/可溶液剂/烯啶虫胺 10%/2013.05.20 至 2018.05.20/低毒
水稻 稻飞虱 15-20克/公顷 喷雾
PD20131362 丙环唑/45%/水乳剂/丙环唑 45%/2013.06.20 至 2018.06.20/低毒
水稻 稻瘟病 120—150克/公顷 喷雾
水稻 稻曲病、纹枯病 90—120克/公顷 喷雾
PD20131692 炔螨特/50%/水乳剂/炔螨特 50%/2013.08.07 至 2018.08.07/低毒
柑橘树 红蜘蛛 200-333.3毫克/千克 喷雾
LS20130096 丙环唑/45%/水乳剂/丙环唑 45%/2013.03.11 至 2014.03.11/低毒
水稻 稻曲病、稻瘟病、纹枯病 67.5-135克/公顷 喷雾

江苏省南通派斯第农药化工有限公司 (江苏省如皋市长江镇(如皋港区)粤江路19号 226532 0513-87584586)

PD20080285 氯氰菊酯/10%/乳油/氯氰菊酯 10%/2013.02.25 至 2018.02.25/低毒
十字花科叶菜 菜青虫 30-45克/公顷 喷雾
PD20080486 苄嘧·苯噻酰/53%/可湿性粉剂/苯噻酰草胺 50%、苄嘧磺隆 3%/2013.04.07 至 2018.04.07/低毒
水稻抛秧田 一年生及部分多年生杂草 397.5-477克/公顷（南方地区） 药土法
PD20080599 草甘膦异丙胺盐/41%/水剂/草甘膦异丙胺盐 41%/2013.05.12 至 2018.05.12/低毒
非耕地 杂草 1125-3000克/公顷 茎叶喷雾
PD20081431 吡虫啉/95%/原药/吡虫啉 95%/2013.10.31 至 2018.10.31/中等毒
PD20081838 氰戊·辛硫磷/25%/乳油/氰戊菊酯 6.25%、辛硫磷 18.75%/2013.11.20 至 2018.11.20/中等毒
棉花 棉铃虫 300-450克/公顷 喷雾
PD20082599 嗪草酮/95%/原药/嗪草酮 95%/2013.12.04 至 2018.12.04/中等毒
PD20082941 草甘膦/95%/原药/草甘膦 95%/2013.12.09 至 2018.12.09/微毒
PD20083062 戊唑醇/96%/原药/戊唑醇 96%/2013.12.10 至 2018.12.10/低毒
PD20083075 二嗪磷/95%/原药/二嗪磷 95%/2013.12.10 至 2018.12.10/中等毒
PD20084967 丙环唑/250克/升/乳油/丙环唑 250克/升/2013.12.22 至 2018.12.22/低毒
小麦 白粉病 112.5-187.5克/公顷 喷雾
PD20084990 多·咪·福美双/20%/悬浮种衣剂/多菌灵 6%、福美双 13%、咪鲜胺 1%/2013.12.22 至 2018.12.22/低毒
水稻 恶苗病 1:50-80(药种比) 种子包衣
PD20090154 福美·拌种灵/10%/悬浮种衣剂/拌种灵 5%、福美双 5%/2014.01.08 至 2019.01.08/低毒
棉花 苗期立枯病、炭疽病 200-250克/100千克种子 种子包衣
PD20090243 烯草酮/240克/升/乳油/烯草酮 240克/升/2014.01.09 至 2019.01.09/低毒
大豆田 一年生禾本科杂草 72-108克/公顷 茎叶喷雾
PD20090890 吡嘧磺隆/10%/可湿性粉剂/吡嘧磺隆 10%/2014.01.19 至 2019.01.19/低毒
移栽水稻田 稗草、莎草及阔叶杂草 15-30克/公顷 毒土法
PD20091785 福·克/20%/悬浮种衣剂/福美双 13%、克百威 7%/2014.02.04 至 2019.02.04/中等毒(原药高毒)
玉米 地下害虫、茎基腐病 1:40-50（药种比） 种子包衣
PD20092042 氟磺胺草醚/25%/水剂/氟磺胺草醚 25%/2014.02.12 至 2019.02.12/低毒
大豆田 一年生阔叶杂草 225-375克/公顷 喷雾
PD20092880 乙草胺/900克/升/乳油/乙草胺 900克/升/2009.03.05 至 2014.03.05/低毒
大豆田 一年生禾本科杂草及部分小粒种子阔叶杂草 东北高有机质地区：1553-2025克/公顷 土壤喷雾
其他地区：1080-1553克/公顷
PD20093260 草甘膦铵盐/41%/水剂/草甘膦 41%/2009.03.11 至 2014.03.11/低毒
非耕地 杂草 1215-1822.5克/公顷 喷雾
PD20094959 异隆·氯磺隆/70%/可湿性粉剂/氯磺隆 0.7%、异丙隆 69.3%/2009.04.21 至 2014.04.21/低毒
冬小麦田 一年生杂草 735-750克/公顷 土壤喷雾
PD20097059 乙草胺/93%/原药/乙草胺 93%/2009.10.10 至 2014.10.10/低毒
PD20097438 莠去津/95%/原药/莠去津 95%/2009.10.28 至 2014.10.28/低毒
PD20098018 氯氟吡氧乙酸异辛酯(288克/升)///乳油/氯氟吡氧乙酸 200克/升/2009.12.07 至 2014.12.07/微毒

冬小麦田　一年生阔叶杂草　172.8－216克/公顷　茎叶喷雾

PD20098199　氯氰菊酯/250克/升/乳油/氯氰菊酯 250克/升/2009.12.16 至 2014.12.16/中等毒

十字花科蔬菜　菜青虫　37.5-56.25克/公顷　喷雾

PD20100207　氟磺胺草醚/95%/原药/氟磺胺草醚 95%/2010.01.05 至 2015.01.05/低毒

PD20102123　高效氟吡甲禾灵/108克/升/乳油/高效氟吡甲禾灵 108克/升/2010.12.02 至 2015.12.02/低毒

大豆田　一年生禾本科杂草　56.7-81克/公顷　茎叶喷雾

PD20132431　吡虫啉/70%/水分散粒剂/吡虫啉 70%/2013.11.20 至 2018.11.20/中等毒

甘蓝　蚜虫　35-45克/公顷　喷雾

WP20090077　杀蟑饵剂/5亿孢子/克/饵剂/金龟子绿僵菌 5亿孢子/克/2014.02.02 至 2019.02.02/低毒

卫生　蜚蠊　/　投放

WP20090213　溴氰菊酯/2.5%/可湿性粉剂/溴氰菊酯 2.5%/2009.03.31 至 2014.03.31/低毒

卫生　蚊、蝇、蜚蠊　25毫克/平方米　滞留喷洒

WP20090311　氟氯氰菊酯/5%/水乳剂/氟氯氰菊酯 5%/2009.09.02 至 2014.09.02/低毒

卫生　蝇　半吸收表面25毫克/平方米　滞留喷洒

卫生　蜚蠊　吸收表面50毫克/平方米　滞留喷洒

卫生　蚊　不吸收表面15毫克/平方米　滞留喷洒

WP20090335　高效氯氰菊酯/4.5%/悬浮剂/高效氯氰菊酯 4.5%/2009.10.10 至 2014.10.10/低毒

卫生　蝇　15-20毫克/平方米　滞留喷洒

江苏省南通神雨绿色药业有限公司　(江苏省南通市如东县马塘镇建设路东首　226401　0513-80157160)

PD20101207　苦参碱/5%/母药/苦参碱 5%/2010.02.21 至 2015.02.21/微毒

PD20101283　苦参碱/0.5%/水剂/苦参碱 0.5%/2010.03.12 至 2015.03.12/低毒

茶树　茶毛虫　3.75-5.25克/公顷　喷雾

十字花科蔬菜　菜青虫、小菜蛾、蚜虫　4.5-6.75克/公顷　喷雾

烟草　烟青虫、烟蚜　4.5-6克/公顷　喷雾

PD20120949　丁子香酚/0.3%/可溶液剂/丁子香酚 0.3%/2012.06.14 至 2017.06.14/低毒

番茄　灰霉病　3.86-5.4克/公顷　喷雾

PD20131887　香菇多糖/1%/水剂/香菇多糖 1%/2013.09.25 至 2018.09.25/微毒

番茄　病毒病　12.45-18.75克/公顷　喷雾

PD20132499　甲氨基阿维菌素苯甲酸盐/2%/微乳剂/甲氨基阿维菌素 2%/2013.12.10 至 2018.12.10/中等毒

甘蓝　小菜蛾　1.65-2.64克/公顷　喷雾

注:甲氨基阿维菌素苯甲酸盐含量：2.2%。

江苏省南通施壮化工有限公司　(江苏省南通市人民西路88号　226005　0513-83517577)

PD20070012　棉隆/98%/原药/棉隆 98%/2012.01.18 至 2017.01.18/低毒

PD20070013　棉隆/98%/微粒剂/棉隆 98%/2012.01.18 至 2017.01.18/低毒

草莓、花卉　线虫　30-40克/平方米　土壤处理

番茄(保护地)　线虫　29.4-44.1克/平方米　土壤处理

PD20083899　霜脲氰/98%/原药/霜脲氰 98%/2013.12.15 至 2018.12.15/低毒

PD20084059　硫双威/95%/原药/硫双威 95%/2013.12.16 至 2018.12.16/中等毒

PD20085375　甲哌鎓/250克/升/水剂/甲哌鎓 250克/升/2013.12.24 至 2018.12.24/低毒

棉花　调节生长　45-60克/公顷　喷雾

PD20092895　苯磺隆/95%/原药/苯磺隆 95%/2009.03.05 至 2014.03.05/低毒

PD20095035　甲哌鎓/98%/原药/甲哌鎓 98%/2009.04.21 至 2014.04.21/低毒

PD20097519　吡虫啉/95%/原药/吡虫啉 95%/2009.11.03 至 2014.11.03/低毒

PD20100035　噻嗪酮/98.5%/原药/噻嗪酮 98.5%/2010.01.04 至 2015.01.04/低毒

PD20100425　毒死蜱/98.5%/原药/毒死蜱 98.5%/2010.01.14 至 2015.01.14/中等毒

PD20121074　茚虫威/71%/母药/茚虫威 71%/2012.07.19 至 2017.07.19/中等毒

PD20121224　吡蚜酮/96%/原药/吡蚜酮 96%/2012.08.20 至 2017.08.20/低毒

PD20130017　茚虫威/150克/升/悬浮剂/茚虫威 150克/升/2013.01.04 至 2018.01.04/低毒

甘蓝　菜青虫　11.25-22.5克/公顷　喷雾

PD20130027　吡蚜酮/50%/水分散粒剂/吡蚜酮 50%/2013.01.04 至 2018.01.04/微毒

水稻　飞虱　90-120克/公顷　喷雾

PD20130071　茚虫威/30%/水分散粒剂/茚虫威 30%/2013.01.07 至 2018.01.07/低毒

水稻　稻纵卷叶螟　27-40.5克/公顷　喷雾

PD20131191　吡蚜酮/25%/可湿性粉剂/吡蚜酮 25%/2013.05.27 至 2018.05.27/微毒

甘蓝　蚜虫　75-112.5克/公顷　喷雾

WP20060007　吡丙醚/95%/原药/吡丙醚 95%/2011.04.13 至 2016.04.13/低毒

江苏省南通泰禾化工有限公司　(江苏省南通市如东县洋口化工聚集区　226407　0513-68925288)

PD20081210　野麦畏/94%/原药/野麦畏 94%/2013.09.11 至 2018.09.11/低毒

PD20082354　草甘膦/95%/原药/草甘膦 95%/2013.12.01 至 2018.12.01/低毒

PD20094384　禾草敌/99%/原药/禾草敌 99%/2014.04.01 至 2019.04.01/低毒

PD20102147　草甘膦铵盐/50%/可溶粉剂/草甘膦 50%/2010.12.07 至 2015.12.07/低毒

非耕地　杂草　1125-2250克/公顷　茎叶喷雾

注:草甘膦铵盐含量:55%

PD20102183 草甘膦铵盐/68%/可溶粒剂/草甘膦 68%/2010.12.15 至 2015.12.15/低毒
非耕地 杂草 1120~2241 茎叶喷雾
注:草甘膦铵盐含量: 74.7%

PD20110490 草甘膦胺盐/30%/水剂/草甘膦 30%/2011.05.03 至 2016.05.03/低毒
非耕地 杂草 1845-2460克/公顷 定向茎叶喷雾
注:草甘膦胺盐含量:33%。

PD20110567 氟虫腈/95%/原药/氟虫腈 95%/2011.06.03 至 2016.06.03/中等毒

PD20111124 氯苯胺灵/98.5%/原药/氯苯胺灵 98.5%/2011.10.27 至 2016.10.27/低毒
注:专供出口，不得在国内销售。

PD20111192 2,4-滴/96%/原药/2,4-滴 96%/2011.11.16 至 2016.11.16/中等毒
注:专供出口，不得在国内销售。

PD20120329 禾草丹/97%/原药/禾草丹 97%/2012.02.17 至 2017.02.17/低毒

PD20120467 双草醚/95%/原药/双草醚 95%/2012.03.19 至 2017.03.19/低毒

PD20120758 氰氟草酯/98%/原药/氰氟草酯 98%/2012.05.05 至 2017.05.05/低毒

PD20121021 2,4-滴二甲胺盐/720克/升/水剂/2,4-滴二甲胺盐 720克/升/2012.07.02 至 2017.07.02/低毒
注:专供出口，不得在国内销售。

PD20121512 嘧菌酯/97%/原药/嘧菌酯 97%/2012.10.09 至 2017.10.09/低毒

PD20131922 嘧菌酯/25%/悬浮剂/嘧菌酯 25%/2013.09.25 至 2018.09.25/低毒
葡萄 霜霉病 170-250毫克/千克 喷雾

PD20132537 草甘膦异丙胺盐/46%/水剂/草甘膦 46%/2013.12.16 至 2018.12.16/低毒
非耕地 杂草 1674-2232克/公顷 定向茎叶喷雾
注:草甘膦异丙胺盐含量: 62%。

LS20110092 磺草灵/36.2%/水剂/磺草灵 36.2%/2013.04.08 至 2014.04.08/低毒
注:专供出口，不得在国内销售。

LS20110093 磺草灵/95%/原药/磺草灵 95%/2013.04.08 至 2014.04.08/低毒
注:专供出口，不得在国内销售。

LS20110206 茵草敌/96%/原药/茵草敌 96%/2013.08.04 至 2014.08.04/低毒
注:专供出口，不得在国内销售。

江苏省南通同济化工有限公司 (江苏省南通市港闸区港闸经济开发区通港路 226003 0513-85400770)

PD20070187 噁草酮/250克/升/乳油/噁草酮 250克/升/2012.07.10 至 2017.07.10/低毒
花生田 一年生杂草 450—750克/公顷 土壤喷雾

PD20070620 噁草・丁草胺/36%/乳油/丁草胺 30%、噁草酮 6%/2012.12.14 至 2017.12.14/低毒
棉花苗床、水稻(旱育秧及半旱育秧田) 一年生杂草 810-1080克/公顷 土壤喷雾
水稻移栽田 一年生杂草 810-1080克/公顷(南方地区) 土壤喷雾、药土法

PD20080885 噁草酮/120克/升/乳油/噁草酮 120克/升/2013.07.09 至 2018.07.09/低毒
水稻移栽田 一年生杂草 360-450克/公顷 直接甩施或药土法

PD20081133 噁酮・乙草胺/42%/乳油/噁草酮 7%、乙草胺 35%/2013.09.01 至 2018.09.01/低毒
花生田 一年生杂草 756-945克/公顷 喷雾
注:仅限芽前使用。

PD20082985 噁草・丁草胺/20%/乳油/丁草胺 12%、噁草酮 8%/2013.12.10 至 2018.12.10/低毒
水稻 稗草、莎草 600-675克/公顷 毒土或毒肥

PD20092639 噁酮・乙草胺/37.5%/乳油/噁草酮 12.5%、乙草胺 25%/2014.03.02 至 2019.03.02/低毒
大蒜田 一年生杂草 675-843.8克/公顷 播后苗前喷雾
油菜田 一年生杂草 675-843.8克/公顷 喷雾

江苏省南通丸宏农用化工有限公司 (江苏省南通市经济技术开发区盛开路 226009 0513-83595135)

PD20086146 多抗霉素/10%/可湿性粉剂/多抗霉素 10%/2008.12.30 至 2013.12.30/微毒
苹果树 斑点落叶病 67-100毫克/千克 喷雾
烟草 赤星病 105-135克/公顷 喷雾

江苏省南通正达农化有限公司 (江苏省南通市如皋市农业科学研究所内 226576 0513-87381251)

PD84121-16 磷化铝/56%/片剂/磷化铝 56%/2009.12.17 至 2014.12.17/高毒
洞穴 室外啮齿动物 根据洞穴大小而定 密闭熏蒸
货物 仓储害虫 5-10片/1000千克 密闭熏蒸
空间 多种害虫 1-4片/立方米 密闭熏蒸
粮食、种子 储粮害虫 3-10片/1000千克 密闭熏蒸

PD85154-40 氰戊菊酯/20%/乳油/氰戊菊酯 20%/2010.08.15 至 2015.08.15/中等毒
柑橘树 潜叶蛾 10-20毫克/千克 喷雾
果树 梨小食心虫 10-20毫克/千克 喷雾
棉花 红铃虫、蚜虫 75-150克/公顷 喷雾
蔬菜 菜青虫、蚜虫 60-120克/公顷 喷雾

PD20060069 磷化铝/85%/原药/磷化铝 85%/2011.04.13 至 2016.04.13/高毒

PD20083537 联苯菊酯/25克/升/乳油/联苯菊酯 25克/升/2013.12.12 至 2018.12.12/低毒
茶树 茶尺蠖 11.25-15克/公顷 喷雾

PD20083690　高效氯氟氰菊酯/2.5%/乳油/高效氯氟氰菊酯 2.5%/2013.12.15 至 2018.12.15/中等毒
十字花科蔬菜　菜青虫　11.25-15克/公顷　喷雾
PD20084056　三环·多菌灵/52%/可湿性粉剂/多菌灵 40%、三环唑 12%/2013.12.16 至 2018.12.16/低毒
水稻　稻瘟病　468-624克/公顷　喷雾
PD20084411　联苯菊酯/95%/原药/联苯菊酯 95%/2013.12.17 至 2018.12.17/中等毒
PD20084667　三环·杀虫单/58%/可湿性粉剂/三环唑 18%、杀虫单 40%/2013.12.22 至 2018.12.22/中等毒
水稻　稻瘟病、二化螟　870-1044克/公顷　喷雾
PD20085154　氰戊·辛硫磷/30%/乳油/氰戊菊酯 5.5%、辛硫磷 24.5%/2013.12.23 至 2018.12.23/中等毒
十字花科蔬菜　菜青虫　180-225克/公顷　喷雾
PD20085353　噁草·丁草胺/36%/乳油/丁草胺 30%、噁草酮 6%/2013.12.24 至 2018.12.24/低毒
棉花苗床　一年生杂草　810-1080克/公顷　播后苗前土壤喷雾
水稻半旱秧田、水稻旱秧田　一年生杂草　648-756克/公顷　播后苗前土壤喷雾
PD20085426　阿维·三唑磷/20%/乳油/阿维菌素 0.2%、三唑磷 19.8%/2013.12.24 至 2018.12.24/中等毒(原药高毒)
水稻　二化螟　180-240克/公顷　喷雾
PD20085563　溴氰菊酯/2.5%/乳油/溴氰菊酯 2.5%/2008.12.25 至 2013.12.25/中等毒
叶菜类十字花科蔬菜　小菜蛾　15-18.75克/公顷　喷雾
PD20086208　高效氯氟氰菊酯/95%/原药/高效氯氟氰菊酯 95%/2013.12.30 至 2018.12.30/中等毒
PD20090178　高氯·毒死蜱/20%/乳油/毒死蜱 18%、高效氯氰菊酯 2%/2009.01.08 至 2014.01.08/中等毒
十字花科蔬菜　菜青虫　90-150克/公顷　喷雾
PD20090276　咪鲜·杀螟丹/12%/可湿性粉剂/咪鲜胺 3%、杀螟丹 9%/2014.01.09 至 2019.01.09/低毒
水稻　恶苗病、干尖线虫病　300—500倍液　浸种
PD20090566　辛硫·高氯氟/30%/乳油/高效氯氟氰菊酯 1%、辛硫磷 29%/2014.01.13 至 2019.01.13/中等毒
棉花　棉铃虫　360-450克/公顷　喷雾
PD20090873　井冈·杀虫单/65%/可溶粉剂/井冈霉素 9%、杀虫单 56%/2014.01.19 至 2019.01.19/中等毒
水稻　螟虫、纹枯病　585-780克/公顷　喷雾
PD20092461　丙溴·辛硫磷/36%/乳油/丙溴磷 18%、辛硫磷 18%/2014.02.25 至 2019.02.25/低毒
棉花　棉铃虫　378-486克/公顷　喷雾
PD20095528　精喹·草除灵/17.5%/乳油/草除灵 15%、精喹禾灵 2.5%/2009.05.11 至 2014.05.11/低毒
冬油菜田　一年生杂草　262.5-393.8克/公顷　茎叶喷雾
PD20095657　阿维·毒死蜱/17%/乳油/阿维菌素 0.1%、毒死蜱 16.9%/2009.05.13 至 2014.05.13/中等毒(原药高毒)
十字花科蔬菜　菜青虫　76.5-127.5克/公顷　喷雾
水稻　稻纵卷叶螟　225-382.5克/公顷　喷雾
水稻　二化螟　225-306克/公顷　喷雾
PD20096366　二嗪磷/50%/乳油/二嗪磷 50%/2009.08.04 至 2014.08.04/低毒
水稻　二化螟　675-900克/公顷　喷雾
PD20096465　毒死蜱/480克/升/乳油/毒死蜱 480克/升/2009.08.14 至 2014.08.14/中等毒
水稻　稻纵卷叶螟　504-648克/公顷　喷雾
PD20096776　虫酰肼/200克/升/悬浮剂/虫酰肼 200克/升/2009.09.15 至 2014.09.15/微毒
甘蓝　甜菜夜蛾　240-300克/公顷　喷雾

江苏省农垦生物化学有限公司　(江苏省南京市南京化学工业园赵丰路19号　210047　025-58392246)

PD86101-41　赤霉酸/4%/乳油/赤霉酸 4%/2012.01.22 至 2017.01.22/低毒
菠菜　增加鲜重　10-25毫克/千克　叶面处理1-3次
菠萝　果实增大、增重　40-80毫克/千克　喷花
柑橘树　果实增大、增重　20-40毫克/千克　喷花
花卉　提前开花　700毫克/千克　叶面处理涂抹花芽
绿肥　增产　10-20毫克/千克　喷雾
马铃薯　苗齐、增产　0.5-1毫克/千克　浸薯块10-30分钟
棉花　提高结铃率、增产　10-20毫克/千克　点喷、点涂或喷雾
葡萄　无核、增产　50-200毫克/千克　花后1周处理果穗
芹菜　增产　20-100毫克/千克　叶面处理1次
人参　增加发芽率　20毫克/千克　播前浸种15分钟
水稻　增加千粒重、制种　20-30毫克/千克　喷雾
PD20092046　氯氰·毒死蜱/522.5克/升/乳油/毒死蜱 475克/升、氯氰菊酯 47.5克/升/2009.02.12 至 2014.02.12/中等毒
黄瓜　美洲斑潜蝇　391.9-470.3克/公顷　喷雾
苹果树　桃小食心虫　307.4-348.3毫克/千克　喷雾
PD20095049　毒死蜱/480克/升/乳油/毒死蜱 480克/升/2009.04.21 至 2014.04.21/中等毒
十字花科蔬菜　斜纹夜蛾　360-504克/公顷　喷雾
水稻　稻瘿蚊　1800-2160克/公顷　毒土法
水稻　稻飞虱　504-648克/公顷　喷雾
PD20095926　氯氟吡氧乙酸异辛酯(28.8%)///乳油/氯氟吡氧乙酸 20%/2009.06.02 至 2014.06.02/低毒
冬小麦田　一年生阔叶杂草　150-210克/公顷　茎叶喷雾
PD20100419　草除灵/500克/升/悬浮剂/草除灵 500克/升/2010.01.14 至 2015.01.14/低毒

冬油菜田 一年生阔叶杂草 300-375克/公顷 茎叶喷雾
PD20111453 赤霉酸/3%/脂膏/赤霉酸A4+A7 1%、赤霉酸A3 2%/2011.12.30 至 2016.12.30/微毒
梨树 调节生长 0.6-0.9毫克/果 涂抹果柄
PD20120345 2甲4氯二甲胺盐/53%/水剂/2甲4氯 53%/2012.02.23 至 2017.02.23/低毒
水稻移栽田 莎草及阔叶杂草 337.5-450克/公顷 茎叶喷雾
注:2甲4氯二甲胺盐含量：65%。
WP20120028 吡虫啉/10%/悬浮剂/吡虫啉 10%/2012.02.17 至 2017.02.17/低毒
卫生 白蚁 1)5克/平方米; 1)土壤处理;
2)500-1000毫克/千克 2)木材浸泡

江苏省农药研究所股份有限公司 (江苏省南京市化学工业园区长丰河路269号 210047 025-86581155)

PD20040032 氯氰菊酯/92%/原药/氯氰菊酯 92%/2009.12.19 至 2014.12.19/中等毒
PD20040064 哒螨灵/15%/乳油/哒螨灵 15%/2009.12.27 至 2014.12.27/中等毒
柑橘树 红蜘蛛 50-67毫克/千克 喷雾
PD20040196 氯氰菊酯/10%/乳油/氯氰菊酯 10%/2009.12.19 至 2014.12.19/中等毒
十字花科蔬菜 菜青虫 30-45克/公顷 喷雾
PD20040210 高效氯氰菊酯/4.5%/乳油/高效氯氰菊酯 4.5%/2009.12.19 至 2014.12.19/中等毒
棉花 红铃虫、棉铃虫、棉蚜 15-30克/公顷 喷雾
十字花科蔬菜 菜蚜 3-18克/公顷 喷雾
十字花科蔬菜 菜青虫、小菜蛾 9-25.5克/公顷 喷雾
PD20040267 吡虫啉/95%/原药/吡虫啉 95%/2009.12.19 至 2014.12.19/低毒
PD20040417 吡虫啉/25%/可湿性粉剂/吡虫啉 25%/2009.12.19 至 2014.12.19/低毒
水稻 飞虱 15-30克/公顷 喷雾
PD20040433 吡虫啉/5%/乳油/吡虫啉 5%/2009.12.19 至 2014.12.19/低毒
水稻 飞虱 15-30克/公顷 喷雾
水稻 稻瘿蚊 1:100(药种比) 拌种
PD20040482 吡虫啉/10%/可溶液剂/吡虫啉 10%/2009.12.19 至 2014.12.19/低毒
棉花 蚜虫 7.5-15克/公顷 喷雾
PD20040568 氯氰·吡虫啉/5%/乳油/吡虫啉 1%、氯氰菊酯 4%/2009.12.19 至 2014.12.19/中等毒
梨树 梨木虱 1000-1500倍液 喷雾
十字花科蔬菜 菜青虫、蚜虫 22.5-37.5克/公顷 喷雾
PD20040752 吡虫啉/10%/可湿性粉剂/吡虫啉 10%/2009.12.19 至 2014.12.19/低毒
梨树 梨木虱 33-50毫克/千克 喷雾
苹果树 黄蚜 20-33毫克/千克 喷雾
水稻 飞虱 15-30克/公顷 喷雾
PD20040804 吡虫·杀虫单/35%/可湿性粉剂/吡虫啉 1%、杀虫单 34%/2009.12.20 至 2014.12.20/中等毒
水稻 二化螟、飞虱 450-750克/公顷 喷雾
PD20040819 高效氯氰菊酯/4.5%/乳油/高效氯氰菊酯 4.5%/2009.12.27 至 2014.12.27/中等毒
茶树 茶尺蠖 15-25.5克/公顷 喷雾
柑橘树 红蜡蚧 50毫克/千克 喷雾
柑橘树 潜叶蛾 15-20毫克/千克 喷雾
棉花 红铃虫、棉铃虫、棉蚜 15-30克/公顷 喷雾
十字花科蔬菜 菜青虫、小菜蛾 9-25.5克/公顷 喷雾
十字花科蔬菜 菜蚜 3-18克/公顷 喷雾
PD20040821 哒螨灵/20%/可湿性粉剂/哒螨灵 20%/2009.12.27 至 2014.12.27/低毒
苹果树 红蜘蛛 50-67毫克/千克 喷雾
PD20050001 氯氰菊酯/5%/乳油/氯氰菊酯 5%/2010.01.04 至 2015.01.04/中等毒
棉花 棉铃虫、棉蚜 45-90克/公顷 喷雾
十字花科蔬菜 菜青虫 30-45克/公顷 喷雾
PD20050046 吡虫啉/70%/湿拌种剂/吡虫啉 70%/2010.04.20 至 2015.04.20/低毒
棉花 蚜虫 280-350克/100千克种子 拌种
PD20050057 高效氯氰菊酯/95%/原药/高效氯氰菊酯 95%/2010.06.06 至 2015.06.06/中等毒
PD20070547 啶虫脒/96%/原药/啶虫脒 96%/2012.12.03 至 2017.12.03/低毒
PD20080398 灭蝇胺/98%/原药/灭蝇胺 98%/2013.02.28 至 2018.02.28/低毒
PD20081837 草除灵/95%/原药/草除灵 95%/2013.11.20 至 2018.11.20/低毒
PD20082539 噻嗪酮/25%/可湿性粉剂/噻嗪酮 25%/2013.12.03 至 2018.12.03/低毒
水稻 飞虱 75-112.5克/公顷 喷雾
PD20082754 草除灵/30%/悬浮剂/草除灵 30%/2013.12.08 至 2018.12.08/低毒
油菜田 多种一年生阔叶杂草 225-300克/公顷 茎叶喷雾
PD20083172 高效氯氟氰菊酯/95%/原药/高效氯氟氰菊酯 95%/2013.12.11 至 2018.12.11/中等毒
PD20083672 灭蝇胺/50%/可溶粉剂/灭蝇胺 50%/2013.12.15 至 2018.12.15/低毒
菜豆 斑潜蝇 112.5-150克/公顷 喷雾
PD20085358 噁草·丁草胺/40%/乳油/丁草胺 34%、噁草酮 6%/2013.12.24 至 2018.12.24/低毒
棉花苗床 一年生杂草 900-1200克/公顷 喷雾

水稻旱育秧田 阔叶杂草、一年生杂草 660-750克/公顷 播后复土芽前喷雾

PD20090441 高氯·辛硫磷/30%/乳油/高效氯氰菊酯 1.5%、辛硫磷 28.5%/2014.01.12 至 2019.01.12/中等毒

棉花 棉铃虫 180-270克/公顷 喷雾

小麦 蚜虫 180-225克/公顷 喷雾

PD20090968 苄嘧·苯噻酰/53%/可湿性粉剂/苯噻酰草胺 50%、苄嘧磺隆 3%/2014.01.20 至 2019.01.20/低毒

水稻抛秧田 部分多年生杂草、一年生杂草 397.5-477克/公顷 药土法

PD20093705 精喹·草除灵/17.5%/乳油/草除灵 15%、精喹禾灵 2.5%/2014.03.25 至 2019.03.25/低毒

油菜田 一年生杂草 262.5-393.8克/公顷 茎叶喷雾

PD20094131 锰锌·烯唑醇/32.5%/可湿性粉剂/代森锰锌 30%、烯唑醇 2.5%/2014.03.27 至 2019.03.27/低毒

梨树 黑星病 400-600倍液 喷雾

PD20094874 高效氯氟氰菊酯/25克/升/乳油/高效氯氟氰菊酯 25克/升/2014.04.13 至 2019.04.13/中等毒

甘蓝 菜青虫 22.5-30克/公顷 喷雾

小麦 黏虫、蚜虫 4.5-9克/公顷 喷雾

PD20101049 烯唑醇/12.5%/可湿性粉剂/烯唑醇 12.5%/2010.01.21 至 2015.01.21/低毒

梨树 黑星病 31-42毫克/千克 喷雾

小麦 条锈病 56.25-93.75克/公顷 喷雾

小麦 白粉病 60-120克/公顷 喷雾

小麦 纹枯病 84.38-112.5克/公顷 喷雾

PD20110600 戊唑醇/97%/原药/戊唑醇 97%/2011.05.30 至 2016.05.30/低毒

PD20110664 噻嗪酮/98%/原药/噻嗪酮 98%/2011.06.20 至 2016.06.20/微毒

PD20110985 乙羧氟草醚/95%/原药/乙羧氟草醚 95%/2011.09.16 至 2016.09.16/低毒

PD20111000 高效氯氰菊酯/4.5%/水乳剂/高效氯氰菊酯 4.5%/2011.09.21 至 2016.09.21/低毒

甘蓝 菜青虫 20.25-27ai.g/ha 喷雾

PD20111008 乙羧氟草醚/10%/乳油/乙羧氟草醚 10%/2011.09.22 至 2016.09.22/低毒

夏大豆田 一年生阔叶杂草 75-90克/公顷 茎叶喷雾

PD20121663 氰烯菌酯/95%/原药/氰烯菌酯 95%/2012.11.05 至 2017.11.05/低毒

PD20121670 氰烯菌酯/25%/悬浮剂/氰烯菌酯 25%/2012.11.05 至 2017.11.05/低毒

水稻 恶苗病 83.3-125毫克/千克 浸种

小麦 赤霉病 375-750克/公顷 喷雾

PD20121672 呋喃虫酰肼/98%/原药/呋喃虫酰肼 98%/2012.11.05 至 2017.11.05/微毒

PD20121676 呋喃虫酰肼/10%/悬浮剂/呋喃虫酰肼 10%/2012.11.05 至 2017.11.05/微毒

甘蓝 甜菜夜蛾 90-150克/公顷 喷雾

PD20130461 吡蚜酮/96%/原药/吡蚜酮 96%/2013.03.19 至 2018.03.19/低毒

PD20131233 嘧菌酯/98%/原药/嘧菌酯 98%/2013.05.28 至 2018.05.28/微毒

PD20132615 杀螺胺/25%/悬浮剂/杀螺胺 25%/2013.12.20 至 2018.12.20/微毒

沟渠 钉螺 0.5克/立方米（浸杀） 浸杀或喷洒
0.5克/平方米（喷洒）

WP20080045 氯菊酯/94%/原药/氯菊酯 94%/2013.03.04 至 2018.03.04/低毒

江苏省农用激素工程技术研究中心有限公司 （江苏省常州市新北区岷江路98号 213022 0519-88225307）

PD85154-13 氰戊菊酯/20%/乳油/氰戊菊酯 20%/2011.07.23 至 2016.07.23/中等毒

柑橘树 潜叶蛾 10-20毫克/千克 喷雾

果树 梨小食心虫 10-20毫克/千克 喷雾

棉花 红铃虫、蚜虫 75-150克/公顷 喷雾

蔬菜 菜青虫、蚜虫 60-120克/公顷 喷雾

PD89104-6 氰戊菊酯/93%/原药/氰戊菊酯 93%/2009.11.23 至 2014.11.23/中等毒

PD20080241 噻吩磺隆/75%/水分散粒剂/噻吩磺隆 75%/2013.02.14 至 2018.02.14/低毒

冬小麦田 一年生阔叶杂草 22.5-33.8克/公顷 茎叶喷雾

PD20081010 S-氰戊菊酯/93%/原药/S-氰戊菊酯 93%/2013.08.06 至 2018.08.06/中等毒

PD20081031 灭草松/95%/原药/灭草松 95%/2013.08.06 至 2018.08.06/低毒

PD20081250 胺苯磺隆/20%/水分散粒剂/胺苯磺隆 20%/2008.09.18 至 2013.12.31/微毒

冬油菜田 一年生阔叶杂草 24-30克/公顷 茎叶喷雾

PD20082197 联苯菊酯/100克/升/乳油/联苯菊酯 100克/升/2013.11.26 至 2018.11.26/低毒

棉花 棉铃虫 45-75克/公顷 喷雾

PD20084021 戊唑醇/95%/原药/戊唑醇 95%/2013.12.16 至 2018.12.16/低毒

PD20085335 S-氰戊菊酯/5%/乳油/S-氰戊菊酯 5%/2013.12.24 至 2018.12.24/中等毒

棉花 红铃虫、棉铃虫 22.5-30克/公顷 喷雾

PD20086174 联苯菊酯/95%/原药/联苯菊酯 95%/2013.12.30 至 2018.12.30/中等毒

PD20090673 氯磺隆/25%/水分散粒剂/氯磺隆 25%/2009.01.19 至 2013.12.31/低毒

冬小麦田 多种一年生杂草 7.5-15克/公顷 冬前，小麦播后苗前或苗后早期杂草（2～3）叶期

PD20091275 高效氟吡甲禾灵/108克/升/乳油/高效氟吡甲禾灵 108克/升/2014.02.01 至 2019.02.01/低毒

春大豆田 一年生禾本科杂草 48.6-56.7克/公顷 茎叶喷雾

冬油菜田 一年生禾本科杂草 32.4-48.6克/公顷 茎叶喷雾
棉花田、夏大豆田 一年生禾本科杂草 40.5-48.6克/公顷 茎叶喷雾
PD20092487 烯草酮/90%/原药/烯草酮 90%/2014.02.26 至 2019.02.26/低毒
PD20096078 氯氟吡氧乙酸异辛酯/95%/原药/氯氟吡氧乙酸异辛酯 95%/2009.06.18 至 2014.06.18/微毒
PD20096883 双草醚/95%/原药/双草醚 95%/2009.09.23 至 2014.09.23/低毒
PD20102164 醚苯磺隆/75%/水分散粒剂/醚苯磺隆 75%/2010.12.08 至 2015.12.08/低毒
注:专供出口，不得在国内销售。
PD20111028 砜嘧磺隆/99%/原药/砜嘧磺隆 99%/2011.09.30 至 2016.09.30/微毒
PD20120392 高效氯氟氰菊酯/10%/水乳剂/高效氯氟氰菊酯 10%/2012.03.07 至 2017.03.07/中等毒
茶叶 茶尺蠖 15-30克/公顷 喷雾
茶叶 茶小绿叶蝉 22.5-37.5克/公顷 喷雾
甘蓝 小菜蛾 15-22.5克/公顷 喷雾
甘蓝 菜青虫、蚜虫 7.5-15克/公顷 喷雾
柑橘树 潜叶蛾 12.5-25毫克/千克 喷雾
苹果树 桃小食心虫 8.33-12.5毫克/千克 喷雾
烟草 烟青虫 7.5-12克/公顷 喷雾
PD20120731 氯氟吡氧乙酸异辛酯/200克/升/乳油/氯氟吡氧乙酸 200克/升/2012.05.02 至 2017.05.02/低毒
小麦田 一年生阔叶杂草 180-210克/公顷 茎叶喷雾
注:氯氟吡氧乙酸异辛酯含量：288克/升。
PD20121238 双氟磺草胺/98%/原药/双氟磺草胺 98%/2012.08.28 至 2017.08.28/低毒
PD20122044 嗪草酮/75%/水分散粒剂/嗪草酮 75%/2012.12.24 至 2017.12.24/低毒
大豆田 一年生阔叶杂草 506.25-675克/公顷 播后苗前土壤喷雾
PD20130136 灭草松/480克/升/水剂/灭草松 480克/升/2013.01.17 至 2018.01.17/低毒
大豆田 一年生阔叶杂草 春大豆田：1080-1440克/公顷 茎叶喷雾
夏大豆田：720-1080克/公顷
移栽水稻田 莎草及阔叶杂草 1152-1440克/公顷 茎叶喷雾
PD20130225 双草醚/40%/悬浮剂/双草醚 40%/2013.01.30 至 2018.01.30/微毒
水稻田(直播) 一年生杂草 37.5-45克/公顷 茎叶喷雾
PD20130942 双草醚/20%/悬浮剂/双草醚 20%/2013.05.02 至 2018.05.02/微毒
水稻田(直播) 一年生杂草 30-45克/公顷 茎叶喷雾
PD20131354 除虫脲/98%/原药/除虫脲 98%/2013.06.20 至 2018.06.20/低毒
PD20131455 2,4-滴异辛酯/96%/原药/2,4-滴异辛酯 96%/2013.07.05 至 2018.07.05/低毒
PD20131478 双氟磺草胺/50克/升/悬浮剂/双氟磺草胺 50克/升/2013.07.05 至 2018.07.05/微毒
冬小麦田 一年生阔叶杂草 4.125-4.5克/公顷 茎叶喷雾
PD20131702 草铵膦/95%/原药/草铵膦 95%/2013.08.07 至 2018.08.07/低毒
PD20131927 氯吡嘧磺隆/75%/水分散粒剂/氯吡嘧磺隆 75%/2013.09.25 至 2018.09.25/低毒
番茄田 阔叶杂草及莎草科杂草 67.5-90克/公顷 苗前土壤喷雾
PD20131933 三甲苯草酮/40%/水分散粒剂/三甲苯草酮 40%/2013.09.29 至 2018.09.29/低毒
小麦 一年生禾本科杂草 390-480克/公顷 茎叶喷雾
PD20131934 三甲苯草酮/95%/原药/三甲苯草酮 95%/2013.09.29 至 2018.09.29/低毒
PD20131991 嗪草酮/95%/原药/嗪草酮 95%/2013.10.10 至 2018.10.10/低毒
PD20132005 氯吡嘧磺隆/95%/原药/氯吡嘧磺隆 95%/2013.10.11 至 2018.10.11/低毒
PD20132253 草甘膦异丙胺盐/30%/水剂/草甘膦 30%/2013.11.05 至 2018.11.05/低毒
非耕地 杂草 1125-2070克/公顷 茎叶喷雾
注:草甘膦异丙胺盐含量：41%。
PD20132364 丙环唑/95%/原药/丙环唑 95%/2013.11.20 至 2018.11.20/低毒
PD20132365 甲基碘磺隆钠盐/91%/原药/甲基碘磺隆钠盐 91%/2013.11.20 至 2018.11.20/低毒
PD20132369 精噁唑禾草灵/95%/原药/精噁唑禾草灵 95%/2013.11.20 至 2018.11.20/低毒
PD20132370 精喹禾灵/95%/原药/精喹禾灵 95%/2013.11.20 至 2018.11.20/低毒
LS20110266 苯嗪草酮/98%/原药/苯嗪草酮 98%/2013.10.12 至 2014.10.12/低毒
LS20110312 氯吡嘧磺隆/95%/原药/氯吡嘧磺隆 95%/2013.12.05 至 2014.12.05/低毒
LS20130450 氟胺磺隆/95%/原药/氟胺磺隆 95%/2013.09.25 至 2014.09.25/低毒
注:专供出口，不得在国内销售。
LS20130451 氟胺磺隆/50%/水分散粒剂/氟胺磺隆 50%/2013.09.25 至 2014.09.25/微毒
注:专供出口，不得在国内销售。

江苏省双菱化工集团有限公司 (江苏省连云港市海州区新海路 222023 0518-5253833)

PD84121-3 磷化铝/56%/片剂/磷化铝 56%/2009.12.10 至 2014.12.10/高毒
洞穴 室外啮齿动物 根据洞穴大小而定 密闭熏蒸
货物 仓储害虫 5-10片/1000千克 密闭熏蒸
空间 多种害虫 1-4片/立方米 密闭熏蒸
粮食、种子 储粮害虫 3-10片/1000千克 密闭熏蒸
PD86145 磷化铝/90%,85%/原药/磷化铝 90%,85%/2011.11.02 至 2016.11.02/高毒
洞穴 室外啮齿动物 根据洞穴大小而定 密闭熏蒸

货物 仓储害虫 10-20克/吨 密闭熏蒸
空间 多种害虫 2-8克/立方米 密闭熏蒸
粮食、种子 储粮害虫 6-20克/吨 密闭熏蒸

江苏省苏科农化有限责任公司 (江苏省南京市六合区瓜埠镇双巷路7号 211511 025-84390387)

PD20040398 多·酮/33%/可湿性粉剂/多菌灵 24%、三唑酮 9%/2009.12.19 至 2014.12.19/低毒
小麦 白粉病、赤霉病、纹枯病 1)450-600克/公顷 1)喷雾
2)66-99克/100千克种子 2)拌种
油菜 菌核病 495-693克/公顷 喷雾
PD20040468 杀单·三唑磷/15%/乳油/三唑磷 5%、杀虫单 10%/2009.12.19 至 2014.12.19/中等毒
水稻 稻纵卷叶螟、二化螟、三化螟 450-562.5克/公顷 喷雾
PD20040670 吡虫·杀虫单/62%/可湿性粉剂/吡虫啉 2%、杀虫单 60%/2009.12.19 至 2014.12.19/中等毒
水稻 稻纵卷叶螟、二化螟、飞虱 450-750克/公顷 喷雾
PD20040678 吡虫·三唑磷/20%/乳油/吡虫啉 1%、三唑磷 19%/2009.12.19 至 2014.12.19/中等毒
水稻 二化螟、飞虱 300-375克/公顷 喷雾
PD20070553 苄嘧·苯噻酰/50%/可湿性粉剂/苯噻酰草胺 48.5%、苄嘧磺隆 1.5%/2012.12.03 至 2017.12.03/低毒
水稻抛秧田 一年生及部分多年生杂草 375-450克/公顷(南方地区) 药土法
PD20070587 氰戊·辛硫磷/30%/乳油/氰戊菊酯 15%、辛硫磷 15%/2012.12.14 至 2017.12.14/低毒
棉花 棉铃虫 270-360克/公顷 喷雾
PD20080375 多·福/45%/可湿性粉剂/多菌灵 9%、福美双 36%/2013.02.28 至 2018.02.28/低毒
苹果树 轮纹病 642.9-900毫克/千克 喷雾
PD20080526 氧氟·乙草胺/42%/乳油/乙草胺 34%、乙氧氟草醚 8%/2013.04.29 至 2018.04.29/低毒
大蒜田 一年生杂草 567-693克/公顷 播后苗前喷雾
PD20080891 乙氧氟草醚/24%/乳油/乙氧氟草醚 24%/2013.07.09 至 2018.07.09/低毒
大蒜田 一年生杂草 188-216克/公顷 喷雾
PD20082065 苯磺隆/10%/可湿性粉剂/苯磺隆 10%/2013.11.25 至 2018.11.25/低毒
冬小麦田 阔叶杂草 13.5—22.5克/公顷 茎叶喷雾
PD20082688 阿维·吡虫啉/1.8%/乳油/阿维菌素 0.1%、吡虫啉 1.7%/2013.12.05 至 2018.12.05/低毒(原药高毒)
十字花科蔬菜 蚜虫 10.8-16.2克/公顷 喷雾
PD20082712 阿维·高氯/2.4%/乳油/阿维菌素 0.4%、高效氯氰菊酯 2%/2013.12.05 至 2018.12.05/低毒(原药高毒)
十字花科蔬菜 菜青虫 7.5-15克/公顷 喷雾
PD20082852 阿维·吡虫啉/1.8%/可湿性粉剂/阿维菌素 0.1%、吡虫啉 1.7%/2013.12.09 至 2018.12.09/低毒(原药高毒)
十字花科蔬菜 蚜虫 6.75-10.8克/公顷 喷雾
PD20085660 井冈·杀虫双/22%/水剂/井冈霉素 2%、杀虫双 20%/2013.12.26 至 2018.12.26/中等毒
水稻 螟虫、纹枯病 742.5-825克/公顷 喷雾
PD20086134 阿维·三唑磷/20.2%/乳油/阿维菌素 0.2%、三唑磷 20%/2013.12.30 至 2018.12.30/低毒(原药高毒)
水稻 稻纵卷叶螟、二化螟、三化螟 303-363.6克/公顷 喷雾
PD20092366 苄·乙/20%/可湿性粉剂/苄嘧磺隆 2.5%、乙草胺 17.5%/2014.02.24 至 2019.02.24/低毒
水稻移栽田 一年生及部分多年生杂草 90-120克/公顷 药土法
PD20092502 稻丰·三唑磷/40%/乳油/稻丰散 15%、三唑磷 25%/2014.02.26 至 2019.02.26/中等毒
水稻 稻纵卷叶螟、二化螟、三化螟 600-750克/公顷 喷雾
PD20093651 苄·丁·异丙隆/50%/可湿性粉剂/苄嘧磺隆 2%、丁草胺 24%、异丙隆 24%/2014.03.25 至 2019.03.25/微毒
水稻田(直播) 部分多年生杂草、一年生杂草 375-450克/公顷(南方地区) 药土法或喷雾
PD20093660 噁草·丁草胺/42%/乳油/丁草胺 32%、噁草酮 10%/2014.03.25 至 2019.03.25/低毒
水稻田 多种一年生杂草 567-693克/公顷 复土后盖膜前喷雾
PD20093795 扑·乙/37.5%/可湿性粉剂/扑草净 20%、乙草胺 17.5%/2014.03.25 至 2019.03.25/低毒
冬油菜田 一年生杂草 843.8—1125克/公顷 土壤喷雾
PD20094076 氰氟·精噁唑/10%/乳油/精噁唑禾草灵 5%、氰氟草酯 5%/2014.03.27 至 2019.03.27/低毒
水稻田(直播) 一年生禾本科杂草 60—90克/公顷 茎叶喷雾
PD20094946 烯唑·多菌灵/18.7%/可湿性粉剂/多菌灵 8.3%、烯唑醇 10.4%/2009.04.17 至 2014.04.17/低毒
水稻 稻粒黑粉病 90-120克/公顷 喷雾
PD20094988 甲磺·氯磺隆/20%/可湿性粉剂/甲磺隆 5%、氯磺隆 15%/2009.04.21 至 2014.04.21/低毒
冬小麦田 一年生杂草 11.25-15克/公顷 冬前喷雾
PD20096100 苄·乙·甲/20%/可湿性粉剂/苄嘧磺隆 1.2%、甲磺隆 0.2%、乙草胺 18.6%/2009.06.18 至 2014.06.18/低毒
水稻移栽田 一年生杂草 90-120克/公顷 毒土法
PD20096244 绿麦·异丙隆/50%/可湿性粉剂/绿麦隆 25%、异丙隆 25%/2009.07.15 至 2014.07.15/低毒
冬小麦田 一年生杂草 925-1125克/公顷 喷雾
PD20097178 井冈·枯芽菌///水剂/井冈霉素 2.5%、枯草芽孢杆菌 100亿活芽孢/毫升/2009.10.16 至 2014.10.16/低毒
水稻 稻曲病、纹枯病 3000-4500毫升制剂/公顷 喷雾
PD20101299 苄·二氯/32%/可湿性粉剂/苄嘧磺隆 4%、二氯喹啉酸 28%/2010.03.10 至 2015.03.10/低毒
水稻秧田 一年生杂草 192-240克/公顷 茎叶喷雾
PD20111069 阿维·氟铃脲/3%/可湿性粉剂/阿维菌素 0.5%、氟铃脲 2.5%/2011.10.11 至 2016.10.11/低毒(原药高毒)
甘蓝 小菜蛾 18-36克/公顷 喷雾
PD20120886 氯氟·甲维盐/4.3%/乳油/高效氟氯氰菊酯 4%、甲氨基阿维菌素苯甲酸盐 0.3%/2012.05.24 至 2017.05.24/低毒

食用菌 菌蛆、螨 0.13-0.22克/100平方米 喷雾

PD20121586 蛇床子素/1%/水乳剂/蛇床子素 1%/2012.10.25 至 2017.10.25/微毒

黄瓜(保护地) 白粉病 22.5—30克/公顷 喷雾

PD20130927 井冈·枯芽菌///可湿性粉剂/井冈霉素 6%、枯草芽孢杆菌 240亿个/克/2013.04.28 至 2018.04.28/微毒

水稻 稻曲病 90—108克/公顷 喷雾

水稻 纹枯病 90—108克/公00顷 喷雾

PD20131995 吡蚜·异丙威/72%/水分散粒剂/吡蚜酮 18%、异丙威 54%/2013.10.10 至 2018.10.10/中等毒

水稻 稻飞虱 162-216克/公顷 喷雾

LS20120241 己唑醇/40%/水分散粒剂/己唑醇 40%/2013.07.04 至 2014.07.04/低毒

水稻 纹枯病 60-72克/公顷 喷雾

LS20120267 甲维·毒死蜱/25%/水乳剂/毒死蜱 24%、甲氨基阿维菌素苯甲酸盐 1%/2013.07.30 至 2014.07.30/中等毒

水稻 稻纵卷叶螟 262.5—300克/公顷 喷雾

LS20120322 烯啶·噻嗪酮/70%/水分散粒剂/噻嗪酮 60%、烯啶虫胺 10%/2013.09.11 至 2014.09.11/微毒

水稻 稻飞虱 210-252克/公顷 喷雾

LS20130343 己唑·嘧菌酯/24%/悬浮剂/己唑醇 16%、嘧菌酯 8%/2013.07.02 至 2014.07.02/低毒

水稻 纹枯病 54-72克/公顷 喷雾

LS20130384 丙环·咪鲜胺/28%/水乳剂/丙环唑 8%、咪鲜胺 20%/2013.07.29 至 2014.07.29/低毒

水稻 稻瘟病 170-210克/公顷 喷雾

江苏省苏州富美实植物保护剂有限公司 (江苏省苏州工业园区界浦路99号 215126 0512-62863988)

PD20040208 顺式氯氰菊酯/50克/升/乳油/顺式氯氰菊酯 50克/升/2009.12.19 至 2014.12.19/中等毒

荔枝树 蝽蟓 20-25毫克/千克 喷雾

荔枝树 蒂蛀虫 33.3-50毫克/千克 喷雾

PD20040225 高效氯氰菊酯/4.5%/乳油/高效氯氰菊酯 4.5%/2009.12.19 至 2014.12.19/低毒

棉花 棉铃虫 33.75-47.25克/公顷 喷雾

十字花科蔬菜 蚜虫 33.75-67.5克/公顷 喷雾

PD20050006 联苯菊酯/25克/升/乳油/联苯菊酯 25克/升/2010.01.08 至 2015.01.08/低毒

茶树 茶尺蠖 10-16.7毫克/千克 喷雾

茶树 象甲 37.5-52.5克/公顷 喷雾

苹果树 桃小食心虫 12.5-25毫克/千克 喷雾

PD20050059 氯氰菊酯/10%/乳油/氯氰菊酯 10%/2010.06.10 至 2015.06.10/中等毒

茶树 茶尺蠖 33-50毫克/千克 喷雾

棉花 棉铃虫 90-105克/公顷 喷雾

苹果树 桃小食心虫 40-67毫克/千克 喷雾

十字花科蔬菜 菜青虫 30-45克/公顷 喷雾

PD20050117 丁硫·吡虫啉/150克/升/乳油/吡虫啉 50克/升、丁硫克百威 100克/升/2010.08.15 至 2015.08.15/中等毒

甘蓝 蚜虫 22.5-33.75克/公顷 喷雾

水稻 稻飞虱 67.5-135克/公顷 喷雾

PD20050152 丁硫克百威/200克/升/乳油/丁硫克百威 200克/升/2010.09.29 至 2015.09.29/中等毒

甘蓝 蚜虫 90-120克/公顷 喷雾

柑橘树 锈壁虱、蚜虫 100-133毫克/千克 喷雾

节瓜 蓟马 225-375克/公顷 喷雾

苹果树 黄蚜 50-67毫克/千克 喷雾

PD20060062 zeta-氯氰菊酯/181克/升/乳油/zeta-氯氰菊酯 181克/升/2011.03.24 至 2016.03.24/中等毒

棉花 棉铃虫 54.3-67.9克/公顷 喷雾

注:十字花科蔬菜有效期为2006年3月24日至2007年3月24日。

PD20081568 异噁草松/480克/升/乳油/异噁草松 480克/升/2013.11.12 至 2018.11.12/低毒

春大豆 一年生杂草 1)1008-1224克/公顷(东北地区) 土壤喷雾

2)504-612克/公顷+乙草胺750-1125克/公顷

PD20082225 异松·乙草胺/500克/升/乳油/乙草胺 400克/升、异噁草松 100克/升/2013.11.26 至 2018.11.26/低毒

冬油菜(移栽田) 杂草 525-600克/公顷 土壤喷雾

花生田 一年生杂草 450-600克/公顷 播后苗前土壤喷雾

PD20082629 阿维·联苯菊/33克/升/乳油/阿维菌素 3克/升、联苯菊酯 30克/升/2013.12.04 至 2018.12.04/低毒(原药高毒)

甘蓝 小菜蛾 24.75-39.6克/公顷 喷雾

PD20085337 毒死蜱/40%/乳油/毒死蜱 40%/2013.12.24 至 2018.12.24/中等毒

水稻 稻纵卷叶螟 540-660克/公顷 喷雾

PD20091327 咪乙·异噁松/405克/升/乳油/咪唑乙烟酸 45克/升、异噁草松 360克/升/2014.02.01 至 2019.02.01/低毒

春大豆田 一年生杂草 425.3-607.5克/公顷(东北地区) 播后苗前土壤喷雾

PD20093335 唑草·苯磺隆/36%/可湿性粉剂/苯磺隆 14%、唑草酮 22%/2014.03.18 至 2019.03.18/低毒

冬小麦田 阔叶杂草 21.6-27克/公顷 喷雾

PD20097258 2甲·唑草酮/70.5%/干悬浮剂/2甲4氯 0%、唑草酮 0%/2009.10.19 至 2014.10.19/低毒

冬小麦田 一年生阔叶杂草 370.1-475.9克/公顷 茎叶喷雾

水稻移栽田 阔叶杂草、莎草 528.75-634.5克/公顷 茎叶喷雾

PD20097259	2甲·唑草酮/70.5%/水分散粒剂/2甲4氯钠 66.5%、唑草酮 4%/2009.10.19 至 2014.10.19/低毒			
	冬小麦田	一年生阔叶杂草	370.1-475.9克/公顷	茎叶喷雾
	水稻移栽田	阔叶杂草、莎草	528.75-634.5克/公顷	茎叶喷雾
PD20101399	联苯菊酯/100克/升/乳油/联苯菊酯 100克/升/2010.04.14 至 2015.04.14/中等毒			
	茶树	茶小绿叶蝉	25-30毫升制剂/亩	喷雾
PD20101577	噁唑酰草胺/10%/乳油/噁唑酰草胺 10%/2010.06.01 至 2015.06.01/低毒			
	直播水稻田	一年生禾本科杂草	90-120克/公顷	喷雾
PD20110246	苯·唑·2甲钠/55%/可湿性粉剂/苯磺隆 2.6%、2甲4氯钠 50%、唑草酮 2.4%/2011.03.03 至 2016.03.03/低毒			
	小麦田	阔叶杂草	330-412.5克/公顷	茎叶喷雾
PD20110406	联苯·吡虫啉/150克/升/悬浮剂/吡虫啉 110克/升、联苯菊酯 40克/升/2011.04.12 至 2016.04.12/低毒			
	茶树	茶小绿叶蝉	67.5-101.25克/公顷	喷雾
PD20111088	莠·唑·2甲钠/73%/可湿性粉剂/2甲4氯钠 12.4%、莠灭净 60%、唑草酮 0.6%/2011.10.13 至 2016.10.13/低毒			
	甘蔗田	一年生杂草	1752-2190克/公顷	行间定向茎叶喷雾
PD20120233	甲磺草胺/40%/悬浮剂/甲磺草胺 40%/2012.02.10 至 2017.02.10/低毒			
	注:仅供出口，不得在国内销售。			
PD20121435	丁硫克百威/35%/种子处理干粉剂/丁硫克百威 35%/2012.10.08 至 2017.10.08/中等毒			
	水稻	稻蓟马	210-420克/千克种子	拌种
PD20130368	甲磺草胺/40%/悬浮剂/甲磺草胺 40%/2013.03.11 至 2018.03.11/低毒			
	甘蔗田	一年生杂草	360-540克/公顷	土壤喷雾
PD20130410	丁氟螨酯/20%/悬浮剂/丁氟螨酯 20%/2013.03.12 至 2018.03.12/低毒			
	柑橘树	红蜘蛛	80－133毫克/千克	喷雾
PD20130889	氯吡·唑草酮/34%/可湿性粉剂/唑草酮 5%、氯氟吡氧乙酸异辛酯 29%/2013.04.25 至 2018.04.25/低毒			
	冬小麦田	一年生阔叶杂草	76.5-153克/公顷	茎叶喷雾
PD20131001	草铵膦/200克/升/水剂/草铵膦 200克/升/2013.05.07 至 2018.05.07/低毒			
	柑橘园	杂草	600-900克/公顷	定向茎叶喷雾
PD20131734	炔·苄·唑草酮/37%/可湿性粉剂/苄嘧磺隆 12%、唑草酮 5%、炔草酯 20%/2013.08.16 至 2018.08.16/低毒			
	冬小麦田	一年生禾本科杂草及阔叶杂草	111-166.5克/公顷	茎叶喷雾
PD20131777	联苯菊酯/1%/乳油/联苯菊酯 1%/2013.09.06 至 2018.09.06/中等毒			
	注:专供出口，不得在国内销售。			
PD20132031	联苯菊酯/10%/水乳剂/联苯菊酯 10%/2013.10.21 至 2018.10.21/中等毒			
	注:专供出口，不得在国内销售。			
PD20132086	噁唑酰草胺/10%/可湿性粉剂/噁唑酰草胺 10%/2013.10.24 至 2018.10.24/低毒			
	水稻田(直播)	一年生禾本科杂草	120-180克/公顷	茎叶喷雾
PD20132170	丁硫克百威/20%/悬浮剂/丁硫克百威 20%/2013.10.29 至 2018.10.29/中等毒			
	注:专供出口，不得在国内销售。			
PD20132211	Zeta-氯氰菊酯/3%/水乳剂/zeta-氯氰菊酯 3%/2013.10.29 至 2018.10.29/中等毒			
	注:专供出口，不得在国内销售。			
PD20132701	异菌脲/255克/升/悬浮剂/异菌脲 255克/升/2013.12.25 至 2018.12.25/低毒			
	香蕉(果实)	冠腐病、轴腐病	1000-1500毫克/千克	浸果
LS20110142	草甘·唑草酮/20.5%/微乳剂/草甘膦异丙胺盐 20%、唑草酮 0.5%/2013.05.11 至 2014.05.11/低毒			
	注:专供出口，不得在国内销售。			
LS20130255	唑草·灭草松/40%/水分散粒剂/灭草松 39.4%、唑草酮 0.6%/2013.05.02 至 2014.05.02/低毒			
	水稻田(直播)	阔叶杂草及莎草科杂草	480-720克/公顷	茎叶喷雾
LS20130262	嘧肟·氰氟草/9%/微乳剂/嘧啶肟草醚 2%、氰氟草酯 7%/2013.05.02 至 2014.05.02/低毒			
	水稻田(直播)	一年生杂草	108-162克/公顷	茎叶喷雾
LS20130282	联苯菊酯/7.2%/悬浮剂/联苯菊酯 7.2%/2013.05.07 至 2014.05.07/低毒			
	注:专供出口,不得在国内销售。			
LS20130522	联苯菊酯/2%/悬浮剂/联苯菊酯 2%/2013.12.10 至 2014.12.10/低毒			
	注:专供出口，不得在国内销售。			
WP20080557	联苯菊酯/100克/升/乳油/联苯菊酯 100克/升/2013.12.24 至 2018.12.24/中等毒			
	卫生	白蚁	1)2.5克/平方米 2)250毫克/千克	1)土壤喷洒 2)木材喷洒
WP20100108	顺式氯氰菊酯/50克/升/悬浮剂/顺式氯氰菊酯 50克/升/2010.08.09 至 2015.08.09/低毒			
	卫生	跳蚤、蚊、蝇、蜚蠊	20-25毫克/平方米	滞留喷洒
WP20100138	氯菊酯/38%/乳油/氯菊酯 38%/2010.11.03 至 2015.11.03/低毒			
	卫生	蚊、蝇	吸收表面（织物面料）1250毫克/平方米；半吸收表面100毫克/平方米；吸收表面75毫克/平方米。	滞留喷洒
WP20110018	氯菊酯/38.4%/母药/氯菊酯 38.4%/2011.01.21 至 2016.01.21/低毒			
WP20110034	联苯菊酯/2.5%/水乳剂/联苯菊酯 2.5%/2011.02.10 至 2016.02.10/中等毒			
	木材	白蚁	250毫克/千克	喷洒
	土壤	白蚁	3-3.75克/平方米	喷洒
WP20130176	氟酰脲/10%/乳油/氟酰脲 10%/2013.09.06 至 2018.09.06/低毒			

注:专供出口,不得在国内销售。

江苏省苏州朗力福保健品有限公司 (江苏省苏州市相城区渭塘镇 215134 0512-65400999)

WP20080300 驱蚊花露水/3.5%/驱蚊花露水/避蚊胺 3.5%/2008.12.03 至 2013.12.03/低毒

卫生	蚊	/	涂抹

江苏省苏州联合伟业科技有限公司 (江苏省苏州市相城区东桥镇东首 215152 0512-65379658)

PD20070247 二甲戊灵/95%/原药/二甲戊灵 95%/2012.08.30 至 2017.08.30/低毒

PD20080049 杀虫环/87.5%/原药/杀虫环 87.5%/2013.01.03 至 2018.01.03/低毒

PD20080092 灭草松/480克/升/水剂/灭草松 480克/升/2013.01.03 至 2018.01.03/低毒

春大豆田	莎草科杂草、一年生杂草	1440-1800克/公顷(东北地区)	茎叶喷雾
花生田	阔叶杂草	957.6-1440克/公顷	喷雾
水稻田	阔叶杂草、莎草科杂草	1080-1440克/公顷	喷雾
夏大豆田	莎草科杂草、一年生杂草	1080-1440克/公顷(其它地区)	茎叶喷雾

PD20080167 灭草松/25%/水剂/灭草松 25%/2013.01.04 至 2018.01.04/低毒

春大豆田	莎草科杂草、一年生阔叶杂草	1312.5-1687.5克/公顷(东北地区)	喷雾
花生田	阔叶杂草	750-1500克/公顷	喷雾
水稻移栽田	阔叶杂草、莎草科杂草	1125-1500克/公顷	喷雾
夏大豆田	莎草科杂草、一年生阔叶杂草	1125-1500克/公顷(其它地区)	喷雾

PD20080173 灭草松/95%/原药/灭草松 95%/2013.01.04 至 2018.01.04/低毒

PD20080826 二甲戊灵/330克/升/乳油/二甲戊灵 330克/升/2013.06.20 至 2018.06.20/低毒

甘蓝田	一年生禾本科杂草及部分阔叶杂草	594-742.5克/公顷	土壤喷雾
夏玉米田	一年生禾本科杂草及部分阔叶杂草	990-1237.5克/公顷	播后苗前土壤喷雾
烟草	抑制腋芽生长	60-80毫克/株	杯淋法

PD20110737 烯丙苯噻唑/95%/原药/烯丙苯噻唑 95%/2011.11.15 至 2016.11.15/低毒

江苏省苏州诗妍生物日化有限公司 (江苏省苏州市相城区湘城湘陆路2号 215008 0510-6288828)

WP20110072 防蛀片剂/94%/防蛀片剂/樟脑 94%/2011.03.24 至 2016.03.24/低毒

卫生	黑皮蠹	200克制剂/立方米	投放

江苏省苏州市宝带农药有限责任公司 (江苏省苏州市相城区望亭锦湖路3号 215155 0512-65254323)

PD20040207 多·酮/30%/可湿性粉剂/多菌灵 24%、三唑酮 6%/2009.12.19 至 2014.12.19/低毒

小麦	白粉病、赤霉病	450-600克/公顷	喷雾

PD20040656 异丙隆/50%/可湿性粉剂/异丙隆 50%/2009.12.19 至 2014.12.19/低毒

小麦	一年生单、双子叶杂草	937.5-1875克/公顷	喷雾

PD20050019 吡·多·三唑酮/32%/可湿性粉剂/吡虫啉 2%、多菌灵 24%、三唑酮 6%/2010.04.15 至 2015.04.15/低毒

小麦	白粉病、赤霉病、蚜虫	484-576克/公顷	喷雾

PD20082397 氯磺·异丙隆/70%/可湿性粉剂/氯磺隆 0.7%、异丙隆 69.3%/2013.12.01 至 2018.12.01/低毒

小麦田	一年生单、双子叶杂草	600-750克/公顷	茎叶喷雾

PD20082459 苄嘧磺隆/10%/可湿性粉剂/苄嘧磺隆 10%/2013.12.02 至 2018.12.02/低毒

冬小麦田	一年生阔叶杂草	45-60克/公顷	茎叶喷雾

PD20082662 苄嘧·异丙隆/60%/可湿性粉剂/苄嘧磺隆 4%、异丙隆 56%/2013.12.04 至 2018.12.04/低毒

水稻田(直播)	一年生及部分多年生杂草	360-450克/公顷(南方地区)	喷雾
水稻移栽田	一年生及部分多年生杂草	540-720克/公顷(南方地区)	药土法

PD20085196 苄嘧·异丙隆/70%/可湿性粉剂/苄嘧磺隆 2%、异丙隆 68%/2013.12.23 至 2018.12.23/低毒

大蒜田	一年生杂草	1050-1575克/公顷	播后苗前土壤喷雾
冬小麦田	一年生杂草	1050-1260克/公顷	喷雾

PD20092672 苄·乙/14%/可湿性粉剂/苄嘧磺隆 3.5%、乙草胺 10.5%/2014.03.03 至 2019.03.03/低毒

水稻	杂草	84-118克/公顷	毒土法

PD20094727 噻嗪酮/25%/可湿性粉剂/噻嗪酮 25%/2014.04.10 至 2019.04.10/微毒

水稻	稻飞虱	112.5-150克/公顷	喷雾

PD20094982 噻嗪·异丙威/25%/可湿性粉剂/噻嗪酮 5%、异丙威 20%/2014.04.21 至 2019.04.21/低毒

水稻	飞虱	450—525克/公顷	喷雾

PD20098112 2甲·异丙隆/40%/可湿性粉剂/2甲4氯钠 20%、异丙隆 20%/2009.12.08 至 2014.12.08/低毒

水稻移栽田	阔叶杂草、莎草	360-420克/公顷	喷雾

江苏省苏州市江枫白蚁防治有限公司 (江苏省苏州市新区枫桥镇旺未村工业区 215129 0512-65365323)

WP20080508 毒死蜱/40%/乳油/毒死蜱 40%/2013.12.22 至 2018.12.22/中等毒

木材	白蚁	5000-10000毫克/千克	木材涂抹
卫生	白蚁	5000-10000毫克/千克	土壤喷洒

WP20090384 杀白蚁饵剂/0.5%/饵剂/氟铃脲 0.5%/2009.12.24 至 2014.12.24/微毒

木材、土壤	白蚁	/	投放

WP20120034 联苯菊酯/5%/水乳剂/联苯菊酯 5%/2012.02.24 至 2017.02.24/低毒

木材	白蚁	250-625毫克/千克	浸泡
土壤	白蚁	2.5-3.75克/平方米	喷洒

WP20120072 吡虫啉/80%/水分散粒剂/吡虫啉 80%/2012.04.18 至 2017.04.18/低毒

木材	白蚁	500-600毫克/千克	浸泡
土壤	白蚁	5-6克/平方米	喷洒

江苏省苏州市林克制片有限公司 (江苏省苏州市虎阜路24号 215008 0512-65343609)

WP20090241 防蛀防霉片剂/98%/防蛀片/对二氯苯 98%/2009.04.23 至 2014.04.23/低毒
卫生 黑皮蠹、青霉菌 40克/立方米 投放

江苏省苏州市新兴保健品厂 (江苏省苏州市相城区黄埭镇裴圩村 215143 0512-65712218)

WP20100109 驱蚊花露水/4.5%/驱蚊花露水/避蚊胺 4.5%/2010.08.09 至 2015.08.09/微毒
卫生 蚊 / 涂抹
注:本品有两种香型:桂花香型、清香型。

江苏省苏州兴达喷雾制品有限公司 (江苏省苏州市太仓市陆渡镇浏太路888号 215412 0512-53450190)

WP20080017 杀虫气雾剂/0.33%/气雾剂/右旋胺菊酯 0.21%、右旋苯醚菊酯 0.12%/2013.01.07 至 2018.01.07/低毒
卫生 蚊、蝇 / 喷雾
WP20080561 杀虫气雾剂/0.33%/气雾剂/右旋胺菊酯 0.21%、右旋苯醚菊酯 0.12%/2013.12.24 至 2018.12.24/低毒
卫生 蜚蠊、蚊、蝇 / 喷雾
WP20080566 杀蟑气雾剂/0.65%/气雾剂/右旋胺菊酯 0.55%、右旋苯醚氰菊酯 0.40%/2013.12.24 至 2018.12.24/低毒
卫生 蜚蠊 / 喷雾

江苏省宿迁市新兴日化有限公司 (江苏省宿迁市宿豫区大兴镇启宇村宿泗公路旁 223800 0527-4351361)

WP20090129 杀虫气雾剂/0.25%/气雾剂/胺菊酯 0.2%、氯氰菊酯 0.05%/2009.02.23 至 2014.02.23/微毒
卫生 蚊、蝇、蜚蠊 / 喷雾

江苏省泰兴市东风农药化工厂 (江苏省泰兴市东进纪念塔北1000米 225411 0523-7211454)

PD84118-29 多菌灵/25%/可湿性粉剂/多菌灵 25%/2009.12.28 至 2014.12.28/低毒
果树 病害 0.05-0.1%药液 喷雾
花生 倒秧病 750克/公顷 喷雾
麦类 赤霉病 750克/公顷 喷雾,泼浇
棉花 苗期病害 500克/100千克种子 拌种
水稻 稻瘟病、纹枯病 750克/公顷 喷雾,泼浇
油菜 菌核病 1125-1500克/公顷 喷雾
PD85166-17 绿麦隆/25%/可湿性粉剂/绿麦隆 25%/2010.09.01 至 2015.09.01/低毒
大麦、小麦、玉米 一年生杂草 1)1500-3000克/公顷(北方地区) 播后苗前或苗期
2)600-1500克/公顷(南方地区) 喷雾
PD20060051 噻嗪酮/25%/可湿性粉剂/噻嗪酮 25%/2011.03.02 至 2016.03.02/低毒
水稻 稻飞虱 75-112.5克/公顷 喷雾

江苏省太仓市长江化工厂 (江苏省太仓市城厢镇昆太路吴塘桥西堍 215400 0512-53103536)

PD20085141 苄嘧·苯噻酰/53%/可湿性粉剂/苯噻酰草胺 50%、苄嘧磺隆 3%/2013.12.23 至 2018.12.23/低毒
水稻抛秧田 部分多年生杂草、一年生杂草 397.5-556.5克/公顷(南方地区) 药土法
PD20086076 井冈·多菌灵/28%/悬浮剂/多菌灵 24%、井冈霉素 4%/2013.12.30 至 2018.12.30/低毒
水稻 稻瘟病、纹枯病 630-840克/公顷 喷雾
PD20090353 井冈·三环唑/20%/可湿性粉剂/井冈霉素 5%、三环唑 15%/2014.01.12 至 2019.01.12/中等毒
水稻 稻瘟病、纹枯病 300-450克/公顷 喷雾
PD20090744 苄嘧·丙草胺/30%/可湿性粉剂/苄嘧磺隆 1.5%、丙草胺 28.5%/2014.01.19 至 2019.01.19/低毒
水稻田(直播) 一年生及部分多年生杂草 360-540克/公顷(南方地区) 喷雾或药土法
PD20093529 烯唑·多菌灵/17.5%/可湿性粉剂/多菌灵 10%、烯唑醇 7.5%/2014.03.23 至 2019.03.23/低毒
水稻 稻粒黑粉病 157.5-183.75克/公顷 喷雾
PD20095335 苄·丁/20%/微粒剂/苄嘧磺隆 1%、丁草胺 19%/2009.04.27 至 2014.04.27/低毒
水稻移栽田 部分多年生杂草、一年生杂草 750-900克/公顷 毒土法

江苏省通州正大农药化工有限公司 (江苏省南通市通州市港区通洋工业园 226017 0513-85993588)

PD88109 井冈霉素/20%/水溶粉剂/井冈霉素 20%/2013.11.25 至 2018.11.25/低毒
水稻 纹枯病 75-112.5克/公顷 喷雾、泼浇
PD20040793 多·酮/46%/可湿性粉剂/多菌灵 44%、三唑酮 2%/2009.12.19 至 2014.12.19/低毒
小麦 白粉病、赤霉病 400-600克/公顷 喷雾
PD20050042 多菌灵/25%/可湿性粉剂/多菌灵 25%/2010.04.15 至 2015.04.15/低毒
油菜 菌核病 900-1200克/公顷 喷雾
PD20050079 吡虫·杀虫单/40%/可湿性粉剂/吡虫啉 1.7%、杀虫单 38.3%/2010.06.24 至 2015.06.24/中等毒
水稻 稻飞虱、稻纵卷叶螟 600-750克/公顷 喷雾
PD20080877 噻嗪·杀虫单/45%/可湿性粉剂/噻嗪酮 7%、杀虫单 38%/2013.07.09 至 2018.07.09/中等毒
水稻 稻纵卷叶螟、飞虱 675-810克/公顷 喷雾
PD20080889 三环·多菌灵/20%/可湿性粉剂/多菌灵 6%、三环唑 14%/2013.07.09 至 2018.07.09/低毒
水稻 稻瘟病 300-420克/公顷 喷雾
PD20084523 二嗪磷/10%/颗粒剂/二嗪磷 10%/2013.12.18 至 2018.12.18/低毒
花生 蛴螬 600—750克/公顷 撒施
PD20084602 多·酮·福美双/38%/可湿性粉剂/多菌灵 16.6%、福美双 16.7%、三唑酮 4.7%/2013.12.18 至 2018.12.18/低毒
苹果树 轮纹病 400-600倍液 喷雾
小麦 白粉病、赤霉病 444-666克/公顷 喷雾
PD20085255 井冈·杀虫单/50%/可湿性粉剂/井冈霉素 6.5%、杀虫单 43.5%/2013.12.23 至 2018.12.23/中等毒
水稻 螟虫、纹枯病 600-750克/公顷 喷雾

PD20085822 苄嘧·丙草胺/20%/可湿性粉剂/苄嘧磺隆 2.7%、丙草胺 17.3%/2013.12.29 至 2018.12.29/低毒

水稻抛秧田	一年生及部分多年生杂草	300-450克/公顷	药土法
水稻田(直播)	一年生及部分多年生杂草	300-390克/公顷	土壤喷雾

PD20090475 毒死蜱/480克/升/乳油/毒死蜱 480克/升/2014.01.12 至 2019.01.12/中等毒

柑橘树	介壳虫	320-480毫克/千克	喷雾
棉花	棉铃虫、蚜虫	648-864克/公顷	喷雾
苹果树	桃小食心虫	320-480毫克/千克	喷雾
苹果树	绵蚜	240-320毫克/千克	喷雾
水稻	稻瘿蚊	2160-2520克/公顷	喷雾
水稻	稻飞虱、稻纵卷叶螟	504-648克/公顷	喷雾
小麦	蚜虫	72-144克/公顷	喷雾

PD20090553 二嗪·辛硫磷/40%/乳油/二嗪磷 15%、辛硫磷 25%/2014.01.13 至 2019.01.13/中等毒

水稻	二化螟	480-600克/公顷	喷雾

PD20091552 井冈·噻嗪酮/30%/可湿性粉剂/井冈霉素 12%、噻嗪酮 18%/2014.02.03 至 2019.02.03/低毒

水稻	稻飞虱、纹枯病	157.5-189克/公顷	喷雾

PD20091990 井·唑·多菌灵/20%/可湿性粉剂/多菌灵 9.2%、井冈霉素 5%、三环唑 5.8%/2014.02.12 至 2019.02.12/中等毒

水稻	稻瘟病、纹枯病	300-375克/公顷	喷雾

PD20092546 噻嗪·异丙威/25%/可湿性粉剂/噻嗪酮 5%、异丙威 20%/2014.02.26 至 2019.02.26/低毒

水稻	飞虱	375-450克/公顷	喷雾

PD20093922 高效氟吡甲禾灵/108克/升/乳油/高效氟吡甲禾灵 108克/升/2009.03.26 至 2014.03.26/微毒

大豆田	一年生禾本科杂草	35.6-51.8克/公顷	茎叶喷雾
花生田、油菜田	一年生禾本科杂草	32.4-48.6克/公顷	茎叶喷雾

PD20094502 氧氟·草甘膦/40%/可湿性粉剂/草甘膦 37.8%、乙氧氟草醚 2.2%/2009.04.09 至 2014.04.09/低毒

非耕地	杂草	1200-1500克/公顷	茎叶喷雾

PD20094980 井·烯·三环唑/20%/可湿性粉剂/井冈霉素 5%、三环唑 14%、烯唑醇 1%/2009.04.21 至 2014.04.21/低毒

水稻	稻曲病、稻瘟病、纹枯病	225-270克/公顷	喷雾

PD20095119 精喹禾灵/50克/升/乳油/精喹禾灵 50克/升/2009.04.24 至 2014.04.24/低毒

花生田、夏大豆田、油菜田	禾本科杂草	37.5-45克/公顷	喷雾

PD20095209 波尔多液/80%/可湿性粉剂/波尔多液 80%/2009.04.24 至 2014.04.24/低毒

柑橘树	溃疡病	1142.86-1600毫克/千克	喷雾
黄瓜	霜霉病	75-100克/公顷	喷雾
苹果树	轮纹病	666.7-800毫克/千克	喷雾
烟草	野火病	800-960克/公顷	喷雾

PD20095823 苄·丁·草甘膦/50%/可湿性粉剂/苄嘧磺隆 0.5%、草甘膦 31.2%、丁草胺 18.3%/2009.05.27 至 2014.05.27/低毒

免耕直播水稻田	一年生和多年生杂草	3000-3750克/公顷	杂草茎叶喷雾

PD20096125 精噁唑禾草灵/69克/升/水乳剂/精噁唑禾草灵 69克/升/2009.06.18 至 2014.06.18/微毒

小麦田	一年生禾本科杂草	41.4-62.1克/公顷	茎叶喷雾

PD20097708 草甘膦异丙胺盐/30%/水剂/草甘膦 30%/2009.11.04 至 2014.11.04/微毒

苹果园	一年生和多年生杂草	1440-2160克/公顷	定向茎叶喷雾

注:草甘膦异丙胺盐含量: 41%。

PD20111172 高效氯氟氰菊酯/2.5%/水乳剂/高效氯氟氰菊酯 2.5%/2011.11.15 至 2016.11.15/中等毒

甘蓝	菜青虫	5.625-7.5克/公顷	喷雾

PD20111276 三环唑/75%/水分散粒剂/三环唑 75%/2011.11.23 至 2016.11.23/低毒

水稻	稻瘟病	225－292.5克/公顷	喷雾

PD20111426 阿维·氯氰/7%/水乳剂/阿维菌素 1%、氯氰菊酯 6%/2011.12.23 至 2016.12.23/低毒(原药高毒)

叶菜类蔬菜	小菜蛾	21-31.5克/公顷	喷雾

PD20111432 毒死蜱/15%/颗粒剂/毒死蜱 15%/2011.12.28 至 2016.12.28/低毒

花生	蛴螬	2250-3450克/公顷	拌毒土撒施

PD20120610 四螨·哒螨灵/10%/悬浮剂/哒螨灵 7%、四螨嗪 3%/2012.04.11 至 2017.04.11/低毒

柑橘树	红蜘蛛	40－67毫克/千克	喷雾

PD20130667 苯甲·丙环唑/30%/悬乳剂/苯醚甲环唑 15%、丙环唑 15%/2013.04.08 至 2018.04.08/低毒

水稻	纹枯病	68-90克/公顷	喷雾

PD20131076 敌畏·仲丁威/50%/乳油/敌敌畏 30%、仲丁威 20%/2013.05.20 至 2018.05.20/中等毒

水稻	稻飞虱	375－450克/公顷	喷雾

PD20131771 丙草胺/50%/水乳剂/丙草胺 50%/2013.09.06 至 2018.09.06/低毒

移栽水稻田	一年生杂草	450-525克/公顷	毒土法

LS20110077 甲维·仲丁威/21%/微乳剂/甲氨基阿维菌素苯甲酸盐 1%、仲丁威 20%/2013.04.01 至 2014.04.01/低毒

水稻	稻纵卷叶螟	252~315克/公顷	喷雾

LS20110125 甲维·毒死蜱/30%/水乳剂/毒死蜱 29%、甲氨基阿维菌素苯甲酸盐 1%/2013.05.03 至 2014.05.03/中等毒

水稻	稻纵卷叶螟	270－315克/公顷	喷雾

LS20120185 井冈·戊唑醇/12%/悬浮剂/井冈霉素 4%、戊唑醇 8%/2013.05.17 至 2014.05.17/低毒

水稻	稻曲病、稻瘟病、纹枯病	180-207克/公顷	喷雾

LS20130142 甲维·茚虫威/25%/水分散粒剂/甲氨基阿维菌素苯甲酸盐 8%、茚虫威 17%/2013.04.03 至 2014.04.03/中等毒
水稻 稻纵卷叶螟 26.25-30克/公顷 喷雾

江苏省无锡联华日用科技有限公司 (江苏省无锡市国家高新技术产业开发区 214026 0510-2112965)

WP20110193 防蛀片剂/94%/片剂/樟脑 94%/2011.08.22 至 2016.08.22/低毒
卫生 黑皮蠹 / 投放

WP20120057 驱蚊花露水/5%/驱蚊花露水/避蚊胺 5%/2012.03.28 至 2017.03.28/微毒
卫生 蚊 / 涂抹

江苏省无锡龙邦化工有限公司 (江苏省无锡市宜兴市杨巷镇新芳新城路9号 214254 0510-87261318)

PD20082446 草甘膦/95%/原药/草甘膦 95%/2008.12.02 至 2013.12.02/低毒

PD20082558 丙溴·辛硫磷/25%/乳油/丙溴磷 6%、辛硫磷 19%/2008.12.05 至 2013.12.05/低毒
棉花 棉铃虫 337.5-375克/公顷 喷雾
苹果树 蚜虫 125-250毫克/千克 喷雾
水稻 稻飞虱、稻纵卷叶螟 187.5-262.5克/公顷 喷雾

PD20082626 草甘膦异丙胺盐/41%/水剂/草甘膦异丙胺盐 41%/2008.12.04 至 2013.12.04/低毒
非耕地 杂草 1230-1845克/公顷 茎叶喷雾

PD20097131 二氯喹啉酸/50%/可湿性粉剂/二氯喹啉酸 50%/2009.10.16 至 2014.10.16/低毒
水稻田(直播)、水稻秧田 稗草 225-300克/公顷 喷雾
水稻移栽田 稗草 225-390克/公顷(北方地区) 喷雾

PD20097262 苄·二氯/36%/可湿性粉剂/苄嘧磺隆 3%、二氯喹啉酸 33%/2009.10.26 至 2014.10.26/低毒
水稻田(直播) 一年生杂草 210-270克/公顷 喷雾或药土法
水稻秧田 一年生杂草 216-270克/公顷 喷雾或药土法
水稻移栽田 一年生杂草 216-270克/公顷 毒土法

PD20110707 溴氰菊酯/25克/升/乳油/溴氰菊酯 25克/升/2011.07.05 至 2016.07.05/中等毒
甘蓝 菜青虫 3.15-4.05克/公顷 喷雾
棉花 棉铃虫 8.1-9.8克/公顷 喷雾
苹果树 黄蚜 3500-7000倍液 喷雾
小麦 蚜虫 5.4-6.3克/公顷 喷雾

江苏省无锡洛社卫生材料厂 (江苏省无锡市惠山区洛社镇杨村 214187 0510-83322026)

PD20081843 溴鼠灵/0.005%/饵剂/溴鼠灵 0.005%/2013.11.20 至 2018.11.20/低毒(原药高毒)
室内 家鼠 饱和投饵 投饵

WP20080374 杀蟑饵剂/1%/饵剂/残杀威 1%/2013.12.10 至 2018.12.10/微毒
卫生 蜚蠊 / 投放

WP20080424 杀虫颗粒剂/5%/颗粒剂/倍硫磷 5%/2013.12.12 至 2018.12.12/低毒
卫生 孑孓、蛆 30克制剂/平方米 撒布

WP20080551 高氯·残杀威/5%/乳油/残杀威 2%、高效氯氰菊酯 3%/2013.12.24 至 2018.12.24/低毒
卫生 蜚蠊、蝇 20-30毫克/平方米 滞留喷洒

WP20080583 高效氯氰菊酯/4.5%/微乳剂/高效氯氰菊酯 4.5%/2013.12.29 至 2018.12.29/低毒
卫生 蝇 100克制剂/平方米 滞留喷洒

WP20090310 辛硫磷/15%/乳油/辛硫磷 15%/2009.09.02 至 2014.09.02/低毒
卫生 蝇 1.5克/平方米 喷洒

WP20130215 高效氟氯氰菊酯/4%/悬浮剂/高效氟氯氰菊酯 4%/2013.10.22 至 2018.10.22/低毒
室内 蚊、蝇、蜚蠊 25-30毫克/平方米 滞留喷洒

江苏省无锡市稼宝药业有限公司 (江苏省无锡市锡山区厚桥镇嵩山工业园 214106 0510-88721127)

PD84125-29 乙烯利/40%/水剂/乙烯利 40%/2010.07.20 至 2015.07.20/低毒
番茄 催熟 800-1000倍液 喷雾或浸渍
棉花 催熟、增产 330-500倍液 喷雾
柿子、香蕉 催熟 400倍液 喷雾或浸渍
水稻 催熟、增产 800倍液 喷雾
橡胶树 增产 5-10倍液 涂布
烟草 催熟 1000-2000倍液 喷雾

PD20082651 三唑锡/25%/可湿性粉剂/三唑锡 25%/2013.12.04 至 2018.12.04/中等毒
柑橘树 红蜘蛛 167-250毫克/千克 喷雾

PD20082721 丁硫克百威/200克/升/乳油/丁硫克百威 200克/升/2013.12.05 至 2018.12.05/中等毒
棉花 蚜虫 90-180克/公顷 喷雾

PD20082949 苯丁锡/25%/可湿性粉剂/苯丁锡 25%/2013.12.09 至 2018.12.09/低毒
柑橘树 红蜘蛛、锈壁虱 150-250毫克/千克 喷雾
苹果树 红蜘蛛 250毫克/千克 喷雾

PD20084236 苯丁锡/50%/可湿性粉剂/苯丁锡 50%/2013.12.17 至 2018.12.17/低毒
柑橘树 红蜘蛛、锈壁虱 150-250毫克/千克 喷雾
苹果树 红蜘蛛 250毫克/千克 喷雾

PD20090031 苯丁锡/96%/原药/苯丁锡 96%/2014.01.06 至 2019.01.06/低毒

PD20092102 毒死蜱/480克/升/乳油/毒死蜱 480克/升/2009.02.23 至 2014.02.23/中等毒

柑橘树 矢尖蚧 360-480毫克/千克 喷雾
PD20093012 炔螨特/570克/升/乳油/炔螨特 570克/升/2009.03.09 至 2014.03.09/低毒
柑橘树 红蜘蛛 228-300毫克/千克 喷雾
PD20095474 辛硫·灭多威/30%/乳油/灭多威 10%、辛硫磷 20%/2009.05.11 至 2014.05.11/中等毒(原药高毒)
棉花 棉铃虫 450-540克/公顷 喷雾
PD20095901 精喹禾灵/5.3%/乳油/精喹禾灵 5.3%/2009.05.31 至 2014.05.31/低毒
棉花田 一年生禾本科杂草 45-60克/公顷 茎叶喷雾
PD20097012 三唑锡/95%/原药/三唑锡 95%/2009.09.29 至 2014.09.29/中等毒
PD20100934 阿维菌素/18克/升/乳油/阿维菌素 18克/升/2010.01.19 至 2015.01.19/低毒(原药高毒)
甘蓝 小菜蛾 9.45-13.5克/公顷 喷雾
PD20101635 吡虫·噻嗪酮/20%/可湿性粉剂/吡虫啉 2%、噻嗪酮 18%/2010.06.03 至 2015.06.03/低毒
水稻 稻飞虱 90-150克/公顷 喷雾

江苏省无锡市锡南农药有限公司 (江苏省无锡市滨湖区新区旺庄工业配套区73号地块 214028 0510-85345188)

PD20040641 异丙隆/50%/可湿性粉剂/异丙隆 50%/2009.12.19 至 2014.12.19/低毒
冬小麦 一年生禾本科杂草及部分阔叶杂草 975-1125克/公顷 喷雾
PD20040703 吡虫啉/10%/可湿性粉剂/吡虫啉 10%/2009.12.19 至 2014.12.19/低毒
水稻 飞虱 15-30克/公顷 喷雾
PD20082009 苄·丁/30%/可湿性粉剂/苄嘧磺隆 1.5%、丁草胺 28.5%/2013.11.25 至 2018.11.25/低毒
水稻移栽田 一年生及部分多年生杂草 540-675克/公顷(南方地区) 药土法
PD20082955 嗪草酮/70%/可湿性粉剂/嗪草酮 70%/2013.12.09 至 2018.12.09/低毒
夏大豆田 一年生阔叶杂草 420—525克/公顷 播后苗前土壤喷雾
PD20084618 多·福/50%/可湿性粉剂/多菌灵 15%、福美双 35%/2013.12.18 至 2018.12.18/低毒
梨树 黑星病 1000-1500毫克/千克 喷雾
PD20086083 甲硫·福美双/70%/可湿性粉剂/福美双 40%、甲基硫菌灵 30%/2013.12.30 至 2018.12.30/低毒
苹果树 轮纹病 600—800倍液 喷雾
PD20090800 硫磺·多菌灵/50%/可湿性粉剂/多菌灵 15%、硫磺 35%/2014.01.19 至 2019.01.19/低毒
花生 叶斑病 1200-1800克/公顷 喷雾
PD20096730 多菌灵/50%/可湿性粉剂/多菌灵 50%/2009.09.15 至 2014.09.15/微毒
小麦 赤霉病 750—1125克/公顷 喷雾
PD20096784 噻嗪酮/25%/可湿性粉剂/噻嗪酮 25%/2009.09.15 至 2014.09.15/微毒
水稻 稻飞虱 112.5-150克/公顷 喷雾
PD20101210 甲基硫菌灵/70%/可湿性粉剂/甲基硫菌灵 70%/2010.02.21 至 2015.02.21/低毒
苹果树 轮纹病 800-1000倍液 喷雾
PD20120794 甲氨基阿维菌素苯甲酸盐/5%/水分散粒剂/甲氨基阿维菌素 5%/2012.05.11 至 2017.05.11/低毒
甘蓝 甜菜夜蛾 2.25-3克/公顷 喷雾
注:甲氨基阿维菌素苯甲酸盐含量: 5.7%。
PD20121208 吡虫啉/70%/水分散粒剂/吡虫啉 70%/2012.08.10 至 2017.08.10/低毒
甘蓝 蚜虫 10.5-21克/公顷 喷雾

江苏省无锡市锡西日用品有限公司 (江苏省无锡市滨湖区胡埭镇闾江村虎弄 214161 0510-85590231)

WP20120121 防蛀球剂/96%/球剂/樟脑 96%/2012.06.21 至 2017.06.21/微毒
卫生 黑皮蠹 40克制剂/立方米 投放

江苏省无锡市玉祁生物有限公司 (江苏省无锡市玉祁镇绛脚下143号 214183 0510-83880263)

PD85131-7 井冈霉素(3%、5%)///水剂/井冈霉素A 2.4%,4%/2010.07.13 至 2015.07.13/低毒
水稻 纹枯病 75-112.5克/公顷 喷雾,泼浇
PD88109-15 井冈霉素/10%,20%/水溶粉剂/井冈霉素 10%,20%/2009.03.04 至 2014.03.04/低毒
水稻 纹枯病 75-112.5克/公顷 喷雾、泼浇
PD20082463 井冈霉素/5%/可溶粉剂/井冈霉素 5%/2008.12.02 至 2013.12.02/微毒
水稻 纹枯病 52.5-75克/公顷 喷雾
PD20096489 井冈·蜡芽菌///水剂/井冈霉素 2.5%、蜡质芽孢杆菌 10亿个/毫升/2009.08.14 至 2014.08.14/低毒
水稻 纹枯病 375-468.75克/公顷 喷雾

江苏省无锡伊斯顿罐头制品有限公司 (江苏省无锡市江阴北门外璜塘镇上庄工业区 214407 0510-6531128)

WP20110172 杀虫气雾剂/0.55%/气雾剂/胺菊酯 0.3%、氯菊酯 0.2%、氯氰菊酯 0.05%/2011.07.11 至 2016.07.11/微毒
卫生 蚊、蝇、蜚蠊 / 喷雾

江苏省吴江森亮化工有限公司 (江苏省苏州市吴江市铜罗镇镇北 215237 0512-67254621)

PD20083851 杀螺胺乙醇胺盐/98%/原药/杀螺胺乙醇胺盐 98%/2013.12.15 至 2018.12.15/微毒
PD20084489 杀螺胺乙醇胺盐/4%/粉剂/杀螺胺乙醇胺盐 4%/2013.12.17 至 2018.12.17/微毒
滩涂 钉螺 2克/平方米 喷粉
PD20090102 杀螺胺乙醇胺盐/50%/可湿性粉剂/杀螺胺乙醇胺盐 50%/2014.01.08 至 2019.01.08/低毒
水稻 福寿螺 375-525克/公顷 喷雾
滩涂 钉螺 1-2克/平方米 喷洒
PD20095481 杀螺胺乙醇胺盐/80%/可湿性粉剂/杀螺胺乙醇胺盐 80%/2009.05.11 至 2014.05.11/微毒
滩涂 钉螺 1-3克/平方米 喷洒
WL20110063 杀螺胺乙醇胺盐/25%/悬浮剂/杀螺胺乙醇胺盐 25%/2013.04.11 至 2014.04.11/低毒

	沟渠	钉螺	0.5-1克/立方米	喷洒
	滩涂	钉螺	0.5-1克/平方米	喷洒
江苏省新河农用化工有限公司　(江苏省新沂市新安西路　221400　0516-80323299)				
PD86179-6	百菌清/98.5%、96%、90%/原药/百菌清 98.5%、96%、90%/2011.11.07 至 2016.11.07/低毒			
PD20090153	百菌清/75%/可湿性粉剂/百菌清 75%/2014.01.08 至 2019.01.08/低毒			
	黄瓜	霜霉病	1125-2400克/公顷	喷雾
PD20093223	百菌清/40%/悬浮剂/百菌清 40%/2014.03.11 至 2019.03.11/低毒			
	黄瓜	霜霉病	900-1050克/公顷	喷雾
	注:百菌清质量浓度500克/升。			
PD20110215	百菌清/720克/升/悬浮剂/百菌清 720克/升/2011.02.24 至 2016.02.24/低毒			
	黄瓜	霜霉病	1909-2727毫升/公顷	喷雾
江苏省新沂市科大农药厂　(江苏省徐州市新沂市经济技术开发区　221400　0516-88069278)				
PD20070530	代森锰锌/80%/可湿性粉剂/代森锰锌 80%/2012.12.03 至 2017.12.03/低毒			
	番茄	早疫病	1848-2160克/公顷	喷雾
PD20070559	甲基硫菌灵/70%/可湿性粉剂/甲基硫菌灵 70%/2012.12.03 至 2017.12.03/低毒			
	苹果树	轮纹病	700-875毫克/千克	喷雾
PD20070670	多菌灵/40%/悬浮剂/多菌灵 40%/2012.12.17 至 2017.12.17/低毒			
	梨树	黑星病	667-1000毫克/千克	喷雾
PD20080252	百菌清/75%/可湿性粉剂/百菌清 75%/2013.02.19 至 2018.02.19/微毒			
	黄瓜	霜霉病	1350-1642.5克/公顷	喷雾
PD20081055	多菌灵/50%/可湿性粉剂/多菌灵 50%/2013.08.14 至 2018.08.14/微毒			
	梨树	黑星病	625-833.3毫克/千克	喷雾
PD20090169	多菌灵/25%/可湿性粉剂/多菌灵 25%/2014.01.08 至 2019.01.08/微毒			
	花生	倒秧病	750-900克/公顷	喷雾
PD20110423	辛硫磷/30%/微囊悬浮剂/辛硫磷 30%/2011.04.15 至 2016.04.15/低毒			
	花生	蛴螬	4500-5400克/公顷	穴施
PD20120011	毒死蜱/30%/微囊悬浮剂/毒死蜱 30%/2012.01.05 至 2017.01.05/低毒			
	花生	蛴螬	1575-2250克/公顷	喷雾于播种穴
江苏省新沂市中港农用化工有限公司　(江苏省新沂市建业路西首　221400　0516-8950088)				
PD20092706	多菌灵/40%/悬浮剂/多菌灵 40%/2009.03.03 至 2014.03.03/微毒			
	苹果	斑点落叶病	666.7-1000毫克/千克	喷雾
PD20093282	多菌灵/25%/可湿性粉剂/多菌灵 25%/2009.03.11 至 2014.03.11/微毒			
	花生	倒秧病	750-900克/公顷	喷雾
PD20095351	乙草胺/81.5%/乳油/乙草胺 81.5%/2009.04.27 至 2014.04.27/低毒			
	花生田	一年生禾本科杂草及部分小粒种子阔叶杂草	1080-1350克/公顷	播后苗前土壤喷雾
PD20095371	苄嘧磺隆/10%/可湿性粉剂/苄嘧磺隆 10%/2009.04.27 至 2014.04.27/微毒			
	移栽水稻田	阔叶杂草及莎草科杂草	37.5-45克/公顷	毒土法
江苏省新沂中凯农用化工有限公司　(江苏省新沂市经济开放区建业路东段　221400　0516-88969629)				
PD20080467	异丙草胺/90%/原药/异丙草胺 90%/2013.03.31 至 2018.03.31/低毒			
PD20080468	异丙草胺/50%/乳油/异丙草胺 50%/2013.03.31 至 2018.03.31/低毒			
	夏大豆田	一年生禾本科杂草及部分阔叶杂草	1125-1500克/公顷	土壤喷雾
PD20081206	乙草胺/93%/原药/乙草胺 93%/2013.09.11 至 2018.09.11/低毒			
PD20081774	乙草胺/50%/乳油/乙草胺 50%/2013.11.18 至 2018.11.18/低毒			
	春大豆田	一年生禾本科杂草及部分阔叶杂草	1875-2250克/公顷	土壤喷雾
	春玉米田	一年生禾本科杂草及部分阔叶杂草	1500-2250克/公顷	土壤喷雾
	夏大豆田	一年生禾本科杂草及部分阔叶杂草	900-1125克/公顷	土壤喷雾
	夏玉米田	一年生禾本科杂草及部分阔叶杂草	900-1200克/公顷	土壤喷雾
PD20081823	乙草胺/900克/升/乳油/乙草胺 900克/升/2013.11.19 至 2018.11.19/低毒			
	春大豆田	一年生禾本科杂草及小粒阔叶杂草	1552.5-2025克/公顷	土壤喷雾
	夏大豆田	一年生禾本科杂草及小粒阔叶杂草	877.5-1147.5克/公顷	土壤喷雾
PD20081968	二氯喹啉酸/30%/悬浮剂/二氯喹啉酸 30%/2013.11.25 至 2018.11.25/低毒			
	水稻田	稗草	202.5-382.5克/公顷	茎叶喷雾
PD20082379	苄嘧磺隆/10%/可湿性粉剂/苄嘧磺隆 10%/2013.12.01 至 2018.12.01/低毒			
	水稻移栽田	一年生阔叶杂草及莎草科杂草	30-45克/公顷	药土法
PD20082760	苯磺隆/10%/可湿性粉剂/苯磺隆 10%/2013.12.08 至 2018.12.08/低毒			
	春小麦田	一年生阔叶杂草	22.5-27克/公顷(东北地区)	茎叶喷雾
	冬小麦田	一年生阔叶杂草	13.5-22.5克/公顷(其它地区)	茎叶喷雾
PD20082803	二氯喹啉酸/50%/可湿性粉剂/二氯喹啉酸 50%/2013.12.09 至 2018.12.09/低毒			
	水稻田(直播)	稗草	225-375克/公顷	喷雾
	水稻移栽田	稗草	225-390克/公顷	喷雾
PD20082978	烟嘧磺隆/95%/原药/烟嘧磺隆 95%/2013.12.09 至 2018.12.09/低毒			
PD20083687	三环唑/20%/可湿性粉剂/三环唑 20%/2013.12.15 至 2018.12.15/低毒			

水稻 稻瘟病 270-360克/公顷 喷雾
PD20084160 吡虫啉/95%/原药/吡虫啉 95%/2013.12.16 至 2018.12.16/低毒
水稻 稻飞虱 15-30克/公顷 喷雾
小麦 蚜虫 15-30克/公顷 喷雾
PD20085374 高效氯氟氰菊酯/25克/升/乳油/高效氯氟氰菊酯 25克/升/2013.12.24 至 2018.12.24/中等毒
苹果树 桃小食心虫 6.25-8.3毫克/千克 喷雾
PD20085584 丁硫克百威/20%/乳油/丁硫克百威 20%/2013.12.25 至 2018.12.25/中等毒
棉花 蚜虫 60-120克/公顷 喷雾
PD20090177 丁草胺/60%/乳油/丁草胺 60%/2014.01.08 至 2019.01.08/低毒
水稻移栽田 一年生杂草 1080-1440克/公顷 毒土法
PD20091268 苄·二氯/32%/可湿性粉剂/苄嘧磺隆 4%、二氯喹啉酸 28%/2014.02.01 至 2019.02.01/低毒
水稻秧田 一年生杂草 192-288克/ 公顷 茎叶喷雾
PD20091412 毒死蜱/480克/升/乳油/毒死蜱 480克/升/2009.02.02 至 2014.02.02/中等毒
水稻 稻飞虱、稻纵卷叶螟 504-648克/公顷 喷雾
PD20092295 二氯喹啉酸/96%/原药/二氯喹啉酸 96%/2014.02.24 至 2019.02.24/低毒
PD20095038 异丙草·苄/18.5%/可湿性粉剂/苄嘧磺隆 3.5%、异丙草胺 15%/2014.04.21 至 2019.04.21/低毒
水稻抛秧田、水稻移栽田 部分多年生杂草、一年生杂草 111-138.8克/公顷 毒土法
PD20095039 异丙草·莠/40%/悬乳剂/异丙草胺 24%、莠去津 16%/2014.04.21 至 2019.04.21/低毒
春玉米田 一年生杂草 1800-2400克/公顷(东北地区) 播后苗前土壤喷雾
夏玉米田 一年生杂草 1050-1500克/公顷(其它地区) 播后苗前土壤喷雾
PD20095620 苄·二氯/25%/悬浮剂/苄嘧磺隆 3%、二氯喹啉酸 22%/2009.05.12 至 2014.05.12/低毒
水稻抛秧田 一年生杂草 206-270克/公顷 喷雾
水稻秧田 一年生杂草 131.25-168.75克/公顷 喷雾
PD20095782 吡虫啉/10%/可湿性粉剂/吡虫啉 10%/2009.06.02 至 2014.06.02/低毒
水稻 稻飞虱 15-30克/公顷 喷雾
小麦 蚜虫 15-30克/公顷 喷雾
PD20097818 烟嘧磺隆/40克/升/可分散油悬浮剂/烟嘧磺隆 40克/升/2009.11.20 至 2014.11.20/低毒
玉米田 一年生杂草 42-60克/公顷 茎叶喷雾
PD20101775 霜脲·锰锌/72%/可湿性粉剂/代森锰锌 64%、霜脲氰 8%/2010.07.07 至 2015.07.07/低毒
黄瓜 霜霉病 1620-1944克/公顷 喷雾
PD20110919 二氯喹啉酸/75%/水分散粒剂/二氯喹啉酸 75%/2011.09.05 至 2016.09.05/低毒
移栽水稻田 稗草 337.5-450克/公顷 茎叶喷雾
PD20120182 阿维菌素/1.8%/乳油/阿维菌素 1.8%/2012.01.30 至 2017.01.30/中等毒(原药高毒)
甘蓝 小菜蛾 8.1-10.8克/公顷 喷雾
PD20130335 啶虫脒/5%/乳油/啶虫脒 5%/2013.03.07 至 2018.03.07/低毒
柑橘树 蚜虫 10-15毫克/千克 喷雾
PD20130706 甲氨基阿维菌素苯甲酸盐/81.5%/原药/甲氨基阿维菌素 81.5%/2013.04.11 至 2018.04.11/低毒
注:甲氨基阿维菌素苯甲酸盐含量:93%。
PD20130861 双草醚/95%/原药/双草醚 95%/2013.04.22 至 2018.04.22/低毒
PD20131620 烯酰·锰锌/69%/可湿性粉剂/代森锰锌 60%、烯酰吗啉 9%/2013.07.29 至 2018.07.29/低毒
黄瓜 霜霉病 1035-1380克/公顷 喷雾
LS20120060 蜡质芽孢杆菌/10亿CFU/毫升/悬浮剂/蜡质芽孢杆菌 10亿CFU/毫升/2014.02.17 至 2015.02.17/低毒
番茄 根结线虫 67.5-90升制剂/公顷 灌根

江苏省兴化市宝中宝化妆品有限公司 (江苏省兴化市大垛镇民政工业园区 225731 0523-83856275)

WP20080274 蚊香/0.3%/蚊香/烯丙菊酯 0.3%/2013.12.01 至 2018.12.01/微毒
卫生 蚊 / 点燃
WP20080440 杀虫气雾剂/0.33%/气雾剂/胺菊酯 0.25%、氯氰菊酯 0.08%/2013.12.15 至 2018.12.15/微毒
卫生 蚊、蝇、蜚蠊 / 喷雾
WP20080580 驱蚊花露水/5%/驱蚊花露水/避蚊胺 5%/2013.12.29 至 2018.12.29/低毒
卫生 蚊 / 涂抹
WL20100089 杀虫气雾剂/0.75%/气雾剂/胺菊酯 0.35%、氯菊酯 0.3%、右旋苯醚氰菊酯 0.1%/2012.03.17 至 2013.03.17/微毒
卫生 蚊、蝇、蜚蠊 / 喷雾
WL20110079 电热蚊香液/0.6%/电热蚊香液/氯氟醚菊酯 0.6%/2013.06.13 至 2014.06.13/微毒
卫生 蚊 / 电热加温

江苏省兴化市青松农药化工有限公司 (江苏省兴化市陶庄镇 225733 0523-3851181)

PD85157-26 辛硫磷/40%/乳油/辛硫磷 40%/2010.08.15 至 2015.08.15/低毒
茶树、桑树 食叶害虫 200-400毫克/千克 喷雾
果树 食心虫、蚜虫、螨 200-400毫克/千克 喷雾
林木 食叶害虫 3000-6000克/公顷 喷雾
棉花 棉铃虫、蚜虫 300-600克/公顷 喷雾
蔬菜 菜青虫 300-450克/公顷 喷雾
烟草 食叶害虫 300-600克/公顷 喷雾

	玉米	玉米螟	450-600克/公顷	灌心叶
PD20040531	三唑磷/20%/乳油/三唑磷 20%/2009.12.19 至 2014.12.19/低毒			
	水稻	三化螟	300-450克/公顷	喷雾
PD20070179	噻嗪·杀虫单/52%/可湿性粉剂/噻嗪酮 12%、杀虫单 40%/2012.06.25 至 2017.06.25/中等毒			
	水稻	飞虱、螟虫	624-780克/公顷	喷雾
PD20081283	噻嗪酮/25%/可湿性粉剂/噻嗪酮 25%/2013.09.25 至 2018.09.25/低毒			
	茶树	茶小绿叶蝉	166-250毫克/千克	喷雾
	柑橘树	介壳虫	150-250毫克/千克	喷雾
	水稻	稻飞虱	75-112.5克/公顷	喷雾
PD20081576	三环唑/20%/可湿性粉剂/三环唑 20%/2013.11.12 至 2018.11.12/低毒			
	水稻	稻瘟病	225—300克/公顷	喷雾
PD20084101	硫磺·三环唑/20%/可湿性粉剂/硫磺 8%、三环唑 12%/2013.12.16 至 2018.12.16/中等毒			
	水稻	稻瘟病	300-450克/公顷	喷雾
PD20084126	硫磺·三环唑/50%/可湿性粉剂/硫磺 44%、三环唑 6%/2013.12.16 至 2018.12.16/低毒			
	水稻	稻瘟病	810-1080克/公顷	喷雾
PD20084594	三环唑/75%/可湿性粉剂/三环唑 75%/2013.12.18 至 2018.12.18/低毒			
	水稻	稻瘟病	225-360克/公顷	喷雾
PD20084860	噻嗪·异丙威/25%/可湿性粉剂/噻嗪酮 5%、异丙威 20%/2013.12.22 至 2018.12.22/低毒			
	水稻	稻飞虱	450-562.5克/公顷	喷雾
PD20090035	硫·酮·多菌灵/60%/可湿性粉剂/多菌灵 20%、硫磺 37%、三唑酮 3%/2014.01.06 至 2019.01.06/低毒			
	小麦	白粉病	900-1080克/公顷	喷雾
PD20091293	苯磺·异丙隆/50%/可湿性粉剂/苯磺隆 1.5%、异丙隆 48.5%/2009.02.01 至 2014.02.01/低毒			
	冬小麦田	一年生杂草	600—750克/公顷	茎叶喷雾
PD20095097	毒死蜱/480克/升/乳油/毒死蜱 480克/升/2009.04.24 至 2014.04.24/中等毒			
	水稻	稻飞虱、稻纵卷叶螟	468-612克/公顷	喷雾
PD20095123	噻嗪酮/97%/原药/噻嗪酮 97%/2009.04.24 至 2014.04.24/低毒			
PD20095287	苄·乙/20%/可湿性粉剂/苄嘧磺隆 4.5%、乙草胺 15.5%/2009.04.27 至 2014.04.27/低毒			
	水稻移栽田	一年生禾本科杂草及部分多年生杂草	84-118克/公顷	毒土法
PD20096029	吡虫啉/10%/可湿性粉剂/吡虫啉 10%/2009.06.15 至 2014.06.15/低毒			
	水稻	稻飞虱	15-30克/公顷	喷雾
PD20097331	丁硫克百威/200克/升/乳油/丁硫克百威 200克/升/2009.10.27 至 2014.10.27/中等毒			
	水稻	稻飞虱	600-750克/公顷	喷雾
PD20098274	高效氯氟氰菊酯/25克/升/乳油/高效氯氟氰菊酯 25克/升/2009.12.18 至 2014.12.18/低毒			
	十字花科蔬菜	菜青虫	7.5-15克/公顷	喷雾

江苏省徐州丰威化工厂　(江苏省铜山县黄集镇高楼村　221145　0516-85262999)

PD20096948	毒死蜱/480克/升/乳油/毒死蜱 480克/升/2009.09.29 至 2014.09.29/中等毒			
	水稻	稻纵卷叶螟	432-576克/公顷	喷雾
PD20097202	高效氯氟氰菊酯/25克/升/乳油/高效氯氟氰菊酯 25克/升/2009.10.19 至 2014.10.19/中等毒			
	十字花科叶菜	菜青虫	7.5-15克/公顷	喷雾
PD20121096	四聚乙醛/80%/可湿性粉剂/四聚乙醛 80%/2012.07.19 至 2017.07.19/中等毒			
	甘蓝	蜗牛	360-480克/公顷	喷雾
PD20121625	四聚乙醛/6%/颗粒剂/四聚乙醛 6%/2012.10.30 至 2017.10.30/低毒			
	甘蓝	蜗牛	360-590克/公顷	喷雾
LS20120079	四聚乙醛/80%/可湿性粉剂/四聚乙醛 80%/2012.03.07 至 2013.03.07/中等毒			
	甘蓝	蜗牛	390-480克/公顷	喷雾

江苏省徐州龙威药物化工有限公司　(江苏省徐州市沛县敬安镇　221636　0516-4775042)

PD20097992	高效氯氟氰菊酯/25克/升/乳油/高效氯氟氰菊酯 25克/升/2009.12.07 至 2014.12.07/低毒			
	十字花科叶菜	菜青虫	7.5-11.25克/公顷	喷雾
PD20098513	氰戊菊酯/20%/乳油/氰戊菊酯 20%/2009.12.24 至 2014.12.24/低毒			
	十字花科蔬菜	菜青虫	90-120克/公顷	喷雾
PD20100774	溴氰菊酯/25克/升/乳油/溴氰菊酯 25克/升/2010.01.18 至 2015.01.18/中等毒			
	十字花科蔬菜	菜青虫	2.25-3.75克/公顷	喷雾
PD20101493	毒死蜱/480克/升/乳油/毒死蜱 480克/升/2010.05.10 至 2015.05.10/中等毒			
	水稻	二化螟	750-1200毫升制剂/公顷	喷雾

江苏省徐州农丰生物化工有限公司　(江苏省徐州市贾汪区耿集　221126　0516-87500818)

PD86109-22	苏云金杆菌/8000IU/毫克/可湿性粉剂/苏云金杆菌 8000IU/毫克/2011.12.13 至 2016.12.13/低毒			
	白菜、萝卜、青菜	菜青虫、小菜蛾	1500-4500克制剂/公顷	喷雾
	茶树	茶毛虫	1500-7500克制剂/公顷	喷雾
	大豆、甘薯	天蛾	1500-2250克制剂/公顷	喷雾
	柑橘树	柑橘凤蝶	2250-3750克制剂/公顷	喷雾
	高粱、玉米	玉米螟	3750-4500克制剂/公顷	喷雾、毒土
	梨树	天幕毛虫	1500-3750克制剂/公顷	喷雾
	林木	尺蠖、柳毒蛾、松毛虫	2250-7500克制剂/公顷	喷雾

棉花 棉铃虫、造桥虫 1500-7500克制剂/公顷 喷雾
苹果树 巢蛾 2250-3750克制剂/公顷 喷雾
水稻 稻苞虫、稻纵卷叶螟 1500-6000克制剂/公顷 喷雾
烟草 烟青虫 3750-7500克制剂/公顷 喷雾
枣树 尺蠖 3750-4500克制剂/公顷 喷雾

PD20040156 甲拌磷/3%/颗粒剂/甲拌磷 3%/2009.12.19 至 2014.12.19/中等毒(原药高毒)
高粱 蚜虫 225-300克/公顷 撒施

PD20082226 多·锰锌/40%/可湿性粉剂/多菌灵 20%、代森锰锌 20%/2013.11.26 至 2018.11.26/低毒
梨树 黑星病 1000-1250毫克/千克 喷雾
苹果树 斑点落叶病 1000-1250毫克/千克 喷雾

PD20084717 乙铝·锰锌/70%/可湿性粉剂/代森锰锌 45%、三乙膦酸铝 25%/2013.12.22 至 2018.12.22/低毒
黄瓜 霜霉病 1575-3937.5克/公顷 喷雾

PD20085052 毒死蜱/480克/升/乳油/毒死蜱 480克/升/2008.12.23 至 2013.12.23/中等毒
水稻 稻纵卷叶螟 504-648克/公顷 喷雾

PD20091048 辛硫磷/3%/颗粒剂/辛硫磷 3%/2014.01.21 至 2019.01.21/微毒
花生 地下害虫 2700-3600克/公顷 沟施

PD20120389 毒死蜱/3%/颗粒剂/毒死蜱 3%/2012.03.07 至 2017.03.07/低毒
花生 地下害虫 1800～2250克/公顷 沟施

PD20120432 四聚乙醛/6%/颗粒剂/四聚乙醛 6%/2012.03.14 至 2017.03.14/低毒
白菜 蜗牛 405-585克/公顷 撒施

江苏省徐州诺恩农化有限公司 (江苏省徐州市南郊铜山新区 221116 0516-3408351)

PD20082074 噻菌灵/99%/原药/噻菌灵 99%/2013.11.25 至 2018.11.25/低毒

PD20094319 噻菌灵/450克/升/悬浮剂/噻菌灵 450克/升/2009.03.31 至 2014.03.31/微毒
柑橘 绿霉病、青霉病 1000-1500毫克/千克 浸果
香蕉 冠腐病 562.5-1125毫克/千克 浸果

PD20101147 百草枯/42%/母药/百草枯 42%/2010.01.25 至 2015.01.25/中等毒

江苏省徐州诺特化工有限公司 (江苏省徐州市贾汪区青山泉白集 221137 0516-83905136)

PD20081616 四聚乙醛/98%/原药/四聚乙醛 98%/2013.11.12 至 2018.11.12/中等毒

PD20095656 聚醛·甲萘威/6%/颗粒剂/甲萘威 1.5%、四聚乙醛 4.5%/2009.05.12 至 2014.05.12/中等毒
农田 蜗牛 510-675克/公顷 地面撒施

PD20096371 噻菌灵/98.5%/原药/噻菌灵 98.5%/2009.08.04 至 2014.08.04/低毒

PD20102124 四聚乙醛/6%/颗粒剂/四聚乙醛 6%/2010.12.02 至 2015.12.02/低毒
小白菜 蜗牛 450-540克/公顷 撒施

PD20111399 四聚乙醛/10%/颗粒剂/四聚乙醛 10%/2011.12.22 至 2016.12.22/低毒
甘蓝 蜗牛 600-750克/公顷 撒施

PD20120470 四聚乙醛/80%/可湿性粉剂/四聚乙醛 80%/2012.03.19 至 2017.03.19/中等毒
甘蓝 蜗牛 375-750克/公顷 喷雾

江苏省徐州润泽化工有限公司 (江苏省新沂市唐店镇龙河村 221400 0516-88783588)

PD20096717 乙草胺/81.5%/乳油/乙草胺 81.5%/2009.09.07 至 2014.09.07/低毒
玉米田 一年生禾本科杂草及部分小粒种子阔叶杂草 1350-1620克/公顷(东北地区) 1080-1350克/公顷(其他地区) 播后苗前土壤喷雾

PD20097666 烟嘧磺隆/40克/升/可分散油悬浮剂/烟嘧磺隆 40克/升/2009.11.04 至 2014.11.04/低毒
玉米田 一年生杂草 42-60克/公顷 茎叶喷雾

PD20098193 莠去津/38%/悬浮剂/莠去津 38%/2009.12.16 至 2014.12.16/低毒
甘蔗田 一年生杂草 1800-2025克/公顷 土壤喷雾

江苏省徐州市临黄农药厂 (江苏省徐州市九里区桃园办事处 221140 0516-85770235)

PD20070072 喹禾灵/10%/乳油/喹禾灵 10%/2012.04.12 至 2017.04.12/低毒
夏大豆田 一年生禾本科杂草 100.5-150克/公顷 喷雾

PD20070201 辛硫磷/40%/乳油/辛硫磷 40%/2012.08.07 至 2017.08.07/低毒
十字花科蔬菜 菜青虫 450-600克/公顷 喷雾

PD20083388 井冈·杀虫双/22%/水剂/井冈霉素 4%、杀虫双 18%/2008.12.11 至 2013.12.11/低毒
水稻 二化螟、纹枯病 825-924克/公顷 喷雾

PD20083677 丁草胺/5%/颗粒剂/丁草胺 5%/2013.12.15 至 2018.12.15/低毒
水稻移栽田 稗草、部分一年生阔叶草及莎草 1125-1500克/公顷 毒土法

PD20092944 辛硫磷/1.5%/颗粒剂/辛硫磷 1.5%/2014.03.09 至 2019.03.09/中等毒
玉米 玉米螟 112.5-225克/公顷 喇叭口撒施

PD20120337 丁硫克百威/5%/颗粒剂/丁硫克百威 5%/2012.02.17 至 2017.02.17/低毒
甘蔗 蔗螟 1875-2400克/公顷 撒施

PD20120343 毒死蜱/5%/颗粒剂/毒死蜱 5%/2012.02.17 至 2017.02.17/低毒
花生 蛴螬 1350-2400克/公顷 拌毒土撒施

江苏省盐城利民农化有限公司 (江苏省盐城市阜宁澳洋工业园区纬一路西首 224403 0515-88719678)

PD85157-18 辛硫磷/40%/乳油/辛硫磷 40%/2010.08.15 至 2015.08.15/低毒
茶树、桑树 食叶害虫 200-400毫克/千克 喷雾

	果树	食心虫、蚜虫、螨	200-400毫克/千克	喷雾
	林木	食叶害虫	3000-6000克/公顷	喷雾
	棉花	棉铃虫、蚜虫	300-600克/公顷	喷雾
	蔬菜	菜青虫	300-450克/公顷	喷雾
	烟草	食叶害虫	300-600克/公顷	喷雾
	玉米	玉米螟	450-600克/公顷	灌心叶
PD20040044	三唑酮/95%/原药/三唑酮 95%/2009.12.19 至 2014.12.19/低毒			
PD20040059	吡虫啉/95%/原药/吡虫啉 95%/2009.12.19 至 2014.12.19/低毒			
PD20040200	三唑酮/10%/可湿性粉剂/三唑酮 10%/2009.12.19 至 2014.12.19/低毒			
	小麦	白粉病、锈病	135-180克/公顷	喷雾
PD20040233	三唑酮/20%/乳油/三唑酮 20%/2009.12.19 至 2014.12.19/低毒			
	小麦	白粉病	120-127.5克/公顷	喷雾
PD20040339	吡虫啉/5%/乳油/吡虫啉 5%/2009.12.19 至 2014.12.19/低毒			
	柑橘树	蚜虫	12.5-16.7毫克/千克	喷雾
PD20040343	多·酮/50%/可湿性粉剂/多菌灵 40%、三唑酮 10%/2009.12.19 至 2014.12.19/中等毒			
	小麦	白粉病、赤霉病	450-600克/公顷	喷雾
	油菜	菌核病	750-1050克/公顷	喷雾
PD20040403	吡虫·三唑酮/15%/可湿性粉剂/吡虫啉 2.5%、三唑酮 12.5%/2009.12.19 至 2014.12.19/低毒			
	小麦	白粉病、蚜虫	135-180克/公顷	喷雾
PD20040425	吡虫啉/10%/可湿性粉剂/吡虫啉 10%/2009.12.19 至 2014.12.19/低毒			
	水稻	飞虱	15-30克/公顷	喷雾
	小麦	蚜虫	15-30克/公顷(南方地区) 45-60克/公顷(北方地区)	喷雾
PD20040503	三唑酮/15%/可湿性粉剂/三唑酮 15%/2009.12.19 至 2014.12.19/低毒			
	小麦	白粉病、锈病	135-180克/公顷	喷雾
	玉米	丝黑穗病	60-90克/100千克种子	拌种
PD20040539	吡虫·杀虫单/75%/可湿性粉剂/吡虫啉 3%、杀虫单 72%/2009.12.19 至 2014.12.19/中等毒			
	水稻	飞虱、螟虫	562.5-675克/公顷	喷雾
PD20070605	灭多威/98%/原药/灭多威 98%/2012.12.14 至 2017.12.14/高毒			
PD20080147	己唑醇/10%/乳油/己唑醇 10%/2013.01.03 至 2018.01.03/低毒			
	苹果	白粉病	3000-4000倍液	喷雾
	水稻	纹枯病	45-75克/公顷	喷雾
PD20080191	己唑醇/95%/原药/己唑醇 95%/2013.01.07 至 2018.01.07/低毒			
PD20080247	啶虫脒/96%/原药/啶虫脒 96%/2013.02.18 至 2018.02.18/低毒			
PD20080307	啶虫脒/5%/可湿性粉剂/啶虫脒 5%/2013.02.25 至 2018.02.25/低毒			
	小麦	蚜虫	22.5-30克/公顷	喷雾
PD20080357	三唑醇/97%/原药/三唑醇 97%/2013.02.28 至 2018.02.28/低毒			
PD20082233	戊唑醇/96%/原药/戊唑醇 96%/2013.11.26 至 2018.11.26/低毒			
PD20082477	啶虫脒/5%/乳油/啶虫脒 5%/2013.12.03 至 2013.12.03/中等毒			
	柑橘树	蚜虫	6-10毫克/千克	喷雾
	小麦	蚜虫	27-36克/公顷	喷雾
PD20083207	马拉·杀螟松/12%/乳油/马拉硫磷 10%、杀螟硫磷 2%/2013.12.11 至 2018.12.11/中等毒			
	甘蓝	菜青虫	63-72克/公顷	喷雾
PD20083297	丙环唑/250克/升/乳油/丙环唑 250克/升/2013.12.11 至 2018.12.11/低毒			
	香蕉	叶斑病	250-500毫克/千克	喷雾
PD20083308	毒死蜱/45%/乳油/毒死蜱 45%/2013.12.11 至 2018.12.11/中等毒			
	水稻	稻纵卷叶螟	504-648克/公顷	喷雾
PD20083445	丙环唑/95%/原药/丙环唑 95%/2013.12.12 至 2018.12.12/低毒			
PD20083454	烟嘧磺隆/40克/升/可分散油悬浮剂/烟嘧磺隆 40克/升/2013.12.12 至 2018.12.12/低毒			
	玉米田	多种一年生杂草	48-60克/公顷	茎叶喷雾
PD20083515	多效唑/15%/可湿性粉剂/多效唑 15%/2013.12.12 至 2018.12.12/低毒			
	花生	调节生长、增产	90-112.5克/公顷	喷雾
	水稻育秧田	控制生长	200-300毫克/千克	喷雾
	油菜(苗床)	控制生长	100-200毫克/千克	喷雾
PD20083752	三唑酮/25%/可湿性粉剂/三唑酮 25%/2008.12.15 至 2013.12.15/低毒			
	小麦	白粉病	150-168.75克/公顷	喷雾
PD20083878	戊唑醇/2%/湿拌种剂/戊唑醇 2%/2013.12.15 至 2018.12.15/低毒			
	小麦	散黑穗病	2—3克/100千克种子	拌种
	玉米	丝黑穗病	8-12克/100千克种子	拌种
PD20085091	灭多威/20%/乳油/灭多威 20%/2013.12.23 至 2018.12.23/高毒			
	棉花	蚜虫	75-150克/公顷	喷雾
	棉花	棉铃虫	150-225克/公顷	喷雾
PD20085490	高氯·毒死蜱/12%/乳油/毒死蜱 9.5%、高效氯氰菊酯 2.5%/2013.12.25 至 2018.12.25/中等毒			

棉花 棉铃虫 180-270克/公顷 喷雾

PD20085748 阿维菌素/1.8%/乳油/阿维菌素 1.8%/2013.12.26 至 2018.12.26/低毒(原药高毒)

棉花 红蜘蛛 10.8-16.2克/公顷 喷雾

棉花 棉铃虫 21.6-32.4克/公顷 喷雾

PD20090032 多效唑/94%/原药/多效唑 94%/2014.01.06 至 2019.01.06/低毒

PD20091229 戊唑醇/6%/微乳剂/戊唑醇 6%/2014.02.01 至 2019.02.01/低毒

花生 叶斑病 144-180克/公顷 喷雾

PD20091380 三唑醇/10%/可湿性粉剂/三唑醇 10%/2014.02.02 至 2019.02.02/低毒

小麦 白粉病 112.5-135克/公顷 喷雾

PD20091856 己唑醇/5%/微乳剂/己唑醇 5%/2014.02.09 至 2019.02.09/低毒

葡萄 白粉病 1500-2000倍液 喷雾

水稻 纹枯病 60-75克/公顷 喷雾

PD20091862 烯效唑/5%/可湿性粉剂/烯效唑 5%/2014.02.09 至 2019.02.09/微毒

水稻 调节生长 100-150毫克/千克 浸种

PD20093274 戊唑醇/25%/乳油/戊唑醇 25%/2014.03.11 至 2019.03.11/低毒

苹果树 轮纹病 3000-4000倍液 喷雾

香蕉 叶斑病 250-312.5毫克/千克 喷雾

PD20093759 唑磷·毒死蜱/25%/乳油/毒死蜱 5%、三唑磷 20%/2014.03.25 至 2019.03.25/中等毒

水稻 二化螟 262.5-375克/公顷 喷雾

PD20093761 烯唑醇/12.5%/可湿性粉剂/烯唑醇 12.5%/2014.03.25 至 2019.03.25/低毒

梨树 黑星病 31—42毫克/千克 喷雾

水稻 纹枯病 75-93.75克/公顷 喷雾

小麦 白粉病 60-120克/公顷 喷雾

PD20093763 烯唑醇/95%/原药/烯唑醇 95%/2014.03.25 至 2019.03.25/低毒

PD20094575 三唑醇/15%/可湿性粉剂/三唑醇 15%/2014.04.09 至 2019.04.09/低毒

小麦 纹枯病 37.5-45克/100千克种子 拌种

小麦 白粉病 112.5-135克/公顷 喷雾

PD20095202 高效氯氰菊酯/4.5%/乳油/高效氯氰菊酯 4.5%/2014.04.24 至 2019.04.24/低毒

甘蓝 菜青虫 13.5-27克/公顷 喷雾

PD20098121 三唑锡/25%/可湿性粉剂/三唑锡 25%/2009.12.08 至 2014.12.08/低毒

柑橘树 红蜘蛛 125-250毫克/千克 喷雾

PD20098177 吡虫啉/25%/可湿性粉剂/吡虫啉 25%/2009.12.14 至 2014.12.14/低毒

水稻 稻飞虱 15-30克/公顷 喷雾

小麦 蚜虫 15-30克/公顷(南方地区) 喷雾

45-60克/公顷(北方地区)

PD20100125 草甘膦异丙胺盐(41%)///水剂/草甘膦 30%/2010.01.05 至 2015.01.05/低毒

柑橘园 杂草 1845-2460克/公顷 定向茎叶喷雾

PD20121655 吡虫啉/70%/水分散粒剂/吡虫啉 70%/2012.10.30 至 2017.10.30/低毒

水稻 飞虱 21-42克/公顷 喷雾

PD20121922 戊唑醇/430克/升/悬浮剂/戊唑醇 430克/升/2012.12.07 至 2017.12.07/低毒

水稻 稻曲病 96.75-129克/公顷 喷雾

PD20130016 己唑醇/40%/悬浮剂/己唑醇 40%/2013.01.04 至 2018.01.04/低毒

水稻 纹枯病 60-75克/公顷 喷雾

PD20130324 嘧菌酯/96%/原药/嘧菌酯 96%/2013.02.26 至 2018.02.26/低毒

PD20131409 噻呋酰胺/240克/升/悬浮剂/噻呋酰胺 240克/升/2013.07.02 至 2018.07.02/低毒

水稻 纹枯病 72-90克/公顷 喷雾

PD20131410 吡蚜酮/25%/可湿性粉剂/吡蚜酮 25%/2013.07.02 至 2018.07.02/微毒

水稻 飞虱 75—93.75克/公顷 喷雾

PD20131414 噻呋酰胺/98%/原药/噻呋酰胺 98%/2013.07.02 至 2018.07.02/低毒

PD20131436 茚虫威/71%/母药/茚虫威 71%/2013.07.03 至 2018.07.03/低毒

PD20131773 嘧菌酯/25%/悬浮剂/嘧菌酯 25%/2013.09.06 至 2018.09.06/低毒

柑橘树 炭疽病 156.25-312.5毫克/千克 喷雾

黄瓜 霜霉病 150-225克/公顷 喷雾

PD20132317 吡蚜酮/50%/水分散粒剂/吡蚜酮 50%/2013.11.13 至 2018.11.13/低毒

水稻 飞虱 60-120克/公顷 喷雾

LS20120072 粉唑醇/25%/悬浮剂/粉唑醇 25%/2013.03.07 至 2014.03.07/低毒

小麦 锈病 112.5-150克/公顷 喷雾

LS20120163 己唑醇/40%/悬浮剂/己唑醇 40%/2013.04.18 至 2014.04.18/低毒

水稻 纹枯病 60-75克/公顷 喷雾

江苏省盐城南方化工有限公司 (江苏省盐城市响水县陈家港化工集中区 224631 0515-6735766)

PD20082360 高效氯氟氰菊酯/95%/原药/高效氯氟氰菊酯 95%/2013.12.01 至 2018.12.01/中等毒

PD20083653 联苯菊酯/95%/原药/联苯菊酯 95%/2013.12.12 至 2018.12.12/中等毒

PD20096148 嗪草酮/90%/原药/嗪草酮 90%/2009.06.24 至 2014.06.24/低毒

PD20100701 噻嗪酮/95%/原药/噻嗪酮 95%/2010.01.16 至 2015.01.16/低毒
PD20110618 咪唑烟酸/98%/原药/咪唑烟酸 98%/2011.06.08 至 2016.06.08/低毒
注:专供出口，不得在国内销售。
PD20130672 甲咪唑烟酸/98%/原药/甲咪唑烟酸 98%/2013.04.09 至 2018.04.09/微毒
注:专供出口，不得在国内销售。
LS20110169 丁噻隆/97%/原药/丁噻隆 97%/2013.06.16 至 2014.06.16/低毒
注:专供出口，不得在国内销售。
LS20120232 嘧苯胺磺隆/98%/原药/嘧苯胺磺隆 98%/2013.07.02 至 2014.07.02/微毒
注:专供出口，不得在国内销售。

江苏省盐城双宁农化有限公司 (江苏省阜宁县古河镇洋桥村淮阜桥口 224427 0515-7606197)

PD20070006 多·酮·福美双/40%/可湿性粉剂/多菌灵 17%、福美双 17%、三唑酮 6%/2012.01.16 至 2017.01.16/低毒
小麦 白粉病、赤霉病 420-600克/公顷 喷雾
PD20070538 吡虫啉/95%/原药/吡虫啉 95%/2012.12.03 至 2017.12.03/中等毒
PD20080551 吡虫啉/10%/可湿性粉剂/吡虫啉 10%/2013.05.08 至 2018.05.08/低毒
水稻 稻飞虱 15-30克/公顷 喷雾
PD20080784 三唑锡/25%/可湿性粉剂/三唑锡 25%/2013.06.20 至 2018.06.20/低毒
柑橘树 红蜘蛛 125-250毫克/千克 喷雾
PD20080987 炔螨特/40%/乳油/炔螨特 40%/2013.07.24 至 2018.07.24/低毒
柑橘树 红蜘蛛 266.7-400毫克/千克 喷雾
PD20081458 噁草·丁草胺/18%/乳油/丁草胺 15%、噁草酮 3%/2013.11.04 至 2018.11.04/低毒
水稻半旱育秧田、水稻旱育秧田 一年生杂草 648-756克/公顷 土壤喷雾
PD20083393 噻嗪酮/25%/可湿性粉剂/噻嗪酮 25%/2013.12.11 至 2018.12.11/低毒
水稻 稻飞虱 112.5-150克/公顷 喷雾
PD20084353 吡虫啉/25%/可湿性粉剂/吡虫啉 25%/2013.12.17 至 2018.12.17/低毒
水稻 稻飞虱 18.75-37.5克/公顷 喷雾
PD20084881 吡虫啉/20%/可溶液剂/吡虫啉 20%/2013.12.22 至 2018.12.22/低毒
十字花科蔬菜 蚜虫 15-30克/公顷 喷雾
PD20090503 三唑磷/20%/乳油/三唑磷 20%/2014.01.12 至 2019.01.12/中等毒
水稻 二化螟 300-450克/公顷 喷雾
PD20090637 戊唑醇/25%/可湿性粉剂/戊唑醇 25%/2014.01.14 至 2019.01.14/低毒
香蕉 叶斑病 167-250毫克/千克 喷雾
PD20091609 吡虫·噻嗪酮/18%/可湿性粉剂/吡虫啉 4%、噻嗪酮 14%/2014.02.03 至 2019.02.03/低毒
水稻 稻飞虱 54-81克/公顷 喷雾
PD20098244 甲氨基阿维菌素苯甲酸盐(1.13%)///乳油/甲氨基阿维菌素 1%/2009.12.16 至 2014.12.16/低毒
甘蓝 小菜蛾 1.5-3克/公顷 喷雾
PD20110216 哒螨灵/15%/乳油/哒螨灵 15%/2011.02.24 至 2016.02.24/中等毒
柑橘树 红蜘蛛 2000-3000毫克/千克 喷雾
PD20122061 吡蚜酮/25%/可湿性粉剂/吡蚜酮 25%/2012.12.24 至 2017.12.24/低毒
水稻 稻飞虱 60-75克/公顷 喷雾
LS20110148 吡蚜·噻嗪酮/25%/可湿性粉剂/吡蚜酮 10%、噻嗪酮 15%/2013.05.20 至 2014.05.20/低毒
水稻 飞虱 75—90克/公顷 喷雾
LS20120100 吡蚜·速灭威/30%/可湿性粉剂/吡蚜酮 10%、速灭威 20%/2013.03.12 至 2014.03.12/低毒
水稻 飞虱 90-135克/公顷 喷雾
LS20130302 吡蚜酮/50%/可湿性粉剂/吡蚜酮 50%/2013.06.04 至 2014.06.04/低毒
水稻 稻飞虱 75-90克/公顷 喷雾

江苏省扬州崔氏生物实验所有限公司 (江苏省扬州市东花园东路5号 225003 0514-7221096)

PD20081043 D型肉毒梭菌毒素/200万毒价/毫升/水剂/D型肉毒梭菌毒素 200万毒价/毫升/2008.08.06 至 2013.08.06/低毒
牧草 长爪沙鼠、兔尾鼠 配成0.1-0.2%毒饵,每公顷投饵1500克 投放毒饵

江苏省扬州佳美斯气雾剂制品厂 (江苏省扬州市邗江区沙头镇 225105 0514-7531179)

WP20090140 杀虫气雾剂/0.4%/气雾剂/胺菊酯 0.2%、氯菊酯 0.2%/2014.02.25 至 2019.02.25/微毒
卫生 蚊、蝇、蜚蠊 / 喷雾

江苏省扬州绿源生物化工有限公司 (江苏省扬州市江阳工业园小官桥路 225008 0514-7302019)

PD86109-16 苏云金杆菌/16000IU/毫克/可湿性粉剂/苏云金杆菌 16000IU/毫克/2011.10.30 至 2016.10.30/低毒
白菜、萝卜、青菜 菜青虫、小菜蛾 1500-4500克制剂/公顷 喷雾
茶树 茶毛虫 1500-7500克制剂/公顷 喷雾
大豆、甘薯 天蛾 1500-2250克制剂/公顷 喷雾
柑橘树 柑橘凤蝶 2250-3750克制剂/公顷 喷雾
高粱、玉米 玉米螟 3750-4500克制剂/公顷 喷雾、毒土
梨树 天幕毛虫 1500-3750克制剂/公顷 喷雾
林木 尺蠖、柳毒蛾、松毛虫 2250-7500克制剂/公顷 喷雾
棉花 棉铃虫、造桥虫 1500-7500克制剂/公顷 喷雾

苹果树　巢蛾　2250-3750克制剂/公顷　喷雾
水稻　稻苞虫、稻纵卷叶螟　1500-6000克制剂/公顷　喷雾
烟草　烟青虫　3750-7500克制剂/公顷　喷雾
枣树　尺蠖　3750-4500克制剂/公顷　喷雾

PD90106-14　苏云金杆菌/8000IU/毫克/悬浮剂/苏云金杆菌 8000IU/毫克/2010.06.06 至 2015.06.06/低毒
白菜、萝卜、青菜　菜青虫、小菜蛾　1500-2250克制剂/公顷　喷雾
茶树　茶毛虫　3000克制剂/公顷　喷雾
高粱、玉米　玉米螟　2500-3000克制剂/公顷　加细沙灌心叶
梨树、苹果树、桃树　尺蠖、食心虫　200倍液　喷雾
林木　食心虫　200倍液　喷雾
林木　尺蠖、柳毒蛾、松毛虫　150-200倍液　喷雾
棉花　棉铃虫、造桥虫　3750-6000克制剂/公顷　喷雾
水稻　稻苞虫、螟虫　3000-6000克制剂/公顷　喷雾
烟草　烟青虫　3000克制剂/公顷　喷雾

PD20040209　多·酮/40%/可湿性粉剂/多菌灵 37%、三唑酮 3%/2009.12.19 至 2014.12.19/低毒
水稻　叶尖枯病　750-900克/公顷　喷雾
小麦　白粉病、赤霉病　750-900克/公顷　喷雾

PD20040543　吡虫·杀虫单/62%/可湿性粉剂/吡虫啉 2%、杀虫单 60%/2009.12.19 至 2014.12.19/中等毒
水稻　稻纵卷叶螟、二化螟、飞虱、三化螟　450-750克/公顷　喷雾

PD20080367　苄嘧·苯噻酰/50%/可湿性粉剂/苯噻酰草胺 48%、苄嘧磺隆 2%/2013.02.28 至 2018.02.28/低毒
水稻抛秧田　部分多年生杂草、一年生杂草　450-525克/公顷(南方地区)　药土法

PD20081331　多·多唑/0.78%/拌种剂/多菌灵 0.75%、多效唑 0.03%/2013.10.21 至 2018.10.21/低毒
水稻　恶苗病、控制生长　233-312克/100千克种子　拌种

PD20085265　三环唑/20%/可湿性粉剂/三环唑 20%/2013.12.23 至 2018.12.23/低毒
水稻　稻瘟病　300-375克/公顷　喷雾

PD20085305　噻嗪·异丙威/25%/可湿性粉剂/噻嗪酮 5%、异丙威 20%/2013.12.23 至 2018.12.23/低毒
水稻　稻飞虱　450-562.5克/公顷　喷雾

PD20097569　茶核·苏云菌///悬浮剂/茶尺蠖核型多角体病毒 1万PIB/微升、苏云金杆菌 2000IU/微升/2009.11.03 至 2014.11.03/微毒
茶树　茶尺蠖　1500-2250克制剂/公顷　喷雾

LS20110204　茶毛虫核型多角体病毒/20亿PIB/毫升/母药/茶毛虫核型多角体病毒 20亿PIB/毫升/2013.08.04 至 2014.08.04/微毒

LS20110214　茶毛核·苏/10000PIB/微升2000IU/微升/悬浮剂/苏云金杆菌 2000IU/微升、茶毛虫核型多角体病毒 10000PIB/微升/2013.08.04 至 2014.08.04/微毒
茶树　茶毛虫　50-100毫升/亩　喷雾

WP20080091　球形芽孢杆菌/100ITU/毫克/悬浮剂/球形芽孢杆菌 100ITU/毫克/2013.08.19 至 2018.08.19/低毒
卫生　孑孓　3毫升制剂/平方米　喷洒

WP20080092　球形芽孢杆菌/200ITU/毫克/母药/球形芽孢杆菌 200ITU/毫克/2013.08.19 至 2018.08.19/微毒

WL20110043　苏云金杆菌(以色列亚种)/1600ITU/毫克/可湿性粉剂/苏云金杆菌(以色列亚种) 1600ITU/毫克/2013.03.07 至2014.03.07/低毒
卫生　蚊(幼虫)　1-2克制剂/平方米　喷洒

WL20110081　苏云金杆菌/200ITU/毫克/大粒剂/苏云金杆菌(以色列亚种) 200ITU/毫克/2013.06.20 至 2014.06.20/微毒
室外　蚊(幼虫)　1-2克/平方米　投放

江苏省扬州市苏灵农药化工有限公司　(江苏省扬州市江都市宜陵镇　225225　0514-6730888)

PD85154-59　氰戊菊酯/20%/乳油/氰戊菊酯 20%/2010.08.15 至 2015.08.15/中等毒
柑橘树　潜叶蛾　10-20毫克/千克　喷雾
果树　梨小食心虫　10-20毫克/千克　喷雾
棉花　红铃虫、蚜虫　75-150克/公顷　喷雾
蔬菜　菜青虫、蚜虫　60-120克/公顷　喷雾

PD20040147　吡虫·三唑酮/8%/可湿性粉剂/吡虫啉 1%、三唑酮 7%/2009.12.19 至 2014.12.19/低毒
小麦　白粉病、蚜虫　144-180克/公顷　喷雾

PD20040226　氯氰菊酯/10%/乳油/氯氰菊酯 10%/2009.12.19 至 2014.12.19/中等毒
十字花科蔬菜　小菜蛾　45-60克/公顷　喷雾

PD20040765　多·酮/50%/可湿性粉剂/多菌灵 40%、三唑酮 10%/2009.12.19 至 2014.12.19/低毒
水稻　稻瘟病、叶尖枯病　450-600克/公顷　喷雾
小麦　赤霉病　375-525克/公顷　喷雾
小麦　白粉病　50-70克/公顷　喷雾

PD20040773　吡虫·杀虫单/44%/可湿性粉剂/吡虫啉 1.5%、杀虫单 42.5%/2009.12.19 至 2014.12.19/低毒
水稻　稻飞虱、稻纵卷叶螟、二化螟、三化螟　450-750克/公顷　喷雾

PD20081190　精喹禾灵/5%/乳油/精喹禾灵 5%/2013.09.11 至 2018.09.11/低毒
夏大豆田　一年生禾本科杂草　45-52.5克/公顷　茎叶喷雾

PD20081251　毒·辛/25%/乳油/毒死蜱 7%、辛硫磷 18%/2013.09.18 至 2018.09.18/低毒
水稻　稻纵卷叶螟　375-562.5克/公顷　喷雾

PD20081258　甲氰·辛硫磷/25%/乳油/甲氰菊酯 5%、辛硫磷 20%/2013.09.18 至 2018.09.18/中等毒

茶树 茶尺蠖 75-112.5克/公顷 喷雾
棉花 棉铃虫 281.25-375克/公顷 喷雾

PD20082055 氧氟·乙草胺/40%/乳油/乙草胺 34%、乙氧氟草醚 6%/2013.11.25 至 2018.11.25/低毒
夏大豆田 一年生杂草 480-600克/公顷 播后苗前土壤喷雾

PD20082249 苯磺隆/10%/可湿性粉剂/苯磺隆 10%/2013.11.27 至 2018.11.27/低毒
冬小麦田 一年生阔叶杂草 15-22.5克/公顷 茎叶喷雾

PD20082510 苄·二氯/36%/可湿性粉剂/苄嘧磺隆 2%、二氯喹啉酸 34%/2013.12.03 至 2018.12.03/低毒
水稻秧田 一年生杂草 216-270克/公顷 茎叶喷雾

PD20082565 草甘膦/30%/水剂/草甘膦 30%/2013.12.04 至 2018.12.04/低毒
茶园、柑橘园、剑麻园、梨园、苹果园、桑园、香蕉园、橡胶园 一年生及部分多年生杂草 1125-2250克/公顷 定向茎叶喷雾
春玉米田、棉花田、夏玉米田 一年生杂草 750-1650克/公顷 行间定向茎叶喷雾
冬油菜田（免耕） 一年生杂草 750-1200克/公顷 茎叶喷雾
非耕地 一年生及部分多年生杂草 1125－3000克/公顷 茎叶喷雾
免耕春油菜田 一年生杂草 1500-2250克/公顷 茎叶喷雾
免耕抛秧晚稻田 一年生杂草 2100－2550克/公顷 茎叶喷雾

PD20082576 乙酰甲胺磷/30%/乳油/乙酰甲胺磷 30%/2013.12.04 至 2018.12.04/中等毒
棉花 棉铃虫、棉蚜 675-900克/公顷 喷雾
水稻 三化螟 675-900克/公顷 喷雾
水稻 二化螟 720-900克/公顷 喷雾

PD20082711 阿维菌素/1.8%/乳油/阿维菌素 1.8%/2013.12.05 至 2018.12.05/低毒(原药高毒)
菜豆、黄瓜 美洲斑潜蝇 10.8－21.6克/公顷 喷雾
柑橘树 潜叶蛾 4.5-9毫克/千克 喷雾
柑橘树 锈壁虱 2.25-4.5毫克/千克 喷雾
梨树 梨木虱 6-12毫克/千克 喷雾
棉花 红蜘蛛 10.8－16.2克/公顷 喷雾
棉花 棉铃虫 21.6-32.4克/公顷 喷雾
苹果树 桃小食心虫 4.5-9毫克/千克 喷雾
苹果树 二斑叶螨 4.5-6毫克/千克 喷雾
苹果树 红蜘蛛 3-6毫克/千克 喷雾
十字花科蔬菜 菜青虫、小菜蛾 8.1-10.8克/公顷 喷雾

PD20082858 硫磺·三环唑/45%/可湿性粉剂/硫磺 40%、三环唑 5%/2013.12.09 至 2018.12.09/低毒
水稻 稻瘟病 675－1012.5克/公顷 喷雾

PD20083340 井·唑·多菌灵/20%/可湿性粉剂/多菌灵 9.2%、井冈霉素 5%、三环唑 5.8%/2013.12.11 至 2018.12.11/中等毒
水稻 稻瘟病、纹枯病 300-375克/公顷 喷雾

PD20083815 甲哌鎓/250克/升/水剂/甲哌鎓 250克/升/2013.12.15 至 2018.12.15/低毒
棉花 调节生长、增产 45-60克/公顷 喷雾

PD20084133 哒螨灵/15%/乳油/哒螨灵 15%/2013.12.16 至 2018.12.16/中等毒
柑橘树 红蜘蛛 50-100毫克/千克 喷雾

PD20084889 噻嗪酮/25%/可湿性粉剂/噻嗪酮 25%/2013.12.22 至 2018.12.22/低毒
水稻 稻飞虱 112.5－150克/公顷 喷雾

PD20085009 多·福/40%/可湿性粉剂/多菌灵 25%、福美双 15%/2013.12.22 至 2018.12.22/低毒
油菜 菌核病 480-600克/公顷 喷雾

PD20085102 乙草胺/20%/可湿性粉剂/乙草胺 20%/2013.12.23 至 2018.12.23/微毒
移栽水稻田 一年生杂草 90-120克/公顷 药土法

PD20085103 丙溴·辛硫磷/40%/乳油/丙溴磷 6%、辛硫磷 34%/2013.12.23 至 2018.12.23/低毒
水稻 三化螟 600-720克/公顷 喷雾

PD20085385 阿维·哒螨灵/10%/乳油/阿维菌素 0.2%、哒螨灵 9.8%/2013.12.24 至 2018.12.24/中等毒(原药高毒)
柑橘树 红蜘蛛 33,3-66.7毫克/千克 喷雾

PD20085389 异丙威/20%/乳油/异丙威 20%/2013.12.24 至 2018.12.24/中等毒
水稻 稻飞虱 450-600克/公顷 喷雾

PD20085447 阿维·三唑磷/20%/乳油/阿维菌素 0.3%、三唑磷 19.7%/2013.12.24 至 2018.12.24/中等毒(原药高毒)
水稻 二化螟 150-180克/公顷 喷雾

PD20085631 毒死蜱/480克/升/乳油/毒死蜱 480克/升/2008.12.26 至 2013.12.26/中等毒
水稻 稻飞虱、稻纵卷叶螟、二化螟、三化螟 504-648克/公顷 喷雾

PD20085634 氯氰·乐果/20%/乳油/乐果 14.5%、氯氰菊酯 5.5%/2013.12.26 至 2018.12.26/中等毒
甘蓝 菜青虫 120-150克/公顷 喷雾

PD20085953 异稻·三环唑/30%/可湿性粉剂/三环唑 8%、异稻瘟净 22%/2013.12.29 至 2018.12.29/低毒
水稻 稻瘟病 450－540克/公顷 喷雾

PD20086267 噻嗪·异丙威/25%/可湿性粉剂/噻嗪酮 5%、异丙威 20%/2013.12.31 至 2018.12.31/低毒

水稻 稻飞虱 450-562.5克/公顷 喷雾
PD20086334 马拉·杀螟松/12%/乳油/马拉硫磷 10%、杀螟硫磷 2%/2013.12.31 至 2018.12.31/低毒
水稻 稻纵卷叶螟、二化螟 216-270克/公顷 喷雾
PD20090072 噻嗪·杀虫单/70%/可湿性粉剂/噻嗪酮 10%、杀虫单 60%/2014.01.08 至 2019.01.08/中等毒
水稻 二化螟、飞虱 630-840克/公顷 喷雾
PD20090084 吡·井·杀虫单/42%/可湿性粉剂/吡虫啉 1%、井冈霉素 5%、杀虫单 36%/2014.01.08 至 2019.01.08/中等毒
水稻 稻纵卷叶螟、二化螟、飞虱、纹枯病 630-756克/公顷 喷雾
PD20090266 井冈·杀虫单/40%/可湿性粉剂/井冈霉素 5%、杀虫单 35%/2014.01.09 至 2019.01.09/中等毒
水稻 二化螟、纹枯病 720-840克/公顷 喷雾
PD20091469 二甲戊灵/330克/升/乳油/二甲戊灵 330克/升/2014.02.02 至 2019.02.02/低毒
甘蓝田 一年生杂草 618.75-742.5克/公顷 移栽前土壤喷雾
PD20091701 氰戊·马拉松/20%/乳油/马拉硫磷 15%、氰戊菊酯 5%/2014.02.03 至 2019.02.03/低毒
十字花科蔬菜 菜青虫、蚜虫 120-150克/公顷 喷雾
PD20092689 苏云·吡虫啉/2%/可湿性粉剂/吡虫啉 1.25%、苏云金杆菌 0.75%/2014.03.03 至 2019.03.03/低毒
水稻 二化螟、飞虱 15-30克/公顷 喷雾
PD20093303 咪鲜胺/25%/乳油/咪鲜胺 25%/2014.03.13 至 2019.03.13/低毒
柑橘(果实) 蒂腐病、绿霉病、青霉病、炭疽病 250-500毫克/千克 浸果
水稻 恶苗病 2000-4000倍液 浸种
PD20093342 高效氯氟氰菊酯/25克/升/乳油/高效氯氟氰菊酯 25克/升/2014.03.18 至 2019.03.18/中等毒
十字花科蔬菜 菜青虫、蚜虫 11.25-15克/公顷 喷雾
PD20093790 乙烯利/40%/水剂/乙烯利 40%/2014.03.25 至 2019.03.25/低毒
番茄 催熟 333.3-500毫克/千克(800-1200倍) 涂果法或喷雾法
PD20094191 氯氟吡氧乙酸异辛酯/200克/升/乳油/氯氟吡氧乙酸 200克/升/2014.03.30 至 2019.03.30/低毒
冬小麦田 一年生阔叶杂草 150-210克/公顷 茎叶喷雾
注:氯氟吡氧乙酸异辛酯含量:288克/升。
PD20094407 吡虫·异丙威/25%/可湿性粉剂/吡虫啉 5%、异丙威 20%/2009.04.01 至 2014.04.01/低毒
水稻 稻飞虱 112.5-150克/公顷 喷雾
PD20094661 精噁唑禾草灵/69克/升/水乳剂/精噁唑禾草灵 69克/升/2009.04.10 至 2014.04.10/低毒
冬小麦田 一年生禾本科杂草 41.4-62.1克/公顷 茎叶喷雾
PD20094853 三唑磷/20%/乳油/三唑磷 20%/2014.04.13 至 2019.04.13/中等毒
水稻 二化螟 202.5-303.75克/公顷 喷雾
PD20096102 唑磷·毒死蜱/25%/乳油/毒死蜱 5%、三唑磷 20%/2009.06.18 至 2014.06.18/中等毒
水稻 稻纵卷叶螟、二化螟、三化螟 300-375克/公顷 喷雾
PD20096196 氟乐·扑草净/48%/乳油/氟乐灵 36%、扑草净 12%/2009.07.13 至 2014.07.13/低毒
花生田、棉花田 一年生杂草 1080-1440克/公顷 土壤喷雾
夏大豆田 一年生杂草 864-1296克/公顷 土壤喷雾
PD20096451 吡虫啉/10%/可湿性粉剂/吡虫啉 10%/2009.08.05 至 2014.08.05/低毒
水稻 稻飞虱 15-30克/公顷 喷雾
PD20097250 烟嘧磺隆/40克/升/可分散油悬浮剂/烟嘧磺隆 40克/升/2009.10.19 至 2014.10.19/低毒
玉米田 一年生杂草 42-60克/公顷 茎叶喷雾
PD20097904 辛硫磷/3%/颗粒剂/辛硫磷 3%/2009.11.30 至 2014.11.30/低毒
花生 地老虎、金针虫、蝼蛄、蛴螬 2700-3600克/公顷 撒施
PD20100056 辛硫磷/40%/乳油/辛硫磷 40%/2010.01.04 至 2015.01.04/低毒
棉花 棉铃虫 300-375克/公顷 喷雾
PD20101006 吗胍·乙酸铜/20%/可湿性粉剂/盐酸吗啉胍 10%、乙酸铜 10%/2010.01.20 至 2015.01.20/低毒
番茄 病毒病 600—750克/公顷 喷雾
PD20121449 杀螺胺乙醇胺盐/25%/可湿性粉剂/杀螺胺乙醇胺盐 25%/2012.10.08 至 2017.10.08/低毒
水稻 福寿螺 375-450克/公顷 喷雾
PD20121812 苄嘧·丙草胺/35%/可湿性粉剂/苄嘧磺隆 2%、丙草胺 33%/2012.11.22 至 2017.11.22/低毒
直播水稻(南方) 一年生杂草 367.5-420克/公顷 喷雾
PD20130972 吡嘧磺隆/10%/可湿性粉剂/吡嘧磺隆 10%/2013.05.02 至 2018.05.02/低毒
移栽水稻田 稗草、莎草及阔叶杂草 22.5-30克/公顷 药土法
PD20131427 噻苯隆/50%/可湿性粉剂/噻苯隆 50%/2013.07.03 至 2018.07.03/低毒
棉花 脱叶 225—300克/公顷 喷雾
PD20131774 吡虫啉/70%/水分散粒剂/吡虫啉 70%/2013.09.06 至 2018.09.06/低毒
甘蓝 蚜虫 21-31.5克/公顷 喷雾
PD20132210 丙环·咪鲜胺/36%/悬浮剂/丙环唑 10%、咪鲜胺 26%/2013.10.29 至 2018.10.29/低毒
水稻 稻曲病、稻瘟病、纹枯病 216—270克/公顷 喷雾
LS20130017 苯磺·炔草酯/15%/可湿性粉剂/苯磺隆 5%、炔草酯 10%/2014.01.07 至 2015.01.07/低毒
小麦田 一年生杂草 67.5-90克/公顷 茎叶喷雾
LS20130264 甲维·茚虫威/10%/悬浮剂/甲氨基阿维菌素苯甲酸盐 3.5%、茚虫威 6.5%/2013.05.02 至 2014.05.02/低毒
水稻 稻纵卷叶螟 30-45克/公顷 喷雾

WP20090228 蚊香/0.25%/蚊香/富右旋反式烯丙菊酯 0.25%/2014.04.09 至 2019.04.09/微毒
卫生 蚊 / 点燃

江苏省扬州亿佳人日化有限公司 (江苏省扬州市邗江区杭集工业园三笑大道东侧 225111 0514-7271300)

WP20080369 杀虫气雾剂/0.55%/气雾剂/胺菊酯 0.3%、氯氰菊酯 0.25%/2008.12.10 至 2013.12.10/微毒
卫生 蚊、蝇、蜚蠊 / 喷雾
WP20080372 蚊香/0.25%/蚊香/富右旋反式烯丙菊酯 0.25%/2008.12.10 至 2013.12.10/微毒
卫生 蚊 / 点燃
WP20100098 电热蚊香液/0.86%/电热蚊香液/炔丙菊酯 0.86%/2010.07.07 至 2015.07.07/微毒
卫生 蚊 / 电热加温
WP20100099 电热蚊香片/10毫克/片/电热蚊香片/炔丙菊酯 10毫克/片/2010.07.13 至 2015.07.13/微毒
卫生 蚊 / 电热加温

江苏省宜兴市谷丰农业化学有限公司 (江苏省无锡市宜兴市宜城镇沧浦西路52号 214200 0510-87961783)

PD20090527 毒死蜱/480克/升/乳油/毒死蜱 480克/升/2009.01.12 至 2014.01.12/中等毒
水稻 稻纵卷叶螟 468-604.8克/公顷 喷雾
PD20094195 辛硫·三唑磷/40%/乳油/三唑磷 20%、辛硫磷 20%/2009.03.30 至 2014.03.30/中等毒
水稻 二化螟 360－480克/公顷 喷雾
PD20095073 草甘膦异丙胺盐/41%/水剂/草甘膦异丙胺盐 41%/2009.04.22 至 2014.04.22/微毒
非耕地 杂草 1230-1845克/公顷 喷雾法

江苏省宜兴市亚晶芯棒电器有限公司 (江苏省宜兴市丁蜀镇解放东路72号 214221 0510-87411786)

WP20120208 电热蚊香液/2.6%/电热蚊香液/Es-生物烯丙菊酯 2.6%/2012.10.30 至 2017.10.30/微毒
卫生 蚊 / 电热加温

江苏省宜兴市宜州化学制品有限公司 (江苏省无锡市宜兴市和桥镇工业区东区 214211 0510-87801463)

PD20082388 草甘膦异丙胺盐/41%/水剂/草甘膦异丙胺盐 41%/2013.12.01 至 2018.12.01/微毒
柑橘园 杂草 1230-2460克/公顷 定向茎叶喷雾
PD20083614 甲氰菊酯/20%/乳油/甲氰菊酯 20%/2013.12.12 至 2018.12.12/中等毒
甘蓝 菜青虫 60-90克/公顷 喷雾
PD20084743 甲氰·螨醇/20%/乳油/甲氰菊酯 2%、三氯杀螨醇 18%/2013.12.22 至 2018.12.22/低毒
柑橘树 红蜘蛛 166.7-250毫克/千克 喷雾
PD20085142 炔螨特/40%/乳油/炔螨特 40%/2013.12.23 至 2018.12.23/低毒
柑橘树 红蜘蛛 266-400毫克/千克 喷雾
PD20085525 氰戊菊酯/20%/乳油/氰戊菊酯 20%/2013.12.25 至 2018.12.25/低毒
十字花科蔬菜 菜青虫 90－120克/公顷 喷雾
PD20090511 氰戊·辛硫磷/25%/乳油/氰戊菊酯 6.25%、辛硫磷 18.75%/2014.01.12 至 2019.01.12/中等毒
十字花科蔬菜 菜青虫 112.5-187.5克/公顷 喷雾
PD20091047 噻嗪·杀扑磷/20%/乳油/噻嗪酮 15%、杀扑磷 5%/2014.01.21 至 2019.01.21/中等毒(原药高毒)
柑橘树 矢尖蚧 200-250毫克/千克 喷雾
PD20094019 阿维·高氯氟/2%/乳油/阿维菌素 0.3%、高效氯氟氰菊酯 1.7%/2014.03.27 至 2019.03.27/低毒(原药高毒)
甘蓝 菜青虫、小菜蛾 7.5-10.5克/公顷 喷雾
苹果树 红蜘蛛 10-13.3毫克/千克 喷雾
PD20096768 溴氰菊酯/25克/升/乳油/溴氰菊酯 25克/升/2009.09.15 至 2014.09.15/低毒
甘蓝 菜青虫 4.5-5.4克/公顷 喷雾
PD20097885 毒死蜱/40%/乳油/毒死蜱 40%/2009.11.20 至 2014.11.20/中等毒
水稻 稻纵卷叶螟 540－600克/公顷 喷雾
PD20130816 噻嗪·异丙威/25%/可湿性粉剂/噻嗪酮 5%、异丙威 20%/2013.04.22 至 2018.04.22/低毒
水稻 稻飞虱 450-562.5克/公顷 喷雾

江苏省宜兴兴农化工制品有限公司 (江苏省无锡市宜兴市万石镇漕南 214217 0510-87851001)

PD85154-58 氰戊菊酯/20%/乳油/氰戊菊酯 20%/2010.03.14 至 2015.03.14/中等毒
柑橘树 潜叶蛾 10-20毫克/千克 喷雾
果树 梨小食心虫 10-20毫克/千克 喷雾
棉花 红铃虫、蚜虫 75-150克/公顷 喷雾
蔬菜 菜青虫、蚜虫 60-120克/公顷 喷雾
PD20040152 氯氰菊酯/5%/乳油/氯氰菊酯 5%/2009.12.19 至 2014.12.19/中等毒
十字花科蔬菜 菜青虫 30-45克/公顷 喷雾
PD20040165 高效氯氰菊酯/4.5%/乳油/高效氯氰菊酯 4.5%/2009.12.19 至 2014.12.19/低毒
甘蓝 菜青虫 13.5-27克/公顷 喷雾
PD20040722 高氯·吡虫啉/3%/乳油/吡虫啉 1.5%、高效氯氰菊酯 1.5%/2009.12.19 至 2014.12.19/中等毒
十字花科蔬菜 菜青虫 11.25-22.5克/公顷 喷雾
PD20040792 哒螨灵/15%/乳油/哒螨灵 15%/2009.12.19 至 2014.12.19/中等毒
柑橘树 红蜘蛛 100-125毫克/千克 喷雾
PD20050045 氯氰菊酯/10%/乳油/氯氰菊酯 10%/2010.04.15 至 2015.04.15/中等毒
十字花科蔬菜 菜青虫 30-45克/公顷 喷雾
PD20080934 毒死蜱/40%/乳油/毒死蜱 40%/2013.07.17 至 2018.07.17/中等毒
棉花 棉铃虫、蚜虫 600-900克/公顷 喷雾

水稻 稻飞虱 600-780克/公顷 喷雾
PD20082042 高效氯氟氰菊酯/25克/升/乳油/高效氯氟氰菊酯 25克/升/2013.11.25 至 2018.11.25/中等毒
十字花科蔬菜 菜青虫 7.5-11.25克/公顷 喷雾
烟草 烟青虫 7.5-11.25克/公顷 喷雾
PD20082219 咪鲜胺/25%/乳油/咪鲜胺 25%/2013.11.26 至 2018.11.26/低毒
柑橘 绿霉病、青霉病 500毫克/千克 浸果
水稻 恶苗病 62.5-125毫克/千克 浸种
PD20082255 甲氰菊酯/20%/乳油/甲氰菊酯 20%/2013.11.27 至 2018.11.27/中等毒
苹果树 红蜘蛛 100-133.3毫克/千克 喷雾
PD20082689 百菌清/75%/可湿性粉剂/百菌清 75%/2013.12.05 至 2018.12.05/低毒
黄瓜 霜霉病 1462.5—1687.5克/公顷 喷雾
PD20082911 甲霜·锰锌/58%/可湿性粉剂/甲霜灵 10%、代森锰锌 48%/2013.12.09 至 2018.12.09/低毒
黄瓜 霜霉病 1305—1632克/公顷 喷雾
PD20082942 噁霜·锰锌/64%/可湿性粉剂/噁霜灵 8%、代森锰锌 56%/2013.12.09 至 2018.12.09/低毒
烟草 黑胫病 2160-2400克/公顷 喷雾
PD20083284 氯氰菊酯/92%/原药/氯氰菊酯 92%/2013.12.11 至 2018.12.11/中等毒
PD20083466 阿维·辛硫磷/15%/乳油/阿维菌素 0.1%、辛硫磷 14.9%/2013.12.12 至 2018.12.12/中等毒(原药高毒)
十字花科蔬菜 小菜蛾 157.5-225克/公顷 喷雾
PD20083555 甲基硫菌灵/70%/可湿性粉剂/甲基硫菌灵 70%/2013.12.12 至 2018.12.12/低毒
黄瓜 白粉病 420—504克/公顷 喷雾
PD20083603 氰戊·辛硫磷/30%/乳油/氰戊菊酯 5%、辛硫磷 25%/2013.12.12 至 2018.12.12/中等毒
棉花 棉铃虫 180-270克/公顷 喷雾
PD20083716 敌畏·毒死蜱/35%/乳油/敌敌畏 25%、毒死蜱 10%/2013.12.15 至 2018.12.15/中等毒
水稻 稻纵卷叶螟 525-630克/公顷 喷雾
PD20084141 精噁唑禾草灵/69克/升/水乳剂/精噁唑禾草灵 69克/升/2013.12.16 至 2018.12.16/低毒
冬小麦田 一年生禾本科杂草 41.4-62.1克/公顷 茎叶喷雾
PD20084244 高效氯氟氰菊酯/95%/原药/高效氯氟氰菊酯 95%/2013.12.17 至 2018.12.17/中等毒
PD20084622 溴氰菊酯/25克/升/乳油/溴氰菊酯 25克/升/2013.12.18 至 2018.12.18/中等毒
十字花科蔬菜 菜青虫 7.5-15克/公顷 喷雾
PD20085016 联苯菊酯/90%/原药/联苯菊酯 90%/2013.12.22 至 2018.12.22/中等毒
PD20085655 联苯菊酯/25克/升/乳油/联苯菊酯 25克/升/2013.12.26 至 2018.12.26/低毒
茶树 茶尺蠖 11.25-15克/公顷 喷雾
PD20085826 草甘膦异丙胺盐/41%/水剂/草甘膦异丙胺盐 41%/2013.12.29 至 2018.12.29/低毒
非耕地 一年生及部分多年生杂草 1125—3000克/公顷 茎叶喷雾
PD20085844 噻嗪·杀扑磷/20%/乳油/噻嗪酮 10%、杀扑磷 10%/2013.12.29 至 2018.12.29/中等毒(原药高毒)
柑橘树 矢尖蚧 200-250毫克/千克 喷雾
PD20085957 阿维·高氯/2%/乳油/阿维菌素 0.3%、高效氯氰菊酯 1.7%/2013.12.29 至 2018.12.29/低毒(原药高毒)
黄瓜 美洲斑潜蝇 15-30克/公顷 喷雾
PD20090131 吡虫·灭多威/10%/可湿性粉剂/吡虫啉 2%、灭多威 8%/2014.01.08 至 2019.01.08/中等毒(原药高毒)
棉花 蚜虫 30-60克/公顷 喷雾
PD20090198 苏云金杆菌/8000IU/毫克/可湿性粉剂/苏云金杆菌 8000IU/毫克/2014.01.08 至 2019.01.08/微毒
十字花科蔬菜 菜青虫 1500-2250克制剂/公顷 喷雾
水稻 . 稻纵卷叶螟 3000-4500克制剂/公顷 喷雾
PD20090677 溴氰菊酯/50克/升/乳油/溴氰菊酯 50克/升/2014.01.19 至 2019.01.19/中等毒
甘蓝 菜青虫 3.15-4.05克/公顷 喷雾
PD20090707 噻嗪·氧乐果/35%/乳油/噻嗪酮 15%、氧乐果 20%/2014.01.19 至 2019.01.19/中等毒(原药高毒)
水稻 飞虱 262.5-393.75克/公顷 喷雾
PD20091297 草甘膦异丙胺盐（41%）///水剂/草甘膦 30%/2014.02.01 至 2019.02.01/微毒
柑橘园 杂草 1200-2400克/公顷 喷雾
PD20091313 吡·井·杀虫单/42.5%/可湿性粉剂/吡虫啉 2%、井冈霉素 5%、杀虫单 35.5%/2014.02.01 至 2019.02.01/中等毒
水稻 稻纵卷叶螟、飞虱、纹枯病 637.5-765克/公顷 喷雾
PD20093091 三唑磷/10%/乳油/三唑磷 10%/2009.03.09 至 2014.03.09/低毒
水稻 二化螟 225-300克/公顷 喷雾
PD20098217 吗胍·乙酸铜/20%/可湿性粉剂/盐酸吗啉胍 10%、乙酸铜 10%/2009.12.16 至 2014.12.16/低毒
番茄 病毒病 450-750克/公顷 喷雾
PD20100226 哒·矿物油/34%/乳油/哒螨灵 4%、矿物油 30%/2010.01.11 至 2015.01.11/低毒
柑橘树 红蜘蛛 170-340毫克/千克 喷雾
PD20101187 辛硫·三唑磷/20%/乳油/三唑磷 10%、辛硫磷 10%/2010.01.28 至 2015.01.28/中等毒
水稻 二化螟 360-510克/公顷 喷雾
PD20120922 阿维菌素/1.8%/乳油/阿维菌素 1.8%/2012.06.04 至 2017.06.04/低毒(原药高毒)
菜豆 美洲斑潜蝇 6-7.5克/公顷 喷雾
PD20121274 草甘膦铵盐/68%/可溶粒剂/草甘膦 68%/2012.09.06 至 2017.09.06/低毒
非耕地 杂草 1020-2040g/ha 定向茎叶喷雾

注:草甘膦铵盐含量:74.7%。
PD20130538 己唑醇/5%/悬浮剂/己唑醇 5%/2013.04.01 至 2018.04.01/低毒
水稻 纹枯病 68-75克/公顷 喷雾
PD20131584 高效氯氟氰菊酯/2.5%/水乳剂/高效氯氟氰菊酯 2.5%/2013.07.23 至 2018.07.23/中等毒
甘蓝 蚜虫 5.625-9.375克/公顷 喷雾
PD20132020 草甘膦铵盐/50%/可溶粉剂/草甘膦 50%/2013.10.21 至 2018.10.21/低毒
非耕地 杂草 1125-2250克/公顷 喷雾
注:草甘膦铵盐含量：55%。

江苏省张家港市美佳乐气雾剂制造有限公司 (江苏省苏州市张家港市妙桥镇工业西区 215615 0512-58460158)

WP20110254 杀虫气雾剂/0.48%/气雾剂/富右旋反式烯丙菊酯 0.16%、氯菊酯 0.32%/2011.11.18 至 2016.11.18/微毒
卫生 蚊、蝇、蜚蠊 / 喷雾
WP20110256 杀虫气雾剂/0.45%/气雾剂/富右旋反式烯丙菊酯 0.15%、高效氯氰菊酯 0.05%、氯菊酯 0.25%/2011.11.18 至2016.11.18/微毒
卫生 蚊、蝇、蜚蠊 / 喷雾
WP20120002 蚊香/0.3%/蚊香/富右旋反式烯丙菊酯 0.3%/2012.01.10 至 2017.01.10/微毒
卫生 蚊 / 点燃
注:本产品有三种香型：桂花香型、檀香型、薰衣草香型。

江苏省镇江豪威杀虫消毒用品有限责任公司 (镇江市经济开发区社湖新村23幢205号 212000 0511-5015398)

WP20080185 杀蟑饵剂/2%/饵剂/乙酰甲胺磷 2%/2013.11.19 至 2018.11.19/低毒
卫生 蜚蠊 / 投放
WP20080193 胺·氯菊/7%/可溶液剂/胺菊酯 3%、氯菊酯 4%/2013.11.20 至 2018.11.20/低毒
卫生 蚊、蝇 玻璃面：21毫克/平方米；木板面：42毫克/平方米；白灰面：70毫克/平方米 滞留喷洒
WP20080255 杀虫颗粒剂/5%/颗粒剂/倍硫磷 5%/2013.11.26 至 2018.11.26/低毒
卫生 蚊(幼虫) 17-20克制剂/平方米 撒布
卫生 蝇(幼虫) 40克制剂/平方米 撒布

江苏省镇江江南化工有限公司 (江苏省镇江市新区国际化学工业园内 212152 0511-83366262)

PD86158-2 三乙膦酸铝/95%、87%/原药/三乙膦酸铝 95%、87%/2011.08.09 至 2016.08.09/低毒
PD92103-6 草甘膦/95%,93%,90%/原药/草甘膦 95%,93%,90%/2012.07.31 至 2017.07.31/低毒
PD20081948 草甘膦异丙胺盐/30%/水剂/草甘膦 30%/2013.11.24 至 2018.11.24/低毒
非耕地、柑橘园 杂草 1125-2250克/公顷 杂草茎叶喷雾
注:草甘膦异丙胺盐含量为：41%，产品浓度为：480克/升。
PD20085882 三乙膦酸铝/80%/可湿性粉剂/三乙膦酸铝 80%/2013.12.29 至 2018.12.29/低毒
黄瓜 霜霉病 2200-2800克/公顷 喷雾
PD20086175 草甘膦铵盐/68%/可溶粒剂/草甘膦 68%/2013.12.30 至 2018.12.30/低毒
非耕地 杂草 1135.5-1816.8克/公顷 茎叶喷雾
柑橘园 杂草 1135.5-2271克/公顷 定向茎叶喷雾
注:草甘膦铵盐含量：75.7%。
PD20101770 草甘膦异丙胺盐(62%)///水剂/草甘膦 46%/2010.07.07 至 2015.07.07/微毒
非耕地 杂草 1125-3000克/公顷 茎叶喷雾
PD20111447 草甘膦铵盐/30%/水剂/草甘膦 30%/2011.12.30 至 2016.12.30/低毒
茶树、甘蔗地、果园、剑麻园、林木、桑树、橡胶树 一年生杂草和多年生恶性杂草 250-500毫升/亩 喷雾
注:草甘膦铵盐含量：33%。

江苏省镇江市长江卫生用品有限公司 (江苏省镇江市丁卯桥41号 212003 0511-8883170)

WP20120105 杀蟑饵剂/0.3%/饵剂/胺菊酯 0.15%、氯菊酯 0.15%/2012.06.04 至 2017.06.04/低毒
卫生 蜚蠊 / 投放

江苏省镇江市丹徒区利民卫生用品厂 (江苏省镇江市丹徒区宝埝镇 212125 0511-4426931)

WP20090007 杀蟑饵剂/1.5%/饵剂/乙酰甲胺磷 1.5%/2014.01.04 至 2019.01.04/低毒
卫生 蜚蠊 / 投放

江苏省镇江先锋化学有限公司 (江苏省镇江市解放路22号京城大厦2406室 212114 0511-88692619)

PD20083066 苯磺隆/95%/原药/苯磺隆 95%/2013.12.10 至 2018.12.10/低毒
PD20097126 苯磺隆/75%/水分散粒剂/苯磺隆 75%/2009.10.16 至 2014.10.16/低毒
冬小麦田 一年生阔叶杂草 11.25-16.875克/公顷 茎叶喷雾
PD20097908 烟嘧磺隆/40克/升/可分散油悬浮剂/烟嘧磺隆 40克/升/2009.11.30 至 2014.11.30/微毒
玉米田 一年生杂草 48-60克/公顷 茎叶喷雾
PD20121441 吡虫啉/70%/水分散粒剂/吡虫啉 70%/2012.10.08 至 2017.10.08/低毒
甘蓝 蚜虫 10.5-21克/公顷 喷雾
PD20130933 环嗪酮/75%/水分散粒剂/环嗪酮 75%/2013.04.28 至 2018.04.28/低毒
森林防火道 杂草 1800-2250克/公顷 茎叶喷雾
PD20131668 氯嘧磺隆/25%/水分散粒剂/氯嘧磺隆 25%/2013.08.06 至 2018.08.06/微毒

注:专供出口，不得在国内销。

江苏省镇江振邦化工有限公司　(江苏省镇江市北门坡51号　212001　0511-5233677)

PD85133-3　福美双/95%/原药/福美双 95%/2010.07.13 至 2015.07.13/中等毒

江苏省邳州市金地农化有限公司　(江苏省徐州市邳州市岱山工业园区　221362　0516-86091154)

PD20040135　甲拌磷/3%/颗粒剂/甲拌磷 3%/2009.12.19 至 2014.12.19/中等毒
棉花　蚜虫　1125-1875克/公顷　沟施、穴施

PD20082181　氰戊·辛硫磷/25%/乳油/氰戊菊酯 6.25%、辛硫磷 18.75%/2013.12.01 至 2018.12.01/中等毒
棉花　棉铃虫　300-375克/公顷　喷雾

PD20084859　辛硫磷/3%/颗粒剂/辛硫磷 3%/2013.12.22 至 2018.12.22/低毒
花生　金针虫、蝼蛄、蛴螬　2250-3600克/公顷　撒施

江苏省泗洪县农药厂　(江苏省宿迁市泗洪县青阳南路　223900　0527-6261364)

PD84104-62　杀虫双/18%/水剂/杀虫双 18%/2009.12.22 至 2014.12.22/中等毒
甘蔗、蔬菜、水稻、小麦、玉米　多种害虫　540-675克/公顷　喷雾
果树　多种害虫　225-360毫克/千克　喷雾

PD20083896　氰戊·乐果/25%/乳油/乐果 22.8%、氰戊菊酯 2.2%/2013.12.15 至 2018.12.15/中等毒
十字花科叶菜　菜青虫、蚜虫　180-300克/公顷　喷雾

江苏省泗阳县鼠药厂　(江苏省泗阳县工业园东区　223700　0527-5377667)

PD20070322　溴敌隆/98%/原药/溴敌隆 98%/2012.09.27 至 2017.09.27/剧毒

PD20070323　溴鼠灵/98%/原药/溴鼠灵 98%/2012.09.27 至 2017.09.27/剧毒

PD20081024　溴敌隆/0.5%/母液/溴敌隆 0.5%/2013.08.06 至 2018.08.06/中等毒(原药剧毒)
农田　害鼠　配成0.005%毒饵1500-2250克/公顷　投放毒饵

PD20081101　溴鼠灵/0.5%/母液/溴鼠灵 0.5%/2013.08.18 至 2018.08.18/中等毒(原药剧毒)
农田　田鼠　配成0.005%毒饵1500-2250克/公顷　投放毒饵

PD20081102　溴鼠灵/0.005%/毒饵/溴鼠灵 0.005%/2013.08.18 至 2018.08.18/低毒(原药剧毒)
室内　家鼠　饱和投饵　投饵

PD20081154　杀鼠灵/97%/原药/杀鼠灵 97%/2013.09.02 至 2018.09.02/高毒

PD20083600　杀鼠醚/98%/原药/杀鼠醚 98%/2013.12.12 至 2018.12.12/剧毒

江苏省溧阳市新球农药化工有限公司　(江苏省常州市溧阳市溧城镇歌岐路55号　213300　0519-7207031)

PD85157-24　辛硫磷/40%/乳油/辛硫磷 40%/2011.03.11 至 2016.03.11/低毒
茶树、桑树　食叶害虫　200-400毫克/千克　喷雾
果树　食心虫、蚜虫、螨　200-400毫克/千克　喷雾
林木　食叶害虫　3000-6000克/公顷　喷雾
棉花　棉铃虫、蚜虫　300-600克/公顷　喷雾
蔬菜　菜青虫　300-450克/公顷　喷雾
烟草　食叶害虫　300-600克/公顷　喷雾
玉米　玉米螟　450-600克/公顷　灌心叶

PD20040203　高效氯氰菊酯/4.5%/乳油/高效氯氰菊酯 4.5%/2009.12.19 至 2014.12.19/中等毒
棉花　棉铃虫　20.25-33.75克/公顷　喷雾
十字花科蔬菜　菜青虫　20.25-27克/公顷　喷雾

PD20040328　吡虫啉/10%/可湿性粉剂/吡虫啉 10%/2009.12.19 至 2014.12.19/低毒
水稻　飞虱　15-30克/公顷　喷雾

PD20040540　杀虫单/80%/可溶粉剂/杀虫单 80%/2009.12.19 至 2014.12.19/中等毒
水稻　稻纵卷叶螟　480-600克/公顷　喷雾

PD20040640　吡虫·杀虫单/50%/可湿性粉剂/吡虫啉 1.3%、杀虫单 48.7%/2009.12.19 至 2014.12.19/中等毒
水稻　稻飞虱、稻纵卷叶螟　450-750克/公顷　喷雾

PD20040650　三唑磷/20%/乳油/三唑磷 20%/2009.12.19 至 2014.12.19/中等毒
水稻　三化螟　300-450克/公顷　喷雾

PD20080986　噻吩磺隆/15%/可湿性粉剂/噻吩磺隆 15%/2013.07.24 至 2018.07.24/微毒
夏玉米田　一年生阔叶杂草　22.5-29.3克/公顷　茎叶喷雾

PD20083678　苄嘧磺隆/10%/可湿性粉剂/苄嘧磺隆 10%/2013.12.15 至 2018.12.15/低毒
水稻移栽田　阔叶杂草及一年生莎草　22.5-45 克/公顷　毒土法

PD20083916　氯氰·辛硫磷/30%/乳油/氯氰菊酯 2%、辛硫磷 28%/2013.12.15 至 2018.12.15/中等毒
棉花　棉铃虫　225-315克/公顷　喷雾

PD20084145　甲氰菊酯/20%/乳油/甲氰菊酯 20%/2013.12.16 至 2018.12.16/中等毒
十字花科蔬菜　菜青虫　90-120克/公顷　喷雾

PD20084345　毒死蜱/480克/升/乳油/毒死蜱 480克/升/2013.12.17 至 2018.12.17/中等毒
水稻　稻纵卷叶螟　576-648克/公顷　喷雾

PD20085234　甲氰·辛硫磷/25%/乳油/甲氰菊酯 5%、辛硫磷 20%/2013.12.23 至 2018.12.23/中等毒
棉花　棉铃虫　281.25-375克/公顷　喷雾

PD20091572　精喹禾灵/5%/乳油/精喹禾灵 5%/2014.02.03 至 2019.02.03/微毒
春油菜　一年生禾本科杂草　52.5-75克/公顷　茎叶喷雾
冬油菜田　一年生禾本科杂草　45-52.5克/公顷　茎叶喷雾

PD20092193 苯磺隆/10%/可湿性粉剂/苯磺隆 10%/2014.02.23 至 2019.02.23/低毒
春小麦田 一年生阔叶杂草 22.5-30克/公顷(东北地区) 茎叶喷雾
冬小麦田 一年生阔叶杂草 13.5-22.5克/公顷(其它地区) 茎叶喷雾
PD20094030 胺苯磺隆/25%/可湿性粉剂/胺苯磺隆 25%/2009.03.27 至 2013.12.31/低毒
冬油菜田 一年生阔叶杂草 18.75-22.5克/公顷(南方地区) 喷雾
PD20094937 高效氯氟氰菊酯/2.5%/乳油/高效氯氟氰菊酯 2.5%/2009.04.13 至 2014.04.13/中等毒
甘蓝 菜青虫 7.5-15克/公顷 喷雾
PD20095179 井·噻·杀虫单/48%/可湿性粉剂/井冈霉素 6%、噻嗪酮 7%、杀虫单 35%/2014.04.24 至 2019.04.24/中等毒
水稻 二化螟、飞虱、纹枯病 720-864克/公顷 喷雾
PD20097923 苄嘧·苯噻酰/53%/可湿性粉剂/苯噻酰草胺 50%、苄嘧磺隆 3%/2009.11.30 至 2014.11.30/低毒
水稻移栽田 一年生及部分多年生杂草 318-397.5克/公顷(南方地区) 药土法
PD20100814 噻嗪酮/25%/可湿性粉剂/噻嗪酮 25%/2010.01.19 至 2015.01.19/低毒
水稻 稻飞虱 187.5-262.5克/公顷 喷雾
PD20100904 莠去津/38%/悬浮剂/莠去津 38%/2010.01.19 至 2015.01.19/低毒
春玉米田 一年生杂草 1710-1995克/公顷 播后苗期土壤喷雾
PD20101735 丙草胺/30%/乳油/丙草胺 30%/2010.06.28 至 2015.06.28/低毒
直播水稻(南方) 一年生杂草 450-562.5克/公顷 喷雾
PD20130257 辛硫磷/92%/原药/辛硫磷 92%/2013.02.06 至 2018.02.06/低毒

江苏省溧阳中南化工有限公司 (江苏省常州市溧阳市上黄镇 213314 0519-7390137)

PD20050113 吡虫·杀虫单/50%/可湿性粉剂/吡虫啉 1.3%、杀虫单 48.7%/2010.08.15 至 2015.08.15/中等毒
水稻 稻飞虱、稻纵卷叶螟、二化螟、三化螟 450-750克/公顷 喷雾
PD20050114 吡虫·杀虫单/40%/可湿性粉剂/吡虫啉 1%、杀虫单 39%/2010.08.15 至 2015.08.15/中等毒
水稻 稻飞虱、稻纵卷叶螟、二化螟、三化螟 450-750克/公顷 喷雾
PD20082707 毒死蜱/480克/升/乳油/毒死蜱 480克/升/2013.12.05 至 2018.12.05/中等毒
水稻 稻飞虱、稻纵卷叶螟 468-612克/公顷 喷雾
PD20083264 噻嗪酮/25%/可湿性粉剂/噻嗪酮 25%/2013.12.11 至 2018.12.11/低毒
茶树 小绿叶蝉 150-187.5克/公顷 喷雾
水稻 稻飞虱 150-187.5克/公顷 喷雾
PD20086165 溴氰 ·敌敌畏/25%/乳油/敌敌畏 24.5%、溴氰菊酯 0.5%/2013.12.30 至 2018.12.30/中等毒
十字花科蔬菜 菜青虫 187.5-281.25克/公顷 喷雾
PD20090312 井·噻·杀虫单/52%/可湿性粉剂/井冈霉素 6%、噻嗪酮 7%、杀虫单 39%/2014.01.12 至 2019.01.12/中等毒
水稻 飞虱、螟虫、纹枯病 780-936克/公顷 喷雾
PD20094850 井冈·蜡芽菌/40%/可湿性粉剂/井冈霉素 8%、蜡质芽孢杆菌 32%/2014.04.13 至 2019.04.13/低毒
水稻 纹枯病 300-360克/公顷 喷雾
PD20096445 吡虫啉/10%/可湿性粉剂/吡虫啉 10%/2009.08.05 至 2014.08.05/低毒
水稻 稻飞虱 15-30克/公顷 喷雾
PD20131357 井冈·蜡芽菌///水剂/井冈霉素A 5%、蜡质芽孢杆菌 10亿个/毫升/2013.06.20 至 2018.06.20/微毒
水稻 纹枯病 52.5—67.5克/公顷 喷雾
PD20131645 井冈·苯醚甲/12%/可湿性粉剂/苯醚甲环唑 4%、井冈霉素A 8%/2013.07.31 至 2018.07.31/微毒
水稻 稻曲病、纹枯病 54—72克/公顷 喷雾
PD20131659 甲维·毒死蜱/30%/可湿性粉剂/毒死蜱 28%、甲氨基阿维菌素苯甲酸盐 2%/2013.08.01 至 2018.08.01/低毒
水稻 稻纵卷叶螟 180-270克/公顷 喷雾
PD20131868 井冈·蛇床素/6%/可湿性粉剂/井冈霉素A 5.9%、蛇床子素 0.1%/2013.09.25 至 2018.09.25/低毒
水稻 纹枯病 45—54克/公顷 喷雾
LS20120401 甲维·杀虫单/60%/可湿性粉剂/甲氨基阿维菌素苯甲酸盐 1%、杀虫单 59%/2013.12.12 至 2014.12.12/中等毒
水稻 稻纵卷叶螟 540—630克/公顷 喷雾
LS20130405 噻呋·戊唑醇/27%/悬浮剂/噻呋酰胺 9%、戊唑醇 18%/2013.07.29 至 2014.07.29/低毒
水稻 纹枯病 90-135克/公顷 喷雾

江苏苏滨生物农化有限公司 (江苏省盐城市滨海县经济开发区沿海工业园 224500 0515-82081982)

PD20080343 多菌灵/25%/可湿性粉剂/多菌灵 25%/2013.02.26 至 2018.02.26/低毒
小麦 赤霉病 750-937.5克/公顷 喷雾
PD20084697 吡虫啉/10%/可湿性粉剂/吡虫啉 10%/2013.12.22 至 2018.12.22/低毒
水稻 稻飞虱 15-30克/公顷 喷雾
PD20091631 井冈·蜡芽菌/15%/可溶粉剂/井冈霉素 10%、蜡质芽孢杆菌 5%/2014.02.03 至 2019.02.03/低毒
水稻 稻曲病 112.5-157.5克/公顷 喷雾
水稻 纹枯病 90-135克/公顷 喷雾
PD20093446 毒·辛/25%/乳油/毒死蜱 7%、辛硫磷 18%/2014.03.23 至 2019.03.23/中等毒
水稻 稻纵卷叶螟 450-562.5克/公顷 喷雾
PD20096038 井冈·枯芽菌///水剂/井冈霉素 2.5%、枯草芽孢杆菌 100亿活芽孢/毫升/2009.06.15 至 2014.06.15/低毒
水稻 稻曲病、纹枯病 3000-3600毫升制剂/公顷 喷雾
PD20097374 喹硫磷/10%/乳油/喹硫磷 10%/2009.10.28 至 2014.10.28/中等毒
水稻 稻纵卷叶螟 150-180克/公顷 喷雾
PD20110505 吡虫啉/70%/水分散粒剂/吡虫啉 70%/2011.05.03 至 2016.05.03/低毒

	水稻	飞虱	31.5-45克/公顷	喷雾
PD20110715	己唑醇/25%/悬浮剂/己唑醇 25%/2011.07.07 至 2016.07.07/低毒			
	黄瓜	白粉病	21.6—50.4克/公顷	喷雾
PD20120710	吡虫·异丙威/25%/可湿性粉剂/吡虫啉 5%、异丙威 20%/2012.04.18 至 2017.04.18/低毒			
	水稻	稻飞虱	112.5-150克/公顷	喷雾
PD20120862	高效氯氟氰菊酯/96%/原药/高效氯氟氰菊酯 96%/2012.05.23 至 2017.05.23/中等毒			
PD20120896	甲维·仲丁威/25%/乳油/甲氨基阿维菌素苯甲酸盐 0.4%、仲丁威 24.6%/2012.05.24 至 2017.05.24/低毒			
	水稻	稻纵卷叶螟	225-262.5克/公顷	喷雾
PD20120912	嘧菌酯/96%/原药/嘧菌酯 96%/2012.05.31 至 2017.05.31/低毒			
PD20121058	吡虫啉/98%/原药/吡虫啉 98%/2012.07.12 至 2017.07.12/中等毒			
PD20121124	戊唑醇/430克/升/悬浮剂/戊唑醇 430克/升/2012.07.30 至 2017.07.30/低毒			
	水稻	稻曲病、纹枯病	97-129克/公顷	喷雾
PD20121431	戊唑醇/96%/原药/戊唑醇 96%/2012.10.08 至 2017.10.08/低毒			
PD20121574	啶虫脒/99%/原药/啶虫脒 99%/2012.10.25 至 2017.10.25/中等毒			
PD20121919	吡虫啉/600克/升/悬浮剂/吡虫啉 600克/升/2012.12.07 至 2017.12.07/低毒			
	水稻	飞虱	36-45克/公顷	喷雾
PD20121953	甲氨基阿维菌素苯甲酸盐/5%/水分散粒剂/甲氨基阿维菌素 5%/2012.12.12 至 2017.12.12/低毒			
	甘蓝	甜菜夜蛾	3-3.75克/公顷	喷雾
	注:甲氨基阿维菌素苯甲酸盐含量:5.7%。			
PD20130589	嘧菌酯/250克/升/悬浮剂/嘧菌酯 250克/升/2013.04.02 至 2018.04.02/低毒			
	葡萄	白腐病	200-300毫克/千克	喷雾
PD20130968	噻嗪·仲丁威/25%/乳油/噻嗪酮 5%、仲丁威 20%/2013.05.02 至 2018.05.02/低毒			
	水稻	稻飞虱	225-281.25克/公顷	喷雾
PD20130976	多效唑/25%/悬浮剂/多效唑 25%/2013.05.02 至 2018.05.02/低毒			
	苹果树	调节生长	50-90毫克/千克	沟施，覆土
PD20131364	噻虫嗪/25%/水分散粒剂/噻虫嗪 25%/2013.06.20 至 2018.06.20/低毒			
	水稻	稻飞虱	7.5-15克/公顷	喷雾
PD20131607	茚虫威/71.2%/母药/茚虫威 71.2%/2013.07.29 至 2018.07.29/中等毒			
PD20131609	噻虫嗪/98%/原药/噻虫嗪 98%/2013.07.29 至 2018.07.29/低毒			
PD20132187	咪鲜·己唑醇/20%/可湿性粉剂/己唑醇 1.5%、咪鲜胺锰盐 18.5%/2013.10.29 至 2018.10.29/低毒			
	水稻	稻瘟病	120-150克/公顷	喷雾
	水稻	纹枯病	60—120克/公顷	喷雾
PD20132228	枯草芽孢杆菌/1000亿个/克/可湿性粉剂/枯草芽孢杆菌 1000亿个/克/2013.11.05 至 2018.11.05/低毒			
	水稻	纹枯病	9-12克制剂/亩	喷雾
江苏苏中农药化工厂 （江苏省泰州市泰兴市黄桥镇印三路2号 225411 0523-7227293）				
PD84111-49	氧乐果/40%/乳油/氧乐果 40%/2009.12.20 至 2014.12.20/高毒			
	棉花	蚜虫、螨	375-600克/公顷	喷雾
	森林	松干蚧、松毛虫	500倍液	喷雾或直接涂树干
	水稻	稻纵卷叶螟、飞虱	375-600克/公顷	喷雾
	小麦	蚜虫	300-450克/公顷	喷雾
PD84118-13	多菌灵/25%/可湿性粉剂/多菌灵 25%/2009.12.20 至 2014.12.20/低毒			
	果树	病害	0.05-0.1%药液	喷雾
	花生	倒秧病	750克/公顷	喷雾
	麦类	赤霉病	750克/公顷	喷雾,泼浇
	棉花	苗期病害	500克/100千克种子	拌种
	水稻	稻瘟病、纹枯病	750克/公顷	喷雾,泼浇
	油菜	菌核病	1125-1500克/公顷	喷雾
PD85105-77	敌敌畏/77.5%/乳油/敌敌畏 77.5%/2010.01.27 至 2015.01.27/中等毒			
	茶树	食叶害虫	600克/公顷	喷雾
	粮仓	多种储藏害虫	1)400-500倍液 2)0.4-0.5克/立方米	1)喷雾 2)挂条熏蒸
	棉花	蚜虫、造桥虫	600-1200克/公顷	喷雾
	苹果树	小卷叶蛾、蚜虫	400-500毫克/千克	喷雾
	青菜	菜青虫	600克/公顷	喷雾
	桑树	尺蠖	600克/公顷	喷雾
	卫生	多种卫生害虫	1)300-400倍液 2)0.08克/立方米	1)泼洒 2)挂条熏蒸
	小麦	黏虫、蚜虫	600克/公顷	喷雾
PD85166-5	绿麦隆/25%/可湿性粉剂/绿麦隆 25%/2010.09.26 至 2015.09.26/低毒			
	大麦、小麦、玉米	一年生杂草	1500-3000克/公顷(北方地区) 600-1500克/公顷(南方地区)	播后苗前或苗期喷雾
PD20040107	三唑酮/20%/乳油/三唑酮 20%/2009.12.19 至 2014.12.19/低毒			
	小麦	白粉病	120-127.5克/公顷	喷雾

PD20040168　吡虫啉/10%/可湿性粉剂/吡虫啉 10%/2009.12.19 至 2014.12.19/低毒
水稻　飞虱　15-30克/公顷　喷雾
PD20070517　噻嗪酮/25%/可湿性粉剂/噻嗪酮 25%/2012.11.28 至 2017.11.28/低毒
水稻　稻飞虱　75-112.5克/公顷　喷雾
PD20080781　硫磺·三环唑/45%/可湿性粉剂/硫磺 40%、三环唑 5%/2013.06.20 至 2018.06.20/低毒
水稻　稻瘟病　810-1215克/公顷　喷雾
PD20081152　三环唑/20%/可湿性粉剂/三环唑 20%/2013.09.02 至 2018.09.02/中等毒
水稻　稻瘟病　225-300克/公顷　喷雾
PD20082923　啶虫脒/3%/可湿性粉剂/啶虫脒 3%/2013.12.09 至 2018.12.09/低毒
柑橘　蚜虫　8.6-12毫克/千克　喷雾
PD20095293　三唑磷/20%/乳油/三唑磷 20%/2009.04.27 至 2014.04.27/中等毒
水稻　三化螟　360-450克/公顷　喷雾
PD20100959　多菌灵/80%/可湿性粉剂/多菌灵 80%/2010.01.19 至 2015.01.19/低毒
水稻　稻瘟病　750—900克公顷　喷雾
PD20100962　速灭·硫酸铜/74%/可湿性粉剂/速灭威 0.1%、硫酸铜 73.9%/2010.01.19 至 2015.01.19/低毒
旱地(棉花田)　蜗牛　3108-3663克/公顷　喷雾

江苏苏州佳辉化工有限公司　(江苏省苏州市相城区东桥镇　215152　0512-65371841)

PD85150-32　多菌灵/50%/可湿性粉剂/多菌灵 50%/2010.07.15 至 2015.07.15/低毒
果树　病害　0.05-0.1%药液　喷雾
花生　倒秧病　750克/公顷　喷雾
麦类　赤霉病　750克/公顷　喷雾、泼浇
棉花　苗期病害　500克/100千克种子　拌种
水稻　稻瘟病、纹枯病　750克/公顷　喷雾、泼浇
油菜　菌核病　1125-1500克/公顷　喷雾
PD92103-16　草甘膦/95%,93%,90%/原药/草甘膦 95%,93%,90%/2012.08.27 至 2017.08.27/低毒
PD20040127　高效氯氰菊酯/4.5%/乳油/高效氯氰菊酯 4.5%/2009.12.19 至 2014.12.19/低毒
十字花科蔬菜　菜青虫　20.25-33.75克/公顷　喷雾
PD20040760　吡虫啉/10%/可湿性粉剂/吡虫啉 10%/2009.12.19 至 2014.12.19/低毒
水稻　飞虱　15-30克/公顷　喷雾
PD20060064　百草枯/200克/升/水剂/百草枯 200克/升/2012.12.31 至 2014.07.01/中等毒
稻茬免耕小麦田、稻茬免耕油菜田、棉花田、玉米田　杂草　450-600克/公顷　定向茎叶喷雾
柑橘园　杂草　600-750克/公顷　定向茎叶喷雾
棉花　枯叶　300-450克/公顷　定向茎叶喷雾
PD20080492　百草枯/42%/母药/百草枯 42%/2013.04.07 至 2014.04.07/中等毒
PD20081001　草甘膦异丙胺盐/41%/水剂/草甘膦异丙胺盐 41%/2013.08.06 至 2018.08.06/低毒
柑橘园　杂草　1230-2460克/公顷　定向茎叶喷雾
PD20081365　草甘膦异丙胺盐(41%)///水剂/草甘膦 30%/2013.10.22 至 2018.10.22/低毒
茶园、甘蔗田、果园、剑麻、林木、苹果园、桑树、橡胶园　杂草　1125-2250克/公顷　定向茎叶喷雾
棉花田　杂草　922.5-1230克/公顷　定向茎叶喷雾
PD20081419　百菌清/75%/可湿性粉剂/百菌清 75%/2013.10.31 至 2018.10.31/低毒
番茄　灰霉病　1350-2250克/公顷　喷雾
黄瓜　霜霉病　1350-2250克/公顷　喷雾
PD20084093　百草枯/200克/升/水剂/百草枯 200克/升/2012.12.31 至 2014.07.01/中等毒
柑橘园　杂草　600-900克/公顷　定向茎叶喷雾
玉米田　杂草　450-600克/公顷　定向茎叶喷雾
PD20084644　毒死蜱/480克/升/乳油/毒死蜱 480克/升/2013.12.18 至 2018.12.18/中等毒
柑橘　矢尖蚧　300—600毫克/千克　喷雾
棉花　蚜虫　720-900克/公顷　喷雾
苹果　桃小食心虫　180—225毫克/千克　喷雾
苹果　绵蚜　225—300毫克/千克　喷雾
水稻　稻飞虱、稻纵卷叶螟　432—576克/公顷　喷雾
小麦　蚜虫　216—288克/公顷　喷雾
PD20091382　2甲·草甘膦/47%/水剂/草甘膦异丙胺盐 40.5%、2甲4氯异丙胺盐 6.5%/2014.02.02 至 2019.02.02/低毒
柑橘园　杂草　1822.5-3037.5克/公顷　定向喷雾
PD20094612　烯草酮/240克/升/乳油/烯草酮 240克/升/2014.04.10 至 2019.04.10/低毒
大豆田　一年生禾本科杂草　108-144克/公顷　茎叶喷雾
油菜田　一年生禾本科杂草　54-90克/公顷　茎叶喷雾
PD20097713　野麦畏/37%/乳油/野麦畏 37%/2009.11.04 至 2014.11.04/低毒
小麦田　野燕麦　900-1500克/公顷　土壤处理

PD20101904 草甘膦异丙胺盐(62%)///母药/草甘膦 46%/2010.08.27 至 2015.08.27/低毒

PD20120206 百草枯/250克/升/水剂/百草枯 250克/升/2012.12.31 至 2014.07.01/中等毒

非耕地 杂草 600-750克/公顷 定向茎叶喷雾

PD20121222 草甘膦铵盐/68%/可溶粒剂/草甘膦 68%/2012.08.10 至 2017.08.10/低毒

非耕地 杂草 1120.5-2241克/公顷 喷雾

注:草甘膦铵盐含量: 74.7%。

PD20121380 草甘膦铵盐/50%/可溶粉剂/草甘膦 50%/2012.09.13 至 2017.09.13/低毒

非耕地 杂草 1125-2250克/公顷 茎叶喷雾

注:草甘膦铵盐含量:55%

PD20131406 2甲·草甘膦/40.5%/水剂/草甘膦 34%、2甲4氯 6.5%/2013.07.02 至 2018.07.02/低毒

注:专供出口，不得在国销售。草甘膦异丙胺盐含量: 45.9%。2甲4氯异丙胺盐含量: 8.4%。

PD20132367 毒死蜱/15%/颗粒剂/毒死蜱 15%/2013.11.20 至 2018.11.20/低毒

花生 蛴螬 2250-2812.5克/公顷 撒施

LS20110295 氟咯草酮/95%/原药/氟咯草酮 95%/2013.11.07 至 2014.11.07/低毒

注:专供出口，不得在国内销售。

LS20130352 草甘膦二甲胺盐/50.2%/水剂/草甘膦二甲胺盐(暂定) 50.2%/2013.07.02 至 2014.07.02/微毒

注:草甘膦含量: 39.6%。 专供出口，不得在国内销售。

LS20130355 草甘膦二甲胺盐/62%/水剂/草甘膦二甲胺盐(暂定) 62%/2013.07.03 至 2014.07.03/微毒

注:专供出口，不得在国内销售。 草甘膦含量: 48.9%。

江苏泰仓农化有限公司 (江苏省南通如皋市石庄镇绥江路8号 215431 0512-53611849)

PD84117-9 多菌灵/98%,95%,92%/原药/多菌灵 98%,95%,92%/2009.07.30 至 2014.07.30/低毒

PD84118-37 多菌灵/25%/可湿性粉剂/多菌灵 25%/2009.11.24 至 2014.11.24/低毒

果树 病害 0.05-0.1%药液 喷雾
花生 倒秧病 750克/公顷 喷雾
麦类 赤霉病 750克/公顷 喷雾,泼浇
棉花 苗期病害 500克/100千克种子 拌种
水稻 稻瘟病、纹枯病 750克/公顷 喷雾,泼浇
油菜 菌核病 1125-1500克/公顷 喷雾

PD85150-29 多菌灵/50%/可湿性粉剂/多菌灵 50%/2010.08.15 至 2015.08.15/低毒

果树 病害 0.05-0.1%药液 喷雾
花生 倒秧病 750克/公顷 喷雾
麦类 赤霉病 750克/公顷 喷雾、泼浇
棉花 苗期病害 500克/100千克种子 拌种
水稻 稻瘟病、纹枯病 750克/公顷 喷雾、泼浇
油菜 菌核病 1125-1500克/公顷 喷雾

PD85159-32 草甘膦/30%/水剂/草甘膦 30%/2010.08.15 至 2015.08.15/低毒

茶园、甘蔗田、果园、剑麻、林木、桑园、橡胶园 多年生恶性杂草、一年生杂草 1125-2250克/公顷 喷雾

PD91106-22 甲基硫菌灵/70%/可湿性粉剂/甲基硫菌灵 70%/2011.04.05 至 2016.04.05/低毒

番茄 叶霉病 375-562.5克/公顷 喷雾
甘薯 黑斑病 360-450毫克/千克 浸薯块
瓜类 白粉病 337.5-506.25克/公顷 喷雾
梨树 黑星病 360-450毫克/千克 喷雾
苹果树 轮纹病 700毫克/千克 喷雾
水稻 稻瘟病、纹枯病 1050-1500克/公顷 喷雾
小麦 赤霉病 750-1050克/公顷 喷雾

PD92101-2 多菌灵/40%/可湿性粉剂/多菌灵 40%/2012.01.15 至 2017.01.15/低毒

果树 病害 0.05-0.1%药液 喷雾
花生 倒秧病 750克/公顷 喷雾
麦类 赤霉病 750克/公顷 喷雾,泼浇
棉花 苗期病害 500克/100千克种子 拌种
水稻 稻瘟病、纹枯病 750克/公顷 喷雾,泼浇
油菜 菌核病 1125-1500克/公顷 喷雾

PD92102-2 多菌灵/80%/可湿性粉剂/多菌灵 80%/2012.01.15 至 2017.01.15/低毒

果树 病害 0.05-0.1%药液 喷雾
花生 倒秧病 750克/公顷 喷雾
麦类 赤霉病 750克/公顷 喷雾,泼浇
棉花 苗期病害 500克/100千克种子 拌种
水稻 稻瘟病、纹枯病 750克/公顷 喷雾,泼浇
油菜 菌核病 1125-1500克/公顷 喷雾

PD92103-15 草甘膦/95%,93%,90%/原药/草甘膦 95%,93%,90%/2012.08.09 至 2017.08.09/低毒

PD20070151 甲基硫菌灵/95%/原药/甲基硫菌灵 95%/2012.06.07 至 2017.06.07/低毒

PD20070334 丙环唑/95%/原药/丙环唑 95%/2012.10.12 至 2017.10.12/低毒

PD20081799 丙环唑/25%/乳油/丙环唑 25%/2013.11.19 至 2018.11.19/低毒

香蕉	叶斑病	500-1000倍液	喷雾

PD20082841 草甘膦异丙胺盐/41%/水剂/草甘膦异丙胺盐 41%/2013.12.09 至 2018.12.09/低毒

非耕地	杂草	1125-3000克/公顷	茎叶喷雾
柑橘园	杂草	1125-2250克/公顷	茎叶喷雾

PD20092591 井冈・多菌灵/28%/悬浮剂/多菌灵 24%、井冈霉素 4%/2014.02.27 至 2019.02.27/低毒

水稻	稻瘟病	375-525克/公顷	喷雾
小麦	赤霉病	375克/公顷	喷雾

PD20093175 井冈・三环唑//悬浮剂/井冈霉素 40000微克/毫升、三环唑 16%/2014.03.11 至 2019.03.11/低毒

水稻	稻瘟病	300-450克/公顷	喷雾

PD20095341 多菌灵/500克/升/悬浮剂/多菌灵 500克/升/2014.04.27 至 2019.04.27/低毒

苹果树	轮纹病	625-1000毫克/千克	喷雾

PD20097395 苯菌灵/95%/原药/苯菌灵 95%/2009.10.28 至 2014.10.28/低毒

PD20098164 苯菌灵/50%/可湿性粉剂/苯菌灵 50%/2009.12.14 至 2014.12.14/低毒

柑橘树	疮痂病	500-600倍液	喷雾

PD20101045 甲基硫菌灵/500克/升/悬浮剂/甲基硫菌灵 500克/升/2010.01.21 至 2015.01.21/低毒

水稻	稻瘟病	975－1200克/公顷	喷雾

PD20102045 草甘膦异丙胺盐/46%/水剂/草甘膦 46%/2010.10.27 至 2015.10.27/微毒

柑橘园	杂草	1395-2325克/公顷	定向茎叶喷雾

注:草甘膦异丙胺盐含量:62%

PD20110499 麦草畏/98%/原药/麦草畏 98%/2011.05.03 至 2016.05.03/低毒

PD20110978 草甘膦铵盐/68%/可溶粒剂/草甘膦 68%/2011.09.14 至 2016.09.14/微毒

柑橘园	杂草	1125-2250克/公顷	定向茎叶喷雾

注:草甘膦铵盐含量:74.7%。

PD20132189 麦草畏/480克/升/水剂/麦草畏 480克/升/2013.10.29 至 2018.10.29/低毒

小麦田	一年生阔叶杂草	180-216克/公顷	茎叶喷雾

江苏腾龙生物药业有限公司 (江苏省盐城市大丰市西团镇城乡北路1号 224124 0515-83695266)

PD85120-4 乐果/96%/原药/乐果 96%/2010.07.14 至 2015.07.14/中等毒

PD85121-30 乐果/40%/乳油/乐果 40%/2010.07.14 至 2015.07.14/中等毒

茶树	蚜虫、叶蝉、螨	1000-2000倍液	喷雾
甘薯	小象甲	2000倍液	浸鲜薯片诱杀
柑橘树、苹果树	鳞翅目幼虫、蚜虫、螨	800-1600倍液	喷雾
棉花	蚜虫、螨	450-600克/公顷	喷雾
蔬菜	蚜虫、螨	300-600克/公顷	喷雾
水稻	飞虱、螟虫、叶蝉	450-600克/公顷	喷雾
烟草	蚜虫、烟青虫	300-600克/公顷	喷雾

PD85154-51 氰戊菊酯/20%/乳油/氰戊菊酯 20%/2010.07.14 至 2015.07.14/中等毒

柑橘树	潜叶蛾	10-20毫克/千克	喷雾
果树	梨小食心虫	10-20毫克/千克	喷雾
棉花	红铃虫、蚜虫	75-150克/公顷	喷雾
蔬菜	菜青虫、蚜虫	60-120克/公顷	喷雾

PD20070629 噻吩磺隆/95%/原药/噻吩磺隆 95%/2012.12.14 至 2017.12.14/低毒

PD20080255 稻丰散/93%/原药/稻丰散 93%/2008.02.19 至 2013.02.19/中等毒

PD20080309 噻吩磺隆/75%/水分散粒剂/噻吩磺隆 75%/2008.02.25 至 2013.02.25/低毒

冬小麦田	一年生阔叶杂草	22.5-33.8克/公顷	喷雾

PD20081994 丁草胺/60%/乳油/丁草胺 60%/2013.11.25 至 2018.11.25/低毒

水稻移栽田	稗草、异型莎草	1500-2250克/公顷	药土法

PD20082134 乙草胺/50%/乳油/乙草胺 50%/2013.11.25 至 2018.11.25/低毒

夏玉米田	一年生杂草	750-1050克/公顷	土壤喷雾

PD20082275 苯磺隆/10%/可湿性粉剂/苯磺隆 10%/2013.11.27 至 2018.11.27/低毒

冬小麦田	一年生阔叶杂草	15－22.5克/公顷	茎叶喷雾

PD20082366 丁草胺/50%/乳油/丁草胺 50%/2013.12.01 至 2018.12.01/低毒

水稻移栽田	一年生杂草	963-1444.5克/公顷	药土法

PD20083339 乐果/50%/乳油/乐果 50%/2013.12.11 至 2018.12.11/中等毒

水稻	二化螟	600-750克/公顷	喷雾

PD20084067 稻丰散/50%/乳油/稻丰散 50%/2013.12.16 至 2018.12.16/中等毒

柑橘	介壳虫	625-1000毫克/千克	喷雾
水稻	稻纵卷叶螟、二化螟、三化螟	750-900克/公顷	喷雾

PD20084879 氰戊・乐果/25%/乳油/乐果 22.8%、氰戊菊酯 2.2%/2013.12.22 至 2018.12.22/中等毒

十字花科蔬菜	菜青虫、蚜虫	180-300克/公顷	喷雾
小麦	蚜虫	187.5-225克/公顷	喷雾

PD20090471 苯磺隆/95%/原药/苯磺隆 95%/2014.01.12 至 2019.01.12/低毒

PD20090791 氟乐灵/480克/升/乳油/氟乐灵 480克/升/2014.01.19 至 2019.01.19/低毒
棉花田 部分阔叶杂草、一年生禾本科杂草 540-1080克/公顷 喷雾
PD20090792 乙草胺/880克/升/乳油/乙草胺 880克/升/2009.01.19 至 2014.01.19/低毒
夏玉米田 一年生禾本科杂草及部分小粒种子阔叶杂草 1056-1380克/公顷 播后苗前土壤喷雾
PD20091505 马拉·灭多威/30%/乳油/马拉硫磷 20%、灭多威 10%/2014.02.02 至 2019.02.02/高毒
棉花 棉铃虫 300-450克/公顷 喷雾
PD20091614 辛硫·灭多威/30%/乳油/灭多威 10%、辛硫磷 20%/2014.02.03 至 2019.02.03/中等毒
棉花 棉铃虫 315-450克/公顷 喷雾
PD20093286 阿维·杀螟松/20%/乳油/阿维菌素 0.2%、杀螟硫磷 19.8%/2014.03.11 至 2019.03.11/中等毒(原药高毒)
棉花 红蜘蛛 60-90克/公顷 喷雾
水稻 二化螟 150-210克/公顷 喷雾
PD20094501 噻磺·乙草胺/20%/可湿性粉剂/噻吩磺隆 0.2%、乙草胺 19.8%/2009.04.09 至 2014.04.09/低毒
夏大豆田 一年生杂草 450-600克/公顷 播后苗前土壤喷雾
夏玉米田 一年生杂草 600-750克/公顷 喷雾
PD20095367 草甘膦/95%/原药/草甘膦 95%/2009.04.27 至 2014.04.27/低毒
PD20095984 氟乐灵/96%/原药/氟乐灵 96%/2009.06.11 至 2014.06.11/低毒
PD20096686 杀扑磷/40%/乳油/杀扑磷 40%/2009.09.07 至 2014.09.07/高毒
柑橘树 矢尖蚧 500-667毫克/千克 喷雾
PD20098532 噻吩磺隆/15%/可湿性粉剂/噻吩磺隆 15%/2009.12.24 至 2014.12.24/低毒
冬小麦田 一年生阔叶杂草 22.5-30克/公顷 喷雾
PD20110020 草甘膦异丙胺盐/30%/水剂/草甘膦 30%/2011.01.04 至 2016.01.04/低毒
水稻田埂 杂草 1230-1845克/公顷 定向茎叶喷雾
注:草甘膦异丙胺盐含量:41%。
LS20100135 稻丰散/40%/水乳剂/稻丰散 40%/2012.09.17 至 2013.09.17/中等毒
水稻 稻纵卷叶螟、褐飞虱 900-1050克/公顷 喷雾

江苏天禾宝农化有限责任公司 (江苏省徐州市东郊徐庄镇 221122 0516-83385555)

PD20040766 甲拌·多菌灵/15%/悬浮种衣剂/多菌灵 5%、甲拌磷 10%/2013.12.19 至 2018.12.19/高毒
小麦 地下害虫、纹枯病 333-400克/100千克种子 种子包衣
玉米 地下害虫 1:40-50(药种比) 种子包衣
PD20084524 多菌灵/80%/可湿性粉剂/多菌灵 80%/2013.12.18 至 2018.12.18/微毒
苹果 轮纹病 667-1000毫克/千克 喷雾
PD20084829 福美·拌种灵/10%/悬浮种衣剂/拌种灵 5%、福美双 5%/2013.12.22 至 2018.12.22/中等毒
棉花 苗期病害 1:40-50(药种比) 种子包衣
PD20091290 多·福/15%/悬浮种衣剂/多菌灵 5%、福美双 10%/2014.02.01 至 2019.02.01/低毒
水稻 恶苗病 1:40-60(药种比) 种子包衣
PD20093139 福·克/15%/悬浮种衣剂/福美双 8%、克百威 7%/2009.03.11 至 2014.03.11/中等毒(原药高毒)
玉米 地老虎、茎腐病、金针虫、蝼蛄、蛴螬 1:40-50(药种比) 种子包衣
PD20094083 戊唑醇/0.2%/悬浮种衣剂/戊唑醇 0.2%/2009.03.27 至 2014.03.27/低毒
小麦 纹枯病 1:50-70(药种比) 种子包衣
PD20094645 克百·多菌灵/17%/悬浮种衣剂/多菌灵 5%、克百威 12%/2009.04.10 至 2014.04.10/高毒
玉米 金针虫、蝼蛄、蛴螬 2%种子量 种子包衣
PD20094832 辛硫磷/3%/颗粒剂/辛硫磷 3%/2009.04.13 至 2014.04.13/低毒
花生 地下害虫 2700-3600克/公顷 撒施
玉米 玉米螟 135-180克/公顷 喇叭口撒施
PD20094885 丁·戊·福美双/20.6%/悬浮种衣剂/丁硫克百威 7%、福美双 13%、戊唑醇 0.6%/2009.04.13 至 2014.04.13/中等毒
玉米 地下害虫、丝黑穗病 412-515克/100千克种子(药种比1:40-50) 种子包衣
PD20101390 戊唑醇/2%/湿拌种剂/戊唑醇 2%/2010.04.14 至 2015.04.14/低毒
小麦 纹枯病 3.6—4克/100千克种子 拌种

江苏天容集团股份有限公司 (江苏省响水县生态化工园区内疏港公路1号 210046 025-85566559)

PD84104-32 杀虫双/18%/水剂/杀虫双 18%/2009.10.27 至 2014.10.27/低毒
甘蔗、蔬菜、水稻、小麦、玉米 多种害虫 540-675克/公顷 喷雾
果树 多种害虫 225-360毫克/千克 喷雾
PD20040063 高效氯氰菊酯/95%/原药/高效氯氰菊酯 95%/2009.12.19 至 2014.12.19/中等毒
PD20040073 三唑酮/20%/乳油/三唑酮 20%/2009.12.19 至 2014.12.19/低毒
小麦 白粉病 120-127.5克/公顷 喷雾
PD20040312 杀虫单/95%/原药/杀虫单 95%/2009.12.19 至 2014.12.19/中等毒
PD20040655 吡虫·杀虫单/50%/可湿性粉剂/吡虫啉 1%、杀虫单 49%/2009.12.19 至 2014.12.19/中等毒
水稻 稻飞虱、稻纵卷叶螟 600-750克/公顷 喷雾
PD20040809 杀虫单/90%/可溶粉剂/杀虫单 90%/2009.12.20 至 2014.12.20/中等毒
水稻 二化螟 675-810克/公顷 喷雾

PD20050160 杀虫单/50%/可溶粉剂/杀虫单 50%/2010.11.03 至 2015.11.02/中等毒
水稻 二化螟 600-750克/公顷 喷雾
PD20060216 苄嘧磺隆/10%/可湿性粉剂/苄嘧磺隆 10%/2011.12.26 至 2016.12.26/低毒
水稻移栽田 一年生阔叶杂草及莎草科杂草 20-30克/公顷 毒土法
PD20070003 联苯菊酯/97%/原药/联苯菊酯 97%/2012.01.04 至 2017.01.04/中等毒
PD20070042 杀螟丹/98%/原药/杀螟丹 98%/2012.03.06 至 2017.03.06/中等毒
PD20070099 精噁唑禾草灵/95%/原药/精噁唑禾草灵 95%/2012.04.20 至 2017.04.20/低毒
PD20070105 杀虫环/90%/原药/杀虫环 90%/2012.04.26 至 2017.04.26/中等毒
PD20070237 精喹禾灵/95%/原药/精喹禾灵 95%/2012.08.08 至 2017.08.08/低毒
PD20070293 苯磺隆/95%/原药/苯磺隆 95%/2012.09.21 至 2017.09.21/低毒
PD20070314 杀螟丹/50%/可溶粉剂/杀螟丹 50%/2012.09.25 至 2017.09.25/中等毒
水稻 二化螟 600-750克/公顷 喷雾
PD20070391 苯磺隆/75%/水分散粒剂/苯磺隆 75%/2012.11.05 至 2017.11.05/低毒
冬小麦田 一年生阔叶杂草 13.5-22.5克/公顷 茎叶喷雾
PD20080018 精喹禾灵/5%/乳油/精喹禾灵 5%/2013.01.04 至 2018.01.04/低毒
春大豆田 一年生禾本科杂草 45-75克/公顷 茎叶喷雾
棉花田 一年生禾本科杂草 37.5-60克/公顷 茎叶喷雾
夏大豆田 一年生禾本科杂草 37-60克/公顷 茎叶喷雾
油菜田 一年生禾本科杂草 30-45克/公顷 茎叶喷雾
PD20080110 苄嘧磺隆/96%/原药/苄嘧磺隆 96%/2013.01.03 至 2018.01.03/低毒
PD20080471 氯磺隆/95%/原药/氯磺隆 95%/2008.03.31 至 2013.12.31/低毒
PD20080472 氯磺隆/20%/可湿性粉剂/氯磺隆 20%/2008.03.31 至 2013.12.31/低毒
小麦田 一年生单、双子叶杂草 6-7.5克/公顷 播后苗前土壤处理或小麦2-3叶期杂草茎叶喷雾处理
PD20080610 双甲脒/95%/原药/双甲脒 95%/2013.05.12 至 2018.05.12/中等毒
PD20080989 杀虫环/50%/可溶粉剂/杀虫环 50%/2013.07.24 至 2018.07.24/中等毒
水稻 二化螟 600-750克/公顷 喷雾
PD20080997 精噁唑禾草灵/69克/升/水乳剂/精噁唑禾草灵 69克/升/2013.08.06 至 2018.08.06/微毒
春小麦田 一年生禾本科杂草 60-75克/公顷 茎叶喷雾
冬小麦田 看麦娘、野燕麦等一年生禾本科杂草 51.75-62.1克/公顷 茎叶喷雾
PD20081020 杀螟丹/98%/可溶粉剂/杀螟丹 98%/2013.08.06 至 2018.08.06/中等毒
茶叶 茶小绿叶蝉 514.5-661.5克/公顷 喷雾
水稻 二化螟 735-882克/公顷 喷雾
PD20081285 甲氰菊酯/20%/乳油/甲氰菊酯 20%/2013.09.25 至 2018.09.25/中等毒
甘蓝 菜青虫 60-90克/公顷 喷雾
PD20081341 二氯喹啉酸/50%/可湿性粉剂/二氯喹啉酸 50%/2013.10.21 至 2018.10.21/低毒
水稻移栽田 稗草 225-375克/公顷 喷雾
PD20081488 双甲脒/20%/乳油/双甲脒 20%/2008.11.05 至 2013.11.05/中等毒
柑橘树 红蜘蛛 100-200毫克/千克 喷雾
PD20081765 氯嘧磺隆/95%/原药/氯嘧磺隆 95%/2013.11.18 至 2018.11.18/低毒
PD20082714 胺苯磺隆/25%/可湿性粉剂/胺苯磺隆 25%/2008.12.05 至 2013.12.31/低毒
冬油菜田 一年生阔叶杂草 18.75-30克/公顷 喷雾
PD20082969 吡嘧磺隆/10%/可湿性粉剂/吡嘧磺隆 10%/2013.12.09 至 2018.12.09/低毒
水稻移栽田 稗草、阔叶杂草、莎草 15-30克/公顷 药土法
PD20082989 二氯喹啉酸/96%/原药/二氯喹啉酸 96%/2013.12.10 至 2018.12.10/低毒
PD20083287 胺苯磺隆/95%/原药/胺苯磺隆 95%/2013.12.11 至 2018.12.11/低毒
PD20083986 多效唑/15%/可湿性粉剂/多效唑 15%/2013.12.16 至 2018.12.16/低毒
水稻育秧田 控制生长 200-300毫克/千克 兑水喷雾
油菜(苗床) 控制生长 100-200毫克/千克 兑水喷雾
PD20085285 苯磺隆/20%/可湿性粉剂/苯磺隆 20%/2013.12.23 至 2018.12.23/低毒
冬小麦田 一年生阔叶杂草 13.5-22.5克/公顷 茎叶喷雾
PD20085821 井·噻·杀虫单/55%/可湿性粉剂/井冈霉素 8%、噻嗪酮 7%、杀虫单 40%/2013.12.29 至 2018.12.29/中等毒
水稻 二化螟、飞虱、纹枯病 825-990克/公顷 喷雾
PD20085982 阿维·吡虫啉/1.45%/可湿性粉剂/阿维菌素 0.45%、吡虫啉 1%/2008.12.29 至 2013.12.29/低毒(原药高毒)
甘蓝 小菜蛾 8.7-17.4克/公顷 喷雾
水稻 飞虱 13.05-17.4克/公顷 喷雾
PD20086374 杀螟丹/95%/可溶粉剂/杀螟丹 95%/2013.12.31 至 2018.12.31/中等毒
茶树 茶小绿叶蝉 475-950毫克/千克 喷雾
水稻 二化螟 783.75-855克/公顷 喷雾
PD20093469 联苯菊酯/100克/升/乳油/联苯菊酯 100克/升/2009.03.23 至 2014.03.23/中等毒
苹果树 桃小食心虫 33.3-50毫克/千克 喷雾
PD20094646 杀虫单/45%/可溶粉剂/杀虫单 45%/2009.04.15 至 2014.04.15/中等毒

水稻 二化螟 675-810克/公顷 喷雾

PD20094679 杀螟丹/4%/颗粒剂/杀螟丹 4%/2009.04.10 至 2014.04.10/低毒

水稻 稻纵卷叶螟 1080-1350克/公顷 撒施

PD20095216 甲磺隆/10%/可湿性粉剂/甲磺隆 10%/2009.04.24 至 2013.12.31/低毒

小麦 一年生单、双子叶杂草 7.5克/公顷 播后苗前或苗后(看麦娘2.5叶)叶面处理

PD20095416 甲磺·氯磺隆/20%/可湿性粉剂/甲磺隆 4.5%、氯磺隆 15.5%/2009.05.11 至 2014.05.11/低毒

小麦田 杂草 15克/公顷 喷雾

PD20096082 吡虫啉/10%/可湿性粉剂/吡虫啉 10%/2009.06.18 至 2014.06.18/低毒

水稻 稻飞虱 15-30克/公顷 喷雾

PD20096865 甲磺隆/96%/原药/甲磺隆 96%/2009.09.23 至 2014.09.23/低毒

PD20097400 吡嘧磺隆/98%/原药/吡嘧磺隆 98%/2009.10.28 至 2014.10.28/低毒

PD20097442 烟嘧磺隆/40克/升/可分散油悬浮剂/烟嘧磺隆 40克/升/2009.10.28 至 2014.10.28/微毒

玉米田 一年生杂草 42-60克/公顷 茎叶喷雾

PD20101416 杀虫双/36%/母药/杀虫双 36%/2010.04.26 至 2015.04.26/低毒

PD20101941 烟嘧磺隆/95%/原药/烟嘧磺隆 95%/2010.08.27 至 2015.08.27/微毒

PD20102015 噻吩磺隆/97%/原药/噻吩磺隆 97%/2010.09.25 至 2015.09.25/微毒

PD20111099 烟嘧磺隆/75%/水分散粒剂/烟嘧磺隆 75%/2011.10.17 至 2016.10.17/微毒

玉米田 一年生杂草 40-60克/公顷 茎叶喷雾

PD20111107 精噁唑禾草灵/10%/乳油/精噁唑禾草灵 10%/2011.10.17 至 2016.10.17/低毒

春小麦田 一年生禾本科杂草 90-120克/公顷 茎叶喷雾

冬小麦田 一年生禾本科杂草 60-90克/公顷 茎叶喷雾

PD20111117 精噁唑禾草灵/69克/升/水乳剂/精噁唑禾草灵 69克/升/2011.10.27 至 2016.10.27/微毒

大麦田 野燕麦 41.4-62.1克/公顷(北方地区) 茎叶喷雾

注:本产含安全剂鲜草酯6.5%。

PD20111130 苄嘧磺隆/60%/水分散粒剂/苄嘧磺隆 60%/2011.10.28 至 2016.10.28/微毒

水稻移栽田 一年生阔叶杂草 33.75-45克/公顷 毒土法

PD20120379 噻吩磺隆/75%/水分散粒剂/噻吩磺隆 75%/2012.02.24 至 2017.02.24/微毒

春大豆田 一年生阔叶杂草 20.3-22.5克/公顷 土壤喷雾

夏大豆田 一年生阔叶杂草 22.5-28.1克/公顷 土壤喷雾

PD20120668 杀虫双/29%/水剂/杀虫双 29%/2012.04.18 至 2017.04.18/低毒

水稻 二化螟 600-840克/公顷 喷雾

PD20121041 氯嘧磺隆/25%/可湿性粉剂/氯嘧磺隆 25%/2012.07.04 至 2017.07.04/微毒

注:专供出口,不得在国内销售。

PD20121133 甲磺隆/60%/可湿性粉剂/甲磺隆 60%/2012.07.20 至 2017.07.20/微毒

注:专供出口，不得在国内销售。

PD20121137 氯嘧磺隆/75%/水分散粒剂/氯嘧磺隆 75%/2012.07.20 至 2017.07.20/微毒

注:专供出口，不得在国内销售。

PD20121160 氯嘧磺隆/25%/水分散粒剂/氯嘧磺隆 25%/2012.07.30 至 2017.07.30/微毒

注:专供出口，不得在国内销售。

PD20121165 甲磺隆/20%/水分散粒剂/甲磺隆 20%/2012.07.30 至 2017.07.30/低毒

注:专供出口，不得在国内销售。

PD20121167 甲磺隆/60%/水分散粒剂/甲磺隆 60%/2012.07.30 至 2017.07.30/微毒

注:专供出口，不得在国内销售。

PD20130938 吡嘧磺隆/75%/水分散粒剂/吡嘧磺隆 75%/2013.05.02 至 2018.05.02/低毒

移栽水稻田 稗草、莎草及阔叶杂草 16.875-28.125克/公顷 药土法

PD20132554 吡蚜酮/25%/悬浮剂/吡蚜酮 25%/2013.12.17 至 2018.12.17/低毒

水稻 稻飞虱 75-90克 /公顷 喷雾

江苏通维生化有限公司 (江苏省句容市茅山镇春城工业集中区 212404 0511-87874866)

PD20070221 吡虫啉/10%/可湿性粉剂/吡虫啉 10%/2012.08.08 至 2017.08.08/低毒

水稻 稻飞虱 15-30克/公顷 喷雾

PD20080680 苄嘧·苯噻酰/68%/可湿性粉剂/苯噻酰草胺 64.8%、苄嘧磺隆 3.2%/2013.06.04 至 2018.06.04/低毒

水稻抛栽田 一年生杂草 405－510克/公顷(南方地区) 药土法

PD20081461 仲丁威/20%/乳油/仲丁威 20%/2013.11.04 至 2018.11.04/低毒

水稻 稻飞虱 510-570克/公顷 喷雾

PD20083967 三环唑/20%/可湿性粉剂/三环唑 20%/2013.12.16 至 2018.12.16/低毒

水稻 稻瘟病 240-300克/公顷 喷雾

PD20085864 阿维·三唑磷/20%/乳油/阿维菌素 0.2%、三唑磷 19.8%/2013.12.29 至 2018.12.29/中等毒(原药高毒)

水稻 二化螟 120-240克/公顷 喷雾

PD20097227 高氯·毒死蜱/12%/乳油/毒死蜱 9.5%、高效氯氰菊酯 2.5%/2009.10.19 至 2014.10.19/中等毒

苹果树 桃小食心虫 30-48毫克/千克 喷雾

PD20097624 毒死蜱/480克/升/乳油/毒死蜱 480克/升/2009.11.03 至 2014.11.03/中等毒

水稻 稻纵卷叶螟 432-576克/公顷 喷雾
PD20097714 联苯菊酯/25克/升/乳油/联苯菊酯 25克/升/2009.11.04 至 2014.11.04/低毒
番茄(保护地) 白粉虱 7.5-15克/公顷 喷雾
PD20130907 噻嗪酮/25%/可湿性粉剂/噻嗪酮 25%/2013.04.27 至 2018.04.27/微毒
水稻 飞虱 112.5-150克/公顷 喷雾

江苏托球农化有限公司 (江苏省滨海经济开发区沿海工业园开泰路 224003 0515-88557853)

PD84108-4 敌百虫/97%/原药/敌百虫 97%/2009.12.13 至 2014.12.13/低毒
白菜、青菜 地下害虫 750-1500克/公顷 毒饵
白菜、青菜 菜青虫 960-1200克/公顷 喷雾
茶树 尺蠖、刺蛾 450-900毫克/千克 喷雾
大豆 造桥虫 1800克/公顷 喷雾
柑橘树 卷叶蛾 600-750毫克/千克 喷雾
林木 松毛虫 600-900毫克/千克 喷雾
水稻 螟虫 1500-1800克/公顷 喷雾、泼浇或毒土
小麦 黏虫 1800克/公顷 喷雾
烟草 烟青虫 900毫克/千克 喷雾
PD20080672 溴菌腈/95%/原药/溴菌腈 95%/2013.05.27 至 2018.05.27/低毒
PD20080673 溴菌腈/25%/可湿性粉剂/溴菌腈 25%/2013.05.27 至 2018.05.27/低毒
苹果树 炭疽病 416.7-500毫克/千克 喷雾
PD20081245 多效唑/15%/可湿性粉剂/多效唑 15%/2013.09.18 至 2018.09.18/低毒
油菜 控制生长 100-200毫克/千克 喷雾
PD20092891 烯唑醇/95%/原药/烯唑醇 95%/2014.03.05 至 2019.03.05/低毒
PD20094395 噻嗪·杀扑磷/20%/乳油/噻嗪酮 15%、杀扑磷 5%/2014.04.01 至 2019.04.01/中等毒(原药高毒)
柑橘树 矢尖蚧 200-250毫克/千克 喷雾
PD20094687 溴菌腈/25%/乳油/溴菌腈 25%/2014.04.10 至 2019.04.10/低毒
苹果树 炭疽病 500-833ppm 喷雾
PD20095854 氟虫腈/96%/原药/氟虫腈 96%/2009.05.27 至 2014.05.27/中等毒
PD20100139 烯唑醇/12.5%/可湿性粉剂/烯唑醇 12.5%/2010.01.05 至 2015.01.05/低毒
梨树 黑星病 31-42毫克/千克 喷雾
小麦 白粉病 60-120克/公顷 喷雾
PD20100500 戊唑醇/95%/原药/戊唑醇 95%/2010.01.14 至 2015.01.14/低毒
PD20100621 溴菌·五硝苯/45%/粉剂/五氯硝基苯 30%、溴菌腈 15%/2010.01.14 至 2015.01.14/低毒
棉花 苗期立枯病、炭疽病 225-360克/100千克种子 拌种
PD20101065 毒死蜱/97%/原药/毒死蜱 97%/2010.01.21 至 2015.01.21/中等毒
PD20110242 氟虫腈/50克/升/悬浮剂/氟虫腈 50克/升/2011.03.03 至 2016.03.03/低毒
注:专供出口，不得在国内销售。
PD20110289 氟虫腈/80%/水分散粒剂/氟虫腈 80%/2011.03.11 至 2016.03.11/中等毒
注:专供出口，不得在国内销售。

江苏万农化工有限公司 (江苏省沭阳县万匹西首 223645 0527-3240099)

PD20080681 噁草·丁草胺/36%/乳油/丁草胺 30%、噁草酮 6%/2013.06.04 至 2018.06.04/低毒
水稻(旱育秧及半旱育秧田) 一年生杂草 645-756克/公顷 喷雾
PD20083472 甲霜·福美双/45%/可湿性粉剂/福美双 35%、甲霜灵 10%/2013.12.12 至 2018.12.12/低毒
水稻 立枯病 2025-3375克/公顷 苗床喷雾
PD20084724 噻嗪酮/25%/可湿性粉剂/噻嗪酮 25%/2013.12.22 至 2018.12.22/低毒
水稻 稻飞虱 112.5—150克/公顷 喷雾
PD20084954 多·酮/30%/可湿性粉剂/多菌灵 24%、三唑酮 6%/2013.12.22 至 2018.12.22/低毒
小麦 白粉病、赤霉病 450-585克/公顷 喷雾
PD20085007 仲丁威/50%/乳油/仲丁威 50%/2013.12.22 至 2018.12.22/低毒
水稻 叶蝉 900-1200克/公顷 喷雾
PD20090492 咪鲜·甲霜灵/3.5%/粉剂/甲霜灵 2.5%、咪鲜胺 1%/2014.01.12 至 2019.01.12/低毒
水稻 恶苗病、立枯病 1:80-100(药种比) 拌种
PD20094563 氰戊·三唑酮/11%/乳油/氰戊菊酯 4%、三唑酮 7%/2009.04.09 至 2014.04.09/中等毒
小麦 白粉病、蚜虫 210-285克/公顷 喷雾
PD20095750 乙草胺/50%/乳油/乙草胺 50%/2009.05.18 至 2014.05.18/低毒
夏玉米田 多年生杂草、一年生杂草 900-1200克/公顷 喷雾
PD20098101 毒·辛/25%/乳油/毒死蜱 7%、辛硫磷 18%/2009.12.08 至 2014.12.08/低毒
水稻 稻纵卷叶螟 375-562.5克/公顷 喷雾
PD20098250 噻嗪·异丙威/25%/可湿性粉剂/噻嗪酮 5%、异丙威 20%/2009.12.16 至 2014.12.16/低毒
水稻 稻飞虱 450-562.5克/公顷 喷雾
PD20101530 苦参碱/0.3%/水剂/苦参碱 0.3%/2010.05.19 至 2015.05.19/低毒
十字花科蔬菜 菜青虫 4.32-6.48克/公顷 喷雾
PD20130920 2甲4氯钠/13%/水剂/2甲4氯钠 13%/2013.04.28 至 2018.04.28/低毒

冬小麦田 一年生阔叶杂草 750-900克/公顷 喷雾
PD20131066 2甲4氯钠盐/56%/可溶粉剂/2甲4氯钠 56%/2013.05.20 至 2018.05.20/低毒
冬小麦田 一年生阔叶杂草 924-1176克/公顷 喷雾

江苏威耳化工有限公司 (江苏省盐城市响水县陈家港化工园 224631 0515-68870606)

PD20131765 高效氟吡甲禾灵/98%/原药/高效氟吡甲禾灵 98%/2013.09.06 至 2018.09.06/低毒

江苏维尤纳特精细化工有限公司 (江苏省新沂市化工工业园区(经二路西) 221400 0516-88700911)

PD20102217 百菌清/98.5%/原药/百菌清 98.5%/2010.12.30 至 2015.12.30/低毒
PD20111441 百菌清/40%/悬浮剂/百菌清 40%/2011.12.29 至 2016.12.29/低毒
注:专供出口，不得在国内销售。
PD20121148 哒螨灵/96%/原药/哒螨灵 96%/2012.07.20 至 2017.07.20/低毒
PD20121192 灭草松/98%/原药/灭草松 98%/2012.08.06 至 2017.08.06/低毒
PD20121466 嘧菌酯/98%/原药/嘧菌酯 98%/2012.10.08 至 2017.10.08/低毒
PD20131230 烯啶虫胺/95%/原药/烯啶虫胺 95%/2013.05.28 至 2018.05.28/低毒
注:专供出口,不得在国内销售。
LS20130464 氯酞酸甲酯/96%/原药/氯酞酸甲酯 96%/2013.10.10 至 2014.10.10/低毒
注:专供出口，不得在国销售。
WP20120102 四氟苯菊酯/98.5%/原药/四氟苯菊酯 98.5%/2012.05.31 至 2017.05.31/低毒

江苏无锡开立达实业有限公司 (江苏省无锡市洛社镇华圻村 214187 0510-3321632)

PD20090003 雷公藤甲素/0.01%/母药/雷公藤甲素 0.01%/2014.01.04 至 2019.01.04/中等毒
PD20090004 雷公藤甲素/0.25毫克/千克/颗粒剂/雷公藤甲素 0.25毫克/千克/2014.01.04 至 2019.01.04/微毒
农田 田鼠 饱和投饵 投饵

江苏新港农化有限公司 (江苏省江都市大桥镇屏江村 225218 0514-6922414)

PD20081520 氟磺胺草醚/97%/原药/氟磺胺草醚 97%/2013.11.06 至 2018.11.06/低毒
PD20092391 异噁草松/93%/原药/异噁草松 93%/2014.02.25 至 2019.02.25/低毒
PD20096792 丙环唑/95%/原药/丙环唑 95%/2009.09.15 至 2014.09.15/低毒
PD20100886 氟磺胺草醚/250克/升/水剂/氟磺胺草醚 250克/升/2010.01.19 至 2015.01.19/微毒
春大豆田 一年生阔叶杂草 375-450克/公顷 喷雾

江苏雪豹日化有限公司 (江苏省江阴市东门立交桥8号 214432 0510-6281448)

WP20090285 电热蚊香片/10毫克/片/电热蚊香片/炔丙菊酯 10毫克/片/2009.06.15 至 2014.06.15/微毒
卫生 蚊 / 电热加温
WP20090331 驱蚊花露水/4.5%/驱蚊花露水/避蚊胺 4.5%/2009.09.23 至 2014.09.23/低毒
卫生 蚊 / 涂抹
WP20100048 防蛀球剂/94%/球剂/樟脑 94%/2010.03.10 至 2015.03.10/低毒
卫生 黑皮蠹 200克/立方米 投放
WP20100142 防蛀防霉球剂/98%/球剂/对二氯苯 98%/2010.11.25 至 2015.11.25/低毒
卫生 黑皮蠹 / 投放

江苏亚美日用化工有限公司 (江苏省苏州市吴中区东山镇洞庭路8号 215107 0512-66281363)

WP20100128 驱蚊液/10%/驱蚊液/避蚊胺 10%/2010.11.01 至 2015.11.01/微毒
卫生 蚊 / 涂抹
WP20100144 驱蚊霜/10%/驱蚊霜/避蚊胺 10%/2010.11.25 至 2015.11.25/微毒
卫生 蚊 / 涂抹

江苏扬农化工股份有限公司 (江苏省扬州市文峰路39号 225009 0514-5123456)

PD20040067 高效氯氰菊酯/97%/原药/高效氯氰菊酯 97%/2009.12.19 至 2014.12.19/中等毒
PD20050009 氯氰菊酯/94%/原药/氯氰菊酯 94%/2010.02.07 至 2015.02.07/低毒
PD20070035 麦草畏/98%/原药/麦草畏 98%/2012.01.29 至 2017.01.29/低毒
PD20070036 氟氯氰菊酯/93%/原药/氟氯氰菊酯 93%/2012.01.29 至 2017.01.29/中等毒
PD20070160 溴氰菊酯/98.5%/原药/溴氰菊酯 98.5%/2012.06.14 至 2017.06.14/中等毒
PD20070165 高效氯氟氰菊酯/95%/原药/高效氯氟氰菊酯 95%/2012.06.18 至 2017.06.18/中等毒
PD20070245 联苯菊酯/97%/原药/联苯菊酯 97%/2012.08.30 至 2017.08.30/中等毒
PD20070658 氟氯氰菊酯/5.7%/乳油/氟氯氰菊酯 5.7%/2012.12.17 至 2017.12.17/低毒
甘蓝 菜青虫 25.65-34.2克/公顷 喷雾
PD20070672 氯氰菊酯/25%/乳油/氯氰菊酯 25%/2012.12.17 至 2017.12.17/低毒
十字花科蔬菜 菜青虫 37.5-56.25克/公顷 喷雾
PD20070679 高效氟氯氰菊酯/95%/原药/高效氟氯氰菊酯 95%/2012.12.17 至 2017.12.17/低毒
PD20080954 氯氰菊酯/10%/乳油/氯氰菊酯 10%/2013.07.23 至 2018.07.23/中等毒
棉花 棉铃虫 60-90克/公顷 喷雾
叶菜类十字花科蔬菜 菜青虫 30-45克/公顷 喷雾
PD20081444 高效氯氟氰菊酯/25克/升/乳油/高效氯氟氰菊酯 25克/升/2013.10.31 至 2018.10.31/中等毒
柑橘树 潜叶蛾 20.8-31.25毫克/千克 喷雾
棉花 棉铃虫 18.25-26.25克/公顷 喷雾
十字花科蔬菜 菜青虫 11.25-15克/公顷 喷雾
烟草 烟青虫 7.5-9.375克/公顷 喷雾
PD20083402 高效氯氰菊酯/4.5%/乳油/高效氯氰菊酯 4.5%/2013.12.11 至 2018.12.11/中等毒

	甘蓝	菜青虫	13.5-25.7克/公顷	喷雾
PD20083987	溴氰菊酯/25克/升/乳油/溴氰菊酯 25克/升/2013.12.16 至 2018.12.16/低毒			
	十字花科蔬菜	菜青虫、蚜虫	7.5-15克/公顷	喷雾
PD20084845	高效氟氯氰菊酯/2.8%/乳油/高效氟氯氰菊酯 2.8%/2013.12.22 至 2018.12.22/低毒			
	棉花	棉铃虫	21-29.4克/公顷	喷雾
	十字花科蔬菜	菜青虫	8.4-12.6克/公顷	喷雾
PD20091096	联苯菊酯/100克/升/乳油/联苯菊酯 100克/升/2014.01.21 至 2019.01.21/中等毒			
	茶树	茶小绿叶蝉	30-45克/公顷	喷雾
PD20096201	联苯菊酯/25克/升/乳油/联苯菊酯 25克/升/2009.07.13 至 2014.07.13/低毒			
	茶树	茶毛虫	7.5-15克/公顷	喷雾
PD20100451	吡虫啉/600克/升/悬浮种衣剂/吡虫啉 600克/升/2010.01.14 至 2015.01.14/低毒			
	棉花	蚜虫	350-500克/100千克种子	种子包衣
PD20110173	高效氯氰菊酯/4.5%/水乳剂/高效氯氰菊酯 4.5%/2011.02.16 至 2016.02.16/中等毒			
	甘蓝	菜青虫	20.25-33.75克/公顷	喷雾
PD20110798	高效氯氟氰菊酯/25%/可湿性粉剂/高效氯氟氰菊酯 25%/2011.07.26 至 2016.07.26/中等毒			
	甘蓝	菜青虫	15-18.75克/公顷	喷雾
PD20120423	高效氯氟氰菊酯/2.5%/水乳剂/高效氯氟氰菊酯 2.5%/2012.03.14 至 2017.03.14/中等毒			
	甘蓝	菜青虫	7.5-9.375克/公顷	喷雾
PD20120425	高效氯氟氰菊酯/50克/升/乳油/高效氯氟氰菊酯 50克/升/2012.03.14 至 2017.03.14/中等毒			
	叶菜	菜青虫	7.5-15克/公顷	喷雾
WP33-2002	右旋烯丙菊酯/95%、右旋体93%/原药/右旋烯丙菊酯 95%、右旋体93%/2012.03.15 至 2017.03.15/低毒			
WP86137-2	氯菊酯/92%/原药/氯菊酯 92%/2011.09.12 至 2016.09.12/低毒			
WP86149	胺菊酯/92%/原药/胺菊酯 92%/2011.09.12 至 2016.09.12/低毒			
WP20020101	Es-生物烯丙菊酯/总酯93%(S:R=80:20)/原药/Es-生物烯丙菊酯 总酯93%(S:R=80:20)/2012.11.26 至2017.11.26/低毒			
WP20030001	富右旋反式烯丙菊酯/总酯95%，右旋反式体78%/原药/富右旋反式烯丙菊酯 总酯95%，右旋反式体78%/2013.01.10 至 2018.01.10/低毒			
WP20030002	右旋苯醚菊酯/总酯95%，右旋体92%/原药/右旋苯醚菊酯 总酯95%，右旋体92%/2013.01.22 至 2018.01.22/低毒			
WP20030003	右旋反式烯丙菊酯/总酯93%，S/R=75/25/原药/右旋反式烯丙菊酯 总酯93%，S/R=75/25/2013.01.22至2018.01.22/低毒			
WP20030004	炔丙菊酯/总酯92%，S/R=90/10/原药/炔丙菊酯 总酯92%，S/R=90/10/2013.01.29 至 2018.01.29/低毒			
WP20030011	右旋苯醚氰菊酯/总酯94%，右旋体90%/原药/右旋苯醚氰菊酯 总酯94%，右旋体90%/2013.06.24 至 2018.06.24/中等毒			
WP20040003	四氟苯菊酯/总酯93%,右旋95%/原药/四氟苯菊酯 总酯93%,右旋95%/2009.06.07 至 2014.06.07/低毒			
WP20050007	蚊香/0.2%/蚊香/Es-生物烯丙菊酯 0.2%/2010.06.21 至 2015.06.21/微毒			
	卫生	蚊	/	点燃
WP20050009	右旋烯炔菊酯/总酯93%，右旋体88%/原药/右旋烯炔菊酯 总酯93%，右旋体88%/2010.08.15 至 2015.08.15/低毒			
WP20050010	电热蚊香液//电热蚊香液/炔丙菊酯 0.8%/2010.08.22 至 2015.08.22/低毒			
	卫生	蚊	/	电热加温
WP20050011	右旋胺菊酯/总酯94%,右旋体90%/原药/右旋胺菊酯 总酯94%,右旋体90%/2010.09.09 至 2015.09.09/低毒			
WP20050012	炔丙菊酯/10%/滴加液/炔丙菊酯 10%/2010.09.09 至 2015.09.09/低毒			
WP20070028	氟硅菊酯/93%/原药/氟硅菊酯 93%/2012.11.28 至 2017.11.28/低毒			
WP20080020	高效氯氟氰菊酯/10%/可湿性粉剂/高效氯氟氰菊酯 10%/2013.01.11 至 2018.01.11/中等毒			
	卫生	蜚蠊、蚊、蝇	20毫克/平方米	滞留喷洒
WP20080022	杀蝇饵剂/1%/饵剂/吡虫啉 1%/2013.01.11 至 2018.01.11/微毒			
	卫生	蝇	/	投放
WP20080023	杀蟑胶饵/2%/胶饵/吡虫啉 2%/2013.01.11 至 2018.01.11/低毒			
	卫生	蜚蠊	/	投放
WP20080056	右旋反式氯丙炔菊酯/96%/原药/右旋反式氯丙炔菊酯 96%/2013.03.31 至 2018.03.31/低毒			
WP20080057	杀虫气雾剂/0.35%/气雾剂/氯菊酯 0.3%、右旋反式氯丙炔菊酯 0.05%/2013.03.31 至 2018.03.31/微毒			
	卫生	蚊、蝇、蜚蠊	/	喷雾
WP20080058	蚊香/0.05%/蚊香/四氟醚菊酯 0.05%/2013.03.31 至 2018.03.31/微毒			
	卫生	蚊	/	点燃
WP20080059	四氟醚菊酯/90%/原药/四氟醚菊酯 90%/2013.03.31 至 2018.03.31/中等毒			
WP20080060	氟氯苯菊酯/90%/原药/氟氯苯菊酯 90%/2013.03.31 至 2018.03.31/低毒			
WP20080061	喷射剂/1%/喷射剂/氟氯苯菊酯 1%/2013.03.31 至 2018.03.31/低毒			
	卫生	蚂蚁	/	喷射
WP20080086	富右旋反式炔丙菊酯/90%/原药/富右旋反式炔丙菊酯 90%/2013.08.06 至 2018.08.06/低毒			
WP20080099	S-生物烯丙菊酯/右旋体89%,总酯95%/原药/S-生物烯丙菊酯 右旋体89%,总酯95%/2013.09.18 至 2018.09.18/低毒			
WP20080122	生物烯丙菊酯/总酯含量93%,有效体含量90%/原药/生物烯丙菊酯 总酯含量93%,有效体含量90%/2013.10.28 至2018.10.28/低毒			
WP20080139	避蚊胺/95%/原药/避蚊胺 95%/2013.11.04 至 2018.11.04/低毒			
WP20080144	高效氯氟氰菊酯/2.5%/悬浮剂/高效氯氟氰菊酯 2.5%/2013.11.04 至 2018.11.04/低毒			
	卫生	蚊、蝇、蜚蠊	玻璃面:1.2克/平方米；木板面:1.6克/平方米；水泥面:2克/平方米	滞留喷洒
WP20080154	溴氰菊酯/2.5%/悬浮剂/溴氰菊酯 2.5%/2013.11.06 至 2018.11.06/低毒			

卫生 蚊、蝇、蜚蠊 玻璃：10毫克/平方米；木板：15毫克/平方米；水泥：20毫克/平方米 滞留喷洒

WP20080167 高效氟氯氰菊酯/1.25%/悬浮剂/高效氟氯氰菊酯 1.25%/2013.11.17 至 2018.11.17/低毒
卫生 蚊、蝇、蜚蠊 玻璃：10毫克/平方米；木板：15毫克/平方米；水泥：20毫克/平方米 滞留喷洒

WP20080231 炔咪菊酯/50%/母药/炔咪菊酯 50%/2013.11.25 至 2018.11.25/微毒

WP20080257 炔咪菊酯/总酯90%，右旋体87%/原药/炔咪菊酯 总酯90%，右旋体87%/2013.11.26 至 2018.11.26/低毒

WP20090072 四氟醚菊酯/5%/母药/四氟醚菊酯 5%/2014.02.01 至 2019.02.01/低毒

WP20090178 杀蟑饵剂/2.15%/饵剂/氟蚁腙 2.15%/2014.03.13 至 2019.03.13/微毒
卫生 蜚蠊 / 投放

WP20100175 杀蟑饵剂/0.05%/饵剂/氟虫腈 0.05%/2010.12.15 至 2015.12.15/微毒
卫生 蜚蠊 / 投饵

WP20110071 苯氰·残杀威/15%/乳油/残杀威 12%、右旋苯醚氰菊酯 3%/2011.03.24 至 2016.03.24/低毒
卫生 蚊、蝇 50毫克/平方米 滞留喷洒
卫生 蜚蠊 90毫克/平方米 滞留喷洒

WP20110077 氯菊·烯丙菊/168.6克/升/乳油/氯菊酯 161.5克/升、S-生物烯丙菊酯 7.1克/升/2011.03.24 至 2016.03.24/低毒
卫生 蚊、蝇 50毫克/平方米 滞留喷洒
卫生 蜚蠊 90毫克/平方米 滞留喷洒

WP20120250 炔丙·氯氟醚/10%/滴加液/炔丙菊酯 4%、氯氟醚菊酯 6%/2012.12.19 至 2017.12.19/低毒

WP20130053 高效氯氟氰菊酯/75克/升/微囊悬浮剂/高效氯氟氰菊酯 75克/升/2013.03.27 至 2018.03.27/低毒
室外 蚊、蝇 25毫克/平方米 喷雾

WL20120007 氯氰·氯丙炔/6.8%/水乳剂/氯氰菊酯 6.5%、右旋反式氯丙炔菊酯 0.3%/2013.02.06 至 2014.02.06/低毒
室外 蚊、蝇 300-500倍液(常量) 30-50倍液（超低量） 喷雾

WL20130042 杀虫饵粒/0.05%/饵粒/氟虫腈 0.05%/2013.11.08 至 2014.11.08/微毒
室内 蜚蠊、蚂蚁 / 投饵

江苏扬农化工集团有限公司 （江苏省扬州市文峰路39号 225009 0514-87820587）

PD85126-4 三氯杀螨醇/20%/乳油/三氯杀螨醇 20%/2010.06.24 至 2015.06.24/低毒
棉花 红蜘蛛 225-300克/公顷 喷雾
苹果树 红蜘蛛、锈蜘蛛 800-1000倍液 喷雾

PD87106-2 三氯杀螨醇/80%/原药/三氯杀螨醇 80%/2010.06.06 至 2015.06.06/低毒

PD20040040 吡虫啉/97%/原药/吡虫啉 97%/2009.12.19 至 2014.12.19/低毒

PD20040237 氯氰菊酯/10%/乳油/氯氰菊酯 10%/2009.12.19 至 2014.12.19/中等毒
棉花 棉铃虫、棉蚜 45-90克/公顷 喷雾
蔬菜 菜青虫 30-45克/公顷 喷雾

PD20040270 高效氯氰菊酯/4.5%/乳油/高效氯氰菊酯 4.5%/2009.12.19 至 2014.12.19/中等毒
茶树 尺蠖 15-25.5克/公顷 喷雾
柑橘树 潜叶蛾 15-20毫克/千克 喷雾
柑橘树 红蜡蚧 50毫克/千克 喷雾
棉花 红铃虫、棉铃虫、蚜虫 15-30克/公顷 喷雾
苹果树 桃小食心虫 20-33毫克/千克 喷雾
十字花科蔬菜 蚜虫 3-18克/公顷 喷雾
十字花科蔬菜 菜青虫、小菜蛾 9-25.5克/公顷 喷雾
烟草 烟青虫 15-25.5克/公顷 喷雾

PD20040330 吡虫啉/10%/可湿性粉剂/吡虫啉 10%/2009.12.19 至 2014.12.19/低毒
棉花 蚜虫 22.5-30克/公顷 喷雾
苹果树 蚜虫 20-25毫克/千克 喷雾
十字花科蔬菜 蚜虫 15-22.5克/公顷 喷雾
水稻 飞虱 15-30克/公顷 喷雾
小麦 蚜虫 15-30克/公顷(南方地区) 45-60克/公顷(北方地区) 喷雾

PD20040475 螨醇·哒螨灵/20%/乳油/哒螨灵 5%、三氯杀螨醇 15%/2009.12.19 至 2014.12.19/中等毒
棉花 红蜘蛛 90-150克/公顷 喷雾

PD20040546 哒螨灵/15%/乳油/哒螨灵 15%/2009.12.19 至 2014.12.19/中等毒
柑橘树 红蜘蛛 50-67毫克/千克 喷雾

PD20050140 哒螨灵/95%/原药/哒螨灵 95%/2010.09.09 至 2015.09.09/中等毒

PD20080113 啶虫脒/99%/原药/啶虫脒 99%/2013.01.03 至 2018.01.03/低毒

PD20080400 啶虫脒/5%/乳油/啶虫脒 5%/2013.03.04 至 2018.03.04/低毒
柑橘树 蚜虫 12-15毫克/千克 喷雾

PD20081048 苯磺隆/95%/原药/苯磺隆 95%/2013.08.14 至 2018.08.14/低毒

PD20081049 苯磺隆/75%/水分散粒剂/苯磺隆 75%/2013.08.14 至 2018.08.14/微毒

冬小麦田 一年生阔叶杂草 13.5-22.5克/公顷 茎叶喷雾

PD20081467 高效氯氟氰菊酯/25克/升/乳油/高效氯氟氰菊酯 25克/升/2013.11.04 至 2018.11.04/中等毒

柑橘树 潜叶蛾 1500-3000倍液 喷雾

棉花 棉铃虫 18.75-26.25克/公顷 喷雾

十字花科蔬菜 菜青虫 7.5-11.25克/公顷 喷雾

PD20081582 氟啶脲/90%/原药/氟啶脲 90%/2013.11.12 至 2018.11.12/低毒

PD20082050 苯磺隆/10%/可湿性粉剂/苯磺隆 10%/2013.11.25 至 2018.11.25/低毒

小麦田 阔叶杂草 10.05-19.5克/公顷 喷雾

PD20082963 氟啶脲/5%/乳油/氟啶脲 5%/2013.12.09 至 2018.12.09/低毒

甘蓝 菜青虫、小菜蛾 30-45克/公顷 喷雾

PD20084086 溴氰菊酯/25克/升/乳油/溴氰菊酯 25克/升/2013.12.16 至 2018.12.16/低毒

十字花科蔬菜 菜青虫、蚜虫 7.5-15克/公顷 喷雾

PD20090730 氟铃脲/95%/原药/氟铃脲 95%/2014.01.19 至 2019.01.19/微毒

PD20090902 高氯·氟啶脲/4.65%/乳油/氟啶胺 1.5%、高效氯氰菊酯 3.15%/2014.01.19 至 2019.01.19/低毒

十字花科蔬菜 菜青虫、小菜蛾 20.925-41.85克/公顷 喷雾

PD20091875 氟铃脲/5%/乳油/氟铃脲 5%/2009.02.09 至 2014.02.09/低毒

棉花 棉铃虫 90-120克/公顷 喷雾

PD20093250 氟吡甲禾灵/94%/原药/氟吡甲禾灵 94%/2014.03.11 至 2019.03.11/低毒

PD20095174 高效氟吡甲禾灵/10.8%/乳油/高效氟吡甲禾灵 10.8%/2009.04.24 至 2014.04.24/低毒

夏大豆田 一年生禾本科杂草 40.5-48.6克/公顷 茎叶喷雾

PD20101754 丙环唑/95%/原药/丙环唑 95%/2010.07.07 至 2015.07.07/低毒

PD20120559 吡虫啉/25%/可湿性粉剂/吡虫啉 25%/2012.03.28 至 2017.03.28/低毒

水稻 飞虱 15-30克/公顷 喷雾

PD20120609 多菌灵/50%/可湿性粉剂/多菌灵 50%/2012.04.11 至 2017.04.11/低毒

水稻 纹枯病 750～937.5克/公顷 /喷雾

PD20121048 甲基硫菌灵/50%/可湿性粉剂/甲基硫菌灵 50%/2012.07.12 至 2017.07.12/低毒

水稻 纹枯病 1275-1500克/公顷 喷雾

PD20121082 啶虫脒/70%/可湿性粉剂/啶虫脒 70%/2012.07.19 至 2017.07.19/中等毒

柑橘树 蚜虫 7.78-8.75毫克/千克 喷雾

PD20121415 丙环唑/250克/升/乳油/丙环唑 250克/升/2012.09.19 至 2017.09.19/低毒

小麦 白粉病 112.5－150克/公顷 喷雾

PD20130692 三氯杀螨醇/20%/水乳剂/三氯杀螨醇 20%/2013.04.11 至 2018.04.11/低毒

柑橘树 红蜘蛛 200-250毫克/千克 喷雾

PD20131333 吡虫啉/350克/升/悬浮剂/吡虫啉 350克/升/2013.06.09 至 2018.06.09/低毒

甘蓝 蚜虫 45-75克/公顷 喷雾

WP20090013 对二氯苯/99.5%/原药/对二氯苯 99.5%/2014.01.06 至 2019.01.06/低毒

WP20110180 防霉防蛀片剂/99%/片剂/对二氯苯 99%/2011.07.26 至 2016.07.26/低毒

卫生 黑皮蠹、霉菌 / 投放

江苏永安化工有限公司 （江苏省涟水县城北朱码（江苏涟水化工总厂院内） 223402 0517-82332333）

PD20080360 二甲戊灵/95%/原药/二甲戊灵 95%/2013.02.28 至 2018.02.28/低毒

PD20081696 二甲戊灵/330克/升/乳油/二甲戊灵 330克/升/2013.11.17 至 2018.11.17/微毒

甘蓝田 杂草 618.8-742.5克/公顷 土壤喷雾

棉花田 一年生杂草 742.5-990克/公顷 播后苗前毒土法

江苏优士化学有限公司 （江苏省扬州市仪征市大连路3号 225009 0514-5123456）

PD20080757 草甘膦/95%/原药/草甘膦 95%/2013.06.11 至 2018.06.11/低毒

PD20081436 氯氰菊酯/94%/原药/氯氰菊酯 94%/2013.10.31 至 2018.10.31/低毒

PD20081448 高效氯氟氰菊酯/95%/原药/高效氯氟氰菊酯 95%/2013.11.04 至 2018.11.04/中等毒

PD20083291 溴氰菊酯/98.5%/原药/溴氰菊酯 98.5%/2013.12.11 至 2018.12.11/中等毒

PD20091416 麦草畏/98%/原药/麦草畏 98%/2014.02.02 至 2019.02.02/低毒

PD20095109 吡虫啉/95%/原药/吡虫啉 95%/2009.04.24 至 2014.04.24/中等毒

PD20095698 高效氯氰菊酯/27%/母药/高效氯氰菊酯 27%/2009.05.15 至 2014.05.15/低毒

PD20095931 草甘膦异丙胺盐(41%)///水剂/草甘膦 30%/2009.06.02 至 2014.06.02/低毒

柑橘园 杂草 1224-2448克/公顷 定向茎叶喷雾

PD20097647 氟虫腈/95%/原药/氟虫腈 95%/2009.11.04 至 2014.11.04/中等毒

PD20101328 联苯菊酯/97%/原药/联苯菊酯 97%/2010.03.17 至 2015.03.17/中等毒

PD20101673 丙环唑/95%/原药/丙环唑 95%/2010.06.08 至 2015.06.08/低毒

PD20101718 氟氯氰菊酯/93%/原药/氟氯氰菊酯 93%/2010.06.28 至 2015.06.28/中等毒

PD20110073 草甘膦/46%/水剂/草甘膦 46%/2011.01.19 至 2016.01.19/微毒

柑橘 杂草 1125-2250克/公顷 茎叶喷雾

PD20110710 麦草畏/480克/升/水剂/麦草畏 480克/升/2011.07.06 至 2016.07.06/低毒

春小麦田 一年生阔叶杂草 180-216克/公顷 茎叶喷雾

PD20110763 氟啶胺/97%/原药/氟啶胺 97%/2011.08.23 至 2016.08.23/低毒

注:专供出口，不得在国内销售。

PD20111180 噻苯隆/98%/原药/噻苯隆 98%/2011.11.15 至 2016.11.15/低毒
PD20121517 苯磺隆/95%/原药/苯磺隆 95%/2012.10.09 至 2017.10.09/低毒
PD20130786 抗倒酯/96%/原药/抗倒酯 96%/2013.04.22 至 2018.04.22/低毒
注:专供出口，不得在国内销售。
PD20131294 茚虫威/70.5%/原药/茚虫威 70.5%/2013.06.08 至 2018.06.08/中等毒
PD20131446 草铵膦/95%/原药/草铵膦 95%/2013.07.05 至 2018.07.05/低毒
PD20132094 高效氯氟氰菊酯/2.5%/微囊悬浮剂/高效氯氟氰菊酯 2.5%/2013.10.24 至 2018.10.24/低毒
甘蓝 菜青虫 11.25-15克/公顷 喷雾
PD20132113 二甲戊灵/96%/原药/二甲戊灵 96%/2013.10.24 至 2018.10.24/低毒
LS20100003 抗倒酯/96%/原药/抗倒酯 96%/2012.01.12 至 2013.01.12/低毒
LS20110286 氯氟·吡虫啉/52%/可湿性粉剂/吡虫啉 42%、高效氯氟氰菊酯 10%/2013.11.03 至 2014.11.03/中等毒
甘蓝 蚜虫 24-36克/公顷 喷雾
WP20080018 氟蚁腙/95%/原药/氟蚁腙 95%/2013.01.07 至 2018.01.07/低毒
WP20080132 氯菊酯/92%/原药/氯菊酯 92%/2013.10.31 至 2018.10.31/低毒
WP20090339 氟硅菊酯/93%/原药/氟硅菊酯 93%/2009.10.10 至 2014.10.10/微毒
WP20090340 四氟醚菊酯/90%/原药/四氟醚菊酯 90%/2009.10.10 至 2014.10.10/中等毒
WP20090346 四氟苯菊酯///原药/四氟苯菊酯 93%,右旋反式体88%/2009.10.19 至 2014.10.19/低毒
WP20110065 氯氟醚菊酯/90%/原药/氯氟醚菊酯 90%/2011.03.04 至 2016.03.04/低毒
WP20130035 氯氟醚菊酯/6%/母药/氯氟醚菊酯 6%/2013.02.26 至 2018.02.26/低毒
WL20100130 氯氟醚菊酯/6%/母药/氯氟醚菊酯 6%/2012.05.10 至 2013.05.10/低毒
WL20110025 氯氟醚菊酯/5%/母药/氯氟醚菊酯 5%/2013.02.11 至 2014.02.11/低毒
WL20110136 七氟甲醚菊酯/93%/原药/七氟甲醚菊酯 93%/2013.12.05 至 2014.12.05/低毒
WL20110137 蚊香/0.02%/蚊香/七氟甲醚菊酯 0.02%/2013.12.05 至 2014.12.05/微毒
卫生 蚊 / 点燃
WL20130016 杀虫气雾剂/0.4%/气雾剂/胺菊酯 0.2%、氟丙菊酯 0.2%/2013.03.18 至 2014.03.18/微毒
卫生 蚊、蝇 / 喷雾
WL20130017 氟丙菊酯/95%/原药/氟丙菊酯 95%/2013.03.25 至 2014.03.25/微毒

江苏裕廊化工有限公司 (江苏省盐城市响水县陈家港化工园区 224631 0515-86735717)

PD20070189 草甘膦/95%/原药/草甘膦 95%/2012.07.11 至 2017.07.11/低毒
PD20070280 草甘膦异丙胺盐/30%/水剂/草甘膦 30%/2012.09.05 至 2017.09.05/低毒
柑橘园 一年生和多年生杂草 1230—2460克/公顷 定向茎叶喷雾
注:草甘膦异丙胺盐含量为: 41%。
PD20070404 草甘膦异丙胺盐/62%/水剂/草甘膦异丙胺盐 62%/2012.11.05 至 2017.11.05/低毒
柑橘园 一年生和多年生杂草 1209—2325克/公顷 定向茎叶喷雾

江苏耘农化工有限公司 (江苏省镇江新区龙溪路10号 212132 0511-88051168)

PD20080073 三环唑/95%/原药/三环唑 95%/2013.01.03 至 2018.01.03/低毒
PD20080410 嘧霉胺/95%/原药/嘧霉胺 95%/2013.02.28 至 2018.02.28/低毒
PD20080516 烯酰吗啉/95%/原药/烯酰吗啉 95%/2013.04.29 至 2018.04.29/低毒
PD20080548 嘧霉胺/40%/悬浮剂/嘧霉胺 40%/2013.05.08 至 2018.05.08/低毒
番茄 灰霉病 480-525克/公顷 喷雾
PD20080708 抑食肼/95%/原药/抑食肼 95%/2013.06.04 至 2018.06.04/低毒
PD20081205 腈菌唑/95%/原药/腈菌唑 95%/2013.09.11 至 2018.09.11/低毒
PD20081727 苯醚甲环唑/95%/原药/苯醚甲环唑 95%/2013.11.18 至 2018.11.18/低毒
PD20082120 S-氰戊菊酯/90%/原药/S-氰戊菊酯 90%/2013.11.25 至 2018.11.25/中等毒
PD20082659 烯酰吗啉/50%/水分散粒剂/烯酰吗啉 50%/2013.12.04 至 2018.12.04/低毒
黄瓜 霜霉病 225-300克/公顷 喷雾
PD20083713 S-氰戊菊酯/5%/乳油/S-氰戊菊酯 5%/2013.12.15 至 2018.12.15/中等毒
十字花科蔬菜 菜青虫 7.5-22.5克/公顷 喷雾
PD20085503 氰戊菊酯/90%/原药/氰戊菊酯 90%/2013.12.25 至 2018.12.25/低毒
PD20092433 腈菌唑/40%/悬浮剂/腈菌唑 40%/2014.02.25 至 2019.02.25/低毒
梨树 黑星病 40-50毫克/千克 喷雾
PD20094716 苯醚甲环唑/10%/水分散粒剂/苯醚甲环唑 10%/2014.04.10 至 2019.04.10/低毒
梨树 黑星病 16.7-20毫克/千克 喷雾
PD20095664 醚菌酯/95%/原药/醚菌酯 95%/2009.05.13 至 2014.05.13/低毒
PD20111327 苯醚·丙环唑/500克/升/乳油/苯醚甲环唑 250克/升、丙环唑 250克/升/2011.12.06 至 2016.12.06/低毒
水稻 纹枯病 67.5-90克/公顷 喷雾
PD20111357 苯醚甲环唑/25%/乳油/苯醚甲环唑 25%/2011.12.12 至 2016.12.12/低毒
香蕉 叶斑病 83.3-125毫克/千克 喷雾
PD20120540 嘧菌酯/95%/原药/嘧菌酯 95%/2012.03.28 至 2017.03.28/微毒
LS20110180 丁吡吗啉/95%/原药/丁吡吗啉 95%/2013.07.07 至 2014.07.07/低毒

江苏云帆化工有限公司 (江苏省启东市滨江精细化工园江苏路168号 226221 0513-83201555)

PD20090364 苏云金杆菌/8000IU/毫克/可湿性粉剂/苏云金杆菌 8000IU/毫克/2014.01.12 至 2019.01.12/低毒
茶树 茶毛虫 400-800倍液 喷雾

	棉花	二代棉铃虫	3000-4500毫升制剂/公顷	喷雾
	森林	松毛虫	600-800倍液	喷雾
	十字花科蔬菜	菜青虫	750-1500毫升制剂/公顷	喷雾
	十字花科蔬菜	小菜蛾	1500-2250毫升制剂/公顷	喷雾
	水稻	稻纵卷叶螟	3000-4500毫升制剂/公顷	喷雾
	烟草	烟青虫	1500-3000毫升制剂/公顷	喷雾
	玉米	玉米螟	1500-3000毫升制剂/公顷	拌细纱灌心
	枣树	枣尺蠖	600-800倍液	喷雾
PD20095444	阿维·苏云菌//可湿性粉剂/阿维菌素 0.1%、苏云金杆菌 100亿活芽孢/克/2009.05.11 至 2014.05.11/低毒(原药高毒)			
	十字花科蔬菜	小菜蛾	750-1125克制剂/公顷	喷雾
PD20096128	氰戊·敌敌畏/50%/乳油/敌敌畏 0%、氰戊菊酯 0%/2009.06.19 至 2014.06.19/中等毒			
	粮库空仓	仓储害虫	0.2-0.8克/平方米	喷雾
PD20100197	唑螨酯/5%/悬浮剂/唑螨酯 5%/2010.01.05 至 2015.01.05/低毒			
	柑橘树	红蜘蛛	25-50毫克/千克	喷雾
PD20120589	烯酰吗啉/50%/水分散粒剂/烯酰吗啉 50%/2012.04.10 至 2017.04.10/低毒			
	黄瓜	霜霉病	225-375克/公顷	喷雾
PD20120746	草甘膦铵盐/80%/可溶粒剂/草甘膦 80%/2012.05.05 至 2017.05.05/低毒			
	非耕地	杂草	1020-2700克/公顷	茎叶喷雾
	注:草甘膦铵盐含量: 88.8%。			
PD20121169	甲氨基阿维菌素苯甲酸盐/5%/水分散粒剂/甲氨基阿维菌素 5%/2012.07.30 至 2017.07.30/低毒			
	甘蓝	小菜蛾	1.5-2.25克/公顷	喷雾
	注:甲氨基阿维菌素苯甲酸盐含量: 5.7%。			
PD20121833	三甲苯草酮/97%/原药/三甲苯草酮 97%/2012.11.22 至 2017.11.22/低毒			
	注:专供出口,不得在国内销售。			
PD20130551	乙氧氟草醚/97%/原药/乙氧氟草醚 97%/2013.04.01 至 2018.04.01/低毒			
LS20130349	吡蚜·仲丁威/36%/悬浮剂/吡蚜酮 4%、仲丁威 32%/2013.07.02 至 2014.07.02/低毒			
	水稻	稻飞虱	270-337.5克/公顷	喷雾
LS20130525	丁噻隆/95%/原药/丁噻隆 95%/2013.12.10 至 2014.12.10/低毒			
江苏灶星农化有限公司 (江苏省东台市头灶镇头富街8号 224247 0515-85481198)				
PD20060117	多·酮/40%/可湿性粉剂/多菌灵 35%、三唑酮 5%/2011.06.15 至 2016.06.15/低毒			
	小麦	白粉病、赤霉病	450-600克/公顷	喷雾
	油菜	菌核病	600-800克/公顷	喷雾
	杂交水稻	叶尖枯病、云形病	450-600克/公顷	喷雾
PD20060133	吡虫·三唑酮/18%/可湿性粉剂/吡虫啉 2.5%、三唑酮 15.5%/2011.07.14 至 2016.07.14/低毒			
	小麦	白粉病、蚜虫	135-162克/公顷	喷雾
PD20070152	噻嗪·杀虫单/50%/可湿性粉剂/噻嗪酮 10%、杀虫单 40%/2012.06.07 至 2017.06.07/低毒			
	水稻	稻飞虱、二化螟	450-525克/公顷	喷雾
	水稻	稻纵卷叶螟	375-450克/公顷	喷雾
PD20080020	噻嗪酮/25%/可湿性粉剂/噻嗪酮 25%/2013.01.04 至 2018.01.04/低毒			
	水稻	稻飞虱	112.5-150克/公顷	喷雾
PD20080499	三唑酮/15%/可湿性粉剂/三唑酮 15%/2013.04.10 至 2018.04.10/低毒			
	小麦	白粉病、锈病	135-180克/公顷	喷雾
	玉米	丝黑穗病	60-90克/100千克种子	拌种
PD20080748	马拉·辛硫磷/25%/乳油/马拉硫磷 12.5%、辛硫磷 12.5%/2013.06.11 至 2018.06.11/低毒			
	棉花	棉铃虫	262.5-300克/公顷	喷雾
	水稻	二化螟	337.5-375克/公顷	喷雾
PD20081292	三环唑/20%/可湿性粉剂/三环唑 20%/2013.09.26 至 2018.09.26/中等毒			
	水稻	稻瘟病	225-300克/公顷	喷雾
PD20082715	高效氯氟氰菊酯/25克/升/乳油/高效氯氟氰菊酯 25克/升/2013.12.05 至 2018.12.05/中等毒			
	棉花	棉铃虫	15-22.5克/公顷	喷雾
PD20084287	联苯菊酯/25克/升/乳油/联苯菊酯 25克/升/2013.12.17 至 2018.12.17/低毒			
	棉花	红蜘蛛	45-60克/公顷	喷雾
PD20093292	噻嗪·异丙威/25%/可湿性粉剂/噻嗪酮 5%、异丙威 20%/2009.03.11 至 2014.03.11/低毒			
	水稻	稻飞虱	468.75-562.5克/公顷	喷雾
PD20100269	敌畏·辛硫磷/65%/乳油/敌敌畏 40%、辛硫磷 25%/2010.01.11 至 2015.01.11/中等毒			
	桑树	桑毛虫	433.3-650毫克/千克	喷雾
WP20080292	杀虫气雾剂/1%/气雾剂/胺菊酯 0.6%、氯菊酯 0.4%/2013.12.03 至 2018.12.03/微毒			
	卫生	蚊、蝇、蜚蠊	/	喷雾
江苏正本农药化工有限公司 (江苏省宿迁市沭阳县贤官乡 223653 0527-3350088)				
PD20050076	吡·多·三唑酮/30%/可湿性粉剂/吡虫啉 1.8%、多菌灵 20%、三唑酮 8.2%/2010.06.24 至 2015.06.24/低毒			
	小麦	白粉病、赤霉病、蚜虫	270-315克/公顷	喷雾
PD20050077	多·酮/40%/可湿性粉剂/多菌灵 35%、三唑酮 5%/2010.06.24 至 2015.06.24/低毒			
	水稻	纹枯病、叶尖枯病	600-720克/公顷	喷雾

小麦 白粉病、赤霉病 450-600克/公顷 喷雾
PD20085878 三环·杀虫单/50%/可湿性粉剂/三环唑 14%、杀虫单 36%/2008.12.29 至 2013.12.29/中等毒
晚稻本田 稻瘟病、螟虫 750-900克/公顷 喷雾
PD20092368 阿维·三唑磷/20%/乳油/阿维菌素 0.1%、三唑磷 19.9%/2009.02.24 至 2014.02.24/中等毒(原药高毒)
水稻 二化螟 135-180克/公顷 喷雾
PD20092413 吡虫·杀虫单/80%/可湿性粉剂/吡虫啉 2%、杀虫单 78%/2009.02.25 至 2014.02.25/中等毒
水稻 稻飞虱、稻纵卷叶螟、二化螟、三化螟 450-750克/公顷 喷雾
PD20094006 乙·莠/40%/可湿性粉剂/乙草胺 14%、莠去津 26%/2009.03.27 至 2014.03.27/低毒
夏玉米田 一年生单、双子叶杂草 1200-1500克/公顷 播后苗前土壤喷雾
PD20094114 阿维·高氯/6%/乳油/阿维菌素 0.4%、高效氯氰菊酯 5.6%/2009.03.27 至 2014.03.27/中等毒(原药高毒)
黄瓜 美洲斑潜蝇 15-30克/公顷 喷雾
梨树 梨木虱 12-24毫克/千克 喷雾
十字花科蔬菜 菜青虫、小菜蛾 13.5-27克/公顷 喷雾
PD20094353 氧氟·乙草胺/40%/乳油/乙草胺 34%、乙氧氟草醚 6%/2009.04.01 至 2014.04.01/低毒
花生田 一年生单、双子叶杂草 600-750克/公顷 播后苗前土壤喷雾
PD20094470 甲霜·福美双/40%/可湿性粉剂/福美双 31%、甲霜灵 9%/2009.04.01 至 2014.04.01/中等毒
水稻 立枯病 2400-3600克/公顷 苗床浇洒或秧苗喷雾
PD20094537 异丙·苄/30%/可湿性粉剂/苄嘧磺隆 5%、异丙草胺 25%/2009.04.09 至 2014.04.09/低毒
水稻抛秧田、水稻移栽田 一年生杂草 90-135克/公顷 毒土法
PD20096072 唑酮·氧乐果/30%/乳油/三唑酮 7%、氧乐果 23%/2009.06.18 至 2014.06.18/中等毒(原药高毒)
小麦 白粉病、蚜虫 450-480克/公顷 喷雾
PD20096163 唑磷·敌百虫/36%/乳油/敌百虫 30%、三唑磷 6%/2009.06.24 至 2014.06.24/中等毒
水稻 二化螟 810-972克/公顷 喷雾
PD20096571 氯溴异氰尿酸/50%/可溶粉剂/氯溴异氰尿酸 50%/2009.08.24 至 2014.08.24/低毒
水稻 白叶枯病 450-506.25克/公顷 喷雾
PD20097478 井·噻·杀虫单/50%/可湿性粉剂/井冈霉素 6%、噻嗪酮 8%、杀虫单 36%/2009.11.03 至 2014.11.03/中等毒
水稻 稻飞虱、稻纵卷叶螟、纹枯病 750-937.5克/公顷 喷雾
PD20101400 甲枯·多菌灵/40%/可湿性粉剂/多菌灵 25%、甲基立枯磷 15%/2010.04.14 至 2015.04.14/低毒
水稻 立枯病、苗期叶稻瘟病 720-900克/公顷 喷雾

江苏中丹化工技术有限公司 (江苏省泰兴市沿江经济开发区通江路8号 225400 0523-80737977)

PD20130612 双草醚/95%/原药/双草醚 95%/2013.04.03 至 2018.04.03/低毒
LS20120308 环戊噁草酮/96.5%/原药/环戊噁草酮 96.5%/2013.08.30 至 2014.08.30/低毒
注:专供出口，不得在国内销售。

江苏中旗作物保护股份有限公司 (江苏省南京化学工业园长丰河路309号 210047 025-58375795)

PD20070511 噁霜灵/96%/原药/噁霜灵 96%/2012.11.28 至 2017.11.28/低毒
PD20080518 精吡氟禾草灵/90%/原药/精吡氟禾草灵 90%/2013.04.29 至 2018.04.29/低毒
PD20080764 氟虫脲/95%/原药/氟虫脲 95%/2013.06.11 至 2018.06.11/低毒
PD20081435 戊唑醇/97%/原药/戊唑醇 97%/2013.10.31 至 2018.10.31/低毒
PD20081442 乙氧氟草醚/97%/原药/乙氧氟草醚 97%/2013.10.31 至 2018.10.31/微毒
PD20081561 氟硅唑/95%/原药/氟硅唑 95%/2013.11.11 至 2018.11.11/低毒
PD20081641 精噁唑禾草灵/95%/原药/精噁唑禾草灵 95%/2013.11.14 至 2018.11.14/低毒
PD20081798 草甘膦/95%/原药/草甘膦 95%/2013.11.19 至 2018.11.19/微毒
PD20081980 高效氟吡甲禾灵/108克/升/乳油/高效氟吡甲禾灵 108克/升/2013.11.25 至 2018.11.25/低毒
油菜田 一年生禾本科杂草 45-60克/公顷 茎叶喷雾
PD20082231 精噁唑禾草灵/69克/升/水乳剂/精噁唑禾草灵 69克/升/2013.11.26 至 2018.11.26/微毒
冬小麦田 一年生禾本科杂草 51.75-62.1克/公顷 茎叶喷雾
PD20082500 环嗪酮/98%/原药/环嗪酮 98%/2013.12.03 至 2018.12.03/低毒
PD20083285 麦草畏/98%/原药/麦草畏 98%/2013.12.11 至 2018.12.11/低毒
PD20086313 氯氟吡氧乙酸异辛酯/95%/原药/氯氟吡氧乙酸异辛酯 95%/2013.12.31 至 2018.12.31/低毒
PD20092634 氯氟吡氧乙酸/20%/乳油/氯氟吡氧乙酸 20%/2014.03.02 至 2019.03.02/低毒
冬小麦田 一年生阔叶杂草 150-210克/公顷 茎叶喷雾
PD20093804 高效氟吡甲禾灵/90%/原药/高效氟吡甲禾灵 90%/2014.03.25 至 2019.03.25/中等毒
PD20096695 草甘膦异丙胺盐(41%)///水剂/草甘膦 30%/2009.09.07 至 2014.09.07/微毒
柑橘园 杂草 200-400毫升制剂/亩 定向茎叶喷雾
PD20096721 咪唑乙烟酸/98%/原药/咪唑乙烟酸 98%/2009.09.07 至 2014.09.07/微毒
PD20096795 烯草酮/90%/原药/烯草酮 90%/2009.09.15 至 2014.09.15/低毒
PD20097009 烟嘧磺隆/95%/原药/烟嘧磺隆 95%/2009.09.29 至 2014.09.29/微毒
PD20097196 乳氟禾草灵/85%/原药/乳氟禾草灵 85%/2009.10.16 至 2014.10.16/低毒
PD20097209 稻瘟灵/95%/原药/稻瘟灵 95%/2009.10.19 至 2014.10.19/低毒
PD20097228 氟磺胺草醚/95%/原药/氟磺胺草醚 95%/2009.10.19 至 2014.10.19/低毒
PD20097833 噻嗪酮/99%/原药/噻嗪酮 99%/2009.11.20 至 2014.11.20/低毒

PD20098288 异菌脲/96%/原药/异菌脲 96%/2009.12.18 至 2014.12.18/微毒
PD20102145 氟虫腈/95%/原药/氟虫腈 95%/2010.12.07 至 2015.12.07/中等毒
注:专供出口，不得在国内销售。
PD20102146 氟虫腈/50克/升/悬浮剂/氟虫腈 50克/升/2010.12.07 至 2015.12.07/低毒
注:专供出口，不得在国内销售。
PD20102213 苯醚·丙环唑/300克/升/乳油/苯醚甲环唑 150克/升、丙环唑 150克/升/2010.12.23 至 2015.12.23/低毒
水稻 稻曲病、纹枯病 67.5－112.5克/公顷 喷雾
PD20110506 双草醚/96%/原药/双草醚 96%/2011.05.03 至 2016.05.03/微毒
PD20111176 咪唑烟酸/95%/原药/咪唑烟酸 95%/2011.11.15 至 2016.11.15/低毒
注:专供出口，不得在国内销售。
PD20111329 吡氟酰草胺/98%/原药/吡氟酰草胺 98%/2011.12.06 至 2016.12.06/微毒
注:专供出口，不得在国内销售。
PD20120783 嘧菌酯/96.5%/原药/嘧菌酯 96.5%/2012.05.11 至 2017.05.11/微毒
PD20120793 磺草酮/98%/原药/磺草酮 98%/2012.05.11 至 2017.05.11/低毒
注:专供出口,不得在国内销售。
PD20120956 嘧菌酯/250克/升/悬浮剂/嘧菌酯 250克/升/2012.06.14 至 2017.06.14/微毒
注:专供出口,不得在国内销售。
PD20121200 炔草酯/95%/原药/炔草酯 95%/2012.08.06 至 2017.08.06/低毒
注:专供出口，不得在国内销售。
PD20121591 虱螨脲/98%/原药/虱螨脲 98%/2012.10.25 至 2017.10.25/低毒
PD20121728 环嗪酮/75%/水分散粒剂/环嗪酮 75%/2012.11.08 至 2017.11.08/低毒
森林防火道 杂草 1800-2250克/公顷 茎叶喷雾
PD20121764 双草醚/100克/升/悬浮剂/双草醚 100克/升/2012.11.15 至 2017.11.15/微毒
水稻田(直播) 稗草、莎草及阔叶杂草 30-37.5克/公顷 茎叶喷雾
PD20121823 虱螨脲/5%/乳油/虱螨脲 5%/2012.11.22 至 2017.11.22/低毒
甘蓝 甜菜夜蛾 22.5-30克/公顷 喷雾
PD20130865 氟环唑/95%/原药/氟环唑 95%/2013.04.22 至 2018.04.22/低毒
注:专供出口,不得在国内销售。
PD20131726 除草定/95%/原药/除草定 95%/2013.08.16 至 2018.08.16/低毒
注:专供出口，不得在国内销售。
PD20131850 除草定/80%/可湿性粉剂/除草定 80%/2013.09.23 至 2018.09.23/低毒
注:专供出口，不得在国内销售。
PD20131899 草铵膦/95%/原药/草铵膦 95%/2013.09.25 至 2018.09.25/低毒
PD20131916 茚虫威/95%/原药/茚虫威 95%/2013.09.25 至 2018.09.25/低毒
PD20132454 醚菌酯/95%/原药/醚菌酯 95%/2013.12.02 至 2018.12.02/微毒
注:专供出口，不得在国内销售。
PD20132600 炔草酯/8%/水乳剂/炔草酯 8%/2013.12.17 至 2018.12.17/低毒
春小麦田 一年生禾本科杂草 36-48克/公顷 茎叶喷雾
冬小麦田 一年生禾本科杂草 48-66克/公顷 茎叶喷雾
PD20132604 氰氟草酯/97%/原药/氰氟草酯 97%/2013.12.18 至 2018.12.18/低毒
LS20100153 噻虫啉/40%/悬浮剂/噻虫啉 40%/2012.11.10 至 2013.11.10/中等毒
水稻 稻飞虱 72-100.8克/公顷 喷雾
LS20110005 抗倒酯/96%/原药/抗倒酯 96%/2013.01.07 至 2014.01.07/微毒
LS20110171 丁醚脲/97%/原药/丁醚脲 97%/2013.06.16 至 2014.06.16/中等毒
LS20110336 噻虫胺/98%/原药/噻虫胺 98%/2013.12.13 至 2014.12.13/微毒
LS20130385 噻虫胺/48%/悬浮剂/噻虫胺 48%/2013.07.29 至 2014.07.29/低毒
水稻 稻飞虱 45-60克/公顷 喷雾
WP20070030 吡丙醚/95%/原药/吡丙醚 95%/2012.11.28 至 2017.11.28/低毒

江苏中意化学有限公司 (江苏省盐城市响水县双港镇化工工业园区 224632 025-84652102)

PD20070001 毒死蜱/97%/原药/毒死蜱 97%/2012.01.04 至 2017.01.04/中等毒
PD20082531 杀虫双/18%/水剂/杀虫双 18%/2013.12.03 至 2018.12.03/低毒
水稻 二化螟 675-810克/公顷 喷雾
PD20083188 毒死蜱/480克/升/乳油/毒死蜱 480克/升/2013.12.11 至 2018.12.11/中等毒
水稻 二化螟 576-648克/公顷 喷雾
PD20096746 氟虫腈/95%/原药/氟虫腈 95%/2009.09.07 至 2014.09.07/中等毒

江苏庄臣同大有限公司 (江苏省常州市新北区河海西路18号 213022 0519-85102117)

WP20030013 杀虫气雾剂/0.37%/气雾剂/胺菊酯 0.15%、富右旋反式烯丙菊酯 0.07%、氯菊酯 0.15%/2008.07.03至2013.07.03/微毒
卫生 蜚蠊、蚊、蝇 / 喷雾
WP20030019 电热蚊香片/9毫克/片/气雾剂/炔丙菊酯 9毫克/片/2013.12.04 至 2018.12.04/微毒
卫生 蚊 / 电热加温
WP20080184 驱蚊液/10%/驱蚊液/避蚊胺 10%/2013.11.19 至 2018.11.19/微毒
卫生 蚊 / 涂抹
WP20080200 蚊香/0.25%/蚊香/富右旋反式烯丙菊酯 0.25%/2008.11.20 至 2013.11.20/微毒

卫生 蚊 / 点燃
WP20080245 电热蚊香片/12毫克/片/电热蚊香片/炔丙菊酯 12毫克/片/2013.11.26 至 2018.11.26/微毒
卫生 蚊 / 电热加温
注:本产品有三种香型：清香型、甘菊香型、无香型。
WP20080259 电热蚊香片/26毫克/片/电热蚊香片/富右旋反式烯丙菊酯 26毫克/片/2008.11.27 至 2013.11.27/微毒
卫生 蚊 / 电热加温
WP20080428 电热蚊香液/1.2%/电热蚊香液/炔丙菊酯 1.2%/2013.12.15 至 2018.12.15/微毒
卫生 蚊 / 电热加温
注:本品有三种香型：清香型、甘菊香型、无香型。
WP20080500 杀虫气雾剂/0.35%/气雾剂/Es-生物烯丙菊酯 0.27%、右旋苯醚氰菊酯 0.08%/2008.12.18 至 2013.12.18/微毒
卫生 蚊、蝇、蜚蠊 / 喷雾
WP20110004 电热蚊香片/40毫克/片/电热蚊香片/右旋烯丙菊酯 40毫克/片/2011.01.04 至 2016.01.04/微毒
卫生 蚊 / 电热加温
WP20110063 蚊香/0.015%/蚊香/四氟甲醚菊酯 0.015%/2011.03.03 至 2016.03.03/微毒
卫生 蚊 / 点燃
注:本产品有三种香型：檀香型、花香型、无香型。
WP20110148 电热蚊香片/15毫克/片/电热蚊香片/炔丙菊酯 15毫克/片/2011.06.20 至 2016.06.20/微毒
卫生 蚊 / 电热加温
WP20120119 杀虫气雾剂/0.54%/气雾剂/胺菊酯 0.45%、右旋苯醚氰菊酯 0.09%/2012.06.21 至 2017.06.21/微毒
卫生 蚂蚁、蚊、蝇、蜚蠊 / 喷雾
注:本品有两种香型:清香型、无香型。
WP20120158 电热蚊香片/50毫克/片/电热蚊香片/右旋烯丙菊酯 50毫克/片/2012.09.04 至 2017.09.04/微毒
卫生 蚊 / 电热加温
WP20120173 电热蚊香液/0.62%/电热蚊香液/四氟甲醚菊酯 0.62%/2012.09.11 至 2017.09.11/微毒
卫生 蚊 / 电热加温
注:本产品有两种香型：清香型、无香型。
WP20120194 杀蚊气雾剂/0.58%/气雾剂/胺菊酯 0.35%、右旋苯醚菊酯 0.13%、右旋烯丙菊酯 0.1%/2012.10.17至2017.10.17/微毒
卫生 蚊 / 喷雾
WP20120225 杀虫气雾剂/0.16%/气雾剂/氯氰菊酯 0.1%、炔丙菊酯 0.03%、炔咪菊酯 0.03%/2012.11.22 至 2017.11.22/微毒
卫生 蚂蚁、蚊、蝇、蜚蠊 / 喷雾
注:本产品有一种香型：清香型。
WP20120233 杀蟑气雾剂/0.2%/气雾剂/氯氰菊酯 0.1%、炔咪菊酯 0.1%/2012.12.07 至 2017.12.07/微毒
卫生 蜚蠊 / 喷雾
注:本产品有三种香型：甘菊香型、清香型、无香型。
WP20120256 杀虫气雾剂/0.48%/气雾剂/胺菊酯 0.26%、氯氰菊酯 0.13%、右旋烯丙菊酯 0.09%/2012.12.24 至 2017.12.24/微毒
卫生 蚂蚁、蚊、蝇、蜚蠊 / 喷雾
WP20130014 杀虫气雾剂/0.5%/气雾剂/胺菊酯 0.3%、氯氰菊酯 0.1%、右旋烯丙菊酯 0.1%/2013.01.17 至 2018.01.17/微毒
卫生 蚊、蝇、蜚蠊 / 喷雾
注:本产品有一种香型：柠檬香型。
WP20130041 杀蚊气雾剂/0.23%/气雾剂/炔丙菊酯 0.1%、右旋苯醚菊酯 0.13%/2013.03.18 至 2018.03.18/微毒
室内 蚊、蝇 / 喷雾
WP20130046 杀虫气雾剂/0.065%/油基气雾剂/氟氯氰菊酯 0.015%、炔咪菊酯 0.05%/2013.03.20 至 2018.03.20/微毒
室内 蚂蚁、蚊、蝇、蜚蠊 / 喷雾
WP20130072 电热蚊香液/0.31%/电热蚊香液/四氟甲醚菊酯 0.31%/2013.04.22 至 2018.04.22/微毒
室内 蚊 / 电热加温
WP20130173 蚊香/0.035%/蚊香/氯氟醚菊酯 0.035%/2013.08.01 至 2018.08.01/微毒
卫生 蚊 / 点燃
注:本产品有三种香型：花香型、檀香型、无香型。 本产品有两种坯体：炭坯、纸炭坯。
WL20110105 蚊香/0.015%/蚊香/氯氟醚菊酯 .015%/2013.09.08 至 2014.09.08/微毒
卫生 蚊 / 点燃
注:该产品有三种香型：花香型、檀香型、驱蚊草香型。
WL20110115 电热蚊香液/0.8%/电热蚊香液/氯氟醚菊酯 0.8%/2013.09.28 至 2014.09.28/微毒
卫生 蚊 / 电热加温
注:本产品有三种香型：无香型、草本香型、清香型。
WL20110129 电热蚊香片/4毫克/片/电热蚊香片/氯氟醚菊酯 4毫克/片/2013.11.03 至 2014.11.03/微毒
卫生 蚊 / 电热加温
注:本产品有三种香型：清香型、草本香型、无香型。
WL20120028 杀蚊气雾剂/0.5%/气雾剂/胺菊酯 0.35%、右旋烯丙菊酯 0.15%/2013.05.17 至 2014.05.17/微毒
室内 蚊、蝇 / 喷雾
注:本产品有两种香型：清香型、无香型。

江阴苏利化学股份有限公司 (江苏省江阴市利港镇润华路7号 214444 0510-86636248)

PD86179-5 百菌清/98.5%、96%、90%/原药/百菌清 98.5%、96%、90%/2011.10.23 至 2016.10.23/低毒
PD86180-8 百菌清/75%/可湿性粉剂/百菌清 75%/2011.10.23 至 2016.10.23/低毒

	茶树	炭疽病	600-800倍液	喷雾
	豆类	炭疽病、锈病	1275-2325克/公顷	喷雾
	柑橘树	疮痂病	750-900毫克/千克	喷雾
	瓜类	白粉病、霜霉病	1200-1650克/公顷	喷雾
	果菜类蔬菜	多种病害	1125-2400克/公顷	喷雾
	花生	锈病、叶斑病	1125-1350克/公顷	喷雾
	梨树	斑点落叶病	500倍液	喷雾
	苹果树	多种病害	600倍液	喷雾
	葡萄	白粉病、黑痘病	600-700倍液	喷雾
	水稻	稻瘟病、纹枯病	1125-1425克/公顷	喷雾
	橡胶树	炭疽病	500-800倍液	喷雾
	小麦	叶斑病、叶锈病	1125-1425克/公顷	喷雾
	叶菜类蔬菜	白粉病、霜霉病	1275-1725克/公顷	喷雾
PD20060195	除虫脲/95%/原药/除虫脲 95%/2011.12.06 至 2016.12.06/微毒			
PD20082673	百菌清/720克/升/悬浮剂/百菌清 720克/升/2013.12.05 至 2018.12.05/低毒			
	番茄	早疫病	896.4-1188克/公顷	喷雾
PD20083249	百菌清/40%/悬浮剂/百菌清 40%/2013.12.11 至 2018.12.11/低毒			
	番茄	早疫病	900-1050克/公顷	喷雾
PD20083275	除虫脲/25%/可湿性粉剂/除虫脲 25%/2013.12.11 至 2018.12.11/微毒			
	十字花科蔬菜	小菜蛾	120-150克/公顷	喷雾
PD20084972	百菌清/50%/可湿性粉剂/百菌清 50%/2013.12.22 至 2018.12.22/低毒			
	黄瓜	霜霉病	1275-1725克/公顷	喷雾
PD20085420	百菌清/75%/水分散粒剂/百菌清 75%/2013.12.24 至 2018.12.24/低毒			
	番茄	晚疫病	1055-1406克/公顷	喷雾
PD20092009	霜脲·百菌清/36%/可湿性粉剂/百菌清 30%、霜脲氰 6%/2014.02.12 至 2019.02.12/低毒			
	番茄	晚疫病	540－630克/公顷	喷雾
PD20097067	百·福/55%/可湿性粉剂/百菌清 20%、福美双 35%/2009.10.10 至 2014.10.10/低毒			
	黄瓜	白粉病	942.9－1100克/公顷	喷雾
PD20097370	琥铜·霜脲氰/42%/可湿性粉剂/琥胶肥酸铜 36%、霜脲氰 6%/2009.10.28 至 2014.10.28/低毒			
	黄瓜	霜霉病	630－735克/公顷	喷雾
PD20097371	琥胶肥酸铜/30%/可湿性粉剂/琥胶肥酸铜 30%/2009.10.28 至 2014.10.28/低毒			
	黄瓜	细菌性角斑病	506.25－675克/公顷	喷雾
PD20100083	琥铜·百菌清/75%/可湿性粉剂/百菌清 30%、琥胶肥酸铜 45%/2010.01.04 至 2015.01.04/低毒			
	黄瓜	霜霉病	1406.25-1687.5克/公顷	喷雾
PD20120939	百菌清/83%/水分散粒剂/百菌清 83%/2012.06.12 至 2017.06.12/低毒			
	番茄	晚疫病	990－1237.5克/公顷	喷雾
PD20121340	除虫脲/40%/悬浮剂/除虫脲 40%/2012.09.11 至 2017.09.11/低毒			
	森林	美国白蛾	100-133毫克/千克	喷雾
PD20122130	嘧菌酯/250克/升/悬浮剂/嘧菌酯 250克/升/2012.12.31 至 2017.12.31/低毒			
	注:专供出口，不得在国内销售。			
PD20130091	嘧菌酯/50%/水分散粒剂/嘧菌酯 50%/2013.01.17 至 2018.01.17/低毒			
	注:专供出口，不得在国内销售。			
PD20131529	氟啶胺/500克/升/悬浮剂/氟啶胺 500克/升/2013.07.17 至 2018.07.17/低毒			
	注:专供出口，不得在国内销售。			
PD20131530	嘧菌酯/10%/悬浮种衣剂/嘧菌酯 10%/2013.07.17 至 2018.07.17/低毒			
	注:专供出口，不得在国内销售。			
PD20131531	戊唑醇/430克/升/悬浮剂/戊唑醇 430克/升/2013.07.17 至 2018.07.17/低毒			
	苹果树	轮纹病	86-143.3 毫克/千克	喷雾
PD20131544	嘧菌酯/98%/原药/嘧菌酯 98%/2013.07.18 至 2018.07.18/低毒			
PD20131626	嘧菌酯/250克/升/悬浮剂/嘧菌酯 250克/升/2013.07.30 至 2018.07.30/低毒			
	荔枝	霜疫霉病	125-200 毫克/千克	喷雾
PD20131682	嘧菌酯/50%/水分散粒剂/嘧菌酯 50%/2013.08.07 至 2018.08.07/低毒			
	草坪	褐斑病	200-400克/公顷	喷雾
PD20131752	氟酰胺/20%/可湿性粉剂/氟酰胺 20%/2013.08.27 至 2018.08.27/低毒			
	草坪	褐斑病	270-335克/公顷	喷雾
	水稻	纹枯病	300-375克/公顷	喷雾

九康生物科技发展有限责任公司　(江苏省南京市建邺区创意路88号10楼　210019　025-85285050-8005)

PD20130175	印楝素/0.6%/乳油/印楝素 0.6%/2013.01.24 至 2018.01.24/低毒			
	甘蓝	小菜蛾、斜纹夜蛾	9-18克/公顷	喷雾

昆山隆腾生物制品有限公司　(江苏省昆山市巴城镇新澄路南侧　215311　0512-57656976)

PD85131-5	井冈霉素/2.4%, 4%/水剂/井冈霉素A 2.4% ,4%/2011.03.28 至 2016.03.28/低毒			
	水稻	纹枯病	75-112.5克/公顷	喷雾,泼浇
	注:井冈霉素含量: 3%, 5%。			

利民化工股份有限公司 (江苏省新沂市经济开发区 221400 0516-88927453)

PD84119-12	代森铵/45%/水剂/代森铵 45%/2010.04.21 至 2015.04.21/低毒			
	白菜、黄瓜	霜霉病	525克/公顷	喷雾
	甘薯	黑斑病	200-400倍液	浸种
	谷子	白发病	180-360倍液	浸种
	水稻	白叶枯病、纹枯病	337.5克/公顷	喷雾
	水稻	稻瘟病	535-675克/公顷	喷雾
	橡胶树	条溃疡病	150倍液	涂抹
	玉米	大斑病、小斑病	525-675克/公顷	喷雾
PD86134-8	多菌灵/40%/悬浮剂/多菌灵 40%/2011.10.17 至 2016.10.17/低毒			
	果树	病害	0.05-0.1%药液	喷雾
	花生	倒秧病	750克/公顷	喷雾
	绿萍	霉腐病	0.05%药液	喷雾
	麦类	赤霉病	0.025%药液	喷雾
	棉花	苗期病害	0.3%药液	浸种
	水稻	纹枯病	0.025%药液	喷雾
	甜菜	褐斑病	250-500倍液	喷雾
	油菜	菌核病	1125-1500克/公顷	喷雾
PD86179-4	百菌清/98%,96%/原药/百菌清 98%,96%/2011.11.22 至 2016.11.22/低毒			
PD86180-5	百菌清/75%/可湿性粉剂/百菌清 75%/2011.11.22 至 2016.11.22/低毒			
	茶树	炭疽病	600-800倍液	喷雾
	豆类	炭疽病、锈病	1275-2325克/公顷	喷雾
	柑橘树	疮痂病	750-900毫克/千克	喷雾
	瓜类	白粉病、霜霉病	1200-1650克/公顷	喷雾
	果菜类蔬菜	多种病害	1125-2400克/公顷	喷雾
	花生	锈病、叶斑病	1125-1350克/公顷	喷雾
	梨树	斑点落叶病	500倍液	喷雾
	苹果树	多种病害	600倍液	喷雾
	葡萄	白粉病、黑痘病	600-700倍液	喷雾
	水稻	稻瘟病、纹枯病	1125-1425克/公顷	喷雾
	橡胶树	炭疽病	500-800倍液	喷雾
	小麦	叶斑病、叶锈病	1125-1425克/公顷	喷雾
	叶菜类蔬菜	白粉病、霜霉病	1275-1725克/公顷	喷雾
PD20040009	代森锌/80%/可湿性粉剂/代森锌 80%/2009.08.06 至 2014.08.06/低毒			
	番茄	早疫病	2550-3600克/公顷	喷雾
PD20040011	代森锰锌/70%/可湿性粉剂/代森锰锌 70%/2009.08.16 至 2014.08.16/低毒			
	番茄	早疫病	制剂量：2640-3390克/公顷	喷雾
	柑橘树	疮痂病、炭疽病	制剂量：1333-2000毫克/千克	喷雾
	花生	叶斑病	制剂量：720-900克/公顷	喷雾
	黄瓜	霜霉病	制剂量：2040-3000克/公顷	喷雾
	辣椒	炭疽病、疫病	制剂量：1800-2520克/公顷	喷雾
	梨树	黑星病	制剂量：800-1600毫克/千克	喷雾
	荔枝树	霜疫霉病	制剂量：1333-2000毫克/千克	喷雾
	马铃薯	晚疫病	制剂量：1440-2160克/公顷	喷雾
	苹果树	斑点落叶病、轮纹病、炭疽病	制剂量：1000-1500毫克/千克	喷雾
	葡萄	白腐病、黑痘病、霜霉病	制剂量：1000-1600毫克/千克	喷雾
	西瓜	炭疽病	制剂量：1560-2520克/公顷	喷雾
	烟草	赤星病、黑胫病	制剂量：2625-3390克/公顷	喷雾
PD20040028	代森锰锌/96%/原药/代森锰锌 96%/2009.12.10 至 2014.12.10/微毒			
PD20040029	代森锰锌/80%/可湿性粉剂/代森锰锌 80%/2009.12.10 至 2014.12.10/微毒			
	番茄	早疫病	1840-2370克/公顷	喷雾
	柑橘树	疮痂病、炭疽病	1333-2000毫克/千克	喷雾
	花生	叶斑病	720-900克/公顷	喷雾
	黄瓜	霜霉病	2040-3000克/公顷	喷雾
	辣椒、甜椒	炭疽病、疫病	1800-2520克/公顷	喷雾
	梨树	黑星病	800-1600毫克/千克	喷雾
	荔枝树	霜疫霉病	1333-2000毫克/千克	喷雾
	马铃薯	晚疫病	1140-2160克/公顷	喷雾
	苹果树	斑点落叶病、轮纹病、炭疽病	1000-1500毫克/千克	喷雾
	葡萄	白腐病、黑痘病、霜霉病	1000-1600毫克/千克	喷雾
	西瓜	炭疽病	1560-2520克/公顷	喷雾
	烟草	炭疽病	1920-2160克/公顶	喷雾
	烟草	赤星病	1680-2100克/公顷	喷雾

PD20070073 三乙膦酸铝/95%/原药/三乙膦酸铝 95%/2012.04.12 至 2017.04.12/微毒

PD20070074 三乙膦酸铝/80%/可湿性粉剂/三乙膦酸铝 80%/2012.04.12 至 2017.04.12/低毒

黄瓜 霜霉病 2160-2760克/公顷 喷雾

PD20070223 代森锌/90%/原药/代森锌 90%/2012.08.08 至 2017.08.08/微毒

PD20070519 甲霜·锰锌/72%/可湿性粉剂/甲霜灵 8%、代森锰锌 64%/2012.11.28 至 2017.11.28/低毒

黄瓜 霜霉病 1620-2268克/公顷 喷雾

烟草 黑胫病 1620～2268克/公顷 喷雾

PD20070584 嘧霉胺/95%/原药/嘧霉胺 95%/2012.12.03 至 2017.12.03/低毒

PD20070686 百菌清/40%/悬浮剂/百菌清 40%/2012.12.19 至 2017.12.19/低毒

黄瓜 霜霉病 900-1050克/公顷 喷雾

PD20080070 丙森锌/89%/原药/丙森锌 89%/2013.01.04 至 2018.01.04/低毒

PD20080091 三乙膦酸铝/90%/可溶粉剂/三乙膦酸铝 90%/2013.01.03 至 2018.01.03/低毒

番茄 晚疫病 2376-2700克/公顷 喷雾

PD20080132 嘧霉胺/20%/悬浮剂/嘧霉胺 20%/2013.01.03 至 2018.01.03/低毒

番茄 灰霉病 450-562.5克/公顷 喷雾

黄瓜 灰霉病 450-540克/公顷 喷雾

PD20080221 乙铝·锰锌/50%/可湿性粉剂/代森锰锌 30%、三乙膦酸铝 20%/2013.01.11 至 2018.01.11/低毒

黄瓜 霜霉病 1400-2800克/公顷 喷雾

PD20080387 代森锌/65%/可湿性粉剂/代森锌 65%/2013.02.28 至 2018.02.28/低毒

番茄 早疫病 2550-3600克/公顷 喷雾

PD20080399 嘧霉胺/40%/悬浮剂/嘧霉胺 40%/2013.02.28 至 2018.02.28/低毒

黄瓜 灰霉病 375-562.5克/公顷 喷雾

PD20080443 乙铝·锰锌/70%/可湿性粉剂/代森锰锌 45%、三乙膦酸铝 25%/2013.03.13 至 2018.03.13/低毒

白菜 白斑病、霜霉病 1399.95-4200克/公顷 喷雾

黄瓜 霜霉病 1399.95-4200克/公顷 喷雾

PD20080484 霜脲氰/98%/原药/霜脲氰 98%/2013.04.07 至 2018.04.07/低毒

PD20080642 乙铝·锰锌/81%/可湿性粉剂/代森锰锌 48.6%、三乙膦酸铝 32.4%/2013.05.13 至 2018.05.13/低毒

黄瓜 霜霉病 1944-2673克/公顷 喷雾

PD20080766 锰锌·百菌清/70%/可湿性粉剂/百菌清 30%、代森锰锌 40%/2013.06.11 至 2018.06.11/低毒

番茄 早疫病 1050-1575克/公顷 喷雾

PD20080808 甲硫·锰锌/50%/可湿性粉剂/甲基硫菌灵 20%、代森锰锌 30%/2013.06.20 至 2018.06.20/低毒

梨树 黑星病 556-833毫克/千克 喷雾

PD20080836 丙森锌/70%/可湿性粉剂/丙森锌 70%/2013.06.20 至 2018.06.20/低毒

番茄 早疫病 1312.5-1968.75克/公顷 喷雾

PD20081123 威百亩/35%/水剂/威百亩 35%/2013.08.19 至 2018.08.19/微毒

番茄、黄瓜 根结线虫 21000－31500克/公顷 沟施

PD20081179 丙环唑/250克/升/乳油/丙环唑 250克/升/2013.09.11 至 2018.09.11/低毒

香蕉 叶斑病 250-510毫克/千克 喷雾

PD20081421 三乙膦酸铝/40%/可湿性粉剂/三乙膦酸铝 40%/2013.10.31 至 2018.10.31/低毒

黄瓜 霜霉病 2310-2880克/公顷 喷雾

PD20081526 锰锌·异菌脲/50%/可湿性粉剂/代森锰锌 37.5%、异菌脲 12.5%/2013.11.06 至 2018.11.06/低毒

苹果树 斑点落叶病 625-833毫克/千克 喷雾

PD20081574 霜脲·锰锌/72%/可湿性粉剂/代森锰锌 64%、霜脲氰 8%/2013.11.12 至 2018.11.12/低毒

黄瓜 霜霉病 1440-1800克/公顷 喷雾

PD20081999 代森锰锌/50%/可湿性粉剂/代森锰锌 50%/2013.11.25 至 2018.11.25/低毒

番茄 早疫病 1845-2370克/公顷 喷雾

PD20085602 硫磺·锰锌/70%/可湿性粉剂/硫磺 42%、代森锰锌 28%/2013.12.25 至 2018.12.25/低毒

豇豆 锈病 1575-2100克/公顷 喷雾

PD20086318 代森锰锌/30%/悬浮剂/代森锰锌 30%/2013.12.31 至 2018.12.31/低毒

番茄 早疫病 1080-1440克/公顷 喷雾

PD20086367 2甲4氯钠/13%/水剂/2甲4氯钠 13%/2013.12.31 至 2018.12.31/微毒

水稻移栽田 阔叶杂草及莎草科杂草 468-877.5克/公顷 茎叶喷雾

PD20091114 硫磺·锰锌/50%/可湿性粉剂/硫磺 30%、代森锰锌 20%/2014.01.21 至 2019.01.21/低毒

豇豆 锈病 1875-2100克/公顷 喷雾

PD20091257 2甲4氯钠/56%/可溶粉剂/2甲4氯钠 56%/2014.02.01 至 2019.02.01/低毒

移栽水稻田 阔叶杂草、莎草科杂草 672-840克/公顷 茎叶喷雾

PD20101869 苯醚甲环唑/10%/水分散粒剂/苯醚甲环唑 10%/2010.08.04 至 2015.08.04/低毒

黄瓜 白粉病 75－135克/公顷 喷雾

PD20110022 代森锰锌/85%/可湿性粉剂/代森锰锌 85%/2011.01.04 至 2016.01.04/低毒

番茄 早疫病 2205-2520克/公顷 喷雾

PD20110200 丙环唑/95%/原药/丙环唑 95%/2011.02.18 至 2016.02.18/低毒

PD20110213 苯甲·丙环唑/300克/升/乳油/苯醚甲环唑 150克/升、丙环唑 150克/升/2011.02.24 至 2016.02.24/低毒

水稻 纹枯病 67.5-90克/公顷 喷雾

PD20110719 代森锰锌/75%/水分散粒剂/代森锰锌 75%/2011.07.07 至 2016.07.07/低毒
番茄 早疫病 1800-2475克/公顷 喷雾
PD20111332 苯醚甲环唑/250克/升/乳油/苯醚甲环唑 250克/升/2011.12.06 至 2016.12.06/低毒
香蕉 叶斑病 106-125毫克/千克 喷雾
PD20111459 三乙膦酸铝/80%/水分散粒剂/三乙膦酸铝 80%/2011.12.31 至 2016.12.31/低毒
黄瓜 霜霉病 2160-2760克/公顷 喷雾
PD20120429 苯醚甲环唑/95%/原药/苯醚甲环唑 95%/2012.03.14 至 2017.03.14/低毒
PD20120661 百菌清/75%/水分散粒剂/百菌清 75%/2012.04.18 至 2017.04.18/微毒
黄瓜 霜霉病 1271.25-1721.25克/公顷 喷雾
PD20121150 嘧菌酯/95%/原药/嘧菌酯 95%/2012.07.20 至 2017.07.20/微毒
PD20121282 丙森·霜脲氰/76%/可湿性粉剂/丙森锌 70%、霜脲氰 6%/2012.09.06 至 2017.09.06/低毒
黄瓜 霜霉病 1812.6-2154.6克/公顷 喷雾
PD20130434 嘧菌酯/25%/悬浮剂/嘧菌酯 25%/2013.03.18 至 2018.03.18/低毒
黄瓜 霜霉病 225-340克/公顷 喷雾
PD20130546 苯醚甲环唑/40%/悬浮剂/苯醚甲环唑 40%/2013.04.01 至 2018.04.01/低毒
香蕉 叶斑病 100-125毫克/千克 喷雾
PD20131897 硝磺草酮/95%/原药/硝磺草酮 95%/2013.09.25 至 2018.09.25/微毒
LS20110028 噻虫啉/95%/原药/噻虫啉 95%/2013.02.11 至 2014.02.11/中等毒
LS20120049 噻虫啉/40%/悬浮剂/噻虫啉 40%/2014.02.08 至 2015.02.08/低毒
黄瓜 蚜虫 50.4-100.8克/公顷 喷雾

立志美丽(南京)有限公司 (江苏省南京市栖霞区马群科技园青马路8号 210049 025-86983396)

WP20130055 驱蚊花露水/4%/驱蚊花露水/驱蚊酯 4%/2013.04.02 至 2018.04.02/微毒
卫生 蚊 / 涂抹
注:本产品有一种香型: 草本香型。

连云港禾田化工有限公司 (江苏省连云港市灌南县堆沟港镇(化学工业园区) 222523 0518-83618585)

PD20121799 唑嘧磺草胺/98%/原药/唑嘧磺草胺 98%/2012.11.22 至 2017.11.22/低毒
注:专供出口,不得在国内销售。
PD20131805 氟虫脲/95%/原药/氟虫脲 95%/2013.09.16 至 2018.09.16/低毒
PD20132390 氟酰胺/97.5%/原药/氟酰胺 97.5%/2013.11.20 至 2018.11.20/低毒

连云港纽泰科化工有限公司 (江苏省连云港市灌南县堆沟港镇化学工业园区 222525 0518-83611221)

PD20081500 禾草丹/93%/原药/禾草丹 93%/2013.11.05 至 2018.11.05/低毒
PD20091088 禾草敌/99%/原药/禾草敌 99%/2014.01.21 至 2019.01.21/低毒
PD20100370 野麦畏/97%/原药/野麦畏 97%/2010.01.11 至 2015.01.11/低毒
PD20130913 禾草丹/50%/乳油/禾草丹 50%/2013.04.28 至 2018.04.28/低毒
直播水稻田 一年生杂草 2030-2500克/公顷 播后苗前土壤喷雾
PD20131885 禾草丹/90%/乳油/禾草丹 90%/2013.09.25 至 2018.09.25/低毒
直播水稻田 一年生杂草 1252.5-1879.5克/公顷 土壤喷雾
LS20130257 苄草丹/97%/原药/苄草丹 97%/2013.05.02 至 2014.05.02/低毒
注:专供出口,不得在国内销售。

连云港市金囤农化有限公司 (江苏省连云港市化学工业园区(灌南县堆沟港镇) 222523 0518-87122756)

PD84117-3 多菌灵/95%/原药/多菌灵 95%/2009.12.03 至 2014.12.03/低毒
PD84118-26 多菌灵/25%/可湿性粉剂/多菌灵 25%/2010.03.23 至 2015.03.23/低毒
果树 病害 0.05-0.1%药液 喷雾
花生 倒秧病 750克/公顷 喷雾
麦类 赤霉病 750克/公顷 喷雾、泼浇
棉花 苗期病害 500克/100千克种子 拌种
水稻 稻瘟病、纹枯病 750克/公顷 喷雾、泼浇
油菜 菌核病 1125-1500克/公顷 喷雾
PD85150-20 多菌灵/50%/可湿性粉剂/多菌灵 50%/2010.08.15 至 2015.08.15/低毒
果树 病害 0.05-0.1%药液 喷雾
花生 倒秧病 750克/公顷 喷雾
麦类 赤霉病 750克/公顷 喷雾、泼浇
棉花 苗期病害 500克/100千克种子 拌种
水稻 稻瘟病、纹枯病 750克/公顷 喷雾、泼浇
油菜 菌核病 1125-1500克/公顷 喷雾
PD20070147 噁草酮/95%/原药/噁草酮 95%/2012.05.30 至 2017.05.30/低毒
PD20101842 除虫脲/98%/原药/除虫脲 98%/2010.07.28 至 2015.07.28/微毒
PD20101855 噻嗪酮/98%/原药/噻嗪酮 98%/2010.07.28 至 2015.07.28/微毒
PD20110882 噻嗪酮/25%/可湿性粉剂/噻嗪酮 25%/2011.08.16 至 2016.08.16/低毒
水稻 飞虱 93.75-131.25克/公顷 喷雾
PD20110970 噁草酮/25%/乳油/噁草酮 25%/2011.09.14 至 2016.09.14/低毒
水稻移栽田 一年生杂草 375-562.5克/公顷 药土法
PD20121042 噁草酮/13%/乳油/噁草酮 13%/2012.07.04 至 2017.07.04/低毒

水稻移栽田 一年生杂草 375-468.8克/公顷 毒土法
PD20132192 嘧菌酯/98%/原药/嘧菌酯 98%/2013.10.29 至 2018.10.29/微毒
LS20100157 抑芽丹/99.6%/原药/抑芽丹 99.6%/2012.11.19 至 2013.11.19/低毒

连云港市特别特生化有限公司 (江苏省建湖县高作镇高作村 222228 0518-8582199)

PD20090830 吡虫啉/10%/可湿性粉剂/吡虫啉 10%/2014.01.19 至 2019.01.19/低毒
水稻 稻飞虱 15-30克/公顷 喷雾
小麦 蚜虫 15-30克/公顷(南方地区) 喷雾
45-60克/公顷(北方地区)
PD20095720 锰锌·烯唑醇/32.5%/可湿性粉剂/代森锰锌 30%、烯唑醇 2.5%/2009.05.18 至 2014.05.18/低毒
梨树 黑星病 400-600倍液 喷雾
PD20096580 溴氰菊酯/25克/升/乳油/溴氰菊酯 25克/升/2009.08.25 至 2014.08.25/低毒
十字花科蔬菜 菜青虫、小菜蛾 7.5-11.25克/公顷 喷雾
WP20090044 杀虫气雾剂/0.50%/气雾剂/胺菊酯 0.25%、氯菊酯 0.25%/2014.01.19 至 2019.01.19/低毒
卫生 蚊、蝇、蜚蠊 / 喷雾

连云港中化化学品有限公司 (江苏省连云港市灌南县堆沟港镇(化学工业园区) 222523 0518-83217989)

PD20120103 杀螟硫磷/95%/原药/杀螟硫磷 95%/2012.01.29 至 2017.01.29/低毒
PD20120227 硫双威/95%/原药/硫双威 95%/2012.02.10 至 2017.02.10/中等毒
PD20120228 吡虫啉/98%/原药/吡虫啉 98%/2012.02.10 至 2017.02.10/低毒
PD20120427 丙环唑/96%/原药/丙环唑 ≥96%/2012.03.14 至 2017.03.14/低毒
PD20132633 氟虫腈/95%/原药/氟虫腈 95%/2013.12.20 至 2018.12.20/中等毒
注:专供出口，不得在国内销售。

迈克斯(如东)化工有限公司 (江苏省如东县洋口化工园区 226407 0513-84814078)

PD20111059 异噁草松/98%/原药/异噁草松 98%/2011.10.11 至 2016.10.11/低毒
PD20111071 氟硫草定/95%/原药/氟硫草定 95%/2011.10.12 至 2016.10.12/低毒
注:专供出口，不得在国内销售。
PD20111072 三氯吡氧乙酸丁氧基乙酯/70%/原药/三氯吡氧乙酸 70%/2011.10.12 至 2016.10.12/低毒
注:专供出口，不得在国内销售。三氯吡氧乙酸丁氧基乙酯含量：98%。
PD20111136 百菌清/83%/水分散粒剂/百菌清 83%/2011.11.03 至 2016.11.03/低毒
黄瓜 霜霉病 1237.5—1732.5克/公顷 喷雾
PD20111350 三氯吡氧乙酸丁氧基乙酯/45%/乳油/三氯吡氧乙酸 45%/2011.12.12 至 2016.12.12/低毒
注:专供出口，不得在国内销售； 三氯吡氧乙酸丁氧基乙酯含量：62%。
PD20111351 抗倒酯/98%/原药/抗倒酯 98%/2011.12.12 至 2016.12.12/低毒
注:专供出口，不得在国内销售。
PD20111393 噻苯隆/98%/原药/噻苯隆 98%/2011.12.21 至 2016.12.21/低毒
PD20120486 氯苯胺灵/99%/原药/氯苯胺灵 99%/2012.03.19 至 2017.03.19/低毒
注:专供出口，不得在国内销售。
PD20130074 三氯吡氧乙酸/99%/原药/三氯吡氧乙酸 99%/2013.01.08 至 2018.01.08/低毒
注:专供出口，不得在国内销售。
PD20130207 三氯吡氧乙酸三乙胺盐/32%/水剂/三氯吡氧乙酸 32%/2013.01.30 至 2018.01.30/低毒
注:专供出口，不得在国内销售。三氯吡氧乙酸三乙胺盐含量：45%。
PD20130471 甲嘧磺隆/75%/水分散粒剂/甲嘧磺隆 75%/2013.03.20 至 2018.03.20/低毒
非耕地 杂草 506.25-675克/公顷 茎叶喷雾
PD20131091 甲萘威/85%/可湿性粉剂/甲萘威 85%/2013.05.20 至 2018.05.20/中等毒
注:专供出口,不得在国内销售。
PD20132641 甲萘威/80%/可湿性粉剂/甲萘威 80%/2013.12.20 至 2018.12.20/中等毒
注:专供出口，不得在国内销售。
LS20110228 特草定/95%/原药/特草定 95%/2013.08.16 至 2014.08.16/低毒
注:专供出口，不得在国内销售。
LS20110229 甲嘧磺隆/98%/原药/甲嘧磺隆 98%/2013.08.16 至 2014.08.16/低毒
注:专供出口，不得在国内销售。
LS20110233 氨氟乐灵/97%/原药/氨氟乐灵 97%/2013.09.08 至 2014.09.08/低毒
LS20110241 甲嘧磺隆/75%/水分散粒剂/甲嘧磺隆 75%/2012.09.13 至 2013.09.13/低毒
注:专供出口，不得在国内销售。
LS20110250 利谷隆/97%/原药/利谷隆 97%/2013.09.15 至 2014.09.15/低毒
注:专供出口，不得在国内销售。
LS20110254 氟啶草酮/99%/原药/氟啶草酮 99%/2013.09.15 至 2014.09.15/低毒
注:专供出口，不得在国内销售。

墨西哥英吉利工业公司 (江苏省昆山市经济技术开发区龙灯路88号 215301 0512-57711988)

PD20081359 氢氧化铜/89%/原药/氢氧化铜 89%/2008.10.21 至 2013.10.21/低毒
PD20095697 氢氧化铜/77%/可湿性粉剂/氢氧化铜 77%/2009.05.15 至 2014.05.15/低毒
番茄 早疫病 1545—2310克/公顷 喷雾
PD20101291 硫酸铜钙/77%/可湿性粉剂/硫酸铜钙 77%/2010.03.10 至 2015.03.10/低毒
柑橘树 溃疡病 1283—1925毫克/千克 喷雾

黄瓜 霜霉病 1444－2022克/公顷 喷雾

南京保丰农药有限公司 (江苏省南京市江宁区淳化街道云居寺 211123 025-52290282)

PD84104-65 杀虫双/18%/水剂/杀虫双 18%/2010.03.11 至 2015.03.11/中等毒
甘蔗、蔬菜、水稻、小麦、玉米 多种害虫 540-675克/公顷 喷雾
果树 多种害虫 225-360毫克/千克 喷雾

PD85154-32 氰戊菊酯/20%/乳油/氰戊菊酯 20%/2010.08.15 至 2015.08.15/中等毒
柑橘树 潜叶蛾 10-20毫克/千克 喷雾
果树 梨小食心虫 10-20毫克/千克 喷雾
棉花 红铃虫、蚜虫 75-150克/公顷 喷雾
蔬菜 菜青虫、蚜虫 60-120克/公顷 喷雾

PD89104-12 氰戊菊酯/85%/原药/氰戊菊酯 85%/2010.01.18 至 2015.01.18/中等毒

PD20040211 高效氯氰菊酯/4.5%/乳油/高效氯氰菊酯 4.5%/2009.12.19 至 2014.12.19/中等毒
十字花科蔬菜 菜青虫 13.5-20.25克/公顷 喷雾

PD20040602 吡虫·杀虫单/50%/可湿性粉剂/吡虫啉 1.5%、杀虫单 48.5%/2009.12.19 至 2014.12.19/中等毒
水稻 稻飞虱、稻纵卷叶螟 450-750克/公顷 喷雾

PD20050051 杀虫单/80%/可溶粉剂/杀虫单 80%/2010.04.29 至 2015.04.29/中等毒
水稻 稻纵卷叶螟 480-600克/公顷 喷雾

PD20082665 氯氰·毒死蜱/50%/乳油/毒死蜱 45%、氯氰菊酯 5%/2008.12.05 至 2013.12.05/中等毒
萝卜、青菜 小菜蛾 150-225克/公顷 喷雾

PD20082790 苄·二氯/36%/可湿性粉剂/苄嘧磺隆 4%、二氯喹啉酸 32%/2013.12.09 至 2018.12.09/低毒
水稻抛秧田 一年生及部分多年生杂草 216-270克/公顷 茎叶喷雾
水稻秧田 一年生及部分多年生杂草 189-270克/公顷 茎叶喷雾

PD20083501 氯氰·毒死蜱/25%/乳油/毒死蜱 22.5%、氯氰菊酯 2.5%/2008.12.12 至 2013.12.12/中等毒
十字花科蔬菜 小菜蛾 150-225克/公顷 喷雾

PD20083563 阿维·毒死蜱/15%/乳油/阿维菌素 0.1%、毒死蜱 14.9%/2008.12.12 至 2013.12.12/低毒(原药高毒)
十字花科蔬菜 小菜蛾 45-56.25克/公顷 喷雾

PD20084054 阿维菌素/1.8%/可湿性粉剂/阿维菌素 1.8%/2013.12.16 至 2018.12.16/低毒(原药高毒)
柑橘树 红蜘蛛、锈壁虱 4.5-9毫克/千克 喷雾
棉花 红蜘蛛 10.8-21.6克/公顷 喷雾
苹果树 红蜘蛛 3-6毫克/千克 喷雾
十字花科蔬菜 菜青虫、小菜蛾 8.1-10.8克/公顷 喷雾

PD20084185 苯磺隆/75%/水分散粒剂/苯磺隆 75%/2013.12.16 至 2018.12.16/低毒
春小麦田 一年生阔叶杂草 22.5-28.1克/公顷(东北地区) 茎叶喷雾
冬小麦田 一年生阔叶杂草 13.5-22.5克/公顷(其它地区) 茎叶喷雾

PD20085266 苯磺隆/10%/可湿性粉剂/苯磺隆 10%/2013.12.23 至 2018.12.23/低毒
春小麦田 一年生阔叶杂草 22.5-30克/公顷(东北地区) 茎叶喷雾
冬小麦田 一年生阔叶杂草 13.5-22.5克/公顷(其它地区) 茎叶喷雾

PD20085341 氯氰·丙溴磷/44%/乳油/丙溴磷 40%、氯氰菊酯 4%/2013.12.24 至 2018.12.24/中等毒
棉花 棉铃虫 462-528克/公顷 喷雾

PD20085357 噻吩磺隆/15%/可湿性粉剂/噻吩磺隆 15%/2013.12.24 至 2018.12.24/低毒
冬小麦田 一年生阔叶杂草 22.5-33.8克/公顷 茎叶喷雾

PD20085901 精喹禾灵/5%/乳油/精喹禾灵 5%/2013.12.29 至 2018.12.29/低毒
春大豆田 一年生禾本科杂草 52.5-75克/公顷(东北地区) 茎叶喷雾
春油菜 一年生禾本科杂草 52.5-75克/公顷 茎叶喷雾
冬油菜田 一年生禾本科杂草 37.5-52.5克/公顷 茎叶喷雾
夏大豆田 一年生禾本科杂草 45-52.5克/公顷(其它地区) 茎叶喷雾

PD20085954 精喹·草除灵/17.5%/乳油/草除灵 15%、精喹禾灵 2.5%/2013.12.29 至 2018.12.29/低毒
油菜田 一年生杂草 262.5-393.8克/公顷 喷雾

PD20090099 苄嘧·苯噻酰/50%/可湿性粉剂/苯噻酰草胺 47.4%、苄嘧磺隆 2.6%/2014.01.08 至 2019.01.08/低毒
水稻抛秧田 一年生及部分多年生杂草 375-450克/公顷(南方地区) 药土法

PD20090101 胺苯磺隆/25%/可湿性粉剂/胺苯磺隆 25%/2009.01.08 至 2013.12.31/低毒
冬油菜田 一年生禾本科杂草 18.75-22.5克/公顷 喷雾

PD20090174 阿维·辛硫磷/20%/乳油/阿维菌素 0.05%、辛硫磷 19.95%/2014.01.08 至 2019.01.08/低毒(原药高毒)
大白菜 小菜蛾 150-225克/公顷 喷雾
苹果树 山楂红蜘蛛 200-400毫克/千克 喷雾

PD20090982 高氯·丙溴磷/40%/乳油/丙溴磷 38%、高效氯氰菊酯 2%/2014.01.20 至 2019.01.20/中等毒
棉花 棉铃虫 240-360克/公顷 喷雾

PD20091488 井·噻·杀虫单/21%/可湿性粉剂/井冈霉素 1%、噻嗪酮 2.6%、杀虫单 17.4%/2014.02.02 至 2019.02.02/中等毒
水稻 稻纵卷叶螟 787.5-1181.25克/公顷 喷雾
水稻 稻飞虱 393.75-787.5克/ 公顷 喷雾

PD20093185 乙草·氯磺隆/16%/可湿性粉剂/氯磺隆 0.5%、乙草胺 15.5%/2009.03.11 至 2014.03.11/低毒
小麦田 一年生杂草 240-288克/公顷 喷雾

PD20094735 噻吩磺隆/75%/水分散粒剂/噻吩磺隆 75%/2009.04.10 至 2014.04.10/低毒

春玉米田、大豆田	一年生阔叶杂草	20-25克/公顷	播后苗前土壤喷雾
夏玉米田	一年生阔叶杂草	15-24克/公顷	播后苗前土壤喷雾

PD20095413 苄·乙/14%/可湿性粉剂/苄嘧磺隆 3.2%、乙草胺 10.8%/2009.05.11 至 2014.05.11/低毒

水稻移栽田	部分多年生杂草、莎草科杂草、一年生禾本科杂草	84-118克/公顷	播后返青拌药土均匀撒施

PD20096101 吡虫啉/10%/可湿性粉剂/吡虫啉 10%/2009.06.18 至 2014.06.18/低毒

水稻	稻飞虱	15-30克/公顷	喷雾

PD20098484 甲氨基阿维菌素苯甲酸盐(1.1%)///乳油/甲氨基阿维菌素 1%/2009.12.24 至 2014.12.24/低毒

甘蓝	小菜蛾	1.5-2.25克/公顷	喷雾

PD20121266 已唑醇/5%/悬浮剂/已唑醇 5%/2012.09.05 至 2017.09.05/低毒

水稻	纹枯病	60-75克/公顷	喷雾

PD20121367 苏云金杆菌/16000IU/毫克/可湿性粉剂/苏云金杆菌 16000IU/毫克/2012.09.13 至 2017.09.13/微毒

白菜	小菜蛾	1500-4500克制剂/公顷	喷雾

南京红太阳股份有限公司 (江苏省南京市高淳县城宝塔路269号 211300 025-57888637)

PD85154-31 氰戊菊酯/20%/乳油/氰戊菊酯 20%/2010.08.15 至 2015.08.15/中等毒

柑橘树	潜叶蛾	10-20毫克/千克	喷雾
果树	梨小食心虫	10-20毫克/千克	喷雾
棉花	红铃虫、蚜虫	75-150克/公顷	喷雾
蔬菜	菜青虫、蚜虫	60-120克/公顷	喷雾

PD85157-23 辛硫磷/40%/乳油/辛硫磷 40%/2010.08.15 至 2015.08.15/低毒

茶树、桑树	食叶害虫	200-400毫克/千克	喷雾
果树	食心虫、蚜虫、螨	200-400毫克/千克	喷雾
林木	食叶害虫	3000-6000克/公顷	喷雾
棉花	棉铃虫、蚜虫	300-600克/公顷	喷雾
蔬菜	菜青虫	300-450克/公顷	喷雾
烟草	食叶害虫	300-600克/公顷	喷雾
玉米	玉米螟	450-600克/公顷	灌心叶

PD89104-13 氰戊菊酯/92%/原药/氰戊菊酯 92%/2014.04.07 至 2019.04.07/中等毒

PD20040035 氯氰菊酯/92%/原药/氯氰菊酯 92%/2009.12.19 至 2014.12.19/中等毒

PD20040041 吡虫啉/95%/原药/吡虫啉 95%/2009.12.19 至 2014.12.19/低毒

PD20040058 高效氯氰菊酯/95%/原药/高效氯氰菊酯 95%/2009.12.19 至 2014.12.19/中等毒

PD20040060 高效反式氯氰菊酯/95%/原药/高效反式氯氰菊酯 95%/2009.12.19 至 2014.12.19/低毒

PD20040068 顺式氯氰菊酯/92%/原药/顺式氯氰菊酯 92%/2009.12.19 至 2014.12.19/中等毒

PD20040111 高效氯氰菊酯/27%/母液/高效氯氰菊酯 27%/2009.12.19 至 2014.12.19/低毒

PD20040137 吡虫啉/20%/可溶液剂/吡虫啉 20%/2009.12.19 至 2014.12.19/低毒

水稻	稻飞虱	22.5-37.5克/公顷	喷雾

PD20040143 吡虫啉/25%/可湿性粉剂/吡虫啉 25%/2009.12.19 至 2014.12.19/低毒

茶树	小绿叶蝉	31.25-50毫克/千克	喷雾
水稻	飞虱	15-30克/公顷	喷雾

PD20040154 顺式氯氰菊酯/100克/升/乳油/顺式氯氰菊酯 100克/升/2009.12.19 至 2014.12.19/中等毒

棉花	棉铃虫	45-60克/公顷	喷雾

PD20040176 高效氯氰菊酯/5%/可湿性粉剂/高效氯氰菊酯 5%/2009.12.19 至 2014.12.19/中等毒

十字花科蔬菜	菜青虫	13.5-27克/公顷	喷雾

PD20040180 氯氰菊酯/8%/微囊剂/氯氰菊酯 8%/2009.12.19 至 2014.12.19/微毒

杨树	天牛	267-400毫克/千克	喷雾

PD20040182 高效反式氯氰菊酯/5%/乳油/高效反式氯氰菊酯 5%/2009.12.19 至 2014.12.19/低毒

棉花	棉铃虫	45-60克/公顷	喷雾
十字花科蔬菜	蚜虫	30-45克/公顷	喷雾

PD20040193 吡虫啉/10%/可湿性粉剂/吡虫啉 10%/2009.12.19 至 2014.12.19/低毒

茶树	小绿叶蝉	30-50毫克/千克	喷雾
梨树	梨木虱	40-50毫克/千克	喷雾
棉花、十字花科蔬菜、烟草	蚜虫	15-30克/公顷	喷雾
水稻	稻瘿蚊	60-70克/公顷	喷雾
水稻	稻飞虱	15-30克/公顷	喷雾
水稻	蓟马	6-9克/公顷	喷雾
小麦	蚜虫	15-30克/公顷(南方地区) 45-60克/公顷(北方地区)	喷雾

注:按1158号文与PD20040142合并。

PD20040201 高效氯氰菊酯/4.5%/微乳剂/高效氯氰菊酯 4.5%/2009.12.19 至 2014.12.19/中等毒

茶树	茶尺蠖	22.5-30毫克/千克	喷雾
十字花科蔬菜	菜青虫、蚜虫	13.5-20.25克/公顷	喷雾

PD20040234	顺式氯氰菊酯/3%/乳油/顺式氯氰菊酯 3%/2009.09.19 至 2014.09.19/低毒			
	小麦	蚜虫	13.5-20.25克/公顷	喷雾
	注:按1158号文与PD20040234合并。			
PD20040240	高效氯氰菊酯/4.5%/乳油/高效氯氰菊酯 4.5%/2009.12.19 至 2014.12.19/中等毒			
	茶树	茶尺蠖	15-25.5克/公顷	喷雾
	柑橘树	红蜡蚧	50毫克/千克	喷雾
	柑橘树	潜叶蛾	15-20毫克/千克	喷雾
	棉花	红铃虫、棉铃虫、棉蚜	15-30克/公顷	喷雾
	苹果树	桃小食心虫	20-33毫克/千克	喷雾
	十字花科蔬菜	菜青虫、小菜蛾	9-25.5克/公顷	喷雾
	十字花科蔬菜	蚜虫	3-18克/公顷	喷雾
	烟草	烟青虫	15-25.5克/公顷	喷雾
PD20040268	氯氰菊酯/10%/乳油/氯氰菊酯 10%/2009.12.19 至 2014.12.19/中等毒			
	茶树	茶毛虫、茶尺蠖、小绿叶蝉	27-50毫克/千克	喷雾
	柑橘树	潜叶蛾	50-100毫克/千克	喷雾
	棉花	棉铃虫、蚜虫	75-120克/公顷	喷雾
	苹果树	桃小食心虫	67-100毫克/千克	喷雾
	十字花科蔬菜	菜青虫、蚜虫	15-30克/公顷	喷雾
PD20040293	哒螨灵/95%/原药/哒螨灵 95%/2009.12.19 至 2014.12.19/中等毒			
PD20040294	高效反式氯氰菊酯/20%/乳油/高效反式氯氰菊酯 20%/2009.12.19 至 2014.12.19/低毒			
	棉花	棉铃虫	45-90克/公顷	喷雾
	十字花科蔬菜	菜蚜	75-120克/公顷	喷雾
PD20040297	三唑酮/20%/乳油/三唑酮 20%/2009.12.19 至 2014.12.19/低毒			
	小麦	白粉病	120-127.5克/公顷	喷雾
PD20040305	顺式氯氰菊酯/50克/升/乳油/顺式氯氰菊酯 50克/升/2009.12.19 至 2014.12.19/中等毒			
	柑橘树	潜叶蛾	33.3-50毫克/千克	喷雾
	棉花	棉铃虫	25.5-34.5克/公顷	喷雾
	棉花	盲蝽蟓	30-37.5克/公顷	喷雾
	十字花科蔬菜	蚜虫	15-22.5克/公顷	喷雾
	小麦	蚜虫	13.5-20.25克/公顷	喷雾
PD20040438	哒螨灵/20%/可湿性粉剂/哒螨灵 20%/2009.12.19 至 2014.12.19/中等毒			
	柑橘树	红蜘蛛	50-67毫克/千克	喷雾
PD20040544	哒螨灵/15%/乳油/哒螨灵 15%/2009.12.19 至 2014.12.19/中等毒			
	柑橘树	红蜘蛛	50-67毫克/千克	喷雾
PD20070307	毒死蜱/40%/乳油/毒死蜱 40%/2012.09.21 至 2017.09.21/中等毒			
	棉花	蚜虫	366.3-488.4克/公顷	喷雾
	水稻	二化螟、飞虱	488.4-732.6克/公顷	喷雾
PD20070436	甲氰菊酯/92%/原药/甲氰菊酯 92%/2012.11.20 至 2017.11.20/中等毒			
PD20070640	溴氰菊酯/25克/升/乳油/溴氰菊酯 25克/升/2012.12.14 至 2017.12.14/低毒			
	茶树	害虫	3.75-7.5克/公顷	喷雾
	大白菜、棉花	害虫	7.5-15克/公顷	喷雾
	柑橘树、苹果树	害虫	5-10毫克/千克	喷雾
	荒地	飞蝗	11.25-18.75克/公顷	喷雾
	松树	松毛虫	5-10毫克/千克	喷雾
	烟草	烟青虫	7.5-9克/公顷	喷雾
PD20080100	咪鲜胺/95%/原药/咪鲜胺 95%/2013.01.04 至 2018.01.04/低毒			
PD20080123	啶虫脒/5%/可湿性粉剂/啶虫脒 5%/2013.01.04 至 2018.01.04/低毒			
	小麦	蚜虫	15-22.5克/公顷	喷雾
PD20080124	毒死蜱/94%/原药/毒死蜱 94%/2013.01.03 至 2018.01.03/低毒			
PD20080162	咪鲜胺/25%/乳油/咪鲜胺 25%/2013.01.04 至 2018.01.04/低毒			
	柑橘	绿霉病、青霉病	250-500毫克/千克	浸果
	水稻	恶苗病	62.5-125毫克/千克	浸种
	油菜	菌核病	150-225克/公顷	喷雾
PD20080683	炔螨特/570克/升/乳油/炔螨特 570克/升/2013.06.04 至 2018.06.04/低毒			
	柑橘树	红蜘蛛	228-380毫克/千克	喷雾
	棉花	红蜘蛛	342-513克/公顷	喷雾
PD20080732	啶虫脒/96%/原药/啶虫脒 96%/2013.06.11 至 2018.06.11/中等毒			
PD20080752	炔螨特/730克/升/乳油/炔螨特 730克/升/2013.06.11 至 2018.06.11/低毒			
	棉花	红蜘蛛	328.5-492.75克/公顷	喷雾
PD20080843	啶虫脒/20%/可溶液剂/啶虫脒 20%/2013.06.23 至 2018.06.23/低毒			
	黄瓜	蚜虫	15-30克/公顷	喷雾
PD20080943	溴氰菊酯/98%/原药/溴氰菊酯 98%/2013.07.18 至 2018.07.18/中等毒			
PD20081328	S-氰戊菊酯/5%/乳油/S-氰戊菊酯 5%/2013.10.21 至 2018.10.21/中等毒			

	十字花科蔬菜叶菜	菜青虫	11.25-18.75克/公顷	喷雾
PD20081529	高效氯氟氰菊酯/95%/原药/高效氯氟氰菊酯 95%/2013.11.06 至 2018.11.06/中等毒			
PD20081586	高效氯氟氰菊酯/25克/升/乳油/高效氯氟氰菊酯 25克/升/2013.11.12 至 2018.11.12/中等毒			
	茶树	茶小绿叶蝉	15-30克/公顷	喷雾
	茶树	茶尺蠖	3.75-7.5克/公顷	喷雾
	柑橘树	潜叶蛾	4.2-6.2毫克/千克	喷雾
	梨树	梨小食心虫	5-8.3毫克/千克	喷雾
	梨树、叶菜	红蜘蛛	常量有抑制作用	喷雾
	棉花	红铃虫、棉铃虫	7.5-22.5克/公顷	喷雾
	棉花	棉蚜	3.75-7.5克/公顷	喷雾
	棉花	棉红蜘蛛	常量有抑制作用	喷雾
	苹果树	桃小食心虫	5-6.3毫克/千克	喷雾
	叶菜	菜青虫	6.25-12.5毫克/千克	喷雾
	叶菜	蚜虫	6-10毫克/千克	喷雾
PD20081684	甲氰菊酯/20%/乳油/甲氰菊酯 20%/2013.11.17 至 2018.11.17/中等毒			
	棉花	棉铃虫	180-240克/公顷	喷雾
	苹果树	红蜘蛛	100毫克/千克	喷雾
	苹果树	桃小食心虫	67-100毫克/千克	喷雾
	十字花科蔬菜	小菜蛾	120-150克/公顷	喷雾
	十字花科蔬菜	菜青虫	60-90克/公顷	喷雾
PD20082043	啶虫脒/3%/可湿性粉剂/啶虫脒 3%/2013.11.25 至 2018.11.25/微毒			
	柑橘树	蚜虫	10-15毫克/千克	喷雾
	十字花科蔬菜	蚜虫	13.5-22.5克/公顷	喷雾
PD20082046	啶虫脒/3%/乳油/啶虫脒 3%/2013.11.25 至 2018.11.25/中等毒			
	小麦	蚜虫	18-27克/公顷	喷雾
PD20082093	高氯·毒死蜱/12%/乳油/毒死蜱 9.5%、高效氯氰菊酯 2.5%/2013.11.25 至 2018.11.25/中等毒			
	棉花	棉铃虫	180-270克/公顷	喷雾
	苹果树	桃小食心虫	30-48毫克/千克	喷雾
PD20082094	哒螨·辛硫磷/29%/乳油/哒螨灵 4%、辛硫磷 25%/2013.11.25 至 2018.11.25/中等毒			
	柑橘树、苹果树	红蜘蛛	145-193毫克/千克	喷雾
PD20082229	辛硫磷/91%/原药/辛硫磷 91%/2013.11.26 至 2018.11.26/低毒			
PD20082430	氯氰菊酯/25%/乳油/氯氰菊酯 25%/2013.12.02 至 2018.12.02/低毒			
	苹果树	桃小食心虫	62.5-125毫克/千克	喷雾
PD20082440	丙环唑/250克/升/乳油/丙环唑 250克/升/2013.12.02 至 2018.12.02/低毒			
	小麦	白粉病	112.5-187.5克/公顷	喷雾
PD20082567	联苯菊酯/25克/升/乳油/联苯菊酯 25克/升/2013.12.04 至 2018.12.04/低毒			
	苹果树	桃小食心虫	25-31.25毫克/千克	喷雾
PD20082885	氯氰·毒死蜱/55%/乳油/毒死蜱 50%、氯氰菊酯 5%/2008.12.09 至 2013.12.09/中等毒			
	十字花科蔬菜	菜青虫	330-412.5克/公顷	喷雾
PD20083098	啶虫脒/20%/可溶粉剂/啶虫脒 20%/2013.12.10 至 2018.12.10/低毒			
	黄瓜	蚜虫	12-18克/公顷	喷雾
PD20083135	溴氰菊酯/2.5%/可湿性粉剂/溴氰菊酯 2.5%/2013.12.10 至 2018.12.10/中等毒			
	十字花科蔬菜	菜青虫	7.5-15克/公顷	喷雾
PD20083146	氯氰·辛硫磷/40%/乳油/氯氰菊酯 3%、辛硫磷 37%/2013.12.10 至 2018.12.10/中等毒			
	棉花	棉铃虫	180-270克/公顷	喷雾
	苹果树	桃小食心虫	66-80毫克/千克	喷雾
	十字花科蔬菜	小菜蛾	300-420克/公顷	喷雾
	十字花科蔬菜	菜青虫	150-300克/公顷	喷雾
PD20083204	氟啶脲/5%/乳油/氟啶脲 5%/2013.12.11 至 2018.12.11/微毒			
	十字花科蔬菜	小菜蛾	45-60克/公顷	喷雾
PD20083488	丙溴磷/40%/乳油/丙溴磷 40%/2013.12.12 至 2018.12.12/中等毒			
	棉花	棉铃虫	480-720克/公顷	喷雾
PD20083621	咪鲜胺锰盐/50%/可湿性粉剂/咪鲜胺锰盐 50%/2013.12.12 至 2018.12.12/低毒			
	黄瓜	炭疽病	450—600克/公顷	喷雾
	水稻	稻瘟病	300-375克/公顷	喷雾
	水稻	恶苗病	83-125毫克/千克	浸种
PD20084034	二嗪磷/50%/乳油/二嗪磷 50%/2013.12.16 至 2018.12.16/低毒			
	棉花	蚜虫	600-1200克/公顷	喷雾
	水稻	二化螟、三化螟	600-900克/公顷	喷雾
	小麦	地下害虫	0.1-0.2%种子量	拌种
PD20084076	乙酰甲胺磷/30%/乳油/乙酰甲胺磷 30%/2013.12.16 至 2018.12.16/低毒			
	水稻	二化螟	810-990克/公顷	喷雾
PD20085245	咪鲜胺锰盐/98%/原药/咪鲜胺锰盐 98%/2013.12.23 至 2018.12.23/低毒			

PD20086268	阿维·高氯/1%/乳油/阿维菌素 0.2%、高效氯氰菊酯 0.8%/2013.12.31 至 2018.12.31/低毒(原药高毒)			
	菜豆	斑潜蝇	9-12克/公顷	喷雾
	十字花科蔬菜	小菜蛾	7.5-10.5克/公顷	喷雾
PD20086359	甲氨基阿维菌素苯甲酸盐/90%/原药/甲氨基阿维菌素苯甲酸盐 90%/2013.12.31 至 2018.12.31/中等毒			
PD20090171	高效氯氰菊酯/4.5%/悬浮剂/高效氯氰菊酯 4.5%/2014.01.08 至 2019.01.08/低毒			
	甘蓝	菜青虫	20.25-27克/公顷	喷雾
PD20090570	溴氰菊酯/5%/可湿性粉剂/溴氰菊酯 5%/2014.01.14 至 2019.01.14/中等毒			
	十字花科蔬菜	菜青虫	15-18.75克/公顷	喷雾
PD20090756	敌百·毒死蜱/50%/乳油/敌百虫 25%、毒死蜱 25%/2014.01.19 至 2019.01.19/中等毒			
	水稻	二化螟	450-750克/公顷	喷雾
PD20091258	氰戊·辛硫磷/50%/乳油/氰戊菊酯 4.5%、辛硫磷 45.5%/2014.02.01 至 2019.02.01/中等毒			
	甘蓝	菜青虫、蚜虫	75-150克/公顷	喷雾
	棉花	蚜虫	150-225克/公顷	喷雾
	小麦	蚜虫	90克/公顷	喷雾
PD20091296	甲氨基阿维菌素苯甲酸盐/1%/乳油/甲氨基阿维菌素 1%/2014.02.01 至 2019.02.01/低毒			
	甘蓝	小菜蛾	2.25-4.5克/公顷	喷雾
	甘蓝	甜菜夜蛾	2.25-3克/公顷	喷雾
	水稻	二化螟、三化螟	7.5-15克/公顷	喷雾
	注:甲氨基阿维菌素苯甲酸盐含量：1.14%。			
PD20091582	辛硫·高氯氟/26%/乳油/高效氯氟氰菊酯 1%、辛硫磷 25%/2014.02.03 至 2019.02.03/中等毒			
	茶树	茶尺蠖	173-260毫克/千克	喷雾
	甘蓝	小菜蛾	162.5-243.75克/公顷	喷雾
	棉花	棉铃虫	300克/公顷	喷雾
	苹果树	桃小食心虫	130-260毫克/千克	喷雾
	烟草	烟青虫	195-273克/公顷	喷雾
PD20092261	高效氟氯氰菊酯/25克/升/乳油/高效氟氯氰菊酯 25克/升/2014.02.24 至 2019.02.24/中等毒			
	棉花	棉铃虫	15-22.5克/公顷	喷雾
PD20092789	氟氯氰菊酯/5.7%/乳油/氟氯氰菊酯 5.7%/2014.03.04 至 2019.03.04/低毒			
	甘蓝	菜青虫	17.1-25.67克/公顷	喷雾
PD20093218	阿维·高氯氟/2%/乳油/阿维菌素 0.4%、高效氯氟氰菊酯 1.6%/2014.03.11 至 2019.03.11/中等毒(原药高毒)			
	菜豆	美洲斑潜蝇	15-21克/公顷	喷雾
	十字花科蔬菜	小菜蛾	9-12克/公顷	喷雾
PD20093824	高效氯氟氰菊酯/10%/可湿性粉剂/高效氯氟氰菊酯 10%/2014.03.25 至 2019.03.25/中等毒			
	甘蓝	菜青虫	11.25-15克/公顷	喷雾
PD20094250	高效氯氟氰菊酯/2.5%/水乳剂/高效氯氟氰菊酯 2.5%/2014.03.31 至 2019.03.31/中等毒			
	甘蓝	菜青虫	7.5-11.25克/公顷	喷雾
PD20098103	高效氯氰菊酯/4.5%/水乳剂/高效氯氰菊酯 4.5%/2009.12.08 至 2014.12.08/低毒			
	甘蓝	菜青虫	27-33.75克/公顷	喷雾
PD20101557	毒死蜱/30%/水乳剂/毒死蜱 30%/2010.05.19 至 2015.05.19/中等毒			
	水稻	稻纵卷叶螟	360—540克/公顷	喷雾
	水稻	飞虱	450—585克/公顷	喷雾
PD20101993	高效氯氟氰菊酯/2.5%/悬浮剂/高效氯氟氰菊酯 2.5%/2010.09.25 至 2015.09.25/低毒			
	甘蓝	菜青虫	7.5-11.25克/公顷	喷雾
PD20102059	联苯菊酯/2.5%/水乳剂/联苯菊酯 2.5%/2010.11.03 至 2015.11.03/低毒			
	番茄	白粉虱	7.5-15克/公顷	喷雾
PD20102094	阿维·毒死蜱/15%/乳油/阿维菌素 0.1%、毒死蜱 14.9%/2010.11.25 至 2015.11.25/低毒(原药高毒)			
	水稻	二化螟	135-180克/公顷	喷雾
PD20110160	咪鲜胺/25%/水乳剂/咪鲜胺 25%/2011.02.11 至 2016.02.11/微毒			
	水稻	稻瘟病	300-375克/公顷	喷雾
	香蕉	冠腐病	500-1000毫克/千克	浸果
PD20110161	毒死蜱/10%/颗粒剂/毒死蜱 10%/2011.02.11 至 2016.02.11/低毒			
	韭菜	韭蛆	1500-1800克/公顷	撒施
PD20110407	溴氰菊酯/2.5%/水乳剂/溴氰菊酯 2.5%/2011.04.12 至 2016.04.12/中等毒			
	甘蓝	菜青虫	11.25-15克/公顷	喷雾
PD20110614	氯氰菊酯/10%/水乳剂/氯氰菊酯 10%/2011.06.07 至 2016.06.07/中等毒			
	柑橘树	潜叶蛾	76.9-100毫克/千克	喷雾
PD20110687	醚菊酯/10%/水乳剂/醚菊酯 10%/2011.06.20 至 2016.06.20/低毒			
	甘蓝	菜青虫	30-60克/公顷	喷雾
PD20110800	吡虫啉/350克/升/悬浮剂/吡虫啉 350克/升/2011.07.26 至 2016.07.26/低毒			
	棉花	蚜虫	21-42克/公顷	喷雾
	水稻	飞虱	22.5～30克/公顷	喷雾
PD20120143	S-氰戊菊酯/5%/水乳剂/S-氰戊菊酯 5%/2012.01.29 至 2017.01.29/中等毒			
	苹果树	桃小食心虫	16-25毫克/千克	喷雾

PD20120181 溴氰菊酯/25克/升/悬浮剂/溴氰菊酯 25克/升/2012.01.30 至 2017.01.30/低毒
苹果树 桃小食心虫 12.5-16.7毫克/千克 喷雾
PD20120431 阿维菌素/92%/原药/阿维菌素 92%/2012.03.14 至 2017.03.14/高毒
PD20120499 顺式氯氰菊酯/5%/水乳剂/顺式氯氰菊酯 5%/2012.03.19 至 2017.03.19/中等毒
甘蓝 菜青虫 22.5-30克/公顷 喷雾
PD20120630 阿维·高氯氟/2%/水乳剂/阿维菌素 0.4%、高效氯氟氰菊酯 1.6%/2012.04.12 至 2017.04.12/中等毒(原药高毒)
甘蓝 小菜蛾 9-15克/公顷 喷雾
PD20120740 咪鲜胺锰盐/50%/可湿性粉剂/咪鲜胺锰盐 50%/2012.05.03 至 2017.05.03/低毒
黄瓜 炭疽病 450－600克/公顷 喷雾
水稻 恶苗病 83-125毫克/千克 浸种
PD20120858 咪鲜胺/450克/升/乳油/咪鲜胺 450克/升/2012.05.22 至 2017.05.22/低毒
柑橘(果实) 绿霉病、青霉病 375－500毫克/千克 浸果
PD20120964 毒死蜱/40%/水乳剂/毒死蜱 40%/2012.06.15 至 2017.06.15/中等毒
水稻 稻飞虱 480-720克/公顷 喷雾
PD20121324 吡虫啉/70%/水分散粒剂/吡虫啉 70%/2012.09.11 至 2017.09.11/低毒
水稻 蚜虫 21-42克/公顷 喷雾
PD20121519 嘧菌酯/95%/原药/嘧菌酯 95%/2012.10.09 至 2017.10.09/低毒
PD20121548 吡蚜酮/25%/可湿性粉剂/吡蚜酮 25%/2012.10.25 至 2017.10.25/低毒
水稻 稻飞虱 75-90克/公顷 喷雾
PD20121602 吡虫啉/70%/湿拌种剂/吡虫啉 70%/2012.10.25 至 2017.10.25/低毒
棉花 蚜虫 280－350克/100千克种子 拌种
PD20130096 吡蚜酮/50%/水分散粒剂/吡蚜酮 50%/2013.01.17 至 2018.01.17/低毒
水稻 稻飞虱 75-105克/公顷 喷雾
PD20130145 吡蚜酮/97%/原药/吡蚜酮 97%/2013.01.17 至 2018.01.17/低毒
PD20130318 甲氨基阿维菌素苯甲酸盐/1/乳油/甲氨基阿维菌素苯甲酸盐 1%/2013.02.26 至 2018.02.26/低毒
甘蓝 甜菜夜蛾 2.25-3克/公顷 喷雾
甘蓝 小菜蛾 2.25-4.5克/公顷 喷雾
PD20130388 啶虫脒/3%/微乳剂/啶虫脒 3%/2013.03.12 至 2018.03.12/低毒
小麦 蚜虫 18-36克/公顷 喷雾
PD20130624 咪鲜胺/450克/升/水乳剂/咪鲜胺 450克/升/2013.04.03 至 2018.04.03/低毒
香蕉 冠腐病 305-370克/公项 喷雾
PD20131795 毒死蜱/30%/微囊悬浮剂/毒死蜱 30%/2013.09.09 至 2018.09.09/中等毒
花生 蛴螬 1575-2250克/公顷 灌根
WP20080378 溴氰菊酯/5%/可湿性粉剂/溴氰菊酯 5%/2013.12.11 至 2018.12.11/低毒
卫生 蚊、蝇 0.3克制剂/平方米 滞留喷洒
卫生 蜚蠊 0.4克制剂/平方米 滞留喷洒
WP20080530 高效氯氰菊酯/4.5%/微乳剂/高效氯氰菊酯 4.5%/2013.12.23 至 2018.12.23/低毒
卫生 蜚蠊 0.55克制剂/平方米 滞留喷洒
卫生 蚊、蝇 0.44克制剂/平方米 滞留喷洒
WP20090201 高效氯氰菊酯/4.5%/可湿性粉剂/高效氯氰菊酯 4.5%/2014.03.25 至 2019.03.25/低毒
卫生 蜚蠊 0.55克制剂/平方米 滞留喷洒
卫生 蚊、蝇 0.44克制剂/平方米 滞留喷洒

南京华洲药业有限公司 (江苏省南京市高淳县城宝塔路269号 211300 025-57888659)

PD20070390 百草枯/200克/升/水剂/百草枯 200克/升/2012.12.31 至 2014.07.01/中等毒
棉花田 一年生和多年生杂草 450-600克/公顷 定向茎叶喷雾
苹果园 一年生和多年生杂草 450-750克/公顷 定向茎叶喷雾
PD20070483 噻吩磺隆/95%/原药/噻吩磺隆 95%/2012.11.28 至 2017.11.28/低毒
PD20070563 草甘膦异丙胺盐/41%/水剂/草甘膦 41%/2012.12.03 至 2017.12.03/低毒
苹果园 一年生和多年生杂草 1230－2460克/公顷 定向喷雾
PD20080280 噻吩磺隆/15%/可湿性粉剂/噻吩磺隆 15%/2013.02.25 至 2018.02.25/低毒
冬小麦田 一年生阔叶杂草 22.5-33.8克/公顷 茎叶喷雾
PD20080342 噻吩磺隆/75%/可湿性粉剂/噻吩磺隆 75%/2013.02.26 至 2018.02.26/微毒
冬小麦田、夏玉米田 一年生阔叶杂草 20-25克/公顷 茎叶喷雾
PD20080401 氟乐灵/96%/原药/氟乐灵 96%/2013.02.28 至 2018.02.28/低毒
PD20080517 莠去津/96%/原药/莠去津 96%/2013.04.29 至 2018.04.29/低毒
PD20080786 莠去津/48%/可湿性粉剂/莠去津 48%/2013.06.20 至 2018.06.20/低毒
春玉米田 一年生杂草 2160－2520克/公顷 土壤喷雾
PD20080787 二甲戊灵/95%/原药/二甲戊灵 95%/2013.06.20 至 2018.06.20/低毒
PD20080921 莠去津/38%/悬浮剂/莠去津 38%/2013.07.17 至 2018.07.17/低毒
春玉米田 一年生杂草 1995-2280克/公顷 土壤喷雾
PD20080967 精吡氟禾草灵/15%/乳油/精吡氟禾草灵 15%/2013.07.24 至 2018.07.24/低毒
春大豆田 一年生禾本科杂草 146.25-180克/公顷 茎叶喷雾
棉花田 一年生禾本科杂草 123.75-180克/公顷 茎叶喷雾

夏大豆田 一年生禾本科杂草 112.5-146.25克/公顷 茎叶喷雾

PD20080968 高效氟吡甲禾灵/108克/升/乳油/高效氟吡甲禾灵 108克/升/2013.07.24 至 2018.07.24/低毒

春大豆田 一年生禾本科杂草 56.7-64.8克/公顷 茎叶喷雾

夏大豆田 一年生禾本科杂草 48.6-56.7克/公顷 茎叶喷雾

PD20081235 氯氟吡氧乙酸(酯)/200克/升/乳油/氯氟吡氧乙酸 200克/升/2013.09.16 至 2018.09.16/低毒

小麦田 阔叶杂草 150-210克/公顷 茎叶喷雾

玉米田 阔叶杂草 150-300克/公顷 茎叶喷雾

PD20081239 氯氟吡氧乙酸异辛酯/95%/原药/氯氟吡氧乙酸异辛酯 95%/2013.09.16 至 2018.09.16/低毒

PD20081240 苄嘧·苯噻酰/50%/可湿性粉剂/苯噻酰草胺 47%、苄嘧磺隆 3%/2013.09.16 至 2018.09.16/低毒

水稻移栽田 一年生及部分多年生杂草 375-525克/公顷(南方地区) 药土法

PD20081349 百草枯/30.5%/母药/百草枯 30.5%/2013.10.21 至 2018.10.21/中等毒

PD20081358 草甘膦/95%/原药/草甘膦 95%/2013.10.21 至 2018.10.21/低毒

PD20081533 烟嘧磺隆/95%/原药/烟嘧磺隆 95%/2013.11.06 至 2018.11.06/微毒

PD20082207 精吡氟禾草灵/92%/原药/精吡氟禾草灵 92%/2013.11.26 至 2018.11.26/低毒

PD20082293 敌草快/20%/水剂/敌草快 20%/2013.12.01 至 2018.12.01/低毒

苹果园 杂草 450-600克/公顷 定向喷雾

小麦免耕田 一年生阔叶杂草 450-600克/公顷 喷雾

PD20082581 氟乐灵/480克/升/乳油/氟乐灵 480克/升/2013.12.04 至 2018.12.04/低毒

大豆田 一年生禾本科杂草及部分阔叶杂草 900-1260克/公顷 播后苗前土壤喷雾

棉花田 一年生禾本科杂草及部分阔叶杂草 1080-1440克/公顷 播后苗前或移栽前土壤喷雾

PD20082643 二甲戊灵/33%/乳油/二甲戊灵 33%/2013.12.04 至 2018.12.04/微毒

甘蓝田 一年生杂草 495-742.5克/公顷 土壤喷雾

PD20082727 氧氟·乙草胺/43%/乳油/乙草胺 37.5%、乙氧氟草醚 5.5%/2013.12.08 至 2018.12.08/低毒

大蒜田 一年生杂草 580.5-774克/公顷 播后苗前土壤喷雾

花生田 一年生杂草 645-838.5克/公顷 播后苗前土壤喷雾

棉花田 一年生杂草 483.8-645克/公顷 播后苗前土壤喷雾

PD20085308 苄·二氯/18%/泡腾片剂/苄嘧磺隆 1.5%、二氯喹啉酸 16.5%/2013.12.23 至 2018.12.23/低毒

水稻抛秧田、水稻移栽田 部分多年生杂草、一年生杂草 216-270克/公顷 撒施

PD20085405 草甘膦/50%/可溶粉剂/草甘膦 50%/2013.12.24 至 2018.12.24/微毒

苹果园 杂草 1230-2460克/公顷 定向喷雾

PD20095994 烟嘧磺隆/40克/升/可分散油悬浮剂/烟嘧磺隆 40克/升/2009.06.11 至 2014.06.11/微毒

玉米田 一年生杂草 42-60克/公顷 茎叶喷雾

PD20096693 2,4-滴丁酯/总酯72%/乳油/2,4-滴丁酯 57%/2009.09.07 至 2014.09.07/低毒

春玉米田 阔叶杂草 1080-1296克/公顷 播后苗前土壤喷雾

夏玉米田 阔叶杂草 864-1080克/公顷 播后苗前土壤喷雾

PD20098142 高效氟吡甲禾灵/98%/原药/高效氟吡甲禾灵 98%/2009.12.14 至 2014.12.14/低毒

PD20101782 氟啶脲/96%/原药/氟啶脲 96%/2010.07.13 至 2015.07.13/微毒

PD20110010 草甘膦异丙胺盐/46%/母药/草甘膦 46%/2011.01.04 至 2016.01.04/低毒

注:草甘膦异丙胺盐含量:62%。

PD20110572 敌草快/40%/母药/敌草快 40%/2011.05.27 至 2016.05.27/中等毒

PD20111065 百草枯/250克/升/水剂/百草枯 250克/升/2012.12.31 至 2014.07.01/中等毒

苹果园 杂草 600-750克/公顷 定向茎叶喷雾

PD20121824 阿维·三唑磷/20%/乳油/阿维菌素 0.2%、三唑磷 19.8%/2012.11.22 至 2017.11.22/中等毒(原药高毒)

水稻 二化螟 180-270克/公顷 喷雾

PD20130711 烟嘧磺隆/75%/水分散粒剂/烟嘧磺隆 75%/2013.04.11 至 2018.04.11/低毒

玉米田 一年生杂草 39.375-60克/公顷 茎叶喷雾

PD20131198 高效氟吡甲禾灵/108克/升/水乳剂/高效氟吡甲禾灵 108克/升/2013.05.27 至 2018.05.27/低毒

大豆田 一年生禾本科杂草 56.7-64.8克/公顷 茎叶喷雾

PD20132168 二氯吡啶酸/95%/原药/二氯吡啶酸 95%/2013.10.29 至 2018.10.29/低毒

PD20132519 草铵膦/18%/水剂/草铵膦 18%/2013.12.16 至 2018.12.16/低毒

非耕地 杂草 1350-1620克/公顷 茎叶喷雾

LS20110161 烯啶虫胺/10%/水剂/烯啶虫胺 10%/2013.06.13 至 2014.06.13/低毒

棉花 蚜虫 22.5-30克/公顷 喷雾

南京南农农药科技发展有限公司 (江苏省南京化学工业园区方水路90号-109 210047 025-84395285)

PD20040744 杀虫单/20%/水乳剂/杀虫单 20%/2009.12.19 至 2014.12.19/低毒

甘蓝 蚜虫 225-300克/公顷 喷雾

甘蓝 小菜蛾 300-375克/公顷 喷雾

PD20081992 S-氰戊菊酯 /5%/乳油/S-氰戊菊酯 5%/2013.11.25 至 2018.11.25/中等毒

棉花 棉铃虫 30-37.5克/公顷 喷雾

PD20086132 氰戊·辛硫磷/20%/乳油/氰戊菊酯 5%、辛硫磷 15%/2013.12.30 至 2018.12.30/中等毒

棉花 棉铃虫 135-180克/公顷 喷雾

PD20095663 氯溴异氰尿酸/50%/可溶粉剂/氯溴异氰尿酸 50%/2009.05.13 至 2014.05.13/低毒
大白菜 软腐病 375-450克/公顷 喷雾
黄瓜 霜霉病 450-525克/公顷 喷雾
辣椒 病毒病 450-525克/公顷 喷雾
水稻 条纹叶枯病 412.5-515.6克/公顷 喷雾
水稻 稻瘟病、纹枯病、细菌性条斑病 375-450克/公顷 喷雾
水稻 白叶枯病 168-420克/公顷 喷雾
烟草 赤星病 375-600克/公顷 喷雾
烟草 野火病 450-600克/公顷 喷雾

PD20095777 氰戊·辛硫磷/30%/乳油/S-氰戊菊酯 1.2%、辛硫磷 28.8%/2009.05.21 至 2014.05.21/中等毒
棉花 棉铃虫 270-360克/公顷 喷雾
小麦 蚜虫 112.5-157.5克/公顷 喷雾

PD20096030 精喹禾灵/50克/升/乳油/精喹禾灵 50克/升/2009.06.15 至 2014.06.15/低毒
油菜田 一年生禾本科杂草 45-60克/公顷 茎叶喷雾

PD20098511 高效氯氟氰菊酯/25克/升/乳油/高效氯氟氰菊酯 25克/升/2009.12.24 至 2014.12.24/中等毒
十字花科蔬菜 菜青虫 7.5-15克/公顷 喷雾

PD20101960 甲氨基阿维菌素苯甲酸盐(0.57%)///微乳剂/甲氨基阿维菌素 0.5%/2010.09.20 至 2015.09.20/微毒
甘蓝 甜菜夜蛾 1.125—1.5克/公顷 喷雾

PD20121036 井冈·丙环唑/15%/可湿性粉剂/丙环唑 3%、井冈霉素 12%/2012.07.04 至 2017.07.04/微毒
水稻 稻曲病、纹枯病 30-60克/公顷 喷雾

PD20121710 戊唑·福美双/30%/可湿性粉剂/福美双 25%、戊唑醇 5%/2012.11.05 至 2017.11.05/低毒
小麦 赤霉病 270-405克/公顷 喷雾

PD20130703 井冈·丙环唑/10%/微乳剂/丙环唑 2%、井冈霉素A 8%/2013.04.11 至 2018.04.11/微毒
直播水稻(南方) 纹枯病 45-60克/公顷 喷雾
直播水稻(南方) 稻曲病 30-60克/公顷 喷雾

PD20130737 己唑醇/5%/悬浮剂/己唑醇 5%/2013.04.12 至 2018.04.12/低毒
水稻 纹枯病 67.5-75克/公顷 喷雾

LS20130188 吡蚜·毒死蜱/25%/可湿性粉剂/吡蚜酮 10%、毒死蜱 15%/2013.04.05 至 2014.04.05/低毒
水稻 稻飞虱 112.5-150克/公顷 喷雾

LS20130258 阿维·甲虫肼/10%/悬浮剂/阿维菌素 2%、甲氧虫酰肼 8%/2013.05.02 至 2014.05.02/低毒(原药高毒)
水稻 二化螟 37.5-45克/公顷 喷雾

南龙(连云港)化学有限公司 (江苏省连云港市灌南县堆沟港镇(化学工业园内) 222523 0518-3619369)

PD20070075 灭多威/98%/原药/灭多威 98%/2012.04.12 至 2017.04.12/高毒

PD20084082 灭多威/90%/可溶粉剂/灭多威 90%/2013.12.16 至 2018.12.16/高毒
棉花 棉铃虫 135-225克/公顷 喷雾

PD20085615 灭多威/20%/乳油/灭多威 20%/2013.12.25 至 2018.12.25/高毒
棉花 蚜虫 75-150克/公顷 喷雾

PD20091660 辛硫·灭多威/30%/乳油/灭多威 10%、辛硫磷 20%/2009.02.03 至 2014.02.03/高毒
棉花 棉铃虫 225-270克/公顷 喷雾

PD20110263 硫双威/95%/原药/硫双威 95%/2011.03.04 至 2016.03.04/中等毒

南通维立科化工有限公司 (江苏省如东县洋口化学工业园 226407 0513-84816518)

PD20095617 丙草胺/96%/原药/丙草胺 96%/2009.05.12 至 2014.05.12/低毒
PD20097527 丁草胺/92%/原药/丁草胺 92%/2009.11.03 至 2014.11.03/低毒
PD20097899 草甘膦/95%/原药/草甘膦 95%/2009.11.30 至 2014.11.30/低毒
PD20098270 乙酰甲胺磷/97%/原药/乙酰甲胺磷 97%/2009.12.18 至 2014.12.18/低毒
PD20101705 乙草胺/95%/原药/乙草胺 95%/2010.06.28 至 2015.06.28/低毒
PD20101849 咪鲜胺/95%/原药/咪鲜胺 95%/2010.07.28 至 2015.07.28/低毒
PD20101900 甲草胺/95%/原药/甲草胺 95%/2010.08.27 至 2015.08.27/低毒
PD20102192 甲霜灵/98%/原药/甲霜灵 98%/2010.12.15 至 2015.12.15/低毒
PD20110771 十三吗啉/99%/原药/十三吗啉 99%/2011.07.25 至 2016.07.25/中等毒
PD20130796 丁草胺/85%/乳油/丁草胺 85%/2013.04.22 至 2018.04.22/低毒
水稻移栽田 一年生杂草 1020-1275克/公顷 药土法

南通新华农药有限公司 (江苏省通州市骑岸镇骑北村 226343 0513-82567165)

PD20091504 苄嘧·丙草胺/0.1%/颗粒剂/苄嘧磺隆 0.016%、丙草胺 0.084%/2014.02.02 至 2019.02.02/低毒
水稻移栽田 部分多年生杂草、一年生杂草 300-450克/公顷(南方地区) 直接撒施

PD20093599 马拉·高氯氟/20%/乳油/高效氯氟氰菊酯 1%、马拉硫磷 19%/2014.03.23 至 2019.03.23/中等毒
棉花 红蜘蛛 135-180克/公顷 喷雾

PD20094065 草甘膦异丙胺盐/41%/水剂/草甘膦 41%/2014.03.27 至 2019.03.27/低毒
非耕地 杂草 1107-1845克/公顷 茎叶喷雾

PD20097699 丙溴·辛硫磷/40%/乳油/丙溴磷 10%、辛硫磷 30%/2009.11.04 至 2014.11.04/中等毒
棉花 棉铃虫 360-480克/公顷 喷雾

如东县华盛化工有限公司 (江苏省如东县洋口化工园区 226407 0513-84811518)

PD20101852 腐霉利/98.5%/原药/腐霉利 98.5%/2010.07.28 至 2015.07.28/低毒

PD20101899 啶虫脒/99%/原药/啶虫脒 99%/2010.08.27 至 2015.08.27/中等毒

PD20102037 吡虫啉/98%/原药/吡虫啉 98%/2010.10.19 至 2015.10.19/低毒

PD20120590 吡虫啉/20%/可溶液剂/吡虫啉 20%/2012.04.10 至 2017.04.10/低毒

甘蓝	蚜虫	18-36克/公顷	喷雾

PD20121109 啶虫脒/20%/可溶粉剂/啶虫脒 20%/2012.07.19 至 2017.07.19/低毒

黄瓜	蚜虫	24-48克/公顷	喷雾

LS20130443 多果定/98%/原药/多果定 98%/2013.09.10 至 2014.09.10/低毒
注:专供出口，不得在国内销售。

如东众意化工有限公司 (江苏省南通市如东洋口工业开发区 226407 0513-84810999)

PD20060153 溴氰菊酯/98%/原药/溴氰菊酯 98%/2011.08.29 至 2016.08.29/中等毒

PD20070480 啶虫脒/98%/原药/啶虫脒 98%/2012.11.28 至 2017.11.28/低毒

PD20120463 戊唑醇/97%/原药/戊唑醇 97%/2012.03.16 至 2017.03.16/低毒

PD20130705 噁唑菌酮/98%/原药/噁唑菌酮 98%/2013.04.11 至 2018.04.11/低毒

PD20131764 粉唑醇/250克/升/悬浮剂/粉唑醇 250克/升/2013.09.06 至 2018.09.06/低毒
注:专供出口，不得在国内销售。

PD20131826 噻虫嗪/98%/原药/噻虫嗪 98%/2013.09.17 至 2018.09.17/低毒

PD20131873 己唑醇/5%/悬浮剂/己唑醇 5%/2013.09.25 至 2018.09.25/低毒

水稻	纹枯病	60-75克/公顷	喷雾

PD20132081 粉唑醇/96%/原药/粉唑醇 96%/2013.10.24 至 2018.10.24/低毒
注:专供出口，不得在国内销售。

PD20132218 氰霜唑/94%/原药/氰霜唑 94%/2013.11.05 至 2018.11.05/低毒

LS20130499 环丙唑醇/95%/原药/环丙唑醇 95%/2013.11.13 至 2014.11.13/中等毒
注:专供出口，不得在国内销售。

WP20120091 吡丙醚/98%/原药/吡丙醚 98%/2012.05.11 至 2017.05.11/低毒

瑞邦农化(江苏)有限公司 (江苏省常州市春江镇魏村江边工业园 213200 0519-2330773)

PD20097146 吡嘧磺隆/98%/原药/吡嘧磺隆 98%/2009.10.16 至 2014.10.16/低毒

PD20101881 噻苯隆/50%/可湿性粉剂/噻苯隆 50%/2010.08.09 至 2015.08.09/低毒

棉花	脱叶	225-300克/公顷	茎叶喷雾

苏州遍净植保科技有限公司 (江苏省苏州市吴中区木渎镇 215101 0512-66262451)

PD84118-8 多菌灵/25%/可湿性粉剂/多菌灵 25%/2009.12.16 至 2014.12.16/低毒

果树	病害	0.05-0.1%药液	喷雾
花生	倒秧病	750克/公顷	喷雾
麦类	赤霉病	750克/公顷	喷雾,泼浇
棉花	苗期病害	500克/100千克种子	拌种
水稻	稻瘟病、纹枯病	750克/公顷	喷雾,泼浇
油菜	菌核病	1125-1500克/公顷	喷雾

PD84125-9 乙烯利/40%/水剂/乙烯利 40%/2009.12.16 至 2014.12.16/低毒

番茄	催熟	800-1000倍液	喷雾或浸渍
棉花	催熟、增产	330-500倍液	喷雾
柿子、香蕉	催熟	400倍液	喷雾或浸渍
水稻	催熟、增产	800倍液	喷雾
橡胶树	增产	5-10倍液	涂布
烟草	催熟	1000-2000倍液	喷雾

PD85150-10 多菌灵/50%/可湿性粉剂/多菌灵 50%/2010.07.12 至 2015.07.12/低毒

果树	病害	0.05-0.1%药液	喷雾
花生	倒秧病	750克/公顷	喷雾
麦类	赤霉病	750克/公顷	喷雾、泼浇
棉花	苗期病害	500克/100千克种子	拌种
水稻	稻瘟病、纹枯病	750克/公顷	喷雾、泼浇
油菜	菌核病	1125-1500克/公顷	喷雾

PD85158-5 喹硫磷/25%/乳油/喹硫磷 25%/2010.07.12 至 2015.07.12/中等毒

棉花	棉铃虫、蚜虫	180-600克/公顷	喷雾
水稻	螟虫	375-495克/公顷	喷雾

PD86134 多菌灵/40%/悬浮剂/多菌灵 40%/2012.03.12 至 2017.03.12/低毒

果树	病害	0.05-0.1%药液	喷雾
花生	倒秧病	750克/公顷	喷雾
绿萍	霉腐病	0.05%药液	喷雾
麦类	赤霉病	0.025%药液	喷雾
棉花	苗期病害	0.3%药液	浸种
水稻	纹枯病	0.025%药液	喷雾
甜菜	褐斑病	250-500倍液	喷雾
油菜	菌核病	1125-1500克/公顷	喷雾

PD91106-21 甲基硫菌灵/70%/可湿性粉剂/甲基硫菌灵 70%/2011.02.28 至 2016.02.28/低毒

	番茄	叶霉病	375-562.5克/公顷	喷雾
	甘薯	黑斑病	360-450毫克/千克	浸薯块
	瓜类	白粉病	337.5-506.25克/公顷	喷雾
	梨树	黑星病	360-450毫克/千克	喷雾
	苹果树	轮纹病	700毫克/千克	喷雾
	水稻	稻瘟病、纹枯病	1050-1500克/公顷	喷雾
	小麦	赤霉病	750-1050克/公顷	喷雾
PD91106-26	甲基硫菌灵/50%/可湿性粉剂/甲基硫菌灵 50%/2011.02.28 至 2016.02.28/低毒			
	番茄	叶霉病	375-562.5克/公顷	喷雾
	甘薯	黑斑病	360-450毫克/千克	浸薯块
	瓜类	白粉病	337.5-506.25克/公顷	喷雾
	梨树	黑星病	360-450毫克/千克	喷雾
	苹果树	轮纹病	700毫克/千克	喷雾
	水稻	稻瘟病、纹枯病	1050-1500克/公顷	喷雾
	小麦	赤霉病	750-1050克/公顷	喷雾
PD20040184	吡虫啉/5%/乳油/吡虫啉 5%/2009.12.19 至 2014.12.19/低毒			
	水稻	飞虱	15-30克/公顷	喷雾
PD20040186	吡虫啉/10%/可湿性粉剂/吡虫啉 10%/2009.12.19 至 2014.12.19/低毒			
	水稻	飞虱	15-30克/公顷	喷雾
	小麦	蚜虫	15-30克/公顷(南方) 45-60克/公顷（北方）	喷雾
PD20040459	异丙隆/50%/悬浮剂/异丙隆 50%/2009.12.19 至 2014.12.19/低毒			
	冬小麦田	一年生单、双子叶杂草	750-1125克/公顷	喷雾
PD20040611	异丙隆/75%/可湿性粉剂/异丙隆 75%/2009.12.19 至 2014.12.19/低毒			
	小麦田	一年生单、双子叶杂草	1050-1200克/公顷	茎叶喷雾或药土撒施
PD20040777	多·酮/30%/可湿性粉剂/多菌灵 24%、三唑酮 6%/2009.12.19 至 2014.12.19/低毒			
	小麦	赤霉病	450-600克/公顷	喷雾
PD20050139	异丙隆/50%/可湿性粉剂/异丙隆 50%/2010.09.09 至 2015.09.09/低毒			
	小麦田	一年生单、双子叶杂草	900-1050克/公顷	喷雾
PD20050141	异丙隆/25%/可湿性粉剂/异丙隆 25%/2010.09.09 至 2015.09.09/低毒			
	小麦田	一年生单、双子叶杂草	900-1050克/公顷	茎叶喷雾或药土撒施
PD20050155	吡虫啉/25%/可湿性粉剂/吡虫啉 25%/2010.09.29 至 2015.09.29/低毒			
	水稻	飞虱	75-150克/公顷	喷雾
	小麦	蚜虫	60-105克/公顷	喷雾
PD20080329	硫磺·多菌灵/40%/悬浮剂/多菌灵 20%、硫磺 20%/2013.02.26 至 2018.02.26/低毒			
	水稻	稻瘟病	1200-1800克/公顷	喷雾
	甜菜	褐斑病	900-1200克/公顷	喷雾
PD20086371	异隆·氯磺隆/70%/可湿性粉剂/氯磺隆 0.7%、异丙隆 69.3%/2013.12.31 至 2018.12.31/低毒			
	小麦田	单、双子叶杂草	600-750克/公顷	喷雾
PD20094495	噻嗪酮/25%/可湿性粉剂/噻嗪酮 25%/2009.04.09 至 2014.04.09/低毒			
	水稻	稻飞虱	90一150克/公顷	喷雾
PD20094725	多菌灵/50%/可湿性粉剂/多菌灵 50%/2009.04.10 至 2014.04.10/低毒			
	水稻	纹枯病	750-900克/公顷	喷雾
PD20094736	多菌灵/80%/可湿性粉剂/多菌灵 80%/2009.04.10 至 2014.04.10/低毒			
	苹果树	轮纹病	750-1000毫克/千克	喷雾
PD20097004	啶虫脒/5%/可湿性粉剂/啶虫脒 5%/2009.09.29 至 2014.09.29/低毒			
	十字花科蔬菜	蚜虫	15-22.5克/公顷	喷雾
PD20098488	硫磺·多菌灵/50%/可湿性粉剂/多菌灵 15%、硫磺 35%/2009.12.24 至 2014.12.24/低毒			
	花生	叶斑病	1200-1800克/公顷	喷雾
PD20101771	敌草隆/50%/可湿性粉剂/敌草隆 50%/2010.07.07 至 2015.07.07/低毒			
	棉花田	一年生杂草	750-1125克/公顷	播后苗前土壤喷雾
PD20101910	硫磺·多菌灵/50%/悬浮剂/多菌灵 15%、硫磺 35%/2010.08.27 至 2015.08.27/低毒			
	花生	叶斑病	1200-1800克/公顷	喷雾
PD20120351	敌草隆/80%/悬浮剂/敌草隆 80%/2012.02.23 至 2017.02.23/低毒			
	甘蔗地	一年生杂草	1500-2100克/公顷	土壤或定向茎叶喷雾
PD20120736	敌草隆/80%/可湿性粉剂/敌草隆 80%/2012.05.03 至 2017.05.03/低毒			
	甘蔗地	一年生杂草	1200-2400克/公顷	土壤喷雾
PD20122046	吡虫啉/98%/原药/吡虫啉 98%/2012.12.24 至 2017.12.24/低毒			
PD20122079	多菌灵/98%/原药/多菌灵 98%/2012.12.24 至 2017.12.24/低毒			
PD20130768	多菌灵/50%/悬浮剂/多菌灵 50%/2013.04.16 至 2018.04.16/低毒			

	小麦	赤霉病	900-1125克/公顷	喷雾

苏州东沙合成化工有限公司 (江苏省张家港市东沙工业园 215619 0512-58633787)

WP20100033	防蛀球剂/94%/防蛀球剂/樟脑 94%/2010.01.25 至 2015.01.25/微毒			
	卫生	黑皮蠹	200克制剂/立方米	投放
WP20100034	樟脑/96%/原药/樟脑 96%/2010.01.28 至 2015.01.28/低毒			

苏州海光石油制品有限公司 (江苏省苏州市东环路 215126 0512-65265133)

PD90104	矿物油/95%/乳油/矿物油 95%/2009.12.29 至 2014.12.29/低毒			
	柑橘树	锈壁虱、蚜虫	100-200倍液	喷雾
	柑橘树、杨梅树、枇杷树	介壳虫	50-60倍液	喷雾

苏州桐柏生物科技有限公司 (江苏省张家港市金港镇南沙港西北路1号 215632 0512-58373995)

PD20040138	三唑酮/15%/可湿性粉剂/三唑酮 15%/2009.12.19 至 2014.12.19/低毒			
	小麦	白粉病、锈病	135-180克/公顷	喷雾
PD20040290	三唑酮/20%/乳油/三唑酮 20%/2009.12.23 至 2014.12.23/低毒			
	小麦	白粉病	120-127.5克/公顷	喷雾
PD20050002	三唑酮/95%/原药/三唑酮 95%/2010.01.04 至 2015.01.04/低毒			
PD20080664	戊唑醇/96%/原药/戊唑醇 96%/2013.05.27 至 2018.05.27/低毒			
PD20080739	丙溴磷/85%/原药/丙溴磷 85%/2013.06.11 至 2018.06.11/中等毒			
PD20081201	多效唑/15%/可湿性粉剂/多效唑 15%/2008.09.11 至 2013.09.11/低毒			
	水稻育秧田	控制生长	200-300毫克/千克	喷雾
PD20081207	多效唑/94%/原药/多效唑 94%/2008.09.11 至 2013.09.11/低毒			
PD20085345	丙溴磷/40%/乳油/丙溴磷 40%/2008.12.24 至 2013.12.24/低毒			
	棉花	棉铃虫	480-600克/公顷	喷雾
	水稻	稻纵卷叶螟	480-600克/公顷	喷雾
PD20093769	戊唑醇/25%/水乳剂/戊唑醇 25%/2009.03.25 至 2014.03.25/低毒			
	香蕉树	叶斑病	200-250毫克/千克	喷雾

苏州益安生物科技有限公司 (江苏省苏州市工业园区唯新路50号 215522 0512-62890068)

LS20120098	氨酰丙酸盐酸盐/39.1%/可溶粉剂/氨酰丙酸 39.1%/2012.03.12 至 2013.03.12/微毒			
	苹果	促进着色	75-150毫克/千克	喷雾
	注:氨酰丙酸盐酸盐含量：50%。			
LS20120110	氨酰丙酸盐酸盐/76.7%/原药/氨酰丙酸 76.7%/2012.03.20 至 2013.03.20/微毒			
	注:氨酰丙酸盐酸盐含量:98%。			

泰州百力化学股份有限公司 (江苏省泰兴市经济技术开发区中港路 225404 0523-87679208)

PD20080812	百菌清/98.5%/原药/百菌清 98.5%/2013.06.20 至 2018.06.20/微毒			
PD20081145	氟酰胺/98%/原药/氟酰胺 98%/2013.09.01 至 2018.09.01/微毒			
PD20110032	霜脲氰/97%/原药/霜脲氰 97%/2011.01.07 至 2016.01.07/低毒			
PD20110483	嘧菌酯/97.5%/原药/嘧菌酯 97.5%/2011.04.29 至 2016.04.29/低毒			
	注:专供出口，不得在国内销售。			
PD20111235	戊唑醇/98%/原药/戊唑醇 98%/2011.11.18 至 2016.11.18/低毒			
PD20120024	氟啶胺/97%/原药/氟啶胺 97%/2012.01.09 至 2017.01.09/低毒			
	注:专供出口，不得在国内销售。			
PD20131020	嘧菌酯/98%/原药/嘧菌酯 98%/2013.05.13 至 2018.05.13/低毒			

陶氏益农农业科技（中国）有限公司 (江苏省南通市港闸经济开发区永兴路60号 226003 0513-85305353)

PD20070024	代森锰锌/88%/原药/代森锰锌 88%/2012.01.18 至 2017.01.18/低毒			
PD20070192	代森锰锌/80%/可湿性粉剂/代森锰锌 80%/2012.07.11 至 2017.07.11/低毒			
	番茄	早疫病	1500-2250克/公顷	喷雾
	柑橘	炭疽病	1333-2000毫克/千克	喷雾
	柑橘树	疮痂病、树脂病	1333-2000毫克/千克	喷雾
	柑橘树	锈蜘蛛	1333.3-1600毫克/千克	喷雾
	花生	叶斑病	720-900克/公顷	喷雾
	黄瓜	霜霉病	2040-3000克/公顷	喷雾
	辣椒	疫病	1800-2520克/公顷	喷雾
	梨树	黑星病	600-800倍液	喷雾
	荔枝树	霜疫霉病	1333-2000毫克/千克	喷雾
	马铃薯	晚疫病	1440-2160克/公顷	喷雾
	芒果	炭疽病	1333.3-2000毫克/千克	喷雾
	苹果树	斑点落叶病、轮纹病、炭疽病	600-800倍液	喷雾
	葡萄	白腐病、黑痘病、霜霉病	600-800倍液	喷雾
	西瓜	炭疽病	1500-2250克/公顷	喷雾
	烟草	赤星病	1440-1920克/公顷	喷雾
	枣树	锈病	1000－1333.3毫克/千克	喷雾

无锡禾美农化科技有限公司 (江苏省无锡市江阴市云亭镇 214422 0510-86010565)

PD20040432	吡虫啉/10%/可湿性粉剂/吡虫啉 10%/2009.12.19 至 2014.12.19/低毒

	水稻	稻飞虱	15-30克/公顷	喷雾
	小麦	蚜虫	15-30克/公顷(南方地区) 45-60克/公顷(北方地区)	喷雾
PD20070652	莠去津/98%/原药/莠去津 98%/2012.12.17 至 2017.12.17/低毒			
PD20080268	乙草胺/93%/原药/乙草胺 93%/2013.02.20 至 2018.02.20/低毒			
PD20080589	抗蚜威/95%/原药/抗蚜威 95%/2013.05.12 至 2018.05.12/中等毒			
PD20081073	啶虫脒/5%/乳油/啶虫脒 5%/2013.08.14 至 2018.08.14/低毒			
	柑橘树	蚜虫	6-10毫克/千克	喷雾
PD20081212	丁草胺/90%/原药/丁草胺 90%/2013.09.11 至 2018.09.11/低毒			
PD20081637	异丙草胺/90%/原药/异丙草胺 90%/2013.11.14 至 2018.11.14/低毒			
PD20082179	乙草胺/50%/乳油/乙草胺 50%/2013.11.26 至 2018.11.26/低毒			
	春大豆田、春玉米田	一年生杂草	2081.25-2497.5克/公顷	播后苗前土壤喷雾
	花生田、夏大豆田	一年生杂草	999-1148.75克/公顷	播后苗前土壤喷雾
	棉花田	一年生杂草	999-1148.75克/公顷	土壤喷雾
	夏玉米田	一年生杂草	999-1332克/公顷	播后苗前土壤喷雾
PD20082855	乙草胺/900克/升/乳油/乙草胺 900克/升/2013.12.09 至 2018.12.09/低毒			
	春大豆田、春玉米田	一年生禾本科杂草及部分小粒种子阔叶杂草	1687.5-2025克/公顷(东北地区)	播后苗前土壤喷雾
	冬油菜(移栽田)	一年生禾本科杂草及部分小粒种子阔叶杂草	810-1080克/公顷	土壤喷雾
	花生田	一年生禾本科杂草及部分小粒种子阔叶杂草	1080-1350克/公顷	播后苗前土壤喷雾
	棉花田	一年生禾本科杂草及部分小粒种子阔叶杂草	1080-1350克/公顷	土壤喷雾
	夏大豆田	一年生禾本科杂草及部分小粒种子阔叶杂草	810-1080克/公顷	播后苗前土壤喷雾
	夏玉米田	一年生禾本科杂草及部分小粒种子阔叶杂草	1080-1620克/公顷	播后苗前土壤喷雾
PD20082984	抗蚜威/50%/可湿性粉剂/抗蚜威 50%/2013.12.10 至 2018.12.10/中等毒			
	小麦	蚜虫	150-225克/公顷	喷雾
PD20083906	噻嗪酮/97%/原药/噻嗪酮 97%/2013.12.15 至 2018.12.15/低毒			
PD20085504	苄嘧·苯噻酰/50%/可湿性粉剂/苯噻酰草胺 47.5%、苄嘧磺隆 2.5%/2013.12.25 至 2018.12.25/低毒			
	水稻抛秧田、水稻移栽田	一年生及部分多年生禾本科杂草	375-450克/公顷(南方地区)	药土法
PD20085734	异丙草胺/720克/升/乳油/异丙草胺 720克/升/2013.12.26 至 2018.12.26/低毒			
	春大豆田	一年生杂草	1620-2160克/公顷	土壤喷雾
	夏大豆田	一年生杂草	1080-1620克/公顷	土壤喷雾
	夏玉米田	一年生杂草及部分阔叶杂草	1080-1620克/公顷	喷雾
PD20086261	莠去津/38%/悬浮剂/莠去津 38%/2013.12.31 至 2018.12.31/低毒			
	春玉米田	一年生杂草	1710-1995克/公顷	土壤喷雾
	夏玉米田	一年生杂草	1140-1425克/公顷	土壤喷雾
PD20090965	异丙草·莠/50%/悬乳剂/异丙草胺 30%、莠去津 20%/2014.01.20 至 2019.01.20/低毒			
	春玉米田	一年生杂草	1500-2250克/公顷	喷雾
	夏玉米田	一年生杂草	1125-1875克/公顷	土壤喷雾
PD20090993	苯磺隆/75%/水分散粒剂/苯磺隆 75%/2014.01.21 至 2019.01.21/低毒			
	小麦田	一年生阔叶杂草	18-22.5克/公顷	喷雾
PD20091038	丙草胺/300克/升/乳油/丙草胺 300克/升/2014.01.21 至 2019.01.21/低毒			
	水稻田(直播)	一年生杂草	450-525克/公顷	播后苗前土壤喷雾
PD20091134	丁草胺/900克/升/乳油/丁草胺 900克/升/2014.01.21 至 2019.01.21/低毒			
	水稻移栽田	一年生禾本科杂草及部分阔叶杂草	1080-1350克/公顷	药土法
PD20091948	灭多威/20%/乳油/灭多威 20%/2014.02.12 至 2019.02.12/高毒			
	棉花	棉铃虫	150-225克/公顷	喷雾
PD20092835	辛酰溴苯腈/95%/原药/辛酰溴苯腈 95%/2014.03.05 至 2019.03.05/中等毒			
PD20092939	异丙·苄/30%/可湿性粉剂/苄嘧磺隆 6%、异丙草胺 24%/2014.03.05 至 2019.03.05/低毒			
	水稻抛秧田、水稻移栽田	部分多年生杂草、一年生杂草	135-180克/公顷	药土法
PD20093030	苯·苄·乙草胺/45%/可湿性粉剂/苯噻酰草胺 36%、苄嘧磺隆 4.5%、乙草胺 4.5%/2014.03.09 至 2019.03.09/低毒			
	水稻抛秧田	部分多年生杂草、一年生杂草	202.5-270克/公顷(南方地区)	药土法
PD20093084	苄·乙/20%/可湿性粉剂/苄嘧磺隆 4.5%、乙草胺 15.5%/2014.03.09 至 2019.03.09/低毒			
	水稻移栽田	一年生及部分多年生禾本科杂草	90-120克/公顷(南方地区)	药土法
PD20093576	苄·乙/30%/可湿性粉剂/苄嘧磺隆 6.7%、乙草胺 23.3%/2014.03.23 至 2019.03.23/低毒			
	水稻移栽田	部分多年生杂草、一年生杂草	84-118克/公顷(南方地区)	药土法
PD20093720	乙草胺/20%/可湿性粉剂/乙草胺 20%/2014.03.25 至 2019.03.25/低毒			

水稻移栽田 部分阔叶杂草、一年生禾本科杂草 90-112.5克/公顷 毒土法

PD20095136 苄·丁/30%/可湿性粉剂/苄嘧磺隆 1.5%、丁草胺 28.5%/2009.04.24 至 2014.04.24/低毒

水稻抛秧田 一年生及部分多年生杂草 540-675克/公顷 药土法

PD20095505 苄嘧·丙草胺/30%/可湿性粉剂/苄嘧磺隆 4%、丙草胺 26%/2009.05.11 至 2014.05.11/低毒

水稻田(直播) 一年生杂草 225-270克/公顷 播后苗前土壤喷雾

PD20095533 苯噻酰草胺/50%/可湿性粉剂/苯噻酰草胺 50%/2009.05.11 至 2014.05.11/低毒

水稻移栽田 异型莎草 375-450克/公顷(南方地区) 药土法

水稻移栽田 稗草 375-450克/公顷(南方地区) 药土法

525-750克/公顷(东北地区)

PD20097399 丁草胺/600克/升/水乳剂/丁草胺 600克/升/2009.10.28 至 2014.10.28/低毒

水稻移栽田 一年生禾本科杂草及部分阔叶杂草 750-1275克/公顷 毒土法

PD20111378 乙草胺/89%/乳油/乙草胺 89%/2011.12.14 至 2016.12.14/低毒

春大豆田、春玉米田 一年生禾本科杂草 1648-1948克/公顷 土壤喷雾

无锡樋农生物科技有限公司 (江苏省无锡市金城东路380号 214028 0510-85918219)

LS20130420 噬菌核霉/2亿活孢子/克/可湿性粉剂/噬菌核霉 2亿活孢子/克/2013.08.07 至 2014.08.07/低毒

油菜 菌核病 100-150克制剂/亩 喷施于地表后覆土

先正达(苏州)作物保护有限公司 (江苏省昆山市经济技术开发区黄浦江中路255号 215301 0512-57716998)

PD20040030 噁霜·锰锌/64%/可湿性粉剂/噁霜灵 8%、代森锰锌 56%/2009.12.14 至 2014.12.14/低毒

黄瓜 霜霉病 1650-1950克/公顷 喷雾

烟草 黑胫病 1950-2400克/公顷 喷雾

PD20050008 丙草胺/300克/升/乳油/丙草胺 300克/升/2010.01.14 至 2015.01.14/低毒

水稻秧田 一年生杂草 450-525克/公顷 喷雾

直播水稻田 一年生杂草 325-525克/公顷 土壤喷雾

PD20060028 丙环唑/250克/升/乳油/丙环唑 250克/升/2011.01.25 至 2016.01.25/低毒

香蕉 叶斑病 250-500毫克/千克 喷雾

小麦 白粉病、锈病 93.75-125克/公顷 喷雾

小麦 纹枯病 112.5-150克/公顷 喷雾

PD20080880 丙环唑/250克/升/乳油/丙环唑 250克/升/2008.07.09 至 2013.07.09/低毒

小麦 纹枯病 112.5-150克/公顷 喷雾

PD20081721 氟磺胺草醚/250克/升/水剂/氟磺胺草醚 250克/升/2013.11.18 至 2018.11.18/低毒

春大豆田 一年生阔叶杂草 225-375克/公顷 喷雾

夏大豆田 一年生阔叶杂草 187.5-225克/公顷 喷雾

PD20081871 禾草敌/90.9%/乳油/禾草敌 90.9%/2013.11.20 至 2018.11.20/低毒

水稻田(直播)、水稻秧田、水稻移栽田 稗草、牛毛草 2045-3000克/公顷 毒土或喷雾

PD20082322 精异丙甲草胺/960克/升/乳油/精异丙甲草胺 960克/升/2013.12.01 至 2018.12.01/低毒

菜豆田 一年生禾本科杂草及部分阔叶杂草 936-1224克/公顷(东北地区) 播后苗前土壤喷雾

720-936克/公顷(其它地区)

春大豆田 一年生禾本科杂草及部分阔叶杂草 1152—1728克/公顷 土壤喷雾

番茄地 一年生禾本科杂草及部分阔叶杂草 936-1224克/公顷(东北地区) 移栽前土壤喷雾

720-936克/公顷(其它地区)

棉花田 一年生禾本科杂草及阔叶杂草 864—1440克/公顷 土壤喷雾

甜菜田 一年生禾本科杂草及部分阔叶杂草 1080-1296克/公顷 播后苗前土壤喷雾

西瓜田 一年生禾本科杂草及部分阔叶杂草 576-936克/公顷 移栽前土壤喷雾

夏大豆田、夏玉米田 一年生禾本科杂草及部分阔叶杂草 864—1224克/公顷 土壤喷雾

向日葵田 一年生禾本科杂草及部分阔叶杂草 1440-1872克/公顷 播后苗前土壤喷雾

PD20084803 精甲霜·锰锌/68%/水分散粒剂/精甲霜灵 4%、代森锰锌 64%/2013.12.22 至 2018.12.22/微毒

黄瓜 霜霉病 1020-1224克/公顷 喷雾

辣椒 疫病 1020-1224克/公顷 喷雾

PD20085971 丙草胺/500克/升/乳油/丙草胺 500克/升/2013.12.29 至 2018.12.29/低毒

水稻移栽田 一年生禾本科、莎草科及部分阔叶杂草 450-525克/公顷 毒土法

PD20090149 苯醚甲环唑/10%/水分散粒剂/苯醚甲环唑 10%/2014.01.08 至 2019.01.08/低毒

梨树 黑星病 14.3-16.7毫克/千克 喷雾

西瓜 炭疽病 75-112.5克/公顷 喷雾

PD20102054 阿维菌素/18克/升/乳油/阿维菌素 18克/升/2010.11.03 至 2015.11.03/低毒(原药高毒)

柑橘树 潜叶蛾 4.5-9毫克/千克 喷雾

棉花 红蜘蛛 8.1-10.8克/公顷 喷雾

十字花科蔬菜 小菜蛾 8.1-10.8克/公顷 喷雾

PD20102068 氯氰·丙溴磷/440克/升/乳油/丙溴磷 400克/升、氯氰菊酯 40克/升/2010.11.03 至 2015.11.03/中等毒

棉花 棉铃虫 561-660克/公顷 喷雾

棉花 蚜虫 297-396克/公顷 喷雾

PD20110688 甲氨基阿维菌素苯甲酸盐/2%/乳油/甲氨基阿维菌素 2%/2011.06.20 至 2016.06.20/低毒

番茄 棉铃虫 8.55-11.4克/公顷 喷雾

	甘蓝	小菜蛾	2.85-5.7克/公顷	喷雾
	注:甲氨基阿维菌素苯甲酸盐含量：2.3%。			
PD20111048	代森锰锌/80%/可湿性粉剂/代森锰锌 80%/2011.10.10 至 2016.10.10/微毒			
	番茄	早疫病	1560-2520克/公顷	喷雾
	柑橘树	疮痂病、炭疽病	1333-2000毫克/千克	喷雾
	黄瓜	霜霉病	2040-3000克/公顷	喷雾
	梨树	黑星病	800-1600毫克/千克	喷雾
	荔枝树	霜疫霉病	1333-2000毫克/千克	喷雾
	苹果树	斑点落叶病、轮纹病、炭疽病	1000-1500毫克/千克	喷雾
	葡萄	白腐病、黑痘病、霜霉病	1000-1600毫克/千克	喷雾
	甜椒	炭疽病、疫病	1800-2520克/公顷	喷雾
	西瓜	炭疽病	1560-2520克/公顷	喷雾
PD20111211	甲氨基阿维菌素苯甲酸盐/0.88%/乳油/甲氨基阿维菌素 0.88%/2011.11.17 至 2016.11.17/微毒			
	注:专供出口，不得在国内销售。			
PD20111457	百菌清/75%/可湿性粉剂/百菌清 75%/2011.12.30 至 2016.12.30/微毒			
	番茄	早疫病	1650-3000克/公顷	喷雾
	花生	叶斑病	1249-1496克/公顷	喷雾
	黄瓜	霜霉病	1650-3000克/公顷	喷雾
PD20120027	吡蚜酮/50%/水分散粒剂/吡蚜酮 50%/2012.01.09 至 2017.01.09/微毒			
	水稻	稻飞虱	90—120克/公顷	喷雾
PD20120770	丙溴磷/500克/升/乳油/丙溴磷 500克/升/2012.05.05 至 2017.05.05/低毒			
	棉花	棉铃虫	750-900克/公顷	喷雾
	水稻	稻纵卷叶螟	750-900克/公顷	喷雾
先正达南通作物保护有限公司 (江苏省南通市经济开发区中央路1号 226009 0513-81150600)				
PD20040010	高效氯氟氰菊酯/25克/升/乳油/高效氯氟氰菊酯 25克/升/2009.08.12 至 2014.08.12/中等毒			
	茶树	茶小绿叶蝉	15-30克/公顷	喷雾
	大豆	食心虫	5.63-7.5克/公顷	喷雾
	柑橘树	潜叶蛾	4.2-6.2毫克/千克	喷雾
	果菜、叶菜	菜青虫	6.25-12.5毫克/千克	喷雾
	果菜、叶菜	蚜虫	6-10毫克/千克	喷雾
	梨树	梨小食心虫	5-8.3毫克/千克	喷雾
	荔枝树	蝽蟓	6.25-12.5毫克/千克	喷雾
	棉花	红铃虫、棉铃虫	7.5-22.5克/公顷	喷雾
	棉花	棉蚜	3.75-7.5克/公顷	喷雾
	苹果树	桃小食心虫	5-6.3毫克/千克	喷雾
	小麦	麦蚜、粘虫	4.5-7.5克/公顷	喷雾
	烟草	烟青虫	5.63-7.5克/公顷	喷雾
PD20040016	百草枯/360克/升/母药/百草枯 360克/升/2009.10.13 至 2014.10.13/中等毒			
PD20050007	百草枯/200克/升/水剂/百草枯 200克/升/2012.12.31 至 2014.07.01/中等毒			
	茶园、香蕉园	杂草	600-750克/公顷	定向喷雾
	非耕地	杂草	600-900克/公顷	喷雾
	甘蔗田	一年生杂草	300-600克/公顷	定向喷雾
	柑橘园、苹果园	杂草	600-900克/公顷	定向喷雾
	免耕水稻田	一年生和多年生杂草	450-900克/公顷	茎叶喷雾
	葡萄园	杂草	450-600克/公顷	喷雾
	蔬菜地	杂草	450-600克/公顷	行间定向喷雾
	小麦免耕田	杂草	450-600克/公顷	播前、播后、苗前茎叶喷雾
	油菜免耕田	杂草	450-600克/公顷	移栽前茎叶喷雾
	玉米田	一年生杂草	300-600克/公顷	喷雾
	中草药田	一年生和多年生杂草	600-900克/公顷	行间定向茎叶喷雾
PD20093036	甲氨基阿维菌素苯甲酸盐/95%/原药/甲氨基阿维菌素苯甲酸盐 95%/2014.03.09 至 2019.03.09/中等毒			
PD20095231	高效氯氟氰菊酯/25克/升/水乳剂/高效氯氟氰菊酯 25克/升/2009.04.27 至 2014.04.27/中等毒			
	大豆	食心虫	6-7.5克/公顷	喷雾
	甘蓝	小菜蛾	15-18.75克/公顷	喷雾
	甘蓝、小白菜	菜青虫、菜蚜	5.625-7.5克/公顷	喷雾
	柑橘树	潜叶蛾、蚜虫	6.25-8.33毫克/千克	喷雾
	马铃薯	蚜虫	4.5-6.25克/公顷	喷雾
	马铃薯	马铃薯块茎蛾	11.25-15克/公顷	喷雾
	棉花	棉铃虫	15-22.5克/公顷	喷雾
	棉花	蚜虫	5.625-9.375克/公顷	喷雾
	苹果树	桃小食心虫	5-6.25毫克/千克	喷雾
	烟草	蚜虫、烟青虫	7.5-11.5克/公顷	喷雾

	玉米	粘虫	6-7.5克/公顷	喷雾
PD20095838	百草枯/250克/升/水剂/百草枯 250克/升/2012.12.31 至 2014.07.01/中等毒			
	非耕地、免耕小麦、免耕油菜、香蕉园	杂草	600-750克/公顷	茎叶喷雾
	夏玉米田	杂草	600-900克/公顷	行间定向喷雾
PD20100856	草甘膦异丙胺盐(41%)///水剂/草甘膦 30%/2010.01.19 至 2015.01.19/微毒			
	柑橘园	杂草	1320-1845克/公顷（有效成分以盐计）	定向茎叶喷雾
	棉花免耕田、玉米	杂草	922.5-1230克/公顷（有效成分以盐计）	定向茎叶喷雾
	桑园	杂草	1230-1845克/公顷（有效成分以盐计）	定向茎叶喷雾
PD20121166	高效氯氟氰菊酯//水乳剂/ /2012.07.30 至 2017.07.30/低毒			
	柑橘	蚜虫	6.25～8.33 克/公顷	喷雾
	柑橘	潜叶蛾	6.25～8.33克/公顷	喷雾
	马铃薯	马铃薯块茎蛾	11.25～15 克/公顷	喷雾
	马铃薯	蚜虫	4.5～6.25 克/公顷	喷雾
	苹果	桃小食心虫	5～6.25 克/公顷	喷雾
	玉米	粘虫	6～7.5 克/公顷	喷雾
PD20121931	敌草快/200克/升/水剂/敌草快 200克/升/2012.12.07 至 2017.12.07/低毒			
	马铃薯	枯叶	600-750克/公顷	茎叶喷雾
PD20122095	草甘膦钾盐/35%/水剂/草甘膦 35%/2012.12.26 至 2017.12.26/微毒			
	非耕地	杂草	1181-1706克/公顷	茎叶喷雾
	注:草甘膦钾盐含量：43%。			
WP20100024	高效氯氟氰菊酯/25克/升/水乳剂/高效氯氟氰菊酯 25克/升/2010.01.16 至 2015.01.16/中等毒			
	室外	蚊、蝇	2-4毫克/平方米	喷洒

新沂市泰松化工有限公司　（江苏省新沂市经济开发区建业路1号　221400　0516-88610333）

PD20110055	倍硫磷/95%/原药/倍硫磷 95%/2011.01.11 至 2016.01.11/中等毒			
PD20110056	马拉硫磷/95%/原药/马拉硫磷 95%/2011.01.11 至 2016.01.11/低毒			
PD20110062	杀螟硫磷/95%/原药/杀螟硫磷 95%/2011.01.11 至 2016.01.11/中等毒			
PD20111324	二嗪磷/97%/原药/二嗪磷 97%/2011.12.05 至 2016.12.05/中等毒			
PD20121493	嘧菌酯/98%/原药/嘧菌酯 98%/2012.10.09 至 2017.10.09/低毒			
PD20130332	哒螨灵/97%/原药/哒螨灵 97%/2013.03.05 至 2018.03.05/低毒			
PD20132089	马拉硫磷/45%/乳油/马拉硫磷 45%/2013.10.24 至 2018.10.24/低毒			
	注:专供出口，不得在国内销售。			

新沂市永诚化工有限公司　（江苏省新沂市经济技术开发区建业北路化工区　221400　0516-88896115）

PD20101932	萎锈灵/98%/原药/萎锈灵 98%/2010.08.27 至 2015.08.27/微毒			
PD20110227	唑螨酯/97%/原药/唑螨酯 97%/2011.02.28 至 2016.02.29/低毒			
PD20130984	萎锈·福美双/400克/升/悬浮种衣剂/福美双 200克/升、萎锈灵 200克/升/2013.05.02 至 2018.05.02/低毒			
	棉花	立枯病	160-268克/100千克种子	种子包衣

徐州新鼎业化工材料厂　（江苏省徐州市北郊孟家沟　221007　0516-83658676）

PD20040589	吡虫啉/5%/乳油/吡虫啉 5%/2009.12.19 至 2014.12.19/低毒			
	水稻	飞虱	11.25-22.5克/公顷	喷雾
PD20094522	阿维·吡虫啉/1.8%/乳油/阿维菌素 0.2%、吡虫啉 1.6%/2009.04.09 至 2014.04.09/低毒(原药高毒)			
	甘蓝	菜青虫、蚜虫	5.4-10.8克/公顷	喷雾
PD20096579	阿维菌素/1.8%/乳油/阿维菌素 1.8%/2009.08.25 至 2014.08.25/低毒(原药高毒)			
	甘蓝	菜青虫	0.9-1.8克/公顷	喷雾
PD20101103	三氯异氰尿酸/42%/可湿性粉剂/三氯异氰尿酸 42%/2010.01.25 至 2015.01.25/低毒			
	辣椒	炭疽病	378-504克/公顷	喷雾
PD20102167	噁霉灵/99%/原药/噁霉灵 99%/2010.12.09 至 2015.12.09/低毒			

扬州市正鸿卫生用品厂　（江苏省扬州市高桥二村十八幢304室　225002　0514-2151408）

WP20130152	杀虫喷射剂/0.4%/喷射剂/氯菊酯 0.2%、氯氰菊酯 0.2%/2013.07.17 至 2018.07.17/低毒			
	卫生	蚊	/	喷雾

镇江建苏农药化工有限公司　（江苏省镇江市大港孩溪路12号　212132　0511-83355157）

PD84118-2	多菌灵/25%/可湿性粉剂/多菌灵 25%/2009.11.16 至 2014.11.16/低毒			
	果树	病害	0.05-0.1%药液	喷雾
	花生	倒秧病	750克/公顷	喷雾
	麦类	赤霉病	750克/公顷	喷雾,泼浇
	棉花	苗期病害	500克/100千克种子	拌种
	水稻	稻瘟病、纹枯病	750克/公顷	喷雾,泼浇
	油菜	菌核病	1125-1500克/公顷	喷雾
PD85150-16	多菌灵/50%/可湿性粉剂/多菌灵 50%/2010.07.13 至 2015.07.13/低毒			
	果树	病害	0.05-0.1%药液	喷雾

	花生	倒秧病	750克/公顷	喷雾
	麦类	赤霉病	750克/公顷	喷雾、泼浇
	棉花	苗期病害	500克/100千克种子	拌种
	水稻	稻瘟病、纹枯病	750克/公顷	喷雾、泼浇
	油菜	菌核病	1125-1500克/公顷	喷雾
PD85154-33	氰戊菊酯/20%/乳油/氰戊菊酯 20%/2010.08.15 至 2015.08.15/中等毒			
	柑橘树	潜叶蛾	10-20毫克/千克	喷雾
	果树	梨小食心虫	10-20毫克/千克	喷雾
	棉花	红铃虫、蚜虫	75-150克/公顷	喷雾
	蔬菜	菜青虫、蚜虫	60-120克/公顷	喷雾
PD86148-45	异丙威/20%/乳油/异丙威 20%/2011.11.19 至 2016.11.19/中等毒			
	水稻	飞虱、叶蝉	450-600克/公顷	喷雾
PD91106-10	甲基硫菌灵/70%/可湿性粉剂/甲基硫菌灵 70%/2011.05.09 至 2016.05.09/低毒			
	番茄	叶霉病	375-562.5克/公顷	喷雾
	甘薯	黑斑病	360-450毫克/千克	浸薯块
	瓜类	白粉病	337.5-506.25克/公顷	喷雾
	梨树	黑星病	360-450毫克/千克	喷雾
	苹果树	轮斑病	700毫克/千克	喷雾
	水稻	稻瘟病、纹枯病	1050-1500克/公顷	喷雾
	小麦	赤霉病	750-1050克/公顷	喷雾
PD20040222	吡虫啉/10%/可湿性粉剂/吡虫啉 10%/2009.12.19 至 2014.12.19/低毒			
	十字花科蔬菜	蚜虫	15-22.5克/公顷	喷雾
	水稻	飞虱	15-30克/公顷	喷雾
	小麦	蚜虫	15-30克/公顷(南方地区) 45-60克/公顷(北方地区)	喷雾
PD20040335	三唑酮/15%/可湿性粉剂/三唑酮 15%/2009.12.19 至 2014.12.19/低毒			
	小麦	白粉病、锈病	135-180克/公顷	喷雾
	玉米	丝黑穗病	60-90克/100千克种子	拌种
PD20040444	三唑酮/20%/乳油/三唑酮 20%/2009.12.19 至 2014.12.19/低毒			
	小麦	白粉病	120-127.5克/公顷	喷雾
PD20040788	多·酮/25%/可湿性粉剂/多菌灵 22%、三唑酮 3%/2009.12.19 至 2014.12.19/低毒			
	小麦	赤霉病	262.5-375克/公顷	喷雾
	油菜	菌核病	600-800克/公顷	喷雾
PD20050032	吡虫·杀虫单/72%/可湿性粉剂/吡虫啉 2%、杀虫单 70%/2010.04.15 至 2015.04.15/中等毒			
	水稻	稻纵卷叶螟、飞虱	540-756克/公顷	喷雾
PD20060200	噻嗪酮/25%/可湿性粉剂/噻嗪酮 25%/2011.12.07 至 2016.12.07/低毒			
	水稻	稻飞虱	75-112.5克/公顷	喷雾
PD20070097	禾草丹/90%/乳油/禾草丹 90%/2012.04.20 至 2017.04.20/低毒			
	水稻移栽田	一年生杂草	1890-2970克/公顷	喷药或毒土法
PD20070271	禾草丹/50%/乳油/禾草丹 50%/2012.09.05 至 2017.09.05/低毒			
	水稻田	一年生杂草	1995-3000克/公顷	毒土或喷雾
PD20070470	三环唑/20%/可湿性粉剂/三环唑 20%/2012.11.20 至 2017.11.20/低毒			
	水稻	稻瘟病	225-300克/公顷	喷雾
PD20080286	唑酮·福美双/40%/可湿性粉剂/福美双 34%、三唑酮 6%/2013.02.25 至 2018.02.25/低毒			
	黄瓜	白粉病	450-562.5克/公顷	喷雾
	苹果树	炭疽病	500-667毫克/千克	喷雾
PD20082165	精喹禾灵/5%/乳油/精喹禾灵 5%/2013.11.26 至 2018.11.26/低毒			
	夏大豆田	一年生禾本科杂草	45-52.5克/公顷	茎叶喷雾
	油菜田	一年生禾本科杂草	30-45克/公顷	茎叶喷雾
PD20085752	甲氰菊酯/20%/乳油/甲氰菊酯 20%/2013.12.29 至 2018.12.29/中等毒			
	甘蓝	菜青虫、小菜蛾	70-90克/公顷	喷雾
PD20086225	溴氰菊酯/25克/升/乳油/溴氰菊酯 25克/升/2013.12.31 至 2018.12.31/中等毒			
	茶树	害虫	3.75-7.5克/公顷	喷雾
	大白菜、棉花	害虫	7.5-15克/公顷	喷雾
	大豆	食心虫	6-9克/公顷	喷雾
	柑橘树、苹果树	害虫	5-10毫克/千克	喷雾
	森林	松毛虫	1)4-7毫克/千克2)10-20毫克/千克	1)喷雾2)弥雾
	森林	害虫	10-25毫克/千克	涂药环
	小麦	害虫	3.75-5.625克/公顷	喷雾
	烟草	烟青虫	7.5-9克/公顷	喷雾
PD20091331	氟乐灵/480克/升/乳油/氟乐灵 480克/升/2014.02.01 至 2019.02.01/低毒			
	大豆田	一年生禾本科杂草及部分阔叶杂草	900-1260克/公顷	喷雾
	棉花田	一年生禾本科杂草及部分阔叶杂草	864－1296克/公顷	土壤喷雾

PD20091351 咪鲜·杀螟丹/16%/可湿性粉剂/咪鲜胺 4%、杀螟丹 12%/2014.02.02 至 2019.02.02/中等毒
水稻 恶苗病、干尖线虫病 400-600倍液 浸种
PD20091786 吡虫·灭多威/10%/可湿性粉剂/吡虫啉 2.5%、灭多威 7.5%/2014.02.04 至 2019.02.04/中等毒(原药高毒)
棉花 蚜虫 45-60克/公顷 喷雾
PD20092483 克百威/3%/颗粒剂/克百威 3%/2014.02.26 至 2019.02.26/高毒
甘蔗 蚜虫、蔗龟 1350-2250克/公顷 沟施
花生 线虫 1800-2250克/公顷 沟施、条施
花生 地下害虫 900-1800克/公顷 沟施或穴施
棉花 蚜虫 675-900克/公顷 沟施、条施
水稻 螟虫、瘿蚊 900-1350克/公顷 撒施
PD20092547 腈菌唑/90%/原药/腈菌唑 90%/2014.02.26 至 2019.02.26/低毒
PD20093899 腈菌唑/12%/乳油/腈菌唑 12%/2009.03.26 至 2014.03.26/低毒
梨树 黑星病 2000-3000倍液 喷雾
PD20094460 锰锌·腈菌唑/62.5%/可湿性粉剂/腈菌唑 2.5%、代森锰锌 60%/2009.04.01 至 2014.04.01/低毒
梨树 黑星病 400-600倍液 喷雾
PD20095509 精喹·草除灵/17.5%/乳油/草除灵 15%、精喹禾灵 2.5%/2009.05.11 至 2014.05.11/低毒
冬油菜田 一年生禾本科杂草及部分阔叶杂草 262.5-393.8克/公顷 茎叶喷雾
PD20098251 二嗪磷/5%/颗粒剂/二嗪磷 5%/2009.12.16 至 2014.12.16/低毒
花生 蛴螬 450-600克/公顷 撒施
PD20098429 氟乐灵/96%/原药/氟乐灵 96%/2009.12.24 至 2014.12.24/低毒
PD20100789 三环唑/75%/可湿性粉剂/三环唑 75%/2010.01.19 至 2015.01.19/中等毒
水稻 稻瘟病 225-300克/公顷 喷雾
PD20121419 草甘膦异丙胺盐/30%/水剂/草甘膦 30%/2012.09.19 至 2017.09.19/低毒
非耕地 杂草 1107-2214克/公顷 茎叶喷雾
注:草甘膦异丙胺盐含量: 41%。
PD20131169 草甘膦/95%/原药/草甘膦 95%/2013.05.27 至 2018.05.27/微毒

镇江市润宇生物科技开发有限公司 (江苏省镇江市智慧大道潘宗路40号 212009 0511-85396628)

PD20130365 短稳杆菌/100亿孢子/毫升/悬浮剂/短稳杆菌 100亿孢子/毫升/2013.03.11 至 2018.03.11/低毒
十字花科蔬菜 小菜蛾、斜纹夜蛾 800-1000倍液 喷雾
水稻 稻纵卷叶螟 600-700倍液 喷雾
PD20130367 短稳杆菌/300亿孢子/克/母药/短稳杆菌 300亿孢子/克/2013.03.11 至 2018.03.11/低毒

江西省

安福超威日化有限公司 (江西省吉安市安福县工业园 343200 0796-7388898)

WL20100188 蚊香/0.08%/蚊香/氯氟醚菊酯 0.08%/2012.06.08 至 2013.06.08/微毒
卫生 蚊 / 点燃

福建省金鹿日化股份有限公司江西省瑞昌分公司 (江西省瑞昌市黄金工业园 332200 0792-4216698)

WP20100091 蚊香/0.03%/蚊香/四氟甲醚菊酯 0.03%/2010.06.17 至 2015.06.17/微毒
卫生 蚊 / 点燃

赣州卫农农药有限公司 (江西省赣州市水东镇虎岗 341005 0797-8454881)

PD84102-3 杀螟硫磷/45%/乳油/杀螟硫磷 45%/2009.10.21 至 2014.10.21/中等毒
茶树 尺蠖、毛虫、小绿叶蝉 250-500毫克/千克 喷雾
甘薯 小象甲 525-900克/公顷 喷雾
果树 卷叶蛾、毛虫、食心虫 250-500克/公顷 喷雾
棉花 红铃虫、棉铃虫 375-750克/公顷 喷雾
棉花 蚜虫、叶蝉、造桥虫 375-562.5克/公顷 喷雾
水稻 飞虱、螟虫、叶蝉 375-562.5克/公顷 喷雾
PD84104-49 杀虫双/18%/水剂/杀虫双 18%/2009.10.21 至 2014.10.21/中等毒
甘蔗、蔬菜、水稻、小麦、玉米 多种害虫 540-675克/公顷 喷雾
果树 多种害虫 225-360毫克/千克 喷雾
PD86133-3 仲丁威/25%/乳油/仲丁威 25%/2011.10.23 至 2016.10.23/低毒
水稻 飞虱、叶蝉 375-562.5克/公顷 喷雾
PD86148-7 异丙威/20%/乳油/异丙威 20%/2011.10.23 至 2016.10.23/中等毒
水稻 飞虱、叶蝉 450-600克/公顷 喷雾
PD86154 杀螟硫磷/80%,75%/原药/杀螟硫磷 80%,75%/2011.10.23 至 2016.10.23/中等毒
PD20121539 阿维·杀螟松/16%/乳油/阿维菌素 0.2%、杀螟硫磷 15.8%/2012.11.08 至 2017.11.08/低毒(原药高毒)
水稻 稻纵卷叶螟 120-144克/公顷 喷雾

赣州鑫谷生物化工有限公司 (江西省赣州市兴国县工业园氟化工业区 342400 0791-88100609)

PD85131-30 井冈霉素/2.4%,4%/水剂/井冈霉素A 2.4%,4%/2010.07.01 至 2015.07.01/低毒
水稻 纹枯病 75-112.5克/公顷 喷雾,泼浇
PD86139-5 井冈霉素/5%/可溶粉剂/井冈霉素 5%/2012.08.20 至 2017.08.20/低毒
水稻 纹枯病 75-112.5克/公顷 喷雾、泼浇
PD88109-12 井冈霉素/10%,20%/水溶粉剂/井冈霉素 10%,20%/2013.11.13 至 2018.11.13/低毒

水稻 纹枯病 75-112.5克/公顷 喷雾、泼浇
PD20083452 马拉硫磷/1.2%/粉剂/马拉硫磷 1.2%/2013.12.12 至 2018.12.12/低毒
仓储原粮 储粮害虫 12-24克/1000千克 撒施(拌粮)
PD20084707 异稻·稻瘟灵/40%/乳油/稻瘟灵 10%、异稻瘟净 30%/2013.12.22 至 2018.12.22/低毒
水稻 稻瘟病 900-1200克/公顷 喷雾
PD20085178 氰戊·辛硫磷/25%/乳油/氰戊菊酯 6.5%、辛硫磷 18.5%/2013.12.23 至 2018.12.23/中等毒
十字花科蔬菜 蚜虫 112.5-187.5克/公顷 喷雾
PD20092114 仲丁威/20%/乳油/仲丁威 20%/2014.02.23 至 2019.02.23/低毒
水稻 稻飞虱 450-570克/公顷 喷雾
PD20092133 高效氯氟氰菊酯/25克/升/乳油/高效氯氟氰菊酯 25克/升/2014.02.23 至 2019.02.23/中等毒
甘蓝 菜青虫 7.5-15克/公顷 喷雾
PD20092387 井冈·噻嗪酮/20%/可湿性粉剂/井冈霉素 4.3%、噻嗪酮 15.7%/2014.02.25 至 2019.02.25/低毒
水稻 稻飞虱、纹枯病 157.5-189克/公顷 喷雾
PD20092723 噻嗪·异丙威/25%/可湿性粉剂/噻嗪酮 5%、异丙威 20%/2014.03.04 至 2019.03.04/低毒
水稻 稻飞虱 450-562.5克/公顷 喷雾
PD20094218 多菌灵/25%/可湿性粉剂/多菌灵 25%/2014.03.31 至 2019.03.31/低毒
柑橘树 炭疽病 750-1000毫克/千克 喷雾
PD20110908 咪鲜胺/250克/升/乳油/咪鲜胺 250克/升/2011.08.22 至 2016.08.22/低毒
柑橘(果实) 炭疽病 250-500毫克/千克 浸果
PD20120955 啶虫脒/5%/乳油/啶虫脒 5%/2012.06.14 至 2017.06.14/低毒
柑橘树 蚜虫 10-15毫克/千克 喷雾
PD20131570 阿维菌素/1.8%/乳油/阿维菌素 1.8%/2013.07.23 至 2018.07.23/中等毒(原药高毒)
小白菜 小菜蛾 9.45-12.15克/公顷 喷雾
PD20131874 阿维·毒死蜱/15%/乳油/阿维菌素 0.1%、毒死蜱 14.9%/2013.09.25 至 2018.09.25/中等毒(原药高毒)
水稻 稻纵卷叶螟 225-270克/公顷 喷雾

贵溪市贵峰日用化工有限公司 (江西省贵溪市雄石镇 335424 0701-3336009)

WL20100286 蚊香/0.05%/蚊香/氯氟醚菊酯 0.05%/2012.12.02 至 2013.12.02/微毒
卫生 蚊 / 点燃

江西安利达化工有限公司 (江西省九江市湖口县金砂湾工业园 332500 0792-6327688)

PD20095733 氯氟吡氧乙酸异辛酯/95%/原药/氯氟吡氧乙酸异辛酯 95%/2009.05.18 至 2014.05.18/低毒
PD20102074 丙环唑/95%/原药/丙环唑 95%/2010.11.03 至 2015.11.03/低毒
LS20130067 氟咯草酮/95%/原药/氟咯草酮 95%/2014.02.21 至 2015.02.21/低毒
注:专供出口，不得在国内销售。
WP20080395 吡丙醚/95%/原药/吡丙醚 95%/2013.12.11 至 2018.12.11/低毒
WP20100018 氟蚁腙/95%/原药/氟蚁腙 95%/2010.01.14 至 2015.01.14/低毒

江西巴菲特化工有限公司 (江西省安义县工业园区凤凰东路 330500 0791-3499889)

PD84104-57 杀虫双/18%/水剂/杀虫双 18%/2009.11.16 至 2014.11.16/中等毒
甘蔗、蔬菜、水稻、小麦、玉米 多种害虫 540-675克/公顷 喷雾
果树 多种害虫 225-360毫克/千克 喷雾
PD20083194 氯氟氰菊酯/25克/升/乳油/高效氯氟氰菊酯 25克/升/2013.12.11 至 2018.12.11/中等毒
甘蓝 菜青虫 7.5-15克/公顷 喷雾
PD20083240 仲丁威/20%/乳油/仲丁威 20%/2013.12.11 至 2018.12.11/低毒
水稻 稻飞虱 450-562.5克/公顷 喷雾
PD20083303 噻嗪·异丙威/25%/可湿性粉剂/噻嗪酮 5%、异丙威 20%/2013.12.11 至 2018.12.11/低毒
水稻 稻飞虱 487.5-562.5克/公顷 喷雾
PD20084338 多菌灵/25%/可湿性粉剂/多菌灵 25%/2013.12.17 至 2018.12.17/低毒
水稻 纹枯病 750-1500克/公顷 喷雾
PD20084665 甲基硫菌灵/50%/可湿性粉剂/甲基硫菌灵 50%/2013.12.22 至 2018.12.22/低毒
番茄 叶霉病 375-562.5克/公顷 喷雾
PD20084675 三环唑/75%/可湿性粉剂/三环唑 75%/2013.12.22 至 2018.12.22/低毒
水稻 稻瘟病 225-300克/公顷 喷雾
PD20084800 氯氰·丙溴磷/440克/升/乳油/丙溴磷 400克/升、氯氰菊酯 40克/升/2013.12.22 至 2018.12.22/中等毒
棉花 棉铃虫 462-660克/公顷 喷雾
PD20090143 三唑磷/20%/乳油/三唑磷 20%/2014.01.08 至 2019.01.08/中等毒
水稻 二化螟 202.5-303.75克/公顷 喷雾
PD20096675 啶虫脒/5%/乳油/啶虫脒 5%/2009.09.07 至 2014.09.07/低毒
苹果树 蚜虫 10-12毫克/千克 喷雾
PD20097060 毒死蜱/480克/升/乳油/毒死蜱 480克/升/2009.10.10 至 2014.10.10/中等毒
水稻 稻瘿蚊 1800-2160克/公顷 毒土法
PD20097222 联苯菊酯/25克/升/乳油/联苯菊酯 25克/升/2009.10.19 至 2014.10.19/低毒
苹果树 桃小食心虫 25-31.5毫克/千克 喷雾
PD20097318 敌百·辛硫磷/30%/乳油/敌百虫 20%、辛硫磷 10%/2009.10.27 至 2014.10.27/低毒

水稻 二化螟 450-540克/公顷 喷雾

PD20098273 唑磷·毒死蜱/25%/乳油/毒死蜱 5%、三唑磷 20%/2009.12.18 至 2014.12.18/中等毒

水稻 稻纵卷叶螟 262.5-300克/公顷 喷雾

PD20110874 仲丁灵/48%/乳油/仲丁灵 48%/2011.08.16 至 2016.08.16/低毒

棉花田 一年生禾本科杂草及部分阔叶杂草 1440-1800克/公顷 播后苗前土壤喷雾

PD20120855 甲氨基阿维菌素苯甲酸盐/1%/微乳剂/甲氨基阿维菌素 1%/2012.05.22 至 2017.05.22/低毒

甘蓝 小菜蛾 1.5-1.8克/公顷 喷雾

注:甲氨基阿维菌素苯甲酸盐含量1.14%。

PD20120975 高氯·氟铃脲/5.7%/乳油/氟铃脲 1.9%、高效氯氰菊酯 3.8%/2012.06.21 至 2017.06.21/低毒

甘蓝 小菜蛾 42.75-51.3克/公顷 喷雾

PD20120987 喹硫磷/10%/乳油/喹硫磷 10%/2012.06.21 至 2017.06.21/低毒

水稻 稻纵卷叶螟 150-225克/公顷 喷雾

PD20121296 噁霉灵/99%/原药/噁霉灵 99%/2012.09.06 至 2017.09.06/低毒

PD20121736 阿维·哒螨灵/10%/乳油/阿维菌素 0.2%、哒螨灵 9.8%/2012.11.08 至 2017.11.08/中等毒(原药高毒)

苹果树 红蜘蛛 33.3-50毫克/千克 喷雾

PD20121795 阿维·吡虫啉/1.8%/可湿性粉剂/阿维菌素 0.1%、吡虫啉 1.7%/2012.11.22 至 2017.11.22/低毒(原药高毒)

甘蓝 蚜虫 10.8-16.2克/公顷 喷雾

PD20130123 阿维·三唑磷/20%/乳油/阿维菌素 0.2%、三唑磷 19.8%/2013.01.17 至 2018.01.17/低毒

水稻 二化螟 180-270克/公顷 喷雾

PD20130549 甲氨基阿维菌素苯甲酸盐/5.7%/水分散粒剂/甲氨基阿维菌素 5%/2013.04.01 至 2018.04.01/低毒

水稻 二化螟 7.5-11.25克/公顷 喷雾

注:甲氨基阿维菌素苯甲酸盐含量: 5.7%。

PD20131050 苯甲·丙环唑/50%/水乳剂/苯醚甲环唑 25%、丙环唑 25%/2013.05.13 至 2018.05.13/低毒

水稻 纹枯病 67.5-90克/公顷 喷雾

PD20131086 啶虫脒/70%/水分散粒剂/啶虫脒 70%/2013.05.20 至 2018.05.20/低毒

黄瓜 蚜虫 18-28克/公顷 喷雾

PD20131161 腈菌·咪鲜胺/12.5%/乳油/腈菌唑 2.5%、咪鲜胺 10%/2013.05.27 至 2018.05.27/低毒

香蕉 叶斑病 156-208毫克/千克 喷雾

PD20131236 代森锰锌/80%/可湿性粉剂/代森锰锌 80%/2013.06.08 至 2018.06.08/低毒

苹果树 炭疽病 1000-1333毫克/千克 喷雾

PD20131399 氰氯氰菊酯/5.7%/水乳剂/氟氯氰菊酯 5.7%/2013.07.02 至 2018.07.02/低毒

甘蓝 菜青虫 17-25克/公顷 喷雾

PD20131416 阿维菌素/5%/乳油/阿维菌素 5%/2013.07.02 至 2018.07.02/中等毒(原药高毒)

水稻 稻纵卷叶螟 6-9克/公顷 喷雾

PD20131430 苄·丁/47%/可湿性粉剂/苄嘧磺隆 2%、丁草胺 45%/2013.07.03 至 2018.07.03/低毒

水稻移栽田 一年生杂草 564-846克/公顷 药土法

PD20131431 吡蚜酮/25%/可湿性粉剂/吡蚜酮 25%/2013.07.03 至 2018.07.03/低毒

水稻 稻飞虱 60-75克/公顷 喷雾

PD20131435 苏云金杆菌/8000IU/微升/悬浮剂/苏云金杆菌 8000IU/微升/2013.07.03 至 2018.07.03/低毒

水稻 稻纵卷叶螟 200-400克/亩 喷雾

PD20132254 己唑醇/5%/悬浮剂/己唑醇 5%/2013.11.05 至 2018.11.05/低毒

水稻 纹枯病 67.5-75克/公顷 喷雾

PD20132661 苯醚甲环唑/40%/悬浮剂/苯醚甲环唑 40%/2013.12.20 至 2018.12.20/低毒

香蕉 叶斑病 100-133.3毫克/千克 喷雾

江西巴姆博生物科技有限公司 (江西省吉安市新干县城北工业园 331300 0796-2620718)

PD20080314 乙酰甲胺磷/20%/乳油/乙酰甲胺磷 20%/2013.02.25 至 2018.02.25/低毒

水稻 二化螟 750-900克/公顷 喷雾

PD20080407 毒·辛/40%/乳油/毒死蜱 10%、辛硫磷 30%/2013.02.28 至 2018.02.28/低毒

棉花 棉铃虫 420-480克/公顷 喷雾

PD20084169 高效氯氟氰菊酯/2.5%/乳油/高效氯氟氰菊酯 2.5%/2013.12.16 至 2018.12.16/中等毒

十字花科蔬菜 蚜虫 7.5-9.375克/公顷 喷雾

PD20084674 杀螺胺乙醇胺盐/70%/可湿性粉剂/杀螺胺乙醇胺盐 70%/2013.12.22 至 2018.12.22/低毒

水稻田 福寿螺 315-472.5克/公顷 撒施

PD20084769 稻瘟灵/40%/可湿性粉剂/稻瘟灵 40%/2013.12.22 至 2018.12.22/低毒

水稻 稻瘟病 400-600克/公顷 喷雾

PD20086176 井冈霉素/3%/可溶粉剂/井冈霉素 3%/2013.12.30 至 2018.12.30/低毒

水稻 纹枯病 150-187.5克/公顷 喷雾

PD20090978 丙溴·辛硫磷/25%/乳油/丙溴磷 5%、辛硫磷 20%/2014.01.20 至 2019.01.20/中等毒

棉花 棉铃虫 225-281.25克/公顷 喷雾

PD20091644 氯氰·毒死蜱/522.5克/升/乳油/毒死蜱 475克/升、氯氰菊酯 47.5克/升/2009.02.03 至 2014.02.03/中等毒

十字花科蔬菜 菜青虫 247.5～495.8克/公顷 喷雾

PD20091847 井冈霉素/10%/水剂/井冈霉素 10%/2014.02.06 至 2019.02.06/低毒

水稻 纹枯病 150-187.5克/公顷 喷雾

PD20093126 联苯菊酯/25克/升/乳油/联苯菊酯 25克/升/2014.03.10 至 2019.03.10/低毒
茶树 茶小绿叶蝉 33.75-37.5克/公顷 喷雾
PD20093548 吡虫啉/10%/可湿性粉剂/吡虫啉 10%/2014.03.23 至 2019.03.23/低毒
水稻 稻飞虱 15-30克/公顷 喷雾
PD20093627 敌畏·毒死蜱/35%/乳油/敌敌畏 25%、毒死蜱 10%/2014.03.25 至 2019.03.25/中等毒
水稻 稻纵卷叶螟 420-525克/公顷 喷雾
PD20093735 三唑磷/20%/乳油/三唑磷 20%/2014.03.25 至 2019.03.25/中等毒
水稻 二化螟 222.75-303.75克/公顷 喷雾
PD20094106 硫磺·三环唑/45%/可湿性粉剂/硫磺 40%、三环唑 5%/2014.03.27 至 2019.03.27/低毒
水稻 稻瘟病 810-1080克/公顷 喷雾
PD20094107 苄·丁/25%/可湿性粉剂/苄嘧磺隆 1%、丁草胺 24%/2014.03.27 至 2019.03.27/低毒
水稻移栽田 一年生及部分多年生杂草 750-937.5克/公顷 毒土法
PD20094466 苄·乙/18%/可湿性粉剂/苄嘧磺隆 4%、乙草胺 14%/2014.04.01 至 2019.04.01/低毒
水稻移栽田 一年生及部分多年生杂草 84-118克/公顷 毒土法
PD20096499 三环·烯唑醇/18%/悬浮剂/三环唑 15%、烯唑醇 3%/2009.08.14 至 2014.08.14/低毒
水稻 稻瘟病 108-135克/公顷 喷雾
PD20096583 阿维菌素/18克/升/乳油/阿维菌素 18克/升/2009.08.25 至 2014.08.25/低毒(原药高毒)
甘蓝 小菜蛾 8.1-10.8克/公顷 喷雾
PD20097444 阿维·高氯/1.2%/乳油/阿维菌素 0.1%、高效氯氰菊酯 1.1%/2009.10.28 至 2014.10.28/低毒(原药高毒)
十字花科蔬菜 菜青虫、小菜蛾 13.5-27克/公顷 喷雾
PD20097879 草甘膦异丙胺盐(41%)///水剂/草甘膦 30%/2009.11.20 至 2014.11.20/低毒
茶园 杂草 1125-2250克/公顷 茎叶喷雾
PD20098348 杀螟硫磷/45%/乳油/杀螟硫磷 45%/2009.12.18 至 2014.12.18/中等毒
水稻 稻飞虱 56-83.3毫升制剂/亩 喷雾
PD20100472 氟啶脲/50克/升/乳油/氟啶脲 50克/升/2010.01.14 至 2015.01.14/低毒
棉花 棉铃虫 75-105克/公顷 喷雾
PD20100511 甲氰菊酯/20%/乳油/甲氰菊酯 20%/2010.01.14 至 2015.01.14/中等毒
棉花 棉铃虫 90-120克/公顷 喷雾
PD20100700 吡虫·杀虫单/40%/可湿性粉剂/吡虫啉 1%、杀虫单 39%/2010.01.16 至 2015.01.16/中等毒
水稻 稻纵卷叶螟、二化螟、飞虱、三化螟 450-750克/公顷 喷雾
PD20100799 异丙威/20%/乳油/异丙威 20%/2010.01.19 至 2015.01.19/中等毒
水稻 稻飞虱 175-200毫升制剂/亩 喷雾
PD20101096 喹硫磷/25%/乳油/喹硫磷 25%/2010.01.25 至 2015.01.25/中等毒
水稻 二化螟 487.5-600克/公顷 喷雾
PD20101722 吡虫·异丙威/25%/可湿性粉剂/吡虫啉 5%、异丙威 20%/2010.06.28 至 2015.06.28/低毒
水稻 稻飞虱 75-93.75克/公顷 喷雾
PD20101818 唑磷·毒死蜱/25%/乳油/毒死蜱 5%、三唑磷 20%/2010.07.19 至 2015.07.19/中等毒
水稻 二化螟 262.5-300克/公顷 喷雾
PD20110354 苯甲·丙环唑/300克/升/乳油/苯醚甲环唑 150克/升、丙环唑 150克/升/2011.03.24 至 2016.03.24/低毒
水稻 纹枯病 78.75—90克/公顷 喷雾
PD20130514 吡蚜酮/25%/可湿性粉剂/吡蚜酮 25%/2013.03.27 至 2018.03.27/低毒
水稻 稻飞虱 60-75克/公顷 喷雾
PD20131328 高氯·氟啶脲/8%/乳油/氟啶脲 3%、高效氯氰菊酯 5%/2013.06.08 至 2018.06.08/低毒
甘蓝 甜菜夜蛾 36-60克/公顷 喷雾
PD20131943 敌草隆/80%/可湿性粉剂/敌草隆 80%/2013.10.10 至 2018.10.10/低毒
甘蔗田 一年生杂草 1560-1980克/公顷 土壤喷雾
PD20132278 氟铃脲/5%/乳油/氟铃脲 5%/2013.11.08 至 2018.11.08/低毒
甘蓝 小菜蛾 30-45克/公顷 喷雾
PD20132279 联苯·炔螨特/27%/乳油/联苯菊酯 2%、炔螨特 25%/2013.11.08 至 2018.11.08/低毒
柑橘树 红蜘蛛 270-337.5毫克/千克 喷雾
PD20132387 苏云金杆菌/16000IU/毫克/可湿性粉剂/苏云金杆菌 16000IU/毫克/2013.11.20 至 2018.11.20/低毒
水稻 稻纵卷叶螟 250-400克/亩 喷雾
PD20132403 噻嗪酮/50%/可湿性粉剂/噻嗪酮 50%/2013.11.20 至 2018.11.20/低毒
水稻 稻飞虱 90-120克/公顷 喷雾
LS20100136 甲维·虫酰肼/8.2%/乳油/虫酰肼 8%、甲氨基阿维菌素苯甲酸盐 0.2%/2012.09.17 至 2013.09.17/低毒
甘蓝 甜菜夜蛾 73.8-92.25克/公顷 喷雾

江西博邦生物药业有限公司 (江西省抚州市大公东路235号 344000 0794-8338225)

PD20083180 杀螟丹/50%/可溶粉剂/杀螟丹 50%/2013.12.11 至 2018.12.11/低毒
水稻 二化螟 600-750克/公顷 喷雾
PD20084324 氟啶脲/50克/升/乳油/氟啶脲 50克/升/2013.12.17 至 2018.12.17/低毒
十字花科蔬菜 甜菜夜蛾 45-60克/公顷 喷雾
PD20084619 丁硫克百威/200克/升/乳油/丁硫克百威 200克/升/2013.12.18 至 2018.12.18/中等毒
水稻 三化螟 750-900克/公顷 喷雾

PD20085672 联苯菊酯/100克/升/乳油/联苯菊酯 100克/升/2013.12.26 至 2018.12.26/中等毒
茶树 茶尺蠖 11.25-15克/公顷 喷雾
PD20090026 毒死蜱/480克/升/乳油/毒死蜱 480克/升/2009.01.06 至 2014.01.06/中等毒
水稻 稻纵卷叶螟 525-600克/公顷 喷雾
PD20091023 春雷霉素/2%/水剂/春雷霉素 2%/2014.01.21 至 2019.01.21/低毒
水稻 稻瘟病 24-30克/公顷 喷雾
PD20091689 仲丁威/20%/乳油/仲丁威 20%/2014.02.03 至 2019.02.03/低毒
水稻 稻飞虱 450-600克/公顷 喷雾
PD20093010 氯氰・丙溴磷/440克/升/乳油/丙溴磷 400克/升、氯氰菊酯 40克/升/2014.03.09 至 2019.03.09/中等毒
棉花 棉铃虫 660-792克/公顷 喷雾
PD20093357 草甘膦/30%/水剂/草甘膦 30%/2014.03.18 至 2019.03.18/低毒
柑橘园 杂草 1125-2250克/公顷 茎叶喷雾
PD20095374 喹硫磷/25%/乳油/喹硫磷 25%/2014.04.27 至 2019.04.27/中等毒
水稻 二化螟 450-525克/公顷 喷雾
PD20100267 虫酰肼/20%/悬浮剂/虫酰肼 20%/2010.01.11 至 2015.01.11/低毒
甘蓝 甜菜夜蛾 240-300克/公顷 喷雾
PD20101136 敌敌畏/80%/乳油/敌敌畏 80%/2010.01.25 至 2015.01.25/中等毒
十字花科蔬菜 菜青虫 450-600克/公顷 喷雾
PD20111079 硫磺/50%/悬浮剂/硫磺 50%/2011.10.12 至 2016.10.12/低毒
黄瓜 白粉病 1312.5－1500克/公顷 喷雾
PD20130321 阿维・氟铃脲/2.5%/乳油/阿维菌素 0.2%、氟铃脲 2.3%/2013.02.26 至 2018.02.26/低毒(原药高毒)
甘蓝 小菜蛾 22.5-37.5克/公顷 喷雾

江西长荣天然香料有限公司 (江西省德兴市银山西路151号 334200 0793-7512888)

WP20100031 防蛀片剂/96%/片剂/右旋樟脑 96%/2010.01.25 至 2015.01.25/低毒
卫生 黑皮蠹 200克制剂/立方米 投放
WP20100036 右旋樟脑/96%/原药/右旋樟脑 96%/2010.01.28 至 2015.01.28/低毒
WP20110125 防蛀细粒剂/38%/细粒剂/右旋樟脑 38%/2011.05.27 至 2016.05.27/低毒
卫生 黑皮蠹 500克/立方米 投放

江西诚志日化有限公司 (江西省南昌市解放西路226号 330002 0791-3815631)

WP20100093 蚊香/0.3%/蚊香/富右旋反式烯丙菊酯 0.3%/2010.06.28 至 2015.06.28/微毒
卫生 蚊 / 点燃
WP20110060 蚊香/0.2%/蚊香/富右旋反式烯丙菊酯 0.2%/2011.02.28 至 2016.02.29/微毒
卫生 蚊 / 点燃
WP20110200 杀虫气雾剂/0.35%/气雾剂/胺菊酯 0.2%、高效氯氰菊酯 0.1%、炔丙菊酯 0.05%/2011.09.07 至 2016.09.07/微毒
卫生 蚊、蝇、蜚蠊 / 喷雾
WP20120014 电热蚊香液/0.85%/电热蚊香液/炔丙菊酯 0.85%/2012.01.29 至 2017.01.29/微毒
卫生 蚊 / 电热加温
WP20120015 杀虫气雾剂/0.43%/气雾剂/炔咪菊酯 0.03%、右旋胺菊酯 0.2%、右旋苯氰菊酯 0.2%/2012.01.29 至2017.01.29/微毒
卫生 蜚蠊、蚊、蝇 / 喷雾
WP20120118 蚊香//蚊香/四氟甲醚菊酯 .03%/2012.06.18 至 2017.06.18/微毒
卫生 蚊 / 点燃
WP20120175 蚊香/0.02%/蚊香/四氟甲醚菊酯 0.02%/2012.09.12 至 2017.09.12/微毒
卫生 蚊 / 点燃
WP20130004 杀虫气雾剂/0.6%/气雾剂/胺菊酯 0.3%、富右旋反式炔丙菊酯 0.1%、氯菊酯 0.2%/2013.01.07 至 2018.01.07/微毒
室内 蚊、蝇、蜚蠊 / 喷雾
WP20130036 杀虫气雾剂/0.53%/气雾剂/氯菊酯 0.39%、炔丙菊酯 0.14%/2013.03.05 至 2018.03.05/微毒
卫生 蚊、蝇、蜚蠊 / 喷雾
WP20130250 蚊香/0.05%/蚊香/氯氟醚菊酯 0.05%/2013.12.09 至 2018.12.09/微毒
室内 蚊 / 点燃
WL20130001 电热蚊香液/0.8%/电热蚊香液/氯氟醚菊酯 0.8%/2014.01.04 至 2015.01.04/低毒
卫生 蚊 / 电热加温

江西大农化工有限公司 (江西省丰城市东郊路2号 331100 0791-8530160)

PD20081167 草甘膦异丙胺盐/41%/水剂/草甘膦异丙胺盐 41%/2013.09.11 至 2018.09.11/低毒
柑橘园 杂草 1230-2460克/公顷 定向茎叶喷雾
PD20084280 喹硫磷/10%/乳油/喹硫磷 10%/2013.12.17 至 2018.12.17/中等毒(原药高毒)
水稻 稻纵卷叶螟 150-180克/公顷 喷雾
PD20091767 高效氯氟氰菊酯/25克/升/乳油/高效氯氟氰菊酯 25克/升/2014.02.04 至 2019.02.04/中等毒
十字花科蔬菜 菜青虫 7.5-13.125克/公顷 喷雾
PD20092115 苏云金杆菌/2000IU/微升/悬浮剂/苏云金杆菌 2000IU/微升/2014.02.23 至 2019.02.23/低毒
茶树 茶毛虫 100-200倍 喷雾
棉花 二代棉铃虫 6000-7500毫升制剂/公顷 喷雾
森林 松毛虫 100-200倍 喷雾
十字花科蔬菜 菜青虫、小菜蛾 3000-4500毫升制剂/公顷 喷雾

	水稻	稻纵卷叶螟	6000-7500毫升制剂/公顷	喷雾
	烟草	烟青虫	6000-7500毫升制剂/公顷	喷雾
	玉米	玉米螟	4500-6000毫升制剂/公顷	加细沙灌心
	枣树	枣尺蠖	100-200倍	喷雾
PD20092218	异丙威/4%/粉剂/异丙威 4%/2014.02.24 至 2019.02.24/中等毒			
	水稻	稻飞虱	600-720克/公顷	喷粉
PD20092809	辛硫磷/40%/乳油/辛硫磷 40%/2014.03.04 至 2019.03.04/低毒			
	十字花科蔬菜	菜青虫	360-450克/公顷	喷雾
PD20092883	甲氰菊酯/20%/乳油/甲氰菊酯 20%/2014.03.05 至 2019.03.05/中等毒			
	柑橘树	红蜘蛛	80-100毫克/千克	喷雾
PD20092965	三唑锡/25%/可湿性粉剂/三唑锡 25%/2014.03.09 至 2019.03.09/中等毒			
	柑橘树	红蜘蛛	145-166.7毫克/千克	喷雾
PD20093083	苏云金杆菌/8000IU/毫克/可湿性粉剂/苏云金杆菌 8000IU/毫克/2009.03.09 至 2014.03.09/低毒			
	茶树	茶毛虫	400-800倍	喷雾
	棉花	棉铃虫	3000-4500克制剂/公顷	喷雾
	森林	松毛虫	600-800倍	喷雾
	十字花科蔬菜	菜青虫	750-1500克制剂/公顷	喷雾
	十字花科蔬菜	小菜蛾	1500-2250克制剂/公顷	喷雾
	水稻	稻纵卷叶螟	3000-4500克制剂/公顷	喷雾
	烟草	烟青虫	1500-3000克制剂/公顷	喷雾
	玉米	玉米螟	1500-3000克制剂/公顷	加细沙灌心
	枣树	枣尺蠖	600-800倍	喷雾
PD20093206	异稻瘟净/40%/乳油/异稻瘟净 40%/2014.03.11 至 2019.03.11/低毒			
	水稻	稻瘟病	1050-1200克/公顷	喷雾
PD20093912	百菌清/75%/可湿性粉剂/百菌清 75%/2014.03.26 至 2019.03.26/低毒			
	大白菜	霜霉病	1507.5-1732.5克/公顷	喷雾
PD20094027	氰戊菊酯/20%/乳油/氰戊菊酯 20%/2014.03.27 至 2019.03.27/低毒			
	十字花科蔬菜	菜青虫	90-120克/公顷	喷雾
PD20094075	马拉·杀螟松/12%/乳油/马拉硫磷 10%、杀螟硫磷 2%/2014.03.27 至 2019.03.27/中等毒			
	水稻	二化螟	180-270克/公顷	喷雾
PD20094108	敌敌畏/50%/乳油/敌敌畏 50%/2009.03.27 至 2014.03.27/中等毒			
	十字花科蔬菜	菜青虫	600-750克/公顷	喷雾
PD20094748	毒死蜱/480克/升/乳油/毒死蜱 480克/升/2009.04.10 至 2014.04.10/中等毒			
	水稻	稻纵卷叶螟	504-576克/公顷	喷雾
PD20094804	多菌灵/25%/可湿性粉剂/多菌灵 25%/2014.04.13 至 2019.04.13/低毒			
	水稻	稻瘟病	750-937.5克/公顷	喷雾
PD20095055	联苯菊酯/25克/升/乳油/联苯菊酯 25克/升/2014.04.21 至 2019.04.21/中等毒			
	茶树	茶小绿叶蝉	37.5-45克/公顷	喷雾
PD20095373	杀虫双/18%/水剂/杀虫双 18%/2014.04.27 至 2019.04.27/中等毒			
	水稻	二化螟	607.5-675克/公顷	喷雾
PD20095477	异丙甲·苄/20%/可湿性粉剂/苄嘧磺隆 3%、异丙甲草胺 17%/2009.05.11 至 2014.05.11/低毒			
	水稻移栽田	一年生及部分多年生杂草	105-150克/公顷	药土法
PD20095642	苄·乙/14%/可湿性粉剂/苄嘧磺隆 3.2%、乙草胺 10.8%/2009.05.12 至 2014.05.12/低毒			
	水稻移栽田	一年生及部分多年生杂草	84-118克/公顷	毒土法
PD20095835	仲丁威/20%/乳油/仲丁威 20%/2009.05.27 至 2014.05.27/低毒			
	水稻	稻飞虱	450-540克/公顷	喷雾
PD20095982	百草枯/200克/升/水剂/百草枯 200克/升/2012.12.31 至 2014.07.01/中等毒			
	非耕地	杂草	600-900克/公顷	茎叶喷雾
PD20095993	苄·丁/25%/粉剂/苄嘧磺隆 1%、丁草胺 24%/2009.06.11 至 2014.06.11/低毒			
	水稻抛秧田	一年生及部分多年生杂草	562.5-750克/公顷	药土法
PD20096478	吡虫啉/10%/可湿性粉剂/吡虫啉 10%/2009.08.14 至 2014.08.14/低毒			
	水稻	稻飞虱	15-30克/公顷	喷雾
PD20098470	阿维·高氯/1.8%/乳油/阿维菌素 0.3%、高效氯氰菊酯 1.5%/2009.12.24 至 2014.12.24/低毒(原药高毒)			
	十字花科蔬菜	菜青虫、小菜蛾	7.5-15克/公顷	喷雾
PD20100361	哒螨灵/6%/乳油/哒螨灵 6%/2010.01.11 至 2015.01.11/中等毒			
	柑橘树	红蜘蛛	30-40毫克/千克	喷雾
PD20100706	乙草胺/900克/升/乳油/乙草胺 900克/升/2010.01.16 至 2015.01.16/低毒			
	大豆田	一年生杂草	夏大豆：891-1296克/公顷；春大豆：1528-1712克/公顷	播后苗前土壤喷雾
PD20110621	嘧啶核苷类抗菌素/2%/水剂/嘧啶核苷类抗菌素 2%/2011.06.08 至 2016.06.08/低毒			
	大白菜	黑斑病	90-180克/公顷	喷雾
PD20121735	草甘膦铵盐/50%/可溶粉剂/草甘膦 50%/2012.11.08 至 2017.11.08/低毒			
	柑橘园	杂草	1125-2250克/公顷	定向茎叶喷雾

注:草甘膦铵盐含量:55%

江西大自然化工厂 (江西省南昌市新建县乐化乡老屋裘村 330114 0791-3111918)

PD20090519 氰戊·辛硫磷/25%/乳油/氰戊菊酯 6.5%、辛硫磷 18.5%/2014.01.12 至 2019.01.12/中等毒
棉花 棉铃虫 281.25-375克/公顷 喷雾
PD20093821 噻嗪·异丙威/25%/可湿性粉剂/噻嗪酮 5%、异丙威 20%/2014.03.25 至 2019.03.25/低毒
水稻 稻飞虱 450-562.5克/公顷 喷雾
PD20093881 毒死蜱/480克/升/乳油/毒死蜱 480克/升/2009.03.25 至 2014.03.25/中等毒
水稻 三化螟 576-720克/公顷 喷雾
PD20094868 炔螨特/57%/乳油/炔螨特 57%/2014.04.13 至 2019.04.13/低毒
柑橘树 红蜘蛛 228-380毫克/千克 喷雾
PD20094936 硫丹/350克/升/乳油/硫丹 350克/升/2014.04.13 至 2019.04.13/高毒
棉花 棉铃虫 525-840克/公顷 喷雾
PD20095538 联苯菊酯/25克/升/乳油/联苯菊酯 25克/升/2009.05.12 至 2014.05.12/低毒
棉花 棉铃虫 41.25-52.5克/公顷 喷雾
PD20095561 异丙威/20%/乳油/异丙威 20%/2009.05.12 至 2014.05.12/中等毒
水稻 稻飞虱 450-600克/公顷 喷雾
PD20095635 杀螟丹/50%/可溶粉剂/杀螟丹 50%/2009.05.12 至 2014.05.12/中等毒
水稻 稻纵卷叶螟 600-750克/公顷 喷雾
PD20095900 敌百·辛硫磷/30%/乳油/敌百虫 20%、辛硫磷 10%/2009.05.31 至 2014.05.31/低毒
水稻 二化螟 450-540克/公顷 喷雾
PD20100155 三唑磷/20%/乳油/三唑磷 20%/2010.01.05 至 2015.01.05/中等毒
水稻 二化螟 210-240克/公顷 喷雾
PD20100260 阿维菌素/18克/升/乳油/阿维菌素 18克/升/2010.01.11 至 2015.01.11/中等毒(原药高毒)
甘蓝 菜青虫 8.1-13.5克/公顷 喷雾

江西德鑫化工有限公司 (江西省兴国县江背镇 342408 0797-5247092)

PD20040397 乐·杀单/80%/可湿性粉剂/乐果 20%、杀虫单 60%/2009.12.19 至 2014.12.19/中等毒
水稻 三化螟 840-960克/公顷 喷雾
PD20040547 吡虫·三唑磷/20%/乳油/吡虫啉 1%、三唑磷 19%/2009.12.19 至 2014.12.19/中等毒
水稻 飞虱、三化螟 300-450克/公顷 喷雾
PD20082067 氯氰·马拉松/21%/乳油/马拉硫磷 15%、氰戊菊酯 6%/2008.11.25 至 2013.11.25/中等毒
柑橘树 红蜘蛛 53-70毫克/千克 喷雾
棉花 蚜虫 75-120克/公顷 喷雾
棉花 红蜘蛛 120-180克/公顷 喷雾
苹果树 蚜虫 50-75毫克/千克 喷雾
苹果树 红蜘蛛、食心虫 60-150毫克/千克 喷雾
PD20090778 三环·多菌灵/50%/可湿性粉剂/多菌灵 42%、三环唑 8%/2009.01.19 至 2014.01.19/中等毒
水稻 稻瘟病 375-525克/公顷 喷雾

江西盾牌化工有限责任公司 (江西省抚州市临川区红桥镇红桥路2号 344116 0794-8490503)

PD20040006 仲丁灵/95%/原药/仲丁灵 95%/2009.07.26 至 2014.07.26/低毒
PD20040618 辛硫·三唑磷/20%/乳油/三唑磷 10%、辛硫磷 10%/2009.12.19 至 2014.12.19/中等毒
水稻 螟虫 360-480克/公顷 喷雾
水稻 稻纵卷叶螟 240-360克/公顷 喷雾
PD20050153 仲丁灵/37.3%/乳油/仲丁灵 37.3%/2010.09.29 至 2015.09.29/低毒
烟草 抑制腋芽生长 80-100倍液 杯淋法
PD20081564 氟乐灵/480克/升/乳油/氟乐灵 480克/升/2013.11.11 至 2018.11.11/低毒
棉花田 一年生禾本科杂草及部分阔叶杂草 900—1080克/公顷 土壤喷雾
PD20081584 扑草·仲丁灵/33%/乳油/扑草净 11%、仲丁灵 22%/2013.11.12 至 2018.11.12/低毒
大蒜田 一年生禾本科杂草及部分阔叶杂草 742.5-990克/公顷 播后苗前土壤喷雾
棉花田 一年生杂草 742.5-990克/公顷 播后苗前土壤喷雾
PD20081674 精喹·草除灵/14%/乳油/草除灵 12%、精喹禾灵 2%/2013.11.17 至 2018.11.17/低毒
冬油菜(移栽田) 一年生杂草 210-252克/公顷 茎叶喷雾
PD20081725 仲灵·异噁松/40%/乳油/异噁草松 10%、仲丁灵 30%/2013.11.18 至 2018.11.18/低毒
烟草 一年生杂草 900-1200克/公顷 移栽前土壤喷雾
PD20081831 百草枯/200克/升/水剂/百草枯 200克/升/2012.12.31 至 2014.07.01/中等毒
苹果园 杂草 450-900克/公顷 定向茎叶喷雾
PD20081959 二甲戊灵/330克/升/乳油/二甲戊灵 330克/升/2013.11.24 至 2018.11.24/低毒
甘蓝 一年生杂草 495-742.5克/公顷 土壤喷雾
PD20082443 马拉·杀螟松/12%/乳油/马拉硫磷 10%、杀螟硫磷 2%/2013.12.02 至 2018.12.02/低毒
水稻 二化螟 216-324克/公顷 喷雾
PD20082577 霜霉威/722克/升/水剂/霜霉威 722克/升/2013.12.04 至 2018.12.04/低毒
黄瓜 霜霉病 866—1083克/公顷 喷雾
烟草 黑胫病 758-1516克/公顷 喷雾
PD20082780 二甲戊灵/330克/升/乳油/二甲戊灵 330克/升/2013.12.09 至 2018.12.09/低毒

烟草 抑制腋芽生长 66-82.5毫克/株 杯淋法

PD20083657 仲丁灵/48%/乳油/仲丁灵 48%/2013.12.12 至 2018.12.12/低毒

大豆田 菟丝子 1425-1800克/公顷 茎叶喷雾

花生田 一年生禾本科杂草及部分阔叶杂草 1080-2175克/公顷 土壤喷雾

棉花田 一年生禾本科杂草及部分阔叶杂草 1440-1800克/公顷 播后苗前土壤喷雾

西瓜田 一年生禾本科杂草及部分阔叶杂草 1080-1440克/公顷 土壤喷雾

PD20084686 阿维·毒死蜱/5.5%/乳油/阿维菌素 0.5%、毒死蜱 5%/2013.12.22 至 2013.12.22/低毒(原药高毒)

PD20121034 仲丁灵//乳油/ /2012.07.04 至 2017.07.04/低毒

棉花 一年生禾本科杂草及部分阔叶杂草 1440-1800克/公顷 播后苗前土壤喷雾

江西丰源生物高科有限公司 (江西省丰城市孙渡阁里杨 331100 0791-6800299)

PD20083997 仲丁威/20%/乳油/仲丁威 20%/2013.12.16 至 2018.12.16/低毒

水稻 稻飞虱 450-600克/公顷 喷雾

PD20086332 异丙威/20%/乳油/异丙威 20%/2013.12.31 至 2018.12.31/中等毒

水稻 稻飞虱 525-600克/公顷 喷雾

PD20098171 敌百·辛硫磷/30%/乳油/敌百虫 20%、辛硫磷 10%/2009.12.14 至 2014.12.14/低毒

水稻 二化螟 110-120毫升制剂/亩 喷雾

PD20131980 甲氨基阿维菌素苯甲酸盐/3%/水乳剂/甲氨基阿维菌素 3%/2013.10.10 至 2018.10.10/低毒

水稻 稻纵卷叶螟 9-18克/公顷 喷雾

注:甲氨基阿维菌素苯甲酸盐含量：3.4%。

PD20132525 阿维菌素/3%/水乳剂/阿维菌素 3%/2013.12.16 至 2018.12.16/中等毒(原药高毒)

水稻 稻纵卷叶螟 13.5-18克/公顷 喷雾

江西抚州新兴化工有限公司 (江西省抚州市临川区抚北工业园 344000 0794-8458696)

PD20040385 氯氰·三唑磷/11%/乳油/氯氰菊酯 1%、三唑磷 10%/2009.12.19 至 2014.12.19/中等毒

棉花 棉铃虫 165-247.5克/公顷 喷雾

PD20082064 苯磺隆/10%/可湿性粉剂/苯磺隆 10%/2013.11.25 至 2018.11.25/低毒

冬小麦田 一年生阔叶杂草 15-22.5克/公顷 茎叶喷雾

PD20082744 氯氰·敌敌畏/10%/乳油/敌敌畏 8%、氯氰菊酯 2%/2013.12.08 至 2018.12.08/中等毒

十字花科蔬菜 蚜虫 37.5-75克/公顷 喷雾

十字花科蔬菜 菜青虫 52.5-75克/公顷 喷雾

PD20083219 甲基硫菌灵/70%/可湿性粉剂/甲基硫菌灵 70%/2013.12.11 至 2018.12.11/低毒

水稻 纹枯病 1312.5-1575克/公顷 喷雾

PD20084350 仲丁威/25%/乳油/仲丁威 25%/2013.12.17 至 2018.12.17/低毒

水稻 稻飞虱 468.75-562.5克/公顷 喷雾

PD20085776 苄·丁/25%/粉剂/苄嘧磺隆 0.7%、丁草胺 24.3%/2013.12.29 至 2018.12.29/低毒

水稻抛秧田 一年生及部分多年生杂草 562.5-750克/公顷 毒土法

PD20091833 毒·辛/20%/乳油/毒死蜱 4%、辛硫磷 16%/2014.02.06 至 2019.02.06/低毒

水稻 稻纵卷叶螟 360-480克/公顷 喷雾

PD20092058 草甘膦异丙胺盐(41%)///水剂/草甘膦 30%/2014.02.13 至 2019.02.13/低毒

柑橘园 一年生及部分多年生杂草 1125-2250克/公顷 定向茎叶喷雾

PD20092283 乙草胺/20%/可湿性粉剂/乙草胺 20%/2014.02.24 至 2019.02.24/低毒

水稻移栽田 稗草 90-120克/公顷 毒土法

PD20093252 联苯菊酯/25克/升/乳油/联苯菊酯 25克/升/2014.03.11 至 2019.03.11/低毒

茶树 茶小绿叶蝉 30-37.5克/公顷 喷雾

PD20094440 阿维菌素/1.8%/乳油/阿维菌素 1.8%/2014.04.01 至 2019.04.01/中等毒(原药高毒)

柑橘树 红蜘蛛 6-9毫克/千克 喷雾

PD20095949 阿维·氯氰/2.1%/乳油/阿维菌素 0.1%、氯氰菊酯 2%/2009.06.02 至 2014.06.02/低毒(原药高毒)

十字花科蔬菜 小菜蛾 15.75-22.05克/公顷 喷雾

PD20096353 毒死蜱/40%/乳油/毒死蜱 40%/2009.07.28 至 2014.07.28/中等毒

水稻 稻纵卷叶螟 450-600克/公顷 喷雾

PD20097451 辛硫·三唑磷/20%/乳油/三唑磷 10%、辛硫磷 10%/2009.10.28 至 2014.10.28/中等毒

水稻 二化螟 360-450克/公顷 喷雾

PD20100715 异稻·稻瘟灵/40%/乳油/稻瘟灵 10%、异稻瘟净 30%/2010.01.16 至 2015.01.16/中等毒

水稻 稻瘟病 600-1000克/公顷 喷雾

PD20101518 马拉·辛硫磷/25%/乳油/马拉硫磷 12.5%、辛硫磷 12.5%/2010.05.13 至 2015.05.13/低毒

水稻 稻纵卷叶螟 300-375克/公顷 喷雾

PD20110439 苄·二氯/28%/可湿性粉剂/苄嘧磺隆 3%、二氯喹啉酸 25%/2011.04.21 至 2016.04.21/低毒

水稻秧田 一年生杂草 210-252克/公顷 茎叶喷雾

PD20110461 阿维·三唑磷/10.2%/乳油/阿维菌素 0.2%、三唑磷 10%/2011.04.21 至 2016.04.21/中等毒(原药高毒)

水稻 三化螟 153-183.6克/公顷 喷雾

PD20120530 唑磷·毒死蜱/25%/乳油/毒死蜱 5%、三唑磷 20%/2012.03.28 至 2017.03.28/中等毒

水稻 二化螟 300-375克/公顷 喷雾

PD20131142 吡虫·杀虫单/35%/可湿性粉剂/吡虫啉 1%、杀虫单 34%/2013.05.20 至 2018.05.20/中等毒

水稻 稻飞虱、二化螟 525-787.5克/公顷 喷雾

江西核工业金品生物科技有限公司　(江西省峡江工业园区城南园区月华路　331409　0796-3692606)

PD20102090　氯氰菊酯/10%/乳油/氯氰菊酯 10%/2010.11.25 至 2015.11.25/中等毒
甘蓝　菜青虫　20-30克制剂/亩　喷雾

PD20110665　马拉硫磷/45%/乳油/马拉硫磷 45%/2011.06.20 至 2016.06.20/低毒
水稻　蓟马　607.5-742.5克/公顷　喷雾

PD20110977　噻嗪酮/25%/可湿性粉剂/噻嗪酮 25%/2011.09.14 至 2016.09.14/低毒
水稻　稻飞虱　131.25-150克/公顷　喷雾

江西禾益化工有限公司　(江西省彭泽县龙城镇矾山村　332700　0792-5683999)

PD20060215　异菌脲/95%/原药/异菌脲 95%/2011.12.26 至 2016.12.26/低毒

PD20070134　腐霉利/98.5%/原药/腐霉利 98.5%/2012.05.29 至 2017.05.29/低毒

PD20070241　灭蝇胺/75%/可湿性粉剂/灭蝇胺 75%/2012.08.30 至 2017.08.30/低毒
黄瓜　美洲斑潜蝇　112.5-168.75克/公顷　喷雾

PD20070242　灭蝇胺/98%/原药/灭蝇胺 98%/2012.08.30 至 2017.08.30/低毒

PD20070486　三环唑/75%/可湿性粉剂/三环唑 75%/2012.11.28 至 2017.11.28/低毒
水稻　稻瘟病　225-450克/公顷　喷雾

PD20070688　灭蝇胺/50%/可湿性粉剂/灭蝇胺 50%/2012.12.19 至 2017.12.19/低毒
黄瓜　美洲斑潜蝇　112.5-168.75克/公顷　喷雾

PD20080131　腐霉利/50%/可湿性粉剂/腐霉利 50%/2013.01.03 至 2018.01.03/低毒
葡萄　灰霉病　250-500毫克/千克　喷雾

PD20080984　腐霉利/20%/悬浮剂/腐霉利 20%/2013.07.24 至 2018.07.24/低毒
葡萄　灰霉病　400-500毫克/千克　喷雾

PD20081750　异稻·三环唑/20%/可湿性粉剂/三环唑 6.7%、异稻瘟净 13.3%/2013.11.18 至 2018.11.18/低毒
水稻　稻瘟病　300-450克/公顷　喷雾

PD20081855　腐霉·百菌清/50%/可湿性粉剂/百菌清 33.3%、腐霉利 16.7%/2013.11.20 至 2018.11.20/低毒
番茄　灰霉病　600-900克/公顷　喷雾

PD20085167　异菌·多菌灵/20%/悬浮剂/多菌灵 15%、异菌脲 5%/2013.12.23 至 2018.12.23/低毒
苹果树　斑点落叶病　333-500毫克/千克　喷雾

PD20085445　异菌脲/50%/可湿性粉剂/异菌脲 50%/2013.12.24 至 2018.12.24/低毒
番茄　早疫病　375-562.5克/公顷　喷雾
苹果树　斑点落叶病　333.3-500毫克/千克　喷雾
葡萄　灰霉病　750-1000倍液　喷雾

PD20085855　噻嗪·速灭威/25%/可湿性粉剂/噻嗪酮 5%、速灭威 20%/2013.12.29 至 2018.12.29/中等毒
水稻　稻飞虱　187.5-281.25克/公顷　喷雾

PD20095999　阿维·抑食肼/20%/可湿性粉剂/阿维菌素 0.3%、抑食肼 19.7%/2009.06.11 至 2014.06.11/低毒(原药高毒)
甘蓝　斜纹夜蛾　120-150克/公顷　喷雾

PD20096829　二氰·锰锌/65%/可湿性粉剂/二氰蒽醌 5%、代森锰锌 60%/2009.09.21 至 2014.09.21/低毒
梨树　黑星病　500-750倍液　喷雾

PD20096834　二氰蒽醌/95%/原药/二氰蒽醌 95%/2009.09.21 至 2014.09.21/低毒

PD20096835　二氰蒽醌/22.7%/悬浮剂/二氰蒽醌 22.7%/2009.09.21 至 2014.09.21/低毒
辣椒　炭疽病　213-284克/公顷　喷雾

PD20096892　氟硅唑/95%/原药/氟硅唑 95%/2009.09.23 至 2014.09.23/低毒

PD20096942　吡虫啉/95%/原药/吡虫啉 95%/2009.09.29 至 2014.09.29/低毒

PD20096966　丙环唑/95%/原药/丙环唑 95%/2009.09.29 至 2014.09.29/低毒

PD20096998　甲霜灵/96%/原药/甲霜灵 96%/2009.09.29 至 2014.09.29/低毒

PD20097150　盐酸吗啉胍/20%/可湿性粉剂/盐酸吗啉胍 20%/2009.10.16 至 2014.10.16/低毒
番茄　病毒病　375-750克/公顷　喷雾
烟草　病毒病　500-667毫克/千克　喷雾

PD20097207　王铜·霜脲氰/40%/可湿性粉剂/霜脲氰 10%、王铜 30%/2009.10.19 至 2014.10.19/低毒
黄瓜　霜霉病　720-960克/公顷　喷雾

PD20101009　春雷·王铜/47%/可湿性粉剂/春雷霉素 2%、王铜 45%/2010.01.20 至 2015.01.20/低毒
柑橘　溃疡病　627-940毫克/千克　喷雾

PD20110181　王铜/30%/悬浮剂/王铜 30%/2011.02.18 至 2016.02.18/低毒
番茄　早疫病　225-321.4克/公顷　喷雾
柑橘树　溃疡病　600-800倍液　喷雾

PD20110182　王铜/50%/可湿性粉剂/王铜 50%/2011.02.18 至 2016.02.18/低毒
黄瓜　细菌性角斑病　1607-2250克/公顷　喷雾

PD20110183　王铜/90%/原药/王铜 90%/2011.02.18 至 2016.02.18/低毒

PD20110226　噁霉灵/30%/水剂/噁霉灵 30%/2011.02.25 至 2016.02.25/低毒
西瓜　枯萎病　375-500毫克/千克　灌根

PD20121412　菌核净/96%/原药/菌核净 96%/2012.09.19 至 2017.09.19/低毒

PD20131928　乙嘧酚/95%/原药/乙嘧酚 95%/2013.09.25 至 2018.09.25/低毒

PD20131929　乙嘧酚/25%/悬浮剂/乙嘧酚 25%/2013.09.25 至 2018.09.25/低毒
黄瓜　白粉病　234.38～351.56克/公顷　喷雾

PD20132440 甲磺草胺/94%/原药/甲磺草胺 94%/2013.12.02 至 2018.12.02/低毒
注:专供出口，不得在国内销售。
PD20132657 甲基硫菌灵/75%/水分散粒剂/甲基硫菌灵 75%/2013.12.20 至 2018.12.20/低毒
西瓜 炭疽病 600-900克/公顷 喷雾
LS20110015 脱叶磷/98%/原药/脱叶磷 98%/2013.01.18 至 2014.01.18/中等毒
注:专供出口，不得在国内销售。

江西红土地化工有限公司 (江西省南昌县莲塘镇迎宾北大道1088号 330200 0791-5260607)

PD20081321 异丙威/20%/乳油/异丙威 20%/2013.10.20 至 2018.10.20/中等毒
水稻 稻飞虱 450-600克/公顷 喷雾
PD20085029 毒死蜱/480克/升/乳油/毒死蜱 480克/升/2013.12.22 至 2018.12.22/中等毒
水稻 二化螟 468-576克/公顷 喷雾
PD20085626 高效氯氟氰菊酯/25克/升/乳油/高效氯氟氰菊酯 25克/升/2013.12.25 至 2018.12.25/中等毒
棉花 棉铃虫 15-22.5克/公顷 喷雾
PD20085669 丙溴·辛硫磷/25%/乳油/丙溴磷 6%、辛硫磷 19%/2013.12.26 至 2018.12.26/中等毒
棉花 棉铃虫 337.5-375克/公顷 喷雾
PD20086077 马拉·辛硫磷/25%/乳油/马拉硫磷 12.5%、辛硫磷 12.5%/2013.12.30 至 2018.12.30/中等毒
水稻 稻纵卷叶螟 300-375克/公顷 喷雾
PD20090368 敌百·辛硫磷/30%/乳油/敌百虫 20%、辛硫磷 10%/2014.01.12 至 2019.01.12/低毒
水稻 二化螟 450-540克/公顷 喷雾
PD20096565 三唑磷/20%/乳油/三唑磷 20%/2009.08.24 至 2014.08.24/中等毒
水稻 二化螟 1215-1515毫升制剂/公顷 喷雾
PD20097700 阿维·高氯/1.8%/乳油/阿维菌素 0.3%、高效氯氰菊酯 1.5%/2009.11.04 至 2014.11.04/中等毒(原药高毒)
甘蓝 小菜蛾 7.5-15克/公顷 喷雾
PD20097766 唑磷·毒死蜱/25%/乳油/毒死蜱 5%、三唑磷 20%/2009.11.12 至 2014.11.12/中等毒
水稻 二化螟 225-375克/公顷 喷雾
PD20101401 辛硫·三唑磷/20%/乳油/三唑磷 10%、辛硫磷 10%/2010.04.14 至 2015.04.14/中等毒
水稻 二化螟 360-450克/公顷 喷雾
PD20120644 苯甲·丙环唑/300克/升/乳油/苯醚甲环唑 150克/升、丙环唑 150克/升/2012.04.12 至 2017.04.12/低毒
水稻 纹枯病 67.5—90克/公顷 喷雾
PD20122131 噻嗪·异丙威/25%/可湿性粉剂/噻嗪酮 5%、异丙威 20%/2012.12.31 至 2017.12.31/低毒
水稻 稻飞虱 562.5-750克/公顷 喷雾
PD20132538 吡蚜酮/25%/悬浮剂/吡蚜酮 25%/2013.12.16 至 2018.12.16/低毒
水稻 稻飞虱 75—90克/公顷 喷雾

江西华兴化工有限公司 (江西省乐平市工业园塔山工业区 333311 0798-6225555-605)

PD20085578 毒死蜱/480克/升/乳油/毒死蜱 480克/升/2008.12.25 至 2013.12.25/中等毒
水稻 稻纵卷叶螟 576-720克/公顷 喷雾
PD20090277 异丙威/20%/乳油/异丙威 20%/2014.01.14 至 2019.01.14/中等毒
水稻 稻飞虱 450-600克/公顷 喷雾
PD20090604 杀虫双/18%/水剂/杀虫双 18%/2014.01.14 至 2019.01.14/中等毒
水稻 二化螟 540-675克/公顷 喷雾
PD20096790 高效氯氟氰菊酯/25克/升/乳油/高效氯氟氰菊酯 25克/升/2009.09.15 至 2014.09.15/中等毒
棉花 棉铃虫 15-22.5克/公顷 喷雾
PD20110855 苯丁锡/95%/原药/苯丁锡 95%/2011.08.10 至 2016.08.10/低毒
PD20121798 三唑锡/20%/悬浮剂/三唑锡 20%/2012.11.22 至 2017.11.22/低毒
柑橘树 红蜘蛛 133.3-200毫克/千克 喷雾
苹果树 红蜘蛛 100-200毫克/千克 喷雾
PD20130843 三唑锡/25%/可湿性粉剂/三唑锡 25%/2013.05.13 至 2018.05.13/低毒
柑橘树 红蜘蛛 1500-2500倍液 喷雾
苹果树 红蜘蛛 1500-2000倍液 喷雾
PD20132022 三唑锡/95%/原药/三唑锡 95%/2013.10.21 至 2018.10.21/中等毒

江西汇和化工有限公司 (江西省南昌市高新大道578号 330096 0791-8115275)

PD20083179 联苯菊酯/25克/升/乳油/联苯菊酯 25克/升/2013.12.11 至 2018.12.11/中等毒
茶树 茶尺蠖 7.5-15克/公顷 喷雾
PD20083921 异丙威/20%/乳油/异丙威 20%/2013.12.15 至 2018.12.15/中等毒
水稻 稻飞虱 450-600克/公顷 喷雾
PD20083955 三环唑/75%/可湿性粉剂/三环唑 75%/2013.12.15 至 2018.12.15/低毒
水稻 稻瘟病 225-300克/公顷 喷雾
PD20084062 杀螟丹/50%/可溶粉剂/杀螟丹 50%/2013.12.16 至 2018.12.16/中等毒
水稻 二化螟 600-750克/公顷 喷雾
PD20084080 噻嗪·异丙威/25%/可湿性粉剂/噻嗪酮 5%、异丙威 20%/2013.12.16 至 2018.12.16/中等毒
水稻 稻飞虱 450-562.5克/公顷 喷雾
PD20084144 毒死蜱/480克/升/乳油/毒死蜱 480克/升/2013.12.16 至 2018.12.16/中等毒
水稻 稻纵卷叶螟 576-720克/公顷 喷雾

PD20084421 高效氯氟氰菊酯/25克/升/乳油/高效氯氟氰菊酯 25克/升/2013.12.17 至 2018.12.17/中等毒
十字花科蔬菜 菜青虫 11.25-15克/公顷 喷雾
PD20085484 炔螨特/73%/乳油/炔螨特 73%/2013.12.25 至 2018.12.25/低毒
柑橘树 红蜘蛛 292-365毫克/千克 喷雾
PD20091272 氯氰·丙溴磷/440克/升/乳油/丙溴磷 400克/升、氯氰菊酯 40克/升/2014.02.01 至 2019.02.01/中等毒
棉花 棉铃虫 462-660克/公顷 喷雾
PD20091598 甲氰菊酯/20%/乳油/甲氰菊酯 20%/2014.02.03 至 2019.02.03/中等毒
十字花科蔬菜 菜青虫 75-90克/公顷 喷雾
PD20093075 丁硫克百威/200克/升/乳油/丁硫克百威 200克/升/2014.03.09 至 2019.03.09/中等毒
棉花 蚜虫 120-180克/公顷 喷雾
PD20096200 阿维菌素/18克/升/乳油/阿维菌素 18克/升/2009.07.15 至 2014.07.15/低毒(原药高毒)
甘蓝 小菜蛾 9.45-10.8克/公顷 喷雾
PD20096420 井冈霉素/20%/可溶粉剂/井冈霉素 20%/2009.08.04 至 2014.08.04/低毒
水稻 纹枯病 150-187.5克/公顷 喷雾
PD20097419 杀螺胺乙醇胺盐/50%/可湿性粉剂/杀螺胺乙醇胺盐 50%/2009.10.28 至 2014.10.28/低毒
水稻 福寿螺 450—600克/公顷 毒土法
PD20098019 丙草胺/300克/升/乳油/丙草胺 300克/升/2009.12.07 至 2014.12.07/低毒
水稻秧田 一年生杂草 360-540克/公顷 播后苗前土壤处理
PD20101942 吡虫啉/20%/可溶液剂/吡虫啉 20%/2010.09.17 至 2015.09.17/低毒
水稻 稻飞虱 22.5-30克/公顷 喷雾
PD20110696 氟铃·毒死蜱/22%/乳油/毒死蜱 20%、氟铃脲 2%/2011.06.22 至 2016.06.22/中等毒
棉花 棉铃虫 330-396克/公顷 喷雾
PD20120476 三唑磷/40%/乳油/三唑磷 40%/2012.03.19 至 2017.03.19/中等毒
水稻 三化螟 300-480克/公顷 喷雾
PD20120526 唑磷·毒死蜱/25%/乳油/毒死蜱 10%、三唑磷 15%/2012.03.28 至 2017.03.28/中等毒
水稻 二化螟 300—375克/公顷 喷雾
PD20121122 草甘膦铵盐/58%/可溶粉剂/草甘膦 58%/2012.07.20 至 2017.07.20/低毒
柑橘园 杂草 1706-2242.5克/公顷 行间定向茎叶喷雾
注:草甘膦铵盐含量: 63.8%。
PD20121803 阿维菌素/3%/水乳剂/阿维菌素 3%/2012.11.22 至 2017.11.22/中等毒(原药高毒)
水稻 稻纵卷叶螟 15-22.5克/公顷 喷雾
PD20132084 苄嘧·丙草胺/40%/可湿性粉剂/苄嘧磺隆 4%、丙草胺 36%/2013.10.29 至 2018.10.29/低毒
直播水稻(南方) 一年生杂草 360-480克/公顷 茎叶喷雾
PD20132226 噻嗪酮/37%/悬浮剂/噻嗪酮 37%/2013.11.05 至 2018.11.05/低毒
水稻 稻飞虱 111-166.5克/公顷 喷雾

江西金龙化工有限公司 (江西省乐平市塔山 333320 0798-6702708)

PD20080105 乙烯利/80%/原药/乙烯利 80%/2013.01.03 至 2018.01.03/低毒
PD20081144 草甘膦/95%/原药/草甘膦 95%/2013.09.01 至 2018.09.01/低毒
PD20086386 乙烯利/40%/水剂/乙烯利 40%/2013.12.31 至 2018.12.31/低毒
番茄 催熟 800-1000倍液 兑水喷雾
棉花 增产 300-500倍液 兑水喷雾
香蕉 催熟 300-400倍液 兑水喷雾
橡胶树 增产 5-10倍液 涂抹
PD20110806 草甘膦异丙胺盐/46%/水剂/草甘膦 46%/2011.08.04 至 2016.08.04/低毒
柑橘园 杂草 897-1380克/公顷 定向茎叶喷雾
注:草甘膦异丙胺盐含量:62%。

江西劲农化工有限公司 (江西省湖口县金砂湾工业园 330096 0791-8115275)

PD20083801 灭蝇胺/10%/悬浮剂/灭蝇胺 10%/2013.12.15 至 2018.12.15/低毒
黄瓜 美洲斑潜蝇 150-225克/公顷 喷雾
PD20083820 杀螟丹/50%/可溶粉剂/杀螟丹 50%/2013.12.15 至 2018.12.15/中等毒
水稻 二化螟 600-750克/公顷 喷雾
PD20084001 稻瘟灵/30%/乳油/稻瘟灵 30%/2013.12.16 至 2018.12.16/低毒
水稻 稻瘟病 450-675克/公顷 喷雾
PD20084015 高效氯氟氰菊酯/25克/升/乳油/高效氯氟氰菊酯 25克/升/2013.12.16 至 2018.12.16/中等毒
十字花科蔬菜 菜青虫 300-600毫升/公顷 喷雾
烟草 烟青虫 300-375毫升/公顷 喷雾
PD20084037 井冈霉素/10%/可溶粉剂/井冈霉素 10%/2013.12.16 至 2018.12.16/低毒
水稻 纹枯病 150-187.5克/公顷 喷雾
PD20084261 炔螨特/57%/乳油/炔螨特 57%/2013.12.17 至 2018.12.17/低毒
柑橘树 红蜘蛛 228-380毫克/千克 喷雾
PD20084462 甲氰菊酯/20%/乳油/甲氰菊酯 20%/2013.12.17 至 2018.12.17/中等毒
甘蓝 菜青虫 60-90克/公顷 喷雾
PD20084477 灭幼脲/20%/悬浮剂/灭幼脲 20%/2013.12.17 至 2018.12.17/低毒

甘蓝 菜青虫 45-75克/公顷 喷雾

PD20084556 甲基硫菌灵/70%/可湿性粉剂/甲基硫菌灵 70%/2013.12.18 至 2018.12.18/低毒

番茄 叶霉病 378-567克/公顷 喷雾

PD20084562 代森锰锌/80%/可湿性粉剂/代森锰锌 80%/2013.12.18 至 2018.12.18/低毒

柑橘树 炭疽病 1333-2000毫克/千克 喷雾

PD20084780 多·福/40%/可湿性粉剂/多菌灵 15%、福美双 25%/2013.12.22 至 2018.12.22/低毒

葡萄 霜霉病 1000-1250毫克/千克 喷雾

PD20084812 溴氰菊酯/25克/升/乳油/溴氰菊酯 25克/升/2013.12.22 至 2018.12.22/中等毒

烟草 烟青虫 7.5—9.375克/公顷 喷雾

PD20084936 多菌灵/80%/可湿性粉剂/多菌灵 80%/2013.12.22 至 2018.12.22/低毒

苹果树 轮纹病 800-1000毫克/千克 喷雾

PD20085591 马拉硫磷/45%/乳油/马拉硫磷 45%/2013.12.25 至 2018.12.25/低毒

棉花 盲蝽蟓 506.25-607.5克/公顷 喷雾

PD20085694 异丙威/20%/乳油/异丙威 20%/2013.12.26 至 2018.12.26/低毒

水稻 稻飞虱 450-600克/公顷 喷雾

PD20090974 草甘膦异丙胺盐/41%/水剂/草甘膦异丙胺盐 41%/2014.01.20 至 2019.01.20/低毒

柑橘园 杂草 1125-2250克/公顷 定向茎叶喷雾

PD20093039 噻嗪·异丙威/25%/可湿性粉剂/噻嗪酮 5%、异丙威 20%/2014.03.09 至 2019.03.09/低毒

水稻 稻飞虱 487.5-562.5克/公顷 喷雾

PD20094150 仲丁灵/360克/升/乳油/仲丁灵 360克/升/2014.03.27 至 2019.03.27/低毒

烟草 抑制腋芽生长 54-72毫克/株 杯淋法

PD20094605 高效氟吡甲禾灵/108克/升/乳油/高效氟吡甲禾灵 108克/升/2014.04.10 至 2019.04.10/低毒

春大豆田 一年生禾本科杂草 56.7-64.8克/公顷 茎叶喷雾

夏大豆田 一年生禾本科杂草 40.5-56.7克/公顷 茎叶喷雾

PD20095747 丁硫克百威/200克/升/乳油/丁硫克百威 200克/升/2009.05.18 至 2014.05.18/中等毒

棉花 蚜虫 90-135克/公顷 喷雾

PD20095840 多·锰锌/35%/可湿性粉剂/多菌灵 17.5%、代森锰锌 17.5%/2009.05.27 至 2014.05.27/低毒

苹果 斑点落叶病 1000-1250毫克/千克 喷雾

PD20097875 敌畏·毒死蜱/35%/乳油/敌敌畏 25%、毒死蜱 10%/2009.11.20 至 2014.11.20/中等毒

水稻 稻纵卷叶螟 420-525克/公顷 喷雾

PD20098136 丙草胺/300克/升/乳油/丙草胺 300克/升/2009.12.08 至 2014.12.08/低毒

水稻秧田 一年生杂草 360-540克/公顷 播后苗前土壤喷雾

PD20101004 杀螺胺乙醇胺盐/50%/可湿性粉剂/杀螺胺乙醇胺盐 50%/2010.01.20 至 2015.01.20/低毒

水稻 福寿螺 450-600克/公顷 毒土撒施

PD20101483 多抗霉素B/10%/可湿性粉剂/多抗霉素B 10%/2010.05.05 至 2015.05.05/低毒

烟草 赤星病 127.5—150克/公顷 喷雾

PD20101853 吡虫啉/10%/可湿性粉剂/吡虫啉 10%/2010.07.28 至 2015.07.28/低毒

小麦 蚜虫 150-300克制剂/公顷(南方地区)450-600克制剂/公顷(北方地区) 喷雾

PD20102032 阿维菌素/1.8%/乳油/阿维菌素 1.8%/2010.10.19 至 2015.10.19/低毒(原药高毒)

棉花 红蜘蛛 10.8-16.2克/公顷 喷雾

PD20110989 甲氨基阿维菌素苯甲酸盐/3%/水乳剂/甲氨基阿维菌素 3%/2011.09.21 至 2016.09.21/低毒

水稻 稻纵卷叶螟 9-13.5克/公顷 喷雾

注:甲氨基阿维菌素苯甲酸盐含量:3.41%。

PD20111251 阿维·高氯/2%/微乳剂/阿维菌素 0.2%、高效氯氰菊酯 1.8%/2011.11.23 至 2016.11.23/中等毒(原药高毒)

甘蓝 菜青虫、小菜蛾 13.5-27克/公顷 喷雾

PD20111421 吡虫啉/70%/水分散粒剂/吡虫啉 70%/2011.12.23 至 2016.12.23/低毒

水稻 飞虱 21-31.5克/公顷 喷雾

PD20120162 吡虫·杀虫单/35%/可湿性粉剂/吡虫啉 1%、杀虫单 34%/2012.01.30 至 2017.01.30/中等毒

水稻 稻纵卷叶螟、二化螟、飞虱、三化螟 450-750克/公顷 喷雾

PD20120311 草甘膦铵盐/50%/可溶粉剂/草甘膦 50%/2012.02.17 至 2017.02.17/低毒

非耕地 杂草 1050-2610克/公顷 茎叶喷雾

注:草甘膦铵盐含量：55%。

PD20130043 咪鲜·三环唑/20%/可湿性粉剂/咪鲜胺 5%、三环唑 15%/2013.01.07 至 2018.01.07/低毒

水稻 稻瘟病 150-210克/公顷 喷雾

PD20130356 苄嘧·丙草胺/30%/可湿性粉剂/苄嘧磺隆 4%、丙草胺 26%/2013.03.11 至 2018.03.11/低毒

直播水稻田 一年生杂草 225-270克/公顷 播后苗前土壤喷雾

PD20130820 莠灭净/40%/可湿性粉剂/莠灭净 40%/2013.04.22 至 2018.04.22/低毒

甘蔗田 一年生杂草 1560-2400克/公顷 行间定向茎叶喷雾

PD20130823 三唑磷/20%/乳油/三唑磷 20%/2013.04.22 至 2018.04.22/中等毒

水稻 二化螟 243-303.75克/公顷 喷雾

PD20131556 高效氯氟氰菊酯/5%/微乳剂/高效氯氟氰菊酯 5%/2013.07.23 至 2018.07.23/中等毒

甘蓝 菜青虫 11.25-15克/公顷 喷雾

PD20132021 毒死蜱/25%/微乳剂/毒死蜱 25%/2013.10.21 至 2018.10.21/中等毒
水稻 稻纵卷叶螟 487.5-562.5克/公顷 喷雾
PD20132055 氟铃·毒死蜱/20%/乳油/毒死蜱 18%、氟铃脲 2%/2013.10.22 至 2018.10.22/中等毒
棉花 棉铃虫 360-450克/公顷 喷雾

江西龙源农药有限公司 (江西省新建县樵舍镇经济开发区 330116 0791-3210789)

PD20082104 异丙威/20%/乳油/异丙威 20%/2013.11.25 至 2018.11.25/中等毒
水稻 稻飞虱 450-600克/公顷 喷雾
PD20084116 乙酰甲胺磷/30%/乳油/乙酰甲胺磷 30%/2013.12.16 至 2018.12.16/低毒
水稻 二化螟 787.5-1012.5克/公顷 喷雾
PD20090926 井冈霉素/5%/水剂/井冈霉素 5%/2014.01.19 至 2019.01.19/微毒
水稻 纹枯病 150-187.5克/公顷 喷雾
PD20091479 甲氰菊酯/20%/乳油/甲氰菊酯 20%/2014.02.02 至 2019.02.02/中等毒
十字花科蔬菜 菜青虫 75-90克/公顷 喷雾
PD20091918 高效氯氟氰菊酯/25克/升/乳油/高效氯氟氰菊酯 25克/升/2014.02.12 至 2019.02.12/中等毒
棉花 棉铃虫 15-22.5克/公顷 喷雾
PD20091945 仲丁威/20%/乳油/仲丁威 20%/2014.02.12 至 2019.02.12/低毒
水稻 稻飞虱 450-600克/公顷 喷雾
PD20092033 毒死蜱/480克/升/乳油/毒死蜱 480克/升/2009.02.12 至 2014.02.12/中等毒
水稻 稻纵卷叶螟 504-648克/公顷 喷雾
PD20092070 多菌灵/50%/可湿性粉剂/多菌灵 50%/2014.02.16 至 2019.02.16/低毒
水稻 稻瘟病、纹枯病 600-750克/公顷 喷雾
PD20093099 氰戊·辛硫磷/30%/乳油/氰戊菊酯 5%、辛硫磷 25%/2014.03.09 至 2019.03.09/低毒
棉花 棉铃虫 180-270克/公顷 喷雾
PD20095110 异丙威/4%/粉剂/异丙威 4%/2009.04.24 至 2014.04.24/低毒
水稻 稻飞虱 540-600克/公顷 喷粉
PD20096758 噻嗪·异丙威/25%/可湿性粉剂/噻嗪酮 5%、异丙威 20%/2009.09.15 至 2014.09.15/低毒
水稻 稻飞虱 375-562.5克/公顷 喷雾
PD20097575 唑磷·毒死蜱/25%/乳油/毒死蜱 8.3%、三唑磷 16.7%/2009.11.03 至 2014.11.03/中等毒
水稻 稻纵卷叶螟、三化螟 262.5-337.5克/公顷 喷雾
PD20098134 三唑磷/20%/乳油/三唑磷 20%/2009.12.08 至 2014.12.08/中等毒
水稻 二化螟 202.5-303.75克/公顷 喷雾
PD20131967 甲氨基阿维菌素苯甲酸盐/2%/乳油/甲氨基阿维菌素 2%/2013.10.10 至 2018.10.10/中等毒
甘蓝 小菜蛾 1.8-2.4克/公顷 喷雾
注:甲氨基阿维菌素苯甲酸盐含量: 2.3%。

江西绿川生物科技实业有限公司 (江西省抚州市抚北工业园区 344000 0794-7023333)

PD20083490 高效氯氟氰菊酯/25克/升/乳油/高效氯氟氰菊酯 25克/升/2013.12.12 至 2018.12.12/中等毒
十字花科蔬菜 菜青虫 7.5-11.25克/公顷 喷雾
PD20084916 噻嗪酮/25%/可湿性粉剂/噻嗪酮 25%/2013.12.22 至 2018.12.22/低毒
水稻 稻飞虱 112.5-150克/公顷 喷雾
PD20085403 井冈霉素/5%/水剂/井冈霉素 5%/2013.12.24 至 2018.12.24/低毒
水稻 纹枯病 150-187.5克/公顷 喷雾
PD20085620 仲丁威/50%/乳油/仲丁威 50%/2013.12.25 至 2018.12.25/低毒
水稻 稻飞虱 562.5-750克/公顷 喷雾
PD20085664 杀螺胺/70%/可湿性粉剂/杀螺胺 70%/2013.12.26 至 2018.12.26/低毒
水稻 福寿螺 450-495克/公顷 撒施
PD20092031 多菌灵/50%/可湿性粉剂/多菌灵 50%/2014.02.12 至 2019.02.12/低毒
水稻 纹枯病 750-900克/公顷 喷雾
PD20094356 联苯菊酯/25克/升/乳油/联苯菊酯 25克/升/2014.04.01 至 2019.04.01/低毒
茶树 茶尺蠖 7.5-15克/公顷 喷雾
PD20096365 毒死蜱/480克/升/乳油/毒死蜱 480克/升/2009.08.04 至 2014.08.04/中等毒
水稻 稻纵卷叶螟 450-600克/公顷 喷雾
PD20097195 三环唑/75%/可湿性粉剂/三环唑 75%/2009.10.16 至 2014.10.16/低毒
水稻 稻瘟病 225-300克/公顷 喷雾
PD20098263 杀螟丹/50%/可溶粉剂/杀螟丹 50%/2009.12.16 至 2014.12.16/中等毒
水稻 二化螟 600-900克/公顷 喷雾
PD20100030 丁硫克百威/200克/升/乳油/丁硫克百威 200克/升/2010.01.04 至 2015.01.04/中等毒
棉花 蚜虫 90-210克/公顷 喷雾
PD20100456 丙环唑/250克/升/乳油/丙环唑 250克/升/2010.01.14 至 2015.01.14/低毒
香蕉树 叶斑病 375—500毫克/千克 喷雾
PD20100623 苏云金杆菌/16000IU/毫克/可湿性粉剂/苏云金杆菌 16000IU/毫克/2010.01.14 至 2015.01.14/低毒
十字花科蔬菜 小菜蛾 750-1125克制剂/公顷 喷雾
PD20100894 辛硫·三唑磷/20%/乳油/三唑磷 10%、辛硫磷 10%/2010.01.19 至 2015.01.19/中等毒
水稻 二化螟 300-480克/公顷 喷雾

PD20121291	咪鲜胺/25%/乳油/咪鲜胺 25%/2012.09.06 至 2017.09.06/低毒			
	柑橘	炭疽病	250～500毫克/千克	浸果
PD20130011	阿维·炔螨特/40%/乳油/阿维菌素 0.3%、炔螨特 39.7%/2013.01.04 至 2018.01.04/低毒(原药高毒)			
	柑橘树	红蜘蛛	200-400毫克/千克	喷雾
PD20131847	甲氨基阿维菌素苯甲酸盐/2%/乳油/甲氨基阿维菌素 2%/2013.09.23 至 2018.09.23/低毒			
	甘蓝	小菜蛾	2.1-3.3克/公顷	喷雾
	注:甲氨基阿维菌素苯甲酸盐含量：2.3%。			

江西绿田生化有限公司　(江西省上饶市余干县黄金埠镇　335101　0793-3271584)

PD86101-37	赤霉酸/4%/乳油/赤霉酸 4%/2011.09.10 至 2016.09.10/低毒			
	菠菜	增加鲜重	10-25毫克/千克	叶面处理1-3次
	菠萝	果实增大、增重	40-80毫克/千克	喷花
	柑橘树	果实增大、增重	20-40毫克/千克	喷花
	花卉	提前开花	700毫克/千克	叶面处理涂抹花芽
	绿肥	增产	10-20毫克/千克	喷雾
	马铃薯	苗齐、增产	0.5-1毫克/千克	浸薯块10-30分钟
	棉花	提高结铃率、增产	10-20毫克/千克	点喷、点涂或喷雾
	葡萄	无核、增产	50-200毫克/千克	花后1周处理果穗
	芹菜	增产	20-100毫克/千克	叶面处理1次
	人参	增加发芽率	20毫克/千克	播前浸种15分钟
	水稻	增加千粒重、制种	20-30毫克/千克	喷雾
PD86183-40	赤霉酸/75%/结晶粉/赤霉酸 75%/2012.04.02 至 2017.04.02/低毒			
	菠菜	增加鲜重	10-25毫克/千克	叶面处理1-3次
	菠萝	果实增大、增重	40-80毫克/千克	喷花
	柑橘树	果实增大、增重	20-40毫克/千克	喷花
	花卉	提前开花	700毫克/千克	叶面处理涂抹花芽
	绿肥	增产	10-20毫克/千克	喷雾
	马铃薯	苗齐、增产	0.5-1毫克/千克	浸薯块10-30分钟
	棉花	提高结铃率、增产	10-20毫克/千克	点喷、点涂或喷雾
	葡萄	无核、增产	50-200毫克/千克	花后一周处理果穗
	芹菜	增加鲜重	20-100毫克/千克	叶面处理1次
	人参	增加发芽率	20毫克/千克	播种前浸种15分钟
	水稻	增加千粒重、制种	20-30毫克/千克	喷雾

江西明兴农药实业有限公司　(江西省南昌市新建县七里岗　330116　0791-3209238)

PD20081175	毒·辛/25%/乳油/毒死蜱 7%、辛硫磷 18%/2013.09.11 至 2018.09.11/低毒			
	水稻	稻纵卷叶螟	300-450克/公顷	喷雾
PD20081177	毒死蜱/480克/升/乳油/毒死蜱 480克/升/2013.09.11 至 2018.09.11/中等毒			
	水稻	二化螟	468-576克/公顷	喷雾
PD20082368	氰戊·辛硫磷/25%/乳油/氰戊菊酯 6.5%、辛硫磷 18.5%/2013.12.01 至 2018.12.01/中等毒			
	棉花	棉铃虫	270-300克/公顷	喷雾
PD20083639	氯氰·敌敌畏/10%/乳油/敌敌畏 8%、氯氰菊酯 2%/2013.12.12 至 2018.12.12/中等毒			
	叶菜类蔬菜	蚜虫	60-75克/公顷	喷雾
PD20101193	异稻·稻瘟灵/40%/乳油/稻瘟灵 10%、异稻瘟净 30%/2010.02.08 至 2015.02.08/中等毒			
	水稻	稻瘟病	600-1000克/公顷	喷雾
PD20130190	甲氨基阿维菌素苯甲酸盐/0.5%/乳油/甲氨基阿维菌素 0.5%/2013.01.24 至 2018.01.24/低毒			
	甘蓝	甜菜夜蛾	2.25-3.75克/公顷	喷雾
	注:甲氨基阿维菌素苯甲酸盐含量：0.57%。			

江西农大锐特化工科技有限公司　(江西省南昌市江西农业大学化工厂内　330045　0791-3813621)

PD20080440	烯效唑/90%/原药/烯效唑 90%/2013.03.13 至 2018.03.13/低毒			
PD20085939	多效唑/15%/可湿性粉剂/多效唑 15%/2013.12.29 至 2018.12.29/低毒			
	水稻育秧田	控制生长	200-300毫克/千克	兑水喷雾
	油菜(苗床)	控制生长	100-200毫克/千克	兑水喷雾
PD20132183	烯效唑/5%/可湿性粉剂/烯效唑 5%/2013.10.29 至 2018.10.29/低毒			
	水稻	调节生长	100-150毫克/千克	浸种

江西农大植保化工有限公司　(江西省宜春市奉新县冯田经济开发区　330700　0795-46044096)

PD20083320	毒·辛/25%/乳油/毒死蜱 7%、辛硫磷 18%/2013.12.11 至 2018.12.11/低毒			
	水稻	稻纵卷叶螟	300-375克/公顷	喷雾
PD20083633	三环·多菌灵/20%/可湿性粉剂/多菌灵 6%、三环唑 14%/2013.12.12 至 2018.12.12/低毒			
	水稻	稻瘟病	375-450克/公顷	喷雾
PD20084364	氰戊·辛硫磷/25%/乳油/氰戊菊酯 6.5%、辛硫磷 18.5%/2013.12.17 至 2018.12.17/中等毒			
	棉花	棉铃虫	262.5-337.5克/公顷	喷雾
PD20085058	噻嗪酮/25%/可湿性粉剂/噻嗪酮 25%/2013.12.23 至 2018.12.23/低毒			
	水稻	稻飞虱	112.5-150克/公顷	喷雾
PD20094666	多效唑/15%/可湿性粉剂/多效唑 15%/2014.04.10 至 2019.04.10/微毒			

水稻育秧田 控制生长 200－300毫克/千克 茎叶喷雾
PD20096652 阿维菌素/18克/升/乳油/阿维菌素 18克/升/2009.09.02 至 2014.09.02/低毒(原药高毒)
甘蓝 小菜蛾 9.45-10.8克/公顷 喷雾
PD20096923 辛硫磷/40%/乳油/辛硫磷 40%/2009.09.23 至 2014.09.23/低毒
水稻 稻纵卷叶螟 750－900克/公顷 喷雾
PD20098543 三唑磷/20%/乳油/三唑磷 20%/2009.12.31 至 2014.12.31/中等毒
水稻 二化螟 300-450克/公顷 喷雾
PD20100084 毒死蜱/480克/升/乳油/毒死蜱 480克/升/2010.01.04 至 2015.01.04/中等毒
水稻 二化螟 468－576克/公顷 喷雾
PD20110046 阿维菌素/1.8%/乳油/阿维菌素 1.8%/2011.01.11 至 2016.01.11/低毒(原药高毒)
十字花科蔬菜 小菜蛾 8.1-10.8克/公顷 喷雾
PD20111102 阿维菌素/5%/乳油/阿维菌素 5%/2011.10.17 至 2016.10.17/低毒(原药高毒)
甘蓝 小菜蛾 8.1－10.8克/公顷 喷雾

江西农喜作物科学有限公司 (江西省东乡县孝岗镇河山村狮子岩 331800 0794-4387528)

PD20040505 三唑磷/20%/乳油/三唑磷 20%/2009.12.19 至 2014.12.19/中等毒
棉花 棉红铃虫 375-450克/公顷 喷雾
水稻 二化螟、三化螟 300-450克/公顷 喷雾
PD20040638 氯氰·三唑磷/11%/乳油/氯氰菊酯 1%、三唑磷 10%/2009.12.19 至 2014.12.19/中等毒
棉花 棉铃虫 165-247.5克/公顷 喷雾
PD20050038 三唑磷/85%/原药/三唑磷 85%/2010.04.15 至 2015.04.15/中等毒
PD20091212 唑磷·毒死蜱/25%/乳油/毒死蜱 5%、三唑磷 20%/2014.02.01 至 2019.02.01/中等毒
水稻 稻纵卷叶螟、二化螟 262.5-375克/公顷 喷雾
PD20093374 单甲脒盐酸盐/25%/水剂/单甲脒盐酸盐 25%/2014.03.18 至 2019.03.18/中等毒
柑橘树 红蜘蛛 250毫克/千克 喷雾
PD20095515 高效氯氟氰菊酯/25克/升/乳油/高效氯氟氰菊酯 25克/升/2009.05.11 至 2014.05.11/中等毒
棉花 棉铃虫 18.75-26.25克/公顷 喷雾
十字花科蔬菜 菜青虫 9.375-13.125克/公顷 喷雾
PD20110191 噻嗪酮/65%/可湿性粉剂/噻嗪酮 65%/2011.02.18 至 2016.02.18/低毒
水稻 稻飞虱 10-15克/亩 (制剂) 喷雾
PD20110194 四聚乙醛/6%/颗粒剂/四聚乙醛 6%/2011.02.18 至 2016.02.18/低毒
叶菜类蔬菜 蜗牛 405-495克/公顷 撒施
PD20121556 草甘膦铵盐/65%/可溶粉剂/草甘膦 65%/2012.10.25 至 2017.10.25/低毒
非耕地 杂草 1316.25-3607.5克/公顷 茎叶喷雾
注:草甘膦铵盐含量:71.5%。
PD20131880 毒死蜱/50%/乳油/毒死蜱 50%/2013.09.25 至 2018.09.25/中等毒
水稻 稻纵卷叶螟 576-720克/公顷 喷雾

江西欧美生物科技有限公司 (江西省南昌市安义工业园区北一路 330500 0791-3499121)

PD20098084 异丙威/4%/粉剂/异丙威 4%/2009.12.08 至 2014.12.08/中等毒
水稻 稻飞虱 450-600克/公顷 喷粉
PD20121011 稻瘟灵/40%/可湿性粉剂/稻瘟灵 40%/2012.06.21 至 2017.06.21/低毒
水稻本田 稻瘟病 499.5-600克/公顷 喷雾
PD20130023 烯酰吗啉/80%/水分散粒剂/烯酰吗啉 80%/2013.01.04 至 2018.01.04/低毒
黄瓜 霜霉病 240-300克/公顷 喷雾
PD20131776 苯醚甲环唑/30%/悬浮剂/苯醚甲环唑 30%/2013.09.06 至 2018.09.06/低毒
香蕉 叶斑病 100-120毫克/千克 喷雾
LS20110095 井冈·戊唑醇/30%/悬浮剂/井冈霉素 4%、戊唑醇 26%/2013.04.08 至 2014.04.08/低毒
水稻 纹枯病 67.5－90克/公顷 喷雾
水稻 稻曲病 67.5－78.75克/公顷 喷雾
LS20110115 噻嗪酮/37%/悬浮剂/噻嗪酮 37%/2013.04.11 至 2014.04.11/低毒
水稻 飞虱 120-150克/公顷 喷雾
LS20120020 已唑醇/40%/悬浮剂/已唑醇 40%/2014.01.09 至 2015.01.09/低毒
水稻 稻曲病、水稻纹枯病 60-75克/公顷 喷雾
LS20120030 甲维·三唑磷/10%/微乳剂/甲氨基阿维菌素苯甲酸盐 0.2%、三唑磷 9.8%/2014.01.13 至 2015.01.13/中等毒
水稻 二化螟 150-210克/公顷 喷雾
LS20120413 吡蚜·噻虫啉/25%/悬浮剂/吡蚜酮 20%、噻虫啉 5%/2013.12.26 至 2014.12.26/低毒
水稻 飞虱 75-90克/公顷 喷雾
LS20130030 戊唑.丙森锌/70%/可湿性粉剂/丙森锌 60%、戊唑醇 10%/2014.01.15 至 2015.01.15/低毒
苹果树 斑点落叶病 467-778毫克/千克 喷雾

江西日上化工有限公司 (江西省南昌市黎川县高新区火炬大街201楼A711 344600 0794-7469863)

PD20080299 氰戊·辛硫磷/25%/乳油/氰戊菊酯 6.5%、辛硫磷 18.5%/2013.02.25 至 2018.02.25/中等毒
棉花 棉铃虫 281.25-375克/公顷 喷雾
十字花科蔬菜 菜青虫 150-187.5克/公顷 喷雾
PD20080515 苄嘧磺隆/10%/可湿性粉剂/苄嘧磺隆 10%/2013.04.29 至 2018.04.29/低毒

	水稻移栽田	一年生阔叶杂草及莎草科杂草	22.5-30克/公顷	药土法
PD20080553	辛硫·三唑磷/20%/乳油/三唑磷 10%、辛硫磷 10%/2013.05.09 至 2018.05.09/中等毒			
	水稻	二化螟	360-480克/公顷	喷雾
PD20080626	苄嘧磺隆/30%/可湿性粉剂/苄嘧磺隆 30%/2013.05.12 至 2018.05.12/低毒			
	水稻移栽田	一年生阔叶杂草及莎草科杂草	22.5-30克/公顷	药土法
PD20081982	苯磺隆/10%/可湿性粉剂/苯磺隆 10%/2013.11.25 至 2018.11.25/低毒			
	冬小麦田	一年生阔叶杂草	13.5-22.5克/公顷	喷雾
PD20090822	乙草胺/20%/可湿性粉剂/乙草胺 20%/2014.01.19 至 2019.01.19/低毒			
	水稻移栽田	部分阔叶杂草、一年生禾本科杂草	90-120克/公顷	毒土法
PD20091864	腐霉·多菌灵/50%/可湿性粉剂/多菌灵 25%、腐霉利 25%/2014.02.09 至 2019.02.09/低毒			
	油菜	菌核病	525-675克/公顷	喷雾
PD20093249	苄·丁/35%/可湿性粉剂/苄嘧磺隆 1.4%、丁草胺 33.6%/2014.03.11 至 2019.03.11/低毒			
	水稻抛秧田	一年生及部分多年生杂草	525-735克/公顷	毒土法
PD20093403	异丙甲草胺/720克/升/乳油/异丙甲草胺 720克/升/2014.03.20 至 2019.03.20/低毒			
	甘蔗田	一年生禾本科杂草及部分小粒种子阔叶杂草	1080-1620克/公顷	土壤喷雾
	玉米田	一年生禾本科杂草及部分小粒种子阔叶杂草	1458-2160克/公顷(东北地区) 972-1458克/公顷(其它地区)	播后苗前土壤喷雾
PD20094077	精喹·草除灵/14%/乳油/草除灵 12%、精喹禾灵 2%/2014.03.27 至 2019.03.27/低毒			
	冬油菜田	一年生杂草	252-294克/公顷	茎叶喷雾
PD20094100	苄嘧磺隆/10%/可湿性粉剂/苄嘧磺隆 10%/2014.03.27 至 2019.03.27/低毒			
	水稻田(直播)、水稻秧田	一年生阔叶杂草及莎草科杂草	22.5-30克/公顷	药土法
PD20094103	异稻·稻瘟灵/30%/乳油/稻瘟灵 20%、异稻瘟净 10%/2014.03.27 至 2019.03.27/低毒			
	水稻	稻瘟病	562.5-675克/公顷	喷雾
PD20094110	异丙甲·苄/20%/可湿性粉剂/苄嘧磺隆 3%、异丙甲草胺 17%/2014.03.27 至 2019.03.27/低毒			
	水稻移栽田	部分多年生杂草、一年生杂草	112.5-187.5克/公顷	毒土法
PD20094111	阿维·三唑磷/20%/乳油/阿维菌素 0.2%、三唑磷 19.8%/2014.03.27 至 2019.03.27/中等毒(原药高毒)			
	水稻	二化螟	150-210克/公顷	喷雾
PD20094852	精喹禾灵/10%/乳油/精喹禾灵 10%/2014.04.13 至 2019.04.13/低毒			
	冬油菜田	一年生禾本科杂草	39.6-52.8克/公顷	茎叶喷雾
PD20095691	噻磺·乙草胺/20%/可湿性粉剂/噻吩磺隆 0.5%、乙草胺 19.5%/2009.05.15 至 2014.05.15/低毒			
	夏大豆田	一年生杂草	600-750克/公顷	土壤喷雾
PD20095711	苄·乙·甲/15%/可湿性粉剂/苄嘧磺隆 0.8%、甲磺隆 0.2%、乙草胺 14%/2009.05.18 至 2014.05.18/低毒			
	水稻移栽田	一年生杂草	78.75-90克/公顷(南方地区)	毒土法
PD20096670	苄·乙/20%/可湿性粉剂/苄嘧磺隆 4.5%、乙草胺 15.5%/2009.09.07 至 2014.09.07/低毒			
	水稻移栽田	一年生杂草	84-118克/公顷（南方地区）	药土法
PD20097065	苯·苄·乙草胺/33%/可湿性粉剂/苯噻酰草胺 25%、苄嘧磺隆 3%、乙草胺 5%/2009.10.10 至 2014.10.10/低毒			
	水稻抛秧田	一年生及部分多年生杂草	247.5-297克/公顷(南方地区)	药土法
PD20097177	烟嘧磺隆/95%/原药/烟嘧磺隆 95%/2009.10.16 至 2014.10.16/低毒			
PD20097469	草甘膦异丙胺盐(41%)///水剂/草甘膦 30%/2009.11.03 至 2014.11.03/低毒			
	茶园	杂草	1125-2250克/公顷	定向茎叶喷雾
PD20097540	苯磺隆/95%/原药/苯磺隆 95%/2009.11.03 至 2014.11.03/低毒			
PD20100183	高效氯氰菊酯/4.5%/乳油/高效氯氰菊酯 4.5%/2010.01.05 至 2015.01.05/低毒			
	甘蓝	小菜蛾	10-25克/公顷	喷雾
PD20100236	噻嗪·异丙威/25%/可湿性粉剂/噻嗪酮 5%、异丙威 20%/2010.01.11 至 2015.01.11/低毒			
	水稻	飞虱	375-450克/公顷	喷雾
PD20100262	高效氯氟氰菊酯/25克/升/乳油/高效氯氟氰菊酯 25克/升/2010.01.11 至 2015.01.11/中等毒			
	茶树	茶尺蠖	3.65-7.5克/公顷	喷雾
PD20121388	阿维菌素/5%/乳油/阿维菌素 5%/2012.09.13 至 2017.09.13/中等毒(原药高毒)			
	柑橘树	潜叶蛾	4.17—8.33毫克/千克	喷雾
PD20130495	烟嘧磺隆/40克/升/可分散油悬浮剂/烟嘧磺隆 40克/升/2013.03.20 至 2018.03.20/低毒			
	玉米	一年生杂草	48-60克/公顷	茎叶喷雾
LS20130012	炔草酯/15%/水乳剂/炔草酯 15%/2014.01.07 至 2015.01.07/低毒			
	冬小麦田	一年生禾本科杂草	45-67.5克/公顷	茎叶喷雾
江西三林香业有限公司　(江西省遂川县工业园区林森路2号　343900　0796-6234091)				
WP20100015	蚊香/0.3%/蚊香/富右旋反式烯丙菊酯 0.3%/2010.01.14 至 2015.01.14/微毒			
	卫生	蚊	/	点燃
江西山峰日化有限公司　(江西省宜春市樟树市福城工业园　331200　0795-7343958)				
WP20070027	蚊香/0.3%/蚊香/富右旋反式烯丙菊酯 0.3%/2012.11.28 至 2017.11.28/低毒			
	卫生	蚊	/	点燃
WP20080034	杀虫气雾剂/0.6%/气雾剂/胺菊酯 0.5%、高效氯氰菊酯 0.1%/2013.02.28 至 2018.02.28/低毒			
	卫生	蜚蠊、蚊、蝇	/	喷雾

WP20080121 电热蚊香片/35毫克/片/电热蚊香片/富右旋反式烯丙菊酯 28毫克/片、富右旋反式炔丙菊酯 7毫克/片/2013.10.28 至 2018.10.28/低毒
卫生 蚊 / 电热加温
WP20080138 电热蚊香液/0.8%/电热蚊香液/富右旋反式炔丙菊酯 0.8%/2013.11.04 至 2018.11.04/低毒
卫生 蚊 / 电热加温
WP20080360 电热蚊香片/11毫克/片/电热蚊香片/炔丙菊酯 11毫克/片/2013.12.10 至 2018.12.10/微毒
卫生 蚊 / 电热加温
WP20080373 杀虫气雾剂/0.57%/气雾剂/Es-生物烯丙菊酯 0.24%、胺菊酯 0.3%、溴氰菊酯 0.03%/2013.12.10 至 2018.12.10/微毒
卫生 蚊、蝇、蜚蠊 / 喷雾
WP20080469 杀蟑气雾剂/0.3%/气雾剂/炔咪菊酯 0.1%、右旋苯氰菊酯 0.2%/2013.12.16 至 2018.12.16/微毒
卫生 蜚蠊 / 喷雾
WP20090134 蚊香/0.2%/蚊香/Es-生物烯丙菊酯 0.2%/2014.02.24 至 2019.02.24/微毒
卫生 蚊 / 点燃
WP20090135 蚊香/0.25%/蚊香/富右旋反式烯丙菊酯 0.2%、富右旋反式炔丙菊酯 0.05%/2009.02.24 至 2014.02.24/微毒
卫生 蚊 / 点燃
WP20090352 电热蚊香片/24毫克/片/电热蚊香片/Es-生物烯丙菊酯 24毫克/片/2009.11.03 至 2014.11.03/低毒
卫生 蚊 / 电热加温
WP20100132 杀虫气雾剂/0.5%/气雾剂/高效氯氰菊酯 0.2%、炔丙菊酯 0.1%、右旋胺菊酯 0.2%/2010.11.03 至 2015.11.03/微毒
卫生 蚊、蝇、蜚蠊 / 喷雾
WP20110027 蚊香/0.25%/蚊香/Es-生物烯丙菊酯 0.25%/2011.01.26 至 2016.01.26/微毒
卫生 蚊 / 点燃
WP20110049 杀虫气雾剂/0.43%/气雾剂/富右旋反式烯丙菊酯 0.2%、炔咪菊酯 0.05%、右旋苯醚菊酯 0.18%/2011.02.22 至 2016.02.22/微毒
卫生 蚊、蝇、蜚蠊 / 喷雾
WP20110051 电热蚊香片/13毫克/片 /电热蚊香片/富右旋反式炔丙菊酯 13毫克/片/2011.02.24 至 2016.02.24/微毒
卫生 蚊 / 电热加温
WP20110092 蚊香/0.21%/蚊香/富右旋反式烯丙菊酯 0.2%、四氟醚菊酯 0.01%/2011.04.21 至 2016.04.21/微毒
卫生 蚊 / 点燃
WP20110106 蚊香/0.02%/蚊香/四氟甲醚菊酯 0.02%/2011.04.22 至 2016.04.22/微毒
卫生 蚊 / 点燃
WP20110237 电热蚊香液/1.1%/电热蚊香液/富右旋反式炔丙菊酯 1.1%/2011.10.13 至 2016.10.13/微毒
卫生 蚊 / 电热加温
WP20110257 杀虫气雾剂（水基）/0.5%/气雾剂/富右旋反式炔丙菊酯 0.15%、氯菊酯 0.2%、右旋苯醚菊酯 0.15%/2011.11.18 至 2016.11.18/微毒
卫生 蚊、蝇、蜚蠊 / 喷雾
WP20120013 蚊香/0.03%/蚊香/四氟甲醚菊酯 0.03%/2012.01.29 至 2017.01.29/微毒
卫生 蚊 / 点燃
注:本产品有两种香型：樟木香型、檀香型。
WP20120161 电热蚊香片/10毫克/片/电热蚊香片/炔丙菊酯 5毫克/片、四氟甲醚菊酯 5毫克/片/2012.09.06 至 2017.09.06/微毒
卫生 蚊 / 电热加温
注:本产品有一种香型:薰衣草香型.
WP20120182 蚊香/0.3%/蚊香/右旋烯丙菊酯 0.3%/2012.09.13 至 2017.09.13/微毒
卫生 蚊 / 点燃
WP20120190 杀虫气雾剂/0.45%/气雾剂/炔咪菊酯 0.05%、右旋胺菊酯 0.2%、右旋苯醚菊酯 0.2%/2012.10.09 至 2017.10.09/微毒
卫生 蚊、蝇、蜚蠊 / 喷雾
WP20130038 杀虫气雾剂/0.5%/气雾剂/Es-生物烯丙菊酯 0.17%、氯菊酯 0.2%、右旋苯醚氰菊酯 0.13%/2013.03.12 至 2018.03.12/微毒
卫生 蚊、蝇、蜚蠊 / 喷雾
WP20130050 杀虫气雾剂/0.4%/气雾剂/右旋胺菊酯 0.12%、右旋苯醚氰菊酯 0.18%、右旋烯丙菊酯 0.1%/2013.03.20 至 2018.03.20/微毒
卫生 蚊、蝇、蜚蠊 / 喷雾
WP20130085 蚊香/0.05%/蚊香/氯氟醚菊酯 0.05%/2013.05.02 至 2018.05.02/微毒
卫生 蚊 / 点燃
WL20100106 杀虫气雾剂/0.58%/气雾剂/右旋胺菊酯 0.26%、右旋苯醚氰菊酯 0.28%、右旋反式氯丙炔菊酯 0.04%/2012.04.02 至 2013.04.02/微毒
卫生 蚊、蝇、蜚蠊 / 喷雾
WL20100227 驱蚊花露水/5%/驱蚊花露水/驱蚊酯 5%/2012.08.09 至 2013.08.09/微毒
卫生 蚊 / /
WL20100290 蚊香/0.08%/蚊香/氯氟醚菊酯 0.08%/2012.12.08 至 2013.12.08/微毒
卫生 蚊 / 点燃
WL20110013 电热蚊香液/0.6%/电热蚊香液/氯氟醚菊酯 0.6%/2013.02.11 至 2014.02.11/微毒
卫生 蚊 / 电热加温
WL20110014 电热蚊香片/13毫克/片/电热蚊香片/炔丙菊酯 5.2毫克/片、氯氟醚菊酯 7.8毫克/片/2013.02.11 至 2014.02.11/微毒

卫生 蚊 / 电热加温

江西山野化工有限责任公司 (江西省高安市大城经济开发区 330814 0791-6496299)

PD20080489 辛硫·三唑磷/40%/乳油/三唑磷 20%、辛硫磷 20%/2013.04.07 至 2018.04.07/中等毒
水稻 二化螟 360-480克/公顷 喷雾
PD20082381 异稻·稻瘟灵/40%/乳油/稻瘟灵 10%、异稻瘟净 30%/2013.12.01 至 2018.12.01/低毒
水稻 稻瘟病 900-1200克/公顷 喷雾
PD20082794 氰戊·辛硫磷/50%/乳油/氰戊菊酯 4.5%、辛硫磷 45.5%/2013.12.09 至 2018.12.09/中等毒
棉花 棉铃虫 450-562.5克/公顷 喷雾
PD20083113 苄嘧·苯噻酰/50%/可湿性粉剂/苯噻酰草胺 47%、苄嘧磺隆 3%/2013.12.10 至 2018.12.10/低毒
水稻抛秧田 一年生及部分多年生杂草 375-450克/公顷(南方地区) 药土法
PD20084220 苄·二氯/28%/可湿性粉剂/苄嘧磺隆 3%、二氯喹啉酸 25%/2013.12.17 至 2018.12.17/低毒
水稻秧田 一年生杂草 210-252克/公顷 茎叶喷雾
PD20090676 苄·乙/14%/可湿性粉剂/苄嘧磺隆 3.2%、乙草胺 10.8%/2014.01.19 至 2019.01.19/低毒
水稻移栽田 一年生杂草 84-118克/公顷 毒土法
PD20091819 苯·苄·乙草胺/32%/可湿性粉剂/苯噻酰草胺 27%、苄嘧磺隆 3%、乙草胺 2%/2014.02.05 至 2019.02.05/低毒
水稻移栽田 一年生及部分多年生杂草 240-288克/公顷(南方地区) 药土法
PD20092738 苄·丁/35%/可湿性粉剂/苄嘧磺隆 1.4%、丁草胺 33.6%/2014.03.04 至 2019.03.04/低毒
水稻抛秧田 部分多年生杂草、一年生杂草 630-787.5克/公顷 毒土法
PD20092775 阿维·哒螨灵/5%/乳油/阿维菌素 0.1%、哒螨灵 4.9%/2014.03.04 至 2019.03.04/低毒(原药高毒)
柑橘树 红蜘蛛 25-33毫克/千克 喷雾
PD20094127 唑磷·毒死蜱/30%/乳油/毒死蜱 10%、三唑磷 20%/2014.03.27 至 2019.03.27/中等毒
水稻 稻纵卷叶螟 225-315克/公顷 喷雾
PD20096358 三唑磷/20%/乳油/三唑磷 20%/2009.07.28 至 2014.07.28/中等毒
水稻 二化螟 202.5-305.75克/公顷 喷雾
PD20096491 吡虫·噻嗪酮/22%/可湿性粉剂/吡虫啉 2.5%、噻嗪酮 19.5%/2009.08.14 至 2014.08.14/低毒
水稻 稻飞虱 49.5-82.5克/公顷 喷雾
PD20098423 阿维菌素/18克/升/乳油/阿维菌素 18克/升/2009.12.24 至 2014.12.24/低毒(原药高毒)
十字花科蔬菜 小菜蛾 8.1—10.8克/公顷 喷雾
PD20098447 毒死蜱/480克/升/乳油/毒死蜱 480克/升/2009.12.24 至 2014.12.24/中等毒
水稻 稻纵卷叶螟 432—576克/公顷 喷雾
PD20100689 异丙威/20%/乳油/异丙威 20%/2010.01.16 至 2015.01.16/中等毒
水稻 稻飞虱 450-600克/公顷 喷雾

江西生成卫生用品有限公司 (江西省九江市武宁县万福经济技术开发区 332300 0792-2839356)

WP20110240 杀蟑饵剂/0.52%/饵剂/毒死蜱 0.52%/2011.10.18 至 2016.10.18/低毒
卫生 蜚蠊 / 投放
WP20130243 杀蟑胶饵/0.05%/饵剂/氟虫胺 0.05%/2013.12.02 至 2018.12.02/低毒
室内 蜚蠊 / 投放
WL20120039 驱蚊液/9%/驱蚊液/避蚊胺 9%/2013.07.12 至 2014.07.12/低毒
卫生 蚊 / 涂抹
WL20120059 杀蟑饵剂/0.1%/饵剂/茚虫威 0.1%/2013.12.12 至 2014.12.12/微毒
注:专供出口，不得在国内销售。
WL20120060 杀蚁饵剂/0.05%/饵剂/茚虫威 0.05%/2013.12.12 至 2014.12.12/微毒
注:专供出口，不得在国内销售。

江西省安农生化有限公司 (江西省进贤县张公镇工业开发区 330077 0791-5537611)

PD20091256 三环唑/75%/可湿性粉剂/三环唑 75%/2009.02.01 至 2014.02.01/低毒
水稻 稻瘟病 225-300克/公顷 喷雾
PD20091317 精喹禾灵/50克/升/乳油/精喹禾灵 50克/升/2009.02.01 至 2014.02.01/低毒
花生田 一年生禾本科杂草 37.5-45克/公顷 茎叶喷雾
PD20092094 甲氰菊酯/20%/乳油/甲氰菊酯 20%/2009.02.16 至 2014.02.16/中等毒
十字花科蔬菜 菜青虫 75-90克/公顷 喷雾
PD20092153 毒死蜱/480克/升/乳油/毒死蜱 480克/升/2009.02.23 至 2014.02.23/中等毒
水稻 稻纵卷叶螟、二化螟 468-648克/公顷 喷雾
PD20093724 敌百·辛硫磷/30%/乳油/敌百虫 20%、辛硫磷 10%/2009.03.25 至 2014.03.25/低毒
水稻 二化螟 450-540克/公顷 喷雾
PD20100116 噻嗪酮/25%/可湿性粉剂/噻嗪酮 25%/2010.01.05 至 2015.01.05/低毒
水稻 稻飞虱 75-150克/公顷 喷雾

江西省丰城市金丰化工有限责任公司 (江西省丰城市湖塘乡六坊村状元山 331100 0795-6123899)

PD20091507 异丙威/20%/乳油/异丙威 20%/2014.02.02 至 2019.02.02/中等毒
水稻 稻飞虱 540-600克/公顷 喷雾
PD20092170 噻嗪·异丙威/25%/可湿性粉剂/噻嗪酮 5%、异丙威 20%/2014.02.23 至 2019.02.23/中等毒
水稻 稻飞虱 450-562.5克/公顷 喷雾
PD20092443 仲丁威/20%/乳油/仲丁威 20%/2014.02.25 至 2019.02.25/低毒
水稻 稻飞虱 540-600克/公顷 喷雾

PD20100077 噻嗪酮/25%/可湿性粉剂/噻嗪酮 25%/2010.01.04 至 2015.01.04/低毒
水稻 稻飞虱 75-112.5克/公顷 喷雾
PD20101107 异丙威/4%/粉剂/异丙威 4%/2010.01.25 至 2015.01.25/中等毒
水稻 稻飞虱 600-720克/公顷 撒施
PD20120159 阿维·杀虫单/20%/微乳剂/阿维菌素 0.2%、杀虫单 19.8%/2012.01.30 至 2017.01.30/低毒(原药高毒)
水稻 二化螟 562.5-675克/公顷 喷雾

江西省赣州宇田化工有限公司 (江西省赣州市章贡区水东镇七里村 341001 0797-8465916)

PD20070218 异丙威/20%/乳油/异丙威 20%/2012.08.08 至 2017.08.08/低毒
水稻 稻飞虱 450-600克/公顷 喷雾
PD20070596 仲丁威/20%/乳油/仲丁威 20%/2012.12.14 至 2017.12.14/低毒
水稻 稻飞虱 450-540克/公顷 喷雾
PD20070612 仲丁威·三唑磷/25%/乳油/三唑磷 15%、仲丁威 10%/2012.12.14 至 2017.12.14/低毒
水稻 稻飞虱、稻纵卷叶螟 675-750克/公顷 喷雾
PD20080064 稻灵·异稻/35%/乳油/稻瘟灵 17%、异稻瘟净 18%/2013.01.04 至 2018.01.04/低毒
水稻 稻瘟病 525-630克/公顷 喷雾
PD20082038 甲基硫菌灵/70%/可湿性粉剂/甲基硫菌灵 70%/2013.12.03 至 2018.12.03/低毒
番茄 叶霉病 375-562克/公顷 喷雾
PD20082595 春雷霉素/2%/可湿性粉剂/春雷霉素 2%/2013.12.04 至 2018.12.04/低毒
黄瓜 枯萎病 56.25-75克/公顷 喷雾
水稻 稻瘟病 30-36克/公顷 喷雾
PD20082648 联苯菊酯/25克/升/乳油/联苯菊酯 25克/升/2013.12.04 至 2018.12.04/低毒
柑橘树 红蜘蛛 20.8-31.25毫克/千克 喷雾
PD20082680 双甲脒/10%/乳油/双甲脒 10%/2013.12.05 至 2018.12.05/中等毒
梨树 梨木虱 67-100毫克/千克 喷雾
PD20083084 杀螺胺乙醇胺盐/50%/可湿性粉剂/杀螺胺乙醇胺盐 50%/2013.12.10 至 2018.12.10/低毒
水稻 福寿螺 525-600克/公顷 喷雾或撒毒土
PD20083114 喹硫·敌百虫/35%/乳油/敌百虫 28%、喹硫磷 7%/2013.12.10 至 2018.12.10/中等毒
水稻 二化螟 525-630克/公顷 喷雾
PD20083355 井冈霉素/20%/可溶粉剂/井冈霉素 20%/2013.12.11 至 2018.12.11/低毒
水稻 纹枯病 75-111克/公顷 喷雾
PD20083642 高效氯氟氰菊酯/25克/升/乳油/高效氯氟氰菊酯 25克/升/2013.12.12 至 2018.12.12/中等毒
十字花科蔬菜 菜青虫 7.5-11.25克/公顷 喷雾
PD20091181 代森锰锌/80%/可湿性粉剂/代森锰锌 80%/2014.01.22 至 2019.01.22/低毒
柑橘 炭疽病 1000-1600毫克/千克 喷雾
PD20091525 噻嗪酮/25%/可湿性粉剂/噻嗪酮 25%/2014.02.02 至 2019.02.02/低毒
水稻 稻飞虱 93.75-131.25克/公顷 喷雾
PD20092053 噻嗪·异丙威/25%/可湿性粉剂/噻嗪酮 5%、异丙威 20%/2014.02.13 至 2019.02.13/低毒
水稻 稻飞虱 187.5-262.5克/公顷 喷雾
PD20092594 阿维菌素/1.8%/乳油/阿维菌素 1.8%/2014.02.27 至 2019.02.27/低毒(原药高毒)
柑橘树 红蜘蛛 4.5-9毫克/千克 喷雾
PD20093298 阿维·毒死蜱/15%/乳油/阿维菌素 0.2%、毒死蜱 14.8%/2014.03.13 至 2019.03.13/低毒(原药高毒)
柑橘树 红蜘蛛 60-75毫克/千克 喷雾
水稻 稻纵卷叶螟 135-157.5克/公顷 喷雾
PD20096361 三唑磷/20%/乳油/三唑磷 20%/2009.07.28 至 2014.07.28/中等毒
水稻 三化螟 300-450克/公顷 喷雾
PD20100006 甲氰·矿物油/65%/乳油/甲氰菊酯 0.5%、矿物油 64.5%/2010.01.04 至 2015.01.04/中等毒
棉花 蚜虫 198-274.22克/公顷 喷雾
苹果树 黄蚜 650-812.5毫克/千克 喷雾
PD20101836 辛硫·三唑磷/20%/乳油/三唑磷 10%、辛硫磷 10%/2010.07.28 至 2015.07.28/中等毒
水稻 稻纵卷叶螟、二化螟 360-450克/公顷 喷雾
PD20120080 甲氨基阿维菌素苯甲酸盐/3%/微乳剂/甲氨基阿维菌素 3%/2012.01.19 至 2017.01.19/低毒
甘蓝 甜菜夜蛾 1.8-2.25克/公顷 喷雾
注:甲氨基阿维菌素苯甲酸盐含量:3.4%。
PD20122075 高氯·甲维盐/1.1%/乳油/高效氯氰菊酯 1%、甲氨基阿维菌素苯甲酸盐 0.1%/2012.12.24 至 2017.12.24/低毒
甘蓝 菜青虫 5.775-9.075克/公顷 喷雾
PD20130167 丙溴·辛硫磷/25%/乳油/丙溴磷 6%、辛硫磷 19%/2013.01.24 至 2018.01.24/低毒
水稻 二化螟 262.5-375克/公顷 喷雾
PD20130470 阿维·三唑磷/20%/乳油/阿维菌素 0.2%、三唑磷 19.8%/2013.03.20 至 2018.03.20/中等毒(原药高毒)
水稻 二化螟 180-240克/公顷 喷雾

江西省高安金龙生物科技有限公司 (江西省高安市新世纪工业城 330800 0795-5293888)

PD20092159 高氯·马/20%/乳油/高效氯氰菊酯 2%、马拉硫磷 18%/2014.02.23 至 2019.02.23/中等毒
茶树 茶毛虫 60～180克/公顷 喷雾
PD20092182 毒·辛/20%/乳油/毒死蜱 4%、辛硫磷 16%/2014.02.23 至 2019.02.23/低毒

水稻 三化螟 375～450克/公顷 喷雾
PD20092437 毒死蜱/480克/升/乳油/毒死蜱 480克/升/2014.02.25 至 2019.02.25/中等毒
水稻 稻纵卷叶螟 504-576克/公顷 喷雾
PD20092982 仲丁威/25%/乳油/仲丁威 25%/2014.03.09 至 2019.03.09/低毒
水稻 稻飞虱 375-562.5克/公顷 喷雾
PD20093526 二甲戊灵/330克/升/乳油/二甲戊灵 330克/升/2014.03.23 至 2019.03.23/低毒
夏玉米田 一年生杂草 742.5-990克/公顷 播后苗前土壤喷雾
PD20093615 高效氯氟氰菊酯/25克/升/乳油/高效氯氟氰菊酯 25克/升/2014.03.25 至 2019.03.25/中等毒
烟草 烟青虫 5.625-9.375克/公顷 喷雾
PD20093835 虫酰肼/200克/升/悬浮剂/虫酰肼 200克/升/2014.03.25 至 2019.03.25/低毒
十字花科蔬菜 甜菜夜蛾 200-300克/公顷 喷雾
PD20093868 噻嗪·异丙威/25%/可湿性粉剂/噻嗪酮 20%、异丙威 5%/2014.03.25 至 2019.03.25/低毒
水稻 飞虱 375～562.5克/公顷 喷雾
PD20094140 毒死蜱/40%/乳油/毒死蜱 40%/2014.03.27 至 2019.03.27/中等毒
水稻 稻瘿蚊 900-1200克/公顷 喷雾
PD20097388 喹硫·敌百虫/35%/乳油/敌百虫 28%、喹硫磷 7%/2009.10.28 至 2014.10.28/中等毒
水稻 二化螟 420～630克/公顷 喷雾
PD20097843 唑磷·毒死蜱/25%/乳油/毒死蜱 8.3%、三唑磷 16.7%/2009.11.20 至 2014.11.20/中等毒
水稻 稻纵卷叶螟 262.5-375克/公顷 喷雾
PD20101042 春雷·王铜/47%/可湿性粉剂/春雷霉素 2%、王铜 45%/2010.01.21 至 2015.01.21/低毒
柑橘树 溃疡病 625－1000毫克/千克 喷雾
PD20101100 顺式氯氰菊酯/50克/升/乳油/顺式氯氰菊酯 50克/升/2010.01.25 至 2015.01.25/中等毒
甘蓝 菜青虫 11.25-15.75克/公顷 喷雾
PD20110310 苦参碱/0.3%/水剂/苦参碱 0.3%/2011.03.22 至 2016.03.22/低毒
甘蓝 菜青虫 4.5-5.4克/公顷 喷雾
PD20110457 草甘膦异丙胺盐/30%/水剂/草甘膦 30%/2011.04.21 至 2016.04.21/低毒
柑橘园 杂草 1125-2250克/公顷 茎叶喷雾
注:草甘膦异丙胺盐含量:41%。
PD20111260 春雷霉素/2%/可湿性粉剂/春雷霉素 2%/2011.11.23 至 2016.11.23/低毒
水稻 稻瘟病 30-37.5克/公顷 喷雾

江西省冠菊精细化工有限公司 (江西省进贤县张公镇(省红壤研究所内) 330000 0791-5537909)

WP20100166 蚊香/0.3%/蚊香/富右旋反式烯丙菊酯 0.3%/2010.12.15 至 2015.12.15/微毒
卫生 蚊 / 点燃
WP20110236 电热蚊香片/13毫克/片/电热蚊香片/炔丙菊酯 13毫克/片/2011.10.13 至 2016.10.13/微毒
卫生 蚊 / 电热加温

江西省海利贵溪化工农药有限公司 (江西省贵溪市柏里工业区 335425 0701-3322955)

PD85150-38 多菌灵/50%/可湿性粉剂/多菌灵 50%/2010.08.15 至 2015.08.15/低毒
果树 病害 0.05-0.1%药液 喷雾
花生 倒秧病 750克/公顷 喷雾
麦类 赤霉病 750克/公顷 喷雾、泼浇
棉花 苗期病害 250克/50千克种子 拌种
水稻 稻瘟病、纹枯病 750克/公顷 喷雾、泼浇
油菜 菌核病 1125-1500克/公顷 喷雾
PD86133-10 仲丁威/25%/乳油/仲丁威 25%/2011.10.26 至 2016.10.26/低毒
水稻 飞虱、叶蝉 375-562.5克/公顷 喷雾
PD86147 异丙威/98%,95%,90%/原药/异丙威 98%,95%,90%/2011.10.26 至 2016.10.26/中等毒
PD86148 异丙威/20%/乳油/异丙威 20%/2011.10.26 至 2016.10.26/中等毒
水稻 飞虱、叶蝉 450-600克/公顷 喷雾
PD91106-14 甲基硫菌灵/70%/可湿性粉剂/甲基硫菌灵 70%/2011.04.27 至 2016.04.27/低毒
番茄 叶霉病 375-562.5克/公顷 喷雾
甘薯 黑斑病 360-450毫克/千克 浸薯块
瓜类 白粉病 337.5-506.25克/公顷 喷雾
梨树 黑星病 360-450毫克/千克 喷雾
苹果树 轮纹病 700毫克/千克 喷雾
水稻 稻瘟病、纹枯病 1050-1500克/公顷 喷雾
小麦 赤霉病 750-1050克/公顷 喷雾
PD92106-4 仲丁威/20%/乳油/仲丁威 20%/2012.10.09 至 2017.10.09/低毒
水稻 飞虱、叶蝉 375-562.5克/公顷 喷雾
PD20060198 甲萘威/99%/原药/甲萘威 99%/2011.12.07 至 2016.12.07/中等毒
PD20070501 甲基硫菌灵/92%/原药/甲基硫菌灵 92%/2012.11.28 至 2017.11.28/低毒
PD20070606 灭多威/98/原药/灭多威 98%/2012.12.14 至 2017.12.14/高毒
PD20080034 甲萘威/85%/可湿性粉剂/甲萘威 85%/2013.01.04 至 2018.01.04/中等毒
水稻 稻飞虱 765-1275克/公顷 喷雾

江西省吉安市东庆精细化工有限公司　(江西省吉安市吉州区工业园樟山镇长亭口　343000　0796-8261420)

WP20120238　防蛀片剂/96%/片剂/樟脑 96%/2012.12.12 至 2017.12.12/低毒
卫生　黑毛皮蠹　200克/立方米　投放

江西省景德镇市农亚达农用化工有限公司　(江西省景德镇市历尧渡峰坑　333000　0798-8393268)

PD20083131　马拉·杀螟松/12%/乳油/马拉硫磷 10%、杀螟硫磷 2%/2008.12.10 至 2013.12.10/低毒
水稻　二化螟　180-270克/公顷　喷雾

PD20083372　氰戊·敌敌畏/30%/乳油/敌敌畏 25%、氰戊菊酯 5%/2008.12.11 至 2013.12.11/中等毒
棉花　棉铃虫　570-675克/公顷　喷雾

江西省科泰化学工业有限公司　(江西省赣州市大余县工业园新华工业小区　341500　0797-8731234)

PD20100090　速灭威/20%/乳油/速灭威 20%/2010.01.04 至 2015.01.04/中等毒
水稻　稻飞虱　450-600克/公顷　喷雾

江西省南昌绿叶化学制剂有限公司　(江西省南昌市高新技术开发区　330029　0791-8108141)

PD20097614　辛硫·三唑磷/40%/乳油/三唑磷 20%、辛硫磷 20%/2009.11.03 至 2014.11.03/中等毒
水稻　螟虫　360-480克/公顷　喷雾

江西省南昌农药厂　(江西省南昌市南昌县莲塘镇　330200　0791-5719923)

PD84104-4　杀虫双/18%/水剂/杀虫双 18%/2009.11.02 至 2014.11.02/中等毒
甘蔗、蔬菜、水稻、小麦、玉米　多种害虫　540-675克/公顷　喷雾
果树　多种害虫　225-360毫克/千克　喷雾

江西省南昌蚊香厂　(江西省南昌市十字街82号　330002　0791-6472305)

WL20100251　蚊香/0.05%/蚊香/氯氟醚菊酯 0.05%/2012.09.17 至 2013.09.17/微毒
卫生　蚊　/　点燃

江西省农福来农化有限公司　(江西省南昌市抚生路518号　330009　0791-7082291)

PD20084998　甲氰菊酯/20%/乳油/甲氰菊酯 20%/2013.12.22 至 2018.12.22/中等毒
十字花科蔬菜　菜青虫　60-90克/公顷　喷雾

PD20092570　稻瘟灵/30%/乳油/稻瘟灵 30%/2014.02.26 至 2019.02.26/低毒
水稻　稻瘟病　562.5-675克/公顷　喷雾

PD20093540　毒·辛/40%/乳油/毒死蜱 15%、辛硫磷 25%/2014.03.23 至 2019.03.23/中等毒
水稻　三化螟　450-600克/公顷　喷雾

PD20096718　毒·辛/25%/乳油/毒死蜱 7%、辛硫磷 18%/2009.09.07 至 2014.09.07/中等毒
水稻　稻纵卷叶螟　450－562.5克/公顷　喷雾

PD20097777　速灭威/20%/乳油/速灭威 20%/2009.11.12 至 2014.11.12/中等毒
水稻　稻飞虱　510-600克/公顷　喷雾

PD20101128　硫磺·多菌灵/50%/可湿性粉剂/多菌灵 15%、硫磺 35%/2010.01.25 至 2015.01.25/低毒
花生　叶斑病　1200－1800克/公顷　喷雾

PD20101161　甲硫·福美双/70%/可湿性粉剂/福美双 40%、甲基硫菌灵 30%/2010.01.25 至 2015.01.25/低毒
黄瓜　炭疽病　787.5-1050克/公顷　喷雾

江西省新龙生物科技有限公司　(江西省宜春市袁州区医药工业园　336000　)

LS20110165　甘蓝夜蛾核型多角体病毒/20亿PIB/毫升/悬浮剂/甘蓝夜蛾核型多角体病毒 20亿PIB/毫升/2013.06.14 至 2014.06.14/低毒
甘蓝　小菜蛾　1350-1800毫升制剂/公顷　喷雾
棉花　棉铃虫　750-900毫升制剂/公顷　喷雾

LS20130372　甘蓝夜蛾核型多角体病毒/200亿PIB/克/母药/甘蓝夜蛾核型多角体病毒 200亿PIB/克/2013.07.26 至 2014.07.26/低毒

江西省宜春新龙化工有限公司　(江西省宜春市经济开发区城南工业园　336000　0795-3240188)

PD20096511　草甘膦铵盐(33%)///水剂/草甘膦 30%/2009.08.19 至 2014.08.19/低毒
柑橘园　杂草　250-500毫升制剂/亩　定向茎叶喷雾

PD20097437　炔螨特/73%/乳油/炔螨特 73%/2009.10.28 至 2014.10.28/低毒
柑橘树　红蜘蛛　304-365毫克/千克　喷雾

PD20097912　百草枯/200克/升/水剂/百草枯 200克/升/2012.12.31 至 2014.07.01/中等毒
柑橘园　杂草　750-900克/公顷　定向茎叶喷雾

PD20100182　异丙威/20%/乳油/异丙威 20%/2010.01.05 至 2015.01.05/低毒
水稻　稻飞虱　525-600克/公顷　喷雾

PD20121349　吡虫啉/70%/可湿性粉剂/吡虫啉 70%/2012.09.13 至 2017.09.13/低毒
水稻　稻飞虱　15-30克/公顷　喷雾

PD20130088　阿维·高氯/2.5%/乳油/阿维菌素 0.2%、高效氯氰菊酯 2.3%/2013.01.15 至 2018.01.15/低毒(原药高毒)
叶菜　菜青虫、小菜蛾　13.5-27克/公顷　喷雾

江西省鹰潭市双收农药有限责任公司　(江西省鹰潭市西郊320国道北侧市工业园　335000　0701-6219171)

PD20085253　辛硫磷/40%/乳油/辛硫磷 40%/2013.12.23 至 2018.12.23/低毒
棉花　棉铃虫　450-600克/公顷　喷雾

PD20085551　三环唑/20%/可湿性粉剂/三环唑 20%/2013.12.25 至 2018.12.25/低毒
水稻　稻瘟病　225-300克/公顷　喷雾

PD20085794　杀螟丹/50%/可溶粉剂/杀螟丹 50%/2013.12.29 至 2018.12.29/中等毒
水稻　二化螟　750-825克/公顷　喷雾

PD20086201 高效氯氟氰菊酯/25克/升/乳油/高效氯氟氰菊酯 25克/升/2013.12.30 至 2018.12.30/中等毒
十字花科蔬菜 菜青虫 11.25-15克/公顷 喷雾
PD20086230 联苯菊酯/100克/升/乳油/联苯菊酯 100克/升/2013.12.31 至 2018.12.31/中等毒
茶树 茶尺蠖 11.25-15克/公顷 喷雾
PD20091278 异丙威/20%/乳油/异丙威 20%/2014.02.01 至 2019.02.01/低毒
水稻 稻飞虱 450-600克/公顷 喷雾
PD20091473 仲丁威/20%/乳油/仲丁威 20%/2014.02.02 至 2019.02.02/低毒
水稻 稻飞虱 450-600克/公顷 喷雾
PD20091496 噻嗪·异丙威/25%/可湿性粉剂/噻嗪酮 5%、异丙威 20%/2014.02.02 至 2019.02.02/低毒
水稻 稻飞虱 450-562.5克/公顷 喷雾
PD20091704 毒死蜱/480克/升/乳油/毒死蜱 480克/升/2009.02.03 至 2014.02.03/中等毒
水稻 稻纵卷叶螟 468-612克/公顷 喷雾
PD20091763 甲氰菊酯/20%/乳油/甲氰菊酯 20%/2014.02.04 至 2019.02.04/中等毒
十字花科蔬菜 菜青虫 60-120克/公顷 喷雾
PD20091952 多菌灵/50%/可湿性粉剂/多菌灵 50%/2014.02.12 至 2019.02.12/微毒
水稻 稻瘟病 1125-1500克/公顷 喷雾
PD20091986 氯氰·丙溴磷/440克/升/乳油/丙溴磷 400克/升、氯氰菊酯 40克/升/2014.02.12 至 2019.02.12/中等毒
棉花 棉铃虫 528-660克/公顷 喷雾
PD20092613 炔螨特/73%/乳油/炔螨特 73%/2014.03.02 至 2019.03.02/低毒
柑橘树 红蜘蛛 243-365毫克/千克 喷雾
PD20092836 井冈霉素/3%/水剂/井冈霉素A 2.4%/2014.03.05 至 2019.03.05/微毒
水稻 纹枯病 150-187.5克/公顷 喷雾
PD20092949 吡虫啉/200克/升/可溶液剂/吡虫啉 200克/升/2009.03.09 至 2014.03.09/低毒
水稻 稻飞虱 24-30克/公顷 喷雾
PD20093002 多菌灵/50%/可湿性粉剂/多菌灵 50%/2014.03.09 至 2019.03.09/低毒
苹果树 轮纹病 800-1000毫克/千克 喷雾
PD20093453 甲基硫菌灵/70%/可湿性粉剂/甲基硫菌灵 70%/2014.03.23 至 2019.03.23/低毒
苹果树 轮纹病 700-875毫克/千克 喷雾
PD20093501 丙环唑/250克/升/乳油/丙环唑 250克/升/2014.03.23 至 2019.03.23/低毒
香蕉 叶斑病 250-500毫克/千克 喷雾
PD20093798 毒·辛/40%/乳油/毒死蜱 15%、辛硫磷 25%/2014.03.25 至 2019.03.25/低毒
水稻 三化螟 450-750克/公顷 喷雾
PD20094285 速灭威/25%/可湿性粉剂/速灭威 25%/2014.03.31 至 2019.03.31/低毒
水稻 飞虱 562.5-750克/公顷 喷雾
PD20100052 三唑磷/20%/乳油/三唑磷 20%/2010.01.04 至 2015.01.04/中等毒
水稻 二化螟 202.5-303.75克/公顷 喷雾
PD20100646 井冈霉素/16%/可溶粉剂/井冈霉素A 16%/2010.01.15 至 2015.01.15/低毒
水稻 纹枯病 150-187.5克/公顷 喷雾
注:井冈霉素含含量: 20%。

江西省余干县农业化工厂 (江西省余干县瑞洪工业开发区 335118 0793-3465131)

PD20060049 氯氰·三唑磷/11%/乳油/氯氰菊酯 1%、三唑磷 10%/2011.02.27 至 2016.02.27/中等毒
棉花 棉铃虫 165-247.5克/公顷 喷雾
PD20083456 精喹·草除灵/17.5%/乳油/草除灵 15%、精喹禾灵 2.5%/2013.12.12 至 2018.12.12/低毒
油菜田 一年生杂草 262.5-393.5克/公顷 茎叶喷雾
PD20083571 高效氯氰菊酯/4.5%/乳油/高效氯氰菊酯 4.5%/2013.12.12 至 2018.12.12/低毒
十字花科蔬菜 菜青虫 15-22.5克/公顷 喷雾
PD20083709 高氯·马/20%/乳油/高效氯氰菊酯 2%、马拉硫磷 18%/2013.12.15 至 2018.12.15/低毒
茶树 茶毛虫 120-150克/公顷 喷雾
PD20083822 多菌灵/25%/可湿性粉剂/多菌灵 25%/2013.12.15 至 2018.12.15/低毒
水稻 稻瘟病 375-750克/公顷 喷雾
PD20085318 敌敌畏/30%/乳油/敌敌畏 30%/2013.12.24 至 2018.12.24/中等毒
水稻 稻飞虱 450-540克/公顷 喷雾
PD20094509 毒死蜱/20%/乳油/毒死蜱 20%/2014.04.09 至 2019.04.09/低毒
水稻 稻瘿蚊 900-1200克/公顷 喷雾
PD20100474 阿维·毒死蜱/15%/乳油/阿维菌素 0.1%、毒死蜱 14.9%/2010.01.14 至 2015.01.14/低毒(原药高毒)
甘蓝 小菜蛾 45-56.25克/公顷 喷雾

江西省樟树市夏宝实业有限责任公司 (江西省樟树市大桥工业园 331200 0795-7327288)

WL20100280 蚊香/0.05%/蚊香/氯氟醚菊酯 0.05%/2012.12.02 至 2013.12.02/微毒
卫生 蚊 / 点燃

江西省樟树市樟菊日用化工厂 (江西省樟树市大桥街道办事处 331200 0795-7325788)

WP20080482 蚊香/0.3%/蚊香/富右旋反式烯丙菊酯 0.3%/2013.12.17 至 2018.12.17/微毒
卫生 蚊 / 点燃
WP20100074 蚊香/0.2%/蚊香/Es-生物烯丙菊酯 0.2%/2010.05.19 至 2015.05.19/微毒

卫生 蚊 / 点燃
注:本品有三种香型:檀香型、香樟油型、野菊花型。
WP20120255 蚊香/0.05%/蚊香/氯氟醚菊酯 0.05%/2012.12.24 至 2017.12.24/微毒
卫生 蚊 / 点燃
注:本产品有三种香型:檀香型、香樟香型、野菊花香型。
WL20100254 杀虫气雾剂/0.5%/气雾剂/Es-生物烯丙菊酯 0.17%、氯菊酯 0.2%、右旋苯醚氰菊酯 0.13%/2012.09.17 至2013.09.17/微毒
卫生 蚊、蝇、蜚蠊 / 喷雾
注:本品有三种香型:柠檬香型、夜来香型、花香型。

江西省资溪县农药厂 (江西省抚州地区资溪县城郊 335400 0794-5793560)

PD20095781 三唑磷/20%/乳油/三唑磷 20%/2009.05.21 至 2014.05.21/中等毒
棉花 红铃虫、棉铃虫 375-450克/公顷 喷雾
水稻 二化螟、三化螟 300-450克/公顷 喷雾

江西盛华生物农药有限责任公司 (江西省抚州市南湖路 344809 0794-8238688)

PD20082345 阿维菌素/0.5%/乳油/阿维菌素 0.5%/2013.12.01 至 2018.12.01/低毒(原药高毒)
梨树 梨木虱 6-12毫克/千克 喷雾
PD20082676 阿维菌素/0.9%/乳油/阿维菌素 0.9%/2013.12.05 至 2018.12.05/低毒(原药高毒)
棉花 棉铃虫 21.6-32.4克/公顷 喷雾
PD20083495 阿维菌素/1.8%/乳油/阿维菌素 1.8%/2013.12.12 至 2018.12.12/低毒(原药高毒)
甘蓝 小菜蛾 8.1-10.8克/公顷 喷雾
柑橘树 红蜘蛛 4.5-9毫克/千克 喷雾
PD20090212 稻瘟灵/30%/乳油/稻瘟灵 30%/2014.01.09 至 2019.01.09/低毒
水稻 稻瘟病 450-675克/公顷 喷雾
PD20090506 草甘膦异丙胺盐/41%/水剂/草甘膦异丙胺盐 41%/2014.01.12 至 2019.01.12/低毒
柑橘园 杂草 1125-2250克/公顷 定向茎叶喷雾
PD20093391 氯氰·丙溴磷/440克/升/乳油/丙溴磷 400克/升、氯氰菊酯 40克/升/2014.03.19 至 2019.03.19/中等毒
棉花 棉铃虫 528-660克/公顷 喷雾
PD20098239 三唑磷/20%/乳油/三唑磷 20%/2009.12.16 至 2014.12.16/中等毒
水稻 二化螟 180-225克/公顷 喷雾
PD20130741 高氯·氟铃脲/5%/乳油/氟铃脲 2%、高效氯氰菊酯 3%/2013.04.12 至 2018.04.12/低毒
甘蓝 甜菜夜蛾 45-52.5克/公顷 喷雾

江西施普润农化有限公司 (江西省泰和县上田 343700 0796-5380606)

PD20060065 氯氰·敌敌畏/10%/乳油/敌敌畏 8%、氯氰菊酯 2%/2011.04.04 至 2016.04.04/中等毒
十字花科蔬菜 菜青虫 37.5-75克/公顷 喷雾
PD20083332 甲氰菊酯/20%/乳油/甲氰菊酯 20%/2013.12.11 至 2018.12.11/中等毒
棉花 红蜘蛛 90-150克/公顷 喷雾
PD20083417 毒死蜱/480克/升/乳油/毒死蜱 480克/升/2013.12.11 至 2018.12.11/中等毒
水稻 稻纵卷叶螟 432-576克/公顷 喷雾
PD20084968 噻嗪酮/25%/可湿性粉剂/噻嗪酮 25%/2013.12.22 至 2018.12.22/低毒
水稻 稻飞虱 112.5—150克/公顷 喷雾
PD20086086 阿维菌素/18克/升/乳油/阿维菌素 18克/升/2013.12.30 至 2018.12.30/中等毒(原药高毒)
甘蓝 小菜蛾 8.1-10.8毫克/千克 喷雾
PD20090915 氰戊·辛硫磷/25%/乳油/氰戊菊酯 6.5%、辛硫磷 18.5%/2014.01.19 至 2019.01.19/中等毒
棉花 棉铃虫 270-300克/公顷 喷雾
小麦 蚜虫 93.75-150克/公顷 喷雾
PD20091110 乙草胺/900克/升/乳油/乙草胺 900克/升/2014.01.21 至 2019.01.21/低毒
花生田 一年生杂草 1080-1350克/公顷 播后苗前土壤喷雾
PD20091267 三环唑/75%/可湿性粉剂/三环唑 75%/2014.02.01 至 2019.02.01/中等毒
水稻 稻瘟病 225-375克/公顷 喷雾
PD20097864 唑磷·毒死蜱/25%/乳油/毒死蜱 5%、三唑磷 20%/2009.11.20 至 2014.11.20/中等毒
水稻 稻纵卷叶螟 300-375克/公顷 喷雾
PD20100147 辛硫·三唑磷/40%/乳油/三唑磷 20%、辛硫磷 20%/2010.01.05 至 2015.01.05/中等毒
水稻 二化螟 360-480克/公顷 喷雾
PD20110470 氟铃·毒死蜱/22%/乳油/毒死蜱 20%、氟铃脲 2%/2011.04.22 至 2016.04.22/中等毒
棉花 棉铃虫 264-396克/公顷 喷雾
PD20120149 阿维菌素/5%/乳油/阿维菌素 5%/2012.01.30 至 2017.01.30/中等毒(原药高毒)
甘蓝 小菜蛾 8.1-10.8克/公顷 喷雾
PD20120556 甲氨基阿维菌素苯甲酸盐/1%/微乳剂/甲氨基阿维菌素 1%/2012.03.28 至 2017.03.28/低毒
甘蓝 小菜蛾 2.25-3克/公顷 喷雾
注:甲氨基阿维菌素苯甲酸盐含量:1.14%。
PD20120888 阿维·毒死蜱/10%/乳油/阿维菌素 0.1%、毒死蜱 9.9%/2012.05.24 至 2017.05.24/低毒(原药高毒)
水稻 稻纵卷叶螟 120-150克/公顷 喷雾
LS20110183 烯啶虫胺/10%/水剂/烯啶虫胺 10%/2013.07.07 至 2014.07.07/低毒

棉花 蚜虫 15-30克/公顷 喷雾
LS20110319 吡虫·仲丁威/10%/乳油/吡虫啉 1%、仲丁威 9%/2013.12.06 至 2014.12.06/低毒
水稻 稻飞虱 180-210克/公顷 喷雾
LS20120400 阿维·丁虫腈/5%/乳油/阿维菌素 3.5%、丁虫腈 1.5%/2013.12.12 至 2014.12.12/低毒(原药高毒)
甘蓝 小菜蛾 7.5-11.25克/公顷 喷雾
LS20130101 吡蚜酮/60%/水分散粒剂/吡蚜酮 60%/2013.03.11 至 2014.03.11/低毒
水稻 飞虱 90—117克/公顷 喷雾

江西睡怡日化有限公司 (江西省永丰县工业园南区 331500 0796-2222596)

WP20130108 杀虫气雾剂/0.36%/气雾剂/炔丙菊酯 0.07%%、右旋胺菊酯 0.17%%、右旋苯醚氰菊酯 0.12%%/2013.05.27至2018.05.27/微毒
卫生 蜚蠊、蚊、蝇 / 喷雾
WP20130172 蚊香/0.05%/蚊香/氯氟醚菊酯 0.05%/2013.08.01 至 2018.08.01/微毒
室内 蚊 / 点燃
注:本产品有两种香型:野菊花香型、桂花檀香香型。
WL20100114 蚊香/0.08%/蚊香/氯氟醚菊酯 0.08%/2012.05.04 至 2013.05.04/低毒
卫生 蚊 / /
注:本品有两种香型:百花香型、茉莉香型。

江西顺泉生物科技有限公司 (江西省抚州市临川区河西火焰山 344100 0794-8423669)

PD20093607 三环唑/75%/可湿性粉剂/三环唑 75%/2014.03.23 至 2019.03.23/低毒
水稻 稻瘟病 225-375克/公顷 喷雾
PD20094087 噻嗪·异丙威/25%/可湿性粉剂/噻嗪酮 5%、异丙威 20%/2014.03.27 至 2019.03.27/低毒
水稻 稻飞虱 450-562.5克/公顷 喷雾
PD20094112 杀螟丹/50%/可溶粉剂/杀螟丹 50%/2014.03.27 至 2019.03.27/中等毒
水稻 二化螟 600-900克/公顷 喷雾
PD20095383 苏云金杆菌/8000IU/微升/悬浮剂/苏云金杆菌 8000IU/微升/2014.04.27 至 2019.04.27/低毒
十字花科蔬菜 菜青虫 1500-2250克制剂/公顷 喷雾
PD20097246 百草枯/200克/升/水剂/百草枯 200克/升/2012.12.31 至 2014.07.01/中等毒
柑橘园 杂草 750-900克/公顷 行间定向茎叶喷雾
PD20097701 草甘膦/30%/水剂/草甘膦 30%/2009.11.04 至 2014.11.04/低毒
柑橘园 杂草 1125-2250克/公顷 定向茎叶喷雾
PD20100788 苏云金杆菌/16000IU/毫克/可湿性粉剂/苏云金杆菌 16000IU/毫克/2010.01.19 至 2015.01.19/低毒
十字花科蔬菜 小菜蛾 750-1125克制剂/公顷 喷雾
PD20130788 吡蚜酮/25%/可湿性粉剂/吡蚜酮 25%/2013.04.22 至 2018.04.22/低毒
烟草 烟蚜 45-75克/公顷 喷雾

江西穗丰农药化工有限公司 (江西省南昌县蒋巷经济开发区 330224 0791-5070518)

PD20070601 马拉·杀螟松/12%/乳油/马拉硫磷 10%、杀螟硫磷 2%/2012.12.14 至 2017.12.14/低毒
水稻 二化螟 225-270克/公顷 喷雾
PD20080316 敌敌畏/50%/乳油/敌敌畏 50%/2013.02.25 至 2018.02.25/低毒
十字花科蔬菜 菜青虫 600-675克/公顷 喷雾
PD20080876 异丙威/20%/乳油/异丙威 20%/2013.07.04 至 2018.07.04/低毒
水稻 稻飞虱 450-600克/公顷 喷雾
PD20081847 丁硫·辛硫磷/20%/乳油/丁硫克百威 5%、辛硫磷 15%/2013.11.20 至 2018.11.20/中等毒
棉花 棉铃虫 315-375克/公顷 喷雾
PD20083945 高效氯氟氰菊酯/25克/升/乳油/高效氯氟氰菊酯 25克/升/2013.12.15 至 2018.12.15/中等毒
十字花科蔬菜 菜青虫 7.5-11.25克/公顷 喷雾
PD20084558 多菌灵/50%/可湿性粉剂/多菌灵 50%/2013.12.18 至 2018.12.18/低毒
水稻 稻瘟病 750-900克/公顷 喷雾
PD20084612 噻嗪酮/25%/可湿性粉剂/噻嗪酮 25%/2013.12.18 至 2018.12.18/低毒
水稻 稻飞虱 112.5-150克/公顷 喷雾
PD20085040 毒死蜱/480克/升/乳油/毒死蜱 480克/升/2008.12.23 至 2013.12.23/中等毒
水稻 二化螟 576-648克/公顷 喷雾
PD20085641 稻瘟灵/30%/乳油/稻瘟灵 30%/2013.12.26 至 2018.12.26/低毒
水稻 稻瘟病 450-675克/公顷 喷雾
PD20086164 敌百·毒死蜱/40%/乳油/敌百虫 20%、毒死蜱 20%/2013.12.30 至 2018.12.30/低毒
水稻 稻纵卷叶螟 480-600克/公顷 喷雾
PD20093426 井冈·硫酸铜/4.5%/水剂/井冈霉素 4%、硫酸铜 0.5%/2014.03.23 至 2019.03.23/低毒
水稻 纹枯病 59-79克/公顷 喷雾
PD20096623 喹硫磷/25%/乳油/喹硫磷 25%/2009.09.02 至 2014.09.02/中等毒
水稻 稻纵卷叶螟 375-495克/公顷 喷雾
PD20097570 三唑磷/20%/乳油/三唑磷 20%/2009.11.03 至 2014.11.03/中等毒
水稻 二化螟 202.5-303.75克/公顷 喷雾
PD20097952 阿维·高氯/1.8%/乳油/阿维菌素 0.3%、高效氯氰菊酯 1.5%/2009.11.30 至 2014.11.30/中等毒(原药高毒)
甘蓝 菜青虫、小菜蛾 7.5-15克/公顷 喷雾

PD20101433 辛硫·三唑磷/30%/乳油/三唑磷 7.5%、辛硫磷 22.5%/2010.05.04 至 2015.05.04/中等毒
水稻 二化螟 405-540克/公顷 喷雾

江西天人生态股份有限公司 (江西省吉安市井冈山经济技术开发区君山大道181号 343100 0796-8403926)

PD20094629 金龟子绿僵菌/170亿活孢子/克/原药/金龟子绿僵菌 170亿活孢子/克/2014.04.10 至 2019.04.10/低毒

PD20102133 球孢白僵菌/150亿个孢子/克/可湿性粉剂/球孢白僵菌 150亿个孢子/克/2010.12.02 至 2015.12.02/低毒
花生 蛴螬 3750-4500克制剂/公顷 拌毒土撒施
马尾松 松毛虫 3000-3900克制剂/公顷 喷雾

PD20102134 球孢白僵菌/400亿个孢子/克/可湿性粉剂/球孢白僵菌 400亿个孢子/克/2010.12.02 至 2015.12.02/低毒
茶树 茶小绿叶蝉 375-450克/公顷(制剂) 喷雾
林木 光肩星天牛 1500-2500倍液 喷雾(防治成虫);产卵(排泄孔)注射(防治幼虫)
林木 美国白蛾 1500-2500倍液 喷雾
马尾松 松毛虫 1200-1500克/公顷(制剂) 喷雾
棉花 斜纹夜蛾 375-450克/公顷(制剂) 喷雾
杨树 杨小舟蛾 1500-2500倍液 喷雾
竹子 竹蝗 1500-2500倍液 喷雾

PD20102135 球孢白僵菌/500亿个孢子/克/母药/球孢白僵菌 500亿个孢子/克/2010.12.02 至 2015.12.02/低毒

PD20102169 甲氨基阿维菌素苯甲酸盐/5%/水分散粒剂/甲氨基阿维菌素 5%/2010.12.09 至 2015.12.09/低毒
柏树、侧柏、林木、桐油树、杨树 毒蛾 11.25-15克/公顷 喷雾
甘蓝 甜菜夜蛾 2.5～3.75克/公顷 喷雾
水稻 二化螟 7.5～15克/公顷 喷雾
注:甲氨基阿维菌素苯甲酸盐含量: 5.7%。

PD20102193 苯甲·丙环唑/30%/乳油/苯醚甲环唑 15%、丙环唑 15%/2010.12.15 至 2015.12.15/低毒
水稻 纹枯病 67.5-112.5克/公顷 喷雾
香蕉 叶斑病 150-300毫克/千克 喷雾

PD20110965 球孢白僵菌/400亿个孢子/克/水分散粒剂/球孢白僵菌 400亿个孢子/克/2011.09.08 至 2016.09.08/低毒
水稻 稻纵卷叶螟 390-525克制剂/公顷 喷雾
小白菜 小菜蛾 390-525克制剂/公顷 喷雾

PD20111087 啶虫脒/5%/乳油/啶虫脒 5%/2011.10.13 至 2016.10.13/低毒
柑橘树 蚜虫 10-20毫克/千克 喷雾

PD20111249 球孢白僵菌/400个亿孢子/克/可湿性粉剂/球孢白僵菌 400个亿孢子/克/2011.11.23 至 2016.11.23/低毒
林木 美国白蛾 1500-2500倍液 喷雾
林木 光肩星天牛 1500-2500倍液 喷雾(防治成虫);产卵孔(排泄孔)注射(防治幼虫)
杨树 杨小舟蛾 1500-2500倍液 喷雾
竹子 竹蝗 1500-2500倍液 喷雾

PD20111268 高效氯氟氰菊酯/25克/升/乳油/高效氯氟氰菊酯 25克/升/2011.11.23 至 2016.11.23/低毒
叶菜 菜青虫 9.37-12.5克/公顷 喷雾

PD20111417 精喹禾灵/10%/乳油/精喹禾灵 10%/2011.12.23 至 2016.12.23/低毒
夏大豆田 一年生禾本科杂草 48.6-56.7克/公顷 茎叶喷雾

PD20120147 球孢白僵菌/300亿孢子/克/可分散油悬浮剂/球孢白僵菌 300亿孢子/克/2012.01.30 至 2017.01.30/低毒
棉花 斜纹夜蛾 500-700克制剂/公顷 喷雾
水稻 稻纵卷叶螟 500-700克制剂/公顷 喷雾

PD20120629 金龟子绿僵菌/100亿孢子/克/油悬浮剂/金龟子绿僵菌 100亿孢子/克/2012.04.12 至 2017.04.12/低毒
大白菜 甜菜夜蛾 20-33克/亩 喷雾

PD20120805 甲维·氟铃脲/10.5%/水分散粒剂/氟铃脲 10%、甲氨基阿维菌素苯甲酸盐 0.5%/2012.05.17 至 2017.05.17/低毒
棉花 斜纹夜蛾 31.5-52克/公顷 喷雾

PD20120920 甲氨基阿维菌素苯甲酸盐/0.5%/微乳剂/甲氨基阿维菌素 0.5%/2012.06.04 至 2017.06.04/低毒
甘蓝 甜菜夜蛾 3-4.5克/公顷 喷雾
注:甲氨基阿维菌素苯甲酸盐含量: 0.57%。

PD20121305 金龟子绿僵菌/100亿孢子/克/可湿性粉剂/金龟子绿僵菌 100亿孢子/克/2012.09.11 至 2017.09.11/低毒
草地 蝗虫 20-30克制剂/亩 喷雾
苹果树 桃小食心虫 3000-4000倍液 喷雾

PD20130554 球孢白僵菌/2亿孢子/平方厘米/挂条/球孢白僵菌 2亿孢子/平方厘米/2013.04.01 至 2018.04.01/低毒
马尾松 松褐天牛 2-3条/15株 缠绕挂条
杨树 光肩星天牛 2-3条/15株 缠绕挂条

PD20130846 嘧菌酯/25%/悬浮剂/嘧菌酯 25%/2013.04.22 至 2018.04.22/低毒
水稻 稻瘟病 300-400 克/公顷 喷雾

PD20131085 滴酸·二氯吡/24%/水剂/2,4-滴 16%、二氯吡啶酸 8%/2013.05.20 至 2018.05.20/低毒

非耕地 薇甘菊 120-240毫克/千克 兑水喷雾

PD20132326 苯醚甲环唑/10%/水分散粒剂/苯醚甲环唑 10%/2013.11.13 至 2018.11.13/低毒

西瓜 炭疽病 60-90克/公顷 喷雾

PD20132342 烯啶虫胺/50%/可溶粒剂/烯啶虫胺 50%/2013.11.20 至 2018.11.20/低毒

茶树 茶小绿叶蝉 20-30毫克/千克 喷雾

LS20110003 噻虫啉/2%/微囊悬浮剂/噻虫啉 2%/2013.01.07 至 2014.01.07/低毒

林木 天牛 7.5-22.5毫克/千克 喷雾

LS20110007 噻虫啉/1%/微囊粉剂/噻虫啉 1%/2013.01.07 至 2014.01.07/低毒

林木 天牛 22.5-67.5克/公顷 喷粉

LS20110317 噻虫啉/48%/悬浮剂/噻虫啉 48%/2013.12.06 至 2014.12.06/低毒

水稻 飞虱 75.6－100.8克/公顷 喷雾

水稻 蓟马 50.4－100.8克/公顷 喷雾

LS20130106 噻虫啉/70%/水分散粒剂/噻虫啉 70%/2014.03.11 至 2015.03.11/低毒

林木、柳树、松树 天牛 60-80毫克/千克 喷雾

WP20110233 杀蟑饵剂/5亿孢子/克/饵剂/金龟子绿僵菌 5亿孢子/克/2011.10.13 至 2016.10.13/低毒

卫生 蜚蠊 / 投放

江西田友生化有限公司 （江西省桑海经济技术开发区(南昌市新祺周） 330115 0791-83060000)

PD20070588 异丙威/20%/乳油/异丙威 20%/2012.12.14 至 2017.12.14/低毒

水稻 稻飞虱 450-600克/公顷 喷雾

PD20080216 稻瘟灵/40%/乳油/稻瘟灵 40%/2013.01.11 至 2018.01.11/低毒

水稻 稻瘟病 600-750克/公顷 喷雾

PD20081976 仲丁威/20%/乳油/仲丁威 20%/2013.11.25 至 2018.11.25/低毒

水稻 稻飞虱 450-525克/公顷 喷雾

PD20082167 三环唑/75%/可湿性粉剂/三环唑 75%/2013.11.26 至 2018.11.26/中等毒

水稻 稻瘟病 225-300克/公顷 喷雾

PD20082431 联苯菊酯/25克/升/乳油/联苯菊酯 25克/升/2013.12.02 至 2018.12.02/中等毒

茶树 茶小绿叶蝉 1200-1500毫升/公顷 喷雾

PD20082777 草甘膦异丙胺盐/41%/水剂/草甘膦异丙胺盐 41%/2013.12.08 至 2018.12.08/低毒

柑橘园 杂草 1125-2250克/公顷 定向茎叶喷雾

PD20082878 高效氯氟氰菊酯/25克/升/乳油/高效氯氟氰菊酯 25克/升/2013.12.09 至 2018.12.09/中等毒

棉花 棉铃虫 22.5-26.5克/公顷 喷雾

PD20083018 异丙威/4%/粉剂/异丙威 4%/2013.12.10 至 2018.12.10/中等毒

水稻 稻飞虱 600-720克/公顷 喷粉

PD20083045 乙酰甲胺磷/30%/乳油/乙酰甲胺磷 30%/2013.12.10 至 2018.12.10/低毒

水稻 二化螟 787.5-1012.5克/公顷 喷雾

PD20083580 毒死蜱/480克/升/乳油/毒死蜱 480克/升/2013.12.12 至 2018.12.12/中等毒

水稻 稻飞虱、稻纵卷叶螟、二化螟 300-432克/公顷 喷雾

PD20083725 甲氰菊酯/20%/乳油/甲氰菊酯 20%/2013.12.15 至 2018.12.15/中等毒

十字花科蔬菜 菜青虫 60-120克/公顷 喷雾

PD20086152 敌百・辛硫磷/30%/乳油/敌百虫 20%、辛硫磷 10%/2013.12.30 至 2018.12.30/低毒

水稻 二化螟 450-540克/公顷 喷雾

PD20090647 噻嗪酮/25%/可湿性粉剂/噻嗪酮 25%/2014.01.15 至 2019.01.15/低毒

水稻 稻飞虱 112.5-150克/公顷 喷雾

PD20091867 毒・辛/25%/乳油/毒死蜱 7%、辛硫磷 18%/2014.02.09 至 2019.02.09/中等毒

水稻 稻纵卷叶螟 375-562.5克/公顷 喷雾

PD20093328 辛硫・三唑磷/30%/乳油/三唑磷 7.5%、辛硫磷 22.5%/2014.03.18 至 2019.03.18/中等毒

水稻 二化螟 405-540克/公顷 喷雾

PD20095722 井冈・蜡芽菌//水剂/井冈霉素A 2%、蜡质芽孢杆菌 1亿CFU/克/2009.05.18 至 2014.05.18/低毒

水稻 纹枯病 30-50毫升/亩 喷雾

PD20101569 三唑磷/20%/乳油/三唑磷 20%/2010.05.19 至 2015.05.19/低毒

水稻 二化螟 180-225克/公顷 喷雾

PD20101936 蜡质芽孢杆菌/90亿个活芽孢/克/母药/蜡质芽孢杆菌 90亿个活芽孢/克/2010.08.27 至 2015.08.27/低毒

PD20111020 阿维菌素/18克/升/乳油/阿维菌素 18克/升/2011.09.30 至 2016.09.30/低毒(原药高毒)

棉花 红蜘蛛 10.8-16.2克/公顷 喷雾

PD20120399 苏云金杆菌/16000IU/毫克/可湿性粉剂/苏云金杆菌 16000IU/毫克/2012.03.07 至 2017.03.07/低毒

水稻 稻纵卷叶螟 1500-2250克制剂/公顷 喷雾

PD20130606 苏云金杆菌/8000IU/微升/悬浮剂/苏云金杆菌 8000IU/微升/2013.04.02 至 2018.04.02/低毒

水稻 稻纵卷叶螟、二化螟 3000-6000毫升制剂/公顷 喷雾

PD20131245 低聚糖素/6%/水剂/低聚糖素 6%/2013.05.31 至 2018.05.31/低毒

水稻 纹枯病 7.2-14.4克/公顷 喷雾

PD20131246 氨基寡糖素/2%/水剂/氨基寡糖素 2%/2013.05.31 至 2018.05.31/低毒

烟草 病毒病 30－50.1克/公顷 喷雾/

PD20131606 吡虫啉/5%/乳油/吡虫啉 5%/2013.07.29 至 2018.07.29/低毒

水稻 稻飞虱 15-30克/公顷 喷雾
WP20130115 氟虫腈/2.5%/悬浮剂/氟虫腈 2.5%/2013.05.31 至 2018.05.31/低毒
室内 蜚蠊 62.5毫克/平方米 滞留喷洒

江西铜业集团(贵溪)新材料有限公司 (江西省贵溪市冶金大道贵冶厂内 335424 0701-3778104)

PD20097356 硫酸铜/98%/原药/硫酸铜 98%/2009.10.27 至 2014.10.27/低毒

江西万德化工科技有限公司 (江西省泰和县上田镇 343701 0796-5380903)

PD84104-5 杀虫双/18%/水剂/杀虫双 18%/2009.11.09 至 2014.11.09/中等毒
甘蔗、蔬菜、水稻、小麦、玉米 多种害虫 540-675克/公顷 喷雾
果树 多种害虫 225-360毫克/千克 喷雾
PD20040504 三唑磷/30%/乳油/三唑磷 30%/2009.12.19 至 2014.12.19/中等毒
水稻 三化螟 202.5-253.125克/公顷 喷雾
PD20040534 哒螨灵/15%/乳油/哒螨灵 15%/2009.12.19 至 2014.12.19/中等毒
柑橘树 红蜘蛛 50-67毫克/千克 喷雾
PD20040582 三唑磷/20%/乳油/三唑磷 20%/2009.12.19 至 2014.12.19/中等毒
棉花 棉红铃虫 375-450克/公顷 喷雾
水稻 二化螟、三化螟 300-450克/公顷 喷雾
PD20093876 毒死蜱/40%/乳油/毒死蜱 40%/2014.03.25 至 2019.03.25/中等毒
水稻 稻飞虱 450-600克/公顷 喷雾
PD20094048 三唑磷/40%/乳油/三唑磷 40%/2014.03.27 至 2019.03.27/中等毒
水稻 二化螟、三化螟 360-450克/公顷 喷雾
PD20096700 唑磷·毒死蜱/30%/乳油/毒死蜱 7%、三唑磷 23%/2009.09.07 至 2014.09.07/中等毒
水稻 稻纵卷叶螟 360-450克/公顷 喷雾
PD20100620 毒·辛/25%/乳油/毒死蜱 7%、辛硫磷 18%/2010.01.14 至 2015.01.14/中等毒
水稻 稻纵卷叶螟 450-562.5克/公顷 喷雾
PD20100683 甲氰菊酯/20%/乳油/甲氰菊酯 20%/2010.01.16 至 2015.01.16/中等毒
柑橘树 红蜘蛛 80-133毫克/千克 喷雾
PD20111363 阿维·氟铃脲/2.5%/乳油/阿维菌素 0.4%、氟铃脲 2.1%/2011.12.13 至 2016.12.13/低毒(原药高毒)
甘蓝 小菜蛾 11.25-16.875克/公顷 喷雾
PD20120196 唑磷·高氯氟/21%/乳油/高效氯氟氰菊酯 1%、三唑磷 20%/2012.02.03 至 2017.02.03/中等毒
棉花 棉铃虫 220.5-252克/公顷 喷雾
PD20120599 甲氨基阿维菌素苯甲酸盐/0.5%/微乳剂/甲氨基阿维菌素 0.5%/2012.04.11 至 2017.04.11/低毒
甘蓝 甜菜夜蛾 1.5-3克/公顷 喷雾
注:甲氨基阿维菌素苯甲酸盐含量:0.57%。
PD20121826 阿维·三唑磷/20%/乳油/阿维菌素 0.2%、三唑磷 19.8%/2012.11.22 至 2017.11.22/中等毒(原药高毒)
水稻 二化螟 180-270克/公顷 喷雾
PD20130947 咪鲜·三环唑/20%/可湿性粉剂/咪鲜胺 5%、三环唑 15%/2013.05.02 至 2018.05.02/低毒
水稻 稻瘟病 135-195克/公顷 喷雾

江西万丰农药化工有限公司 (江西省万安县城北工业区 343800 0796-5713178)

PD85150-7 多菌灵/50%/可湿性粉剂/多菌灵 50%/2011.03.28 至 2016.03.28/低毒
果树 病害 0.05-0.1%药液 喷雾
花生 倒秧病 750克/公顷 喷雾
麦类 赤霉病 750克/公顷 喷雾、泼浇
棉花 苗期病害 250克/50千克种子 拌种
水稻 稻瘟病、纹枯病 750克/公顷 喷雾、泼浇
油菜 菌核病 1125-1500克/公顷 喷雾
PD86148-10 异丙威/20%/乳油/异丙威 20%/2012.01.08 至 2017.01.08/中等毒
水稻 飞虱、叶蝉 450-600克/公顷 喷雾
PD86156-2 异丙威/4%/粉剂/异丙威 4%/2012.01.08 至 2017.01.08/中等毒
水稻 飞虱、叶蝉 600克/公顷 喷粉
PD20096745 仲丁威/20%/乳油/仲丁威 20%/2009.09.07 至 2014.09.07/低毒
水稻 稻飞虱 465-555克/公顷 喷雾
PD20096873 毒·辛/25%/乳油/毒死蜱 7%、辛硫磷 18%/2009.09.23 至 2014.09.23/中等毒
水稻 稻纵卷叶螟 506.25-562.5克/公顷 喷雾
PD20097667 毒死蜱/480克/升/乳油/毒死蜱 480克/升/2009.11.04 至 2014.11.04/中等毒
水稻 稻纵卷叶螟 540-612克/公顷 喷雾
PD20120632 阿维·三唑磷/15%/乳油/阿维菌素 0.1%、三唑磷 14.9%/2012.04.12 至 2017.04.12/中等毒(原药高毒)
棉花 棉铃虫 135-180克/公顷 喷雾

江西威力特生物科技有限公司 (江西省安义县工业园区凤凰东路18号 330500 0791-3499297)

PD20070168 氯氰·三唑磷/11%/乳油/氯氰菊酯 1%、三唑磷 10%/2012.06.25 至 2017.06.25/中等毒
棉花 棉铃虫 247.5-330克/公顷 喷雾
PD20081563 精喹禾灵/10.8%/乳油/精喹禾灵 10.8%/2013.11.11 至 2018.11.11/低毒
花生田 一年生禾本科杂草 40.5-48.6克/公顷 茎叶喷雾

PD20081952 氯氰·敌敌畏/10%/乳油/敌敌畏 8%、氯氰菊酯 2%/2013.11.24 至 2018.11.24/中等毒
十字花科蔬菜 蚜虫 45-75克/公顷 喷雾
PD20082028 异稻·稻瘟灵/40%/乳油/稻瘟灵 30%、异稻瘟净 10%/2013.11.25 至 2018.11.25/中等毒
水稻 稻瘟病 600-900克/公顷 喷雾
PD20085469 高效氯氟氰菊酯/2.5%/乳油/高效氯氟氰菊酯 2.5%/2013.12.25 至 2018.12.25/中等毒
十字花科蔬菜 蚜虫 7.5-15克/公顷 喷雾
PD20092617 螨醇·哒螨灵/20%/乳油/哒螨灵 8%、三氯杀螨醇 12%/2014.03.02 至 2019.03.02/低毒
柑橘树 红蜘蛛 133.3-200毫克/千克 喷雾
PD20094491 阿维·氯氰/2.1%/乳油/阿维菌素 0.1%、氯氰菊酯 2%/2014.04.09 至 2019.04.09/中等毒(原药高毒)
十字花科蔬菜 小菜蛾 18.9-22.05克/公顷 喷雾
PD20111188 草甘膦铵盐/65%/可溶粉剂/草甘膦 65%/2011.11.16 至 2016.11.16/低毒
非耕地 杂草 115-300克制剂/亩 喷雾
注:草甘膦铵盐含量：71.5%。
PD20121209 草甘膦/95%/原药/草甘膦 95%/2012.08.10 至 2017.08.10/低毒
PD20121686 苏云金杆菌/16000IU/毫克/可湿性粉剂/苏云金杆菌 16000IU/毫克/2012.11.05 至 2017.11.05/低毒
水稻 稻纵卷叶螟 100-150克制剂/亩 喷雾
PD20131288 戊唑醇/430克/升/悬浮剂/戊唑醇 430克/升/2013.06.08 至 2018.06.08/低毒
苹果树 斑点落叶病 61-86毫克/千克 喷雾
PD20131432 枯草芽孢杆菌/1000亿活芽孢/克/可湿性粉剂/枯草芽孢杆菌 1000亿活芽孢/克/2013.07.03 至 2018.07.03/低毒
草莓 灰霉病 40-60克制剂/亩 喷雾
PD20132252 几丁聚糖/2%/水剂/几丁聚糖 2%/2013.11.05 至 2018.11.05/低毒
黄瓜 霜霉病 10-12.5克/公顷 喷雾
PD20132316 毒死蜱/15%/颗粒剂/毒死蜱 15%/2013.11.13 至 2018.11.13/低毒
花生 蛴螬 2250-3600克/公顷 撒施
PD20132344 香菇多糖/1%/水剂/香菇多糖 1%/2013.11.20 至 2018.11.20/低毒
番茄 病毒病 15.6-18.75克/公顷 喷雾
PD20132461 苄嘧·丙草胺/40%/可湿性粉剂/苄嘧磺隆 4%、丙草胺 36%/2013.12.02 至 2018.12.02/低毒
水稻田(直播) 一年生杂草 360-480克/公顷 土壤喷雾

江西威牛作物科学有限公司 (江西省新建县文教路西街锦宸8栋503室 330100 0791-83712766)

PD20040477 三唑磷/20%/乳油/三唑磷 20%/2009.12.19 至 2014.12.19/低毒
水稻 二化螟 180-225克/公顷 喷雾
PD20040495 哒螨灵/15%/乳油/哒螨灵 15%/2009.12.19 至 2014.12.19/低毒
柑橘树 红蜘蛛 30-40毫克/千克 喷雾
PD20040710 杀虫单/50%/可溶粉剂/杀虫单 50%/2009.12.19 至 2014.12.19/中等毒
水稻 二化螟 678-810克/公顷 喷雾
水稻 稻纵卷叶螟 540-648克/公顷 喷雾
PD20040778 吡虫啉/10%/可湿性粉剂/吡虫啉 10%/2009.12.19 至 2014.12.19/低毒
水稻 稻飞虱 12-18克/公顷 喷雾
PD20040796 高效氯氰菊酯/4.5%/乳油/高效氯氰菊酯 4.5%/2009.12.19 至 2014.12.19/低毒
十字花科蔬菜 菜青虫 13.5-27克/公顷 喷雾
PD20050218 三唑·辛硫磷/20%/乳油/三唑磷 10%、辛硫磷 10%/2010.12.23 至 2015.12.23/中等毒
水稻 二化螟 360-450克/公顷 喷雾
PD20060120 苏云金杆菌/16000IU/毫克/可湿性粉剂/苏云金杆菌 16000IU/毫克/2011.06.15 至 2016.06.15/低毒
茶树 茶毛虫 400-800倍 喷雾
棉花 棉铃虫 3000-4500克制剂/公顷 喷雾
森林 松毛虫 600-800倍 喷雾
十字花科蔬菜 小菜蛾 1500-2250克制剂/公顷 喷雾
十字花科蔬菜 菜青虫 750-1500克制剂/公顷 喷雾
水稻 稻纵卷叶螟 3000-4500克制剂/公顷 喷雾
烟草 烟青虫 1500-3000克制剂/公顷 喷雾
玉米 玉米螟 1500-3000克制剂/公顷 加细纱灌心
枣树 枣尺蠖 600-800倍 喷雾
PD20060137 马拉·杀螟松/12%/乳油/马拉硫磷 10%、杀螟硫磷 2%/2011.07.21 至 2016.07.21/低毒
棉花 棉铃虫 135-180克/公顷 喷雾
水稻 二化螟 180-270克/公顷 喷雾
PD20060185 马拉·辛硫磷/25%/乳油/马拉硫磷 12.5%、辛硫磷 12.5%/2011.11.22 至 2016.11.22/低毒
水稻 稻纵卷叶螟 300-375克/公顷 喷雾
PD20070268 敌百·三唑磷/36%/乳油/敌百虫 30%、三唑磷 6%/2012.09.05 至 2017.09.05/中等毒
水稻 二化螟 810-972克/公顷 喷雾
PD20070540 乙酰甲胺磷/30%/乳油/乙酰甲胺磷 30%/2012.12.03 至 2017.12.03/低毒
烟草 烟青虫 675-900克/公顷 喷雾
PD20070580 异稻·三环唑/20%/可湿性粉剂/三环唑 5%、异稻瘟净 15%/2012.12.03 至 2017.12.03/低毒
水稻 稻瘟病 285-435克/公顷 喷雾

PD20070581 敌百·毒死蜱/40%/乳油/敌百虫 20%、毒死蜱 20%/2012.12.03 至 2017.12.03/低毒

水稻 稻纵卷叶螟 450-660克/公顷 喷雾

PD20080002 马拉硫磷/45%/乳油/马拉硫磷 45%/2013.01.03 至 2018.01.03/低毒

水稻 稻飞虱 540-810克/公顷 喷雾

PD20080048 异丙威/20%/乳油/异丙威 20%/2013.01.03 至 2018.01.03/低毒

水稻 稻飞虱 450-600克/公顷 喷雾

PD20080133 甲氰菊酯/10%/乳油/甲氰菊酯 10%/2013.01.03 至 2018.01.03/低毒

苹果树 红蜘蛛 100-125毫克/千克 喷雾

PD20080435 阿维菌素/18克/升/乳油/阿维菌素 18克/升/2013.03.12 至 2018.03.12/中等毒(原药高毒)

十字花科蔬菜 菜青虫 8.1-10.8克/公顷 喷雾

PD20081348 噻嗪酮/25%/可湿性粉剂/噻嗪酮 25%/2013.10.21 至 2018.10.21/低毒

水稻 稻飞虱 7.5-112.5克/公顷 喷雾

PD20082032 草甘膦/30%/水剂/草甘膦 30%/2013.11.25 至 2018.11.25/低毒

柑橘园 杂草 1125-2250克/公顷 定向茎叶喷雾

PD20082175 敌百·乙酰甲/25%/乳油/敌百虫 10%、乙酰甲胺磷 15%/2013.11.26 至 2018.11.26/低毒

十字花科蔬菜 菜青虫 562.5-750克/公顷 喷雾

水稻 稻纵卷叶螟 225-375克/公顷 喷雾

PD20082442 草甘膦异丙胺盐/41%/水剂/草甘膦异丙胺盐 41%/2013.12.02 至 2018.12.02/低毒

柑橘园 杂草 1125-2250克/公顷 定向茎叶喷雾

PD20083056 敌百虫/30%/乳油/敌百虫 30%/2013.12.10 至 2018.12.10/低毒

十字花科蔬菜 菜青虫 450-675克/公顷 喷雾

PD20083707 仲丁威/20%/乳油/仲丁威 20%/2013.12.15 至 2018.12.15/低毒

水稻 稻飞虱 375-562.5克/公顷 喷雾

PD20083757 多·福/50%/可湿性粉剂/多菌灵 8%、福美双 42%/2013.12.15 至 2018.12.15/低毒

梨树 黑星病 1000-1500毫克/千克 喷雾

PD20084247 敌百·辛硫磷/30%/乳油/敌百虫 20%、辛硫磷 10%/2013.12.17 至 2018.12.17/低毒

水稻 二化螟 360-450克/公顷 喷雾

PD20084762 毒·辛/25%/乳油/毒死蜱 7%、辛硫磷 18%/2013.12.22 至 2018.12.22/低毒

水稻 稻纵卷叶螟 120-150克制剂/亩 喷雾

PD20085942 丙威·毒死蜱/13%/乳油/毒死蜱 3%、异丙威 10%/2013.12.29 至 2018.12.29/低毒

水稻 稻飞虱 150-200克制剂/亩；2250-3000克制剂/公顷 喷雾

PD20086057 高效氯氟氰菊酯/2.5%/乳油/高效氯氟氰菊酯 2.5%/2013.12.29 至 2018.12.29/中等毒

十字花科蔬菜 菜青虫 11.25-15克/公顷 喷雾

PD20090046 氰戊·马拉松/20%/乳油/马拉硫磷 15%、氰戊菊酯 5%/2014.01.06 至 2019.01.06/低毒

小麦 蚜虫 75-120克/公顷 喷雾

PD20090163 敌畏·毒死蜱/35%/乳油/敌敌畏 25%、毒死蜱 10%/2014.01.08 至 2019.01.08/低毒

水稻 稻纵卷叶螟 420-525克/公顷 喷雾

PD20090398 甲氰·辛硫磷/20%/乳油/甲氰菊酯 2%、辛硫磷 18%/2014.01.12 至 2019.01.12/中等毒

甘蓝 菜青虫 150-240克/公顷 喷雾

PD20090738 辛硫·三唑磷/27%/乳油/三唑磷 5%、辛硫磷 22%/2014.01.19 至 2019.01.19/中等毒

水稻 二化螟 202.5-283.5克/公顷 喷雾

PD20091274 氰戊·辛硫磷/20%/乳油/氰戊菊酯 2%、辛硫磷 18%/2014.02.01 至 2019.02.01/低毒

甘蓝 菜青虫 180-240克/公顷 喷雾

PD20091885 苏云金杆菌/8000IU/毫克/悬浮剂/苏云金杆菌 8000IU/毫克/2014.02.09 至 2019.02.09/低毒

茶树 茶毛虫 100-200倍液 喷雾

棉花 棉铃虫 6000-7500毫升制剂/公顷 喷雾

森林 松毛虫 100-200倍液 喷雾

十字花科蔬菜 菜青虫、小菜蛾 3000-4500毫升制剂/公顷 喷雾

水稻 稻纵卷叶螟 6000-7500毫升制剂/公顷 喷雾

烟草 烟青虫 6000-7500毫升制剂/公顷 喷雾

玉米 玉米螟 4500-6000毫升制剂/公顷 喷雾

枣树 枣尺蠖 100-200倍液 喷雾

PD20091908 杀虫双/20%/水剂/杀虫双 20%/2014.02.09 至 2019.02.09/低毒

水稻 二化螟 600-750克/公顷 喷雾

PD20092272 阿维·毒死蜱/15%/乳油/阿维菌素 0.1%、毒死蜱 14.9%/2014.02.24 至 2019.02.24/低毒(原药高毒)

水稻 二化螟 135-180克/公顷 喷雾

PD20092742 速灭威/20%/乳油/速灭威 20%/2014.03.04 至 2019.03.04/低毒

水稻 稻飞虱 2250-2700克制剂/公顷 喷雾

PD20092786 唑磷·毒死蜱/25%/乳油/毒死蜱 5%、三唑磷 20%/2014.03.04 至 2019.03.04/中等毒

水稻 二化螟 300-375克/公顷 喷雾

PD20092787 唑磷·毒死蜱/25%/乳油/毒死蜱 8.3%、三唑磷 16.7%/2014.03.04 至 2019.03.04/中等毒

水稻 稻纵卷叶螟 225-262.5克/公顷 喷雾

PD20092788 吡虫·噻嗪酮/10%/可湿性粉剂/吡虫啉 3.3%、噻嗪酮 6.7%/2014.03.04 至 2019.03.04/低毒
水稻 稻飞虱 45-75克/公顷 喷雾
PD20092790 马拉·三唑磷/25%/乳油/马拉硫磷 12.5%、三唑磷 12.5%/2014.03.04 至 2019.03.04/中等毒
水稻 二化螟 318.75-375克/公顷 喷雾
PD20092803 敌畏·仲丁威/20%/乳油/敌敌畏 12%、仲丁威 8%/2014.03.04 至 2019.03.04/中等毒
水稻 稻飞虱 1500-1800克制剂/公顷 喷雾
PD20092804 喹硫磷/25%/乳油/喹硫磷 25%/2014.03.04 至 2019.03.04/低毒
水稻 稻纵卷叶螟 375-450克/公顷 喷雾
PD20093204 辛硫磷/40%/乳油/辛硫磷 40%/2014.03.11 至 2019.03.11/低毒
棉花 棉铃虫 240-300克/公顷 喷雾
PD20093315 敌敌畏/50%/乳油/敌敌畏 50%/2009.03.13 至 2014.03.13/中等毒
柑橘树 介壳虫 500-1000毫克/千克 喷雾
PD20093324 辛硫·三唑磷/30%/乳油/三唑磷 15%、辛硫磷 15%/2014.03.16 至 2019.03.16/中等毒
水稻 三化螟 315-405克/公顷 喷雾
PD20093325 辛硫·三唑磷/40%/乳油/三唑磷 20%、辛硫磷 20%/2014.03.16 至 2019.03.16/中等毒
水稻 二化螟 360-480克/公顷 喷雾
PD20093372 吡虫·杀虫单/35%/可湿性粉剂/吡虫啉 1%、杀虫单 34%/2014.03.18 至 2019.03.18/中等毒
水稻 稻飞虱、稻纵卷叶螟、二化螟、三化螟 450-750克/公顷 喷雾
PD20094380 吡虫·杀虫单/70%/可湿性粉剂/吡虫啉 2%、杀虫单 68%/2014.04.01 至 2019.04.01/中等毒
水稻 稻纵卷叶螟、二化螟、飞虱、三化螟 450-750克/公顷 喷雾
PD20094512 溴氰·仲丁威/2.5%/乳油/溴氰菊酯 0.6%、仲丁威 1.9%/2014.04.09 至 2019.04.09/中等毒
十字花科蔬菜 蚜虫 11.25-15克/公顷 喷雾
PD20094513 阿维菌素/3.2%/乳油/阿维菌素 3.2%/2014.04.09 至 2019.04.09/低毒(原药高毒)
十字花科蔬菜 小菜蛾 3.6-5.4克/公顷 喷雾
PD20094620 阿维·吡虫啉/1.8%/乳油/阿维菌素 0.1%、吡虫啉 1.7%/2014.04.10 至 2019.04.10/低毒(原药高毒)
十字花科蔬菜 蚜虫 10.8-16.2克/公顷 喷雾
PD20094669 三唑磷/40%/乳油/三唑磷 40%/2014.04.10 至 2019.04.10/中等毒
水稻 二化螟 360～420克/公顷 喷雾
PD20094699 百草枯/20%/水剂/百草枯 20%/2012.12.31 至 2014.07.01/中等毒
茶园 杂草 450-750克/公顷 定向茎叶喷雾
PD20094701 多·锰锌/50%/可湿性粉剂/多菌灵 8%、代森锰锌 42%/2014.04.10 至 2019.04.10/低毒
苹果树 斑点落叶病 1000-1250毫克/千克 喷雾
PD20096473 阿维·高氯/1.8%/乳油/阿维菌素 0.3%、高效氯氰菊酯 1.5%/2009.08.14 至 2014.08.14/低毒(原药高毒)
十字花科蔬菜 菜青虫、小菜蛾 7.5-15克/公顷 喷雾
PD20098174 井冈霉素(5%)///水剂/井冈霉素A 4%/2009.12.14 至 2014.12.14/低毒
水稻 纹枯病 150-187.5克/公顷 喷雾
PD20098414 毒死蜱/40%/乳油/毒死蜱 40%/2009.12.24 至 2014.12.24/中等毒
水稻 稻瘿蚊 1050-1200克/公顷 喷雾
PD20101592 噻嗪·异丙威/25%/可湿性粉剂/噻嗪酮 5%、异丙威 20%/2010.06.03 至 2015.06.03/低毒
水稻 稻飞虱 375-450克/公顷 喷雾
PD20110223 异丙威/4%/粉剂/异丙威 4%/2011.02.25 至 2016.02.25/中等毒
水稻 稻飞虱 480～720克/公顷 喷粉
PD20110233 阿维菌素/5%/乳油/阿维菌素 5%/2011.03.02 至 2016.03.02/低毒(原药高毒)
水稻 稻纵卷叶螟 4.8—6克/公顷 喷雾
PD20110305 毒死蜱/50%/乳油/毒死蜱 50%/2011.03.22 至 2016.03.22/中等毒
水稻 稻飞虱 495—825克/公顷 喷雾
PD20110449 阿维·炔螨特/40%/乳油/阿维菌素 0.3%、炔螨特 39.7%/2011.04.21 至 2016.04.21/低毒(原药高毒)
柑橘树 红蜘蛛 200-400毫克/千克 喷雾
PD20111145 杀螺胺乙醇胺盐/60%/可湿性粉剂/杀螺胺乙醇胺盐 60%/2011.11.03 至 2016.11.03/低毒
水稻 福寿螺 450-630克/公顷 喷雾
PD20120037 稻瘟灵/30%/乳油/稻瘟灵 30%/2012.01.10 至 2017.01.10/低毒
水稻 稻瘟病 540—675克/公顷 喷雾
PD20120533 苯甲·丙环唑/30%/乳油/苯醚甲环唑 15%、丙环唑 15%/2012.03.28 至 2017.03.28/低毒
水稻 纹枯病 90—112.5克/公顷 喷雾
PD20120615 异稻瘟净/40%/乳油/异稻瘟净 40%/2012.04.11 至 2017.04.11/低毒
水稻 稻瘟病 900—1200克/公顷 喷雾
PD20120642 百草枯/250克/升/水剂/百草枯 250克/升/2012.12.31 至 2014.07.01/中等毒
非耕地 杂草 600-900克/公顷 定向茎叶喷雾
PD20120672 井冈霉素/2.4%/水剂/井冈霉素 2.4%/2012.04.18 至 2017.04.18/低毒
水稻 纹枯病 90—112.5克/公顷 喷雾
PD20121382 甲氨基阿维菌素苯甲酸盐/5%/乳油/甲氨基阿维菌素 5%/2012.09.13 至 2017.09.13/低毒
水稻 稻纵卷叶螟 12-15克/公顷 喷雾
注:甲氨基阿维菌素苯甲酸盐含量：5.7%。

PD20121473 丙溴磷/50%/乳油/丙溴磷 50%/2012.10.08 至 2017.10.08/低毒
水稻 稻纵卷叶螟 600-750克/公顷 喷雾
PD20121647 2甲·莠·敌/68%/可湿性粉剂/敌草隆 12%、2甲4氯 10%、莠灭净 46%/2012.10.30 至 2017.10.30/低毒
甘蔗田 一年生杂草 1479-1938克/公顷 定向茎叶喷雾
PD20130770 苄嘧·丙草胺/40%/可湿性粉剂/苄嘧磺隆 4%、丙草胺 36%/2013.04.17 至 2018.04.17/低毒
水稻田(直播) 一年生及部分多年生杂草 360-480克/公顷 喷雾
PD20130774 噻嗪酮/65%/可湿性粉剂/噻嗪酮 65%/2013.04.18 至 2018.04.18/低毒
水稻 稻飞虱 97.5-146.25克/公顷 喷雾
PD20130789 甲氨基阿维菌素苯甲酸盐/2%/水乳剂/甲氨基阿维菌素 2%/2013.04.22 至 2018.04.22/低毒
水稻 稻纵卷叶螟 7.5-13.5克/公顷 兑水喷雾
注:甲氨基阿维菌素苯甲酸盐含量: 2.3%。
PD20131572 吡虫啉/5%/乳油/吡虫啉 5%/2013.07.23 至 2018.07.23/低毒
水稻 稻飞虱 15-30克/公顷 喷雾
PD20132659 吡蚜酮/50%/可湿性粉剂/吡蚜酮 50%/2013.12.20 至 2018.12.20/低毒
水稻 稻飞虱 60-75克/公顷 喷雾

江西文达实业有限公司 (江西省南昌县八一乡莲塔线旁(莲武路269号) 330200 0791-5721686)

PD20098122 炔螨特/57%/乳油/炔螨特 57%/2009.12.08 至 2014.12.08/低毒
柑橘树 红蜘蛛 228-380毫克/千克 喷雾
PD20098210 高效氯氟氰菊酯/25克/升/乳油/高效氯氟氰菊酯 25克/升/2009.12.16 至 2014.12.16/中等毒
棉花 棉铃虫 18.75-26.25克/公顷 喷雾
PD20098245 异丙威/20%/乳油/异丙威 20%/2009.12.16 至 2014.12.16/中等毒
水稻 稻飞虱 525-600克/公顷 喷雾
PD20098541 阿维菌素/18克/升/乳油/阿维菌素 18克/升/2009.12.31 至 2014.12.31/低毒(原药高毒)
十字花科蔬菜 菜青虫 8.1-10.8克/公顷 喷雾
PD20098542 毒死蜱/480克/升/乳油/毒死蜱 480克/升/2009.12.31 至 2014.12.31/中等毒
水稻 稻纵卷叶螟 504-648克/公顷 喷雾

江西新瑞丰生化有限公司 (江西省吉安市新干县县城南工业区(何家山) 331307 0796-2676038)

PD85131-38 井冈霉素/2.4%,4%/水剂/井冈霉素A 2.4%,4%/2010.07.29 至 2015.07.29/低毒
水稻 纹枯病 75-112.5克/公顷 喷雾,泼浇
PD86101-11 赤霉酸/3%/乳油/赤霉酸 3%/2011.09.13 至 2016.09.13/低毒
菠菜 增加鲜重 7.5-18.75毫克/千克 叶面处理1-3次
菠萝 果实增大、增重 30-60毫克/千克 喷花
柑橘树 果实增大、增重 15-30毫克/千克 喷花
花卉 提前开花 525毫克/千克 叶面处理涂抹花芽
绿肥 增产 7.5-15毫克/千克 喷雾
马铃薯 苗齐、增产 0.375-0.75毫克/千克 浸薯块10-30分钟
棉花 提高结铃率、增产 7.5-15毫克/千克 点喷、点涂或喷雾
葡萄 无核、增产 37.5-150毫克/千克 花后1周处理果穗
芹菜 增产 15-75毫克/千克 叶面处理1次
人参 增加发芽率 15毫克/千克 播前浸种15分钟
水稻 增加千粒重、制种 15-22.5毫克/千克 喷雾
PD86183-15 赤霉酸/75%/结晶粉/赤霉酸 75%/2011.09.13 至 2016.09.13/低毒
菠菜 增加鲜重 10-25毫克/千克 叶面处理1-3次
菠萝 果实增大、增重 40-80毫克/千克 喷花
柑橘树 果实增大、增重 20-40毫克/千克 喷花
花卉 提前开花 700毫克/千克 叶面处理涂抹花芽
绿肥 增产 10-20毫克/千克 喷雾
马铃薯 苗齐、增产 0.5-1毫克/千克 浸薯块10-30分钟
棉花 提高结铃率、增产 10-20毫克/千克 点喷、点涂或喷雾
葡萄 无核、增产 50-200毫克/千克 花后一周处理果穗
芹菜 增加鲜重 20-100毫克/千克 叶面处理1次
人参 增加发芽率 20毫克/千克 播种前浸种15分钟
水稻 增加千粒重、制种 20-30毫克/千克 喷雾
PD20080523 赤霉酸/90%/原药/赤霉酸 90%/2013.04.29 至 2018.04.29/低毒
PD20082338 赤霉酸/10%/可溶片剂/赤霉酸A3 10%/2013.12.01 至 2018.12.01/低毒
水稻 调节生长 15—22.5克/公顷 茎叶喷雾
PD20082666 阿维菌素/1.8%/乳油/阿维菌素 1.8%/2013.12.05 至 2018.12.05/低毒(原药高毒)
棉花 棉铃虫 21.6-32.4克/公顷 喷雾
十字花科蔬菜 小菜蛾 8.1-10.8克/公顷 喷雾
PD20083342 赤霉酸/20%/可溶粉剂/赤霉酸 20%/2013.12.11 至 2018.12.11/低毒
水稻 调节生长、增产 28-36毫克/千克 兑水喷雾
PD20083689 井冈霉素A/20%/可溶粉剂/井冈霉素A 20%/2013.12.15 至 2018.12.15/低毒
水稻 纹枯病 52.5—75克/公顷 喷雾

PD20084354 井冈霉素A/5%/可溶粉剂/井冈霉素 5%/2013.12.17 至 2018.12.17/低毒
水稻 纹枯病 52.5-75克/公顷 喷雾
PD20095955 赤霉酸A4+A7/90%/原药/赤霉酸A4+A7 90%/2009.06.03 至 2014.06.03/低毒
PD20130691 赤4+7·赤霉酸/2.7%/涂抹剂/赤霉酸A4+A7 1.35%、赤霉酸A3 1.35%/2013.04.10 至 2018.04.10/低毒
梨树 早熟、增产 0.405-0.675毫克/果 涂抹果柄
PD20131277 赤霉酸/40%/可溶粒剂/赤霉酸 40%/2013.06.05 至 2018.06.05/低毒
柑橘树 调节生长 40-50毫克/千克 喷雾
PD20131640 苄氨·赤霉酸/3.6%/乳油/苄氨基嘌呤 1.8%、赤霉酸A4+A7 1.8%/2013.07.30 至 2018.07.30/低毒
苹果树 调节生长 72-90毫克/千克 喷雾

江西新兴农药有限公司 (江西省抚州市临川区抚北镇工业区 344000 0794-8621067)

PD20040562 氯氰·三唑磷/11%/乳油/氯氰菊酯 1%、三唑磷 10%/2009.12.19 至 2014.12.19/中等毒
棉花 棉铃虫 165-247.5克/公顷 喷雾
PD20040717 辛硫·三唑磷/20%/乳油/三唑磷 10%、辛硫磷 10%/2009.12.19 至 2014.12.19/中等毒
水稻 二化螟 300-480克/公顷 喷雾
PD20081947 精喹禾灵/5%/乳油/精喹禾灵 5%/2013.11.24 至 2018.11.24/低毒
冬油菜田 一年生禾本科杂草 37.5-45克/公顷 茎叶喷雾
PD20082724 苯磺隆/10%/可湿性粉剂/苯磺隆 10%/2013.12.08 至 2018.12.08/微毒
冬小麦田 一年生阔叶杂草 15-22.5克/公顷 茎叶喷雾
PD20084424 多菌灵/25%/可湿性粉剂/多菌灵 25%/2013.12.17 至 2018.12.17/低毒
水稻 稻瘟病 750-900克/公顷 喷雾
PD20084702 高效氯氟氰菊酯/25克/升/乳油/高效氯氟氰菊酯 25克/升/2013.12.22 至 2018.12.22/中等毒
十字花科蔬菜 菜青虫 7.5-15克/公顷 喷雾
PD20085012 毒死蜱/40%/乳油/毒死蜱 40%/2013.12.22 至 2018.12.22/中等毒
水稻 稻纵卷叶螟 504-648克/公顷 喷雾
PD20090292 苄·乙/18%/可湿性粉剂/苄嘧磺隆 4%、乙草胺 14%/2014.01.09 至 2019.01.09/微毒
水稻移栽田 部分多年生杂草、一年生杂草 84-118克/公顷 药土法
PD20090468 异稻·稻瘟灵/40%/乳油/稻瘟灵 10%、异稻瘟净 30%/2014.01.12 至 2019.01.12/低毒
水稻 稻瘟病 750-1000克/公顷 喷雾
PD20090923 苄·丁/25%/可湿性粉剂/苄嘧磺隆 1%、丁草胺 24%/2014.01.19 至 2019.01.19/低毒
水稻抛秧田 部分多年生杂草、一年生杂草 562.5－750克/公顷 药土法
PD20092561 噻嗪·异丙威/25%/可湿性粉剂/噻嗪酮 5%、异丙威 20%/2014.02.26 至 2019.02.26/低毒
水稻 稻飞虱 450-562.5克/公顷 喷雾
PD20092730 阿维·氯氰/2.1%/乳油/阿维菌素 0.1%、氯氰菊酯 2%/2014.03.04 至 2019.03.04/低毒(原药高毒)
十字花科蔬菜 小菜蛾 15.75-22.05克/公顷 喷雾
PD20093591 联苯菊酯/100克/升/乳油/联苯菊酯 100克/升/2009.03.23 至 2014.03.23/中等毒
茶树 茶小绿叶蝉 30-37.5克/公顷 喷雾
PD20093785 高效氯氰菊酯/4.5%/乳油/高效氯氰菊酯 4.5%/2009.03.25 至 2014.03.25/中等毒
甘蓝 小菜蛾 15.75-22.5克/公顷 喷雾
PD20094754 吡虫·杀虫单/50%/可湿性粉剂/吡虫啉 2%、杀虫单 48%/2009.04.13 至 2014.04.13/中等毒
水稻 稻纵卷叶螟、二化螟、飞虱、三化螟 450-750克/公顷 喷雾
PD20096003 阿维菌素/1.8%/乳油/阿维菌素 1.8%/2009.06.11 至 2014.06.11/中等毒(原药高毒)
甘蓝 小菜蛾 8.1-10.8克/公顷 喷雾
PD20096111 高效氟吡甲禾灵/108克/升/乳油/高效氟吡甲禾灵 108克/升/2009.06.18 至 2014.06.18/低毒
大豆田、花生田 一年生禾本科杂草 48.6-64.8 克/公顷 茎叶喷雾
PD20097544 异丙甲草胺/720克/升/乳油/异丙甲草胺 720克/升/2009.11.03 至 2014.11.03/低毒
移栽水稻田 一年生杂草 10-20毫升制剂/亩 移栽后茎叶喷雾
PD20101020 三唑磷/20%/乳油/三唑磷 20%/2010.01.20 至 2015.01.20/中等毒
水稻 二化螟 225-300克/公顷 喷雾
PD20101600 草甘膦异丙胺盐(41%)///水剂/草甘膦 30%/2010.06.03 至 2015.06.03/微毒
非耕地 杂草 1125-3000克/公顷 茎叶喷雾
PD20101690 唑磷·毒死蜱/25%/乳油/毒死蜱 5%、三唑磷 20%/2010.06.08 至 2015.06.08/中等毒
水稻 稻纵卷叶螟 300-375克/公顷 喷雾
PD20130201 啶虫脒/5%/乳油/啶虫脒 5%/2013.01.24 至 2018.01.24/低毒
柑橘树 蚜虫 10-12.5毫克/千克 喷雾

江西易顺作物科学有限公司 (江西省宜春市经济技术开发区南区 336000 0795-3243333)

PD85121-27 乐果/40%/乳油/乐果 40%/2009.12.22 至 2014.12.22/中等毒
茶树 蚜虫、叶蝉、螨 1000-2000倍液 喷雾
甘薯 小象甲 2000倍液 浸鲜薯片诱杀
柑橘树、苹果树 鳞翅目幼虫、蚜虫、螨 800-1600倍液 喷雾
棉花 蚜虫、螨 450-600克/公顷 喷雾
蔬菜 蚜虫、螨 300-600克/公顷 喷雾
水稻 飞虱、螟虫、叶蝉 450-600克/公顷 喷雾
烟草 蚜虫、烟青虫 300-600克/公顷 喷雾

PD86133-9 仲丁威/25%/乳油/仲丁威 25%/2011.10.30 至 2016.10.30/低毒
水稻 飞虱、叶蝉 375-562.5克/公顷 喷雾

PD86148-6 异丙威/20%/乳油/异丙威 20%/2011.10.30 至 2016.10.30/中等毒
水稻 飞虱、叶蝉 450-600克/公顷 喷雾

PD86156-9 异丙威/4%/粉剂/异丙威 4%/2011.10.30 至 2016.10.30/中等毒
水稻 飞虱、叶蝉 600克/公顷 喷粉

PD20070488 噻嗪·杀虫单/25%/可湿性粉剂/噻嗪酮 5%、杀虫单 20%/2012.11.28 至 2017.11.28/中等毒
水稻 稻飞虱 281.25-450克/公顷 喷雾

PD20070569 噻嗪酮/25%/可湿性粉剂/噻嗪酮 25%/2012.12.03 至 2017.12.03/低毒
水稻 稻飞虱 75-112.5克/公顷 喷雾

PD20070592 噻嗪·异丙威/30%/乳油/噻嗪酮 7.5%、异丙威 22.5%/2012.12.14 至 2017.12.14/低毒
水稻 稻飞虱 270-360克/公顷 喷雾

PD20080021 噻·异/25%/可湿性粉剂/噻嗪酮 5%、异丙威 20%/2013.01.04 至 2018.01.04/中等毒
水稻 稻飞虱 375-562.5克/公顷 喷雾

PD20083586 异稻·稻瘟灵/40%/乳油/稻瘟灵 10%、异稻瘟净 30%/2013.12.12 至 2018.12.12/中等毒
水稻 稻瘟病 900-1200克/公顷 喷雾

PD20090322 异稻·三环唑/20%/可湿性粉剂/三环唑 6.7%、异稻瘟净 13.3%/2014.01.12 至 2019.01.12/中等毒
水稻 稻瘟病 300-450克/公顷 喷雾

PD20090736 井冈·噻嗪酮/30%/可湿性粉剂/井冈霉素 14.3%、噻嗪酮 15.7%/2014.01.19 至 2019.01.19/低毒
水稻 稻飞虱、纹枯病 157.5-180克/公顷 喷雾

PD20095936 毒死蜱/40.7%/乳油/毒死蜱 40.7%/2009.06.02 至 2014.06.02/中等毒
水稻 二化螟 504-648克/公顷 喷雾

PD20097749 联苯菊酯/25克/升/乳油/联苯菊酯 25克/升/2009.11.12 至 2014.11.12/低毒
茶树 茶小绿叶蝉 30-37.5克/公顷 喷雾

PD20100696 井冈霉素/5%/水剂/井冈霉素A 5%/2010.01.16 至 2015.01.16/低毒
水稻 纹枯病 150—195克/公顷 喷雾

PD20101158 高效氯氟氰菊酯/25克/升/乳油/高效氯氟氰菊酯 25克/升/2010.01.25 至 2015.01.25/中等毒
十字花科叶菜 菜青虫 7.5-11.25克/公顷 喷雾

江西益隆化工有限公司 (江西省抚州市临川区河西火焰山 331800 0794-4410778)

PD20040342 吡虫啉/5%/乳油/吡虫啉 5%/2009.12.18 至 2014.12.18/低毒
水稻 稻飞虱 9-18克/公顷 喷雾

PD20081856 氯氰·敌敌畏/10%/乳油/敌敌畏 8%、氯氰菊酯 2%/2013.11.20 至 2018.11.20/中等毒
十字花科蔬菜 蚜虫 37.5-75克/公顷 喷雾

PD20084495 高效氯氟氰菊酯/2.5%/乳油/高效氯氟氰菊酯 2.5%/2013.12.18 至 2018.12.18/中等毒
十字花科蔬菜 菜青虫 7.5-15克/公顷 喷雾

PD20084525 丁硫克百威/200克/升/乳油/丁硫克百威 200克/升/2013.12.18 至 2018.12.18/中等毒
水稻 三化螟 200-250克制剂/亩;600-750克/公顷 喷雾

PD20084849 虫酰肼/20%/悬浮剂/虫酰肼 20%/2013.12.22 至 2018.12.22/低毒
苹果树 卷叶蛾 100-133毫克/千克 喷雾

PD20086049 多·福/30%/可湿性粉剂/多菌灵 15%、福美双 15%/2013.12.29 至 2018.12.29/微毒
辣椒 立枯病 3—4.5克/平方米 每平米的药量与细土混合1/3撒于苗床底部2/3覆盖在种子上面

PD20092014 百草枯/200克/升/水剂/百草枯 200克/升/2012.12.31 至 2014.07.01/低毒
柑橘园 杂草 600-900克/公顷 定向喷雾

PD20092416 炔螨特/25%/乳油/炔螨特 25%/2009.02.25 至 2014.02.25/低毒
柑橘 红蜘蛛 250-312.5毫克/千克 喷雾

PD20092549 氟磺胺草醚/25%/水剂/氟磺胺草醚 25%/2014.02.26 至 2019.02.26/低毒
春大豆田 一年生阔叶杂草 300-375克/公顷 茎叶喷雾
夏大豆田 一年生阔叶杂草 225-250克/公顷 茎叶喷雾

PD20092563 仲丁灵/36%/乳油/仲丁灵 36%/2014.02.26 至 2019.02.26/低毒
烟草 抑制腋芽生长 54-72毫克/株 杯淋法

PD20092994 溴氰菊酯/25克/升/乳油/溴氰菊酯 25克/升/2014.03.09 至 2019.03.09/中等毒
烟草 烟青虫 7.5-10.5克/公顷 喷雾

PD20094600 三唑锡/20%/悬浮剂/三唑锡 20%/2009.04.10 至 2014.04.10/低毒
柑橘树 红蜘蛛 133-200毫克/千克 喷雾

PD20094872 阿维菌素/1.8%/乳油/阿维菌素 1.8%/2009.04.13 至 2014.04.13/低毒(原药高毒)
苹果树 红蜘蛛 1—2毫克/千克 喷雾

PD20096155 二甲戊灵/330克/升/乳油/二甲戊灵 330克/升/2009.06.24 至 2014.06.24/低毒
大蒜田 一年生杂草 643.5-742.5克/公顷 播后苗前土壤喷雾

PD20100926 丙环唑/250克/升/乳油/丙环唑 250克/升/2010.01.19 至 2015.01.19/低毒

香蕉　叶斑病　250-500毫克/千克　喷雾
PD20101607　辛硫·三唑磷/20%/乳油/三唑磷 10%、辛硫磷 10%/2010.06.03 至 2015.06.03/中等毒
水稻　二化螟　300-450克/公顷　喷雾

江西正邦生物化工股份有限公司　(江西省高安市新世纪工业城　330096　0791-8115275)

PD20040387　三唑磷/20%/乳油/三唑磷 20%/2009.12.19 至 2014.12.19/中等毒
水稻　二化螟　202.5-243克/公顷　喷雾
PD20040462　哒螨灵/15%/乳油/哒螨灵 15%/2009.12.19 至 2014.12.19/中等毒
柑橘树　红蜘蛛　50-67毫克/千克　喷雾
PD20040581　吡虫·杀虫单/58%/可湿性粉剂/吡虫啉 2.5%、杀虫单 55.5%/2009.12.19 至 2014.12.19/中等毒
水稻　稻纵卷叶螟、飞虱　261-435克/公顷　喷雾
PD20080262　咪鲜胺/45%/水乳剂/咪鲜胺 45%/2013.02.20 至 2018.02.20/低毒
香蕉　冠腐病　500-900毫克/千克　浸果
PD20081415　腈菌·三唑酮/12%/乳油/腈菌唑 2%、三唑酮 10%/2013.10.29 至 2018.10.29/低毒
小麦　白粉病　45-54克/公顷　喷雾
PD20081450　腐霉·多菌灵/50%/可湿性粉剂/多菌灵 31%、腐霉利 19%/2013.11.04 至 2018.11.04/低毒
油菜　菌核病　600-750克/公顷　喷雾
PD20081455　苯磺隆/10%/可湿性粉剂/苯磺隆 10%/2013.11.04 至 2018.11.04/低毒
冬小麦　一年生阔叶杂草　13.5-22.5克/公顷　茎叶喷雾
PD20081477　吡虫·仲丁威/20%/乳油/吡虫啉 1%、仲丁威 19%/2013.11.04 至 2018.11.04/低毒
水稻　稻飞虱　90-150克/公顷　喷雾
PD20083176　杀螟丹/50%/可溶粉剂/杀螟丹 50%/2013.12.11 至 2018.12.11/中等毒
水稻　二化螟　600-750克/公顷　喷雾
PD20083418　多·锰锌/40%/可湿性粉剂/多菌灵 20%、代森锰锌 20%/2013.12.11 至 2018.12.11/低毒
梨树　黑星病　1000-1250毫克/千克　喷雾
PD20083592　氯氰 ·敌敌畏/10%/乳油/敌敌畏 8%、氯氰菊酯 2%/2013.12.12 至 2018.12.12/中等毒
十字花科蔬菜　菜青虫、蚜虫　37.5-75克/公顷　喷雾
PD20083956　异丙威/20%/乳油/异丙威 20%/2013.12.15 至 2018.12.15/低毒
水稻　稻飞虱　450-600克/公顷　喷雾
PD20084300　仲丁威/50%/乳油/仲丁威 50%/2013.12.17 至 2018.12.17/低毒
水稻　稻飞虱　900-1200克/公顷　喷雾
PD20084334　高效氯氟氰菊酯/2.5%/乳油/高效氯氟氰菊酯 2.5%/2013.12.17 至 2018.12.17/中等毒
茶树　小绿叶蝉　15-30克/公顷　喷雾
十字花科蔬菜　菜青虫　7.5-15克/公顷　喷雾
PD20084358　代森锰锌/80%/可湿性粉剂/代森锰锌 80%/2013.12.17 至 2018.12.17/低毒
番茄　早疫病　1800-2400克/公顷　喷雾
PD20084427　联苯菊酯/25克/升/乳油/联苯菊酯 25克/升/2013.12.17 至 2018.12.17/中等毒
茶树　茶毛虫　7.5-15克/公顷　喷雾
PD20084428　毒死蜱/480克/升/乳油/毒死蜱 480克/升/2013.12.17 至 2018.12.17/中等毒
水稻　稻纵卷叶螟　432-648克/公顷　喷雾
PD20084649　阿维菌素/1.8%/乳油/阿维菌素 1.8%/2013.12.18 至 2018.12.18/低毒(原药高毒)
梨树　梨木虱　6-12毫克/千克　喷雾
PD20084696　炔螨特/73%/乳油/炔螨特 73%/2013.12.22 至 2018.12.22/低毒
柑橘树　红蜘蛛　292-365毫克/千克　喷雾
PD20084947　辛硫磷/40%/乳油/辛硫磷 40%/2013.12.22 至 2018.12.22/低毒
十字花科蔬菜　菜青虫　210-270克/公顷　喷雾
PD20084958　联苯菊酯/100克/升/乳油/联苯菊酯 100克/升/2013.12.22 至 2018.12.22/中等毒
茶树　茶尺蠖　15-22.5克/公顷　喷雾
PD20086044　苄·乙/18%/可湿性粉剂/苄嘧磺隆 4%、乙草胺 14%/2013.12.29 至 2018.12.29/低毒
水稻移栽田　一年生杂草　81-118克/公顷　毒土法
PD20086197　噻嗪·杀扑磷/20%/乳油/噻嗪酮 15%、杀扑磷 5%/2013.12.30 至 2018.12.30/中等毒(原药高毒)
柑橘树　介壳虫　200-250毫克/千克　喷雾
PD20086349　三环唑/75%/可湿性粉剂/三环唑 75%/2013.12.31 至 2018.12.31/低毒
水稻　稻瘟病　225-337.5克/公顷　喷雾
PD20090209　辛硫·灭多威/18%/乳油/灭多威 5%、辛硫磷 13%/2014.01.09 至 2019.01.09/中等毒(原药高毒)
棉花　棉铃虫　189-270克/公顷　喷雾
PD20090320　阿维·三唑磷/20%/乳油/阿维菌素 0.2%、三唑磷 19.8%/2014.01.12 至 2019.01.12/高毒
水稻　二化螟　150-210克/公顷　喷雾
PD20090805　霜脲·百菌清/18%/悬浮剂/百菌清 16%、霜脲氰 2%/2014.01.19 至 2019.01.19/低毒
黄瓜　霜霉病　405-513克/公顷　喷雾
PD20091041　苄·二氯/28%/可湿性粉剂/苄嘧磺隆 3%、二氯喹啉酸 25%/2014.01.21 至 2019.01.21/低毒
水稻秧田　一年生及部分多年生杂草　210—252克/公顷　茎叶喷雾
PD20091059　苄嘧·苯噻酰/50%/可湿性粉剂/苯噻酰草胺 47.5%、苄嘧磺隆 2.5%/2014.01.21 至 2019.01.21/低毒
水稻抛秧田　一年生及部分多年生杂草　375-450克/公顷(南方地区)　药土法

PD20091302 四螨嗪/10%/可湿性粉剂/四螨嗪 10%/2014.02.01 至 2019.02.01/低毒
柑橘树 红蜘蛛 100-125毫克/千克 喷雾

PD20091532 精喹禾灵/5%/乳油/精喹禾灵 5%/2014.02.03 至 2019.02.03/低毒
冬油菜田 一年生禾本科杂草 45-52.5克/公顷 茎叶喷雾

PD20091679 井·唑·多菌灵/20%/可湿性粉剂/多菌灵 9.2%、井冈霉素 5%、三环唑 5.8%/2014.02.03 至 2019.02.03/中等毒
水稻 稻瘟病 300-375克/公顷 喷雾

PD20091968 草甘膦异丙胺盐/41%/水剂/草甘膦异丙胺盐 41%/2014.02.12 至 2019.02.12/低毒
柑橘园 杂草 1230-2460克/公顷 喷雾

PD20092016 草甘膦/58%/可溶粉剂/草甘膦 58%/2014.02.12 至 2019.02.12/低毒
柑橘园 杂草 1131-2175克/公顷 茎叶喷雾

PD20092184 苏云金杆菌/8000IU/毫克/可湿性粉剂/苏云金杆菌 8000IU/毫克/2014.02.23 至 2019.02.23/低毒
茶树 茶毛虫 400-800倍液 喷雾
棉花 二代棉铃虫 3000-4500克制剂/公顷 喷雾
森林 松毛虫 600-800倍液 喷雾
十字花科蔬菜 小菜蛾 1500-2250克制剂/公顷 喷雾
十字花科蔬菜 菜青虫 750-1500克制剂/公顷 喷雾
水稻 稻纵卷叶螟 3000-4500克制剂/公顷 喷雾
烟草 烟青虫 1500-3000克制剂/公顷 喷雾
玉米 玉米螟 1500-3000克制剂/公顷 加细沙灌心
枣树 枣尺蠖 600-800倍液 喷雾

PD20093209 马拉硫磷/45%/乳油/马拉硫磷 45%/2014.03.11 至 2019.03.11/低毒
棉花 盲蝽蟓 506.25-607.5克/公顷 喷雾

PD20093214 阿维·苏云菌//可湿性粉剂/阿维菌素 0.2%、苏云金杆菌 100亿活芽孢/克/2014.03.11 至 2019.03.11/低毒(原药高毒)
十字花科蔬菜 小菜蛾 1050-1500克制剂/公顷 喷雾

PD20093499 高效氟吡甲禾灵/108克/升/乳油/高效氟吡甲禾灵 108克/升/2014.03.23 至 2019.03.23/低毒
花生田 一年生禾本科杂草 32.4-48.6克/公顷 茎叶喷雾

PD20093776 丁硫克百威/200克/升/乳油/丁硫克百威 200克/升/2014.03.25 至 2019.03.25/中等毒
棉花 棉蚜 135-180克/公顷 喷雾

PD20093789 毒死蜱/40%/乳油/毒死蜱 40%/2009.05.21 至 2014.05.21/中等毒
棉花 棉铃虫 600-900克/公顷 喷雾

PD20094675 硫磺·甲硫灵/70%/可湿性粉剂/甲基硫菌灵 30%、硫磺 40%/2014.04.10 至 2019.04.10/低毒
黄瓜 白粉病 840-1050克/公顷 喷雾

PD20095121 苄·丁/25%/粉剂/苄嘧磺隆 0.7%、丁草胺 24.3%/2014.04.24 至 2019.04.24/低毒
水稻抛秧田 一年生杂草 525-750克/公顷 毒土法

PD20095364 丙草胺/300克/升/乳油/丙草胺 300克/升/2009.04.27 至 2014.04.27/低毒
水稻秧田 一年生杂草 450-540克/公顷 土壤喷雾

PD20095601 丙草胺/500克/升/乳油/丙草胺 500克/升/2009.05.12 至 2014.05.12/低毒
水稻抛秧田 一年生杂草 300-450克/公顷 毒土法

PD20095798 甲霜·锰锌/58%/可湿性粉剂/甲霜灵 10%、代森锰锌 48%/2009.05.27 至 2014.05.27/低毒
黄瓜 霜霉病 1044-1566克/公顷 喷雾

PD20096317 丙溴磷/40%/乳油/丙溴磷 40%/2009.07.22 至 2014.07.22/中等毒
苹果树 红蜘蛛 100-200毫克/千克 喷雾

PD20096464 井冈霉素/20%/可溶粉剂/井冈霉素 20%/2009.08.14 至 2014.08.14/低毒
水稻 纹枯病 150-187.5克/公顷 喷雾

PD20096882 杀螺胺乙醇胺盐/50%/可湿性粉剂/杀螺胺乙醇胺盐 50%/2009.09.23 至 2014.09.23/低毒
水稻 福寿螺 450-600克/公顷 喷雾活撒毒土

PD20098491 噻嗪酮/25%/可湿性粉剂/噻嗪酮 25%/2009.12.24 至 2014.12.24/低毒
水稻 稻飞虱 112.5-185.7克/公顷 喷雾

PD20100731 氟硅唑/400克/升/乳油/氟硅唑 400克/升/2010.01.16 至 2015.01.16/低毒
葡萄 黑痘病 40—50毫克/千克 喷雾

PD20100895 甲氰·噻螨酮/12.5%/乳油/甲氰菊酯 10%、噻螨酮 2.5%/2010.01.19 至 2015.01.19/中等毒
柑橘树 红蜘蛛 50-100毫克/千克 喷雾

PD20101789 高效氯氰菊酯/4.5%/微乳剂/高效氯氰菊酯 4.5%/2010.07.13 至 2015.07.13/中等毒
甘蓝 菜青虫 13.5-27克/公顷 喷雾

PD20101810 苯甲·丙环唑/300克/升/乳油/苯醚甲环唑 150克/升、丙环唑 150克/升/2010.07.19 至 2015.07.19/低毒
水稻 纹枯病 67.5-90克/公顷 喷雾

PD20101909 啶虫脒/20%/可溶粉剂/啶虫脒 20%/2010.08.27 至 2015.08.27/低毒
黄瓜 蚜虫 36-72克/公顷 喷雾

PD20101965 阿维·炔螨特/40%/乳油/阿维菌素 0.3%、炔螨特 39.7%/2010.09.21 至 2015.09.21/低毒(原药高毒)
柑橘树 红蜘蛛 200-400毫克/千克 喷雾

PD20102011 啶虫脒/5%/可湿性粉剂/啶虫脒 5%/2010.09.25 至 2015.09.25/低毒
柑橘树 蚜虫 8.6-12毫克/千克 喷雾

PD20102085 啶虫脒/5%/乳油/啶虫脒 5%/2010.11.25 至 2015.11.25/低毒

黄瓜 蚜虫 18-22.5克/公顷 喷雾
PD20110549 甲氨基阿维菌素苯甲酸盐/0.5%/微乳剂/甲氨基阿维菌素 0.5%/2011.05.12 至 2016.05.12/低毒
小白菜 甜菜夜蛾 2.25-3克/公顷 喷雾
注:甲氨基阿维菌素苯甲酸盐含量:0.57%。
PD20111095 丙溴磷/50%/水乳剂/丙溴磷 50%/2011.10.13 至 2016.10.13/低毒
水稻 稻纵卷叶螟 450～750克/公顷 喷雾
PD20111246 毒死蜱/20%/颗粒剂/毒死蜱 20%/2011.11.18 至 2016.11.18/中等毒
花生 金针虫、蝼蛄、蛴螬 2100-3000克/公顷 撒施
PD20111274 阿维菌素/3%/水乳剂/阿维菌素 3%/2011.11.23 至 2016.11.23/中等毒(原药高毒)
水稻 稻纵卷叶螟 9-13.5克/公顷 喷雾
PD20111385 苄嘧·丙草胺/40%/可湿性粉剂/苄嘧磺隆 4%、丙草胺 36%/2011.12.14 至 2016.12.14/低毒
直播水稻(南方) 一年生杂草 360-480克/公顷 茎叶喷雾
PD20120001 毒死蜱/30%/微乳剂/毒死蜱 30%/2012.01.05 至 2017.01.05/中等毒
水稻 稻纵卷叶螟 450-540克/公顷 喷雾
PD20120198 噻螨·哒螨灵/12.5%/乳油/哒螨灵 10%、噻螨酮 2.5%/2012.01.30 至 2017.01.30/中等毒
柑橘树 红蜘蛛 62.5-125毫克/千克 喷雾
PD20120749 吡虫啉/70%/水分散粒剂/吡虫啉 70%/2012.05.05 至 2017.05.05/中等毒
甘蓝 蚜虫 14-28克/公顷 喷雾
PD20121053 敌畏·毒死蜱/40%/乳油/敌敌畏 30%、毒死蜱 10%/2012.07.12 至 2017.07.12/中等毒
水稻 稻纵卷叶螟 480-540克/公顷 喷雾
PD20121496 烯草酮/240克/升/乳油/烯草酮 240克/升/2012.10.09 至 2017.10.09/低毒
油菜田 一年生禾本科杂草 54-72克/公顷 茎叶喷雾
PD20121875 阿维·丙溴磷/40%/水乳剂/阿维菌素 0.5%、丙溴磷 39.5%/2012.11.28 至 2017.11.28/低毒(原药高毒)
水稻 稻纵卷叶螟 270-360克/公顷 喷雾
PD20121884 甲氨基阿维菌素苯甲酸盐/5%/水分散粒剂/甲氨基阿维菌素 5%/2012.11.28 至 2017.11.28/低毒
甘蓝 甜菜夜蛾 2.25-3.75克/公顷 喷雾
注:甲氨基阿维菌素苯甲酸盐含量: 5.7%。
PD20121928 溴菌·多菌灵/25%/可湿性粉剂/多菌灵 5%、溴菌腈 20%/2012.12.07 至 2017.12.07/低毒
柑橘树 炭疽病 500-835毫克/千克 喷雾
PD20130047 吡虫·异丙威/25%/可湿性粉剂/吡虫啉 1%、异丙威 24%/2013.01.07 至 2018.01.07/低毒
水稻 稻飞虱 112.5-187.5克/公顷 喷雾
PD20130052 四聚乙醛/10%/颗粒剂/四聚乙醛 10%/2013.01.07 至 2018.01.07/低毒
甘蓝 蜗牛 450-540克/公顷 撒施
PD20130836 甲维·毒死蜱/31%/水乳剂/毒死蜱 30%、甲氨基阿维菌素苯甲酸盐 1%/2013.04.22 至 2018.04.22/中等毒
水稻 稻纵卷叶螟 139.5-232.5克/公顷 喷雾
PD20131339 丙溴·毒死蜱/40%/乳油/丙溴磷 15%、毒死蜱 25%/2013.06.09 至 2018.06.09/中等毒
水稻 稻纵卷叶螟 600-720克/公顷 喷雾
PD20132028 草铵膦/18%/水剂/草铵膦 18%/2013.10.21 至 2018.10.21/低毒
非耕地 杂草 1350-1890克/公顷 茎叶喷雾
PD20132033 甲氨基阿维菌素苯甲酸盐/3%/水乳剂/甲氨基阿维菌素 3%/2013.10.21 至 2018.10.21/低毒
水稻 稻纵卷叶螟 9-18克/公顷 喷雾
注:甲氨基阿维菌素苯甲酸盐含量: 3.4%。
PD20132199 吡蚜酮/40%/可湿性粉剂/吡蚜酮 40%/2013.10.29 至 2018.10.29/低毒
水稻 稻飞虱 60-90克/公顷 喷雾
PD20132263 草甘膦铵盐/80%/可溶粒剂/草甘膦 80%/2013.11.05 至 2018.11.05/低毒
非耕地 杂草 1200-2040克/公顷 茎叶喷雾
注:草甘膦铵盐含量: 88%。
PD20132343 吡蚜·异丙威/50%/可湿性粉剂/吡蚜酮 10%、异丙威 40%/2013.11.20 至 2018.11.20/低毒
水稻 稻飞虱 225-375克/公顷 喷雾
PD20132429 阿维·毒死蜱/15%/乳油/阿维菌素 0.1%、毒死蜱 14.9%/2013.11.20 至 2018.11.20/低毒(原药高毒)
水稻 稻纵卷叶螟 450-562.5克/公顷 喷雾
LS20120103 甲维·毒死蜱/31%/水乳剂/毒死蜱 30%、甲氨基阿维菌素苯甲酸盐 1%/2013.03.14 至 2014.03.14/中等毒
水稻 稻纵卷叶螟 139.5-232.5克/公顷 喷雾
LS20130192 吡蚜酮/40%/可湿性粉剂/吡蚜酮 40%/2013.04.07 至 2014.04.07/低毒
水稻 飞虱 75-90克/公顷 喷雾
LS20130220 吡蚜·异丙威/50%/可湿性粉剂/吡蚜酮 10%、异丙威 40%/2013.04.27 至 2014.04.27/低毒
水稻 稻飞虱 225-375克/公顷 喷雾
LS20130222 吡蚜·毒死蜱/35%/悬乳剂/吡蚜酮 5%、毒死蜱 30%/2013.04.28 至 2014.04.28/中等毒
水稻 稻飞虱 367.5-420克/公顷 喷雾
LS20130374 甲维·氟啶脲/15%/水分散粒剂/氟啶脲 10%、甲氨基阿维菌素苯甲酸盐 5%/2013.07.29 至 2014.07.29/中等毒
甘蓝 甜菜夜蛾 33.75-56.25克/公顷 喷雾

江西中科合臣实业有限公司 (江西省九江市永修县恒丰黄金山 330332 0792-3082668)

PD84104-34 杀虫双/18%/水剂/杀虫双 18%/2009.09.20 至 2014.09.20/中等毒

水稻 多种害虫 540-675克/公顷 喷雾
PD20040644 吡虫·杀虫单/70%/可湿性粉剂/吡虫啉 2.5%、杀虫单 67.5%/2009.12.19 至 2014.12.19/中等毒
水稻 稻纵卷叶螟、二化螟、飞虱、三化螟 450-750克/公顷 喷雾
PD20050018 杀虫单/90%/可溶粉剂/杀虫单 90%/2010.04.15 至 2015.04.15/中等毒
水稻 螟虫 525-750克/公顷 喷雾
PD20082148 毒·辛/20%/乳油/毒死蜱 4%、辛硫磷 16%/2013.11.25 至 2018.11.25/低毒
棉花 棉铃虫 360-450克/公顷 喷雾
PD20082250 高效氯氟氰菊酯/25克/升/乳油/高效氯氟氰菊酯 25克/升/2013.11.27 至 2018.11.27/中等毒
叶菜类蔬菜 菜青虫 7.5-11.25克/公顷 喷雾
PD20082259 联苯菊酯/100克/升/乳油/联苯菊酯 100克/升/2013.11.27 至 2018.11.27/中等毒
茶树 茶小绿叶蝉 37.5-45克/公顷 喷雾
PD20082274 杀虫双/25%/水剂/杀虫双 25%/2013.11.27 至 2018.11.27/中等毒
水稻 二化螟 675-810克/公顷 喷雾
PD20082826 毒死蜱/480克/升/乳油/毒死蜱 480克/升/2013.12.09 至 2018.12.09/中等毒
水稻 稻飞虱 468-612克/公顷 喷雾
PD20082896 杀单·克百威/3%/颗粒剂/克百威 1%、杀虫单 2%/2013.12.09 至 2018.12.09/高毒
水稻 三化螟 1125-1350克/公顷 拌细土撒施
PD20090793 草甘膦异丙胺盐/30%/水剂/草甘膦异丙胺盐 30%/2014.01.19 至 2019.01.19/低毒
柑橘园 一年生及部分多年生杂草 1125－2250克/公顷 定向茎叶喷雾
注:草甘膦异丙胺盐含量：41%。
PD20090938 杀虫单/95%/原药/杀虫单 95%/2014.01.19 至 2019.01.19/中等毒
PD20092350 氟氯氰菊酯/50克/升/乳油/氟氯氰菊酯 50克/升/2009.02.24 至 2014.02.24/中等毒
棉花 棉铃虫 41.5-52.5克/公顷 喷雾
PD20093137 联苯菊酯/25克/升/乳油/联苯菊酯 25克/升/2014.03.10 至 2019.03.10/中等毒
棉花 棉铃虫 37.5-52.5克/公顷 喷雾
PD20093954 噻嗪·异丙威/25%/可湿性粉剂/噻嗪酮 5%、异丙威 20%/2009.03.27 至 2014.03.27/低毒
水稻 稻飞虱 375-562.5克/公顷 喷雾
PD20094330 唑磷·毒死蜱/20%/乳油/毒死蜱 5%、三唑磷 15%/2014.03.31 至 2019.03.31/低毒
水稻 三化螟 300-375克/公顷 喷雾
PD20094496 吡虫·噻嗪酮/20%/可湿性粉剂/吡虫啉 2%、噻嗪酮 18%/2009.04.09 至 2014.04.09/低毒
水稻 稻飞虱 120-150克/公顷 喷雾
PD20095268 毒死蜱/400克/升/乳油/毒死蜱 400克/升/2014.04.27 至 2019.04.27/中等毒
棉花 棉铃虫 540-900克/公顷 喷雾

江西中源化工有限公司 (江西省高安市新世纪工业城 330800 0795-5266578)

PD20082604 噻嗪·异丙威/25%/可湿性粉剂/噻嗪酮 5%、异丙威 20%/2013.12.04 至 2018.12.04/低毒
水稻 稻飞虱 450-562.5克/公顷 喷雾
PD20084490 毒死蜱/480克/升/乳油/毒死蜱 480克/升/2013.12.17 至 2018.12.17/中等毒
水稻 二化螟 432-720克/公顷 喷雾
PD20084866 甲基硫菌灵/70%/可湿性粉剂/甲基硫菌灵 70%/2013.12.22 至 2018.12.22/低毒
水稻 稻瘟病 1050-1575克/公顷 喷雾
PD20084901 炔螨特/570克/升/乳油/炔螨特 570克/升/2013.12.22 至 2018.12.22/低毒
柑橘树 红蜘蛛 285-380毫克/千克 喷雾
PD20085630 高效氯氟氰菊酯/25克/升/乳油/高效氯氟氰菊酯 25克/升/2013.12.26 至 2018.12.26/中等毒
十字花科蔬菜 蚜虫 20-25毫升制剂/亩 喷雾
PD20090052 三环唑/75%/可湿性粉剂/三环唑 75%/2014.01.06 至 2019.01.06/中等毒
水稻 稻瘟病 225-337.5克/公顷 喷雾
PD20091028 甲氰菊酯/20%/乳油/甲氰菊酯 20%/2014.01.21 至 2019.01.21/中等毒
柑橘树 红蜘蛛 100-200毫克/千克 喷雾
PD20093226 百草枯/200克/升/水剂/百草枯 200克/升/2012.12.31 至 2014.07.01/中等毒
柑橘园 杂草 600-900克/公顷 定向茎叶喷雾
PD20097552 唑磷·毒死蜱/25%/乳油/毒死蜱 5%、三唑磷 20%/2009.11.03 至 2014.11.03/中等毒
水稻 二化螟 300-375克/公顷 喷雾
PD20100304 三唑锡/25%/可湿性粉剂/三唑锡 25%/2010.01.11 至 2015.01.11/中等毒
柑橘树 红蜘蛛 125-250毫克/千克 喷雾
PD20100599 代森锰锌/80%/可湿性粉剂/代森锰锌 80%/2010.01.14 至 2015.01.14/低毒
黄瓜 霜霉病 2400－3000克/公顷 喷雾
PD20101031 稻瘟灵/30%/乳油/稻瘟灵 30%/2010.01.20 至 2015.01.20/低毒
水稻 稻瘟病 450－675克/公顷 喷雾
PD20121482 阿维菌素/1.8%/微乳剂/阿维菌素 1.8%/2012.10.08 至 2017.10.08/低毒(原药高毒)
甘蓝 小菜蛾 8.1-10.8克/公顷 喷雾

江西众和化工有限公司 (江西省南昌市安义工业园区北一路 330500 0791-3499979)

PD85105-67 敌敌畏/80%/乳油/敌敌畏 77.5%(气谱法)/2010.04.05 至 2015.04.05/中等毒
茶树 食叶害虫 600克/公顷 喷雾

粮仓 多种储藏害虫 1)400-500倍液 1)喷雾
2)0.4-0.5克/立方米 2)挂条熏蒸
棉花 蚜虫、造桥虫 600-1200克/公顷 喷雾
苹果树 小卷叶蛾、蚜虫 400-500毫克/千克 喷雾
青菜 菜青虫 600克/公顷 喷雾
桑树 尺蠖 600克/公顷 喷雾
卫生 多种卫生害虫 1)300-400倍液2)0.08克/立方米 1)泼洒2)挂条熏蒸
小麦 黏虫、蚜虫 600克/公顷 喷雾

PD20050071 辛硫·三唑磷/20%/乳油/三唑磷 10%、辛硫磷 10%/2010.06.24 至 2015.06.24/中等毒
水稻 稻纵卷叶螟 200-360克/公顷 喷雾
水稻 二化螟 300-450克/公顷 喷雾

PD20080405 敌畏·辛硫磷/25%/乳油/敌敌畏 17%、辛硫磷 8%/2013.02.28 至 2018.02.28/中等毒
水稻 稻纵卷叶螟 300-450克/公顷 喷雾

PD20080406 敌百·辛硫磷/30%/乳油/敌百虫 20%、辛硫磷 10%/2013.02.28 至 2018.02.28/低毒
水稻 二化螟 450-540克/公顷 喷雾

PD20080927 高效氯氟氰菊酯/25克/升/乳油/高效氯氟氰菊酯 25克/升/2013.07.17 至 2018.07.17/中等毒
十字花科蔬菜 菜青虫 7.5-11.25克/公顷 喷雾

PD20082868 马拉·辛硫磷/25%/乳油/马拉硫磷 12.5%、辛硫磷 12.5%/2013.12.09 至 2018.12.09/低毒
水稻 稻纵卷叶螟 300-375克/公顷 喷雾

PD20083052 敌百·乙酰甲/25%/乳油/敌百虫 10%、乙酰甲胺磷 15%/2013.12.10 至 2018.12.10/低毒
水稻 稻纵卷叶螟 300-450克/公顷 喷雾

PD20083126 马拉·杀螟松/12%/乳油/马拉硫磷 10%、杀螟硫磷 2%/2013.12.10 至 2018.12.10/低毒
棉花 棉铃虫 180-216克/公顷 喷雾
水稻 二化螟 360-432克/公顷 喷雾

PD20083181 毒死蜱/45%/乳油/毒死蜱 45%/2013.12.11 至 2018.12.11/中等毒
水稻 二化螟 576-648克/公顷 喷雾

PD20083439 噻嗪酮/25%/可湿性粉剂/噻嗪酮 25%/2013.12.11 至 2018.12.11/低毒
水稻 稻飞虱 112.5－150克/公顷 喷雾

PD20083665 异稻·稻瘟灵/40%/乳油/稻瘟灵 10%、异稻瘟净 30%/2013.12.12 至 2018.12.12/低毒
水稻 稻瘟病 900-1200克/公顷 喷雾

PD20084051 异丙威/20%/乳油/异丙威 20%/2013.12.16 至 2018.12.16/低毒
水稻 稻飞虱 450-600克/公顷 喷雾

PD20084298 二嗪磷/25%/乳油/二嗪磷 25%/2013.12.17 至 2018.12.17/低毒
水稻 二化螟 487.5-600克/公顷 喷雾

PD20084331 联苯菊酯/25克/升/乳油/联苯菊酯 25克/升/2013.12.17 至 2018.12.17/低毒
茶树 茶尺蠖 7.5-15克/公顷 喷雾

PD20084805 异丙威/4%/粉剂/异丙威 4%/2013.12.22 至 2018.12.22/低毒
水稻 稻飞虱 450-700克/公顷 喷粉

PD20085043 喹硫磷/10%/乳油/喹硫磷 10%/2013.12.23 至 2018.12.23/低毒
水稻 稻纵卷叶螟 180-225克/公顷 喷雾

PD20090190 春雷霉素/2%/可湿性粉剂/春雷霉素 2%/2014.01.08 至 2019.01.08/低毒
水稻 稻瘟病 36-45克/公顷 喷雾

PD20091447 三唑磷/20%/乳油/三唑磷 20%/2014.02.02 至 2019.02.02/中等毒
水稻 二化螟 243-303.75克/公顷 喷雾

PD20091741 井冈霉素/3%/水剂/井冈霉素 3%/2014.02.04 至 2019.02.04/低毒
水稻 纹枯病 150-187.5克/公顷 喷雾

PD20094655 灭草松/48%/水剂/灭草松 48%/2014.04.10 至 2019.04.10/低毒
春大豆田 一年生阔叶杂草 1080-1440克/公顷 茎叶喷雾

PD20095659 毒死蜱/40%/乳油/毒死蜱 40%/2009.05.13 至 2014.05.13/低毒
水稻 稻纵卷叶螟 360-480克/公顷 喷雾

PD20096269 混灭威/50%/乳油/混灭威 50%/2009.07.22 至 2014.07.22/低毒
水稻 稻飞虱 562.5-750克/公顷 喷雾

PD20098020 草甘膦异丙胺盐(41%)///水剂/草甘膦 30%/2009.12.07 至 2014.12.07/低毒
非耕地 杂草 1125.45-2995.05克/公顷 茎叶喷雾

PD20098133 甲氰菊酯/20%/乳油/甲氰菊酯 20%/2009.12.08 至 2014.12.08/中等毒
柑橘树 红蜘蛛 80-100毫克/千克 喷雾

PD20098278 仲丁威/20%/乳油/仲丁威 20%/2009.12.18 至 2014.12.18/低毒
水稻 稻飞虱 465-555克/公顷 喷雾

PD20098307 速灭威/20%/乳油/速灭威 20%/2009.12.18 至 2014.12.18/中等毒
水稻 稻飞虱 175-200毫升制剂/亩 喷雾

PD20100014 氯氰·丙溴磷/440克/升/乳油/丙溴磷 400克/升、氯氰菊酯 40克/升/2010.01.04 至 2015.01.04/中等毒
棉花 棉铃虫 528-600克/公顷 喷雾

PD20100021 辛硫磷/40%/乳油/辛硫磷 40%/2010.01.04 至 2015.01.04/低毒

	水稻	稻纵卷叶螟	600-900克/公顷	喷雾
PD20100023	炔螨特/73%/乳油/炔螨特 73%/2010.01.04 至 2015.01.04/低毒			
	柑橘树	红蜘蛛	243-365毫克/千克	喷雾
PD20100024	丁硫克百威/200克/升/乳油/丁硫克百威 200克/升/2010.01.04 至 2015.01.04/中等毒			
	水稻	飞虱	600-750克/公顷	喷雾
PD20100025	三环唑/75%/可湿性粉剂/三环唑 75%/2010.01.04 至 2015.01.04/低毒			
	水稻	稻瘟病	262.5-300克/公顷	喷雾
PD20100038	马拉硫磷/45%/乳油/马拉硫磷 45%/2010.01.04 至 2015.01.04/低毒			
	水稻	稻蓟马	562.5-750克/公顷	喷雾
PD20100040	联苯菊酯/100克/升/乳油/联苯菊酯 100克/升/2010.01.04 至 2015.01.04/中等毒			
	茶树	茶小绿叶蝉	30-37.5克/公顷	喷雾
PD20101498	高效氟吡甲禾灵/108克/升/乳油/高效氟吡甲禾灵 108克/升/2010.05.10 至 2015.05.10/低毒			
	大豆田	一年生禾本科杂草	48.6-72.9克/公顷	茎叶喷雾
PD20111134	甲氨基阿维菌素苯甲酸盐/0.5%/微乳剂/甲氨基阿维菌素 0.5%/2011.11.03 至 2016.11.03/低毒			
	小白菜	甜菜夜蛾	1.5-2.25克/公顷	喷雾
	注:甲氨基阿维菌素苯甲酸盐含量：0.57%。			
PD20111148	苯甲·丙环唑/30%/乳油/苯醚甲环唑 15%、丙环唑 15%/2011.11.04 至 2016.11.04/低毒			
	水稻	纹枯病	67.5-90毫克/千克	喷雾
PD20120319	啶虫脒/40%/水分散粒剂/啶虫脒 40%/2012.02.17 至 2017.02.17/中等毒			
	黄瓜	蚜虫	24—36克/公顷	喷雾
PD20120331	吡虫·仲丁威/20%/乳油/吡虫啉 1%、仲丁威 19%/2012.02.17 至 2017.02.17/低毒			
	水稻	稻飞虱	180-225克/公顷	喷雾
PD20120365	已唑醇/5%/悬浮剂/已唑醇 5%/2012.02.24 至 2017.02.24/低毒			
	水稻	水稻纹枯病	67.5-75克/公顷	喷雾
PD20120514	吡虫啉/25%/可湿性粉剂/吡虫啉 25%/2012.03.30 至 2017.03.30/低毒			
	水稻	稻飞虱	22.5-30克/公顷	喷雾
PD20120558	吡虫啉/10%/可湿性粉剂/吡虫啉 10%/2012.03.28 至 2017.03.28/低毒			
	水稻	稻飞虱	15-20克/公顷	喷雾
PD20120753	甲氨基阿维菌素苯甲酸盐/5.0%/水分散粒剂/甲氨基阿维菌素 5%/2012.05.05 至 2017.05.05/低毒			
	甘蓝	小菜蛾	2.25-3克/公顷	喷雾
	注:甲氨基阿维菌素苯甲酸盐含量:5.7%。			
PD20120893	吡虫·噻嗪酮/22%/可湿性粉剂/吡虫啉 2.5%、噻嗪酮 19.5%/2012.05.24 至 2017.05.24/低毒			
	水稻	稻飞虱	66-82.5克/公顷	喷雾
PD20121537	阿维菌素/1.8%/微乳剂/阿维菌素 1.8%/2012.10.17 至 2017.10.17/中等毒(原药高毒)			
	甘蓝	小菜蛾	9-10.8克/公顷	喷雾
PD20130067	苏云金杆菌/8000IU/毫克/悬浮剂/苏云金杆菌 8000IU/毫克/2013.01.07 至 2018.01.07/低毒			
	水稻	稻纵卷叶螟	300-600（制剂）毫升/公顷	喷雾
PD20130076	苄嘧·丙草胺/40%/可湿性粉剂/苄嘧磺隆 4%、丙草胺 36%/2013.01.14 至 2018.01.14/低毒			
	水稻田(直播)	一年生杂草	360-420克/公顷	茎叶喷雾
PD20130498	戊唑醇/80%/水分散粒剂/戊唑醇 80%/2013.03.20 至 2018.03.20/低毒			
	苹果树	斑点落叶病	100-133毫克/千克	喷雾
PD20130499	苯甲·嘧菌酯/32.5%/悬浮剂/苯醚甲环唑 12.5%、嘧菌酯 20%/2013.03.20 至 2018.03.20/低毒			
	香蕉	叶斑病	130-163毫克/千克	喷雾
PD20131072	阿维菌素/5%/微乳剂/阿维菌素 5%/2013.05.20 至 2018.05.20/中等毒(原药高毒)			
	甘蓝	小菜蛾	7.5-11.25克/公顷	喷雾
PD20131074	甲氨基阿维菌素苯甲酸盐/2.3%/微乳剂/甲氨基阿维菌素 2%/2013.05.20 至 2018.05.20/低毒			
	小白菜	甜菜夜蛾	1.5-2.25克/公顷	喷雾
	注:甲氨基阿维菌素苯甲酸盐含量:2.3%。			
LS20100011	烯啶虫胺/10%/水剂/烯啶虫胺 10%/2012.02.09 至 2013.02.09/低毒			
	棉花	蚜虫	15-30克/公顷	喷雾
LS20110094	氟铃·毒死蜱/20%/乳油/毒死蜱 18%、氟铃脲 2%/2013.04.08 至 2014.04.08/中等毒			
	棉花	棉铃虫	300-360克/公顷	喷雾
LS20110240	井冈·枯芽菌/5%·200亿活芽孢/毫升/水剂/井冈霉素 5%、枯草芽孢杆菌 200亿活芽孢/毫升/2013.09.13至2014.09.13/低毒			
	水稻	稻曲病	100-120毫升/亩	喷雾
LS20110322	阿维·啶虫脒/4%/微乳剂/阿维菌素 0.5%、啶虫脒 3.5%/2013.12.06 至 2014.12.06/低毒(原药高毒)			
	甘蓝	蚜虫	6-12克/公顷	喷雾
LS20120064	已唑.稻瘟灵/33%/微乳剂/稻瘟灵 30%、已唑醇 3%/2014.02.17 至 2015.02.17/低毒			
	水稻	稻曲病、稻瘟病、纹枯病	297-396克/公顷	喷雾
LS20120068	稻瘟酰胺/30%/悬浮剂/稻瘟酰胺 30%/2014.03.07 至 2015.03.07/低毒			
	水稻	稻瘟病	157.5-225克/公顷	喷雾
LS20130185	氰氟草酯/20%/水乳剂/氰氟草酯 20%/2014.04.05 至 2015.04.05/低毒			
	直播水稻田	稗草、千金子等禾本科杂草	90-120克/公顷	茎叶喷雾

江西珀尔农作物工程有限公司　(江西省南昌市抚生路344号　330009　0791-6573232)

PD20091827　草甘膦异丙胺盐/30%/水剂/草甘膦 30%/2014.02.05 至 2019.02.05/低毒
　柑橘园　杂草　1125-2250毫升制剂/亩　定向茎叶喷雾
　注:草甘膦异丙胺盐含量: 41%

PD20096785　毒死蜱/480克/升/乳油/毒死蜱 480克/升/2009.09.15 至 2014.09.15/中等毒
　水稻　稻纵卷叶螟　504-648克/公顷　喷雾

PD20097160　联苯菊酯/25克/升/乳油/联苯菊酯 25克/升/2009.10.16 至 2014.10.16/低毒
　茶树　茶小绿叶蝉　30-37.5克/公顷　喷雾

PD20097163　高效氯氟氰菊酯/25克/升/乳油/高效氯氟氰菊酯 25克/升/2009.10.16 至 2014.10.16/中等毒
　十字花科蔬菜　菜青虫　7.5-11.25克/公顷　喷雾

PD20121152　申嗪霉素/1%/悬浮剂/申嗪霉素 1%/2012.07.30 至 2017.07.30/低毒
　辣椒　疫病　7.5-18克/公顷　喷雾
　水稻　纹枯病　4.5-10.5克/公顷　喷雾

WP20130249　氟虫腈/3%/微乳剂/氟虫腈 3%/2013.12.09 至 2018.12.09/低毒
　室内　蝇　稀释20倍　滞留喷洒

江西榄菊日化实业有限公司　(江西省大余县新世纪工业城　341500　0797-8733026)

WP20110170　蚊香/0.03%/蚊香/四氟甲醚菊酯 0.03%/2011.07.06 至 2016.07.06/微毒
　卫生　蚊　/　点燃

WP20130179　蚊香/0.05%/蚊香/氯氟醚菊酯 0.05%/2013.09.06 至 2018.09.06/微毒
　室内　蚊　/　点燃

上海威敌生化(南昌)有限公司　(江西省南昌市进贤县工业开发区威化路　331700　0791-5690498)

PD86110-8　嘧啶核苷类抗菌素/2%/水剂/嘧啶核苷类抗菌素 2%/2010.06.20 至 2015.06.20/低毒
　大白菜　黑斑病　100毫克/千克　喷雾
　番茄　疫病　100毫克/千克　喷雾
　瓜类、花卉、苹果、葡萄、烟草　白粉病　100毫克/千克　喷雾
　水稻　炭疽病、纹枯病　150-180克/公顷　喷雾
　西瓜　枯萎病　100毫克/千克　灌根
　小麦　锈病　100毫克/千克　喷雾

PD86110-9　嘧啶核苷类抗菌素/4%/水剂/嘧啶核苷类抗菌素 4%/2010.06.20 至 2015.06.20/低毒
　大白菜　黑斑病　100毫克/千克　喷雾
　番茄　疫病　100毫克/千克　喷雾
　瓜类、花卉、苹果、葡萄、烟草　白粉病　100毫克/千克　喷雾
　水稻　炭疽病、纹枯病　150-180克/公顷　喷雾
　西瓜　枯萎病　100毫克/千克　灌根
　小麦　锈病　100毫克/千克　喷雾

PD20040681　氯氰·吡虫啉/5%/乳油/吡虫啉 1%、氯氰菊酯 4%/2009.12.19 至 2014.12.19/低毒
　茶树　小绿叶蝉　30-45克/公顷　喷雾
　十字花科蔬菜　白粉虱　22.5-45克/公顷　喷雾
　注:十字花科蔬菜为临时登记。

PD20060144　丙环唑/95%/原药/丙环唑 95%/2011.08.07 至 2016.08.07/低毒

PD20060170　高效氯氟氰菊酯/95%/原药/高效氯氟氰菊酯 95%/2011.11.01 至 2016.11.01/中等毒

PD20060176　溴敌隆/95.8%/原药/溴敌隆 95.8%/2011.11.01 至 2016.11.01/剧毒

PD20060202　氟啶脲/95%/原药/氟啶脲 95%/2011.12.07 至 2016.12.07/低毒

PD20060204　虫酰肼/95%/原药/虫酰肼 95%/2011.12.07 至 2016.12.07/低毒

PD20070104　苏云金杆菌/50000IU/毫克/原药/苏云金杆菌 50000IU/毫克/2012.04.26 至 2017.04.26/低毒

PD20070183　联苯菊酯/95%/原药/联苯菊酯 95%/2012.06.25 至 2017.06.25/中等毒

PD20070609　百草枯/30.5%/母药/百草枯 30.5%/2012.12.14 至 2017.12.14/低毒

PD20080385　丙环唑/25%/乳油/丙环唑 25%/2013.02.28 至 2018.02.28/低毒
　香蕉　叶斑病　250-500毫克/千克　喷雾

PD20080444　芸苔素内酯/95%/原药/芸苔素内酯 95%/2013.03.17 至 2018.03.17/低毒

PD20081618　虫酰肼/200克/升/悬浮剂/虫酰肼 200克/升/2013.11.12 至 2018.11.12/低毒
　十字花科蔬菜　甜菜夜蛾　210-300克/公顷　喷雾

PD20081713　草甘膦异丙胺盐/41%/水剂/草甘膦异丙胺盐 41%/2013.11.18 至 2018.11.18/低毒
　非耕地　杂草　1125-3000克/公顷　茎叶喷雾

PD20081740　高效氯氰菊酯/4.5%/乳油/高效氯氰菊酯 4.5%/2013.11.18 至 2018.11.18/低毒
　甘蓝　小菜蛾　27-40.5克/公顷　喷雾

PD20082860　苏云金杆菌/16000IU/毫克/可湿性粉剂/苏云金杆菌 16000IU/毫克/2013.12.09 至 2018.12.09/低毒
　茶树　茶毛虫　800-1600倍液　喷雾
　棉花　二代棉铃虫　100-150毫升/亩　喷雾
　森林　松毛虫　1200-1600倍液　喷雾
　十字花科蔬菜　菜青虫　375-750克制剂/公顷　喷雾

十字花科蔬菜 甜菜夜蛾 50-100克/亩 喷雾
十字花科蔬菜 小菜蛾 750-1125克制剂/公顷 喷雾
水稻 稻纵卷叶螟 1500-2250克制剂/公顷 喷雾
烟草 烟青虫 750-1500克制剂/公顷 喷雾
玉米 玉米螟 750-1500克制剂/公顷 喷雾
枣树 枣尺蠖 1200-1600倍液 喷雾

PD20083290 苏云金杆菌/32000IU/毫克/可湿性粉剂/苏云金杆菌 32000IU/毫克/2013.12.11 至 2018.12.11/低毒
十字花科蔬菜 小菜蛾 450-750克制剂/公顷 喷雾

PD20085075 阿维菌素/1.8%/乳油/阿维菌素 1.8%/2013.12.23 至 2018.12.23/低毒(原药高毒)
十字花科蔬菜 小菜蛾 8.1-10.8克/公顷 喷雾

PD20090030 克百威/3%/颗粒剂/克百威 3%/2014.01.06 至 2019.01.06/高毒
棉花 蚜虫 675-900克/公顷 条施,沟施

PD20090249 氯氰·敌敌畏/10%/乳油/敌敌畏 8%、氯氰菊酯 2%/2014.01.09 至 2019.01.09/低毒
茶树 茶尺蠖 100-125毫克/千克 喷雾

PD20090482 炔螨特/40%/乳油/炔螨特 40%/2014.01.12 至 2019.01.12/低毒
柑橘树 红蜘蛛 266.7-400毫克/千克 喷雾

PD20090655 氟铃·辛硫磷/42%/乳油/氟铃脲 2%、辛硫磷 40%/2014.01.15 至 2019.01.15/低毒
棉花 棉铃虫 693-882克/公顷 喷雾

PD20090783 阿维·苏云菌//可湿性粉剂/阿维菌素 0.1%、苏云金杆菌 100亿活芽孢/克/2014.01.19 至 2019.01.19/低毒(原药高毒)
十字花科蔬菜 甜菜夜蛾 3000-4500克制剂/公顷 喷雾
十字花科蔬菜 小菜蛾 750-1125克制剂/公顷 喷雾

PD20091818 噻磺·乙草胺/20%/可湿性粉剂/噻吩磺隆 0.2%、乙草胺 19.8%/2014.02.05 至 2019.02.05/低毒
夏大豆田 一年生杂草 600-900克/公顷 土壤喷雾

PD20091848 阿维·氟铃脲/1.8%/乳油/阿维菌素 0.5%、氟铃脲 1.3%/2014.02.06 至 2019.02.06/低毒(原药高毒)
森林 松毛虫 3000-4000倍液 喷雾

PD20092015 阿维·苏云菌//可湿性粉剂/阿维菌素 0.05%、苏云金杆菌 100亿活芽孢/克/2014.02.12 至 2019.02.12/低毒(原药高毒)
甘蓝 小菜蛾 50—100克/亩 喷雾

PD20092265 氰戊·氧乐果/25%/乳油/氰戊菊酯 2.5%、氧乐果 22.5%/2014.02.24 至 2019.02.24/中等毒(原药高毒)
棉花 蚜虫 187.5-225克/公顷 喷雾

PD20092268 精喹禾灵/5%/乳油/精喹禾灵 5%/2014.02.24 至 2019.02.24/低毒
春大豆田 一年生禾本科杂草 67.5-90克/公顷 茎叶喷雾
冬油菜田 一年生禾本科杂草 37.5-52.5克/公顷 茎叶喷雾
夏大豆田 一年生禾本科杂草 45-52.5克/公顷 茎叶喷雾

PD20092614 精喹·草除灵/17.5%/乳油/草除灵 15%、精喹禾灵 2.5%/2014.03.02 至 2019.03.02/低毒
冬油菜田 一年生杂草 262.5-393.8克/公顷 茎叶喷雾

PD20092750 嘧霉胺/20%/可湿性粉剂/嘧霉胺 20%/2014.03.04 至 2019.03.04/低毒
黄瓜 灰霉病 375-562.5克/公顷 喷雾

PD20092751 苄·乙/14%/可湿性粉剂/苄嘧磺隆 2%、乙草胺 12%/2014.03.04 至 2019.03.04/低毒
水稻移栽田 部分多年生杂草、一年生杂草 84-118克/公顷 药土法

PD20092785 精喹禾灵/8.8%/乳油/精喹禾灵 8.8%/2009.03.04 至 2014.03.04/低毒
冬油菜田 一年生禾本科杂草 52.8-66克/公顷 茎叶喷雾

PD20092938 敌百虫/30%/乳油/敌百虫 30%/2014.03.18 至 2019.03.18/低毒
十字花科蔬菜 菜青虫 450-675克/公顷 喷雾

PD20093160 高氯·氟啶脲/5%/乳油/氟啶脲 1%、高效氯氰菊酯 4%/2014.03.11 至 2019.03.11/低毒
十字花科蔬菜 小菜蛾 45-60克/公顷 喷雾
十字花科蔬菜 甜菜夜蛾 37.5-52.5克/公顷 喷雾

PD20093326 螨醇·哒螨灵/20%/乳油/哒螨灵 8%、三氯杀螨醇 12%/2009.03.16 至 2014.03.16/中等毒
柑橘树 红蜘蛛 100-133毫克/千克 喷雾
苹果树 二斑叶螨 100-133毫克/千克 喷雾

PD20093327 杀扑磷/40%/乳油/杀扑磷 40%/2014.03.18 至 2019.03.18/高毒
柑橘树 介壳虫 400—500毫克/千克 喷雾

PD20093329 螨醇·哒螨灵/10%/乳油/哒螨灵 2%、三氯杀螨醇 8%/2009.03.18 至 2014.03.18/中等毒
柑橘树 红蜘蛛 100-140毫克/千克 喷雾

PD20093330 唑磷·毒死蜱/30%/乳油/毒死蜱 15%、三唑磷 15%/2014.03.18 至 2019.03.18/中等毒
水稻 三化螟 270-360克/公顷 喷雾

PD20093371 螨醇·哒螨灵/15%/乳油/哒螨灵 9%、三氯杀螨醇 6%/2009.03.18 至 2014.03.18/中等毒
柑橘树 红蜘蛛 100-150毫克/千克 喷雾

PD20093377 杀双·灭多威/23%/可溶液剂/灭多威 5%、杀虫双 18%/2014.03.18 至 2019.03.18/中等毒(原药高毒)
大豆 美洲斑潜蝇 138-172.5克/公顷 喷雾

PD20093380 氯氰·硫丹/18%/乳油/硫丹 16%、氯氰菊酯 2%/2014.03.18 至 2019.03.18/中等毒(原药高毒)
棉花 棉铃虫 162-202.5克/公顷 喷雾

PD20093783 苄·二氯/36%/可湿性粉剂/苄嘧磺隆 2%、二氯喹啉酸 34%/2014.03.25 至 2019.03.25/低毒
水稻秧田 一年生杂草 216-270克/公顷 喷雾

PD20094379 吡虫·异丙威/24%/可湿性粉剂/吡虫啉 1.5%、异丙威 22.5%/2014.04.01 至 2019.04.01/低毒
水稻 稻飞虱 180-360克/公顷 喷雾
PD20094385 灭线磷/10%/颗粒剂/灭线磷 10%/2009.04.01 至 2014.04.01/高毒
水稻 稻瘿蚊 1500-1800克/公顷 撒施
PD20094386 吡虫·噻嗪酮/10%/可湿性粉剂/吡虫啉 1%、噻嗪酮 9%/2014.04.01 至 2019.04.01/微毒
水稻 稻飞虱 225-300克/公顷 喷雾
PD20094499 高效氯氟氰菊酯/25克/升/乳油/高效氯氟氰菊酯 25克/升/2014.04.09 至 2019.04.09/中等毒
十字花科蔬菜 菜青虫 7.5-11.25克/公顷 喷雾
PD20094500 甲戊·乙草胺/40%/乳油/二甲戊灵 10%、乙草胺 30%/2014.04.09 至 2019.04.09/低毒
大蒜田 一年生杂草 750 1050克/公顷 土壤喷雾
PD20094511 氟啶脲/5%/乳油/氟啶脲 5%/2014.04.09 至 2019.04.09/低毒
十字花科蔬菜 小菜蛾 60-75克/公顷 喷雾
PD20094516 氰戊·敌敌畏/30%/乳油/敌敌畏 25%、氰戊菊酯 5%/2014.04.09 至 2019.04.09/中等毒
棉花 棉铃虫、棉蚜 450-675克/公顷 喷雾
PD20094685 溴敌隆/0.005%/毒饵/溴敌隆 0.005%/2014.04.10 至 2019.04.10/低毒(原药高毒)
室内 家鼠 饱和投饵 投饵
PD20094700 甲氰·噻螨酮/12.5%/乳油/甲氰菊酯 10%、噻螨酮 2.5%/2009.04.10 至 2014.04.10/中等毒
柑橘树 红蜘蛛 50-62.5毫克/千克 喷雾
PD20094704 敌百·辛硫磷/30%/乳油/敌百虫 10%、辛硫磷 20%/2014.04.10 至 2019.04.10/低毒
水稻 二化螟 450-540克/公顷 喷雾
PD20094756 三唑磷/20%/乳油/三唑磷 20%/2014.04.13 至 2019.04.13/中等毒
水稻 二化螟 375-450克/公顷 喷雾
PD20095122 苯·苄·乙草胺/32%/可湿性粉剂/苯噻酰草胺 27%、苄嘧磺隆 3%、乙草胺 2%/2014.04.24 至 2019.04.24/低毒
水稻抛秧田 一年生杂草 216-288克/公顷(南方地区) 药土法
PD20095887 草甘膦/30%/水剂/草甘膦 30%/2009.05.31 至 2014.05.31/低毒
茶园 杂草 1125—2250克/公顷 定向茎叶喷雾
PD20096058 芸苔素内酯/0.004%/水剂/芸苔素内酯 0.004%/2009.06.18 至 2014.06.18/低毒
白菜 调节生长、增产 0.01-0.02毫克/千克 喷雾
PD20096885 精噁唑禾草灵/10%/乳油/精噁唑禾草灵 10%/2009.09.23 至 2014.09.23/低毒
春小麦田 野燕麦等一年生禾本科杂草 105-120克/公顷 茎叶喷雾
冬小麦田 看麦娘、野燕麦等一年生禾本科杂草 60-90克/公顷 茎叶喷雾
PD20100166 芸苔素内酯/0.01%/乳油/芸苔素内酯 0.01%/2010.01.05 至 2015.01.05/低毒
小白菜 调节生长、增产 0.02-0.04毫克/千克 喷雾法
小麦 调节生长、增产 0.02-0.06毫克/千克 喷雾法
PD20101016 联苯·炔螨特/27%/乳油/联苯菊酯 2%、炔螨特 25%/2010.01.20 至 2015.01.20/低毒
柑橘树 红蜘蛛 270-337.5毫克/千克 喷雾
PD20101537 阿维·矿物油/24.5%/乳油/阿维菌素 0.2%、矿物油 24.3%/2010.05.19 至 2015.05.19/低毒(原药高毒)
柑橘树 红蜘蛛 123-245毫克/千克 喷雾
十字花科蔬菜 小菜蛾 147-220.5克/公顷 喷雾
PD20102186 阿维菌素/5%/乳油/阿维菌素 5%/2010.12.15 至 2015.12.15/中等毒(原药高毒)
甘蓝 小菜蛾 12.15毫升/亩 喷雾
水稻 稻纵卷叶螟、二化螟 10~15毫升/亩 喷雾
PD20102211 高效氟吡甲禾灵/108克/升/乳油/高效氟吡甲禾灵 108克/升/2010.12.23 至 2015.12.23/微毒
大豆田 一年生禾本科杂草 30-35毫升/亩 茎叶喷雾
PD20110070 丙溴磷/50%/乳油/丙溴磷 50%/2011.01.18 至 2016.01.18/低毒
水稻 稻纵卷叶螟、二化螟 600-900克/公顷 喷雾
PD20110723 阿维·毒死蜱/32%/乳油/阿维菌素 2%、毒死蜱 30%/2011.07.11 至 2016.07.11/中等毒(原药高毒)
水稻 稻纵卷叶螟 240-360克/公顷 喷雾
水稻 二化螟 144-216克/公顷 喷雾
PD20111006 阿维·丙溴磷/37%/乳油/阿维菌素 2%、丙溴磷 35%/2011.09.22 至 2016.09.22/低毒(原药高毒)
水稻 二化螟 166.5-277.5克/公顷 喷雾
水稻 稻纵卷叶螟 277.5-416.25克/公顷 喷雾
PD20130015 矿物油/99%/乳油/矿物油 99%/2013.01.04 至 2018.01.04/低毒
柑橘树 红蜘蛛 3300—6600毫克/千克 喷雾
PD20130251 甲·灭·敌草隆/65%/可湿性粉剂/敌草隆 15%、2甲4氯 10%、莠灭净 40%/2013.02.05 至 2018.02.05/低毒
甘蔗田 一年生杂草 1462.5—1706克/公顷 定向茎叶喷雾
PD20130491 甲氨基阿维菌素苯甲酸盐/2%/乳油/甲氨基阿维菌素 2%/2013.03.20 至 2018.03.20/低毒
甘蓝 小菜蛾 2.4-3克/公顷 喷雾
注:甲氨基阿维菌素苯甲酸盐含量: 2.3%。
PD20130802 联菊·丁醚脲/13%/乳油/丁醚脲 10%、联苯菊酯 3%/2013.04.22 至 2018.04.22/中等毒
棉花 红蜘蛛 78-117克/公顷 喷雾
PD20130898 磺草·莠去津/40%/悬浮剂/磺草酮 10%、莠去津 30%/2013.04.27 至 2018.04.27/低毒
玉米田 一年生杂草 1320-1680克/公顷 茎叶喷雾

PD20131665 联菊·啶虫脒/5%/乳油/啶虫脒 3%、联苯菊酯 2%/2013.08.05 至 2018.08.05/低毒
茶树 小绿叶蝉 45-60克/公顷 喷雾

LS20100017 烟嘧·莠去津/52%/悬浮剂/烟嘧磺隆 2%、莠去津 50%/2012.03.05 至 2013.03.05/低毒
玉米田 一年生杂草 780-1170克/公顷 茎叶喷雾

易克斯特农药(南昌)有限公司 (江西省南昌市进贤县工业开发区 331700 0791-5690535)

PD20092023 阿维·氯氰/2.1%/乳油/阿维菌素 0.1%、氯氰菊酯 2%/2014.02.12 至 2019.02.12/低毒(原药高毒)
十字花科蔬菜 小菜蛾 18.9-23.63克/公顷 喷雾

PD20092390 阿维菌素/0.9%/乳油/阿维菌素 0.9%/2009.02.25 至 2014.02.25/低毒(原药高毒)
柑橘树 红蜘蛛 4.5-9毫克/千克 喷雾
棉花 棉铃虫 21.6-32.4克/公顷 喷雾
十字花科蔬菜 小菜蛾 8.1-10.8克/公顷 喷雾

PD20095441 三唑磷/20%/乳油/三唑磷 20%/2009.05.11 至 2014.05.11/中等毒
水稻 二化螟 202.5-253.2克/公顷 喷雾

PD20100205 阿维·矿物油/24.5%/乳油/阿维菌素 0.2%、矿物油 24.3%/2010.01.05 至 2015.01.05/低毒(原药高毒)
柑橘树 红蜘蛛 122.5-245毫克/千克 喷雾

PD20100758 高效氟吡甲禾灵/108克/升/乳油/高效氟吡甲禾灵 108克/升/2010.01.18 至 2015.01.18/低毒
冬油菜田 一年生禾本科杂草 20-30毫升制剂/亩 茎叶喷雾

PD20101749 矿物油/95%/乳油/矿物油 95%/2010.06.28 至 2015.06.28/低毒
柑橘树 锈壁虱、蚜虫 稀释100-200倍 喷雾
柑橘树 介壳虫 稀释40-50倍 喷雾

辽宁省

北镇市永丰农药有限责任公司 (辽宁省北镇市沟帮子镇胜国街1号 121308 0416-6652704)

PD20040588 甲拌磷/5%/颗粒剂/甲拌磷 5%/2009.12.19 至 2014.12.19/高毒
高粱 蚜虫 150-300克/公顷 撒施

PD20132663 二嗪磷/5%/颗粒剂/二嗪磷 5%/2013.12.20 至 2018.12.20/低毒
花生 地下害虫 600-900克/公顷 撒施

大连贯发药业有限公司 (辽宁省大连市经济技术开发区哈尔滨路34号 116600 0411-82449505)

PD20102038 苦参碱/0.3%/水剂/苦参碱 0.3%/2010.10.19 至 2015.10.19/低毒
十字花科蔬菜 蚜虫 4.32-6.48克/公顷 喷雾

LS20100039 嘧肽霉素/30%/母药/嘧肽霉素 30%/2012.12.08 至 2013.12.08/微毒

LS20100040 嘧肽霉素/6%/水剂/嘧肽霉素 6%/2012.12.08 至 2013.12.08/微毒
水稻 稻瘟病 50-72克/公顷 喷雾

大连木春农药厂有限公司 (辽宁省庄河市兰店乡磨石房村 116400 0411-89813515)

PD20091427 氰戊·马拉松/30%/乳油/马拉硫磷 22.5%、氰戊菊酯 7.5%/2009.02.02 至 2014.02.02/中等毒
苹果树 桃小食心虫 200-300毫克/千克 喷雾

PD20093601 甲基硫菌灵/70%/可湿性粉剂/甲基硫菌灵 70%/2009.03.23 至 2014.03.23/低毒
番茄 叶霉病 933.3-1400毫克/千克 喷雾

PD20120163 乙蒜素/41%/乳油/乙蒜素 41%/2012.01.30 至 2017.01.30/中等毒
黄瓜 细菌性角斑病 369-461.25克/公顷 喷雾

PD20121863 稻瘟灵/40%/乳油/稻瘟灵 40%/2012.11.28 至 2017.11.28/低毒
水稻 稻瘟病 500-600克/公顷 喷雾

丹东天祥农药有限公司 (辽宁省丹东市振安区同兴镇 118011 0415-6132058)

PD20082444 溴氰·氧乐果/23%/乳油/溴氰菊酯 0.2%、氧乐果 22.8%/2013.12.02 至 2018.12.02/中等毒(原药高毒)
小麦 蚜虫 241.5-345克/公顷 喷雾

PD20093217 福·霜·敌磺钠/40%/可湿性粉剂/敌磺钠 10%、福美双 20%、甲霜灵 10%/2014.03.11 至 2019.03.11/低毒
水稻苗床 立枯病 0.16-0.2克/平方米 喷雾

PD20101405 敌畏·毒死蜱/35%/乳油/敌敌畏 26.2%、毒死蜱 8.8%/2010.04.14 至 2015.04.14/中等毒
菜豆 美洲斑潜蝇 367.5-525克/公顷 喷雾
水稻 稻飞虱 525-630克/公顷 喷雾

PD20101629 辛硫·三唑磷/20%/乳油/三唑磷 10%、辛硫磷 10%/2010.06.03 至 2015.06.03/中等毒
水稻 稻水象甲 150-210克/公顷 喷雾

PD20101955 高氯·马/30%/乳油/高效氯氰菊酯 2%、马拉硫磷 28%/2010.09.20 至 2015.09.20/中等毒
滩涂 蝗虫 225-405克/公顷 喷雾

PD20110789 氧氟·甲戊灵/20%/乳油/二甲戊灵 18%、乙氧氟草醚 2%/2011.07.25 至 2016.07.25/低毒
水稻移栽田 一年生杂草 北方：180-240克/公顷；南方：120-150克/公顷 药土法

PD20110824 二氯喹啉酸/50%/可湿性粉剂/二氯喹啉酸 50%/2011.08.10 至 2016.08.10/低毒
水稻移栽田 稗草 300-375克/公顷 茎叶喷雾

PD20120420 2甲·灭草松/26%/水剂/2甲4氯钠 6%、灭草松 20%/2012.03.12 至 2017.03.12/低毒
水稻移栽田 一年生杂草 585-780克/公顷 茎叶喷雾

PD20130221 灭草松/480克/升/水剂/灭草松 480克/升/2013.01.30 至 2018.01.30/低毒
水稻移栽田 一年生阔叶杂草 1080-1440克/公顷 茎叶喷雾

PD20130268 苄嘧·二甲戊/18%/可湿性粉剂/苄嘧磺隆 3%、二甲戊灵 15%/2013.02.21 至 2018.02.21/低毒

移栽水稻田 一年生杂草 135-216克/公顷（北方地区） 药土法
108-135克/公顷（南方地区）

PD20131152 氟磺·灭草松/447克/升/水剂/氟磺胺草醚 87克/升、灭草松 360克/升/2013.05.20 至 2018.05.20/低毒
春大豆田 一年生阔叶杂草及莎草科杂草 1005.75-1341.00克/公顷 茎叶喷雾

PD20131155 稻瘟灵/40%/乳油/稻瘟灵 40%/2013.05.21 至 2018.05.21/低毒
水稻 稻瘟病 450-660克/公顷 喷雾

WP20100117 杀蟑饵粒/2.5%/饵剂/吡虫啉 2.5%/2010.09.21 至 2015.09.21/低毒
卫生 蜚蠊 / 投放

海城市博圣化工有限公司 （辽宁省鞍山市海城市农药总厂 114200 0412-3336476）

PD84121-22 磷化铝/56%/片剂/磷化铝 56%/2010.01.11 至 2015.01.11/高毒
洞穴 室外啮齿动物 根据洞穴大小而定 密闭熏蒸
货物 仓储害虫 5-10片/1000千克 密闭熏蒸
空间 多种害虫 1-4片/立方米 密闭熏蒸
粮食、种子 储粮害虫 3-10片/1000千克 密闭熏蒸

PD20097249 敌敌畏/15%/烟剂/敌敌畏 15%/2009.10.19 至 2014.10.19/中等毒
黄瓜(保护地) 蚜虫 1125-1350克/公顷 点燃放烟

葫芦岛市鹏翔农药化工科技有限公司 （辽宁省葫芦岛市连山区塔山乡信屯村 125014 0429-4064488）

PD90109-5 乐果/1.5%/粉剂/乐果 1.5%/2010.12.14 至 2015.12.14/中等毒
柑橘树、苹果树 鳞翅目幼虫、蚜虫、螨 337.5-450克/公顷 喷粉
棉花、蔬菜 蚜虫、螨 337.5-450克/公顷 喷粉
烟草 蚜虫 337.5-450克/公顷 喷粉

PD20040463 甲拌磷/5%/颗粒剂/甲拌磷 5%/2009.12.19 至 2014.12.19/高毒
高粱 蚜虫 150-300克/公顷 撒施

PD20040616 甲拌磷/3%/颗粒剂/甲拌磷 3%/2009.12.19 至 2014.12.19/高毒
高粱 蚜虫 150-300克/公顷 撒施

PD20093334 灭多威/20%/乳油/灭多威 20%/2009.03.18 至 2014.03.18/高毒
棉花 棉铃虫 150-225克/公顷 喷雾

PD20097937 阿维菌素/18克/升/乳油/阿维菌素 18克/升/2009.11.30 至 2014.11.30/低毒(原药高毒)
甘蓝 小菜蛾 8.1-13.5克/公顷 喷雾

PD20098389 高效氯氰菊酯/4.5%/乳油/高效氯氰菊酯 4.5%/2009.12.18 至 2014.12.18/低毒
十字花科蔬菜 小菜蛾 20.25-27克/公顷 喷雾

科伯特（大连）生物制品有限公司 （辽宁省大连市甘井子区棋盘新村 116035 0411-86430118）

PD20101476 烷醇·硫酸铜/0.5%/水乳剂/硫酸铜 0.4%、三十烷醇 0.1%/2010.05.05 至 2015.05.05/低毒
番茄 花叶病、蕨叶病 18-27克/公顷 喷雾

PD20110170 丁子·香芹酚/2.1%/水剂/丁子香酚 2%、香芹酚 0.1%/2011.02.14 至 2016.02.14/低毒
番茄 灰霉病 33.7-47.25克/公顷 喷雾

辽宁凤凰蚕药厂 （辽宁省丹东市凤城市 118100 0415-8196810）

PD20082350 噻吩磺隆/75%/干悬浮剂/噻吩磺隆 75%/2013.12.01 至 2018.12.01/低毒
春大豆田 一年生阔叶杂草 22.5-33.8克/公顷 土壤喷雾

PD20082586 莠去津/38%/悬浮剂/莠去津 38%/2013.12.04 至 2018.12.04/低毒
春玉米田 一年生杂草 1710-2280克/公顷 播后苗前土壤喷雾

PD20092892 辛硫·福美双/16%/悬浮种衣剂/福美双 10%、辛硫磷 6%/2009.03.05 至 2014.03.05/低毒
玉米 地下害虫、茎基腐病 1:40-50(药种比) 种子包衣

PD20096890 烯草酮/120克/升/乳油/烯草酮 120克/升/2009.09.23 至 2014.09.23/低毒
大豆田 一年生禾本科杂草 63-72克/公顷 茎叶喷雾
油菜田 一年生禾本科杂草 30-40毫升制剂/亩 茎叶喷雾

辽宁抚顺丰谷农药有限公司 （辽宁省抚顺市顺城区寒江路1号 113006 0413-7601269）

PD85101 敌稗/16%/乳油/敌稗 16%/2010.01.24 至 2015.01.24/低毒
水稻 稗草 3000-4500克/公顷 喷雾

PD85102-9 2甲4氯钠盐/13%/水剂/2甲4氯钠 13%/2010.01.24 至 2015.01.24/低毒
水稻 多种杂草 450-900克/公顷 喷雾
小麦 多种杂草 600-900克/公顷 喷雾

PD85103 2甲4氯钠/56%/粉剂/2甲4氯钠 56%/2010.01.24 至 2015.01.24/低毒
高粱、小麦、玉米 阔叶杂草 900-1200克/公顷 喷粉
水稻 三棱草、眼子菜 450-900克/公顷 毒土、喷雾

PD20092959 2甲·灭草松/26%/水剂/2甲4氯钠 6%、灭草松 20%/2014.03.09 至 2019.03.09/低毒
水稻移栽田 阔叶杂草、莎草科杂草 702-975克/公顷 喷雾

辽宁海佳农化有限公司 （辽宁省清原满族自治县大孤家镇湾龙泡村 113305 0413-3581150088）

PD20040252 高效氯氰菊酯/4.5%/乳油/高效氯氰菊酯 4.5%/2009.12.19 至 2014.12.18/中等毒
茶树 茶尺蠖 15-25.5克/公顷 喷雾
柑橘树 潜叶蛾 15-20毫克/千克 喷雾
柑橘树 红蜡蚧 50毫克/千克 喷雾
棉花 红铃虫、棉铃虫、蚜虫 15-30克/公顷 喷雾

蔬菜　菜青虫、小菜蛾　9-25.5克/公顷　喷雾
烟草　烟青虫　15-25.5克/公顷　喷雾

PD20040587　吡虫啉/2.5%/乳油/吡虫啉 2.5%/2009.12.19 至 2014.12.18/低毒
棉花　蚜虫　7.5-11.25克/公顷　喷雾

PD20070644　啶虫脒/3%/微乳剂/啶虫脒 3%/2012.12.17 至 2017.12.17/低毒
小麦　蚜虫　11.25-18克/公顷　喷雾

PD20082439　阿维菌素/1.8%/乳油/阿维菌素 1.8%/2013.12.02 至 2018.12.02/低毒(原药高毒)
棉花　棉铃虫　21.6-32.4克/公顷　喷雾

PD20082703　阿维菌素/1%/乳油/阿维菌素 1%/2013.12.05 至 2018.12.05/低毒(原药高毒)
苹果树　红蜘蛛　4000-5000倍液　喷雾

PD20090749　高氯 ·敌敌畏/29%/乳油/敌敌畏 26%、高效氯氰菊酯 3%/2014.01.19 至 2019.01.19/中等毒
苹果树　潜叶蛾　580-725毫克/千克　喷雾

PD20122005　烟嘧磺隆/40克/升/可分散油悬浮剂/烟嘧磺隆 40克/升/2012.12.19 至 2017.12.19/低毒
玉米田　一年生杂草　42-60克/公顷　茎叶喷雾

LS20120087　草甘膦异丙胺盐/35%/水剂/草甘膦 35%/2013.03.07 至 2014.03.07/低毒
非耕地　杂草　1128-1551克/公顷　定向茎叶喷雾
注:草甘膦异丙胺盐含量:47%。

LS20120356　2甲·烟嘧/26%/可分散油悬浮剂/2甲4氯钠 20%、烟嘧磺隆 6%/2013.10.25 至 2014.10.25/低毒
玉米田　一年生杂草　195-273克/公顷　茎叶喷雾

LS20130268　烟嘧·莠·氯吡/33%/可分散油悬浮剂/氯氟吡氧乙酸 9%、烟嘧磺隆 4%、莠去津 20%/2013.05.02 至 2014.05.02/低毒
玉米田　一年生杂草　396-495克/公顷　茎叶喷雾

辽宁科生生物化学制品有限公司　(辽宁省盘锦市兴隆台区渤海乡陈屯　124011　0427-2885497)

PD20090586　多抗霉素/35%/原药/多抗霉素 35%/2014.01.14 至 2019.01.14/微毒

PD20092758　多抗霉素/0.3%/水剂/多抗霉素 0.3%/2014.03.04 至 2019.03.04/低毒
番茄　早疫病　27-45克/公顷　喷雾
苹果树　斑点落叶病　200-300倍液　喷雾
水稻　苗期立枯病　150-300克/公顷　喷雾
西瓜　枯萎病　80-100倍液　灌根
烟草　赤星病　27-45克/公顷　喷雾

PD20120816　多抗霉素/5%/水剂/多抗霉素 5%/2012.05.22 至 2017.05.22/低毒
水稻　稻瘟病　56-70克/千克　喷雾

辽宁三征化学有限公司　(辽宁省大石桥市水源镇盖家村　115001　0417-3635160)

PD85112-2　莠去津/38%/悬浮剂/莠去津 38%/2010.05.26 至 2015.05.26/低毒
茶园　一年生杂草　1125-1875克/公顷　喷于地表
防火隔离带、公路、森林、铁路　一年生杂草　0.8-2克/平方米　喷于地表
甘蔗　一年生杂草　1050-1500克/公顷　喷于地表
高粱、糜子、玉米　一年生杂草　1800-2250克/公顷(东北地区)　喷于地表
红松苗圃　一年生杂草　0.2-0.3克/平方米　喷于地表
梨树、苹果树　一年生杂草　1625-1875克/公顷　喷于地表
橡胶园　一年生杂草　2250-3750克/公顷　喷于地表

PD86105-2　西草净/25%/可湿性粉剂/西草净 25%/2009.07.08 至 2014.07.08/低毒
水稻　阔叶杂草、眼子菜　750-937.5克/公顷(东北地区)　撒毒土

PD90102-3　扑草净/25%/可湿性粉剂/扑草净 25%/2010.01.26 至 2015.01.26/低毒
麦田　杂草　375-562.5克/公顷　喷雾
水稻　阔叶杂草　187.5-562.5克/公顷　毒土

PD92105　西草净/94%/原药/西草净 94%/2009.07.08 至 2014.07.08/低毒

PD20082937　乙草胺/900克/升/乳油/乙草胺 900克/升/2008.12.09 至 2013.12.09/低毒
春玉米田　一年生禾本科杂草及部分小粒种子阔叶杂草　1350-1620克/公顷　播后苗前土壤喷雾
夏玉米田　一年生禾本科杂草及部分小粒种子阔叶杂草　810-1080克/公顷　播后苗前土壤喷雾

PD20083014　乙草胺/50%/乳油/乙草胺 50%/2013.12.10 至 2018.12.10/低毒
春玉米田　一年生禾本科杂草及部分小粒种子阔叶杂草　1500-1875克/公顷　播后苗前土壤喷雾
夏玉米田　一年生禾本科杂草及部分小粒种子阔叶杂草　750-1050克/公顷　播后苗前土壤喷雾

PD20083104　莠去津/50%/悬浮剂/莠去津 50%/2013.12.10 至 2018.12.10/低毒
春玉米田　一年生杂草　1575-2250克/公顷　播后苗前土壤喷雾
夏玉米田　一年生杂草　1125-1875克/公顷　播后苗前土壤喷雾

PD20086128　丁·莠/48%/悬乳剂/丁草胺 19%、莠去津 29%/2013.12.30 至 2018.12.30/低毒
夏玉米田　一年生杂草　1080-1440克/公顷　喷雾

PD20090414　莠去津/80%/可湿性粉剂/莠去津 80%/2014.01.12 至 2019.01.12/低毒

	春玉米田	一年生杂草	1800-2280克/公顷	播后苗前土壤喷雾
	夏玉米田	一年生杂草	1020-1500克/公顷	播后苗前土壤喷雾
PD20091361	甲·乙·莠/42%/悬乳剂/甲草胺 8%、乙草胺 9%、莠去津 25%/2014.02.02 至 2019.02.02/低毒			
	春玉米田	一年生杂草	1260-2520克/公顷	播后苗期土壤喷雾
	夏玉米田	一年生杂草	945-1260克/公顷	土壤喷雾
PD20092195	2甲4氯钠/56%/可溶粉剂/2甲4氯钠 56%/2014.02.23 至 2019.02.23/低毒			
	玉米田	阔叶杂草	924-1176克/公顷	茎叶喷雾
PD20092507	福·克/15.5%/悬浮种衣剂/福美双 8.5%、克百威 7.0%/2014.02.26 至 2019.02.26/中等毒(原药高毒)			
	玉米	地下害虫、茎基腐病	1:40-50(药种比)	种子包衣
PD20093605	异丙草·莠/40%/悬乳剂/异丙草胺 16%、莠去津 24%/2014.03.23 至 2019.03.23/低毒			
	夏玉米田	一年生杂草	1020-1500克/公顷	播后苗前土壤喷雾
PD20094984	莠去津/96%/原药/莠去津 96%/2014.04.21 至 2019.04.21/低毒			
PD20095218	扑·乙/40%/悬乳剂/扑草净 10%、乙草胺 30%/2014.04.24 至 2019.04.24/低毒			
	花生田	一年生杂草	1110-1320克/公顷	播后苗前土壤喷雾
PD20095331	莠灭净/40%/可湿性粉剂/莠灭净 40%/2014.04.27 至 2019.04.27/低毒			
	甘蔗田	一年生杂草	1980-2640克/公顷	喷雾
PD20095419	百草枯/200克/升/水剂/百草枯 200克/升/2012.12.31 至 2014.07.01/中等毒			
	春玉米田	杂草	450-600克/公顷	行间定向茎叶喷雾
PD20100256	丁草胺/85%/乳油/丁草胺 85%/2010.01.11 至 2015.01.11/低毒			
	水稻移栽田	稗草、部分阔叶杂草	945-1350克/公顷	药土法
PD20100517	异丙甲草胺/720克/升/乳油/异丙甲草胺 720克/升/2010.01.14 至 2015.01.14/低毒			
	花生田	一年生禾本科杂草及部分阔叶杂草	1080-1620克/公顷	播后苗前土壤喷雾
PD20100549	丙草胺/500克/升/乳油/丙草胺 500克/升/2010.01.14 至 2015.01.14/低毒			
	水稻移栽田	一年生禾本科、莎草科及部分阔叶杂草	450-562.5克/公顷	毒土
PD20100850	烟嘧磺隆/40克/升/可分散油悬浮剂/烟嘧磺隆 40克/升/2010.01.19 至 2015.01.19/低毒			
	玉米田	一年生阔叶杂草	48-60克/公顷	茎叶喷雾
PD20101631	莠去津/90%/水分散粒剂/莠去津 90%/2010.06.03 至 2015.06.03/低毒			
	春玉米田	一年生杂草	2025-2295克/公顷	播后苗前土壤喷雾
	夏玉米田	一年生杂草	1282-1485克/公顷	播后苗前土壤喷雾
PD20110064	滴丁·乙草胺/78%/乳油/2,4-滴丁酯 28%、乙草胺 50%/2011.01.11 至 2016.01.11/低毒			
	春大豆田、春玉米田	一年生杂草	2372.6-2565克/公顷	播后苗前土壤喷雾
PD20120863	烟嘧·莠去津/20%/可分散油悬浮剂/烟嘧磺隆 3.5%、莠去津 16.5%/2012.05.23 至 2017.05.23/低毒			
	玉米田	一年生杂草	240-360克/公顷	茎叶喷雾
PD20121850	乙·莠·滴丁酯/70%/悬乳剂/2,4-滴丁酯 8%、乙草胺 34%、莠去津 28%/2012.11.28 至 2017.11.28/低毒			
	春玉米田	一年生杂草	1575-2625克/公顷	播后苗前土壤喷雾
PD20130249	噁草·丁草胺/60%/乳油/丁草胺 50%、噁草酮 10%/2013.02.05 至 2018.02.05/低毒			
	水稻移栽田	一年生杂草	720-900克/公顷	移栽前土壤喷雾
PD20131599	乙氧氟草醚/240克/升/乳油/乙氧氟草醚 240克/升/2013.07.29 至 2018.07.29/微毒			
	水稻移栽田	一年生杂草	54-72克/公顷	药土法
PD20132714	精喹禾灵/20%/乳油/精喹禾灵 20%/2013.12.30 至 2018.12.30/低毒			
	春大豆田	一年生禾本科杂草	51-66克/公顷	茎叶喷雾
	夏大豆田	一年生禾本科杂草	36-51克/公顷	茎叶喷雾
LS20110258	乙·莠/61%/悬乳剂/乙草胺 36%、莠去津 25%/2013.09.21 至 2014.09.21/低毒			
	春玉米田	一年生杂草	1860-2790克/公顷	播后苗前土壤喷雾
	夏玉米田	一年生杂草	1116-1674克/公顷	播后苗前土壤喷雾
LS20130069	硝磺·莠去津/41%/可分散油悬浮剂/莠去津 35%、硝磺草酮 6%/2014.02.21 至 2015.02.21/低毒			
	春玉米田	一年生杂草	861-984克/公顷	茎叶喷雾
LS20130128	噁草·莎稗磷/37%/乳油/噁草酮 14%、莎稗磷 23%/2013.04.02 至 2014.04.02/低毒			
	移栽水稻田	一年生杂草	222-444克/公顷	喷雾
LS20130133	乙·莠·滴辛酯/66%/悬浮剂/2,4-滴异辛酯 10%、乙草胺 28%、莠去津 28%/2014.04.02 至 2015.04.02/低毒			
	春玉米田	一年生杂草	1881-2376克/公顷	播后苗前土壤喷雾
LS20130149	氟胺·烯禾啶/32%/乳油/氟磺胺草醚 15%、烯禾啶 17%/2014.04.03 至 2015.04.03/低毒			
	春大豆田	一年生杂草	288-384克/公顷	茎叶喷雾
LS20130162	烟嘧·莠去津/44%/可分散油悬浮剂/烟嘧磺隆 7.7%、莠去津 36.3%/2014.04.03 至 2015.04.03/低毒			
	玉米田	一年生杂草	231-330克/公顷	茎叶喷雾
LS20130172	扑·乙/68%/乳油/扑草净 17%、乙草胺 51%/2014.04.03 至 2015.04.03/低毒			
	花生田	一年生杂草	1122-1530克/公顷	播后苗前土壤喷雾
LS20130174	精喹·氟磺胺/18%/微乳剂/氟磺胺草醚 12%、精喹禾灵 6%/2014.04.03 至 2015.04.03/低毒			
	春大豆田	一年生杂草	216-324克/公顷	茎叶喷雾
LS20130175	烟嘧·乙·莠/51%/悬浮剂/烟嘧磺隆 3%、乙草胺 28%、莠去津 20%/2014.04.03 至 2015.04.03/低毒			
	玉米田	一年生杂草	612-918克/公顷	茎叶喷雾
LS20130213	松·喹·氟磺胺/45%/乳油/氟磺胺草醚 14%、精喹禾灵 4%、异噁草松 27%/2014.04.16 至 2015.04.16/低毒			
	春大豆田	一年生杂草	607-742.5克/公顷	茎叶喷雾

LS20130216 甲·灭·敌草隆/75%/可湿性粉剂/敌草隆 15%、2甲4氯钠 12%、莠灭净 48%/2014.04.18 至 2015.04.18/低毒
甘蔗田 一年生杂草 1125-1687.5克/公顷 定向茎叶喷雾

LS20130285 吡·西·扑草净/39%/可湿性粉剂/吡嘧磺隆 3%、扑草净 16%、西草净 20%/2013.05.07 至 2014.05.07/低毒
水稻移栽田 一年生杂草 234-351克/公顷 药土法

LS20130298 2甲·灭草松/50%/水剂/2甲4氯钠 10%、灭草松 40%/2013.06.04 至 2014.06.04/低毒
水稻移栽田 阔叶杂草及莎草科杂草 900-1050克/公顷 茎叶喷雾

LS20130361 乙草·莠去津/67%/悬乳剂/乙草胺 38%、莠去津 29%/2013.07.05 至 2014.07.05/低毒
春玉米田 一年生杂草 2415-2940克/公顷 土壤喷雾
夏玉米田 一年生杂草 1470-18900克/公顷 土壤喷雾

LS20130373 氟磺·烯草酮/25%/乳油/氟磺胺草醚 18%、烯草酮 7%/2013.07.29 至 2014.07.29/低毒
春大豆田 一年生杂草 262.5-375克/公顷 茎叶喷雾

LS20130377 乙·莠·滴丁酯/52.5%/悬乳剂/2,4-滴丁酯 6%、乙草胺 25.5%、莠去津 21%/2013.07.29 至 2014.07.29/低毒
春玉米田 一年生杂草 2138.5-2565克/公顷 播后苗前土壤喷雾

LS20130380 吡嘧·莎稗磷/22.5%/可湿性粉剂/吡嘧磺隆 2.5%、莎稗磷 20%/2013.07.29 至 2014.07.29/低毒
水稻移栽田 一年生杂草 276.75-337.5克/公顷 毒土法

辽宁省鞍山东大嘉隆生物控制技术开发有限公司 （辽宁省鞍山市铁西区新开街47栋 114014 0412-8220705）

PD20097631 溴鼠灵/0.005%/饵剂/溴鼠灵 0.005%/2009.11.03 至 2014.11.03/低毒(原药高毒)
农田 田鼠 150-200克制剂/亩 投饵

辽宁省鞍山市千山区汤岗子镇温泉卫生杀虫剂厂 （辽宁省鞍山市千山区汤岗子镇汤岗子村 114048 0412-2410219）

WP20080315 杀虫粉剂/0.3%/粉剂/氯氰菊酯 0.3%/2013.12.04 至 2018.12.04/低毒
卫生 蜚蠊、蚂蚁、跳蚤 3克制剂/平方米 撒布

WP20090076 氯氰菊酯/10%/可湿性粉剂/氯氰菊酯 10%/2014.02.01 至 2019.02.01/低毒
卫生 蚊、蝇、蜚蠊 玻璃面：20毫克/平方米；木板面，水泥面：30毫克/平方米 滞留喷洒

辽宁省鞍山市泽鑫农药有限公司（辽宁省鞍山市岫岩县满族自治县杨家堡镇松树秋村 114317 0412-7852548）

PD20091237 甲氰菊酯/20%/乳油/甲氰菊酯 20%/2014.02.01 至 2019.02.01/中等毒
苹果树 红蜘蛛 2000-2500倍液 喷雾

PD20091762 溴氰·氧乐果/16%/乳油/溴氰菊酯 1%、氧乐果 15%/2014.02.04 至 2019.02.04/中等毒(原药高毒)
棉花 蚜虫 72-120克/公顷 喷雾

PD20092542 甲氰·辛硫磷/33%/乳油/甲氰菊酯 6.5%、辛硫磷 26.5%/2014.02.26 至 2019.02.26/中等毒
棉花 红蜘蛛 124-165克/公顷 喷雾

PD20093120 高氯·辛硫磷/22.5%/乳油/高效氯氟氰菊酯 3%、辛硫磷 19.5%/2009.06.09 至 2014.06.09/中等毒
十字花科蔬菜 菜青虫 101.25-135克/公顷 喷雾

PD20093536 氰戊菊酯/20%/乳油/氰戊菊酯 20%/2014.03.23 至 2019.03.23/低毒
棉花 棉铃虫 120-180克/公顷 喷雾

PD20094162 甲霜·福美双/35%/可湿性粉剂/福美双 28%、甲霜灵 7%/2014.03.27 至 2019.03.27/低毒
黄瓜 霜霉病 1312.5-1575克/公顷 喷雾

PD20096181 辛硫·高氯氟/26%/乳油/高效氯氟氰菊酯 1%、辛硫磷 25%/2009.07.03 至 2014.07.03/中等毒
苹果树 桃小食心虫 800-1200倍液 喷雾

辽宁省北宁市家宝消杀药剂厂 （辽宁省北宁市广宁西环路炮团对过 121300 0416-6629120）

WP20100185 杀虫粉剂/0.2%/粉剂/氯氰菊酯 0.2%/2010.12.23 至 2015.12.23/低毒
卫生 蜚蠊 3克/平方米 撒布

辽宁省大连广达农药有限责任公司 （辽宁省大连市普兰店市太平办事处姚家村 116200 0411-83161188）

PD20081603 吡嘧·苯噻酰/42%/可湿性粉剂/苯噻酰草胺 40%、吡嘧磺隆 2%/2013.11.12 至 2018.11.12/低毒
水稻移栽田 一年生及部分多年生杂草 375-504克/公顷(东北地区) 药土法

PD20081912 三唑锡/25%/可湿性粉剂/三唑锡 25%/2013.11.21 至 2018.11.21/中等毒
柑橘树 红蜘蛛 125-166毫克/千克 喷雾

PD20085444 福·甲·锰锌/40%/可湿性粉剂/福美双 25%、甲霜灵 10%、代森锰锌 5%/2013.12.24 至 2018.12.24/低毒
辣椒 疫病 500-750克/公顷 喷雾

PD20110371 吡嘧磺隆/10%/可湿性粉剂/吡嘧磺隆 10%/2011.03.31 至 2016.03.31/低毒
水稻移栽田 阔叶杂草及莎草科杂草 22.5-30克/公顷 药土法

PD20110961 氟胺·灭草松/447克/升/水剂/氟磺胺草醚 87克/升、灭草松 360克/升/2011.09.08 至 2016.09.08/低毒
夏大豆田 一年生阔叶杂草及莎草科杂草 1005.75-1341克/公顷 茎叶喷雾

PD20132402 二氯喹啉酸/50%/可湿性粉剂/二氯喹啉酸 50%/2013.11.20 至 2018.11.20/低毒
水稻移栽田 稗草 390-502.5克/公顷 茎叶喷雾

LS20120023 吡嘧·苯噻酰/73.5%/可湿性粉剂/苯噻酰草胺 70%、吡嘧磺隆 3.5%/2014.01.09 至 2015.01.09/低毒
水稻移栽田 一年生杂草 468-551克/公顷 毒土法

辽宁省大连广垠生物农药有限公司 （辽宁省大连市甘井子区营城子镇沙岗子村 116036 0411-86715401）

PD20100281 香菇多糖/0.5%/水剂/香菇多糖 0.5%/2010.01.11 至 2015.01.11/低毒
番茄 病毒病 12.45-18.75克/公顷 喷雾
水稻 条纹叶枯病 7.5-9克/公顷 喷雾

PD20121997 井冈·香菇糖/2.75%/水剂/菇类蛋白多糖 0.25%、井冈霉素 2.5%/2012.12.18 至 2017.12.18/微毒
水稻 纹枯病 10-21克/公顷 喷雾

辽宁省大连金猫鼠药有限公司 (辽宁省大连市旅顺口区长城街道长岭子村 116049 0411-84791834)

PD20070077	敌鼠钠盐/0.05%/毒饵/敌鼠钠盐 0.05%/2012.04.12 至 2017.04.12/低毒(原药高毒)			
	室内	家鼠	饱和投饵	投饵
PD20080336	溴敌隆/0.005%/毒饵/溴敌隆 0.005%/2013.02.26 至 2018.02.26/低毒(原药剧毒)			
	室内	家鼠	10-20克毒饵/10平方米	饱和投饵
PD20084426	溴鼠灵/0.005%/毒饵/溴鼠灵 0.005%/2013.12.17 至 2018.12.17/低毒(原药高毒)			
	室内、外	家鼠	饱和投饵	投饵
PD20094759	溴敌隆/0.5%/母药/溴敌隆 0.5%/2009.04.13 至 2014.04.13/中等毒(原药高毒)			
PD20096044	溴鼠灵/0.5%/母药/溴鼠灵 0.5%/2009.06.16 至 2014.06.16/中等毒			
	室内	家鼠	15-30克毒饵/15平方米	配制成0.005%毒饵饱和投饵
	室外	家鼠	10-15克毒饵/5平方米	配制成0.005%毒饵饱和投饵
PD20101521	杀蟑笔剂/2%/笔剂/残杀威 2%/2010.05.19 至 2015.05.19/中等毒(原药高毒)			
	室内	蜚蠊	/	涂抹
WP20080307	杀蟑饵剂/2%/毒饵/残杀威 2%/2013.12.04 至 2018.12.04/低毒			
	卫生	蜚蠊	/	投放
WP20090141	杀蟑胶饵/2.5%/胶饵/吡虫啉 2.5%/2014.02.26 至 2019.02.26/低毒			
	室内	蜚蠊	/	投放
WP20090217	溴鼠灵/0.5%/母药/溴鼠灵 0.5%/2009.04.01 至 2014.04.01/中等毒			
WP20100076	杀蟑笔剂/2%/笔剂/残杀威 2%/2010.05.19 至 2015.05.19/低毒			
	室内	蜚蠊	/	涂抹
WP20120124	高效氯氰菊酯/5%/悬浮剂/高效氯氰菊酯 5%/2012.07.04 至 2017.07.04/低毒			
	卫生	蚊、蝇、蜚蠊	40毫克/平方米	滞留喷洒

辽宁省大连凯飞化工有限公司 (辽宁省大连开发区东北大街488号 116610 0411-87512961)

PD20040281	吡虫啉/95%/原药/吡虫啉 95%/2009.12.19 至 2014.12.19/低毒			
PD20050107	吡虫啉/5%/乳油/吡虫啉 5%/2010.08.04 至 2015.08.04/低毒			
	苹果树	蚜虫	25-50毫克/千克	喷雾
	水稻	飞虱	15-30克/公顷	喷雾
PD20060132	吡虫啉/10%/可湿性粉剂/吡虫啉 10%/2011.07.14 至 2016.07.14/低毒			
	水稻	飞虱	15-30克/公顷	喷雾
	小麦	蚜虫	15-30克/公顷	喷雾
PD20070564	啶虫脒/98%/原药/啶虫脒 98%/2012.12.03 至 2017.12.03/低毒			
PD20080755	溴氰菊酯/98%/原药/溴氰菊酯 98%/2013.06.11 至 2018.06.11/中等毒			
PD20081716	溴氰菊酯/25克/升/乳油/溴氰菊酯 25克/升/2013.11.18 至 2018.11.18/中等毒			
	棉花	蚜虫	15-18.75克/公顷	喷雾
	苹果树	桃小食心虫	8.3-12.5毫克/千克	喷雾
PD20083797	啶虫脒/3%/乳油/啶虫脒 3%/2013.12.15 至 2018.12.15/低毒			
	黄瓜	蚜虫	18-27克/公顷	喷雾
PD20090620	毒死蜱/40%/乳油/毒死蜱 40%/2014.01.14 至 2019.01.14/低毒			
	苹果树	绵蚜	266.7-400毫克/千克	喷雾
	水稻	稻飞虱	480-600克/公顷	喷雾
PD20101538	毒死蜱/95%/原药/毒死蜱 95%/2010.05.19 至 2015.05.19/中等毒			
PD20101978	zeta-氯氰菊酯/总酯：92%，S异构体：88%/原药/zeta-氯氰菊酯 88%/2010.09.21 至 2015.09.21/中等毒			
PD20110761	丁硫克百威/90%/原药/丁硫克百威 90%/2011.07.25 至 2016.07.25/中等毒			
PD20132389	氟虫腈/95%/原药/氟虫腈 95%/2013.11.20 至 2018.11.20/中等毒			
WP20100027	氯菊酯/95%/原药/氯菊酯 95%/2010.01.19 至 2015.01.19/低毒			

辽宁省大连凯飞化学股份有限公司 (辽宁省大连市开发区东北大街488号 116610 0411-87511189)

PD20097891	氨基寡糖素/2%/水剂/氨基寡糖素 2%/2009.11.30 至 2014.11.30/微毒			
	白菜	软腐病	56.25-75克/公顷	喷雾
	番茄	病毒病	48-80克/公顷	喷雾
	番茄	晚疫病	15-18克/公顷	喷雾
	烟草	病毒病	33.75-50克/公顷	喷雾
PD20097892	氨基寡糖素/7.5%/母药/氨基寡糖素 7.5%/2009.11.30 至 2014.11.30/微毒			
LS20120321	苯酰菌胺/97%/原药/苯酰菌胺 97%/2013.09.11 至 2014.09.11/低毒			
	注:专供出口，不得在国内销售。			

辽宁省大连绿峰化学股份有限公司 (辽宁省大连市甘井子区振兴路188号 116113 0411-86861000)

PD84129	氯化苦/99.5%/液剂/氯化苦 99.5%/2009.12.03 至 2014.12.03/高毒			
	草莓	黄枯萎病	240—360千克/公顷	土壤熏蒸
	东方百合	根腐病	375—525千克/公顷	土壤消毒
	非成品粮	病菌	1)35-70克/立方米 2)20-30克/立方米	1)粮堆用药2)空间体积用药
	非成品粮	多种害虫	1)35-70千克/立方米	1)粮堆用药2)空间

2)20-30千克/立方米 体积用药
花生 根瘤线虫 500千克/公顷 开沟施药
姜 姜瘟病 37.5－52.5毫升/平方米 土壤消毒
棉花 黄萎病、枯萎病 125毫升/平方米 土壤消毒
农田 田鼠 5-10克/鼠穴 细沙与药混合投入
茄子 黄萎病 292.5-447.75千克/公顷 注射法土壤熏蒸，施药后覆土盖地膜
甜瓜 枯萎病 275－382.5千克/公顷 土壤熏蒸
甜瓜 黄萎病 275-382.5千克/公顷 土壤熏蒸
烟草 黑胫病 373.125－522.375千克/公顷 土壤熏蒸

辽宁省大连诺斯曼化工有限公司 (辽宁省大连市永宁经济开发区 116326 0411-85173299)

PD90109-4 乐果/1.5%/粉剂/乐果 1.5%/2011.01.31 至 2016.01.31/中等毒
柑橘树、苹果树 鳞翅目幼虫、蚜虫、螨 337.5-450克/公顷 喷粉
棉花、蔬菜 蚜虫、螨 337.5-450克/公顷 喷粉
烟草 蚜虫 337.5-450克/公顷 喷粉

PD20094910 多·福/30%/可湿性粉剂/多菌灵 5%、福美双 25%/2009.04.13 至 2014.04.13/低毒
葡萄 霜霉病 1000-1250毫克/千克 喷雾

PD20100949 阿维·高氯/1.8%/乳油/阿维菌素 0.1%、高效氯氰菊酯 1.7%/2010.01.19 至 2015.01.19/低毒(原药高毒)
黄瓜 美洲斑潜蝇 15-30克/公顷 喷雾

PD20101071 多·锰锌/40%/可湿性粉剂/多菌灵 6%、代森锰锌 34%/2010.01.21 至 2015.01.21/低毒
梨树 黑星病 1000-1250毫克/千克 喷雾

辽宁省大连瑞泽农药股份有限公司 (辽宁省大连市金州区西南窑101号 116100 0411-87681573)

PD85112-16 莠去津/38%/悬浮剂/莠去津 38%/2010.12.26 至 2015.12.26/低毒
茶园 一年生杂草 1125-1875克/公顷 喷于地表
防火隔离带、公路、森林、铁路 一年生杂草 0.8-2克/平方米 喷于地表
甘蔗 一年生杂草 1050-1500克/公顷 喷于地表
高粱、糜子、玉米 一年生杂草 1800-2250克/公顷(东北地区) 喷于地表
红松苗圃 一年生杂草 0.2-0.3克/平方米 喷于地表
梨树、苹果树 一年生杂草 1625-1875克/公顷 喷于地表
橡胶园 一年生杂草 2250-3750克/公顷 喷于地表

PD20070136 嗪草酮/90%/原药/嗪草酮 90%/2012.05.29 至 2017.05.29/低毒

PD20070206 烯草酮/95%/原药/烯草酮 95%/2012.08.07 至 2017.08.07/中等毒

PD20070332 甲氰菊酯/95%/原药/甲氰菊酯 95%/2012.10.12 至 2017.10.12/中等毒

PD20070386 乙草胺/96%/原药/乙草胺 96%/2012.11.05 至 2017.11.05/低毒

PD20070542 苯磺隆/95%/原药/苯磺隆 95%/2012.12.03 至 2017.12.03/低毒

PD20070651 苯噻酰草胺/95%/原药/苯噻酰草胺 95%/2012.12.17 至 2017.12.17/低毒

PD20080294 甲氰·炔螨特/30%/乳油/甲氰菊酯 10%、炔螨特 20%/2013.02.25 至 2018.02.25/低毒
柑橘树 红蜘蛛 150-300毫克/千克 喷雾
棉花 红蜘蛛 180-270克/公顷 喷雾

PD20080345 苯噻酰草胺/50%/可湿性粉剂/苯噻酰草胺 50%/2013.02.26 至 2018.02.26/微毒
水稻移栽田 稗草、异型莎草 1)450-525克/公顷(南方地区) 2)450-525克/公顷(北方地区) 药土法

PD20080446 氟磺胺草醚/25%/水剂/氟磺胺草醚 25%/2013.03.18 至 2018.03.18/低毒
大豆田 一年生阔叶杂草 250-500克/公顷 喷雾

PD20080494 胺苯磺隆/20%/可溶粉剂/胺苯磺隆 20%/2008.04.07 至 2013.12.31/低毒
冬油菜(移栽田) 一年生阔叶杂草 18.75-22.5克/公顷(南方地区) 喷雾
冬油菜(直播田) 一年生阔叶杂草 22.5-30克/公顷(北方地区) 喷雾(苗期)

PD20080507 胺苯磺隆/95%/原药/胺苯磺隆 95%/2013.04.10 至 2018.04.10/低毒

PD20080512 甲氰菊酯/20%/乳油/甲氰菊酯 20%/2013.04.29 至 2018.04.29/中等毒
棉花 红蜘蛛、棉铃虫 90-150克/公顷 喷雾
苹果树 红蜘蛛 100-133.3毫克/千克 喷雾
苹果树 桃小食心虫 67-100毫克/千克 喷雾

PD20080571 丁草胺/60%/乳油/丁草胺 60%/2013.05.12 至 2018.05.12/低毒
水稻移栽田 稗草、牛毛草、鸭舌草 750-1275克/公顷 毒土法

PD20080580 丁草胺/92%/原药/丁草胺 92%/2013.05.12 至 2018.05.12/低毒

PD20080581 二甲戊灵/96%/原药/二甲戊灵 96%/2013.05.12 至 2018.05.12/低毒

PD20080582 氟磺胺草醚/95%/原药/氟磺胺草醚 95%/2013.05.12 至 2018.05.12/低毒

PD20080583 三氟羧草醚/95%/原药/三氟羧草醚 95%/2013.05.12 至 2018.05.12/低毒

PD20080584 异丙甲草胺/96%/原药/异丙甲草胺 96%/2013.05.12 至 2018.05.12/低毒

PD20080621 乙草胺/900克/升/乳油/乙草胺 900克/升/2013.05.12 至 2018.05.12/低毒
春大豆田、春玉米田 部分阔叶杂草、一年生禾本科杂草 1620-2025克/公顷(东北地区) 土壤喷雾
花生田、夏大豆田、 一年生禾本科杂草及小粒阔叶杂草 1080-1350克/公顷 土壤喷雾

夏玉米田
PD20080718 灭蝇胺/98%/原药/灭蝇胺 98%/2013.06.11 至 2018.06.11/低毒
PD20081131 烯草酮/120克/升/乳油/烯草酮 120克/升/2013.09.01 至 2018.09.01/低毒
春大豆田 一年生禾本科杂草 72-108克/公顷 茎叶喷雾
冬油菜田 一年生禾本科杂草 54-72克/公顷 茎叶喷雾
PD20081160 咪唑乙烟酸/5%/水剂/咪唑乙烟酸 5%/2013.09.11 至 2018.09.11/低毒
春大豆田 一年生杂草 90-105克/公顷(东北地区) 土壤或茎叶喷雾
PD20081161 乙草胺/50%/乳油/乙草胺 50%/2013.09.11 至 2018.09.11/低毒
大豆田 一年生禾本科杂草及小粒阔叶杂草 1)1200-1875克/公顷(东北地区) 土壤喷雾
2)750-1050克/公顷(其它地区)
花生田 一年生禾本科杂草及小粒阔叶杂草 750-1200克/公顷 土壤喷雾
油菜田 一年生禾本科杂草及小粒阔叶杂草 525-750克/公顷 土壤喷雾
玉米田 一年生禾本科杂草及小粒阔叶杂草 1)900-1875克/公顷(东北地区) 土壤喷雾
2)750-1050克/公顷(其它地区)
PD20081168 三氟羧草醚/21.4%/水剂/三氟羧草醚 21.4%/2013.09.11 至 2018.09.11/低毒
春大豆田 一年生阔叶杂草 360-480克/公顷 喷雾
PD20081171 乙草胺/990克/升/乳油/乙草胺 990克/升/2013.09.11 至 2018.09.11/低毒
春大豆田、春玉米田 一年生禾本科杂草及部分阔叶杂草 1485-1930.5克/公顷 土壤喷雾
PD20081172 嗪草酮/70%/可湿性粉剂/嗪草酮 70%/2013.09.11 至 2018.09.11/低毒
春大豆田 一年生阔叶杂草 525-750克/公顷 播后苗前喷雾
PD20081173 二甲戊灵/330克/升/乳油/二甲戊灵 330克/升/2013.09.11 至 2018.09.11/低毒
白菜 一年生杂草 495-742.5克/公顷 土壤喷雾
春玉米田 一年生杂草 891-1089克/公顷(东北地区) 土壤喷雾
PD20081174 乙草胺/50%/微乳剂/乙草胺 50%/2013.09.11 至 2018.09.11/低毒
春大豆田、春玉米田 阔叶杂草、一年生禾本科杂草 1500-1875克/公顷 播后苗前土壤喷雾
花生田 一年生禾本科杂草 750-1200克/公顷 播后苗前土壤喷雾
夏大豆田、夏玉米田 一年生禾本科杂草 975-1500克/公顷 播后苗前土壤喷雾
PD20081180 甲氰菊酯/10%/乳油/甲氰菊酯 10%/2013.09.11 至 2018.09.11/中等毒
苹果树 红蜘蛛 100毫克/千克 喷雾
苹果树 桃小食心虫 67-100毫克/千克 喷雾
十字花科蔬菜 菜青虫 60-75克/公顷 喷雾
PD20081182 烯草酮/240克/升/乳油/烯草酮 240克/升/2013.09.11 至 2018.09.11/低毒
大豆田 一年生禾本科杂草 108-144克/公顷 茎叶喷雾
PD20081220 氟磺胺草醚/250克/升/水剂/氟磺胺草醚 250克/升/2013.09.11 至 2018.09.11/低毒
春大豆田 一年生阔叶杂草 300-412.5克/公顷 茎叶喷雾
夏大豆田 一年生阔叶杂草 187.5-225克/公顷 茎叶喷雾
PD20081253 苯磺隆/20%/可溶粉剂/苯磺隆 20%/2013.09.18 至 2018.09.18/低毒
小麦田 阔叶杂草 10.05-19.5克/公顷 茎叶喷雾
PD20081542 噻磺·乙草胺/43.6%/乳油/噻吩磺隆 0.6%、乙草胺 43%/2013.11.11 至 2018.11.11/低毒
春大豆田、春玉米田 一年生杂草 1308-1635克/公顷(东北地区) 土壤喷雾处理
花生田 一年生杂草 654-981克/公顷 土壤喷雾处理
PD20081697 氯嘧磺隆/96%/原药/氯嘧磺隆 96%/2013.11.17 至 2018.11.17/低毒
PD20082096 氟磺胺草醚/20%/乳油/氟磺胺草醚 20%/2013.11.25 至 2018.11.25/低毒
春大豆田 一年生阔叶杂草 210-270克/公顷 茎叶喷雾
PD20082786 氟磺胺草醚/12.8%/微乳剂/氟磺胺草醚 12.8%/2013.12.09 至 2018.12.09/低毒
春大豆田 一年生阔叶杂草 153.6-230.4克/公顷(东北地区) 茎叶喷雾
花生田 一年生阔叶杂草 153.6-230.4克/公顷 茎叶喷雾
PD20083273 霜霉威盐酸盐/722克/升/水剂/霜霉威盐酸盐 722克/升/2013.12.11 至 2018.12.11/低毒
黄瓜 霜霉病 705-1174克/公顷 喷雾
PD20083581 炔螨特/760克/升/乳油/炔螨特 760克/升/2013.12.12 至 2018.12.12/低毒
柑橘树 红蜘蛛 233-350毫克/千克 喷雾
PD20083748 灭蝇胺/20%/可溶粉剂/灭蝇胺 20%/2013.12.15 至 2018.12.15/低毒
菜豆 斑潜蝇 150-210克/公顷 喷雾
PD20084892 苄嘧·苯噻酰/55%/可湿性粉剂/苯噻酰草胺 50%、苄嘧磺隆 5%/2013.12.22 至 2018.12.22/低毒
水稻移栽田 一年生及部分多年生杂草 577.5-660克/公顷(北方地区) 药土法
PD20090048 嗪酮·乙草胺/50%/乳油/嗪草酮 10%、乙草胺 40%/2009.01.06 至 2014.01.06/低毒
大豆田 一年生杂草 1)1125-1500克/公顷(东北地区) 播后苗前土壤喷雾
2)750-1125克/公顷(华北地区)
甘蔗田 一年生杂草 900-1125克/公顷 土壤喷雾
马铃薯田 一年生杂草 1125-1500克/公顷 播后苗前土壤喷雾
玉米田 一年生阔叶杂草、一年生禾本科杂草 1)1125-1500克/公顷(东北地区) 播后苗前土壤喷雾
2)750-1125克/公顷(华北地区)
PD20090706 异丙甲草胺/72%/乳油/异丙甲草胺 72%/2009.01.19 至 2014.01.19/低毒

春大豆田、春玉米田 一年生禾本科杂草及部分阔叶杂草 1620-2160克/公顷(东北地区) 土壤喷雾
花生田 一年生禾本科杂草及部分阔叶杂草 1080－1620克/公顷 土壤喷雾
PD20090785 氟铃脲/95%/原药/氟铃脲 95%/2009.01.19 至 2014.01.19/低毒
PD20091778 氟铃脲/5%/乳油/氟铃脲 5%/2009.02.10 至 2014.02.10/低毒
甘蓝 小菜蛾 28.13-56.25克/公顷 喷雾
棉花 棉铃虫 60-120克/公顷 喷雾
PD20091801 苄・乙/20%/可湿性粉剂/苄嘧磺隆 2.5%、乙草胺 17.5%/2009.02.04 至 2014.02.04/低毒
水稻移栽田 部分多年生杂草、一年生杂草 84-118克/公顷 药土法
PD20093134 氟铃・辛硫磷/42%/乳油/氟铃脲 2%、辛硫磷 40%/2009.03.10 至 2014.03.10/低毒
棉花 棉铃虫 693-882克/公顷 喷雾
十字花科蔬菜 小菜蛾 504-693克/公顷 喷雾
PD20093339 乙草胺/20%/可湿性粉剂/乙草胺 20%/2009.03.18 至 2014.03.18/低毒
水稻移栽田 部分阔叶杂草、一年生禾本科杂草 90-112.5克/公顷 毒土法
PD20094342 甲氰・氧乐果/15%/乳油/甲氰菊酯 4%、氧乐果 11%/2009.04.01 至 2014.04.01/高毒
大豆 食心虫、蚜虫 60-90克/公顷 喷雾
PD20094555 氟・松・烯草酮/22%/乳油/氟磺胺草醚 7%、烯草酮 2%、异噁草松 13%/2009.04.09 至 2014.04.09/低毒
春大豆田 一年生杂草 495-561克/公顷 茎叶喷雾
PD20095401 克・扑・滴丁酯/56%/乳油/2,4-滴丁酯 20%、克草胺 28%、扑草净 8%/2009.04.27 至 2014.04.27/低毒
春大豆田、春玉米田 一年生杂草 2100-2520克/公顷 播后苗前土壤喷雾
PD20095536 异松・乙草胺/67%/乳油/乙草胺 53%、异噁草松 14%/2009.05.12 至 2014.05.12/低毒
春大豆田 一年生杂草 1708.5-2211克/公顷 播后苗前土壤喷雾
马铃薯田 一年生杂草 1206-1708.5克/公顷 播后苗前土壤喷雾
PD20095879 咪乙・异噁松/30%/乳油/咪唑乙烟酸 4%、异噁草松 26%/2009.05.31 至 2014.05.31/低毒
春大豆田 一年生杂草 1)405-810克/公顷 1)土壤喷雾
2)405-495克/公顷 2)茎叶喷雾
PD20095913 嗪草酸甲酯/90%/原药/嗪草酸甲酯 90%/2009.06.02 至 2014.06.02/低毒
PD20095914 嗪草酸甲酯/5%/乳油/嗪草酸甲酯 5%/2009.06.02 至 2014.06.02/低毒
春大豆田、春玉米田 一年生阔叶杂草 150-225克制剂/公顷(东北地区) 茎叶喷雾
夏大豆田、夏玉米田 一年生阔叶杂草 120-180克制剂/公顷 茎叶喷雾
PD20096026 异松・乙草胺/36%/乳油/乙草胺 27%、异噁草松 9%/2009.06.15 至 2014.06.15/低毒
冬油菜田 一年生杂草 324-432克/公顷 移栽前土壤喷雾
花生田 一年生杂草 810-1080克/公顷 播后苗前土壤喷雾
PD20096178 甲氰・氧乐果/30%/乳油/甲氰菊酯 8%、氧乐果 22%/2009.07.03 至 2014.07.03/高毒
大豆 食心虫、蚜虫 60-90克/公顷 喷雾
PD20096258 噻吩磺隆/75%/水分散粒剂/噻吩磺隆 75%/2009.07.15 至 2014.07.15/微毒
春大豆田 一年生阔叶杂草 22.5-33.75克/公顷 播后苗前土壤喷雾
PD20096430 2,4-滴丁酯/57%/乳油/2,4-滴丁酯 57%/2009.08.05 至 2014.08.05/低毒
春玉米田 阔叶杂草 756-972克/公顷 播后苗前土壤喷雾
PD20096848 克草胺/95%/原药/克草胺 95%/2009.09.21 至 2014.09.21/低毒
PD20096849 克草胺/47%/乳油/克草胺 47%/2009.09.21 至 2014.09.21/低毒
移栽水稻田 部分阔叶杂草、一年生禾本科杂草 528.8-705克/公顷(东北地区) 药土法
352.5-528.8克/公顷(其它地区)
PD20096899 滴丁・乙草胺/50%/乳油/2,4-滴丁酯 13%、乙草胺 37%/2009.09.23 至 2014.09.23/低毒
春大豆田、春玉米田 一年生杂草 1875-2250克/公顷(东北地区) 喷雾
PD20097128 氟虫腈/95%/原药/氟虫腈 95%/2009.10.16 至 2014.10.16/中等毒
PD20097466 克胺・莠去津/40%/悬浮剂/克草胺 20%、莠去津 20%/2009.11.03 至 2014.11.03/低毒
春玉米田 一年生杂草 1800-2400克/公顷(东北地区) 土壤喷雾
夏玉米田 一年生杂草 1200-1500克/公顷(其它地区) 土壤喷雾
PD20101184 乙草胺/40%/水乳剂/乙草胺 40%/2010.01.28 至 2015.01.28/低毒
春大豆田 一年生禾本科杂草及部分小粒种子阔叶杂草 1500-1800克/公顷 播后苗前土壤喷雾
玉米田 一年生禾本科杂草及部分小粒种子阔叶杂草 900-1200克/公顷（夏玉米） 播后苗前土壤喷雾
1500-1800克/公顷（春玉米）
PD20101566 氟铃・辛硫磷/21%/乳油/氟铃脲 1%、辛硫磷 20%/2010.05.19 至 2015.05.19/低毒
甘蓝 甜菜夜蛾 409.5-504克/公顷 喷雾
PD20101779 甲氨基阿维菌素苯甲酸盐(0.57%)///微乳剂/甲氨基阿维菌素 0.5%/2010.07.07 至 2015.07.07/微毒
甘蓝 甜菜夜蛾 0.45-0.9克/公顷 喷雾
PD20120413 丁虫腈/5%/乳油/丁虫腈 5%/2012.03.12 至 2017.03.12/低毒
甘蓝 小菜蛾 15-30克/公顷 喷雾
水稻 二化螟 22.5-37.5克/公顷 喷雾
PD20120414 丁虫腈/96%/原药/丁虫腈 96%/2012.03.12 至 2017.03.12/低毒
PD20121139 枯草芽孢杆菌/1000亿活芽孢/克/可湿性粉剂/枯草芽孢杆菌 1000亿活芽孢/克/2012.07.20 至 2017.07.20/微毒
水稻 稻瘟病 6-12克/亩 喷雾

PD20121627 乙草胺/50%/水乳剂/乙草胺 50%/2012.10.30 至 2017.10.30/低毒
玉米田 一年生杂草 900-1200克/公顷（夏玉米田） 播后苗前土壤喷雾
1500-1875克/公顷（春玉米田）
PD20122001 乙·嗪·滴丁酯/66%/微乳剂/2,4-滴丁酯 20%、嗪草酮 4%、乙草胺 42%/2012.12.19 至 2017.12.19/低毒
春玉米田 一年生杂草 1980-2475克/公顷 播后苗前土壤喷雾
PD20122010 乙·噻·滴丁酯/83%/微乳剂/2,4-滴丁酯 16.5%、噻吩磺隆 .5%、乙草胺 66%/2012.12.19 至 2017.12.19/低毒
春玉米田 一年生杂草 1867.5-2490克/公顷 播后苗前土壤喷雾
PD20130113 灭·喹·氟磺胺/38%/微乳剂/氟磺胺草醚 10%、精喹禾灵 3%、灭草松 25%/2013.01.17 至 2018.01.17/低毒
春大豆田 一年生杂草 627-741克/公顷 茎叶喷雾
夏大豆田 一年生杂草 399-627克/公顷 茎叶喷雾
PD20130565 乙·莠· 滴丁酯/63%/悬乳剂/2,4-滴丁酯 10%、乙草胺 37%、莠去津 16%/2013.04.01 至 2018.04.01/低毒
春玉米田 一年生杂草 1890-2362.5克/公顷 土壤喷雾
PD20132280 丁虫腈/80%/水分散粒剂/丁虫腈 80%/2013.11.08 至 2018.11.08/微毒
甘蓝 小菜蛾 26.4-31.2克/公顷 喷雾
PD20132700 嗪·烟·莠去津/20%/可分散油悬浮剂/嗪草酸甲酯 0.25%、烟嘧磺隆 1%、莠去津 18.75%/2013.12.25 至2018.12.25/低毒
玉米田 一年生杂草 360-399克/公顷 茎叶喷雾
LS20120144 乙·嗪·滴丁酯/66%/微乳剂/2,4-滴丁酯 20%、嗪草酮 4%、乙草胺 42%/2014.04.12 至 2015.04.12/低毒
春玉米田 一年生杂草 1980-2475克/公顷 播后苗前土壤喷雾
LS20120145 乙·噻·滴丁酯/83%/微乳剂/2,4-滴丁酯 16.5%、噻吩磺隆 .5%、乙草胺 66%/2014.04.12 至 2015.04.12/低毒
春玉米田 一年生杂草 1867.5-2490克/公顷 播后苗前土壤喷雾
LS20120245 灭·喹·氟磺胺/38%/微乳剂/氟磺胺草醚 10%、精喹禾灵 3%、灭草松 25%/2013.07.10 至 2014.07.10/低毒
大豆田 一年生杂草 627-741克/公顷（春大豆田） 茎叶喷雾
399-627克/公顷（夏大豆田）
WP20130225 杀蟑饵剂/0.2%/饵剂/丁虫腈 0.2%/2013.11.05 至 2018.11.05/微毒
室内 蜚蠊 / 投放

辽宁省大连润邦化工科技有限公司 （辽宁省大连市瓦房店市李店镇杨沟村 116307 0411-85390518）

PD20101119 氰戊·马拉松/20%/乳油/马拉硫磷 15%、氰戊菊酯 5%/2010.01.25 至 2015.01.25/中等毒
苹果树 桃小食心虫 222-333毫克/千克 喷雾

辽宁省大连润泽农化有限公司 （辽宁省大连市庄河市徐岭镇杨树房村 116400 0411-88872136）

PD20080114 乙草胺/92%/原药/乙草胺 93%/2008.01.03 至 2013.01.03/低毒
PD20080614 丁草胺/90%/原药/丁草胺 90%/2008.05.12 至 2013.05.12/低毒
PD20080627 乙草胺/900克/升/乳油/乙草胺 900克/升/2008.05.12 至 2013.05.12/低毒
春大豆田、春玉米田 一年生禾本科杂草及小粒阔叶杂草 1620-2025克/公顷 土壤喷雾

辽宁省大连实验化工有限公司 （辽宁省大连市甘井子区振兴路199号 116113 0411-87110827）

PD85170 敌鼠钠盐/80%/原药/敌鼠钠盐 80%/2010.11.22 至 2015.11.22/高毒
PD20090049 敌鼠钠盐/40%/母药/敌鼠钠盐 40%/2014.01.06 至 2019.01.06/高毒
农田 害鼠 配制成0.05%毒饵，饱和投饵 投饵
PD20101540 敌鼠钠盐/0.05%/饵剂/敌鼠钠盐 0.05%/2010.05.19 至 2015.05.19/低毒(原药高毒)
农田 田鼠 10-20克毒饵/堆 饱和投饵
PD20131851 敌鼠钠盐//母药/敌鼠钠盐 4%/2013.09.24 至 2018.09.24/高毒
农田 田鼠 配制成0.05%毒饵 饱和投饵

辽宁省大连松辽化工有限公司 （辽宁省大连市甘井子区工兴路22号 116031 0411-86671213）

PD85151-8 2,4-滴丁酯/57%/乳油/2,4-滴丁酯 57%/2010.07.13 至 2015.07.13/低毒
谷子、小麦 双子叶杂草 525克/公顷 喷雾
水稻 双子叶杂草 300-525克/公顷 喷雾
玉米 双子叶杂草 1)1050克/公顷 1)苗前土壤处理
2)450-525克/公顷 2)喷雾
PD88111 2,4滴三乙醇胺盐/0.5%/水剂/2,4滴三乙醇胺盐 0.5%/2013.11.27 至 2018.11.27/低毒
大白菜 调节生长 45毫克/千克 喷雾
番茄 调节生长 10-20毫克/千克 喷雾
茄子 调节生长 30-40毫克/千克 喷雾
茭瓜 调节生长 50-100毫克/千克 喷雾
PD20080155 异恶草松/93%/原药/异噁草松 93%/2013.01.04 至 2018.01.04/低毒
PD20080156 氟磺胺草醚/95%/原药/氟磺胺草醚 95%/2013.01.04 至 2018.01.04/低毒
PD20080522 三氟羧草醚/80%/原药/三氟羧草醚 80%/2013.04.29 至 2018.04.29/低毒
PD20081215 精喹禾灵/96%/原药/精喹禾灵 96%/2013.09.11 至 2018.09.11/低毒
PD20082083 乙草胺/93%/原药/乙草胺 93%/2013.11.25 至 2018.11.25/低毒
PD20082105 异噁草松/360克/升/乳油/异噁草松 360克/升/2013.11.25 至 2018.11.25/低毒
春大豆田 一年生杂草 813-976克/公顷 茎叶喷雾
PD20082489 异丙草胺/90%/原药/异丙草胺 90%/2013.12.03 至 2018.12.03/低毒
PD20082759 氟磺胺草醚/250克/升/水剂/氟磺胺草醚 250克/升/2013.12.08 至 2018.12.08/低毒
大豆田 一年生阔叶杂草 250-500克/公顷 茎叶喷雾

PD20082897 异丙草胺/50%/乳油/异丙草胺 50%/2013.12.09 至 2018.12.09/低毒

春大豆田、春玉米田	一年生禾本科杂草及部分阔叶杂草	1493-2073克/公顷(东北地区)	播后苗前土壤喷雾
夏大豆田、夏玉米田	一年生禾本科杂草及部分阔叶杂草	1161.3-1493克/公顷(其它地区)	播后苗前土壤喷雾

PD20082934 乙草胺/50%/乳油/乙草胺 50%/2013.12.09 至 2018.12.09/低毒

春大豆田、春玉米田	一年生杂草	1505-1881克/公顷	土壤喷雾
花生田	一年生杂草	752-1204克/公顷	土壤喷雾
棉花田、夏大豆田、夏玉米田	一年生杂草	752-1128克/公顷	土壤喷雾

PD20083032 三氟羧草醚/21.4%/水剂/三氟羧草醚 21.4%/2013.12.10 至 2018.12.10/低毒

大豆田	阔叶杂草	360-480克/公顷	茎叶喷雾

PD20083059 三氟羧草醚/14.8%/水剂/三氟羧草醚 14.8%/2013.12.10 至 2018.12.10/低毒

大豆田	一年生阔叶杂草	246.2-295.4克/公顷	茎叶喷雾

PD20084012 氟胺·烯禾啶/20.8%/乳油/氟磺胺草醚 12.5%、烯禾啶 8.3%/2013.12.16 至 2018.12.16/低毒

春大豆田	一年生杂草	374.4-468克/公顷	喷雾

PD20084077 乙草胺/900克/升/乳油/乙草胺 900克/升/2013.12.16 至 2018.12.16/低毒

春大豆田、春玉米田	一年生杂草	1620-2025克/公顷	土壤喷雾
花生田、棉花田、夏大豆田、夏玉米田	一年生杂草	810-1215克/公顷	土壤喷雾

PD20085332 丙·噁·滴丁酯/70%/乳油/2,4-滴丁酯 14%、异丙草胺 40%、异噁草松 16%/2013.12.24 至 2018.12.24/低毒

春大豆田	一年生杂草	1890-2625克/公顷	播前或播后苗前土壤喷雾

PD20085658 松·喹·氟磺胺/18%/乳油/氟磺胺草醚 5.5%、精喹禾灵 1.5%、异噁草松 11%/2013.12.26 至 2018.12.26/低毒

春大豆田	一年生杂草	486-540克/公顷(东北地区)	喷雾

PD20090033 异噁草松/480克/升/乳油/异噁草松 480克/升/2014.01.06 至 2019.01.06/低毒

春大豆	一年生杂草	1008-1080克/公顷(东北地区)	喷雾

PD20090752 氟磺胺草醚/16.8%/水剂/氟磺胺草醚 16.8%/2014.01.19 至 2019.01.19/低毒

春大豆田	一年生阔叶杂草	252-302.4克/公顷(华北地区)	茎叶喷雾

PD20090786 氟·喹·异噁松/15.8%/乳油/三氟羧草醚 4.7%、精喹禾灵 1.5%、异噁草松 9.6%/2014.01.19 至 2019.01.19/低毒

春大豆田	一年生杂草	474-521.4克/公顷(东北地区)	喷雾

PD20091190 松·喹·氟磺胺/13.6%/微乳剂/氟磺胺草醚 4%、精喹禾灵 1.2%、异噁草松 8.4%/2014.01.22 至 2019.01.22/低毒

春大豆田	一年生杂草	489.6-571.2克/公顷(东北地区)	茎叶喷雾

PD20092336 精喹禾灵/8%/微乳剂/精喹禾灵 8%/2014.02.24 至 2019.02.24/低毒

大豆田	一年生禾本科杂草	48-60克/公顷	茎叶喷雾

PD20092967 精喹·氟磺胺/15%/乳油/氟磺胺草醚 12%、精喹禾灵 3%/2014.03.09 至 2019.03.09/低毒

春大豆田	一年生杂草	337.5-405克/公顷	茎叶喷雾
花生田、夏大豆田	一年生杂草	225-315克/公顷	茎叶喷雾

PD20093313 异噁·氟磺胺/18%/微乳剂/氟磺胺草醚 6%、异噁草松 12%/2014.03.13 至 2019.03.13/低毒

春大豆田	一年生杂草	486-540克/公顷	茎叶喷雾

PD20093656 异噁·氟磺胺/36%/乳油/氟磺胺草醚 12%、异噁草松 24%/2014.03.25 至 2019.03.25/低毒

春大豆	一年生杂草	486-540克/公顷	茎叶喷雾

PD20093741 氟磺胺草醚/20%/微乳剂/氟磺胺草醚 20%/2014.03.25 至 2019.03.25/微毒

春大豆田	一年生阔叶杂草	180-240克/公顷	茎叶喷雾
夏大豆田	一年生阔叶杂草	150-180克/公顷	茎叶喷雾

PD20094364 松·喹·氟磺胺/36%/乳油/氟磺胺草醚 10%、精喹禾灵 3%、异噁草松 23%/2009.04.01 至 2014.04.01/低毒

春大豆田	一年生杂草	594-702克/公顷	茎叶喷雾

PD20094623 喹·唑·氟磺胺/16.8%/微乳剂/氟磺胺草醚 12%、精喹禾灵 3%、咪唑乙烟酸 1.8%/2009.04.10 至 2014.04.10/低毒

春大豆田	一年生杂草	378-453.6克/公顷	茎叶喷雾

PD20094875 松·烟·氟磺胺/18%/微乳剂/氟磺胺草醚 6%、咪唑乙烟酸 1%、异噁草松 11%/2009.04.13 至 2014.04.13/低毒

春大豆田	一年生杂草	675-756克/公顷	茎叶喷雾

PD20094907 丙·噁·嗪草酮/52%/乳油/嗪草酮 6%、异丙草胺 32%、异噁草松 14%/2009.04.13 至 2014.04.13/低毒

春大豆田	一年生杂草	1950-2340克/公顷	土壤喷雾

PD20095053 灭·喹·氟磺胺/21%/微乳剂/氟磺胺草醚 5%、精喹禾灵 1.5%、灭草松 14.5%/2009.04.21 至 2014.04.21/低毒

春大豆田	一年生杂草	630-693克/公顷	茎叶喷雾
夏大豆田	一年生杂草	580-630克/公顷	茎叶喷雾

PD20095408 异丙·滴丁酯/50%/乳油/2,4-滴丁酯 15%、异丙草胺 35%/2009.04.27 至 2014.04.27/低毒

春大豆田、春玉米田	一年生杂草	1875-2250克/公顷(东北地区)	喷雾

PD20095417 扑·乙·滴丁酯/68%/乳油/2,4-滴丁酯 18%、扑草净 10%、乙草胺 40%/2009.05.11 至 2014.05.11/低毒

春大豆田、春玉米田	一年生杂草	2040-2346克/公顷	土壤喷雾

PD20095421 异丙·滴丁酯/58%/乳油/2,4-滴丁酯 18%、异丙草胺 40%/2009.05.11 至 2014.05.11/低毒

春大豆田、春玉米田	一年生杂草	2175-2610克/公顷(东北地区)	土壤喷雾

PD20095423 扑·丙·滴丁酯/64%/乳油/2,4-滴丁酯 18%、扑草净 6%、异丙草胺 40%/2009.05.11 至 2014.05.11/低毒

春大豆田、春玉米田	一年生杂草	1920-2400克/公顷(东北地区)	土壤喷雾

PD20095432 乙·噁·滴丁酯/70%/乳油/2,4-滴丁酯 14%、乙草胺 40%、异噁草松 16%/2009.05.11 至 2014.05.11/低毒

春大豆田 一年生杂草 1785-2415克/公顷 土壤喷雾

PD20095446 丙草胺/95%/原药/丙草胺 95%/2009.05.11 至 2014.05.11/低毒

PD20095450 2,4-滴/96%/原药/2,4-滴 96%/2009.05.11 至 2014.05.11/中等毒

PD20095743 咪乙·异噁松/20%/微乳剂/咪唑乙烟酸 2%、异噁草松 18%/2009.05.18 至 2014.05.18/低毒

春大豆田 一年生杂草 525-900克/公顷 土壤或茎叶喷雾

PD20095745 精喹禾灵/5%/乳油/精喹禾灵 5%/2009.05.18 至 2014.05.18/低毒

大豆田、红小豆田、花生田、棉花田 一年生禾本科杂草 37.5-52.5克/公顷 茎叶喷雾

PD20096062 2,4-滴丁酯/96%/原药/2,4-滴丁酯 96%/2009.06.18 至 2014.06.18/中等毒

PD20096110 咪乙·异噁松/40%/乳油/咪唑乙烟酸 4%、异噁草松 36%/2009.06.18 至 2014.06.18/低毒

春大豆田 一年生杂草 540-840克/公顷(东北地区) 土壤或茎叶喷雾

PD20096393 2,4-滴丁酯/76%/乳油/2,4-滴丁酯 76%/2009.08.04 至 2014.08.04/低毒

春大豆田、春玉米田 一年生阔叶杂草 540-1080克/公顷 土壤喷雾

春小麦田 一年生阔叶杂草 405-675克/公顷 茎叶喷雾

PD20096421 2,4-滴二胺/50%/水剂/2,4-滴二甲胺盐 50%/2009.08.04 至 2014.08.04/低毒

春小麦田 一年生阔叶杂草 600-900克/公顷 喷雾

PD20096437 丙·莠·滴丁酯/42%/悬乳剂/2,4-滴丁酯 10%、异丙草胺 20%、莠去津 12%/2009.08.05 至 2014.08.05/低毒

春玉米田 一年生杂草 1890-2520克/公顷 土壤喷雾

PD20096476 丙·噁·滴丁酯/76%/乳油/2,4-滴丁酯 16%、异丙草胺 42%、异噁草松 18%/2009.08.14 至 2014.08.14/低毒

春大豆田 一年生杂草 2250-2622克/公顷 播后苗前土壤喷雾

PD20097348 吡嘧磺隆/10%/可湿性粉剂/吡嘧磺隆 10%/2009.10.27 至 2014.10.27/微毒

水稻移栽田 一年生阔叶杂草及莎草科杂草 15-30克/公顷 毒土法

PD20097779 松·烟·氟磺胺/36%/乳油/氟磺胺草醚 12%、咪唑乙烟酸 2%、异噁草松 22%/2009.11.19 至 2014.11.19/低毒

春大豆田 一年生杂草 675-756克/公顷 茎叶喷雾

PD20101085 精喹·草除灵/17.5%/乳油/草除灵 15%、精喹禾灵 2.5%/2010.01.25 至 2015.01.25/低毒

冬油菜田 一年生禾本科杂草及阔叶杂草 110-140毫升制剂/亩 茎叶喷雾

PD20120224 丙草胺/50%/乳油/丙草胺 50%/2012.02.10 至 2017.02.10/低毒

移栽水稻田 一年生禾本科、莎草科及部分阔叶杂草 450-525克/公顷 毒土法

PD20120225 乙草胺/89%/乳油/乙草胺 89%/2012.02.10 至 2017.02.10/低毒

春大豆田、春玉米田 一年生禾本科杂草及部分小粒种子阔叶杂草 1468.5-1735.5克/公顷 播后苗前土壤喷雾

PD20120354 噁草酮/250克/升/乳油/噁草酮 250克/升/2012.02.23 至 2017.02.23/低毒

水稻移栽田 一年生禾本科杂草及阔叶杂草 100-130毫升/亩 毒土法

PD20130102 硝磺草酮/10%/悬浮剂/硝磺草酮 10%/2013.01.17 至 2018.01.17/低毒

玉米田 一年生杂草 150-190克/公顷 苗后茎叶喷雾

PD20130105 2,4-滴丁酯/82.5%/乳油/2,4-滴丁酯 82.5%/2013.01.17 至 2018.01.17/低毒

春玉米田 一年生阔叶杂草 420.75-581.625克/公顷 土壤喷雾

冬小麦田 一年生阔叶杂草 334.125-420.75克/公顷 茎叶喷雾

PD20130108 吡嘧·莎稗磷/20.5%/可湿性粉剂/吡嘧磺隆 2.5%、莎稗磷 18%/2013.01.17 至 2018.01.17/低毒

移栽水稻田 一年生禾本科、莎草科及部分阔叶杂草 276.75-338.25克/公顷 毒土法

PD20130114 烟嘧·莠去津/23%/可分散油悬浮剂/烟嘧磺隆 3%、莠去津 20%/2013.01.17 至 2018.01.17/低毒

春玉米田 一年生禾本科杂草及阔叶杂草 345-379.5克/公顷 茎叶喷雾

PD20130119 硝磺草酮/96%/原药/硝磺草酮 96%/2013.01.17 至 2018.01.17/低毒

PD20130184 乙·嗪·滴丁酯/81.3%/乳油/2,4-滴丁酯 20.5%、嗪草酮 6.8%、乙草胺 54%/2013.01.24 至 2018.01.24/低毒

春大豆田、春玉米田 一年生禾本科杂草及阔叶杂草 1951.2-2195.1克/公顷 播后苗前土壤喷雾

PD20130185 莎稗磷/30%/乳油/莎稗磷 30%/2013.01.24 至 2018.01.24/低毒

水稻移栽田 莎草及稗草 270-360克/公顷 毒土法

PD20130265 嗪酮·乙草胺/68.6%/乳油/嗪草酮 13.6%、乙草胺 55%/2013.02.21 至 2018.02.21/低毒

春大豆田、春玉米田 一年生禾本科杂草及阔叶杂草 1440.6-1646.4克/公顷 播后苗前土壤喷雾

马铃薯田 一年生杂草 1131.9-1337.7克/公顷 播后苗前土壤喷雾

PD20130560 精喹·氟羧草/28%/乳油/三氟羧草醚 18%、精喹禾灵 10%/2013.04.01 至 2018.04.01/低毒

花生田 一年生杂草 168-210克/公顷 茎叶喷雾

PD20130561 精喹·嗪草酮/31%/乳油/精喹禾灵 5%、嗪草酮 26%/2013.04.01 至 2018.04.01/低毒

马铃薯田 一年生杂草 232.5-325.5克/公顷 茎叶喷雾

PD20130562 三氟羧草醚/28%/微乳剂/三氟羧草醚 28%/2013.04.01 至 2018.04.01/低毒

大豆田 一年生阔叶杂草 357-483克/公顷 茎叶喷雾

PD20130563 精喹·氟磺胺/33.6%/乳油/氟磺胺草醚 22.6%、精喹禾灵 11%/2013.04.01 至 2018.04.01/低毒

春大豆田 一年生禾本科杂草及部分阔叶杂草 151.2-201.6克/公顷 茎叶喷雾

PD20130564 松·喹·氟磺胺/45%/乳油/氟磺胺草醚 14%、精喹禾灵 4%、异噁草松 27%/2013.04.01 至 2018.04.01/低毒

春大豆田 一年生杂草 540-607.5克/公顷 茎叶喷雾

PD20130630 2,4-滴异辛酯/900克/升/乳油/2,4-滴异辛酯 900克/升/2013.04.03 至 2018.04.03/低毒

春大豆田、春玉米田 一年生阔叶杂草 540-675克/公顷 土壤喷雾

小麦田 一年生阔叶杂草 540-675克/公顷 茎叶喷雾

PD20130712	硝·烟·莠去津/22%/可分散油悬浮剂/烟嘧磺隆 1%、莠去津 18%、硝磺草酮 3%/2013.04.11 至 2018.04.11/低毒			
	玉米田	一年生杂草	春玉米田：874.5-924克/公顷 夏玉米田：742.5-825克/公顷	茎叶喷雾
PD20130750	异松·乙草胺/81%/乳油/乙草胺 56%、异噁草松 25%/2013.04.15 至 2018.04.15/低毒			
	春大豆田	一年生禾本科杂草及阔叶杂草	1215-1701克/公顷	播后苗前土壤喷雾
	春油菜田	一年生禾本科杂草及阔叶杂草	130-150毫升/亩	播后苗前土壤喷雾
	冬油菜田	一年生禾本科杂草及阔叶杂草	35-45毫升/亩	播后苗前土壤喷雾
	马铃薯田	一年生禾本科杂草及阔叶杂草	972-1701克/公顷	播后苗前土壤喷雾
PD20130909	氟磺胺草醚/30%/微乳剂/氟磺胺草醚 30%/2013.04.28 至 2018.04.28/低毒			
	大豆田	一年生阔叶杂草	247.5-360克/公顷	茎叶喷雾
PD20131069	氟·松·烯草酮/32%/乳油/氟磺胺草醚 10%、烯草酮 4%、异噁草松 18%/2013.05.20 至 2018.05.20/低毒			
	春大豆田	一年生禾本科杂草及阔叶杂草	528-624克/公顷	茎叶喷雾
PD20131252	乙·莠·滴丁酯/61%/悬乳剂/2,4-滴丁酯 8%、乙草胺 30%、莠去津 23%/2013.06.04 至 2018.06.04/低毒			
	春玉米田	一年生杂草	2287.5-2470.5克/公顷	播后苗前土壤喷雾
PD20131258	莎稗磷/36%/微乳剂/莎稗磷 36%/2013.06.04 至 2018.06.04/低毒			
	水稻移栽田	一年生禾本科杂草、莎草	216-270克/公顷	药土法
PD20131300	乙·噁·滴丁酯/82%/乳油/2,4-滴丁酯 17%、乙草胺 46%、异噁草松 19%/2013.06.08 至 2018.06.08/低毒			
	春大豆田	一年生禾本科杂草及阔叶杂草	2337-2583克/公顷	土壤喷雾
PD20131302	烟·莠·滴丁酯/31%/可分散油悬浮剂/2,4-滴丁酯 17%、烟嘧磺隆 4%、莠去津 10%/2013.06.08 至 2018.06.08/低毒			
	春玉米田	一年生杂草	372-418.5克/公顷	茎叶喷雾
PD20131397	2，4-滴异辛酯/87.5%/乳油/2,4-滴异辛酯 87.5%/2013.07.02 至 2018.07.02/低毒			
	春大豆田、春玉米田	一年生阔叶杂草	525-577.5克/公顷	播后苗土壤喷雾
	冬小麦田	一年生阔叶杂草	525-577.5克/公顷	茎叶喷雾
PD20131451	砜·喹·嗪草酮/23.2%/可分散油悬浮剂/砜嘧磺隆 1.2%、精喹禾灵 4%、嗪草酮 18%/2013.07.05 至 2018.07.05/低毒			
	马铃薯田	一年生杂草	243.6-295.8克/公顷	茎叶喷雾
PD20131469	硝磺·莠去津/18%/可分散油悬浮剂/莠去津 15%、硝磺草酮 3%/2013.07.05 至 2018.07.05/低毒			
	玉米田	一年生杂草	756-864克/公顷	茎叶喷雾
PD20131837	烯草酮/30%/乳油/烯草酮 30%/2013.09.18 至 2018.09.18/低毒			
	大豆田	一年生禾本科杂草	72-108克/公顷	茎叶喷雾
	油菜田	一年生禾本科杂草	54-72克/公顷	茎叶喷雾
PD20131838	滴丁·乙草胺/85%/乳油/2,4-滴丁酯 23%、乙草胺 62%/2013.09.18 至 2018.09.18/低毒			
	春玉米田	一年生杂草	2040-2295克/公顷(东北地区)	播后苗前土壤喷雾
PD20131839	硝·乙·莠去津/50%/悬乳剂/乙草胺 25%、莠去津 20%、硝磺草酮 5%/2013.09.18 至 2018.09.18/低毒			
	玉米田	一年生杂草	春玉米田：1575-1800克/公顷 夏玉米田：1350-1575克/公顷	茎叶喷雾
PD20131840	扑·乙/67%/乳油/扑草净 17%、乙草胺 50%/2013.09.18 至 2018.09.18/低毒			
	花生田	一年生杂草	1206-1507.5克/公顷	土壤喷雾
PD20131841	莎稗磷/90%/原药/莎稗磷 90%/2013.09.18 至 2018.09.18/低毒			
LS20100141	滴丁·烟嘧/27%/可分散油悬浮剂/2,4-滴丁酯 23%、烟嘧磺隆 4%/2010.10.08 至 2013.10.08/低毒			
	春玉米田	一年生杂草	324-364.5克/公顷	茎叶喷雾
LS20110080	嗪·烟·莠去津/20%/可分散油悬浮剂/嗪草酸甲酯 1%、烟嘧磺隆 4%、莠去津 15%/2013.04.01 至 2014.04.01/低毒			
	玉米田	一年生禾本科杂草及阔叶杂草	240-270克/公顷	茎叶喷雾
LS20120166	吡嘧·二甲戊/20%/可湿性粉剂/吡嘧磺隆 3%、二甲戊灵 17%/2013.05.03 至 2014.05.03/低毒			
	移栽水稻田	一年生禾本科、莎草科及部分阔叶杂草	165-225克/公顷	药土法
LS20120169	氟胺·灭草松/54%/水剂/氟磺胺草醚 10%、灭草松 44%/2013.05.03 至 2014.05.03/低毒			
	春大豆田	一年生阔叶杂草及莎草科杂草	729-891克/公顷	茎叶喷雾
	夏大豆田	一年生阔叶杂草及莎草科杂草	405-567克/公顷	茎叶喷雾
LS20120338	莎稗磷/36%/微乳剂/莎稗磷 36%/2012.10.08 至 2013.10.08/低毒			
	水稻移栽田	一年生禾本科杂草、莎草	216-270克/公顷	毒土法
LS20130063	硝·乙·莠去津/50%/悬乳剂/乙草胺 25%、莠去津 20%、硝磺草酮 5%/2014.02.21 至 2015.02.21/低毒			
	玉米田	一年生杂草	1575-1800克/公顷	茎叶喷雾
LS20130064	硝磺·莠去津/18%/可分散油悬浮剂/莠去津 15%、硝磺草酮 3%/2013.02.21 至 2014.02.21/低毒			
	玉米田	一年生杂草	756-864克/公顷	茎叶喷雾
LS20130120	灭·羧·氟磺胺/31%/微乳剂/氟磺胺草醚 5%、三氟羧草醚 5%、灭草松 21%/2013.04.01 至 2014.04.01/低毒			
	大豆田	一年生阔叶杂草及部分莎草科杂草	581.25-697.5克/公顷（东北地区），465-581.25克/公顷（其他地区）	茎叶喷雾
LS20130121	噁草酮/30%/微乳剂/噁草酮 30%/2013.04.01 至 2014.04.01/低毒			
	水稻移栽田	一年生禾本科杂草及阔叶杂草	360-495克/公顷	药土法
LS20130122	砜·喹·嗪草酮/23%/可分散油悬浮剂/砜嘧磺隆 1%、精喹禾灵 4%、嗪草酮 18%/2013.04.01 至 2014.04.01/低毒			
	马铃薯田	一年生杂草	243.6-295.8克/公顷	茎叶喷雾
LS20130123	异·异丙·扑净/56%/悬乳剂/扑草净 17%、异丙甲草胺 31%、异噁草松 8%/2013.04.01 至 2014.04.01/低毒			
	南瓜田	一年生禾本科杂草及阔叶杂草	1260-1680克/公顷	播后苗前土壤喷雾

LS20130124 噁草·丁草胺/62%/微乳剂/丁草胺 51%、噁草酮 11%/2013.04.01 至 2014.04.01/低毒

水稻移栽田	一年生禾本科杂草及阔叶杂草	930-1116克/公顷	药土法

LS20130125 氟磺·烯草酮/21%/可分散油悬浮剂/氟磺胺草醚 15%、烯草酮 6%/2013.04.01 至 2014.04.01/低毒

大豆田	一年生杂草	220.5-346.5克/公顷	茎叶喷雾
红小豆田、绿豆田	一年生杂草	157.5-283.5克/公顷	茎叶喷雾

LS20130178 丙草胺/85%/微乳剂/丙草胺 85%/2013.04.03 至 2014.04.03/低毒

水稻移栽田	一年生禾本科、莎草科及部分阔叶杂草	382.5-510克/公顷	药土法

LS20130179 氧氟·丙草胺/40%/微乳剂/丙草胺 31%、乙氧氟草醚 9%/2013.04.03 至 2014.04.03/低毒

水稻移栽田	一年生禾本科杂草及阔叶杂草	480-540克/公顷	药土法

LS20130180 吡·噁·氟磺胺/35%/可分散油悬浮剂/氟磺胺草醚 11%、高效氟吡甲禾灵 4%、异噁草松 20%/2013.04.03 至 2014.04.03/低毒

大豆田	一年生杂草	577.5-682.5克/公顷（东北地区） 472.5-577.5克/公顷（其他地区）	茎叶喷雾

LS20130181 高效氟吡甲禾灵/28%/微乳剂/高效氟吡甲禾灵 28%/2013.04.03 至 2014.04.03/低毒

大豆田	一年生禾本科杂草	42-63克/公顷	茎叶喷雾

LS20130182 噁草·莎稗磷/35%/微乳剂/噁草酮 14%、莎稗磷 21%/2013.04.03 至 2014.04.03/低毒

水稻移栽田	一年生禾本科、莎草科及部分阔叶杂草	367.5-525克/公顷	药土法

LS20130193 噁草·丙草胺/38%/微乳剂/丙草胺 27%、噁草酮 11%/2013.04.08 至 2014.04.08/低毒

水稻移栽田	一年生禾本科杂草及阔叶杂草	513-627克/公顷	药土法

LS20130194 氟吡·氟磺胺/25%/微乳剂/氟磺胺草醚 18%、高效氟吡甲禾灵 7%/2013.04.08 至 2014.04.08/低毒

大豆田	一年生禾本科杂草及阔叶杂草	225-262.5克/公顷(东北地区)，187.5-225克/公顷（其他地区）	茎叶喷雾

LS20130195 氟·松·烯草酮/37%/可分散油悬浮剂/氟磺胺草醚 11%、烯草酮 5%、异噁草松 21%/2013.04.08 至 2014.04.08/低毒

大豆田	一年生禾本科杂草及阔叶杂草	610.5-721.5克/公顷（东北地区） 499.5-610.5克/公顷（其他地区）	茎叶喷雾

LS20130210 异丙甲·扑净/60%/悬乳剂/扑草净 18%、异丙甲草胺 42%/2013.04.12 至 2014.04.12/低毒

南瓜田	一年生禾本科杂草及阔叶杂草	2070-2520克/公顷（东北地区） 1620-2070克/公顷（其他地区）	播后苗前土壤喷雾

LS20130217 氟吡·异·氟磺/36%/微乳剂/氟磺胺草醚 11%、高效氟吡甲禾灵 4%、异噁草松 21%/2013.04.22 至 2014.04.22/低毒

大豆田	一年生杂草	594-702克/公顷（东北地区） 486-594克/公顷（其他地区）	茎叶喷雾

辽宁省大连瓦房店市无机化工厂 （辽宁省瓦房店市新建路13号 116300 0411-85503606）

PD92104 石硫合剂/45%/固体/石硫合剂 45%/2010.04.29 至 2015.04.29/低毒

茶树	茶叶螨	150倍液	喷雾
柑橘树	介壳虫、螨	1)180-300倍液 2)300-500倍液	1)早春喷雾 2)晚秋喷雾
柑橘树	锈壁虱	300-500倍液	晚秋喷雾
麦类	白粉病	150倍液	喷雾
苹果树	叶螨	20-30倍液	萌芽前喷雾

辽宁省大连越达农药化工有限公司 （辽宁省大连市旅顺口区水师营街道火石岭 116041 0411-86233103）

PD20040688 高效氯氰菊酯/4.5%/乳油/高效氯氰菊酯 4.5%/2009.12.19 至 2014.12.19/中等毒

茶树	茶尺蠖	15-25.5克/公顷	喷雾
柑橘树	潜叶蛾	15-20毫克/千克	喷雾
柑橘树	红蜡蚧	50毫克/千克	喷雾
棉花	红铃虫、棉铃虫、棉蚜	15-30克/公顷	喷雾
苹果树	桃小食心虫	20-33毫克/千克	喷雾
十字花科蔬菜	菜蚜	3-18克/公顷	喷雾
十字花科蔬菜	菜青虫、小菜蛾	9-25.5克/公顷	喷雾
烟草	烟青虫	15-25.5克/公顷	喷雾

PD20081825 噁草酮/13%/乳油/噁草酮 13%/2013.11.20 至 2018.11.20/低毒

水稻	一年生杂草	360-480克/公顷	瓶洒

PD20081846 噁草·丁草胺/30%/乳油/丁草胺 23%、噁草酮 7%/2013.11.20 至 2018.11.20/低毒

水稻移栽田	一年生杂草	900-1125克/公顷	毒土法

PD20081853 噁酮·乙草胺/36%/乳油/噁草酮 6%、乙草胺 30%/2013.11.20 至 2018.11.20/低毒

春花生	一年生单、双子叶杂草	1080-1620克/公顷	播后苗前土壤处理
大豆田	杂草	1080-1350克/公顷	播后苗前土壤处理
夏花生	一年生单、双子叶杂草	810-1080克/公顷	播后苗前土壤处理

PD20081916 氟乐灵/480克/升/乳油/氟乐灵 480克/升/2013.11.21 至 2018.11.21/低毒

大豆田	一年生禾本科杂草及部分阔叶杂草	720—1440克/公顷	土壤喷雾
花生田、棉花田	一年生禾本科杂草及部分阔叶杂草	720—1080克/公顷	土壤喷雾

PD20081917 扑·乙/40%/乳油/扑草净 15%、乙草胺 25%/2013.11.21 至 2018.11.21/低毒

春大豆田 一年生杂草 1050-1575克/公顷 喷雾
春玉米田 一年生杂草 1200-1800克/公顷(东北地区) 喷雾
花生田 一年生杂草 900-1500克/公顷 喷雾
马铃薯田 一年生杂草 1200-1500克/公顷 喷雾

PD20082204 烯禾啶/12.5%/乳油/烯禾啶 12.5%/2013.11.26 至 2018.11.26/低毒
大豆田 一年生禾本科杂草 124.5-187.5克/公顷 喷雾

PD20094711 氯氰·毒死蜱/522.5克/升/乳油/毒死蜱 475克/升、氯氰菊酯 47.5克/升/2014.04.10 至 2019.04.10/中等毒
苹果树 桃小食心虫 261.25-522.5毫克/千克 喷雾

PD20094989 扑·乙·滴丁酯/55%/乳油/2,4-滴丁酯 5%、扑草净 15%、乙草胺 35%/2014.04.21 至 2019.04.21/低毒
春大豆田、春玉米田 一年生杂草 1650-2062.5克/公顷 土壤喷雾
春花生 一年生杂草 1650-2062.5克/公顷(东北地区) 土壤喷雾

PD20095583 2甲·灭草松/30%/水剂/2甲4氯 6%、灭草松 24%/2009.05.12 至 2014.05.12/低毒
水稻插秧田 阔叶杂草、莎草 675-900克/公顷 喷雾

PD20095599 滴丁·乙草胺/50%/乳油/2,4-滴丁酯 10%、乙草胺 40%/2009.05.12 至 2014.05.12/低毒
春玉米田 一年生杂草 1500-1875克/公顷 播后苗前土壤喷雾

辽宁省大石桥星光农药有限公司 (辽宁省营口市大石桥市金桥管理区农科里 115100 0417-5205323)

PD20091626 甲霜·噁霉灵/3%/水剂/噁霉灵 2.5%、甲霜灵 0.5%/2014.02.03 至 2019.02.03/低毒
水稻育秧田 立枯病 0.36-0.60克/平方米 苗床喷雾

辽宁省丹东绿洲生物农药有限公司 (辽宁省凤城市凤凰城区二台子 118100 0415-8125749)

PD20097295 氰戊菊酯/20%/乳油/氰戊菊酯 20%/2009.10.26 至 2014.10.26/低毒
十字花科蔬菜 蚜虫 90-120克/公顷 喷雾

PD20097296 溴氰菊酯/2.5%/乳油/溴氰菊酯 2.5%/2009.10.26 至 2014.10.26/低毒
十字花科蔬菜 小菜蛾 11.25-15克/公顷 喷雾

PD20097327 苏云金杆菌/16000IU/毫克/可湿性粉剂/苏云金杆菌 16000IU/毫克/2009.10.27 至 2014.10.27/微毒
十字花科蔬菜 小菜蛾 750-1050克制剂/公顷 喷雾

PD20101835 苏云金杆菌/6000IU/毫克/悬浮剂/苏云金杆菌 6000IU/毫克/2010.07.28 至 2015.07.28/微毒
十字花科蔬菜 菜青虫 67-100毫升制剂/亩 喷雾

辽宁省丹东市红泽农化有限公司 (辽宁省丹东市元宝区山东街138号 118001 0415-2821528)

PD20050110 杀虫单/50%/泡腾粒剂/杀虫单 50%/2010.08.15 至 2015.08.15/低毒
水稻 二化螟 525-750克/公顷 撒施

PD20086343 甲草·莠去津/55%/可湿性粉剂/甲草胺 25%、莠去津 30%/2013.12.31 至 2018.12.31/低毒
春玉米田 一年生杂草 1650-2062.5克/公顷(东北地区) 土壤喷雾

PD20090411 苯·苄·甲草胺/30%/泡腾粒剂/苯噻酰草胺 18%、苄嘧磺隆 4%、甲草胺 8%/2014.01.12 至 2019.01.12/低毒
水稻移栽田 一年生及部分多年生杂草 180-270克/公顷(南方地区) 撒施
270-360克/公顷(北方地区)

PD20090504 氟胺·灭草松/30%/水剂/氟磺胺草醚 10%、灭草松 20%/2014.01.12 至 2019.01.12/低毒
春大豆田 一年生阔叶杂草 720-900克/公顷 茎叶喷雾

PD20090834 苄嘧·苯噻酰/42.5%/泡腾粒剂/苯噻酰草胺 40%、苄嘧磺隆 2.5%/2014.01.19 至 2019.01.19/低毒
水稻田 一年生及部分多年生杂草 510-637.5克/公顷 直接撒施

PD20091099 福美双/50%/可湿性粉剂/福美双 50%/2014.01.21 至 2019.01.21/低毒
黄瓜 霜霉病 803.6-1125克/公顷 喷雾

PD20091330 氟磺胺草醚/250克/升/水剂/氟磺胺草醚 250克/升/2014.02.01 至 2019.02.01/低毒
春大豆田 一年生阔叶杂草 300-450克/公顷 喷雾

PD20091460 百菌清/5%/粉剂/百菌清 5%/2014.02.02 至 2019.02.02/低毒
黄瓜(保护地) 霜霉病 750-1125克/公顷 喷粉

PD20093408 苄·二氯/36%/可湿性粉剂/苄嘧磺隆 6%、二氯喹啉酸 30%/2014.03.20 至 2019.03.20/低毒
水稻移栽田 一年生杂草 270-324克/公顷 茎叶喷雾

PD20094860 丁·扑/19%/可湿性粉剂/丁草胺 16%、扑草净 3%/2014.04.13 至 2019.04.13/低毒
水稻秧田 一年生杂草 1425-1995克/公顷(东北地区) 毒土法

PD20095299 苄·乙/25%/泡腾粒剂/苄嘧磺隆 4%、乙草胺 21%/2014.04.27 至 2019.04.27/低毒
水稻移栽田 一年生及部分多年生杂草 112.5-150克/公顷(南方地区) 撒施

PD20096109 精喹禾灵/5%/乳油/精喹禾灵 5%/2009.06.18 至 2014.06.18/低毒
春大豆田 一年生禾本科杂草 52.5-60克/公顷 茎叶喷雾

PD20096401 莠去津/48%/可湿性粉剂/莠去津 48%/2009.08.04 至 2014.08.04/低毒
玉米田 一年生杂草 2160-2520克/公顷 (东北地区) 播后苗前土壤喷雾
936-1080克/公顷 (其他地区)

PD20096902 霜脲·锰锌/72%/可湿性粉剂/代森锰锌 64%、霜脲氰 8%/2009.09.23 至 2014.09.23/低毒
黄瓜 霜霉病 1440-1800克/公顷 喷雾

PD20096903 腈菌唑/25%/乳油/腈菌唑 25%/2009.09.23 至 2014.09.23/低毒
小麦 白粉病 56.25-75克/公顷 喷雾

PD20097099 琥铜·吗啉胍/20%/可湿性粉剂/琥胶肥酸铜 10%、盐酸吗啉胍 10%/2009.10.10 至 2014.10.10/低毒
番茄 病毒病 450-750克/公顷 喷雾

PD20097110 二氯喹啉酸/25%/泡腾粒剂/二氯喹啉酸 25%/2009.10.12 至 2014.10.12/低毒

水稻移栽田 稗草 187.5—375克/公顷 撒施
PD20097165 硫磺·多菌灵/50%/可湿性粉剂/多菌灵 15%、硫磺 35%/2009.10.16 至 2014.10.16/低毒
花生 叶斑病 1200-1800克/公顷 喷雾
PD20097781 混合氨基酸铜/10%/水剂/混合氨基酸铜 10%/2009.11.20 至 2014.11.20/低毒
西瓜 枯萎病 300-450毫克/千克 灌根
PD20120974 阿维·三唑磷/20%/乳油/阿维菌素 0.2%、三唑磷 19.8%/2012.06.21 至 2017.06.21/中等毒
水稻 二化螟 150-210克/公顷 喷雾
PD20121070 烟嘧磺隆/40克/升/可分散油悬浮剂/烟嘧磺隆 40克/升/2012.07.12 至 2017.07.12/低毒
玉米田 一年生杂草 50-60克/公顷 茎叶喷雾
PD20132630 硝磺草酮/15%/悬浮剂/硝磺草酮 15%/2013.12.20 至 2018.12.20/低毒
玉米田 一年生禾本科杂草及阔叶杂草 112.5-135克/公顷 茎叶喷雾

辽宁省丹东市农药总厂 (辽宁省丹东市振兴区浪东路5号 118009 0415-6155350)

PDN20-92 多·森铵/20%/悬浮剂/代森铵 15%、多菌灵 5%/2012.06.13 至 2017.06.13/中等毒
水稻 恶苗病 600-1000毫克/千克 浸种
PD84119-8 代森铵/45%/水剂/代森铵 45%/2013.12.02 至 2018.12.02/低毒
白菜、黄瓜 霜霉病 525克/公顷 喷雾
甘薯 黑斑病 200-400倍液 浸种
谷子 白发病 180-360倍液 浸种
水稻 白叶枯病、纹枯病 337.5克/公顷 喷雾
水稻 稻瘟病 535-675克/公顷 喷雾
橡胶树 条溃疡病 150倍液 涂抹
玉米 大斑病、小斑病 525-675克/公顷 喷雾
PD85110-2 敌磺钠/45%/湿粉/敌磺钠 45%/2010.04.22 至 2015.04.22/中等毒
白菜、黄瓜 霜霉病 250-500倍液 喷雾、灌根
马铃薯 环腐病 100-200克/100千克种薯 拌种
棉花 苗期病害 500克/100千克种子 拌种
小麦 黑穗病 300克/100千克种子 拌种
烟草 黑胫病 1)3000克/公顷2)500倍液 1)拌土穴施2)浇灌
PD20080330 苯噻酰草胺/95%/原药/苯噻酰草胺 95%/2013.02.26 至 2018.02.26/低毒
PD20080914 敌磺钠/90%/原药/敌磺钠 90%/2013.07.14 至 2018.07.14/中等毒
PD20081072 苯噻酰草胺/50%/可湿性粉剂/苯噻酰草胺 50%/2013.08.14 至 2018.08.14/低毒
水稻移栽田 稗草、异型莎草 1)450-600克/公顷(北方地区) 毒土法
2)375-450克/公顷(南方地区)
PD20082210 噁草酮/120克/升/乳油/噁草酮 120克/升/2013.11.26 至 2018.11.26/低毒
移栽水稻田 一年生杂草 360-450克/公顷 甩施或药土法
PD20085739 苄嘧·苯噻酰/53%/可湿性粉剂/苯噻酰草胺 50%、苄嘧磺隆 3%/2013.12.26 至 2018.12.26/低毒
水稻抛秧田 一年生及部分多年生杂草 318-397.5克/公顷 毒土法
水稻移栽田 一年生及部分多年生杂草 556.5-636克/公顷(北方地区) 毒土法
318-397.5克/公顷(南方地区)
PD20086031 溴硝醇/20%/可湿性粉剂/溴硝醇 20%/2013.12.29 至 2018.12.29/中等毒
水稻 恶苗病 800-1000毫克/千克 浸种
PD20086032 溴硝醇/95%/原药/溴硝醇 95%/2013.12.29 至 2018.12.29/中等毒
PD20090759 腈菌唑/12.5%/乳油/腈菌唑 12.5%/2014.01.19 至 2019.01.19/低毒
黄瓜 白粉病 37.5-60克/公顷 喷雾
PD20093132 咪唑乙烟酸/5%/水剂/咪唑乙烟酸 5%/2014.03.10 至 2019.03.10/低毒
春大豆田 一年生杂草 90-105克/公顷(东北地区) 土壤或茎叶喷雾
PD20095180 苯·吡·甲草胺/31%/泡腾粒剂/苯噻酰草胺 20%、吡嘧磺隆 4%、甲草胺 7%/2014.04.24 至 2019.04.24/低毒
水稻移栽田 杂草 139.5-186克/公顷(南方地区) 撒施
232.5-325.5克/公顷(北方地区)
PD20095709 硫磺·敌磺钠/60%/可湿性粉剂/敌磺钠 16%、硫磺 44%/2009.05.18 至 2014.05.18/中等毒
番茄 立枯病、猝倒病 3.6-6克/平方米 毒土撒施于土壤
PD20095886 锰锌·腈菌唑/60%/可湿性粉剂/腈菌唑 2%、代森锰锌 58%/2009.05.31 至 2014.05.31/低毒
梨 黑星病 400-600毫克/千克 喷雾
PD20096022 苄·乙/14%/泡腾粒剂/苄嘧磺隆 2%、乙草胺 12%/2009.06.15 至 2014.06.15/低毒
水稻移栽田 杂草 105-126克/公顷 撒施
PD20100943 甲霜·福美双/35%/可湿性粉剂/福美双 24%、甲霜灵 11%/2010.01.19 至 2015.01.19/低毒
水稻 青枯病 875-1750克/公顷 喷雾
PD20131242 硝磺草酮/95%/原药/硝磺草酮 95%/2013.05.29 至 2018.05.29/低毒
PD20131429 硝磺草酮/15%/悬浮剂/硝磺草酮 15%/2013.07.03 至 2018.07.03/低毒
玉米田 一年生阔叶杂草 750-975毫升制剂/公顷 茎叶喷雾
PD20132143 硝磺·异丙·莠/33.5%/悬浮剂/异丙草胺 15%、莠去津 15%、硝磺草酮 3.5%/2013.10.29 至 2018.10.29/低毒
玉米田 一年生杂草 753.75-1256.25克/公顷 茎叶喷雾

辽宁省丹东市益民卫生药厂 (辽宁省丹东市花园路75-4号 118000 0415-2254982)

WP20090086 杀蟑饵剂/1.5%/饵剂/残杀威 1.5%/2009.02.02 至 2014.02.02/微毒
卫生 蜚蠊 / 投放

WP20100106 杀虫饵剂/1%/饵剂/乙酰甲胺磷 1%/2010.07.28 至 2015.07.28/微毒
卫生 蜚蠊、蚂蚁 / 投放

辽宁省海城市八里镇鑫源卫生杀虫剂厂 (辽宁省海城市八里镇八里村 114206 0412-3248097)

WP20120184 杀虫粉剂/0.3%/粉剂/氯氰菊酯 0.3%/2012.09.19 至 2017.09.19/低毒
卫生 蜚蠊 3克制剂/平方米 撒布

辽宁省海城园艺化工有限公司 (辽宁省海城市海岫路小河沿路段 114200 0412-3216620)

PD20084125 腈菌·福美双/20%/可湿性粉剂/福美双 18%、腈菌唑 2%/2013.12.16 至 2018.12.16/低毒
黄瓜 黑星病 300-400克/公顷 喷雾

PD20084711 百菌清/10%/烟剂/百菌清 10%/2013.12.22 至 2018.12.22/低毒
黄瓜 霜霉病 750-1200克/公顷 点燃放烟

PD20085225 氰戊·马拉松/21%/乳油/马拉硫磷 16%、氰戊菊酯 5%/2013.12.23 至 2018.12.23/中等毒
甘蓝 小菜蛾 126-189克/公顷 喷雾

PD20130200 松·喹·氟磺胺/18%/乳油/氟磺胺草醚 5.5%、精喹禾灵 1.5%、异噁草松 11%/2013.01.24 至 2018.01.24/低毒
春大豆田 一年生杂草 486-540克/公顷 茎叶喷雾

PD20131797 吡虫啉/5%/乳油/吡虫啉 5%/2013.09.09 至 2018.09.09/低毒
小麦 蚜虫 15-30克/公顷(南方地区) 喷雾
45-60克/公顷(北方地区)

辽宁省葫芦岛金信化工有限公司 (辽宁省葫芦岛市北港区衡山街九江路2号 125000 0429-2078877)

PD85112-6 莠去津水/38%/悬浮剂/莠去津 38%/2011.03.27 至 2016.03.27/低毒
茶园 一年生杂草 1125-1875克/公顷 喷于地表
防火隔离带、公路、森林、铁路 一年生杂草 0.8-2克/平方米 喷于地表
甘蔗 一年生杂草 1050-1500克/公顷 喷于地表
高粱、糜子、玉米 一年生杂草 1800-2250克/公顷(东北地区) 喷于地表
红松苗圃 一年生杂草 0.2-0.3克/平方米 喷于地表
梨树、苹果树 一年生杂草 1625-1875克/公顷 喷于地表
橡胶园 一年生杂草 2250-3750克/公顷 喷于地表

PD20084488 代锌·甲霜灵/47%/可湿性粉剂/代森锌 32%、甲霜灵 15%/2013.12.17 至 2018.12.17/低毒
黄瓜 霜霉病 400-500倍液 喷雾

PD20085415 福·克/20%/悬浮种衣剂/福美双 10%、克百威 10%/2013.12.24 至 2018.12.24/高毒
玉米 地老虎、黑穗病、金针虫、蝼蛄、蛴螬 333-400克/100千克种子 种子包衣

PD20085471 敌敌畏/15%/烟剂/敌敌畏 15%/2013.12.25 至 2018.12.25/中等毒
黄瓜(保护地) 蚜虫 1125-1350克/公顷 点燃放烟

PD20085682 腐霉·多菌灵/50%/可湿性粉剂/多菌灵 37.5%、腐霉利 12.5%/2013.12.26 至 2018.12.26/低毒
黄瓜 灰霉病 630-750克/公顷 喷雾

辽宁省葫芦岛凌云集团农药化工有限公司 (辽宁省葫芦岛市龙岗区海星路13号 125019 0429-2162111)

PD84101-4 马拉硫磷/95%/原药/马拉硫磷 95%/2011.12.30 至 2016.12.30/低毒

PD84105-4 马拉硫磷/45%/乳油/马拉硫磷 45%/2009.12.08 至 2014.12.08/低毒
茶树 长白蚧、象甲 625-1000毫克/千克 喷雾
豆类 食心虫、造桥虫 561.5-750克/公顷 喷雾
果树 蝽蟓、蚜虫 250-333毫克/千克 喷雾
林木、牧草、农田 蝗虫 450-600克/公顷 喷雾
棉花 盲蝽蟓、蚜虫、叶跳虫 375-562.2克/公顷 喷雾
蔬菜 黄条跳甲、蚜虫 562.5-750克/公顷 喷雾
水稻 飞虱、蓟马、叶蝉 562.5-750克/公顷 喷雾
小麦 黏虫、蚜虫 562.5-750克/公顷 喷雾

PD20090314 毒死蜱/95%/原药/毒死蜱 95%/2014.01.12 至 2019.01.12/中等毒

PD20091465 氰戊·马拉松/20%/乳油/马拉硫磷 15%、氰戊菊酯 5%/2014.02.02 至 2019.02.02/中等毒
十字花科蔬菜 菜青虫 120～150克/公顷 喷雾

PD20121060 噻虫嗪/98%/原药/噻虫嗪 98%/2012.07.12 至 2017.07.12/低毒

辽宁省锦州市德泉消杀药品有限责任公司 (辽宁省锦州市高新技术开发区马群沟163号 121013 0416-8600966)

WP20080098 杀虫气雾剂/0.28%/气雾剂/胺菊酯 0.23%、高效氯氰菊酯 0.05%/2013.09.18 至 2018.09.18/低毒
卫生 蚊、蝇 / 喷雾

WP20080174 蚊香/0.2%/蚊香/富右旋反式烯丙菊酯 0.2%/2013.11.18 至 2018.11.18/低毒
卫生 蚊 / 点燃

WP20080393 杀虫气雾剂/0.4%/气雾剂/富右旋反式炔丙菊酯 0.1%、氯菊酯 0.3%/2013.12.11 至 2018.12.11/低毒
卫生 蜚蠊、蚊、蝇 / 喷雾

WP20080423 杀蟑饵剂/1.5%/饵剂/乙酰甲胺磷 1.5%/2013.12.12 至 2018.12.12/低毒
卫生 蜚蠊 / 投放

WP20090297 防蛀片剂/99%/片剂/对二氯苯 99%/2009.07.15 至 2014.07.15/微毒
卫生 黑皮蠹 40克制剂/立方米 投放

辽宁省锦州硕丰农药集团有限公司　(辽宁省北宁市沟帮子镇护国街79号　121308　0416-6653346)

PD85109-8　甲拌磷/55%/乳油/甲拌磷 55%/2010.02.28 至 2015.02.28/高毒
　棉花　地下害虫、蚜虫、螨　600-800克/100千克种子　浸种、拌种
　注:甲拌磷乳油只准用于拌种，严禁喷雾使用。

PD20050062　甲拌磷/5%/颗粒剂/甲拌磷 5%/2010.06.24 至 2015.06.24/高毒
　高粱　蚜虫　150-225克/公顷　条施;垄施

PD20050092　甲拌磷/30%/细粒剂/甲拌磷 30%/2010.07.01 至 2015.07.01/高毒
　小麦　地下害虫　300克/100千克麦种　拌种

PD20050097　甲拌磷/3%/颗粒剂/甲拌磷 3%/2010.07.13 至 2015.07.13/中等毒(原药高毒)
　棉花　蚜虫　1350-1800克/公顷　沟施

PD20094775　克百·敌百虫/3%/颗粒剂/敌百虫 1.5%、克百威 1.5%/2009.04.13 至 2014.04.13/低毒(原药高毒)
　水稻　二化螟　1125-1350克/公顷　撒施

PD20095989　2甲4氯钠/13%/水剂/2甲4氯钠 13%/2009.06.11 至 2014.06.11/低毒
　春小麦田　一年生阔叶杂草　600-900克/公顷　茎叶喷雾

PD20096500　辛硫磷/1.5%/颗粒剂/辛硫磷 1.5%/2009.08.14 至 2014.08.14/低毒
　玉米　玉米螟　112.5-168.75克/公顷　撒施

PD20096928　辛硫磷/40%/乳油/辛硫磷 40%/2009.09.23 至 2014.09.23/低毒
　十字花科蔬菜　菜青虫　450-600克/公顷　喷雾

PD20097493　辛硫磷/3%/颗粒剂/辛硫磷 3%/2009.11.03 至 2014.11.03/低毒
　花生　地下害虫　1800-2700克/公顷　撒施

PD20101830　2甲4氯钠/56%/可溶粉剂/2甲4氯钠 56%/2010.07.28 至 2015.07.28/低毒
　夏玉米田　一年生阔叶杂草　900-1050克/公顷　茎叶喷雾

PD20111314　毒死蜱/0.5%/颗粒剂/毒死蜱 0.5%/2011.12.02 至 2016.12.02/低毒
　大豆、花生　蛴螬　2250－2700克/公顷　沟施
　玉米　蛴螬　1500－1875克/公顷　沟施
　注:药肥混剂。

PD20120942　苄·丁/0.32%/颗粒剂/苄嘧磺隆 0.016%、丁草胺 0.304%/2012.06.14 至 2017.06.14/低毒
　水稻抛秧田　一年生杂草　681.75-757.5克/公顷　撒施
　注:本产品为药肥混剂。

辽宁省锦州天缘农药厂　(辽宁省锦州市凌海市双羊镇铁南街3号　121213　0416-8300035)

PD20040258　甲拌磷/30%/粉粒剂/甲拌磷 30%/2009.12.19 至 2014.12.19/高毒
　小麦　地下害虫　300-375克/100千克种子　拌种

PD20040261　甲拌磷/3%/颗粒剂/甲拌磷 3%/2009.12.19 至 2014.12.19/中等毒(原药高毒)
　高粱　蚜虫　135-225克/公顷　撒施

PD20081859　咪唑乙烟酸/5%/水剂/咪唑乙烟酸 5%/2013.11.20 至 2018.11.20/低毒
　春大豆　一年生杂草　90-112.5克/公顷(东北地区)　茎叶喷雾

PD20092062　克百威/3%/颗粒剂/克百威 3%/2009.02.13 至 2014.02.13/高毒
　棉花　蚜虫　675-900克/公顷　条施,沟施

PD20094031　辛硫磷/3%/颗粒剂/辛硫磷 3%/2009.03.27 至 2014.03.27/低毒
　玉米　玉米螟　135-180克/公顷　喇叭口撒施

辽宁省开原市光明杀虫药剂厂　(辽宁省开原市站前街2委7组　112300　0410-3823848)

WP20080471　杀蟑饵剂/1.5%/饵剂/残杀威 1.5%/2013.12.16 至 2018.12.16/低毒
　卫生　蜚蠊　/　投放

WP20090019　高效氯氰菊酯/5%/可湿性粉剂/高效氯氰菊酯 5%/2014.01.08 至 2019.01.08/低毒
　卫生　蚊、蝇　玻璃面20毫克/平方米;木板面30毫克/平方米;水泥面60毫克/平方米　滞留喷洒

辽宁省开原市卫生杀虫药剂厂　(辽宁省开原市站前街12委3组　112300　0410-3830360)

WP20080466　杀蟑饵剂/1.5%/饵剂/残杀威 1.5%/2013.12.16 至 2018.12.16/低毒
　卫生　蜚蠊　/　投放

WP20080480　高效氯氰菊酯/5%/可湿性粉剂/高效氯氰菊酯 5%/2013.12.16 至 2018.12.16/低毒
　卫生　蚊、蝇　玻璃面：20毫克/平方米;木板面：30毫克/平方米;水泥面：60毫克/平方米　滞留喷洒

辽宁省辽阳绿丰农药厂　(辽宁省辽阳市宏伟区西线公路26号　111003　0419-5351853)

PD20101601　络氨铜/15%/水剂/络氨铜 15%/2010.06.03 至 2015.06.03/低毒
　水稻　稻曲病　525-750克/公顷　喷雾

辽宁省沈阳爱威科技发展股份有限公司(辽宁省沈阳市市辖区浑南高新区21世纪大厦A1611　110179　024-23745180)

PD20084740　溴鼠灵/0.005%/毒饵/溴鼠灵 0.005%/2013.12.22 至 2018.12.22/低毒(原药高毒)
　室内、外　家鼠　饱和投饵　堆施

PD20094272　溴鼠灵/0.5%/母液/溴鼠灵 0.5%/2014.03.31 至 2019.03.31/中等毒(原药高毒)
　室内、外　家鼠　配成0.05%的毒饵,饱和投饵　堆施或穴施

PD20095172　溴敌隆/0.5%/母液/溴敌隆 0.5%/2014.04.24 至 2019.04.24/中等毒(原药剧毒)

	室内	家鼠	配成0.005%的毒饵,室内投放	饱和投放
PD20096394	溴敌隆/0.005%/毒饵/溴敌隆 0.005%/2009.08.04 至 2014.08.04/低毒(原药高毒)			
	室内、外	家鼠	饱和投饵	投饵
PD20097790	溴鼠灵/95%/原药/溴鼠灵 95%/2009.11.20 至 2014.11.20/剧毒			
PD20102155	溴敌隆/97%/原药/溴敌隆 97%/2010.12.22 至 2015.12.22/剧毒			
WP20090089	杀蟑饵粒/1%/饵剂/残杀威 1%/2014.02.03 至 2019.02.03/低毒			
	卫生	蜚蠊	/	投放

辽宁省沈阳北方卫生防疫消杀站　(辽宁省沈阳市铁西区保工南街51号16门　110023　024-25491388)

WP20080397	杀蟑饵剂/0.1%/饵剂/高效氯氰菊酯 0.1%/2013.12.11 至 2018.12.11/低毒			
	卫生	蜚蠊	/	投放
WP20080429	杀蟑笔剂/0.45%/笔剂/高效氯氰菊酯 0.45%/2013.12.15 至 2018.12.15/低毒			
	卫生	蜚蠊	/	涂抹

辽宁省沈阳东大迪克化工药业有限公司　(辽宁省沈阳市高新技术产业开发区78号　110179　024-23786225)

PD20082828	溴敌隆/0.005%/毒饵/溴敌隆 0.005%/2013.12.09 至 2018.12.09/高毒			
	室内	家鼠	饱和投饵	投饵
PD20091681	阿维菌素/1.8%/乳油/阿维菌素 1.8%/2014.02.03 至 2019.02.03/中等毒(原药高毒)			
	十字花科蔬菜	小菜蛾	8.1-10.8克/公顷	喷雾
PD20101945	丙环唑/95%/原药/丙环唑 95%/2010.09.20 至 2015.09.20/低毒			
PD20110547	溴敌隆/0.5%/母药/溴敌隆 0.5%/2011.05.12 至 2016.05.12/中等毒(原药高毒)			
	卫生	家鼠	饱和投饵	配制成0.005%毒饵
PD20111133	苦参碱/1%/可溶液剂/苦参碱 1%/2011.11.03 至 2016.11.03/低毒			
	甘蓝	菜青虫	7.5-10.5克/公顷	喷雾
PD20120804	印楝素/0.3%/乳油/印楝素 0.3%/2012.05.17 至 2017.05.17/低毒			
	十字花科蔬菜	小菜蛾	2.4-3.84克/公顷	喷雾
PD20121885	溴鼠灵/0.005%/饵剂/溴鼠灵 0.005%/2012.11.28 至 2017.11.28/低毒(原药剧毒)			
	室内	家鼠	饱和投饵	投饵
WP20080456	杀蟑饵剂/1%/毒饵/残杀威 1%/2013.12.16 至 2018.12.16/低毒			
	卫生	蜚蠊	/	投放

辽宁省沈阳丰收农药有限公司　(辽宁省沈阳市苏家屯区林盛镇冀东路100号　110108　024-89487843)

PD84115	代森锌/90%/原药/代森锌 90%/2009.11.26 至 2014.11.26/低毒			
PD84116	代森锌/80%/可湿性粉剂/代森锌 80%/2009.11.26 至 2014.11.26/低毒			
	茶树	炭疽病	1143-1600毫克/千克	喷雾
	观赏植物	炭疽病、锈病、叶斑病	1143-1600毫克/千克	喷雾
	花生	叶斑病	750-960克/公顷	喷雾
	梨树、苹果树	多种病害	1143-1600毫克/千克	喷雾
	马铃薯	晚疫病、早疫病	960-1200克/公顷	喷雾
	麦类	锈病	960-1440克/公顷	喷雾
	蔬菜、油菜	多种病害	960-1200克/公顷	喷雾
	烟草	立枯病、炭疽病	960-1200克/公顷	喷雾
PD84119-4	代森铵/45%/水剂/代森铵 45%/2009.11.26 至 2014.11.26/低毒			
	白菜、黄瓜	霜霉病	525克/公顷	喷雾
	甘薯	黑斑病	200-400倍液	浸种
	谷子	白发病	180-360倍液	浸种
	水稻	稻瘟病	525-675克/公顷	喷雾
	水稻	白叶枯病、纹枯病	337.5克/公顷	喷雾
	橡胶树	条溃疡病	150倍液	涂抹
	玉米	大斑病、小斑病	525-675克/公顷	喷雾
PD84121	磷化铝/56%/片剂/磷化铝 56%/2009.11.26 至 2014.11.26/高毒			
	洞穴	室外啮齿动物	根据洞穴大小而定	密闭熏蒸
	货物	仓储害虫	5-10片/1000千克	密闭熏蒸
	空间	多种害虫	1-4片/立方米	密闭熏蒸
	粮食、种子	储粮害虫	3-10片/1000千克	密闭熏蒸
PD87103	磷化铝/56%/粉剂/磷化铝 56%/2012.04.10 至 2017.04.10/高毒			
	谷物	储粮害虫	6-18克/1000千克	密闭熏蒸
	货物	仓储害虫	4.5-9克/立方米	密闭熏蒸
	空间	多种害虫	2-6克/立方米	密闭熏蒸
PD88105	硫酸铜/96%,93%/原药/硫酸铜 96%,93%/2008.06.16 至 2013.06.16/低毒			
PD88107	磷化铝/56%/丸剂/磷化铝 56%/2013.06.16 至 2018.06.16/高毒			
	谷物	储粮害虫	6-18克/1000千克	密闭熏蒸
	货物	仓储害虫	4.5-9克/立方米	密闭熏蒸
	空间	多种害虫	2-6克/立方米	密闭熏蒸
PD20082718	吡嘧磺隆/10%/可湿性粉剂/吡嘧磺隆 10%/2013.12.05 至 2018.12.05/低毒			
	水稻移栽田	稗草、莎草及阔叶杂草	15-30克/公顷	药土法

PD20083253 吡嘧磺隆/97%/原药/吡嘧磺隆 97%/2013.12.11 至 2018.12.11/低毒
PD20083395 氯磺隆/25%/可湿性粉剂/氯磺隆 25%/2008.12.11 至 2013.12.31/低毒
小麦田 多种一年生杂草 7.5-9克/公顷与适量其他除草剂（绿麦隆、骠马、2，4-滴、异丙隆、野燕枯等）混用 播后苗前土壤处理或小麦2-3叶期茎叶处理。
PD20090525 氯磺隆/95%/原药/氯磺隆 95%/2009.01.12 至 2013.12.31/低毒
PD20091215 烯酰·锰锌/69%/可湿性粉剂/代森锰锌 60%、烯酰吗啉 9%/2014.02.01 至 2019.02.01/低毒
黄瓜 霜霉病 1035-1552.5克/公顷 喷雾
PD20091603 代森锰锌/88%/原药/代森锰锌 88%/2014.02.03 至 2019.02.03/低毒
PD20093381 代森锰锌/80%/可湿性粉剂/代森锰锌 80%/2014.03.18 至 2019.03.18/低毒
番茄 早疫病 1845-2370克/公顷 喷雾
PD20094450 敌稗/98%/原药/敌稗 98%/2009.04.01 至 2014.04.01/低毒
PD20094846 烯唑醇/85%,80%/原药/烯唑醇 85%,80%/2009.04.13 至 2014.04.13/低毒
PD20095139 敌草隆/80%/可湿性粉剂/敌草隆 80%/2009.04.24 至 2014.04.24/低毒
甘蔗田 一年生杂草 1200－1560克/公顷 土壤或定向喷雾
PD20095294 烯酰吗啉/98%/原药/烯酰吗啉 98%/2009.04.27 至 2014.04.27/低毒
PD20095834 敌草隆/98.5%/原药/敌草隆 98.5%/2009.05.27 至 2014.05.27/低毒
PD20095971 氯嘧磺隆/90%/原药/氯嘧磺隆 90%/2009.06.04 至 2014.06.04/低毒
PD20096314 甲磺隆/96%/原药/甲磺隆 96%/2009.07.22 至 2014.07.22/低毒
PD20096453 甲磺隆/10%/可湿性粉剂/甲磺隆 10%/2009.08.05 至 2013.12.31/低毒
冬小麦田 一年生杂草 7.5-12克/公顷 喷雾
PD20096597 敌稗/34%/乳油/敌稗 34%/2009.09.02 至 2014.09.02/低毒
移栽水稻田 稗草 3002-4498克/公顷(东北地区) 喷雾
PD20097266 烯唑醇/12.5%/可湿性粉剂/烯唑醇 12.5%/2009.10.26 至 2014.10.26/低毒
梨树 黑星病 31-42毫克/千克 喷雾
小麦 白粉病 60-120克/公顷 喷雾
PD20097270 磷化铝/90%/原药/磷化铝 90%/2009.10.26 至 2014.10.26/剧毒
PD20097271 磷化铝/85%/大粒剂/磷化铝 85%/2009.10.26 至 2014.10.26/高毒
粮仓 储粮害虫 3-4.5克/立方米 熏蒸
PD20101411 威百亩/42%/水剂/威百亩 42%/2010.04.14 至 2015.04.14/低毒
烟草(苗床) 一年生杂草 40-60毫升制剂/平方米 土壤处理
PD20101546 威百亩/35%/水剂/威百亩 35%/2010.05.19 至 2015.05.19/低毒
黄瓜 根结线虫 21000-31500克/公顷 种植前土壤处理(待土壤中药挥发完后才能种植)沟施
烟草(苗床) 一年生杂草 17.5-26.3克/平方米 土壤处理

辽宁省沈阳好猫药业公司 （辽宁省沈阳市沈河区万柳塘路65号 110015 024-24822909)

PD20081801 溴敌隆/0.5%/母液/溴敌隆 0.5%/2008.11.19 至 2013.11.19/高毒
农田 田鼠 每点20克0.005%毒饵(沿周边5米1堆) 投放毒饵
PD20081827 溴敌隆/0.005%/毒饵/溴敌隆 0.005%/2008.11.20 至 2013.11.20/高毒
农田 田鼠 20克/堆(沿周边5米一堆) 投放毒饵

辽宁省沈阳红旗林药有限公司 （辽宁省沈阳市沈河区市府大路290号摩根·凯利大厦1506室 110013 024-62237139)

LS20130363 嘧肽·多抗/1.8%/水剂/多抗霉素 0.3%、嘧肽霉素 1.5%/2013.07.05 至 2014.07.05/低毒
烟草 黑胫病 27～40.5克/公顷/ 喷淋
LS20130414 嘧肽·吗啉胍/5.6%/可湿性粉剂/盐酸吗啉胍 5%、嘧肽霉素 0.6%/2013.07.30 至 2014.07.30/低毒
烟草 病毒病 55-65克/公顷 喷雾
LS20130472 嘧肽霉素/2%/水剂/嘧肽霉素 2%/2013.10.17 至 2014.10.17/低毒
烟草 病毒病 24-28.2克/公顷 喷雾

辽宁省沈阳市东陵区兴达卫生用品厂 （辽宁省沈阳市东陵区白塔镇下深村 110167 024-23783081)

WP20080562 杀蟑饵剂/1.5%/饵剂/乙酰甲胺磷 1.5%/2013.12.24 至 2018.12.24/低毒
卫生 蜚蠊 / 投放
WP20110260 杀蟑胶饵/2.5%/胶饵/吡虫啉 2.5%/2011.11.23 至 2016.11.23/低毒
卫生 蜚蠊 / 投放
WP20130235 高效氯氰菊酯/10%/悬浮剂/高效氯氰菊酯 10%/2013.11.08 至 2018.11.08/低毒
室内 蚊、蝇 50毫克/平方米 滞留喷洒

辽宁省沈阳市和田化工有限公司 （辽宁省沈阳市新城子区杭州西路4号 110121 024-89608442)

PD20040389 高氯·吡虫啉/7.5%/乳油/吡虫啉 2.5%、高效氯氰菊酯 5%/2009.12.19 至 2014.12.19/中等毒
梨树 梨木虱 15-25毫克/千克 喷雾
PD20040511 杀虫单/50%/可溶粉剂/杀虫单 50%/2009.12.19 至 2014.12.19/中等毒
水稻 二化螟 675-810克/公顷 喷雾
PD20040669 多·酮/36%/可湿性粉剂/多菌灵 24%、三唑酮 12%/2009.12.19 至 2014.12.19/低毒
小麦 白粉病 378－432克/公顷 喷雾

PD20080762 噻吩磺隆/20%/可湿性粉剂/噻吩磺隆 20%/2013.06.11 至 2018.06.11/低毒
冬小麦田 一年生阔叶杂草 22.5－36克/公顷 茎叶喷雾
夏大豆田、夏玉米田 一年生阔叶杂草 22.5-30克/公顷 喷雾

PD20082059 百·福/70%/可湿性粉剂/百菌清 30%、福美双 40%/2013.11.25 至 2018.11.25/低毒
葡萄 霜霉病 600-800倍液 喷雾

PD20082513 苄嘧磺隆/30%/可湿性粉剂/苄嘧磺隆 30%/2013.12.03 至 2018.12.03/低毒
水稻移栽田 阔叶杂草及莎草科杂草 45-90克/公顷 药土法

PD20084473 啶虫脒/3%/乳油/啶虫脒 3%/2013.12.17 至 2018.12.17/低毒
苹果树 蚜虫 12-20毫克/千克 喷雾

PD20085481 苯磺隆/10%/可湿性粉剂/苯磺隆 10%/2013.12.25 至 2018.12.25/低毒
冬小麦田 一年生阔叶杂草 13.5－22.5克/公顷 茎叶喷雾

PD20090370 阿维·杀虫单/20%/微乳剂/阿维菌素 0.2%、杀虫单 19.8%/2014.01.12 至 2019.01.12/低毒(原药高毒)
菜豆 美洲斑潜蝇 90-180克/公顷 喷雾

PD20090552 高氯·辛硫磷/22%/乳油/高效氯氰菊酯 2%、辛硫磷 20%/2014.01.13 至 2019.01.13/中等毒
棉花 棉铃虫 99-132克/公顷 喷雾

PD20090556 阿维菌素/2%/乳油/阿维菌素 2%/2014.01.13 至 2019.01.13/低毒(原药高毒)
菜豆 美洲斑潜蝇 6-15克/公顷 喷雾

PD20090614 毒死蜱/480克/升/乳油/毒死蜱 480克/升/2009.01.14 至 2014.01.14/中等毒
水稻 稻纵卷叶螟 446.4-597.6克/公顷 喷雾

PD20090696 烯草酮/240克/升/乳油/烯草酮 240克/升/2014.01.19 至 2019.01.19/低毒
大豆田 一年生禾本科杂草 108-144克/公顷 茎叶喷雾

PD20091379 二甲戊灵/330克/升/乳油/二甲戊灵 330克/升/2014.02.02 至 2019.02.02/低毒
甘蓝田 一年生杂草 495-618.75克/公顷 移栽前土壤喷雾

PD20092602 氯氟吡氧乙酸/200克/升/乳油/氯氟吡氧乙酸 200克/升/2014.02.27 至 2019.02.27/低毒
冬小麦田 一年生阔叶杂草 174.75-199.5克/公顷 茎叶喷雾

PD20093000 异丙·苄/30%/可湿性粉剂/苄嘧磺隆 5%、异丙草胺 25%/2014.03.09 至 2019.03.09/低毒
水稻抛秧田 部分多年生杂草、一年生杂草 112.5－135克/公顷(南方地区) 药土法

PD20093016 精吡氟禾草灵/150克/升/乳油/精吡氟禾草灵 150克/升/2014.03.09 至 2019.03.09/低毒
大豆田 一年生禾本科杂草 112.5-146.25克/公顷 茎叶喷雾

PD20093051 精喹禾灵/5%/乳油/精喹禾灵 5%/2014.03.09 至 2019.03.09/低毒
冬油菜田 一年生禾本科杂草 37.5-45克/公顷 茎叶喷雾

PD20093158 噻吩磺隆/75%/水分散粒剂/噻吩磺隆 75%/2014.03.11 至 2019.03.11/低毒
春大豆田 一年生阔叶杂草 20.25-24.75克/公顷 土壤喷雾

PD20093413 草甘膦异丙胺盐/41%/水剂/草甘膦异丙胺盐 41%/2009.03.20 至 2014.03.20/低毒
苹果园 杂草 1230-2460克/公顷 定向喷雾

PD20093774 乙氧氟草醚/240克/升/乳油/乙氧氟草醚 240克/升/2009.03.25 至 2014.03.25/低毒
大蒜田 一年生杂草 144-180克/公顷 土壤喷雾

PD20094935 苄·二氯/38.5%/可湿性粉剂/苄嘧磺隆 5%、二氯喹啉酸 33.5%/2009.04.13 至 2014.04.13/低毒
水稻移栽田 一年生杂草 231-288.8克/公顷 茎叶喷雾

PD20095273 禾草丹/900克/升/乳油/禾草丹 900克/升/2009.04.27 至 2014.04.27/低毒
水稻移栽田 一年生杂草 2025-2970克/公顷 毒土法

PD20095353 烯草酮/12%/乳油/烯草酮 12%/2009.04.27 至 2014.04.27/低毒
春大豆田 一年生禾本科杂草 108-144克/公顷 茎叶喷雾

PD20096967 烟嘧磺隆/40克/升/可分散油悬浮剂/烟嘧磺隆 40克/升/2009.09.29 至 2014.09.29/微毒
玉米田 一年生杂草 42-60克/公顷 茎叶喷雾

PD20097172 烟嘧磺隆/40克/升/可分散油悬浮剂/烟嘧磺隆 40克/升/2009.10.16 至 2014.10.16/低毒
玉米田 一年生杂草 42-60克/公顷 茎叶喷雾

PD20100875 灭草松/480克/升/水剂/灭草松 480克/升/2010.01.19 至 2015.01.19/低毒
大豆田 一年生阔叶杂草 720-1440克/公顷 喷雾

PD20101149 丙草胺/50%/乳油/丙草胺 50%/2010.01.25 至 2015.01.25/低毒
水稻移栽田 一年生禾本科杂草及部分阔叶杂草 450-525克/公顷 药土法

PD20101912 甲霜·锰锌/58%/可湿性粉剂/甲霜灵 10%、代森锰锌 48%/2010.08.27 至 2015.08.27/低毒
黄瓜 霜霉病 1305－1632克/公顷 喷雾

PD20120386 高效氟吡甲禾灵/158克/升/乳油/高效氟吡甲禾灵 158克/升/2012.03.07 至 2017.03.07/低毒
春大豆田 一年生禾本科杂草 50-55克/公顷 茎叶喷雾
夏大豆田 一年生禾本科杂草 45-50克/公顷 茎叶喷雾

PD20121038 乙羧氟草醚/15%/乳油/乙羧氟草醚 15%/2012.07.04 至 2017.07.04/低毒
春大豆田 一年生阔叶杂草 81-90克/公顷 茎叶喷雾
夏大豆田 一年生阔叶杂草 74.3-81克/公顷 茎叶喷雾

PD20121879 甲霜· 噁霉灵/30%/水剂/噁霉灵 20%、甲霜灵 10%/2012.11.28 至 2017.11.28/中等毒
水稻 立枯病 0.24－0.36克/平方米 苗床喷雾

PD20130140 甲霜·福美双/38%/可湿性粉剂/福美双 33%、甲霜灵 5%/2013.01.17 至 2018.01.17/低毒
水稻 立枯病 95-114克/100千克种子 拌种

PD20131415 吡嘧·苯噻酰/25%/泡腾粒剂/苯噻酰草胺 24%、吡嘧磺隆 1%/2013.07.02 至 2018.07.02/低毒
水稻移栽田 一年生杂草 375-450克/公顷(北方地区) 毒土法
262.5-375克/公顷(南方地区)

辽宁省沈阳市双兴卫生消杀药剂厂 (辽宁省沈阳市东陵区深井子乡双村子村 110015 024-24820905)

WP20090152 杀蟑饵粒/1.5%/饵剂/残杀威 1.5%/2014.03.03 至 2019.03.03/低毒
卫生 蜚蠊 / 投放

WP20090193 高效氯氰菊酯/5%/可湿性粉剂/高效氯氰菊酯 5%/2014.03.23 至 2019.03.23/低毒
卫生 蚊、蝇 75毫克/平方米 滞留喷洒

辽宁省沈阳市于洪区五凌消杀药厂 (辽宁省沈阳市红艳路大潘镇小祝村 110023 024-89896226)

WP20070038 杀虫粉剂/0.45%/粉剂/氯氰菊酯 0.45%/2012.12.17 至 2017.12.17/低毒
卫生 蜚蠊 3克制剂/平方米 撒布

WP20080004 杀蟑笔剂/0.45%/笔剂/氯氰菊酯 0.45%/2013.01.03 至 2018.01.03/低毒
卫生 蜚蠊 / 涂抹

WP20110062 杀蟑饵粒/3.1%/饵剂/乙酰甲胺磷 3.1%/2011.03.03 至 2016.03.03/低毒
卫生 蜚蠊 / 投放

辽宁省沈阳市于洪区紫燕卫生药剂厂 (辽宁省沈阳市于洪区机场路一号 110141 024-25730389)

WP20090045 杀蟑笔剂/0.45%/笔剂/氯氰菊酯 0.45%/2014.01.19 至 2019.01.19/低毒
卫生 蜚蠊 3克制剂/平方米 涂抹

WP20090051 杀蟑饵粒/3.5%/饵剂/乙酰甲胺磷 3.5%/2014.01.21 至 2019.01.21/低毒
卫生 蜚蠊 / 投放

辽宁省沈阳同祥农化有限公司 (辽宁省沈阳市经济开发区沈西八东路9号 110143 024-25798161)

PD20093675 咪唑乙烟酸/10%/水剂/咪唑乙烟酸 10%/2014.03.25 至 2019.03.25/低毒
春大豆田 一年生杂草 75-105克/公顷 喷雾

PD20095480 氟磺胺草醚/25%/水剂/氟磺胺草醚 25%/2009.05.11 至 2014.05.11/低毒
春大豆田 一年生阔叶杂草 300-450克/公顷(东北地区) 茎叶喷雾

PD20121940 烟嘧磺隆/40克/升/可分散油悬浮剂/烟嘧磺隆 40克/升/2012.12.12 至 2017.12.12/低毒
玉米田 一年生禾本科杂草 48-60克/公顷 茎叶喷雾

辽宁省沈阳喜伦日用化工厂 (辽宁省沈阳市东陵区榆树屯街12号 110161 024-88421681)

WP20100005 防蛀片剂/99%/防蛀片/对二氯苯 99%/2010.01.05 至 2015.01.05/低毒
卫生 黑皮蠹 40克制剂/立方米 投放

WP20100013 防蛀球剂/99%/球剂/对二氯苯 99%/2010.01.14 至 2015.01.14/低毒
卫生 黑皮蠹 40克制剂/立方米 投放

辽宁省沈阳兴农化工农药有限公司 (辽宁省沈阳市铁西区翟家镇郎家堡 110042 024-25910797)

PD20094957 甲霜·噁霉灵/3%/水剂/噁霉灵 2.5%、甲霜灵 0.5%/2009.04.20 至 2014.04.20/低毒
水稻育秧田 立枯病 0.36-0.54克/平方米 苗床喷雾

PD20095013 甲霜·福美双/35%/可湿性粉剂/福美双 24%、甲霜灵 11%/2009.04.21 至 2014.04.21/低毒
水稻 立枯病 1-1.5克/平方米 苗床浇洒

辽宁省沈阳中科生物工程有限公司(辽宁省沈阳市浑南国家高新技术产业开发区新智街2号 110179 024-23784112)

PD20091226 多抗霉素/0.3%/水剂/多抗霉素 0.3%/2014.02.01 至 2019.02.01/低毒
番茄 早疫病 27-45克/公顷 喷雾

PD20131547 多抗霉素/3%/水剂/多抗霉素 3%/2013.07.18 至 2018.07.18/低毒
苹果树 斑点落叶病 25-38毫克/千克 喷雾

辽宁省瓦房店市蚊香厂 (辽宁省瓦房店市闫店乡 116325 0411-85160222)

WP20080248 蚊香/0.25%/蚊香/富右旋反式烯丙菊酯 0.25%/2013.11.26 至 2018.11.26/低毒
卫生 蚊 / 点燃

WL20110002 杀虫气雾剂/0.45%/气雾剂/胺菊酯 0.3%、富右旋反式烯丙菊酯 0.1%、氯氰菊酯 0.05%/2013.01.06至2014.01.06/微毒
卫生 蚊、蝇、蜚蠊 / 喷雾

辽宁省西丰县新兴卫生消杀药剂厂 (辽宁省西丰县西丰镇向阳街向阳委4组 112400 0410-7818780)

WP20090209 高效氯氰菊酯/5%/可湿性粉剂/高效氯氰菊酯 5%/2014.03.27 至 2019.03.27/低毒
卫生 蚊、蝇、蜚蠊 75毫克/平方米 滞留喷洒

辽宁省营口雷克农药有限公司 (辽宁省营口市盼盼工业园西区 115116 0417-3841457)

PD85122-4 福美双/50%/可湿性粉剂/福美双 50%/2012.04.04 至 2017.04.04/中等毒
黄瓜 白粉病、霜霉病 500-1000倍液 喷雾
葡萄 白腐病 500-1000倍液 喷雾
水稻 稻瘟病、胡麻叶斑病 250克/100千克种子 拌种
甜菜、烟草 根腐病 500克/500千克温床土 土壤处理
小麦 白粉病、赤霉病 500倍液 喷雾

PD85133-2 福美双/95%/原粉/福美双 95%/2012.04.03 至 2017.04.03/中等毒

PD85150-26 多菌灵/50%/可湿性粉剂/多菌灵 50%/2012.04.04 至 2017.04.04/低毒
果树 病害 0.05-0.1%药液 喷雾
花生 倒秧病 750克/公顷 喷雾
麦类 赤霉病 750克/公顷 喷雾、泼浇
棉花 苗期病害 250克/50千克种子 拌种

水稻 稻瘟病、纹枯病 750克/公顷 喷雾、泼浇
油菜 菌核病 1125-1500克/公顷 喷雾

辽宁双博农化科技有限公司 (辽宁省沈阳市经济技术开发区开发二十六号路3号 110178 024-89254001)

PD20092975 噻吩磺隆/15%/可湿性粉剂/噻吩磺隆 15%/2014.03.09 至 2019.03.09/低毒
春大豆田 一年生阔叶杂草 22.5-33.8克/公顷(东北地区) 播后苗前土壤喷雾
PD20093333 苄嘧磺隆/30%/可湿性粉剂/苄嘧磺隆 30%/2014.03.18 至 2019.03.18/低毒
移栽水稻田 阔叶杂草及莎草科杂草 45-90克/公顷 毒土法
PD20094193 咪唑乙烟酸/10%/水剂/咪唑乙烟酸 10%/2014.03.30 至 2019.03.30/低毒
春大豆田 一年生杂草 90-105克/公顷(东北地区) 茎叶喷雾
PD20095320 二氯喹啉酸/50%/可溶粉剂/二氯喹啉酸 50%/2014.04.27 至 2019.04.27/低毒
移栽水稻田 稗草 225-375克/公顷 茎叶喷雾
PD20095486 吡嘧磺隆/10%/可湿性粉剂/吡嘧磺隆 10%/2009.05.11 至 2014.05.11/低毒
移栽水稻田 稗草、莎草及阔叶杂草 15-30克/公顷 毒土法
PD20095639 苄·二氯/40%/可湿性粉剂/苄嘧磺隆 5%、二氯喹啉酸 35%/2009.05.12 至 2014.05.12/低毒
移栽水稻田 一年生及部分多年生杂草 210-300克/公顷 茎叶喷雾
PD20095878 苄嘧磺隆/10%/可湿性粉剂/苄嘧磺隆 10%/2009.05.31 至 2014.05.31/低毒
移栽水稻田 阔叶杂草及莎草科杂草 30-45克/公顷 毒土法
PD20096167 噻吩磺隆/75%/水分散粒剂/噻吩磺隆 75%/2009.06.24 至 2014.06.24/低毒
春大豆田 一年生阔叶杂草 22.5-33.8克/公顷(东北地区) 苗前土壤喷雾
PD20098374 莠去津/38%/悬浮剂/莠去津 38%/2009.12.18 至 2014.12.18/低毒
甘蔗田 一年生杂草 997.5-1425克/公顷 土壤喷雾
PD20100168 草甘膦异丙胺盐(41%)///水剂/草甘膦 30%/2010.01.05 至 2015.01.05/微毒
柑橘园 杂草 1230-2460克/公顷 定向茎叶喷雾
PD20110523 苄嘧·苯噻酰/55%/可湿性粉剂/苯噻酰草胺 50%、苄嘧磺隆 5%/2011.05.11 至 2016.05.11/低毒
移栽水稻田 一年生及部分多年生杂草 577.5-600克/公顷 药土法
PD20121111 苄嘧磺隆/60%/水分散粒剂/苄嘧磺隆 60%/2012.07.19 至 2017.07.19/低毒
移栽水稻田 一年生阔叶杂草及莎草科杂草 30-45克/公顷 药土法

辽宁天一农药化工有限责任公司 (辽宁省盘锦市大洼县西安镇高坎村 124206 0427-8894499)

PD20070146 莠去津/38%/悬浮剂/莠去津 38%/2012.05.30 至 2017.05.30/低毒
春玉米田 一年生杂草 1995-2280克/公顷 土壤喷雾
甘蔗田 一年生杂草 200-300毫升制剂/亩 土壤喷雾
夏玉米田 一年生杂草 1425-1710克/公顷 土壤喷雾
PD20070654 莠去津/92%/原药/莠去津 92%/2012.12.17 至 2017.12.17/低毒
PD20094170 精喹禾灵/92%/原药/精喹禾灵 92%/2014.03.27 至 2019.03.27/低毒
PD20095395 乙草胺/81.5%/乳油/乙草胺 81.5%/2014.04.27 至 2019.04.27/低毒
玉米田 一年生禾本科杂草及部分阔叶杂草 1620-1890克/公顷(东北地区), 1080-1620克/公顷(其它地区) 土壤喷雾
PD20096502 烟嘧磺隆/40克/升/可分散油悬浮剂/烟嘧磺隆 40克/升/2009.08.17 至 2014.08.17/低毒
玉米田 一年生杂草 42-60克/公顷 茎叶喷雾
PD20101976 莠去津/90%/水分散粒剂/莠去津 90%/2010.09.21 至 2015.09.21/低毒
春玉米田 一年生杂草 1795.5-2241克/公顷 播后苗前土壤喷雾
夏玉米田 一年生杂草 1215-1350克/公顷 播后苗前土壤喷雾

辽宁微科生物工程有限公司 (辽宁省朝阳市经济开发区龙泉大街二段8号 122000 0421-3882111)

PD20102144 地芬诺酯·硫酸钡/20.02%/饵剂/硫酸钡 20%、地芬诺酯 0.02%/2010.12.07 至 2015.12.07/低毒
LS20120408 四霉素/15%/母药/四霉素 15%/2013.12.19 至 2014.12.19/低毒
LS20120409 四霉素/0.3%/水剂/四霉素 0.3%/2013.12.19 至 2014.12.19/低毒
杨树 溃疡病 60-100毫克/千克 喷雾

辽宁正诺生物技术有限公司 (辽宁省沈阳市新城子区杭州西路4号 110121 024-89866085)

PD20084645 西草净/13%/乳油/西草净 13%/2013.12.18 至 2018.12.18/低毒
水稻移栽田 水绵 234-253.5克/公顷 药土法
PD20097361 琥铜·乙膦铝/48%/可湿性粉剂/琥胶肥酸铜 20%、三乙膦酸铝 28%/2009.10.27 至 2014.10.27/低毒
黄瓜 霜霉病、细菌性角斑病 900-1344克/公顷 喷雾
PD20097365 琥胶肥酸铜/30%/可湿性粉剂/琥胶肥酸铜 30%/2009.10.27 至 2014.10.27/低毒
黄瓜 细菌性角斑病 900-1050克/公顷 喷雾
PD20097956 琥铜·吗啉胍/20%/可湿性粉剂/琥胶肥酸铜 10%、盐酸吗啉胍 10%/2009.12.01 至 2014.12.01/低毒
番茄 病毒病 450-750克/公顷 喷雾
PD20120128 氟磺胺草醚/250克/升/水剂/氟磺胺草醚 250克/升/2012.01.29 至 2017.01.29/低毒
春大豆田 一年生阔叶杂草 375-487.5克/公顷 茎叶喷雾
PD20121959 阿维菌素/1.8%/微乳剂/阿维菌素 1.8%/2012.12.12 至 2017.12.12/低毒(原药高毒)
柑橘树 红蜘蛛 3.33-5毫克/千克 喷雾
PD20130747 苄嘧·苯噻酰/53%/可湿性粉剂/苯噻酰草胺 50%、苄嘧磺隆 3%/2013.04.12 至 2018.04.12/低毒
移栽水稻田 一年生杂草 477-556.5克/公顷(东北地区)397.5-477克/公顷(其它地区) 毒土法

PD20131405　苄嘧·苯噻酰/80%/可湿性粉剂/苯噻酰草胺 75.5%、苄嘧磺隆 4.5%/2013.07.02 至 2018.07.02/低毒
水稻移栽田　一年生杂草　600-720克/公顷（北方地区）　药土法
480-600克/公顷（南方地区）

LS20120207　吡嘧·苯噻酰/68%/可湿性粉剂/苯噻酰草胺 64%、吡嘧磺隆 4%/2013.06.04 至 2014.06.04/低毒
移栽水稻田　一年生杂草　306-408克/公顷（南方地区）　毒土法
408-510克/公顷（北方地区）

辽宁壮苗生化科技股份有限公司　（辽宁省本溪市溪湖区石桥子镇园区西路28栋　117004　0414-5858926）

PD20080990　烯禾啶/12.5%/乳油/烯禾啶 12.5%/2013.07.24 至 2018.07.24/低毒
春大豆田　一年生禾本科杂草　187.5-281.3克/公顷　茎叶喷雾

PD20083521　苄嘧磺隆/30%/可湿性粉剂/苄嘧磺隆 30%/2013.12.12 至 2018.12.12/低毒
移栽水稻田　阔叶杂草、莎草科杂草　45-67.5克/公顷　喷雾或药土法

PD20084514　乙草胺/900克/升/乳油/乙草胺 900克/升/2013.12.18 至 2018.12.18/低毒
春大豆田、春玉米田　部分阔叶杂草、一年生禾本科杂草　1350-2025克/公顷　土壤喷雾

PD20084547　多·福·克/25%/悬浮种衣剂/多菌灵 8%、福美双 9%、克百威 8%/2013.12.18 至 2018.12.18/高毒
大豆　根腐病、金针虫、蛴螬、小地老虎　1:50-40(药种比)　种子包衣

PD20084937　克百威/10%/悬浮种衣剂/克百威 10%/2013.12.22 至 2018.12.22/高毒
玉米　地老虎、金针虫、蝼蛄、蛴螬　200-250克/100千克种子　种子包衣

PD20085098　多·福·克/35%/悬浮种衣剂/多菌灵 15%、福美双 10%、克百威 10%/2013.12.23 至 2018.12.23/中等毒(原药高毒)
大豆　地老虎、根腐病、金针虫、蛴螬　1:50-60(药种比)　种子包衣

PD20090656　福·克/15.5%/悬浮种衣剂/福美双 8.5%、克百威 7.0%/2014.01.15 至 2019.01.15/高毒
玉米　地下害虫、茎腐病　1:35-45(药种比)　种子包衣

PD20090713　异噁草松/48%/乳油/异噁草松 48%/2014.01.19 至 2019.01.19/低毒
春大豆田　一年生杂草　1008-1152克/公顷(东北地区)　播后苗前土壤喷雾

PD20091018　精喹禾灵/5%/乳油/精喹禾灵 5%/2014.01.21 至 2019.01.21/低毒
春大豆田　一年生禾本科杂草　52.5-75克/公顷　茎叶喷雾

PD20091664　烯草酮/120克/升/乳油/烯草酮 120克/升/2014.02.03 至 2019.02.03/微毒
春大豆田　一年生禾本科杂草　63-90克/公顷　茎叶喷雾

PD20092089　戊唑·克百威/7.3%/悬浮种衣剂/克百威 7.0%、戊唑醇 0.3%/2014.02.16 至 2019.02.16/高毒
玉米　地下害虫、丝黑穗病　1:35-45(药种比)　种子包衣

PD20093013　莠去津/38%/悬浮剂/莠去津 38%/2014.03.09 至 2019.03.09/低毒
春玉米田　一年生杂草　1710-2109克/公顷　土壤喷雾

PD20093112　甲霜·百菌清/2.2%/悬浮种衣剂/百菌清 1.65%、甲霜灵 0.55%/2014.03.10 至 2019.03.10/低毒
西瓜　枯萎病　1:10-15(药种比)　种子包衣

PD20093183　氟磺胺草醚/250克/升/水剂/氟磺胺草醚 250克/升/2014.03.11 至 2019.03.11/低毒
春大豆田　一年生阔叶杂草　300-375克/公顷　茎叶喷雾

PD20095690　乙·噁·滴丁酯/72%/乳油/2,4-滴丁酯 14%、乙草胺 42%、异噁草松 16%/2009.05.15 至 2014.05.15/低毒
春大豆田　一年生杂草　1620-1944克/公顷　土壤喷雾

PD20096142　噁草酮/13%/乳油/噁草酮 13%/2009.06.24 至 2014.06.24/低毒
水稻移栽田　一年生杂草　360-468克/公顷　甩施

PD20100600　戊唑醇/60克/升/悬浮种衣剂/戊唑醇 60克/升/2010.01.14 至 2015.01.14/低毒
小麦　散黑穗病　2.2-2.9克/100千克种子　种子包衣
玉米　丝黑穗病　7.5－12克/100千克种子　种子包衣

PD20101064　噻吩磺隆/20%/可湿性粉剂/噻吩磺隆 20%/2010.01.21 至 2015.01.21/低毒
春大豆田、春玉米田　一年生阔叶杂草　21-28.5克/公顷　土壤喷雾

PD20121877　苄嘧·苯噻酰/72%/可湿性粉剂/苯噻酰草胺 65.5%、苄嘧磺隆 6.5%/2012.11.28 至 2017.11.28/低毒
移栽水稻田　一年生杂草　486-648克/公顷　毒土法

LS20110256　辛酰·烟·滴异/30%/可分散油悬浮剂/2,4-滴异辛酯 10%、辛酰溴苯腈 16%、烟嘧磺隆 4%/2013.09.21 至 2014.09.21/低毒
玉米田　一年生杂草　360-450克/公顷　茎叶喷雾

LS20120047　烟嘧·莠去津/28.5%/可分散油悬浮剂/烟嘧磺隆 2.5%、莠去津 26%/2013.02.07 至 2014.02.07/低毒
玉米田　一年生杂草　470.25-555.75克/公顷　茎叶喷雾

LS20120048　乙·莠·滴辛酯/66%/悬乳剂/2,4-滴异辛酯 6%、乙草胺 36%、莠去津 24%/2013.02.07 至 2014.02.07/低毒
春玉米田　一年生杂草　2475-2970克/公顷　播后苗前土壤喷雾

LS20130129　咪·霜·噁霉灵/3%/悬浮种衣剂/噁霉灵 1%、甲霜灵 1%、咪鲜胺 1%/2013.04.02 至 2014.04.02/微毒
水稻　恶苗病、立枯病　50-75克/100千克种子　种子包衣

LS20130345　多·咪·福美双/11%/悬浮种衣剂/多菌灵 4%、福美双 6%、咪鲜胺 1%/2013.07.02 至 2014.07.02/微毒
水稻　恶苗病　183-200克/100千克种子　种子包衣

LS20130520　硝·烟·莠去津/25%/可分散油悬浮剂/烟嘧磺隆 1.5%、莠去津 19.5%、硝磺草酮 4%/2013.12.10 至 2014.12.10/低毒
春玉米田　一年生杂草　562.5-750克/公顷　茎叶喷雾

沈阳科创化学品有限公司　（沈阳经济技术开发区细河九北街17号　110144　024-25326727）

PD20040039　吡虫啉/95%/原药/吡虫啉 95%/2009.12.19 至 2014.12.19/低毒

PD20040164　吡虫啉/10%/可湿性粉剂/吡虫啉 10%/2009.12.19 至 2014.12.19/低毒
水稻　飞虱　15-30克/公顷　喷雾

	小麦	蚜虫	15-30克/公顷(南方地区) 45-60克/公顷(北方地区)	喷雾
PD20060038	锰锌·氟吗啉/60%/可湿性粉剂/氟吗啉 10%、代森锰锌 50%/2011.02.07 至 2016.02.07/低毒			
	黄瓜	霜霉病	720-1080克/公顷	喷雾
PD20060039	氟吗啉/95%/原药/氟吗啉 95%/2011.02.07 至 2016.02.07/低毒			
PD20060079	苯磺隆/95%/原药/苯磺隆 95%/2011.04.14 至 2016.04.14/低毒			
PD20070059	灭蝇胺/98%/原药/灭蝇胺 98%/2012.03.09 至 2017.03.09/低毒			
PD20070060	灭蝇胺/50%/可湿性粉剂/灭蝇胺 50%/2012.03.09 至 2017.03.09/低毒			
	菜豆	美洲斑潜蝇	150-187.5克/公顷	喷雾
PD20070065	烯草酮/94%/原药/烯草酮 94%/2012.03.21 至 2017.03.21/低毒			
PD20070067	烯草酮/24%/乳油/烯草酮 24%/2012.03.21 至 2017.03.21/低毒			
	春大豆田	一年生禾本科杂草	72-108克/公顷	茎叶喷雾
	油菜田	禾本科杂草	54-72克/公顷	茎叶喷雾
PD20070090	二氯喹啉酸/96%/原药/二氯喹啉酸 96%/2012.04.18 至 2017.04.18/低毒			
PD20070103	烯禾啶/12.5%/乳油/烯禾啶 12.5%/2012.04.26 至 2017.04.26/低毒			
	春大豆田	一年生禾本科杂草	187.5-281.3克/公顷	茎叶喷雾
PD20070109	异噁草松/96%/原药/异噁草松 96%/2012.04.26 至 2017.04.26/低毒			
PD20070197	烯禾啶/96%/原药/烯禾啶 96%/2012.07.17 至 2017.07.17/低毒			
PD20070205	二氯喹啉酸/50%/可湿性粉剂/二氯喹啉酸 50%/2012.08.07 至 2017.08.07/低毒			
	水稻抛秧田、水稻田(直播)、水稻移栽田	稗草等杂草	225-375克/公顷	喷雾或毒土法
PD20070212	咪唑乙烟酸/97%/原药/咪唑乙烟酸 97%/2012.08.07 至 2017.08.07/低毒			
PD20070240	戊唑醇/97%/原药/戊唑醇 97%/2012.08.08 至 2017.08.08/低毒			
PD20070249	吡嘧磺隆/10%/可湿性粉剂/吡嘧磺隆 10%/2012.08.30 至 2017.08.30/低毒			
	水稻移栽田	稗草、阔叶杂草、莎草	15-30克/公顷	毒土法
PD20070250	吡嘧磺隆/98%/原药/吡嘧磺隆 98%/2012.08.30 至 2017.08.30/低毒			
PD20070263	咪鲜胺/25%/乳油/咪鲜胺 25%/2012.09.04 至 2017.09.04/低毒			
	辣椒	炭疽病	270-400克/公顷	喷雾
PD20070267	咪鲜胺/98%/原药/咪鲜胺 98%/2012.09.04 至 2017.09.04/低毒			
PD20070297	精噁唑禾草灵/95%/原药/精噁唑禾草灵 95%/2012.09.21 至 2017.09.21/低毒			
PD20070339	烯肟菌酯/90%/原药/烯肟菌酯 90%/2012.10.24 至 2017.10.24/低毒			
PD20070340	烯肟菌酯/25%/乳油/烯肟菌酯 25%/2012.10.24 至 2017.10.24/低毒			
	黄瓜	霜霉病	100-200克/公顷	喷雾
PD20070403	锰锌·氟吗啉/50%/可湿性粉剂/氟吗啉 6.5%、代森锰锌 43.5%/2010.11.30 至 2015.11.30/低毒			
	番茄	晚疫病	500-750克/公顷	喷雾
	黄瓜	霜霉病	500-900克/公顷	喷雾
	辣椒	疫病	450-750克/公顷	喷雾
	马铃薯	晚疫病	600-800克/公顷	喷雾
PD20070423	二氯喹啉酸/25%/可湿性粉剂/二氯喹啉酸 25%/2012.11.06 至 2017.11.06/低毒			
	水稻移栽田	稗草	225-375克/公顷(北方地区)	喷雾
PD20080099	咪唑乙烟酸/15%/水剂/咪唑乙烟酸 15%/2013.01.03 至 2018.01.03/低毒			
	春大豆田	一年生杂草	90-112.5克/公顷(东北地区)	茎叶喷雾
PD20080146	咪唑乙烟酸/5%/水剂/咪唑乙烟酸 5%/2013.01.04 至 2018.01.04/低毒			
	大豆田	杂草	75-100.5克/公顷	土壤喷雾或茎叶喷雾
PD20080270	草甘膦异丙胺盐/30%/水剂/草甘膦 30%/2013.02.20 至 2018.02.20/低毒			
	苹果园	一年生和多年生杂草	1125-2250克/公顷	定向茎叶喷雾
	注:草甘膦异丙胺盐含量:41%。			
PD20080272	胺苯磺隆/25%/可湿性粉剂/胺苯磺隆 25%/2008.02.22 至 2013.12.31/低毒			
	冬油菜田	一年生阔叶杂草	18.75-22.5克/公顷	茎叶喷雾
PD20080273	胺苯磺隆/95%/原药/胺苯磺隆 95%/2013.02.22 至 2018.02.22/低毒			
PD20080421	氯氰·毒死蜱/50%/乳油/毒死蜱 45%、氯氰菊酯 5%/2013.03.05 至 2018.03.05/中等毒			
	大豆	食心虫	450-600克/公顷	喷雾
	甘蓝	小菜蛾	450-600克/公顷	喷雾
	黄瓜	美洲斑潜蝇	450-600克/公顷	喷雾
	韭菜	韭蛆	900-1500克/公顷	灌根
	棉花	棉铃虫	150-300克/公顷	喷雾
	苹果	桃小食心虫	450-600克/公顷	喷雾
PD20080565	高效氟吡甲禾灵/10.8%/乳油/高效氟吡甲禾灵 10.8%/2013.05.12 至 2018.05.12/低毒			
	春大豆田	一年生禾本科杂草	48.6-56.7克/公顷	茎叶喷雾
	冬油菜田	一年生禾本科杂草	32.4-48.6克/公顷	茎叶喷雾
	夏大豆田	一年生禾本科杂草	40.5-48.6克/公顷	茎叶喷雾
PD20080600	草除灵/96%/原药/草除灵 96%/2013.05.12 至 2018.05.12/低毒			

PD20080605	灭草松/480克/升/水剂/灭草松 480克/升/2013.05.12 至 2018.05.12/低毒			
	春大豆田	一年生阔叶杂草	1440-1800克/公顷	茎叶喷雾
	水稻移栽田	阔叶杂草及莎草科杂草	1080-1440克/公顷	茎叶喷雾
	夏大豆田	一年生阔叶杂草	1080-1400克/公顷	茎叶喷雾
PD20080628	高效氟吡甲禾灵/95%/原药/高效氟吡甲禾灵 95%/2013.05.13 至 2018.05.13/低毒			
PD20080729	二甲戊灵/95%/原药/二甲戊灵 95%/2013.06.11 至 2018.06.11/低毒			
PD20080773	啶菌噁唑/90%/原药/啶菌噁唑 90%/2013.06.16 至 2018.06.16/低毒			
PD20080774	啶菌噁唑/25%/乳油/啶菌噁唑 25%/2013.06.16 至 2018.06.16/低毒			
	番茄	灰霉病	200-400克/公顷	喷雾
PD20080832	氟磺胺草醚/250克/升/水剂/氟磺胺草醚 250克/升/2013.06.20 至 2018.06.20/低毒			
	春大豆田	一年生阔叶杂草	375-562.5克/公顷	茎叶喷雾
	夏大豆田	一年生阔叶杂草	281.25-375克/公顷	茎叶喷雾
PD20080969	精噁唑禾草灵/6.9%/水乳剂/精噁唑禾草灵 6.9%/2013.07.24 至 2018.07.24/低毒			
	春小麦田	一年生禾本科杂草	72.5-82.8克/公顷	茎叶喷雾
PD20080979	异噁草松/48%/乳油/异噁草松 48%/2013.07.24 至 2018.07.24/低毒			
	春大豆田	一年生杂草	1008-1152克/公顷(东北地区)	土壤喷雾
PD20080992	氯嘧磺隆/96%/原药/氯嘧磺隆 96%/2013.08.06 至 2018.08.06/低毒			
	注:专供出口，不得在国内销售。			
PD20081065	苄·二氯/36%/可湿性粉剂/苄嘧磺隆 3%、二氯喹啉酸 33%/2013.08.14 至 2018.08.14/低毒			
	水稻抛秧田、水稻田(直播)	一年生杂草	216-270克/公顷	喷雾
	水稻移栽田	稗草、阔叶杂草	216-324克/公顷	喷雾
PD20081066	吡嘧·二氯喹/34.5%/可湿性粉剂/吡嘧磺隆 2%、二氯喹啉酸 32.5%/2013.08.14 至 2018.08.14/低毒			
	水稻移栽田	部分多年生杂草、一年生杂草	227.7-310克/公顷	排水喷雾
PD20081095	苄嘧磺隆/10%/可湿性粉剂/苄嘧磺隆 10%/2013.08.18 至 2018.08.18/低毒			
	水稻田	阔叶杂草、莎草科杂草	15-30克/公顷	毒土法
PD20081340	多·福/40%/可湿性粉剂/多菌灵 10%、福美双 30%/2013.10.21 至 2018.10.21/中等毒			
	梨树	黑星病	1000-1500毫克/千克	喷雾
	葡萄	霜霉病	1000-1250毫克/千克	喷雾
PD20081392	腈菌唑/95%/原药/腈菌唑 95%/2013.10.28 至 2018.10.28/低毒			
PD20081399	腈菌唑/12.5%/乳油/腈菌唑 12.5%/2013.10.28 至 2018.10.28/低毒			
	梨	黑星病	40-80毫克/千克	喷雾
	小麦	白粉病	30-60克/公顷	喷雾
PD20081792	烯草酮/120克/升/乳油/烯草酮 120克/升/2013.11.19 至 2018.11.19/低毒			
	春大豆田、夏大豆田	一年生禾本科杂草	72-90克/公顷	茎叶喷雾
	冬油菜田	一年生禾本科杂草	54-72克/公顷	茎叶喷雾
PD20082116	咪唑乙烟酸/10%/水剂/咪唑乙烟酸 10%/2013.11.25 至 2018.11.25/低毒			
	春大豆田	一年生杂草	90-105克/公顷(东北地区)	茎叶喷雾
PD20082331	锰锌·腈菌唑/40%/可湿性粉剂/腈菌唑 5%、代森锰锌 35%/2013.12.01 至 2018.12.01/低毒			
	梨树	黑星病	333-500毫克/千克	喷雾
PD20083250	苯磺隆/10%/可湿性粉剂/苯磺隆 10%/2013.12.11 至 2018.12.11/低毒			
	小麦田	多种一年生阔叶杂草	10.05-19.5克/公顷	茎叶喷雾
PD20083606	二氯喹啉酸/45%/可溶粉剂/二氯喹啉酸 45%/2013.12.12 至 2018.12.12/低毒			
	水稻插秧田、水稻抛秧田、水稻田(直播)	稗草	202.5-337.5克/公顷	茎叶喷雾
PD20084814	福·克/20%/悬浮种衣剂/福美双 13%、克百威 7%/2013.12.22 至 2018.12.22/高毒			
	玉米	地老虎、茎基腐病、金针虫、蝼蛄、蛴螬	1:35-45(药种比)	种子包衣
PD20085249	多效唑/95%/原药/多效唑 95%/2013.12.23 至 2018.12.23/低毒			
PD20085908	草除灵/50%/悬浮剂/草除灵 50%/2013.12.29 至 2018.12.29/低毒			
	油菜田	一年生阔叶杂草	225-300克/公顷	喷雾
PD20086256	氟吡·氟磺胺/24%/乳油/氟磺胺草醚 21%、高效氟吡甲禾灵 3%/2013.12.31 至 2018.12.31/低毒			
	春大豆田	一年生杂草	460.8-576克/公顷	茎叶喷雾
	夏大豆田	一年生杂草	345.6-460.8克/公顷	茎叶喷雾
PD20086368	腈菌·福美双/20%/可湿性粉剂/福美双 18%、腈菌唑 2%/2013.12.31 至 2018.12.31/低毒			
	黄瓜	黑星病	300-400克/公顷	喷雾
PD20090442	苄·丁/20%/可湿性粉剂/苄嘧磺隆 0.5%、丁草胺 19.5%/2014.01.12 至 2019.01.12/低毒			
	水稻田	部分多年生杂草、一年生杂草	600-900克/公顷	毒土法
PD20090493	氟吗·乙铝/50%/可湿性粉剂/氟吗啉 5%、三乙膦酸铝 45%/2014.01.12 至 2019.01.12/低毒			
	葡萄	霜霉病	500-900克/公顷	喷雾
	烟草	黑胫病	600-800克/公顷	灌根
PD20090541	氰戊·氧乐果/30%/乳油/氰戊菊酯 10%、氧乐果 20%/2014.01.13 至 2019.01.13/中等毒(原药高毒)			
	大豆	食心虫	135-180克/公顷	喷雾
	棉花	红铃虫、棉铃虫	90-180克/公顷	喷雾

棉花 蚜虫 67.5-135克/公顷 喷雾

PD20090605 咪唑乙烟酸/70%/可湿性粉剂/咪唑乙烟酸 70%/2014.01.14 至 2019.01.14/低毒

春大豆田 一年生杂草 84—105克/公顷(东北地区) 茎叶喷雾

PD20090667 戊唑醇/25%/可湿性粉剂/戊唑醇 25%/2014.01.19 至 2019.01.19/低毒

苹果树 斑点落叶病 100-200毫克/千克 喷雾

PD20092291 吡蚜酮/98%/原药/吡蚜酮 98%/2014.02.24 至 2019.02.24/低毒

PD20093355 啶菌·福美双/40%/悬乳剂/啶菌噁唑 8%、福美双 32%/2014.03.18 至 2019.03.18/低毒

番茄 灰霉病 400-600克/公顷 喷雾

PD20094188 二甲戊灵/33%/乳油/二甲戊灵 33%/2014.03.30 至 2019.03.30/低毒

马铃薯田 一年生禾本科杂草及部分阔叶杂草 990-1485克/公顷 土壤喷雾

PD20094684 氟环唑/95%/原药/氟环唑 95%/2014.04.10 至 2019.04.10/低毒

PD20094992 苄·乙·甲/22.5%/可湿性粉剂/苄嘧磺隆 2%、甲磺隆 0.5%、乙草胺 20%/2014.04.21 至 2019.04.21/低毒

水稻移栽田 部分多年生杂草、一年生杂草 67.5-84克/公顷 返青后药土(法)均匀撒施(秧苗4叶期以上)

PD20095004 甲磺隆/96%/原药/甲磺隆 96%/2009.04.21 至 2014.04.21/低毒

PD20095143 甲磺隆/10%/可湿性粉剂/甲磺隆 10%/2009.04.24 至 2013.12.31/低毒

冬小麦田 一年生单、双子叶杂草 6.0-7.5克/公顷 播后苗前或苗后(看麦娘2.5叶)早期叶面处理

PD20095213 烯肟菌胺/5%/乳油/烯肟菌胺 5%/2014.04.24 至 2019.04.24/低毒

黄瓜(温棚)、小麦 白粉病 40-80克/公顷 喷雾

PD20095214 烯肟菌胺/98%/原药/烯肟菌胺 98%/2014.04.24 至 2019.04.24/低毒

PD20095298 烯肟·多菌灵/28%/可湿性粉剂/多菌灵 21%、烯肟菌酯 7%/2014.04.27 至 2019.04.27/低毒

小麦 赤霉病 200-400克/公顷 喷雾

PD20095462 氟吗·乙铝/50%/水分散粒剂/氟吗啉 5%、三乙膦酸铝 45%/2009.05.11 至 2014.05.11/低毒

荔枝 霜疫霉病 600-800毫克/千克 喷雾

PD20095602 烯酮·草除灵/12%/乳油/草除灵 9.5%、烯草酮 2.5%/2009.05.12 至 2014.05.12/低毒

冬油菜田 一年生杂草 360-450克/公顷 茎叶喷雾

PD20095603 苄·乙/25%/可湿性粉剂/苄嘧磺隆 5.5%、乙草胺 19.5%/2009.05.12 至 2014.05.12/低毒

水稻移栽田 一年生及部分多年生杂草 84-118克/公顷 药土法

PD20095756 烟嘧磺隆/40克/升/可分散油悬浮剂/烟嘧磺隆 40克/升/2009.05.18 至 2014.05.18/微毒

玉米田 一年生杂草 42-60克/公顷 茎叶喷雾

PD20095846 烟嘧磺隆/95%/原药/烟嘧磺隆 95%/2009.05.27 至 2014.05.27/微毒

PD20095930 灭草松/95%/原药/灭草松 95%/2009.06.02 至 2014.06.02/低毒

PD20095953 氟吗啉/20%/可湿性粉剂/氟吗啉 20%/2009.06.02 至 2014.06.02/低毒

黄瓜 霜霉病 75-150克/公顷 喷雾

PD20095983 咪唑喹啉酸/95%/原药/咪唑喹啉酸 95%/2009.06.05 至 2014.06.05/低毒

PD20096182 咪唑喹啉酸/5%/水剂/咪唑喹啉酸 5%/2009.07.06 至 2014.07.06/低毒

春大豆田 一年生阔叶杂草 112.5-150克/公顷(东北地区) 喷雾

PD20096229 唑喹·咪乙烟/7.5%/水剂/咪唑喹啉酸 5%、咪唑乙烟酸 2.5%/2009.07.15 至 2014.07.15/低毒

春大豆田 一年生杂草 112.5-135克/公顷 茎叶喷雾

PD20096507 灭草松/480克/升/水剂/灭草松 480%/2009.08.19 至 2014.08.19/低毒

水稻移栽田 阔叶杂草及莎草科杂草 1080-1440克/公顷 茎叶喷雾

PD20096554 氟虫腈/95%/原药/氟虫腈 95%/2009.08.24 至 2014.08.24/中等毒

PD20096615 烯肟·氟环唑/18%/悬浮剂/氟环唑 6%、烯肟菌酯 12%/2009.09.02 至 2014.09.02/低毒

苹果 斑点落叶病 100-200毫克/千克 喷雾

PD20096616 烯肟·戊唑醇/20%/悬浮剂/戊唑醇 10%、烯肟菌胺 10%/2009.09.02 至 2014.09.02/低毒

黄瓜 白粉病 100—150克/公顷 喷雾

水稻 稻曲病 120—160克/公顷 喷雾

水稻 纹枯病 100—150克/公顷 喷雾

水稻 稻瘟病 150—200克/公顷 喷雾

小麦 锈病 40-60克/公顷 喷雾

PD20096843 磺草酮/98%/原药/磺草酮 98%/2009.09.21 至 2014.09.21/低毒

PD20096851 磺草酮/15%/水剂/磺草酮 15%/2009.09.21 至 2014.09.21/低毒

春玉米田 一年生杂草 981-1226.3克/公顷 茎叶喷雾

夏玉米田 一年生杂草 735.8-981克/公顷 茎叶喷雾

PD20096896 烯肟·霜脲氰/25%/可湿性粉剂/霜脲氰 12.5%、烯肟菌酯 12.5%/2009.09.23 至 2014.09.23/低毒

葡萄 霜霉病 100-200克/公顷 喷雾

PD20097354 磺草·乙草胺/30%/悬乳剂/磺草酮 15%、乙草胺 15%/2009.10.27 至 2014.10.27/低毒

春玉米田 一年生杂草 1350-1800克/公顷 土壤喷雾

PD20097389 氟虫腈/50克/升/悬浮剂/氟虫腈 50克/升/2009.10.28 至 2014.10.28/低毒

注:专供出口，不得在国内销售。

PD20097949 氟环唑/12.5%/悬浮剂/氟环唑 12.5%/2009.11.30 至 2014.11.30/低毒
香蕉 叶斑病 93.75-187.5克/公顷 喷雾
PD20110326 烯草酮/37%/母药/烯草酮 37%/2011.03.24 至 2016.03.24/低毒
PD20110519 硝磺草酮/95%/原药/硝磺草酮 95%/2011.05.04 至 2016.05.04/低毒
PD20110727 吡氟酰草胺/97%/原药/吡氟酰草胺 97%/2011.07.11 至 2016.07.11/低毒
PD20110805 磺草·莠去津/38%/悬浮剂/磺草酮 14%、莠去津 24%/2011.08.04 至 2016.08.04/低毒
玉米田 一年生杂草 945-1575克/公顷 茎叶喷雾
PD20110890 三甲苯草酮/97%/原药/三甲苯草酮 97%/2011.08.16 至 2016.08.16/低毒
注:专供出口，不得在国内销售。
PD20120053 氟吡·烯草酮/22.5%/乳油/高效氟吡甲禾灵 7.5%、烯草酮 15%/2012.01.13 至 2017.01.13/低毒
冬油菜田 一年生禾本科杂草 101.25-135克/公顷 茎叶喷雾
PD20120064 辛酰·烟·滴丁/30%/可分散油悬浮剂/2,4-滴丁酯 10%、辛酰溴苯腈 16%、烟嘧磺隆 4%/2012.01.16 至 2017.01.16/低毒
春玉米田 一年生杂草 210-420克/公顷 茎叶喷雾
PD20120777 磺草酮/26%/悬浮剂/磺草酮 26%/2012.05.05 至 2017.05.05/微毒
玉米田 一年生杂草 507-780克/公顷 茎叶喷雾
PD20121174 莎稗磷/90%/原药/莎稗磷 90%/2012.07.30 至 2017.07.30/低毒
PD20121451 莎稗磷/30%/乳油/莎稗磷 30%/2012.10.08 至 2017.10.08/低毒
水稻移栽田 稗草、莎草 270-315克/公顷 毒土法
PD20121998 嗪草酸甲酯/95%/原药/嗪草酸甲酯 95%/2012.12.19 至 2017.12.19/低毒
PD20130473 阿维·多·福/35.6%/悬浮种衣剂/阿维菌素 0.6%、多菌灵 10%、福美双 25%/2013.03.20 至 2018.03.20/低毒(原药高毒)
大豆 孢囊线虫、根腐病 355-445克/100千克种子 种子包衣
PD20130688 戊唑·福美双/16%/悬浮种衣剂/福美双 15.7%、戊唑醇 0.3%/2013.04.09 至 2018.04.09/低毒
小麦 黑穗病、纹枯病 320-533克/100千克种子 种子包衣
PD20132220 氰氟草酯/98%/原药/氰氟草酯 98%/2013.11.05 至 2018.11.05/低毒
PD20132221 氰氟草酯/100克/升/乳油/氰氟草酯 100克/升/2013.11.05 至 2018.11.05/低毒
水稻田(直播) 稗草、千金子等禾本科杂草 75-105克/公顷 茎叶喷雾
LS20110091 苄嘧·苯噻酰/0.5%/颗粒剂/苯噻酰草胺 0.47%、苄嘧磺隆 0.03%/2013.04.02 至 2014.04.02/低毒
移栽水稻田 一年生杂草 562.5-750克/公顷 撒施法
注:本产品为药肥混剂。
LS20110235 唑胺菌酯/95%/原药/唑胺菌酯 95%/2013.09.08 至 2014.09.08/低毒
LS20110249 唑胺菌酯/20%/悬浮剂/唑胺菌酯 20%/2013.09.15 至 2014.09.15/低毒
黄瓜 白粉病 50-100克/公顷 喷雾
LS20120247 氟吗·唑菌酯/25%/悬浮剂/氟吗啉 20%、唑菌酯 5%/2013.07.10 至 2014.07.10/低毒
黄瓜 霜霉病 100～200克/公顷 喷雾
LS20130224 四氯虫酰胺/95%/原药/四氯虫酰胺 95%/2013.04.28 至 2014.04.28/低毒
LS20130225 四氯虫酰胺/10%/悬浮剂/四氯虫酰胺 10%/2013.04.28 至 2014.04.28/低毒
水稻 稻纵卷叶螟 15-30克/公顷 喷雾
LS20130226 三甲苯草酮/40%/水分散粒剂/三甲苯草酮 40%/2013.04.28 至 2014.04.28/低毒
注:专供出口，不得在国内销售。

沈阳民友农化有限公司 (辽宁省沈阳市新城子区杭州西路4号 110121 024-89860341)

PD20084024 三唑锡/20%/悬浮剂/三唑锡 20%/2008.12.16 至 2013.12.16/低毒
柑橘树 红蜘蛛 133.3-200毫克/千克 喷雾
PD20086006 三唑锡/25%/可湿性粉剂/三唑锡 25%/2008.12.29 至 2013.12.29/低毒
柑橘树 红蜘蛛 125-250毫克/千克 喷雾
PD20092753 三唑锡/95%/原药/三唑锡 95%/2009.03.04 至 2014.03.04/中等毒

沈阳盛源化工有限公司 (辽宁省昌图县昌图镇城关村五组 112500 0410-5910750)

WP20080447 杀蟑饵剂/1.5%/饵剂/残杀威 1.5%/2013.12.15 至 2018.12.15/低毒
卫生 蜚蠊 / 投放
WP20080539 高效氯氰菊酯/5%/可湿性粉剂/高效氯氰菊酯 5%/2013.12.23 至 2018.12.23/低毒
卫生 蚊、蝇 玻璃面20毫克/平方米; 木板面30毫克/平方米; 水泥面60毫克/平方米 滞留喷洒

沈阳世一科技有限公司 (辽宁省沈阳市经济技术开发区冶金十一路3号 110209 024-25966676)

PD20082126 氟磺胺草醚/25%/水剂/氟磺胺草醚 25%/2013.11.25 至 2018.11.25/低毒
春大豆田 一年生阔叶杂草 375－487.5克/公顷(东北地区) 茎叶喷雾
PD20091310 精喹禾灵/5%/乳油/精喹禾灵 5%/2014.02.01 至 2019.02.01/低毒
大豆田 一年生禾本科杂草 56.25-75克/公顷 喷雾
PD20093156 苯磺隆/10%/可湿性粉剂/苯磺隆 10%/2014.03.11 至 2019.03.11/低毒
春小麦田 一年生阔叶杂草 22.5-30克/公顷 茎叶喷雾
PD20093931 二氯喹啉酸/50%/可溶粉剂/二氯喹啉酸 50%/2014.03.27 至 2019.03.27/低毒
水稻移栽田 稗草 225-375克/公顷 喷雾

PD20094433 咪唑乙烟酸/5%/水剂/咪唑乙烟酸 5%/2014.04.01 至 2019.04.01/低毒

春大豆田	一年生杂草	75-112.5克/公顷(东北地区)	土壤或茎叶喷雾

PD20095472 胺苯磺隆/25%/可湿性粉剂/胺苯磺隆 25%/2009.05.11 至 2013.12.31/低毒

油菜田	一年生阔叶杂草	冬油菜18.75—22.5克/公顷；春油菜22.5-30克/公顷	喷雾

PD20096740 烯草酮/24%/乳油/烯草酮 24%/2009.09.07 至 2014.09.07/低毒

春大豆田	一年生禾本科杂草	30-40毫升制剂/亩	茎叶喷雾

PD20102191 异噁草松/48%/乳油/异噁草松 48%/2010.12.15 至 2015.12.15/低毒

春大豆	一年生杂草	720-1018克/公顷	土壤喷雾

PD20110071 烯禾啶/12.5%/乳油/烯禾啶 12.5%/2011.01.18 至 2016.01.18/低毒

春大豆田	一年生禾本科杂草	187.5-281.3克/公顷	茎叶喷雾
夏大豆田	一年生禾本科杂草	150-187.5克/公顷	茎叶喷雾

内蒙古自治区

赤峰中农大生化科技有限责任公司 （内蒙古自治区赤峰市松山区上官地镇镇中心 024049 0476-2202297）

PD20096372 毒死蜱/480克/升/乳油/毒死蜱 480克/升/2009.08.04 至 2014.08.04/中等毒

苹果树	绵蚜	192-240毫克/千克	喷雾
十字花科蔬菜	菜青虫	360-540克/公顷	喷雾

PD20101860 百菌清/75%/可湿性粉剂/百菌清 75%/2010.08.04 至 2015.08.04/低毒

黄瓜	霜霉病	2000—3000克/公顷	喷雾
梨树	斑点落叶病	1000—1500毫克/千克	喷雾

PD20102050 莠去津/38%/悬浮剂/莠去津 38%/2010.11.01 至 2015.11.01/低毒

春玉米田	一年生杂草	1800-2300克/公顷	播后苗前土壤喷雾

PD20102100 苦参碱/1%/可溶液剂/苦参碱 1%/2010.11.30 至 2015.11.30/低毒

草原	蝗虫	4.5-7.5克/公顷	喷雾
甘蓝	菜青虫、菜蚜	7.5-18克/公顷	喷雾

PD20110637 苦参碱/10%/母药/苦参碱 10%/2011.06.13 至 2016.06.13/低毒

内蒙古百草原防虫制品有限责任公司 （内蒙古自治区赤峰市巴林左旗报头大街中段74号 025450 0476-7885890）

WP20090242 防蛀片剂/98%/防蛀剂/对二氯苯 98%/2009.04.23 至 2014.04.23/低毒

卫生	黑皮蠹	/	投放

内蒙古拜克生物有限公司 （内蒙古自治区托克托县托电工业园区 010206 0471-8661111）

PD20082349 阿维菌素/92%/原药/阿维菌素 92%/2013.12.01 至 2018.12.01/高毒

内蒙古宏裕科技股份有限公司 （内蒙古呼伦贝尔岭东工业开发区扎兰屯市中央南路68号 162650 0470-3353737）

PD20070285 乙草胺/93%/原药/乙草胺 93%/2012.09.05 至 2017.09.05/低毒

PD20080135 乙草胺/900克/升/乳油/乙草胺 900克/升/2013.01.04 至 2018.01.04/低毒

春大豆田、春玉米田	一年生禾本科杂草及部分阔叶杂草	1350-1890克/公顷(东北地区)	播后苗前土壤喷雾
花生田、夏玉米田	一年生禾本科杂草及部分阔叶杂草	1080—1620克/公顷	播后苗前土壤喷雾
马铃薯田	一年生禾本科杂草及部分阔叶杂草	1350-1890克/公顷	播后苗前土壤喷雾
棉花田	一年生禾本科杂草及部分阔叶杂草	945-1350克/公顷	播后苗前土壤喷雾

PD20080593 灭草松/480克/升/水剂/灭草松 480克/升/2013.05.12 至 2018.05.12/低毒

春大豆田	阔叶杂草、莎草科杂草	1440-1800克/公顷(东北地区)	茎叶喷雾
夏大豆田	阔叶杂草、莎草科杂草	1152-1440克/公顷(其它地区)	茎叶喷雾
移栽水稻田	阔叶杂草、莎草科杂草	1152-1440克/公顷	茎叶喷雾

PD20080616 丁草胺/90%/原药/丁草胺 90%/2013.05.12 至 2018.05.12/低毒

PD20081665 异噁草松/480克/升/乳油/异噁草松 480克/升/2013.11.14 至 2018.11.14/低毒

春大豆田	一年生杂草	1080-1296克/公顷	播后苗前土壤喷雾处理

PD20082214 异丙草胺/90%/原药/异丙草胺 90%/2013.11.26 至 2018.11.26/低毒

PD20082469 丁草胺/60%/乳油/丁草胺 60%/2013.12.03 至 2018.12.03/低毒

水稻移栽田	一年生杂草	765-1350克/公顷	毒土法

PD20083522 烯禾啶/12.5%/乳油/烯禾啶 12.5%/2013.12.12 至 2018.12.12/低毒

春大豆田	一年生禾本科杂草	187.5-225克/公顷(东北地区)	茎叶喷雾
夏大豆田	一年生禾本科杂草	150-187.5克/公顷(其它地区)	茎叶喷雾

PD20084504 异丙草·莠/40%/悬乳剂/异丙草胺 24%、莠去津 16%/2013.12.18 至 2018.12.18/低毒

春玉米田	一年生杂草	4500-5250毫升/公顷(制剂)	土壤喷雾
夏玉米田	一年生杂草	3000-3750毫升/公顷(制剂)	土壤喷雾

PD20084823 乙草胺/50%/乳油/乙草胺 50%/2013.12.22 至 2018.12.22/低毒

春大豆田	一年生禾本科杂草及部分阔叶杂草	1350-1875克/公顷(东北地区)	播后苗前土壤喷雾
春玉米田	一年生禾本科杂草及部分阔叶杂草	1125-1875克/公顷	播后苗前土壤喷雾
花生田、夏玉米田	部分阔叶杂草、一年生禾本科杂草	1050-1350克/公顷	播后苗前土壤喷雾
马铃薯田	一年生禾本科杂草及部分阔叶杂草	1350-1875克/公顷	播后苗前土壤喷雾
棉花田	一年生禾本科杂草及部分小粒种子阔叶杂草	937.5-1200克/公顷	播后苗前土壤喷雾

PD20085348 滴丁·乙草胺/75%/乳油/2,4-滴丁酯 20%、乙草胺 55%/2013.12.24 至 2018.12.24/低毒

春玉米田 一年生杂草 1921.5-2250克/公顷(东北地区) 播后苗前土壤喷雾

PD20085907 氟胺·烯禾啶/22.5%/乳油/氟磺胺草醚 10%、烯禾啶 12.5%/2013.12.29 至 2018.12.29/低毒

春大豆田 一年生杂草 287.0-354.4克/公顷 茎叶喷雾处理

PD20086096 丙草胺/95%/原药/丙草胺 95%/2013.12.30 至 2018.12.30/低毒

PD20095251 异丙草胺/720克/升/乳油/异丙草胺 720克/升/2009.04.27 至 2014.04.27/低毒

春大豆田、春玉米田 一年生禾本科杂草及部分阔叶杂草 1620-2160克/公顷(东北地区) 土壤喷雾

春油菜 一年生禾本科杂草及部分阔叶杂草 1350-1890克/公顷 土壤喷雾

花生田、夏玉米田 一年生禾本科杂草及部分阔叶杂草 1296－1620克/公顷 土壤喷雾

PD20095803 乙羧氟草醚/10%/乳油/乙羧氟草醚 10%/2009.05.27 至 2014.05.27/低毒

春大豆田 一年生阔叶杂草 90-105克/公顷(东北地区) 茎叶喷雾

PD20095806 乙羧氟草醚/95%/原药/乙羧氟草醚 95%/2009.05.27 至 2014.05.27/低毒

PD20096132 异丙甲草胺/96%/原药/异丙甲草胺 96%/2009.06.24 至 2014.06.24/低毒

PD20096382 氟磺胺草醚/250克/升/水剂/氟磺胺草醚 250克/升/2009.08.04 至 2014.08.04/低毒

春大豆田 一年生阔叶杂草 300-375克/公顷 茎叶喷雾

夏大豆田 一年生阔叶杂草 225-300克/公顷 茎叶喷雾

PD20097319 烟嘧磺隆/40克/升/可分散油悬浮剂/烟嘧磺隆 40克/升/2009.10.27 至 2014.10.27/微毒

玉米田 一年生杂草 42-60克/公顷 茎叶喷雾

PD20100339 莠去津/50%/悬浮剂/莠去津 50%/2010.01.11 至 2015.01.11/低毒

玉米田 一年生杂草 1500-1875克/公顷（春玉米田），1125-1500克/公顷（夏玉米田） 播后苗前土壤喷雾

PD20101967 乙草胺/89%/乳油/乙草胺 89%/2010.09.21 至 2015.09.21/低毒

春大豆田 部分阔叶杂草、一年生禾本科杂草 1485-1930.5克/公顷(东北地区) 土壤喷雾

春玉米田 一年生禾本科杂草及部分小粒种子阔叶杂草 1336.5-1782克/公顷 土壤喷雾

花生田、棉花田 一年生禾本科杂草及部分小粒种子阔叶杂草 891-1188克/公顷 土壤喷雾

夏玉米田 部分阔叶杂草、一年生禾本科杂草 1039.5-1336.5克/公顷 土壤喷雾

PD20110414 异丙甲草胺/720克/升/乳油/异丙甲草胺 720克/升/2011.04.15 至 2016.04.15/低毒

大豆田、玉米田 一年生杂草 1404-1944克/公顷 土壤喷雾

PD20110498 丁草胺/85%/乳油/丁草胺 85%/2011.05.03 至 2016.05.03/低毒

水稻移栽田 一年生杂草 877.5-1350克.公顷 药土法

内蒙古华星生物科技有限公司 （内蒙古自治区赤峰市元宝山区赤元公路21公里 024070 0476-3584310)

PD20097608 戊唑·福美双/8.6%/悬浮种衣剂/福美双 8.2%、戊唑醇 0.4%/2009.11.03 至 2014.11.03/低毒

玉米 丝黑穗病 172-215克/100千克种子 种子包衣

内蒙古宁城县天力神卫生制品有限责任公司（内蒙古赤峰市宁城县天义镇兴隆街西段 024200 0476-4228199)

WP20090096 杀虫粉剂/0.11%/粉剂/高效氯氰菊酯 0.06%、溴氰菊酯 0.05%/2014.02.04 至 2019.02.04/低毒

卫生 蜚蠊 3克制剂/平方米 撒布

内蒙古清源保生物科技有限公司 （内蒙古自治区巴彦淖尔盟磴口县化肥厂东侧 015200 0478-4213742)

PD20101866 苦参碱/0.3%/水剂/苦参碱 0.3%/2010.08.04 至 2015.08.04/低毒

十字花科蔬菜 菜青虫、蚜虫 7.5-9克/公顷 喷雾

PD20121089 苦参碱/5%/母药/苦参碱 5%/2012.07.19 至 2017.07.19/微毒

注:禁止用于水田。

PD20121727 苦参碱/0.6%/水剂/苦参碱 0.6%/2012.11.08 至 2017.11.08/低毒

茶树 茶尺蠖 5.4-6.75克/公顷 喷雾

PD20121952 除虫菊素/1.5%/水乳剂/除虫菊素 1.5%/2012.12.12 至 2017.12.12/低毒

叶菜 蚜虫 18-36克/公顷 喷雾

PD20130156 甲氨基阿维菌素苯甲酸盐/5%/水分散粒剂/甲氨基阿维菌素 5%/2013.01.17 至 2018.01.17/低毒

甘蓝 小菜蛾 3-4.5克/公顷 喷雾

注:甲氨基阿维菌素苯甲酸盐含量：5.7%。

PD20130369 大黄素甲醚/0.5%/水剂/大黄素甲醚 0.5%/2013.03.11 至 2018.03.11/低毒

黄瓜 白粉病 18-45克/公顷 喷雾

PD20130370 大黄素甲醚/8.5%/母药/大黄素甲醚 8.5%/2013.03.11 至 2018.03.11/低毒

LS20110237 阿维·丁硫/15%/微乳剂/阿维菌素 1%、丁硫克百威 14%/2013.09.08 至 2014.09.08/中等毒(原药高毒)

烟草 根结线虫 1125-1687.5克/公顷 穴施

LS20130365 大黄素甲醚/0.1%/水剂/大黄素甲醚 0.1%/2013.07.05 至 2014.07.05/微毒

番茄 病毒病 60-100毫升制剂/亩 喷雾

内蒙古神威科技开发有限责任公司 （内蒙古自治区呼和浩特市昭马达路306号 010018 0471-4301490)

PD20083361 高效氯氟氰菊酯/25克/升/乳油/高效氯氟氰菊酯 25克/升/2013.12.11 至 2018.12.11/中等毒

十字花科蔬菜 菜青虫 7.5-11.25克/公顷 喷雾

PD20084953 氯氰·丙溴磷/440克/升/乳油/丙溴磷 400克/升、氯氰菊酯 40克/升/2013.12.22 至 2018.12.22/中等毒

棉花 棉铃虫 462-660克/公顷 喷雾

PD20097139 高效氟吡甲禾灵/108克/升/乳油/高效氟吡甲禾灵 108克/升/2009.10.16 至 2014.10.16/低毒

春大豆田 一年生禾本科杂草 56.7-64.8克/公顷 茎叶喷雾

夏大豆田 一年生禾本科杂草 32.4-56.7克/公顷 茎叶喷雾

PD20121509 精喹禾灵/10%/乳油/精喹禾灵 10%/2012.10.09 至 2017.10.09/低毒

大豆田 一年生禾本科杂草 48.6-64.8克/公顷 茎叶喷雾

PD20132607 烯草酮/24%/乳油/烯草酮 24%/2013.12.20 至 2018.12.20/低毒

大豆田 一年生禾本科杂草 108-144克/公顷 茎叶喷雾

内蒙古帅旗生物科技股份有限公司 (内蒙古自治区赤峰市松山区蒙中对面 024005 0476-8423682)

PD20100678 烟碱·苦参碱/1.2%/乳油/苦参碱 0.5%、烟碱 0.7%/2010.01.15 至 2015.01.15/低毒

甘蓝 菜青虫 7.2-9克/公顷 喷雾

PD20100679 苦参碱/5%/母药/苦参碱 5%/2010.01.15 至 2015.01.15/低毒

PD20100680 烟碱/90%/原药/烟碱 90%/2010.01.15 至 2015.01.15/高毒

PD20120317 啶虫脒/5%/乳油/啶虫脒 5%/2012.02.17 至 2017.02.17/低毒

甘蓝 蚜虫 18-27克/公顷 喷雾

PD20120327 阿维菌素/1.8%/乳油/阿维菌素 1.8%/2012.02.17 至 2017.02.17/低毒(原药高毒)

苹果树 红蜘蛛 3.33-6.25毫克/千克 喷雾

PD20120576 甲氨基阿维菌素苯甲酸盐/0.5%/乳油/甲氨基阿维菌素 0.5%/2012.03.28 至 2017.03.28/低毒

甘蓝 小菜蛾 3—3.75克/公顷 喷雾

注:甲氨基阿维菌素苯甲酸盐乳油:0.57%。

PD20130430 苦参碱/1.5%/可溶液剂/苦参碱 1.5%/2013.03.18 至 2018.03.18/低毒

甘蓝 菜青虫 3.75—4.5克/公顷 喷雾

LS20100038 苦参碱/0.5%/可溶液剂/苦参碱 0.5%/2012.03.23 至 2013.03.23/低毒

甘蓝 菜青虫 3.75—4.5克/公顷 喷雾

内蒙古新威远生物化工有限公司 (内蒙古自治区鄂尔多斯市达拉特旗王爱召镇 014300 0477-5229505)

PD20084919 阿维菌素/95%/原药/阿维菌素 95%/2013.12.22 至 2018.12.22/高毒

PD20094508 甲氨基阿维菌素苯甲酸盐/83.5%/原药/甲氨基阿维菌素 83.5%/2009.04.09 至 2014.04.09/低毒

注:甲氨基阿维菌素苯甲酸盐含量:95%。

齐鲁制药(内蒙古)有限公司(内蒙古和浩特市经济技术开发区金川南区纬四路2号 010080 0471-3260023)

PD20110674 阿维菌素/95%/原药/阿维菌素 95%/2011.06.20 至 2016.06.20/高毒

宁夏回族自治区

宁夏大地丰之源生物药业有限公司 (宁夏回族自治区银川市德胜工业园区永胜西路11号 750200 0951-8987209)

PD20101828 阿维菌素/92%/原药/阿维菌素 92%/2010.07.28 至 2015.07.28/高毒

宁夏大荣化工冶金有限公司 (宁夏回族自治区石嘴山市大武口区金工路 753001 0952-2170303)

PD20110256 氰氨化钙/50%/颗粒剂/氰氨化钙 50%/2011.03.04 至 2016.03.04/低毒

番茄、黄瓜 根结线虫 360-480千克/公顷 沟施

水稻 福寿螺 250-400千克/公顷 撒施

PD20110304 单氰胺/50%/水剂/单氰胺 50%/2011.03.21 至 2016.03.21/中等毒

葡萄 调节生长 20-50倍液 喷雾

宁夏格瑞精细化工有限公司 (宁夏回族自治区平罗县太沙工业区 753400 0952-3950069)

PD85159-46 草甘膦/30%/水剂/草甘膦 30%/2010.08.15 至 2015.08.15/低毒

茶树、甘蔗、果园、剑麻、林木、桑树、橡胶树 一年生杂草和多年生恶性杂草 1125-2250克/公顷 定向茎叶喷雾

PD92103-24 草甘膦/95%/原药/草甘膦 95%/2009.12.08 至 2014.12.08/低毒

PD20080572 草甘膦异丙胺盐/41%/水剂/草甘膦异丙胺盐 41%/2013.05.12 至 2018.05.12/微毒

柑橘园 杂草 1125-2250克/公顷 定向茎叶喷雾

PD20082190 草甘膦异丙胺盐/62%/水剂/草甘膦异丙胺盐 62%/2013.11.26 至 2018.11.26/低毒

柑橘园 杂草 1209—2325克/公顷 定向茎叶喷雾

宁夏垦原生物化工科技有限公司 (宁夏回族自治区银川市金凤区垦原路 750011 0951-3066993)

PD20093840 草甘膦/95%/原药/草甘膦 95%/2014.03.25 至 2019.03.25/低毒

PD20094021 吡虫·仲丁威/40%/乳油/吡虫啉 1.5%、仲丁威 38.5%/2014.03.27 至 2019.03.27/中等毒

水稻 飞虱 300-390克/公顷 喷雾

PD20094215 异稻·稻瘟灵/40%/乳油/稻瘟灵 10%、异稻瘟净 30%/2014.03.31 至 2019.03.31/中等毒

水稻 稻瘟病 600-1000克/公顷 喷雾

PD20094249 辛硫·灭多威/30%/乳油/灭多威 10%、辛硫磷 20%/2014.03.31 至 2019.03.31/高毒

棉花 棉铃虫 180-360克/公顷 喷雾

PD20094469 霜脲·锰锌/72%/可湿性粉剂/代森锰锌 64%、霜脲氰 8%/2014.04.01 至 2019.04.01/低毒

黄瓜 霜霉病 1440-1800克/公顷 喷雾

PD20096601 乙烯利/40%/水剂/乙烯利 40%/2009.09.02 至 2014.09.02/低毒

棉花 催熟 800-1333毫克/千克 喷雾

PD20097549 复硝酚钠/2%/水剂/2,4-二硝基苯酚钠 0.2%、5-硝基邻甲氧基苯酚钠 0.4%、对硝基苯酚钠 0.8%、邻硝基苯酚钠 0.6%/2009.11.03 至 2014.11.03/低毒

小麦 调节生长 3000-4000倍液 喷雾

PD20101868 矮壮·甲哌鎓/25%/水剂/矮壮素 22%、甲哌鎓 3%/2010.08.04 至 2015.08.04/低毒

棉花 调节生长、增产 56.3-75克/公顷 茎叶喷雾

宁夏启元药业有限公司 (宁夏回族自治区银川市工业园启元大道1号 750101 0951-4066000，8355556)

PD20083568 阿维菌素/92%/原药/阿维菌素 92%/2013.12.12 至 2018.12.12/高毒

PD20100862 甲氨基阿维菌素苯甲酸盐(90%)///原药/甲氨基阿维菌素 79.1%/2010.01.19 至 2015.01.19/中等毒

宁夏瑞泰科技股份有限公司 (宁夏回族自治区中卫市工业园区 755000 0955-7627826)

PD20110141 多菌灵/98%/原药/多菌灵 98%/2011.02.10 至 2016.02.10/低毒

PD20110474 甲基硫菌灵/95%/原药/甲基硫菌灵 95%/2011.04.22 至 2016.04.22/低毒

宁夏新安科技有限公司 (宁夏回族自治区平罗县太沙工业园区精细化工园 753401 0952-3910670)

PD20050035 异丙隆/95%/原药/异丙隆 95%/2010.04.15 至 2015.04.15/低毒

PD20050058 吡虫啉/95%/原药/吡虫啉 95%/2010.06.06 至 2015.06.06/低毒

PD20060107 嗯草酮/94%/原药/嗯草酮 94%/2011.06.13 至 2016.06.13/低毒

PD20080636 多菌灵/98%/原药/多菌灵 98%/2013.05.13 至 2018.05.13/低毒

PD20081129 草甘膦/95%/原药/草甘膦 95%/2013.08.21 至 2018.08.21/低毒

PD20081213 噻嗪酮/95%/原药/噻嗪酮 95%/2013.09.11 至 2018.09.11/低毒

PD20091248 敌草隆/97%/原药/敌草隆 97%/2014.02.01 至 2019.02.01/低毒

PD20094489 毒死蜱/95%/原药/毒死蜱 95%/2014.04.09 至 2019.04.09/中等毒

PD20094492 甲基硫菌灵/95%/原药/甲基硫菌灵 95%/2014.04.09 至 2019.04.09/低毒

PD20094674 百草枯/30.5%/母药/百草枯 30.5%/2014.04.10 至 2019.04.10/中等毒

PD20130006 多菌灵/50%/悬浮剂/多菌灵 50%/2013.01.04 至 2018.01.04/低毒

小麦	赤霉病	900-1125克/公顷	喷雾

PD20130134 敌草隆/80%/悬浮剂/敌草隆 80%/2013.01.17 至 2018.01.17/低毒

甘蔗田	一年生杂草	1500-2100克/公顷	土壤喷雾

PD20130143 敌草隆/80%/可湿性粉剂/敌草隆 80%/2013.01.17 至 2018.01.17/低毒

甘蔗田	一年生杂草	1200-2400克/公顷	土壤处理

PD20131408 敌草隆/80%/水分散粒剂/敌草隆 80%/2013.07.02 至 2018.07.02/低毒

注:专供出口，不得在国内销售。

宁夏亚乐农业科技有限责任公司 (宁夏回族自治区银川市良田工业区文昌路41号 750002 0951-5047115)

PD20132477 苦参碱/0.3%/水剂/苦参碱 0.3%/2013.12.09 至 2018.12.09/低毒

甘蓝	蚜虫	4.5-6.75克/公顷	喷雾

宁夏裕农化工有限责任公司 (宁夏回族自治区惠农县红果子经济开发区 753600 0952-7681891)

PD20081583 霜脲氰/98%/原药/霜脲氰 98%/2013.11.12 至 2018.11.12/低毒

PD20082211 霜脲·锰锌/72%/可湿性粉剂/代森锰锌 64%、霜脲氰 8%/2013.11.26 至 2018.11.26/低毒

黄瓜	霜霉病	1440-1800克/公顷	喷雾

PD20086067 辛硫·高氯氟/21%/乳油/高效氯氟氰菊酯 0.9%、辛硫磷 20.1%/2013.12.30 至 2018.12.30/中等毒

棉花	棉铃虫	189-252克/公顷	喷雾
十字花科蔬菜	菜青虫	94.5-126克/公顷	喷雾

PD20096407 复硝酚钠/1.8%/水剂/5-硝基邻甲氧基苯酚钠 0.3%、对硝基苯酚钠 0.9%、邻硝基苯酚钠 0.6%/2009.08.04 至2014.08.04/低毒

小麦	调节生长、增产	3000-4000倍液	喷雾

PD20096641 氯吡脲/0.1%/可溶液剂/氯吡脲 0.1%/2009.09.02 至 2014.09.02/低毒

葡萄	调节生长、增产	10-20毫克/千克	浸幼果穗

PD20101647 草甘膦/50%/可溶粉剂/草甘膦 50%/2010.06.03 至 2015.06.03/低毒

非耕地	杂草	1230-2460克/公顷	定向茎叶喷雾

宁夏中天技术创新工程有限公司 (宁夏回族自治区银川市银川镇北堡华西工业区 750021 0951-2136001)

PD20084804 多·福·克/16.8%/悬浮种衣剂/多菌灵 3.8%、福美双 6%、克百威 7%/2013.12.22 至 2018.12.22/高毒

玉米	地下害虫、茎基腐病	1:30-40(药种比)	种子包衣

PD20130013 戊唑·福美双/0.6%/悬浮种衣剂/福美双 9%、戊唑醇 0.6%/2013.01.04 至 2018.01.04/低毒

玉米	丝黑穗病	160-240克/100千克种子	种子包衣

PD20130925 甲枯·福美双/15%/悬浮种衣剂/福美双 10%、甲基立枯磷 5%/2013.04.28 至 2018.04.28/低毒

棉花	立枯病、炭疽病	250-375克/100千克种子	种子包衣

青海省

青海黎化实业有限责任公司 (青海省大通县宁张公路28公里处 810103 0971-2765458)

PD20060052 矮壮素/50%/水剂/矮壮素 50%/2011.03.06 至 2016.03.06/低毒

小麦	防止倒伏、增产	150-250倍液	喷雾

青海绿原生物工程有限公司 (青海省西宁市青海生物科技产业园纬二路1号 810016 0971-5318744)

PD20030008 氟乐灵/96%/原药/氟乐灵 ≥96%/2008.09.28 至 2013.09.28/低毒

PD20030009 氟乐灵/48%/乳油/氟乐灵 48%/2008.09.28 至 2013.09.28/低毒

春油菜	部分阔叶杂草、一年生禾本科杂草	1296-1440克/公顷	土壤喷雾
棉花田	部分阔叶杂草、一年生禾本科杂草	864-1080克/公顷	土壤喷雾

PD20096472 D型肉毒梭菌毒素/1000万毒价/毫升/水剂/D型肉毒梭菌毒素 1000万毒价/毫升/2009.08.14 至 2014.08.14/中等毒

草场牧草	鼢鼠、高原鼠兔	按1：500-1：1000配制毒饵，饱和投饵	鼠洞投饵

LS20110173 D型肉毒梭菌毒素/1亿毒价/克/浓饵剂/D型肉毒梭菌毒素 1亿毒价/克/2013.06.20 至 2014.06.20/中等毒

草原	长爪沙鼠、高原鼠兔、害鼠、黑线仓鼠、	1：500-1000配饵剂	饱和投放

草原黄鼠

青海生物药品厂 （青海省西宁市城北区经济技术开发区生物产业园区 810003 0971-5318190）

PD20070418 C型肉毒杀鼠素/100万毒价/毫升/水剂/C型肉毒梭菌毒素 100万毒价/毫升/2007.11.06 至 2013.12.24/高毒
牧草 鼢鼠、高原鼠兔 配成0.1-0.2%含量的毒饵1125克/公顷 洞施

PD20110011 高效氯氰菊酯/4.5%/乳油/高效氯氰菊酯 4.5%/2011.01.04 至 2016.01.04/中等毒
草原 蝗虫 20.25-27克/公顷 喷雾

PD20131758 C型肉毒梭菌毒素/100万毒价/毫升/浓饵剂/C型肉毒梭菌毒素 100万毒价/毫升/2013.09.06 至 2018.09.06/低毒
草原 害鼠 10-12克/鼠洞 配成0.1-0.15%的毒饵，洞口投饵

LS20130227 C型肉毒梭菌毒素/3000毒价/克/饵粒/C型肉毒梭菌毒素 3000毒价/克/2013.04.28 至 2014.04.28/低毒
草原牧场 害鼠 100克毒饵/公顷 投放

山东省

百农思达（山东）农用化学品有限公司 （山东省青州市王母宫镇东洪高速出口处 262515 0536-3523999）

PD20083416 苏云金杆菌/16000IU/毫克/可湿性粉剂/苏云金杆菌 16000IU/毫克/2013.12.11 至 2018.12.11/低毒
茶树 茶毛虫 800-1600倍 喷雾
棉花 二代棉铃虫 1500-2250克制剂/公顷 喷雾
森林 松毛虫 1200-1600倍 喷雾
十字花科蔬菜 小菜蛾 750-1125克制剂/公顷 喷雾
十字花科蔬菜 菜青虫 375-750克制剂/公顷 喷雾
水稻 稻纵卷叶螟 1500-2250克制剂/公顷 喷雾
烟草 烟青虫 750-1500克制剂/公顷 喷雾
玉米 玉米螟 750-1500克制剂/公顷 加细沙灌心
枣树 枣尺蠖 1200-1600倍 喷雾

PD20083444 毒死蜱/480克/升/乳油/毒死蜱 480克/升/2008.12.11 至 2013.12.11/中等毒
十字花科蔬菜 黄条跳甲 216-432克/公顷 喷雾

PD20084154 甲氰·噻螨酮/7.5%/乳油/甲氰菊酯 5%、噻螨酮 2.5%/2013.12.16 至 2018.12.16/低毒
柑橘树 红蜘蛛 75-100毫克/千克 喷雾

PD20084352 噁霉灵/15%/水剂/噁霉灵 15%/2013.12.17 至 2018.12.17/低毒
水稻 立枯病 9000-18000克/公顷 苗床喷雾

PD20084439 代森锰锌/80%/可湿性粉剂/代森锰锌 80%/2013.12.17 至 2018.12.17/低毒
番茄 早疫病 1845-2370克/公顷 喷雾

PD20084819 阿维·高氯/1.8%/乳油/阿维菌素 0.3%、高效氯氰菊酯 1.5%/2013.12.22 至 2018.12.22/低毒(原药高毒)
黄瓜 美洲斑潜蝇 10.8-16.2克/公顷 喷雾

PD20084934 多·福/50%/可湿性粉剂/多菌灵 25%、福美双 25%/2013.12.22 至 2018.12.22/低毒
梨树 黑星病 1000-1500毫克/千克 喷雾

PD20085054 啶虫脒/5%/乳油/啶虫脒 5%/2013.12.23 至 2018.12.23/低毒
黄瓜 蚜虫 18-22.5克/公顷 喷雾

PD20086098 灭多威/10%/可湿性粉剂/灭多威 10%/2013.12.30 至 2018.12.30/低毒(原药高毒)
棉花 棉铃虫 315-360克/公顷 喷雾

PD20086116 硫磺·锰锌/70%/可湿性粉剂/硫磺 42%、代森锰锌 28%/2013.12.30 至 2018.12.30/低毒
豇豆 锈病 1575－2100克/公顷 喷雾

PD20090206 烯酰·锰锌/69%/可湿性粉剂/代森锰锌 60%、烯酰吗啉 9%/2014.01.09 至 2019.01.09/低毒
黄瓜 霜霉病 1035-1380克/公顷 喷雾

PD20090449 乙铝·锰锌/50%/可湿性粉剂/代森锰锌 22%、三乙膦酸铝 28%/2014.01.12 至 2019.01.12/低毒
黄瓜 霜霉病 937-1406克/公顷 喷雾

PD20093301 高效氯氟氰菊酯/25克/升/乳油/高效氯氟氰菊酯 25克/升/2014.03.13 至 2019.03.13/低毒
十字花科蔬菜 菜青虫 7.5-11.25克/公顷 喷雾

PD20097138 乙酸铜/20%/可湿性粉剂/乙酸铜 20%/2009.10.16 至 2014.10.16/低毒
黄瓜 苗期猝倒病 3000-4500克/公顷 灌根

PD20097274 福美双/50%/可湿性粉剂/福美双 50%/2009.10.26 至 2014.10.26/低毒
黄瓜 白粉病 562.5－1050克/公顷 喷雾

PD20101412 吡虫啉/10%/可湿性粉剂/吡虫啉 10%/2010.04.19 至 2015.04.19/低毒
水稻 稻飞虱 15-30克/公顷 喷雾

PD20101758 吗胍·乙酸铜/20%/可湿性粉剂/盐酸吗啉胍 16%、乙酸铜 4%/2010.07.07 至 2015.07.07/低毒
番茄 病毒病 500-750克/公顷 喷雾

PD20111105 阿维·哒螨灵/10.5%/水乳剂/阿维菌素 0.3%、哒螨灵 10.2%/2011.10.17 至 2016.10.17/低毒(原药高毒)
苹果树 红蜘蛛 30～42毫克/千克 喷雾

PD20111114 炔螨·矿物油/73%/乳油/矿物油 33%、炔螨特 40%/2011.10.27 至 2016.10.27/低毒
柑橘树 红蜘蛛 243-365毫克/千克 喷雾

PD20130663 丙森·戊唑醇/48%/可湿性粉剂/丙森锌 38%、戊唑醇 10%/2013.04.08 至 2018.04.08/低毒
苹果树 斑点落叶病 240-480毫克/千克 喷雾

德州绿霸精细化工有限公司 （山东省德州市天衢工业园恒东路288号 253035 0534-2730558）

PD84101-3 马拉硫磷/95%，90%，85%/原药/马拉硫磷 95%，90%，85%/2011.11.28 至 2016.11.28/低毒

PD84105-11 马拉硫磷/45%/乳油/马拉硫磷 45%/2009.11.18 至 2014.11.18/低毒

茶树	长白蚧、象甲	625-1000毫克/千克	喷雾
豆类	食心虫、造桥虫	561.5-750克/公顷	喷雾
果树	蝽蟓、蚜虫	250-333毫克/千克	喷雾
林木、牧草	蝗虫	450-600克/公顷	喷雾
棉花	盲蝽蟓、蚜虫、叶跳虫	375-562.2克/公顷	喷雾
蔬菜	黄条跳甲、蚜虫	562.5-750克/公顷	喷雾
水稻	飞虱、蓟马、叶蝉	562.5-750克/公顷	喷雾
小麦	黏虫、蚜虫	562.5-750克/公顷	喷雾

PD85129-2 马拉硫磷/70%/乳油/马拉硫磷 70%/2011.07.05 至 2016.07.05/低毒

大麦原粮、稻谷原粮、高粱原粮、小麦原粮、玉米原粮	仓储害虫	10-30毫克/千克	喷雾或砻糠载体法

PD20070113 高效氯氟氰菊酯/95%/原药/高效氯氟氰菊酯 95%/2012.05.08 至 2017.05.08/中等毒

PD20070224 异噁草松/92%/原药/异噁草松 92%/2012.08.08 至 2017.08.08/低毒

PD20070226 除虫脲/97.9%/原药/除虫脲 97.9%/2012.08.08 至 2017.08.08/低毒

PD20070589 高氯·马/30%/乳油/高效氯氰菊酯 2.5%、马拉硫磷 27.5%/2012.12.14 至 2017.12.14/低毒

棉花	棉铃虫	315-450克/公顷	喷雾
小麦	蚜虫	135-225克/公顷	喷雾

PD20081003 高效氯氟氰菊酯/25克/升/乳油/高效氯氟氰菊酯 25克/升/2013.08.06 至 2018.08.06/低毒

叶菜类十字花科蔬菜	蚜虫	5.625-7.5克/公顷	喷雾
叶菜类十字花科蔬菜	菜青虫	11.25-15克/公顷	喷雾

PD20081887 硫丹/350克/升/乳油/硫丹 350克/升/2013.11.20 至 2018.11.20/高毒

棉花	棉铃虫	525-840克/公顷	喷雾
烟草	蚜虫、烟青虫	420-525克/公顷	喷雾

PD20085818 马拉·灭多威/35%/乳油/马拉硫磷 25%、灭多威 10%/2013.12.29 至 2018.12.29/高毒

棉花	棉铃虫	262.5-315克/公顷	喷雾

PD20090034 异噁草松/480克/升/乳油/异噁草松 480克/升/2014.01.06 至 2019.01.06/低毒

春大豆田	一年生杂草	864-1080克/公顷	播后苗前土壤喷雾

PD20090577 氟铃脲/95%/原药/氟铃脲 95%/2014.01.14 至 2019.01.14/低毒

PD20090603 氟铃脲/5%/乳油/氟铃脲 5%/2014.01.14 至 2019.01.14/低毒

甘蓝	甜菜夜蛾	20-30克/公顷	喷雾
甘蓝	小菜蛾	30-45克/公顷	喷雾
棉花	棉铃虫	75-120克/公顷	喷雾

PD20090660 氟铃·辛硫磷/20%/乳油/氟铃脲 2%、辛硫磷 18%/2014.01.15 至 2019.01.15/低毒

甘蓝	小菜蛾	90-150克/公顷	喷雾
棉花	棉铃虫	150-225克/公顷	喷雾

PD20111179 氟啶脲/94%/原药/氟啶脲 94%/2011.11.15 至 2016.11.15/低毒

PD20120924 高氯·甲维盐/3.2%/微乳剂/高效氯氰菊酯 3%、甲氨基阿维菌素苯甲酸盐 0.2%/2012.06.04 至 2017.06.04/低毒

甘蓝	甜菜夜蛾	12-16克/公顷	喷雾

PD20131146 高效氟吡甲禾灵/97%/原药/高效氟吡甲禾灵 97%/2013.05.20 至 2018.05.20/低毒

PD20131208 毒死蜱/97%/原药/毒死蜱 97%/2013.05.28 至 2018.05.28/中等毒

PD20131517 敌草快/40%/母药/敌草快 40%/2013.07.17 至 2018.07.17/低毒

PD20132057 敌草快/20%/水剂/敌草快 20%/2013.10.22 至 2018.10.22/低毒

非耕地	一年生杂草	900-1050克/公顷	茎叶喷雾

PD20132063 氰氟草酯/97.4%/原药/氰氟草酯 97.4%/2013.10.22 至 2018.10.22/低毒

PD20132695 二氯吡啶酸/30%/水剂/二氯吡啶酸 30%/2013.12.25 至 2018.12.25/低毒

非耕地	一年生阔叶杂草	360-495克/公顷	茎叶喷雾

德州雪豹化学有限公司 （山东省德州市德城区恒东路10号 253035 0534-2233299）

WP20080442 杀虫气雾剂/0.32%/气雾剂/胺菊酯 0.27%、氯氰菊酯 0.05%/2013.12.15 至 2018.12.15/低毒

卫生	蚊、蝇、蜚蠊	/	喷雾

WP20080529 蚊香/0.2%/蚊香/富右旋反式烯丙菊酯 0.2%/2013.12.23 至 2018.12.23/低毒

卫生	蚊	/	点燃

WP20090066 杀虫气雾剂/0.36%/气雾剂/胺菊酯 0.26%、氯菊酯 0.1%/2014.02.01 至 2019.02.01/低毒

卫生	蚊、蝇、蜚蠊	/	喷雾

WP20110083 电热蚊香片/12毫克/片/电热蚊香片/炔丙菊酯 12毫克/片/2011.04.06 至 2016.04.06/微毒

卫生	蚊	/	电热加温

WP20110116 杀虫气雾剂/0.44%/气雾剂/胺菊酯 0.25%、氯菊酯 0.15%、氯氰菊酯 0.04%/2011.05.05 至 2016.05.05/低毒

室内	蜚蠊、蚊、蝇	/	喷雾

WP20110181 电热蚊香液/1.1%/电热蚊香液/炔丙菊酯 1.1%/2011.08.04 至 2016.08.04/微毒

卫生	蚊	/	电热加温

东营康瑞药业有限公司 （山东省垦利县胜坨镇政府驻地 257500 0546-2883085）

PD20092136 联苯菊酯/25克/升/乳油/联苯菊酯 25克/升/2009.02.23 至 2014.02.23/低毒
番茄(保护地) 白粉虱 7.5-15克/公顷 喷雾
PD20092952 甲氰·辛硫磷/25%/乳油/甲氰菊酯 5%、辛硫磷 20%/2009.03.09 至 2014.03.09/低毒
棉花 棉铃虫 225-345克/公顷 喷雾

高密建滔化工有限公司 (山东省潍坊市高密市旗台路北首 261500 0536-2323133)

PD85105-50 敌敌畏/77.5%/乳油/敌敌畏 77.5%/2010.03.17 至 2015.03.17/中等毒
茶树 食叶害虫 600克/公顷 喷雾
粮仓 多种储藏害虫 1)400-500倍液 2)0.4-0.5克/立方米 1)喷雾 2)挂条熏蒸
棉花 蚜虫、造桥虫 600-1200克/公顷 喷雾
苹果树 小卷叶蛾、蚜虫 400-500毫克/千克 喷雾
青菜 菜青虫 600克/公顷 喷雾
桑树 尺蠖 600克/公顷 喷雾
卫生 多种卫生害虫 1)300-400倍液2)0.08克/立方米 1)泼洒2)挂条熏蒸
小麦 黏虫、蚜虫 600克/公顷 喷雾
PD20070512 敌敌畏/95%/原药/敌敌畏 95%/2012.11.28 至 2017.11.28/低毒
PD20080758 精喹禾灵/10%/乳油/精喹禾灵 10%/2013.06.11 至 2018.06.11/低毒
冬油菜田 一年生禾本科杂草 45-52.5克/公顷 喷雾
夏大豆田 一年生禾本科杂草 37.5-52.5克/公顷 喷雾
PD20082342 甲基立枯磷/20%/乳油/甲基立枯磷 20%/2008.12.01 至 2013.12.01/低毒
棉花 立枯病 200-300克/100千克种子 拌种
PD20095215 三氯杀螨砜/10%/乳油/三氯杀螨砜 10%/2009.04.24 至 2014.04.24/低毒
苹果树 红蜘蛛 125-200毫克/千克 喷雾
PD20095217 三氯杀螨砜/95%/原药/三氯杀螨砜 95%/2009.04.24 至 2014.04.24/低毒

海利尔药业集团股份有限公司 (山东省青岛市城阳区城东工业园 266071 0532-85767979)

PD20060092 高氯·三唑磷/13%/乳油/高效氯氰菊酯 1.7%、三唑磷 11.3%/2011.05.31 至 2016.05.31/中等毒
荔枝树 蒂蛀虫 86.67-130毫克/千克 喷雾
PD20060094 高效氯氰菊酯/4.5%/乳油/高效氯氰菊酯 4.5%/2011.05.19 至 2016.05.19/低毒
梨树 梨木虱 12.5-20.8毫克/千克 喷雾
十字花科蔬菜 菜青虫 15-22.5克/公顷 喷雾
PD20060124 吡虫啉/10%/可湿性粉剂/吡虫啉 10%/2011.06.26 至 2016.06.26/低毒
十字花科蔬菜 蚜虫 15-30克/公顷 喷雾
水稻 飞虱 30-45克/公顷 喷雾
PD20070219 高氯·吡虫啉/3%/乳油/吡虫啉 1.5%、高效氯氰菊酯 1.5%/2012.08.08 至 2017.08.08/低毒
十字花科蔬菜 蚜虫 18-27克/公顷 喷雾
PD20070229 三唑磷/20%/乳油/三唑磷 20%/2012.08.08 至 2017.08.08/中等毒
水稻 二化螟 216-252克/公顷 喷雾
PD20070396 虫酰肼/95%/原药/虫酰肼 95%/2012.11.05 至 2017.11.05/低毒
PD20070531 代森锌/65%/可湿性粉剂/代森锌 65%/2012.12.03 至 2017.12.03/低毒
番茄 早疫病 975-1200克/公顷 喷雾
PD20080050 毒死蜱/40%/乳油/毒死蜱 40%/2008.01.03 至 2013.01.03/中等毒
十字花科蔬菜 菜青虫 540-720克/公顷 喷雾
PD20080266 灭蝇胺/20%/可溶粉剂/灭蝇胺 20%/2013.02.20 至 2018.02.20/低毒
菜豆 美洲斑潜蝇 120-180克/公顷 喷雾
PD20080320 嘧霉胺/20%/可湿性粉剂/嘧霉胺 20%/2013.02.26 至 2018.02.26/低毒
黄瓜 灰霉病 360—540克/公顷 喷雾
PD20080417 吡虫啉/95%/原药/吡虫啉 95%/2013.03.04 至 2018.03.04/低毒
PD20080844 复硝酚钠/1.8%/水剂/5-硝基邻甲氧基苯酚钠 0.3%、对硝基苯酚钠 0.9%、邻硝基苯酚钠 0.6%/2013.06.23至2018.06.23/低毒
番茄 调节生长 6-9 毫克/升 兑水喷雾，自初花期开始，1次/10天，共需3-4次
PD20081318 甲氰·辛硫磷/25%/乳油/甲氰菊酯 5%、辛硫磷 20%/2013.10.17 至 2018.10.17/中等毒
苹果树 红蜘蛛 125-250毫克/千克 喷雾
PD20081395 虫酰肼/10%/悬浮剂/虫酰肼 10%/2013.10.28 至 2018.10.28/低毒
十字花科蔬菜 甜菜夜蛾 150-180克/公顷 喷雾
PD20081733 二甲戊灵/33%/乳油/二甲戊灵 33%/2008.11.18 至 2013.12.24/低毒
甘蓝田 一年生杂草 618.8—742.5克/公顷 土壤喷雾
PD20081772 氟磺胺草醚/25%/水剂/氟磺胺草醚 25%/2008.11.18 至 2013.12.24/低毒
春大豆田 一年生阔叶杂草 450-562.5克/公顷 茎叶喷雾
PD20081836 啶虫脒/45%/原药/啶虫脒 45%/2013.11.20 至 2018.11.20/低毒
PD20081845 高效氟吡甲禾灵/108克/升/乳油/高效氟吡甲禾灵 108克/升/2013.11.20 至 2018.11.20/低毒
春大豆田 一年生禾本科杂草 48.6-56.7克/公顷 喷雾

PD20081869	辛硫·高氯氟/26%/乳油/高效氯氟氰菊酯 1%、辛硫磷 25%/2008.11.20 至 2013.11.20/低毒			
	棉花	棉铃虫	373-390克/公顷	喷雾
PD20081964	啶虫脒/20%/可溶粉剂/啶虫脒 20%/2013.11.25 至 2018.11.25/低毒			
	黄瓜	蚜虫	18-27克/公顷	喷雾
PD20081983	代森锰锌/50%/可湿性粉剂/代森锰锌 50%/2013.11.25 至 2018.11.25/低毒			
	番茄	早疫病	1845—2370克/公顷	喷雾
PD20082076	烯禾啶/12.5%/乳油/烯禾啶 12.5%/2013.11.25 至 2018.11.25/低毒			
	春大豆田	一年生禾本科杂草	187.5-281.3克/公顷	茎叶喷雾
PD20082100	三环唑/75%/可湿性粉剂/三环唑 75%/2013.11.25 至 2018.11.25/低毒			
	水稻	稻瘟病	225-300克/公顷	喷雾
PD20082221	多·锰锌/50%/可湿性粉剂/多菌灵 8%、代森锰锌 42%/2013.11.26 至 2018.11.26/低毒			
	苹果树	斑点落叶病	400-500倍液	喷雾
PD20082313	甲基硫菌灵/50%/悬浮剂/甲基硫菌灵 50%/2013.12.01 至 2018.12.01/低毒			
	水稻	纹枯病	937.5-1125克/公顷	喷雾
PD20082326	哒螨·三唑锡/16%/可湿性粉剂/哒螨灵 10%、三唑锡 6%/2013.12.01 至 2018.12.01/低毒			
	柑橘树	红蜘蛛	1000-1500倍液	喷雾
PD20082333	醚菊酯/10%/悬浮剂/醚菊酯 10%/2013.12.01 至 2018.12.01/低毒			
	甘蓝	菜青虫	30-60克/公顷	喷雾
PD20082343	氟硅唑/40%/乳油/氟硅唑 40%/2013.12.01 至 2018.12.01/低毒			
	梨树	黑星病	40-66.7毫克/千克	喷雾
PD20083028	苏云金杆菌/8000IU/毫克/可湿性粉剂/苏云金杆菌 8000IU/毫克/2013.12.10 至 2018.12.10/低毒			
	茶树	茶毛虫	400-800倍液	喷雾
	棉花	二代棉铃虫	3000-4500克制剂/公顷	喷雾
	森林	松毛虫	600-800倍液	喷雾
	十字花科蔬菜	菜青虫	750-1500克制剂/公顷	喷雾
	十字花科蔬菜	小菜蛾	1500-2250克制剂/公顷	喷雾
	水稻	稻纵卷叶螟	3000-4500克制剂/公顷	喷雾
	烟草	烟青虫	1500-3000克制剂/公顷	喷雾
	玉米	玉米螟	1500-3000克制剂/公顷	加细沙灌心
	枣树	枣尺蠖	600-800倍液	喷雾
PD20083457	杀螟硫磷/50%/乳油/杀螟硫磷 50%/2013.12.12 至 2018.12.12/低毒			
	水稻	三化螟	562.5-750克/公顷	喷雾
PD20084114	烟嘧磺隆/40克/升/悬浮剂/烟嘧磺隆 40克/升/2013.12.16 至 2018.12.16/低毒			
	玉米田	一年生杂草	40-60克/公顷	茎叶喷雾
PD20084290	丙环唑/250克/升/乳油/丙环唑 250克/升/2013.12.17 至 2018.12.17/低毒			
	香蕉树	叶斑病	250-500毫克/千克	喷雾
PD20084291	溴氰菊酯/2.5%/乳油/溴氰菊酯 2.5%/2013.12.17 至 2018.12.17/低毒			
	棉花	棉铃虫	15-18.75克/公顷	喷雾
PD20084296	甲基硫菌灵/70%/可湿性粉剂/甲基硫菌灵 70%/2013.12.17 至 2018.12.17/低毒			
	番茄	叶霉病	375-562.5克/公顷	喷雾
PD20084393	联苯菊酯/100克/升/乳油/联苯菊酯 100克/升/2013.12.17 至 2018.12.17/中等毒			
	茶树	茶小绿叶蝉	30-37.5克/公顷	喷雾
PD20084403	噻螨酮/5%/乳油/噻螨酮 5%/2013.12.17 至 2018.12.17/低毒			
	柑橘树	红蜘蛛	25-33.3毫克/千克	喷雾
PD20084878	吡虫啉/200克/升/可溶液剂/吡虫啉 200克/升/2008.12.22 至 2013.12.22/低毒			
	十字花科蔬菜	蚜虫	15-30克/公顷	喷雾
PD20085281	丁草胺/60%/乳油/丁草胺 60%/2013.12.23 至 2018.12.23/低毒			
	水稻移栽田	一年生杂草	900-1350克/公顷	药土法
PD20085284	乙草胺/81.5%/乳油/乙草胺 81.5%/2013.12.23 至 2018.12.23/低毒			
	夏玉米田	部分阔叶杂草、一年生禾本科杂草	1080—1350克/公顷	土壤喷雾
	注:乙草胺质量浓度:900克/升。			
PD20085373	精喹禾灵/15.8%/乳油/精喹禾灵 15.8%/2013.12.24 至 2018.12.24/低毒			
	春大豆田	一年生禾本科杂草	60-80克/公顷	茎叶喷雾
PD20086065	多·福/50%/可湿性粉剂/多菌灵 15%、福美双 35%/2013.12.30 至 2018.12.30/低毒			
	葡萄	霜霉病	1000-1250毫克/千克	喷雾
PD20086234	灭多威/10%/可湿性粉剂/灭多威 10%/2013.12.31 至 2018.12.31/中等毒(原药高毒)			
	棉花	棉铃虫	270-360克/公顷	喷雾
PD20086380	氟胺·烯禾啶/20.8%/乳油/氟磺胺草醚 12.5%、烯禾啶 8.3%/2013.12.31 至 2018.12.31/低毒			
	春大豆田	一年生杂草	405.6-468克/公顷	茎叶喷雾
PD20090145	噻嗪酮/25%/可湿性粉剂/噻嗪酮 25%/2009.01.08 至 2014.01.08/低毒			
	水稻	稻飞虱	112.5—150克/公顷	喷雾
PD20090230	甲硫·福美双/70%/可湿性粉剂/福美双 40%、甲基硫菌灵 30%/2009.01.09 至 2014.01.09/低毒			
	苹果树	轮纹病	600-800倍液	喷雾

PD20090246 烯酰·福美双/55%/可湿性粉剂/福美双 47%、烯酰吗啉 8%/2009.01.09 至 2014.01.09/低毒

黄瓜 霜霉病 825-1320克/公顷 喷雾

PD20090324 敌畏·毒死蜱/35%/乳油/敌敌畏 25%、毒死蜱 10%/2009.01.12 至 2014.01.12/中等毒

水稻 稻纵卷叶螟 420-525克/公顷 喷雾

PD20090390 硫磺·多菌灵/40%/悬浮剂/多菌灵 20%、硫磺 20%/2009.01.12 至 2014.01.12/低毒

水稻 稻瘟病 1200-1800克/公顷 喷雾

甜菜 褐斑病 900-1200克/公顷 喷雾

PD20090496 阿维·炔螨特/56%/微乳剂/阿维菌素 0.3%、炔螨特 55.7%/2009.01.12 至 2014.01.12/中等毒(原药高毒)

柑橘树 红蜘蛛 140-280毫克/千克 喷雾

PD20090616 阿维·敌敌畏/40%/乳油/阿维菌素 0.3%、敌敌畏 39.7%/2009.01.14 至 2014.01.14/中等毒(原药高毒)

黄瓜 美洲斑潜蝇 360-450克/公顷 喷雾

PD20090754 阿维菌素/18克/升/乳油/阿维菌素 18克/升/2009.01.19 至 2014.01.19/低毒

十字花科蔬菜 小菜蛾 8.1-10.8克/公顷 喷雾

PD20090863 丙溴·灭多威/25%/乳油/丙溴磷 15%、灭多威 10%/2009.01.19 至 2014.01.19/中等毒(原药高毒)

棉花 棉铃虫 225-375克/公顷 喷雾

PD20090933 阿维·三唑磷/10.2%/乳油/阿维菌素 0.2%、三唑磷 10%/2009.01.19 至 2014.01.19/中等毒(原药高毒)

节瓜 蓟马 114.75-229.5克/公顷 喷雾

PD20090945 春雷霉素/2%/可湿性粉剂/春雷霉素 2%/2009.01.19 至 2014.01.19/低毒

水稻 稻瘟病 30-36克/公顷 喷雾

PD20091276 氯氰·丙溴磷/440克/升/乳油/丙溴磷 400克/升、氯氰菊酯 40克/升/2009.02.01 至 2014.02.01/中等毒

棉花 棉铃虫 528-660克/公顷 喷雾

PD20091383 百·福·福锌/75%/可湿性粉剂/百菌清 19%、福美双 21%、福美锌 35%/2009.02.02 至 2014.02.02/低毒

黄瓜 霜霉病 1237.5-1687.5克/公顷 喷雾

PD20091477 哒螨·辛硫磷/24%/乳油/哒螨灵 4%、辛硫磷 20%/2009.02.02 至 2014.02.02/低毒

柑橘树 红蜘蛛 160-240毫克/千克 喷雾

PD20091633 阿维·高氯/2.4%/可湿性粉剂/阿维菌素 0.2%、高效氯氰菊酯 2.2%/2009.02.03 至 2014.02.03/低毒(原药高毒)

黄瓜 美洲斑潜蝇 15-30克/公顷 喷雾

PD20091639 多·福·锌/80%/可湿性粉剂/多菌灵 25%、福美双 25%、福美锌 30%/2009.02.03 至 2014.02.03/中等毒

苹果树 轮纹病 700-800倍液 喷雾

PD20091683 阿维·高氯/1.8%/乳油/阿维菌素 0.3%、高效氯氰菊酯 1.5%/2009.02.03 至 2014.02.03/低毒(原药高毒)

甘蓝 小菜蛾 8.1-10.8克/公顷 喷雾

PD20091740 甲霜·霜霉威/25%/可湿性粉剂/甲霜灵 15%、霜霉威 10%/2009.02.04 至 2014.02.04/低毒

黄瓜 霜霉病 470－703克/公顷 喷雾

PD20091880 啶虫脒/3%/乳油/啶虫脒 3%/2009.02.09 至 2014.02.09/低毒

黄瓜 蚜虫 18-22.5克/公顷 喷雾

PD20092313 阿维菌素/3.2%/乳油/阿维菌素 3.2%/2009.02.24 至 2014.02.24/低毒(原药高毒)

十字花科蔬菜 小菜蛾 8.1-10.8克/公顷 喷雾

PD20092371 氰戊·马拉松/20%/乳油/马拉硫磷 15%、氰戊菊酯 5%/2009.02.25 至 2014.02.25/中等毒

苹果树 桃小食心虫 133-200毫克/千克 喷雾

PD20093437 阿维·哒螨灵/10.2%/乳油/阿维菌素 0.2%、哒螨灵 10%/2009.03.23 至 2014.03.23/低毒(原药高毒)

苹果树 二斑叶螨 51-68毫克/千克 喷雾

PD20093580 硫磺·三唑酮/20%/可湿性粉剂/硫磺 10%、三唑酮 10%/2009.03.23 至 2014.03.23/低毒

小麦 白粉病 150-240克/公顷 喷雾

PD20093901 阿维菌素/0.5%/可湿性粉剂/阿维菌素 0.5%/2009.03.26 至 2014.03.26/低毒(原药高毒)

十字花科蔬菜 小菜蛾 4.5-9克/公顷 喷雾

PD20094163 甲维·氟铃脲/4%/微乳剂/氟铃脲 3.4%、甲氨基阿维菌素苯甲酸盐 0.6%/2009.03.27 至 2014.03.27/低毒

甘蓝 甜菜夜蛾 5.5-10.25克/公顷 喷雾

PD20094373 锰锌·腈菌唑/60%/可湿性粉剂/腈菌唑 2%、代森锰锌 58%/2009.04.01 至 2014.04.01/低毒

梨树 黑星病 1000-1500倍液 喷雾

PD20094454 异丙草胺/50%/乳油/异丙草胺 50%/2009.04.01 至 2014.04.01/低毒

夏玉米田 部分阔叶杂草、一年生禾本科杂草 1125－1500克/公顷 土壤喷雾

PD20095407 盐酸吗啉胍/5%/可溶粉剂/盐酸吗啉胍 5%/2009.04.27 至 2014.04.27/低毒

番茄 病毒病 300－375克/公顷 喷雾

PD20095521 三唑锡/25%/可湿性粉剂/三唑锡 25%/2009.05.11 至 2014.05.11/低毒

柑橘树 红蜘蛛 125-166毫克/千克 喷雾

PD20095612 代森锰锌/80%/可湿性粉剂/代森锰锌 80%/2009.05.12 至 2014.05.12/低毒

番茄 早疫病 1845-2370克/公顷 喷雾

柑橘树 疮痂病、炭疽病 1333-2000克/公顷 喷雾

梨树 黑星病 800-1600克/公顷 喷雾

荔枝树 霜疫霉病 1333-2000克/公顷 喷雾

苹果树 斑点落叶病、轮纹病、炭疽病 1000-1600克/公顷 喷雾

西瓜 炭疽病 1560-2520克/公顷 喷雾

PD20095708 异丙·莠去津/40%/悬乳剂/异丙草胺 26%、莠去津 14%/2009.05.18 至 2014.05.18/低毒

	夏玉米田	一年生杂草	1050-1500克/公顷	喷雾
PD20095985	阿维·辛硫磷/35%/乳油/阿维菌素 0.3%、辛硫磷 34.7%/2009.06.11 至 2014.06.11/低毒(原药高毒)			
	十字花科蔬菜	小菜蛾	131.25-262.5克/公顷	喷雾
PD20096051	甲维·氯氰/3.2%/微乳剂/甲氨基阿维菌素苯甲酸盐 0.2%、氯氰菊酯 3%/2009.06.18 至 2014.06.18/低毒			
	甘蓝	甜菜夜蛾	19.2-28.8克/公顷	喷雾
PD20096052	丁·莠/48%/悬乳剂/丁草胺 19%、莠去津 29%/2009.06.18 至 2014.06.18/低毒			
	夏玉米田	一年生杂草	1080-1440克/公顷	土壤喷雾
PD20096094	甲氨基阿维菌素苯甲酸盐(0.57%)///微乳剂/甲氨基阿维菌素 0.5%/2009.06.18 至 2014.06.18/低毒			
	甘蓝	甜菜夜蛾	1.5-2.25克/公顷	喷雾
PD20096095	松·喹·氟磺胺/18%/乳油/氟磺胺草醚 5.5%、精喹禾灵 1.5%、异噁草松 11%/2009.06.18 至 2014.06.18/低毒			
	春大豆田	一年生杂草	648-810克/公顷	茎叶喷雾
PD20096783	百草枯/200克/升/水剂/百草枯 200克/升/2012.12.31 至 2014.07.01/中等毒			
	非耕地	杂草	600-900克/公顷	茎叶喷雾
PD20097842	福·福锌/72%/可湿性粉剂/福美双 27%、福美锌 45%/2009.11.20 至 2014.11.20/低毒			
	黄瓜	炭疽病	1447.2-1944克/公顷	喷雾
PD20097927	杀扑·矿物油/40%/乳油/矿物油 16%、杀扑磷 24%/2009.11.30 至 2014.11.30/中等毒(原药高毒)			
	柑橘树	矢尖蚧	800-1000倍液	喷雾
PD20098092	高氯·辛硫磷/20%/乳油/高效氯氰菊酯 1.5%、辛硫磷 18.5%/2009.12.08 至 2014.12.08/低毒			
	大豆	甜菜夜蛾	240-300克/公顷	喷雾
PD20098242	氟铃·辛硫磷/20%/乳油/氟铃脲 2%、辛硫磷 18%/2009.12.16 至 2014.12.16/低毒			
	甘蓝	小菜蛾	90-150克/公顷	喷雾
	棉花	棉铃虫	150-300克/公顷	喷雾
PD20098284	阿维·毒死蜱/10%/乳油/阿维菌素 0.1%、毒死蜱 9.9%/2009.12.18 至 2014.12.18/低毒(原药高毒)			
	十字花科蔬菜	小菜蛾	112.5-150克/公顷	喷雾
PD20098424	辛硫磷/40%/乳油/辛硫磷 40%/2009.12.24 至 2014.12.24/低毒			
	十字花科蔬菜	菜青虫	112.5-180克/公顷	喷雾
PD20098441	吗胍·乙酸铜/20%/可湿性粉剂/盐酸吗啉胍 16%、乙酸铜 4%/2009.12.24 至 2014.12.24/低毒			
	番茄	病毒病	500-750克/公顷	喷雾
PD20100157	吡虫·噻嗪酮/20%/可湿性粉剂/吡虫啉 2%、噻嗪酮 18%/2010.01.05 至 2015.01.05/低毒			
	水稻	稻飞虱	90-150克/公顷	喷雾
PD20100178	马拉硫磷/45%/乳油/马拉硫磷 45%/2010.01.05 至 2015.01.05/低毒			
	十字花科蔬菜	黄条跳甲	540-742.5克/公顷	喷雾
PD20100552	代森锰锌/0%/可湿性粉剂/代森锰锌 0%/2010.01.14 至 2015.01.14/低毒			
	柑橘树	疮痂病、炭疽病	/	/
	梨树	黑星病	/	/
	荔枝	霜疫霉病	/	/
	苹果树	斑点落叶病、轮纹病、炭疽病	/	/
	葡萄	白腐病、黑痘病、霜霉病	/	/
	西瓜	炭疽病	/	/
PD20100628	杀螟丹/50%/可溶粉剂/杀螟丹 50%/2010.01.14 至 2015.01.14/低毒			
	水稻	二化螟	525－750克/公顷	喷雾
PD20100688	腈菌·咪鲜胺/12.5%/乳油/腈菌唑 10%、咪鲜胺 2.5%/2010.01.16 至 2015.01.16/低毒			
	香蕉	叶斑病	156.25-208.33毫克/千克	喷雾
PD20100874	五硝·多菌灵/40%/可湿性粉剂/多菌灵 20%、五氯硝基苯 20%/2010.01.19 至 2015.01.19/低毒			
	西瓜	枯萎病	0.25-0.33克/株	灌根
PD20100878	氧乐果/40%/乳油/氧乐果 40%/2010.01.19 至 2015.01.19/中等毒(原药高毒)			
	棉花	蚜虫	180-300克/公顷	喷雾
PD20100903	甲基硫菌灵/50%/可湿性粉剂/甲基硫菌灵 50%/2010.01.19 至 2015.01.19/低毒			
	番茄	叶霉病	450-562.5克/公顷	喷雾
PD20100907	多·福·溴菌腈/40%/可湿性粉剂/多菌灵 20%、福美双 10%、溴菌腈 10%/2010.01.19 至 2015.01.19/低毒			
	黄瓜	炭疽病	600－900克/公顷	喷雾
PD20101063	福美双/50%/可湿性粉剂/福美双 50%/2010.01.21 至 2015.01.21/低毒			
	黄瓜	霜霉病	500-900克/公顷	喷雾
PD20101116	哒螨·矿物油/40%/乳油/哒螨灵 4%、矿物油 36%/2010.01.25 至 2015.01.25/中等毒			
	苹果树	红蜘蛛	1500-2000倍液	喷雾
PD20101162	吡虫·灭多威/10%/可湿性粉剂/吡虫啉 2%、灭多威 8%/2010.01.25 至 2015.01.25/中等毒(原药高毒)			
	棉花	蚜虫	60-90克/公顷	喷雾
PD20101178	多·福·乙霉威/50%/可湿性粉剂/多菌灵 7.5%、福美双 35%、乙霉威 7.5%/2010.01.28 至 2015.01.28/中等毒			
	番茄	灰霉病	1000-1200克/公顷	喷雾
PD20101245	多抗·锰锌/46%/可湿性粉剂/多抗霉素 2%、代森锰锌 44%/2010.03.01 至 2015.03.01/低毒			
	苹果树	斑点落叶病	460-575毫克/千克	喷雾
PD20101599	炔螨·矿物油/73%/乳油/矿物油 33%、炔螨特 40%/2010.06.03 至 2015.06.03/中等毒			
	柑橘树	红蜘蛛	2000-3000倍液	喷雾

PD20102042 毒·矿物油/40%/乳油/毒死蜱 20%、矿物油 20%/2010.10.27 至 2015.10.27/中等毒
萝卜 小菜蛾 180-240克/公顷 喷雾
PD20110372 甲氨基阿维菌素苯甲酸盐/3%/水分散粒剂/甲氨基阿维菌素 3%/2011.03.31 至 2016.03.31/低毒
甘蓝 甜菜夜蛾 1.5-3.6克/公顷 喷雾
注:甲氨基阿维菌素苯甲酸盐含3.4%
PD20110623 阿维·苏云菌/100亿孢子/克/可湿性粉剂/阿维菌素 0.1%、苏云金杆菌 100亿孢子/克/2011.06.08 至 2016.06.08/低毒(原药高毒)
十字花科蔬菜 小菜蛾 750-1125克制剂/公顷 喷雾
PD20111119 烯酰吗啉/50%/水分散粒剂/烯酰吗啉 50%/2011.10.27 至 2016.10.27/低毒
黄瓜 霜霉病 225-300克/公顷 喷雾
PD20111126 高效氯氟氰菊酯/2.5%/微乳剂/高效氯氟氰菊酯 2.5%/2011.10.27 至 2016.10.27/中等毒
小白菜 菜青虫 11.25-13.125克/公顷 喷雾
PD20111269 戊唑醇/12.5%/水乳剂/戊唑醇 12.5%/2011.11.23 至 2016.11.23/低毒
香蕉 叶斑病 175-250毫克/千克 喷雾
PD20120118 乙羧氟草醚/10%/乳油/乙羧氟草醚 10%/2012.01.29 至 2017.01.29/低毒
春大豆田 一年生阔叶杂草 90-105克/公顷 茎叶喷雾
PD20120492 吡虫啉/70%/水分散粒剂/吡虫啉 70%/2012.03.19 至 2017.03.19/低毒
甘蓝 蚜虫 15-30克/公顷 喷雾
PD20120782 草甘膦异丙铵盐/30%/水剂/草甘膦 30%/2012.05.10 至 2017.05.10/低毒
非耕地 杂草 1575-2250克/公顷 定向茎叶喷雾
注:草甘膦异丙铵盐含量：41%。
PD20121121 吡虫啉/70%/种子处理可分散粉剂/吡虫啉 70%/2012.07.20 至 2017.07.20/低毒
玉米 蚜虫 420-490克/100千克种子 拌种
PD20121141 吡虫啉/30%/微乳剂/吡虫啉 30%/2012.07.20 至 2017.07.20/低毒
水稻 稻飞虱 22.5-30克/公顷 喷雾
PD20121278 矿物油/99%/乳油/矿物油 99%/2012.09.06 至 2017.09.06/低毒
柑橘树 红蜘蛛 3300－6600毫克/千克 喷雾
PD20121444 甲维·毒死蜱/30%/乳油/毒死蜱 29.7%、甲氨基阿维菌素苯甲酸盐 0.3%/2012.10.08 至 2017.10.08/中等毒
水稻 二化螟 270-382.5克/公顷 喷雾
PD20121779 嘧菌酯/50%/水分散粒剂/嘧菌酯 50%/2012.11.16 至 2017.11.16/低毒
黄瓜 白粉病 225-338克/公顷 喷雾
PD20121809 草甘膦铵盐/80%/可溶粒剂/草甘膦 80%/2012.11.22 至 2017.11.22/低毒
非耕地 杂草 1584-2244克/公顷 茎叶喷雾
注:草甘膦铵盐含量:88%。
PD20121830 甲氨基阿维菌素苯甲酸盐/5%/微乳剂/甲氨基阿维菌素 5%/2012.11.22 至 2017.11.22/低毒
水稻 稻纵卷叶螟 7.5-15克/公顷 喷雾
注:甲氨基阿维菌素苯甲酸盐含量：5.7%。
PD20122059 吡虫啉/5%/乳油/吡虫啉 5%/2012.12.24 至 2017.12.24/低毒
甘蓝 蚜虫 11.25-15克/公顷 喷雾
PD20122060 吡蚜酮/50%/水分散粒剂/吡蚜酮 50%/2012.12.24 至 2017.12.24/低毒
水稻 稻飞虱 90-150克/公顷 喷雾
PD20122066 噻虫嗪/25%/水分散粒剂/噻虫嗪 25%/2012.12.24 至 2017.12.24/低毒
水稻 稻飞虱 7.5-15克/公顷 喷雾
PD20130153 噻唑膦/10%/颗粒剂/噻唑膦 10%/2013.01.17 至 2018.01.17/低毒
黄瓜 根结线虫 2250—3000克/公顷 土壤撒施
PD20130154 咪鲜胺/45%/水乳剂/咪鲜胺 45%/2013.01.17 至 2018.01.17/低毒
香蕉(果实) 炭疽病 250-500毫克/千克 浸果
PD20130159 噻虫嗪/30%/悬浮剂/噻虫嗪 30%/2013.01.24 至 2018.01.24/低毒
水稻 稻飞虱 9—18克/公顷 喷雾
PD20130213 茚虫威/15%/悬浮剂/茚虫威 15%/2013.01.30 至 2018.01.30/低毒
水稻 稻纵卷叶螟 33.75—45克/公顷 喷雾
PD20130215 氟虫腈/5%/悬浮种衣剂/氟虫腈 5%/2013.01.30 至 2018.01.30/低毒
玉米 蛴螬 100—200克/100千克种子 拌种
PD20130338 吡蚜酮/25%/悬浮剂/吡蚜酮 25%/2013.03.08 至 2018.03.08/低毒
水稻 稻飞虱 90-150克/公顷 喷雾
PD20130457 嘧菌酯/25%/悬浮剂/嘧菌酯 25%/2013.03.19 至 2018.03.19/低毒
水稻 纹枯病 281-338克/公顷 喷雾
PD20130723 乙铝·锰锌/64%/可湿性粉剂/代森锰锌 40%、三乙膦酸铝 24%/2013.04.12 至 2018.04.12/低毒
苹果树 斑点落叶病 1280-1600毫克/千克 喷雾
PD20130860 辛菌胺醋酸盐/1.9%/水剂/辛菌胺 1.9%/2013.04.22 至 2018.04.22/低毒
苹果树 腐烂病 50-100倍液 涂抹病疤
注:辛菌胺醋酸盐含量:2.7%
PD20130904 氟虫腈/97%/原药/氟虫腈 97%/2013.04.27 至 2018.04.27/中等毒

PD20131089 阿维·噻螨酮/3%/微乳剂/阿维菌素 0.5%、噻螨酮 2.5%/2013.05.20 至 2018.05.20/低毒(原药高毒)
柑橘树 红蜘蛛 15-20毫克/千克 喷雾
PD20131107 阿维菌素/5%/悬浮剂/阿维菌素 5%/2013.05.20 至 2018.05.20/中等毒(原药高毒)
水稻 稻纵卷叶螟 9-15克/公顷 喷雾
PD20131187 氟硅唑/20%/可湿性粉剂/氟硅唑 20%/2013.05.27 至 2018.05.27/低毒
苹果树 轮纹病 67-100毫克/千克 喷雾
PD20131444 甲硫·异菌脲/60%/可湿性粉剂/甲基硫菌灵 40%、异菌脲 20%/2013.07.05 至 2018.07.05/低毒
黄瓜 炭疽病 360-540克/公顷 喷雾
PD20131494 苯醚甲环唑/40%/悬浮剂/苯醚甲环唑 40%/2013.07.05 至 2018.07.05/低毒
水稻 纹枯病 60-108克/公顷 喷雾
PD20132104 丁醚脲/25%/乳油/丁醚脲 25%/2013.10.24 至 2018.10.24/中等毒
小白菜 菜青虫 225-300克/公顷 喷雾
PD20132180 阿维·噻虫嗪/12%/悬浮剂/阿维菌素 2%、噻虫嗪 10%/2013.10.29 至 2018.10.29/低毒(原药高毒)
水稻 稻飞虱 21.5－27克/公顷 喷雾
PD20132411 己唑醇/10%/微乳剂/己唑醇 10%/2013.11.20 至 2018.11.20/低毒
葡萄 白粉病 20-33.3毫克/千克 喷雾
PD20132415 氟环唑/12.5%/悬浮剂/氟环唑 12.5%/2013.11.20 至 2018.11.20/低毒
柑橘树 炭疽病 52-62.5毫克/千克 喷雾
PD20132416 毒死蜱/15%/颗粒剂/毒死蜱 15%/2013.11.20 至 2018.11.20/低毒
花生 蛴螬 2250-3375克/公顷 撒施
PD20132639 四聚乙醛/15%/颗粒剂/四聚乙醛 15%/2013.12.20 至 2018.12.20/低毒
水稻 福寿螺 360-540克/公顷 撒施
LS20110311 烯啶虫胺/10%/水剂/烯啶虫胺 10%/2013.12.05 至 2014.12.05/低毒
棉花 蚜虫 15-30克/公顷 喷雾
LS20120085 戊菌唑/20%/水乳剂/戊菌唑 20%/2013.03.19 至 2014.03.19/低毒
观赏菊花 白粉病 40-50毫克/千克 喷雾
LS20120287 甲硫·己唑醇/50%/悬浮剂/甲基硫菌灵 45%、己唑醇 5%/2012.08.10 至 2013.12.24/低毒
水稻 纹枯病 225～300g/公顷 喷雾
LS20130024 烯啶·联苯/25%/可溶液剂/联苯菊酯 10%、烯啶虫胺 15%/2013.01.07 至 2014.01.07/低毒
棉花 蚜虫 33.75-45克/公顷 喷雾
LS20130104 阿维菌素/5%/悬浮剂/阿维菌素 5%/2013.03.11 至 2014.03.11/中等毒
水稻 稻纵卷叶螟 12-15克/亩 喷雾
LS20130108 甲维·茚虫威/9%/悬浮剂/甲氨基阿维菌素苯甲酸盐 1.5%、茚虫威 7.5%/2013.03.11 至 2014.03.11/低毒
水稻 稻纵卷叶螟 13.5-27克/公顷 喷雾
LS20130143 苯甲·己唑醇/30%/悬浮剂/苯醚甲环唑 25%、己唑醇 5%/2013.04.03 至 2014.04.03/低毒
水稻 纹枯病 90-108克/公顷 喷雾
LS20130202 噻虫·吡蚜酮/35%/水分散粒剂/吡蚜酮 20%、噻虫嗪 15%/2013.04.09 至 2014.04.09/低毒
水稻 稻飞虱 21—31.5克/公顷 喷雾
LS20130221 苯甲·嘧菌酯/32.5%/悬浮剂/苯醚甲环唑 12.5%、嘧菌酯 20%/2013.04.27 至 2014.04.27/低毒
水稻 纹枯病 100-195克/公顷 喷雾
LS20130286 丙环·嘧菌酯/32%/悬浮剂/丙环唑 12%、嘧菌酯 20%/2013.05.07 至 2014.05.07/低毒
水稻 纹枯病 168-216克/公顷 喷雾
WP20130025 氟虫腈/3%/微乳剂/氟虫腈 3%/2013.01.30 至 2018.01.30/低毒
室内 蝇 稀释20倍液 喷雾
注:本产品有一种香型：无香型。

济南绿霸农药有限公司 (山东省济南市工业南路100号三庆枫润大厦1805 251604 0531-81795669)

PD85105-62 敌敌畏/80%/乳油/敌敌畏 77.5%/2010.01.25 至 2015.01.25/中等毒
茶树 食叶害虫 600克/公顷 喷雾
粮仓 多种储藏害虫 1)400-500倍液 1)喷雾
2)0.4-0.5克/立方米 2)挂条熏蒸
棉花 蚜虫、造桥虫 600-1200克/公顷 喷雾
苹果树 小卷叶蛾、蚜虫 400-500毫克/千克 喷雾
青菜 菜青虫 600克/公顷 喷雾
桑树 尺蠖 600克/公顷 喷雾
卫生 多种卫生害虫 1)300-400倍液2)0.08克/立方米 1)泼洒2)挂条熏蒸
小麦 黏虫、蚜虫 600克/公顷 喷雾
PD91104-17 敌敌畏/50%/乳油/敌敌畏 48%(气谱法)/2011.03.08 至 2016.03.08/中等毒
茶树 食叶害虫 600克/公顷 喷雾
粮仓 多种储粮害虫 1)300-400倍液 1)喷雾
2)0.4-0.5克/立方米 2)挂条熏蒸
棉花 蚜虫、造桥虫 600-1200克/公顷 喷雾
苹果树 小卷叶蛾、蚜虫 400-500毫克/千克 喷雾
青菜 菜青虫 600克/公顷 喷雾

桑树 尺蠖 600克/公顷 喷雾
卫生 多种卫生害虫 1)250-300倍液2)0.08克/立方米 1)泼洒2)挂条熏蒸
小麦 黏虫、蚜虫 600克/公顷 喷雾

PD20040341 吡虫啉/5%/乳油/吡虫啉 5%/2009.12.19 至 2014.12.19/低毒
苹果树 黄蚜 8.3-12.5克/公顷 喷雾

PD20040362 氯氰菊酯/5%/乳油/氯氰菊酯 5%/2009.12.19 至 2014.12.19/中等毒
十字花科蔬菜 菜青虫 30-45克/公顷 喷雾

PD20040376 哒螨灵/15%/乳油/哒螨灵 15%/2009.12.19 至 2014.12.19/中等毒
苹果树 红蜘蛛 50-67毫克/千克 喷雾

PD20070594 灭幼脲/25%/悬浮剂/灭幼脲 25%/2012.12.14 至 2017.12.14/低毒
林木 美国白蛾 100-167毫克/千克 喷雾
苹果树 金纹细蛾 125-167毫克/千克 喷雾

PD20070613 锰锌·多菌灵/60%/可湿性粉剂/多菌灵 20%、代森锰锌 40%/2012.12.14 至 2017.12.14/低毒
苹果树 斑点落叶病 1000-1250毫克/千克 喷雾

PD20080177 灭幼脲/20%/悬浮剂/灭幼脲 20%/2013.01.04 至 2018.01.04/低毒
苹果树 金纹细蛾 100-167.7毫克/千克 喷雾

PD20081545 马拉硫磷/45%/乳油/马拉硫磷 45%/2013.11.11 至 2018.11.11/低毒
棉花 盲蝽蟓 405-540克/公顷 喷雾

PD20081638 虫酰肼/20%/悬浮剂/虫酰肼 20%/2013.11.14 至 2018.11.14/低毒
甘蓝 甜菜夜蛾 210—300克/公顷 喷雾
苹果树 卷叶蛾 100—133毫克/千克 喷雾

PD20081749 毒死蜱/40%/乳油/毒死蜱 40%/2008.11.18 至 2013.11.18/中等毒
韭菜 根蛆 1200-1800克/公顷 灌根

PD20081939 四螨·哒螨灵/10%/悬浮剂/哒螨灵 6.5%、四螨嗪 3.5%/2013.11.24 至 2018.11.24/中等毒
柑橘树 红蜘蛛 66.7-100毫克/千克 喷雾

PD20082066 杀扑磷/40%/乳油/杀扑磷 40%/2013.11.25 至 2018.11.25/中等毒(原药高毒)
柑橘树 介壳虫 400-500毫克/千克 喷雾

PD20082507 氰戊·马拉松/20%/乳油/马拉硫磷 15%、氰戊菊酯 5%/2013.12.03 至 2018.12.03/低毒
苹果树 桃小食心虫 200-333毫克/千克 喷雾

PD20083044 啶虫脒/3%/乳油/啶虫脒 3%/2013.12.10 至 2018.12.10/低毒
小麦 蚜虫 13.5-18克/公顷 喷雾

PD20083055 阿维菌素/1.8%/乳油/阿维菌素 1.8%/2013.12.10 至 2018.12.10/低毒(原药高毒)
柑橘树 红蜘蛛 4.5—6毫克/千克 喷雾
水稻 稻纵卷叶螟 4.725-5.4克/公顷 喷雾

PD20083396 阿维菌素/1%/乳油/阿维菌素 1%/2013.12.11 至 2018.12.11/低毒(原药高毒)
棉花 红蜘蛛 10.8-16.2克/公顷 喷雾

PD20084293 炔螨特/57%/乳油/炔螨特 57%/2013.12.17 至 2018.12.17/低毒
柑橘树 红蜘蛛 285—380毫克/千克 喷雾

PD20084326 氟啶脲/50克/升/乳油/氟啶脲 50克/升/2013.12.17 至 2018.12.17/低毒
十字花科蔬菜 甜菜夜蛾 30-60克/公顷 喷雾

PD20084830 阿维·高氯/1.8%/乳油/阿维菌素 0.3%、高效氯氰菊酯 1.5%/2013.12.22 至 2018.12.22/低毒(原药高毒)
十字花科蔬菜 小菜蛾 13.5-18.9克/公顷 喷雾
十字花科蔬菜 菜青虫 7.5-15克/公顷 喷雾

PD20085850 高效氯氰菊酯/5%/水乳剂/高效氯氰菊酯 5%/2013.12.29 至 2018.12.29/低毒
十字花科蔬菜 菜青虫 30-37.5克/公顷 喷雾

PD20085894 高效氯氟氰菊酯/2.5%/水乳剂/高效氯氟氰菊酯 2.5%/2013.12.29 至 2018.12.29/中等毒
林木 美国白蛾 5-8.33毫克/千克 喷雾
十字花科蔬菜 菜青虫 7.5-15克/公顷 喷雾

PD20085911 吡虫啉/20%/可溶液剂/吡虫啉 20%/2013.12.29 至 2018.12.29/低毒
水稻 稻飞虱 15-30克/公顷 喷雾

PD20090165 腐霉利/10%/烟剂/腐霉利 10%/2014.01.08 至 2019.01.08/低毒
番茄(保护地) 灰霉病 300-450克/公顷 点燃放烟

PD20090224 甲氨基阿维菌素苯甲酸盐/1%/乳油/甲氨基阿维菌素苯甲酸盐 1%/2014.01.09 至 2019.01.09/低毒
甘蓝 菜青虫 1.5-2.55克/公顷 喷雾

PD20090884 乙草胺/40%/水乳剂/乙草胺 40%/2014.01.19 至 2019.01.19/低毒
花生田 一年生禾本科杂草及部分阔叶杂草 750-1200克/公顷 土壤喷雾

PD20090936 敌敌畏/22%/烟剂/敌敌畏 22%/2014.01.19 至 2019.01.19/中等毒
黄瓜(保护地) 瓜蚜 900-1320克/公顷 点燃放烟

PD20091054 甲硫·福美双/70%/可湿性粉剂/福美双 40%、甲基硫菌灵 30%/2014.01.21 至 2019.01.21/中等毒
黄瓜 炭疽病 525-735克/公顷 喷雾

PD20091269 甲氰·辛硫磷/25%/乳油/甲氰菊酯 5%、辛硫磷 20%/2014.02.01 至 2019.02.01/中等毒
棉花 棉铃虫 281.25-375克/公顷 喷雾

PD20091796 辛硫·高氯氟/26%/乳油/高效氯氟氰菊酯 1%、辛硫磷 25%/2014.02.04 至 2019.02.04/低毒

	棉花	棉铃虫	300克/公顷	喷雾
	十字花科蔬菜	小菜蛾	156-234克/公顷	喷雾
PD20092445	甲氰菊酯/20%/乳油/甲氰菊酯 20%/2014.02.25 至 2019.02.25/中等毒			
	甘蓝	菜青虫、小菜蛾	75-90克/公顷	喷雾
	柑橘树	红蜘蛛	67-100毫克/千克	喷雾
	柑橘树	潜叶蛾	20-25毫克/千克	喷雾
	棉花	红铃虫、棉铃虫	90-120克/公顷	喷雾
	苹果树	桃小食心虫	67-100毫克/千克	喷雾
	苹果树	山楂红蜘蛛	100毫克/千克	喷雾
PD20092869	高氯·灭多威/12%/乳油/高效氯氰菊酯 1.5%、灭多威 10.5%/2014.03.05 至 2019.03.05/高毒			
	棉花	棉铃虫	72-90克/公顷	喷雾
PD20093845	啶虫脒/20%/可溶液剂/啶虫脒 20%/2014.03.25 至 2019.03.25/低毒			
	黄瓜	白粉虱	13.5-20.25克/公顷	喷雾
PD20094622	毒·辛/20%/乳油/毒死蜱 4%、辛硫磷 16%/2009.04.10 至 2014.04.10/低毒			
	韭菜	韭蛆	1500-1800克/公顷	灌根
PD20096961	矿物油·辛硫磷/40%/乳油/矿物油 20%、辛硫磷 20%/2009.09.29 至 2014.09.29/低毒			
	甘蓝	菜青虫	360-480克/公顷	喷雾
PD20100127	毒·矿物油/40%/乳油/毒死蜱 20%、矿物油 20%/2010.01.05 至 2015.01.05/中等毒			
	萝卜	小菜蛾	450-600克/公顷	喷雾
PD20101486	炔螨·矿物油/73%/乳油/矿物油 33%、炔螨特 40%/2010.05.05 至 2015.05.05/低毒			
	柑橘树	红蜘蛛	292-365毫克/千克	喷雾
PD20102083	哒螨·矿物油/28%/乳油/哒螨灵 5%、矿物油 23%/2010.11.25 至 2015.11.25/中等毒			
	苹果树	红蜘蛛	70-140毫克/千克	喷雾
PD20110607	毒死蜱/30%/可湿性粉剂/毒死蜱 30%/2011.06.07 至 2016.06.07/中等毒			
	水稻	稻纵卷叶螟	450-630克/公顷	喷雾
PD20110743	辛硫磷/70%/乳油/辛硫磷 70%/2011.07.18 至 2016.07.18/低毒			
	韭菜	韭蛆	3600-6000克/公顷	灌根
PD20110788	毒死蜱/480克/升/乳油/毒死蜱 480克/升/2011.07.25 至 2016.07.25/中等毒			
	苹果树	桃小食心虫	200-240毫克/千克	喷雾
	水稻	稻纵卷叶螟	600-720克/公顷	喷雾
PD20110887	丙环唑/50%/微乳剂/丙环唑 50%/2011.08.16 至 2016.08.16/低毒			
	香蕉	叶斑病	375－500毫克/千克	喷雾
PD20110922	甲氨基阿维菌素苯甲酸盐/3%/微乳剂/甲氨基阿维菌素 3%/2011.09.06 至 2016.09.06/低毒			
	甘蓝	甜菜夜蛾	1.8-2.7克/公顷	喷雾
	注:甲氨基阿维菌素苯甲酸盐含量：3.4%。			
PD20110945	烟嘧磺隆/8%/可分散油悬浮剂/烟嘧磺隆 8%/2011.09.07 至 2016.09.07/低毒			
	玉米田	一年生杂草	40-60克/公顷	茎叶喷雾
PD20111139	草甘膦铵盐/65%/可溶粉剂/草甘膦 65%/2011.11.03 至 2016.11.03/微毒			
	非耕地	杂草	1462.5-1950ai g./hm2	定向茎叶喷雾
	注:草甘膦铵盐含量：71.5%。			
PD20111149	联苯菊酯/100克/升/水乳剂/联苯菊酯 100克/升/2011.11.04 至 2016.11.04/中等毒			
	茶树	茶小绿叶蝉	30-37.5克/公顷	喷雾
PD20111402	草甘膦异丙胺盐/30%/水剂/草甘膦 30%/2011.12.22 至 2016.12.22/低毒			
	非耕地	杂草	1230-2460克/公顷	定向茎叶喷雾
	注:草甘膦异丙胺盐含量：41%。			
PD20111414	草甘膦铵盐/58%/可溶粉剂/草甘膦 58%/2011.12.22 至 2016.12.22/低毒			
	非耕地	杂草	1000.5-1957.5克/公顷	定向茎叶喷雾
	注:草甘膦铵盐含量：64%。			
PD20120055	吡虫啉/70%/水分散粒剂/吡虫啉 70%/2012.01.16 至 2017.01.16/低毒			
	棉花	蚜虫	22.5-33.75克/公顷	喷雾
PD20120171	啶虫脒/10%/可溶液剂/啶虫脒 10%/2012.01.30 至 2017.01.30/低毒			
	黄瓜	白粉虱	15-20.25克/公顷	喷雾
PD20120296	高效氯氟氰菊酯/5%/水乳剂/高效氯氟氰菊酯 5%/2012.02.17 至 2017.02.17/中等毒			
	甘蓝	菜青虫	7.5-11.25克/公顷	喷雾
PD20120324	阿维菌素/3%/微乳剂/阿维菌素 3%/2012.02.17 至 2017.02.17/低毒(原药高毒)			
	甘蓝	小菜蛾	6.75-9克/公顷	喷雾
PD20120542	戊唑醇/25%/水乳剂/戊唑醇 25%/2012.03.28 至 2017.03.28/低毒			
	苹果树	斑点落叶病	62.5-83.3mg/kg	喷雾
PD20120693	毒死蜱/40%/水乳剂/毒死蜱 40%/2012.04.18 至 2017.04.18/中等毒			
	水稻	稻纵卷叶螟	450-540a.i. g/hm2	喷雾
PD20121311	阿维·哒螨灵/16%/乳油/阿维菌素 1%、哒螨灵 15%/2012.09.11 至 2017.09.11/中等毒(原药高毒)			
	棉花	红蜘蛛	60-84克/公顷	喷雾
PD20121465	毒死蜱/30%/微囊悬浮剂/毒死蜱 30%/2012.10.08 至 2017.10.08/低毒			

花生　蛴螬　1575－2250克/公顷　灌根
PD20121549　甲氨基阿维菌素苯甲酸盐/5%/水分散粒剂/甲氨基阿维菌素 5%/2012.10.25 至 2017.10.25/低毒
甘蓝　甜菜夜蛾　3-3.75克/公顷　喷雾
注:甲氨基阿维菌素苯甲酸盐含量: 5.7%。
PD20121604　虫酰肼/10%/乳油/虫酰肼 10%/2012.10.25 至 2017.10.25/低毒
甘蓝　甜菜夜蛾　210-300克/公顷　喷雾
PD20121605　辛硫磷/35%/微囊悬浮剂/辛硫磷 35%/2012.10.25 至 2017.10.25/微毒
花生　蛴螬　2100-3150克/公顷　灌根
PD20121652　烟嘧磺隆/40克/升/可分散油悬浮剂/烟嘧磺隆 40克/升/2012.10.30 至 2017.10.30/低毒
玉米田　一年生杂草　40-60克/公顷　茎叶喷雾
PD20121757　乙草胺/81.5%/乳油/乙草胺 81.5%/2012.11.15 至 2017.11.15/低毒
玉米田　一年生禾本科杂草　1350-1890克/公顷（春玉米田）　土壤喷雾
1080-1350克/公顷（夏玉米田）
PD20121995　烯草酮/240克/升/乳油/烯草酮 240克/升/2012.12.18 至 2017.12.18/低毒
大豆田　一年生禾本科杂草　108-144克/公顷　茎叶喷雾
PD20130165　2甲4氯钠/56%/可溶粉剂/2甲4氯钠 56%/2013.01.24 至 2018.01.24/低毒
小麦田　一年生阔叶杂草　840-1260a.i.g/hm2　茎叶喷雾
PD20130396　三唑酮/15%/水乳剂/ /2013.03.12 至 2018.03.12/低毒
小麦　白粉病　135-180克/公顷　喷雾
PD20132646　莠去津/90%/水分散粒剂/莠去津 90%/2013.12.20 至 2018.12.20/低毒
春玉米田　一年生杂草　1485-1755克/公顷　土壤喷雾
夏玉米田　一年生杂草　1215-1485 克/公顷　土壤喷雾
LS20110082　三唑酮/15%/水乳剂/三唑酮 15%/2012.04.01 至 2013.04.01/低毒
小麦　白粉病　135-180克/公顷　喷雾
LS20120052　阿维菌素/3%/微囊悬浮剂/阿维菌素 3%/2014.02.09 至 2015.02.09/低毒(原药高毒)
西瓜　根结线虫　225-315克/公顷　灌根
LS20120120　硝磺草酮/15%/悬浮剂/硝磺草酮 15%/2014.03.30 至 2015.03.30/低毒
玉米田　一年生杂草　105-150克/公顷　茎叶喷雾

济南泰禾化工有限公司　(山东省商河经济开发区天河路中段　251600　0531-82331008)

PD20130239　丙森锌/70%/可湿性粉剂/丙森锌 70%/2013.02.05 至 2018.02.05/低毒
黄瓜　霜霉病　1575-2250克/公顷　喷雾
PD20131491　阿维菌素/5%/乳油/阿维菌素 5%/2013.07.05 至 2018.07.05/中等毒(原药高毒)
甘蓝　小菜蛾　6-9克/公顷　喷雾
PD20132376　戊唑醇/80%/可湿性粉剂/戊唑醇 80%/2013.11.20 至 2018.11.20/低毒
苹果树　轮纹病　120-145毫克/千克　喷雾

济南天邦化工有限公司　(山东省济南市天桥区大桥镇桥北工业园　250032　0531-86510690)

PD20082492　啶虫脒/5%/乳油/啶虫脒 5%/2013.12.03 至 2018.12.03/低毒
黄瓜　蚜虫　18-22.5克/公顷　喷雾
PD20082521　氰戊·马拉松/20%/乳油/马拉硫磷 15%、氰戊菊酯 5%/2013.12.03 至 2018.12.03/低毒
棉花　棉铃虫　300-360克/公顷　喷雾
PD20082624　啶虫脒/20%/可溶粉剂/啶虫脒 20%/2013.12.04 至 2018.12.04/低毒
黄瓜　蚜虫　30-45克/公顷　喷雾
PD20082802　丁·莠/42%/悬乳剂/丁草胺 22%、莠去津 20%/2013.12.09 至 2018.12.09/低毒
夏玉米田　一年生杂草　1260－1575克/公顷　播后苗前土壤喷雾
PD20082813　阿维菌素/1.8%/乳油/阿维菌素 1.8%/2013.12.09 至 2018.12.09/低毒(原药高毒)
十字花科蔬菜　小菜蛾　8.1-10.8克/公顷　喷雾
PD20082959　仲丁灵/48%/乳油/仲丁灵 48%/2013.12.09 至 2018.12.09/低毒
花生田　一年生禾本科杂草及部分阔叶杂草　1080-2175克/公顷　播后苗前土壤喷雾
PD20083026　高效氯氟氰菊酯/2.5%/乳油/高效氯氟氰菊酯 2.5%/2013.12.10 至 2018.12.10/中等毒
棉花　棉铃虫　15-22.5克/公顷　喷雾
PD20083450　甲草·莠去津/38%/悬乳剂/甲草胺 18%、莠去津 20%/2013.12.12 至 2018.12.12/低毒
夏玉米田　一年生杂草　1425－1710克/公顷　播后苗前土壤喷雾
PD20083623　高效氟吡甲禾灵/108克/升/乳油/高效氟吡甲禾灵 108克/升/2013.12.12 至 2018.12.12/低毒
夏大豆田　一年生禾本科杂草　45-52.5克/公顷　茎叶喷雾
PD20083730　异丙草·莠/40%/悬乳剂/异丙草胺 24%、莠去津 16%/2013.12.15 至 2018.12.15/低毒
夏玉米田　一年生杂草　1200-1500克/公顷　播后苗前土壤喷雾
PD20083741　百草枯/200克/升/水剂/百草枯 200克/升/2012.12.31 至 2014.07.01/中等毒
甘蔗田　一年生及部分多年生杂草　300－600克/公顷　行间定向茎叶喷雾
PD20083818　氯氰菊酯/5%/乳油/氯氰菊酯 5%/2013.12.15 至 2018.12.15/低毒
十字花科蔬菜　蚜虫　30-45克/公顷　喷雾
PD20083989　丁草胺/50%/乳油/丁草胺 50%/2013.12.16 至 2018.12.16/低毒
移栽水稻田　一年生杂草　1125-1500克/公顷　毒土法
PD20084109　磷化铝/56%/片剂/磷化铝 56%/2013.12.16 至 2018.12.16/高毒

	原粮	储粮害虫	6-8克制剂/立方米	密闭熏蒸
PD20084304	炔螨特/40%/乳油/炔螨特 40%/2013.12.17 至 2018.12.17/低毒			
	柑橘树	红蜘蛛	200-400毫克/千克	喷雾
PD20084446	甲基硫菌灵/70%/可湿性粉剂/甲基硫菌灵 70%/2013.12.17 至 2018.12.17/微毒			
	番茄	叶霉病	375-562.5克/公顷	喷雾
PD20084522	氯氰·毒死蜱/522.5克/升/乳油/毒死蜱 475克/升、氯氰菊酯 47.5克/升/2008.12.18 至 2013.12.18/中等毒			
	甘蓝	菜青虫	391.9-509.4克/公顷	喷雾
PD20084952	毒死蜱/40%/乳油/毒死蜱 40%/2013.12.22 至 2018.12.22/中等毒			
	水稻	稻纵卷叶螟	450-600克/公顷	喷雾
PD20085435	精喹禾灵/10%/乳油/精喹禾灵 10%/2013.12.24 至 2018.12.24/低毒			
	夏大豆田	一年生禾本科杂草	37.5-52.5克/公顷	茎叶喷雾
PD20085692	硫磺·三唑酮/20%/可湿性粉剂/硫磺 10%、三唑酮 10%/2013.12.26 至 2018.12.26/低毒			
	小麦	白粉病	150-225克/公顷	喷雾
PD20085883	福美双/50%/可湿性粉剂/福美双 50%/2013.12.29 至 2018.12.29/低毒			
	黄瓜	霜霉病	750-1200克/公顷	喷雾
PD20090055	氰戊·吡虫啉/7.5%/乳油/吡虫啉 1.5%、氰戊菊酯 6%/2014.01.08 至 2019.01.08/中等毒			
	甘蓝	蚜虫	45-56.25克/公顷	喷雾
PD20090310	异丙威/20%/乳油/异丙威 20%/2014.01.12 至 2019.01.12/中等毒			
	水稻	稻飞虱	450-600克/公顷	喷雾
PD20090734	乙草胺/900克/升/乳油/乙草胺 900克/升/2014.01.19 至 2019.01.19/低毒			
	夏玉米田	一年生禾本科杂草及部分小粒种子阔叶杂草	1080-1350克/公顷	播后苗前土壤喷雾
PD20090790	高氯·仲丁威/20%/乳油/高效氯氰菊酯 2%、仲丁威 18%/2014.01.19 至 2019.01.19/中等毒			
	甘蓝	菜青虫	120-150克/公顷	喷雾
PD20090950	乙草胺/50%/乳油/乙草胺 50%/2014.01.20 至 2019.01.20/低毒			
	冬油菜田	一年生杂草	600-750克/公顷	土壤喷雾
PD20091298	莠去津/38%/悬浮剂/莠去津 38%/2014.02.01 至 2019.02.01/低毒			
	夏玉米田	一年生杂草	1140-1425克/公顷	土壤喷雾
PD20091344	氟乐灵/480克/升/乳油/氟乐灵 480克/升/2014.02.02 至 2019.02.02/低毒			
	夏大豆田	一年生杂草	900-1260克/公顷	播后苗前土壤喷雾
PD20091587	福·福锌/80%/可湿性粉剂/福美双 30%、福美锌 50%/2014.02.03 至 2019.02.03/低毒			
	黄瓜	炭疽病	1500-1800克/公顷	喷雾
PD20091920	联苯菊酯/25克/升/乳油/联苯菊酯 25克/升/2014.02.12 至 2019.02.12/中等毒			
	茶树	茶小绿叶蝉	30-37.5克/公顷	喷雾
PD20091942	噻嗪·杀扑磷/20%/乳油/噻嗪酮 15%、杀扑磷 5%/2014.02.12 至 2019.02.12/中等毒(原药高毒)			
	柑橘树	介壳虫	200-250毫克/千克	喷雾
PD20092108	高氯·辛硫磷/20%/乳油/高效氯氰菊酯 1.5%、辛硫磷 18.5%/2014.02.23 至 2019.02.23/低毒			
	甘蓝	菜青虫	90-150克/公顷	喷雾
PD20092271	丙溴·辛硫磷/24%/乳油/丙溴磷 10%、辛硫磷 14%/2014.02.24 至 2019.02.24/低毒			
	甘蓝	菜青虫	144-216克/公顷	喷雾
PD20093405	多·福/40%/可湿性粉剂/多菌灵 5%、福美双 35%/2014.03.20 至 2019.03.20/低毒			
	葡萄	霜霉病	1000-1250毫克/千克	喷雾
PD20093849	乙铝·锰锌/50%/可湿性粉剂/代森锰锌 22%、三乙膦酸铝 28%/2014.03.25 至 2019.03.25/低毒			
	黄瓜	霜霉病	1200-1500克/公顷	喷雾
PD20093850	苯磺隆/10%/可湿性粉剂/苯磺隆 10%/2014.03.25 至 2019.03.25/低毒			
	冬小麦田	一年生阔叶杂草	15-22.5克/公顷	茎叶喷雾
PD20094069	高效氯氰菊酯/4.5%/乳油/高效氯氰菊酯 4.5%/2014.03.27 至 2019.03.27/低毒			
	十字花科蔬菜	蚜虫	13.5-20.25克/公顷	喷雾
PD20094258	氟磺胺草醚/250克/升/水剂/氟磺胺草醚 250克/升/2014.03.31 至 2019.03.31/低毒			
	春大豆田	一年生阔叶杂草	300-375克/公顷	茎叶喷雾
PD20094807	苏云金杆菌/8000IU/毫克/可湿性粉剂/苏云金杆菌 8000IU/毫克/2009.04.13 至 2014.04.13/低毒			
	茶树	茶毛虫	400-800倍	喷雾
	棉花	二代棉铃虫	3000-4500克制剂/公顷	喷雾
	森林	松毛虫	600-800倍	喷雾
	十字花科蔬菜	小菜蛾	1500-2250克制剂/公顷	喷雾
	十字花科蔬菜	菜青虫	750-1500克制剂/公顷	喷雾
	水稻	稻纵卷叶螟	3000-4500克制剂/公顷	喷雾
	烟草	烟青虫	1500-3000克制剂/公顷	喷雾
	玉米	玉米螟	1500-3000克制剂/公顷	加细沙灌心
	枣树	枣尺蠖	600-800倍	喷雾
PD20095222	高氯·毒死蜱/12%/乳油/毒死蜱 9.5%、高效氯氰菊酯 2.5%/2014.04.24 至 2019.04.24/中等毒			
	棉花	棉铃虫	180-270克/公顷	喷雾
PD20095791	多·锰锌/70%/可湿性粉剂/多菌灵 10%、代森锰锌 60%/2009.05.27 至 2014.05.27/低毒			

苹果　斑点落叶病　1000-1250毫克/千克　喷雾

PD20095800　复硝酚钠/1.4%/水剂/5-硝基邻甲氧基苯酚钠 0.23%、对硝基苯酚钠 0.71%、邻硝基苯酚钾 0.46%/2009.05.27 至2014.05.27/低毒

番茄　调节生长　1.75-2.3毫克/千克　喷雾

PD20095802　甲戊·乙草胺/40%/乳油/二甲戊灵 10%、乙草胺 30%/2009.05.27 至 2014.05.27/低毒

姜田　一年生杂草　900-1200克/公顷　土壤喷雾

PD20095915　阿维·柴油/24.5%/乳油/阿维菌素 0.2%、柴油 24.3%/2009.06.02 至 2014.06.02/低毒(原药高毒)

柑橘树　红蜘蛛　123-245毫克/千克　喷雾

PD20096049　高氯·马/20%/乳油/高效氯氰菊酯 1.5%、马拉硫磷 18.5%/2009.06.18 至 2014.06.18/低毒

苹果树　桃小食心虫　133-200毫克/千克　喷雾

PD20096309　异丙甲草胺/720克/升/乳油/异丙甲草胺 720克/升/2009.07.22 至 2014.07.22/低毒

夏大豆田　一年生禾本科杂草及部分小粒种子阔叶杂草　1080-1950克/公顷　播后苗前土壤喷雾

PD20096520　柴油·辛硫磷/40%/乳油/柴油 20%、辛硫磷 20%/2009.08.20 至 2014.08.20/低毒

棉花　棉铃虫　480-720克/公顷　喷雾

PD20096667　辛硫·三唑磷/20%/乳油/三唑磷 10%、辛硫磷 10%/2009.09.07 至 2014.09.07/中等毒

水稻　稻水象甲　120-150克/公顷　喷雾

PD20097044　吡虫·杀虫单/58%/可湿性粉剂/吡虫啉 2.5%、杀虫单 55.5%/2009.10.10 至 2014.10.10/低毒

水稻　稻纵卷叶螟、二化螟、飞虱、三化螟　450-750克/公顷　喷雾

PD20097448　矮壮素/50%/水剂/矮壮素 50%/2009.10.28 至 2014.10.28/低毒

棉花　调节生长　50-62.5毫克/千克（8000-10000倍液）　喷雾

PD20097514　烟嘧磺隆/40克/升/可分散油悬浮剂/烟嘧磺隆 40克/升/2009.11.03 至 2014.11.03/低毒

夏玉米田　一年生杂草　42-60克/公顷　茎叶喷雾

PD20097617　2,4-滴丁酯/57%/乳油/2,4-滴丁酯 57%/2009.11.03 至 2014.11.03/低毒

冬小麦田　一年生阔叶杂草　486-540克/公顷　茎叶喷雾

PD20097922　甲氰菊酯/20%/乳油/甲氰菊酯 20%/2009.11.30 至 2014.11.30/中等毒

甘蓝　小菜蛾　75-90克/公顷　喷雾

PD20098048　氟啶脲/50克/升/乳油/氟啶脲 50克/升/2009.12.07 至 2014.12.07/低毒

甘蓝　甜菜夜蛾　45-60克/公顷　喷雾

PD20098050　虫酰肼/20%/悬浮剂/虫酰肼 20%/2009.12.07 至 2014.12.07/低毒

甘蓝　甜菜夜蛾　240-300克/公顷　喷雾

PD20098053　丁草胺/85%/乳油/丁草胺 85%/2009.12.07 至 2014.12.07/低毒

移栽水稻田　一年生杂草　810-1350克/公顷　毒土法

PD20098054　多菌灵/80%/可湿性粉剂/多菌灵 80%/2009.12.07 至 2014.12.07/低毒

水稻　稻瘟病　750－800克/公顷　喷雾

PD20098076　代森锌/80%/可湿性粉剂/代森锌 80%/2009.12.08 至 2014.12.08/低毒

番茄　早疫病　2550－3600克/公顷　喷雾

PD20098167　氟硅唑/400克/升/乳油/氟硅唑 400克/升/2009.12.14 至 2014.12.14/低毒

菜豆　白粉病　45-56.25克/公顷　喷雾

PD20098283　稻瘟灵/40%/乳油/稻瘟灵 40%/2009.12.18 至 2014.12.18/低毒

水稻　稻瘟病　399－600克/公顷　喷雾

PD20098287　三环唑/75%/可湿性粉剂/三环唑 75%/2009.12.18 至 2014.12.18/中等毒

水稻　稻瘟病　225-300克/公顷　喷雾

PD20098302　丙环唑/250克/升/乳油/丙环唑 250克/升/2009.12.18 至 2014.12.18/低毒

香蕉　叶斑病　375－500毫克/千克　喷雾

PD20098398　阿维菌素/3.2%/乳油/阿维菌素 3.2%/2009.12.18 至 2014.12.18/低毒(原药高毒)

十字花科蔬菜　小菜蛾　6-9克/公顷　喷雾

PD20098442　高氯·毒死蜱/15%/乳油/毒死蜱 13.5%、高效氯氰菊酯 1.5%/2009.12.24 至 2014.12.24/中等毒

黄瓜　美洲斑潜蝇　112.5-135克/公顷　喷雾

PD20100330　吡虫啉/50%/可湿性粉剂/吡虫啉 50%/2010.01.11 至 2015.01.11/低毒

小麦　蚜虫　15-30克/公顷(南方地区)　喷雾
45-60克/公顷(北方地区)

PD20101288　炔螨·矿物油/73%/乳油/矿物油 33%、炔螨特 40%/2010.03.10 至 2015.03.10/低毒

柑橘树　红蜘蛛　243-365毫克/千克　喷雾

PD20101700　杀螺胺/70%/可湿性粉剂/杀螺胺 70%/2010.06.28 至 2015.06.28/低毒

水稻　福寿螺　315-420克/公顷　喷雾

PD20101972　哒螨灵/20%/可湿性粉剂/哒螨灵 20%/2010.09.21 至 2015.09.21/低毒

苹果树　红蜘蛛　50-60毫克/千克　喷雾

PD20101982　丙溴磷/40%/乳油/丙溴磷 40%/2010.09.21 至 2015.09.21/中等毒

十字花科蔬菜　小菜蛾　360-450克/公顷　喷雾

PD20102149　吡虫啉/10%/可湿性粉剂/吡虫啉 10%/2010.12.07 至 2015.12.07/低毒

小麦　蚜虫　15-30克/公顷(南方地区)　喷雾

45-60克/公顷(北方地区)

PD20102199 阿维·毒死蜱/10%/乳油/阿维菌素 0.1%、毒死蜱 9.9%/2010.12.17 至 2015.12.17/低毒(原药高毒)
萝卜 小菜蛾 112.5-150克/公顷 浸果

PD20110150 乙草胺/89%/乳油/乙草胺 89%/2011.02.10 至 2016.02.10/低毒
春大豆田 小粒种子阔叶杂草、一年生禾本科杂草 1500-1950克/公顷 播后苗前土壤喷雾

PD20110163 草甘膦异丙胺盐/30%/水剂/草甘膦 30%/2011.02.11 至 2016.02.11/微毒
苹果园 杂草 1125-2250克/公顷 茎叶喷雾
注:草甘膦异丙胺盐含量为:41%。

PD20110351 甲氨基阿维菌素苯甲酸盐/2%/乳油/甲氨基阿维菌素 2%/2011.03.24 至 2016.03.24/低毒
甘蓝 甜菜夜蛾 2.4-3.6克/公顷 喷雾
注:甲氨基阿维菌素苯甲酸盐含量:2.3%。

PD20110666 阿维·炔螨特/56%/乳油/阿维菌素 0.3%、炔螨特 55.7%/2011.06.20 至 2016.06.20/中等毒(原药高毒)
柑橘树 红蜘蛛 140-280毫克/千克 喷雾

PD20110867 丁草胺/60%/乳油/丁草胺 60%/2011.08.10 至 2016.08.10/低毒
移栽水稻田 稗草 1012.5-1275克/公顷 毒土法

PD20110893 吡虫啉/70%/可湿性粉剂/吡虫啉 70%/2011.08.17 至 2016.08.17/低毒
水稻 稻飞虱 15-30克/公顷 喷雾

PD20111159 百草枯/250克/升/水剂/百草枯 250克/升/2012.12.31 至 2014.07.01/中等毒
非耕地 杂草 600-750克/公顷 茎叶喷雾

PD20111440 阿维·吡虫啉/1.8%/乳油/阿维菌素 0.1%、吡虫啉 1.7%/2011.12.29 至 2016.12.29/低毒(原药高毒)
甘蓝 蚜虫 13.5-16.2克/公顷 喷雾

PD20121837 烟嘧·莠去津/23%/可分散油悬浮剂/烟嘧磺隆 3%、莠去津 20%/2012.11.22 至 2017.11.22/低毒
玉米田 一年生杂草 345-448.5克/公顷 茎叶喷雾

PD20122124 烟嘧·莠去津/52%/可湿性粉剂/烟嘧磺隆 4%、莠去津 48%/2012.12.26 至 2017.12.26/低毒
玉米田 一年生杂草 429-741克/公顷 茎叶喷雾

PD20130009 戊唑醇/430克/升/悬浮剂/戊唑醇 430克/升/2013.01.04 至 2018.01.04/低毒
苹果树 轮纹病 107.5-143毫克/千克 喷雾

PD20130307 草甘膦铵盐/68%/可溶粒剂/草甘膦 68%/2013.02.26 至 2018.02.26/低毒
柑橘园 杂草 1681-2241克/公顷 定向茎叶喷雾
注:草甘膦铵盐含量: 74.7%。

PD20130740 丁草·噁草酮/60%/乳油/丁草胺 50%、噁草酮 10%/2013.04.12 至 2018.04.12/低毒
水稻旱直播田 一年生杂草 720-900克/公顷 播后苗前土壤喷雾

PD20131129 乙·莠·滴丁酯/62%/悬乳剂/2,4-滴丁酯 8%、乙草胺 32%、莠去津 22%/2013.05.20 至 2018.05.20/低毒
春玉米田 一年生杂草 2325-2790克/公顷 播后苗前土壤喷雾

PD20131130 氟磺·烯禾啶/20.8%/乳油/氟磺胺草醚 12.5%、烯禾啶 8.3%/2013.05.20 至 2018.05.20/低毒
春大豆田 一年生杂草 405.6-468克/公顷 茎叶喷雾

PD20131581 莠去津/90%/水分散粒剂/莠去津 90%/2013.07.23 至 2018.07.23/低毒
春玉米田 一年生杂草 1485-1755克/公顷 播后苗前土壤喷雾
夏玉米田 一年生杂草 1215-1485克/公顷 播后苗前土壤喷雾

PD20132096 莠去津/45%/悬浮剂/莠去津 45%/2013.10.24 至 2018.10.24/低毒
夏玉米田 一年生杂草 1125-1500克/公顷 土壤喷雾

PD20132634 甲·灭 ·敌草隆/65%/可湿性粉剂/敌草隆 15%、2甲4氯 10%、莠灭净 40%/2013.12.20 至 2018.12.20/低毒
甘蔗田 一年生杂草 1462.5-1706.25克/公顷 定向茎叶喷雾

济南约克农化有限公司 (山东省济南市桑园路11号 250100 0531-88669927)

PD20083080 多·福/50%/可湿性粉剂/多菌灵 25%、福美双 25%/2013.12.10 至 2018.12.10/中等毒
梨树 黑星病 1000-1500毫克/千克 喷雾

PD20093041 高氯·辛硫磷/22%/乳油/高效氯氰菊酯 2%、辛硫磷 20%/2009.03.09 至 2014.03.09/中等毒
棉花 棉铃虫 132-165克/公顷 喷雾

PD20100351 阿维菌素/1.8%/乳油/阿维菌素 1.8%/2010.01.11 至 2015.01.11/中等毒(原药高毒)
甘蓝 菜青虫 8.1-10.8克/公顷 喷雾

PD20110267 阿维·哒螨灵/8%/乳油/阿维菌素 0.2%、哒螨灵 7.8%/2011.03.31 至 2016.03.31/中等毒(原药高毒)
柑橘 红蜘蛛 40-53.3毫克/千克 喷雾

济南中科绿色生物工程有限公司 (山东省济南市历下区千佛山东二路19号 250014 0531-82629796)

PD20082110 马拉·辛硫磷/20%/乳油/马拉硫磷 10%、辛硫磷 10%/2013.11.25 至 2018.11.25/中等毒
棉花 棉铃虫 225-300克/公顷 喷雾

PD20082263 辛硫·高氯氟/16%/乳油/高效氯氟氰菊酯 0.7%、辛硫磷 15.3%/2013.11.27 至 2018.11.27/低毒
棉花 棉铃虫 144-204克/公顷 喷雾

PD20085251 多菌灵/80%/可湿性粉剂/多菌灵 80%/2013.12.23 至 2018.12.23/低毒
花生 倒秧病 750-900克/公顷 喷雾

PD20085477 阿维菌素/1.8%/乳油/阿维菌素 1.8%/2013.12.25 至 2018.12.25/低毒(原药高毒)
菜豆、黄瓜 美洲斑潜蝇 10.8-21.6克/公顷 喷雾
柑橘树 锈壁虱 2.25-4.5毫克/千克 喷雾
柑橘树 红蜘蛛、潜叶蛾 4.5-9毫克/千克 喷雾

梨树 梨木虱 6-12毫克/千克 喷雾
苹果树 红蜘蛛 3-6毫克/千克 喷雾
苹果树 二斑叶螨 4.5-6毫克/千克 喷雾
苹果树 桃小食心虫 4.5-9毫克/千克 喷雾
苹果树 蚜虫 兼治 喷雾
十字花科蔬菜 小菜蛾 8.1-10.8克/公顷 喷雾

PD20091388 甲基硫菌灵/70%/可湿性粉剂/甲基硫菌灵 70%/2014.02.02 至 2019.02.02/低毒
水稻 纹枯病 1050-1500克/公顷 喷雾

PD20093122 代森锰锌/80%/可湿性粉剂/代森锰锌 80%/2014.03.10 至 2019.03.10/低毒
黄瓜 霜霉病 2250-2700克/公顷 喷雾

PD20096488 异丙甲草胺/720克/升/乳油/异丙甲草胺 720克/升/2009.08.14 至 2014.08.14/低毒
大豆田 一年生禾本科杂草及部分小粒种子阔叶杂草 1620-2160克/公顷（东北地区） 播后苗前土壤喷雾
1080-1620克/公顷（其他地区）

PD20097328 氯氰·丙溴磷/440克/升/乳油/丙溴磷 400克/升、氯氰菊酯 40克/升/2009.10.27 至 2014.10.27/中等毒
棉花 棉铃虫 83-100毫升制剂/亩 喷雾

PD20097659 联苯菊酯/100克/升/乳油/联苯菊酯 100克/升/2009.11.04 至 2014.11.04/中等毒
茶树 茶小绿叶蝉 30-37.5克/公顷 喷雾

PD20097876 毒死蜱/480克/升/乳油/毒死蜱 480克/升/2009.11.20 至 2014.11.20/中等毒
水稻 稻纵卷叶螟 432-576克/公顷 喷雾

PD20097916 唑螨酯/5%/悬浮剂/唑螨酯 5%/2009.11.30 至 2014.11.30/中等毒
柑橘树 红蜘蛛 22.5-33.33毫克/千克 喷雾

PD20097939 辛硫磷/40%/乳油/辛硫磷 40%/2009.11.30 至 2014.11.30/低毒
棉花 棉铃虫 450-600克/公顷 喷雾

PD20098323 三环唑/75%/可湿性粉剂/三环唑 75%/2009.12.18 至 2014.12.18/低毒
水稻 稻瘟病 225-300克/公顷 喷雾

PD20100435 高效氯氟氰菊酯/25克/升/乳油/高效氯氟氰菊酯 25克/升/2010.01.14 至 2015.01.14/中等毒
甘蓝 蚜虫 5.625-7.5克/公顷 喷雾

PD20100542 高效氯氰菊酯/4.5%/水乳剂/高效氯氰菊酯 4.5%/2010.01.14 至 2015.01.14/中等毒
甘蓝 菜青虫 22.5-37.5克/公顷 喷雾

PD20100563 阿维菌素/5%/乳油/阿维菌素 5%/2010.01.14 至 2015.01.14/低毒(原药高毒)
甘蓝 小菜蛾 8.1-10.8克/公顷 喷雾

PD20100569 毒·辛/30%/乳油/毒死蜱 10%、辛硫磷 20%/2010.01.14 至 2015.01.14/中等毒
水稻 二化螟 540-675克/公顷 喷雾

PD20110037 炔螨特/57%/乳油/炔螨特 57%/2011.01.11 至 2016.01.11/低毒
柑橘树 红蜘蛛 228-380毫克/千克 喷雾

PD20110672 精喹禾灵/10%/乳油/精喹禾灵 10%/2011.06.20 至 2016.06.20/低毒
夏大豆田 一年生禾本科杂草 48.6-64.8克/公顷 茎叶喷雾

PD20120551 阿维菌素/3.2%/乳油/阿维菌素 3.2%/2012.03.28 至 2017.03.28/中等毒(原药高毒)
甘蓝 小菜蛾 10.8-13.5克/公顷 喷雾

PD20120909 甲氨基阿维菌素苯甲酸盐/1%/乳油/甲氨基阿维菌素 1%/2012.05.31 至 2017.05.31/低毒
甘蓝 甜菜夜蛾 2.25-4.5克/公顷 喷雾
注:甲氨基阿维菌素苯甲酸盐含量1.14%。

PD20131134 联苯菊酯/25克/升/乳油/联苯菊酯 25克/升/2013.05.20 至 2018.05.20/低毒
茶树 茶尺蠖 7.5-15克/公顷 喷雾

PD20131781 阿维·三唑磷/10.2%/乳油/阿维菌素 0.2%、三唑磷 10%/2013.09.09 至 2018.09.09/中等毒(原药高毒)
水稻 三化螟 153-183.6克/公顷 喷雾

京博农化科技股份有限公司 （山东省博兴县经济开发区 256505 0531-58819191）

PD20040606 氯氰·吡虫啉/5%/乳油/吡虫啉 1%、氯氰菊酯 4%/2009.12.19 至 2014.12.19/低毒
茶树 茶小绿叶蝉 37.5-45克/公顷 喷雾
甘蓝 蚜虫 22.5-37.5克/公顷 喷雾
苹果树 蚜虫 25-50毫克/千克 喷雾

PD20040699 吡虫啉/5%/乳油/吡虫啉 5%/2009.12.19 至 2014.12.19/低毒
小麦 蚜虫 12-15克/公顷 喷雾

PD20080335 灭幼脲/20%/悬浮剂/灭幼脲 20%/2013.02.26 至 2018.02.26/低毒
苹果树 金纹细蛾 125-167毫克/千克 喷雾
十字花科蔬菜 菜青虫 75-112.5克/公顷 喷雾

PD20081225 精喹禾灵/95%/原药/精喹禾灵 95%/2013.09.11 至 2018.09.11/低毒

PD20081503 精喹禾灵/5%/乳油/精喹禾灵 5%/2013.11.06 至 2018.11.06/低毒
春大豆 一年生禾本科杂草 52.5-67.5克/公顷 茎叶喷雾
夏大豆、油菜 一年生禾本科杂草 37.5-52.5克/公顷 茎叶喷雾

PD20081567 虫酰肼/95%/原药/虫酰肼 95%/2013.11.11 至 2018.11.11/低毒

PD20081759 精喹禾灵/10%/乳油/精喹禾灵 10%/2013.11.18 至 2018.11.18/低毒
春大豆田 一年生禾本科杂草 64.8-81.0克/公顷 茎叶喷雾

	花生田	一年生禾本科杂草	32.4-51.84克/公顷	茎叶喷雾
	夏大豆田	一年生禾本科杂草	35.6-51.8克/公顷	茎叶喷雾
	油菜田	多年生禾本科杂草、一年生禾本科杂草	40.5-56.7克/公顷	茎叶喷雾
PD20081802	霜脲·锰锌/72%/可湿性粉剂/代森锰锌 64%、霜脲氰 8%/2013.11.19 至 2018.11.19/低毒			
	番茄	晚疫病	1440-1944克/公顷	喷雾
	黄瓜	霜霉病	1440-1800克/公顷	喷雾
PD20081807	莠去津/38%/悬浮剂/莠去津 38%/2008.11.19 至 2013.11.19/低毒			
	春玉米田	一年生杂草	1710-1995克/公顷(东北地区)	土壤喷雾
	夏玉米田	一年生杂草	1140-1425克/公顷(其它地区)	土壤喷雾
PD20081921	精喹禾灵/8.8%/乳油/精喹禾灵 8.8%/2013.11.21 至 2018.11.21/低毒			
	春大豆	一年生禾本科杂草	66-79.2克/公顷	茎叶喷雾
	冬油菜	一年生禾本科杂草	46.2-59.4克/公顷	茎叶喷雾
	夏大豆	一年生禾本科杂草	52.8-66克/公顷	茎叶喷雾
PD20082141	硫丹/35%/乳油/硫丹 35%/2013.11.25 至 2018.11.25/高毒			
	棉花	棉铃虫	525-840克/公顷	喷雾
PD20082622	嘧霉胺/95%/原药/嘧霉胺 95%/2013.12.04 至 2018.12.04/低毒			
PD20082796	虫酰肼/20%/悬浮剂/虫酰肼 20%/2013.12.09 至 2018.12.09/低毒			
	甘蓝	甜菜夜蛾	240-300克/公顷	喷雾
	苹果树	卷叶蛾	100-133毫克/千克	喷雾
PD20083100	阿维菌素/0.5%/微乳剂/阿维菌素 0.5%/2013.12.10 至 2018.12.10/低毒(原药高毒)			
	菜豆	美洲斑潜蝇	2.25-3.75克/公顷	喷雾
PD20083964	苯磺隆/10%/可湿性粉剂/苯磺隆 10%/2013.12.16 至 2018.12.16/低毒			
	冬小麦田	一年生阔叶杂草	13.5－22.5克/公顷	茎叶喷雾
PD20084429	高效氯氟氰菊酯/2.5%/乳油/高效氯氟氰菊酯 2.5%/2013.12.17 至 2018.12.17/中等毒			
	十字花科蔬菜	蚜虫	5.625-7.5克/公顷	喷雾
	烟草	烟青虫	6.09-8.125克/公顷	喷雾
PD20084857	虫酰肼/20%/可湿性粉剂/虫酰肼 20%/2013.12.22 至 2018.12.22/低毒			
	十字花科蔬菜	甜菜夜蛾	180-300克/公顷	喷雾
PD20085181	甲氨基阿维菌素苯甲酸盐/1.5%/乳油/甲氨基阿维菌素苯甲酸盐 1.5%/2013.12.23 至 2018.12.23/低毒			
	十字花科蔬菜	甜菜夜蛾、小菜蛾	1.14-1.6克/公顷	喷雾
PD20085355	异丙草·莠/40%/悬浮剂/异丙草胺 16%、莠去津 24%/2013.12.24 至 2018.12.24/低毒			
	春玉米田	一年生杂草	1800-2400克/公顷(东北地区)	播后苗前土壤喷雾
	夏玉米田	一年生杂草	1050-1500克/公顷(其它地区)	播后苗前土壤喷雾
PD20086037	烟嘧磺隆/95%/原药/烟嘧磺隆 95%/2013.12.29 至 2018.12.29/低毒			
PD20086149	乙铝·多菌灵/60%/可湿性粉剂/多菌灵 40%、三乙膦酸铝 20%/2013.12.30 至 2018.12.30/低毒			
	苹果树	斑点落叶病、轮纹病	400-600倍液	喷雾
PD20086379	草甘膦/95%/原药/草甘膦 95%/2013.12.31 至 2018.12.31/微毒			
PD20090086	甲氨基阿维菌素苯甲酸盐/0.2%/乳油/甲氨基阿维菌素苯甲酸盐 0.2%/2014.01.08 至 2019.01.08/低毒			
	甘蓝	甜菜夜蛾、小菜蛾	1.5-1.8克/公顷	喷雾
PD20090282	阿维·三唑磷/15%/乳油/阿维菌素 0.1%、三唑磷 14.9%/2014.01.09 至 2019.01.09/中等毒(原药高毒)			
	棉花	棉铃虫	135-180克/公顷	喷雾
PD20090799	醚菌酯/95%/原药/醚菌酯 95%/2014.01.19 至 2019.01.19/低毒			
PD20090817	精噁唑禾草灵/69克/升/水乳剂/精噁唑禾草灵 69克/升/2014.01.19 至 2019.01.19/低毒			
	春小麦田	一年生禾本科杂草	51.8-62.1克/公顷	茎叶喷雾
	冬小麦田	一年生禾本科杂草	41.4-51.8克/公顷	茎叶喷雾
PD20090992	辛硫·高氯氟/26%/乳油/高效氯氟氰菊酯 1%、辛硫磷 25%/2014.01.21 至 2019.01.21/中等毒			
	甘蓝	小菜蛾	162.63-243.75克/公顷	喷雾
PD20091220	甲氨基阿维菌素苯甲酸盐/0.5%/乳油/甲氨基阿维菌素 0.5%/2014.02.01 至 2019.02.01/低毒			
	甘蓝	甜菜夜蛾、小菜蛾	1.14-1.6克/公顷	喷雾
	水稻	稻纵卷叶螟	7.5－15克/公顷	喷雾
	注:甲氨基阿维菌素苯甲酸盐含量: 0.57%。			
PD20091277	啶虫脒/20%/可溶粉剂/啶虫脒 20%/2014.02.01 至 2019.02.01/低毒			
	棉花	蚜虫	18-30克/公顷	喷雾
PD20091406	氟磺胺草醚/25%/水剂/氟磺胺草醚 25%/2014.02.02 至 2019.02.02/低毒			
	春大豆田	一年生阔叶杂草	375-450克/公顷	茎叶喷雾
	夏大豆田	一年生阔叶杂草	262.5-375克/公顷	茎叶喷雾
PD20091635	噁霉灵/70%/可溶粉剂/噁霉灵 70%/2014.02.03 至 2019.02.03/低毒			
	水稻	立枯病	0.9-1.8克/公顷	苗床喷雾
	西瓜	枯萎病	380-500毫克/千克	本田灌根
PD20091643	甲氨基阿维菌素苯甲酸盐/1%/乳油/甲氨基阿维菌素 1%/2014.02.03 至 2019.02.03/低毒			
	甘蓝	小菜蛾	1.5-2.25克/公顷	喷雾
	注:甲氨基阿维菌素苯甲酸盐含量: 1.14%。			
PD20091674	氯氰·毒死蜱/52.25%/乳油/毒死蜱 47.5%、氯氰菊酯 4.75%/2014.02.03 至 2019.02.03/中等毒			

柑橘树 潜叶蛾 348.3-550毫克/千克 喷雾
荔枝树 蒂蛀虫 261.3-522.5毫克/千克 喷雾
PD20091892 2甲·灭草松/25%/水剂/2甲4氯 4%、灭草松 21%/2014.02.09 至 2019.02.09/低毒
水稻移栽田 阔叶杂草及莎草科杂草 750-1125克/公顷 茎叶喷雾
PD20092755 嘧霉胺/30%/悬浮剂/嘧霉胺 30%/2009.03.04 至 2014.03.04/低毒
番茄 灰霉病 450-585克/公顷 喷雾
黄瓜 灰霉病 375－562.5克/公顷 喷雾
PD20093438 烯酰吗啉/30%/可湿性粉剂/烯酰吗啉 30%/2009.03.23 至 2014.03.23/低毒
黄瓜 霜霉病 225-315克/公顷 喷雾
PD20093778 甲氨基阿维菌素苯甲酸盐/5%/水分散粒剂/甲氨基阿维菌素 5%/2009.03.25 至 2014.03.25/低毒
甘蓝 甜菜夜蛾、小菜蛾 1.125-2.25克/公顷 喷雾
水稻 稻纵卷叶螟 7.5-11.25克/公顷 喷雾
注:甲氨基阿维菌素苯甲酸盐含量：5.7%。
PD20094175 阿维菌素/3.2%/乳油/阿维菌素 3.2%/2009.03.27 至 2014.03.27/低毒(原药高毒)
菜豆 美洲斑潜蝇 10.8-21.6克/公顷 喷雾
甘蓝 小菜蛾 8.1-10.8克/公顷 喷雾
水稻 二化螟 24-38.4克/公顷 喷雾
PD20094335 烟嘧磺隆/40克/升/可分散油悬浮剂/烟嘧磺隆 40克/升/2009.03.31 至 2014.03.31/低毒
玉米田 一年生杂草 45-54克/公顷 茎叶喷雾
PD20094400 嘧霉胺/70%/水分散粒剂/嘧霉胺 70%/2009.04.01 至 2014.04.01/低毒
番茄、黄瓜 灰霉病 472.5-577.5克/公顷 喷雾
PD20094639 精噁唑禾草灵/95%/原药/精噁唑禾草灵 95%/2009.04.10 至 2014.04.10/低毒
PD20095025 精喹禾灵/15%/乳油/精喹禾灵 15%/2009.04.21 至 2014.04.21/低毒
冬油菜田、夏大豆田 一年生禾本科杂草 45-67.5克/公顷 茎叶喷雾
花生田 一年生禾本科杂草 45-58.5克/公顷 茎叶喷雾
PD20095124 甲氨基阿维菌素苯甲酸盐/83.5%/原药/甲氨基阿维菌素 83.5%/2009.04.24 至 2014.04.24/中等毒
注:甲氨基阿维菌素苯甲酸盐含量：95%。
PD20095289 醚菌酯/30%/可湿性粉剂/醚菌酯 30%/2009.04.27 至 2014.04.27/低毒
草莓 白粉病 67.5-180克/公顷 喷雾
黄瓜 白粉病 123.75-157.5克/公顷 喷雾
PD20096927 烟嘧磺隆/6%/可分散油悬浮剂/烟嘧磺隆 6%/2009.09.23 至 2014.09.23/低毒
夏玉米田 一年生杂草 63－72克/公顷 茎叶喷雾
PD20098151 甲氨基阿维菌素苯甲酸盐/2%/微乳剂/甲氨基阿维菌素 2%/2009.12.14 至 2014.12.14/低毒
甘蓝 小菜蛾 1.25-1.61克/公顷 喷雾
甘蓝 甜菜夜蛾 1.65-3.3克/公顷 喷雾
注:甲氨基阿维菌素苯甲酸盐含量：2.2%。
PD20101223 草甘膦异丙胺盐/30%/水剂/草甘膦 30%/2010.03.01 至 2015.03.01/低毒
玉米田 杂草 1230-1537.5克/公顷 定向茎叶喷雾
注:草甘膦异丙胺盐含量：41%。
PD20110176 吡虫啉/70%/可湿性粉剂/吡虫啉 70%/2011.02.17 至 2016.02.17/低毒
甘蓝 蚜虫 21～31.6 克/公顷 喷雾
PD20110195 苯甲·丙环唑/300克/升/乳油/苯醚甲环唑 150克/升、丙环唑 150克/升/2011.02.18 至 2016.02.18/低毒
水稻 纹枯病 67.5-90克/公顷 喷雾
PD20110282 氟磺胺草醚/98%/原药/氟磺胺草醚 98%/2011.03.11 至 2016.03.11/低毒
PD20110544 烟嘧磺隆/80%/可湿性粉剂/烟嘧磺隆 80%/2011.05.12 至 2016.05.12/低毒
玉米田 一年生杂草 40-60克/公顷 茎叶喷雾
PD20110877 阿维菌素/96%/原药/阿维菌素 96%/2011.08.16 至 2016.08.16/高毒
PD20120747 甲氨基阿维菌素苯甲酸盐/5%/微乳剂/甲氨基阿维菌素 5%/2012.05.05 至 2017.05.05/低毒
甘蓝 小菜蛾 1.5-2.25克/公顷 喷雾
注:甲氨基阿维菌素苯甲酸盐含量：5.7%。
PD20120845 苯醚甲环唑/10%/可湿性粉剂/苯醚甲环唑 10%/2012.05.22 至 2017.05.22/低毒
苹果树 斑点落叶病 50－66.67毫克/千克 喷雾
PD20122128 烟嘧·莠去津/22%/悬浮剂/烟嘧磺隆 2%、莠去津 20%/2012.12.26 至 2017.12.26/低毒
玉米田 一年生杂草 330-495克/公顷 茎叶喷雾
PD20130337 噁霉灵/70/可溶粉剂/噁霉灵 70%/2013.03.08 至 2018.03.08/低毒
水稻 立枯病 0.9－1.8克/平方米 苗床喷雾
西瓜 枯萎病 380-500毫克/千克 本田灌根
PD20130929 除虫脲/25%/可湿性粉剂/除虫脲 25%/2013.04.28 至 2018.04.28/微毒
注：专供出口，不得在国内销售。
PD20131103 灭草松/480克/升/水剂/灭草松 480克/升/2013.05.20 至 2018.05.20/低毒
大豆田 一年生阔叶杂草 1080-1440克/公顷 茎叶喷雾
PD20131660 草甘膦铵盐/80%/可溶粒剂/草甘膦 80%/2013.08.01 至 2018.08.01/低毒
非耕地 杂草 1560－2280克/公顷 茎叶喷雾

注:草甘膦铵盐含量: 88.8%。

PD20131754 茚虫威/90%/原药/茚虫威 90%/2013.09.06 至 2018.09.06/中等毒

PD20132114 烟嘧·莠去津/54%/可湿性粉剂/烟嘧磺隆 4%、莠去津 50%/2013.10.24 至 2018.10.24/低毒
玉米田 一年生杂草 486-729克/公顷 茎叶喷雾

PD20132247 噻虫嗪/98%/原药/噻虫嗪 98%/2013.11.05 至 2018.11.05/低毒

PD20132264 醚菌酯/50%/水分散粒剂/醚菌酯 50%/2013.11.05 至 2018.11.05/微毒
注:专供出口，不得在国内销售。

PD20132265 嘧菌酯/50%/水分散粒剂/嘧菌酯 50%/2013.11.05 至 2018.11.05/低毒
注:专供出口，不得在国内销售。

PD20132310 草铵膦/200克/升/水剂/草铵膦 200克/升/2013.11.08 至 2018.11.08/微毒
非耕地 杂草 1200—1800克/公顷 茎叶喷雾

LS20120094 甲维·虫酰肼/34%/可湿性粉剂/虫酰肼 30%、甲氨基阿维菌素苯甲酸盐 4%/2013.03.07 至 2014.03.07/低毒
甘蓝 甜菜夜蛾 26-51克/公顷 喷雾

LS20120099 苯甲·醚菌酯/40%/可湿性粉剂/苯醚甲环唑 10%、醚菌酯 30%/2013.03.12 至 2014.03.12/低毒
水稻 纹枯病 225-3375克/公顷 喷雾
西瓜 炭疽病 108-180毫克/千克 喷雾

LS20120330 硝磺草酮/15%/悬浮剂/硝磺草酮 15%/2013.09.14 至 2014.09.14/低毒
玉米田 一年生杂草 112.5-168.75克/公顷 茎叶喷雾

LS20130170 氯氟吡氧乙酸异辛酯/140克/升/水乳剂/氯氟吡氧乙酸 140克/升/2013.04.03 至 2014.04.03/低毒
小麦田 一年生阔叶杂草 150-225克/公顷 茎叶喷雾
注:氯氟吡氧乙酸异辛酯含量: 200克/升。

LS20130271 烯酰·霜·锰锌/68%/可湿性粉剂/代森锰锌 50%、霜脲氰 8%、烯酰吗啉 10%/2013.05.02 至 2014.05.02/低毒
黄瓜 霜霉病 612-918克/公顷 喷雾

LS20130277 虱螨脲/10%/悬浮剂/虱螨脲 10%/2013.05.07 至 2014.05.07/微毒
甘蓝 甜菜夜蛾 22.5-30克/公顷 喷雾

LS20130433 噻虫·异丙威/25%/可湿性粉剂/噻虫嗪 3%、异丙威 22%/2013.09.09 至 2014.09.09/低毒
水稻 稻飞虱 150-225克/公顷 喷雾

莱芜钢铁集团新泰铜业有限公司 (山东省新泰市高新技术开发区云山路 271200 0538-7058025)

PD20097778 硫酸铜/98%/原药/硫酸铜 98%/2009.11.12 至 2014.11.12/低毒

梁山县金鹰化工厂 (山东省梁山县韩垓镇大李庄 272616 0537-7658327)

WL20100238 杀虫气雾剂/0.52%/气雾剂/胺菊酯 0.35%、氯菊酯 0.17%/2012.08.31 至 2013.08.31/微毒
卫生 蜚蠊、蚊、蝇 / 喷雾

聊城市华能精细化工厂 (山东省聊城市开发区拥军路路北 252000 0635-8531266)

WP20090130 杀虫气雾剂/0.3%/气雾剂/胺菊酯 0.25%、氯氰菊酯 0.05%/2014.02.23 至 2019.02.23/低毒
卫生 蚊、蝇、蜚蠊 / 喷雾

聊城市景阳岗化工有限公司 (山东省聊城市东昌西路121号 252300 0635-8900027)

WL20100167 杀虫气雾剂/0.45%/气雾剂/胺菊酯 0.3%、氯菊酯 0.15%/2012.06.08 至 2013.06.08/微毒
卫生 蜚蠊、蚊、蝇 / 喷雾

WL20110084 电热蚊香片/12毫克/片/电热蚊香片/炔丙菊酯 6毫克/片、四氟苯菊酯 6毫克/片/2013.07.07 至 2014.07.07/微毒
卫生 蚊 / 电热加温

临沂市君健商贸有限公司 (山东临沂市兰山区大岭村(临西九路与聚财路交汇处西北角) 276000 0539-7020363)

WL20110006 杀虫气雾剂/0.5%/气雾剂/胺菊酯 0.3%、富右旋反式烯丙菊酯 0.1%、氯菊酯 0.1%/2013.01.07 至2014.01.07/微毒
卫生 蚊、蝇、蜚蠊 / 喷雾

临沂市蓝天环科日化有限公司 (山东省临沂市河东区九曲张庄 276023 0539-6019669)

WP20090123 杀虫气雾剂/0.4%/气雾剂/胺菊酯 0.2%、富右旋反式烯丙菊酯 0.1%、氯菊酯 0.1%/2014.02.12 至2019.02.12/微毒
卫生 蚊、蝇、蜚蠊 / 喷雾

WP20090126 蚊香/0.25%/蚊香/富右旋反式烯丙菊酯 0.25%/2014.02.16 至 2019.02.16/低毒
卫生 蚊 / 点燃

WP20090225 杀虫气雾剂/0.52%/气雾剂/胺菊酯 0.33%、氯菊酯 0.19%/2014.04.09 至 2019.04.09/低毒
卫生 蚊、蝇 / 喷雾

WP20090267 杀虫气雾剂/0.38%/气雾剂/胺菊酯 0.33%、氯氰菊酯 0.05%/2009.05.12 至 2014.05.12/低毒
卫生 蚊、蝇 / 喷雾

WP20100046 杀虫气雾剂/0.28%/气雾剂/胺菊酯 0.25%、高效氯氰菊酯 0.03%/2010.03.10 至 2015.03.10/低毒
卫生 蚊、蝇、蜚蠊 / 喷雾

WP20120030 杀虫气雾剂/0.25%/气雾剂/胺菊酯 0.2%、氯氰菊酯 0.05%/2012.02.17 至 2017.02.17/微毒
卫生 蚊、蝇、蜚蠊 / 喷雾

齐鲁晟华制药有限公司 (山东省德州市临邑县经济技术开发区犁城大道西首南侧 251500 0534-5057238)

PD20130463 甲氨基阿维菌素苯甲酸盐/79.1%/原药/甲氨基阿维菌素 79.1%/2013.03.20 至 2018.03.20/中等毒
注:甲氨基阿维菌素苯甲酸盐含量: 90%

青岛海纳生物科技有限公司 (山东省莱西市日庄镇驻地 266601 0532-85490699)

PD86109-28 苏云金杆菌/16000IU/毫克/可湿性粉剂/苏云金杆菌 16000IU/毫克/2011.10.19 至 2016.10.19/低毒
白菜、萝卜、青菜 菜青虫、小菜蛾 1500-4500克制剂/公顷 喷雾
茶树 茶毛虫 1500-7500克制剂/公顷 喷雾

大豆、甘薯 天蛾 1500-2250克制剂/公顷 喷雾
柑橘树 柑橘凤蝶 2250-3750克制剂/公顷 喷雾
高粱、玉米 玉米螟 3750-4500克制剂/公顷 喷雾、毒土
梨树 天幕毛虫 1500-3750克制剂/公顷 喷雾
林木 尺蠖、柳毒蛾、松毛虫 2250-7500克制剂/公顷 喷雾
棉花 棉铃虫、造桥虫 1500-7500克制剂/公顷 喷雾
苹果树 巢蛾 2250-3750克制剂/公顷 喷雾
水稻 稻苞虫、稻纵卷叶螟 1500-6000克制剂/公顷 喷雾
烟草 烟青虫 3750-7500克制剂/公顷 喷雾
枣树 尺蠖 3750-4500克制剂/公顷 喷雾

PD20096290 速灭威/20%/乳油/速灭威 20%/2009.07.22 至 2014.07.22/中等毒
水稻 稻飞虱 450-600克/公顷 喷雾

PD20096956 甲基硫菌灵/70%/可湿性粉剂/甲基硫菌灵 70%/2009.09.29 至 2014.09.29/低毒
番茄 叶霉病 375-562.5克/公顷 喷雾

PD20097168 多抗霉素/1.5%/可湿性粉剂/多抗霉素 1.5%/2009.10.16 至 2014.10.16/低毒
苹果树 斑点落叶病 75－120毫克/千克 喷雾

PD20097936 联苯菊酯/25克/升/乳油/联苯菊酯 25克/升/2009.11.30 至 2014.11.30/中等毒
茶树 茶小绿叶蝉 80-100毫升制剂/亩 喷雾

PD20098000 甲霜·锰锌/58%/可湿性粉剂/甲霜灵 10%、代森锰锌 48%/2009.12.07 至 2014.12.07/低毒
黄瓜 霜霉病 1000-1827克/公顷 喷雾

PD20098045 吡虫啉/95%/原药/吡虫啉 95%/2009.12.07 至 2014.12.07/低毒

PD20098052 福美双/50%/可湿性粉剂/福美双 50%/2009.12.07 至 2014.12.07/低毒
黄瓜 霜霉病 750-1050克/公顷 喷雾

PD20098068 联苯菊酯/100克/升/乳油/联苯菊酯 100克/升/2009.12.07 至 2014.12.07/中等毒
茶树 茶小绿叶蝉 20-25毫升制剂/亩 喷雾

PD20098104 氟啶脲/50克/升/乳油/氟啶脲 50克/升/2009.12.08 至 2014.12.08/中等毒
甘蓝 菜青虫 46.8-62.4克/公顷 喷雾

PD20098285 溴氰菊酯/25克/升/乳油/溴氰菊酯 25克/升/2009.12.18 至 2014.12.18/低毒
烟草 烟青虫 20-35毫升制剂/亩 喷雾

PD20100018 噁霉灵/70%/可湿性粉剂/噁霉灵 70%/2010.01.04 至 2015.01.04/低毒
甜菜 立枯病 385-490克/100千克种子 拌种

PD20100164 福·福锌/80%/可湿性粉剂/福美双 30%、福美锌 50%/2010.01.05 至 2015.01.05/中等毒
黄瓜 炭疽病 1500－1800克/公顷 喷雾

PD20101248 春雷霉素/2%/可湿性粉剂/春雷霉素 2%/2010.03.01 至 2015.03.01/低毒
水稻 稻瘟病 30－50毫克/千克 喷雾

PD20101308 丙溴·辛硫磷/25%/乳油/丙溴磷 6%、辛硫磷 19%/2010.03.17 至 2015.03.17/中等毒
棉花 棉铃虫 243.75-281.25克/公顷 喷雾

PD20101369 溴螨酯/500克/升/乳油/溴螨酯 500克/升/2010.04.02 至 2015.04.02/低毒
柑橘树 红蜘蛛 330-500毫克/千克 喷雾

PD20101386 异丙威/20%/乳油/异丙威 20%/2010.04.14 至 2015.04.14/中等毒
水稻 稻飞虱 525-600克/公顷 喷雾

PD20101485 吡虫啉/200克/升/可溶液剂/吡虫啉 200克/升/2010.05.05 至 2015.05.05/低毒
甘蓝 蚜虫 22.5-30克/公顷 喷雾

PD20101496 敌百虫/80%/可溶液剂/敌百虫 80%/2010.05.10 至 2015.05.10/中等毒
甘蓝 斜纹夜蛾 1080-1200克/公顷 喷雾

PD20101588 毒死蜱/40%/乳油/毒死蜱 40%/2010.06.03 至 2015.06.03/中等毒
棉花 棉铃虫 675-900克/公顷 喷雾

PD20101620 双甲脒/200克/升/乳油/双甲脒 200克/升/2010.06.03 至 2015.06.03/低毒
棉花 红蜘蛛 90-120克/公顷 喷雾

PD20111405 代森锌/80%/可湿性粉剂/代森锌 80%/2011.12.22 至 2016.12.22/低毒
番茄 早疫病 2520-3600克/公顷 喷雾

PD20121968 高效氯氟氰菊酯/10%/可湿性粉剂/高效氯氟氰菊酯 10%/2012.12.18 至 2017.12.18/中等毒
甘蓝 蚜虫 12－15克/公顷 喷雾

PD20122123 丙环唑/40%/微乳剂/丙环唑 40%/2012.12.26 至 2017.12.26/低毒
香蕉 叶斑病 267-400毫克/千克 喷雾

PD20130270 烯唑醇/12.5%/可湿性粉剂/烯唑醇 12.5%/2013.02.21 至 2018.02.21/低毒
梨树 黑星病 31-42毫克/千克 喷雾

PD20130466 吡虫·噻嗪酮/20%/可湿性粉剂/吡虫啉 2%、噻嗪酮 18%/2013.03.20 至 2018.03.20/低毒
水稻 稻飞虱 120-150克/公顷 喷雾

PD20130992 氟环唑/125克/升/悬浮剂/氟环唑 125克/升/2013.05.07 至 2018.05.07/微毒
香蕉 叶斑病 90-178克/公顷 喷雾

PD20131004 戊唑醇/430克/升/悬浮剂/戊唑醇 430克/升/2013.05.13 至 2018.05.13/低毒
苹果树 斑点落叶病 4000-5000倍液 喷雾

PD20131011 嘧菌酯/250克/升/悬浮剂/嘧菌酯 250克/升/2013.05.13 至 2018.05.13/低毒

葡萄	黑痘病	125-250毫克/千克	喷雾

PD20131052 苯醚甲环唑/40%/悬浮剂/苯醚甲环唑 40%/2013.05.14 至 2018.05.14/低毒

西瓜	炭疽病	60-120克/公顷	喷雾

青岛户清害虫控制有限公司 (山东省青岛市市北区延吉路71号甲 266033 0532-83666309)

WP20090356 杀蟑胶饵/2.1%/胶饵/吡虫啉 2.1%/2009.11.03 至 2014.11.03/低毒

卫生	蜚蠊	/	投放

青岛洁净日用化工厂 (山东省青岛市四方区台柳路262号 260021 0532-85658016)

WL20120043 防蛀片剂/45毫克/片/防蛀片剂/右旋烯炔菊酯 45毫克/片/2012.08.06 至 2013.08.06/低毒

卫生	黑皮蠹	/	投放

青岛三力本诺化学工业有限公司 (山东省青岛市山东路27号港澳大厦1904 266071 0532-86685381)

WP20110253 避蚊胺/99%/原药/避蚊胺 99%/2011.11.16 至 2016.11.16/低毒

青岛双收农药化工有限公司 (山东省胶州市德州路8号 266300 0532-82292312)

PD84111-47 氧乐果/40%/乳油/氧乐果 40%/2010.03.08 至 2015.03.08/中等毒(原药高毒)

棉花	蚜虫、螨	375-600克/公顷	喷雾
森林	松干蚧、松毛虫	500倍液	喷雾或直接涂树干
水稻	稻纵卷叶螟、飞虱	375-600克/公顷	喷雾
小麦	蚜虫	300-450克/公顷	喷雾

PD85122-14 福美双/50%/可湿性粉剂/福美双 50%/2010.07.12 至 2015.07.12/中等毒

黄瓜	白粉病、霜霉病	500-1000倍液	喷雾
葡萄	白腐病	500-1000倍液	喷雾
水稻	稻瘟病、胡麻叶斑病	250克/100千克种子	拌种
甜菜、烟草	根腐病	500克/500千克温床土	土壤处理
小麦	白粉病、赤霉病	500倍液	喷雾

PD85123-8 胂·锌·福美双/50%/可湿性粉剂/福美甲胂 12.5%、福美双 25%、福美锌 12.5%/2011.04.11 至 2013.12.31/中等毒

大白菜	霜霉病	750-1125克/公顷	喷雾
梨树	黑星病	500-800倍液	喷雾
苹果树	炭疽病	500-800倍液	喷雾
葡萄	黑痘病、炭疽病	500-1000倍液	喷雾
水稻	纹枯病	562.5-712.5克/公顷	喷雾
烟草	炭疽病	562.5-712.5克/公顷	喷雾
芝麻	疫病	2500倍液	喷雾

PD85124-9 福·福锌/80%/可湿性粉剂/福美双 30%、福美锌 50%/2010.07.01 至 2015.07.01/中等毒

黄瓜、西瓜	炭疽病	1500-1800克/公顷	喷雾
麻	炭疽病	240-400克/100千克种子	拌种
棉花	苗期病害	0.5%药液	浸种
苹果树、杉木、橡胶	炭疽病	500-600倍液	喷雾

PD85125-4 福美胂/40%/可湿性粉剂/福美胂 40%/2010.07.12 至 2013.12.31/中等毒

黄瓜	白粉病	1125-1500克/公顷	喷雾
苹果树	白粉病	700倍液	喷雾
水稻	稻粒瘟病	562.5-645克/公顷	喷雾
豌豆	白粉病	900-1125克/公顷	喷雾
小麦	白粉病	562.5-750克/公顷	喷雾

PD86163 甲基异柳磷/95%，90%，85%/原药/甲基异柳磷 95%，90%，85%/2011.12.30 至 2016.12.30/高毒

PD86164 甲基异柳磷/35%/乳油/甲基异柳磷 35%/2011.12.30 至 2016.12.30/高毒

甘薯	茎线虫病	1500-3000克/公顷	拌土条施可铺施
甘薯	蛴螬	600克/公顷	毒饵
甘蔗	黑色蔗龟	1500克/公顷	淋于蔗苗基部并覆薄土
高粱	地下害虫	0.05%药液	拌种
花生	蛴螬	1500克/公顷	沟施花生墩旁
小麦	地下害虫	40克/100千克种子	拌种
玉米	地下害虫	0.1%药液	拌种

PD86165 甲基异柳磷/40%/乳油/甲基异柳磷 40%/2011.12.30 至 2016.12.30/高毒

甘薯	蛴螬	600克/公顷	毒饵
甘薯	茎线虫病	1500-3000克/公顷	拌土条施或铺施
甘蔗	黑色蔗龟	1500克/公顷	淋于蔗苗基部并覆薄土
高粱	地下害虫	0.05%药液	拌种
花生	蛴螬	1500克/公顷	沟施花生墩旁
小麦	地下害虫	40克/100千克种子	拌种
玉米	地下害虫	0.1%药液	拌种

PD86167 倍硫磷/50%/乳油/倍硫磷 50%/2011.10.25 至 2016.10.25/中等毒

大豆 食心虫 562.5-1125克/公顷 喷雾
果树 桃小食心虫 1000-2000倍液 喷雾
棉花 棉铃虫、蚜虫 375-750克/公顷 喷雾
蔬菜 蚜虫 375克/公顷 喷雾
水稻 螟虫 1)562.5-1125克/公顷 1)喷雾
2)1125克/公顷 2)泼浇、毒土
甜菜 叶蝇 375-562.5克/公顷 喷雾
小麦 吸浆虫 562.5克/公顷 喷雾
PD88101-14 水胺硫磷/40%/乳油/水胺硫磷 40%/2013.02.26 至 2018.02.26/高毒
棉花 红蜘蛛、棉铃虫 300-600克/公顷 喷雾
水稻 蓟马、螟虫 450-1200克/公顷 喷雾
PD20081261 丙溴磷/89%/原药/丙溴磷 89%/2013.09.18 至 2018.09.18/中等毒
PD20082465 异丙草胺/90%/原药/异丙草胺 90%/2013.12.02 至 2018.12.02/低毒
PD20084115 甲基异柳磷/2.5%/颗粒剂/甲基异柳磷 2.5%/2013.12.16 至 2018.12.16/中等毒(原药高毒)
小麦 吸浆虫 495-750克/公顷 土壤处理
PD20085296 异丙草胺/50%/乳油/异丙草胺 50%/2013.12.23 至 2018.12.23/低毒
春大豆田、春玉米田 一年生禾本科杂草 3000-3750毫升/公顷(制剂) 土壤喷雾
夏大豆田、夏玉米田 一年生禾本科杂草 2250-3000毫升/公顷(制剂) 土壤喷雾
PD20090689 丙溴磷/40%/乳油/丙溴磷 40%/2014.01.19 至 2019.01.19/中等毒
棉花 棉铃虫 480-600克/公顷 喷雾
PD20091304 多·福/50%/可湿性粉剂/多菌灵 25%、福美双 25%/2014.02.01 至 2019.02.01/低毒
葡萄 霜霉病 1000-1250毫克/千克 喷雾
PD20091353 异丙草·莠/40%/悬乳剂/异丙草胺 20%、莠去津 20%/2014.02.02 至 2019.02.02/低毒
夏玉米田 一年生杂草 900－1500克/公顷 播后苗前土壤喷雾
PD20091577 锰锌·福美双/60%/可湿性粉剂/福美双 25%、代森锰锌 35%/2014.02.03 至 2019.02.03/低毒
番茄 早疫病 1350-2250克/公顷 喷雾
PD20092859 丁硫·吡虫啉/9%/乳油/吡虫啉 1.5%、丁硫克百威 7.5%/2014.03.05 至 2019.03.05/中等毒
棉花 蚜虫 40.5-81克/公顷 喷雾
PD20094007 烯酰吗啉/90%/原药/烯酰吗啉 90%/2014.03.27 至 2019.03.27/低毒
PD20094618 烯酰·锰锌/69%/可湿性粉剂/代森锰锌 60%、烯酰吗啉 9%/2014.04.10 至 2019.04.10/低毒
黄瓜 霜霉病 1242-1656克/公顷 喷雾
PD20094743 氟磺胺草醚/25%/水剂/氟磺胺草醚 25%/2014.04.10 至 2019.04.10/低毒
春大豆田 一年生阔叶杂草 375-506.3克/公顷 喷雾
夏大豆田 一年生阔叶杂草 262.5-375克/公顷 喷雾
PD20095422 三氟羧草醚/21%/水剂/三氟羧草醚 21%/2009.05.11 至 2014.05.11/低毒
大豆田 一年生阔叶杂草 360-480克/公顷 茎叶喷雾
PD20095437 氟醚·灭草松/40%/水剂/三氟羧草醚 8%、灭草松 32%/2009.05.11 至 2014.05.11/低毒
夏大豆田 莎草科杂草、一年生阔叶杂草 660-780克/公顷 茎叶喷雾
PD20097520 氟磺胺草醚/95%/原药/氟磺胺草醚 95%/2009.11.03 至 2014.11.03/低毒
PD20097800 苯磺隆/95%/原药/苯磺隆 95%/2009.11.20 至 2014.11.20/低毒
PD20120491 乙羧氟草醚/10%/乳油/乙羧氟草醚 10%/2012.03.19 至 2017.03.19/低毒
夏大豆田 一年生阔叶杂草 60-75克/公顷 茎叶喷雾
PD20132361 氯氰·丙溴磷/440克/升/乳油/丙溴磷 400克/升、氯氰菊酯 40克/升/2013.11.20 至 2018.11.20/低毒
棉花 棉铃虫 547.5-660克/公顷 喷雾

青岛四象日用化工有限公司 （山东省青岛市城阳区城阳街道西旺疃社区(村西200米） 266109 0532-87752728)

WP20080313 杀虫气雾剂/0.22%/气雾剂/胺菊酯 0.18%、高效氯氰菊酯 0.04%/2013.12.04 至 2018.12.04/微毒
卫生 蚊、蝇 / 喷雾

青岛星牌作物科学有限公司 （山东省青岛市莱西市姜山镇前垛埠村(釜山工业园） 266603 0532-85738177)

PD20090270 腐霉·福美双/25%/可湿性粉剂/腐霉利 5%、福美双 20%/2014.01.09 至 2019.01.09/低毒
番茄 灰霉病 225-300克/公顷 喷雾
PD20091481 氯氰·丙溴磷/440克/升/乳油/丙溴磷 40克/升、氯氰菊酯 400克/升/2014.02.02 至 2019.02.02/中等毒
棉花 棉铃虫 435～660克/公顷 喷雾
PD20091573 多·锰锌/50%/可湿性粉剂/多菌灵 8%、代森锰锌 42%/2014.02.03 至 2019.02.03/低毒
苹果树 斑点落叶病 1000-1250毫克/千克 喷雾
PD20091624 氟氯氰菊酯/50克/升/乳油/氟氯氰菊酯 50克/升/2014.02.03 至 2019.02.03/中等毒
甘蓝 菜青虫 22.5-30克/公顷 喷雾
PD20091711 甲霜·锰锌/58%/可湿性粉剂/甲霜灵 10%、代森锰锌 48%/2014.02.03 至 2019.02.03/低毒
黄瓜 霜霉病 675-1050克/公顷 喷雾
PD20091775 毒死蜱/480克/升/乳油/毒死蜱 480克/升/2009.02.04 至 2014.02.04/中等毒
十字花科蔬菜 斜纹夜蛾 324-432克/公顷 喷雾
PD20091840 氰戊·辛硫磷/25%/乳油/氰戊菊酯 5%、辛硫磷 20%/2014.02.06 至 2019.02.06/中等毒
棉花 棉铃虫 270-300克/公顷 喷雾
PD20091924 多菌灵/25%/可湿性粉剂/多菌灵 25%/2014.02.12 至 2019.02.12/低毒

油菜 菌核病 1125-1500克/公顷 喷雾

PD20092210 除虫脲/5%/可湿性粉剂/除虫脲 5%/2014.02.24 至 2019.02.24/低毒

苹果树 金纹细蛾 125-250毫克/千克 喷雾

PD20092489 噁霜·锰锌/64%/可湿性粉剂/噁霜灵 8%、代森锰锌 56%/2014.02.26 至 2019.02.26/低毒

黄瓜 霜霉病 1350-1950克/公顷 喷雾

PD20093027 噁霉灵/15%/水剂/噁霉灵 15%/2014.03.09 至 2019.03.09/低毒

水稻 立枯病 1.35-1.8克/平方米 苗床土壤处理

PD20093089 乙铝·锰锌/50%/可湿性粉剂/代森锰锌 27%、三乙膦酸铝 23%/2014.03.09 至 2019.03.09/低毒

黄瓜 霜霉病 937-1400克/公顷 喷雾

PD20093146 克百威/3%/颗粒剂/克百威 3%/2014.03.11 至 2019.03.11/中等毒(原药高毒)

花生 线虫 1800-2250克/公顷 条施、沟施

PD20093340 噻嗪·异丙威/25%/可湿性粉剂/噻嗪酮 5%、异丙威 20%/2014.03.18 至 2019.03.18/低毒

水稻 稻飞虱 450-562.5克/公顷 喷雾

PD20093511 异菌脲/50%/可湿性粉剂/异菌脲 50%/2014.03.23 至 2019.03.23/低毒

番茄 灰霉病 375-750克/公顷 喷雾

PD20093955 三唑锡/10%/乳油/三唑锡 10%/2014.03.27 至 2019.03.27/低毒

柑橘树 红蜘蛛 67-100毫克/千克 喷雾

PD20094036 春雷霉素/2%/水剂/春雷霉素 2%/2014.03.27 至 2019.03.27/低毒

黄瓜 细菌性角斑病 42-52.5克/公顷 喷雾

PD20094269 毒死蜱/3%/颗粒剂/毒死蜱 3%/2014.03.31 至 2019.03.31/低毒

花生 地下害虫 1800-2250克/公顷 撒施

PD20094596 阿维菌素/18克/升/乳油/阿维菌素 18克/升/2009.04.10 至 2014.04.10/低毒(原药高毒)

甘蓝 小菜蛾 9-13.5克/公顷 喷雾

PD20095059 阿维菌素/5%/乳油/阿维菌素 5%/2014.04.21 至 2019.04.21/中等毒(原药高毒)

十字花科蔬菜 小菜蛾 7.5-11.25克/公顷 喷雾

PD20095147 丙溴磷/20%/乳油/丙溴磷 20%/2014.04.24 至 2019.04.24/低毒

甘蓝 小菜蛾 360-450克/公顷 喷雾

PD20095290 异菌脲/255克/升/悬浮剂/异菌脲 255克/升/2014.04.27 至 2019.04.27/低毒

油菜 菌核病 600-750克/公顷 喷雾

PD20097796 敌敌畏/50%/乳油/敌敌畏 50%/2009.11.20 至 2014.11.20/中等毒

甘蓝 菜青虫 600-750克/公顷 喷雾

PD20097852 吗胍·乙酸铜/20%/可湿性粉剂/盐酸吗啉胍 16%、乙酸铜 4%/2009.11.20 至 2014.11.20/低毒

番茄 病毒病 499.5-750克/公顷 喷雾

PD20098013 氯氰·毒死蜱/522.5克/升/乳油/毒死蜱 475克/升、氯氰菊酯 47.5克/升/2009.12.07 至 2014.12.07/中等毒

菜豆 豆荚螟 40-60克毫升制剂/亩 喷雾

PD20098017 噁霉灵/99%/原药/噁霉灵 99%/2009.12.07 至 2014.12.07/低毒

PD20098021 氟啶脲/50克/升/乳油/氟啶脲 50克/升/2009.12.07 至 2014.12.07/低毒

甘蓝 甜菜夜蛾 45-60克/公顷 喷雾

PD20098043 马拉硫磷/45%/乳油/马拉硫磷 45%/2009.12.07 至 2014.12.07/低毒

十字花科蔬菜 黄条跳甲 562.5-750克/公顷 喷雾

PD20098105 联苯菊酯/100克/升/乳油/联苯菊酯 100克/升/2009.12.08 至 2014.12.08/中等毒

茶树 茶小绿叶蝉 20-25毫升制剂/亩 喷雾

PD20098107 春雷霉素/2%/可湿性粉剂/春雷霉素 2%/2009.12.08 至 2014.12.08/低毒

黄瓜 枯萎病 225-270克/公顷 灌根

PD20098296 噻螨酮/5%/可湿性粉剂/噻螨酮 5%/2009.12.18 至 2014.12.18/低毒

柑橘树 红蜘蛛 25-30mg/kg 喷雾

PD20098336 百菌清/40%/悬浮剂/百菌清 40%/2009.12.18 至 2014.12.18/低毒

黄瓜 霜霉病 900－1050克/公顷 喷雾

PD20098346 速灭威/25%/可湿性粉剂/速灭威 25%/2009.12.18 至 2014.12.18/低毒

水稻 稻飞虱 562.5-750克/公顷 喷雾

PD20098350 高效氯氟氰菊酯/25克/升/乳油/高效氯氟氰菊酯 25克/升/2009.12.18 至 2014.12.18/中等毒

十字花科蔬菜 菜青虫 20-30毫升制剂/亩 喷雾

PD20098354 噻嗪酮/25%/可湿性粉剂/噻嗪酮 25%/2009.12.18 至 2014.12.18/低毒

柑橘树 介壳虫 200-250毫克/千克 喷雾

PD20098482 井冈霉素(3%)///可溶粉剂/井冈霉素A 2.4%/2009.12.24 至 2014.12.24/低毒

水稻 纹枯病 75－112.5克/公顷 喷雾

PD20100020 丙环唑/250克/升/乳油/丙环唑 250克/升/2010.01.04 至 2015.01.04/低毒

香蕉 叶斑病 250-500毫克/千克 喷雾

PD20100027 霜霉威盐酸盐/722克/升/水剂/霜霉威盐酸盐 722克/升/2010.01.04 至 2015.01.04/低毒

黄瓜 霜霉病 866.4-1083克/公顷 喷雾

PD20100118 甲氰·噻螨酮/7.5%/乳油/甲氰菊酯 5%、噻螨酮 2.5%/2010.01.05 至 2015.01.05/低毒

柑橘树 红蜘蛛 75-100毫克/千克 喷雾

PD20100206 联苯菊酯/25克/升/乳油/联苯菊酯 25克/升/2010.01.05 至 2015.01.05/中等毒

苹果树 桃小食心虫 833-1250倍 喷雾
PD20100313 顺式氯氰菊酯/50克/升/乳油/顺式氯氰菊酯 50克/升/2010.01.11 至 2015.01.11/中等毒
棉花 棉铃虫 25.4-34.5克/公顷 喷雾
PD20100335 氰戊·灭多威/9%/乳油/灭多威 6%、氰戊菊酯 3%/2010.01.11 至 2015.01.11/中等毒(原药高毒)
棉花 棉铃虫 506-1012克/公顷 喷雾
棉花 棉蚜 180-240克/公顷 喷雾
PD20121747 戊唑醇/30%/悬浮剂/戊唑醇 30%/2012.11.15 至 2017.11.15/低毒
苹果树 斑点落叶病 100-150毫克/千克 喷雾
PD20121763 苯醚甲环唑/30%/乳油/苯醚甲环唑 30%/2012.11.15 至 2017.11.15/低毒
香蕉树 叶斑病 86-120毫克/千克 喷雾
PD20121817 咪鲜胺/450克/升/水乳剂/咪鲜胺 450克/升/2012.11.22 至 2017.11.22/低毒
香蕉 炭疽病 250-500毫克/千克 浸果
PD20121888 甲氨基阿维菌素苯甲酸盐/3%/微乳剂/甲氨基阿维菌素 3%/2012.11.28 至 2017.11.28/低毒
甘蓝 小菜蛾 1.5-2.25克/公顷 喷雾
注:甲氨基阿维菌素苯甲酸盐含量:3.4%。
PD20121889 高效氯氟氰菊酯/5%/微乳剂/高效氯氟氰菊酯 5%/2012.11.28 至 2017.11.28/中等毒
甘蓝 菜青虫 7.5-15克/公顷 喷雾
PD20130429 啶虫脒/40%/可溶粉剂/啶虫脒 40%/2013.03.18 至 2018.03.18/低毒
黄瓜 白粉虱 30-42克/公顷 喷雾
PD20130433 灭蝇胺/80%/可湿性粉剂/灭蝇胺 80%/2013.03.18 至 2018.03.18/低毒
黄瓜 美洲斑潜蝇 108-168克/公顷 喷雾
PD20130448 甲氨基阿维菌素苯甲酸盐/1%/乳油/甲氨基阿维菌素 1%/2013.03.18 至 2018.03.18/低毒
甘蓝 甜菜夜蛾 1.5-3克/公顷 喷雾
注:甲氨基阿维菌素苯甲酸盐含量: 1.14%。
PD20130475 己唑醇/25%/悬浮剂/己唑醇 25%/2013.03.20 至 2018.03.20/低毒
黄瓜 白粉病 22.5-37.5克/公顷 喷雾
PD20130488 丙环唑/40%/微乳剂/丙环唑 40%/2013.03.20 至 2018.03.20/低毒
香蕉 叶斑病 267-400毫克/千克 喷雾
PD20130494 烯酰吗啉/25%/可湿性粉剂/烯酰吗啉 25%/2013.03.20 至 2018.03.20/低毒
黄瓜 霜霉病 225-300克/公顷 喷雾
PD20130496 高效氯氟氰菊酯/20%/水乳剂/高效氯氟氰菊酯 20%/2013.03.20 至 2018.03.20/中等毒
甘蓝 菜青虫 9-12克/公顷 喷雾
PD20130509 高效氯氰菊酯/4.5%/乳油/高效氯氰菊酯 4.5%/2013.03.27 至 2018.03.27/低毒
甘蓝 蚜虫 10.1-20.25克/公顷 喷雾
PD20130510 噻嗪酮/25%/悬浮剂/噻嗪酮 25%/2013.03.27 至 2018.03.27/低毒
柑橘树 介壳虫 125-167毫克/千克 喷雾
PD20130520 甲氨基阿维菌素苯甲酸盐/5%/水分散粒剂/甲氨基阿维菌素 5%/2013.03.27 至 2018.03.27/中等毒
甘蓝 甜菜夜蛾 2.25-3.75克/公顷 喷雾
注:甲氨基阿维菌素苯甲酸盐含量: 5.7%。
PD20130525 毒死蜱/30%/水乳剂/毒死蜱 30%/2013.03.27 至 2018.03.27/中等毒
水稻 稻纵卷叶螟 450-540 克/公顷 喷雾
PD20130601 阿维菌素/0.5%/颗粒剂/阿维菌素 0.5%/2013.04.02 至 2018.04.02/低毒(原药高毒)
黄瓜 根结线虫 225-263克/公顷 沟施、穴施
PD20131454 唑螨酯/5%/悬浮剂/唑螨酯 5%/2013.07.05 至 2018.07.05/中等毒
柑橘树 红蜘蛛 25-50毫克/千克 喷雾
PD20131824 吡虫啉/70%/水分散粒剂/吡虫啉 70%/2013.09.17 至 2018.09.17/低毒
甘蓝 蚜虫 10.5-21克/公顷 喷雾
PD20131872 溴菌·多菌灵/25%/可湿性粉剂/多菌灵 5%、溴菌腈 20%/2013.09.25 至 2018.09.25/低毒
柑橘树 炭疽病 500-833毫克/千克 喷雾
PD20131919 吡虫啉/600克/升/悬浮剂/吡虫啉 600克/升/2013.09.25 至 2018.09.25/中等毒
水稻 稻飞虱 27-45克/公顷 喷雾
PD20132162 烯酰吗啉/80%/水分散粒剂/烯酰吗啉 80%/2013.10.29 至 2018.10.29/低毒
黄瓜 霜霉病 240-300克/公顷 喷雾
PD20132184 甲基硫菌灵/50%/悬浮剂/甲基硫菌灵 50%/2013.10.29 至 2018.10.29/低毒
水稻 纹枯病 750-1125克/公顷 喷雾
PD20132193 阿维菌素/1.8%/水乳剂/阿维菌素 1.8%/2013.10.29 至 2018.10.29/中等毒(原药高毒)
甘蓝 小菜蛾 8.1-10.8克/公顷 喷雾
PD20132356 丁醚脲/25%/乳油/丁醚脲 25%/2013.11.20 至 2018.11.20/低毒
甘蓝 小菜蛾 225-300克/公顷 喷雾
PD20132517 甲维·丙溴磷/15.2%/乳油/丙溴磷 15%、甲氨基阿维菌素苯甲酸盐 0.2%/2013.12.16 至 2018.12.16/低毒
甘蓝 小菜蛾 182.4-228克/公顷 喷雾
PD20132628 烯酰吗啉/10%/悬浮剂/烯酰吗啉 10%/2013.12.20 至 2018.12.20/低毒
葡萄 霜霉病 167-250毫克/千克 喷雾

PD20132640 苯醚甲环唑/10%/水乳剂/苯醚甲环唑 10%/2013.12.20 至 2018.12.20/低毒
苹果树 斑点落叶病 50-66.7毫克/千克 喷雾

青岛正道药业有限公司 (山东省莱西市李权庄镇盛德路西 266604 0532-86486968)

PD20090306 高氯·辛硫磷/20%/乳油/高效氯氰菊酯 1.5%、辛硫磷 18.5%/2014.01.12 至 2019.01.12/低毒
甘蓝 菜青虫 90-150克/公顷 喷雾

PD20091232 苏云金杆菌/16000IU/毫克/可湿性粉剂/苏云金杆菌 16000IU/毫克/2014.02.01 至 2019.02.01/低毒
茶树 茶毛虫 800-1600倍液 喷雾
棉花 二代棉铃虫 1500-2250克制剂/公顷 喷雾
森林 松毛虫 1200-1600倍液 喷雾
十字花科蔬菜 菜青虫 375-750克制剂/公顷 喷雾
十字花科蔬菜 小菜蛾 750-1125克制剂/公顷 喷雾
水稻 稻纵卷叶螟 1500-2250克制剂/公顷 喷雾
烟草 烟青虫 750-1500克制剂/公顷 喷雾
玉米 玉米螟 750-1500克制剂/公顷 加细沙灌心
枣树 枣尺蠖 1200-1600倍液 喷雾

PD20092935 多·锰锌/50%/可湿性粉剂/多菌灵 8%、代森锰锌 42%/2014.03.05 至 2019.03.05/低毒
苹果树 斑点落叶病 400-600倍液 喷雾

PD20120367 甲氨基阿维菌素苯甲酸盐/3%/微乳剂/甲氨基阿维菌素 3%/2012.02.24 至 2017.02.24/低毒
甘蓝 甜菜夜蛾 1.8-2.25克/公顷 喷雾
注:甲氨基阿维菌素苯甲酸盐含量:3.4%。

PD20121540 吡虫啉/10%/乳油/吡虫啉 10%/2012.10.17 至 2017.10.17/低毒
水稻 飞虱 22.5-30克/公顷 喷雾

PD20130291 苯醚甲环唑/20%/水乳剂/苯醚甲环唑 20%/2013.02.26 至 2018.02.26/低毒
黄瓜 白粉病 90-120克/公顷 喷雾

PD20130304 咪鲜·多菌灵/25%/可湿性粉剂/多菌灵 12.5%、咪鲜胺 12.5%/2013.02.26 至 2018.02.26/低毒
西瓜 炭疽病 281.25-375克/公顷 喷雾

PD20130323 甲维·虫酰肼/10.5%/乳油/虫酰肼 10%、甲氨基阿维菌素苯甲酸盐 0.5%/2013.02.26 至 2018.02.26/低毒
甘蓝 甜菜夜蛾 63-78.75克/公顷 喷雾

PD20130350 吡虫啉/20%/可溶液剂/吡虫啉 20%/2013.03.11 至 2018.03.11/低毒
棉花 蚜虫 30-45克/公顷 喷雾

PD20130442 氟硅唑/10%/水乳剂/氟硅唑 10%/2013.03.18 至 2018.03.18/低毒
菜豆 白粉病 60-75毫升/公顷 喷雾

PD20130508 吡虫啉/600克/升/悬浮剂/吡虫啉 600克/升/2013.03.27 至 2018.03.27/低毒
水稻 稻飞虱 36-45克/公顷 喷雾

青岛中达农业科技有限公司 (山东省青岛市胶州市李哥庄镇大沽河工业园 266316 0532-68007999)

PD20040465 吡虫啉/5%/乳油/吡虫啉 5%/2009.12.19 至 2014.12.19/低毒
水稻 飞虱 15-22.5克/公顷 喷雾

PD20040470 高效氯氰菊酯/2.5%/乳油/高效氯氰菊酯 2.5%/2009.12.19 至 2014.12.19/低毒
梨树 梨木虱 1000-1500倍液 喷雾

PD20040513 三唑磷/20%/乳油/三唑磷 20%/2009.12.19 至 2014.12.19/中等毒
水稻 二化螟 62.5-100克制剂/亩 喷雾

PD20050106 哒螨灵/15%/乳油/哒螨灵 15%/2010.08.04 至 2015.08.04/中等毒
柑橘树 红蜘蛛 1500-2500倍液 喷雾

PD20080040 甲基硫菌灵/50%/可湿性粉剂/甲基硫菌灵 50%/2013.01.03 至 2018.01.03/低毒
番茄 叶霉病 375-562.5克/公顷 喷雾

PD20080159 毒死蜱/40%/乳油/毒死蜱 40%/2013.01.03 至 2018.01.03/中等毒
棉花 棉铃虫 720-900克/公顷 喷雾

PD20080369 多菌灵/25%/可湿性粉剂/多菌灵 25%/2013.02.28 至 2018.02.28/低毒
水稻 稻瘟病 750-1000克/公顷 喷雾

PD20080371 甲霜·锰锌/58%/可湿性粉剂/甲霜灵 10%、代森锰锌 48%/2013.02.28 至 2018.02.28/低毒
黄瓜 霜霉病 870-1044克/公顷 喷雾

PD20081722 苯磺隆/10%/可湿性粉剂/苯磺隆 10%/2013.11.18 至 2018.11.18/低毒
冬小麦田 一年生杂草 13.5—22.5克/公顷 茎叶喷雾

PD20081835 联苯菊酯/25克/升/乳油/联苯菊酯 25克/升/2013.11.20 至 2018.11.20/中等毒
茶树 茶尺蠖 7.5-15克/公顷 喷雾

PD20081866 高效氯氟氰菊酯/25克/升/乳油/高效氯氟氰菊酯 25克/升/2013.11.20 至 2018.11.20/中等毒
十字花科蔬菜 蚜虫 7.5-11.25克/公顷 喷雾

PD20082222 代森锌/65%/可湿性粉剂/代森锌 65%/2013.11.26 至 2018.11.26/低毒
番茄 早疫病 2550-3600克/公顷 喷雾

PD20083049 多·锰锌/40%/可湿性粉剂/多菌灵 20%、代森锰锌 20%/2013.12.10 至 2018.12.10/低毒
梨树 黑星病 667-1000毫克/千克 喷雾

PD20083288 福·福锌/80%/可湿性粉剂/福美双 30%、福美锌 50%/2013.12.11 至 2018.12.11/低毒
苹果树 炭疽病 1000-1600毫克/千克 喷雾

PD20083470 高氯·辛硫磷/25%/乳油/高效氯氰菊酯 2.5%、辛硫磷 22.5%/2013.12.12 至 2018.12.12/低毒
棉花 棉铃虫 225-300克/公顷 喷雾
PD20083720 阿维菌素/1.8%/乳油/阿维菌素 1.8%/2013.12.15 至 2018.12.15/低毒(原药高毒)
黄瓜 美洲斑潜蝇 10.8-21.6克/公顷 喷雾
十字花科蔬菜 小菜蛾 8.1-10.8克/公顷 喷雾
PD20085377 噻嗪·异丙威/25%/可湿性粉剂/噻嗪酮 5%、异丙威 20%/2013.12.24 至 2018.12.24/低毒
水稻 稻飞虱 450-562.5克/公顷 喷雾
PD20085542 福美双/50%/可湿性粉剂/福美双 50%/2013.12.25 至 2018.12.25/低毒
黄瓜 霜霉病 750-1125克/公顷 喷雾
PD20085780 丙环唑/250克/升/乳油/丙环唑 250克/升/2013.12.29 至 2018.12.29/低毒
香蕉 叶斑病 250-500毫克/千克 喷雾
PD20086279 腈菌·福美双/40%/可湿性粉剂/福美双 34%、腈菌唑 6%/2013.12.31 至 2018.12.31/中等毒
黄瓜 白粉病 360-480克/公顷 喷雾
PD20086281 丙溴·辛硫磷/25%/乳油/丙溴磷 12%、辛硫磷 13%/2013.12.31 至 2018.12.31/中等毒
棉花 棉铃虫 300-375克/公顷 喷雾
PD20086324 灭多威/10%/可溶粉剂/灭多威 10%/2013.12.31 至 2018.12.31/中等毒(原药高毒)
棉花 棉铃虫 150-225克/公顷 喷雾
PD20091153 氟铃·辛硫磷/20%/乳油/氟铃脲 2%、辛硫磷 18%/2014.01.21 至 2019.01.21/低毒
棉花 棉铃虫 225-300克/公顷 喷雾
PD20092585 甲硫·锰锌/60%/可湿性粉剂/甲基硫菌灵 15%、代森锰锌 45%/2014.02.27 至 2019.02.27/低毒
梨树 黑星病 750-1000毫克/千克 喷雾
PD20092771 多·福/50%/可湿性粉剂/多菌灵 20%、福美双 30%/2014.03.04 至 2019.03.04/低毒
苹果树 轮纹病 500-600倍液 喷雾
PD20093471 三唑锡/20%/可湿性粉剂/三唑锡 20%/2014.03.23 至 2019.03.23/低毒
柑橘树 红蜘蛛 125-167毫克/千克 喷雾
PD20094391 扑·乙/40%/乳油/扑草净 20%、乙草胺 20%/2014.04.01 至 2019.04.01/低毒
花生田 一年生杂草 1080—1320克/公顷 土壤喷雾
PD20095471 甲·乙·莠/40%/悬乳剂/甲草胺 11%、乙草胺 9%、莠去津 20%/2009.05.11 至 2014.05.11/低毒
夏玉米田 一年生杂草 1020-1500克/公顷 土壤喷雾
PD20095653 乙铝·锰锌/50%/可湿性粉剂/代森锰锌 27%、三乙膦酸铝 23%/2009.05.12 至 2014.05.12/低毒
黄瓜 霜霉病 1400-2800克/公顷 喷雾
苹果 炭疽病 833-1250毫克/千克 喷雾
PD20098408 吗胍·乙酸铜/20%/可湿性粉剂/盐酸吗啉胍 16%、乙酸铜 4%/2009.12.18 至 2014.12.18/低毒
番茄 病毒病 562.5-625克/公顷 喷雾
PD20100443 甲维盐·氯氰/3.2%/微乳剂/甲氨基阿维菌素苯甲酸盐 0.2%、氯氰菊酯 3%/2010.01.14 至 2015.01.14/低毒
甘蓝 甜菜夜蛾 19.2-28.8克/公顷 喷雾
PD20100610 异菌脲/50%/可湿性粉剂/异菌脲 50%/2010.01.14 至 2015.01.14/低毒
番茄 灰霉病 562.5-750克/公顷 喷雾
PD20100732 多·福·溴菌腈/40%/可湿性粉剂/多菌灵 20%、福美双 10%、溴菌腈 10%/2010.01.16 至 2015.01.16/低毒
黄瓜 炭疽病 600-900克/公顷 喷雾
PD20100747 甲氰·噻螨酮/7.5%/乳油/甲氰菊酯 5%、噻螨酮 2.5%/2010.01.16 至 2015.01.16/低毒
柑橘树 红蜘蛛 75-100毫克/千克 喷雾
PD20102080 几丁聚糖/2%/水剂/几丁聚糖 2%/2010.11.10 至 2015.11.10/低毒
番茄 晚疫病 30-45克/公顷 喷雾
PD20110040 甲基硫菌灵/70%/可湿性粉剂/甲基硫菌灵 70%/2011.01.11 至 2016.01.11/低毒
苹果树 轮纹病 700—875毫克/千克 喷雾
PD20110041 多菌灵/80%/可湿性粉剂/多菌灵 80%/2011.01.11 至 2016.01.11/低毒
苹果树 轮纹病 667—1000毫克/千克 喷雾
PD20110126 甲氨基阿维菌素苯酸盐/3%/微乳剂/甲氨基阿维菌素 3%/2011.01.27 至 2016.01.27/低毒
甘蓝 甜菜夜蛾 1.7-2.55克/公顷 喷雾
注:甲氨基阿维菌素苯酸盐含量: 3.4%。
PD20110392 戊唑醇/30%/悬浮剂/戊唑醇 30%/2011.04.12 至 2016.04.12/低毒
苹果树 斑点落叶病 100-120毫克/千克 喷雾
PD20110448 阿维菌素/3.2%/乳油/阿维菌素 3.2%/2011.05.05 至 2016.05.05/中等毒(原药高毒)
水稻 稻纵卷叶螟 6-9克/公顷 喷雾
PD20110654 啶虫脒/20%/可溶液剂/啶虫脒 20%/2011.06.20 至 2016.06.20/低毒
黄瓜 蚜虫 15-22.5克/公顷 喷雾
PD20110764 丙溴磷/40%/乳油/丙溴磷 40%/2011.08.04 至 2016.08.04/低毒
水稻 稻纵卷叶螟 480-600克/公顷 喷雾
PD20120190 吡虫·毒死蜱/22%/乳油/吡虫啉 2%、毒死蜱 20%/2012.01.30 至 2017.01.30/中等毒
苹果树 绵蚜 88-146.7毫克/千克 喷雾
PD20120403 吡虫啉/20%/可湿性粉剂/吡虫啉 20%/2012.03.07 至 2017.03.07/低毒
水稻 稻飞虱 21-30克/公顷 喷雾

PD20120561 咪鲜胺/40%/水乳剂/咪鲜胺 40%/2012.03.28 至 2017.03.28/低毒
柑橘 炭疽病 225-450毫克/千克 浸果
注:咪鲜胺质量浓度：450克/升。
PD20120854 阿维·甲氰/1.8%/乳油/阿维菌素 0.1%、甲氰菊酯 1.7%/2012.05.22 至 2017.05.22/低毒(原药高毒)
苹果树 红蜘蛛 15-18毫克/千克 喷雾
PD20121276 精喹禾灵/10%/乳油/精喹禾灵 10%/2012.09.06 至 2017.09.06/低毒
夏大豆田 一年生杂草 37.5-52.5克/公顷 茎叶喷雾
PD20121376 阿维·啶虫脒/4%/乳油/阿维菌素 1%、啶虫脒 3%/2012.09.13 至 2017.09.13/低毒(原药高毒)
苹果树 蚜虫 8-10毫克/千克 喷雾
PD20121528 己唑醇/10%/悬浮剂/己唑醇 10%/2012.10.09 至 2017.10.09/低毒
苹果树 斑点落叶病 33.3-50毫克/千克 喷雾
PD20131056 烟嘧·莠去津/22%/可分散油悬浮剂/烟嘧磺隆 2%、莠去津 20%/2013.05.20 至 2018.05.20/低毒
玉米田 一年生杂草 330-495克/公顷 茎叶喷雾
PD20131099 烯酰吗啉/20%/悬浮剂/烯酰吗啉 20%/2013.05.20 至 2018.05.20/微毒
葡萄 霜霉病 167-250毫克/千克 喷雾
PD20131120 咪鲜·丙森锌/30%/可湿性粉剂/丙森锌 20%、咪鲜胺锰盐 10%/2013.05.20 至 2018.05.20/低毒
黄瓜 炭疽病 360-450克/公顷 喷雾
PD20131127 几糖·戊唑醇/45%/悬浮剂/戊唑醇 43%、几丁聚糖 2%/2013.05.20 至 2018.05.20/低毒
苹果树 斑点落叶病 64-90毫克/千克 喷雾
PD20131151 甲硫·戊唑醇/35%/悬浮剂/甲基硫菌灵 25%、戊唑醇 10%/2013.05.20 至 2018.05.20/低毒
水稻 稻瘟病 71-79克/公顷 喷雾
PD20131342 咪鲜·几丁糖/46%/水乳剂/咪鲜胺 45%、几丁聚糖 1%/2013.06.09 至 2018.06.09/微毒
柑橘(果实) 炭疽病 184-230毫克/千克 浸果
PD20131404 吡蚜酮/75%/水分散粒剂/吡蚜酮 75%/2013.07.02 至 2018.07.02/低毒
水稻 稻飞虱 60-75克/公顷 喷雾
PD20131678 苯醚甲环唑/10%/水分散粒剂/苯醚甲环唑 10%/2013.08.07 至 2018.08.07/低毒
苹果树 斑点落叶病 50-66.7毫克/千克 喷雾
PD20131891 虫螨腈/240克/升/悬浮剂/虫螨腈 240克/升/2013.09.25 至 2018.09.25/低毒
茶树 茶小绿叶蝉 75-90克/公顷 喷雾
PD20132306 苏云金杆菌/6000IU/微升/悬浮剂/苏云金杆菌 6000IU/微升/2013.11.08 至 2018.11.08/低毒
茶树 茶毛虫 1500-2500克制剂/公顷 喷雾
LS20110004 己唑醇/10%/悬浮剂/己唑醇 10%/2012.01.07 至 2013.01.07/低毒
苹果树 斑点落叶病 33.3-50毫克/千克 喷雾
LS20130019 四螨·哒螨灵/20%/悬浮剂/哒螨灵 13%、四螨嗪 7%/2014.01.07 至 2015.01.07/低毒
柑橘树 红蜘蛛 66.7-100毫克/千克 喷雾
LS20130107 吡蚜酮/75%/水分散粒剂/吡蚜酮 75%/2013.03.11 至 2014.03.11/低毒
水稻 稻飞虱 56.25-78.75克/公顷 喷雾
LS20130113 苯甲·戊唑醇/5%/种子处理悬浮剂/苯醚甲环唑 1.1%、戊唑醇 3.9%/2013.03.12 至 2014.03.12/低毒
小麦 纹枯病 3-4克/100公斤种子 种子处理
LS20130319 螺螨酯/34%/悬浮剂/螺螨酯 34%/2013.06.08 至 2014.06.08/低毒
柑橘树 红蜘蛛 40-60毫克/千克 喷雾
注:螺螨酯质量浓度：360克/升。
LS20130519 几糖·嘧菌酯/16%/悬浮剂/嘧菌酯 15%、几丁聚糖 1%/2013.12.10 至 2014.12.10/低毒
黄瓜(保护地) 霜霉病 120-144 克/公顷 喷雾

山东奥丰化工科技有限责任公司 (山东省阳谷县侨润工业园 252300 0635-6396999)

PD20097038 氟硅唑/400克/升/乳油/氟硅唑 400克/升/2009.10.10 至 2014.10.10/低毒
黄瓜 黑星病 60-75克/公顷 、喷雾
PD20100034 乙草胺/50%/乳油/乙草胺 50%/2010.01.04 至 2015.01.04/低毒
玉米田 一年生禾本科杂草及部分阔叶杂草 春玉米 1500-1875克/公顷；夏玉米 900-1125克/公顷 播后苗前土壤喷雾
PD20101109 啶虫脒/20%/可溶粉剂/啶虫脒 20%/2010.01.25 至 2015.01.25/低毒
黄瓜 蚜虫 54-72克/公顷 喷雾
PD20110689 乙草胺/81.5%/乳油/乙草胺 81.5%/2011.06.21 至 2016.06.21/低毒
春大豆田 一年生禾本科杂草及部分小粒种子阔叶杂草 1620-1890克/公顷 土壤喷雾
夏大豆田 一年生禾本科杂草及部分小粒种子阔叶杂草 1080-1350克/公顷 土壤喷雾
PD20132506 高氯·甲维盐/4.3%/乳油/高效氯氰菊酯 4.2%、甲氨基阿维菌素苯甲酸盐 0.1%/2013.12.13 至 2018.12.13/低毒
甘蓝 小菜蛾 19.35-22.575克/公顷 喷雾
WP20090351 杀虫气雾剂/0.35%/气雾剂/胺菊酯 0.3%、高效氯氰菊酯 0.05%/2009.10.28 至 2014.10.28/微毒
卫生 蚊、蝇、蜚蠊 / 喷雾

山东奥凯农业发展有限公司 (山东省青州市开发区时代二路 262500 0536-3299161)

PD20093058 福美双/50%/可湿性粉剂/福美双 50%/2009.03.09 至 2014.03.09/低毒

	黄瓜	白粉病	562.5-1125克/公顷	喷雾
PD20093418	丙环唑/250克/升/乳油/丙环唑 250克/升/2009.03.20 至 2014.03.20/低毒			
	香蕉	叶斑病	250-500毫克/千克	喷雾
PD20093483	乙酰甲胺磷/30%/乳油/乙酰甲胺磷 30%/2009.03.23 至 2014.03.23/低毒			
	棉花	蚜虫	675-900克/公顷	喷雾
PD20097913	吡虫啉/10%/可湿性粉剂/吡虫啉 10%/2009.11.30 至 2014.11.30/低毒			
	水稻	飞虱	15-30克/公顷	喷雾

山东奥坤生物科技有限公司 (山东省济南市济北开发区 251400 0531-55516888)

PD20093691	精噁唑禾草灵/69克/升/水乳剂/精噁唑禾草灵 69克/升/2009.03.25 至 2014.03.25/低毒			
	冬小麦田	一年生禾本科杂草	46.6-51.8克/公顷	茎叶喷雾
PD20094002	百草枯/200克/升/水剂/百草枯 200克/升/2012.12.31 至 2014.07.01/中等毒			
	非耕地	杂草	600-900克/公顷	茎叶喷雾
PD20094186	苯磺隆/75%/水分散粒剂/苯磺隆 75%/2009.03.30 至 2014.03.30/低毒			
	冬小麦田	一年生阔叶杂草	13.5-22.5克/公顷	茎叶喷雾
PD20094749	烟嘧磺隆/40克/升/可分散油悬浮剂/烟嘧磺隆 40克/升/2009.04.10 至 2014.04.10/微毒			
	玉米田	一年生杂草	42-60克/公顷	茎叶喷雾
PD20094944	吡虫啉/200克/升/可溶液剂/吡虫啉 200克/升/2009.04.17 至 2014.04.17/低毒			
	番茄	白粉虱	450-60克/公顷	喷雾
PD20094947	炔螨特/73%/乳油/炔螨特 73%/2009.04.17 至 2014.04.17/低毒			
	苹果树	红蜘蛛	243-365毫克/千克	喷雾
PD20095088	异丙威/20%/乳油/异丙威 20%/2009.04.23 至 2014.04.23/中等毒			
	水稻	飞虱	150-600克/公顷	喷雾
PD20095089	氟氯氰菊酯/50克/升/乳油/氟氯氰菊酯 50克/升/2009.04.23 至 2014.04.23/低毒			
	甘蓝	蚜虫	22.5-30克/公顷	喷雾
PD20095252	氯氰菊酯/10%/乳油/氯氰菊酯 10%/2009.04.27 至 2014.04.27/低毒			
	甘蓝	菜青虫	22.5—30克/公顷	喷雾
PD20095645	毒死蜱/480克/升/乳油/毒死蜱 480克/升/2009.05.12 至 2014.05.12/中等毒			
	甘蓝	菜青虫	432-540克/公顷	喷雾
PD20095679	精喹禾灵/15%/乳油/精喹禾灵 15%/2009.05.15 至 2014.05.15/低毒			
	春大豆田	一年生禾本科杂草	20-35毫升制剂/亩	茎叶喷雾
PD20096081	高效氯氟氰菊酯/25克/升/乳油/高效氯氟氰菊酯 25克/升/2009.06.18 至 2014.06.18/中等毒			
	甘蓝	菜青虫	7.5-15克/公顷	喷雾
PD20096298	联苯菊酯/25克/升/乳油/联苯菊酯 25克/升/2009.07.22 至 2014.07.22/低毒			
	茶树	茶小绿叶蝉	30-37.5克/公顷	喷雾
PD20096461	烯草酮/240克/升/乳油/烯草酮 240克/升/2009.08.14 至 2014.08.14/低毒			
	大豆田	一年生禾本科杂草	27-40毫升制剂/亩	茎叶喷雾
PD20096468	高效氟吡甲禾灵/108克/升/乳油/高效氟吡甲禾灵 108克/升/2009.08.14 至 2014.08.14/低毒			
	油菜田	一年生禾本科杂草	23-28毫升制剂/亩	茎叶喷雾
PD20096702	氯氟吡氧乙酸/200克/升/乳油/氯氟吡氧乙酸 200克/升/2009.09.07 至 2014.09.07/低毒			
	小麦田	一年生阔叶杂草	50-67毫升制剂/亩	茎叶喷雾
PD20097011	氟磺胺草醚/250克/升/水剂/氟磺胺草醚 250克/升/2009.09.29 至 2014.09.29/低毒			
	春大豆田	一年生阔叶杂草	300-375克/公顷	茎叶喷雾
PD20097475	阿维菌素/3.2%/乳油/阿维菌素 3.2%/2009.11.03 至 2014.11.03/低毒(原药高毒)			
	甘蓝	小菜蛾	8.1-10.8克/公顷	喷雾
PD20097814	甲·乙·莠/42%/悬浮剂/甲草胺 8%、乙草胺 9%、莠去津 25%/2009.11.20 至 2014.11.20/低毒			
	春玉米田	一年生杂草	350-400毫升制剂/亩	播后苗前土壤喷雾
	夏玉米田	一年生杂草	170-230毫升制剂/亩	播后苗前土壤喷雾
PD20100057	乙草胺/50%/乳油/乙草胺 50%/2010.01.04 至 2015.01.04/低毒			
	玉米田	一年生禾本科杂草及小粒阔叶杂草	东北地区：1387.5-1875克/公顷	土壤喷雾
			其他地区：900-1050克/公顷	
PD20100061	啶虫脒/10%/乳油/啶虫脒 10%/2010.01.04 至 2015.01.04/低毒			
	黄瓜	蚜虫	13.5—22.5克/公顷	喷雾
PD20100105	辛硫磷/40%/乳油/辛硫磷 40%/2010.01.04 至 2015.01.04/低毒			
	甘蓝	菜青虫	300-450克/公顷	喷雾
PD20100119	乙草胺/81.5%/乳油/乙草胺 81.5%/2010.01.05 至 2015.01.05/低毒			
	玉米田	一年生禾本科杂草及部分阔叶杂草	东北地区：1485-1620克/公顷	土壤喷雾
			其他地区：810-1350克/公顷	
PD20100217	乙氧氟草醚/240克/升/乳油/乙氧氟草醚 240克/升/2010.01.11 至 2015.01.11/低毒			
	大蒜田	一年生杂草	144-180克/公顷	播后苗前土壤喷雾
PD20100386	丁草胺/50%/乳油/丁草胺 50%/2010.01.14 至 2015.01.14/低毒			
	移栽水稻田	一年生禾本科杂草	750-1200克/公顷	毒土法
PD20100709	杀扑磷/40%/乳油/杀扑磷 40%/2010.01.16 至 2015.01.16/高毒			
	柑橘树	介壳虫	200-400毫克/千克	喷雾

PD20100863 氟啶脲/50克/升/乳油/氟啶脲 50克/升/2010.01.19 至 2015.01.19/低毒
甘蓝 甜菜夜蛾 45-60克/公顷 喷雾
PD20100912 莠灭净/80%/可湿性粉剂/莠灭净 80%/2010.01.19 至 2015.01.19/低毒
甘蔗田 一年生杂草 1560-2400克/公顷 喷雾
PD20101074 莠去津/38%/悬浮剂/莠去津 38%/2010.01.21 至 2015.01.21/低毒
春玉米田 一年生杂草 1800-2250克/公顷 土壤喷雾
PD20101414 草甘膦异丙胺盐/30%/水剂/草甘膦 30%/2010.04.26 至 2015.04.26/低毒
玉米田 杂草 150-250毫升制剂/ 行间定向茎叶喷雾
注:草甘膦异丙胺盐含量：41%。
PD20102105 吗胍·乙酸铜/20%/可湿性粉剂/盐酸吗啉胍 10%、乙酸铜 10%/2010.11.30 至 2015.11.30/低毒
辣椒 病毒病 360—450克/公顷 喷雾
PD20110258 乙草胺/89%/乳油/乙草胺 89%/2011.03.04 至 2016.03.04/低毒
春玉米田 一年生杂草 1678-2023克/公顷 播后苗前土壤喷雾
PD20130676 烟嘧·莠去津/24%/可分散油悬浮剂/烟嘧磺隆 4%、莠去津 20%/2013.04.09 至 2018.04.09/低毒
玉米田 一年生杂草 288-360克/公顷 喷雾
PD20132241 二甲戊灵/330克/升/乳油/二甲戊灵 330克/升/2013.11.05 至 2018.11.05/低毒
甘蓝田 一年生杂草 618.25-742.5克/公顷 土壤喷雾
PD20132417 烟嘧磺隆/10%/可分散油悬浮剂/烟嘧磺隆 10%/2013.11.20 至 2018.11.20/低毒
玉米田 一年生杂草 40-60克/公顷 茎叶喷雾
PD20132455 异丙甲草胺/960克/升/乳油/异丙甲草胺 960克/升/2013.12.02 至 2018.12.02/低毒
春大豆田 一年生禾本科杂草 1512-1944克/公顷 土壤喷雾
LS20130360 硝磺·莠去津/50%/可湿性粉剂/莠去津 40%、硝磺草酮 10%/2013.07.05 至 2014.07.05/低毒
玉米田 一年生杂草 525-750克/公顷 茎叶喷雾

山东奥农生物科技有限公司 (山东省泰安市大汶口化工园区 271000 0531-83177007)

PD20131843 甲氨基阿维菌素苯甲酸盐/0.5%/微乳剂/甲氨基阿维菌素 0.5%/2013.09.23 至 2018.09.23/低毒
甘蓝 甜菜夜蛾 1.5-2.25克/公顷 喷雾
注:甲氨基阿维菌素苯甲酸盐含量：0.57%。

山东奥胜生物科技有限公司 (山东省曹县珠江路378号 27400 0530-2065118)

PD20130030 吡虫啉/20%/可溶液剂/吡虫啉 20%/2013.01.07 至 2018.01.07/低毒
甘蓝 蚜虫 22.5-30.0克/公顷 喷雾
PD20130872 烟嘧磺隆/6%/可分散油悬浮剂/烟嘧磺隆 6%/2013.04.25 至 2018.04.25/低毒
夏玉米田 一年生杂草 45-59.4克/公顷 茎叶喷雾
PD20132503 戊唑·多菌灵/80%/可湿性粉剂/多菌灵 50%、戊唑醇 30%/2013.12.10 至 2018.12.10/低毒
苹果树 轮纹病 400-500毫克/千克 喷雾
PD20132543 联苯菊酯/4.5%/水乳剂/联苯菊酯 4.5%/2013.12.16 至 2018.12.16/低毒
茶树 小绿叶蝉 37.125-43.875克/公顷 喷雾
PD20132602 苯醚甲环唑/30%/悬浮剂/苯醚甲环唑 30%/2013.12.17 至 2018.12.17/低毒
香蕉 叶斑病 85-120毫克/千克 喷雾

山东奥维特生物科技有限公司 (山东省济南市济阳县济北开发区富阳街82号 251400 0531-83143686)

PD20085235 氰戊·马拉松/21%/乳油/马拉硫磷 15%、氰戊菊酯 6%/2008.12.23 至 2013.12.23/中等毒
苹果树 蚜虫 50-70毫克/千克 喷雾
苹果树 桃小食心虫 60-100毫克/千克 喷雾
苹果树 红蜘蛛 60-150毫克/千克 喷雾
PD20085248 氰戊·马拉松/30%/乳油/马拉硫磷 22.5%、氰戊菊酯 7.5%/2008.12.23 至 2013.12.23/中等毒
苹果树 蚜虫 60-75毫克/千克 喷雾
苹果树 桃小食心虫 120-150毫克/千克 喷雾
PD20093583 高氯·辛硫磷/25%/乳油/高效氯氰菊酯 2.5%、辛硫磷 22.5%/2009.03.23 至 2014.03.23/低毒
棉花 棉铃虫 150-225克/公顷 喷雾
PD20094546 锰锌·腈菌唑/60%/可湿性粉剂/腈菌唑 2%、代森锰锌 58%/2009.04.09 至 2014.04.09/低毒
梨树 黑星病 400-600毫克/千克 喷雾
PD20110872 1-甲基环丙烯/1%/可溶液剂/1-甲基环丙烯 1%/2011.08.16 至 2016.08.16/低毒
苹果 保鲜 300-450微升/立方米 密闭熏蒸
猕猴桃 保鲜 75-150微升/立方米 密闭熏蒸
PD20130941 乙烯利/20%/颗粒剂/乙烯利 20%/2013.05.02 至 2018.05.02/低毒
香蕉 催熟 6-14毫克/千克果实 密闭熏蒸

山东澳得利化工有限公司 (山东省潍坊市寿光市南环路中段 262700 0536-5206888)

PD20083412 百菌清/75%/可湿性粉剂/百菌清 75%/2013.12.11 至 2018.12.11/低毒
黄瓜 白粉病 1275-1725克/公顷 喷雾
PD20083860 丙环唑/250克/升/乳油/丙环唑 250克/升/2013.12.15 至 2018.12.15/低毒
香蕉 叶斑病 250-500毫克/千克 喷雾
PD20084255 异菌脲/50%/可湿性粉剂/异菌脲 50%/2013.12.22 至 2018.12.22/低毒
番茄 灰霉病 375-750克/公顷 喷雾
PD20084545 多菌灵/50%/可湿性粉剂/多菌灵 50%/2013.12.18 至 2018.12.18/低毒

小麦 赤霉病 750-1125克/公顷 喷雾

PD20084593 联苯菊酯/25克/升/乳油/联苯菊酯 25克/升/2013.12.18 至 2018.12.18/低毒

茶树 茶小绿叶蝉 30-37.5克/公顷 喷雾

PD20084957 福美双/50%/可湿性粉剂/福美双 50%/2013.12.22 至 2018.12.22/中等毒

葡萄 白腐病 500-1000毫克/千克 喷雾

PD20085011 高氯·辛硫磷/20%/乳油/高效氯氰菊酯 2%、辛硫磷 18%/2013.12.22 至 2018.12.22/低毒

十字花科蔬菜 菜青虫 120-150克/公顷 喷雾

PD20086304 甲基硫菌灵/70%/可湿性粉剂/甲基硫菌灵 70%/2013.12.31 至 2018.12.31/低毒

番茄 叶霉病 525-630克/公顷 喷雾

PD20091474 高效氯氰菊酯/25克/升/乳油/高效氯氰菊酯 25克/升/2014.02.02 至 2019.02.02/中等毒

十字花科蔬菜 菜青虫 9.375-11.25克/公顷 喷雾

小麦 蚜虫 7.5-11.25克/公顷 喷雾

PD20091528 氟啶脲/50克/升/乳油/氟啶脲 50克/升/2014.02.03 至 2019.02.03/低毒

甘蓝 小菜蛾 30-60克/公顷 喷雾

PD20092590 代森锰锌/80%/可湿性粉剂/代森锰锌 80%/2014.02.27 至 2019.02.27/低毒

番茄 早疫病 1560-2520克/公顷 喷雾

柑橘树 疮痂病、炭疽病 1333-2000毫克/千克 喷雾

花生 叶斑病 720-900克/公顷 喷雾

黄瓜 霜霉病 2040-3000克/公顷 喷雾

辣椒 炭疽病、疫病 1800-2520克/公顷 喷雾

梨树 黑星病 800-1600毫克/千克 喷雾

荔枝树 霜疫霉病 1333-2000毫克/千克 喷雾

马铃薯 晚疫病 1800-2700克/公顷 喷雾

苹果树 斑点落叶病、轮纹病、炭疽病 1000-1500毫克/千克 喷雾

葡萄 白腐病、黑痘病、霜霉病 1000-1600毫克/千克 喷雾

西瓜 炭疽病 1560-2520克/公顷 喷雾

烟草 赤星病 1440-1920克/公顷 喷雾

PD20093568 毒死蜱/480克/升/乳油/毒死蜱 480克/升/2009.03.23 至 2014.03.23/中等毒

韭菜 根蛆 1440-1800克/公顷 灌根

PD20096260 氰戊菊酯/20%/乳油/氰戊菊酯 20%/2009.07.15 至 2014.07.15/中等毒

苹果树 食心虫 67—100毫克/千克 喷雾

PD20097133 复硝酚钠/1.8%/水剂/复硝酚钠 1.8%/2009.10.16 至 2014.10.16/低毒

番茄 调节生长 4.05-8.1克/公顷 喷雾

PD20097528 氟硅唑/400克/升/乳油/氟硅唑 400克/升/2009.11.03 至 2014.11.03/低毒

菜豆 白粉病 45-54克/公顷 喷雾

PD20097821 甲霜·锰锌/58%/可湿性粉剂/甲霜灵 10%、代森锰锌 48%/2009.11.20 至 2014.11.20/低毒

黄瓜 霜霉病 978-1632克/公顷 喷雾

PD20097942 炔螨特/57%/乳油/炔螨特 57%/2009.11.30 至 2014.11.30/低毒

柑橘树 红蜘蛛 228-380毫克/千克 喷雾

PD20098003 氟硅唑/93%/原药/氟硅唑 93%/2009.12.07 至 2014.12.07/低毒

PD20098022 氯氰·丙溴磷/440克/升/乳油/丙溴磷 400克/升、氯氰菊酯 40克/升/2009.12.07 至 2014.12.07/中等毒

棉花 棉铃虫 528-660克/公顷 喷雾

PD20098220 吗胍·乙酸铜/20%/可湿性粉剂/盐酸吗啉胍 10%、乙酸铜 10%/2009.12.16 至 2014.12.16/低毒

番茄 病毒病 600-750克/公顷 喷雾

PD20098381 阿维菌素/18克/升/乳油/阿维菌素 18克/升/2009.12.18 至 2014.12.18/低毒(原药高毒)

甘蓝 小菜蛾 8.1-10.8克/公顷 喷雾

PD20100990 噁霉灵/30%/水剂/噁霉灵 30%/2010.01.20 至 2015.01.20/低毒

西瓜 枯萎病 375-500毫克/千克 苗床喷淋

PD20101231 春雷霉素/2%/可溶液剂/春雷霉素 2%/2010.03.01 至 2015.03.01/低毒

水稻 稻瘟病 24—30克/公顷 喷雾

PD20101785 硫双威/75%/可湿性粉剂/硫双威 75%/2010.07.13 至 2015.07.13/中等毒

棉花 棉铃虫 506.25-618.75克/公顷 喷雾

PD20121350 嘧霉胺/40%/水分散粒剂/嘧霉胺 40%/2012.09.13 至 2017.09.13/低毒

黄瓜 灰霉病 375-562.5克/公顷 喷雾

PD20121704 吡虫啉/70%/水分散粒剂/吡虫啉 70%/2012.11.05 至 2017.11.05/低毒

甘蓝 蚜虫 25-35克/公顷 喷雾

PD20130020 苯醚甲环唑/10%/水分散粒剂/苯醚甲环唑 10%/2013.01.04 至 2018.01.04/低毒

番茄 早疫病 100.5-150克/公顷 喷雾

PD20130122 咪鲜胺/450克/升/水乳剂/咪鲜胺 450克/升/2013.01.17 至 2018.01.17/低毒

香蕉(果实) 冠腐病 250-500毫克/千克 浸果

PD20132054 腈菌唑/40%/悬浮剂/腈菌唑 40%/2013.10.22 至 2018.10.22/低毒

梨树 黑星病 40-50毫克/千克 喷雾

PD20132156 丙环唑/40%/微乳剂/丙环唑 40%/2013.10.29 至 2018.10.29/低毒

	香蕉	叶斑病	267-400毫克/千克	喷雾
PD20132238	噻嗪酮/25%/悬浮剂/噻嗪酮 25%/2013.11.05 至 2018.11.05/低毒			
	柑橘树	介壳虫	125-167毫克/千克	喷雾
PD20132331	醚菌酯/30%/悬浮剂/醚菌酯 30%/2013.11.13 至 2018.11.13/低毒			
	黄瓜	白粉病	90-157.5克/公顷	喷雾
PD20132490	阿维菌素/0.5%/颗粒剂/阿维菌素 0.5%/2013.12.10 至 2018.12.10/低毒(原药高毒)			
	黄瓜	根结线虫	180-225克/公顷	穴施
山东白云农药有限公司 (山东省泰安市宁阳县伏山镇 271408 0538-5713666)				
PD20093606	氯氰菊酯/5%/乳油/氯氰菊酯 5%/2009.03.23 至 2014.03.23/低毒			
	甘蓝	菜青虫	30-45克/公顷	喷雾
PD20094456	异丙草·莠/40%/悬乳剂/异丙草胺 24%、莠去津 16%/2009.04.01 至 2014.04.01/低毒			
	夏玉米田	一年生杂草	1200-1500克/公顷	土壤喷雾
PD20098341	敌·辛/50%/乳油/敌百虫 30%、辛硫磷 20%/2009.12.18 至 2014.12.18/低毒			
	棉花	棉铃虫	450-600克/公顷	喷雾
PD20100704	阿维菌素/1.8%/乳油/阿维菌素 1.8%/2010.01.16 至 2015.01.16/中等毒(原药高毒)			
	甘蓝	小菜蛾	8.1-10.8克/公顷	喷雾
PD20101682	乙草胺/89%/乳油/乙草胺 89%/2010.06.08 至 2015.06.08/低毒			
	夏玉米田	一年生禾本科杂草及部分阔叶杂草	810-1620克/公顷	播后苗前土壤喷雾
山东百纳生物科技有限公司 (山东省济南市章丘化工工业园(刁镇) 250200 0531-88681605)				
PD20081865	啶虫脒/5%/乳油/啶虫脒 5%/2013.11.25 至 2018.11.25/低毒			
	黄瓜	蚜虫	18-27克/公顷	喷雾
PD20083037	啶虫脒/3%/可湿性粉剂/啶虫脒 3%/2008.12.10 至 2013.12.10/低毒			
	柑橘树	蚜虫	8.6-12毫克/千克	喷雾
PD20083882	联苯菊酯/25克/升/乳油/联苯菊酯 25克/升/2013.12.15 至 2018.12.15/低毒			
	茶树	茶小绿叶蝉	30-37.5克/公顷	喷雾
PD20084379	三乙膦酸铝/40%/可湿性粉剂/三乙膦酸铝 40%/2013.12.17 至 2018.12.17/低毒			
	黄瓜	霜霉病	2115-2820克/公顷	喷雾
PD20090366	代森锰锌/80%/可湿性粉剂/代森锰锌 80%/2014.01.12 至 2019.01.12/低毒			
	番茄	早疫病	1800-2400克/公顷	喷雾
PD20090463	高效氯氟氰菊酯/25克/升/乳油/高效氯氟氰菊酯 25克/升/2014.01.12 至 2019.01.12/中等毒			
	十字花科蔬菜	蚜虫	7.5-9.375克/公顷	喷雾
PD20091178	嘧霉胺/40%/悬浮剂/嘧霉胺 40%/2009.01.22 至 2014.01.22/低毒			
	番茄	灰霉病	375-562.5克/公顷	喷雾
PD20092432	硫磺/50%/悬浮剂/硫磺 50%/2009.02.25 至 2014.02.25/低毒			
	黄瓜	白粉病	1125-1500克/公顷	喷雾
PD20094181	氯氰菊酯/5%/乳油/氯氰菊酯 5%/2009.03.30 至 2014.03.30/低毒			
	甘蓝	菜青虫	45-60克/公顷	喷雾
PD20094348	高氯·马/20%/乳油/高效氯氰菊酯 2%、马拉硫磷 18%/2009.04.01 至 2014.04.01/低毒			
	苹果树	桃小食心虫	133-200毫克/千克	喷雾
PD20094478	福美双/50%/可湿性粉剂/福美双 50%/2009.04.09 至 2014.04.09/低毒			
	黄瓜	白粉病	1125-1500克/公顷	喷雾
PD20094647	敌百虫/30%/乳油/敌百虫 30%/2009.04.10 至 2014.04.10/低毒			
	十字花科蔬菜	菜青虫	675-900克/公顷	喷雾
PD20095081	高效氯氰菊酯/4.5%/乳油/高效氯氰菊酯 4.5%/2009.04.22 至 2014.04.22/低毒			
	甘蓝	菜青虫	20.25-27克/公顷	喷雾
PD20095716	二甲戊灵/33%/乳油/二甲戊灵 33%/2009.05.18 至 2014.05.18/低毒			
	甘蓝(保护地)	一年生杂草	495—742.5克/公顷	土壤喷雾
PD20096124	乙草胺/81.5%/乳油/乙草胺 81.5%/2009.06.18 至 2014.06.18/低毒			
	玉米田	一年生禾本科杂草及部分小粒种子阔叶杂草	1350-1890克/公顷(东北地区) 1080-1350克/公顷(其他地区)	播后苗前土壤喷雾
PD20096406	抑食肼/95%/原药/抑食肼 95%/2009.08.04 至 2014.08.04/中等毒			
PD20096519	单甲脒盐酸盐/25%/水剂/单甲脒 25%/2009.08.20 至 2014.08.20/低毒			
	柑橘树	红蜘蛛	150-350毫克/千克	喷雾
PD20096522	高氯·辛硫磷/20%/乳油/高效氯氰菊酯 1.5%、辛硫磷 18.5%/2009.08.20 至 2014.08.20/低毒			
	棉花	棉铃虫	225-300克/公顷	喷雾
PD20097086	阿维菌素/3.2%/乳油/阿维菌素 3.2%/2009.10.10 至 2014.10.10/低毒(原药高毒)			
	甘蓝	小菜蛾	8.1-10.8克/公顷	喷雾
PD20097087	阿维菌素/1.8%/乳油/阿维菌素 1.8%/2009.10.10 至 2014.10.10/低毒(原药高毒)			
	棉花	红蜘蛛	10.8-16.2克/公顷	喷雾
	棉花	棉铃虫	21.6-32.4克/公顷	喷雾
	十字花科蔬菜	小菜蛾	6-12克/公顷	喷雾
PD20097377	氟铃脲/5%/乳油/氟铃脲 5%/2009.10.28 至 2014.10.28/低毒			
	甘蓝	小菜蛾	28.13-56.25克/公顷	喷雾

PD20097414 乙烯利/40%/水剂/乙烯利 40%/2009.10.28 至 2014.10.28/低毒
棉花 催熟 300-500倍液 喷雾

PD20098108 精喹禾灵/50克/升/乳油/精喹禾灵 50克/升/2009.12.08 至 2014.12.08/低毒
大豆田 一年生禾本科杂草 45-60克/公顷 茎叶喷雾

PD20098137 异丙甲草胺/720克/升/乳油/异丙甲草胺 720克/升/2009.12.08 至 2014.12.08/低毒
花生田 一年生禾本科杂草及部分小粒种子阔叶杂草 1080-1620克/公顷 播后苗前土壤喷雾

PD20101301 高效氟吡甲禾灵/108克/升/乳油/高效氟吡甲禾灵 108克/升/2010.03.17 至 2015.03.17/低毒
油菜田 一年生禾本科杂草 300-450毫升制剂/公顷 茎叶喷雾

PD20101898 草甘膦异丙胺盐(41%)///水剂/草甘膦 30%/2010.08.27 至 2015.08.27/低毒
玉米田 一年生杂草 120-270毫升制剂/亩 定向茎叶喷雾

PD20110413 吡虫啉/10%/可湿性粉剂/吡虫啉 10%/2011.04.15 至 2016.04.15/低毒
水稻 稻飞虱 15-22.5克/公顷 喷雾

PD20110748 苦参碱/0.3%/水剂/苦参碱 0.3%/2011.07.25 至 2016.07.25/低毒
甘蓝 菜青虫 22.5-30克/公顷 喷雾

山东百士威农药有限公司　(山东省潍坊市安丘市开发区汶水北路　262100　0536-2262658)

PD20092687 福美双/50%/可湿性粉剂/福美双 50%/2014.03.03 至 2019.03.03/中等毒
葡萄 白腐病 667-1000毫克/千克 喷雾

PD20092987 甲霜·锰锌/58%/可湿性粉剂/甲霜灵 10%、代森锰锌 48%/2014.03.09 至 2019.03.09/低毒
黄瓜 霜霉病 862.5-1050克/公顷 喷雾

PD20093064 高效氯氟氰菊酯/25克/升/乳油/高效氯氟氰菊酯 25克/升/2014.03.09 至 2019.03.09/中等毒
甘蓝 蚜虫 5.625—7.5克/公顷 喷雾

PD20093686 甲基硫菌灵/70%/可湿性粉剂/甲基硫菌灵 70%/2014.03.25 至 2019.03.25/低毒
黄瓜 白粉病 420-630克/公顷 喷雾

PD20093997 代森锌/80%/可湿性粉剂/代森锌 80%/2014.03.27 至 2019.03.27/微毒
马铃薯 早疫病 960-1200克/公顷 喷雾

PD20094341 多·锰锌/50%/可湿性粉剂/多菌灵 8%、代森锰锌 42%/2014.04.01 至 2019.04.01/低毒
苹果树 斑点落叶病 1000-1250毫克/千克 喷雾

PD20094789 马拉硫磷/45%/乳油/马拉硫磷 45%/2014.04.13 至 2019.04.13/低毒
棉花 盲蝽蟓 405-607.5克/公顷 喷雾

PD20097380 百草枯/200克/升/水剂/百草枯 200克/升/2012.12.31 至 2014.07.01/中等毒
夏玉米田 杂草 2250-3000毫升制剂/公顷 行间定向茎叶喷雾

PD20100532 氰戊菊酯/20%/乳油/氰戊菊酯 20%/2010.01.14 至 2015.01.14/中等毒
十字花科蔬菜 菜青虫 90-120克/公顷 喷雾

PD20100540 福·福锌/80%/可湿性粉剂/福美双 30%、福美锌 50%/2010.01.14 至 2015.01.14/低毒
黄瓜 炭疽病 1500-1800克/公顷 喷雾

PD20120115 苦参碱/0.3%/水剂/苦参碱 0.3%/2012.01.29 至 2017.01.29/低毒
苹果树 红蜘蛛 2-6毫克/千克 喷雾

PD20120497 吡虫啉/10%/可湿性粉剂/吡虫啉 10%/2012.03.19 至 2017.03.19/低毒
小麦 蚜虫 15-30克/公顷(南方地区) 喷雾
45-60克/公顷(北方地区)

PD20130686 阿维·啶虫脒/4%/乳油/阿维菌素 1%、啶虫脒 3%/2013.04.09 至 2018.04.09/低毒
苹果树 蚜虫 8-10毫克/千克 喷雾

山东百信生物科技有限公司　(山东省济南市华能路19号留学生创业园2号楼317　250101　0531-88118088)

PD20132514 高氯·甲维盐/4.2%/乳油/高效氯氰菊酯 4%、甲氨基阿维菌素苯甲酸盐 0.2%/2013.12.16 至 2018.12.16/低毒
甘蓝 甜菜夜蛾 22.05-28.35克/公顷 喷雾

PD20132534 啶虫脒/70%/水分散粒剂/啶虫脒 70%/2013.12.16 至 2018.12.16/低毒
黄瓜 蚜虫 21-26.25克/公顷 喷雾

PD20132643 甲氨基阿维菌素苯甲酸盐/2%/乳油/甲氨基阿维菌素 2%/2013.12.20 至 2018.12.20/低毒
甘蓝 甜菜夜蛾 2.55-3.825克/公顷 喷雾
注:甲氨基阿维菌素苯甲酸盐含量:2.3%。

山东碧奥生物科技有限公司　(山东省德州市陵县经济开发区北辰路　253500　0534-8296788)

PD20070433 莠去津/48%/可湿性粉剂/莠去津 48%/2012.11.20 至 2017.11.20/低毒
春玉米田 一年生杂草 2160-2880克/公顷(东北地区) 土壤喷雾
夏玉米田 一年生杂草 1440-1800克/公顷(其它地区) 土壤喷雾

PD20070503 炔螨特/57%/乳油/炔螨特 57%/2012.11.28 至 2017.11.28/低毒
柑橘树 红蜘蛛 285-380毫克/千克 喷雾

PD20070539 代森锰锌/70%/可湿性粉剂/代森锰锌 70%/2012.12.03 至 2017.12.03/低毒
番茄 早疫病 1837.5-2362.5克/公顷 喷雾

PD20070555 氯氰菊酯/10%/乳油/氯氰菊酯 10%/2012.12.03 至 2017.12.03/低毒
甘蓝 菜青虫 45-60克/公顷 喷雾

PD20070593 吡虫啉/200克/升/可溶液剂/吡虫啉 200克/升/2012.12.14 至 2017.12.14/低毒
十字花科蔬菜 蚜虫 15-30克/公顷 喷雾

PD20080029 甲霜·锰锌/58%/可湿性粉剂/甲霜灵 10%、代森锰锌 48%/2013.01.03 至 2018.01.03/低毒
黄瓜 霜霉病 675-1050克/公顷 喷雾
PD20080206 内·辛/24%/乳油/内吸磷 10%、辛硫磷 14%/2013.01.11 至 2018.01.11/中等毒
棉花 棉铃虫 144-275克/公顷 喷雾
PD20080301 啶虫脒/10%/可湿性粉剂/啶虫脒 10%/2013.02.25 至 2018.02.25/低毒
甘蓝 蚜虫 12-15克/公顷 喷雾
PD20080460 高效氯氟氰菊酯/25克/升/乳油/高效氯氟氰菊酯 25克/升/2013.03.27 至 2018.03.27/中等毒
十字花科蔬菜 蚜虫 5.625-7.5克/公顷 喷雾
PD20080490 三乙膦酸铝/40%/可湿性粉剂/三乙膦酸铝 40%/2013.04.07 至 2018.04.07/低毒
大白菜 霜霉病 1410-2820克/公顷 喷雾
PD20080519 辛硫·高氯氟/26%/乳油/高效氯氟氰菊酯 1%、辛硫磷 25%/2013.04.29 至 2018.04.29/中等毒
棉花 棉铃虫 312-390克/公顷 喷雾
PD20080524 啶虫脒/5%/可湿性粉剂/啶虫脒 5%/2013.04.29 至 2018.04.29/低毒
甘蓝 蚜虫 15-22.5克/公顷 喷雾
PD20080874 精喹禾灵/15%/乳油/精喹禾灵 15%/2013.06.30 至 2018.06.30/低毒
冬油菜田 一年生禾本科杂草 45-67.5克/公顷 喷雾
PD20081199 联苯菊酯/100克/升/乳油/联苯菊酯 100克/升/2013.09.11 至 2018.09.11/中等毒
茶树 茶小绿叶蝉 30-37.5克/公顷 喷雾
PD20081224 精喹禾灵/95%/原药/精喹禾灵 95%/2013.09.11 至 2018.09.11/低毒
PD20081609 高效氯氟氰菊酯/95%/原药/高效氯氟氰菊酯 95%/2013.11.12 至 2018.11.12/中等毒
PD20081746 吡虫啉/95%/原药/吡虫啉 95%/2013.11.18 至 2018.11.18/低毒
PD20082734 氯氰菊酯/50克/升/乳油/氯氰菊酯 50克/升/2013.12.08 至 2018.12.08/中等毒
十字花科蔬菜 菜青虫 37.5-52.5克/公顷 喷雾
PD20083010 氟啶脲/50克/升/乳油/氟啶脲 50克/升/2013.12.10 至 2018.12.10/低毒
甘蓝 小菜蛾 30-60克/公顷 喷雾
PD20083163 霜脲·锰锌/36%/可湿性粉剂/代森锰锌 32%、霜脲氰 4%/2013.12.11 至 2018.12.11/低毒
黄瓜 霜霉病 1440-1800克/公顷 喷雾
PD20083843 联苯菊酯/25克/升/乳油/联苯菊酯 25克/升/2013.12.15 至 2018.12.15/低毒
茶树 茶毛虫 7.5-15克/公顷 喷雾
PD20083849 代森锌/65%/可湿性粉剂/代森锌 65%/2013.12.15 至 2018.12.15/低毒
番茄 早疫病 2535-3600克/公顷 喷雾
PD20084175 甲氨基阿维菌素苯甲酸盐/0.5%/微乳剂/甲氨基阿维菌素 0.5%/2013.12.16 至 2018.12.16/低毒
十字花科蔬菜 甜菜夜蛾 1.5-2.25克/公顷 喷雾
注:甲氨基阿维菌素苯甲酸盐含量: 0.57%。
PD20084540 阿维菌素/1.8%/乳油/阿维菌素 1.8%/2013.12.18 至 2018.12.18/低毒(原药高毒)
十字花科蔬菜 小菜蛾 8.1-10.8克/公顷 喷雾
PD20085311 异丙草·莠/42%/悬乳剂/异丙草胺 16%、莠去津 26%/2013.12.24 至 2018.12.24/低毒
夏玉米田 一年生杂草 1134-1512克/公顷 播后苗前土壤喷雾
PD20085865 福·福锌/80%/可湿性粉剂/福美双 30%、福美锌 50%/2013.12.29 至 2018.12.29/低毒
黄瓜 炭疽病 1500-1800克/公顷 喷雾
PD20085896 嘧霉胺/20%/可湿性粉剂/嘧霉胺 20%/2013.12.29 至 2018.12.29/低毒
黄瓜 灰霉病 360-540克/公顷 喷雾
PD20085916 丁·莠/48%/悬乳剂/丁草胺 19%、莠去津 29%/2013.12.29 至 2018.12.29/低毒
夏玉米田 一年生杂草 1080-1440克/公顷 播后苗前土壤喷雾
PD20086373 阿维菌素/0.5%/可湿性粉剂/阿维菌素 0.5%/2013.12.31 至 2018.12.31/低毒(原药高毒)
十字花科蔬菜 小菜蛾 8.1-10.8克/公顷 喷雾
PD20092208 阿维·三唑磷/20%/乳油/阿维菌素 0.2%、三唑磷 19.8%/2014.02.24 至 2019.02.24/中等毒(原药高毒)
水稻 二化螟 210-300克/公顷 喷雾
PD20092574 三唑锡/20%/悬浮剂/三唑锡 20%/2014.02.27 至 2019.02.27/中等毒
柑橘树 红蜘蛛 100-200毫克/千克 喷雾
PD20094574 烟嘧磺隆/40克/升/可分散油悬浮剂/烟嘧磺隆 40克/升/2014.04.09 至 2019.04.09/低毒
玉米田 一年生杂草 40-60克/公顷 茎叶喷雾
PD20095815 阿维·高氯/1.8%/乳油/阿维菌素 0.1%、高效氯氰菊酯 1.7%/2009.05.27 至 2014.05.27/低毒(原药高毒)
黄瓜 美洲斑潜蝇 15-30克/公顷 喷雾
PD20095844 多·福/40%/可湿性粉剂/多菌灵 5%、福美双 35%/2009.05.27 至 2014.05.27/低毒
葡萄 霜霉病 1000-1250毫克/千克 喷雾
PD20096159 高氯·辛硫磷/20%/乳油/高效氯氰菊酯 1.5%、辛硫磷 18.5%/2009.06.24 至 2014.06.24/低毒
棉花 棉铃虫 210-240克/公顷 喷雾
PD20096226 噻嗪酮/25%/可湿性粉剂/噻嗪酮 25%/2009.07.15 至 2014.07.15/低毒
水稻 稻飞虱 75-112.5克/公顷 喷雾
PD20096425 氟硅唑/400克/升/乳油/氟硅唑 400克/升/2009.08.04 至 2014.08.04/低毒
梨树 黑星病 40-50毫克/千克 喷雾
PD20096748 毒死蜱/45%/乳油/毒死蜱 45%/2009.09.07 至 2014.09.07/中等毒

水稻 稻纵卷叶螟 60-80毫升制剂/亩 喷雾

PD20100121 哒螨·矿物油/40%/乳油/哒螨灵 4%、矿物油 36%/2010.01.05 至 2015.01.05/中等毒

苹果树 红蜘蛛 200-267毫克/千克 喷雾

PD20100622 吡虫啉/25%/可湿性粉剂/吡虫啉 25%/2010.01.14 至 2015.01.14/低毒

水稻 稻飞虱 15-30克/公顷 喷雾

PD20101802 噁霉灵/30%/水剂/噁霉灵 30%/2010.07.13 至 2015.07.13/低毒

西瓜 枯萎病 375-500毫克/千克 喷淋

PD20110612 吡虫啉/5%/乳油/吡虫啉 5%/2011.06.07 至 2016.06.07/中等毒

小麦 蚜虫 15-30克/公顷(南方地区) 喷雾

45-60克/公顷(北方地区)

PD20111005 烯酰吗啉/50%/可湿性粉剂/烯酰吗啉 50%/2011.09.22 至 2016.09.22/低毒

黄瓜 霜霉病 225—300克/公顷 喷雾

PD20111210 苯醚甲环唑/10%/水分散粒剂/苯醚甲环唑 10%/2011.11.17 至 2016.11.17/低毒

梨树 黑星病 14.3-16.7毫克/千克 喷雾

PD20120549 高效氯氰菊酯/4.5%/微乳剂/高效氯氰菊酯 4.5%/2012.03.28 至 2017.03.28/中等毒

甘蓝 菜青虫 20.25-27克/公顷 喷雾

PD20120716 甲氨基阿维菌素苯甲酸盐/3%/微乳剂/甲氨基阿维菌素 3%/2012.04.18 至 2017.04.18/低毒

甘蓝 甜菜夜蛾 1.5-2.25克/公顷 喷雾

注:甲氨基阿维菌素苯甲酸盐含量:3.4%。

PD20131786 木霉菌/2亿个/克/可湿性粉剂/木霉菌 2亿个/克/2013.09.09 至 2018.09.09/低毒

番茄 灰霉病 制剂量:1875-3750克/公顷 喷雾

山东滨农科技有限公司 (山东省滨州市滨城区滨北办事处永莘路518号 256651 0543-3358550)

PD20080074 仲丁灵原药/95%/原药/仲丁灵 95%/2013.01.03 至 2018.01.03/低毒

PD20080081 精吡氟禾草灵/90%/原药/精吡氟禾草灵 90%/2013.01.03 至 2018.01.03/低毒

PD20080143 高效氟吡甲禾灵/95%/原药/高效氟吡甲禾灵 95%/2013.01.03 至 2018.01.03/低毒

PD20080702 丁草胺/95%/原药/丁草胺 95%/2013.06.04 至 2018.06.04/低毒

PD20080706 莠去津/98%/原药/莠去津 98%/2013.06.04 至 2018.06.04/低毒

PD20080709 异丙甲草胺/95%/原药/异丙甲草胺 95%/2013.06.04 至 2018.06.04/低毒

PD20080710 甲草胺/95%/原药/甲草胺 95%/2013.06.04 至 2018.06.04/低毒

PD20081243 草甘膦/30%/水剂/草甘膦 30%/2013.09.16 至 2018.09.16/低毒

苹果园 杂草 1200-2460克/公顷 定向喷雾

PD20081247 丁草胺/600克/升/水乳剂/丁草胺 600克/升/2013.09.18 至 2018.09.18/低毒

水稻移栽田 一年生禾本科杂草 990-1260克/公顷 毒土法

PD20081260 异丙甲草胺/720克/升/乳油/异丙甲草胺 720克/升/2013.09.18 至 2018.09.18/低毒

春大豆田 一年生禾本科杂草及部分阔叶杂草 1404-1950克/公顷 播后苗前土壤喷雾

春玉米田 一年生禾本科杂草及部分阔叶杂草 1620-2160克/公顷 土壤喷雾

花生田 一年生禾本科杂草及小粒阔叶杂草 1080-1620克/公顷 土壤喷雾

夏大豆田 一年生禾本科杂草及部分阔叶杂草 1080-1404克/公顷 播后苗前土壤喷雾

夏玉米田 一年生禾本科杂草及部分阔叶杂草 1296-1620克/公顷 土壤喷雾

PD20081276 氟乐灵/480克/升/乳油/氟乐灵 480克/升/2013.09.25 至 2018.09.25/低毒

大豆田 一年生杂草 900-1260克/公顷 土壤喷雾

棉花田 一年生杂草 864-1080克/公顷 土壤喷雾

PD20081278 乙草胺/900克/升/乳油/乙草胺 900克/升/2013.09.25 至 2018.09.25/低毒

春大豆田 一年生禾本科杂草及小粒阔叶杂草 1080-1350克/公顷 土壤喷雾

春玉米田 一年生禾本科杂草及小粒阔叶杂草 1080-1620克/公顷 土壤喷雾

花生田 一年生禾本科杂草及部分阔叶杂草 1080-1350克/公顷 土壤喷雾

棉花田、夏大豆田 一年生禾本科杂草及小粒阔叶杂草 945-1215克/公顷 土壤喷雾

PD20081280 莠去津/48%/可湿性粉剂/莠去津 48%/2013.09.25 至 2018.09.25/低毒

夏玉米田 一年生杂草 1296-1440克/公顷 土壤喷雾

PD20081281 精喹禾灵/8.8%/乳油/精喹禾灵 8.8%/2013.09.25 至 2018.09.25/低毒

春油菜、花生田、棉花田 一年生禾本科杂草 46.2-52.8克/公顷 茎叶喷雾

大豆田 一年生禾本科杂草 52.8-66克/公顷 茎叶喷雾

冬油菜田 一年生禾本科杂草 39.6-52.8克/公顷 茎叶喷雾

PD20081282 莠去津/38%/悬浮剂/莠去津 38%/2013.09.25 至 2018.09.25/低毒

春玉米田 一年生杂草 1425-1995克/公顷 土壤喷雾

甘蔗田 一年生杂草 1050-1500克/公顷 土壤喷雾

夏玉米田 一年生杂草 855-1140克/公顷 土壤喷雾

PD20081289 异噁草松/480克/升/乳油/异噁草松 480克/升/2013.09.26 至 2018.09.26/低毒

春大豆田 一年生杂草 864-1080克/公顷 喷雾

PD20081451 二甲戊灵/98%/原药/二甲戊灵 98%/2013.11.04 至 2018.11.04/低毒

PD20081591 草甘膦/95%/原药/草甘膦 95%/2013.11.12 至 2018.11.12/低毒

PD20081704 苯磺隆/75%/水分散粒剂/苯磺隆 75%/2013.11.17 至 2018.11.17/低毒

	冬小麦田	一年生阔叶杂草	14-20.25克/公顷	喷雾
PD20082173	戊唑醇/96%/原药/戊唑醇 96%/2013.11.26 至 2018.11.26/低毒			
PD20082208	三唑醇/95%/原药/三唑醇 95%/2013.11.26 至 2018.11.26/低毒			
PD20082571	异丙草·莠/42%/悬浮剂/异丙草胺 16%、莠去津 26%/2013.12.04 至 2018.12.04/低毒			
	夏玉米田	一年生杂草	1134－1512克/公顷	播后苗前土壤喷雾
PD20082785	高效氟吡甲禾灵/108克/升/乳油/高效氟吡甲禾灵 108克/升/2013.12.09 至 2018.12.09/低毒			
	春大豆田	一年生禾本科杂草	52.5-64.8克/公顷	茎叶喷雾
	花生田	一年生禾本科杂草	32.4-48.6克/公顷	茎叶喷雾
	棉花田、油菜田	一年生禾本科杂草	40.5-48.6克/公顷	茎叶喷雾
	夏大豆田	一年生禾本科杂草	45-52.5克/公顷	茎叶喷雾
PD20082904	仲丁灵/48%/乳油/仲丁灵 48%/2013.12.09 至 2018.12.09/低毒			
	春大豆田	部分阔叶杂草、一年生禾本科杂草	1800-2160克/公顷	土壤喷雾
	夏大豆田	部分阔叶杂草、一年生禾本科杂草	1440-1800克/公顷	土壤喷雾
PD20083132	乙草胺/95%/原药/乙草胺 95%/2013.12.10 至 2018.12.10/低毒			
PD20083595	氟磺胺草醚/250克/升/水剂/氟磺胺草醚 250克/升/2013.12.12 至 2018.12.12/低毒			
	春大豆田	一年生阔叶杂草	375-502.5克/公顷	茎叶喷雾
	夏大豆田	一年生阔叶杂草	262.5-375克/公顷	茎叶喷雾
PD20084239	氟乐灵/95%/原药/氟乐灵 95%/2013.12.17 至 2018.12.17/低毒			
PD20084242	莠灭净/80%/可湿性粉剂/莠灭净 80%/2013.12.17 至 2018.12.17/低毒			
	甘蔗田	一年生杂草	1560-2400克/公顷	土壤或定向喷雾
PD20085028	丙环唑/250克/升/乳油/丙环唑 250克/升/2013.12.22 至 2018.12.22/低毒			
	小麦	白粉病	100-150克/公顷	喷雾
PD20085410	炔螨特/570克/升/乳油/炔螨特 570克/升/2008.12.24 至 2013.12.24/低毒			
	棉花	红蜘蛛	342-513克/公顷	喷雾
PD20086196	三唑醇/25%/干拌剂/三唑醇 25%/2013.12.30 至 2018.12.30/低毒			
	小麦	锈病	34-37.5克/100千克种子	拌种
PD20086328	丙草胺/98%/原药/丙草胺 98%/2013.12.31 至 2018.12.31/低毒			
PD20086331	扑草净/96%/原药/扑草净 96%/2013.12.31 至 2018.12.31/低毒			
PD20090061	百草枯/200克/升/水剂/百草枯 200克/升/2012.12.31 至 2014.07.01/中等毒			
	苹果园	杂草	600-900克/公顷	定向喷雾
PD20090481	二甲戊灵/330克/升/乳油/二甲戊灵 330克/升/2014.01.12 至 2019.01.12/低毒			
	韭菜田	一年生杂草	495-742.5克/公顷	土壤喷雾
	棉花田	一年生杂草	742.5-990克/公顷	土壤喷雾
PD20090823	草甘膦异丙胺盐/30%/水剂/草甘膦 30%/2014.01.19 至 2019.01.19/低毒			
	柑橘园	杂草	1230-1845克/公顷	喷雾
	注:草甘膦异丙胺盐含量: 41%。			
PD20090940	乙草胺/990克/升/乳油/乙草胺 990克/升/2009.01.19 至 2014.01.19/低毒			
	春大豆田	一年生禾本科杂草	1485-1930.5克/公顷	土壤喷雾
	夏大豆田	一年生禾本科杂草	1188-1485克/公顷	土壤喷雾
PD20091584	仲灵·乙草胺/50%/乳油/乙草胺 30%、仲丁灵 20%/2014.02.03 至 2019.02.03/低毒			
	大豆田	一年生禾本科杂草及部分阔叶杂草	1125-1500克/公顷	土壤喷雾
	棉花田	杂草	1125-1500克/公顷	土壤喷雾
PD20091810	松·喹·氟磺胺/35%/乳油/氟磺胺草醚 9.5%、精喹禾灵 2.5%、异噁草松 23%/2014.02.04 至 2019.02.04/低毒			
	春大豆田	一年生杂草	525-630克/公顷	喷雾
PD20092090	辛硫·氟氯氰/25%/乳油/氟氯氰菊酯 1%、辛硫磷 24%/2014.02.16 至 2019.02.16/低毒			
	十字花科蔬菜	菜青虫	93.75-131.25克/公顷	喷雾
PD20092204	乙·莠·异丙甲/40%/悬乳剂/乙草胺 9%、异丙甲草胺 11%、莠去津 20%/2014.02.23 至 2019.02.23/低毒			
	夏玉米田	一年生杂草	1200-1500克/公顷	土壤喷雾
PD20092677	扑草净/50%/可湿性粉剂/扑草净 50%/2014.03.03 至 2019.03.03/低毒			
	花生田	一年生阔叶杂草	750-1125克/公顷	土壤喷雾
	水稻移栽田	一年生杂草	600-900克/公顷	药土法
PD20092865	高效氯氟氰菊酯/2.5%/乳油/高效氯氟氰菊酯 2.5%/2014.03.05 至 2019.03.05/中等毒			
	十字花科蔬菜	菜青虫	7.5-15克/公顷	喷雾
PD20092970	氟氯氰菊酯/50克/升/乳油/氟氯氰菊酯 50克/升/2014.03.09 至 2019.03.09/低毒			
	甘蓝	菜青虫	15-30克/公顷	喷雾
PD20093246	吡嘧磺隆/10%/可湿性粉剂/吡嘧磺隆 10%/2014.03.11 至 2019.03.11/低毒			
	移栽水稻田	一年生阔叶杂草	22.5-30克/公顷	毒土法
PD20093306	乙草胺/50%/微乳剂/乙草胺 50%/2014.03.13 至 2019.03.13/低毒			
	花生田	一年生杂草	1012.5-1500克/公顷	土壤喷雾
PD20094300	咪唑乙烟酸/10%/水剂/咪唑乙烟酸 10%/2014.03.31 至 2019.03.31/低毒			
	春大豆田	一年生杂草	105-135克/公顷	土壤喷雾
PD20094363	烯禾啶/12.5%/乳油/烯禾啶 12.5%/2014.04.01 至 2019.04.01/低毒			
	大豆田	一年生禾本科杂草	124.5-187.5克/公顷	茎叶喷雾

PD20094465	灭草松/480克/升/水剂/灭草松 480克/升/2014.04.01 至 2019.04.01/低毒			
	大豆田	一年生阔叶杂草	1125-1500克/公顷	茎叶喷雾
	水稻移栽田	一年生阔叶杂草	960-1440克/公顷	茎叶喷雾
PD20094498	丁草胺/90%/乳油/丁草胺 90%/2014.04.09 至 2019.04.09/低毒			
	移栽水稻田	一年生杂草	810-1350克/公顷	药土法
PD20094660	精吡氟禾草灵/15%/乳油/精吡氟禾草灵 15%/2014.04.10 至 2019.04.10/低毒			
	大豆田	一年生禾本科杂草	112.5-150克/公顷	茎叶喷雾
PD20094792	西草净/25%/可湿性粉剂/西草净 25%/2014.04.13 至 2019.04.13/低毒			
	移栽水稻田	一年生杂草	562.5-750克/公顷(南方地区)	毒土法
PD20094801	烯草酮/240克/升/乳油/烯草酮 240克/升/2014.04.13 至 2019.04.13/低毒			
	大豆田	一年生禾本科杂草	97.5-144克/公顷	茎叶喷雾
PD20094845	甲草胺/480克/升/乳油/甲草胺 480克/升/2014.04.13 至 2019.04.13/低毒			
	棉花田	一年生杂草	华北地区：1800-2160克/公顷, 1080-1440克/公顷(盖膜)； 长江流域：1440-1800克/公顷, 900-1080克/公顷(盖膜)	苗前或播后苗前土壤喷雾
PD20095030	精吡氟禾草灵/150克/升/乳油/精吡氟禾草灵 150克/升/2014.04.21 至 2019.04.21/低毒			
	冬油菜田	一年生禾本科杂草	135-157.5克/公顷	茎叶喷雾
	花生田、棉花田	一年生禾本科杂草	112.5-150克/公顷	茎叶喷雾
PD20095618	乙氧氟草醚/240克/升/乳油/乙氧氟草醚 240克/升/2009.05.12 至 2014.05.12/低毒			
	甘蔗田	一年生杂草	105-180克/公顷	土壤喷雾
	移栽水稻田	一年生杂草	36-72克/公顷	药土法
PD20095773	甲·乙·莠/42%/悬乳剂/甲草胺 8%、乙草胺 9%、莠去津 25%/2009.05.18 至 2014.05.18/低毒			
	春玉米田	一年生杂草	1890-2520克/公顷	播后苗前土壤喷雾
	夏玉米田	一年生杂草	1134-1386克/公顷	播后苗前土壤喷雾
PD20095783	氯氟吡氧乙酸异辛酯/20%/乳油/氯氟吡氧乙酸 20%/2009.05.25 至 2014.05.25/低毒			
	冬小麦田	一年生阔叶杂草	150-199.5克/公顷	茎叶喷雾
	注:氯氟吡氧乙酸异辛酯含量：28.8%。			
PD20096811	仲丁灵/360克/升/乳油/仲丁灵 360克/升/2009.09.16 至 2014.09.16/低毒			
	烟草	抑制腋芽生长	2430-3037.5克/公顷	杯淋法
PD20097113	丙草胺/30%/乳油/丙草胺 30%/2009.10.12 至 2014.10.12/低毒			
	水稻移栽田	一年生杂草	450-540克/公顷	毒土法
PD20097169	烟嘧磺隆/40克/升/可分散油悬浮剂/烟嘧磺隆 40克/升/2009.10.16 至 2014.10.16/低毒			
	玉米田	一年生杂草	42-60克/公顷	茎叶喷雾
PD20097393	氰草·莠去津/40%/悬浮剂/氰草津 20%、莠去津 20%/2009.10.28 至 2014.10.28/低毒			
	夏玉米田	一年生杂草	1500-1800克/公顷	土壤喷雾
PD20097430	滴丁·乙草胺/72%/乳油/2,4-滴丁酯 27%、乙草胺 45%/2009.10.28 至 2014.10.28/低毒			
	春玉米田	一年生杂草	1620-2160克/公顷	播后苗前土壤喷雾
PD20097471	2,4-滴丁酯/57%/乳油/2,4-滴丁酯 57%/2009.11.03 至 2014.11.03/低毒			
	春小麦田	一年生阔叶杂草	432-864克/公顷	茎叶喷雾
	冬小麦田	一年生阔叶杂草	432-810克/公顷	茎叶喷雾
PD20097685	精噁唑禾草灵/69克/升/水乳剂/精噁唑禾草灵 69克/升/2009.11.04 至 2014.11.04/低毒			
	小麦田	一年生杂草	51.76-62.1克/公顷	茎叶喷雾
PD20097970	异丙甲草胺/960克/升/乳油/异丙甲草胺 960克/升/2009.12.01 至 2014.12.01/低毒			
	西瓜田	一年生杂草	1080-1872克/公顷	土壤喷雾
PD20097975	乳氟禾草灵/240克/升/乳油/乳氟禾草灵 240克/升/2009.12.01 至 2014.12.01/低毒			
	大豆田	一年生阔叶杂草	72-144克/公顷	茎叶喷雾
	花生田	一年生阔叶杂草	54-108克/公顷	茎叶喷雾
PD20098212	百草枯/250克/升/水剂/百草枯 250克/升/2012.12.31 至 2014.07.01/中等毒			
	非耕地	杂草	600-900克/公顷	茎叶喷雾
PD20100245	阿维菌素/1.8%/乳油/阿维菌素 1.8%/2010.01.11 至 2015.01.11/中等毒(原药高毒)			
	甘蓝	小菜蛾	8.1-10.8克/公顷	喷雾
PD20100823	啶虫脒/40%/水分散粒剂/啶虫脒 40%/2010.01.19 至 2015.01.19/低毒			
	黄瓜	蚜虫	18-24克/公顷	喷雾
PD20100946	扑·乙/53%/乳油/扑草净 15%、乙草胺 38%/2010.01.19 至 2015.01.19/低毒			
	花生田	一年生杂草	150-200毫升制剂/亩	播后苗期土壤喷雾
PD20101053	莠去津/50%/悬浮剂/莠去津 50%/2010.01.21 至 2015.01.21/低毒			
	玉米田	杂草	1275-2250克/公顷	土壤喷雾
PD20101082	乙·莠·氰草津/70%/悬浮剂/氰草津 10%、乙草胺 35%、莠去津 25%/2010.01.25 至 2015.01.25/低毒			
	玉米田	一年生杂草	春玉米：2100-2625克/公顷； 夏玉米：1260-1890克/公顷	播后苗前土壤喷雾
PD20101087	甲氨基阿维菌素苯甲酸盐(0.57%)////微乳剂/甲氨基阿维菌素 0.5%/2010.01.25 至 2015.01.25/低毒			
	甘蓝	甜菜夜蛾	300-450毫升制剂/公顷	喷雾

PD20101211 毒死蜱/40%/乳油/毒死蜱 40%/2010.02.21 至 2015.02.21/中等毒
萝卜 莱青虫 300-450克/公顷 喷雾

PD20101249 氟铃·辛硫磷/15%/乳油/氟铃脲 2%、辛硫磷 13%/2010.03.01 至 2015.03.01/低毒
棉花 棉铃虫 180-225克/公顷 喷雾

PD20101534 2甲4氯钠/56%/可溶粉剂/2甲4氯钠 56%/2010.05.19 至 2015.05.19/低毒
移栽水稻田 一年生阔叶杂草及部分莎草科杂草 450-900克/公顷 茎叶喷雾

PD20110807 甲·灭·敌草隆/55%/可湿性粉剂/敌草隆 15%、2甲4氯 10%、莠灭净 30%/2011.08.04 至 2016.08.04/低毒
甘蔗田 一年生杂草 1237.5-1732.5克/公顷 茎叶喷雾

PD20110831 乙·莠· 滴丁酯/50%/悬乳剂/2,4-滴丁酯 5%、乙草胺 30%、莠去津 15%/2011.08.10 至 2016.08.10/低毒
春玉米田 一年生杂草 制剂量：250-300毫升/亩 播后苗前土壤喷雾

PD20110942 烟嘧磺隆/80%/可湿性粉剂/烟嘧磺隆 80%/2011.09.07 至 2016.09.07/低毒
春玉米 一年生杂草 40-60克/公顷 茎叶喷雾
夏玉米 一年生杂草 40-50克/公顷 茎叶喷雾

PD20110971 哒螨灵/20%/可湿性粉剂/哒螨灵 20%/2011.09.14 至 2016.09.14/低毒
柑橘树 红蜘蛛 50-100毫克/千克 喷雾

PD20111128 吡虫啉/70%/水分散粒剂/吡虫啉 70%/2011.10.28 至 2016.10.28/低毒
甘蓝 蚜虫 14-20克/公顷 喷雾

PD20111217 啶虫脒/5%/乳油/啶虫脒 5%/2011.11.17 至 2016.11.17/低毒
柑橘树 蚜虫 10-20毫克/千克 喷雾

PD20120114 丙溴磷/40%/乳油/丙溴磷 40%/2012.01.29 至 2017.01.29/中等毒
棉花 棉铃虫 480-600克/公顷 喷雾

PD20120334 苯磺隆/10%/可湿性粉剂/苯磺隆 10%/2012.02.17 至 2017.02.17/低毒
小麦 一年生阔叶杂草 15-18克/公顷 茎叶喷雾

PD20120874 莠去津/90%/水分散粒剂/莠去津 90%/2012.05.24 至 2017.05.24/低毒
春玉米田 多种一年生杂草 1485-1755克/公顷 播后苗前土壤喷雾
夏玉米田 多种一年生杂草 1215-1485克/公顷 播后苗前土壤喷雾

PD20121018 吡虫啉/10%/可湿性粉剂/吡虫啉 10%/2012.07.02 至 2017.07.02/低毒
小麦 蚜虫 45-60克/公顷 喷雾

PD20121579 戊唑醇/430克/升/悬浮剂/戊唑醇 430克/升/2012.10.25 至 2017.10.25/低毒
梨树 黑星病 107.5-143.3毫克/千克 喷雾

PD20121583 灭·喹·氟磺胺/24%/乳油/氟磺胺草醚 7%、精喹禾灵 2%、灭草松 15%/2012.10.25 至 2017.10.25/低毒
春大豆 一年生杂草 432-504克/公顷 茎叶喷雾
夏大豆 一年生杂草 360-468克/公顷 喷雾

PD20121645 烯酰吗啉/50%/可湿性粉剂/烯酰吗啉 50%/2012.10.30 至 2017.10.30/低毒
黄瓜 霜霉病 225-300克/公顷 喷雾

PD20121706 硝磺草酮/95%/原药/硝磺草酮 95%/2012.11.05 至 2017.11.05/低毒

PD20121853 烟嘧·莠去津/22%/可分散油悬浮剂/烟嘧磺隆 2.5%、莠去津 19.5%/2012.11.28 至 2017.11.28/微毒
玉米田 杂草 330-495克/公顷 茎叶喷雾

PD20121907 草甘膦铵盐/80%/可溶粒剂/草甘膦 80%/2012.12.07 至 2017.12.07/低毒
柑橘园 杂草 1125-2250克/公顷 定向茎叶喷雾
注:草甘膦铵盐含量：88%。

PD20130199 精喹·氟磺胺/16%/乳油/氟磺胺草醚 12.5%、精喹禾灵 3.5%/2013.01.24 至 2018.01.24/低毒
大豆田 一年生杂草 240-360克/公顷 茎叶喷雾

PD20130322 乙羧氟草醚/20%/乳油/乙羧氟草醚 20%/2013.02.26 至 2018.02.26/低毒
春大豆田 一年生阔叶杂草 90-120克/公顷 茎叶喷雾
夏大豆田 一年生阔叶杂草 60-90克/公顷 茎叶喷雾

PD20130342 烟·莠·滴丁酯/40%/可分散油悬浮剂/2,4-滴丁酯 10.5%、烟嘧磺隆 4.5%、莠去津 25%/2013.03.11 至 2018.03.11/低毒
春玉米田 一年生杂草 480-600克/公顷 茎叶喷雾

PD20130707 氰氟·吡嘧/15%/可湿性粉剂/吡嘧磺隆 3%、氰氟草酯 12%/2013.04.11 至 2018.04.11/低毒
水稻移栽田 一年生杂草 135-180克/公顷 茎叶喷雾

PD20130754 乙·嗪·滴丁酯/73%/乳油/2,4-滴丁酯 17%、嗪草酮 6%、乙草胺 50%/2013.04.16 至 2018.04.16/低毒
大豆田 一年生杂草 1314-1533克/公顷（东北地区）） 播后苗前土壤喷雾

PD20130806 氰氟草酯/100克/升/水乳剂/氰氟草酯 100克/升/2013.04.22 至 2018.04.22/低毒
水稻移栽田 一年生杂草 75-105克/公顷 茎叶喷雾

PD20130858 异噁·异丙甲/80%/乳油/异丙甲草胺 64%、异噁草松 16%/2013.04.22 至 2018.04.22/低毒
春大豆田 一年生杂草 1800-2400克/公顷 土壤喷雾
烟草田 一年生杂草 960-1200克/公顷 土壤喷雾

PD20130886 精喹·乙羧氟/15%/乳油/精喹禾灵 6%、乙羧氟草醚 9%/2013.04.25 至 2018.04.25/低毒
花生田 一年生杂草 112.5-135克/公顷 茎叶喷雾

PD20131007 异丙甲·苄/20%/泡腾粒剂/苄嘧磺隆 4%、异丙甲草胺 16%/2013.05.13 至 2018.05.13/低毒
移栽水稻田 一年生杂草 120-180克/公顷 毒土法

PD20131110 松·吡·氟磺胺/27%/乳油/氟磺胺草醚 7.5%、精吡氟禾草灵 3.5%、异噁草松 16%/2013.05.20 至 2018.05.20/低毒

春大豆田　一年生杂草　810-1012.5克/公顷　茎叶喷雾
PD20131265　烟嘧·莠去津/52%/可湿性粉剂/烟嘧磺隆 4%、莠去津 48%/2013.06.04 至 2018.06.04/低毒
玉米田　一年生杂草　585-780克/公顷　茎叶喷雾
PD20131351　莠灭净/98%/原药/莠灭净 98%/2013.06.20 至 2018.06.20/中等毒
注:专供出口，不得在国内销售。
PD20131703　唑草·苯磺隆/36%/水分散粒剂/苯磺隆 14%、唑草酮 22%/2013.08.07 至 2018.08.07/低毒
小麦田　一年生杂草　27-43.2克/公顷　茎叶喷雾
PD20131998　异甲·莠去津/50%/悬乳剂/异丙甲草胺 25%、莠去津 25%/2013.10.10 至 2018.10.10/低毒
高粱田　一年生杂草　1125-1500克/公顷　土壤喷雾
PD20132039　烟·莠·氯氟吡/28%/可分散油悬浮剂/氯氟吡氧乙酸 5%、烟嘧磺隆 3%、莠去津 20%/2013.10.22 至 2018.10.22/低毒
春玉米田　一年生杂草　588-630克/公顷　茎叶喷雾
夏玉米田　一年生杂草　420-504克/公顷　茎叶喷雾
PD20132042　阿维·三唑磷/15%/乳油/阿维菌素 0.1%、三唑磷 14.9%/2013.10.22 至 2018.10.22/中等毒(原药高毒)
棉花　棉铃虫　135-180克/公顷　喷雾
PD20132545　硝磺·莠去津/50%/可湿性粉剂/莠去津 40%、硝磺草酮 10%/2013.12.16 至 2018.12.16/低毒
夏玉米田　一年生杂草　675-900克/公顷　茎叶喷雾
PD20132684　麦草畏/98%/原药/麦草畏 98%/2013.12.25 至 2018.12.25/低毒
LS20110208　苄嘧·莎稗磷/20%/可湿性粉剂/苄嘧磺隆 2.5%、莎稗磷 17.5%/2012.08.04 至 2013.08.04/低毒
移栽水稻田　一年生杂草　300-360克/公顷　毒土法
LS20130095　硝磺草酮/10%/可分散油悬浮剂/硝磺草酮 10%/2013.03.11 至 2014.03.11/低毒
玉米田　一年生杂草　夏玉米田：120-150克/公顷；春玉米田：150-210克/公顷　茎叶喷雾

山东曹达化工有限公司　(山东省菏泽市双河东路28号　274000　0530-5159118)

PD20040078　多·酮/25%/可湿性粉剂/多菌灵 22%、三唑酮 3%/2009.12.19 至 2014.12.19/低毒
小麦　赤霉病　262.5-375克/公顷　喷雾
PD20040081　氯氰菊酯/5%/乳油/氯氰菊酯 5%/2009.12.19 至 2014.12.19/低毒
十字花科蔬菜　菜青虫　15-18.75克/公顷　喷雾
PD20070529　阿维·辛硫磷/15%/乳油/阿维菌素 0.1%、辛硫磷 14.9%/2012.12.03 至 2017.12.03/低毒(原药高毒)
甘蓝　小菜蛾　112.5-225克/公顷　喷雾
PD20080275　啶虫脒/5%/可湿性粉剂/啶虫脒 5%/2013.02.22 至 2018.02.22/低毒
柑橘树　蚜虫　10-12毫克/千克　喷雾
PD20080785　硫磺·多菌灵/50%/可湿性粉剂/多菌灵 15%、硫磺 35%/2013.06.20 至 2018.06.20/低毒
花生　叶斑病　1200-1800克/公顷　喷雾
PD20080884　氯氰·丙溴磷/44%/乳油/丙溴磷 40%、氯氰菊酯 4%/2013.07.09 至 2018.07.09/中等毒
棉花　棉铃虫　660-792克/公顷　喷雾
PD20080897　氯氰菊酯/5%/乳油/氯氰菊酯 5%/2013.07.09 至 2018.07.09/低毒
甘蓝　菜青虫　37.5-45克/公顷　喷雾
PD20080898　福美双/50%/可湿性粉剂/福美双 50%/2013.07.09 至 2018.07.09/低毒
黄瓜　霜霉病　562.5-1125克/公顷　喷雾
PD20080901　代森锰锌/50%/可湿性粉剂/代森锰锌 50%/2013.07.09 至 2018.07.09/低毒
番茄　早疫病　1560-2520克/公顷　喷雾
PD20080941　高氯·辛硫磷/22%/乳油/高效氯氰菊酯 2%、辛硫磷 20%/2013.07.17 至 2018.07.17/中等毒
棉花　棉铃虫　132-165克/公顷　喷雾
PD20080942　代森锰锌/80%/可湿性粉剂/代森锰锌 80%/2013.07.17 至 2018.07.17/低毒
苹果树　斑点落叶病　1000-1600毫克/千克　喷雾
PD20080960　辛硫磷/40%/乳油/辛硫磷 40%/2013.07.23 至 2018.07.23/低毒
甘蓝、萝卜　菜青虫　450-600克/公顷　喷雾
PD20080965　甲基硫菌灵/70%/可湿性粉剂/甲基硫菌灵 70%/2013.07.24 至 2018.07.24/低毒
番茄　叶霉病　375-562.5克/公顷　喷雾
PD20080966　马拉硫磷/45%/乳油/马拉硫磷 45%/2013.07.24 至 2018.07.24/低毒
十字花科蔬菜　黄条跳甲　540-810克/公顷　喷雾
PD20081059　氯氰菊酯/10%/乳油/氯氰菊酯 10%/2013.08.14 至 2018.08.14/低毒
十字花科蔬菜　菜青虫　30-45克/公顷　喷雾
PD20081082　高效氯氟氰菊酯/25克/升/乳油/高效氯氟氰菊酯 25克/升/2013.08.18 至 2018.08.18/低毒
棉花　棉铃虫　22.5-30克/公顷　喷雾
PD20081219　氯氰·毒死蜱/25%/乳油/毒死蜱 22.5%、氯氰菊酯 2.5%/2013.09.11 至 2018.09.11/中等毒
棉花　棉铃虫　375-525克/公顷　喷雾
PD20081262　氯氰·敌敌畏/10%/乳油/敌敌畏 8%、氯氰菊酯 2%/2013.09.18 至 2018.09.18/低毒
甘蓝　蚜虫　60-75克/公顷　喷雾
PD20081284　辛硫·高氯氟/26%/乳油/高效氯氟氰菊酯 1%、辛硫磷 25%/2013.09.25 至 2018.09.25/中等毒
甘蓝　小菜蛾　162.5-325克/公顷　喷雾
PD20081979　代森锌/80%/可湿性粉剂/代森锌 80%/2013.11.25 至 2018.11.25/低毒
番茄　早疫病　2550-3600克/公顷　喷雾

PD20083234 阿维菌素/1%/乳油/阿维菌素 1%/2008.12.11 至 2013.12.11/低毒(原药高毒)
十字花科蔬菜 菜青虫 8.1-10.8克/公顷 喷雾

PD20083994 敌百虫/80%/可溶粉剂/敌百虫 80%/2013.12.16 至 2018.12.16/低毒
十字花科蔬菜 斜纹夜蛾 1050-1200克/公顷 喷雾

PD20084131 腈菌唑/25%/乳油/腈菌唑 25%/2013.12.16 至 2018.12.16/低毒
香蕉 黑星病 83.3-100毫克/千克 喷雾

PD20084170 腐霉·福美双/25%/可湿性粉剂/腐霉利 5%、福美双 20%/2013.12.16 至 2018.12.16/低毒
番茄 灰霉病 225-300克/公顷 喷雾

PD20084249 阿维菌素/0.5%/可湿性粉剂/阿维菌素 0.5%/2008.12.17 至 2013.12.17/低毒(原药高毒)
十字花科蔬菜 小菜蛾 8.1-10.8克/公顷 喷雾

PD20084630 霜脲·锰锌/72%/可湿性粉剂/代森锰锌 64%、霜脲氰 8%/2013.12.18 至 2018.12.18/低毒
黄瓜 霜霉病 1440-1800克/公顷 喷雾

PD20085053 阿维菌素/0.5%/乳油/阿维菌素 0.5%/2008.12.23 至 2013.12.23/低毒(原药高毒)
甘蓝 小菜蛾 8.1-10.8克/公顷 喷雾
棉花 红蜘蛛 10.8-16.2克/公顷 喷雾
棉花 棉铃虫 21.6-32.4克/公顷 喷雾

PD20085119 百·福/70%/可湿性粉剂/百菌清 20%、福美双 50%/2013.12.23 至 2018.12.23/低毒
葡萄 霜霉病 875-1167毫克/千克 喷雾

PD20085158 阿维·氯氰/2.5%/乳油/阿维菌素 0.3%、氯氰菊酯 2.2%/2013.12.23 至 2018.12.23/低毒(原药高毒)
十字花科蔬菜 菜青虫 11.25-18.75克/公顷 喷雾

PD20085222 炔螨特/40%/乳油/炔螨特 40%/2013.12.23 至 2018.12.23/低毒
柑橘树 红蜘蛛 266.7-400毫克/千克 喷雾

PD20085507 井冈霉素/20%/可溶粉剂/井冈霉素 20%/2013.12.25 至 2018.12.25/低毒
水稻 纹枯病 150-187.5克/公顷 喷雾

PD20085618 井冈霉素A/5%/可溶粉剂/井冈霉素A 5%/2013.12.25 至 2018.12.25/低毒
水稻 纹枯病 52.5-75克/公顷 喷雾

PD20085661 甲氰菊酯/10%/乳油/甲氰菊酯 10%/2013.12.26 至 2018.12.26/中等毒
苹果树 桃小食心虫 67-133毫克/千克 喷雾

PD20085693 井冈霉素/5%/水剂/井冈霉素 5%/2013.12.26 至 2018.12.26/低毒
水稻 纹枯病 150-187.5克/公顷 喷雾

PD20085922 敌百虫/30%/乳油/敌百虫 30%/2013.12.29 至 2018.12.29/低毒
十字花科蔬菜 菜青虫 675-900克/公顷 喷雾

PD20086193 高氯·辛硫磷/20%/乳油/高效氯氰菊酯 1.5%、辛硫磷 18.5%/2013.12.30 至 2018.12.30/中等毒
甘蓝 菜青虫 100-152克/公顷 喷雾

PD20090057 硫磺·锰锌/70%/可湿性粉剂/硫磺 42%、代森锰锌 28%/2014.01.08 至 2019.01.08/低毒
豇豆 锈病 1575-2100克/公顷 喷雾

PD20090179 多·福/40%/可湿性粉剂/多菌灵 5%、福美双 35%/2014.01.08 至 2019.01.08/低毒
梨树 黑星病 1000-1500毫克/千克 喷雾
葡萄 霜霉病 1000-1250毫克/千克 喷雾

PD20090194 甲硫·福美双/40%/可湿性粉剂/福美双 25%、甲基硫菌灵 15%/2014.01.08 至 2019.01.08/低毒
西瓜 枯萎病 500-667毫克/千克 喷雾

PD20090195 高氯·敌敌畏/20%/乳油/敌敌畏 19%、高效氯氰菊酯 1%/2014.01.08 至 2019.01.08/中等毒
棉花 棉铃虫 120-180克/公顷 喷雾

PD20090291 丙环唑/250克/升/乳油/丙环唑 250克/升/2014.01.09 至 2019.01.09/低毒
香蕉 叶斑病 250-500毫克/千克 喷雾

PD20090349 异菌脲/50%/可湿性粉剂/异菌脲 50%/2014.01.12 至 2019.01.12/低毒
番茄 早疫病 562.5-750克/公顷 喷雾

PD20090580 高效氯氰菊酯/4.5%/乳油/高效氯氰菊酯 4.5%/2014.01.14 至 2019.01.14/低毒
甘蓝 蚜虫 27-33.75克/公顷 喷雾

PD20090777 高效氯氰菊酯/10%/乳油/高效氯氰菊酯 10%/2014.02.04 至 2019.02.04/中等毒
棉花 棉铃虫 60-90克/公顷 喷雾

PD20090905 氰戊·马拉松/20%/乳油/马拉硫磷 15%、氰戊菊酯 5%/2014.01.19 至 2019.01.19/低毒
苹果树 桃小食心虫 200-333.3毫克/千克 喷雾

PD20091012 阿维菌素/0.9%/乳油/阿维菌素 0.9%/2009.01.21 至 2014.01.21/低毒(原药高毒)
菜豆、黄瓜 美洲斑潜蝇 10.8-21.6克/公顷 喷雾
柑橘树 红蜘蛛 4.5-6毫克/千克 喷雾
十字花科蔬菜 菜青虫、小菜蛾 8.1-10.8克/公顷 喷雾

PD20091417 氯氰·毒死蜱/55%/乳油/毒死蜱 50%、氯氰菊酯 5%/2014.02.02 至 2019.02.02/中等毒
棉花 棉铃虫 412.5-618.75克/公顷 喷雾

PD20091422 虫酰肼/20%/悬浮剂/虫酰肼 20%/2014.02.02 至 2019.02.02/低毒
十字花科蔬菜 甜菜夜蛾 210-300克/公顷 喷雾

PD20091714 敌百·辛硫磷/40%/乳油/敌百虫 30%、辛硫磷 10%/2014.02.04 至 2019.02.04/低毒
十字花科蔬菜 菜青虫 360-480克/公顷 喷雾

PD20091958 噻嗪·异丙威/25%/可湿性粉剂/噻嗪酮 5%、异丙威 20%/2014.02.12 至 2019.02.12/中等毒
水稻 稻飞虱 375～562.5克/公顷 喷雾

PD20092013 联苯菊酯/25克/升/乳油/联苯菊酯 25克/升/2014.02.12 至 2019.02.12/中等毒
茶树 茶尺蠖 7.5-15克/公顷 喷雾

PD20092206 马拉·辛硫磷/20%/乳油/马拉硫磷 10%、辛硫磷 10%/2014.02.24 至 2019.02.24/低毒
棉花 棉铃虫 225-300克/公顷 喷雾

PD20092520 氟啶脲/50克/升/乳油/氟啶脲 50克/升/2014.02.26 至 2019.02.26/低毒
甘蓝 甜菜夜蛾 45-60克/公顷 喷雾

PD20092656 多菌灵/50%/可湿性粉剂/多菌灵 50%/2014.03.03 至 2019.03.03/低毒
水稻 稻瘟病 750-1000克/公顷 喷雾

PD20092674 井冈霉素A/4%/可溶粉剂/井冈霉素A 4%/2014.03.03 至 2019.03.03/低毒
水稻 纹枯病 150-187.5克/公顷 喷雾

PD20093636 乙烯利/40%/水剂/乙烯利 40%/2014.03.25 至 2019.03.25/低毒
棉花 催熟 330-500倍液 喷雾

PD20093674 丙溴·辛硫磷/35%/乳油/丙溴磷 8.5%、辛硫磷 26.5%/2014.03.25 至 2019.03.25/中等毒
棉花 棉铃虫 393.75-525.1克/公顷 喷雾

PD20093700 高氯·马/20%/乳油/高效氯氰菊酯 2%、马拉硫磷 18%/2014.03.25 至 2019.03.25/低毒
苹果树 蚜虫 100-200毫克/千克 喷雾

PD20093701 多·福/60%/可湿性粉剂/多菌灵 30%、福美双 30%/2014.03.25 至 2019.03.25/低毒
梨树 黑星病 1000-1500毫克/千克 喷雾

PD20093923 马拉·杀螟松/12%/乳油/马拉硫磷 10%、杀螟硫磷 2%/2014.03.26 至 2019.03.26/中等毒
水稻 二化螟 180-360克/公顷 喷雾

PD20094550 噁霜·锰锌/64%/可湿性粉剂/噁霜灵 8%、代森锰锌 56%/2014.04.09 至 2019.04.09/低毒
烟草 黑胫病 1950-2400克/公顷 喷雾

PD20095385 吡虫·杀虫单/70%/可湿性粉剂/吡虫啉 2%、杀虫单 68%/2014.04.27 至 2019.04.27/低毒
水稻 稻飞虱、稻纵卷叶螟、二化螟、三化螟 450-750克/公顷 喷雾

PD20095893 溴氰菊酯/25克/升/乳油/溴氰菊酯 25克/升/2009.05.31 至 2014.05.31/中等毒
棉花 棉铃虫 11.25-18.75克/公顷 喷雾

PD20096542 哒螨灵/20%/可湿性粉剂/哒螨灵 20%/2009.08.20 至 2014.08.20/中等毒
苹果树 红蜘蛛 50-66.7毫克/千克 喷雾

PD20100010 三唑磷/20%/乳油/三唑磷 20%/2010.01.04 至 2015.01.04/低毒
水稻 二化螟 300-600克/公顷 喷雾

PD20100126 氟铃脲/5%/乳油/氟铃脲 5%/2010.01.05 至 2015.01.05/低毒
甘蓝 小菜蛾 45-60克/公顷 喷雾

PD20100232 哒·矿物油/28%/乳油/哒螨灵 5%、矿物油 23%/2010.01.11 至 2015.01.11/中等毒
苹果树 山楂红蜘蛛 70-140毫克/千克 喷雾

PD20100285 辛·矿物油/40%/乳油/矿物油 20%、辛硫磷 20%/2010.01.11 至 2015.01.11/低毒
棉花 蚜虫 600-750克/公顷 喷雾

PD20100585 啶虫脒/20%/可溶粉剂/啶虫脒 20%/2010.01.14 至 2015.01.14/低毒
黄瓜 蚜虫 18-30克/公顷 喷雾

PD20100736 阿维·矿物油/24.5%/乳油/阿维菌素 0.2%、矿物油 24.3%/2010.01.16 至 2015.01.16/低毒(原药高毒)
十字花科蔬菜 小菜蛾 147-183.75克/公顷 喷雾

PD20101698 多·锰锌/60%/可湿性粉剂/多菌灵 20%、代森锰锌 40%/2010.06.28 至 2015.06.28/低毒
苹果树 斑点落叶病 1000-1250毫克/千克 喷雾

PD20101716 多·锰锌/80%/可湿性粉剂/多菌灵 15%、代森锰锌 65%/2010.06.28 至 2015.06.28/低毒
苹果树 斑点落叶病 1000-1250毫克/千克 喷雾

PD20101832 苯菌·福·锰锌/50%/可湿性粉剂/苯菌灵 15%、福美双 15%、代森锰锌 20%/2010.07.28 至 2015.07.28/低毒
苹果树 轮纹病 400-600倍液 喷雾

PD20101882 阿维·高氯/2.8%/乳油/阿维菌素 0.3%、高效氯氰菊酯 2.5%/2010.08.09 至 2015.08.09/低毒(原药高毒)
十字花科蔬菜 菜青虫、小菜蛾 13.5-27克/公顷 喷雾

PD20101988 毒死蜱/40%/乳油/毒死蜱 40%/2010.09.25 至 2015.09.25/低毒
萝卜 菜青虫 375-450克/公顷 喷雾

PD20102007 吡虫啉/50%/可湿性粉剂/吡虫啉 50%/2010.09.25 至 2015.09.25/低毒
水稻 稻飞虱 15-30克/公顷 喷雾

PD20102204 甲氨基阿维菌素苯甲酸盐/1%/乳油/甲氨基阿维菌素 1%/2010.12.23 至 2015.12.23/低毒
甘蓝 小菜蛾 1.2-2.4克/公顷 喷雾
注:甲氨基阿维菌素苯甲酸盐含量:1.14%。

PD20110348 阿维菌素/1.8%/乳油/阿维菌素 1.8%/2011.03.24 至 2016.03.24/低毒(原药高毒)
菜豆、黄瓜 美洲斑潜蝇 10.8-21.6克/公顷 喷雾
柑橘树 红蜘蛛 4.5-6克/公顷 喷雾
棉花 棉铃虫 21.6-32.4克/公顷 喷雾
棉花 红蜘蛛 10.8-16.2克/公顷 喷雾
十字花科蔬菜 菜青虫、小菜蛾 8.1-10.8克/公顷 喷雾

PD20110369 哒螨·矿物油/34%/乳油/哒螨灵 4%、矿物油 30%/2011.03.31 至 2016.03.31/中等毒
苹果树 红蜘蛛 170-340毫克/千克 喷雾
PD20110522 啶虫脒/5%/乳油/啶虫脒 5%/2011.05.11 至 2016.05.11/低毒
黄瓜 蚜虫 18-22.5克/公顷 喷雾
PD20110913 盐酸吗啉胍/20%/可湿性粉剂/盐酸吗啉胍 20%/2011.08.22 至 2016.08.22/低毒
番茄 病毒病 500-750克/公顷 喷雾
PD20120180 氯氟·啶虫脒/7.5%/乳油/啶虫脒 6%、高效氯氟氰菊酯 1.5%/2012.01.30 至 2017.01.30/低毒
棉花 蚜虫 11.25-16.875克/公顷 喷雾
PD20120304 吡虫啉/5%/乳油/吡虫啉 5%/2012.02.17 至 2017.02.17/低毒
小麦 蚜虫 15-30克/公顷（南方地区） 喷雾
45-60克/公顷（北方地区）
PD20120393 烯酰吗啉/50%/可湿性粉剂/烯酰吗啉 50%/2012.03.07 至 2017.03.07/低毒
黄瓜 霜霉病 225-300克/公顷 喷雾
PD20121338 吡虫啉/70%/可湿性粉剂/吡虫啉 70%/2012.09.11 至 2017.09.11/低毒
小麦 蚜虫 15-30克/公顷(南方地区) 喷雾
45-60克/公顷(北方地区)
PD20121378 精喹禾灵/8.8%/乳油/精喹禾灵 8.8%/2012.09.13 至 2017.09.13/低毒
夏大豆田 一年生禾本科杂草 46.2-59.4克/公顷 茎叶喷雾
PD20121865 咪鲜胺/45%/水乳剂/咪鲜胺 45%/2012.11.28 至 2017.11.28/低毒
香蕉 炭疽病 250-500毫克/千克 浸果
PD20121909 噁霉灵/8%/水剂/噁霉灵 8%/2012.12.07 至 2017.12.07/低毒
水稻 立枯病 11200－14400克/公顷 苗床喷雾
PD20122048 唑磷·毒死蜱/20%/乳油/毒死蜱 10%、三唑磷 10%/2012.12.24 至 2017.12.24/中等毒
水稻 稻纵卷叶螟 240-288克/公顷 喷雾
PD20122064 吡虫啉/10%/乳油/吡虫啉 10%/2012.12.24 至 2017.12.24/低毒
水稻 稻飞虱 15-30克/公顷 喷雾
PD20130061 高氯·吡虫啉/5%/乳油/吡虫啉 2.5%、高效氯氰菊酯 2.5%/2013.01.07 至 2018.01.07/低毒
甘蓝 蚜虫 22.5-30克/公顷 喷雾
PD20130064 高氯·甲维盐/4.5%/微乳剂/高效氯氰菊酯 4.3%、甲氨基阿维菌素苯甲酸盐 0.2%/2013.01.07 至 2018.01.07/中等毒
甘蓝 甜菜夜蛾 20.25-27克/公顷 喷雾
PD20130075 戊唑·多菌灵/30%/悬浮剂/多菌灵 22%、戊唑醇 8%/2013.01.11 至 2018.01.11/低毒
苹果树 轮纹病 375-500毫克/千克 喷雾
PD20130179 苯醚甲环唑/10%/水分散粒剂/苯醚甲环唑 10%/2013.01.24 至 2018.01.24/低毒
西瓜 炭疽病 75-112.5克/公顷 喷雾
PD20130492 丙森锌/70%/可湿性粉剂/丙森锌 70%/2013.03.20 至 2018.03.20/低毒
苹果树 斑点落叶病 1000-1167毫克/千克 喷雾
PD20130497 吡虫啉/10%/可湿性粉剂/吡虫啉 10%/2013.03.20 至 2018.03.20/低毒
甘蓝 蚜虫 22.5-30克/公顷 喷雾
PD20130575 苯甲·丙环唑/300克/升/乳油/苯醚甲环唑 150克/升、丙环唑 150克/升/2013.04.02 至 2018.04.02/低毒
水稻 纹枯病 67.5-90克/公顷 喷雾
PD20130581 吡虫啉/25%/可湿性粉剂/吡虫啉 25%/2013.04.02 至 2018.04.02/低毒
水稻 稻飞虱 15-30克/公顷 喷雾
PD20130586 甲氨基阿维菌素苯甲酸盐/2%/乳油/甲氨基阿维菌素 2%/2013.04.02 至 2018.04.02/低毒
甘蓝 甜菜夜蛾 1.8-2.4克/公顷 喷雾
注:甲氨基阿维菌素苯甲酸盐含量:2.3%
PD20131655 高效氯氰菊酯/4.5%/可湿性粉剂/高效氯氰菊酯 4.5%/2013.08.01 至 2018.08.01/低毒
甘蓝 菜青虫 13.5-27克/公顷 喷雾
PD20131721 嘧霉胺/20%/可湿性粉剂/嘧霉胺 20%/2013.08.16 至 2018.08.16/低毒
黄瓜 灰霉病 450-540克/公顷 喷雾
PD20131941 高效氯氟氰菊酯/2.5%/微乳剂/高效氯氟氰菊酯 2.5%/2013.10.10 至 2018.10.10/中等毒
甘蓝 菜青虫 11.25-15克/公顷 喷雾
PD20132191 吡虫啉/30%/微乳剂/吡虫啉 30%/2013.10.29 至 2018.10.29/低毒
水稻 稻飞虱 22.5-30克/公顷 喷雾
PD20132360 吡虫·异丙威/10%/可湿性粉剂/吡虫啉 2%、异丙威 8%/2013.11.20 至 2018.11.20/低毒
水稻 飞虱 75-150克/公顷 喷雾
PD20132462 戊唑醇/430克/升/悬浮剂/戊唑醇 430克/升/2013.12.02 至 2018.12.02/低毒
苹果树 斑点落叶病 61.4-86毫克/千克 喷雾
PD20132513 甲氰·噻螨酮//乳油/甲氰菊酯 5%、噻螨酮 2.5%/2013.12.16 至 2018.12.16/中等毒
柑橘树 红蜘蛛 75-100毫克/千克 喷雾
LS20110043 丁醚脲/25%/乳油/丁醚脲 25%/2013.03.03 至 2014.03.03/低毒
十字花科蔬菜 小菜蛾 80-120克/亩 喷雾
LS20110052 甲维·虫酰肼/8.2%/乳油/虫酰肼 8%、甲氨基阿维菌素苯甲酸盐 0.2%/2013.03.03 至 2014.03.03/低毒
甘蓝 甜菜夜蛾 61.5-92.25克/公顷 喷雾

山东昌裕集团宝乐来日用化工有限公司　(山东省聊城市东昌府区嘉明开发区西区1号　252036　0635-8723236)

WP20090155　蚊香/0.25%/蚊香/富右旋反式烯丙菊酯 0.25%/2014.03.04 至 2019.03.04/微毒

卫生	蚊	/	点燃

WP20110053　杀虫气雾剂/0.49%/气雾剂/胺菊酯 0.25%、氯菊酯 0.2%、氯氰菊酯 0.04%/2011.02.24 至 2016.02.24/微毒

卫生	蚊、蝇、蜚蠊	/	喷雾

WP20120228　蚊香/0.05%/蚊香/氯氟醚菊酯 0.05%/2012.11.22 至 2017.11.22/微毒

卫生	蚊	/	点燃

WL20100244　杀虫气雾剂/0.57%/气雾剂/Es-生物烯丙菊酯 0.07%、氯菊酯 0.22%、右旋胺菊酯 0.28%/2012.08.31 至 2013.08.31/微毒

卫生	蚊、蝇、蜚蠊	/	/喷雾

山东大成农化有限公司　(山东省淄博市张店区洪沟路25号　255009　0533-2116668)

PD84108-8　敌百虫/90%/原药/敌百虫 90%/2009.12.09 至 2014.12.09/低毒

白菜、青菜	菜青虫	960-1200克/公顷	喷雾
白菜、青菜	地下害虫	750-1500克/公顷	喷雾
茶树	尺蠖、刺蛾	450-900毫克/千克	喷雾
大豆	造桥虫	1800克/公顷	喷雾
柑橘树	卷叶蛾	600-750毫克/千克	喷雾
林木	松毛虫	600-900毫克/千克	喷雾
水稻	螟虫	1500-1800克/公顷	喷雾、泼浇或毒土
小麦	黏虫	1800克/公顷	喷雾
烟草	烟青虫	900毫克/千克	喷雾

PD84111-10　氧乐果/40%/乳油/氧乐果 40%/2009.12.09 至 2014.12.09/中等毒(原药高毒)

棉花	蚜虫、螨	375-600克/公顷	喷雾
森林	松干蚧、松毛虫	500倍液	喷雾或直接涂树干
水稻	稻纵卷叶螟、飞虱	375-600克/公顷	喷雾
小麦	蚜虫	300-450克/公顷	喷雾

PD84125-7　乙烯利/40%/水剂/乙烯利 40%/2009.12.09 至 2014.12.09/低毒

番茄	催熟	800-1000倍液	喷雾或浸渍
棉花	催熟、增产	330-500倍液	喷雾
柿子、香蕉	催熟	400倍液	喷雾或浸渍
水稻	催熟、增产	800倍液	喷雾
橡胶树	增产	5-10倍液	涂布
烟草	催熟	1000-2000倍液	喷雾

PD85104-9　敌敌畏/95%/原药/敌敌畏 95%/2009.12.09 至 2014.12.09/中等毒

PD85105-12　敌敌畏/77.5%/乳油/敌敌畏 77.5%/2010.01.26 至 2015.01.26/中等毒

茶树	食叶害虫	600克/公顷	喷雾
粮仓	多种储藏害虫	1)400-500倍液 2)0.4-0.5克/立方米	1)喷雾 2)挂条熏蒸
棉花	蚜虫、造桥虫	600-1200克/公顷	喷雾
苹果树	小卷叶蛾、蚜虫	400-500毫克/千克	喷雾
青菜	菜青虫	600克/公顷	喷雾
桑树	尺蠖	600克/公顷	喷雾
卫生	多种卫生害虫	1)300-400倍液2)0.08克/立方米	1)泼洒2)挂条熏蒸
小麦	黏虫、蚜虫	600克/公顷	喷雾

PD85142　氧乐果/70%/原药/氧乐果 70%/2010.12.15 至 2015.12.15/高毒

PD86158-4　三乙膦酸铝/95%,87%/原药/三乙膦酸铝 95%,87%/2011.10.25 至 2016.10.25/低毒

PD86160-2　三乙膦酸铝/80%/可湿性粉剂/三乙膦酸铝 80%/2011.10.25 至 2016.10.25/低毒

胡椒	瘟病	1克/株	喷雾
棉花	疫病	1410-2820克/公顷	喷雾
蔬菜	霜霉病	1410-2820克/公顷	喷雾
水稻	稻瘟病、纹枯病	1410克/公顷	喷雾
橡胶树	瘟病	100倍液	喷雾
橡胶树	割面条溃疡病	100倍液	切口涂药
烟草	黑胫病	1)4875克/公顷2)0.8克/株	1)喷雾2)灌根

PD86180-14　百菌清/75%/可湿性粉剂/百菌清 75%/2010.07.06 至 2015.07.06/低毒

茶树	炭疽病	600-800倍液	喷雾
豆类	炭疽病、锈病	1275-2325克/公顷	喷雾
柑橘树	疮痂病	750-900毫克/千克	喷雾
瓜类	白粉病、霜霉病	1200-1650克/公顷	喷雾
果菜类蔬菜	多种病害	1125-2400克/公顷	喷雾
花生	锈病、叶斑病	1125-1350克/公顷	喷雾
梨树	斑点落叶病	500倍液	喷雾
苹果树	多种病害	600倍液	喷雾

	葡萄	白粉病、黑痘病	600-700倍液	喷雾
	水稻	稻瘟病、纹枯病	1125-1425克/公顷	喷雾
	橡胶树	炭疽病	500-800倍液	喷雾
	小麦	叶斑病、叶锈病	1125-1425克/公顷	喷雾
	叶菜类蔬菜	白粉病、霜霉病	1275-1725克/公顷	喷雾
PD91104-26	敌敌畏/50%/乳油/敌敌畏 50%/2010.12.15 至 2015.12.15/中等毒			
	茶树	食叶害虫	600克/公顷	喷雾
	粮仓	多种储粮害虫	1)300-400倍液 2)0.4-0.5克/立方米	1)喷雾 2)挂条熏蒸
	棉花	蚜虫、造桥虫	600-1200克/公顷	喷雾
	苹果树	小卷叶蛾、蚜虫	400-500毫克/千克	喷雾
	青菜	菜青虫	600克/公顷	喷雾
	桑树	尺蠖	600克/公顷	喷雾
	卫生	多种卫生害虫	1)250-300倍液2)0.08克/立方米	1)泼洒2)挂条熏蒸
	小麦	黏虫、蚜虫	600克/公顷	喷雾
PD20040037	氯氰菊酯/95%/原药/氯氰菊酯 95%/2009.12.19 至 2014.12.19/中等毒			
PD20040065	高效氯氰菊酯/99%/原药/高效氯氰菊酯 99%/2009.12.19 至 2014.12.19/中等毒			
PD20040279	三唑酮/20%/乳油/三唑酮 20%/2009.12.19 至 2014.12.19/低毒			
	小麦	白粉病	120-127.5克/公顷	喷雾
PD20040379	高效氯氰菊酯/4.5%/微乳剂/高效氯氰菊酯 4.5%/2009.12.19 至 2014.12.19/中等毒			
	苹果树	食心虫	30-37.5毫克/千克	喷雾
	十字花科蔬菜	菜青虫	20.25-27克/公顷	喷雾
PD20081453	甲氰菊酯/95%/原药/甲氰菊酯 95%/2013.11.04 至 2018.11.04/中等毒			
PD20081491	辛硫磷/87%/原药/辛硫磷 87%/2013.11.05 至 2018.11.05/低毒			
PD20081535	百菌清/96%/原药/百菌清 96%/2013.11.06 至 2018.11.06/低毒			
PD20082024	氰草津/95%/原药/氰草津 95%/2013.11.25 至 2018.11.25/中等毒			
PD20084414	氰戊菊酯/93%/原药/氰戊菊酯 93%/2013.12.17 至 2018.12.17/低毒			
PD20084561	甲氰菊酯/20%/乳油/甲氰菊酯 20%/2013.12.18 至 2018.12.18/中等毒			
	苹果树	山楂红蜘蛛	100毫克/千克	喷雾
	苹果树	桃小食心虫	67-100毫克/千克	喷雾
PD20086159	乙烯利/75%/原药/乙烯利 75%/2013.12.30 至 2018.12.30/低毒			
PD20090365	高效氯氰菊酯/27%/母液/高效氯氰菊酯 27%/2014.01.12 至 2019.01.12/低毒			
PD20090686	扑草净/95%/原药/扑草净 95%/2014.01.19 至 2019.01.19/低毒			
PD20091306	莠去津/95%/原药/莠去津 95%/2014.02.01 至 2019.02.01/低毒			
PD20091686	草甘膦/95%/原药/草甘膦 95%/2014.02.03 至 2019.02.03/低毒			
PD20091975	高氯·辛硫磷/20%/乳油/高效氯氰菊酯 3%、辛硫磷 17%/2014.02.12 至 2019.02.12/中等毒			
	苹果树	桃小食心虫	66.7-100毫克/千克	喷雾
PD20092065	甲氰·辛硫磷/25%/乳油/甲氰菊酯 5%、辛硫磷 20%/2014.02.16 至 2019.02.16/中等毒			
	棉花	棉铃虫	225-345克/公顷	喷雾
PD20092410	百草枯/30.5%/母药/百草枯 30.5%/2014.02.25 至 2019.02.25/中等毒			
PD20092942	三唑酮/8%/悬浮剂/三唑酮 8%/2009.03.09 至 2014.03.09/低毒			
	水稻	纹枯病	72-96克/公顷	喷雾
PD20093023	辛硫磷/40%/乳油/辛硫磷 40%/2014.03.09 至 2019.03.09/低毒			
	苹果树	桃小食心虫	200-400毫克/千克	喷雾
PD20094315	扑·乙/40%/悬浮剂/扑草净 20%、乙草胺 20%/2009.03.31 至 2014.03.31/低毒			
	花生田	一年生杂草	1080-1320克/公顷	土壤喷雾处理
PD20095699	异丙草胺/90%/原药/异丙草胺 90%/2009.05.15 至 2014.05.15/低毒			
PD20096400	乙草胺/93%/原药/乙草胺 93%/2009.08.04 至 2014.08.04/低毒			
PD20097101	氰草·莠去津/40%/悬浮剂/氰草津 20%、莠去津 20%/2009.10.10 至 2014.10.10/低毒			
	春玉米田	一年生杂草	2100-2700克/公顷	茎叶喷雾
	夏玉米田	一年生杂草	1500-1800克/公顷	喷雾
WP20090308	对二氯苯/99.8%/原药/对二氯苯 99.8%/2009.08.17 至 2014.08.17/中等毒			

山东大农药业有限公司　（山东省莒南县坊前工业园　276177　0539-7555555）

PD20084102	辛硫磷/3%/颗粒剂/辛硫磷 3%/2013.12.16 至 2018.12.16/低毒			
	玉米	玉米螟	135-180克/公顷	心叶撒施
PD20093787	高氯·马/20%/乳油/高效氯氰菊酯 1.5%、马拉硫磷 18.5%/2014.03.25 至 2019.03.25/低毒			
	苹果树	桃小食心虫	133-200毫克/千克	喷雾
PD20098404	多·硫/50%/悬浮剂/多菌灵 15%、硫磺 35%/2009.12.18 至 2014.12.18/低毒			
	花生	叶斑病	1500-1875克/公顷	喷雾
PD20100553	阿维·高氯/1.8%/乳油/阿维菌素 0.2%、高效氯氰菊酯 1.6%/2010.01.14 至 2015.01.14/低毒(原药高毒)			
	甘蓝	菜青虫	8.1-13.5克/公顷	喷雾
PD20100685	高效氯氟氰菊酯/25克/升/乳油/高效氯氟氰菊酯 25克/升/2010.01.16 至 2015.01.16/中等毒			
	茶树	茶小绿叶蝉	7.5-11.25克	喷雾

PD20101019 灭线磷/10%/颗粒剂/灭线磷 10%/2010.01.20 至 2015.01.20/低毒(原药高毒)
水稻 稻瘿蚊 1500-1800克/公顷 撒施

PD20110575 吡虫啉/70%/水分散粒剂/吡虫啉 70%/2011.05.27 至 2016.05.27/低毒
水稻 稻飞虱 21-31.5克/公顷 喷雾

PD20120833 毒·辛/6%/颗粒剂/毒死蜱 2%、辛硫磷 4%/2012.05.22 至 2017.05.22/低毒
甘蔗 蔗龟 2250-3000克/公顷 撒施

PD20131369 甲氨基阿维菌素苯甲酸盐/3%/水分散粒剂/甲氨基阿维菌素 3%/2013.06.24 至 2018.06.24/低毒
甘蓝 小菜蛾 1.5-2.25克/公顷 喷雾
注:甲氨基阿维菌素苯甲酸盐含量:3.4%。

PD20132202 啶虫脒/5%/乳油/啶虫脒 5%/2013.10.29 至 2018.10.29/低毒
柑橘树 蚜虫 7.5-10毫克/千克 喷雾

LS20130503 吡虫·毒死蜱/4%/颗粒剂/吡虫啉 2%、毒死蜱 2%/2013.12.09 至 2014.12.09/微毒
甘蔗 蔗螟 1800-2700克/公顷 撒施

山东德浩化学有限公司 (山东省潍坊市滨海经济开发区临港化工园 250100 0531-88118138)

PD20093639 莠去津/97%/原药/莠去津 97%/2009.03.25 至 2014.03.25/低毒

PD20093802 丁草胺/90%/原药/丁草胺 90%/2009.03.25 至 2014.03.25/低毒

PD20093870 多菌灵/80%/可湿性粉剂/多菌灵 80%/2009.03.25 至 2014.03.25/低毒
苹果树 轮纹病 667-800毫克/千克 喷雾

PD20093877 异菌脲/255克/升/悬浮剂/异菌脲 255克/升/2009.03.25 至 2014.03.25/低毒
香蕉 冠腐病 1500-2000毫克/千克 浸果

PD20094256 乙草胺/93%/原药/乙草胺 93%/2009.03.31 至 2014.03.31/低毒

PD20094556 甲基硫菌灵/70%/可湿性粉剂/甲基硫菌灵 70%/2009.04.09 至 2014.04.09/低毒
番茄 叶霉病 375-562.5克/公顷 喷雾

PD20094573 代森锰锌/80%/可湿性粉剂/代森锰锌 80%/2009.04.09 至 2014.04.09/低毒
番茄 早疫病 1560-2100克/公顷 喷雾

PD20094884 三唑锡/25%/可湿性粉剂/三唑锡 25%/2009.04.13 至 2014.04.13/低毒
柑橘树 红蜘蛛 125-250毫克/千克 喷雾

PD20095768 草甘膦/95%/原药/草甘膦 95%/2009.05.18 至 2014.05.18/低毒

PD20096427 异菌脲/50%/可湿性粉剂/异菌脲 50%/2009.08.04 至 2014.08.04/低毒
番茄 灰霉病 375-750克/公顷 喷雾

PD20101146 乙草胺/81.5%/乳油/乙草胺 81.5%/2010.01.25 至 2015.01.25/低毒
春玉米田 一年生杂草及部分阔叶杂草 1500-1800毫升制剂/公顷 播后苗前土壤喷雾
夏玉米田 一年生杂草及部分阔叶杂草 1200-1500毫升制剂/公顷 播后苗前土壤喷雾

PD20101525 四螨嗪/500克/升/悬浮剂/四螨嗪 500克/升/2010.05.19 至 2015.05.19/低毒
苹果树 红蜘蛛 83-100mg/kg 喷雾

PD20102044 草甘膦异丙胺盐/46%/水剂/草甘膦 46%/2010.10.27 至 2015.10.27/低毒
非耕地 杂草 1395-2325克/公顷 定向茎叶喷雾
注:草甘膦异丙胺盐含量: 62%。

PD20110151 代森锌/65%/可湿性粉剂/代森锌 65%/2011.02.10 至 2016.02.10/低毒
番茄 早疫病 2925—3412.5克/公顷 喷雾

PD20121359 乙草胺/89%/乳油/乙草胺 89%/2012.09.13 至 2017.09.13/低毒
春大豆田 一年生杂草 1498-1948克/公顷 播后苗前土壤喷雾
夏大豆田 一年生杂草 1049-1349克/公顷（其他地区） 播后苗前土壤喷雾

PD20121745 松·喹·氟磺胺/35%/乳油/氟磺胺草醚 9.5%、精喹禾灵 2.5%、异噁草松 23%/2012.11.15 至 2017.11.15/低毒
春大豆田 一年生杂草 656.25-787.5克/公顷 茎叶喷雾

PD20131025 草甘膦异丙胺盐/30%/水剂/草甘膦 30%/2013.05.13 至 2018.05.13/低毒
非耕地 杂草 810-2250克/公顷 定向茎叶喷雾
注:草甘膦异丙胺盐含量:41%

PD20131439 莠去津/45%/悬浮剂/莠去津 45%/2013.07.03 至 2018.07.03/低毒
玉米田 一年生杂草 270-330毫升制剂/亩（东北地区） 土壤喷雾
170-220毫升制剂/亩

PD20131482 草甘膦铵盐/80%/可溶粒剂/草甘膦 80%/2013.07.05 至 2018.07.05/低毒
非耕地 杂草 1080.0-2040克/公顷 茎叶喷雾
注:草甘膦铵盐含量: 88%。

LS20130245 硝磺·莠去津/25%/可分散油悬浮剂/莠去津 20%、硝磺草酮 5%/2013.04.28 至 2014.04.28/低毒
玉米田 一年生杂草 450-675克/公顷 茎叶喷雾

山东德乐化工有限公司 (山东省乐陵市铁营乡经济创业园 253600 0534-6628888)

PD20095340 四螨嗪/20%/悬浮剂/四螨嗪 20%/2009.04.27 至 2014.04.27/低毒
柑橘树 红蜘蛛 125-150毫克/千克 喷雾

PD20096295 吡虫啉/10%/可湿性粉剂/吡虫啉 10%/2009.07.22 至 2014.07.22/低毒
水稻 稻飞虱 15-30克/公顷 喷雾

山东德州大成农药有限公司 (山东省德州市经济开发区 253000 0534-2757586)

PD20084311 噻嗪·异丙威/25%/可湿性粉剂/噻嗪酮 5%、异丙威 20%/2013.12.17 至 2018.12.17/低毒

水稻	稻飞虱	450-562.5克/公顷	喷雾

PD20084518 联苯菊酯/100克/升/乳油/联苯菊酯 100克/升/2013.12.18 至 2018.12.18/中等毒

茶树	茶小绿叶蝉	30—37.5克/公顷	喷雾

PD20085572 高效氯氟氰菊酯/25克/升/乳油/高效氯氟氰菊酯 25克/升/2013.12.25 至 2018.12.25/中等毒

十字花科蔬菜	菜青虫	7.5-11.25克/公顷	喷雾

PD20092092 高氯·马/20%/乳油/高效氯氰菊酯 2%、马拉硫磷 18%/2014.02.16 至 2019.02.16/低毒

棉花	棉铃虫	180-240克/公顷	喷雾

PD20096622 乙烯利/40%/水剂/乙烯利 40%/2009.09.02 至 2014.09.02/低毒

棉花	催熟	300-500倍液	喷雾

PD20096710 莠去津/38%/悬浮剂/莠去津 38%/2009.09.07 至 2014.09.07/低毒

春玉米田	一年生杂草	300-400毫升制剂/亩	播后苗前土壤喷雾

PD20097464 啶虫脒/40%/水分散粒剂/啶虫脒 40%/2009.11.03 至 2014.11.03/低毒

黄瓜	蚜虫	21.6-27克/公顷	喷雾

PD20098392 阿维菌素/18克/升/乳油/阿维菌素 18克/升/2009.12.18 至 2014.12.18/低毒(原药高毒)

甘蓝	小菜蛾	8.1—10.8克/公顷	喷雾

PD20101148 矮壮素/50%/水剂/矮壮素 50%/2010.01.25 至 2015.01.25/低毒

棉花	调节生长	55-65毫克/千克	茎叶喷雾

PD20101724 甲氨基阿维菌素苯甲酸盐(2.2%)///微乳剂/甲氨基阿维菌素 2%/2010.06.28 至 2015.06.28/低毒

甘蓝	甜菜夜蛾	2.475-3.3克/公顷	喷雾

PD20102110 阿维·高氯/3%/乳油/阿维菌素 0.2%、高效氯氰菊酯 2.8%/2010.11.30 至 2015.11.30/低毒(原药高毒)

甘蓝	小菜蛾	20.25-27克/公顷	喷雾

LS20100009 高效氯氟氰菊酯/2.5%/微乳剂/高效氯氟氰菊酯 2.5%/2012.02.09 至 2013.02.09/中等毒

棉花	棉铃虫	15-22.5克/公顷	喷雾

山东得峰生化科技有限公司 (山东省寿光市开发区科技工业园 262711 0536-5787088)

PD20121184 甲霜·锰锌/58%/可湿性粉剂/甲霜灵 10%、代森锰锌 48%/2012.08.06 至 2017.08.06/低毒

黄瓜	霜霉病	862.5-1050克/公顷	喷雾

山东东方农药科技实业公司 (山东省济南市北园大街234号 250100 0531-88631817)

PD20040329 氯氰菊酯/5%/乳油/氯氰菊酯 5%/2009.12.19 至 2014.12.19/中等毒

棉花	棉铃虫	45-90克/公顷	喷雾

PD20040410 吡虫啉/10%/可湿性粉剂/吡虫啉 10%/2009.12.19 至 2014.12.19/低毒

苹果树	黄蚜	16.7-25毫克/千克	喷雾

PD20040439 哒螨灵/20%/可湿性粉剂/哒螨灵 20%/2009.12.19 至 2014.12.19/中等毒

苹果树	红蜘蛛	50-67毫克/千克	喷雾

PD20040630 哒螨灵/15%/乳油/哒螨灵 15%/2009.12.19 至 2014.12.19/中等毒

苹果树	叶螨	50-67毫克/千克	喷雾

PD20084591 灭多威/20%/乳油/灭多威 20%/2013.12.18 至 2018.12.18/高毒

棉花	棉铃虫	120-150克/公顷	喷雾

PD20086089 福美双/50%/可湿性粉剂/福美双 50%/2013.12.30 至 2018.12.30/低毒

黄瓜	霜霉病	937.5—1125克/公顷	喷雾

PD20086238 氟啶脲/94%/原药/氟啶脲 94%/2013.12.31 至 2018.12.31/低毒

PD20091555 敌百·辛硫磷/30%/乳油/敌百虫 20%、辛硫磷 10%/2009.02.03 至 2014.02.03/低毒

水稻	二化螟	405-495克/公顷	喷雾

PD20093195 毒·辛/20%/乳油/毒死蜱 4%、辛硫磷 16%/2009.03.11 至 2014.03.11/中等毒

棉花	棉铃虫	240-360克/公顷	喷雾

PD20093733 甲硫·福美双/70%/可湿性粉剂/福美双 40%、甲基硫菌灵 30%/2009.03.25 至 2014.03.25/低毒

梨树	黑星病	700-1000倍液	喷雾

PD20093957 精喹禾灵/8.8%/乳油/喹禾灵 8.8%/2009.03.27 至 2014.03.27/低毒

夏大豆田	一年生禾本科杂草	52.5-66克/公顷	茎叶喷雾

PD20095056 乙铝·锰锌/50%/可湿性粉剂/代森锰锌 22%、三乙膦酸铝 28%/2009.04.21 至 2014.04.21/低毒

黄瓜	霜霉病	900-1400克/公顷	喷雾

PD20095811 辛硫·灭多威/20%/乳油/灭多威 10%、辛硫磷 10%/2009.05.27 至 2014.05.27/高毒

棉花	棉蚜	75-150克/公顷	喷雾

PD20097001 氟啶脲/5%/乳油/氟啶脲 5%/2009.09.29 至 2014.09.29/低毒

十字花科蔬菜	菜青虫、小菜蛾	30-60克/公顷	喷雾

PD20121277 高效氯氟氰菊酯/25克/升/乳油/高效氯氟氰菊酯 25克/升/2012.09.06 至 2017.09.06/中等毒

棉花	棉铃虫	15-22.5克/公顷	喷雾

PD20130702 乙草胺/81.5%/乳油/乙草胺 81.5%/2013.04.11 至 2018.04.11/低毒

玉米田	一年生禾本科杂草及部分小粒种子阔叶杂草	1350-1620克/公顷（东北地区） 1080-1350克/公顷（其它地区）	播后苗前土壤喷雾

山东东合生物科技有限公司 (山东省济南市商河经济开发区 251600 0531-55693568)

PD20091222 氰戊·辛硫磷/25%/乳油/氰戊菊酯 5%、辛硫磷 20%/2009.02.01 至 2014.02.01/中等毒

棉花	棉铃虫	225-300克/公顷	喷雾

PD20101111 辛硫磷/40%/乳油/辛硫磷 40%/2010.01.25 至 2015.01.25/低毒

	十字花科蔬菜	菜青虫	300-450克/公顷	喷雾
PD20101133	氯氰菊酯/5%/乳油/氯氰菊酯 5%/2010.01.25 至 2015.01.25/低毒			
	甘蓝	菜青虫	30-45克/公顷	喷雾
PD20101710	马拉·辛硫磷/20%/乳油/马拉硫磷 10%、辛硫磷 10%/2010.06.28 至 2015.06.28/低毒			
	水稻	稻纵卷叶螟	300-375克/公顷	喷雾
山东东泰农化有限公司　（山东省聊城市东昌府区道口铺工业区　252033　0635-8671517）				
PD85154-38	氰戊菊酯/20%/乳油/氰戊菊酯 20%/2010.07.22 至 2015.07.22/中等毒			
	柑橘树	潜叶蛾	10-20毫克/千克	喷雾
	果树	梨小食心虫	10-20毫克/千克	喷雾
	棉花	红铃虫、蚜虫	75-150克/公顷	喷雾
	蔬菜	菜青虫、蚜虫	60-120克/公顷	喷雾
PD85157-13	辛硫磷/40%/乳油/辛硫磷 40%/2010.08.15 至 2015.08.15/低毒			
	茶树、桑树	食叶害虫	200-400毫克/千克	喷雾
	果树	食心虫、蚜虫、螨	200-400毫克/千克	喷雾
	林木	食叶害虫	3000-6000克/公顷	喷雾
	棉花	棉铃虫、蚜虫	300-600克/公顷	喷雾
	蔬菜	菜青虫	300-450克/公顷	喷雾
	烟草	食叶害虫	300-600克/公顷	喷雾
	玉米	玉米螟	450-600克/公顷	灌心叶
PD20050217	吡虫啉/70%/可湿性粉剂/吡虫啉 70%/2010.12.23 至 2015.12.23/低毒			
	棉花、十字花科蔬菜	蚜虫	21-31.5克/公顷	喷雾
PD20070514	三唑锡/25%/可湿性粉剂/三唑锡 25%/2012.11.28 至 2017.11.28/低毒			
	柑橘树	红蜘蛛	125-250毫克/千克	喷雾
PD20070676	啶虫脒/5%/乳油/啶虫脒 3%/2007.12.17 至 2013.12.24/低毒			
	黄瓜	蚜虫	18-22.5克/公顷	喷雾
PD20080010	啶虫脒/5%/可湿性粉剂/啶虫脒 5%/2013.01.03 至 2018.01.03/低毒			
	柑橘树	蚜虫	10-12毫克/千克	喷雾
PD20080269	苯磺隆/75%/水分散粒剂/苯磺隆 75%/2013.02.20 至 2018.02.20/低毒			
	冬小麦田	一年生阔叶杂草	13.5-22.5克/公顷	茎叶喷雾
PD20080726	硫磺·三唑酮/20%/可湿性粉剂/硫磺 10%、三唑酮 10%/2013.06.11 至 2018.06.11/低毒			
	小麦	白粉病	150-210克/公顷	喷雾
PD20080797	精喹禾灵/8.8%/乳油/精喹禾灵 8.8%/2013.06.20 至 2018.06.20/低毒			
	夏大豆田	一年生禾本科杂草	52.5-66克/公顷	茎叶喷雾
PD20080906	烯酰·福美双/48%/可湿性粉剂/福美双 44%、烯酰吗啉 4%/2013.07.14 至 2018.07.14/低毒			
	黄瓜	霜霉病	936-1152克/公顷	喷雾
PD20081565	噁草酮/95%/原药/噁草酮 95%/2013.11.11 至 2018.11.11/低毒			
PD20081650	氰戊·辛硫磷/30%/乳油/氰戊菊酯 10%、辛硫磷 20%/2013.11.14 至 2018.11.14/中等毒			
	棉花	棉铃虫	150-225克/公顷	喷雾
PD20081701	二甲戊灵/33%/乳油/二甲戊灵 33%/2013.11.17 至 2018.11.17/低毒			
	大蒜	一年生杂草	643.5-742.5克/公顷	播后苗前土壤喷雾
	姜	一年生杂草	643.5-742.5克/公顷	土壤喷雾
PD20082301	苯磺隆/10%/可湿性粉剂/苯磺隆 10%/2013.12.01 至 2018.12.01/低毒			
	冬小麦田	一年生阔叶杂草	15-22.5克/公顷	茎叶喷雾
PD20082457	苄嘧·丙草胺/25%/可湿性粉剂/苄嘧磺隆 2%、丙草胺 23%/2013.12.02 至 2018.12.02/低毒			
	直播水稻(南方)	一年生及部分多年生杂草	375-450克/公顷	土壤喷雾
PD20082876	高效氟吡甲禾灵/108克/升/乳油/高效氟吡甲禾灵 108克/升/2013.12.09 至 2018.12.09/低毒			
	棉花田、夏大豆田	一年生禾本科杂草	32.4-56.7克/公顷	茎叶喷雾
PD20083152	草甘膦/30%/水剂/草甘膦 30%/2013.12.11 至 2018.12.11/低毒			
	甘蔗田	杂草	1125-2250克/公顷	定向喷雾
PD20083187	高效氯氟氰菊酯/25克/升/乳油/高效氯氟氰菊酯 25克/升/2013.12.11 至 2018.12.11/中等毒			
	棉花	棉铃虫	18.75-26.25克/公顷	喷雾
PD20083218	联苯菊酯/25克/升/乳油/联苯菊酯 25克/升/2013.12.11 至 2018.12.11/中等毒			
	茶树	茶尺蠖	7.5-15克/公顷	喷雾
PD20083473	丙环唑/25%/乳油/丙环唑 25%/2013.12.12 至 2018.12.12/低毒			
	香蕉	叶斑病	250-500毫克/千克	喷雾
PD20083542	福美双/50%/可湿性粉剂/福美双 50%/2013.12.12 至 2018.12.12/低毒			
	葡萄	白腐病	500-1000毫克/千克	喷雾
PD20084266	吡虫啉/200克/升/可溶液剂/吡虫啉 200克/升/2013.12.17 至 2018.12.17/低毒			
	烟草	蚜虫	30-45克/公顷	喷雾
PD20084971	炔螨特/570克/升/乳油/炔螨特 570克/升/2013.12.22 至 2018.12.22/低毒			
	柑橘	红蜘蛛	285-380毫克/千克	喷雾
PD20085267	马拉硫磷/45%/乳油/马拉硫磷 45%/2013.12.23 至 2018.12.23/低毒			
	十字花科蔬菜	黄条跳甲	540-810克/公顷	喷雾

PD20085278	毒死蜱/480克/升/乳油/毒死蜱 480克/升/2013.12.23 至 2018.12.23/中等毒			
	水稻	稻纵卷叶螟	432-576克/公顷	喷雾
PD20085304	多·福/50%/可湿性粉剂/多菌灵 8%、福美双 42%/2013.12.23 至 2018.12.23/低毒			
	梨树	黑星病	1000-1500毫克/千克	喷雾
	葡萄	霜霉病	1000-1250毫克/千克	喷雾
PD20085869	噁草酮/250克/升/乳油/噁草酮 250克/升/2013.12.29 至 2018.12.29/低毒			
	花生田	一年生杂草	375-562.5克/公顷	土壤喷雾
PD20085880	阿维·高氯/1.8%/乳油/阿维菌素 0.1%、高效氯氰菊酯 1.7%/2013.12.29 至 2018.12.29/低毒(原药高毒)			
	黄瓜	美洲斑潜蝇	15-30克/公顷	喷雾
PD20085983	硫磺/80%/水分散粒剂/硫磺 80%/2013.12.29 至 2018.12.29/低毒			
	苹果	白粉病	800-1600毫克/千克	喷雾
PD20086009	异丙甲草胺/720克/升/乳油/异丙甲草胺 720克/升/2013.12.29 至 2018.12.29/低毒			
	春大豆田	一年生禾本科杂草及部分小粒种子阔叶杂草	1620-2160克/公顷	播后苗前土壤喷雾
PD20090801	乙草胺/50%/乳油/乙草胺 50%/2014.01.19 至 2019.01.19/低毒			
	夏玉米田	一年生禾本科杂草及部分小粒种子阔叶杂草	1050-1200克/公顷	播后苗前土壤喷雾
PD20091020	毒·辛/5%/颗粒剂/毒死蜱 2%、辛硫磷 3%/2014.01.21 至 2019.01.21/低毒			
	花生	蛴螬	1875-2250克/公顷	撒施
PD20091676	百草枯/200克/升/水剂/百草枯 200克/升/2012.12.31 至 2014.07.01/低毒			
	夏玉米田	一年生杂草	450-600克/公顷	定向喷雾
PD20092287	氰津·乙草胺/40%/悬浮剂/氰草津 12%、乙草胺 28%/2014.02.24 至 2019.02.24/低毒			
	夏玉米田	一年生杂草	1110—1200克/公顷	播后苗前土壤喷雾
PD20093424	乙草胺/900克/升/乳油/乙草胺 900克/升/2014.03.23 至 2019.03.23/低毒			
	春大豆田	一年生禾本科杂草及部分小粒种子阔叶杂草	1620-1890克/公顷	播后苗前土壤喷雾
PD20093505	苏云金杆菌/8000IU/毫克/可湿性粉剂/苏云金杆菌 8000IU/毫克/2014.03.23 至 2019.03.23/低毒			
	茶树	茶毛虫	400-800倍	喷雾
	棉花	二代棉铃虫	3000-4500克制剂/公顷	喷雾
	森林	松毛虫	600-800倍	喷雾
	十字花科蔬菜	菜青虫	750-1500克制剂/公顷	喷雾
	十字花科蔬菜	小菜蛾	1500-2250克制剂/公顷	喷雾
	水稻	稻纵卷叶螟	3000-4500克制剂/公顷	喷雾
	烟草	烟青虫	1500-3000克制剂/公顷	喷雾
	玉米	玉米螟	1500-3000克制剂/公顷	加细纱灌心
	枣树	枣尺蠖	600-800倍	喷雾
PD20094369	苯醚甲环唑/95%/原药/苯醚甲环唑 95%/2014.04.01 至 2019.04.01/低毒			
PD20094909	复硝酚钠/1.8%/水剂/5-硝基邻甲氧基苯酚钠 0.3%、对硝基苯酚钠 0.9%、邻苯基苯酚钠 0.6%/2014.04.13 至 2019.04.13/低毒			
	棉花	调节生长、增产	6-9毫克/千克（2000-3000倍液）	喷雾
PD20095009	聚醛·甲萘威/6%/颗粒剂/甲萘威 1.5%、四聚乙醛 4.5%/2014.04.21 至 2019.04.21/低毒			
	小白菜	蜗牛	540-675克/公顷	撒施
PD20095839	阿维菌素/5%/乳油/阿维菌素 5%/2009.05.27 至 2014.05.27/中等毒(原药高毒)			
	十字花科蔬菜	小菜蛾	8.1-10.8克/公顷	喷雾
PD20096357	氧乐果/40%/乳油/氧乐果 40%/2009.07.28 至 2014.07.28/中等毒			
	棉花	蚜虫	127.5-202.5克/公顷	喷雾
	小麦	蚜虫	81-162克/公顷	喷雾
PD20096822	混合氨基酸铜/10%/水剂/混合氨基酸铜 10%/2009.09.21 至 2014.09.21/低毒			
	水稻	稻曲病	375-562.5克/公顷	喷雾
PD20097276	甲氰菊酯/10%/乳油/甲氰菊酯 10%/2009.10.26 至 2014.10.26/中等毒			
	苹果树	红蜘蛛	25.7-45毫克/千克	喷雾
PD20097404	吗胍·乙酸铜/20%/可湿性粉剂/盐酸吗啉胍 16%、乙酸铜 4%/2009.10.28 至 2014.10.28/低毒			
	番茄	病毒病	600-750克/公顷	喷雾
PD20097965	乙酸铜/20%/可湿性粉剂/乙酸铜 20%/2009.12.01 至 2014.12.01/低毒			
	黄瓜	猝倒病	3000-4500克/公顷	灌根
PD20100013	啶虫脒/20%/可溶粉剂/啶虫脒 20%/2010.01.04 至 2015.01.04/低毒			
	黄瓜	蚜虫	60-90克/公顷	喷雾
PD20100098	甲戊·乙草胺/33%/乳油/二甲戊灵 10%、乙草胺 23%/2010.01.04 至 2015.01.04/低毒			
	棉花田	一年生杂草	891-1089克/公顷	土壤喷雾
PD20100489	丙环唑/95%/原药/丙环唑 95%/2010.01.14 至 2015.01.14/低毒			
PD20101407	毒·辛/20%/乳油/毒死蜱 4%、辛硫磷 16%/2010.04.14 至 2015.04.14/中等毒			
	水稻	三化螟	350-650克/公顷	喷雾
PD20101467	矿物油/95%/乳油/矿物油 95%/2010.05.04 至 2015.05.04/低毒			

柑橘树　介壳虫　50-60倍　喷雾

PD20101742　甲氨基阿维菌素苯甲酸盐(5.7%)///乳油/甲氨基阿维菌素 5%/2010.06.28 至 2015.06.28/低毒
甘蓝　小菜蛾　1.5-3克/公顷　喷雾

PD20110540　杀螺胺乙醇胺盐/70%/可湿性粉剂/杀螺胺 70%/2011.05.12 至 2016.05.12/低毒
水稻　福寿螺　315-420克/公顷　喷雾
注:杀螺胺乙醇胺盐含量:83.1%。

PD20120020　苯醚甲环唑/10%/水分散粒剂/苯醚甲环唑 10%/2012.01.06 至 2017.01.06/低毒
梨树　黑星病　14.3-16.7毫克/千克　喷雾

PD20120729　苯醚甲环唑/250克/升/乳油/苯醚甲环唑 250克/升/2012.05.02 至 2017.05.02/低毒
香蕉　叶斑病　100-125毫克/千克　喷雾

PD20120835　滴丁・苯磺隆/20%/可湿性粉剂/苯磺隆 2%、2,4-滴丁酯 18%/2012.05.22 至 2017.05.22/低毒
冬小麦田　一年生阔叶杂草　150-180克/公顷　茎叶喷雾

PD20120960　苯甲・福美双/60%/可湿性粉剂/苯醚甲环唑 4%、福美双 56%/2012.06.14 至 2017.06.14/低毒
烟草　炭疽病　900-1350克/公顷　喷雾

PD20121164　嘧霉胺/70%/水分散粒剂/嘧霉胺 70%/2012.07.30 至 2017.07.30/低毒
黄瓜　灰霉病　525－577.5克/公顷　喷雾

PD20130888　苯醚甲环唑/20%/微乳剂/苯醚甲环唑 20%/2013.04.25 至 2018.04.25/低毒
香蕉　叶斑病　100-133毫克/千克　喷雾

WP20110117　杀虫气雾剂/0.23%/气雾剂/胺菊酯 0.2%、高效氯氰菊酯 0.03%/2011.05.05 至 2016.05.05/微毒
卫生　蚊、蝇　/　喷雾

WP20110145　杀虫气雾剂/0.52%/气雾剂/胺菊酯 0.33%、氯菊酯 0.19%/2011.06.14 至 2016.06.14/低毒
卫生　蚊、蝇　/　喷雾

WP20110229　高效氯氰菊酯/5%/可湿性粉剂/高效氯氰菊酯 5%/2011.10.10 至 2016.10.10/低毒
卫生　蚊、蝇　35毫克/平方米　滞留喷洒

山东东信生物农药有限公司　(山东省聊城市阳谷县阿城工业园　252321　0635-6750969)

PD20070523　代森锰锌/80%/可湿性粉剂/代森锰锌 80%/2012.11.28 至 2017.11.28/低毒
番茄　早疫病　1560-2520克/公顷　喷雾
黄瓜　霜霉病　2040-3000克/公顷　喷雾
辣椒、甜椒　炭疽病、疫病　1800-2520克/公顷　喷雾

PD20084920　三唑锡/25%/可湿性粉剂/三唑锡 25%/2013.12.22 至 2018.12.22/低毒
柑橘树　红蜘蛛　125-250毫克/千克　喷雾

PD20085015　石硫合剂/29%/水剂/石硫合剂 29%/2013.12.22 至 2018.12.22/低毒
苹果树　白粉病　0.4-0.5Be　喷雾

PD20090456　多・福/40%/可湿性粉剂/多菌灵 5%、福美双 35%/2014.01.12 至 2019.01.12/低毒
葡萄　霜霉病　1000-1250毫克/千克　喷雾

PD20091421　异丙草・莠/40%/悬乳剂/异丙草胺 24%、莠去津 16%/2009.02.02 至 2014.02.02/低毒
夏玉米田　一年生杂草　1200-1500克/公顷　土壤喷雾

PD20091651　啶虫脒/3%/可湿性粉剂/啶虫脒 3%/2009.02.03 至 2014.02.03/低毒
甘蓝　蚜虫　13.5-22.5克/公顷　喷雾

PD20094214　高效氯氟氰菊酯/25克/升/乳油/高效氯氟氰菊酯 25克/升/2014.03.31 至 2019.03.31/中等毒
十字花科蔬菜叶菜　蚜虫　7.5-11.25克/公顷　喷雾

PD20097157　辛硫磷/1.5%/颗粒剂/辛硫磷 1.5%/2009.10.16 至 2014.10.16/低毒
玉米　玉米螟　67.5-90克/公顷　撒心(喇叭口期)

PD20097300　联苯菊酯/100克/升/乳油/联苯菊酯 100克/升/2009.10.26 至 2014.10.26/中等毒
茶树　茶小绿叶蝉　20-26.7毫升制剂/亩　喷雾

PD20098237　溴氰菊酯/25克/升/乳油/溴氰菊酯 25克/升/2009.12.16 至 2014.12.16/中等毒
苹果树　桃小食心虫　5-10毫克/千克　喷雾

PD20098474　甲氰・噻螨酮/7.5%/乳油/甲氰菊酯 5%、噻螨酮 2.5%/2009.12.24 至 2014.12.24/低毒
苹果树　红蜘蛛　50-75mg/kg　喷雾

PD20100198　高效氯氰菊酯/4.5%/乳油/高效氯氰菊酯 4.5%/2010.01.05 至 2015.01.05/低毒
甘蓝　菜青虫　13.5-22.5克/公顷　喷雾

PD20100301　乙草胺/81.5%/乳油/乙草胺 81.5%/2010.01.11 至 2015.01.11/低毒
玉米田　一年生禾本科杂草及小粒阔叶杂草　100-120毫升制剂/亩(东北地区)　播后苗前土壤喷雾
80-100毫升制剂/亩(其它地区)

PD20100331　吡虫啉/10%/可湿性粉剂/吡虫啉 10%/2010.01.11 至 2015.01.11/低毒
水稻　稻飞虱　15-30克/公顷　喷雾

PD20100516　炔螨・矿物油/73%/乳油/矿物油 33%、炔螨特 40%/2010.01.14 至 2015.01.14/低毒
柑橘树　红蜘蛛　182.5-243.3毫克/千克　喷雾

PD20100561　辛硫磷/40%/乳油/辛硫磷 40%/2010.01.14 至 2015.01.14/低毒
棉花　棉铃虫　300-600克/公顷　喷雾

PD20100813　灭线磷/10%/颗粒剂/灭线磷 10%/2010.01.19 至 2015.01.19/中等毒
水稻　稻瘿蚊　1500-1800克/公顷　拌毒土撒施

PD20101047　甲氨基阿维菌素苯甲酸盐(0.57%)///微乳剂/甲氨基阿维菌素 0.5%/2010.01.21 至 2015.01.21/低毒

甘蓝　甜菜夜蛾　26.4-35毫升制剂/亩　喷雾

PD20132308　阿维菌素/5%/乳油/阿维菌素 5%/2013.11.08 至 2018.11.08/中等毒(原药高毒)

甘蓝　小菜蛾　8.1-10.8克/公顷　喷雾

山东东营胜德制罐有限公司　(山东省东营市东营区东二路283号　257055　0546-8736871)

WP20080597　杀虫气雾剂/0.13%/气雾剂/胺菊酯 0.10%、高效氯氰菊酯 0.03%/2013.12.30 至 2018.12.30/低毒

卫生　蜚蠊、蚊、蝇　/　喷雾

WP20090165　杀虫气雾剂/0.3%/气雾剂/胺菊酯 0.25%、右旋苯醚菊酯 0.05%/2009.03.09 至 2014.03.09/低毒

卫生　蚊、蝇　/　喷雾

注:本产品为水基型。

WP20090189　杀虫气雾剂/0.3%/气雾剂/胺菊酯 0.25%、右旋苯醚菊酯 0.05%/2009.03.23 至 2014.03.23/微毒

卫生　蚊、蝇　/　喷雾

WP20090195　杀蟑饵剂/0.8%/饵剂/杀螟硫磷 0.8%/2009.03.23 至 2014.03.23/低毒

卫生　蜚蠊　/　投放

WP20090271　电热蚊香片/9毫克/片/电热蚊香片/炔丙菊酯 9毫克/片/2009.05.18 至 2014.05.18/低毒

卫生　蚊　/　电热加温

WP20090354　蚊香/0.2%/蚊香/富右旋反式烯丙菊酯 0.2%/2009.11.03 至 2014.11.03/微毒

卫生　蚊　/　点燃

山东东营胜利绿野农药化工有限公司　(山东省东营市河口区仙河镇(孤东油区)　257237　0546-8584229)

PD20081074　甲草胺/43%/乳油/甲草胺 43%/2013.08.14 至 2018.08.14/低毒

夏大豆田　部分阔叶杂草、一年生禾本科杂草　1290-1935克/公顷　播后苗前喷雾

PD20091641　甲草胺/95%/原药/甲草胺 95%/2014.02.03 至 2019.02.03/低毒

山东东远生物科技有限公司　(山东省泰安市宁阳县东疏镇刘茂工业园　271400　0538-5483666)

PD20081067　辛硫・甲拌磷/10%/微粒剂/甲拌磷 4%、辛硫磷 6%/2013.08.14 至 2018.08.14/高毒

小麦　地下害虫　200-300克/100千克种子　拌种

PD20083230　辛硫磷/3%/颗粒剂/辛硫磷 3%/2013.12.11 至 2018.12.11/低毒

花生　地下害虫　2700－3600克/公顷　撒施

PD20085946　氰戊・辛硫磷/25%/乳油/氰戊菊酯 6.25%、辛硫磷 18.75%/2013.12.29 至 2018.12.29/中等毒

棉花　棉铃虫　225-300克/公顷　喷雾

PD20091831　氰戊・马拉松/20%/乳油/马拉硫磷 15%、氰戊菊酯 5%/2014.02.06 至 2019.02.06/中等毒

苹果树　桃小食心虫　133-200毫克/千克　喷雾

PD20100507　氯氰菊酯/5%/乳油/氯氰菊酯 5%/2010.01.14 至 2015.01.14/低毒

甘蓝　菜青虫　15-18.75克/公顷　喷雾

PD20110452　草甘膦/30%/水剂/草甘膦 30%/2011.04.21 至 2016.04.21/低毒

柑橘园　一年生和多年生杂草　1125-2250克/公顷(以酸计)　定向茎叶喷雾

PD20110533　乙铝・锰锌/50%/可湿性粉剂/代森锰锌 22%、三乙膦酸铝 28%/2011.05.12 至 2016.05.12/低毒

黄瓜　霜霉病　900-1400克/公顷　喷雾

PD20121541　阿维・矿物油/24.5%/乳油/阿维菌素 0.2%、矿物油 24.3%/2012.10.17 至 2017.10.17/低毒(原药高毒)

甘蓝　小菜蛾　147-220.5克/公顷　喷雾

山东丰倍尔生物科技有限公司　(山东省诸城市经济开发区横五路东段　262200　0536-6320320)

PD20130648　甲氨基阿维菌素苯甲酸盐/0.5%/微乳剂/甲氨基阿维菌素 0.5%/2013.04.07 至 2018.04.07/低毒

甘蓝　甜菜夜蛾　1.5-3毫克/千克　喷雾

注:甲氨基阿维菌素苯甲酸盐含量: 0.57%。

PD20131578　烟嘧・莠去津/23%/可分散油悬浮剂/烟嘧磺隆 3%、莠去津 20%/2013.07.23 至 2018.07.23/低毒

玉米田　一年生杂草　310.5-414克/公顷 (夏)　茎叶喷雾

362.25-465.75克/公顷 (春)

PD20131601　阿维菌素/5%/乳油/阿维菌素 5%/2013.07.29 至 2018.07.29/中等毒(原药高毒)

甘蓝　小菜蛾　6-9克/公顷　喷雾

PD20132719　高效氯氟氰菊酯/5%/微乳剂/高效氯氟氰菊酯 5%/2013.12.30 至 2018.12.30/中等毒

甘蓝　菜青虫　9-13.5克/公顷　喷雾

山东丰禾立健生物科技有限公司　(山东省济南市历城区桑园路28号　250100　0531-88611000)

PD20083993　三唑磷/20%/乳油/三唑磷 20%/2013.12.16 至 2018.12.16/中等毒

水稻　三化螟　300-450克/公顷　喷雾

PD20084042　异丙威/2%/粉剂/异丙威 2%/2013.12.16 至 2018.12.16/中等毒

水稻　叶蝉　450-900克/公顷　喷粉

PD20084201　异丙威/20%/乳油/异丙威 20%/2013.12.16 至 2018.12.16/中等毒

水稻　叶蝉　450-600克/公顷　喷雾

PD20084371　联苯菊酯/25克/升/乳油/联苯菊酯 25克/升/2013.12.17 至 2018.12.17/低毒

茶树　茶小绿叶蝉　30-37.5克/公顷　喷雾

PD20084568　高效氯氟氰菊酯/25克/升/乳油/高效氯氟氰菊酯 25克/升/2013.12.18 至 2018.12.18/中等毒

十字花科蔬菜　菜青虫　7.5-11.25克/公顷　喷雾

PD20084638　多菌灵/80%/可湿性粉剂/多菌灵 80%/2013.12.18 至 2018.12.18/低毒

花生　倒秧病　750-900克/公顷　喷雾

PD20086059　福・福锌/80%/可湿性粉剂/福美双 30%、福美锌 50%/2013.12.30 至 2018.12.30/低毒

黄瓜 炭疽病 1500-1800克/公顷 喷雾

PD20090935 高效氟吡甲禾灵/108克/升/乳油/高效氟吡甲禾灵 108克/升/2014.01.19 至 2019.01.19/低毒

大豆田 一年生禾本科杂草 48.6-72.9克/公顷 茎叶喷雾

PD20091542 异菌脲/50%/可湿性粉剂/异菌脲 50%/2014.02.03 至 2019.02.03/低毒

番茄 早疫病 562.5-750克/公顷 喷雾

PD20093090 甲基硫菌灵/70%/可湿性粉剂/甲基硫菌灵 70%/2014.03.09 至 2019.03.09/微毒

番茄 叶霉病 375-562.5克/公顷 喷雾

PD20096550 毒死蜱/40%/乳油/毒死蜱 40%/2009.08.24 至 2014.08.24/中等毒

棉花 棉铃虫 450-900克/公顷 喷雾

PD20097854 高氯・辛硫磷/20%/乳油/高效氯氰菊酯 1.5%、辛硫磷 18.5%/2009.11.20 至 2014.11.20/低毒

棉花 棉铃虫 262.5-300克/公顷 喷雾

PD20110963 甲氨基阿维菌素苯甲酸盐/3%/微乳剂/甲氨基阿维菌素 3%/2011.09.08 至 2016.09.08/低毒

甘蓝 甜菜夜蛾 1.8-2.25克/公顷 喷雾

注:甲氨基阿维菌素苯甲酸盐含量:3.4%。

PD20120289 阿维菌素/5%/乳油/阿维菌素 5%/2012.02.17 至 2017.02.17/低毒(原药高毒)

甘蓝 小菜蛾 8.1-10.8克/公顷 喷雾

PD20121567 啶虫脒/5%/乳油/啶虫脒 5%/2012.10.25 至 2017.10.25/低毒

柑橘树 蚜虫 8.33-12.5毫克/千克 喷雾

PD20121749 阿维・高氯/2%/乳油/阿维菌素 0.45%、高效氯氰菊酯 1.55%/2012.11.15 至 2017.11.15/低毒(原药高毒)

梨树 梨木虱 6-12毫克/千克 喷雾

PD20130328 吡虫啉/30%/微乳剂/吡虫啉 30%/2013.03.05 至 2018.03.05/低毒

甘蓝 蚜虫 22.5-30克/公顷 喷雾

PD20130936 草甘膦铵盐/80%/可溶粒剂/草甘膦 80%/2013.05.02 至 2018.05.02/低毒

非耕地 杂草 1560-2040克/公顷 茎叶喷雾

注:草甘膦铵盐含量:88.8%。

PD20131249 烯酰・锰锌/69%/可湿性粉剂/代森锰锌 60%、烯酰吗啉 9%/2013.06.03 至 2018.06.03/低毒

黄瓜 霜霉病 1035-1397克/公顷 喷雾

山东丰泽化工有限公司 (山东省阳谷县经济开发区 252300 0635-2951888)

PD20090865 精喹禾灵/50克/升/乳油/精喹禾灵 50克/升/2014.01.19 至 2019.01.19/低毒

大豆田 一年生禾本科杂草 37.5-60克/公顷 茎叶喷雾

PD20096158 高效氟吡甲禾灵/108克/升/乳油/高效氟吡甲禾灵 108克/升/2009.06.24 至 2014.06.24/低毒

大豆田 一年生禾本科杂草 48.6-72.9克/公顷 茎叶喷雾

PD20098106 毒死蜱/480克/升/乳油/毒死蜱 480克/升/2009.12.08 至 2014.12.08/中等毒

水稻 稻纵卷叶螟 62.5-83.5毫升制剂/亩 喷雾

PD20098204 二甲戊灵/330克/升/乳油/二甲戊灵 330克/升/2009.12.16 至 2014.12.16/低毒

棉花田 一年生杂草 945-1260克/公顷 土壤喷雾

PD20110464 精喹禾灵/10%/乳油/精喹禾灵 10%/2011.04.22 至 2016.04.22/低毒

春大豆田 一年生禾本科杂草 48.6-81.0克/公顷 茎叶喷雾

夏大豆田 一年生禾本科杂草 64.8-81.0克/公顷 茎叶喷雾

PD20110487 草甘膦异丙胺盐/30%/水剂/草甘膦 30%/2011.05.03 至 2016.05.03/低毒

柑橘园 杂草 1125-1575克/公顷 定向茎叶喷雾

注:草甘膦异丙胺盐含量: 41%。

PD20110720 氟磺胺草醚/250克/升/水剂/氟磺胺草醚 250克/升/2011.07.07 至 2016.07.07/低毒

大豆田 一年生阔叶杂草 262.5-375克/公顷(东北地区); 187.5-262.5克/公顷(其他地区) 茎叶喷雾

山东福瑞德化工有限公司 (山东省济南市历城区华信路15号 250100 0531-88906442)

PD20084511 福・福锌/40%/可湿性粉剂/福美双 15%、福美锌 25%/2013.12.18 至 2018.12.18/低毒

西瓜 炭疽病 1500-1800克/公顷 喷雾

PD20091640 联苯菊酯/25克/升/乳油/联苯菊酯 25克/升/2014.02.03 至 2019.02.03/低毒

茶树 茶小绿叶蝉 30-37.5克/公顷 喷雾

PD20094787 多・福/60%/可湿性粉剂/多菌灵 30%、福美双 30%/2009.04.13 至 2014.04.13/低毒

梨树 黑星病 1000-1500毫克/千克 喷雾

PD20095563 多・锰锌/50%/可湿性粉剂/多菌灵 20%、代森锰锌 30%/2009.05.12 至 2014.05.12/低毒

梨树 黑星病 1000-1250毫克/千克 喷雾

PD20096090 高效氯氟氰菊酯/25克/升/乳油/高效氯氟氰菊酯 25克/升/2009.06.18 至 2014.06.18/中等毒

十字花科蔬菜 菜青虫 6.75-9.375克/公顷 喷雾

PD20098259 福・福锌/80%/可湿性粉剂/福美双 30%、福美锌 50%/2009.12.16 至 2014.12.16/低毒

黄瓜 炭疽病 1650-1800克/公顷 喷雾

PD20098371 氯氰・敌敌畏/10%/乳油/敌敌畏 8%、氯氰菊酯 2%/2009.12.18 至 2014.12.18/中等毒

甘蓝 蚜虫 60-75克/公顷 喷雾

PD20100225 辛硫・矿物油/40%/乳油/矿物油 25%、辛硫磷 15%/2010.01.11 至 2015.01.11/低毒

甘蓝 菜青虫 360-780克/公顷 喷雾

PD20100270 高氯・矿物油/35%/乳油/高效氯氰菊酯 2.5%、矿物油 32.5%/2010.01.11 至 2015.01.11/低毒

黄瓜 蚜虫 210-315克/公顷 喷雾

PD20100514 福美双/50%/可湿性粉剂/福美双 50%/2010.01.14 至 2015.01.14/低毒

黄瓜 霜霉病 900—1200克/公顷 喷雾

PD20100838 辛硫·三唑磷/20%/乳油/三唑磷 10%、辛硫磷 10%/2010.01.19 至 2015.01.19/低毒

水稻 二化螟 390-480克/公顷 喷雾

PD20101984 辛硫磷/40%/乳油/辛硫磷 40%/2010.09.25 至 2015.09.25/低毒

甘蓝 菜青虫 135-270克/公顷 喷雾

PD20102001 氯氰菊酯/5%/乳油/氯氰菊酯 5%/2010.09.25 至 2015.09.25/低毒

甘蓝 菜青虫 15-18.75克/公顷 喷雾

山东富安集团农药有限公司 （山东省淄博市博山区五龙北路7号 255200 0533-4201564）

PD84119-11 代森铵/45%/水剂/代森铵 45%/2010.01.11 至 2015.01.11/中等毒

白菜、黄瓜 霜霉病 525克/公顷 喷雾

甘薯 黑斑病 200-400倍液 浸种

谷子 白发病 180-360倍液 浸种

水稻 白叶枯病、纹枯病 337.5克/公顷 喷雾

水稻 稻瘟病 535-675克/公顷 喷雾

橡胶树 条溃疡病 150倍液 涂抹

玉米 大斑病、小斑病 525-675克/公顷 喷雾

PD85151-3 2,4-滴丁酯/57%/乳油/2,4-滴丁酯 57%/2010.06.23 至 2015.06.23/低毒

谷子、小麦 双子叶杂草 525克/公顷 喷雾

水稻 双子叶杂草 300-525克/公顷 喷雾

玉米 双子叶杂草 1)1050克/公顷 2)450-525克/公顷 1)苗前土壤处理 2)喷雾

PD20040357 吡虫啉/5%/乳油/吡虫啉 5%/2009.12.19 至 2014.12.19/低毒

棉花 蚜虫 11.25-18.75克/公顷 喷雾

PD20091889 高氯·马/20%/乳油/高效氯氰菊酯 1.5%、马拉硫磷 18.5%/2009.02.09 至 2014.02.09/中等毒

苹果树 桃小食心虫 133-200毫克/千克 喷雾

PD20092404 硫磺·多菌灵/50%/可湿性粉剂/多菌灵 15%、硫磺 35%/2009.02.25 至 2014.02.25/低毒

花生 叶斑病 1200-1800克/公顷 喷雾

PD20093095 乙铝·锰锌/50%/可湿性粉剂/代森锰锌 27%、三乙膦酸铝 23%/2009.03.09 至 2014.03.09/低毒

黄瓜 霜霉病 937-1400克/公顷 喷雾

PD20093111 硫磺·多菌灵/42%/悬浮剂/多菌灵 7%、硫磺 35%/2009.03.10 至 2014.03.10/低毒

黄瓜 白粉病 1575-2363克/公顷 喷雾

PD20093414 硫磺·三唑酮/20%/可湿性粉剂/硫磺 10%、三唑酮 10%/2009.03.20 至 2014.03.20/低毒

小麦 白粉病 180-240克/公顷 喷雾

PD20094178 代森锰锌/80%/可湿性粉剂/代森锰锌 80%/2009.03.27 至 2014.03.27/低毒

番茄 早疫病 1845-2370克/公顷 喷雾

PD20094606 甲硫·福美双/70%/可湿性粉剂/福美双 40%、甲基硫菌灵 30%/2009.04.10 至 2014.04.10/低毒

苹果树 轮纹病 800-1500倍液 喷雾

PD20095029 多·锰锌/50%/可湿性粉剂/多菌灵 8%、代森锰锌 42%/2009.04.21 至 2014.04.21/低毒

苹果树 斑点落叶病 1000-1250毫克/千克 喷雾

PD20095496 异丙草·莠/40%/悬乳剂/异丙草胺 24%、莠去津 16%/2009.05.11 至 2014.05.11/低毒

玉米田 一年生杂草 夏玉米：1200—1500克/公顷 春玉米：1800-2400克/公顷 播后苗前土壤喷雾

PD20101798 阿维·矿物油/24.5%/乳油/阿维菌素 0.2%、柴油 24.3%/2010.07.13 至 2015.07.13/低毒(原药高毒)

柑橘树 红蜘蛛 123-245毫克/千克 喷雾

PD20121427 吡虫啉/350克/升/悬浮剂/吡虫啉 350克/升/2012.09.29 至 2017.09.29/低毒

甘蓝 蚜虫 15.75-26.25克/公顷 喷雾

LS20120341 苯磺隆/10%/可分散油悬浮剂/苯磺隆 10%/2013.10.08 至 2014.10.08/低毒

小麦田 一年生阔叶杂草 13.5-22.5克/公顷 茎叶喷雾

山东富先达农药有限公司 （山东省青州市朱良镇曲屯村西(济寿路14公里处) 262511 0533-7809688）

PD20121331 啶虫脒/5%/乳油/啶虫脒 5%/2012.09.11 至 2017.09.11/低毒

苹果 蚜虫 12-15毫克/千克 喷雾

山东光大化学有限公司 （山东省济南市平阴县刁山坡镇 250404 0531-86884888）

PD20093827 氯氰·敌敌畏/20%/乳油/敌敌畏 18%、氯氰菊酯 2%/2009.03.25 至 2014.03.25/中等毒

棉花 棉铃虫 170-255克/公顷 喷雾

山东光扬生物科技有限公司（山东省济南市高新区世纪大道15612号理想嘉园2#16楼 250101 0531-88888460）

PD20090922 毒死蜱/480克/升/乳油/毒死蜱 480克/升/2014.01.19 至 2019.01.19/中等毒

水稻 二化螟 504-648克/公顷 喷雾

PD20091045 多菌灵/40%/可湿性粉剂/多菌灵 40%/2014.01.21 至 2019.01.21/低毒

苹果树 轮纹病 750-1000毫克/千克 喷雾

PD20096370 氯氟氰菊酯/25克/升/乳油/氯氟氰菊酯 25克/升/2009.08.04 至 2014.08.04/中等毒

烟草 烟青虫 6.25-8.3毫克/千克 喷雾

PD20096796 炔螨特/57%/乳油/炔螨特 57%/2009.09.15 至 2014.09.15/低毒
柑橘树 红蜘蛛 285-380毫克/千克 喷雾
PD20101974 甲氨基阿维菌素苯甲酸盐(1.14%)///乳油/甲氨基阿维菌素 1%/2010.09.21 至 2015.09.21/低毒
甘蓝 小菜蛾 1.5-3克/公顷 喷雾
PD20132121 吡虫啉/600克/升/悬浮剂/吡虫啉 600克/升/2013.10.24 至 2018.10.24/低毒
水稻 稻飞虱 27-45克/公顷 喷雾
LS20130256 硝磺·莠去津/25%/可分散油悬浮剂/莠去津 20%、硝磺草酮 5%/2013.05.02 至 2014.05.02/低毒
玉米田 一年生杂草 450-750克/公顷 茎叶喷雾
LS20130444 烟嘧·莠·氯吡/30%/可分散油悬浮剂/氯氟吡氧乙酸 5%、烟嘧磺隆 3%、莠去津 22%/2013.09.10 至 2014.09.10/低毒
玉米田 一年生杂草 360-540克/公顷 茎叶喷雾

山东贵合生物科技有限公司 (山东省阳谷县阿城镇大洼里村(阿城镇工业园) 252300 0635-2951999)

PD20085068 氯氰菊酯/50克/升/乳油/氯氰菊酯 50克/升/2013.12.23 至 2018.12.23/低毒
甘蓝 菜青虫 37.5-52.5克/公顷 喷雾
PD20085101 联苯菊酯/25克/升/乳油/联苯菊酯 25克/升/2013.12.23 至 2018.12.23/低毒
茶树 茶尺蠖 7.5-15克/公顷 喷雾
PD20090861 毒死蜱/480克/升/乳油/毒死蜱 480克/升/2009.01.19 至 2014.01.19/中等毒
甘蓝 菜青虫 432-504克/公顷 喷雾
PD20094009 高效氯氟氰菊酯/25克/升/乳油/高效氯氟氰菊酯 25克/升/2014.03.27 至 2019.03.27/中等毒
十字花科蔬菜 蚜虫 7.5-15克/公顷 喷雾
PD20098233 吡虫啉/200克/升/可溶液剂/吡虫啉 200克/升/2009.12.16 至 2014.12.16/低毒
烟草 蚜虫 37.5-45克/公顷 喷雾
PD20100234 炔螨特/57%/乳油/炔螨特 57%/2010.01.11 至 2015.01.11/低毒
柑橘树 红蜘蛛 285-380毫克/千克 喷雾
PD20100618 苏云金杆菌/16000IU/毫克/可湿性粉剂/苏云金杆菌 16000IU/毫克/2010.01.14 至 2015.01.14/低毒
甘蓝 菜青虫 40-50克制剂/亩 喷雾
PD20101015 福美双/50%/可湿性粉剂/福美双 50%/2010.01.20 至 2015.01.20/低毒
黄瓜 白粉病 600—900克/公顷 喷雾
PD20101375 杀扑磷/40%/乳油/杀扑磷 40%/2010.04.02 至 2015.04.02/高毒
柑橘树 介壳虫 200-400毫克/千克 喷雾
PD20101820 甲氨基阿维菌素苯甲酸盐(1.14%)///乳油/甲氨基阿维菌素 1%/2010.07.19 至 2015.07.19/低毒
甘蓝 小菜蛾 1.5-2.25克/公顷 喷雾
PD20110729 阿维·氟铃脲/5%/乳油/阿维菌素 2%、氟铃脲 3%/2011.07.11 至 2016.07.11/低毒(原药高毒)
甘蓝 小菜蛾 23.625-31.5克/公顷 喷雾
PD20110976 毒死蜱/30%/微囊悬浮剂/毒死蜱 30%/2011.09.14 至 2016.09.14/低毒
棉花 斜纹夜蛾 292.5-427.5克/公顷 喷雾
PD20111140 烯酰吗啉/80%/水分散粒剂/烯酰吗啉 80%/2011.11.03 至 2016.11.03/低毒
黄瓜 霜霉病 225—300克/公顷 喷雾
PD20121481 乙草胺/25%/微囊悬浮剂/乙草胺 25%/2012.10.08 至 2017.10.08/低毒
玉米田 一年生禾本科杂草及部分阔叶杂草 1125-1500克/公顷 播后苗前土壤喷雾
PD20121620 氯氟吡氧乙酸/200克/升/乳油/氯氟吡氧乙酸 200克/升/2012.10.30 至 2017.10.30/低毒
冬小麦田 一年生阔叶杂草 150-200克/公顷 茎叶喷雾
注:氯氟吡氧乙酸异辛酯含量:288克/升。
PD20130657 苯醚甲环唑/40%/乳油/苯醚甲环唑 40%/2013.04.08 至 2018.04.08/低毒
梨树 黑星病 40-50毫克/千克 喷雾
PD20130684 甲霜·醚菌酯/65%/可湿性粉剂/甲霜灵 50%、醚菌酯 15%/2013.04.09 至 2018.04.09/低毒
黄瓜 霜霉病 585-975克/公顷 喷雾
PD20131057 苯醚·咪鲜胺/70%/可湿性粉剂/苯醚甲环唑 30%、咪鲜胺 40%/2013.05.20 至 2018.05.20/低毒
梨树 黑星病 140-175毫克/千克 喷雾
PD20131058 嘧霉·异菌脲/80%/可湿性粉剂/嘧霉胺 40%、异菌脲 40%/2013.05.20 至 2018.05.20/低毒
番茄 灰霉病 360—540克/公顷 喷雾
PD20131123 苯甲·醚菌酯/80%/可湿性粉剂/苯醚甲环唑 30%、醚菌酯 50%/2013.05.20 至 2018.05.20/低毒
西瓜 白粉病 120-180克/公顷 喷雾
PD20131141 草铵膦/200克/升/水剂/草铵膦 200克/升/2013.05.20 至 2018.05.20/低毒
非耕地 杂草 1350-1890克/公顷 茎叶喷雾
PD20131501 甲维·氟铃脲/3.5%/乳油/氟铃脲 2.5%、甲氨基阿维菌素苯甲酸盐 1%/2013.07.05 至 2018.07.05/低毒
甘蓝 小菜蛾 23.625-31.5克/公顷 喷雾
LS20120220 甲霜·醚菌酯/65%/可湿性粉剂/甲霜灵 50%、醚菌酯 15%/2012.06.15 至 2013.06.15/低毒
黄瓜 霜霉病 585-975克/公顷 喷雾

山东国润生物农药有限责任公司 (山东省泰安市岱岳区范镇工业区 271033 0538-8681116)

PD20111108 阿维菌素/0.5%/颗粒剂/阿维菌素 0.5%/2011.10.18 至 2016.10.18/低毒(原药高毒)
黄瓜 根结线虫 225—262.5克/公顷 沟施、穴施
PD20120986 氨基寡糖素/2%/水剂/氨基寡糖素 2%/2012.06.21 至 2017.06.21/低毒
番茄 病毒病 64-80克/公顷 喷雾

PD20121044 高效氯氟氰菊酯/25克/升/乳油/高效氯氟氰菊酯 25克/升/2012.07.04 至 2017.07.04/中等毒
烟草 烟青虫 5.63-7.5毫克/千克 喷雾

PD20121330 阿维菌素/1.8%/乳油/阿维菌素 1.8%/2012.09.11 至 2017.09.11/低毒(原药高毒)
棉花 红蜘蛛 10.8-16.2克/公顷 喷雾

PD20132591 硫磺/50%/悬浮剂/硫磺 50%/2013.12.17 至 2018.12.17/低毒
黄瓜 白粉病 1500-1875克/公顷 喷雾

LS20130016 噻虫啉/2%/微囊悬浮剂/噻虫啉 2%/2014.01.07 至 2015.01.07/低毒
柳树、森林、松树 天牛 10-20毫克/千克 喷雾

山东哈维斯生化科技有限公司 (山东省青州市开发区 262500 0536-3522618)

PD20085199 腐霉利/50%/可湿性粉剂/腐霉利 50%/2013.12.23 至 2018.12.23/低毒
番茄 灰霉病 562.5-750克/公顷 喷雾

PD20085412 多菌灵/25%/可湿性粉剂/多菌灵 25%/2013.12.24 至 2018.12.24/低毒
水稻 纹枯病 675-825克/公顷 喷雾

PD20086041 三唑锡/25%/可湿性粉剂/三唑锡 25%/2013.12.29 至 2018.12.29/中等毒
苹果树 红蜘蛛 125-250毫克/千克 喷雾

PD20086222 代森锰锌/80%/可湿性粉剂/代森锰锌 80%/2013.12.31 至 2018.12.31/低毒
番茄 早疫病 1800-2400克/公顷 喷雾

PD20090044 异菌脲/50%/可湿性粉剂/异菌脲 50%/2014.01.06 至 2019.01.06/低毒
番茄 灰霉病 375-750克/公顷 喷雾

PD20091596 甲霜·锰锌/58%/可湿性粉剂/甲霜灵 10%、代森锰锌 48%/2014.02.03 至 2019.02.03/低毒
黄瓜 霜霉病 978-1632克/公顷 喷雾

PD20093124 三环唑/75%/可湿性粉剂/三环唑 75%/2014.03.10 至 2019.03.10/低毒
水稻 稻瘟病 225-300克/公顷 喷雾

PD20095350 乙烯利/40%/水剂/乙烯利 40%/2014.04.27 至 2019.04.27/低毒
棉花 催熟 800-1333毫克/千克 兑水喷雾

PD20095862 百草枯/200克/升/水剂/百草枯 200克/升/2012.12.31 至 2014.07.01/中等毒
柑橘园 杂草 600-900克/公顷 定向茎叶喷雾

PD20097996 硫双威/75%/可湿性粉剂/硫双威 75%/2009.12.07 至 2014.12.07/中等毒
棉花 棉铃虫 337.5-506.25克/公顷 喷雾

PD20100468 唑螨酯/5%/悬浮剂/唑螨酯 5%/2010.01.14 至 2015.01.14/低毒
柑橘树 红蜘蛛 33.3-50毫克/千克 喷雾

PD20101743 虫酰肼/200克/升/悬浮剂/虫酰肼 200克/升/2010.06.28 至 2015.06.28/微毒
甘蓝 甜菜夜蛾 210-300克/公顷 喷雾

PD20110096 吡虫啉/200克/升/可溶液剂/吡虫啉 200克/升/2011.01.26 至 2016.01.26/低毒
甘蓝 蚜虫 7.5-10毫升/亩 喷雾

PD20131139 啶虫脒/5%/微乳剂/啶虫脒 5%/2013.05.20 至 2018.05.20/低毒
甘蓝 蚜虫 15—22.5克/公顷 喷雾

山东海而三利生物化工有限公司 (山东省诸城市开发区横五路西段北侧 262200 0536-6436333)

PD20085110 氰戊·马拉松/30%/乳油/马拉硫磷 22.5%、氰戊菊酯 7.5%/2013.12.23 至 2018.12.23/中等毒
苹果树 桃小食心虫 150-200毫克/千克 喷雾

PD20085891 甲·克/25%/悬浮种衣剂/甲拌磷 17%、克百威 8%/2013.12.29 至 2018.12.29/高毒
花生 地老虎、金针虫、蝼蛄、蛴螬 500-625克/100千克种子 种子包衣

PD20090160 克百·多菌灵/16%/悬浮种衣剂/多菌灵 10%、克百威 6%/2014.01.08 至 2019.01.08/高毒
小麦 金针虫、蝼蛄 1:30(药种比) 种子包衣

PD20091194 井冈·三唑酮/28%/可湿性粉剂/井冈霉素 8%、三唑酮 20%/2014.02.01 至 2019.02.01/低毒
小麦 纹枯病 280-420克/公顷 喷雾

PD20093025 异丙甲草胺/720克/升/乳油/异丙甲草胺 720克/升/2014.03.09 至 2019.03.09/低毒
春大豆田 一年生禾本科杂草及部分阔叶杂草 1620-2160克/公顷 土壤喷雾

PD20093569 甲基硫菌灵/70%/可湿性粉剂/甲基硫菌灵 70%/2014.03.23 至 2019.03.23/低毒
苹果树 轮纹病 700-875毫克/千克 喷雾

PD20094275 辛硫磷/40%/乳油/辛硫磷 40%/2014.03.31 至 2019.03.31/低毒
棉花 棉铃虫 450-600克/公顷 喷雾

PD20095597 仲丁灵/360克/升/乳油/仲丁灵 360克/升/2009.05.12 至 2014.05.12/低毒
烟草 抑制腋芽生长 54-72毫克/株 杯淋法

PD20098012 联苯菊酯/100克/升/乳油/联苯菊酯 100克/升/2009.12.07 至 2014.12.07/低毒
茶树 茶小绿叶蝉 20-25毫升制剂/亩 喷雾

PD20098363 吡虫啉/200克/升/可溶液剂/吡虫啉 200克/升/2009.12.18 至 2014.12.18/低毒
棉花 伏蚜 30-45克/公顷 喷雾

PD20100221 敌敌畏/80%/乳油/敌敌畏 80%/2010.01.11 至 2015.01.11/中等毒
苹果树 蚜虫 400-500mg/kg 喷雾

PD20100341 多菌灵/80%/可湿性粉剂/多菌灵 80%/2010.01.11 至 2015.01.11/低毒
苹果树 炭疽病 800—1000毫克/千克 喷雾

PD20101156 高效氯氰菊酯/25克/升/乳油/高效氯氰菊酯 25克/升/2010.01.25 至 2015.01.25/中等毒

	甘蓝	菜青虫	30-40毫升制剂/亩	喷雾
PD20101702	马拉硫磷/45%/乳油/马拉硫磷 45%/2010.06.28 至 2015.06.28/低毒			
	水稻	飞虱	562.5-750克/公顷	喷雾
PD20110077	戊唑醇/2%/种子处理可分散粉剂/戊唑醇 2%/2011.01.21 至 2016.01.21/低毒			
	小麦	散黑穗病	2-3克/100公斤种子	拌种
	玉米	丝黑穗病	8-12克/100公斤种子	拌种

山东海利尔化工有限公司 （山东省滨海市滨海经济开发区临港工业园 266109 0532-66961527）

PD20111266	吡虫啉/98%/原药/吡虫啉 98%/2011.11.23 至 2016.11.23/低毒			
PD20111375	啶虫脒/99%/原药/啶虫脒 99%/2011.12.14 至 2016.12.14/中等毒			
PD20122006	嘧菌酯/97%/原药/嘧菌酯 97%/2012.12.19 至 2017.12.19/低毒			
PD20122077	噻虫嗪/98%/原药/噻虫嗪 98%/2012.12.24 至 2017.12.24/低毒			
PD20130247	茚虫威/71.2%/原药/茚虫威 71.2%/2013.02.05 至 2018.02.05/低毒			
PD20132375	噻虫嗪/30%/悬浮剂/噻虫嗪 30%/2013.11.20 至 2018.11.20/低毒			
	水稻	稻飞虱	9-18克/公顷	喷雾
LS20130487	呋虫胺/96%/原药/呋虫胺 96%/2013.11.08 至 2014.11.08/低毒			

山东海利莱化工科技有限公司 （山东省沂南县铜井镇山旺庄村 276300 0539-3232777）

PD20084570	高氯·马/25%/乳油/高效氯氰菊酯 1%、马拉硫磷 24%/2013.12.18 至 2018.12.18/低毒			
	苹果树	桃小食心虫	167-250毫克/千克	喷雾
	苹果树	黄蚜	125-167毫克/千克	喷雾
PD20085368	甲氰·辛硫磷/20%/乳油/甲氰菊酯 9%、辛硫磷 11%/2013.12.24 至 2018.12.24/中等毒			
	苹果树	山楂红蜘蛛、桃小食心虫	50-66.67毫克/千克	喷雾
	苹果树	黄蚜	66.67-100毫克/千克	喷雾
PD20090455	硫丹·灭多威/20%/乳油/硫丹 10%、灭多威 10%/2014.01.12 至 2019.01.12/高毒			
	棉花	棉铃虫	100-150克/公顷	喷雾
PD20101334	络氨铜/25%/水剂/络氨铜 25%/2010.03.18 至 2015.03.18/低毒			
	番茄	蕨叶病	1000.5-1500克/公顷	喷雾

山东海立信农化有限公司 （山东省聊城市东昌府区李海务镇凤凰工业园 252000 0635-8570388）

PD20085817	甲硫·福美双/70%/可湿性粉剂/福美双 40%、甲基硫菌灵 30%/2013.12.29 至 2018.12.29/低毒			
	苹果树	轮纹病	700-1000倍液	喷雾
PD20090180	辛硫磷/1.5%/颗粒剂/辛硫磷 1.5%/2014.01.08 至 2019.01.08/低毒			
	玉米	玉米螟	112.5-168.75克/公顷	撒施（喇叭口）
PD20093273	硫磺·多菌灵/50%/可湿性粉剂/多菌灵 15%、硫磺 35%/2009.03.11 至 2014.03.11/低毒			
	花生	叶斑病	1200-1800克/公顷	喷雾
PD20093617	阿维·辛硫磷/10%/乳油/阿维菌素 0.1%、辛硫磷 9.9%/2009.03.25 至 2014.03.25/低毒(原药高毒)			
	十字花科蔬菜	小菜蛾	120-150克/公顷	喷雾
PD20093947	高效氯氟氰菊酯/25克/升/乳油/高效氯氟氰菊酯 25克/升/2009.03.27 至 2014.03.27/中等毒			
	棉花	棉铃虫	15-22.5克/公顷	喷雾
PD20096442	啶虫脒/5%/可湿性粉剂/啶虫脒 5%/2009.08.05 至 2014.08.05/低毒			
	甘蓝	蚜虫	13.5-22.5克/公顷	喷雾
PD20097214	烟嘧磺隆/40克/升/可分散油悬浮剂/烟嘧磺隆 40克/升/2009.10.19 至 2014.10.19/低毒			
	玉米田	一年生杂草	42-60克/公顷	茎叶喷雾
PD20100149	阿维·甲氰/1.8%/乳油/阿维菌素 0.2%、甲氰菊酯 1.6%/2010.01.05 至 2015.01.05/低毒(原药高毒)			
	甘蓝	菜青虫	5.4-8.1克/公顷	喷雾
PD20100462	哒螨灵/20%/可湿性粉剂/哒螨灵 20%/2010.01.14 至 2015.01.14/低毒			
	苹果树	红蜘蛛	50-80毫克/千克	喷雾
PD20101055	吡虫啉/10%/可湿性粉剂/吡虫啉 10%/2010.01.21 至 2015.01.21/低毒			
	水稻	稻飞虱	15-30克/公顷	喷雾
PD20101075	唑螨酯/5%/悬浮剂/唑螨酯 5%/2010.01.21 至 2015.01.21/中等毒			
	苹果树	红蜘蛛	20-25mg/kg	喷雾
PD20102194	甲氨基阿维菌素苯甲酸盐/0.5%/乳油/甲氨基阿维菌素 0.5%/2010.12.16 至 2015.12.16/低毒			
	甘蓝	甜菜夜蛾	2.25-3.0	喷雾
	注:甲氨基阿维菌素苯甲酸盐含量: 0.57%。			

山东海讯生物化学有限公司 （山东省济南市天桥区药山办事处大鲁庄居南 250032 0531-88904638）

PD20040552	哒螨灵/15%/乳油/哒螨灵 15%/2009.12.19 至 2014.12.19/中等毒			
	柑橘树	红蜘蛛	50-67毫克/千克	喷雾
PD20085218	马拉·高氯氟/37%/乳油/高效氯氰菊酯 0.8%、马拉硫磷 36.2%/2013.12.23 至 2018.12.23/中等毒			
	十字花科蔬菜	菜青虫	175.5-354克/公顷	喷雾
PD20085650	多·福/40%/可湿性粉剂/多菌灵 5%、福美双 35%/2013.12.26 至 2018.12.26/中等毒			
	葡萄	霜霉病	1000-1250毫克/千克	喷雾
PD20086248	苏云金杆菌/8000IU/毫克/可湿性粉剂/苏云金杆菌 8000IU/毫克/2013.12.31 至 2018.12.31/低毒			
	茶树	茶毛虫	400—800倍	喷雾
	棉花	二代棉铃虫	3000—4500克制剂/公顷	喷雾
	森林	松毛虫	600—800倍	喷雾

十字花科蔬菜 菜青虫 750－1500克制剂/公顷 喷雾
十字花科蔬菜 小菜蛾 1500－2250克制剂/公顷 喷雾
水稻 稻纵卷叶螟 3000－4500克制剂/公顷 喷雾
烟草 烟青虫 1500－3000克制剂/公顷 喷雾
玉米 玉米螟 1500－3000克制剂/公顷 加细沙灌心
枣树 枣尺蠖 600－800倍 喷雾
PD20090140 腈菌唑/12%/乳油/腈菌唑 12%/2014.01.08 至 2019.01.08/低毒
梨树 黑星病 30-40毫克/千克 喷雾
香蕉 叶斑病 120-150毫克/千克 喷雾
PD20090362 甲基硫菌灵/70%/可湿性粉剂/甲基硫菌灵 70%/2014.01.12 至 2019.01.12/低毒
苹果 轮纹病 700-875毫克/千克 喷雾
PD20091057 啶虫脒/3%/可湿性粉剂/啶虫脒 3%/2014.01.21 至 2019.01.21/低毒
柑橘树 蚜虫 8.6-12毫克/千克 喷雾
PD20092825 氯氰・辛硫磷/30%/乳油/氯氰菊酯 1.5%、辛硫磷 28.5%/2014.03.04 至 2019.03.04/中等毒
棉花 棉铃虫 270-337.5克/公顷 喷雾
PD20094351 多・福/50%/可湿性粉剂/多菌灵 6.5%、福美双 43.5%/2014.04.01 至 2019.04.01/低毒
梨树 黑星病 1000-1500毫克/千克 喷雾
葡萄 霜霉病 1000-1250毫克/千克 喷雾
PD20094404 甲硫・福美双/70%/可湿性粉剂/福美双 35%、甲基硫菌灵 35%/2014.04.01 至 2019.04.01/低毒
苹果树 轮纹病 700-875毫克/千克 喷雾
PD20096248 高氯・氟铃脲/5.7%/乳油/氟铃脲 1.9%、高效氯氰菊酯 3.8%/2009.07.15 至 2014.07.15/中等毒
甘蓝 小菜蛾 42.75-51.3克/公顷 喷雾
PD20096446 硫磺・锰锌/50%/可湿性粉剂/硫磺 35%、代森锰锌 15%/2009.08.05 至 2014.08.05/低毒
花生 叶斑病 1050-1312.5克/公顷 喷雾
PD20098124 吗胍・乙酸铜/20%/可湿性粉剂/盐酸吗啉胍 10%、乙酸铜 10%/2009.12.08 至 2014.12.08/低毒
番茄 病毒病 600-750克/公顷 喷雾
PD20098535 腐霉・福美双/50%/可湿性粉剂/腐霉利 10%、福美双 40%/2009.12.24 至 2014.12.24/低毒
番茄 灰霉病 750-900克/公顷 喷雾
PD20101204 烯酰・锰锌/69%/可湿性粉剂/代森锰锌 60%、烯酰吗啉 9%/2010.02.09 至 2015.02.09/低毒
黄瓜 霜霉病 1035-1380克/公顷 喷雾
PD20121313 吡虫啉/70%/可湿性粉剂/吡虫啉 70%/2012.09.11 至 2017.09.11/低毒
小麦 蚜虫 15-30克/公顷(南方地区) 喷雾
45-60克/公顷(北方地区)

山东韩农化学有限公司 （山东省青州市普通镇刘镇村 262507 0536-3802980）

PD20090606 甲氰菊酯/20%/乳油/甲氰菊酯 20%/2014.01.14 至 2019.01.14/低毒
苹果树 桃小食心虫 67-120毫克/千克 喷雾
PD20091227 三唑酮/25%/可湿性粉剂/三唑酮 25%/2014.02.01 至 2019.02.01/低毒
小麦 白粉病 100-127.5克/公顷 喷雾
PD20091279 联苯菊酯/25克/升/乳油/联苯菊酯 25克/升/2014.02.01 至 2019.02.01/中等毒
苹果树 叶螨 20-40毫克/千克 喷雾
PD20091432 代森锰锌/80%/可湿性粉剂/代森锰锌 80%/2014.02.02 至 2019.02.02/低毒
黄瓜 霜霉病 2700-3600克/公顷 喷雾
PD20091703 多菌灵/25%/可湿性粉剂/多菌灵 25%/2014.02.03 至 2019.02.03/微毒
小麦 赤霉病 750-900克/公顷 喷雾
PD20092339 代森锌/80%/可湿性粉剂/代森锌 80%/2014.02.24 至 2019.02.24/微毒
番茄 早疫病 2250-3600克/公顷 喷雾
PD20093178 高效氯氟氰菊酯/25克/升/乳油/高效氯氟氰菊酯 25克/升/2014.03.11 至 2019.03.11/中等毒
十字花科蔬菜 菜青虫 7.5-11.25克/公顷 喷雾
PD20093427 多・福/50%/可湿性粉剂/多菌灵 6.5%、福美双 43.5%/2014.03.23 至 2019.03.23/低毒
梨树 黑星病 1000-1500毫克/千克 喷雾
PD20093461 三唑锡/25%/可湿性粉剂/三唑锡 25%/2014.03.23 至 2019.03.23/低毒
柑橘树 红蜘蛛 125-250毫克/千克 喷雾
PD20093593 多・锰锌/50%/可湿性粉剂/多菌灵 8%、代森锰锌 42%/2014.03.23 至 2019.03.23/低毒
苹果树 斑点落叶病 1000-1250毫克/千克 喷雾
PD20095236 甲基硫菌灵/70%/可湿性粉剂/甲基硫菌灵 70%/2014.04.27 至 2019.04.27/低毒
小麦 赤霉病 900-1050克/公顷 喷雾
PD20100692 多抗霉素/3%/可湿性粉剂/多抗霉素 3%/2010.01.16 至 2015.01.16/微毒
番茄 晚疫病 160-270克/公顷 喷雾
PD20101761 福・福锌/80%/可湿性粉剂/福美双 30%、福美锌 50%/2010.07.07 至 2015.07.07/低毒
黄瓜 炭疽病 1500-1800克/公顷 喷雾
PD20110988 甲氨基阿维菌素苯甲酸盐/3%/微乳剂/甲氨基阿维菌素 3%/2011.09.21 至 2016.09.21/低毒
甘蓝 甜菜夜蛾 1.8-2.7克/公顷 喷雾
注:甲氨基阿维菌素苯甲酸盐含量: 3.4%。

PD20130553 吡虫啉/10%/可湿性粉剂/吡虫啉 10%/2013.04.01 至 2018.04.01/低毒
小麦 蚜虫 15-30克/公顷(南方地区) 喷雾
45-60克/公顷(北方地区)

山东汉兴化学工业有限公司 （山东省聊城市东阿县新聊滑路 252000 0635-3483369）

WP20110163 杀虫气雾剂/0.37%/气雾剂/胺菊酯 0.25%、氯菊酯 0.12%/2011.06.21 至 2016.06.21/微毒
卫生 蚊、蝇、蜚蠊 / 喷雾
WP20120197 蚊香/0.25%/蚊香/富右旋反式烯丙菊酯 0.25%/2012.10.25 至 2017.10.25/微毒
卫生 蚊 / 点燃

山东浩成化工有限公司 （山东省寿光市公园街西首 262700 0536-5206588）

PD20122103 苏云金杆菌/8000IU/微升/悬浮剂/苏云金杆菌 8000IU/微升/2012.12.26 至 2017.12.26/低毒
甘蓝 小菜蛾 1500-2250毫升/公顷 喷雾

山东菏泽华宇日用化工有限公司 （山东省菏泽市中华东路南侧（何庄） 274000 0530-5338600）

WP20130150 蚊香/0.05%/蚊香/氯氟醚菊酯 0.05%/2013.07.05 至 2018.07.05/微毒
卫生 蚊 / 点燃
WL20100186 杀虫气雾剂/0.43%/气雾剂/氯菊酯 0.15%、右旋胺菊酯 0.28%/2012.06.08 至 2013.06.08/微毒
卫生 蚊、蝇、蜚蠊 / 喷雾

山东菏泽源丰农药有限公司 （山东省菏泽市解放南街一号 274000 0530-5663339）

PD20084943 氰戊·马拉松/30%/乳油/马拉硫磷 22.5%、氰戊菊酯 7.5%/2013.12.22 至 2018.12.22/中等毒
苹果树 桃小食心虫 1000-2000倍液 喷雾
PD20086387 辛硫·灭多威/20%/乳油/灭多威 10%、辛硫磷 10%/2013.12.31 至 2018.12.31/中等毒(原药高毒)
棉花 棉铃虫 150-300克/公顷 喷雾
PD20090498 灭多威/20%/乳油/灭多威 20%/2014.01.12 至 2019.01.12/高毒
棉花 棉铃虫 150-225克/公顷 喷雾
棉花 蚜虫 75-150克/公顷 喷雾
PD20091566 高效氯氟氰菊酯/25克/升/乳油/高效氯氟氰菊酯 25克/升/2014.02.03 至 2019.02.03/中等毒
十字花科蔬菜 菜青虫 7.5-15克/公顷 喷雾
PD20100937 阿维菌素/18克/升/乳油/阿维菌素 18克/升/2010.01.19 至 2015.01.19/低毒(原药高毒)
棉花 棉铃虫 21.6-32.4克/公顷 喷雾
棉花 红蜘蛛 10.8-16.2克/公顷 喷雾
十字花科蔬菜 小菜蛾 8.1-10.8克/公顷 喷雾
PD20101769 甲氨基阿维菌素苯甲酸盐(2.3%)///微乳剂/甲氨基阿维菌素 2%/2010.07.07 至 2015.07.07/低毒
甘蓝 小菜蛾 2.31-3.63克/公顷 喷雾

山东禾宜生物科技有限公司（山东省潍坊市滨海经济技术开发区华商路以东创新街以北 262732 0536-5677717）

PD20083449 三唑锡/25%/可湿性粉剂/三唑锡 25%/2013.12.12 至 2018.12.12/中等毒
苹果树 红蜘蛛 188-250毫克/千克 喷雾
PD20084301 噻嗪·异丙威/25%/可湿性粉剂/噻嗪酮 5%、异丙威 20%/2013.12.17 至 2018.12.17/低毒
水稻 稻飞虱 375-562.5克/公顷 喷雾
PD20084470 多菌灵/25%/可湿性粉剂/多菌灵 25%/2013.12.17 至 2018.12.17/低毒
苹果树 轮纹病 333-500毫克/千克 喷雾
PD20084476 甲基硫菌灵/50%/可湿性粉剂/甲基硫菌灵 50%/2013.12.17 至 2018.12.17/低毒
黄瓜 白粉病 337.5-506.25克/公顷 喷雾
PD20085497 代森锰锌/80%/可湿性粉剂/代森锰锌 80%/2013.12.25 至 2018.12.25/微毒
番茄 早疫病 1560-2520克/公顷 喷雾
PD20096788 异菌脲/50%/可湿性粉剂/异菌脲 50%/2009.09.15 至 2014.09.15/低毒
番茄 灰霉病 562.5-750克/公顷 喷雾
PD20097763 多·锰锌/60%/可湿性粉剂/多菌灵 20%、代森锰锌 40%/2009.11.12 至 2014.11.12/低毒
苹果树 斑点落叶病 1000—1250毫克/千克 喷雾
PD20098434 甲霜灵/95%/原药/甲霜灵 95%/2009.12.24 至 2014.12.24/低毒
PD20100135 吗胍·乙酸铜/20%/可湿性粉剂/盐酸吗啉胍 10%、乙酸铜 10%/2010.01.05 至 2015.01.05/低毒
番茄、辣椒 病毒病 360-540克/公顷 喷雾
PD20100280 乙铝·锰锌/70%/可湿性粉剂/代森锰锌 40%、三乙膦酸铝 30%/2010.01.11 至 2015.01.11/低毒
黄瓜 霜霉病 1400—2100克/公顷 喷雾
PD20100983 氟硅唑/95%/原药/氟硅唑 95%/2010.01.19 至 2015.01.19/低毒
PD20101059 戊唑醇/95%/原药/戊唑醇 95%/2010.01.21 至 2015.01.21/微毒
PD20110034 苯醚甲环唑/250克/升/乳油/苯醚甲环唑 250克/升/2011.01.07 至 2016.01.07/低毒
香蕉 叶斑病 83.3—125毫克/千克 喷雾
PD20110110 啶虫脒/40%/可溶粉剂/啶虫脒 40%/2011.01.26 至 2016.01.26/低毒
黄瓜 蚜虫 24-48克/公顷 喷雾
PD20120742 咪鲜胺/450克/升/水乳剂/咪鲜胺 450克/升/2012.05.03 至 2017.05.03/低毒
香蕉 冠腐病、炭疽病 250-500毫克/千克 浸果
PD20120853 戊唑醇/430克/升/悬浮剂/戊唑醇 430克/升/2012.05.22 至 2017.05.22/低毒
苹果树 轮纹病 72-108毫克/千克 喷雾
PD20120907 己唑醇/25%/悬浮剂/己唑醇 25%/2012.05.31 至 2017.05.31/低毒

黄瓜 白粉病 22-38克/公顷 喷雾

PD20121834 咪鲜胺/25%/水乳剂/咪鲜胺 25%/2012.11.22 至 2017.11.22/低毒

香蕉 冠腐病、炭疽病 333-500毫克/千克 浸果

PD20130181 氟硅唑/10%/水乳剂/氟硅唑 10%/2013.01.24 至 2018.01.24/低毒

番茄 叶霉病 60-75克/公顷 喷雾

PD20130182 戊唑·多菌灵/30%/悬浮剂/多菌灵 22%、戊唑醇 8%/2013.01.24 至 2018.01.24/低毒

苹果树 炭疽病 225-300毫克/千克 喷雾

PD20130649 甲硫·噁霉灵/56%/可湿性粉剂/噁霉灵 16%、甲基硫菌灵 40%/2013.04.07 至 2018.04.07/低毒

西瓜 枯萎病 700-933毫克/千克 灌根

PD20130721 松脂酸铜/23%/乳油/松脂酸铜 23%/2013.04.12 至 2018.04.12/低毒

柑橘树 溃疡病 250-400毫克/千克 喷雾

PD20130966 戊唑·异菌脲/30%/悬浮剂/戊唑醇 10%、异菌脲 20%/2013.05.02 至 2018.05.02/低毒

苹果树 斑点落叶病 50-60毫克/千克 喷雾

PD20130981 苯醚甲环唑/40%/水乳剂/苯醚甲环唑 40%/2013.05.02 至 2018.05.02/低毒

葡萄 黑痘病 80-100毫克/千克 喷雾

PD20131705 丙溴·氟铃脲/32%/乳油/丙溴磷 30%、氟铃脲 2%/2013.08.07 至 2018.08.07/低毒

甘蓝 小菜蛾 144-192克/公顷 喷雾

PD20131861 异菌·腐霉利/35%/悬浮剂/腐霉利 25%、异菌脲 10%/2013.09.24 至 2018.09.24/低毒

番茄 灰霉病 315-525克/公顷 喷雾

PD20132635 高效氯氟氰菊酯/10%/水乳剂/高效氯氟氰菊酯 10%/2013.12.20 至 2018.12.20/中等毒

甘蓝 菜青虫 11.25-15克/公顷 喷雾

LS20120301 异菌·百菌清/20%/悬浮剂/百菌清 15%、异菌脲 5%/2013.08.10 至 2014.08.10/低毒

番茄 灰霉病 450-750克/公顷 喷雾

LS20120354 异菌·腐霉利/35%/悬浮剂/腐霉利 25%、异菌脲 10%/2013.10.25 至 2014.10.25/低毒

番茄 灰霉病 420-525克/公顷 喷雾

LS20120385 丙溴·氟铃脲/32%/乳油/丙溴磷 30%、氟铃脲 2%/2013.11.08 至 2014.11.08/低毒

甘蓝 小菜蛾 144-192克/公顷 喷雾

LS20120388 咪鲜·异菌脲/20%/悬浮剂/咪鲜胺 10%、异菌脲 10%/2013.11.08 至 2014.11.08/低毒

香蕉 冠腐病 286-400毫克/千克 浸果

LS20120407 苯甲·咪鲜胺/25%/悬浮剂/苯醚甲环唑 7.5%、咪鲜胺 17.5%/2013.12.18 至 2014.12.18/低毒

香蕉 叶斑病 167-250毫克/千克 喷雾

LS20130074 松脂酸铜/23%/乳油/松脂酸铜 23%/2013.03.05 至 2014.03.05/低毒

柑橘树 溃疡病 250-400毫克/千克 喷雾

LS20130165 烯酰·霜脲氰/25%/可湿性粉剂/霜脲氰 5%、烯酰吗啉 20%/2013.04.03 至 2014.04.03/低毒

黄瓜 霜霉病 225-281克/公顷 喷雾

山东恒丰化学有限公司 (山东省莱西市姜山镇岭前村(姜山工业园) 266603 0532-82499368)

PD20092227 多菌灵/25%/可湿性粉剂/多菌灵 25%/2014.02.24 至 2019.02.24/低毒

花生 倒秧病 750-900克/公顷 喷雾

PD20092240 联苯菊酯/25克/升/乳油/联苯菊酯 25克/升/2014.02.24 至 2019.02.24/低毒

番茄(保护地) 白粉虱 7.5-15克/公顷 喷雾

PD20092247 联苯菊酯/100克/升/乳油/联苯菊酯 100克/升/2014.02.24 至 2019.02.24/中等毒

茶树 茶小绿叶蝉 22.5-37.5克/公顷 喷雾

PD20092275 甲氰菊酯/20%/乳油/甲氰菊酯 20%/2014.02.24 至 2019.02.24/中等毒

甘蓝 小菜蛾 75-90克/公顷 喷雾

PD20092372 代森锰锌/80%/可湿性粉剂/代森锰锌 80%/2014.02.25 至 2019.02.25/低毒

番茄 早疫病 1560-2520克/公顷 喷雾

PD20092382 甲霜·锰锌/58%/可湿性粉剂/甲霜灵 10%、代森锰锌 48%/2014.02.25 至 2019.02.25/低毒

黄瓜 霜霉病 678.6-1044克/公顷 喷雾

PD20092539 丙环唑/250克/升/乳油/丙环唑 250克/升/2014.02.26 至 2019.02.26/低毒

香蕉 叶斑病 250-500毫克/千克 喷雾

PD20092589 速灭威/25%/可湿性粉剂/速灭威 25%/2014.02.27 至 2019.02.27/中等毒

水稻 稻飞虱 562.5-750克/公顷 喷雾

PD20092684 福·福锌/80%/可湿性粉剂/福美双 30%、福美锌 50%/2014.03.03 至 2019.03.03/中等毒

黄瓜 炭疽病 1500-1800克/公顷 喷雾

PD20094441 高效氯氟氰菊酯/25克/升/乳油/高效氯氟氰菊酯 25克/升/2014.04.01 至 2019.04.01/中等毒

甘蓝 蚜虫 6-7.5克/公顷 喷雾

PD20097750 氟硅唑/400克/升/乳油/氟硅唑 400克/升/2009.11.12 至 2014.11.12/低毒

梨树 黑星病 40—50毫克/千克 喷雾

PD20098465 吗胍·乙酸铜/20%/可湿性粉剂/盐酸吗啉胍 10%、乙酸铜 10%/2009.12.24 至 2014.12.24/低毒

番茄 病毒病 500-750克/公顷 喷雾

PD20100189 毒死蜱/480克/升/乳油/毒死蜱 480克/升/2010.01.05 至 2015.01.05/中等毒

柑橘树 介壳虫 240-480毫克/千克 喷雾

PD20100960 噻嗪·异丙威/25%/可湿性粉剂/噻嗪酮 5%、异丙威 20%/2010.01.19 至 2015.01.19/低毒

水稻 稻飞虱 1800-2250克制剂/公顷 喷雾
PD20101209 多菌灵/80%/可湿性粉剂/多菌灵 80%/2010.02.21 至 2015.02.21/低毒
苹果树 轮纹病 500-1000毫克/千克 喷雾
PD20101361 阿维菌素/18克/升/乳油/阿维菌素 18克/升/2010.04.02 至 2015.04.02/低毒(原药高毒)
甘蓝 小菜蛾 8.1-10.8克/公顷 喷雾
PD20101452 代森锌/65%/可湿性粉剂/代森锌 65%/2010.05.04 至 2015.05.04/低毒
番茄 早疫病 2535-3607克/公顷 喷雾
PD20101585 氯氰·毒死蜱/522.5克/升/乳油/毒死蜱 475克/升、氯氰菊酯 47.5克/升/2010.06.03 至 2015.06.03/中等毒
菜豆 豆荚螟 40-60毫升制剂/亩 喷雾
PD20101595 吡虫啉/200克/升/可溶液剂/吡虫啉 200克/升/2010.06.03 至 2015.06.03/低毒
番茄 白粉虱 45-60克/公顷 喷雾
PD20101745 炔螨特/57%/乳油/炔螨特 57%/2010.06.28 至 2015.06.28/低毒
柑橘树 叶螨 243-365毫克/千克 喷雾
PD20110841 甲氨基阿维菌素苯甲酸盐/3%/微乳剂/甲氨基阿维菌素 3%/2011.08.10 至 2016.08.10/低毒
甘蓝 甜菜夜蛾 4-5克/亩 喷雾
注:甲氨基阿维菌素苯甲酸盐含量:3.4%。
PD20120308 高效氯氟氰菊酯/5%/微乳剂/高效氯氟氰菊酯 5%/2012.02.17 至 2017.02.17/中等毒
甘蓝 菜青虫 11.25-15克/公顷 喷雾
PD20120374 苯醚甲环唑/250克/升/乳油/苯醚甲环唑 250克/升/2012.02.24 至 2017.02.24/低毒
香蕉树 叶斑病 83.3—125毫克/千克 喷雾
PD20120401 甲氨基阿维菌素苯甲酸盐/1%/微乳剂/甲氨基阿维菌素 1%/2012.03.07 至 2017.03.07/低毒
甘蓝 甜菜夜蛾 1.5-2.25克/公顷 喷雾
注:甲氨基阿维菌素苯甲酸盐含量:1.14%。
PD20120436 甲氨基阿维菌素苯甲酸盐/5%/水分散粒剂/甲氨基阿维菌素 5%/2012.03.14 至 2017.03.14/低毒
甘蓝 甜菜夜蛾 2.25-3.75克/公顷 喷雾
注:甲氨基阿维菌素苯甲酸盐含量: 5.7%。
PD20120698 烯酰吗啉/50%/水分散粒剂/烯酰吗啉 50%/2012.04.18 至 2017.04.18/低毒
黄瓜 霜霉病 225—300克/公顷 喷雾
PD20120844 阿维菌素/5%/乳油/阿维菌素 5%/2012.05.22 至 2017.05.22/中等毒(原药高毒)
甘蓝 小菜蛾 7.5-10.5克/公顷 喷雾
PD20121067 精喹禾灵/15%/乳油/精喹禾灵 15%/2012.07.12 至 2017.07.12/低毒
冬油菜田 一年生禾本科杂草 45-67.5克/公顷 茎叶喷雾
PD20121344 丙溴磷/720克/升/乳油/丙溴磷 720克/升/2012.09.12 至 2017.09.12/低毒
水稻 二化螟 432-540克/公顷 喷雾
PD20121430 苯醚甲环唑/10%/水分散粒剂/苯醚甲环唑 10%/2012.10.08 至 2017.10.08/低毒
梨树 黑星病 14.3-16.7毫克/千克 喷雾
PD20121741 咪鲜胺/40%/水乳剂/咪鲜胺 40%/2012.11.08 至 2017.11.08/低毒
香蕉 炭疽病 250-500毫克/千克 浸果
PD20121903 吡虫啉/600克/升/悬浮剂/吡虫啉 600克/升/2012.12.07 至 2017.12.07/低毒
水稻 稻飞虱 36-45克/公顷 喷雾
PD20122084 多抗霉素/3%/可湿性粉剂/多抗霉素 3%/2012.12.24 至 2017.12.24/低毒
苹果树 黑斑病 67-100毫克/千克 喷雾
PD20130083 戊唑醇/430克/升/悬浮剂/戊唑醇 430克/升/2013.01.15 至 2018.01.15/低毒
苹果树 斑点落叶病 61.4-86毫克/千克 喷雾
PD20130093 阿维·哒螨灵/6%/乳油/阿维菌素 0.15%、哒螨灵 5.85%/2013.01.17 至 2018.01.17/低毒(原药高毒)
苹果树 红蜘蛛 30-40毫克/千克 喷雾
PD20130282 咪鲜·多菌灵/25%/可湿性粉剂/多菌灵 12.5%、咪鲜胺 12.5%/2013.02.26 至 2018.02.26/低毒
西瓜 炭疽病 281.25-375克/公顷 喷雾
PD20132576 吡蚜酮/50%/水分散粒剂/吡蚜酮 50%/2013.12.17 至 2018.12.17/低毒
水稻 稻飞虱 90-120克/公顷 喷雾

山东恒利达生物科技有限公司 (山东省济南市商河玉皇庙经济开发区玉皇路 250101 0531-86943874)

PD85122-15 福美双/50%/可湿性粉剂/福美双 50%/2010.06.17 至 2015.06.17/中等毒
黄瓜 白粉病、霜霉病 500-1000倍液 喷雾
葡萄 白腐病 500-1000倍液 喷雾
水稻 稻瘟病、胡麻叶斑病 250克/100千克种子 拌种
甜菜、烟草 根腐病 500克/500千克温床土 土壤处理
小麦 白粉病、赤霉病 500倍液 喷雾
PD86108-4 菌核净/40%/可湿性粉剂/菌核净 40%/2012.03.12 至 2017.03.12/低毒
水稻 纹枯病 1200-1500克/公顷 喷雾
烟草 赤星病 1125-2025克/公顷 喷雾
油菜 菌核病 600-900克/公顷 喷雾
PD20040301 吡虫啉/10%/可湿性粉剂/吡虫啉 10%/2009.12.19 至 2014.12.19/低毒
小麦 蚜虫 15-30克/公顷(南方地区) 喷雾

45-60克/公顷(北方地区)

PD20040350 氯氰菊酯/10%/乳油/氯氰菊酯 10%/2009.12.19 至 2014.12.19/中等毒
棉花 棉铃虫、棉蚜 45-90克/公顷 喷雾
十字花科蔬菜 菜青虫 30-45克/公顷 喷雾

PD20040359 氯氰菊酯/5%/乳油/氯氰菊酯 5%/2009.12.19 至 2014.12.19/中等毒
十字花科蔬菜 棉铃虫、棉蚜 45-90克/公顷 喷雾
十字花科蔬菜 菜青虫 30-45克/公顷 喷雾

PD20040419 高效氯氰菊酯/4.5%/乳油/高效氯氰菊酯 4.5%/2009.12.19 至 2014.12.19/中等毒
茶树 茶尺蠖 15-25.5克/公顷 喷雾
柑橘树 红蜡蚧 50毫克/千克 喷雾
柑橘树 潜叶蛾 15-20毫克/千克 喷雾
棉花 红铃虫、棉铃虫、棉蚜 15-30克/公顷 喷雾
苹果树 桃小食心虫 20-33毫克/千克 喷雾
十字花科蔬菜 菜蚜 3-18克/公顷 喷雾
十字花科蔬菜 菜青虫、小菜蛾 9-25.5克/公顷 喷雾

PD20040824 哒螨灵/15%/乳油/哒螨灵 15%/2009.12.27 至 2014.12.27/低毒
苹果树 山楂叶螨 50-67毫克/千克 喷雾

PD20050034 高效氯氰菊酯/10%/乳油/高效氯氰菊酯 10%/2010.04.15 至 2015.04.15/中等毒
棉花 棉铃虫 60-75克/公顷 喷雾

PD20085708 腐霉·福美双/25%/可湿性粉剂/腐霉利 5%、福美双 20%/2013.12.26 至 2018.12.26/低毒
番茄 灰霉病 225-300克/公顷 喷雾

PD20085726 噁霉灵/30%/水剂/噁霉灵 30%/2013.12.26 至 2018.12.26/低毒
水稻苗床 立枯病 1.4-1.8克/平方米 土壤喷雾

PD20086091 灭多威/20%/乳油/灭多威 20%/2013.12.30 至 2018.12.30/高毒
棉花 棉铃虫 120-150克/公顷 喷雾

PD20086111 高效氯氟氰菊酯/25克/升/乳油/高效氯氟氰菊酯 25克/升/2013.12.30 至 2018.12.30/中等毒
十字花科蔬菜 菜青虫 7.5-11.25克/公顷 喷雾

PD20090317 高氯·毒死蜱/22.5%/乳油/毒死蜱 20%、高效氯氰菊酯 2.5%/2009.01.12 至 2014.01.12/中等毒
番茄 美洲斑潜蝇 135-202.5克/公顷 喷雾

PD20090928 啶虫脒/20%/可溶粉剂/啶虫脒 20%/2014.01.19 至 2019.01.19/低毒
黄瓜 蚜虫 36-72克/公顷 喷雾

PD20090949 多·锰锌/50%/可湿性粉剂/多菌灵 8%、代森锰锌 42%/2014.01.19 至 2019.01.19/低毒
苹果树 斑点落叶病 400-450倍液 喷雾

PD20091716 多·福/40%/可湿性粉剂/多菌灵 5%、福美双 35%/2014.02.04 至 2019.02.04/低毒
葡萄 霜霉病 1000-1250毫克/千克 喷雾

PD20091746 腈菌·福美双/62.25%/可湿性粉剂/福美双 60%、腈菌唑 2.25%/2014.02.04 至 2019.02.04/低毒
黄瓜 黑星病 933.4-1400克/公顷 喷雾

PD20091830 啶虫脒/3%/乳油/啶虫脒 3%/2014.02.06 至 2019.02.06/低毒
黄瓜 蚜虫 18-22.5克/公顷 喷雾

PD20091935 甲硫·福美双/50%/可湿性粉剂/福美双 40%、甲基硫菌灵 10%/2014.02.12 至 2019.02.12/中等毒
苹果树 轮纹病 600-800倍液 喷雾

PD20092524 灭多威/20%/乳油/灭多威 20%/2014.02.26 至 2019.02.26/高毒
棉花 棉铃虫 150-225克/公顷 喷雾
棉花 蚜虫 75-150克/公顷 喷雾

PD20093400 高氯·马/20%/乳油/高效氯氰菊酯 2%、马拉硫磷 18%/2014.03.20 至 2019.03.20/中等毒
甘蓝 菜青虫 45-120克/公顷 喷雾

PD20093473 福美锌/72%/可湿性粉剂/福美锌 72%/2014.03.23 至 2019.03.23/低毒
苹果树 炭疽病 400-600倍液 喷雾

PD20093556 阿维·甲氰/1.8%/乳油/阿维菌素 0.1%、甲氰菊酯 1.7%/2014.03.23 至 2019.03.23/低毒(原药高毒)
苹果树 红蜘蛛 12-18毫克/千克 喷雾

PD20094317 甲硫·福美双/70%/可湿性粉剂/福美双 40%、甲基硫菌灵 30%/2014.03.31 至 2019.03.31/低毒
苹果树 轮纹病 875-1167毫克/千克 喷雾

PD20110825 联苯菊酯/25克/升/乳油/联苯菊酯 25克/升/2011.08.10 至 2016.08.10/中等毒
茶树 茶小绿叶蝉 30-37.5克/公顷 喷雾

PD20110836 联苯菊酯/100克/升/乳油/联苯菊酯 100克/升/2011.08.10 至 2016.08.10/中等毒
茶树 茶小绿叶蝉 30-37.5克/公顷 喷雾

PD20110892 双甲脒/200克/升/乳油/双甲脒 200克/升/2011.08.17 至 2016.08.17/低毒
柑橘树 红蜘蛛 130-200毫克/千克 喷雾

PD20110906 苏云金杆菌/16000IU/毫升/可湿性粉剂/苏云金杆菌 16000IU/毫克/2011.08.17 至 2016.08.17/低毒
茶树 茶毛虫 800-1600倍 喷雾
棉花 棉铃虫 1500-2250克制剂/公顷 喷雾
森林 松毛虫 1200-1600倍 喷雾
十字花科蔬菜 菜青虫 375-750克制剂/公顷 喷雾

十字花科蔬菜 小菜蛾 750-1125克制剂/公顷 喷雾
水稻 稻纵卷叶螟 1500-2250克制剂/公顷 喷雾
烟草 烟青虫 750-1500克制剂/公顷 喷雾
玉米 玉米螟 750-1500克制剂/公顷 加细沙灌心
枣树 尺蛾 1200-1600倍 喷雾

PD20110953 丙环唑/250克/升/乳油/丙环唑 250克/升/2011.09.08 至 2016.09.08/低毒
香蕉 叶斑病 250-400毫克/千克 喷雾

PD20120217 高效氟吡甲禾灵/108克/升/乳油/高效氟吡甲禾灵 108克/升/2012.02.09 至 2017.02.09/低毒
棉花田 一年生禾本科杂草 40.5-48.6克/公顷 茎叶喷雾

PD20131497 烯酰·锰锌/69%/可湿性粉剂/代森锰锌 60%、烯酰吗啉 9%/2013.07.05 至 2018.07.05/低毒
黄瓜 霜霉病 1215-1395克/公顷 喷雾

WP20110263 吡虫啉/15%/悬浮剂/吡虫啉 15%/2011.11.24 至 2016.11.24/低毒
木材 白蚁 500-1000毫克/千克 浸泡
土壤 白蚁 5克/平方米 喷洒

WP20110264 高效氯氰菊酯/5%/可湿性粉剂/高效氯氰菊酯 5%/2011.11.24 至 2016.11.24/低毒
卫生 蝇 20毫克/平方米 滞留喷洒

山东红箭农药有限公司 (山东省济南市历下区清河北路魏家庄 250100 0531-88610052)

PD20084422 仲丁威/20%/乳油/仲丁威 20%/2013.12.17 至 2018.12.17/中等毒
水稻 叶蝉 450-540克/公顷 喷雾

PD20090022 高效氯氟氰菊酯/25克/升/乳油/高效氯氟氰菊酯 25克/升/2014.01.06 至 2019.01.06/中等毒
棉花 棉铃虫 18.75-22.5克/公顷 喷雾

PD20090073 阿维·哒螨灵/6.78%/乳油/阿维菌素 0.11%、哒螨灵 6.67%/2014.01.08 至 2019.01.08/低毒(原药高毒)
苹果树 红蜘蛛 22.6-33.9毫克/千克 喷雾

PD20091122 高氯·辛硫磷/20%/乳油/高效氯氰菊酯 1.5%、辛硫磷 18.5%/2014.01.21 至 2019.01.21/低毒
棉花 棉铃虫 180-240克/公顷 喷雾

PD20091343 精喹禾灵/50克/升/乳油/精喹禾灵 50克/升/2014.02.01 至 2019.02.01/低毒
油菜田 一年生禾本科杂草 冬油菜：37.5-52.5克/公顷；春油菜：52.5-75克/公顷 茎叶喷雾

PD20091372 乙氧氟草醚/240克/升/乳油/乙氧氟草醚 240克/升/2014.02.02 至 2019.02.02/低毒
大蒜田 一年生杂草 144-180克/公顷 土壤喷雾

PD20093996 多·福/40%/可湿性粉剂/多菌灵 5%、福美双 35%/2014.03.27 至 2019.03.27/低毒
葡萄 霜霉病 1000-1250毫克/千克 喷雾

PD20095558 高氯·氟铃脲/5.7%/乳油/氟铃脲 1.9%、高效氯氰菊酯 3.8%/2009.05.12 至 2014.05.12/低毒
甘蓝 小菜蛾 42.75-51.3克/公顷 喷雾

PD20096376 阿维·氰戊/1.8%/乳油/阿维菌素 0.2%、S-氰戊菊酯 1.6%/2009.08.04 至 2014.08.04/低毒(原药高毒)
十字花科蔬菜 菜青虫 8.1-13.5克/公顷 喷雾

PD20096869 联苯菊酯/25克/升/乳油/联苯菊酯 25克/升/2009.09.23 至 2014.09.23/低毒
茶树 粉虱 88-101毫升制剂/亩 喷雾

山东华阳和乐农药有限公司 (山东省乐陵市铁营乡南侧路东 253600 0534-6621555-8018)

PD85157-11 辛硫磷/40%/乳油/辛硫磷 40%/2010.08.15 至 2015.08.15/低毒
茶树、桑树 食叶害虫 200-400毫克/千克 喷雾
果树 食心虫、蚜虫、螨 200-400毫克/千克 喷雾
林木 食叶害虫 3000-6000克/公顷 喷雾
棉花 棉铃虫、蚜虫 300-600克/公顷 喷雾
蔬菜 菜青虫 300-450克/公顷 喷雾
烟草 食叶害虫 300-600克/公顷 喷雾
玉米 玉米螟 450-600克/公顷 灌心叶

PD20040564 三唑磷/20%/乳油/三唑磷 20%/2009.12.19 至 2014.12.19/中等毒
水稻 二化螟 300-450克/公顷 喷雾

PD20083441 甲基嘧啶磷/90%/原药/甲基嘧啶磷 90%/2013.12.11 至 2018.12.11/低毒

PD20084317 辛硫磷/91%/原药/辛硫磷 91%/2013.12.17 至 2018.12.17/中等毒

PD20091077 阿维·四螨嗪/10%/悬浮剂/阿维菌素 0.1%、四螨嗪 9.9%/2014.01.21 至 2019.01.21/低毒(原药高毒)
苹果树 二斑叶螨 1500-2000倍液 喷雾
苹果树 红蜘蛛 50-67毫克/千克 喷雾

PD20091104 敌百·辛硫磷/50%/乳油/敌百虫 30%、辛硫磷 20%/2014.01.21 至 2019.01.21/低毒
棉花 棉铃虫 450-600克/公顷 喷雾
十字花科蔬菜 菜青虫 375-525克/公顷 喷雾

PD20093004 辛硫磷/3%/颗粒剂/辛硫磷 3%/2014.03.09 至 2019.03.09/低毒
花生 蛴螬等地下害虫 1800-3600克/公顷 撒施

PD20093208 阿维菌素/2%/乳油/阿维菌素 2%/2009.03.11 至 2014.03.11/低毒(原药高毒)
菜豆 美洲斑潜蝇 10.8-21.6克/公顷 喷雾

PD20093588 四螨嗪/20%/悬浮剂/四螨嗪 20%/2014.03.23 至 2019.03.23/低毒
柑橘树 红蜘蛛 100-125毫克/千克 喷雾

	梨树	红蜘蛛	50-100毫克/千克	喷雾
	苹果树	红蜘蛛	80-100毫克/千克	喷雾
PD20094032	仲丁灵/48%/乳油/仲丁灵 48%/2014.03.27 至 2019.03.27/低毒			
	大豆田	阔叶杂草、一年生禾本科杂草	1620-1800克/公顷	播后苗前土壤喷雾
	花生田	阔叶杂草、一年生禾本科杂草	1620-2160克/公顷	播后苗前土壤喷雾
	西瓜田	阔叶杂草、一年生禾本科杂草	1080-1440克/公顷	土壤喷雾
PD20095654	啶虫脒/3%/乳油/啶虫脒 3%/2009.05.12 至 2014.05.12/低毒			
	苹果树	蚜虫	2000-2500倍液	喷雾
PD20095742	仲丁灵/36%/乳油/仲丁灵 36%/2009.05.18 至 2014.05.18/低毒			
	烟草	抑制腋芽生长	80-100倍液	杯淋法
PD20098178	仲丁灵/95%/原药/仲丁灵 95%/2009.12.14 至 2014.12.14/低毒			
PD20100519	仲灵·乙草胺/50%/乳油/乙草胺 30%、仲丁灵 20%/2010.01.14 至 2015.01.14/低毒			
	夏大豆田	一年生杂草	1125-1500克/公顷	播后苗前土壤喷雾
山东华阳农药化工集团有限公司 (山东省泰安市宁阳县磁窑镇 271411 0538-5826398)				
PDN50-97	涕灭威/80%/原药/涕灭威 80%/2012.06.28 至 2017.06.28/剧毒			
PDN51-97	涕灭威/5%/颗粒剂/涕灭威 5%/2013.06.23 至 2018.06.23/剧毒			
	甘薯	茎线虫病	1500-2250克/公顷	穴施
	花生	线虫	2250-3000克/公顷	沟施、穴施
	棉花	蚜虫	450-900克/公顷	沟施、穴施
	烟草	烟蚜	562.5-750克/公顷	穴施
	月季	红蜘蛛	2625-3000克/公顷	穴施
PD84117-8	多菌灵/98%、95%、92%/原药/多菌灵 98%、95%、92%/2009.12.09 至 2014.12.09/低毒			
PD84118-38	多菌灵/25%/可湿性粉剂/多菌灵 25%/2009.12.09 至 2014.12.09/低毒			
	果树	病害	0.05-0.1%药液	喷雾
	花生	倒秧病	750克/公顷	喷雾
	麦类	赤霉病	750克/公顷	喷雾,泼浇
	棉花	苗期病害	500克/100千克种子	拌种
	水稻	稻瘟病、纹枯病	750克/公顷	喷雾,泼浇
	油菜	菌核病	1125-1500克/公顷	喷雾
PD85134-5	速灭威/98%,95%,90%/原药/速灭威 98%,95%,90%/2010.08.15 至 2015.08.15/中等毒			
PD85150-41	多菌灵/50%/可湿性粉剂/多菌灵 50%/2010.08.15 至 2015.08.15/低毒			
	果树	病害	0.05-0.1%药液	喷雾
	花生	倒秧病	750克/公顷	喷雾
	麦类	赤霉病	750克/公顷	喷雾、泼浇
	棉花	苗期病害	250克/50千克种子	拌种
	水稻	稻瘟病、纹枯病	750克/公顷	喷雾、泼浇
	油菜	菌核病	1125-1500克/公顷	喷雾
PD85154-56	氰戊菊酯/20%/乳油/氰戊菊酯 20%/2010.05.19 至 2015.05.19/中等毒			
	柑橘树	潜叶蛾	10-20毫克/千克	喷雾
	果树	梨小食心虫	10-20毫克/千克	喷雾
	棉花	红铃虫、蚜虫	75-150克/公顷	喷雾
	蔬菜	菜青虫、蚜虫	60-120克/公顷	喷雾
PD86115-5	甲基硫菌灵/95%、92%、85%/原药/甲基硫菌灵 95%、92%、85%/2011.10.16 至 2016.10.16/低毒			
PD86132-4	仲丁威/98%、95%、90%/原药/仲丁威 98%、95%、90%/2011.10.16 至 2016.10.16/低毒			
PD86133-8	仲丁威/25%/原药/仲丁威 25%/2012.04.19 至 2017.04.19/低毒			
	水稻	飞虱、叶蝉	375-562.5克/公顷	喷雾
PD86134-12	多菌灵/40%/悬浮剂/多菌灵 40%/2011.11.23 至 2016.11.23/低毒			
	果树	病害	0.05-0.1%药液	喷雾
	花生	倒秧病	750克/公顷	喷雾
	绿萍	霉腐病	0.05%药液	喷雾
	麦类	赤霉病	0.025%药液	喷雾
	棉花	苗期病害	0.3%药液	浸种
	水稻	纹枯病	0.025%药液	喷雾
	甜菜	褐斑病	250-500倍液	喷雾
	油菜	菌核病	1125-1500克/公顷	喷雾
PD86147-5	异丙威/98%, 95%, 90%/原药/异丙威 98%, 95%, 90%/2011.10.16 至 2016.10.16/中等毒			
PD86148-57	异丙威/20%/乳油/异丙威 20%/2012.04.18 至 2017.04.18/中等毒			
	水稻	飞虱、叶蝉	450-600克/公顷	喷雾
PD86180-6	百菌清/75%/可湿性粉剂/百菌清 75%/2011.10.16 至 2016.10.16/低毒			
	茶树	炭疽病	600-800倍液	喷雾
	豆类	炭疽病、锈病	1275-2325克/公顷	喷雾
	柑橘树	疮痂病	750-900毫克/千克	喷雾
	瓜类	白粉病、霜霉病	1200-1650克/公顷	喷雾

	果菜类蔬菜	多种病害	1125-2400克/公顷	喷雾
	花生	锈病、叶斑病	1125-1350克/公顷	喷雾
	梨树	斑点落叶病	500倍液	喷雾
	苹果树	多种病害	600倍液	喷雾
	葡萄	白粉病、黑痘病	600-700倍液	喷雾
	水稻	稻瘟病、纹枯病	1125-1425克/公顷	喷雾
	橡胶树	炭疽病	500-800倍液	喷雾
	小麦	叶斑病、叶锈病	1125-1425克/公顷	喷雾
	叶菜类蔬菜	白粉病、霜霉病	1275-1725克/公顷	喷雾
PD91106-15	甲基硫菌灵/70%/可湿性粉剂/甲基硫菌灵 70%/2011.04.05 至 2016.04.05/低毒			
	番茄	叶霉病	375-562.5克/公顷	喷雾
	甘薯	黑斑病	360-450毫克/千克	浸薯块
	瓜类	白粉病	337.5-506.25克/公顷	喷雾
	梨树	黑星病	360-450毫克/千克	喷雾
	苹果树	轮纹病	700毫克/千克	喷雾
	水稻	稻瘟病、纹枯病	1050-1500克/公顷	喷雾
	小麦	赤霉病	750-1050克/公顷	喷雾
PD91106-28	甲基硫菌灵/50%/可湿性粉剂/甲基硫菌灵 50%/2011.04.05 至 2016.04.05/低毒			
	番茄	叶霉病	375-562.5克/公顷	喷雾
	甘薯	黑斑病	360-450毫克/千克	浸薯块
	瓜类	白粉病	337.5-506.25克/公顷	喷雾
	梨树	黑星病	360-450毫克/千克	喷雾
	苹果树	轮纹病	700毫克/千克	喷雾
	水稻	稻瘟病、纹枯病	1050-1500克/公顷	喷雾
	小麦	赤霉病	750-1050克/公顷	喷雾
PD91109-5	速灭威/20%/乳油/速灭威 20%/2011.07.10 至 2016.07.10/中等毒			
	水稻	飞虱、叶蝉	450-600克/公顷	喷雾
PD20040049	甲拌·多菌灵/15%/悬浮种衣剂/多菌灵 5%、甲拌磷 10%/2009.12.19 至 2014.12.19/高毒			
	小麦	地下害虫、纹枯病	333-400克/100千克种子	种子包衣
PD20040083	氯氰菊酯/5%/乳油/氯氰菊酯 5%/2009.12.19 至 2014.12.19/中等毒			
	十字花科蔬菜	甜菜夜蛾	18.75-37.5克/公顷	喷雾
PD20050028	高效氯氰菊酯/4.5%/微乳剂/高效氯氰菊酯 4.5%/2010.04.15 至 2015.04.15/中等毒			
	十字花科蔬菜	菜青虫	13.5-27克/公顷	喷雾
PD20050029	氯氰菊酯/5%/乳油/氯氰菊酯 5%/2010.04.15 至 2015.04.15/中等毒			
	十字花科蔬菜	菜青虫	30-45克/公顷	喷雾
PD20050030	高效氯氰菊酯/10%/乳油/高效氯氰菊酯 10%/2010.04.15 至 2015.04.15/低毒			
	十字花科蔬菜	菜青虫	10-15克/公顷	喷雾
	烟草	菜青虫	15-25.5克/公顷	喷雾
PD20050031	高效氯氰菊酯/4.5%/乳油/高效氯氰菊酯 4.5%/2010.04.15 至 2015.04.15/中等毒			
	茶树	茶尺蠖	15-25.5克/公顷	喷雾
	柑橘树	潜叶蛾	15-20毫克/千克	喷雾
	柑橘树	红蜡蚧	50毫克/千克	喷雾
	棉花	红铃虫、棉铃虫、棉蚜	15-30克/公顷	喷雾
	苹果树	桃小食心虫	20-33毫克/千克	喷雾
	蔬菜	菜蚜	3-18克/公顷	喷雾
	蔬菜	菜青虫、小菜蛾	9-25.5克/公顷	喷雾
	烟草	烟青虫	15-25.5克/公顷	喷雾
PD20070645	咪鲜胺/25%/乳油/咪鲜胺 25%/2012.12.17 至 2017.12.17/低毒			
	水稻	恶苗病	62.5-125毫克/千克	浸种
PD20080323	毒死蜱/98%/原药/毒死蜱 98%/2013.02.26 至 2018.02.26/中等毒			
PD20080531	灭多威/98%/原药/灭多威 98%/2013.04.29 至 2018.04.29/高毒			
PD20081188	乙酰甲胺磷/95%/原药/乙酰甲胺磷 95%/2013.09.11 至 2018.09.11/低毒			
PD20081194	硫双威/95%/原药/硫双威 95%/2013.09.11 至 2018.09.11/低毒			
PD20081228	二甲戊灵/95%/原药/二甲戊灵 95%/2013.09.11 至 2018.09.11/低毒			
PD20081232	S-氰戊菊酯/90%/原药/S-氰戊菊酯 90%/2013.09.16 至 2018.09.16/中等毒			
PD20081471	苯磺隆/95%/原药/苯磺隆 95%/2013.11.04 至 2018.11.04/低毒			
PD20081593	乙草胺/93%/原药/乙草胺 93%/2013.11.12 至 2018.11.12/低毒			
PD20082070	乙草胺/900克/升/乳油/乙草胺 900克/升/2008.11.25 至 2013.11.25/低毒			
	春大豆田、春玉米田	一年生禾本科杂草及小粒阔叶杂草	1620－1890克/公顷	播后苗前土壤喷雾
	水稻移栽田	一年生禾本科杂草及小粒阔叶杂草	94.5-121.5克/公顷	毒土法
	夏玉米田	一年生禾本科杂草及小粒阔叶杂草	1080－1350克/公顷	播后苗前土壤喷雾
PD20082158	乙草胺/50%/乳油/乙草胺 50%/2013.11.26 至 2018.11.26/低毒			
	春大豆田	一年生禾本科杂草及部分小粒种子阔叶杂	1200-1875克/公顷	播后苗前土壤喷雾

		草		
	花生田	一年生禾本科杂草及部分小粒种子阔叶杂草	750-1200克/公顷	播后苗前土壤喷雾
	夏大豆田	一年生禾本科杂草及部分小粒种子阔叶杂草	900-1200克/公顷	播后苗前土壤喷雾
	玉米田	一年生禾本科杂草及部分小粒种子阔叶杂草	春玉米田：1500-2250克/公顷，夏玉米田：900－1200克/公顷	播后苗前土壤喷雾
PD20082217	二甲戊灵/33%/乳油/二甲戊灵 33%/2008.11.26 至 2013.12.24/低毒			
	甘蓝(保护地)	一年生杂草	1500-2250毫升/公顷(制剂)	播后苗前土壤喷雾
	花生田、棉花田	一年生杂草	2250-3000毫升/公顷(制剂)	播后苗前土壤喷雾
	姜田、蒜田	一年生杂草	1950-2250毫升/公顷(制剂)	播后苗前土壤喷雾
	烟草	抑制腋芽生长	亩制剂量：0.2-0.25毫升/株；公顷制剂量：0.2-0.25毫升/株	杯淋法
PD20082356	甲戊·乙草胺/40%/乳油/二甲戊灵 10%、乙草胺 30%/2013.12.01 至 2018.12.01/低毒			
	大蒜田	一年生杂草	750-1050克/公顷	播后苗前土壤喷雾
	姜田	一年生杂草	900-1200克/公顷	播后苗前土壤喷雾
	棉花田	一年生杂草	900-1050克/公顷	播后苗前土壤喷雾
PD20082359	氯氰菊酯/95%/原药/氯氰菊酯 95%/2013.12.01 至 2018.12.01/低毒			
PD20082468	灭多威/90%/可溶粉剂/灭多威 90%/2013.12.03 至 2018.12.03/高毒			
	棉花	棉铃虫	135-225克/公顷	喷雾
PD20082598	克百威/98%/原药/克百威 98%/2013.12.04 至 2018.12.04/高毒			
PD20083422	苯磺隆/75%/水分散粒剂/苯磺隆 75%/2013.12.11 至 2018.12.11/低毒			
	冬小麦田	一年生阔叶杂草	13.5-22.5克/公顷	茎叶喷雾
PD20084193	灭多威/20%/乳油/灭多威 20%/2013.12.16 至 2018.12.16/中等毒(原药高毒)			
	棉花	棉铃虫	150-225克/公顷	喷雾
	棉花	蚜虫	75-150克/公顷	喷雾
PD20084507	S-氰戊菊酯/5%/乳油/S-氰戊菊酯 5%/2013.12.18 至 2018.12.18/中等毒			
	甘蓝	菜青虫	7.5-15克/公顷	喷雾
	棉花	蚜虫	18.75-26.25克/公顷	喷雾
PD20085033	多·锰锌/40%/可湿性粉剂/多菌灵 20%、代森锰锌 20%/2013.12.22 至 2018.12.22/低毒			
	梨树	黑星病	1000-1250毫克/千克	喷雾
	苹果树	斑点落叶病	1000-1250毫克/千克	喷雾
PD20085483	戊唑醇/96%/原药/戊唑醇 96%/2013.12.25 至 2018.12.25/低毒			
PD20085759	苯磺隆/10%/可湿性粉剂/苯磺隆 10%/2013.12.29 至 2018.12.29/低毒			
	冬小麦田	一年生阔叶杂草	13.5－22.5克/公顷	茎叶喷雾
PD20085977	高氯·毒死蜱/15%/乳油/毒死蜱 13.5%、高效氯氰菊酯 1.5%/2013.12.29 至 2018.12.29/中等毒			
	柑橘树	潜叶蛾	125-187.5毫克/千克	喷雾
	棉花	棉铃虫	157.5-202.5克/公顷	喷雾
PD20086363	吡虫·三唑锡/20%/可湿性粉剂/吡虫啉 2%、三唑锡 18%/2013.12.31 至 2018.12.31/中等毒			
	柑橘树	红蜘蛛、蚜虫	100-200毫克/千克	喷雾
	苹果树	红蜘蛛、黄蚜	100-200毫克/千克	喷雾
PD20090499	毒死蜱/40%/乳油/毒死蜱 40%/2014.01.12 至 2019.01.12/中等毒			
	柑橘树	介壳虫	333-500毫克/千克	喷雾
	棉花	棉铃虫、蚜虫	450-900克/公顷	喷雾
	苹果树	桃小食心虫	160-240毫克/千克	喷雾
	水稻	稻纵卷叶螟	540-630克/公顷	喷雾
	水稻	稻飞虱	300-600克/公顷	喷雾
PD20090697	克百·多菌灵/16%/悬浮种衣剂/多菌灵 11.7%、克百威 4.3%/2014.01.19 至 2019.01.19/高毒			
	小麦	苗期病害	400-480克/100千克种子	种子包衣
PD20091116	克·酮·福美双/15%/悬浮种衣剂/福美双 7%、克百威 7%、三唑酮 1%/2014.01.21 至 2019.01.21/中等毒(原药高毒)			
	玉米	地老虎、茎基腐病、金针虫、蝼蛄、蛴螬	1:40-50(药种比))	种子包衣
PD20092264	甲硫·福美双/70%/可湿性粉剂/福美双 40%、甲基硫菌灵 30%/2014.02.24 至 2019.02.24/中等毒			
	苹果树	轮纹病	800-1000倍液	喷雾
PD20092277	克百威/3%/颗粒剂/克百威 3%/2014.02.24 至 2019.02.24/中等毒(原药高毒)			
	甘蔗	蚜虫、蔗龟	1350-2250克/公顷	沟施
	花生	线虫	1800-2250克/公顷	条施，沟施
	棉花	蚜虫	675-900克/公顷	条施，沟施
	水稻	螟虫、瘿蚊	900-1350克/公顷	撒施
PD20092428	甲氰菊酯/20%/乳油/甲氰菊酯 20%/2014.02.25 至 2019.02.25/中等毒			
	甘蓝	菜青虫、小菜蛾	75-90克/公顷	喷雾
	柑橘树	潜叶蛾	20-25毫克/千克	喷雾
	柑橘树	红蜘蛛	67-100毫克/千克	喷雾
	棉花	红铃虫、棉铃虫	90-120克/公顷	喷雾

苹果树 桃小食心虫 67-100毫克/千克 喷雾
苹果树 山楂红蜘蛛 100毫克/千克 喷雾

PD20092830 多·福·克/25%/悬浮种衣剂/多菌灵 10%、福美双 10%、克百威 5%/2014.03.05 至 2019.03.05/高毒
大豆 根腐病、线虫 500-625克/100千克种子 种子包衣

PD20092849 甲·克/25%/悬浮种衣剂/甲拌磷 5%、克百威 20%/2014.03.05 至 2019.03.05/高毒
花生 地老虎、金针虫、蝼蛄、蛴螬、蚜虫 0.7%-1%种子量 种子包衣

PD20093652 甲·戊·福美双/14%/悬浮种衣剂/福美双 10%、甲基异柳磷 3.88%、戊唑醇 0.12%/2014.03.25 至 2019.03.25/低毒(原药高毒)
小麦 地下害虫、纹枯病 1:50(药种比) 种子包衣

PD20095033 丁硫克百威/20%/乳油/丁硫克百威 20%/2014.04.21 至 2019.04.21/中等毒
棉花 蚜虫 60-90克/公顷 喷雾

PD20095566 戊唑醇/25%/可湿性粉剂/戊唑醇 25%/2009.05.12 至 2014.05.12/低毒
香蕉 叶斑病 167-250毫克/千克 喷雾

PD20096067 甲·克/3%/颗粒剂/甲拌磷 1.8%、克百威 1.2%/2009.06.18 至 2014.06.18/高毒
甘蔗 蔗龟、蔗螟 2250-2700克/公顷 沟施

PD20096375 阿维·高氯/2.4%/可湿性粉剂/阿维菌素 0.3%、高效氯氰菊酯 2.1%/2009.08.04 至 2014.08.04/低毒(原药高毒)
黄瓜 美洲斑潜蝇 15-30克/公顷 喷雾
梨树 梨木虱 12-24毫克/千克 喷雾
十字花科蔬菜 菜青虫、小菜蛾 13.5-27克/公顷 喷雾

PD20096794 阿维·高氯/1.8%/乳油/阿维菌素 0.3%、高效氯氰菊酯 1.5%/2009.09.15 至 2014.09.15/低毒(原药高毒)
黄瓜 美洲斑潜蝇 9-18克/公顷 喷雾

PD20101437 乙酰甲胺磷/30%/乳油/乙酰甲胺磷 30%/2010.05.04 至 2015.05.04/低毒
棉花 棉铃虫、蚜虫 675-900克/公顷 喷雾
水稻 叶蝉 787.5-1.12.5克/公顷 喷雾
玉米 粘虫、玉米螟 810-1080克/公顷 喷雾

PD20101948 乙酰甲胺磷/30%/乳油/乙酰甲胺磷 30%/2010.09.20 至 2015.09.20/低毒
柑橘树 介壳虫 400-600毫克/千克 喷雾
棉花 棉铃虫、蚜虫 675-900克/公顷 喷雾
苹果树 桃小食心虫 400-600毫克/千克 喷雾
十字花科蔬菜 菜青虫、蚜虫 450-540克/公顷 喷雾
水稻 叶蝉 787.5-1012.5克/公顷 喷雾
小麦 粘虫 810-1080克/公顷 喷雾
烟草 烟青虫 675-900克/公顷 喷雾
玉米 粘虫、玉米螟 810-1080克/公顷 喷雾

PD20131585 戊·氧·乙草胺/44%/乳油/二甲戊灵 10%、乙草胺 30%、乙氧氟草醚 4%/2013.07.26 至 2018.07.26/低毒
大蒜田 一年生杂草 990-1155克/公顷 播后苗前土壤喷雾

PD20131586 氧氟·甲戊灵/34%/乳油/二甲戊灵 30%、乙氧氟草醚 4%/2013.07.26 至 2018.07.26/低毒
大蒜田 一年生杂草 765-892.5克/公顷 播后苗前土壤喷雾

PD20132068 戊唑·吡虫啉/5.4%/悬浮种衣剂/吡虫啉 5%、戊唑醇 0.4%/2013.10.23 至 2018.10.23/低毒
玉米 丝黑穗病、蚜虫 108-180克/100千克种子 种子包衣

PD20132069 戊唑·多菌灵/20%/可湿性粉剂/多菌灵 10%、戊唑醇 10%/2013.10.23 至 2018.10.23/低毒
苹果树 斑点落叶病、轮纹病 100-200毫克/千克 喷雾

PD20132548 福·唑·毒死蜱/20.3%/悬浮种衣剂/毒死蜱 5%、福美双 15%、戊唑醇 0.3%/2013.12.16 至 2018.12.16/低毒
玉米 金针虫、蝼蛄、蛴螬、丝黑穗病 338-570克/100千克种子 种子包衣

PD20132667 戊唑醇/2%/种子处理可分散粉剂/戊唑醇 2%/2013.12.20 至 2018.12.20/低毒
棉花 枯萎病 2.66-4克/100千克种子 拌种
小麦 散黑穗病 2-3克/100千克种子 拌种
玉米 丝黑穗病 8-12克/100千克种子 拌种

山东慧邦生物科技有限公司 (山东省肥城市石横镇经济园区 271602 0538-3665986)

PD20093480 福·福锌/40%/可湿性粉剂/福美双 15%、福美锌 25%/2014.03.23 至 2019.03.23/低毒
苹果树 炭疽病 1300-1600毫克/千克 喷雾

PD20093990 异丙威/4%/粉剂/异丙威 4%/2014.03.27 至 2019.03.27/中等毒
水稻 稻飞虱 540-600克/公顷 喷粉

PD20094122 辛硫·灭多威/20%/乳油/灭多威 10%、辛硫磷 10%/2014.03.27 至 2019.03.27/高毒
棉花 棉蚜 75-150克/公顷 喷雾

PD20094389 苏云金杆菌/4000IU/微升/悬浮剂/苏云金杆菌 4000IU/微升/2014.04.01 至 2019.04.01/低毒
茶树 茶毛虫 200-400倍液 喷雾
棉花 二代棉铃虫 3000-3750毫升制剂/公顷 喷雾
森林 松毛虫 200-400倍液 喷雾
十字花科蔬菜 菜青虫、小菜蛾 1500-2250毫升制剂/公顷 喷雾
水稻 稻纵卷叶螟 3000-3750毫升制剂/公顷 喷雾
烟草 烟青虫 3000-3750毫升制剂/公顷 喷雾
玉米 玉米螟 2250-3000毫升制剂/公顷 加细沙灌心叶

枣树 枣尺蠖 200-400倍液 喷雾

PD20094419 辛硫·高氯氟/21%/乳油/高效氯氟氰菊酯 0.9%、辛硫磷 20.1%/2014.04.01 至 2019.04.01/中等毒

甘蓝 菜青虫 126-189克/公顷 喷雾

PD20094976 苏云金杆菌/16000IU/毫克/可湿性粉剂/苏云金杆菌 16000IU/毫克/2014.04.21 至 2019.04.21/低毒

茶树 茶毛虫 800-1600倍液 喷雾
棉花 二代棉铃虫 1500-2250克制剂/公顷 喷雾
森林 松毛虫 1200-1600倍液 喷雾
十字花科蔬菜 菜青虫 375-750克制剂/公顷 喷雾
十字花科蔬菜 小菜蛾 750-1125克制剂/公顷 喷雾
水稻 稻纵卷叶螟 1500-2250克制剂/公顷 喷雾
烟草 烟青虫 750-1500克制剂/公顷 喷雾
玉米 玉米螟 750-1500克制剂/公顷 加细沙灌心
枣树 枣尺蠖 1200-1600倍液 喷雾

PD20100008 啶虫脒/5%/乳油/啶虫脒 5%/2010.01.04 至 2015.01.04/低毒

黄瓜 蚜虫 18-22.5克/公顷 喷雾

PD20100559 氟硅唑/400克/升/乳油/氟硅唑 400克/升/2010.01.14 至 2015.01.14/低毒

黄瓜 黑星病 60-75克/公顷 喷雾

PD20100694 福·福锌/80%/可湿性粉剂/福美双 30%、福美锌 50%/2010.01.16 至 2015.01.16/低毒

黄瓜 炭疽病 1500-1800克/公顷 喷雾

PD20100804 溴氰菊酯/25克/升/乳油/溴氰菊酯 25克/升/2010.01.19 至 2015.01.19/低毒

棉花 棉铃虫 15-18.75克/公顷 喷雾

PD20100951 噻螨酮/5%/乳油/噻螨酮 5%/2010.01.19 至 2015.01.19/低毒

棉花 红蜘蛛 30-37.5克/公顷 喷雾

PD20101012 高效氯氟氰菊酯/25克/升/乳油/高效氯氟氰菊酯 25克/升/2010.01.20 至 2015.01.20/中等毒

十字花科叶菜 菜青虫 7.5-11.25克/公顷 喷雾

PD20132037 啶虫脒/40%/水分散粒剂/啶虫脒 40%/2013.10.22 至 2018.10.22/低毒

甘蓝 蚜虫 18-24克/公顷 喷雾

山东惠民中联生物科技有限公司 (山东省惠民县辛店镇工业园 251700 0543-22322666)

PD20110016 氯氰菊酯/5%/乳油/氯氰菊酯 5%/2011.01.04 至 2016.01.04/中等毒

棉花 棉铃虫 45-90克/公顷 喷雾

PD20111060 氯氰·吡虫啉/5%/乳油/吡虫啉 1.5%、氯氰菊酯 3.5%/2011.10.11 至 2016.10.11/中等毒

甘蓝 蚜虫 30-45克/公顷 喷雾

PD20120842 甲氰·矿物油/65%/乳油/柴油 64.6%、甲氰菊酯 0.4%/2012.05.22 至 2017.05.22/中等毒

苹果树 黄蚜 650-812.5毫克/千克 喷雾

PD20121300 吡虫·矿物油/25%/乳油/吡虫啉 1%、矿物油 24%/2012.09.06 至 2017.09.06/低毒

苹果树 蚜虫 125-167毫克/千克 喷雾

PD20131803 苯甲·嘧菌酯/30%/悬浮剂/苯醚甲环唑 18.5%、嘧菌酯 11.5%/2013.09.16 至 2018.09.16/低毒

水稻 纹枯病 146.25-243.75克/公顷 喷雾

PD20132555 草甘膦铵盐/80%/可溶粉剂/草甘膦 88.8%/2013.12.17 至 2018.12.17/低毒

非耕地 一年生和多年生杂草 1125-2250克/公顷 定向喷雾
注:草甘膦铵盐含量:88.8%。

PD20132707 阿维·矿物油//乳油/阿维菌素 0.2%、矿物油 24.3%/2013.12.30 至 2018.12.30/低毒(原药高毒)

柑橘树 红蜘蛛 123-245毫克/千克 喷雾

WP20130254 吡虫啉/80%/水分散粒剂/吡虫啉 80%/2013.12.10 至 2018.12.10/低毒

卫生 白蚁 1)4-5克/平方米 1)土壤处理;
2)1000毫升/千克 2)木材浸泡

山东惠民中农作物保护有限责任公司 (山东省滨州市惠民县惠民镇大崔村 251700 0543-2232666)

PD20083804 双甲脒/200克/升/乳油/双甲脒 200克/升/2013.12.15 至 2018.12.15/中等毒

柑橘树 红蜘蛛 100-200毫克/千克 喷雾
棉花 棉红蜘蛛 60-120克/公顷 喷雾

PD20083811 联苯菊酯/25克/升/乳油/联苯菊酯 25克/升/2013.12.15 至 2018.12.15/中等毒

茶树 茶小绿叶蝉 30-37.5克/公顷 喷雾

PD20084303 联苯菊酯/100克/升/乳油/联苯菊酯 100克/升/2013.12.17 至 2018.12.17/中等毒

苹果树 桃小食心虫 25-33.3毫克/千克 喷雾

PD20084572 啶虫脒/20%/可溶粉剂/啶虫脒 20%/2013.12.18 至 2018.12.18/低毒

黄瓜 蚜虫 36-72克/公顷 喷雾

PD20085189 春雷霉素/2%/水剂/春雷霉素 2%/2013.12.23 至 2018.12.23/低毒

水稻 稻瘟病 24-30克/公顷 喷雾

PD20085583 高效氯氟氰菊酯/25克/升/乳油/高效氯氟氰菊酯 25克/升/2013.12.25 至 2018.12.25/中等毒

棉花 棉铃虫 15-22.5克/公顷 喷雾

PD20090331 敌百虫/30%/乳油/敌百虫 30%/2014.01.12 至 2019.01.12/低毒

十字花科蔬菜 菜青虫 450-900克/公顷 喷雾

PD20090423 丁草胺/50%/乳油/丁草胺 50%/2014.01.12 至 2019.01.12/低毒

移栽水稻田 一年生杂草 南方：750-1012.5克/公顷；北方：1012.5-1275克/公顷 毒土法

PD20091657 啶虫脒/5%/乳油/啶虫脒 5%/2014.02.03 至 2019.02.03/低毒
柑橘树 蚜虫 10-12.5毫克/千克 喷雾

PD20097134 多抗霉素/1.5%/可湿性粉剂/多抗霉素 1.5%/2009.10.16 至 2014.10.16/低毒
番茄 晚疫病 112.5-168.75克/公顷 喷雾

PD20097260 吡虫啉/200克/升/可溶液剂/吡虫啉 200克/升/2009.10.20 至 2014.10.20/低毒
水稻 稻飞虱 112.5—150毫升/公顷 喷雾

PD20097562 氟铃脲/5%/乳油/氟铃脲 5%/2009.11.03 至 2014.11.03/低毒
甘蓝 小菜蛾 37.5-52.5克/公顷 喷雾

PD20100216 阿维菌素/18克/升/乳油/阿维菌素 18克/升/2010.01.05 至 2015.01.05/低毒(原药高毒)
甘蓝 小菜蛾 9-11.25克/公顷 喷雾

PD20100334 异菌脲/255克/升/悬浮剂/异菌脲 255克/升/2010.01.11 至 2015.01.11/低毒
香蕉 冠腐病 1000—1800毫克/千克 浸果

PD20100487 甲氨基阿维菌素苯甲酸盐(5.7%)///水分散粒剂/甲氨基阿维菌素 5%/2010.01.14 至 2015.01.14/低毒
甘蓝 小菜蛾 1.5-3克/公顷 喷雾

PD20100969 乙草胺/50%/乳油/乙草胺 50%/2010.01.19 至 2015.01.19/低毒
花生田 一年生杂草 120-150毫升制剂/亩 播后苗期土壤喷雾

PD20101114 甲氨基阿维菌素苯甲酸盐(0.57%)///乳油/甲氨基阿维菌素 0.5%/2010.01.25 至 2015.01.25/中等毒
甘蓝 小菜蛾 1.5-1.8克/公顷 喷雾

PD20101672 噁霉灵/30%/水剂/噁霉灵 30%/2010.06.08 至 2015.06.08/低毒
水稻 立枯病 0.9—1.8克/平方米 苗床喷雾

PD20120122 苯醚甲环唑/10%/水分散粒剂/苯醚甲环唑 10%/2012.01.29 至 2017.01.29/低毒
梨树 黑星病 14.3—16.7毫克/千克 喷雾

PD20120881 烯啶虫胺/10%/水剂/烯啶虫胺 10%/2012.05.24 至 2017.05.24/微毒
柑橘树 蚜虫 20-25毫克/千克 喷雾

PD20121588 二嗪磷/25%/乳油/二嗪磷 25%/2012.10.25 至 2017.10.25/中等毒
棉花 蚜虫 750-1050克/公顷 喷雾

PD20130868 印楝素/0.5%/乳油/印楝素 0.5%/2013.04.22 至 2018.04.22/低毒
甘蓝 小菜蛾 9.375-11.25克/公顷 喷雾

PD20130915 戊唑醇/25%/水乳剂/戊唑醇 25%/2013.04.28 至 2018.04.28/低毒
苹果树 斑点落叶病 100-125毫克/千克 喷雾

山东济宁弘发化工有限公司 （山东省济宁市市北郊327国道北 272075 0537-2323055）

PD20070157 辛硫·甲拌磷/5%/粉粒剂/甲拌磷 2%、辛硫磷 3%/2012.06.14 至 2017.06.14/中等毒(原药高毒)
小麦 地下害虫 200-300克/100千克种子 拌种

PD20070196 辛硫·甲拌磷/10%/粉粒剂/甲拌磷 4%、辛硫磷 6%/2012.07.17 至 2017.07.17/中等毒(原药高毒)
小麦 地下害虫 250-333克/100千克种子 拌种

PD20084187 辛硫磷/3%/颗粒剂/辛硫磷 3%/2013.12.16 至 2018.12.16/低毒
玉米 玉米螟 90-157.5克/公顷 心叶撒施

PD20090313 敌百·辛硫磷/50%/乳油/敌百虫 25%、辛硫磷 25%/2014.01.12 至 2019.01.12/低毒
十字花科蔬菜 菜青虫 450-600克/公顷 喷雾

山东济宁新星化工有限公司 （山东省济宁市任城区李营镇大务屯村 272075 0537-2038166）

PD20092004 辛硫磷/1.5%/颗粒剂/辛硫磷 1.5%/2014.02.12 至 2019.02.12/中等毒
玉米 玉米螟 67.5-90克/公顷 撒心(喇叭口)

PD20092440 高效氯氟氰菊酯/25克/升/乳油/高效氯氟氰菊酯 25克/升/2014.02.25 至 2019.02.25/中等毒
甘蓝 蚜虫 7.5-15克/公顷 喷雾

PD20092963 三唑酮/25%/可湿性粉剂/三唑酮 25%/2014.03.09 至 2019.03.09/低毒
小麦 白粉病 105-130克/公顷 喷雾

PD20094085 氯氰菊酯/50克/升/乳油/氯氰菊酯 50克/升/2009.03.27 至 2014.03.27/中等毒
棉花 棉铃虫 45-60克/公顷 喷雾

PD20101532 吡虫啉/10%/可湿性粉剂/吡虫啉 10%/2010.05.19 至 2015.05.19/低毒
小麦 蚜虫 15-30克/公顷（南方地区）45-60克/公顷（北方地区） 喷雾

PD20102009 啶虫脒/5%/乳油/啶虫脒 5%/2010.09.25 至 2015.09.25/低毒
黄瓜 蚜虫 18-22.5克/公顷 喷雾

PD20132385 阿维·高氯/1.8%/乳油/阿维菌素 0.3%、高效氯氰菊酯 1.5%/2013.11.20 至 2018.11.20/低毒(原药高毒)
甘蓝 菜青虫 7.5-15克/公顷 喷雾

山东嘉诚农药化工有限公司 （山东省淄博市张店区湖田镇辛安店村 255000 0533-2066420）

PD20083874 氰戊·辛硫磷/25%/乳油/氰戊菊酯 5%、辛硫磷 20%/2013.12.15 至 2018.12.15/低毒
棉花 棉铃虫 187.5-300克/公顷 喷雾

PD20084322 高效氯氟氰菊酯/25克/升/乳油/高效氯氟氰菊酯 25克/升/2013.12.17 至 2018.12.17/低毒
十字花科蔬菜 蚜虫 7.5-9.375克/公顷 喷雾

PD20084536 代森锰锌/80%/可湿性粉剂/代森锰锌 80%/2013.12.18 至 2018.12.18/低毒

黄瓜 霜霉病 2040-3000克/公顷 喷雾

PD20085169 敌敌畏/77.5%/乳油/敌敌畏 77.5%/2013.12.23 至 2018.12.23/中等毒

小麦 蚜虫 600-720克/公顷 喷雾

PD20090803 高氯·灭多威/12%/乳油/高效氯氰菊酯 2%、灭多威 10%/2014.01.19 至 2019.01.19/低毒(原药高毒)

棉花 棉铃虫 72-90克/公顷 喷雾

PD20090983 啶虫脒/5%/可湿性粉剂/啶虫脒 5%/2014.01.20 至 2019.01.20/低毒

柑橘树 蚜虫 8.6-10毫克/千克 喷雾

PD20091444 阿维菌素/0.5%/乳油/阿维菌素 0.5%/2009.02.02 至 2014.02.02/低毒(原药高毒)

苹果树 红蜘蛛 3-6毫克/千克 喷雾

PD20091979 阿维菌素/1.8%/乳油/阿维菌素 1.8%/2014.02.12 至 2019.02.12/低毒(原药高毒)

十字花科蔬菜 菜青虫 8.1-10.8克/公顷 喷雾

PD20092228 三唑锡/25%/可湿性粉剂/三唑锡 25%/2014.02.24 至 2019.02.24/低毒

柑橘树 红蜘蛛 125—250毫克/千克 /喷雾

PD20092853 甲氰·辛硫磷/25%/乳油/甲氰菊酯 5%、辛硫磷 20%/2014.03.05 至 2019.03.05/低毒

棉花 棉铃虫 300-375克/公顷 喷雾

PD20093988 啶虫脒/25%/乳油/啶虫脒 25%/2009.03.27 至 2014.03.27/低毒

柑橘树 蚜虫 16.67-25毫克/千克 喷雾

PD20094349 多·锰锌/50%/可湿性粉剂/多菌灵 8%、代森锰锌 42%/2009.04.01 至 2014.04.01/低毒

苹果树 斑点落叶病 1000-1250毫克/千克 喷雾

PD20094421 百草枯/200克/升/水剂/百草枯 200克/升/2012.12.31 至 2014.07.01/中等毒

夏玉米田 杂草 450-600克/公顷 茎叶喷雾

PD20094439 联苯菊酯/100克/升/乳油/联苯菊酯 100克/升/2009.04.01 至 2014.04.01/中等毒

茶树 茶小绿叶蝉 30-37.5克/公顷 喷雾

PD20094473 高氯·辛硫磷/18%/乳油/高效氯氰菊酯 2%、辛硫磷 16%/2009.04.02 至 2014.04.02/中等毒

棉花 棉铃虫 108-216克/公顷 喷雾

PD20096545 哒螨灵/20%/可湿性粉剂/哒螨灵 20%/2009.08.24 至 2014.08.24/低毒

苹果树 红蜘蛛 66.7-100毫克/千克 喷雾

PD20096628 联苯菊酯/25克/升/乳油/联苯菊酯 25克/升/2009.09.02 至 2014.09.02/低毒

茶树 茶毛虫 7.5-15克/公顷 喷雾

番茄 白粉虱 7.5-15克/公顷 喷雾

PD20096904 高效氯氰菊酯/4.5%/乳油/高效氯氰菊酯 4.5%/2009.09.23 至 2014.09.23/低毒

十字花科蔬菜 菜青虫 11.25-18.75克/公顷 喷雾

PD20097049 福·福锌/80%/可湿性粉剂/福美双 30%、福美锌 50%/2009.10.10 至 2014.10.10/低毒

黄瓜 炭疽病 1500-1800克/公顷 喷雾

PD20097254 吗胍·乙酸铜/20%/可湿性粉剂/盐酸吗啉胍 10%、乙酸铜 10%/2009.10.19 至 2014.10.19/低毒

番茄 病毒病 500-750克/公顷 喷雾

PD20097435 丙环唑/250克/升/乳油/丙环唑 250克/升/2009.10.28 至 2014.10.28/低毒

香蕉树 叶斑病 250-500毫克/千克 喷雾

PD20097704 高效氟吡甲禾灵/108克/升/乳油/高效氟吡甲禾灵 108克/升/2009.11.04 至 2014.11.04/低毒

油菜田 一年生禾本科杂草 32.4-48.6克/公顷 茎叶喷雾

PD20098315 烯草酮/240克/升/乳油/烯草酮 240克/升/2009.12.18 至 2014.12.18/低毒

夏大豆田 一年生禾本科杂草 72-108克/公顷 茎叶喷雾

PD20100390 阿维菌素/5%/乳油/阿维菌素 5%/2010.01.14 至 2015.01.14/中等毒(原药高毒)

甘蓝 小菜蛾 9-11.25克/公顷 喷雾

PD20100921 氯氰·丙溴磷/440克/升/乳油/丙溴磷 400克/升、氯氰菊酯 40克/升/2010.01.19 至 2015.01.19/中等毒

棉花 棉铃虫 70-100毫升制剂/亩 土壤喷雾

PD20101928 吡虫啉/10%/可湿性粉剂/吡虫啉 10%/2010.08.27 至 2015.08.27/低毒

水稻 稻飞虱 15-30克/公顷 喷雾

PD20132146 烟嘧磺隆/40克/升/可分散油悬浮剂/烟嘧磺隆 40克/升/2013.10.29 至 2018.10.29/低毒

夏玉米田 一年生杂草 39-60克/公顷 茎叶喷雾

山东金农华药业有限公司 (山东省莒南县朱边镇崖子村 276627 0539-7623976)

PD20081884 辛硫·甲拌磷/10%/粉粒剂/甲拌磷 4%、辛硫磷 6%/2013.11.20 至 2018.11.20/高毒

花生 地下害虫 750-900克/公顷 拌种

PD20082770 甲氰·辛硫磷/25%/乳油/甲氰菊酯 5%、辛硫磷 20%/2013.12.08 至 2018.12.08/低毒

棉花 棉铃虫 225-345克/公顷 喷雾

PD20083248 氰戊·马拉松/21%/乳油/马拉硫磷 15%、氰戊菊酯 6%/2013.12.11 至 2018.12.11/中等毒

苹果树 桃小食心虫 70-105毫克/千克 喷雾

PD20083789 多菌灵/50%/可湿性粉剂/多菌灵 50%/2013.12.15 至 2018.12.15/低毒

水稻 稻瘟病 750-900克/公顷 喷雾

PD20084642 阿维菌素/1.8%/乳油/阿维菌素 1.8%/2013.12.18 至 2018.12.18/低毒(原药高毒)

十字花科蔬菜 小菜蛾 8.1-10.8克/公顷 喷雾

PD20093780 硫磺·多菌灵/50%/悬浮剂/多菌灵 15%、硫磺 35%/2009.03.25 至 2014.03.25/低毒

花生 叶斑病 1200-1800克/公顷 喷雾

PD20094435 异丙草·莠/40%/悬乳剂/异丙草胺 24%、莠去津 16%/2009.04.01 至 2014.04.01/低毒
夏玉米田 一年生杂草 900-1500克/公顷 土壤喷雾
PD20094790 多·福·锰锌/50%/可湿性粉剂/多菌灵 15%、福美双 25%、代森锰锌 10%/2009.04.13 至 2014.04.13/中等毒
苹果树 轮纹病 500-700倍液 喷雾
PD20100708 福美双/50%/可湿性粉剂/福美双 50%/2010.01.16 至 2015.01.16/低毒
甜菜 根腐病 500－600克/500千克温床土 土壤处理
PD20101098 联苯菊酯/25克/升/乳油/联苯菊酯 25克/升/2010.01.25 至 2015.01.25/低毒
茶树 茶尺蠖 11.25-18.75克/公顷 喷雾
PD20130063 苄嘧磺隆/10%/可湿性粉剂/苄嘧磺隆 10%/2013.01.07 至 2018.01.07/低毒
水稻移栽田 一年生阔叶杂草及莎草科杂草 31.5-45克/公顷 茎叶喷雾
PD20130084 烟嘧磺隆/40克/升/悬浮剂/烟嘧磺隆 40克/升/2013.01.15 至 2018.01.15/低毒
玉米田 一年生杂草 40-60克/公顷 茎叶喷雾
PD20130158 氯氟吡氧乙酸异辛酯/200克/升/乳油/氯氟吡氧乙酸 200克/升/2013.01.24 至 2018.01.24/低毒
小麦田 一年生阔叶杂草 150-200克/公顷 茎叶喷雾
注:氯氟吡氧乙酸异辛酯含量：288克/升
PD20130204 草甘膦异丙胺盐/30%/水剂/草甘膦 30%/2013.01.30 至 2018.01.30/低毒
非耕地 杂草 1125-3000克/公顷 茎叶喷雾
注:草甘膦异丙胺盐含量：41%。
PD20131128 烟嘧·莠去津/52%/可湿性粉剂/烟嘧磺隆 4%、莠去津 48%/2013.05.20 至 2018.05.20/低毒
玉米田 一年生杂草 624-702克/公顷 茎叶喷雾

山东京蓬生物药业股份有限公司 （山东省蓬莱市北沟镇 265601 0535-5911317）

PD20040780 哒螨·吡虫啉/6%/乳油/吡虫啉 1.5%、哒螨灵 4.5%/2009.12.19 至 2014.12.19/低毒
苹果树 红蜘蛛、黄蚜 30-60毫克/千克 喷雾
PD20040801 吡虫啉/10%/可湿性粉剂/吡虫啉 10%/2009.12.19 至 2014.12.19/低毒
水稻 飞虱 15-30克/公顷 喷雾
小麦 蚜虫 15-30克/公顷(南方地区) 喷雾
45-60克/公顷(北方地区)
PD20081864 氰戊·马拉松/25%/乳油/马拉硫磷 20%、氰戊菊酯 5%/2013.11.20 至 2018.11.20/中等毒
苹果树 黄蚜 125-167毫克/千克 喷雾
PD20081949 氰戊·马拉松/30%/乳油/马拉硫磷 22.5%、氰戊菊酯 7.5%/2013.11.24 至 2018.11.24/中等毒
棉花 棉铃虫 180-270克/公顷 喷雾
苹果树 蚜虫 60-75毫克/千克 喷雾
苹果树 桃小食心虫 120-150毫克/千克 喷雾
PD20082246 硫磺·多菌灵/40%/悬浮剂/多菌灵 20%、硫磺 20%/2013.11.27 至 2018.11.27/低毒
水稻 稻瘟病 1200-1800克/公顷 喷雾
甜菜 褐斑病 900-1200克/公顷 喷雾
PD20082787 硫磺·多菌灵/50%/悬浮剂/多菌灵 15%、硫磺 35%/2013.12.09 至 2018.12.09/低毒
花生 叶斑病 1200-1800克/公顷 喷雾
PD20084245 氰戊·辛硫磷/50%/乳油/氰戊菊酯 5%、辛硫磷 45%/2013.12.17 至 2018.12.17/中等毒
棉花 棉铃虫 450-562.5克/公顷 喷雾
棉花 蚜虫 150-225克/公顷 喷雾
PD20086125 精喹禾灵/10%/乳油/精喹禾灵 10%/2008.12.30 至 2013.12.30/低毒
夏大豆田 一年生禾本科杂草 48.6-64.8克/公顷 茎叶喷雾
PD20092244 甲基硫菌灵/70%/可湿性粉剂/甲基硫菌灵 70%/2014.02.24 至 2019.02.24/低毒
苹果树 轮纹病 700-875毫克/千克 喷雾
PD20092968 高效氯氟氰菊酯/25克/升/乳油/高效氯氟氰菊酯 25克/升/2014.03.09 至 2019.03.09/中等毒
甘蓝 菜青虫 7.5-11.25克/公顷 喷雾
PD20093567 多菌灵/80%/可湿性粉剂/多菌灵 80%/2014.03.23 至 2019.03.23/低毒
水稻 纹枯病 750-900克/公顷 喷雾
PD20093578 代森锰锌/80%/可湿性粉剂/代森锰锌 80%/2014.03.23 至 2019.03.23/低毒
苹果树 斑点落叶病 1000-1500毫克/千克 喷雾
PD20095449 矮壮·甲哌鎓/18%/水剂/矮壮素 15%、甲哌鎓 3%/2009.05.11 至 2014.05.11/低毒
棉花 调节生长、增产 40.5-54克/公顷 喷雾
PD20095678 霜脲·锰锌/36%/悬浮剂/代森锰锌 32%、霜脲氰 4%/2009.05.15 至 2014.05.15/低毒
黄瓜 霜霉病 1440-1800克/公顷 喷雾
PD20097079 草甘膦/41%/水剂/草甘膦 41%/2009.10.10 至 2014.10.10/低毒
苹果园 杂草 1230－2460克/公顷 定向茎叶喷雾
PD20097299 吡虫啉/95%/原药/吡虫啉 95%/2009.10.26 至 2014.10.26/低毒
PD20097420 三唑锡/25%/可湿性粉剂/三唑锡 25%/2009.10.28 至 2014.10.28/低毒
柑橘树 红蜘蛛 100－166.7毫克/千克 喷雾
PD20098282 福美双/50%/可湿性粉剂/福美双 50%/2009.12.18 至 2014.12.18/低毒
葡萄 白腐病 625－1250毫克/千克 喷雾
PD20101893 毒死蜱/30%/可湿性粉剂/毒死蜱 30%/2010.08.27 至 2015.08.27/中等毒

	棉花	棉铃虫	540-810克/公顷	喷雾
PD20111423	芸苔素内酯/0.01%/水剂/芸苔素内酯 0.01%/2011.12.23 至 2016.12.23/低毒			
	黄瓜	调节生长	0.03-0.05毫克/千克	茎叶喷雾
PD20120102	芸苔素内酯/90%/原药/芸苔素内酯 90%/2012.01.29 至 2017.01.29/低毒			
PD20120105	甲氨基阿维菌素苯甲酸盐/0.5%/微乳剂/甲氨基阿维菌素 0.5%/2012.01.29 至 2017.01.29/低毒			
	甘蓝	甜菜夜蛾	1.875-2.25克/公顷	喷雾
	注:甲氨基阿维菌素苯甲酸盐含量:0.57%。			
PD20121820	烟嘧磺隆/40克/升/可分散油悬浮剂/烟嘧磺隆 40克/升/2012.11.22 至 2017.11.22/低毒			
	玉米	一年生杂草	48-60克/公顷	茎叶喷雾
LS20110011	甲硫·戊唑醇/48%/可湿性粉剂/甲基硫菌灵 38%、戊唑醇 10%/2012.01.07 至 2013.01.07/低毒			
	黄瓜	白粉病	450—650克/公顷	喷雾
LS20120218	噻虫胺/95%/原药/噻虫胺 95%/2013.06.15 至 2014.06.15/低毒			

山东九洲农药有限公司　(山东省鄄城县富春乡　274600　0530-2471765)

PD85124-14	福·福锌/80%/可湿性粉剂/福美双 30%、福美锌 50%/2010.07.12 至 2015.07.12/中等毒			
	黄瓜、西瓜	炭疽病	1500-1800克/公顷	喷雾
	麻	炭疽病	240-400克/100千克种子	拌种
	棉花	苗期病害	0.5%药液	浸种
	苹果树、杉木、橡胶树	炭疽病	500-600倍液	喷雾
PD20060096	锰锌·多菌灵/50%/可湿性粉剂/多菌灵 8%、代森锰锌 42%/2011.05.22 至 2016.05.22/低毒			
	苹果树	斑点落叶病	1000-1250毫克/千克	喷雾
PD20060101	氯氰·辛硫磷/30%/乳油/氯氰菊酯 1.5%、辛硫磷 28.5%/2011.05.22 至 2016.05.22/中等毒			
	棉花	棉铃虫	270-337.5克/公顷	喷雾
PD20080980	螨醇·哒螨灵/20%/乳油/哒螨灵 5%、三氯杀螨醇 15%/2013.07.24 至 2018.07.24/中等毒			
	柑橘树	红蜘蛛	100-133.3毫克/千克	喷雾
PD20081229	啶虫脒/5%/乳油/啶虫脒 5%/2013.09.11 至 2018.09.11/低毒			
	柑橘树	蚜虫	1500-2000倍液	喷雾
PD20082348	灭多威/20%/可溶粉剂/灭多威 20%/2013.12.01 至 2018.12.01/中等毒(原药高毒)			
	棉花	棉铃虫	270-360克/公顷	喷雾
PD20084679	腈菌·三唑酮/12%/乳油/腈菌唑 2%、三唑酮 10%/2013.12.22 至 2018.12.22/低毒			
	小麦	白粉病	45-54克/公顷	喷雾
PD20085608	辛硫·灭多威/20%/乳油/灭多威 10%、辛硫磷 10%/2013.12.25 至 2018.12.25/中等毒(原药高毒)			
	棉花	棉铃虫	67.5-90克/公顷	喷雾
PD20090850	虫酰肼/200克/升/悬浮剂/虫酰肼 200克/升/2014.01.19 至 2019.01.19/低毒			
	十字花科蔬菜	甜菜夜蛾	250-300克/公顷	喷雾
PD20091369	阿维菌素/1.8%/乳油/阿维菌素 1.8%/2014.02.02 至 2019.02.02/低毒(原药高毒)			
	十字花科蔬菜	菜青虫、小菜蛾	8.1-10.8克/公顷	喷雾
PD20092130	高效氯氟氰菊酯/25克/升/乳油/高效氯氟氰菊酯 25克/升/2014.02.23 至 2019.02.23/中等毒			
	十字花科蔬菜	菜青虫	7.5-11.25克/公顷	喷雾
PD20092872	高氯·马/20%/乳油/高效氯氰菊酯 2%、马拉硫磷 18%/2014.03.05 至 2019.03.05/低毒			
	苹果树	桃小食心虫	133.3-200毫克/千克	喷雾
PD20093045	甲哌鎓/96%/可溶粉剂/甲哌鎓 96%/2009.03.09 至 2014.03.09/低毒			
	棉花	调节生长、增产	45-60克/公顷	喷雾
PD20093535	三唑锡/25%/可湿性粉剂/三唑锡 25%/2014.03.23 至 2019.03.23/低毒			
	柑橘树	红蜘蛛	125-250毫克/千克	喷雾
PD20094081	精喹禾灵/5%/乳油/精喹禾灵 5%/2014.03.27 至 2019.03.27/低毒			
	棉花田	一年生禾本科杂草	45—60克/公顷	茎叶喷雾
PD20097696	甲哌鎓/250克/升/水剂/甲哌鎓 250克/升/2009.11.04 至 2014.11.04/低毒			
	棉花	调节生长、增产	45—60克/公顷	茎叶喷雾
PD20110363	阿维·高氯/3%/乳油/阿维菌素 0.2%、高效氯氰菊酯 2.8%/2011.03.31 至 2016.03.31/低毒			
	甘蓝	菜青虫、小菜蛾	13.5-27克/公顷	喷雾
PD20110862	哒螨灵/20%/可湿性粉剂/哒螨灵 20%/2011.08.10 至 2016.08.10/低毒			
	苹果树	红蜘蛛	50-66.7毫克/千克	喷雾

山东凯利农生物科技有限公司　(山东省泗水县金庄经济园　273200　0537-4039789)

PD20096816	葡聚烯糖/95%/原药/葡聚烯糖 95%/2009.09.21 至 2014.09.21/微毒			
PD20096817	葡聚烯糖/0.5%/可溶粉剂/葡聚烯糖 0.5%/2009.09.21 至 2014.09.21/微毒			
	番茄	病毒病	0.75-0.94克/公顷	喷雾
PD20131877	高氯·马/20%/乳油/高效氯氰菊酯 2%、马拉硫磷 18%/2013.09.25 至 2018.09.25/低毒			
	苹果树	桃小食心虫	133—200毫克/千克	喷雾

山东凯诺生物技术有限公司　(山东省菏泽市成武县开发区东环路南段路东　274200　0530-8679444)

PD20100092	百草枯/200克/升/水剂/百草枯 200克/升/2012.12.31 至 2014.07.01/中等毒			
	柑橘园	杂草	600-750克/公顷	定向茎叶喷雾

山东康乔生物科技有限公司　(山东省博兴县吕艺镇工业园　256500　0543-2289156)

PD20111220 百草枯/200克/升/水剂/百草枯 200克/升/2012.12.31 至 2014.07.01/中等毒
非耕地 杂草 600-780克/公顷 定向茎叶喷雾
PD20121345 草甘膦铵盐/65%/可溶粉剂/草甘膦 65%/2012.09.12 至 2017.09.12/低毒
非耕地 杂草 1413.75-1813.5克/公顷 定向茎叶喷雾
注:草甘膦铵盐含量: 71.5%。
PD20130228 草甘膦异丙胺盐/30%/水剂/草甘膦 30%/2013.01.30 至 2018.01.30/低毒
非耕地 杂草 1125-2025克/公顷 茎叶喷雾
注:草甘膦异丙胺盐含量: 41%。
PD20130287 氟磺胺草醚/250克/升/水剂/氟磺胺草醚 250克/升/2013.02.26 至 2018.02.26/低毒
春大豆田 一年生阔叶杂草 300-375克/公顷 茎叶喷雾
PD20130397 烟嘧磺隆/40克/升/可分散油悬浮剂/烟嘧磺隆 40克/升/2013.03.12 至 2018.03.12/低毒
玉米田 一年生杂草 40-60克/公顷 茎叶喷雾
PD20130421 烯草酮/24%/乳油/烯草酮 24%/2013.03.18 至 2018.03.18/低毒
大豆田 一年生禾本科杂草 72-108克/公顷 茎叶喷雾
PD20130426 烟嘧·莠去津/25%/可分散油悬浮剂/烟嘧磺隆 2.5%、莠去津 22.5%/2013.03.18 至 2018.03.18/低毒
玉米田 一年生杂草 375-562.5克/公顷 茎叶喷雾
PD20130432 精喹禾灵/10%/乳油/精喹禾灵 10%/2013.03.18 至 2018.03.18/低毒
夏大豆田 一年生禾本科杂草 37.5-60克/公顷 茎叶喷雾
PD20132450 阿维菌素/5%/乳油/阿维菌素 5%/2013.12.02 至 2018.12.02/低毒(原药高毒)
柑橘树 红蜘蛛 6.67-8.33毫克/千克 喷雾

山东科大创业生物有限公司 (山东省邹平县长山镇长山工业园 256206 0543-4851285)

PD86108-3 菌核净/40%/可湿性粉剂/菌核净 40%/2011.09.21 至 2016.09.21/低毒
水稻 纹枯病 1200-1500克/公顷 喷雾
烟草 赤星病 1125-2025克/公顷 喷雾
油菜 菌核病 600-900克/公顷 喷雾
PD86159-5 三乙膦酸铝/40%/可湿性粉剂/三乙膦酸铝 40%/2011.09.21 至 2016.09.21/低毒
胡椒 瘟病 1克/株 灌根
棉花 疫病 1410-2820克/公顷 喷雾
蔬菜 霜霉病 1410-2820克/公顷 喷雾
水稻 稻瘟病、纹枯病 1410克/公顷 喷雾
橡胶树 割面条溃疡病 100倍液 1)切口涂药2)喷雾
烟草 黑胫病 1)4500克/公顷2)0.8克/株 1)喷雾2)灌根
PD20040337 高氯·辛硫磷/20%/乳油/高效氯氰菊酯 1%、辛硫磷 19%/2009.12.19 至 2014.12.19/中等毒
十字花科蔬菜 菜青虫 90-150克/公顷 喷雾
PD20040338 高氯·马/20%/乳油/高效氯氰菊酯 1.5%、马拉硫磷 18.5%/2009.12.19 至 2014.12.19/中等毒
苹果树 桃小食心虫 133-200毫克/千克 喷雾
PD20040665 哒螨灵/15%/乳油/哒螨灵 15%/2009.12.19 至 2014.12.19/中等毒
苹果树 红蜘蛛 33-50毫克/千克 喷雾
PD20040810 多·锰锌/40%/可湿性粉剂/多菌灵 20%、代森锰锌 20%/2009.12.20 至 2014.12.20/低毒
梨树 黑星病 667-1000毫克/千克 喷雾
PD20040827 螨醇·哒螨灵/20%/乳油/哒螨灵 5%、三氯杀螨醇 15%/2009.12.31 至 2014.12.31/低毒
苹果树 山楂红蜘蛛 100-133毫克/千克 喷雾
PD20050213 哒螨灵/20%/可湿性粉剂/哒螨灵 20%/2010.12.23 至 2015.12.23/低毒
柑橘树 红蜘蛛 50-100毫克/千克 喷雾
PD20060166 硫磺/99.5%/原药/硫磺 99.5%/2011.10.16 至 2016.10.16/低毒
PD20060194 乙酰甲胺磷/30%/乳油/乙酰甲胺磷 30%/2011.12.06 至 2016.12.06/低毒
柑橘树 介壳虫 250-400毫克/千克 喷雾
PD20070048 阿维菌素/92%/原药/阿维菌素 92%/2012.03.06 至 2017.03.06/高毒
PD20070397 啶虫脒/20%/可湿性粉剂/啶虫脒 20%/2012.11.05 至 2017.11.05/低毒
柑橘树 蚜虫 10-12毫克/千克 喷雾
PD20070399 多抗霉素/34%/原药/多抗霉素 34%/2012.11.05 至 2017.11.05/低毒
PD20070432 阿维·高氯/4.2%/乳油/阿维菌素 0.3%、高效氯氰菊酯 3.9%/2012.11.12 至 2017.11.12/低毒(原药高毒)
十字花科蔬菜 菜青虫、小菜蛾 13.5-27克/公顷 喷雾
PD20080337 噻螨酮/97.5%/原药/噻螨酮 97.5%/2013.02.26 至 2018.02.26/低毒
PD20080383 甲硫·福美双/50%/可湿性粉剂/福美双 20%、甲基硫菌灵 30%/2013.02.28 至 2018.02.28/中等毒
苹果树 轮纹病 500-700倍液 喷雾
PD20080847 四螨·三唑锡/10%/悬浮剂/四螨嗪 3%、三唑锡 7%/2013.06.23 至 2018.06.23/低毒
柑橘树 红蜘蛛 67-100毫克/千克 喷雾
PD20081353 硫磺·锰锌/70%/可湿性粉剂/硫磺 42%、代森锰锌 28%/2013.10.21 至 2018.10.21/低毒
豇豆 锈病 2250—3000克/公顷 喷雾
PD20081706 阿维菌素/3%/可湿性粉剂/阿维菌素 3%/2013.11.17 至 2018.11.17/低毒(原药高毒)
菜豆 美洲斑潜蝇 3-4.5克/公顷 喷雾
PD20082151 福美双/70%/可湿性粉剂/福美双 70%/2013.11.25 至 2018.11.25/低毒

	黄瓜	霜霉病	840-1260克/公顷	喷雾
PD20082922	灭幼脲/20%/悬浮剂/灭幼脲 20%/2013.12.09 至 2018.12.09/低毒			
	十字花科蔬菜	菜青虫	60-75克/公顷	喷雾
PD20083840	高氯·毒死蜱/15%/乳油/毒死蜱 13.5%、高效氯氰菊酯 1.5%/2008.12.15 至 2013.12.15/中等毒			
	黄瓜	美洲斑潜蝇	112.5-135克/公顷	喷雾
PD20084148	高氯·氟啶脲/5%/乳油/氟啶脲 1%、高效氯氰菊酯 4%/2013.12.16 至 2018.12.16/低毒			
	十字花科蔬菜	甜菜夜蛾	37.5-52.5克/公顷	喷雾
PD20084533	福·福锌/80%/可湿性粉剂/福美双 30%、福美锌 50%/2013.12.18 至 2018.12.18/低毒			
	苹果树	炭疽病	1333-1600毫克/千克	喷雾
	西瓜	炭疽病	1500-1800克/公顷	喷雾
PD20086356	阿维·炔螨特/56%/乳油/阿维菌素 0.3%、炔螨特 55.7%/2013.12.31 至 2018.12.31/低毒(原药高毒)			
	柑橘树	红蜘蛛	140-280毫克/千克	喷雾
PD20086378	碱式硫酸铜/96%/原药/碱式硫酸铜 96%/2013.12.31 至 2018.12.31/低毒			
PD20086381	井冈霉素/3%/可溶粉剂/井冈霉素 3%/2013.12.31 至 2018.12.31/低毒			
	水稻	纹枯病	150-187.5克/公顷	喷雾
PD20086382	井冈霉素/3%/水剂/井冈霉素 3%/2013.12.31 至 2018.12.31/低毒			
	水稻	纹枯病	150-187.5克/公顷	喷雾
PD20091189	高效氯氟氰菊酯/2.5%/水乳剂/高效氯氟氰菊酯 2.5%/2014.01.22 至 2019.01.22/中等毒			
	甘蓝	菜青虫、蚜虫	5.625-7.5克/公顷	喷雾
PD20091271	腐霉·百菌清/20%/烟剂/百菌清 10%、腐霉利 10%/2014.02.01 至 2019.02.01/低毒			
	黄瓜(保护地)	霜霉病	600-900克/公顷	点燃放烟
PD20091668	阿维·甲氰/1.8%/乳油/阿维菌素 0.1%、甲氰菊酯 1.7%/2014.02.03 至 2019.02.03/低毒(原药高毒)			
	苹果树	红蜘蛛	12-18毫克/千克	喷雾
PD20091821	灭多威/10%/可溶粉剂/灭多威 10%/2014.02.05 至 2019.02.05/中等毒(原药高毒)			
	棉花	棉铃虫	270-360克/公顷	喷雾
PD20092615	稻瘟灵/30%/乳油/稻瘟灵 30%/2014.03.02 至 2019.03.02/低毒			
	水稻	稻瘟病	562.5-675克/公顷	喷雾
PD20093745	硫磺·百菌清/10%/粉剂/百菌清 5%、硫磺 5%/2009.03.25 至 2014.03.25/低毒			
	黄瓜(温棚)	霜霉病	1500－1800克/公顷	喷粉
PD20093822	精喹禾灵/10.8%/乳油/精喹禾灵 10.8%/2009.03.25 至 2014.03.25/低毒			
	夏大豆田	一年生禾本科杂草	48.6-64.8克/公顷	茎叶喷雾
PD20094033	高效氯氰菊酯/4.5%/乳油/高效氯氰菊酯 4.5%/2009.03.27 至 2014.03.27/中等毒			
	茶树	茶尺蠖	22.5-30毫克/千克	喷雾
PD20094037	三唑磷/20%/乳油/三唑磷 20%/2009.03.27 至 2014.03.27/中等毒			
	水稻	二化螟	202.5-303.75克/公顷	喷雾
PD20094619	氯氰·敌敌畏/20%/乳油/敌敌畏 18%、氯氰菊酯 2%/2009.04.10 至 2014.04.10/中等毒			
	十字花科蔬菜	黄条跳甲	225-300克/公顷	喷雾
PD20094706	高氯·灭多威/5%/乳油/高效氯氰菊酯 2%、灭多威 3%/2009.04.10 至 2014.04.10/中等毒(原药高毒)			
	棉花	棉铃虫	75-90克/公顷	喷雾
PD20094908	甲基硫菌灵/500克/升/悬浮剂/甲基硫菌灵 500克/升/2009.04.16 至 2014.04.16/低毒			
	水稻	稻瘟病	750-1125克/公顷	喷雾
PD20095799	除虫脲/5%/乳油/除虫脲 5%/2009.05.27 至 2014.05.27/低毒			
	茶树	茶尺蠖	40-50毫克/千克	喷雾
PD20096555	硫磺/91%/粉剂/硫磺 91%/2009.08.24 至 2014.08.24/微毒			
	橡胶树	白粉病	10237.5－13650克/公顷	喷粉
PD20096719	苏云金杆菌/8000IU/微升/悬浮剂/苏云金杆菌 8000IU/微升/2009.09.07 至 2014.09.07/低毒			
	十字花科蔬菜	菜青虫	1500-2250毫升制剂/公顷	喷雾
PD20096972	吡虫啉/200克/升/可溶液剂/吡虫啉 200克/升/2009.09.29 至 2014.09.29/低毒			
	十字花科蔬菜	蚜虫	20-30克/公顷	喷雾
PD20097197	四螨嗪/500克/升/悬浮剂/四螨嗪 500克/升/2009.10.16 至 2014.10.16/低毒			
	苹果树	苹果红蜘蛛	83-100毫克/千克	喷雾
PD20097256	阿维·氟铃脲/2.5%/乳油/阿维菌素 0.4%、氟铃脲 2.1%/2009.10.19 至 2014.10.19/低毒(原药高毒)			
	甘蓝	小菜蛾	11.25-15克/公顷	喷雾
PD20097281	代森锰锌/80%/可湿性粉剂/代森锰锌 80%/2009.10.26 至 2014.10.26/低毒			
	黄瓜	霜霉病	1800－2700克/公顷	喷雾
PD20097334	噻螨酮/5%/可湿性粉剂/噻螨酮 5%/2009.10.27 至 2014.10.27/低毒			
	柑橘树	红蜘蛛	25-31.25毫克/千克	喷雾
PD20097735	甲基硫菌灵/70%/可湿性粉剂/甲基硫菌灵 70%/2009.11.12 至 2014.11.12/低毒			
	番茄	叶霉病	367.5－556.5克/公顷	喷雾
PD20097813	乙酸铜/20%/可湿性粉剂/乙酸铜 20%/2009.11.20 至 2014.11.20/低毒			
	黄瓜	苗期猝倒病	3000-4500克/公顷	灌根
PD20098055	福美双/50%/可湿性粉剂/福美双 50%/2009.12.07 至 2014.12.07/低毒			
	黄瓜	霜霉病	750－1125克/公顷	喷雾

PD20098056 多抗霉素/3%/可湿性粉剂/多抗霉素B 3%/2009.12.07 至 2014.12.07/低毒
番茄 晚疫病 168.75—337.5克/公顷 喷雾
PD20098418 苏云金杆菌/16000IU/毫克/可湿性粉剂/苏云金杆菌 16000IU/毫克/2009.12.24 至 2014.12.24/低毒
十字花科蔬菜 菜青虫 37.5-50毫克制剂/亩 喷雾
PD20098436 辛硫·矿物油/40%/乳油/矿物油 20%、辛硫磷 20%/2009.12.24 至 2014.12.24/低毒
棉花 棉铃虫 600-900克/公顷 喷雾
PD20098437 阿维·矿物油/24.5%/乳油/阿维菌素 0.2%、矿物油 24.3%/2009.12.24 至 2014.12.24/低毒(原药高毒)
柑橘树 红蜘蛛 122.5-245毫克/千克 喷雾
PD20098499 丁硫·矿物油/30%/乳油/丁硫克百威 5%、矿物油 25%/2009.12.24 至 2014.12.24/中等毒
棉花 蚜虫 135-270克/公顷 喷雾
PD20100028 多抗·福美双/25.8%/可湿性粉剂/多抗霉素 0.8%、福美双 25%/2010.01.04 至 2015.01.04/低毒
黄瓜 霜霉病 580—772.5克/公顷 喷雾
PD20100138 阿维·三唑磷/20%/乳油/阿维菌素 0.2%、三唑磷 19.8%/2010.01.05 至 2015.01.05/低毒
水稻 二化螟 150-210克/公顷 喷雾
PD20100486 甲氰·噻螨酮/7.5%/乳油/甲氰菊酯 5%、噻螨酮 2.5%/2010.01.14 至 2015.01.14/低毒
柑橘树 红蜘蛛 40-48毫升制剂/亩 茎叶喷雾
PD20100590 阿维菌素/1.8%/乳油/阿维菌素 1.8%/2010.01.14 至 2015.01.14/低毒(原药高毒)
甘蓝 小菜蛾 8.1-10.8克/公顷 喷雾
水稻 稻纵卷叶螟 4.05-5.4克/公顷 喷雾
PD20100608 阿维菌素/1.8%/乳油/阿维菌素 1.8%/2010.01.14 至 2015.01.14/低毒(原药高毒)
十字花科蔬菜 小菜蛾 33-50毫升制剂/亩 喷雾
PD20101515 甲基硫菌灵/36%/悬浮剂/甲基硫菌灵 36%/2010.05.10 至 2015.05.10/低毒
水稻 稻瘟病 500—938毫升（制剂）/公顷 喷雾
PD20101527 氟硅唑/400克/升/乳油/氟硅唑 400克/升/2010.05.19 至 2015.05.19/低毒
黄瓜 黑星病 60—75克/公顷 喷雾
PD20101873 氟氯氰菊酯/50克/升/乳油/氟氯氰菊酯 50克/升/2010.08.09 至 2015.08.09/低毒
甘蓝 蚜虫 20.25-24.75克/公顷 喷雾
PD20110105 氟铃脲/5%/乳油/氟铃脲 5%/2011.01.26 至 2016.01.26/低毒
甘蓝 小菜蛾 30-52.5克制剂/公顷 喷雾
PD20110132 矿物油/99%/乳油/矿物油 99%/2011.01.28 至 2016.01.28/微毒
柑橘树 介壳虫 4950-9900 毫克/千克 喷雾
PD20130695 甲维盐·氯氰/3.2%/微乳剂/甲氨基阿维菌素苯甲酸盐 0.2%、氯氰菊酯 3%/2013.04.11 至 2018.04.11/低毒
甘蓝 甜菜夜蛾 19.2-28.8克/公顷 喷雾
PD20131046 甲氨基阿维菌素苯甲酸盐/2%/微乳剂/甲氨基阿维菌素 2%/2013.05.13 至 2018.05.13/低毒
甘蓝 甜菜夜蛾 2.64-3.3克/公顷 喷雾
注:甲氨基阿维菌素苯甲酸盐含量：2.2%。
LS20100049 甲维·丙溴磷/15.2%/乳油/丙溴磷 15%、甲氨基阿维菌素苯甲酸盐 0.2%/2012.04.02 至 2013.04.02/低毒
甘蓝 小菜蛾 182.4-228克/公顷 喷雾
LS20100058 高氯·啶虫脒/5%/微乳剂/啶虫脒 3%、高效氯氰菊酯 2%/2012.04.14 至 2013.04.14/低毒
十字花科蔬菜 蚜虫 22.5-30克/公顷 喷雾
LS20110054 丙溴磷/10%/颗粒剂/丙溴磷 10%/2013.03.03 至 2014.03.03/低毒
甘薯 茎线虫 3000-4500克/公顷 沟施、穴施

山东科信生物化学有限公司 （山东省临邑县恒源经济开发区 250100 0531-88631827）

PD20093110 百草枯/42%/母药/百草枯 42%/2009.03.09 至 2014.03.09/中等毒
PD20094494 百草枯/200克/升/水剂/百草枯 200克/升/2012.12.31 至 2014.07.01/中等毒
茶园 杂草 450-750克/公顷 定向喷雾
PD20095162 虫酰肼/95%/原药/虫酰肼 95%/2009.04.24 至 2014.04.24/低毒
PD20110180 百草枯/250克/升/水剂/百草枯 250克/升/2012.12.31 至 2014.07.01/低毒
非耕地 杂草 600-750克/公顷 定向茎叶喷雾
PD20131587 噻虫嗪/98%/原药/噻虫嗪 98%/2013.07.29 至 2018.07.29/低毒

山东科源化工有限公司 （山东省莱州市银海工业园区 261413 0532-83834402）

PD85104-7 敌敌畏/95%/原药/敌敌畏 95%/2010.01.05 至 2015.01.05/中等毒
PD85105-61 敌敌畏/80%/乳油/敌敌畏 77.5%(气谱法)/2010.01.05 至 2015.01.05/中等毒
茶树 食叶害虫 600克/公顷 喷雾
粮仓 多种储藏害虫 1)400-500倍液 1)喷雾
2)0.4-0.5克/立方米 2)挂条熏蒸
棉花 蚜虫、造桥虫 600-1200克/公顷 喷雾
苹果树 小卷叶蛾、蚜虫 400-500毫克/千克 喷雾
青菜 菜青虫 600克/公顷 喷雾
桑树 尺蠖 600克/公顷 喷雾
卫生 多种卫生害虫 1)300-400倍液2)0.08克/立方米 1)泼洒2)挂条熏蒸
小麦 黏虫、蚜虫 600克/公顷 喷雾
PD20040784 哒螨灵/15%/乳油/哒螨灵 15%/2009.12.19 至 2014.12.19/中等毒

柑橘树 红蜘蛛 50-67毫克/千克 喷雾
PD20084931 霜霉威盐酸盐/66.5%/水剂/霜霉威盐酸盐 66.5%/2013.12.22 至 2018.12.22/低毒
黄瓜 霜霉病 649.8-1083克/公顷 喷雾
PD20085340 丙溴磷/40%/乳油/丙溴磷 40%/2013.12.24 至 2018.12.24/中等毒
棉花 棉铃虫 480-600克/公顷 喷雾
PD20085732 丙溴·辛硫磷/25%/乳油/丙溴磷 12%、辛硫磷 13%/2013.12.26 至 2018.12.26/低毒
棉花 棉铃虫 300-375克/公顷 喷雾
PD20090158 氯氰·丙溴磷/44%/乳油/丙溴磷 40%、氯氰菊酯 4%/2014.01.08 至 2019.01.08/低毒
甘蓝 小菜蛾 99-165克/公顷 喷雾
棉花 棉铃虫 198-264克/公顷 喷雾
PD20092344 杀鼠醚/0.0375%/毒饵/杀鼠醚 0.0375%/2009.02.24 至 2014.02.24/中等毒(原药高毒)
室内、外 家鼠 / 饱和投饵
PD20095500 甲哌鎓/250克/升/水剂/甲哌鎓 250克/升/2009.05.11 至 2014.05.11/低毒
棉花 调节生长 45-60克/公顷 喷雾
PD20101235 丙溴磷/94%/原药/丙溴磷 94%/2010.03.01 至 2015.03.01/中等毒
PD20101517 二甲戊灵/330克/升/乳油/二甲戊灵 330克/升/2010.05.12 至 2015.05.12/低毒
玉米田 一年生杂草 891-1039.5克/公顷 播后苗前土壤喷雾
PD20111226 2,4-滴/98%/原药/2,4-滴 98%/2011.11.18 至 2016.11.18/低毒
注:专供出口，不得在国内销售。
PD20111359 2,4-滴丁酯/72%/乳油/2,4-滴丁酯 72%/2011.12.12 至 2016.12.12/低毒
注:专供出口，不得在国内销售。
PD20120390 2,4-滴二甲胺盐/860克/升/水剂/2,4-滴二甲胺盐 860克/升/2012.03.07 至 2017.03.07/低毒
注:专供出口,不得在国内销售。
PD20120408 2,4-滴二甲胺盐/720克/升/水剂/2,4-滴二甲胺盐 720克/升/2012.03.07 至 2017.03.07/低毒
注:专供出口,不得在国内销售。

山东乐邦化学品有限公司 (山东省济南市大桥路 250100 0531-88263059)

PD20083883 毒死蜱/480克/升/乳油/毒死蜱 480克/升/2013.12.15 至 2018.12.15/中等毒
水稻 稻纵卷叶螟 432-576克/公顷 喷雾
PD20084482 高效氯氟氰菊酯/25克/升/乳油/高效氯氟氰菊酯 25克/升/2013.12.17 至 2018.12.17/中等毒
棉花 棉铃虫 15-18.75克/公顷 喷雾
PD20084582 丙环唑/250克/升/乳油/丙环唑 250克/升/2013.12.18 至 2018.12.18/低毒
香蕉 叶斑病 250-500毫克/千克 喷雾
PD20084607 联苯菊酯/100克/升/乳油/联苯菊酯 100克/升/2013.12.18 至 2018.12.18/中等毒
茶树 茶小绿叶蝉 30-37.5克/公顷 喷雾
PD20085401 草甘膦异丙胺盐/41%/水剂/草甘膦异丙胺盐 41%/2013.12.24 至 2018.12.24/低毒
桑园 杂草 1125-2250克/公顷 定向茎叶喷雾
PD20086344 代森锰锌/80%/可湿性粉剂/代森锰锌 80%/2013.12.31 至 2018.12.31/低毒
黄瓜 霜霉病 2250-3000克/公顷 喷雾
PD20090385 氟乐灵/480克/升/乳油/氟乐灵 480克/升/2014.01.12 至 2019.01.12/低毒
棉花田 一年生禾本科杂草及部分阔叶杂草 900-1080克/公顷 播后苗前土壤喷雾
PD20090413 异丙甲草胺/720克/升/乳油/异丙甲草胺 720克/升/2014.01.12 至 2019.01.12/低毒
大豆田 一年生杂草 1080-1944克/公顷 土壤喷雾
PD20090567 百草枯/200克/升/水剂/百草枯 200克/升/2012.12.31 至 2014.07.01/中等毒
茶园 一年生和多年生杂草 450-750克/公顷 定向茎叶喷雾
PD20090961 二甲戊灵/330克/升/乳油/二甲戊灵 330克/升/2014.01.20 至 2019.01.20/低毒
棉花田 一年生杂草 742.5-990克/公顷 土壤喷雾
PD20091362 高效氟吡甲禾灵/108克/升/乳油/高效氟吡甲禾灵 108克/升/2009.02.02 至 2014.02.02/低毒
大豆田 杂草 48.6-72.9克/公顷 茎叶喷雾
PD20092698 精喹禾灵/50克/升/乳油/精喹禾灵 50克/升/2009.03.03 至 2014.03.03/低毒
春大豆田 一年生禾本科杂草 45-60克/公顷 茎叶喷雾
夏大豆田 一年生禾本科杂草 60-75克/公顷 茎叶喷雾
PD20093108 丁草胺/600克/升/水乳剂/丁草胺 600克/升/2009.03.09 至 2014.03.09/低毒
移栽水稻田 杂草 1650-2100毫升制剂/公顷 毒土法
PD20093516 乙草胺/900克/升/乳油/乙草胺 900克/升/2009.03.23 至 2014.03.23/低毒
春玉米田 一年生禾本科杂草及部分小粒种子阔叶杂草 1350-1620克/公顷 土壤喷雾
夏玉米田 一年生禾本科杂草及部分小粒种子阔叶杂草 810-1215克/公顷 土壤喷雾
PD20094194 莠去津/50%/悬浮剂/莠去津 50%/2009.03.30 至 2014.03.30/低毒
夏玉米田 一年生杂草 1050-1500克/公顷 播后苗前土壤喷雾
PD20097203 乙草胺/50%/乳油/乙草胺 50%/2009.10.19 至 2014.10.19/低毒
花生田 一年生杂草 900-1125克/公顷 播后苗前土壤喷雾
PD20097375 阿维菌素/18克/升/乳油/阿维菌素 18克/升/2009.10.28 至 2014.10.28/低毒(原药高毒)

甘蓝	小菜蛾	8.1-10.8克/公顷	喷雾

PD20097691 阿维·高氯/3%/乳油/阿维菌素 0.2%、高效氯氰菊酯 2.8%/2009.11.04 至 2014.11.04/低毒(原药高毒)

甘蓝	菜青虫、小菜蛾	13.5-27克/公顷	喷雾

PD20097795 甲基硫菌灵/70%/可湿性粉剂/甲基硫菌灵 70%/2009.11.20 至 2014.11.20/低毒

番茄	叶腐病	525-787.5克/公顷	喷雾

PD20097841 精噁唑禾草灵/69克/升/水乳剂/精噁唑禾草灵 69克/升/2009.11.20 至 2014.11.20/低毒

小麦田	一年生禾本科杂草	41.4-62.10克/公顷	茎叶喷雾

PD20097847 烟嘧磺隆/40克/升/可分散油悬浮剂/烟嘧磺隆 40克/升/2009.11.20 至 2014.11.20/低毒

玉米田	一年生杂草	45-60克/公顷	茎叶喷雾

PD20098085 三环唑/75%/可湿性粉剂/三环唑 75%/2009.12.08 至 2014.12.08/中等毒

水稻	稻瘟病	225—300克/公顷	喷雾

PD20098268 氟硅唑/400克/升/乳油/氟硅唑 400克/升/2009.12.18 至 2014.12.18/低毒

黄瓜	黑星病	60-75克/公顷	喷雾

PD20098373 吡嘧磺隆/10%/可湿性粉剂/吡嘧磺隆 10%/2009.12.18 至 2014.12.18/低毒

移栽水稻田	一年生阔叶杂草	22.5-30克/公顷	毒土法

PD20100748 扑·乙/51%/乳油/扑草净 13%、乙草胺 38%/2010.01.16 至 2015.01.16/低毒

花生田	一年生杂草	1147.5-1530克/公顷	土壤喷雾

PD20100848 烟嘧·莠去津/22%/可分散油悬浮剂/烟嘧磺隆 2%、莠去津 20%/2010.01.19 至 2015.01.19/低毒

玉米田	一年生杂草	1500-2250毫升/公顷	茎叶喷雾

PD20101151 2,4-滴丁酯/57%，总酯72%/乳油/2,4-滴丁酯 57%/2010.01.25 至 2015.01.25/低毒

春玉米田	阔叶杂草	432-540克/公顷	茎叶喷雾

PD20101475 苯磺隆/75%/水分散粒剂/苯磺隆 75%/2010.05.05 至 2015.05.05/低毒

冬小麦田	一年生阔叶杂草	14.625-19.125克/公顷	茎叶喷雾

PD20101790 炔螨特/57%/乳油/炔螨特 57%/2010.07.13 至 2015.07.13/低毒

柑橘树	红蜘蛛	285-380毫克/千克	喷雾

PD20110514 莠去津/38%/悬浮剂/莠去津 38%/2011.05.03 至 2016.05.03/低毒

春玉米田	一年生杂草	1710-2280克/公顷	播后苗前土壤喷雾
夏玉米田	一年生杂草	1140-1710克/公顷	播后苗前土壤喷雾

PD20121861 阿维·哒螨灵/10.5%/乳油/阿维菌素 0.3%、哒螨灵 10.2%/2012.11.28 至 2017.11.28/中等毒(原药高毒)

柑橘树	红蜘蛛	70-105毫克/千克	喷雾

PD20130079 乙·莠· 滴丁酯/51%/悬乳剂/2,4-滴丁酯 5%、乙草胺 30%、莠去津 16%/2013.01.14 至 2018.01.14/低毒

春玉米田	一年生杂草	1759.5-2065.5克/公顷	土壤喷雾

PD20130194 乙草胺/89%/乳油/乙草胺 89%/2013.01.24 至 2018.01.24/低毒

春大豆田	一年生杂草	1336.5-1633.5克/公顷	播后苗前土壤喷雾

PD20131468 甲·灭·敌草隆/55%/可湿性粉剂/敌草隆 15%、2甲4氯 10%、莠灭净 30%/2013.07.05 至 2018.07.05/低毒

甘蔗田	一年生杂草	1350-1732.5克/公顷	定向茎叶喷雾

PD20132359 丁·戊·福美双/20.6%/悬浮种衣剂/丁硫克百威 7%、福美双 13%、戊唑醇 0.6%/2013.11.20 至 2018.11.20/中等毒

玉米	地老虎、金针虫、蝼蛄、蛴螬、丝黑穗病	463.5-515克/100千克种子	种子包衣

PD20132442 甲氨基阿维菌素苯甲酸盐/1%/乳油/甲氨基阿维菌素 1%/2013.12.02 至 2018.12.02/低毒

甘蓝	甜菜夜蛾	2.25-3克/公顷	喷雾

注:甲氨基阿维菌素苯甲酸盐含量: 1.14%.

山东利邦农化有限公司 (山东省青州市北环一路3889号 262515 0536-3521758)

PD20085105 代森锌/65%/可湿性粉剂/代森锌 65%/2013.12.23 至 2018.12.23/微毒

番茄	早疫病	2550-3600克/公顷	喷雾

PD20085773 三唑锡/25%/可湿性粉剂/三唑锡 25%/2013.12.29 至 2018.12.29/中等毒

柑橘树	红蜘蛛	125-166.7毫克/千克	喷雾

PD20090255 异菌脲/50%/可湿性粉剂/异菌脲 50%/2014.01.09 至 2019.01.09/低毒

番茄	灰霉病	375-750克/公顷	喷雾

PD20090315 代森锰锌/80%/可湿性粉剂/代森锰锌 80%/2014.01.12 至 2019.01.12/微毒

黄瓜	霜霉病	2040-3000克/公顷	喷雾

PD20091590 三环唑/75%/可湿性粉剂/三环唑 75%/2014.02.03 至 2019.02.03/低毒

水稻	稻瘟病	225-375克/公顷	喷雾

PD20092229 百菌清/75%/可湿性粉剂/百菌清 75%/2014.02.24 至 2019.02.24/低毒

苹果树	斑点落叶病	1250-1875毫克/千克	喷雾

PD20092818 虫酰肼/20%/悬浮剂/虫酰肼 20%/2014.03.04 至 2019.03.04/微毒

十字花科蔬菜	甜菜夜蛾	210-300克/公顷	喷雾

PD20093439 辛硫磷/40%/乳油/辛硫磷 40%/2014.03.23 至 2019.03.23/低毒

棉花	棉铃虫	360-600克/公顷	喷雾

PD20093852 百草枯/200克/升/水剂/百草枯 200克/升/2012.12.31 至 2014.07.01/中等毒

柑橘园	杂草	600-900克/公顷	定向茎叶喷雾

PD20096363 异丙威/20%/乳油/异丙威 20%/2009.07.28 至 2014.07.28/中等毒

水稻	稻飞虱	450-600克/公顷	喷雾

PD20096395 福美双/50%/可湿性粉剂/福美双 50%/2009.08.04 至 2014.08.04/中等毒

黄瓜 白粉病 525-1050克/公顷 喷雾
PD20096438 阿维菌素/1.8%/乳油/阿维菌素 1.8%/2009.08.05 至 2014.08.05/低毒(原药高毒)
甘蓝 小菜蛾 8.1-10.8克/公顷 喷雾
PD20097672 甲霜·锰锌/58%/可湿性粉剂/甲霜灵 10%、代森锰锌 48%/2009.11.04 至 2014.11.04/低毒
黄瓜 霜霉病 670-1044克/公顷 喷雾
PD20098479 三唑磷/20%/乳油/三唑磷 20%/2009.12.24 至 2014.12.24/低毒
水稻 二化螟 300-450克/公顷 喷雾
PD20100213 春雷霉素/6%/可湿性粉剂/春雷霉素 6%/2010.01.05 至 2015.01.05/低毒
水稻 稻瘟病 23—33克/公顷 喷雾
PD20122040 甲维盐·氯氰/3.2%/微乳剂/甲氨基阿维菌素苯甲酸盐 0.2%、氯氰菊酯 3%/2012.12.24 至 2017.12.24/低毒
甘蓝 甜菜夜蛾 21-28.8克/公顷 喷雾
PD20130467 烯酰吗啉/40%/水分散粒剂/烯酰吗啉 40%/2013.03.20 至 2018.03.20/低毒
黄瓜 霜霉病 225-300克/公顷 喷雾

山东力邦化工有限公司 (山东省菏泽市定陶工业园 274100 0530-2152744)

PD20082807 硫双威/95%/原药/硫双威 95%/2013.12.09 至 2018.12.09/中等毒
PD20090688 硫双威/375克/升/悬浮剂/硫双威 375克/升/2014.01.19 至 2019.01.19/中等毒
棉花 棉铃虫 337.5-506.25克/公顷 喷雾
PD20090848 虫酰肼/200克/升/悬浮剂/虫酰肼 200克/升/2014.01.19 至 2019.01.19/低毒
十字花科蔬菜 甜菜夜蛾 200-300克/公顷 喷雾
PD20100284 吡虫啉/10%/可湿性粉剂/吡虫啉 10%/2010.01.11 至 2015.01.11/低毒
水稻 稻飞虱 15-30克/公顷 喷雾
小麦 蚜虫 15-30克/公顷(南方地区) 喷雾
45-60克/公顷(北方地区)
PD20100769 哒螨灵/20%/可湿性粉剂/哒螨灵 20%/2010.01.18 至 2015.01.18/低毒
苹果树 红蜘蛛 66.7-100毫克/千克 喷雾
PD20121790 硫双威/80%/水分散粒剂/硫双威 80%/2012.11.22 至 2017.11.22/中等毒
甘蓝 菜青虫 240-300克/公顷 喷雾
PD20130050 高效氯氰菊酯/4.5%/水乳剂/高效氯氰菊酯 4.5%/2013.01.07 至 2018.01.07/中等毒
棉花 棉铃虫 20.25-33.75克/公顷 喷雾
PD20131540 甲氨基阿维菌素苯甲酸盐/5%/水分散粒剂/甲氨基阿维菌素 5%/2013.07.17 至 2018.07.17/低毒
甘蓝 小菜蛾 1-3克/公顷 喷雾
注:甲氨基阿维菌素苯甲酸盐含量: 5.7%。

山东聊城赛德农药有限公司 (山东省莘县朝城镇工业开发区 252423 0635-7717777)

PD20084502 霜脲·锰锌/72%/可湿性粉剂/代森锰锌 64%、霜脲氰 8%/2013.12.22 至 2018.12.22/低毒
黄瓜 霜霉病 1440-1800克/公顷 喷雾
PD20090651 啶虫脒/40%/水分散粒剂/啶虫脒 40%/2014.01.15 至 2019.01.15/中等毒
甘蓝 蚜虫 18-22.5克/公顷 喷雾
PD20092262 福·福锌/80%/可湿性粉剂/福美双 30%、福美锌 50%/2014.02.24 至 2019.02.24/低毒
西瓜 炭疽病 1500-1800克/公顷 喷雾
PD20100152 吡虫啉/10%/可湿性粉剂/吡虫啉 10%/2010.01.05 至 2015.01.05/低毒
水稻 稻飞虱 15-22.5克/公顷 喷雾
PD20100211 阿维菌素/18克/升/乳油/阿维菌素 18克/升/2010.01.05 至 2015.01.05/低毒(原药高毒)
甘蓝 小菜蛾 8.1-10.8克/公顷 喷雾
PD20100915 多抗霉素/10%/可湿性粉剂/多抗霉素B 10%/2010.01.19 至 2015.01.19/低毒
苹果树 斑点落叶病 67—100毫克/千克 喷雾
PD20102036 水胺·硫丹/25%/乳油/硫丹 10%、水胺硫磷 15%/2010.10.19 至 2015.10.19/中等毒(原药高毒)
棉花 棉铃虫 300-450克/公顷 喷雾
PD20110626 藜芦碱/0.5%/可溶液剂/藜芦碱 0.5%/2011.06.08 至 2016.06.08/低毒
棉花 棉铃虫、棉蚜 5.625-7.5克/公顷 喷雾
PD20131593 啶虫脒/5%/可湿性粉剂/啶虫脒 5%/2013.07.29 至 2018.07.29/低毒
甘蓝 蚜虫 15-27.5克/公顷 喷雾

山东临沂化联化工有限公司 (山东省临沂市兰山区朱保工业园 276000 0539-8558888)

PD85105-55 敌敌畏/80%/乳油/敌敌畏 77.5%/2010.03.22 至 2015.03.22/中等毒
茶树 食叶害虫 600克/公顷 喷雾
粮仓 多种储藏害虫 1)400-500倍液, 1)喷雾,
2)0.4-0.5克/立方米 2)挂条熏蒸
棉花 蚜虫、造桥虫 600-1200克/公顷 喷雾
苹果树 小卷叶蛾、蚜虫 400-500毫克/千克 喷雾
青菜 菜青虫 600克/公顷 喷雾
桑树 尺蠖 600克/公顷 喷雾
卫生 多种卫生害虫 1)300-400倍液, 1)泼洒,
2)0.08克/立方米 2)挂条熏蒸
小麦 黏虫、蚜虫 600克/公顷 喷雾

PD91104-27 敌敌畏/48%/乳油/敌敌畏 48%/2011.01.17 至 2016.01.17/中等毒
茶树 食叶害虫 600克/公顷 喷雾
粮仓 多种储粮害虫 1)300-400倍液 1)喷雾
2)0.4-0.5克/立方米 2)挂条熏蒸
棉花 蚜虫、造桥虫 600-1200克/公顷 喷雾
苹果树 小卷叶蛾、蚜虫 400-500毫克/千克 喷雾
青菜 菜青虫 600克/公顷 喷雾
桑树 尺蠖 600克/公顷 喷雾
卫生 多种卫生害虫 1)250-300倍液2)0.08克/立方米 1)泼洒2)挂条熏蒸
小麦 黏虫、蚜虫 600克/公顷 喷雾
PD20040217 氯氰菊酯/5%/乳油/氯氰菊酯 5%/2009.12.19 至 2014.12.19/中等毒
棉花 棉铃虫 45-90克/公顷 喷雾
PD20040682 氯氰·吡虫啉/5%/乳油/吡虫啉 1.5%、氯氰菊酯 3.5%/2009.12.19 至 2014.12.19/中等毒
十字花科蔬菜 蚜虫 22.5-37.5克/公顷 喷雾
PD20082541 甲氰·辛硫磷/25%/乳油/甲氰菊酯 5%、辛硫磷 20%/2013.12.03 至 2018.12.03/中等毒
棉花 棉铃虫 225-345克/公顷 喷雾
PD20083255 辛硫·仲丁威/24%/悬浮剂/辛硫磷 16%、仲丁威 8%/2013.12.11 至 2018.12.11/中等毒
甘蓝 菜青虫 216-288克/公顷 喷雾
PD20083968 乙酰甲胺磷/30%/乳油/乙酰甲胺磷 30%/2008.12.16 至 2013.12.16/低毒
十字花科蔬菜 菜青虫 360-540克/公顷 喷雾
PD20090267 敌百·辛硫磷/30%/乳油/敌百虫 20%、辛硫磷 10%/2014.01.09 至 2019.01.09/低毒
水稻 二化螟 360-450克/公顷 喷雾
PD20090899 联苯菊酯/100克/升/乳油/联苯菊酯 100克/升/2014.01.19 至 2019.01.19/中等毒
茶树 茶小绿叶蝉 30-37.5克/公顷 喷雾
PD20094922 阿维菌素/18克/升/乳油/阿维菌素 18克/升/2009.04.13 至 2014.04.13/低毒(原药高毒)
十字花科蔬菜 小菜蛾 8.1-10.8克/公顷 喷雾
PD20095952 氧乐果/20%/乳油/氧乐果 20%/2009.06.02 至 2014.06.02/中等毒(原药高毒)
棉花 蚜虫 100-150克/公顷 喷雾
PD20096708 三唑磷/20%/乳油/三唑磷 20%/2009.09.07 至 2014.09.07/中等毒
水稻 二化螟 300-450克/公顷 喷雾
PD20098450 毒·矿物油/48%/乳油/毒死蜱 16%、矿物油 32%/2009.12.24 至 2014.12.24/中等毒
萝卜 菜青虫 540-720克/公顷 喷雾
PD20100111 螨醇·哒螨灵/20%/乳油/哒螨灵 5%、三氯杀螨醇 15%/2010.01.05 至 2015.01.05/低毒
苹果树 山楂红蜘蛛 100-133毫克/千克 喷雾
PD20101666 三唑·辛硫磷/20%/乳油/三唑磷 10%、辛硫磷 10%/2010.06.03 至 2015.06.03/中等毒
水稻 二化螟 360～480克/公顷 喷雾
PD20120505 高氯·马/20%/乳油/高效氯氰菊酯 2%、马拉硫磷 18%/2012.03.20 至 2017.03.20/低毒
苹果树 桃小食心虫 133-200毫克/千克 喷雾
PD20121234 甲氨基阿维菌素苯甲酸盐/0.5%/微乳剂/甲氨基阿维菌素 0.5%/2012.08.27 至 2017.08.27/低毒
甘蓝 甜菜夜蛾 1.5-3克/公顷 喷雾
注:甲氨基阿维菌素苯甲酸盐含量：0.57%。

山东临沂圣骐日化有限公司 (山东省临沂市水田路化妆品市场263号 276002 0539-8996519)

WL20100119 杀虫气雾剂/0.65%/气雾剂/富右旋反式烯丙菊酯 0.3%、氯菊酯 0.35%/2012.05.10 至 2013.05.10/微毒
卫生 蚊、蝇、蜚蠊 / 喷雾
WL20100120 杀虫气雾剂/0.75%/气雾剂/胺菊酯 0.35%、氯菊酯 0.3%、氯氰菊酯 0.1%/2012.05.10 至 2013.05.10/微毒
卫生 蚊、蝇、蜚蠊 / 喷雾
WL20120015 电热蚊香片/15毫克/片/电热蚊香片/四氟苯菊酯 15毫克/片/2012.03.07 至 2013.03.07/微毒
卫生 蚊 / 电热加温

山东临沂市维尔雅精细化工厂 (山东省临沂市罗庄区技术开发区盛庄镇 276016 0539-8591160)

WP20090151 杀虫气雾剂/0.3%/气雾剂/胺菊酯 0.25%、氯氰菊酯 0.05%/2014.03.03 至 2019.03.03/低毒
卫生 蚊、蝇 / 喷雾

山东隆昱科技有限公司 (山东省邹平县韩店镇工业园星宇路 256200 0543-22455858)

WP20130110 电热蚊香片/14毫克/片/电热蚊香片/炔丙菊酯 10毫克/片、四氟苯菊酯 4毫克/片/2013.05.27 至 2018.05.27/低毒
卫生 蚊 / 电热加温
WL20100224 蚊香/0.08%/蚊香/氯氟醚菊酯 0.08%/2012.08.09 至 2013.08.09/微毒
室内 蚊 / 点燃
WL20100236 杀虫气雾剂/0.55%/气雾剂/Es-生物烯丙菊酯 0.35%、氯菊酯 0.2%/2012.08.27 至 2013.08.27/微毒
卫生 蚊、蝇 / 喷雾
WL20100240 电热蚊香液/0.6%/电热蚊香液/氯氟醚菊酯 0.6%/2012.08.31 至 2013.08.31/微毒
室内 蚊 / 电热加温
WL20100248 杀虫气雾剂/0.1%/气雾剂/氯氰菊酯 0.05%、右旋反式氯丙炔菊酯 0.05%/2012.09.17 至 2013.09.17/微毒
卫生 蚊、蝇、蜚蠊 / 喷雾
WL20110041 杀虫气雾剂/0.2%/气雾剂/高效氯氰菊酯 0.11%、炔咪菊酯 0.09%/2013.03.03 至 2014.03.03/微毒

	卫生	蜚蠊	/	喷雾

山东鲁抗生物农药有限责任公司　(山东省德州市齐河县友谊路3号　251100　0534-5337777)

PD86183-7	赤霉酸/85%/结晶粉/赤霉酸 85%/2011.08.20 至 2016.08.20/低毒			
	菠菜	增加鲜重	10-25毫克/千克	叶面处理1-3次
	菠萝	果实增大、增重	40-80毫克/千克	喷花
	柑橘树	果实增大、增重	20-40毫克/千克	喷花
	花卉	提前开花	700毫克/千克	叶面处理涂抹花芽
	绿肥	增产	10-20毫克/千克	喷雾
	马铃薯	苗齐、增产	0.5-1毫克/千克	浸薯块10-30分钟
	棉花	提高结铃率、增产	10-20毫克/千克	点喷、点涂或喷雾
	葡萄	无核、增产	50-200毫克/千克	花后一周处理果穗
	芹菜	增加鲜重	20-100毫克/千克	叶面处理1次
	人参	增加发芽率	20毫克/千克	播种前浸种15分钟
	水稻	增加千粒重、制种	20-30毫克/千克	喷雾
PD20080386	多·福/30%/可湿性粉剂/多菌灵 5%、福美双 25%/2013.02.28 至 2018.02.28/低毒			
	辣椒	立枯病	3-4.5克/平方米	每平方米用药量与15-20千克细土混匀,1/3量撒于苗床底部,2/3量盖在种子上面。
PD20081834	精喹禾灵/5%/乳油/精喹禾灵 5%/2013.11.20 至 2018.11.20/低毒			
	春大豆	一年生禾本科杂草	52.5-75克/公顷(东北地区)	茎叶喷雾
	夏大豆	一年生禾本科杂草	45-52.5克/公顷(东北以外地区)	茎叶喷雾
PD20081870	霜脲·锰锌/36%/可湿性粉剂/代森锰锌 32%、霜脲氰 4%/2013.11.20 至 2018.11.20/低毒			
	黄瓜	霜霉病	1440-1800克/公顷	喷雾
PD20084052	苏云金杆菌/32000IU/毫克/可湿性粉剂/苏云金杆菌 32000IU/毫克/2013.12.16 至 2018.12.16/低毒			
	十字花科蔬菜	小菜蛾	450-750克制剂/公顷	喷雾
PD20084506	腐霉·福美双/25%/可湿性粉剂/腐霉利 5%、福美双 20%/2013.12.18 至 2018.12.18/低毒			
	番茄	灰霉病	225-300克/公顷	喷雾
PD20085619	高效氯氟氰菊酯/25克/升/乳油/高效氯氟氰菊酯 25克/升/2013.12.25 至 2018.12.25/中等毒			
	十字花科蔬菜	菜青虫	7.5-11.25克/公顷	喷雾
PD20085695	苏云金杆菌/4000IU/微升/悬浮剂/苏云金杆菌 4000IU/微升/2013.12.26 至 2018.12.26/低毒			
	茶树	茶毛虫	200-400倍液	喷雾
	棉花	二代棉铃虫	3000-3750毫升制剂/公顷	喷雾
	森林	松毛虫	200-400倍液	喷雾
	十字花科蔬菜	菜青虫、小菜蛾	1500-2250毫升制剂/公顷	喷雾
	水稻	稻纵卷叶螟	3000-3750毫升制剂/公顷	喷雾
	烟草	烟青虫	3000-3750毫升制剂/公顷	喷雾
	玉米	玉米螟	2250-3000毫升制剂/公顷	加细沙灌心叶
	枣树	枣尺蠖	200-400倍液	喷雾
PD20091336	高氯·辛硫磷/20%/乳油/高效氯氰菊酯 1.5%、辛硫磷 18.5%/2014.02.01 至 2019.02.01/低毒			
	十字花科蔬菜	菜青虫	120-150克/公顷	喷雾
PD20092828	丙溴·辛硫磷/24%/乳油/丙溴磷 10%、辛硫磷 14%/2014.03.04 至 2019.03.04/中等毒			
	棉花	棉铃虫	135-270克/公顷	喷雾
	十字花科蔬菜	菜青虫	72-144克/公顷	喷雾
PD20094848	苏云金杆菌/16000IU/毫克/可湿性粉剂/苏云金杆菌 16000IU/毫克/2014.04.13 至 2019.04.13/低毒			
	茶树	茶毛虫	800-1600倍液	喷雾
	棉花	二代棉铃虫	1500-2250克制剂/公顷	喷雾
	森林	松毛虫	1200-1600倍液	喷雾
	十字花科蔬菜	小菜蛾	750-1125克制剂/公顷	喷雾
	十字花科蔬菜	菜青虫	375-750克制剂/公顷	喷雾
	水稻	稻纵卷叶螟	1500-2250克制剂/公顷	喷雾
	烟草	烟青虫	750-1500克制剂/公顷	喷雾
	玉米	玉米螟	750-1500克制剂/公顷	加细沙灌心
	枣树	枣尺蠖	1200-1600倍液	喷雾
PD20096981	啶虫脒/5%/乳油/啶虫脒 5%/2009.09.29 至 2014.09.29/低毒			
	柑橘树	蚜虫	8-10毫克/千克	喷雾
PD20097082	虫酰肼/20%/悬浮剂/虫酰肼 20%/2009.10.10 至 2014.10.10/低毒			
	甘蓝	甜菜夜蛾	255-300克/公顷	喷雾
PD20100187	多抗霉素/3%/可湿性粉剂/多抗霉素 3%/2010.01.05 至 2015.01.05/低毒			
	黄瓜	白粉病、霜霉病	74.97-112.5克/公顷	喷雾
PD20100250	吗胍·乙酸铜/20%/可湿性粉剂/盐酸吗啉胍 15%、乙酸铜 5%/2010.01.11 至 2015.01.11/低毒			
	番茄	病毒病	500—750克/公顷	喷雾

PD20100640 赤霉酸/4%/乳油/赤霉酸 4%/2010.01.15 至 2015.01.15/低毒
水稻 调节生长 150-225克/公顷 茎叶喷雾
PD20110589 苏云金杆菌/50000IU/毫克/原药/苏云金杆菌 50000IU/毫克/2011.05.30 至 2016.05.30/低毒
PD20131109 阿维菌素/1.8%/乳油/阿维菌素 1.8%/2013.05.20 至 2018.05.20/低毒(原药高毒)
柑橘树 潜叶蛾 4.5-9.0毫克/千克 喷雾
黄瓜 美洲斑潜蝇 2.7-5.4克/公顷 喷雾

山东绿霸化工股份有限公司 (山东省济南市工业南路100号三庆枫润大厦18楼 250100 0531-81795669)

PD20070265 高效氟吡甲禾灵/94%/原药/高效氟吡甲禾灵 94%/2012.09.04 至 2017.09.04/低毒
PD20070313 氯氟吡氧乙酸/96%/原药/氯氟吡氧乙酸 96%/2012.09.21 至 2017.09.21/低毒
PD20070394 氟啶脲/96%/原药/氟啶脲 96%/2012.11.05 至 2017.11.05/微毒
PD20070607 百草枯/32.6%/母药/百草枯 32.6%/2012.12.14 至 2017.12.14/中等毒
注:百草枯二氯盐含量:45% (W/W)。
PD20081377 草甘膦异丙胺盐/41%/水剂/草甘膦异丙胺盐 41%/2013.10.27 至 2018.10.27/低毒
非耕地 杂草 1230—2460克/公顷 茎叶喷雾
柑橘园、苹果园 杂草 1230—2460克/公顷 定向茎叶喷雾
PD20081383 百草枯/200克/升/水剂/百草枯 200克/升/2012.12.31 至 2014.07.01/中等毒
茶园 杂草 450-750毫升/公顷 定向茎叶喷雾
稻茬免耕小麦田、稻茬免耕油菜田 杂草 450-600毫升/公顷 土壤喷雾
非耕地 杂草 450-600毫升/公顷 定向喷雾
甘蔗田、玉米田 一年生杂草 450-600毫升/公顷 定向茎叶喷雾
柑橘园 杂草 600-900毫升/公顷 定向喷雾
苹果园 杂草 600-750毫升/公顷 定向茎叶喷雾
香蕉园 杂草 600-750毫升/公顷 茎叶茎叶喷雾
PD20081502 毒死蜱/97%/原药/毒死蜱 97%/2013.11.06 至 2018.11.06/中等毒
PD20081552 高效氟吡甲禾灵/108克/升/乳油/高效氟吡甲禾灵 108克/升/2013.11.11 至 2018.11.11/低毒
春大豆田 一年生禾本科杂草 48.5-56.7克/公顷 茎叶喷雾
冬油菜田、夏大豆田 一年生禾本科杂草 40.5-48.6克/公顷 茎叶喷雾
花生田 一年生禾本科杂草 40.5-56.7克/公顷 茎叶喷雾
棉花田 芦苇 97.2-145.8克/公顷 茎叶喷雾
PD20081578 精吡氟禾草灵/90%/原药/精吡氟禾草灵 90%/2013.11.12 至 2018.11.12/低毒
PD20084307 精吡氟禾草灵/15%/乳油/精吡氟禾草灵 15%/2013.12.17 至 2018.12.17/低毒
花生田 一年生禾本科杂草 112.5-150克/公顷 茎叶喷雾
PD20085561 氟吡·草除灵/20%/乳油/草除灵 16%、高效氟吡甲禾灵 4%/2013.12.25 至 2018.12.25/低毒
春油菜 一年生杂草 270-330克/公顷 茎叶喷雾
冬油菜田 一年生杂草 240-300克/公顷 茎叶喷雾
PD20085673 氯氟吡氧乙酸/200克/升/乳油/氯氟吡氧乙酸 200克/升/2013.12.26 至 2018.12.26/低毒
春小麦田 阔叶杂草 150-199.5克/公顷 茎叶喷雾
冬小麦田、夏玉米田 一年生阔叶杂草 150-210克/公顷 茎叶喷雾
水田畦畔 空心莲子草(水花生) 135-165克/公顷 茎叶喷雾
PD20086133 高氯·灭多威/12%/乳油/高效氯氰菊酯 1.5%、灭多威 10.5%/2008.12.30 至 2013.12.30/高毒
棉花 棉铃虫 72-90克/公顷 喷雾
PD20090227 百草枯/250克/升/水剂/百草枯 250克/升/2012.12.31 至 2014.07.01/中等毒
非耕地 一年生和多年生杂草 600-900克/公顷 茎叶喷雾
玉米田 一年生和多年生杂草 450-600克/公顷 定向茎叶喷雾
PD20095090 敌草快/40%/母药/敌草快 40%/2009.04.24 至 2014.04.24/中等毒
PD20095238 烟嘧磺隆/40克/升/可分散油悬浮剂/烟嘧磺隆 40克/升/2009.04.27 至 2014.04.27/低毒
玉米田 一年生杂草 42-60克/公顷 茎叶喷雾
PD20110265 高效氟吡甲禾灵/22%/乳油/高效氟吡甲禾灵 22%/2011.03.07 至 2016.03.07/低毒
夏大豆田 一年生禾本科杂草 46.8-54克/公顷 茎叶喷雾
PD20110460 氯氟吡氧乙酸异辛酯/25%/乳油/氯氟吡氧乙酸 25%/2011.04.21 至 2016.04.21/低毒
水田畦畔 空心莲子草(水花生) 135-165克/公顷 茎叶喷雾
小麦田 一年生阔叶杂草 150-210克/公顷 茎叶喷雾
注:氯氟吡氧乙酸异辛酯含量: 36%。
PD20110739 敌草快/20%/水剂/敌草快 20%/2011.07.18 至 2016.07.18/低毒
非耕地 杂草 900-1050克/公顷 茎叶喷雾
PD20110885 精喹禾灵/15%/乳油/精喹禾灵 15%/2011.08.16 至 2016.08.16/低毒
春大豆田 一年生禾本科杂草 56.25-67.5克/公顷 茎叶喷雾
夏大豆田 一年生禾本科杂草 45-56.25克/公顷 茎叶喷雾
PD20111033 氰氟草酯/97.4%/原药/氰氟草酯 97.4%/2011.09.30 至 2016.09.30/低毒
PD20111161 双草醚/97%/原药/双草醚 97%/2011.11.07 至 2016.11.07/低毒
PD20111416 双草醚/10%/悬浮剂/双草醚 10%/2011.12.22 至 2016.12.22/低毒
水稻田(直播) 稗草、莎草及阔叶杂草 22.5-30克/公顷(南方地区) 茎叶喷雾

			30-37.5克/公顷(北方地区)	
PD20120134	氰氟草酯/10%/乳油/氰氟草酯 10%/2012.01.29 至 2017.01.29/低毒			
	水稻田(直播)	部分禾本科杂草	75-105克/公顷	茎叶喷雾
	移栽水稻田	一年生禾本科杂草	75-105克/公顷	茎叶喷雾
PD20120318	氰氟草酯/20%/乳油/氰氟草酯 20%/2012.02.17 至 2017.02.17/低毒			
	水稻移栽田	一年生禾本科杂草	90-105克/公顷	茎叶喷雾
PD20121578	氟磺胺草醚/250克/升/水剂/氟磺胺草醚 250克/升/2012.10.25 至 2017.10.25/低毒			
	大豆田	一年生阔叶杂草	300-375克/公顷（春大豆田） 187..5-243.75克/公顷(夏大豆田)	茎叶喷雾
PD20132696	噻苯隆/50%/可湿性粉剂/噻苯隆 50%/2013.12.25 至 2018.12.25/低毒			
	棉花	脱叶	225-300克/公顷	喷雾
LS20120374	百草枯/50%/可溶粒剂/百草枯 50%/2013.11.08 至 2014.11.08/低毒			
	非耕地	杂草	604-798克/公顷	茎叶喷雾
山东绿德地生物科技有限公司　(山东省定陶县陈集镇工业园区　274108　0531-88873587)				
PD20083316	乙酰甲胺磷/30%/乳油/乙酰甲胺磷 30%/2013.12.11 至 2018.12.11/低毒			
	水稻	二化螟	900-990克/公顷	喷雾
PD20083356	代森锰锌/80%/可湿性粉剂/代森锰锌 80%/2013.12.11 至 2018.12.11/低毒			
	番茄	早疫病	1800-2400克/公顷	喷雾
PD20083769	辛硫磷/40%/乳油/辛硫磷 40%/2013.12.15 至 2018.12.15/低毒			
	十字花科蔬菜	菜青虫	360-450克/公顷	喷雾
PD20085093	敌敌畏/80%/乳油/敌敌畏 80%/2013.12.23 至 2018.12.23/中等毒			
	十字花科蔬菜	菜青虫	780-960克/公顷	喷雾
PD20091235	精喹禾灵/50克/升/乳油/精喹禾灵 50克/升/2014.02.01 至 2019.02.01/低毒			
	春大豆田	一年生禾本科杂草	60-75克/公顷	茎叶喷雾
	夏大豆田	一年生禾本科杂草	45-60克/公顷	茎叶喷雾
PD20091467	马拉·杀螟松/12%/乳油/马拉硫磷 10%、杀螟硫磷 2%/2014.02.02 至 2019.02.02/低毒			
	水稻	二化螟	252-324克/公顷	喷雾
PD20091588	三唑酮/20%/乳油/三唑酮 20%/2014.02.03 至 2019.02.03/低毒			
	小麦	白粉病	120-150克/公顷	喷雾
PD20093066	高氯·辛硫磷/20%/乳油/高效氯氰菊酯 2%、辛硫磷 18%/2014.03.09 至 2019.03.09/中等毒			
	棉花	棉铃虫	225-300克/公顷	喷雾
PD20096063	百草枯/200克/升/水剂/百草枯 200克/升/2012.12.31 至 2014.07.01/中等毒			
	苹果园	杂草	600-900克/公顷	定向喷雾
PD20096384	甲基硫菌灵/70%/可湿性粉剂/甲基硫菌灵 70%/2009.08.04 至 2014.08.04/低毒			
	苹果树	轮纹病	700-875毫克/千克	喷雾
PD20098194	氟铃脲/5%/乳油/氟铃脲 5%/2009.12.16 至 2014.12.16/低毒			
	棉花	棉铃虫	105-120克/公顷	喷雾
PD20101651	草甘膦异丙胺盐(41%)///水剂/草甘膦 30%/2010.06.03 至 2015.06.03/低毒			
	柑橘园	杂草	1125-2250克/公顷	定向喷雾
山东绿丰农药有限公司　(山东省青州市马氏路南段东侧　262515　0536-3529527)				
PD85124-18	福·福锌/80%/可湿性粉剂/福美双 30%、福美锌 50%/2010.07.16 至 2015.07.16/中等毒			
	黄瓜、西瓜	炭疽病	1500-1800克/公顷	喷雾
	麻	炭疽病	240-400克/100千克种子	拌种
	棉花	苗期病害	0.5%药液	浸种
	苹果树、杉木、橡胶	炭疽病	500-600倍液	喷雾
PD85125-12	福美胂/40%/可湿性粉剂/福美胂 40%/2010.07.12 至 2013.12.31/中等毒			
	黄瓜	白粉病	1025-1500克/公顷	喷雾
	苹果树	白粉病	700倍液	喷雾
	水稻	稻粒瘟病	542.5-645克/公顷	喷雾
	豌豆	白粉病	900-1025克/公顷	喷雾
	小麦	白粉病	542.5-750克/公顷	喷雾
PD20040452	三唑磷/20%/乳油/三唑磷 20%/2009.12.19 至 2014.12.19/中等毒			
	水稻	二化螟	202.5-303.75克/公顷	喷雾
PD20040594	吡虫啉/10%/可湿性粉剂/吡虫啉 10%/2009.12.19 至 2014.12.19/低毒			
	小麦	蚜虫	15-22.5克/公顷	喷雾
PD20040657	螨醇·哒螨灵/10%/乳油/哒螨灵 4%、三氯杀螨醇 6%/2009.12.19 至 2014.12.19/低毒			
	苹果树	红蜘蛛	50-66.7毫克/千克	喷雾
PD20040789	多·福/50%/可湿性粉剂/多菌灵 25%、福美双 25%/2009.12.19 至 2014.12.19/低毒			
	梨树	黑星病	1000-1500毫克/千克	喷雾
PD20040794	高氯·辛硫磷/25%/乳油/高效氯氰菊酯 2.5%、辛硫磷 22.5%/2009.12.19 至 2014.12.19/中等毒			
	棉花	棉铃虫	150-225克/公顷	喷雾
PD20080366	百草枯/42%/原药/百草枯 42%/2013.02.28 至 2018.02.28/中等毒			
PD20080525	啶虫脒/5%/可湿性粉剂/啶虫脒 5%/2013.04.29 至 2018.04.29/低毒			

柑橘树 蚜虫 10-12毫克/千克 喷雾

PD20081297 甲硫·福美双/70%/可湿性粉剂/福美双 40%、甲基硫菌灵 30%/2013.10.06 至 2018.10.06/低毒

苹果树 轮纹病 467-875毫克/千克 喷雾

PD20082822 百草枯/200克/升/水剂/百草枯 200克/升/2012.12.31 至 2014.07.01/中等毒

柑橘园 杂草 600-900克/公顷 喷雾

PD20082983 硫磺·三唑酮/20%/可湿性粉剂/硫磺 10%、三唑酮 10%/2013.12.10 至 2018.12.10/低毒

小麦 白粉病 150-225克/公顷 喷雾

PD20091813 丙溴·辛硫磷/25%/乳油/丙溴磷 5%、辛硫磷 20%/2014.02.04 至 2019.02.04/低毒

棉花 棉铃虫 225-300克/公顷 喷雾

PD20091951 高效氯氟氰菊酯/25克/升/乳油/高效氯氟氰菊酯 25克/升/2014.02.12 至 2019.02.12/中等毒

十字花科蔬菜 菜青虫 7.5-15克/公顷 喷雾

PD20092739 霜脲·锰锌/72%/可湿性粉剂/代森锰锌 64%、霜脲氰 8%/2014.03.04 至 2019.03.04/低毒

黄瓜 霜霉病 1440-1800克/公顷 喷雾

PD20092794 辛硫·灭多威/20%/乳油/灭多威 10%、辛硫磷 10%/2014.03.04 至 2019.03.04/高毒

棉花 蚜虫 75-150克/公顷 喷雾

PD20092840 高效氯氰菊酯/4.5%/乳油/高效氯氰菊酯 4.5%/2014.03.05 至 2019.03.05/低毒

梨树 梨木虱 12.5-25毫克/千克 喷雾

PD20093228 敌畏·毒死蜱/35%/乳油/敌敌畏 25%、毒死蜱 10%/2014.03.11 至 2019.03.11/中等毒

水稻 稻纵卷叶螟 420-525克/公顷 喷雾

PD20093600 噻嗪·异丙威/25%/可湿性粉剂/噻嗪酮 5%、异丙威 20%/2014.03.23 至 2019.03.23/低毒

水稻 稻飞虱 450-562.5克/公顷 喷雾

PD20094346 氯氰·敌敌畏/20%/乳油/敌敌畏 18%、氯氰菊酯 2%/2014.04.01 至 2019.04.01/中等毒

十字花科叶菜 黄条跳甲 150-225克/公顷 喷雾

PD20094594 硫磺·三环唑/45%/可湿性粉剂/硫磺 40%、三环唑 5%/2014.04.10 至 2019.04.10/低毒

水稻 稻瘟病 675-945克/公顷 喷雾

PD20095224 丙环唑/250克/升/乳油/丙环唑 250克/升/2014.04.24 至 2019.04.24/低毒

香蕉 叶斑病 250-500毫克/千克 喷雾

PD20095361 乙铝·锰锌/70%/可湿性粉剂/代森锰锌 40%、三乙膦酸铝 30%/2014.04.27 至 2019.04.27/低毒

黄瓜 霜霉病 1400-4200克/公顷 喷雾

PD20095377 五氯·福美双/45%/粉剂/福美双 25%、五氯硝基苯 20%/2014.04.27 至 2019.04.27/低毒

茄子 立枯病、猝倒病 3.15-4.05克/平方米 土壤处理

PD20095813 高氯·毒死蜱/12%/乳油/毒死蜱 9.5%、高效氯氰菊酯 2.5%/2009.05.27 至 2014.05.27/中等毒

叶菜类蔬菜 菜青虫 54-72克/公顷 喷雾

PD20097611 乙酸铜/20%/可湿性粉剂/乙酸铜 20%/2009.11.03 至 2014.11.03/低毒

黄瓜 苗期猝倒病 3000-4500克/公顷 灌根

PD20098186 阿维·毒死蜱/10%/乳油/阿维菌素 0.1%、毒死蜱 9.9%/2009.12.14 至 2014.12.14/低毒(原药高毒)

十字花科蔬菜 小菜蛾 112.5-150克/公顷 喷雾

PD20100113 马拉·辛硫磷/25%/乳油/马拉硫磷 12.5%、辛硫磷 12.5%/2010.01.05 至 2015.01.05/中等毒

水稻 稻纵卷叶螟 300-375克/公顷 喷雾

PD20100866 氟硅唑/400克/升/乳油/氟硅唑 400克/升/2010.01.19 至 2015.01.19/低毒

黄瓜 黑星病 45-75克/公顷 喷雾

PD20101604 杀螺胺乙醇胺盐/50%/可湿性粉剂/杀螺胺乙醇胺盐 50%/2010.06.03 至 2015.06.03/低毒

水稻 福寿螺 450-600克/公顷 喷雾或撒毒土

PD20101886 甲氨基阿维菌素苯甲酸盐(0.57%)///乳油/甲氨基阿维菌素 0.5%/2010.08.09 至 2015.08.09/低毒

甘蓝 甜菜夜蛾、小菜蛾 1.5-1.8克/公顷 喷雾

PD20110204 吗胍·乙酸铜/20%/可湿性粉剂/盐酸吗啉胍 16%、乙酸铜 4%/2011.02.18 至 2016.02.18/低毒

番茄 病毒病 499.5-750克/公顷 喷雾

PD20110914 炔螨·矿物油/73%/乳油/矿物油 33%、炔螨特 40%/2011.08.22 至 2016.08.22/低毒

苹果树 红蜘蛛 292-365毫克/千克 喷雾

PD20130260 聚醛·甲萘威/30%/粉剂/甲萘威 20%、四聚乙醛 10%/2013.02.06 至 2018.02.06/中等毒

棉花 蜗牛 1125-2250克/公顷 毒饵撒施

PD20130309 哒螨·吡虫啉/17.5%/可湿性粉剂/吡虫啉 2.5%、哒螨灵 15%/2013.02.26 至 2018.02.26/低毒

柑橘树 红蜘蛛、蚜虫 97-116毫克/千克 喷雾

PD20132401 三乙膦酸铝/96%/原药/三乙膦酸铝 96%/2013.11.20 至 2018.11.20/低毒

山东罗邦生物农药有限公司 (山东省潍坊市坊子区龙泉街89号 261200 0536-7523555)

PD20040099 高效氯氰菊酯/2.5%/乳油/高效氯氰菊酯 2.5%/2009.12.19 至 2014.12.19/低毒

梨树 梨木虱 20.8-31.25毫克/千克 喷雾

PD20081867 高氯·辛硫磷/20%/乳油/高效氯氰菊酯 2%、辛硫磷 18%/2013.11.20 至 2018.11.20/低毒

棉花 棉铃虫 150-225克/公顷 喷雾

PD20083095 福美双/50%/可湿性粉剂/福美双 50%/2013.12.10 至 2018.12.10/低毒

黄瓜 白粉病 562.5—1050克/公顷 喷雾

PD20084224 高氯·马/37%/乳油/高效氯氰菊酯 2%、马拉硫磷 35%/2013.12.17 至 2018.12.17/低毒

苹果树 桃小食心虫 185-370毫克/千克 喷雾

PD20085206 多菌灵/50%/可湿性粉剂/多菌灵 50%/2013.12.23 至 2018.12.23/低毒
小麦 赤霉病 750-1125克/公顷 喷雾
PD20085632 高氯·灭多威/15%/乳油/高效氯氰菊酯 1.5%、灭多威 13.5%/2013.12.26 至 2018.12.26/中等毒(原药高毒)
棉花 棉铃虫 67.5-90克/公顷 喷雾
PD20086330 三唑酮/25%/可湿性粉剂/三唑酮 25%/2013.12.31 至 2018.12.31/低毒
小麦 白粉病 131.25-168.75克/公顷 喷雾
PD20090316 甲霜·锰锌/58%/可湿性粉剂/甲霜灵 10%、代森锰锌 48%/2014.01.12 至 2019.01.12/低毒
黄瓜 霜霉病 1305-1632克/公顷 喷雾
PD20090631 克·醇·福美双/20%/悬浮种衣剂/福美双 11.2%、克百威 8.0%、三唑醇 0.8%/2014.01.14 至 2019.01.14/高毒
玉米 地下害虫、丝黑穗病 1:30-40(药种比) 种子包衣
PD20092162 高效氯氟氰菊酯/25克/升/乳油/高效氯氟氰菊酯 25克/升/2014.02.23 至 2019.02.23/中等毒
小麦 蚜虫 5.625-7.5克/公顷 喷雾
PD20095021 福·克/21%/悬浮种衣剂/福美双 11%、克百威 10%/2009.04.21 至 2014.04.21/中等毒(原药高毒)
玉米 地下害虫、茎基腐病 1:40-50(药种比) 种子包衣
PD20096523 复硝酚钠/0.7%/水剂/5-硝基邻甲氧基苯酚钠 0.1%、对硝基苯酚钠 0.4%、邻硝基苯酚钠 0.2%/2009.08.20 至2014.08.20/低毒
番茄 调节生长 2.3-3.5毫克/千克（2000-3000倍） 喷雾
PD20098040 丙环唑/250克/升/乳油/丙环唑 250克/升/2009.12.07 至 2014.12.07/低毒
香蕉 叶斑病 250—500毫克/千克 喷雾
PD20098064 毒死蜱/480克/升/乳油/毒死蜱 480克/升/2009.12.07 至 2014.12.07/中等毒
水稻 稻纵卷叶螟 504-612克/公顷 喷雾
PD20098091 甲基硫菌灵/70%/可湿性粉剂/甲基硫菌灵 70%/2009.12.08 至 2014.12.08/低毒
水稻 纹枯病 1050—1500克/公顷 喷雾
PD20098454 吡虫啉/10%/可湿性粉剂/吡虫啉 10%/2009.12.24 至 2014.12.24/低毒
水稻 稻飞虱 15-30克/公顷 喷雾
PD20098503 噻螨酮/5%/乳油/噻螨酮 5%/2009.12.24 至 2014.12.24/低毒
柑橘树 红蜘蛛 25-33.3毫克/千克 喷雾
PD20100110 阿维菌素/1.8%/可湿性粉剂/阿维菌素 1.8%/2010.01.05 至 2015.01.05/低毒(原药高毒)
小油菜 小菜蛾 8.1-10.8克/公顷 喷雾
PD20100172 百菌清/75%/可湿性粉剂/百菌清 75%/2010.01.05 至 2015.01.05/低毒
葡萄 霜霉病 1200-1500毫克/千克 喷雾
PD20100484 硫磺·多菌灵/50%/可湿性粉剂/多菌灵 15%、硫磺 35%/2010.01.14 至 2015.01.14/低毒
花生 叶斑病 1200—1800克/公顷 喷雾
PD20100522 吗胍·乙酸铜/20%/可湿性粉剂/盐酸吗啉胍 10%、乙酸铜 10%/2010.01.14 至 2015.01.14/低毒
番茄 病毒病 600-750克/公顷 喷雾
PD20100872 联苯菊酯/100克/升/乳油/联苯菊酯 100克/升/2010.01.19 至 2015.01.19/中等毒
茶树 茶小绿叶蝉 30-37.5克/公顷 喷雾
PD20101076 吡虫·辛硫磷/25%/乳油/吡虫啉 1.5%、辛硫磷 23.5%/2010.01.21 至 2015.01.21/低毒
叶菜 蚜虫 187.5-225克/公顷 喷雾
PD20101458 乙铝·锰锌/50%/可湿性粉剂/代森锰锌 22%、三乙膦酸铝 28%/2010.05.04 至 2015.05.04/低毒
黄瓜 霜霉病 1125—1350克/公顷 喷雾
PD20101559 甲氨基阿维菌素苯甲酸盐(0.57%)///乳油/甲氨基阿维菌素 0.5%/2010.05.19 至 2015.05.19/低毒
甘蓝 小菜蛾 1.5-1.8克/公顷 喷雾

山东美罗福农化有限公司 （山东省淄博市邹平县韩店镇工业园 256209 0543-4619148）

PD20040609 三唑酮/20%/乳油/三唑酮 20%/2009.12.19 至 2014.12.19/低毒
小麦 白粉病 120-127.5克/公顷 喷雾
PD20081945 硫磺·多菌灵/50%/可湿性粉剂/多菌灵 15%、硫磺 35%/2013.11.24 至 2018.11.24/低毒
花生 叶斑病 1200-1800克/公顷 喷雾
PD20081946 硫磺·多菌灵/50%/悬浮剂/多菌灵 15%、硫磺 35%/2013.11.24 至 2018.11.24/低毒
花生 叶斑病 1200-1800克/公顷 喷雾
PD20082534 硫磺·三唑酮/20%/可湿性粉剂/硫磺 10%、三唑酮 10%/2013.12.03 至 2018.12.03/低毒
小麦 白粉病 150-225克/公顷 喷雾
PD20083116 阿维菌素/1.8%/乳油/阿维菌素 1.8%/2013.12.10 至 2018.12.10/低毒(原药高毒)
十字花科蔬菜 菜青虫 8.1-10.8克/公顷 喷雾
PD20083612 啶虫脒/3%/乳油/啶虫脒 3%/2008.12.12 至 2013.12.12/低毒
黄瓜 蚜虫 18-22.5克/公顷 喷雾
PD20091155 乙铝·锰锌/70%/可湿性粉剂/代森锰锌 45%、三乙膦酸铝 25%/2014.01.22 至 2019.01.22/低毒
黄瓜 霜霉病 1399.95-4200克/公顷 喷雾
PD20091176 乙铝·锰锌/50%/可湿性粉剂/代森锰锌 27%、三乙膦酸铝 23%/2014.01.22 至 2019.01.22/低毒
黄瓜 霜霉病 937-1400克/公顷 喷雾
PD20096894 盐酸吗啉胍/20%/悬浮剂/盐酸吗啉胍 20%/2009.09.23 至 2014.09.23/低毒
番茄 病毒病 500-750克/公顷 喷雾

PD20097910 硫磺·多菌灵/42%/悬浮剂/多菌灵 7%、硫磺 35%/2009.11.30 至 2014.11.30/低毒
黄瓜 白粉病 1575-2363克/公顷 喷雾
PD20098489 甲硫·福美双/70%/可湿性粉剂/福美双 40%、甲基硫菌灵 30%/2009.12.24 至 2014.12.24/低毒
苹果树 轮纹病 875-1167毫克/千克 喷雾
PD20100716 氟啶脲/50克/升/乳油/氟啶脲 50克/升/2010.01.16 至 2015.01.16/低毒
甘蓝 甜菜夜蛾 30-60克/公顷 喷雾
PD20101029 异菌脲/50%/可湿性粉剂/异菌脲 50%/2010.01.20 至 2015.01.20/低毒
番茄 灰霉病 375—750克/公顷 喷雾
PD20101214 烟嘧磺隆/40克/升/可分散油悬浮剂/烟嘧磺隆 40克/升/2010.02.21 至 2015.02.21/低毒
玉米田 一年生杂草 42-60克/公顷 茎叶喷雾
PD20101239 苦参碱/0.3%/水剂/苦参碱 0.3%/2010.03.01 至 2015.03.01/低毒
十字花科蔬菜 菜青虫 6.75-9克/公顷 喷雾
PD20101554 四螨嗪/20%/悬浮剂/四螨嗪 20%/2010.05.19 至 2015.05.19/低毒
柑橘树 全爪螨 100-125mg/kg 喷雾
PD20130948 高效氯氟氰菊酯/25克/升/乳油/高效氯氟氰菊酯 25克/升/2013.05.02 至 2018.05.02/中等毒
甘蓝 蚜虫 7.5-15克/公顷 喷雾

山东农丰化工有限公司 （山东省菏泽市牡丹区都司镇经济开发区 274000 0530-5670030）

PD20082573 氰戊·马拉松/30%/乳油/马拉硫磷 22.5%、氰戊菊酯 7.5%/2013.12.04 至 2018.12.04/中等毒
苹果树 桃小食心虫 120-150毫克/千克 喷雾
苹果树 蚜虫 60-75毫克/千克 喷雾
PD20084198 辛硫磷/1.5%/颗粒剂/辛硫磷 1.5%/2013.12.16 至 2018.12.16/低毒
玉米 玉米螟 112.5-168.75克/公顷 喇叭口撒施
PD20085185 马拉硫磷/45%/乳油/马拉硫磷 45%/2013.12.23 至 2018.12.23/低毒
十字花科蔬菜 黄条跳甲 562.5-750克/公顷 喷雾
PD20085768 高效氯氟氰菊酯/25克/升/乳油/高效氯氟氰菊酯 25克/升/2013.12.29 至 2018.12.29/中等毒
茶树 小绿叶蝉 60-100毫升制剂/亩 喷雾
PD20085811 高效氟吡甲禾灵/108克/升/乳油/高效氟吡甲禾灵 108克/升/2013.12.29 至 2018.12.29/低毒
夏大豆田 一年生禾本科杂草 40.5-48.6克/公顷 茎叶喷雾
PD20091117 啶虫脒/3%/乳油/啶虫脒 3%/2014.01.21 至 2019.01.21/低毒
黄瓜 蚜虫 18-22.5克/公顷 喷雾
PD20091377 甲哌鎓/25%/水剂/甲哌鎓 25%/2014.02.02 至 2019.02.02/低毒
棉花 调节生长 45-60克/公顷 喷雾
PD20092553 联苯菊酯/25克/升/乳油/联苯菊酯 25克/升/2014.02.26 至 2019.02.26/低毒
番茄(保护地) 白粉虱 7.5-15克/公顷 喷雾
PD20093412 氰戊·马拉松/20%/乳油/马拉硫磷 18.5%、氰戊菊酯 1.5%/2014.03.20 至 2019.03.20/低毒
十字花科蔬菜 蚜虫 150-210克/公顷 喷雾
PD20093956 哒螨灵/20%/可湿性粉剂/哒螨灵 20%/2014.03.27 至 2019.03.27/低毒
苹果树 红蜘蛛 50-66.7毫克/千克 喷雾
PD20094527 辛硫·氯氟氰/26%/乳油/氯氟氰菊酯 1%、辛硫磷 25%/2014.04.09 至 2019.04.09/中等毒
棉花 棉铃虫 292.5-351克/公顷 喷雾
PD20095801 阿维·甲氰/2.8%/乳油/阿维菌素 0.3%、甲氰菊酯 2.5%/2009.05.27 至 2014.05.27/低毒(原药高毒)
甘蓝 小菜蛾 25.2-42克/公顷 喷雾
PD20096901 阿维·毒死蜱/15%/乳油/阿维菌素 0.3%、毒死蜱 14.7%/2009.09.23 至 2014.09.23/低毒(原药高毒)
叶菜类蔬菜 小菜蛾 90-135克/公顷 喷雾
PD20100982 异菌脲/50%/可湿性粉剂/异菌脲 50%/2010.01.19 至 2015.01.19/低毒
番茄 灰霉病 375—750克/公顷 喷雾
PD20111116 阿维·辛硫磷/35%/乳油/阿维菌素 0.3%、辛硫磷 34.7%/2011.10.27 至 2016.10.27/低毒
甘蓝 小菜蛾 262.5-315克/公顷 喷雾

山东齐发药业有限公司 （山东省济南市平阴县城青龙路21号 250400 0531-83105815）

PD20081170 阿维菌素/92%/原药/阿维菌素 92%/2013.09.11 至 2018.09.11/高毒

山东侨昌化学有限公司 （山东省滨州市滨城区滨北办新永莘路南侧 256614 0543-2226191）

PD20080635 乙草胺/92%/原药/乙草胺 92%/2013.05.13 至 2018.05.13/低毒
PD20081023 莠去津/92%/原药/莠去津 92%/2013.08.06 至 2018.08.06/低毒
PD20081071 仲丁灵/96%/原药/仲丁灵 96%/2013.08.14 至 2018.08.14/低毒
PD20081075 异丙甲草胺/96%/原药/异丙甲草胺 96%/2013.08.18 至 2018.08.18/低毒
PD20081079 氟乐灵/96%/原药/氟乐灵 96%/2013.08.18 至 2018.08.18/低毒
PD20081081 精吡氟禾草灵/92%/原药/精吡氟禾草灵 92%/2013.08.18 至 2018.08.18/低毒
PD20081089 草甘膦/95%/原药/草甘膦 95%/2013.08.18 至 2018.08.18/低毒
PD20081090 乙氧氟草醚/95%/原药/乙氧氟草醚 95%/2013.08.18 至 2018.08.18/低毒
PD20081092 甲草胺/95%/原药/甲草胺 95%/2013.08.18 至 2018.08.18/低毒
PD20081093 丁草胺/90%/原药/丁草胺 90%/2013.08.18 至 2018.08.18/低毒
PD20081097 丙草胺/95%/原药/丙草胺 95%/2013.08.18 至 2018.08.18/低毒
PD20081134 扑草净/95%/原药/扑草净 95%/2013.09.01 至 2018.09.01/低毒

PD20081146	百草枯/30.5%/母药/百草枯 30.5%/2013.09.01 至 2018.09.01/中等毒			
PD20082062	丁草胺/60%/乳油/丁草胺 60%/2013.11.25 至 2018.11.25/低毒			
	水稻移栽田	一年生杂草	900-1350克/公顷	毒土、喷雾
PD20082295	乙草胺/900克/升/乳油/乙草胺 900克/升/2013.12.01 至 2018.12.01/低毒			
	春大豆田、春玉米田	一年生禾本科杂草及部分小粒种子阔叶杂草	1620－2025克/公顷	播后苗前土壤喷雾
	夏玉米田	一年生禾本科杂草及部分小粒种子阔叶杂草	1080-1350克/公顷	播后苗前土壤喷雾
PD20082679	氟乐灵/480克/升/乳油/氟乐灵 480克/升/2013.12.05 至 2018.12.05/低毒			
	大豆田、棉花田	一年生禾本科杂草及部分阔叶杂草	720-1080克/公顷	土壤喷雾
	辣椒田	一年生杂草	720-1080克/公顷	土壤喷雾
PD20082857	咪唑乙烟酸/16%/颗粒剂/咪唑乙烟酸 16%/2013.12.09 至 2018.12.09/低毒			
	春大豆田	一年生杂草	96-120克/公顷(东北地区)	土壤或茎叶喷雾
PD20082862	精喹禾灵/5%/乳油/精喹禾灵 5%/2013.12.09 至 2018.12.09/低毒			
	春大豆田	一年生禾本科杂草	52.5-67.5克/公顷	茎叶喷雾
	夏大豆田	一年生禾本科杂草	37.5-52.5克/公顷	喷雾
PD20083398	丁草胺/400克/升/水乳剂/丁草胺 400克/升/2013.12.11 至 2018.12.11/低毒			
	水稻移栽田	一年生杂草	900-1200克/公顷	药土法
PD20083561	异丙甲草胺/72%/乳油/异丙甲草胺 72%/2013.12.12 至 2018.12.12/低毒			
	春大豆	一年生禾本科杂草及部分小粒种子阔叶杂草	1620-2160克/公顷	播后苗前土壤喷雾
	西瓜	一年生禾本科杂草及部分小粒种子阔叶杂草	1080-1620克/公顷	移栽前土壤喷雾
	夏大豆田	部分阔叶杂草、一年生禾本科杂草	1296-1620克/公顷	播后苗前土壤喷雾
PD20084243	乙草胺/50%/乳油/乙草胺 50%/2013.12.17 至 2018.12.17/低毒			
	春大豆田、春玉米田	一年生禾本科杂草及部分小粒种子阔叶杂草	1500-2250克/公顷	播后苗前土壤喷雾
	冬油菜(移栽田)	一年生禾本科杂草及部分小粒种子阔叶杂草	750-1125克/公顷	土壤喷雾
	花生田	一年生禾本科杂草及部分小粒种子阔叶杂草	750-1125克/公顷	播后苗前土壤喷雾
	棉花田	一年生禾本科杂草及部分小粒种子阔叶杂草	1125-1500克/公顷	播后苗前土壤喷雾
	夏大豆田、夏玉米田	一年生禾本科杂草及部分小粒种子阔叶杂草	900-1250克/公顷	播后苗前土壤喷雾
PD20084817	莠去津/50%/悬浮剂/莠去津 50%/2013.12.22 至 2018.12.22/低毒			
	春玉米田	一年生杂草	240-300毫升制剂/亩	喷雾
	夏玉米田	一年生杂草	150-200毫升制剂/亩	喷雾
PD20085533	苯磺隆/10%/可湿性粉剂/苯磺隆 10%/2013.12.25 至 2018.12.25/低毒			
	冬小麦田	一年生阔叶杂草	13.5－22.5克/公顷	茎叶喷雾
PD20085827	扑·莠·乙草胺/42%/悬乳剂/扑草净 10%、乙草胺 23%、莠去津 9%/2013.12.29 至 2018.12.29/低毒			
	春玉米田	一年生杂草	1890-2520克/公顷	播后苗前土壤喷雾
	夏玉米田	一年生杂草	945-1260克/公顷	喷雾
PD20085875	异丙草·莠/42%/悬乳剂/异丙草胺 16%、莠去津 26%/2013.12.29 至 2018.12.29/低毒			
	春玉米田	一年生杂草	1890-2520克/公顷	播后苗前土壤喷雾
	夏玉米田	一年生杂草	1134-1512克/公顷	喷雾
PD20085927	莠去津/38%/悬浮剂/莠去津 38%/2013.12.29 至 2018.12.29/低毒			
	春玉米田	一年生杂草	1824-2280克/公顷	土壤喷雾
	夏玉米田	一年生杂草	1142-1425克/公顷	喷雾
PD20085961	莠灭净/80%/可湿性粉剂/莠灭净 80%/2013.12.29 至 2018.12.29/低毒			
	甘蔗田	一年生杂草	1560-2400克/公顷	土壤喷雾
	夏玉米田	一年生杂草	1440-2160克/公顷	土壤喷雾
PD20085967	苯·苄·甲草胺/30%/泡腾颗粒剂/苯噻酰草胺 16%、苄嘧磺隆 6%、甲草胺 8%/2013.12.29 至 2018.12.29/低毒			
	移栽水稻田	部分多年生杂草、一年生杂草	270－360克/公顷	直接撒施
PD20085970	扑·乙/50%/乳油/扑草净 10%、乙草胺 40%/2013.12.29 至 2018.12.29/低毒			
	春玉米田	一年生杂草	1500-2250克/公顷	土壤喷雾
	大蒜田	一年生杂草	975-1125克/公顷	土壤喷雾
	花生田、棉花田、夏玉米田	一年生杂草	1125-1500克/公顷	土壤喷雾
PD20085981	苄·丁/35%/可湿性粉剂/苄嘧磺隆 1.5%、丁草胺 33.5%/2013.12.29 至 2018.12.29/低毒			
	水稻抛秧田	部分多年生杂草、一年生杂草	525-787.5克/公顷(南方地区)	药土法
	水稻移栽田	部分多年生杂草、一年生杂草	525-787.5克/公顷	药土法
PD20086168	仲丁灵/48%/乳油/仲丁灵 48%/2013.12.30 至 2018.12.30/低毒			

棉花田 一年生禾本科杂草及部分阔叶杂草 1440-1800克/公顷 土壤喷雾
西瓜田 一年生杂草 1080-1440克/公顷 土壤喷雾
PD20086171 莠灭·乙草胺/42%/悬浮剂/乙草胺 24%、莠灭净 18%/2013.12.30 至 2018.12.30/低毒
夏玉米田 一年生杂草 1260-1575克/公顷 土壤喷雾
PD20086173 2甲4氯钠/13%/水剂/2甲4氯钠 13%/2013.12.30 至 2018.12.30/低毒
冬小麦田 一年生阔叶杂草 877.5－1170克/公顷 茎叶喷雾
PD20090415 甲草胺/43%/乳油/甲草胺 43%/2014.01.12 至 2019.01.12/低毒
夏大豆田 部分阔叶杂草、一年生禾本科杂草 1290-1612.5克/公顷 喷雾
PD20091193 氟磺胺草醚/250克/升/水剂/氟磺胺草醚 250克/升/2014.02.01 至 2019.02.01/低毒
春大豆田 一年生阔叶杂草 375-450克/公顷 茎叶喷雾
夏大豆田 一年生阔叶杂草 262.5-375克/公顷 茎叶喷雾
PD20091197 精吡氟禾草灵/15%/乳油/精吡氟禾草灵 15%/2014.02.01 至 2019.02.01/低毒
春大豆田 一年生禾本科杂草 135-157.35克/公顷 茎叶喷雾
夏大豆田 一年生禾本科杂草 112.5-135克/公顷 茎叶喷雾
PD20091326 草甘膦异丙胺盐/41%/水剂/草甘膦异丙胺盐 41%/2014.02.01 至 2019.02.01/低毒
柑橘园 杂草 1230-2460克/公顷 定向喷雾
PD20091665 甲·乙·莠/42%/悬乳剂/甲草胺 8%、乙草胺 9%、莠去津 25%/2014.02.03 至 2019.02.03/低毒
春玉米田 一年生杂草 1890-2520克/公顷 土壤喷雾
夏玉米田 一年生杂草 945-1260克/公顷 喷雾
PD20091809 高效氟吡甲禾灵/108克/升/乳油/高效氟吡甲禾灵 108克/升/2014.02.04 至 2019.02.04/低毒
春大豆田 一年生禾本科杂草 48.6-56.7克/公顷 茎叶喷雾
夏大豆田 一年生禾本科杂草 40.5-48.6克/公顷 茎叶喷雾
PD20092003 乙草胺/999克/升/乳油/乙草胺 999克/升/2009.02.12 至 2014.02.12/低毒
春玉米田 一年生禾本科杂草及部分阔叶杂草 1348.7-2023克/公顷 土壤喷雾
夏玉米田 一年生禾本科杂草及部分阔叶杂草 1049-1348.7克/公顷 土壤喷雾
PD20092304 敌敌畏/80%/乳油/敌敌畏 80%/2009.02.24 至 2014.02.24/中等毒
棉花 蚜虫 900-1200克/公顷 喷雾
PD20092729 2甲4氯钠/56%/可溶粉剂/2甲4氯钠 56%/2014.03.04 至 2019.03.04/低毒
冬小麦田 一年生阔叶杂草 900－1260克/公顷 茎叶喷雾
PD20092778 甲·乙·莠/42%/悬乳剂/甲草胺 2%、乙草胺 25%、莠去津 15%/2014.03.04 至 2019.03.04/低毒
大蒜、姜 一年生杂草 945-1260克/公顷 土壤喷雾
玉米田 杂草 945-1260克/公顷 播后苗前土壤处理
PD20092929 甲·乙·莠/42%/悬乳剂/甲草胺 11%、乙草胺 9%、莠去津 22%/2014.03.05 至 2019.03.05/低毒
春玉米田 一年生杂草 1890-2520克/公顷 土壤喷雾
夏玉米田 一年生杂草 1071-1449克/公顷 土壤喷雾
PD20093081 辛酰溴苯腈/25%/乳油/辛酰溴苯腈 25%/2014.03.09 至 2019.03.09/低毒
冬小麦田 一年生阔叶杂草 375-562.5克/公顷 茎叶喷雾
PD20093159 异噁草松/480克/升/乳油/异噁草松 480克/升/2014.03.11 至 2019.03.11/低毒
春大豆田 一年生杂草 1080-1296克/公顷 土壤喷雾
PD20093533 霜脲·锰锌/72%/可湿性粉剂/代森锰锌 64%、霜脲氰 8%/2009.03.23 至 2014.03.23/低毒
黄瓜 霜霉病 1440-1800克/公顷 喷雾
PD20093671 硫磺·多菌灵/40%/悬浮剂/多菌灵 15%、硫磺 25%/2009.03.25 至 2014.03.25/低毒
花生 叶斑病 1080-1560克/公顷 喷雾
PD20093897 2,4-滴/96%/原药/2,4-滴 96%/2009.03.26 至 2014.03.26/低毒
PD20094099 多·福/50%/可湿性粉剂/多菌灵 25%、福美双 25%/2009.03.27 至 2014.03.27/低毒
梨树 黑星病 1000-1250毫克/千克 喷雾
PD20094719 敌草胺/50%/可湿性粉剂/敌草胺 50%/2009.04.10 至 2014.04.10/低毒
烟草 一年生杂草 1125-1875克/公顷 土壤喷雾
PD20094838 辛溴·滴丁酯/60%/乳油/2,4-滴丁酯 36%、辛酰溴苯腈 24%/2009.04.13 至 2014.04.13/低毒
春玉米田 一年生阔叶杂草 720-900克/公顷 茎叶喷雾
冬小麦田 一年生阔叶杂草 540-720克/公顷 喷雾
PD20094880 二甲戊灵/330克/升/乳油/二甲戊灵 330克/升/2009.04.13 至 2014.04.13/低毒
韭菜田 一年生杂草 544.5-742.5克/公顷 土壤喷雾
PD20095108 高效氟吡甲禾灵/96%/原药/高效氟吡甲禾灵 96%/2009.04.24 至 2014.04.24/低毒
PD20095204 乙烯利/40%/水剂/乙烯利 40%/2009.04.24 至 2014.04.24/低毒
棉花 催熟、增产 330-500倍液 喷雾
PD20095233 丁草胺/81.5%/乳油/丁草胺 81.5%/2009.04.27 至 2014.04.27/低毒
水稻移栽田 一年生杂草 810－1215克/公顷 药土法
PD20095259 2甲·莠去津/45%/悬浮剂/2甲4氯 20%、莠去津 25%/2009.04.27 至 2014.04.27/低毒
夏玉米田 一年生阔叶杂草 1350－1687.5克/公顷 茎叶喷雾
PD20095260 苄·二氯/31%/泡腾粒剂/苄嘧磺隆 2%、二氯喹啉酸 29%/2009.04.27 至 2014.04.27/低毒
水稻移栽田 一年生及部分多年生杂草 325.5－372克/公顷 撒施
PD20095271 苄·乙/16%/泡腾颗粒剂/苄嘧磺隆 4%、乙草胺 12%/2009.04.27 至 2014.04.27/低毒

水稻移栽田　一年生及部分多年生杂草　96-120克/公顷(南方地区)　撒施
PD20095327　乙氧氟草醚/240克/升/乳油/乙氧氟草醚 240克/升/2009.04.27 至 2014.04.27/低毒
大蒜田　一年生杂草　144-180克/公顷　土壤喷雾
花生田　一年生杂草　144-216克/公顷　土壤喷雾
PD20095360　乙·莠·滴丁酯/37%/悬乳剂/2,4-滴丁酯 8.5%、乙草胺 9.5%、莠去津 19%/2009.04.27 至 2014.04.27/低毒
春玉米田　一年生杂草　1665-2220克/公顷(东北地区)　土壤喷雾
PD20095794　乙草胺/40%/水乳剂/乙草胺 40%/2009.05.27 至 2014.05.27/低毒
花生田　一年生杂草　750-1050克/公顷　土壤喷雾
PD20095843　莠去津/80%/可湿性粉剂/莠去津 80%/2009.05.27 至 2014.05.27/低毒
夏玉米田　一年生杂草　1200－1440克/公顷　播后苗前土壤喷雾
PD20095902　甲草·莠去津/48%/悬乳剂/甲草胺 28%、莠去津 20%/2009.05.31 至 2014.05.31/低毒
春玉米田　一年生杂草　2160-2880克/公顷　土壤喷雾
大葱、大蒜田、姜田　一年生杂草　1080-1440克/公顷　土壤喷雾
夏玉米田　一年生杂草　1440-1800克/公顷　土壤喷雾
PD20095965　百草枯/200克/升/水剂/百草枯 200克/升/2012.12.31 至 2014.07.01/中等毒
夏玉米田　杂草　450-600克/公顷　行间定向茎叶喷雾
PD20096054　精噁唑禾草灵/10%/乳油/精噁唑禾草灵 10%/2009.06.18 至 2014.06.18/低毒
冬小麦田　一年生禾本科杂草　60-75克/公顷　茎叶喷雾
PD20096800　乙草胺/900克/升/水乳剂/乙草胺 900克/升/2009.09.15 至 2014.09.15/低毒
春大豆田、春玉米田　一年生杂草　1350-1890克/公顷　土壤喷雾
花生田　一年生禾本科杂草及部分阔叶杂草　1080-1350克/公顷　土壤喷雾
夏大豆田　一年生杂草　1012.5-1350克/公顷　土壤喷雾
PD20096995　扑草净/50%/悬浮剂/扑草净 50%/2009.09.29 至 2014.09.29/低毒
棉花田　一年生阔叶杂草　750－1125克/公顷　土壤喷雾
PD20097096　扑·乙·滴丁酯/50%/乳油/2,4-滴丁酯 20%、扑草净 10%、乙草胺 20%/2009.10.10 至 2014.10.10/低毒
春大豆田　一年生杂草　1575-1875克/公顷(东北地区)　土壤喷雾
春玉米田　一年生杂草　1575－1875克/公顷(东北地区)　土壤喷雾
PD20098098　2,4-滴丁酯/57%/乳油/2,4-滴丁酯 57%/2009.12.08 至 2014.12.08/低毒
春玉米田　一年生阔叶杂草　648-864克/公顷　喷雾
小麦田　一年生阔叶杂草　540－810克/公顷　茎叶喷雾
PD20098099　滴丁·乙草胺/72%/乳油/2,4-滴丁酯 27%、乙草胺 45%/2009.12.08 至 2014.12.08/低毒
春玉米田　一年生杂草　1620-2160克/公顷(东北地区)　土壤喷雾
PD20098433　氟磺胺草醚/98%/原药/氟磺胺草醚 98%/2009.12.24 至 2014.12.24/低毒
PD20098496　2,4-滴二甲胺盐/720克/升/水剂/2,4-滴二甲胺盐 720克/升/2009.12.24 至 2014.12.24/低毒
春小麦田　一年生阔叶杂草　756-972克/公顷　茎叶喷雾
冬小麦田　一年生阔叶杂草　540-756克/公顷　茎叶喷雾
PD20101126　丙草胺/500克/升/乳油/丙草胺 500克/升/2010.01.25 至 2015.01.25/低毒
水稻移栽田　稗草及部分阔叶杂草和莎草　450-525克/公顷　毒土法
PD20101320　丁·莠/42%/悬浮剂/丁草胺 22%、莠去津 20%/2010.03.17 至 2015.03.17/低毒
春玉米田　一年生杂草　2205-2520克/公顷　土壤喷雾
夏玉米田　一年生杂草　1260-1575克/公顷　土壤喷雾
PD20101913　苯磺隆/75%/干悬浮剂/苯磺隆 75%/2010.08.27 至 2015.08.27/低毒
冬小麦田　一年生阔叶杂草　13.5－22.5克/公顷　茎叶喷雾
PD20102225　草甘膦铵盐/68%/可溶粒剂/草甘膦 68%/2010.12.31 至 2015.12.31/低毒
柑橘园　杂草　1120.5-2241克/公顷　定向喷雾
注:草甘膦铵盐含量：74.7%。
PD20131378　二氯喹啉酸/90%/水分散粒剂/二氯喹啉酸 90%/2013.06.24 至 2018.06.24/低毒
水稻田(直播)　稗草　202.5-337.5克/公顷　茎叶喷雾
PD20131390　精喹禾灵/10.8%/水乳剂/精喹禾灵 10.8%/2013.06.24 至 2018.06.24/低毒
大豆田　一年生禾本科杂草　48.6-72.9克/公顷　茎叶喷雾
PD20131391　异丙甲草胺/88%/乳油/异丙甲草胺 88%/2013.06.24 至 2018.06.24/低毒
大豆田　一年生杂草　1188-1452克/公顷　土壤喷雾
PD20131401　苯噻酰草胺/88%/可湿性粉剂/苯噻酰草胺 88%/2013.07.02 至 2018.07.02/低毒
移栽水稻田　一年生杂草　462-594克/公顷　药土法
PD20131463　烟嘧·麦草畏/40%/可湿性粉剂/麦草畏 30%、烟嘧磺隆 10%/2013.07.05 至 2018.07.05/低毒
玉米田　一年生杂草　150-210克/公顷　茎叶喷雾
PD20131528　烟嘧·莠去津/20%/可分散油悬浮剂/烟嘧磺隆 2%、莠去津 18%/2013.07.17 至 2018.07.17/低毒
玉米田　一年生杂草　240-360克/公顷　茎叶喷雾
PD20131613　烟嘧·莠去津/80%/水分散粒剂/烟嘧磺隆 8%、莠去津 72%/2013.07.29 至 2018.07.29/低毒
玉米田　一年生杂草　360-720克/公顷　茎叶喷雾
PD20131875　莠去津/90%/水分散粒剂/莠去津 90%/2013.09.25 至 2018.09.25/低毒
玉米田　一年生杂草　1485-1755克/公顷（东北地区）　播后苗前土壤喷雾
1215-1485克/公顷（其他地区）

PD20131878 苄嘧·苯噻酰/80%/可湿性粉剂/苯噻酰草胺 75.5%、苄嘧磺隆 4.5%/2013.09.25 至 2018.09.25/低毒
水稻抛秧田 一年生杂草 480-600克/公顷 药土法
PD20131942 乙羧·苯磺隆/20%/可湿性粉剂/苯磺隆 5%、乙羧氟草醚 15%/2013.10.10 至 2018.10.10/低毒
冬小麦田 一年生阔叶杂草 45-60克/公顷 茎叶喷雾
PD20132035 乙羧氟草醚/20%/乳油/乙羧氟草醚 20%/2013.10.21 至 2018.10.21/低毒
大豆田 一年生阔叶杂草 60-81克/公顷 茎叶喷雾
PD20132222 异丙草胺/900克/升/乳油/异丙草胺 900克/升/2013.11.05 至 2018.11.05/低毒
春玉米田 一年生杂草及部分阔叶杂草 1620-2160克/公顷 土壤喷雾
夏玉米田 一年生杂草及部分阔叶杂草 1080-1620克/公顷 土壤喷雾
LS20130110 甲·灭·敌草隆/68%/可湿性粉剂/敌草隆 18%、2甲4氯 10%、莠灭净 40%/2014.03.11 至 2015.03.11/低毒
甘蔗田 一年生杂草 1326-1938克/公顷 定向茎叶喷雾

山东荣邦化工有限公司 （山东省潍坊市寿光市晨鸣工业园 262700 0536-5285618）

PD20080951 啶虫脒/20%/可溶粉剂/啶虫脒 20%/2013.07.23 至 2018.07.23/低毒
苹果树 蚜虫 20-25毫克/千克 喷雾
PD20090854 甲硫·福美双/70%/可湿性粉剂/福美双 40%、甲基硫菌灵 30%/2014.01.19 至 2019.01.19/低毒
苹果树 轮纹病 700-875毫克/千克 喷雾
PD20091135 三唑锡/25%/可湿性粉剂/三唑锡 25%/2014.01.21 至 2019.01.21/低毒
柑橘树 红蜘蛛 125-250毫克/千克 喷雾
PD20091241 丙环唑/250克/升/乳油/丙环唑 250克/升/2014.02.01 至 2019.02.01/低毒
香蕉 叶斑病 250-500毫克/千克 喷雾
PD20091508 三环唑/75%/可湿性粉剂/三环唑 75%/2014.02.02 至 2019.02.02/中等毒
水稻 稻瘟病 225-300克/公顷 喷雾
PD20091550 代森锰锌/80%/可湿性粉剂/代森锰锌 80%/2014.02.03 至 2019.02.03/低毒
黄瓜 霜霉病 2040-3000克/公顷 喷雾
PD20091580 三唑酮/25%/可湿性粉剂/三唑酮 25%/2014.02.03 至 2019.02.03/低毒
小麦 白粉病 150-225克/公顷 喷雾
PD20091615 辛硫磷/3%/颗粒剂/辛硫磷 3%/2014.02.03 至 2019.02.03/低毒
花生 地下害虫 2250-3600克/公顷 撒施
PD20091770 毒死蜱/480克/升/乳油/毒死蜱 480克/升/2009.02.04 至 2014.02.04/中等毒
十字花科蔬菜 黄条跳甲 432-648克/公顷 喷雾
PD20091777 阿维菌素/1.8%/乳油/阿维菌素 1.8%/2014.02.04 至 2019.02.04/低毒(原药高毒)
苹果树 红蜘蛛 5-6.67毫克/千克 喷雾
PD20091961 联苯菊酯/25克/升/乳油/联苯菊酯 25克/升/2014.02.12 至 2019.02.12/低毒
茶树 茶毛虫 15-22.5克/公顷 喷雾
PD20092143 敌敌畏/80%/乳油/敌敌畏 80%/2014.02.23 至 2019.02.23/低毒
苹果树 蚜虫 400-500毫克/千克 喷雾
PD20092415 乙草胺/900克/升/乳油/乙草胺 900克/升/2014.02.25 至 2019.02.25/低毒
大豆田 一年生禾本科杂草及小粒阔叶杂草 1350-2160克/公顷(东北地区) 播后苗前土壤喷雾
810-1350克/公顷(其他地区)
PD20092418 硫磺·多菌灵/50%/可湿性粉剂/多菌灵 15%、硫磺 35%/2014.02.25 至 2019.02.25/低毒
花生 叶斑病 1200-1800克/公顷 喷雾
PD20092707 井冈霉素/5%/水剂/井冈霉素A 5%/2009.03.03 至 2014.03.03/低毒
水稻 纹枯病 150-187.5克/公顷 喷雾
PD20092928 霜霉威盐酸盐/722克/升/水剂/霜霉威盐酸盐 722克/升/2009.03.05 至 2014.03.05/低毒
黄瓜 霜霉病 866.4-1083克/公顷 喷雾
PD20093121 阿维菌素/1.8%/可湿性粉剂/阿维菌素 1.8%/2014.03.10 至 2019.03.10/低毒(原药高毒)
苹果树 红蜘蛛 3.3-4毫克/千克 喷雾
PD20093136 硫磺/45%/悬浮剂/硫磺 45%/2014.03.10 至 2019.03.10/低毒
枸杞 锈蜘蛛 1125-2250毫克/千克 喷雾
PD20093302 三唑酮/20%/乳油/三唑酮 20%/2014.03.13 至 2019.03.13/低毒
小麦 白粉病 120-127.5克/公顷 喷雾
PD20093312 代森锌/80%/可湿性粉剂/代森锌 80%/2014.03.13 至 2019.03.13/低毒
马铃薯 早疫病 1200-1440克/公顷 喷雾
PD20093503 虫酰肼/200克/升/悬浮剂/虫酰肼 200克/升/2009.03.23 至 2014.03.23/低毒
甘蓝 甜菜夜蛾 200-300克/公顷 喷雾
PD20093513 代森锰锌/70%/可湿性粉剂/代森锰锌 70%/2014.03.23 至 2019.03.23/低毒
番茄 早疫病 1837.5-2362.5克/公顷 喷雾
PD20093935 甲基硫菌灵/70%/可湿性粉剂/甲基硫菌灵 70%/2014.03.27 至 2019.03.27/微毒
苹果树 轮纹病 700-875毫克/千克 喷雾
PD20093966 辛硫·三唑磷/20%/乳油/三唑磷 10%、辛硫磷 10%/2014.03.27 至 2019.03.27/中等毒
水稻 稻水象甲 150-210克/公顷 喷雾
PD20095072 苏云金杆菌/16000IU/毫克/可湿性粉剂/苏云金杆菌 16000IU/毫克/2014.04.22 至 2019.04.22/低毒
茶树 茶毛虫 800-1600倍 喷雾

棉花 二代棉铃虫 1500-2250克(制剂)/公顷 喷雾
森林 松毛虫 1200-1600倍 喷雾
十字花科蔬菜 小菜蛾 750-1125克(制剂)/公顷 喷雾
十字花科蔬菜 菜青虫 375-750克(制剂)/公顷 喷雾
水稻 稻纵卷叶螟 1500-2250克(制剂)/公顷 喷雾
烟草 烟青虫 750-1500克(制剂)/公顷 喷雾
玉米 玉米螟 750-1500克(制剂)/公顷 加细沙灌心
枣树 枣尺蠖 1200-1600倍 喷雾

PD20096318 三唑磷/20%/乳油/三唑磷 20%/2009.07.22 至 2014.07.22/中等毒
水稻 二化螟 210-240克/公顷 喷雾

PD20097154 乙酸铜/20%/可湿性粉剂/乙酸铜 20%/2009.10.16 至 2014.10.16/低毒
黄瓜 苗期猝倒病 3000-4500克/公顷 灌根

PD20098120 矮壮素/50%/水剂/矮壮素 50%/2009.12.08 至 2014.12.08/低毒
棉花 调节生长 41.67-62.5毫克/千克（8000-12000倍液） 于棉花初花期、盛花期、蕾铃期全株喷雾三次。

PD20098361 草甘膦异丙胺盐(41%)///水剂/草甘膦 30%/2009.12.18 至 2014.12.18/低毒
柑橘园 一年生和多年生杂草 1230-2460克/公顷 定向茎叶喷雾

PD20100846 炔螨·矿物油/73%/乳油/矿物油 33%、炔螨特 40%/2010.01.19 至 2015.01.19/低毒
苹果树 红蜘蛛 292-365毫克/千克 喷雾

PD20101684 吡虫啉/50%/可湿性粉剂/吡虫啉 50%/2010.06.08 至 2015.06.08/低毒
水稻 稻飞虱 15-30克/公顷 喷雾

PD20102122 甲氨基阿维菌素苯甲酸盐/0.5%/微乳剂/甲氨基阿维菌素 0.5%/2010.12.02 至 2015.12.02/低毒
甘蓝 甜菜夜蛾 2.25-3.375克/公顷 喷雾
注:甲氨基阿维菌素苯甲酸盐含量：0.57%

PD20121643 阿维·啶虫脒/4%/乳油/阿维菌素 1%、啶虫脒 3%/2012.10.30 至 2017.10.30/低毒(原药高毒)
苹果树 蚜虫 8-13.3毫克/千克 喷雾

PD20121680 苯醚甲环唑/25%/乳油/苯醚甲环唑 25%/2012.11.05 至 2017.11.05/低毒
香蕉树 叶斑病 125-250毫克/千克 喷雾

PD20122017 甲氨基阿维菌素苯甲酸盐/5%/水分散粒剂/甲氨基阿维菌素 5%/2012.12.19 至 2017.12.19/低毒
甘蓝 小菜蛾 2.25-3.75克/公顷 喷雾
注:甲氨基阿维菌素苯甲酸盐含量：5.7%。

PD20122078 丙森·多菌灵/70%/可湿性粉剂/丙森锌 30%、多菌灵 40%/2012.12.24 至 2017.12.24/低毒
苹果树 斑点落叶病 875-1000毫克/千克 喷雾

PD20130031 高氯·甲维盐/4%/微乳剂/高效氯氰菊酯 3.7%、甲氨基阿维菌素苯甲酸盐 0.3%/2013.01.07 至 2018.01.07/低毒
甘蓝 小菜蛾 9-12克/公顷 喷雾

PD20130230 高氯·三唑磷/12%/乳油/高效氯氰菊酯 2%、三唑磷 10%/2013.01.30 至 2018.01.30/低毒
棉花 棉铃虫 108-144克/公顷 喷雾

PD20130681 二甲戊灵/33%/乳油/二甲戊灵 33%/2013.04.09 至 2018.04.09/低毒
甘蓝田 一年生杂草 495-742.5克/公顷 土壤喷雾

PD20130700 吡虫·杀虫单/58%/可湿性粉剂/吡虫啉 2.5%、杀虫单 55.5%/2013.04.11 至 2018.04.11/中等毒
水稻 稻纵卷叶螟、二化螟、飞虱、三化螟 450-750克/公顷 喷雾

PD20130870 高效氯氰菊酯/5%/微乳剂/高效氯氰菊酯 5%/2013.04.24 至 2018.04.24/中等毒
甘蓝 菜青虫 18.75-26.25克/公顷 喷雾

PD20131148 阿维·毒死蜱/24%/乳油/阿维菌素 1%、毒死蜱 23%/2013.05.20 至 2018.05.20/中等毒(原药高毒)
梨树 梨木虱 48-60毫克/千克 喷雾

PD20131291 吡虫啉/20%/乳油/吡虫啉 20%/2013.06.08 至 2018.06.08/低毒
小麦 蚜虫 15-30克/公顷(南方地区)；45-60克/公顷(北方地区) 喷雾

PD20131466 烯酰·锰锌/69%/可湿性粉剂/代森锰锌 60%、烯酰吗啉 9%/2013.07.05 至 2018.07.05/低毒
黄瓜 霜霉病 1035-1725克/公顷 喷雾

PD20131525 阿维·高氯/3%/可湿性粉剂/阿维菌素 0.2%、高效氯氰菊酯 2.8%/2013.07.17 至 2018.07.17/低毒(原药高毒)
甘蓝 菜青虫、小菜蛾 13.5-27克/公顷 喷雾

PD20132087 春雷·王铜/47%/可湿性粉剂/春雷霉素 2%、王铜 45%/2013.10.24 至 2018.10.24/低毒
番茄 叶霉病 705-880克/公顷 喷雾

山东瑞星生物有限公司 （山东省潍坊市昌乐县北岩镇工业区 262407 0536-6743788)

PD85123-12 胂·锌·福美双/50/可湿性粉剂/福美甲胂 12.5%、福美双 25%、福美锌 12.5%/2010.05.25 至 2013.12.31/中等毒
大白菜 霜霉病 750-1125克/公顷 喷雾
梨树 黑星病 500-800倍液 喷雾
苹果树 炭疽病 500-800倍液 喷雾
葡萄 黑痘病、炭疽病 500-1000倍液 喷雾
水稻 纹枯病 562.5-692克/公顷 喷雾
烟草 炭疽病 562.5-692克/公顷 喷雾

芝麻 疫病 2500倍液 喷雾

PD85124-13 福·福锌/80%/可湿性粉剂/福美双 30%、福美锌 50%/2010.05.25 至 2015.05.25/中等毒

黄瓜、西瓜 炭疽病 1500-1800克/公顷 喷雾

麻 炭疽病 240-400克/100千克种子 拌种

棉花 苗期病害 0.5%药液 浸种

苹果树、杉木、橡胶树 炭疽病 500-600倍液 喷雾

PD20080604 啶虫脒/5%/乳油/啶虫脒 5%/2013.05.12 至 2018.05.12/低毒

柑橘树 蚜虫 10-15毫克/千克 喷雾

PD20080611 啶虫脒/20%/可溶粉剂/啶虫脒 20%/2013.05.12 至 2018.05.12/低毒

柑橘树 蚜虫 10-13.3毫克/千克 喷雾

PD20091445 高效氟吡甲禾灵/108克/升/乳油/氟吡甲禾灵 108克/升/2014.02.02 至 2019.02.02/低毒

夏大豆田 一年生禾本科杂草 45-52.5克/公顷 喷雾

PD20091956 虫酰肼/20%/悬浮剂/虫酰肼 20%/2014.02.12 至 2019.02.12/低毒

十字花科蔬菜 甜菜夜蛾 210-300克/公顷 喷雾

PD20093770 井冈霉素/5%/水剂/井冈霉素 5%/2014.03.25 至 2019.03.25/低毒

水稻 纹枯病 150-187.5克/公顷 喷雾

PD20093797 毒死蜱/5%/颗粒剂/毒死蜱 5%/2009.03.25 至 2014.03.25/低毒

韭菜 韭蛆 1125-1875克/公顷 撒施

PD20094455 氟铃·辛硫磷/10%/乳油/氟铃脲 2%、辛硫磷 8%/2014.04.01 至 2019.04.01/低毒

棉花 棉铃虫 180-225克/公顷 喷雾

PD20094582 吡虫·杀虫单/35%/可湿性粉剂/吡虫啉 1%、杀虫单 34%/2014.04.10 至 2019.04.10/中等毒

水稻 稻飞虱、稻纵卷叶螟、二化螟、三化螟 450-750克/公顷 喷雾

PD20095575 百草枯/200克/升/水剂/百草枯 200克/升/2012.12.31 至 2014.07.01/中等毒

玉米田 杂草 450-600克/公顷 定向喷雾

PD20096543 哒螨灵/20%/可湿性粉剂/哒螨灵 20%/2009.08.20 至 2014.08.20/低毒

苹果树 红蜘蛛 50-66.7毫克/千克 喷雾

PD20097020 腈菌唑/5%/乳油/腈菌唑 5%/2009.10.10 至 2014.10.10/低毒

梨树 黑星病 33.3-50毫克/千克 喷雾

PD20111082 甲氨基阿维菌素苯甲酸盐/1%/乳油/甲氨基阿维菌素 1%/2011.10.12 至 2016.10.12/低毒

甘蓝 小菜蛾 1.5-3克/公顷 喷雾

注:甲氨基阿维菌素苯甲酸盐含量：1.14%。

山东润扬化学有限公司 (山东省烟台市招远市黄城牟黄路 265701 0535-8519698)

PD20093699 毒死蜱/480克/升/乳油/毒死蜱 480克/升/2009.03.25 至 2014.03.25/中等毒

甘蓝 斜纹夜蛾 216-432克/公顷 喷雾

PD20093889 马拉硫磷/45%/乳油/马拉硫磷 45%/2009.03.25 至 2014.03.25/低毒

十字花科蔬菜 黄条跳甲 540-810克/公顷 喷雾

PD20093948 高效氯氟氰菊酯/25克/升/乳油/高效氯氟氰菊酯 25克/升/2009.03.27 至 2014.03.27/中等毒

甘蓝 菜青虫 7.5-11.25克/公顷 喷雾

PD20094149 氯氰菊酯/50克/升/乳油/氯氰菊酯 50克/升/2009.03.27 至 2014.03.27/低毒

甘蓝 菜青虫 37.5-52.5克/公顷 喷雾

PD20094371 代森锰锌/80%/可湿性粉剂/代森锰锌 80%/2009.04.01 至 2014.04.01/低毒

番茄 早疫病 1800-2400克/公顷 喷雾

PD20094927 联苯菊酯/25克/升/乳油/联苯菊酯 25克/升/2009.04.13 至 2014.04.13/低毒

茶树 茶小绿叶蝉 30-37.5克/公顷 喷雾

PD20095501 乙草胺/81.5%/乳油/乙草胺 81.5%/2009.05.11 至 2014.05.11/低毒

夏玉米田 一年生禾本科杂草及部分阔叶杂草 1080-1350克/公顷 播后苗期土壤喷雾

PD20095959 百草枯/200克/升/水剂/百草枯 200克/升/2012.12.31 至 2014.07.01/中等毒

非耕地 杂草 600-900克/公顷 喷雾

PD20100841 福·福锌/80%/可湿性粉剂/福美双 30%、福美锌 50%/2010.01.19 至 2015.01.19/低毒

黄瓜 炭疽病 1500-1800克/公顷 喷雾

PD20120283 百草枯/250克/升/水剂/百草枯 250克/升/2012.12.31 至 2014.07.01/中等毒

非耕地 杂草 450-600克/公顷 喷雾

PD20132542 戊唑醇/430克/升/悬浮剂/戊唑醇 430克/升/2013.12.16 至 2018.12.16/低毒

苹果树 斑点落叶病 61.4-86毫克/千克 喷雾

PD20132588 高效氯氟氰菊酯/5%/微乳剂/高效氯氟氰菊酯 5%/2013.12.17 至 2018.12.17/中等毒

甘蓝 菜青虫 9-13.5克/公顷 喷雾

PD20132642 甲氨基阿维菌素苯甲酸盐/3%/微乳剂/甲氨基阿维菌素 3%/2013.12.20 至 2018.12.20/低毒

甘蓝 甜菜夜蛾 1.8-2.25克/公顷 喷雾

注:甲氨基阿维菌素苯甲酸盐含量：3.4%。

山东三农生物科技有限公司 (山东省临沂市莒南县西环路北段西侧 276600 0539-7218750)

PD20081675 异丙草·莠/40%/悬乳剂/异丙草胺 16%、莠去津 24%/2013.11.17 至 2018.11.17/低毒

夏玉米田 一年生杂草 1200-1500克/公顷 播后苗前土壤喷雾

PD20081900 乙草胺/900克/升/乳油/乙草胺 900克/升/2013.11.21 至 2018.11.21/低毒
花生田 一年生杂草 877.5-1215克/公顷 土壤喷雾
PD20082073 多菌灵/40%/悬浮剂/多菌灵 40%/2013.11.25 至 2018.11.25/低毒
花生 倒秧病 750-900克/公顷 喷雾
苹果树 轮纹病 500-1000毫克/千克 喷雾
PD20082102 乙草胺/50%/乳油/乙草胺 50%/2013.11.25 至 2018.11.25/低毒
花生田 一年生禾本科杂草及部分小粒种子阔叶杂草 900-1350克/公顷 播后苗前土壤喷雾
PD20082215 百草枯/200克/升/水剂/百草枯 200克/升/2012.12.31 至 2014.07.01/中等毒
苹果园 杂草 600-900克/公顷 定向喷雾
PD20083247 代森锰锌/80%/可湿性粉剂/代森锰锌 80%/2013.12.11 至 2018.12.11/低毒
番茄 早疫病 1845-2370克/公顷 喷雾
PD20083831 异丙草胺/50%/乳油/异丙草胺 50%/2013.12.15 至 2018.12.15/低毒
甘薯 一年生禾本科杂草及部分小粒种子阔叶杂草 1500-1875克/公顷 土壤喷雾
PD20085084 氰戊·辛硫磷/20%/乳油/氰戊菊酯 5%、辛硫磷 15%/2013.12.23 至 2018.12.23/中等毒
棉花 棉铃虫 180-225克/公顷 喷雾
PD20085359 扑·乙/40%/悬乳剂/扑草净 20%、乙草胺 20%/2013.12.24 至 2018.12.24/低毒
花生田 一年生杂草 1080-1320克/公顷 土壤喷雾
PD20095363 异丙甲草胺/720克/升/乳油/异丙甲草胺 720克/升/2009.04.27 至 2014.04.27/低毒
花生田 一年生禾本科杂草及部分阔叶杂草 1080-1620克/公顷 播后苗前土壤喷雾
PD20096518 烟嘧磺隆/40克/升/可分散油悬浮剂/烟嘧磺隆 40克/升/2009.08.19 至 2014.08.19/低毒
玉米田 一年生杂草 42-60克/公顷 茎叶喷雾
PD20110814 毒· 辛/25%/乳油/毒死蜱 5%、辛硫磷 20%/2011.08.04 至 2016.08.04/中等毒
花生 蛴螬 1500-1875克/公顷 灌根
PD20130969 氧氟·乙草胺/26%/乳油/乙草胺 23%、乙氧氟草醚 3%/2013.05.02 至 2018.05.02/低毒
花生田 一年生杂草 780-858克/公顷 播后苗前土壤喷雾

山东三元工贸有限公司 (山东省潍坊市昌乐县昌乐开发区二街 262400 0531-82722190)

PD20097340 灭蝇胺/10%/悬浮剂/灭蝇胺 10%/2009.10.27 至 2014.10.27/低毒
黄瓜 美洲斑潜蝇 150-225克/公顷 喷雾
PD20098305 吗胍·乙酸铜/20%/可湿性粉剂/盐酸吗啉胍 16%、乙酸铜 4%/2009.12.18 至 2014.12.18/低毒
番茄 病毒病 510-750克/公顷 喷雾
PD20100078 灭蝇胺/70%/可湿性粉剂/灭蝇胺 70%/2010.01.04 至 2015.01.04/低毒
黄瓜 美洲斑潜蝇 147-220.5克/公顷 喷雾
PD20101185 灭蝇胺/97%/原药/灭蝇胺 97%/2010.01.28 至 2015.01.28/低毒

山东申达作物科技有限公司 (山东省寿光市晨鸣工业园公园北街西首 262700 0536-5717717)

PD86101-38 赤霉酸/4%/乳油/赤霉酸 4%/2013.03.19 至 2018.03.19/低毒
菠菜 增加鲜重 10-25毫克/千克 叶面处理1-3次
菠萝 果实增大、增重 40-80毫克/千克 喷花
柑橘树 果实增大、增重 20-40毫克/千克 喷花
花卉 提前开花 700毫克/千克 叶面处理涂抹花芽
绿肥 增产 10-20毫克/千克 喷雾
马铃薯 苗齐、增产 0.5-1毫克/千克 浸薯块10-30分钟
棉花 提高结铃率、增产 10-20毫克/千克 点喷、点涂或喷雾
葡萄 无核、增产 50-200毫克/千克 花后1周处理果穗
芹菜 增产 20-100毫克/千克 叶面处理1次
人参 增加发芽率 20毫克/千克 播前浸种15分钟
水稻 增加千粒重、制种 20-30毫克/千克 喷雾
PD20093211 腐霉·福美双/25%/可湿性粉剂/腐霉利 5%、福美双 20%/2009.03.11 至 2014.03.11/低毒
番茄 灰霉病 225-375克/公顷 喷雾
PD20121306 嘧霉胺/20%/悬浮剂/嘧霉胺 20%/2012.09.11 至 2017.09.11/低毒
黄瓜 灰霉病 375-562.5克/公顷 喷雾
PD20130046 异丙威/10%/烟剂/异丙威 10%/2013.01.07 至 2018.01.07/低毒
黄瓜(保护地) 蚜虫 450-600克/公顷 点燃放烟
PD20131385 戊唑醇/430克/升/悬浮剂/戊唑醇 430克/升/2013.06.24 至 2018.06.24/低毒
苹果树 斑点落叶病 61.4-86毫克/千克 喷雾
PD20131445 甲氨基阿维菌素苯甲酸盐/5%/水分散粒剂/甲氨基阿维菌素 5%/2013.07.05 至 2018.07.05/低毒
甘蓝 小菜蛾 2.25-3克/公顷 喷雾
注:甲氨基阿维菌素苯甲酸盐含量：5.7%。
PD20131471 啶虫脒/40%/可溶粉剂/啶虫脒 40%/2013.07.05 至 2018.07.05/低毒
黄瓜 蚜虫 24-48克/公顷 喷雾
PD20131625 阿维菌素/1%/颗粒剂/阿维菌素 1%/2013.07.30 至 2018.07.30/低毒(原药高毒)
黄瓜 根结线虫 225-263克/公顷 沟施、穴施

PD20131628 己唑醇/30%/悬浮剂/己唑醇 30%/2013.07.30 至 2018.07.30/低毒
水稻 纹枯病 58.5-76.5克/公顷 喷雾
PD20132381 氟硅唑/25%/水乳剂/氟硅唑 25%/2013.11.20 至 2018.11.20/低毒
黄瓜 黑星病 45-75克/公顷 喷雾
PD20132398 高效氯氟氰菊酯/5%/微乳剂/高效氯氟氰菊酯 5%/2013.11.20 至 2018.11.20/中等毒
甘蓝 菜青虫 11.25-15克/公顷 喷雾

山东申王生物药业有限公司 (山东省日照市五莲县莲山路5号 262300 0633-5881776)

PD20083330 阿维菌素/1.8%/乳油/阿维菌素 1.8%/2013.12.11 至 2018.12.11/低毒(原药高毒)
苹果树 红蜘蛛 3-6毫克/千克 喷雾
PD20085527 辛硫・高氯氟/21%/乳油/高效氯氟氰菊酯 1%、辛硫磷 20%/2013.12.25 至 2018.12.25/低毒
甘蓝 菜青虫 94.5-157.5克/公顷 喷雾
PD20095790 螨醇・哒螨灵/20%/乳油/哒螨灵 5%、三氯杀螨醇 15%/2009.05.27 至 2014.05.27/低毒
苹果树 红蜘蛛 100-133毫克/千克 喷雾
PD20100107 氢氧化铜/53.8%/可湿性粉剂/氢氧化铜 53.8%/2010.01.04 至 2015.01.04/低毒
番茄 早疫病 1533-2260克/公顷 喷雾
PD20101549 络氨铜/15%/可溶粉剂/络氨铜 15%/2010.05.19 至 2015.05.19/低毒
西瓜 枯萎病 350-500倍液 浇灌
PD20110469 吡虫啉/10%/可湿性粉剂/吡虫啉 10%/2011.04.22 至 2016.04.22/低毒
苹果树 蚜虫 16.67-25毫克/千克 喷雾

山东神星药业有限公司 (山东省潍坊市青州市北环路中段 262500 0536-3291497)

PD20080644 硫磺・多菌灵/50%/可湿性粉剂/多菌灵 15%、硫磺 35%/2013.05.13 至 2018.05.13/低毒
花生 叶斑病 1200-1800克/公顷 喷雾
PD20082019 灭蝇胺/30%/可湿性粉剂/灭蝇胺 30%/2013.11.25 至 2018.11.25/低毒
黄瓜 美洲斑潜蝇 120-150克/公顷 喷雾
PD20082935 多・福/50%/可湿性粉剂/多菌灵 6.5%、福美双 43.5%/2013.12.09 至 2018.12.09/低毒
梨树 黑星病 1000-1500毫克/千克 喷雾
PD20084020 多・福/45%/可湿性粉剂/多菌灵 6%、福美双 39%/2013.12.16 至 2018.12.16/低毒
梨 黑星病 1000-1500毫克/千克 喷雾
水稻 稻瘟病 1080-1350克/公顷 喷雾
PD20084494 毒・辛/25%/乳油/毒死蜱 9%、辛硫磷 16%/2013.12.18 至 2018.12.18/低毒
棉花 棉铃虫 225-337.5克/公顷 喷雾
PD20084516 灭多威/10%/可湿性粉剂/灭多威 10%/2013.12.18 至 2018.12.18/低毒(原药高毒)
棉花 棉铃虫 225-300克/公顷 喷雾
PD20084550 腐霉・福美双/50%/可湿性粉剂/腐霉利 10%、福美双 40%/2013.12.18 至 2018.12.18/低毒
番茄 灰霉病 600-900克/公顷 喷雾
PD20084641 氰戊・马拉松/20%/乳油/马拉硫磷 15%、氰戊菊酯 5%/2013.12.18 至 2018.12.18/中等毒
苹果树 桃小食心虫 160-333毫克/千克 喷雾
PD20085120 阿维・高氯/1.8%/乳油/阿维菌素 0.1%、高效氯氰菊酯 1.7%/2013.12.23 至 2018.12.23/低毒(原药高毒)
黄瓜 美洲斑潜蝇 24.3-27克/公顷 喷雾
PD20090350 福・甲・硫磺/50%/可湿性粉剂/福美双 10%、甲基硫菌灵 5%、硫磺 35%/2014.01.12 至 2019.01.12/低毒
苹果树 轮纹病 500-700倍液 喷雾
PD20090438 硫磺・多菌灵/25%/可湿性粉剂/多菌灵 10%、硫磺 15%/2014.01.12 至 2019.01.12/低毒
水稻 稻瘟病 1200-1800克/公顷 喷雾
PD20091225 乙羧氟草醚/95%/原药/乙羧氟草醚 95%/2014.02.01 至 2019.02.01/低毒
PD20091497 氟磺胺草醚/95%/原药/氟磺胺草醚 95%/2014.02.02 至 2019.02.02/低毒
PD20092324 甲氨基阿维菌素苯甲酸盐/0.5%/乳油/甲氨基阿维菌素苯甲酸盐 0.5%/2014.02.24 至 2019.02.24/低毒
棉花 棉铃虫 7.5-11.25克/公顷 喷雾
PD20093182 福・甲・硫磺/70%/可湿性粉剂/福美双 20%、甲基硫菌灵 14%、硫磺 36%/2014.03.11 至 2019.03.11/低毒
黄瓜 炭疽病 840-1260克/公顷 喷雾
PD20095621 敌磺・福美双/10%/可湿性粉剂/敌磺钠 5%、福美双 5%/2009.05.12 至 2014.05.12/低毒
黄瓜 苗期猝倒病 2505-3000克/公顷 毒土法
PD20096268 硫磺・锰锌/70%/可湿性粉剂/硫磺 42%、代森锰锌 28%/2009.07.22 至 2014.07.22/低毒
豇豆 锈病 1575-2100克/公顷 喷雾
PD20096608 异菌・福美双/50%/可湿性粉剂/福美双 40%、异菌脲 10%/2009.09.02 至 2014.09.02/低毒
番茄 早疫病 703.1-937.5克/公顷 喷雾
PD20096619 百・锌・福美双/75%/可湿性粉剂/百菌清 19%、福美双 21%、福美锌 35%/2009.09.02 至 2014.09.02/低毒
黄瓜 霜霉病 1205.4-1687.5克/公顷 喷雾
PD20097455 吗胍・乙酸铜/20%/可溶粉剂/盐酸吗啉胍 15%、乙酸铜 5%/2009.10.28 至 2014.10.28/低毒
番茄 病毒病 450-600克/公顷 喷雾
烟草 病毒病 500-750克/公顷 喷雾
PD20098116 多抗霉素/10%/可湿性粉剂/多抗霉素 10%/2009.12.08 至 2014.12.08/低毒
黄瓜 灰霉病 150-210克/公顷 喷雾
PD20098417 乙羧氟草醚/10%/乳油/乙羧氟草醚 10%/2009.12.24 至 2014.12.24/低毒

春大豆田 一年生阔叶杂草 75-90克/公顷 喷雾

PD20101043 盐酸吗啉胍/5%/可溶粉剂/盐酸吗啉胍 5%/2010.01.21 至 2015.01.21/低毒

番茄 病毒病 703-1406克/公顷 喷雾

水稻 条纹叶枯病 300-375克/公顷 喷雾

PD20101172 苯磺隆/75%/水分散粒剂/苯磺隆 75%/2010.01.28 至 2015.01.28/低毒

冬小麦田 一年生阔叶杂草 11.25-16.88克/公顷 茎叶喷雾

PD20101312 锰锌·百菌清/64%/可湿性粉剂/百菌清 8%、代森锰锌 56%/2010.03.17 至 2015.03.17/低毒

番茄 早疫病 1028.6-1440克/公顷 喷雾

PD20101387 乙铝·锰锌/75%/可湿性粉剂/代森锰锌 35%、三乙膦酸铝 40%/2010.04.14 至 2015.04.14/低毒

黄瓜 霜霉病 1312.5-1575克/公顷 喷雾

PD20110381 高效氯氟氰菊酯/10%/可湿性粉剂/高效氯氟氰菊酯 10%/2011.04.12 至 2016.04.12/中等毒

甘蓝 菜青虫 12-15克/公顷 喷雾

PD20120117 氟磺胺草醚/25%/水剂/氟磺胺草醚 25%/2012.01.29 至 2017.01.29/低毒

大豆田 一年生阔叶杂草 300-375克/公顷 茎叶喷雾

PD20120120 氟醚·灭草松/40%/水剂/三氟羧草醚 8%、灭草松 32%/2012.01.29 至 2017.01.29/低毒

春大豆田 一年生阔叶杂草 780-900克/公顷 茎叶喷雾

夏大豆田 一年生阔叶杂草 660-780克/公顷 茎叶喷雾

PD20130651 高效氯氟氰菊酯/2.5%/乳油/高效氯氟氰菊酯 2.5%/2013.04.08 至 2018.04.08/中等毒

苹果树 桃小食心虫 5-6.3毫克/千克 喷雾

PD20130652 阿维·毒死蜱/10%/乳油/毒死蜱 9.9%、甲氨基阿维菌素苯甲酸盐 0.1%/2013.04.08 至 2018.04.08/中等毒

大豆 甜菜夜蛾 82.5-90克/公顷 喷雾

PD20130653 啶虫脒/5%/乳油/啶虫脒 5%/2013.04.08 至 2018.04.08/低毒

柑橘树 蚜虫 10-12毫克/千克 喷雾

PD20130654 吡虫啉/70%/水分散粒剂/吡虫啉 70%/2013.04.08 至 2018.04.08/低毒

水稻 稻飞虱 23.5-31.5克/公顷 喷雾

PD20130655 阿维菌素/10%/水分散粒剂/阿维菌素 10%/2013.04.08 至 2018.04.08/中等毒(原药高毒)

柑橘树 红蜘蛛 5-10毫克/千克 喷雾

PD20130726 辛菌·吗啉胍/4.3%/水剂/盐酸吗啉胍 2.5%、辛菌胺醋酸盐 1.8%/2013.04.12 至 2018.04.12/低毒

番茄 病毒病 150-210克/公顷 喷雾

PD20130728 精喹禾灵/8.8%/乳油/精喹禾灵 8.8%/2013.04.12 至 2018.04.12/低毒

油菜田 一年生禾本科杂草 39.6-52.8克/公顷 喷雾

PD20132157 吡虫啉/350克/升/悬浮剂/吡虫啉 350克/升/2013.10.29 至 2018.10.29/低毒

甘蓝 蚜虫 15.75-26.25克/公顷 喷雾

山东省昌邑市化工厂 (山东省昌邑市柳疃镇西二甲村 261303 0536-7802210)

PD84122-3 溴甲烷/99%/原药/溴甲烷 99%/2010.12.10 至 2015.12.10/高毒

粮食、种子 多种害虫、鼠 27-37.5克/立方米 密闭熏蒸

山东省长清农药厂有限公司 (山东省济南经济开发区南园长兴路2001号 250301 0531-87367068)

PD20050091 高效氯氰菊酯/4.5%/乳油/高效氯氰菊酯 4.5%/2010.07.01 至 2015.07.01/中等毒

十字花科蔬菜 菜青虫 9-25.5克/公顷 喷雾

PD20081068 啶虫脒/5%/乳油/啶虫脒 5%/2013.08.14 至 2018.08.14/低毒

黄瓜 蚜虫 18-22.5克/公顷 喷雾

PD20082891 高氯·辛硫磷/20%/乳油/高效氯氰菊酯 1.5%、辛硫磷 18.5%/2013.12.09 至 2018.12.09/中等毒

十字花科蔬菜 菜青虫 90-150克/公顷 喷雾

PD20084863 辛硫磷/3%/颗粒剂/辛硫磷 3%/2013.12.22 至 2018.12.22/低毒

花生 地老虎、金针虫、蝼蛄、蛴螬 2250-3600克/公顷 沟施

PD20091253 氟铃·辛硫磷/20%/乳油/氟铃脲 2%、辛硫磷 18%/2014.02.01 至 2019.02.01/低毒

棉花 棉铃虫 150-250克/公顷 喷雾

PD20091932 烟嘧磺隆/40克/升/可分散油悬浮剂/烟嘧磺隆 40克/升/2014.02.12 至 2019.02.12/低毒

玉米田 一年生杂草 40-60克/公顷 茎叶喷雾

PD20092908 阿维·高氯/1.8%/乳油/阿维菌素 0.15%、高效氯氰菊酯 1.65%/2014.03.05 至 2019.03.05/低毒(原药高毒)

黄瓜 美洲斑潜蝇 15-30克/公顷 喷雾

PD20093662 精喹禾灵/5%/乳油/精喹禾灵 5%/2014.03.25 至 2019.03.25/低毒

棉花田 一年生禾本科杂草 37.5-60克/公顷 喷雾

PD20093673 精喹禾灵/10%/乳油/精喹禾灵 10%/2014.03.25 至 2019.03.25/低毒

夏大豆田 一年生禾本科杂草 37.5-52.5克/公顷 茎叶喷雾

PD20094586 二甲戊灵/330克/升/乳油/二甲戊灵 330克/升/2014.04.10 至 2019.04.10/低毒

韭菜田 一年生杂草 495-742.5克/公顷 土壤喷雾

PD20095604 吡虫·杀虫单/35%/可湿性粉剂/吡虫啉 1%、杀虫单 34%/2009.05.12 至 2014.05.12/中等毒

水稻 稻飞虱、稻纵卷叶螟、二化螟、三化螟 450-750克/公顷 喷雾

PD20096294 丁·莠/48%/悬乳剂/丁草胺 19%、莠去津 29%/2009.07.22 至 2014.07.22/低毒

夏玉米田 一年生杂草 1080-1440克/公顷 土壤喷雾

PD20096683 氰戊·马拉松/20%/乳油/马拉硫磷 15%、氰戊菊酯 5%/2009.09.07 至 2014.09.07/低毒

棉花 棉铃虫 150-240克/公顷 喷雾

PD20096828 耳霉菌/200万个/毫升/悬浮剂/耳霉菌 200万个/毫升/2009.09.21 至 2014.09.21/低毒
小麦 蚜虫 2250-3000毫升制剂/公顷 喷雾
PD20097926 吡虫啉/50%/可湿性粉剂/吡虫啉 50%/2009.11.30 至 2014.11.30/低毒
水稻 稻飞虱 15-30克/公顷 喷雾
小麦 蚜虫 15-30克/公顷(南方地区) 喷雾
45-60克/公顷(北方地区)
PD20098495 甲氨基阿维菌素苯甲酸盐(2.2%)////微乳剂/甲氨基阿维菌素 2%/2009.12.24 至 2014.12.24/低毒
甘蓝 甜菜夜蛾 2.64-3.3克/公顷 喷雾
PD20120235 松·喹·氟磺胺/35%/乳油/氟磺胺草醚 9.5%、精喹禾灵 2.5%、异噁草松 23%/2012.02.13 至 2017.02.13/低毒
春大豆田 一年生杂草 525-630克/公顷 茎叶喷雾
PD20130381 烟嘧·莠去津/22%/可分散油悬浮剂/烟嘧磺隆 2.5%、莠去津 19.5%/2013.03.12 至 2018.03.12/低毒
玉米田 一年生杂草 330-462克/公顷 茎叶喷雾
PD20130596 精喹·氟磺胺/15%/乳油/氟磺胺草醚 12%、精喹禾灵 3%/2013.04.02 至 2018.04.02/低毒
春大豆田 一年生杂草 337.5-405克/公顷 茎叶喷雾
PD20132179 甲·灭·敌草隆/55%/可湿性粉剂/敌草隆 15%、2甲4氯 10%、莠灭净 30%/2013.10.29 至 2018.10.29/低毒
甘蔗田 一年生杂草 1237.5-1732.5克/公顷 茎叶喷雾

山东省成武县有机化工厂 (山东省成武县南鲁镇工业小区 274207 0530-8822188)

PD84121-12 磷化铝/56%/片剂/磷化铝 56%/2010.01.31 至 2015.01.31/高毒
洞穴 室外啮齿动物 根据洞穴大小而定 密闭熏蒸
货物 仓储害虫 5-10片/1000千克 密闭熏蒸
空间 多种害虫 1-4片/立方米 密闭熏蒸
粮食、种子 储粮害虫 3-10片/1000千克 密闭熏蒸
PD20085201 井冈霉素/5%/水剂/井冈霉素 5%/2013.12.23 至 2018.12.23/低毒
水稻 纹枯病 150-187.5克/公顷 喷雾
PD20101370 苦参·硫磺/13.7%/水剂/苦参碱 0.15%、硫磺 13.55%/2010.04.02 至 2015.04.02/低毒
辣椒 病毒病 273-411克/公顷 喷雾
水稻 条纹叶枯病 205—308克/公顷 喷雾

山东省德州天邦农化有限公司 (山东省德州市德城区二屯镇 253035 0534-2623883)

PD20084532 啶虫脒/20%/可湿性粉剂/啶虫脒 20%/2013.12.18 至 2018.12.18/低毒
柑橘树 蚜虫 12-20毫克/千克 喷雾
PD20084738 灭多威/20%/乳油/灭多威 20%/2013.12.22 至 2018.12.22/高毒
棉花 棉铃虫 150-225克/公顷 喷雾
棉花 蚜虫 75-150克/公顷 喷雾
PD20092890 三唑锡/8%/乳油/三唑锡 8%/2009.03.05 至 2014.03.05/低毒
柑橘树 红蜘蛛 80-100毫克/千克 喷雾
PD20095146 五氯·福美双/40%/粉剂/福美双 20%、五氯硝基苯 20%/2009.04.24 至 2014.04.24/低毒
棉花 红腐病、苗期立枯病、炭疽病 200-400克/100千克种子 拌种
PD20095700 阿维·氟铃脲/3%/乳油/阿维菌素 1%、氟铃脲 2%/2009.06.11 至 2014.06.11/低毒(原药高毒)
十字花科蔬菜 小菜蛾 13.5-20.25克/公顷 喷雾
PD20097948 五氯硝基苯/95%/原药/五氯硝基苯 95%/2009.11.30 至 2014.11.30/低毒
PD20110162 五氯·福美双/20%/粉剂/福美双 10%、五氯硝基苯 10%/2011.02.11 至 2016.02.11/低毒
西瓜 枯萎病 45-60克/100千克种子 拌种
PD20110606 氰戊菊酯/20%/乳油/氰戊菊酯 20%/2011.06.07 至 2016.06.07/低毒
苹果树 桃小食心虫 66.7-100毫克/千克 喷雾

山东省德州祥龙生化有限公司 (山东省德州市宁津县宁津镇 253400 0534-5421836)

PD20084955 丙环唑/250克/升/乳油/丙环唑 250克/升/2013.12.22 至 2018.12.22/低毒
香蕉树 叶斑病 250-500毫克/千克 喷雾
PD20084993 联苯菊酯/100克/升/乳油/联苯菊酯 100克/升/2013.12.22 至 2018.12.22/中等毒
茶树 茶小绿叶蝉 30-37.5克/公顷 喷雾
PD20085019 阿维菌素/2%/乳油/阿维菌素 2%/2013.12.22 至 2018.12.22/低毒(原药高毒)
十字花科蔬菜 小菜蛾 8.1-10.8克/公顷 喷雾
PD20085387 三唑锡/25%/可湿性粉剂/三唑锡 25%/2013.12.24 至 2018.12.24/低毒
苹果树 红蜘蛛 188-250毫克/千克 喷雾
PD20085557 敌敌畏/50%/乳油/敌敌畏 50%/2013.12.25 至 2018.12.25/中等毒
十字花科蔬菜 菜青虫 900-1200克/公顷 喷雾
PD20086110 多·锰锌/70%/可湿性粉剂/多菌灵 10%、代森锰锌 60%/2013.12.30 至 2018.12.30/低毒
苹果 斑点落叶病 1000-1250毫克/千克 喷雾
PD20090374 高氯·马/20%/乳油/高效氯氰菊酯 2%、马拉硫磷 18%/2014.01.12 至 2019.01.12/中等毒
棉花 棉铃虫 180-240克/公顷 喷雾
PD20090404 阿维·高氯/3%/乳油/阿维菌素 0.2%、高效氯氰菊酯 2.8%/2014.01.12 至 2019.01.12/低毒(原药高毒)
甘蓝 菜青虫、小菜蛾 13.5-27克/公顷 喷雾
PD20090461 啶虫脒/20%/可溶粉剂/啶虫脒 20%/2014.01.12 至 2019.01.12/低毒
黄瓜 蚜虫 15-24克/公顷 喷雾

PD20090711	精喹禾灵/10%/乳油/精喹禾灵 10%/2014.01.19 至 2019.01.19/低毒			
	夏大豆田	一年生禾本科杂草	37.5-52.5克/公顷	喷雾
PD20090836	甲哌鎓/10%/可溶粉剂/甲哌鎓 10%/2009.01.19 至 2014.01.19/低毒			
	棉花	调节生长、增产	45-60克/公顷	喷雾
PD20090939	草甘膦异丙胺盐/41%/水剂/草甘膦异丙胺盐 41%/2009.01.19 至 2014.01.19/低毒			
	桑园	杂草	1125-2250克/公顷	定向喷雾
PD20091107	阿维・高氯/2.4%/可湿性粉剂/阿维菌素 0.2%、高效氯氰菊酯 2.2%/2009.01.21 至 2014.01.21/低毒(原药高毒)			
	甘蓝	菜青虫、小菜蛾	13.5-27克/公顷	喷雾
PD20091373	乙草胺/900克/升/乳油/乙草胺 900克/升/2009.02.02 至 2014.02.02/低毒			
	玉米田	一年生禾本科杂草及部分小粒种子阔叶杂草	1215-1620克/公顷(东北地区) 810-1215克/公顷(其它地区)	土壤喷雾
PD20091514	吡虫・杀虫单/58%/可湿性粉剂/吡虫啉 2.5%、杀虫单 55.5%/2009.02.02 至 2014.02.02/低毒			
	水稻	稻飞虱、稻纵卷叶螟、二化螟、三化螟	450-750克/公顷	喷雾
PD20091617	啶虫脒/36%/水分散粒剂/啶虫脒 36%/2009.02.03 至 2014.02.03/低毒			
	黄瓜	蚜虫	21.6-27克/公顷	喷雾
PD20092024	百草枯/200克/升/水剂/百草枯 200克/升/2012.12.31 至 2014.07.01/中等毒			
	苹果园	一年生和多年生杂草	750-900克/公顷	茎叶喷雾
PD20092337	多・福/40%/可湿性粉剂/多菌灵 5%、福美双 35%/2009.02.24 至 2014.02.24/低毒			
	葡萄	霜霉病	1000-1250毫克/千克	喷雾
PD20092340	阿维・哒螨灵/6.78%/乳油/阿维菌素 0.11%、哒螨灵 6.67%/2009.02.24 至 2014.02.24/低毒(原药高毒)			
	柑橘树	红蜘蛛	40-45.2毫克/千克	喷雾
PD20092648	复硝酚钠/98%/原药/复硝酚钠 98%/2009.03.03 至 2014.03.03/低毒			
PD20092669	高效氟吡甲禾灵/108克/升/乳油/高效氟吡甲禾灵 108克/升/2009.03.03 至 2014.03.03/低毒			
	棉花田	一年生禾本科杂草	40.5-48.6克/公顷	茎叶喷雾
PD20092962	氯氰・丙溴磷/440克/升/乳油/丙溴磷 400克/升、氯氰菊酯 40克/升/2009.03.09 至 2014.03.09/中等毒			
	棉花	棉铃虫	528-660克/公顷	喷雾
PD20093444	莠去津/48%/可湿性粉剂/莠去津 48%/2009.03.23 至 2014.03.23/低毒			
	玉米田	一年生杂草	春玉米:2160-2520克/公顷;其他:1800-2160克/公顷	土壤喷雾
PD20094113	莠去津/38%/悬浮剂/莠去津 38%/2009.03.27 至 2014.03.27/低毒			
	春玉米田	一年生杂草	1710-2280克/公顷	土壤喷雾
	夏玉米田	一年生杂草	1140-1710克/公顷	土壤喷雾
PD20094173	井冈霉素/5%/水剂/井冈霉素 5%/2009.03.27 至 2014.03.27/低毒			
	水稻	纹枯病	150-187.5克/公顷	喷雾
PD20094280	氯氰・吡虫啉/5%/乳油/吡虫啉 1.5%、氯氰菊酯 3.5%/2009.03.31 至 2014.03.31/低毒			
	甘蓝	蚜虫	22.5-37.5克/公顷	喷雾
PD20095155	复硝酚钠/1.8%/水剂/5-硝基邻甲氧基苯酚钠 0.3%、对硝基苯酚钾 0.9%、邻硝基苯酚钠 0.6%/2009.04.24 至2014.04.24/低毒			
	棉花	调节生长、增产	2000-3000倍液	分别在苗前、蕾期和盛花期,兑水喷雾
PD20096339	啶虫脒/5%/可湿性粉剂/啶虫脒 5%/2009.07.23 至 2014.07.23/低毒			
	甘蓝	蚜虫	15-22.5克/公顷	喷雾
PD20097129	烟嘧・莠去津/22%/可分散油悬浮剂/烟嘧磺隆 2%、莠去津 20%/2009.10.16 至 2014.10.16/低毒			
	玉米田	一年生杂草	100-200毫升制剂/亩	茎叶喷雾
PD20097322	丁・莠/42%/悬乳剂/丁草胺 22%、莠去津 20%/2009.10.27 至 2014.10.27/低毒			
	夏玉米田	一年生杂草	1260—1575克/公顷	土壤喷雾
PD20097504	烟嘧磺隆/40克/升/可分散油悬浮剂/烟嘧磺隆 40克/升/2009.11.03 至 2014.11.03/低毒			
	玉米田	一年生杂草	45-60克/公顷	茎叶喷雾
PD20097748	毒死蜱/480克/升/乳油/毒死蜱 480克/升/2009.11.12 至 2014.11.12/中等毒			
	水稻	稻纵卷叶螟	5.4-648克/公顷	喷雾
PD20097751	噻螨酮/5%/可湿性粉剂/噻螨酮 5%/2009.11.12 至 2014.11.12/低毒			
	柑橘树	红蜘蛛	25-33.3毫克/千克	喷雾
PD20097840	氯氰・敌敌畏/10%/乳油/敌敌畏 8%、氯氰菊酯 2%/2009.11.20 至 2014.11.20/中等毒			
	十字花科蔬菜	蚜虫	60-75克/公顷	喷雾
PD20098200	噻嗪・异丙威/25%/可湿性粉剂/噻嗪酮 5%、异丙威 20%/2009.12.16 至 2014.12.16/低毒			
	水稻	稻飞虱	450-562.5克/公顷	喷雾
PD20098228	氟氯氰菊酯/50克/升/乳油/氟氯氰菊酯 50克/升/2009.12.16 至 2014.12.16/低毒			
	甘蓝	菜青虫	18.75—22.5克/公顷	喷雾
PD20098386	氟硅唑/400克/升/乳油/氟硅唑 400克/升/2009.12.18 至 2014.12.18/低毒			
	黄瓜	黑星病	45-75克/公顷	喷雾
PD20100243	福・福锌/80%/可湿性粉剂/福美双 30%、福美锌 50%/2010.01.11 至 2015.01.11/低毒			
	黄瓜	炭疽病	1500-1800克/公顷	喷雾

PD20100719 辛硫·高氯氟/26%/乳油/高效氯氟氰菊酯 1%、辛硫磷 25%/2010.01.16 至 2015.01.16/中等毒
甘蓝 小菜蛾 175.5-234克/公顷 喷雾
PD20100857 多抗霉素/10%/可湿性粉剂/多抗霉素B 10%/2010.01.19 至 2015.01.19/低毒
黄瓜 灰霉病 150—210克/公顷 喷雾
PD20101150 矮壮素/50%/水剂/矮壮素 50%/2010.01.25 至 2015.01.25/低毒
棉花 调节生长 55-65毫克/千克 茎叶喷雾
PD20101250 甲哌鎓/98%/可溶粉剂/甲哌鎓 98%/2010.03.01 至 2015.03.01/中等毒
棉花 调节生长、增产 39.2-58.8克/公顷 喷雾
PD20101294 啶虫脒/5%/乳油/啶虫脒 5%/2010.03.10 至 2015.03.10/低毒
黄瓜 蚜虫 18-30克/公顷 喷雾
PD20101508 井冈霉素(10%)///可溶粉剂/井冈霉素A 8%/2010.05.10 至 2015.05.10/低毒
水稻 纹枯病 100—120克/公顷 喷雾
PD20101593 乙蒜素/80%/乳油/乙蒜素 80%/2010.06.03 至 2015.06.03/低毒
水稻 烂秧病 100-133毫克/千克 浸种
PD20101709 马拉硫磷/45%/乳油/马拉硫磷 45%/2010.06.28 至 2015.06.28/低毒
水稻 稻飞虱 607.5-742.5克/公顷 喷雾
PD20102012 甲氨基阿维菌素苯甲酸盐(2.2%)///微乳剂/甲氨基阿维菌素 2%/2010.09.25 至 2015.09.25/低毒(原药高毒)
甘蓝 甜菜夜蛾 2.48-3.3克/公顷 喷雾
PD20110211 矮壮素/80%/可溶粉剂/矮壮素 80%/2011.02.24 至 2016.02.24/低毒
棉花 调节生长 55-65毫克/千克 茎叶喷雾
PD20110721 吡虫啉/70%/可湿性粉剂/吡虫啉 70%/2011.07.07 至 2016.07.07/低毒
水稻 飞虱 15-30克/公顷 喷雾
PD20110839 吗胍·乙酸铜/20%/可湿性粉剂/盐酸吗啉胍 10%、乙酸铜 10%/2011.08.10 至 2016.08.10/低毒
水稻 条纹叶枯病 360-450克/公顷 喷雾
PD20131790 唑磷·毒死蜱/25%/乳油/毒死蜱 8.3%、三唑磷 16.7%/2013.09.09 至 2018.09.09/中等毒
水稻 三化螟 250-300克/公顷 喷雾
PD20132271 哒螨灵/40%/可湿性粉剂/哒螨灵 40%/2013.11.05 至 2018.11.05/低毒
柑橘树 红蜘蛛 100-133.3毫克/千克 喷雾
LS20100001 马拉·三唑磷/20%/乳油/马拉硫磷 10%、三唑磷 10%/2012.01.04 至 2013.01.04/中等毒
水稻 二化螟 360—450克/公顷 喷雾

山东省东都农药厂 (山东省泰安市新泰市东都镇 271222 0538-7375171)

PD85105-33 敌敌畏/80%/乳油/敌敌畏 77.5%(气谱法)/2010.01.11 至 2015.01.11/中等毒
茶树 食叶害虫 600克/公顷 喷雾
粮仓 多种储藏害虫 1)400-500倍液 2)0.4-0.5克/立方米 1)喷雾 2)挂条熏蒸
棉花 蚜虫、造桥虫 600-1200克/公顷 喷雾
苹果树 小卷叶蛾、蚜虫 400-500毫克/千克 喷雾
青菜 菜青虫 600克/公顷 喷雾
桑树 尺蠖 600克/公顷 喷雾
卫生 多种卫生害虫 1)300-400倍液2)0.08克/立方米 1)泼洒2)挂条熏蒸
小麦 黏虫、蚜虫 600克/公顷 喷雾

山东省东营市洁保化学制品有限责任公司 (山东省东营市东营区海河路南王屋120号 257000 0546-8225284)

WP20080548 高效氯氰菊酯/5%/可湿性粉剂/高效氯氰菊酯 5%/2013.12.24 至 2018.12.24/低毒
卫生 蚊、蝇 30-40毫克/平方米 滞留喷洒
WP20080560 杀虫气雾剂/0.65%/气雾剂/胺菊酯 0.35%、氯菊酯 0.30%/2013.12.24 至 2018.12.24/低毒
卫生 蚊、蝇 / 喷雾
WP20080586 高效氯氰菊酯/5%/悬浮剂/高效氯氰菊酯 5%/2013.12.29 至 2018.12.29/低毒
卫生 蚊、蝇 30-40毫克/平方米 滞留喷洒
WP20120082 高效氟氯氰菊酯/5/悬浮剂/高效氟氯氰菊酯 5%/2012.05.05 至 2017.05.05/低毒
卫生 蚊、蝇、蜚蠊 30-40毫克/平方米 滞留喷洒

山东省冠县洁宝日用化工厂 (山东省冠县东古城加油站北郊 252525 0635-5742098)

WP20120038 杀虫气雾剂/0.37%/气雾剂/胺菊酯 0.22%、氯菊酯 0.15%/2012.03.07 至 2017.03.07/微毒
卫生 蚊、蝇、蜚蠊 / 喷雾

山东省冠县鲁奥精细化工厂 (山东省冠县东古城陈井南侧 252525 0635-5742198)

WP20110082 杀虫气雾剂/0.43%/气雾剂/胺菊酯 0.28%、氯菊酯 0.15%/2011.04.06 至 2016.04.06/微毒
室内 蚊、蝇、蜚蠊 / 喷雾

山东省冠县腾龙精细化工厂 (山东省冠县东古城镇田马园村东 252525 0635-5284270)

WP20080596 杀虫气雾剂/0.23%/气雾剂/胺菊酯 0.18%、高效氯氰菊酯 0.05%/2008.12.30 至 2013.12.30/微毒
卫生 蚊、蝇 / 喷雾

山东省冠县亿康精细化工厂 (山东省冠县动古城镇前郑町村 252525 0635-5742178)

WP20130042 杀虫气雾剂/0.39%/气雾剂/胺菊酯 0.3%、氯氰菊酯 0.09%/2013.03.18 至 2018.03.18/微毒
室内 蜚蠊、蚊、蝇 / 喷雾

山东省菏泽北联农药制造有限公司 (山东省菏泽市郑州路中段 274000 0530-5321662)

PD20040716 高氯·吡虫啉/5%/乳油/吡虫啉 2.5%、高效氯氰菊酯 2.5%/2009.12.19 至 2014.12.19/低毒
十字花科蔬菜 蚜虫 15-22.5克/公顷 喷雾
PD20080117 啶虫脒/5%/乳油/啶虫脒 5%/2013.01.03 至 2018.01.03/低毒
黄瓜 蚜虫 18-22.5克/公顷 喷雾
PD20080170 代森锰锌/80%/可湿性粉剂/代森锰锌 80%/2013.01.03 至 2018.01.03/低毒
番茄 早疫病 1800-2400克/公顷 喷雾
PD20080220 三唑锡/25%/可湿性粉剂/三唑锡 25%/2013.01.11 至 2018.01.11/低毒
柑橘树 红蜘蛛 125-166.7毫克/千克 喷雾
PD20080900 高效氯氟氰菊酯/25克/升/乳油/高效氯氟氰菊酯 25克/升/2013.07.09 至 2018.07.09/中等毒
叶菜类十字花科蔬菜 菜青虫 7.5-11.25克/公顷 喷雾
PD20082025 高氯·辛硫磷/20%/乳油/高效氯氰菊酯 2%、辛硫磷 18%/2013.11.25 至 2018.11.25/低毒
棉花 棉铃虫 225-300克/公顷 喷雾
PD20082546 阿维菌素/2%/乳油/阿维菌素 2%/2013.12.03 至 2018.12.03/低毒(原药高毒)
菜豆 美洲斑潜蝇 10.8-21.6克/公顷 喷雾
PD20083209 敌百虫/80%/可溶粉剂/敌百虫 80%/2013.12.11 至 2018.12.11/低毒
水稻 二化螟 1000-1200克/公顷 喷雾
PD20083262 啶虫脒/5%/可湿性粉剂/啶虫脒 5%/2013.12.11 至 2018.12.11/低毒
十字花科蔬菜 蚜虫 15-22.5克/公顷 喷雾
PD20083837 阿维·毒死蜱/18%/乳油/阿维菌素 0.3%、毒死蜱 17.7%/2008.12.15 至 2013.12.15/中等毒(原药高毒)
黄瓜 美洲斑潜蝇 94.5-135克/公顷 喷雾
PD20083958 三环唑/75%/可湿性粉剂/三环唑 75%/2013.12.15 至 2018.12.15/低毒
水稻 稻瘟病 225-300克/公顷 喷雾
PD20084383 甲氰·噻螨酮/7.5%/乳油/甲氰菊酯 5%、噻螨酮 2.5%/2013.12.17 至 2018.12.17/低毒
柑橘 红蜘蛛 75-100毫克/千克 喷雾
PD20090641 甲基硫菌灵/70%/可湿性粉剂/甲基硫菌灵 70%/2014.01.14 至 2019.01.14/低毒
番茄 叶霉病 375-560克/公顷 喷雾
PD20091605 福美双/50%/可湿性粉剂/福美双 50%/2014.02.03 至 2019.02.03/中等毒
黄瓜 霜霉病 750-1125克/公顷 喷雾
PD20092141 吡虫啉/25%/可湿性粉剂/吡虫啉 25%/2014.02.23 至 2019.02.23/低毒
水稻 稻飞虱 15-30克/公顷 喷雾
PD20092355 啶虫脒/36%/水分散粒剂/啶虫脒 36%/2014.02.24 至 2019.02.24/低毒
十字花科蔬菜 蚜虫 21.6-32.4克/公顷 喷雾
PD20094613 霜脲·锰锌/72%/可湿性粉剂/代森锰锌 64%、霜脲氰 8%/2009.04.10 至 2014.04.10/低毒
黄瓜 霜霉病 1458-1800克/公顷 喷雾
PD20094649 乙铝·锰锌/50%/可湿性粉剂/代森锰锌 22%、三乙膦酸铝 28%/2009.04.10 至 2014.04.10/低毒
黄瓜 霜霉病 1125-1350克/公顷 喷雾
PD20095041 甲氰·氧乐果/20%/乳油/甲氰菊酯 15%、氧乐果 5%/2009.04.21 至 2014.04.21/高毒
小麦 麦蚜 150-225克/公顷 喷雾
PD20095660 毒·辛/48%/乳油/毒死蜱 12%、辛硫磷 36%/2009.05.13 至 2014.05.13/中等毒
韭菜 根蛆 2160-2880克/公顷 灌根
PD20097107 吡虫啉/20%/可溶液剂/吡虫啉 20%/2009.10.10 至 2014.10.10/低毒
甘蓝 蚜虫 5-10毫升制剂/亩 喷雾
PD20101391 混合氨基酸铜/10%/水剂/混合氨基酸铜 10%/2010.04.14 至 2015.04.14/低毒
西瓜 枯萎病 333-500毫克/千克 灌根
PD20101535 阿维·矿物油/24.5%/乳油/阿维菌素 0.2%、矿物油 24.3%/2010.05.19 至 2015.05.19/低毒(原药高毒)
柑橘树 红蜘蛛 122.5-245毫克/千克 喷雾
PD20101732 辛菌·吗啉胍/4.3%/水剂/盐酸吗啉胍 2.5%、辛菌胺醋酸盐 1.8%/2010.06.28 至 2015.06.28/低毒
番茄 病毒病 69.4-99.9克/公顷 喷雾
PD20110680 甲氨基阿维菌素苯甲酸盐/1%/乳油/甲氨基阿维菌素 1%/2011.06.20 至 2016.06.20/低毒
甘蓝 小菜蛾 1.5-2.25克/公顷 喷雾
注:甲氨基阿维菌素苯甲酸盐含量：1.14%。
PD20131279 烯酰吗啉/50%/可湿性粉剂/烯酰吗啉 50%/2013.06.05 至 2018.06.05/低毒
黄瓜 霜霉病 225-300克/公顷 喷雾

山东省济南海启明化工有限责任公司 (山东省济南市平阴县刁山坡镇刁山坡村 250404 0531-87785569)

PD20086087 嘧霉胺/20%/悬浮剂/嘧霉胺 20%/2013.12.30 至 2018.12.30/低毒
黄瓜 灰霉病 375-562.5克/公顷 喷雾
PD20092627 毒死蜱/480克/升/乳油/毒死蜱 480克/升/2014.03.02 至 2019.03.02/中等毒
水稻 稻纵卷叶螟 432-576克/公顷 喷雾
PD20092718 阿维菌素/1%/乳油/阿维菌素 1%/2009.03.04 至 2014.03.04/低毒(原药高毒)
菜豆 美洲斑潜蝇 10.8-21.6克/公顷 喷雾
PD20093604 福·福锌/80%/可湿性粉剂/福美双 30%、福美锌 50%/2014.03.23 至 2019.03.23/低毒
西瓜 炭疽病 1500-1800克/公顷 喷雾
PD20094794 甲基硫菌灵/70%/可湿性粉剂/甲基硫菌灵 70%/2014.04.13 至 2019.04.13/低毒

黄瓜 白粉病 420-840克/公顷 喷雾
PD20095065 炔螨特/570克/升/乳油/炔螨特 570克/升/2014.04.21 至 2019.04.21/低毒
柑橘树 红蜘蛛 240-360毫克/千克 喷雾
PD20095964 高效氯氟氰菊酯/25克/升/乳油/高效氯氟氰菊酯 25克/升/2009.06.04 至 2014.06.04/中等毒
棉花 棉铃虫 15-22.5克/公顷 喷雾
PD20097620 多·锰锌/50%/可湿性粉剂/多菌灵 8%、代森锰锌 42%/2009.11.03 至 2014.11.03/低毒
苹果 斑点落叶病 1000-1250毫克/千克 喷雾
PD20097905 阿维菌素/1.8%/乳油/阿维菌素 1.8%/2009.11.30 至 2014.11.30/低毒(原药高毒)
菜豆 美洲斑潜蝇 10.8-21.6克/公顷 喷雾
甘蓝 菜青虫、小菜蛾 8.1-10.8克/公顷 喷雾
PD20100070 敌敌畏/50%/乳油/敌敌畏 50%/2010.01.04 至 2015.01.04/中等毒
苹果树 小卷叶蛾 400-500毫克/千克 喷雾
PD20100112 甲霜·锰锌/58%/可湿性粉剂/甲霜灵 10%、代森锰锌 48%/2010.01.05 至 2015.01.05/低毒
黄瓜 霜霉病 696-1044克/公顷 喷雾
PD20100849 阿维·高氯/1.8%/乳油/阿维菌素 0.3%、高效氯氰菊酯 1.5%/2010.01.19 至 2015.01.19/低毒(原药高毒)
甘蓝 菜青虫、小菜蛾 7.5-15克/公顷 喷雾
PD20101796 吡虫·杀虫单/58%/可湿性粉剂/吡虫啉 2.5%、杀虫单 55.5%/2010.07.13 至 2015.07.13/中等毒
水稻 稻飞虱、稻纵卷叶螟、二化螟、三化螟 450-750克/公顷 喷雾

山东省济南金地农药有限公司 (山东省济南市商河县商中路116号 251600 0531-84880299)

PD20092146 阿维菌素/2%/乳油/阿维菌素 2%/2014.02.23 至 2019.02.23/中等毒(原药高毒)
十字花科蔬菜 小菜蛾 6-9克/公顷 喷雾
PD20093080 毒死蜱/480克/升/乳油/毒死蜱 480克/升/2009.03.09 至 2014.03.09/低毒
十字花科蔬菜 菜青虫 360-540克/公顷 喷雾
PD20094403 噁霉灵/15%/水剂/噁霉灵 15%/2014.04.01 至 2019.04.01/低毒
水稻 立枯病 9000-18000克/公顷 苗床土壤处理
PD20095082 炔螨特/570克/升/乳油/炔螨特 570克/升/2014.04.22 至 2019.04.22/低毒
柑橘树 红蜘蛛 285-380毫克/千克 喷雾
PD20101885 啶虫脒/5%/乳油/啶虫脒 5%/2010.08.09 至 2015.08.09/低毒
黄瓜 蚜虫 18-22.5克/公顷 喷雾
PD20102076 甲氨基阿维菌素苯甲酸盐/1%/微乳剂/甲氨基阿维菌素 1%/2010.11.03 至 2015.11.03/低毒(原药高毒)
甘蓝 甜菜夜蛾 2.25-3克/公顷 喷雾
注:甲氨基阿维菌素苯甲酸盐含量: 1.14%。
PD20110104 吡虫啉/200克/升/可溶液剂/吡虫啉 200克/升/2011.01.26 至 2016.01.26/低毒
十字花科蔬菜 蚜虫 20-30克/公顷 喷雾

山东省济南开发区捷康化学商贸中心 (山东省济南市历下区建新南路8号 250013 0531-86560056)

WP20080062 氯氰菊酯/10%/可湿性粉剂/氯氰菊酯 10%/2013.04.08 至 2018.04.08/低毒
卫生 臭虫、蚂蚁、蚊、蝇、蜚蠊 40-50毫克/平方米 滞留喷洒
WP20080510 杀虫气雾剂/0.3%/气雾剂/胺菊酯 0.25%、氯氰菊酯 0.05%/2013.12.22 至 2018.12.22/低毒
卫生 蚂蚁、蚊、蝇、蜚蠊 / 喷雾
WP20120146 高效氯氰菊酯/5%/微囊悬浮剂/高效氯氰菊酯 5%/2012.07.30 至 2017.07.30/低毒
卫生 蚊、蝇、蜚蠊 25-30毫克/平方米 滞留喷洒

山东省济南科海有限公司 (山东省济南市平阴县青龙路 250033 0531-88631859)

PD20040084 氯氰菊酯/5%/乳油/氯氰菊酯 5%/2009.12.19 至 2014.12.19/中等毒
棉花 棉铃虫、棉蚜 45-90克/公顷 喷雾
十字花科蔬菜 菜青虫 30-45克/公顷 喷雾
PD20040087 高效氯氰菊酯/4.5%/乳油/高效氯氰菊酯 4.5%/2009.12.19 至 2014.12.19/中等毒
茶树 茶尺蠖 15-25.5克/公顷 喷雾
柑橘树 潜叶蛾 15-20毫克/千克 喷雾
柑橘树 红蜡蚧 50毫克/千克 喷雾
棉花 红铃虫、棉铃虫、棉蚜 15-30克/公顷 喷雾
苹果树 桃小食心虫 20-33毫克/千克 喷雾
十字花科蔬菜 菜蚜 3-18克/公顷 喷雾
十字花科蔬菜 菜青虫、小菜蛾 9-25.5克/公顷 喷雾
烟草 烟青虫 15-25.5克/公顷 喷雾
PD20040218 高效氯氰菊酯/10%/乳油/高效氯氰菊酯 10%/2009.12.19 至 2014.12.19/低毒
十字花科蔬菜 菜青虫 22.5-37.5克/公顷 喷雾
PD20040591 哒螨灵/15%/乳油/哒螨灵 15%/2009.12.19 至 2014.12.19/中等毒
柑橘树、苹果树 红蜘蛛 50-67毫克/千克 喷雾
PD20040808 哒螨灵/15%/乳油/哒螨灵 15%/2009.12.20 至 2014.12.20/中等毒
苹果树 叶螨 50-67毫克/千克 喷雾
PD20084483 联苯菊酯/100克/升/乳油/联苯菊酯 100克/升/2013.12.17 至 2018.12.17/中等毒
茶树 茶小绿叶蝉 30-37.5克/公顷 喷雾
PD20084528 联苯菊酯/25克/升/乳油/联苯菊酯 25克/升/2013.12.18 至 2018.12.18/低毒

茶树 茶小绿叶蝉 30-37.5克/公顷 喷雾

PD20085057 乙铝·多菌灵/50%/可湿性粉剂/多菌灵 25%、三乙膦酸铝 25%/2013.12.23 至 2018.12.23/低毒

苹果树 轮纹病 1000-1250毫克/千克 喷雾

PD20085350 高氯·马/20%/乳油/高效氯氰菊酯 1.5%、马拉硫磷 18.5%/2013.12.24 至 2018.12.24/中等毒

苹果树 桃小食心虫 133-200毫克/千克 喷雾

PD20090244 氰戊·马拉松/20%/乳油/马拉硫磷 18%、氰戊菊酯 2%/2014.01.09 至 2019.01.09/中等毒

小麦 蚜虫 75-120克/公顷 喷雾

PD20090883 啶虫脒/5%/乳油/啶虫脒 5%/2014.01.19 至 2019.01.19/低毒

黄瓜 蚜虫 18-22.5克/公顷 喷雾

PD20092544 高效氯氟氰菊酯/25克/升/乳油/高效氯氟氰菊酯 25克/升/2014.02.26 至 2019.02.26/中等毒

茶树 小绿叶蝉 15-30克/公顷 喷雾

PD20095824 乙铝·锰锌/50%/可湿性粉剂/代森锰锌 25%、三乙膦酸铝 25%/2009.05.27 至 2014.05.27/低毒

黄瓜 霜霉病 1125-1875克/公顷 喷雾

PD20095842 多·锰锌/40%/可湿性粉剂/多菌灵 20%、代森锰锌 20%/2009.05.27 至 2014.05.27/低毒

梨树 黑星病 1000-1250毫克/千克 喷雾

苹果树 斑点落叶病 1000-1250毫克/千克 喷雾

PD20097275 丙环唑/250克/升/乳油/丙环唑 250克/升/2009.10.26 至 2014.10.26/低毒

香蕉 叶斑病 250－500毫克/千克 喷雾

PD20097293 噻嗪酮/25%/可湿性粉剂/噻嗪酮 25%/2009.10.26 至 2014.10.26/低毒

柑橘树 矢尖蚧 125-250毫克/千克 喷雾

PD20097731 三唑锡/25%/可湿性粉剂/三唑锡 25%/2009.11.12 至 2014.11.12/低毒

柑橘树 红蜘蛛 125-166.67毫克/千克 喷雾

PD20098042 福美双/50%/可湿性粉剂/福美双 50%/2009.12.07 至 2014.12.07/低毒

葡萄 白腐病 500－1000毫克/千克 喷雾

PD20100432 阿维·矿物油/30%/乳油/阿维菌素 0.3%、矿物油 29.7%/2010.01.14 至 2015.01.14/低毒(原药高毒)

甘蓝 小菜蛾 225-360克/公顷 喷雾

PD20100463 高氯·矿物油/20%/乳油/高效氯氰菊酯 2.5%、矿物油 17.5%/2010.01.14 至 2015.01.14/低毒

棉花 棉铃虫 240-360克/公顷 喷雾

PD20100593 哒螨·矿物油/40%/乳油/哒螨灵 6%、矿物油 34%/2010.01.14 至 2015.01.14/中等毒

苹果树 红蜘蛛 200-267毫克/千克 喷雾

PD20100989 马拉松·矿物油/44%/乳油/矿物油 24%、马拉硫磷 20%/2010.01.20 至 2015.01.20/低毒

柑橘树 矢尖蚧 1000-1250毫克/千克 喷雾

PD20101001 辛硫·矿物油/40%/乳油/矿物油 25%、辛硫磷 15%/2010.01.20 至 2015.01.20/低毒

甘蓝 菜青虫 300-450克/公顷 喷雾

PD20110337 阿维菌素/5%/乳油/阿维菌素 5%/2011.03.24 至 2016.03.24/中等毒(原药高毒)

甘蓝 小菜蛾 162-216克/公顷 喷雾

PD20110346 氨基寡糖素/0.5%/水剂/氨基寡糖素 0.5%/2011.03.24 至 2016.03.24/微毒

番茄 晚疫病 14-18.8克/公顷 喷雾

PD20120419 氟磺胺草醚/250克/升/水剂/氟磺胺草醚 250克/升/2012.03.12 至 2017.03.12/低毒

春大豆田 一年生阔叶杂草 225-300克/公顷 茎叶喷雾

夏大豆田 一年生阔叶杂草 300-375克/公顷 茎叶喷雾

PD20120563 精喹禾灵/10%/乳油/精喹禾灵 10%/2012.03.28 至 2017.03.28/低毒

大豆田 一年生禾本科杂草 37.5-52.5克/公顷 茎叶喷雾

PD20120571 甲维·丙溴磷/31%/乳油/丙溴磷 30%、甲氨基阿维菌素苯甲酸盐 1%/2012.03.28 至 2017.03.28/低毒

水稻 稻纵卷叶螟 162.75-186克/公顷 喷雾

PD20120839 灭蝇胺/50%/可溶粉剂/灭蝇胺 50%/2012.05.22 至 2017.05.22/低毒

菜豆 斑潜蝇 112.5-150克/公顷 喷雾

PD20120970 高效氟吡甲禾灵/108克/升/乳油/高效氟吡甲禾灵 108克/升/2012.06.15 至 2017.06.15/低毒

棉花田 一年生禾本科杂草 32.4-48.6克/公顷 茎叶喷雾/

PD20121019 甲氨基阿维菌素苯甲酸盐/2%/乳油/甲氨基阿维菌素 2%/2012.07.02 至 2017.07.02/低毒

甘蓝 甜菜夜蛾 3－4.5克/公顷 喷雾

注:甲氨基阿维菌素苯甲酸盐含量:2.3%。

PD20130985 氰氟草酯/10%/乳油/氰氟草酯 10%/2013.05.02 至 2018.05.02/低毒

水稻田(直播) 一年生禾本科杂草 75-105克/公顷 喷雾

PD20131160 氟胺·灭草松/44.7%/水剂/氟磺胺草醚 8.7%、灭草松 36%/2013.05.27 至 2018.05.27/低毒

春大豆田 一年生阔叶杂草及莎草科杂草 1005.75-1341.00克/公顷 茎叶喷雾

PD20131235 氟硅·咪鲜胺/30%/水乳剂/氟硅唑 6%、咪鲜胺 24%/2013.05.29 至 2018.05.29/低毒

葡萄 炭疽病 150-200毫克/千克 喷雾

PD20131437 烯草酮/24%/乳油/烯草酮 24%/2013.07.03 至 2018.07.03/低毒

油菜田 一年生禾本科杂草 54-72克/公顷 茎叶喷雾

PD20131917 烟嘧磺隆/40克/升/可分散油悬浮剂/烟嘧磺隆 40克/升/2013.09.25 至 2018.09.25/低毒

玉米田 一年生杂草 42-60克/公顷 茎叶喷雾

山东省济南科赛基农化工有限公司 (山东省济南市历城区开源路北首鸿腾工业园 250100 0531-88015188)

PD20081169 扑·乙/51%/乳油/扑草净 13%、乙草胺 38%/2013.09.11 至 2018.09.11/低毒
花生田 一年生杂草 1147.5—1530克/公顷 土壤喷雾
PD20081191 精喹禾灵/10%/乳油/精喹禾灵 10%/2013.09.11 至 2018.09.11/低毒
夏大豆田 一年生禾本科杂草 48.6-64.8克/公顷 茎叶喷雾
PD20092319 莠去津/50%/悬浮剂/莠去津 50%/2014.02.24 至 2019.02.24/低毒
春玉米田 一年生杂草 1800-2100克/公顷 播后苗前土壤喷雾
夏玉米田 一年生杂草 1125-1500克/公顷 土壤喷雾
PD20093332 乙草胺/990克/升/乳油/乙草胺 990克/升/2009.03.18 至 2014.03.18/低毒
春大豆田 一年生禾本科杂草及阔叶杂草 1485-1930.5克/公顷 土壤喷雾
PD20093630 异丙甲草胺/720克/升/乳油/异丙甲草胺 720克/升/2009.03.25 至 2014.03.25/低毒
夏玉米田 一年生禾本科杂草及部分小粒种子阔叶杂草 1296-1620克/公顷 土壤喷雾
PD20093637 乙草胺/50%/水乳剂/乙草胺 50%/2009.03.25 至 2014.03.25/低毒
花生田 一年生禾本科杂草及部分小粒种子阔叶杂草 975—1500克/公顷 土壤喷雾
PD20093641 二甲戊灵/330克/升/乳油/二甲戊灵 330克/升/2009.03.25 至 2014.03.25/低毒
甘蓝田 一年生杂草 544.5-693克/公顷 土壤喷雾
PD20093684 氟乐灵/480克/升/乳油/氟乐灵 480克/升/2009.03.25 至 2014.03.25/低毒
棉花田 一年生禾本科杂草及部分阔叶杂草 720-1080克/公顷 土壤喷雾
PD20093702 毒死蜱/480克/升/乳油/毒死蜱 480克/升/2009.03.25 至 2014.03.25/中等毒
水稻 稻纵卷叶螟 504-648克/公顷 喷雾
PD20093775 丁·莠/42%/悬乳剂/丁草胺 22%、莠去津 20%/2009.03.25 至 2014.03.25/低毒
夏玉米田 一年生杂草 1260—1575克/公顷 土壤喷雾
PD20093904 精喹禾灵/5%/乳油/精喹禾灵 5%/2009.03.26 至 2014.03.26/低毒
大豆田 一年生禾本科杂草 37.5-60克/公顷 茎叶喷雾
PD20093916 氟磺胺草醚/250克/升/水剂/氟磺胺草醚 250克/升/2009.03.26 至 2014.03.26/低毒
春大豆田 一年生阔叶杂草 300-375克/公顷 茎叶喷雾
夏大豆田 一年生阔叶杂草 187.5-300克/公顷 茎叶喷雾
PD20093925 丁·异·莠去津/42%/悬乳剂/丁草胺 4%、异丙草胺 20%、莠去津 18%/2009.03.26 至 2014.03.26/低毒
春玉米田 一年生杂草 1575-1890克/公顷 播后苗前土壤喷雾
夏玉米田 一年生杂草 1260—1575克/公顷 土壤喷雾
PD20093971 草甘膦异丙胺盐/41%/水剂/草甘膦 41%/2009.03.27 至 2014.03.27/低毒
柑橘园 杂草 1230-2460克/公顷 定向喷雾
PD20094236 莠去津/38%/悬浮剂/莠去津 38%/2009.03.31 至 2014.03.31/低毒
甘蔗田 一年生杂草 1140-1824克/公顷 土壤喷雾
PD20094673 氯氟吡氧乙酸/200克/升/乳油/氯氟吡氧乙酸 200克/升/2009.04.10 至 2014.04.10/低毒
冬小麦田 阔叶杂草 180-210克/公顷 茎叶喷雾
PD20094881 丁草胺/50%/乳油/丁草胺 50%/2009.04.13 至 2014.04.13/低毒
移栽水稻田 一年生杂草 900-1200克/公顷 药土法
PD20095274 灭草松/480克/升/可溶液剂/灭草松 480克/升/2009.04.27 至 2014.04.27/低毒
春大豆田 一年生阔叶杂草 1080-1440克/公顷 茎叶喷雾
移栽水稻田 一年生阔叶杂草、一年生莎草 1080-1440克/公顷 茎叶喷雾
PD20095275 高效氟吡甲禾灵/108克/升/乳油/高效氟吡甲禾灵 108克/升/2009.04.27 至 2014.04.27/低毒
花生田 一年生禾本科杂草 32.4-56.7克/公顷 茎叶喷雾
PD20095508 烯草酮/120克/升/乳油/烯草酮 120克/升/2009.05.11 至 2014.05.11/低毒
大豆田 一年生禾本科杂草 63-72克/公顷 茎叶喷雾
PD20095749 松·喹·氟磺胺/18%/乳油/氟磺胺草醚 5.5%、精喹禾灵 1.5%、异噁草松 11%/2009.05.18 至 2014.05.18/低毒
春大豆田 一年生杂草 486-540克/公顷 喷雾
PD20095792 莠去津/500克/升/悬浮剂/莠去津 500克/升/2009.05.27 至 2014.05.27/低毒
夏玉米田 一年生杂草 1125-1500克/公顷 土壤喷雾
PD20095795 乙草胺/50%/乳油/乙草胺 50%/2009.05.27 至 2014.05.27/低毒
花生田 一年生杂草 900-1350克/公顷 土壤喷雾
PD20095869 丁草胺/600克/升/水乳剂/丁草胺 600克/升/2009.05.27 至 2014.05.27/低毒
移栽水稻田 一年生杂草 900-1350克/公顷 毒土法
PD20095897 乙草胺/81.5%/乳油/乙草胺 81.5%/2009.05.31 至 2014.05.31/低毒
春大豆田、春玉米田 一年生杂草 1620-1890克/公顷 土壤喷雾
花生田 一年生杂草 1080-1350克/公顷 土壤喷雾
PD20095978 扑草净/50%/可湿性粉剂/扑草净 50%/2009.06.04 至 2014.06.04/低毒
移栽水稻田 一年生阔叶杂草 150-300克/公顷 毒土法
PD20098451 高效氯氟氰菊酯/25克/升/乳油/高效氯氟氰菊酯 25克/升/2009.12.24 至 2014.12.24/中等毒
十字花科蔬菜 菜青虫 7.5-11.25克/公顷 喷雾
PD20100898 丙草胺/50%/乳油/丙草胺 50%/2010.01.19 至 2015.01.19/低毒
移栽水稻田 一年生杂草 450-525克/公顷 毒土法

PD20101130 噁酮·乙草胺/54%/乳油/噁草酮 9%、乙草胺 45%/2010.01.25 至 2015.01.25/低毒
花生田 一年生杂草 567-729克/公顷 播后苗前土壤喷雾
PD20101134 乙氧氟草醚/240克/升/乳油/乙氧氟草醚 240克/升/2010.01.25 至 2015.01.25/低毒
大蒜田 一年生杂草 144-180克/公顷 土壤喷雾
PD20101135 氟胺·烯禾啶/20.8%/乳油/氟磺胺草醚 12.5%、烯禾啶 8.3%/2010.01.25 至 2015.01.25/低毒
春大豆田 一年生杂草 405.6-468克/公顷 茎叶喷雾
PD20110368 百草枯/200克/升/水剂/百草枯 200克/升/2012.12.31 至 2014.07.01/中等毒
苹果园 杂草 600-900克/公顷 定向喷雾
PD20110833 百草枯/250克/升/水剂/百草枯 250克/升/2011.08.10 至 2014.07.01/中等毒
非耕地 一年生和多年生杂草 600-750克/公顷 定向茎叶喷雾
PD20111131 乙羧氟草醚/10%/乳油/乙羧氟草醚 10%/2011.11.03 至 2016.11.03/低毒
春大豆田 一年生阔叶杂草 75-90克/公顷 茎叶喷雾
PD20111189 草甘膦铵盐/80%/可溶粒剂/草甘膦铵盐 80%/2011.11.16 至 2016.11.16/低毒
非耕地 一年生杂草 1125-3000克/公顷 茎叶喷雾
注:草甘膦铵盐含量: 88%。
PD20120735 高效氯氟氰菊酯/2.5%/水乳剂/高效氯氟氰菊酯 2.5%/2012.05.03 至 2017.05.03/中等毒
甘蓝 菜青虫 11.25-16.875克/公顷 喷雾
PD20121219 苯磺隆/10%/可湿性粉剂/苯磺隆 10%/2012.08.10 至 2017.08.10/低毒
冬小麦田 一年生阔叶杂草 15-20.25克/公顷 茎叶喷雾
PD20121636 乙·噁·滴丁酯/70%/乳油/2,4-滴丁酯 14%、乙草胺 40%、异噁草松 16%/2012.10.30 至 2017.10.30/低毒
春大豆田 一年生杂草 1785-2415克/公顷 播后苗前土壤喷雾
PD20121691 莠去津/80%/可湿性粉剂/莠去津 80%/2012.11.05 至 2017.11.05/低毒
夏玉米田 一年生杂草 1200-1440克/公顷 播后苗前土壤喷雾
PD20121905 莠去津/90%/水分散粒剂/莠去津 90%/2012.12.07 至 2017.12.07/低毒
玉米田 一年生杂草 1215-1485克/公顷（夏玉米田） 播后苗前土壤喷雾
1485-1755克/公顷（春玉米田）
PD20121924 乙·莠·滴丁酯/63%/悬乳剂/2,4-滴丁酯 9%、乙草胺 27%、莠去津 27%/2012.12.07 至 2017.12.07/低毒
春玉米田 一年生杂草 1890-2362.5克/公顷 土壤喷雾
PD20121966 烟嘧·莠去津/52%/可湿性粉剂/烟嘧磺隆 4%、莠去津 48%/2012.12.12 至 2017.12.12/低毒
玉米田 一年生杂草 585-780克/公顷 茎叶喷雾
PD20122034 甲·灭·敌草隆/55%/可湿性粉剂/敌草隆 15%、2甲4氯 10%、莠灭净 30%/2012.12.19 至 2017.12.19/低毒
甘蔗田 一年生杂草 1237.5-1732.5克/公顷 定向茎叶喷雾
PD20131138 氟吡·草除灵/20%/乳油/草除灵 17%、高效氟吡甲禾灵 3%/2013.05.20 至 2018.05.20/低毒
冬油菜田 一年生杂草 210-300克/公顷 茎叶喷雾
PD20131413 戊·氧·乙草胺/51.5%/乳油/二甲戊灵 17.5%、乙草胺 30%、乙氧氟草醚 4%/2013.07.02 至 2018.07.02/低毒
大蒜田 一年生杂草 695.25-1158.75克/公顷 土壤喷雾
PD20131502 吡虫啉/600克/升/悬浮种衣剂/吡虫啉 600克/升/2013.07.05 至 2018.07.05/低毒
棉花 蚜虫 350-500克/100千克种子 种子包衣
PD20131687 戊唑醇/60克/升/悬浮种衣剂/戊唑醇 60克/升/2013.08.07 至 2018.08.07/低毒
玉米 丝黑穗病 6-12克/100千克种子 种子包衣
PD20131966 甲·乙·莠/40%/悬乳剂/甲草胺 6%、乙草胺 9%、莠去津 25%/2013.10.10 至 2018.10.10/低毒
夏玉米田 一年生杂草 840-1320克/公顷 土壤喷雾
PD20132309 毒死蜱/30%/种子处理微囊悬浮剂/毒死蜱 30%/2013.11.08 至 2018.11.08/低毒
花生 蛴螬 600-900克/100千克种子 拌种
LS20120160 硝磺·莠去津/25%/可分散油悬浮剂/莠去津 20%、硝磺草酮 5%/2013.04.18 至 2014.04.18/低毒
玉米田 一年生杂草 469-563克/公顷 茎叶喷雾
LS20130066 吡嘧·二氯喹/54%/水分散粒剂/吡嘧磺隆 4%、二氯喹啉酸 50%/2013.02.21 至 2014.02.21/低毒
水稻移栽田 一年生杂草 324-405克/公顷 茎叶喷雾
LS20130111 吡嘧·丙草胺/16.5%/泡腾片剂/吡嘧磺隆 1.5%、丙草胺 15%/2013.03.11 至 2014.03.11/低毒
水稻移栽田 一年生杂草 495-660克/公顷 撒施
LS20130130 硝磺草酮/15%/悬浮剂/硝磺草酮 15%/2013.04.02 至 2014.04.02/低毒
玉米田 一年生杂草 112.5-146.25克/公顷 茎叶喷雾

山东省济南历下快克消杀药剂厂 （山东省济南市历下区灯泡厂南路3号 250014 0531-88956084)

WP20080452 杀虫气雾剂/0.34%/气雾剂/胺菊酯 0.3%、高效氯氰菊酯 0.04%/2013.12.16 至 2018.12.16/低毒
卫生 蚊、蝇 / 喷雾
WP20080524 蚊香/0.3%/蚊香/富右旋反式烯丙菊酯 0.3%/2013.12.23 至 2018.12.23/低毒
卫生 蚊 / 点燃

山东省济南绿邦化工有限公司 （山东省济南市章丘市水寨镇水南村 250100 0531-88908885)

PD20084275 丙环唑/250克/升/乳油/丙环唑 250克/升/2013.12.17 至 2018.12.17/低毒
香蕉 叶斑病 250-500毫克/千克 喷雾
PD20090329 氟乐灵/96%/原药/氟乐灵 96%/2014.01.12 至 2019.01.12/低毒
PD20090429 百草枯/200克/升/水剂/百草枯 200克/升/2012.12.31 至 2014.07.01/中等毒
夏玉米田 杂草 450-600克/公顷 定向喷雾

PD20091007 异丙草·莠/41%/悬浮剂/异丙草胺 18%、莠去津 23%/2014.01.21 至 2019.01.21/低毒
夏玉米田 一年生杂草 1230—1537.5克/公顷 土壤喷雾

PD20091214 二甲戊灵/33%/乳油/二甲戊灵 33%/2014.02.01 至 2019.02.01/低毒
大蒜田 一年生杂草 693-891克/公顷 土壤喷雾

PD20091254 氟乐灵/480克//乳油/氟乐灵 480克/升/2014.02.01 至 2019.02.01/低毒
棉花田 一年生禾本科杂草及阔叶杂草 720—900克/公顷 播后苗前土壤喷雾

PD20091428 精喹禾灵/5%/乳油/精喹禾灵 5%/2014.02.02 至 2019.02.02/低毒
夏大豆田 一年生禾本科杂草 37.5-60克/公顷 喷雾

PD20091745 高效氟吡甲禾灵/108克/升/乳油/高效氟吡甲禾灵 108克/升/2014.02.04 至 2019.02.04/低毒
大豆田 一年生禾本科杂草 45-52.5克/公顷 茎叶喷雾

PD20091781 精喹禾灵/8.8%/乳油/精喹禾灵 8.8%/2014.02.04 至 2019.02.04/低毒
夏大豆田 一年生禾本科杂草 39.6-52.8克/公顷 茎叶喷雾

PD20091995 咪唑乙烟酸/5%/水剂/咪唑乙烟酸 5%/2014.02.12 至 2019.02.12/低毒
春大豆田 一年生杂草 75-100.5克/公顷 喷雾

PD20092429 双甲脒/200克/升/乳油/双甲脒 200克/升/2014.02.25 至 2019.02.25/低毒
柑橘树 红蜘蛛 100-200毫克/千克 喷雾

PD20092856 苯磺隆/10%/可湿性粉剂/苯磺隆 10%/2014.03.05 至 2019.03.05/低毒
冬小麦田 一年生阔叶杂草 11.25-15克/公顷 茎叶喷雾

PD20092986 甲·乙·莠/43%/悬乳剂/甲草胺 14%、乙草胺 9%、莠去津 20%/2014.03.09 至 2019.03.09/低毒
夏玉米田 一年生杂草 1032—1419克/公顷 土壤喷雾

PD20093290 草甘膦/30%/水剂/草甘膦 30%/2014.03.11 至 2019.03.11/低毒
柑橘园 一年生和多年生杂草 1125-2250克/公顷 定向茎叶喷雾

PD20093394 甲霜·福美锌/58%/可湿性粉剂/福美锌 50%、甲霜灵 8%/2014.03.19 至 2019.03.19/低毒
黄瓜 霜霉病 1087.5—1632克/公顷 喷雾

PD20094010 乙草胺/81.5%/乳油/乙草胺 81.5%/2014.03.27 至 2019.03.27/低毒
夏玉米田 一年生禾本科杂草及部分阔叶杂草 1080-1350克/公顷 播后苗前土壤喷雾

PD20094070 乙铝·锰锌/50%/可湿性粉剂/代森锰锌 22%、三乙膦酸铝 28%/2014.03.27 至 2019.03.27/低毒
黄瓜 霜霉病 1400-2800克/公顷 喷雾

PD20094906 乙·扑/52%/乳油/扑草净 13%、乙草胺 39%/2014.04.13 至 2019.04.13/低毒
花生田 一年生杂草 1170-1560克/公顷 土壤喷雾

PD20095434 异丙草·莠/40%/悬乳剂/异丙草胺 16%、莠去津 24%/2009.05.11 至 2014.05.11/低毒
春玉米田 一年生杂草 1800-2400克/公顷 土壤喷雾
夏玉米田 一年生杂草 1050-1500克/公顷 土壤喷雾

PD20095797 氟磺胺草醚/250克/升/水剂/氟磺胺草醚 250克/升/2009.05.27 至 2014.05.27/低毒
春大豆田 一年生阔叶杂草 243.75-356.25克/公顷 茎叶喷雾

PD20095828 啶虫脒/20%/可溶粉剂/啶虫脒 20%/2009.05.27 至 2014.05.27/低毒
黄瓜 蚜虫 24-36克/公顷 喷雾

PD20096503 烟嘧磺隆/40克/升/可分散油悬浮剂/烟嘧磺隆 40克/升/2009.08.17 至 2014.08.17/低毒
玉米田 一年生杂草 42-60克/公顷 茎叶喷雾

PD20096539 2,4-滴丁酯/总酯72%/乳油/2,4-滴丁酯 57%/2009.08.20 至 2014.08.20/低毒
小麦田 一年生阔叶杂草 40-50毫升制剂/亩 茎叶喷雾

PD20096610 乙草胺/50%/乳油/乙草胺 50%/2009.09.02 至 2014.09.02/低毒
大豆田 一年生禾本科杂草 200-250毫升制剂/亩(东北地区) 播后苗前土壤喷雾
120-150毫升制剂/亩(其它地区)

PD20096870 高效氯氟氰菊酯/25克/升/乳油/高效氯氟氰菊酯 25克/升/2009.09.23 至 2014.09.23/中等毒
甘蓝 菜青虫 20-30毫升制剂/亩 喷雾

PD20097239 丙草胺/300克/升/乳油/丙草胺 300克/升/2009.10.19 至 2014.10.19/低毒
水稻抛秧田 一年生杂草 450-495克/公顷 土壤喷雾

PD20097308 异丙甲草胺/720克/升/乳油/异丙甲草胺 720克/升/2009.10.27 至 2014.10.27/低毒
玉米田 一年生杂草 东北：1296-1620克/公顷； 土壤喷雾
华北：972-1296克/公顷

PD20097309 丁草胺/600克/升/水乳剂/丁草胺 600克/升/2009.10.27 至 2014.10.27/低毒
水稻抛秧田 一年生杂草 900-1350克/公顷 毒土法

PD20097314 噁草酮/250克/升/乳油/噁草酮 250克/升/2009.10.27 至 2014.10.27/低毒
花生田 一年生杂草 375-525克/公顷 播后苗前土壤喷雾

PD20097661 仲丁灵/48%/乳油/仲丁灵 48%/2009.11.04 至 2014.11.04/低毒
西瓜 一年生禾本科杂草及部分阔叶杂草 1080-1440克/公顷 土壤喷雾

PD20098024 三唑锡/25%/可湿性粉剂/三唑锡 25%/2009.12.07 至 2014.12.07/低毒
柑橘树 红蜘蛛 1500-2000倍 喷雾

PD20098349 噻嗪·异丙威/25%/可湿性粉剂/噻嗪酮 5%、异丙威 20%/2009.12.18 至 2014.12.18/低毒
水稻 稻飞虱 450-525克/公顷 喷雾

PD20098412 丁·莠/48%/悬浮剂/丁草胺 23%、莠去津 25%/2009.12.24 至 2014.12.24/低毒
玉米田 一年生杂草 1080-1440克/公顷(其它地区) 播后苗前土壤喷雾

			1800-2160克/公顷(东北地区)	
PD20098476	杀螺胺/70%/可湿性粉剂/杀螺胺 70%/2009.12.24 至 2014.12.24/低毒			
	水稻	福寿螺	315-420克/公顷	毒土法
PD20100277	乙草胺/40%/水乳剂/乙草胺 40%/2010.01.11 至 2015.01.11/低毒			
	花生田	一年生杂草	600-840克/公顷	土壤喷雾
PD20100399	乙氧氟草醚/240克/升/乳油/乙氧氟草醚 240克/升/2010.01.14 至 2015.01.14/低毒			
	大蒜田	一年生杂草	144-180克/公顷	土壤喷雾
PD20100710	辛硫·氟氯氰/25%/乳油/氟氯氰菊酯 1%、辛硫磷 24%/2010.01.16 至 2015.01.16/中等毒			
	十字花科蔬菜	菜青虫	93.75-131.25克/公顷	喷雾
PD20100954	精喹·氟磺胺/15%/乳油/氟磺胺草醚 12%、精喹禾灵 3%/2010.01.19 至 2015.01.19/低毒			
	春大豆田	一年生杂草	2250-2700克制剂/公顷	茎叶喷雾
	花生田、夏大豆田	一年生杂草	1650-2100克制剂/公顷	茎叶喷雾
PD20100975	莠去津/50%/悬浮剂/莠去津 50%/2010.01.19 至 2015.01.19/低毒			
	玉米田	一年生杂草	1125-2250克/公顷	播后苗前土壤喷雾
PD20101257	百草枯/250克/升/水剂/百草枯 250克/升/2012.12.31 至 2014.07.01/中等毒			
	玉米田	杂草	450-600克/公顷	定向茎叶喷雾
PD20101434	乙草胺/89%/乳油/乙草胺 89%/2010.05.04 至 2015.05.04/低毒			
	玉米田	一年生杂草	夏玉米：1039.5-1336.5克/公顷；春玉米：1485-1931克/公顷	土壤喷雾
PD20101650	苯磺隆/75%/水分散粒剂/苯磺隆 75%/2010.06.03 至 2015.06.03/低毒			
	冬小麦田	一年生阔叶杂草	13.5-22.5克/公顷	茎叶喷雾
PD20101685	精噁唑禾草灵/10%/乳油/精噁唑禾草灵 10%/2010.06.08 至 2015.06.08/低毒			
	大豆田	一年生禾本科杂草	48.3-60.4克/公顷	茎叶喷雾
PD20101787	草甘膦铵盐(72%)///可溶粉剂/草甘膦 65%/2010.07.13 至 2015.07.13/低毒			
	非耕地	一年生及部分多年生杂草	1418.4-2836.8克/公顷	茎叶喷雾
PD20110001	2甲4氯钠/56%/可溶粉剂/2甲4氯钠 56%/2011.01.04 至 2016.01.04/低毒			
	小麦田	一年生阔叶杂草	1008-1260克/公顷	茎叶喷雾
PD20111280	丙溴·矿物油/44%/乳油/丙溴磷 11%、矿物油 33%/2011.11.23 至 2016.11.23/中等毒			
	棉花	棉铃虫	528-660克/公顷	喷雾
PD20120346	莠去津/38%/悬浮剂/莠去津 38%/2012.02.23 至 2017.02.23/低毒			
	春玉米田	一年生杂草	1710-2280克/公顷	播后苗前土壤喷雾
PD20130010	滴丁·烟嘧/30%/可分散油悬浮剂/2,4-滴丁酯 27.5%、烟嘧磺隆 2.5%/2013.01.04 至 2018.01.04/低毒			
	春玉米田	一年生杂草	540-675克/公顷	茎叶喷雾
PD20130418	高氯·仲丁威/20%/乳油/高效氯氰菊酯 2.5%、仲丁威 17.5%/2013.03.18 至 2018.03.18/中等毒			
	甘蓝	菜青虫	120-150克/公顷	喷雾
PD20130656	毒死蜱/36%/微囊悬浮剂/毒死蜱 36%/2013.04.08 至 2018.04.08/低毒			
	花生	蛴螬	1890-2214克/公顷	喷雾于播种穴
PD20130952	烟嘧·乙·莠/42%/可分散油悬浮剂/烟嘧磺隆 2%、乙草胺 21%、莠去津 19%/2013.05.02 至 2018.05.02/低毒			
	玉米田	一年生杂草	1039.5-1260克/公顷	茎叶喷雾
PD20131211	阿维·甲氰/5.6%/乳油/阿维菌素 0.5%、甲氰菊酯 5.1%/2013.05.28 至 2018.05.28/低毒(原药高毒)			
	苹果树	红蜘蛛	16-25毫克/千克	喷雾
PD20131221	烟·莠·异丙甲/56%/可湿性粉剂/烟嘧磺隆 2%、异丙甲草胺 22%、莠去津 32%/2013.05.28 至 2018.05.28/低毒			
	玉米田	一年生杂草	1008-1344克/公顷	茎叶喷雾
PD20131222	乙·莠· 滴丁酯/45%/悬乳剂/2,4-滴丁酯 7%、乙草胺 19%、莠去津 19%/2013.05.28 至 2018.05.28/低毒			
	春玉米田	一年生杂草	2700-3375/公顷（东北地区）	播后苗前土壤喷雾
PD20131769	戊·氧·乙草胺/45%/乳油/二甲戊灵 13%、乙草胺 27%、乙氧氟草醚 5%/2013.09.06 至 2018.09.06/低毒			
	大蒜	一年生杂草	540-675克/公顷	土壤喷雾
LS20120291	硝磺草酮/20%/悬浮剂/硝磺草酮 20%/2013.08.10 至 2014.08.10/低毒			
	玉米田	一年生阔叶杂草	127.5-150克/公顷	茎叶喷雾
LS20120350	硝磺·烟·莠/24%/可分散油悬浮剂/烟嘧磺隆 2%、莠去津 18%、硝磺草酮 4%/2013.10.17 至 2014.10.17/低毒			
	玉米田	一年生杂草	594-720克/公顷	茎叶喷雾
山东省济南孺子牛实业有限公司　（山东省济南市山大北路50－1号　250100　0531-88010521)				
WP20110017	防霉防蛀片剂/99%/片剂/对二氯苯 99%/2011.01.11 至 2016.01.11/低毒			
	卫生	黑毛皮蠹、霉菌	40-50克制剂/立方米	投放
WP20120103	防蛀球剂/94/球剂/樟脑 94%/2012.06.04 至 2017.06.04/低毒			
	卫生	黑毛皮蠹	/	投放
山东省济南赛普实业有限公司　（山东省济南市高新区新宇路西侧三庆世纪财富中心A3座4层　250101　0531-86510701)				
PD20096316	百草枯/200克/升/水剂/百草枯 200克/升/2012.12.31 至 2014.07.01/中等毒			
	棉花田	一年生杂草	450-600克/公顷	行间定向茎叶喷雾
PD20097061	联苯菊酯/100克/升/乳油/联苯菊酯 100克/升/2009.10.10 至 2014.10.10/低毒			
	茶树	茶尺蠖	10-15毫升制剂/亩	喷雾
PD20097109	异丙威/20%/乳油/异丙威 20%/2009.10.12 至 2014.10.12/低毒			
	水稻	飞虱	450-600克/公顷	喷雾

PD20097265 虫酰肼/20%/悬浮剂/虫酰肼 20%/2009.10.26 至 2014.10.26/低毒
甘蓝 甜菜夜蛾 210-300克/公顷 喷雾
PD20097306 联苯菊酯/25克/升/乳油/联苯菊酯 25克/升/2009.10.26 至 2014.10.26/低毒
茶树 茶小绿叶蝉 80-100克制剂/亩 喷雾
PD20097639 仲丁威/20%/乳油/仲丁威 20%/2009.11.04 至 2014.11.04/低毒
水稻 飞虱 430-562.5克/公顷 喷雾
PD20097712 代森锌/80%/可湿性粉剂/代森锌 80%/2009.11.04 至 2014.11.04/低毒
马铃薯 早疫病 960-1200克/公顷 喷雾
PD20097715 多菌灵/50%/可湿性粉剂/多菌灵 50%/2009.11.04 至 2014.11.04/低毒
水稻 纹枯病 750—900克/公顷 喷雾
PD20097716 甲基硫菌灵/70%/可湿性粉剂/甲基硫菌灵 70%/2009.11.04 至 2014.11.04/低毒
苹果 轮纹病 600—800毫克/千克 喷雾
PD20097794 溴氰菊酯/25克/升/乳油/溴氰菊酯 25克/升/2009.11.20 至 2014.11.20/中等毒
大白菜 菜青虫 13.125-18.75克/公顷 喷雾
PD20097978 高氯·辛硫磷/25%/乳油/高效氯氰菊酯 2.5%、辛硫磷 22.5%/2009.12.01 至 2014.12.01/中等毒
棉花 棉铃虫 93.75-187.5克/公顷 喷雾
PD20098293 三唑锡/25%/可湿性粉剂/三唑锡 25%/2009.12.18 至 2014.12.18/低毒
柑橘树 红蜘蛛 125-166毫/千克 喷雾
PD20098478 高效氯氟氰菊酯/25克/升/乳油/高效氯氟氰菊酯 25克/升/2009.12.24 至 2014.12.24/中等毒
梨树 梨小食心虫 6.25-8.3毫克/千克 喷雾
PD20100433 二甲戊灵/330克/升/乳油/二甲戊灵 330克/升/2010.01.14 至 2015.01.14/低毒
玉米田 一年生杂草 750-1500克/公顷 土壤喷雾
PD20100539 氟硅唑/400克/升/乳油/氟硅唑 400克/升/2010.01.14 至 2015.01.14/低毒
梨树 黑星病 40—50毫克/千克 喷雾
PD20100625 阿维·甲氰/1.8%/乳油/阿维菌素 0.1%、甲氰菊酯 1.7%/2010.01.14 至 2015.01.14/低毒(原药高毒)
苹果树 红蜘蛛 12-18毫克/千克 喷雾
PD20100791 多·福/50%/可湿性粉剂/多菌灵 10%、福美双 40%/2010.01.19 至 2015.01.19/低毒
梨树 黑星病 1000-1500毫克/千克 喷雾
PD20101003 毒·矿物油/40%/乳油/毒死蜱 20%、矿物油 20%/2010.01.20 至 2015.01.20/中等毒
萝卜 小菜蛾 450-600克/公顷 喷雾
PD20101032 多·福锌/58%/可湿性粉剂/多菌灵 8%、福美锌 50%/2010.01.20 至 2015.01.20/低毒
苹果树 炭疽病 600-900倍液 喷雾
PD20101033 多·锰锌/60%/可湿性粉剂/多菌灵 20%、代森锰锌 40%/2010.01.20 至 2015.01.20/低毒
苹果 斑点落叶病 1000-1250毫克/千克 喷雾
PD20101039 高效氟吡甲禾灵/108克/升/乳油/高效氟吡甲禾灵 108克/升/2010.01.21 至 2015.01.21/低毒
大豆田 一年生禾本科杂草 450-675毫升制剂/公顷 茎叶喷雾
PD20101591 代森锰锌/80%/可湿性粉剂/代森锰锌 80%/2010.06.03 至 2015.06.03/低毒
马铃薯 晚疫病 1890—2100克公顷 喷雾
PD20101609 氟乐灵/480克/升/乳油/氟乐灵 480克/升/2010.06.03 至 2015.06.03/低毒
棉花田 一年生禾本科杂草及部分阔叶杂草 720-1080克/公顷 土壤喷雾
PD20101657 福美双/50%/可湿性粉剂/福美双 50%/2010.06.03 至 2015.06.03/低毒
水稻 稻瘟病 250-300克/100千克种子 拌种
PD20101663 草甘膦异丙胺盐(41%)///水剂/草甘膦 30%/2010.06.03 至 2015.06.03/低毒
苹果园 多年生杂草、一年生杂草 1125-2250克/公顷 茎叶喷雾
PD20101664 福美双/70%/可湿性粉剂/福美双 70%/2010.06.03 至 2015.06.03/低毒
黄瓜 霜霉病 656.25-1125克/公顷 喷雾
PD20101795 啶虫脒/5%/可湿性粉剂/啶虫脒 5%/2010.07.13 至 2015.07.13/低毒
柑橘树 蚜虫 7.5-10毫克/千克 喷雾
PD20101801 乙草胺/81.5%/乳油/乙草胺 81.5%/2010.07.13 至 2015.07.13/低毒
大豆田 一年生杂草 春大豆 1620-1890克/公顷; 播后苗前土壤喷雾
夏大豆 810-1350克/公顷
PD20101944 高氯·矿物油/35%/乳油/高效氯氰菊酯 2.5%、矿物油 32.5%/2010.09.20 至 2015.09.20/中等毒
黄瓜 蚜虫 210-262.5克/公顷 喷雾
PD20101959 福·福锌/72%/可湿性粉剂/福美双 27%、福美锌 45%/2010.09.20 至 2015.09.20/低毒
黄瓜 炭疽病 1440-1820克/公顷 喷雾
PD20102014 阿维菌素/1.8%/可湿性粉剂/阿维菌素 1.8%/2010.09.25 至 2015.09.25/低毒(原药高毒)
十字花科蔬菜 小菜蛾 8.1-10.8克/公顷 喷雾
PD20102104 氯氰·矿物油/33%/乳油/矿物油 30%、氯氰菊酯 3%/2010.11.30 至 2015.11.30/中等毒
黄瓜 蚜虫 198-297克/公顷 喷雾
PD20131883 精喹禾灵/10%/乳油/精喹禾灵 10%/2013.09.25 至 2018.09.25/低毒
夏大豆田 一年生禾本科杂草 37.5-52.5克/公顷 茎叶喷雾
PD20131915 吡虫啉/5%/乳油/吡虫啉 5%/2013.09.25 至 2018.09.25/低毒
水稻 稻飞虱 15-30克/公顷 喷雾

山东省济南仕邦农化有限公司　(山东省济南市章丘绣惠桃花山工业园　250100　0531-88611000-605)

PD20080822　精喹禾灵/10%/乳油/精喹禾灵 10%/2013.06.20 至 2018.06.20/低毒
夏大豆田　一年生禾本科杂草　48.6-64.8克/公顷　茎叶喷雾

PD20082068　甲戊·乙草胺/33%/乳油/二甲戊灵 13%、乙草胺 20%/2013.11.25 至 2018.11.25/低毒
大蒜田　一年生杂草　742.5-1237.5克/公顷　播后苗前土壤喷雾

PD20082632　阿维菌素/2%/乳油/阿维菌素 2%/2013.12.04 至 2018.12.04/低毒(原药高毒)
十字花科蔬菜　小菜蛾　8.1-10.8克/公顷　喷雾

PD20084681　马拉硫磷/70%/乳油/马拉硫磷 70%/2013.12.22 至 2018.12.22/低毒
仓储原粮　仓储害虫　20-30毫克/千克　喷雾

PD20085022　噻嗪·异丙威/25%/可湿性粉剂/噻嗪酮 5%、异丙威 20%/2013.12.22 至 2018.12.22/中等毒
水稻　稻飞虱　375-562.5克/公顷　喷雾

PD20085179　联苯菊酯/25克/升/乳油/联苯菊酯 25克/升/2013.12.23 至 2018.12.23/中等毒
茶树　茶毛虫　7.5-15克/公顷　喷雾

PD20085191　氟啶脲/50克/升/乳油/氟啶脲 50克/升/2013.12.23 至 2018.12.23/低毒
十字花科蔬菜　甜菜夜蛾　45-60克/公顷　喷雾

PD20090106　代森锰锌/80%/可湿性粉剂/代森锰锌 80%/2014.01.08 至 2019.01.08/低毒
苹果树　斑点落叶病　1000-1500毫克/千克　喷雾

PD20091392　二甲戊灵/330克/升/乳油/二甲戊灵 330克/升/2014.02.02 至 2019.02.02/低毒
甘蓝田　一年生杂草　618.75-742.5克/公顷　土壤喷雾

PD20091720　乙氧氟草醚/240克/升/乳油/乙氧氟草醚 240克/升/2014.02.04 至 2019.02.04/低毒
大蒜田　一年生杂草　144-180克/公顷　播后苗前土壤喷雾

PD20091776　联苯菊酯/100克/升/乳油/联苯菊酯 100克/升/2014.02.04 至 2019.02.04/中等毒
茶树　茶小绿叶蝉　37.5-45克/公顷　喷雾

PD20092238　吡虫啉/200克/升/可溶液剂/吡虫啉 200克/升/2014.02.24 至 2019.02.24/低毒
棉花　蚜虫　30-45克/公顷　喷雾

PD20092452　丙环唑/250克/升/乳油/丙环唑 250克/升/2014.02.25 至 2019.02.25/低毒
香蕉　叶斑病　250-500毫克/千克　喷雾

PD20093150　毒死蜱/480克/升/乳油/毒死蜱 480克/升/2009.03.11 至 2014.03.11/中等毒
韭菜　根蛆　1440-1800克/公顷　灌根

PD20093584　多菌灵/80%/可湿性粉剂/多菌灵 80%/2014.03.23 至 2019.03.23/低毒
苹果树　轮纹病　750-1000毫克/千克　喷雾

PD20093623　氯氰·丙溴磷/440克/升/乳油/丙溴磷 400克/升、氯氰菊酯 40克/升/2014.03.25 至 2019.03.25/中等毒
棉花　棉铃虫　528-660克/公顷　喷雾

PD20094251　氟磺胺草醚/250克/升/水剂/氟磺胺草醚 250克/升/2014.03.31 至 2019.03.31/低毒
夏大豆田　一年生阔叶杂草　187.5-225克/公顷　茎叶喷雾

PD20095619　苯磺隆/75%/水分散粒剂/苯磺隆 75%/2009.05.12 至 2014.05.12/低毒
小麦田　一年生阔叶杂草　10.05-19.5克/公顷　茎叶喷雾

PD20095826　氯氰·毒死蜱/522.5克/升/乳油/毒死蜱 475克/升、氯氰菊酯 47.5克/升/2009.05.27 至 2014.05.27/低毒
荔枝树　蒂蛀虫　313.5-470.25克/公顷　喷雾

PD20095836　精噁唑禾草灵/6.5%/水乳剂/精噁唑禾草灵 6.5%/2009.05.27 至 2014.05.27/低毒
冬小麦田　一年生禾本科杂草　41.4-51.75克/公顷　茎叶喷雾

PD20097350　氯氟吡氧乙酸异辛酯(288克/升)///乳油/氯氟吡氧乙酸 200克/升/2009.10.27 至 2014.10.27/低毒
水田畦畔　空心莲子草(水花生)　150-210克/公顷　茎叶喷雾

PD20097806　抑霉唑/22.2%/乳油/抑霉唑 22.2%/2009.11.20 至 2014.11.20/低毒
柑橘　绿霉病、青霉病　250-500毫克/千克　浸果

PD20097971　烟嘧磺隆/40克/升/可分散油悬浮剂/烟嘧磺隆 40克/升/2009.12.01 至 2014.12.01/低毒
玉米田　一年生杂草　42-60克/公顷　茎叶喷雾

PD20098422　顺式氯氰菊酯/100克/升/乳油/顺式氯氰菊酯 100克/升/2009.12.24 至 2014.12.24/中等毒
甘蓝　菜青虫　7.5-15克/公顷　喷雾

PD20100279　敌畏·毒死蜱/35%/乳油/敌敌畏 25%、毒死蜱 10%/2010.01.11 至 2015.01.11/低毒
水稻　稻飞虱、稻纵卷叶螟　420-525克/公顷　喷雾

PD20100764　霜霉威盐酸盐/722克/升/水剂/霜霉威盐酸盐 722克/升/2010.01.18 至 2015.01.18/低毒
甜椒　疫病　758-1159克/公顷　喷雾

PD20100833　甲氨基阿维菌素苯甲酸盐/5%/乳油/甲氨基阿维菌素 5%/2010.01.19 至 2015.01.19/低毒
甘蓝　小菜蛾　1.5-3克/公顷　喷雾
水稻　稻纵卷叶螟　75-11.25克/公顷　喷雾
注:甲氨基阿维菌素苯甲酸盐含量: 5.7%。

PD20102179　苯甲·丙环唑/300克/升/乳油/苯醚甲环唑 150克/升、丙环唑 150克/升/2010.12.15 至 2015.12.15/低毒
水稻　稻曲病、稻瘟病　90-112.5克/公顷　喷雾
水稻　纹枯病　67.5-90克/公顷　喷雾

PD20110382　毒死蜱/30%/微囊悬浮剂/毒死蜱 30%/2011.04.12 至 2016.04.12/微毒
花生　蛴螬　1575-2250克/公顷　灌根

PD20110568　阿维菌素/0.5%/颗粒剂/阿维菌素 0.5%/2011.05.27 至 2016.05.27/低毒(原药高毒)

黄瓜 根结线虫 225-262.5克/公顷 沟施

PD20110817 乳氟禾草灵/240克/升/乳油/乳氟禾草灵 240克/升/2011.08.04 至 2016.08.04/低毒

花生田 一年生阔叶杂草 81-108克/公顷 茎叶喷雾

PD20110962 烯酰吗啉/50%/可湿性粉剂/烯酰吗啉 50%/2011.09.08 至 2016.09.08/低毒

黄瓜 霜霉病 225-300克/公顷 喷雾

PD20120213 甲氨基阿维菌素苯甲酸盐/2%/微乳剂/甲氨基阿维菌素 2%/2012.02.08 至 2017.02.08/低毒

甘蓝 甜菜夜蛾 1.5-2.5克/公顷 喷雾

注:甲氨基阿维菌素苯甲酸盐含量: 2.2%。

PD20120359 阿维·哒螨灵/10%/乳油/阿维菌素 0.3%、哒螨灵 9.7%/2012.02.23 至 2017.02.23/中等毒(原药高毒)

苹果树 红蜘蛛 50-66.7毫克/千克 喷雾

PD20120434 阿维·啶虫脒/4%/乳油/阿维菌素 1%、啶虫脒 3%/2012.03.14 至 2017.03.14/低毒(原药高毒)

棉花 红蜘蛛、盲蝽蟓 8-12克/公顷 喷雾

苹果树 蚜虫 8-13.3毫克/千克 喷雾

PD20120555 毒死蜱/40%/微乳剂/毒死蜱 40%/2012.03.28 至 2017.03.28/中等毒

苹果树 绵蚜 200-266.7毫克/千克 喷雾

PD20120918 啶虫脒/5%/微乳剂/啶虫脒 5%/2012.06.04 至 2017.06.04/低毒

棉花 蚜虫 15-22.5克/公顷 喷雾

PD20120936 氯氟·啶虫脒/26%/水分散粒剂/啶虫脒 23.5%、高效氯氟氰菊酯 2.5%/2012.06.04 至 2017.06.04/低毒

棉花 蓟马、蚜虫、烟粉虱 19.5-27.3克/公顷 喷雾

棉花 盲蝽蟓 23.4-31.2克/公顷 喷雾

PD20120978 辛硫磷/70%/乳油/辛硫磷 70%/2012.06.21 至 2017.06.21/低毒

大蒜 根蛆 3681-5889.6克/公顷 灌根

PD20121039 草甘膦铵盐/80%/可溶粒剂/草甘膦 80%/2012.07.04 至 2017.07.04/微毒

非耕地 杂草 1020-2700克/公顷 定向茎叶喷雾

注:草甘膦铵盐含量:88%。

PD20130673 莠去津/38%/悬浮剂/莠去津 38%/2013.04.09 至 2018.04.09/低毒

夏玉米田 一年生杂草 1140-1425克/公顷 土壤喷雾

PD20130761 枯草芽孢杆菌/1000亿活芽孢/克/可湿性粉剂/枯草芽孢杆菌 1000亿活芽孢/克/2013.04.16 至 2018.04.16/低毒

棉花 黄萎病 300-450克制剂/公顷 喷雾

PD20130950 噻唑膦/10%/颗粒剂/噻唑膦 10%/2013.05.02 至 2018.05.02/中等毒

黄瓜 根结线虫 2250-3000克/公顷 土壤撒施

LS20130408 苯甲·吡虫啉/26%/悬浮种衣剂/苯醚甲环唑 1.5%、吡虫啉 24.5%/2013.07.29 至 2014.07.29/低毒

小麦 纹枯病、蚜虫 236.36-313.25克/100千克种子 种子包衣

山东省济南一农化工有限公司 (山东商河经济开发区 251600 0531-67809856)

PD20082030 代森锰锌/80%/可湿性粉剂/代森锰锌 80%/2013.11.25 至 2018.11.25/低毒

苹果树 轮纹病 1000-1300毫克/千克 喷雾

PD20083212 霜脲·锰锌/72%/可湿性粉剂/代森锰锌 64%、霜脲氰 8%/2013.12.11 至 2018.12.11/低毒

黄瓜 霜霉病 1440-1800克/公顷 喷雾

PD20084007 毒死蜱/480克/升/乳油/毒死蜱 480克/升/2013.12.16 至 2018.12.16/中等毒

水稻 稻纵卷叶螟 468-612克/公顷 喷雾

PD20084791 炔螨特/57%/乳油/炔螨特 57%/2013.12.22 至 2018.12.22/低毒

柑橘树 红蜘蛛 228-300毫克/千克 喷雾

PD20084941 异菌脲/50%/可湿性粉剂/异菌脲 50%/2013.12.22 至 2018.12.22/低毒

番茄 灰霉病 563-750克/公顷 喷雾

PD20085473 噻嗪酮/25%/可湿性粉剂/噻嗪酮 25%/2013.12.25 至 2018.12.25/低毒

柑橘树 介壳虫 200-250毫克/千克 喷雾

PD20085560 氯氰·毒死蜱/522.5克/升/乳油/毒死蜱 475克/升、氯氰菊酯 47.5克/升/2008.12.25 至 2013.12.25/中等毒

菜豆 豆荚螟 391.875-470.25克/公顷 喷雾

PD20085590 马拉硫磷/45%/乳油/马拉硫磷 45%/2013.12.25 至 2018.12.25/低毒

十字花科蔬菜 黄条跳甲 656.25-750克/公顷 喷雾

PD20085674 氟啶脲/50克/升/乳油/氟啶脲 50克/升/2013.12.26 至 2018.12.26/低毒

甘蓝 甜菜夜蛾 45-60克/公顷 喷雾

PD20086229 甲基硫菌灵/70%/可湿性粉剂/甲基硫菌灵 70%/2013.12.31 至 2018.12.31/低毒

苹果树 轮纹病 700-800毫克/千克 喷雾

PD20090426 联苯菊酯/25克/升/乳油/联苯菊酯 25克/升/2014.01.12 至 2019.01.12/低毒

茶树 茶毛虫 7.5-15克/公顷 喷雾

PD20090513 丙环唑/250克/升/乳油/丙环唑 250克/升/2014.01.12 至 2019.01.12/低毒

香蕉 叶斑病 250-500毫克/千克 喷雾

PD20091079 福美双/50%/可湿性粉剂/福美双 50%/2014.01.21 至 2019.01.21/低毒

黄瓜 白粉病 450-900克/公顷 喷雾

PD20091433 氯氰·丙溴磷/440克/升/乳油/丙溴磷 400克/升、氯氰菊酯 40克/升/2014.02.02 至 2019.02.02/中等毒

棉花 棉铃虫 528-660克/公顷 喷雾

PD20091492 异丙甲草胺/720克/升/乳油/异丙甲草胺 720克/升/2014.02.02 至 2019.02.02/低毒

	夏玉米田	一年生杂草	1458-1944克/公顷	土壤喷雾
PD20091533	高氯·辛硫磷/20%/乳油/高效氯氰菊酯 2%、辛硫磷 18%/2014.02.03 至 2019.02.03/低毒			
	棉花	棉铃虫	150-225克/公顷	喷雾
PD20091544	噁霜·锰锌/64%/可湿性粉剂/噁霜灵 8%、代森锰锌 56%/2014.02.03 至 2019.02.03/低毒			
	黄瓜	霜霉病	1650-1950克/公顷	喷雾
PD20091839	多·锰锌/50%/可湿性粉剂/多菌灵 8%、代森锰锌 42%/2014.02.06 至 2019.02.06/低毒			
	苹果树	斑点落叶病	1000-1250毫克/千克	喷雾
PD20092225	虫酰肼/200克/升/悬浮剂/虫酰肼 200克/升/2014.02.24 至 2019.02.24/低毒			
	十字花科蔬菜	甜菜夜蛾	250-300克/公顷	喷雾
PD20092298	阿维菌素/1%/乳油/阿维菌素 1%/2014.02.24 至 2019.02.24/低毒(原药高毒)			
	十字花科蔬菜	小菜蛾	8.1-10.8克/公顷	喷雾
PD20093073	福美锌/72%/可湿性粉剂/福美锌 72%/2014.03.09 至 2019.03.09/低毒			
	苹果	炭疽病	1200-1800毫克/千克	喷雾
PD20093278	高效氯氟氰菊酯/25克/升/乳油/高效氯氟氰菊酯 25克/升/2014.03.11 至 2019.03.11/中等毒			
	十字花科蔬菜	菜青虫	8.33-12.5毫克/千克	喷雾
PD20093448	多·福/70%/可湿性粉剂/多菌灵 10%、福美双 60%/2014.03.23 至 2019.03.23/低毒			
	梨树	黑星病	1000-1500毫克/千克	喷雾
PD20094299	精喹禾灵/50克/升/乳油/精喹禾灵 50克/升/2014.03.31 至 2019.03.31/低毒			
	棉花田	一年生禾本科杂草	37.5-60克/公顷	茎叶喷雾
PD20094626	福·福锌/80%/可湿性粉剂/福美双 30%、福美锌 50%/2014.04.10 至 2019.04.10/低毒			
	苹果树	炭疽病	1140-1600毫克/千克	喷雾
PD20094745	乙草胺/900克/升/乳油/乙草胺 900克/升/2009.04.10 至 2014.04.10/低毒			
	夏大豆田	一年生禾本科杂草及部分小粒种子阔叶杂草	810-1350克/公顷	土壤喷雾
PD20095465	高效氟吡甲禾灵/108克/升/乳油/高效氟吡甲禾灵 108克/升/2009.05.11 至 2014.05.11/低毒			
	棉花田	一年生禾本科杂草	40.5-48.6克/公顷	茎叶喷雾
PD20096037	吡虫啉/10%/可湿性粉剂/吡虫啉 10%/2009.06.15 至 2014.06.15/低毒			
	水稻	稻飞虱	15-30克/公顷	喷雾
PD20100129	哒螨灵/20%/可湿性粉剂/哒螨灵 20%/2010.01.05 至 2015.01.05/低毒			
	苹果树	红蜘蛛	50-75毫克/千克	喷雾
PD20100287	吗胍·乙酸铜/20%/可湿性粉剂/盐酸吗啉胍 10%、乙酸铜 10%/2010.01.11 至 2015.01.11/低毒			
	番茄	病毒病	500-750克/公顷	喷雾
PD20100355	吡虫啉/50%/可湿性粉剂/吡虫啉 50%/2010.01.11 至 2015.01.11/低毒			
	水稻	稻飞虱	15-30克/公顷	喷雾
PD20110582	戊唑醇/430克/升/悬浮剂/戊唑醇 430克/升/2011.05.27 至 2016.05.27/低毒			
	苹果树	斑点落叶病	61.4-86毫克/千克	喷雾
PD20110679	毒死蜱/30%/水乳剂/毒死蜱 30%/2011.06.20 至 2016.06.20/中等毒			
	水稻	稻纵卷叶螟	480-540克/公顷	喷雾
PD20132195	阿维菌素/3%/微囊悬浮剂/阿维菌素 3%/2013.10.29 至 2018.10.29/低毒(原药高毒)			
	松树	松毛虫	2-3毫克/千克	/喷雾
PD20132270	己唑醇/25%/悬浮剂/己唑醇 25%/2013.11.05 至 2018.11.05/低毒			
	水稻	纹枯病	60-75克/公顷	喷雾
PD20132567	四螨嗪/500克/升/悬浮剂/四螨嗪 500克/升/2013.12.17 至 2018.12.17/低毒			
	苹果树	红蜘蛛	83.3-100毫克/千克	喷雾

山东省济宁高新技术开发区永丰化工厂 (山东省济宁市建设北路75号 272123 0537-2351666)

PD84121-20	磷化铝/56%/片剂/磷化铝 56%/2009.11.16 至 2014.11.16/高毒			
	洞穴	室外啮齿动物	根据洞穴大小而定	密闭熏蒸
	货物	仓储害虫	5-10片/1000千克	密闭熏蒸
	空间	多种害虫	1-4片/立方米	密闭熏蒸
	粮食、种子	储粮害虫	3-10片/1000千克	密闭熏蒸
PD20090782	磷化铝/85%/原药/磷化铝 85%/2014.01.19 至 2019.01.19/高毒			
PD20100792	高效氯氟氰菊酯/25克/升/乳油/高效氯氟氰菊酯 25克/升/2010.01.19 至 2015.01.19/低毒			
	甘蓝	菜青虫	20-30毫升制剂/亩	喷雾
PD20100809	联苯菊酯/100克/升/乳油/联苯菊酯 100克/升/2010.01.19 至 2015.01.19/中等毒			
	番茄	白粉虱	11.25-15克/公顷	喷雾
PD20100910	毒死蜱/480克/升/乳油/毒死蜱 480克/升/2010.01.19 至 2015.01.19/中等毒			
	水稻	稻纵卷叶螟	60-80毫升制剂/亩	喷雾

山东省济宁高新区益康精细化工厂 (山东省济宁市泰闸路88号 272000 0537-2197146)

WP20110156	蚊香/0.3%/蚊香/富右旋反式烯丙菊酯 0.3%/2011.06.20 至 2016.06.20/微毒			
	卫生	蚊	/	点燃

山东省济宁济兴农化有限责任公司 (山东省济宁市任城区唐口 272061 0537-2482666)

PD20084009	阿维菌素/0.9%/乳油/阿维菌素 0.9%/2013.12.16 至 2018.12.16/低毒(原药高毒)			
	棉花	棉铃虫	21.6-32.4克/公顷	喷雾

PD20084162 甲氰·辛硫磷/25%/乳油/甲氰菊酯 5%、辛硫磷 20%/2013.12.16 至 2018.12.16/中等毒
棉花 棉铃虫 225-345克/公顷 喷雾
PD20084455 腐霉·福美双/25%/可湿性粉剂/腐霉利 5%、福美双 20%/2013.12.17 至 2018.12.17/低毒
番茄 灰霉病 225-300克/公顷 喷雾
PD20084677 腈菌·福美双/20%/可湿性粉剂/福美双 15%、腈菌唑 5%/2013.12.22 至 2018.12.22/低毒
黄瓜 黑星病 200-400克/公顷 喷雾
PD20085107 阿维菌素/0.3%/乳油/阿维菌素 0.3%/2013.12.23 至 2018.12.23/低毒(原药高毒)
十字花科蔬菜 小菜蛾 1.35-1.8克/公顷 喷雾
PD20085261 噁霉灵/15%/水剂/噁霉灵 15%/2013.12.23 至 2018.12.23/低毒
水稻苗床 立枯病 9000-15000克/公顷 苗床喷洒
PD20086299 阿维菌素/1.8%/乳油/阿维菌素 1.8%/2013.12.31 至 2018.12.31/低毒(原药高毒)
棉花 棉铃虫 21.6-32.4克/公顷 喷雾
PD20094520 氟铃·辛硫磷/42%/乳油/氟铃脲 2%、辛硫磷 40%/2009.04.09 至 2014.04.09/低毒
十字花科蔬菜 小菜蛾 252-378克/公顷 喷雾
PD20095269 复硝酚钠/1.4%/水剂/5-硝基邻甲氧基苯酚钠 0.23%、对硝基苯酚钾 0.71%、邻硝基苯酚钠 0.46%/2009.04.27 至2014.04.27/低毒
番茄 调节生长 4000-5000倍液 茎叶喷雾

山东省济宁圣城化工实验有限责任公司 (山东省济宁市北郊南岱庄路 272131 0537-2230061)

PD84121-8 磷化铝/56%/片剂/磷化铝 56%/2009.11.04 至 2014.11.04/高毒
洞穴 室外啮齿动物 根据洞穴大小而定 密闭熏蒸
货物 仓储害虫 5-10片/1000千克 密闭熏蒸
空间 多种害虫 1-4片/立方米 密闭熏蒸
粮食、种子 储粮害虫 3-10片/1000千克 密闭熏蒸
PD86145-4 磷化铝/85%/原药/磷化铝 85%/2011.08.15 至 2016.08.15/高毒
洞穴 室外啮齿动物 根据洞穴大小而定 密闭熏蒸
货物 仓储害虫 10-20克/吨 密闭熏蒸
空间 多种害虫 2-8克/立方米 密闭熏蒸
粮食、种子 储粮害虫 6-20克/吨 密闭熏蒸
PD20080932 丙溴磷/90%/原药/丙溴磷 90%/2013.07.17 至 2018.07.17/中等毒
PD20083278 丙溴·辛硫磷/45%/乳油/丙溴磷 10%、辛硫磷 35%/2013.12.11 至 2018.12.11/中等毒
棉花 棉铃虫 225-337.5克/公顷 喷雾
PD20083985 丙溴磷/40%/乳油/丙溴磷 40%/2013.12.16 至 2018.12.16/中等毒
棉花 棉铃虫 480-600克/公顷 喷雾
PD20090170 辛硫·灭多威/20%/乳油/灭多威 8%、辛硫磷 12%/2014.01.08 至 2019.01.08/中等毒(原药高毒)
棉花 棉铃虫 100-150克/公顷 喷雾
PD20092600 灭多威/20%/乳油/灭多威 20%/2014.02.27 至 2019.02.27/中等毒(原药高毒)
棉花 蚜虫 75-150克/公顷 喷雾
棉花 棉铃虫 150-225克/公顷 喷雾

山东省济宁市通达化工厂 (山东省济宁市任城区长沟经济开发区 272057 0537-2583193)

PD85157-33 辛硫磷/40%/乳油/辛硫磷 40%/2012.02.07 至 2017.02.07/低毒
茶树、桑树 食叶害虫 200-400毫克/千克 喷雾
果树 食心虫、蚜虫、螨 200-400毫克/千克 喷雾
林木 食叶害虫 3000-6000克/公顷 喷雾
棉花 棉铃虫、蚜虫 300-600克/公顷 喷雾
蔬菜 菜青虫 300-450克/公顷 喷雾
烟草 食叶害虫 300-600克/公顷 喷雾
玉米 玉米螟 450-600克/公顷 灌心叶
PD20070178 甲拌·辛硫磷/10%/微粒剂/甲拌磷 4%、辛硫磷 6%/2012.06.25 至 2017.06.25/中等毒(原药高毒)
花生 地下害虫 600-900克/公顷 毒土盖种
PD20082957 辛硫磷/1.5%/颗粒剂/辛硫磷 1.5%/2013.12.09 至 2018.12.09/低毒
玉米 玉米螟 112.5-168.75克/公顷 喇叭口撒心
PD20083983 辛硫磷/3%/颗粒剂/辛硫磷 3%/2013.12.16 至 2018.12.16/低毒
油菜 蛴螬等地下害虫 2700-3600克/公顷 沟施
玉米 玉米螟 135-180克/公顷 心叶撒施
PD20085046 灭线磷/5%/颗粒剂/灭线磷 5%/2013.12.23 至 2018.12.23/中等毒(原药高毒)
花生 根结线虫 4500-5250克/公顷 沟施
PD20090751 氰戊·辛硫磷/25%/乳油/氰戊菊酯 5%、辛硫磷 20%/2014.01.19 至 2019.01.19/中等毒
棉花 棉铃虫 225-300克/公顷 喷雾
PD20091608 阿维·高氯/1.8%/乳油/阿维菌素 0.3%、高效氯氰菊酯 1.5%/2014.02.03 至 2019.02.03/低毒(原药高毒)
黄瓜(保护地) 美洲斑潜蝇 13.5-18.9克/公顷 喷雾
PD20096329 毒死蜱/40%/乳油/毒死蜱 40%/2009.07.22 至 2014.07.22/中等毒
棉花 棉铃虫 512.5-750毫升制剂/公顷 喷雾
PD20097487 吡虫啉/10%/可湿性粉剂/吡虫啉 10%/2009.11.03 至 2014.11.03/低毒

	水稻	稻飞虱	15-30克/公顷	喷雾
	小麦	蚜虫	15-30克/公顷(南方地区) 45-60克/公顷(北方地区)	喷雾
PD20101871	甲拌磷/3%/颗粒剂/甲拌磷 3%/2010.08.09 至 2015.08.09/高毒			
	棉花	蚜虫	1125-1875克/公顷	穴施
PD20121268	毒死蜱/30%/微囊悬浮剂/毒死蜱 30%/2012.09.06 至 2017.09.06/低毒			
	花生	蛴螬	2250—2700克/公顷	喷雾于播种穴
PD20130893	乙草胺/900克/升/乳油/乙草胺 900克/升/2013.04.25 至 2018.04.25/低毒			
	春玉米田	一年生禾本科杂草及部分小粒种子阔叶杂草	1350-1620克/公顷	播后苗前土壤喷雾
	夏玉米田	一年生禾本科杂草及部分小粒种子阔叶杂草	810-1350克/公顷	播后苗前土壤喷雾
PD20131075	毒·辛/5%/颗粒剂/毒死蜱 2%、辛硫磷 3%/2013.05.20 至 2018.05.20/低毒			
	甘蔗	蔗螟	2250-3000克/公顷	撒施或沟施
PD20131729	高效氯氟氰菊酯/25克/升/乳油/高效氯氟氰菊酯 25克/升/2013.08.16 至 2018.08.16/中等毒			
	甘蓝	蚜虫	7.5-11.25克/公顷	喷雾

山东省济宁市益民化工厂 (山东省济宁市任城区许庄镇李集村 272067 0537-2291046)

PD84121-9	磷化铝/56%/片剂/磷化铝 56%/2009.12.07 至 2014.12.07/高毒			
	洞穴	室外啮齿动物	根据洞穴大小而定	密闭熏蒸
	货物	仓储害虫	5-10片/1000千克	密闭熏蒸
	空间	多种害虫	1-4片/立方米	密闭熏蒸
	粮食、种子	储粮害虫	3-10片/1000千克	密闭熏蒸

山东省济宁市中武消杀药剂厂 (山东省济宁市中区金城镇冯庄 272100 0537-2271125)

WP20080570	杀虫气雾剂/0.3%/气雾剂/胺菊酯 0.25%、氯氰菊酯 0.05%/2013.12.25 至 2018.12.25/微毒			
	卫生	蚊、蝇	/	喷雾
WP20120090	杀虫喷射剂/0.38%/喷射剂/胺菊酯 0.2%、氯菊酯 0.18%/2012.05.11 至 2017.05.11/微毒			
	卫生	蚊、蝇	/	喷射

山东省金农生物化工有限责任公司 (山东省定陶县经济开发区(城南5公里) 274114 0530-2287868)

PD90106-25	苏云金杆菌/8000IU/微升/悬浮剂/苏云金杆菌 8000IU/微升/2011.08.31 至 2016.08.31/低毒			
	白菜、萝卜、青菜	菜青虫、小菜蛾	1500-2250克制剂/公顷	喷雾
	茶树	茶毛虫	3000克制剂/公顷	喷雾
	高粱、玉米	玉米螟	2250-3000克制剂/公顷	加细沙灌心叶
	梨树、苹果树、桃树、枣树	尺蠖、食心虫	200倍液	喷雾
	林木	尺蠖、柳毒蛾、松毛虫	150-200倍液	喷雾
	棉花	棉铃虫、造桥虫	3750-6000克制剂/公顷	喷雾
	水稻	稻苞虫、螟虫	3000-6000毫升制剂/公顷	喷雾
	烟草	烟青虫	3000克制剂/公顷	喷雾
PD20083865	氯氰·辛硫磷/20%/乳油/氯氰菊酯 2%、辛硫磷 18%/2013.12.15 至 2018.12.15/中等毒			
	棉花	棉铃虫	225-345克/公顷	喷雾
PD20090937	杀螟硫磷/50%/乳油/杀螟硫磷 50%/2014.01.19 至 2019.01.19/中等毒			
	水稻	三化螟	365-750克/公顷	喷雾
PD20091576	丙溴·辛硫磷/35%/乳油/丙溴磷 8.5%、辛硫磷 26.5%/2014.02.03 至 2019.02.03/中等毒			
	棉花	棉铃虫	262.5-393.75克/公顷	喷雾
PD20092331	毒死蜱/480克/升/乳油/毒死蜱 480克/升/2014.02.24 至 2019.02.24/中等毒			
	苹果树	绵蚜	240-320毫克/千克	喷雾
PD20094155	阿维菌素/18克/升/乳油/阿维菌素 18克/升/2009.03.27 至 2014.03.27/低毒(原药高毒)			
	甘蓝	小菜蛾	10.8-13.5克/公顷	喷雾
PD20095054	甲霜·锰锌/58%/可湿性粉剂/甲霜灵 10%、代森锰锌 48%/2014.04.21 至 2019.04.21/低毒			
	黄瓜	霜霉病	1305-1635.5克/公顷	喷雾
PD20101696	高效氯氟氰菊酯/25克/升/乳油/高效氯氟氰菊酯 25克/升/2010.06.21 至 2015.06.21/中等毒			
	十字花科蔬菜	菜青虫	7.5-15克/公顷	喷雾

山东省巨野县万兴农药厂 (山东省巨野县万丰乡关桥)

PD84121-21	磷化铝/56%/片剂/磷化铝 56%/2010.06.30 至 2015.06.30/高毒			
	洞穴	室外啮齿动物	根据洞穴大小而定	密闭熏蒸
	货物	仓储害虫	5-10片/1000千克	密闭熏蒸
	空间	多种害虫	1-4片/立方米	密闭熏蒸
	粮食、种子	储粮害虫	3-10片/1000千克	密闭熏蒸

山东省联合农药工业有限公司 (山东省泰安市岱岳区范镇胜利路中段 271033 0531-86401681)

PD20040361	高效氯氰菊酯/4.5%/乳油/高效氯氰菊酯 4.5%/2009.12.19 至 2014.12.19/中等毒			
	棉花	棉铃虫	15-30克/公顷	喷雾
PD20040363	氯氰菊酯/5%/乳油/氯氰菊酯 5%/2009.12.19 至 2014.12.19/中等毒			
	棉花	棉铃虫	45-90克/公顷	喷雾

PD20040453 哒螨灵/15%/乳油/哒螨灵 15%/2009.12.19 至 2014.12.19/中等毒
苹果树 叶螨 50-67毫克/千克 喷雾
PD20040823 哒螨灵/95%/原药/哒螨灵 95%/2009.12.27 至 2014.12.27/中等毒
PD20070669 啶虫脒/95%/原药/啶虫脒 95%/2012.12.17 至 2017.12.17/低毒
PD20080313 啶虫脒/5%/乳油/啶虫脒 5%/2013.02.25 至 2018.02.25/低毒
黄瓜 蚜虫 20.25-22.5克/公顷 喷雾
PD20080377 霜霉威盐酸盐/95%/原药/霜霉威盐酸盐 95%/2013.02.28 至 2018.02.28/低毒
PD20080944 联苯菊酯/95%/原药/联苯菊酯 95%/2013.07.18 至 2018.07.18/中等毒
PD20081630 霜霉威盐酸盐/35%/水剂/霜霉威盐酸盐 35%/2013.11.12 至 2018.11.12/低毒
黄瓜 霜霉病 650-1083克/公顷 喷雾
PD20081751 霜霉威盐酸盐/66.5%/水剂/霜霉威盐酸盐 66.5%/2013.11.18 至 2018.11.18/低毒
黄瓜 霜霉病 650-1083克/公顷 喷雾
PD20081805 吡虫啉/97%/原药/吡虫啉 97%/2013.11.19 至 2018.11.19/低毒
PD20081914 腈菌唑/12.5%/乳油/腈菌唑 12.5%/2013.11.21 至 2018.11.21/低毒
梨树 黑星病 2000-3000倍液 喷雾
PD20081915 腈菌唑/94%/原药/腈菌唑 94%/2013.11.21 至 2018.11.21/低毒
PD20081998 唑螨酯/95%/原药/唑螨酯 95%/2013.11.25 至 2018.11.25/中等毒
PD20082693 联苯菊酯/25克/升/乳油/联苯菊酯 25克/升/2013.12.05 至 2018.12.05/低毒
苹果树 桃小食心虫 16.7-25毫克/千克 喷雾
PD20084057 S-氰戊菊酯/5%/乳油/S-氰戊菊酯 5%/2013.12.16 至 2018.12.16/中等毒
棉花 棉铃虫 22.5-30克/公顷 喷雾
PD20084257 代森锰锌/80%/可湿性粉剂/代森锰锌 80%/2013.12.17 至 2018.12.17/低毒
苹果树 斑点落叶病 1000-1200毫克/千克 喷雾
PD20084278 虫酰肼/20%/悬浮剂/虫酰肼 20%/2013.12.17 至 2018.12.17/低毒
十字花科蔬菜 甜菜夜蛾 210-300克/公顷 喷雾
PD20084639 腈菌唑/25%/乳油/腈菌唑 25%/2013.12.18 至 2018.12.18/低毒
香蕉 叶斑病 250-312.5毫克/千克 喷雾
PD20084706 吡虫啉/20%/可溶液剂/吡虫啉 20%/2013.12.22 至 2018.12.22/低毒
棉花、烟草 蚜虫 15-30克/公顷 喷雾
水稻 稻飞虱 15-30克/公顷 喷雾
PD20084728 氯氰·丙溴磷/44%/乳油/丙溴磷 40%、氯氰菊酯 4%/2013.12.22 至 2018.12.22/低毒
棉花 棉铃虫 462-660克/公顷 喷雾
PD20084928 啶虫脒/20%/可湿性粉剂/啶虫脒 20%/2013.12.22 至 2018.12.22/低毒
柑橘树 蚜虫 13.3-16.7毫克/千克 喷雾
PD20085300 腈菌唑/40%/可湿性粉剂/腈菌唑 40%/2013.12.23 至 2018.12.23/低毒
黄瓜 白粉病 45-60克/公顷 喷雾
梨树 黑星病 40-50毫克/千克 喷雾
PD20085815 高氯·灭多威/12%/乳油/高效氯氰菊酯 1.5%、灭多威 10.5%/2013.12.29 至 2018.12.29/中等毒(原药高毒)
棉花 棉铃虫 72-90克/公顷 喷雾
PD20085956 高氯·马/20%/乳油/高效氯氰菊酯 1.5%、马拉硫磷 18.5%/2013.12.29 至 2018.12.29/中等毒
苹果树 桃小食心虫 133-200毫克/千克 喷雾
PD20086045 二嗪磷/50%/乳油/二嗪磷 50%/2013.12.29 至 2018.12.29/中等毒
水稻 三化螟 675-900克/公顷 喷雾
PD20086239 毒死蜱/40%/乳油/毒死蜱 40%/2008.12.31 至 2013.12.31/中等毒
十字花科蔬菜 菜青虫 300-450克/公顷 喷雾
PD20090204 双甲脒/20%/乳油/双甲脒 20%/2014.01.09 至 2019.01.09/低毒
棉花 红蜘蛛 120-150克/公顷 喷雾
PD20090207 高效氯氟氰菊酯/2.5%/水乳剂/高效氯氟氰菊酯 2.5%/2014.01.09 至 2019.01.09/中等毒
十字花科蔬菜 菜青虫 7.5-15克/公顷 喷雾
PD20091789 高效氯氟氰菊酯/10%/可湿性粉剂/高效氯氟氰菊酯 10%/2014.02.04 至 2019.02.04/中等毒
十字花科蔬菜 菜青虫 12-15克/公顷 喷雾
PD20092463 高效氯氰菊酯/4.5%/水乳剂/高效氯氰菊酯 4.5%/2014.02.25 至 2019.02.25/低毒
十字花科蔬菜 菜青虫 27-40.5克/公顷 喷雾
PD20092852 噻螨酮/5%/乳油/噻螨酮 5%/2014.03.05 至 2019.03.05/低毒
柑橘树 红蜘蛛 33.3-50毫克/千克 喷雾
棉花 红蜘蛛 22.5-49.5克/公顷 喷雾
苹果树 山楂红蜘蛛 25—30毫克/千克 喷雾
PD20094564 丙溴磷/40%/乳油/丙溴磷 40%/2014.04.09 至 2019.04.09/中等毒
甘蓝 小菜蛾 420-450克/公顷 喷雾
PD20097272 杀螟硫磷/50%/乳油/杀螟硫磷 50%/2009.10.26 至 2014.10.26/中等毒
苹果树 卷叶蛾 250-500毫克/千克 喷雾
水稻 稻纵卷叶螟 375-562.5克/公顷 喷雾
PD20097301 毒死蜱/480克/升/乳油/毒死蜱 480克/升/2009.10.26 至 2014.10.26/中等毒

	甘蓝	斜纹夜蛾	30-60毫升制剂/亩	喷雾
	苹果树	棉蚜	1770-2360倍	喷雾
	水稻	三化螟	50-80毫升制剂/亩	喷雾
PD20097372	哒螨灵/20%/可湿性粉剂/哒螨灵 20%/2009.10.28 至 2014.10.28/低毒			
	棉花	红蜘蛛	45-90克/公顷	喷雾
	苹果树	红蜘蛛	50-67毫克/千克	喷雾
PD20097743	唑螨酯/5%/悬浮剂/唑螨酯 5%/2009.11.12 至 2014.11.12/中等毒			
	柑橘树	红蜘蛛	25-50毫克/千克	喷雾
	苹果树	红蜘蛛	12.5-25毫克/千克	喷雾
PD20097848	吡虫啉/600克/升/悬浮种衣剂/吡虫啉 600克/升/2009.11.20 至 2014.11.20/低毒			
	棉花	蚜虫	350-500克/100千克种子	拌种
PD20097938	噻嗪酮/65%/可湿性粉剂/噻嗪酮 65%/2009.11.30 至 2014.11.30/低毒			
	柑橘树	矢尖蚧	216.7-325毫克/千克	喷雾
	水稻	稻飞虱	97.5-146.25毫克/千克	喷雾
PD20098069	杀螟丹/50%/可溶粉剂/杀螟丹 50%/2009.12.07 至 2014.12.07/中等毒			
	水稻	二化螟	525-750克/公顷	喷雾
PD20098096	戊唑醇/95%/原药/戊唑醇 95%/2009.12.08 至 2014.12.08/低毒			
PD20098192	甲氨基阿维菌素苯甲酸盐/0.5%/乳油/甲氨基阿维菌素 0.5%/2009.12.16 至 2014.12.16/低毒			
	甘蓝	甜菜夜蛾	2.25-3.75克/公顷	喷雾
	注:甲氨基阿维菌素苯甲酸盐含量: 0.57%。			
PD20098358	戊唑醇/60克/升/悬浮种衣剂/戊唑醇 60克/升/2009.12.18 至 2014.12.18/低毒			
	高粱	丝黑穗病	6－9克/100千克种子	种子包衣
	小麦	散黑穗病	1.8－2.7克/100千克种子	种子包衣
	小麦	纹枯病	3－4克/100千克种子	种子包衣
	玉米	丝黑穗病	6－12克/100千克种子	种子包衣
PD20100051	精甲霜灵/350克/升/种子处理乳剂/精甲霜灵 350克/升/2010.01.04 至 2015.01.04/低毒			
	大豆、花生	根腐病	14－28克/100千克种子	拌种
	棉花	猝倒病	14－28克/100千克种子	拌种
	水稻	烂秧病	5.28－8.75克/100千克种子	拌种
PD20100054	吡虫啉/25%/可湿性粉剂/吡虫啉 25%/2010.01.04 至 2015.01.04/低毒			
	水稻	稻飞虱	15-30克/公顷	喷雾
PD20101924	阿维菌素/5%/乳油/阿维菌素 5%/2010.08.27 至 2015.08.27/低毒(原药高毒)			
	甘蓝	小菜蛾	6-9克/公顷	喷雾
PD20101935	甲氨基阿维菌素苯甲酸盐/3%/微乳剂/甲氨基阿维菌素 3%/2010.08.27 至 2015.08.27/低毒			
	甘蓝	小菜蛾	1.5～2.25克/公顷	喷雾
	注:甲氨基阿维菌素苯甲酸盐含量: 3.4%。			
PD20101970	阿维·高氯/2%/乳油/阿维菌素 0.5%、高效氯氰菊酯 1.5%/2010.09.21 至 2015.09.21/低毒(原药高毒)			
	甘蓝	菜青虫、小菜蛾	7.5-15克/公顷	喷雾
PD20110370	吡虫啉/70%/可湿性粉剂/吡虫啉 70%/2011.03.31 至 2016.03.31/低毒			
	棉花	蚜虫	21-31.6克/公顷	喷雾
PD20110835	苯醚甲环唑/10%/微乳剂/苯醚甲环唑 10%/2011.08.10 至 2016.08.10/低毒			
	苹果树	斑点落叶病	50－66.7毫克/千克	喷雾
PD20111199	噻嗪酮/25%/悬浮剂/噻嗪酮 25%/2011.11.16 至 2016.11.16/低毒			
	柑橘树	介壳虫	166.7-250毫克/千克	喷雾
PD20111204	毒死蜱/30%/水乳剂/毒死蜱 30%/2011.11.16 至 2016.11.16/中等毒			
	水稻	稻纵卷叶螟	405-540克/公顷	喷雾
PD20111209	哒螨灵/15%/水乳剂/哒螨灵 15%/2011.11.17 至 2016.11.17/低毒			
	苹果树	红蜘蛛	50-67毫克/千克	喷雾
PD20111214	啶虫脒/60%/可湿性粉剂/啶虫脒 60%/2011.11.17 至 2016.11.17/低毒			
	黄瓜	蚜虫	13.5-22.5克/公顷	喷雾
PD20120056	联苯菊酯/10%/水乳剂/联苯菊酯 10%/2012.01.16 至 2017.01.16/中等毒			
	茶树	茶小绿叶蝉	22.5-37.5克/公顷	喷雾
PD20120369	丙溴磷/89%/原药/丙溴磷 89%/2012.02.24 至 2017.02.24/中等毒			
PD20120553	啶虫脒/10%/可湿性粉剂/啶虫脒 10%/2012.03.28 至 2017.03.28/低毒			
	水稻	飞虱	31.5-36克/公顷	喷雾
PD20121000	苯甲·丙环唑/300克/升/乳油/苯醚甲环唑 150克/升、丙环唑 150克/升/2012.06.21 至 2017.06.21/低毒			
	水稻	纹枯病	67.5-90克/公顷	喷雾
PD20121177	己唑醇/10%/悬浮剂/己唑醇 10%/2012.07.30 至 2017.07.30/低毒			
	水稻	纹枯病	45－75克/公顷	喷雾
	水稻	稻曲病	52.5－75克/公顷	喷雾
PD20121280	阿维菌素/3%/水乳剂/阿维菌素 3%/2012.09.06 至 2017.09.06/低毒(原药高毒)			
	甘蓝	小菜蛾	8.1-10.8克/公顷	喷雾
PD20121360	毒死蜱/15%/颗粒剂/毒死蜱 15%/2012.09.13 至 2017.09.13/低毒			

花生 地老虎、金针虫、蝼蛄、蛴螬 2250-3375克/公顷 撒施

PD20121501 丁硫克百威/200克/升/乳油/丁硫克百威 200克/升/2012.10.09 至 2017.10.09/中等毒

棉花 蚜虫 90-180克/公顷 喷雾

PD20121502 嘧菌酯/96%/原药/嘧菌酯 96%/2012.10.09 至 2017.10.09/低毒

PD20121503 双氟磺草胺/97%/原药/双氟磺草胺 97%/2012.10.09 至 2017.10.09/低毒

PD20121584 氯氰菊酯/25%/水乳剂/氯氰菊酯 25%/2012.10.25 至 2017.10.25/中等毒

棉花 棉铃虫 90-120克/公顷 喷雾

PD20121633 噻虫嗪/98%/原药/噻虫嗪 98%/2012.10.30 至 2017.10.30/低毒

PD20121662 咪鲜胺/25%/水乳剂/咪鲜胺 25%/2012.10.30 至 2017.10.30/低毒

水稻 恶苗病 62.5-125毫克/千克 浸种

PD20121730 灭蝇胺/50%/可溶粉剂/灭蝇胺 50%/2012.11.08 至 2017.11.08/低毒

菜豆 斑潜蝇 112.5-150克/公顷 喷雾

PD20121983 异菌脲/500克/升/悬浮剂/异菌脲 500克/升/2012.12.18 至 2017.12.18/低毒

番茄 早疫病 375-750克/公顷 喷雾

苹果树 斑点落叶病 250-500克/公顷 喷雾

PD20122050 戊唑醇/25%/水乳剂/戊唑醇 25%/2012.12.24 至 2017.12.24/低毒

苹果树 斑点落叶病 100-125毫克/千克 喷雾

PD20122055 高效氯氟氰菊酯/15%/可溶液剂/高效氟氯氰菊酯 15%/2012.12.24 至 2017.12.24/中等毒

甘蓝 甜菜夜蛾 15-22.5克/公顷 喷雾

PD20130133 哒螨灵/40%/可湿性粉剂/哒螨灵 40%/2013.01.17 至 2018.01.17/低毒

柑橘树 红蜘蛛 100-133毫克/千克 喷雾

PD20131272 三唑磷/20%/水乳剂/三唑磷 20%/2013.06.05 至 2018.06.05/中等毒

水稻 二化螟 360-450克/公顷 喷雾

PD20131303 氰氟草酯/100克/升/乳油/氰氟草酯 100克/升/2013.06.08 至 2018.06.08/低毒

水稻田(直播)、水稻秧田 稗草、千金子等禾本科杂草 75-105克/公顷 茎叶喷雾

PD20131332 吡虫啉/2%/颗粒剂/吡虫啉 2%/2013.06.08 至 2018.06.08/低毒

韭菜 韭蛆 300-450克/公顷 撒施

PD20131368 吡虫啉/70%/水分散粒剂/吡虫啉 70%/2013.06.24 至 2018.06.24/低毒

茶树 小绿叶蝉 21-42克/公顷 喷雾

甘蓝 蚜虫 14-20克/公顷 喷雾

棉花 蚜虫 21-31.5克/公顷 喷雾

水稻 稻飞虱 21-31.5克/公顷 喷雾

小麦 蚜虫 21-42克/公顷 喷雾

PD20131423 啶虫脒/20%/可溶粉剂/啶虫脒 20%/2013.07.02 至 2018.07.02/中等毒

黄瓜 蚜虫 15-30克/公顷 喷雾

PD20131424 醚菊酯/10%/水乳剂/醚菊酯 10%/2013.07.03 至 2018.07.03/低毒

甘蓝 菜青虫 45-60克/公顷 喷雾

PD20132436 苯甲·嘧菌酯/325克/升/悬浮剂/苯醚甲环唑 125克/升、嘧菌酯 200克/升/2013.11.20 至 2018.11.20/低毒

西瓜 炭疽病 146.25-243.75克/公顷 喷雾

PD20132522 草铵膦/200克/升/水剂/草铵膦 200克/升/2013.12.16 至 2018.12.16/低毒

非耕地 杂草 900-1200克/公顷 茎叶喷雾

柑橘园 杂草 600-900克/公顷 茎叶喷雾

PD20132687 嘧菌酯/50%/水分散粒剂/嘧菌酯 50%/2013.12.25 至 2018.12.25/低毒

西瓜 炭疽病 150-300毫克/千克 喷雾

LS20110076 噻虫啉/36%/水分散粒剂/噻虫啉 36%/2013.04.01 至 2014.04.01/低毒

黄瓜 蚜虫 48.6-100克/公顷 喷雾

LS20110129 烯啶虫胺/25%/可溶粉剂/烯啶虫胺 25%/2013.05.03 至 2014.05.03/低毒

棉花 蚜虫 15-30克/公顷 喷雾

WP20130242 吡虫啉/20%/悬浮剂/吡虫啉 20%/2013.11.20 至 2018.11.20/低毒

木材 白蚁 1000毫克/千克 浸泡

土壤 白蚁 4克/平方米 土壤处理

山东省梁山川田化学有限公司 (山东省梁山县水泊北路31号 272600 0537-7328397)

PD20101221 阿维菌素/1.8%/乳油/阿维菌素 1.8%/2010.02.24 至 2015.02.24/低毒(原药高毒)

梨树 梨木虱 1-2毫克/千克 喷雾

山东省梁山鲁鹏化工有限公司 (山东省梁山县韩垓镇双韩路开发区 272600 0537-7657978)

WP20080465 杀虫气雾剂/0.24%/气雾剂/胺菊酯 0.18%、高效氯氰菊酯 0.06%/2013.12.16 至 2018.12.16/低毒

卫生 蚊、蝇 / 喷雾

WP20090037 杀虫喷射剂/0.48%/喷射剂/胺菊酯 0.26%、氯菊酯 0.22%/2014.01.15 至 2019.01.15/低毒

卫生 蚊、蝇 / 喷射

WP20110067 高效氯氰菊酯/5%/可湿性粉剂/高效氯氰菊酯 5%/2011.03.17 至 2016.03.17/低毒

卫生 蚊、蝇、蜚蠊 30—40毫克/平方米 滞留喷洒

WP20120085 蚊香/0.3%/蚊香/富右旋反式烯丙菊酯 0.3%/2012.05.05 至 2017.05.05/微毒

卫生 蚊 / 点燃

山东省梁山山鹰化工有限公司 (山东省梁山县韩垓开发区 272616 0537-7650327)

WP20090124 杀虫气雾剂/0.37%/气雾剂/胺菊酯 0.25%、氯菊酯 0.12%/2014.02.12 至 2019.02.12/低毒
卫生 蚊、蝇、蜚蠊 / 喷雾

WP20090125 杀虫水乳剂/0.45%/水乳剂/胺菊酯 0.25%、氯菊酯 0.20%/2014.02.12 至 2019.02.12/低毒
卫生 蚊、蝇 1.5毫升制剂/立方米 喷洒

WP20110031 高效氯氰菊酯/5%/可湿性粉剂/高效氯氰菊酯 5%/2011.01.26 至 2016.01.26/低毒
卫生 蜚蠊 50毫克/平方米 滞留喷洒
卫生 蚊、蝇 30毫克/平方米 滞留喷洒

WP20120080 高效氯氰菊酯/0.12%/水乳剂/高效氯氰菊酯 0.12%/2012.05.03 至 2017.05.03/微毒
室内 蚊、蝇 / 滞留喷雾

WL20100232 蚊香/0.08%/蚊香/氯氟醚菊酯 0.08%/2012.08.09 至 2013.08.09/微毒
室内 蚊 / 点燃

山东省聊城凤凰精细化工有限公司 (山东省聊城市东昌西路127号 252000 0635-8422179)

WP20080363 杀虫气雾剂/0.44%/气雾剂/胺菊酯 0.24%、氯菊酯 0.2%/2013.12.10 至 2018.12.10/低毒
卫生 蚊、蝇 / 喷雾

山东省聊城金太阳日用化工有限公司 (山东省聊城市东昌府区闫寺工业区1号 252036 0635-8721118)

WP20090263 蚊香/0.23%/蚊香/富右旋反式烯丙菊酯 0.23%/2009.05.11 至 2014.05.11/低毒
卫生 蚊 / 点燃

WP20090376 杀虫气雾剂/0.44%/气雾剂/胺菊酯 0.40%、溴氰菊酯 0.04%/2009.12.07 至 2014.12.07/低毒
卫生 蚊、蝇 / 喷雾

山东省聊城经济开发区齐龙精细化工厂 (山东省聊城市经济开发区许营工业园 252000 0635-8591045)

WP20130227 杀虫气雾剂/0.4%/气雾剂/胺菊酯 0.25%、氯菊酯 0.15%/2013.11.05 至 2018.11.05/微毒
室内 蚊、蝇、蜚蠊 / 喷雾

山东省聊城市长城精细化工厂 (山东省聊城市嘉明工业园嘉和路27号 252000 0635-8721696)

WP20090197 杀虫气雾剂/0.23%/气雾剂/胺菊酯 0.2%、高效氯氰菊酯 0.03%/2014.03.23 至 2019.03.23/低毒
卫生 蚊、蝇 / 喷雾

山东省聊城市东昌府区国泰精细化工厂 (山东省聊城市东昌府区凤凰工业园1号路东段 252000 0635-8570256)

WP20080468 杀虫气雾剂/0.3%/气雾剂/胺菊酯 0.25%、氯氰菊酯 0.05%/2013.12.16 至 2018.12.16/低毒
卫生 蚊、蝇 / 喷雾

WP20110037 杀虫气雾剂/0.4%/气雾剂/胺菊酯 0.25%、氯菊酯 0.15%/2011.02.10 至 2016.02.10/微毒
卫生 蚊、蝇、蜚蠊 / 喷雾

山东省聊城市东昌府区金洁日化有限公司 (山东省聊城市东昌府区凤凰工业园纬三路中段路南 252000 0635-6108666

WP20090021 杀虫气雾剂/0.29%/气雾剂/胺菊酯 0.26%、高效氯氰菊酯 0.03%/2014.01.08 至 2019.01.08/低毒
卫生 蚊、蝇、蜚蠊 / 喷雾

山东省聊城市东昌府区康美精细化工厂 (山东省聊城市许营乡绣衣集村 252023 0635-8595868)

WP20110104 杀虫气雾剂/0.5%/气雾剂/胺菊酯 0.3%、氯菊酯 0.2%/2011.04.22 至 2016.04.22/微毒
卫生 蜚蠊、蚊、蝇 / 喷雾

山东省聊城市东昌府区水城爱家精细化工厂 (山东省聊城市凤凰工业园 252000 0635-8577099)

WP20100147 杀虫气雾剂/0.55%/气雾剂/胺菊酯 0.3%、富右旋反式烯丙菊酯 0.1%、氯菊酯 0.15%/2010.11.30 至 2015.11.30/微毒
卫生 蚊、蝇 / 喷雾

山东省聊城市金霸王精细化工厂 (山东省聊城市东昌府区侯营镇驻地 252028 0635-8562266)

WP20080550 蚊香/0.2%/蚊香/富右旋反式烯丙菊酯 0.2%/2013.12.24 至 2018.12.24/低毒
卫生 蚊 / 点燃

WP20090234 杀虫气雾剂/0.52%/气雾剂/胺菊酯 0.33%、氯菊酯 0.19%/2009.04.14 至 2014.04.14/低毒
卫生 蚊、蝇 / 喷雾

山东省聊城市经济开发区嘉乐宝日化厂 (山东省聊城市东昌府区乐园小区10号楼 252000 0635-8986749)

WP20080528 杀虫气雾剂/0.46%/气雾剂/胺菊酯 0.26%、氯菊酯 0.2%/2013.12.23 至 2018.12.23/微毒
卫生 蚊、蝇 / 喷雾

WL20120051 电热蚊香液/0.6%/电热蚊香液/氯氟醚菊酯 .6%/2013.08.28 至 2014.08.28/微毒
卫生 蚊 / 电热加温

山东省聊城市康泰精细化工厂 (山东省阳谷县张秋镇景阳岗旅游区北邻 252319 0635-6732766)

WP20080504 杀虫气雾剂/0.24%/气雾剂/高效氯氰菊酯 0.04%、右旋胺菊酯 0.20%/2013.12.22 至 2018.12.22/低毒
卫生 蚊、蝇 / 喷雾

WP20090171 蚊香/0.2%/蚊香/富右旋反式烯丙菊酯 0.2%/2014.03.09 至 2019.03.09/微毒
卫生 蚊 / 点燃

山东省聊城市鲁西精细化工厂 (山东省聊城市南东外环路南首 252000 0635-8530066)

WP20080537 杀虫气雾剂/0.37%/气雾剂/胺菊酯 0.33%、氯氰菊酯 0.04%/2013.12.23 至 2018.12.23/低毒
卫生 蚊、蝇 / 喷雾

山东省聊城市鲁亚精细化工厂 (山东省聊城市东昌府区南外环路东首 252000 0635-8531389)

WP20080416 杀虫气雾剂/0.37%/气雾剂/胺菊酯 0.33%、氯氰菊酯 0.04%/2013.12.12 至 2018.12.12/低毒
卫生 蚊、蝇 / 喷雾

WP20080581 杀虫气雾剂/0.6%/气雾剂/胺菊酯 0.15%、富右旋反式烯丙菊酯 0.15%、氯菊酯 0.3%/2013.12.29 至 2018.12.29/低毒

卫生　蚊、蝇　/　喷雾
WP20110110　杀虫气雾剂/0.37%/气雾剂/胺菊酯 0.25%、氯菊酯 0.12%/2011.04.25 至 2016.04.25/微毒
卫生　蚊、蝇、蜚蠊　/　喷雾
WL20110061　蚊香/0.05%/蚊香/氯氟醚菊酯 0.05%/2013.04.11 至 2014.04.11/微毒
卫生　蚊　/　点燃
WL20110107　电热蚊香液/0.6%/电热蚊香液/氯氟醚菊酯 0.6%/2013.09.13 至 2014.09.13/微毒
室内　蚊　/　电热加温
WL20110116　电热蚊香片/10毫克/片/电热蚊香片/炔丙菊酯 5毫克/片、氯氟醚菊酯 5毫克/片/2013.10.08 至 2014.10.08/微毒
卫生　蚊　/　电热加温

山东省聊城市齐鲁精细化工厂　(山东省聊城市南东外环路　252024　0635-8591099)
WP20080094　杀虫气雾剂/0.37%/气雾剂/胺菊酯 0.33%、氯菊酯 0.04%/2013.09.01 至 2018.09.01/低毒
卫生　蚊、蝇　/　喷雾
WP20110130　杀虫气雾剂/0.65%/气雾剂/胺菊酯 0.56%、氯菊酯 0.09%/2011.06.02 至 2016.06.02/微毒
室内　蚊、蝇、蜚蠊　/　喷雾
WL20110049　电热蚊香片/10毫克/片/电热蚊香片/炔丙菊酯 5毫克/片、氯氟醚菊酯 5毫克/片/2013.04.01 至 2014.04.01/微毒
卫生　蚊　/　电热加温
WL20110076　电热蚊香液/0.6%/电热蚊香液/氯氟醚菊酯 0.6%/2013.06.13 至 2014.06.13/微毒
卫生　蚊　/　电热加温

山东省聊城市圣达日化科技有限公司　(山东省聊城市东昌府区侯营镇驻地圣达日化公司　252000　0635-8562266)
WP20080063　杀虫气雾剂/0.26%/气雾剂/胺菊酯 0.21%、氯氰菊酯 0.05%/2013.04.29 至 2018.04.29/低毒
卫生　蚊、蝇、蜚蠊　/　喷雾

山东省聊城市曙光化工有限公司　(山东省聊城市东昌府区侯营工业园区　252000　0635-8569188)
WP20130149　杀虫气雾剂/0.31%/气雾剂/胺菊酯 0.26%、高效氯氰菊酯 0.05%/2013.07.05 至 2018.07.05/微毒
卫生　蚊、蝇　/　喷雾
WL20100214　蚊香/0.05%/蚊香/氯氟醚菊酯 0.05%/2012.07.13 至 2013.07.13/微毒
室内　蚊　/　点燃

山东省聊城市泰鑫化工有限公司　(山东省聊城市开发区东城工业园　252000　0635-8530068)
WP20080444　蚊香/0.28%/蚊香/富右旋反式炔丙菊酯 0.28%/2013.12.15 至 2018.12.15/微毒
卫生　蚊　/　点燃
WP20080448　杀虫气雾剂/0.4%/气雾剂/胺菊酯 0.25%、氯菊酯 0.15%/2013.12.16 至 2018.12.16/低毒
卫生　蚊、蝇　/　喷雾
WP20080587　杀虫气雾剂/0.24%/气雾剂/高效氯氰菊酯 0.04%、右旋胺菊酯 0.20%/2013.12.29 至 2018.12.29/低毒
卫生　蚊、蝇　/　喷雾

山东省聊城市新兴卫生药剂厂　(山东省聊城市西外环侯营工业园区　252028　0635-8568168)
WP20090046　杀虫气雾剂/0.34%/气雾剂/胺菊酯 0.30%、高效氯氰菊酯 0.04%/2014.01.20 至 2019.01.20/低毒
卫生　蚊、蝇　/　喷雾
WP20090172　杀虫粉剂/0.05%/粉剂/高效氯氰菊酯 0.05%/2014.03.10 至 2019.03.10/低毒
卫生　麦蛾、米象　0.2-0.6毫克/千克　拌粮
卫生　虱、跳蚤　3克制剂/平方米　撒布
WP20090200　杀虫水乳剂/0.36%/水乳剂/高效氯氰菊酯 0.06%、氯菊酯 0.3%/2014.03.23 至 2019.03.23/低毒
卫生　蚊、蝇　/　喷射

山东省聊城天骄日用化工有限公司　(山东省聊城市东昌府区闫寺工业区　252036　0635-8722689)
WP20080520　蚊香/0.26%/蚊香/富右旋反式炔丙菊酯 0.26%/2013.12.23 至 2018.12.23/低毒
卫生　蚊　/　点燃
WP20090221　杀虫气雾剂/0.25%/气雾剂/胺菊酯 0.2%、高效氯氰菊酯 0.05%/2014.04.09 至 2019.04.09/低毒
卫生　蚊、蝇　/　喷雾

山东省聊城同大纳米科技有限公司　(山东省聊城市东昌府区闫寺工业区　252000　0635-8721336)
WP20090198　杀虫气雾剂/0.33%/气雾剂/胺菊酯 0.15%、氯菊酯 0.18%/2009.03.23 至 2014.03.23/低毒
卫生　蚊、蝇　/　喷雾

山东省临清市第一农用制剂厂　(山东省聊城市临清市康庄镇康四街296号　252656　0635-2714060)
WP20090047　杀虫气雾剂/0.48%/气雾剂/胺菊酯 0.33%、氯菊酯 0.15%/2014.01.21 至 2019.01.21/低毒
卫生　蚊、蝇　/　喷雾

山东省临清市鲁临油脂精细化工有限公司　(山东省聊城市农校路路西　252653　0635-8532086)
WP20080572　杀虫气雾剂/0.3%/气雾剂/胺菊酯 0.2%、右旋苯醚氰菊酯 0.1%/2008.12.25 至 2013.12.25/低毒
卫生　蚊、蝇、蜚蠊　/　喷雾
WP20090163　杀虫气雾剂/0.23%/气雾剂/胺菊酯 0.18%、高效氯氰菊酯 0.05%/2009.03.09 至 2014.03.09/低毒
卫生　蚊、蝇　/　喷雾

山东省临沂红星日用化学有限公司　(山东省临沂市罗庄区双月湖街道三岗子工业园　276000　0539-8101083)
WP20080602　杀虫气雾剂/0.26%/气雾剂/胺菊酯 0.21%、氯氰菊酯 0.05%/2013.12.31 至 2018.12.31/低毒
卫生　蚊、蝇　/　喷雾
WP20120050　杀虫气雾剂/0.4/气雾剂/胺菊酯 0.3%、富右旋反式烯丙菊酯 0.06%、高效氯氰菊酯 0.04%/2012.03.28 至 2017.03.28/微毒
卫生　蚊、蝇、蜚蠊　/　喷雾

山东省临沂圣健工贸有限公司 (山东省临沂市河东区九曲办事处北王庄村工业园 276034 0539-8086555)

WP20110270 杀虫气雾剂/0.6%/气雾剂/胺菊酯 0.3%、富右旋反式烯丙菊酯 0.1%、氯菊酯 0.2%/2011.12.14 至 2016.12.14/微毒
卫生 蚊、蝇、蜚蠊 / 喷雾

WP20120257 杀虫气雾剂/0.32%/气雾剂/胺菊酯 0.27%、氯氰菊酯 0.05%/2012.12.26 至 2017.12.26/微毒
卫生 蚊、蝇、蜚蠊 / 喷雾

WP20130096 蚊香/0.05%/蚊香/氯氟醚菊酯 0.05%/2013.05.20 至 2018.05.20/微毒
室内 蚊 / 点燃

WL20120042 电热蚊香片/10毫克/片/电热蚊香片/炔丙菊酯 5毫克/片、氯氟醚菊酯 5毫克/片/2013.08.06 至 2014.08.06/微毒
卫生 蚊 / 电热加温

WL20130008 电热蚊香液/0.8%/电热蚊香液/氯氟醚菊酯 .8%/2014.01.07 至 2015.01.07/微毒
卫生 蚊 / 电热加温

山东省临沂市宝韵化妆品有限公司 (山东省临沂市罗庄区双月湖街道化武路西段 276000 0539-8101083)

WP20120089 杀虫气雾剂/0.5%/气雾剂/胺菊酯 0.25%、富右旋反式烯丙菊酯 0.15%、氯氰菊酯 0.1%/2012.05.11至2017.05.11/微毒
卫生 蚊、蝇、蜚蠊 / 喷雾

山东省临沂市昌运卫生用品有限公司 (山东省临沂市河东区凤凰岭西许庄工业园 276000 0539-8060170)

WP20090373 杀虫气雾剂/0.4%/气雾剂/胺菊酯 0.21%、富右旋反式烯丙菊酯 0.06%、氯菊酯 0.13%/2009.11.30 至 2014.11.30/微毒
卫生 蜚蠊、蚊、蝇 / 喷雾

山东省临沂市罗庄区恒谊精细化工厂 (山东省临沂市罗庄区罗庄街道韦姜屯村南 276017 0539-8246226)

WP20110161 杀虫气雾剂/0.51%/气雾剂/胺菊酯 0.3%、氯菊酯 0.21%/2011.06.20 至 2016.06.20/微毒
卫生 蜚蠊、蚊、蝇 / 喷雾

山东省临沂市奇星精细化工厂 (山东省临沂市河东区相公镇 276025 0539-8881482)

WP20080544 杀虫气雾剂/0.35%/气雾剂/胺菊酯 0.18%、氯菊酯 0.17%/2013.12.24 至 2018.12.24/微毒
卫生 蚊、蝇 / 喷雾

山东省临沂市胜豹日用化工有限公司 (山东省临沂市河东区相公镇小茅茨村 276025 0539-8360330)

WP20110039 杀虫气雾剂/0.45%/气雾剂/胺菊酯 0.25%、氯菊酯 0.2%/2011.02.11 至 2016.02.11/微毒
卫生 蚊、蝇、蜚蠊 / 喷雾

山东省临沂市圣亚精细化工有限公司 (山东省临沂市工业开发区临西十路中段 276000 0539-8532599)

WP20080563 杀虫气雾剂/0.28%/气雾剂/胺菊酯 0.23%、氯氰菊酯 0.05%/2013.12.24 至 2018.12.24/低毒
卫生 蚂蚁、蚊、蝇、蜚蠊 / 喷雾

WP20080577 杀虫气雾剂/0.52%/气雾剂/胺菊酯 0.33%、氯菊酯 0.19%/2013.12.29 至 2018.12.29/低毒
卫生 蚊、蝇 / 喷雾

WP20090054 蚊香/0.25%/蚊香/富右旋反式烯丙菊酯 0.25%/2014.01.21 至 2019.01.21/低毒
卫生 蚊 / 点燃

WP20090083 杀虫气雾剂/0.36%/气雾剂/胺菊酯 0.15%、富右旋反式烯丙菊酯 0.11%、氯菊酯 0.1%/2014.02.02 至 2019.02.02/低毒
卫生 蜚蠊、蚂蚁、蚊、蝇 / 喷雾

WP20090149 杀虫气雾剂/0.15%/气雾剂/Es-生物烯丙菊酯 0.1%、氯氰菊酯 0.05%/2014.03.03 至 2019.03.03/微毒
卫生 蚊、蝇 / 喷雾

WL20110088 电热蚊香片/15毫克/片/电热蚊香片/四氟苯菊酯 15毫克/片/2012.07.18 至 2013.07.18/微毒
卫生 蚊 / 电热加温

WL20130014 电热蚊香液/1.2%/电热蚊香液/四氟苯菊酯 1.2%/2013.02.21 至 2014.02.21/微毒
卫生 蚊 / 电热加温

山东省临沂市威克气雾剂有限公司 (山东省临沂市南坊镇赵岔河村 276000 0539-8951859)

WP20080533 杀虫气雾剂/0.55%/气雾剂/胺菊酯 0.3%、富右旋反式烯丙菊酯 0.15%、氯菊酯 0.1%/2013.12.23 至 2018.12.23/微毒
卫生 蚊、蝇、蜚蠊 / 喷雾

山东省临沂市友谊日化有限公司 (山东省临沂市兰山区兰山办事处郭庄工业园 276012 0539-8417708)

WP20080346 杀虫气雾剂/0.35%/气雾剂/胺菊酯 0.30%、氯氰菊酯 0.05%/2013.12.09 至 2018.12.09/低毒
卫生 蜚蠊、蚊、蝇 / 喷雾

WP20110129 蚊香/0.3%/蚊香/Es-生物烯丙菊酯 0.3%/2011.05.30 至 2016.05.30/微毒
卫生 蚊 / 点燃

WP20130127 电热蚊香液/1.3%/电热蚊香液/炔丙菊酯 1.3%/2013.06.08 至 2018.06.08/微毒
卫生 蚊 / 电热加温

WP20130167 蚊香/0.05%/蚊香/氯氟醚菊酯 0.05%/2013.07.29 至 2018.07.29/微毒
室内 蚊 / 点燃

WP20130198 杀虫气雾剂/0.4%/气雾剂/胺菊酯 0.25%、氯菊酯 0.15%/2013.09.24 至 2018.09.24/微毒
卫生 蚊、蝇、蜚蠊 / 喷雾

WL20130002 电热蚊香片/10毫克/片/电热蚊香片/炔丙菊酯 5毫克/片、氯氟醚菊酯 5毫克/片/2014.01.04 至 2015.01.04/微毒
室内 蚊 / 电热加温

山东省临沂市靓宜化妆品厂 (山东省临沂市河东区九曲镇九曲村 276000 0539-8201217)

WP20110158 杀虫气雾剂/0.32%/气雾剂/胺菊酯 0.17%、氯菊酯 0.15%/2011.06.20 至 2016.06.20/微毒
卫生 蚊、蝇、蜚蠊 / 喷雾

山东省龙口市化工厂 (山东省烟台市龙口市兰高镇四平路北 265709 0535-8637869)

PD84121-5 磷化铝/56%/片剂/磷化铝 56%/2009.04.14 至 2014.04.14/高毒
洞穴 室外啮齿动物 根据洞穴大小而定 密闭熏蒸

	货物	仓储害虫	5-10片/1000千克	密闭熏蒸
	空间	多种害虫	1-4片/立方米	密闭熏蒸
	粮食、种子	储粮害虫	3-10片/1000千克	密闭熏蒸
PD20095559	磷化铝/85%/原药/磷化铝 85%/2009.05.12 至 2014.05.12/高毒			
PD20110859	硫酰氟/99%/气体制剂/硫酰氟 99%/2011.08.23 至 2016.08.23/中等毒			
	原粮	仓储害虫	10克/立方米	密闭熏蒸
	注:仅限专业人员使用。			
WP20060013	硫酰氟/99%/原药/硫酰氟 99%/2011.11.01 至 2016.11.01/中等毒			
WP20060014	硫酰氟/99%/熏蒸剂/硫酰氟 99%/2011.11.01 至 2016.11.01/中等毒			
	卫生	蜚蠊	/	熏蒸

山东省绿士农药有限公司　(山东省齐河经济开发区金能大道北首　251100　0534-5756113)

PD86157-17	硫磺/50%/悬浮剂/硫磺 50%/2010.01.27 至 2015.01.27/低毒			
	果树	白粉病	200-400倍液	喷雾
	花卉	白粉病	750-1500克/公顷	喷雾
	黄瓜	白粉病	1125-1500克/公顷	喷雾
	橡胶树	白粉病	1875-3000克/公顷	喷雾
	小麦	白粉病、螨	3000克/公顷	喷雾
PD20040421	高效氯氰菊酯/4.5%/乳油/高效氯氰菊酯 4.5%/2009.12.19 至 2014.12.19/中等毒			
	荔枝树	蒂蛀虫	45-56.25克/公顷	喷雾
	棉花	棉铃虫	15-30克/公顷	喷雾
	十字花科蔬菜	菜蚜	13.5-18克/公顷	喷雾
PD20081286	多效唑/15%/可湿性粉剂/多效唑 15%/2013.09.25 至 2018.09.25/低毒			
	水稻育秧田	促分蘖、控制生长	200-300毫克/千克	喷雾
PD20081960	噁酮·乙草胺/36%/乳油/噁草酮 6%、乙草胺 30%/2013.11.24 至 2018.11.24/低毒			
	花生田	一年生杂草	810-1350克/公顷	播后苗前土壤喷雾
PD20082113	甲硫·福美双/50%/可湿性粉剂/福美双 20%、甲基硫菌灵 30%/2013.11.25 至 2018.11.25/中等毒			
	苹果树	轮纹病	500-700倍液	喷雾
PD20084129	啶虫脒/3%/可湿性粉剂/啶虫脒 3%/2013.12.16 至 2018.12.16/低毒			
	柑橘树	蚜虫	8.6-12毫克/千克	喷雾
PD20084585	氰戊·马拉松/20%/乳油/马拉硫磷 15%、氰戊菊酯 5%/2013.12.18 至 2018.12.18/中等毒			
	苹果树	桃小食心虫	133-200毫克/千克	喷雾
	小麦	蚜虫	60-90克/公顷	喷雾
PD20084749	甲氰·辛硫磷/25%/乳油/甲氰菊酯 3%、辛硫磷 22%/2013.12.22 至 2018.12.22/中等毒			
	棉花	棉铃虫	281.25-375克/公顷	喷雾
PD20085121	氰戊·氧乐果/25%/乳油/氰戊菊酯 5%、氧乐果 20%/2013.12.23 至 2018.12.23/中等毒(原药高毒)			
	棉花	棉铃虫	112.5-187.5克/公顷	喷雾
PD20090237	乙铝·百菌清/75%/可湿性粉剂/百菌清 37%、三乙膦酸铝 38%/2014.01.09 至 2019.01.09/低毒			
	黄瓜	霜霉病	1406-2109克/公顷	喷雾
PD20092559	啶虫脒/5%/乳油/啶虫脒 5%/2014.02.26 至 2019.02.26/低毒			
	苹果树	蚜虫	15-20毫克/千克	喷雾
	烟草	蚜虫	13.5-18克/公顷	喷雾
PD20093624	仲丁灵/360克/升/乳油/仲丁灵 360克/升/2014.03.25 至 2019.03.25/低毒			
	烟草	抑制腋芽生长	72-90毫克/株	杯淋法
PD20093896	代森锰锌/80%/可湿性粉剂/代森锰锌 80%/2014.03.25 至 2019.03.25/低毒			
	苹果树	轮纹病	1000-1333毫克/千克	喷雾
PD20095706	阿维菌素/1.8%/乳油/阿维菌素 1.8%/2009.05.15 至 2014.05.15/低毒(原药高毒)			
	甘蓝	菜青虫	8.1-10.8克/公顷	喷施
PD20095995	乙铝·锰锌/50%/可湿性粉剂/代森锰锌 22%、三乙膦酸铝 28%/2009.06.11 至 2014.06.11/低毒			
	黄瓜	霜霉病	1400-4200克/公顷	喷雾
PD20096068	辛硫·高氯氟/16%/乳油/高效氯氟氰菊酯 0.7%、辛硫磷 15.3%/2009.06.18 至 2014.06.18/低毒			
	棉花	棉铃虫	144-204克/公顷	喷雾
PD20096526	阿维·高氯/1.8%/乳油/阿维菌素 0.3%、高效氯氰菊酯 1.5%/2009.08.20 至 2014.08.20/低毒(原药高毒)			
	甘蓝	菜青虫、小菜蛾	7.5-15克/公顷	喷雾
PD20097587	吗胍·乙酸铜/20%/可湿性粉剂/盐酸吗啉胍 16%、乙酸铜 4%/2009.11.03 至 2014.11.03/低毒			
	番茄	病毒病	499.5-750克/公顷	喷雾
	烟草	病毒病	500-750克/公顷	喷雾
PD20100957	毒死蜱/480克/升/乳油/毒死蜱 480克/升/2010.01.19 至 2015.01.19/中等毒			
	苹果树	绵蚜	1500-2000倍液	喷雾
PD20101884	甲氨基阿维菌素苯甲酸盐(1.14%)///乳油/甲氨基阿维菌素 1%/2010.08.09 至 2015.08.09/低毒			
	甘蓝	小菜蛾	2.25-3克/公顷	喷雾
PD20131026	哒螨灵/15%/乳油/哒螨灵 15%/2013.05.13 至 2018.05.13/低毒			
	柑橘树	红蜘蛛	75-100毫克/千克	喷雾

山东省农科院植保所新农药中试厂　(山东省济南市历城区桑园路28号　250100　0531-88669286)

PD20093751 啶虫脒/5%/乳油/啶虫脒 5%/2009.03.25 至 2014.03.25/低毒
苹果树 蚜虫 12-15毫克/千克 喷雾

山东省农业科学院高效农药实验厂 (山东省济南市桑园路2号 250100 0531-88275296)

PD20050052 高氯·吡虫啉/5%/乳油/吡虫啉 2%、高效氯氰菊酯 3%/2010.04.29 至 2015.04.29/低毒
苹果树 蚜虫 16.7-25毫克/千克 喷雾
小麦 蚜虫 15-22.5克/公顷 喷雾

PD20080841 多·福/50%/可湿性粉剂/多菌灵 20%、福美双 30%/2013.06.23 至 2018.06.23/低毒
苹果树 轮纹病 500-600倍液 喷雾

PD20085130 氰戊·灭多威/20%/乳油/灭多威 18%、氰戊菊酯 2%/2013.12.23 至 2018.12.23/中等毒(原药高毒)
棉花 棉铃虫 200-300克/公顷 喷雾

PD20095765 毒·辛/48%/乳油/毒死蜱 12%、辛硫磷 36%/2009.05.18 至 2014.05.18/中等毒
韭菜 根蛆 2160-2880克/公顷 灌根

山东省平邑县蒙阳精细化工厂 (山东省平邑县柏林镇东武安村 273304 0539-4409181)

WP20110151 杀虫气雾剂/0.48%/气雾剂/胺菊酯 0.26%、氯菊酯 0.22%/2011.06.20 至 2016.06.20/微毒
卫生 蚊、蝇 / 喷雾

山东省栖霞市化工厂 (山东省烟台市栖霞市文化路624号 265300 0535-5207792)

PD20080915 氟乐灵/480克/升/乳油/氟乐灵 480克/升/2013.07.14 至 2018.07.14/低毒
棉花田 一年生禾本科杂草及部分阔叶杂草 864-1080克/公顷 土壤喷雾

PD20081483 硫磺·多菌灵/50%/可湿性粉剂/多菌灵 15%、硫磺 35%/2013.11.04 至 2018.11.04/低毒
花生 叶斑病 1200-1800克/公顷 喷雾

PD20081611 硫磺·多菌灵/50%/悬浮剂/多菌灵 15%、硫磺 35%/2013.11.12 至 2018.11.12/中等毒
花生 叶斑病 1200-1800克/公顷 喷雾

PD20081663 乙草胺/50%/乳油/乙草胺 50%/2013.11.14 至 2018.11.14/低毒
春玉米田 部分阔叶杂草、一年生禾本科杂草 1500-2250克/公顷 喷雾

PD20086369 硫磺·三唑酮/50%/悬浮剂/硫磺 45%、三唑酮 5%/2013.12.31 至 2018.12.31/低毒
小麦 白粉病 600-750克公顷 喷雾

PD20092239 异丙草·莠/42%/悬乳剂/异丙草胺 22%、莠去津 20%/2014.02.24 至 2019.02.24/低毒
夏玉米田 一年生杂草 1260-1575克/公顷 播后苗前土壤喷雾

PD20095141 井冈·多菌灵/28%/悬浮剂/多菌灵 24%、井冈霉素 4%/2014.04.24 至 2019.04.24/低毒
小麦 赤霉病 420-525克/公顷 喷雾

PD20100087 氰戊·灭多威/12%/乳油/灭多威 8%、氰戊菊酯 4%/2010.01.04 至 2015.01.04/高毒
棉花 棉铃虫 60-90克/公顷 喷雾

山东省栖霞市通达化工有限公司 (山东省烟台市栖霞市市府路西首 265300 0535-5203233)

PD20083170 虫酰肼/200克/升/悬浮剂/虫酰肼 200克/升/2013.12.11 至 2018.12.11/低毒
苹果 卷叶蛾 100-120毫克/千克 喷雾

PD20084485 腐霉·福美双/25%/可湿性粉剂/腐霉利 5%、福美双 20%/2013.12.17 至 2018.12.17/低毒
番茄 灰霉病 225-375克/公顷 喷雾

PD20084537 杀螟丹/50%/可溶粉剂/杀螟丹 50%/2013.12.18 至 2018.12.18/中等毒
水稻 二化螟 600-900克/公顷 喷雾

PD20084687 毒死蜱/40%/乳油/毒死蜱 40%/2013.12.22 至 2018.12.22/低毒
苹果树 绵蚜 160-266.7毫克/千克 喷雾

PD20084732 井冈霉素/5%/水剂/井冈霉素 5%/2013.12.22 至 2018.12.22/低毒
水稻 纹枯病 75-112.5克/公顷 喷雾

PD20085205 丁·莠/40%/悬浮剂/丁草胺 20%、莠去津 20%/2013.12.23 至 2018.12.23/低毒
夏玉米田 一年生杂草 1200－1500克/公顷 土壤喷雾

PD20085677 异菌脲/50%/可湿性粉剂/异菌脲 50%/2013.12.26 至 2018.12.26/低毒
苹果树 斑点落叶病 333-500毫克/千克 喷雾

PD20086205 甲硫·锰锌/50%/可湿性粉剂/甲基硫菌灵 15%、代森锰锌 35%/2013.12.30 至 2018.12.30/低毒
苹果树 炭疽病 500-1000毫克/千克 喷雾

PD20086209 霜脲·锰锌/36%/悬浮剂/代森锰锌 32%、霜脲氰 4%/2013.12.30 至 2018.12.30/低毒
黄瓜 霜霉病 1440-1800克/公顷 喷雾

PD20090966 甲硫·福美双/30%/悬浮剂/福美双 20%、甲基硫菌灵 10%/2014.01.20 至 2019.01.20/低毒
番茄 灰霉病 675－843.75克/公顷 喷雾

PD20091218 多·福/30%/可湿性粉剂/多菌灵 5%、福美双 25%/2014.02.01 至 2019.02.01/低毒
辣椒 立枯病 3-6克/平方米 每平米的用药量与15-20千克细土混匀,1/3撒于苗床底部,2/3覆盖在种子上面

PD20091736 腈菌唑/12.5%/乳油/腈菌唑 12.5%/2014.02.04 至 2019.02.04/低毒
梨树 黑星病 62.5-41.7毫克/千克 喷雾

PD20091779 啶虫脒/5%/乳油/啶虫脒 5%/2014.02.04 至 2019.02.04/低毒
柑橘树 蚜虫 10-12.5毫克/千克 喷雾

PD20091964 唑螨酯/5%/悬浮剂/唑螨酯 5%/2009.02.12 至 2014.02.12/低毒
苹果树 红蜘蛛 16.7-25毫克/千克 喷雾

PD20092006 三唑锡/20%/悬浮剂/三唑锡 20%/2014.02.12 至 2019.02.12/低毒
苹果 红蜘蛛 100-200毫克/千克 喷雾

PD20092988 氟铃·辛硫磷/20%/乳油/氟铃脲 2%、辛硫磷 18%/2014.03.09 至 2019.03.09/低毒
甘蓝 小菜蛾 90-150克/公顷 喷雾

PD20093009 烯酰·锰锌/69%/可湿性粉剂/代森锰锌 60%、烯酰吗啉 9%/2014.03.09 至 2019.03.09/低毒
黄瓜 霜霉病 1035-1380克/公顷 喷雾

PD20094632 灭多威/10%/可湿性粉剂/灭多威 10%/2014.04.10 至 2019.04.10/中等毒(原药高毒)
棉花 棉铃虫 270-360克/公顷 喷雾

PD20094633 三唑锡/8%/乳油/三唑锡 8%/2014.04.10 至 2019.04.10/中等毒
柑橘树 红蜘蛛 800-1200倍液 喷雾

PD20094642 高效氯氰菊酯/4.5%/乳油/高效氯氰菊酯 4.5%/2014.04.10 至 2019.04.10/中等毒
番茄 美洲斑潜蝇 18.75-22.5克/公顷 喷雾

PD20094883 硫磺·多菌灵/25%/可湿性粉剂/多菌灵 10%、硫磺 15%/2014.04.13 至 2019.04.13/低毒
黄瓜 白粉病 1350-1800克/公顷 喷雾

PD20097035 乙铝·多菌灵/60%/可湿性粉剂/多菌灵 20%、三乙膦酸铝 40%/2009.10.10 至 2014.10.10/低毒
苹果树 轮纹病 1000-1250毫克/千克 喷雾

PD20097359 混合氨基酸铜/10%/水剂/混合氨基酸铜 10%/2009.10.27 至 2014.10.27/低毒
西瓜 枯萎病 0.25-4.2克/株 灌根

PD20097573 哒螨灵/20%/可湿性粉剂/哒螨灵 20%/2009.11.03 至 2014.11.03/低毒
苹果树 红蜘蛛 50-60毫克/千克 喷雾

PD20097829 吡虫啉/10%/可湿性粉剂/吡虫啉 10%/2009.11.20 至 2014.11.20/低毒
水稻 稻飞虱 22.5-30克/公顷 喷雾

PD20100088 阿维菌素/18克/升/乳油/阿维菌素 18克/升/2010.01.04 至 2015.01.04/低毒(原药高毒)
柑橘树 潜叶蛾 6-9毫克/千克 喷雾

PD20100220 高氯·辛硫磷/20%/乳油/高效氯氰菊酯 1.5%、辛硫磷 18.5%/2010.01.11 至 2015.01.11/中等毒
苹果树 桃小食心虫 133.3-200mg/kg 喷雾

PD20110075 阿维·矿物油/30%/乳油/阿维菌素 0.3%、矿物油 29.7%/2011.01.20 至 2016.01.20/低毒(原药高毒)
小油菜 斑潜蝇 225-315克/公顷 喷雾

PD20120585 戊唑醇/25%/悬浮剂/戊唑醇 25%/2012.03.30 至 2017.03.30/低毒
苹果树 斑点落叶病 83.3-125毫克/千克 喷雾

山东省青岛奥迪斯生物科技有限公司 (山东省青岛莱西市昌阳工业园 266603 0532-82472068)

PD88105-11 硫酸铜/96%,93%/原药/硫酸铜 96%,93%/2013.08.22 至 2018.08.22/低毒

PD20060097 氯氰菊酯/5%/乳油/氯氰菊酯 5%/2011.05.22 至 2016.05.22/低毒
棉花 棉铃虫 67.5-90克/公顷 喷雾
十字花科蔬菜 菜青虫 30-45克/公顷 喷雾

PD20060115 哒螨灵/15%/乳油/哒螨灵 15%/2011.06.13 至 2016.06.13/低毒
苹果树 红蜘蛛 43-50毫克/千克 喷雾

PD20060125 吡虫啉/10%/可湿性粉剂/吡虫啉 10%/2011.06.26 至 2016.06.26/低毒
十字花科蔬菜 蚜虫 12-18克/公顷 喷雾
小麦 蚜虫 60-75克/公顷 喷雾

PD20070568 灭多威/40%/可溶粉剂/灭多威 40%/2012.12.03 至 2017.12.03/低毒
棉花 棉铃虫 180-240克/公顷 喷雾

PD20070574 虫酰肼/20%/悬浮剂/虫酰肼 20%/2012.12.03 至 2017.12.03/低毒
甘蓝 甜菜夜蛾 225-300克/公顷 喷雾

PD20080260 嘧霉胺/20%/可湿性粉剂/嘧霉胺 20%/2013.02.20 至 2018.02.20/低毒
黄瓜 灰霉病 360—540克/公顷 喷雾

PD20080567 甲霜·锰锌/58%/可湿性粉剂/甲霜灵 10%、代森锰锌 48%/2013.05.12 至 2018.05.12/低毒
黄瓜 霜霉病 1050—1305克/公顷 喷雾

PD20080840 草甘膦/95%/原药/草甘膦 95%/2013.06.20 至 2018.06.20/低毒

PD20080908 百菌清/75%/可湿性粉剂/百菌清 75%/2013.07.09 至 2018.07.09/低毒
黄瓜 霜霉病 1800—2400克/公顷 喷雾

PD20081335 烯酰·锰锌/69%/可湿性粉剂/代森锰锌 60%、烯酰吗啉 9%/2013.10.21 至 2018.10.21/低毒
黄瓜 霜霉病 1035—1380克/公顷 喷雾

PD20081880 噻酮·炔螨特/22%/乳油/炔螨特 20%、噻螨酮 2%/2013.11.20 至 2018.11.20/低毒
苹果树 二斑叶螨 137.5-275毫克/千克 喷雾

PD20082317 代森锰锌/70%/可湿性粉剂/代森锰锌 70%/2013.12.01 至 2018.12.01/低毒
番茄 早疫病 1837.5-2362.5克/公顷 喷雾
柑橘树 疮痂病、炭疽病 1333-2000毫克/千克 喷雾
梨树 黑星病 800-1600毫克/千克 喷雾
荔枝树 霜疫霉病 1333-2000毫克/千克 喷雾
苹果树 斑点落叶病、轮纹病、炭疽病 1000-1600毫克/千克 喷雾

	西瓜	炭疽病	1560-2520	喷雾
PD20082365	草甘膦异丙胺盐/30%/水剂/草甘膦 30%/2013.12.01 至 2018.12.01/低毒			
	非耕地	杂草	1125-3000克/公顷	茎叶喷雾
	注:草甘膦异丙胺盐含量：41%。			
PD20082795	苏云金杆菌/8000IU/毫克/可湿性粉剂/苏云金杆菌 8000IU/毫克/2013.12.09 至 2018.12.09/低毒			
	茶树	茶毛虫	400-800倍液	喷雾
	棉花	二代棉铃虫	3000-4500克制剂/公顷	喷雾
	森林	松毛虫	600-800倍液	喷雾
	十字花科蔬菜	小菜蛾	1500-2250克制剂/公顷	喷雾
	十字花科蔬菜	菜青虫	750-1500克制剂/公顷	喷雾
	水稻	稻纵卷叶螟	3000-4500克制剂/公顷	喷雾
	烟草	烟青虫	1500-3000克制剂/公顷	喷雾
	玉米	玉米螟	1500-3000克制剂/公顷	加细沙灌心
	枣树	枣尺蠖	600-800倍液	喷雾
PD20084111	唑螨酯/5%/悬浮剂/唑螨酯 5%/2013.12.16 至 2018.12.16/低毒			
	柑橘树	红蜘蛛	25-50毫克/千克	喷雾
PD20084118	氯氰·敌敌畏/20%/乳油/敌敌畏 18%、氯氰菊酯 2%/2013.12.16 至 2018.12.16/低毒			
	十字花科蔬菜	黄条跳甲	150-225克/公顷	喷雾
PD20085723	三唑锡/25%/可湿性粉剂/三唑锡 25%/2013.12.26 至 2018.12.26/低毒			
	柑橘树	红蜘蛛	125-166.67毫克/千克	喷雾
PD20085877	啶虫脒/5%/可湿性粉剂/啶虫脒 5%/2013.12.29 至 2018.12.29/低毒			
	十字花科蔬菜	蚜虫	15-22.5克/公顷	喷雾
PD20085935	咪鲜胺/25%/乳油/咪鲜胺 25%/2013.12.29 至 2018.12.29/低毒			
	芒果树	炭疽病	250-500毫克/千克	喷雾
PD20090199	阿维·炔螨特/56%/微乳剂/阿维菌素 0.3%、炔螨特 55.7%/2009.01.09 至 2014.01.09/中等毒(原药高毒)			
	柑橘树	红蜘蛛	140-280毫克/千克	喷雾
PD20090304	阿维菌素/3.2%/乳油/阿维菌素 3.2%/2009.01.12 至 2014.01.12/低毒(原药高毒)			
	十字花科蔬菜	小菜蛾	8.1-10.8克/公顷	喷雾
PD20090585	稻瘟灵/40%/可湿性粉剂/稻瘟灵 40%/2009.01.14 至 2014.01.14/低毒			
	水稻	稻瘟病	450-600克/公顷	喷雾
PD20090590	代森锌/80%/可湿性粉剂/代森锌 80%/2009.01.14 至 2014.01.14/低毒			
	苹果树	斑点落叶病	1143-1600毫克/千克	喷雾
PD20090763	甲氰·噻螨酮/7.5%/乳油/甲氰菊酯 5%、噻螨酮 2.5%/2009.01.19 至 2014.01.19/低毒			
	柑橘树	红蜘蛛	75-100毫克/千克	喷雾
PD20091858	阿维菌素/1.8%/乳油/阿维菌素 1.8%/2009.02.09 至 2014.02.09/低毒(原药高毒)			
	梨树	梨木虱	6-12毫克/千克	喷雾
	十字花科蔬菜	小菜蛾	8.1-10.8克/公顷	喷雾
PD20093524	苯丁·哒螨灵/15%/乳油/苯丁锡 10%、哒螨灵 5%/2009.03.23 至 2014.03.23/低毒			
	柑橘树	红蜘蛛	75-100毫克/千克	喷雾
PD20093635	氟啶脲/50克/升/乳油/氟啶脲 50克/升/2009.03.25 至 2014.03.25/低毒			
	甘蓝	菜青虫	45-60克/公顷	喷雾
PD20093687	阿维·啶虫脒/4%/乳油/阿维菌素 1%、啶虫脒 3%/2009.03.25 至 2014.03.25/低毒(原药高毒)			
	黄瓜	蚜虫	6-12克/公顷	喷雾
PD20094695	阿维·甲氰/2.8%/乳油/阿维菌素 0.1%、甲氰菊酯 2.7%/2009.04.10 至 2014.04.10/低毒(原药高毒)			
	十字花科蔬菜	小菜蛾	29.4-42克/公顷	喷雾
PD20095883	精喹禾灵/5%/乳油/精喹禾灵 5%/2009.05.31 至 2014.05.31/低毒			
	春大豆田	一年生禾本科杂草	60－75克/公顷	茎叶喷雾
	夏大豆田	一年生禾本科杂草	45－52.5克/公顷	茎叶喷雾
PD20095907	丙溴磷/40%/乳油/丙溴磷 40%/2009.06.02 至 2014.06.02/低毒			
	棉花	棉铃虫	300-450克/公顷	喷雾
	十字花科蔬菜	小菜蛾	360-450克/公顷	喷雾
PD20096011	吡虫啉/20%/可溶液剂/吡虫啉 20%/2009.06.11 至 2014.06.11/低毒			
	十字花科蔬菜	蚜虫	15-30克/公顷	喷雾
PD20098089	吡虫·噻嗪酮/20%/可湿性粉剂/吡虫啉 2%、噻嗪酮 18%/2009.12.08 至 2014.12.08/低毒			
	水稻	飞虱	90-150克/公顷	喷雾
PD20098150	苏云金杆菌/8000IU/微升/悬浮剂/苏云金杆菌 8000IU/微升/2009.12.14 至 2014.12.14/低毒			
	茶树	茶毛虫	100-200倍液	喷雾
	棉花	二代棉铃虫	6000-7500毫升制剂/公顷	喷雾
	森林	森林松毛虫	100-200倍液	喷雾
	十字花科蔬菜	菜青虫、小菜蛾	3000-4500毫升制剂/公顷	喷雾
	水稻	稻纵卷叶螟	6000-7500毫升制剂/公顷	喷雾
	烟草	烟青虫	6000-7500毫升制剂/公顷	喷雾
	玉米	玉米螟	4500-6000毫升制剂/公顷	拌细沙撒心

枣树 枣尺蠖 100-200倍液 喷雾
PD20098152 丙环唑/250克/升/乳油/丙环唑 250克/升/2009.12.14 至 2014.12.14/低毒
香蕉 叶斑病 250-500毫克/千克 喷雾
PD20098238 毒·矿物油/40%/乳油/毒死蜱 20%、矿物油 20%/2009.12.16 至 2014.12.16/低毒
萝卜 小菜蛾 180-240克/公顷 喷雾
PD20098523 啶虫脒/5%/乳油/啶虫脒 5%/2009.12.24 至 2014.12.24/低毒
柑橘树 蚜虫 16.7-20毫克/千克 喷雾
PD20100151 三乙膦酸铝/40%/可湿性粉剂/三乙膦酸铝 40%/2010.01.05 至 2015.01.05/低毒
黄瓜 霜霉病 1410-2820克/公顷 喷雾
PD20100156 炔螨·矿物油/73%/乳油/矿物油 33%、炔螨特 40%/2010.01.05 至 2015.01.05/低毒
柑橘树 红蜘蛛 243.3-365毫克/千克 喷雾
PD20101088 福·福锌/80%/可湿性粉剂/福美双 30%、福美锌 50%/2010.01.25 至 2015.01.25/低毒
黄瓜 炭疽病 1200-1800克/公顷 喷雾
PD20101125 苯丁锡/50%/可湿性粉剂/苯丁锡 50%/2010.01.25 至 2015.01.25/低毒
柑橘树 红蜘蛛 167-250毫克/千克 喷雾
PD20101247 盐酸吗啉胍/5%/可溶粉剂/盐酸吗啉胍 5%/2010.03.01 至 2015.03.01/低毒
番茄 病毒病 300-375克/公顷 喷雾
PD20101598 高效氯氟氰菊酯/25克/升/乳油/高效氯氟氰菊酯 25克/升/2010.06.03 至 2015.06.03/低毒
棉花 棉铃虫 15-22.5克/公顷 喷雾
十字花科蔬菜 菜青虫 7.5-15克/公顷 喷雾
PD20101740 氰戊·喹硫磷/12.5%/乳油/喹硫磷 10.5%、氰戊菊酯 2%/2010.06.28 至 2015.06.28/中等毒
柑橘树 介壳虫 125-167毫克/千克 喷雾
PD20102053 十三吗啉/750克/升/乳油/十三吗啉 750克/升/2010.11.03 至 2015.11.03/低毒
橡胶树 红根病 15--22.5克/株 灌淋
PD20110128 辛硫·灭多威/20%/乳油/灭多威 8%、辛硫磷 12%/2011.01.28 至 2016.01.28/中等毒(原药高毒)
棉花 棉铃虫 150-300克/公顷 喷雾
PD20110722 苯甲·丙环唑/300克/升/乳油/苯醚甲环唑 150克/升、丙环唑 150克/升/2011.07.07 至 2016.07.07/低毒
水稻 纹枯病 67.5-78.75克/公顷 喷雾
PD20110759 甲氨基阿维菌素苯甲酸盐/2%/乳油/甲氨基阿维菌素 2%/2011.07.25 至 2016.07.25/低毒
甘蓝 甜菜夜蛾 2.85-4.5克/公顷 喷雾
注:甲氨基阿维菌素苯甲酸盐含量: 2.3%。
PD20111219 吡虫啉/600克/升/悬浮剂/吡虫啉 600克/升/2011.11.17 至 2016.11.17/低毒
水稻 飞虱 12.5-15克/公顷 喷雾
PD20111348 吡虫·毒死蜱/22%/乳油/吡虫啉 2%、毒死蜱 20%/2011.12.09 至 2016.12.09/低毒
水稻 稻飞虱 115.5-132克/公顷 喷雾
PD20111458 戊唑醇/430克/升/悬浮剂/戊唑醇 430克/升/2011.12.31 至 2016.12.31/低毒
苹果树 斑点落叶病 61.4-86毫克/千克 喷雾
PD20120261 香菇多糖/0.5%/水剂/香菇多糖 0.5%/2012.02.14 至 2017.02.14/低毒
番茄 病毒病 15.6—18.75克/公顷 喷雾
PD20120435 甲基硫菌灵/70%/可湿性粉剂/甲基硫菌灵 70%/2012.03.14 至 2017.03.14/低毒
番茄 叶霉病 375-562.5克/公顷 喷雾
PD20120737 氟虫腈/5%/悬浮种衣剂/氟虫腈 5%/2012.05.03 至 2017.05.03/低毒
玉米 蛴螬 1-2克/千克种子 拌种
PD20120739 50%醚菌酯水分散粒剂/50%/水分散粒剂/醚菌酯 50%/2012.05.03 至 2017.05.03/低毒
黄瓜 白粉病 120-165克/公顷 喷雾
PD20121080 吡虫啉/70%/种子处理可分散粉剂/吡虫啉 70%/2012.07.19 至 2017.07.19/低毒
玉米 蚜虫 420-490克/100千克种子 拌种
PD20121438 甲维·毒死蜱/30%/乳油/毒死蜱 29.7%、甲氨基阿维菌素苯甲酸盐 0.3%/2012.10.08 至 2017.10.08/中等毒
水稻 二化螟 270-382.5克/公顷 喷雾
PD20121439 矿物油/96.5%/乳油/矿物油 96.5%/2012.10.08 至 2017.10.08/低毒
柑橘树 红蜘蛛 4400-6600毫克/千克 喷雾
PD20121956 甲硫·戊唑醇/48%/可湿性粉剂/甲基硫菌灵 38%、戊唑醇 10%/2012.12.12 至 2017.12.12/低毒
苹果树 斑点落叶病 480-600毫克/千克 喷雾
PD20130025 氟环唑/12.5%/悬浮剂/氟环唑 12.5%/2013.01.04 至 2018.01.04/低毒
柑橘树 炭疽病 53-63毫克/千克 喷雾
PD20130029 甲氨基阿维菌素苯苯甲酸盐/5%/悬浮剂/甲氨基阿维菌素 5%/2013.01.07 至 2018.01.07/低毒
水稻 稻纵卷叶螟 7.5-15克/公顷 喷雾
注:甲氨基阿维菌素苯苯甲酸盐含量: 5.7%。
PD20130070 噻唑膦/10%/颗粒剂/噻唑膦 10%/2013.01.07 至 2018.01.07/低毒
黄瓜 根结线虫 2250-3000克/公顷 撒施
PD20130235 唑酯·炔螨特/13%/水乳剂/炔螨特 10%、唑螨酯 3%/2013.01.30 至 2018.01.30/低毒
柑橘树 红蜘蛛 86.7-130毫克/千克 喷雾
PD20130608 吡蚜酮/50%/水分散粒剂/吡蚜酮 50%/2013.04.03 至 2018.04.03/低毒

水稻 稻飞虱 90-150克/公顷 喷雾
PD20130609 氯氟·啶虫脒/26%/水分散粒剂/啶虫脒 23.5%、高效氯氟氰菊酯 2.5%/2013.04.03 至 2018.04.03/低毒
小白菜 蚜虫 15.6-31.2克/公顷 喷雾
PD20130670 噻虫嗪/25%/水分散粒剂/噻虫嗪 25%/2013.04.08 至 2018.04.08/低毒
水稻 稻飞虱 7.5-15克/公顷 喷雾
PD20130690 吡蚜酮/25%/可湿性粉剂/吡蚜酮 25%/2013.04.09 至 2018.04.09/低毒
水稻 稻飞虱 60-90克/公顷 喷雾
PD20130701 己唑醇/10%/悬浮剂/己唑醇 10%/2013.04.11 至 2018.04.11/低毒
水稻 纹枯病 45-75克/公顷 喷雾
PD20130722 烯酰吗啉/10%/水乳剂/烯酰吗啉 10%/2013.04.12 至 2018.04.12/低毒
黄瓜 霜霉病 225-300克/公顷 喷雾
PD20130725 嘧胺·乙霉威/26%/水分散粒剂/乙霉威 16%、嘧霉胺 10%/2013.04.12 至 2018.04.12/低毒
黄瓜 灰霉病 390-585克/公顷 喷雾
PD20130905 阿维·吡虫啉/5%/乳油/阿维菌素 0.5%、吡虫啉 4.5%/2013.04.27 至 2018.04.27/低毒(原药高毒)
梨树 梨木虱 8.33—12.5毫克/千克 喷雾
PD20130906 灭胺·杀虫单/30%/可湿性粉剂/灭蝇胺 5%、杀虫单 25%/2013.04.27 至 2018.04.27/低毒
菜豆 美洲斑潜蝇 225-337.5克/公顷 喷雾
PD20131094 烯酰·甲霜灵/30%/水分散粒剂/甲霜灵 8%、烯酰吗啉 22%/2013.05.20 至 2018.05.20/低毒
黄瓜 霜霉病 300-450克/公顷 喷雾
PD20131096 杀螺胺/70%/可湿性粉剂/杀螺胺 70%/2013.05.20 至 2018.05.20/低毒
水稻 福寿螺 315-420克 喷雾
PD20131185 联苯菊酯/4.5%/水乳剂/联苯菊酯 4.5%/2013.05.27 至 2018.05.27/低毒
黄瓜 白粉虱 9-15.75克/公顷 喷雾
PD20131255 阿维·灭蝇胺/31%/悬浮剂/阿维菌素 0.7%、灭蝇胺 30.3%/2013.06.04 至 2018.06.04/低毒(原药高毒)
菜豆 美洲斑潜蝇 75-100克/公顷 喷雾
PD20131358 噁霉·福美双/54.5%/可湿性粉剂/噁霉灵 9.5%、福美双 45%/2013.06.20 至 2018.06.20/低毒
黄瓜 立枯病 2.0—2.5克/平方米 苗床浇洒
PD20131662 氰氟草酯/10%/乳油/氰氟草酯 10%/2013.08.01 至 2018.08.01/低毒
水稻秧田 稗草 75-105克/公顷 喷雾
PD20132106 甲维·虫酰肼/8.8%/乳油/虫酰肼 8.4%、甲氨基阿维菌素苯甲酸盐 0.4%/2013.10.24 至 2018.10.24/低毒
甘蓝 甜菜夜蛾 39.6-52.8克/公顷 喷雾
PD20132148 阿维·吡虫啉/36%/水分散粒剂/阿维菌素 0.3%、吡虫啉 35.7%/2013.10.29 至 2018.10.29/低毒(原药高毒)
小白菜 蚜虫 27-37.8克/公顷 喷雾
PD20132374 丙环唑/48%/微乳剂/丙环唑 48%/2013.11.20 至 2018.11.20/低毒
香蕉 叶斑病 240-480毫升/千克 喷雾
PD20132438 草甘膦/50%/可溶粉剂/草甘膦 50%/2013.11.20 至 2018.11.20/低毒
苹果园 一年生杂草 1575-2250克/公顷 定向茎叶喷雾
PD20132660 茚虫威/15%/悬浮剂/茚虫威 15%/2013.12.20 至 2018.12.20/低毒
水稻 稻纵卷叶螟 33.75-45克/公顷 喷雾
LS20100029 丙溴·炔螨特/40%/乳油/丙溴磷 15%、炔螨特 25%/2012.03.05 至 2013.03.05/低毒
柑橘树 红蜘蛛 200-320毫克/千克 喷雾
LS20120306 甲硫·己唑醇/50%/悬浮剂/甲基硫菌灵 45%、己唑醇 5%/2013.08.28 至 2014.08.28/低毒
水稻 纹枯病 225-300克/公顷 喷雾
LS20130011 烯酰·嘧菌酯/30%/水分散粒剂/嘧菌酯 20%、烯酰吗啉 10%/2013.01.07 至 2014.01.07/低毒
黄瓜 霜霉病 225~315克/公顷 喷雾
LS20130061 硝磺草酮/15%/悬浮剂/硝磺草酮 15%/2013.02.06 至 2014.02.06/低毒
玉米田 一年生杂草 129.4-146.25克/公顷 茎叶喷雾
LS20130080 甲维·茚虫威/9%/悬浮剂/甲氨基阿维菌素苯甲酸盐 1.5%、茚虫威 7.5%/2013.03.08 至 2014.03.08/低毒
水稻 稻纵卷叶螟 13.5-27克/公顷 喷雾
LS20130144 戊唑·嘧菌酯/50%/悬浮剂/嘧菌酯 20%、戊唑醇 30%/2013.04.03 至 2014.04.03/低毒
水稻 纹枯病 60-112克/公顷 喷雾
LS20130199 苯甲·嘧菌酯/32.5%/悬浮剂/苯醚甲环唑 12.5%、嘧菌酯 20%/2013.04.09 至 2014.04.09/低毒
水稻 纹枯病 1463-195克/公顷 喷雾
LS20130238 丙环·嘧菌酯/32%/悬浮剂/丙环唑 12%、嘧菌酯 20%/2013.04.28 至 2014.04.28/低毒
水稻 纹枯病 120-216克/公顷 喷雾
LS20130323 噻虫·吡蚜酮/35%/水分散粒剂/吡蚜酮 20%、噻虫嗪 15%/2013.06.09 至 2014.06.09/低毒
水稻 稻飞虱 21-31.5克/公顷 喷雾
LS20130386 丙森锌/70%/水分散粒剂/丙森锌 70%/2013.07.29 至 2014.07.29/低毒
黄瓜 霜霉病 1890—2835克/公顷 喷雾
LS20130426 阿维·吡虫啉/15%/微囊悬浮剂/阿维菌素 3%、吡虫啉 12%/2013.09.09 至 2014.09.09/低毒(原药高毒)
番茄 根结线虫 450-900克/公顷 拌土沟施
LS20130495 吡虫·毒死蜱/25%/微囊悬浮剂/吡虫啉 5%、毒死蜱 20%/2013.11.08 至 2014.11.08/低毒
花生 金针虫 1800-2250克/公顷 撒施、沟施

WP20120231 氟虫腈/3%/微乳剂/氟虫腈 3%/2012.11.28 至 2017.11.28/低毒
室内 蝇 稀释20倍液 喷雾

山东省青岛东生药业有限公司 （山东省青岛平度市云山镇驻地 266745 0532-83341209）

PD20050067 哒螨灵/20%/可湿性粉剂/哒螨灵 20%/2010.06.24 至 2015.06.24/中等毒
苹果树 红蜘蛛 50-67毫克/千克 喷雾

PD20050123 高效氯氰菊酯/2.5%/乳油/高效氯氰菊酯 2.5%/2010.08.15 至 2015.08.15/中等毒
梨树 梨木虱 12.5-20.8毫克/千克 喷雾

PD20050124 氯氰菊酯/5%/乳油/氯氰菊酯 5%/2010.08.15 至 2015.08.15/中等毒
棉花 棉铃虫 45-90克/公顷 喷雾

PD20081879 锰锌·百菌清/64%/可湿性粉剂/百菌清 8%、代森锰锌 56%/2013.11.20 至 2018.11.20/低毒
番茄 早疫病 1028.6-1440克/公顷 喷雾

PD20082312 高氯·辛硫磷/20%/乳油/高效氯氰菊酯 1%、辛硫磷 19%/2013.12.01 至 2018.12.01/中等毒
十字花科蔬菜 菜青虫 60-90克/公顷 喷雾

PD20082460 代森锰锌/70%/可湿性粉剂/代森锰锌 70%/2013.12.02 至 2018.12.02/低毒
番茄 早疫病 1845-2370克/公顷 喷雾

PD20082814 马拉硫磷/45%/乳油/马拉硫磷 45%/2013.12.09 至 2018.12.09/低毒
十字花科蔬菜 黄条跳甲 607.5-742.5克/公顷 喷雾

PD20083643 联苯菊酯/25克/升/乳油/联苯菊酯 25克/升/2013.12.12 至 2018.12.12/低毒
茶树 茶小绿叶蝉 30－37.5克/公顷 喷雾

PD20084098 氯氰菊酯/10%/乳油/氯氰菊酯 10%/2013.12.16 至 2018.12.16/中等毒
棉花 棉铃虫 60-90克/公顷 喷雾

PD20084240 福美双/70%/可湿性粉剂/福美双 70%/2013.12.17 至 2018.12.17/低毒
黄瓜(保护地) 霜霉病 840－1260克/公顷 喷雾

PD20090201 霜霉威/722克/升/水剂/霜霉威 722克/升/2014.01.09 至 2019.01.09/低毒
黄瓜 霜霉病 866.4-1083克/公顷 喷雾

PD20090467 代森锰锌/80%/可湿性粉剂/代森锰锌 80%/2014.01.12 至 2019.01.12/低毒
番茄 早疫病 1845-2370克/公顷 喷雾

PD20090810 阿维·敌敌畏/40%/乳油/阿维菌素 0.3%、敌敌畏 39.7%/2014.01.19 至 2019.01.19/中等毒(原药高毒)
小油菜 小菜蛾 300-360克/公顷 喷雾

PD20091021 氰戊·辛硫磷/25%/乳油/氰戊菊酯 5%、辛硫磷 20%/2014.01.21 至 2019.01.21/中等毒
棉花 棉铃虫 281.25-375克/公顷 喷雾

PD20091285 灭多威/90%/可溶粉剂/灭多威 90%/2014.02.01 至 2019.02.01/高毒
棉花 棉铃虫 105-180克/公顷 喷雾

PD20091340 唑磷·毒死蜱/25%/乳油/毒死蜱 8.3%、三唑磷 16.7%/2014.02.01 至 2019.02.01/中等毒
水稻 二化螟 225-300克/公顷 喷雾

PD20091456 灭多威/20%/乳油/灭多威 20%/2014.02.02 至 2019.02.02/高毒
棉花 棉铃虫 150-225克/公顷 喷雾
棉花 蚜虫 75-150克/公顷 喷雾

PD20091459 福·福锌/60%/可湿性粉剂/福美双 30%、福美锌 30%/2014.02.02 至 2019.02.02/低毒
黄瓜 炭疽病 900-1350克/公顷 喷雾

PD20091629 高效氯氟氰菊酯/25克/升/乳油/高效氯氟氰菊酯 25克/升/2014.02.03 至 2019.02.03/中等毒
甘蓝 菜青虫 15-22.5克/公顷 喷雾

PD20091735 阿维·毒死蜱/24%/乳油/阿维菌素 0.15%、毒死蜱 23.85%/2014.02.04 至 2019.02.04/中等毒(原药高毒)
梨树 梨木虱 80-100毫克/千克 喷雾

PD20091883 多·锰锌/40%/可湿性粉剂/多菌灵 20%、代森锰锌 20%/2014.02.09 至 2019.02.09/低毒
梨树 黑星病 1000-1250毫克/千克 喷雾

PD20091888 乙铝·锰锌/50%/可湿性粉剂/代森锰锌 22%、三乙膦酸铝 28%/2014.02.09 至 2019.02.09/低毒
黄瓜 霜霉病 1400-4200克/公顷 喷雾

PD20091903 多·锰锌/50%/可湿性粉剂/多菌灵 8%、代森锰锌 42%/2014.02.09 至 2019.02.09/低毒
苹果树 斑点落叶病 1000-1250毫克/千克 喷雾

PD20092230 苯醚甲环唑/10%/水分散粒剂/苯醚甲环唑 10%/2014.02.24 至 2019.02.24/低毒
梨树 黑星病 14.3-16.7毫克/千克 喷雾

PD20092567 灭多威/10%/可湿性粉剂/灭多威 10%/2014.02.26 至 2019.02.26/中等毒(原药高毒)
棉花 棉铃虫 270-360克/公顷 喷雾

PD20093098 吡虫·灭多威/10%/可湿性粉剂/吡虫啉 2%、灭多威 8%/2014.03.09 至 2019.03.09/中等毒(原药高毒)
棉花 蚜虫 60-75克/公顷 喷雾

PD20093254 炔螨特/40%/乳油/炔螨特 40%/2014.03.11 至 2019.03.11/低毒
柑橘树 红蜘蛛 266.7-400毫克/千克 喷雾

PD20093476 啶虫脒/5%/乳油/啶虫脒 5%/2014.03.23 至 2019.03.23/低毒
柑橘树、苹果树 蚜虫 12-15毫克/千克 喷雾
黄瓜 蚜虫 18-22.5克/公顷 喷雾

PD20094891 螨醇·哒螨灵/20%/乳油/哒螨灵 5%、三氯杀螨醇 15%/2014.04.13 至 2019.04.13/低毒
苹果树 山楂红蜘蛛 100-133毫克/千克 喷雾

PD20095670 阿维菌素/0.5%/乳油/阿维菌素 0.5%/2009.05.14 至 2014.05.14/低毒(原药高毒)
甘蓝 小菜蛾 6-9克/公顷 喷雾
PD20096320 阿维·甲氰/1.8%/乳油/阿维菌素 0.1%、甲氰菊酯 1.7%/2009.07.22 至 2014.07.22/低毒(原药高毒)
苹果树 红蜘蛛 12-18毫克/千克 喷雾
PD20098351 吡虫啉/25%/可湿性粉剂/吡虫啉 25%/2009.12.18 至 2014.12.18/低毒
水稻 稻飞虱 15-30克/公顷 喷雾
PD20098405 吗胍·乙酸铜/20%/可湿性粉剂/盐酸吗啉胍 16%、乙酸铜 4%/2009.12.18 至 2014.12.18/低毒
番茄 病毒病 500—750克/公顷 喷雾
PD20098464 阿维菌素/3.2%/乳油/阿维菌素 3.2%/2009.12.24 至 2014.12.24/中等毒(原药高毒)
甘蓝 小菜蛾 8.1-10.8克/公顷 喷雾
PD20100055 吡虫啉/5%/乳油/吡虫啉 5%/2010.01.04 至 2015.01.04/低毒
小麦 蚜虫 15-30克/公顷(南方地区) 喷雾
45-60克/公顷(北方地区)
PD20100169 啶虫脒/20%/可溶粉剂/啶虫脒 20%/2010.01.05 至 2015.01.05/低毒
黄瓜 蚜虫 54-72克/公顷 喷雾
PD20100265 多抗霉素/10%/可湿性粉剂/多抗霉素B 10%/2010.01.11 至 2015.01.11/低毒
番茄 叶霉病 150—210克/公顷 喷雾
PD20100312 异菌脲/50%/可湿性粉剂/异菌脲 50%/2010.01.11 至 2015.01.11/低毒
番茄 灰霉病 375—750克/公顷 喷雾
PD20100372 春雷霉素/2%/可湿性粉剂/春雷霉素 2%/2010.01.11 至 2015.01.11/低毒
黄瓜 枯萎病 210-270克/公顷 灌根
PD20101729 丙溴磷/40%/乳油/丙溴磷 40%/2010.06.28 至 2015.06.28/中等毒
棉花 棉铃虫 480-600克/公顷 喷雾
PD20111056 五硝·多菌灵/40%/可湿性粉剂/多菌灵 32%、五氯硝基苯 8%/2011.10.10 至 2016.10.10/低毒
西瓜 枯萎病 0.25-0.33克/株 灌根
PD20111227 咪鲜·多菌灵/25%/可湿性粉剂/多菌灵 12.5%、咪鲜胺 12.5%/2011.11.18 至 2016.11.18/低毒
西瓜 炭疽病 281.25-375克/公顷 喷雾
PD20111238 苯丁·哒螨灵/25%/可湿性粉剂/苯丁锡 8%、哒螨灵 17%/2011.11.18 至 2016.11.18/中等毒
柑橘树 红蜘蛛 166.7-250毫克/千克 喷雾
PD20111328 吡虫啉/480克/升/悬浮剂/吡虫啉 480克/升/2011.12.06 至 2016.12.06/低毒
甘蓝 蚜虫 21.6-28.8克/公顷 喷雾
PD20120569 唑螨酯/5%/悬浮剂/唑螨酯 5%/2012.03.28 至 2017.03.28/低毒
苹果树 红蜘蛛 16-25毫克/千克 喷雾
PD20120935 甲硫·乙霉威/66%/可湿性粉剂/甲基硫菌灵 54%、乙霉威 12%/2012.06.04 至 2017.06.04/低毒
番茄 灰霉病 557-742.5克/公顷 喷雾
PD20121409 丙森锌/70%/可湿性粉剂/丙森锌 70%/2012.09.19 至 2017.09.19/低毒
黄瓜 霜霉病 1575-2250克/公顷 喷雾
PD20130226 甲维·丙溴磷/15.2%/乳油/丙溴磷 15%、甲氨基阿维菌素苯甲酸盐 0.2%/2013.01.30 至 2018.01.30/中等毒
甘蓝 小菜蛾 182.4-228克/公顷 喷雾
PD20130271 高氯·氟啶脲/5%/乳油/氟啶脲 1%、高效氯氰菊酯 4%/2013.02.21 至 2018.02.21/中等毒
甘蓝 甜菜夜蛾 37.5-52.5克/公顷 喷雾
PD20130633 咪鲜·抑霉唑/14%/乳油/咪鲜胺 12%、抑霉唑 2%/2013.04.05 至 2018.04.05/低毒
柑橘 青霉病 175-233毫克/千克 浸果
PD20130732 甲维·氟啶脲/2.2%/乳油/氟啶脲 2%、甲氨基阿维菌素苯甲酸盐 0.2%/2013.04.12 至 2018.04.12/低毒
甘蓝 斜纹夜蛾 19.8-26.4克/公顷 喷雾
PD20130733 嘧胺·乙霉威/26%/水分散粒剂/乙霉威 16%、嘧霉胺 10%/2013.04.12 至 2018.04.12/低毒
黄瓜 灰霉病 390-585克/公顷 喷雾
PD20130813 氟硅唑/10%/水乳剂/氟硅唑 10%/2013.04.22 至 2018.04.22/低毒
番茄 叶霉病 60-75克/公顷 喷雾
PD20130819 烯酰吗啉/40%/水分散粒剂/烯酰吗啉 40%/2013.04.22 至 2018.04.22/低毒
黄瓜 霜霉病 225-300克/公顷 喷雾
PD20130876 苯甲·丙环唑/30%/乳油/苯醚甲环唑 15%、丙环唑 15%/2013.04.25 至 2018.04.25/微毒
香蕉 叶斑病 150-300毫克/千克 喷雾
PD20131792 甲维盐·氯氰/3.2%/微乳剂/甲氨基阿维菌素苯甲酸盐 0.2%、氯氰菊酯 3%/2013.09.09 至 2018.09.09/中等毒
甘蓝 甜菜夜蛾 19.2-28.8克/公顷 喷雾
PD20131799 甲氨基阿维菌素苯甲酸盐/5%/微乳剂/甲氨基阿维菌素 5%/2013.09.09 至 2018.09.09/低毒
甘蓝 甜菜夜蛾 1.8-2.25克/公顷 喷雾
注:甲氨基阿维菌素苯甲酸盐含量：5.7%。
PD20131869 阿维·三唑锡/5.5%/乳油/阿维菌素 0.2%、三唑锡 5.3%/2013.09.25 至 2018.09.25/低毒(原药高毒)
柑橘树 红蜘蛛 22-36.7毫克/千克 喷雾
PD20131946 啶虫·毒死蜱/40%/乳油/啶虫脒 5%、毒死蜱 35%/2013.10.10 至 2018.10.10/中等毒
柑橘树 介壳虫 133.3-200毫克/千克 喷雾
PD20131947 己唑醇/5%/微乳剂/己唑醇 5%/2013.10.10 至 2018.10.10/低毒

水稻 稻曲病 52.5-75克/公顷 喷雾
PD20132044 吡蚜酮/50%/水分散粒剂/吡蚜酮 50%/2013.10.22 至 2018.10.22/低毒
水稻 稻飞虱 120-150克/公顷 喷雾
PD20132152 氯氰·啶虫脒/10%/乳油/啶虫脒 1%、氯氰菊酯 9%/2013.10.29 至 2018.10.29/中等毒
苹果树 棉蚜 50-100毫克/千克 喷雾
PD20132427 氟氯氰菊酯/5.7%/水乳剂/氟氯氰菊酯 5.7%/2013.11.20 至 2018.11.20/低毒
甘蓝 菜青虫 25.8-34.1克/公顷 喷雾
LS20110123 毒死蜱/40%/水乳剂/毒死蜱 40%/2013.05.03 至 2014.05.03/低毒
水稻 稻纵卷叶螟 450-600克/公顷 喷雾
LS20120393 丙溴·炔螨特/50%/乳油/丙溴磷 20%、炔螨特 30%/2013.12.07 至 2014.12.07/低毒
柑橘树 红蜘蛛 200-333.3毫克/千克 喷雾
LS20130155 阿维·四螨嗪/20.8%/悬浮剂/阿维菌素 0.8%、四螨嗪 20%/2013.04.03 至 2014.04.03/低毒(原药高毒)
苹果树 红蜘蛛 104-138.7毫克/千克 喷雾
LS20130159 戊唑·丙森锌/60%/可湿性粉剂/丙森锌 50%、戊唑醇 10%/2013.04.03 至 2014.04.03/低毒
苹果树 斑点落叶病 400-667毫克/千克 喷雾
LS20130236 啶虫·哒螨灵/20%/微乳剂/哒螨灵 15%、啶虫脒 5%/2013.04.28 至 2014.04.28/中等毒
棉花 蚜虫 22.5-30克/公顷 喷雾
LS20130367 戊唑醇/50%/悬浮剂/戊唑醇 50%/2013.07.05 至 2014.07.05/低毒
苹果树 斑点落叶病 71.4-100毫克/千克 喷雾

山东省青岛丰邦农化有限公司 (山东省青岛市胶州市胶州西路66号 266300 0532-87259751)

PD20083459 氟啶脲/50克/升/乳油/氟啶脲 50克/升/2013.12.12 至 2018.12.12/低毒
十字花科蔬菜 小菜蛾 45-60克/公顷 喷雾
PD20083841 高效氯氟氰菊酯/25克/升/乳油/高效氯氟氰菊酯 25克/升/2013.12.15 至 2018.12.15/中等毒
十字花科蔬菜 蚜虫 5.625-7.5克/公顷 喷雾
PD20085556 吡虫啉/20%/可溶液剂/吡虫啉 20%/2013.12.25 至 2018.12.25/低毒
棉花 蚜虫 30-45克/公顷 喷雾
PD20090341 啶虫脒/5%/乳油/啶虫脒 5%/2014.01.12 至 2019.01.12/低毒
黄瓜 蚜虫 18-22.5克/公顷 喷雾
PD20090479 精喹禾灵/10%/乳油/精喹禾灵 10%/2014.01.12 至 2019.01.12/低毒
夏大豆田 一年生禾本科杂草 37.5-52.5克/公顷 茎叶喷雾
PD20090523 草甘膦/30%/水剂/草甘膦 30%/2014.01.12 至 2019.01.12/低毒
苹果园 杂草 1125-2250克/公顷 定向茎叶喷雾
PD20090551 氯氰·丙溴磷/440克/升/乳油/丙溴磷 400克/升、氯氰菊酯 40克/升/2014.01.13 至 2019.01.13/中等毒
棉花 棉铃虫 528-660克/公顷 喷雾
PD20091011 氟乐灵/480克/升/乳油/氟乐灵 480克/升/2014.01.21 至 2019.01.21/低毒
棉花田 一年生杂草 900-1080克/公顷 土壤喷雾
PD20091201 乙草胺/900克/升/乳油/乙草胺 900克/升/2014.02.01 至 2019.02.01/低毒
棉花田 一年生禾本科杂草及部分小粒种子阔叶杂草 1080-1350克/公顷 土壤喷雾
PD20091365 乙草胺/50%/乳油/乙草胺 50%/2014.02.02 至 2019.02.02/低毒
花生田 杂草 900-1125克/公顷 播后苗前土壤喷雾
PD20091965 氟磺胺草醚/250克/升/水剂/氟磺胺草醚 250克/升/2014.02.12 至 2019.02.12/低毒
夏大豆田 一年生阔叶杂草 225-375克/公顷 茎叶喷雾
PD20091983 氟磺胺草醚/95%/原药/氟磺胺草醚 95%/2014.02.12 至 2019.02.12/低毒
PD20093180 百草枯/200克/升/水剂/百草枯 200克/升/2012.12.31 至 2014.07.01/中等毒
苹果园 杂草 600-900克/公顷 定向茎叶喷雾
PD20093517 甲氰菊酯/20%/乳油/甲氰菊酯 20%/2014.03.23 至 2019.03.23/中等毒
苹果树 桃小食心虫 80-100毫克/千克 喷雾
PD20093926 联苯菊酯/100克/升/乳油/联苯菊酯 100克/升/2014.03.26 至 2019.03.26/中等毒
茶树 茶小绿叶蝉 30-37.5克/公顷 喷雾
PD20094095 氯氟吡氧乙酸/22%/乳油/氯氟吡氧乙酸异辛酯 22%/2014.03.27 至 2019.03.27/低毒
水田畦畔 空心莲子草 150-180克/公顷 定向茎叶喷雾
PD20094897 异噁草松/480克/升/乳油/异噁草松 480克/升/2014.04.13 至 2019.04.13/低毒
春大豆田 一年生杂草 1100-1200克/公顷 播后苗前土壤喷雾
PD20095132 毒·辛/20%/乳油/毒死蜱 4%、辛硫磷 16%/2009.04.24 至 2014.04.24/低毒
韭菜 韭蛆 1500-1800克/公顷 灌根
PD20095475 烯草酮/120克/升/乳油/烯草酮 120克/升/2009.05.11 至 2014.05.11/低毒
春大豆田 一年生禾本科杂草 63-72克/公顷 茎叶喷雾
PD20095540 甲哌鎓/250克/升/水剂/甲哌鎓 250克/升/2009.05.12 至 2014.05.12/低毒
棉花 调节生长 45-60克/公顷 喷雾
PD20095584 精噁唑禾草灵/69克/升/水乳剂/精噁唑禾草灵 69克/升/2009.05.12 至 2014.05.12/低毒
冬小麦田 一年生禾本科杂草 51.75-62.1克/公顷 茎叶喷雾
PD20095918 异丙甲草胺/720克/升/乳油/异丙甲草胺 720克/升/2009.06.02 至 2014.06.02/低毒

	春玉米田	一年生禾本科杂草及部分阔叶杂草	1296-1620克/公顷	土壤喷雾
	夏玉米田	一年生禾本科杂草及部分阔叶杂草	972-1296克/公顷	土壤喷雾
PD20096259	苯磺隆/10%/可湿性粉剂/苯磺隆 10%/2009.07.15 至 2014.07.15/低毒			
	小麦田	一年生阔叶杂草	13.5-22.5克/公顷	茎叶喷雾
PD20098031	吡嘧磺隆/10%/可湿性粉剂/吡嘧磺隆 10%/2009.12.07 至 2014.12.07/低毒			
	水稻移栽田	阔叶杂草	15-30克/公顷	毒土法
PD20098063	氟硅唑/400克/升/乳油/氟硅唑 400克/升/2009.12.07 至 2014.12.07/低毒			
	菜豆	白粉病	45-60克/公顷	喷雾
PD20098072	甲氰・噻螨酮/7.5%/乳油/甲氰菊酯 5%、噻螨酮 2.5%/2009.12.08 至 2014.12.08/中等毒			
	柑橘树	红蜘蛛	75-125毫克/千克	喷雾
PD20100337	三唑磷/20%/乳油/三唑磷 20%/2010.01.11 至 2015.01.11/中等毒			
	水稻	二化螟	1500-2250毫升/公顷	喷雾
PD20100891	高氯・马/20%/乳油/高效氯氰菊酯 2%、马拉硫磷 18%/2010.01.19 至 2015.01.19/低毒			
	甘蓝	黄条跳甲	180-260克/公顷	喷雾
PD20101817	阿维・高氯/3%/乳油/阿维菌素 0.2%、高效氯氰菊酯 2.8%/2010.07.19 至 2015.07.19/中等毒(原药高毒)			
	甘蓝	菜青虫、小菜蛾	13.5-27克/公顷	喷雾
PD20102086	甲氨基阿维菌素苯甲酸盐/1%/乳油/甲氨基阿维菌素 1%/2010.11.25 至 2015.11.25/低毒			
	甘蓝	甜菜夜蛾	3-3.75克/公顷	喷雾
	注:甲氨基阿维菌素苯甲酸盐含量:1.14%			
PD20131982	阿维・炔螨特/40%/乳油/阿维菌素 0.3%、炔螨特 39.7%/2013.10.10 至 2018.10.10/低毒(原药高毒)			
	柑橘树	红蜘蛛	200-400毫克/千克	喷雾
PD20132649	辛硫磷/3%/颗粒剂/辛硫磷 3%/2013.12.20 至 2018.12.20/低毒			
	花生	蛴螬	1800-3600克/公顷	沟施

山东省青岛富尔农艺生化有限公司　(山东省青岛市平度市兰底镇　266734　0532-82345678)

PD20083379	阿维菌素/3.2%/乳油/阿维菌素 3.2%/2013.12.11 至 2018.12.11/低毒(原药高毒)			
	菜豆	美洲斑潜蝇	10.8-21.6克/公顷	喷雾
PD20084450	异丙威/20%/乳油/异丙威 20%/2013.12.17 至 2018.12.17/中等毒			
	水稻	稻飞虱	450-600克/公顷	喷雾
PD20085243	辛硫・灭多威/20%/乳油/灭多威 10%、辛硫磷 10%/2013.12.23 至 2018.12.23/高毒			
	棉花	棉蚜	75-150克/公顷	喷雾
	棉花	棉铃虫	100-150克/公顷	喷雾
PD20085629	腈菌唑/12.5%/乳油/腈菌唑 12.5%/2013.12.25 至 2018.12.25/低毒			
	黄瓜	白粉病	30-60克/公顷	喷雾
PD20085873	啶虫脒/5%/乳油/啶虫脒 5%/2013.12.29 至 2018.12.29/低毒			
	黄瓜	蚜虫	18-22.5克/公顷	喷雾
PD20091208	氟乐灵/480克/升/乳油/氟乐灵 480克/升/2009.02.01 至 2014.02.01/低毒			
	棉花田	一年生禾本科杂草及部分小粒种子阔叶杂草	540-1080克/公顷	土壤喷雾
PD20092096	氟铃脲/5%/乳油/氟铃脲 5%/2009.02.16 至 2014.02.16/低毒			
	甘蓝	小菜蛾	45-56.25克/公顷	喷雾
PD20095076	异丙甲草胺/720克/升/乳油/异丙甲草胺 720克/升/2009.04.22 至 2014.04.22/低毒			
	花生田	一年生杂草	1350-1620克/公顷	土壤喷雾
PD20095896	乙草胺/81.5%/乳油/乙草胺 81.5%/2009.05.31 至 2014.05.31/低毒			
	棉花田	一年生杂草	810-1080克/公顷	土壤喷雾
PD20097810	甲基硫菌灵/70%/可湿性粉剂/甲基硫菌灵 70%/2009.11.20 至 2014.11.20/低毒			
	苹果树	轮纹病	650—750毫克/千克	喷雾
PD20098475	吡虫・杀虫单/70%/可湿性粉剂/吡虫啉 2%、杀虫单 68%/2009.12.24 至 2014.12.24/低毒			
	水稻	稻飞虱、稻纵卷叶螟	630-735克/公顷	喷雾
PD20100879	氟铃・辛硫磷/20%/乳油/氟铃脲 2%、辛硫磷 18%/2010.01.19 至 2015.01.19/低毒			
	棉花	棉铃虫	150—225克/公顷	喷雾
PD20101094	高氯・马/20%/乳油/高效氯氰菊酯 1.5%、马拉硫磷 18.5%/2010.01.25 至 2015.01.25/低毒			
	苹果树	桃小食心虫	133-200mg/kg	喷雾
PD20111019	高氯・氟铃脲/5.7%/乳油/氟铃脲 1.9%、高效氯氰菊酯 3.8%/2011.09.30 至 2016.09.30/低毒			
	甘蓝	小菜蛾	42.75-51.3克/公顷	喷雾
PD20111167	哒螨灵/15%/乳油/哒螨灵 15%/2011.11.07 至 2016.11.07/低毒			
	苹果树	红蜘蛛	50-75毫克/千克	喷雾

山东省青岛格力斯药业有限公司　(山东省胶州市惠州路53号　266300　0532-87205913)

PD20085309	高效氯氟氰菊酯/25克/升/乳油/高效氯氟氰菊酯 25克/升/2013.12.23 至 2018.12.23/中等毒			
	十字花科蔬菜	蚜虫	3.75-7.5克/公顷	喷雾
PD20085805	代森锌/80%/可湿性粉剂/代森锌 80%/2013.12.29 至 2018.12.29/低毒			
	番茄	早疫病	2550-3600克/公顷	喷雾
PD20090040	甲基硫菌灵/70%/可湿性粉剂/甲基硫菌灵 70%/2014.01.06 至 2019.01.06/低毒			
	水稻	稻瘟病	1050-1500克/公顷	喷雾

PD20090059 代森锰锌/80%/可湿性粉剂/代森锰锌 80%/2014.01.08 至 2019.01.08/低毒
番茄 早疫病 1560-2520克/公顷 喷雾

PD20091354 井冈霉素/5%/水剂/井冈霉素 5%/2014.02.02 至 2019.02.02/低毒
水稻 纹枯病 150-187.5克/公顷 喷雾

PD20091744 噻嗪·异丙威/25%/可湿性粉剂/噻嗪酮 5%、异丙威 20%/2014.02.04 至 2019.02.04/低毒
水稻 稻飞虱 450-562.5克/公顷 喷雾

PD20091791 多·锰锌/50%/可湿性粉剂/多菌灵 8%、代森锰锌 42%/2009.02.04 至 2014.02.04/低毒
苹果树 斑点落叶病 1000-1250毫克/千克 喷雾

PD20092451 多·福/40%/可湿性粉剂/多菌灵 35%、福美双 5%/2009.02.25 至 2014.02.25/低毒
梨树 黑星病 1000-1500毫克/千克 喷雾

PD20094423 毒死蜱/480克/升/乳油/毒死蜱 480克/升/2009.04.01 至 2014.04.01/中等毒
十字花科蔬菜 菜青虫 360-540克/公顷 喷雾

PD20098540 精喹禾灵/15%/乳油/精喹禾灵 15%/2009.12.25 至 2014.12.25/低毒
大豆田 一年生禾本科杂草 45-78.7克/公顷 茎叶喷雾

PD20110436 丙环唑/50%/微乳剂/丙环唑 50%/2011.04.21 至 2016.04.21/低毒
香蕉 叶斑病 250-500毫克/千克 喷雾

PD20110895 苯醚甲环唑/37%/水分散粒剂/苯醚甲环唑 37%/2011.08.17 至 2016.08.17/低毒
西瓜 炭疽病 77.7—111克/公顷 喷雾

PD20120380 吡虫啉/10%/可湿性粉剂/吡虫啉 10%/2012.02.24 至 2017.02.24/低毒
小麦 蚜虫 15-30克/公顷(南方地区) 喷雾
45-60克/公顷(北方地区)

PD20120525 烯酰吗啉/50%/水分散粒剂/烯酰吗啉 50%/2012.03.28 至 2017.03.28/低毒
黄瓜 霜霉病 225-375克/公顷 喷雾

PD20121185 甲氨基阿维菌素苯甲酸盐/5%/水分散粒剂/甲氨基阿维菌素 5%/2012.08.06 至 2017.08.06/低毒
甘蓝 甜菜夜蛾 2.25-3.75克/公顷 喷雾
注:甲氨基阿维菌素苯甲酸盐含量:5.7%。

PD20132645 甲维·毒死蜱/20%/乳油/毒死蜱 19.5%、甲氨基阿维菌素苯甲酸盐 0.5%/2013.12.20 至 2018.12.20/中等毒
棉花 棉铃虫 300-450克/公顷 喷雾

山东省青岛海贝尔化工有限公司 (山东省青岛市平度市张家坊 266728 0532-82379998)

PD20092843 敌敌畏/50%/乳油/敌敌畏 50%/2009.03.05 至 2014.03.05/中等毒
苹果树 蚜虫 400-500毫克/千克 喷雾

PD20093494 灭多威/20%/乳油/灭多威 20%/2009.03.23 至 2014.03.23/高毒
棉花 棉铃虫 150-225克/公顷 喷雾
棉花 蚜虫 75-150克/公顷 喷雾

PD20094298 三唑锡/25%/可湿性粉剂/三唑锡 25%/2009.03.31 至 2014.03.31/低毒
柑橘树 红蜘蛛 125～175毫克/千克 喷雾

PD20094410 三唑锡/20%/悬浮剂/三唑锡 20%/2009.04.01 至 2014.04.01/低毒
苹果树 红蜘蛛 100-200毫克/千克 喷雾

PD20094528 福·克/20%/悬浮种衣剂/福美双 10%、克百威 10%/2009.04.09 至 2014.04.09/中等毒(原药高毒)
玉米 地下害虫、黑粉病 1:50(药种比) 种子包衣

PD20094664 高效氯氟氰菊酯/25克/升/乳油/高效氯氟氰菊酯 25克/升/2009.04.10 至 2014.04.10/中等毒
苹果树 桃小食心虫 5-6.3毫克/千克 喷雾

PD20095793 精喹禾灵/50克/升/乳油/精喹禾灵 50克/升/2009.05.27 至 2014.05.27/低毒
大豆田 一年生禾本科杂草 45-60克/公顷 茎叶喷雾

PD20097717 多抗霉素/1.5%/可湿性粉剂/多抗霉素 1.5%/2009.11.04 至 2014.11.04/低毒
黄瓜 霜霉病 160—270克/公顷 喷雾

PD20100228 阿维菌素/18克/升/乳油/阿维菌素 18克/升/2010.01.11 至 2015.01.11/低毒(原药高毒)
甘蓝 小菜蛾 9.45-13.5克/公顷 喷雾

PD20101010 烟嘧磺隆/40克/升/可分散油悬浮剂/烟嘧磺隆 40克/升/2010.01.20 至 2015.01.20/低毒
玉米田 一年生杂草 1125-1500克制剂/公顷 茎叶喷雾

PD20101081 矮壮素/50%/水剂/矮壮素 50%/2010.01.25 至 2015.01.25/低毒
棉花 调节生长 8000-10000倍液 喷雾

PD20102084 草甘膦异丙胺盐/30%/水剂/草甘膦 30%/2010.11.25 至 2015.11.25/低毒
柑橘园 杂草 200-400毫升制剂/亩 定向茎叶喷雾
注:草甘膦异丙胺盐含量:41%

山东省青岛好利特生物农药有限公司 (山东省莱西市马连庄 266617 0532-85432888)

PD20083352 甲氰·辛硫磷/25%/乳油/甲氰菊酯 5%、辛硫磷 20%/2013.12.11 至 2018.12.11/低毒
棉花 棉铃虫 225-375克/公顷 喷雾

PD20083832 联苯菊酯/25克/升/乳油/联苯菊酯 25克/升/2013.12.15 至 2018.12.15/低毒
番茄 白粉虱 7.5-15克/公顷 喷雾

PD20083861 多·锰锌/50%/可湿性粉剂/多菌灵 8%、代森锰锌 42%/2013.12.15 至 2018.12.15/低毒
苹果树 斑点落叶病 400-500倍液 喷雾

PD20083903 高氯·马/20%/乳油/高效氯氰菊酯 1.5%、马拉硫磷 18.5%/2013.12.15 至 2018.12.15/低毒

	苹果树	桃小食心虫	133-200毫克/千克	喷雾
PD20083943	高氯·辛硫磷/20%/乳油/高效氯氰菊酯 1%、辛硫磷 19%/2013.12.15 至 2018.12.15/低毒			
	甘蓝	菜青虫	90-150克/公顷	喷雾
PD20083950	代森锰锌/80%/可湿性粉剂/代森锰锌 80%/2013.12.15 至 2018.12.15/低毒			
	番茄	早疫病	1845—2370克/公顷	喷雾
PD20084203	敌百·辛硫磷/50%/乳油/敌百虫 25%、辛硫磷 25%/2013.12.16 至 2018.12.16/中等毒			
	十字花科蔬菜	菜青虫	450-600克/公顷	喷雾
PD20084479	硫磺·三唑酮/20%/可湿性粉剂/硫磺 10%、三唑酮 10%/2013.12.17 至 2018.12.17/低毒			
	小麦	白粉病	150-225克/公顷	喷雾
PD20084841	苏云金杆菌/16000IU/毫克/可湿性粉剂/苏云金杆菌 16000IU/毫克/2013.12.22 至 2018.12.22/低毒			
	茶树	茶毛虫	800-1600倍液	喷雾
	棉花	二代棉铃虫	1500-2250克制剂/公顷	喷雾
	森林	松毛虫	1200-1600倍液	喷雾
	十字花科蔬菜	小菜蛾	750-1125克制剂/公顷	喷雾
	十字花科蔬菜	菜青虫	375-750克制剂/公顷	喷雾
	水稻	稻纵卷叶螟	1500-2250克制剂/公顷	喷雾
	烟草	烟青虫	750-1500克制剂/公顷	喷雾
	玉米	玉米螟	750-1500克制剂/公顷	加细沙灌心
	枣树	尺蠖	1200-1600倍液	喷雾
PD20084927	多·福/40%/可湿性粉剂/多菌灵 5%、福美双 35%/2013.12.22 至 2018.12.22/低毒			
	梨树	黑星病	1000-1250毫克/千克	喷雾
	葡萄	霜霉病	1000-1250毫克/千克	喷雾
PD20085002	啶虫脒/5%/乳油/啶虫脒 5%/2013.12.22 至 2018.12.22/低毒			
	柑橘树	蚜虫	6-10毫克/千克	喷雾
PD20085023	苏云金杆菌/8000IU/毫克/可湿性粉剂/苏云金杆菌 8000IU/毫克/2008.12.22 至 2013.12.22/低毒			
	茶树	茶毛虫	400-800倍液	喷雾
	棉花	二代棉铃虫	3000-4500克制剂/公顷	喷雾
	森林	松毛虫	600-800倍液	喷雾
	十字花科蔬菜	菜青虫	750-1500克制剂/公顷	喷雾
	十字花科蔬菜	小菜蛾	1500-2250克制剂/公顷	喷雾
	水稻	稻纵卷叶螟	3000-4500克制剂/公顷	喷雾
	烟草	烟青虫	1500-3000克制剂/公顷	喷雾
	玉米	玉米螟	1500-3000克制剂/公顷	拌细沙灌心
	枣树	尺蠖	600-800倍液	喷雾
PD20085209	吡虫啉/10%/可湿性粉剂/吡虫啉 10%/2013.12.23 至 2018.12.23/低毒			
	水稻	稻飞虱	15-30克/公顷	喷雾
	小麦	蚜虫	15-30克/公顷（南方） 45-60克/公顷（北方）	喷雾
PD20085545	三唑磷/20%/乳油/三唑磷 20%/2013.12.25 至 2018.12.25/低毒			
	水稻	二化螟	300-450克/公顷	喷雾
PD20091068	阿维·甲氰/1.8%/乳油/阿维菌素 0.1%、甲氰菊酯 1.7%/2014.01.21 至 2019.01.21/低毒(原药高毒)			
	苹果树	红蜘蛛	12-18毫克/千克	喷雾
PD20092128	烯酰·锰锌/69%/可湿性粉剂/代森锰锌 60%、烯酰吗啉 9%/2014.02.23 至 2019.02.23/低毒			
	黄瓜	霜霉病	1035-1380克/公顷	喷雾
PD20093015	阿维·敌敌畏/40%/乳油/阿维菌素 0.3%、敌敌畏 39.7%/2014.03.09 至 2019.03.09/中等毒(原药高毒)			
	黄瓜	美洲斑潜蝇	360-450克/公顷	喷雾
PD20095546	氟铃·辛硫磷/20%/乳油/氟铃脲 2%、辛硫磷 18%/2009.05.12 至 2014.05.12/低毒			
	棉花	棉铃虫	150-300克/公顷	喷雾
PD20096040	氧氟·甲戊灵/20%/乳油/二甲戊灵 17.5%、乙氧氟草醚 2.5%/2009.06.15 至 2014.06.15/低毒			
	姜	一年生杂草	390-540克/公顷	土壤喷雾
PD20096127	高效氯氰菊酯/4.5%/乳油/高效氯氰菊酯 4.5%/2009.06.19 至 2014.06.19/低毒			
	甘蓝	菜青虫	600-900毫升制剂/公顷	喷雾
PD20096898	哒螨灵/20%/可湿性粉剂/哒螨灵 20%/2009.09.23 至 2014.09.23/低毒			
	苹果树	红蜘蛛	50-67毫克/千克	喷雾
PD20097200	毒死蜱/97%/原药/毒死蜱 97%/2009.10.19 至 2014.10.19/中等毒			
PD20097630	吡虫啉/95%/原药/吡虫啉 95%/2009.11.03 至 2014.11.03/低毒			
PD20098082	福美双/50%/可湿性粉剂/福美双 50%/2009.12.08 至 2014.12.08/低毒			
	水稻	稻瘟病	200—250克/100千克种子	拌种
PD20100203	福·福锌/80%/可湿性粉剂/福美双 30%、福美锌 50%/2010.01.05 至 2015.01.05/低毒			
	苹果树	炭疽病	1333—1600毫克/千克	喷雾
PD20100344	敌畏·毒死蜱/35%/乳油/敌敌畏 30%、毒死蜱 5%/2010.01.11 至 2015.01.11/中等毒			
	水稻	稻纵卷叶螟	420-525克/公顷	喷雾
PD20100822	硫磺·三环唑/45%/可湿性粉剂/硫磺 40%、三环唑 5%/2010.01.20 至 2015.01.20/低毒			

	水稻	稻瘟病	1012.5-1215克/公顷	喷雾
PD20101018	辛硫·矿物油/40%/乳油/矿物油 20%、辛硫磷 20%/2010.01.20 至 2015.01.20/低毒			
	棉花	棉铃虫	600-900克/公顷	喷雾
PD20110556	阿维·矿物油/24.5%/乳油/阿维菌素 0.2%、矿物油 24.3%/2011.05.20 至 2016.05.20/低毒(原药高毒)			
	柑橘树	红蜘蛛	123-245毫克/千克	喷雾
PD20110912	甲氨基阿维菌素苯甲酸盐/5%/水分散粒剂/甲氨基阿维菌素 5%/2011.08.22 至 2016.08.22/低毒			
	甘蓝	甜菜夜蛾	2.25-3.75克/公顷	喷雾
	注:甲氨基阿维菌素苯甲酸盐含量:5.7%。			
PD20121195	阿维·哒螨灵/10.5%/乳油/阿维菌素 0.3%、哒螨灵 10.2%/2012.08.06 至 2017.08.06/中等毒(原药高毒)			
	柑橘树	红蜘蛛	35-52.5毫克/千克	喷雾
PD20121707	炔螨·矿物油/73%/乳油/矿物油 33%、炔螨特 40%/2012.11.05 至 2017.11.05/低毒			
	柑橘树	红蜘蛛	243-365毫克/千克	喷雾
PD20130255	阿维·毒死蜱/15%/乳油/阿维菌素 0.1%、毒死蜱 14.9%/2013.02.06 至 2018.02.06/中等毒(原药高毒)			
	水稻	稻纵卷叶螟	180-225克/公顷	喷雾

山东省青岛金尔农化研制开发有限公司 (青岛市胶州市经济技术开发区胶州湾工业园 266300 0532-87219838)

PD20083656	苯磺隆/10%/可湿性粉剂/苯磺隆 10%/2013.12.16 至 2018.12.16/低毒			
	冬小麦田	一年生阔叶杂草	13.5-22.5克/公顷	茎叶喷雾
PD20095830	氟磺胺草醚/250克/升/水剂/氟磺胺草醚 250克/升/2009.06.11 至 2014.06.11/低毒			
	夏大豆田	一年生阔叶杂草	150-225克/公顷	茎叶喷雾
PD20095917	精喹禾灵/10.8%/乳油/精喹禾灵 10.8%/2009.06.02 至 2014.06.02/低毒			
	夏大豆田	一年生禾本科杂草	48.6-64.8克/公顷	茎叶喷雾
PD20096166	乙草胺/81.5%/乳油/乙草胺 81.5%/2009.06.24 至 2014.06.24/低毒			
	夏玉米田	一年生杂草	810-1350克/公顷	土壤喷雾
PD20096313	高效氯氟氰菊酯/25克/升/乳油/高效氯氟氰菊酯 25克/升/2009.07.22 至 2014.07.22/中等毒			
	甘蓝	菜青虫	9.375-18.75克/公顷	喷雾
PD20096611	精噁唑禾草灵/69克/升/水乳剂/精噁唑禾草灵 69克/升/2009.09.02 至 2014.09.02/低毒			
	冬小麦田	一年生禾本科杂草	41.4-51.75克/公顷	茎叶喷雾
PD20096886	百草枯/200克/升/水剂/百草枯 200克/升/2012.12.31 至 2014.07.01/中等毒			
	玉米田	杂草	450-600克/公顷	行间定向茎叶喷雾
PD20096891	2甲4氯钠/56%/可溶粉剂/2甲4氯钠 56%/2009.09.23 至 2014.09.23/低毒			
	夏玉米田	一年生阔叶杂草	900-1200克/公顷	茎叶喷雾
PD20096907	毒·辛/40%/乳油/毒死蜱 10%、辛硫磷 30%/2009.09.23 至 2014.09.23/低毒			
	棉花田	棉铃虫	975-1800毫升制剂/公顷	喷雾
PD20096936	甲基硫菌灵/500克/升/悬浮剂/甲基硫菌灵 500克/升/2009.09.29 至 2014.09.29/低毒			
	水稻	纹枯病	750-1125克/公顷	喷雾
PD20097725	二甲戊灵/330克/升/乳油/二甲戊灵 330克/升/2009.11.04 至 2014.11.04/低毒			
	甘蓝田	一年生杂草	618.75-742.5克/公顷	移栽前土壤喷雾
PD20097771	莠去津/38%/悬浮剂/莠去津 38%/2009.11.12 至 2014.11.12/低毒			
	夏玉米田	一年生杂草	540-600克/公顷	茎叶喷雾
PD20097902	烟嘧磺隆/40克/升/可分散油悬浮剂/烟嘧磺隆 40克/升/2009.11.30 至 2014.11.30/低毒			
	玉米田	一年生杂草	48-60克/公顷	茎叶喷雾
PD20098032	烯草酮/120克/升/乳油/烯草酮 120克/升/2009.12.07 至 2014.12.07/低毒			
	冬油菜田	一年生禾本科杂草	54-72克/公顷	茎叶喷雾
PD20098218	炔螨特/57%/乳油/炔螨特 57%/2009.12.16 至 2014.12.16/低毒			
	棉花	红蜘蛛	273.75-383.25克/公顷	喷雾
PD20098224	丙环唑/250克/升/乳油/丙环唑 250克/升/2009.12.16 至 2014.12.16/低毒			
	小麦	白粉病	124.5－140克/公顷	喷雾
PD20100076	稻瘟灵/40%/乳油/稻瘟灵 40%/2010.01.04 至 2015.01.04/低毒			
	水稻	稻瘟病	500－600克/公顷	喷雾
PD20100288	复硝酚钠/1.8%/水剂/5-硝基邻甲氧基苯酚钠 0.3%、对硝基苯酚钠 0.9%、邻硝基苯酚钠 0.6%/2010.01.11 至2015.01.11/低毒			
	棉花	调节生长	6-9毫克/千克	茎叶喷雾
PD20100528	异丙甲草胺/720克/升/乳油/异丙甲草胺 720克/升/2010.01.14 至 2015.01.14/低毒			
	花生田	一年生禾本科杂草及部分阔叶杂草	1080-1620克/公顷	土壤喷雾
	西瓜田	一年生禾本科杂草及部分小粒种子阔叶杂草	810-1620克/公顷	土壤喷雾
PD20100643	氯氟吡氧乙酸/200克/升/乳油/氯氟吡氧乙酸 200克/升/2010.01.15 至 2015.01.15/低毒			
	冬小麦田	一年生阔叶杂草	150-199.5克/公顷	茎叶喷雾
PD20100693	烯禾啶/20%/乳油/烯禾啶 20%/2010.01.16 至 2015.01.16/低毒			
	棉花田	一年生禾本科杂草	240-360克/公顷	茎叶喷雾
PD20100793	乙·莠/40%/悬乳剂/乙草胺 15%、莠去津 25%/2010.01.19 至 2015.01.19/低毒			
	夏玉米田	一年生杂草	1200-1500克/公顷	播后苗前土壤喷雾
PD20100829	乙草胺/50%/乳油/乙草胺 50%/2010.01.19 至 2015.01.19/低毒			

夏玉米田　一年生禾本科杂草及部分阔叶杂草　900-1125克/公顷　播后苗前土壤喷雾
PD20100840　代森锰锌/80%/可湿性粉剂/代森锰锌 80%/2010.01.19 至 2015.01.19/低毒
苹果树　斑点落叶病　1000-1333毫克/千克　喷雾
PD20100922　甲氰菊酯/20%/乳油/甲氰菊酯 20%/2010.01.19 至 2015.01.19/中等毒
甘蓝　菜青虫　75-105克/公顷　喷雾
PD20100972　异丙草·莠/40%/悬乳剂/异丙草胺 24%、莠去津 16%/2010.01.19 至 2015.01.19/低毒
夏玉米田　一年生杂草　170-250毫升制剂/亩　播后苗前土壤喷雾
PD20101041　2甲4氯钠/13%/水剂/2甲4氯钠 13%/2010.01.21 至 2015.01.21/低毒
移栽水稻田　一年生阔叶杂草　345-460克制剂/亩　茎叶喷雾
PD20101325　乙草胺/89%/乳油/乙草胺 89%/2010.03.17 至 2015.03.17/低毒
春大豆田　一年生杂草　1485-1930.5克/公顷　播后苗前土壤喷雾
PD20101823　精噁唑禾草灵/10%/乳油/精噁唑禾草灵 10%/2010.07.28 至 2015.07.28/低毒
冬小麦田　一年生禾本科杂草　45-60克/公顷　茎叶喷雾
PD20102197　甲氨基阿维菌素苯甲酸盐/2%/微乳剂/甲氨基阿维菌素 2%/2010.12.16 至 2015.12.16/低毒
甘蓝　小菜蛾　1.3-1.96克/公顷　喷雾
注:甲氨基阿维菌素苯甲酸盐含量:2.3%。
PD20110355　甲氨基阿维菌素苯甲酸盐/1%/微乳剂/甲氨基阿维菌素 1%/2011.03.24 至 2016.03.24/低毒
甘蓝　小菜蛾　2.25-3.0克/公顷　喷雾
注:甲氨基阿维菌素苯甲酸盐含量:1.14%。
PD20110447　莠去津/48%/可湿性粉剂/莠去津 48%/2011.04.08 至 2016.04.08/低毒
春玉米田　一年生杂草　2160-2880克/公顷　播后苗前土壤喷雾
PD20111384　苄嘧磺隆/30%/可湿性粉剂/苄嘧磺隆 30%/2011.12.14 至 2016.12.14/低毒
移栽水稻田　一年生阔叶杂草　60-90克/公顷　毒土法
PD20120195　乙羧氟草醚/10%/乳油/乙羧氟草醚 10%/2012.01.30 至 2017.01.30/低毒
夏大豆田　一年生阔叶杂草　60-90克/公顷　茎叶喷雾
PD20121406　烯酰吗啉/50%/可湿性粉剂/烯酰吗啉 50%/2012.09.19 至 2017.09.19/低毒
黄瓜　霜霉病　225－300克/公顷　喷雾
PD20130501　高效氯氟氰菊酯/2.5%/微乳剂/高效氯氟氰菊酯 2.5%/2013.03.26 至 2018.03.26/中等毒
甘蓝　菜青虫　7.5-11.25克/公顷　喷雾
PD20130512　阿维·高氯/1.8%/微乳剂/阿维菌素 0.6%、高效氯氰菊酯 1.2%/2013.03.27 至 2018.03.27/低毒(原药高毒)
甘蓝　小菜蛾　12.15-16.2克/公顷　喷雾
PD20130513　阿维菌素/5%/乳油/阿维菌素 5%/2013.03.27 至 2018.03.27/中等毒(原药高毒)
甘蓝　小菜蛾　9-12.6克/公顷　喷雾
PD20130539　精吡氟禾草灵/150克/升/乳油/精吡氟禾草灵 150克/升/2013.04.01 至 2018.04.01/低毒
冬油菜田　一年生禾本科杂草　135-157.5克/公顷　茎叶喷雾
PD20130540　高效氟吡甲禾灵/108克/升/乳油/高效氟吡甲禾灵 108克/升/2013.04.01 至 2018.04.01/低毒
冬油菜田　一年生禾本科杂草　30-45克/公顷　茎叶喷雾
PD20130573　松·喹·氟磺胺/18%/乳油/氟磺胺草醚 5.5%、精喹禾灵 1.5%、异噁草松 11%/2013.04.02 至 2018.04.02/低毒
春大豆田　一年生杂草　486-540克/公顷　茎叶喷雾
PD20130588　甲氨基阿维菌素苯甲酸盐/5.7%/水分散粒剂/甲氨基阿维菌素 5%/2013.04.02 至 2018.04.02/低毒
甘蓝　小菜蛾　1.5-3克/公顷　喷雾
注:甲氨基阿维菌素苯甲酸盐含量:5.7%。
PD20130591　戊唑醇/430克/升/悬浮剂/戊唑醇 430克/升/2013.04.02 至 2018.04.02/低毒
苹果树　斑点落叶病　71.7-86毫克/千克　喷雾
PD20130592　氰氟草酯/10%/乳油/氰氟草酯 10%/2013.04.02 至 2018.04.02/低毒
水稻田(直播)　一年生禾本科杂草　75-105克/公顷　茎叶喷雾
PD20130598　烟嘧磺隆/6%/可分散油悬浮剂/烟嘧磺隆 6%/2013.04.02 至 2018.04.02/低毒
玉米田　一年生杂草　40.5-58.5克/公顷　茎叶喷雾
PD20130599　烟嘧磺隆/8%/可分散油悬浮剂/烟嘧磺隆 8%/2013.04.02 至 2018.04.02/低毒
夏玉米田　一年生杂草　48-60克/公顷　茎叶喷雾
PD20130832　草除灵/500克/升/悬浮剂/草除灵 500克/升/2013.04.22 至 2018.04.22/低毒
冬油菜田　一年生阔叶杂草　200-225克/公顷　喷雾
PD20130946　毒死蜱/45%/乳油/毒死蜱 45%/2013.05.02 至 2018.05.02/低毒
水稻　稻纵卷叶螟　600-900克/公顷　喷雾
PD20131019　烟嘧磺隆/75%/水分散粒剂/烟嘧磺隆 75%/2013.05.13 至 2018.05.13/低毒
玉米田　一年生杂草　40-60克/公顷　茎叶喷雾
PD20131023　氯吡·苯磺隆/20%/可湿性粉剂/苯磺隆 2.7%、氯氟吡氧乙酸 17.3%/2013.05.13 至 2018.05.13/低毒
冬小麦田　一年生阔叶杂草　90-120克/公顷　茎叶喷雾
PD20131589　烟嘧·莠去津/22%/可分散油悬浮剂/烟嘧磺隆 2%、莠去津 20%/2013.07.29 至 2018.07.29/低毒
玉米田　一年生杂草　492-528克/公顷　茎叶喷雾
PD20131635　草铵膦/200克/升/水剂/草铵膦 200克/升/2013.07.30 至 2018.07.30/低毒
柑橘园　杂草　1050-1750克/公顷　定向茎叶喷雾
PD20131744　烯草酮/240克/升/乳油/烯草酮 240克/升/2013.08.16 至 2018.08.16/低毒

春大豆田 一年生禾本科杂草 90-108克/公顷 茎叶喷雾
PD20131806 毒死蜱/30%/微囊悬浮剂/毒死蜱 30%/2013.09.16 至 2018.09.16/中等毒
花生 蛴螬 1575-2250克/公顷 灌根
PD20131808 甲·灭·敌草隆/72%/可湿性粉剂/敌草隆 5%、2甲4氯 8%、莠灭净 59%/2013.09.16 至 2018.09.16/低毒
甘蔗田 一年生杂草 1620-2160克/公顷 定向茎叶喷雾
PD20132099 炔草酯/15%/可湿性粉剂/炔草酯 15%/2013.10.24 至 2018.10.24/低毒
小麦田 一年生禾本科杂草 56.25-67.5克/公顷 茎叶喷雾
PD20132109 醚菌酯/30%/悬浮剂/醚菌酯 30%/2013.10.24 至 2018.10.24/低毒
小麦 锈病 225-315克/公顷 喷雾
PD20132181 烟嘧·莠去津/52%/可湿性粉剂/烟嘧磺隆 4%、莠去津 48%/2013.10.29 至 2018.10.29/低毒
玉米田 一年生杂草 682.5-780克/公顷 茎叶喷雾
PD20132245 砜嘧磺隆/25%/水分散粒剂/砜嘧磺隆 25%/2013.11.05 至 2018.11.05/低毒
烟草田 一年生杂草 18.75-22.5克/公顷 定向茎叶喷雾
LS20120404 烟嘧·莠去津/25%/可分散油悬浮剂/烟嘧磺隆 2.5%、莠去津 22.5%/2013.12.14 至 2014.12.14/低毒
玉米田 一年生杂草 375-450克/公顷 茎叶喷雾
LS20130284 硝磺草酮/15%/悬浮剂/硝磺草酮 15%/2013.05.07 至 2014.05.07/低毒
玉米田 一年生杂草 112.5-146.25克/公顷 茎叶喷雾

山东省青岛金汇丰化学有限公司 （山东省青岛市开发区汇丰化学实验厂长江西路 266555 0532-86721178）

WP20110012 杀虫气雾剂/0.43%/气雾剂/胺菊酯 0.28%、氯菊酯 0.15%/2011.01.04 至 2016.01.04/微毒
卫生 蚊、蝇 / 喷雾

山东省青岛金正农药有限公司 （山东省青岛市莱西市望城办事处挲止头村东 266601 0532-88481368）

PD20083366 苏云金杆菌/16000IU/毫克/可湿性粉剂/苏云金杆菌 16000IU/毫克/2013.12.11 至 2018.12.11/低毒
茶树 茶毛虫 800-1600倍液 喷雾
棉花 二代棉铃虫 1500-2250克制剂/公顷 喷雾
森林 松毛虫 1200-1600倍液 喷雾
十字花科蔬菜 小菜蛾 750-1125克制剂/公顷 喷雾
十字花科蔬菜 菜青虫 375-750克制剂/公顷 喷雾
水稻 稻纵卷叶螟 1500-2250克制剂/公顷 喷雾
烟草 烟青虫 750-1500克制剂/公顷 喷雾
玉米 玉米螟 750-1500克制剂/公顷 加细沙灌心
枣树 枣尺蠖 1200-1600倍液 喷雾
PD20084000 多·锰锌/50%/可湿性粉剂/多菌灵 8%、代森锰锌 42%/2013.12.16 至 2018.12.16/低毒
苹果树 斑点落叶病 1000-1250毫克/千克 喷雾
PD20084171 高氯·马/20%/乳油/高效氯氰菊酯 1.5%、马拉硫磷 18.5%/2013.12.16 至 2018.12.16/低毒
苹果 桃小食心虫 133-200毫克/千克 喷雾
PD20084463 乙酰甲胺磷/20%/乳油/乙酰甲胺磷 20%/2013.12.17 至 2018.12.17/低毒
十字花科蔬菜 菜青虫 450-540克/公顷 喷雾
PD20084571 福美双/50%/可湿性粉剂/福美双 50%/2013.12.18 至 2018.12.18/低毒
葡萄 白腐病 500-1000毫克/千克 喷雾
PD20084655 多·福/50%/可湿性粉剂/多菌灵 25%、福美双 25%/2013.12.22 至 2018.12.22/低毒
梨树 黑星病 833.3-1250毫克/千克 喷雾
PD20084745 代森锰锌/70%/可湿性粉剂/代森锰锌 70%/2013.12.22 至 2018.12.22/低毒
番茄 早疫病 1845-2370克/公顷 喷雾
PD20086240 三唑磷/20%/乳油/三唑磷 20%/2013.12.31 至 2018.12.31/低毒
水稻 二化螟 300-450克/公顷 喷雾
PD20086263 联苯菊酯/25克/升/乳油/联苯菊酯 25克/升/2013.12.31 至 2018.12.31/低毒
茶树 茶小绿叶蝉 30-37.5克/公顷 喷雾
PD20090215 烯酰·锰锌/69%/可湿性粉剂/代森锰锌 60%、烯酰吗啉 9%/2014.01.09 至 2019.01.09/低毒
黄瓜 霜霉病 1035-1380克/公顷 喷雾
PD20090516 高效氯氟氰菊酯/25克/升/乳油/高效氯氟氰菊酯 25克/升/2014.01.12 至 2019.01.12/中等毒
十字花科蔬菜 蚜虫 6-9克/公顷 喷雾
PD20093879 啶虫脒/3%/乳油/啶虫脒 3%/2009.03.25 至 2014.03.25/低毒
柑橘树 蚜虫 6-10毫克/千克 喷雾
PD20093888 二甲戊灵/20%/悬浮剂/二甲戊灵 20%/2014.03.25 至 2019.03.25/低毒
甘蓝田 一年生杂草 600-750克/公顷 土壤喷雾
PD20094041 哒螨灵/20%/可湿性粉剂/哒螨灵 20%/2014.03.27 至 2019.03.27/低毒
苹果树 红蜘蛛 50-100毫克/千克 喷雾
PD20094263 多·福/40%/可湿性粉剂/多菌灵 5%、福美双 35%/2014.03.31 至 2019.03.31/低毒
葡萄 霜霉病 1000-1250毫克/千克 喷雾
PD20094411 甲氰·辛硫磷/25%/乳油/甲氰菊酯 5%、辛硫磷 20%/2014.04.01 至 2019.04.01/中等毒
棉花 棉铃虫 225-345克/公顷 喷雾
PD20095100 百草枯/200克/升/水剂/百草枯 200克/升/2012.12.31 至 2014.07.01/中等毒
非耕地 一年生和多年生杂草 600-750克/公顷 定向茎叶喷雾

PD20095168 异丙草·莠/40%/悬乳剂/异丙草胺 24%、莠去津 16%/2014.04.24 至 2019.04.24/低毒
夏玉米田 一年生杂草 1200-1500克/公顷 土壤喷雾
PD20095553 吡虫啉/10%/可湿性粉剂/吡虫啉 10%/2009.05.12 至 2014.05.12/低毒
水稻 稻飞虱 11.25-22.5克/公顷 喷雾
PD20096433 高效氯氰菊酯/4.5%/乳油/高效氯氰菊酯 4.5%/2009.08.05 至 2014.08.05/低毒
梨树 梨木虱 16.7-25毫克/千克 喷雾
PD20100081 阿维·高氯/1.8%/乳油/阿维菌素 0.3%、高效氯氰菊酯 1.5%/2010.01.04 至 2015.01.04/低毒(原药高毒)
甘蓝 菜青虫、小菜蛾 7.5-15克/公顷 喷雾
黄瓜 美洲斑潜蝇 15-30克/公顷 喷雾
黄瓜(保护地) 美洲斑潜蝇 16.2-21.6克/公顷 喷雾
PD20100108 吗胍·乙酸铜/20%/可湿性粉剂/盐酸吗啉胍 16%、乙酸铜 4%/2010.01.04 至 2015.01.04/低毒
番茄 病毒病 500-750克/公顷 喷雾
PD20110548 辛硫·矿物油/40%/乳油/矿物油 20%、辛硫磷 20%/2011.05.12 至 2016.05.12/低毒
棉花 棉铃虫 720-900克/公顷 喷雾
PD20110943 炔螨·矿物油/73%/乳油/矿物油 33%、炔螨特 40%/2011.09.07 至 2016.09.07/低毒
柑橘树 红蜘蛛 243-365克/公顷 喷雾

山东省青岛凯源祥化工有限公司 (山东省青岛莱西市水集沽河工业园 266600 0532-66961562)

PD20070575 吡虫啉/95%/原药/吡虫啉 95%/2012.12.03 至 2017.12.03/低毒
PD20080913 高效氯氟氰菊酯/96%/原药/高效氯氟氰菊酯 96%/2013.07.14 至 2018.07.14/中等毒
PD20082289 稻瘟灵/40%/可湿性粉剂/稻瘟灵 40%/2013.12.01 至 2018.12.01/低毒
水稻 稻瘟病 400-600克/公顷 喷雾
PD20082636 甲氰·噻螨酮/7.5%/乳油/甲氰菊酯 5%、噻螨酮 2.5%/2013.12.04 至 2018.12.04/低毒
柑橘树 红蜘蛛 75-100毫克/千克 喷雾
PD20082641 霜霉威/722克/升/水剂/霜霉威 722克/升/2013.12.04 至 2018.12.04/低毒
黄瓜 霜霉病 650-1083克/公顷 喷雾
PD20082834 丙环唑/250克/升/乳油/丙环唑 250克/升/2013.12.09 至 2018.12.09/低毒
香蕉树 叶斑病 250-500毫克/千克 喷雾
PD20084219 杀螟丹/50%/可溶粉剂/杀螟丹 50%/2013.12.17 至 2018.12.17/中等毒
水稻 二化螟 525-750克/公顷 喷雾
PD20090574 噻嗪酮/25%/可湿性粉剂/噻嗪酮 25%/2014.01.14 至 2019.01.14/低毒
水稻 稻飞虱 93.75-112.5克/公顷 喷雾
PD20091139 甲基硫菌灵/70%/可湿性粉剂/甲基硫菌灵 70%/2014.01.21 至 2019.01.21/低毒
番茄 叶霉病 375-562.5克/公顷 喷雾
PD20091845 百菌清/40%/悬浮剂/百菌清 40%/2009.02.06 至 2014.02.06/低毒
番茄 早疫病 750-1050克/公顷 喷雾
PD20093981 啶虫脒/10%/乳油/啶虫脒 10%/2009.03.27 至 2014.03.27/低毒
柑橘树 蚜虫 12.5-22.5毫克/千克 喷雾
PD20096275 甲氨基阿维菌素苯甲酸盐/83.6%/原药/甲氨基阿维菌素 83.6%/2009.07.22 至 2014.07.22/中等毒
注:甲氨基阿维菌素苯甲酸盐含量：95%。
PD20097609 甲氨基阿维菌素苯甲酸盐(5.7%)////水分散粒剂/甲氨基阿维菌素 5%/2009.11.03 至 2014.11.03/中等毒
甘蓝 甜菜夜蛾 2.25-3.375克/公顷 喷雾
PD20097909 啶虫脒/99%/原药/啶虫脒 99%/2009.11.30 至 2014.11.30/中等毒
PD20098477 双甲脒/200克/升/乳油/双甲脒 200克/升/2009.12.24 至 2014.12.24/低毒
柑橘树 介壳虫 100-200毫克/千克 喷雾
PD20101068 代森锌/65%/可湿性粉剂/代森锌 65%/2010.01.21 至 2015.01.21/低毒
番茄 早疫病 1500—2025克/公顷 喷雾
PD20101295 吡虫啉/25%/可湿性粉剂/吡虫啉 25%/2010.03.10 至 2015.03.10/低毒
水稻 稻飞虱 15-30克/公顷 喷雾
PD20101649 氟虫腈/95%/原药/氟虫腈 95%/2010.06.03 至 2015.06.03/中等毒
PD20101653 唑螨酯/5%/悬浮剂/唑螨酯 5%/2010.06.03 至 2015.06.03/低毒
柑橘树 红蜘蛛 25-50毫克/千克 喷雾
PD20110964 氟虫腈/50克/升/悬浮剂/氟虫腈 50克/升/2011.09.08 至 2016.09.08/低毒
注:专供出口，不得在国内销售。
PD20121445 吡虫啉/70%/种子处理可分散粉剂/吡虫啉 70%/2012.10.08 至 2017.10.08/低毒
玉米 蚜虫 420-490克/100千克种子 拌种
PD20121470 戊唑醇/250克/升/水乳剂/戊唑醇 250克/升/2012.10.08 至 2017.10.08/低毒
香蕉 叶斑病 167-250毫克/千克 喷雾
PD20121560 高效氯氟氰菊酯/2.5%/微乳剂/高效氯氟氰菊酯 2.5%/2012.10.25 至 2017.10.25/中等毒
小白菜 菜青虫 11.25-15克/公顷 喷雾
PD20121718 吡虫啉/30%/微乳剂/吡虫啉 30%/2012.11.08 至 2017.11.08/低毒
水稻 稻飞虱 24-30克/公顷 喷雾
PD20121827 矿物油/99%/乳油/矿物油 99%/2012.11.22 至 2017.11.22/低毒
柑橘树 红蜘蛛 4400-6600毫克/千克 喷雾

PD20122085 草甘膦/65%/可溶粉剂/草甘膦 65%/2012.12.24 至 2017.12.24/低毒
苹果园 一年生杂草 1575-2250克/公顷 定向茎叶喷雾
注:草甘膦铵盐含量:71.5%。

PD20130094 丙环唑/95%/原药/丙环唑 95%/2013.01.17 至 2018.01.17/低毒

PD20130805 氟虫腈/5%/悬浮种衣剂/氟虫腈 5%/2013.04.22 至 2018.04.22/低毒
玉米 蛴螬 100-200克/100千克种子 拌种

PD20131684 苯醚甲环唑/95%/原药/苯醚甲环唑 95%/2013.08.07 至 2018.08.07/低毒

PD20132129 噻虫嗪/25%/水分散粒剂/噻虫嗪 25%/2013.10.24 至 2018.10.24/低毒
水稻 稻飞虱 7.5-15克/公顷 喷雾

PD20132176 噻嗪·毒死蜱/42%/乳油/毒死蜱 28%、噻嗪酮 14%/2013.10.29 至 2018.10.29/中等毒
水稻 稻飞虱 126-189克/公顷 喷雾

PD20132205 丙环唑/50%/微乳剂/丙环唑 50%/2013.10.29 至 2018.10.29/低毒
香蕉 叶斑病 250—500毫克/千克 喷雾

PD20132357 啶虫脒/50%/水分散粒剂/啶虫脒 50%/2013.11.20 至 2018.11.20/低毒
茶树 茶小绿叶蝉 15-22.5克/公顷 喷雾

PD20132379 甲维·杀虫单/22%/微乳剂/甲氨基阿维菌素苯甲酸盐 0.2%、杀虫单 21.8%/2013.11.20 至 2018.11.20/低毒(原药中等毒)
甘蓝 甜菜夜蛾 198-247.5克/公顷 喷雾

PD20132414 苯甲·嘧菌酯/32.5%/悬浮剂/苯醚甲环唑 12.5%、嘧菌酯 20%/2013.11.20 至 2018.11.20/低毒
水稻 纹枯病 100-195克/公顷 喷雾

LS20130145 丙环·嘧菌酯/32%/悬浮剂/丙环唑 12%、嘧菌酯 20%/2013.04.03 至 2014.04.03/低毒
水稻 纹枯病 120-216克/公顷 喷雾

LS20130205 苯醚甲环唑/60%/水分散粒剂/苯醚甲环唑 60%/2013.04.09 至 2014.04.09/低毒
黄瓜 炭疽病 103—135克/公顷 喷雾

山东省青岛朗格尔日用品有限公司 (山东省青岛市城阳区城阳街道仲旺路6号 266100 0532-8775177)

WP20080261 杀虫气雾剂/0.35%/气雾剂/胺菊酯 0.20%、氯菊酯 0.15%/2013.11.27 至 2018.11.27/低毒
卫生 蜚蠊、蚊、蝇 / 喷雾

山东省青岛农冠农药有限责任公司 (山东省胶南市泊里镇 266409 0532-84181186)

PD90105-5 石硫合剂/45%/结晶粉/石硫合剂 45%/2010.03.17 至 2015.03.17/低毒
茶树 叶螨 150倍液 喷雾
柑橘树 锈壁虱 300-500倍液 晚秋喷雾
柑橘树 介壳虫、螨 1)180-300倍液 2)300-500倍液 1)早春喷雾· 2)晚秋喷雾
麦类 白粉病 150倍液 喷雾
苹果树 叶螨 20-30倍液 萌芽前喷雾

PD20040787 三唑磷/20%/乳油/三唑磷 20%/2009.12.19 至 2014.12.19/中等毒
水稻 二化螟、三化螟 300-450克/公顷 喷雾

PD20060155 甲拌·辛硫磷/10%/粉粒剂/甲拌磷 4%、辛硫磷 6%/2011.08.29 至 2016.08.29/高毒
小麦 地下害虫 200-300克/100千克种子 拌种

PD20070283 高氯·吡虫啉/3%/乳油/吡虫啉 1.5%、高效氯氰菊酯 1.5%/2012.09.03 至 2017.09.03/低毒
甘蓝 蚜虫 18-27克/公顷 喷雾

PD20082182 丁·莠/48%/悬乳剂/丁草胺 19%、莠去津 29%/2013.12.01 至 2018.12.01/低毒
夏玉米田 一年生杂草 1080-1440克/公顷 播后苗前土壤喷雾

PD20082522 精喹禾灵/5%/乳油/精喹禾灵 5%/2013.12.03 至 2018.12.03/低毒
棉花田 一年生禾本科杂草 37.5-60克/公顷 茎叶喷雾

PD20082602 百草枯/200克/升/水剂/百草枯 200克/升/2012.12.31 至 2014.07.01/中等毒
棉花田 杂草 300-600克/公顷 行间定向茎叶喷雾

PD20083447 氰戊·马拉松/21%/乳油/马拉硫磷 15%、氰戊菊酯 6%/2013.12.12 至 2018.12.12/中等毒
苹果树 食心虫 60-100毫克/千克 喷雾
苹果树 蚜虫 50-75毫克/千克 喷雾
苹果树 红蜘蛛 60-150毫克/千克 喷雾

PD20083784 乙草胺/50%/乳油/乙草胺 50%/2013.12.15 至 2018.12.15/低毒
春大豆田 一年生禾本科杂草及部分小粒种子阔叶杂草 1200-1875克/公顷 播后苗前土壤喷雾
夏大豆田 一年生禾本科杂草及部分小粒种子阔叶杂草 750-1050克/公顷 播后苗前土壤喷雾

PD20084659 丁·莠/25%/悬乳剂/丁草胺 10%、莠去津 15%/2013.12.22 至 2018.12.22/低毒
夏玉米田 一年生杂草 1125-1500克/公顷 播后苗前土壤喷雾

PD20090569 异丙草·莠/50%/悬乳剂/异丙草胺 30%、莠去津 20%/2014.01.14 至 2019.01.14/低毒
春玉米田 一年生杂草 1500-2250克/公顷 播后苗前土壤喷雾

PD20121611 双草醚/100克/升/悬浮剂/双草醚 100克/升/2012.10.30 至 2017.10.30/微毒
水稻田(直播) 稗草、莎草及阔叶杂草 22.5-30克/公顷南方地区; 30-37.5克/公顷北方地区 茎叶喷雾

LS20130431 双氟·氯氟吡/16%/悬乳剂/氯氟吡氧乙酸 15%、双氟磺草胺 1%/2013.09.09 至 2014.09.09/微毒
高羊茅草坪 一年生阔叶杂草 72-96克/公顷 茎叶喷雾

山东省青岛润生农化有限公司 (山东省莱西市姜山镇小泊村 266604 0532-86411166)

PD20083232 联苯菊酯/25克/升/乳油/联苯菊酯 25克/升/2013.12.11 至 2018.12.11/低毒
茶树 茶尺蠖 7.5-15克/公顷 喷雾
PD20083829 丙环唑/250克/升/乳油/丙环唑 250克/升/2013.12.15 至 2018.12.15/低毒
香蕉 叶斑病 250-500毫克/千克 喷雾
PD20084263 马拉硫磷/45%/乳油/马拉硫磷 45%/2013.12.17 至 2018.12.17/低毒
十字花科蔬菜 黄条跳甲 562.5-750克/公顷 喷雾
PD20084351 炔螨特/57%/乳油/炔螨特 57%/2013.12.17 至 2018.12.17/低毒
柑橘 叶螨 285-365毫克/千克 喷雾
PD20084452 甲基硫菌灵/70%/可湿性粉剂/甲基硫菌灵 70%/2013.12.17 至 2018.12.17/低毒
番茄 叶霉病 375-562.5克/公顷 喷雾
PD20084802 百菌清/75%/可湿性粉剂/百菌清 75%/2013.12.22 至 2018.12.22/低毒
黄瓜 霜霉病 1650-3000克/公顷 喷雾
PD20085437 联苯菊酯/100克/升/乳油/联苯菊酯 100克/升/2013.12.24 至 2018.12.24/中等毒
茶树 茶小绿叶蝉 30-37.5克/公顷 喷雾
PD20085649 氯氟氰菊酯/25克/升/乳油/高效氯氟氰菊酯 25克/升/2013.12.26 至 2018.12.26/中等毒
十字花科蔬菜 菜青虫 15-18.75克/公顷 喷雾
PD20090548 草甘膦/30%/水剂/草甘膦 30%/2014.01.13 至 2019.01.13/低毒
苹果园 杂草 1125-2250克/公顷 定向喷雾
PD20090622 苯醚甲环唑/15%/水分散粒剂/苯醚甲环唑 15%/2014.01.14 至 2019.01.14/低毒
梨树 黑星病 11.2-14.3毫克/千克 喷雾
PD20091470 灭蝇胺/50%/可湿性粉剂/灭蝇胺 50%/2014.02.04 至 2019.02.04/低毒
黄瓜 美洲斑潜蝇 150-225克/公顷 喷雾
PD20091561 霜霉威/722克/升/水剂/霜霉威 722克/升/2014.02.03 至 2019.02.03/低毒
黄瓜 霜霉病 649.8-1083克/公顷 喷雾
PD20091943 井冈霉素/4%/水溶粉剂/井冈霉素 4%/2014.02.12 至 2019.02.12/低毒
水稻 纹枯病 150-187.5克/公顷 喷雾
PD20092067 唑磷·毒死蜱/20%/乳油/毒死蜱 10%、三唑磷 10%/2014.02.16 至 2019.02.16/中等毒
水稻 二化螟 225-300克/公顷 喷雾
PD20092198 氟磺胺草醚/250克/升/水剂/氟磺胺草醚 250克/升/2014.02.23 至 2019.02.23/低毒
春大豆田 一年生阔叶杂草 300-375克/公顷 茎叶喷雾
PD20093029 烯酰·乙膦铝/50%/可湿性粉剂/烯酰吗啉 9%、三乙膦酸铝 41%/2014.03.09 至 2019.03.09/低毒
黄瓜 霜霉病 1050-1350克/公顷 喷雾
PD20093189 氟乐灵/480克/升/乳油/氟乐灵 480克/升/2014.03.11 至 2019.03.11/低毒
棉花田 一年生杂草 720-1080克/公顷 播后苗前土壤喷雾
PD20093220 代森锌/80%/可湿性粉剂/代森锌 80%/2014.03.11 至 2019.03.11/低毒
番茄 早疫病 2550-3600克/公顷 喷雾
PD20093307 马拉·杀扑磷/40%/乳油/马拉硫磷 30%、杀扑磷 10%/2014.03.13 至 2019.03.13/中等毒(原药高毒)
柑橘 介壳虫 400-800毫克/千克 喷雾
PD20096991 阿维菌素/18克/升/乳油/阿维菌素 18克/升/2009.09.29 至 2014.09.29/低毒(原药高毒)
十字花科蔬菜 小菜蛾 9-13.5克/公顷 喷雾
PD20097016 毒死蜱/480克/升/乳油/毒死蜱 480克/升/2009.10.10 至 2014.10.10/中等毒
苹果树 绵蚜 1769-2359倍液 喷雾
PD20097022 噻嗪酮/25%/可湿性粉剂/噻嗪酮 25%/2009.10.10 至 2014.10.10/低毒
水稻 稻飞虱 75-115.5克/公顷 喷雾
PD20097213 速灭威/25%/可湿性粉剂/速灭威 25%/2009.10.19 至 2014.10.19/中等毒
水稻 稻飞虱 562.5-750克/公顷 喷雾
PD20097248 氟啶脲/50克/升/乳油/氟啶脲 50克/升/2009.10.19 至 2014.10.19/低毒
甘蓝 小菜蛾 60-80毫升制剂/亩 喷雾
PD20097277 氯氰·丙溴磷/440克/升/乳油/丙溴磷 400克/升、氯氰菊酯 40克/升/2009.10.26 至 2014.10.26/中等毒
棉花 棉铃虫 65.9-100毫升制剂/亩 喷雾
PD20097279 苯丁锡/50%/可湿性粉剂/苯丁锡 50%/2009.10.26 至 2014.10.26/低毒
柑橘树 红蜘蛛 150-250mg/kg 喷雾
PD20097283 杀扑磷/40%/乳油/杀扑磷 40%/2009.10.26 至 2014.10.26/高毒
柑橘树 红蜡蚧 400-600mg/kg 喷雾
PD20097803 啶虫脒/10%/可湿性粉剂/啶虫脒 10%/2009.11.20 至 2014.11.20/低毒
十字花科蔬菜 蚜虫 13.5-15克/公顷 喷雾
PD20098027 甲氨基阿维菌素苯甲酸盐(2.3%)///乳油/甲氨基阿维菌素 2%/2009.12.07 至 2014.12.07/低毒
甘蓝 小菜蛾 1.5-3克/公顷 喷雾
PD20098153 多抗霉素/3%/可湿性粉剂/多抗霉素 3%/2009.12.14 至 2014.12.14/微毒
苹果树 斑点落叶病 100—200毫克/千克 喷雾

PD20098322 甲氨基阿维菌素苯甲酸盐/0.5%/微乳剂/甲氨基阿维菌素 0.5%/2009.12.18 至 2014.12.18/低毒
甘蓝 甜菜夜蛾 1.5-2.25克/公顷 喷雾
注:甲氨基阿维菌素苯甲酸盐含量: 0.57%。
PD20098400 吡虫啉/70%/水分散粒剂/吡虫啉 70%/2009.12.18 至 2014.12.18/低毒
水稻 稻飞虱 21-31.5克/公顷 喷雾
PD20101661 高效氯氰菊酯/4.5%/微乳剂/高效氯氰菊酯 4.5%/2010.06.03 至 2015.06.03/低毒
甘蓝 菜青虫 20.25-27克/公顷 喷雾
PD20110420 高效氯氟氰菊酯/5%/微乳剂/高效氯氟氰菊酯 5%/2011.04.15 至 2016.04.15/中等毒
甘蓝 菜青虫 9-13.5克/公顷 喷雾
PD20110700 嘧霉胺/40%/水分散粒剂/嘧霉胺 40%/2011.07.05 至 2016.07.05/低毒
黄瓜 灰霉病 375-562.5克/公顷 喷雾
PD20111302 吡虫啉/600克/升/悬浮剂/吡虫啉 600克/升/2011.11.24 至 2016.11.24/中等毒
水稻 稻飞虱 36-45克/公顷 喷雾
PD20120307 甲维·虫酰肼/10.5%/乳油/虫酰肼 10%、甲氨基阿维菌素苯甲酸盐 0.5%/2012.02.17 至 2017.02.17/低毒
甘蓝 甜菜夜蛾 47.25-78.75克/公顷 喷雾
PD20120348 炔螨特/730克/升/乳油/炔螨特 730克/升/2012.02.23 至 2017.02.23/低毒
柑橘树 红蜘蛛 243-365毫克/千克 喷雾
PD20120961 氯氟·啶虫脒/6.5%/乳油/啶虫脒 5%、高效氯氟氰菊酯 1.5%/2012.06.14 至 2017.06.14/低毒
甘蓝 蚜虫 14.625-19.5克/公顷 喷雾
PD20121898 抗蚜·吡虫啉/24%/可湿性粉剂/吡虫啉 2%、抗蚜威 22%/2012.12.07 至 2017.12.07/中等毒
小麦 蚜虫 54-72克/公顷 喷雾
PD20130115 噻嗪·毒死蜱/40%/乳油/毒死蜱 20%、噻嗪酮 20%/2013.01.17 至 2018.01.17/中等毒
水稻 稻飞虱 120-180克/公顷 喷雾
PD20130422 咪鲜胺/40%/水乳剂/咪鲜胺 40%/2013.03.18 至 2018.03.18/低毒
水稻 恶苗病 56.25-112.5毫克/千克 浸种
PD20130444 啶虫脒/40%/水分散粒剂/啶虫脒 40%/2013.03.18 至 2018.03.18/低毒
甘蓝 蚜虫 18-24克/公顷 喷雾
PD20130833 烯酰吗啉/50%/水分散粒剂/烯酰吗啉 50%/2013.04.22 至 2018.04.22/低毒
黄瓜 霜霉病 225-300克/公顷 喷雾
PD20131521 苯丁·炔螨特/38%/乳油/苯丁锡 8%、炔螨特 30%/2013.07.17 至 2018.07.17/低毒
柑橘树 红蜘蛛 152-253毫克/千克 喷雾
PD20131817 阿维菌素/3%/微囊悬浮剂/阿维菌素 3%/2013.09.17 至 2018.09.17/低毒(原药高毒)
黄瓜 根结线虫 180-225克/公顷 灌根
PD20131903 烯酰吗啉/80%/水分散粒剂/烯酰吗啉 80%/2013.09.25 至 2018.09.25/低毒
黄瓜 霜霉病 225-300克/公顷 喷雾
PD20131953 苯醚·甲硫/45%/可湿性粉剂/苯醚甲环唑 3%、甲基硫菌灵 42%/2013.10.10 至 2018.10.10/微毒
苹果树 斑点落叶病 562.5-750毫克/千克 喷雾
PD20131961 嘧菌酯/50%/水分散粒剂/嘧菌酯 50%/2013.10.10 至 2018.10.10/低毒
草坪 褐斑病 300-400克/公顷 喷雾
PD20132049 吡蚜酮/50%/水分散粒剂/吡蚜酮 50%/2013.10.22 至 2018.10.22/低毒
水稻 稻飞虱 120-150克/公顷 喷雾
PD20132136 甲氨基阿维菌素苯甲酸盐/5%/微乳剂/甲氨基阿维菌素 5%/2013.10.24 至 2018.10.24/低毒
甘蓝 甜菜夜蛾 1.8-2.25克/公顷 喷雾
注:甲氨基阿维菌素苯甲酸盐含量: 5.7%。
PD20132617 苯甲·丙环唑/30%/乳油/苯醚甲环唑 15%、丙环唑 15%/2013.12.20 至 2018.12.20/低毒
香蕉 叶斑病 150-300毫克/千克 喷雾
LS20110230 丙溴·氟铃脲/32%/乳油/丙溴磷 30%、氟铃脲 2%/2013.08.16 至 2014.08.16/低毒
棉花 棉铃虫 240-336克/公顷 喷雾
LS20120225 戊唑醇/85%/水分散粒剂/戊唑醇 85%/2013.06.15 至 2014.06.15/低毒
苹果树 斑点落叶病 100-130毫克/千克 喷雾
LS20120392 阿维·苯丁锡/10%/乳油/阿维菌素 .5%、苯丁锡 9.5%/2013.12.07 至 2014.12.07/低毒(原药高毒)
柑橘树 红蜘蛛 50-100毫克/千克 喷雾
LS20130299 四螨嗪/80%/水分散粒剂/四螨嗪 80%/2013.06.04 至 2014.06.04/低毒
柑橘树 红蜘蛛 133.3-200毫克/千克 喷雾

山东省青岛泰生生物科技有限公司 (山东省莱西市深圳南路208号 266600 0532-68870117)

PD20097944 氰啶脲/50克/升/乳油/氟啶脲 50克/升/2009.11.30 至 2014.11.30/低毒
甘蓝 菜青虫 45-60克/公顷 喷雾
PD20097997 噻嗪·异丙威/25%/可湿性粉剂/噻嗪酮 5%、异丙威 20%/2009.12.07 至 2014.12.07/低毒
水稻 稻飞虱 375-562.5克/公顷 喷雾
PD20097999 联苯菊酯/100克/升/乳油/联苯菊酯 100克/升/2009.12.07 至 2014.12.07/中等毒
茶树 茶小绿叶蝉 30-37.5克/公顷 喷雾
PD20098127 噻螨酮/5%/可湿性粉剂/噻螨酮 5%/2009.12.08 至 2014.12.08/低毒
柑橘树 红蜘蛛 1667-2000倍液 喷雾

PD20100368 春雷霉素/2%/可湿性粉剂/春雷霉素 2%/2010.01.11 至 2015.01.11/低毒
黄瓜 枯萎病 150-210克/公顷 灌根
PD20101624 烯酰·福美双/55%/可湿性粉剂/福美双 47%、烯酰吗啉 8%/2010.06.03 至 2015.06.03/微毒
黄瓜 霜霉病 825—1320克/公顷 喷雾
PD20111376 阿维菌素/5%/乳油/阿维菌素 5%/2011.12.14 至 2016.12.14/中等毒(原药高毒)
甘蓝 小菜蛾 7.2-10.8克/公顷 喷雾
PD20111431 烯酰吗啉/80%/水分散粒剂/烯酰吗啉 80%/2011.12.28 至 2016.12.28/低毒
黄瓜 霜霉病 225—300克/公顷 喷雾
烟草 黑胫病 228—300克/公顷 喷雾
PD20120113 咪鲜胺/45%/微乳剂/咪鲜胺 45%/2012.01.29 至 2017.01.29/低毒
水稻 稻瘟病 225-375克/公顷 喷雾
PD20120628 唑螨酯/5%/悬浮剂/唑螨酯 5%/2012.04.12 至 2017.04.12/低毒
苹果树 红蜘蛛 12.5-25毫克/千克 喷雾
PD20120814 高效氯氟氰菊酯/5%/水乳剂/高效氯氟氰菊酯 5%/2012.05.17 至 2017.05.17/中等毒
甘蓝 菜青虫 11.25-15克/公顷 喷雾
PD20130698 丙森·霜脲氰/60%/可湿性粉剂/丙森锌 50%、霜脲氰 10%/2013.04.11 至 2018.04.11/低毒
黄瓜 霜霉病 540-720克/公顷 喷雾
PD20130874 氟硅唑/10%/水乳剂/氟硅唑 10%/2013.04.25 至 2018.04.25/低毒
番茄 叶霉病 60-75克/公顷 喷雾
PD20131608 苯甲·丙环唑/500克/升/乳油/苯醚甲环唑 250克/升、丙环唑 250克/升/2013.07.29 至 2018.07.29/低毒
水稻 纹枯病 68-113克/公顷 喷雾
PD20131834 毒死蜱/36%/微囊悬浮剂/毒死蜱 36%/2013.09.17 至 2018.09.17/中等毒
花生 蛴螬 1620-2268克/公顷 喷雾于播种穴
PD20131870 高氯·氟啶脲/5%/乳油/氟啶脲 1%、高效氯氰菊酯 4%/2013.09.25 至 2018.09.25/中等毒
甘蓝 甜菜夜蛾 37.5-52.5克/公顷 喷雾
PD20131901 噁霉·福美双/36%/可湿性粉剂/噁霉灵 18%、福美双 18%/2013.09.25 至 2018.09.25/低毒
水稻 立枯病 0.36-0.54克/平方米 喷淋
PD20131904 啶虫脒/70%/水分散粒剂/啶虫脒 70%/2013.09.25 至 2018.09.25/中等毒
黄瓜 蚜虫 21-26.25克/公顷 喷雾
烟草 蚜虫 12.6-18.9克/公顷 喷雾
PD20131958 炔螨特/50%/水乳剂/炔螨特 50%/2013.10.10 至 2018.10.10/中等毒
柑橘树 红蜘蛛 277.8-400毫克/千克 喷雾
PD20131969 吡蚜酮/50%/水分散粒剂/吡蚜酮 50%/2013.10.10 至 2018.10.10/低毒
水稻 稻飞虱 90-120克/公顷 喷雾
PD20132023 嘧霉胺/80%/水分散粒剂/嘧霉胺 80%/2013.10.21 至 2018.10.21/低毒
黄瓜 灰霉病 360-540克/公顷 喷雾
PD20132041 甲氨基阿维菌素苯甲酸盐/5%/微乳剂/甲氨基阿维菌素 5%/2013.10.22 至 2018.10.22/低毒
甘蓝 甜菜夜蛾 1.8-2.25克/公顷 喷雾
注:甲氨基阿维菌素苯甲酸盐5.7%。
PD20132064 苯醚甲环唑/30%/悬浮剂/苯醚甲环唑 30%/2013.10.22 至 2018.10.22/低毒
西瓜 炭疽病 75-90克/公顷 喷雾
PD20132122 甲维·氟铃脲/5%/乳油/氟铃脲 4.2%、甲氨基阿维菌素苯甲酸盐 0.8%/2013.10.24 至 2018.10.24/低毒
甘蓝 甜菜夜蛾 12-18克/公顷 喷雾
PD20132150 甲氨基阿维菌素苯甲酸盐/5%/可溶粒剂/甲氨基阿维菌素 5%/2013.10.29 至 2018.10.29/中等毒
水稻 稻纵卷叶螟 9-11.25克/公顷 喷雾
烟草 烟青虫 2.25-3克/公顷 喷雾
注:甲氨基阿维菌素苯甲酸盐含量：5.7%。
PD20132159 己唑醇/30%/悬浮剂/己唑醇 30%/2013.10.29 至 2018.10.29/低毒
水稻 纹枯病 58.5-76.5克/公顷 喷雾
PD20132428 阿维·炔螨特/40%/乳油/阿维菌素 0.3%、炔螨特 39.7%/2013.11.20 至 2018.11.20/中等毒(原药高毒)
柑橘树 红蜘蛛 200-400毫克/千克 喷雾
LS20120251 苯甲·咪鲜胺/35%/水乳剂/苯醚甲环唑 10%、咪鲜胺 25%/2013.07.10 至 2014.07.10/低毒
黄瓜 靶斑病 315-472.5克/公顷 喷雾
LS20120297 啶虫脒/30%/微乳剂/啶虫脒 30%/2013.08.10 至 2014.08.10/低毒
黄瓜 白粉虱 18-22.5克/公顷 喷雾
LS20120376 氟环唑/30%/悬浮剂/氟环唑 30%/2013.11.08 至 2014.11.08/低毒
葡萄 白粉病 130-187.5毫克/千克 喷雾
LS20130231 联菊·丁醚脲/13%/悬浮剂/丁醚脲 10%、联苯菊酯 3%/2013.04.28 至 2014.04.28/低毒
苹果树 红蜘蛛 32.5-43.3毫克/千克 喷雾
LS20130324 戊唑·嘧菌酯/40%/悬浮剂/嘧菌酯 10%、戊唑醇 30%/2013.06.09 至 2014.06.09/低毒
苹果树 斑点落叶病 80-100毫克/千克 喷雾
LS20130382 灭胺·杀虫单/50%/可溶粉剂/灭蝇胺 15%、杀虫单 35%/2013.07.29 至 2014.07.29/低毒
菜豆 斑潜蝇 262.5-337.5克/公顷 喷雾

LS20130462 甲维·杀虫单/30%/微乳剂/甲氨基阿维菌素苯甲酸盐 .5%、杀虫单 29.5%/2013.10.10 至 2014.10.10/低毒
水稻 稻纵卷叶螟 198-247.5克/公顷 喷雾

山东省青岛泰源科技发展有限公司 (山东省青岛市莱西市望城街道办事处工业园 266601 0532-88419066)

PD20083315 高氯·辛硫磷/20%/乳油/高效氯氰菊酯 1.5%、辛硫磷 18.5%/2013.12.11 至 2018.12.11/低毒
十字花科蔬菜 菜青虫 120-180克/公顷 喷雾

PD20084044 多·锰锌/50%/可湿性粉剂/多菌灵 8%、代森锰锌 42%/2013.12.16 至 2018.12.16/低毒
苹果树 斑点落叶病 1000-1250毫克/千克 喷雾

PD20084346 高效氯氟氰菊酯/25克/升/乳油/高效氯氟氰菊酯 25克/升/2013.12.17 至 2018.12.17/中等毒
十字花科蔬菜 蚜虫 7.5-15克/公顷 喷雾

PD20084465 苏云金杆菌/8000IU/毫克/可湿性粉剂/苏云金杆菌 8000IU/毫克/2008.12.17 至 2013.12.17/低毒
茶树 茶毛虫 稀释400-800倍 喷雾
番茄 催熟 500-666.7毫克/千克 喷雾
棉花 二代棉铃虫 3000-4500克制剂/公顷 喷雾
森林 松毛虫 稀释600-800倍 喷雾
十字花科蔬菜 小菜蛾 1500-2250克制剂/公顷 喷雾
十字花科蔬菜 菜青虫 750-1500克制剂/公顷 喷雾
水稻 稻纵卷叶螟 3000-4500克制剂/公顷 喷雾
烟草 烟青虫 1500-3000克制剂/公顷 喷雾
玉米 玉米螟 1500-3000克制剂/公顷 加细沙灌心
枣树 枣尺蠖 稀释600-800倍 喷雾

PD20085151 阿维·高氯/1.8%/乳油/阿维菌素 0.3%、高效氯氰菊酯 1.5%/2013.12.23 至 2018.12.23/低毒(原药高毒)
十字花科蔬菜 菜青虫、小菜蛾 7.5-15克/公顷 喷雾

PD20085411 氧氟·乙草胺/42%/乳油/乙草胺 34%、乙氧氟草醚 8%/2013.12.24 至 2018.12.24/低毒
大蒜田 一年生杂草 567-693克/公顷 播后苗前土壤喷雾

PD20091037 丙溴·辛硫磷/24%/乳油/丙溴磷 10%、辛硫磷 14%/2014.01.21 至 2019.01.21/低毒
甘蓝 菜青虫 108-144克/公顷 喷雾

PD20091687 代森锰锌/80%/可湿性粉剂/代森锰锌 80%/2014.02.03 至 2019.02.03/低毒
番茄 早疫病 1842-2370克/公顷 喷雾

PD20094011 福美双/70%/可湿性粉剂/福美双 70%/2014.03.27 至 2019.03.27/低毒
黄瓜 霜霉病 682.5-1102.5克/公顷 喷雾

PD20098028 吡虫啉/20%/可溶液剂/吡虫啉 20%/2009.12.07 至 2014.12.07/低毒
水稻 稻飞虱 24-30克/公顷 喷雾

PD20101543 联苯菊酯/25克/升/乳油/联苯菊酯 25克/升/2010.05.19 至 2015.05.19/低毒
茶树 茶小绿叶蝉 80-100毫升制剂/亩 喷雾

PD20101843 联苯菊酯/100克/升/乳油/联苯菊酯 100克/升/2010.07.28 至 2015.07.28/低毒
茶树 茶小绿叶蝉 20-25毫升制剂/亩 喷雾

PD20101977 代森锌/65%/可湿性粉剂/代森锌 65%/2010.09.21 至 2015.09.21/低毒
番茄 早疫病 2535-3670克/公顷 喷雾

PD20111046 甲氨基阿维菌素苯甲酸盐/3%/微乳剂/甲氨基阿维菌素 3%/2011.10.10 至 2016.10.10/低毒
甘蓝 甜菜夜蛾 1.8-2.25克/公顷 喷雾
注:甲氨基阿维菌素苯甲酸盐含量: 3.4%。

PD20111177 啶虫脒/5%/乳油/啶虫脒 5%/2011.11.15 至 2016.11.15/低毒
柑橘树 蚜虫 7.5-15毫克/千克 喷雾

PD20121221 戊唑醇/430克/升/悬浮剂/戊唑醇 430克/升/2012.08.10 至 2017.08.10/低毒
苹果树 斑点落叶病 61.4-86.0mg/kg 喷雾

PD20121237 阿维·矿物油/24.5%/乳油/阿维菌素 0.2%、矿物油 24.3%/2012.08.27 至 2017.08.27/低毒(原药高毒)
柑橘树 红蜘蛛 122.5-245毫克/千克 喷雾

PD20122067 阿维·三唑磷/20%/乳油/阿维菌素 0.2%、三唑磷 19.8%/2012.12.24 至 2017.12.24/中等毒(原药高毒)
水稻 二化螟 180-210克/公顷 喷雾

山东省青岛现代农化有限公司 (山东省青岛市胶州九龙工业园 266300 0532-87217666)

PD20090293 氟啶脲/50克/升/乳油/氟啶脲 50克/升/2014.01.09 至 2019.01.09/低毒
棉花 棉铃虫 75-105克/公顷 喷雾

PD20091004 乙草胺/900克/升/乳油/乙草胺 900克/升/2014.01.21 至 2019.01.21/低毒
玉米田 一年生杂草 1350-1620克/公顷(东北地区) 土壤喷雾
1080-1350克/公顷(其它地区)

PD20091094 毒死蜱/480克/升/乳油/毒死蜱 480克/升/2014.01.21 至 2019.01.21/中等毒
水稻 稻纵卷叶螟 504-648克/公顷 喷雾

PD20091289 二甲戊灵/330克/升/乳油/二甲戊灵 330克/升/2014.02.01 至 2019.02.01/低毒
韭菜田 一年生杂草 618.75-742.5克/公顷 土壤喷雾

PD20091309 精吡氟禾草灵/150克/升/乳油/精吡氟禾草灵 150克/升/2014.02.01 至 2019.02.01/低毒
大豆田 一年生禾本科杂草 112.5-150克/公顷 茎叶喷雾

PD20091328 高效氟吡甲禾灵/108克/升/乳油/高效氟吡甲禾灵 108克/升/2014.02.01 至 2019.02.01/低毒
棉花田 一年生禾本科杂草 40.5-48.6克/公顷 茎叶喷雾

PD20091386 百草枯/200克/升/水剂/百草枯 200克/升/2012.12.31 至 2014.07.01/中等毒
非耕地 杂草 600-900克/公顷 茎叶喷雾
PD20091712 莠去津/48%/可湿性粉剂/莠去津 48%/2014.02.03 至 2019.02.03/低毒
春玉米田 一年生杂草 300-500克/亩 土壤喷雾
夏玉米田 一年生杂草 200-240克/亩 土壤喷雾
PD20092584 异丙甲草胺/720克/升/乳油/异丙甲草胺 720克/升/2014.02.27 至 2019.02.27/低毒
花生田 一年生杂草 1080-1620克/公顷 土壤喷雾
PD20093207 氟磺胺草醚/250克/升/水剂/氟磺胺草醚 250克/升/2014.03.11 至 2019.03.11/低毒
春大豆田 一年生阔叶杂草 300-375克/公顷 茎叶喷雾
PD20095067 精噁唑禾草灵/69克/升/水乳剂/精噁唑禾草灵 69克/升/2014.04.21 至 2019.04.21/低毒
小麦田 一年生禾本科杂草 51.75-62.1克/公顷 茎叶喷雾
PD20096414 烟嘧磺隆/40克/升/可分散油悬浮剂/烟嘧磺隆 40克/升/2009.08.04 至 2014.08.04/微毒
玉米田 一年生杂草 42-60克/公顷 茎叶喷雾
PD20097076 灭草松/480克/升/可溶液剂/灭草松 480克/升/2009.10.10 至 2014.10.10/低毒
移栽水稻田 一年生阔叶杂草 960-1440克/公顷 茎叶喷雾
PD20097273 草甘膦异丙胺盐(41%)///水剂/草甘膦 30%/2009.10.26 至 2014.10.26/低毒
柑橘园 杂草 1050-3750克/公顷 定向茎叶喷雾
PD20097421 烯草酮/120克/升/乳油/烯草酮 120克/升/2009.10.28 至 2014.10.28/低毒
油菜田 一年生禾本科杂草 54-72克/公顷 喷雾
PD20110482 精喹禾灵/15%/乳油/精喹禾灵 15%/2011.04.29 至 2016.04.29/低毒
冬油菜田 一年生禾本科杂草 40.5-64.8克/公顷 茎叶喷雾
PD20110878 丁硫克百威/35%/种子处理干粉剂/丁硫克百威 35%/2011.08.16 至 2016.08.16/中等毒
水稻 稻蓟马 315-420克/100千克种子 拌种
PD20120840 甲氨基阿维菌素苯甲酸盐/2.0%/微乳剂/甲氨基阿维菌素 2%/2012.05.22 至 2017.05.22/低毒
甘蓝 甜菜夜蛾 18.2-3.64克/公顷 喷雾
注:甲氨基阿维菌素苯甲酸盐含量：2.2%。
PD20122030 莎稗磷/30%/乳油/莎稗磷 30%/2012.12.19 至 2017.12.19/低毒
移栽水稻田 莎草及稗草 225-315克/公顷（南方地区） 毒土法
270-315克/公顷（北方地区）
PD20130211 乙羧氟草醚/10%/乳油/乙羧氟草醚 10%/2013.01.30 至 2018.01.30/低毒
春大豆田 一年生阔叶杂草 90-105克/公顷 茎叶喷雾
PD20130474 氰氟草酯/100克/升/乳油/氰氟草酯 100克/升/2013.03.20 至 2018.03.20/低毒
水稻田(直播) 部分禾本科杂草 75-105克/公顷 茎叶喷雾
PD20131202 松·喹·氟磺胺/18%/乳油/氟磺胺草醚 5.5%、精喹禾灵 1.5%、异噁草松 11%/2013.05.27 至 2018.05.27/低毒
春大豆田 一年生杂草 486-540克/公顷 茎叶喷雾

山东省青岛瀚生生物科技股份有限公司 (山东省莱西市深圳南路210号 266600 0532-68870170)

PD20080279 杀扑磷/93%/原药/杀扑磷 93%/2013.02.25 至 2018.02.25/高毒
PD20081496 氟磺胺草醚/95%/原药/氟磺胺草醚 95%/2013.11.05 至 2018.11.05/低毒
PD20081518 炔螨特/90.8%/原药/炔螨特 90.8%/2013.11.06 至 2018.11.06/低毒
PD20081527 氟乐灵/96%/原药/氟乐灵 96%/2013.11.06 至 2018.11.06/低毒
PD20081532 阿维菌素/95%/原药/阿维菌素 95%/2013.11.06 至 2018.11.06/高毒
PD20081730 氟啶脲/95%/原药/氟啶脲 95%/2013.11.18 至 2018.11.18/低毒
PD20081753 代森锰锌/70%/可湿性粉剂/代森锰锌 70%/2013.11.18 至 2018.11.18/低毒
番茄 早疫病 1845-2370克/公顷 喷雾
PD20081878 甲基硫菌灵/70%/可湿性粉剂/甲基硫菌灵 70%/2013.11.20 至 2018.11.20/低毒
黄瓜 白粉病 337.5-506克/公顷 喷雾
PD20081890 氯氰菊酯/10%/乳油/氯氰菊酯 10%/2013.11.20 至 2018.11.20/中等毒
棉花 棉铃虫 60-90克/公顷 喷雾
PD20082041 乙铝·百菌清/75%/可湿性粉剂/百菌清 37%、三乙膦酸铝 38%/2013.11.25 至 2018.11.25/低毒
黄瓜 霜霉病 1406-2109克/公顷 喷雾
PD20082052 甲基硫菌灵/50%/可湿性粉剂/甲基硫菌灵 50%/2013.11.25 至 2018.11.25/低毒
番茄 叶霉病 375-562.5克/公顷 喷雾
PD20082056 乙草胺/50%/乳油/乙草胺 50%/2013.11.25 至 2018.11.25/低毒
大豆田 一年生禾本科杂草及部分小粒种子阔叶杂草 春大豆田：1200-1875克/公顷 播后苗前土壤喷雾
夏大豆田：750-1050克/公顷
花生田 一年生禾本科杂草及部分小粒种子阔叶杂草 750-1200克/公顷 播后苗期土壤喷雾
油菜田 一年生禾本科杂草及部分小粒种子阔叶杂草 525-750克/公顷 土壤喷雾
玉米田 一年生禾本科杂草及部分小粒种子阔叶杂草 春玉米田：900-1875克/公顷 播后苗前土壤喷雾
夏玉米田：750-1050克/公顷
PD20082138 溴氰菊酯/25克/升/乳油/溴氰菊酯 25克/升/2013.11.25 至 2018.11.25/低毒
大白菜 菜青虫 7.5-15克/公顷 喷雾

PD20082156 联苯菊酯/2.5%/乳油/联苯菊酯 2.5%/2013.11.26 至 2018.11.26/中等毒
茶树 茶小绿叶蝉 30-37.5克/公顷 喷雾
PD20082268 苯磺隆/75%/水分散粒剂/苯磺隆 75%/2013.11.27 至 2018.11.27/低毒
小麦田 阔叶杂草 10-19.5克/公顷 茎叶喷雾
PD20082583 顺式氯氰菊酯/5%/乳油/顺式氯氰菊酯 5%/2013.12.04 至 2018.12.04/中等毒
棉花 盲蝽蟓 30-37.5克/公顷 喷雾
PD20083173 炔螨特/73%/乳油/炔螨特 73%/2013.12.11 至 2018.12.11/低毒
柑橘树 红蜘蛛 243-365毫克/千克 喷雾
PD20083674 甲霜・锰锌/58%/可湿性粉剂/甲霜灵 10%、代森锰锌 48%/2013.12.15 至 2018.12.15/低毒
黄瓜 霜霉病 675-1050克/公顷 喷雾
PD20084491 代森锰锌/80%/可湿性粉剂/代森锰锌 80%/2013.12.17 至 2018.12.17/低毒
番茄 早疫病 1845—2370克/公顷 喷雾
PD20085419 氟硅唑/400克/升/乳油/氟硅唑 400克/升/2013.12.24 至 2018.12.24/低毒
黄瓜 黑星病 45-56.25克/公顷 喷雾
PD20085429 乙铝・锰锌/50%/可湿性粉剂/代森锰锌 22%、三乙膦酸铝 28%/2013.12.24 至 2018.12.24/低毒
黄瓜 霜霉病 1400-4200克/公顷 喷雾
PD20085568 乙氧氟草醚/240克/升/乳油/乙氧氟草醚 240克/升/2013.12.25 至 2018.12.25/低毒
大蒜田 一年生杂草 144-180克/公顷 播后苗前土壤喷雾
PD20085889 百草枯/200克/升/水剂/百草枯 200克/升/2012.12.31 至 2014.07.01/中等毒
夏玉米田 一年生杂草 450-600克/公顷 行间定向茎叶喷雾
PD20090159 霜脲・锰锌/72%/可湿性粉剂/代森锰锌 64%、霜脲氰 8%/2014.01.08 至 2019.01.08/低毒
黄瓜 霜霉病 1440-1800克/公顷 喷雾
PD20090248 炔螨特/40%/水乳剂/炔螨特 40%/2014.01.09 至 2019.01.09/低毒
柑橘树 红蜘蛛 266.7-400毫克/千克 喷雾
PD20090433 咪鲜胺/25%/乳油/咪鲜胺 25%/2014.01.12 至 2019.01.12/低毒
柑橘 青霉病 333.3-500毫克/千克 浸果
PD20090473 烯禾啶/12.5%/乳油/烯禾啶 12.5%/2014.01.12 至 2019.01.12/低毒
春大豆田 一年生禾本科杂草 187.5-281.3克/公顷 茎叶喷雾
夏大豆田 一年生禾本科杂草 150-187.5克/公顷 茎叶喷雾
PD20090484 精喹禾灵/8.8%/乳油/精喹禾灵 8.8%/2014.01.12 至 2019.01.12/低毒
夏大豆田 一年生禾本科杂草 48.6-64.8克/公顷 茎叶喷雾
PD20090485 精喹禾灵/10%/乳油/精喹禾灵 10%/2014.01.12 至 2019.01.12/低毒
春大豆田 一年生禾本科杂草 50-75克/公顷 茎叶喷雾
夏大豆田 一年生禾本科杂草 37.5-52.5克/公顷 喷雾
PD20090654 阿维菌素/1.8%/乳油/阿维菌素 1.8%/2014.01.15 至 2019.01.15/中等毒(原药高毒)
十字花科蔬菜 小菜蛾 8.1-10.8克/公顷 喷雾
PD20090699 乙草胺/900克/升/乳油/乙草胺 900克/升/2014.01.19 至 2019.01.19/低毒
春大豆田 一年生禾本科杂草及部分小粒种子杂草 1350-2025克/公顷 土壤喷雾
夏玉米田 一年生禾本科杂草及部分小粒种子杂草 1080-1350克/公顷 土壤喷雾
PD20090818 阿维・敌敌畏/40%/乳油/阿维菌素 0.3%、敌敌畏 39.7%/2014.01.19 至 2019.01.19/中等毒(原药高毒)
黄瓜 美洲斑潜蝇 360-450克/公顷 喷雾
PD20090819 烯酰・锰锌/69%/可湿性粉剂/代森锰锌 60%、烯酰吗啉 9%/2014.01.19 至 2019.01.19/低毒
黄瓜 霜霉病 1035-1380克/公顷 喷雾
PD20090892 阿维・甲氰/1.8%/乳油/阿维菌素 0.1%、甲氰菊酯 1.7%/2014.01.19 至 2019.01.19/低毒(原药高毒)
苹果树 红蜘蛛 12-18毫克/千克 喷雾
PD20090958 甲硫・福美双/70%/可湿性粉剂/福美双 30%、甲基硫菌灵 40%/2014.01.20 至 2019.01.20/低毒
苹果树 轮纹病 875-1167毫克/千克 喷雾
PD20090967 吡虫・毒死蜱/22%/乳油/吡虫啉 2%、毒死蜱 20%/2014.01.20 至 2019.01.20/中等毒
苹果树 绵蚜 88-146.7毫克/千克 喷雾
PD20091014 嘧霉胺/20%/可湿性粉剂/嘧霉胺 20%/2014.01.21 至 2019.01.21/低毒
黄瓜 灰霉病 360-540克/公顷 喷雾
PD20091163 毒死蜱/40%/乳油/毒死蜱 40%/2014.01.22 至 2019.01.22/中等毒
苹果树 绵蚜 200-250毫克/千克 喷雾
PD20091286 氟乐灵/480克/升/乳油/氟乐灵 480克/升/2014.02.01 至 2019.02.01/低毒
棉花田 一年生杂草 720-1080克/公顷 土壤喷雾
PD20091371 三氟羧草醚/95%/原药/三氟羧草醚 95%/2014.02.02 至 2019.02.02/低毒
PD20091503 高效氯氰菊酯/4.5%/微乳剂/高效氯氰菊酯 4.5%/2014.02.02 至 2019.02.02/中等毒
甘蓝 菜青虫 20.25-27克/公顷 喷雾
PD20091527 烯酰吗啉/50%/可湿性粉剂/烯酰吗啉 50%/2014.02.03 至 2019.02.03/低毒
黄瓜 霜霉病 225-300克/公顷 喷雾
PD20091531 丙溴・辛硫磷/24%/乳油/丙溴磷 10%、辛硫磷 14%/2014.02.03 至 2019.02.03/中等毒
十字花科蔬菜 菜青虫 108-144克/公顷 喷雾
PD20091634 甲氰・辛硫磷/25%/乳油/甲氰菊酯 5%、辛硫磷 20%/2014.02.03 至 2019.02.03/中等毒

	棉花	棉铃虫	225-345克/公顷	喷雾
PD20091738	高效氟吡甲禾灵/108克/升/乳油/高效氟吡甲禾灵 108克/升/2014.02.04 至 2019.02.04/低毒			
	春大豆田	一年生禾本科杂草	48.6-56.7克/公顷	茎叶喷雾
	冬油菜田	一年生禾本科杂草	32.4-48.6克/公顷	茎叶喷雾
	夏大豆田	一年生禾本科杂草	45.4-48.6克/公顷	茎叶喷雾
PD20091743	三氟羧草醚/21.4%/水剂/三氟羧草醚 21.4%/2014.02.04 至 2019.02.04/低毒			
	大豆田	一年生阔叶杂草	360-480克/公顷	茎叶喷雾
PD20091766	高效氯氟氰菊酯/250克/升/乳油/高效氯氟氰菊酯 250克/升/2014.02.04 至 2019.02.04/中等毒			
	茶树	茶尺蠖	3.75-7.5克/公顷	喷雾
	十字花科蔬菜	菜青虫	7.5-15克/公顷	喷雾
PD20091817	烯草酮/12%/乳油/烯草酮 12%/2014.02.05 至 2019.02.05/低毒			
	春大豆田	一年生禾本科杂草	72-108克/公顷	茎叶喷雾
	冬油菜田	一年生禾本科杂草	54-72克/公顷	茎叶喷雾
	夏大豆田	一年生禾本科杂草	63-72克/公顷	茎叶喷雾
PD20092071	氟磺胺草醚/25%/水剂/氟磺胺草醚 25%/2014.02.16 至 2019.02.16/低毒			
	春大豆田	一年生阔叶杂草	375-450克/公顷	茎叶喷雾
	夏大豆田	一年生阔叶杂草	262.5-375克/公顷	茎叶喷雾
PD20092073	乳氟禾草灵/95%/原药/乳氟禾草灵 95%/2014.02.16 至 2019.02.16/低毒			
PD20092248	杀螟丹/50%/可溶粉剂/杀螟丹 50%/2014.02.24 至 2019.02.24/低毒			
	水稻	二化螟	600-750克/公顷	喷雾
PD20092551	丙森·多菌灵/70%/可湿性粉剂/丙森锌 30%、多菌灵 40%/2014.02.26 至 2019.02.26/低毒			
	苹果树	斑点落叶病	467-700毫克/千克	喷雾
PD20092641	啶虫脒/5%/乳油/啶虫脒 5%/2014.03.03 至 2019.03.03/低毒			
	柑橘树	蚜虫	12-15毫克/千克	喷雾
	黄瓜	蚜虫	18-36克/公顷	喷雾
PD20092680	苯醚甲环唑/10%/水分散粒剂/苯醚甲环唑 10%/2014.03.03 至 2019.03.03/低毒			
	梨树	黑星病	14.3-16.7毫克/千克	喷雾
PD20092697	氯氟吡氧乙酸(酯)/200克/升/乳油/氯氟吡氧乙酸 200克/升/2014.03.03 至 2019.03.03/低毒			
	冬小麦田	一年生阔叶杂草	150-200克/公顷	茎叶喷雾
PD20093061	异丙草·莠/40%/悬乳剂/异丙草胺 24%、莠去津 16%/2014.03.09 至 2019.03.09/低毒			
	夏玉米田	一年生杂草	1200-1500克/公顷	土壤喷雾
PD20093239	辛硫·灭多威/20%/乳油/灭多威 10%、辛硫磷 10%/2014.03.11 至 2019.03.11/高毒			
	棉花	棉蚜	75-150克/公顷	喷雾
PD20093264	阿维·炔螨特/56%/乳油/阿维菌素 0.3%、炔螨特 55.7%/2014.03.11 至 2019.03.11/低毒(原药高毒)			
	柑橘树	红蜘蛛	186.7-280毫克/千克	喷雾
PD20093267	代森锌/65%/可湿性粉剂/代森锌 65%/2014.03.11 至 2019.03.11/低毒			
	番茄	早疫病	975-1200克/公顷	喷雾
PD20093459	甲维盐·氯氰/3.2%/微乳剂/甲氨基阿维菌素苯甲酸盐 0.2%、氯氰菊酯 3%/2014.03.23 至 2019.03.23/低毒			
	十字花科蔬菜	甜菜夜蛾	19.2-28.8克/公顷	喷雾
PD20093475	丙溴·辛硫磷/40%/乳油/丙溴磷 20%、辛硫磷 20%/2014.03.23 至 2019.03.23/中等毒			
	棉花	棉铃虫	480-600克/公顷	喷雾
PD20093537	烯酰·福美双/55%/可湿性粉剂/福美双 47%、烯酰吗啉 8%/2014.03.23 至 2019.03.23/低毒			
	黄瓜	霜霉病	1072.5-1320克/公顷	喷雾
PD20093698	灭蝇胺/70%/可湿性粉剂/灭蝇胺 70%/2014.03.25 至 2019.03.25/低毒			
	黄瓜	美洲斑潜蝇	157.5-220.5克/公顷	喷雾
PD20093814	甲·乙·莠/42%/悬乳剂/甲草胺 2%、乙草胺 25%、莠去津 15%/2014.03.25 至 2019.03.25/低毒			
	春玉米田	一年生杂草	1260-2520克/公顷	播后苗前土壤喷雾
	夏玉米田	一年生杂草	945-1260克/公顷	土壤喷雾
PD20094284	噻嗪·杀扑磷/20%/乳油/噻嗪酮 15%、杀扑磷 5%/2014.03.31 至 2019.03.31/中等毒(原药高毒)			
	柑橘树	介壳虫	200-250毫克/千克	喷雾
PD20094774	乳氟禾草灵/240克/升/乳油/乳氟禾草灵 240克/升/2014.04.13 至 2019.04.13/低毒			
	春大豆田	一年生阔叶杂草	108-144克/公顷	茎叶喷雾
	夏大豆田	一年生阔叶杂草	90-108克/公顷	茎叶喷雾
PD20096538	啶虫脒/20%/可溶粉剂/啶虫脒 20%/2009.08.20 至 2014.08.20/低毒			
	黄瓜	蚜虫	36-72克/公顷	喷雾
PD20096672	啶虫脒/40%/水分散粒剂/啶虫脒 40%/2009.09.07 至 2014.09.07/低毒			
	黄瓜	蚜虫	21.6-32.4克/公顷	喷雾
PD20096926	盐酸吗啉胍/5%/可溶粉剂/盐酸吗啉胍 5%/2009.09.23 至 2014.09.23/低毒			
	番茄	病毒病	300-375克/公顷	喷雾
PD20097000	三乙膦酸铝/40%/可湿性粉剂/三乙膦酸铝 40%/2009.09.29 至 2014.09.29/低毒			
	十字花科蔬菜	霜霉病	1410-2820克/公顷	喷雾
PD20097199	烟嘧磺隆/40克/升/可分散油悬浮剂/烟嘧磺隆 40克/升/2009.10.16 至 2014.10.16/低毒			
	玉米田	一年生杂草	40-60克/公顷	茎叶喷雾

PD20097461 甲氨基阿维菌素苯甲酸盐/3%/微乳剂/甲氨基阿维菌素 3%/2009.11.03 至 2014.11.03/低毒
甘蓝 甜菜夜蛾 1.8-2.25克/公顷 喷雾
水稻 稻纵卷叶螟 9-13.5克/公顷 喷雾
注:甲氨基阿维菌素苯甲酸盐:3.4%。
PD20097653 精噁唑禾草灵/69克/升/水乳剂/精噁唑禾草灵 69克/升/2009.11.04 至 2014.11.04/低毒
冬小麦田 一年生禾本科杂草 41.4-62.1克/公顷 茎叶喷雾
PD20098025 甲氨基阿维菌素苯甲酸盐(1.14%)///微乳剂/甲氨基阿维菌素 1%/2009.12.07 至 2014.12.07/低毒
甘蓝 小菜蛾 1.5-1.8克/公顷 喷雾
PD20098034 甲氨基阿维菌素苯甲酸盐(1.14%)///乳油/甲氨基阿维菌素 1%/2009.12.07 至 2014.12.07/低毒
甘蓝 小菜蛾 1.5-3克/公顷 喷雾
PD20098527 吡虫啉/10%/可湿性粉剂/吡虫啉 10%/2009.12.24 至 2014.12.24/低毒
小麦 蚜虫 15-30克/公顷（南方） 喷雾
45-60克/公顷（北方）
PD20100353 吡虫啉/70%/水分散粒剂/吡虫啉 70%/2010.01.11 至 2015.01.11/低毒
甘蓝 蚜虫 15.75-21克/公顷 喷雾
PD20100418 噻吩磺隆/75%/水分散粒剂/噻吩磺隆 75%/2010.01.14 至 2015.01.14/低毒
大豆田 一年生阔叶杂草 东北地区：20-25克/公顷 土壤喷雾
华北地区：15-20克/公顷
PD20100635 二甲戊灵/95%/原药/二甲戊灵 95%/2010.01.14 至 2015.01.14/低毒
PD20100720 乙酸铜/20%/可湿性粉剂/乙酸铜 20%/2010.01.16 至 2015.01.16/低毒
黄瓜 猝倒病 3000-4500克/公顷 灌根
PD20100784 莠去津/38%/悬浮剂/莠去津 38%/2010.01.18 至 2015.01.18/低毒
春玉米田 一年生阔叶杂草 1710-2280克/公顷 土壤喷雾
PD20100929 吗胍·乙酸铜/20%/可湿性粉剂/盐酸吗啉胍 10%、乙酸铜 10%/2010.01.19 至 2015.01.19/低毒
番茄 病毒病 500-750克/公顷 喷雾
PD20101129 多抗霉素/10%/可湿性粉剂/多抗霉素B 10%/2010.01.25 至 2015.01.25/低毒
苹果树 斑点落叶病 67-100毫克/千克 喷雾
PD20101137 氟磺胺草醚/250克/升/水剂/氟磺胺草醚 250克/升/2010.01.25 至 2015.01.25/微毒
大豆田 一年生阔叶杂草 春大豆：300-375克/公顷 茎叶喷雾
夏大豆：225-300克/公顷
PD20101246 精喹禾灵/50克/升/乳油/精喹禾灵 50克/升/2010.03.01 至 2015.03.01/低毒
春大豆田 一年生禾本科杂草 37.5-60克/公顷 茎叶喷雾
PD20110421 烯酰吗啉/40%/水分散粒剂/烯酰吗啉 40%/2011.04.15 至 2016.04.15/低毒
黄瓜 霜霉病 225-300克/公顷 喷雾
PD20110471 乙羧·氟磺胺/30%/水剂/氟磺胺草醚 25%、乙羧氟草醚 5%/2011.04.22 至 2016.04.22/低毒
春大豆田 一年生阔叶杂草 180-270克公顷 茎叶喷雾
PD20110493 苯甲·丙环唑/30%/乳油/苯醚甲环唑 15%、丙环唑 15%/2011.05.03 至 2016.05.03/低毒
水稻 纹枯病 90-112.5克/公顷 喷雾
香蕉 叶斑病 150-300毫克/千克 喷雾
PD20110652 乙羧氟草醚/10%/乳油/乙羧氟草醚 10%/2011.06.22 至 2016.06.22/低毒
春大豆田 一年生阔叶杂草 75-90克/公顷 茎叶喷雾
棉花田 一年生阔叶杂草 45-60克/公顷 定向茎叶喷雾
PD20110898 高效氯氟氰菊酯/5%/水乳剂/高效氯氟氰菊酯 5%/2011.08.17 至 2016.08.17/中等毒
甘蓝 菜青虫 11.25-15克/公顷 喷雾
PD20110947 丙环唑/40%/微乳剂/丙环唑 40%/2011.09.07 至 2016.09.07/低毒
香蕉 叶斑病 266.7－400毫克/千克 喷雾
PD20110999 烯酰吗啉/80%/水分散粒剂/烯酰吗啉 80%/2011.09.28 至 2016.09.28/低毒
黄瓜 霜霉病 225-300克/公顷 喷雾
PD20111041 高效氯氟氰菊酯/2.5%/微乳剂/高效氯氟氰菊酯 2.5%/2011.10.10 至 2016.10.10/中等毒
甘蓝 菜青虫 7.5-15克/公顷 喷雾
PD20111230 氟硅唑/10%/水乳剂/氟硅唑 10%/2011.11.18 至 2016.11.18/低毒
菜豆 白粉病 60－75克/公顷 喷雾
PD20111253 腈菌唑/12.5%/水乳剂/腈菌唑 12.5%/2011.11.23 至 2016.11.23/低毒
黄瓜 白粉病 45－60克/公顷 喷雾
PD20111342 苯醚甲环唑/20%/水乳剂/苯醚甲环唑 20%/2011.12.06 至 2016.12.06/低毒
黄瓜 白粉病 90-120克/公顷 喷雾
PD20120029 嘧胺·乙霉威/26%/水分散粒剂/乙霉威 16%、嘧霉胺 10%/2012.01.09 至 2017.01.09/低毒
黄瓜 灰霉病 375-562.5克/公顷 喷雾
PD20120107 乙·莠/52%/悬乳剂/乙草胺 26%、莠去津 26%/2012.01.29 至 2017.01.29/低毒
夏玉米田 一年生杂草 1248-1560克/公顷 土壤喷雾
PD20120108 嘧霉胺/400克/升/悬浮剂/嘧霉胺 400克/升/2012.01.29 至 2017.01.29/低毒
番茄 灰霉病 375－562.5克/公顷 喷雾
PD20120109 氟磺胺草醚/12.8%/微乳剂/氟磺胺草醚 12.8%/2012.01.29 至 2017.01.29/低毒

春大豆田 一年生阔叶杂草 192-230.4克/公顷 茎叶喷雾

PD20120110 乙草胺/40%/水乳剂/乙草胺 40%/2012.01.29 至 2017.01.29/低毒
春大豆田 一年生禾本科杂草及部分小粒种子阔叶杂草 1500-1800克/公顷 播后苗前土壤喷雾

PD20120679 咪鲜胺/450克/升/水乳剂/咪鲜胺 450克/升/2012.04.18 至 2017.04.18/低毒
柑橘 炭疽病 225～450毫克/千克 浸果

PD20120695 霜霉威盐酸盐/66.5%/水剂/霜霉威盐酸盐 66.5%/2012.04.18 至 2017.04.18/低毒
黄瓜 霜霉病 866-1083克/公顷 喷雾

PD20121288 阿维·三唑锡/16.8%/可湿性粉剂/阿维菌素 0.3%、三唑锡 16.5%/2012.09.06 至 2017.09.06/低毒(原药高毒)
柑橘树 红蜘蛛 84-112毫克/千克 喷雾

PD20121363 草除灵/500克/升/悬浮剂/草除灵 500克/升/2012.09.13 至 2017.09.13/低毒
油菜田 一年生阔叶杂草 225-300克/公顷 茎叶喷雾

PD20121372 草甘膦铵盐/68%/可溶粒剂/草甘膦 68%/2012.09.13 至 2017.09.13/微毒
柑橘园 杂草 1530-2040克/公顷 行间茎叶定向喷雾
注:草甘膦铵盐含量：74.7%。

PD20121561 戊唑醇/430克/升/悬浮剂/戊唑醇 430克/升/2012.10.25 至 2017.10.25/低毒
苹果树 斑点落叶病 61.4-86毫克/千克 喷雾

PD20130170 吡蚜酮/50%/水分散粒剂/吡蚜酮 50%/2013.01.24 至 2018.01.24/低毒
水稻 稻飞虱 150-225克/公顷 喷雾

PD20130244 乙羧氟草醚/20%/乳油/乙羧氟草醚 20%/2013.02.05 至 2018.02.05/低毒
夏大豆田 一年生阔叶杂草 60-75克/公顷 茎叶喷雾

PD20130279 戊唑醇/25%/乳油/戊唑醇 25%/2013.02.21 至 2018.02.21/低毒
香蕉 叶斑病 200-300毫克/千克 喷雾

PD20130294 氯吡·苯磺隆/20%/可湿性粉剂/苯磺隆 2.7%、氯氟吡氧乙酸 17.3%/2013.02.26 至 2018.02.26/低毒
冬小麦田 一年生阔叶杂草 90-120克/公顷 茎叶喷雾

PD20131419 阿维·四螨嗪/20.8%/悬浮剂/阿维菌素 0.8%、四螨嗪 20%/2013.07.02 至 2018.07.02/低毒(原药高毒)
苹果树 红蜘蛛 83.2-138.7毫克/千克 喷雾

PD20131737 烟嘧·莠·异丙/42%/可分散油悬浮剂/烟嘧磺隆 2%、异丙草胺 20%、莠去津 20%/2013.08.16 至 2018.08.16/低毒
夏玉米田 一年生杂草 945-1260克/公顷 茎叶喷雾

PD20131821 阿维菌素/5%/水乳剂/阿维菌素 5%/2013.09.17 至 2018.09.17/中等毒(原药高毒)
水稻 稻纵卷叶螟 6.75-8.25克/公顷 喷雾

PD20131908 草甘膦异丙胺盐/30%/水剂/草甘膦 30%/2013.09.25 至 2018.09.25/低毒
非耕地 杂草 1687.5-2250克/公顷 定向茎叶喷雾
注:草甘膦异丙胺盐含量：41%。

PD20132112 烟嘧·莠去津/52%/可湿性粉剂/烟嘧磺隆 4%、莠去津 48%/2013.10.24 至 2018.10.24/低毒
夏玉米田 一年生杂草 624-702克/公顷 茎叶喷雾

PD20132597 丙森·戊唑醇/60%/可湿性粉剂/丙森锌 50%、戊唑醇 10%/2013.12.17 至 2018.12.17/低毒
苹果树 斑点落叶病 400-666.7毫克/千克 喷雾

PD20132619 烯酰吗啉/20%/悬浮剂/烯酰吗啉 20%/2013.12.20 至 2018.12.20/低毒
葡萄 霜霉病 167-250毫克/千克 喷雾

LS20110160 阿维·毒死蜱/41%/乳油/阿维菌素 1%、毒死蜱 40%/2013.06.13 至 2014.06.13/中等毒(原药高毒)
水稻 稻纵卷叶螟 246-369克/公顷 喷雾

LS20110164 阿维·吡丙醚/10%/乳油/阿维菌素 1%、吡丙醚 9%/2013.06.13 至 2014.06.13/低毒(原药高毒)
甘蓝 小菜蛾 60-90克/公顷 喷雾

LS20110328 阿维·四螨嗪/20.8%/悬浮剂/阿维菌素 0.8%、四螨嗪 20%/2013.12.06 至 2014.12.06/低毒(原药高毒)
苹果树 红蜘蛛 83.2-138.7毫克/千克 喷雾

LS20120246 异松·乙草胺/75%/乳油/乙草胺 60%、异噁草松 15%/2013.07.10 至 2014.07.10/低毒
冬油菜(移栽田) 一年生杂草 506.25-618.75克/公顷 移栽前土壤喷雾

LS20120249 硝磺草酮/15%/悬浮剂/硝磺草酮 15%/2013.07.10 至 2014.07.10/低毒
玉米田 一年生杂草 112.5-146.25克/公顷 茎叶喷雾

LS20120263 氰氟草酯/15%/水乳剂/氰氟草酯 15%/2013.07.19 至 2014.07.19/低毒
水稻田(直播) 一年生杂草 74.25-112.5克/公顷 茎叶喷雾

LS20120298 烟嘧·莠去津/23%/可分散油悬浮剂/烟嘧磺隆 3%、莠去津 20%/2013.08.10 至 2014.08.10/低毒
夏玉米田 一年生杂草 310.5-414克/公顷 茎叶喷雾

LS20120371 苯甲·嘧菌酯/40%/悬浮剂/苯醚甲环唑 15%、嘧菌酯 25%/2013.11.08 至 2014.11.08/低毒
西瓜 白粉病 180-240克/公顷 喷雾

LS20130207 氟磺胺草醚/42%/水剂/氟磺胺草醚 42%/2013.04.09 至 2014.04.09/低毒
春大豆田 一年生阔叶杂草 302.4-365.4克/公顷 茎叶喷雾
夏大豆田 一年生阔叶杂草 126-189克/公顷 茎叶喷雾

山东省青州市农药厂 (山东省青州市城区402医院西侧 262500 0536-3265021)

PD20092971 马拉硫磷/45%/乳油/马拉硫磷 45%/2009.03.09 至 2014.03.09/低毒
十字花科蔬菜 蚜虫 562.5—750克/公顷 /喷雾

PD20093614 三唑锡/25%/可湿性粉剂/三唑锡 25%/2009.03.25 至 2014.03.25/低毒

柑橘树 红蜘蛛 125-250毫克/千克 喷雾

PD20093628 噻嗪·异丙威/25%/可湿性粉剂/噻嗪酮 5%、异丙威 20%/2009.03.25 至 2014.03.25/低毒

水稻 稻飞虱 450-562.5克/公顷 喷雾

PD20093991 多·锰锌/50%/可湿性粉剂/多菌灵 8%、代森锰锌 42%/2009.03.27 至 2014.03.27/低毒

苹果树 斑点落叶病 1000-1250毫克/千克 喷雾

PD20094047 敌畏·氧乐果/30%/乳油/敌敌畏 15%、氧乐果 15%/2009.03.27 至 2014.03.27/高毒

棉花 蚜虫 225-337.5克/公顷 喷雾

小麦 蚜虫 148.5-247克/公顷 喷雾

PD20094541 硫磺·多菌灵/50%/悬浮剂/多菌灵 15%、硫磺 35%/2009.04.09 至 2014.04.09/低毒

花生 叶斑病 1200-1800克/公顷 喷雾

PD20094939 苏云金杆菌/8000IU/毫克/可湿性粉剂/苏云金杆菌 8000IU/毫克/2009.04.16 至 2014.04.16/低毒

茶树 茶毛虫 400-800倍 喷雾

棉花 棉铃虫 3000-4500克制剂/公顷 喷雾

森林 松毛虫 600-800倍 喷雾

十字花科蔬菜 菜青虫 750-1500克制剂/公顷 喷雾

十字花科蔬菜 小菜蛾 1500-2250克制剂/公顷 喷雾

水稻 稻纵卷叶螟 3000-4500克制剂/公顷 喷雾

烟草 烟青虫 1500-3000克制剂/公顷 喷雾

玉米 玉米螟 1500-3000克制剂/公顷 喷雾

枣树 枣尺蠖 600-800倍 喷雾

PD20095181 硫磺·甲硫灵/40%/悬浮剂/甲基硫菌灵 20%、硫磺 20%/2009.04.24 至 2014.04.24/低毒

黄瓜、小麦 白粉病 450-562.5克/公顷 喷雾

PD20096449 吡虫啉/10%/可湿性粉剂/吡虫啉 10%/2009.08.05 至 2014.08.05/低毒

小麦 蚜虫 15-30克/公顷(南方地区) 喷雾

45-60克/公顷(北方地区)

PD20096558 高效氯氟氰菊酯/25克/升/乳油/高效氯氟氰菊酯 25克/升/2009.08.24 至 2014.08.24/中等毒

甘蓝 蚜虫 9.4-11.5克/公顷 喷雾

PD20096921 氟铃·毒死蜱/10%/乳油/毒死蜱 8.5%、氟铃脲 1.5%/2009.09.23 至 2014.09.23/低毒

甘蓝 小菜蛾 75-120克/公顷 喷雾

PD20100580 吗胍·乙酸铜/20%/可湿性粉剂/盐酸吗啉胍 10%、乙酸铜 10%/2010.01.14 至 2015.01.14/低毒

番茄 病毒病 500-750克/公顷 喷雾

PD20101007 乙铝·锰锌/50%/可湿性粉剂/代森锰锌 27%、三乙膦酸铝 23%/2010.01.20 至 2015.01.20/低毒

黄瓜 霜霉病 937-1400克/公顷 喷雾

山东省曲阜市尔福农药厂 (山东省济宁市曲阜市旅游经济开发区 273100 0537-4422083)

PD20080324 多菌灵/50%/可湿性粉剂/多菌灵 50%/2008.02.26 至 2013.02.26/低毒

水稻 稻瘟病 750-937.5克/公顷 喷雾

PD20081255 甲基硫菌灵/70%/可湿性粉剂/甲基硫菌灵 70%/2008.09.18 至 2013.09.18/低毒

番茄 叶霉病 375－562.5克/公顷 喷雾

PD20082377 乙铝·福美双/64%/可湿性粉剂/福美双 32%、三乙膦酸铝 32%/2008.12.01 至 2013.12.01/低毒

黄瓜 霜霉病 1440-1880克/公顷 喷雾

PD20082378 毒死蜱/40%/乳油/毒死蜱 40%/2008.12.01 至 2013.12.01/中等毒

水稻 稻飞虱 450-600克/公顷 喷雾

PD20082547 阿维菌素/2%/乳油/阿维菌素 2%/2008.12.03 至 2013.12.03/低毒(原药高毒)

十字花科蔬菜 小菜蛾 8.1-10.8克/公顷 喷雾

PD20082779 啶虫脒/3%/乳油/啶虫脒 3%/2008.12.08 至 2013.12.08/低毒

小麦 蚜虫 13.5-18克/公顷 喷雾

PD20083127 阿维菌素/0.9%/乳油/阿维菌素 0.9%/2008.12.10 至 2013.12.10/低毒(原药高毒)

十字花科蔬菜 菜青虫 8.1-10.8克/公顷 喷雾

PD20083272 氟铃·辛硫磷/20%/乳油/氟铃脲 2%、辛硫磷 18%/2008.12.11 至 2013.12.11/低毒

棉花 棉铃虫 180-240克/公顷 喷雾

PD20085349 辛硫·灭多威/20%/乳油/灭多威 8%、辛硫磷 12%/2013.12.24 至 2018.12.24/高毒

棉花 棉铃虫 100-150克/公顷 喷雾

PD20090634 三唑酮/25%/可湿性粉剂/三唑酮 25%/2014.01.14 至 2019.01.14/低毒

小麦 白粉病 112.5-131.25克/公顷 喷雾

PD20091662 代森锰锌/70%/可湿性粉剂/代森锰锌 70%/2009.02.03 至 2014.02.03/低毒

番茄 早疫病 1837.5－2362.5克/公顷 喷雾

PD20091879 氟铃脲/5%/乳油/氟铃脲 5%/2009.02.09 至 2014.02.09/低毒

棉花 棉铃虫 75-112.5克/公顷 喷雾

PD20092398 烯唑·福美双/42%/可湿性粉剂/福美双 39.5%、烯唑醇 2.5%/2009.02.25 至 2014.02.25/低毒

梨树 黑星病 168-210毫克/千克 喷雾

PD20092896 氰戊·马拉松/20%/乳油/马拉硫磷 15%、氰戊菊酯 5%/2009.03.05 至 2014.03.05/低毒

苹果树 桃小食心虫 200-333.3毫克/千克 喷雾

PD20094898 二氯异氰尿酸钠/50%/可溶粉剂/二氯异氰尿酸钠 50%/2009.04.13 至 2014.04.13/低毒

番茄 早疫病 562.5-750克/公顷 喷雾
PD20095402 烷醇·硫酸铜/6%/可湿性粉剂/硫酸铜 5.9%、三十烷醇 0.1%/2009.04.27 至 2014.04.27/低毒
番茄 病毒病 112.5-140.6克/公顷 喷雾
PD20097702 井冈·硫酸铜/4.5%/水剂/井冈霉素 4%、硫酸铜 0.5%/2009.11.04 至 2014.11.04/低毒
水稻 纹枯病 59.06-78.75克/公顷 喷雾
PD20098333 双甲脒/200克/升/乳油/双甲脒 200克/升/2009.12.18 至 2014.12.18/低毒
苹果树 山楂红蜘蛛 130-200mg/kg 喷雾
PD20100079 醚菊酯/10%/悬浮剂/醚菊酯 10%/2010.01.04 至 2015.01.04/低毒
甘蓝 菜青虫 45-60克/公顷 喷雾
PD20100657 溴氰菊酯/25克/升/乳油/溴氰菊酯 25克/升/2010.01.15 至 2015.01.15/低毒
小麦 蚜虫 12.5-15毫升制剂/亩 喷雾
PD20101163 虫酰肼/20%/悬浮剂/虫酰肼 20%/2010.01.26 至 2015.01.26/低毒
苹果树 卷叶蛾 100-133.3毫克/千克 喷雾
PD20110542 吡虫啉/25%/可湿性粉剂/吡虫啉 25%/2011.05.12 至 2016.05.12/低毒
水稻 稻飞虱 15-30克/公顷 喷雾
PD20110794 烷醇·硫酸铜/0.5%/乳油/硫酸铜 0.4%、三十烷醇 0.1%/2011.07.26 至 2016.07.26/低毒
番茄 病毒病 3.75-5.5克/公顷 喷雾
PD20120621 甲氨基阿维菌素苯甲酸盐/0.5%/乳油/甲氨基阿维菌素 0.5%/2012.04.11 至 2017.04.11/低毒
甘蓝 甜菜夜蛾 1.8-2.25克/公顷 喷雾
注:甲氨基阿维菌素苯甲酸盐含量：0.57%。

山东省曲阜市兴卫消杀药厂 (山东省济宁市曲阜市歧黄街22号 273100 0537-4423137)

WP20090288 杀虫气雾剂/0.55%/气雾剂/胺菊酯 0.30%、氯菊酯 0.25%/2014.03.23 至 2019.03.23/低毒
卫生 蜚蠊、蚊、蝇 / 喷雾

山东省乳山韩威生物科技有限公司 (山东省威海市乳山市崖子镇马石店 264502 0631-6384686)

PD90106-30 苏云金杆菌/8000IU/微升/悬浮剂/苏云金杆菌 8000IU/微升/2010.06.23 至 2015.06.23/低毒
白菜、萝卜、青菜 菜青虫、小菜蛾 1500-2250克制剂/公顷 喷雾
茶树 茶毛虫 3000克制剂/公顷 喷雾
高粱、玉米 玉米螟 2250-3000克制剂/公顷 加细沙灌心叶
梨树、苹果树、桃树、枣树 尺蠖、食心虫 200倍液 喷雾
林木 尺蠖、柳毒蛾、松毛虫 150-200倍液 喷雾
棉花 棉铃虫、造桥虫 3750-6000克制剂/公顷 喷雾
水稻 稻苞虫、螟虫 3000-6000克制剂/公顷 喷雾
烟草 烟青虫 3000克制剂/公顷 喷雾
PD20040344 高效氯氰菊酯/4.5%/乳油/高效氯氰菊酯 4.5%/2009.12.19 至 2014.12.19/中等毒
茶树 茶尺蠖 15-25.5克/公顷 喷雾
柑橘树 红蜡蚧 50毫克/千克 喷雾
柑橘树 潜叶蛾 15-20毫克/千克 喷雾
棉花 红铃虫、棉铃虫、蚜虫 15-30克/公顷 喷雾
苹果树 桃小食心虫 20-33毫克/千克 喷雾
十字花科蔬菜 菜蚜 3-18克/公顷 喷雾
十字花科蔬菜 菜青虫、小菜蛾 9-25.5克/公顷 喷雾
烟草 烟青虫 15-25.5克/公顷 喷雾
PD20081364 苏云金杆菌/50000IU/毫克/原药/苏云金杆菌 50000IU/毫克/2013.10.22 至 2018.10.22/低毒
PD20091321 多抗霉素/0.3%/水剂/多抗霉素 0.3%/2014.02.01 至 2019.02.01/低毒
番茄 早疫病 27-45克/公顷 喷雾
苹果树 斑点落叶病 10-15毫克/千克 喷雾
PD20096143 苏云金杆菌/8000IU/毫克/可湿性粉剂/苏云金杆菌 8000IU/毫克/2009.06.24 至 2014.06.24/低毒
茶树 茶毛虫 400-800倍液 喷雾
棉花 二代棉铃虫 3000-4500克制剂/公顷 喷雾
森林 松毛虫 600-800倍液 喷雾
十字花科蔬菜 小菜蛾 1500-2250克制剂/公顷 喷雾
十字花科蔬菜 菜青虫 750-1500克制剂/公顷 喷雾
水稻 稻纵卷叶螟 3000-4500克制剂/公顷 喷雾
烟草 烟青虫 1500-3000克制剂/公顷 喷雾
玉米 玉米螟 1500-3000克制剂/公顷 拌细沙灌心
枣树 枣尺蠖 600-800倍液 喷雾
PD20096222 苏云金杆菌/16000IU/毫克/可湿性粉剂/苏云金杆菌 16000IU/毫克/2009.07.15 至 2014.07.15/低毒
茶树 茶毛虫 800-1600倍液 喷雾
棉花 二代棉铃虫 1500-2250克制剂/公顷 喷雾
森林 松毛虫 1200-1600倍液 喷雾
十字花科蔬菜 小菜蛾 750-1125克制剂/公顷 喷雾
十字花科蔬菜 菜青虫 375-750克制剂/公顷 喷雾

水稻 稻纵卷叶螟 1500-2250克制剂/公顷 喷雾
烟草 烟青虫 750-1500克制剂/公顷 喷雾
玉米 玉米螟 750-1500克制剂/公顷 加细沙灌心
枣树 枣尺蠖 1200-1600倍液 喷雾

PD20096715 多抗霉素/1.5%/可湿性粉剂/多抗霉素 1.5%/2009.09.07 至 2014.09.07/低毒
苹果 斑点落叶病 100-200毫克/千克 喷雾

PD20096862 多抗霉素/3%/可湿性粉剂/多抗霉素 3%/2009.09.22 至 2014.09.22/低毒
黄瓜 霜霉病 150-200单位倍液 喷雾

PD20097294 多抗霉素/34%/原药/多抗霉素 34%/2009.10.26 至 2014.10.26/低毒

PD20097613 春雷·王铜/47%/可湿性粉剂/春雷霉素 2%、王铜 45%/2009.11.20 至 2014.11.20/低毒
番茄 叶霉病 770-877克/公顷 喷雾
柑橘树 溃疡病 470-580倍液 喷雾

PD20098522 甲氨基阿维菌素苯甲酸盐(0.55%)///乳油/甲氨基阿维菌素 0.5%/2009.12.24 至 2014.12.24/低毒
十字花科蔬菜 小菜蛾 1.5-1.8克/公顷 喷雾

PD20100249 井冈霉素/3%/水剂/井冈霉素 3%/2010.01.11 至 2015.01.11/低毒
水稻 纹枯病 75－112.5克/公顷 喷雾

PD20100258 氨基寡糖素/0.5%/水剂/氨基寡糖素 0.5%/2010.01.11 至 2015.01.11/低毒
番茄 晚疫病 14.06-18.75克/公顷 喷雾

PD20100286 多抗霉素/10%/可湿性粉剂/多抗霉素B 10%/2010.01.11 至 2015.01.11/低毒
番茄 叶霉病 180－210克/公顷 喷雾

PD20100329 春雷霉素/4%/可湿性粉剂/春雷霉素 4%/2010.01.11 至 2015.01.11/低毒
水稻 稻瘟病 40－50毫克/千克 喷雾

PD20100358 井冈霉素（20%）///可溶粉剂/井冈霉素A 16%/2010.01.11 至 2015.01.11/低毒
水稻 纹枯病 93.75－112.5克/公顷 喷雾

PD20100479 井冈霉素/5%/水溶粉剂/井冈霉素 5%/2010.01.14 至 2015.01.14/低毒
水稻 纹枯病 93.75－112.5克/公顷 喷雾

PD20101397 春雷霉素/2%/水剂/春雷霉素 2%/2010.04.14 至 2015.04.14/低毒
水稻 稻瘟病 30-33克/公顷 喷雾

PD20102101 苦参碱/0.3%/水剂/苦参碱 0.3%/2010.11.30 至 2015.11.30/低毒
十字花科蔬菜 菜青虫 2.4-3克/公顷 喷雾

山东省寿光市立英日化有限责任公司 （山东省寿光市东城工业园区尧河 262700 0536-5803006）

WP20120087 杀虫气雾剂/0.46%/气雾剂/胺菊酯 0.25%、氯菊酯 0.21%/2012.05.11 至 2017.05.11/微毒
卫生 蚊、蝇 / 喷雾

山东省泰安市宝丰农药厂 （山东省泰安市岱岳区满庄工业园 271024 0538-8531588）

PD20093057 多·福/50%/可湿性粉剂/多菌灵 25%、福美双 25%/2009.03.09 至 2014.03.09/中等毒
梨树 黑星病 300-500倍液 喷雾

PD20093320 阿维菌素/0.5%/乳油/阿维菌素 0.5%/2009.03.13 至 2014.03.13/低毒(原药高毒)
甘蓝 菜青虫、小菜蛾 8.1-10.8克/公顷 喷雾

PD20094900 乙铝·锰锌/50%/可湿性粉剂/代森锰锌 27%、三乙膦酸铝 23%/2009.04.13 至 2014.04.13/低毒
黄瓜 霜霉病 937-1400克/公顷 喷雾

PD20094953 烟嘧磺隆/40克/升/可分散油悬浮剂/烟嘧磺隆 40克/升/2009.04.20 至 2014.04.20/低毒
玉米田 一年生杂草 42-60克/公顷 茎叶喷雾

PD20097390 莠去津/38%/悬浮剂/莠去津 38%/2009.10.28 至 2014.10.28/低毒
春玉米田 一年生杂草 250-400毫升制剂/亩 播后苗前土壤喷雾

PD20100482 吗胍·乙酸铜/20%/可湿性粉剂/盐酸吗啉胍 10%、乙酸铜 10%/2010.01.14 至 2015.01.14/低毒
番茄 病毒病 499.5-750克/公顷 喷雾

PD20101279 霜脲·锰锌/72%/可湿性粉剂/代森锰锌 64%、霜脲氰 8%/2010.03.10 至 2015.03.10/低毒
黄瓜 霜霉病 1440-1800克/公顷 喷雾

山东省泰安市利邦农化有限公司 （山东省泰安市岱岳区化马湾乡 271042 0538-8642016）

PD20084478 高效氯氟氰菊酯/25克/升/乳油/高效氯氟氰菊酯 25克/升/2013.12.17 至 2018.12.17/中等毒
十字花科蔬菜 菜青虫 5.625-9.375克/公顷 喷雾

PD20084758 啶虫脒/5%/乳油/啶虫脒 5%/2013.12.22 至 2018.12.22/低毒
黄瓜 蚜虫 18－22.5克/公顷 喷雾

PD20085233 苏云金杆菌/16000IU/毫克/可湿性粉剂/苏云金杆菌 16000IU/毫克/2013.12.23 至 2018.12.23/低毒
甘蓝 小菜蛾 450-1050克制剂/公顷 喷雾
棉花 棉铃虫 1875-3750克制剂/公顷 喷雾

PD20090613 阿维菌素/1.8%/乳油/阿维菌素 1.8%/2014.01.14 至 2019.01.14/低毒(原药高毒)
十字花科蔬菜 小菜蛾 8.1-10.8克/公顷 喷雾

PD20090918 异丙甲草胺/720克/升/乳油/异丙甲草胺 720克/升/2014.01.19 至 2019.01.19/低毒
春大豆田 一年生杂草 1620-2160克/公顷 土壤喷雾
夏大豆田 一年生杂草 1080-1620克/公顷 土壤喷雾

PD20091008 乙草胺/81.5%/乳油/乙草胺 81.5%/2014.01.21 至 2019.01.21/低毒
春大豆田 一年生杂草 1620-2025克/公顷 土壤喷雾

夏大豆田 一年生杂草 810-1350克/公顷 土壤喷雾

PD20096254 多·锰锌/50%/可湿性粉剂/多菌灵 8%、代森锰锌 42%/2009.07.15 至 2014.07.15/低毒

苹果树 斑点落叶病 1000-1250毫克/千克 喷雾

PD20096335 氯氰·仲丁威/20%/乳油/氯氰菊酯 2%、仲丁威 18%/2009.07.22 至 2014.07.22/中等毒

甘蓝 菜青虫 60-120克/公顷 喷雾

PD20097280 毒死蜱/40%/乳油/毒死蜱 40%/2009.10.26 至 2014.10.26/中等毒

十字花科蔬菜 小菜蛾 157.5-210克/公顷 喷雾

PD20101013 联苯菊酯/100克/升/乳油/联苯菊酯 100克/升/2010.01.20 至 2015.01.20/中等毒

茶树 茶小绿叶蝉 20-25毫升制剂/亩 喷雾

PD20120622 高效氟吡甲禾灵/108克/升/乳油/高效氟吡甲禾灵 108克/升/2012.04.11 至 2017.04.11/低毒

春大豆田 一年生禾本科杂草 48.6-56.7克/公顷 茎叶喷雾

夏大豆田 一年生禾本科杂草 40.5-48.6克/公顷 茎叶喷雾

PD20121920 毒死蜱/30%/微囊悬浮剂/毒死蜱 30%/2012.12.07 至 2017.12.07/低毒

花生 蛴螬 1575-2250克/公顷 灌根

山东省泰安市泰山现代农业科技有限公司(泰安市宁阳县经济技术开发区国家庄东800米 271000 0538-8506399)

PD20082324 甲氰·辛硫磷/25%/乳油/甲氰菊酯 5%、辛硫磷 20%/2013.12.01 至 2018.12.01/中等毒

棉花 棉铃虫 225-345克/公顷 喷雾

PD20083108 灭多威/40%/可溶粉剂/灭多威 40%/2013.12.10 至 2018.12.10/中等毒(原药高毒)

棉花 蚜虫 105-180克/公顷 喷雾

PD20083164 乙·莠/40%/可湿性粉剂/乙草胺 14%、莠去津 26%/2013.12.11 至 2018.12.11/低毒

夏玉米田 一年生杂草 900-1500克/公顷 播后苗前土壤喷雾

PD20084130 灭多威/20%/乳油/灭多威 20%/2008.12.16 至 2013.12.16/高毒

棉花 棉铃虫 150-225克/公顷 喷雾

棉花 蚜虫 75-150克/公顷 喷雾

PD20110570 阿维菌素/0.5%/颗粒剂/阿维菌素 0.5%/2011.05.27 至 2016.05.27/低毒(原药高毒)

黄瓜 根结线虫 225-262.5克/公顷 沟施

烟草 根结线虫 225-300克/公顷 沟施、穴施

PD20120258 氨基寡糖素/0.5%/可湿性粉剂/氨基寡糖素 0.5%/2012.02.14 至 2017.02.14/低毒

番茄 调节生长、增产 16.7-25毫克/千克 喷雾

PD20120759 唑螨酯/5%/悬浮剂/唑螨酯 5%/2012.05.05 至 2017.05.05/低毒

柑橘树 红蜘蛛 25-50毫克/千克 喷雾

PD20120921 草甘膦铵盐/65%/可溶粉剂/草甘膦 65%%/2012.06.04 至 2017.06.04/低毒

非耕地 杂草 1170-1462.5克/公顷 定向茎叶喷雾

注:草甘膦铵盐含量:72%。

LS20110057 甲维·丁醚脲/21%/乳油/丁醚脲 20%、甲氨基阿维菌素苯甲酸盐 1%/2013.03.07 至 2014.03.07/低毒

小白菜 小菜蛾 450-1050毫升/公顷 喷雾

LS20130055 甲维·丁醚脲/21%/水乳剂/丁醚脲 20%、甲氨基阿维菌素苯甲酸盐 1%/2013.02.06 至 2014.02.06/低毒

小白菜 小菜蛾 94.5-220.5克/公顷 喷雾

山东省天润化工有限公司 (山东省博兴县湖滨工业园 256500 0543-2300182)

PD20101355 烟嘧磺隆/40克/升/可分散油悬浮剂/烟嘧磺隆 40克/升/2010.04.02 至 2015.04.02/低毒

玉米田 一年生杂草 50-60克/公顷 茎叶喷雾

PD20102117 精喹禾灵/10%/乳油/精喹禾灵 10%/2010.12.02 至 2015.12.02/低毒

大豆田 一年生禾本科杂草 58.3-87.8克/公顷 喷雾

山东省潍坊草本堂日用制品有限公司 (山东省昌邑市石埠工业园区 261315 0536-8688238)

WL20100136 蚊香/0.05%/蚊香/四氟苯菊酯 0.05%/2012.05.10 至 2013.05.10/微毒

卫生 蚊 / 点燃

山东省潍坊鸿汇化工有限公司 (山东省潍坊市青州市东夏镇二府村 262514 0536-3256717)

PD20090283 丙环唑/250克/升/乳油/丙环唑 250克/升/2014.01.09 至 2019.01.09/低毒

香蕉 叶斑病 250-500毫克/千克 喷雾

PD20091130 福美双/50%/可湿性粉剂/福美双 50%/2014.01.21 至 2019.01.21/低毒

黄瓜 白粉病 525-1050克/公顷 喷雾

PD20091264 联苯菊酯/100克/升/乳油/联苯菊酯 100克/升/2014.02.01 至 2019.02.01/中等毒

茶树 茶小绿叶蝉 30-37.5克/公顷 喷雾

PD20091912 福·福锌/80%/可湿性粉剂/福美双 30%、福美锌 50%/2014.02.12 至 2019.02.12/低毒

黄瓜 炭疽病 1500-1800克/公顷 喷雾

PD20092202 三唑锡/25%/可湿性粉剂/三唑磷 25%/2014.02.23 至 2019.02.23/微毒

柑橘树 红蜘蛛 125-250毫克/千克 喷雾

PD20092330 高效氯氟氰菊酯/25克/升/乳油/高效氯氟氰菊酯 25克/升/2014.02.24 至 2019.02.24/中等毒

甘蓝 菜青虫 7.5-11.25克/公顷 喷雾

PD20093561 多菌灵/25%/可湿性粉剂/多菌灵 25%/2014.03.23 至 2019.03.23/微毒

小麦 赤霉病 750-900克/公顷 喷雾

PD20093865 顺式氯氰菊酯/50克/升/乳油/顺式氯氰菊酯 50克/升/2014.03.25 至 2019.03.25/低毒

棉花 棉铃虫 30-37.5克/公顷 喷雾

PD20094360 氯氰菊酯/50克/升/乳油/氯氰菊酯 50克/升/2014.04.01 至 2019.04.01/中等毒
甘蓝 菜青虫 37.5-52.5克/公顷 喷雾
PD20095578 多·锰锌/50%/可湿性粉剂/多菌灵 8%、代森锰锌 42%/2009.05.12 至 2014.05.12/低毒
苹果树 斑点落叶病 1000-1250毫克/千克 喷雾
PD20100074 百草枯/200克/升/水剂/百草枯 200克/升/2012.12.31 至 2014.07.01/中等毒
柑橘园 杂草 600-900克/公顷 定向茎叶喷雾
PD20100272 甲氰菊酯/20%/乳油/甲氰菊酯 20%/2010.01.11 至 2015.01.11/低毒
苹果树 桃小食心虫 67-120毫克/千克 喷雾
PD20100483 吗胍·乙酸铜/20%/可湿性粉剂/盐酸吗啉胍 10%、乙酸铜 10%/2010.01.14 至 2015.01.14/低毒
番茄 病毒病 500-750克/公顷 喷雾
PD20100738 马拉硫磷/45%/乳油/马拉硫磷 45%/2010.01.16 至 2015.01.16/低毒
甘蓝 蚜虫 562.5-750克/公顷 喷雾
PD20100768 甲硫·福美双/70%/可湿性粉剂/福美双 40%、甲基硫菌灵 30%/2010.01.18 至 2015.01.18/低毒
苹果树 轮纹病 467-875毫克/千克 喷雾
PD20101514 苦参碱/0.3%/水剂/苦参碱 0.3%/2010.05.10 至 2015.05.10/低毒
甘蓝 菜青虫 2.4-3.0克/公顷 喷雾
PD20101892 联苯菊酯/25克/升/乳油/联苯菊酯 25克/升/2010.08.09 至 2015.08.09/低毒
柑橘树 红蜘蛛 30-40毫克/千克 喷雾
PD20111400 精喹禾灵/10%/乳油/精喹禾灵 10%/2011.12.22 至 2016.12.22/低毒
夏大豆田 一年生禾本科杂草 52.8-66克/公顷 茎叶喷雾
PD20120906 乙羧氟草醚/10%/乳油/乙羧氟草醚 10%/2012.05.24 至 2017.05.24/低毒
夏大豆田 一年生阔叶杂草 60-90克/公顷 茎叶喷雾

山东省潍坊绿霸化工有限公司 (山东省济南市工业南路100号三庆枫润大厦A座18楼 250100 0531-81795669)

PD20110297 百草枯/30.5%/母药/百草枯 30.5%/2011.03.17 至 2016.03.17/中等毒
PD20110639 百草枯/200克/升/水剂/百草枯 200克/升/2012.12.31 至 2014.07.01/中等毒
非耕地 杂草 600-750克/公顷 茎叶喷雾
PD20121201 氨氯吡啶酸/95%/原药/氨氯吡啶酸 95%/2012.08.06 至 2017.08.06/低毒
PD20130755 氯氟吡氧乙酸异辛酯/97%/原药/氯氟吡氧乙酸异辛酯 97%/2013.04.16 至 2018.04.16/低毒

山东省武城县恒达精细化工有限公司 (山东省武城县工业园 253300 0534-6652999)

WP20110043 杀虫气雾剂/0.4%/气雾剂/胺菊酯 0.25%、氯菊酯 0.15%/2011.02.17 至 2016.02.17/微毒
卫生 蚊、蝇 / 喷雾

山东省夏津县捷豹精细化工厂 (山东省夏津县田庄乡谷庄村 253200 0534-3523752)

WP20080031 杀虫气雾剂/0.4%/气雾剂/胺菊酯 0.25%、氯菊酯 0.15%/2013.02.26 至 2018.02.26/低毒
卫生 蚊、蝇、蜚蠊 / 喷雾

山东省烟台博瑞特生物科技有限公司 (山东省龙口市徐福镇儒林庄 265713 0535-8558297)

PD20082057 高氯·辛硫磷/20%/乳油/高效氯氰菊酯 1.5%、辛硫磷 18.5%/2013.11.25 至 2018.11.25/中等毒
棉花 棉铃虫 180-240克/公顷 喷雾
PD20091761 啶虫脒/3%/乳油/啶虫脒 3%/2009.02.04 至 2014.02.04/低毒
黄瓜 蚜虫 18-22.5克/公顷 喷雾
PD20093062 高氯·氟铃脲/5.7%/乳油/氟铃脲 1.9%、高效氯氰菊酯 3.8%/2009.03.09 至 2014.03.09/低毒
甘蓝 小菜蛾 51.3-68.4克/公顷 喷雾
PD20094610 苏云金杆菌/8000IU/毫克/粉剂/苏云金杆菌 8000IU/毫克/2009.04.10 至 2014.04.10/低毒
茶树 茶毛虫 400-800倍液 喷雾
棉花 棉铃虫 3000-4500克制剂/公顷 喷雾
森林 松毛虫 600-800倍液 喷雾
十字花科蔬菜 小菜蛾 1500-2250克制剂/公顷 喷雾
十字花科蔬菜 菜青虫 750-1500克制剂/公顷 喷雾
水稻 稻纵卷叶螟 3000-4500克制剂/公顷 喷雾
烟草 烟青虫 1500-3000克制剂/公顷 喷雾
玉米 玉米螟 1500-3000克制剂/公顷 喷雾
枣树 枣尺蠖 600-800倍液 喷雾
PD20094917 哒螨灵/20%/可湿性粉剂/哒螨灵 20%/2009.04.13 至 2014.04.13/低毒
苹果树 红蜘蛛 50-60毫克/千克 喷雾
PD20095378 毒死蜱/40%/乳油/毒死蜱 40%/2009.04.27 至 2014.04.27/中等毒
苹果树 绵蚜 200-250毫克/千克 喷雾
PD20096650 高效氯氰菊酯/4.5%/乳油/高效氯氰菊酯 4.5%/2009.09.02 至 2014.09.02/低毒
棉花 棉铃虫 20.25-30.375克/公顷 喷雾
PD20097855 多抗霉素/3%/可湿性粉剂/多抗霉素 3%/2009.11.20 至 2014.11.20/低毒
黄瓜 霜霉病 210-270克/公顷 喷雾
PD20097930 高效氯氟氰菊酯/25克/升/乳油/高效氯氟氰菊酯 25克/升/2009.11.30 至 2014.11.30/中等毒
苹果树 桃小食心虫 5-6.3毫克/千克 喷雾
PD20100043 多抗霉素/34%/母药/多抗霉素 34%/2010.01.04 至 2015.01.04/低毒
PD20100294 甲硫·福美双/50%/可湿性粉剂/福美双 40%、甲基硫菌灵 10%/2010.01.11 至 2015.01.11/低毒

苹果树 轮纹病 625-833毫克/千克 喷雾
PD20100469 苏云金杆菌/50000IU/毫克/原药/苏云金杆菌 50000IU/毫克/2010.01.14 至 2015.01.14/低毒
PD20100782 阿维菌素/95%/原药/阿维菌素 95%/2010.01.18 至 2015.01.18/高毒
PD20110118 春雷霉素/70%/原药/春雷霉素 70%/2011.01.26 至 2016.01.26/低毒
PD20121351 苯醚甲环唑/25%/微乳剂/苯醚甲环唑 25%/2012.09.13 至 2017.09.13/低毒
梨树 黑星病 12.5-16.7毫克/千克 喷雾
PD20121354 啶虫脒/30%/可溶液剂/啶虫脒 30%/2012.09.13 至 2017.09.13/低毒
黄瓜 蚜虫 18-22.5克/公顷 喷雾
PD20121808 丙环唑/45%/微乳剂/丙环唑 45%/2012.11.22 至 2017.11.22/低毒
香蕉 叶斑病 250-400毫克/千克 喷雾
PD20130917 甲氨基阿维菌素苯甲酸盐/5%/微乳剂/甲氨基阿维菌素 5%/2013.04.28 至 2018.04.28/低毒
甘蓝 甜菜夜蛾 1.5-2.25克/公顷 喷雾
注:甲氨基阿维菌素苯甲酸盐含量：5.7%
PD20131315 苯甲·丙环唑/30%/微乳剂/苯醚甲环唑 15%、丙环唑 15%/2013.06.08 至 2018.06.08/低毒
水稻 纹枯病 60-120克/公顷 喷雾
LS20110284 毒死蜱/50%/微乳剂/毒死蜱 50%/2014.11.03 至 2015.11.03/中等毒
苹果树 绵蚜 240-320毫克/千克 喷雾
LS20120198 烯酰吗啉/15%/水乳剂/烯酰吗啉 15%/2013.06.04 至 2014.06.04/微毒
葡萄 霜霉病 180-225克/公顷 喷雾
LS20130035 松脂酸铜/20%/水乳剂/松脂酸铜 20%/2014.01.15 至 2015.01.15/微毒
葡萄 霜霉病 200～250克/公顷 喷雾
WP20110041 联苯菊酯/5%/悬浮剂/联苯菊酯 5%/2011.02.16 至 2016.02.16/低毒
卫生 白蚁 625毫克/千克 土壤喷洒/木材浸泡
WL20130036 氟虫腈/5%/悬浮剂/氟虫腈 5%/2013.08.01 至 2014.08.01/低毒
室内 蜚蠊 25毫克/平方米 滞留喷洒

山东省烟台科达化工有限公司 (山东省烟台市招远市泉山路100号 265400 0535-8382018)

PD20070092 丙溴磷/89%/原药/丙溴磷 89%/2012.04.18 至 2017.04.18/中等毒
PD20070485 嘧霉胺/95%/原药/嘧霉胺 95%/2012.11.28 至 2017.11.28/低毒
PD20070583 高氯·辛硫磷/25%/乳油/高效氯氰菊酯 2.5%、辛硫磷 22.5%/2012.12.03 至 2017.12.03/低毒
棉花 棉铃虫 187.5-300克/公顷 喷雾
PD20070626 硫磺·三唑酮/50%/悬浮剂/硫磺 45%、三唑酮 5%/2012.12.14 至 2017.12.14/低毒
黄瓜 白粉病 375-600克/公顷 喷雾
小麦 白粉病 600-750克/公顷 喷雾
PD20080136 嘧霉胺/40%/悬浮剂/嘧霉胺 40%/2013.01.04 至 2018.01.04/低毒
番茄 灰霉病 375-562.5克/公顷 喷雾
PD20080212 嘧霉胺/20%/悬浮剂/嘧霉胺 20%/2013.01.11 至 2018.01.11/低毒
黄瓜 灰霉病 375-562.5克/公顷 喷雾
PD20081541 多·福/50%/可湿性粉剂/多菌灵 16.6%、福美双 33.4%/2013.11.11 至 2018.11.11/中等毒
葡萄 霜霉病 1000-1250毫克/千克 喷雾
PD20081682 丙溴磷/40%/乳油/丙溴磷 40%/2013.11.17 至 2018.11.17/中等毒
棉花 棉铃虫 480-600克/公顷 喷雾
PD20082223 丙溴·辛硫磷/35%/乳油/丙溴磷 8.5%、辛硫磷 26.5%/2013.11.26 至 2018.11.26/中等毒
棉花 棉铃虫 262.5-393.75克/公顷 喷雾
PD20086008 井冈·多菌灵/28%/悬浮剂/多菌灵 24%、井冈霉素 4%/2013.12.29 至 2018.12.29/低毒
水稻 稻瘟病、纹枯病 450-525克/公顷 喷雾
PD20086177 阿维·杀虫单/20%/微乳剂/阿维菌素 0.2%、杀虫单 19.8%/2013.12.30 至 2018.12.30/低毒(原药高毒)
菜豆 美洲斑潜蝇 90-180克/公顷 喷雾
PD20086336 嘧霉·多菌灵/30%/悬浮剂/多菌灵 25%、嘧霉胺 5%/2013.12.31 至 2018.12.31/低毒
黄瓜 灰霉病 495-675克/公顷 喷雾
PD20090110 高氯·灭多威/12%/乳油/高效氯氰菊酯 1.5%、灭多威 10.5%/2014.01.08 至 2019.01.08/中等毒(原药高毒)
棉花 棉铃虫 90-108克/公顷 喷雾
PD20091053 阿维·甲氰/1.8%/乳油/阿维菌素 0.2%、甲氰菊酯 1.6%/2014.01.21 至 2019.01.21/低毒(原药高毒)
苹果树 山楂红蜘蛛 12-18毫克/千克 喷雾
PD20091650 乙铝·锰锌/50%/可湿性粉剂/代森锰锌 22%、三乙膦酸铝 28%/2014.02.03 至 2019.02.03/低毒
黄瓜 霜霉病 1125-1406克/公顷 喷雾
PD20092312 嘧霉·福美双/30%/悬浮剂/福美双 24%、嘧霉胺 6%/2014.02.24 至 2019.02.24/低毒
番茄 灰霉病 482-675克/公顷 喷雾
PD20096876 三唑磷/20%/乳油/三唑磷 20%/2009.09.23 至 2014.09.23/中等毒
水稻 二化螟 202.5-303.75克/公顷 喷雾
PD20110834 甲氨基阿维菌素苯甲酸盐/5%/水分散粒剂/甲氨基阿维菌素 5%/2011.08.10 至 2016.08.10/低毒
甘蓝 甜菜夜蛾 1.69-2.25克/公顷 喷雾
注:甲氨基阿维菌素苯甲酸盐含量:5.7%。

PD20130803 戊唑醇/430克/升/悬浮剂/戊唑醇 430克/升/2013.04.22 至 2018.04.22/低毒
苹果树 斑点落叶病 61.4-86毫克/千克 喷雾
PD20132303 醚菌酯/50%/水分散粒剂/醚菌酯 50%/2013.11.08 至 2018.11.08/低毒
黄瓜 白粉病 100-150克/公顷 喷雾

山东省烟台绿云生物化学有限公司 (山东省烟台市莱山区莱山工业园隆昌路7号 264003 0535-6919385)

PD20082898 虫酰肼/20%/悬浮剂/虫酰肼 20%/2013.12.09 至 2018.12.09/低毒
苹果树 卷叶蛾 100-133毫克/千克 喷雾
PD20083892 甲基硫菌灵/3%/糊剂/甲基硫菌灵 3%/2013.12.15 至 2018.12.15/低毒
苹果树 腐烂病 6-9克/平方米 涂沫
PD20083897 毒死蜱/40%/乳油/毒死蜱 40%/2013.12.15 至 2018.12.15/中等毒
棉花 棉铃虫 225-300克/公顷 喷雾
苹果树 绵蚜 133.3-200毫克/千克 喷雾
PD20084905 异菌·多菌灵/20%/悬浮剂/多菌灵 15%、异菌脲 5%/2013.12.22 至 2018.12.22/低毒
苹果树 斑点落叶病 400-500倍液 喷雾
苹果树 轮纹病 400-600倍液 喷雾
PD20085219 三唑锡/20%/悬浮剂/三唑锡 20%/2013.12.23 至 2018.12.23/低毒
苹果树 红蜘蛛 80-133.3毫克/千克 喷雾
PD20085824 甲基硫菌灵/10%/悬浮剂/甲基硫菌灵 10%/2013.12.29 至 2018.12.29/低毒
苹果树 轮纹病 10-15倍液 涂抹
PD20085825 甲基硫菌灵/36%/悬浮剂/甲基硫菌灵 36%/2013.12.29 至 2018.12.29/低毒
苹果树 白粉病 300-450毫克/千克 喷雾
PD20091700 戊唑醇/430克/升/悬浮剂/戊唑醇 430克/升/2014.02.03 至 2019.02.03/低毒
苹果树 腐烂病 123－143毫克/千克 喷雾
苹果树 斑点落叶病 61.4-86毫克/千克 喷雾
PD20101695 辛菌胺醋酸盐(1.8%)///水剂/辛菌胺 1.26%/2010.06.17 至 2015.06.17/低毒
苹果树 腐烂病 500-1000毫克/千克 喷雾
PD20101985 己唑醇/5%/悬浮剂/己唑醇 5%/2010.09.25 至 2015.09.25/低毒
梨树 黑星病 33.3-50毫克/千克 喷雾
苹果树 斑点落叶病 33.3-50毫克/千克 喷雾
PD20110199 毒死蜱/30%/水乳剂/毒死蜱 30%/2011.02.18 至 2016.02.18/中等毒
苹果树 棉蚜 1200-1500倍液 喷雾
PD20120192 戊唑醇/12.5%/悬浮剂/戊唑醇 12.5%/2012.01.30 至 2017.01.30/低毒
梨树 黑星病 100-125毫克/千克 喷雾
苹果树 斑点落叶病 62.5-83.3毫克/千克 喷雾
PD20120504 赤霉酸/2.7%/脂膏/赤霉酸A4+A7 1.35%、赤霉酸A3 1.35%/2012.03.19 至 2017.03.19/低毒
梨树 调节生长、增产 0.54-0.67毫克/果 涂抹果柄
PD20120616 四螨嗪/500克/升/悬浮剂/四螨嗪 500克/升/2012.04.11 至 2017.04.11/低毒
苹果树 红蜘蛛 83-100毫克/千克 喷雾
PD20130049 氟硅唑/10%/水乳剂/ /2013.01.07 至 2018.01.07/低毒
葡萄 白腐病 40-50毫克/千克 喷雾
PD20132276 腐殖·硫酸铜/4.5%/水剂/腐殖酸 4.4%、硫酸铜 0.1%/2013.11.08 至 2018.11.08/低毒
苹果树 腐烂病 9－14克/平方米 涂抹病疤

山东省烟台市福山区强力日用制品厂 (山东省烟台市高疃镇陈家庄 265505 0535-6996196)

WP20120174 防蛀片剂/99%/片剂/对二氯苯 99%/2012.09.12 至 2017.09.12/低毒
卫生 黑皮蠹 / 投放

山东省烟台万丰药业有限公司 (山东省烟台市化工路北首 264002 0535-6837228)

PD85159-20 草甘膦/30%/水剂/草甘膦 30%/2010.08.15 至 2015.08.15/低毒
茶树、甘蔗、果园、剑麻、林木、桑树、橡胶树 一年生杂草和多年生恶性杂草 1125-2250克/公顷 定向喷雾
PD91106-16 甲基硫菌灵/70%/可湿性粉剂/甲基硫菌灵 70%/2011.04.26 至 2016.04.26/低毒
番茄 叶霉病 375-562.5克/公顷 喷雾
甘薯 黑斑病 360-450毫克/千克 浸薯块
瓜类 白粉病 337.5-506.25克/公顷 喷雾
梨树 黑星病 360-450毫克/千克 喷雾
苹果树 轮纹病 700毫克/千克 喷雾
水稻 稻瘟病、纹枯病 1050-1500克/公顷 喷雾
小麦 赤霉病 750-1050克/公顷 喷雾
PD91106-25 甲基硫菌灵/50%/可湿性粉剂/甲基硫菌灵 50%/2011.04.26 至 2016.04.26/低毒
番茄 叶霉病 375-562.5克/公顷 喷雾
甘薯 黑斑病 360-450毫克/千克 浸薯块
瓜类 白粉病 337.5-506.25克/公顷 喷雾
梨树 黑星病 360-450毫克/千克 喷雾

苹果树 轮纹病 700毫克/千克 喷雾
水稻 稻瘟病、纹枯病 1050-1500克/公顷 喷雾
小麦 赤霉病 750-1050克/公顷 喷雾

PD20082434 阿维·高氯/1.8%/乳油/阿维菌素 0.3%、高效氯氰菊酯 1.5%/2013.12.02 至 2018.12.02/低毒(原药高毒)
黄瓜 美洲斑潜蝇 10.8-16.2克/公顷 喷雾

PD20084079 噻嗪酮/25%/可湿性粉剂/噻嗪酮 25%/2013.12.22 至 2018.12.22/低毒
柑橘树 矢尖蚧 166.7-250毫克/千克 喷雾

PD20084760 三唑锡/25%/可湿性粉剂/三唑锡 25%/2013.12.22 至 2018.12.22/低毒
苹果树 红蜘蛛 188-250毫克/千克 喷雾

PD20085392 精喹禾灵/5%/乳油/精喹禾灵 5%/2013.12.24 至 2018.12.24/低毒
花生田 一年生禾本科杂草 45-60克/公顷 茎叶喷雾

PD20086262 霜霉威盐酸盐/66.5%/水剂/霜霉威盐酸盐 66.5%/2013.12.31 至 2018.12.31/低毒
黄瓜 疫病 3.6-5.4克/平方米 苗床浇灌

PD20090571 高氯·灭多威/12%/乳油/高效氯氰菊酯 1.5%、灭多威 10.5%/2014.01.14 至 2019.01.14/中等毒(原药高毒)
棉花 棉铃虫 90-126克/公顷 喷雾

PD20090715 吡虫·灭多威/10%/乳油/吡虫啉 1%、灭多威 9%/2014.01.19 至 2019.01.19/中等毒(原药高毒)
小麦 蚜虫 90-120克/公顷 喷雾

PD20094174 高效氯氟氰菊酯/25克/升/乳油/高效氯氟氰菊酯 25克/升/2014.03.27 至 2019.03.27/中等毒
苹果树 桃小食心虫 5-6.3毫克/千克 喷雾

PD20095928 氟铃·毒死蜱/10%/乳油/毒死蜱 8.5%、氟铃脲 1.5%/2009.06.02 至 2014.06.02/低毒
十字花科蔬菜 小菜蛾 45-75克/公顷 喷雾

PD20098226 氯氰·毒死蜱/522.5克/升/乳油/毒死蜱 475克/升、氯氰菊酯 47.5克/升/2009.12.16 至 2014.12.16/中等毒
棉花 棉铃虫 548.625-783.75克/公顷 喷雾

PD20098493 阿维菌素/18克/升/乳油/阿维菌素 18克/升/2009.12.24 至 2014.12.24/低毒(原药高毒)
甘蓝 小菜蛾 8.1-13.5克/公顷 喷雾

PD20100478 吡虫啉/25%/可湿性粉剂/吡虫啉 25%/2010.01.14 至 2015.01.14/低毒
水稻 稻飞虱 15-30克/公顷 喷雾

PD20121125 毒死蜱/30%/水乳剂/毒死蜱 30%/2012.07.20 至 2017.07.20/中等毒
苹果树 绵蚜 200-250毫克/千克 喷雾

PD20121547 草甘膦铵盐/50%/可溶粉剂/草甘膦 50%/2012.10.25 至 2017.10.25/低毒
柑橘园 一年生和多年生杂草 1125-2250克/公顷 定向茎叶喷雾
注:草甘膦铵盐含量：55%。

PD20130873 戊唑醇/430克/升/悬浮剂/戊唑醇 430克/升/2013.04.25 至 2018.04.25/低毒
苹果树 斑点落叶病 61.4-86毫升/千克 喷雾

PD20132101 多抗霉素B/10%/可湿性粉剂/多抗霉素B 10%/2013.10.24 至 2018.10.24/低毒
苹果树 斑点落叶病 67-100毫克/千克 喷雾

PD20132473 丙森锌/70%/可湿性粉剂/丙森锌 70%/2013.12.09 至 2018.12.09/低毒
苹果树 斑点落叶病 833-1167毫克/千克 喷雾

山东省烟台鑫润精细化工有限公司 (山东省烟台开发区长江路150号海诺大厦811室 264006 0535-6522209)

PD20080857 恶霉灵/99%/原药/噁霉灵 99%/2013.06.23 至 2018.06.23/低毒

PD20082237 啶虫脒/5%/可湿性粉剂/啶虫脒 5%/2013.11.26 至 2018.11.26/低毒
柑橘树 蚜虫 8.6-12毫克/千克 喷雾

PD20082851 霜霉威盐酸盐/35%/水剂/霜霉威盐酸盐 35%/2013.12.09 至 2018.12.09/低毒
黄瓜 霜霉病 650-1083克/公顷 喷雾

PD20083661 氯氰·辛硫磷/30%/乳油/氯氰菊酯 1.5%、辛硫磷 28.5%/2013.12.12 至 2018.12.12/中等毒
十字花科蔬菜 菜青虫 90-112.5克/公顷 喷雾

PD20083723 毒死蜱/40%/乳油/毒死蜱 40%/2013.12.15 至 2018.12.15/低毒
柑橘树 介壳虫 250-500毫克/千克 喷雾

PD20083911 吡虫啉/20%/可溶液剂/吡虫啉 20%/2013.12.15 至 2018.12.15/低毒
棉花 蚜虫 30-45克/公顷 喷雾

PD20084040 阿维菌素/1.8%/可湿性粉剂/阿维菌素 1.8%/2013.12.16 至 2018.12.16/低毒(原药高毒)
十字花科蔬菜 小菜蛾 8.1-10.8克/公顷 喷雾

PD20084956 井冈霉素/5%/水剂/井冈霉素 5%/2013.12.22 至 2018.12.22/低毒
水稻 纹枯病 150-187.5克/公顷 喷雾

PD20085667 炔螨特/57%/乳油/炔螨特 57%/2013.12.26 至 2018.12.26/低毒
柑橘树 红蜘蛛 285-380毫克/千克 喷雾

PD20085834 噁霉灵/70%/可湿性粉剂/噁霉灵 70%/2013.12.29 至 2018.12.29/低毒
黄瓜(苗床) 立枯病 0.875-1.225克/平方米 喷雾

PD20085991 噁霉灵/15%/水剂/噁霉灵 15%/2013.12.29 至 2018.12.29/低毒
水稻苗床、水稻育秧箱 立枯病 9000-18000克/公顷 土壤处理

PD20090728 霜霉威盐酸盐/66.5%/水剂/霜霉威盐酸盐 66.5%/2014.01.19 至 2019.01.19/低毒
黄瓜 霜霉病 650-1100克/公顷 喷雾

PD20098163 毒死蜱/480克/升/乳油/毒死蜱 480克/升/2009.12.14 至 2014.12.14/中等毒
柑橘树 介壳虫 360-480毫克/千克 喷雾
苹果树 绵蚜 200-320毫克/千克 喷雾
PD20098248 联苯菊酯/100克/升/乳油/联苯菊酯 100克/升/2009.12.16 至 2014.12.16/中等毒
茶树 茶小绿叶蝉 20-25毫升制剂/亩 喷雾
PD20098317 丙环唑/250克/升/乳油/丙环唑 250克/升/2009.12.18 至 2014.12.18/低毒
香蕉 叶斑病 250－500毫克/千克 喷雾
小麦 白粉病 131－150克/公顷 喷雾
PD20100596 福美双/95%/原药/福美双 95%/2010.01.14 至 2015.01.14/低毒

山东省亿美家生活用品有限公司 (山东省茌平县杜郎口镇孙桥 252000 0635-4891555)

WP20130165 杀虫气雾剂/0.34%/气雾剂/胺菊酯 0.3%、高效氯氰菊酯 0.04%/2013.07.29 至 2018.07.29/微毒
室内 蚊、蝇 / 喷雾

山东省禹城市农药厂 (山东省德州市禹城市解放路211号 251200 0534-7321223)

PD20093803 高效氯氟氰菊酯/25克/升/乳油/高效氯氟氰菊酯 25克/升/2009.03.25 至 2014.03.25/中等毒
十字花科蔬菜 菜青虫 7.5-11.25克/公顷 喷雾
PD20097793 多抗霉素/3%/可湿性粉剂/多抗霉素 3%/2009.11.20 至 2014.11.20/低毒
黄瓜 霜霉病 160-270克/公顷 喷雾
PD20100703 阿维菌素/18克/升/乳油/阿维菌素 18克/升/2010.01.16 至 2015.01.16/低毒(原药高毒)
甘蓝 小菜蛾 9.45-13.5克/公顷 喷雾

山东省招远三联化工厂 (山东省招远市大户工业园 265407 0535-8435163)

PDN40-96 三唑锡/20%/悬浮剂/三唑锡 20%/2011.03.22 至 2016.03.22/中等毒
柑橘树、苹果树 螨 100-200毫克/千克 喷雾
PD20060183 丙环唑/95%/原药/丙环唑 95%/2011.11.10 至 2016.11.10/低毒
PD20070011 三唑锡/95%/原药/三唑锡 95%/2012.01.18 至 2017.01.18/低毒
PD20070047 多·锰锌/50%/可湿性粉剂/多菌灵 8%、代森锰锌 42%/2012.03.06 至 2017.03.06/低毒
梨树 黑星病 1000-1250毫克/千克 喷雾
苹果树 轮纹病 600-800倍液 喷雾
苹果树 斑点落叶病 1000-1250毫克/千克 喷雾
PD20070089 吡虫·三唑锡/20%/可湿性粉剂/吡虫啉 2%、三唑锡 18%/2012.04.18 至 2017.04.18/低毒
柑橘树 红蜘蛛、蚜虫 1000-2000倍液 喷雾
苹果树 红蜘蛛、黄蚜 100-200毫克/千克 喷雾
PD20070144 三唑锡/25%/可湿性粉剂/三唑锡 25%/2012.05.30 至 2017.05.30/低毒
柑橘树 红蜘蛛 125-250毫克/千克 喷雾
苹果树 红蜘蛛 125-167毫克/千克 喷雾
PD20070145 丙环唑/250克/升/乳油/丙环唑 250克/升/2012.05.30 至 2017.05.30/低毒
香蕉 叶斑病 250-500毫克/千克 喷雾
PD20080810 炔螨特/40%/乳油/炔螨特 40%/2013.06.20 至 2018.06.20/低毒
柑橘树 红蜘蛛 266.7-400毫克/千克 喷雾
PD20081019 丙唑·多菌灵/25%/悬乳剂/丙环唑 11.4%、多菌灵 13.6%/2013.08.06 至 2018.08.06/低毒
香蕉 叶斑病 208.33-312.55毫克/千克 喷雾
PD20081644 哒螨·灭幼脲/30%/可湿性粉剂/哒螨灵 10%、灭幼脲 20%/2013.11.14 至 2018.11.14/中等毒
苹果树 金纹细蛾、山楂红蜘蛛 150-200毫克/千克 喷雾
PD20090113 氯氰·毒死蜱/22%/乳油/毒死蜱 20%、氯氰菊酯 2%/2014.01.08 至 2019.01.08/中等毒
荔枝树 蒂蛀虫 220-366.7毫克/千克 喷雾
苹果树 桃小食心虫 144-220毫克/千克 喷雾
PD20111232 丙唑·多菌灵/35%/悬乳剂/丙环唑 7.0%、多菌灵 28.0%/2011.11.18 至 2016.11.18/微毒
苹果树 轮纹病 417-625毫克/千克 喷雾
苹果树 腐烂病 417-625毫克/千克 涂抹病疤、喷雾
PD20130101 阿维·三唑锡/11%/悬浮剂/阿维菌素 .4%、三唑锡 10.6%/2013.01.17 至 2018.01.17/低毒(原药高毒)
柑橘树 红蜘蛛 55-110毫克/千克 喷雾

山东省招远三联远东化学有限公司 (山东省招远市金岭镇大户陈家村 265407 0535-8436009)

PD20070015 炔螨特/90.6%/原药/炔螨特 90.6%/2012.01.18 至 2017.01.18/低毒
PD20070430 炔螨特/40%/乳油/炔螨特 40%/2012.11.12 至 2017.11.12/低毒
柑橘树 红蜘蛛 266.7-400毫克/千克 喷雾
苹果树 红蜘蛛 200-400毫克/千克 喷雾
PD20082663 炔螨特/73%/乳油/炔螨特 73%/2013.12.04 至 2018.12.04/低毒
柑橘树 红蜘蛛 243.3-365毫克/千克 喷雾
PD20083168 毒死蜱/45%/乳油/毒死蜱 45%/2013.12.11 至 2018.12.11/中等毒
柑橘树 介壳虫 160-267毫克/千克 喷雾
苹果树 绵蚜 200-400毫克/千克 喷雾
水稻 稻纵卷叶螟 450～600克/公顷 喷雾

山东省招远市金虹精细化工有限公司 (山东省招远市晨钟路65号 265400 0535-8213457)

PD20070683 高氯·辛硫磷/25%/乳油/高效氯氰菊酯 2.5%、辛硫磷 22.5%/2012.12.17 至 2017.12.17/低毒

棉花 棉铃虫 150-225克/公顷 喷雾

PD20082964 福・克/20%/种衣剂/福美双 10%、克百威 10%/2013.12.09 至 2018.12.09/高毒

玉米 蝼蛄、蚜虫 1:40(药种比) 种子包衣

PD20082982 毒死蜱/45%/乳油/毒死蜱 45%/2013.12.09 至 2018.12.09/中等毒

柑橘树 介壳虫 320-480毫克/千克 喷雾

PD20083007 甲・克/20%/悬浮种衣剂/甲拌磷 5%、克百威 15%/2013.12.10 至 2018.12.10/高毒

花生 金针虫 0.8-1千克/100千克种子0.8-1千克/100千克种子0.8-1千克/100千克种子 种子包衣

花生 地老虎、蝼蛄、蛴螬 0.8-1千克/100千克种子 种子包衣

PD20083754 甲・克/25%/悬浮种衣剂/甲拌磷 5%、克百威 20%/2013.12.15 至 2018.12.15/高毒

花生 地老虎、蝼蛄、蛴螬、蚜虫 700-1000克/100千克种子 种子包衣

PD20084319 戊唑醇/2%/湿拌种剂/戊唑醇 2%/2013.12.17 至 2018.12.17/低毒

玉米 丝黑穗病 10-12克/100千克种子 拌种

PD20086362 炔螨特/73%/乳油/炔螨特 73%/2013.12.31 至 2018.12.31/低毒

苹果树 红蜘蛛 243-365毫克/千克(2000-3000倍) 喷雾

PD20090765 吡虫啉/20%/可溶液剂/吡虫啉 20%/2014.01.19 至 2019.01.19/低毒

水稻 稻飞虱 24-36克/公顷 喷雾

PD20090853 啶虫脒/5%/乳油/啶虫脒 5%/2014.01.19 至 2019.01.19/低毒

柑橘树 蚜虫 10-12毫克/千克 喷雾

PD20091183 克・酮・多菌灵/17%/悬浮种衣剂/多菌灵 11.2%、克百威 4.3%、三唑酮 1.5%/2014.01.22 至 2019.01.22/高毒

小麦 白粉病、地下害虫 1:50-60(药种比) 种子包衣

PD20091425 高效氯氟氰菊酯/25克/升/乳油/高效氯氟氰菊酯 25克/升/2014.02.02 至 2019.02.02/中等毒

苹果树 桃小食心虫 5-6.25毫克/千克 喷雾

PD20095625 丙溴磷/40%/乳油/丙溴磷 40%/2009.05.12 至 2014.05.12/中等毒

棉花 棉铃虫 480-600克/公顷 喷雾

PD20095632 扑・乙/40%/乳油/扑草净 15%、乙草胺 25%/2009.05.12 至 2014.05.12/低毒

春玉米田 一年生杂草 1200-1500克/公顷 播后苗前土壤喷雾

PD20097036 三唑磷/20%/乳油/三唑磷 20%/2009.10.10 至 2014.10.10/中等毒

水稻 二化螟 202.5-303.75克/公顷 喷雾

PD20098529 戊唑醇/60克/升/悬浮种衣剂/戊唑醇 60克/升/2009.12.24 至 2014.12.24/低毒

小麦 散黑穗病 1.8-2.7克/100千克种子 种子包衣

PD20101026 噻螨酮/5%/可湿性粉剂/噻螨酮 5%/2010.01.20 至 2015.01.20/低毒

柑橘树 红蜘蛛 25-30mg/kg 喷雾

PD20120116 多・福/15%/悬浮种衣剂/多菌灵 7.5%、福美双 7.5%/2012.01.29 至 2017.01.29/低毒

棉花 苗期立枯病 250－375克/100千克种子 种子包衣

PD20121592 毒死蜱/30%/微囊悬浮剂/毒死蜱 30%/2012.10.25 至 2017.10.25/低毒

花生 蛴螬 1575-2250克/公顷 灌根

PD20121887 甲氨基阿维菌素苯甲酸盐/5%/微乳剂/甲氨基阿维菌素 5%/2012.11.28 至 2017.11.28/低毒

甘蓝 小菜蛾 1.125-2.25克/公顷 喷雾

注:甲氨基阿维菌素苯甲酸盐含量：5.7%。

山东省植物保护总站服务部 (山东省济南市历城区桑园路2号 250100 0531-82378751)

PD20040121 高效氯氰菊酯/2.5%/乳油/高效氯氰菊酯 2.5%/2009.12.19 至 2014.12.19/中等毒

梨树 梨木虱 20.83-25毫克/千克 喷雾

PD20091098 辛硫・灭多威/20%/乳油/灭多威 10%、辛硫磷 10%/2009.01.21 至 2014.01.21/中等毒(原药高毒)

棉花 棉铃虫 150-300克/公顷 喷雾

PD20091947 灭多威/10%/可湿性粉剂/灭多威 10%/2009.02.12 至 2014.02.12/低毒(原药高毒)

棉花 棉铃虫 360-450克/公顷 喷雾

PD20092383 高氯・马/20%/乳油/高效氯氰菊酯 1.5%、马拉硫磷 18.5%/2009.02.25 至 2014.02.25/中等毒

蝗区 蝗虫 150-210克/公顷 喷雾

PD20093153 高氯・灭多威/10%/乳油/高效氯氰菊酯 1.2%、灭多威 8.8%/2009.03.11 至 2014.03.11/中等毒(原药高毒)

棉花 棉铃虫 90-120克/公顷 喷雾

PD20093297 吡虫啉/5%/可湿性粉剂/吡虫啉 5%/2009.03.13 至 2014.03.13/低毒

水稻 飞虱 15-22.5克/公顷 喷雾

PD20094821 乙铝・锰锌/50%/可湿性粉剂/代森锰锌 22%、三乙膦酸铝 28%/2009.04.13 至 2014.04.13/低毒

黄瓜 霜霉病 1400-4200克/公顷 喷雾

PD20095008 复硝酚钠/1.4%/水剂/5-硝基邻甲氧基苯酚钠 0.3%、对硝基苯酚钾 0.7%、邻硝基苯酚钠 0.4%/2009.04.21 至2014.04.21/低毒

番茄 调节生长 3000－4000倍 茎叶喷雾

PD20110981 烷醇・辛菌胺/2.2%/可湿性粉剂/三十烷醇 0.05%、辛菌胺 2.15%/2011.09.15 至 2016.09.15/低毒

番茄 病毒病 78.8-126克/公顷 喷雾

山东省淄博丰登农药化工有限公司 (山东省淄博市周村区周村经济开发区 255300 0533-6533388)

PD20080958 高氯・辛硫磷/20%/乳油/高效氯氰菊酯 1.5%、辛硫磷 18.5%/2013.07.23 至 2018.07.23/低毒

棉花 棉铃虫 180-300克/公顷 喷雾

PD20084557 啶虫脒/3%/可湿性粉剂/啶虫脒 3%/2013.12.18 至 2018.12.18/低毒

柑橘 蚜虫 7.5-15毫克/千克 喷雾

PD20090650 毒死蜱/480克/升/乳油/毒死蜱 480克/升/2009.01.15 至 2014.01.15/中等毒

苹果树 绵蚜 200-320毫克/千克 喷雾

PD20091384 霜脲·锰锌/72%/可湿性粉剂/代森锰锌 64%、霜脲氰 8%/2014.02.02 至 2019.02.02/低毒

黄瓜 霜霉病 1440-1800克/公顷 喷雾

PD20092474 炔螨特/57%/乳油/炔螨特 57%/2014.02.25 至 2019.02.25/低毒

柑橘树 红蜘蛛 300-380毫克/千克 喷雾

PD20093101 高效氯氟氰菊酯/25克/升/乳油/高效氯氟氰菊酯 25克/升/2014.03.09 至 2019.03.09/中等毒

茶树 茶尺蠖 5.625-7.5克/公顷 喷雾

十字花科蔬菜 蚜虫 5.625-7.5克/公顷 喷雾

PD20095436 辛硫磷/3%/颗粒剂/辛硫磷 3%/2009.05.11 至 2014.05.11/低毒

花生 地下害虫 1800-3600克/公顷 撒施

PD20096342 啶虫脒/3%/乳油/啶虫脒 3%/2009.07.28 至 2014.07.28/低毒

柑橘树 蚜虫 10-15毫克/千克 喷雾

PD20111025 毒死蜱/30%/微囊悬浮剂/毒死蜱 30%/2011.09.30 至 2016.09.30/低毒

花生 蛴螬 1687.5-2250克/公顷 喷雾于播种穴

山东省淄博恒生农药有限公司 (山东省淄博市淄川区罗村镇西首 355100 0533-5673799)

PD20083425 高氯·辛硫磷/20%/乳油/高效氯氰菊酯 1.5%、辛硫磷 18.5%/2013.12.11 至 2018.12.11/低毒

十字花科蔬菜 菜青虫 100-150克/公顷 喷雾

PD20084459 硫磺·三唑酮/20%/可湿性粉剂/硫磺 10%、三唑酮 10%/2013.12.17 至 2018.12.17/低毒

小麦 白粉病 150-250克/公顷 喷雾

PD20084970 代森锰锌/80%/可湿性粉剂/代森锰锌 80%/2013.12.22 至 2018.12.22/低毒

番茄 早疫病 1845-2370克/公顷 喷雾

PD20085623 啶虫脒/5%/可湿性粉剂/啶虫脒 5%/2013.12.25 至 2018.12.25/低毒

柑橘树 蚜虫 7.5-15毫克/千克 喷雾

PD20085691 啶虫脒/20%/可溶粉剂/啶虫脒 20%/2013.12.26 至 2018.12.26/低毒

黄瓜 蚜虫 30-45克/公顷 喷雾

PD20086189 福·甲·硫磺/70%/可湿性粉剂/福美双 20%、甲基硫菌灵 14%、硫磺 36%/2013.12.30 至 2018.12.30/低毒

黄瓜 炭疽病 840-1260克/公顷 喷雾

PD20091734 高效氯氟氰菊酯/25克/升/乳油/高效氯氟氰菊酯 25克/升/2014.02.04 至 2019.02.04/低毒

十字花科蔬菜 蚜虫 5.625-9.375克/公顷 喷雾

PD20092536 硫磺·多菌灵/42%/悬浮剂/多菌灵 7%、硫磺 35%/2014.02.26 至 2019.02.26/低毒

黄瓜 白粉病 1575-2363克/公顷 喷雾

PD20093035 阿维菌素/1.8%/乳油/阿维菌素 1.8%/2014.03.09 至 2019.03.09/低毒(原药高毒)

十字花科蔬菜 小菜蛾 8.1-10.8克/公顷 喷雾

PD20097345 福美双/80%/可湿性粉剂/福美双 80%/2009.10.27 至 2014.10.27/低毒

黄瓜 霜霉病 656-1123.5克/公顷 喷雾

PD20097607 多·福/60%/可湿性粉剂/多菌灵 8%、福美双 52%/2009.11.03 至 2014.11.03/低毒

梨树 黑星病 1000－1500毫克/千克 喷雾

PD20098138 毒死蜱/40%/乳油/毒死蜱 40%/2009.12.08 至 2014.12.08/中等毒

棉花 棉铃虫 112.5-150毫升制剂/亩 喷雾

PD20098281 甲基硫菌灵/70%/可湿性粉剂/甲基硫菌灵 70%/2009.12.18 至 2014.12.18/低毒

番茄 叶霉病 375－562.5克/公顷 喷雾

PD20101990 多菌灵/50%/可湿性粉剂/多菌灵 50%/2010.09.25 至 2015.09.25/低毒

水稻 稻瘟病 700－750克/公顷 喷雾

PD20102118 阿维菌素/5%/乳油/阿维菌素 5%/2010.12.02 至 2015.12.02/中等毒(原药高毒)

甘蓝 小菜蛾 9-11.25克/公顷 喷雾

PD20110048 吡虫·噻嗪酮/20%/可湿性粉剂/吡虫啉 2%、噻嗪酮 18%/2011.01.11 至 2016.01.11/低毒

水稻 稻飞虱 90-150克/公顷 喷雾

PD20110416 吡虫啉/10%/可湿性粉剂/吡虫啉 10%/2011.04.15 至 2016.04.15/低毒

小麦 蚜虫 15-22.5克/公顷 喷雾

PD20121220 阿维·哒螨灵/10.5%/乳油/阿维菌素 0.3%、哒螨灵 10.2%/2012.08.10 至 2017.08.10/中等毒(原药高毒)

柑橘树 红蜘蛛 35～52.5毫克/千克 喷雾

PD20121471 氟铃·毒死蜱/22%/乳油/毒死蜱 20%、氟铃脲 2%/2012.10.08 至 2017.10.08/中等毒

棉花 棉铃虫 297-330克/公顷 喷雾

PD20131704 阿维·矿物油/24.5%/乳油/阿维菌素 0.2%、矿物油 24.3%/2013.08.07 至 2018.08.07/低毒(原药高毒)

柑橘树 红蜘蛛 122.5-245毫克/千克 喷雾

山东省淄博科龙生物药业有限公司 (山东省淄博市高新技术开发区东张村 255075 0533-2060448)

PD20092920 硫双威/95%/原药/硫双威 95%/2014.03.05 至 2019.03.05/中等毒

PD20094050 仲威·毒死蜱/40%/乳油/毒死蜱 15%、仲丁威 25%/2009.03.27 至 2014.03.27/中等毒

十字花科蔬菜 菜青虫 300-420克/公顷 喷雾

PD20094359 硫双威/75%/可湿性粉剂/硫双威 75%/2014.04.01 至 2019.04.01/中等毒
棉花 棉铃虫 450-675克/公顷 喷雾
PD20094445 乙铝·锰锌/50%/可湿性粉剂/代森锰锌 22%、三乙膦酸铝 28%/2009.04.01 至 2014.04.01/低毒
黄瓜 霜霉病 2700-4200克/公顷 喷雾
PD20094733 甲氰·辛硫磷/25%/乳油/甲氰菊酯 5%、辛硫磷 20%/2014.04.10 至 2019.04.10/低毒
棉花 棉铃虫 225-375克/公顷 喷雾

山东省淄博绿晶农药有限公司 （山东省淄博市周村区周村彭阳电信局西南侧 255321 0533-6610065）

PD20060100 高效氯氰菊酯/4.5%/乳油/高效氯氰菊酯 4.5%/2011.05.22 至 2016.05.22/中等毒
梨树 梨木虱 20.8-31.25毫克/千克 喷雾
PD20070521 氰戊·马拉松/20%/乳油/马拉硫磷 15%、氰戊菊酯 5%/2012.11.28 至 2017.11.28/低毒
苹果树 桃小食心虫 160-333毫克/千克 喷雾
PD20082405 高效氯氟氰菊酯/25克/升/乳油/高效氯氟氰菊酯 25克/升/2013.12.01 至 2018.12.01/中等毒
十字花科蔬菜 菜青虫 5.625-9.375克/公顷 喷雾
PD20082965 联苯菊酯/25克/升/乳油/联苯菊酯 25克/升/2013.12.09 至 2018.12.09/低毒
茶树 茶小绿叶蝉 30-37.5克/公顷 喷雾
PD20082974 代森锰锌/80%/可湿性粉剂/代森锰锌 80%/2013.12.09 至 2018.12.09/低毒
番茄 早疫病 1560-2520克/公顷 喷雾
PD20082981 联苯菊酯/100克/升/乳油/联苯菊酯 100克/升/2013.12.09 至 2018.12.09/中等毒
番茄 白粉虱 7.5-15克/公顷 喷雾
PD20083000 噻嗪酮/25%/可湿性粉剂/噻嗪酮 25%/2013.12.10 至 2018.12.10/低毒
柑橘树 矢尖蚧 166.7-250毫克/千克 喷雾
PD20083074 啶虫脒/3%/可湿性粉剂/啶虫脒 3%/2013.12.10 至 2018.12.10/低毒
柑橘树 蚜虫 10-12毫克/千克 喷雾
PD20083499 甲基硫菌灵/70%/可湿性粉剂/甲基硫菌灵 70%/2013.12.12 至 2018.12.12/低毒
水稻 纹枯病 1050-1500克/公顷 喷雾
PD20084604 高效氟吡甲禾灵/108克/升/乳油/高效氟吡甲禾灵 108克/升/2013.12.18 至 2018.12.18/低毒
冬油菜田 一年生禾本科杂草 30-45克/公顷 茎叶喷雾
PD20084610 多菌灵/50%/可湿性粉剂/多菌灵 50%/2013.12.18 至 2018.12.18/低毒
水稻 稻瘟病 750-1000克/公顷 喷雾
PD20084852 敌敌畏/15%/烟剂/敌敌畏 15%/2013.12.22 至 2018.12.22/低毒
黄瓜(保护地) 蚜虫 1125-1350克/公顷 熏蒸
PD20084932 毒死蜱/480克/升/乳油/毒死蜱 480克/升/2008.12.22 至 2013.12.22/中等毒
棉花 棉铃虫 648-864克/公顷 喷雾
PD20090701 氟铃·辛硫磷/20%/乳油/氟铃脲 2%、辛硫磷 18%/2014.01.19 至 2019.01.19/低毒
十字花科蔬菜 小菜蛾 90-150克/公顷 喷雾
PD20091081 高氯·辛硫磷/20%/乳油/高效氯氰菊酯 2%、辛硫磷 18%/2014.01.21 至 2019.01.21/低毒
甘蓝 菜青虫 90-120克/公顷 喷雾
PD20091148 氟铃·辛硫磷/42%/乳油/氟铃脲 2%、辛硫磷 40%/2014.01.21 至 2019.01.21/低毒
十字花科蔬菜 小菜蛾 504—693克/公顷 喷雾
PD20091171 氟铃脲/5%/乳油/氟铃脲 5%/2014.01.22 至 2019.01.22/低毒
棉花 棉铃虫 75-120克/公顷 喷雾
PD20092525 阿维菌素/5%/乳油/阿维菌素 5%/2014.02.26 至 2019.02.26/低毒(原药高毒)
十字花科蔬菜 小菜蛾 8.1-10.8克/公顷 喷雾
PD20094816 甲霜·锰锌/58%/可湿性粉剂/甲霜灵 10%、代森锰锌 48%/2014.04.13 至 2019.04.13/低毒
黄瓜 霜霉病 850-1050克/公顷 喷雾
PD20100437 福美双/50%/可湿性粉剂/福美双 50%/2010.01.14 至 2015.01.14/低毒
黄瓜 霜霉病 562.5-900克/公顷 喷雾
PD20100592 哒螨·矿物油/34%/乳油/哒螨灵 4%、矿物油 30%/2010.01.14 至 2015.01.14/低毒
柑橘树 红蜘蛛 227-340毫克/千克 喷雾
PD20100630 甲硫·福美双/70%/可湿性粉剂/福美双 50%、甲基硫菌灵 20%/2010.01.14 至 2015.01.14/低毒
苹果树 轮纹病 700-875毫克/千克 喷雾
PD20100852 吗胍·乙酸铜/20%/可湿性粉剂/盐酸吗啉胍 16%、乙酸铜 4%/2010.01.19 至 2015.01.19/低毒
番茄 病毒病 510-750克/公顷 喷雾
PD20111310 甲氨基阿维菌素苯甲酸盐/0.5%/微乳剂/甲氨基阿维菌素 0.5%/2011.11.24 至 2016.11.24/低毒
甘蓝 甜菜夜蛾 1.5-2.25克/公顷 喷雾
注:甲氨基阿维菌素苯甲酸盐含量: 0.57%。
PD20120164 啶虫脒/25%/乳油/啶虫脒 25%/2012.01.30 至 2017.01.30/低毒
柑橘树 蚜虫 10-15毫克/千克 喷雾
PD20120259 啶虫脒/20%/可湿性粉剂/啶虫脒 20%/2012.02.14 至 2017.02.14/低毒
柑橘树 蚜虫 12-16毫克/千克 喷雾
PD20130811 吡虫啉/70%/可湿性粉剂/吡虫啉 70%/2013.04.22 至 2018.04.22/低毒
棉花 蚜虫 26.25-31.5克/公顷 喷雾
PD20130841 甲维·高氯氟/4.8%/乳油/高效氯氟氰菊酯 4.5%、甲氨基阿维菌素苯甲酸盐 0.3%/2013.04.22 至 2018.04.22/低毒

	(原药中等毒)			
	甘蓝	甜菜夜蛾	8.64-12.96克/公顷	喷雾

山东省淄博美田农药有限公司　(山东省淄博市张店区房镇东首　255095　0533-3885086)

PD20040593	哒螨灵/15%/乳油/哒螨灵 15%/2009.12.19 至 2014.12.19/中等毒			
	苹果树	叶螨	45-50毫克/千克	喷雾
PD20090722	硫双威/25%/可湿性粉剂/硫双威 25%/2014.01.19 至 2019.01.19/低毒			
	棉花	棉铃虫	600-900克/公顷	喷雾
PD20091554	马拉硫磷/45%/乳油/马拉硫磷 45%/2014.02.03 至 2019.02.03/低毒			
	十字花科蔬菜	蚜虫	562.5-750克/公顷	喷雾
PD20092710	甲基硫菌灵/70%/可湿性粉剂/甲基硫菌灵 70%/2014.03.04 至 2019.03.04/低毒			
	番茄	叶霉病	375-562.5克/公顷	喷雾
PD20092712	多·福/50%/可湿性粉剂/多菌灵 15%、福美双 35%/2014.03.04 至 2019.03.04/低毒			
	梨树	黑星病	1000-1500毫克/千克	喷雾
PD20092713	多·锰锌/50%/可湿性粉剂/多菌灵 8%、代森锰锌 42%/2014.03.04 至 2019.03.04/低毒			
	苹果树	斑点落叶病	1000-1250毫克/千克	喷雾
PD20092714	三唑锡/25%/可湿性粉剂/三唑锡 25%/2014.03.04 至 2019.03.04/低毒			
	柑橘树	红蜘蛛	125－250毫克/千克	喷雾
PD20093746	丙溴磷/20%/乳油/丙溴磷 20%/2014.03.25 至 2019.03.25/中等毒			
	棉花	棉铃虫	300-450克/公顷	喷雾
PD20096321	高效氯氟氰菊酯/25克/升/乳油/高效氯氟氰菊酯 25克/升/2009.07.22 至 2014.07.22/中等毒			
	十字花科蔬菜	菜青虫	5.625-11.25克/公顷	喷雾
PD20100317	福·福锌/80%/可湿性粉剂/福美双 30%、福美锌 50%/2010.01.11 至 2015.01.11/低毒			
	黄瓜	炭疽病	1500-1800克/公顷	喷雾
PD20101292	毒死蜱/480克/升/乳油/毒死蜱 480克/升/2010.03.10 至 2015.03.10/中等毒			
	苹果树	绵蚜	200－266.7毫克/千克	喷雾
PD20101341	辛硫磷/40%/乳油/辛硫磷 40%/2010.03.23 至 2015.03.23/低毒			
	棉花	棉铃虫	300-360克/公顷	喷雾
PD20101342	氯氰·丙溴磷/440克/升/乳油/丙溴磷 400克/升、氯氰菊酯 40克/升/2010.03.23 至 2015.03.23/低毒			
	棉花	棉铃虫	462－660克/公顷	喷雾
PD20101465	吡虫啉/10%/可湿性粉剂/吡虫啉 10%/2010.05.04 至 2015.05.04/低毒			
	水稻	稻飞虱	15-30克/公顷	喷雾
PD20101903	哒螨·矿物油/34%/乳油/哒螨灵 4%、矿物油 30%/2010.08.27 至 2015.08.27/中等毒			
	柑橘树	红蜘蛛	226.7-340毫克/千克	喷雾
PD20102069	联苯菊酯/25克/升/乳油/联苯菊酯 25克/升/2010.11.03 至 2015.11.03/中等毒			
	柑橘树	红蜘蛛	20-40毫克/千克	喷雾

山东省淄博市周村穗丰农药化工有限公司　(山东省淄博市周村区兴鲁大道1668号　255300　0533-6182525)

PD84118-25	多菌灵/25%/可湿性粉剂/多菌灵 25%/2009.12.30 至 2014.12.30/低毒			
	果树	病害	0.05-0.1%药液	喷雾
	花生	倒秧病	750克/公顷	喷雾
	麦类	赤霉病	750克/公顷	喷雾,泼浇
	棉花	苗期病害	500克/100千克种子	拌种
	水稻	稻瘟病、纹枯病	750克/公顷	喷雾,泼浇
	油菜	菌核病	1125-1500克/公顷	喷雾
PD85156-4	辛硫磷/90%、87%、80%/原药/辛硫磷 90%、87%、80%/2011.03.14 至 2016.03.14/低毒			
PD85157-8	辛硫磷/40%/乳油/辛硫磷 40%/2010.08.15 至 2015.08.15/低毒			
	茶树、桑树	食叶害虫	200-400毫克/千克	喷雾
	果树	食心虫、蚜虫、螨	200-400毫克/千克	喷雾
	林木	食叶害虫	3000-6000克/公顷	喷雾
	棉花	棉铃虫、蚜虫	300-600克/公顷	喷雾
	蔬菜	菜青虫	300-450克/公顷	喷雾
	烟草	食叶害虫	300-600克/公顷	喷雾
	玉米	玉米螟	450-600克/公顷	灌心叶
PD86131-5	硫磺/45%/悬浮剂/硫磺 45%/2011.09.10 至 2016.09.10/低毒			
	黄瓜	白粉病	300-500倍液	喷雾
	小麦	白粉病	3375克/公顷	喷雾
	枸杞	锈蜘蛛	300倍液	喷雾
PD20040155	甲拌磷/5%/颗粒剂/甲拌磷 5%/2009.12.19 至 2014.12.19/中等毒(原药高毒)			
	高粱	蚜虫	150-300克/公顷	撒施
	棉花	蚜虫	1125-1875克/公顷	沟施,穴施
PD20040413	吡虫啉/5%/乳油/吡虫啉 5%/2009.12.19 至 2014.12.19/低毒			
	水稻	飞虱	9-18克/公顷	喷雾
	小麦	蚜虫	7.5-15克/公顷	喷雾
PD20070076	氰戊·辛硫磷/25%/乳油/氰戊菊酯 6.25%、辛硫磷 18.75%/2012.04.12 至 2017.04.12/中等毒			

棉花　棉铃虫　270-300克/公顷　喷雾

PD20081720　扑·乙/40%/乳油/扑草净 15%、乙草胺 25%/2013.11.18 至 2018.11.18/低毒

花生田　一年生杂草　1200-1500克/公顷　播后苗前土壤喷雾

PD20083327　硫磺·三环唑/45%/可湿性粉剂/硫磺 40%、三环唑 5%/2013.12.11 至 2018.12.11/低毒

水稻　稻瘟病　843.75-1012.5克/公顷　喷雾

PD20083584　灭线磷/95%/原药/灭线磷 95%/2013.12.12 至 2018.12.12/中等毒

PD20083705　氰戊·马拉松/20%/乳油/马拉硫磷 15%、氰戊菊酯 5%/2013.12.15 至 2018.12.15/中等毒

苹果树　桃小食心虫　160-333毫克/千克　喷雾

PD20083922　氯氰菊酯/50克/升/乳油/氯氰菊酯 50克/升/2013.12.15 至 2018.12.15/低毒

棉花　棉铃虫　45-60克/公顷　喷雾

PD20084231　霜霉威盐酸盐/722克/升/水剂/霜霉威盐酸盐 722克/升/2013.12.17 至 2018.12.17/低毒

黄瓜　霜霉病　649.8-1083克/公顷　喷雾

PD20084315　仲丁威/20%/乳油/仲丁威 20%/2013.12.17 至 2018.12.17/低毒

水稻　稻飞虱　375-562.5克/公顷　喷雾

PD20084382　多·福/40%/可湿性粉剂/多菌灵 10%、福美双 30%/2013.12.17 至 2018.12.17/低毒

梨树　黑星病　1000-1500毫克/千克　喷雾

PD20084588　灭线磷/40%/乳油/灭线磷 40%/2013.12.18 至 2018.12.18/中等毒(原药高毒)

花生　根结线虫　3900—4800克/公顷　沟施

PD20084818　灭线磷/10%/颗粒剂/灭线磷 10%/2013.12.22 至 2018.12.22/中等毒(原药高毒)

水稻　稻瘿蚊　1500-1800克/公顷　拌土撒施

PD20085336　灭线磷/5%/颗粒剂/灭线磷 5%/2013.12.24 至 2018.12.24/低毒(原药高毒)

红薯　茎线虫病　750-1125克/公顷　拌土穴施

花生　根结线虫　4500-5250克/公顷　沟施

PD20085456　辛硫磷/3%/颗粒剂/辛硫磷 3%/2013.12.24 至 2018.12.24/低毒

玉米　玉米螟　112.5-157.5克/公顷　加细沙后在喇叭口处均匀撒施

PD20085725　硫磺·甲硫灵/50%/悬浮剂/甲基硫菌灵 20%、硫磺 30%/2013.12.26 至 2018.12.26/低毒

黄瓜　炭疽病　703.1-937.5克/公顷　喷雾

PD20085791　异丙草·莠/40%/悬乳剂/异丙草胺 24%、莠去津 16%/2013.12.29 至 2018.12.29/低毒

夏玉米田　一年生杂草　1200-1500克/公顷　土壤喷雾

PD20090487　百菌清/30%/烟剂/百菌清 30%/2014.01.12 至 2019.01.12/低毒

黄瓜(保护地)　霜霉病　750-1200克/公顷　点燃放烟

PD20090698　氯氰·丙溴磷/440克/升/乳油/丙溴磷 400克/升、氯氰菊酯 40克/升/2014.01.19 至 2019.01.19/中等毒

棉花　棉铃虫　528-660克/公顷　喷雾

PD20092922　异甲·莠去津/45%/悬乳剂/异丙甲草胺 25%、莠去津 20%/2014.03.05 至 2019.03.05/低毒

春玉米田　一年生杂草　300-350毫升制剂/亩　播后苗前土壤喷雾

夏玉米田　一年生杂草　1012.5-1350克/公顷　播后苗前喷雾

PD20092924　丁·莠/48%/悬乳剂/丁草胺 19%、莠去津 29%/2014.03.05 至 2019.03.05/低毒

春玉米田　一年生杂草　300-350毫升制剂/亩　播后苗前土壤喷雾

夏玉米田　一年生杂草　1224—1584克/公顷　土壤喷雾

PD20093506　马拉硫磷/45%/乳油/马拉硫磷 45%/2014.03.23 至 2019.03.23/低毒

棉花　盲蝽蟓　506.3-607.5克/公顷　喷雾

PD20110726　辛硫·甲拌磷/5%/颗粒剂/甲拌磷 4%、辛硫磷 1%/2011.07.11 至 2016.07.11/中等毒(原药高毒)

花生　蛴螬　1875-2250克/公顷　播种时沟施

PD20120270　甲氨基阿维菌素苯甲酸盐/5%/水分散粒剂/甲氨基阿维菌素 5%/2012.02.15 至 2017.02.15/低毒

甘蓝　小菜蛾　2.25-3.75克/公顷　喷雾

注:甲氨基阿维菌素苯甲酸盐含量:5.7%。

PD20130912　阿维菌素/0.5%/颗粒剂/阿维菌素 0.5%/2013.04.28 至 2018.04.28/低毒(原药高毒)

黄瓜　根结线虫　220-260克/公顷　沟施、穴施

PD20131217　阿维菌素/3%/水乳剂/阿维菌素 3%/2013.05.28 至 2018.05.28/低毒(原药高毒)

水稻　二化螟　12-15克/公顷　喷雾

PD20132590　啶虫脒/20%/可溶粉剂/啶虫脒 20%/2013.12.17 至 2018.12.17/中等毒

甘蓝　蚜虫　24-36克/公顷　喷雾

山东省淄博市淄川黉阳农药有限公司　(山东省淄博市淄川区洪山镇聊斋路81号　255120　0533-5811410)

PD20040075　三唑酮/20%/乳油/三唑酮 20%/2009.12.19 至 2014.12.19/低毒

小麦　白粉病　120-127.5克/公顷　喷雾

PD20040077　硫磺·三唑酮/20%/悬浮剂/硫磺 10%、三唑酮 10%/2009.12.19 至 2014.12.19/低毒

小麦　白粉病　150-225克/公顷　喷雾

PD20080953　霜脲·锰锌/72%/可湿性粉剂/代森锰锌 64%、霜脲氰 8%/2013.07.23 至 2018.07.23/低毒

黄瓜　霜霉病　1440-1800克/公顷　喷雾

PD20080961　甲基硫菌灵/70%/可湿性粉剂/甲基硫菌灵 70%/2013.07.23 至 2018.07.23/低毒

番茄　叶霉病　375-562.5克/公顷　喷雾

PD20081334　辛硫·甲拌磷/10%/粉粒剂/甲拌磷 4%、辛硫磷 6%/2013.10.21 至 2018.10.21/高毒

小麦 地下害虫 200-300克/100千克种子 拌种
PD20081360 高氯·辛硫磷/18%/乳油/高效氯氰菊酯 2%、辛硫磷 16%/2013.10.22 至 2018.10.22/中等毒
棉花 棉铃虫 216-270克/公顷 喷雾
PD20082524 硫·酮·多菌灵/50%/可湿性粉剂/多菌灵 15%、硫磺 33%、三唑酮 2%/2013.12.03 至 2018.12.03/低毒
苹果树 炭疽病 400-600倍液 喷雾
PD20082667 多·福/50%/可湿性粉剂/多菌灵 8%、福美双 42%/2013.12.05 至 2018.12.05/低毒
梨树 黑星病 1000-1500毫克/千克 喷雾
葡萄 霜霉病 1000-1250毫克/千克 喷雾
PD20082776 螨醇·哒螨灵/20%/乳油/哒螨灵 5%、三氯杀螨醇 15%/2008.12.08 至 2013.12.08/中等毒
苹果树 山楂红蜘蛛 100-133.3毫克/千克 喷雾
PD20083545 多菌灵/50%/可湿性粉剂/多菌灵 50%/2013.12.12 至 2018.12.12/低毒
花生 倒秧病 750-900克/公顷 喷雾
PD20084153 高氯·马/25%/乳油/高效氯氰菊酯 3%、马拉硫磷 22%/2008.12.16 至 2013.12.16/低毒
苹果树 桃小食心虫 125-167毫克/千克 喷雾
PD20085474 井冈·多菌灵/12%/可湿性粉剂/多菌灵 8%、井冈霉素 4%/2013.12.25 至 2018.12.25/低毒
水稻 稻瘟病 420－525克/公顷 喷雾
PD20090337 高氯·灭多威/12%/乳油/高效氯氰菊酯 2%、灭多威 10%/2014.01.12 至 2019.01.12/中等毒(原药高毒)
棉花 棉铃虫 72-90克/公顷 喷雾
PD20092571 福·福锌/80%/可湿性粉剂/福美双 30%、福美锌 50%/2009.02.26 至 2014.02.26/低毒
苹果树 炭疽病 1143-1600毫克/千克 喷雾
PD20092740 高效氯氟氰菊酯/25克/升/乳油/高效氯氟氰菊酯 25克/升/2009.03.04 至 2014.03.04/中等毒
十字花科蔬菜 菜青虫 7.5-15克/公顷 喷雾
PD20092768 硫磺·多菌灵/40%/悬浮剂/多菌灵 20%、硫磺 20%/2009.03.04 至 2014.03.04/低毒
水稻 稻瘟病 1200-1800克/公顷 喷雾
甜菜 褐斑病 900-1200克/公顷 喷雾
PD20092772 福·甲·硫磺/50%/可湿性粉剂/福美双 15%、甲基硫菌灵 10%、硫磺 25%/2009.03.04 至 2014.03.04/低毒
辣椒 炭疽病 900-1125克/公顷 喷雾
PD20092877 扑·乙/30%/悬浮剂/扑草净 10%、乙草胺 20%/2009.03.05 至 2014.03.05/低毒
花生田 一年生杂草 900-1350克/公顷 播后苗前土壤喷雾
PD20094823 代森锰锌/80%/可湿性粉剂/代森锰锌 80%/2009.04.13 至 2014.04.13/低毒
番茄 早疫病 1800-2200克/公顷 喷雾
PD20096188 井冈·多菌灵/28%/悬浮剂/多菌灵 24%、井冈霉素 4%/2009.07.10 至 2014.07.10/低毒
小麦 赤霉病 420-525克/公顷 喷雾
PD20100202 吗胍·乙酸铜/20%/可溶粉剂/盐酸吗啉胍 15%、乙酸铜 5%/2010.01.05 至 2015.01.05/低毒
番茄 病毒病 500-750克/公顷 喷雾
PD20101519 硫磺·多菌灵/42%/悬浮剂/多菌灵 7%、硫磺 35%/2010.05.19 至 2015.05.19/低毒
黄瓜 白粉病 1575-2363克/公顷 喷雾
PD20101677 阿维·矿物油/24.5%/乳油/阿维菌素 0.5%、矿物油 24%/2010.06.08 至 2015.06.08/低毒(原药高毒)
苹果树 红蜘蛛 123-245毫克/千克 喷雾
PD20101831 毒·矿物油/40%/乳油/毒死蜱 20%、矿物油 20%/2010.07.28 至 2015.07.28/中等毒
萝卜 小菜蛾 450-600克/公顷 喷雾
PD20110097 啶虫脒/5%/乳油/啶虫脒 5%/2011.01.26 至 2016.01.26/低毒
柑橘树 蚜虫 7.5-15毫升制剂/公顷 喷雾
PD20110822 甲氨基阿维菌素苯甲酸盐/0.5%/乳油/甲氨基阿维菌素 0.5%/2011.08.04 至 2016.08.04/低毒
甘蓝 小菜蛾 1.5-1.8克/公顷 喷雾
注:甲氨基阿维菌素苯甲酸盐含量为:0.57%。
PD20111075 井冈·三唑酮/15%/悬浮剂/井冈霉素A 10%、三唑酮 5%/2011.10.12 至 2016.10.12/低毒
小麦 纹枯病 180-300克/公顷 喷雾

山东省淄博新农基农药化工有限公司 (山东省淄博市淄博开发区北首(金晶工业园北邻) 256410 0533-8409882)

PD85140-5 拌种双/40%/可湿性粉剂/拌种灵 20%、福美双 20%/2010.08.15 至 2015.08.15/低毒
高粱 黑穗病 120-200克/100千克种子 拌种
红麻 炭疽病 160倍液 浸种
花生 锈病 500倍液 喷雾
棉花 苗期病害 200克/100千克斤种子 拌种
小麦 黑穗病 40-80克/100千克种子 拌种
玉米 黑穗病 200克/100千克种子 拌种
PD20082159 甲硫·福美双/50%/可湿性粉剂/福美双 25%、甲基硫菌灵 25%/2013.11.26 至 2018.11.26/低毒
黄瓜 炭疽病 525-600克/公顷 喷雾
PD20082499 精喹禾灵/10%/乳油/精喹禾灵 10%/2013.12.03 至 2018.12.03/低毒
冬油菜田 一年生禾本科杂草 375-600毫升/公顷(制剂) 茎叶喷雾
夏大豆田 一年生禾本科杂草 450-600毫升/公顷(制剂) 茎叶喷雾
PD20082504 苯磺隆/75%/水分散粒剂/苯磺隆 75%/2013.12.03 至 2018.12.03/低毒
小麦田 一年生阔叶杂草 11.25-18克/公顷 茎叶喷雾

PD20082505	精喹禾灵/5%/乳油/精喹禾灵 5%/2013.12.03 至 2018.12.03/低毒			
	春大豆田	一年生禾本科杂草	52.5-75克/公顷(东北地区)	茎叶喷雾
	夏大豆田	一年生禾本科杂草	45-52.5克/公顷(其它地区)	茎叶喷雾
	油菜田	一年生禾本科杂草	45-52.5克/公顷	茎叶喷雾
PD20082554	咪唑乙烟酸/70%/可湿性粉剂/咪唑乙烟酸 70%/2013.12.04 至 2018.12.04/低毒			
	春大豆田	一年生杂草	84—105克/公顷	茎叶喷雾
PD20082618	咪唑乙烟酸/5%/水剂/咪唑乙烟酸 5%/2013.12.04 至 2018.12.04/低毒			
	春大豆田	一年生杂草	75-105克/公顷(东北地区)	喷雾
PD20082619	异丙草·莠/40%/悬乳剂/异丙草胺 16%、莠去津 24%/2013.12.04 至 2018.12.04/低毒			
	春玉米田	一年生杂草	1500-1800克/公顷(东北地区)	播后苗前土壤喷雾
PD20082668	毒死蜱/40%/乳油/毒死蜱 40%/2008.12.05 至 2013.12.05/中等毒			
	萝卜、青菜	菜青虫	420-540克/公顷	喷雾
PD20082902	咪唑乙烟酸/95%/原药/咪唑乙烟酸 95%/2013.12.09 至 2018.12.09/低毒			
PD20083058	咪唑乙烟酸/20%/水剂/咪唑乙烟酸 20%/2013.12.10 至 2018.12.10/低毒			
	春大豆田	一年生杂草	375-525毫升/公顷(制剂)	茎叶喷雾
PD20083631	异噁草松/48%/乳油/异噁草松 48%/2013.12.12 至 2018.12.12/低毒			
	春大豆田	一年生杂草	2085-2505毫升/公顷(制剂)	播后苗前土壤喷雾
PD20083638	咪唑乙烟酸/10%/水剂/咪唑乙烟酸 10%/2013.12.12 至 2018.12.12/低毒			
	春大豆田	一年生杂草	90—105克/公顷	喷雾
PD20085431	丙环唑/250克/升/乳油/丙环唑 250克/升/2013.12.24 至 2018.12.24/低毒			
	香蕉	叶斑病	250-500毫克/千克	喷雾
PD20085897	烟嘧磺隆/95%/原药/烟嘧磺隆 95%/2013.12.29 至 2018.12.29/低毒			
PD20090225	精喹禾灵/8.8%/乳油/精喹禾灵 8.8%/2014.01.09 至 2019.01.09/低毒			
	春大豆田	一年生禾本科杂草	66-79.2克/公顷	茎叶喷雾
PD20090280	精喹·草除灵/17.5%/乳油/草除灵 12.5%、精喹禾灵 5%/2014.01.09 至 2019.01.09/低毒			
	油菜田	一年生杂草	328-393克/公顷	茎叶喷雾
PD20090307	莠去津/48%/可湿性粉剂/莠去津 48%/2014.01.12 至 2019.01.12/低毒			
	春玉米田	一年生杂草	2160-2520克/公顷	土壤喷雾
PD20090633	莠去津/80%/可湿性粉剂/莠去津 80%/2014.01.14 至 2019.01.14/低毒			
	夏玉米田	一年生杂草	1200-1500克/公顷	播后苗前土壤喷雾
PD20090960	氟磺胺草醚/250克/升/水剂/氟磺胺草醚 250克/升/2014.01.20 至 2019.01.20/低毒			
	春大豆田	一年生阔叶杂草	225-375克/公顷	茎叶喷雾
	夏大豆田	一年生阔叶杂草	187.5-225克/公顷	茎叶喷雾
PD20091723	莠去津/38%/悬浮剂/莠去津 38%/2014.02.04 至 2019.02.04/低毒			
	春玉米田	一年生杂草	1995-2280克/公顷	土壤喷雾
PD20091841	烯草酮/120克/升/乳油/烯草酮 120克/升/2014.02.06 至 2019.02.06/低毒			
	油菜田	一年生禾本科杂草	54-72克/公顷	茎叶喷雾
PD20092876	乳氟禾草灵/240克/升/乳油/乳氟禾草灵 240克/升/2014.03.05 至 2019.03.05/低毒			
	春大豆田	一年生阔叶杂草	108-162克/公顷	茎叶喷雾
	夏大豆田	一年生阔叶杂草	54-108克/公顷	茎叶喷雾
PD20094166	烟嘧磺隆/40克/升/可分散油悬浮剂/烟嘧磺隆 40克/升/2014.03.27 至 2019.03.27/低毒			
	玉米田	一年生杂草	42-60克/公顷	茎叶喷雾
PD20098129	除虫脲/25%/可湿性粉剂/除虫脲 25%/2009.12.08 至 2014.12.08/低毒			
	甘蓝	菜青虫	225-262.5克/公顷	喷雾
PD20098485	氟铃脲/5%/乳油/氟铃脲 5%/2009.12.24 至 2014.12.24/低毒			
	甘蓝	小菜蛾	37.5-60克/公顷	喷雾
	棉花	棉铃虫	105-150克/公顷	喷雾
PD20101224	戊唑醇/60克/升/悬浮种衣剂/戊唑醇 60克/升/2010.03.01 至 2015.03.01/低毒			
	玉米	丝黑穗病	6-12克/100千克种子	种子包衣
PD20102153	乙羧氟草醚/10%/乳油/乙羧氟草醚 10%/2010.12.08 至 2015.12.08/低毒			
	夏大豆田	一年生阔叶杂草	60-75克/公顷	茎叶喷雾
PD20110521	戊唑醇/96%/原药/戊唑醇 96%/2011.05.09 至 2016.05.09/低毒			
PD20111286	烟嘧磺隆/80%/可湿性粉剂/烟嘧磺隆 80%/2011.11.23 至 2016.11.23/低毒			
	玉米田	一年生单、双子叶杂草	45-60克/公顷	茎叶喷雾
PD20111406	烟嘧·莠去津/52%/可湿性粉剂/烟嘧磺隆 4%、莠去津 48%/2011.12.22 至 2016.12.22/低毒			
	玉米田	一年生杂草	682.5-780克/公顷	茎叶喷雾
PD20120221	烟嘧·莠去津/22%/可分散油悬浮剂/烟嘧磺隆 2%、莠去津 20%/2012.02.09 至 2017.02.09/低毒			
	玉米田	一年生杂草	495-577.5克/公顷	茎叶喷雾
PD20120437	戊唑醇/80%/可湿性粉剂/戊唑醇 80%/2012.03.14 至 2017.03.14/低毒			
	苹果树	斑点落叶病	50—100毫克/千克	喷雾
PD20121281	草甘膦/95%/原药/草甘膦 95%/2012.09.06 至 2017.09.06/低毒			
PD20121772	乙羧氟草醚/15%/乳油/乙羧氟草醚 15%/2012.11.16 至 2017.11.16/低毒			
	大豆田	一年生阔叶杂草	67.5-112.5克/公顷	茎叶喷雾

PD20121802 双草醚/95%/原药/双草醚 95%/2012.11.22 至 2017.11.22/低毒

PD20121868 烟嘧磺隆/75%/水分散粒剂/烟嘧磺隆 75%/2012.11.28 至 2017.11.28/低毒
玉米田 一年生杂草 49.5-59.6克/公顷 茎叶喷雾

PD20130263 萎锈·福美双/400克/升/悬浮剂/福美双 200克/升、萎锈灵 200克/升/2013.02.06 至 2018.02.06/低毒
大豆 根腐病 200～260克/100公斤种子 拌种

PD20130632 草甘膦异丙胺盐/30%/水剂/草甘膦 30%/2013.04.05 至 2018.04.05/低毒
非耕地 杂草 1125-2250克/公顷 茎叶喷雾
注:草甘膦异丙胺盐含量：41%。

PD20130848 吡虫啉/70%/可湿性粉剂/吡虫啉 70%/2013.04.22 至 2018.04.22/低毒
甘蓝 蚜虫 31.5-42克/公顷 喷雾

PD20131715 高氯·甲维盐/3%/乳油/高效氯氰菊酯 2.5%、甲氨基阿维菌素苯甲酸盐 0.5%/2013.08.16 至 2018.08.16/低毒(原药中等毒)
棉花 棉铃虫 36-45克/公顷 喷雾

PD20131999 阿维·氟铃脲/2.5%/乳油/阿维菌素 0.5%、氟铃脲 2%/2013.10.10 至 2018.10.10/低毒(原药高毒)
甘蓝 菜青虫 15-22.5克/公顷 喷雾
甘蓝 小菜蛾 11.25-18.75克/公顷 喷雾

PD20132558 烟嘧磺隆/8%/可分散油悬浮剂/烟嘧磺隆 8%/2013.12.17 至 2018.12.17/低毒
玉米田 一年生杂草 50-60克/公顷 茎叶喷雾

山东省邹平县德兴精细化工有限公司 (山东省邹平县开发区工业园 256205 0543-4811902)

PD20122021 烯酰吗啉/50%/水分散粒剂/烯酰吗啉 50%/2012.12.19 至 2017.12.19/低毒
黄瓜 霜霉病 225-300克/公顷 喷雾

山东省邹平县绿大药业有限公司 (山东省滨州市邹平县好生工业园 256219 0543-4501664)

PD20081861 苯丁锡/20%/可湿性粉剂/苯丁锡 20%/2013.11.20 至 2018.11.20/低毒
柑橘树 红蜘蛛 133.3-200毫克/千克 喷雾

PD20082800 啶虫脒/5%/可湿性粉剂/啶虫脒 5%/2013.12.09 至 2018.12.09/低毒
柑橘树 蚜虫 8.6-12毫克/千克 喷雾

PD20084348 联苯菊酯/25克/升/乳油/联苯菊酯 25克/升/2013.12.17 至 2018.12.17/低毒
茶树 茶小绿叶蝉 25-37.5克/公顷 喷雾

PD20085018 阿维菌素/1.8%/乳油/阿维菌素 1.8%/2013.12.22 至 2018.12.22/低毒(原药高毒)
柑橘树 锈壁虱 2.25-4.5毫克/千克 喷雾
柑橘树 红蜘蛛、潜叶蛾 4.5-9毫克/千克 喷雾
梨树 梨木虱 6-12毫克/千克 喷雾
棉花 棉铃虫 21.6-32.4克/公顷 喷雾
棉花 红蜘蛛 10.8-16.2克/公顷 喷雾
苹果树 红蜘蛛 3-6毫克/千克 喷雾
苹果树 二斑叶螨 4.5-6毫克/千克 喷雾
苹果树 桃小食心虫 4.5-9毫克/千克 喷雾
十字花科蔬菜 小菜蛾 8.1-10.8克/公顷 喷雾

PD20085866 丙溴·辛硫磷/24%/乳油/丙溴磷 10%、辛硫磷 14%/2013.12.29 至 2018.12.29/低毒
十字花科蔬菜 菜青虫 108-180克/公顷 喷雾

PD20090575 甲硫·福美双/70%/可湿性粉剂/福美双 22%、甲基硫菌灵 48%/2014.01.14 至 2019.01.14/低毒
黄瓜 白粉病 525-787.5克/公顷 喷雾

PD20090885 高效氟吡甲禾灵/108克/升/乳油/高效氟吡甲禾灵 108克/升/2014.01.19 至 2019.01.19/低毒
油菜田 一年生禾本科杂草 30-45克/公顷 茎叶喷雾

PD20090917 高氯·马/20%/乳油/高效氯氰菊酯 1.5%、马拉硫磷 18.5%/2014.01.19 至 2019.01.19/低毒
苹果树 桃小食心虫 133-200毫克/千克 喷雾

PD20091838 二甲戊灵/330克/升/乳油/二甲戊灵 330克/升/2009.02.06 至 2014.02.06/低毒
玉米地 一年生杂草 750-1500克/公顷 播后苗前土壤喷雾

PD20094718 氟啶脲/5%/乳油/氟啶脲 5%/2009.04.10 至 2014.04.10/低毒
十字花科蔬菜 小菜蛾 30-60克/公顷 喷雾

PD20095478 哒螨灵/20%/可湿性粉剂/哒螨灵 20%/2009.05.11 至 2014.05.11/低毒
苹果树 红蜘蛛 50-66.7毫克/千克 喷雾

PD20097053 烟嘧磺隆/40克/升/可分散油悬浮剂/烟嘧磺隆 40克/升/2009.10.10 至 2014.10.10/低毒
玉米田 一年生杂草 42-60克/公顷 茎叶喷雾

PD20098342 顺式氯氰菊酯/50克/升/乳油/顺式氯氰菊酯 50克/升/2009.12.18 至 2014.12.18/低毒
棉花 棉铃虫 22-46毫升制剂/亩 喷雾

PD20100263 氟磺胺草醚/250克/升/水剂/氟磺胺草醚 250克/升/2010.01.11 至 2015.01.11/低毒
夏大豆田 一年生阔叶杂草 187.5-225克/公顷 茎叶喷雾

PD20100595 哒螨灵/15%/乳油/哒螨灵 15%/2010.01.14 至 2015.01.14/中等毒
苹果树 红蜘蛛 50-75毫克/千克 喷雾

PD20101633 毒死蜱/5%/颗粒剂/毒死蜱 5%/2010.06.03 至 2015.06.03/低毒
韭菜 韭蛆 1350-1875克/公顷 撒施

PD20110667 阿维菌素/1.8%/可湿性粉剂/阿维菌素 1.8%/2011.06.20 至 2016.06.20/低毒(原药高毒)

	甘蓝	小菜蛾	/	喷雾
PD20110929	甲氨基阿维菌素苯甲酸盐/0.5%/乳油/甲氨基阿维菌素 0.5%/2011.09.06 至 2016.09.06/低毒			
	甘蓝	小菜蛾	1.5-1.8克/公顷	喷雾
	注:甲氨基阿维菌素苯甲酸盐含量:0.57%。			
PD20111381	阿维菌素/5%/乳油/阿维菌素 5%/2011.12.14 至 2016.12.14/中等毒(原药高毒)			
	甘蓝	小菜蛾	9.45-10.8克/公顷	喷雾
PD20120598	甲氨基阿维菌素苯甲酸盐/2%/乳油/甲氨基阿维菌素 2%/2012.04.11 至 2017.04.11/低毒			
	甘蓝	小菜蛾	2.3-2.9克/公顷	喷雾
	注:甲氨基阿维菌素苯甲酸盐含量：2.3%。			
PD20121275	吡虫啉/20%/可溶液剂/吡虫啉 20%/2012.09.06 至 2017.09.06/低毒			
	番茄(保护地)	白粉虱	45-60克/公顷	喷雾
PD20130224	咪鲜胺/450克/升/水乳剂/咪鲜胺 450克/升/2013.01.30 至 2018.01.30/低毒			
	柑橘(果实)	炭疽病	255-450毫克/千克	浸果
山东省兖州市天成化工有限公司 (山东省济宁市兖州市北站西路 272117 0537-3482493)				
WP20080042	高效氯氰菊酯/5%/可湿性粉剂/高效氯氰菊酯 5%/2013.03.04 至 2018.03.04/低毒			
	卫生	蜚蠊	50毫克/平方米	滞留喷洒
	卫生	蚊、蝇	30毫克/平方米	滞留喷洒
山东省郓城县芳洁日用化工厂 (山东省郓城县工业园区 274700 0530-6560645)				
WP20080555	杀虫气雾剂/0.55%/气雾剂/胺菊酯 0.30%、氯菊酯 0.25%/2008.12.24 至 2013.12.24/低毒			
	卫生	蚊、蝇	/	喷雾
山东省莘县养生堂日化有限公司 (山东省聊城市莘县朝城清风工业园清风路一号 252423 0635-7715666)				
WP20090186	杀虫气雾剂/0.3%/气雾剂/胺菊酯 0.25%、氯氰菊酯 0.05%/2009.03.19 至 2014.03.19/低毒			
	卫生	蚊、蝇	/	喷雾
山东省泗水丰田农药有限公司 (山东省济宁市泗水县拓沟镇 273214 0537-4371067)				
PD85150-18	多菌灵/50%/可湿性粉剂/多菌灵 50%/2010.08.15 至 2015.08.15/低毒			
	果树	病害	0.05-0.1%药液	喷雾
	花生	倒秧病	750克/公顷	喷雾
	麦类	赤霉病	750克/公顷	喷雾、泼浇
	棉花	苗期病害	500克/100千克种子	拌种
	水稻	稻瘟病、纹枯病	750克/公顷	喷雾、泼浇
	油菜	菌核病	1125-1500克/公顷	喷雾
PD85166-2	25%绿麦隆可湿性粉剂//可湿性粉剂/绿麦隆 25%/2011.12.26 至 2016.12.26/低毒			
	大麦田、小麦田、玉米田	一年生杂草	1500-3000克/公顷(北方地区) 600-1500克/公顷(南方地区)	播后苗前或苗期喷雾
PD20060130	吡虫啉/2.5%/乳油/吡虫啉 2.5%/2011.06.29 至 2016.06.29/低毒			
	棉花	蚜虫	11.25-22.5克/公顷	喷雾
PD20092829	硫磺·多菌灵/50%/可湿性粉剂/多菌灵 15%、硫磺 35%/2009.03.05 至 2014.03.05/低毒			
	花生	叶斑病	1200-1800克/公顷	喷雾
PD20092934	辛硫·甲拌磷/10%/粉粒剂/甲拌磷 4%、辛硫磷 6%/2009.03.05 至 2014.03.05/高毒			
	花生	蛴螬	600-900克/公顷	毒土盖种
	小麦	地下害虫	200-300克/100千克种子	拌种
PD20094216	辛硫磷/3%/颗粒剂/辛硫磷 3%/2009.03.31 至 2014.03.31/低毒			
	花生	地下害虫	1800-2250克/公顷	撒施
PD20094266	井冈·多菌灵/28%/悬浮剂/多菌灵 24%、井冈霉素 4%/2009.03.31 至 2014.03.31/低毒			
	小麦	赤霉病	630-840克/公顷	喷雾
PD20094780	高效氯氟氰菊酯/25克/升/乳油/高效氯氟氰菊酯 25克/升/2009.04.13 至 2014.04.13/中等毒			
	十字花科蔬菜	菜青虫	7.5-11.25克/公顷	喷雾
PD20095045	联苯菊酯/100克/升/乳油/联苯菊酯 100克/升/2009.04.21 至 2014.04.21/中等毒			
	茶树	茶小绿叶蝉	30-37.5克/公顷	喷雾
PD20095058	硫磺·多菌灵/50%/悬浮剂/多菌灵 15%、硫磺 35%/2009.04.21 至 2014.04.21/低毒			
	花生	叶斑病	1200-1800克/公顷	喷雾
PD20097164	辛硫磷/1.5%/颗粒剂/辛硫磷 1.5%/2009.10.16 至 2014.10.16/低毒			
	玉米	玉米螟	112.5-168.75克/公顷	撒心(喇叭口)
PD20100705	精噁唑禾草灵/69%/水乳剂/精噁唑禾草灵 69%/2010.01.16 至 2015.01.16/低毒			
	小麦田	一年生禾本科杂草	51.75-62.10克/公顷	茎叶喷雾
PD20100798	阿维·哒螨灵/6.78%/乳油/阿维菌素 0.11%、哒螨灵 6.67%/2010.01.19 至 2015.01.19/低毒(原药高毒)			
	苹果树	红蜘蛛	22.6-33.9毫克/千克	喷雾
PD20100827	阿维菌素/18克/升/乳油/阿维菌素 18克/升/2010.01.19 至 2015.01.19/低毒(原药高毒)			
	甘蓝	小菜蛾	8.1-10.8克/公顷	喷雾
PD20100993	辛硫·甲拌磷/5%/粉粒剂/甲拌磷 4%、辛硫磷 1%/2010.01.20 至 2015.01.20/中等毒(原药高毒)			
	花生	地下害虫	1875-2250克/公顷	沟施
PD20130427	毒死蜱/30%/微囊悬浮剂/毒死蜱 30%/2013.03.18 至 2018.03.18/低毒			
	花生	蛴螬	1575-2250克/公顷	喷雾于播种穴

山东胜邦鲁南农药有限公司 (临沂经济开发区梅家埠街道办事处干梅路3.5公里处南600米 276024 0539-6019918)

PD85156-2 辛硫磷/85%,75%/原药/辛硫磷 85%,75%/2011.01.08 至 2016.01.08/低毒

PD85157-4 辛硫磷/40%/乳油/辛硫磷 40%/2011.01.08 至 2016.01.08/低毒
茶树、林木、桑树 食叶害虫 200-400毫克/千克 喷雾
果树 食心虫、蚜虫、螨 200-400毫克/千克 喷雾
棉花 棉铃虫、蚜虫 300-600克/公顷 喷雾
蔬菜 菜青虫 300-450克/公顷 喷雾
烟草 食叶害虫 300-600克/公顷 喷雾
玉米 玉米螟 450-600克/公顷 灌心叶

PD20060077 毒死蜱/97%/原药/毒死蜱 97%/2011.04.14 至 2016.04.14/中等毒

PD20080864 三唑磷/20%/乳油/三唑磷 20%/2013.06.27 至 2018.06.27/中等毒
水稻 二化螟、三化螟 300-450克/公顷 喷雾

PD20081548 丁硫克百威/20%/乳油/丁硫克百威 20%/2013.11.11 至 2018.11.11/中等毒
棉花 蚜虫 60-120克/公顷 喷雾

PD20082471 克百威/3%/颗粒剂/克百威 3%/2013.12.03 至 2018.12.03/中等毒(原药高毒)
甘蔗 蚜虫、蔗龟 1350-2250克/公顷 沟施
花生 线虫 1800-2250克/公顷 沟施,条施
棉花 蚜虫 675-900克/公顷 沟施,条施
水稻 稻瘿蚊、二化螟、三化螟 900-1350克/公顷 撒施

PD20082847 噁酮·乙草胺/35%/乳油/噁草酮 5%、乙草胺 30%/2013.12.09 至 2018.12.09/低毒
花生田 一年生杂草 787.5-1312.5克/公顷 播后苗前土壤喷雾

PD20082893 辛硫磷/3%/颗粒剂/辛硫磷 3%/2013.12.09 至 2018.12.09/低毒
花生 蛴螬 1800-3750克/公顷 播种时沟施

PD20083401 甲·克/3%/颗粒剂/甲拌磷 1.8%、克百威 1.2%/2013.12.11 至 2018.12.11/高毒
甘蔗 蔗螟 2250-2700克/公顷 沟施

PD20083900 毒死蜱/480克/升/乳油/毒死蜱 480克/升/2013.12.15 至 2018.12.15/中等毒
水稻 稻纵卷叶螟 450-600克/公顷 喷雾

PD20085511 辛硫磷/1.5%/颗粒剂/辛硫磷 1.5%/2013.12.25 至 2018.12.25/低毒
玉米 玉米螟 112.5-168.75克/公顷 撒心(喇叭口)

PD20091169 毒·辛/30%/乳油/毒死蜱 10%、辛硫磷 20%/2014.01.22 至 2019.01.22/低毒
花生 地老虎、金针虫、蝼蛄、蛴螬 1800-2250克/公顷 灌根
水稻 二化螟 540-675克/公顷 喷雾

PD20091404 氯氰·辛硫磷/24%/乳油/氯氰菊酯 2%、辛硫磷 22%/2014.02.02 至 2019.02.02/中等毒
棉花 棉铃虫 216-288克/公顷 喷雾

PD20092754 辛硫磷/35%/微囊悬浮剂/辛硫磷 35%/2014.03.04 至 2019.03.04/低毒
大蒜 蒜蛆 2730-3675克/公顷 灌根
花生 地下害虫 2100-3150克/公顷 灌根
韭菜 韭蛆 2730-3675克/公顷 灌根
棉花 棉铃虫 525-630克/公顷 喷雾

PD20095863 毒死蜱/40%/乳油/毒死蜱 40%/2009.05.27 至 2014.05.27/中等毒
苹果树 绵蚜、桃小食心虫 200-250毫克/千克 喷雾
十字花科蔬菜 菜青虫 180-360克/公顷 喷雾

PD20096739 三唑磷/85%/原药/三唑磷 85%/2009.09.07 至 2014.09.07/中等毒

PD20100184 辛硫磷/40%/乳油/辛硫磷 40%/2010.01.05 至 2015.01.05/低毒
棉花 棉铃虫 225-300克/公顷 喷雾
水稻 三化螟 600-750克/公顷 喷雾

PD20110362 毒死蜱/25%/微囊悬浮剂/毒死蜱 25%/2011.03.31 至 2016.03.31/低毒
棉花 斜纹夜蛾 281.25-450克/公顷 喷雾

山东胜邦绿野化学有限公司 (山东省济南市章丘刁镇工业园 250204 0531-88725060)

PD85112-17 莠去津/38%/悬浮剂/莠去津 38%/2010.04.14 至 2015.04.14/低毒
茶园 一年生杂草 1125-1875克/公顷 喷于地表
防火隔离带、公路、森林、铁路 一年生杂草 0.8-2克/平方米 喷于地表
甘蔗 一年生杂草 1050-1500克/公顷 喷于地表
高粱、糜子、玉米 一年生杂草 1800-2250克/公顷(东北地区) 喷于地表
红松苗圃 一年生杂草 0.2-0.3克/平方米 喷于地表
梨树、苹果树 一年生杂草 1625-1875克/公顷 喷于地表
橡胶园 一年生杂草 2250-3750克/公顷 喷于地表

PD85159-29 草甘膦铵盐/30%/水剂/草甘膦 30%/2010.07.12 至 2015.07.12/低毒
茶树、甘蔗、果园、剑麻、林木、桑树、橡胶树 一年生杂草和多年生恶性杂草 1125-2250克/公顷 定向喷雾
注:草甘膦铵盐含量: 33%。

PD86126-7	扑草净/50%/可湿性粉剂/扑草净 50%/2011.10.25 至 2016.10.25/低毒			
	茶园、成年果园、苗圃	阔叶杂草	1875-3000克/公顷	喷于地表，切勿喷至树上
	大豆田、花生田	阔叶杂草	750-1125克/公顷	喷雾
	甘蔗田、棉花田、苎麻	阔叶杂草	750-1125克/公顷	播后苗前土壤喷雾
	谷子田	阔叶杂草	375克/公顷	喷雾
	麦田	阔叶杂草	450-750克/公顷	喷雾
	水稻本田、水稻秧田	阔叶杂草	150-900克/公顷	撒毒土
PD20060128	乙草胺/93%/原药/乙草胺 93%/2011.06.26 至 2016.06.26/低毒			
PD20060205	草甘膦/95%/原药/草甘膦 95%/2011.12.07 至 2016.12.07/低毒			
PD20070018	丁草胺/60%/乳油/丁草胺 60%/2012.01.18 至 2017.01.18/低毒			
	水稻田	稗草、牛毛草、鸭舌草	750-1275克/公顷	毒土、喷雾
PD20070020	丁草胺/50%/乳油/丁草胺 50%/2012.01.18 至 2017.01.18/低毒			
	水稻移栽田	一年生禾本科杂草及部分阔叶杂草	1125-1500克/公顷	毒土法
PD20070023	二甲戊灵/90%/原药/二甲戊灵 90%/2012.01.18 至 2017.01.18/低毒			
PD20070025	丁草胺/90%/原药/丁草胺 90%/2012.01.18 至 2017.01.18/低毒			
PD20070029	西玛津/90%/原药/西玛津 90%/2012.01.18 至 2017.01.18/低毒			
PD20070070	乙草胺/50%/乳油/乙草胺 50%/2012.03.21 至 2017.03.21/低毒			
	大豆田	一年生禾本科杂草及小粒阔叶杂草	1200-1875克/公顷(东北地区),750-1050克/公顷(其它地区)	播前、播后苗前土壤处理
	花生田	一年生禾本科杂草及小粒阔叶杂草	525-750克/公顷、50-1200克/公顷(覆膜时药量酌减)	栽前土壤处理、播后苗前土壤喷雾处理
	油菜田	一年生禾本科杂草及小粒阔叶杂草	525-750克/公顷	栽前土壤喷雾处理
	玉米田	一年生禾本科杂草及小粒阔叶杂草	900-1875克/公顷(东北地区) 750-1050克/公顷(其它地区)	播前或播后苗前土壤处理
PD20070170	扑草净/95%/原药/扑草净 95%/2012.06.25 至 2017.06.25/低毒			
PD20070181	乙草胺/880克/升/乳油/乙草胺 880克/升/2012.06.25 至 2017.06.25/低毒			
	大豆田	一年生禾本科杂草及部分阔叶杂草	924-1320克/公顷	土壤喷雾
	花生田	一年生禾本科杂草及部分阔叶杂草	924-1056克/公顷	土壤喷雾
	棉花田	部分阔叶杂草、一年生禾本科杂草	924-1188克/公顷	土壤喷雾
	夏玉米田	一年生禾本科杂草及部分阔叶杂草	792-1056克/公顷	土壤喷雾
PD20070230	莠去津/95%/原药/莠去津 95%/2012.08.08 至 2017.08.08/低毒			
PD20080569	莠去津/50%/悬浮剂/莠去津 50%/2013.05.12 至 2018.05.12/低毒			
	春玉米田	一年生杂草	1500-2250克/公顷	播后苗前土壤喷雾
	夏玉米田	一年生杂草	1125-1500克/公顷	喷雾
PD20080570	乙草胺/900克/升/乳油/乙草胺 900克/升/2013.05.12 至 2018.05.12/低毒			
	春大豆田、春玉米田	部分阔叶杂草、一年生禾本科杂草	1620-1890克/公顷(东北地区)	土壤喷雾
PD20080608	二甲戊灵/330克/升/乳油/二甲戊灵 330克/升/2013.05.12 至 2018.05.12/低毒			
	甘蓝田	一年生杂草	495-742.5克/公顷	土壤喷雾
	棉花田	一年生杂草	742.5-990克/公顷	土壤喷雾
PD20080657	乙草胺/50%/微乳剂/乙草胺 50%/2013.05.27 至 2018.05.27/低毒			
	花生田、夏玉米田	一年生禾本科杂草及部分阔叶杂草	900-1125克/公顷	土壤喷雾
PD20080722	咪唑乙烟酸/10%/水剂/咪唑乙烟酸 10%/2013.06.11 至 2018.06.11/低毒			
	春大豆田	一年生杂草	90-105克/公顷	喷雾
PD20080727	甲戊・扑草净/35%/乳油/二甲戊灵 15%、扑草净 20%/2013.06.11 至 2018.06.11/低毒			
	大蒜、姜	一年生杂草	787.5-1050克/公顷	土壤喷雾
PD20080746	精喹禾灵/10%/乳油/精喹禾灵 10%/2013.06.11 至 2018.06.11/低毒			
	花生田、棉花田	一年生禾本科杂草	45—60克/公顷	茎叶喷雾
PD20081303	扑・乙/40%/乳油/扑草净 15%、乙草胺 25%/2013.10.09 至 2018.10.09/低毒			
	花生田	一年生杂草	900-1500克/公顷	土壤喷雾
	棉花田	一年生杂草	1200-1500克/公顷	土壤喷雾
PD20081310	草甘膦异丙胺盐/30%/水剂/草甘膦 30%/2013.10.17 至 2018.10.17/低毒			
	非耕地、柑橘园	杂草	1230-1845克/公顷	定向茎叶喷雾
	注:草甘膦异丙胺盐含量：41%。			
PD20081314	苯磺隆/10%/可湿性粉剂/苯磺隆 10%/2013.10.17 至 2018.10.17/低毒			
	冬小麦田	阔叶杂草	15—22.5克/公顷	茎叶喷雾
PD20081414	百草枯/200克/升/水剂/百草枯 200克/升/2012.12.31 至 2014.07.01/中等毒			
	茶园、油菜免耕田	杂草	450-750克/公顷	定向喷雾
	非耕地、苹果园	杂草	600-900克/公顷	定向喷雾
	香蕉园	杂草	600-750克/公顷	定向喷雾
	玉米田	杂草	450-600克/公顷	定向喷雾

PD20081489 精喹·草除灵/17.5%/乳油/草除灵 15%、精喹禾灵 2.5%/2013.11.05 至 2018.11.05/低毒
冬油菜田 一年生杂草 262.5-393.8克/公顷 喷雾
PD20082108 噁草·丁草胺/60%/乳油/丁草胺 50%、噁草酮 10%/2013.11.25 至 2018.11.25/低毒
水稻旱直播田 一年生杂草 720-900克/公顷 播后苗前土壤喷雾
PD20082273 莠灭净/80%/可湿性粉剂/莠灭净 80%/2013.11.27 至 2018.11.27/低毒
甘蔗田 一年生杂草 1560-2400克/公顷 土壤喷雾
PD20082992 精吡氟禾草灵/150克/升/乳油/精吡氟禾草灵 150克/升/2013.12.10 至 2018.12.10/低毒
大豆田 一年生及部分多年生禾本科杂草 112.5-157.5克/公顷 茎叶喷雾
PD20082993 精噁唑禾草灵/69克/升/水乳剂/精噁唑禾草灵 69克/升/2013.12.10 至 2018.12.10/低毒
冬小麦田 一年生禾本科杂草 41.4-51.75克/公顷 茎叶喷雾
PD20082994 灭草松/480克/升/水剂/灭草松 480克/升/2013.12.10 至 2018.12.10/低毒
春大豆田 一年生阔叶杂草 1440-1800克/公顷 茎叶喷雾
夏大豆田 一年生阔叶杂草 1080-1440克/公顷 茎叶喷雾
PD20083076 高效氟吡甲禾灵/108克/升/乳油/高效氟吡甲禾灵 108克/升/2013.12.10 至 2018.12.10/低毒
冬油菜田 一年生禾本科杂草 32.4-48.6克/公顷 茎叶喷雾
PD20083486 苄·丁/35%/可湿性粉剂/苄嘧磺隆 1.5%、丁草胺 33.5%/2013.12.12 至 2018.12.12/低毒
水稻抛秧田、水稻移栽田 部分多年生杂草、一年生杂草 525-787.5克/公顷 药土法
PD20083529 苯磺隆/75%/水分散粒剂/苯磺隆 75%/2013.12.12 至 2018.12.12/低毒
冬小麦田 阔叶杂草 13.5-22.5克/公顷 茎叶喷雾
PD20083758 氟乐灵/480克/升/乳油/氟乐灵 480克/升/2013.12.15 至 2018.12.15/低毒
棉花田 一年生禾本科杂草及部分阔叶杂草 720-1080克/公顷 土壤喷雾
PD20083895 噁酮·乙草胺/54%/乳油/噁草酮 9%、乙草胺 45%/2013.12.15 至 2018.12.15/低毒
花生田 一年生杂草 567-729克/公顷 播后苗前土壤喷雾
夏大豆田 一年生杂草 486-648克/公顷 播后苗前土壤喷雾
PD20084229 异丙草·莠/41%/悬乳剂/异丙草胺 21%、莠去津 20%/2013.12.17 至 2018.12.17/低毒
春玉米田 一年生杂草 1845-2460克/公顷 播后苗前土壤喷雾
夏玉米田 一年生杂草 1230-1537.5克/公顷 播后苗前土壤喷雾
PD20084283 丁·异·莠去津/42%/悬乳剂/丁草胺 4%、异丙草胺 20%、莠去津 18%/2013.12.17 至 2018.12.17/低毒
春玉米田 一年生杂草 1260-1890克/公顷 播后苗前土壤喷雾
夏玉米田 一年生杂草 1360.8-1750克/公顷 播后苗前土壤喷雾
PD20084347 乙草胺/990克/升/乳油/乙草胺 990克/升/2013.12.17 至 2018.12.17/低毒
春大豆田、春玉米田 一年生禾本科杂草及部分小粒种子阔叶杂草 1485-1930.5克/公顷 土壤喷雾
PD20084387 草甘膦异丙胺盐/62%/母液/草甘膦异丙胺盐 62%/2013.12.17 至 2018.12.17/低毒
PD20084423 莠去津/80%/可湿性粉剂/莠去津 80%/2013.12.17 至 2018.12.17/低毒
春玉米田 一年生杂草 1380-1500克/公顷 土壤喷雾
PD20084820 扑·乙/40%/悬浮剂/扑草净 20%、乙草胺 20%/2008.12.22 至 2013.12.22/低毒
花生田 一年生杂草 1080-1200克/公顷 土壤喷雾
棉花田 一年生杂草 1200-1500克/公顷 土壤喷雾
PD20085115 苄·乙/18%/可湿性粉剂/苄嘧磺隆 4%、乙草胺 14%/2013.12.23 至 2018.12.23/低毒
水稻移栽田 一年生及部分多年生杂草 84-118克/公顷 药土法
PD20085500 异丙草胺/90%/原药/异丙草胺 90%/2013.12.25 至 2018.12.25/低毒
PD20085756 莠去津/90%/水分散粒剂/莠去津 90%/2013.12.29 至 2018.12.29/低毒
春玉米田 一年生杂草 1485-1755克/公顷 土壤喷雾
夏玉米田 一年生杂草 1215-1485克/公顷 土壤喷雾
PD20085895 丁·异·莠去津/50%/悬乳剂/丁草胺 5%、异丙草胺 25%、莠去津 20%/2013.12.29 至 2018.12.29/低毒
夏玉米田 一年生杂草 1537.5-1875克/公顷 土壤喷雾
PD20085929 甲·异·莠去津/42%/悬乳剂/甲草胺 10%、异丙草胺 14%、莠去津 18%/2013.12.29 至 2018.12.29/低毒
春玉米田 一年生杂草 1890-2520克/公顷 播后苗前土壤喷雾
夏玉米田 一年生杂草 1260-1890克/公顷 播后苗前土壤喷雾
PD20086283 甲·乙·莠/55%/悬乳剂/甲草胺 6%、乙草胺 24%、莠去津 25%/2013.12.31 至 2018.12.31/低毒
春玉米田 一年生杂草 1650-2475克/公顷 播后苗前土壤喷雾
夏玉米田 一年生杂草 990-1485克/公顷 播后苗前土壤喷雾
PD20090302 乙·莠/55%/悬浮剂/乙草胺 33%、莠去津 22%/2014.01.12 至 2019.01.12/低毒
春玉米田 一年生杂草 1650-2475克/公顷 播后苗前土壤喷雾
夏玉米田 一年生杂草 990-1650克/公顷 播后苗前土壤喷雾
PD20090346 乙·莠/52%/悬乳剂/乙草胺 26%、莠去津 26%/2014.01.12 至 2019.01.12/低毒
夏玉米田 一年生杂草 1248-1560克/公顷 土壤喷雾
PD20090609 甲·灭·莠去津/35%/可湿性粉剂/2甲4氯 2%、莠去津 3%、莠灭净 30%/2014.01.14 至 2019.01.14/低毒
甘蔗田 一年生杂草 1312.5-1837.5克/公顷 喷雾
PD20090687 氟磺胺草醚/250克/升/水剂/氟磺胺草醚 250克/升/2014.01.19 至 2019.01.19/低毒
春大豆田 一年生阔叶杂草 300-375克/公顷 茎叶喷雾

	夏大豆田	一年生阔叶杂草	187.5-225克/公顷	茎叶喷雾
PD20090693	2甲4氯钠/56%/可溶粉剂/2甲4氯钠 56%/2014.01.19 至 2019.01.19/低毒			
	冬小麦田	一年生阔叶杂草	840-1260克/公顷	茎叶喷雾
PD20090947	2,4-滴丁酯/57%/乳油/2,4-滴丁酯 57%/2014.01.19 至 2019.01.19/低毒			
	冬小麦田	一年生阔叶杂草	342-427.5克/公顷	喷雾
PD20091455	仲丁灵/48%/乳油/仲丁灵 48%/2014.02.02 至 2019.02.02/低毒			
	西瓜	一年生禾本科杂草及部分小粒种子阔叶杂草	1080-1440克/公顷	土壤喷雾
PD20091794	乙氧氟草醚/240克/升/乳油/乙氧氟草醚 240克/升/2014.02.04 至 2019.02.04/低毒			
	大蒜田、姜田	一年生杂草	144-180克/公顷	播后苗前土壤喷雾
PD20092469	氯氟吡氧乙酸异辛酯/200克/升/乳油/氯氟吡氧乙酸异辛酯 200克/升/2014.02.25 至 2019.02.25/低毒			
	冬小麦田	阔叶杂草	150-210克/公顷	茎叶喷雾
PD20095349	苄·二氯/36%/可湿性粉剂/苄嘧磺隆 3%、二氯喹啉酸 33%/2014.04.27 至 2019.04.27/低毒			
	水稻田(直播)	一年生杂草	216-270克/公顷	喷雾
PD20095388	滴丁·乙草胺/990克/升/乳油/2,4-滴丁酯 330克/升、乙草胺 660克/升/2014.04.27 至 2019.04.27/低毒			
	春大豆田、春玉米田	一年生杂草	1485-1930.5克/公顷	播后苗前土壤喷雾
PD20097029	乙·嗪·滴丁酯/60%/乳油/2,4-滴丁酯 15%、嗪草酮 5%、乙草胺 40%/2009.10.10 至 2014.10.10/低毒			
	春大豆田、春玉米田	一年生杂草	1800－2250克/公顷	土壤喷雾
PD20097450	烟嘧磺隆/40克/升/可分散油悬浮剂/烟嘧磺隆 40克/升/2009.10.28 至 2014.10.28/低毒			
	玉米田	一年生杂草	42-60克/公顷	茎叶喷雾
PD20100117	甲氨基阿维菌素苯甲酸盐/1%/乳油/甲氨基阿维菌素 1%/2010.01.05 至 2015.01.05/低毒			
	甘蓝	甜菜夜蛾	2.25-3克/公顷	喷雾
	注:甲氨基阿维菌素苯甲酸盐含量：1.14%。			
PD20101360	辛菌胺/40%/母药/辛菌胺 40%/2010.04.02 至 2015.04.02/中等毒			
PD20101473	辛菌胺醋酸盐/1.2%/水剂/辛菌胺 1.2%/2010.05.04 至 2015.05.04/低毒			
	番茄、辣椒	病毒病	40-60毫克/千克	喷雾
	棉花	枯萎病	40-60毫克/千克	喷雾
	苹果树	腐烂病	120-240毫克/千克	涂抹、喷雾
	水稻	细菌性条斑病	23.4-30.1克/公顷	喷雾
	注:辛菌胺醋酸盐含量：1.8%。			
PD20110013	阿维菌素/1.8%/乳油/阿维菌素 1.8%/2011.01.04 至 2016.01.04/低毒(原药高毒)			
	柑橘树	红蜘蛛	4.5-9毫克/千克	喷雾
PD20110033	草甘膦铵盐/68%/可溶粒剂/草甘膦 68%/2011.01.07 至 2016.01.07/低毒			
	柑橘	杂草	1120.5-2252.5克/公顷	茎叶喷雾
	注:草甘膦铵盐含量：74.7%。			
PD20110658	苯磺·异丙隆/70%/可湿性粉剂/苯磺隆 1.2%、异丙隆 68.8%/2011.06.20 至 2016.06.20/低毒			
	小麦田	一年生杂草	840-1260克/公顷	茎叶喷雾
PD20110776	烟嘧·莠去津/52%/可湿性粉剂/烟嘧磺隆 4%、莠去津 48%/2011.07.25 至 2016.07.25/低毒			
	玉米田	一年生杂草	429-741克/公顷	茎叶喷雾
PD20110812	松·喹·氟磺胺/18%/乳油/氟磺胺草醚 5.5%、精喹禾灵 1.5%、异噁草松 11%/2011.08.04 至 2016.08.04/低毒			
	春大豆田	一年生杂草	486-540克/公顷	茎叶喷雾
PD20111103	苄嘧磺隆/10%/可湿性粉剂/苄嘧磺隆 10%/2011.10.17 至 2016.10.17/低毒			
	冬小麦田	一年生阔叶杂草	45-60克/公顷	茎叶喷雾
PD20111135	烟嘧·莠去津/20%/可分散油悬浮剂/烟嘧磺隆 2%、莠去津 18%/2011.11.03 至 2016.11.03/低毒			
	夏玉米田	一年生杂草	夏玉米：360-450克/公顷 春玉米：450-600克/公顷	茎叶喷雾
PD20111153	异丙甲草胺/960克/升/乳油/异丙甲草胺 960克/升/2011.11.04 至 2016.11.04/低毒			
	花生田	一年生禾本科杂草及阔叶杂草	1320-1980克/公顷	土壤喷雾
PD20111154	乙羧氟草醚/10%/乳油/乙羧氟草醚 10%/2011.11.04 至 2016.11.04/低毒			
	花生田	一年生阔叶杂草	30-45克/公顷	茎叶喷雾
PD20111337	百草枯/250克/升/水剂/百草枯 250克/升/2012.12.31 至 2014.07.01/低毒			
	非耕地	杂草	562.5-750克/公顷	定向茎叶喷雾
PD20111344	草甘膦铵盐/30%/可溶粉剂/草甘膦 30%/2011.12.06 至 2016.12.06/低毒			
	柑橘园	杂草	1350-2250克/公顷	定向茎叶喷雾
	注:草甘膦铵盐含量:33%。			
PD20120119	戊唑醇/430克/升/悬浮剂/戊唑醇 430克/升/2012.01.29 至 2017.01.29/低毒			
	梨树	黑星病	107.5－215毫克/千克	喷雾
PD20120172	阿维菌素/3.2%/乳油/阿维菌素 3.2%/2012.01.30 至 2017.01.30/中等毒(原药高毒)			
	水稻	稻纵卷叶螟	4.32-5.28克/公顷	喷雾
PD20120271	草甘膦铵盐/80%/可溶粒剂/草甘膦 80%/2012.02.15 至 2017.02.15/低毒			
	非耕地	杂草	1440-1920克/公顷	定向茎叶喷雾
	注:草甘膦铵盐含量：88%。			
PD20120537	草甘膦铵盐/35%/水剂/草甘膦 35%/2012.03.28 至 2017.03.28/低毒			

非耕地 杂草 1050-2100克/公顷 定向茎叶喷雾
注:草甘膦铵盐含量: 38.5%。
PD20120745 氯吡·苯磺隆/20%/可湿性粉剂/苯磺隆 4%、氯氟吡氧乙酸 16%/2012.05.05 至 2017.05.05/低毒
冬小麦田 一年生阔叶杂草 90-120克/公顷 茎叶喷雾
PD20121212 苄嘧·苯磺隆/30%/可湿性粉剂/苯磺隆 10%、苄嘧磺隆 20%/2012.08.10 至 2017.08.10/低毒
冬小麦田 一年生阔叶杂草 45-67.5克/公顷 茎叶喷雾
PD20121498 吡嘧·丙草胺/20%/可湿性粉剂/吡嘧磺隆 1%、丙草胺 19%/2012.10.09 至 2017.10.09/低毒
水稻田(直播) 一年生杂草 300-450克/公顷 喷雾
PD20121506 苄嘧·苯噻酰/68%/可湿性粉剂/苯噻酰草胺 64.8%、苄嘧磺隆 3.2%/2012.10.09 至 2017.10.09/低毒
水稻移栽田 一年生杂草 612-816克/公顷 毒土法
注:仅限东北地区使用。
PD20121513 甲·灭·敌草隆/72%/可湿性粉剂/敌草隆 5%、2甲4氯 8%、莠灭净 59%/2012.10.09 至 2017.10.09/低毒
甘蔗田 一年生杂草 1620-2160克/公顷 定向茎叶喷雾
PD20121580 扑·乙/53%/乳油/扑草净 13%、乙草胺 40%/2012.10.25 至 2017.10.25/低毒
花生田 一年生杂草 1192.5-1590克/公顷 土壤喷雾
PD20121582 氟胺·烯禾啶/20.8%/乳油/氟磺胺草醚 12.5%、烯禾啶 8.3%/2012.10.25 至 2017.10.25/低毒
春大豆田 一年生杂草 405.6-468克/公顷 茎叶喷雾
PD20121650 吡嘧磺隆/10%/可湿性粉剂/吡嘧磺隆 10%/2012.10.30 至 2017.10.30/低毒
水稻田(直播) 一年生阔叶杂草及莎草科杂草 15-30克/公顷 喷雾
PD20121723 氟吡·草除灵/20%/乳油/草除灵 17.5%、高效氟吡甲禾灵 2.5%/2012.11.08 至 2017.11.08/低毒
冬油菜 一年生杂草 210-270克/公顷 茎叶喷雾
PD20121936 苄嘧·丙草胺/40%/可湿性粉剂/苄嘧磺隆 4%、丙草胺 36%/2012.12.12 至 2017.12.12/低毒
水稻田(直播) 一年生杂草 420-480克/公顷 喷雾
PD20122110 氰氟草酯/100克/升/乳油/氰氟草酯 100克/升/2012.12.26 至 2017.12.26/低毒
水稻田(直播) 稗草、千金子等禾本科杂草 75-105克/公顷 茎叶喷雾
PD20131748 噻苯隆/80%/可湿性粉剂/噻苯隆 80%/2013.08.16 至 2018.08.16/低毒
棉花 脱叶 240-360克/公顷 定向茎叶喷雾
PD20131907 乙·莠·滴丁酯/60%/悬乳剂/2,4-滴丁酯 10%、乙草胺 30%、莠去津 20%/2013.09.25 至 2018.09.25/低毒
春玉米田 一年生杂草 1800-2700克/公顷 土壤喷雾
PD20131913 烟嘧·乙·莠/40%/可分散油悬浮剂/烟嘧磺隆 2%、乙草胺 22%、莠去津 16%/2013.09.25 至 2018.09.25/低毒
玉米田 一年生杂草 900-1200克/公顷 茎叶喷雾
PD20131952 甲·灭·敌草隆/81%/可湿性粉剂/敌草隆 16%、2甲4氯 15%、莠灭净 50%/2013.10.10 至 2018.10.10/低毒
甘蔗田 一年生杂草 1215-1822.5克/公顷 茎叶喷雾
PD20131972 丁·乙·莠去津/42%/悬乳剂/丁草胺 4%、乙草胺 18%、莠去津 20%/2013.10.10 至 2018.10.10/低毒
玉米田 一年生杂草 1575-1890克/公顷（东北地区） 播后苗前土壤喷雾
1260-1575克/公顷（其它地区）
PD20132043 硝磺草酮/10%/可分散油悬浮剂/硝磺草酮 10%/2013.10.22 至 2018.10.22/低毒
春玉米田 一年生阔叶杂草及禾本科杂草 225-300克/公顷 茎叶喷雾
夏玉米田 一年生阔叶杂草及禾本科杂草 150-195克/公顷 茎叶喷雾
LS20120171 硝磺·莠去津/25%/可分散油悬浮剂/莠去津 20%、硝磺草酮 5%/2013.05.03 至 2014.05.03/低毒
春玉米田 一年生杂草 937.5-1125克/公顷 茎叶喷雾
夏玉米田 一年生杂草 750-937.5克/公顷 茎叶喷雾

山东圣鹏科技股份有限公司 （山东省济宁市任城区喻屯镇驻地 272063 0537-2539999)

PD20081587 磷化铝/56%/片剂/磷化铝 56%/2013.11.12 至 2018.11.12/高毒
原粮 储粮害虫 5-7克/立方米 密闭熏蒸
PD20083693 多·锰锌/50%/可湿性粉剂/多菌灵 8%、代森锰锌 42%/2013.12.15 至 2018.12.15/低毒
梨树 黑星病 1000-1250毫克/千克 喷雾
PD20085372 炔螨特/57%/乳油/炔螨特 57%/2013.12.24 至 2018.12.24/中等毒
柑橘树 红蜘蛛 285-356.25毫克/千克 喷雾
PD20090038 联苯菊酯/100克/升/乳油/联苯菊酯 100克/升/2014.01.06 至 2019.01.06/低毒
茶树 茶小绿叶蝉 30-37.5克/公顷 喷雾
PD20091795 氯氰·毒死蜱/522.5克/升/乳油/毒死蜱 475克/升、氯氰菊酯 47.5克/升/2014.02.04 至 2019.02.04/中等毒
柑橘树 潜叶蛾 435.42-550毫升/千克 喷雾
PD20095491 百草枯/200克/升/水剂/百草枯 200克/升/2012.12.31 至 2014.07.01/中等毒
非耕地 杂草 600-780克/公顷 茎叶喷雾
PD20098240 氯氰·丙溴磷/440克/升/乳油/丙溴磷 400克/升、氯氰菊酯 40克/升/2009.12.16 至 2014.12.16/中等毒
棉花 , 棉铃虫 528-660克/公顷 喷雾
PD20120992 啶虫脒/5%/乳油/啶虫脒 5%/2012.06.21 至 2017.06.21/中等毒
柑橘树 蚜虫 10-20毫克/千克 喷雾
PD20121944 唑磷·毒死蜱/30%/乳油/毒死蜱 15%、三唑磷 15%/2012.12.12 至 2017.12.12/中等毒
水稻 三化螟 270-360克/公顷 喷雾
PD20121960 香菇多糖/0.5%/水剂/菇类蛋白多糖 0.5%/2012.12.12 至 2017.12.12/微毒
番茄 病毒病 12.45-18.75克/公顷 喷雾

PD20121963 草甘膦异丙胺盐/41%/水剂/草甘膦 41%/2012.12.12 至 2017.12.12/低毒
非耕地 杂草 1125-2250克/公顷 茎叶喷雾
注:草甘膦异丙胺盐含量：55.3%。
PD20122099 香菇多糖/10%/原药/香菇多糖 10%/2012.12.26 至 2017.12.26/低毒
PD20130095 吡虫·杀虫单/35%/可湿性粉剂/吡虫啉 1%、杀虫单 34%/2013.01.17 至 2018.01.17/中等毒
水稻 稻飞虱、稻纵卷叶螟、二化螟、三化螟 450-750克/公顷 喷雾
PD20131084 甲氨基阿维菌素苯甲酸盐/1%/乳油/甲氨基阿维菌素 1%/2013.05.20 至 2018.05.20/低毒
甘蓝 小菜蛾 1.8-3克/公顷 喷雾
注:甲氨基阿维菌素苯甲酸盐含量:1.14%。
PD20131247 烯酰·锰锌/69%/可湿性粉剂/代森锰锌 60%、烯酰吗啉 9%/2013.06.03 至 2018.06.03/低毒
黄瓜 霜霉病 1035-1397.5克/公顷 喷雾
PD20131533 阿维菌素/3%/水乳剂/阿维菌素 3%/2013.07.17 至 2018.07.17/低毒(原药高毒)
水稻 稻纵卷叶螟 8.1-10.8克/公顷 喷雾
PD20132500 香菇多糖/2%/水剂/香菇多糖 2%/2013.12.10 至 2018.12.10/低毒
水稻 条纹叶枯病 15-18克/公顷 喷雾
烟草 病毒病 7.5-12.5克/公顷 喷雾
PD20132706 毒死蜱/30%/微囊悬浮剂/毒死蜱 30%/2013.12.30 至 2018.12.30/低毒
花生 蛴螬 1575-2250克/公顷 喷雾于播种穴内
WP20130221 杀虫气雾剂/0.55%/气雾剂/胺菊酯 0.3%、氯菊酯 0.25%/2013.10.29 至 2018.10.29/微毒
室内 蚂蚁、蚊、蝇、蜚蠊 / 喷雾
WP20130222 杀虫气雾剂/0.46%/气雾剂/Es-生物烯丙菊酯 0.2%、右旋苯醚菊酯 0.26%/2013.10.29 至 2018.10.29/微毒
室内 蚂蚁、蚊、蝇、蜚蠊 / 喷雾
WP20130268 杀虫气雾剂/0.4%/气雾剂/胺菊酯 0.35%、高效氯氰菊酯 0.05%/2013.12.30 至 2018.12.30/微毒
室内 蚂蚁、蚊、蝇、蜚蠊 / 喷雾
WL20130024 电热蚊香液/0.8%/电热蚊香液/氯氟醚菊酯 0.8%/2013.05.07 至 2014.05.07/微毒
卫生 蚊 / 电热加温

山东寿光德力生物农化有限公司 (山东省寿光市古城街办西三公里处 262700 0536-3529527)

PD20097726 百草枯/200克/升/水剂/百草枯 200克/升/2012.12.31 至 2014.07.01/中等毒
柑橘园 杂草 200-300毫升制剂/亩 定向茎叶喷雾

山东松冈化学有限公司 (山东省济南市历城区遥墙镇工业路7号 250100 0531-88733470)

PD20093939 阿维·高氯/3%/乳油/阿维菌素 0.2%、高效氯氰菊酯 2.8%/2014.03.27 至 2019.03.27/低毒(原药高毒)
甘蓝 菜青虫、小菜蛾 13.5-27克/公顷 喷雾
PD20096237 高效氯氟氰菊酯/25克/升/乳油/高效氯氟氰菊酯 25克/升/2009.07.15 至 2014.07.15/低毒
十字花科蔬菜 蚜虫 7.5-11.25克/公顷 喷雾
PD20098534 辛硫·高氯氟/16%/乳油/高效氯氟氰菊酯 0.7%、辛硫磷 15.3%/2009.12.24 至 2014.12.24/低毒
棉花 棉铃虫 174-204克/公顷 喷雾
PD20100619 福美双/50%/可湿性粉剂/福美双 50%/2010.01.14 至 2015.01.14/低毒
黄瓜 霜霉病 750-1125克/公顷 喷雾
PD20100909 福·福锌/80%/可湿性粉剂/福美双 30%、福美锌 50%/2010.01.19 至 2015.01.19/低毒
黄瓜 炭疽病 1500-1800克/公顷 喷雾
PD20101642 水胺·灭多威/25%/乳油/灭多威 5%、水胺硫磷 20%/2010.06.03 至 2015.06.03/高毒
棉花 棉铃虫 150-225克/公顷 喷雾
PD20110409 吡虫啉/20%/可湿性粉剂/吡虫啉 20%/2011.04.12 至 2016.04.12/低毒
小麦 蚜虫 15-30克/公顷(南方地区) 喷雾
45-60克/公顷(北方地区)
PD20110619 阿维菌素/3.2%/乳油/阿维菌素 3.2%/2011.06.08 至 2016.06.08/低毒(原药高毒)
甘蓝 小菜蛾 8.1-10.8克/公顷 喷雾
PD20120257 甲氨基阿维菌素苯甲酸盐/1%/乳油/甲氨基阿维菌素 1%/2012.02.14 至 2017.02.14/低毒
甘蓝 小菜蛾 1.5-3克/公顷 喷雾
注:甲氨基阿维菌素苯甲酸盐含量：1.14%。
PD20120339 高氯·氟铃脲/5.7%/乳油/氟铃脲 1.9%、高效氯氰菊酯 3.8%/2012.02.17 至 2017.02.17/低毒
甘蓝 小菜蛾 42.75-51.3克/公顷 喷雾
PD20120818 啶虫脒/10%/乳油/啶虫脒 10%/2012.05.22 至 2017.05.22/低毒
棉花 蚜虫 9-18克/公顷 喷雾
PD20130613 阿维菌素/1%/颗粒剂/阿维菌素 1%/2013.04.03 至 2018.04.03/低毒(原药高毒)
黄瓜 根结线虫 244-263克/公顷 穴施、沟施

山东松井农化有限公司 (山东省济南市经七路843号泰山大厦19—B10号 250022 0531-82342566)

PD20100924 多抗霉素/10%/可湿性粉剂/多抗霉素B 10%/2010.01.19 至 2015.01.19/低毒
苹果树 斑点落叶病 67-100毫克/千克 喷雾

山东松田化工有限公司 (山东省阳谷县经济开发区南环路西首 252300 0635-6381268)

PD20080019 福美双/50%/可湿性粉剂/福美双 50%/2013.01.03 至 2018.01.03/低毒
黄瓜 霜霉病 1000-1200克/公顷 喷雾
PD20082418 吡虫啉/200克/升/可溶液剂/吡虫啉 200克/升/2008.12.02 至 2013.12.24/低毒

十字花科蔬菜 蚜虫 15-30克/公顷 喷雾

PD20084138 多·福/40%/可湿性粉剂/多菌灵 5%、福美双 35%/2013.12.16 至 2018.12.16/低毒
葡萄 霜霉病 1000-1250毫克/千克 喷雾

PD20090746 多·锰锌/50%/可湿性粉剂/多菌灵 8%、代森锰锌 42%/2014.01.19 至 2019.01.19/低毒
苹果树 斑点落叶病 1000-1250毫克/千克 喷雾

PD20094211 氟虫脲/50克/升/可分散液剂/氟虫脲 50克/升/2009.03.31 至 2014.03.31/低毒
柑橘树 红蜘蛛 50-83.3毫克/千克 喷雾

PD20094294 联苯菊酯/100克/升/乳油/联苯菊酯 100克/升/2014.03.31 至 2019.03.31/中等毒
茶树 茶小绿叶蝉 30-37.5克/公顷 喷雾

PD20094920 吡虫·杀虫单/58%/可湿性粉剂/吡虫啉 2.5%、杀虫单 55.5%/2009.04.13 至 2014.04.13/中等毒
水稻 稻飞虱、稻纵卷叶螟、二化螟、三化螟 450-750克/公顷 喷雾

PD20096727 啶虫脒/20%/可溶粉剂/啶虫脒 20%/2009.09.07 至 2014.09.07/中等毒
黄瓜 蚜虫 30-45克/公顷 喷雾

PD20098231 噻螨酮/5%/乳油/噻螨酮 5%/2009.12.16 至 2014.12.16/低毒
苹果树 红蜘蛛 20-30毫克/千克 喷雾

PD20098241 噻螨酮/5%/可湿性粉剂/噻螨酮 5%/2009.12.16 至 2014.12.16/低毒
柑橘树 红蜘蛛 1667-2000倍 喷雾

PD20098497 辛硫磷/40%/乳油/辛硫磷 40%/2009.12.24 至 2014.12.24/低毒
甘蓝 菜青虫 135-180克/公顷 喷雾

PD20101091 福·福锌/80%/可湿性粉剂/福美双 30%、福美锌 50%/2010.01.25 至 2015.01.25/低毒
黄瓜 炭疽病 1500-1800克/公顷 喷雾

PD20101195 阿维·辛硫磷/35%/乳油/阿维菌素 0.3%、辛硫磷 34.7%/2010.02.08 至 2015.02.08/中等毒(原药高毒)
甘蓝 小菜蛾 210-262.5克/公顷 喷雾

PD20101489 阿维·高氯/1.8%/乳油/阿维菌素 0.3%、高效氯氰菊酯 1.5%/2010.05.10 至 2015.05.10/低毒(原药高毒)
甘蓝 菜青虫、小菜蛾 7.5-15克/公顷 喷雾

PD20120914 吡虫啉/50%/可湿性粉剂/吡虫啉 50%/2012.06.04 至 2017.06.04/低毒
小麦 蚜虫 15-30克/公顷(南方地区) 喷雾
45-60克/公顷(北方地区)

山东泰来化学有限公司 (山东省寿光市文家开发区 262712 0536-5502858)

PD20085250 丙环唑/250克/升/乳油/丙环唑 250克/升/2013.12.23 至 2018.12.23/低毒
小麦 白粉病 112.5-150克/公顷 喷雾

PD20085390 噻嗪酮/25%/可湿性粉剂/噻嗪酮 25%/2013.12.24 至 2018.12.24/低毒
水稻 稻飞虱 75-112.5克/公顷 喷雾

PD20085779 腐霉利/50%/可湿性粉剂/腐霉利 50%/2013.12.29 至 2018.12.29/低毒
黄瓜 灰霉病 525-750克/公顷 喷雾

PD20086141 福美双/50%/可湿性粉剂/福美双 50%/2013.12.30 至 2018.12.30/低毒
黄瓜 白粉病 525-1125克/公顷 喷雾

PD20086202 氟啶脲/50克/升/乳油/氟啶脲 50克/升/2013.12.30 至 2018.12.30/低毒
甘蓝 小菜蛾 30-60克/公顷 喷雾

PD20091464 多菌灵/50%/可湿性粉剂/多菌灵 50%/2009.02.02 至 2014.02.02/低毒
梨树 黑星病 750-1000毫克/千克 喷雾

PD20091591 吡虫啉/200克/升/可溶液剂/吡虫啉 200克/升/2009.02.03 至 2014.02.03/低毒
水稻 稻飞虱 21-30克/公顷 喷雾

PD20093129 异菌脲/50%/可湿性粉剂/异菌脲 50%/2009.03.10 至 2014.03.10/低毒
番茄 灰霉病 375-750克/公顷 喷雾

PD20093149 甲霜·锰锌/58%/可湿性粉剂/甲霜灵 10%、代森锰锌 48%/2009.03.11 至 2014.03.11/低毒
黄瓜 霜霉病 1305-1566克/公顷 喷雾

PD20093949 赤霉酸/4%/乳油/赤霉酸 4%/2009.03.27 至 2014.03.27/微毒
芹菜 调节生长 50-100毫克/千克 喷雾

PD20093967 氢氧化铜/77%/可湿性粉剂/氢氧化铜 77%/2009.03.27 至 2014.03.27/低毒
番茄 早疫病 1386-2310克/公顷 喷雾

PD20094268 福·福锌/80%/可湿性粉剂/福美双 30%、福美锌 50%/2009.03.31 至 2014.03.31/低毒
黄瓜 炭疽病 1500-2100克/公顷 喷雾

PD20094310 氯氰菊酯/50克/升/乳油/氯氰菊酯 50克/升/2009.03.31 至 2014.03.31/中等毒
棉花 棉铃虫 45-60克/公顷 喷雾

PD20094720 霜霉威/722克/升/水剂/霜霉威 722克/升/2009.04.10 至 2014.04.10/低毒
黄瓜 疫病 3.6-5.4克/平方米 苗床浇灌

PD20100124 乙烯利/40%/水剂/乙烯利 40%/2010.01.05 至 2015.01.05/低毒
棉花 催熟 800-1333毫克/千克 茎叶喷雾

PD20100588 高效氯氟氰菊酯/25克/升/乳油/高效氯氟氰菊酯 25克/升/2010.01.14 至 2015.01.14/中等毒
十字花科叶菜 菜青虫 11.25-15克/公顷 喷雾

PD20122093 春雷·王铜/50%/可湿性粉剂/春雷霉素 5%、王铜 45%/2012.12.26 至 2017.12.26/低毒
柑橘树 溃疡病 625-1000毫克/千克 喷雾

山东泰诺药业有限公司　(山东省诸城市相州镇郭家屯村　262213　0536-8781163)

PD90106-21	苏云金杆菌/8000IU/微升/悬浮剂/苏云金杆菌 8000IU/微升/2011.10.15 至 2016.10.15/低毒			
	茶树	茶毛虫	400-800倍液	喷雾
	林木	松毛虫	400-800倍液	喷雾
	棉花	二代棉铃虫	1500-1875毫升/公顷	喷雾
	十字花科蔬菜	菜青虫、小菜蛾	750-1125毫升/公顷	喷雾
	水稻	稻纵卷叶螟	1500-1875毫升/公顷	喷雾
	烟草	烟青虫	1500-1875毫升/公顷	喷雾
	玉米	玉米螟	1125-1500毫升/公顷	加细沙灌心叶
	枣树	尺蠖	400-800倍液	喷雾
PD20080488	啶虫脒/5%/乳油/啶虫脒 5%/2013.04.07 至 2018.04.07/低毒			
	苹果树	蚜虫	10－15毫克/千克	喷雾
PD20082894	氰戊·辛硫磷/25%/乳油/氰戊菊酯 5%、辛硫磷 20%/2013.12.09 至 2018.12.09/低毒			
	小麦	蚜虫	112.5-150克/公顷	喷雾
PD20083257	马拉·辛硫磷/20%/乳油/马拉硫磷 10%、辛硫磷 10%/2013.12.11 至 2018.12.11/低毒			
	棉花	棉铃虫	225-300克/公顷	喷雾
PD20084501	阿维菌素/1.8%/乳油/阿维菌素 1.8%/2013.12.18 至 2018.12.18/低毒(原药高毒)			
	菜豆	美洲斑潜蝇	10.8-16.2克/公顷	喷雾
PD20091129	氰戊菊酯/20%/乳油/氰戊菊酯 20%/2014.01.21 至 2019.01.21/中等毒			
	十字花科蔬菜	菜青虫	90-120克/公顷	喷雾
PD20092318	苏云金杆菌/8000IU/毫克/可湿性粉剂/苏云金杆菌 8000IU/毫克/2014.02.24 至 2019.02.24/低毒			
	十字花科蔬菜	小菜蛾	1500－2250克制剂/公顷	喷雾
PD20093875	吡虫·杀虫单/30%/可湿性粉剂/吡虫啉 1%、杀虫单 29%/2014.03.25 至 2019.03.25/中等毒			
	水稻	稻飞虱、稻纵卷叶螟、二化螟、三化螟	450-750克/公顷	喷雾
PD20094534	蜡质芽孢杆菌/8亿个/克/可湿性粉剂/蜡质芽孢杆菌 8亿个/克/2009.04.09 至 2014.04.09/低毒			
	姜	瘟病	1)240-320克制剂/100千克种姜 2)6000-12000克制剂/公顷	1)浸泡种姜30分钟 2)顺垄灌根
PD20094604	吡虫啉/10%/可湿性粉剂/吡虫啉 10%/2009.04.10 至 2014.04.10/低毒			
	小麦	蚜虫	15-30克/公顷(南方地区) 45-60克/公顷(北方地区)	喷雾
PD20095493	异丙草·莠/40%/悬浮剂/异丙草胺 24%、莠去津 16%/2009.05.11 至 2014.05.11/低毒			
	夏玉米田	一年生杂草	1200－1500克/公顷	土壤喷雾
PD20095881	联苯菊酯/25克/升/乳油/联苯菊酯 25克/升/2009.05.31 至 2014.05.31/低毒			
	茶树	茶毛虫	11.25-15克/公顷	喷雾
PD20096832	木霉菌/25亿活孢子/克/母药/木霉菌 25亿活孢子/克/2009.09.21 至 2014.09.21/低毒			
PD20096833	木霉菌/2亿活孢子/克/可湿性粉剂/木霉菌 2亿活孢子/克/2009.09.21 至 2014.09.21/低毒			
	黄瓜	灰霉病	1875-3750克制剂/公顷	喷雾
PD20101573	木霉菌/1亿活孢子/克/水分散粒剂/木霉菌 1亿孢子/克/2010.06.01 至 2015.06.01/低毒			
	小麦	纹枯病	1)2500-5000克制剂/100千克种子 2)750-1500克制剂/公顷	1)拌种2)顺垄灌根两次
PD20101765	啶虫脒/3%/可溶液剂/啶虫脒 3%/2010.07.07 至 2015.07.07/低毒			
	小麦	蚜虫	13.5-18克/公顷	喷雾
PD20122088	甲氨基阿维菌素苯甲酸盐/1%/乳油/甲氨基阿维菌素 1%/2012.12.26 至 2017.12.26/低毒			
	甘蓝	小菜蛾	1.5-2.25克/公顷	喷雾
	注:甲氨基阿维菌素苯甲酸盐含量：1.14%。			
PD20130914	咪鲜胺/40%/水乳剂/咪鲜胺 40%/2013.04.28 至 2018.04.28/低毒			
	香蕉	炭疽病	250-500毫克/千克	浸果

山东天邦农化有限公司　(山东省济南市济北开发区　251400　0531-88972926)

PD20111170	百草枯/200克/升/水剂/百草枯 200克/升/2012.12.31 至 2014.07.01/中等毒			
	非耕地	杂草	600-900克/公顷	定向茎叶喷雾
PD20111331	草铵膦/200克/升/水剂/草铵膦 200克/升/2011.12.06 至 2016.12.06/低毒			
	非耕地	杂草	600-900克/公顷	定向茎叶喷雾
PD20111386	草甘膦铵盐/68%/可溶粒剂/草甘膦 68%/2011.12.14 至 2016.12.14/低毒			
	非耕地	杂草	1125-2250克/公顷	定向茎叶喷雾
	注:草甘膦铵盐含量：74.7%。			
PD20120226	百草枯/250克/升/水剂/百草枯 250克/升/2012.12.31 至 2014.07.01/中等毒			
	非耕地	杂草	600-750克/公顷	茎叶喷雾
PD20121683	草甘膦铵盐/80%/可溶粒剂/草甘膦 80%/2012.11.05 至 2017.11.05/低毒			
	非耕地	杂草	1125-2250克/公顷	茎叶喷雾
	注:草甘膦铵盐含量：88%。			
PD20130939	阿维菌素/5%/乳油/阿维菌素 5%/2013.05.02 至 2018.05.02/中等毒(原药高毒)			
	甘蓝	小菜蛾	10.8-13.5克/公顷	喷雾
PD20131171	毒死蜱/65%/乳油/毒死蜱 65%/2013.05.27 至 2018.05.27/低毒			

水稻 稻纵卷叶螟 450-600克/公顷 喷雾
PD20131318 甲氨基阿维菌素苯甲酸盐/5%/乳油/甲氨基阿维菌素 5%/2013.06.08 至 2018.06.08/中等毒
甘蓝 小菜蛾 2.25-3克/公顷 喷雾
注:甲氨基阿维菌素苯甲酸盐含量：5.7%。
PD20131470 烟嘧·莠·氯吡/40%/可分散油悬浮剂/氯氟吡氧乙酸 10%、烟嘧磺隆 4%、莠去津 26%/2013.07.05 至 2018.07.05/低毒
玉米田 一年生杂草 540-600克/公顷 茎叶喷雾
PD20131557 高效氯氟氰菊酯/5%/微乳剂/高效氯氟氰菊酯 5%/2013.07.23 至 2018.07.23/低毒
甘蓝 菜青虫 9-13.5克/公顷 喷雾
PD20131955 草铵膦/50%/水剂/草铵膦 50%/2013.10.10 至 2018.10.10/低毒
非耕地 杂草 600-900克/公顷 茎叶喷雾
PD20132354 异丙甲草胺/720克/升/乳油/异丙甲草胺 720克/升/2013.11.20 至 2018.11.20/低毒
春大豆田 一年生禾本科杂草及部分小粒种子阔叶杂草 1512-1944克/公顷 播后苗前土壤喷雾
LS20130139 硝磺草酮/20%/可分散油悬浮剂/硝磺草酮 20%/2013.04.02 至 2014.04.02/低毒
玉米田 一年生杂草 120-180克/公顷 茎叶喷雾
LS20130166 烟嘧·莠·氯吡/40%/可分散油悬浮剂/氯氟吡氧乙酸 10%、烟嘧磺隆 4%、莠去津 26%/2013.04.03 至 2014.04.03/低毒
玉米田 一年生杂草 540-600克/公顷 茎叶喷雾
LS20130204 甲·灭·敌草隆/80%/可湿性粉剂/敌草隆 10%、2甲4氯 12%、莠灭净 58%/2013.04.09 至 2014.04.09/低毒
甘蔗田 一年生杂草 1440-2160克/公顷 茎叶喷雾

山东天成生物科技有限公司 (山东省淄博市博山区 255202 0533-4682517)

PD20083302 毒死蜱/97%/原药/毒死蜱 97%/2013.12.11 至 2018.12.11/中等毒
PD20092910 代森锰锌/70%/可湿性粉剂/代森锰锌 70%/2014.03.05 至 2019.03.05/低毒
番茄 早疫病 1575-1995克/公顷 喷雾
PD20093284 乙铝·锰锌/70%/可湿性粉剂/代森锰锌 40%、三乙膦酸铝 30%/2014.03.11 至 2019.03.11/低毒
黄瓜 霜霉病 2100-4200克/公顷 喷雾
PD20094857 多·福/40%/可湿性粉剂/多菌灵 5%、福美双 35%/2014.04.13 至 2019.04.13/低毒
葡萄 霜霉病 1000-1250毫克/千克 喷雾
PD20094932 代森锰锌/88%/原药/代森锰锌 88%/2014.04.13 至 2019.04.13/低毒
PD20095810 多·锰锌/50%/可湿性粉剂/多菌灵 8%、代森锰锌 42%/2009.05.27 至 2014.05.27/低毒
苹果树 斑点落叶病 1000-1250毫克/千克 喷雾
PD20096217 二甲戊灵/96%/原药/二甲戊灵 96%/2009.07.15 至 2014.07.15/低毒
PD20096572 吡虫啉/10%/可湿性粉剂/吡虫啉 10%/2009.08.24 至 2014.08.24/低毒
水稻 稻飞虱 15-30克/公顷 喷雾
PD20097579 福美双/70%/可湿性粉剂/福美双 70%/2009.11.03 至 2014.11.03/低毒
黄瓜 霜霉病 840-1260克/公顷 喷雾
PD20100529 毒死蜱/40%/乳油/毒死蜱 40%/2010.01.14 至 2015.01.14/中等毒
棉花 棉铃虫 675-900克/公顷 喷雾

山东天道生物工程有限公司 (山东省菏泽市丹阳工业园松花江路 274000 0530-3977619)

PD20091638 二甲戊灵/330克/升/乳油/二甲戊灵 330克/升/2014.02.03 至 2019.02.03/低毒
韭菜田 一年生杂草 495-742.5克/公顷 土壤喷雾
PD20091960 百菌清/75%/可湿性粉剂/百菌清 75%/2014.02.12 至 2019.02.12/低毒
番茄 早疫病 1650-3000克/公顷 喷雾
PD20091974 三唑锡/25%/可湿性粉剂/三唑锡 25%/2014.02.12 至 2019.02.12/中等毒
柑橘树 红蜘蛛 125-166.7毫克/千克 喷雾
PD20132424 丙环唑/25%/乳油/丙环唑 25%/2013.11.20 至 2018.11.20/低毒
香蕉 叶斑病 250-500毫克/千克 喷雾

山东天威农药有限公司 (山东省济南市东二环路2216号 250100 0531-88110469)

PD20097728 杀螟硫磷/45%/乳油/杀螟硫磷 45%/2009.11.04 至 2014.11.04/中等毒
水稻 三化螟 405-540克/公顷 喷雾
PD20098334 马拉硫磷/45%/乳油/马拉硫磷 45%/2009.12.18 至 2014.12.18/低毒
棉花 盲蝽蟓 375-562.5克/公顷 喷雾
十字花科蔬菜 黄条跳甲 562.5-750克/公顷 喷雾
PD20100089 敌敌畏/80%/乳油/敌敌畏 80%/2010.01.04 至 2015.01.04/低毒
十字花科蔬菜 菜青虫 720-840克/公顷 喷雾
PD20100415 仲丁威/25%/乳油/仲丁威 25%/2010.01.14 至 2015.01.14/低毒
水稻 稻飞虱、叶蝉 468.75-562.5克/公顷 喷雾
PD20100457 辛硫磷/40%/乳油/辛硫磷 40%/2010.01.14 至 2015.01.14/低毒
棉花 棉铃虫 480-600克/公顷 喷雾
PD20100656 丙环唑/250克/升/乳油/丙环唑 250克/升/2010.01.15 至 2015.01.15/低毒
香蕉 叶斑病 250－500毫克/千克 喷雾
PD20101035 噻嗪酮/25%/可湿性粉剂/噻嗪酮 25%/2010.01.21 至 2015.01.21/低毒
茶树 茶小绿叶蝉 166-250毫克/千克 喷雾
水稻 飞虱 93.75-150克/公顷 喷雾

PD20101388 三乙膦酸铝/40%/可湿性粉剂/三乙膦酸铝 40%/2010.04.14 至 2015.04.14/低毒
黄瓜 霜霉病 1800—2820克/公顷 喷雾
PD20102106 敌磺钠/70%/可溶粉剂/敌磺钠 70%/2010.11.30 至 2015.11.30/中等毒
黄瓜 立枯病 2625-5250克/公顷 喷雾或泼浇
PD20110084 代森锰锌/70%/可湿性粉剂/代森锰锌 70%/2011.01.21 至 2016.01.21/低毒
番茄 早疫病 1837.5-2362.5克/公顷 喷雾
PD20121323 炔螨特/73%/乳油/炔螨特 73%/2012.09.11 至 2017.09.11/低毒
柑橘树 红蜘蛛 243—365毫克/千克 喷雾
PD20121628 百菌清/75%/可湿性粉剂/百菌清 75%/2012.10.30 至 2017.10.30/低毒
黄瓜 霜霉病 1653.75-3003.75克/公顷 喷雾
PD20130192 烟嘧磺隆/40克/升/可分散油悬浮剂/烟嘧磺隆 40克/升/2013.01.24 至 2018.01.24/低毒
玉米田 一年生杂草 40-60克/公顷 茎叶喷雾
PD20130223 咪鲜胺/450克/升/水乳剂/咪鲜胺 450克/升/2013.01.30 至 2018.01.30/低毒
柑橘 炭疽病 225-450毫克/千克 浸果
水稻 恶苗病 75-112.5毫克/千克 浸种
PD20130349 多菌灵/80%/可湿性粉剂/多菌灵 80%/2013.03.11 至 2018.03.11/低毒
苹果树 轮纹病 667-1000毫克/千克 喷雾
PD20131739 甲基硫菌灵/70%/可湿性粉剂/甲基硫菌灵 70%/2013.08.16 至 2018.08.16/低毒
水稻 纹枯病 1275-1500克/公顷 喷雾

山东通用化学品有限公司 （山东省阳谷县寿张镇双庙杜村 252300 0635-6820127）

PD20085247 高效氯氟氰菊酯/25克/升/乳油/高效氯氟氰菊酯 25克/升/2013.12.23 至 2018.12.23/中等毒
甘蓝 菜青虫 7.5-11.25克/公顷 喷雾
PD20090457 乙草胺/900克/升/乳油/乙草胺 900克/升/2014.01.12 至 2019.01.12/低毒
春玉米田 一年生禾本科杂草及部分小粒种子阔叶杂草 1350-1620克/公顷 土壤喷雾
夏玉米田 一年生禾本科杂草及部分小粒种子阔叶杂草 810-1350克/公顷 土壤喷雾
PD20097145 烟嘧磺隆/40克/升/可分散油悬浮剂/烟嘧磺隆 40克/升/2009.10.16 至 2014.10.16/低毒
玉米田 一年生杂草 42-60克/公顷 茎叶喷雾
PD20097224 氟乐灵/480克/升/乳油/氟乐灵 480克/升/2009.10.19 至 2014.10.19/低毒
棉花田 一年生杂草 720-1080克/公顷 土壤喷雾
PD20098459 乙草胺/48%/水乳剂/乙草胺 48%/2009.12.24 至 2014.12.24/低毒
花生田 一年生禾本科杂草及部分阔叶杂草 1080-1440克/公顷 播后苗前土壤喷雾

山东潍坊润丰化工股份有限公司 （山东省潍坊市滨海经济开发区海源街600号 262737 0531-88875222）

PD20070627 扑草净/95%/原药/扑草净 95%/2012.12.14 至 2017.12.14/低毒
PD20070628 草甘膦/95%/原药/草甘膦 95%/2012.12.14 至 2017.12.14/低毒
PD20080023 丁草胺/95%/原药/丁草胺 95%/2013.01.03 至 2018.01.03/低毒
PD20080087 乙草胺/95%/原药/乙草胺 95%/2013.01.03 至 2018.01.03/低毒
PD20080089 甲草胺/95%/原药/甲草胺 95%/2013.01.03 至 2018.01.03/低毒
PD20080142 氟乐灵/96%/原药/氟乐灵 96%/2013.01.03 至 2018.01.03/低毒
PD20080224 莠去津/98%/原药/莠去津 98%/2013.01.11 至 2018.01.11/低毒
PD20080238 西玛津/98%/原药/西玛津 98%/2013.02.14 至 2018.02.14/低毒
PD20080239 二甲戊灵/95%/原药/二甲戊灵 95%/2013.02.14 至 2018.02.14/低毒
PD20081098 莠灭净/98%/原药/莠灭净 98%/2013.08.18 至 2018.08.18/低毒
PD20081487 多菌灵/98%/原药/多菌灵 98%/2013.11.05 至 2018.11.05/低毒
PD20081534 百草枯/42%/母药/百草枯 42%/2013.11.06 至 2018.11.06/中等毒
PD20083670 异丙甲草胺/96%/原药/异丙甲草胺 96%/2013.12.15 至 2018.12.15/低毒
PD20084119 敌稗/96%/原药/敌稗 96%/2013.12.16 至 2018.12.16/低毒
PD20085921 毒死蜱/97%/原药/毒死蜱 97%/2013.12.29 至 2018.12.29/中等毒
PD20090668 莠去津/90%/水分散粒剂/莠去津 90%/2014.01.19 至 2019.01.19/低毒
夏玉米田 一年生杂草 1215-1485克/公顷 播后苗前土壤喷雾
PD20090807 莠去津/80%/可湿性粉剂/莠去津 80%/2014.01.19 至 2019.01.19/低毒
夏玉米田 一年生杂草 1200-1680克/公顷 土壤喷雾
PD20091224 异丙甲草胺/720克/升/乳油/异丙甲草胺 720克/升/2014.02.01 至 2019.02.01/低毒
夏玉米田 一年生禾本科杂草及部分阔叶杂草 1620-2160克/公顷 土壤喷雾
PD20091606 莠去津/38%/悬浮剂/莠去津 38%/2014.02.03 至 2019.02.03/低毒
夏玉米田 一年生杂草 1140-1425克/公顷 土壤喷雾
PD20092670 扑草净/50%/可湿性粉剂/扑草净 50%/2014.03.03 至 2019.03.03/低毒
水稻 稗草、莎草及阔叶杂草 150-900克/公顷 毒土法
PD20092690 莠去津/50%/悬浮剂/莠去津 50%/2014.03.03 至 2019.03.03/低毒
夏玉米田 一年生杂草 1125-1500克/公顷 土壤喷雾
PD20092692 丁草胺/50%/乳油/丁草胺 50%/2014.03.03 至 2019.03.03/低毒
移栽水稻田 一年生杂草 750-1200克/公顷 药土法

PD20093443 莠灭净/50%/悬浮剂/莠灭净 50%/2014.03.23 至 2019.03.23/低毒
甘蔗田 一年生杂草 1500-1725克/公顷 喷雾

PD20093457 2,4-滴/98%/原药/2,4-滴 98%/2014.03.23 至 2019.03.23/低毒

PD20093520 乙草胺/50%/乳油/乙草胺 50%/2014.03.23 至 2019.03.23/低毒
夏玉米田 一年生杂草 900-1350克/公顷 土壤喷雾

PD20093688 吡虫啉/96%/原药/吡虫啉 96%/2014.03.25 至 2019.03.25/低毒

PD20093784 莠灭净/90%/水分散粒剂/莠灭净 90%/2014.03.25 至 2019.03.25/低毒
甘蔗田 部分禾本科杂草、一年生阔叶杂草 1500-1800克/公顷 喷雾

PD20093961 敌敌畏/95%/原药/敌敌畏 95%/2014.03.27 至 2019.03.27/中等毒

PD20094323 代森锰锌/90%/原药/代森锰锌 90%/2014.03.31 至 2019.03.31/低毒

PD20094442 莠灭净/80%/可湿性粉剂/莠灭净 80%/2014.04.01 至 2019.04.01/低毒
甘蔗田 一年生杂草 1200-1920克/公顷 喷雾

PD20094802 敌百虫/97%/原药/敌百虫 97%/2014.04.13 至 2019.04.13/低毒

PD20095380 草甘膦异丙胺盐/30%/水剂/草甘膦 30%/2014.04.27 至 2019.04.27/低毒
茶园 杂草 1125-2250克/公顷 定向茎叶喷雾
注:草甘膦异丙胺盐含量为: 41%。草甘膦异丙胺盐水剂质量浓度为480克/升。

PD20096060 阿维菌素/95%/原药/阿维菌素 95%/2009.06.18 至 2014.06.18/高毒

PD20096989 百菌清/98.5%/原药/百菌清 98.5%/2009.09.29 至 2014.09.29/低毒

PD20097077 2,4-滴钠盐/80.5%/原药/2,4-滴 80.5%/2009.10.10 至 2014.10.10/低毒
注:2,4-滴钠盐含量: 95%.

PD20097137 2,4-滴二甲胺盐/860克/升/水剂/2,4-滴二甲胺盐 860克/升/2009.10.16 至 2014.10.16/低毒
小麦田 一年生阔叶杂草 645-903克/公顷 茎叶喷雾

PD20097447 草甘膦铵盐/30%/水剂/草甘膦 30%/2009.10.28 至 2014.10.28/低毒
苹果园 杂草 1125-2250克/公顷 茎叶喷雾
注:草甘膦铵盐含量: 33%。

PD20097521 环嗪酮/98%/原药/环嗪酮 98%/2009.11.03 至 2014.11.03/低毒

PD20097918 辛酰溴苯腈/97%/原药/辛酰溴苯腈 97%/2009.11.30 至 2014.11.30/低毒

PD20097977 2,4-滴二甲胺盐/600克/升/水剂/2,4-滴二甲胺盐 600克/升/2009.12.01 至 2014.12.01/低毒
柑橘园 阔叶杂草 2250-2700克/公顷 定向茎叶喷雾

PD20098514 杀螟丹/98%/原药/杀螟丹 98%/2009.12.24 至 2014.12.24/中等毒

PD20100240 精喹禾灵/95%/原药/精喹禾灵 95%/2010.01.11 至 2015.01.11/低毒

PD20100411 麦草畏/98%/原药/麦草畏 98%/2010.01.14 至 2015.01.14/低毒

PD20100492 2,4-滴丁酯/96%/原药/2,4-滴丁酯 96%/2010.01.14 至 2015.01.14/低毒

PD20100510 丙草胺/95%/原药/丙草胺 95%/2010.01.14 至 2015.01.14/低毒

PD20100576 丙环唑/95%/原药/丙环唑 95%/2010.01.14 至 2015.01.14/低毒

PD20100603 阿维菌素/18克/升/乳油/阿维菌素 18克/升/2010.01.14 至 2015.01.14/低毒(原药高毒)
甘蓝 小菜蛾 33.3-50毫升制剂/亩 喷雾

PD20100810 苯磺隆/95%/原药/苯磺隆 95%/2010.01.19 至 2015.01.19/低毒

PD20100920 戊唑醇/97%/原药/戊唑醇 97%/2010.01.19 至 2015.01.19/低毒

PD20101252 2,4-滴丁酯/57%/乳油/2,4-滴丁酯 57%/2010.03.05 至 2015.03.05/低毒
小麦田 一年生阔叶杂草 540-756克/公顷 茎叶喷雾

PD20101349 甲霜灵/95%/原药/甲霜灵 95%/2010.03.26 至 2015.03.26/低毒

PD20102157 敌草隆/80%/可湿性粉剂/敌草隆 80%/2010.12.08 至 2015.12.08/低毒
甘蔗田 一年生杂草 1200-2400克/公顷 土壤或定向喷雾

PD20102185 2,4-滴二甲胺盐/720克/升/水剂/2,4-滴二甲胺盐 720克/升/2010.12.15 至 2015.12.15/低毒
注:专供出口，不得在国内销售。

PD20110021 草甘膦异丙胺盐/46%/水剂/草甘膦 46%/2011.01.04 至 2016.01.04/低毒
苹果园 杂草 1125-2250克/公顷 定向茎叶喷雾
注:草甘膦异丙胺盐含量:62%。

PD20110050 草甘膦铵盐/68%/可溶粒剂/草甘膦 68%/2011.01.11 至 2016.01.11/低毒
柑橘园 杂草 1125-2250克/公顷 定向茎叶喷雾
注:草甘膦铵盐含量: 74.7%。

PD20111287 百草枯/200克/升/水剂/百草枯 200克/升/2011.11.23 至 2016.11.23/中等毒
注:专供出口，不得在国内销售。

PD20120279 代森锰锌/80%/可湿性粉剂/代森锰锌 80%/2012.02.15 至 2017.02.15/低毒
注:专供出口，不得在国内销售。

PD20121545 毒死蜱/480克/升/乳油/毒死蜱 480克/升/2012.10.25 至 2017.10.25/中等毒
注:专供出口,不得在国内销售。

PD20121765 敌草隆/97%/原药/敌草隆 97%/2012.11.15 至 2017.11.15/低毒
注:专供出口,不得在国内销售。

PD20122091 戊唑醇/430克/升/悬浮剂/戊唑醇 430克/升/2012.12.26 至 2017.12.26/低毒
注:专供出口,不得在国内销售。

PD20130246 草铵膦/95%/原药/草铵膦 95%/2013.02.05 至 2018.02.05/低毒

注:专供出口,不得在国内销售。
PD20130344　麦草畏/480克/升/水剂/麦草畏 480克/升/2013.03.11 至 2018.03.11/低毒
注:专供出口,不得在国内销售。
PD20130359　2甲4氯异辛酯/95%/原药/2甲4氯异辛酯 95%/2013.03.11 至 2018.03.11/中等毒
注:专供出口,不得在国内销售.
PD20130360　特丁净/97%/原药/特丁净 97%/2013.03.11 至 2018.03.11/中等毒
注:专供出口,不得在国内销售。
PD20130362　特丁津/97%/原药/特丁津 97%/2013.03.11 至 2018.03.11/中等毒
注:专供出口，不得在国内销售。
PD20130536　2,4-滴异辛酯/96%/原药/2,4-滴异辛酯 96%/2013.04.01 至 2018.04.01/低毒
注:专供出口,不得在国内销售。
PD20130574　氨氯吡啶酸/95%/原药/氨氯吡啶酸 95%/2013.04.02 至 2018.04.02/低毒
注:专供出口，不得在国内销售。
PD20130664　西玛津/90%/水分散粒剂/西玛津 90%/2013.04.08 至 2018.04.08/低毒
玉米田　一年生杂草　春玉米田：2160-2700克/公顷；夏玉米田:1620-2160克/公顷　播后苗前土壤喷雾
PD20130809　2甲4氯/96%/原药/2甲4氯 96%/2013.04.22 至 2018.04.22/低毒
注:专供出口，不得在国内销售。
PD20130853　苯醚甲环唑/95%/原药/苯醚甲环唑 95%/2013.04.22 至 2018.04.22/低毒
注:专供出口,不得在国内销售。
PD20130855　氟环唑/97%/原药/氟环唑 97%/2013.04.22 至 2018.04.22/低毒
注:专供出口，不得在国内销售。
PD20131223　敌草隆/80%/水分散粒剂/敌草隆 80%/2013.05.28 至 2018.05.28/低毒
甘蔗田　一年生杂草　1200-1800克/公顷　土壤喷雾
PD20131227　双氟磺草胺/97%/原药/双氟磺草胺 97%/2013.05.28 至 2018.05.28/低毒
PD20131371　2,4-滴异辛酯/50%/乳油/2,4-滴异辛酯 50%/2013.06.24 至 2018.06.24/低毒
小麦田　一年生阔叶杂草　562.5-750克/公顷　茎叶喷雾
PD20131372　异丙甲草胺/960克/升/乳油/异丙甲草胺 960克/升/2013.06.24 至 2018.06.24/低毒
注:专供出口,不得在国内销售。
PD20131393　烯草酮/90%/原药/烯草酮 90%/2013.06.24 至 2018.06.24/低毒
注:专供出口，不得在国内销售。
PD20131425　麦草畏钠盐/70%/可溶粒剂/麦草畏 70%/2013.07.03 至 2018.07.03/中等毒
注:　麦草畏钠盐含量：77%。　专供出口，不得在国内销售。
PD20131488　2,4-滴二甲胺盐/80%/可溶粒剂/2,4-滴 80%/2013.07.05 至 2018.07.05/中等毒
注:　专供出口，不得在国内销售。　2,4-滴二甲胺盐含量：96%。
PD20131500　氨氯吡啶酸/240克/升/水剂/氨氯吡啶酸 240克/升/2013.07.05 至 2018.07.05/低毒
注:专供出口，不得在国内销售。
PD20131511　三氯吡氧乙酸丁氧基乙酯/97.3%/原药/三氯吡氧乙酸丁氧基乙酯 97.3%/2013.07.17 至 2018.07.17/低毒
注:专供出口,不得在国内销售。
PD20131622　草铵膦/200克/升/水剂/草铵膦 200克/升/2013.07.30 至 2018.07.30/低毒
注:专供出口，不得在国内销售。
PD20131630　嗪草酮/95%/原药/嗪草酮 95%/2013.07.30 至 2018.07.30/低毒
PD20131728　滴·氨氯/304克/升/水剂/氨氯吡啶酸 64克/升、2,4-滴 240克/升/2013.08.16 至 2018.08.16/低毒
注:专供出口，不得在国内销售。
PD20131738　敌草快/41%/母药/敌草快 41%/2013.08.16 至 2018.08.16/中等毒
注:专供出口，不得在国内销售。
PD20131835　噻虫嗪/98%/原药/噻虫嗪 98%/2013.09.17 至 2018.09.17/低毒
PD20131962　双草醚/97%/原药/双草醚 97%/2013.10.10 至 2018.10.10/低毒
PD20131984　二氯吡啶酸/95%/原药/二氯吡啶酸 95%/2013.10.10 至 2018.10.10/中等毒
注:专供出口，不得在在国内销售。
PD20132036　百菌清/40%/悬浮剂/百菌清 40%/2013.10.21 至 2018.10.21/低毒
注:专供出口，不得在国内销售。
PD20132097　丙溴磷/94%/原药/丙溴磷 94%/2013.10.24 至 2018.10.24/中等毒
注:专供出口，不得在国内销售。
PD20132171　咪唑乙烟酸/98%/原药/咪唑乙烟酸 98%/2013.10.29 至 2018.10.29/低毒
注:专供出口，不得在国内销售。
PD20132172　2甲4氯二甲胺盐/750克/升/水剂/2甲4氯二甲胺盐 750克/升/2013.10.29 至 2018.10.29/低毒
注:专供出口，不得在国内销售。
PD20132212　克菌丹/50%/可湿性粉剂/克菌丹 50%/2013.10.29 至 2018.10.29/低毒
注:专供出口，不得在国内销售。
PD20132213　百菌清/720克/升/悬浮剂/百菌清 720克/升/2013.10.29 至 2018.10.29/低毒
注:专供出口，不得在国内销售。
PD20132232　氟乐灵/480克/升/乳油/氟乐灵 480克/升/2013.11.05 至 2018.11.05/低毒

注:专供出口，不得在国内销售。

PD20132234 多菌灵/500克/升/悬浮剂/多菌灵 500克/升/2013.11.05 至 2018.11.05/低毒

注:专供出口，不得国在国内销售。

PD20132248 甲氧虫酰肼/nullnull/原药/甲氧虫酰肼 98%/2013.11.05 至 2018.11.05/低毒

注:专供出口，不得在国内销售。

PD20132277 吡虫啉/70%/水分散粒剂/吡虫啉 70%/2013.11.08 至 2018.11.08/中等毒

注:专供出口，不得在国内销售。

PD20132287 甲磺草胺/94%/原药/甲磺草胺 94%/2013.11.08 至 2018.11.08/低毒

注:专供出口，不得在国内销售。

PD20132325 甲磺草胺/500克/升/悬浮剂/甲磺草胺 500克/升/2013.11.13 至 2018.11.13/低毒

注:专供出口，不得在国内销售。

PD20132410 烯草酮/240克/升/乳油/烯草酮 240克/升/2013.11.20 至 2018.11.20/低毒

注:专供出口，不得在国内销售。

PD20132463 异噁草松/95%/原药/异噁草松 95%/2013.12.02 至 2018.12.02/低毒

PD20132495 乙氧氟草醚/97%/原药/乙氧氟草醚 97%/2013.12.10 至 2018.12.10/低毒

注:专供出口，不得在国内销售。

PD20132515 克菌丹/80%/水分散粒剂/克菌丹 80%/2013.12.16 至 2018.12.16/低毒

注:专供出口，不得在国内销售。

PD20132559 代森锰锌/75%/水分散粒剂/代森锰锌 75%/2013.12.17 至 2018.12.17/低毒

注:专供出口，不得在国内销售。

PD20132564 草甘膦铵盐/86.3%/可溶粒剂/草甘膦 86.3%/2013.12.17 至 2018.12.17/低毒

注:专供出口，不得在国内销售。 草甘膦铵盐含量: 95%

PD20132574 乙草胺/900克/升/乳油/乙草胺 900克/升/2013.12.17 至 2018.12.17/低毒

注:专供出口，不得在国内销售。

PD20132662 氯氟吡氧乙酸异辛酯/200克/升/乳油/氯氟吡氧乙酸 200克/升/2013.12.20 至 2018.12.20/低毒

注: 氯氟吡氧乙酸异辛酯含量: 288克/升。 专供出口，不得在国内销售。

PD20132666 敌草隆/800克/升/悬浮剂/敌草隆 800克/升/2013.12.20 至 2018.12.20/低毒

注:专供出口，不得在国内销售。

PD20132673 异噁草松/480克/升/乳油/异噁草松 480克/升/2013.12.25 至 2018.12.25/低毒

注:专供出口，不得在国内销售。

PD20132675 草甘膦异丙胺盐/450克/升/水剂/草甘膦 450克/升/2013.12.25 至 2018.12.25/低毒

注: 草甘膦异丙胺盐含量: 600克/升; 专供出口，不得在国内销售。

LS20110293 特丁津/50%/悬浮剂/特丁津 50%/2013.11.04 至 2014.11.04/低毒

玉米田 一年生禾本科杂草及阔叶杂草 750-900克/公顷 播后苗前土壤喷雾

LS20120403 2,4-滴丁酯/1000克/升/乳油/2,4-滴丁酯 1000克/升/2013.12.12 至 2014.12.12/低毒

注:专供出口，不得在国内销售。

LS20130046 环丙唑醇/95%/原药/环丙唑醇 95%/2014.02.06 至 2015.02.06/低毒

注:专供出口，不得在国内销售。

LS20130105 环嗪酮/90%/水分散粒剂/环嗪酮 90%/2013.03.11 至 2014.03.11/低毒

注:专供出口,不得在国内销售。

LS20130134 特丁净/50%/悬浮剂/特丁净 50%/2013.04.02 至 2014.04.02/低毒

注:专供出口，不得在国内销售。

LS20130135 2甲4氯异辛酯/890克/升/乳油/2甲4氯异辛酯 890克/升/2013.04.02 至 2014.04.02/低毒

注:专供出口，不得在国内销售。

LS20130197 高效氟吡甲禾灵/520克/升/乳油/高效氟吡甲禾灵 520克/升/2013.04.09 至 2014.04.09/中等毒

注:专供出口，不得在国内销售。

LS20130321 2,4-滴异辛酯/89.3%/乳油/2,4-滴异辛酯 89.3%/2013.06.09 至 2014.06.09/低毒

注:专供出口，不得在国内销售。 2,4-滴异辛酯含量: 1025克/升。

LS20130340 多菌灵/80%/水分散粒剂/多菌灵 80%/2013.07.02 至 2014.07.02/低毒

注:专供出口，不得在国内销售。

LS20130341 百菌清/90%/水分散粒剂/百菌清 90%/2013.07.02 至 2014.07.02/低毒

注:专供出口，不得在国内销售。

LS20130344 二甲戊灵/500克/升/乳油/二甲戊灵 500克/升/2013.07.02 至 2014.07.02/低毒

注:专供出口，不得在国内销售。

LS20130351 环嗪·敌草隆/60%/水分散粒剂/敌草隆 46.8%、环嗪酮 13.2%/2013.07.02 至 2014.07.02/低毒

注:专供出口,不得在国内销售。

LS20130371 敌稗/480克/升/乳油/敌稗 480克/升/2013.07.23 至 2014.07.23/低毒

注:专供出口，不得在国内销售。

LS20130394 西玛.莠去津/90%/水分散粒剂/西玛津 45%、莠去津 45%/2013.07.29 至 2014.07.29/低毒

注:专供出口，不得在国内销售。

LS20130410 二氯吡啶酸/300克/升/水剂/二氯吡啶酸 300克/升/2013.07.30 至 2014.07.30/中等毒

注:专供出口，不得在国内销售。

LS20130424 辛酰溴苯腈/291克/升/乳油/辛酰溴苯腈 291克/升/2013.09.09 至 2014.09.09/中等毒

注:专供出口，不得在国内销售。
LS20130427 咪唑乙烟酸/70%/水分散粒剂/咪唑乙烟酸 70%/2013.09.09 至 2014.09.09/低毒
注:专供出口，不得在国内销售。
LS20130430 甲·敌稗/67.5%/水分散粒剂/敌稗 60%、2甲4氯 6.3%/2013.09.09 至 2014.09.09/低毒
注:专供出口，不得在国内销售。
LS20130438 麦畏·莠去津/35.6%/悬浮剂/莠去津 22.2%、麦草畏钾盐 13.4%/2013.09.09 至 2014.09.09/低毒
注:专供出口，不得在国内销售。
LS20130441 特丁津/90%/水分散粒剂/特丁津 90%/2013.09.10 至 2014.09.10/中等毒
注:专供出口，不得在国内销售。
LS20130468 噻虫嗪/75%/水分散粒剂/噻虫嗪 75%/2013.10.10 至 2014.10.10/低毒
注:专供出口，不得在国内销售。
LS20130471 戊唑醇/75%/水分散粒剂/戊唑醇 75%/2013.10.10 至 2014.10.10/低毒
注:专供出口，不得在国内销售。
LS20130484 滴胺·麦草畏/48.1%/水剂/2,4-滴 29.7%、麦草畏 10.3%/2013.11.08 至 2014.11.08/低毒
注:专供出口，不得在国内销售。
LS20130485 三氯吡氧乙酸丁氧基乙酯/834克/升/乳油/三氯吡氧乙酸丁氧基乙酯 834克/升/2013.11.08 至 2014.11.08/低毒
注:专供出口，不得在国内销售。
LS20130494 精喹禾灵/200克/升/乳油/精喹禾灵 200克/升/2013.11.08 至 2014.11.08/低毒
注:专供出口，不得在国内销售。
LS20130498 氟环·多菌灵/250克/升/悬浮剂/多菌灵 125克/升、氟环唑 125克/升/2013.11.08 至 2014.11.08/低毒
注:专供出口，不得在国内销售。

山东潍坊双星农药有限公司 (山东省潍坊滨海开发区工业街以北 262700 0536-5226126)

PD20070163	虫酰肼/95%/原药/虫酰肼 95%/2012.06.14 至 2017.06.14/低毒			
PD20080455	啶虫脒/5%/乳油/啶虫脒 5%/2013.03.27 至 2018.03.27/低毒			
	苹果树	蚜虫	12-15毫克/千克	喷雾
PD20080552	嘧霉胺/400克/升/悬浮剂/嘧霉胺 400克/升/2013.05.08 至 2018.05.08/低毒			
	番茄、黄瓜	灰霉病	375-562.5克/公顷	喷雾
PD20081038	灭蝇胺/10%/悬浮剂/灭蝇胺 10%/2013.08.06 至 2018.08.06/低毒			
	黄瓜	美洲斑潜蝇	120-150克/公顷	喷雾
PD20081957	阿维菌素/1.8%/乳油/阿维菌素 1.8%/2013.11.24 至 2018.11.24/低毒(原药高毒)			
	菜豆	美洲斑潜蝇	10.8-21.6克/公顷	喷雾
PD20081975	炔螨特/40%/乳油/炔螨特 40%/2013.11.25 至 2018.11.25/低毒			
	柑橘树	红蜘蛛	200-400毫克/千克	喷雾
PD20082002	代森锰锌/70%/可湿性粉剂/代森锰锌 70%/2013.11.25 至 2018.11.25/低毒			
	番茄	早疫病	1800—2400克/公顷	喷雾
	柑橘树	疮痂病、炭疽病	1333-2000毫克/千克	喷雾
	梨树	黑星病	800-1600毫克/千克	喷雾
	荔枝树	霜疫霉病	/	/
	苹果树	斑点落叶病、轮纹病、炭疽病	1000-1600毫克/千克	喷雾
	葡萄	白腐病、黑痘病、霜霉病	1000-1600毫克/千克	喷雾
	西瓜	炭疽病	1560-2520克/公顷	喷雾
PD20082003	丙环唑/250克/升/乳油/丙环唑 250克/升/2011.02.16 至 2016.02.16/低毒			
	香蕉	叶斑病	250-500毫克/千克	喷雾
	小麦	白粉病	105—125克/公顷	喷雾
PD20082004	溴氰菊酯/25克/升/乳油/溴氰菊酯 25克/升/2013.11.25 至 2018.11.25/中等毒			
	大白菜	菜青虫	11.25-15克/公顷	喷雾
	棉花	棉铃虫	11.25-18.75克/公顷	喷雾
PD20082121	杀扑磷/40%/乳油/杀扑磷 40%/2013.11.25 至 2018.11.25/高毒			
	柑橘树	介壳虫	333.3—500毫克/千克	喷雾
PD20082614	代森锰锌/80%/可湿性粉剂/代森锰锌 80%/2013.12.04 至 2018.12.04/低毒			
	番茄	早疫病	1800—2400克/公顷	喷雾
PD20083047	虫酰肼/20%/悬浮剂/虫酰肼 20%/2013.12.10 至 2018.12.10/低毒			
	甘蓝	甜菜夜蛾	210-300克/公顷	喷雾
PD20083298	丙环唑/95%/原药/丙环唑 95%/2013.12.11 至 2018.12.11/低毒			
PD20083376	三唑锡/25%/可湿性粉剂/三唑锡 25%/2013.12.11 至 2018.12.11/低毒			
	苹果树	红蜘蛛	125-167毫克/千克	喷雾
PD20084073	霜脲·锰锌/72%/可湿性粉剂/代森锰锌 64%、霜脲氰 8%/2013.12.16 至 2018.12.16/低毒			
	黄瓜	霜霉病	1440-1800克/公顷	喷雾
PD20084330	高效氯氟氰菊酯/25克/升/乳油/高效氯氟氰菊酯 25克/升/2013.12.17 至 2018.12.17/中等毒			
	十字花科蔬菜	菜青虫	11.25-13.125克/公顷	喷雾
PD20084372	多·福/50%/可湿性粉剂/多菌灵 15%、福美双 35%/2013.12.17 至 2018.12.17/低毒			
	梨树	黑星病	1000-1500毫克/千克	喷雾
PD20084487	灭幼脲/25%/悬浮剂/灭幼脲 25%/2013.12.17 至 2018.12.17/低毒			

	甘蓝	菜青虫	75-112.5克/公顷	喷雾
PD20084756	毒死蜱/480克/升/乳油/毒死蜱 480克/升/2013.12.22 至 2018.12.22/低毒			
	水稻	稻纵卷叶螟	300-600克/公顷	喷雾
PD20084767	代森锰锌/85%/原药/代森锰锌 85%/2013.12.22 至 2018.12.22/低毒			
PD20084782	腈菌唑/12.5%/乳油/腈菌唑 12.5%/2013.12.22 至 2018.12.22/低毒			
	黄瓜	白粉病	47-94克/公顷	喷雾
PD20084833	联苯菊酯/25克/升/乳油/联苯菊酯 25克/升/2013.12.22 至 2018.12.22/低毒			
	茶树	茶小绿叶蝉	30-37.5克/公顷	喷雾
PD20084865	乙铝·锰锌/70%/可湿性粉剂/代森锰锌 40%、三乙膦酸铝 30%/2013.12.22 至 2018.12.22/低毒			
	辣椒	疫病	787.5-1050克/公顷	喷雾
PD20084877	顺式氯氰菊酯/50克/升/乳油/顺式氯氰菊酯 50克/升/2013.12.22 至 2018.12.22/中等毒			
	棉花	棉铃虫	20-25克/公顷	喷雾
	十字花科蔬菜	小菜蛾	10-20克/公顷	喷雾
PD20084914	氟啶脲/50克/升/乳油/氟啶脲 50克/升/2013.12.22 至 2018.12.22/低毒			
	十字花科蔬菜	甜菜夜蛾	30-60克/公顷	喷雾
PD20084917	多·锰锌/70%/可湿性粉剂/多菌灵 30%、代森锰锌 40%/2013.12.22 至 2018.12.22/低毒			
	梨树	黑星病	1000-1250毫克/千克	喷雾
	苹果树	斑点落叶病	1000-1250毫克/千克	喷雾
PD20085509	阿维·辛硫磷/15%/乳油/阿维菌素 0.1%、辛硫磷 14.9%/2013.12.25 至 2018.12.25/低毒(原药高毒)			
	十字花科蔬菜	小菜蛾	112.5-168.75克/公顷	喷雾
PD20085679	多·锰锌/60%/可湿性粉剂/多菌灵 20%、代森锰锌 40%/2013.12.26 至 2018.12.26/低毒			
	梨	黑星病	1000-1250毫克/千克	喷雾
	苹果	斑点落叶病	1000-1250毫克/千克	喷雾
PD20085832	甲霜·福美双/35%/可湿性粉剂/福美双 30%、甲霜灵 5%/2013.12.29 至 2018.12.29/低毒			
	水稻	立枯病	787.5-1050克/公顷	苗床喷雾
PD20085838	吡虫·灭多威/10%/乳油/吡虫啉 1%、灭多威 9%/2013.12.29 至 2018.12.29/低毒(原药高毒)			
	小麦	蚜虫	90-120克/公顷	喷雾
PD20086082	甲硫·锰锌/50%/可湿性粉剂/甲基硫菌灵 15%、代森锰锌 35%/2013.12.30 至 2018.12.30/低毒			
	苹果树	炭疽病	500-1000倍液	喷雾
	西瓜	炭疽病	375-562.5克/公顷	喷雾
PD20090071	咪鲜·异菌脲/16%/悬浮剂/咪鲜胺 8%、异菌脲 8%/2014.01.08 至 2019.01.08/低毒			
	香蕉	叶斑病	200-266.7毫克/千克	喷雾
PD20090203	氟氯氰菊酯/50克/升/乳油/氟氯氰菊酯 50克/升/2014.01.09 至 2019.01.09/低毒			
	棉花	棉铃虫	24-37.5克/公顷	喷雾
	十字花科蔬菜	菜青虫	20-25克/公顷	喷雾
PD20090210	顺式氯氰菊酯/30克/升/乳油/顺式氯氰菊酯 30克/升/2014.01.09 至 2019.01.09/低毒			
	甘蓝	小菜蛾	10-20克/公顷	喷雾
PD20090217	吡虫啉/10%/可湿性粉剂/吡虫啉 10%/2014.01.09 至 2019.01.09/低毒			
	水稻	稻飞虱	15-30克/公顷	喷雾
	小麦	蚜虫	15-30克/公顷(南方地区)	喷雾
			45-60克/公顷(北方地区)	
PD20090820	戊唑醇/12.5%/水乳剂/戊唑醇 12.5%/2014.01.19 至 2019.01.19/低毒			
	香蕉	叶斑病	156.25-250毫克/千克	喷雾
PD20090878	氯氰菊酯/50克/升/乳油/氯氰菊酯 50克/升/2014.01.19 至 2019.01.19/低毒			
	苹果树	桃小食心虫	60-75毫克/千克	喷雾
PD20091301	乙铝·多菌灵/75%/可湿性粉剂/多菌灵 37.5%、三乙膦酸铝 37.5%/2014.02.01 至 2019.02.01/低毒			
	苹果树	轮纹病	500-800倍液	喷雾
PD20091859	代森锌/80%/可湿性粉剂/代森锌 80%/2014.02.09 至 2019.02.09/低毒			
	番茄	早疫病	2250-3600克/公顷	喷雾
	苹果	斑点落叶病	1143-1600毫克/千克	喷雾
PD20091860	锰锌·三唑酮/33%/可湿性粉剂/代森锰锌 25%、三唑酮 8%/2014.02.09 至 2019.02.09/低毒			
	梨树	黑星病	800-1200倍液	喷雾
PD20091980	乙铝·锰锌/50%/可湿性粉剂/代森锰锌 20%、三乙膦酸铝 30%/2014.02.12 至 2019.02.12/低毒			
	黄瓜	霜霉病	1125-1875克/公顷	喷雾
PD20093165	三唑磷/20%/乳油/三唑磷 20%/2014.03.11 至 2019.03.11/低毒			
	水稻	二化螟	300-450克/公顷	喷雾
PD20093467	高效氯氰菊酯/4.5%/水乳剂/高效氯氰菊酯 4.5%/2014.03.23 至 2019.03.23/低毒			
	十字花科蔬菜	菜青虫	22.5-37.5克/公顷	喷雾
PD20096830	乙酸铜/95%/原药/乙酸铜 95%/2009.09.21 至 2014.09.21/低毒			
PD20096933	乙酸铜/20%/可湿性粉剂/乙酸铜 20%/2009.09.25 至 2014.09.25/低毒			
	黄瓜	苗期猝倒病	3000-4500克/公顷	灌根
PD20097183	吗胍·乙酸铜/20%/可湿性粉剂/盐酸吗啉胍 16%、乙酸铜 4%/2009.10.16 至 2014.10.16/低毒			
	番茄	病毒病	499.5-750克/公顷	喷雾

PD20097623	戊唑醇/95%/原药/戊唑醇 95%/2009.11.03 至 2014.11.03/微毒			
PD20097801	啶虫脒/99%/原药/啶虫脒 99%/2009.11.20 至 2014.11.20/中等毒			
PD20098157	吡虫啉/200克/升/可溶液剂/吡虫啉 200克/升/2009.12.14 至 2014.12.14/低毒			
	甘蓝	蚜虫	15-30克/公顷	喷雾
	水稻	稻飞虱	22.5-30克/公顷	喷雾
PD20098172	吡虫啉/95%/原药/吡虫啉 95%/2009.12.14 至 2014.12.14/低毒			
PD20100009	甲氨基阿维菌素苯甲酸盐(1.14%)///乳油/甲氨基阿维菌素 1%/2010.01.04 至 2015.01.04/低毒			
	甘蓝	小菜蛾	1.5-2.25克/公顷	喷雾
PD20100633	啶虫脒/40%/水分散粒剂/啶虫脒 40%/2010.01.14 至 2015.01.14/低毒			
	黄瓜	蚜虫	27-32.4克/公顷	喷雾
PD20101046	吗胍·乙酸铜/20%/可湿性粉剂/盐酸吗啉胍 10%、乙酸铜 10%/2010.01.21 至 2015.01.21/低毒			
	烟草	病毒病	450-600克/公顷	喷雾
PD20101737	吡虫啉/25%/可湿性粉剂/吡虫啉 25%/2010.06.28 至 2015.06.28/低毒			
	水稻	稻飞虱	15-30克/公顷	喷雾
	小麦	蚜虫	15-30克/公顷(南方地区)	喷雾
			45-60克/公顷(北方地区)	
PD20110303	苯醚甲环唑/250克/升/乳油/苯醚甲环唑 250克/升/2011.03.21 至 2016.03.21/低毒			
	香蕉	叶斑病	83.3－125毫克/千克	喷雾
PD20110749	苯醚甲环唑/10%/水分散粒剂/苯醚甲环唑 10%/2011.07.25 至 2016.07.25/低毒			
	番茄	早疫病	100.5-150克/公顷	喷雾
	梨树	黑星病	14.3-16.7毫克/千克	喷雾
PD20111156	苯醚甲环唑/30%/水分散粒剂/苯醚甲环唑 30%/2011.11.04 至 2016.11.04/低毒			
	香蕉	叶斑病	85－120毫克/千克	喷雾
PD20111183	甲维·虫酰肼/25%/悬浮剂/虫酰肼 24%、甲氨基阿维菌素苯甲酸盐 1%/2011.11.15 至 2016.11.15/低毒			
	甘蓝	甜菜夜蛾、斜纹夜蛾	150-225克/公顷	喷雾
PD20111184	吡虫啉/50%/可湿性粉剂/吡虫啉 50%/2011.11.16 至 2016.11.16/低毒			
	水稻	稻飞虱	15-30克/公顷	喷雾
	小麦	蚜虫	15-30克/公顷(南方地区)	喷雾
			45-60克/公顷(北方地区)	
PD20111185	氟硅唑/10%/水乳剂/氟硅唑 10%/2011.11.16 至 2016.11.16/低毒			
	番茄	叶霉病	60-75克/公顷	喷雾
PD20111208	丙环唑/40%/微乳剂/丙环唑 40%/2011.11.17 至 2016.11.17/低毒			
	香蕉	叶斑病	266.7-400毫克/千克	喷雾
PD20120033	烯酰吗啉/40%/水分散粒剂/烯酰吗啉 40%/2012.01.09 至 2017.01.09/低毒			
	黄瓜	霜霉病	225-300克/公顷	喷雾
PD20120043	苯醚甲环唑/10%/可湿性粉剂/苯醚甲环唑 10%/2012.01.10 至 2017.01.10/低毒			
	苹果树	斑点落叶病	50-66.67毫克/千克	喷雾
PD20120148	苯甲·丙环唑/500克/升/乳油/苯醚甲环唑 250克/升、丙环唑 250克/升/2012.01.30 至 2017.01.30/低毒			
	水稻	纹枯病	90-112.5克/公顷	喷雾
PD20120404	芸苔素内酯/0.0016%/水剂/芸苔素内酯 0.0016%/2012.03.07 至 2017.03.07/低毒			
	小麦	调节生长	0.025-0.04毫克/千克	喷雾
PD20120650	虫螨腈/95%/原药/虫螨腈 95%/2012.01.18 至 2017.01.18/低毒			
PD20120769	苯醚甲环唑/40%/悬浮剂/苯醚甲环唑 40%/2012.05.05 至 2017.05.05/低毒			
	西瓜	炭疽病	60-120克/公顷	喷雾
PD20121698	苯醚甲环唑/95%/原药/苯醚甲环唑 95%%/2012.11.05 至 2017.11.05/低毒			
PD20121847	醚菌酯/30%/悬浮剂/醚菌酯 30%/2012.11.28 至 2017.11.28/低毒			
	黄瓜	白粉病	124-158克/公顷	喷雾
PD20122094	嘧菌酯/98%/原药/嘧菌酯 98%/2012.12.26 至 2017.12.26/低毒			
PD20130300	虫螨腈/10%/悬浮剂/虫螨腈 10%/2013.02.26 至 2018.02.26/低毒			
	杨树	美国白蛾	30-60毫克/千克	喷雾
PD20130326	高效氯氟氰菊酯/2.5%/水乳剂/高效氯氟氰菊酯 2.5%/2013.03.04 至 2018.03.04/中等毒			
	甘蓝	菜青虫	9.375-13.125克/公顷	喷雾
PD20130407	阿维菌素/1.8%/水乳剂/阿维菌素 1.8%/2013.03.12 至 2018.03.12/低毒(原药高毒)			
	菜豆	斑潜蝇	10.8-21.6克/公顷	喷雾
PD20130416	甲基硫菌灵/36%/悬浮剂/甲基硫菌灵 36%/2013.03.15 至 2018.03.15/低毒			
	水稻	纹枯病	750-1125克/公顷	喷雾
PD20130739	丙溴·氟铃脲/32%/乳油/丙溴磷 30%、氟铃脲 2%/2013.04.12 至 2018.04.12/低毒			
	棉花	棉铃虫	144-336克/公顷	喷雾
PD20130779	甲维·丙溴磷/31%/乳油/丙溴磷 30.5%、甲氨基阿维菌素苯甲酸盐 0.5%/2013.04.22 至 2018.04.22/低毒			
	甘蓝	斜纹夜蛾	186-306.9克/公顷	喷雾
PD20130957	联苯菊酯/2.5%/水乳剂/联苯菊酯 2.5%/2013.05.02 至 2018.05.02/低毒			
	茶树	茶小绿叶蝉	30-37.5克/公顷	喷雾
PD20131047	甲氨基阿维菌素苯甲酸盐/1%/微乳剂/甲氨基阿维菌素 1%/2013.05.13 至 2018.05.13/低毒			

甘蓝 小菜蛾 1.5-2.25克/公顷 喷雾
注:甲氨基阿维菌素苯甲酸盐含量: 1.14%。
PD20131812 溴菌·多菌灵/25%/可湿性粉剂/多菌灵 20%、溴菌腈 5%/2013.09.17 至 2018.09.17/低毒
蔷薇科观赏花卉 炭疽病 400-667毫克/千克 喷雾
LS20120217 丙溴·氟铃脲/32%/乳油/丙溴磷 30%、氟铃脲 2%/2013.06.15 至 2014.06.15/低毒
棉花 棉铃虫 240-336克/公顷 喷雾
LS20130137 虫螨腈/360克/升/悬浮剂/虫螨腈 360克/升/2013.04.02 至 2014.04.02/中等毒
注:专供出口，不得在国内销售。

山东潍坊万胜生物农药有限公司 (山东省潍坊市经济技术开发区友爱路1888号 261057 0536-8657208)

PD20080807 毒死蜱/40%/乳油/毒死蜱 40%/2013.06.20 至 2018.06.20/中等毒
水稻 稻飞虱 450-600克/公顷 喷雾
PD20081770 草甘膦异丙胺盐(41%)///水剂/草甘膦 30%/2013.11.18 至 2018.11.18/低毒
免耕玉米田 杂草 922.5-1537.5克/公顷 茎叶喷雾
水稻田埂 杂草 1230-2460克/公顷 茎叶喷雾
PD20082040 甲硫·福美双/70%/可湿性粉剂/福美双 40%、甲基硫菌灵 30%/2013.11.25 至 2018.11.25/低毒
苹果树 轮纹病 875-1167毫克/千克 喷雾
PD20082678 氰戊·马拉松/20%/乳油/马拉硫磷 15%、氰戊菊酯 5%/2013.12.05 至 2018.12.05/中等毒
小麦 蚜虫 60-90克/公顷 喷雾
PD20090560 高氯·毒死蜱/21%/乳油/毒死蜱 18%、高效氯氰菊酯 3%/2009.01.13 至 2014.01.13/中等毒
十字花科蔬菜 甜菜夜蛾 157.5-220.5克/公顷 喷雾
PD20090881 联苯菊酯/25克/升/乳油/联苯菊酯 25克/升/2014.01.19 至 2019.01.19/低毒
茶树 茶小绿叶蝉 30-37.5克/公顷 喷雾
PD20091462 醚菊酯/10%/悬浮剂/醚菊酯 10%/2014.02.02 至 2019.02.02/低毒
十字花科蔬菜 菜青虫 45-60克/公顷 喷雾
PD20091567 高效氯氟氰菊酯/2.5%/微乳剂/高效氯氟氰菊酯 2.5%/2014.02.03 至 2019.02.03/中等毒
棉花 棉铃虫 15-22.5克/公顷 喷雾
十字花科蔬菜 甜菜夜蛾 15-22.5克/公顷 喷雾
PD20091981 高氯·辛硫磷/25%/乳油/高效氯氰菊酯 2.5%、辛硫磷 22.5%/2014.02.12 至 2019.02.12/中等毒
棉花 棉铃虫 150-281.25克/公顷 喷雾
PD20092282 嘧霉胺/400克/升/悬浮剂/嘧霉胺 400克/升/2014.02.24 至 2019.02.24/低毒
番茄 灰霉病 450-562.5克/公顷 喷雾
PD20092427 高效氯氰菊酯/2.5%/乳油/高效氯氰菊酯 2.5%/2014.02.25 至 2019.02.25/低毒
梨树 梨木虱 25-31.25毫克/千克 喷雾
PD20093140 马拉硫磷/45%/乳油/马拉硫磷 45%/2014.03.11 至 2019.03.11/低毒
棉花 盲蝽蟓 371.25-540克/公顷 喷雾
PD20094129 多·福/50%/可湿性粉剂/多菌灵 25%、福美双 25%/2014.03.27 至 2019.03.27/低毒
葡萄 霜霉病 250-400倍液 喷雾
PD20096326 丁硫克百威/200克/升/乳油/丁硫克百威 200克/升/2009.07.22 至 2014.07.22/中等毒
棉花 蚜虫 135-180克/公顷 喷雾
PD20098247 吗胍·乙酸铜/20%/可湿性粉剂/盐酸吗啉胍 10%、乙酸铜 10%/2009.12.16 至 2014.12.16/低毒
番茄 病毒病 600-750克/公顷 喷雾
PD20100423 阿维·矿物油/24.5%/乳油/阿维菌素 0.2%、矿物油 24.3%/2010.01.14 至 2015.01.14/低毒(原药高毒)
柑橘树 红蜘蛛 123-245毫克/千克 喷雾
棉花 蚜虫 30-37.5克/公顷 喷雾
PD20101748 阿维菌素/1.8%/乳油/阿维菌素 1.8%/2010.06.28 至 2015.06.28/低毒(原药高毒)
十字花科蔬菜 小菜蛾 8.1-10.8克/公顷 喷雾
PD20132406 木霉菌/2亿活孢子/克/可湿性粉剂/木霉菌 2亿活孢子/克/2013.11.20 至 2018.11.20/微毒
黄瓜 灰霉病 187.5-250克制剂/亩 喷雾
PD20132408 枯草芽孢杆菌/10亿个/克/可湿性粉剂/枯草芽孢杆菌 10亿个/克/2013.11.20 至 2018.11.20/微毒
水稻 稻曲病 1125-1500克制剂/公顷 喷雾
烟草 赤星病 1125-1500克制剂/公顷 喷雾

山东先达农化股份有限公司 (山东省济南市高新区舜华路大学科技园A-508 250100 0531-88875376)

PD20060055 烯禾啶/96%/原药/烯禾啶 96%/2011.03.06 至 2016.03.06/低毒
PD20060163 异噁草松/96%/原药/异噁草松 96%/2011.10.11 至 2016.10.11/低毒
PD20070066 烯草酮/90%/原药/烯草酮 90%/2012.03.21 至 2017.03.21/低毒
PD20080919 烯酰吗啉/96%/原药/烯酰吗啉 96%/2013.07.17 至 2018.07.17/低毒
PD20081040 烯草酮/240克/升/乳油/烯草酮 240克/升/2013.08.06 至 2018.08.06/低毒
春大豆田 一年生禾本科杂草 72-90克/公顷 茎叶喷雾
PD20081060 异噁草松/480克/升/乳油/异噁草松 480克/升/2013.08.14 至 2018.08.14/低毒
春大豆田 一年生杂草 1008-1080克/公顷 土壤喷雾
PD20081264 烯酰·福美双/55%/可湿性粉剂/福美双 47%、烯酰吗啉 8%/2013.09.18 至 2018.09.18/低毒
黄瓜 霜霉病 825-1320克/公顷 喷雾
PD20081269 烯草酮/13%/乳油/烯草酮 13%/2013.09.18 至 2018.09.18/低毒

春大豆田　一年生禾本科杂草　63-81克/公顷　茎叶喷雾
油菜田　一年生禾本科杂草　54-72克/公顷　茎叶喷雾
PD20081873　氟磺胺草醚/25%/水剂/氟磺胺草醚 25%/2013.11.20 至 2018.11.20/低毒
春大豆田　一年生阔叶杂草　450－562.5克/公顷　茎叶喷雾
PD20082266　丙环唑/250克/升/乳油/丙环唑 250克/升/2013.11.27 至 2018.11.27/低毒
香蕉树　叶斑病　250-500毫克/千克　喷雾
PD20082886　烯禾啶/12.5%/乳油/烯禾啶 12.5%/2013.12.09 至 2018.12.09/低毒
春大豆田　一年生禾本科杂草　187.5-281.3克/公顷　茎叶喷雾
PD20083086　乳氟禾草灵/240克/升/乳油/乳氟禾草灵 240克/升/2013.12.10 至 2018.12.10/低毒
春大豆田　一年生阔叶杂草　108-144克/公顷　茎叶喷雾
PD20085548　烯酰・百菌清/15%/烟剂/百菌清 12.5%、烯酰吗啉 2.5%/2013.12.25 至 2018.12.25/低毒
黄瓜　霜霉病　675－900克/公顷　点燃放烟
PD20085995　咪唑乙烟酸/5%/微乳剂/咪唑乙烟酸 5%/2013.12.29 至 2018.12.29/低毒
春大豆田　一年生杂草　75-105克/公顷　土壤或茎叶喷雾
PD20093432　多菌灵/50%/悬浮剂/多菌灵 50%/2014.03.23 至 2019.03.23/低毒
水稻　纹枯病　562.5-750克/公顷　喷雾
PD20094693　萎锈・福美双/400克/升/悬浮剂/福美双 200克/升、萎锈灵 200克/升/2014.04.10 至 2019.04.10/低毒
春小麦　散黑穗病　112-144克/100千克种子　拌种
PD20095431　烟嘧磺隆/40克/升/可分散油悬浮剂/烟嘧磺隆 40克/升/2009.05.11 至 2014.05.11/低毒
玉米田　一年生杂草　48-60克/公顷　茎叶喷雾
PD20095875　咪唑喹啉酸/97%/原药/咪唑喹啉酸 97%/2009.05.27 至 2014.05.27/低毒
PD20095943　咪唑乙烟酸/10%/水剂/咪唑乙烟酸 10%/2009.06.02 至 2014.06.02/低毒
大豆田　一年生杂草　90－105克/公顷　土壤或茎叶喷雾
PD20095945　咪唑乙烟酸/5%/水剂/咪唑乙烟酸 5%/2009.06.02 至 2014.06.02/低毒
春大豆田　一年生杂草　75-100克/公顷(东北地区)　播后苗前或苗后早期喷雾
PD20096057　烯酰・锰锌/69%/可湿性粉剂/代森锰锌 60%、烯酰吗啉 9%/2009.06.18 至 2014.06.18/低毒
黄瓜　霜霉病　1035-1397.25克/公顷　喷雾
PD20096076　烟嘧磺隆/95%/原药/烟嘧磺隆 95%/2009.06.18 至 2014.06.18/低毒
PD20096184　咪唑乙烟酸/70%/可溶粉剂/咪唑乙烟酸 70%/2009.07.10 至 2014.07.10/低毒
春大豆田　一年生杂草　90-120克/公顷　茎叶喷雾
PD20096660　二甲戊灵/330克/升/乳油/二甲戊灵 330克/升/2009.09.07 至 2014.09.07/低毒
甘蓝田　一年生杂草　594-742.5克/公顷　土壤喷雾
PD20096916　咪唑乙烟酸/98%/原药/咪唑乙烟酸 98%/2009.09.23 至 2014.09.23/低毒
PD20097392　氟磺胺草醚/95%/原药/氟磺胺草醚 95%/2009.10.28 至 2014.10.28/低毒
PD20097509　灭草松/95%/原药/灭草松 95%/2009.11.03 至 2014.11.03/低毒
PD20101656　苯磺隆/75%/水分散粒剂/苯磺隆 75%/2010.06.03 至 2015.06.03/低毒
小麦田　一年生阔叶杂草　10.1-19.1克/公顷　茎叶喷雾
PD20101824　精喹禾灵/10%/乳油/精喹禾灵 10%/2010.07.28 至 2015.07.28/低毒
春大豆田　一年生禾本科杂草　43-54毫升制剂/亩　茎叶喷雾
PD20101981　戊唑醇/25%/乳油/戊唑醇 25%/2010.09.21 至 2015.09.21/低毒
香蕉树　叶斑病　156.25-312.5毫克/千克　喷雾
PD20110283　烯酰吗啉/50%/可湿性粉剂/烯酰吗啉 50%/2011.03.11 至 2016.03.11/低毒
黄瓜　霜霉病　260-300克/公顷　喷雾
PD20120189　咪唑烟酸/25%/水剂/咪唑烟酸 25%/2012.01.30 至 2017.01.30/低毒
非耕地　杂草　750-1500克/公顷　喷雾
PD20120544　双草醚/95%/原药/双草醚 95%/2012.03.28 至 2017.03.28/低毒
PD20120643　松・烟・氟磺胺/38%/微乳剂/氟磺胺草醚 12%、咪唑乙烟酸 3%、异噁草松 23%/2012.04.12 至 2017.04.12/低毒
春大豆田　一年生杂草　513-627克/公顷　茎叶喷雾
PD20120861　唑草酮/90%/原药/唑草酮 90%/2012.05.23 至 2017.05.23/低毒
PD20121098　丙草胺/50%/乳油/丙草胺 50%/2012.07.19 至 2017.07.19/低毒
水稻移栽田　一年生杂草　450-525克/公顷　毒土法
PD20121290　异丙甲草胺/720克/升/乳油/异丙甲草胺 720克/升/2012.09.06 至 2017.09.06/低毒
花生田　一年生杂草　1350-1620克/公顷　播后苗前土壤喷雾
PD20121365　精喹禾灵/5%/乳油/精喹禾灵 5%/2012.09.13 至 2017.09.13/低毒
春大豆田　一年生禾本科杂草　48.75-60克/公顷　茎叶喷雾
PD20121748　烯禾啶/50%/母药/烯禾啶 50%/2012.11.15 至 2017.11.15/微毒
PD20121881　烟嘧・莠去津/22%/油悬浮剂/烟嘧磺隆 2%、莠去津 20%/2012.11.28 至 2017.11.28/低毒
玉米田　一年生杂草　412.5-577.5克/公顷　茎叶喷雾
PD20121916　噁草酮/13%/乳油/ /2012.12.07 至 2017.12.07/低毒
水稻移栽田　一年生杂草　360-480克/公顷　撒施
PD20121954　灭草松/480克/升/水剂/灭草松 480克/升/2012.12.12 至 2017.12.12/低毒
大豆田　一年生阔叶杂草　1080-1440克/公顷　茎叶喷雾

水稻移栽田 一年生阔叶杂草及莎草科杂草 960-1440克/公顷 茎叶喷雾

PD20122011 烟嘧·莠去津/52%/可湿性粉剂/烟嘧磺隆 4%、莠去津 48%/2012.12.19 至 2017.12.19/低毒

玉米田 一年生杂草 585-780克/公顷 喷雾

PD20122114 烯草酮/37%/母药/烯草酮 37%/2012.12.26 至 2017.12.26/低毒

PD20122115 苄嘧磺隆/30%/可湿性粉剂/苄嘧磺隆 30%/2012.12.26 至 2017.12.26/低毒

水稻移栽田 一年生阔叶杂草及莎草科杂草 45-90克/公顷 毒土法

PD20130172 吡草醚/95%/原药/吡草醚 95%/2013.01.24 至 2018.01.24/低毒

PD20130188 吡草醚/2%/悬浮剂/吡草醚 2%/2013.01.24 至 2018.01.24/低毒

小麦田 一年生阔叶杂草 9-12克/公顷 茎叶喷雾

PD20130195 二氯喹啉酸/25%/悬浮剂/二氯喹啉酸 25%/2013.01.24 至 2018.01.24/低毒

水稻田(直播) 稗草 287.5-375克/公顷 茎叶喷雾

PD20130713 双草醚/100克/升/悬浮剂/双草醚 100克/升/2013.04.11 至 2018.04.11/低毒

水稻田(直播) 稗草、莎草及阔叶杂草 22.5-37.5克/公顷 茎叶喷雾

PD20131350 草甘·吡草醚/30.2%/悬浮剂/吡草醚 0.2%、草甘膦 30%/2013.06.19 至 2018.06.19/低毒

非耕地 杂草 1207.5-1518克/公顷 茎叶喷雾

PD20132453 硝磺草酮/15%/悬浮剂/硝磺草酮 15%/2013.12.02 至 2018.12.02/低毒

玉米田 一年生杂草 135-157.5克/公顷 茎叶喷雾

PD20132681 莠去津/38%/悬浮剂/莠去津 38%/2013.12.25 至 2018.12.25/低毒

春玉米田 一年生杂草 1567.5-2137.5克/公顷 土壤喷雾

夏玉米田 一年生杂草 997.5-1567.5克/公顷 土壤喷雾

山东先隆达农药有限公司 (山东省滨州市邹平县九户镇工业园 256211 0543-4718777)

PD85154-53 氰戊菊酯/20%/乳油/氰戊菊酯 20%/2010.07.07 至 2015.07.07/中等毒

柑橘树 潜叶蛾 10-20毫克/千克 喷雾

果树 梨小食心虫 10-20毫克/千克 喷雾

棉花 红铃虫、蚜虫 75-150克/公顷 喷雾

蔬菜 菜青虫、蚜虫 60-120克/公顷 喷雾

PD20091414 溴氰·马拉松/25%/乳油/马拉硫磷 24.4%、溴氰菊酯 0.6%/2009.02.02 至 2014.02.02/中等毒

甘蓝 菜青虫 112.5-187.5克/公顷 喷雾

PD20092011 灭威·高氯氟/15%/乳油/高效氯氟氰菊酯 0.8%、灭多威 14.2%/2009.02.12 至 2014.02.12/高毒

棉花 棉铃虫 112.5-157.5克/公顷 喷雾

PD20093145 氰戊·辛硫磷/35%/乳油/氰戊菊酯 10%、辛硫磷 25%/2009.03.11 至 2014.03.11/中等毒

十字花科蔬菜 菜青虫 157.5-262.5克/公顷 喷雾

PD20130776 甲氨基阿维菌素苯甲酸盐/0.5%/微乳剂/甲氨基阿维菌素 0.5%/2013.04.18 至 2018.04.18/低毒

甘蓝 甜菜夜蛾 1.5-2.25克/公顷 喷雾

注:甲氨基阿维菌素苯甲酸盐含量: 0.57%。

山东乡村生物科技有限公司 (山东省临邑县恒源开发区一号县乡路路东 250108 0531-88872611)

PD20082948 毒死蜱/480克/升/乳油/毒死蜱 480克/升/2013.12.09 至 2018.12.09/中等毒

水稻 稻飞虱 468-612克/公顷 喷雾

PD20083520 高效氯氟氰菊酯/25克/升/乳油/高效氯氟氰菊酯 25克/升/2013.12.12 至 2018.12.12/中等毒

茶树 茶小绿叶蝉 22.5-30克/公顷 喷雾

PD20090240 联苯菊酯/25克/升/乳油/联苯菊酯 25克/升/2014.01.09 至 2019.01.09/低毒

茶树 茶小绿叶蝉 30-37.5克/公顷 喷雾

PD20095482 福美双/50%/可湿性粉剂/福美双 50%/2009.05.11 至 2014.05.11/低毒

黄瓜 霜霉病 600-900克/公顷 喷雾

PD20096219 三环唑/75%/可湿性粉剂/三环唑 75%/2009.07.15 至 2014.07.15/中等毒

水稻 稻瘟病 225-300克/公顷 喷雾

PD20096256 啶虫脒/20%/可湿性粉剂/啶虫脒 20%/2009.07.15 至 2014.07.15/低毒

柑橘树 蚜虫 10-13.33毫克/千克 喷雾

PD20096282 氰戊菊酯/40%/乳油/氰戊菊酯 40%/2009.07.22 至 2014.07.22/低毒

棉花 棉铃虫 112.5-150克/公顷 喷雾

PD20096291 甲基硫菌灵/70%/可湿性粉剂/甲基硫菌灵 70%/2009.07.22 至 2014.07.22/低毒

小麦 赤霉病 900-1050克/公顷 喷雾

PD20096643 多菌灵/25%/可湿性粉剂/多菌灵 25%/2009.09.02 至 2014.09.02/低毒

水稻 纹枯病 750-900克/公顷 喷雾

PD20096663 阿维菌素/18克/升/乳油/阿维菌素 18克/升/2009.09.07 至 2014.09.07/低毒(原药高毒)

甘蓝 小菜蛾 10.8-13.5克/公顷 喷雾

PD20097409 丙环唑/250克/升/乳油/丙环唑 250克/升/2009.10.28 至 2014.10.28/低毒

香蕉 叶斑病 250-500毫升/千克 喷雾

PD20097507 代森锰锌/80%/可湿性粉剂/代森锰锌 80%/2009.11.03 至 2014.11.03/低毒

苹果树 轮纹病 1000－1333.3毫克/千克 喷雾

PD20101864 甲氨基阿维菌素苯甲酸盐(0.57%)////微乳剂/甲氨基阿维菌素 0.5%/2010.08.04 至 2015.08.04/低毒

甘蓝 甜菜夜蛾 1.5－2.25克/公顷 喷雾

PD20110625 甲维·氟铃脲/2.2%/乳油/氟铃脲 2%、甲氨基阿维菌素苯甲酸盐 0.2%/2011.06.08 至 2016.06.08/低毒

杨树 美国白蛾 1500-2200倍 喷雾
PD20110704 阿维菌素/2%/微囊悬浮剂/阿维菌素 2%/2011.07.05 至 2016.07.05/低毒(原药高毒)
蔷薇科观赏花卉 红蜘蛛 10-20毫克/千克 喷雾
PD20111091 毒死蜱/30%/微囊悬浮剂/毒死蜱 30%/2011.10.13 至 2016.10.13/低毒
杨树 美国白蛾 150-300毫克/千克 喷雾
PD20111123 甲维・辛硫磷/15%/乳油/甲氨基阿维菌素苯甲酸盐 0.1%、辛硫磷 14.9%/2012.12.31 至 2014.07.01/低毒
杨树 美国白蛾 75-150毫克/千克 喷雾
PD20121864 甲氨基阿维菌素苯甲酸盐/1%/乳油/甲氨基阿维菌素 1%/2012.11.28 至 2017.11.28/低毒
甘蓝 小菜蛾 1.5-3克/公顷 喷雾
注:甲氨基阿维菌素苯甲酸盐含量:1.14%。
PD20130436 阿维.啶虫脒/4%/微乳剂/阿维菌素 .5%、啶虫脒 3.5%/2013.03.18 至 2018.03.18/低毒(原药高毒)
蔷薇科观赏花卉 蚜虫 20-30毫克/千克 喷雾
PD20130481 阿维.甲氰/10%/微乳剂/阿维菌素 0.5%、甲氰菊酯 9.5%/2013.03.20 至 2018.03.20/低毒(原药高毒)
蔷薇科观赏花卉 红蜘蛛 50-75毫克/千克 喷雾
注:PD20130482
WP20110121 高效氯氟氰菊酯/2.5%/微囊悬浮剂/高效氯氟氰菊酯 2.5%/2011.05.12 至 2016.05.12/低毒
卫生 蝇 20毫克/平方米 滞留喷洒

山东祥隆化工有限公司　(山东省宁阳县东疏镇刘茂村　271400　0538-5483368)

PD86123-5 矮壮素/50%/水剂/矮壮素 50%/2011.03.22 至 2016.03.22/低毒
棉花 提高产量、植株紧凑 1)10000倍液2)0.3-0.5%药液 1)喷雾2)浸种
棉花 防止徒长,化学整枝 10000倍液 喷顶，后期喷全株
棉花 防止疯长 25000倍液 喷顶
小麦 防止倒伏,提高产量 1)3-5%药液 2)100-400倍液 1)拌种2)返青、拔节期喷雾
玉米 增产 0.5%药液 浸种
PD20085705 啶虫脒/3%/乳油/啶虫脒 3%/2013.12.26 至 2018.12.26/低毒
柑橘树 蚜虫 10-15毫克/千克 喷雾
PD20091571 福美双/50%/可湿性粉剂/福美双 50%/2014.02.03 至 2019.02.03/低毒
黄瓜 霜霉病 750-1125克/公顷 喷雾
PD20091782 百菌清/30%/烟剂/百菌清 30%/2014.02.04 至 2019.02.04/低毒
黄瓜 霜霉病 1000-1200克/公顷 点燃放烟
PD20091928 氯氰菊酯/50克/升/乳油/氯氰菊酯 50克/升/2009.02.12 至 2014.02.12/中等毒
十字花科蔬菜 菜青虫 45-52.5克/公顷 喷雾
PD20092249 高效氯氟氰菊酯/25克/升/乳油/高效氯氟氰菊酯 25克/升/2014.02.24 至 2019.02.24/中等毒
茶树 茶小绿叶蝉 22.5-30克/公顷 喷雾
PD20092453 联苯菊酯/25克/升/乳油/联苯菊酯 25克/升/2014.02.25 至 2019.02.25/中等毒
茶树 茶尺蠖 7.5-15克/公顷 喷雾
苹果树 桃小食心虫 25-31.25毫克/千克 喷雾
PD20093028 霜霉威盐酸盐/722克/升/水剂/霜霉威盐酸盐 722克/升/2009.03.09 至 2014.03.09/低毒
甜椒 疫病 758-1191克/公顷 喷雾
PD20096135 联苯菊酯/100克/升/乳油/联苯菊酯 100克/升/2009.06.24 至 2014.06.24/中等毒
茶树 茶小绿叶蝉 30-37.5克/公顷 喷雾
PD20100332 毒死蜱/480克/升/乳油/毒死蜱 480克/升/2010.01.11 至 2015.01.11/中等毒
水稻 稻纵卷叶螟 563-750克/公顷 喷雾
PD20100412 福・福锌/80%/可湿性粉剂/福美双 30%、福美锌 50%/2010.01.14 至 2015.01.14/低毒
黄瓜 炭疽病 1500-1800克/公顷 喷雾
PD20110218 复硝酚钠/1.8%/水剂/5-硝基邻甲氧基苯酚钠 0.3%、对硝基苯酚钠 0.9%、邻硝基苯酚钠 0.6%/2011.02.24 至2016.02.24/低毒
棉花 调节生长 2000-3000倍液 喷雾
PD20110345 苦参碱/0.3%/可溶液剂/苦参碱 0.3%/2011.03.24 至 2016.03.24/低毒
梨树 黑星病 4.5-6毫克/千克 喷雾
PD20132546 草甘膦铵盐/65%/可溶粉剂/草甘膦 65%/2013.12.16 至 2018.12.16/低毒
非耕地 一年生及部分多年生杂草 877.5-1462.5克/公顷 茎叶喷雾
注:草甘膦铵盐含量：71.5%。

山东新禾农药化工有限公司　(山东省潍坊市寒亭区朱里镇　261111　0536-7380188)

PD20084146 阿维菌素/1.8%/可湿性粉剂/阿维菌素 1.8%/2013.12.16 至 2018.12.16/低毒(原药高毒)
甘蓝 小菜蛾 6-9克/公顷 喷雾
PD20090597 精喹禾灵/10%/乳油/精喹禾灵 10%/2014.01.14 至 2019.01.14/低毒
冬油菜田 一年生禾本科杂草 39.6-52.8克/公顷 喷雾
PD20092711 高氯・辛硫磷/25%/乳油/高效氯氰菊酯 2.5%、辛硫磷 22.5%/2009.03.04 至 2014.03.04/中等毒
棉花 棉铃虫 281.25-375克/公顷 喷雾
PD20093481 啶虫脒/5%/可湿性粉剂/啶虫脒 5%/2009.03.23 至 2014.03.23/低毒
柑橘树 蚜虫 8.6-12毫克/千克 喷雾

PD20094357 腐霉·福美双/25%/可湿性粉剂/腐霉利 5%、福美双 20%/2009.04.01 至 2014.04.01/低毒
番茄 灰霉病 260-300克/公顷 喷雾
PD20095019 氰戊·马拉松/20%/乳油/马拉硫磷 18.5%、氰戊菊酯 1.5%/2009.04.21 至 2014.04.21/低毒
十字花科蔬菜 蚜虫 150-195克/公顷 喷雾
PD20095066 乙铝·锰锌/50%/可湿性粉剂/代森锰锌 22%、三乙膦酸铝 28%/2009.04.21 至 2014.04.21/低毒
黄瓜 霜霉病 937-1400克/公顷 喷雾
PD20100467 高效氯氰菊酯/4.5%/乳油/氯氰菊酯 4.5%/2010.01.14 至 2015.01.14/中等毒
棉花 棉铃虫 18.75-26.25克/公顷 喷雾
PD20120696 二嗪磷/5%/颗粒剂/二嗪磷 5%/2012.04.18 至 2017.04.18/低毒
小白菜 小地老虎 600-900克/公顷 撒施

山东新农基生物科技有限公司 (山东省淄博市高新技术开发区桓台新区石化路5号 256410)

PD20111162 苯甲·丙环唑/300克/升/乳油/苯醚甲环唑 150克/升、丙环唑 150克/升/2011.11.07 至 2016.11.07/低毒
水稻 纹枯病 78－90克/公顷 喷雾
PD20120682 苯醚甲环唑/10%/水分散粒剂/苯醚甲环唑 10%/2012.04.18 至 2017.04.18/低毒
梨树 黑星病 14.3-16.7毫克/千克 喷雾
PD20131321 吡虫啉/600克/升/悬浮种衣剂/吡虫啉 600克/升/2013.06.08 至 2018.06.08/低毒
棉花 蚜虫 350-500克/100千克种子 种子包衣
PD20131324 高效氯氟氰菊酯/2.5%/水乳剂/高效氯氟氰菊酯 2.5%/2013.06.08 至 2018.06.08/中等毒
甘蓝 菜青虫 7.5-15克/公顷 喷雾
PD20131983 百菌清/40%/悬浮剂/百菌清 40%/2013.10.10 至 2018.10.10/低毒
番茄 早疫病 900-1050克/公顷 喷雾
PD20132083 代森锰锌/80%/可湿性粉剂/代森锰锌 80%/2013.10.24 至 2018.10.24/低毒
苹果树 斑点落叶病 1000-1500毫克/千克 喷雾

山东新势立生物科技有限公司 (山东省济南市高新区世纪大道15612号理想嘉园2#161楼 250101 0531-88888470)

PD20082768 啶虫脒/20%/可溶粉剂/啶虫脒 20%/2013.12.08 至 2018.12.08/低毒
黄瓜 蚜虫 36-72克/公顷 喷雾
PD20084447 阿维菌素/1.8%/乳油/阿维菌素 1.8%/2013.12.17 至 2018.12.17/低毒(原药高毒)
十字花科蔬菜 菜青虫 8.1-10.8克/公顷 喷雾
PD20085034 联苯菊酯/100克/升/乳油/联苯菊酯 100克/升/2013.12.22 至 2018.12.22/中等毒
茶树 茶小绿叶蝉 30-37.5克/公顷 喷雾
PD20086140 乙铝·锰锌/50%/可湿性粉剂/代森锰锌 30%、三乙膦酸铝 20%/2013.12.30 至 2018.12.30/低毒
黄瓜 霜霉病 1400-2800克/公顷 喷雾
PD20086311 马拉·高氯氟/20%/乳油/高效氯氟氰菊酯 0.5%、马拉硫磷 19.5%/2013.12.31 至 2018.12.31/低毒
十字花科蔬菜 菜青虫 120-150克/公顷 喷雾
PD20090254 高氯·马/20%/乳油/高效氯氰菊酯 2%、马拉硫磷 18%/2014.01.09 至 2019.01.09/中等毒
苹果树 桃小食心虫 1500-2000倍液 喷雾
PD20090859 乙草胺/990克/升/乳油/乙草胺 990克/升/2014.01.19 至 2019.01.19/低毒
春玉米田 一年生杂草 1336-1633.5克/公顷 播后苗前土壤喷雾
夏玉米田 一年生杂草 1188-1336克/公顷 播后苗前土壤喷雾
PD20091000 烯草酮/240克/升/乳油/烯草酮 240克/升/2014.01.21 至 2019.01.21/低毒
春大豆田 一年生禾本科杂草 108-144克/公顷 茎叶喷雾
夏大豆田 一年生禾本科杂草 72-108克/公顷 茎叶喷雾
PD20091136 精喹禾灵/5%/乳油/精喹禾灵 5%/2014.01.21 至 2019.01.21/低毒
夏大豆田 一年生禾本科杂草 37.5-52.5克/公顷 喷雾
PD20091198 草甘膦异丙胺盐/41%/水剂/草甘膦异丙胺盐 41%/2014.02.01 至 2019.02.01/低毒
玉米田 一年生和多年生杂草 1230-1537.5克/公顷 定向茎叶喷雾
PD20091549 莠去津/38%/悬浮剂/莠去津 38%/2014.02.03 至 2019.02.03/低毒
春玉米田 一年生杂草 1938-2137.5克/公顷 土壤喷雾
夏玉米田 一年生杂草 1140-1710克/公顷 土壤喷雾
PD20091570 氟吡甲禾灵/108克/升/乳油/高效氟吡甲禾灵 108克/升/2014.02.03 至 2019.02.03/低毒
春大豆田 一年生禾本科杂草 48.6-56.7克/公顷 茎叶喷雾
夏大豆田 一年生禾本科杂草 42.1-48.6克/公顷 茎叶喷雾
PD20091715 精喹禾灵/10%/乳油/精喹禾灵 10%/2014.02.04 至 2019.02.04/低毒
夏大豆田 一年生禾本科杂草 37.5-52.5克/公顷 喷雾
PD20091751 异丙甲草胺/720克/升/乳油/异丙甲草胺 720克/升/2014.02.04 至 2019.02.04/低毒
春玉米田 一年生杂草 1458-1944克/公顷 播后苗前土壤喷雾
夏玉米田 一年生杂草 972-1458克/公顷 播后苗前土壤喷雾
PD20093682 多抗霉素/10%/可湿性粉剂/多抗霉素 10%/2014.03.25 至 2019.03.25/低毒
苹果树 斑点落叶病 70-100毫克/千克 喷雾
PD20095487 异丙草·莠/40%/悬乳剂/异丙草胺 24%、莠去津 16%/2009.05.11 至 2014.05.11/低毒
夏玉米田 一年生杂草 1200-1500克/公顷 土壤喷雾
PD20095856 烟嘧磺隆/40克/升/可分散油悬浮剂/烟嘧磺隆 40克/升/2009.05.27 至 2014.05.27/低毒
玉米田 一年生杂草 42-60克/公顷 茎叶喷雾

PD20096629 多抗霉素/3%/可湿性粉剂/多抗霉素 3%/2009.09.02 至 2014.09.02/低毒
番茄 晚疫病 160-270克/公顷 喷雾
PD20097476 啶虫脒/40%/水分散粒剂/啶虫脒 40%/2009.11.03 至 2014.11.03/低毒
黄瓜 蚜虫 18-24克/公顷 喷雾
PD20100296 阿维·哒螨灵/6.78%/乳油/阿维菌素 0.11%、哒螨灵 6.67%/2010.01.11 至 2015.01.11/低毒(原药高毒)
苹果树 二斑叶螨 27.12-45.2毫克/千克 喷雾
PD20101338 吡虫啉/50%/可湿性粉剂/吡虫啉 50%/2010.03.23 至 2015.03.23/低毒
小麦 蚜虫 15-30克/公顷(南方地区) 喷雾
45-60克/公顷(北方地区)
PD20110488 甲氨基阿维菌素苯甲酸盐/3%/微乳剂/甲氨基阿维菌素 3%/2011.05.03 至 2016.05.03/低毒
甘蓝 小菜蛾 1.5-2.25克/公顷 喷雾
注:甲氨基阿维菌素苯甲酸盐含量: 3.4%。
PD20120707 毒死蜱/50%/乳油/毒死蜱 50%/2012.04.18 至 2017.04.18/中等毒
水稻 稻纵卷叶螟 525-600克/公顷 喷雾
PD20121101 松·喹·氟磺胺/18%/乳油/氟磺胺草醚 5.5%、精喹禾灵 1.5%、异噁草松 11%/2012.07.19 至 2017.07.19/低毒
春大豆田 一年生杂草 486-540克/公顷 茎叶喷雾
PD20121637 戊唑·多菌灵/20%/可湿性粉剂/多菌灵 10%、戊唑醇 10%/2012.10.30 至 2017.10.30/低毒
苹果树 轮纹病 100-200毫克/千克 喷雾
PD20121661 甲维·丙溴磷/20%/乳油/丙溴磷 19.5%、甲氨基阿维菌素苯甲酸盐 0.5%/2012.10.30 至 2017.10.30/低毒
甘蓝 小菜蛾 90-120克/公顷 喷雾
PD20130106 苯醚甲环唑/40%/悬浮剂/苯醚甲环唑 40%/2013.01.17 至 2018.01.17/低毒
香蕉 叶斑病 100-125毫克/千克 喷雾
LS20130093 氟环唑/25%/悬浮剂/氟环唑 25%/2013.03.11 至 2014.03.11/低毒
小麦 锈病 93.75-112.5克/公顷 喷雾
LS20130094 氟环·多菌灵/30%/悬浮剂/多菌灵 25%、氟环唑 5%/2013.03.11 至 2014.03.11/低毒
小麦 赤霉病 270-450克/公顷 喷雾
LS20130459 烯酰·霜脲氰/48%/悬浮剂/霜脲氰 8%、烯酰吗啉 40%/2013.10.10 至 2014.10.10/低毒
葡萄 霜霉病 160-240毫克/千克 喷雾

山东信邦生物化学有限公司 (山东省烟台市栖霞市栖霞民营经济园 265300 0535-5205958)

PD20082432 阿维·甲氰/1.8%/乳油/阿维菌素 0.1%、甲氰菊酯 1.7%/2013.12.02 至 2018.12.02/低毒(原药高毒)
苹果 红蜘蛛 12-15毫克/千克 喷雾
PD20084685 氯氰菊酯/5%/乳油/氯氰菊酯 5%/2013.12.22 至 2018.12.22/低毒
棉花 棉铃虫 75-90克/公顷 喷雾
PD20084729 联苯菊酯/25克/升/乳油/联苯菊酯 25克/升/2013.12.22 至 2018.12.22/中等毒
苹果树 桃小食心虫 25-31.25毫克/千克 喷雾
PD20084779 多菌灵/50%/可湿性粉剂/多菌灵 50%/2013.12.22 至 2018.12.22/低毒
苹果树 轮纹病 625-1000毫克/千克 喷雾
PD20085224 辛硫·灭多威/20%/乳油/灭多威 10%、辛硫磷 10%/2013.12.23 至 2018.12.23/高毒
棉花 棉蚜 75-150克/公顷 喷雾
PD20086213 甲基硫菌灵/70%/可湿性粉剂/甲基硫菌灵 70%/2013.12.31 至 2018.12.31/低毒
苹果树 轮纹病 700-875毫克/千克 喷雾
PD20091387 高效氟吡甲禾灵/108克/升/乳油/高效氟吡甲禾灵 108克/升/2014.02.02 至 2019.02.02/低毒
春大豆田 一年生禾本科杂草 48.6-64.8克/公顷 茎叶喷雾
PD20091916 井冈·蜡芽菌/12.5%/水剂/井冈霉素A 2.5%、蜡质芽孢杆菌 10%/2014.02.12 至 2019.02.12/低毒
水稻 纹枯病 56.25-93.75克/公顷 喷雾
PD20095241 锰锌·腈菌唑/52.5%/可湿性粉剂/腈菌唑 2%、代森锰锌 50.5%/2014.04.27 至 2019.04.27/低毒
黄瓜 白粉病 1575-1968克/公顷 喷雾
PD20095242 氟铃·毒死蜱/10%/乳油/毒死蜱 8.5%、氟铃脲 1.5%/2009.04.27 至 2014.04.27/中等毒
十字花科蔬菜 小菜蛾 90-120克/公顷 喷雾
PD20095688 高氯·氟啶脲/5%/乳油/氟啶脲 1.5%、高效氯氰菊酯 3.5%/2009.05.15 至 2014.05.15/低毒
甘蓝 小菜蛾 60-75克/公顷 喷雾
PD20095829 多抗霉素/3%/可湿性粉剂/多抗霉素 3%/2009.05.27 至 2014.05.27/低毒
黄瓜 霜霉病 150-200克/公顷 喷雾
PD20098253 苯丁锡/25%/可湿性粉剂/苯丁锡 25%/2009.12.16 至 2014.12.16/低毒
柑橘树 红蜘蛛 125-250毫克/千克 喷雾
PD20110158 毒·矿物油/48%/乳油/毒死蜱 16%、矿物油 32%/2011.02.10 至 2016.02.10/中等毒
萝卜 菜青虫 450-600克/公顷 喷雾
PD20111282 戊唑醇/430克/升/悬浮剂/戊唑醇 430克/升/2011.11.23 至 2016.11.23/低毒
苹果树 斑点落叶病 61.4—86毫克/千克 喷雾
PD20132451 丙森锌/70%/可湿性粉剂/丙森锌 70%/2013.12.02 至 2018.12.02/低毒
苹果树 斑点落叶病 1000-1167毫克/千克 喷雾
LS20100071 多抗·锰锌/46%/可湿性粉剂/多抗霉素 2%、代森锰锌 44%/2012.05.10 至 2013.05.10/低毒
苹果树 斑点落叶病 460-575毫克/千克 喷雾

山东兴禾作物科学技术有限公司　（山东省商河县经济开发区汇源路南侧　251601　0531-88018781）

PD20085436　联苯菊酯/25克/升/乳油/联苯菊酯 25克/升/2013.12.24 至 2018.12.24/低毒
茶树　茶小绿叶蝉　30-37.5克/公顷　喷雾

PD20085439　三唑锡/25%/可湿性粉剂/三唑锡 25%/2013.12.24 至 2018.12.24/低毒
柑橘树　红蜘蛛　125-166.7毫克/千克　喷雾

PD20093943　氯氟吡氧乙酸异辛酯/200克/升/乳油/氯氟吡氧乙酸异辛酯 200克/升/2014.03.27 至 2019.03.27/低毒
水田畦畔　空心莲子草(水花生)　150-210克/公顷　茎叶喷雾

PD20094587　高效氯氟氰菊酯/25克/升/乳油/高效氯氟氰菊酯 25克/升/2014.04.10 至 2019.04.10/中等毒
甘蓝　蚜虫　7.5-15克/公顷　喷雾

PD20094796　高效氟吡甲禾灵/108克/升/乳油/高效氟吡甲禾灵 108克/升/2014.04.13 至 2019.04.13/低毒
油菜田　一年生禾本科杂草　40.5-48.6克/公顷　茎叶喷雾

PD20095160　烯酰·锰锌/69%/可湿性粉剂/代森锰锌 60%、烯酰吗啉 9%/2014.04.24 至 2019.04.24/低毒
黄瓜　霜霉病　1035-1397.25克/公顷　喷雾

PD20096116　啶虫脒/5%/可湿性粉剂/啶虫脒 5%/2009.06.18 至 2014.06.18/低毒
柑橘树　蚜虫　8.6-10毫克/千克　喷雾

PD20097346　精喹禾灵/15%/乳油/精喹禾灵 15%/2009.10.27 至 2014.10.27/低毒
油菜田　一年生禾本科杂草　20-30毫升制剂/亩　茎叶喷雾

PD20097618　吡虫啉/10%/可湿性粉剂/吡虫啉 10%/2009.11.03 至 2014.11.03/低毒
水稻　稻飞虱　15-22.5克/公顷　喷雾

PD20098002　氟硅唑/400克/升/乳油/氟硅唑 400克/升/2009.12.07 至 2014.12.07/中等毒
黄瓜　黑星病　45—75克/公顷　喷雾

PD20100400　毒·辛/20%/乳油/毒死蜱 4%、辛硫磷 16%/2010.01.14 至 2015.01.14/中等毒
水稻　三化螟　360-450克/公顷　喷雾

PD20100905　氯氰·丙溴磷/440克/升/乳油/丙溴磷 400克/升、氯氰菊酯 40克/升/2010.01.19 至 2015.01.19/中等毒
棉花　棉铃虫　80-100毫升制剂/亩　喷雾

PD20101132　敌畏·矿物油/80%/乳油/敌敌畏 30%、矿物油 50%/2010.01.25 至 2015.01.25/中等毒
棉花　蚜虫　960-1440克/公顷　喷雾

PD20110009　阿维菌素/1.8%/乳油/阿维菌素 1.8%/2011.01.04 至 2016.01.04/中等毒(原药高毒)
甘蓝　小菜蛾　6-9克/公顷　喷雾

PD20110404　精喹·乳氟禾/11.8%/乳油/精喹禾灵 10%、乳氟禾草灵 1.8%/2011.04.12 至 2016.04.12/低毒
花生　一年生杂草　53.1-70.8克/公顷　茎叶喷雾

PD20111127　吡虫啉/70%/可湿性粉剂/吡虫啉 70%/2011.10.28 至 2016.10.28/低毒
水稻　稻飞虱　18.9-27.3克/公顷　喷雾

PD20120002　苦参碱/0.5%/水剂/苦参碱 0.5%/2012.01.05 至 2017.01.05/低毒
梨树　黑星病　5-7毫克/千克　喷雾
林木　美国白蛾　2.5-5毫克/千克　喷雾

PD20120106　咪鲜胺/450克/升/水乳剂/咪鲜胺 450克/升/2012.01.29 至 2017.01.29/低毒
柑橘　炭疽病　225-450毫克/千克　浸果

PD20121499　哒螨·矿物油/40%/乳油/哒螨灵 5%、矿物油 35%/2012.10.09 至 2017.10.09/中等毒
苹果树　红蜘蛛　200-266.7毫克/千克　喷雾

PD20130847　阿维·三唑磷/10.2%/乳油/阿维菌素 0.2%、三唑磷 10%/2013.04.22 至 2018.04.22/中等毒(原药高毒)
水稻　三化螟　153-183.6克/公顷　喷雾

PD20131125　烟嘧·莠去津/22%/可分散油悬浮剂/烟嘧磺隆 2%、莠去津 20%/2013.05.20 至 2018.05.20/低毒
玉米田　一年生杂草　330-495克/公顷　茎叶喷雾

PD20131293　炔螨·矿物油/73%/乳油/矿物油 33%、炔螨特 40%/2013.06.08 至 2018.06.08/低毒
柑橘树　红蜘蛛　243.3-365毫克/千克　喷雾

PD20131671　啶虫脒/10%/微乳剂/啶虫脒 10%/2013.08.07 至 2018.08.07/低毒
苹果树　蚜虫　10-12.5毫克/千克　喷雾

PD20131742　甲氨基阿维菌素苯甲酸盐/3%/微乳剂/甲氨基阿维菌素 3%/2013.08.16 至 2018.08.16/低毒
甘蓝　甜菜夜蛾　1.8-2.25克/公顷　喷雾
注:甲氨基阿维菌素苯甲酸盐含量: 3.4%。

PD20132404　硝磺草酮/15%/悬浮剂/硝磺草酮 15%/2013.11.20 至 2018.11.20/低毒
玉米田　一年生杂草　101.25-146.25克/公顷　茎叶喷雾

LS20120054　二甲基二硫醚/2%/乳油/二甲基二硫醚 2%/2014.02.09 至 2015.02.09/低毒
棉花　红蜘蛛　3-3.75克/公顷　喷雾

LS20130350　硝磺·莠去津/55%/悬浮剂/莠去津 50%、硝磺草酮 5%/2013.07.02 至 2014.07.02/低毒
玉米田　一年生杂草　660-990克/公顷　茎叶喷雾

山东亚星农药有限公司　（山东省济南市历城区山大南路27号　250100　0531-88364485）

PD20100845　烷醇·硫酸铜/0.5%/水乳剂/硫酸铜 0.4%、三十烷醇 0.1%/2010.01.19 至 2015.01.19/低毒
番茄　病毒病　11.25-16.5克/公顷　喷雾

PD20101880　烷醇·硫酸铜/1.5%/可湿性粉剂/硫酸铜 1.4%、三十烷醇 0.1%/2010.08.09 至 2015.08.09/低毒
番茄　病毒病　18.8-28.2克/公顷　喷雾

PD20131389　草甘膦异丙胺盐/30%/水剂/草甘膦 30%/2013.06.24 至 2018.06.24/低毒

非耕地 杂草 1500－2400克/公倾 茎叶喷雾
注:草甘膦异丙胺盐含量：41%。

山东燕山三丰生物科技有限公司 （山东省济南市长清区孝里镇孝里村 250302 0531-87388679）

PD20092903 乙铝·锰锌/50%/可湿性粉剂/代森锰锌 28%、三乙膦酸铝 22%/2014.03.05 至 2019.03.05/低毒
黄瓜 霜霉病 937-1406克/公顷 喷雾
PD20093498 多·福/40%/可湿性粉剂/多菌灵 20%、福美双 20%/2014.03.23 至 2019.03.23/低毒
梨树 黑星病 1000-1500毫克/千克 喷雾
PD20094568 二氯异氰尿酸钠/20%/可溶粉剂/二氯异氰尿酸钠 20%/2014.04.09 至 2019.04.09/低毒
黄瓜 霜霉病 562.5-750克/公顷 喷雾
PD20095177 氰戊·马拉松/40%/乳油/马拉硫磷 35%、氰戊菊酯 5%/2014.04.24 至 2019.04.24/中等毒
苹果树 桃小食心虫 200-400毫克/千克 喷雾

山东一诺农药有限公司 （山东省成武县汶上集镇东开发区 274000 0530-8891099）

PD20098147 阿维菌素/1.8%/乳油/阿维菌素 1.8%/2009.12.14 至 2014.12.14/低毒(原药高毒)
甘蓝 小菜蛾 6-9克/公顷 喷雾

山东一松生化有限公司 （山东省滨州市沾化高新技术开发区 256800 0543-7316705）

PD20098406 高效氯氟氰菊酯/25克/升/乳油/高效氯氟氰菊酯 25克/升/2009.12.18 至 2014.12.18/中等毒
十字花科蔬菜 蚜虫 6.25-7.5克/公顷 喷雾
PD20101084 高效氯氰菊酯/4.5%/乳油/高效氯氰菊酯 4.5%/2010.01.25 至 2015.01.25/低毒
甘蓝 菜青虫 11.25-15克/公顷 喷雾
PD20120985 阿维·哒螨灵/10%/乳油/阿维菌素 0.3%、哒螨灵 9.7%/2012.06.21 至 2017.06.21/低毒(原药高毒)
棉花 红蜘蛛 60-90克/公顷 喷雾
PD20130745 甲维·氟铃脲/2.2%/乳油/氟铃脲 2%、甲氨基阿维菌素苯甲酸盐 0.2%/2013.04.12 至 2018.04.12/低毒
甘蓝 甜菜夜蛾 16.5-19.8克/公顷 喷雾
PD20131299 氟乐灵/480克/升/乳油/氟乐灵 480克/升/2013.06.08 至 2018.06.08/低毒
棉花田 一年生禾本科杂草及部分阔叶杂草 720-1080克/公顷 土壤喷雾
PD20131602 烟嘧·莠去津/24%/可分散油悬浮剂/烟嘧磺隆 4%、莠去津 20%/2013.07.29 至 2018.07.29/低毒
玉米田 一年生杂草 288-360克/公顷 茎叶喷雾

山东亿尔化学有限公司 （山东省滨州市滨城区滨北办新永莘路南侧 256601 0543-2229420）

PD20084267 噁霉灵/99%/原药/噁霉灵 99%/2013.12.17 至 2018.12.17/低毒
PD20095302 烯草酮/240克/升/乳油/烯草酮 240克/升/2009.04.27 至 2014.04.27/低毒
春大豆田 一年生禾本科杂草 100.8-126克/公顷 茎叶喷雾
夏大豆田 一年生禾本科杂草 61.2-100.8克/公顷 茎叶喷雾
PD20101097 氯氟吡氧乙酸异辛酯(288克/升)// /乳油/氯氟吡氧乙酸 200克/升/2010.01.25 至 2015.01.25/低毒
玉米田 阔叶杂草 50-70毫升制剂/亩 茎叶喷雾
PD20101153 烟嘧磺隆/40克/升/可分散油悬浮剂/烟嘧磺隆 40克/升/2010.01.25 至 2015.01.25/低毒
玉米田 一年生杂草 42-60克/公顷 茎叶喷雾
PD20102034 氯氟吡氧乙酸异辛酯/95%/原药/氯氟吡氧乙酸异辛酯 95%/2010.10.19 至 2015.10.19/低毒
PD20131442 异丙草·莠/50%/悬乳剂/异丙草胺 22%、莠去津 28%/2013.07.05 至 2018.07.05/低毒
玉米田 一年生杂草 1620-2025克/公顷（东北地区） 土壤喷雾
1215-1620克/公顷（其他地区）
PD20131520 异丙·乙·莠/52%/悬乳剂/乙草胺 9%、异丙草胺 13%、莠去津 30%/2013.07.17 至 2018.07.17/低毒
玉米田 一年生杂草 1560-1950克/公顷（东北地区）， 土壤喷雾
1170-1560克/公顷（其他地区）

山东亿嘉农化有限公司 （山东省寿光市开发区 262700 0536-5196561）

PD20084876 噻嗪·异丙威/25%/可湿性粉剂/噻嗪酮 5%、异丙威 20%/2013.12.22 至 2018.12.22/低毒
水稻 稻飞虱 450-562.5克/公顷 喷雾
PD20085254 吡虫啉/200克/升/可溶液剂/吡虫啉 200克/升/2013.12.23 至 2018.12.23/低毒
水稻 稻飞虱 22.5-30克/公顷 喷雾
PD20085495 甲霜·锰锌/58%/可湿性粉剂/甲霜灵 10%、代森锰锌 48%/2013.12.25 至 2018.12.25/低毒
黄瓜 霜霉病 675-1050克/公顷 喷雾
PD20091367 霜霉威盐酸盐/722克/升/水剂/霜霉威盐酸盐 722克/升/2014.02.02 至 2019.02.02/低毒
黄瓜 霜霉病 650-1083克/公顷 喷雾
PD20097198 甲硫·锰锌/50%/可湿性粉剂/甲基硫菌灵 15%、代森锰锌 35%/2009.10.16 至 2014.10.16/微毒
苹果树 炭疽病 500-1000毫克/千克 喷雾
PD20098078 多·锰锌/60%/可湿性粉剂/多菌灵 20%、代森锰锌 40%/2009.12.08 至 2014.12.08/低毒
苹果树 斑点落叶病 1000－1500毫克/千克 喷雾
PD20098227 高效氯氰菊酯/4.5%/水乳剂/高效氯氰菊酯 4.5%/2009.12.16 至 2014.12.16/低毒
甘蓝 菜青虫 22.5－37.5克/公顷 喷雾
PD20100579 氢氧化铜/77%/可湿性粉剂/氢氧化铜 77%/2010.01.14 至 2015.01.14/低毒
黄瓜 细菌性角斑病 519.75-693克/公顷 喷雾
PD20100847 甲氨基阿维菌素苯甲酸盐/2%/微乳剂/甲氨基阿维菌素 2%/2010.01.19 至 2015.01.19/低毒
甘蓝 小菜蛾 1.5-2.5克/公顷 喷雾
注:甲氨基阿维菌素苯甲酸盐含量：2.2%。

PD20110920　戊唑醇/430克/升/悬浮剂/戊唑醇 430克/升/2011.09.05 至 2016.09.05/微毒
　苹果树　斑点落叶病　61.4—86毫克/千克　喷雾
PD20111460　苯甲·丙环唑/30%/悬浮剂/苯醚甲环唑 15%、丙环唑 15%/2011.12.31 至 2016.12.31/低毒
　水稻　纹枯病　90—112.5克/公顷　喷雾
PD20120355　氨基寡糖素/0.5%/水剂/氨基寡糖素 0.5%/2012.02.23 至 2017.02.23/低毒
　番茄　晚疫病　14.06—18.75克/公顷　喷雾
PD20120482　灭蝇胺/30%/悬浮剂/灭蝇胺 30%/2012.03.19 至 2017.03.19/低毒
　黄瓜　美洲斑潜蝇　135-225克/公顷　喷雾
PD20120905　氟硅唑/10%/水乳剂/氟硅唑 10%/2012.05.24 至 2017.05.24/低毒
　番茄　叶霉病　60-75克/公顷　喷雾
PD20121054　咪鲜胺/450克/升/水乳剂/咪鲜胺 450克/升/2012.07.12 至 2017.07.12/低毒
　香蕉　冠腐病　250-500毫克/千克　浸果
PD20121145　苯醚甲环唑/30%/水分散粒剂/苯醚甲环唑 30%/2012.07.20 至 2017.07.20/低毒
　香蕉树　叶斑病　85-120毫克/千克　喷雾
PD20121217　丁子香酚/0.3%/可溶液剂/丁子香酚 0.3%/2012.08.10 至 2017.08.10/低毒
　番茄　灰霉病、晚疫病　4-5.3克/公顷　喷雾
PD20121770　甲氨基阿维菌素苯甲酸盐/5%/水分散粒剂/甲氨基阿维菌素 5%/2012.11.15 至 2017.11.15/低毒
　甘蓝　甜菜夜蛾　2.25-3.75克/公顷　喷雾
　注:甲氨基阿维菌素苯甲酸盐含量: 5.7%。
PD20121845　丙环唑/40%/微乳剂/丙环唑 40%/2012.11.28 至 2017.11.28/微毒
　香蕉　叶斑病　270-400毫克/千克　喷雾
PD20121992　戊唑醇/80%/水分散粒剂/戊唑醇 80%/2012.12.18 至 2017.12.18/低毒
　苹果树　炭疽病　80-133毫克/千克　喷雾
PD20130479　高效氯氟氰菊酯/2.5%/水乳剂/高效氯氟氰菊酯 2.5%/2013.03.20 至 2018.03.20/中等毒
　甘蓝　菜青虫　7.5-15克/公顷　喷雾
PD20130511　啶虫脒/6%/微乳剂/啶虫脒 6%/2013.03.27 至 2018.03.27/低毒
　棉花　蚜虫　13.5-22.5克/公顷　喷雾
PD20130528　阿维菌素/0.5%/颗粒剂/阿维菌素 0.5%/2013.03.27 至 2018.03.27/低毒(原药高毒)
　黄瓜　根结线虫　225-263克/公顷　沟施、穴施
PD20130790　啶虫脒/40%/水分散粒剂/啶虫脒 40%/2013.04.22 至 2018.04.22/低毒
　黄瓜　蚜虫　21.6-32.4克/公顷　喷雾
PD20131631　烯酰·锰锌/69%/可湿性粉剂/代森锰锌 60%、烯酰吗啉 9%/2013.07.30 至 2018.07.30/低毒
　黄瓜　霜霉病　1035-1380克/公顷　喷雾
PD20132362　甲氨基阿维菌素苯甲酸盐/5%/悬浮剂/甲氨基阿维菌素 5%/2013.11.20 至 2018.11.20/低毒
　水稻　稻纵卷叶螟　11.25-15克/公顷　喷雾
　注:甲氨基阿维菌素苯甲酸盐含量: 5.7%。
LS20130235　苯甲·嘧菌酯/30%/悬浮剂/苯醚甲环唑 8%、嘧菌酯 22%/2013.04.28 至 2014.04.28/低毒
　西瓜　白粉病　180-225克/公顷　喷雾

山东永旺生物科技有限公司　(山东省德州市德武开发工业园区　253314　0534-6597555)

PD20060108　三唑酮/20%/乳油/三唑酮 20%/2011.06.13 至 2016.06.13/低毒
　小麦　白粉病　120-127.5克/公顷　喷雾
PD20083566　硫磺·多菌灵/50%/悬浮剂/多菌灵 15%、硫磺 35%/2013.12.12 至 2018.12.12/低毒
　花生　叶斑病　1200-1800克/公顷　喷雾

山东玉成生化农药有限公司　(山东省潍坊市安丘市206国道安丘收费处南　262100　0536-4390588)

PD20040694　高氯·吡虫啉/3%/乳油/吡虫啉 1.5%、高效氯氰菊酯 1.5%/2009.12.19 至 2014.12.19/中等毒
　十字花科蔬菜　蚜虫　18-27克/公顷　喷雾
PD20060156　代森锰锌/80%/可湿性粉剂/代森锰锌 80%/2011.08.29 至 2016.08.29/低毒
　番茄　早疫病　1845-2370克/公顷　喷雾
　柑橘树　疮痂病、炭疽病　1333-2000毫克/千克　喷雾
　梨树　黑星病　800-1600毫克/千克　喷雾
　荔枝树　霜疫霉病　1333-2000毫克/千克　喷雾
　苹果树　斑点落叶病、轮纹病、炭疽病　1000-1500毫克/千克　喷雾
　葡萄　白腐病、黑痘病、霜霉病　1000-1600毫克/千克　喷雾
　西瓜　炭疽病　1560-2520克/公顷　喷雾
PD20080041　多·锰锌/50%/可湿性粉剂/多菌灵 8%、代森锰锌 42%/2013.01.04 至 2018.01.04/低毒
　苹果树　斑点落叶病　400-500倍液　喷雾
PD20080065　炔螨特/73%/乳油/炔螨特 73%/2013.01.03 至 2018.01.03/低毒
　棉花　红蜘蛛　383.25-492.75克/公顷　喷雾
PD20080547　氟乐灵/480克/升/乳油/氟乐灵 480克/升/2013.05.08 至 2018.05.08/低毒
　棉花田　一年生杂草　900-1080克/公顷　播后苗前土壤喷雾
PD20080577　仲丁灵/360克/升/乳油/仲丁灵 360克/升/2013.05.12 至 2018.05.12/低毒
　烟草　抑制腋芽生长　80-100倍液　杯淋
PD20080720　高效氯氟氰菊酯/25克/升/乳油/高效氯氟氰菊酯 25克/升/2013.06.11 至 2018.06.11/低毒

烟草 烟青虫 7.5-9.375克/公顷 喷雾
PD20080903 异噁草松/480克/升/乳油/异噁草松 480克/升/2013.07.09 至 2018.07.09/低毒
春大豆田 一年生杂草 1000.5-1200克/公顷 土壤喷雾
PD20081257 精喹禾灵/5%/乳油/精喹禾灵 5%/2013.09.18 至 2018.09.18/低毒
棉花田 一年生禾本科杂草 37.5-60克/公顷 茎叶喷雾
PD20081379 代森锌/65%/可湿性粉剂/代森锌 65%/2013.10.27 至 2018.10.27/低毒
番茄 早疫病 2550-3600克/公顷 喷雾
PD20081382 多菌灵/80%/可湿性粉剂/多菌灵 80%/2013.10.28 至 2018.10.28/低毒
苹果树 炭疽病 533-800毫克/千克 喷雾
PD20081560 稻瘟灵/40%/可湿性粉剂/稻瘟灵 40%/2013.11.11 至 2018.11.11/低毒
水稻 稻瘟病 480-600克/公顷 喷雾
PD20081634 氯氟吡氧乙酸/200克/升/乳油/氯氟吡氧乙酸 200克/升/2013.11.14 至 2018.11.14/低毒
冬小麦田 一年生阔叶杂草 150-210克/公顷 茎叶喷雾
PD20081954 高效氟吡甲禾灵/108克/升/乳油/高效氟吡甲禾灵 108克/升/2013.11.24 至 2018.11.24/低毒
棉花田 一年生禾本科杂草 40.5-48.6克/公顷 茎叶喷雾
PD20082185 代森锌/80%/可湿性粉剂/代森锌 80%/2013.11.26 至 2018.11.26/低毒
番茄 早疫病 2550-3600克/公顷 喷雾
PD20082192 高氯·辛硫磷/25%/乳油/高效氯氰菊酯 2.5%、辛硫磷 22.5%/2013.11.26 至 2018.11.26/中等毒
棉花 棉铃虫 225-300克/公顷 喷雾
PD20083845 氰戊·马拉松/20%/乳油/马拉硫磷 15%、氰戊菊酯 5%/2013.12.15 至 2018.12.15/中等毒
苹果树 桃小食心虫 160-333毫克/千克 喷雾
PD20091142 霜霉威盐酸盐/66.5%/水剂/霜霉威 66.5%/2014.01.21 至 2019.01.21/低毒
黄瓜 猝倒病 3.6-5.4克/平方米 苗床浇灌
PD20091836 毒死蜱/480克/升/乳油/毒死蜱 480克/升/2009.02.06 至 2014.02.06/中等毒
水稻 稻纵卷叶螟 360-612克/公顷 喷雾
PD20092038 氟铃脲/5%/乳油/氟铃脲 5%/2014.02.12 至 2019.02.12/低毒
十字花科蔬菜 小菜蛾 30-60克/公顷 喷雾
PD20092302 高氯·氟铃脲/5.7%/乳油/氟铃脲 1.9%、高效氯氰菊酯 3.8%/2014.02.24 至 2019.02.24/低毒
十字花科蔬菜 小菜蛾 42.75-51.3克/公顷 喷雾
PD20096028 噻嗪酮/25%/可湿性粉剂/噻嗪酮 25%/2009.06.15 至 2014.06.15/低毒
水稻 稻飞虱 112.5－150克/公顷 喷雾
PD20097298 烟嘧磺隆/40克/升/可分散油悬浮剂/烟嘧磺隆 40克/升/2009.10.26 至 2014.10.26/低毒
玉米田 一年生杂草 42-60克/公顷 茎叶喷雾
PD20097497 三环唑/75%/可湿性粉剂/三环唑 75%/2009.11.03 至 2014.11.03/低毒
水稻 稻瘟病 281.25－375克/公顷 喷雾
PD20097792 啶虫脒/40%/水分散粒剂/啶虫脒 40%/2009.11.20 至 2014.11.20/低毒
甘蓝 蚜虫 18-22.5克/公顷 喷雾
PD20097984 乙烯利/40%/水剂/乙烯利 40%/2009.12.01 至 2014.12.01/低毒
棉花 催熟 300-500倍液 喷雾
PD20098291 苏云金杆菌/16000IU/毫克/可湿性粉剂/苏云金杆菌 16000IU/毫克/2009.12.18 至 2014.12.18/低毒
水稻 稻纵卷叶螟 100-150克制剂/亩 喷雾
烟草 烟青虫 900-1500克制剂/公顷 喷雾
PD20100302 吗胍·乙酸铜/20%/可湿性粉剂/盐酸吗啉胍 16%、乙酸铜 4%/2010.01.11 至 2015.01.11/低毒
番茄 病毒病 500-750克/公顷 喷雾
烟草 病毒病 600-1000克/公顷 喷雾
PD20100759 多抗霉素/34%/原药/多抗霉素 34%/2010.01.18 至 2015.01.18/低毒
PD20101667 阿维菌素/3.2%/乳油/阿维菌素 3.2%/2010.06.08 至 2015.06.08/低毒(原药高毒)
棉花 红蜘蛛 10.8-16.2克/公顷 喷雾
PD20121339 甲氨基阿维菌素苯甲酸盐/5%/水分散粒剂/甲氨基阿维菌素 5%/2012.09.11 至 2017.09.11/低毒
甘蓝 甜菜夜蛾 3-3.75克/公顷 喷雾
注:甲氨基阿维菌素苯甲酸盐含量:5.7%。
PD20121615 几丁聚糖/2%/水剂/几丁聚糖 2%/2012.10.30 至 2017.10.30/微毒
番茄 晚疫病 37.5-45克/公顷 喷雾
PD20121703 烯酰吗啉/50%/可湿性粉剂/烯酰吗啉 50%/2012.11.05 至 2017.11.05/低毒
黄瓜 霜霉病 225-300克/公顷 喷雾
PD20121814 矿物油/99%/乳油/矿物油 99%/2012.11.22 至 2017.11.22/低毒
柑橘树 红蜘蛛 4950-9900毫克/千克 喷雾
PD20132105 枯草芽孢杆菌/1000亿活芽孢/克/可湿性粉剂/枯草芽孢杆菌 1000亿活芽孢/克/2013.10.24 至 2018.10.24/低毒
水稻 稻瘟病 300－450克制剂/公顷 喷雾
烟草 黑胫病 675－975克制剂/公顷 喷雾
PD20132284 噻唑膦/10%/颗粒剂/噻唑膦 10%/2013.11.08 至 2018.11.08/中等毒
番茄 根结线虫 2250-3000克/公顷 土壤撒施
PD20132561 阿维菌素/3%/微囊悬浮剂/阿维菌素 3%/2013.12.17 至 2018.12.17/低毒(原药高毒)

烟草 根结线虫 225-450克/公顷 移栽时穴施

山东远科生物有限公司 (山东省费县汪沟镇大柳汪村东南(汪沟工业园) 273408 0539-5958000)

PD20132397 草甘膦铵盐/50%/可溶粉剂/草甘膦 50%/2013.11.20 至 2018.11.20/低毒
非耕地 杂草 1125-2250克/公顷 喷雾
注:草甘膦铵盐含量: 55%。

山东兆丰年生物科技有限公司 (山东省章丘市高官寨工业区工业路26号 250209 0531-80960813)

PD85154-43 氰戊菊酯/20%/乳油/氰戊菊酯 20%/2010.08.15 至 2015.08.15/中等毒
柑橘树 潜叶蛾 10-20毫克/千克 喷雾
果树 梨小食心虫 10-20毫克/千克 喷雾
棉花 红铃虫、蚜虫 75-150克/公顷 喷雾
蔬菜 菜青虫、蚜虫 60-120克/公顷 喷雾

PD20040205 氯氰菊酯/10%/乳油/氯氰菊酯 10%/2009.12.19 至 2014.12.19/低毒
十字花科蔬菜 菜青虫 37.5-52.5克/公顷 喷雾

PD20040800 哒螨灵/15%/乳油/哒螨灵 15%/2009.12.19 至 2014.12.19/中等毒
苹果树 红蜘蛛 31.7-47.5毫克/千克 喷雾

PD20050064 氯氰菊酯/5%/乳油/氯氰菊酯 5%/2010.06.24 至 2015.06.24/中等毒
十字花科蔬菜 菜青虫 30-45克/公顷 喷雾

PD20070499 福美双/50%/可湿性粉剂/福美双 50%/2012.11.28 至 2017.11.28/低毒
黄瓜 霜霉病 562.5-1125克/公顷 喷雾

PD20070599 多菌灵/50%/可湿性粉剂/多菌灵 50%/2012.12.14 至 2017.12.14/低毒
水稻 纹枯病 750-900克/公顷 喷雾

PD20080568 代森锰锌/80%/可湿性粉剂/代森锰锌 80%/2013.05.12 至 2018.05.12/低毒
番茄 早疫病 1560-2520克/公顷 喷雾

PD20082334 腈菌唑/12.5%/乳油/腈菌唑 12.5%/2013.12.01 至 2018.12.01/低毒
黄瓜 白粉病 30-60克/公顷 喷雾

PD20082883 噁霜·锰锌/64%/可湿性粉剂/噁霜灵 8%、代森锰锌 56%/2013.12.09 至 2018.12.09/低毒
黄瓜 霜霉病 1650-1950克/公顷 喷雾

PD20082933 硫磺/50%/悬浮剂/硫磺 50%/2013.12.09 至 2018.12.09/低毒
苹果树 白粉病 200-300倍液 喷雾

PD20083150 阿维·毒死蜱/25%/乳油/阿维菌素 0.3%、毒死蜱 24.7%/2008.12.11 至 2013.12.11/中等毒(原药高毒)
十字花科蔬菜 小菜蛾 300-375克/公顷 喷雾

PD20083300 四螨嗪/500克/升/悬浮剂/四螨嗪 500克/升/2013.12.11 至 2018.12.11/低毒
苹果树 红蜘蛛 83.3-100毫克/千克 喷雾

PD20083463 甲基硫菌灵/500克/升/悬浮剂/甲基硫菌灵 500克/升/2013.12.12 至 2018.12.12/低毒
水稻 稻瘟病 937.5-1125克/公顷 喷雾

PD20083695 溴氰菊酯/25克/升/乳油/溴氰菊酯 25克/升/2008.12.15 至 2013.12.15/低毒
甘蓝 菜青虫 7.5-15克/公顷 喷雾

PD20083764 双甲脒/200克/升/乳油/双甲脒 200克/升/2013.12.15 至 2018.12.15/低毒
梨树 梨木虱 166.7-250毫克/千克 喷雾

PD20083765 氟啶脲/50克/升/乳油/氟啶脲 50克/升/2013.12.15 至 2018.12.15/低毒
十字花科蔬菜 甜菜夜蛾 45-60克/公顷 喷雾

PD20083802 三乙膦酸铝/40%/可湿性粉剂/三乙膦酸铝 40%/2008.12.15 至 2013.12.15/低毒
黄瓜 霜霉病 2160-2700克/公顷 喷雾

PD20083807 炔螨特/57%/乳油/炔螨特 57%/2013.12.15 至 2018.12.15/低毒
柑橘树 红蜘蛛 225-380毫克/千克 喷雾

PD20083808 高效氯氟氰菊酯/25克/升/乳油/高效氯氟氰菊酯 25克/升/2013.12.15 至 2018.12.15/中等毒
棉花 棉铃虫 22.5-26.25克/公顷 喷雾

PD20083867 氟氯氰菊酯/50克/升/乳油/氟氯氰菊酯 50克/升/2013.12.15 至 2018.12.15/低毒
甘蓝 菜青虫 22.25-26.25克/公顷 喷雾

PD20084046 多菌灵/80%/可湿性粉剂/多菌灵 80%/2008.12.16 至 2013.12.16/低毒
水稻 稻瘟病 750-900克/公顷 喷雾

PD20084085 丙环唑/250克/升/乳油/丙环唑 250克/升/2013.12.16 至 2018.12.16/低毒
香蕉 叶斑病 250-500毫克/千克 喷雾

PD20084094 毒死蜱/40%/乳油/毒死蜱 40%/2008.12.16 至 2013.12.16/中等毒
十字花科蔬菜 菜青虫 360-540克/公顷 喷雾

PD20084120 丁硫克百威/20%/乳油/丁硫克百威 20%/2013.12.16 至 2018.12.16/中等毒
棉花 蚜虫 120-180克/公顷 喷雾

PD20084183 阿维菌素/3.2%/乳油/阿维菌素 3.2%/2008.12.16 至 2013.12.16/低毒(原药高毒)
十字花科蔬菜 小菜蛾 8.1-10.8克/公顷 喷雾

PD20084258 多菌灵/40%/悬浮剂/多菌灵 40%/2013.12.17 至 2018.12.17/低毒
水稻 纹枯病 250-300克/公顷 喷雾

PD20084341 二嗪磷/50%/乳油/二嗪磷 50%/2013.12.17 至 2018.12.17/低毒
水稻 二化螟 675-900克/公顷 喷雾

PD20084391	虫酰肼/200克/升/悬浮剂/虫酰肼 200克/升/2008.12.17 至 2013.12.17/低毒			
	十字花科蔬菜	甜菜夜蛾	250-300克/公顷	喷雾
PD20084409	异丙威/20%/乳油/异丙威 20%/2013.12.17 至 2018.12.17/中等毒			
	水稻	稻飞虱	450-600克/公顷	喷雾
PD20084410	辛硫磷/40%/乳油/辛硫磷 40%/2013.12.17 至 2018.12.17/低毒			
	十字花科蔬菜	菜青虫	300-450克/公顷	喷雾
PD20084413	甲基硫菌灵/70%/可湿性粉剂/甲基硫菌灵 70%/2013.12.17 至 2018.12.17/低毒			
	番茄	叶霉病	367.5-787.5克/公顷	喷雾
PD20085346	阿维菌素/1%/可湿性粉剂/阿维菌素 1%/2008.12.24 至 2013.12.24/低毒(原药高毒)			
	苹果树	红蜘蛛	3.3-6毫克/千克	喷雾
PD20085463	阿维·高氯/2.8%/乳油/阿维菌素 0.3%、高效氯氰菊酯 2.5%/2008.12.24 至 2013.12.24/低毒(原药高毒)			
	十字花科蔬菜	小菜蛾	14.7-27.4克/公顷	喷雾
PD20085638	氯氰·丙溴磷/440克/升/乳油/丙溴磷 400克/升、氯氰菊酯 40克/升/2008.12.26 至 2013.12.26/中等毒			
	棉花	棉铃虫	528-660克/公顷	喷雾
PD20085888	甲硫·福美双/70%/可湿性粉剂/福美双 40%、甲基硫菌灵 30%/2008.12.29 至 2013.12.29/低毒			
	苹果树	轮纹病	600-800倍液	喷雾
PD20090474	啶虫脒/5%/微乳剂/啶虫脒 5%/2014.01.12 至 2019.01.12/低毒			
	甘蓝	蚜虫	15-30克/公顷	喷雾
PD20090562	高氯·灭多威/15%/乳油/高效氯氰菊酯 2.5%、灭多威 12.5%/2014.01.13 至 2019.01.13/高毒			
	棉花	棉铃虫	90-112.5克/公顷	喷雾
PD20091352	丙草胺/30%/乳油/丙草胺 30%/2014.02.02 至 2019.02.02/低毒			
	水稻秧田	一年生杂草	450-562.5克/公顷	播后苗前土壤喷雾
PD20091402	草甘膦异丙胺盐/41%/水剂/草甘膦异丙胺盐 41%/2009.02.02 至 2014.02.02/低毒			
	柑橘园	杂草	1125-2250克/公顷	定向茎叶喷雾
PD20091407	氟磺胺草醚/250克/升/水剂/氟磺胺草醚 250克/升/2014.02.02 至 2019.02.02/低毒			
	春大豆田	一年生阔叶杂草	300-375克/公顷	茎叶喷雾
	夏大豆田	一年生阔叶杂草	187.5-225克/公顷	茎叶喷雾
PD20091419	百草枯/200克/升/水剂/百草枯 200克/升/2012.12.31 至 2014.07.01/中等毒			
	柑橘园	杂草	750-900克/公顷	定向茎叶喷雾
PD20091622	二甲戊灵/330克/升/乳油/二甲戊灵 330克/升/2014.02.03 至 2019.02.03/低毒			
	春玉米田	一年生杂草	990-1485克/公顷	播后苗前土壤喷雾
	夏玉米田	一年生杂草	742.5-990克/公顷	播后苗前土壤喷雾
PD20092405	高效氟吡甲禾灵/108克/升/乳油/高效氟吡甲禾灵 108克/升/2014.02.25 至 2019.02.25/低毒			
	甘蓝田	一年生禾本科杂草	48.6-64.8克/公顷	茎叶喷雾
PD20092659	百菌清/75%/可湿性粉剂/百菌清 75%/2014.03.03 至 2019.03.03/低毒			
	黄瓜	霜霉病	1650-3000克/公顷	喷雾
PD20093154	乙草胺/900克/升/乳油/乙草胺 900克/升/2014.03.11 至 2019.03.11/低毒			
	春玉米田	一年生禾本科杂草及部分小粒种子阔叶杂草	1620-1890克/公顷	播后苗前土壤喷雾
	夏玉米田	一年生禾本科杂草及部分小粒种子阔叶杂草	1080-1350克/公顷	播后苗前土壤喷雾
PD20093190	噻嗪酮/25%/可湿性粉剂/噻嗪酮 25%/2014.03.11 至 2019.03.11/低毒			
	水稻	稻飞虱	112.5—150克/公顷	喷雾
PD20093242	异菌脲/255克/升/悬浮剂/异菌脲 255克/升/2014.03.11 至 2019.03.11/低毒			
	香蕉	冠腐病	1275-1700毫克/千克	浸果
PD20094779	稻瘟灵/30%/乳油/稻瘟灵 30%/2014.04.13 至 2019.04.13/低毒			
	水稻	稻瘟病	450-675克/公顷	喷雾
PD20095040	莠去津/38%/悬浮剂/莠去津 38%/2014.04.21 至 2019.04.21/低毒			
	春玉米田	一年生杂草	1710-2280克/公顷	土壤喷雾
PD20095825	敌百虫/40%/乳油/敌百虫 40%/2009.05.27 至 2014.05.27/低毒			
	十字花科蔬菜	菜青虫	480-720克/公顷	喷雾
PD20095992	啶虫脒/20%/可溶液剂/啶虫脒 20%/2009.06.11 至 2014.06.11/低毒			
	黄瓜	蚜虫	15-30克/公顷	喷雾
PD20097123	烟嘧磺隆/40克/升/可分散油悬浮剂/烟嘧磺隆 40克/升/2009.10.16 至 2014.10.16/低毒			
	玉米田	一年生杂草	42-60克/公顷	茎叶喷雾
PD20097304	霜霉威盐酸盐/66.5%/水剂/霜霉威盐酸盐 66.5%/2009.10.26 至 2014.10.26/低毒			
	黄瓜	霜霉病	649.8-1083克/公顷	喷雾
PD20097628	噁霉灵/15%/水剂/噁霉灵 15%/2009.11.03 至 2014.11.03/低毒			
	水稻	立枯病	0.9-1.8克/平方米	苗床土壤喷雾
PD20097632	甲霜·锰锌/58%/可湿性粉剂/甲霜灵 10%、代森锰锌 48%/2009.11.03 至 2014.11.03/低毒			
	黄瓜	霜霉病	1160-1740克/公顷	喷雾
PD20098058	氟硅唑/400克/升/乳油/氟硅唑 400克/升/2009.12.07 至 2014.12.07/低毒			
	梨树	黑星病	40—50毫克/千克	喷雾

PD20098471 吗胍·乙酸铜/20%/可湿性粉剂/盐酸吗啉胍 10%、乙酸铜 10%/2009.12.24 至 2014.12.24/低毒
番茄 病毒病 480-750克/公顷 喷雾

PD20100742 噁霉灵/70%/可湿性粉剂/噁霉灵 70%/2010.01.16 至 2015.01.16/低毒
甜菜 立枯病 385—490克/100千克种子 拌种

PD20101923 喹硫磷/25%/乳油/喹硫磷 25%/2010.08.27 至 2015.08.27/中等毒
水稻 二化螟 450-525克/公顷 喷雾

PD20102033 阿维·炔螨特/40%/乳油/阿维菌素 0.3%、炔螨特 39.7%/2010.10.19 至 2015.10.19/低毒(原药高毒)
柑橘树 红蜘蛛 200-400毫克/千克 喷雾

PD20102129 咪鲜胺/450克/升/水乳剂/咪鲜胺 450克/升/2010.12.02 至 2015.12.02/低毒
香蕉 冠腐病 225—450毫克/千克 浸果

PD20110130 顺式氯氰菊酯/50克/升/乳油/顺式氯氰菊酯 50克/升/2011.01.28 至 2016.01.28/低毒
甘蓝 菜青虫 7.5-15克/公顷 喷雾

PD20110201 啶虫脒/20%/可溶粉剂/啶虫脒 20%/2011.02.18 至 2016.02.18/低毒
黄瓜 蚜虫 36-72克/公顷 喷雾

PD20110331 苯甲·丙环唑/300克/升/乳油/苯醚甲环唑 150克/升、丙环唑 150克/升/2011.03.24 至 2016.03.24/低毒
水稻 纹枯病 67.5-112.5克/公顷 喷雾

PD20110502 吡虫啉/30%/微乳剂/吡虫啉 30%/2011.05.03 至 2016.05.03/低毒
水稻 稻飞虱 22.5-31.5克/公顷 喷雾

PD20110515 高效氯氰菊酯/4.5%/微乳剂/高效氯氰菊酯 4.5%/2011.05.03 至 2016.05.03/低毒
甘蓝 菜青虫 13.5—27克/公顷 喷雾

PD20110583 高效氯氰菊酯/4.5%/水乳剂/高效氯氰菊酯 4.5%/2011.05.27 至 2016.05.27/中等毒
甘蓝 菜青虫 16.875-27克/公顷 喷雾

PD20110603 联苯菊酯/2.5%/水乳剂/联苯菊酯 2.5%/2011.06.07 至 2016.06.07/低毒
茶树 茶小绿叶蝉 30-45克/公顷 喷雾

PD20110705 咪鲜胺/25%/水乳剂/咪鲜胺 25%/2011.07.05 至 2016.07.05/低毒
香蕉 炭疽病 333.3—500毫克/千克 浸果

PD20110851 烯酰吗啉/80%/水分散粒剂/烯酰吗啉 80%/2011.08.10 至 2016.08.10/低毒
黄瓜 霜霉病 240—300克/公顷 喷雾

PD20110894 腈菌唑/40%/悬浮剂/腈菌唑 40%/2011.08.17 至 2016.08.17/低毒
梨树 黑星病 40—50毫克/千克 喷雾

PD20110957 噻嗪酮/50%/悬浮剂/噻嗪酮 50%/2011.09.08 至 2016.09.08/低毒
水稻 飞虱 112.5-150克/公顷 喷雾

PD20110982 硫双威/75%/可湿性粉剂/硫双威 75%/2011.09.15 至 2016.09.15/中等毒
棉花 棉铃虫 506.25-675克/公顷 喷雾

PD20110997 毒死蜱/15%/颗粒剂/毒死蜱 15%/2011.09.21 至 2016.09.21/低毒
花生 蛴螬 2700-3600克/公顷 撒施

PD20111039 阿维菌素/3%/水乳剂/阿维菌素 3%/2011.10.10 至 2016.10.10/中等毒(原药高毒)
甘蓝 小菜蛾 9-10.8克/公顷 喷雾

PD20111045 苯醚甲环唑/37%/水分散粒剂/苯醚甲环唑 37%/2011.10.10 至 2016.10.10/低毒
香蕉 叶斑病 92.5—123.3毫克/千克 喷雾

PD20111236 灭蝇胺/20%/可溶粉剂/灭蝇胺 20%/2011.11.18 至 2016.11.18/低毒
菜豆 美洲斑潜蝇 150--180克/公顷 喷雾

PD20111295 己唑醇/25%/悬浮剂/己唑醇 25%/2011.11.24 至 2016.11.24/低毒
黄瓜 白粉病 22.5-37.5克/公顷 喷雾

PD20111300 甲氨基阿维菌素苯甲酸盐/3%/微乳剂/甲氨基阿维菌素 3%/2011.11.24 至 2016.11.24/低毒
甘蓝 甜菜夜蛾 1.875-3克/公顷 喷雾
注:甲氨基阿维菌素苯甲酸盐含量:3.4%。

PD20120051 嘧霉胺/400克/升/悬浮剂/嘧霉胺 400克/升/2012.01.11 至 2017.01.11/低毒
番茄 灰霉病 375-562.5克/公顷 喷雾

PD20120062 吡虫啉/70%/水分散粒剂/吡虫啉 70%/2012.01.16 至 2017.01.16/低毒
甘蓝 蚜虫 10.5-21克/公顷 喷雾

PD20120081 三唑磷/15%/水乳剂/三唑磷 15%/2012.01.19 至 2017.01.19/中等毒
水稻 二化螟 270-337.5克/公顷 喷雾

PD20120111 甲氨基阿维菌素苯甲酸盐/0.5%/微乳剂/甲氨基阿维菌素 0.5%/2012.01.29 至 2017.01.29/低毒
甘蓝 甜菜夜蛾 1.5-2.25克/公顷 喷雾
注:甲氨基阿维菌素苯甲酸盐含量:0.57%。

PD20120112 高氯·甲维盐/5%/微乳剂/高效氯氰菊酯 4.5%、甲氨基阿维菌素苯甲酸盐 0.5%/2012.01.29 至 2017.01.29/中等毒
甘蓝 甜菜夜蛾 15-22.5克/公顷 喷雾

PD20120144 联苯菊酯/10%/水乳剂/联苯菊酯 10%/2012.01.29 至 2017.01.29/中等毒
茶树 茶小绿叶蝉 30—37.5克/公顷 喷雾

PD20120178 阿维菌素/0.5%/颗粒剂/阿维菌素 0.5%/2012.01.30 至 2017.01.30/低毒(原药高毒)
黄瓜 根结线虫 225-262.5克/公顷 沟施、穴施

PD20120336 啶虫脒/3%/微乳剂/啶虫脒 3%/2012.02.17 至 2017.02.17/低毒

苹果树 蚜虫 10-15毫克/千克 喷雾

PD20120480 草甘膦铵盐/50%/可溶粉剂/草甘膦 50%/2012.03.19 至 2017.03.19/低毒

柑橘园 杂草 1125-2250克/公顷 定向茎叶喷雾

注:草甘膦铵盐含量:55%。

PD20120523 甲氨基阿维菌素苯甲酸盐/3%/水分散粒剂/甲氨基阿维菌素 3%/2012.03.28 至 2017.03.28/低毒

甘蓝 甜菜夜蛾 2.7-4.5克/公顷 喷雾

注:甲氨基阿维菌素苯甲酸盐含量: 3.4%。

PD20120528 啶虫脒/40%/可溶粉剂/啶虫脒 40%/2012.03.28 至 2017.03.28/低毒

黄瓜 蚜虫 24-36克/公顷 喷雾

PD20120720 高效氯氟氰菊酯/2.5%/水乳剂/高效氯氟氰菊酯 2.5%/2012.04.28 至 2017.04.28/中等毒

甘蓝 菜青虫 7.5-11.25克/公顷 喷雾

PD20120743 阿维·哒螨灵/10.5%/乳油/阿维菌素 0.3%、哒螨灵 10.2%/2012.05.03 至 2017.05.03/低毒(原药高毒)

柑橘树 红蜘蛛 70-105毫克/千克 喷雾

PD20120868 甲氨基阿维菌素苯甲酸盐/5%/水分散粒剂/甲氨基阿维菌素 5%/2012.05.24 至 2017.05.24/低毒

甘蓝 甜菜夜蛾 2.25-3.75 喷雾

注:甲氨基阿维菌素苯甲酸盐含量: 5.7%。

PD20120945 阿维·高氯氟/3%/水乳剂/阿维菌素 .6%、高效氯氟氰菊酯 2.4%/2012.06.14 至 2017.06.14/中等毒

甘蓝 菜青虫 6.75—11.25克/公顷 喷雾

PD20121187 嘧菌酯/50%/水分散粒剂/嘧菌酯 50%/2012.08.06 至 2017.08.06/低毒

黄瓜 霜霉病 120-180克/公顷 喷雾

PD20121218 戊唑醇/430克/升/悬浮剂/戊唑醇 430克/升/2012.08.10 至 2017.08.10/低毒

梨树 黑星病 86-108毫克/千克 喷雾

PD20121286 丙森锌/70%/可湿性粉剂/丙森锌 70%/2012.09.06 至 2017.09.06/低毒

黄瓜 霜霉病 1575-2205克/公顷 喷雾

PD20121287 毒死蜱/20%/水乳剂/毒死蜱 20%/2012.09.06 至 2017.09.06/中等毒

水稻 稻纵卷叶螟 450-540克/公顷 喷雾

PD20121325 醚菌酯/30%/悬浮剂/醚菌酯 30%/2012.09.11 至 2017.09.11/低毒

番茄 早疫病 180-270克/公顷 喷雾

PD20121355 噻嗪·异丙威/25%/可湿性粉剂/噻嗪酮 5%、异丙威 20%/2012.09.13 至 2017.09.13/低毒

水稻 稻飞虱 450-562.5克/公顷 喷雾

PD20121475 阿维·丙溴磷/20%/乳油/阿维菌素 1%、丙溴磷 19%/2012.10.08 至 2017.10.08/低毒(原药高毒)

棉花 红蜘蛛 90-150克/公顷 喷雾

PD20121648 四螨·三唑锡/20%/悬浮剂/四螨嗪 5%、三唑锡 15%/2012.10.30 至 2017.10.30/低毒

柑橘树 红蜘蛛 50-66.7毫克/千克 喷雾

PD20121739 四聚乙醛/6%/颗粒剂/四聚乙醛 6%/2012.11.08 至 2017.11.08/低毒

甘蓝 蜗牛 360—540克/公顷 撒施

PD20121742 三唑锡/20%/悬浮剂/三唑锡 20%/2012.11.08 至 2017.11.08/低毒

柑橘树 红蜘蛛 100—200毫克/千克 喷雾

PD20121926 氟硅唑/8%/微乳剂/氟硅唑 8%/2012.12.07 至 2017.12.07/低毒

黄瓜 白粉病 48-72克/公顷 喷雾

PD20121982 己唑醇/5%/微乳剂/己唑醇 5%/2012.12.18 至 2017.12.18/低毒

梨树 黑星病 40-50毫克/千克 喷雾

PD20130053 戊唑·异菌脲/20%/悬浮剂/戊唑醇 8%、异菌脲 12%/2013.01.07 至 2018.01.07/低毒

苹果树 斑点落叶病 100—200毫克/千克 喷雾

PD20130112 苯甲·中生/8%/可湿性粉剂/苯醚甲环唑 5%、中生菌素 3%/2013.01.17 至 2018.01.17/低毒

苹果树 斑点落叶病 40-53毫克/千克 喷雾

PD20130671 烯酰吗啉/50%/可湿性粉剂/烯酰吗啉 50%/2013.04.08 至 2018.04.08/低毒

黄瓜 霜霉病 300-375克/公顷 喷雾

PD20130763 高效氯氟氰菊酯/5%/微乳剂/高效氯氟氰菊酯 5%/2013.04.16 至 2018.04.16/中等毒

甘蓝 蚜虫 11.25-18.75克/公顷 喷雾

PD20130881 中生菌素/3%/可湿性粉剂/中生菌素 3%/2013.04.25 至 2018.04.25/低毒

番茄 青枯病 37.5-50毫克/千克 灌根

PD20130994 草甘膦铵盐/68%/可溶粒剂/草甘膦 68%/2013.05.07 至 2018.05.07/低毒

柑橘园 杂草 1125-2250克/公顷 定向茎叶喷雾

注:草甘膦铵盐含量:74.7%。

PD20131022 阿维·吡虫啉/5%/乳油/阿维菌素 0.5%、吡虫啉 4.5%/2013.05.13 至 2018.05.13/低毒(原药高毒)

梨树 梨木虱 8.33-12.5毫克/千克 喷雾

PD20131592 甲维·丁醚脲/43.7%/悬浮剂/丁醚脲 42.3%、甲氨基阿维菌素苯甲酸盐 1.4%/2013.07.29 至 2018.07.29/中等毒

甘蓝 小菜蛾 56-78.7克/公顷 喷雾

PD20131860 丁醚脲/25%/乳油/丁醚脲 25%/2013.09.24 至 2018.09.24/低毒

甘蓝 小菜蛾 300-450克/公顷 喷雾

PD20131862 烯酰吗啉/25%/悬浮剂/烯酰吗啉 25%/2013.09.24 至 2018.09.24/低毒

葡萄 霜霉病 166.7-250毫克/千克 喷雾

PD20131876 丁醚脲/25%/悬浮剂/丁醚脲 25%/2013.09.25 至 2018.09.25/低毒
甘蓝 小菜蛾 300-450克/公顷 喷雾
PD20132307 丁醚·哒螨灵/50%/悬浮剂/哒螨灵 10%、丁醚脲 40%/2013.11.08 至 2018.11.08/低毒
柑橘树 红蜘蛛 166.7-250毫克/千克 喷雾
PD20132355 代锰·戊唑醇/50%/可湿性粉剂/代森锰锌 45%、戊唑醇 5%/2013.11.20 至 2018.11.20/低毒
苹果树 褐斑病 250-500毫克/千克 喷雾
PD20132358 丁醚·三唑锡/40%/悬浮剂/丁醚脲 20%、三唑锡 20%/2013.11.20 至 2018.11.20/低毒
柑橘树 红蜘蛛 114.3-160毫克/千克 喷雾
PD20132489 阿维·四螨嗪/10%/悬浮剂/阿维菌素 0.1%、四螨嗪 9.9%/2013.12.10 至 2018.12.10/低毒(原药高毒)
柑橘树 红蜘蛛 50-66.7毫克/千克 喷雾
PD20132691 吡蚜酮/50%/水分散粒剂/吡蚜酮 50%/2013.12.25 至 2018.12.25/低毒
水稻 稻飞虱 60-120克/公顷 喷雾
LS20110309 甲维·高氯氟/3%/水乳剂/高效氯氟氰菊酯 2.5%、甲氨基阿维菌素苯甲酸盐 0.5%/2013.12.05 至2014.12.05/中等毒
甘蓝 甜菜夜蛾 4.5-9克/公顷 喷雾
LS20110334 烯啶虫胺/10%/水剂/烯啶虫胺 10%/2013.12.12 至 2014.12.12/低毒
棉花 蚜虫 15-30克/公顷 喷雾
LS20120010 阿维·高氯氟/3%/水乳剂/阿维菌素 0.6%、高效氯氟氰菊酯 2.4%/2012.01.09 至 2013.01.09/中等毒(原药高毒)
甘蓝 菜青虫 6.75—11.25克/公顷 喷雾
LS20120028 阿维·三唑锡/21%/悬浮剂/阿维菌素 1%、三唑锡 20%/2014.01.11 至 2015.01.11/低毒(原药高毒)
柑橘树 红蜘蛛 70-105毫克/千克 喷雾
LS20120290 苯甲·中生/8%/可湿性粉剂/苯醚甲环唑 5%、中生菌素 3%/2012.08.10 至 2013.08.10/低毒
苹果树 落叶病 40-53.33毫克/千克 喷雾
LS20120361 丁醚脲/25%/悬浮剂/丁醚脲 25%/2013.11.05 至 2014.11.05/低毒
甘蓝 小菜蛾 150-450克/公顷 喷雾
LS20120367 代锰·戊唑醇/50%/可湿性粉剂/代森锰锌 45%、戊唑醇 5%/2013.11.08 至 2014.11.08/低毒
苹果树 褐斑病 250-500毫克/千克 喷雾
LS20120377 甲维·灭幼脲/25%/悬浮剂/甲氨基阿维菌素苯甲酸盐 0.5%、灭幼脲 24.5%/2013.11.08 至 2014.11.08/低毒
甘蓝 小菜蛾 18.75-56.25克/公顷 喷雾
LS20120386 甲维·丁醚脲/43.7%/悬浮剂/丁醚脲 42.3%、甲氨基阿维菌素苯甲酸盐 1.4%/2013.11.08 至 2014.11.08/中等毒
甘蓝 小菜蛾 59-78.7克/公顷 喷雾
LS20130031 丁醚·三唑锡/40%/悬浮剂/丁醚脲 20%、三唑锡 20%/2014.01.15 至 2015.01.15/低毒
柑橘树 红蜘蛛 114.29-160毫克/千克 喷雾
LS20130378 甲维·虫螨腈/12%/悬浮剂/虫螨腈 10%、甲氨基阿维菌素苯甲酸盐 2%/2013.07.29 至 2014.07.29/低毒
甘蓝 甜菜夜蛾 10.8-14.4克/公顷 喷雾
LS20130453 吡蚜·噻嗪酮/25%/可湿性粉剂/吡蚜酮 10%、噻嗪酮 15%/2013.10.10 至 2014.10.10/低毒
水稻 稻飞虱 112.5-150克/公顷 喷雾

山东志诚化工有限公司 (山东省平原县兴平路9号 253100 0534-7883879)

PD20094209 阿维菌素/92%/原药/阿维菌素 92%/2009.03.31 至 2014.03.31/高毒

山东中禾化学有限公司 (山东省滨州市滨北办事处凤凰九路东侧 256600 0543-3357097)

PD20082593 草甘膦/95%/原药/草甘膦 95%/2013.12.04 至 2018.12.04/低毒
PD20082843 苯磺隆/75%/水分散粒剂/苯磺隆 75%/2013.12.09 至 2018.12.09/低毒
冬小麦田 一年生阔叶杂草 11.25-20.25克/公顷 喷雾
PD20093341 异丙草·莠/40%/悬浮剂/异丙草胺 24%、莠去津 16%/2014.03.18 至 2019.03.18/低毒
夏玉米田 一年生杂草 1200—1500克/公顷 土壤喷雾
PD20094889 百草枯/200克/升/水剂/百草枯 200克/升/2012.12.31 至 2014.07.01/中等毒
苹果园 杂草 450-750克/公顷 定向喷雾
PD20120063 精喹禾灵/15%/乳油/精喹禾灵 15%/2012.01.16 至 2017.01.16/低毒
春大豆田、夏大豆田 一年生禾本科杂草 67.5-78.75 (东北地区) 茎叶喷雾
56.25-67.5 (其他地区)
花生田 一年生禾本科杂草 45-56.25克/公顷 茎叶喷雾
油菜田 一年生禾本科杂草 45-67.5克/公顷 茎叶喷雾
PD20120101 乙草胺/50%/乳油/乙草胺 50%/2012.01.29 至 2017.01.29/低毒
大豆田、玉米田 一年生禾本科杂草及部分小粒种子阔叶杂草 1200-1500克/公顷 (东北地区) 播后苗前土壤喷雾
750-900克/公顷 (其他地区)
PD20120177 异丙甲草胺/960克/升/乳油/异丙甲草胺 960克/升/2012.01.30 至 2017.01.30/低毒
大豆田 一年生杂草 1440-2016克/公顷 播后苗前土壤喷雾
玉米田 一年生杂草 1296-1548克/公顷 播后苗前土壤喷雾
PD20120211 草甘膦异丙胺盐/46%/水剂/草甘膦 46%/2012.02.07 至 2017.02.07/低毒
非耕地 杂草 1209-2325克/公顷 定向茎叶喷雾
注:草甘膦异丙胺盐含量:62%。
PD20121852 乙·莠/50%/悬浮剂/乙草胺 25%、莠去津 25%/2012.11.28 至 2017.11.28/低毒
夏玉米田 一年生杂草 1260-1560克/公顷 播后苗前土壤喷雾
PD20130685 灭草松/480克/升/水剂/灭草松 480克/升/2013.04.09 至 2018.04.09/低毒

大豆田 一年生阔叶杂草 1125-1500克/公顷 茎叶喷雾
移栽水稻田 一年生阔叶杂草 1200-1440克/公顷 茎叶喷雾
PD20130826 精喹禾灵/10%/乳油/精喹禾灵 10%/2013.04.22 至 2018.04.22/低毒
大豆田 一年生禾本科杂草 48.6-64.8克/公顷 茎叶喷雾
PD20131462 烟嘧·莠去津/52%/可湿性粉剂/烟嘧磺隆 4%、莠去津 48%/2013.07.05 至 2018.07.05/低毒
玉米田 一年生杂草 585-780克/公顷 茎叶喷雾
PD20132433 高效氟吡甲禾灵/108克/升/乳油/高效氟吡甲禾灵 108克/升/2013.11.20 至 2018.11.20/低毒
大豆田 一年生禾本科杂草 48.6-72.9克/公顷 茎叶喷雾
花生田 一年生禾本科杂草 32.4-48.6克/公顷 茎叶喷雾
LS20120282 甲·灭·敌草隆/65%/可湿性粉剂/敌草隆 15%、2甲4氯 10%、莠灭净 40%/2013.08.06 至 2014.08.06/低毒
甘蔗田 一年生杂草 1755-2145克/公顷 定向茎叶喷雾
LS20130434 硝磺·烟嘧·莠/26%/可分散油悬浮剂/烟嘧磺隆 2%、莠去津 20%、硝磺草酮 4%/2013.09.09 至 2014.09.09/低毒
玉米田 一年生杂草 702-780克/公顷（东北地区） 546-702克/公顷（其他地区） 茎叶喷雾
LS20130448 硝磺·莠去津/88.8%/水分散粒剂/莠去津 80.8%、硝磺草酮 8%/2013.09.17 至 2014.09.17/低毒
玉米田 一年生杂草 1398.6-1598.4克/公顷（东北地区），1065.6-1332克/公顷(其他地区) 茎叶喷雾
LS20130466 异·嗪·滴丁酯/88.8%/乳油/2,4-滴丁酯 13.8%、嗪草酮 10%、异丙甲草胺 65%/2013.10.10 至 2014.10.10/低毒
春大豆田 一年生杂草 2397.6-2930.4克/公顷 播后苗前土壤喷雾

山东中凯生物科技有限公司 （山东省滨州市阳信县经济开发区工业5路 251800 0543-8382777）

PD20120633 高效氯氟氰菊酯/2.5%/微乳剂/高效氯氟氰菊酯 2.5%/2012.04.12 至 2017.04.12/中等毒
甘蓝 菜青虫 7.5-15克/公顷 喷雾
PD20120864 甲氨基阿维菌素苯甲酸盐/1%/乳油/甲氨基阿维菌素 1%/2012.05.23 至 2017.05.23/低毒
甘蓝 小菜蛾 1.5-3克/公顷 喷雾
注:甲氨基阿维菌素苯甲酸盐含量：1.14%
PD20120913 阿维菌素/3.2%/乳油/阿维菌素 3.2%/2012.06.04 至 2017.06.04/中等毒(原药高毒)
甘蓝 小菜蛾 5.4-10.8克/公顷 喷雾
PD20130437 啶虫脒/5%/乳油/啶虫脒 5%/2013.03.18 至 2018.03.18/低毒
柑橘树 蚜虫 10-15毫克/千克 喷雾

山东中农民昌化学工业有限公司 （山东省滨州市滨城区滨北办事处永莘路516号 256600 0543-3356831）

PD20091071 草甘膦/95%/原药/草甘膦 95%/2014.01.21 至 2019.01.21/低毒
PD20096206 烟嘧磺隆/95%/原药/烟嘧磺隆 95%/2009.07.13 至 2014.07.13/低毒
PD20098510 氟磺胺草醚/95%/原药/氟磺胺草醚 95%/2009.12.24 至 2014.12.24/低毒
PD20100144 异菌脲/50%/可湿性粉剂/异菌脲 50%/2010.01.05 至 2015.01.05/低毒
番茄 灰霉病 375—750克/公顷 喷雾
PD20100336 灭草松/96%/原药/灭草松 96%/2010.01.11 至 2015.01.11/低毒
PD20100614 甲基硫菌灵/70%/可湿性粉剂/甲基硫菌灵 70%/2010.01.14 至 2015.01.14/低毒
苹果树 轮纹病 700—875毫克/千克 喷雾
PD20120057 乙草胺/89%/乳油/乙草胺 89%/2012.01.16 至 2017.01.16/低毒
大豆田、玉米田 一年生杂草 1335-1735.5克/公顷（东北地区）；1068-1335克/公顷（其它地区） 播后苗前土壤喷雾
PD20121986 三环唑/75%/可湿性粉剂/三环唑 75%/2012.12.18 至 2017.12.18/低毒
水稻 稻瘟病 225-300克/公顷 喷雾
PD20121987 噁霉灵/70%/可湿性粉剂/噁霉灵 70%/2012.12.18 至 2017.12.18/低毒
甜菜 立枯病 385-490克/100千克种子 湿拌种
PD20122065 丁草胺/60%/乳油/丁草胺 60%/2012.12.24 至 2017.12.24/低毒
移栽水稻田 一年生杂草 990-1260克/公顷 药土法
PD20130438 乙草胺/81.5%/乳油/乙草胺 81.5%/2013.03.18 至 2018.03.18/低毒
春大豆田 一年生杂草 1215-1350克/公顷 播后苗前土壤喷雾
春玉米田 一年生杂草 1350-1620克/公顷 播后苗前土壤喷雾
夏大豆田 一年生杂草 1080-1215克/公顷 播后苗前土壤喷雾
夏玉米田 一年生杂草 1080-1350克/公顷 播后苗前土壤喷雾
注:备注:乙草胺含量:900克/升
PD20131892 嘧霉胺/40%/悬浮剂/嘧霉胺 40%/2013.09.25 至 2018.09.25/低毒
番茄 灰霉病 360-540克/公顷 喷雾
PD20132383 氟磺胺草醚/250克/升/水剂/氟磺胺草醚 250克/升/2013.11.20 至 2018.11.20/低毒
春大豆田 一年生阔叶杂草 298.5-375克/公顷 茎叶喷雾
夏大豆田 一年生阔叶杂草 187.5-225克/公顷 茎叶喷雾
PD20132524 莠去津/80%/可湿性粉剂/莠去津 80%/2013.12.16 至 2018.12.16/低毒
夏玉米田 一年生杂草 1200-1500克/公顷 土壤喷雾
PD20132608 丙森锌/70%/可湿性粉剂/丙森锌 70%/2013.12.20 至 2018.12.20/低毒
番茄 晚疫病 1890-2625克/公顷 喷雾

番茄 早疫病 1575-1974克/公顷 喷雾

山东中诺药业有限公司 （山东省滨州市博兴县工业园 256500 0543-2283738）

PD20092913 多·锰锌/50%/可湿性粉剂/多菌灵 8%、代森锰锌 42%/2014.03.05 至 2019.03.05/低毒
苹果 斑点落叶病 1000-1250毫克/千克 喷雾

PD20093856 阿维菌素/1.8%/乳油/阿维菌素 1.8%/2014.03.25 至 2019.03.25/中等毒(原药高毒)
柑橘树 红蜘蛛 4.5-9毫克/千克 喷雾

PD20095322 吗胍·乙酸铜/20%/可湿性粉剂/盐酸吗啉胍 16%、乙酸铜 4%/2009.04.27 至 2014.04.27/低毒
番茄 病毒病 500－750克/公顷 喷雾

PD20100395 多菌灵/25%/可湿性粉剂/多菌灵 25%/2010.01.14 至 2015.01.14/低毒
水稻 稻瘟病 750-937.5克/公顷 喷雾

PD20100861 代森锌/65%/可湿性粉剂/代森锌 65%/2010.01.19 至 2015.01.19/微毒
番茄 早疫病 2535-3607.5克/公顷 喷雾

PD20102196 联苯菊酯/25克/升/乳油/联苯菊酯 25克/升/2010.12.16 至 2015.12.16/低毒
柑橘树 红蜘蛛 25－31.25毫克/千克 喷雾

PD20121066 草甘膦铵盐/65%/可溶粉剂/草甘膦 65%/2012.07.12 至 2017.07.12/低毒
柑橘园 杂草 1414-1813.5克/公顷 定向茎叶喷雾
注:草甘膦铵盐含量:71.5%。

PD20131373 阿维菌素/5%/乳油/阿维菌素 5%/2013.06.24 至 2018.06.24/中等毒(原药高毒)
甘蓝 小菜蛾 9-11.25克/公顷 喷雾

PD20131483 烟嘧磺隆/40克/升/可分散油悬浮剂/烟嘧磺隆 40克/升/2013.07.05 至 2018.07.05/低毒
玉米田 一年生杂草 42-60克/公顷 茎叶喷雾

PD20131526 烯酰吗啉/80%/水分散粒剂/烯酰吗啉 80%/2013.07.17 至 2018.07.17/低毒
黄瓜 霜霉病 240-300克/公顷 喷雾

PD20132034 精喹禾灵/15%/乳油/精喹禾灵 15%/2013.10.21 至 2018.10.21/低毒
大豆田 一年生禾本科杂草 45-67.5克/公顷 茎叶喷雾

山东中石药业有限公司 （山东省莘县古云经济技术开发区祥云街中段北500米 252300 0635-6820989）

PD20040046 高效氯氰菊酯/4.5%/乳油/高效氯氰菊酯 4.5%/2009.12.19 至 2014.12.19/中等毒
茶树 茶尺蠖 15-25.5克/公顷 喷雾
柑橘树 红蜡蚧 50毫克/千克 喷雾
柑橘树 潜叶蛾 15-20毫克/千克 喷雾
棉花 红铃虫、棉铃虫、棉蚜 15-30克/公顷 喷雾
苹果树 桃小食心虫 20-33毫克/千克 喷雾
十字花科蔬菜 菜蚜 3-18克/公顷 喷雾
十字花科蔬菜 菜青虫、小菜蛾 9-25.5克/公顷 喷雾
烟草 烟青虫 15-25.5克/公顷 喷雾

PD20080344 乙草胺/93%/原药/乙草胺 93%/2013.02.26 至 2018.02.26/低毒

PD20080419 氯·马·辛硫磷/30%/乳油/高效氯氰菊酯 1.5%、马拉硫磷 10%、辛硫磷 18.5%/2013.03.04 至 2018.03.04/中等毒
棉花 棉铃虫 225-337.5克/公顷 喷雾

PD20080501 乙草胺/50%/乳油/乙草胺 50%/2013.04.10 至 2018.04.10/低毒
花生田、夏大豆田 部分阔叶杂草、一年生禾本科杂草 1050-1350克/公顷 土壤喷雾
玉米田 小粒种子阔叶杂草、一年生禾本科杂草 1200-1875克/公顷(东北地区) 播后苗前喷雾
750-1050克/公顷(其它地区)

PD20080566 丁草胺/95%/原药/丁草胺 95%/2013.05.12 至 2018.05.12/低毒

PD20080574 丙草胺/95%/原药/丙草胺 95%/2013.05.12 至 2018.05.12/低毒

PD20080590 乙草胺/900克/升/乳油/乙草胺 900克/升/2013.05.12 至 2018.05.12/低毒
春大豆田、春玉米田 一年生禾本科杂草及部分阔叶杂草 1350-1890克/公顷 土壤喷雾
花生田 部分阔叶杂草、一年生禾本科杂草 1080-1350克/公顷 土壤喷雾
夏玉米田 一年生禾本科杂草及部分阔叶杂草 1080-1350克/公顷 土壤喷雾

PD20080591 莠去津/38%/悬浮剂/莠去津 38%/2013.05.12 至 2018.05.12/低毒
夏玉米田 一年生杂草 1140-1425克/公顷 土壤喷雾

PD20080620 甲草胺/95%/原药/甲草胺 95%/2013.05.12 至 2018.05.12/低毒

PD20080744 异丙甲草胺/96%/原药/异丙甲草胺 96%/2013.06.11 至 2018.06.11/低毒

PD20081405 乙草胺/48%/水乳剂/乙草胺 48%/2013.10.28 至 2018.10.28/低毒
花生田 部分阔叶杂草、一年生禾本科杂草、一年生禾本科杂草及小粒阔叶杂草 1080-1440克/公顷 土壤喷雾
夏大豆田 部分阔叶杂草、一年生禾本科杂草 1080-1440克/公顷 土壤喷雾
夏玉米田 一年生杂草 1080-1440克/公顷 土壤喷雾

PD20081935 阿维菌素/0.5%/乳油/阿维菌素 0.5%/2008.11.25 至 2013.11.25/低毒(原药高毒)
十字花科蔬菜 菜青虫 8.1-10.8克/公顷 喷雾

PD20082436 甲氰·辛硫磷/25%/乳油/甲氰菊酯 5%、辛硫磷 20%/2013.12.02 至 2018.12.02/中等毒
棉花 棉铃虫 225-345克/公顷 喷雾

PD20082549 异丙草·莠/40%/悬乳剂/异丙草胺 24%、莠去津 16%/2013.12.22 至 2018.12.22/低毒
春玉米田 一年生杂草 1500-1800克/公顷 播后苗前土壤喷雾

	夏玉米田	一年生杂草	1200-1500克/公顷	播后苗前土壤喷雾
PD20083919	戊唑醇/96%/原药/戊唑醇 96%/2008.12.15 至 2013.12.15/低毒			
PD20085676	氯氰菊酯/5%/乳油/氯氰菊酯 5%/2013.12.26 至 2018.12.26/中等毒			
	十字花科蔬菜	菜青虫	37.5-52.5克/公顷	喷雾
PD20091604	异丙甲草胺/720克/升/乳油/异丙甲草胺 720克/升/2014.02.03 至 2019.02.03/低毒			
	春玉米田	一年生杂草	1458-1944克/公顷	土壤喷雾
	夏玉米田	一年生杂草	972-1944克/公顷	土壤喷雾
PD20091721	乙·莠/72.4%/悬乳剂/乙草胺 54.4%、莠去津 18%/2014.02.04 至 2019.02.04/低毒			
	夏玉米田	一年生杂草	1086-1303.2克/公顷	土壤喷雾
PD20093810	阿维·高氯/1.8%/微乳剂/阿维菌素 0.6%、高效氯氰菊酯 1.2%/2014.03.25 至 2019.03.25/低毒(原药高毒)			
	甘蓝	小菜蛾	8.1-16.2克/公顷	喷雾
PD20094306	氟铃脲/4.5%/悬浮剂/氟铃脲 4.5%/2014.03.31 至 2019.03.31/低毒			
	甘蓝	甜菜夜蛾	40.5-60.75克/公顷	喷雾
PD20095956	异丙草胺/90%/原药/异丙草胺 90%/2009.06.03 至 2014.06.03/低毒			
PD20096946	绿·莠·乙草胺/40%/悬乳剂/绿麦隆 1%、乙草胺 31%、莠去津 8%/2009.09.29 至 2014.09.29/低毒			
	夏玉米田	一年生杂草	3000-3750毫升制剂/公顷	土壤喷雾
PD20101669	高效氯氰菊酯/4.5%/水乳剂/氯氰菊酯 4.5%/2010.06.08 至 2015.06.08/中等毒			
	甘蓝	菜青虫	27-54克/公顷	喷雾
PD20110640	高效氯氟氰菊酯/2.5%/水乳剂/高效氯氟氰菊酯 2.5%/2011.06.13 至 2016.06.13/中等毒			
	甘蓝	菜青虫	7.5－9.375克/公顷	喷雾
LS20120027	吡唑草胺/97%/原药/吡唑草胺 97%/2014.01.11 至 2015.01.11/低毒			
LS20120402	吡唑草胺/500克/升/悬浮剂/吡唑草胺 500克/升/2013.12.12 至 2014.12.12/低毒			
	注:专供出口,不得在国内销售。			
WP20100154	高效氯氰菊酯/4.5%/水乳剂/高效氯氰菊酯 4.5%/2010.12.08 至 2015.12.08/中等毒			
	室外	蚊、蝇	40毫克/平方米	喷洒
山东中新科农生物科技有限公司　(山东省济南市历城区董家镇机场路南首　250100　0531-58993688)				
PD20096141	毒死蜱/480克/升/乳油/毒死蜱 480克/升/2009.06.24 至 2014.06.24/中等毒			
	甘蓝	蚜虫	62.5-75毫升制剂/亩	喷雾
PD20096149	溴氰菊酯/25克/升/乳油/溴氰菊酯 25克/升/2009.06.24 至 2014.06.24/低毒			
	烟草	烟青虫	20-25毫升制剂/亩	喷雾
PD20096164	阿维·高氯/1.8%/乳油/阿维菌素 0.3%、高效氯氰菊酯 1.5%/2009.06.24 至 2014.06.24/低毒(原药高毒)			
	甘蓝	菜青虫、小菜蛾	7.5-15克/公顷	喷雾
PD20096586	丙环唑/250克/升/乳油/丙环唑 250克/升/2009.08.25 至 2014.08.25/低毒			
	香蕉	叶斑病	250-500毫克/千克	喷雾
PD20097313	高效氯氟氰菊酯/25克/升/乳油/高效氯氟氰菊酯 25克/升/2009.10.27 至 2014.10.27/中等毒			
	甘蓝	菜青虫	11.25-15克/公顷	喷雾
PD20098330	虫酰肼/20%/悬浮剂/虫酰肼 20%/2009.12.18 至 2014.12.18/低毒			
	苹果树	卷叶蛾	80-100毫克/千克	喷雾
PD20100045	异菌脲/50%/可湿性粉剂/异菌脲 50%/2010.01.04 至 2015.01.04/低毒			
	番茄	灰霉病	375－750克/公顷	喷雾
PD20101040	噻嗪·异丙威/25%/可湿性粉剂/噻嗪酮 5%、异丙威 20%/2010.01.21 至 2015.01.21/低毒			
	水稻	稻飞虱	468.75-562.5克/公顷	喷雾
PD20101531	多·锰锌/50%/可湿性粉剂/多菌灵 8%、代森锰锌 42%/2010.05.19 至 2015.05.19/低毒			
	苹果树	斑点落叶病	1000-1250毫克/千克	喷雾
PD20101626	吡虫啉/10%/可湿性粉剂/吡虫啉 10%/2010.06.03 至 2015.06.03/低毒			
	小麦	蚜虫	15-30克/公顷(南方地区) 45-60克/公顷(北方地区)	喷雾
PD20110826	啶虫脒/20%/可湿性粉剂/啶虫脒 20%/2011.08.10 至 2016.08.10/低毒			
	柑橘树	蚜虫	10.3-13.3毫克/千克	喷雾
PD20110896	甲氨基阿维菌素苯甲酸盐/0.5%/微乳剂/甲氨基阿维菌素 0.5%/2011.08.17 至 2016.08.17/低毒			
	甘蓝	甜菜夜蛾	20-40毫升/亩	喷雾
	注:甲氨基阿维菌素苯甲酸盐含量:0.57%。			
PD20120594	苯甲·醚菌酯/60%/可湿性粉剂/苯醚甲环唑 20%、醚菌酯 40%/2012.04.11 至 2017.04.11/低毒			
	蔷薇科观赏花卉	白粉病	150－300毫克/千克	喷雾
PD20120723	阿维菌素/5%/乳油/阿维菌素 5%/2012.05.02 至 2017.05.02/中等毒(原药高毒)			
	棉花	红蜘蛛	9-15克/公顷	喷雾
PD20120730	啶虫脒/10%/乳油/啶虫脒 10%/2012.05.02 至 2017.05.02/中等毒			
	柑橘树	蚜虫	12.5-16.7毫克/千克	喷雾
PD20121076	戊唑醇/430克/升/悬浮剂/戊唑醇 430克/升/2012.07.19 至 2017.07.19/低毒			
	苹果树	斑点落叶病	71.6-86毫克/千克	喷雾
PD20131220	苯甲、嘧菌酯/30%/悬浮剂/苯醚甲环唑 11%、嘧菌酯 19%/2013.05.28 至 2018.05.28/低毒			
	蔷薇科观赏花卉	白粉病	108-163毫克/千克	喷雾
PD20132250	咪鲜·己唑醇/28%/悬浮剂/己唑醇 8%、咪鲜胺 20%/2013.11.05 至 2018.11.05/低毒			

	蔷薇科观赏花卉	白粉病	140-280毫克/千克	喷雾
WP20120066	高氯、氟铃脲/5%/悬浮剂/氟铃脲 1%、高效氯氰菊酯 4%/2012.04.11 至 2017.04.11/低毒			
	室内	蝇	0.25克/平方米	滞留喷洒
WP20120095	氟虫腈/3%/微乳剂/氟虫腈 3%/2012.05.22 至 2017.05.22/低毒			
	卫生	蝇	2.25毫克/立方米	喷雾（室内）
WP20120193	高氯、残杀威/0.6%/粉剂/残杀威 0.45%、高效氯氰菊酯 0.15%/2012.10.17 至 2017.10.17/低毒			
	卫生	蜚蠊	3克/平方米（制剂量）	撒布
WP20120196	高氯·残杀威/0.5%/微乳剂/残杀威 0.3%、高效氯氰菊酯 0.2%/2012.10.17 至 2017.10.17/低毒			
	卫生	蜚蠊	75毫克/平方米	喷雾
WP20120206	高氯、甲嘧磷/7%/微乳剂/高效氯氰菊酯 1%、甲基嘧啶磷 6%/2012.10.30 至 2017.10.30/低毒			
	卫生	蜚蠊	210毫克/平方米	滞留喷洒
山东中信化学有限公司　（山东省济南市历城区遥墙镇工业区　250100　0531-88733558）				
PD20092333	代森锰锌/80%/可湿性粉剂/代森锰锌 80%/2009.02.24 至 2014.02.24/低毒			
	番茄	早疫病	1560-2520克/公顷	喷雾
PD20092918	高效氯氟氰菊酯/25克/升/乳油/高效氯氟氰菊酯 25克/升/2009.03.05 至 2014.03.05/中等毒			
	甘蓝	蚜虫	7.5-11.25克/公顷	喷雾
PD20093668	甲氰菊酯/20%/乳油/甲氰菊酯 20%/2009.03.25 至 2014.03.25/中等毒			
	十字花科蔬菜	小菜蛾	75-90克/公顷	喷雾
PD20094040	氯氰菊酯/10%/乳油/氯氰菊酯 10%/2009.03.27 至 2014.03.27/中等毒			
	甘蓝	菜青虫	22.5-30克/公顷	喷雾
PD20095057	联苯菊酯/25克/升/乳油/联苯菊酯 25克/升/2009.04.21 至 2014.04.21/低毒			
	番茄(保护地)	白粉虱	7.5-15克/公顷	喷雾
PD20095976	氢氧化铜/77%/可湿性粉剂/氢氧化铜 77%/2009.06.04 至 2014.06.04/低毒			
	番茄	早疫病	1927.5-2310克/公顷	喷雾
PD20100968	阿维菌素/18克/升/乳油/阿维菌素 18克/升/2010.01.19 至 2015.01.19/低毒(原药高毒)			
	甘蓝	小菜蛾	33.3-50毫升制剂/亩	喷雾
PD20101181	福·福锌/80%/可湿性粉剂/福美双 30%、福美锌 50%/2010.01.28 至 2015.01.28/中等毒			
	黄瓜	炭疽病	1500-1800克/公顷	喷雾
WP20130188	高效氯氟氰菊酯/5%/微囊悬浮剂/高效氯氟氰菊酯 5%/2013.09.17 至 2018.09.17/低毒			
	室外	蚊、蝇、蜚蠊	蚊、蝇30毫克/平方米；蜚蠊50毫克/平方米	喷雾
山东中友化学有限公司　（山东省菏泽市经济开发区郑州路1969号　274000　0530-5695289）				
PD20082839	硫磺·多菌灵/50%/可湿性粉剂/多菌灵 15%、硫磺 35%/2013.12.09 至 2018.12.09/低毒			
	花生	叶斑病	1200-1800克/公顷	喷雾
PD20083399	代森锰锌/80%/可湿性粉剂/代森锰锌 80%/2013.12.11 至 2018.12.11/低毒			
	苹果	斑点落叶病	1000-1500毫克/千克	喷雾
PD20083481	丙环唑/250克/升/乳油/丙环唑 250克/升/2013.12.12 至 2018.12.12/低毒			
	小麦	白粉病	112.5-150克/公顷	喷雾
PD20085519	灭多威/20%/乳油/灭多威 20%/2013.12.25 至 2018.12.25/高毒			
	棉花	棉铃虫	120-150克/公顷	喷雾
PD20091944	联苯菊酯/25克/升/乳油/联苯菊酯 25克/升/2014.02.12 至 2019.02.12/低毒			
	茶树	茶尺蠖	7.5-15克/公顷	喷雾
PD20091989	三环·多菌灵/20%/可湿性粉剂/多菌灵 15%、三环唑 5%/2014.02.12 至 2019.02.12/低毒			
	水稻	稻瘟病	300-420克/公顷	喷雾
PD20093484	炔螨特/570克/升/乳油/炔螨特 570克/升/2014.03.23 至 2019.03.23/低毒			
	棉花	红蜘蛛	342-513克/公顷	喷雾
PD20101727	毒·辛/20%/乳油/毒死蜱 4%、辛硫磷 16%/2010.06.28 至 2015.06.28/中等毒			
	水稻	三化螟	375-450克/公顷	喷雾
山东淄博康力农药有限公司　（山东省淄博市淄川区龙泉镇麓村北首　255144　0533-5883996）				
PD20091917	多·福/50%/可湿性粉剂/多菌灵 8%、福美双 42%/2009.02.12 至 2014.02.12/低毒			
	梨树	黑星病	1000-1500毫克/千克	喷雾
PD20092149	高效氯氟氰菊酯/25克/升/乳油/高效氯氟氰菊酯 25克/升/2009.02.23 至 2014.02.23/中等毒			
	棉花	棉铃虫	18.75-26.25克/公顷	喷雾
PD20095295	硫磺·三环唑/45%/可湿性粉剂/硫磺 40%、三环唑 5%/2009.04.27 至 2014.04.27/低毒			
	水稻	稻瘟病	810-1215克/公顷	喷雾
PD20122108	福·福锌/80%/可湿性粉剂/福美双 30%、福美锌 50%/2012.12.26 至 2017.12.26/低毒			
	黄瓜	炭疽病	1500-1800克/公顷	喷雾
山东邹平农药有限公司　（山东省滨州市邹平县县城环城北路190号　256200　0543-4321332）				
PD85150-24	多菌灵/50%/可湿性粉剂/多菌灵 50%/2010.07.06 至 2015.07.06/低毒			
	果树	病害	0.05-0.1%药液	喷雾
	花生	倒秧病	750克/公顷	喷雾
	麦类	赤霉病	750克/公顷	喷雾、泼浇
	棉花	苗期病害	250克/50千克种子	拌种

	水稻	稻瘟病、纹枯病	750克/公顷	喷雾、泼浇
	油菜	菌核病	1125-1500克/公顷	喷雾
PD86157-12	硫磺/50%/悬浮剂/硫磺 50%/2011.11.29 至 2016.11.29/低毒			
	果树	白粉病	200-400倍液	喷雾
	花卉	白粉病	750-1500克/公顷	喷雾
	黄瓜	白粉病	1125-1500克/公顷	喷雾
	芦笋	茎枯病	870-1170克/公顷	喷雾
	橡胶树	白粉病	1875-3000克/公顷	喷雾
	小麦	白粉病、螨	3000克/公顷	喷雾
PD91106-12	甲基硫菌灵/70%,50%/可湿性粉剂/甲基硫菌灵 70%,50%/2011.03.28 至 2016.03.28/低毒			
	番茄	叶霉病	375-562.5克/公顷	喷雾
	甘薯	黑斑病	360-450毫克/千克	浸薯块
	瓜类	白粉病	337.5-506.25克/公顷	喷雾
	梨树	黑星病	360-450毫克/千克	喷雾
	苹果树	轮纹病	700毫克/千克	喷雾
	水稻	稻瘟病、纹枯病	1050-1500克/公顷	喷雾
	小麦	赤霉病	750-1050克/公顷	喷雾
PD92101-6	多菌灵/40%/可湿性粉剂/多菌灵 40%/2012.05.10 至 2017.05.10/低毒			
	果树	病害	0.05-0.1%药液	喷雾
	花生	倒秧病	750克/公顷	喷雾
	麦类	赤霉病	750克/公顷	喷雾,泼浇
	棉花	苗期病害	500克/100千克种子	拌种
	水稻	稻瘟病、纹枯病	750克/公顷	喷雾,泼浇
	油菜	菌核病	1025-1500克/公顷	喷雾
PD20040161	三唑酮/20%/乳油/三唑酮 20%/2009.12.19 至 2014.12.19/低毒			
	小麦	白粉病	120-127.5克/公顷	喷雾
PD20040332	三唑酮/15%/可湿性粉剂/三唑酮 15%/2009.12.19 至 2014.12.19/低毒			
	小麦	白粉病、锈病	135-180克/公顷	喷雾
	玉米	丝黑穗病	60-90克/100千克种子	拌种
PD20040740	甲拌·多菌灵/20%/悬浮种衣剂/多菌灵 10%、甲拌磷 10%/2009.12.19 至 2014.12.19/高毒			
	小麦	地下害虫、纹枯病	1:35-45（药种比）	种子包衣
PD20080139	啶虫脒/5%/可湿性粉剂/啶虫脒 5%/2013.01.03 至 2018.01.03/低毒			
	柑橘树	蚜虫	8.6-12毫克/千克	喷雾
PD20080160	硫磺·三唑酮/20%/悬浮剂/硫磺 10%、三唑酮 10%/2013.01.04 至 2018.01.04/低毒			
	小麦	白粉病	150-225克/公顷	喷雾
PD20080637	毒·辛/40%/乳油/毒死蜱 10%、辛硫磷 30%/2013.05.13 至 2018.05.13/中等毒			
	棉花	棉铃虫	360－450克/公顷	喷雾
PD20080940	丙森·多菌灵/70%/可湿性粉剂/丙森锌 30%、多菌灵 40%/2013.07.17 至 2018.07.17/低毒			
	苹果树	斑点落叶病	1000-1500倍液	喷雾
PD20081033	马拉·辛硫磷/25%/乳油/马拉硫磷 12.5%、辛硫磷 12.5%/2013.08.06 至 2018.08.06/低毒			
	水稻	稻纵卷叶螟	300-375克/公顷	喷雾
PD20081061	毒死蜱/40%/乳油/毒死蜱 40%/2013.08.14 至 2018.08.14/中等毒			
	柑橘树	矢尖蚧	333.3-500毫克/千克	喷雾
PD20081889	多效唑/15%/可湿性粉剂/多效唑 15%/2013.11.20 至 2018.11.20/低毒			
	水稻育秧田	控制生长	200-300毫克/千克	喷雾
PD20082087	抗蚜威/50%/可湿性粉剂/抗蚜威 50%/2013.11.25 至 2018.11.25/中等毒			
	小麦	蚜虫	75-150克/公顷	喷雾
PD20083618	啶虫脒/5%/乳油/啶虫脒 5%/2013.12.12 至 2018.12.12/低毒			
	苹果树	蚜虫	12-15毫克/千克	喷雾
PD20083692	硫磺·多菌灵/50%/可湿性粉剂/多菌灵 15%、硫磺 35%/2013.12.15 至 2018.12.15/低毒			
	花生	叶斑病	1200-1800克/公顷	喷雾
PD20085307	硫磺·多菌灵/50%/悬浮剂/多菌灵 15%、硫磺 35%/2013.12.23 至 2018.12.23/低毒			
	花生	叶斑病	1200-1800克/公顷	喷雾
PD20085496	丙溴·辛硫磷/24%/乳油/丙溴磷 10%、辛硫磷 14%/2013.12.25 至 2018.12.25/低毒			
	十字花科蔬菜	菜青虫	108-180克/公顷	喷雾
PD20090705	福·克/20%/悬浮种衣剂/福美双 10%、克百威 10%/2014.01.19 至 2019.01.19/高毒			
	玉米	茎基腐病、金针虫、苗期害虫、蛴螬	1:40（药种比）	种子包衣
PD20092326	氟铃脲/5%/乳油/氟铃脲 5%/2014.02.24 至 2019.02.24/低毒			
	甘蓝	小菜蛾	28.125-56.25克/公顷	喷雾
PD20092363	溴氰菊酯/25克/升/乳油/溴氰菊酯 25克/升/2014.02.24 至 2019.02.24/中等毒			
	十字花科蔬菜	菜青虫	7.5-15克/公顷	喷雾
PD20092705	氰戊菊酯/20%/乳油/氰戊菊酯 20%/2014.03.03 至 2019.03.03/中等毒			
	棉花	棉铃虫	112.5-150克/公顷	喷雾

PD20093288 醚菊酯/10%/悬浮剂/醚菊酯 10%/2014.03.11 至 2019.03.11/低毒
甘蓝 菜青虫 45-60克/公顷 喷雾
PD20093613 甲基硫菌灵/500克/升/悬浮剂/甲基硫菌灵 500克/升/2014.03.25 至 2019.03.25/低毒
水稻 稻瘟病、纹枯病 750-1125克/公顷 喷雾
PD20093616 甲氰菊酯/20%/乳油/甲氰菊酯 20%/2014.03.25 至 2019.03.25/中等毒
苹果树 红蜘蛛 100-133.3毫克/千克 喷雾
PD20093864 马拉·杀螟松/12%/乳油/马拉硫磷 10%、杀螟硫磷 2%/2014.03.25 至 2019.03.25/低毒
水稻 二化螟 225-270克/公顷 喷雾
PD20093998 联苯菊酯/25克/升/乳油/联苯菊酯 25克/升/2014.03.27 至 2019.03.27/低毒
茶树 茶小绿叶蝉 30-37.5克/公顷 喷雾
PD20093999 氟氯氰菊酯/50克/升/乳油/氟氯氰菊酯 50克/升/2014.03.27 至 2019.03.27/低毒
棉花 棉铃虫 37.5-51克/公顷 定向喷雾
PD20094020 高效氯氟氰菊酯/2.5%/水乳剂/高效氯氟氰菊酯 2.5%/2014.03.27 至 2019.03.27/中等毒
甘蓝 菜青虫 7.5-15克/公顷 喷雾
PD20094286 硅唑·多菌灵/21%/悬浮剂/多菌灵 16%、氟硅唑 5%/2014.03.31 至 2019.03.31/低毒
梨树 黑星病 2000-3000倍液 喷雾
PD20094358 代森锌/80%/可湿性粉剂/代森锌 80%/2014.04.01 至 2019.04.01/低毒
马铃薯 晚疫病 960-1200克/公顷 喷雾
PD20095845 福·福锌/80%/可湿性粉剂/福美双 30%、福美锌 50%/2009.05.27 至 2014.05.27/低毒
苹果树 炭疽病 1333-1600毫克/千克 喷雾
PD20097692 阿维菌素/18克/升/乳油/阿维菌素 18克/升/2009.11.04 至 2014.11.04/中等毒(原药高毒)
十字花科蔬菜 小菜蛾 9-11.25克/公顷 喷雾
PD20100257 吗胍·乙酸铜/20%/可湿性粉剂/盐酸吗啉胍 10%、乙酸铜 10%/2010.01.11 至 2015.01.11/低毒
番茄 病毒病 500-750克/公顷 喷雾
PD20110435 啶虫脒/20%/可溶液剂/啶虫脒 20%/2011.04.21 至 2016.04.21/低毒
黄瓜 蚜虫 15－22.5克/公顷 喷雾
PD20110934 高效氯氰菊酯/4.5%/微乳剂/高效氯氰菊酯 4.5%/2011.09.28 至 2016.09.28/低毒
甘蓝 菜青虫 20.25－27克/公顷 喷雾
PD20120025 甲氨基阿维菌素苯甲酸盐/1%/乳油/甲氨基阿维菌素 1%/2012.01.09 至 2017.01.09/低毒
甘蓝 甜菜夜蛾 2.25-3.75克/公顷 喷雾
注:甲氨基阿维菌素苯甲酸盐含量：1.14%。
PD20120524 吡虫·噻嗪酮/10%/可湿性粉剂/吡虫啉 2%、噻嗪酮 8%/2012.03.28 至 2017.03.28/低毒
水稻 稻飞虱 60-75克/公顷 喷雾
PD20120652 阿维·哒螨灵/10%/乳油/阿维菌素 0.3%、哒螨灵 9.7%/2012.04.18 至 2017.04.18/中等毒(原药高毒)
苹果树 二斑叶螨 40-50毫克/千克 喷雾
PD20121010 哒螨灵/20%/可湿性粉剂/哒螨灵 20%/2012.06.21 至 2017.06.21/低毒
柑橘树 红蜘蛛 80-100毫克/千克 喷雾
PD20121105 阿维·炔螨特/40%/乳油/阿维菌素 0.3%、炔螨特 39.7%/2012.07.19 至 2017.07.19/低毒(原药高毒)
苹果树 红蜘蛛 160-200毫克/千克 喷雾
PD20121447 丙溴磷/50%/乳油/丙溴磷 50%/2012.10.08 至 2017.10.08/低毒
甘蓝 小菜蛾 390-480克/公顷 喷雾
PD20121787 阿维·三唑磷/20%/乳油/阿维菌素 0.2%、三唑磷 19.8%/2012.11.22 至 2017.11.22/中等毒(原药高毒)
水稻 二化螟 150-210克/公顷 喷雾
PD20130144 苯甲·多菌灵/32.8%/可湿性粉剂/苯醚甲环唑 6%、多菌灵 26.8%/2013.01.17 至 2018.01.17/低毒
苹果树 轮纹病 164-217毫克/千克 喷雾
PD20131670 高氯·甲维盐/5%/微乳剂/高效氯氰菊酯 4.5%、甲氨基阿维菌素苯甲酸盐 0.5%/2013.08.07 至 2018.08.07/中等毒
甘蓝 甜菜夜蛾 18.75-22.5克/公顷 喷雾
PD20131693 咪鲜胺/450克/升/水乳剂/咪鲜胺 450克/升/2013.08.07 至 2018.08.07/低毒
香蕉 炭疽病 250-500毫克/千克 浸果
PD20131820 戊唑醇/430克/升/悬浮剂/戊唑醇 430克/升/2013.09.17 至 2018.09.17/低毒
苹果树 斑点落叶病 60-85毫克/千克 喷雾
PD20132318 多抗霉素/10%/可湿性粉剂/多抗霉素 10%/2013.11.13 至 2018.11.13/低毒
苹果树 斑点落叶病 67-100毫克/千克 喷雾
PD20132580 烯酰吗啉/20%/悬浮剂/烯酰吗啉 20%/2013.12.17 至 2018.12.17/低毒
葡萄 霜霉病 167-250毫克/千克 喷雾

山东兖州新天地农药有限公司 （山东省济宁市兖州市西环路龙桥 272100 0537-3415630）

PD20040219 甲拌·辛硫磷/10%/细粒剂/甲拌磷 6%、辛硫磷 4%/2009.12.19 至 2014.12.19/高毒
花生 蛴螬 600-900克/公顷 毒土盖种
PD20083615 辛硫磷/3%/颗粒剂/辛硫磷 3%/2013.12.12 至 2018.12.12/低毒
花生 蛴螬 1800-3600克/公顷 撒施
PD20090724 马拉·灭多威/35%/乳油/马拉硫磷 25%、灭多威 10%/2014.01.19 至 2019.01.19/中等毒(原药高毒)
棉花 棉铃虫 210-315克/公顷 喷雾
PD20096805 灭线磷/5%/颗粒剂/灭线磷 5%/2009.09.15 至 2014.09.15/低毒(原药高毒)

	花生	根结线虫	4500-5250克/公顷	沟施
PD20101509	苦参碱/0.3%/水剂/苦参碱 0.3%/2010.05.10 至 2015.05.10/低毒			
	苹果树	红蜘蛛	7.5-22.5克/公顷	喷雾

山东鑫玛生物科技有限公司 (山东省莒县城西莒沂路北侧 276521 0633-6790199)

PD20092752	甲硫·福美双/50%/可湿性粉剂/福美双 30%、甲基硫菌灵 20%/2009.03.04 至 2014.03.04/中等毒			
	苹果树	轮纹病	500-700倍液	喷雾
PD20094543	高效氯氟氰菊酯/25克/升/乳油/高效氯氟氰菊酯 25克/升/2009.04.09 至 2014.04.09/中等毒			
	甘蓝	菜青虫	11.25-15克/公顷	喷雾
PD20094653	草甘膦/95%/原药/草甘膦 95%/2009.04.10 至 2014.04.10/低毒			
PD20095313	甲戊·莠去津/40%/悬乳剂/二甲戊灵 20%、莠去津 20%/2009.04.27 至 2014.04.27/低毒			
	夏玉米田	一年生杂草	1080-1320克/公顷	土壤喷雾
PD20095889	苄·丁/32%/颗粒剂/苄嘧磺隆 0.5%、丁草胺 31.5%/2009.05.31 至 2014.05.31/低毒			
	水稻移栽田	部分多年生杂草、一年生杂草	600-900克/公顷	拌药土(沙)撒施
PD20098531	扑·乙/20%/乳油/扑草净 8%、乙草胺 12%/2009.12.24 至 2014.12.24/低毒			
	花生田	一年生杂草	600-750克/公顷	土壤喷雾
PD20110174	草甘膦异丙胺盐/30%/水剂/草甘膦 30%/2011.02.16 至 2016.02.16/低毒			
	柑橘园	杂草	180-360毫升/亩	定向喷雾
	注:草甘膦异丙胺盐含量: 41%。			

山东鑫农农药有限公司 (山东省济南市济阳县崔寨镇南赵村西 251401 0531-84242996)

PD20102223	甲氨基阿维菌素苯甲酸盐/0.5%/乳油/甲氨基阿维菌素 0.5%/2010.12.31 至 2015.12.31/低毒			
	甘蓝	甜菜夜蛾	17.3-20毫升制剂/亩	喷雾
	注:甲氨基阿维菌素苯甲酸盐含量:0.57%。			
PD20130935	啶虫脒/40%/水分散粒剂/啶虫脒 40%/2013.05.02 至 2018.05.02/低毒			
	黄瓜	蚜虫	18-23克/公顷	喷雾

山东鑫星农药有限公司 (山东省潍坊市青州市东青高速公路王母宫下道口南1公里 262500 0536-3524077)

PD20092172	代森锰锌/80%/可湿性粉剂/代森锰锌 80%/2009.02.23 至 2014.02.23/低毒			
	番茄	早疫病	1560-2520克/公顷	喷雾
	柑橘树	疮痂病、炭疽病	1333-2000毫克/千克	喷雾
	花生	叶斑病	720-900克/公顷	喷雾
	黄瓜	霜霉病	2040-3000克/公顷	喷雾
	辣椒、甜椒	炭疽病、疫病	1800-2520克/公顷	喷雾
	梨树	黑星病	800-1600毫克/千克	喷雾
	荔枝树	霜疫霉病	1333-2000毫克/千克	喷雾
	马铃薯	晚疫病	1440-2160克/公顷	喷雾
	苹果树	斑点落叶病、轮纹病、炭疽病	1000-1500毫克/千克	喷雾
	葡萄	白腐病、黑痘病、霜霉病	1000-1600毫克/千克	喷雾
	西瓜	炭疽病	1560-2520克/公顷	喷雾
	烟草	赤星病	1440-1920克/公顷	喷雾
PD20092533	百菌清/75%/可湿性粉剂/百菌清 75%/2009.02.26 至 2014.02.26/低毒			
	黄瓜	白粉病	1500-1725克/公顷	喷雾
PD20092635	多菌灵/50%/可湿性粉剂/多菌灵 50%/2009.03.02 至 2014.03.02/低毒			
	小麦	赤霉病	750-1125克/公顷	喷雾
PD20092905	敌敌畏/50%/乳油/敌敌畏 50%/2009.03.05 至 2014.03.05/中等毒			
	十字花科蔬菜	菜青虫	600-800克/公顷	喷雾
PD20092921	三乙膦酸铝/80%/可湿性粉剂/三乙膦酸铝 80%/2009.03.05 至 2014.03.05/低毒			
	黄瓜	霜霉病	1440-2880克/公顷	喷雾
PD20093603	噁霜·锰锌/64%/可湿性粉剂/噁霜灵 8%、代森锰锌 56%/2009.03.23 至 2014.03.23/低毒			
	黄瓜	霜霉病	1650-1950克/公顷	喷雾
PD20093846	三唑锡/25%/可湿性粉剂/三唑锡 25%/2009.03.25 至 2014.03.25/中等毒			
	苹果树	红蜘蛛	125-250毫克/千克	喷雾
PD20093936	腐霉利/50%/可湿性粉剂/腐霉利 50%/2009.03.27 至 2014.03.27/低毒			
	番茄	灰霉病	375-700克/公顷	喷雾
PD20094039	甲基硫菌灵/70%/可湿性粉剂/甲基硫菌灵 70%/2009.03.27 至 2014.03.27/低毒			
	番茄	叶霉病	525-630克/公顷	喷雾
PD20094049	丙环唑/250克/升/乳油/丙环唑 250克/升/2009.03.27 至 2014.03.27/低毒			
	香蕉	叶斑病	250-500毫克/千克	喷雾
PD20094505	联苯菊酯/100克/升/乳油/联苯菊酯 100克/升/2009.04.09 至 2014.04.09/中等毒			
	茶树	茶尺蠖	11.25-15克/公顷	喷雾
PD20094545	三环唑/75%/可湿性粉剂/三环唑 75%/2009.04.09 至 2014.04.09/低毒			
	水稻	稻瘟病	225-300克/公顷	喷雾
PD20094585	高效氯氟氰菊酯/25克/升/乳油/高效氯氟氰菊酯 25克/升/2009.04.10 至 2014.04.10/中等毒			
	甘蓝	菜青虫	11.25-13.125克/公顷	喷雾
PD20095165	异菌脲/50%/可湿性粉剂/异菌脲 50%/2009.04.24 至 2014.04.24/低毒			

番茄　灰霉病　562.5-750克/公顷　喷雾

PD20096171　高氯·辛硫磷/20%/乳油/高效氯氰菊酯 2%、辛硫磷 18%/2009.06.29 至 2014.06.29/低毒

十字花科蔬菜　菜青虫　120～150克/公顷　喷雾

PD20096494　氟氯氰菊酯/5.1%/乳油/氟氯氰菊酯 5.1%/2009.08.14 至 2014.08.14/低毒

棉花　棉铃虫　30-37.5克/公顷　喷雾

PD20096929　高氯·马/20%/乳油/高效氯氰菊酯 1.5%、马拉硫磷 18.5%/2009.09.23 至 2014.09.23/中等毒

苹果树　桃小食心虫　133.3-200毫克/千克　喷雾

PD20097026　阿维菌素/18克/升/乳油/阿维菌素 18克/升/2009.10.10 至 2014.10.10/低毒(原药高毒)

甘蓝　小菜蛾　8.1-10.8克/公顷　喷雾

PD20098466　甲维盐·氯氰/3.2%/微乳剂/甲氨基阿维菌素苯甲酸盐 0.2%、氯氰菊酯 3%/2009.12.24 至 2014.12.24/低毒

甘蓝　甜菜夜蛾　19.2-28.8克/公顷　喷雾

PD20100136　精喹禾灵/5%/乳油/精喹禾灵 5%/2010.01.05 至 2015.01.05/低毒

大豆田　一年生杂草　50-70毫升制剂/亩　茎叶喷雾

PD20100224　代森锌/80%/可湿性粉剂/代森锌 80%/2010.01.11 至 2015.01.11/低毒

番茄　早疫病　2550-3600克/公顷　喷雾

PD20100538　吡虫啉/200克/升/可溶液剂/吡虫啉 200克/升/2010.01.14 至 2015.01.14/低毒

水稻　稻飞虱　21-30克/公顷　喷雾

PD20100853　吗胍·乙酸铜/20%/可湿性粉剂/盐酸吗啉胍 10%、乙酸铜 10%/2010.01.19 至 2015.01.19/低毒

番茄　病毒病　600-750克/公顷　喷雾

山东麒麟农化有限公司　(山东省菏泽市巨野县麒麟镇　250100　0531－83173266)

PD20083414　炔螨特/570克/升/乳油/炔螨特 570克/升/2013.12.11 至 2018.12.11/低毒

柑橘树　红蜘蛛　240-360毫克/千克　喷雾

PD20083487　啶虫脒/20%/可溶粉剂/啶虫脒 20%/2013.12.12 至 2018.12.12/低毒

黄瓜　蚜虫　60-90克/公顷　喷雾

PD20084013　炔螨特/90.5%/原药/炔螨特 90.5%/2013.12.16 至 2018.12.16/低毒

PD20084543　炔螨特/40%/乳油/炔螨特 40%/2013.12.18 至 2018.12.18/低毒

柑橘树　红蜘蛛　200-400毫克/千克　喷雾

PD20085092　啶虫脒/3%/乳油/啶虫脒 3%/2013.12.23 至 2018.12.23/低毒

苹果树　黄蚜　12-20毫克/千克　喷雾

PD20085499　乙草胺/900克/升/乳油/乙草胺 900克/升/2013.12.25 至 2018.12.25/低毒

玉米田　一年生禾本科杂草及部分小粒种子阔叶杂草　1350-1620克/公顷(东北地区)　810-1350克/公顷(其它地区)　土壤喷雾

PD20085665　吡虫啉/96%/原药/吡虫啉 96%/2013.12.26 至 2018.12.26/低毒

PD20085760　辛硫磷/3%/颗粒剂/辛硫磷 3%/2013.12.29 至 2018.12.29/低毒

花生　地老虎、金针虫、蝼蛄、蛴螬　2250-3600克/公顷　沟施

PD20090092　精喹禾灵/10%/乳油/精喹禾灵 10%/2014.01.08 至 2019.01.08/低毒

夏大豆田　一年生禾本科杂草　37.5-45克/公顷　喷雾

PD20090847　马拉硫磷/45%/乳油/马拉硫磷 45%/2014.01.19 至 2019.01.19/低毒

棉花　盲蝽蟓　337.5-607.5克/公顷　喷雾

PD20091039　高效氯氟氰菊酯/25克/升/乳油/高效氯氟氰菊酯 25克/升/2014.01.21 至 2019.01.21/中等毒

棉花　棉铃虫　15-22.5克/公顷　喷雾

PD20091722　百草枯/200克/升/水剂/百草枯 200克/升/2012.12.31 至 2014.07.01/中等毒

苹果园　杂草　600-900克/公顷　茎叶喷雾

PD20092887　多·福/70%/可湿性粉剂/多菌灵 10%、福美双 60%/2014.03.05 至 2019.03.05/低毒

葡萄　霜霉病　1000-1250毫克/千克　喷雾

PD20093152　毒死蜱/480克/升/乳油/毒死蜱 480克/升/2009.03.11 至 2014.03.11/中等毒

水稻　稻纵卷叶螟　432-576克/公顷　喷雾

PD20093184　多·福/40%/可湿性粉剂/多菌灵 5%、福美双 35%/2014.03.11 至 2019.03.11/低毒

葡萄　霜霉病　1000-1540毫克/千克　喷雾

PD20093950　氟磺胺草醚/250克/升/水剂/氟磺胺草醚 250克/升/2009.03.27 至 2014.03.27/低毒

春大豆田　一年生阔叶杂草　300-375克/公顷　茎叶喷雾

夏大豆田　一年生阔叶杂草　187.5-225克/公顷　茎叶喷雾

PD20095265　异丙草·莠/42%/悬乳剂/异丙草胺 22%、莠去津 20%/2009.04.27 至 2014.04.27/低毒

夏玉米田　一年生杂草　1260-1575克/公顷　土壤喷雾

PD20095808　二甲戊灵/330克/升/乳油/二甲戊灵 330克/升/2009.05.27 至 2014.05.27/低毒

棉花田　一年生杂草　742.5-990克/公顷　土壤喷雾

PD20095948　乙草胺/50%/乳油/乙草胺 50%/2009.06.02 至 2014.06.02/低毒

棉花田　一年生禾本科杂草及部分小粒种子阔叶杂草　150-200毫升制剂/亩　播后苗前土壤喷雾

PD20096963　异丙甲草胺/720克/升/乳油/异丙甲草胺 720克/升/2009.09.29 至 2014.09.29/低毒

水稻移栽田　一年生杂草　108-216克/公顷　毒土法

PD20097055　烟嘧磺隆/40克/升/可分散油悬浮剂/烟嘧磺隆 40克/升/2009.10.10 至 2014.10.10/低毒

玉米田　杂草　45-60克/公顷　茎叶喷雾

PD20097494 吡虫啉/10%/可湿性粉剂/吡虫啉 10%/2009.11.03 至 2014.11.03/低毒
水稻 稻飞虱 15-30克/公顷 喷雾
小麦 蚜虫 15-30克/公顷(南方地区) 喷雾
45-60克/公顷(北方地区)
PD20097797 乙氧氟草醚/240克/升/乳油/乙氧氟草醚 240克/升/2009.11.20 至 2014.11.20/低毒
水稻移栽田 一年生杂草 36-72克/公顷 毒土法
PD20100790 甲氨基阿维菌素苯甲酸盐(0.57%)///乳油/甲氨基阿维菌素 0.5%/2010.01.19 至 2015.01.19/低毒(原药高毒)
甘蓝 甜菜夜蛾 10.8-13.5克/公顷 喷雾
PD20100939 辛硫·三唑磷/20%/乳油/三唑磷 10%、辛硫磷 10%/2010.01.19 至 2015.01.19/中等毒
水稻 二化螟 390-480克/公顷 喷雾
PD20101143 阿维·甲氰/2.8%/乳油/阿维菌素 0.1%、甲氰菊酯 2.7%/2010.01.25 至 2015.01.25/低毒(原药高毒)
甘蓝 小菜蛾 25.5-42克/公顷 喷雾
PD20102156 草甘膦异丙胺盐/30%/水剂/草甘膦 30%/2010.12.08 至 2015.12.08/低毒
桑园 杂草 922.5-2460克/公顷 定向茎叶喷雾
注:草甘膦异丙胺盐含量: 41%
PD20102208 阿维·高氯/2.4%/乳油/阿维菌素 0.2%、高效氯氰菊酯 2.2%/2010.12.23 至 2015.12.23/中等毒(原药高毒)
甘蓝 菜青虫、小菜蛾 13.5-27克/公顷 喷雾
PD20110197 吡虫啉/70%/可湿性粉剂/吡虫啉 70%/2011.02.18 至 2016.02.18/低毒
水稻 飞虱 22.5-30克/公顷 喷雾
PD20110622 炔螨·矿物油/73%/乳油/矿物油 40%、炔螨特 33%/2011.06.08 至 2016.06.08/低毒
柑橘树 红蜘蛛 292-365毫克/千克 喷雾
PD20110708 吡虫啉/20%/可湿性粉剂/吡虫啉 20%/2011.07.05 至 2016.07.05/低毒
小麦 蚜虫 15-30克/公顷(南方地区) 喷雾
45-60克/公顷(北方地区)
PD20110709 氟铃·高氯/5.7%/乳油/氟铃脲 1.9%、高效氯氰菊酯 3.8%/2011.07.05 至 2016.07.05/低毒
甘蓝 小菜蛾 42.75-51.3克/公顷 喷雾
PD20110796 阿维·高氯/3%/可湿性粉剂/阿维菌素 0.2%、高效氯氰菊酯 2.8%/2011.07.26 至 2016.07.26/低毒(原药高毒)
甘蓝 菜青虫、小菜蛾 13.5-27克/公顷 喷雾
PD20111316 啶虫脒/40%/水分散粒剂/啶虫脒 40%/2011.12.09 至 2016.12.09/低毒
甘蓝 蚜虫 18—22.5克/公顷 喷雾
PD20121599 吡虫啉/70%/水分散粒剂/吡虫啉 70%/2012.10.25 至 2017.10.25/低毒
甘蓝 蚜虫 14-20克/公顷 喷雾

寿光晨阳农化有限公司 (山东省寿光市晨鸣工业园 262700 0536-5285618)

PD20100572 三唑锡/20%/悬浮剂/三唑锡 20%/2010.01.14 至 2015.01.14/中等毒
柑橘树 红蜘蛛 100-200毫克/千克 喷雾
PD20122063 己唑醇/30%/悬浮剂/己唑醇 30%/2012.12.24 至 2017.12.24/低毒
水稻 纹枯病 58.5-76.5克/公顷 喷雾
PD20130229 氟氯氰菊酯/5.7%/水乳剂/氟氯氰菊酯 5.7%/2013.01.30 至 2018.01.30/低毒
甘蓝 菜青虫 17.1-25.65克/公顷 喷雾
PD20130286 高效氯氟氰菊酯/2.5%/水乳剂/高效氯氟氰菊酯 2.5%/2013.02.26 至 2018.02.26/低毒
甘蓝 菜青虫 7.5-9.375克/公顷 喷雾
PD20130319 啶虫脒/3%/微乳剂/啶虫脒 3%/2013.02.26 至 2018.02.26/低毒
苹果树 蚜虫 12-15毫克/千克 喷雾
PD20130393 甲氨基阿维菌素苯甲酸盐/3%/微乳剂/甲氨基阿维菌素 3%/2013.03.12 至 2018.03.12/低毒
甘蓝 甜菜夜蛾 2.7-3.375克/公顷 喷雾
注:甲氨基阿维菌素苯甲酸盐含量:3.4%。
PD20130394 戊唑醇/430克/升/悬浮剂/戊唑醇 430克/升/2013.03.12 至 2018.03.12/低毒
苹果树 斑点落叶病 61.4-86毫克/千克 喷雾
PD20130720 草甘膦铵盐/65%/可溶粉剂/草甘膦 65%/2013.04.12 至 2018.04.12/低毒
非耕地 杂草 1170-1462.5克/公顷 茎叶喷雾
注:草甘膦铵盐含量: 71.5%。
PD20130827 苯醚甲环唑/37%/水分散粒剂/苯醚甲环唑 37%/2013.04.22 至 2018.04.22/低毒
梨树 黑星病 14.8-16.8毫克/千克 喷雾
PD20131100 氟环唑/125克/升/悬浮剂/氟环唑 125克/升/2013.05.20 至 2018.05.20/低毒
香蕉 叶斑病 140-188毫克/千克 喷雾
PD20131106 嘧霉胺/70%/水分散粒剂/嘧霉胺 70%/2013.05.20 至 2018.05.20/低毒
黄瓜 灰霉病 472.5-577.5克/公顷 喷雾
PD20131760 四聚乙醛/6%/颗粒剂/四聚乙醛 6%/2013.09.06 至 2018.09.06/低毒
甘蓝 蜗牛 450-540克/公顷 撒施
LS20130004 甲维·三唑磷/20%/微乳剂/甲氨基阿维菌素苯甲酸盐 0.5%、三唑磷 19.5%/2014.01.04 至 2015.01.04/中等毒
水稻 二化螟 120-180克/公顷 喷雾

威海韩孚生化药业有限公司 (山东省威海市乳山市乳山寨镇 264508 0631-6834818)

PD84118-34 多菌灵/25%/可湿性粉剂/多菌灵 25%/2010.01.12 至 2015.01.12/低毒

	果树	病害	0.05-0.1%药液	喷雾
	花生	倒秧病	750克/公顷	喷雾
	麦类	赤霉病	750克/公顷	喷雾,泼浇
	棉花	苗期病害	500克/100千克种子	拌种
	水稻	稻瘟病、纹枯病	750克/公顷	喷雾,泼浇
	油菜	菌核病	1125-1500克/公顷	喷雾
PD85122-18	福美双/50%/可湿性粉剂/福美双 50%/2010.06.23 至 2015.06.23/中等毒			
	黄瓜	白粉病、霜霉病	500-1000倍液	喷雾
	葡萄	白腐病	500-1000倍液	喷雾
	水稻	稻瘟病、胡麻叶斑病	250克/100千克种子	拌种
	甜菜、烟草	根腐病	500克/500千克温床土	土壤处理
	小麦	白粉病、赤霉病	500倍液	喷雾
PD85150-25	多菌灵/50%/可湿性粉剂/多菌灵 50%/2010.07.14 至 2015.07.14/低毒			
	果树	病害	0.05-0.1%药液	喷雾
	花生	倒秧病	750克/公顷	喷雾
	麦类	赤霉病	750克/公顷	喷雾、泼浇
	棉花	苗期病害	250克/100千克种子	拌种
	水稻	稻瘟病、纹枯病	750克/公顷	喷雾、泼浇
	油菜	菌核病	1125-1500克/公顷	喷雾
PD91106-11	甲基硫菌灵/70%/可湿性粉剂/甲基硫菌灵 70%/2011.03.26 至 2016.03.26/低毒			
	番茄	叶霉病	375-562.5克/公顷	喷雾
	甘薯	黑斑病	360-450毫克/千克	浸薯块
	瓜类	白粉病	337.5-506.25克/公顷	喷雾
	梨树	黑星病	360-450毫克/千克	喷雾
	苹果树	轮纹病	700毫克/千克	喷雾
	水稻	稻瘟病、纹枯病	1050-1500克/公顷	喷雾
	小麦	赤霉病	750-1050克/公顷	喷雾
PD91106-27	甲基硫菌灵/50%/可湿性粉剂/甲基硫菌灵 50%/2011.03.26 至 2016.03.26/低毒			
	番茄	叶霉病	375-562.5克/公顷	喷雾
	甘薯	黑斑病	360-450毫克/千克	浸薯块
	瓜类	白粉病	337.5-506.25克/公顷	喷雾
	梨树	黑星病	360-450毫克/千克	喷雾
	苹果树	轮纹病	700毫克/千克	喷雾
	水稻	稻瘟病、纹枯病	1050-1500克/公顷	喷雾
	小麦	赤霉病	750-1050克/公顷	喷雾
PD20040415	吡虫啉/10%/可湿性粉剂/吡虫啉 10%/2009.12.19 至 2014.12.19/低毒			
	水稻	飞虱	15-30克/公顷	喷雾
	小麦	蚜虫	15-30克/公顷(南方地区) 45-60克/公顷(北方地区)	喷雾
PD20040723	吡虫啉/5%/乳油/吡虫啉 5%/2009.12.19 至 2014.12.19/低毒			
	棉花	蚜虫	15-22.5克/公顷	喷雾
	小麦	蚜虫	7.5-11.2克/公顷	喷雾
PD20060111	哒螨灵/20%/可湿性粉剂/哒螨灵 20%/2011.06.13 至 2016.06.13/低毒			
	苹果树	红蜘蛛	50-67毫克/千克	喷雾
PD20070461	多·福/50%/可湿性粉剂/多菌灵 20%、福美双 30%/2012.11.20 至 2017.11.20/低毒			
	梨树	黑星病	1000-1500毫克/千克	喷雾
	葡萄	霜霉病	1000-1250毫克/千克	喷雾
PD20080678	噁霉灵/99%/原药/噁霉灵 99%/2013.06.04 至 2018.06.04/低毒			
PD20080733	噁霉灵/15%/水剂/噁霉灵 15%/2013.06.11 至 2018.06.11/低毒			
	水稻苗床	立枯病	9000-18000克/公顷	土壤喷雾处理
PD20080998	炔螨特/40%/乳油/炔螨特 40%/2013.08.06 至 2018.08.06/低毒			
	柑橘树	红蜘蛛	200-400毫克/千克	喷雾
PD20080999	代森锰锌/50%/可湿性粉剂/代森锰锌 50%/2013.08.06 至 2018.08.06/低毒			
	番茄	早疫病	1845-2370克/公顷	喷雾
PD20081000	甲氰·辛硫磷/25%/乳油/甲氰菊酯 5%、辛硫磷 20%/2013.08.06 至 2018.08.06/中等毒			
	棉花	棉铃虫	281.25-375克/公顷	喷雾
PD20081002	辛硫磷/40%/乳油/辛硫磷 40%/2013.08.06 至 2018.08.06/低毒			
	棉花	棉铃虫	450-600克/公顷	喷雾
PD20081011	甲草胺/43%/乳油/甲草胺 43%/2013.08.06 至 2018.08.06/低毒			
	夏大豆田	一年生禾本科杂草及部分阔叶杂草	1290-1935克/公顷	喷雾
PD20081013	抑食肼/95%/原药/抑食肼 95%/2013.08.06 至 2018.08.06/低毒			
PD20081028	螨醇·哒螨灵/20%/乳油/哒螨灵 5%、三氯杀螨醇 15%/2013.08.06 至 2018.08.06/低毒			
	苹果树	红蜘蛛	100-133毫克/千克	喷雾

PD20081032 代森锰锌/70%/可湿性粉剂/代森锰锌 70%/2013.08.06 至 2018.08.06/低毒
番茄 早疫病 1845 2370克/公顷 喷雾
柑橘树 疮痂病、炭疽病 1333-2000毫克/千克 喷雾
梨树 黑星病 800-1600毫克/千克 喷雾
荔枝树 霜疫霉病 1333-2000毫克/千克 喷雾
苹果树 轮纹病、炭疽病 1000-1600毫克/千克 喷雾
苹果树 斑点落叶病 1000-1500毫克/千克 喷雾
葡萄 白腐病、黑痘病、霜霉病 1000-1600毫克/千克 喷雾
西瓜 炭疽病 1560-2520克/公顷 喷雾
PD20081035 四螨·哒螨灵/10%/悬浮剂/哒螨灵 6.5%、四螨嗪 3.5%/2013.08.06 至 2018.08.06/低毒
苹果树 红蜘蛛 1500-2000倍液 喷雾
PD20081361 腈菌·福美双/20%/可湿性粉剂/福美双 18%、腈菌唑 2%/2013.10.22 至 2018.10.22/低毒
黄瓜 黑星病 210-390克/公顷 喷雾
PD20081366 腈菌·咪鲜胺/12.5%/乳油/腈菌唑 10%、咪鲜胺 2.5%/2013.10.22 至 2018.10.22/低毒
香蕉 叶斑病 600-800倍液 喷雾
PD20082020 阿维·苏云菌//可湿性粉剂/阿维菌素 0.1%、苏云金杆菌 100亿活芽孢/克/2013.11.25 至 2018.11.25/低毒(原药高毒)
十字花科蔬菜 小菜蛾 1125-1500克制剂/公顷 喷雾
PD20082470 阿维菌素/0.5%/乳油/阿维菌素 0.5%/2013.12.03 至 2018.12.03/低毒(原药高毒)
梨树 梨木虱 6-12毫克/千克 喷雾
PD20082623 硫磺·多菌灵/50%/悬浮剂/多菌灵 15%、硫磺 35%/2013.12.04 至 2018.12.04/低毒
花生 叶斑病 1200-1800克/公顷 喷雾
PD20083057 氯氰·毒死蜱/55%/乳油/毒死蜱 50%、氯氰菊酯 5%/2013.12.10 至 2018.12.10/中等毒
龙眼树 蒂蛀虫 367-550毫克/千克 喷雾
PD20083118 阿维·高氯/1.8%/乳油/阿维菌素 0.15%、高效氯氰菊酯 1.65%/2013.12.10 至 2018.12.10/低毒(原药高毒)
黄瓜 美洲斑潜蝇 9-18克/公顷 喷雾
PD20083124 阿维·杀虫单/20%/微乳剂/阿维菌素 0.2%、杀虫单 19.8%/2013.12.10 至 2018.12.10/低毒(原药高毒)
菜豆 斑潜蝇 150-210克/公顷 喷雾
PD20083259 多·锰锌/40%/可湿性粉剂/多菌灵 20%、代森锰锌 20%/2013.12.11 至 2018.12.11/低毒
梨树 黑星病 1000-1250毫克/千克 喷雾
苹果树 斑点落叶病 1000-1250毫克/千克 喷雾
PD20083973 高效氯氰菊酯/4.5%/微乳剂/高效氯氰菊酯 4.5%/2013.12.16 至 2018.12.16/中等毒
苹果树 桃小食心虫 22.5-30毫克/千克 喷雾
PD20084252 阿维菌素/1%/乳油/阿维菌素 1%/2013.12.17 至 2018.12.17/低毒(原药高毒)
甘蓝 小菜蛾 8.1-10.8克/公顷 喷雾
PD20084435 百菌清/75%/可湿性粉剂/百菌清 75%/2013.12.17 至 2018.12.17/低毒
花生 叶斑病 1125-1350克/公顷 喷雾
PD20084855 丙溴磷/89%/原药/丙溴磷 89%/2013.12.22 至 2018.12.22/中等毒
PD20085317 硫磺·多菌灵/25%/可湿性粉剂/多菌灵 10%、硫磺 15%/2013.12.24 至 2018.12.24/低毒
花生 叶斑病 900-1350克/公顷 喷雾
PD20085321 马拉硫磷/45%/乳油/马拉硫磷 45%/2013.12.24 至 2018.12.24/低毒
十字花科蔬菜 黄条跳甲 540-742.5克/公顷 喷雾
PD20085356 硫磺·多菌灵/50%/可湿性粉剂/多菌灵 15%、硫磺 35%/2013.12.24 至 2018.12.24/低毒
花生 叶斑病 1200-1800克/公顷 喷雾
PD20085593 杀单·灭多威/75%/可溶粉剂/灭多威 15%、杀虫单 60%/2013.12.25 至 2018.12.25/低毒(原药高毒)
水稻 二化螟 787.5-900克/公顷 喷雾
PD20085675 阿维·高氯/2%/微乳剂/阿维菌素 0.2%、高效氯氰菊酯 1.8%/2013.12.26 至 2018.12.26/低毒(原药高毒)
十字花科蔬菜 小菜蛾 13.5-27克/公顷 喷雾
PD20086068 氟虫脲/95%/原药/氟虫脲 95%/2013.12.30 至 2018.12.30/低毒
PD20086292 井冈·多菌灵/28%/悬浮剂/多菌灵 24%、井冈霉素 4%/2013.12.31 至 2018.12.31/低毒
水稻 稻瘟病 420-525克/公顷 喷雾
小麦 赤霉病 420-525克/公顷 喷雾
PD20091055 井冈·蜡芽菌/12.5%/水剂/井冈霉素 25000微克/毫升、蜡质芽孢杆菌 100000微克/毫升/2014.01.21 至 2019.01.21/低毒
水稻 纹枯病 56.25-93.75克/公顷 喷雾
PD20091557 阿维·啶虫脒/4%/乳油/阿维菌素 1%、啶虫脒 3%/2014.02.03 至 2019.02.03/低毒(原药高毒)
黄瓜 蚜虫 9-12克/公顷 喷雾
PD20091653 福美锌/72%/可湿性粉剂/福美锌 72%/2014.02.03 至 2019.02.03/低毒
苹果树 炭疽病 1200-1800毫克/千克 喷雾
PD20091756 代森锌/80%/可湿性粉剂/代森锌 80%/2014.02.04 至 2019.02.04/低毒
花生 叶斑病 750-960克/公顷 喷雾
PD20092642 噻嗪·杀扑磷/20%/乳油/噻嗪酮 15%、杀扑磷 5%/2014.03.03 至 2019.03.03/中等毒(原药高毒)
柑橘树 矢尖蚧 200-250毫克/千克 喷雾
PD20092770 甲硫·福美双/70%/可湿性粉剂/福美双 40%、甲基硫菌灵 30%/2014.03.04 至 2019.03.04/中等毒

苹果树　轮纹病　800-1500倍液　喷雾
PD20092780　敌百·辛硫磷/50%/乳油/敌百虫 25%、辛硫磷 25%/2014.03.04 至 2019.03.04/低毒
棉花　棉铃虫、蚜虫　450-600克/公顷　喷雾
PD20093133　草甘膦/95%/原药/草甘膦 95%/2014.03.10 至 2019.03.10/低毒
PD20093262　甲维盐·氯氰/3.2%/微乳剂/甲氨基阿维菌素苯甲酸盐 0.2%、氯氰菊酯 3%/2014.03.11 至 2019.03.11/中等毒
十字花科蔬菜　甜菜夜蛾　19.2-28.8克/公顷　喷雾
PD20093742　啶虫脒/20%/可溶粉剂/啶虫脒 20%/2014.03.25 至 2019.03.25/低毒
黄瓜　蚜虫　18-27克/公顷　喷雾
PD20094321　氟铃·毒死蜱/10%/乳油/毒死蜱 8.5%、氟铃脲 1.5%/2009.03.31 至 2014.03.31/低毒
十字花科蔬菜　小菜蛾　90-120克/公顷　喷雾
PD20094757　氟铃·辛硫磷/20%/乳油/氟铃脲 2%、辛硫磷 18%/2009.04.13 至 2014.04.13/低毒
棉花　棉铃虫　150-300克/公顷　喷雾
PD20094987　烯唑·多菌灵/30%/可湿性粉剂/多菌灵 27%、烯唑醇 3%/2009.04.21 至 2014.04.21/低毒
梨树　黑星病　250-375毫克/千克　喷雾
PD20095007　聚醛·甲萘威/6%/颗粒剂/甲萘威 1.5%、四聚乙醛 4.5%/2009.04.21 至 2014.04.21/低毒
旱地　蜗牛　540-675克/公顷　撒施
PD20095555　二氯异氰尿酸钠/20%/可溶粉剂/二氯异氰尿酸钠 20%/2009.05.12 至 2014.05.12/低毒
番茄　早疫病　562.5-750克/公顷　喷雾
黄瓜　霜霉病　562.5-750克/公顷　喷雾
辣椒　根腐病　300-400倍液　灌根
茄子　灰霉病　562.5-750克/公顷　喷雾
PD20096129　乙铝·锰锌/50%/可湿性粉剂/代森锰锌 28%、三乙膦酸铝 22%/2009.06.24 至 2014.06.24/低毒
黄瓜　霜霉病　937-1400克/公顷　喷雾
PD20096642　乙·莠/40%/可湿性粉剂/乙草胺 14%、莠去津 26%/2009.09.02 至 2014.09.02/低毒
夏玉米田　一年生杂草　1080－1500克/公顷　土壤喷雾
PD20096671　吡虫·灭多威/10%/可湿性粉剂/吡虫啉 2.75%、灭多威 7.25%/2009.09.07 至 2014.09.07/低毒(原药高毒)
棉花　蚜虫　45-60克/公顷　喷雾
PD20097232　烟嘧磺隆/40克/升/可分散油悬浮剂/烟嘧磺隆 40克/升/2009.10.19 至 2014.10.19/低毒
玉米田　一年生杂草　80-100毫升制剂/亩　茎叶喷雾
PD20098390　氯氰·丙溴磷/440克/升/乳油/丙溴磷 400克/升、氯氰菊酯 40克/升/2009.12.18 至 2014.12.18/中等毒
棉花　棉铃虫　66-100毫升制剂/亩　喷雾
PD20098396　盐酸吗啉胍/5%/可溶粉剂/盐酸吗啉胍 5%/2009.12.18 至 2014.12.18/低毒
番茄　病毒病　300-375克/公顷　喷雾
PD20098525　联苯菊酯/25克/升/乳油/联苯菊酯 25克/升/2009.12.24 至 2014.12.24/低毒
苹果树　桃小食心虫　20.8-31.25毫克/千克　喷雾
PD20100050　草甘膦异丙胺盐(41%)///水剂/草甘膦 30%/2010.01.04 至 2015.01.04/低毒
柑橘园　杂草　1050-2400克/公顷　定向茎叶喷雾
PD20100273　顺式氯氰菊酯/100克/升/乳油/顺式氯氰菊酯 100克/升/2010.01.11 至 2015.01.11/低毒
豇豆　大豆卷叶螟　15-19.5克/公顷　喷雾
PD20100293　三唑锡/25%/可湿性粉剂/三唑锡 25%/2010.01.11 至 2015.01.11/低毒
柑橘树　红蜘蛛　125-166.7毫克/千克　喷雾
PD20100306　噁霉灵/70%/可湿性粉剂/噁霉灵 70%/2010.01.11 至 2015.01.11/低毒
甜菜　立枯病　280-490克/100千克种子　拌种
PD20100309　氟虫脲/50克/升/可分散液剂/氟虫脲 50克/升/2010.01.11 至 2015.01.11/低毒
柑橘树　潜叶蛾　1000-1300倍　喷雾
PD20100338　甲氰·噻螨酮/7.5%/乳油/甲氰菊酯 5%、噻螨酮 2.5%/2010.01.11 至 2015.01.11/中等毒
柑橘树　红蜘蛛　75-100毫克/千克　喷雾
PD20100397　杀扑磷/40%/乳油/杀扑磷 40%/2010.01.14 至 2015.01.14/高毒
柑橘树　介壳虫　400-600毫克/千克　喷雾
PD20101169　丙环唑/250克/升/乳油/丙环唑 250克/升/2010.01.28 至 2015.01.28/低毒
香蕉　叶斑病　375－500毫克/千克　喷雾
PD20101315　嘧霉胺/20%/悬浮剂/嘧霉胺 20%/2010.03.17 至 2015.03.17/低毒
黄瓜　灰霉病　1440-1800克/公顷　喷雾
PD20101418　哒螨·矿物油/80%/乳油/哒螨灵 10%、矿物油 70%/2010.04.26 至 2015.04.26/低毒
柑橘树　红蜘蛛　2000-3000倍液　喷雾
PD20101425　甲基硫菌灵/3%/糊剂/甲基硫菌灵 3%/2010.04.26 至 2015.04.26/低毒
苹果树　腐烂病　6-9克/平方米　涂抹
PD20101466　硫丹·辛硫磷/40%/乳油/硫丹 5%、辛硫磷 35%/2010.05.04 至 2015.05.04/高毒
棉花　棉铃虫　200-300克/公顷　喷雾
PD20101503　毒死蜱/480克/升/乳油/毒死蜱 480克/升/2010.05.10 至 2015.05.10/中等毒
水稻　二化螟　576-720克/公顷　喷雾
水稻　三化螟　360-576我/公顷　喷雾
PD20101526　精喹禾灵/50克/升/乳油/精喹禾灵 50克/升/2010.05.19 至 2015.05.19/低毒

大豆田 一年生禾本科杂草 37.5-60克/公顷 茎叶喷雾
PD20101665 啶虫脒/5%/乳油/啶虫脒 5%/2010.06.03 至 2015.06.03/低毒
苹果树 蚜虫 12-15毫克/千克 喷雾
PD20101767 毒·矿物油/40%/乳油/毒死蜱 20%、矿物油 20%/2010.07.07 至 2015.07.07/中等毒
萝卜 小菜蛾 450-600克/公顷 喷雾
PD20101777 哒螨·矿物油/34%/乳油/哒螨灵 4%、矿物油 30%/2010.07.07 至 2015.07.07/中等毒
柑橘树 红蜘蛛 226.7-340毫克/千克 喷雾
PD20110472 烯酰·锰锌/69%/可湿性粉剂/代森锰锌 60%、烯酰吗啉 9%/2011.04.22 至 2016.04.22/低毒
黄瓜 霜霉病 1211-1387克/公顷 喷雾
PD20110535 虫酰肼/20%/悬浮剂/虫酰肼 20%/2011.05.12 至 2016.05.12/低毒
甘蓝 甜菜夜蛾 210-300克/公顷 喷雾
PD20120787 2,4-滴/98%/原药/2,4-滴 98%/2012.05.11 至 2017.05.11/中等毒
注:专供出口,不得在国内销售。
PD20130808 菌核·福美双/50%/可湿性粉剂/福美双 40%、菌核净 10%/2013.04.22 至 2018.04.22/低毒
油菜 菌核病 525-750克/公顷 喷雾
WP20120111 氟虫腈/3%/微乳剂/氟虫腈 3%/2012.06.14 至 2017.06.14/低毒
室内 蝇 40毫克/平方米 滞留喷洒
WP20120251 杀虫粉剂/0.2%/粉剂/高效氯氰菊酯 0.2%/2012.12.19 至 2017.12.19/低毒
室内 蚂蚁 / 撒布

威海崴威利科技有限公司 (山东省威海市经济技术开发区贝卡尔特路南 264200 0631-5237157)
PD20110842 硅藻土/85%/粉剂/硅藻土 85%/2011.08.10 至 2016.08.10/微毒
原粮 仓储害虫 500-700毫克/千克 拌粮

潍坊华诺生物科技有限公司 (山东省潍坊市北宫西街潍城交警队300米 261021 0536-8958326)
PD20070677 灭幼脲/25%/悬浮剂/灭幼脲 25%/2012.12.17 至 2017.12.17/低毒
苹果树 金纹细蛾 100-167毫克/千克 喷雾
PD20090157 虫酰肼/200克/升/悬浮剂/虫酰肼 200克/升/2014.01.08 至 2019.01.08/低毒
十字花科蔬菜 甜菜夜蛾 210-300克/公顷 喷雾
PD20090887 高效氯氟氰菊酯/25克/升/乳油/高效氯氟氰菊酯 25克/升/2014.01.19 至 2019.01.19/低毒
十字花科蔬菜 菜青虫 15-22.5克/公顷 喷雾
PD20091035 多抗霉素/34%/原药/多抗霉素 34%/2014.01.21 至 2019.01.21/低毒
PD20091913 阿维菌素/2%/乳油/阿维菌素 2%/2014.02.12 至 2019.02.12/低毒(原药高毒)
菜豆 美洲斑潜蝇 10.8-21.6克/公顷 喷雾
PD20093534 啶虫脒/3%/乳油/啶虫脒 3%/2014.03.23 至 2019.03.23/低毒
黄瓜 蚜虫 18-22.5克/公顷 喷雾
PD20096305 噁霉灵/99%/原药/噁霉灵 99%/2009.07.22 至 2014.07.22/低毒
PD20097045 毒死蜱/45%/乳油/毒死蜱 45%/2009.10.10 至 2014.10.10/中等毒
十字花科蔬菜 地老虎、金针虫、蛴螬 576-720克/公顷 喷雾
PD20098077 多抗霉素/3%/可湿性粉剂/多抗霉素 3%/2009.12.08 至 2014.12.08/低毒
黄瓜 霜霉病 210—270克/公顷 喷雾
PD20098393 甲哌鎓/99%/原药/甲哌鎓 99%/2009.12.18 至 2014.12.18/低毒
PD20098440 噁霉灵/30%/水剂/噁霉灵 30%/2009.12.24 至 2014.12.24/低毒
西瓜 枯萎病 350-500毫克/千克 本田灌根
LS20120353 氨基寡糖素/80%/母药/氨基寡糖素 80%/2013.10.25 至 2014.10.25/低毒

潍坊区天博家用日化厂 (山东省潍坊市潍坊区军埠口工业区 261000 0536-8127188)
WP20120052 杀虫气雾剂/0.46/气雾剂/胺菊酯 0.26%、氯菊酯 0.2%/2012.03.28 至 2017.03.28/微毒
卫生 蚊、蝇 / 喷雾

潍坊先达化工有限公司 (山东省潍坊市滨海经济开发区临港化工园东二户 262737 0531-88875376)
PD20096211 咪唑烟酸/95%/原药/咪唑烟酸 95%/2009.07.15 至 2014.07.15/低毒
PD20102218 异噁草松/96%/原药/异噁草松 96%/2010.12.30 至 2015.12.30/低毒
PD20102219 咪唑乙烟酸/98%/原药/咪唑乙烟酸 98%/2010.12.30 至 2015.12.30/低毒
PD20120836 氟磺胺草醚/250克/升/水剂/氟磺胺草醚 250克/升/2012.05.22 至 2017.05.22/低毒
大豆田 一年生阔叶杂草 375-450克/公顷 茎叶喷雾
PD20120967 烯草酮/90%/原药/烯草酮 90%/2012.06.15 至 2017.06.15/低毒
PD20121250 灭草松/95%/原药/灭草松 95%/2012.09.04 至 2017.09.04/中等毒
PD20121334 精噁唑禾草灵/69克/升/水乳剂/精噁唑禾草灵 69克/升/2012.09.11 至 2017.09.11/低毒
小麦田 一年生禾本科杂草 41.4-62.1克/公顷 茎叶喷雾
PD20121957 甲咪唑烟酸/97%/原药/甲咪唑烟酸 97%/2012.12.12 至 2017.12.12/微毒
注:专供出口,不得在国内销售。
PD20122016 吡嘧磺隆/10%/可湿性粉剂/ /2012.12.19 至 2017.12.19/低毒
水稻移栽田 稗草、莎草及阔叶杂草 22.5-30克/公顷 药土法
PD20132498 氯氟吡氧乙酸异辛酯/200克/升/乳油/氯氟吡氧乙酸 200克/升/2013.12.10 至 2018.12.10/低毒
冬小麦田 一年生阔叶杂草 174-201克/公顷 茎叶喷雾
注:氯氟吡氧乙酸异辛酯含量: 288克/升。

潍坊中农联合化工有限公司　（山东省潍坊市滨海经济开发区临港工业园　262500　0531-88976650）

PD20081142　仲丁灵/36%/乳油/仲丁灵 36%/2013.09.01 至 2018.09.01/低毒
烟草　抑制腋芽生长　80-100倍液　杯淋法
PD20081607　仲丁灵/95%/原药/仲丁灵 95%/2013.11.12 至 2018.11.12/低毒
PD20095715　威百亩/35%/水剂/威百亩 35%/2009.05.18 至 2014.05.18/低毒
烟草(苗床)　猝倒病　17.5-26.25克/平方米　土壤处理
PD20097230　烟嘧磺隆/40克/升/可分散油悬浮剂/烟嘧磺隆 40克/升/2009.10.19 至 2014.10.19/低毒
玉米田　一年生杂草　42-60克/公顷　茎叶喷雾
PD20097888　甲戊·乙草胺/40%/乳油/二甲戊灵 15%、乙草胺 25%/2009.11.20 至 2014.11.20/低毒
棉花田　一年生杂草　150-175毫升制剂/亩　移栽前土壤喷雾
PD20100964　二甲戊灵/330克/升/乳油/二甲戊灵 330克/升/2010.01.19 至 2015.01.19/低毒
烟草　抑制腋芽生长　60-80毫克/株　杯淋法
PD20101028　王铜/47%/可湿性粉剂/王铜 47%/2010.01.20 至 2015.01.20/低毒
黄瓜　细菌性角斑病　300-500倍液　喷雾
PD20101272　抑芽丹/30.2%/水剂/抑芽丹 30.2%/2010.03.05 至 2015.03.05/低毒
烟草　抑制腋芽生长　1950-2400克/公顷（50-60倍液每株20-25毫升）　茎叶喷雾
PD20131968　阿维菌素/0.5%/颗粒剂/阿维菌素 0.5%/2013.10.10 至 2018.10.10/低毒(原药高毒)
烟草(苗床)　线虫　225-300克/公顷　沟施或穴施
PD20132593　甲氨基阿维菌素苯甲酸盐/5%/水分散粒剂/甲氨基阿维菌素 5%/2013.12.17 至 2018.12.17/低毒
甘蓝　甜菜夜蛾　1.5-2.25克/公顷　喷雾
注:甲氨基阿维菌素苯甲酸盐含量：5.7%。
PD20132598　精喹·异噁松/29%/乳油/精喹禾灵 5%、异噁草松 24%/2013.12.17 至 2018.12.17/低毒
烟草田　一年生杂草　217.5-304.5克/公顷　定向茎叶喷雾

夏津金三笑卫生杀虫剂有限公司　（山东省夏津县田庄乡谷庄村　253200　0534-3686518）

WP20110002　杀虫气雾剂/0.35%/气雾剂/胺菊酯 0.3%、高效氯氰菊酯 0.05%/2011.01.04 至 2016.01.04/微毒
卫生　蚊、蝇　/　喷雾

烟台欧贝斯生物化学有限公司　（山东省烟台市海阳市旅游度假区　265118　0535-3316288）

PD20082308　灭幼脲/25%/悬浮剂/灭幼脲 25%/2013.12.01 至 2018.12.01/低毒
苹果树　金纹细蛾　125-167毫克/千克　喷雾
PD20084045　高氯·灭幼脲/15%/悬浮剂/高效氯氰菊酯 2%、灭幼脲 13%/2013.12.16 至 2018.12.16/低毒
甘蓝　菜青虫　112.5-157.5克/公顷　喷雾
PD20085706　阿维·高氯/1.8%/乳油/阿维菌素 0.12%、高效氯氰菊酯 1.68%/2013.12.26 至 2018.12.26/低毒(原药高毒)
黄瓜　美洲斑潜蝇　15-30克/公顷　喷雾
PD20122051　戊唑醇/430克/升/悬浮剂/戊唑醇 430克/升/2012.12.24 至 2017.12.24/低毒
苹果树　斑点落叶病　61.4-86毫克/千克　喷雾

烟台沐丹阳药业有限公司　（山东省海阳市徐家店镇　265141　0535-3858798）

PD20095116　多·锰锌/40%/可湿性粉剂/多菌灵 20%、代森锰锌 20%/2009.04.24 至 2014.04.24/低毒
梨树　黑星病　1000-1250毫克/千克　喷雾
PD20100466　高效氯氟氰菊酯/25克/升/乳油/高效氯氟氰菊酯 25克/升/2010.01.14 至 2015.01.14/中等毒
甘蓝　蚜虫　20-30毫升制剂/亩　喷雾
PD20101510　草甘膦/95%/原药/草甘膦 95%/2010.05.10 至 2015.05.10/微毒
PD20101946　草甘膦异丙胺盐/30%/水剂/草甘膦 30%/2010.09.20 至 2015.09.20/微毒
柑橘园　杂草　1125-2250克/公顷　定向茎叶喷雾
注:草甘膦异丙胺盐含量：41%。
PD20101969　甲氰菊酯/20%/乳油/甲氰菊酯 20%/2010.09.21 至 2015.09.21/中等毒
苹果树　桃小食心虫　67-100毫克/千克　喷雾
苹果树　红蜘蛛　100毫克/千克　喷雾
LS20100052　苦参碱/0.3%/水剂/苦参碱 0.3%/2012.04.14 至 2013.04.14/低毒
十字花科蔬菜　菜青虫　4.5-6.75克/公顷　喷雾

山西省

霍州市绿洲农药有限公司　（山西省霍州市大张镇靳壁村南　031400　0357-5650666）

PD20085168　氧乐果/10%/乳油/氧乐果 10%/2013.12.23 至 2018.12.23/中等毒(原药高毒)
小麦　蚜虫　60-120克/公顷　喷雾
PD20085689　腐霉·百菌清/15%/烟剂/百菌清 12%、腐霉利 3%/2013.12.26 至 2018.12.26/低毒
番茄(保护地)　灰霉病　450-675克/公顷　点燃放烟
PD20090478　氯氰·辛硫磷/20%/乳油/氯氰菊酯 1.5%、辛硫磷 18.5%/2014.01.12 至 2019.01.12/中等毒
棉花　棉铃虫　150-210克/公顷　喷雾
PD20091610　异丙威/10%/烟剂/异丙威 10%/2014.02.03 至 2019.02.03/中等毒
黄瓜(保护地)　蚜虫　450-600克/公顷　点燃放烟
PD20097358　混合氨基酸铜/10%/水剂/混合氨基酸铜 10%/2009.10.27 至 2014.10.27/低毒
黄瓜　枯萎病　1)300-750克/公顷 2)300-450毫克/千克　1)喷雾2)灌根或浇茎

PD20097508 腐霉利/50%/可湿性粉剂/腐霉利 50%/2009.11.03 至 2014.11.03/低毒
黄瓜 灰霉病 525—750克/公顷 喷雾
PD20097522 霜霉威盐酸盐/722克/升/水剂/霜霉威盐酸盐 722克/升/2009.11.03 至 2014.11.03/低毒
甜椒 疫病 975—1350克/公顷 喷雾
PD20097535 噁霜·锰锌/64%/可湿性粉剂/噁霜灵 8%、代森锰锌 56%/2009.11.03 至 2014.11.03/低毒
黄瓜 霜霉病 1632—2016克/公顷 喷雾
PD20097941 高效氯氟氰菊酯/25克/升/乳油/高效氯氟氰菊酯 25克/升/2009.11.30 至 2014.11.30/中等毒
柑橘树 潜叶蛾 25-31.25毫克/千克 喷雾
PD20098004 百菌清/75%/可湿性粉剂/百菌清 75%/2009.12.07 至 2014.12.07/低毒
花生 叶斑病 1383.75—1507.5克/公顷 喷雾
PD20100082 溴氰菊酯/25克/升/乳油/溴氰菊酯 25克/升/2010.01.04 至 2015.01.04/低毒
苹果树 桃小食心虫 10-12.5毫克/千克 喷雾
PD20100362 联苯菊酯/100克/升/乳油/联苯菊酯 100克/升/2010.01.11 至 2015.01.11/中等毒
茶树 茶小绿叶蝉 37.5-46.5克/公顷 喷雾
PD20100406 异菌脲/50%/可湿性粉剂/异菌脲 50%/2010.01.14 至 2015.01.14/低毒
番茄 灰霉病 555—750克/公顷 喷雾
PD20100506 多菌灵/50%/可湿性粉剂/多菌灵 50%/2010.01.14 至 2015.01.14/低毒
水稻 纹枯病 825—900克/公顷 喷雾
PD20100567 五氯硝基苯/40%/粉剂/五氯硝基苯 40%/2010.01.14 至 2015.01.14/低毒
棉花 苗期立枯病 600克/100千克种子 拌种
PD20100945 福美双/50%/可湿性粉剂/福美双 50%/2010.01.19 至 2015.01.19/低毒
黄瓜 白粉病 1312.5—1500克/公顷 喷雾
PD20100985 甲基硫菌灵/70%/可湿性粉剂/甲基硫菌灵 70%/2010.01.19 至 2015.01.19/低毒
苹果树 轮纹病 1000—1170毫克/千克 喷雾
PD20101002 三唑酮/25%/可湿性粉剂/三唑酮 25%/2010.01.20 至 2015.01.20/低毒
小麦 白粉病 125—150克/公顷 喷雾
PD20101989 代森锌/80%/可湿性粉剂/代森锌 80%/2010.09.25 至 2015.09.25/低毒
番茄 早疫病 2520-3600克/公顷 喷雾
PD20102172 毒死蜱/40%/乳油/毒死蜱 40%/2010.12.14 至 2015.12.14/中等毒
棉花 棉铃虫 750-900克/公顷 喷雾

山西安顺生物科技有限公司 （山西省运城市盐湖区龙居镇雷家坡村南 044000 0359-2833558）

PD20101227 苦参碱/0.3%/水剂/苦参碱 0.3%/2010.03.01 至 2015.03.01/低毒
甘蓝 菜青虫、蚜虫 4.5-6.75克/公顷 喷雾

山西奥赛诺生物科技有限公司 （山西省运城市经济技术开发区(禹都立交桥北) 044004 0359-2580524）

PD20040578 哒螨灵/20%/乳油/哒螨灵 20%/2009.12.19 至 2014.12.19/中等毒
苹果树 红蜘蛛 50-67毫克/千克 喷雾
PD20091378 高氯·灭多威/12%/乳油/高效氯氰菊酯 1.5%、灭多威 10.5%/2014.02.02 至 2019.02.02/高毒
棉花 棉铃虫 72-90克/公顷 喷雾
PD20091730 腈菌·三唑酮/12%/乳油/腈菌唑 2%、三唑酮 10%/2014.02.04 至 2019.02.04/低毒
小麦 白粉病 45-54克/公顷 喷雾
PD20095516 霜脲·锰锌/72%/可湿性粉剂/代森锰锌 64%、霜脲氰 8%/2009.05.11 至 2014.05.11/低毒
黄瓜 霜霉病 1440-1800克/公顷 喷雾
PD20097976 毒·辛/48%/乳油/毒死蜱 12%、辛硫磷 36%/2009.12.01 至 2014.12.01/中等毒
韭菜 根蛆 2160-2880克/公顷 灌根

山西北方果康宝农药有限公司 （山西省太原市店坡路2号 030032 0351-7098165）

PD20096077 甲基硫菌灵/3%/糊剂/甲基硫菌灵 3%/2009.06.18 至 2014.06.18/低毒
苹果树 腐烂病 4000-6000毫克/千克 涂抹病斑

山西德威生化有限责任公司 （山西省运城嵋阳镇东街丰喜工业园8号 044105 0359-4379999）

PD20080639 复硝酚钠/1.8%/水剂/复硝酚钠 1.8%/2013.05.13 至 2018.05.13/低毒
番茄 调节生长、增产 3000—4000倍液 茎叶喷雾
PD20085230 氰戊·马拉松/40%/乳油/马拉硫磷 30%、氰戊菊酯 10%/2013.12.23 至 2018.12.23/中等毒
苹果树 桃小食心虫 160-333毫克/千克 喷雾
十字花科蔬菜 菜青虫、蚜虫 90-150克/公顷 喷雾
PD20091132 毒死蜱/480克/升/乳油/毒死蜱 480克/升/2014.01.21 至 2019.01.21/中等毒
苹果树 绵蚜 240-320毫克/千克 喷雾
PD20093232 多·锰锌/50%/可湿性粉剂/多菌灵 8%、代森锰锌 42%/2014.03.11 至 2019.03.11/低毒
苹果树 斑点落叶病 1000-1250毫克/千克 喷雾
PD20093982 三唑锡/25%/可湿性粉剂/三唑锡 25%/2014.03.27 至 2019.03.27/低毒
柑橘树 红蜘蛛 125-167毫克/千克 喷雾
PD20097642 代森锰锌/80%/可湿性粉剂/代森锰锌 80%/2009.11.04 至 2014.11.04/低毒
苹果树 斑点落叶病 1000—1600毫克/千克 喷雾
PD20097648 甲基硫菌灵/70%/可湿性粉剂/甲基硫菌灵 70%/2009.11.04 至 2014.11.04/低毒
苹果树 轮纹病 700—875毫克/千克 喷雾

PD20098377 多菌灵/50%/可湿性粉剂/多菌灵 50%/2009.12.18 至 2014.12.18/低毒
梨树 黑星病 750－1000毫克/千克 喷雾

PD20101419 苦参碱/0.3%/水剂/苦参碱 0.3%/2010.04.26 至 2015.04.26/低毒
茶树 茶毛虫 4.05-6.75克/公顷 喷雾
梨树 黑星病 600-800倍液 喷雾

PD20120146 吡虫啉/25%/可湿性粉剂/吡虫啉 25%/2012.01.29 至 2017.01.29/低毒
小麦 蚜虫 15-30克/公顷(南方地区) 喷雾
45-60克/公顷(北方地区)

PD20130298 啶虫脒/20%/可溶液剂/啶虫脒 20%/2013.02.26 至 2018.02.26/低毒
棉花 蚜虫 24-36克/公顷 喷雾

PD20130353 苯醚甲环唑/25%/微乳剂/苯醚甲环唑 25%/2013.03.11 至 2018.03.11/低毒
梨树 黑星病 25-31毫克/千克 喷雾

PD20131043 甲维·氟铃脲/2.2%/乳油/氟铃脲 2%、甲氨基阿维菌素苯甲酸盐 0.2%/2013.05.13 至 2018.05.13/低毒
甘蓝 甜菜夜蛾 16.5-19.8克/公顷 喷雾

PD20131549 甲基硫菌灵/500克/升/悬浮剂/甲基硫菌灵 500克/升/2013.07.22 至 2018.07.22/低毒
水稻 纹枯病 750-1125克/公顷 喷雾

PD20132052 戊唑醇/430克/升/悬浮剂/戊唑醇 430克/升/2013.10.22 至 2018.10.22/低毒
苹果树 斑点落叶病 60-71.5毫克/千克 喷雾

LS20120002 苦参碱/1.3%/水剂/苦参碱 1.3%/2014.01.05 至 2015.01.05/低毒
甘蓝 菜青虫、蚜虫 4.5-6.75克/公顷 喷雾

山西广大化工有限公司 (山西省绛县城东工业区乔村镇 043600 0359-6682303)

PD20083550 阿维·毒死蜱/18%/乳油/阿维菌素 0.3%、毒死蜱 17.7%/2008.12.12 至 2013.12.12/低毒(原药高毒)
黄瓜 美洲斑潜蝇 94.5-135克/公顷 喷雾

PD20085628 霜脲·锰锌/72%/可湿性粉剂/代森锰锌 64%、霜脲氰 8%/2013.12.25 至 2018.12.25/低毒
黄瓜 霜霉病 1440－1800克/公顷 喷雾

PD20090333 腐霉利/15%/烟剂/腐霉利 15%/2014.01.12 至 2019.01.12/低毒
韭菜 灰霉病 300-750克/公顷 点燃放烟

PD20096444 二氯异氰尿酸钠/20%/可溶粉剂/二氯异氰尿酸钠 20%/2009.08.05 至 2014.08.05/低毒
黄瓜 霜霉病 562.5-750克/公顷 喷雾

PD20101681 苦参碱/0.3%/可溶液剂/苦参碱 0.3%/2010.06.08 至 2015.06.08/低毒
梨树 黑星病 800-600倍液 喷雾

PD20120418 四螨嗪/20%/悬浮剂/四螨嗪 20%/2012.03.12 至 2017.03.12/低毒
柑橘树 全爪螨 100-166.7毫克/千克 喷雾

山西稼穫丰农业科技开发有限公司 (山西省太原市晋源区果树场 030025 0351-6945515)

PD20092645 毒死蜱/480克/升/乳油/毒死蜱 480克/升/2009.03.03 至 2014.03.03/中等毒
十字花科蔬菜 斜纹夜蛾 360-432克/公顷 喷雾

PD20097071 硫磺/91%/粉剂/硫磺 91%/2009.10.10 至 2014.10.10/低毒
橡胶树 白粉病 10237.5－13650克/公顷 喷粉

PD20100314 氯氰·丙溴磷/440克/升/乳油/丙溴磷 400克/升、氯氰菊酯 40克/升/2010.01.11 至 2015.01.11/低毒
棉花 棉铃虫 425.6-660克/亩 喷雾

PD20100371 丙溴磷/40%/乳油/丙溴磷 40%/2010.01.11 至 2015.01.11/低毒
棉花 棉铃虫 360-450克/公顷 喷雾

PD20101513 苦参碱/0.3%/水剂/苦参碱 0.3%/2010.05.10 至 2015.05.10/低毒
十字花科蔬菜 蚜虫 4.5-6.75克/公顷 喷雾
十字花科蔬菜 菜青虫 2.7-3.6克/公顷 喷雾

山西康派伟业生物科技有限公司 (山西省运城市黄河大道北端 044000 0359-2508518)

PD20090007 二氯异氰尿酸钠/91%/原药/二氯异氰尿酸钠 91%/2014.01.04 至 2019.01.04/低毒

PD20090008 二氯异氰尿酸钠/40%/可溶粉剂/二氯异氰尿酸钠 40%/2014.01.04 至 2019.01.04/低毒
黄瓜 霜霉病 360-480克/公顷 喷雾
平菇 木霉菌 40-48克/100千克干料 拌料

PD20090721 三唑锡/25%/可湿性粉剂/三唑锡 25%/2014.01.19 至 2019.01.19/低毒
柑橘树 红蜘蛛 125-167毫克/千克 喷雾

PD20090733 吡虫啉/10%/可湿性粉剂/吡虫啉 10%/2014.01.19 至 2019.01.19/中等毒
水稻 稻飞虱 15-30克/公顷 喷雾

PD20111120 丙森·多菌灵/70%/可湿性粉剂/丙森锌 30%、多菌灵 40%/2011.10.27 至 2016.10.27/低毒
苹果树 斑点落叶病 466.7-700毫克/千克 喷雾

PD20120174 噻螨·哒螨灵/20%/乳油/哒螨灵 16%、噻螨酮 4%/2012.01.30 至 2017.01.30/中等毒
苹果树 红蜘蛛 100-133.3毫克/千克 喷雾

PD20120236 二氯异氰尿酸钠/66%/烟剂/二氯异氰尿酸钠 66%/2012.02.13 至 2017.02.13/低毒
菇房 霉菌 3.96－5.28克/立方米 点燃放烟

PD20120687 啶虫脒/10%/乳油/啶虫脒 10%/2012.04.18 至 2017.04.18/低毒
柑橘树 蚜虫 10-12.5毫克/千克 喷雾

山西科锋农业科技有限公司 (山西省太原市小店区农科北路16号 030031 0351-7124948)

PD20082916 阿维·杀虫单/20%/微乳剂/阿维菌素 0.2%、杀虫单 19.8%/2013.12.09 至 2018.12.09/低毒(原药高毒)
菜豆 美洲斑潜蝇 90-180克/公顷 喷雾
甘蓝 小菜蛾 60-120克/公顷 喷雾

PD20091483 毒死蜱/480克/升/乳油/毒死蜱 480克/升/2009.02.02 至 2014.02.02/中等毒
棉花 棉铃虫 648-864克/公顷 喷雾
水稻 稻纵卷叶螟、二化螟 576-720克/公顷 喷雾

PD20092126 噁霉灵/15%/水剂/噁霉灵 15%/2014.02.23 至 2019.02.23/低毒
水稻 立枯病 0.9-1.8克/平方米 苗床喷洒

PD20092597 氰戊·马拉松/21%/乳油/马拉硫磷 15%、氰戊菊酯 6%/2014.02.27 至 2019.02.27/中等毒
苹果树 蚜虫 50-75毫克/千克 喷雾
苹果树 红蜘蛛 60-150毫克/千克 喷雾
苹果树 食心虫 60-100毫克/千克 喷雾

PD20093104 联苯菊酯/10%/乳油/联苯菊酯 10%/2009.03.09 至 2014.03.09/中等毒
茶树 茶小绿叶蝉 30-45克/公顷 喷雾

PD20093123 炔螨特/73%/乳油/炔螨特 73%/2014.03.10 至 2019.03.10/低毒
柑橘树、苹果树 红蜘蛛 243.3-365毫克/千克 喷雾

PD20093128 代森锰锌/80%/可湿性粉剂/代森锰锌 80%/2014.03.10 至 2019.03.10/低毒
番茄 早疫病 1630-2370克/公顷 喷雾

PD20094708 高效氟吡甲禾灵/108克/升/乳油/高效氟吡甲禾灵 108克/升/2009.04.10 至 2014.04.10/低毒
春大豆田 一年生禾本科杂草 48.6-56.7克/公顷 茎叶喷雾
夏大豆田 一年生禾本科杂草 40.5-48.6克/公顷 茎叶喷雾

PD20095852 高氯·辛硫磷/25%/乳油/高效氯氰菊酯 2.5%、辛硫磷 22.5%/2009.05.27 至 2014.05.27/低毒
甘蓝 菜青虫 150-225克/公顷 喷雾

PD20096336 阿维菌素/3%/微乳剂/阿维菌素 3%/2009.07.22 至 2014.07.22/低毒(原药高毒)
甘蓝 小菜蛾 8.1-10.8克/公顷 喷雾

PD20097315 烟嘧磺隆/40克/升/可分散油悬浮剂/烟嘧磺隆 40克/升/2009.10.27 至 2014.10.27/低毒
春玉米田 一年生杂草 50-60克/公顷 茎叶喷雾
夏玉米田 一年生杂草 40-50克/公顷 茎叶喷雾

PD20097720 噻嗪酮/25%/可湿性粉剂/噻嗪酮 25%/2009.11.04 至 2014.11.04/低毒
水稻 稻飞虱 112.5-150克/公顷 喷雾

PD20097827 乙草胺/81.5%/乳油/乙草胺 81.5%/2009.11.20 至 2014.11.20/低毒
春大豆田、春玉米田 一年生杂草 1215-1620克/公顷 播后苗前土壤喷雾
夏大豆田、夏玉米田 一年生杂草 945-1215克/公顷 播后苗前土壤喷雾

PD20100616 虫酰肼/20%/悬浮剂/虫酰肼 20%/2010.01.14 至 2015.01.14/低毒
甘蓝 甜菜夜蛾 210-300克/公顷 喷雾

PD20100687 五氯硝基苯/40%/种子处理干粉剂/五氯硝基苯 40%/2010.01.16 至 2015.01.16/低毒
棉花 苗期病害 400-600克/100千克种子 拌种

PD20100930 高氯·甲维盐/4%/微乳剂/高效氯氰菊酯 3.7%、甲氨基阿维菌素苯甲酸盐 0.3%/2010.01.19 至 2015.01.19/低毒
甘蓝 甜菜夜蛾 24-30克/公顷 喷雾

PD20101917 甲氨基阿维菌素苯甲酸盐(2.2%)///微乳剂/甲氨基阿维菌素 2%/2010.08.27 至 2015.08.27/低毒
甘蓝 小菜蛾 1.32-1.65克/公顷 喷雾
甘蓝 甜菜夜蛾 1.65-3.3克/公顷 喷雾

PD20101992 甲氨基阿维菌素苯甲酸盐(0.57%)///微乳剂/甲氨基阿维菌素 0.5%/2010.09.25 至 2015.09.25/低毒
甘蓝 甜菜夜蛾、小菜蛾 1.5-1.8克/公顷 喷雾

PD20102020 高效氯氰菊酯/4.5%/微乳剂/高效氯氰菊酯 4.5%/2010.09.25 至 2015.09.25/低毒
甘蓝 菜青虫 13.5-27克/公顷 喷雾

山西科谷生物农药有限公司 (山西省太谷县太东路2.6公里处 030800 0354-6110124)

PD20093404 苏云金杆菌/8000IU/毫克/可湿性粉剂/苏云金杆菌 8000IU/毫克/2009.03.20 至 2014.03.20/低毒
茶树 茶毛虫 400-800倍液 喷雾
棉花 二代棉铃虫 3000-4500克制剂/公顷 喷雾
森林 松毛虫 600-800倍液 喷雾
十字花科蔬菜 小菜蛾 1500-2250克制剂/公顷 喷雾
十字花科蔬菜 菜青虫 750-1500克制剂/公顷 喷雾
水稻 稻纵卷叶螟 3000-4500克制剂/公顷 喷雾
烟草 烟青虫 1500-3000克制剂/公顷 喷雾
玉米 玉米螟 1500-3000克制剂/公顷 加细沙灌心
枣树 枣尺蠖 600-800倍液 喷雾

PD20093717 苏云金杆菌/16000IU/毫克/可湿性粉剂/苏云金杆菌 16000IU/毫克/2009.03.25 至 2014.03.25/低毒
茶树 茶毛虫 800-1600倍液 喷雾
棉花 二代棉铃虫 1500-2250克制剂/公顷 喷雾
森林 松毛虫 1200-1600倍液 喷雾
十字花科蔬菜 菜青虫 375-750克制剂/公顷 喷雾
十字花科蔬菜 小菜蛾 750-1125克制剂/公顷 喷雾

	水稻	稻纵卷叶螟	1500-2250克制剂/公顷	喷雾
	烟草	烟青虫	750-1500克制剂/公顷	喷雾
	玉米	玉米螟	750-1500克制剂/公顷	加细沙灌心
	枣树	枣尺蠖	1200-1600倍液	喷雾

山西科力科技有限公司　(山西省太原市坞城南路59号北营66389部队卫训队西　030031　0351-7184658)

PD85122-8	福美双/50%/可湿性粉剂/福美双 50%/2011.06.19 至 2016.06.19/中等毒			
	黄瓜	白粉病、霜霉病	500-1000倍液	喷雾
	葡萄	白腐病	500-1000倍液	喷雾
	水稻	稻瘟病、胡麻叶斑病	250克/100千克种子	拌种
	甜菜、烟草	根腐病	500克/500千克温床土	土壤处理
	小麦	白粉病、赤霉病	500倍液	喷雾
PD85125-3	福美胂/40%/可湿性粉剂/福美胂 40%/2011.06.19 至 2013.12.31/中等毒			
	黄瓜	白粉病	1125-1500克/公顷	喷雾
	苹果树	白粉病	700倍液	喷雾
	水稻	稻粒瘟病	562.5-645克/公顷	喷雾
	豌豆	白粉病	900-1125克/公顷	喷雾
	小麦	白粉病	562.5-750克/公顷	喷雾
PD85140-3	福美·拌种灵/40%/可湿性粉剂/拌种灵 20%、福美双 20%/2011.06.19 至 2016.06.19/中等毒			
	高粱	黑穗病	120-200克/100千克种子	拌种
	红麻	炭疽病	160倍液	浸种
	花生	锈病	500倍液	喷雾
	棉花	苗期病害	200克/100千克种子	拌种
	小麦	黑穗病	40-80克/100千克种子	拌种
	玉米	黑穗病	200克/100千克种子	拌种
PD20095296	硅藻土/85%/粉剂/硅藻土 85%/2009.04.27 至 2014.04.27/微毒			
	原粮	储粮害虫	500-600毫克/千克	拌谷
WP20090357	杀虫粉剂/85%/粉剂/硅藻土 85%/2009.11.03 至 2014.11.03/微毒			
	卫生	蜚蠊、蚂蚁	3克制剂/平方米	撒布

山西科星农药液肥有限公司　(山西省临猗县临解路　044100　0359-4065438)

PD20085657	萘乙酸/0.1%/水剂/萘乙酸 0.1%/2013.12.26 至 2018.12.26/低毒			
	棉花	调节生长	750-1000倍液	喷雾
PD20091121	灭·辛·高氯氟/30%/乳油/高效氯氟氰菊酯 0.4%、灭多威 7%、辛硫磷 22.6%/2014.01.21 至 2019.01.21/高毒			
	棉花	棉铃虫	112.5-225克/公顷	喷雾
PD20098067	二甲戊灵/330克/升/乳油/二甲戊灵 330克/升/2009.12.07 至 2014.12.07/低毒			
	玉米田	一年生杂草	750-1050克/公顷	播后苗前土壤喷雾
PD20098463	香菇多糖/0.5%/水剂/香菇多糖 0.5%/2009.12.24 至 2014.12.24/低毒			
	番茄	病毒病	12.45-18.75克/公顷	喷雾
	辣椒、西瓜	病毒病	16.67－25毫克/千克	喷雾
	水稻	条纹叶枯病	16.67－25毫克/千克	喷雾
PD20098512	毒死蜱/480克/升/乳油/毒死蜱 480克/升/2009.12.24 至 2014.12.24/中等毒			
	柑橘树	介壳虫	240-480毫克/千克	喷雾
PD20100365	噻螨酮/5%/乳油/噻螨酮 5%/2010.01.11 至 2015.01.11/低毒			
	苹果树	红蜘蛛	25-33.3毫克/千克	喷雾
PD20100384	三环唑/75%/可湿性粉剂/三环唑 75%/2010.01.14 至 2015.01.14/中等毒			
	水稻	稻瘟病	225－300克/公顷	喷雾
PD20101714	复硝酚钠/1.4%/水剂/5-硝基邻甲氧基苯酚钠 0.3%、对硝基苯酚钠 0.75%、邻硝基苯酚钠 0.4%/2010.06.28 至2015.06.28/低毒			
	番茄	调节生长	6000-8000倍液	喷雾
	小麦	调节生长	4000-5000倍液	喷雾
PD20111191	络氨铜/25%/水剂/络氨铜 25%/2011.11.16 至 2016.11.16/低毒			
	西瓜	枯萎病	0.06-0.09克/株	灌根

山西绿海农药科技有限公司　(山西省运城市临猗县工业园区　044100　0359-4098705)

PD20080792	吡虫啉/5%/可湿性粉剂/吡虫啉 5%/2013.06.20 至 2018.06.20/低毒			
	水稻	飞虱	15-30克/公顷	喷雾
	小麦	蚜虫	7.5-15克/公顷	喷雾
PD20081272	醚菊酯/96%/原药/醚菊酯 96%/2013.09.25 至 2018.09.25/低毒			
PD20081569	醚菊酯/10%/悬浮剂/醚菊酯 10%/2013.11.12 至 2018.11.12/低毒			
	甘蓝	菜青虫	45-60克/公顷	喷雾
	林木	松毛虫	33.3－50毫克/千克	喷雾
	水稻	稻飞虱	75-105克/公顷	喷雾
	水稻	稻水象甲	120-150克/公顷	喷雾
PD20083524	啶虫脒/3%/乳油/啶虫脒 3%/2013.12.12 至 2018.12.12/低毒			
	苹果树	蚜虫	12-15毫克/千克	喷雾

PD20083872 辛硫磷/3%/水乳种衣剂/辛硫磷 3%/2013.12.15 至 2018.12.15/低毒
玉米 金针虫、蛴螬、小地老虎 1：30－40（药种比） 种子包衣
PD20084385 苏云金杆菌/8000IU/毫克/可湿性粉剂/苏云金杆菌 8000IU/毫克/2013.12.17 至 2018.12.17/低毒
茶树 茶毛虫 400-800倍 喷雾
PD20084868 氧乐果/18%/乳油/氧乐果 18%/2013.12.22 至 2018.12.22/中等毒(原药高毒)
棉花、小麦 蚜虫 81-162克/公顷 喷雾
水稻 飞虱 135-270克/公顷 喷雾
PD20084989 阿维菌素/1.8%/乳油/阿维菌素 1.8%/2013.12.22 至 2018.12.22/低毒(原药高毒)
十字花科蔬菜 菜青虫 4.05-6.75克/公顷 喷雾
PD20085118 氰戊·辛硫磷/50%/乳油/氰戊菊酯 4.5%、辛硫磷 45.5%/2013.12.23 至 2018.12.23/中等毒
甘蓝 菜青虫、蚜虫 75-150克/公顷 喷雾
棉花 棉铃虫 450-562.5克/公顷 喷雾
棉花 蚜虫 150-225克/公顷 喷雾
小麦 蚜虫 90克/公顷 喷雾
PD20085127 氰戊·辛硫磷/20%/乳油/氰戊菊酯 2%、辛硫磷 18%/2013.12.23 至 2018.12.23/中等毒
棉花 棉铃虫 135-180克/公顷 喷雾
棉花 蚜虫 150-225克/公顷 喷雾
苹果树 桃小食心虫 133-200毫克/千克 喷雾
PD20086226 硫磺·甲硫灵/70%/可湿性粉剂/甲基硫菌灵 25%、硫磺 45%/2013.12.31 至 2018.12.31/低毒
黄瓜 白粉病 840-1260克/公顷 喷雾
PD20086315 杀虫双/3%/颗粒剂/杀虫双 3%/2013.12.31 至 2018.12.31/低毒
水稻 稻纵卷叶螟 810-900克/公顷 撒施
PD20086325 氰戊·氧乐果/30%/乳油/氰戊菊酯 10%、氧乐果 20%/2013.12.31 至 2018.12.31/高毒
棉花 红铃虫、棉铃虫 90-180克/公顷 喷雾
棉花 蚜虫 67.5-135克/公顷 喷雾
PD20090931 螨醇·哒螨灵/20%/乳油/哒螨灵 5%、三氯杀螨醇 15%/2014.01.19 至 2019.01.19/中等毒
苹果树 山楂红蜘蛛 100-133毫克/千克 喷雾
PD20091111 氰戊·氧乐果/30%/乳油/氰戊菊酯 3%、氧乐果 27%/2014.01.21 至 2019.01.21/高毒
大豆 食心虫 135-180克/公顷 喷雾
棉花 红铃虫、棉铃虫 90-180克/公顷 喷雾
棉花 蚜虫 120-150克/公顷 喷雾
PD20091446 百菌清/45%/烟剂/百菌清 45%/2014.02.02 至 2019.02.02/低毒
黄瓜(保护地) 霜霉病 750-1200克/公顷 点燃放烟
PD20092155 硫磺·三环唑/20%/可湿性粉剂/硫磺 8%、三环唑 12%/2014.02.23 至 2019.02.23/中等毒
水稻 稻瘟病 300-450克/公顷 喷雾
PD20093354 甲硫·福美双/70%/可湿性粉剂/福美双 40%、甲基硫菌灵 30%/2009.03.18 至 2014.03.18/低毒
苹果 轮纹病 700-875毫克/千克 喷雾
PD20093401 氰戊·乐果/25%/乳油/乐果 22.5%、氰戊菊酯 2.5%/2009.03.20 至 2014.03.20/中等毒
十字花科蔬菜 菜青虫 720－1200毫克制剂/公顷 喷雾
PD20093558 多·福·克/30%/悬浮种衣剂/多菌灵 15%、福美双 10%、克百威 5%/2009.03.23 至 2014.03.23/中等毒(原药高毒)
大豆 地下害虫、根腐病 500-750克/100千克种子 种子包衣
PD20100005 草除灵/95%/原药/草除灵 95%/2010.01.04 至 2015.01.04/低毒
PD20100445 吡虫啉/95%/原药/吡虫啉 95%/2010.01.14 至 2015.01.14/中等毒
PD20100513 四螨嗪/95%/原药/四螨嗪 95%/2010.01.14 至 2015.01.14/低毒
PD20100605 啶虫脒/96%/原药/啶虫脒 96%/2010.01.14 至 2015.01.14/中等毒
PD20100953 丙环唑/88%/原药/丙环唑 88%/2010.01.19 至 2015.01.19/低毒
PD20101327 硫磺·锰锌/70%/可湿性粉剂/硫磺 42%、代森锰锌 28%/2010.03.17 至 2015.03.17/低毒
豇豆 锈病 1575-2625克/公顷 喷雾
PD20102073 哒螨·矿物油/40%/乳油/哒螨灵 5%、矿物油 35%/2010.11.03 至 2015.11.03/中等毒
苹果树 红蜘蛛 200-267毫克/千克 喷雾
PD20110926 三唑酮/96%/原药/三唑酮 96%/2011.09.06 至 2016.09.06/低毒
PD20111061 虫酰肼/95%/原药/虫酰肼 95%/2011.10.11 至 2016.10.11/低毒
PD20111273 麦草畏/80%/原药/麦草畏 80%/2011.11.23 至 2016.11.23/低毒
PD20120138 丙溴磷/89%/原药/丙溴磷 89%/2012.01.29 至 2017.01.29/中等毒
PD20120485 多抗霉素B/31%/母药/多抗霉素B 31%/2012.03.19 至 2017.03.19/低毒
PD20121860 马拉硫磷/95%/原药/马拉硫磷 95%/2012.11.28 至 2017.11.28/低毒
LS20130109 醚菊酯/30%/悬浮剂/醚菊酯 30%/2013.03.11 至 2014.03.11/低毒
水稻 稻水象甲 112.5-157.5克/公顷 喷雾
水稻 稻飞虱 90-112.5克/公顷 喷雾

山西美源化工有限公司 （山西省芮城县风陵渡开发区汉渡村北 044602 0359-3362178）

PD20096944 噁霉灵/15%/水剂/噁霉灵 15%/2009.09.29 至 2014.09.29/低毒
水稻 立枯病 9000-18000克/公顷 苗床喷洒
PD20101382 辛菌胺醋酸盐/1.8%/水剂/辛菌胺醋酸盐 1.8%/2010.04.14 至 2015.04.14/低毒

	苹果树	腐烂病	500-1000毫克/千克	涂抹

山西农药厂 (山西省永济市中山东街1号 044500 0359-8081084)

PD85105-8	敌敌畏/80%/乳油/敌敌畏 77.5%/2009.11.09 至 2014.11.09/中等毒			
	茶树	食叶害虫	600克/公顷	喷雾
	粮仓	多种储藏害虫	1)400-500倍液 2)0.4-0.5克/立方米	1)喷雾 2)挂条熏蒸
	棉花	蚜虫、造桥虫	600-1200克/公顷	喷雾
	苹果树	小卷叶蛾、蚜虫	400-500毫克/千克	喷雾
	青菜	菜青虫	600克/公顷	喷雾
	桑树	尺蠖	600克/公顷	喷雾
	卫生	多种卫生害虫	1)300-400倍液2)0.08克/立方米	1)泼洒2)挂条熏蒸
	小麦	黏虫、蚜虫	600克/公顷	喷雾

山西普鑫药业有限公司 (山西省运城市盐湖区关公故里开发区中段 044000 0359-2508130)

PD85131-35	井冈霉素/2.4%/水剂/井冈霉素 2.4%/2010.12.20 至 2015.12.20/低毒			
	水稻	纹枯病	75-112.5克/公顷	喷雾,泼浇
PD20092898	炔螨特/40%/乳油/炔螨特 40%/2014.03.05 至 2019.03.05/低毒			
	柑橘树	红蜘蛛	266.7-400毫克/千克	喷雾
PD20094764	异稻·稻瘟灵/40%/乳油/稻瘟灵 10%、异稻瘟净 30%/2009.04.13 至 2014.04.13/中等毒			
	水稻	稻瘟病	600-1000克/公顷	喷雾
PD20096986	乐果·氰戊/40%/乳油/乐果 39.2%、氰戊菊酯 0.8%/2009.09.29 至 2014.09.29/中等毒			
	棉花	蚜虫	150-225克/公顷	喷雾
PD20097286	甲基硫菌灵/70%/可湿性粉剂/甲基硫菌灵 70%/2009.10.26 至 2014.10.26/低毒			
	苹果树	轮纹病	700-875毫克/千克	喷雾
PD20100527	毒死蜱/480克/升/乳油/毒死蜱 480克/升/2010.01.14 至 2015.01.14/中等毒			
	水稻	飞虱	468－612克/公顷	喷雾
PD20100670	百草枯/200克/升/水剂/百草枯 200克/升/2012.12.31 至 2014.07.01/中等毒			
	苹果园	一年生杂草	600-900克/公顷	定向喷雾
	玉米田	一年生杂草	450-600克/公顷	定向喷雾
PD20100890	高效氯氟氰菊酯/25克/升/乳油/高效氯氟氰菊酯 25克/升/2010.01.19 至 2015.01.19/中等毒			
	苹果树	桃小食心虫	6.25-8.33毫克/千克	喷雾
PD20110352	代森锰锌/80%/可湿性粉剂/代森锰锌 80%/2011.03.24 至 2016.03.24/低毒			
	苹果树	斑点落叶病	1000-1600毫克/千克	喷雾
PD20121902	吡虫啉/25%/可湿性粉剂/吡虫啉 25%/2012.12.07 至 2017.12.07/低毒			
	水稻	飞虱	22.5－30克/公顷	喷雾
PD20121908	高效氯氰菊酯/4.5%/水乳剂/高效氯氰菊酯 4.5%/2012.12.07 至 2017.12.07/低毒			
	甘蓝	菜青虫	40.5-47.25克/公顷	喷雾
PD20130490	哒螨灵/20%/可湿性粉剂/哒螨灵 20%/2013.03.20 至 2018.03.20/低毒			
	柑橘树	红蜘蛛	67-100毫克/千克	喷雾

山西奇星农药有限公司 (山西省运城市黄河大道北端 044000 0359-2166591)

PD20085306	多·福/45%/可湿性粉剂/多菌灵 9%、福美双 36%/2013.12.23 至 2018.12.23/低毒			
	苹果树	轮纹病	643-900毫克/千克	喷雾
PD20090181	百菌清/45%/烟雾剂/百菌清 45%/2014.01.08 至 2019.01.08/低毒			
	黄瓜	霜霉病	750－1200克/公顷	点燃放烟
PD20090295	百菌清/30%/烟剂/百菌清 30%/2014.01.09 至 2019.01.09/低毒			
	黄瓜	霜霉病	765-1215克/公顷	点燃放烟
PD20090401	阿维菌素/1.8%/乳油/阿维菌素 1.8%/2014.01.12 至 2019.01.12/低毒(原药高毒)			
	苹果树	红蜘蛛	3-4.5毫克/千克	喷雾
	十字花科蔬菜	菜青虫	8.1-10.8克/公顷	喷雾
PD20090957	硫磺·甲硫灵/70%/可湿性粉剂/甲基硫菌灵 40%、硫磺 30%/2014.01.20 至 2019.01.20/低毒			
	黄瓜	白粉病	840-1260克/公顷	喷雾
PD20091805	代森锰锌/80%/可湿性粉剂/代森锰锌 80%/2014.02.04 至 2019.02.04/低毒			
	苹果树	炭疽病	1000-1333.3毫克/千克	喷雾
PD20092717	甲基硫菌灵/70%/可湿性粉剂/甲基硫菌灵 70%/2014.03.04 至 2019.03.04/低毒			
	苹果树	轮纹病	700-875毫克/千克	喷雾
PD20094270	吡虫·杀虫单/35%/可湿性粉剂/吡虫啉 1%、杀虫单 34%/2014.03.31 至 2019.03.31/低毒			
	水稻	稻飞虱、稻纵卷叶螟、二化螟、三化螟	450-750克/公顷	喷雾
PD20094297	联苯菊酯/100克/升/乳油/联苯菊酯 100克/升/2014.03.31 至 2019.03.31/中等毒			
	棉花	棉铃虫	45-60克/公顷	喷雾
PD20094570	硫磺·锰锌/70%/可湿性粉剂/硫磺 42%、代森锰锌 28%/2014.04.09 至 2019.04.09/低毒			
	豇豆	锈病	1575-2100克/公顷	喷雾
PD20095979	乙烯利/40%/水剂/乙烯利 40%/2009.06.04 至 2014.06.04/低毒			
	棉花	催熟	300-500倍	茎叶喷雾
PD20096042	高氯·毒死蜱/12%/乳油/毒死蜱 9.5%、高效氯氰菊酯 2.5%/2009.06.15 至 2014.06.15/低毒			

十字花科蔬菜 菜青虫 54-90克/公顷 喷雾
PD20096533 百草枯/200克/升/水剂/百草枯 200克/升/2012.12.31 至 2014.07.01/中等毒
苹果园 一年生和多年生杂草 750-900克/公顷 定向茎叶喷雾
PD20096655 高效氟吡甲禾灵/108克/升/乳油/高效氟吡甲禾灵 108克/升/2009.09.07 至 2014.09.07/低毒
大豆田 一年生禾本科杂草 48.6-64.8克/公顷 茎叶喷雾
PD20098339 吗胍・乙酸铜/20%/可湿性粉剂/盐酸吗啉胍 16%、乙酸铜 4%/2009.12.18 至 2014.12.18/低毒
番茄 病毒病 500—750克/公顷 喷雾
PD20100037 三唑锡/25%/可湿性粉剂/三唑锡 25%/2010.01.04 至 2015.01.04/低毒
苹果树 红蜘蛛 125-167毫克/千克 喷雾
PD20100718 虫酰肼/20%/悬浮剂/虫酰肼 20%/2010.01.16 至 2015.01.16/低毒
苹果树 卷叶蛾 100-133毫克/千克 喷雾
PD20110459 吡虫啉/40%/水分散粒剂/吡虫啉 40%/2011.04.21 至 2016.04.21/低毒
棉花 蚜虫 30-37.5克/公顷 喷雾
PD20110876 戊唑醇/430克/升/悬浮剂/戊唑醇 430克/升/2011.08.16 至 2016.08.16/低毒
苹果树 斑点落叶病 61.4—86毫克/千克 喷雾
PD20111077 啶虫脒/20%/微乳剂/啶虫脒 20%/2011.10.12 至 2016.10.12/低毒
苹果树 蚜虫 13.3-16.6毫克/千克 喷雾
PD20120474 烯酰吗啉/50%/可湿性粉剂/烯酰吗啉 50%/2012.03.19 至 2017.03.19/低毒
黄瓜 霜霉病 262.5—300克/公顷 喷雾
PD20120568 锰锌・烯唑醇/32.5%/可湿性粉剂/代森锰锌 30%、烯唑醇 2.5%/2012.03.28 至 2017.03.28/低毒
梨树 黑星病 541.7-812.5毫克/千克 喷雾
苹果树 斑点落叶病 541.7-812.5毫克/千克 喷雾
PD20121211 多・锰锌/50%/可湿性粉剂/多菌灵 8%、代森锰锌 42%/2012.08.10 至 2017.08.10/低毒
梨树 黑星病 1000-1250毫克/千克 喷雾
苹果树 斑点落叶病 1000-1250毫克/千克 喷雾
PD20121623 甲氨基阿维菌素苯甲酸盐/1%/乳油/甲氨基阿维菌素苯甲酸盐 1%/2012.10.30 至 2017.10.30/低毒
甘蓝 小菜蛾 1.125-2.25克/公顷 喷雾
注:甲氨基阿维菌素苯甲酸盐含量：1.14%。
PD20121759 哒螨灵/15%/乳油/哒螨灵 15%/2012.11.15 至 2017.11.15/低毒
棉花 红蜘蛛 45-90克/公顷 喷雾
苹果树 红蜘蛛 50-75毫克/千克 喷雾
PD20130024 烯唑醇/12.5%/可湿性粉剂/烯唑醇 12.5%/2013.01.04 至 2018.01.04/低毒
梨树 黑星病 31-42毫克/千克 喷雾
PD20130132 啶虫脒/5%/可湿性粉剂/啶虫脒 5%/2013.01.17 至 2018.01.17/低毒
柑橘树 蚜虫 10-12毫克/千克 喷雾
PD20131015 毒死蜱/30%/微乳剂/毒死蜱 30%/2013.05.13 至 2018.05.13/中等毒
苹果树 绵蚜 200—250毫克/千克 喷雾
PD20131095 甲氨基阿维菌素苯甲酸盐/3%/微乳剂/甲氨基阿维菌素 3%/2013.05.20 至 2018.05.20/低毒
甘蓝 小菜蛾 3.6-4.5克/公顷 喷雾
注:甲氨基阿维菌素苯甲酸盐含量：3.4%。
PD20132015 异菌脲/50%/可湿性粉剂/异菌脲 50%/2013.10.21 至 2018.10.21/低毒
苹果树 褐斑病 330-500毫克/千克 喷雾
PD20132563 丙环唑/40%/微乳剂/丙环唑 40%/2013.12.17 至 2018.12.17/低毒
香蕉 叶斑病 333-400毫克/千克 喷雾

山西三立化工有限公司 （山西省临汾市尧都区大阳镇上陈村 041000 0357-3085663）

PD85114 五氯硝基苯/40%/粉剂/五氯硝基苯 40%/2010.04.25 至 2015.04.25/低毒
棉花 苗期病害、苗期立枯病 400克/100千克种子 拌种
小麦 黑穗病 200克/100千克种子 拌种
PD20083428 阿维菌素/1.8%/乳油/阿维菌素 1.8%/2013.12.11 至 2018.12.11/低毒(原药高毒)
十字花科蔬菜 小菜蛾 8.1-10.8克/公顷 喷雾
PD20090196 氰戊・马拉松/20%/乳油/马拉硫磷 15%、氰戊菊酯 5%/2009.01.08 至 2014.01.08/中等毒
十字花科蔬菜 菜青虫 120-150克/公顷 喷雾
PD20090208 甲霜・锰锌/58%/可湿性粉剂/甲霜灵 10%、代森锰锌 48%/2014.01.09 至 2019.01.09/低毒
黄瓜 霜霉病 1305-1632克/公顷 喷雾
PD20092077 福・克/20%/悬浮种衣剂/福美双 10%、克百威 10%/2014.02.16 至 2019.02.16/中等毒(原药高毒)
玉米 地下害虫、茎基腐病 1:35-40(药种比) 种子包衣
PD20094791 多・五・克百威/20%/悬浮种衣剂/多菌灵 5%、克百威 10%、五氯硝基苯 5%/2009.04.13 至 2014.04.13/高毒
棉花 立枯病、苗蚜、炭疽病 700-1000克/100千克种子 种子包衣
PD20097140 五氯硝基苯/95%/原药/五氯硝基苯 95%/2009.10.16 至 2014.10.16/低毒
PD20097156 五氯硝基苯/20%/粉剂/五氯硝基苯 20%/2009.10.16 至 2014.10.16/低毒
小麦 黑穗病 200克/100千克种子 拌种
PD20101384 氯氟・毒死蜱/20%/微乳剂/毒死蜱 19%、氯氟氰菊酯 1%/2010.04.14 至 2015.04.14/中等毒
棉花 蚜虫 120-180克/公顷 喷雾

PD20110998 五硝·多菌灵/40%/可湿性粉剂/多菌灵 20%、五氯硝基苯 20%/2011.09.21 至 2016.09.21/低毒
西瓜 枯萎病 0.25-0.33克/株 灌根

山西三维丰海化工有限公司 (山西省运城市运解公路中段二十里店南 044000 0359-8691181)

PD20070085 毒死蜱/95%/原药/毒死蜱 95%/2012.04.18 至 2017.04.18/中等毒
PD20097866 毒死蜱/480克/升/乳油/毒死蜱 480克/升/2009.11.20 至 2014.11.20/中等毒
十字花科蔬菜 菜青虫 432-576克/公顷 喷雾

山西省长治市淼晟化工有限公司 (山西省长治市郊区堠北庄镇南津良村 046000 0355-6057308)

PD20070208 硫磺/91%/粉剂/硫磺 91%/2012.08.07 至 2017.08.07/低毒
橡胶树 白粉病 10237.5－13650克/公顷 喷粉

山西省临汾海兰实业有限公司 (山西省临汾市经济技术开发区河汾一路 041000 0357-3096269)

PD20083226 克百威/10%/悬浮种衣剂/克百威 10%/2013.12.11 至 2018.12.11/中等毒(原药高毒)
玉米 地下害虫 1:40-50(药种比) 种子包衣
PD20090334 多·福·克/35%/悬浮种衣剂/多菌灵 15%、福美双 10%、克百威 10%/2014.01.12 至 2019.01.12/中等毒(原药高毒)
大豆 根腐病、蚜虫 525-700克/100千克种子 种子包衣
PD20091044 福·克/20%/悬浮种衣剂/福美双 10%、克百威 10%/2014.01.21 至 2019.01.21/中等毒(原药高毒)
玉米 地下害虫、茎基腐病 1:40-50(药种比) 种子包衣
PD20093042 甲基硫菌灵/70%/可湿性粉剂/甲基硫菌灵 70%/2014.03.09 至 2019.03.09/低毒
梨树 黑星病 1000-1500倍液 喷雾
PD20121525 五硝·辛硫磷/15%/悬浮种衣剂/五氯硝基苯 10%、辛硫磷 5%/2012.10.09 至 2017.10.09/低毒
小麦 地老虎、黑穗病、金针虫、蝼蛄、蛴螬 250-375克/100千克种子 种子包衣
PD20130012 五氯硝基苯/15%/悬浮种衣剂/五氯硝基苯 15%/2013.01.04 至 2018.01.04/低毒
棉花 立枯病 300-375克/100千克种子 种子包衣

山西省临猗县精细化工有限公司 (山西省临猗县城南环路王村18号 044100 0359-4379029)

PD20121927 柠铜·络氨铜/21.4%/水剂/络氨铜 15%、柠檬酸铜 6.4%/2012.12.07 至 2017.12.07/低毒
西瓜 枯萎病 1)0.09-0.1克/株2)388.5克/公顷 1)灌根2)喷雾

山西省临猗县绿源化工有限公司 (山西省临猗县牛杜镇 044100 0359-4092159)

PDN25-93 敌畏·氧乐果/50%/乳油/敌敌畏 40%、氧乐果 10%/2008.11.04 至 2013.11.04/高毒
棉花、小麦 蚜虫 375-750克/公顷 喷雾
水稻 飞虱、螟虫 750-1125克/公顷 喷雾

山西省临猗县三晋化工总厂 (山西省临猗县临晋镇西环路 044102 0359-4321357)

PD20085428 丁·莠/48%/悬乳剂/丁草胺 19%、莠去津 29%/2013.12.24 至 2018.12.24/低毒
夏玉米田 一年生杂草 1080-1440克/公顷 播后苗前土壤喷雾

山西省临猗中晋化工有限公司 (山西省运城市临猗县临晋镇政府街 044102 0359-4321318)

PD20084314 三环唑/75%/可湿性粉剂/三环唑 75%/2013.12.17 至 2018.12.17/中等毒
水稻 稻瘟病 247.5-337.5克/公顷 喷雾
PD20085543 异菌脲/50%/可湿性粉剂/异菌脲 50%/2013.12.25 至 2018.12.25/低毒
番茄 灰霉病 375-750克/公顷 喷雾
PD20090191 稻瘟灵/40%/乳油/稻瘟灵 40%/2014.01.08 至 2019.01.08/低毒
水稻 稻瘟病 500-700克/公顷 喷雾
PD20090964 阿维·哒螨灵/5%/乳油/阿维菌素 0.2%、哒螨灵 4.8%/2014.01.20 至 2019.01.20/低毒(原药高毒)
苹果树 红蜘蛛 25-33.3毫克/千克 喷雾
PD20091575 毒死蜱/480克/升/乳油/毒死蜱 480克/升/2009.02.03 至 2014.02.03/中等毒
水稻 二化螟 468-576克/公顷 喷雾
PD20092811 敌百·毒死蜱/40%/乳油/敌百虫 20%、毒死蜱 20%/2014.03.04 至 2019.03.04/中等毒
棉花 棉铃虫 367.5-472.5克/公顷 喷雾
PD20093119 联苯菊酯/25克/升/乳油/联苯菊酯 25克/升/2014.03.10 至 2019.03.10/低毒
茶树 茶小绿叶蝉 37.5-41.25克/公顷 喷雾
PD20093933 代森锰锌/80%/可湿性粉剂/代森锰锌 80%/2014.03.27 至 2019.03.27/低毒
苹果树 斑点落叶病 1000-1500毫克/千克 喷雾
PD20094042 精喹禾灵/50克/升/乳油/精喹禾灵 50克/升/2009.03.27 至 2014.03.27/低毒
花生田 一年生禾本科杂草 37.5-60克/公顷 茎叶喷雾
PD20094737 甲霜·锰锌/58%/可湿性粉剂/甲霜灵 10%、代森锰锌 48%/2014.04.10 至 2019.04.10/低毒
黄瓜 霜霉病 978-1632克/公顷 喷雾
PD20095739 百草枯/200克/升/水剂/百草枯 200克/升/2012.12.31 至 2014.07.01/中等毒
苹果园 杂草 600-900克/公顷 定向茎叶喷雾
PD20096220 炔螨特/57%/乳油/炔螨特 57%/2009.07.15 至 2014.07.15/低毒
苹果树 红蜘蛛 285－475毫克/千克 喷雾
PD20097638 溴氰·矿物油/85%/乳油/矿物油 85%、溴氰菊酯 0.025%/2009.11.03 至 2014.11.03/低毒
棉花 红蜘蛛、蚜虫 1275-1950克/公顷 喷雾
PD20098180 甲基硫菌灵/50%/可湿性粉剂/甲基硫菌灵 50%/2009.12.14 至 2014.12.14/低毒
水稻 纹枯病 1050－1500克/公顷 喷雾
PD20100724 氯氰·丙溴磷/440克/升/乳油/丙溴磷 400克/升、氯氰菊酯 40克/升/2010.01.16 至 2015.01.16/中等毒
棉花 棉铃虫 528-792克/公顷 喷雾

PD20111436 苯醚甲环唑/37%/水分散粒剂/苯醚甲环唑 37%/2011.12.29 至 2016.12.29/低毒
梨树 黑星病 14.3－16.7毫克/千克 喷雾
PD20130787 啶虫脒/5%/乳油/啶虫脒 5%/2013.05.20 至 2018.05.20/低毒
柑橘树 蚜虫 7.5-10毫克/千克 喷雾
PD20131006 吡虫啉/20%/可溶液剂/吡虫啉 20%/2013.05.13 至 2018.05.13/低毒
水稻 稻飞虱 25-30克/公顷 喷雾
PD20131594 阿维菌素/1.8%/乳油/阿维菌素 1.8%/2013.07.29 至 2018.07.29/低毒(原药高毒)
柑橘树 红蜘蛛 4.5-9毫克/千克 喷雾
PD20131859 多粘类芽孢杆菌 /50亿CFU/克/母药/多粘类芽孢杆菌 50亿CFU/克/2013.09.24 至 2018.09.24/微毒
PD20132014 春雷霉素/6%/可湿性粉剂/春雷霉素 6%/2013.10.21 至 2018.10.21/低毒
黄瓜 枯萎病 266.7-400毫克/千克 喷雾
PD20132151 高氯·吡虫啉/3%/乳油/吡虫啉 1.5%、高效氯氰菊酯 1.5%/2013.10.29 至 2018.10.29/低毒
小麦 蚜虫 13.5-22.5克/公顷 喷雾
PD20132173 三唑锡/25%/可湿性粉剂/三唑锡 25%/2013.10.29 至 2018.10.29/低毒
柑橘树 红蜘蛛 125-166.7毫克/千克 喷雾
PD20132480 烯酰吗啉/80%/水分散粒剂/烯酰吗啉 80%/2013.12.09 至 2018.12.09/低毒
黄瓜 霜霉病 240-300克/公顷 喷雾

山西省南风化工集团股份有限公司 (山西省运城市盐湖区解放路294号 044000 0359-8967089)

WP20090247 电热蚊香片/13毫克/片/电热蚊香片/炔丙菊酯 13毫克/片/2009.04.24 至 2014.04.24/低毒
卫生 蚊 / 电热加温
WP20090255 电热蚊香液/1.2%/电热蚊香液/炔丙菊酯 1.2%/2009.04.27 至 2014.04.27/低毒
卫生 蚊 / 电热加温
WP20130139 杀蟑气雾剂/0.2%/气雾剂/炔咪菊酯 0.1%、右旋苯醚氰菊酯 0.1%/2013.06.24 至 2018.06.24/低毒
卫生 蜚蠊 / 喷雾

山西省农科院棉花所三联农化实验厂 (山西省运城市盐湖区黄河大道118号 044000 0359-2128120)

PD20092111 甲硫·福美双/70%/可湿性粉剂/福美双 30%、甲基硫菌灵 40%/2014.02.23 至 2019.02.23/低毒
苹果树 轮纹病 600-800倍液 喷雾
PD20094393 唑酮·氧乐果/21%/乳油/三唑酮 6%、氧乐果 15%/2009.04.01 至 2014.04.01/中等毒(原药高毒)
小麦 白粉病、蚜虫 378-472.5克/公顷 喷雾
PD20097582 复硝酚钠/0.7%/水剂/复硝酚钠 0.7%/2009.11.03 至 2014.11.03/低毒
番茄 调节生长 2000-3000倍液 茎叶喷雾

山西省平陆环球植保农药厂 (山西省运城地区平陆县常乐镇东大街3号 044307 0359-3632320)

PD20085567 丁硫克百威/200克/升/乳油/丁硫克百威 200克/升/2013.12.25 至 2018.12.25/中等毒
棉花 蚜虫 135-180克/公顷 喷雾
PD20090748 高氯·马/37%/乳油/高效氯氰菊酯 0.8%、马拉硫磷 36.2%/2014.01.19 至 2019.01.19/中等毒
甘蓝 菜青虫 194.25-360.75克/公顷 喷雾
柑橘树 蚜虫 92.5-185毫克/千克 喷雾
PD20098280 联苯菊酯/25克/升/乳油/联苯菊酯 25克/升/2009.12.18 至 2014.12.18/低毒
苹果树 桃小食心虫 20.8-31.25毫克/千克 喷雾
PD20100367 毒死蜱/40%/乳油/毒死蜱 40%/2010.01.11 至 2015.01.11/中等毒
水稻 二化螟 468-576克/公顷 喷雾

山西省太原高新技术产业西芮生物有限公司 (山西省太原市高新区创业街8号 030006 0351-2209721)

PD90106-24 苏云金杆菌/100亿活芽孢/毫升/悬浮剂/苏云金杆菌 100亿活芽孢/毫升/2010.07.12 至 2015.07.12/低毒
白菜、萝卜、青菜 菜青虫、小菜蛾 1500-2250克制剂/公顷 喷雾
茶树 茶毛虫 3000克制剂/公顷 喷雾
高粱、玉米 玉米螟 2250-3000克制剂/公顷 加细沙灌心叶
梨树、苹果树、桃树、枣树 尺蠖、食心虫 200倍液 喷雾
林木 尺蠖、柳毒蛾、松毛虫 150-200倍液 喷雾
棉花 棉铃虫、造桥虫 3750-6000毫升制剂/公顷 喷雾
水稻 稻苞虫、螟虫 3000-6000毫升制剂/公顷 喷雾
烟草 烟青虫 3000克制剂/公顷 喷雾

山西省太原化学工业集团公司磷肥厂 (山西省太原市万柏林区义井西路61号 030021 0351-6075071)

PD20040139 高效氯氰菊酯/4.5%/乳油/高效氯氰菊酯 4.5%/2009.12.19 至 2014.12.19/中等毒
棉花 红铃虫、棉铃虫、棉蚜 15-30克/公顷 喷雾
苹果树 桃小食心虫 20-33毫克/千克 喷雾
十字花科蔬菜 菜蚜 3-18克/公顷 喷雾
十字花科蔬菜 菜青虫、小菜蛾 9-25.5克/公顷 喷雾
PD20095997 丙溴磷/40%/乳油/丙溴磷 40%/2009.06.11 至 2014.06.11/中等毒
棉花 棉铃虫 480-600克/公顷 喷雾

山西省阳泉市禾奕农药厂 (山西省阳泉市平坦镇魏家峪村 045000 0353-4110298)

PD20092362 氟乐灵/48%/乳油/氟乐灵 48%/2009.02.24 至 2014.02.24/低毒
棉花田 一年生禾本科杂草及部分阔叶杂草 864-1080克/公顷 播后苗前土壤喷雾

PD20095010　氰戊·马拉松/21%/乳油/马拉硫磷 15%、氰戊菊酯 6%/2009.04.21 至 2014.04.21/中等毒

柑橘树	红蜘蛛	53-70毫克/千克	喷雾
花生	斜纹夜蛾	75-90克/公顷	喷雾
棉花	红蜘蛛	120-180克/公顷	喷雾
棉花	蚜虫	75-120克/公顷	喷雾
苹果树	食心虫	60-100毫克/千克	喷雾
苹果树	红蜘蛛	60-150毫克/千克	喷雾
苹果树	蚜虫	50-75毫克/千克	喷雾

山西省阳泉市双泉化工厂　(山西省阳泉市李家庄东　045000　0353-2110166)

PD20096838　腐植酸·铜/2.12%/水剂/腐殖酸 2%、硫酸铜 0.12%/2009.09.21 至 2014.09.21/低毒

苹果树	腐烂病	200克制剂/平方米	涂抹病疤

WP20090264　杀虫块剂/25%/块剂/敌敌畏 25%/2009.05.11 至 2014.05.11/低毒

卫生	蝇	25克制剂/立方米	投放

山西省运城精化农药有限公司　(山西省运城市19号信箱　044000　0359-2899338)

PD20092844　甲基硫菌灵/36%/悬浮剂/甲基硫菌灵 36%/2009.03.05 至 2014.03.05/低毒

水稻	纹枯病	330-470克/公顷	喷雾

PD20092914　代森锰锌/70%/可湿性粉剂/代森锰锌 70%/2009.03.05 至 2014.03.05/低毒

番茄	早疫病	1837.5-2362.5克/公顷	喷雾

PD20095206　百菌清/45%/烟剂/百菌清 45%/2009.04.24 至 2014.04.24/低毒

黄瓜	霜霉病	750—1200克/公顷	点燃放烟

PD20095396　吡虫·辛硫磷/25%/乳油/吡虫啉 1%、辛硫磷 24%/2009.04.27 至 2014.04.27/低毒

白菜	蚜虫	56.25-75克/公顷	喷雾

PD20097418　腐霉·百菌清/25%/烟剂/百菌清 20%、腐霉利 5%/2009.10.28 至 2014.10.28/低毒

番茄(保护地)	灰霉病	750-937.5克/公顷	点燃放烟

山西省运城市博获化工总厂　(山西省运城市临猗县庙上南街18号　044105　0359-4363238)

PD20083691　高氯·辛硫磷/22%/乳油/高效氯氰菊酯 2%、辛硫磷 20%/2013.12.15 至 2018.12.15/中等毒

棉花	棉铃虫	99-132克/公顷	喷雾

PD20095723　百草枯/200克/升/水剂/百草枯 200克/升/2012.12.31 至 2014.07.01/中等毒

苹果园	杂草	750-900克/公顷	定向茎叶喷雾

PD20100653　五氯硝基苯/40%/粉剂/五氯硝基苯 40%/2010.01.15 至 2015.01.15/低毒

棉花	苗期立枯病、苗炭疽病	400-600克/100千克种子	拌种

PD20100816　甲柳·三唑酮/20.8%/乳油/甲基异柳磷 19.6%、三唑酮 1.2%/2010.01.19 至 2015.01.19/中等毒(原药高毒)

小麦	白粉病、地下害虫、金针虫	10.4-31.2克/100千克种子	拌种

山西省芮城华农生物化学有限公司　(山西省芮城县东郊　044600　0359-3080094)

PD20082374　硫磺/10%/脂膏/硫磺 10%/2013.12.01 至 2018.12.01/低毒

苹果树	腐烂病	原液100-150克/平方米	先刮除病疤后用原液涂患处

PD20084861　代森锰锌/80%/可湿性粉剂/代森锰锌 80%/2013.12.22 至 2018.12.22/低毒

柑橘树	疮痂病	1333-1000毫克/千克	喷雾

PD20092728　百菌清/75%/可湿性粉剂/百菌清 75%/2009.03.04 至 2014.03.04/低毒

水稻	稻瘟病	1125-1462.5克/公顷	喷雾

PD20094703　甲基硫菌灵/70%/可湿性粉剂/甲基硫菌灵 70%/2009.04.10 至 2014.04.10/低毒

番茄	叶霉病	420-630克/公顷	喷雾

山西省芮城县生物农药厂　(山西省芮城县县城西郊　044600　0359-3072070)

PD20092430　苏云金杆菌/4000IU/微升/悬浮剂/苏云金杆菌 4000IU/微升/2009.02.25 至 2014.02.25/低毒

棉花	棉铃虫	3750-6000克制剂/公顷	喷雾
十字花科蔬菜	小菜蛾	1500-2250克制剂/公顷	喷雾

PD20100958　毒死蜱/480克/升/乳油/毒死蜱 480克/升/2010.01.19 至 2015.01.19/中等毒

苹果树	桃小食心虫	240-300毫克/千克	喷雾
水稻	二化螟	576-720克/公顷	喷雾

山西向阳生物科技有限公司　(山西省吕梁市交城县安定工业区　030507　0358-3906197)

PD20090465　敌敌畏/28%/缓释剂/敌敌畏 28%/2014.01.12 至 2019.01.12/中等毒

玉米	玉米象	2.8-4.2克/立方米	熏蒸

WP20080289　杀蝇饵剂/1%/毒饵/高效氯氰菊酯 1%/2013.12.03 至 2018.12.03/低毒

卫生	蝇	/	投放

WP20080296　蚊香/0.2%/蚊香/富右旋反式烯丙菊酯 0.2%/2013.12.03 至 2018.12.03/低毒

卫生	蚊	/	点燃

山西永合化工有限公司　(山西省临猗县临晋镇　044102　0359-4321844)

PD20082209　异菌·福美双/50%/可湿性粉剂/福美双 40%、异菌脲 10%/2013.11.26 至 2018.11.26/低毒

番茄	灰霉病	705-937.5克/公顷	喷雾

PD20082578　代森锰锌/80%/可湿性粉剂/代森锰锌 80%/2013.12.04 至 2018.12.04/低毒

番茄	早疫病	1845-2370克/公顷	喷雾
苹果树	轮纹病	640-800倍液	喷雾

PD20084151   氯氰·辛硫磷/20%/乳油/氯氰菊酯 1.5%、辛硫磷 18.5%/2013.12.16 至 2018.12.16/中等毒
棉花   棉铃虫、蚜虫   225-300克/公顷   喷雾
PD20092173   毒死蜱/480克/升/乳油/毒死蜱 480克/升/2014.02.23 至 2019.02.23/中等毒
水稻   二化螟   360-576克/公顷   喷雾
PD20092719   丁硫克百威/200克/升/乳油/丁硫克百威 200克/升/2014.03.04 至 2019.03.04/中等毒
棉花   蚜虫   90-180克/公顷   喷雾
PD20093197   萘乙酸/0.03%/水剂/萘乙酸 0.03%/2014.03.11 至 2019.03.11/低毒
棉花   调节生长   300-500倍液   喷雾
PD20094484   萘乙酸/1%/水剂/萘乙酸 1%/2009.04.09 至 2014.04.09/低毒
小麦   调节生长、增产   3000-5000倍液   喷雾
PD20094533   甲基硫菌灵/50%/可湿性粉剂/甲基硫菌灵 50%/2009.04.09 至 2014.04.09/低毒
苹果树   轮纹病   625-833毫克/千克   喷雾
水稻   稻瘟病   938-1250克/公顷   喷雾
PD20094806   联苯菊酯/25克/升/乳油/联苯菊酯 25克/升/2009.04.13 至 2014.04.13/低毒
茶树   茶小绿叶蝉   30-37.5克/公顷   喷雾
PD20094893   萘乙酸/0.6%/水剂/萘乙酸 0.6%/2009.04.13 至 2014.04.13/低毒
棉花   调节生长、增产   2000-3000倍液   喷雾
PD20095085   速灭威/25%/可湿性粉剂/速灭威 25%/2009.04.22 至 2014.04.22/低毒
水稻   稻飞虱   562.5-750克/公顷   喷雾
PD20095156   萘乙酸/0.1%/水剂/萘乙酸 0.1%/2009.04.24 至 2014.04.24/低毒
棉花   调节生长   750-1000倍液   喷雾
PD20096118   代森锌/80%/可湿性粉剂/代森锌 80%/2009.06.18 至 2014.06.18/低毒
花生   叶斑病   1000-1200克/公顷   喷雾
PD20097386   吗胍·乙酸铜/20%/可溶粉剂/盐酸吗啉胍 18%、乙酸铜 2%/2009.10.28 至 2014.10.28/低毒
番茄   病毒病   499.5-750克/公顷   喷雾
PD20097595   百草枯/200克/升/水剂/百草枯 200克/升/2012.12.31 至 2014.07.01/中等毒
非耕地   一年生和多年生杂草   600-780克/公顷   茎叶喷雾
PD20100346   哒螨·矿物油/34%/乳油/哒螨灵 4%、矿物油 30%/2010.01.11 至 2015.01.11/中等毒
柑橘树   红蜘蛛   226.7-340毫克/千克   喷雾
PD20100806   甲氰·矿物油/65%/乳油/甲氰菊酯 0.5%、矿物油 64.5%/2010.01.19 至 2015.01.19/中等毒
棉花   蚜虫   198-274.22克/公顷   喷雾
苹果树   黄蚜   650-812.5毫克/千克   喷雾
PD20100889   精喹禾灵/50克/升/乳油/精喹禾灵 50克/升/2010.01.19 至 2015.01.19/低毒
大豆田   一年生禾本科杂草   37.5-60克/公顷   喷雾
PD20100956   氟乐灵/480克/升/乳油/氟乐灵 480克/升/2010.01.19 至 2015.01.19/低毒
棉花田   一年生禾本科杂草   720-1080克/公顷   土壤喷雾
PD20101027   三唑酮/25%/可湿性粉剂/三唑酮 25%/2010.01.20 至 2015.01.20/低毒
小麦   白粉病   105—130克/公顷   喷雾
PD20102067   络氨铜/15%/水剂/络氨铜 15%/2010.11.03 至 2015.11.03/低毒
苹果树   腐烂病   100克原液/平方米   涂抹病疤
PD20110111   甲氰·矿物油/28%/乳油/甲氰菊酯 3%、矿物油 25%/2011.01.26 至 2016.01.26/中等毒
柑橘树   红蜘蛛   187-280毫克/千克   喷雾
PD20110205   络氨铜/25%/水剂/络氨铜 25%/2011.02.18 至 2016.02.18/低毒
棉花   立枯病、炭疽病   99-132克/100千克种子   拌种
水稻   纹枯病   465-690克/公顷   喷雾
西瓜   枯萎病   0.2-0.25克/株   灌根
PD20110220   络铜·柠铜/21.4%/水剂/络氨铜 15%、柠檬酸铜 6.4%/2011.02.24 至 2016.02.24/低毒
西瓜   枯萎病   500-600倍液   灌根

山西运城绿康实业有限公司 (山西省运城市禹都开发区工业区 044004 0359-2581328)

PD86109-17   苏云金杆菌/16000IU/毫克/可湿性粉剂/苏云金杆菌 16000IU/毫克/2011.11.26 至 2016.11.26/低毒
白菜、萝卜、青菜   菜青虫、小菜蛾   1500-4500克制剂/公顷   喷雾
茶树   茶毛虫   1500-7500克制剂/公顷   喷雾
大豆、甘薯   天蛾   1500-2250克制剂/公顷   喷雾
柑橘树   柑橘凤蝶   2250-3750克制剂/公顷   喷雾
高粱、玉米   玉米螟   3750-4500克制剂/公顷   喷雾、毒土
梨树   天幕毛虫   1500-3750克制剂/公顷   喷雾
林木   尺蠖、柳毒蛾、松毛虫   2250-7500克制剂/公顷   喷雾
棉花   棉铃虫、造桥虫   1500-7500克制剂/公顷   喷雾
苹果树   巢蛾   2250-3750克制剂/公顷   喷雾
水稻   稻苞虫、稻纵卷叶螟   1500-6000克制剂/公顷   喷雾
烟草   烟青虫   3750-7500克制剂/公顷   喷雾
枣树   尺蠖   3750-4500克制剂/公顷   喷雾
PD20040490   吡虫啉/5%/乳油/吡虫啉 5%/2009.12.19 至 2014.12.19/低毒

	小麦	蚜虫	11.25-18.75克/公顷	喷雾
PD20040572	吡虫·三唑酮/15%/可湿性粉剂/吡虫啉 2.5%、三唑酮 12.5%/2009.12.19 至 2014.12.19/低毒			
	小麦	白粉病、蚜虫	135-180克/公顷	喷雾
PD20083493	多菌灵/25%/可湿性粉剂/多菌灵 25%/2013.12.12 至 2018.12.12/低毒			
	油菜	菌核病	1125-1500克/公顷	喷雾
PD20083884	异丙威/10%/烟剂/异丙威 10%/2013.12.15 至 2018.12.15/低毒			
	黄瓜(保护地)	蚜虫	525-750克/公顷	点燃放烟
PD20085290	三唑锡/20%/可湿性粉剂/三唑锡 20%/2013.12.23 至 2018.12.23/低毒			
	柑橘树	红蜘蛛	125-167毫克/千克	喷雾
PD20085699	霜脲·锰锌/36%/悬浮剂/代森锰锌 32%、霜脲氰 4%/2013.12.26 至 2018.12.26/低毒			
	黄瓜	霜霉病	1440－1800克/公顷	喷雾
PD20085807	四螨嗪/500克/升/悬浮剂/四螨嗪 500克/升/2013.12.29 至 2018.12.29/低毒			
	苹果树	红蜘蛛	83-100毫克/千克	喷雾
PD20090895	苯丁锡/50%/可湿性粉剂/苯丁锡 50%/2014.01.19 至 2019.01.19/低毒			
	柑橘树	红蜘蛛	200-250毫克/千克	喷雾
PD20090975	高氯·马/20%/乳油/高效氯氰菊酯 2%、马拉硫磷 18%/2014.01.20 至 2019.01.20/低毒			
	十字花科蔬菜	菜青虫	120-180克/公顷	喷雾
PD20091196	多·锰锌/50%/可湿性粉剂/多菌灵 8%、代森锰锌 42%/2014.02.01 至 2019.02.01/低毒			
	苹果	斑点落叶病	1000-1250毫克/千克	喷雾
PD20091949	异稻·三环唑/30%/悬浮剂/三环唑 10%、异稻瘟净 20%/2014.02.12 至 2019.02.12/低毒			
	水稻	稻瘟病	315-450克/公顷	喷雾
PD20091977	代森锰锌/30%/悬浮剂/代森锰锌 30%/2014.02.12 至 2019.02.12/低毒			
	番茄	早疫病	1080-1440克/公顷	喷雾
PD20092087	硫磺·三唑酮/20%/可湿性粉剂/硫磺 10%、三唑酮 10%/2014.02.16 至 2019.02.16/低毒			
	小麦	白粉病	180-300克/公顷	喷雾
PD20092335	噻嗪·异丙威/25%/可湿性粉剂/噻嗪酮 5%、异丙威 20%/2014.02.24 至 2019.02.24/低毒			
	水稻	稻飞虱	450-562.5克/公顷	喷雾
PD20092462	丙环唑/250克/升/乳油/丙环唑 250克/升/2014.02.25 至 2019.02.25/低毒			
	香蕉	叶斑病	250-500毫克/千克	喷雾
PD20092654	腐霉利/15%/烟剂/腐霉利 15%/2014.03.03 至 2019.03.03/低毒			
	韭菜	灰霉病	450-750克/公顷	点燃放烟
PD20092681	井冈·三环唑/20%/可湿性粉剂/井冈霉素A 5%、三环唑 15%/2014.03.03 至 2019.03.03/低毒			
	水稻	稻曲病、稻瘟病、纹枯病	300-450克/公顷	喷雾
PD20093106	三唑锡/20%/悬浮剂/三唑锡 20%/2014.03.09 至 2019.03.09/低毒			
	柑橘树	红蜘蛛	100-200毫克/千克	喷雾
PD20093233	甲基硫菌灵/500克/升/悬浮剂/甲基硫菌灵 500克/升/2014.03.11 至 2019.03.11/低毒			
	水稻	纹枯病	1125-1500克/公顷	喷雾
PD20093425	联苯菊酯/100克/升/乳油/联苯菊酯 100克/升/2014.03.23 至 2019.03.23/中等毒			
	茶树	茶小绿叶蝉	30-37.5克/公顷	喷雾
PD20094429	复硝酚钾/2%/水剂/2,4-二硝基苯酚钾 0.1%、对硝基苯酚钾 1%、邻硝基苯酚钾 0.9%/2009.04.01 至 2014.04.01/低毒			
	十字花科蔬菜	调节生长	2000-3000倍液	喷雾
PD20094714	百菌清/45%/烟剂/百菌清 45%/2009.04.10 至 2014.04.10/低毒			
	黄瓜(保护地)	霜霉病	1200-1485克/公顷	点燃放烟
PD20095646	锰锌·腈菌唑/60%/可湿性粉剂/腈菌唑 2%、代森锰锌 58%/2009.05.12 至 2014.05.12/低毒			
	梨树	黑星病	1000-1500倍液	喷雾
PD20097257	盐酸吗啉胍/5%/可溶粉剂/盐酸吗啉胍 5%/2009.10.19 至 2014.10.19/低毒			
	番茄	病毒病	140.6-281.2克/公顷	喷雾
PD20097454	吡虫·杀虫单/35%/可湿性粉剂/吡虫啉 1%、杀虫单 34%/2009.10.28 至 2014.10.28/低毒			
	水稻	稻飞虱、稻纵卷叶螟、二化螟、三化螟	450-750克/公顷	喷雾
PD20098081	哒螨灵/15%/乳油/哒螨灵 15%/2009.12.08 至 2014.12.08/中等毒			
	苹果树	红蜘蛛	47.5-63.3毫克/千克	喷雾
PD20100465	复硝酚钾/95%/原药/2,4-二硝基苯酚钾 4.75%、对硝基苯酚钾 47.5%、邻硝基苯酚钾 42.75%/2010.01.14 至2015.01.14/低毒			
PD20101296	甲基硫菌灵/70%/可湿性粉剂/甲基硫菌灵 70%/2010.03.10 至 2015.03.10/低毒			
	苹果树	轮纹病	623－1157毫克/千克	喷雾
PD20101324	多·锰锌/40%/可湿性粉剂/多菌灵 20%、代森锰锌 20%/2010.03.17 至 2015.03.17/低毒			
	梨树	黑星病	400-600倍液	喷雾
PD20101627	五氯硝基苯/40%/粉剂/五氯硝基苯 40%/2010.06.03 至 2015.06.03/低毒			
	小麦	黑穗病	150-200克/100千克种子	拌种
PD20101678	辛菌·吗啉胍/5.9%/水剂/盐酸吗啉胍 5%、辛菌胺 0.9%/2010.06.08 至 2015.06.08/低毒			
	番茄	病毒病	121-141克/公顷	喷雾
PD20110649	啶虫脒/5%/可湿性粉剂/啶虫脒 5%/2011.06.20 至 2016.06.20/低毒			
	柑橘树	蚜虫	8.6-12毫克/千克	喷雾

PD20111298 甲氰·噻螨酮/7.5%/乳油/甲氰菊酯 5%、噻螨酮 2.5%/2011.11.24 至 2016.11.24/低毒
苹果树 红蜘蛛 75-100毫克/千克 喷雾
PD20111404 苯醚甲环唑/37%/水分散粒剂/苯醚甲环唑 37%/2011.12.22 至 2016.12.22/低毒
香蕉 叶斑病 74-92.5毫克/千克 喷雾
PD20111442 腈菌唑/40%/可湿性粉剂/腈菌唑 40%/2011.12.29 至 2016.12.29/低毒
梨树 黑星病 40-66.7毫克/千克 喷雾
PD20120019 己唑醇/30%/悬浮剂/己唑醇 30%/2012.01.06 至 2017.01.06/低毒
苹果树 斑点落叶病 42.9-60毫克/千克 喷雾
PD20120129 甲氨基阿维菌素苯甲酸盐/5%/水分散粒剂/甲氨基阿维菌素 5%/2012.01.29 至 2017.01.29/低毒
甘蓝 小菜蛾 1.5-2.25克/公顷 喷雾
注:甲氨基阿维菌素苯甲酸盐含量:5.7%。
PD20121022 嘧霉胺/40%/水分散粒剂/嘧霉胺 40%/2012.07.02 至 2017.07.02/低毒
黄瓜 灰霉病 360-540克/公顷 喷雾
PD20121031 烯酰吗啉/80%/水分散粒剂/烯酰吗啉 80%/2012.07.02 至 2017.07.02/低毒
黄瓜 霜霉病 216-384克/公顷 喷雾
PD20121695 噁霉灵/70%/可湿性粉剂/噁霉灵 70%/2012.11.05 至 2017.11.05/低毒
甜菜 立枯病 385-490克/100千克种子 拌种
PD20121700 戊唑醇/430克/升/悬浮剂/戊唑醇 430克/升/2012.11.05 至 2017.11.05/低毒
苹果树 斑点落叶病 71.7-86.0毫克/千克 喷雾
PD20121705 甲霜·噁霉灵/3%/水剂/噁霉灵 2.5%、甲霜灵 0.5%/2012.11.05 至 2017.11.05/微毒
水稻育秧田 立枯病 0.36-0.54克/平方米 喷雾
PD20131392 噻螨酮/5%/可湿性粉剂/噻螨酮 5%/2013.06.24 至 2018.06.24/低毒
柑橘树 红蜘蛛 25-50毫克/千克 喷雾
LS20130521 噻虫·吡蚜酮/50%/水分散粒剂/吡蚜酮 30%、噻虫嗪 20%/2013.12.10 至 2014.12.10/低毒
水稻 稻飞虱 22.5-37.5克/公顷 喷雾

山西泓洋化工有限公司 (山西省临猗县临晋镇农贸街西 044102 0359-4321695)

PD20085135 阿维·高氯/1.8%/乳油/阿维菌素 0.3%、高效氯氰菊酯 1.5%/2008.12.23 至 2013.12.23/低毒(原药高毒)
梨树 梨木虱 6-12毫克/千克 喷雾
十字花科蔬菜 菜青虫、小菜蛾 7.5-15克/公顷 喷雾
PD20086216 百菌清/45%/烟剂/百菌清 45%/2013.12.31 至 2018.12.31/低毒
黄瓜(保护地) 霜霉病 750—1200克/公顷 点燃放烟
PD20094721 联苯菊酯/25克/升/乳油/联苯菊酯 25克/升/2009.04.10 至 2014.04.10/低毒
苹果树 桃小食心虫 25-31.25毫克/千克 喷雾
PD20096777 百草枯/200克/升/水剂/百草枯 200克/升/2012.12.31 至 2014.07.01/中等毒
非耕地 杂草 600-780克/公顷 茎叶喷雾
PD20110012 毒死蜱/480克/升/乳油/毒死蜱 480克/升/2011.01.04 至 2016.01.04/中等毒
柑橘树 红蜘蛛 480-600毫升/千克 喷雾

太原市华罡化工科技有限公司 (山西省太原市尖草坪区阳曲镇皇后园 030008 0351-3946499)

PD85151-2 2,4-滴丁酯/57%/乳油/2,4-滴丁酯 57%/2010.08.15 至 2015.08.15/低毒
谷子、小麦 双子叶杂草 525克/公顷 喷雾
水稻 双子叶杂草 300-525克/公顷 喷雾
玉米 双子叶杂草 1)1050克/公顷 1)苗前土壤处理
2)450-525克/公顷 2)喷雾

万荣欣苗农药化工有限公司 (山西省万荣县荣河化工工业园区A区1号 044205 0359-4588336)

PDN58-98 辛硫·甲拌磷/10%/粉粒剂/甲拌磷 4%、辛硫磷 6%/2013.12.10 至 2018.12.10/中等毒(原药高毒)
大豆 地下害虫 900-1125克/公顷 播种时撒毒砂
红麻 根结线虫 4500-6000克/公顷 沟施
花生 蛴螬 600-900克/公顷 毒土盖种
棉花 苗蚜、小地老虎 600-800克/100千克种子 拌种
小麦 地下害虫 200-300克/100千克种子 拌种

运城绿齐农药有限公司 (山西省临猗县东环路188号 044000 0359-2025999)

PD20091484 联苯菊酯/100克/升/乳油/联苯菊酯 100克/升/2014.02.02 至 2019.02.02/中等毒
柑橘树 红蜘蛛 20-40毫克/千克 喷雾
PD20092158 霜霉威盐酸盐/722克/升/水剂/霜霉威盐酸盐 722克/升/2014.02.23 至 2019.02.23/低毒
黄瓜 霜霉病 650-1083克/公顷 喷雾
PD20093747 吡虫·辛硫磷/25%/乳油/吡虫啉 1.5%、辛硫磷 23.5%/2014.03.25 至 2019.03.25/低毒
萝卜 蚜虫 150-225克/公顷 喷雾
PD20098401 双甲脒/200克/升/乳油/双甲脒 200克/升/2009.12.18 至 2014.12.18/低毒
柑橘树 介壳虫 200-250毫克/千克 喷雾
PD20130180 苦参碱/0.3%/水剂/苦参碱 0.3%/2013.01.24 至 2018.01.24/低毒
甘蓝 菜青虫 4.05—5.13克/公顷 喷雾
梨树 黑星病 6—7.2毫克/千克 喷雾

运城市星海化工有限公司 (山西省运城市盐湖区大渠乡羊驮寺村(运临老路) 044000 0359-8687900)

PD20093886 联苯菊酯/100克/升/乳油/联苯菊酯 100克/升/2009.03.25 至 2014.03.25/中等毒
茶树 茶小绿叶蝉 30-45克/公顷 喷雾
PD20094199 甲基硫菌灵/70%/可湿性粉剂/甲基硫菌灵 70%/2009.03.30 至 2014.03.30/低毒
水稻 纹枯病 1050-1500克/公顷 喷雾
PD20094367 噻嗪酮/25%/可湿性粉剂/噻嗪酮 25%/2009.04.01 至 2014.04.01/低毒
水稻 稻飞虱 93.75-112.5克/公顷 喷雾
PD20094712 代森锰锌/80%/可湿性粉剂/代森锰锌 80%/2009.04.10 至 2014.04.10/低毒
苹果树 斑点落叶病 1000-1333.3毫克/千克 喷雾
PD20094713 丙环唑/250克/升/乳油/丙环唑 250克/升/2009.04.10 至 2014.04.10/低毒
香蕉 叶斑病 250-500毫克/千克 喷雾
PD20094783 三唑酮/25%/可湿性粉剂/三唑酮 25%/2009.04.13 至 2014.04.13/低毒
小麦 白粉病、锈病 105-142.5克/公顷 喷雾
PD20096001 氰戊菊酯/20%/乳油/氰戊菊酯 20%/2009.06.11 至 2014.06.11/低毒
苹果树 桃小食心虫 80-100毫克/千克 喷雾
PD20098446 溴氰菊酯/25克/升/乳油/溴氰菊酯 25克/升/2009.12.24 至 2014.12.24/低毒
苹果树 蚜虫 8.3-12.5毫克/千克 喷雾
PD20101036 毒死蜱/480克/升/乳油/毒死蜱 480克/升/2010.01.21 至 2015.01.21/中等毒
萝卜 菜青虫 360-450克 喷雾

陕西省

陕西安德瑞普生物化学有限公司 (陕西省大荔火车站 714000 0913-2020187)

PD20082737 多·福/60%/可湿性粉剂/多菌灵 30%、福美双 30%/2013.12.08 至 2018.12.08/低毒
梨树 黑星病 400-600倍液 喷雾
PD20083894 氯氰·马拉松/36%/乳油/氯氰菊酯 0.8%、马拉硫磷 35.2%/2013.12.15 至 2018.12.15/中等毒
棉花 棉铃虫 264.6-353.7克/公顷 喷雾
PD20085707 克百·敌百虫/3%/颗粒剂/敌百虫 2%、克百威 1%/2013.12.26 至 2018.12.26/低毒(原药高毒)
棉花 蚜虫 900-1350克/公顷 沟施、穴施
PD20091509 代森锰锌/88%/原药/代森锰锌 88%/2014.02.02 至 2019.02.02/低毒
PD20091564 甲基硫菌灵/70%/可湿性粉剂/甲基硫菌灵 70%/2014.02.03 至 2019.02.03/低毒
苹果树 轮纹病 875-1167毫克/千克 喷雾
PD20092493 代森锰锌/80%/可湿性粉剂/代森锰锌 80%/2014.02.26 至 2019.02.26/低毒
番茄 早疫病 1560-2520克/公顷 喷雾
苹果树 炭疽病 1000-1333.3毫克/千克 喷雾
PD20097645 毒死蜱/480克/升/乳油/毒死蜱 480克/升/2009.11.04 至 2014.11.04/中等毒
十字花科蔬菜 菜青虫 432-540克/公顷 喷雾
PD20097940 氯氰·毒死蜱/522.5克/升/乳油/毒死蜱 475克/升、氯氰菊酯 47.5克/升/2009.11.30 至 2014.11.30/中等毒
菜豆 豆荚螟 431.06-470.25克/公顷 喷雾
PD20098037 代森锌/80%/可湿性粉剂/代森锌 80%/2009.12.07 至 2014.12.07/低毒
番茄 早疫病 2550－3600克/公顷 喷雾
PD20100725 唑螨酯/5%/悬浮剂/唑螨酯 5%/2010.01.16 至 2015.01.16/低毒
柑橘树 红蜘蛛 25-50毫克/千克 喷雾
PD20100785 联苯菊酯/100克/升/乳油/联苯菊酯 100克/升/2010.01.18 至 2015.01.18/中等毒
茶树 茶小绿叶蝉 30-37.5克/公顷 喷雾

陕西白鹿农化有限公司 (陕西省咸阳市三原县陵前镇 713806 029-32334246)

PD85105-16 敌敌畏/80%/乳油/敌敌畏 77.5%/2010.01.30 至 2015.01.30/中等毒
茶树 食叶害虫 600克/公顷 喷雾
粮仓 多种储藏害虫 1)400-500倍液 1)喷雾
2)0.4-0.5克/立方米 2)挂条熏蒸
棉花 蚜虫、造桥虫 600-1200克/公顷 喷雾
苹果树 小卷叶蛾、蚜虫 400-500毫克/千克 喷雾
青菜 菜青虫 600克/公顷 喷雾
桑树 尺蠖 600克/公顷 喷雾
卫生 多种卫生害虫 1)300-400倍液2)0.08克/立方米 1)泼洒2)挂条熏蒸
小麦 黏虫、蚜虫 600克/公顷 喷雾
PD85122-17 福美双/50%/可湿性粉剂/福美双 50%/2010.07.16 至 2015.07.16/中等毒
黄瓜 白粉病、霜霉病 500-1000倍液 喷雾
葡萄 白腐病 500-1000倍液 喷雾
水稻 稻瘟病、胡麻叶斑病 250克/100千克种子 拌种
甜菜、烟草 根腐病 500克/500千克温床土 土壤处理
小麦 白粉病、赤霉病 500倍液 喷雾
PD92101-8 多菌灵/40%/可湿性粉剂/多菌灵 40%/2012.04.25 至 2017.04.25/低毒
果树 病害 0.05-0.1%药液 喷雾
花生 倒秧病 70克/公顷 喷雾
麦类 赤霉病 750克/公顷 喷雾,泼浇

	棉花	苗期病害	500克/100千克种子	拌种
	水稻	稻瘟病、纹枯病	750克/公顷	喷雾,泼浇
	油菜	菌核病	1025-1500克/公顷	喷雾
PD20081004	丙环唑/250克/升/乳油/丙环唑 250克/升/2008.08.06 至 2013.08.06/低毒			
	香蕉	叶斑病	250-500毫克/千克	喷雾
PD20083870	高氯·马/20%/乳油/高效氯氰菊酯 2%、马拉硫磷 18%/2008.12.15 至 2013.12.15/中等毒			
	甘蓝	菜青虫	45-120克/公顷	喷雾
	苹果树	蚜虫	50-200毫克/千克	喷雾
PD20084663	甲氰·辛硫磷/25%/乳油/甲氰菊酯 5%、辛硫磷 20%/2008.12.22 至 2013.12.22/中等毒			
	棉花	棉铃虫	225-345克/公顷	喷雾
PD20086287	氰戊·马拉松/20%/乳油/马拉硫磷 15%、氰戊菊酯 5%/2008.12.31 至 2013.12.31/中等毒			
	苹果树	桃小食心虫	100-333毫克/千克	喷雾
	十字花科蔬菜	菜青虫	90-150克/公顷	喷雾
PD20092612	甲硫·福美双/70%/可湿性粉剂/福美双 40%、甲基硫菌灵 30%/2009.03.02 至 2014.03.02/中等毒			
	苹果树	轮纹病	800-1000倍液	喷雾

陕西标正作物科学有限公司　(陕西省渭南市高新区朝阳大街西段67号　714000　0913-2103863)

PD86157-14	硫磺/50%/悬浮剂/硫磺 50%/2014.01.16 至 2019.01.16/低毒			
	果树	白粉病	200-400倍液	喷雾
	花卉	白粉病	750-1500克/公顷	喷雾
	黄瓜	白粉病	1125-1500克/公顷	喷雾
	橡胶树	白粉病	1875-3000克/公顷	喷雾
	小麦	白粉病、螨	3000克/公顷	喷雾
PD20083011	马拉·辛硫磷/20%/乳油/马拉硫磷 10%、辛硫磷 10%/2013.12.10 至 2018.12.10/低毒			
	棉花	棉铃虫	240-300克/公顷	喷雾
PD20083353	百菌清/40%/悬浮剂/百菌清 40%/2013.12.11 至 2018.12.11/低毒			
	黄瓜	霜霉病	900-1200克/公顷	喷雾
PD20083400	多·福/50%/可湿性粉剂/多菌灵 20%、福美双 30%/2013.12.11 至 2018.12.11/低毒			
	葡萄	霜霉病	1000-1250毫克/千克	喷雾
PD20083415	杀螟丹/98%/可溶粉剂/杀螟丹 98%/2013.12.11 至 2018.12.11/中等毒			
	水稻	二化螟	735-882克/公顷	喷雾
PD20083431	毒死蜱/45%/乳油/毒死蜱 45%/2013.12.11 至 2018.12.11/中等毒			
	棉花	棉铃虫	576-864克/公顷	喷雾
PD20083432	丙环唑/250克/升/乳油/丙环唑 250克/升/2013.12.11 至 2018.12.11/低毒			
	香蕉	叶斑病	250-500毫克/千克	喷雾
PD20083471	代森锌/80%/可湿性粉剂/代森锌 80%/2013.12.12 至 2018.12.12/低毒			
	番茄	早疫病	2400-3600克/公顷	喷雾
PD20083477	甲基硫菌灵/500克/升/悬浮剂/甲基硫菌灵 500克/升/2013.12.12 至 2018.12.12/低毒			
	水稻	稻瘟病	750-1125克/公顷	喷雾
PD20083697	甲基硫菌灵/70%/可湿性粉剂/甲基硫菌灵 70%/2013.12.15 至 2018.12.15/低毒			
	番茄	叶霉病	420-630克/公顷	喷雾
PD20083776	三唑锡/20%/悬浮剂/三唑锡 20%/2013.12.15 至 2018.12.15/低毒			
	柑橘树	红蜘蛛	100-133毫克/千克	喷雾
PD20083923	异菌脲/255克/升/悬浮剂/异菌脲 255克/升/2013.12.15 至 2018.12.15/低毒			
	香蕉	冠腐病	1500-2250毫克/千克	浸果
PD20083937	联苯菊酯/25克/升/乳油/联苯菊酯 25克/升/2013.12.15 至 2018.12.15/低毒			
	茶树	小绿叶蝉	30-37.5克/公顷	喷雾
PD20084155	丙溴磷/500克/升/乳油/丙溴磷 500克/升/2013.12.16 至 2018.12.16/中等毒			
	棉花	棉铃虫	600-750克/公顷	喷雾
PD20084269	噻嗪·异丙威/25%/可湿性粉剂/噻嗪酮 5%、异丙威 20%/2013.12.17 至 2018.12.17/低毒			
	水稻	飞虱	375～562.5克/公顷	喷雾
PD20084305	多菌灵/80%/可湿性粉剂/多菌灵 80%/2013.12.17 至 2018.12.17/低毒			
	苹果	褐斑病	666.7-800毫克/千克	喷雾
PD20084313	杀螟丹/50%/可溶粉剂/杀螟丹 50%/2013.12.17 至 2018.12.17/低毒			
	水稻	二化螟	750-900克/公顷	喷雾
PD20084339	噻嗪酮/25%/可湿性粉剂/噻嗪酮 25%/2013.12.17 至 2018.12.17/低毒			
	水稻	稻飞虱	112.5-150克/公顷	喷雾
PD20084608	氟啶脲/50克/升/乳油/氟啶脲 50克/升/2013.12.18 至 2018.12.18/低毒			
	十字花科蔬菜	甜菜夜蛾	45-60克/公顷	喷雾
PD20084615	氯氰·丙溴磷/440克/升/乳油/丙溴磷 400克/升、氯氰菊酯 40克/升/2013.12.18 至 2018.12.18/低毒			
	棉花	棉铃虫	528-660克/公顷	喷雾
PD20084719	联苯菊酯/100克/升/乳油/联苯菊酯 100克/升/2013.12.22 至 2018.12.22/中等毒			
	茶树	茶小绿叶蝉	37.5-45克/公顷	喷雾
PD20084744	氯氰·毒死蜱/522.5克/升/乳油/毒死蜱 475克/升、氯氰菊酯 47.5克/升/2013.12.22 至 2018.12.22/中等毒			

棉花 棉铃虫 548.6～783.75克/公顷 喷雾

PD20084824 高效氯氟氰菊酯/25克/升/乳油/高效氯氟氰菊酯 25克/升/2013.12.22 至 2018.12.22/中等毒

十字花科蔬菜 菜青虫 11.25-15克/公顷 喷雾

PD20084844 四螨嗪/500克/升/悬浮剂/四螨嗪 500克/升/2013.12.22 至 2018.12.22/低毒

苹果树 红蜘蛛 83-100毫克/千克 喷雾

PD20084862 多·锰锌/40%/可湿性粉剂/多菌灵 20%、代森锰锌 20%/2013.12.22 至 2018.12.22/低毒

苹果树 斑点落叶病 1000-1250毫克/千克 喷雾

PD20085039 三环唑/75%/可湿性粉剂/三环唑 75%/2013.12.23 至 2018.12.23/低毒

水稻 稻瘟病 225-337.5克/公顷 喷雾

PD20085059 多菌灵/40%/悬浮剂/多菌灵 40%/2013.12.23 至 2018.12.23/低毒

苹果树 轮纹病 667-1000毫克/千克 喷雾

PD20085060 噁霉灵/15%/水剂/噁霉灵 15%/2013.12.23 至 2018.12.23/低毒

水稻 立枯病 13500-18000克/公顷 苗床、育秧箱土壤处理

PD20085334 霜霉威盐酸盐/35%/水剂/霜霉威盐酸盐 35%/2013.12.24 至 2018.12.24/低毒

黄瓜 霜霉病 866.25-1081.5克/公顷 喷雾

PD20085554 代森锰锌/80%/可湿性粉剂/代森锰锌 80%/2013.12.25 至 2018.12.25/低毒

苹果树 斑点落叶病 1000-1333.3毫克/千克 喷雾

PD20085814 氟氯氰菊酯/50克/升/乳油/氟氯氰菊酯 50克/升/2008.12.29 至 2013.12.29/低毒

十字花科蔬菜 菜青虫 18.75-26.25克/公顷 喷雾

PD20090053 甲基硫菌灵/36%/悬浮剂/甲基硫菌灵 36%/2014.01.08 至 2019.01.08/低毒

苹果树 白粉病 300-450毫克/千克 喷雾

PD20090632 井冈霉素/4%/水剂/井冈霉素 4%/2014.01.14 至 2019.01.14/低毒

水稻 纹枯病 150-187.5克/公顷 喷雾

PD20090726 甲硫·福美双/50%/可湿性粉剂/福美双 20%、甲基硫菌灵 30%/2014.01.19 至 2019.01.19/中等毒

小麦 赤霉病 900-1200克/公顷 喷雾

PD20091029 四螨嗪/20%/悬浮剂/四螨嗪 20%/2014.01.21 至 2019.01.21/低毒

柑橘树 红蜘蛛 100-200毫克/千克 喷雾

PD20091516 百草枯/200克/升/水剂/百草枯 200克/升/2012.12.31 至 2014.07.01/中等毒

柑橘园 杂草 600-900克/公顷 定向茎叶喷雾

PD20092393 氟硅唑/400克/升/乳油/氟硅唑 400克/升/2014.02.25 至 2019.02.25/低毒

梨树 黑星病 40-50毫克/千克 喷雾

PD20093033 百草枯/250克/升/水剂/百草枯 250克/升/2012.12.31 至 2014.07.01/中等毒

柑橘园 杂草 750-900克/公顷 定向茎叶喷雾

PD20093117 多抗霉素/0.3%/水剂/多抗霉素 0.3%/2014.03.10 至 2019.03.10/低毒

苹果树 斑点落叶病 15-30毫克/千克 喷雾

PD20093143 噻螨酮/5%/乳油/噻螨酮 5%/2014.03.11 至 2019.03.11/低毒

柑橘树 红蜘蛛 25-33.3毫克/千克 喷雾

PD20094744 草甘膦异丙胺盐(41%)///水剂/草甘膦 30%/2014.04.10 至 2019.04.10/中等毒

柑橘园 杂草 1230-2460克/公顷 定向茎叶喷雾

PD20094831 烯酰吗啉/50%/可湿性粉剂/烯酰吗啉 50%/2014.04.13 至 2019.04.13/低毒

葡萄 霜霉病 247.5-547.5克/公顷 喷雾

PD20094886 啶虫脒/40%/可溶粉剂/啶虫脒 40%/2014.04.13 至 2019.04.13/低毒

黄瓜 蚜虫 24-48克/公顷 喷雾

PD20096443 福·福锌/80%/可湿性粉剂/福美双 30%、福美锌 50%/2009.08.05 至 2014.08.05/低毒

黄瓜 炭疽病 1656-1800克/公顷 喷雾

PD20096556 速灭威/25%/可湿性粉剂/速灭威 25%/2009.08.24 至 2014.08.24/中等毒

水稻 稻飞虱 2250-3000克制剂/公顷 喷雾

PD20096771 甲霜·锰锌/58%/可湿性粉剂/甲霜灵 10%、代森锰锌 48%/2009.09.15 至 2014.09.15/低毒

黄瓜 霜霉病 1305－1653克/公顷 喷雾

PD20096778 丙环唑/50%/乳油/丙环唑 50%/2009.09.15 至 2014.09.15/低毒

香蕉 叶斑病 250－500毫克/千克 喷雾

PD20096782 霜霉威盐酸盐/66.5%/水剂/霜霉威盐酸盐 66.5%/2009.09.15 至 2014.09.15/低毒

黄瓜 霜霉病 866.4-1083克/公顷 喷雾

PD20096789 三环唑/20%/可湿性粉剂/三环唑 20%/2009.09.15 至 2014.09.15/低毒

水稻 稻瘟病 225－300克/公顷 喷雾

PD20096801 福·福锌/40%/可湿性粉剂/福美双 15%、福美锌 25%/2009.09.15 至 2014.09.15/低毒

西瓜 炭疽病 1500－1800克/公顷 喷雾

PD20097208 百菌清/75%/可湿性粉剂/百菌清 75%/2009.10.19 至 2014.10.19/低毒

黄瓜 霜霉病 125-150克制剂/亩 喷雾

PD20097210 代森锌/65%/可湿性粉剂/代森锌 65%/2009.10.19 至 2014.10.19/低毒

番茄 早疫病 2925－3412.5克/公顷 喷雾

PD20097268 啶虫脒/3%/微乳剂/啶虫脒 3%/2009.10.26 至 2014.10.26/低毒

	苹果树	蚜虫	12-15毫克/千克	喷雾
PD20097384	毒·矿物油/48%/乳油/毒死蜱 16%、矿物油 32%/2009.10.28 至 2014.10.28/中等毒			
	棉花	棉铃虫	576-720克/公顷	喷雾
PD20097770	炔螨特/57%/乳油/炔螨特 57%/2009.11.12 至 2014.11.12/低毒			
	柑橘树	红蜘蛛	285-380毫克/千克	喷雾
PD20098093	噁霉灵/70%/可湿性粉剂/噁霉灵 70%/2009.12.08 至 2014.12.08/低毒			
	甜菜	立枯病	280－490克/100千克种子	拌种
PD20098158	异丙威/20%/乳油/异丙威 20%/2009.12.14 至 2014.12.14/低毒			
	水稻	稻飞虱	450-600克/公顷	喷雾
PD20100356	唑螨酯/5%/悬浮剂/唑螨酯 5%/2010.01.11 至 2015.01.11/低毒			
	柑橘树	红蜘蛛	25-50毫克/千克	喷雾
PD20100935	苯醚甲环唑/250克/升/乳油/苯醚甲环唑 250克/升/2010.01.19 至 2015.01.19/低毒			
	香蕉	叶斑病	100-125毫克/千克	喷雾
PD20100995	啶虫脒/20%/可溶液剂/啶虫脒 20%/2010.01.20 至 2015.01.20/低毒			
	黄瓜	蚜虫	18-22.5克/公顷	喷雾
PD20101317	十三吗啉/750克/升/乳油/十三吗啉 750克/升/2010.03.17 至 2015.03.17/低毒			
	橡胶树	红根病	22.5-30克/株	灌根
PD20101443	炔螨·矿物油/73%/乳油/矿物油 43%、炔螨特 30%/2010.05.04 至 2015.05.04/低毒			
	柑橘树	红蜘蛛	365-486.7毫克/千克	喷雾
PD20101874	阿维菌素/1.8%/水乳剂/阿维菌素 1.8%/2010.08.09 至 2015.08.09/中等毒(原药高毒)			
	十字花科蔬菜	小菜蛾	8.1-10.8克/公顷	喷雾
PD20102039	烯酰吗啉/80%/水分散粒剂/烯酰吗啉 80%/2010.10.19 至 2015.10.19/低毒			
	黄瓜	霜霉病	240-300克/公顷	喷雾
PD20102178	啶虫脒/20%/可溶粉剂/啶虫脒 20%/2010.12.15 至 2015.12.15/低毒			
	黄瓜	蚜虫	12－36克/公顷	喷雾
PD20110003	甲氨基阿维菌素苯甲酸盐/3%/微乳剂/甲氨基阿维菌素 3%/2011.01.04 至 2016.01.04/低毒			
	甘蓝	甜菜夜蛾	2.25-45克/公顷	喷雾
	注:甲氨基阿维菌素苯甲酸盐含量：3.4%。			
PD20110017	氟硅唑/10%/水乳剂/氟硅唑 10%/2011.01.04 至 2016.01.04/微毒			
	黄瓜	白粉病	60－75克/公顷	喷雾
PD20110019	阿维菌素/1.8%/微乳剂/阿维菌素 1.8%/2011.01.04 至 2016.01.04/中等毒(原药高毒)			
	甘蓝	小菜蛾	7.5-9克/公顷	喷雾
PD20110086	噻嗪酮/25%/悬浮剂/噻嗪酮 25%/2011.01.24 至 2016.01.24/低毒			
	柑橘树	介壳虫	125-167毫克/千克	喷雾
PD20110165	苯甲·丙环唑/300克/升/乳油/苯醚甲环唑 150克/升、丙环唑 150克/升/2011.02.11 至 2016.02.11/低毒			
	水稻	纹枯病	67.5-112.5克/公顷	喷雾
PD20110219	己唑醇/25%/悬浮剂/己唑醇 25%/2011.02.24 至 2016.02.24/微毒			
	黄瓜	白粉病	22.5-37.5克公顷	喷雾
PD20110222	吡虫啉/20%/可湿性粉剂/吡虫啉 20%/2011.02.24 至 2016.02.24/低毒			
	小麦	蚜虫	15-30克/公顷(南方地区) 45-60克/公顷(北方地区)	喷雾
PD20110412	高效氯氟氰菊酯/2.5%/水乳剂/高效氯氟氰菊酯 2.5%/2011.04.15 至 2016.04.15/中等毒			
	甘蓝	菜青虫	7.5-11.25克/公顷	喷雾
PD20110458	烯酰吗啉/50%/水分散粒剂/烯酰吗啉 50%/2011.04.21 至 2016.04.21/低毒			
	黄瓜	霜霉病	300－375克/公顷	喷雾
PD20110484	苯醚甲环唑/10%/可湿性粉剂/苯醚甲环唑 10%/2011.05.03 至 2016.05.03/低毒			
	苹果树	斑点落叶病	40-67毫克/千克	喷雾
PD20110485	高效氯氰菊酯/4.5%/水乳剂/高效氯氰菊酯 4.5%/2011.05.03 至 2016.05.03/低毒			
	甘蓝	菜青虫	20.25-27克/公顷	喷雾
PD20110585	吡虫啉/30%/微乳剂/吡虫啉 30%/2011.05.30 至 2016.05.30/低毒			
	水稻	稻飞虱	22.5-30克/公顷	喷雾
PD20110616	高效氯氟氰菊酯/5%/水乳剂/高效氯氟氰菊酯 5%/2011.06.07 至 2016.06.07/中等毒			
	甘蓝	蚜虫	7.5－11.25克/公顷	喷雾
PD20110691	苯醚甲环唑/10%/水分散粒剂/苯醚甲环唑 10%/2011.06.22 至 2016.06.22/低毒			
	西瓜	炭疽病	75-90克/公顷	喷雾
PD20110787	苯醚甲环唑/37%/水分散粒剂/苯醚甲环唑 37%/2011.07.25 至 2016.07.25/低毒			
	西瓜	炭疽病	77.7-122.1克/公顷	喷雾
PD20111083	杀虫单/50%/可溶粉剂/杀虫单 50%/2011.10.13 至 2016.10.13/中等毒			
	水稻	二化螟	750-900克/公顷	喷雾
PD20111084	高氯·甲维盐/5%/微乳剂/高效氯氰菊酯 4.5%、甲氨基阿维菌素苯甲酸盐 0.5%/2011.10.13 至 2016.10.13/低毒			
	甘蓝	甜菜夜蛾	15-18.75克/公顷	喷雾
PD20111113	丙环唑/40%/微乳剂/丙环唑 40%/2011.10.27 至 2016.10.27/低毒			
	香蕉	叶斑病	266.7－400毫克/千克	喷雾

PD20111129 醚菌酯/30%/悬浮剂/醚菌酯 30%/2011.10.28 至 2016.10.28/低毒
番茄 早疫病 180－270克/公顷 喷雾
PD20111259 腈菌唑/40%/悬浮剂/腈菌唑 40%/2011.11.23 至 2016.11.23/低毒
梨树 黑星病 40－66.7毫克/千克 喷雾
PD20111291 异丙威/20%/悬浮剂/异丙威 20%/2011.11.24 至 2016.11.24/低毒
水稻 飞虱 450－600克/公顷 喷雾
PD20111297 咪鲜胺/25%/水乳剂/咪鲜胺 25%/2011.11.24 至 2016.11.24/低毒
香蕉 炭疽病 333.3-500毫克/千克 浸果
PD20111408 灭蝇胺/50%/可溶粉剂/灭蝇胺 50%/2011.12.22 至 2016.12.22/低毒
菜豆 美洲斑潜蝇 187.5－225克/公顷 喷雾
PD20120045 己唑醇/10%/悬浮剂/己唑醇 10%/2012.01.10 至 2017.01.10/低毒
黄瓜 白粉病 22.5-37.5克/公顷 喷雾
PD20120095 灭蝇胺/75%/可溶粉剂/灭蝇胺 75%/2012.01.29 至 2017.01.29/低毒
菜豆 美洲斑潜蝇 168.75-225克/公顷 喷雾
PD20120097 吡虫啉/10%/可湿性粉剂/吡虫啉 10%/2012.01.29 至 2017.01.29/低毒
小麦 蚜虫 15-30克/公顷(南方地区) 喷雾
45-60克/公顷(北方地区)
PD20120125 甲氨基阿维菌素苯甲酸盐/2%/微乳剂/甲氨基阿维菌素 2%/2012.01.29 至 2017.01.29/低毒
甘蓝 甜菜夜蛾 1.5-2.25克/公顷 喷雾
注:甲氨基阿维菌素苯甲酸盐含量: 2.3%。
PD20120137 己唑醇/5%/微乳剂/己唑醇 5%/2012.01.29 至 2017.01.29/低毒
葡萄 白粉病 20-30毫克/千克 喷雾
PD20120496 腈菌唑/40%/可湿性粉剂/腈菌唑 40%/2012.03.19 至 2017.03.19/低毒
梨树 黑星病 40-66.7毫克/千克 喷雾
PD20120657 咪鲜胺/40%/水乳剂/咪鲜胺 40%/2012.04.18 至 2017.04.18/低毒
香蕉 炭疽病 333.3－500毫克/千克 浸果
PD20120669 嘧啶核苷类抗菌素/4%/水剂/嘧啶核苷类抗菌素 4%/2012.04.18 至 2017.04.18/低毒
西瓜 枯萎病 100-133毫克/千克 灌根
PD20120684 灭蝇胺/20%/可溶粉剂/灭蝇胺 20%/2012.04.18 至 2017.04.18/低毒
菜豆 美洲斑潜蝇 150-210克/公顷 喷雾
PD20120808 嘧霉胺/400克/升/悬浮剂/嘧霉胺 400克/升/2012.05.17 至 2017.05.17/低毒
番茄 灰霉病 378-558克/公顷 喷雾
PD20120809 嘧霉胺/20%/悬浮剂/嘧霉胺 20%/2012.05.17 至 2017.05.17/低毒
番茄 灰霉病 360－540克/公顷 喷雾
PD20120890 戊唑醇/430克/升/悬浮剂/戊唑醇 430克/升/2012.05.24 至 2017.05.24/低毒
苹果树 斑点落叶病 71.6-107.5毫克/千克 喷雾
PD20120900 甲氨基阿维菌素苯甲酸盐/0.5%/微乳剂/甲氨基阿维菌素 0.5%/2012.05.24 至 2017.05.24/低毒
甘蓝 甜菜夜蛾 2.25-3克/公顷 喷雾
注:甲氨基阿维菌素苯甲酸盐含量: 0.6%。
PD20121051 草甘膦铵盐/50%/可溶粉剂/草甘膦 50%/2012.07.12 至 2017.07.12/低毒
柑橘园 杂草 1125-2250克/公顷 定向茎叶喷雾
注:草甘膦铵盐含量: 55%。
PD20121144 甲氰菊酯/20%/水乳剂/甲氰菊酯 20%/2012.07.20 至 2017.07.20/中等毒
柑橘树 潜叶蛾 66.7-100毫克/千克 喷雾
PD20121255 戊唑醇/12.5%/水乳剂/戊唑醇 12.5%/2012.09.04 至 2017.09.04/低毒
苹果树 斑点落叶病 83.3-125毫克/千克 喷雾
PD20121302 吡虫啉/70%/水分散粒剂/吡虫啉 70%/2012.09.06 至 2017.09.06/中等毒
甘蓝 蚜虫 10.5－21克/公顷 喷雾
PD20121342 戊唑醇/25%/水乳剂/戊唑醇 25%/2012.09.12 至 2017.09.12/低毒
苹果树 斑点落叶病 100-125毫克/千克 喷雾
PD20121384 醚菌酯/50%/水分散粒剂/醚菌酯 50%/2012.09.13 至 2017.09.13/低毒
黄瓜 白粉病 112.5－150克/公顷 喷雾
PD20121402 毒死蜱/30%/水乳剂/毒死蜱 30%/2012.09.19 至 2017.09.19/中等毒
水稻 稻纵卷叶螟 450－540克/公顷 喷雾
PD20121405 吡虫啉/600克/升/悬浮剂/吡虫啉 600克/升/2012.09.19 至 2017.09.19/低毒
水稻 飞虱 14.4-28.8克/公顷 喷雾
PD20121407 烯酰吗啉/20%/悬浮剂/烯酰吗啉 20%/2012.09.19 至 2017.09.19/低毒
葡萄 霜霉病 167-250毫克/千克 喷雾
PD20121514 丙森锌/70%/可湿性粉剂/丙森锌 70%/2012.10.09 至 2017.10.09/低毒
黄瓜 霜霉病 1575～2205克/公顷 喷雾
PD20121930 噻嗪·毒死蜱/42%/乳油/毒死蜱 28%、噻嗪酮 14%/2012.12.07 至 2017.12.07/中等毒
水稻 稻飞虱 189－252克/公顷 喷雾
PD20121948 氟环唑/125克/升/悬浮剂/氟环唑 125克/升/2012.12.12 至 2017.12.12/低毒

香蕉 叶斑病 125～250毫克/千克 喷雾

PD20121996 苯醚甲环唑/10%/水乳剂/苯醚甲环唑 10%/2012.12.18 至 2017.12.18/低毒

苹果树 斑点落叶病 50－66.7毫克/千克 喷雾

PD20122096 中生菌素/3%/可湿性粉剂/中生菌素 3%/2012.12.26 至 2017.12.26/低毒

番茄 青枯病 38-50毫克/千克 喷雾

PD20122129 咪鲜胺/45%/微乳剂/咪鲜胺 45%/2012.12.26 至 2017.12.26/低毒

芒果 炭疽病 375-563毫克/千克 喷雾

PD20130065 醚菌酯/40%/悬浮剂/醚菌酯 40%/2013.01.07 至 2018.01.07/低毒

香蕉 叶斑病 250-500毫克/千克 喷雾

PD20130234 高效氯氟氰菊酯/5%/微乳剂/高效氯氟氰菊酯 5%/2013.01.30 至 2018.01.30/中等毒

甘蓝 菜青虫 13.5-18克/公顷 喷雾

PD20130614 吡蚜酮/25%/可湿性粉剂/吡蚜酮 25%/2013.04.03 至 2018.04.03/低毒

水稻 稻飞虱 60-75克/公顷 喷雾

PD20131524 异丙威/40%/可湿性粉剂/异丙威 40%/2013.07.17 至 2018.07.17/低毒

水稻 稻飞虱 450-600克/公顷 喷雾

PD20131559 高效氯氟氰菊酯/2.5%/微乳剂/高效氯氟氰菊酯 2.5%/2013.07.23 至 2018.07.23/低毒

甘蓝 蚜虫 7.5-11.25克/公顷 喷雾

PD20131563 氟氯氰菊酯/5.7%/水乳剂/氟氯氰菊酯 5.7%/2013.07.23 至 2018.07.23/中等毒

甘蓝 蚜虫 20.52-25.65克/公顷 喷雾

PD20131567 烯酰·锰锌/50%/可湿性粉剂/代森锰锌 60%、烯酰吗啉 9%/2013.07.23 至 2018.07.23/低毒

黄瓜 霜霉病 1035-1552.5克/公顷 喷雾

PD20131686 丁醚脲/50%/悬浮剂/丁醚脲 50%/2013.08.07 至 2018.08.07/低毒

甘蓝 小菜蛾 375-562.5克/公顷 喷雾

PD20132124 高氯·甲维盐/4.2%/水乳剂/高效氯氰菊酯 4%、甲氨基阿维菌素苯甲酸盐 0.2%/2013.10.24 至 2018.10.24/低毒

甘蓝 甜菜夜蛾 22.05-28.35克/公顷 喷雾

PD20132395 甲硫·戊唑醇/43%/悬浮剂/甲基硫菌灵 30%、戊唑醇 13%/2013.11.20 至 2018.11.20/低毒

苹果树 轮纹病 268.75-358.3毫克/千克 喷雾

PD20132556 吡虫·噻嗪酮/18%/悬浮剂/吡虫啉 2%、噻嗪酮 16%/2013.12.17 至 2018.12.17/微毒

水稻 稻飞虱 81-94.5克/公顷 喷雾

PD20132603 丁醚脲/25%/乳油/丁醚脲 25%/2013.12.17 至 2018.12.17/低毒

甘蓝 小菜蛾 300-450克/公顷 喷雾

LS20110096 烯啶虫胺/10%/水剂/烯啶虫胺 10%/2013.04.11 至 2014.04.11/低毒

棉花 蚜虫 15－30克/公顷 喷雾

LS20110242 苯甲·多菌灵/30%/可湿性粉剂/苯醚甲环唑 5%、多菌灵 25%/2013.09.13 至 2014.09.13/低毒

苹果树 炭疽病 200－300毫克/千克 喷雾

LS20110243 苯甲·锰锌/55%/可湿性粉剂/苯醚甲环唑 5%、代森锰锌 50%/2013.09.13 至 2014.09.13/低毒

苹果树 斑点落叶病 305.6－458.3毫克/千克 喷雾

LS20110251 烯酰·乙膦铝/60%/可湿性粉剂/烯酰吗啉 15%、三乙膦酸铝 45%/2013.09.15 至 2014.09.15/低毒

黄瓜 霜霉病 900－1080克/公顷 喷雾

LS20110314 阿维·三唑锡/21%/悬浮剂/阿维菌素 1%、三唑锡 20%/2013.12.05 至 2014.12.05/低毒(原药高毒)

柑橘树 红蜘蛛 70-105毫克/千克 喷雾

LS20120036 烯酰·丙森锌/70%/可湿性粉剂/丙森锌 55%、烯酰吗啉 15%/2014.02.06 至 2015.02.06/低毒

黄瓜 霜霉病 735－945克/公顷 喷雾

LS20120037 烯酰·醚菌酯/50%/水分散粒剂/醚菌酯 15%、烯酰吗啉 35%/2014.02.06 至 2015.02.06/低毒

黄瓜 霜霉病 225-375克/公顷 喷雾

LS20120121 戊唑·异菌脲/20%/悬浮剂/戊唑醇 8%、异菌脲 12%/2013.03.30 至 2014.03.30/低毒

苹果树 斑点落叶病 133.3-200毫克/千克 喷雾

LS20120188 烯酰吗啉/40%/悬浮剂/烯酰吗啉 40%/2013.05.31 至 2014.05.31/低毒

葡萄 霜霉病 200-267毫克/千克 喷雾

LS20120303 苯甲·嘧菌酯/30%/悬浮剂/苯醚甲环唑 18%、嘧菌酯 12%/2013.08.27 至 2014.08.27/低毒

辣椒 炭疽病 90～144克/公顷 喷雾

LS20120311 硅唑·多菌灵/55%/可湿性粉剂/多菌灵 50%、氟硅唑 5%/2013.09.04 至 2014.09.04/低毒

苹果树 轮纹病 275-550毫克/千克 喷雾

LS20130029 烯酰·嘧菌酯/40%/悬浮剂/嘧菌酯 20%、烯酰吗啉 20%/2014.01.15 至 2015.01.15/低毒

葡萄 霜霉病 133-200毫克/千克 喷雾

LS20130036 甲维·毒死蜱/21%/微乳剂/毒死蜱 20.5%、甲氨基阿维菌素苯甲酸盐 .5%/2014.01.15 至 2015.01.15/中等毒

水稻 稻纵卷叶螟 252-315克/公顷 喷雾

LS20130073 苯甲·醚菌酯/30%/悬浮剂/苯醚甲环唑 10%、醚菌酯 20%/2014.02.26 至 2015.02.26/低毒

辣椒 炭疽病 112.5～135克/公顷 喷雾

LS20130228 醚菌·氟环唑/40%/悬浮剂/氟环唑 15%、醚菌酯 25%/2013.04.28 至 2014.04.28/低毒

香蕉 叶斑病 200-400毫克/千克 喷雾

LS20130393 阿维·螺螨酯/22%/悬浮剂/阿维菌素 2%、螺螨酯 20%/2013.07.29 至 2014.07.29/中等毒(原药高毒)

柑橘树 红蜘蛛 36.7-55毫克/千克 喷雾

陕西博宇农化有限公司　(陕西省渭南市蒲城县蒲石火车站西　715500　0913-7214167)

PD20092039　高效氯氟氰菊酯/25克/升/乳油/高效氯氟氰菊酯 25克/升/2014.02.12 至 2019.02.12/中等毒
　棉花　棉铃虫　20.625-22.5克/公顷　喷雾

PD20092874　多·福/40%/可湿性粉剂/多菌灵 5%、福美双 35%/2014.03.05 至 2019.03.05/低毒
　葡萄　霜霉病　1000-1250毫克/千克　喷雾

PD20093602　甲基硫菌灵/70%/可湿性粉剂/甲基硫菌灵 70%/2014.03.23 至 2019.03.23/低毒
　小麦　赤霉病　892.5-1050克/公顷　喷雾

PD20094184　代森锰锌/80%/可湿性粉剂/代森锰锌 80%/2014.03.30 至 2019.03.30/低毒
　番茄　早疫病　1845-2370克/公顷　喷雾

PD20094551　多·锰锌/70%/可湿性粉剂/多菌灵 20%、代森锰锌 50%/2009.04.09 至 2014.04.09/低毒
　梨树　黑星病　1000-1250毫克/千克　喷雾

PD20098455　毒死蜱/480克/升/乳油/毒死蜱 480克/升/2009.12.24 至 2014.12.24/中等毒
　苹果树　绵蚜　200-266.7毫克/千克　喷雾

PD20100426　石硫合剂/29%/水剂/石硫合剂 29%/2010.01.14 至 2015.01.14/低毒
　苹果树　白粉病　4142.86－5272.73毫克/千克　喷雾

PD20100721　吡虫·辛硫磷/25%/乳油/吡虫啉 1%、辛硫磷 24%/2010.01.16 至 2015.01.16/低毒
　甘蓝　蚜虫　75-150克/公顷　喷雾

PD20132161　啶虫脒/5%/乳油/啶虫脒 5%/2013.10.29 至 2018.10.29/低毒
　柑橘树　蚜虫　16.7-25毫克/公顷　喷雾

PD20132166　溴氰菊酯/25克/升/乳油/溴氰菊酯 25克/升/2013.10.29 至 2018.10.29/低毒
　梨树　梨小食心虫　6.25-10毫克/千克　喷雾

PD20132177　甲氰菊酯/20%/乳油/甲氰菊酯 20%/2013.10.29 至 2018.10.29/中等毒
　苹果树　桃小食心虫　66.7-100毫克/千克　喷雾

WP20090223　杀虫粉剂/1.8%/粉剂/马拉硫磷 1.8%/2009.04.09 至 2014.04.09/低毒
　卫生　跳蚤　10克制剂/平方米　撒布

陕西创先生物化学有限公司　(陕西省西安市未央区六村堡乡相家巷村东　710086　029-88470635)

PD20083424　啶虫脒/5%/可湿性粉剂/啶虫脒 5%/2013.12.11 至 2018.12.11/低毒
　柑橘树　蚜虫　12-15毫克/千克　喷雾

PD20084481　阿维菌素/1.8%/乳油/阿维菌素 1.8%/2008.12.17 至 2013.12.17/低毒(原药高毒)
　菜豆　美洲斑潜蝇　6-7.5克/公顷　喷雾

PD20085183　多·福/80%/可湿性粉剂/多菌灵 10%、福美双 70%/2013.12.23 至 2018.12.23/低毒
　葡萄　霜霉病　1000-1250毫克/千克　喷雾

PD20085733　炔螨特/73%/乳油/炔螨特 73%/2013.12.26 至 2018.12.26/低毒
　柑橘树　红蜘蛛　292-487毫克/千克　喷雾

PD20086080　炔螨特/40%/乳油/炔螨特 40%/2013.12.30 至 2018.12.30/中等毒
　柑橘树　红蜘蛛　250-333毫克/千克　喷雾

PD20090229　多·锰锌/40%/可湿性粉剂/多菌灵 20%、代森锰锌 20%/2014.01.09 至 2019.01.09/低毒
　梨树　黑星病　1000-1250毫克/千克　喷雾

PD20090829　哒螨灵/20%/可湿性粉剂/哒螨灵 20%/2014.01.19 至 2019.01.19/中等毒
　柑橘树　红蜘蛛　67-100毫克/千克　喷雾

PD20092675　代森锰锌/80%/可湿性粉剂/代森锰锌 80%/2014.03.03 至 2019.03.03/低毒
　番茄　早疫病　2000-2500克/公顷　喷雾

PD20093238　灭多威/20%/可湿性粉剂/灭多威 20%/2014.03.11 至 2019.03.11/中等毒(原药高毒)
　棉花　棉铃虫　270-360克/公顷　喷雾

PD20093447　高氯·马/20%/乳油/高效氯氰菊酯 2%、马拉硫磷 18%/2014.03.23 至 2019.03.23/中等毒
　甘蓝　菜青虫　90-120克/公顷　喷雾

PD20096626　高效氯氟氰菊酯/25克/升/乳油/高效氯氟氰菊酯 25克/升/2009.09.02 至 2014.09.02/中等毒
　十字花科蔬菜　菜青虫　9.375-11.25克/公顷　喷雾

PD20098155　丙环唑/250克/升/乳油/丙环唑 250克/升/2009.12.14 至 2014.12.14/低毒
　香蕉　叶斑病　250－500毫克/千克　喷雾

PD20098156　四螨嗪/500克/升/悬浮剂/四螨嗪 500克/升/2009.12.14 至 2014.12.14/低毒
　苹果树　红蜘蛛　83-125毫克/千克　喷雾

PD20100770　醚菊酯/10%/悬浮剂/醚菊酯 10%/2010.01.18 至 2015.01.18/低毒
　甘蓝　菜青虫　45-60克/公顷　喷雾

PD20101145　硫丹/350克/升/乳油/硫丹 350克/升/2010.01.26 至 2015.01.26/高毒
　棉花　棉铃虫　682.5－840克/公顷　喷雾

PD20101720　辛菌胺醋酸盐(1.8%)///水剂/辛菌胺 1.2%/2010.06.28 至 2015.06.28/低毒
　番茄　病毒病　42-63克/公顷　喷雾

PD20110633　苯醚甲环唑/10%/水分散粒剂/苯醚甲环唑 10%/2011.06.13 至 2016.06.13/微毒
　西瓜　炭疽病　90-105克/公顷　喷雾

PD20110745　戊唑醇/430克/升/悬浮剂/戊唑醇 430克/升/2011.07.25 至 2016.07.25/低毒
　苹果树　斑点落叶病　61.4－86毫克/千克　喷雾

PD20110790　阿维菌素/1.8%/水乳剂/阿维菌素 1.8%/2011.07.25 至 2016.07.25/低毒(原药高毒)

甘蓝 小菜蛾 5.4—10.8克/公顷 喷雾
PD20110875 氟硅唑/10%/水乳剂/氟硅唑 10%/2011.08.16 至 2016.08.16/微毒
黄瓜 白粉病 60—75克/公顷 喷雾
PD20120469 啶虫脒/40%/可溶粉剂/啶虫脒 40%/2012.03.19 至 2017.03.19/低毒
黄瓜 蚜虫 36-48克/公顷 喷雾
PD20132676 戊唑醇/25%/水乳剂/戊唑醇 25%/2013.12.25 至 2018.12.25/低毒
梨树 黑星病 83.3-125毫克/千克 喷雾
LS20120118 阿维・四螨嗪/20%/悬浮剂/阿维菌素 0.5%、四螨嗪 19.5%/2013.03.30 至 2014.03.30/低毒(原药高毒)
柑橘树 红蜘蛛 100-133毫克/千克 喷雾
LS20120147 戊唑・多菌灵/42%/悬浮剂/多菌灵 30%、戊唑醇 12%/2013.04.12 至 2014.04.12/低毒
苹果树 轮纹病 280-420毫克/千克 喷雾
LS20120157 阿维・噻嗪酮/15%/悬浮剂/阿维菌素 .5%、噻嗪酮 14.5%/2013.04.18 至 2014.04.18/低毒(原药高毒)
柑橘树 白粉虱 100—150毫克/千克 喷雾

陕西国丰化工有限公司 (陕西省杨凌区常青北路9号 712100 029-87073602)

PD20080233 代森锰锌/70%/可湿性粉剂/代森锰锌 70%/2013.02.14 至 2018.02.14/低毒
番茄 早疫病 1837.5-2362.5克/公顷 喷雾
PD20081150 甲基硫菌灵/70%/可湿性粉剂/甲基硫菌灵 70%/2013.09.01 至 2018.09.01/低毒
番茄 叶霉病 420-577.5克/公顷 喷雾
PD20081221 多・锰锌/40%/可湿性粉剂/多菌灵 20%、代森锰锌 20%/2013.09.11 至 2018.09.11/低毒
梨树 黑星病 1000-1250毫克/千克 喷雾
PD20081227 氯氰・辛硫磷/20%/乳油/氯氰菊酯 1.5%、辛硫磷 18.5%/2013.09.11 至 2018.09.11/中等毒
十字花科蔬菜 蚜虫 150-240克/公顷 喷雾
PD20081234 霜脲・锰锌/72%/可湿性粉剂/代森锰锌 64%、霜脲氰 8%/2013.09.16 至 2018.09.16/低毒
黄瓜 霜霉病 1440-1800克/公顷 喷雾
PD20082124 硫磺・三环唑/45%/可湿性粉剂/硫磺 40%、三环唑 5%/2013.11.25 至 2018.11.25/低毒
水稻 稻瘟病 1012.5-1215克/公顷 喷雾
PD20082244 高效氯氰菊酯/4.5%/乳油/高效氯氰菊酯 4.5%/2013.11.27 至 2018.11.27/低毒
十字花科蔬菜 蚜虫 3.375-13.5克/公顷 喷雾
PD20085740 阿维菌素/0.5%/乳油/阿维菌素 0.5%/2013.12.26 至 2018.12.26/低毒(原药高毒)
十字花科蔬菜 菜青虫 8.1-10.8克/公顷 喷雾
PD20096228 阿维・辛硫磷/15%/乳油/阿维菌素 0.1%、辛硫磷 14.9%/2009.07.15 至 2014.07.15/低毒(原药高毒)
十字花科蔬菜 小菜蛾 112.5-168.75克/公顷 喷雾
PD20097961 福・福锌/80%/可湿性粉剂/福美双 30%、福美锌 50%/2009.12.01 至 2014.12.01/低毒
苹果树 炭疽病 1333.3-1600毫克/千克 喷雾
PD20100192 吗胍・乙酸铜/20%/可湿性粉剂/盐酸吗啉胍 16%、乙酸铜 4%/2010.01.05 至 2015.01.05/低毒
番茄 病毒病 625-750克/公顷 喷雾
PD20100499 多菌灵/80%/可湿性粉剂/多菌灵 80%/2010.01.14 至 2015.01.14/低毒
水稻 稻瘟病 750—900克/公顷 喷雾
PD20100573 甲霜・锰锌/58%/可湿性粉剂/甲霜灵 10%、代森锰锌 48%/2010.01.14 至 2015.01.14/低毒
黄瓜 霜霉病 862.5—1050克/公顷 喷雾
PD20100601 三乙膦酸铝/40%/可湿性粉剂/三乙膦酸铝 40%/2010.01.14 至 2015.01.14/低毒
黄瓜 霜霉病 2115—2820克/公顷 喷雾
PD20100843 噻螨酮/5%/乳油/噻螨酮 5%/2010.01.19 至 2015.01.19/低毒
柑橘树 红蜘蛛 25-30毫克/千克 喷雾
PD20101062 毒死蜱/480克/升/乳油/毒死蜱 480克/升/2010.01.21 至 2015.01.21/中等毒
苹果树 绵蚜 1500-2000倍液 喷雾
PD20101093 炔螨特/57%/乳油/炔螨特 57%/2010.01.25 至 2015.01.25/低毒
柑橘树 红蜘蛛 1500-2000倍液 喷雾
PD20102002 阿维・矿物油/24.5%/乳油/阿维菌素 0.2%、矿物油 24.3%/2010.09.25 至 2015.09.25/低毒(原药高毒)
柑橘树 红蜘蛛 123—245毫克/千克 喷雾
PD20110116 苦参碱/0.3%/水剂/苦参碱 0.3%/2011.01.26 至 2016.01.26/低毒
十字花科蔬菜 蚜虫 6.24-8.58克/公顷 喷雾
PD20110468 噻嗪・异丙威/25%/可湿性粉剂/噻嗪酮 5%、异丙威 20%/2011.04.22 至 2016.04.22/低毒
水稻 稻飞虱 375-562.5克/公顷 喷雾

陕西恒润化学工业有限公司 (陕西省三原县西阳镇原兵马俑皮革厂院内 713807 0910-2598008)

PD20085601 氟硅唑/95%/原药/氟硅唑 95%/2013.12.25 至 2018.12.25/低毒
PD20092422 丙环唑/250克/升/乳油/丙环唑 250克/升/2009.02.25 至 2014.02.25/低毒
香蕉 叶斑病 250-500毫克/千克 喷雾
PD20094230 联苯菊酯/100克/升/乳油/联苯菊酯 100克/升/2009.03.31 至 2014.03.31/中等毒
茶树 茶小绿叶蝉 30-37.5克/公顷 喷雾
PD20096685 氟硅唑/400克/升/乳油/氟硅唑 400克/升/2009.09.07 至 2014.09.07/低毒
梨树 黑星病 40—50毫克/千克 喷雾
PD20111200 唑螨酯/5%/悬浮剂/唑螨酯 5%/2011.11.16 至 2016.11.16/低毒

柑橘树 红蜘蛛 33.3-50毫克/千克 喷雾
PD20120333 氟氯氰菊酯/50克/升/乳油/氟氯氰菊酯 50克/升/2012.02.17 至 2017.02.17/低毒
甘蓝 菜青虫 22.5-26.5克/公顷 喷雾
PD20121726 咪鲜·异菌脲/20%/悬浮剂/咪鲜胺 10%、异菌脲 10%/2012.11.08 至 2017.11.08/低毒
香蕉 冠腐病 333－400毫克/千克 浸果
PD20130417 氟硅唑/10%/水分散粒剂/氟硅唑 10%/2013.03.18 至 2018.03.18/低毒
葡萄 白腐病 40-50毫克/千克 喷雾
PD20130645 氯氟·吡虫啉/7.5%/悬浮剂/吡虫啉 5.0%、高效氯氟氰菊酯 2.5%/2013.04.05 至 2018.04.05/低毒
小麦 蚜虫 33.75-39.375克/公顷 喷雾
PD20131034 硅唑·咪鲜胺/25%/可溶液剂/氟硅唑 5%、咪鲜胺 20%/2013.05.13 至 2018.05.13/低毒
黄瓜 炭疽病 160-200克/公顷 喷雾
PD20131296 硅唑·多菌灵/40%/悬浮剂/多菌灵 27.5%、氟硅唑 12.5%/2013.06.08 至 2018.06.08/低毒
黄瓜 白粉病 84-96克/公顷 喷雾
WP20120041 吡丙醚/98%/原药/吡丙醚 98%/2012.03.14 至 2017.03.14/低毒

陕西恒田化工有限公司 (陕西省西安市未央区凤城三路48号 710016 0913-3230600)

PD20040451 哒螨灵/20%/可湿性粉剂/哒螨灵 20%/2009.12.19 至 2014.12.19/低毒
柑橘树 红蜘蛛 50-67毫克/千克 喷雾
PD20040469 高效氯氰菊酯/4.5%/乳油/高效氯氰菊酯 4.5%/2009.12.19 至 2014.12.19/低毒
梨树 梨木虱 16.7-25毫克/千克 喷雾
PD20070476 啶虫脒/96%/原药/啶虫脒 96%/2012.11.28 至 2017.11.28/低毒
PD20070487 吡虫啉/95%/原药/吡虫啉 95%/2012.11.28 至 2017.11.28/低毒
PD20070516 啶虫脒/5%/乳油/啶虫脒 5%/2012.11.28 至 2017.11.28/低毒
小麦 蚜虫 18-31.5克/公顷 喷雾
PD20080510 啶虫脒/5%/可湿性粉剂/啶虫脒 5%/2013.04.23 至 2018.04.23/低毒
柑橘树 蚜虫 10-15毫克/千克 喷雾
PD20081027 氰戊·马拉松/20%/乳油/马拉硫磷 15%、氰戊菊酯 5%/2013.08.06 至 2018.08.06/低毒
苹果树 桃小食心虫 160-333.3毫克/千克 喷雾
PD20081088 高效氯氟氰菊酯/25克/升/乳油/高效氯氟氰菊酯 25克/升/2013.08.18 至 2018.08.18/中等毒
甘蓝 菜青虫 7.5-15克/公顷 喷雾
PD20082091 多·锰锌/40%/可湿性粉剂/多菌灵 20%、代森锰锌 20%/2013.11.25 至 2018.11.25/低毒
梨树 黑星病 1000-1250毫克/千克 喷雾
PD20082518 丙环唑/250克/升/乳油/丙环唑 250克/升/2013.12.03 至 2018.12.03/低毒
小麦 白粉病 131.25-150克/公顷 喷雾
PD20082733 甲霜·锰锌/58%/可湿性粉剂/甲霜灵 10%、代森锰锌 48%/2013.12.08 至 2018.12.08/低毒
黄瓜 霜霉病 1305-1632克/公顷 喷雾
PD20082888 阿维菌素/1.8%/乳油/阿维菌素 1.8%/2013.12.09 至 2018.12.09/中等毒(原药高毒)
梨树 梨木虱 6-12毫克/千克 喷雾
PD20082961 三唑锡/25%/可湿性粉剂/三唑锡 25%/2013.12.09 至 2018.12.09/中等毒
柑橘树 红蜘蛛 125-166.7毫克/千克 喷雾
PD20083206 毒死蜱/480克/升/乳油/毒死蜱 480克/升/2013.12.11 至 2018.12.11/中等毒
苹果树 绵蚜 240-480毫克/千克 喷雾
PD20083436 吡虫啉/10%/可湿性粉剂/吡虫啉 10%/2013.12.11 至 2018.12.11/低毒
水稻 稻飞虱 15-30克/公顷 喷雾
PD20083835 高氯·毒死蜱/12%/乳油/毒死蜱 9.5%、高效氯氰菊酯 2.5%/2013.12.15 至 2018.12.15/低毒
棉花 棉铃虫 270-324克/公顷 喷雾
PD20083933 甲氰菊酯/20%/乳油/甲氰菊酯 20%/2013.12.15 至 2018.12.15/中等毒
苹果树 桃小食心虫 80-100毫克/千克 喷雾
PD20084047 萎锈灵/98%/原药/萎锈灵 98%/2013.12.16 至 2018.12.16/低毒
PD20084078 噁霉灵/15%/水剂/噁霉灵 15%/2013.12.16 至 2018.12.16/低毒
水稻 立枯病 11250-18000克/公顷 苗床喷雾
PD20084152 丙环唑/250克/升/乳油/丙环唑 250克/升/2013.12.16 至 2018.12.16/低毒
香蕉 叶斑病 250-500毫克/千克 喷雾
PD20084227 百菌清/75%/可湿性粉剂/百菌清 75%/2013.12.17 至 2018.12.17/低毒
番茄 灰霉病 1687.5－2250克/公顷 喷雾
PD20084254 霜霉威/722克/升/水剂/霜霉威 722克/升/2013.12.17 至 2018.12.17/低毒
黄瓜 霜霉病 942-1180克/公顷 喷雾
PD20084407 吡虫啉/20%/可溶液剂/吡虫啉 20%/2013.12.17 至 2018.12.17/低毒
水稻 稻飞虱 24-30克/公顷 喷雾
PD20084420 高效氯氟氰菊酯/25克/升/乳油/高效氯氟氰菊酯 25克/升/2013.12.17 至 2018.12.17/中等毒
茶树 茶小绿叶蝉 22.5-30克/公顷 喷雾
PD20084443 乙酰甲胺磷/20%/乳油/乙酰甲胺磷 20%/2013.12.17 至 2018.12.17/低毒
柑橘树 介壳虫 400-500毫克/千克 喷雾
水稻 二化螟 600-900克/公顷 喷雾

PD20084548	炔螨特/73%/乳油/炔螨特 73%/2013.12.18 至 2018.12.18/低毒			
	柑橘	红蜘蛛	243-365毫克/千克	喷雾
PD20084596	苯磺隆/75%/水分散粒剂/苯磺隆 75%/2013.12.18 至 2018.12.18/低毒			
	冬小麦田	一年生阔叶杂草	14.6-20.3克/公顷	茎叶喷雾
PD20084661	氰戊·乐果/40%/乳油/乐果 39.2%、氰戊菊酯 0.8%/2013.12.22 至 2018.12.22/中等毒			
	棉花	蚜虫	150-225克/公顷	喷雾
	桃树	蚜虫	160-200毫克/千克	喷雾
	小麦	蚜虫	90克/公顷	喷雾
	叶菜类蔬菜	蚜虫	150-195克/公顷	喷雾
PD20084750	代森锰锌/80%/可湿性粉剂/代森锰锌 80%/2013.12.22 至 2018.12.22/低毒			
	黄瓜	霜霉病	2520-3000克/公顷	喷雾
	苹果	斑点落叶病	1000-1333毫克/千克	喷雾
PD20084988	联苯菊酯/25克/升/乳油/联苯菊酯 25克/升/2013.12.22 至 2018.12.22/低毒			
	茶树	茶小绿叶蝉	30—37.5克/公顷	喷雾
PD20085048	霜霉威盐酸盐/96%/原药/霜霉威盐酸盐 96%/2013.12.23 至 2018.12.23/低毒			
PD20085686	啶虫脒/20%/可溶粉剂/啶虫脒 20%/2013.12.26 至 2018.12.26/中等毒			
	柑橘树	蚜虫	20-40毫克/千克	喷雾
PD20085885	甲基硫菌灵/70%/可湿性粉剂/甲基硫菌灵 70%/2013.12.29 至 2018.12.29/低毒			
	梨树	黑星病	1500—1700倍液	喷雾
PD20090016	阿维菌素/1.8%/可湿性粉剂/阿维菌素 1.8%/2014.01.06 至 2019.01.06/低毒(原药高毒)			
	十字花科蔬菜	小菜蛾	8.1-10.8克/公顷	喷雾
PD20090094	甲硫·福美双/70%/可湿性粉剂/福美双 40%、甲基硫菌灵 30%/2014.01.08 至 2019.01.08/低毒			
	苹果树	轮纹病	875-1167毫克/千克	喷雾
PD20090265	百草枯/200克/升/水剂/百草枯 200克/升/2012.12.31 至 2014.07.01/中等毒			
	苹果园	一年生和多年生杂草	600-900克/公顷	定向茎叶喷雾
PD20090524	噻嗪·杀扑磷/20%/乳油/噻嗪酮 15%、杀扑磷 5%/2014.01.12 至 2019.01.12/中等毒(原药高毒)			
	柑橘树	矢尖蚧	200-250毫克/千克	喷雾
PD20090919	啶虫脒/20%/可溶液剂/啶虫脒 20%/2014.01.19 至 2019.01.19/低毒			
	棉花	蚜虫	24-36克/公顷	喷雾
PD20091072	马拉硫磷/45%/乳油/马拉硫磷 45%/2014.01.21 至 2019.01.21/低毒			
	十字花科蔬菜	黄条跳甲	675-810克/公顷	喷雾
PD20091632	三乙膦酸铝/40%/可湿性粉剂/三乙膦酸铝 40%/2014.02.03 至 2019.02.03/低毒			
	黄瓜	霜霉病	1800—2700克/公顷	喷雾
PD20092219	三唑磷/20%/乳油/三唑磷 20%/2014.02.24 至 2019.02.24/中等毒			
	水稻	二化螟	360-540克/公顷	喷雾
PD20092832	苯磺隆/10%/可湿性粉剂/苯磺隆 10%/2014.03.05 至 2019.03.05/低毒			
	冬小麦田	一年生阔叶杂草	15-22.5克/公顷	茎叶喷雾
PD20092879	福美锌/72%/可湿性粉剂/福美锌 72%/2014.03.05 至 2019.03.05/低毒			
	苹果树	炭疽病	1200-1800毫克/千克	喷雾
PD20092973	草甘膦/30%/水剂/草甘膦 30%/2014.03.09 至 2019.03.09/低毒			
	柑橘园	杂草	1125-2250克/公顷	定向茎叶喷雾
PD20093177	萎锈·福美双/400克/升/悬浮种衣剂/福美双 200克/升、萎锈灵 200克/升/2014.03.11 至 2019.03.11/低毒			
	棉花	立枯病	64-80克/100千克种子	种子包衣
PD20093672	精喹禾灵/5%/乳油/精喹禾灵 5%/2014.03.25 至 2019.03.25/低毒			
	夏大豆田	一年生禾本科杂草	45-52.5克/公顷	茎叶喷雾
PD20093809	莠灭净/40%/可湿性粉剂/莠灭净 40%/2014.03.25 至 2019.03.25/低毒			
	甘蔗田	一年生杂草	1560-2400克/公顷	喷雾
PD20094292	氟磺胺草醚/250克/升/水剂/氟磺胺草醚 250%/2014.03.31 至 2019.03.31/低毒			
	春大豆田	一年生阔叶杂草	450-562.5克/公顷(东北地区)	茎叶喷雾
	夏大豆田	一年生阔叶杂草	375-450克/公顷(其它地区)	茎叶喷雾
PD20094329	乳氟禾草灵/240克/升/乳油/乳氟禾草灵 240克/升/2014.03.31 至 2019.03.31/低毒			
	花生田	一年生阔叶杂草	54-108克/公顷	茎叶喷雾
PD20094377	福美双/70%/可湿性粉剂/福美双 70%/2014.04.01 至 2019.04.01/低毒			
	黄瓜	霜霉病	840-1050克/公顷	喷雾
PD20094471	百草枯/200克/升/水剂/百草枯 200克/升/2012.12.31 至 2014.07.01/中等毒			
	夏玉米田	杂草	450-600克/公顷	定向喷雾
PD20094798	莠去津/38%/悬浮剂/莠去津 38%/2014.04.13 至 2019.04.13/低毒			
	春玉米田	一年生杂草	2023.5-2251.5克/公顷	土壤喷雾
PD20095264	高效氟吡甲禾灵/108克/升/乳油/高效氟吡甲禾灵 108克/升/2014.04.27 至 2019.04.27/低毒			
	春大豆田	一年生禾本科杂草	48.6-56.7克/公顷	茎叶喷雾
	夏大豆田	一年生禾本科杂草	40.5-48.6克/公顷	茎叶喷雾
PD20095588	氟铃脲/5%/乳油/氟铃脲 5%/2009.05.12 至 2014.05.12/低毒			
	甘蓝	小菜蛾	52.25-67.5克/公顷	喷雾

PD20096925	高氯·马/20%/乳油/高效氯氰菊酯 2%、马拉硫磷 18%/2009.09.23 至 2014.09.23/低毒			
	苹果树	桃小食心虫	133.3-250毫克/千克	喷雾
PD20097185	莠去津/48%/可湿性粉剂/莠去津 48%/2009.10.16 至 2014.10.16/低毒			
	春玉米田	一年生杂草	2160-2880克/公顷(东北地区)	土壤喷雾
	夏玉米田	一年生杂草	1269-1440克/公顷(其它地区)	土壤喷雾
PD20097962	哒螨灵/15%/乳油/哒螨灵 15%/2009.12.01 至 2014.12.01/低毒			
	柑橘树	红蜘蛛	75-100毫克/千克	喷雾
PD20098079	毒死蜱/480克/升/乳油/毒死蜱 480克/升/2009.12.08 至 2014.12.08/中等毒			
	苹果树	桃小食心虫	240-320毫克/千克	喷雾
PD20098325	炔螨·矿物油/73%/乳油/矿物油 40%、炔螨特 33%/2009.12.18 至 2014.12.18/低毒			
	柑橘树	红蜘蛛	292-365毫克/千克	喷雾
PD20100114	咪鲜胺锰盐/50%/可湿性粉剂/咪鲜胺锰盐 50%/2010.01.05 至 2015.01.05/低毒			
	黄瓜	炭疽病	450-600克/公顷	喷雾
PD20100209	腐酸·硫酸铜/2.4%/水剂/腐殖酸 2.07%、硫酸铜 0.33%/2010.01.05 至 2015.01.05/低毒			
	苹果树	腐烂病	200克制剂/平方米病疤	涂抹病疤
PD20101256	矿物油/95%/乳油/矿物油 95%/2010.03.05 至 2015.03.05/低毒			
	柑橘树	失尖介	9500-19000毫克/千克	喷雾
PD20101597	吡虫啉/25%/可湿性粉剂/吡虫啉 25%/2010.06.03 至 2015.06.03/低毒			
	水稻	稻飞虱	15-30克/公顷	喷雾
PD20101920	吡虫·噻嗪酮/20%/可湿性粉剂/吡虫啉 2%、噻嗪酮 18%/2010.08.27 至 2015.08.27/低毒			
	水稻	稻飞虱	120-150克/公顷	喷雾
PD20101968	啶虫脒/40%/水分散粒剂/啶虫脒 40%/2010.09.21 至 2015.09.21/低毒			
	水稻	稻飞虱	31.5-36克/公顷	喷雾
PD20110815	阿维·啶虫脒/8.8%/乳油/阿维菌素 0.4%、啶虫脒 8.4%/2011.08.04 至 2016.08.04/低毒(原药高毒)			
	柑橘树	黑刺粉虱	17.6-22毫克/千克	喷雾
PD20110827	甲氨基阿维菌素苯甲酸盐/1%/乳油/甲氨基阿维菌素 1%/2011.08.10 至 2016.08.10/低毒			
	甘蓝	小菜蛾	1.5-3克/公顷	喷雾
	注:甲氨基阿维菌素苯甲酸盐含量：1.14%。			
PD20111272	吡虫啉/70%/水分散粒剂/吡虫啉 70%/2011.11.23 至 2016.11.23/低毒			
	甘蓝	蚜虫	15.75-21克/公顷	喷雾
PD20111334	苯醚甲环唑/10%/水分散粒剂/苯醚甲环唑 10%/2011.12.06 至 2016.12.06/低毒			
	西瓜	炭疽病	75-120克/公顷	喷雾
PD20120098	阿维·高氯/1.8%/乳油/阿维菌素 0.3%、高效氯氰菊酯 1.5%/2012.01.29 至 2017.01.29/低毒(原药高毒)			
	甘蓝	菜青虫、小菜蛾	7.5-15克/公顷	喷雾
PD20120356	哒螨·矿物油/28%/乳油/哒螨灵 5%、矿物油 23%/2012.02.23 至 2017.02.23/低毒			
	苹果树	红蜘蛛	112-186.7毫克/千克	喷雾
PD20120636	阿维·吡虫啉/5%/乳油/阿维菌素 0.5%、吡虫啉 4.5%/2012.04.12 至 2017.04.12/低毒(原药高毒)			
	梨树	梨木虱	6.25-10毫克/千克	喷雾
PD20120821	毒死蜱/30%/水乳剂/毒死蜱 30%/2012.05.22 至 2017.05.22/中等毒			
	水稻	稻纵卷叶螟	360-540克/公顷	喷雾
PD20120822	咪鲜胺/450克/升/水乳剂/咪鲜胺 450克/升/2012.05.22 至 2017.05.22/低毒			
	香蕉	炭疽病	250-500毫克/千克	浸果
PD20120979	氟硅唑/400克/升/乳油/氟硅唑 400克/升/2012.06.21 至 2017.06.21/低毒			
	黄瓜	黑星病	45-75克/公顷	喷雾
PD20120982	高效氯氟氰菊酯/2.5%/水乳剂/高效氯氟氰菊酯 2.5%/2012.06.21 至 2017.06.21/中等毒			
	甘蓝	菜青虫	7.5-9.375克/公顷	喷雾
PD20120991	草甘膦铵盐/58%/可溶粉剂/草甘膦 58%/2012.06.21 至 2017.06.21/低毒			
	柑橘园	杂草	1131-2175克/公顷	定向茎叶喷雾
	注:草甘膦铵盐含量：63.8%。			
PD20121025	高氯·啶虫脒/10.5%/乳油/啶虫脒 7%、高效氯氰菊酯 3.5%/2012.07.02 至 2017.07.02/低毒			
	苹果树	蚜虫	15-17.5毫克/千克	喷雾
PD20121377	丙森锌/70%/可湿性粉剂/丙森锌 70%/2012.09.13 至 2017.09.13/低毒			
	黄瓜	霜霉病	1890—2205克/公顷	喷雾
PD20121450	戊唑醇/430克/升/悬浮剂/戊唑醇 430克/升/2012.10.08 至 2017.10.08/低毒			
	苹果树	斑点落叶病	71.7-86.0mg/kg	喷雾
PD20121460	甲氨基阿维菌素苯甲酸盐/5.0%/水分散粒剂/甲氨基阿维菌素 5%/2012.10.08 至 2017.10.08/低毒			
	甘蓝	小菜蛾	2.25-3.75克/公顷	喷雾
	注:甲氨基阿维菌素苯甲酸盐含量：5.7%。			
PD20121521	霜脲氰/98%/原药/霜脲氰 98%/2012.10.09 至 2017.10.09/低毒			
PD20122022	醚菌酯/30%/悬浮剂/醚菌酯 30%/2012.12.19 至 2017.12.19/低毒			
	番茄	早疫病	225～270克/公顷	喷雾
PD20131062	甲基硫菌灵/500克/升/悬浮剂/甲基硫菌灵 500克/升/2013.05.20 至 2018.05.20/低毒			
	小麦	赤霉病	750～1125克/公顷	喷雾

PD20131121 氟铃脲/5%/乳油/氟铃脲 5%/2013.05.20 至 2018.05.20/低毒
甘蓝 小菜蛾 37.5-56.25克/公顷 喷雾
PD20131784 吡虫啉/480克/升/悬浮剂/吡虫啉 480克/升/2013.09.09 至 2018.09.09/低毒
甘蓝 蚜虫 14.4-28.8克/公顷 喷雾
PD20132653 丙溴磷/50%/乳油/丙溴磷 50%/2013.12.20 至 2018.12.20/低毒
水稻 稻纵卷叶螟 750-900克/公顷 喷雾
LS20120112 己唑·稻瘟灵/35%/悬浮剂/稻瘟灵 30%、己唑醇 5%/2014.03.30 至 2015.03.30/低毒
水稻 稻瘟病 315～420克/公顷 /喷雾
LS20120116 烯酰·霜脲氰/70%/水分散粒剂/霜脲氰 20%、烯酰吗啉 50%/2014.03.30 至 2015.03.30/低毒
黄瓜 霜霉病 315-420克/公顷 喷雾
LS20120209 苯醚·咪鲜胺/28%/悬浮剂/苯醚甲环唑 8%、咪鲜胺锰盐 20%/2014.06.04 至 2015.06.04/低毒
水稻 纹枯病 168-210克/公顷 喷雾
LS20130041 噻嗪·毒死蜱/40%/悬浮剂/毒死蜱 18%、噻嗪酮 22%/2014.02.06 至 2015.02.06/低毒
柑橘树 矢尖蚧 200-266.67毫克/千克 喷雾
LS20130092 苯甲·霜霉威/63%/悬浮剂/苯醚甲环唑 9%、霜霉威盐酸盐 54%/2014.03.11 至 2015.03.11/低毒
葡萄 霜霉病 458-573毫克/千克 喷雾
LS20130200 阿维·苯丁锡/21%/悬浮剂/阿维菌素 1%、苯丁锡 20%/2014.04.09 至 2015.04.09/低毒(原药高毒)
柑橘树 红蜘蛛 52.5-105毫克/千克 喷雾
LS20130203 仲丁·吡蚜酮/30%/悬浮剂/吡蚜酮 10%、仲丁威 20%/2014.04.09 至 2015.04.09/低毒
水稻 稻飞虱 180-270克/公顷 喷雾
LS20130383 苦参碱/5%/水剂/苦参碱 5%/2013.07.29 至 2014.07.29/低毒
甘蓝 小菜蛾 6-7.5克/公顷 喷雾
LS20130512 霜脲·霜霉威/28%/可湿性粉剂/霜霉威 14%、霜脲氰 14%/2013.12.10 至 2014.12.10/低毒
马铃薯 晚疫病 630-765克/公顷 喷雾

陕西皇牌作物科技有限公司 (陕西省渭南高新区朝阳大街西段 714000 0913-2103960)

PD20083183 毒死蜱/45%/乳油/毒死蜱 45%/2013.12.11 至 2018.12.11/中等毒
水稻 二化螟 504-648克/公顷 喷雾
PD20083192 硫双威/75%/可湿性粉剂/硫双威 75%/2013.12.11 至 2018.12.11/中等毒
棉花 棉铃虫 562.5-675克/公顷 喷雾
PD20083828 速灭威/25%/可湿性粉剂/速灭威 25%/2013.12.15 至 2018.12.15/中等毒
水稻 稻飞虱 562.5-750克/公顷 喷雾
PD20083839 噁霜·锰锌/64%/可湿性粉剂/噁霜灵 8%、代森锰锌 56%/2013.12.15 至 2018.12.15/低毒
黄瓜 霜霉病 1632-1920克/公顷 喷雾
PD20083928 杀螺胺/70%/可湿性粉剂/杀螺胺 70%/2013.12.15 至 2018.12.15/低毒
水稻 福寿螺 367.5-472.5克/公顷 喷雾
PD20083930 甲氰菊酯/20%/乳油/甲氰菊酯 20%/2013.12.15 至 2018.12.15/中等毒
苹果树 红蜘蛛 100-133.3毫克/千克 喷雾
PD20084248 三环唑/20%/可湿性粉剂/三环唑 20%/2013.12.17 至 2018.12.17/低毒
水稻 稻瘟病 240-300克/公顷 喷雾
PD20084260 氯氰·丙溴磷/440克/升/乳油/丙溴磷 400克/升、氯氰菊酯 40克/升/2013.12.17 至 2018.12.17/低毒
棉花 棉铃虫 528-660克/公顷 喷雾
PD20084262 稻瘟灵/40%/乳油/稻瘟灵 40%/2013.12.17 至 2018.12.17/低毒
水稻 稻瘟病 600-720克/公顷 喷雾
PD20084270 百菌清/75%/可湿性粉剂/百菌清 75%/2013.12.17 至 2018.12.17/低毒
葡萄 白粉病 1071-1250毫克/千克 喷雾
PD20084323 甲霜·锰锌/58%/可湿性粉剂/甲霜灵 10%、代森锰锌 48%/2013.12.17 至 2018.12.17/低毒
黄瓜 霜霉病 1305-1635.6克/公顷 喷雾
PD20084342 异丙威/20%/乳油/异丙威 20%/2013.12.17 至 2018.12.17/低毒
水稻 稻飞虱 510-600克/公顷 喷雾
PD20084363 噻嗪·异丙威/25%/可湿性粉剂/噻嗪酮 5%、异丙威 20%/2013.12.17 至 2018.12.17/低毒
水稻 稻飞虱 450-562.5克/公顷 喷雾
PD20084365 异稻瘟净/40%/乳油/异稻瘟净 40%/2013.12.17 至 2018.12.17/低毒
水稻 稻瘟病 1020-1200克/公顷 喷雾
PD20084472 敌敌畏/77.5%/乳油/敌敌畏 77.5%/2013.12.22 至 2018.12.22/中等毒
十字花科蔬菜 菜青虫 600-960克/公顷 喷雾
PD20084600 三唑锡/25%/可湿性粉剂/三唑锡 25%/2013.12.18 至 2018.12.18/低毒
柑橘树 红蜘蛛 125-166毫克/千克 喷雾
PD20084699 辛硫磷/40%/乳油/辛硫磷 40%/2013.12.22 至 2018.12.22/低毒
十字花科蔬菜 菜青虫 300-420克/公顷 喷雾
PD20084746 溴氰菊酯/25克/升/乳油/溴氰菊酯 25克/升/2013.12.22 至 2018.12.22/低毒
大白菜 菜青虫 11.25-15克/公顷 喷雾
PD20084813 氟啶脲/50克/升/乳油/氟啶脲 50克/升/2013.12.22 至 2018.12.22/低毒
甘蓝 菜青虫 37.5-45克/公顷 喷雾

PD20084864 代森锰锌/80%/可湿性粉剂/代森锰锌 80%/2013.12.22 至 2018.12.22/低毒
西瓜 炭疽病 1560-2520克/公顷 喷雾
PD20084871 丙环唑/25%/乳油/丙环唑 25%/2013.12.22 至 2018.12.22/低毒
香蕉 叶斑病 250-500毫克/千克 喷雾
PD20084922 噁霉灵/30%/水剂/噁霉灵 30%/2013.12.22 至 2018.12.22/低毒
水稻苗床 立枯病 0.9-1.8克/平方米 苗床喷雾或浇灌
PD20084991 异菌脲/255克/升/悬浮剂/异菌脲 255克/升/2013.12.22 至 2018.12.22/低毒
香蕉 冠腐病 1275-2550毫克/千克 浸果
PD20085231 三乙膦酸铝/90%/可溶粉剂/三乙膦酸铝 90%/2013.12.23 至 2018.12.23/微毒
黄瓜 霜霉病 2025-2700克/公顷 喷雾
PD20085443 仲丁威/50%/乳油/仲丁威 50%/2013.12.24 至 2018.12.24/低毒
水稻 稻飞虱 600-900克/公顷 喷雾
PD20085604 异菌脲/50%/可湿性粉剂/异菌脲 50%/2013.12.25 至 2018.12.25/低毒
番茄 早疫病 1050-1500克/公顷 喷雾
PD20085624 三环唑/75%/可湿性粉剂/三环唑 75%/2013.12.25 至 2018.12.25/低毒
水稻 稻瘟病 225-300克/公顷 喷雾
PD20085653 仲丁威/80%/乳油/仲丁威 80%/2013.12.26 至 2018.12.26/低毒
水稻 稻飞虱 480-600克/公顷 喷雾
PD20085712 三唑锡/20%/悬浮剂/三唑锡 20%/2013.12.26 至 2018.12.26/低毒
柑橘树 红蜘蛛 133.3-200毫克/千克 喷雾
PD20085786 四螨嗪/500克/升/悬浮剂/四螨嗪 500克/升/2013.12.29 至 2018.12.29/低毒
苹果树 红蜘蛛 83.3-100毫克/千克 喷雾
PD20086383 杀螟丹/98%/可溶粉剂/杀螟丹 98%/2013.12.31 至 2018.12.31/中等毒
水稻 二化螟 661.5-808.5克/公顷 喷雾
PD20090439 多菌灵/80%/可湿性粉剂/多菌灵 80%/2014.01.12 至 2019.01.12/低毒
水稻 纹枯病 720-900克/公顷 喷雾
PD20090583 百草枯/200克/升/水剂/百草枯 200克/升/2012.12.31 至 2014.07.01/中等毒
柑橘园 杂草 750-900克/公顷 定向茎叶喷雾
PD20090612 氟氯氰菊酯/50克/升/乳油/氟氯氰菊酯 50克/升/2014.01.14 至 2019.01.14/低毒
甘蓝 菜青虫 18.75-26.25克/公顷 喷雾
PD20091016 多菌灵/40%/悬浮剂/多菌灵 40%/2014.01.21 至 2019.01.21/低毒
苹果树 轮纹病 800-1000毫克/千克 喷雾
PD20091143 联苯菊酯/100克/升/乳油/联苯菊酯 100克/升/2014.01.21 至 2019.01.21/中等毒
茶树 茶小绿叶蝉 37.5-45克/公顷 喷雾
PD20091322 甲基硫菌灵/500克/升/悬浮剂/甲基硫菌灵 500克/升/2014.02.01 至 2019.02.01/低毒
水稻 稻瘟病 937.5-1125克/公顷 喷雾
PD20091376 杀螟丹/50%/可溶粉剂/杀螟丹 50%/2014.02.02 至 2019.02.02/中等毒
水稻 二化螟 600-900克/公顷 喷雾
PD20091843 氯氰·毒死蜱/522.5克/升/乳油/毒死蜱 475克/升、氯氰菊酯 47.5克/升/2014.02.06 至 2019.02.06/中等毒
棉花 棉铃虫 705.375-825克/公顷 喷雾
PD20091850 甲基硫菌灵/70%/可湿性粉剂/甲基硫菌灵 70%/2014.02.06 至 2019.02.06/低毒
水稻 纹枯病 1260-1470克/公顷 喷雾
PD20092310 代森锌/65%/可湿性粉剂/代森锌 65%/2014.02.24 至 2019.02.24/低毒
番茄 早疫病 2535-3510克/公顷 喷雾
PD20092653 高效氯氰菊酯/25克/升/乳油/高效氯氰菊酯 25克/升/2014.03.03 至 2019.03.03/中等毒
十字花科蔬菜 菜青虫 7.5-15克/公顷 喷雾
PD20093038 联苯菊酯/25克/升/乳油/联苯菊酯 25克/升/2014.03.09 至 2019.03.09/低毒
茶树 茶小绿叶蝉 30-37.5克/公顷 喷雾
PD20093983 喹硫磷/25%/乳油/喹硫磷 25%/2014.03.27 至 2019.03.27/低毒(原药高毒)
棉花 棉铃虫 100-150克制剂/亩 喷雾
PD20094232 噻螨酮/5%/乳油/噻嗪酮 5%/2014.03.31 至 2019.03.31/低毒
柑橘树 红蜘蛛 33.33-50毫克/千克 喷雾
PD20094504 仲丁威/20%/乳油/仲丁威 20%/2014.04.09 至 2019.04.09/低毒
水稻 稻飞虱 450-525克/公顷 喷雾
PD20096763 百菌清/40%/悬浮剂/百菌清 40%/2009.09.15 至 2014.09.15/低毒
黄瓜 霜霉病 1080克公顷 喷雾
PD20096791 四螨嗪/20%/悬浮剂/四螨嗪 20%/2009.09.15 至 2014.09.15/低毒
柑橘树 红蜘蛛 133.3-200毫克/千克 喷雾
PD20096859 炔螨特/57%/乳油/炔螨特 57%/2009.09.22 至 2014.09.22/低毒
柑橘树 红蜘蛛 228-380毫克/千克 喷雾
PD20096866 辛硫磷/56%/乳油/辛硫磷 56%/2009.09.23 至 2014.09.23/低毒
甘蓝 菜青虫 360-450克/公顷 喷雾
PD20096971 双甲脒/200克/升/乳油/双甲脒 200克/升/2009.09.29 至 2014.09.29/低毒

柑橘树 红蜘蛛 133-200毫克/千克 喷雾

PD20096996 阿维菌素/1.8%/乳油/阿维菌素 1.8%/2009.09.29 至 2014.09.29/中等毒(原药高毒)

十字花科蔬菜 小菜蛾 8.1-10.8克/公顷 喷雾

PD20097046 甲基硫菌灵/50%/可湿性粉剂/甲基硫菌灵 50%/2009.10.10 至 2014.10.10/低毒

番茄 叶霉病 337.5－562.5克/公顷 喷雾

PD20097148 霜霉威盐酸盐/66.5%/水剂/霜霉威盐酸盐 66.5%/2009.10.16 至 2014.10.16/低毒

黄瓜 霜霉病 649.8－1083克/公顷 喷雾

注:霜霉威盐酸盐质量浓度：722克/升。

PD20097162 复硝酚钠/1.8%/水剂/5-硝基邻甲氧基苯酚钠 0.3%、对硝基苯酚钠 0.9%、邻硝基苯酚钠 0.6%/2009.10.16 至2014.10.16/低毒

番茄 调节生长 6-9mg/kg 喷雾

PD20097226 三唑酮/25%/可湿性粉剂/三唑酮 25%/2009.10.19 至 2014.10.19/低毒

小麦 白粉病 150－168.75克/公顷 喷雾

PD20097563 噻嗪酮/25%/可湿性粉剂/噻嗪酮 25%/2009.11.12 至 2014.11.12/低毒

柑橘树 介壳虫 166.7-250毫克/千克 喷雾

PD20097932 四螨·三唑锡/20%/悬浮剂/四螨嗪 5%、三唑锡 15%/2009.11.30 至 2014.11.30/低毒

柑橘树 红蜘蛛 50-66.7毫克/千克 喷雾

PD20097947 杀扑磷/40%/乳油/杀扑磷 40%/2009.11.30 至 2014.11.30/高毒

柑橘树 红蜡蚧 400-500毫克/千克 喷雾

PD20097987 碱式硫酸铜/30%/悬浮剂/碱式硫酸铜 30%/2009.12.01 至 2014.12.01/低毒

番茄 早疫病 651－813.6克/公顷 喷雾

PD20098070 氟硅唑/400克/升/乳油/氟硅唑 400克/升/2009.12.08 至 2014.12.08/低毒

梨树 黑星病 40～50毫克/千克 喷雾

PD20098165 井冈霉素/16%/可溶粉剂/井冈霉素A 16%/2009.12.14 至 2014.12.14/低毒

小麦 纹枯病 120－150克/公顷 喷雾

注:井冈霉素含量：20%。

PD20098168 腐霉利/50%/可湿性粉剂/腐霉利 50%/2009.12.14 至 2014.12.14/低毒

油菜 菌核病 450－600克/公顷 喷雾

PD20100711 十三吗啉/750克/升/乳油/十三吗啉 750克/升/2010.01.16 至 2015.01.16/低毒

橡胶树 红根病 22.5－30克/株 灌淋

PD20101236 草甘膦异丙胺盐/30%/水剂/草甘膦 30%/2010.03.01 至 2015.03.01/低毒

柑橘园 杂草 200-366毫升制剂/亩 茎叶定向喷雾

注:草甘膦异丙胺盐含量：41%。

PD20101367 阿维·毒死蜱/15%/乳油/阿维菌素 0.1%、毒死蜱 14.9%/2010.04.02 至 2015.04.02/低毒(原药高毒)

萝卜 小菜蛾 112.5-157.5克/公顷 喷雾

PD20101916 啶虫脒/5%/可湿性粉剂/啶虫脒 5%/2010.08.27 至 2015.08.27/低毒

柑橘树 蚜虫 10-12毫克/ 喷雾

PD20101956 联苯菊酯/10%/微乳剂/联苯菊酯 10%/2010.09.20 至 2015.09.20/中等毒

茶树 茶小绿叶蝉 30-37.5克/公顷 喷雾

PD20102072 噻嗪酮/50%/悬浮剂/噻嗪酮 50%/2010.11.03 至 2015.11.03/低毒

水稻 稻飞虱 225-300克制剂/公顷 喷雾

PD20110068 咪鲜胺/25%/乳油/咪鲜胺 25%/2011.01.11 至 2016.01.11/低毒

水稻 恶苗病 83.3-100毫克/千克 浸种

PD20110131 草甘膦异丙胺盐/41%/水剂/草甘膦 41%/2011.01.28 至 2016.01.28/低毒

柑橘园 杂草 1800-2250克/公顷 定向茎叶喷雾

注:草甘膦异丙胺盐含量：55%

PD20110135 高效氯氰菊酯/4.5%/水乳剂/高效氯氰菊酯 4.5%/2011.02.09 至 2016.02.09/中等毒

甘蓝 菜青虫 20.25-33.75克/公顷 喷雾

PD20110136 丙环唑/50%/乳油/丙环唑 50%/2011.02.09 至 2016.02.09/低毒

香蕉 叶斑病 250－500毫克/千克 喷雾

PD20110142 高效氯氰菊酯/4.5%/微乳剂/高效氯氰菊酯 4.5%/2011.02.10 至 2016.02.10/中等毒

甘蓝 菜青虫 20.25－27克/公顷 喷雾

PD20110152 百草枯/250克/升/水剂/百草枯 250克/升/2012.12.31 至 2014.07.01/中等毒

柑橘园 杂草 600-900克/公顷 行间定向茎叶喷雾

PD20110164 杀螺胺乙醇胺盐/50%/可湿性粉剂/杀螺胺乙醇胺盐 50%/2011.02.11 至 2016.02.11/低毒

水稻 福寿螺 450-600克/公顷 撒施

PD20110224 草甘膦铵盐/58%/可溶粒剂/草甘膦 58%/2011.02.25 至 2016.02.25/微毒

柑橘园 杂草 1081-1618克/公顷 定向茎叶喷雾

注:草甘膦铵盐含量：64%。

PD20110358 甲氨基阿维菌素苯甲酸盐/1%/乳油/甲氨基阿维菌素 1%/2011.03.31 至 2016.03.31/低毒

甘蓝 小菜蛾 2.25-3克/公顷 喷雾

注:甲氨基阿维菌素苯甲酸盐含量：1.1%。

PD20110401 吡虫啉/70%/水分散粒剂/吡虫啉 70%/2011.04.12 至 2016.04.12/低毒

甘蓝 蚜虫 15.75－21克/公顷 喷雾

PD20110773 阿维菌素/1.8%/微乳剂/阿维菌素 1.8%/2011.07.25 至 2016.07.25/低毒(原药高毒)

甘蓝 小菜蛾 8.1-10.8克/公顷 喷雾

PD20110881 苯醚甲环唑/250克/升/乳油/苯醚甲环唑 250克/升/2011.08.16 至 2016.08.16/低毒

香蕉 叶斑病 100-125毫克/千克 喷雾

PD20110905 吡虫啉/30%/微乳剂/吡虫啉 30%/2011.08.17 至 2016.08.17/低毒

水稻 飞虱 22.5-29.25克/公顷 喷雾

PD20110944 吡虫啉/600克/升/悬浮剂/吡虫啉 600克/升/2011.09.07 至 2016.09.07/低毒

水稻 稻飞虱 27-36克/公顷 喷雾

PD20110967 毒死蜱/15%/颗粒剂/毒死蜱 15%/2011.09.13 至 2016.09.13/中等毒

花生 蛴螬 2250－3600克/公顷 撒施

PD20111002 高效氯氟氰菊酯/2.5%/水乳剂/高效氯氟氰菊酯 2.5%/2011.09.21 至 2016.09.21/中等毒

甘蓝 蚜虫 7.5-15克/公顷 喷雾

PD20111044 联苯菊酯/2.5%/水乳剂/联苯菊酯 2.5%/2011.10.10 至 2016.10.10/低毒

茶树 茶小绿叶蝉 30～45克/公顷 /喷雾

PD20111097 灭蝇胺/50%/可溶粉剂/灭蝇胺 50%/2011.10.13 至 2016.10.13/低毒

菜豆 美洲斑潜蝇 168.75－225克/公顷 喷雾

PD20111195 戊唑醇/430克/升/悬浮剂/戊唑醇 430克/升/2011.11.16 至 2016.11.16/低毒

苹果树 斑点落叶病 86－107.5毫克/千克 喷雾

PD20111270 三唑锡/40%/悬浮剂/三唑锡 40%/2011.11.23 至 2016.11.23/中等毒

柑橘树 红蜘蛛 100-200毫克/千克 喷雾

PD20111304 联苯菊酯/10%/水乳剂/联苯菊酯 10%/2011.11.24 至 2016.11.24/中等毒

茶树 茶小绿叶蝉 30－37.5克/公顷 喷雾

PD20111340 氟硅唑/10%/水乳剂/氟硅唑 10%/2011.12.06 至 2016.12.06/低毒

黄瓜 白粉病 60－90克/公顷 喷雾

PD20111413 烯酰吗啉/50%/水分散粒剂/烯酰吗啉 50%/2011.12.22 至 2016.12.22/低毒

黄瓜 霜霉病 225－300克/公顷 喷雾

PD20120066 噻嗪酮/25%/悬浮剂/噻嗪酮 25%/2012.01.16 至 2017.01.16/低毒

水稻 稻飞虱 75-112.5克/公顷 喷雾

PD20120091 己唑醇/25%/悬浮剂/己唑醇 25%/2012.01.29 至 2017.01.29/微毒

黄瓜 白粉病 22.5－37.5克/公顷 喷雾

PD20120169 联苯菊酯/4%/微乳剂/联苯菊酯 4%/2012.01.30 至 2017.01.30/中等毒

茶树 茶小绿叶蝉 30-36克/公顷 喷雾

PD20120216 腈菌唑/40%/悬浮剂/腈菌唑 40%/2012.02.09 至 2017.02.09/低毒

梨树 黑星病 40－50毫克/千克 喷雾

PD20120302 吡虫啉/20%/可湿性粉剂/吡虫啉 20%/2012.02.17 至 2017.02.17/低毒

小麦 蚜虫 15-30克/公顷(南方地区) 喷雾

45-60克/公顷(北方地区)

PD20120417 啶虫脒/20%/可溶液剂/啶虫脒 20%/2012.03.12 至 2017.03.12/低毒

黄瓜 蚜虫 24-48克/公顷 喷雾

PD20120451 阿维菌素/3%/水乳剂/阿维菌素 3%/2012.03.14 至 2017.03.14/低毒(原药高毒)

甘蓝 小菜蛾 8.1－10.8克/公顷 喷雾

PD20120453 苯醚甲环唑/10%/水分散粒剂/苯醚甲环唑 10%/2012.03.14 至 2017.03.14/微毒

西瓜 炭疽病 75-90克/公顷 喷雾

PD20120471 啶虫脒/10%/微乳剂/啶虫脒 10%/2012.03.19 至 2017.03.19/低毒

甘蓝 蚜虫 15-22.5克/公顷 喷雾

PD20120475 高氯·毒死蜱/44.5%/乳油/毒死蜱 41.5%、高效氯氰菊酯 3%/2012.03.19 至 2017.03.19/中等毒

棉花 棉铃虫 400.5-534克/公顷 喷雾

PD20120477 咪鲜胺/45%/水乳剂/咪鲜胺 45%/2012.03.19 至 2017.03.19/低毒

香蕉 炭疽病 250－500毫克/千克 浸果

PD20120511 咪鲜胺/25%/水乳剂/咪鲜胺 25%/2012.03.28 至 2017.03.28/低毒

水稻 恶苗病 62.5－125毫克/千克 浸种

PD20120892 甲氨基阿维菌素苯甲酸盐/1%/微乳剂/甲氨基阿维菌素 1%/2012.05.24 至 2017.05.24/微毒

水稻 二化螟 11.25-15克/公顷 喷雾

注:甲氨基阿维菌素苯甲酸盐含量:1.1%。

PD20120919 甲氨基阿维菌素苯甲酸盐/5%/微乳剂/甲氨基阿维菌素 5%/2012.06.04 至 2017.06.04/低毒

甘蓝 甜菜夜蛾 2.25-3克/公顷 喷雾

注:甲氨基阿维菌素苯甲酸盐含量:5.7%。

PD20121128 戊唑醇/25%/水乳剂/戊唑醇 25%/2012.09.04 至 2017.09.04/低毒

香蕉 叶斑病 167～250毫克/千克 喷雾

PD20121130 啶虫脒/70%/水分散粒剂/啶虫脒 70%/2012.07.20 至 2017.07.20/中等毒

黄瓜 蚜虫 21－26.25克/公顷 喷雾

PD20121253 啶虫脒/40%/水分散粒剂/啶虫脒 40%/2012.09.04 至 2017.09.04/低毒

	黄瓜	蚜虫	24-36克/公顷	喷雾
PD20121651	丙环唑/40%/微乳剂/丙环唑 40%/2012.10.30 至 2017.10.30/低毒			
	香蕉	叶斑病	266.7-400毫克/千克	喷雾
PD20121720	灭蝇胺/20%/可溶粉剂/灭蝇胺 20%/2012.11.08 至 2017.11.08/低毒			
	菜豆	美洲斑潜蝇	168-225克/公顷	喷雾
PD20121721	草甘膦铵盐/50%/可溶粉剂/草甘膦 50%/2012.11.08 至 2017.11.08/低毒			
	柑橘园	杂草	1125-2250克/公顷	定向茎叶喷雾
	注:草甘膦铵盐含量:55%。			
PD20121784	高效氯氟氰菊酯/5%/水乳剂/高效氯氟氰菊酯 5%/2012.11.20 至 2017.11.20/中等毒			
	甘蓝	蚜虫	6-7.5克/公顷	喷雾
PD20121800	三唑酮/15%/可湿性粉剂/三唑酮 15%/2012.11.22 至 2017.11.22/低毒			
	小麦	白粉病	157.5-180克/公顷	喷雾
PD20121816	高氯·甲维盐/4.2%/微乳剂/高效氯氰菊酯 4%、甲氨基阿维菌素苯甲酸盐 0.2%/2012.11.22 至 2017.11.22/中等毒			
	甘蓝	甜菜夜蛾	25.2-31.5克/公顷	喷雾
PD20121869	甲氨基阿维菌素苯甲酸盐/2%/微乳剂/甲氨基阿维菌素 2%/2012.11.28 至 2017.11.28/低毒			
	甘蓝	甜菜夜蛾	1.96-2.61克/公顷	喷雾
	注:甲氨基阿维菌素苯甲酸盐含量:2.3%。			
PD20121900	三唑磷/40%/乳油/三唑磷 40%/2012.12.07 至 2017.12.07/中等毒			
	水稻	二化螟	300－420克/公顷	喷雾
PD20121901	三唑磷/20%/乳油/三唑磷 20%/2012.12.07 至 2017.12.07/中等毒			
	水稻	二化螟	375－450克/公顷	喷雾
PD20130892	烯酰吗啉/50%/可湿性粉剂/烯酰吗啉 50%/2013.04.25 至 2018.04.25/低毒			
	黄瓜	霜霉病	300-375克/公顷	喷雾
PD20131214	高氯·毒死蜱/44.5%/微乳剂/毒死蜱 41.5%、高效氯氰菊酯 3%/2013.05.28 至 2018.05.28/中等毒			
	棉花	棉铃虫	467.25-534克/公顷	喷雾
PD20131238	异菌脲/500克/升/悬浮剂/异菌脲 500克/升/2013.05.29 至 2018.05.29/低毒			
	番茄	灰霉病	656-750克/公顷	喷雾
PD20131243	苯醚甲环唑/37%/水分散粒剂/苯醚甲环唑 37%/2013.05.29 至 2018.05.29/低毒			
	西瓜	炭疽病	90-120克/公顷	喷雾
PD20131254	高效氯氟氰菊酯/2.5%/微乳剂/高效氯氟氰菊酯 2.5%/2013.06.04 至 2018.06.04/中等毒			
	甘蓝	菜青虫	7.5-15克/公顷	喷雾
PD20131268	仲丁威/20%/微乳剂/仲丁威 20%/2013.06.05 至 2018.06.05/低毒			
	水稻	稻飞虱	450－540克/公顷	喷雾
PD20131273	戊醇·异菌脲/20%/悬浮剂/戊唑醇 8%、异菌脲 12%/2013.06.05 至 2018.06.05/低毒			
	苹果树	斑点落叶病	105－154毫克/千克	喷雾
PD20131314	丙森锌/70%/可湿性粉剂/丙森锌 70%/2013.06.08 至 2018.06.08/低毒			
	黄瓜	霜霉病	1910-2250克/公顷	喷雾
PD20131708	丁醚脲/25%/乳油/丁醚脲 25%/2013.08.07 至 2018.08.07/低毒			
	甘蓝	小菜蛾	300-450克/公顷	喷雾
PD20131709	高效氯氟氰菊酯/5%/微乳剂/高效氯氟氰菊酯 5%/2013.08.07 至 2018.08.07/中等毒			
	甘蓝	菜青虫	11.25－15克/公顷	喷雾
PD20132154	吡蚜酮/25%/悬浮剂/吡蚜酮 25%/2013.10.29 至 2018.10.29/低毒			
	水稻	稻飞虱	75-90克/公顷	喷雾
PD20132302	丁醚脲/500克/升/悬浮剂/丁醚脲 500克/升/2013.11.08 至 2018.11.08/低毒			
	甘蓝	小菜蛾	375-525克/公顷	喷雾
PD20132311	戊唑醇/12.5%/水乳剂/戊唑醇 12.5%/2013.11.08 至 2018.11.08/低毒			
	香蕉	叶斑病	156.3—250毫克/千克	喷雾
PD20132421	苯甲·锰锌/55%/可湿性粉剂/苯醚甲环唑 5%、代森锰锌 50%/2013.11.20 至 2018.11.20/低毒			
	梨树	黑星病	122.2－157.1毫克/千克	喷雾
PD20132485	醚菌酯/80%/水分散粒剂/醚菌酯 80%/2013.12.09 至 2018.12.09/低毒			
	黄瓜	白粉病	108～144克/公顷	喷雾
LS20090937	阿维·噻螨酮/6.8%/乳油/阿维菌素 1.8%、噻螨酮 5%/2012.04.09 至 2013.04.09/中等毒(原药高毒)			
	柑橘树	红蜘蛛	22.67-34毫克/千克	喷雾
LS20110304	烯啶虫胺/10%/水剂/烯啶虫胺 10%/2013.12.05 至 2014.12.05/低毒			
	棉花	蚜虫	15－30克/公顷	喷雾
LS20110326	甲氨基阿维菌素苯甲酸盐/2%/水乳剂/甲氨基阿维菌素 2%/2013.12.06 至 2014.12.06/低毒			
	甘蓝	甜菜夜蛾	3-3.75克/公顷	喷雾
	注:甲氨基阿维菌素苯甲酸盐含量:2.3%。			
LS20120106	阿维·三唑锡/21%/悬浮剂/阿维菌素 1%、三唑锡 20%/2013.03.14 至 2014.03.14/低毒(原药高毒)			
	柑橘树	红蜘蛛	105-140毫克/千克	喷雾
LS20120235	氟硅唑/20%/微乳剂/氟硅唑 20%/2013.07.02 至 2014.07.02/低毒			
	黄瓜	白粉病	69～90克/公顷	喷雾
LS20120348	烯酰·乙膦铝/60%/可湿性粉剂/烯酰吗啉 15%、三乙膦酸铝 45%/2013.10.09 至 2014.10.09/低毒			

黄瓜 霜霉病 1080～1350克/公顷 喷雾
LS20130038 吡蚜酮/25%/悬浮剂/吡蚜酮 25%/2014.01.17 至 2015.01.17/低毒
水稻 稻飞虱 75-90克/公顷 喷雾
LS20130072 戊唑·多菌灵/42%/悬浮剂/多菌灵 30%、戊唑醇 12%/2014.02.26 至 2015.02.26/低毒
苹果树 轮纹病 282～420毫克/千克 喷雾
LS20130076 苯甲·嘧菌酯/32%/悬浮剂/苯醚甲环唑 12%、嘧菌酯 20%/2013.03.06 至 2014.03.06/低毒
番茄 炭疽病 117～234克/公顷 喷雾
LS20130294 茚虫威/30%/悬浮剂/茚虫威 30%/2013.06.04 至 2014.06.04/低毒
甘蓝 小菜蛾 27-40.5克/公顷 喷雾
LS20130492 戊唑·嘧菌酯/40%/悬浮剂/嘧菌酯 15%、戊唑醇 25%/2013.11.08 至 2014.11.08/低毒
水稻 稻曲病 108-132克/公顷 喷雾

陕西加伦多作物科学有限公司 (陕西省西安市泾河工业园泾渭镇泾渭南路 710210 029-82103608)

PD20083244 三唑磷/20%/乳油/三唑磷 20%/2013.12.11 至 2018.12.11/低毒
水稻 二化螟 300-450克/公顷 喷雾
PD20083406 三唑酮/15%/可湿性粉剂/三唑酮 15%/2013.12.11 至 2018.12.11/低毒
小麦 白粉病 157.5-180克/公顷 喷雾
PD20083442 吡虫啉/10%/可湿性粉剂/吡虫啉 10%/2013.12.11 至 2018.12.11/低毒
水稻 飞虱 15-30克/公顷 喷雾
PD20085769 阿维菌素/1.8%/乳油/阿维菌素 1.8%/2013.12.29 至 2018.12.29/低毒(原药高毒)
十字花科蔬菜 菜青虫 8.1-10.8克/公顷 喷雾
PD20090500 霜脲·锰锌/72%/可湿性粉剂/代森锰锌 64%、霜脲氰 8%/2014.01.12 至 2019.01.12/低毒
黄瓜 霜霉病 1440-1800克/公顷 喷雾
PD20091535 乙草胺/50%/乳油/乙草胺 50%/2014.02.03 至 2019.02.03/低毒
春大豆田 部分阔叶杂草、一年生禾本科杂草 1500-2250克/公顷(东北地区) 土壤喷雾
夏大豆田 部分阔叶杂草、一年生禾本科杂草 975-1350克/公顷(其它地区) 土壤喷雾
PD20098340 三十烷醇/0.1%/微乳剂/三十烷醇 0.1%/2009.12.18 至 2014.12.18/低毒
花生 调节生长 0.8-1.0毫克/千克 喷雾
PD20101500 甲霜·锰锌/58%/可湿性粉剂/甲霜灵 10%、代森锰锌 48%/2010.05.10 至 2015.05.10/低毒
葡萄 霜霉病 1087.5-1740克/公顷 喷雾
PD20111290 啶虫脒/20%/可湿性粉剂/啶虫脒 20%/2011.11.24 至 2016.11.24/低毒
柑橘树 蚜虫 12.5-16毫克/千克 喷雾
PD20130379 己唑醇/50%/可湿性粉剂/己唑醇 50%/2013.03.12 至 2018.03.12/低毒
水稻 纹枯病 68-75克/公顷 喷雾
LS20130028 解淀粉芽孢杆菌/100亿活芽孢/克/母药/解淀粉芽孢杆菌 100亿活芽孢/克/2014.01.15 至 2015.01.15/低毒
LS20130033 解淀粉芽孢杆菌/10亿活芽孢/克/可湿性粉剂/解淀粉芽孢杆菌 10亿活芽孢/克/2014.01.15 至 2015.01.15/低毒
水稻 稻瘟病 100-120克制剂/亩 喷雾
LS20130070 烯酰·嘧菌酯/70%/水分散粒剂/嘧菌酯 15%、烯酰吗啉 55%/2014.02.21 至 2015.02.21/低毒
黄瓜 霜霉病 420-472.5克/公顷 喷雾

陕西锦兴生物工程有限公司 (陕西省杨凌示范区南纬七路 710021 029-87077000)

PD20092018 吡虫·辛硫磷/25%/乳油/吡虫啉 1%、辛硫磷 24%/2014.02.12 至 2019.02.12/低毒
萝卜 蚜虫 37.5克/公顷 喷雾
PD20093972 多·锰锌/40%/可湿性粉剂/多菌灵 20%、代森锰锌 20%/2014.03.27 至 2019.03.27/低毒
梨树 黑星病 400－600倍液 喷雾

陕西康禾立丰生物科技药业有限公司 (陕西省西安市未央区西安经济技术开发区B4区迎宾大道138号3幢12103室 71001

PD20093594 代森锰锌/80%/可湿性粉剂/代森锰锌 80%/2014.03.23 至 2019.03.23/低毒
番茄 早疫病 1845-2370克/公顷 喷雾
PD20094350 四螨嗪/500克/升/悬浮剂/四螨嗪 500克/升/2014.04.01 至 2019.04.01/低毒
苹果树 红蜘蛛 80-100毫克/千克 喷雾
PD20094876 辛硫磷/40%/乳油/辛硫磷 40%/2014.04.13 至 2019.04.13/低毒
甘蓝 菜青虫 360-480克/公顷 喷雾
PD20098118 毒死蜱/480克/升/乳油/毒死蜱 480克/升/2009.12.08 至 2014.12.08/低毒
苹果树 桃小食心虫 160-240毫克/千克 喷雾
PD20100140 速灭威/25%/可湿性粉剂/速灭威 25%/2010.01.05 至 2015.01.05/低毒
水稻 稻飞虱 562.5-750克/公顷 喷雾
PD20100171 异丙威/20%/乳油/异丙威 20%/2010.01.05 至 2015.01.05/低毒
水稻 稻飞虱 450-600克/公顷 喷雾
PD20120442 阿维·吡虫啉/2%/乳油/阿维菌素 0.2%、吡虫啉 1.8%/2012.03.14 至 2017.03.14/低毒(原药高毒)
甘蓝 小菜蛾、蚜虫 15-24克/公顷 喷雾
PD20120522 阿维·炔螨特/56%/乳油/阿维菌素 0.3%、炔螨特 55.7%/2012.03.28 至 2017.03.28/低毒(原药高毒)
柑橘树 红蜘蛛 224-280毫克/千克 喷雾
PD20120634 甲氨基阿维菌素苯甲酸盐/2%/微乳剂/甲氨基阿维菌素 2%/2012.04.12 至 2017.04.12/低毒
甘蓝 小菜蛾 1.65-2.31克/公顷 喷雾
注:甲氨基阿维菌素苯甲酸盐含量:2.2%。

PD20120635 阿维·啶虫脒/5%/微乳剂/阿维菌素 0.5%、啶虫脒 4.5%/2012.04.12 至 2017.04.12/低毒(原药高毒)
甘蓝 蓟马 11.25-15克/公顷 喷雾
PD20120702 嘧霉胺/40%/可湿性粉剂/嘧霉胺 40%/2012.04.18 至 2017.04.18/低毒
番茄 灰霉病 375-562.5克/公顷 喷雾
PD20120727 烯酰·锰锌/80%/可湿性粉剂/代森锰锌 70%、烯酰吗啉 10%/2012.05.02 至 2017.05.02/低毒
黄瓜 霜霉病 1200-1500克/公顷 喷雾
PD20121108 吡虫啉/25%/可湿性粉剂/吡虫啉 25%/2012.07.19 至 2017.07.19/低毒
水稻 稻飞虱 15-30克/公顷 喷雾
PD20121458 烯酰吗啉/80%/水分散粒剂/烯酰吗啉 80%/2012.10.08 至 2017.10.08/低毒
黄瓜 霜霉病 240-300克/公顷 喷雾
PD20121819 己唑·醚菌酯/30%/悬浮剂/己唑醇 5%、醚菌酯 25%/2012.11.22 至 2017.11.22/低毒
黄瓜 白粉病 30-60克/公顷 喷雾
PD20121988 咪鲜胺/15%/微乳剂/咪鲜胺 15%/2012.12.18 至 2017.12.18/低毒
柑橘(果实) 青霉病 250-300毫克/千克 浸果
PD20121994 胺鲜·甲哌鎓/80%/可溶粉剂/胺鲜酯 7%、甲哌鎓 73%/2012.12.18 至 2017.12.18/低毒
棉花 调节生长 66-72克/公顷 喷雾2次
PD20130406 苯醚甲环唑/20%/微乳剂/苯醚甲环唑 20%/2013.03.12 至 2018.03.12/低毒
西瓜 炭疽病 90-120克/公顷 喷雾
PD20130423 戊唑醇/430克/升/悬浮剂/戊唑醇 430克/升/2013.03.18 至 2018.03.18/低毒
苹果 斑点落叶病 86-123毫克/千克 喷雾
PD20130428 苦参碱/0.5%/水剂/苦参碱 .5%/2013.03.18 至 2018.03.18/低毒
柑橘树 矢尖蚧 36—48毫克/千克 喷雾
PD20130439 阿维菌素/3%/微乳剂/阿维菌素 3%/2013.03.18 至 2018.03.18/低毒(原药高毒)
甘蓝 小菜蛾 8.1-10.8克/公顷 喷雾
PD20130484 溴菌·咪鲜胺/30%/可湿性粉剂/咪鲜胺 15%、溴菌腈 15%/2013.03.20 至 2018.03.20/低毒
西瓜 炭疽病 190-200克/公顷 喷雾
PD20130485 藜芦碱/0.5%/可溶液剂/藜芦碱 0.5%/2013.03.20 至 2018.03.20/低毒
甘蓝 菜青虫 5.625—7.5克/公顷 喷雾
PD20130578 啶虫脒/40%/可溶粉剂/啶虫脒 40%/2013.04.02 至 2018.04.02/低毒
黄瓜 蚜虫 24—48克/公顷 喷雾
PD20130604 吡蚜酮/50%/水分散粒剂/吡蚜酮 50%/2013.04.02 至 2018.04.02/低毒
水稻 稻飞虱 75-90克/公顷 喷雾
PD20130605 茚虫威/150克/升/悬浮剂/茚虫威 150克/升/2013.04.02 至 2018.04.02/低毒
甘蓝 菜青虫 11.25-22.5克/公顷 喷雾
PD20130749 高效氯氟氰菊酯/7%/微乳剂/高效氯氟氰菊酯 7%/2013.04.15 至 2018.04.15/中等毒
甘蓝 菜青虫 5.25-8.4克/公顷 喷雾
LS20120256 己唑·醚菌酯/30%/悬浮剂/己唑醇 5%、醚菌酯 25%/2013.07.12 至 2014.07.12/低毒
黄瓜 白粉病 36-54克/公顷 喷雾
LS20120296 胺鲜·甲哌鎓/80%/可溶粉剂/胺鲜酯 7%、甲哌鎓 73%/2013.08.10 至 2014.08.10/低毒
棉花 调节生长 66-72克/公顷 喷雾
LS20120325 烯啶·吡蚜酮/25%/可湿性粉剂/吡蚜酮 15%、烯啶虫胺 10%/2013.09.13 至 2014.09.13/低毒
水稻 稻飞虱 37.5-45克/公顷 喷雾
LS20120345 春雷霉素/10%/可湿性粉剂/春雷霉素 10%/2013.10.09 至 2014.10.09/低毒
水稻 稻瘟病 35-40克/公顷 喷雾
LS20130116 虫螨腈/30%/悬浮剂/虫螨腈 30%/2013.03.18 至 2014.03.18/低毒
甘蓝 小菜蛾 90—120克/公顷 喷雾

陕西绿盾生物制品有限责任公司 (陕西省渭南市蒲城县尧山东路27号 715500 0913-7235000)

PD86109-5 苏云金杆菌/16000IU/毫克/可湿性粉剂/苏云金杆菌 16000IU/毫克/2011.10.15 至 2016.10.15/低毒
白菜、萝卜、青菜 菜青虫、小菜蛾 1500-4500克制剂/公顷 喷雾
茶树 茶毛虫 1500-7500克制剂/公顷 喷雾
大豆、甘薯 天蛾 1500-2250克制剂/公顷 喷雾
柑橘树 柑橘凤蝶 2250-3750克制剂/公顷 喷雾
高粱、玉米 玉米螟 3750-4500克制剂/公顷 喷雾、毒土
梨树 天幕毛虫 1500-3750克制剂/公顷 喷雾
林木 尺蠖、柳毒蛾、松毛虫 2250-7500克制剂/公顷 喷雾
棉花 棉铃虫、造桥虫 1500-7500克制剂/公顷 喷雾
苹果树 巢蛾 2250-3750克制剂/公顷 喷雾
水稻 稻苞虫、稻纵卷叶螟 1500-6000克制剂/公顷 喷雾
烟草 烟青虫 3750-7500克制剂/公顷 喷雾
枣树 尺蠖 3750-4500克制剂/公顷 喷雾
PD86110-3 嘧啶核苷类抗菌素/2%/水剂/嘧啶核苷类抗菌素 2%/2011.10.15 至 2016.10.15/低毒
大白菜 黑斑病 100毫克/千克 喷雾
番茄 疫病 100毫克/千克 喷雾

	瓜类、花卉、苹果、葡萄、烟草	白粉病	100毫克/千克	喷雾
	水稻	炭疽病、纹枯病	150-180克/公顷	喷雾
	西瓜	枯萎病	100毫克/千克	灌根
	小麦	锈病	100毫克/千克	喷雾
PD86110-11	嘧啶核苷类抗菌素/4%/水剂/嘧啶核苷类抗菌素 4%/2011.10.15 至 2016.10.15/低毒			
	大白菜	黑斑病	100毫克/千克	喷雾
	番茄	疫病	100毫克/千克	喷雾
	瓜类、花卉、苹果、葡萄、烟草	白粉病	100毫克/千克	喷雾
	水稻	炭疽病、纹枯病	150-180克/公顷	喷雾
	西瓜	枯萎病	100毫克/千克	灌根
	小麦	锈病	100毫克/千克	喷雾
PD20040181	高氯·辛硫磷/35%/乳油/高效氯氰菊酯 1%、辛硫磷 34%/2009.12.19 至 2014.12.19/低毒			
	苹果树	食心虫	175-350毫克/千克	喷雾
PD20040535	吡虫·辛硫磷/25%/乳油/吡虫啉 1%、辛硫磷 24%/2009.12.19 至 2014.12.19/低毒			
	十字花科蔬菜	蚜虫	56.25-75克/公顷	喷雾
PD20040689	吡虫·杀虫单/70%/可湿性粉剂/吡虫啉 2%、杀虫单 68%/2009.12.19 至 2014.12.19/中等毒			
	水稻	稻飞虱、稻纵卷叶螟、二化螟、三化螟	450-750克/公顷	喷雾
PD20060084	吡虫啉/2.5%/可湿性粉剂/吡虫啉 2.5%/2011.05.09 至 2016.05.09/低毒			
	烟草	蚜虫	15-22.5克/公顷	喷雾
PD20083193	多抗霉素/34%/原药/多抗霉素 34%/2013.12.11 至 2018.12.11/低毒			
PD20083420	啶虫脒/3%/乳油/啶虫脒 3%/2013.12.11 至 2018.12.11/低毒			
	黄瓜	蚜虫	18-27克/公顷	喷雾
PD20085067	井冈霉素/10%/水剂/井冈霉素 10%/2013.12.23 至 2018.12.23/低毒			
	水稻	纹枯病	150-187.5克/公顷	喷雾
PD20085698	多抗霉素/1.5%/可湿性粉剂/多抗霉素 1.5%/2013.12.26 至 2018.12.26/低毒			
	苹果树	灰斑病	50-75毫克/千克	喷雾
PD20086062	苯丁·哒螨灵/10%/乳油/苯丁锡 5%、哒螨灵 5%/2013.12.30 至 2018.12.30/低毒			
	柑橘树	红蜘蛛	50-66.7毫克/千克	喷雾
PD20086073	甲霜·锰锌/58%/可湿性粉剂/甲霜灵 10%、代森锰锌 48%/2013.12.30 至 2018.12.30/低毒			
	葡萄	霜霉病	1087.5-1740克/公顷	喷雾
PD20086102	井冈·多菌灵/28%/悬浮剂/多菌灵 24%、井冈霉素 4%/2013.12.30 至 2018.12.30/低毒			
	水稻	稻瘟病	450-525克/公顷	喷雾
PD20086142	氯氰·毒死蜱/50%/乳油/毒死蜱 45%、氯氰菊酯 5%/2013.12.30 至 2018.12.30/低毒			
	棉花	棉铃虫	225-375克/公顷	喷雾
PD20086143	阿维·高氯/2%/乳油/阿维菌素 0.45%、高效氯氰菊酯 1.55%/2013.12.30 至 2018.12.30/低毒(原药高毒)			
	梨树	梨木虱	6-12毫克/千克	喷雾
	苹果树	红蜘蛛	5-6.7毫克/千克	喷雾
	十字花科蔬菜	菜青虫、小菜蛾	7.5-15克/公顷	喷雾
PD20086190	阿维·辛硫磷/15%/乳油/阿维菌素 0.1%、辛硫磷 14.9%/2013.12.30 至 2018.12.30/低毒(原药高毒)			
	十字花科蔬菜	小菜蛾	112.5-168.75克/公顷	喷雾
PD20086191	阿维菌素/1.8%/乳油/阿维菌素 1.8%/2013.12.30 至 2018.12.30/低毒(原药高毒)			
	苹果树	红蜘蛛	10.8-21.6毫克/千克	喷雾
PD20086218	乙铝·多菌灵/45%/可湿性粉剂/多菌灵 20%、三乙膦酸铝 25%/2013.12.31 至 2018.12.31/低毒			
	苹果树	轮纹病	400-600倍液	喷雾
PD20090081	春雷霉素/55%/原药/春雷霉素 55%/2014.01.08 至 2019.01.08/微毒			
PD20090125	溴氰·毒死蜱/10%/乳油/毒死蜱 9.5%、溴氰菊酯 0.5%/2009.01.08 至 2014.01.08/低毒			
	十字花科蔬菜	菜青虫	45-75克/公顷	喷雾
PD20091083	丙环唑/250克/升/乳油/丙环唑 250克/升/2014.01.21 至 2019.01.21/低毒			
	香蕉	叶斑病	500-1000倍液	喷雾
PD20091102	异丙威/20%/乳油/异丙威 20%/2014.01.21 至 2019.01.21/低毒			
	水稻	稻飞虱	450-600克/公顷	喷雾
PD20093277	井冈霉素/10%/可溶粉剂/井冈霉素 10%/2009.03.11 至 2014.03.11/低毒			
	水稻	纹枯病	150-187.5克/公顷	喷雾
PD20093287	抗蚜威/50%/可湿性粉剂/抗蚜威 50%/2014.03.11 至 2019.03.11/低毒			
	甘蓝	蚜虫	75-135克/公顷	喷雾
PD20093921	四螨嗪/20%/悬浮剂/四螨嗪 20%/2014.03.26 至 2019.03.26/低毒			
	柑橘树	红蜘蛛	100-125毫克/千克	喷雾
PD20094261	速灭威/20%/乳油/速灭威 20%/2014.03.31 至 2019.03.31/低毒			
	水稻	稻飞虱	450-600克/公顷	喷雾
PD20094304	噻嗪酮/25%/可湿性粉剂/噻嗪酮 25%/2014.03.31 至 2019.03.31/低毒			
	茶树	茶小绿叶蝉	150-225克/公顷	喷雾

PD20094523 噻螨酮/5%/乳油/噻螨酮 5%/2014.04.09 至 2019.04.09/低毒
苹果树 红蜘蛛 25-33.3毫克/千克 喷雾
PD20094609 仲丁威/25%/乳油/仲丁威 25%/2014.04.10 至 2019.04.10/低毒
水稻 叶蝉 375-562.5克/公顷 喷雾
PD20094672 多抗霉素/1%/水剂/多抗霉素 1%/2014.04.10 至 2019.04.10/低毒
黄瓜 白粉病 112.5-150克/公顷 喷雾
PD20094970 烯唑醇/12.5%/可湿性粉剂/烯唑醇 12.5%/2014.04.21 至 2019.04.21/低毒
梨树 黑星病 3000-4000倍液 喷雾
PD20095099 春雷霉素/2%/可湿性粉剂/春雷霉素 2%/2014.04.24 至 2019.04.24/低毒
黄瓜 枯萎病 200-400毫克/千克 灌根
PD20095262 春雷霉素/6%/可湿性粉剂/春雷霉素 6%/2014.04.27 至 2019.04.27/低毒
水稻 稻瘟病 36-45克/公顷 喷雾
PD20095386 羟烯·吗啉胍/40.0004%/可湿性粉剂/盐酸吗啉胍 40%、羟烯腺嘌呤 0.0004%/2014.04.27 至 2019.04.27/低毒
番茄 病毒病 600-900克/公顷 喷雾
PD20095774 毒死蜱/40%/乳油/毒死蜱 40%/2009.05.18 至 2014.05.18/中等毒
柑橘树 介壳虫 266.7-400毫克/千克 喷雾
PD20095977 唑螨酯/5%/悬浮剂/唑螨酯 5%/2009.06.04 至 2014.06.04/低毒
柑橘树 红蜘蛛 25-33.3毫克/千克 喷雾
PD20096041 杀单·苏云菌///可湿性粉剂/杀虫单 51%、苏云金杆菌 8000IU/毫克/2009.06.15 至 2014.06.15/低毒
水稻 三化螟 750-1125克/公顷 喷雾
PD20096092 阿维·苏云菌/1.2%/可湿性粉剂/阿维菌素 0.2%、苏云金杆菌 1.0%/2009.06.18 至 2014.06.18/低毒(原药高毒)
甘蓝 小菜蛾 750-1500克制剂/公顷 喷雾
PD20096240 炔螨特/40%/乳油/炔螨特 40%/2009.07.15 至 2014.07.15/低毒
柑橘树 红蜘蛛 266.7-400毫克/千克 喷雾
PD20097180 腈菌唑/25%/乳油/腈菌唑 25%/2009.10.16 至 2014.10.16/低毒
小麦 白粉病 30-60克/公顷 喷雾
PD20097878 多抗霉素/3%/可湿性粉剂/多抗霉素 3%/2009.11.20 至 2014.11.20/低毒
番茄 晚疫病 160—270克/公顷 喷雾
PD20100091 三环唑/75%/可湿性粉剂/三环唑 75%/2010.01.04 至 2015.01.04/低毒
水稻 稻瘟病 225—300克/公顷 喷雾
PD20100318 联苯菊酯/100克/升/乳油/联苯菊酯 100克/升/2010.01.11 至 2015.01.11/低毒
茶树 茶小绿叶蝉 30-37.5克/公顷 喷雾
PD20100340 福美双/50%/可湿性粉剂/福美双 50%/2010.01.11 至 2015.01.11/低毒
黄瓜 白粉病 525—1050克/公顷 喷雾
PD20100504 喹硫磷/25%/乳油/喹硫磷 25%/2010.01.14 至 2015.01.14/低毒
柑橘树 介壳虫 250-312.5毫克/千克 喷雾
PD20101413 嘧啶核苷类抗菌素/6%/水剂/嘧啶核苷类抗菌素 6%/2010.04.26 至 2015.04.26/低毒
番茄 早疫病 78.75—112.5克/公顷 喷雾
PD20101502 阿维·矿物油/24.5%/乳油/阿维菌素 0.2%、矿物油 24.3%/2010.05.10 至 2015.05.10/低毒(原药高毒)
十字花科蔬菜 小菜蛾 110.25-183.75克/公顷 喷雾
PD20101911 哒螨·矿物油/41%/乳油/哒螨灵 8%、矿物油 33%/2010.08.27 至 2015.08.27/低毒
柑橘树 红蜘蛛 205-273.3毫克/千克 喷雾
PD20121558 春雷·王铜/47%/可湿性粉剂/春雷霉素 2%、王铜 45%/2012.10.25 至 2017.10.25/低毒
柑橘树 溃疡病 625-1000毫克/千克 喷雾
黄瓜 霜霉病 620-705克/公顷 喷雾
荔枝树 霜疫霉病 685-785毫克/千克 喷雾
PD20122104 苯甲·嘧苷素/12%/可湿性粉剂/苯醚甲环唑 8%、嘧啶核苷类抗菌素 4%/2012.12.26 至 2017.12.26/低毒
苹果树 斑点落叶病 60～120毫克/千克 喷雾
PD20131677 嘧啶核苷类抗菌素/10%/可湿性粉剂/嘧啶核苷类抗菌素 10%/2013.08.07 至 2018.08.07/低毒
苹果树 斑点落叶病 50-66.7毫克/千克 喷雾
PD20132009 苦皮藤素/0.2%/水乳剂/苦皮藤素 0.2%/2013.10.21 至 2018.10.21/低毒
槐树 尺蠖 1-2毫克/千克 喷雾
PD20132380 多抗霉素/10%/可湿性粉剂/多抗霉素B 10%/2013.11.20 至 2018.11.20/低毒
烟草 赤星病 120-135克/公顷 喷雾

陕西美邦农药有限公司 (陕西省蒲城县农化基地工业园区 715500 029-87999509)

PD85124-17 福·福锌/80%/可湿性粉剂/福美双 30%、福美锌 50%/2010.02.01 至 2015.02.01/中等毒
黄瓜、西瓜 炭疽病 1500-1800克/公顷 喷雾
麻 炭疽病 240-400克/100千克种子 拌种
棉花 苗期病害 0.5%药液 浸种
苹果树、杉木、橡胶 炭疽病 500-600倍液 喷雾
PD20040162 氯氰菊酯/5%/乳油/氯氰菊酯 5%/2009.12.19 至 2014.12.19/低毒
十字花科蔬菜 菜青虫 37.5-45克/公顷 喷雾
PD20040396 哒螨灵/20%/可湿性粉剂/哒螨灵 20%/2009.12.19 至 2014.12.19/中等毒

苹果树 红蜘蛛 50-67毫克/千克 喷雾

PD20040458 哒螨灵/15%/乳油/哒螨灵 15%/2009.12.19 至 2014.12.19/低毒

柑橘树 红蜘蛛 50-67毫克/千克 喷雾

PD20040467 高效氯氰菊酯/4.5%/乳油/高效氯氰菊酯 4.5%/2009.12.19 至 2014.12.19/低毒

梨树 梨木虱 20.8-31.25毫克/千克 喷雾

PD20040735 吡虫啉/10%/可湿性粉剂/吡虫啉 10%/2009.12.19 至 2014.12.19/低毒

十字花科蔬菜 蚜虫 7.5-15克/公顷 喷雾

水稻 稻飞虱 15-30克/公顷 喷雾

PD20050098 氯氰·吡虫啉/5%/乳油/吡虫啉 1%、氯氰菊酯 4%/2010.07.13 至 2015.07.13/中等毒

甘蓝 蚜虫 22.5-37.5克/公顷 喷雾

PD20070026 代森锰锌/80%/可湿性粉剂/代森锰锌 80%/2012.01.18 至 2017.01.18/低毒

番茄 早疫病 1800-2400克/公顷 喷雾

PD20070027 代森锰锌/50%/可湿性粉剂/代森锰锌 50%/2012.01.18 至 2017.01.18/低毒

番茄 早疫病 1845-2370克/公顷 喷雾

PD20070028 代森锰锌/70%/可湿性粉剂/代森锰锌 70%/2012.01.18 至 2017.01.18/低毒

番茄 早疫病 1848-2362.5克/公顷 喷雾

PD20070083 锰锌·甲霜灵/58%/可湿性粉剂/甲霜灵 10%、代森锰锌 48%/2012.04.12 至 2017.04.12/低毒

黄瓜 霜霉病 1305-1632克/公顷 喷雾

PD20070194 多·福/50%/可湿性粉剂/多菌灵 10%、福美双 40%/2012.07.17 至 2017.07.17/低毒

梨树 黑星病 1000-1500毫克/千克 喷雾

PD20070234 福美双/50%/可湿性粉剂/福美双 50%/2012.08.08 至 2017.08.08/低毒

小麦 白粉病 675-937.5克/公顷 喷雾

PD20070275 硫磺/50%/悬浮剂/硫磺 50%/2012.09.05 至 2017.09.05/低毒

小麦 白粉病 2625-3375克/公顷 喷雾

PD20070295 多·福·硫磺/25%/可湿性粉剂/多菌灵 7.5%、福美双 5%、硫磺 12.5%/2012.09.21 至 2017.09.21/低毒

小麦 赤霉病 750-1125克/公顷 喷雾

PD20070567 腐霉·福美双/25%/可湿性粉剂/腐霉利 5%、福美双 20%/2012.12.03 至 2017.12.03/低毒

番茄 灰霉病 263-300克/公顷 喷雾

PD20080027 氯氰·丙溴磷/44%/乳油/丙溴磷 40%、氯氰菊酯 4%/2013.01.03 至 2018.01.03/中等毒

棉花 蚜虫 396-528克/公顷 喷雾

PD20080047 啶虫脒/5%/乳油/啶虫脒 5%/2013.01.03 至 2018.01.03/低毒

柑橘树 蚜虫 10-15毫克/千克 喷雾

PD20080137 多·锰锌/40%/可湿性粉剂/多菌灵 20%、代森锰锌 20%/2013.01.04 至 2018.01.04/低毒

梨树 黑星病 1000-1250毫克/千克 喷雾

苹果树 斑点落叶病 1000-1250毫克/千克 喷雾

PD20080725 甲氰菊酯/20%/乳油/甲氰菊酯 20%/2013.06.11 至 2018.06.11/中等毒

甘蓝 菜青虫 90-120克/公顷 喷雾

PD20081723 三唑锡/25%/可湿性粉剂/三唑锡 25%/2013.11.18 至 2018.11.18/低毒

柑橘树 红蜘蛛 125-166.7毫克/千克 喷雾

PD20081909 代森锌/65%/可湿性粉剂/代森锌 65%/2013.11.21 至 2018.11.21/低毒

番茄 早疫病 2555-3600克/公顷 喷雾

PD20081929 硫磺·多菌灵/50%/可湿性粉剂/多菌灵 15%、硫磺 35%/2013.11.24 至 2018.11.24/低毒

花生 叶斑病 1200-1800克/公顷 喷雾

PD20082008 霜脲·锰锌/72%/可湿性粉剂/代森锰锌 64%、霜脲氰 8%/2013.11.25 至 2018.11.25/低毒

黄瓜 霜霉病 1440－1800克/公顷 喷雾

PD20082615 灭多威/10%/可湿性粉剂/灭多威 10%/2013.12.04 至 2018.12.04/高毒

棉花 棉铃虫 270-360克/公顷 喷雾

PD20082683 多·酮/33%/可湿性粉剂/多菌灵 24%、三唑酮 9%/2013.12.05 至 2018.12.05/低毒

小麦 白粉病 450-599克/公顷 喷雾

PD20082764 氰戊菊酯/20%/乳油/氰戊菊酯 20%/2013.12.08 至 2018.12.08/中等毒

十字花科蔬菜 菜青虫 60-120克/公顷 喷雾

PD20082827 福·福锌/40%/可湿性粉剂/福美双 15%、福美锌 25%/2013.12.09 至 2018.12.09/低毒

苹果树 炭疽病 250-300倍液 喷雾

PD20082925 高氯·灭多威/12%/乳油/高效氯氰菊酯 1.5%、灭多威 10.5%/2013.12.09 至 2018.12.09/中等毒(原药高毒)

棉花 棉铃虫 90-108克/公顷 喷雾

PD20083309 仲丁威/50%/乳油/仲丁威 50%/2013.12.11 至 2018.12.11/低毒

水稻 飞虱 600-900克/公顷 喷雾

PD20083338 吡虫·灭多威/10%/可湿性粉剂/吡虫啉 1%、灭多威 9%/2013.12.11 至 2018.12.11/低毒(原药高毒)

棉花 蚜虫 75-105克/公顷 喷雾

PD20083378 阿维菌素/0.3%/乳油/阿维菌素 0.3%/2013.12.11 至 2018.12.11/中等毒(原药高毒)

梨树 梨木虱 1-2毫克/千克 喷雾

PD20083479 阿维·毒死蜱/10%/乳油/阿维菌素 0.1%、毒死蜱 9.9%/2008.12.12 至 2013.12.12/低毒(原药高毒)

十字花科蔬菜 小菜蛾 112.5-150克/公顷 喷雾

PD20083505 阿维菌素/1.8%/可湿性粉剂/阿维菌素 1.8%/2008.12.12 至 2013.12.12/低毒(原药高毒)
十字花科蔬菜 小菜蛾 8.1-10.8克/公顷 喷雾
PD20083617 甲基硫菌灵/36%/悬浮剂/甲基硫菌灵 36%/2013.12.12 至 2018.12.12/低毒
花生 叶斑病 180-225克/公顷 喷雾
PD20083778 多菌灵/40%/悬浮剂/多菌灵 40%/2013.12.15 至 2018.12.15/低毒
苹果树 炭疽病 667-1000毫克/千克 喷雾
PD20083791 霜霉威盐酸盐/66.5%/水剂/霜霉威盐酸盐 66.5%/2013.12.15 至 2018.12.15/低毒
黄瓜 霜霉病 648.4-1077.3克/公顷 喷雾
PD20083799 灭多威/20%/可溶粉剂/灭多威 20%/2013.12.15 至 2018.12.15/中等毒(原药高毒)
棉花 棉铃虫 225-300克/公顷 喷雾
PD20083947 苯丁锡/50%/可湿性粉剂/苯丁锡 50%/2013.12.15 至 2018.12.15/低毒
柑橘树 红蜘蛛 150-250毫克/千克 喷雾
PD20084176 氯氰·毒死蜱/25%/乳油/毒死蜱 22.5%、氯氰菊酯 2.5%/2013.12.16 至 2018.12.16/中等毒
棉花 棉铃虫 300-375克/公顷 喷雾
PD20084177 四螨嗪/500克/升/悬浮剂/四螨嗪 500克/升/2013.12.16 至 2018.12.16/低毒
苹果树 红蜘蛛 83-100毫克/千克 喷雾
PD20084256 速灭威/25%/可湿性粉剂/速灭威 25%/2013.12.17 至 2018.12.17/中等毒
水稻 飞虱 375-750克/公顷 喷雾
PD20084417 多菌灵/80%/可湿性粉剂/多菌灵 80%/2013.12.17 至 2018.12.17/低毒
水稻 纹枯病 750-900克/公顷 喷雾
PD20084438 春雷霉素/2%/可湿性粉剂/春雷霉素 2%/2013.12.17 至 2018.12.17/低毒
黄瓜 枯萎病 202-270克/公顷 灌根
PD20084498 丙环唑/250克/升/乳油/丙环唑 250克/升/2013.12.18 至 2018.12.18/低毒
香蕉 叶斑病 250-500毫克/千克 喷雾
PD20084587 三乙膦酸铝/40%/可湿性粉剂/三乙膦酸铝 40%/2013.12.18 至 2018.12.18/低毒
黄瓜 霜霉病 1800-2820克/公顷 喷雾
PD20084643 阿维菌素/1.8%/乳油/阿维菌素 1.8%/2013.12.18 至 2018.12.18/低毒(原药高毒)
十字花科蔬菜 小菜蛾 8.1-10.8克/公顷 喷雾
PD20084789 稻瘟灵/40%/可湿性粉剂/稻瘟灵 40%/2013.12.22 至 2018.12.22/低毒
水稻 稻瘟病 600-720克/公顷 喷雾
PD20084810 硫双威/25%/可湿性粉剂/硫双威 25%/2013.12.22 至 2018.12.22/中等毒
棉花 棉铃虫 600-750克/公顷 喷雾
PD20084838 除虫脲/25%/可湿性粉剂/除虫脲 25%/2013.12.22 至 2018.12.22/低毒
甘蓝 菜青虫 187.5-262.5克/公顷 喷雾
PD20084939 S-氰戊菊酯/50克/升/乳油/S-氰戊菊酯 50克/升/2013.12.22 至 2018.12.22/中等毒
十字花科蔬菜 菜青虫 11.25-18.75克/公顷 喷雾
PD20084960 双甲脒/200克/升/乳油/双甲脒 200克/升/2013.12.22 至 2018.12.22/中等毒
梨树 梨木虱 125-250毫克/千克 喷雾
PD20084980 三环唑/75%/可湿性粉剂/三环唑 75%/2013.12.22 至 2018.12.22/低毒
水稻 稻瘟病 225-300克/公顷 喷雾
PD20085010 多菌灵/25%/可湿性粉剂/多菌灵 25%/2013.12.22 至 2018.12.22/低毒
水稻 纹枯病 750-825克/公顷 喷雾
PD20085072 硫磺·锰锌/70%/可湿性粉剂/硫磺 42%、代森锰锌 28%/2013.12.23 至 2018.12.23/低毒
豇豆 锈病 1575-2100克/公顷 喷雾
PD20085073 锰锌·百菌清/64%/可湿性粉剂/百菌清 8%、代森锰锌 56%/2013.12.23 至 2018.12.23/低毒
番茄 早疫病 1028－1440克/公顷 喷雾
PD20085083 杀螟丹/50%/可溶粉剂/杀螟丹 50%/2013.12.23 至 2018.12.23/中等毒
水稻 二化螟 750-825克/公顷 喷雾
PD20085293 溴氰菊酯/2.5%/可湿性粉剂/溴氰菊酯 2.5%/2013.12.23 至 2018.12.23/中等毒
十字花科蔬菜 菜青虫 11.25-15克/公顷 喷雾
PD20085342 马拉·灭多威/35%/乳油/马拉硫磷 25%、灭多威 10%/2013.12.24 至 2018.12.24/高毒
棉花 棉铃虫 210-315克/公顷 喷雾
PD20085370 氟氯氰菊酯/50克/升/乳油/氟氯氰菊酯 50克/升/2013.12.24 至 2018.12.24/低毒
甘蓝 蚜虫 20-25克/公顷 喷雾
PD20085521 福美锌/72%/可湿性粉剂/福美锌 72%/2013.12.25 至 2018.12.25/低毒
苹果树 炭疽病 1200-1800克/公顷 喷雾
PD20085599 甲基硫菌灵/70%/可湿性粉剂/甲基硫菌灵 70%/2013.12.25 至 2018.12.25/低毒
水稻 纹枯病 1275-1500克/公顷 喷雾
PD20085633 甲基硫菌灵/80%/可湿性粉剂/甲基硫菌灵 80%/2013.12.26 至 2018.12.26/低毒
番茄 叶霉病 720-990克/公顷 喷雾
PD20085701 阿维菌素/3.2%/乳油/阿维菌素 3.2%/2013.12.26 至 2018.12.26/低毒(原药高毒)
菜豆 美洲斑潜蝇 10.8-21.6克/公顷 喷雾
PD20085764 甲硫·福美双/70%/可湿性粉剂/福美双 55%、甲基硫菌灵 15%/2013.12.29 至 2018.12.29/低毒

	黄瓜	枯萎病	1400-1750毫克/千克	灌根
PD20085960	甲硫·福美双/70%/可湿性粉剂/福美双 40%、甲基硫菌灵 30%/2013.12.29 至 2018.12.29/中等毒			
	苹果树	轮纹病	800-1000倍液	喷雾
PD20086243	杀扑磷/40%/乳油/杀扑磷 40%/2013.12.31 至 2018.12.31/高毒			
	柑橘树	介壳虫	200-400毫克/千克	喷雾
PD20086309	氟啶脲/50克/升/乳油/氟啶脲 50克/升/2013.12.31 至 2018.12.31/低毒			
	甘蓝	甜菜夜蛾	30-60克/公顷	喷雾
PD20090082	甲硫·福美双/81%/可湿性粉剂/福美双 48%、甲基硫菌灵 33%/2014.01.08 至 2019.01.08/中等毒			
	苹果树	轮纹病	1012.5-1350毫克/千克	喷雾
PD20090271	氰戊·马拉松/20%/乳油/马拉硫磷 15%、氰戊菊酯 5%/2014.01.09 至 2019.01.09/中等毒			
	苹果树	桃小食心虫	160-333毫克/千克	喷雾
PD20090328	高效氟吡甲禾灵/108克/升/乳油/高效氟吡甲禾灵 108克/升/2014.01.12 至 2019.01.12/低毒			
	大豆田	一年生禾本科杂草	48.6-72.9克/公顷	茎叶喷雾
PD20090550	高氯·马/20%/乳油/高效氯氰菊酯 2%、马拉硫磷 18%/2014.01.13 至 2019.01.13/中等毒			
	苹果树	蚜虫	50-200毫克/千克	喷雾
PD20090994	溴螨酯/500克/升/乳油/溴螨酯 500克/升/2014.01.21 至 2019.01.21/低毒			
	苹果树	红蜘蛛	250-500毫克/千克	喷雾
PD20091076	氟磺胺草醚/250克/升/水剂/氟磺胺草醚 250克/升/2014.01.21 至 2019.01.21/低毒			
	夏大豆田	一年生阔叶杂草	247.5-375克/公顷	茎叶喷雾
PD20091084	乙铝·锰锌/70%/可湿性粉剂/代森锰锌 45%、三乙膦酸铝 25%/2014.01.21 至 2019.01.21/低毒			
	黄瓜	霜霉病	2803.5-4200克/公顷	喷雾
PD20091211	氯氰·敌百虫/25%/乳油/敌百虫 23%、氯氰菊酯 2%/2014.02.01 至 2019.02.01/中等毒			
	十字花科蔬菜	菜青虫	225-281.25克/公顷	喷雾
PD20091597	烯酰·锰锌/69%/可湿性粉剂/代森锰锌 60%、烯酰吗啉 9%/2014.02.03 至 2019.02.03/低毒			
	黄瓜	霜霉病	1035-1380克/公顷	喷雾
PD20091702	唑螨酯/5%/悬浮剂/唑螨酯 5%/2014.02.03 至 2019.02.03/中等毒			
	苹果树	红蜘蛛	16-25毫克/千克	喷雾
PD20091718	精喹禾灵/5%/乳油/精喹禾灵 5%/2014.02.04 至 2019.02.04/低毒			
	夏大豆田	一年生禾本科杂草	37.5-52.5克/公顷	茎叶喷雾
PD20091985	乙铝·锰锌/50%/可湿性粉剂/代森锰锌 22%、三乙膦酸铝 28%/2014.02.12 至 2019.02.12/低毒			
	黄瓜	霜霉病	900-1400克/公顷	喷雾
PD20092142	多抗霉素/1.5%/可湿性粉剂/多抗霉素 1.5%/2014.02.23 至 2019.02.23/低毒			
	黄瓜	霜霉病	117-133克/公顷	喷雾
PD20092842	溴氰·毒死蜱/10%/乳油/毒死蜱 9.5%、溴氰菊酯 0.5%/2009.03.05 至 2014.03.05/低毒			
PD20092857	井冈霉素/5%/水剂/井冈霉素 5%/2014.03.05 至 2019.03.05/低毒			
	水稻	纹枯病	150-187.5克/公顷	喷雾
PD20093050	福美双/70%/可湿性粉剂/福美双 70%/2014.03.09 至 2019.03.09/低毒			
	黄瓜	霜霉病	840-1260克/公顷	喷雾
PD20093067	咪鲜胺/25%/乳油/咪鲜胺 25%/2014.03.09 至 2019.03.09/低毒			
	水稻	恶苗病	62.5-125毫克/千克	浸种
PD20093198	甲硫·福美双/50%/可湿性粉剂/福美双 20%、甲基硫菌灵 30%/2014.03.11 至 2019.03.11/中等毒			
	小麦	赤霉病	1050-1200克/公顷	喷雾
PD20093417	辛硫磷/40%/乳油/辛硫磷 40%/2014.03.20 至 2019.03.20/低毒			
	棉花	棉铃虫	240-300克/公顷	喷雾
PD20093857	马拉硫磷/1.8%/粉剂/马拉硫磷 1.8%/2014.03.25 至 2019.03.25/低毒			
	仓储原粮	储粮害虫	12-24克/1000千克	撒施(拌粮)
PD20094013	醚菊酯/10%/悬浮剂/醚菊酯 10%/2014.03.27 至 2019.03.27/低毒			
	甘蓝	菜青虫	45-60克/公顷	喷雾
PD20094212	咪鲜胺/45%/水乳剂/咪鲜胺 45%/2014.03.31 至 2019.03.31/低毒			
	香蕉	炭疽病	500-900毫克/千克	浸果
PD20094339	石硫合剂/29%/水剂/石硫合剂 29%/2014.04.01 至 2019.04.01/低毒			
	柑橘树	红蜘蛛	20-40倍液	喷雾
PD20094710	除脲·辛硫磷/20%/乳油/除虫脲 1%、辛硫磷 19%/2014.04.10 至 2019.04.10/低毒			
	十字花科蔬菜	菜青虫	90-120克/公顷	喷雾
PD20095148	锰锌·烯唑醇/32.5%/可湿性粉剂/代森锰锌 30%、烯唑醇 2.5%/2014.04.24 至 2019.04.24/低毒			
	梨树	黑星病	400-600倍液	喷雾
PD20095205	三唑锡/8%/乳油/三唑锡 8%/2014.04.24 至 2019.04.24/低毒			
	柑橘树	红蜘蛛	53.3-80毫克/千克	喷雾
PD20095532	烟嘧磺隆/40克/升/可分散油悬浮剂/烟嘧磺隆 40克/升/2009.05.11 至 2014.05.11/低毒			
	玉米田	一年生杂草	42-60克/公顷	茎叶喷雾
PD20095586	二嗪磷/50%/乳油/二嗪磷 50%/2009.05.12 至 2014.05.12/中等毒			
	水稻	二化螟	450-900克/公顷	喷雾
PD20096122	精吡氟禾草灵/150克/升/乳油/精吡氟禾草灵 150克/升/2009.06.18 至 2014.06.18/低毒			

	大豆田	一年生禾本科杂草	112.5-157.5克/公顷	茎叶喷雾
PD20096236	吡虫·辛硫磷/25%/乳油/吡虫啉 1.5%、辛硫磷 23.5%/2009.07.15 至 2014.07.15/低毒			
	十字花科蔬菜	蚜虫	56.25-93.75克/公顷	喷雾
PD20096377	异菌脲/23.5%/悬浮剂/异菌脲 23.5%/2009.08.04 至 2014.08.04/低毒			
	油菜	菌核病	459-765克/公顷	喷雾
PD20096383	异稻瘟净/40%/乳油/异稻瘟净 40%/2009.08.04 至 2014.08.04/低毒			
	水稻	稻瘟病	900-1200克/公顷	喷雾
PD20096605	杀螟硫磷/50%/乳油/杀螟硫磷 50%/2009.09.02 至 2014.09.02/低毒			
	水稻	稻纵卷叶螟	375-562.5克/公顷	喷雾
PD20096774	甲基硫菌灵/500克/升/悬浮剂/甲基硫菌灵 500克/升/2009.09.15 至 2014.09.15/低毒			
	苹果树	轮纹病	625-833.3毫克/千克	喷雾
	水稻	纹枯病	937.5－1125克/公顷	喷雾
PD20097171	抑霉唑/50%/乳油/抑霉唑 50%/2009.10.16 至 2014.10.16/低毒			
	柑橘	青霉病	333-500毫克/千克	浸果
PD20097432	硫丹/350克/升/乳油/硫丹 350克/升/2009.10.28 至 2014.10.28/中等毒			
	棉花	棉铃虫	682.5-840克/公顷	喷雾
PD20097581	阿维·啶虫脒/4%/乳油/阿维菌素 1%、啶虫脒 3%/2009.11.03 至 2014.11.03/低毒(原药高毒)			
	黄瓜	蚜虫	9-12克/公顷	喷雾
PD20097709	噻嗪·杀扑磷/20%/乳油/噻嗪酮 15%、杀扑磷 5%/2009.11.04 至 2014.11.04/中等毒(原药高毒)			
	柑橘树	矢尖蚧	200-250毫克/千克	喷雾
PD20097740	戊唑醇/95%/原药/戊唑醇 95%/2009.11.12 至 2014.11.12/低毒			
PD20097747	丙环唑/50%/乳油/丙环唑 50%/2009.11.12 至 2014.11.12/低毒			
	香蕉	叶斑病	250－500毫克/千克	喷雾
PD20097791	阿维·三唑锡/12.15%/可湿性粉剂/阿维菌素 0.15%、三唑锡 12%/2009.11.20 至 2014.11.20/低毒(原药高毒)			
	柑橘树	红蜘蛛	61-81毫克/千克	喷雾
PD20097880	噁霉灵/30%/水剂/噁霉灵 30%/2009.11.20 至 2014.11.20/低毒			
	西瓜	枯萎病	428.6－500毫克/千克	灌根
PD20098135	哒螨·矿物油/34%/乳油/哒螨灵 4%、矿物油 30%/2009.12.08 至 2014.12.08/低毒			
	苹果树	红蜘蛛	226.7-340毫克/千克	喷雾
PD20098458	乙铝·福美双/80%/可湿性粉剂/福美双 50%、三乙膦酸铝 30%/2009.12.24 至 2014.12.24/低毒			
	苹果树	炭疽病	1000-1333毫克/千克	喷雾
PD20098537	氯氟·啶虫脒/5%/乳油/啶虫脒 1%、氟氯氰菊酯 4%/2009.12.24 至 2014.12.24/低毒			
	棉花	棉铃虫、蚜虫	45-52.5克/公顷	喷雾
PD20100017	氯氰·矿物油/32%/乳油/矿物油 30%、氯氰菊酯 2%/2010.01.04 至 2015.01.04/低毒			
	棉花	蚜虫	192-288克/公顷	喷雾
PD20100033	吡虫·异丙威/25%/可湿性粉剂/吡虫啉 5%、异丙威 20%/2010.01.04 至 2015.01.04/低毒			
	水稻	稻飞虱	62.625-75克/公顷	喷雾
PD20100101	氢氧化铜/77%/可湿性粉剂/氢氧化铜 77%/2010.01.04 至 2015.01.04/低毒			
	柑橘树	溃疡病	1283.3-1925毫克/千克	喷雾
PD20100102	吗胍·乙酸铜/20%/可湿性粉剂/盐酸吗啉胍 10%、乙酸铜 10%/2010.01.04 至 2015.01.04/低毒			
	番茄	病毒病	500-750克/公顷	喷雾
PD20100369	噻菌灵/450克/升/悬浮剂/噻菌灵 450克/升/2010.01.11 至 2015.01.11/低毒			
	柑橘	青霉病	1125－1500毫克/千克	浸果
PD20100436	氟啶脲/95%/原药/氟啶脲 95%/2010.01.14 至 2015.01.14/低毒			
PD20100556	噻嗪·杀扑磷/20%/可湿性粉剂/噻嗪酮 15%、杀扑磷 5%/2010.01.14 至 2015.01.14/中等毒(原药高毒)			
	柑橘树	介壳虫	200-250毫克/千克	喷雾
PD20100594	阿维·四螨嗪/5.1%/可湿性粉剂/阿维菌素 0.1%、四螨嗪 5%/2010.01.14 至 2015.01.14/低毒(原药高毒)			
	柑橘树	红蜘蛛	34-51毫克/千克	喷雾
PD20100634	甲维·辛硫磷/21%/乳油/甲氨基阿维菌素苯甲酸盐 0.1%、辛硫磷 20.9%/2010.01.14 至 2015.01.14/低毒			
	甘蓝	小菜蛾	263.25-283.5克/公顷	喷雾
PD20100662	高效氯氟氰菊酯/2.5%/微乳剂/高效氯氟氰菊酯 2.5%/2010.01.15 至 2015.01.15/中等毒			
	小白菜	菜青虫	11.25-15克/公顷	喷雾
PD20100665	啶虫脒/20%/可湿性粉剂/啶虫脒 20%/2010.01.15 至 2015.01.15/低毒			
	柑橘树	蚜虫	10-20毫克/千克	喷雾
PD20100712	十三吗啉/750克/升/乳油/十三吗啉 750克/升/2010.01.16 至 2015.01.16/中等毒			
	橡胶树	红根病	15-30克/株	灌淋
PD20100741	氢铜·福美锌/64%/可湿性粉剂/福美锌 48%、氢氧化铜 16%/2010.01.16 至 2015.01.16/低毒			
	番茄	早疫病	980-1123克/公顷	喷雾
PD20100786	春雷霉素/65%/原药/春雷霉素 65%/2010.01.18 至 2015.01.18/低毒			
PD20101459	苯醚·丙环唑/30%/乳油/苯醚甲环唑 15%、丙环唑 15%/2010.05.04 至 2015.05.04/低毒			
	水稻	纹枯病	60-120克/公顷	喷雾
PD20101553	吡虫·噻嗪酮/10%/可湿性粉剂/吡虫啉 1%、噻嗪酮 9%/2010.05.19 至 2015.05.19/低毒			
	水稻	飞虱	45-90克/公顷	喷雾

PD20101621 阿维·哒螨灵/10%/乳油/阿维菌素 0.2%、哒螨灵 9.8%/2010.06.03 至 2015.06.03/中等毒(原药高毒)
柑橘树 红蜘蛛 33.3-50毫克/千克 喷雾
PD20101640 噻嗪酮/25%/可湿性粉剂/噻嗪酮 25%/2010.06.03 至 2015.06.03/低毒
水稻 稻飞虱 90-120克/公顷 喷雾
PD20101723 啶虫脒/40%/水分散粒剂/啶虫脒 40%/2010.06.28 至 2015.06.28/低毒
十字花科蔬菜 蚜虫 18-27克/公顷 喷雾
PD20101731 杀螟丹/98%/可溶粉剂/杀螟丹 98%/2010.06.28 至 2015.06.28/中等毒
白菜、甘蓝 菜青虫 441-588克/公顷 喷雾
PD20101952 联苯菊酯/100克/升/乳油/联苯菊酯 100克/升/2010.09.20 至 2015.09.20/中等毒
柑橘树 红蜘蛛 25-33.3毫克/千克 喷雾
PD20101958 己唑醇/5%/悬浮剂/己唑醇 5%/2010.09.20 至 2015.09.20/低毒
水稻 纹枯病 60-75克/公顷 喷雾
PD20101986 三唑磷/20%/乳油/三唑磷 20%/2010.09.25 至 2015.09.25/中等毒
水稻 二化螟 202.5-303.75克/公顷 喷雾
PD20102025 高效氯氟氰菊酯/10%/可湿性粉剂/高效氯氟氰菊酯 10%/2010.09.28 至 2015.09.28/中等毒
甘蓝 菜青虫 11.25-15克/公顷 喷雾
PD20102119 辛菌胺醋酸盐/1.26%/水剂/辛菌胺 1.26%/2010.12.02 至 2015.12.02/低毒
苹果树 腐烂病 500-1000毫克/千克 涂抹、喷雾
注:辛菌胺醋酸盐含量1.8%
PD20102203 阿维·溴氰/1.8%/可湿性粉剂/阿维菌素 0.3%、溴氰菊酯 1.5%/2010.12.22 至 2015.12.22/低毒(原药高毒)
甘蓝 菜青虫 8.1～10.8克/公顷 喷雾
PD20110153 炔螨·矿物油/73%/乳油/矿物油 33%、炔螨特 40%/2011.02.10 至 2016.02.10/低毒
苹果树 红蜘蛛 243.3-365毫克/千克 喷雾
PD20110451 噁霉灵/70%/可湿性粉剂/噁霉灵 70%/2011.04.21 至 2016.04.21/低毒
甜菜 立枯病 385－490克/100千克种子 湿拌种
PD20110466 咪鲜胺锰盐/50%/可湿性粉剂/咪鲜胺锰盐 50%/2011.04.22 至 2016.04.22/低毒
柑橘 青霉病 250－500毫克/千克 浸果
PD20110538 苯醚甲环唑/12%/可湿性粉剂/苯醚甲环唑 12%/2011.05.12 至 2016.05.12/低毒
梨树 黑星病 15－20毫克/千克 喷雾
PD20110645 甲氰·矿物油/65%/乳油/甲氰菊酯 0.5%、矿物油 64.5%/2011.06.13 至 2016.06.13/中等毒
棉花 蚜虫 198-274.22克/公顷 喷雾
PD20110684 阿维·炔螨特/40%/乳油/阿维菌素 0.3%、炔螨特 39.7%/2011.06.20 至 2016.06.20/低毒(原药高毒)
柑橘树 红蜘蛛 200-400毫克/千克 喷雾
PD20110693 丙环唑/62%/乳油/丙环唑 62%/2011.06.22 至 2016.06.22/低毒
香蕉 叶斑病 310－517毫克/千克 喷雾
PD20110694 吡虫啉/600克/升/悬浮剂/吡虫啉 600克/升/2011.06.22 至 2016.06.22/低毒
水稻 稻飞虱 28.8-42.2克/公顷 喷雾
PD20110714 高效氯氟氰菊酯/15%/可湿性粉剂/高效氯氟氰菊酯 15%/2011.07.06 至 2016.07.06/中等毒
甘蓝 菜青虫 9-15.75克/公顷 喷雾
PD20110910 噻嗪酮/80%/可湿性粉剂/噻嗪酮 80%/2011.08.22 至 2016.08.22/低毒
水稻 稻飞虱 120-168克/公顷 喷雾
PD20110933 甲氨基阿维菌素苯甲酸盐/0.5%/乳油/甲氨基阿维菌素 0.5%/2011.09.21 至 2016.09.21/低毒
甘蓝 小菜蛾 1.5-1.8克/公顷 喷雾
注:甲氨基阿维菌素苯甲酸盐含量:0.57%。
PD20110950 烯酰吗啉/80%/水分散粒剂/烯酰吗啉 80%/2011.09.08 至 2016.09.08/低毒
黄瓜 霜霉病 228-300克/公顷 喷雾
PD20110959 高效氯氰菊酯/4.5%/微乳剂/高效氯氰菊酯 4.5%/2011.09.08 至 2016.09.08/中等毒
甘蓝 菜青虫 13.5-20.25克/公顷 喷雾
PD20110992 己唑醇/50%/水分散粒剂/己唑醇 50%/2011.09.21 至 2016.09.21/低毒
苹果树 斑点落叶病 50-62.5毫克/千克 喷雾
水稻 纹枯病 60-75克/公顷 喷雾
PD20111100 戊唑醇/80%/水分散粒剂/戊唑醇 80%/2011.10.17 至 2016.10.17/低毒
苹果树 斑点落叶病 100-133毫克/千克 喷雾
PD20111147 吡虫啉/5%/乳油/吡虫啉 5%/2011.11.03 至 2016.11.03/低毒
水稻 稻飞虱 15-30克/公顷 喷雾
PD20111311 己唑醇/30%/悬浮剂/已唑醇 30%/2011.11.24 至 2016.11.24/低毒
水稻 纹枯病 72－81克/公顷 喷雾
PD20120034 甲硫·己唑醇/27%/悬浮剂/甲基硫菌灵 24%、己唑醇 3%/2012.01.09 至 2017.01.09/低毒
水稻 纹枯病 506.25－607.5克/公顷 喷雾
PD20120131 吡蚜酮/70%/水分散粒剂/吡蚜酮 70%/2012.01.29 至 2017.01.29/低毒
甘蓝 蚜虫 84－126克/公顷 喷雾
PD20120277 唑螨酯/28%/悬浮剂/唑螨酯 28%/2012.02.15 至 2017.02.15/低毒
柑橘树 红蜘蛛 28-46.7毫克/千克 喷雾

PD20120596 醚菌酯/50%/可湿性粉剂/醚菌酯 50%/2012.04.11 至 2017.04.11/低毒
苹果树 斑点落叶病 125—166.7毫克/千克 喷雾
PD20120680 甲氨基阿维菌素苯甲酸盐/2.5%/水乳剂/甲氨基阿维菌素 2.5%/2012.04.18 至 2017.04.18/低毒
甘蓝 小菜蛾 2.25-3克/公顷 喷雾
注:甲氨基阿维菌素苯甲酸盐含量：2.8%。
PD20120762 代锰·戊唑醇/25%/可湿性粉剂/代森锰锌 22.7%、戊唑醇 2.3%/2012.05.05 至 2017.05.05/低毒
苹果树 斑点落叶病 333-500毫克/千克 喷雾
PD20120841 香菇多糖/0.5%/水剂/香菇多糖 0.5%/2012.05.22 至 2017.05.22/低毒
番茄 病毒病 12.45-18.75克/公顷 喷雾
PD20120851 己唑醇/40%/悬浮剂/己唑醇 40%/2012.05.22 至 2017.05.22/低毒
水稻 纹枯病 60—84克/公顷 喷雾
PD20120872 苯醚甲环唑/5%/水乳剂/苯醚甲环唑 5%/2012.05.24 至 2017.05.24/低毒
梨树 黑星病 13.8—16.7毫克/千克 喷雾
PD20120965 高效氯氟氰菊酯/5%/水乳剂/高效氯氟氰菊酯 5%/2012.06.15 至 2017.06.15/中等毒
甘蓝 菜青虫 15—22.5克/公顷 喷雾
PD20121023 烯酰吗啉/50%/水分散粒剂/烯酰吗啉 50%/2012.07.02 至 2017.07.02/低毒
黄瓜 霜霉病 225-300克/公顷 喷雾
PD20121117 炔螨·溴螨酯/50%/乳油/炔螨特 25%、溴螨酯 25%/2012.07.20 至 2017.07.20/低毒
柑橘树 红蜘蛛 200—333.3毫克/千克 喷雾
PD20121120 阿维·三唑磷/15%/乳油/阿维菌素 0.1%、三唑磷 14.9%/2012.07.20 至 2017.07.20/中等毒(原药高毒)
棉花 棉铃虫 112.5-157.5克/公顷 喷雾
PD20121155 苯醚甲环唑/37%/水分散粒剂/苯醚甲环唑 37%/2012.07.30 至 2017.07.30/低毒
苹果树 斑点落叶病 49-67毫克/千克 喷雾
PD20121319 丙森锌/80%/水分散粒剂/丙森锌 80%/2012.09.11 至 2017.09.11/低毒
苹果树 斑点落叶病 1000-1333毫克/千克 喷雾
PD20121459 联苯·哒螨灵/25%/乳油/哒螨灵 20%、联苯菊酯 5%/2012.10.08 至 2017.10.08/中等毒
柑橘树 红蜘蛛 71.43—83.33毫克/千克 喷雾
PD20121462 甲氨基阿维菌素苯甲酸盐/5%/水分散粒剂/甲氨基阿维菌素 5%/2012.10.08 至 2017.10.08/低毒
甘蓝 甜菜夜蛾 2.25—3.75克/公顷 喷雾
注:甲氨基阿维菌素苯甲酸盐含量:5.7%。
PD20121464 甲维·氟铃脲/4%/乳油/氟铃脲 3.5%、甲氨基阿维菌素苯甲酸盐 0.5%/2012.10.08 至 2017.10.08/低毒
甘蓝 甜菜夜蛾 15-21克/公顷 喷雾
PD20121474 氟菌唑/30%/可湿性粉剂/氟菌唑 30%/2012.10.08 至 2017.10.08/低毒
黄瓜 白粉病 67.5～90克/公顷 /喷雾
PD20121687 氟硅唑/20%/可湿性粉剂/氟硅唑 20%/2012.11.05 至 2017.11.05/低毒
梨树 黑星病 40—66.7毫克/千克 喷雾
PD20121805 苯甲·锰锌/45%/可湿性粉剂/苯醚甲环唑 3%、代森锰锌 42%/2012.11.22 至 2017.11.22/低毒
梨树 黑星病 187.5-225毫克/千克 喷雾
PD20121846 烟嘧磺隆/20%/可分散油悬浮剂/烟嘧磺隆 20%/2012.11.28 至 2017.11.28/低毒
玉米田 一年生杂草 45-60克/公顷 茎叶喷雾
PD20122002 腈菌唑/40%/可湿性粉剂/腈菌唑 40%/2012.12.19 至 2017.12.19/低毒
梨树 黑星病 50-70毫克/千克 喷雾
PD20122024 苯醚甲环唑/30%/可湿性粉剂/苯醚甲环唑 30%/2012.12.19 至 2017.12.19/低毒
苹果树 斑点落叶病 50—75毫克/千克 喷雾
PD20130062 烯酰吗啉/20%/悬浮剂/烯酰吗啉 20%/2013.01.07 至 2018.01.07/低毒
黄瓜 霜霉病 270-300克/公顷 喷雾
PD20130794 代锰·戊唑醇/70%/可湿性粉剂/代森锰锌 63.6%、戊唑醇 6.4%/2013.04.22 至 2018.04.22/低毒
苹果树 斑点落叶病 467-700毫克/千克 喷雾
PD20131145 三唑锡/50%/水分散粒剂/三唑锡 50%/2013.05.20 至 2018.05.20/低毒
柑橘树 红蜘蛛 125-166.7毫克/千克 喷雾
PD20131147 盐酸吗啉胍/80%/水分散粒剂/盐酸吗啉胍 80%/2013.05.20 至 2018.05.20/低毒
番茄 病毒病 480-720克/公顷 喷雾
PD20131149 腐霉利/80%/水分散粒剂/腐霉利 80%/2013.05.20 至 2018.05.20/低毒
番茄 灰霉病 384-744克/公顷 喷雾
PD20131164 嘧霉胺/80%/水分散粒剂/嘧霉胺 80%/2013.05.27 至 2018.05.27/低毒
黄瓜 灰霉病 360-540克/公顷 喷雾
PD20131175 灭蝇胺/75%/可湿性粉剂/灭蝇胺 75%/2013.05.27 至 2018.05.27/低毒
黄瓜 美洲斑潜蝇 168.75-225克/公顷 喷雾
PD20131250 氟胺·烯禾啶/20.8%/乳油/氟磺胺草醚 12.5%、烯禾啶 8.3%/2013.06.04 至 2018.06.04/低毒
春大豆田 一年生杂草 436.8-468克/公顷 茎叶喷雾
PD20131284 苯醚甲环唑/10%/水分散粒剂/苯醚甲环唑 10%/2013.06.08 至 2018.06.08/低毒
苹果树 斑点落叶病 40～67毫克/千克 喷雾
PD20131313 丙森锌/70%/可湿性粉剂/丙森锌 70%/2013.06.08 至 2018.06.08/低毒

番茄 早疫病 1313-1974克/公顷 喷雾

PD20131327 三环唑/80%/水分散粒剂/三环唑 80%/2013.06.08 至 2018.06.08/低毒

水稻 稻瘟病 228-300克/公顷 喷雾

PD20131375 苯甲·多菌灵/30%/悬浮剂/苯醚甲环唑 3%、多菌灵 27%/2013.06.24 至 2018.06.24/低毒

水稻 纹枯病 675-900克/公顷 喷雾

PD20131381 福美双/80%/水分散粒剂/福美双 80%/2013.06.24 至 2018.06.24/低毒

黄瓜 白粉病 600-1080克/公顷 喷雾

PD20131464 抑霉唑/10%/水乳剂/抑霉唑 10%/2013.07.05 至 2018.07.05/低毒

苹果树 炭疽病 143-200毫克/千克 喷雾

PD20131510 福·甲·硫磺/70%/可湿性粉剂/福美双 25%、甲基硫菌灵 14%、硫磺 31%/2013.07.17 至 2018.07.17/低毒

小麦 赤霉病 1575-2100克/公顷 喷雾

PD20131550 氯氟·啶虫脒/15%/水分散粒剂/啶虫脒 12%、高效氯氟氰菊酯 3%/2013.07.23 至 2018.07.23/低毒

甘蓝 蚜虫 18-27克/公顷 喷雾

PD20131562 代森锰锌/80%/水分散粒剂/代森锰锌 80%/2013.07.23 至 2018.07.23/低毒

苹果树 斑点落叶病 1143-1333毫克/千克 喷雾

PD20131579 烯唑醇/50%/水分散粒剂/烯唑醇 50%/2013.07.23 至 2018.07.23/低毒

梨树 黑星病 33-50毫克/千克 喷雾

PD20131605 嘧菌酯/25%/悬浮剂/嘧菌酯 25%/2013.07.29 至 2018.07.29/低毒

葡萄 霜霉病 125-250克/公顷 喷雾

PD20131695 苯甲·多菌灵/60%/可湿性粉剂/苯醚甲环唑 6%、多菌灵 54%/2013.08.07 至 2018.08.07/低毒

梨树 黑星病 120-200毫克/千克 喷雾

PD20131701 哒螨·三唑锡/16%/可湿性粉剂/哒螨灵 10%、三唑锡 6%/2013.08.07 至 2018.08.07/低毒

柑橘树 红蜘蛛 107-160毫克/千克 喷雾

PD20131743 苯醚甲环唑/25%/水乳剂/苯醚甲环唑 25%/2013.08.16 至 2018.08.16/低毒

梨树 黑星病 28-31毫克/千克 喷雾

PD20131827 咪鲜胺锰盐/60%/可湿性粉剂/咪鲜胺锰盐 60%/2013.09.17 至 2018.09.17/低毒

柑橘 青霉病 250—500毫克/千克 浸果

PD20131832 氟环唑/30%/悬浮剂/氟环唑 30%/2013.09.17 至 2018.09.17/低毒

小麦 锈病 90—135克/公顷 喷雾

PD20131905 戊唑醇/60克/升/悬浮种衣剂/戊唑醇 60克/升/2013.09.25 至 2018.09.25/微毒

高粱 丝黑穗病 6-9克/100千克种子 种子包衣

小麦 纹枯病 3-4克/100千克种子 种子包衣

小麦 散黑穗病 1.8-2.7克/100千克种子 种子包衣

玉米 丝黑穗病 6-12克/100千克种子 种子包衣

PD20131987 草铵膦/23%/水剂/草铵膦 23%/2013.10.10 至 2018.10.10/低毒

非耕地 杂草 1050-1750克/公顷 定向茎叶喷雾

PD20132003 噻苯隆/0.1%/可溶液剂/噻苯隆 0.1%/2013.10.10 至 2018.10.10/低毒

葡萄 调节生长 4-6毫克/千克 喷雾

PD20132203 戊唑·丙森锌/55%/可湿性粉剂/丙森锌 50%、戊唑醇 5%/2013.10.29 至 2018.10.29/低毒

苹果树 斑点落叶病 688-917毫克/千克 喷雾

PD20132233 福·甲·硫磺/50%/可湿性粉剂/福美双 18%、甲基硫菌灵 10%、硫磺 22%/2013.11.05 至 2018.11.05/低毒

小麦 赤霉病 1575-2100克/公顷 喷雾

PD20132257 苯醚甲环唑/30克/升/悬浮种衣剂/苯醚甲环唑 30克/升/2013.11.05 至 2018.11.05/微毒

小麦 散黑穗病 6-9克/100千克种子 种子包衣

PD20132294 丁醚脲/50%/可湿性粉剂/丁醚脲 50%/2013.11.08 至 2018.11.08/低毒

甘蓝 小菜蛾 375-562.5克/公顷 喷雾

PD20132347 甲维·毒死蜱/30%/水乳剂/毒死蜱 29%、甲氨基阿维菌素苯甲酸盐 1%/2013.11.20 至 2018.11.20/中等毒

水稻 稻纵卷叶螟 225-270克/公顷 喷雾

PD20132518 苯甲·丙森锌/50%/可湿性粉剂/苯醚甲环唑 5%、丙森锌 45%/2013.12.16 至 2018.12.16/低毒

苹果树 斑点落叶病 227—278毫克/千克 喷雾

PD20132587 阿维·苏云菌/1.1%/可湿性粉剂/阿维菌素 0.1%、苏云金杆菌 1%/2013.12.17 至 2018.12.17/低毒(原药高毒)

甘蓝 小菜蛾 1125-1500克制剂/公顷 喷雾

注:苏云金杆菌含量以毒素蛋白计。

PD20132651 高氯·甲维盐/5%/水乳剂/高效氯氟氰菊酯 4.5%、甲氨基阿维菌素苯甲酸盐 0.5%/2013.12.20 至 2018.12.20/中等毒

甘蓝 菜青虫 7.5-11.25克/公顷 喷雾

PD20132652 丙森·异菌脲/80%/可湿性粉剂/丙森锌 70%、异菌脲 10%/2013.12.20 至 2018.12.20/低毒

苹果树 斑点落叶病 800-1000毫克/千克 喷雾

PD20132693 芸苔素内酯/0.1%/水分散粒剂/芸苔素内酯 0.1%/2013.12.25 至 2018.12.25/低毒

苹果树 调节生长、增产 0.017-0.025毫克/千克 喷雾

PD20132697 甲氨基阿维菌素苯甲酸盐/1.5%/泡腾片剂/甲氨基阿维菌素 1.5%/2013.12.25 至 2018.12.25/低毒

甘蓝 甜菜夜蛾 3.375-4.5克/公顷 喷雾

注:甲氨基阿维菌素苯甲酸盐含量：1.7%。

LS20100150 氟环唑/50%/水分散粒剂/氟环唑 50%/2012.11.10 至 2013.11.10/低毒

	苹果树	斑点落叶病	100-125毫克/千克	喷雾
	香蕉树	叶斑病	125—166.67毫克/千克	喷雾
LS20110032	氟环唑/70%/水分散粒剂/氟环唑 70%/2013.02.11 至 2014.02.11/低毒			
	香蕉	叶斑病	140—175毫克/千克	喷雾
LS20110112	稻瘟酰胺/20%/可湿性粉剂/稻瘟酰胺 20%/2013.04.11 至 2014.04.11/低毒			
	水稻	稻瘟病	240—300克/公顷	喷雾
LS20110172	甲硫·氟环唑/50%/悬浮剂/氟环唑 10%、甲基硫菌灵 40%/2013.06.20 至 2014.06.20/低毒			
	小麦	白粉病	487.5—525克/公顷	喷雾
LS20110192	代森联/70%/可湿性粉剂/代森联 70%/2013.07.15 至 2014.07.15/低毒			
	苹果树	斑点落叶病	1000—1400毫克/千克	喷雾
LS20110265	锰锌·氟硅唑/50%/可湿性粉剂/氟硅唑 10%、代森锰锌 40%/2013.10.12 至 2014.10.12/低毒			
	梨树	黑星病	166.67—250毫克/千克	喷雾
LS20120086	阿维·烯啶/30%/可湿性粉剂/阿维菌素 1%、烯啶虫胺 29%/2014.03.07 至 2015.03.07/低毒(原药高毒)			
	甘蓝	蚜虫	27-36克/公顷	喷雾
LS20120405	氟硅·多菌灵/50%/可湿性粉剂/多菌灵 45%、氟硅唑 5%/2013.12.18 至 2014.12.18/低毒			
	梨树	黑星病	312.5-416.7毫克/千克	喷雾
LS20130102	甲硫·氟硅唑/70%/可湿性粉剂/氟硅唑 10%、甲基硫菌灵 60%/2014.03.11 至 2015.03.11/低毒			
	梨树	黑星病	233.3-350毫克/千克	喷雾
LS20130146	吡蚜·噻虫啉/30%/水分散粒剂/吡蚜酮 15%、噻虫啉 15%/2014.04.03 至 2015.04.03/低毒			
	甘蓝	蚜虫	112.5-157.5克/公顷	喷雾
LS20130151	甲硫·戊唑醇/80%/可湿性粉剂/甲基硫菌灵 72%、戊唑醇 8%/2014.04.03 至 2015.04.03/低毒			
	苹果树	轮纹病	667-1000毫克/千克	喷雾
LS20130156	醚菌·戊唑醇/48%/水分散粒剂/醚菌酯 8%、戊唑醇 40%/2014.04.03 至 2015.04.03/低毒			
	苹果树	斑点落叶病	96-160毫克/千克	喷雾
LS20130163	噻虫嗪/25%/可湿性粉剂/噻虫嗪 25%/2014.04.03 至 2015.04.03/低毒			
	水稻	稻飞虱	7.5—15克/公顷	喷雾
LS20130164	吡蚜·啶虫脒/30%/水分散粒剂/吡蚜酮 20%、啶虫脒 10%/2014.04.03 至 2015.04.03/低毒			
	甘蓝	蚜虫	36—54克/公顷	喷雾
LS20130184	阿维·吡蚜酮/36%/水分散粒剂/阿维菌素 2%、吡蚜酮 34%/2014.04.05 至 2015.04.05/低毒(原药高毒)			
	甘蓝	蚜虫	40.5—54克/公顷	喷雾
LS20130211	戊唑醇/50%/悬浮剂/戊唑醇 50%/2014.04.12 至 2015.04.12/低毒			
	苹果树	斑点落叶病	100-125毫克/千克	喷雾
LS20130243	苯甲·醚菌酯/20%/可湿性粉剂/苯醚甲环唑 6.7%、醚菌酯 13.3%/2014.04.28 至 2015.04.28/低毒			
	苹果树	斑点落叶病	90-145毫克/千克	喷雾
LS20130318	甲硫·醚菌酯/25%/悬浮剂/甲基硫菌灵 20%、醚菌酯 5%/2013.06.05 至 2014.06.05/低毒			
	苹果树	轮纹病	333-500毫克/千克	喷雾
LS20130337	醚菌·多菌灵/40%/可湿性粉剂/多菌灵 32%、醚菌酯 8%/2013.06.28 至 2014.06.28/低毒			
	梨树	黑星病	250-500毫克/千克	喷雾
LS20130402	莠去津/25%/可分散油悬浮剂/莠去津 25%/2013.07.29 至 2014.07.29/低毒			
	春玉米田	一年生杂草	1350-1500克/公顷	茎叶喷雾
	夏玉米田	一年生杂草	675—750克/公顷	茎叶喷雾
LS20130403	丙森·咪鲜胺/60%/可湿性粉剂/丙森锌 40%、咪鲜胺 20%/2013.07.29 至 2014.07.29/低毒			
	苹果树	炭疽病	500-750毫克/千克	喷雾
LS20130404	戊唑·咪鲜胺/30%/可湿性粉剂/咪鲜胺锰盐 20%、戊唑醇 10%/2013.07.29 至 2014.07.29/低毒			
	苹果树	炭疽病	150-300毫克/千克	喷雾
LS20130428	春雷·氯尿/22%/可湿性粉剂/春雷霉素 2%、氯溴异氰尿酸 20%/2013.09.09 至 2014.09.09/低毒			
	水稻	稻瘟病	231-297克/公顷	喷雾
LS20130439	己唑·多菌灵/50%/可湿性粉剂/多菌灵 48%、己唑醇 2%/2013.09.09 至 2014.09.09/低毒			
	水稻	纹枯病	900-975克/公顷	喷雾
LS20130501	吡蚜·毒死蜱/50%/可湿性粉剂/吡蚜酮 20%、毒死蜱 30%/2013.12.09 至 2014.12.09/低毒			
	水稻	稻飞虱	112.5-187.5克/公顷	喷雾
LS20130513	噻虫啉/25%/可湿性粉剂/噻虫啉 25%/2013.12.10 至 2014.12.10/低毒			
	水稻	稻飞虱	75-105克/公顷	喷雾

陕西农大德力邦科技股份有限公司 （陕西省西安市未央区未央湖阳光大道一号 710021 029-86301562)

PD91106-9	甲基硫菌灵/50%/可湿性粉剂/甲基硫菌灵 50%/2011.06.27 至 2016.06.27/低毒			
	番茄	叶霉病	375-562.5克/公顷	喷雾
	甘薯	黑斑病	360-450毫克/千克	浸薯块
	瓜类	白粉病	337.5-506.25克/公顷	喷雾
	梨树	黑星病	360-450毫克/千克	喷雾
	苹果树	轮纹病	700毫克/千克	喷雾
	水稻	稻瘟病、纹枯病	1050-1500克/公顷	喷雾
	小麦	赤霉病	750-1050克/公顷	喷雾
PD20083465	噁霜·锰锌/64%/可湿性粉剂/噁霜灵 8%、代森锰锌 56%/2013.12.12 至 2018.12.12/低毒			

黄瓜 霜霉病 1650-1950克/公顷 喷雾
PD20090103 抑霉唑/85%/乳油/抑霉唑 500克/升/2014.01.08 至 2019.01.08/低毒
柑橘 绿霉病、青霉病 500-800毫克/千克 浸果
PD20092464 甲硫・福美双/50%/可湿性粉剂/福美双 30%、甲基硫菌灵 20%/2014.02.25 至 2019.02.25/中等毒
苹果树 轮纹病 400-600倍液 喷雾
PD20093268 多・福/40%/可湿性粉剂/多菌灵 5%、福美双 35%/2014.03.11 至 2019.03.11/低毒
梨树 黑星病 1000-1500毫克/千克 喷雾
葡萄 霜霉病 1000-1250毫克/千克 喷雾
PD20095227 野燕枯/40%/水剂/野燕枯 40%/2009.04.27 至 2014.04.27/中等毒
小麦田 野燕麦 1200-1500克/公顷 茎叶喷雾
PD20095228 野燕枯/96%/原药/野燕枯 96%/2009.04.27 至 2014.04.27/中等毒
PD20120802 抑霉唑/3%/膏剂/抑霉唑 3%/2012.05.17 至 2017.05.17/低毒
苹果树 腐烂病 6-9克/平方米 涂抹
PD20120803 抑霉唑硫酸盐/10%/水剂/抑霉唑 10%/2012.05.17 至 2017.05.17/低毒
柑橘 绿霉病、青霉菌 665-1064毫克/千克 浸果
注:抑霉唑硫酸盐含量：13.3%。
PD20131775 抑霉唑/15%/烟剂/抑霉唑 15%/2013.09.06 至 2018.09.06/低毒
番茄 叶霉病 500-750克/公顷 点燃

陕西秦丰农化有限公司 (陕西省杨凌区杨凌农业高新技术产业示范区新桥路 712100 029-87071580)

PD85124-16 福・福锌/80%/可湿性粉剂/福美双 30%、福美锌 50%/2009.06.28 至 2014.06.28/中等毒
黄瓜、西瓜 炭疽病 1500-1800克/公顷 喷雾
麻 炭疽病 240-400克/100千克种子 拌种
棉花 苗期病害 0.5%药液 浸种
苹果树、杉木、橡胶树 炭疽病 500-600倍液 喷雾
PD85136-13 速灭威/25%/可湿性粉剂/速灭威 25%/2010.07.01 至 2015.07.01/中等毒
水稻 飞虱、叶蝉 375-750克/公顷 喷雾
PD20040405 多菌灵/40%/悬浮剂/多菌灵 40%/2009.12.19 至 2014.12.19/低毒
小麦 赤霉病 0.025%药液 喷雾
PD20070603 咪鲜胺/97%/原药/咪鲜胺 97%/2012.12.14 至 2017.12.14/低毒
PD20080009 咪鲜胺/25%/乳油/咪鲜胺 25%/2013.01.03 至 2018.01.03/低毒
辣椒 炭疽病 217.5-375克/公顷 喷雾
水稻 恶苗病 62.5-125毫克/千克 浸种
PD20085742 克・酮・多菌灵/17%/悬浮种衣剂/多菌灵 11.2%、克百威 4.3%、三唑酮 1.5%/2013.12.26 至 2018.12.26/中等毒(原药高毒)
小麦 白粉病、地下害虫 1:50-60(药种比) 种子包衣
PD20091487 福・克/15%/悬浮种衣剂/福美双 8%、克百威 7%/2014.02.02 至 2019.02.02/中等毒(原药高毒)
玉米 地下害虫、茎基腐病 1: 40-50药种比 种子包衣
PD20101462 咪鲜胺锰盐/50%/可湿性粉剂/咪鲜胺锰盐 50%/2010.05.04 至 2015.05.04/低毒
柑橘 青霉病 333-500毫克/千克 浸果
PD20101564 灭幼脲/25%/悬浮剂/灭幼脲 25%/2010.05.19 至 2015.05.19/低毒
甘蓝 菜青虫 56.25-90克/公顷 喷雾

陕西秦乐药业化工有限公司 (陕西省渭南市大荔县北新街市场南路13号 715100 0913-3222657)

PD20080287 溴敌隆/95%/原药/溴敌隆 95%/2013.02.25 至 2018.02.25/剧毒
PD20081804 溴敌隆/0.5%/母液/溴敌隆 0.5%/2013.11.19 至 2018.11.19/中等毒(原药高毒)
室内 家鼠 配成0.005%的毒饵饱和投饵 堆施或穴施
PD20081832 溴敌隆/0.005%/毒饵/溴敌隆 0.005%/2013.11.20 至 2018.11.20/低毒(原药高毒)
室内、外 家鼠 饱和投饵 穴施或堆施
PD20091811 阿维・辛硫磷/15%/乳油/阿维菌素 0.1%、辛硫磷 14.9%/2009.02.04 至 2014.02.04/低毒(原药高毒)
十字花科蔬菜 小菜蛾 112.5-168.75克/公顷 喷雾
PD20092496 多・锰锌/70%/可湿性粉剂/多菌灵 20%、代森锰锌 50%/2009.02.26 至 2014.02.26/低毒
梨树 黑星病 1000-1250毫克/千克 喷雾
PD20094130 多・福/40%/可湿性粉剂/多菌灵 5%、福美双 35%/2009.03.27 至 2014.03.27/低毒
葡萄 霜霉病 1000-1250毫克/千克 喷雾
PD20095157 溴鼠灵/0.005%/毒饵/溴鼠灵 0.005%/2009.04.24 至 2014.04.24/低毒(原药高毒)
室内、外 家鼠 饱和投饵 投饵
WP20090117 杀虫粉剂/0.05%/粉剂/高效氯氰菊酯 0.05%/2009.02.10 至 2014.02.10/低毒
卫生 跳蚤 3-5克制剂/平方米 撒布
WP20090215 杀虫粉剂/0.1%/粉剂/高效氯氰菊酯 0.1%/2009.04.01 至 2014.04.01/低毒
卫生 跳蚤 3-5克制剂/平方米 撒布

陕西上格之路生物科学有限公司 (西安市周至县集贤产业园创业大道9号 710065 029-88256421-8013)

PD20082458 甲基硫菌灵/500克/升/悬浮剂/甲基硫菌灵 500克/升/2013.12.02 至 2018.12.02/低毒
水稻 纹枯病 750-1125克/公顷 喷雾

小麦 赤霉病 750-1125克/公顷 喷雾
PD20083015 丙环唑/250克/升/乳油/丙环唑 250克/升/2013.12.10 至 2018.12.10/低毒
香蕉树 叶斑病 250-500毫克/千克 喷雾
小麦 白粉病 112.5-135克/公顷 喷雾
PD20083191 醚菊酯/10%/悬浮剂/醚菊酯 10%/2013.12.11 至 2018.12.11/低毒
甘蓝 菜青虫 45-60克/公顷 喷雾
PD20083266 百菌清/75%/可湿性粉剂/百菌清 75%/2013.12.11 至 2018.12.11/低毒
黄瓜 霜霉病 2328.75-3003.75克/公顷 喷雾
PD20083283 四螨嗪/500克/升/悬浮剂/四螨嗪 500克/升/2013.12.11 至 2018.12.11/低毒
苹果树 红蜘蛛 80-100毫克/千克 喷雾
PD20083335 唑螨酯/5%/悬浮剂/唑螨酯 5%/2013.12.11 至 2018.12.11/低毒
苹果树 红蜘蛛 20-25毫克/千克 喷雾
PD20083364 氯氰菊酯/25%/乳油/氯氰菊酯 25%/2013.12.11 至 2018.12.11/低毒
棉花 棉铃虫 56.25-75克/公顷 喷雾
十字花科蔬菜 菜青虫 37.5-56.25克/公顷 喷雾
PD20083578 啶虫脒/20%/可溶粉剂/啶虫脒 20%/2013.12.12 至 2018.12.12/低毒
柑橘树 蚜虫 30-40毫克/千克 喷雾
PD20083579 三环唑/75%/可湿性粉剂/三环唑 75%/2013.12.12 至 2018.12.12/中等毒
水稻 稻瘟病 264.38-303.75克/公顷 喷雾
PD20083622 三唑锡/20%/悬浮剂/三唑锡 20%/2013.12.12 至 2018.12.12/低毒
柑橘树 红蜘蛛 133-200毫克/千克 喷雾
PD20083704 乙烯利/40%/水剂/乙烯利 40%/2013.12.15 至 2018.12.15/低毒
棉花 催熟 800-1212毫克/千克 喷雾
PD20083721 腈菌唑/25%/乳油/腈菌唑 25%/2013.12.15 至 2018.12.15/低毒
香蕉 叶斑病 277.7-357.1毫克/千克 喷雾
PD20083779 虫酰肼/20%/悬浮剂/虫酰肼 20%/2013.12.15 至 2018.12.15/微毒
十字花科蔬菜 甜菜夜蛾 250-300克/公顷 喷雾
PD20084097 啶虫脒/3%/乳油/啶虫脒 3%/2008.12.16 至 2013.12.16/低毒
柑橘树 蚜虫 10-12毫克/千克 喷雾
PD20084215 啶虫脒/5%/乳油/啶虫脒 5%/2013.12.16 至 2018.12.16/低毒
柑橘树 蚜虫 8.3-10毫克/千克 喷雾
PD20084395 三乙膦酸铝/90%/可溶粉剂/三乙膦酸铝 90%/2013.12.17 至 2018.12.17/低毒
黄瓜 霜霉病 900-1350克/公顷 喷雾
PD20084397 二嗪磷/50%/乳油/二嗪磷 50%/2013.12.17 至 2018.12.17/中等毒
小麦 地下害虫 150-200克/100千克种子 拌种
PD20084597 氟啶脲/5%/乳油/氟啶脲 5%/2013.12.18 至 2018.12.18/低毒
萝卜、青菜 甜菜夜蛾 45-60克/公顷 喷雾
PD20085044 炔螨特/73%/乳油/炔螨特 73%/2013.12.23 至 2018.12.23/中等毒
柑橘树 红蜘蛛 243.3-365毫克/千克 喷雾
PD20085177 硫磺·锰锌/70%/可湿性粉剂/硫磺 42%、代森锰锌 28%/2013.12.23 至 2018.12.23/低毒
豇豆 锈病 1575-2100克/公顷 喷雾
PD20085193 苯丁锡/50%/可湿性粉剂/苯丁锡 50%/2013.12.23 至 2018.12.23/低毒
柑橘树 红蜘蛛 150-250毫克/千克 喷雾
PD20085244 联苯菊酯/25克/升/乳油/联苯菊酯 25克/升/2013.12.23 至 2018.12.23/低毒
茶树 茶小绿叶蝉 30-37.5克/公顷 喷雾
PD20085498 阿维菌素/1.8%/乳油/阿维菌素 1.8%/2013.12.25 至 2018.12.25/低毒(原药高毒)
十字花科蔬菜 小菜蛾 8.1-10.8克/公顷 喷雾
PD20085558 氯氰·丙溴磷/440克/升/乳油/丙溴磷 400克/升、氯氰菊酯 40克/升/2013.12.25 至 2018.12.25/中等毒
棉花 棉铃虫 462～660克/公顷 喷雾
PD20085648 噻螨酮/5%/可湿性粉剂/噻螨酮 5%/2013.12.26 至 2018.12.26/低毒
柑橘树 红蜘蛛 25-30毫克/千克 喷雾
PD20085743 吡嘧磺隆/10%/可湿性粉剂/吡嘧磺隆 10%/2013.12.26 至 2018.12.26/低毒
移栽水稻田 稗草 22.5-30 克/公顷 毒土法
PD20085816 霜脲·锰锌/72%/可湿性粉剂/代森锰锌 64%、霜脲氰 8%/2013.12.29 至 2018.12.29/低毒
黄瓜 霜霉病 1440-1800克/公顷 喷雾
PD20085886 嘧霉胺/400克/升/悬浮剂/嘧霉胺 400克/升/2013.12.29 至 2018.12.29/微毒
黄瓜 灰霉病 468-564克/公顷 喷雾
PD20085892 甲基硫菌灵/70%/可湿性粉剂/甲基硫菌灵 70%/2013.12.29 至 2018.12.29/低毒
番茄 叶霉病 375-756克/公顷 喷雾
苹果树 轮纹病 700-1167毫克/千克 喷雾
PD20085905 丙森锌/70%/可湿性粉剂/丙森锌 70%/2013.12.29 至 2018.12.29/低毒
番茄 晚疫病 1913-2250克/公顷 喷雾
番茄 早疫病 1640-1970克/公顷 喷雾

	黄瓜	霜霉病	1913-2250克/公顷	喷雾
	苹果树	斑点落叶病	1000-1167毫克/千克	喷雾
PD20090347	稻丰散/50%/乳油/稻丰散 50%/2014.01.12 至 2019.01.12/中等毒			
	柑橘树	矢尖蚧	333-500毫克/千克	喷雾
	水稻	稻纵卷叶螟	750-900克/公顷	喷雾
PD20090692	顺式氯氰菊酯/100克/升/乳油/顺式氯氰菊酯 100克/升/2014.01.19 至 2019.01.19/中等毒			
	棉花	棉铃虫	22.5-30克/公顷	喷雾
PD20090840	阿维菌素/5%/乳油/阿维菌素 5%/2014.01.19 至 2019.01.19/中等毒(原药高毒)			
	梨树	梨木虱	2.5-3.33毫克/千克	喷雾
PD20090948	乙铝·锰锌/50%/可湿性粉剂/代森锰锌 28%、三乙膦酸铝 22%/2014.01.19 至 2019.01.19/低毒			
	黄瓜	霜霉病	1155-1402.5克/公顷	喷雾
PD20090954	毒死蜱/40%/乳油/毒死蜱 40%/2009.01.20 至 2014.01.20/中等毒			
	菜豆	美洲斑潜蝇	300-420克/公顷	喷雾
PD20090984	抑霉唑/500克/升/乳油/抑霉唑 500克/升/2014.01.20 至 2019.01.20/低毒			
	柑橘	绿霉病、青霉病	250-500毫克/千克	浸果
PD20091103	高效氯氟氰菊酯/25克/升/乳油/高效氯氟氰菊酯 25克/升/2014.01.21 至 2019.01.21/中等毒			
	十字花科蔬菜	菜青虫	11.25-15克/公顷	喷雾
PD20092010	阿维·毒死蜱/15%/乳油/阿维菌素 0.1%、毒死蜱 14.9%/2009.02.12 至 2014.02.12/中等毒(原药高毒)			
	十字花科蔬菜	小菜蛾	67.5-112.5克/公顷	喷雾
PD20092076	高效氯氟氰菊酯/10%/可湿性粉剂/高效氯氟氰菊酯 10%/2014.02.16 至 2019.02.16/中等毒			
	甘蓝	菜青虫	12-15克/公顷	喷雾
PD20092505	马拉·毒死蜱/40%/乳油/毒死蜱 15%、马拉硫磷 25%/2009.02.26 至 2014.02.26/中等毒			
	十字花科蔬菜	小菜蛾	300-420克/公顷	喷雾
PD20092628	异菌脲/50%/可湿性粉剂/异菌脲 50%/2014.03.02 至 2019.03.02/微毒			
	番茄	灰霉病	375-750克/公顷	喷雾
PD20092726	腐霉利/50%/可湿性粉剂/腐霉利 50%/2014.03.04 至 2019.03.04/微毒			
	黄瓜	灰霉病	562.5-750克/公顷	喷雾
	油菜	菌核病	300-500克/公顷	喷雾
PD20092795	苯磺隆/75%/水分散粒剂/苯磺隆 75%/2014.03.04 至 2019.03.04/微毒			
	冬小麦田	阔叶杂草	15.75-20.25克/公顷	茎叶喷雾
PD20093125	二甲戊灵/330克/升/乳油/二甲戊灵 330克/升/2014.03.10 至 2019.03.10/低毒			
	甘蓝田	一年生杂草	618.8-742.5克/公顷	移栽前土壤喷雾
PD20093433	精噁唑禾草灵/69克/升/水乳剂/精噁唑禾草灵 69克/升/2014.03.23 至 2019.03.23/低毒			
	冬小麦田	一年生禾本科杂草	46.6-51.8克/公顷	茎叶喷雾
PD20093545	四聚乙醛/6%/颗粒剂/四聚乙醛 6%/2014.03.23 至 2019.03.23/低毒			
	十字花科蔬菜	蜗牛	450-585克/公顷	撒施
PD20093793	乐果/40%/乳油/乐果 40%/2014.03.25 至 2019.03.25/低毒			
	棉花	蚜虫	540-600克/公顷	喷雾
PD20093885	高氯·辛硫磷/20%/乳油/高效氯氰菊酯 4%、辛硫磷 16%/2014.03.25 至 2019.03.25/中等毒			
	棉花	棉铃虫	300-450克/公顷	喷雾
PD20093951	莠去津/38%/悬浮剂/莠去津 38%/2014.03.27 至 2019.03.27/低毒			
	春玉米田	一年生杂草	1995-2280克/公顷	土壤喷雾
	夏玉米田	一年生杂草	1425-1710克/公顷	土壤喷雾
PD20094808	高效氯氟氰菊酯/2.5%/水乳剂/高效氯氟氰菊酯 2.5%/2014.04.13 至 2019.04.13/中等毒			
	甘蓝	菜青虫	7.5-11.25克/公顷	喷雾
PD20094965	烟嘧磺隆/40克/升/可分散油悬浮剂/烟嘧磺隆 40克/升/2014.04.21 至 2019.04.21/低毒			
	玉米田	一年生杂草	42-60克/公顷	茎叶喷雾
PD20095044	除虫脲/25%/可湿性粉剂/除虫脲 25%/2014.04.21 至 2019.04.21/低毒			
	甘蓝	菜青虫	187.5-225克/公顷	喷雾
	苹果树	金纹细蛾	125-250毫克/千克	喷雾
PD20095267	噻苯隆/50%/可湿性粉剂/噻苯隆 50%/2014.04.27 至 2019.04.27/低毒			
	棉花	脱叶	150-300克/公顷	茎叶喷雾
PD20095297	烯唑醇/12.5%/可湿性粉剂/烯唑醇 12.5%/2014.04.27 至 2019.04.27/低毒			
	梨树	黑星病	35.7-50毫克/千克	喷雾
PD20095629	苄嘧磺隆/10%/可湿性粉剂/苄嘧磺隆 10%/2009.05.12 至 2014.05.12/低毒			
	冬小麦田	一年生阔叶杂草	60-75克/公顷	喷雾
PD20095769	高效氟吡甲禾灵/108克/升/乳油/高效氟吡甲禾灵 108克/升/2009.05.18 至 2014.05.18/低毒			
	油菜田	一年生禾本科杂草	30-45克/公顷	茎叶喷雾
PD20096487	乙氧氟草醚/240克/升/乳油/乙氧氟草醚 240克/升/2009.08.14 至 2014.08.14/低毒			
	甘蔗田	一年生杂草	144-180克/公顷	土壤喷雾
PD20096541	2甲4氯钠/56%/可溶粉剂/2甲4氯钠 56%/2009.08.20 至 2014.08.20/低毒			
	冬小麦田、玉米田	一年生阔叶杂草	900-1200克/公顷	茎叶喷雾
PD20096604	异丙甲草胺/720克/升/乳油/异丙甲草胺 720克/升/2009.09.02 至 2014.09.02/低毒			

	大豆田	一年生杂草	1522.8-1954.8克/公顷	土壤喷雾
	甘蔗田、花生田	一年生杂草	1350-1620克/公顷	土壤喷雾
PD20096679	代森锰锌/80%/可湿性粉剂/代森锰锌 80%/2009.09.07 至 2014.09.07/低毒			
	番茄	早疫病	1560-2520克/公顷	喷雾
	柑橘树	疮痂病	1333-2000毫克/千克	喷雾
	黄瓜	霜霉病	2040-3000克/公顷	喷雾
	苹果树	斑点落叶病	1000-1333毫克/千克	喷雾
	葡萄	霜霉病	1000-1600毫克/千克	喷雾
PD20096877	抗蚜威/50%/水分散粒剂/抗蚜威 50%/2009.09.23 至 2014.09.23/中等毒			
	小麦	蚜虫	112.5-150克/公顷	喷雾
	烟草	烟蚜	120-165克/公顷	喷雾
PD20097095	杀螟硫磷/45%/乳油/杀螟硫磷 45%/2009.10.10 至 2014.10.10/低毒			
	苹果树	卷叶蛾	300－500毫克/千克	喷雾
	水稻	稻纵卷叶螟	472.5－560.25克/公顷	喷雾
PD20097161	氟节胺/125克/升/乳油/氟节胺 125克/升/2009.10.16 至 2014.10.16/低毒			
	烟草	抑制腋芽生长	0.5-0.417mg/kg	杯淋法
PD20097170	碱式硫酸铜/27.12%/悬浮剂/碱式硫酸铜 27.12%/2009.10.16 至 2014.10.16/微毒			
	苹果树	轮纹病	542-678毫克/千克	喷雾
PD20097194	稻瘟灵/40%/可湿性粉剂/稻瘟灵 40%/2009.10.16 至 2014.10.16/低毒			
	水稻	稻瘟病	500－600克/公顷	喷雾
PD20097558	王铜/70%/可湿性粉剂/王铜 70%/2009.11.20 至 2014.11.20/低毒			
	柑橘树	溃疡病	583-700毫克/千克	喷雾
PD20097572	甲维·丙溴磷/24.3%/乳油/丙溴磷 24%、甲氨基阿维菌素苯甲酸盐 0.3%/2009.11.03 至 2014.11.03/低毒			
	棉花	红蜘蛛	164.025-218.7克/公顷	喷雾
PD20097619	苯菌灵/50%/可湿性粉剂/苯菌灵 50%/2009.11.03 至 2014.11.03/低毒			
	梨树	黑星病	500-667毫克/千克	喷雾
PD20097640	溴螨酯/500克/升/乳油/溴螨酯 500克/升/2009.11.04 至 2014.11.04/低毒			
	柑橘树	红蜘蛛	333-500毫克/千克	喷雾
PD20097665	氯氟吡氧乙酸异辛酯/200克/升/乳油/氯氟吡氧乙酸 200克/升/2009.11.04 至 2014.11.04/低毒			
	冬小麦田	一年生阔叶杂草	150-210克/公顷	茎叶喷雾
	注:氯氟吡氧乙酸异辛酯含水量: 288克/升。			
PD20097673	甲基硫菌灵/3%/糊剂/甲基硫菌灵 3%/2009.11.04 至 2014.11.04/低毒			
	苹果树	腐烂病	6－9克/平方米	涂抹病斑
PD20097812	霜霉威盐酸盐/722克/升/水剂/霜霉威盐酸盐 722克/升/2009.11.20 至 2014.11.20/低毒			
	黄瓜	霜霉病	649.8-1083克/公顷	喷雾
PD20097874	杀螺胺/70%/可湿性粉剂/杀螺胺 70%/2009.11.20 至 2014.11.20/低毒			
	水稻	福寿螺	315-367.5克/公顷	毒土法
PD20097917	噁霉灵/30%/水剂/噁霉灵 30%/2009.11.30 至 2014.11.30/低毒			
	水稻	立枯病	9000－18000克/公顷	浇灌
PD20098008	春雷霉素/6%/可湿性粉剂/春雷霉素 6%/2009.12.07 至 2014.12.07/微毒			
	水稻	稻瘟病	27.9-33.3克/公顷	喷雾
PD20098035	硫磺/50%/悬浮剂/硫磺 50%/2009.12.07 至 2014.12.07/低毒			
	苹果树	白粉病	1250-2500毫克/千克	喷雾
PD20098059	联苯菊酯/100克/升/乳油/联苯菊酯 100克/升/2009.12.07 至 2014.12.07/中等毒			
	茶树	茶小绿叶蝉	30-37.5克/公顷	喷雾
	番茄	白粉虱	12-15克/公顷	喷雾
PD20098097	腐霉利/50%/可湿性粉剂/腐霉利 50%/2009.12.08 至 2014.12.08/低毒			
	油菜	菌核病	300-450克/公顷	喷雾
PD20098141	氯氰·毒死蜱/522.5克/升/乳油/毒死蜱 475克/升、氯氰菊酯 47.5克/升/2009.12.08 至 2014.12.08/中等毒			
	菜豆	豆荚螟	313.5-470.25克/公顷	喷雾
	柑橘树	潜叶蛾	475-580.6毫克/千克	喷雾
	苹果树	桃小食心虫	275-366.67毫克/千克	喷雾
	桃树	介壳虫	298.57-348.33毫克/千克	喷雾
PD20098260	吡虫啉/200克/升/可溶液剂/吡虫啉 200克/升/2009.12.16 至 2014.12.16/低毒			
	棉花	蚜虫	30-45克/公顷	喷雾
	水稻	稻飞虱	20-30克/公顷	喷雾
PD20098384	甲霜·锰锌/72%/可湿性粉剂/甲霜灵 8%、代森锰锌 64%/2009.12.18 至 2014.12.18/低毒			
	烟草	黑胫病	1080-1296克/公顷	喷雾
PD20098387	毒死蜱/480克/升/乳油/毒死蜱 480克/升/2009.12.18 至 2014.12.18/中等毒			
	柑橘树	矢尖蚧	320-480毫克/千克	喷雾
	苹果树	绵蚜	203.5-271.3毫克/千克	喷雾
	十字花科蔬菜	黄条跳甲	45-60毫升制剂/亩	喷雾
	水稻	稻纵卷叶螟	63-83毫升制剂/亩	喷雾

PD20098448 噻吩磺隆/75%/水分散粒剂/噻吩磺隆 75%/2009.12.24 至 2014.12.24/低毒
大豆田 一年生阔叶杂草 22.5-24.75克/公顷 播后苗前土壤喷雾

PD20100276 氢氧化铜/53.8%/水分散粒剂/氢氧化铜 53.8%/2010.01.11 至 2015.01.11/低毒
黄瓜 角斑病 538-670克/公顷 喷雾

PD20100292 多抗霉素/10%/可湿性粉剂/多抗霉素B 10%/2010.01.11 至 2015.01.11/低毒
番茄 叶霉病 150-210克/公顷 喷雾
黄瓜 灰霉病 150-210克/公顷 喷雾
苹果树 斑点落叶病 80.3-100毫克/千克 喷雾

PD20100305 咪鲜胺/450克/升/水乳剂/咪鲜胺 450克/升/2010.01.11 至 2015.01.11/低毒
香蕉 冠腐病 250-500毫克/千克 浸果

PD20100342 代森锌/65%/可湿性粉剂/代森锌 65%/2010.01.11 至 2015.01.11/低毒
花生 叶斑病 860-960克/公顷 喷雾

PD20100376 萎锈·福美双/400克/升/悬浮种衣剂/福美双 200克/升、萎锈灵 200克/升/2010.01.11 至 2015.01.11/低毒
棉花 立枯病 160－200克/100千克种子 拌种

PD20100379 石硫合剂/29%/水剂/石硫合剂 29%/2010.01.11 至 2015.01.11/低毒
苹果树 白粉病 5272.7－7250毫克/千克 喷雾

PD20100699 十三吗啉/750克/升/乳油/十三吗啉 750克/升/2010.01.16 至 2015.01.16/低毒
橡胶树 红根病 18.75－22.5克/株 灌淋

PD20101072 氨基寡糖素/0.5%/水剂/氨基寡糖素 0.5%/2010.01.21 至 2015.01.21/低毒
番茄 晚疫病 16.45-18.75克/公顷 喷雾

PD20101159 三唑酮/25%/可湿性粉剂/三唑酮 25%/2010.01.25 至 2015.01.25/低毒
小麦 白粉病 105－125克/公顷 喷雾

PD20101374 甲霜·噁霉灵/3%/水剂/噁霉灵 2.5%、甲霜灵 0.5%/2010.04.02 至 2015.04.02/微毒
水稻 立枯病 0.42-0.54克/平方米 土壤喷雾

PD20101757 己唑醇/5%/悬浮剂/己唑醇 5%/2010.07.07 至 2015.07.07/低毒
梨树 黑星病 33.3-50毫克/千克 喷雾
苹果树 白粉病、斑点落叶病 33.3-50毫克/千克 喷雾

PD20102024 己唑醇/30%/悬浮剂/己唑醇 30%/2010.09.25 至 2015.09.25/低毒
梨树 黑星病 33.3-50毫克/千克 喷雾
苹果树 斑点落叶病 33-50毫克/千克 喷雾
水稻 稻曲病 67.5-90克/公顷 喷雾
水稻 纹枯病 58.5-76.5克/公顷 喷雾
小麦 白粉病 45-54克/公顷 喷雾
小麦 赤霉病、条锈病 36～54克/公顷 喷雾

PD20102095 甲氨基阿维菌素苯甲酸盐/5%/水分散粒剂/甲氨基阿维菌素 5%/2010.11.25 至 2015.11.25/低毒
甘蓝 甜菜夜蛾 1.75-2.63克制剂/亩 喷雾
注:甲氨基阿维菌素苯甲酸盐含量: 5.7%

PD20102212 吡虫啉/20%/可湿性粉剂/吡虫啉 20%/2010.12.23 至 2015.12.23/低毒
梨树 梨木虱 40-50毫克/千克 喷雾
棉花、小麦 蚜虫 15-30克/公顷 喷雾
水稻 稻飞虱 15-30克/公顷 喷雾

PD20110047 草甘膦异丙胺盐/30%/水剂/草甘膦 30%/2011.01.11 至 2016.01.11/低毒
柑橘园 杂草 1230-2460克/公顷 定向茎叶喷雾
注:草甘膦异丙胺盐含量: 41%。

PD20110202 甲氨基阿维菌素苯甲酸盐/1%/乳油/甲氨基阿维菌素 1%/2011.02.18 至 2016.02.18/低毒
棉花 棉铃虫 53-66毫升/亩 喷雾
注:甲氨基阿维菌素苯甲酸盐含量:1.14%。

PD20110225 三唑磷/40%/乳油/三唑磷 40%/2011.02.25 至 2016.02.25/中等毒
水稻 二化螟 480-600克/公顷 喷雾

PD20110550 吡虫啉/70%/水分散粒剂/吡虫啉 70%/2011.06.03 至 2016.06.03/中等毒
茶树 茶小绿叶蝉 21-42克/公顷 喷雾
甘蓝 蚜虫 15.75-21克/公顷 喷雾
棉花 蚜虫 21-31.5克/公顷 喷雾
水稻 稻飞虱 21-31.5克/公顷 喷雾
小麦 蚜虫 21-42克/公顷 喷雾

PD20110571 苯甲·丙环唑/300克/升/乳油/苯醚甲环唑 150克/升、丙环唑 150克/升/2011.05.27 至 2016.05.27/低毒
水稻 纹枯病 60-120克/公顷 喷雾

PD20110657 毒死蜱/40%/水乳剂/毒死蜱 40%/2011.06.20 至 2016.06.20/中等毒
苹果树 绵蚜 228.6－266.7毫克 / 千克 喷雾
水稻 稻纵卷叶螟 450-540克/公顷 喷雾

PD20111073 多菌灵/75%/水分散粒剂/多菌灵 75%/2011.10.12 至 2016.10.12/低毒
苹果树 轮纹病 750－937.5毫克/千克 喷雾

PD20111252 氯氰·吡虫啉/7.5%/悬浮剂/吡虫啉 5%、高效氯氰氰菊酯 2.5%/2011.11.23 至 2016.11.23/低毒

小麦 蚜虫 33.75-39.375克/公顷 喷雾

PD20111255 甲基硫菌灵/70%/水分散粒剂/甲基硫菌灵 70%/2011.11.23 至 2016.11.23/低毒
苹果树 轮纹病 700-875毫克/千克 喷雾

PD20120135 氟胺 ·烯禾啶/20.8%/乳油/氟磺胺草醚 12.5%、烯禾啶 8.3%/2012.01.29 至 2017.01.29/低毒
春大豆田 一年生杂草 421.2-468克/公顷 茎叶喷雾

PD20120165 烯草酮/120克/升/乳油/烯草酮 120克/升/2012.01.30 至 2017.01.30/低毒
大豆田 一年生禾本科杂草 63-72克/公顷 茎叶喷雾

PD20120443 苯醚甲环唑/30%/悬浮剂/苯醚甲环唑 30%/2012.03.14 至 2017.03.14/低毒
香蕉 叶斑病 83.3-125毫克/千克 喷雾

PD20120538 阿维菌素/3%/微乳剂/阿维菌素 3%/2012.03.28 至 2017.03.28/低毒(原药高毒)
甘蓝 小菜蛾 6.3-10.5克/公顷 喷雾
甘蓝 菜青虫 8.1-10.8克/公顷 喷雾
梨树 梨木虱 6-12毫克/千克 喷雾
苹果树 红蜘蛛 3-6毫克/千克 喷雾
苹果树 桃小食心虫 4.5-9毫克/千克 喷雾
苹果树 二斑叶螨 4.5-6毫克/千克 喷雾
水稻 稻纵卷叶螟 6-7.5克/公顷 喷雾

PD20120557 腈菌唑/40%/水分散粒剂/腈菌唑 40%/2012.03.28 至 2017.03.28/低毒
柑橘树 疮痂病、炭疽病 83-100毫克/千克 喷雾
苹果树 斑点落叶病 57.14-66.67毫克/千克 喷雾

PD20120560 百草枯/200克/升/水剂/百草枯 200克/升/2012.12.31 至 2014.07.01/中等毒
苹果园 杂草 600-900克/公顷 定向茎叶喷雾
玉米田 杂草 450-600克/公顷 定向茎叶喷雾

PD20120663 毒死蜱/15%/颗粒剂/毒死蜱 15%/2012.04.18 至 2017.04.18/低毒
花生 蛴螬等地下害虫 2812.5-3375克/公顷 撒施

PD20120671 草除灵/500克/升/悬浮剂/草除灵 500克/升/2012.04.18 至 2017.04.18/低毒
冬油菜田 一年生阔叶杂草 195-300克/公顷 茎叶喷雾

PD20120791 氯吡·苯磺隆/19%/可湿性粉剂/苯磺隆 2.5%、氯氟吡氧乙酸 16.5%/2012.05.11 至 2017.05.11/低毒
冬小麦田 一年生阔叶杂草 85.5-114克/公顷 茎叶喷雾

PD20121003 2甲·唑草酮/70.5%/可湿性粉剂/2甲4氯钠 66.5%、唑草酮 4%/2012.06.21 至 2017.06.21/低毒
冬小麦田 一年生阔叶杂草 423-475.9克/公顷 茎叶喷雾

PD20121055 苯醚甲环唑/30克/升/悬浮种衣剂/苯醚甲环唑 30克/升/2012.07.12 至 2017.07.12/低毒
小麦 散黑穗病 6-9克/100千克种子 种子包衣

PD20121170 吡虫啉/600克/升/悬浮剂/吡虫啉 600克/升/2012.07.30 至 2017.07.30/低毒
水稻 稻飞虱 27-45克/公顷 喷雾

PD20121207 戊唑醇/60克/升/悬浮种衣剂/戊唑醇 60克/升/2012.08.08 至 2017.08.08/低毒
小麦 散黑穗病 3.5-4克/公顷 种子包衣
小麦 纹枯病 1.8-2.7克/公顷 种子包衣
玉米 丝黑穗病 6-12克/100千克种子 种子包衣

PD20121357 代森锌/65%/水分散粒剂/代森锌 65%/2012.09.13 至 2017.09.13/低毒
花生 叶斑病 877.5-975克/公顷 喷雾

PD20121737 噻嗪酮/50%/悬浮剂/噻嗪酮 50%/2012.11.08 至 2017.11.08/低毒
水稻 飞虱 112.5—150克/公顷 喷雾

PD20121793 阿维菌素/0.5%/颗粒剂/阿维菌素 0.5%/2012.11.22 至 2017.11.22/低毒(原药高毒)
黄瓜 根结线虫 243.75-262.5克/公顷 沟施

PD20122037 高效氯氟氰菊酯/10%/水乳剂/高效氯氟氰菊酯 10%/2012.12.24 至 2017.12.24/中等毒
烟草 烟青虫 18-27克/公顷 喷雾

PD20122043 醚菌酯/30%/悬浮剂/醚菌酯 30%/2012.12.24 至 2017.12.24/低毒
番茄 早疫病 180-270克/公顷 喷雾

PD20130351 苄嘧·丙草胺/30%/可湿性粉剂/苄嘧磺隆 3%、丙草胺 27%/2013.03.11 至 2018.03.11/低毒
水稻田(直播) 一年生及部分多年生杂草 360-450克/公顷 播后苗前土壤喷雾

PD20130694 螺螨酯/240克/升/悬浮剂/螺螨酯 240克/升/2013.04.11 至 2018.04.11/低毒
柑橘树 红蜘蛛 40-60毫克/千克 喷雾

PD20130727 阿维·哒螨灵/10%/微乳剂/阿维菌素 0.4%、哒螨灵 9.6%/2013.04.12 至 2018.04.12/低毒(原药高毒)
苹果树 红蜘蛛 33.3-50毫克/千克 喷雾

PD20130764 阿维·灭蝇胺/11%/悬浮剂/阿维菌素 1%、灭蝇胺 10%/2013.04.16 至 2018.04.16/低毒(原药高毒)
黄瓜 美洲斑潜蝇 74.25-115.5克/公顷 喷雾

PD20130773 高效氯氟氰菊酯/20%/水乳剂/高效氯氟氰菊酯 20%/2013.04.18 至 2018.04.18/中等毒
甘蓝 菜青虫 12-15克/公顷 喷雾

PD20130780 嘧菌酯/250克/升/悬浮剂/嘧菌酯 250克/升/2013.04.22 至 2018.04.22/低毒
黄瓜 霜霉病 120～180克/公顷 喷雾

PD20130928 烯酰吗啉/50%/水分散粒剂/烯酰吗啉 50%/2013.04.28 至 2018.04.28/低毒
黄瓜 霜霉病 225-300克/公顷 喷雾

PD20130995 氰戊菊酯/20%/水乳剂/氰戊菊酯 20%/2013.05.07 至 2018.05.07/低毒
苹果树 桃小食心虫 80-100毫克/千克 喷雾
PD20131330 草甘膦铵盐/68%/可溶粒剂/草甘膦 68%/2013.06.08 至 2018.06.08/低毒
柑橘园 杂草 1125-2250克/公顷 定向茎叶喷雾
注:草甘膦铵盐含量:74.7%。
PD20131356 阿维·联苯菊/5.6%/水乳剂/阿维菌素 0.6%、联苯菊酯 5%/2013.06.20 至 2018.06.20/低毒(原药高毒)
苹果树 桃小食心虫 18.67-28毫克/千克 喷雾
PD20131411 2甲·唑草酮/70.5%/可湿性粉剂/2甲4氯钠 66.5%、唑草酮 4%/2013.07.02 至 2018.07.02/低毒
水稻移栽田 一年生杂草 370-423克/公顷 茎叶喷雾
PD20131441 炔草酯/15%/可湿性粉剂/炔草酯 15%/2013.07.03 至 2018.07.03/低毒
小麦田 一年生禾本科杂草 36-45克/公顷 茎叶喷雾
PD20131555 三唑磷/25%/微乳剂/三唑磷 25%/2013.07.23 至 2018.07.23/中等毒
小麦 蚜虫 187.5-262.5克/公顷 喷雾
PD20131576 联苯菊酯/4%/微乳剂/联苯菊酯 4%/2013.07.23 至 2018.07.23/中等毒
小麦 红蜘蛛 18－30克/公顷 喷雾
PD20131619 复硝酚钠/2%/可溶粉剂/5-硝基邻甲氧基苯酚钠 0.33%、对硝基苯酚钠 1.0%、邻硝基苯酚钠 0.67%/2013.07.29至2018.07.29/低毒
小麦 调节生长 3000-4000倍液 喷雾
PD20131696 灭蝇胺/75%/可湿性粉剂/灭蝇胺 75%/2013.08.07 至 2018.08.07/低毒
黄瓜 美洲斑潜蝇 140.63-168.75克/公顷 喷雾
PD20131856 三环唑/40%/悬浮剂/三环唑 40%/2013.09.24 至 2018.09.24/低毒
水稻 稻瘟病 210-300克/公顷 喷雾
PD20132056 吡虫啉/600克/升/悬浮种衣剂/吡虫啉 600克/升/2013.10.22 至 2018.10.22/低毒
棉花 蚜虫 350-500克/100千克种子 种子包衣
PD20132120 草铵膦/200克/升/水剂/草铵膦 200克/升/2013.10.24 至 2018.10.24/低毒
柑橘园 杂草 1380-1740克/公顷 定向茎叶喷雾
PD20132260 苯丁锡/40%/悬浮剂/苯丁锡 40%/2013.11.05 至 2018.11.05/低毒
柑橘树 红蜘蛛 200-250毫克/千克 喷雾
PD20132345 苯丁·炔螨特/40%/乳油/苯丁锡 10%、炔螨特 30%/2013.11.20 至 2018.11.20/低毒
柑橘树 红蜘蛛 200－267毫克/千克 喷雾
PD20132350 戊唑醇/430克/升/悬浮剂/戊唑醇 430克/升/2013.11.20 至 2018.11.20/低毒
苹果树 斑点落叶病 61.4-86毫克/千克 喷雾
PD20132409 氟环唑/125克/升/悬浮剂/氟环唑 125克/升/2013.11.20 至 2018.11.20/低毒
小麦 锈病 90-112.5克/公顷 喷雾
PD20132423 吡蚜酮/25%/悬浮剂/吡蚜酮 25%/2013.11.20 至 2018.11.20/低毒
水稻 飞虱 67.5-75克/公顷 喷雾
PD20132527 噻虫嗪/25%/水分散粒剂/噻虫嗪 25%/2013.12.16 至 2018.12.16/低毒
黄瓜 白粉虱 42.19-46.88克/公顷 喷雾
棉花 蚜虫 22.5-30克/公顷 喷雾
水稻 稻飞虱 11.25-15克/公顷 喷雾
烟草 蚜虫 15-30克/公顷 喷雾
PD20132595 四聚乙醛/80%/可湿性粉剂/四聚乙醛 80%/2013.12.17 至 2018.12.17/中等毒
甘蓝 蜗牛 562.5-750克/公顷 喷雾
LS20110153 甲维·氟铃脲/5.5%/乳油/氟铃脲 5%、甲氨基阿维菌素苯甲酸盐 0.5%/2013.06.09 至 2014.06.09/低毒
棉花 棉铃虫 28.9－33克/公顷 喷雾
LS20110281 烯啶虫胺/10%/水剂/烯啶虫胺 10%/2013.11.03 至 2014.11.03/低毒
水稻 飞虱 30-60克/公顷 喷雾
LS20120084 嘧菌环胺/50%/水分散粒剂/嘧菌环胺 50%/2014.03.07 至 2015.03.07/低毒
葡萄 灰霉病 500-800毫克/千克 喷雾
LS20120109 醚菊酯/20%/悬浮剂/醚菊酯 20%/2014.03.14 至 2015.03.14/低毒
水稻 稻飞虱 120－150克/公顷 喷雾
LS20120143 莠去津/25%/可分散油悬浮剂/莠去津 25%/2013.04.12 至 2014.04.12/低毒
春玉米田 一年生杂草 1200-1500克/公顷 茎叶喷雾
夏玉米田 一年生杂草 600-750克/公顷 茎叶喷雾
LS20120177 氰氟草酯/20%/可分散油悬浮剂/氰氟草酯 20%/2013.05.05 至 2014.05.05/低毒
水稻田(直播) 一年生禾本科杂草 75-105克/公顷 茎叶喷雾
LS20120178 联苯·三唑磷/20%/微乳剂/联苯菊酯 3%、三唑磷 17%/2013.05.05 至 2014.05.05/中等毒
小麦 红蜘蛛、蚜虫 60－90克公顷 喷雾
LS20120186 烟嘧磺隆/8%/可分散油悬浮剂/烟嘧磺隆 8%/2013.05.22 至 2014.05.22/低毒
玉米田 一年生杂草 52.5-60克/公顷 茎叶喷雾
LS20120222 烟嘧·莠·异丙/42%/可分散油悬浮剂/烟嘧磺隆 2%、异丙草胺 20%、莠去津 20%/2013.06.15 至 2014.06.15/低毒
玉米田 杂草 945～1260克/公顷 茎叶喷雾
LS20120227 多杀霉素/5%/悬浮剂/多杀霉素 5%/2013.06.15 至 2014.06.15/低毒

节瓜 蓟马 30-37.5克/公顷 喷雾
LS20120231 烟嘧·莠去津/30%/可分散油悬浮剂/烟嘧磺隆 3%、莠去津 27%/2013.06.25 至 2014.06.25/低毒
玉米田 一年生杂草 375-450克/公顷 茎叶喷雾
LS20120254 硝磺草酮/10%/可分散油悬浮剂/硝磺草酮 10%/2013.07.12 至 2014.07.12/低毒
玉米田 一年生杂草 127.5-150克/公顷 茎叶喷雾
LS20120266 双草醚/10%/可分散油悬浮剂/双草醚 10%/2013.07.30 至 2014.07.30/低毒
水稻田(直播) 一年生杂草 30-37.5克/公顷 茎叶喷雾
LS20120274 多杀·吡虫啉/16%/悬浮剂/吡虫啉 14%、多杀霉素 2%/2013.08.06 至 2014.08.06/低毒
节瓜 蓟马 36-48克/公顷 喷雾
LS20120289 氟虫腈/5%/种子处理悬浮剂/氟虫腈 5%/2013.08.10 至 2014.08.10/低毒
玉米 金针虫、蛴螬 50-60克/100千克种子 拌种
LS20120292 三环唑·己唑/30%/悬浮剂/己唑醇 10%、三环唑 20%/2013.08.10 至 2014.08.10/低毒
水稻 稻瘟病 315-405克/公顷 喷雾
LS20120326 杀虫·啶虫脒/28%/可湿性粉剂/啶虫脒 3%、杀虫环 25%/2013.09.13 至 2014.09.13/低毒
甘蓝 黄条跳甲 126-168克/公顷 喷雾
节瓜 蓟马 84-126克/公顷 喷雾
LS20120370 苯·唑·氯氟吡/29.5%/可湿性粉剂/苯磺隆 3.5%、唑草酮 1.5%、氯氟吡氧乙酸异辛酯 24.5%/2013.11.08 至2014.11.08/低毒
冬小麦田 一年生阔叶杂草 99-132克/公顷 茎叶喷雾
LS20120399 烟嘧·莠·氯吡/30%/可分散油悬浮剂/氯氟吡氧乙酸 5%、烟嘧磺隆 3%、莠去津 22%/2013.12.12 至 2014.12.12/低毒
玉米田 一年生杂草 382.5-450克/公顷 茎叶喷雾
LS20130025 茚虫威/6%/微乳剂/茚虫威 6%/2014.01.14 至 2015.01.14/低毒
水稻 稻纵卷叶螟 27-36克/公顷 喷雾
LS20130081 噻嗪·醚菊酯/15%/悬浮剂/醚菊酯 4.8%、噻嗪酮 10.2%/2014.03.08 至 2015.03.08/低毒
水稻 稻飞虱 90-135克/公顷 撒施
LS20130082 烟·硝·莠去津/30%/可分散油悬浮剂/烟嘧磺隆 3%、莠去津 20%、硝磺草酮 7%/2014.03.08 至 2015.03.08/低毒
玉米田 一年生杂草 450-540克/公顷 茎叶喷雾
LS20130083 吡蚜·高氯氟/10%/悬浮剂/吡蚜酮 5%、高效氯氟氰菊酯 5%/2014.03.08 至 2015.03.08/低毒
棉花 蚜虫 26.25-30克/公顷 喷雾
LS20130084 苯丁·联苯肼/30%/悬浮剂/苯丁锡 15%、联苯肼酯 15%/2014.03.08 至 2015.03.08/低毒
柑橘树 红蜘蛛 120-150毫克/千克 喷雾
LS20130085 吡蚜·噻嗪酮/18%/悬浮剂/吡蚜酮 4%、噻嗪酮 14%/2014.03.08 至 2015.03.08/低毒
水稻 飞虱 81-108克/公顷 喷雾
LS20130091 吡蚜·醚菊酯/25%/悬浮剂/吡蚜酮 19%、醚菊酯 6%/2014.03.18 至 2015.03.18/低毒
水稻 稻飞虱 56.25-93.75克/公顷 喷雾
LS20130115 四螨·联苯肼/30%/悬浮剂/四螨嗪 10%、联苯肼酯 20%/2014.03.15 至 2015.03.15/低毒
柑橘树 红蜘蛛 100-150毫克/千克 喷雾
LS20130119 唑螨·三唑锡/20%/悬浮剂/唑螨酯 4%、三唑锡 16%/2013.04.01 至 2014.04.01/低毒
苹果树 二斑叶螨 57-80毫克/千克 喷雾
LS20130132 噻嗪·毒死蜱/30%/可湿性粉剂/毒死蜱 15%、噻嗪酮 15%/2013.04.02 至 2014.04.02/低毒
水稻 稻飞虱 135-180克/公顷 喷雾
LS20130209 麦草·草甘膦/70%/可溶粉剂/草甘膦铵盐 59.5%、麦草畏 10.5%/2013.04.11 至 2014.04.11/低毒
非耕地 杂草 598.5-892.5克/公顷 茎叶喷雾
LS20130232 甲硫·腈菌唑/45%/水分散粒剂/甲基硫菌灵 40%、腈菌唑 5%/2013.04.28 至 2014.04.28/低毒
苹果树 轮纹病、炭疽病 450-563毫克/千克 喷雾
LS20130241 氰氟·双草醚/20%/可分散油悬浮剂/氰氟草酯 15%、双草醚 5%/2013.04.28 至 2014.04.28/低毒
水稻田(直播) 一年生杂草 81-105克/公顷 茎叶喷雾
LS20130266 丙森·己唑醇/60%/水分散粒剂/丙森锌 56%、己唑醇 4%/2013.05.02 至 2014.05.02/低毒
苹果树 褐斑病 343-400毫克/千克 喷雾
LS20130276 噻虫·敌敌畏/50%/乳油/敌敌畏 49%、噻虫嗪 1%/2013.05.07 至 2014.05.07/中等毒
水稻 飞虱 600-750克/公顷 喷雾
LS20130281 阿维·茚虫威/6.1%/微乳剂/阿维菌素 1.6%、茚虫威 4.5%/2013.05.07 至 2014.05.07/低毒
水稻 稻纵卷叶螟、二化螟 28.5-39.9克/公顷 喷雾
LS20130295 噻呋酰胺/30%/悬浮剂/噻呋酰胺 30%/2013.06.04 至 2014.06.04/低毒
水稻 纹枯病 63-82克/公顷 喷雾
LS20130308 丙环·嘧菌酯/18.7%/悬浮剂/丙环唑 11.7%、嘧菌酯 7%/2013.06.04 至 2014.06.04/低毒
香蕉 叶斑病 150-250毫克/千克 喷雾
LS20130315 阿维·甲虫肼/10%/悬浮剂/阿维菌素 2%、甲氧虫酰肼 8%/2013.06.05 至 2014.06.05/低毒(原药高毒)
水稻 稻纵卷叶螟 60-75克/公顷 喷雾
水稻 二化螟 60-75克/公顷 喷雾
LS20130425 2甲·麦草畏/30%/水剂/2甲4氯钠 22.8%、麦草畏 7.2%/2013.10.14 至 2014.10.14/低毒
小麦田 一年生阔叶杂草 450-675克/公顷 茎叶喷雾
LS20130432 甲氧·虫螨腈/12%/悬浮剂/虫螨腈 8%、甲氧虫酰肼 4%/2013.09.09 至 2014.09.09/低毒

	甘蓝	甜菜夜蛾	54-81克/公顷	喷雾
LS20130506	氰烯·己唑醇/20%/悬浮剂/己唑醇 5%、氰烯菌酯 15%/2013.12.09 至 2014.12.09/微毒			
	小麦	赤霉病	240-330克/公顷	喷雾

陕西省宝鸡市力华精细化工厂　(陕西省宝鸡市大庆路西段　721004　0917-3412870)

WP20030012	杀虫气雾剂/0.3%/气雾剂/胺菊酯 0.2%、氯菊酯 0.1%/2013.06.25 至 2018.06.25/微毒			
	卫生	蚊、蝇	/	喷雾

陕西省汉中市瑞丰生物科技有限责任公司　(陕西省汉中市城固县三合乡　723200　0916-7292966)

PD20094102	甲氰·辛硫磷/25%/乳油/甲氰菊酯 5%、辛硫磷 20%/2009.03.27 至 2014.03.27/中等毒			
	苹果树	红蜘蛛	200-250毫克/千克	喷雾
PD20100913	三唑磷/20%/乳油/三唑磷 20%/2010.01.19 至 2015.01.19/中等毒			
	水稻	二化螟	225-300克/公顷	喷雾
PD20101278	吡虫·杀虫单/35%/可湿性粉剂/吡虫啉 1%、杀虫单 34%/2010.03.10 至 2015.03.10/中等毒			
	水稻	稻纵卷叶螟、二化螟、飞虱、三化螟	450-750克/公顷	喷雾
PD20120268	阿维·高氯/2%/乳油/阿维菌素 0.4%、高效氯氰菊酯 1.6%/2012.02.15 至 2017.02.15/低毒(原药高毒)			
	小白菜	菜青虫、小菜蛾	7.5-15克/公顷	喷雾

陕西省化工总厂　(陕西省渭南市临渭区东风街96号　714000　0913-2138680)

PD84125-23	乙烯利/40%/水剂/乙烯利 40%/2009.11.23 至 2014.11.23/低毒			
	番茄	催熟	800-1000倍液	喷雾或浸渍
	棉花	催熟、增产	330-500倍液	喷雾
	柿子、香蕉	催熟	400倍液	喷雾或浸渍
	水稻	催熟、增产	800倍液	喷雾
	橡胶树	增产	5-10倍液	涂布
	烟草	催熟	1000-2000倍液	喷雾
PD86123-6	矮壮素/50%/水剂/矮壮素 50%/2011.12.04 至 2016.12.04/低毒			
	棉花	提高产量、植株紧凑	1)10000倍液2)0.3-0.5%药液	1)喷雾2)浸种
	棉花	防止疯长	25000倍液	喷顶
	棉花	防止徒长,化学整枝	10000倍液	喷顶，后期喷全株
	小麦	防止倒伏,提高产量	1)3-5%药液 2)100-400倍液	1)拌种2)返青、拔节期喷雾
	玉米	增产	0.5%药液	浸种

陕西省蒲城华迪药业有限责任公司　(陕西省蒲城县苏坊镇东街　715514　0913-7322029)

WP20090102	高效氯氰菊酯/5%/微乳剂/高效氯氰菊酯 5%/2009.02.04 至 2014.02.04/低毒			
	卫生	蚊、蝇	玻璃面20毫克/平方米；木板面40毫克/平方米；石灰面60毫克/平方米	滞留喷洒

陕西省蒲城美尔果农化有限责任公司　(陕西省渭南市蒲城县乡企大市场65号　715500　0913-7213173)

PD85105-11	敌敌畏/80%/乳油/敌敌畏 77.5%(气谱法)/2010.02.04 至 2015.02.04/中等毒			
	茶树	食叶害虫	600克/公顷	喷雾
	粮仓	多种储藏害虫	1)400-500倍液 2)0.4-0.5克/立方米	1)喷雾 2)挂条熏蒸
	棉花	蚜虫、造桥虫	600-1200克/公顷	喷雾
	苹果树	小卷叶蛾、蚜虫	400-500毫克/千克	喷雾
	青菜	菜青虫	600克/公顷	喷雾
	桑树	尺蠖	600克/公顷	喷雾
	卫生	多种卫生害虫	1)300-400倍液2)0.08克/立方米	1)泼洒2)挂条熏蒸
	小麦	黏虫、蚜虫	600克/公顷	喷雾
PD20040545	氯氰·吡虫啉/5%/乳油/吡虫啉 1%、氯氰菊酯 4%/2009.12.19 至 2014.12.18/低毒			
	十字花科蔬菜	蚜虫	22.5-30克/公顷	喷雾
PD20040687	哒螨灵/20%/可湿性粉剂/哒螨灵 20%/2009.12.19 至 2014.12.19/中等毒			
	苹果树	红蜘蛛	50-67毫克/千克	喷雾
PD20070150	石硫合剂/29%/水剂/石硫合剂 29%/2012.06.07 至 2017.06.07/低毒			
	苹果树	白粉病	55-70倍液	喷雾
PD20070330	硫磺·多菌灵/42%/悬浮剂/多菌灵 7%、硫磺 35%/2012.10.12 至 2017.10.12/低毒			
	黄瓜	白粉病	1575-2363克/公顷	喷雾
PD20081351	多·锰锌/40%/可湿性粉剂/多菌灵 20%、代森锰锌 20%/2013.10.21 至 2018.10.21/低毒			
	梨树	黑星病	1000-1250毫克/千克	喷雾
PD20082396	毒死蜱/40%/乳油/毒死蜱 40%/2013.12.01 至 2018.12.01/中等毒			
	苹果树	桃小食心虫	200-267毫克/千克	喷雾
PD20082464	联苯菊酯/100克/升/乳油/联苯菊酯 100克/升/2013.12.02 至 2018.12.02/低毒			
	茶树	茶小绿叶蝉	30-37.5克/公顷	喷雾
PD20083089	福·福锌/80%/可湿性粉剂/福美双 30%、福美锌 50%/2013.12.10 至 2018.12.10/低毒			
	苹果树	炭疽病	500-600倍液	喷雾
PD20083747	多菌灵/80%/可湿性粉剂/多菌灵 80%/2013.12.15 至 2018.12.15/低毒			

水稻 稻瘟病 937.5-1125克/公顷 喷雾

PD20085269 四螨嗪/500克/升/悬浮剂/四螨嗪 500克/升/2013.12.23 至 2018.12.23/低毒

苹果树 红蜘蛛 83.33-100毫克/千克 喷雾

PD20085365 代森锰锌/80%/可湿性粉剂/代森锰锌 80%/2013.12.24 至 2018.12.24/低毒

番茄 早疫病 1920-2400克/公顷 喷雾

PD20085555 硫丹/350克/升/乳油/硫丹 350克/升/2013.12.25 至 2018.12.25/中等毒(原药高毒)

棉花 棉铃虫 525-866.25克/公顷 喷雾

PD20085663 啶虫脒/3%/乳油/啶虫脒 3%/2008.12.26 至 2013.12.26/低毒

苹果树 蚜虫 15－20毫克/千克 喷雾

PD20085975 腈菌・福美双/20%/可湿性粉剂/福美双 18%、腈菌唑 2%/2013.12.29 至 2018.12.29/低毒

黄瓜 白粉病 240-360克/公顷 喷雾

PD20086206 甲基硫菌灵/70%/可湿性粉剂/甲基硫菌灵 70%/2013.12.30 至 2018.12.30/低毒

苹果树 轮纹病 700-1167毫克/千克 喷雾

PD20090152 苯丁・哒螨灵/10%/乳油/苯丁锡 5%、哒螨灵 5%/2014.01.08 至 2019.01.08/低毒

柑橘树 红蜘蛛 1000-1500倍液 喷雾

PD20090424 高效氯氟氰菊酯/25克/升/乳油/高效氯氟氰菊酯 25克/升/2014.01.12 至 2019.01.12/中等毒

茶树 茶小绿叶蝉 22.5-30克/公顷 喷雾

PD20091030 噻嗪・异丙威/25%/可湿性粉剂/噻嗪酮 5%、异丙威 20%/2014.01.21 至 2019.01.21/低毒

水稻 稻飞虱 450-562.5克/公顷 喷雾

PD20091051 丙环唑/250克/升/乳油/丙环唑 250克/升/2014.01.21 至 2019.01.21/低毒

香蕉 叶斑病 250-500毫克/千克 喷雾

PD20091112 氯氰・毒死蜱/20%/乳油/毒死蜱 16.6%、氯氰菊酯 3.4%/2014.01.21 至 2019.01.21/中等毒

棉花 棉铃虫 180-240克/公顷 喷雾

PD20091245 速灭威/25%/可湿性粉剂/速灭威 25%/2014.02.01 至 2019.02.01/低毒

水稻 稻飞虱 562.5-750克/公顷 喷雾

PD20092095 虫酰肼/200克/升/悬浮剂/虫酰肼 200克/升/2014.02.16 至 2019.02.16/低毒

十字花科蔬菜 甜菜夜蛾 250-300克/公顷 喷雾

PD20092643 福・甲・硫磺/70%/可湿性粉剂/福美双 25%、甲基硫菌灵 14%、硫磺 31%/2014.03.03 至 2019.03.03/低毒

辣椒 炭疽病 735-945克/公顷 喷雾

PD20093115 多・锰锌/80%/可湿性粉剂/多菌灵 15%、代森锰锌 65%/2014.03.10 至 2019.03.10/低毒

苹果树 斑点落叶病 1000-1250毫克/千克 喷雾

PD20093384 代森锌/65%/可湿性粉剂/代森锌 65%/2014.03.19 至 2019.03.19/低毒

番茄 早疫病 2550-3600克/公顷 喷雾

PD20093460 联苯菊酯/25克/升/乳油/联苯菊酯 25克/升/2014.03.23 至 2019.03.23/低毒

茶树 茶尺蠖 7.5～15克/公顷 喷雾

PD20094805 炔螨特/57%/乳油/炔螨特 57%/2014.04.13 至 2019.04.13/低毒

柑橘树 红蜘蛛 258-356.25毫克/千克 喷雾

PD20097767 福・福锌/40%/可湿性粉剂/福美双 15%、福美锌 25%/2009.11.12 至 2014.11.12/低毒

苹果树 炭疽病 1333.3－1600毫克/千克 喷雾

PD20100060 氟啶脲/50克/升/乳油/氟啶脲 50克/升/2010.01.04 至 2015.01.04/低毒

甘蓝 甜菜夜蛾 45-60克/公顷 喷雾

PD20100131 噻嗪酮/25%/可湿性粉剂/噻嗪酮 25%/2010.01.05 至 2015.01.05/低毒

水稻 飞虱 112.5-15.克/公顷 喷雾

PD20100227 高氯・马/20%/乳油/高效氯氰菊酯 1.5%、马拉硫磷 18.5%/2010.01.11 至 2015.01.11/低毒

苹果树 桃小食心虫 133-200毫克/千克 喷雾

PD20100307 多菌灵/25%/可湿性粉剂/多菌灵 25%/2010.01.11 至 2015.01.11/低毒

水稻 纹枯病 600－900克/公顷 喷雾

PD20100374 吡虫啉/25%/可湿性粉剂/吡虫啉 25%/2010.01.11 至 2015.01.11/低毒

水稻 稻飞虱 30-45克/公顷 喷雾

PD20100380 福美双/50%/可湿性粉剂/福美双 50%/2010.01.11 至 2015.01.11/低毒

葡萄 白腐病 625－1250毫克/千克 喷雾

PD20101646 辛菌胺醋酸盐(1.8%)///水剂/辛菌胺 1.26%/2010.06.03 至 2015.06.03/低毒

番茄 病毒病 187.5-281.25克/公顷 喷雾

PD20101774 毒・矿物油/40%/乳油/毒死蜱 15%、矿物油 25%/2010.07.07 至 2015.07.07/中等毒

柑橘树 介壳虫 400-500毫克/千克 喷雾

PD20110467 苯醚甲环唑/10%/水分散粒剂/苯醚甲环唑 10%/2011.04.22 至 2016.04.22/低毒

梨树 黑星病 14.3－16.7毫克/千克 喷雾

PD20110624 啶虫脒/20%/可湿性粉剂/啶虫脒 20%/2011.06.08 至 2016.06.08/低毒

柑橘树 蚜虫 13.3－16.7毫克/千克 喷雾

PD20110821 咪鲜胺/45%/水乳剂/咪鲜胺 45%/2011.08.04 至 2016.08.04/低毒

香蕉 炭疽病 450－750毫克/千克 浸果

PD20110828 嘧霉胺/40%/悬浮剂/嘧霉胺 40%/2011.08.10 至 2016.08.10/低毒

黄瓜 灰霉病 468－568克/公顷 喷雾

PD20111081 烯酰吗啉/80%/水分散粒剂/烯酰吗啉 80%/2011.10.12 至 2016.10.12/低毒
黄瓜 霜霉病 240—300克/公顷 喷雾
PD20121026 高效氯氰菊酯/4.5%/微乳剂/高效氯氰菊酯 4.5%/2012.07.02 至 2017.07.02/低毒
甘蓝 菜青虫 13.5-27克/公顷 喷雾
PD20121353 甲氨基阿维菌素苯甲酸盐/2%/微乳剂/甲氨基阿维菌素 2%/2012.09.13 至 2017.09.13/低毒
甘蓝 小菜蛾 1.65-1.98克/公顷 喷雾
注:甲氨基阿维菌素苯甲酸盐含量: 2.2%。
PD20121358 阿维菌素/5%/水乳剂/阿维菌素 5%/2012.09.13 至 2017.09.13/中等毒(原药高毒)
甘蓝 小菜蛾 9-12克/公顷 喷雾
PD20121476 嘧霉胺/40%/水分散粒剂/嘧霉胺 40%/2012.10.08 至 2017.10.08/低毒
黄瓜 灰霉病 465-570克/公顷 喷雾
PD20121550 啶虫脒/10%/微乳剂/啶虫脒 10%/2012.10.25 至 2017.10.25/低毒
苹果树 蚜虫 12.5-20毫克/千克 喷雾
PD20121607 高效氯氟氰菊酯/5%/微乳剂/高效氯氟氰菊酯 5%/2012.10.25 至 2017.10.25/中等毒
甘蓝 菜青虫 15-18.75克/公顷 喷雾
PD20130177 高效氯氟氰菊酯/10%/水乳剂/高效氯氟氰菊酯 10%/2013.01.24 至 2018.01.24/中等毒
甘蓝 菜青虫 10.5-15.75克/公顷 喷雾
PD20131448 戊唑醇/430克/升/悬浮剂/戊唑醇 430克/升/2013.07.05 至 2018.07.05/低毒
苹果树 斑点落叶病 86-108毫克/千克 喷雾
PD20131459 吡虫啉/10%/可湿性粉剂/吡虫啉 10%/2013.07.05 至 2018.07.05/低毒
水稻 飞虱 15-30克/公顷 喷雾
小麦 蚜虫 15-30克/公顷(南方地区) 喷雾
45-60克/公顷(北方地区)
PD20132704 啶虫脒/40%/水分散粒剂/啶虫脒 40%/2013.12.25 至 2018.12.25/低毒
甘蓝 蚜虫 18-30克/公顷 喷雾

陕西省商州市农药厂 (陕西省商洛市商州区孝义镇 726005 0914-2459060)

PD20084657 霜脲·百菌清/18%/悬浮剂/百菌清 16%、霜脲氰 2%/2008.12.22 至 2013.12.22/低毒
黄瓜 霜霉病 405-506克/公顷 喷雾
PD20085928 克百·敌百虫/3%/颗粒剂/敌百虫 2%、克百威 1%/2008.12.29 至 2013.12.29/低毒(原药高毒)
棉花 蚜虫 1350-1800克/公顷 穴施
PD20090377 阿维菌素/1.8%/乳油/阿维菌素 1.8%/2009.01.12 至 2014.01.12/低毒(原药高毒)
十字花科蔬菜 菜青虫 8.1-10.8克/公顷 喷雾

陕西省渭南经济开发区望康农化有限责任公司 (陕西省渭南市经济开发区西潼路南侧 714000 0913-2111579)

PD20040471 氯氰·吡虫啉/5%/乳油/吡虫啉 1%、氯氰菊酯 4%/2009.12.19 至 2014.12.19/中等毒
甘蓝 蚜虫 22.5-37.5克/公顷 喷雾
PD20060169 多·锰锌/40%/可湿性粉剂/多菌灵 20%、代森锰锌 20%/2011.10.31 至 2016.10.31/低毒
梨树 黑星病 1000-1250毫克/千克 喷雾
PD20080185 毒·辛/40%/乳油/毒死蜱 20%、辛硫磷 20%/2013.01.07 至 2018.01.07/低毒
棉花 棉铃虫 360-480克/公顷 喷雾
PD20082363 多·福/50%/可湿性粉剂/多菌灵 10%、福美双 40%/2013.12.01 至 2018.12.01/中等毒
梨树 黑星病 1000-1500毫克/千克 喷雾
PD20083016 高氯·马/20%/乳油/高效氯氰菊酯 2%、马拉硫磷 18%/2013.12.10 至 2018.12.10/中等毒
甘蓝 菜青虫 40-120克/公顷 喷雾
PD20092315 灭多威/10%/可湿性粉剂/灭多威 10%/2014.02.24 至 2019.02.24/中等毒(原药高毒)
棉花 棉铃虫 300-360克/公顷 喷雾
PD20092749 霜霉威盐酸盐/66.5%/水剂/霜霉威盐酸盐 66.5%/2014.03.04 至 2019.03.04/低毒
黄瓜 霜霉病 649.8-1083克/公顷 喷雾
PD20097513 阿维·矿物油/24.5%/乳油/阿维菌素 0.2%、矿物油 24.3%/2009.11.03 至 2014.11.03/低毒(原药高毒)
柑橘树 红蜘蛛 123-245毫克/千克 喷雾
PD20101420 辛菌胺·吗啉胍/5.9%/水剂/盐酸吗啉胍 5%、辛菌胺 0.9%/2010.04.26 至 2015.04.26/低毒
番茄 病毒病 196.9-225克/公顷 喷雾
PD20101582 辛菌胺醋酸盐/1.26%/水剂/辛菌胺 1.26%/2010.06.03 至 2015.06.03/低毒
苹果树 腐烂病 500-1000毫克/千克 涂病疤
注:辛菌胺醋酸盐含量: 1.8%。
PD20101712 络氨铜/25%/水剂/络氨铜 25%/2010.06.28 至 2015.06.28/低毒
西瓜 枯萎病 0.2-0.25克/株 灌根

陕西省渭南生乐有限责任公司 (陕西省渭南市华山大街东段 714000 0913-2094090)

WP20090068 杀虫粉剂/2.01%/粉剂/马拉硫磷 2%、溴氰菊酯 0.01%/2014.02.01 至 2019.02.01/低毒
粮仓 谷蛾、麦蛾、米象 600-900克制剂/1000千克贮粮 撒布
卫生 蜚蠊 10克制剂/平方米 撒布
卫生 跳蚤 5克制剂/平方米 撒布

陕西省西安常隆正华作物保护有限公司 (陕西省西安市临潼区新丰镇道北路 710600 029-83979980)

PD20080227 多·锰锌/40%/可湿性粉剂/多菌灵 20%、代森锰锌 20%/2013.01.11 至 2018.01.11/低毒

梨树 黑星病 320-400毫克/千克 喷雾

PD20082095 腐霉利/50%/可湿性粉剂/腐霉利 50%/2013.11.25 至 2018.11.25/低毒

番茄 灰霉病 562.5-750克/公顷 喷雾

PD20082391 代森锰锌/80%/可湿性粉剂/代森锰锌 80%/2013.12.01 至 2018.12.01/低毒

番茄 早疫病 1845-2370克/公顷 喷雾

PD20085688 高效氯氟氰菊酯/25克/升/乳油/高效氯氟氰菊酯 25克/升/2013.12.26 至 2018.12.26/低毒

十字花科蔬菜 菜青虫 7.5-11.25克/公顷 喷雾

PD20093021 多·福/50%/可湿性粉剂/多菌灵 20%、福美双 30%/2014.03.09 至 2019.03.09/低毒

梨树 黑星病 1000-1500毫克/千克 喷雾

PD20093283 草甘膦/50%/可溶粉剂/草甘膦 50%/2014.03.11 至 2019.03.11/低毒

苹果园 杂草 1125-2250克/公顷 定向茎叶喷雾

PD20093538 锰锌·百菌清/70%/可湿性粉剂/百菌清 30%、代森锰锌 40%/2014.03.23 至 2019.03.23/低毒

番茄 早疫病 1315-1575克/公顷 喷雾

PD20093872 多菌灵/80%/可湿性粉剂/多菌灵 80%/2014.03.25 至 2019.03.25/低毒

苹果树 轮纹病 800-1333毫克/千克 喷雾

PD20096566 三唑锡/25%/可湿性粉剂/三唑锡 25%/2009.08.24 至 2014.08.24/低毒

柑橘树 红蜘蛛 125-166.7毫克/千克 喷雾

PD20096772 井冈霉素（5%）///水剂/井冈霉素A 4%/2009.09.15 至 2014.09.15/低毒

水稻 纹枯病 150-187.5克/公顷 喷雾

PD20096931 联苯菊酯/25克/升/乳油/联苯菊酯 25克/升/2009.09.23 至 2014.09.23/低毒

茶树 茶小绿叶蝉 30-37.5克/公顷 喷雾

PD20097297 噻嗪·异丙威/25%/可湿性粉剂/噻嗪酮 5%、异丙威 20%/2009.10.26 至 2014.10.26/低毒

水稻 稻飞虱 337.5-450克/公顷 喷雾

PD20100695 硫磺·锰锌/70%/可湿性粉剂/硫磺 40%、代森锰锌 30%/2010.01.16 至 2015.01.16/低毒

苹果树 白粉病 1167-1400毫克/千克 喷雾

PD20101314 阿维·矿物油/24.5%/乳油/阿维菌素 0.2%、矿物油 24.3%/2010.03.17 至 2015.03.17/低毒(原药高毒)

柑橘树 红蜘蛛 122.5-245毫克/千克 喷雾

PD20101606 草甘膦异丙胺盐(41%)///水剂/草甘膦 30%/2010.06.03 至 2015.06.03/低毒

非耕地 杂草 1230-2460克/公顷 喷雾

PD20111410 苯甲·丙环唑/300克/升/乳油/苯醚甲环唑 150克/升、丙环唑 150克/升/2011.12.22 至 2016.12.22/低毒

水稻 纹枯病 78.75—90克/公顷 喷雾

PD20130191 哒螨灵/15%/乳油/哒螨灵 15%/2013.01.24 至 2018.01.24/低毒

苹果树 红蜘蛛 50-75毫克/千克 喷雾

LS20110105 甲维·虫酰肼/8.2%/乳油/虫酰肼 8%、甲氨基阿维菌素苯甲酸盐 0.2%/2013.04.14 至 2014.04.14/低毒

甘蓝 甜菜夜蛾 750-1125克/公顷 喷雾

陕西省西安华阳化工科技有限公司 （陕西省西安市西影路45号 710054 029-85518286）

PD85124-15 福·福锌/80%/可湿性粉剂/福美双 30%、福美锌 50%/2010.07.04 至 2015.07.04/中等毒

黄瓜、西瓜 炭疽病 1500-1800克/公顷 喷雾

麻 炭疽病 240-400克/100千克种子 拌种

棉花 苗期病害 0.5%药液 浸种

苹果树、杉木、橡胶树 炭疽病 500-600倍液 喷雾

PD86116-4 甲基硫菌灵/36%/悬浮剂/甲基硫菌灵 36%/2011.08.15 至 2016.08.15/低毒

甘薯 黑斑病 800-1000倍液 浸种、喷雾

柑橘树 绿霉病、青霉病 800倍液 浸果

禾谷类 黑穗病 1000-2000倍液 喷雾

花生 叶斑病 1500-1800倍液 喷雾

梨树、苹果树 白粉病、黑星病 800-1200倍液 喷雾

马铃薯 环腐病 800倍液 浸种

毛竹 枯梢病 1500倍液 喷雾

棉花 枯萎病 170倍液 浸种

葡萄、桑树、烟草 白粉病 800-1000倍液 喷雾

蔬菜 多种病害 400-1200倍液 喷雾

水稻 稻瘟病、纹枯病 800-1500倍液 喷雾

甜菜 褐斑病 1300倍液 喷雾

小麦 白粉病、赤霉病 1500倍液 喷雾

油菜 菌核病 1500倍液 喷雾

PD20083491 灭多威/10%/可湿性粉剂/灭多威 10%/2008.12.12 至 2013.12.12/高毒

棉花 棉铃虫 270-360克/公顷 喷雾

PD20091323 氰戊·马拉松/20%/乳油/马拉硫磷 15%、氰戊菊酯 5%/2009.02.01 至 2014.02.01/中等毒

苹果树 桃小食心虫 160-333毫克/千克 喷雾

陕西省西安嘉科农化有限公司 （陕西省西安市长安区鸣犊镇 710102 029-85835328）

PD20050133 哒螨灵/20%/可湿性粉剂/哒螨灵 20%/2010.09.09 至 2015.09.09/中等毒

苹果树 红蜘蛛 2000-3000倍液 喷雾

PD20060152 氯氰·吡虫啉/5%/乳油/吡虫啉 1%、氯氰菊酯 4%/2011.08.28 至 2016.08.28/中等毒

甘蓝 蚜虫 22.5-37.5克/公顷 喷雾

PD20070546 多·锰锌/40%/可湿性粉剂/多菌灵 20%、代森锰锌 20%/2012.12.03 至 2017.12.03/低毒

梨树 黑星病 1000-1250毫克/千克 喷雾

PD20080788 霜霉威/35%/水剂/霜霉威 35%/2013.06.20 至 2018.06.20/低毒

黄瓜 霜霉病 651-1102.5克/公顷 喷雾

PD20083216 噻嗪·杀扑磷/20%/乳油/噻嗪酮 15%、杀扑磷 5%/2013.12.11 至 2018.12.11/中等毒(原药高毒)

柑橘树 介壳虫 200-250毫克/千克 喷雾

PD20084070 霜霉威盐酸盐/66.5%/水剂/霜霉威盐酸盐 66.5%/2013.12.16 至 2018.12.16/低毒

黄瓜 霜霉病 649.8-1083克/公顷 喷雾

PD20084856 灭多威/10%/可湿性粉剂/灭多威 10%/2013.12.22 至 2018.12.22/中等毒(原药高毒)

棉花 棉铃虫 315-360克/公顷 喷雾

PD20085176 阿维菌素/1.8%/乳油/阿维菌素 1.8%/2013.12.23 至 2018.12.23/低毒(原药高毒)

柑橘树 锈壁虱 2.25-4.5毫克/千克 喷雾

柑橘树 红蜘蛛、潜叶蛾 4.5-9毫克/千克 喷雾

梨树 梨木虱 6-12毫克/千克 喷雾

棉花 红蜘蛛 10.8-16.2克/公顷 喷雾

棉花 棉铃虫 21.6-32.4克/公顷 喷雾

苹果树 桃小食心虫 4.5-9毫克/千克 喷雾

苹果树 红蜘蛛 3-6毫克/千克 喷雾

苹果树 二斑叶螨 4.5-6毫克/千克 喷雾

十字花科蔬菜 小菜蛾 6.75-10.8克/公顷 喷雾

PD20085537 阿维·甲氰/1.8%/乳油/阿维菌素 0.2%、甲氰菊酯 1.6%/2013.12.25 至 2018.12.25/低毒(原药高毒)

苹果树 红蜘蛛 12-18毫克/千克 喷雾

PD20086154 氰戊·马拉松/20%/乳油/马拉硫磷 15%、氰戊菊酯 5%/2013.12.30 至 2018.12.30/中等毒

苹果树 桃小食心虫 222-333毫克/千克 喷雾

PD20091574 吡虫·灭多威/10%/可湿性粉剂/吡虫啉 1%、灭多威 9%/2009.02.03 至 2014.02.03/中等毒(原药高毒)

棉花 蚜虫 75-120克/公顷 喷雾

PD20094778 高效氯氰菊酯/4.5%/微乳剂/高效氯氰菊酯 4.5%/2009.04.13 至 2014.04.13/低毒

十字花科蔬菜 菜青虫 20.25-27克/公顷 喷雾

PD20095504 盐酸吗啉胍/20%/可湿性粉剂/盐酸吗啉胍 20%/2009.05.11 至 2014.05.11/低毒

番茄 病毒病 500-750克/公顷 喷雾

PD20101188 辛菌胺醋酸盐/1.8%/水剂/辛菌胺醋酸盐 1.8%/2010.02.08 至 2015.02.08/低毒

苹果树 腐烂病 180-360毫克/千克 涂病疤

PD20101189 辛菌胺/30%/母药/辛菌胺 30%/2010.02.08 至 2015.02.08/低毒

PD20101921 苦参碱/0.3%/水剂/苦参碱 0.3%/2010.08.27 至 2015.08.27/低毒

甘蓝 菜青虫 3.12-3.9克/公顷 喷雾

PD20101995 氯氰·矿物油/32%/乳油/矿物油 30%、氯氰菊酯 2%/2010.09.25 至 2015.09.25/中等毒

棉花 蚜虫 240-336克/公顷 喷雾

PD20102061 络氨铜/15%/水剂/络氨铜 15%/2010.11.03 至 2015.11.03/低毒

柑橘树 溃疡病 466.7-933.3毫克/千克 喷雾

PD20122057 阿维·三唑磷/20.5%/乳油/阿维菌素 0.3%、三唑磷 20.2%/2012.12.24 至 2017.12.24/中等毒(原药高毒)

水稻 二化螟 307.5-369克/公顷 喷雾

PD20132174 阿维·哒螨灵/10%/乳油/阿维菌素 0.2%、哒螨灵 9.8%/2013.10.29 至 2018.10.29/低毒(原药高毒)

柑橘树 红蜘蛛 40-50毫克/千克 喷雾

陕西省西安喷得绿农化有限公司 (陕西省西安市新城区米秦路65号工业园区 710015 029-86711381)

PD20040386 氯氰·吡虫啉/5%/乳油/吡虫啉 1%、氯氰菊酯 4%/2009.12.19 至 2014.12.19/中等毒

甘蓝 菜青虫、蚜虫 22.5-37.5克/公顷 喷雾

PD20040466 哒螨灵/20%/可湿性粉剂/哒螨灵 20%/2009.12.19 至 2014.12.19/中等毒

苹果树 红蜘蛛 50-67毫克/千克 喷雾

PD20040480 吡虫啉/10%/可湿性粉剂/吡虫啉 10%/2009.12.19 至 2014.12.19/低毒

水稻 飞虱 15-30克/公顷 喷雾

PD20081185 高效氯氟氰菊酯/2.5%/乳油/高效氯氟氰菊酯 2.5%/2013.09.11 至 2018.09.11/中等毒

十字花科蔬菜 菜青虫 11.25-15克/公顷 喷雾

PD20081186 联苯菊酯/25克/升/乳油/联苯菊酯 25克/升/2013.09.11 至 2018.09.11/低毒

茶树 茶尺蠖 12.5-16.7毫克/千克 喷雾

PD20090579 硫磺/45%/悬浮剂/硫磺 45%/2014.01.14 至 2019.01.14/低毒

黄瓜 白粉病 1012.5-1687.5克/公顷 喷雾

PD20091006 代森锰锌/30%/悬浮剂/代森锰锌 30%/2014.01.21 至 2019.01.21/低毒

番茄 早疫病 900-1350克/公顷 喷雾

PD20091141 硫磺·百菌清/50%/悬浮剂/百菌清 15%、硫磺 35%/2014.01.21 至 2019.01.21/低毒

黄瓜 霜霉病 1125-1875克/公顷 喷雾

PD20091205 氰戊·马拉松/21%/乳油/马拉硫磷 15%、氰戊菊酯 6%/2014.02.01 至 2019.02.01/中等毒
棉花 棉铃虫 126-189克/公顷 喷雾
苹果树 桃小食心虫 105-140毫克/千克 喷雾
小麦 蚜虫 63-94.5克/公顷 喷雾

PD20091228 三唑锡/20%/悬浮剂/三唑锡 20%/2014.02.01 至 2019.02.01/低毒
柑橘树 红蜘蛛 100-200毫克/千克 喷雾

PD20091537 噻嗪酮/25%/可湿性粉剂/噻嗪酮 25%/2014.02.03 至 2019.02.03/低毒
茶树 小绿叶蝉 225-281.25克/公顷 喷雾
柑橘树 矢尖蚧 167-250毫克/千克 喷雾

PD20091804 甲硫·福美双/70%/可湿性粉剂/福美双 40%、甲基硫菌灵 30%/2014.02.04 至 2019.02.04/低毒
苹果树 轮纹病 875-1167毫克/千克 喷雾

PD20092226 敌百虫/30%/乳油/敌百虫 30%/2014.02.24 至 2019.02.24/低毒
甘蓝 菜青虫 450-675克/公顷 喷雾

PD20092565 福·甲·硫磺/70%/可湿性粉剂/福美双 25%、甲基硫菌灵 14%、硫磺 31%/2014.02.26 至 2019.02.26/低毒
辣椒 炭疽病 525-945克/公顷 喷雾

PD20093323 马拉·灭多威/30%/乳油/马拉硫磷 20%、灭多威 10%/2014.03.16 至 2019.03.16/中等毒(原药高毒)
棉花 棉铃虫 300-450克/公顷 喷雾

PD20093411 硫磺·多菌灵/50%/可湿性粉剂/多菌灵 15%、硫磺 35%/2014.03.20 至 2019.03.20/低毒
花生 叶斑病 1200-1800克/公顷 喷雾

PD20093434 马拉·异丙威/30%/乳油/马拉硫磷 15%、异丙威 15%/2014.03.23 至 2019.03.23/中等毒
水稻 飞虱、叶蝉 450-600克/公顷 喷雾

PD20093894 多·福/60%/可湿性粉剂/多菌灵 30%、福美双 30%/2014.03.25 至 2019.03.25/低毒
梨树 黑星病 1000-1500毫克/千克 喷雾

PD20093969 甲霜·锰锌/58%/可湿性粉剂/甲霜灵 10%、代森锰锌 48%/2014.03.27 至 2019.03.27/低毒
葡萄 霜霉病 1087.5-1740克/公顷 喷雾

PD20095291 毒死蜱/40%/乳油/毒死蜱 40%/2014.04.27 至 2019.04.27/中等毒
苹果树 桃小食心虫 160-240毫克/千克 喷雾

PD20096180 炔螨特/40%/乳油/炔螨特 40%/2009.07.03 至 2014.07.03/低毒
柑橘树 红蜘蛛 266.7-400毫克/千克 喷雾

PD20100290 硫磺·锰锌/70%/可湿性粉剂/硫磺 42%、代森锰锌 28%/2010.01.11 至 2015.01.11/低毒
豇豆 锈病 2100-2625克/公顷 喷雾

PD20100316 高效氯氰菊酯/4.5%/乳油/高效氯氰菊酯 4.5%/2010.01.11 至 2015.01.11/低毒
甘蓝 菜青虫 13.5-27克/公顷 喷雾

PD20101533 代森锰锌/80%/可湿性粉剂/代森锰锌 80%/2010.05.19 至 2015.05.19/低毒
番茄 早疫病 1848-2376克/公顷 喷雾

PD20101888 啶虫脒/5%/可湿性粉剂/啶虫脒 5%/2010.08.09 至 2015.08.09/低毒
柑橘树 蚜虫 3000-4000倍液 喷雾

PD20102008 阿维菌素/1.8%/可湿性粉剂/阿维菌素 1.8%/2010.09.25 至 2015.09.25/低毒(原药高毒)
小油菜 菜青虫 3-6克/公顷 喷雾

PD20110005 灭幼脲/25%/悬浮剂/灭幼脲 25%/2011.01.04 至 2016.01.04/低毒
甘蓝 菜青虫 56.25-75克/公顷 喷雾

PD20110440 哒螨·矿物油/34%/乳油/哒螨灵 4%、矿物油 30%/2011.04.21 至 2016.04.21/中等毒
柑橘树 红蜘蛛 226.7-340毫克/千克 喷雾

PD20110441 矿物油/95%/乳油/矿物油 95%/2011.04.21 至 2016.04.21/低毒
柑橘树 介壳虫 13500-19000毫克/千克 喷雾

PD20110742 甲氰·矿物油/65%/乳油/甲氰菊酯 0.5%、矿物油 64.5%/2011.07.18 至 2016.07.18/中等毒
棉花 蚜虫 198-274.22克/公顷 喷雾

PD20110760 阿维·矿物油/24.5%/乳油/阿维菌素 0.2%、矿物油 24.3%/2011.07.25 至 2016.07.25/低毒(原药高毒)
柑橘树 红蜘蛛 123-245毫克/千克 喷雾

PD20110930 杀虫双/18%/水剂/杀虫双 18%/2011.09.06 至 2016.09.06/中等毒
水稻 二化螟 540-675克/公顷 喷雾

陕西省西安市植丰农药厂 (陕西省西安市周至县西关 710400 029-87154406)

PD20092252 代森锰锌/85%/原药/代森锰锌 85%/2014.02.24 至 2019.02.24/低毒

PD20092579 乙铝·锰锌/50%/可湿性粉剂/代森锰锌 22%、三乙膦酸铝 28%/2014.02.27 至 2019.02.27/低毒
黄瓜 霜霉病 900-1400克/公顷 喷雾

PD20093063 代森锰锌/70%/可湿性粉剂/代森锰锌 70%/2014.03.09 至 2019.03.09/低毒
番茄 早疫病 1837.5-2362.5克/公顷 喷雾

PD20093100 代森锰锌/80%/可湿性粉剂/代森锰锌 80%/2014.03.09 至 2019.03.09/低毒
番茄 早疫病 1560-2520克/公顷 喷雾

PD20095208 甲霜·锰锌/58%/可湿性粉剂/甲霜灵 10%、代森锰锌 48%/2009.04.24 至 2014.04.24/低毒
葡萄 霜霉病 1087.5-1740克/公顷 喷雾

陕西省西安文远化学工业有限公司 (陕西省西安市碑林区和平路99号榕园公寓1106号 710001 029-86035247)

PD20080819 霜脲氰/96%/原药/霜脲氰 96%/2013.06.20 至 2018.06.20/低毒

PD20081203 萎锈灵/97.9%/原药/萎锈灵 97.9%/2013.09.11 至 2018.09.11/低毒
PD20094398 霜脲·锰锌/72%/可湿性粉剂/代森锰锌 64%、霜脲氰 8%/2009.04.01 至 2014.04.01/低毒
黄瓜 霜霉病 1440-1800克/公顷 喷雾

陕西省西安西诺农化有限责任公司 (陕西省西安市灞桥区田王街特字1号 710025 029-83603743)

PD20040454 氯氰·吡虫啉/5%/乳油/吡虫啉 1%、氯氰菊酯 4%/2009.12.19 至 2014.12.19/低毒
十字花科蔬菜 蚜虫 22.5-37.5克/公顷 喷雾
PD20083231 阿维菌素/0.9%/乳油/阿维菌素 0.9%/2013.12.11 至 2018.12.11/低毒(原药高毒)
梨树 梨木虱 6-12毫克/千克 喷雾
PD20084398 多·锰锌/70%/可湿性粉剂/多菌灵 20%、代森锰锌 50%/2013.12.17 至 2018.12.17/低毒
梨树 黑星病 1000-1250毫克/千克 喷雾
PD20084559 噻螨酮/5%/乳油/噻螨酮 5%/2013.12.18 至 2018.12.18/低毒
柑橘树 红蜘蛛 25-31.25毫克/千克 喷雾
PD20084992 丁硫克百威/200克/升/乳油/丁硫克百威 200克/升/2013.12.22 至 2018.12.22/中等毒
棉花 蚜虫 90-180克/公顷 喷雾
PD20084997 毒死蜱/40%/乳油/毒死蜱 40%/2013.12.22 至 2018.12.22/中等毒
棉花 棉铃虫 675-900克/公顷 喷雾
PD20085283 唑螨酯/5%/悬浮剂/唑螨酯 5%/2013.12.23 至 2018.12.23/低毒
苹果树 红蜘蛛 20-25毫克/千克 喷雾
PD20085606 多·福/60%/可湿性粉剂/多菌灵 30%、福美双 30%/2013.12.25 至 2018.12.25/低毒
梨树 黑星病 1000-1500毫克/千克 喷雾
PD20086232 三唑锡/25%/可湿性粉剂/三唑锡 25%/2013.12.31 至 2018.12.31/低毒
柑橘树 红蜘蛛 125-250毫克/千克 喷雾
PD20091982 高氯·马/20%/乳油/高效氯氰菊酯 2%、马拉硫磷 18%/2014.02.12 至 2019.02.12/低毒
苹果树 黄蚜 100-133毫克/千克 喷雾
PD20093227 高氯·灭多威/10%/乳油/高效氯氰菊酯 1.2%、灭多威 8.8%/2014.03.11 至 2019.03.11/中等毒(原药高毒)
棉花 棉铃虫 75-105克/公顷 喷雾
PD20094535 福·甲·硫磺/70%/可湿性粉剂/福美双 25%、甲基硫菌灵 14%、硫磺 31%/2014.04.09 至 2019.04.09/低毒
辣椒 炭疽病 525-945克/公顷 喷雾
PD20097212 溴螨酯/500克/升/乳油/溴螨酯 500克/升/2009.10.19 至 2014.10.19/低毒
柑橘树 红蜘蛛 333-500毫克/千克 喷雾
PD20097240 代森锰锌/80%/可湿性粉剂/代森锰锌 80%/2009.10.19 至 2014.10.19/低毒
番茄 早疫病 2160-2550克/公顷 喷雾
PD20097753 联苯菊酯/100克/升/乳油/联苯菊酯 100克/升/2009.11.12 至 2014.11.12/中等毒
茶树 茶小绿叶蝉 30-37.5克/公顷 喷雾
PD20097836 百菌清/40%/悬浮剂/百菌清 40%/2009.11.20 至 2014.11.20/低毒
番茄 早疫病 900—1050克/公顷 喷雾
PD20097846 甲霜·锰锌/58%/可湿性粉剂/甲霜灵 10%、代森锰锌 48%/2009.11.20 至 2014.11.20/低毒
黄瓜 霜霉病 862.5—1050克/公顷 喷雾
PD20097887 氰戊·鱼藤酮/1.3%/乳油/氰戊菊酯 0.5%、鱼藤酮 0.8%/2009.11.20 至 2014.11.20/低毒
十字花科叶菜 菜青虫 19.5-24克/公顷 喷雾
PD20097985 吡虫啉/10%/可湿性粉剂/吡虫啉 10%/2009.12.01 至 2014.12.01/低毒
水稻 稻飞虱 15-30克/公顷 喷雾
PD20098026 氟硅唑/400克/升/乳油/氟硅唑 400克/升/2009.12.07 至 2014.12.07/低毒
梨树 黑星病 40—50毫克/千克 喷雾
PD20098038 炔螨特/57%/乳油/炔螨特 57%/2009.12.07 至 2014.12.07/低毒
苹果树 红蜘蛛 237-356毫克/千克 喷雾
PD20098183 丙环唑/250克/升/乳油/丙环唑 250克/升/2009.12.14 至 2014.12.14/低毒
香蕉 叶斑病 250-500毫克/千克 喷雾
PD20098256 异菌脲/255克/升/悬浮剂/异菌脲 255克/升/2009.12.16 至 2014.12.16/低毒
香蕉 冠腐病 1500-1700毫克/千克 浸果
PD20098265 吡虫·杀虫单/35%/可湿性粉剂/吡虫啉 1%、杀虫单 34%/2009.12.16 至 2014.12.16/中等毒
水稻 稻飞虱、稻纵卷叶螟、二化螟、三化螟 450-750克/公顷 喷雾
PD20098366 甲基硫菌灵/500克/升/悬浮剂/甲基硫菌灵 500克/升/2009.12.18 至 2014.12.18/低毒
水稻 稻瘟病 750-1125克/公顷 喷雾
PD20098416 阿维菌素/18克/升/乳油/阿维菌素 18克/升/2009.12.24 至 2014.12.24/低毒(原药高毒)
十字花科蔬菜 小菜蛾 8.1-13.5克/公顷 喷雾
PD20120303 苯醚甲环唑/10%/水分散粒剂/苯醚甲环唑 10%/2012.02.17 至 2017.02.17/低毒
梨树 黑星病 20—25毫克/千克 喷雾
PD20120361 吡虫啉/70%/水分散粒剂/吡虫啉 70%/2012.02.23 至 2017.02.23/低毒
甘蓝 蚜虫 13.65-19.95克/公顷 喷雾
PD20130977 阿维菌素/1.8%/水乳剂/阿维菌素 1.8%/2013.05.02 至 2018.05.02/低毒(原药高毒)
甘蓝 小菜蛾 8.1-10.8克/公顷 喷雾
PD20131038 甲氨基阿维菌素苯甲酸盐/5%/水分散粒剂/甲氨基阿维菌素 5%/2013.05.13 至 2018.05.13/低毒

甘蓝 小菜蛾 1.5-2.25克/公顷 喷雾

注:甲氨基阿维菌素苯甲酸盐含量:5.7%。

PD20132466 哒螨灵/20%/悬浮剂/哒螨灵 20%/2013.12.02 至 2018.12.02/低毒

柑橘树 红蜘蛛 50-66.7毫克/千克 喷雾

PD20132494 啶虫脒/40%/水分散粒剂/啶虫脒 40%/2013.12.10 至 2018.12.10/中等毒

甘蓝 蚜虫 18-24克/公顷 喷雾

PD20132557 腈菌唑/40%/悬浮剂/腈菌唑 40%/2013.12.17 至 2018.12.17/低毒

梨树 黑星病 40-50毫克/千克 喷雾

陕西省咸阳德丰有限责任公司 (陕西省咸阳市秦都区马庄镇 712000 0910-3541031)

PD20101353 噻苯隆/0.1%/可溶液剂/噻苯隆 0.1%/2010.03.31 至 2015.03.31/低毒

葡萄 提高产量 4-6毫克/千克 花期喷雾

PD20101354 噻苯隆/98%/原药/噻苯隆 98%/2010.03.31 至 2015.03.31/低毒

陕西省杨凌大地化工有限公司 (陕西省杨凌区康乐路29号 712100 029-87099608-11)

PD20092435 多·锰锌/50%/可湿性粉剂/多菌灵 8%、代森锰锌 42%/2009.02.25 至 2014.02.25/低毒

苹果树 斑点落叶病 1000-1250毫克/千克 喷雾

PD20101280 阿维·高氯/6%/乳油/阿维菌素 0.4%、高效氯氰菊酯 5.6%/2010.03.10 至 2015.03.10/低毒(原药高毒)

十字花科蔬菜 菜青虫、小菜蛾 13.5-27克/公顷 喷雾

陕西省泾阳微生物厂 (陕西省咸阳市泾阳县永乐镇 713702 0910-6382529)

PD86109-20 苏云金杆菌/100亿活芽孢/克/可湿性粉剂/苏云金杆菌 100亿活芽孢/克/2012.09.02 至 2017.09.02/低毒

白菜、萝卜、青菜 菜青虫、小菜蛾 1500-4500克制剂/公顷 喷雾

茶树 茶毛虫 1500-7500克制剂/公顷 喷雾

大豆、甘薯 天蛾 1500-2250克制剂/公顷 喷雾

柑橘树 柑橘凤蝶 2250-3750克制剂/公顷 喷雾

高粱、玉米 玉米螟 3750-4500克制剂/公顷 喷雾、毒土

梨树 天幕毛虫 1500-3750克制剂/公顷 喷雾

林木 尺蠖、柳毒蛾、松毛虫 2250-7500克制剂/公顷 喷雾

棉花 棉铃虫、造桥虫 1500-7500克制剂/公顷 喷雾

苹果树 巢蛾 2250-3750克制剂/公顷 喷雾

水稻 稻苞虫、稻纵卷叶螟 1500-6000克制剂/公顷 喷雾

烟草 烟青虫 3750-7500克制剂/公顷 喷雾

枣树 尺蠖 3750-4500克制剂/公顷 喷雾

陕西盛德邦生物科技有限公司 (陕西省大荔县安仁镇通润村 715108 029-82589337)

PD20091273 井冈霉素/5%/水剂/井冈霉素 5%/2009.02.01 至 2014.02.01/低毒

水稻 纹枯病 150-187.5克/公顷 喷雾

PD20101658 吡虫啉/10%/可湿性粉剂/吡虫啉 10%/2010.06.03 至 2015.06.03/中等毒

小麦 蚜虫 15-30克/公顷(南方地区) 喷雾

45-60克/公顷(北方地区)

PD20110588 吡虫啉/70%/水分散粒剂/吡虫啉 70%/2011.05.30 至 2016.05.30/低毒

甘蓝 蚜虫 15-22.5克/公顷 喷雾

WP20090316 杀虫粉剂/3.18%/粉剂/敌敌畏 3%、氯氰菊酯 0.18%/2009.09.07 至 2014.09.07/低毒

卫生 印度客蚤 3-5克制剂/平方米 撒布

陕西汤普森生物科技有限公司 (陕西省蒲城县北环路中段 715500 0913-7261180)

PD20082280 代森锰锌/80%/可湿性粉剂/代森锰锌 80%/2013.12.01 至 2018.12.01/低毒

黄瓜 霜霉病 2040-3000克/公顷 喷雾

PD20082917 甲基硫菌灵/50%/可湿性粉剂/甲基硫菌灵 50%/2013.12.09 至 2018.12.09/低毒

番茄 叶霉病 450-562.5克/公顷 喷雾

PD20082932 甲霜·锰锌/58%/可湿性粉剂/甲霜灵 10%、代森锰锌 48%/2013.12.09 至 2018.12.09/低毒

黄瓜 霜霉病 675-1050克/公顷 喷雾

PD20083092 杀虫双/3.6%/颗粒剂/杀虫双 3.6%/2013.12.10 至 2018.12.10/中等毒

水稻 二化螟 540-645克/公顷 撒施

水稻 三化螟 540-750克/公顷 撒施

PD20083289 溴氰菊酯/25克/升/乳油/溴氰菊酯 25克/升/2013.12.11 至 2018.12.11/中等毒

苹果树 桃小食心虫 12.5-16.7毫克/千克 喷雾

PD20083394 多·锰锌/70%/可湿性粉剂/多菌灵 20%、代森锰锌 50%/2013.12.11 至 2018.12.11/低毒

苹果树 斑点落叶病 1000-1250毫克/千克 喷雾

PD20083526 毒死蜱/480克/升/乳油/毒死蜱 480克/升/2008.12.12 至 2013.12.12/中等毒

十字花科蔬菜 菜青虫 450-540克/公顷 喷雾

PD20083530 炔螨特/73%/乳油/炔螨特 73%/2013.12.12 至 2018.12.12/低毒

柑橘树 红蜘蛛 292-365毫克/千克 喷雾

PD20083533 联苯菊酯/25克/升/乳油/联苯菊酯 25克/升/2013.12.12 至 2018.12.12/中等毒

棉花 棉铃虫 30-52.5克/公顷 喷雾

PD20083538 甲基硫菌灵/70%/可湿性粉剂/甲基硫菌灵 70%/2013.12.12 至 2018.12.12/低毒

番茄 叶霉病 525-735克/公顷 喷雾

PD20083554 三唑锡/20%/悬浮剂/三唑锡 20%/2013.12.12 至 2018.12.12/低毒
苹果树 红蜘蛛 100-200毫克/千克 喷雾

PD20083558 马拉硫磷/45%/乳油/马拉硫磷 45%/2013.12.12 至 2018.12.12/低毒
十字花科蔬菜 蚜虫 540-810克/公顷 喷雾

PD20083560 三唑锡/25%/可湿性粉剂/三唑锡 25%/2013.12.12 至 2018.12.12/中等毒
苹果树 红蜘蛛 125-250毫克/千克 喷雾

PD20083613 噻嗪·异丙威/25%/可湿性粉剂/噻嗪酮 5%、异丙威 20%/2013.12.12 至 2018.12.12/低毒
水稻 稻飞虱 450-562.5克/公顷 喷雾

PD20083650 硫双威/75%/可湿性粉剂/硫双威 75%/2013.12.12 至 2018.12.12/低毒
棉花 棉铃虫 421.9-506.3克/公顷 喷雾

PD20083744 百菌清/75%/可湿性粉剂/百菌清 75%/2013.12.15 至 2018.12.15/低毒
黄瓜 霜霉病 1653.75-3003.75克/公顷 喷雾

PD20083763 氯氰·毒死蜱/522.5克/升/乳油/毒死蜱 475克/升、氯氰菊酯 47.5克/升/2008.12.15 至 2013.12.15/中等毒
十字花科蔬菜 菜青虫 313.5-470.25克/公顷 喷雾

PD20083790 噻嗪酮/25%/可湿性粉剂/噻嗪酮 25%/2013.12.15 至 2018.12.15/低毒
柑橘树 介壳虫 125-250毫克/千克 喷雾

PD20083819 百菌清/40%/悬浮剂/百菌清 40%/2013.12.15 至 2018.12.15/低毒
番茄 早疫病 900-1050克/公顷 喷雾

PD20083869 三环唑/20%/可湿性粉剂/三环唑 20%/2013.12.15 至 2018.12.15/中等毒
水稻 稻瘟病 300-375克/公顷 喷雾

PD20083890 异菌脲/50%/可湿性粉剂/异菌脲 50%/2013.12.15 至 2018.12.15/低毒
番茄 早疫病 1050-1500克/公顷 喷雾

PD20084058 速灭威/25%/可湿性粉剂/速灭威 25%/2013.12.16 至 2018.12.16/中等毒
水稻 飞虱 375-750克/公顷 喷雾

PD20084068 多菌灵/25%/可湿性粉剂/多菌灵 25%/2013.12.16 至 2018.12.16/低毒
水稻 纹枯病 675-825克/公顷 喷雾

PD20084226 甲基硫菌灵/50%/悬浮剂/甲基硫菌灵 50%/2013.12.17 至 2018.12.17/低毒
小麦 赤霉病 750-1125克/公顷 喷雾

PD20084376 氟啶脲/50克/升/乳油/氟啶脲 50克/升/2013.12.17 至 2018.12.17/低毒
十字花科蔬菜 甜菜夜蛾 30-60克/公顷 喷雾

PD20084451 锰锌·噁霜灵/64%/可湿性粉剂/噁霜灵 8%、代森锰锌 56%/2013.12.17 至 2018.12.17/低毒
黄瓜 霜霉病 1651-1949克/公顷 喷雾

PD20084770 春雷霉素/2%/水剂/春雷霉素 2%/2013.12.22 至 2018.12.22/低毒
番茄 叶霉病 42-52.5克/公顷 喷雾

PD20084976 除虫脲/5%/可湿性粉剂/除虫脲 5%/2013.12.22 至 2018.12.22/低毒
苹果树 金纹细蛾 125-250毫克/千克 喷雾

PD20085024 多·福/40%/可湿性粉剂/多菌灵 5%、福美双 35%/2013.12.22 至 2018.12.22/低毒
梨树 黑星病 1000-1500毫克/千克 喷雾

PD20085035 氯氰菊酯/250克/升/乳油/氯氰菊酯 250克/升/2013.12.22 至 2018.12.22/低毒
十字花科蔬菜 菜青虫 41.25-56.25克/公顷 喷雾

PD20085289 噻螨酮/5%/可湿性粉剂/噻螨酮 5%/2013.12.23 至 2018.12.23/低毒
柑橘树 红蜘蛛 27.78-33.33毫克/千克 喷雾

PD20085727 赤霉酸/4%/乳油/赤霉酸 4%/2013.12.26 至 2018.12.26/低毒
芹菜 调节生长 66.7-100毫克/千克 喷雾

PD20085919 甲硫·福美双/70%/可湿性粉剂/福美双 22%、甲基硫菌灵 48%/2013.12.29 至 2018.12.29/中等毒
黄瓜 炭疽病 787.5-1312.5克/公顷 喷雾

PD20086071 多·锰锌/80%/可湿性粉剂/多菌灵 20%、代森锰锌 60%/2013.12.30 至 2018.12.30/低毒
苹果树 斑点落叶病 1000-1250毫克/千克 喷雾

PD20086198 乙铝·锰锌/50%/可湿性粉剂/代森锰锌 27%、三乙膦酸铝 23%/2013.12.30 至 2018.12.30/低毒
黄瓜 霜霉病 1125-1875克/公顷 喷雾

PD20090311 异丙甲草胺/720克/升/乳油/异丙甲草胺 720克/升/2014.01.12 至 2019.01.12/低毒
移栽水稻田 一年生杂草 108-216克/公顷 喷雾

PD20090359 噻螨酮/5%/乳油/噻螨酮 5%/2014.01.12 至 2019.01.12/中等毒
柑橘树 红蜘蛛 25—33.3毫克/千克 喷雾

PD20090505 甲草胺/480克/升/乳油/甲草胺 480克/升/2014.01.12 至 2019.01.12/低毒
棉花田 一年生杂草 1080-1440克/公顷 播后苗前土壤喷雾

PD20090578 吡嘧磺隆/10%/可湿性粉剂/吡嘧磺隆 10%/2014.01.14 至 2019.01.14/低毒
移栽水稻田 一年生阔叶杂草 22.5-30克/公顷 毒土法

PD20090956 福美双/50%/可湿性粉剂/福美双 50%/2014.01.20 至 2019.01.20/中等毒
黄瓜 白粉病 787.5-1050克/公顷 喷雾

PD20091033 乙草胺/900克/升/乳油/乙草胺 900克/升/2014.01.21 至 2019.01.21/低毒
春大豆田 一年生杂草 1350-1890克/公顷 土壤喷雾
夏大豆田 一年生杂草 1080-1350克/公顷 土壤喷雾

PD20091312 硫双威/375克/升/悬浮剂/硫双威 375克/升/2014.02.01 至 2019.02.01/中等毒
棉花 棉铃虫 421.9-506.3克/公顷 喷雾

PD20091502 扑草净/25%/可湿性粉剂/扑草净 25%/2014.02.02 至 2019.02.02/低毒
移栽水稻田 一年生阔叶杂草 431.25-562.5克/公顷 毒土法

PD20092381 井冈霉素/5%/水剂/井冈霉素A 5%/2014.02.25 至 2019.02.25/低毒
水稻 纹枯病 150-187.5克/公顷 喷雾

PD20092527 福·福锌/80%/可湿性粉剂/福美双 30%、福美锌 50%/2014.02.26 至 2019.02.26/中等毒
黄瓜 炭疽病 1500-1800克/公顷 喷雾

PD20092694 丁草胺/600克/升/水乳剂/丁草胺 600克/升/2014.03.03 至 2019.03.03/低毒
移栽水稻田 一年生杂草 990-1260克/公顷 毒土法

PD20092833 氟硅唑/40%/乳油/氟硅唑 40%/2014.03.05 至 2019.03.05/低毒
黄瓜 黑星病 45-75克/公顷 喷雾

PD20093920 高氯·毒死蜱/12%/乳油/毒死蜱 9.5%、高效氯氰菊酯 2.5%/2009.03.26 至 2014.03.26/中等毒
十字花科蔬菜 菜青虫 54～72克/公顷 喷雾

PD20094344 高效氯氟氰菊酯/25克/升/乳油/高效氯氟氰菊酯 25克/升/2014.04.01 至 2019.04.01/中等毒
十字花科叶菜 菜青虫 9.4-11.25克/公顷 喷雾

PD20096467 苯磺隆/75%/水分散粒剂/苯磺隆 75%/2009.08.14 至 2014.08.14/低毒
冬小麦田 一年生阔叶杂草 13.5-22.5克/公顷 茎叶喷雾

PD20096546 代森锌/80%/可湿性粉剂/代森锌 80%/2009.08.24 至 2014.08.24/低毒
花生 叶斑病 960-1200克/公顷 喷雾

PD20096573 顺式氯氰菊酯/100克/升/乳油/顺式氯氰菊酯 100克/升/2009.08.24 至 2014.08.24/中等毒
甘蓝 菜青虫 7.5-15克/公顷 喷雾

PD20096736 丙草胺/300克/升/乳油/丙草胺 300克/升/2009.09.07 至 2014.09.07/低毒
移栽水稻田 一年生杂草 450-540克/公顷 毒土法

PD20096737 苯丁锡/25%/可湿性粉剂/苯丁锡 25%/2009.09.07 至 2014.09.07/低毒
柑橘树 红蜘蛛 166.7-250毫克/千克 喷雾

PD20096756 虫酰肼/20%/悬浮剂/虫酰肼 20%/2009.09.07 至 2014.09.07/低毒
甘蓝 甜菜夜蛾 200-300克/公顷 喷雾

PD20096802 异丙威/20%/乳油/异丙威 20%/2009.09.15 至 2014.09.15/低毒
水稻 稻飞虱 450-600克/公顷 喷雾

PD20096807 三唑酮/25%/可湿性粉剂/三唑酮 25%/2009.09.15 至 2014.09.15/低毒
小麦 白粉病 187.5－225克/公顷 喷雾

PD20096858 抑霉唑/22.2%/乳油/抑霉唑 22.2%/2009.09.22 至 2014.09.22/低毒
柑橘 青霉病 247－493毫克/千克 浸果

PD20097326 福·福锌/40%/可湿性粉剂/福美双 15%、福美锌 25%/2009.10.27 至 2014.10.27/中等毒
黄瓜 炭疽病 1500-1800克/公顷 喷雾

PD20097339 杀螟丹/98%/可溶粉剂/杀螟丹 98%/2009.10.27 至 2014.10.27/中等毒
十字花科叶菜 菜青虫 441-588克/公顷 喷雾

PD20097351 春雷霉素/6%/可湿性粉剂/春雷霉素 6%/2009.10.27 至 2014.10.27/低毒
黄瓜 枯萎病 200－300毫克/千克 灌根

PD20097851 吡虫啉/25%/可湿性粉剂/吡虫啉 25%/2009.11.20 至 2014.11.20/低毒
水稻 稻飞虱 15-30克/公顷 喷雾

PD20097871 速灭威/70%/可湿性粉剂/速灭威 70%/2009.11.20 至 2014.11.20/中等毒
水稻 稻飞虱 525-735克/公顷 喷雾

PD20098319 甲氰·噻螨酮/7.5%/乳油/甲氰菊酯 5%、噻螨酮 2.5%/2009.12.18 至 2014.12.18/低毒
柑橘树 红蜘蛛 75-100毫克/千克 喷雾

PD20098320 高氯·马/20%/乳油/高效氯氰菊酯 2%、马拉硫磷 18%/2009.12.18 至 2014.12.18/中等毒
苹果树 桃小食心虫 166.7-250毫克/千克 喷雾

PD20098338 啶虫脒/5%/可湿性粉剂/啶虫脒 5%/2009.12.18 至 2014.12.18/低毒
小麦 蚜虫 22.5-30克/公顷 喷雾

PD20100153 嘧霉胺/20%/可湿性粉剂/嘧霉胺 20%/2010.01.05 至 2015.01.05/低毒
黄瓜 灰霉病 360-480克/公顷 喷雾

PD20100195 啶虫脒/15%/可湿性粉剂/啶虫脒 15%/2010.01.05 至 2015.01.05/低毒
甘蓝 蚜虫 13.5-15.75克/公顷 喷雾

PD20100214 井冈霉素（10%）///可溶粉剂/井冈霉素A 8%/2010.01.05 至 2015.01.05/低毒
水稻 纹枯病 150-187.5克/公顷 喷雾

PD20100215 乙铝·多菌灵/75%/可湿性粉剂/多菌灵 25%、三乙膦酸铝 50%/2010.01.05 至 2015.01.05/低毒
苹果树 轮纹病 1250-1875毫克/千克 喷雾

PD20100354 唑磷·毒死蜱/30%/乳油/毒死蜱 10%、三唑磷 20%/2010.01.11 至 2015.01.11/中等毒
水稻 二化螟 225-270克/公顷 喷雾

PD20100440 毒死蜱/30%/水乳剂/毒死蜱 30%/2010.01.14 至 2015.01.14/中等毒
水稻 稻纵卷叶螟 562.5-675克/公顷 喷雾

PD20100597 甲维·高氯氟/2.3%/乳油/高效氯氟氰菊酯 2.15%、甲氨基阿维菌素苯甲酸盐 .15%/2010.01.14 至 2015.01.14/低毒

甘蓝 小菜蛾 6.9-8.625克/公顷 喷雾

PD20100690 氢氧化铜/53.8%/水分散粒剂/氢氧化铜 53.8%/2010.01.16 至 2015.01.16/低毒

黄瓜 角斑病 550-672克/公顷 喷雾

PD20101011 嘧霉胺/40%/悬浮剂/嘧霉胺 40%/2010.01.20 至 2015.01.20/低毒

番茄 灰霉病 378-564克/公顷 喷雾

PD20101512 霜脲·锰锌/72%/可湿性粉剂/代森锰锌 64%、霜脲氰 8%/2010.05.10 至 2015.05.10/低毒

黄瓜 霜霉病 1436-1803克/公顷 喷雾

PD20101615 溴氰菊酯/5%/可湿性粉剂/溴氰菊酯 5%/2010.06.03 至 2015.06.03/低毒

甘蓝 菜青虫 15-22.5克/公顷 喷雾

PD20101687 草甘膦异丙胺盐(41%)///水剂/草甘膦 30%/2010.06.08 至 2015.06.08/低毒

苹果园 杂草 1125-2250克/公顷 定向茎叶喷雾

PD20101704 甲维·氟啶脲/2.5%/乳油/氟啶脲 2.4%、甲氨基阿维菌素苯甲酸盐 0.1%/2010.06.28 至 2015.06.28/低毒

甘蓝 菜青虫 22.5-30克/公顷 喷雾

PD20101879 甲氨基阿维菌素苯甲酸盐(2.3%)///乳油/甲氨基阿维菌素 2%/2010.08.09 至 2015.08.09/低毒

甘蓝 小菜蛾 1.8-2.25克/公顷 喷雾

PD20102006 吡虫啉/10%/可湿性粉剂/吡虫啉 10%/2010.09.25 至 2015.09.25/低毒

水稻 稻飞虱 15-30克/公顷 喷雾

PD20110154 吡虫啉/70%/水分散粒剂/吡虫啉 70%/2011.02.10 至 2016.02.10/中等毒

甘蓝 蚜虫 21-31.5克/公顷 喷雾

PD20110155 吡虫啉/70%/可湿性粉剂/吡虫啉 70%/2011.02.10 至 2016.02.10/低毒

水稻 稻飞虱 15-30克/公顷 喷雾

PD20110203 高效氯氟氰菊酯/2.5%/可湿性粉剂/高效氯氟氰菊酯 2.5%/2011.02.18 至 2016.02.18/中等毒

甘蓝 蚜虫 7.5-11.25克/公顷 喷雾

PD20110418 苄嘧磺隆/10%/可湿性粉剂/苄嘧磺隆 10%/2011.04.15 至 2016.04.15/低毒

移栽水稻田 一年生阔叶杂草 33-45克/公顷 毒土法

PD20110438 腈菌唑/20%/悬浮剂/腈菌唑 20%/2011.04.21 至 2016.04.21/低毒

梨树 黑星病 44.4-66.7毫克/千克 喷雾

PD20110486 毒死蜱/40%/水乳剂/毒死蜱 40%/2011.05.03 至 2016.05.03/中等毒

水稻 稻纵卷叶螟 570-690克/公顷 喷雾

PD20110503 甲氨基阿维菌素苯甲酸盐/1%/水乳剂/甲氨基阿维菌素 1%/2011.05.03 至 2016.05.03/低毒

甘蓝 小菜蛾 1.8-2.25克/公顷 喷雾

注:甲氨基阿维菌素苯甲酸盐含量：1.1%。

PD20110551 啶虫脒/40%/水分散粒剂/啶虫脒 40%/2011.05.12 至 2016.05.12/低毒

甘蓝 蚜虫 17.82-22.275克/公顷 喷雾

PD20110601 甲氨基阿维菌素苯甲酸盐/5%/水分散粒剂/甲氨基阿维菌素 5%/2011.05.30 至 2016.05.30/低毒

甘蓝 甜菜夜蛾 1.5-2.55克/公顷 喷雾

注:甲氨基阿维菌素苯甲酸盐含量：5.7%。

PD20110642 甲氨基阿维菌素苯甲酸盐/5%/乳油/甲氨基阿维菌素 5%/2011.06.13 至 2016.06.13/低毒

甘蓝 小菜蛾 1.5—3克/公顷 喷雾

注:甲氨基阿维菌素苯甲酸盐含量:5.7%。

PD20110809 啶虫脒/70%/水分散粒剂/啶虫脒 70%/2011.08.04 至 2016.08.04/低毒

甘蓝 蚜虫 26.25-36.75克/公顷 喷雾

PD20110949 苯醚甲环唑/10%/水乳剂/苯醚甲环唑 10%/2011.09.07 至 2016.09.07/微毒

苹果树 斑点落叶病 50—100毫克/千克 喷雾

PD20111017 高效氯氟氰菊酯/5%/水乳剂/高效氯氟氰菊酯 5%/2011.09.30 至 2016.09.30/中等毒

甘蓝 菜青虫 15-22.5克/公顷 喷雾

PD20120494 烯酰吗啉/80%/水分散粒剂/烯酰吗啉 80%/2012.03.19 至 2017.03.19/低毒

黄瓜 霜霉病 228-300克/公顷 喷雾

PD20120686 联苯菊酯/2.5%/水乳剂/联苯菊酯 2.5%/2012.04.18 至 2017.04.18/低毒

茶树 茶小绿叶蝉 30-37.5克/公顷 喷雾

PD20120752 咪鲜胺锰盐/60%/可湿性粉剂/咪鲜胺锰盐 60%/2012.05.05 至 2017.05.05/低毒

黄瓜 炭疽病 450-585克/公顷 喷雾

PD20120756 甲氨基阿维菌素苯甲酸盐/5%/水分散粒剂/甲氨基阿维菌素 5%/2012.05.05 至 2017.05.05/低毒

甘蓝 甜菜夜蛾 2.25-3.75克/公顷 喷雾

注:甲氨基阿维菌素苯甲酸盐含量:5.7%。

PD20120917 氯氰·啶虫脒/7.5%/可湿性粉剂/啶虫脒 6.5%、高效氯氟氰菊酯 1%/2012.06.04 至 2017.06.04/低毒

甘蓝 蚜虫 22.5-30克/公顷 喷雾

PD20120989 毒死蜱/40%/水乳剂/毒死蜱 40%/2012.06.21 至 2017.06.21/中等毒

水稻 稻纵卷叶螟 540—720克/公顷 喷雾

PD20120994 己唑醇/50%/可湿性粉剂/己唑醇 50%/2012.06.21 至 2017.06.21/低毒

水稻 纹枯病 60—75克/公顷 喷雾

PD20121134 醚菌酯/60%/水分散粒剂/醚菌酯 60%/2012.07.20 至 2017.07.20/低毒

苹果树 斑点落叶病 150—200毫克/千克 喷雾

PD20121390 高效氯氟氰菊酯/10%/水分散粒剂/高效氯氟氰菊酯 10%/2012.09.14 至 2017.09.14/低毒
甘蓝 蚜虫 15-22.5克/公顷 喷雾

PD20121544 己唑醇/5%/悬浮剂/己唑醇 5%/2012.10.25 至 2017.10.25/微毒
水稻 纹枯病 67.5-75克/公顷 喷雾

PD20121577 苯醚·戊唑醇/20%/可湿性粉剂/苯醚甲环唑 2%、戊唑醇 18%/2012.10.25 至 2017.10.25/低毒
梨树 黑星病 80—133.3毫克/千克 喷雾

PD20121921 氯氟·吡虫啉/33%/水分散粒剂/吡虫啉 30%、高效氯氟氰菊酯 3%/2012.12.07 至 2017.12.07/低毒
甘蓝 白粉虱 34.65-39.6克/公顷 喷雾

PD20130035 咪鲜胺/40%/水乳剂/咪鲜胺 40%/2013.01.07 至 2018.01.07/低毒
苹果树 炭疽病 250～333.3毫克/千克 喷雾

PD20130660 啶虫脒/60%/泡腾片剂/啶虫脒 60%/2013.04.08 至 2018.04.08/低毒
甘蓝 蚜虫 13.5-22.5克/公顷 喷雾

PD20130760 甲氨基阿维菌素苯甲酸盐/3%/泡腾片剂/甲氨基阿维菌素 3%/2013.04.16 至 2018.04.16/低毒
甘蓝 甜菜夜蛾 2.7-3.6克/公顷 喷雾
注:甲氨基阿维菌素苯甲酸盐含量:3.4%。

PD20130791 噻菌灵/60%/水分散粒剂/噻菌灵 60%/2013.04.22 至 2018.04.22/低毒
苹果树 轮纹病 300-400毫克/千克 喷雾

PD20130793 苯醚甲环唑/20%/水乳剂/苯醚甲环唑 20%/2013.04.22 至 2018.04.22/低毒
苹果树 斑点落叶病 50-67毫克/千克 喷雾

PD20131289 烯酰吗啉/50%/水分散粒剂/烯酰吗啉 50%/2013.06.08 至 2018.06.08/低毒
黄瓜 霜霉病 225-300克/公顷 喷雾

PD20131326 丙森锌/80%/可湿性粉剂/丙森锌 80%/2013.06.08 至 2018.06.08/低毒
番茄 早疫病 1560-1920克/公顷 喷雾

PD20131522 吡虫·噻嗪酮/20%/可湿性粉剂/吡虫啉 2%、噻嗪酮 18%/2013.07.17 至 2018.07.17/低毒
水稻 稻飞虱 120-150克/公顷 喷雾

PD20131534 咪鲜胺/10%/水乳剂/咪鲜胺 10%/2013.07.17 至 2018.07.17/低毒
柑橘 绿霉病、青霉病 333-500毫克/千克 浸果

PD20131538 甲维·氟铃脲/5%/乳油/氟铃脲 4.5%、甲氨基阿维菌素苯甲酸盐 0.5%/2013.07.17 至 2018.07.17/低毒
甘蓝 小菜蛾 15-22.5克/公顷 喷雾

PD20131676 甲氨基阿维菌素苯甲酸盐/5%/悬浮剂/甲氨基阿维菌素 5%/2013.08.07 至 2018.08.07/低毒
甘蓝 小菜蛾 2.63-3.75克/公顷 喷雾
注:甲氨基阿维菌素苯甲酸盐含量: 5.7%。

PD20131690 甲基硫菌灵/80%/水分散粒剂/甲基硫菌灵 80%/2013.08.07 至 2018.08.07/低毒
苹果树 轮纹病 667-889毫克/千克 喷雾

PD20131691 氯氟·啶虫脒/10%/水分散粒剂/啶虫脒 7.5%、高效氯氟氰菊酯 2.5%/2013.08.07 至 2018.08.07/中等毒
甘蓝 蚜虫 18-27克/公顷 喷雾

PD20131787 阿维·啶虫脒/10%/水分散粒剂/阿维菌素 2%、啶虫脒 8%/2013.09.09 至 2018.09.09/低毒(原药高毒)
甘蓝 蚜虫 9—18克/公顷 喷雾

PD20131788 戊唑醇/30%/水分散粒剂/戊唑醇 30%/2013.09.09 至 2018.09.09/微毒
苹果树 斑点落叶病 100-120毫克/千克 喷雾

PD20132100 阿维·吡虫啉/1.8%/可湿性粉剂/阿维菌素 0.1%、吡虫啉 1.7%/2013.10.24 至 2018.10.24/低毒(原药高毒)
甘蓝 蚜虫 10.8-16.2克/公顷 喷雾

PD20132102 苯甲·多菌灵/20%/悬浮剂/苯醚甲环唑 5%、多菌灵 15%/2013.10.24 至 2018.10.24/低毒
水稻 纹枯病 240-300克/公顷 喷雾

PD20132117 醚菌酯/80%/水分散粒剂/醚菌酯 80%/2013.10.24 至 2018.10.24/低毒
苹果树 斑点落叶病 133-160毫克/千克 喷雾

PD20132130 苯甲·抑霉唑/10%/水乳剂/苯醚甲环唑 5%、抑霉唑 5%/2013.10.24 至 2018.10.24/低毒
苹果树 炭疽病 83-100毫克/千克 喷雾

PD20132204 甲硫·己唑醇/25%/悬浮剂/甲基硫菌灵 20%、己唑醇 5%/2013.10.29 至 2018.10.29/低毒
水稻 纹枯病 225-300克/公顷 喷雾

PD20132229 醚菌酯/10%/水乳剂/醚菌酯 10%/2013.11.05 至 2018.11.05/低毒
苹果树 斑点落叶病 125-167毫克/千克 喷雾

PD20132231 赤霉酸A4+A7/10%/水分散粒剂/赤霉酸A4+A7 10%/2013.11.05 至 2018.11.05/低毒
苹果树 调节生长 12.5-25毫克/千克 兑水喷雾

PD20132240 阿维·唑螨酯/10%/悬浮剂/阿维菌素 2%、唑螨酯 8%/2013.11.05 至 2018.11.05/低毒(原药高毒)
柑橘树 红蜘蛛 20-25毫克/千克 喷雾

PD20132273 戊唑醇/60克/升/悬浮种衣剂/戊唑醇 60克/升/2013.11.05 至 2018.11.05/微毒
高粱 丝黑穗病 6-9克/100千克种子 种子包衣
小麦 散黑穗病 1.8-2.7克/100千克种子 种子包衣
小麦 纹枯病 2-4克/100千克种子 种子包衣
玉米 丝黑穗病 6-12克/100千克种子 种子包衣

PD20132289 戊唑·醚菌酯/30%/水分散粒剂/醚菌酯 15%、戊唑醇 15%/2013.11.08 至 2018.11.08/低毒
苹果树 斑点落叶病 100-150毫克/千克 喷雾

PD20132295 苯醚甲环唑/40%/悬浮剂/苯醚甲环唑 40%/2013.11.08 至 2018.11.08/低毒
水稻 纹枯病 90-120克/公顷 喷雾
PD20132346 甲维·氟铃脲/5%/水分散粒剂/氟铃脲 4%、甲氨基阿维菌素苯甲酸盐 1%/2013.11.20 至 2018.11.20/低毒
甘蓝 小菜蛾 7.5—10.5克/公顷 喷雾
PD20132419 己唑醇/30%/水分散粒剂/己唑醇 30%/2013.11.20 至 2018.11.20/低毒
水稻 纹枯病 67-80克/公顷 喷雾
PD20132507 戊唑·丙森锌/70%/可湿性粉剂/丙森锌 65%、戊唑醇 5%/2013.12.16 至 2018.12.16/低毒
苹果树 斑点落叶病 583.3—875毫克/千克 喷雾
PD20132658 多菌灵/80%/可湿性粉剂/多菌灵 80%/2013.12.20 至 2018.12.20/低毒
苹果树 轮纹病 666.7-1000毫克/千克 喷雾
LS20110274 烯啶虫胺/20%/可湿性粉剂/烯啶虫胺 20%/2013.10.14 至 2014.10.14/低毒
甘蓝 蚜虫 18-24克/公顷 喷雾
LS20120007 阿维·烯啶/15%/可湿性粉剂/阿维菌素 0.5%、烯啶虫胺 14.5%/2014.01.06 至 2015.01.06/低毒(原药高毒)
甘蓝 蚜虫 27-36克/公顷 喷雾
LS20120076 氯氟·噻虫啉/30%/水分散粒剂/高效氯氟氰菊酯 3%、噻虫啉 27%/2014.03.07 至 2015.03.07/低毒
甘蓝 蚜虫 27-45克/公顷 喷雾
LS20120307 烯啶虫胺/20%/水分散粒剂/烯啶虫胺 20%/2013.08.28 至 2014.08.28/低毒
甘蓝 蚜虫 22.5-30克/公顷 /喷雾
LS20120340 阿维·烯啶/10%/水分散粒剂/阿维菌素 1%、烯啶虫胺 9%/2013.10.08 至 2014.10.08/低毒(原药高毒)
甘蓝 蚜虫 18—21克/公顷 喷雾
LS20120343 烯啶·噻虫啉/20%/水分散粒剂/烯啶虫胺 6.7%、噻虫啉 13.3%/2013.10.09 至 2014.10.09/低毒
甘蓝 蚜虫 36—60克/公顷 喷雾
LS20120379 吗胍·乙酸铜/60%/水分散粒剂/盐酸吗啉胍 30%、乙酸铜 30%/2013.11.08 至 2014.11.08/低毒
番茄 病毒病 540-720克/公顷 喷雾
LS20130002 戊唑·咪鲜胺/50%/可湿性粉剂/咪鲜胺锰盐 37.5%、戊唑醇 12.5%/2014.01.04 至 2015.01.04/低毒
苹果树 炭疽病 200～333.3毫克/千克 喷雾
LS20130037 丙森·己唑醇/45%/水分散粒剂/丙森锌 40%、己唑醇 5%/2014.01.15 至 2015.01.15/低毒
苹果树 斑点落叶病 225～300毫克/千克 喷雾
LS20130050 丙森·醚菌酯/55%/水分散粒剂/丙森锌 45%、醚菌酯 10%/2014.02.06 至 2015.02.06/低毒
苹果树 斑点落叶病 275～550毫克/千克 喷雾
LS20130052 吡蚜酮/60%/水分散粒剂/吡蚜酮 60%/2014.02.06 至 2015.02.06/低毒
甘蓝 蚜虫 99-117克/公顷 喷雾
LS20130056 甲硫·戊唑醇/30%/悬浮剂/甲基硫菌灵 25%、戊唑醇 5%/2014.02.06 至 2015.02.06/低毒
苹果树 轮纹病 250～500毫克/千克 喷雾
LS20130068 甲硫·戊唑醇/60%/可湿性粉剂/甲基硫菌灵 50%、戊唑醇 10%/2014.02.21 至 2015.02.21/低毒
苹果树 轮纹病 500-750毫克/千克 喷雾
LS20130131 戊唑·丙森锌/70%/水分散粒剂/丙森锌 60%、戊唑醇 10%/2014.04.02 至 2015.04.02/低毒
苹果树 斑点落叶病 350～700毫克/千克 喷雾
LS20130147 甲硫·醚菌酯/30%/悬浮剂/甲基硫菌灵 24%、醚菌酯 6%/2014.04.03 至 2015.04.03/低毒
苹果树 轮纹病 250-500毫克/千克 喷雾
LS20130150 咪鲜·抑霉唑/20%/水乳剂/咪鲜胺 15%、抑霉唑 5%/2014.04.03 至 2015.04.03/低毒
苹果树 炭疽病 250-333毫克/千克 喷雾
LS20130157 苯甲·咪鲜胺/20%/水乳剂/苯醚甲环唑 5%、咪鲜胺 15%/2014.04.03 至 2015.04.03/低毒
苹果树 炭疽病 118-167毫克/千克 喷雾
LS20130176 嘧菌酯/80%/水分散粒剂/嘧菌酯 80%/2014.04.03 至 2015.04.03/低毒
黄瓜 霜霉病 150-180克/公顷 喷雾
LS20130186 戊唑·醚菌酯/70%/水分散粒剂/醚菌酯 35%、戊唑醇 35%/2014.04.05 至 2015.04.05/低毒
苹果树 斑点落叶病 100-150毫克/千克 喷雾
LS20130187 嘧菌酯/30%/悬浮剂/嘧菌酯 30%/2014.04.05 至 2015.04.05/低毒
水稻 稻瘟病 157.5-202.5克/公顷 喷雾
LS20130206 噻虫嗪/50%/水分散粒剂/噻虫嗪 50%/2014.04.09 至 2015.04.09/低毒
水稻 稻飞虱 7.5-15克/公顷 喷雾
LS20130254 阿维·吡虫啉/27%/可湿性粉剂/阿维菌素 1.5%、吡虫啉 25.5%/2013.05.02 至 2014.05.02/低毒(原药高毒)
甘蓝 蚜虫 10.8-16.2克/公顷 喷雾
LS20130304 阿维·吡蚜酮/36%/水分散粒剂/阿维菌素 2%、吡蚜酮 34%/2013.06.04 至 2014.06.04/低毒(原药高毒)
甘蓝 蚜虫 27-54克/公顷 喷雾
LS20130329 甲硫·咪鲜胺/48%/可湿性粉剂/甲基硫菌灵 38%、咪鲜胺锰盐 10%/2013.06.09 至 2014.06.09/低毒
苹果树 炭疽病 480-960毫克/千克 喷雾
LS20130335 苯甲·嘧菌酯/45%/悬浮剂/苯醚甲环唑 15%、嘧菌酯 30%/2013.06.20 至 2014.06.20/低毒
水稻 纹枯病 101.25～168.75克/公顷 喷雾
LS20130336 己唑·嘧菌酯/30%/悬浮剂/己唑醇 10%、嘧菌酯 20%/2013.06.20 至 2014.06.20/低毒
水稻 纹枯病 135～202.5克/公顷 喷雾
LS20130362 烯啶·吡蚜酮/30%/可湿性粉剂/吡蚜酮 22.5%、烯啶虫胺 7.5%/2013.07.05 至 2014.07.05/低毒

甘蓝 蚜虫 45-63克/公顷 喷雾
LS20130398 2甲4氯钠/56%/可湿性粉剂/2甲4氯钠 56%/2013.07.29 至 2014.07.29/低毒
冬小麦田 一年生阔叶杂草 1050－1260克/公顷 茎叶喷雾
LS20130401 硅唑·咪鲜胺/20%/水乳剂/氟硅唑 5%、咪鲜胺 15%/2013.07.29 至 2014.07.29/低毒
苹果树 炭疽病 125-166.7毫克/千克 喷雾
LS20130411 氯氟吡氧乙酸异辛酯/20%/可湿性粉剂/氯氟吡氧乙酸 20%/2013.07.30 至 2014.07.30/低毒
冬小麦田 一年生阔叶杂草 160-210克/公顷 喷雾
注:氯氟吡氧乙酸异辛酯含量：28.8%。
LS20130422 嘧菌·多菌灵/30%/悬浮剂/多菌灵 25%、嘧菌酯 5%/2013.09.09 至 2014.09.09/低毒
水稻 纹枯病 360-720克/公顷 喷雾
LS20130429 氟菌·多菌灵/30%/可湿性粉剂/多菌灵 25%、氟菌唑 5%/2013.09.09 至 2014.09.09/低毒
梨树 黑星病 375-500毫克/千克 喷雾
LS20130502 烯酰·嘧菌酯/80%/水分散粒剂/嘧菌酯 22.8%、烯酰吗啉 57.2%/2013.12.09 至 2014.12.09/低毒
黄瓜 霜霉病 240-360克/公顷 喷雾
LS20130511 哒螨·螺螨酯/35%/悬浮剂/哒螨灵 20%、螺螨酯 15%/2013.12.10 至 2014.12.10/中等毒
柑橘树 红蜘蛛 77.78-100毫克/千克 喷雾
LS20130528 辛酰溴苯腈/25%/可分散油悬浮剂/辛酰溴苯腈 25%/2013.12.10 至 2014.12.10/低毒
玉米田 一年生阔叶杂草 375-564克/公顷 茎叶喷雾
WP20090231 杀虫喷射剂/0.4%/喷射剂/胺菊酯 0.2%、高效氯氰菊酯 0.2%/2009.04.13 至 2014.04.13/低毒
卫生 蚊、蝇 / 喷射
WP20110231 杀虫粉剂/2.01%/粉剂/马拉硫磷 2%、溴氰菊酯 0.01%/2011.10.11 至 2016.10.11/低毒
室内 跳蚤 60-100毫克/平方米 撒施

陕西韦尔奇作物保护有限公司 （陕西省蒲城农化基地工业园区 715500 029-87999234）

PD20083184 甲基硫菌灵/70%/可湿性粉剂/甲基硫菌灵 70%/2013.12.11 至 2018.12.11/低毒
苹果树 轮纹病 778～1000毫克/千克 喷雾
小麦 赤霉病 750-1050克/公顷 喷雾
PD20083228 三乙膦酸铝/80%/可湿性粉剂/三乙膦酸铝 80%/2013.12.11 至 2018.12.11/低毒
黄瓜 霜霉病 2200-2800克/公顷 喷雾
PD20083305 多菌灵/80%/可湿性粉剂/多菌灵 80%/2013.12.11 至 2018.12.11/低毒
水稻 纹枯病 750-900克/公顷 喷雾
PD20083314 虫酰肼/20%/悬浮剂/虫酰肼 20%/2013.12.11 至 2018.12.11/低毒
甘蓝 甜菜夜蛾 240-300克/公顷 喷雾
PD20083413 三唑酮/25%/可湿性粉剂/三唑酮 25%/2013.12.11 至 2018.12.11/低毒
小麦 白粉病 150-168.7克/公顷 喷雾
PD20083644 异菌脲/50%/可湿性粉剂/异菌脲 50%/2013.12.12 至 2018.12.12/低毒
番茄 早疫病 562.5-750克/公顷 喷雾
PD20083777 噻嗪酮/25%/可湿性粉剂/噻嗪酮 25%/2013.12.15 至 2018.12.15/低毒
水稻 稻飞虱 112.5-150克/公顷 喷雾
PD20084276 腐霉利/50%/可湿性粉剂/腐霉利 50%/2013.12.17 至 2018.12.17/低毒
黄瓜 灰霉病 375-750克/公顷 喷雾
PD20084329 甲基硫菌灵/36%/悬浮剂/甲基硫菌灵 36%/2013.12.17 至 2018.12.17/低毒
水稻 纹枯病 330-470克/公顷 喷雾
PD20084527 多菌灵/40%/悬浮剂/多菌灵 40%/2013.12.18 至 2018.12.18/低毒
水稻 纹枯病 960-1080克/公顷 喷雾
PD20084653 多菌灵/25%/可湿性粉剂/多菌灵 25%/2013.12.22 至 2018.12.22/低毒
水稻 稻瘟病 750-937.5克/公顷 喷雾
PD20084798 三唑锡/20%/悬浮剂/三唑锡 20%/2013.12.22 至 2018.12.22/低毒
柑橘树 红蜘蛛 133.3-200毫克/千克 喷雾
PD20084834 四螨嗪/500克/升/悬浮剂/四螨嗪 500克/升/2013.12.22 至 2018.12.22/低毒
苹果树 红蜘蛛 83.3-100毫克/千克 喷雾
PD20085076 四螨嗪/20%/悬浮剂/四螨嗪 20%/2013.12.23 至 2018.12.23/低毒
柑橘树 红蜘蛛 133.3-200毫克/千克 喷雾
PD20086054 速灭威/25%/可湿性粉剂/速灭威 25%/2013.12.29 至 2018.12.29/中等毒
水稻 稻飞虱 562.5-750克/公顷 喷雾
PD20090042 代森锰锌/80%/可湿性粉剂/代森锰锌 80%/2014.01.06 至 2019.01.06/低毒
番茄 早疫病 1800-2400克/公顷 喷雾
PD20090858 除虫脲/25%/可湿性粉剂/除虫脲 25%/2014.01.19 至 2019.01.19/低毒
苹果树 金纹细蛾 125-250毫克/千克 喷雾
PD20091238 苄嘧磺隆/10%/可湿性粉剂/苄嘧磺隆 10%/2014.02.01 至 2019.02.01/低毒
移栽水稻田 阔叶杂草 32.4-45克/公顷 毒土法
PD20093395 醚菊酯/10%/悬浮剂/醚菊酯 10%/2014.03.19 至 2019.03.19/低毒
甘蓝 菜青虫 45-60克/公顷 喷雾
PD20093509 苯丁锡/50%/可湿性粉剂/苯丁锡 50%/2014.03.23 至 2019.03.23/低毒

	柑橘树	红蜘蛛	200-250毫克/千克	喷雾
PD20093658	春雷霉素/6%/可湿性粉剂/春雷霉素 6%/2014.03.25 至 2019.03.25/低毒			
	黄瓜	枯萎病	180-270克/公顷	灌根
PD20094228	唑螨酯/5%/悬浮剂/唑螨酯 5%/2014.03.31 至 2019.03.31/低毒			
	柑橘树	红蜘蛛	25-50毫克/千克	喷雾
PD20095627	乙烯利/40%/水剂/乙烯利 40%/2009.05.12 至 2014.05.12/低毒			
	香蕉	催熟	800-1000毫克/千克	浸渍
PD20095963	三唑锡/25%/可湿性粉剂/三唑锡 25%/2009.06.04 至 2014.06.04/低毒			
	柑橘树	红蜘蛛	125-250毫克/千克	喷雾
PD20097329	代森锌/80%/可湿性粉剂/代森锌 80%/2009.10.27 至 2014.10.27/低毒			
	花生	叶斑病	750-960克/公顷	喷雾
PD20097823	福·福锌/40%/可湿性粉剂/福美双 15%、福美锌 25%/2009.11.20 至 2014.11.20/中等毒			
	苹果树	炭疽病	1333—1600毫克/千克	喷雾
PD20100735	吗胍·乙酸铜/20%/可湿性粉剂/盐酸吗啉胍 10%、乙酸铜 10%/2010.01.16 至 2015.01.16/低毒			
	番茄	病毒病	625—750克/公顷	喷雾
PD20110385	腐霉利/80%/可湿性粉剂/腐霉利 80%/2011.04.12 至 2016.04.12/低毒			
	黄瓜	灰霉病	562.5—750克/公顷	喷雾
PD20110580	毒死蜱/25%/水乳剂/毒死蜱 25%/2011.05.27 至 2016.05.27/中等毒			
	水稻	稻纵卷叶螟	450-562.5克/公顷	喷雾
PD20110586	四螨·三唑锡/15%/悬浮剂/四螨嗪 5%、三唑锡 10%/2011.05.30 至 2016.05.30/低毒			
	柑橘树	红蜘蛛	75-150毫克/千克	喷雾
PD20110725	唑螨酯/20%/悬浮剂/唑螨酯 20%/2011.07.11 至 2016.07.11/低毒			
	柑橘树	红蜘蛛	33.3-50毫克/千克	喷雾
PD20110728	烯唑醇/12.5%/可湿性粉剂/烯唑醇 12.5%/2011.07.11 至 2016.07.11/低毒			
	梨树	黑星病	31-41毫克/千克	喷雾
PD20110732	矮壮素/50%/水剂/矮壮素 50%/2011.07.11 至 2016.07.11/低毒			
	棉花	调节生长	50-62.5毫克/千克	喷雾
PD20110861	甲氨基阿维菌素苯甲酸盐/5%/微乳剂/甲氨基阿维菌素 5%/2011.08.10 至 2016.08.10/低毒			
	甘蓝	甜菜夜蛾、小菜蛾	4.5-6克/公顷	喷雾
	注:甲氨基阿维菌素苯甲酸盐含量:5.7%。			
PD20110975	戊唑醇/40%/可湿性粉剂/戊唑醇 40%/2011.09.14 至 2016.09.14/低毒			
	苹果树	斑点落叶病	100—133.3毫克/千克	喷雾
PD20120026	噻嗪·异丙威/60%/可湿性粉剂/噻嗪酮 12%、异丙威 48%/2012.01.09 至 2017.01.09/低毒			
	水稻	稻飞虱	495-585克/公顷	喷雾
PD20120306	四螨·唑螨酯/21%/悬浮剂/四螨嗪 18%、唑螨酯 3%/2012.02.17 至 2017.02.17/低毒			
	柑橘树	红蜘蛛	70—105毫克/千克	喷雾
PD20120678	醚菌酯/40%/悬浮剂/醚菌酯 40%/2012.04.18 至 2017.04.18/低毒			
	苹果树	斑点落叶病	125—166.7毫克/千克	喷雾
PD20120697	烯酰吗啉/40%/可湿性粉剂/烯酰吗啉 40%/2012.04.18 至 2017.04.18/低毒			
	黄瓜	霜霉病	270—300克/公顷	喷雾
PD20120750	阿维·吡虫啉/18%/可湿性粉剂/阿维菌素 1%、吡虫啉 17%/2012.05.05 至 2017.05.05/低毒(原药高毒)			
	甘蓝	蚜虫	16.2-21.6克/公顷	喷雾
PD20121063	氟铃脲/20%/水分散粒剂/氟铃脲 20%/2012.07.12 至 2017.07.12/低毒			
	甘蓝	小菜蛾	45—60克/公顷	喷雾
PD20121088	甲硫·己唑醇/45%/可湿性粉剂/甲基硫菌灵 40%、己唑醇 5%/2012.07.19 至 2017.07.19/低毒			
	水稻	纹枯病	472.5—540克/公顷	喷雾
PD20121095	甲氨基阿维菌素苯甲酸盐/3%/悬浮剂/甲氨基阿维菌素 3%/2012.07.19 至 2017.07.19/低毒			
	甘蓝	小菜蛾	2.65-3.75克/公顷	喷雾
	注:甲氨基阿维菌素苯甲酸盐含量: 3.4%。			
PD20121249	烯酰吗啉/80%/水分散粒剂/烯酰吗啉 80%/2012.09.04 至 2017.09.04/低毒			
	黄瓜	霜霉病	264-300克/公顷	喷雾
PD20121269	高效氯氟氰菊酯/5%/水乳剂/高效氯氟氰菊酯 5%/2012.09.06 至 2017.09.06/中等毒			
	甘蓝	菜青虫	15—22.5克/公顷	喷雾
PD20121284	阿维菌素/6%/水分散粒剂/阿维菌素 6%/2012.09.06 至 2017.09.06/低毒(原药高毒)			
	甘蓝	小菜蛾	10.8-13.5克/公顷	喷雾
PD20121289	甲维·高氯氟/5%/水乳剂/高效氯氟氰菊酯 4.5%、甲氨基阿维菌素苯甲酸盐 0.5%/2012.09.06 至 2017.09.06/中等毒			
	甘蓝	菜青虫	7.5-11.25克/公顷	喷雾
PD20121292	戊唑醇/80%/可湿性粉剂/戊唑醇 80%/2012.09.06 至 2017.09.06/低毒			
	苹果树	斑点落叶病	106.7—133.3毫克/千克	喷雾
PD20121295	苯醚甲环唑/40%/悬浮剂/苯醚甲环唑 40%/2012.09.06 至 2017.09.06/低毒			
	水稻	纹枯病	90—120克/公顷	喷雾
PD20121392	苯醚甲环唑/10%/水乳剂/苯醚甲环唑 10%/2012.09.14 至 2017.09.14/低毒			
	苹果树	斑点落叶病	50-100毫克/千克	喷雾

PD20130339 己唑·多菌灵/30%/悬浮剂/多菌灵 28%、己唑醇 2%/2013.03.08 至 2018.03.08/低毒
水稻 纹枯病 562.5 675克/公顷 喷雾

PD20130352 草甘膦异丙胺盐/41%/水剂/草甘膦 41%/2013.03.11 至 2018.03.11/低毒
非耕地 杂草 1230-2460克/公顷 茎叶喷雾
注:草甘膦异丙胺盐含量:55%。

PD20130354 阿维菌素/5%/悬浮剂/阿维菌素 5%/2013.03.11 至 2018.03.11/低毒(原药高毒)
柑橘树 红蜘蛛 10-12.5毫克/千克 喷雾

PD20130743 苯醚·甲硫/25%/可湿性粉剂/苯醚甲环唑 3%、甲基硫菌灵 22%/2013.04.12 至 2018.04.12/低毒
梨树 黑星病 96-125毫克/千克 喷雾

PD20130798 草铵膦/10%/水剂/草铵膦 10%/2013.04.22 至 2018.04.22/低毒
非耕地 杂草 1050-1800克/公顷 茎叶喷雾

PD20131118 烯酰·丙森锌/75%/可湿性粉剂/丙森锌 60%、烯酰吗啉 15%/2013.05.20 至 2018.05.20/低毒
黄瓜 霜霉病 900-1125克/公顷 喷雾

PD20131150 苯醚·丙环唑/30%/悬浮剂/苯醚甲环唑 15%、丙环唑 15%/2013.05.20 至 2018.05.20/低毒
水稻 纹枯病 67.5～112.5克/公顷 喷雾

PD20131224 丙森锌/80%/可湿性粉剂/丙森锌 80%/2013.05.28 至 2018.05.28/低毒
黄瓜 霜霉病 1920-2280克/公顷 喷雾

PD20131234 戊唑·异菌脲/25%/悬浮剂/戊唑醇 10%、异菌脲 15%/2013.05.28 至 2018.05.28/低毒
苹果树 斑点落叶病 125～250毫克/千克 喷雾

PD20131317 丙环唑/40%/悬浮剂/丙环唑 40%/2013.06.08 至 2018.06.08/低毒
水稻 稻瘟病 120-180克/公顷 喷雾

PD20131616 嘧菌酯/25%/悬浮剂/嘧菌酯 25%/2013.07.29 至 2018.07.29/低毒
葡萄 霜霉病 125-250毫克/千克 喷雾

PD20131712 阿维·唑螨酯/5%/悬浮剂/阿维菌素 0.5%、唑螨酯 4.5%/2013.08.16 至 2018.08.16/低毒(原药高毒)
柑橘树 红蜘蛛 20－25毫克/千克 喷雾

PD20131759 苯甲·醚菌酯/40%/水分散粒剂/苯醚甲环唑 10%、醚菌酯 30%/2013.09.06 至 2018.09.06/低毒
苹果树 斑点落叶病 80-133毫克/千克 喷雾

PD20131920 吡虫啉/600克/升/悬浮种衣剂/吡虫啉 600克/升/2013.09.25 至 2018.09.25/低毒
棉花 蚜虫 350-500克/100千克种子 拌种

PD20131975 咪鲜·丙森锌/60%/可湿性粉剂/丙森锌 40%、咪鲜胺锰盐 20%/2013.10.10 至 2018.10.10/低毒
苹果树 炭疽病 600-750毫克/千克 喷雾

PD20131994 丙森·腈菌唑/45%/可湿性粉剂/丙森锌 40%、腈菌唑 5%/2013.10.10 至 2018.10.10/低毒
苹果树 斑点落叶病 225～450毫克/千克 喷雾

PD20132103 阿维·氟铃脲/11%/水分散粒剂/阿维菌素 1%、氟铃脲 10%/2013.10.24 至 2018.10.24/低毒(原药高毒)
甘蓝 小菜蛾 33－49.5克/公顷 喷雾

PD20132108 甲硫·醚菌酯/50%/可湿性粉剂/甲基硫菌灵 40%、醚菌酯 10%/2013.10.24 至 2018.10.24/低毒
苹果树 轮纹病 250-500毫克/千克 喷雾

PD20132126 氟啶脲/10%/水分散粒剂/氟啶脲 10%/2013.10.24 至 2018.10.24/低毒
甘蓝 小菜蛾 30－60克/公顷 喷雾

PD20132153 咪鲜胺锰盐/25%/可湿性粉剂/咪鲜胺锰盐 25%/2013.10.29 至 2018.10.29/低毒
苹果树 炭疽病 250-417毫克/千克 喷雾

PD20132188 甲硫·醚菌酯/25%/悬浮剂/甲基硫菌灵 20%、醚菌酯 5%/2013.10.29 至 2018.10.29/低毒
苹果树 轮纹病 250-500毫克/千克 喷雾

PD20132225 丙森·醚菌酯/48%/可湿性粉剂/丙森锌 40%、醚菌酯 8%/2013.11.05 至 2018.11.05/低毒
苹果树 斑点落叶病 300-600毫克/千克 喷雾

PD20132259 戊唑·丙森锌/70%/水分散粒剂/丙森锌 60%、戊唑醇 10%/2013.11.05 至 2018.11.05/低毒
苹果树 斑点落叶病 350-700毫克/千克 喷雾

PD20132292 炔草酯/15%/可湿性粉剂/炔草酯 15%/2013.11.08 至 2018.11.08/低毒
小麦田 一年生禾本科杂草 45-67.5克/公顷（冬小麦田） 茎叶喷雾
36-45克/公顷（春小麦田）

PD20132324 戊唑醇/60克/升/悬浮种衣剂/戊唑醇 60克/升/2013.11.13 至 2018.11.13/微毒
高粱 丝黑穗病 6-9克/100千克种子 种子包衣
小麦 纹枯病 2-4克/100千克种子 种子包衣
小麦 散黑穗病 1.8-2.7克/100千克种子 种子包衣
玉米 丝黑穗病 6-12克/100千克种子 种子包衣

PD20132348 甲维·氟啶脲/15%/水分散粒剂/氟啶脲 14%、甲氨基阿维菌素 1%/2013.11.20 至 2018.11.20/低毒
甘蓝 小菜蛾 18-27克/公顷 喷雾

PD20132349 甲维·高氯氟/10%/水乳剂/高效氯氟氰菊酯 9%、甲氨基阿维菌素苯甲酸盐 1%/2013.11.20 至 2018.11.20/中等毒
甘蓝 菜青虫 10.5-13.5克/公顷 喷雾

PD20132351 氯氟·啶虫脒/25%/水分散粒剂/啶虫脒 20%、高效氯氟氰菊酯 5%/2013.11.20 至 2018.11.20/中等毒
甘蓝 蚜虫 15－18.75克/公顷 喷雾

PD20132425 戊唑·咪鲜胺/30%/可湿性粉剂/咪鲜胺锰盐 20%、戊唑醇 10%/2013.11.20 至 2018.11.20/低毒
苹果树 炭疽病 200-300毫克/千克 喷雾

PD20132508 阿维·啶虫脒/30%/水分散粒剂/阿维菌素 2%、啶虫脒 28%/2013.12.16 至 2018.12.16/低毒(原药高毒)
甘蓝 蚜虫 9-13.5克/公顷 喷雾
PD20132680 炔螨特/40%/水乳剂/炔螨特 40%/2013.12.25 至 2018.12.25/低毒
柑橘树 红蜘蛛 200-400毫克/千克 喷雾
PD20132698 戊唑·多菌灵/45%/可湿性粉剂/多菌灵 39%、戊唑醇 6%/2013.12.25 至 2018.12.25/低毒
苹果树 轮纹病 375-562.5毫克/千克 喷雾
LS20110019 噻虫啉/50%/水分散粒剂/噻虫啉 50%/2013.01.19 至 2014.01.19/低毒
甘蓝 蚜虫 45－105克/公顷 喷雾
水稻 稻飞虱 75－105克/公顷 喷雾
LS20110104 稻瘟酰胺/40%/悬浮剂/稻瘟酰胺 40%/2013.04.11 至 2014.04.11/低毒
水稻 稻瘟病 180－300克/公顷 喷雾
LS20110246 烯啶虫胺/5%/水剂/烯啶虫胺 5%/2013.09.14 至 2014.09.14/低毒
棉花 蚜虫 15－30克/公顷 喷雾
LS20120031 氯溴异氰尿酸/50%/可湿性粉剂/氯溴异氰尿酸 50%/2014.01.16 至 2015.01.16/低毒
水稻 细菌性条斑病 375－450克/公顷 喷雾
LS20120038 烯啶虫胺/20%/水剂/烯啶虫胺 20%/2014.02.06 至 2015.02.06/低毒
棉花 蚜虫 30-36克/公顷 喷雾
LS20120174 哒螨灵/45%/悬浮剂/哒螨灵 45%/2014.05.03 至 2015.05.03/低毒
柑橘树 红蜘蛛 64－90毫克/千克 喷雾
LS20120203 苯醚·甲硫/50%/可湿性粉剂/苯醚甲环唑 6%、甲基硫菌灵 44%/2014.06.04 至 2015.06.04/低毒
梨树 黑星病 96-125毫克/千克 喷雾
LS20120213 氟菌唑/35%/可湿性粉剂/氟菌唑 35%/2013.06.14 至 2014.06.14/低毒
梨树 黑星病 78-100毫克/千克 喷雾
LS20120223 嘧菌环胺/50%/可湿性粉剂/嘧菌环胺 50%/2013.06.15 至 2014.06.15/低毒
苹果树 斑点落叶病 100-125毫克/千克 喷雾
LS20120389 氰氟草酯/20%/可分散油悬浮剂/氰氟草酯 20%/2013.11.15 至 2014.11.15/低毒
水稻田(直播) 一年生禾本科杂草 90-105克/公顷 茎叶喷雾
LS20120397 吡蚜酮/50%/可湿性粉剂/吡蚜酮 50%/2013.12.12 至 2014.12.12/低毒
甘蓝 蚜虫 90-120克/公顷 喷雾
水稻 稻飞虱 90-120克/公顷 喷雾
LS20130060 氟硅唑/20%/水乳剂/氟硅唑 20%/2014.02.06 至 2015.02.06/低毒
梨树 黑星病 40-50毫克/千克 喷雾
LS20130065 氟菌·醚菌酯/30%/可湿性粉剂/氟菌唑 10%、醚菌酯 20%/2014.02.21 至 2015.02.21/低毒
梨树 黑星病 75-150毫克/千克 喷雾
LS20130103 苯醚·甲硫/70%/可湿性粉剂/苯醚甲环唑 8.4%、甲基硫菌灵 61.6%/2014.03.11 至 2015.03.11/低毒
梨树 黑星病 100-116.7毫克/千克 喷雾
LS20130127 烯啶·吡蚜酮/40%/可湿性粉剂/吡蚜酮 30%、烯啶虫胺 10%/2014.04.02 至 2015.04.02/低毒
甘蓝 蚜虫 60-90克/公顷 喷雾
LS20130138 吡蚜·高氯氟/24%/可湿性粉剂/吡蚜酮 21%、高效氯氟氰菊酯 3%/2014.04.02 至 2015.04.02/低毒
甘蓝 蚜虫 54-72克/公顷 喷雾
LS20130152 醚菌·氟环唑/50%/水分散粒剂/氟环唑 30%、醚菌酯 20%/2014.04.03 至 2015.04.03/低毒
苹果树 斑点落叶病 100～142.9毫克/千克 喷雾
LS20130160 甲硫·戊唑醇/43%/悬浮剂/甲基硫菌灵 30%、戊唑醇 13%/2014.04.03 至 2015.04.03/低毒
苹果树 轮纹病 215-287毫克/千克 喷雾
LS20130189 双草醚/10%/可分散油悬浮剂/双草醚 10%/2014.04.05 至 2015.04.05/低毒
直播水稻田 稗草、莎草及阔叶杂草 22.5-30克/公顷 茎叶喷雾
LS20130233 噻嗪·吡蚜酮/50%/可湿性粉剂/吡蚜酮 10%、噻嗪酮 40%/2014.04.28 至 2015.04.28/低毒
水稻 稻飞虱 112.5-150克/公顷 喷雾
LS20130307 噻虫嗪/21%/悬浮剂/噻虫嗪 21%/2013.06.04 至 2014.06.04/低毒
观赏玫瑰 蓟马 63-78.8克/公顷 喷雾
LS20130379 芸苔·赤霉酸/1.51%/水分散粒剂/赤霉酸A4+A7 1.5%、芸苔素内酯 0.01%/2013.07.29 至 2014.07.29/低毒
苹果树 调节生长 2.323-2.745毫克/千克 茎叶喷雾
LS20130389 芸苔·嘌呤/2.01%/水分散粒剂/苄氨基嘌呤 2%、芸苔素内酯 0.01%/2013.07.29 至 2014.07.29/低毒
苹果树 调节生长 3.09-3.65毫克/千克 喷雾
LS20130396 苄氨·赤霉酸/1.8%/水分散粒剂/苄氨基嘌呤 0.9%、赤霉酸A4+A7 0.9%/2013.07.29 至 2014.07.29/低毒
黄瓜 调节生长 36-45毫克/千克 喷雾
LS20130413 嘧菌环胺/30%/悬浮剂/嘧菌环胺 30%/2013.07.30 至 2014.07.30/微毒
水稻 稻瘟病 90-112.5克/公顷 喷雾
LS20130480 吡蚜·甲萘威/24%/可湿性粉剂/吡蚜酮 3%、甲萘威 21%/2013.11.08 至 2014.11.08/低毒
水稻 稻飞虱 396-612克/公顷 喷雾
LS20130504 烯酰·嘧菌酯/70%/水分散粒剂/嘧菌酯 20%、烯酰吗啉 50%/2013.12.09 至 2014.12.09/低毒
黄瓜 霜霉病 262.5-367.5克/公顷 喷雾
LS20130529 阿维·吡蚜酮/25%/可湿性粉剂/阿维菌素 1%、吡蚜酮 24%/2013.12.10 至 2014.12.10/低毒(原药高毒)

甘蓝 蚜虫 45-75克/公顷 喷雾

陕西西大华特科技实业有限公司 (陕西省西安市高新技术产业开发区高新4路13号 710075 029-88320109)

PD20086022 噻霉酮/95%/原药/噻霉酮 95%/2013.12.29 至 2018.12.29/低毒

PD20086023 噻霉酮/1.5%/水乳剂/噻霉酮 1.5%/2013.12.29 至 2018.12.29/低毒
黄瓜 霜霉病 26.1-39.4克/公顷 喷雾
梨树 黑星病 15-18.75毫克/千克 喷雾
苹果树 轮纹病 20-25毫克/千克 喷雾

PD20092957 腈菌·福美双/20%/可湿性粉剂/福美双 18%、腈菌唑 2%/2014.03.09 至 2019.03.09/低毒
黄瓜 黑星病 200-400克/公顷 喷雾

PD20093331 乙铝·锰锌/70%/可湿性粉剂/代森锰锌 45%、三乙膦酸铝 25%/2014.03.18 至 2019.03.18/低毒
黄瓜 霜霉病 1575-3937.5克/公顷 喷雾

PD20093519 四螨嗪/10%/可湿性粉剂/四螨嗪 10%/2014.03.23 至 2019.03.23/低毒
柑橘树 红蜘蛛 100-125毫克/千克 喷雾

PD20093653 噁霉灵/8%/水剂/噁霉灵 8%/2014.03.25 至 2019.03.25/低毒
水稻育秧田 立枯病 11250-15000克/公顷 苗床土壤处理

PD20093678 炔螨特/40%/乳油/炔螨特 40%/2014.03.25 至 2019.03.25/低毒
柑橘 红蜘蛛 300-400毫克/千克 喷雾

PD20093765 阿维·毒死蜱/15%/乳油/阿维菌素 0.1%、毒死蜱 14.9%/2014.03.25 至 2019.03.25/中等毒(原药高毒)
十字花科蔬菜 小菜蛾 45-90克/公顷 喷雾

PD20093853 噻嗪·异丙威/25%/可湿性粉剂/噻嗪酮 6%、异丙威 19%/2014.03.25 至 2019.03.25/低毒
水稻 稻飞虱 262.5-300克/公顷 喷雾

PD20093942 四螨嗪/50%/悬浮剂/四螨嗪 50%/2014.03.27 至 2019.03.27/低毒
苹果树 红蜘蛛 83.3-100毫克/千克 喷雾

PD20094222 多·锰锌/50%/可湿性粉剂/多菌灵 8%、代森锰锌 42%/2014.03.31 至 2019.03.31/低毒
苹果树 斑点落叶病 1000-1250毫克/千克 喷雾

PD20094267 硫磺·甲硫灵/70%/可湿性粉剂/甲基硫菌灵 30%、硫磺 40%/2014.03.31 至 2019.03.31/中等毒
黄瓜 白粉病 840-1050克/公顷 喷雾

PD20094293 多·福/30%/可湿性粉剂/多菌灵 15%、福美双 15%/2014.03.31 至 2019.03.31/低毒
辣椒 立枯病 3-4.5克/平方米 药土法

PD20094459 硫磺·三环唑/40%/悬浮剂/硫磺 35%、三环唑 5%/2014.04.01 至 2019.04.01/低毒
水稻 稻瘟病 960-1200克/公顷 喷雾

PD20094671 苯丁·哒螨灵/10%/乳油/苯丁锡 5%、哒螨灵 5%/2014.04.10 至 2019.04.10/中等毒
柑橘树 红蜘蛛 50-100毫克/千克 喷雾

PD20094776 阿维·吡虫啉/1.8%/可湿性粉剂/阿维菌素 0.1%、吡虫啉 1.7%/2014.04.13 至 2019.04.13/低毒(原药高毒)
萝卜 蚜虫 8.1-13.5克/公顷 喷雾

PD20094841 阿维·高氯/5%/乳油/阿维菌素 0.5%、高效氯氰菊酯 4.5%/2014.04.13 至 2019.04.13/低毒(原药高毒)
十字花科蔬菜 菜青虫、小菜蛾 13.5-27克/公顷 喷雾

PD20095064 锰锌·百菌清/64%/可湿性粉剂/百菌清 8%、代森锰锌 56%/2014.04.21 至 2019.04.21/低毒
番茄 早疫病 1248-1632克/公顷 喷雾

PD20095201 阿维·杀虫单/20%/微乳剂/阿维菌素 0.2%、杀虫单 19.8%/2014.04.24 至 2019.04.24/低毒(原药高毒)
菜豆 美洲斑潜蝇 90-270克/公顷 喷雾

PD20096216 哒螨灵/15%/乳油/哒螨灵 15%/2009.07.15 至 2014.07.15/中等毒
苹果树 红蜘蛛 50-66.7毫克/千克 喷雾

PD20096864 三唑锡/20%/可湿性粉剂/三唑锡 20%/2009.09.22 至 2014.09.22/低毒
柑橘树 红蜘蛛 125-250毫克/千克 喷雾

PD20097323 阿维·高氯/2.4%/可湿性粉剂/阿维菌素 0.2%、高效氯氰菊酯 2.2%/2009.10.27 至 2014.10.27/低毒(原药高毒)
黄瓜 美洲斑潜蝇 15-30克/公顷 喷雾

PD20097330 氯氰·毒死蜱/522.5克/升/乳油/毒死蜱 475克/升、氯氰菊酯 47.5克/升/2009.10.27 至 2014.10.27/中等毒
柑橘树 潜叶蛾 458-550毫克/千克 喷雾

PD20097332 毒死蜱/40%/乳油/毒死蜱 40%/2009.10.27 至 2014.10.27/中等毒
棉花 棉铃虫 75-150毫升制剂/亩 喷雾

PD20097606 氯氰·毒死蜱/25%/乳油/毒死蜱 22.5%、氯氰菊酯 2.5%/2009.11.03 至 2014.11.03/低毒
棉花 棉铃虫 300-375克/公顷 喷雾

PD20097637 甲霜·锰锌/58%/可湿性粉剂/甲霜灵 10%、代森锰锌 48%/2009.11.03 至 2014.11.03/低毒
黄瓜 霜霉病 675—1050克/公顷 喷雾

PD20097680 甲基硫菌灵/70%/可湿性粉剂/甲基硫菌灵 70%/2009.11.04 至 2014.11.04/低毒
苹果树 轮纹病 700-1167毫克/千克 喷雾

PD20097760 联苯菊酯/90%/原药/联苯菊酯 90%/2009.11.12 至 2014.11.12/中等毒

PD20097762 代森锰锌/80%/可湿性粉剂/代森锰锌 80%/2009.11.12 至 2014.11.12/低毒
番茄 早疫病 2160—2520克/公顷 喷雾

PD20097809 虫酰肼/20%/悬浮剂/虫酰肼 20%/2009.11.20 至 2014.11.20/低毒
甘蓝 甜菜夜蛾 255-300克/公顷 喷雾

PD20097824 戊唑醇/95%/原药/戊唑醇 95%/2009.11.20 至 2014.11.20/低毒

PD20097835 氟啶脲/94%/原药/氟啶脲 94%/2009.11.20 至 2014.11.20/低毒

PD20097882 联苯菊酯/100克/升/乳油/联苯菊酯 100克/升/2009.11.20 至 2014.11.20/低毒
茶树 茶小绿叶蝉 30-37.5克/公顷 喷雾

PD20097894 虫酰肼/95%/原药/虫酰肼 95%/2009.11.30 至 2014.11.30/低毒

PD20097897 喹硫磷/25%/乳油/喹硫磷 25%/2009.11.30 至 2014.11.30/中等毒
柑橘树 介壳虫 250-312毫克/千克 喷雾

PD20097928 百菌清/75%/可湿性粉剂/百菌清 75%/2009.11.30 至 2014.11.30/低毒
番茄 早疫病 1653.8—3000克/公顷 喷雾

PD20097966 丙环唑/250克/升/乳油/丙环唑 250克/升/2009.12.01 至 2014.12.01/低毒
香蕉树 叶斑病 250—500毫克/千克 喷雾

PD20098065 丙环唑/88%/原药/丙环唑 88%/2009.12.07 至 2014.12.07/低毒

PD20098324 炔螨特/73%/乳油/炔螨特 73%/2009.12.18 至 2014.12.18/低毒
柑橘树 红蜘蛛 292-365毫克/千克 喷雾

PD20100039 噁霜·锰锌/64%/可湿性粉剂/噁霜灵 8%、代森锰锌 56%/2010.01.04 至 2015.01.04/低毒
黄瓜 霜霉病 1650—1950克/公顷 喷雾

PD20100058 噻螨酮/5%/乳油/噻螨酮 5%/2010.01.04 至 2015.01.04/低毒
柑橘树 红蜘蛛 25-33.33毫克/千克 喷雾

PD20100161 噻霉酮/3%/可湿性粉剂/噻霉酮 3%/2010.01.05 至 2015.01.05/低毒
黄瓜 细菌性角斑病 32.85—39.6克/公顷 喷雾

PD20100255 哒螨灵/20%/可湿性粉剂/哒螨灵 20%/2010.01.11 至 2015.01.11/低毒
苹果树 红蜘蛛 50-75毫克/千克 喷雾

PD20100266 唑螨酯/5%/悬浮剂/唑螨酯 5%/2010.01.11 至 2015.01.11/低毒
柑橘树 红蜘蛛 25-50毫克/千克 喷雾

PD20100450 吡虫啉/10%/可湿性粉剂/吡虫啉 10%/2010.01.14 至 2015.01.14/低毒
水稻 稻飞虱 15-30克/公顷 喷雾
小麦 蚜虫 15-30克/公顷 喷雾

PD20100871 除虫脲/25%/可湿性粉剂/除虫脲 25%/2010.01.19 至 2015.01.19/低毒
柑橘树 锈壁虱 62.5-83.3毫克/千克 喷雾

PD20101008 氟氯氰菊酯/5.7%/乳油/氟氯氰菊酯 5.7%/2010.01.20 至 2015.01.20/低毒
甘蓝 菜青虫 25.65-34.2克/公顷 喷雾

PD20120375 噻霉酮/1.6%/涂抹剂/噻霉酮 1.6%/2012.02.24 至 2017.02.24/低毒
苹果树 腐烂病 1.28-1.92克/平方米 涂抹

PD20130018 高效氯氟氰菊酯/5%/水乳剂/高效氯氟氰菊酯 5%/2013.01.04 至 2018.01.04/中等毒
甘蓝 小菜蛾 11.25-15克/公顷 喷雾
小麦 蚜虫 7.5-10.5克/公顷 喷雾

PD20130231 苯醚甲环唑/30%/水分散粒剂/苯醚甲环唑 30%/2013.01.30 至 2018.01.30/低毒
香蕉 叶斑病 83-125毫克/千克 喷雾

PD20130594 戊唑醇/12.5%/水乳剂/戊唑醇 12.5%/2013.04.02 至 2018.04.02/低毒
香蕉 叶斑病 208-313毫克/千克 喷雾

PD20130595 烯酰·丙森锌/72%/可湿性粉剂/丙森锌 60%、烯酰吗啉 12%/2013.04.02 至 2018.04.02/低毒
黄瓜 霜霉病 1835-2160克/公顷 喷雾

PD20131030 丙森·膦酸铝/72%/可湿性粉剂/丙森锌 60%、三乙膦酸铝 12%/2013.05.13 至 2018.05.13/低毒
黄瓜 霜霉病 1804-2160克/公顷 喷雾

PD20131418 吡虫啉/600克/升/悬浮剂/吡虫啉 600克/升/2013.07.02 至 2018.07.02/低毒
甘蓝 蚜虫 21.6-28.8克/公顷 喷雾

PD20131644 苯醚甲环唑/95%/原药/苯醚甲环唑 95%/2013.07.30 至 2018.07.30/低毒

PD20132230 苯醚·噻霉酮/12%/水乳剂/苯醚甲环唑 10%、噻霉酮 2%/2013.11.05 至 2018.11.05/低毒
梨树 炭疽病 24-30毫克/千克 喷雾

陕西先农生物科技有限公司 (陕西省西安市未央路138号豪盛花园B1706室 710018 029-82103608)

PD20070570 毒死蜱/40%/乳油/毒死蜱 40%/2012.12.03 至 2017.12.03/低毒
棉花 棉铃虫 375-600克/公顷 喷雾

PD20080096 高效氯氟氰菊酯/25克/升/乳油/高效氯氟氰菊酯 25克/升/2013.01.03 至 2018.01.03/低毒
甘蓝 菜青虫 11.25-15克/公顷 喷雾

PD20082550 啶虫脒/5%/可湿性粉剂/啶虫脒 5%/2013.12.03 至 2018.12.03/低毒
柑橘树 蚜虫 7.5-10毫克/千克 喷雾

PD20083360 溴敌隆/0.5%/母液/溴敌隆 0.5%/2013.12.11 至 2018.12.11/中等毒(原药高毒)
室内、外 家鼠 饱和投饵 配成0.005%的毒饵，投饵

PD20083375 速灭威/25%/可湿性粉剂/速灭威 25%/2013.12.11 至 2018.12.11/中等毒
水稻 稻飞虱 375-750克/公顷 喷雾

PD20083587 氯氰·丙溴磷/440克/升/乳油/丙溴磷 400克/升、氯氰菊酯 40克/升/2013.12.12 至 2018.12.12/中等毒
棉花 棉铃虫 528-660克/公顷 喷雾

PD20083637 甲基硫菌灵/70%/可湿性粉剂/甲基硫菌灵 70%/2013.12.12 至 2018.12.12/低毒

番茄 叶霉病 375-562.8克/公顷 喷雾

PD20083685 三唑锡/25%/可湿性粉剂/三唑锡 25%/2013.12.15 至 2018.12.15/低毒

柑橘树 红蜘蛛 125-166.7毫克/千克 喷雾

PD20084087 硫丹/350克/升/乳油/硫丹 350克/升/2013.12.16 至 2018.12.16/中等毒(原药高毒)

棉花 棉铃虫 682.5-840克/公顷 喷雾

PD20084367 异菌脲/50%/可湿性粉剂/异菌脲 50%/2013.12.17 至 2018.12.17/低毒

番茄 灰霉病 375-750克/公顷 喷雾

PD20085376 溴敌隆/0.005%/毒饵/溴敌隆 0.005%/2013.12.24 至 2018.12.24/低毒(原药高毒)

室内、外 家鼠 饱和投饵 投饵

PD20090750 吡虫啉/20%/可溶液剂/吡虫啉 20%/2014.01.19 至 2019.01.19/低毒

水稻 稻飞虱 20-30克/公顷 喷雾

PD20091067 噻嗪・异丙威/25%/可湿性粉剂/噻嗪酮 5%、异丙威 20%/2014.01.21 至 2019.01.21/低毒

水稻 稻飞虱 450-562.5克/公顷 喷雾

PD20091513 多・福/80%/可湿性粉剂/多菌灵 10%、福美双 70%/2014.02.02 至 2019.02.02/低毒

葡萄 霜霉病 1000-1250毫克/千克 喷雾

PD20092301 丙环唑/250克/升/乳油/丙环唑 250克/升/2014.02.24 至 2019.02.24/低毒

香蕉 叶斑病 250-500毫克/千克 喷雾

PD20093168 多・福/40%/可湿性粉剂/多菌灵 5%、福美双 35%/2014.03.11 至 2019.03.11/低毒

梨树 黑星病 1000-1500毫克/千克 喷雾

PD20094472 噻嗪酮/25%/可湿性粉剂/噻嗪酮 25%/2014.04.02 至 2019.04.02/低毒

柑橘树 介壳虫 166.7-250毫克/千克 喷雾

PD20095702 氯氰・毒死蜱/522.5克/升/乳油/毒死蜱 475克/升、氯氰菊酯 47.5克/升/2009.05.15 至 2014.05.15/中等毒

黄瓜 美洲斑潜蝇 390-470克/公顷 喷雾

PD20096210 噁霜・锰锌/64%/可湿性粉剂/噁霜灵 8%、代森锰锌 56%/2009.07.15 至 2014.07.15/低毒

黄瓜 霜霉病 1632-1920克/公顷 喷雾

PD20096341 杀扑磷/40%/乳油/杀扑磷 40%/2009.07.28 至 2014.07.28/中等毒(原药高毒)

柑橘树 介壳虫 400-600毫克/千克 喷雾

PD20096744 多菌灵/80%/可湿性粉剂/多菌灵 80%/2009.09.07 至 2014.09.07/低毒

苹果树 轮纹病 800-1000毫克/千克 喷雾

PD20096747 马拉硫磷/45%/乳油/马拉硫磷 45%/2009.09.07 至 2014.09.07/低毒

甘蓝 黄条跳甲 607.5-742.5克/公顷 喷雾

PD20096751 代森锌/80%/可湿性粉剂/代森锌 80%/2009.09.07 至 2014.09.07/低毒

马铃薯 早疫病 960-1200克/公顷 喷雾

PD20096752 炔螨特/57%/乳油/炔螨特 57%/2009.09.07 至 2014.09.07/低毒

柑橘树 红蜘蛛 228-380毫克/千克 喷雾

PD20096753 百菌清/75%/可湿性粉剂/百菌清 75%/2009.09.07 至 2014.09.07/低毒

花生 叶斑病 1312－1500克/公顷 喷雾

PD20097739 甲霜・锰锌/58%/可湿性粉剂/甲霜灵 10%、代森锰锌 48%/2009.11.12 至 2014.11.12/低毒

黄瓜 霜霉病 675－1050克/公顷 喷雾

PD20097808 多抗霉素B/10%/可湿性粉剂/多抗霉素B 10%/2009.11.20 至 2014.11.20/低毒

苹果树 斑点落叶病 67－100毫克/千克 喷雾

PD20097839 毒死蜱/480克/升/乳油/毒死蜱 480克/升/2009.11.20 至 2014.11.20/中等毒

甘蓝 蛴螬 576-720克/公顷 土表喷雾

PD20097886 甲氰菊酯/20%/乳油/甲氰菊酯 20%/2009.11.20 至 2014.11.20/中等毒

苹果树 桃小食心虫 67-100毫克/千克 喷雾

PD20098211 春雷霉素/2%/水剂/春雷霉素 2%/2009.12.16 至 2014.12.16/低毒

黄瓜 角斑病 42－52.5克/公顷 喷雾

PD20101594 福・福锌/80%/可湿性粉剂/福美双 30%、福美锌 50%/2010.06.03 至 2015.06.03/低毒

西瓜 炭疽病 1500－1800克/公顷 喷雾

PD20101618 络氨铜/15%/水剂/络氨铜 15%/2010.06.03 至 2015.06.03/低毒

柑橘树 溃疡病 466.7-933.3毫克/千克 喷雾

PD20110656 阿维菌素/1.8%/乳油/阿维菌素 1.8%/2011.06.20 至 2016.06.20/低毒(原药高毒)

棉花 红蜘蛛 8.1-10.8克/公顷 喷雾

PD20110838 吡虫・噻嗪酮/18%/可湿性粉剂/吡虫啉 4%、噻嗪酮 14%/2011.08.10 至 2016.08.10/低毒

水稻 稻飞虱 67.5-81克/公顷 喷雾

PD20111194 烯酰吗啉/80%/水分散粒剂/烯酰吗啉 80%/2011.11.16 至 2016.11.16/低毒

黄瓜 霜霉病 240－300克/公顷 喷雾

PD20111218 己唑醇/25%/悬浮剂/己唑醇 25%/2011.11.17 至 2016.11.17/低毒

黄瓜 白粉病 30－37.5克/公顷 喷雾

PD20120364 戊唑醇/80%/可湿性粉剂/戊唑醇 80%/2012.02.24 至 2017.02.24/低毒

小麦 锈病 75－120克/公顷 喷雾

PD20120368 阿维菌素/5%/乳油/阿维菌素 5%/2012.02.24 至 2017.02.24/中等毒(原药高毒)

甘蓝 小菜蛾 9－11.25克/公顷 喷雾

PD20130283 苯醚甲环唑/30%/悬浮剂/苯醚甲环唑 30%/2013.02.26 至 2018.02.26/低毒
香蕉 叶斑病 100-125毫克/千克 喷雾
PD20130399 己唑醇/5%/悬浮剂/己唑醇 5%/2013.03.12 至 2018.03.12/低毒
水稻 纹枯病 68-75克/公顷 喷雾
PD20130577 阿维菌素/3%/水乳剂/阿维菌素 3%/2013.04.02 至 2018.04.02/中等毒(原药高毒)
水稻 稻纵卷叶螟 9—13.5克/公顷 喷雾
PD20131761 苯醚甲环唑/10%/水分散粒剂/苯醚甲环唑 10%/2013.09.06 至 2018.09.06/低毒
西瓜 炭疽病 75-90克/公顷 喷雾
LS20120105 烯酰吗啉/40%/悬浮剂/烯酰吗啉 40%/2013.03.14 至 2014.03.14/低毒
葡萄 霜霉病 166.7-250毫克/千克 喷雾
LS20120114 己唑·多菌灵/45%/悬浮剂/多菌灵 40%、己唑醇 5%/2013.03.29 至 2014.03.29/低毒
水稻 纹枯病 337.5-405克/公顷 喷雾
LS20130248 苯甲·丙森锌/70%/可湿性粉剂/苯醚甲环唑 6%、丙森锌 64%/2013.04.28 至 2014.04.28/低毒
苹果树 轮纹病 350-467毫克/千克 喷雾
LS20130252 戊唑·丙森锌/70%/可湿性粉剂/丙森锌 60%、戊唑醇 10%/2013.05.02 至 2014.05.02/低毒
苹果树 斑点落叶病 350～583毫克/千克 喷雾
WP20130159 杀虫泡腾片/8.5%/泡腾片剂/高效氯氟氰菊酯 2.5%、甲基嘧啶磷 6%/2013.07.23 至 2018.07.23/低毒
卫生 蚊、蝇、蜚蠊 100毫克/平方米 滞留喷洒

陕西亿农高科药业有限公司 （陕西省商洛市洛南县卫东镇 710003 029-87431959，87443659）

PD20060046 腐霉利/98.5%/原药/腐霉利 98.5%/2011.02.21 至 2016.02.21/低毒
PD20060181 代森锰锌/70%/可湿性粉剂/代森锰锌 70%/2011.11.10 至 2016.11.10/低毒
番茄 早疫病 1837.5-2362.5克/公顷 喷雾
PD20070185 福美双/50%/可湿性粉剂/福美双 50%/2012.07.10 至 2017.07.10/低毒
黄瓜 白粉病 525—1050克/公顷 喷雾
PD20082425 阿维菌素/1.8%/可湿性粉剂/阿维菌素 1.8%/2013.12.02 至 2018.12.02/低毒(原药高毒)
十字花科蔬菜 小菜蛾 8.1-10.8克/公顷 喷雾
PD20082987 百菌清/75%/可湿性粉剂/百菌清 75%/2013.12.10 至 2018.12.10/低毒
黄瓜 霜霉病 1200-1687.5克/公顷 喷雾
PD20083909 高效氯氟氰菊酯/25克/升/乳油/高效氯氟氰菊酯 25克/升/2013.12.15 至 2018.12.15/中等毒
茶树 尺蠖 3.75-7.5克/公顷 喷雾
PD20084419 毒死蜱/45%/乳油/毒死蜱 45%/2013.12.17 至 2018.12.17/中等毒
柑橘树 红蜘蛛 240-480毫克/千克 喷雾
PD20084436 甲基硫菌灵/500克/升/悬浮剂/甲基硫菌灵 500克/升/2013.12.17 至 2018.12.17/低毒
水稻 稻瘟病 937.5-1125克/公顷 喷雾
PD20084982 腐霉利/50%/可湿性粉剂/腐霉利 50%/2013.12.22 至 2018.12.22/低毒
韭菜 灰霉病 300-450克/公顷 喷雾
PD20085246 硫磺·锰锌/70%/可湿性粉剂/硫磺 42%、代森锰锌 28%/2013.12.23 至 2018.12.23/低毒
豇豆 锈病 1575-2100克/公顷 喷雾
PD20085998 甲霜·锰锌/58%/可湿性粉剂/甲霜灵 10%、代森锰锌 48%/2013.12.29 至 2018.12.29/低毒
葡萄 霜霉病 1418.1-1740克/公顷 喷雾
PD20086151 百·福/70%/可湿性粉剂/百菌清 20%、福美双 50%/2013.12.30 至 2018.12.30/低毒
葡萄 霜霉病 1000-1250毫克/千克 喷雾
PD20086207 甲基硫菌灵/95%/原药/甲基硫菌灵 95%/2013.12.30 至 2018.12.30/低毒
PD20090860 腐霉利/15%/烟剂/腐霉利 15%/2014.01.19 至 2019.01.19/低毒
韭菜(保护地) 灰霉病 525—750克/公顷 点燃放烟
PD20091749 百菌清/45%/烟剂/百菌清 45%/2014.02.04 至 2019.02.04/微毒
黄瓜(保护地) 霜霉病 750—1200克/公顷 点燃放烟
PD20095188 噻嗪酮/99%/原药/噻嗪酮 99%/2009.04.24 至 2014.04.24/低毒
PD20095456 吡虫·杀虫单/35%/可湿性粉剂/吡虫啉 1%、杀虫单 34%/2009.05.11 至 2014.05.11/中等毒
水稻 稻飞虱、稻纵卷叶螟、二化螟、三化螟 450-750克/公顷 喷雾
PD20096450 哒螨灵/15%/乳油/哒螨灵 15%/2009.08.05 至 2014.08.05/低毒
苹果树 红蜘蛛 31.7-47.5毫克/千克 喷雾
PD20097303 吡虫啉/95%/原药/吡虫啉 95%/2009.10.26 至 2014.10.26/中等毒
PD20097324 多菌灵/25%/可湿性粉剂/多菌灵 25%/2009.10.27 至 2014.10.27/低毒
小麦 赤霉病 844-937.5克/公顷 喷雾
PD20098125 甲基硫菌灵/70%/可湿性粉剂/甲基硫菌灵 70%/2009.12.08 至 2014.12.08/低毒
苹果 轮纹病 700—1167毫克/千克 喷雾
PD20132391 苯醚甲环唑/40%/悬浮剂/苯醚甲环唑 40%/2013.11.20 至 2018.11.20/低毒
香蕉 叶斑病 114.3-125毫克/千克 喷雾
PD20132632 啶虫脒/40%/可溶粉剂/啶虫脒 40%/2013.12.20 至 2018.12.20/低毒
黄瓜 蚜虫 24-48克/公顷 喷雾

西安北农华农作物保护有限公司(西安未央区凤城十一路中段首创国际城18栋1单元701室 710018 029-86171522-803)

PD20082947 代森锌/80%/可湿性粉剂/代森锌 80%/2013.12.09 至 2018.12.09/低毒

	番茄	早疫病	3075-3600克/公顷	喷雾
PD20082958	多菌灵/80%/可湿性粉剂/多菌灵 80%/2013.12.09 至 2018.12.09/低毒			
	苹果树	褐斑病	571-800毫克/千克	喷雾
PD20083498	毒死蜱/480克/升/乳油/毒死蜱 480克/升/2013.12.12 至 2018.12.12/中等毒			
	苹果树	绵蚜	240-320毫克/千克	喷雾
PD20083518	多·锰锌/50%/可湿性粉剂/多菌灵 8%、代森锰锌 42%/2013.12.12 至 2018.12.12/低毒			
	苹果树	斑点落叶病	1000-1250毫克/千克	喷雾
PD20084595	吡虫啉/10%/可湿性粉剂/吡虫啉 10%/2013.12.18 至 2018.12.18/低毒			
	水稻	稻飞虱	15-30克/公顷	喷雾
PD20086066	虫酰肼/20%/悬浮剂/虫酰肼 20%/2013.12.30 至 2018.12.30/低毒			
	甘蓝	甜菜夜蛾	200-1500克/公顷	喷雾
PD20091852	甲基硫菌灵/70%/可湿性粉剂/甲基硫菌灵 70%/2014.02.06 至 2019.02.06/低毒			
	苹果树	轮纹病	700-875毫克/千克	喷雾
PD20093690	甲硫·福美双/70%/可湿性粉剂/福美双 40%、甲基硫菌灵 30%/2014.03.25 至 2019.03.25/低毒			
	苹果树	轮纹病	875-1167毫克/千克	喷雾
PD20094521	多·福/40%/可湿性粉剂/多菌灵 5%、福美双 35%/2009.04.09 至 2014.04.09/低毒			
	梨树	黑星病	1000-1500毫克/千克	喷雾
PD20096428	甲基硫菌灵/500克/升/悬浮剂/甲基硫菌灵 500克/升/2009.08.04 至 2014.08.04/低毒			
	水稻	纹枯病	937.5－1125克/公顷	喷雾
PD20096855	高效氯氟氰菊酯/25克/升/乳油/高效氯氟氰菊酯 25克/升/2009.09.22 至 2014.09.22/中等毒			
	十字花科叶菜	菜青虫	7.5-15克/公顷	喷雾
PD20097534	多菌灵/40%/悬浮剂/多菌灵 40%/2009.11.03 至 2014.11.03/低毒			
	苹果树	轮纹病	667-1000毫克/千克	喷雾
PD20097758	噻螨酮/5%/可湿性粉剂/噻螨酮 5%/2009.11.12 至 2014.11.12/低毒			
	柑橘树	红蜘蛛	33.3-50毫克/千克	喷雾
PD20097943	氯氰·丙溴磷/440克/升/乳油/丙溴磷 400克/升、氯氰菊酯 40克/升/2009.11.30 至 2014.11.30/中等毒			
	棉花	棉铃虫	528-660克/公顷	喷雾
PD20098001	多抗霉素/10%/可湿性粉剂/多抗霉素B 10%/2009.12.07 至 2014.12.07/低毒			
	黄瓜	灰霉病	187.5－225克/公顷	喷雾
PD20098007	甲霜·锰锌/58%/可湿性粉剂/甲霜灵 10%、代森锰锌 48%/2009.12.07 至 2014.12.07/低毒			
	黄瓜	霜霉病	1305－1636.6克/公顷	喷雾
PD20098041	噁霉灵/70%/可湿性粉剂/噁霉灵 70%/2009.12.07 至 2014.12.07/低毒			
	甜菜	立枯病	280－490克/100千克种子	拌种
PD20098144	甲基硫菌灵/3%/糊剂/甲基硫菌灵 3%/2009.12.14 至 2014.12.14/低毒			
	苹果树	腐烂病	3.75－4.5克/平方米	涂抹
PD20100860	阿维·甲氰/1.8%/乳油/阿维菌素 0.2%、甲氰菊酯 1.6%/2010.01.19 至 2015.01.19/低毒(原药高毒)			
	甘蓝	菜青虫	5.4-8.1克/公顷	喷雾
PD20101112	啶虫脒/5%/乳油/啶虫脒 5%/2010.01.25 至 2015.01.25/低毒			
	柑橘树	蚜虫	10-12.5毫克/千克	喷雾
PD20120352	甲氨基阿维菌素苯甲酸盐/1%/微乳剂/甲氨基阿维菌素 1%/2012.03.28 至 2017.03.28/低毒			
	小油菜	甜菜夜蛾	3－3.75克/公顷	喷雾
	注:甲氨基阿维菌素苯甲酸盐含量：1.2%。			
PD20120465	甲氨基阿维菌素苯甲酸盐/5%/微乳剂/甲氨基阿维菌素 5%/2012.03.19 至 2017.03.19/低毒			
	小油菜	甜菜夜蛾	3－3.75克/公顷	喷雾
	注:甲氨基阿维菌素苯甲酸盐含量：5.7%。			
PD20121624	嘧菌酯/250克/升/悬浮剂/嘧菌酯 250克/升/2012.10.30 至 2017.10.30/低毒			
	黄瓜	白粉病	280-338克/公顷	喷雾
PD20121985	苯醚甲环唑/40%/悬浮剂/苯醚甲环唑 40%/2012.12.18 至 2017.12.18/低毒			
	香蕉	叶斑病	100-125毫克/千克	喷雾
PD20122023	氯氟·吡虫啉/15%/可湿性粉剂/吡虫啉 12%、高效氯氟氰菊酯 3%/2012.12.19 至 2017.12.19/低毒			
	甘蓝	蚜虫	33.75－39.375克/公顷	喷雾
PD20130292	烯酰吗啉/40%/悬浮剂/烯酰吗啉 40%/2013.02.26 至 2018.02.26/低毒			
	葡萄	霜霉病	167-250毫克/千克	喷雾
PD20130979	己唑醇/40%/悬浮剂/己唑醇 40%/2013.05.02 至 2018.05.02/低毒			
	水稻	纹枯病	60～78克/公顷	喷雾
LS20130208	甲硫·己唑醇/24%/悬浮剂/甲基硫菌灵 20%、己唑醇 4%/2013.04.09 至 2014.04.09/低毒			
	水稻	纹枯病	504～604.8克/公顷	喷雾
西安鼎盛生物化工有限公司　(陕西省西安市朱雀大街南段3号　710061　029-85401875)				
PD20081629	异菌脲/50%/可湿性粉剂/异菌脲 50%/2013.11.12 至 2018.11.12/低毒			
	番茄	灰霉病	562.5-750克/公顷	喷雾
PD20081639	甲霜·锰锌/58%/可湿性粉剂/甲霜灵 10%、代森锰锌 48%/2013.11.14 至 2018.11.14/低毒			
	黄瓜	霜霉病	862.5-1050克/公顷	喷雾
PD20081640	除虫脲/25%/可湿性粉剂/除虫脲 25%/2013.11.14 至 2018.11.14/低毒			

苹果树 金纹细蛾 166.7-250毫克/千克 喷雾
PD20081651 三唑锡/25%/可湿性粉剂/三唑锡 25%/2013.11.14 至 2018.11.14/低毒
苹果树 红蜘蛛 200-250毫克/千克 喷雾
PD20081652 噻嗪·异丙威/25%/可湿性粉剂/噻嗪酮 5%、异丙威 20%/2013.11.14 至 2018.11.14/低毒
水稻 稻飞虱 450-562.5克/公顷 喷雾
PD20081653 吡虫啉/200克/升/可溶液剂/吡虫啉 200克/升/2013.11.14 至 2018.11.14/低毒
棉花 蚜虫 36-45克/公顷 喷雾
PD20095237 甲基硫菌灵/3%/糊剂/甲基硫菌灵 3%/2009.04.27 至 2014.04.27/低毒
苹果 腐烂病 3.75-4.5克/平方米 涂抹病斑
PD20100048 高效氯氟氰菊酯/5%/水乳剂/高效氯氟氰菊酯 5%/2010.01.04 至 2015.01.04/中等毒
甘蓝 菜青虫 7.5-9克/公顷 喷雾
PD20120372 戊唑醇/430克/升/悬浮剂/戊唑醇 430克/升/2012.02.24 至 2017.02.24/低毒
苹果树 斑点落叶病 71.66-107.5毫克/千克 喷雾
PD20121822 啶虫脒/40%/可溶粉剂/啶虫脒 40%/2012.11.22 至 2017.11.22/低毒
黄瓜 蚜虫 24-48克/公顷 喷雾
PD20132227 甲维·高氯氟/5%/水乳剂/高效氯氟氰菊酯 4%、甲氨基阿维菌素苯甲酸盐 1%/2013.11.05 至 2018.11.05/中等毒
甘蓝 甜菜夜蛾 6-9克/公顷 喷雾

西安航天动力试验技术研究所 (陕西省西安市15号信箱165分箱化工厂 710100 029-85615142)

PD20096469 丁酰肼/92%/可溶粉剂/丁酰肼 92%/2009.08.14 至 2014.08.14/低毒
观赏菊花 调节生长 2500-3000毫克/千克 喷雾

西安近代农药科技有限公司 (陕西省西安市泾河工业园区泾渭南路 710201 029-86030165)

PDN53-97 代森锰锌/70%/可湿性粉剂/代森锰锌 70%/2012.12.05 至 2017.12.05/低毒
番茄 早疫病 1837.5-2362.5克/公顷 喷雾
PDN54-97 代森锰锌/80%/原药/代森锰锌 80%/2012.12.05 至 2017.12.05/低毒
PD20060098 代森锰锌/80%/可湿性粉剂/代森锰锌 80%/2011.05.22 至 2016.05.22/低毒
番茄 早疫病 1845-2370克/公顷 喷雾
柑橘树 疮痂病、炭疽病 1333-2000毫克/千克 喷雾
梨树 黑星病 800-1600毫克/千克 喷雾
荔枝树 霜疫霉病 1333-2000毫克/千克 喷雾
苹果树 斑点落叶病、轮纹病、炭疽病 1000-1600毫克/千克 喷雾
葡萄 白腐病、黑痘病、霜霉病 1000-1600毫克/千克 喷雾
西瓜 炭疽病 1560-2520克/公顷 喷雾
PD20070490 灭多威/98%/原药/灭多威 98%/2012.11.28 至 2017.11.28/高毒
PD20080277 硫磺·三唑酮/20%/可湿性粉剂/硫磺 10%、三唑酮 10%/2013.02.22 至 2018.02.22/低毒
小麦 白粉病 180-240克/公顷 喷雾
PD20080303 多·锰锌/40%/可湿性粉剂/多菌灵 20%、代森锰锌 20%/2013.02.25 至 2018.02.25/低毒
梨树 黑星病 1000-1250毫克/千克 喷雾
PD20080741 三唑锡/25%/可湿性粉剂/三唑锡 25%/2013.06.11 至 2018.06.11/低毒
柑橘树 红蜘蛛 166.7-250毫克/千克 喷雾
PD20080945 霜脲·锰锌/72%/可湿性粉剂/代森锰锌 64%、霜脲氰 8%/2013.07.23 至 2018.07.23/低毒
黄瓜 霜霉病 1440-1800克/公顷 喷雾
PD20081632 噁霜灵/96%/原药/噁霜灵 96%/2013.11.12 至 2018.11.12/低毒
PD20081809 腈菌唑/5%/乳油/腈菌唑 5%/2013.11.19 至 2018.11.19/低毒
香蕉 叶斑病 800-1200倍液 喷雾
PD20082332 霜霉威盐酸盐/66.5%/水剂/霜霉威盐酸盐 66.5%/2013.12.01 至 2018.12.01/低毒
黄瓜 霜霉病 649.8-1083克/公顷 喷雾
注:霜霉威盐酸盐质量浓度为:722克/升。
PD20082502 硫磺·锰锌/70%/可湿性粉剂/硫磺 42%、代森锰锌 28%/2013.12.03 至 2018.12.03/低毒
豇豆 锈病 1575-2100克/公顷 喷雾
PD20082811 腈菌·福美双/20%/可湿性粉剂/福美双 18%、腈菌唑 2%/2013.12.09 至 2018.12.09/低毒
黄瓜 黑星病 300—400克/公顷 喷雾
PD20083137 多·福/50%/可湿性粉剂/多菌灵 25%、福美双 25%/2013.12.10 至 2018.12.10/中等毒
梨树 黑星病 1000-1500毫克/千克 喷雾
PD20083636 毒死蜱/40%/乳油/毒死蜱 40%/2008.12.12 至 2013.12.12/低毒
十字花科蔬菜 斜纹夜蛾 300-450克/公顷 喷雾
PD20083699 灭多威/90%/可溶粉剂/灭多威 90%/2013.12.15 至 2018.12.15/高毒
棉花 棉铃虫 150-225克/公顷 喷雾
PD20083974 噁霜·锰锌/64%/可湿性粉剂/噁霜灵 8%、代森锰锌 56%/2013.12.16 至 2018.12.16/低毒
黄瓜 霜霉病 1650-1950克/公顷 喷雾
PD20084793 霜霉威盐酸盐/90%/原药/霜霉威盐酸盐 90%/2013.12.22 至 2018.12.22/低毒
PD20084894 百·福/70%/可湿性粉剂/百菌清 20%、福美双 50%/2013.12.22 至 2018.12.22/低毒
葡萄 霜霉病 600-800倍液 喷雾
PD20085581 硫磺·百菌清/50%/悬浮剂/百菌清 15%、硫磺 35%/2013.12.25 至 2018.12.25/低毒

黄瓜 霜霉病 1125-1875克/公顷 喷雾

PD20085802 灭多威/20%/可溶粉剂/灭多威 20%/2013.12.29 至 2018.12.29/中等毒(原药高毒)

棉花 棉铃虫 150-225克/公顷 喷雾

PD20086295 灭多威/10%/可湿性粉剂/灭多威 10%/2013.12.31 至 2018.12.31/中等毒(原药高毒)

棉花 棉铃虫 270-360克/公顷 喷雾

烟草 烟青虫 180-270克/公顷 喷雾

PD20090264 四螨・哒螨灵/16%/可湿性粉剂/哒螨灵 7%、四螨嗪 9%/2014.01.09 至 2019.01.09/低毒

苹果树 红蜘蛛 80-100毫克/千克 喷雾

PD20091221 乙铝・锰锌/50%/可湿性粉剂/代森锰锌 28%、三乙膦酸铝 22%/2014.02.01 至 2019.02.01/低毒

黄瓜 霜霉病 1400-4200克/公顷 喷雾

PD20092757 代森锰锌/30%/悬浮剂/代森锰锌 30%/2014.03.04 至 2019.03.04/低毒

番茄 早疫病 1080-1440克/公顷 喷雾

PD20092792 毒死蜱/480克/升/乳油/毒死蜱 480克/升/2009.03.04 至 2014.03.04/低毒

苹果树 绵蚜 200-300毫克/千克 喷雾

PD20093428 阿维・哒螨灵/5%/乳油/阿维菌素 0.2%、哒螨灵 4.8%/2014.03.23 至 2019.03.23/低毒(原药高毒)

柑橘树 红蜘蛛 1000-1500倍液 喷雾

PD20093547 溴氰 ・敌敌畏/20.5%/乳油/敌敌畏 20%、溴氰菊酯 0.5%/2014.03.23 至 2019.03.23/中等毒

棉花 棉蚜 246-307.5克/公顷 喷雾

PD20100674 壬菌铜/92%/原药/壬菌铜 92%/2010.01.15 至 2015.01.15/低毒

PD20100681 壬菌铜/30%/微乳剂/壬菌铜 30%/2010.01.15 至 2015.01.15/低毒

黄瓜 霜霉病 540-675克/公顷 喷雾

PD20101931 辛菌胺醋酸盐/1.26%/水剂/辛菌胺 1.26%/2010.08.27 至 2015.08.27/低毒

苹果树 果锈病 166.7-250毫克/千克 喷雾

苹果树 腐烂病 500-1000毫克/千克 涂病疤

注:辛菌胺醋酸盐含量：1.8%。

PD20101999 锰锌・百菌清/70%/可湿性粉剂/百菌清 30%、代森锰锌 40%/2010.09.25 至 2015.09.25/低毒

番茄 早疫病 1050-1575克/公顷 喷雾

PD20110552 甲嘧磺隆/10%/悬浮剂/甲嘧磺隆 10%/2011.05.12 至 2016.05.12/低毒

防火隔离带、非耕地、林地 杂灌 1050-3000克/公顷 喷雾

防火隔离带、非耕地、林地 杂草 375-750克/公顷 喷雾

针叶苗圃 杂草 105-210克/公顷 喷雾

PD20110553 甲嘧磺隆/10%/可湿性粉剂/甲嘧磺隆 10%/2011.05.12 至 2016.05.12/低毒

防火隔离带、非耕地、林地 杂灌 1050-3000克/公顷 喷雾

防火隔离带、非耕地、林地 杂草 375-750克/公顷 喷雾

针叶苗圃 杂草 105-210克/公顷 喷雾

PD20110554 甲嘧磺隆/95%/原药/甲嘧磺隆 95%/2011.05.12 至 2016.05.12/低毒

LS20120411 乙嘧酚磺酸酯/25%/微乳剂/乙嘧酚磺酸酯 25%/2013.12.19 至 2014.12.19/低毒

黄瓜 白粉病 225-300克/公顷 喷雾

LS20120412 乙嘧酚磺酸酯/97%/原药/乙嘧酚磺酸酯 97%/2013.12.19 至 2014.12.19/低毒

杨凌翔林农业科技化工有限公司 (陕西省杨凌农业高新技术产业示范区新桥路北段 712100 029-87074958)

PD20085539 多・锰锌/40%/可湿性粉剂/多菌灵 20%、代森锰锌 20%/2013.12.25 至 2018.12.25/低毒

梨树 黑星病 1000-1250毫克/千克 喷雾

PD20090079 辛硫・灭多威/25%/乳油/灭多威 3%、辛硫磷 22%/2009.01.08 至 2014.01.08/高毒

棉花 棉铃虫 281.25-375克/公顷 喷雾

PD20090226 甲硫・福美双/70%/可湿性粉剂/福美双 40%、甲基硫菌灵 30%/2014.01.09 至 2019.01.09/低毒

苹果树 轮纹病 800-1000倍液 喷雾

PD20093831 溴氰・马拉松/2.012%/粉剂/马拉硫磷 2%、溴氰菊酯 0.012%/2013.03.25 至 2018.03.25/中等毒

贮粮 赤拟谷盗、谷蠹、玉米象 20克/1000千克贮粮 拌粮

PD20122118 阿维・矿物油/24.5%/乳油/阿维菌素 0.2%、柴油 24.3%/2012.12.26 至 2017.12.26/低毒(原药高毒)

柑橘 红蜘蛛 122.5-245毫克/千克 喷雾

上海市

强生(中国)有限公司 (上海市闵行区东川路3285号 200245 800-8201880)

WP20040006 驱蚊液/11.5%/驱蚊液/驱蚊酯 11.5%/2009.11.03 至 2014.11.03/微毒

卫生 蚊 / 涂抹

如新(中国)日用保健品有限公司 (上海市卢湾区淮海中路381号2218室 200020 021-53574588-3347)

WP20080464 驱蚊液/10%/驱蚊液/驱蚊酯 10%/2008.12.16 至 2013.12.16/微毒

卫生 蚊 / 涂抹

上海百雀羚日用化学有限公司 (上海市胶州路941号长久商务中心21楼 200060 021-62993388)

WP20080366 驱蚊花露水/4%/驱蚊花露水/避蚊胺 4%/2013.12.10 至 2018.12.10/微毒

卫生 蚊 / 涂抹

上海彪锋日用化学品有限公司 (上海市南汇区瓦屑镇建设路275号 201321 021-58150575)

WP20080134 蚊香/0.2%/蚊香/富右旋反式烯丙菊酯 0.2%/2008.10.31 至 2013.10.31/低毒
卫生 蚊 / 点燃

上海东风农药厂有限公司 (上海市嘉定区沪宜公路1288号 201802 021-59122796)

PDN5-88 三环唑/20%/可湿性粉剂/三环唑 20%/2013.11.18 至 2018.11.18/中等毒
水稻 稻瘟病 225-300克/公顷 喷雾

PDN35-95 噻嗪酮/25%/可湿性粉剂/噻嗪酮 25%/2010.10.15 至 2015.10.15/低毒
茶树 茶小绿叶蝉 166—250毫克/千克 喷雾
水稻 飞虱 75-112.5克/公顷 喷雾

PD85136-9 速灭威/25%/可湿性粉剂/速灭威 25%/2010.07.14 至 2015.07.14/中等毒
水稻 飞虱、叶蝉 375-750克/公顷 喷雾

PD86148-62 异丙威/20%/乳油/异丙威 20%/2011.11.01 至 2016.11.01/中等毒
水稻 飞虱、叶蝉 450-600克/公顷 喷雾

PD91109-8 速灭威/20%/乳油/速灭威 20%/2011.07.02 至 2016.07.02/中等毒
水稻 飞虱、叶蝉 450-600克/公顷 喷雾

PD20040302 吡虫啉/20%/可溶液剂/吡虫啉 20%/2009.12.19 至 2014.12.19/低毒
柑橘树 潜叶蛾 2500-3000倍液 喷雾
水稻 飞虱 15-45克/公顷 喷雾

PD20040316 吡虫啉/10%/可湿性粉剂/吡虫啉 10%/2009.12.19 至 2014.12.19/低毒
水稻 飞虱 15-30克/公顷 喷雾
小麦 蚜虫 15-30克/公顷(南方地区)45-60克/公顷(北方地区) 喷雾

PD20040605 吡虫啉/25%/可湿性粉剂/吡虫啉 25%/2009.12.19 至 2014.12.19/低毒
水稻 飞虱 15-30克/公顷 喷雾
小麦 蚜虫 15-30克/公顷(南方地区)45-60克/公顷(北方地区) 喷雾

PD20040731 吡虫·杀虫单/70%/可湿性粉剂/吡虫啉 2%、杀虫单 68%/2009.12.19 至 2014.12.19/中等毒
水稻 稻飞虱、螟虫 450-750克/公顷 喷雾

PD20081677 三环唑/75%/可湿性粉剂/三环唑 75%/2013.11.17 至 2018.11.17/中等毒
水稻 稻瘟病 225-300克/公顷 喷雾

PD20083243 硫磺·三环唑/45%/可湿性粉剂/硫磺 40%、三环唑 5%/2013.12.11 至 2018.12.11/中等毒
水稻 稻瘟病 675-1012克/公顷 喷雾

PD20101067 噻嗪·速灭威/30%/乳油/噻嗪酮 4%、速灭威 26%/2010.01.21 至 2015.01.21/中等毒
水稻 稻飞虱 450-540克/公顷 喷雾

PD20101927 啶虫脒/20%/可溶液剂/啶虫脒 20%/2010.08.27 至 2015.08.27/低毒
甘蓝 蚜虫 18.9-25.2克/公顷 喷雾

PD20110177 啶虫脒/5%/乳油/啶虫脒 5%/2011.02.17 至 2016.02.17/中等毒
柑橘树、苹果树 蚜虫 12-15毫克/千克 喷雾
黄瓜 蚜虫 18-22.5克/公顷 喷雾

上海东樱日化有限公司 (上海市铜川路185号金盛宾馆综合楼203-204室 200333 021-62168923)

WP20090220 防蛀片剂/98%/片剂/对二氯苯 98%/2009.04.09 至 2014.04.09/低毒
卫生 黑皮蠹 40克制剂/立方米 投放

上海杜邦农化有限公司 (上海市浦东新区浦东北路3055号 200137 021-58672488)

PD219-97 灭多威/90%/可溶粉剂/灭多威 90%/2012.05.28 至 2017.05.28/高毒
棉花 棉铃虫、棉蚜 105-180克/公顷 喷雾
小麦 蚜虫 101.25-202.5克/公顷 喷雾
烟草 烟青虫 135-195克/公顷 喷雾

PD246-98 灭多威/40%/可溶粉剂/灭多威 40%/2012.09.27 至 2017.09.27/中等毒(原药高毒)
棉花 棉铃虫、棉蚜 105-180克/公顷 喷雾
烟草 烟青虫 135-195克/公顷 喷雾

PD20020101 苄嘧磺隆/30%/可湿性粉剂/苄嘧磺隆 30%/2012.09.10 至 2017.09.10/低毒
水稻田 一年生阔叶杂草及莎草科杂草 30-60克/公顷 毒土法
水稻田 多年生阔叶杂草及莎草科杂草 60-90克/公顷或45-67.5克/公顷(第1次)30-67.5克/公顷(第2次) 毒土法

PD20020102 苄嘧磺隆/10%/可湿性粉剂/苄嘧磺隆 10%/2012.12.23 至 2017.12.23/低毒
水稻田 阔叶杂草及莎草科杂草 19.95-45克/公顷 毒土或喷雾

PD20030011 苄嘧·甲磺隆/10%/可湿性粉剂/苄嘧磺隆 8.25%、甲磺隆 1.75%/2013.11.27 至 2018.11.27/低毒
水稻移栽田 阔叶杂草、一年生莎草 6-10.05克/公顷 喷雾或药土

PD20030017 甲磺隆/96%/原药/甲磺隆 96%/2013.12.08 至 2018.12.08/低毒

PD20040008 苯磺隆/95%/原药/苯磺隆 95%/2009.08.06 至 2014.08.06/低毒

PD20050099 苯磺隆/75%/水分散粒剂/苯磺隆 75%/2010.07.14 至 2015.07.14/低毒
冬小麦 一年生阔叶杂草 11.3-16.9克/公顷 喷雾

PD20060148	苄嘧磺隆/97.5%/原药/苄嘧磺隆 97.5%/2011.08.21 至 2016.08.21/低毒			
PD20070294	苯磺隆/18%/可湿性粉剂/苯磺隆 18%/2012.09.21 至 2017.09.21/低毒			
	冬小麦田	一年生阔叶杂草	11.34-18.9克/公顷	茎叶喷雾
PD20070636	苄嘧·禾草丹/35.75%/可湿性粉剂/苄嘧磺隆 0.75%、禾草丹 35%/2012.12.14 至 2017.12.14/低毒			
	水稻田(直播)	稗草、莎草及阔叶杂草	1072.5-1605克/公顷(南方地区) 1605-2145克/公顷(北方地区)	毒土法
	水稻秧田	一年生杂草	804.5-1072.5克/公顷(南方地区)	喷雾或毒土法
PD20082742	苄·二氯/32%/可湿性粉剂/苄嘧磺隆 6%、二氯喹啉酸 26%/2013.12.08 至 2018.12.08/低毒			
	水稻抛秧田	部分多年生杂草、一年生杂草	288-336克/公顷	药土法
	水稻移栽田	部分多年生杂草、一年生杂草	240-336克/公顷	喷雾,毒土法
PD20085522	苄嘧·唑草酮/38%/可湿性粉剂/苄嘧磺隆 30%、唑草酮 8%/2013.12.25 至 2018.12.25/低毒			
	水稻移栽田	阔叶杂草及莎草科杂草	57-78.8克/公顷	茎叶喷雾
PD20092359	霜脲·锰锌/72%/可湿性粉剂/代森锰锌 64%、霜脲氰 8%/2014.02.24 至 2019.02.24/微毒			
	番茄	晚疫病	1440-1944克/公顷	喷雾
	黄瓜	霜霉病	1440-1800克/公顷	喷雾
	荔枝	霜疫霉病	1030-1440毫克/千克	喷雾
	马铃薯	晚疫病	1157-1620克/公顷	喷雾
PD20092956	吡嘧磺隆/10%/可湿性粉剂/吡嘧磺隆 10%/2014.03.09 至 2019.03.09/微毒			
	水稻移栽田	一年生及部分多年生杂草	22.5—30克/公顷	毒土法
PD20101971	氯虫苯甲酰胺/95.3%/原药/氯虫苯甲酰胺 95.3%/2010.09.21 至 2015.09.21/微毒			
PD20110091	噻吩磺隆/96%/原药/噻吩磺隆 96%/2011.01.25 至 2016.01.25/微毒			
PD20120828	甲嘧磺隆/95%/原药/甲嘧磺隆 95%/2012.05.22 至 2017.05.22/微毒			
	注:专供出口,不得在国内销售。			
PD20120829	氯嘧磺隆/97.8%/原药/氯嘧磺隆 97.8%/2012.05.22 至 2017.05.22/微毒			
	注:专供出口不得在国内销售。			
LS20110188	甲嘧磺隆/95%/原药/甲嘧磺隆 95%/2012.07.11 至 2013.07.11/低毒			
	注:专供出口,不得在国内销售。			

上海杜栩技术有限公司　(上海市奉贤区闸园新路35号碧瑶别墅30幢　201401　021-57157900)

WP20090074	避蚊胺/95%/原药/避蚊胺 95%/2014.02.01 至 2019.02.01/低毒			

上海福音日化厂　(上海市奉贤区钱桥镇草庵村　201407　021-57596379)

WP20090222	杀虫喷射剂/1.25%/喷射剂/氯菊酯 0.5%、氯氰菊酯 0.75%/2009.04.09 至 2014.04.09/微毒			
	卫生	蚊、蝇、蜚蠊	/	喷射

上海高伦现代农化股份有限公司　(上海市徐汇区斜土路2356号中汇商务楼3楼　200032　021-64872035)

PDN55-98	溴敌隆/98%,95%,92%/原药/溴敌隆 98%,95%,92%/2013.03.10 至 2018.03.10/高毒			
PDN56-98	溴敌隆/0.5%/母液/溴敌隆 0.5%/2013.03.10 至 2018.03.10/高毒			
	农田	田鼠	300-450点/公顷,每点2-5克 0.005%毒饵	配成0.005%毒饵后堆施或穴施
PDN57-98	溴敌隆/0.5%/母粉/溴敌隆 0.5%/2013.03.10 至 2018.03.10/高毒			
	农田	田鼠	300-450点/公顷,每点2-5克 0.005%毒饵	堆、穴投放毒饵
PD20060208	溴鼠灵/93%/原药/溴鼠灵 93%/2011.12.07 至 2016.12.07/高毒			
PD20082007	溴鼠灵/0.5%/母药/溴鼠灵 0.5%/2013.11.25 至 2018.11.25/中等毒(原药高毒)			
	农田	田鼠	饱和投饵	配制成0.005%毒饵
PD20082970	溴敌隆/0.005%/毒饵/溴敌隆 0.005%/2013.12.09 至 2018.12.09/低毒(原药高毒)			
	室内	家鼠	饱和投饵	投饵
PD20091904	溴鼠灵/0.005%/毒饵/溴鼠灵 0.005%/2014.02.09 至 2019.02.09/低毒(原药高毒)			
	室内	家鼠	饱和投饵	投饵

上海禾本药业有限公司　(上海市金山区亭林镇工业园区南区林宝路2号　201505　021-67232276-8009)

PD20084050	戊唑醇/95%/原药/戊唑醇 95%/2013.12.16 至 2018.12.16/低毒			
PD20092000	虫酰肼/200克/升/悬浮剂/虫酰肼 200克/升/2014.02.12 至 2019.02.12/低毒			
	十字花科蔬菜	甜菜夜蛾	240-300克/公顷	喷雾
PD20094265	三环唑/75%/水分散粒剂/三环唑 75%/2014.03.31 至 2019.03.31/低毒			
	水稻	稻瘟病	225-337.5克/公顷	喷雾
PD20096120	烟嘧磺隆/40克/升/悬浮剂/烟嘧磺隆 40克/升/2009.06.18 至 2014.06.18/低毒			
	玉米田	一年生杂草	42-60克/公顷	茎叶喷雾
PD20097759	毒死蜱/480克/升/乳油/毒死蜱 480克/升/2009.11.12 至 2014.11.12/中等毒			
	水稻	二化螟	432-576克/公顷	喷雾
PD20100754	苯丁锡/95%/原药/苯丁锡 95%/2010.01.16 至 2015.01.16/低毒			
PD20101528	嘧菌酯/95%/原药/嘧菌酯 95%/2010.05.19 至 2015.05.19/低毒			
PD20110536	草甘膦铵盐/50%/可溶粉剂/草甘膦 50%/2011.05.12 至 2016.05.12/低毒			
	非耕地	杂草	2100-3000克/公顷	定向茎叶喷雾
	注:草甘膦铵盐含量:55%。			

PD20110646 吡虫啉/70%/水分散粒剂/吡虫啉 70%/2011.06.13 至 2016.06.13/低毒

甘蓝 蚜虫 15.75-31.5克/公顷 喷雾

PD20110783 嘧菌酯/250克/升/悬浮剂/嘧菌酯 250克/升/2011.07.25 至 2016.07.25/低毒

黄瓜 霜霉病 200-250毫克/千克 喷雾

PD20120460 戊唑醇/430克/升/悬浮剂/戊唑醇 430克/升/2012.03.14 至 2017.03.14/低毒

梨树 黑星病 107.5-143毫克/千克 喷雾

PD20120487 甲氨基阿维菌素苯甲酸盐/2%/水分散粒剂/甲氨基阿维菌素 2%/2012.03.19 至 2017.03.19/低毒

甘蓝 甜菜夜蛾 2.25-3克/公顷 喷雾

注:甲氨基阿维菌素苯甲酸盐含量：2.3%。

PD20120602 高效氯氟氰菊酯/2.5%/水乳剂/高效氯氟氰菊酯 2.5%/2012.04.11 至 2017.04.11/低毒

甘蓝 菜青虫 7.5-15克/公顷 喷雾

PD20120800 烯酰吗啉/50%/水分散粒剂/烯酰吗啉 50%/2012.05.17 至 2017.05.17/低毒

黄瓜 霜霉病 225－300克/公顷 喷雾

PD20121398 嘧菌酯/95%/原药/嘧菌酯 95%/2012.09.14 至 2017.09.14/低毒

PD20121984 苯醚甲环唑/10%/水分散粒剂/苯醚甲环唑 10%/2012.12.18 至 2017.12.18/低毒

西瓜 炭疽病 75-112.5克/公顷 喷雾

PD20130619 多菌灵/90%/水分散粒剂/多菌灵 90%/2013.04.03 至 2018.04.03/低毒

油菜 菌核病 1125-1500克/公顷 喷雾

PD20131200 戊唑醇/80%/水分散粒剂/戊唑醇 80%/2013.05.27 至 2018.05.27/低毒

水稻 稻曲病 65-97克/公顷 喷雾

PD20131505 噻虫嗪/98%/原药/噻虫嗪 98%/2013.07.15 至 2018.07.15/低毒

PD20131971 嘧菌酯/70%/水分散粒剂/嘧菌酯 70%/2013.10.10 至 2018.10.10/低毒

草坪 枯萎病 300—400克/公顷 喷雾

LS20100057 乙·莠/40%/悬乳剂/乙草胺 16%、莠去津 24%/2012.04.14 至 2013.04.14/低毒

玉米田 一年生杂草 春玉米：1800-2400克/公顷； 播后苗前土壤喷雾

夏玉米：1200-1500克/公顷

上海赫农农药有限责任公司 （上海市浦东新区江心沙路9号 200137 021-58611010）

PD20085652 敌百虫/30%/乳油/敌百虫 30%/2008.12.26 至 2013.12.26/低毒

十字花科蔬菜 菜青虫 540-675克/公顷 喷雾

上海赫腾精细化工有限公司 （上海市金山区金山卫镇金山大道4688号 201512 021-67262277-828）

PD20120583 乙虫腈/95%/原药/乙虫腈 95%/2012.03.28 至 2017.03.28/低毒

LS20110338 杀雄啉/98%/原药/杀雄啉 98%/2013.12.28 至 2014.12.28/低毒

注:专供出口，不得在国内销售。

LS20120034 呋草酮/98%/原药/呋草酮 98%/2013.02.06 至 2014.02.06/低毒

注:专供出口，不是在国内销售。

上海沪江生化有限公司 （上海市奉贤区南桥镇新建东路355号 201416 021-57493657）

PD86101-26 赤霉酸/4%/乳油/赤霉酸 4%/2011.09.19 至 2016.09.19/低毒

菠菜 增加鲜重 10-25毫克/千克 叶面处理1-3次

菠萝 果实增大、增重 40-80毫克/千克 喷花

柑橘树 果实增大、增重 20-40毫克/千克 喷花

花卉 提前开花 700毫克/千克 叶面处理涂抹花芽

绿肥 增产 10-20毫克/千克 喷雾

马铃薯 苗齐、增产 0.5-1毫克/千克 浸薯块10-30分钟

棉花 提高结铃率、增产 10-20毫克/千克 点喷、点涂或喷雾

葡萄 无核、增产 50-200毫克/千克 花后1周处理果穗

芹菜 增产 20-100毫克/千克 叶面处理1次

人参 增加发芽率 20毫克/千克 播前浸种15分钟

水稻 增加千粒重、制种 20-30毫克/千克 喷雾

PD86183-29 赤霉酸/75%/粉剂/赤霉酸 75%/2011.12.06 至 2016.12.06/低毒

菠菜 增加鲜重 10-25毫克/千克 叶面处理1-3次

菠萝 果实增大、增重 40-80毫克/千克 喷花

柑橘树 果实增大、增重 20-40毫克/千克 喷花

花卉 提前开花 700毫克/千克 叶面处理涂抹花芽

绿肥 增产 10-20毫克/千克 喷雾

马铃薯 苗齐、增产 0.5-1毫克/千克 浸薯块10-30分钟

棉花 提高结铃率、增产 10-20毫克/千克 点喷、点涂或喷雾

葡萄 无核、增产 50-200毫克/千克 花后一周处理果穗

芹菜 增加鲜重 20-100毫克/千克 叶面处理1次

人参 增加发芽率 20毫克/千克 播种前浸种15分钟

水稻 增加千粒重、制种 20-30毫克/千克 喷雾

PD20060151 草甘膦/95%/原药/草甘膦 95%/2011.08.29 至 2016.08.29/微毒

PD20070637 草甘膦异丙胺盐/41%/水剂/草甘膦异丙胺盐 41%/2012.12.14 至 2017.12.14/低毒

柑橘园 杂草 1230-2214克/公顷 定向茎叶喷雾

PD20083544 草甘膦/62%/水剂/草甘膦 62%/2013.12.12 至 2018.12.12/微毒
非耕地 一年生及部分多年生杂草 1125-3000克/公顷 茎叶喷雾
柑橘园 一年生及部分多年生杂草 1125-2250克/公顷 定向茎叶喷雾

PD20095255 草甘膦/65%/可溶粉剂/草甘膦 65%/2009.04.27 至 2014.04.27/微毒
非耕地 一年生及部分多年生杂草 1125-3000克/公顷 茎叶喷雾

PD20101261 草甘膦钠盐(33.9%)///可溶粉剂/草甘膦 30%/2010.03.05 至 2015.03.05/微毒
非耕地 一年生和多年生杂草 1125-3000克/公顷 茎叶喷雾

上海华谊集团华原化工有限公司彭浦化工厂 (上海市老沪太路1179号 200072 021-57566342)

PD84125-2 乙烯利/40%/水剂/乙烯利 40%/2009.11.29 至 2014.11.29/低毒
番茄 催熟 800-1000倍液 喷雾或浸渍
棉花 催熟、增产 330-500倍液 喷雾
柿子、香蕉 催熟 400倍液 喷雾或浸渍
水稻 催熟、增产 800倍液 喷雾
橡胶树 增产 5-10倍液 涂布
烟草 催熟 1000-2000倍液 喷雾

PD20110419 乙烯利/91%/原药/乙烯利 91%/2011.04.15 至 2016.04.15/低毒

上海惠光环境科技有限公司 (上海市奉贤区泰日镇航塘公路2701号 201405 021-64148568)

PD20030006 草甘膦异丙胺盐/41%/水剂/草甘膦异丙胺盐 41%/2013.07.09 至 2018.07.09/低毒
茶园 杂草 1230-2460克/公顷 定向茎叶喷雾
非耕地、公路、森林防火道、铁路 杂草 1125-3000克/公顷 定向茎叶喷雾
柑橘园 杂草 1125-2250克/公顷 定向茎叶喷雾

PD20060173 代森锰锌/80%/可湿性粉剂/代森锰锌 80%/2011.11.01 至 2016.11.01/低毒
番茄 早疫病 1845-2370克/公顷 喷雾
柑橘树 疮痂病、炭疽病 1333-2000毫克/千克 喷雾
梨树 黑星病 800-1600毫克/千克 喷雾
荔枝树 霜疫霉病 1333-2000毫克/千克 喷雾
苹果树 轮纹病、炭疽病 1000-1500毫克/千克 喷雾
苹果树 斑点落叶病 600-800倍液 喷雾
葡萄 白腐病、黑痘病、霜霉病 1000-1600毫克/千克 喷雾
西瓜 炭疽病 1560-2520克/公顷 喷雾

PD20060203 百菌清/75%/可湿性粉剂/百菌清 75%/2011.12.07 至 2016.12.07/低毒
黄瓜 霜霉病 1125-1462.5克/公顷 喷雾

PD20070656 甲霜·锰锌/58%/可湿性粉剂/甲霜灵 10%、代森锰锌 48%/2012.12.17 至 2017.12.17/低毒
番茄 晚疫病 896.1-1096.2克/公顷 喷雾
黄瓜 霜霉病 1305-1632克/公顷 喷雾
荔枝树 霜疫霉病 966.7-1450毫克/千克 喷雾

PD20080438 乙氧氟草醚/23.5%/乳油/乙氧氟草醚 23.5%/2013.03.13 至 2018.03.13/低毒
大蒜田 一年生杂草 141-176.3克/公顷 喷雾
森林苗圃 一年生杂草 176.25-317.25克/公顷 土壤喷雾

PD20080893 代森锌/65%/可湿性粉剂/代森锌 65%/2013.07.09 至 2018.07.09/低毒
柑橘树 炭疽病 1083.3-1300毫克/千克 喷雾
芦笋 茎枯病 780-975克/公顷 喷雾
马铃薯 晚疫病、早疫病 960-1200克/公顷 喷雾
西瓜 炭疽病 975-1170克/公顷 喷雾

PD20081231 溴氰菊酯/25克/升/乳油/溴氰菊酯 25克/升/2013.09.11 至 2018.09.11/低毒
烟草 烟青虫 7.5-11.25克/公顷 喷雾

PD20081849 锰锌·腈菌唑/62.25%/可湿性粉剂/腈菌唑 2.25%、代森锰锌 60%/2013.11.20 至 2018.11.20/低毒
梨树 黑星病 400-600倍液 喷雾

PD20082474 苯丁锡/50%/可湿性粉剂/苯丁锡 50%/2013.12.03 至 2018.12.03/低毒
柑橘树 红蜘蛛 250-333毫克/千克 喷雾
柑橘树 锈壁虱 200-333.3毫克/千克 喷雾

PD20083734 杀螟丹/4%/颗粒剂/杀螟丹 4%/2013.12.15 至 2018.12.15/低毒
水稻 稻纵卷叶螟 900-1350克/公顷 喇叭口撒施

PD20083888 吡虫·毒死蜱/33%/可湿性粉剂/吡虫啉 3%、毒死蜱 30%/2013.12.15 至 2018.12.15/低毒
梨树 梨木虱 165-330毫克/千克 喷雾

PD20085360 阿维·毒死蜱/38%/乳油/阿维菌素 0.2%、毒死蜱 37.8%/2008.12.24 至 2013.12.24/低毒(原药高毒)
甘蓝 小菜蛾 342-570克/公顷 喷雾
十字花科蔬菜 甜菜夜蛾 342-570克/公顷 喷雾

PD20085448 苄嘧·苯噻酰/53%/可湿性粉剂/苯噻酰草胺 50%、苄嘧磺隆 3%/2013.12.24 至 2018.12.24/微毒
水稻移栽田 部分多年生杂草、一年生杂草 397.5-556.5克/公顷(南方地区) 药土法

PD20086135 甲基硫菌灵/70%/可湿性粉剂/甲基硫菌灵 70%/2013.12.30 至 2018.12.30/低毒
西瓜 炭疽病 525-840克/公顷 喷雾

PD20086389 毒死蜱/5%/颗粒剂/毒死蜱 5%/2008.12.31 至 2013.12.31/低毒
韭菜 韭蛆 600-1125克/公顷 撒施

PD20091017 咪鲜·多菌灵/25%/可湿性粉剂/多菌灵 12.5%、咪鲜胺 12.5%/2014.01.21 至 2019.01.21/低毒
芒果树 炭疽病 250-416.7毫克/千克 喷雾
西瓜 炭疽病 281.25-375克/公顷 喷雾

PD20091157 毒死蜱/40%/乳油/毒死蜱 40%/2014.01.22 至 2019.01.22/中等毒
荔枝树 蒂蛀虫 400-500毫克/千克 喷雾
水稻 稻瘿蚊 1800-2160克/公顷 喷雾
水稻 稻纵卷叶螟 480-600克/公顷 喷雾
玉米 地下害虫 900-1080克/公顷 灌根

PD20091495 高效氟吡甲禾灵/108克/升/乳油/高效氟吡甲禾灵 108克/升/2014.02.02 至 2019.02.02/低毒
油菜田 一年生禾本科杂草 35-45克/公顷 茎叶喷雾

PD20091824 丙森·霜脲氰/60%/可湿性粉剂/丙森锌 50%、霜脲氰 10%/2014.02.05 至 2019.02.05/微毒
黄瓜 霜霉病 630-720克/公顷 喷雾

PD20095556 盐酸吗啉胍/20%/可湿性粉剂/盐酸吗啉胍 20%/2009.05.12 至 2014.05.12/微毒
番茄 病毒病 600-1200克/公顷 喷雾

PD20096144 氧氟·乙草胺/43%/乳油/乙草胺 37.5%、乙氧氟草醚 5.5%/2009.06.24 至 2014.06.24/低毒
大蒜田 一年生杂草 645-967.5克/公顷 土壤喷雾
花生田 一年生杂草 645-967克/公顷 喷雾
棉花田 一年生杂草 645-967克/公顷 土壤喷雾

PD20096934 百草枯/200克/升/水剂/百草枯 200克/升/2012.12.31 至 2014.07.01/中等毒
柑橘园 多种杂草 750-900克/公顷 定向茎叶喷雾

PD20097537 三环唑/75%/可湿性粉剂/三环唑 75%/2009.11.03 至 2014.11.03/低毒
水稻 稻瘟病 225-337.5克/公顷 喷雾

PD20098316 乙草胺/81.5%/乳油/乙草胺 81.5%/2009.12.18 至 2014.12.18/低毒
夏玉米田 一年生禾本科杂草及部分小粒种子阔叶杂草 1080-1350克/公顷 播后苗前土壤喷雾

PD20100145 噻嗪·异丙威/25%/可湿性粉剂/噻嗪酮 5%、异丙威 20%/2010.01.05 至 2015.01.05/低毒
水稻 飞虱 375-562.5克/公顷 喷雾

PD20101966 甲氨基阿维菌素苯甲酸盐(1.14%)///乳油/甲氨基阿维菌素 1%/2010.09.21 至 2015.09.21/低毒
甘蓝 甜菜夜蛾 2.25-4.5克/公顷 喷雾

PD20110880 高效氯氟氰菊酯/2.5%/微乳剂/高效氯氟氰菊酯 2.5%/2011.08.16 至 2016.08.16/中等毒
茶树 茶尺蠖 3.75-7.5克/公顷 喷雾

PD20111262 戊唑醇/430克/升/悬浮剂/戊唑醇 430克/升/2011.11.23 至 2016.11.23/低毒
水稻 稻曲病 80.625-96.75克/公顷 喷雾

PD20120564 异丙甲草胺/720克/升/乳油/异丙甲草胺 720克/升/2012.03.28 至 2017.03.28/低毒
花生田 一年生杂草 1350-1620克/公顷 播后苗前土壤喷雾

PD20120763 高氯·甲维盐/3.2%/微乳剂/高效氯氰菊酯 3%、甲氨基阿维菌素苯甲酸盐 0.2%/2012.05.05 至 2017.05.05/中等毒
甘蓝 甜菜夜蛾 12-14.4克/公顷 喷雾

PD20121065 阿维·三唑磷/20%/乳油/阿维菌素 0.2%、三唑磷 19.8%/2012.07.12 至 2017.07.12/中等毒(原药高毒)
水稻 二化螟 180-210克/公顷 喷雾

PD20121518 草铵膦/200克/升/水剂/草铵膦 200克/升/2012.10.09 至 2017.10.09/低毒
非耕地 杂草 1050-1500克/公顷 茎叶喷雾

PD20121529 丁草胺/60%/乳油/丁草胺 60%/2012.10.09 至 2017.10.09/低毒
水稻移栽田 一年生杂草 1080-1350克/公顷 毒土法

PD20121783 二甲戊灵//乳油/二甲戊灵 330克/升/2012.11.20 至 2017.11.20/低毒
甘蓝 一年生杂草 618.75-742.5克/公顷 土壤喷雾

PD20131078 毒死蜱//乳油/毒死蜱 480克/升/2013.05.20 至 2018.05.20/低毒
柑橘树 矢尖蚧 240—480毫克/千克 喷雾
苹果树 绵蚜 200—267毫克/千克 喷雾

PD20131542 甲氨基阿维菌素苯甲酸盐/5%/水分散粒剂/甲氨基阿维菌素 5%/2013.07.17 至 2018.07.17/低毒
甘蓝 小菜蛾 2.25-3.75克/公顷 喷雾
注:甲氨基阿维菌素苯甲酸盐含量5.7%。

LS20110143 井冈·己唑醇/11%/悬浮剂/井冈霉素 8.5%、己唑醇 2.5%/2012.05.11 至 2013.05.11/微毒
水稻 纹枯病 49.5-57.75克/公顷 喷雾

上海嘉定鑫明日用化工厂 (上海市嘉定区曹王镇前曹公路65号 201809 021-59946796)

WP20090338 防蛀球剂/94%/球剂/樟脑 94%/2009.10.10 至 2014.10.10/低毒
卫生 黑皮蠹 200克制剂/立方米 投放

上海嘉亨日用化学品有限公司 (上海市松江区佘山镇陶干路1069号 201602 021-33730666)

WPN29-99 驱蚊液/4%/驱蚊液/避蚊胺 4%/2014.03.19 至 2019.03.19/微毒
卫生 蚊 / 涂抹

WP20080610 驱蚊花露水/4%/驱蚊花露水/避蚊胺 4%/2013.12.31 至 2018.12.31/微毒
卫生 蚊 / 涂抹

上海家化联合股份有限公司　(上海市虹口区保定路527号　200082　8008203808)

WP20080601　驱蚊花露水/4.5%/驱蚊花露水/驱蚊酯 4.5%/2013.12.30 至 2018.12.30/微毒
卫生　蚊　/　涂抹
注:本品有三种香型:薄荷香型、冰莲香型、花香型。

WP20090167　驱蚊花露水/2.8%/驱蚊花露水/驱蚊酯 2.8%/2014.03.09 至 2019.03.09/微毒
卫生　蚊　/　涂抹
注:本产品有二种香型:清香型、汉草型。

上海皆丰药械有限公司　(上海市奉贤区南桥镇解放东路曙光工业区　201400　021-67186281)

WP20120131　杀虫气体制剂/50%/气体制剂/硫酰氟 50%/2012.07.12 至 2017.07.12/微毒
卫生　黑皮蠹、蚊、蝇、蜚蠊　15克制剂/立方米　在密闭环境中释放

上海皆乐药械厂　(上海市奉贤区江海镇九华村　201400　021-67102398)

WP20070040　杀虫气雾剂/2%/气雾剂/右旋苯醚菊酯 2%/2012.12.17 至 2017.12.17/低毒
卫生　蜚蠊、蚊、蝇　/　喷雾
注:航空专用。

上海金鹿化工有限公司　(上海市普陀区古浪路1680号　200331　021-62506113)

WP20100004　防蛀球剂/96%/球剂/樟脑 96%/2010.01.05 至 2015.01.05/低毒
卫生　黑皮蠹　200克制剂/立方米　投放

WP20100006　防蛀片剂/96%/片剂/樟脑 96%/2010.01.05 至 2015.01.05/低毒
卫生　黑皮蠹　200克制剂/立方米　投放

WP20100030　樟脑/98%/原药/樟脑 98%/2010.01.21 至 2015.01.21/低毒

上海兰宝日化有限公司　(上海市沪太路9088号　200949　021-56870066-8000)

WP20080187　杀虫气雾剂/0.30%/气雾剂/胺菊酯 0.15%、氯菊酯 0.15%/2008.11.19 至 2013.11.19/微毒
卫生　蜚蠊、蚊、蝇　/　喷雾

WP20080229　蚊香/0.25%/蚊香/富右旋反式烯丙菊酯 0.25%/2008.11.25 至 2013.11.25/低毒
卫生　蚊　/　点燃

上海菱农化工有限公司　(上海市嘉定区南翔扬子路625号　201802　021-59123055)

PD20093764　精喹禾灵/5%/乳油/精喹禾灵 5%/2009.03.25 至 2014.03.25/低毒
大白菜、西瓜田　一年生禾本科杂草　30-45克/公顷　茎叶喷雾
大豆田、花生田、棉花田、油菜田　一年生禾本科杂草　37.5-60克/公顷　茎叶喷雾
芝麻　一年生禾本科杂草　37.5-45克/公顷　茎叶喷雾

PD20101634　禾草丹/90%/乳油/禾草丹 90%/2010.06.03 至 2015.06.03/低毒
水稻　一年生杂草　2025-2700克/公顷　喷雾

上海绿伞环保科技发展有限公司　(上海市青浦区华新镇华丹路368号　200436　021-69790805)

WP20090282　防蛀防霉片剂/99.5%/防蛀剂/对二氯苯 99.5%/2009.06.02 至 2014.06.02/低毒
卫生　黑皮蠹、霉菌、衣蛾　40克制剂/立方米　投放

WP20090284　防蛀防霉球剂/99.5%/防蛀球剂/对二氯苯 99.5%/2009.06.11 至 2014.06.11/低毒
卫生　黑皮蠹、霉菌　40克制剂/立方米　投放

WP20090298　杀虫气雾剂/0.9%/气雾剂/胺菊酯 0.3%、氯菊酯 0.6%/2009.07.15 至 2014.07.15/微毒
卫生　尘螨、黑皮蠹、蚂蚁、跳蚤、蚊、蝇、蜚蠊　/　喷雾

WL20130034　电热蚊香片/10毫克/片/电热蚊香片/炔丙菊酯 5毫克/片、氯氟醚菊酯 5毫克/片/2013.07.29 至 2014.07.29/微毒
室内　蚊　/　电热加温

上海绿泽生物科技有限责任公司　(上海市松江区华加路200号　201611　021-67748095)

PD20040220　多・酮/30%/可湿性粉剂/多菌灵 20%、三唑酮 10%/2009.12.19 至 2014.12.19/低毒
水稻　稻瘟病、纹枯病、叶尖枯病　450-600克/公顷　喷雾
小麦　白粉病、赤霉病　360-450克/公顷　喷雾

PD20040414　吡虫啉/10%/可湿性粉剂/吡虫啉 10%/2009.12.19 至 2014.12.19/低毒
水稻　飞虱　15-30克/公顷　喷雾
小麦　蚜虫　15-30克/公顷　喷雾

PD20040416　吡虫・三唑酮/22%/可湿性粉剂/吡虫啉 2%、三唑酮 20%/2009.12.19 至 2014.12.19/低毒
小麦　白粉病、蚜虫　165-198克/公顷　喷雾

PD20040705　杀虫单/80%/可溶粉剂/杀虫单 80%/2009.12.19 至 2014.12.19/中等毒
水稻　螟虫　675-810克/公顷　喷雾

PD20040753　吡虫・杀虫单/80%/可湿性粉剂/吡虫啉 2%、杀虫单 78%/2009.12.19 至 2014.12.19/低毒
水稻　稻飞虱、三化螟　600-750克/公顷　喷雾

PD20081679　麦草畏/48%/水剂/麦草畏 48%/2013.11.17 至 2018.11.17/低毒
冬小麦田　一年生阔叶杂草　144-216克/公顷　茎叶喷雾

PD20081743　苄嘧磺隆/30%/可湿性粉剂/苄嘧磺隆 30%/2013.11.18 至 2018.11.18/低毒
水稻移栽田　多年生阔叶杂草及莎草科杂草　60-90克/公顷　毒土法
水稻移栽田　一年生阔叶杂草及莎草科杂草　30-60克/公顷　毒土法

PD20081808　苄嘧・苯噻酰/53%/可湿性粉剂/苯噻酰草胺 50%、苄嘧磺隆 3%/2013.11.19 至 2018.11.19/低毒
水稻抛秧田　一年生及部分多年生杂草　318-397.5克/公顷(南方地区)　药土法

PD20081942 苯磺隆/75%/水分散粒剂/苯磺隆 75%/2013.11.24 至 2018.11.24/低毒
冬小麦田 一年生阔叶杂草 13.5－22.5克/公顷 茎叶喷雾
PD20082153 精喹禾灵/5%/乳油/精喹禾灵 5%/2013.11.26 至 2018.11.26/低毒
花生田 一年生禾本科杂草 45-60克/公顷 茎叶喷雾
夏大豆田 一年生禾本科杂草 37.5-52.5克/公顷 茎叶喷雾
油菜田 一年生禾本科杂草 45-67.5克/公顷 茎叶喷雾
PD20082278 乙氧氟草醚/24%/乳油/乙氧氟草醚 24%/2013.11.27 至 2018.11.27/低毒
大蒜田 一年生杂草 144-216克/公顷 播后苗前土壤喷雾
PD20082279 苯磺・氯磺隆/16%/可湿性粉剂/苯磺隆 8%、氯磺隆 8%/2008.11.27 至 2013.11.27/低毒
冬小麦田 一年生阔叶杂草 18－24克/公顷 茎叶喷雾
PD20082726 苯磺隆/10%/可湿性粉剂/苯磺隆 10%/2013.12.08 至 2018.12.08/低毒
冬小麦田 一年生阔叶杂草 13.5-22.5克/公顷 茎叶喷雾
PD20083292 多・福・锰锌/50%/可湿性粉剂/多菌灵 15%、福美双 25%、代森锰锌 10%/2013.12.11 至 2018.12.11/中等毒
苹果树 轮纹病 833.3-1250毫克/千克 喷雾
PD20083562 氧氟・异丙草/50%/可湿性粉剂/异丙草胺 45%、乙氧氟草醚 5%/2013.12.12 至 2018.12.12/低毒
水稻移栽田 一年生杂草 112.5-150克/公顷 药土法
PD20083582 霜脲・锰锌/72%/可湿性粉剂/代森锰锌 64%、霜脲氰 8%/2013.12.12 至 2018.12.12/低毒
番茄 晚疫病 1440-1944克/公顷 喷雾
黄瓜 霜霉病 1440-1800克/公顷 喷雾
PD20084029 精喹禾灵/10％/乳油/精喹禾灵 10%/2013.12.16 至 2018.12.16/低毒
大豆田、花生田 一年生禾本科杂草 40.5-64.8克/公顷 茎叶喷雾
油菜田 一年生禾本科杂草 45-67.5克/公顷 茎叶喷雾
PD20084234 氧氟・乙草胺/40%/乳油/乙草胺 34%、乙氧氟草醚 6%/2013.12.17 至 2018.12.17/低毒
大蒜田 一年生杂草 540-840克/公顷 播后苗前土壤喷雾
花生田 一年生杂草 600-720克/公顷 播后苗前土壤喷雾
PD20084401 苯磺隆/20%/可溶粉剂/苯磺隆 20%/2013.12.17 至 2018.12.17/低毒
冬小麦田 一年生阔叶杂草 13.5－22.5克/公顷 茎叶喷雾
PD20085195 阿维・毒死蜱/10%/乳油/阿维菌素 0.1%、毒死蜱 9.9%/2008.12.23 至 2013.12.23/低毒(原药高毒)
十字花科蔬菜 小菜蛾 112.5-150克/公顷 喷雾
PD20085438 草甘膦铵盐/50%/可溶粉剂/草甘膦 50%/2013.12.24 至 2018.12.24/低毒
果园 杂草 1125-2250克/公顷 定向茎叶喷雾
注:草甘膦铵盐含量：54.7%。
PD20085515 苄・丁/35%/可湿性粉剂/苄嘧磺隆 1.5%、丁草胺 33.5%/2013.12.25 至 2018.12.25/低毒
水稻移栽田 一年生杂草 600-900克/公顷 毒土法
PD20085575 高氯・辛硫磷/20%/乳油/高效氯氰菊酯 2%、辛硫磷 18%/2013.12.25 至 2018.12.25/中等毒
大豆 甜菜夜蛾 240-300克/公顷 喷雾
棉花 棉铃虫 150-225克/公顷 喷雾
十字花科蔬菜 菜青虫、蚜虫 150-225克/公顷 喷雾
PD20085711 阿维・杀虫单/20%/微乳剂/阿维菌素 0.2%、杀虫单 19.8%/2013.12.26 至 2018.12.26/低毒(原药高毒)
菜豆 美洲斑潜蝇 90-180克/公顷 喷雾
PD20085813 苄・二氯/36%/可湿性粉剂/苄嘧磺隆 4%、二氯喹啉酸 32%/2013.12.29 至 2018.12.29/低毒
水稻移栽田 一年生杂草 216-270克/公顷 喷雾
PD20085840 阿维・哒螨灵/5%/乳油/阿维菌素 0.2%、哒螨灵 4.8%/2013.12.29 至 2018.12.29/低毒(原药高毒)
柑橘树 红蜘蛛 33.3-50毫克/千克 喷雾
PD20085933 苄・乙/30%/可湿性粉剂/苄嘧磺隆 4%、乙草胺 26%/2013.12.29 至 2018.12.29/低毒
水稻移栽田 一年生及部分多年生杂草 90-135克/公顷 药土法
PD20086145 腐霉・福美双/25%/可湿性粉剂/腐霉利 5%、福美双 20%/2013.12.30 至 2018.12.30/中等毒
番茄 灰霉病 225-300克/公顷 喷雾
PD20090069 高氯・马/24%/乳油/高效氯氰菊酯 2%、马拉硫磷 22%/2014.01.08 至 2019.01.08/中等毒
十字花科蔬菜 菜青虫、蚜虫 108-144克/公顷 喷雾
PD20090497 异丙・苄/30%/可湿性粉剂/苄嘧磺隆 5%、异丙草胺 25%/2014.01.12 至 2019.01.12/低毒
水稻抛秧田 一年生及部分多年生杂草 135-180克/公顷 药土法
水稻移栽田 一年生杂草 135-180克/公顷 药土法
PD20090528 复硝酚钠/1.8%/水剂/5-硝基邻甲氧基苯酚钠 0.3%、对硝基苯酚钾 0.9%、邻硝基苯酚钠 0.6%/2014.01.12 至2019.01.12/低毒
番茄 调节生长 2000-3000倍液 兑水喷雾
PD20091654 乙・莠/40%/可湿性粉剂/乙草胺 14%、莠去津 26%/2014.02.03 至 2019.02.03/低毒
夏玉米田 一年生杂草 1200-1500克/公顷 播后苗前土壤喷雾
PD20092774 阿维・高氯/6%/乳油/阿维菌素 0.4%、高效氯氰菊酯 5.6%/2014.03.04 至 2019.03.04/低毒(原药高毒)
黄瓜 斑潜蝇 22.5－24毫克/千克 喷雾
梨树 梨木虱 8.6-12毫克/千克 喷雾
苹果树 黄蚜 8.6-12毫克/千克 喷雾
十字花科蔬菜 小菜蛾 18-22.5克/公顷 喷雾

十字花科蔬菜　菜青虫　13.5-18克/公顷　喷雾

PD20094772　杀虫单/50%/可溶粉剂/杀虫单 50%/2009.04.13 至 2014.04.13/中等毒

水稻　螟虫　750-900克/公顷　毒土法

PD20095661　阿维·高氯/6.3%/可湿性粉剂/阿维菌素 0.7%、高效氯氰菊酯 5.6%/2009.05.13 至 2014.05.13/低毒(原药高毒)

甘蓝　小菜蛾　18.9-28.35克/公顷　喷雾

甘蓝　菜青虫　9.45-14.18克/公顷　喷雾

柑橘树　潜叶蛾　4000-5000倍液　喷雾

PD20095666　烯唑·多菌灵/30%/可湿性粉剂/多菌灵 26%、烯唑醇 4%/2009.05.14 至 2014.05.14/低毒

梨树　黑星病　900-1200倍液　喷雾

PD20096304　苄·乙·甲/25%/可湿性粉剂/苄嘧磺隆 1.3%、甲磺隆 0.3%、乙草胺 23.4%/2009.07.22 至 2014.07.22/低毒

水稻移栽田　一年生及部分多年生杂草　75-93.8克/公顷　毒土法

PD20098279　吗胍·乙酸铜/20%/可湿性粉剂/盐酸吗啉胍 10%、乙酸铜 10%/2009.12.18 至 2014.12.18/低毒

番茄　病毒病　500-750克/公顷　喷雾

PD20101522　络氨铜/25%/水剂/络氨铜 25%/2010.05.19 至 2015.05.19/低毒

棉花　立枯病、炭疽病　99-132克/公顷　拌种

水稻　纹枯病　465-690克/公顷　喷雾

西瓜　枯萎病　0.2-0.25克/株　灌根

PD20101741　吡虫啉/25%/可湿性粉剂/吡虫啉 25%/2010.06.28 至 2015.06.28/低毒

水稻　稻飞虱　15-30克/公顷　喷雾

PD20130042　芸苔素内酯/0.01%/可溶液剂/芸苔素内酯 0.01%/2013.01.07 至 2018.01.07/低毒

小麦　调节生长、增产　0.05-0.067毫克/千克　在抽穗扬花期和灌浆期，两次喷雾

WL20130040　杀虫粉剂/0.8%/粉剂/右旋苯醚菊酯 0.8%/2013.10.10 至 2014.10.10/低毒

室内　蜚蠊　20克制剂/平方米　撒施

上海美臣化妆品有限公司　(上海市松江区民益路735号　201612　021-57687080)

WP20080304　驱蚊液/2.5%/驱蚊液/驱蚊酯 2.5%/2013.12.04 至 2018.12.04/微毒

卫生　蚊　/　涂抹

上海美兴化工股份有限公司　(上海市金山区枫泾镇兴塔兴福利路258号　201502　021-57360080)

WP20120217　驱蚊液/6%/驱蚊液/避蚊胺 6%/2012.11.08 至 2017.11.08/低毒

卫生　蚊　/　涂抹

WL20100080　杀虫气雾剂/0.32%/气雾剂/Es-生物烯丙菊酯 0.02%、右旋胺菊酯 0.15%、右旋苯醚氰菊酯 0.15%/2012.03.05 至2013.03.05/微毒

卫生　尘螨、蚂蚁、跳蚤、蚊、蝇、蜚蠊　/　喷雾

WL20100169　杀虫喷射剂/0.48%/喷射剂/Es-生物烯丙菊酯 0.03%、氯菊酯 0.32%、右旋胺菊酯 0.13%/2012.06.08 至 2013.06.08/微毒

卫生　蚊、蝇、蜚蠊　/　喷射

WL20100225　杀虫气雾剂/0.28%/气雾剂/Es-生物烯丙菊酯 0.08%、炔咪菊酯 0.04%、右旋苯醚菊酯 0.16%/2012.08.09至2013.08.09/微毒

卫生　尘螨、蚂蚁、跳蚤、蚊、蝇、蜚蠊　/　喷雾

上海梦利日化厂　(上海市闵行区浦江镇汇红四队　201112　021-64914627)

WP20080165　杀虫喷射剂/0.11%/喷射剂/Es-生物烯丙菊酯 0.06%、氯氰菊酯 0.05%/2013.11.14 至 2018.11.14/微毒

卫生　蚊、蝇　/　喷射

上海农乐生物制品股份有限公司　(上海市奉贤区雷州路158号　201419　021-57784569)

PD84118-47　多菌灵/25%/可湿性粉剂/多菌灵 25%/2010.01.25 至 2015.01.25/低毒

果树　病害　0.05-0.1%药液　喷雾

花生　倒秧病　750克/公顷　喷雾

麦类　赤霉病　750克/公顷　喷雾,泼浇

棉花　苗期病害　500克/100千克种子　拌种

水稻　稻瘟病、纹枯病　750克/公顷　喷雾,泼浇

油菜　菌核病　1125-1500克/公顷　喷雾

PD86116-5　甲基硫菌灵/36%/悬浮剂/甲基硫菌灵 36%/2011.12.25 至 2016.12.25/低毒

甘薯　黑斑病　800-1000倍液　浸种,喷雾

柑橘　绿霉病、青霉病　800倍液　浸果

禾谷类　黑穗病　1000-2000倍液　浸种

花生　叶斑病　1500-1800倍液　喷雾

梨树、苹果树　白粉病、黑星病　800-1200倍液　喷雾

马铃薯　环腐病　800倍液　浸种

毛竹　枯梢病　1500倍液　喷雾

棉花　枯萎病　170倍液　浸种

葡萄、桑树、烟草　白粉病　800-1000倍液　喷雾

蔬菜　多种病害　400-1000倍液　喷雾

水稻　稻瘟病、纹枯病　800-1500倍液　喷雾

甜菜　褐斑病　1300倍液　喷雾

小麦 白粉病、赤霉病 1500倍液 喷雾
油菜 菌核病 1500倍液 喷雾

PD91106-20 甲基硫菌灵/70%,50%/可湿性粉剂/甲基硫菌灵 70%，50%/2012.05.27 至 2017.05.27/低毒
番茄 叶霉病 375-562.5克/公顷 喷雾
甘薯 黑斑病 360-450毫克/千克 浸薯块
瓜类 白粉病 337.5-506.25克/公顷 喷雾
梨树 黑星病 360-450毫克/千克 喷雾
苹果树 轮纹病 700毫克/千克 喷雾
水稻 稻瘟病、纹枯病 1050-1500克/公顷 喷雾
小麦 赤霉病 750-1050克/公顷 喷雾

PD20040224 高效氯氰菊酯/4.5%/乳油/高效氯氰菊酯 4.5%/2009.12.19 至 2014.12.19/中等毒
十字花科蔬菜 菜青虫 9-25.5克/公顷 喷雾

PD20040346 氯氰菊酯/5%/乳油/氯氰菊酯 5%/2009.12.19 至 2014.12.19/中等毒
十字花科蔬菜 菜青虫 30-45克/公顷 喷雾

PD20040481 井冈·杀虫单/50%/可湿性粉剂/井冈霉素 6.5%、杀虫单 43.5%/2009.12.19 至 2014.12.19/中等毒
水稻 稻纵卷叶螟、纹枯病 600-750克/公顷 喷雾

PD20040686 三唑磷/20%/乳油/三唑磷 20%/2009.12.19 至 2014.12.19/中等毒
水稻 二化螟 300-450克/公顷 喷雾

PD20040692 井冈·吡虫啉/10%/可湿性粉剂/吡虫啉 2%、井冈霉素 8%/2009.12.19 至 2014.12.19/低毒
水稻 飞虱、纹枯病 90-105克/公顷 喷雾

PD20040698 吡虫啉/20%/可溶液剂/吡虫啉 20%/2009.12.19 至 2014.12.19/低毒
水稻 稻飞虱 15-30克/公顷 喷雾

PD20040700 吡虫啉/10%/可溶液剂/吡虫啉 10%/2009.12.19 至 2014.12.19/低毒
水稻 飞虱 22.5-30克/公顷 喷雾

PD20040757 吡虫啉/10%/乳油/吡虫啉 10%/2009.12.19 至 2014.12.19/低毒
水稻 飞虱 15-30克/公顷 喷雾

PD20040779 吡·井·杀虫单/50%/可湿性粉剂/吡虫啉 1%、井冈霉素 6.5%、杀虫单 42.5%/2009.12.19 至 2014.12.19/低毒
水稻 稻纵卷叶螟、飞虱、纹枯病 750-900克/公顷 喷雾

PD20050020 吡虫啉/10%/可湿性粉剂/吡虫啉 10%/2010.04.15 至 2015.04.15/低毒
水稻 稻飞虱 22.5-30克/公顷 喷雾

PD20050021 高氯·吡虫啉/5%/乳油/吡虫啉 2.5%、高效氯氰菊酯 2.5%/2010.04.15 至 2015.04.15/低毒
十字花科蔬菜 菜青虫、蚜虫 22.5-30克/公顷 喷雾

PD20050082 吡虫·杀虫单/74%/可湿性粉剂/吡虫啉 2%、杀虫单 72%/2010.06.24 至 2015.06.24/中等毒
水稻 飞虱、三化螟 555-666克/公顷 喷雾

PD20080098 啶虫脒/5%/乳油/啶虫脒 5%/2013.01.03 至 2018.01.03/低毒
柑橘树 蚜虫 10-15毫克/千克 喷雾

PD20081978 阿维菌素/0.5%/乳油/阿维菌素 0.5%/2008.11.25 至 2013.11.25/低毒(原药高毒)
十字花科蔬菜 小菜蛾 8.1-10.8克/公顷 喷雾

PD20082027 草甘膦异丙胺盐/41%/水剂/草甘膦异丙胺盐 41%/2013.11.25 至 2018.11.25/低毒
柑橘园 一年生和多年生杂草 1125-2250克/公顷 定向茎叶喷雾

PD20082426 阿维菌素/3.2%/乳油/阿维菌素 3.2%/2013.12.02 至 2018.12.02/中等毒(原药高毒)
水稻 稻纵卷叶螟 6-9克/公顷 喷雾

PD20082536 阿维菌素/1.8%/乳油/阿维菌素 1.8%/2013.12.03 至 2018.12.03/低毒(原药高毒)
十字花科蔬菜 小菜蛾 8.1-10.8克/公顷 喷雾

PD20083024 阿维菌素/1%/乳油/阿维菌素 1%/2008.12.10 至 2013.12.10/低毒(原药高毒)
甘蓝 小菜蛾 8.1-10.8克/公顷 喷雾

PD20084075 高氯·马/20%/乳油/高效氯氰菊酯 2%、马拉硫磷 18%/2013.12.16 至 2018.12.16/中等毒
甘蓝 小菜蛾 150-300克/公顷 喷雾
甘蓝 菜青虫、蚜虫 45-120克/公顷 喷雾
柑橘树 蚜虫 50-200毫克/千克 喷雾
棉花 棉铃虫、蚜虫 60-180克/公顷 喷雾

PD20084909 阿维·高氯/5%/乳油/阿维菌素 0.5%、高效氯氰菊酯 4.5%/2013.12.22 至 2018.12.22/低毒(原药高毒)
十字花科蔬菜 小菜蛾 11.25-18.75克/公顷 喷雾

PD20085731 阿维·三唑磷/20%/乳油/阿维菌素 0.2%、三唑磷 19.8%/2013.12.26 至 2018.12.26/中等毒(原药高毒)
水稻 二化螟 180-240克/公顷 喷雾

PD20086224 井冈·杀虫双/22%/水剂/井冈霉素 2%、杀虫双 20%/2013.12.31 至 2018.12.31/中等毒
水稻 螟虫、纹枯病 660-825克/公顷 喷雾

PD20086347 阿维·吡虫啉/5%/乳油/阿维菌素 0.5%、吡虫啉 4.5%/2013.12.31 至 2018.12.31/低毒(原药高毒)
梨树 梨木虱 6.25-10毫克/千克 喷雾

PD20090009 蜡质芽孢杆菌/90亿个/克/母药/蜡质芽孢杆菌 90亿个/克/2014.01.04 至 2019.01.04/低毒

PD20090010 井冈·蜡芽菌///悬浮剂/井冈霉素 2%、蜡质芽孢杆菌 8亿个/克/2014.01.04 至 2019.01.04/低毒
水稻 稻曲病、稻瘟病 150-180克/公顷 喷雾
水稻 纹枯病 240-300克/公顷 喷雾

	小麦	赤霉病、纹枯病	300-390克/公顷	喷雾
PD20090874	井冈·蜡芽菌///可湿性粉剂/井冈霉素 4%、蜡质芽孢杆菌 16亿个/克/2014.01.19 至 2019.01.19/低毒			
	水稻	纹枯病	300-360克/公顷	喷雾
	小麦	赤霉病、纹枯病	300-390克/公顷	喷雾
PD20092826	井冈·蜡芽菌///水剂/井冈霉素 2.5%、蜡质芽孢杆菌 10亿个/克/2014.03.04 至 2019.03.04/低毒			
	水稻	纹枯病	56.25-93.75克/公顷	喷雾
PD20093663	高效氯氰菊酯/4.5%/水乳剂/高效氯氰菊酯 4.5%/2014.03.25 至 2019.03.25/低毒			
	十字花科蔬菜	菜青虫	20.25-33.75克/公顷	喷雾
PD20094015	井冈·蜡芽菌///可湿性粉剂/井冈霉素 8%、蜡质芽孢杆菌 32亿个/克/2014.03.27 至 2019.03.27/低毒			
	水稻	纹枯病	300-360克/公顷	喷雾
PD20094682	杀双·毒死蜱/24%/水乳剂/毒死蜱 10%、杀虫双 14%/2014.04.10 至 2019.04.10/低毒			
	水稻	稻纵卷叶螟、二化螟	270-360克/公顷	喷雾
PD20095780	高氯·辛硫磷/40%/乳油/高效氯氰菊酯 2.5%、辛硫磷 37.5%/2009.05.21 至 2014.05.21/低毒			
	棉花	棉铃虫	360-480克/公顷	喷雾
PD20096362	井冈·蜡芽菌/4%+16亿个/克蜡芽菌/悬浮剂/井冈霉素 4%、蜡质芽孢杆菌 16亿个/克蜡芽菌/2009.07.28 至 2014.07.28/低毒			
	水稻	纹枯病	240-300克/公顷	喷雾
PD20110314	申嗪霉素/95%/原药/申嗪霉素 95%/2011.03.23 至 2016.03.23/中等毒			
PD20110315	申嗪霉素/1%/悬浮剂/申嗪霉素 1%/2011.03.23 至 2016.03.23/低毒			
	辣椒	疫病	50-120毫升/亩	喷雾
	水稻	纹枯病	50-70毫升/亩	喷雾
	西瓜	枯萎病	500-1000倍液	灌根
PD20111187	高效氯氟氰菊酯/2.5%/水乳剂/高效氯氟氰菊酯 2.5%/2011.11.16 至 2016.11.16/中等毒			
	甘蓝	菜青虫	9.375-13.125克/公顷	喷雾
PD20111394	四聚乙醛/96%/原药/四聚乙醛 96%/2011.12.21 至 2016.12.21/中等毒			
PD20111397	阿维菌素/3%/水乳剂/阿维菌素 3%/2011.12.21 至 2016.12.21/低毒(原药高毒)			
	水稻	稻纵卷叶螟	4.95-6.6克/公顷	喷雾
PD20120150	戊唑醇/430克/升/悬浮剂/戊唑醇 430克/升/2012.01.30 至 2017.01.30/低毒			
	黄瓜	白粉病	96.75-135.45克/公顷	喷雾
PD20121142	毒死蜱/20%/水乳剂/毒死蜱 20%/2012.07.20 至 2017.07.20/低毒			
	水稻	稻纵卷叶螟	450-540克/公顷	喷雾
	水稻	稻飞虱、二化螟	450-600克/公顷	喷雾
PD20121304	多杀霉素/90%/原药/多杀霉素 90%/2012.09.11 至 2017.09.11/低毒			
PD20121785	多杀霉素/10%/悬浮剂/多杀霉素 10%/2012.11.22 至 2017.11.22/低毒			
	甘蓝	小菜蛾	18.75-26.25克/公顷	喷雾
PD20130765	甲氨基阿维菌素苯甲酸盐/0.5%/水乳剂/甲氨基阿维菌素 0.5%/2013.04.16 至 2018.04.16/低毒			
	水稻	二化螟	5.4-7.2克/公顷	喷雾
	注:甲氨基阿维菌素苯甲酸盐含量: 0.57%。			
PD20131153	多杀霉素/10%/水分散粒剂/多杀霉素 10%/2013.05.20 至 2018.05.20/低毒			
	甘蓝	小菜蛾	18.75-26.25克/公顷	喷雾
PD20131193	氰氟草酯/10%/水乳剂/氰氟草酯 10%/2013.05.27 至 2018.05.27/低毒			
	直播水稻田	稗草、千金子等禾本科杂草	90-120克/公顷	茎叶喷雾
PD20132622	吡虫啉/350克/升/悬浮剂/吡虫啉 350克/升/2013.12.20 至 2018.12.20/低毒			
	水稻	稻飞虱	33.75-45克/公顷	喷雾

上海农药厂有限公司 (上海市浦东新区江心沙路9号 200137 021-58611010)

PD84108	敌百虫/90%/可溶粉剂/敌百虫 90%/2010.01.21 至 2015.01.21/低毒			
	白菜、青菜	地下害虫	750-1500克/公顷	喷雾
	白菜、青菜	菜青虫	960-1200克/公顷	喷雾
	茶树	尺蠖、刺蛾	450-900毫克/千克	喷雾
	大豆	造桥虫	1800克/公顷	喷雾
	柑橘树	卷叶蛾	600-750毫克/千克	喷雾
	林木	松毛虫	600-900毫克/千克	喷雾
	水稻	螟虫	1500-1800克/公顷	喷雾，泼浇活毒土
	小麦	粘虫	1800克/公顷	喷雾
	烟草	烟青虫	900毫克/千克	喷雾
PD85105-7	敌敌畏/80%/乳油/敌敌畏 77.5%(气谱法)/2010.01.21 至 2015.01.21/中等毒			
	茶树	食叶害虫	600克/公顷	喷雾
	粮仓	多种储藏害虫	1)400-500倍液 2)0.4-0.5克/立方米	1)喷雾 2)挂条熏蒸
	棉花	蚜虫、造桥虫	600-1200克/公顷	喷雾
	苹果树	小卷叶蛾、蚜虫	400-500毫克/千克	喷雾
	青菜	菜青虫	600克/公顷	喷雾
	桑树	尺蠖	600克/公顷	喷雾

卫生 多种卫生害虫 1)300-400倍液2)0.08克/立方米 1)泼洒2)挂条熏蒸
小麦 黏虫、蚜虫 600克/公顷 喷雾
PD20040287 三唑磷/85%/原药/三唑磷 85%/2009.12.19 至 2014.12.19/中等毒
PD20040300 哒螨灵/95%/原药/哒螨灵 95%/2009.12.19 至 2014.12.19/中等毒
PD20040392 哒螨灵/15%/乳油/哒螨灵 15%/2009.12.19 至 2014.12.19/中等毒
柑橘树 红蜘蛛 50-67毫克/千克 喷雾
PD20050041 三唑磷/20%/乳油/三唑磷 20%/2010.04.15 至 2015.04.15/中等毒
水稻 二化螟 300-450克/公顷 喷雾
PD20080879 二氯喹啉酸/96%/原药/二氯喹啉酸 96%/2008.07.09 至 2013.07.09/低毒
PD20080902 二氯喹啉酸/50%/可湿性粉剂/二氯喹啉酸 50%/2008.07.09 至 2013.07.09/低毒
水稻移栽田 稗草 200-390克/公顷(北方地区) 喷雾
PD20080909 二氯喹啉酸/25%/可湿性粉剂/二氯喹啉酸 25%/2008.07.09 至 2013.07.09/低毒
水稻田 稗草 225-375克/公顷(北方地区) 放干水后茎叶喷雾处理
PD20082702 噻嗪 ·敌敌畏/50%/乳油/敌敌畏 45%、噻嗪酮 5%/2008.12.05 至 2013.12.05/中等毒
水稻 稻飞虱 750-1125克/公顷 喷雾
PD20082705 氰戊·乐果/25%/乳油/乐果 21.8%、氰戊菊酯 3.2%/2008.12.05 至 2013.12.05/中等毒
棉花 蚜虫 56.25-112.5克/公顷 喷雾
PD20083263 莎稗磷/30%/乳油/莎稗磷 30%/2008.12.11 至 2013.12.11/低毒
水稻移栽田 莎草及稗草 225-300克/公顷 毒土法
PD20083627 氰戊·敌敌畏/50%/乳油/敌敌畏 47.5%、氰戊菊酯 2.5%/2008.12.12 至 2013.12.12/中等毒
粮库空仓 仓储害虫 0.2-0.8克/平方米 喷雾
PD20092805 乐果·敌敌畏/50%/乳油/敌敌畏 25%、乐果 25%/2009.03.04 至 2014.03.04/中等毒
十字花科蔬菜 蚜虫 300-375克/公顷 喷雾
PD20096070 莎稗磷/94%/原药/莎稗磷 94%/2009.06.18 至 2014.06.18/低毒
PD20096074 苄嘧·莎稗磷/20%/可湿性粉剂/苄嘧磺隆 2.2%、莎稗磷 17.8%/2009.06.18 至 2014.06.18/低毒
水稻移栽田 一年生及部分多年生杂草 300-450克/公顷 毒土法
PD20098202 毒死蜱/480克/升/乳油/毒死蜱 480克/升/2009.12.16 至 2014.12.16/中等毒
水稻 稻飞虱 576-864克/公顷 喷雾
水稻 二化螟 576-792克/亩 喷雾

上海诺华动物保健有限公司 (上海市奉贤区五四农场场中路1号 201423 021-57160810)

WP20110124 杀蝇饵粒/1.1%/饵粒/噻虫嗪 1%、诱虫烯 0.1%/2011.05.27 至 2016.05.27/微毒
卫生 蝇 / 投饵

上海萨莎化妆品有限公司 (上海市宝山区真大路454号 200436 021-56683881)

WP20110212 驱蚊花露水/4.5%/驱蚊花露水/驱蚊酯 4.5%/2011.09.15 至 2016.09.15/低毒
卫生 蚊 / 涂抹
注:本产品有一种香型:薄荷香型。

上海三樱扑雷药业有限公司 (上海市松江区洞泾镇洞库路725号4幢2层-1区 201219 021-66308872)

WP20090088 电热蚊香片/27毫克/片/电热蚊香片/Es-生物烯丙菊酯 27毫克/片/2009.02.03 至 2014.02.03/低毒
卫生 蚊 / 电热加温
WP20090208 防蛀防霉片剂/96%/片剂/对二氯苯 96%/2009.03.27 至 2014.03.27/低毒
卫生 黑皮蠹、霉菌 40克制剂/立方米 投放
WP20090294 杀蟑饵剂/1.0%/毒饵/毒死蜱 1.0%/2009.07.13 至 2014.07.13/低毒
卫生 蜚蠊 / 投放
WP20110141 防蛀细粒剂/38%/细粒剂/右旋樟脑 38%/2011.06.08 至 2016.06.08/微毒
卫生 黑皮蠹 500克/立方米 投放

上海申威(集团)有限公司 (上海市浦东新区华夏东路2682号 201200 021-58921232-203)

WP20080079 杀虫气雾剂/0.55%/气雾剂/胺菊酯 0.28%、氯菊酯 0.24%、氯氰菊酯 0.03%/2008.05.30 至 2013.05.30/低毒
卫生 蜚蠊、蚊、蝇 / 喷雾

上海生农生化制品有限公司 (上海市松江区洞泾镇洞舟路51号 201619 021-67679572)

PD20070684 丙环唑/25%/乳油/丙环唑 25%/2012.12.17 至 2017.12.17/低毒
香蕉 叶斑病 250-500毫克/千克 喷雾
PD20080390 啶虫脒/20%/可溶液剂/啶虫脒 20%/2013.02.28 至 2018.02.28/低毒
黄瓜 蚜虫 45-72克/公顷 喷雾
PD20080555 四聚乙醛/99%/原药/四聚乙醛 99%/2013.05.09 至 2018.05.09/低毒
PD20081293 乙氧氟草醚/240克/升/乳油/乙氧氟草醚 240克/升/2013.09.26 至 2018.09.26/低毒
大蒜田 一年生杂草 180-216克/公顷 土壤喷雾
PD20081590 氟啶脲/5%/乳油/氟啶脲 5%/2013.11.12 至 2018.11.12/低毒
青菜 菜青虫 37.5-45克/公顷 喷雾
PD20081710 苯醚甲环唑/95%/原药/苯醚甲环唑 95%/2013.11.17 至 2018.11.17/低毒
PD20082131 咪鲜胺锰盐/50%/可湿性粉剂/咪鲜胺锰盐 50%/2013.11.25 至 2018.11.25/低毒
柑橘 绿霉病、青霉病 250-500毫克/千克 浸果1分钟
PD20082166 戊唑醇/96%/原药/戊唑醇 96%/2013.11.26 至 2018.11.26/低毒

PD20083666 丙环唑/95%/原药/丙环唑 95%/2013.12.12 至 2018.12.12/低毒
PD20085514 代森锌/65%/可湿性粉剂/代森锌 65%/2013.12.25 至 2018.12.25/低毒
番茄 早疫病 1828-2438克/公顷 喷雾
PD20085976 精噁唑禾草灵/80.5克/升/乳油/精噁唑禾草灵 80.5克/升/2013.12.29 至 2018.12.29/低毒
冬油菜田 一年生禾本科杂草 54.3-72.5克/公顷 茎叶喷雾
PD20090372 除虫脲/98%/原药/除虫脲 98%/2014.01.12 至 2019.01.12/低毒
PD20090608 毒死蜱/40%/乳油/毒死蜱 40%/2009.01.14 至 2014.01.14/中等毒
十字花科蔬菜 菜青虫 420-540克/公顷 喷雾
水稻 稻飞虱、稻纵卷叶螟 450-600克/公顷 喷雾
PD20091209 戊唑醇/6%/种子处理悬浮剂/戊唑醇 6%/2014.02.01 至 2019.02.01/低毒
小麦 散黑穗病 1.8-2.7克/100千克种子 拌种
PD20092098 氟啶脲/96%/原药/氟啶脲 96%/2014.02.16 至 2019.02.16/低毒
PD20093399 氟菌唑/95%/原药/氟菌唑 95%/2014.03.20 至 2019.03.20/低毒
PD20093799 除虫脲/20%/悬浮剂/除虫脲 20%/2014.03.25 至 2019.03.25/低毒
甘蓝 菜青虫 90-150克/公顷 喷雾
PD20094023 苯醚甲环唑/10%/水分散粒剂/苯醚甲环唑 10%/2014.03.27 至 2019.03.27/低毒
西瓜 炭疽病 75-112.5克/公顷 喷雾
PD20094986 十三吗啉/750克/升/乳油/十三吗啉 750克/升/2009.04.21 至 2014.04.21/低毒
橡胶树 红根病 15-30克/株 灌淋
PD20095003 十三吗啉/95%/原药/十三吗啉 95%/2009.04.21 至 2014.04.21/低毒
PD20098094 乙氧氟草醚/97%/原药/乙氧氟草醚 97%/2009.12.08 至 2014.12.08/低毒
PD20098261 氯氟吡氧乙酸异辛酯(288克/升)///乳油/氯氟吡氧乙酸 200克/升/2009.12.16 至 2014.12.16/低毒
冬小麦田 阔叶杂草 150-180克/公顷 茎叶喷雾
PD20100022 氟菌唑/30%/可湿性粉剂/氟菌唑 30%/2010.01.04 至 2015.01.04/低毒
黄瓜 白粉病 67.5-90克/公顷 喷雾
PD20110018 吡虫啉/70%/水分散粒剂/吡虫啉 70%/2011.01.04 至 2016.01.04/低毒
甘蓝 蚜虫 15.75-21克/公顷 喷雾
PD20110313 四聚乙醛/6%/颗粒剂/四聚乙醛 6%/2011.03.23 至 2016.03.23/低毒
叶菜类蔬菜 蜗牛 450-630克/公顷 撒施
PD20110870 戊唑醇/80%/可湿性粉剂/戊唑醇 80%/2011.08.16 至 2016.08.16/低毒
水稻 稻曲病 96-120克/公顷 喷雾
香蕉 叶斑病 200-300毫克/千克 喷雾
PD20111325 戊唑醇/25%/乳油/戊唑醇 25%/2011.12.05 至 2016.12.05/低毒
香蕉 叶斑病 250-300毫克/千克 喷雾
注:戊唑醇质量浓度250克/升。
PD20120087 顺式氯氰菊酯/10%/水乳剂/顺式氯氰菊酯 10%/2012.01.19 至 2017.01.19/中等毒
甘蓝 菜青虫 37.5-52.5克/公顷 喷雾
PD20120202 四聚乙醛/80%/可湿性粉剂/四聚乙醛 80%/2012.02.06 至 2017.02.06/中等毒
甘蓝 蜗牛 300-480克/公顷 喷雾
PD20120444 氰氟草酯/100克/升/乳油/氰氟草酯 100克/升/2012.03.28 至 2017.03.28/低毒
直播水稻田 稗草、千金子等禾本科杂草 75-90克/公顷 茎叶喷雾
PD20120462 苯甲·丙环唑/300克/升/乳油/苯醚甲环唑 150克/升、丙环唑 150克/升/2012.03.16 至 2017.03.16/低毒
水稻 纹枯病 67.5-112.5克/公顷 喷雾
PD20120483 戊唑醇/430克/升/悬浮剂/戊唑醇 430克/升/2012.03.28 至 2017.03.28/低毒
梨树 黑星病 107.5-143.3ppm 喷雾
PD20120508 氰氟草酯/97.4%/原药/氰氟草酯 97.4%/2012.03.28 至 2017.03.28/低毒
PD20120704 吡丙·吡虫啉/10%/悬浮剂/吡虫啉 7.5%、吡丙醚 2.5%/2012.04.18 至 2017.04.18/低毒
番茄 粉虱 45-75克/公顷 喷雾
PD20121258 氟环·多菌灵/40%/悬浮剂/多菌灵 20%、氟环唑 20%/2012.09.04 至 2017.09.04/低毒
水稻 纹枯病 120-180克/公顷 喷雾
香蕉树 叶斑病 200-270毫克/千克 喷雾
PD20121260 精噁唑禾草灵/100克/升/乳油/精噁唑禾草灵 100克/升/2012.09.04 至 2017.09.04/低毒
春小麦田 一年生禾本科杂草 60-75克/公顷 茎叶喷雾
冬小麦田 一年生禾本科杂草 45-75克/公顷 茎叶喷雾
PD20121265 霜脲·锰锌/72%/可湿性粉剂/代森锰锌 64%、霜脲氰 8%/2012.09.04 至 2017.09.04/低毒
黄瓜 霜霉病 1440-1800克/公顷 喷雾
PD20131935 吡丙醚/100克/升/乳油/吡丙醚 100克/升/2013.09.29 至 2018.09.29/低毒
番茄 白粉虱 71.25-90克/公顷 喷雾
PD20131936 吡丙醚/95%/原药/吡丙醚 95%/2013.09.29 至 2018.09.29/低毒
LS20120384 甲维·吡丙醚/20%/悬浮剂/吡丙醚 18%、甲氨基阿维菌素苯甲酸盐 2%/2013.11.08 至 2014.11.08/低毒
水稻 稻纵卷叶螟 180-240克/公顷 喷雾
WP20080026 吡丙醚/95%/原药/吡丙醚 95%/2013.02.19 至 2018.02.19/低毒
WP20090030 驱蚊酯/99.5%/原药/驱蚊酯 99.5%/2014.01.12 至 2019.01.12/低毒

WP20090087 避蚊胺/98%/原药/避蚊胺 98%/2014.02.02 至 2019.02.02/低毒

WP20100057 杀蟑饵膏/15%/饵膏/硼酸 15%/2010.04.02 至 2015.04.02/低毒
卫生 蜚蠊 / 投放

WP20110239 杀虫粉剂/0.3%/粉剂/氟氯氰菊酯 0.3%/2011.10.18 至 2016.10.18/低毒
室内 蜚蠊 3克制剂/平方米 撒布

WL20110051 杀蟑烟剂/4.5%/烟剂/氯菊酯 4.5%/2013.04.02 至 2014.04.02/低毒
卫生 蜚蠊 / 点燃

WL20110133 杀虫粉剂/0.15%/粉剂/高效氟氯氰菊酯 .15%/2013.12.02 至 2014.12.02/低毒
卫生 蚂蚁 / 撒施

WL20120040 右胺·氯菊/6.5%/水乳剂/氯菊酯 4.5%、右旋胺菊酯 2%/2013.07.12 至 2014.07.12/低毒
卫生 蜚蠊 80毫克/平方米（吸收板面）；40毫克/平方米（半吸收面）；20毫克/平方米（不吸收面） 滞留喷洒

上海升联化工有限公司 （上海市奉贤区柘林镇宅兴路59号 201416 021-57490222）

PD84118-30 多菌灵/25%/可湿性粉剂/多菌灵 25%/2010.01.31 至 2015.01.31/低毒
果树 病害 0.05-0.1%药液 喷雾
花生 倒秧病 750克/公顷 喷雾
麦类 赤霉病 750克/公顷 喷雾,泼浇
棉花 苗期病害 500克/100千克种子 拌种
水稻 稻瘟病、纹枯病 750克/公顷 喷雾,泼浇
油菜 菌核病 1125-1500克/公顷 喷雾

PD85136 速灭威/25%/可湿性粉剂/速灭威 25%/2010.07.14 至 2015.07.14/中等毒
水稻 飞虱、叶蝉 375-750克/公顷 喷雾

PD85150-6 多菌灵/50%/可湿性粉剂/多菌灵 50%/2010.08.15 至 2015.08.15/低毒
果树 病害 0.05-0.1%药液 喷雾
花生 倒秧病 750克/公顷 喷雾
麦类 赤霉病 750克/公顷 喷雾、泼浇
棉花 苗期病害 250克/50千克种子 拌种
水稻 稻瘟病、纹枯病 750克/公顷 喷雾、泼浇
油菜 菌核病 1125-1500克/公顷 喷雾

PD86138 氯菊酯/10%/乳油/氯菊酯 10%/2013.02.19 至 2018.02.19/低毒
茶树 茶毛虫、尺蠖、蚜虫 20-50毫克/千克 喷雾
果树 潜叶蛾、食心虫、蚜虫 30-60毫克/千克 喷雾
棉花 红铃虫、棉铃虫、蚜虫 25-100毫克/千克 喷雾
蔬菜 菜青虫、小菜蛾、蚜虫 10-25毫克/千克 喷雾
卫生 白蚁 120毫克/千克 滞留喷射
卫生 蚊、蝇 1-3毫克/立方米 喷雾
小麦 黏虫 20毫克/千克 喷雾
烟草 烟青虫 10-20毫克/千克 喷雾

PD92103-5 草甘膦/95%,93%,90%/原药/草甘膦 95%,93%,90%/2012.08.08 至 2017.08.08/低毒

PD20040114 高效氯氰菊酯/4.5%/乳油/高效氯氰菊酯 4.5%/2009.12.19 至 2014.12.19/中等毒
柑橘树 潜叶蛾 1000-2000倍液 喷雾
棉花 棉铃虫 20.25-33.75克/公顷 喷雾
十字花科蔬菜 菜青虫 13.5-20.25克/公顷 喷雾

PD20040250 三唑酮/20%/乳油/三唑酮 20%/2009.12.19 至 2014.12.19/低毒
小麦 白粉病 120-127.5克/公顷 喷雾

PD20040272 吡虫啉/10%/可湿性粉剂/吡虫啉 10%/2009.12.19 至 2014.12.19/低毒
柑橘树 蚜虫 20-25毫克/千克 喷雾
水稻 飞虱 15-30克/公顷 喷雾

PD20040352 氯氰菊酯/10%/乳油/氯氰菊酯 10%/2009.12.19 至 2014.12.19/中等毒
棉花 棉铃虫、棉蚜 45-90克/公顷 喷雾
十字花科蔬菜 菜青虫 30-45克/公顷 喷雾

PD20040355 氯氰菊酯/5%/乳油/氯氰菊酯 5%/2009.12.19 至 2014.12.19/中等毒
棉花 棉铃虫、棉蚜 45-90克/公顷 喷雾
十字花科蔬菜 菜青虫 30-45克/公顷 喷雾

PD20040402 三唑酮/15%/可湿性粉剂/三唑酮 15%/2009.12.19 至 2014.12.19/低毒
小麦 白粉病、锈病 135-180克/公顷 喷雾
玉米 丝黑穗病 60-90克/100千克种子 拌种

PD20040492 三唑磷/20%/乳油/三唑磷 20%/2009.12.19 至 2014.12.19/中等毒
棉花 红铃虫 600-900克/公顷 喷雾
水稻 二化螟 300-450克/公顷 喷雾

PD20040538 哒螨灵/15%/乳油/哒螨灵 15%/2009.12.19 至 2014.12.19/中等毒
柑橘树 红蜘蛛 50-67毫克/千克 喷雾

苹果树 叶螨 50-67毫克/千克 喷雾
PD20040679 哒螨灵/20%/可湿性粉剂/哒螨灵 20%/2009.12.19 至 2014.12.19/中等毒
柑橘树、苹果树 红蜘蛛 50-67毫克/千克 喷雾
PD20050083 三唑酮/95%/原粉/三唑酮 95%/2010.06.24 至 2015.06.24/低毒
PD20081566 霜脲氰/97%/原药/霜脲氰 97%/2013.11.11 至 2018.11.11/低毒
PD20082252 毒死蜱/98%/原药/毒死蜱 98%/2013.11.27 至 2018.11.27/中等毒
PD20086312 多效唑/15%/可湿性粉剂/多效唑 15%/2013.12.31 至 2018.12.31/低毒
水稻(育秧苗) 控制生长 200-300毫克/千克 喷雾
油菜(苗床) 控制生长 100-200毫克/千克 喷雾
PD20091403 丁草胺/50%/乳油/丁草胺 50%/2009.02.02 至 2014.02.02/低毒
移栽水稻田 一年生杂草 900-1350克/公顷 药土法
PD20091435 毒死蜱/40%/乳油/毒死蜱 40%/2014.02.02 至 2019.02.02/中等毒
棉花 棉铃虫、蚜虫 450-600克/公顷 喷雾
PD20091450 甲基硫菌灵/70%/可湿性粉剂/甲基硫菌灵 70%/2014.02.02 至 2019.02.02/低毒
水稻 纹枯病 1365-1680克/公顷 喷雾
小麦 赤霉病 945-1260克/公顷 喷雾
PD20091489 代森锰锌/80%/可湿性粉剂/代森锰锌 80%/2014.02.02 至 2019.02.02/微毒
番茄 早疫病 1800-2100克/公顷 喷雾
PD20091539 甲霜·锰锌/58%/可湿性粉剂/甲霜灵 10%、代森锰锌 48%/2014.02.03 至 2019.02.03/低毒
黄瓜 霜霉病 1305-1566克/公顷 喷雾
PD20091642 氯氰·毒死蜱/52.25%/乳油/毒死蜱 47.75%、氯氰菊酯 4.5%/2014.02.03 至 2019.02.03/中等毒
柑橘树 潜叶蛾 522.5-1045毫克/千克 喷雾
PD20091972 草甘膦异丙胺盐/41%/水剂/草甘膦异丙胺盐 41%/2014.02.12 至 2019.02.12/低毒
柑橘园 杂草 1230-2460克/公顷 定向喷雾
PD20092526 噻嗪酮/25%/可湿性粉剂/噻嗪酮 25%/2014.02.26 至 2019.02.26/低毒
茶树 小绿叶蝉 166-250毫克/千克 喷雾
柑橘树 矢尖蚧 150-250毫克/千克 喷雾
水稻 飞虱 75-112.5克/公顷 喷雾
PD20092558 草甘膦铵盐/95%/可溶粒剂/草甘膦铵盐 95%/2014.02.26 至 2019.02.26/低毒
柑橘园 杂草 1282.5-2280克/公顷 定向喷雾
PD20092604 灭多威/20%/乳油/灭多威 20%/2014.02.27 至 2019.02.27/高毒
棉花 蚜虫 75-150克/公顷 喷雾
棉花 棉铃虫 150-225克/公顷 喷雾
PD20092636 百菌清/75%/可湿性粉剂/百菌清 75%/2014.03.02 至 2019.03.02/低毒
黄瓜 霜霉病 1200-1650克/公顷 喷雾
PD20092947 乙烯利/40%/水剂/乙烯利 40%/2014.03.09 至 2019.03.09/低毒
棉花 催熟 300-500倍液 茎叶喷雾
香蕉 催熟 1000-1500倍液 浸果
PD20093452 丙环唑/25%/乳油/丙环唑 25%/2014.03.23 至 2019.03.23/低毒
香蕉 叶斑病 250-500毫克/千克 喷雾
PD20093479 草甘膦/50%/可溶粉剂/草甘膦 50%/2014.03.23 至 2019.03.23/微毒
非耕地 杂草 1125-2250克/公顷 喷雾
PD20093573 三环唑/20%/可湿性粉剂/三环唑 20%/2014.03.23 至 2019.03.23/中等毒
水稻 稻瘟病 225-300克/公顷 喷雾
PD20095024 多效唑/96%/原药/多效唑 96%/2014.04.21 至 2019.04.21/低毒
PD20097483 阿维菌素/1.8%/乳油/阿维菌素 1.8%/2009.11.03 至 2014.11.03/低毒(原药高毒)
甘蓝 菜青虫 6-7.5克/公顷 喷雾
PD20097857 毒死蜱/480克/升/乳油/毒死蜱 480克/升/2009.11.20 至 2014.11.20/中等毒
柑橘树 介壳虫 320-480毫克/千克 喷雾
苹果树 绵蚜 240-320毫克/千克 喷雾
水稻 二化螟 648-864克/公顷 喷雾
水稻 稻飞虱、稻纵卷叶螟 576-864克/公顷 喷雾
PD20131184 吡蚜酮/50%/水分散粒剂/吡蚜酮 50%/2013.05.27 至 2018.05.27/低毒
水稻 稻飞虱 90-120克/公顷 喷雾
LS20120250 滴酸·草甘膦/39.6%/水剂/草甘膦 37.1%、2,4-滴 2.5%/2013.07.10 至 2014.07.10/低毒
非耕地 杂草 1260-2520克/公顷 定向喷雾
注:草甘膦异丙胺盐含量:50%
LS20130054 戊唑·百菌清/75%/可湿性粉剂/百菌清 62.5%、戊唑醇 12.5%/2013.02.06 至 2014.02.06/低毒
小麦 白粉病 450-562.5克/公顷 喷雾
LS20130310 噻虫·吡蚜酮/25%/可湿性粉剂/吡蚜酮 12.5%、噻虫嗪 12.5%/2013.06.04 至 2014.06.04/微毒
水稻 稻飞虱 11.25-22.5克/公顷 喷雾
WPN16-97 杀虫气雾剂/0.85%/气雾剂/残杀威 0.23%、氯菊酯 0.54%、右旋烯丙菊酯 0.077%/2013.02.27 至 2018.02.27/低毒
卫生 蜚蠊、蚊、蝇 / 喷雾

WPN17-97 氰·烯·氯菊/0.29%/喷射剂/氯菊酯 0.2%、氯氰菊酯 0.04%、右旋烯丙菊酯 0.05%/2013.07.29 至 2018.07.29/低毒

卫生	蜚蠊、蚊、蝇	/	喷射

WP86137 氯菊酯/90%、85%、80%/原药/氯菊酯 90%、85%、80%/2011.10.23 至 2016.10.23/低毒

上海同瑞生物科技有限公司 (上海市奉贤区南奉公路3528号 201414 021-57561314)

PD85131-27 井冈霉素/2.4%,4%/水剂/井冈霉素A 2.4%,4%/2011.04.29 至 2016.04.29/低毒

水稻	纹枯病	75-112.5克/公顷	喷雾、泼浇

PD86101 赤霉酸/3%/乳油/赤霉酸 3%/2011.07.26 至 2016.07.26/低毒

菠菜	增加鲜重	7.5-18.75毫克/千克	叶面处理1-3次
菠萝	果实增大、增重	30-60毫克/千克	喷花
柑橘树	果实增大、增重	15-30毫克/千克	喷花
花卉	提前开花	525毫克/千克	叶面处理涂抹花芽
绿肥	增产	7.5-15毫克/千克	喷雾
马铃薯	苗齐、增产	0.375-0.75毫克/千克	浸薯块10-30分钟
棉花	提高结铃率、增产	7.5-15毫克/千克	点喷、点涂或喷雾
葡萄	无核、增产	37.5-150毫克/千克	花后1周处理果穗
芹菜	增产	15-75毫克/千克	叶面处理1次
人参	增加发芽率	15毫克/千克	播前浸种15分钟
水稻	增加千粒重、制种	15-22.5毫克/千克	喷雾

PD86183-35 赤霉酸/75%/结晶粉/赤霉酸 75%/2011.07.26 至 2016.07.26/低毒

菠菜	增加鲜重	10-25毫克/千克	叶面处理1-3次
菠萝	果实增大、增重	40-80毫克/千克	喷花
柑橘树	果实增大、增重	20-40毫克/千克	喷花
花卉	提前开花	700毫克/千克	叶面处理涂抹花芽
绿肥	增产	10-20毫克/千克	喷雾
马铃薯	苗齐、增产	0.5-1毫克/千克	浸薯块10-30分钟
棉花	提高结铃率、增产	10-20毫克/千克	点喷、点涂或喷雾
葡萄	无核、增产	50-200毫克/千克	花后一周处理果穗
芹菜	增加鲜重	20-100毫克/千克	叶面处理1次
人参	增加发芽率	20毫克/千克	播种前浸种15分钟
水稻	增加千粒重、制种	20-30毫克/千克	喷雾

PD20083607 赤霉酸/40%/可溶粒剂/赤霉酸 40%/2013.12.12 至 2018.12.12/低毒

菠菜	增加鲜重	10-25毫克/千克	叶面处理1-3次
菠萝	果实增大、增重	40-80毫克/千克	喷花
柑橘树	果实增大、增重	20-40毫克/千克	喷花
花卉	提高开花	700毫克/千克	叶面处理涂抹花芽
绿肥	增产	10-20毫克/千克	喷雾
马铃薯	苗齐、增产	0.5-1毫克/千克	浸薯块10-30分钟
棉花	提高结铃率、增产	10-20毫克/千克	点喷,点涂或喷雾
葡萄	无核、增产	50-200毫克/千克	花后一周处理果实
芹菜	增加鲜重	20-100毫克/千克	叶面处理1次
人参	增加发芽率	20毫克/千克	播前浸种15分钟
水稻	增加千粒重、制种	20-30毫克/千克	喷雾

PD20095565 赤霉酸/20%/可溶片剂/赤霉酸 20%/2009.05.12 至 2014.05.12/微毒

芹菜	调节生长、增产	35-50毫克/千克	茎叶喷雾

上海万佳日用化工有限公司 (上海市松江区茸北镇茸北路333弄8号 201613 021-57786058)

WP20080283 杀虫喷射剂/1.45%/喷射剂/胺菊酯 0.25%、氯菊酯 1.20%/2013.12.01 至 2018.12.01/低毒

卫生	尘螨、蜚蠊、蚊、衣蛾、蝇	/	喷射

WP20090361 防蛀防霉球剂/96%/球剂/对二氯苯 96%/2009.11.09 至 2014.11.09/低毒

卫生	黑毛皮蠹、霉菌、衣蛾	40克制剂/立方米	投放

WP20100049 防蛀防霉片剂/96%/片剂/对二氯苯 96%/2010.03.10 至 2015.03.10/低毒

卫生	黑毛皮蠹、霉菌、衣蛾	40克制剂/立方米	投放

上海万农达裕生物农药有限公司 (上海市奉贤县柘村镇林村三组 201400 021-57414490)

PD20094313 苏云金杆菌/8000IU/毫克/可湿性粉剂/苏云金杆菌 8000IU/毫克/2009.03.31 至 2014.03.31/低毒

茶树	茶毛虫	400-800倍液	喷雾
棉花	二代棉铃虫	3000-4500克制剂/公顷	喷雾
森林	松毛虫	600-800倍液	喷雾
十字花科蔬菜	小菜蛾	1500-2250克制剂/公顷	喷雾
十字花科蔬菜	菜青虫	750-1500克制剂/公顷	喷雾
水稻	稻纵卷叶螟	3000-4500克制剂/公顷	喷雾
烟草	烟青虫	1500-3000克制剂/公顷	喷雾
玉米	玉米螟	1500-3000克制剂/公顷	加细沙灌心
枣树	枣尺蠖	600-800倍液	喷雾

PD20097900 苏云金杆菌/2000IU/毫克/颗粒剂/苏云金杆菌 2000IU/毫克/2009.11.30 至 2014.11.30/低毒

玉米　玉米螟　4500-6000克制剂/公顷　心叶撒施

上海夏威工贸有限公司　（上海市浦东新区川沙镇华厦二路436弄88号　201200　021-58370577）

WP20080294　驱蚊液/8%/驱蚊液/避蚊胺 8%/2008.12.03 至 2013.12.03/低毒
卫生　蚊　/　涂抹

WP20080532　避蚊胺/98%/原药/避蚊胺 98%/2008.12.23 至 2013.12.23/低毒

上海亚泰农资有限公司　（上海市奉贤区新寺宅兴路165号　201416　021-57493978）

PD20096208　草甘膦异丙胺盐(41%)///水剂/草甘膦 30%/2009.07.15 至 2014.07.15/微毒
柑橘园　一年生及部分多年生杂草　200-350毫升制剂/亩　定向茎叶喷雾

PD20096403　炔螨特/73%/乳油/炔螨特 73%/2009.08.04 至 2014.08.04/低毒
柑橘树　螨　234.3－365毫克/千克　喷雾

PD20096413　百菌清/75%/可湿性粉剂/百菌清 75%/2009.08.04 至 2014.08.04/低毒
黄瓜　霜霉病　1642.5－2092.5克/公顷　喷雾

PD20097644　氯氰·毒死蜱/522.5克/升/乳油/毒死蜱 475克/升、氯氰菊酯 47.5克/升/2009.11.04 至 2014.11.04/中等毒
菜豆　豆荚螟　470.25－627克/公顷　喷雾

PD20111051　草甘膦铵盐/68%/可溶粒剂/草甘膦 68%/2011.10.10 至 2016.10.10/低毒
柑橘园　杂草　1155-2310克/公顷　茎叶喷雾
注:草甘膦铵盐含量：74.7%。

PD20120075　甲氨基阿维菌素苯甲酸盐/5%/水分散粒剂/甲氨基阿维菌素 5%/2012.01.18 至 2017.01.18/低毒
甘蓝　小菜蛾　2.25-3克/公顷　喷雾
注:甲氨基阿维菌素苯甲酸盐含量:5.7%。

PD20120586　滴酸·草甘膦/82.2%/可溶粒剂/草甘膦 78.2%、2,4-滴 4%/2012.03.31 至 2017.03.31/低毒
非耕地　杂草　1125-2160克/公顷　茎叶喷雾
注:草甘膦铵盐含量:86%；2，4-滴钠盐含量：4.4%。

PD20121043　阿维菌素/3.2%/乳油/阿维菌素 3.2%/2012.07.04 至 2017.07.04/中等毒(原药高毒)
柑橘树　红蜘蛛　6-10毫克/千克　喷雾

PD20121391　吡蚜酮/25%/可湿性粉剂/吡蚜酮 25%/2012.09.14 至 2017.09.14/低毒
水稻　飞虱　67.5-75克/公顷　喷雾

PD20121559　滴酸·草甘膦/40.9%/水剂/草甘膦 38.2%、2,4-滴 2.7%/2012.10.25 至 2017.10.25/低毒
非耕地　杂草　1125-1500克/公顷　茎叶喷雾
注:滴酸·草甘膦异丙胺盐含量：55%（2,4-滴异丙胺盐含量：3.15,%草甘膦异丙胺盐含量:51.5%)。

PD20121646　2甲·草甘膦/50%/水剂/草甘膦异丙胺盐 42.5%、2甲4氯异丙胺盐 7.5%/2012.10.30 至 2017.10.30/低毒
非耕地　杂草　1500-2100克/公顷　茎叶喷雾
注:2甲·草甘膦含量:50%(草甘膦异丙胺盐42.5%,2甲4氯异丙胺盐7.5%)。

PD20121654　啶虫脒/70%/水分散粒剂/啶虫脒 70%/2012.10.30 至 2017.10.30/低毒
黄瓜　蚜虫　21-26.25克/公顷　喷雾

PD20132320　阿维·螺螨酯/20%/悬浮剂/阿维菌素 1.0%、螺螨酯 19.0%/2013.11.13 至 2018.11.13/低毒(原药高毒)
柑橘树　红蜘蛛　30-40毫克/千克　喷雾

上海英达精细化工有限公司　（上海市普陀区澳门路356号三维大厦11楼B座　200060　021-62983846）

WP20090116　防霉防蛀片剂/99.5%/片剂/对二氯苯 99.5%/2014.02.10 至 2019.02.10/低毒
卫生　黑皮蠹、霉菌、衣蛾　40克/立方米　投放

上海悦家清洁用品有限公司　（上海市嘉定区宝安公路4756号　201814　021-62983846）

WP20110024　防蛀片剂/94%/片剂/樟脑 94%/2011.01.24 至 2016.01.24/低毒
卫生　黑皮蠹　40克制剂/立方米　投放

上海悦联化工有限公司　（上海市奉贤区宅兴路169号　201416　021-57493979）

PD86101-33　赤霉酸/3%/乳油/赤霉酸 3%/2011.06.26 至 2016.06.26/低毒

菠菜	增加鲜重	7.5-18.75毫克/千克	叶面处理1-3次
菠萝	果实增大、增重	30-60毫克/千克	喷花
柑橘树	果实增大、增重	15-30毫克/千克	喷花
花卉	提前开花	525毫克/千克	叶面处理涂抹花芽
绿肥	增产	7.5-15毫克/千克	喷雾
马铃薯	苗齐、增产	0.375-0.75毫克/千克	浸薯块10-30分钟
棉花	提高结铃率、增产	7.5-15毫克/千克	点喷、点涂或喷雾
葡萄	无核、增产	37.5-150毫克/千克	花后1周处理果穗
芹菜	增产	15-75毫克/千克	叶面处理1次
人参	增加发芽率	15毫克/千克	播前浸种15分钟
水稻	增加千粒重、制种	15-22.5毫克/千克	喷雾

PD86183　赤霉酸/75%/结晶粉/赤霉酸 75%/2011.06.26 至 2016.06.26/低毒

菠菜	增加鲜重	10-25毫克/千克	叶面处理1-3次
菠萝	果实增大、增重	40-80毫克/千克	喷花
柑橘树	果实增大、增重	20-40毫克/千克	喷花
花卉	提前开花	700毫克/千克	叶面处理涂抹花芽
绿肥	增产	10-20毫克/千克	喷雾
马铃薯	苗齐、增产	0.5-1毫克/千克	浸薯块10-30分钟

	棉花	提高结铃率、增产	10-20毫克/千克	点喷、点涂或喷雾
	葡萄	无核、增产	50-200毫克/千克	花后一周处理果穗
	芹菜	增加鲜重	20-100毫克/千克	叶面处理1次
	人参	增加发芽率	20毫克/千克	播种前浸种15分钟
	水稻	增加千粒重、制种	20-30毫克/千克	喷雾
PD87110-2	敌磺钠/70%,50%/可溶粉剂/敌磺钠 70%,50%/2012.10.24 至 2017.10.24/中等毒			
	黄瓜、西瓜	枯萎病、立枯病	2625-5250克/公顷	泼浇或喷雾
	马铃薯	环腐病	210克/100千克种子	拌种
	棉花	立枯病	210克/100千克种子	拌种
	水稻秧田	立枯病	13125克/公顷	泼浇或喷雾
	松杉苗木	根腐病、立枯病	140-350克/100千克种子	拌种
	甜菜	根腐病、立枯病	475-760克/100千克种子	拌种
	烟草	黑胫病	3000克/公顷	泼浇或喷雾
PD20082373	三环唑/20%/可湿性粉剂/三环唑 20%/2013.12.01 至 2018.12.01/低毒			
	水稻	稻瘟病	225-375克/公顷	喷雾
PD20082376	多·福/50%/可湿性粉剂/多菌灵 10%、福美双 40%/2013.12.01 至 2018.12.01/低毒			
	梨树	黑星病	1000-1500毫克/千克	喷雾
PD20082400	啶虫脒/10%/乳油/啶虫脒 10%/2013.12.01 至 2018.12.01/低毒			
	十字花科蔬菜	蚜虫	13.5-15克/公顷	喷雾
PD20082484	甲基硫菌灵/70%/可湿性粉剂/甲基硫菌灵 70%/2013.12.03 至 2018.12.03/低毒			
	水稻	纹枯病	1050-1500克/公顷	喷雾
PD20082719	多菌灵/50%/可湿性粉剂/多菌灵 50%/2013.12.05 至 2018.12.05/微毒			
	苹果	炭疽病	1000-1500毫克/千克	喷雾
	水稻	纹枯病	562.5-750克/公顷	喷雾
PD20082746	敌敌畏/77.5%/乳油/敌敌畏 77.5%/2013.12.08 至 2018.12.08/中等毒			
	十字花科蔬菜	菜青虫	600-840克/公顷	喷雾
PD20083605	三环唑/75%/可湿性粉剂/三环唑 75%/2013.12.12 至 2018.12.12/低毒			
	水稻	稻瘟病	225-375克/公顷	喷雾
PD20083862	啶虫脒/10%/可湿性粉剂/啶虫脒 10%/2013.12.15 至 2018.12.15/低毒			
	十字花科蔬菜	蚜虫	13.5-15克/公顷	喷雾
PD20084530	高效氯氰菊酯/10%/乳油/高效氯氰菊酯 10%/2013.12.18 至 2018.12.18/中等毒			
	十字花科蔬菜	菜青虫	37.5-60克/公顷	喷雾
PD20084781	硫磺·三环唑/45%/可湿性粉剂/硫磺 40%、三环唑 5%/2013.12.22 至 2018.12.22/微毒			
	水稻	稻瘟病	843.75-1012.5克/公顷	喷雾
PD20085613	毒死蜱/30%/水乳剂/毒死蜱 30%/2008.12.25 至 2013.12.25/中等毒			
	十字花科蔬菜	菜青虫	450-675克/公顷	喷雾
PD20086266	多效唑/15%/可湿性粉剂/多效唑 15%/2013.12.31 至 2018.12.31/低毒			
	水稻	控制生长	200-300毫克/千克	喷雾
PD20090258	甲霜·霜霉威/25%/可湿性粉剂/甲霜灵 15%、霜霉威 10%/2014.01.09 至 2019.01.09/低毒			
	黄瓜	霜霉病	670-870克/公顷	喷雾
PD20090626	毒死蜱/480克/升/乳油/毒死蜱 480克/升/2009.01.14 至 2014.01.14/中等毒			
	水稻	稻纵卷叶螟	450-540克/公顷	喷雾
PD20090635	乙草胺/50%/乳油/乙草胺 50%/2014.01.14 至 2019.01.14/低毒			
	冬油菜田	一年生杂草	600-750克/公顷	土壤喷雾
PD20090719	多菌灵/40%/悬浮剂/多菌灵 40%/2014.01.19 至 2019.01.19/低毒			
	苹果	炭疽病	750-1000毫克/千克	喷雾
PD20092338	三唑酮/20%/乳油/三唑酮 20%/2014.02.24 至 2019.02.24/低毒			
	小麦	白粉病	120-135克/公顷	喷雾
PD20092345	三唑酮/25%/可湿性粉剂/三唑酮 25%/2014.02.24 至 2019.02.24/低毒			
	小麦	白粉病	105-123.5克/公顷	喷雾
PD20092434	马拉硫磷/45%/乳油/马拉硫磷 45%/2014.02.25 至 2019.02.25/低毒			
	十字花科蔬菜	黄条跳甲	742.5-945克/公顷	喷雾
PD20092575	高效氯氰菊酯/4.5%/乳油/高效氯氰菊酯 4.5%/2014.02.27 至 2019.02.27/中等毒			
	十字花科蔬菜	菜青虫	13.5-27克/公顷	喷雾
PD20092881	多菌灵/80%/可湿性粉剂/多菌灵 80%/2014.03.05 至 2019.03.05/低毒			
	水稻	纹枯病	750-990克/公顷	喷雾
PD20093059	异稻瘟净/40%/乳油/异稻瘟净 40%/2014.03.09 至 2019.03.09/低毒			
	水稻	稻瘟病	900-1200克/公顷	喷雾
PD20093531	速灭威/25%/可湿性粉剂/速灭威 25%/2014.03.23 至 2019.03.23/低毒			
	水稻	稻飞虱	750-1125克/公顷	喷雾
PD20093557	氰戊菊酯/20%/乳油/氰戊菊酯 20%/2014.03.23 至 2019.03.23/中等毒			
	十字花科蔬菜	菜青虫	90-120克/公顷	喷雾
PD20093918	阿维菌素/1.8%/乳油/阿维菌素 1.8%/2014.03.26 至 2019.03.26/中等毒(原药高毒)			

菜豆 美洲斑潜蝇 7.5-9克/公顷 喷雾
水稻 稻纵卷叶螟 6-9克公顷 喷雾

PD20094090 吡虫啉/10%/可湿性粉剂/吡虫啉 10%/2014.03.27 至 2019.03.27/低毒
水稻 稻飞虱 22.5-30克/公顷 喷雾

PD20094276 高氯·辛硫磷/20%/乳油/高效氯氰菊酯 2%、辛硫磷 18%/2009.03.31 至 2014.03.31/中等毒
甘蓝 菜青虫 270-360克/公顷 喷雾

PD20094724 噻嗪酮/25%/可湿性粉剂/噻嗪酮 25%/2009.04.10 至 2014.04.10/低毒
水稻 稻飞虱 112.5-150克/公顷 喷雾

PD20094742 吡虫·异丙威/25%/可湿性粉剂/吡虫啉 2%、异丙威 23%/2009.04.10 至 2014.04.10/低毒
水稻 稻飞虱 112.5-150克/公顷 喷雾

PD20094825 代森锰锌/80%/可湿性粉剂/代森锰锌 80%/2009.04.13 至 2014.04.13/低毒
番茄 早疫病 1920-2400克/公顷 喷雾

PD20095002 马拉·杀螟松/12%/乳油/马拉硫磷 10%、杀螟硫磷 2%/2009.04.21 至 2014.04.21/中等毒
十字花科蔬菜 菜青虫 72-90克/公顷 喷雾
水稻 二化螟 234-270克/公顷 喷雾

PD20098190 百草枯/200克/升/水剂/百草枯 200克/升/2012.12.31 至 2014.07.01/中等毒
非耕地 杂草 600-750克/公顷 定向茎叶喷雾

PD20101905 乙酰甲胺磷/30%/乳油/乙酰甲胺磷 30%/2010.08.27 至 2015.08.27/中等毒
水稻 二化螟 810-990克/公顷 喷雾

PD20110214 阿维菌素/5%/乳油/阿维菌素 5%/2011.03.23 至 2016.03.23/中等毒(原药高毒)
柑橘树 红蜘蛛 4.5-9毫克/千克 喷雾

PD20110509 甲氨基阿维菌素苯甲酸盐/2%/微乳剂/甲氨基阿维菌素 2%/2011.05.03 至 2016.05.03/低毒
甘蓝 甜菜夜蛾 2.25—3.375克/公顷 喷雾
注:甲氨基阿维菌素苯甲酸盐含量:2.2%。

PD20110524 四聚乙醛/6%/颗粒剂/四聚乙醛 6%/2011.05.12 至 2016.05.12/低毒
叶菜 蜗牛 360-620克/公顷 撒施

PD20111013 草甘膦铵盐/86%/可溶粒剂/草甘膦 86%/2011.11.15 至 2016.11.15/低毒
柑橘园 杂草 1282.5-2280克/公顷 定向茎叶喷雾
注:草甘膦铵盐含量：95%。

PD20120409 高效氯氟氰菊酯/10%/水乳剂/氯氟氰菊酯 10%/2012.03.09 至 2017.03.09/中等毒
茶树 茶小绿叶蝉 20-30克/公顷 喷雾

PD20121753 苄嘧·丙草胺/40%/可湿性粉剂/苄嘧磺隆 4%、丙草胺 36%/2012.11.15 至 2017.11.15/低毒
水稻田(直播) 一年生杂草 420-480克/公顷 喷雾

PD20121862 哒螨灵/15%/乳油/哒螨灵 15%/2012.11.28 至 2017.11.28/中等毒
柑橘树 红蜘蛛 60-67毫克/千克 喷雾

PD20132078 啶虫·哒螨灵/42%/可湿性粉剂/哒螨灵 21%、啶虫脒 21%/2013.10.23 至 2018.10.23/中等毒
甘蓝 黄条跳甲 252-378克/公顷 喷雾

PD20132079 乙酰甲胺磷/95%/可溶粒剂/乙酰甲胺磷 95%/2013.10.23 至 2018.10.23/低毒
水稻 二化螟 855-1140克/公顷 喷雾

PD20132338 嘧菌酯/250克/升/悬浮剂/嘧菌酯 250克/升/2013.11.20 至 2018.11.20/微毒
黄瓜 霜霉病 150-180克/公顷 喷雾

PD20132339 苯甲·丙环唑/50%/水乳剂/苯醚甲环唑 25%、丙环唑 25%/2013.11.20 至 2018.11.20/低毒
水稻 纹枯病 67.5-90克/公顷 喷雾

上海中科昆虫生物技术开发有限公司 (上海市卢湾区桂平路470号12号楼404 200233 021-64852026)

PD20096334 电热蚊香液/2.3%/电热蚊香液/Es-生物烯丙菊酯 2.3%/2009.07.22 至 2014.07.22/低毒
卫生 蚊 / 电热加温

WP20080175 杀蟑饵剂/1.8%/饵剂/乙酰甲胺磷 1.8%/2013.11.18 至 2018.11.18/低毒
卫生 蜚蠊 / 投放

WP20090301 电热蚊香液/2.3%/电热蚊香液/Es-生物烯丙菊酯 2.3%/2009.07.27 至 2014.07.27/低毒
卫生 蚊 / 电热加温

上海庄臣有限公司 (上海市浦东新区新金桥路932号 201206 021-58994833)

WP20030018 蚊香/0.2%/蚊香/右旋烯丙菊酯 0.2%/2013.11.24 至 2018.11.24/低毒
卫生 蚊 / 点燃

WP20050003 电热蚊香片/50毫克/片/电热蚊香片/右旋烯丙菊酯 50毫克/片/2010.02.16 至 2015.02.16/微毒
卫生 蚊 / 电热加温
注:本品有三种香型：清香型、桉树香型、无香型。

WP20060004 杀飞虫气雾剂/0.55%/气雾剂/胺菊酯 0.35%、氯菊酯 0.1%、右旋烯丙菊酯 0.1%/2011.03.03 至 2016.03.03/微毒
卫生 蚊、蝇 / 喷雾

WP20060005 电热蚊香液/1.25%/电热蚊香液/炔丙菊酯 1.25%/2011.03.24 至 2016.03.24/微毒
卫生 蚊 / 电热加温

WP20060006 电热蚊香片/32毫克/片/电热蚊香片/炔丙菊酯 7毫克/片、右旋烯丙菊酯 25毫克/片/2011.03.24 至 2016.03.24/微毒
卫生 蚊 / 电热加温

WP20060015 杀虫气雾剂/0.5%/气雾剂/胺菊酯 0.3%、氯氰菊酯 0.2%/2011.12.07 至 2016.12.07/微毒

卫生 蜚蠊、蚂蚁、蚊、蝇、印度谷螟 / 喷雾

WP20070018 杀飞虫气雾剂/0.2%/气雾剂/氯菊酯 0.1%、炔丙菊酯 0.1%/2012.09.21 至 2017.09.21/微毒

卫生 蚊、蝇 / 喷雾

WP20070019 杀蟑气雾剂/0.2%/气雾剂/氯氰菊酯 0.1%、炔咪菊酯 0.1%/2012.10.24 至 2017.10.24/微毒

卫生 蜚蠊 / 喷雾

WP20070023 杀虫气雾剂/0.6%/气雾剂/胺菊酯 0.3%、氯氰菊酯 0.2%、右旋烯丙菊酯 0.1%/2012.11.20 至 2017.11.20/微毒

卫生 蜚蠊、蚂蚁、蚊、蝇 / 喷雾

WP20080100 蚊香/0.18%/蚊香/炔丙菊酯 0.03%、右旋烯丙菊酯 0.15%/2008.09.25 至 2013.09.25/微毒

卫生 蚊 / 点燃

注:本品有两种香型：驱蚊草香型、檀香型。

WP20080238 电热蚊香液/1.6%/电热蚊香液/炔丙菊酯 1.6%/2013.11.25 至 2018.11.25/微毒

卫生 蚊 / 电热加温

WP20080325 杀虫气雾剂/0.065%/气雾剂/氟氯氰菊酯 0.015%、炔咪菊酯 0.05%/2013.12.05 至 2018.12.05/微毒

卫生 蚊、蝇、蜚蠊 / 喷雾

WP20080331 杀飞虫气雾剂/0.4%/气雾剂/胺菊酯 0.3%、氯菊酯 0.1%/2008.12.08 至 2013.12.08/微毒

卫生 蚊、蝇 / 喷雾

WP20080375 电热蚊香片/30毫克/片/电热蚊香片/炔丙菊酯 5毫克/片、右旋烯丙菊酯 25毫克/片/2008.12.10 至 2013.12.10/微毒

卫生 蚊 / 电热加温

WP20090142 杀飞虫气雾剂/0.4%/气雾剂/胺菊酯 0.3%、氯菊酯 0.1%/2009.02.26 至 2014.02.26/微毒

卫生 蚊、蝇 / 喷雾

WP20090238 杀飞虫气雾剂/0.55%/气雾剂/胺菊酯 0.35%、氯菊酯 0.1%、右旋烯丙菊酯 0.1%/2009.04.21 至 2014.04.21/微毒

卫生 蚊、蝇 / 喷雾

WP20100041 电热蚊香液/0.31%/电热蚊香液/四氟甲醚菊酯 0.31%/2010.02.21 至 2015.02.21/微毒

卫生 蚊 / 电热加温

注:本品有三种香型：清香型、草本香型、无香型。

WP20100044 杀虫气雾剂/0.55%/气雾剂/胺菊酯 0.3%、氯氰菊酯 0.15%、右旋烯丙菊酯 0.1%/2010.03.01 至 2015.03.01/微毒

室内 蚂蚁、蚊、蝇、蜚蠊 / 喷雾

注:本品有三种香型：清香型、柑橘香型、无香型。

WP20100079 电热蚊香片/40毫克/片/电热蚊香片/右旋烯丙菊酯 40毫克/片/2010.06.03 至 2015.06.03/微毒

卫生 蚊 / 电热加温

注:本产品有一种香型：松木香型。

WP20100183 杀蟑气雾剂/0.2%/气雾剂/氯氰菊酯 0.1%、炔咪菊酯 0.1%/2010.12.22 至 2015.12.22/微毒

卫生 蜚蠊 / 喷雾

注:本产品有两种香型:清香型、薰衣草香型。

WP20110013 杀虫气雾剂/0.161%/气雾剂/氯氰菊酯 0.1%、炔丙菊酯 0.03%、炔咪菊酯 0.031%/2011.01.11 至 2016.01.11/微毒

卫生 蚂蚁、蚊、蝇、蜚蠊 / 喷雾

注:本产品有两种香型：薰衣草香型、桉树香型。

WP20110021 驱蚊液/7%/驱蚊液/避蚊胺 7%/2011.01.21 至 2016.01.21/微毒

卫生 蚊 / 涂抹

注:本产品有三种香型：清新芦荟香型、金银花香型、艾草清香香型。

WP20110023 电热蚊香块/70毫克/块/电热蚊香块/四氟苯菊酯 70毫克/块/2011.01.24 至 2016.01.24/微毒

卫生 蚊 / 电热加温

WP20110042 杀飞虫气雾剂/0.35%/气雾剂/右旋苯醚菊酯 0.1%、右旋烯丙菊酯 0.25%/2011.02.17 至 2016.02.17/微毒

卫生 蚊 / 喷雾

注:本产品有一种香型：清香型。

WP20110048 蚊香/0.3%/蚊香/右旋烯丙菊酯 0.3%/2011.02.18 至 2016.02.18/微毒

卫生 蚊 / 点燃

注:本产品有一种香型：白兰花香型。

WP20110073 蚊香/0.012%/蚊香/四氟甲醚菊酯 0.012%/2011.03.24 至 2016.03.24/微毒

卫生 蚊 / 点燃

注:本产品有三种香型：绿茶香型、檀香型、驱蚊草香型。

WP20110103 蚊香/0.02%/蚊香/四氟甲醚菊酯 0.02%/2011.04.22 至 2016.04.22/微毒

卫生 蚊 / 点燃

注:本产品有三种香型：驱蚊香型、经茶香型、檀香型。

WP20110147 电热蚊香块/300毫克/块/电热蚊香块/四氟苯菊酯 300毫克/块/2011.06.16 至 2016.06.16/微毒

卫生 蚊 / 电热加温

WP20110157 电热蚊香液/0.62%/电热蚊香液/四氟甲醚菊酯 0.62%/2011.06.20 至 2016.06.20/微毒

卫生 蚊 / 电热加温

注:本产品有三种香型：桉树香型、草本香型、无香型。

WP20110169 杀虫气雾剂/0.55%/气雾剂/胺菊酯 0.35%、氯氰菊酯 0.1%、右旋烯丙菊酯 0.1%/2011.07.05 至 2016.07.05/微毒

卫生 蚂蚁、蚊、蝇、蜚蠊 / 喷雾

注:本产品为水基型产品，香型为：柑橘香型。

WP20120007 杀飞虫气雾剂/0.23%/气雾剂/炔丙菊酯 0.1%、右旋苯醚菊酯 0.13%/2012.01.16 至 2017.01.16/微毒

卫生 蚊、蝇 / 喷雾
注:本产品有两种香型:无香型、柑橘香型。
WP20120029 杀飞虫气雾剂/0.575%/气雾剂/胺菊酯 0.35%、右旋苯醚菊酯 0.125%、右旋烯丙菊酯 0.1%/2012.02.17 至 2017.02.17/微毒
卫生 蚊、蝇 / 喷雾
注:本产品有两种香型:柑橘香型、无香型。
WP20120079 驱蚊气雾剂/15%/气雾剂/避蚊胺 15%/2012.04.18 至 2017.04.18/微毒
卫生 蚊 / 喷雾
注:本产品有一种香型:薰衣草香型。
WP20120229 杀飞虫气雾剂/0.58%/气雾剂/胺菊酯 0.35%、右旋苯醚菊酯 0.13%、右旋烯丙菊酯 0.1%/2012.11.22 至 2017.11.22/微毒
卫生 蚊、蝇 / 喷雾
WP20130051 蚊香/0.035%/蚊香/氯氟醚菊酯 0.035%/2013.03.27 至 2018.03.27/微毒
卫生 蚊 / 点燃
注:本产品有三种香型:驱蚊草香型、檀香型、桉树香型。 本产品有两种坯体:炭坯、纸炭坯。
WP20130062 杀飞虫气雾剂/0.23%/气雾剂/炔丙菊酯 0.1%、右旋苯醚菊酯 0.13%/2013.04.16 至 2018.04.16/微毒
卫生 蚊、蝇 / 喷雾
WL20100269 蚊香/40毫克/碟/蚊香/右旋烯丙菊酯 40毫克/碟/2012.11.10 至 2013.11.10/微毒
卫生 蚊 / /
注:专供出口，不得在国内销售。
WL20110103 蚊香/0.015%/蚊香/氯氟醚菊酯 0.015%/2013.08.23 至 2014.08.23/微毒
卫生 蚊 / 点燃
注:本产品有两种香型:檀香型、驱蚊草香型。
WL20110111 电热蚊香液/0.8%/电热蚊香液/氯氟醚菊酯 0.8%/2013.09.15 至 2014.09.15/微毒
卫生 蚊 / 电热加温
注:本产品有三种香型:清香型、草本香型、无香型。
WL20110112 电热蚊香片/4毫克/片/电热蚊香片/氯氟醚菊酯 4毫克/片/2013.09.15 至 2014.09.15/微毒
卫生 蚊 / 电热加温
注:本产品有三种香型:无香型、草本香型、清香型。
WL20120032 杀飞虫气雾剂/0.5%/油基气雾剂/胺菊酯 0.35%、右旋烯丙菊酯 0.15%/2013.06.04 至 2014.06.04/微毒
室内 蚊、蝇 / 喷雾
注:本产品有一种香型:清香型。

上海萃精杀虫技术有限公司 (上海市剑河路599弄77号 200335 021-52205188)

WP20070005 杀螟硫磷/1%/胶饵/杀螟硫磷 1%/2012.04.19 至 2017.04.19/微毒
卫生 蜚蠊 / 投放

台湾嘉泰企业股份有限公司 (上海市外高桥保税区富特西一路139号1303室 200131 021-33634273)

PD20121946 己唑醇/25%/悬浮剂/己唑醇 25%/2012.12.12 至 2017.12.12/低毒
水稻 纹枯病 69-86克/公顷 喷雾

兴农药业(中国)有限公司 (上海市奉贤区柘林镇北村路28号 201416 021-57493733-5221)

PD20070155 百草枯/200克/升/水剂/百草枯 200克/升/2012.12.31 至 2014.07.01/中等毒
柑橘园 杂草 600-900克/公顷 茎叶喷雾
PD20070225 甲草胺/92%/原药/甲草胺 92%/2012.08.08 至 2017.08.08/低毒
PD20070227 乙酰甲胺磷/95%/原药/乙酰甲胺磷 95%/2012.08.08 至 2017.08.08/低毒
PD20070458 哒螨灵/15%/乳油/哒螨灵 15%/2012.11.20 至 2017.11.20/低毒
柑橘树 红蜘蛛 50-75毫克/千克 喷雾
PD20070566 三唑酮/25%/可湿性粉剂/三唑酮 25%/2012.12.03 至 2017.12.03/低毒
小麦 白粉病 112.5-187.5克/公顷 喷雾
PD20070659 草甘膦异丙胺盐/30%/水剂/草甘膦 30%/2012.12.17 至 2017.12.17/低毒
柑橘园 杂草 1125-2250克/公顷 定向茎叶喷雾
注:草甘膦异丙胺盐含量:41%。
PD20070660 百菌清/40%/悬浮剂/百菌清 40%/2012.12.17 至 2017.12.17/低毒
番茄 早疫病 900-1200克/公顷 喷雾
PD20080042 丁草胺/60%/乳油/丁草胺 60%/2013.01.03 至 2018.01.03/低毒
水稻移栽田 一年生禾本科杂草及部分阔叶杂草 720-990克/公顷 毒土法
PD20080044 多菌灵/40%/悬浮剂/多菌灵 40%/2013.01.03 至 2018.01.03/低毒
小麦 赤霉病 480-600克/公顷 喷雾
PD20080056 噻嗪酮/25%/可湿性粉剂/噻嗪酮 25%/2013.01.03 至 2018.01.03/低毒
茶树 茶小绿叶蝉 166.7-250毫克/千克 喷雾
PD20080083 氰戊菊酯/20%/乳油/氰戊菊酯 20%/2013.01.03 至 2018.01.03/中等毒
十字花科蔬菜 菜青虫 60-90克/公顷 喷雾
PD20080153 氯氰菊酯/10%/乳油/氯氰菊酯 10%/2013.01.03 至 2018.01.03/低毒
十字花科蔬菜 菜青虫 45-60克/公顷 喷雾
PD20080157 杀螟丹/50%/可溶粉剂/杀螟丹 50%/2013.01.03 至 2018.01.03/中等毒

水稻 二化螟 562.5-750克/公顷 喷雾
PD20080163 多菌灵/50%/可湿性粉剂/多菌灵 50%/2013.01.03 至 2018.01.03/低毒
水稻 纹枯病 525-900克/公顷 喷雾
PD20080389 三环唑/75%/可湿性粉剂/三环唑 75%/2013.02.28 至 2018.02.28/低毒
水稻 稻瘟病 225-337.5克/公顷 喷雾
PD20080717 丁草胺/92%/原药/丁草胺 92%/2013.06.11 至 2018.06.11/低毒
PD20081420 丙环唑/25%/乳油/丙环唑 25%/2013.10.31 至 2018.10.31/低毒
香蕉 叶斑病 333.3－500毫克/千克 喷雾
PD20081459 甲基硫菌灵/70%/可湿性粉剂/甲基硫菌灵 70%/2013.11.04 至 2018.11.04/微毒
黄瓜 白粉病 420-840克/公顷 喷雾
苹果 轮纹病 600-875毫克/千克 喷雾
PD20081708 灭草松/480克/升/水剂/灭草松 480克/升/2013.11.17 至 2018.11.17/低毒
水稻移栽田 阔叶杂草及莎草科杂草 1200-1440克/公顷 喷雾
PD20081897 二甲戊灵/330克/升/乳油/二甲戊灵 330克/升/2013.11.21 至 2018.11.21/低毒
大蒜田 一年生杂草 544.5-742.5克/公顷 播后苗前土壤喷雾
棉花田 一年生杂草 742.5-990克/公顷 播后苗前土壤喷雾
PD20081899 吡虫啉/20%/可溶液剂/吡虫啉 20%/2013.11.21 至 2018.11.21/低毒
水稻 稻飞虱 15-30克/公顷 喷雾
PD20082383 异菌脲/50%/可湿性粉剂/异菌脲 50%/2013.12.01 至 2018.12.01/微毒
番茄 早疫病 750－1500克/公顷 喷雾
PD20082384 高效氯氟氰菊酯/25克/升/乳油/高效氯氟氰菊酯 25克/升/2013.12.01 至 2018.12.01/中等毒
茶树 茶尺蠖 7.5-15克/公顷 喷雾
茶树 小绿叶蝉 22.5-37.5克/公顷 喷雾
柑橘树 潜叶蛾 12.5-31.25毫克/千克 喷雾
梨树 梨小食心虫 6.25-16.7毫克/千克 喷雾
荔枝树 蒂蛀虫 12.5-25毫克/千克 喷雾
荔枝树 蝽蟓 6.25-16.7毫克/千克 喷雾
棉花 棉铃虫 15-22.5克/公顷 喷雾
棉花 红铃虫、蚜虫 15-30克/公顷 喷雾
苹果树 桃小食心虫 6.25-16.7毫克/千克 喷雾
小麦 蚜虫 7.5-11.25克/公顷 喷雾
烟草 蚜虫、烟青虫 11.25-22.5克/公顷 喷雾
叶菜 菜青虫 7.5-15克/公顷 喷雾
PD20082389 吡虫啉/10%/可溶液剂/吡虫啉 10%/2013.12.01 至 2018.12.01/低毒
水稻 稻飞虱 15-30克/公顷 喷雾
PD20082482 百菌清/75%/可湿性粉剂/百菌清 75%/2013.12.03 至 2018.12.03/低毒
黄瓜 霜霉病 1687.5－2250克/公顷 喷雾
PD20082548 甲萘威/25%/可湿性粉剂/甲萘威 25%/2013.12.03 至 2018.12.03/低毒
棉花 红铃虫 750-1125克/公顷 喷雾
PD20082552 甲霜·锰锌/58%/可湿性粉剂/甲霜灵 10%、代森锰锌 48%/2013.12.04 至 2018.12.04/低毒
黄瓜 霜霉病 1305－1827克/公顷 喷雾
PD20082861 双甲脒/20%/乳油/双甲脒 20%/2013.12.09 至 2018.12.09/低毒
柑橘树 红蜘蛛 133.3-250毫克/千克 喷雾
棉花 红蜘蛛 120-150克/公顷 喷雾
PD20082972 阿维菌素/1.8%/乳油/阿维菌素 1.8%/2013.12.09 至 2018.12.09/中等毒(原药高毒)
十字花科蔬菜 小菜蛾 8.1-10.8克/公顷 喷雾
PD20083038 咪鲜胺/25%/乳油/咪鲜胺 25%/2013.12.10 至 2018.12.10/低毒
柑橘(果实) 青霉病 250－500毫克/千克 浸果
芒果 炭疽病 250-500毫克/千克 喷雾
PD20083043 甲氰菊酯/20%/乳油/甲氰菊酯 20%/2013.12.10 至 2018.12.10/中等毒
柑橘树 红蜘蛛 66.7-133.3毫克/千克 喷雾
棉花 棉铃虫 90-120克/公顷 喷雾
PD20083138 苯丁锡/50%/可湿性粉剂/苯丁锡 50%/2013.12.10 至 2018.12.10/低毒
柑橘树 红蜘蛛 166.7-250毫克/千克 喷雾
PD20083772 乐果/40%/乳油/乐果 40%/2013.12.15 至 2018.12.15/中等毒
柑橘树 蚜虫 400-500毫克/千克 喷雾
PD20085330 霜霉威盐酸盐/722克/升/水剂/霜霉威盐酸盐 722克/升/2013.12.24 至 2018.12.24/微毒
黄瓜 霜霉病 866.4－1083克/公顷 喷雾
PD20085704 马拉硫磷/45%/乳油/马拉硫磷 45%/2013.12.26 至 2018.12.26/低毒
柑橘树 蚜虫 225-300毫克/千克 喷雾
PD20085715 抗蚜威/50%/可湿性粉剂/抗蚜威 50%/2013.12.26 至 2018.12.26/中等毒
小麦 蚜虫 75-150克/公顷 喷雾
PD20085719 硫磺/50%/悬浮剂/硫磺 50%/2013.12.26 至 2018.12.26/微毒

芒果 白粉病 1250-2500毫克/千克 喷雾

PD20085966 腐霉利/50%/可湿性粉剂/腐霉利 50%/2013.12.29 至 2018.12.29/低毒

葡萄 灰霉病 250-333.3毫克/千克 喷雾

PD20086085 三乙膦酸铝/80%/可湿性粉剂/三乙膦酸铝 80%/2013.12.30 至 2018.12.30/微毒

黄瓜 霜霉病 2170-2880克/公顷 喷雾

PD20086264 噁霜·锰锌/64%/可湿性粉剂/噁霜灵 8%、代森锰锌 56%/2013.12.31 至 2018.12.31/微毒

烟草 黑胫病 2160-2400克/公顷 喷雾

PD20086285 毒死蜱/40%/乳油/毒死蜱 40%/2013.12.31 至 2018.12.31/中等毒

水稻 二化螟 540—600克/公顷 喷雾

PD20086340 春雷霉素/6%/可湿性粉剂/春雷霉素 6%/2013.12.31 至 2018.12.31/微毒

水稻 稻瘟病 36-45克/公顷 喷雾

PD20090896 炔螨特/570克/升/乳油/炔螨特 570克/升/2014.01.19 至 2019.01.19/中等毒

柑橘树 红蜘蛛 228-380毫克/千克 喷雾

苹果树 红蜘蛛 285-380毫克/千克 喷雾

PD20090900 霜脲·锰锌/72%/可湿性粉剂/代森锰锌 64%、霜脲氰 8%/2014.01.19 至 2019.01.19/微毒

番茄 晚疫病 1782-1944克/公顷 喷雾

PD20091210 高效氟吡甲禾灵/108克/升/乳油/高效氟吡甲禾灵 108克/升/2014.02.01 至 2019.02.01/微毒

大豆田 一年生禾本科杂草 32.4-48.6克/公顷 茎叶喷雾

PD20091247 代森锰锌/80%/可湿性粉剂/代森锰锌 80%/2014.02.01 至 2019.02.01/微毒

柑橘 炭疽病 1333-2000毫克/千克 喷雾

苹果 斑点落叶病 1000-1400毫克/千克 喷雾

PD20091717 联苯菊酯/25克/升/乳油/联苯菊酯 25克/升/2014.02.04 至 2019.02.04/低毒

茶树 茶尺蠖 11.25-18.75克/公顷 喷雾

PD20092732 甲氨基阿维菌素苯甲酸盐(1.14%)///乳油/甲氨基阿维菌素 1%/2014.03.04 至 2019.03.04/低毒

甘蓝 小菜蛾 1.5-2.25克/公顷 喷雾

PD20093026 炔螨特/730克/升/乳油/炔螨特 730克/升/2014.03.09 至 2019.03.09/低毒

柑橘树 红蜘蛛 243.3-365毫克/千克 喷雾

PD20093478 氟硅唑/400克/升/乳油/氟硅唑 400克/升/2014.03.23 至 2019.03.23/低毒

梨树 黑星病 40-50毫克/千克 喷雾

PD20093760 井冈霉素/5%/水剂/井冈霉素 5%/2009.03.25 至 2014.03.25/微毒

水稻 纹枯病 150-187.5克/公顷 喷雾

PD20093825 啶虫脒/20%/可溶粉剂/啶虫脒 20%/2014.03.25 至 2019.03.25/低毒

黄瓜 蚜虫 15-20克/公顷 喷雾

PD20093917 精喹禾灵/50克/升/乳油/精喹禾灵 50克/升/2009.03.26 至 2014.03.26/微毒

大白菜田、西瓜田 一年生禾本科杂草 30-45克/公顷 茎叶喷雾

大豆田、花生田、棉花田、油菜田 一年生禾本科杂草 37.5-60克/公顷 茎叶喷雾

芝麻田 一年生禾本科杂草 37.5-45克/公顷 茎叶喷雾

PD20094045 氯菊酯/10%/乳油/氯菊酯 10%/2014.03.27 至 2019.03.27/低毒

十字花科蔬菜 蚜虫 15-22.5克/公顷 喷雾

PD20094859 氟啶脲/50克/升/乳油/氟啶脲 50克/升/2009.04.13 至 2014.04.13/低毒

十字花科蔬菜 菜青虫 45-60克/公顷 喷雾

PD20094915 噻菌灵/450克/升/悬浮剂/噻菌灵 450克/升/2009.04.13 至 2014.04.13/低毒

柑橘 青霉病 1000-1500毫克/千克 浸果

PD20094971 倍硫磷/50%/乳油/倍硫磷 50%/2009.04.21 至 2014.04.21/中等毒

大豆 食心虫 900-1200克/公顷 喷雾

PD20095031 溴氰菊酯/25克/升/乳油/溴氰菊酯 25克/升/2009.04.21 至 2014.04.21/中等毒

荔枝树 蝽蟓 5-8.33毫克/千克 喷雾

PD20095547 苄嘧磺隆/10%/可湿性粉剂/苄嘧磺隆 10%/2009.05.12 至 2014.05.12/微毒

移栽水稻田 阔叶杂草及莎草科杂草 30-45克/公顷（南方） 毒土法

PD20095786 多抗霉素/3%/可湿性粉剂/多抗霉素 3%/2009.05.27 至 2014.05.27/微毒

苹果树 斑点落叶病 100-150毫克/千克 喷雾

PD20095807 丙溴磷/40%/乳油/丙溴磷 40%/2009.05.27 至 2014.05.27/低毒

棉花 棉铃虫 600-720克/公顷 喷雾

PD20095925 嗪草酮/70%/可湿性粉剂/嗪草酮 70%/2009.06.02 至 2014.06.02/低毒

春大豆田 一年生阔叶杂草 577.5-787.5克/公顷 土壤喷雾

PD20101168 苯菌灵/50%/可湿性粉剂/苯菌灵 50%/2010.01.28 至 2015.01.28/微毒

梨树 黑星病 250-500毫克/千克 喷雾

PD20110644 乙酰甲胺磷/75%/可溶粉剂/乙酰甲胺磷 75%/2011.06.20 至 2016.06.20/低毒

水稻 稻纵卷叶螟 900-1125克/公顷 喷雾

PD20111434 噁酮·霜脲氰/52.5%/水分散粒剂/噁唑菌酮 22.5%、霜脲氰 30%/2011.12.29 至 2016.12.29/低毒

黄瓜 霜霉病 236.25-315克/公顷 喷雾

PD20120391 异菌·多菌灵/52.5%/悬浮剂/多菌灵 17.5%、异菌脲 35%/2012.03.07 至 2017.03.07/低毒

苹果树 斑点落叶病 350-525毫克/千克 喷雾
PD20120775 四螨·苯丁锡/45%/悬浮剂/苯丁锡 25%、四螨嗪 20%/2012.05.05 至 2017.05.05/低毒
柑橘树 红蜘蛛 180-225毫克/千克 喷雾
PD20120951 多抗霉素/10%/可湿性粉剂/多抗霉素 10%/2012.06.14 至 2017.06.14/低毒
苹果树 斑点落叶病 67-100毫克/千克 喷雾
PD20122069 草甘膦铵盐/41%/水剂/草甘膦 41%/2012.12.24 至 2017.12.24/低毒
非耕地 杂草 1230-2460克/公顷 茎叶喷雾
注:草甘膦铵盐含量: 45.1%。
PD20130003 精吡氟禾草灵/150克/升/乳油/精吡氟禾草灵 150克/升/2013.01.04 至 2018.01.04/低毒
棉花田 一年生禾本科杂草 112.5-146.25克/公顷 茎叶喷雾
PD20130004 矿物油/95%/乳油/矿物油 95%/2013.01.04 至 2018.01.04/低毒
柑橘树 红蜘蛛 4750-9500毫克/千克 喷雾
PD20130208 苯甲·丙环唑/300克/升/乳油/苯醚甲环唑 150克/升、丙环唑 150克/升/2013.01.30 至 2018.01.30/低毒
水稻 纹枯病 60-120克/公顷 喷雾
PD20130317 甲萘威/85%/可湿性粉剂/甲萘威 85%/2013.02.26 至 2018.02.26/中等毒
水稻 稻飞虱 1020-1275克/公顷 喷雾
PD20130419 甲草胺/480克/升/微囊悬浮剂/ /2013.03.18 至 2018.03.18/低毒
大豆田 一年生禾本科杂草及部分小粒种子阔叶杂草 2520-2880克/公顷（东北地区）; 1800-2520克/公顷（其他地区） 喷雾
PD20130771 甲氨基阿维菌素苯甲酸盐/5%/乳油/甲氨基阿维菌素苯甲酸盐 5%/2013.04.17 至 2018.04.17/中等毒
甘蓝 小菜蛾 2.25-3克/公顷 喷雾
注:甲氨基阿维菌素苯甲酸盐含量: 5.7%。
PD20131443 三唑醇/15%/可湿性粉剂/三唑醇 15%/2013.07.05 至 2018.07.05/低毒
香蕉 叶斑病 188-300毫克/千克 喷雾
PD20131512 氯虫苯甲酰胺/0.4%/颗粒剂/氯虫苯甲酰胺 0.4%/2013.07.17 至 2018.07.17/微毒
水稻 稻纵卷叶螟、二化螟 36-42克/公顷 撒施
PD20131633 毒死蜱/15%/颗粒剂/毒死蜱 15%/2013.07.30 至 2018.07.30/中等毒
花生 蛴螬 1800-3600克/公顷 撒施
PD20131959 草铵膦/200克/升/水剂/草铵膦 200克/升/2013.10.10 至 2018.10.10/低毒
非耕地 杂草 900-1200克/公顷 茎叶喷雾
柑橘园 杂草 900-1200克/公顷 定向茎叶喷雾
PD20132066 除虫脲/25%/可湿性粉剂/除虫脲 25%/2013.10.22 至 2018.10.22/低毒
注:专供出口，不得在国内销售。
PD20132297 苯醚甲环唑/10%/水分散粒剂/苯醚甲环唑 10%/2013.11.08 至 2018.11.08/微毒
梨树 黑星病 14.3-16.7毫克/千克 喷雾
PD20132341 氯氟吡氧乙酸异辛酯/200克/升/乳油/氯氟吡氧乙酸 200克/升/2013.11.20 至 2018.11.20/低毒
水田畦畔 空心莲子草 150-210克/公顷 茎叶喷雾
注:氯氟吡氧乙酸异辛酯含量: 288克/升。
LS20110109 粉唑醇/125克/升/悬浮剂/粉唑醇 125克/升/2013.04.11 至 2014.04.11/低毒
草莓、小麦 白粉病 56.25—112.5克/公顷 喷雾
LS20130400 多抗·喹啉铜/50%/可湿性粉剂/多抗霉素 5%、喹啉铜 45%/2013.07.29 至 2014.07.29/低毒
梨树 黑斑病 500-625毫克/千克 喷雾
LS20130417 复硝酚钠/2.1%/水剂/5-硝基邻甲氧基苯酚钠 0.3%、对硝基苯酚钠 1.05%、邻硝基苯酚钠 0.75%/2013.08.07至2014.08.07/微毒
番茄 调节生长、增产 6.7-10毫克/千克 喷雾
LS20130418 多抗霉素/16%/可溶粒剂/多抗霉素B 16%/2013.08.07 至 2014.08.07/微毒
苹果树 斑点落叶病 32-40毫克/千克 喷雾
葡萄 炭疽病 53.3-64毫克/千克 喷雾
注:多抗霉素生物效价: 500AmBu/毫克。

允发化工(上海)有限公司 (上海市奉贤区金汇镇航塘公路1500号 201405 021-57589888)

PD84102-6 杀螟硫磷/45%/乳油/杀螟硫磷 45%/2009.11.02 至 2014.11.02/中等毒
茶树 尺蠖、毛虫、小绿叶蝉 250-500毫克/千克 喷雾
甘薯 小象甲 525-900克/公顷 浸鲜薯片诱杀
果树 卷叶蛾、毛虫、食心虫 250-500毫克/千克 喷雾
棉花 蚜虫、叶蝉、造桥虫 375-562.5克/公顷 喷雾
棉花 红铃虫、棉铃虫 375-750克/公顷 喷雾
水稻 飞虱、螟虫、叶蝉 375-562.5克/公顷 喷雾
PD85121-34 乐果/40%/乳油/乐果 40%/2009.11.22 至 2014.11.22/中等毒
茶树 蚜虫、叶蝉、螨 1000-2000倍液 喷雾
甘薯 小象甲 2000倍液 浸鲜薯片诱杀
柑橘树、苹果树 鳞翅目幼虫、蚜虫、螨 800-1600倍液 喷雾
棉花 蚜虫、螨 450-600克/公顷 喷雾
蔬菜 蚜虫、螨 300-600克/公顷 喷雾

	水稻	飞虱、螟虫、叶蝉	450-600克/公顷	喷雾
	烟草	蚜虫、烟青虫	300-600克/公顷	喷雾
PD86180-12	百菌清/75%/可湿性粉剂/百菌清 75%/2011.12.13 至 2016.12.13/低毒			
	茶树	炭疽病	600-800倍液	喷雾
	豆类	炭疽病、锈病	1275-2325克/公顷	喷雾
	柑橘树	疮痂病	750-900毫克/千克	喷雾
	瓜类	白粉病、霜霉病	1200-1650克/公顷	喷雾
	果菜类蔬菜	多种病害	1125-2400克/公顷	喷雾
	花生	锈病、叶斑病	1125-1350克/公顷	喷雾
	梨树	斑点落叶病	500倍液	喷雾
	苹果树	多种病害	600倍液	喷雾
	葡萄	白粉病、黑痘病	600-700倍液	喷雾
	水稻	稻瘟病、纹枯病	1125-1425克/公顷	喷雾
	橡胶树	炭疽病	500-800倍液	喷雾
	小麦	叶斑病、叶锈病	1125-1425克/公顷	喷雾
	叶菜类蔬菜	白粉病、霜霉病	1275-1725克/公顷	喷雾
PD20040235	顺式氯氰菊酯/100克/升/乳油/顺式氯氰菊酯 100克/升/2009.12.19 至 2014.12.19/低毒			
	十字花科蔬菜	菜青虫	30-45克/公顷	喷雾
PD20040455	哒螨灵/20%/可湿性粉剂/哒螨灵 20%/2009.12.19 至 2014.12.19/低毒			
	柑橘树	红蜘蛛	50-67毫克/千克	喷雾
PD20040493	吡虫啉/20%/可溶液剂/吡虫啉 20%/2009.12.19 至 2014.12.19/低毒			
	水稻	稻飞虱	20-30克/公顷	喷雾
PD20040496	吡虫啉/25%/可湿性粉剂/吡虫啉 25%/2009.12.19 至 2014.12.19/低毒			
	水稻	飞虱	30-45克/公顷	喷雾
PD20040763	多菌灵/50%/可湿性粉剂/多菌灵 50%/2009.12.19 至 2014.12.19/低毒			
	小麦	赤霉病	750-1125克/公顷	喷雾
PD20080319	啶虫脒/5%/乳油/啶虫脒 5%/2013.02.28 至 2018.02.28/低毒			
	黄瓜	蚜虫	18-22.5克/公顷	喷雾
PD20081208	草甘膦异丙胺盐/41%/水剂/草甘膦异丙胺盐 41%/2013.09.11 至 2018.09.11/低毒			
	柑橘园	杂草	1230-2152.5克/公顷	定向茎叶喷雾
PD20081211	草甘膦异丙胺盐/62%/水剂/草甘膦异丙胺盐 62%/2013.09.11 至 2018.09.11/低毒			
	柑橘园	杂草	1209-2325克/公顷	定向茎叶喷雾
PD20081291	丁草胺/60%/乳油/丁草胺 60%/2013.09.26 至 2018.09.26/低毒			
	水稻移栽田	一年生杂草	900-1350克/公顷	药土法
PD20081381	咪唑乙烟酸/5%/水剂/咪唑乙烟酸 5%/2013.10.27 至 2018.10.27/低毒			
	春大豆田	一年生杂草	100-150克/公顷	喷雾
PD20081528	百菌清/98%/原药/百菌清 98%/2013.11.06 至 2018.11.06/微毒			
PD20081659	异菌脲/50%/可湿性粉剂/异菌脲 50%/2013.11.14 至 2018.11.14/低毒			
	番茄	早疫病	750-1500克/公顷	喷雾
PD20081764	代森锰锌/80%/可湿性粉剂/代森锰锌 80%/2013.11.18 至 2018.11.18/低毒			
	番茄	早疫病	2000—2370克/公顷	喷雾
PD20082098	甲基硫菌灵/70%/可湿性粉剂/甲基硫菌灵 70%/2013.11.25 至 2018.11.25/低毒			
	小麦	赤霉病	735-945克/公顷	喷雾
PD20082117	杀螟丹/50%/可溶粉剂/杀螟丹 50%/2013.11.25 至 2018.11.25/中等毒			
	水稻	二化螟	525-750克/公顷	喷雾
PD20082154	甲萘威/85%/可湿性粉剂/甲萘威 85%/2013.11.26 至 2018.11.26/中等毒			
	水稻	稻飞虱	765-1275克/公顷	喷雾
PD20082220	毒死蜱/40%/乳油/毒死蜱 40%/2013.11.26 至 2018.11.26/中等毒			
	苹果树	绵蚜	266.7-400毫克/千克	喷雾
	苹果树	桃小食心虫	200-267毫克/千克	喷雾
	水稻	稻纵卷叶螟	480-720克/公顷	喷雾
PD20082631	百菌清/40%/悬浮剂/百菌清 40%/2013.12.04 至 2018.12.04/微毒			
	黄瓜	霜霉病	900-1050克/公顷	喷雾
PD20082709	多菌灵/98%/原药/多菌灵 98%/2013.12.05 至 2018.12.05/微毒			
PD20082919	咪鲜胺/250克/升/乳油/咪鲜胺 250克/升/2013.12.09 至 2018.12.09/低毒			
	柑橘	蒂腐病、绿霉病、青霉病、炭疽病	250-500毫克/千克	浸果
	芒果树	炭疽病	400-600毫克/千克	喷雾
	水稻	恶苗病	2000-4000倍液	浸种
PD20083160	乙氧氟草醚/20%/乳油/乙氧氟草醚 20%/2013.12.11 至 2018.12.11/低毒			
	移栽水稻田	一年生杂草	45-60克/公顷(南方地区)	药土法
PD20083241	溴氰菊酯/25克/升/乳油/溴氰菊酯 25克/升/2013.12.11 至 2018.12.11/中等毒			
	十字花科蔬菜	蚜虫	7.5-15克/公顷	喷雾
PD20083357	腈菌唑/25%/乳油/腈菌唑 25%/2013.12.11 至 2018.12.11/低毒			

小麦　白粉病　37.5—60克/公顷　喷雾
PD20083992　阿维菌素/1.8%/微乳剂/阿维菌素 1.8%/2013.12.16 至 2018.12.16/低毒(原药高毒)
十字花科蔬菜　小菜蛾　8.1-13.5克/公顷　喷雾
PD20084360　阿维菌素/1.8%/乳油/阿维菌素 1.8%/2013.12.17 至 2018.12.17/中等毒(原药高毒)
十字花科蔬菜　菜青虫　8.1-10.8克/公顷　喷雾
PD20085611　克百威/3%/颗粒剂/克百威 3%/2013.12.25 至 2018.12.25/高毒
棉花　苗蚜　675-900克/公顷　条施、沟施
PD20086178　三乙膦酸铝/80%/可湿性粉剂/三乙膦酸铝 80%/2013.12.30 至 2018.12.30/低毒
黄瓜　霜霉病　2115-2820克/公顷　喷雾
PD20090136　百草枯/32.6%/母药/百草枯 32.6%/2014.01.08 至 2019.01.08/中等毒
PD20090648　丁硫克百威/20%/乳油/丁硫克百威 20%/2014.01.15 至 2019.01.15/中等毒
棉花　蚜虫　90-180克/公顷　喷雾
PD20091093　异噁草松/480克/升/乳油/异噁草松 480克/升/2014.01.21 至 2019.01.21/低毒
大豆田　一年生杂草　1000.5-1200克/公顷　土壤喷雾
PD20091375　草甘膦/95%/原药/草甘膦 95%/2014.02.02 至 2019.02.02/微毒
PD20092618　倍硫磷/50%/乳油/倍硫磷 50%/2014.03.02 至 2019.03.02/中等毒
十字花科蔬菜　蚜虫　300-450克/公顷　喷雾
PD20092819　高效氯氟氰菊酯/25克/升/乳油/高效氯氟氰菊酯 25克/升/2014.03.04 至 2019.03.04/低毒
十字花科蔬菜　菜青虫　7.5-15克/公顷　喷雾
PD20093423　多效唑/15%/可湿性粉剂/多效唑 15%/2009.03.23 至 2014.03.23/低毒
油菜　调节生长　150-200毫克/千克　茎叶喷雾
PD20093664　联苯菊酯/25克/升/乳油/联苯菊酯 25克/升/2009.03.25 至 2014.03.25/低毒
苹果树　桃小食心虫　20.8-31.25毫克/千克　喷雾
PD20093739　三环唑/75%/可湿性粉剂/三环唑 75%/2009.03.25 至 2014.03.25/中等毒
水稻　稻瘟病　225-300克/公顷　喷雾
PD20093786　吡嘧磺隆/10%/可湿性粉剂/吡嘧磺隆 10%/2009.03.25 至 2014.03.25/低毒
移栽水稻田　一年生阔叶杂草及莎草科杂草　22.5-30克/公顷　药土法
直播水稻(南方)　一年生阔叶杂草及莎草科杂草　15-22.5克/公顷　喷雾法
PD20093828　高效氯氟氰菊酯/25克/升/微乳剂/高效氯氟氰菊酯 25克/升/2009.03.25 至 2014.03.25/中等毒
甘蓝　菜青虫　7.5-15克/公顷　喷雾
PD20094288　烯唑醇/12.5%/可湿性粉剂/烯唑醇 12.5%/2009.03.31 至 2014.03.31/低毒
小麦　白粉病　60-120克/公顷　喷雾
PD20094316　噻菌灵/42%/悬浮剂/噻菌灵 42%/2009.03.31 至 2014.03.31/微毒
柑橘　保鲜、防腐　1000-1500毫克/千克　浸果
PD20094581　赤霉酸/20%/可溶片剂/赤霉酸 20%/2009.04.09 至 2014.04.09/低毒
芹菜　调节生长、增产　60-100毫克/千克　茎叶喷雾
PD20094611　甲霜・锰锌/72%/可湿性粉剂/甲霜灵 8%、代森锰锌 64%/2009.04.10 至 2014.04.10/低毒
黄瓜　霜霉病　1620-2160克/公顷　喷雾
PD20095051　噻嗪酮/25%/可湿性粉剂/噻嗪酮 25%/2009.04.21 至 2014.04.21/低毒
水稻　飞虱　75-112.5克/公顷　喷雾
PD20095240　多菌灵/500克/升/悬浮剂/多菌灵 500克/升/2009.04.27 至 2014.04.27/低毒
小麦　赤霉病　750-937.5克/公顷　喷雾
PD20095426　乙烯利/40%/水剂/乙烯利 40%/2009.05.11 至 2014.05.11/低毒
番茄　催熟　800-1000倍液　涂果或喷雾
PD20095499　苄嘧磺隆/10%/可湿性粉剂/苄嘧磺隆 10%/2009.05.11 至 2014.05.11/低毒
水稻移栽田　阔叶杂草及莎草科杂草　22.5-45克/公顷　药土法
PD20095544　氟磺胺草醚/250克/升/水剂/氟磺胺草醚 250克/升/2009.05.12 至 2014.05.12/低毒
春大豆田　一年生阔叶杂草　375-525克/公顷　喷雾
夏大豆田　一年生阔叶杂草　225-375克/公顷　喷雾
PD20095624　甲磺隆/10%/可湿性粉剂/甲磺隆 10%/2009.05.12 至 2013.12.31/低毒
冬小麦田　阔叶杂草　7.5-12克公顷　苗后早期茎叶喷雾
PD20096140　丁草胺/90%/原药/丁草胺 90%/2009.06.24 至 2014.06.24/低毒
PD20096153　精喹禾灵/5%/乳油/精喹禾灵 5%/2009.06.24 至 2014.06.24/低毒
冬油菜田　一年生禾本科杂草　45-52.5克/公顷　茎叶喷雾
PD20100543　二甲戊灵/330克/升/乳油/二甲戊灵 330克/升/2010.01.14 至 2015.01.14/低毒
甘蓝田　一年生杂草　618.8-742.5克/公顷　移栽前土壤喷雾
PD20100839　精喹禾灵/8.8%/乳油/精喹禾灵 8.8%/2010.01.19 至 2015.01.19/低毒
大豆田　一年生禾本科杂草　39.6-52.8克/公顷　喷雾
PD20110129　2,4-滴二甲胺盐/720克/升/水剂/2,4-滴二甲胺盐 720克/升/2011.01.28 至 2016.01.28/低毒
冬小麦　一年生阔叶杂草　540—756克/公顷　茎叶喷雾
PD20110636　氯氰菊酯/92%/原药/氯氰菊酯 92%/2011.06.13 至 2016.06.13/中等毒
PD20111164　乙酰甲胺磷/95%/原药/乙酰甲胺磷 95%/2011.11.07 至 2016.11.07/低毒
PD20120692　苯菌灵/50%/可湿性粉剂/苯菌灵 50%/2012.04.18 至 2017.04.18/低毒

芦笋 茎枯病 266.7-333.3毫克/千克 喷雾

PD20130973 丁硫克百威/40%/悬浮剂/丁硫克百威 40%/2013.05.02 至 2018.05.02/中等毒

棉花 蚜虫 90-180克/公顷 喷雾

PD20131352 草铵膦/200克/升/水剂/草铵膦 200克/升/2013.06.20 至 2018.06.20/低毒

柑橘园 杂草 900-1500克/公顷 定向茎叶喷雾

PD20131751 草甘膦铵盐/68%/可溶粒剂/草甘膦 68%/2013.08.16 至 2018.08.16/低毒

柑橘园 杂草 1122-2244克/公顷 定向茎叶喷雾

注:草甘膦铵盐含量：74.7%。

四川省

安岳县腾达蚊香厂 （四川省安岳县石桥铺镇石桥村一组 642350 0832-4512168)

WP20070016 蚊香/0.3%/蚊香/烯丙菊酯 0.3%/2012.08.03 至 2017.08.03/微毒

卫生 蚊 / 点燃

拜耳(四川)动物保健有限公司 (四川省成都市西南航空港经济开发区长城路一段189号 610225 028-85860347)

WP20100089 溴氰菊酯/25克/升/悬浮剂/溴氰菊酯 25克/升/2010.06.08 至 2015.06.08/微毒

室内 蜚蠊 15毫克/平方米 滞留喷雾

成都邦农化学有限公司 （四川省成都市双流县金桥镇金桥社区三组 610200 028-85851587)

PD20081244 高效氯氰菊酯/4.5%/乳油/高效氯氰菊酯 4.5%/2008.09.16 至 2013.09.16/低毒

十字花科蔬菜 菜青虫 13.5-27克/公顷 喷雾

PD20083914 三唑酮/25%/可湿性粉剂/三唑酮 25%/2013.12.15 至 2018.12.15/低毒

小麦 锈病 187.5-225克/公顷 喷雾

PD20084690 炔螨特/73%/乳油/炔螨特 73%/2013.12.22 至 2018.12.22/低毒

柑橘树 红蜘蛛 292-365毫克/千克 喷雾

PD20086038 甲基硫菌灵/70%/可湿性粉剂/甲基硫菌灵 70%/2013.12.29 至 2018.12.29/低毒

黄瓜 白粉病 420-483克/公顷 喷雾

PD20086118 稻瘟灵/40%/乳油/稻瘟灵 40%/2013.12.30 至 2018.12.30/低毒

水稻 稻瘟病 600-900克/公顷 喷雾

PD20093436 三环唑/75%/可湿性粉剂/三环唑 75%/2014.03.23 至 2019.03.23/中等毒

水稻 稻瘟病 225-300克/公顷 喷雾

PD20094242 氯氟吡氧乙酸异辛酯(288克/升)///乳油/氯氟吡氧乙酸 200克/升/2014.03.31 至 2019.03.31/低毒

春小麦田 一年生阔叶杂草 150-210克/公顷 茎叶喷雾

玉米田 阔叶杂草 180-210克/公顷 茎叶喷雾

PD20097302 氯氟吡氧乙酸/200克/升/乳油/氯氟吡氧乙酸 200克/升/2009.10.26 至 2014.10.26/低毒

春小麦 阔叶杂草 / /

PD20100531 苯磺隆/75%/水分散粒剂/苯磺隆 75%/2010.01.14 至 2015.01.14/低毒

冬小麦田 一年生阔叶杂草 18-22.5克/公顷 茎叶喷雾

PD20101991 草甘膦异丙胺盐(41%)///水剂/草甘膦 30%/2010.09.25 至 2015.09.25/低毒

柑橘园 杂草 1125-2250克/公顷 定向茎叶喷雾

PD20110350 高效氯氰菊酯/4.5%/微乳剂/高效氯氰菊酯 4.5%/2011.03.24 至 2016.03.24/中等毒

甘蓝 菜青虫 20.25-27克/公顷 喷雾

PD20110661 草甘膦铵盐/68%/可溶粒剂/草甘膦 68%/2011.06.20 至 2016.06.20/低毒

非耕地 一年生及部分多年生杂草 1125-2250克/公顷 茎叶喷雾

注:草甘膦胺盐含量:74.7%。

PD20111168 百草枯/250克/升/水剂/百草枯 250克/升/2012.12.31 至 2014.07.01/中等毒

非耕地 一年生杂草 600-750克/公顷 茎叶喷雾

PD20120681 吡虫啉/70%/水分散粒剂/吡虫啉 70%/2012.04.18 至 2017.04.18/低毒

甘蓝 蚜虫 21-31.5克/公顷 喷雾

PD20132296 吡嘧·苯噻酰/8%/颗粒剂/苯噻酰草胺 7.5%、吡嘧磺隆 0.5%/2013.11.08 至 2018.11.08/低毒

水稻抛秧田 一年生杂草 450-672克/公顷 药土法

成都观智农业科技有限公司 （四川省乐至县全胜乡街村 610041 028-65638330)

PD20096868 氰戊·乐果/25%/乳油/乐果 22%、氰戊菊酯 3%/2009.09.23 至 2014.09.23/中等毒

小麦 蚜虫 75-112.5克/公顷 喷雾

PD20097465 杀虫双/3.6%/大粒剂/杀虫双 3.6%/2009.11.03 至 2014.11.03/低毒

水稻 二化螟 540-810克/公顷 撒施

成都华西农药有限公司 （四川省成都市新津县花源镇官林村四组 611432 028-82411168)

PD20040726 氯氰·三唑磷/16%/乳油/氯氰菊酯 1.5%、三唑磷 14.5%/2009.12.19 至 2014.12.19/中等毒

柑橘树 潜叶蛾 80-160毫克/千克 喷雾

PD20092904 甲氰菊酯/20%/乳油/甲氰菊酯 20%/2014.03.05 至 2019.03.05/中等毒

十字花科蔬菜 菜青虫 75-90克/公顷 喷雾

PD20093092 氰戊菊酯/20%/乳油/氰戊菊酯 20%/2014.03.09 至 2019.03.09/低毒

十字花科蔬菜 菜青虫 60-120克/公顷 喷雾

PD20093367 敌畏·毒死蜱/40%/乳油/敌敌畏 30%、毒死蜱 10%/2014.03.18 至 2019.03.18/中等毒

水稻 稻纵卷叶螟 360-480克/公顷 喷雾

PD20094592 高效氯氟氰菊酯/25克/升/乳油/高效氯氟氰菊酯 25克/升/2009.04.10 至 2014.04.10/低毒

十字花科蔬菜 菜青虫 11.25-15克/公顷 喷雾

PD20095668 溴氰·毒死蜱/10%/乳油/毒死蜱 9.5%、溴氰菊酯 0.5%/2009.05.14 至 2014.05.14/中等毒

棉花 棉铃虫 32.55-48.75克/公顷 喷雾

十字花科蔬菜 菜青虫 45-75克/公顷 喷雾

PD20097360 琥铜·甲霜灵/50%/可湿性粉剂/琥胶肥酸铜 40%、甲霜灵 10%/2009.10.27 至 2014.10.27/低毒

番茄 早疫病 1125-1500克/公顷 喷雾

黄瓜 霜霉病、细菌性角斑病 1125-1500克/公顷 喷雾

PD20101544 琥·铝·甲霜灵/60%/可湿性粉剂/琥胶肥酸铜 41.5%、甲霜灵 2.5%、三乙膦酸铝 16%/2010.05.19 至2015.05.19/低毒

黄瓜 霜霉病 1125-1500克/公顷 喷雾

成都科利隆生化有限公司 (四川省成都市青白江区工业集中发展区同济大道903号 610300 028-67965012)

PD20082097 炔螨特/40%/乳油/炔螨特 40%/2013.11.25 至 2018.11.25/低毒

柑橘树 红蜘蛛 267-400毫克/千克 喷雾

PD20084680 氯氰·丙溴磷/440克/升/乳油/丙溴磷 400克/升、氯氰菊酯 40克/升/2013.12.22 至 2018.12.22/中等毒

棉花 棉铃虫 561-660克/公顷 喷雾

PD20091261 毒死蜱/480克/升/乳油/毒死蜱 480克/升/2009.02.01 至 2014.02.01/中等毒

十字花科蔬菜 菜青虫 432-576克/公顷 喷雾

PD20091799 三乙膦酸铝/80%/可湿性粉剂/三乙膦酸铝 80%/2014.02.04 至 2019.02.04/低毒

黄瓜 霜霉病 2160-2880克/公顷 喷雾

PD20092082 氰戊·乐果/25%/乳油/乐果 22%、氰戊菊酯 3%/2014.02.16 至 2019.02.16/中等毒

甘蓝 菜青虫 75-150克/公顷 喷雾

柑橘树 潜叶蛾、锈壁虱 125-250毫克/千克 喷雾

小麦 蚜虫 75-112.5克/公顷 喷雾

烟草 蚜虫、烟青虫 75-187.5克/公顷 喷雾

PD20092467 腐霉·福美双/50%/可湿性粉剂/腐霉利 10%、福美双 40%/2014.02.25 至 2019.02.25/低毒

番茄 灰霉病 600-900克/公顷 喷雾

PD20093528 甲霜·锰锌/58%/可湿性粉剂/甲霜灵 10%、代森锰锌 48%/2009.03.23 至 2014.03.23/低毒

黄瓜 霜霉病 696-1044克/公顷 喷雾

PD20096952 霜霉威盐酸盐/66.5%/水剂/霜霉威盐酸盐 66.5%/2009.09.29 至 2014.09.29/低毒

黄瓜 霜霉病 866.4—1083克/公顷 喷雾

PD20097895 氯氰·毒死蜱/522.5克/升/乳油/毒死蜱 475克/升、氯氰菊酯 47.5克/升/2009.11.30 至 2014.11.30/中等毒

十字花科蔬菜 菜青虫 391.875-470.25克/公顷 喷雾

PD20098071 丙环唑/250克/升/乳油/丙环唑 250克/升/2009.12.08 至 2014.12.08/低毒

香蕉 叶斑病 250-500毫克/千克 喷雾

PD20098119 高效氯氟氰菊酯/25克/升/乳油/高效氯氟氰菊酯 25克/升/2009.12.08 至 2014.12.08/中等毒

十字花科叶菜 菜青虫 7.5-15克/公顷 喷雾

PD20098176 甲基硫菌灵/500克/升/悬浮剂/甲基硫菌灵 500克/升/2009.12.14 至 2014.12.14/低毒

小麦 赤霉病 750—1125克/公顷 喷雾

PD20098205 多菌灵/80%/可湿性粉剂/多菌灵 80%/2009.12.16 至 2014.12.16/低毒

苹果树 褐斑病 800—1000毫克/千克 喷雾

PD20098267 石硫合剂/29%/水剂/石硫合剂 29%/2009.12.18 至 2014.12.18/低毒

苹果树 白粉病 4143—5800毫克/千克 喷雾

PD20098272 甲氰·噻螨酮/7.5%/乳油/甲氰菊酯 5%、噻螨酮 2.5%/2009.12.18 至 2014.12.18/中等毒

苹果树 红蜘蛛 50-75毫克/千克 喷雾

PD20098303 硫双威/75%/可湿性粉剂/硫双威 75%/2009.12.18 至 2014.12.18/低毒

棉花 棉铃虫 562.5-675克/公顷 喷雾

PD20098327 马拉硫磷/45%/乳油/马拉硫磷 45%/2009.12.18 至 2014.12.18/低毒

十字花科蔬菜 黄条跳甲 810-945克/公顷 喷雾

PD20098328 联苯菊酯/100克/升/乳油/联苯菊酯 100克/升/2009.12.18 至 2014.12.18/低毒

茶树 茶小绿叶蝉 30-45克/公顷 喷雾

PD20098365 三环唑/75%/可湿性粉剂/三环唑 75%/2009.12.18 至 2014.12.18/低毒

水稻 稻瘟病 225—337.5克/公顷 喷雾

PD20098368 甲基硫菌灵/3%/糊剂/甲基硫菌灵 3%/2009.12.18 至 2014.12.18/低毒

苹果树 腐烂病 3.75—4.5克/平方米 涂抹

PD20098439 虫酰肼/200克/升/悬浮剂/虫酰肼 200克/升/2009.12.24 至 2014.12.24/低毒

甘蓝 甜菜夜蛾 80-100毫升制剂/亩 喷雾

PD20098516 醚菊酯/10%/悬浮剂/醚菊酯 10%/2009.12.24 至 2014.12.24/低毒

甘蓝 菜青虫 45-60克/公顷 喷雾

PD20100475 杀虫双/18%/水剂/杀虫双 18%/2010.01.14 至 2015.01.14/低毒

水稻 三化螟 540-675克/公顷 喷雾

PD20120082 百菌清/54%/悬浮剂/百菌清 54%/2012.01.19 至 2017.01.19/低毒

番茄 早疫病 900—1050克/公顷 喷雾

注:百菌清质量浓度为: 720克/升。

PD20120086 啶虫脒/3%/微乳剂/啶虫脒 3%/2012.01.19 至 2017.01.19/低毒

	苹果树	蚜虫	10－15毫克/千克	喷雾
PD20120837	草甘膦铵盐/58%/可溶粒剂/草甘膦 58%/2012.05.22 至 2017.05.22/低毒			
	柑橘园	杂草	1131-2175克/公顷	行间定向茎叶喷雾
	注:草甘膦铵盐含量:63.8%。			
PD20120847	毒死蜱/30%/水乳剂/毒死蜱 30%/2012.05.22 至 2017.05.22/中等毒			
	水稻	稻飞虱	450-585克/公顷	喷雾
PD20120901	烯酰吗啉/50%/可湿性粉剂/烯酰吗啉 50%/2012.05.24 至 2017.05.24/低毒			
	黄瓜	霜霉病	225-300克/公顷	喷雾
PD20120904	代森锰锌/80%/可湿性粉剂/代森锰锌 80%/2012.05.24 至 2017.05.24/低毒			
	苹果树	斑点落叶病	1000-1600毫克/千克	喷雾
PD20121336	高效氯氟氰菊酯/5%/水乳剂/高效氯氟氰菊酯 5%/2012.09.11 至 2017.09.11/中等毒			
	甘蓝	菜青虫	11.25－15克/公顷	喷雾
PD20121656	甲基硫菌灵/500克/升/悬浮剂/甲基硫菌灵 500克/升/2012.10.30 至 2017.10.30/低毒			
	水稻	纹枯病	937.5-1125克/公顷	喷雾
PD20121719	三唑酮/25%/可湿性粉剂/三唑酮 25%/2012.11.08 至 2017.11.08/低毒			
	小麦	白粉病	120～180克/公顷	喷雾
PD20121976	戊唑醇/25%/水乳剂/戊唑醇 25%/2012.12.18 至 2017.12.18/低毒			
	苹果树	斑点落叶病	83.3～125毫克/千克	喷雾
PD20122035	代森锌/65%/可湿性粉剂/代森锌 65%/2012.12.19 至 2017.12.19/低毒			
	番茄	早疫病	2550-3600克/公顷	喷雾
PD20130137	戊唑醇/430克/升/悬浮剂/戊唑醇 430克/升/2013.01.17 至 2018.01.17/低毒			
	梨树	黑星病	107.5～143.3毫克/千克	喷雾
PD20130209	吡蚜酮/25%/可湿性粉剂/吡蚜酮 25%/2013.01.30 至 2018.01.30/低毒			
	水稻	稻飞虱	60-75克/公顷	喷雾
PD20130295	阿维菌素/3%/水乳剂/阿维菌素 3%/2013.02.26 至 2018.02.26/低毒(原药高毒)			
	水稻	稻纵卷叶螟	5.4－8.1克/公顷	喷雾
PD20130440	氟氯氰菊酯/50克/升/乳油/氟氯氰菊酯 50克/升/2013.03.18 至 2018.03.18/中等毒			
	棉花	棉铃虫	22.5-52.5克/公顷	喷雾
PD20130795	烯酰吗啉/50%/水分散粒剂/烯酰吗啉 50%/2013.05.13 至 2018.05.13/低毒			
	黄瓜	霜霉病	263-300克/公顷	喷雾
PD20131048	精喹禾灵/15%/乳油/精喹禾灵 15%/2013.05.13 至 2018.05.13/低毒			
	油菜田	一年生禾本科杂草	45-67.5克/公顷	茎叶喷雾
PD20131163	啶虫脒/40%/水分散粒剂/啶虫脒 40%/2013.05.27 至 2018.05.27/中等毒			
	甘蓝	蚜虫	18-22.5克/公顷	喷雾
PD20131267	甲维・氯氰/3.2%/微乳剂/甲氨基阿维菌素 0.2%、氯氰菊酯 3%/2013.06.04 至 2018.06.04/低毒			
	甘蓝	甜菜夜蛾	24-28.8克/公顷	喷雾
PD20131311	氟硅唑/10%/水乳剂/氟硅唑 10%/2013.06.08 至 2018.06.08/低毒			
	梨树	黑星病	40-50毫克/千克	喷雾
PD20131374	联苯菊酯/2.5%/水乳剂/联苯菊酯 2.5%/2013.06.24 至 2018.06.24/低毒			
	番茄	白粉虱	11.25－15克/公顷	喷雾
PD20131569	稻瘟灵/40%/可湿性粉剂/稻瘟灵 40%/2013.07.23 至 2018.07.23/低毒			
	水稻	稻瘟病	480-720克/公顷	喷雾
PD20132552	灭蝇胺/70%/可湿性粉剂/灭蝇胺 70%/2013.12.16 至 2018.12.16/低毒			
	黄瓜	美洲斑潜蝇	157.5-210克/公顷	喷雾
LS20110133	阿维・氟啶脲/5%/乳油/阿维菌素 1.5%、氟啶脲 3.5%/2013.05.05 至 2014.05.05/低毒(原药高毒)			
	棉花	棉铃虫	45－60克/公顷	喷雾
LS20110202	氯氟・丙溴磷/12%/乳油/丙溴磷 10%、高效氯氟氰菊酯 2%/2013.08.04 至 2014.08.04/低毒			
	棉花	棉铃虫	90-126克/公顷	喷雾
LS20110267	代森联/70%/可湿性粉剂/代森联 70%/2013.10.12 至 2014.10.12/低毒			
	黄瓜	霜霉病	1260-1785克/公顷	喷雾
LS20110272	哒螨灵/10%/水乳剂/哒螨灵 10%/2013.10.13 至 2014.10.13/中等毒			
	柑橘树	红蜘蛛	66.7－100毫克/千克	喷雾
LS20110291	甲基硫菌灵/70%/水分散粒剂/甲基硫菌灵 70%/2013.11.04 至 2014.11.04/低毒			
	黄瓜	白粉病	420－630克/公顷	喷雾
LS20120215	阿维・毒死蜱/25%/水乳剂/阿维菌素 0.3%、毒死蜱 24.7%/2013.06.14 至 2014.06.14/低毒(原药高毒)			
	水稻	稻纵卷叶螟	225-300克/公顷	喷雾
LS20130034	阿维・三唑磷/20%/水乳剂/阿维菌素 0.5%、三唑磷 19.5%/2014.01.15 至 2015.01.15/中等毒(原药高毒)			
	水稻	二化螟	240－300克/公顷	喷雾
LS20130346	阿维・炔螨特/30%/水乳剂/阿维菌素 0.3%、炔螨特 29.7%/2013.07.02 至 2014.07.02/低毒(原药高毒)			
	柑橘树	红蜘蛛	200-300毫克/千克	喷雾
LS20130357	烯酰・丙森锌/72%/可湿性粉剂/丙森锌 60%、烯酰吗啉 12%/2013.07.03 至 2014.07.03/低毒			
	黄瓜	霜霉病	1296-1620克/公顷	喷雾
LS20130491	甲维・毒死蜱/20%/微乳剂/毒死蜱 19.5%、甲氨基阿维菌素苯甲酸盐 .5%/2013.11.08 至 2014.11.08/中等毒			

	水稻	稻纵卷叶螟	195-225克/公顷	喷雾

成都蓝风（集团）股份有限公司　（四川省成都市一环路西三段31号嘉园大厦21楼　610031　028-65017620）

WP20100068	驱蚊花露水/5%/驱蚊花露水/避蚊胺 5%/2010.05.10 至 2015.05.10/微毒			
	卫生	蚊	/	涂抹
	注:本品有三种香型：清新铃兰香型、芳香型、百合香型。			

成都丽雅嘉化妆品有限公司　（四川省成都市双流县西南航空港工业集中开发区2号路　610200　028-85745396）

WP20110171	驱蚊花露水/4.5%/驱蚊花露水/驱蚊酯 4.5%/2011.07.07 至 2016.07.07/微毒			
	卫生	蚊	/	涂抹
	注:本产品有一种香型：薄荷香型。			

成都绿金生物科技有限责任公司（四川省成都市科华北路58号亚太广场皇冠楼21楼 610041 028-85217595-84）

PD20101579	印楝素/10%/母药/印楝素 10%/2010.06.01 至 2015.06.01/低毒			
PD20101580	印楝素/0.3%/乳油/印楝素 0.3%/2011.01.26 至 2016.01.26/低毒			
	茶树	茶毛虫	5.4-6.75克/公顷	喷雾
	柑橘树	潜叶蛾	5-7.5毫克/千克	喷雾
	十字花科蔬菜	小菜蛾	2.7-4.05克/公顷	喷雾
PD20101807	阿维·印楝素/0.8%/乳油/阿维菌素 0.5%、印楝素 0.3%/2010.07.14 至 2015.07.14/低毒(原药高毒)			
	甘蓝	小菜蛾	4.8-7.2克/公顷	喷雾
PD20130449	阿维菌素/1.8%/乳油/阿维菌素 1.8%/2013.03.18 至 2018.03.18/低毒(原药高毒)			
	甘蓝	小菜蛾	8.1-10.8克/公顷	喷雾
PD20131157	高氯·甲维盐/5%/微乳剂/高效氯氰菊酯 4.5%、甲氨基阿维菌素苯甲酸盐 0.5%/2013.05.24 至 2018.05.24/中等毒			
	甘蓝	甜菜夜蛾	15-22.5克/公顷	喷雾

成都民航六维航化有限责任公司　（四川省成都市二环路南二段17号　610041　028-82909887）

WP20080486	杀虫气雾剂/2%/气雾剂/氯菊酯 2%/2013.12.17 至 2018.12.17/微毒			
	卫生	蚊、蝇、蜚蠊	/	喷雾
WP20100028	杀虫气雾剂/4%/气雾剂/氯菊酯 2%、右旋苯醚菊酯 2%/2010.01.19 至 2015.01.19/微毒			
	卫生	蚊、蝇、蜚蠊	/	喷雾
WP20100058	杀虫气雾剂/2%/气雾剂/右旋苯醚菊酯 2%/2010.04.14 至 2015.04.14/微毒			
	卫生	蚊、蝇、蜚蠊	/	喷雾

成都普惠生物工程有限公司　（四川省成都市新都区如意大道223号　610500　028-83972346）

PD86101-40	赤霉酸/4%/乳油/赤霉酸 4%/2011.02.25 至 2016.02.25/低毒			
	菠菜	增加鲜重	10-25毫克/千克	叶面处理1-3次
	菠萝	果实增大、增重	40-80毫克/千克	喷花
	柑橘树	果实增大、增重	20-40毫克/千克	喷花
	花卉	提前开花	700毫克/千克	叶面处理涂抹花芽
	绿肥	增产	10-20毫克/千克	喷雾
	马铃薯	苗齐、增产	0.5-1毫克/千克	浸薯块10-30分钟
	棉花	提高结铃率、增产	10-20毫克/千克	点喷、点涂或喷雾
	葡萄	无核、增产	50-200毫克/千克	花后1周处理果穗
	芹菜	增产	20-100毫克/千克	叶面处理1次
	人参	增加发芽率	20毫克/千克	播前浸种15分钟
	水稻	增加千粒重、制种	20-30毫克/千克	喷雾
PD91107-2	农用硫酸链霉素/72%/可溶粉剂/链霉素 72%/2011.03.20 至 2016.03.20/低毒			
	大白菜	软腐病	150-300克/公顷	喷雾
	柑橘树	溃疡病	150-300克/公顷	喷雾
	水稻	白叶枯病	150-300克/公顷	喷雾
PD20084832	阿维菌素/0.5%/乳油/阿维菌素 0.5%/2008.12.22 至 2013.12.22/低毒(原药高毒)			
	十字花科蔬菜	菜青虫	8.1-10.8克/公顷	喷雾
PD20085055	阿维菌素/0.9%/乳油/阿维菌素 0.9%/2008.12.23 至 2013.12.23/低毒(原药高毒)			
	十字花科蔬菜	菜青虫	8.1-10.8克/公顷	喷雾
PD20085549	阿维菌素/1.8%/乳油/阿维菌素 1.8%/2008.12.25 至 2013.12.25/低毒(原药高毒)			
	棉花	棉铃虫	21.6-32.4克/公顷	喷雾
PD20090466	阿维·敌敌畏/40%/乳油/阿维菌素 0.3%、敌敌畏 39.7%/2009.01.12 至 2014.01.12/中等毒(原药高毒)			
	十字花科蔬菜	菜青虫	240-360克/公顷	喷雾

成都士发生物科技有限公司　（四川省新津县五津镇儒林路558号　881508　0595-88150891）

WL20110005	杀虫气雾剂/0.33%/气雾剂/胺菊酯 0.2%、氯菊酯 0.13%/2013.01.07 至 2014.01.07/微毒			
	卫生	蚊、蝇、蜚蠊	/	喷雾

成都特普科技发展有限公司　（四川省成都市高新西区模具工业园太抗生物科技　611731　028-66348339）

PD20120349	几丁聚糖/0.5%/水剂/几丁聚糖 0.5%/2012.03.28 至 2017.03.28/微毒			
	番茄	病毒病	300-500倍液	喷雾
	黄瓜	白粉病	100-500倍液	喷雾
	黄瓜	霜霉病	300-500倍液	喷雾
	水稻	黑条矮缩病	12.5-37.5克/公顷	喷雾

成都西部爱地作物科学有限公司　（四川省成都市邛崃市羊安镇工业点　611530　028-82630285）

PD86110-5 嘧啶核苷类抗菌素/2%/水剂/嘧啶核苷类抗菌素 2%/2011.01.05 至 2016.01.05/低毒

大白菜	黑斑病	100毫克/千克	喷雾
番茄	疫病	100毫克/千克	喷雾
瓜类、花卉、苹果树、葡萄、烟草	白粉病	100毫克/千克	喷雾
水稻	炭疽病、纹枯病	150-180克/公顷	喷雾
西瓜	枯萎病	100毫克/千克	灌根
小麦	锈病	100毫克/千克	喷雾

PD86110-10 嘧啶核苷类抗菌素/4%/水剂/嘧啶核苷类抗菌素 4%/2013.03.12 至 2018.03.12/低毒

大白菜	黑斑病	100毫克/千克	喷雾
番茄	疫病	100毫克/千克	喷雾
瓜类、花卉、苹果树、葡萄、烟草	白粉病	100毫克/千克	喷雾
水稻	炭疽病、纹枯病	150-180克/公顷	喷雾
西瓜	枯萎病	100毫克/千克	灌根
小麦	锈病	100毫克/千克	喷雾

PD88109-10 井冈霉素/10%,20%/水溶粉剂/井冈霉素 10%,20%/2013.11.07 至 2018.11.07/低毒

水稻	纹枯病	75-112.5克/公顷	喷雾、泼浇

PD90106-15 苏云金杆菌/8000IU/微升/悬浮剂/苏云金杆菌 8000IU/微升/2011.05.23 至 2016.05.23/低毒

茶树	茶毛虫	100-200倍液	喷雾
林木	松毛虫	100-200倍液	喷雾
棉花	二代棉铃虫	6000-7500毫升制剂/公顷	喷雾
十字花科蔬菜	菜青虫、小菜蛾	3000-4500毫升制剂/公顷	喷雾
水稻	稻纵卷叶螟	6000-7500毫升制剂/公顷	喷雾
烟草	烟青虫	6000-7500毫升制剂/公顷	喷雾
玉米	玉米螟	4500-6000毫升制剂/公顷	加细沙灌心叶
枣树	尺蠖	100-200倍液	喷雾

PD20101703 矿物油/95%/乳油/矿物油 95%/2010.06.28 至 2015.06.28/微毒

柑橘树	矢尖蚧	9500-19000毫克/千克	喷雾

PD20110854 苯醚甲环唑/37%/水分散粒剂/苯醚甲环唑 37%/2011.08.10 至 2016.08.10/低毒

香蕉	叶斑病	92.5—123.3毫克/千克	喷雾

PD20110924 吡虫啉/350克/升/悬浮剂/吡虫啉 350克/升/2011.09.06 至 2016.09.06/低毒

水稻	稻飞虱	27—45克/公顷	喷雾

PD20111040 阿维菌素/1.8%/水乳剂/阿维菌素 1.8%/2011.10.10 至 2016.10.10/低毒(原药高毒)

甘蓝	小菜蛾	8.1—10.8克/公顷	喷雾

PD20111053 联苯菊酯/10%/水乳剂/联苯菊酯 10%/2011.10.10 至 2016.10.10/中等毒

茶树	茶小绿叶蝉	30-37.5克/公顷	喷雾

PD20111181 噻嗪酮/50%/悬浮剂/噻嗪酮 50%/2011.11.15 至 2016.11.15/低毒

水稻	稻飞虱	112.5—150克/公顷	喷雾

PD20111398 高效氯氟氰菊酯/2.5%/水乳剂/高效氯氟氰菊酯 2.5%/2011.12.22 至 2016.12.22/中等毒

甘蓝	菜青虫	7.5～11.25克/公顷	/喷雾

PD20120136 高效氯氰菊酯/4.5%/水乳剂/高效氯氰菊酯 4.5%/2012.01.29 至 2017.01.29/中等毒

甘蓝	菜青虫	21.94-27克/公顷	喷雾

PD20120183 戊唑醇/25%/水乳剂/戊唑醇 25%/2012.01.30 至 2017.01.30/低毒

梨树	黑星病	83.3—125毫克/千克	喷雾

PD20120199 吡虫啉/20%/可湿性粉剂/吡虫啉 20%/2012.01.30 至 2017.01.30/低毒

小麦	蚜虫	15-30克/公顷(南方地区) 45-60克/公顷(北方地区)	喷雾

PD20120503 阿维菌素/1.8%/微乳剂/阿维菌素 1.8%/2012.03.19 至 2017.03.19/低毒(原药高毒)

甘蓝	小菜蛾	6.75—8.1克/公顷	喷雾

PD20120664 四螨·三唑锡/20%/悬浮剂/四螨嗪 5%、三唑锡 15%/2012.04.18 至 2017.04.18/低毒

柑橘树	红蜘蛛	50-66.7毫克/千克	喷雾

PD20120709 啶虫脒/20%/可溶液剂/啶虫脒 20%/2012.04.18 至 2017.04.18/低毒

黄瓜	蚜虫	15-30克/公顷	喷雾

PD20120788 毒死蜱/40%/乳油/毒死蜱 40%/2012.05.11 至 2017.05.11/中等毒

水稻	稻纵卷叶螟	525—600克/公顷	喷雾

PD20120963 苯醚甲环唑/10%/水分散粒剂/苯醚甲环唑 10%/2012.06.14 至 2017.06.14/低毒

西瓜	炭疽病	75-90克/公顷	喷雾

PD20120988 吡虫啉/600克/升/悬浮剂/吡虫啉 600克/升/2012.06.21 至 2017.06.21/低毒

水稻	稻飞虱	36-45克/公顷	喷雾

PD20120997 吡虫啉/70%/水分散粒剂/吡虫啉 70%/2012.06.21 至 2017.06.21/低毒

甘蓝	蚜虫	15.75-21克/公顷	喷雾

LS20110189 高效氯氟氰菊酯/10%/水乳剂/高效氯氟氰菊酯 10%/2013.07.11 至 2014.07.11/中等毒

甘蓝 菜青虫 22.5-27克/公顷 喷雾
LS20110193 氟硅唑/25%/水乳剂/氟硅唑 25%/2013.07.18 至 2014.07.18/低毒
黄瓜 黑星病 45—75克/公顷 喷雾
LS20110215 高效氯氟氰菊酯/10%/水乳剂/高效氯氟氰菊酯 10%/2013.08.04 至 2014.08.04/中等毒
甘蓝 菜青虫 11.25—15克/公顷 喷雾
LS20110329 烯啶虫胺/10%/水剂/烯啶虫胺 10%/2013.12.06 至 2014.12.06/低毒
棉花 蚜虫 15—30克/公顷 喷雾
LS20120011 联苯菊酯/4.5%/水乳剂/联苯菊酯 4.5%/2014.01.09 至 2015.01.09/低毒
茶树 茶小绿叶蝉 30-37克/公顷 喷雾
LS20120044 高氯·甲维盐/5%/水乳剂/高效氯氰菊酯 4%、甲氨基阿维菌素苯甲酸盐 1%/2014.02.07 至 2015.02.07/低毒
甘蓝 甜菜夜蛾 15-18.75克/公顷 喷雾
LS20120051 甲维·高氯氟/3%/水乳剂/高效氯氟氰菊酯 2.5%、甲氨基阿维菌素苯甲酸盐 0.5%/2014.02.09 至 2015.02.09/低毒
甘蓝 甜菜夜蛾 9—11.25克/公顷 喷雾

成都新朝阳作物科学有限公司 (四川省成都市蒲江朝阳银杏路6号 611630 028-88555498)

PD20070288 芸苔素内酯/0.01%/可溶粉剂/芸苔素内酯 0.01%/2012.09.07 至 2017.09.07/微毒
水稻 调节生长、增产 0.025-0.1毫克/千克 水稻齐穗喷药一次
PD20070289 芸苔素内酯/80%/原药/芸苔素内酯 80%/2012.09.07 至 2017.09.07/微毒
PD20081164 芸苔素内酯/0.0075%/水剂/芸苔素内酯 0.0075%/2013.09.11 至 2018.09.11/微毒
柑橘树 调节生长、增产 0.05-0.08毫克/千克 喷雾
水稻、小麦 调节生长、增产 0.025-0.1毫克/千克 喷雾
小白菜 调节生长、增产 0.05-0.075毫克/千克 喷雾
PD20081454 甲哌鎓/96%/原药/甲哌鎓 96%/2013.11.04 至 2018.11.04/低毒
PD20082609 代森锰锌/80%/可湿性粉剂/代森锰锌 80%/2013.12.04 至 2018.12.04/低毒
柑橘 炭疽病 1333-2000毫克/千克 喷雾
黄瓜 霜霉病 2040-3000克/公顷 喷雾
苹果 斑点落叶病 1000-1500毫克/千克 喷雾
葡萄 黑痘病 1000-1600毫克/千克 喷雾
PD20095001 三唑酮/25%/可湿性粉剂/三唑酮 25%/2014.04.21 至 2019.04.21/低毒
小麦 白粉病、锈病 187.5-300克/公顷 喷雾
PD20096126 代森锰锌/80%/可湿性粉剂/代森锰锌 80%/2009.06.18 至 2014.06.18/低毒
柑橘 炭疽病 1333.3-2000毫克/千克 喷雾
黄瓜 霜霉病 1800-2700克/公顷 喷雾
苹果 斑点落叶病 1000-1500毫克/千克 喷雾
葡萄 黑痘病 1000-1333毫克/千克 喷雾
PD20096920 咪鲜胺/25%/乳油/咪鲜胺 25%/2009.09.23 至 2014.09.23/低毒
柑橘 蒂腐病、绿霉病、青霉病、炭疽病 333-500毫克/千克 浸果
水稻 恶苗病 62.5-125毫克/千克 浸种
PD20097050 联苯菊酯/25克/升/乳油/联苯菊酯 25克/升/2009.10.10 至 2014.10.10/低毒
茶树 茶毛虫 7.5—11.25克/公顷 喷雾
柑橘树 潜叶蛾 10-12.5毫克/千克 喷雾
PD20100617 咪鲜胺锰盐/50%/可湿性粉剂/咪鲜胺锰盐 50%/2010.01.14 至 2015.01.14/低毒
柑橘 绿霉病、青霉病 250-500毫克/千克 浸果
PD20122127 苄嘧·草甘膦/75%/可湿性粉剂/苄嘧磺隆 1%、草甘膦 74%/2012.12.26 至 2017.12.26/低毒
柑橘园 杂草 1125-1687.5克/公顷 定向茎叶喷雾
PD20131041 甲维·毒死蜱/40%/水乳剂/毒死蜱 39.5%、甲氨基阿维菌素 0.5%/2013.05.13 至 2018.05.13/中等毒
水稻 二化螟 120-180克/公顷 喷雾
PD20131180 联苯菊酯/12.5%/乳油/联苯菊酯 12.5%/2013.05.27 至 2018.05.27/低毒
柑橘 潜叶蛾 156-208克/公顶 喷雾
PD20131286 甲维·三唑磷/20%/乳油/甲氨基阿维菌素苯甲酸盐 0.5%、三唑磷 19.5%/2013.06.08 至 2018.06.08/中等毒
水稻 二化螟 120-180克/公顷 喷雾
PD20131287 烯酰吗啉/80%/水分散粒剂/烯酰吗啉 80%/2013.06.08 至 2018.06.08/低毒
黄瓜 霜霉病 240-300克/公顷 喷雾
PD20131647 甲氨基阿维菌素苯甲酸盐/2%/微乳剂/甲氨基阿维菌素 2%/2013.08.01 至 2018.08.01/低毒
甘蓝 甜菜夜蛾 3-4.5克/公顷 喷雾
注:甲氨基阿维菌素苯甲酸盐含水量: 2.3%。
PD20131807 藜芦碱/0.5%/可溶液剂/藜芦碱 0.5%/2013.09.16 至 2018.09.16/低毒
草莓、辣椒、茄子 红蜘蛛 9-10.5克/公顷 喷雾
茶叶 茶黄螨 3.33-5毫克/千克 喷雾
柑橘树、枣树 红蜘蛛 6.25-8.33毫克/千克 喷雾
PD20132132 氨基寡糖素/0.5%/水剂/氨基寡糖素 0.5%/2013.10.24 至 2018.10.24/低毒
黄瓜 根结线虫 45—60克/公顷 灌根
PD20132216 香菇多糖/0.5%/水剂/香菇多糖 0.5%/2013.11.05 至 2018.11.05/低毒
辣椒、西葫芦 病毒病 15-22.5克/公顷 喷雾

PD20132487　苦皮藤素/1%/水乳剂/苦皮藤素 1%/2013.12.09 至 2018.12.09/低毒

茶叶	茶尺蠖	4.5-6克/公顷	喷雾
甘蓝	菜青虫	7.5-10.5克/公顷	喷雾
葡萄	绿盲蝽	4.5-6克/公顷	喷雾
芹菜	甜菜夜蛾	13.5-18克/公顷	喷雾
水稻	稻纵卷叶螟	4.5-6克/公顷	喷雾
猕猴桃树	小卷叶蛾	2-2.5毫克/千克	喷雾
豇豆	斜纹夜蛾	13.5-18克/公顷	喷雾

PD20132710　苦参碱/1.5%/可溶液剂/苦参碱 1.5%/2013.12.30 至 2018.12.30/低毒

草莓	蚜虫	9-10.35克/公顷	喷雾
番茄、甘蓝、黄瓜、苦瓜、辣椒、茄子、芹菜、西葫芦、豇豆	蚜虫	6.75-9克/公顷	喷雾
柑橘树、葡萄、枸杞	蚜虫	3.75-5毫克/千克	喷雾
黄瓜、西葫芦	霜霉病	5.4-7.2克/公顷	喷雾
葡萄	霜霉病	23.07-30毫克/千克	喷雾
水稻	稻飞虱	2.25-2.925毫克/千克	喷雾

成都迅强生物科技有限公司　(四川省成都市青白江区工业集中发展区同辉路118号　610300　028-67965026)

PD20090162　氰戊·乐果/25%/乳油/乐果 22%、氰戊菊酯 3%/2014.01.08 至 2019.01.08/中等毒

十字花科蔬菜	菜青虫	180-300克/公顷	喷雾

PD20090855　杀虫双/3.6%/颗粒剂/杀虫双 3.6%/2014.01.19 至 2019.01.19/中等毒

水稻	螟虫	540-675克/公顷	撒施

PD20090920　氰戊·马拉松/20%/乳油/马拉硫磷 15%、氰戊菊酯 5%/2014.01.19 至 2019.01.19/中等毒

十字花科蔬菜	菜青虫	90-150克/公顷	喷雾

广安诚信化工有限责任公司　(四川省广安市经济开发区新桥能源化工集中区　638000　0826-2820002)

PD20111021　草甘膦/95%/原药/草甘膦 95%/2011.09.30 至 2016.09.30/微毒

广汉二仙蚊香厂　(四川省广汉市三水镇光明村　618301　028-81534372)

WP20080258　杀虫气雾剂/0.15%/气雾剂/富右旋反式胺菊酯 0.05%、高效氯氰菊酯 0.1%/2013.11.26 至 2023.11.26/微毒

卫生	蚊、蝇、蜚蠊	/	喷雾

WP20090022　电热蚊香片/24毫克/片/电热蚊香片/Es-生物烯丙菊酯 24毫克/片/2014.01.08 至 2019.01.08/低毒

卫生	蚊	/	电热加温

WP20090293　蚊香/0.25%/蚊香/富右旋反式烯丙菊酯 0.25%/2009.07.13 至 2014.07.13/低毒

卫生	蚊	/	点燃

WP20130023　蚊香/0.05%/蚊香/氯氟醚菊酯 0.05%/2013.01.30 至 2018.01.30/微毒

卫生	蚊	/	点燃

注:本产品有一种香型:百花香型。

WL20110039　电热蚊香液/0.6%/电热蚊香液/氯氟醚菊酯 0.6%/2013.03.03 至 2014.03.03/微毒

卫生	蚊	/	电热加温

WL20120048　杀虫喷射剂/0.4%/喷射剂/氯烯炔菊酯 0.4%/2013.08.10 至 2014.08.10/低毒

卫生	蝇	/	喷射

乐山新路化工有限公司　(四川省乐山市市中区凤凰路中段126号53幢　614000　0833-2304099)

PD84104-15　杀虫双/18%/水剂/杀虫双 18%/2009.10.10 至 2014.10.10/中等毒

甘蔗、蔬菜、水稻、小麦、玉米	多种害虫	540-675克/公顷	喷雾
果树	多种害虫	225-360毫克/千克	喷雾

PD85158-10　喹硫磷/25%/乳油/喹硫磷 25%/2010.07.20 至 2015.07.20/低毒

棉花	棉铃虫、蚜虫	180-600克/公顷	喷雾
水稻	螟虫	375-495克/公顷	喷雾

PD20092060　杀虫双/3.6%/大粒剂/杀虫双 3.6%/2014.02.13 至 2019.02.13/中等毒

水稻	螟虫	540-675克/公顷	撒施

PD20131349　杀虫单/90%/可溶粉剂/杀虫单 90%/2013.06.19 至 2018.06.19/中等毒

水稻	二化螟	675-945克/公顷	喷雾

利尔化学股份有限公司　(四川省绵阳市经济技术开发区　621000　0816-2841584)

PD20050010　氨氯吡啶酸/95%/原药/氨氯吡啶酸 95%/2010.04.05 至 2015.04.05/低毒

PD20050168　氯氟吡氧乙酸异辛酯/95%/原药/氯氟吡氧乙酸异辛酯 95%/2010.11.14 至 2015.11.14/低毒

PD20070420　毒死蜱/97%/原药/毒死蜱 97%/2012.11.06 至 2017.11.06/中等毒

PD20070571　丙环唑/95%/原药/丙环唑 95%/2012.12.03 至 2017.12.03/低毒

PD20080097　高效氯氟氰菊酯/25克/升/乳油/高效氯氟氰菊酯 25克/升/2013.01.03 至 2018.01.03/中等毒

十字花科蔬菜	菜青虫	7.5-15克/公顷	喷雾
烟草	烟青虫	7.5-11.25克/公顷	喷雾

PD20080179　三氯吡氧乙酸丁氧基乙酯/99%/原药/三氯吡氧乙酸丁氧基乙酯 99%/2013.01.03 至 2018.01.03/低毒

PD20080994　氯氟吡氧乙酸异辛酯(288克/升)///乳油/氯氟吡氧乙酸 200克/升/2013.08.06 至 2018.08.06/低毒

冬小麦田	部分多年生阔叶杂草、一年生杂草	150-210克/公顷	茎叶喷雾

	水田畦畔	水花生	150－210克/公顷	茎叶喷雾
	玉米田	阔叶杂草	150-210克/公顷	茎叶喷雾
PD20081432	二氯吡啶酸/95%/原药/二氯吡啶酸 95%/2013.10.31 至 2018.10.31/低毒			
PD20081462	三环唑/20%/可湿性粉剂/三环唑 20%/2013.11.04 至 2018.11.04/低毒			
	水稻	稻瘟病	225-300克/公顷	喷雾
PD20081986	丙环唑/250克/升/乳油/丙环唑 250克/升/2013.11.25 至 2018.11.25/低毒			
	香蕉	叶斑病	250-500毫克/千克	喷雾
	小麦	条锈病	124.5-187.5克/公顷	喷雾
	小麦	白粉病	112.5-187.5克/公顷	喷雾
PD20082155	硫磺/50%/悬浮剂/硫磺 50%/2013.11.26 至 2018.11.26/低毒			
	黄瓜	白粉病	1125-1875克/公顷	喷雾
	小麦	白粉病、螨	3000-3750克/公顷	喷雾
PD20082247	精喹禾灵/50克/升/乳油/精喹禾灵 50克/升/2013.11.27 至 2018.11.27/低毒			
	春大豆田、春油菜	一年生禾本科杂草	52.5-75克/公顷	茎叶喷雾
	冬油菜田、夏大豆田	一年生禾本科杂草	45-52.5克/公顷	茎叶喷雾
PD20083516	毒死蜱/480克/升/乳油/毒死蜱 480克/升/2013.12.12 至 2018.12.12/中等毒			
	柑橘树	介壳虫	320-480毫克/千克	喷雾
	水稻	稻飞虱、稻纵卷叶螟、三化螟	504-648克/公顷	喷雾
PD20083942	氯氰·毒死蜱/48%/乳油/毒死蜱 44%、高效氯氰氰菊酯 4%/2008.12.15 至 2013.12.15/中等毒			
	十字花科蔬菜	菜青虫	198-288克/公顷	喷雾
PD20084880	辛硫磷/40%/乳油/辛硫磷 40%/2013.12.22 至 2018.12.22/低毒			
	烟草	烟青虫	300-450克/公顷	喷雾
PD20085963	二氯吡啶酸/30%/水剂/二氯吡啶酸 30%/2013.12.29 至 2018.12.29/低毒			
	春小麦田	一年生阔叶杂草	202.5-270克/公顷	茎叶喷雾
	春油菜	一年生阔叶杂草	157.5-270克/公顷	茎叶喷雾
PD20090146	氯氟吡氧乙酸异辛酯/250克/升/乳油/氯氟吡氧乙酸 250克/升/2014.01.08 至 2019.01.08/低毒			
	冬小麦	一年生阔叶杂草	150-180克/公顷	茎叶喷雾
	非耕地	空心莲子草	150-180克/公顷	茎叶喷雾
	注:氯氟吡氧乙酸异辛酯含量: 360克/升。			
PD20090826	高效氟吡甲禾灵/108克/升/乳油/高效氟吡甲禾灵 108克/升/2014.01.19 至 2019.01.19/低毒			
	春油菜、大豆田、冬油菜田、花生田、棉花田	禾本科杂草	32.4-48.6克/公顷	茎叶喷雾
PD20091060	高效氟吡甲禾灵/95%/原药/高效氟吡甲禾灵 95%/2014.01.21 至 2019.01.21/低毒			
PD20091089	敌草胺/50%/可湿性粉剂/敌草胺 50%/2014.01.21 至 2019.01.21/低毒			
	烟草	一年生杂草	1500-2000克/公顷	移栽前土壤喷雾
PD20092273	代森锌/80%/可湿性粉剂/代森锌 80%/2014.02.24 至 2019.02.24/低毒			
	烟草	立枯病、炭疽病	960-1200克/公顷	喷雾
PD20092796	二甲戊灵/330克/升/乳油/二甲戊灵 330克/升/2009.03.04 至 2014.03.04/低毒			
	烟草	抑制腋芽生长	60-80毫克/株	杯淋法
PD20092813	毒死蜱/40%/乳油/毒死蜱 40%/2009.03.04 至 2014.03.04/中等毒			
	柑橘	矢尖蚧	266.7-500毫克/千克	喷雾
	水稻	稻纵卷叶螟	480-600克/公顷	喷雾
	水稻	稻飞虱	450-600克/公顷	喷雾
PD20093744	咪鲜胺/250克/升/乳油/咪鲜胺 250克/升/2009.03.25 至 2014.03.25/低毒			
	柑橘	蒂腐病、绿霉病、青霉病	333.3-500毫克/千克	浸果
	水稻	恶苗病	62.5-125毫克/升	浸种
PD20094788	草甘膦/50%/可溶粉剂/草甘膦 50%/2009.04.13 至 2014.04.13/低毒			
	柑橘园	杂草	1125-2250克/公顷	定向喷雾
PD20095115	三氯吡氧乙酸丁氧基乙酯/480克/升/乳油/三氯吡氧乙酸 480克/升/2009.04.24 至 2014.04.24/低毒			
	森林	杂草、杂灌	2000-3000克/公顷	茎叶喷雾
	注:三氯吡氧乙酸丁氧基乙酯含量: 667克/升。			
PD20095759	氯吡·苯磺隆/20%/可湿性粉剂/苯磺隆 2.7%、氯氟吡氧乙酸 17.3%/2009.05.18 至 2014.05.18/低毒			
	冬小麦田	一年生阔叶杂草	90-120克/公顷	茎叶喷雾
PD20096786	草甘膦/95%/原药/草甘膦 95%/2009.09.15 至 2014.09.15/低毒			
PD20096969	草甘膦异丙胺盐(41%)///水剂/草甘膦 30%/2009.09.29 至 2014.09.29/微毒			
	柑橘园	杂草	200-400毫升制剂/亩	定向茎叶喷雾
	玉米田	杂草	200-250毫升制剂/亩	定向茎叶喷雾
PD20097425	滴·氨氯/304克/升/水剂/氨氯吡啶酸 64克/升、2,4-滴 240克/升/2009.10.28 至 2014.10.28/低毒			
	春小麦田	一年生阔叶杂草	312-390克/公顷	茎叶喷雾
PD20097825	氨氯吡啶酸/24%/水剂/氨氯吡啶酸 24%/2009.11.20 至 2014.11.20/低毒			
	非耕地	紫茎泽兰	1080-2160克/公顷	茎叶喷雾
PD20101243	甲氨基阿维菌素苯甲酸盐(1.14%)///乳油/甲氨基阿维菌素 1%/2010.03.01 至 2015.03.01/低毒			

	甘蓝	小菜蛾	1.5-2.25克/公顷	喷雾
	棉花	棉铃虫	9.75-11.25克/公顷	喷雾
PD20102190	苯醚·丙环唑/300克/升/乳油/苯醚甲环唑 150克/升、丙环唑 150克/升/2010.12.15 至 2015.12.15/低毒			
	水稻	纹枯病	78.75－90克/公顷	喷雾
PD20110377	烟嘧磺隆/80%/可湿性粉剂/烟嘧磺隆 80%/2011.04.11 至 2016.04.11/低毒			
	玉米田	一年生杂草	48-60克/公顷	茎叶喷雾
PD20110507	草铵膦/200克/升/水剂/草铵膦 200克/升/2011.05.03 至 2016.05.03/低毒			
	非耕地	杂草	1050-1750克/公顷	茎叶喷雾
	柑橘园	杂草	1050-1750克/公顷	定向茎叶喷雾
PD20110578	草铵膦/95%/原药/草铵膦 95%/2011.05.27 至 2016.05.27/低毒			
PD20110671	2甲·氯氟吡/42.5%/乳油/2甲4氯 34%、氯氟吡氧乙酸 8.5%/2011.06.20 至 2016.06.20/低毒			
	冬小麦田	一年生阔叶杂草	318.8-478.1克/公顷	茎叶喷雾
	移栽水稻田	水花生	318.8-478.1克/公顷	茎叶喷雾
PD20111018	氨氯·二氯吡/28.6%/水剂/氨氯吡啶酸 5.7%、二氯吡啶酸 22.9%/2011.09.30 至 2016.09.30/低毒			
	油菜田	一年生阔叶杂草	103--154克/公顷	茎叶喷雾
PD20111317	苯醚甲环唑/95%/原药/苯醚甲环唑 95%/2011.12.05 至 2016.12.05/低毒			
PD20111383	氟环唑/96%/原药/氟环唑 96%/2011.12.14 至 2016.12.14/低毒			
PD20120009	嘧菌酯/95%/原药/嘧菌酯 95%/2012.01.05 至 2017.01.05/低毒			
PD20120407	烯酰·锰锌/69%/可湿性粉剂/代森锰锌 60%、烯酰吗啉 9%/2012.03.07 至 2017.03.07/低毒			
	黄瓜	霜霉病	1035-1552.5克/公顷	喷雾
PD20120452	醚菌酯/95%/原药/醚菌酯 95%/2012.03.14 至 2017.03.14/低毒			
PD20120500	氟环唑/12.5%/悬浮剂/氟环唑 12.5%/2012.03.19 至 2017.03.19/低毒			
	香蕉	叶斑病	134-178克/公顷	喷雾
PD20120690	炔草酯/95%/原药/炔草酯 95%/2012.04.18 至 2017.04.18/低毒			
PD20120701	醚菌酯/50%/水分散粒剂/醚菌酯 50%/2012.04.18 至 2017.04.18/低毒			
	黄瓜	白粉病	130－150克/公顷	喷雾
PD20120706	嘧菌酯/250克/升/悬浮剂/嘧菌酯 250克/升/2012.04.18 至 2017.04.18/低毒			
	番茄	晚疫病	225－337.5克/公顷	喷雾
	葡萄	霜霉病	125－250毫克/千克	喷雾
PD20120897	草甘·三氯吡/70%/可溶粉剂/草甘膦 50.4%、三氯吡氧乙酸 19.6%/2012.05.24 至 2017.05.24/低毒			
	非耕地	杂草	840-1260克/公顷	茎叶喷雾
	免耕油菜田	杂草	630-840克/公顷	茎叶喷雾
PD20121020	炔草酯/15%/可湿性粉剂/炔草酯 15%/2012.07.02 至 2017.07.02/低毒			
	小麦田	一年生禾本科杂草	36-45克/公顷	茎叶喷雾
PD20121453	联苯·三唑锡/55%/可湿性粉剂/联苯菊酯 5%、三唑锡 50%/2012.10.08 至 2017.10.08/中等毒			
	柑橘树	红蜘蛛	137.5-183.3毫克/千克	喷雾
PD20122004	苯甲·丙环唑/300克/升/微乳剂/苯醚甲环唑 150克/升、丙环唑 150克/升/2012.12.19 至 2017.12.19/低毒			
	水稻	纹枯病	67.5～90克/公顷	喷雾
PD20122013	炔草酯/24%/乳油/炔草酯 24%/2012.12.19 至 2017.12.19/低毒			
	小麦田	一年生禾本科杂草	36-43.2克/公顷	茎叶喷雾
PD20130041	啶虫·毒死蜱/41.5%/乳油/啶虫脒 1.5%、毒死蜱 40%/2013.01.07 至 2018.01.07/中等毒			
	苹果树	绵蚜	138.3-207.5毫克/千克	喷雾
	小麦	蚜虫	62.25-93.375克/公顷	喷雾
PD20130390	代森·苯醚甲/64%/可湿性粉剂/苯醚甲环唑 8%、代森锰锌 56%/2013.03.12 至 2018.03.12/低毒			
	苹果树	斑点落叶病	290－355毫克/千克	喷雾
PD20131010	草铵膦/50%/母药/草铵膦 50%/2013.05.13 至 2018.05.13/低毒			
PD20131271	二氯吡啶酸钾盐/75%/可溶粉剂/二氯吡啶酸 75%/2013.06.05 至 2018.06.05/低毒			
	玉米田	一年生阔叶杂草	202.5-236.25克/公顷	茎叶喷雾
	注:二氯吡啶酸钾盐含量：90%			
PD20131298	二氯吡啶酸/75%/可溶粒剂/二氯吡啶酸 75%/2013.06.08 至 2018.06.08/低毒			
	玉米田	一年生阔叶杂草	202.5-236.25克/公顷	茎叶喷雾
PD20131458	吡虫啉/70%/种子处理可分散粉剂/吡虫啉 70%/2013.07.05 至 2018.07.05/低毒			
	夏玉米	蚜虫	350-490克/100千克种子	拌种
PD20131539	吡虫啉/70%/水分散粒剂/吡虫啉 70%/2013.07.17 至 2018.07.17/低毒			
	甘蓝	蚜虫	15.75-21克/公顷	喷雾
PD20131551	丙环唑/40%/微乳剂/丙环唑 40%/2013.07.23 至 2018.07.23/低毒			
	香蕉	叶斑病	267-400毫克/千克	喷雾
PD20131595	氟硅唑/10%/水乳剂/氟硅唑 10%/2013.07.29 至 2018.07.29/低毒			
	番茄	叶霉病	67.5-75克/公顷	喷雾
PD20131603	烯酰吗啉/80%/水分散粒剂/烯酰吗啉 80%/2013.07.29 至 2018.07.29/低毒			
	黄瓜	霜霉病	240-300克/公顷	喷雾
PD20132135	四聚乙醛/80%/可湿性粉剂/四聚乙醛 80%/2013.10.24 至 2018.10.24/中等毒			
	甘蓝	蜗牛	300-480克/公顷	喷雾

LS20120387 啶虫·毒死蜱/41.5%/微乳剂/啶虫脒 1.5%、毒死蜱 40%/2013.11.08 至 2014.11.08/中等毒
小麦 蚜虫 74.7—93.375克/公顷 喷雾
LS20130040 草甘·三氯吡/60%/可湿性粉剂/草甘膦 50%、三氯吡氧乙酸 10%/2013.02.06 至 2014.02.06/低毒
非耕地 杂草 900-1080克/公顷 茎叶喷雾
LS20130044 霜霉·嘧菌酯/30%/悬浮剂/嘧菌酯 20%、霜霉威盐酸盐 10%/2013.02.06 至 2014.02.06/低毒
番茄 晚疫病 315-360克/公顷 喷雾
LS20130267 精噁·炔草酯/16%/可湿性粉剂/精噁唑禾草灵 7.5%、炔草酯 8.5%/2013.05.02 至 2014.05.02/低毒
小麦田 一年生禾本科杂草 48-57.6克/公顷 茎叶喷雾
LS20130280 嘧菌·腐霉利/30%/悬浮剂/腐霉利 23.7%、嘧菌酯 6.3%/2013.05.07 至 2014.05.07/低毒
番茄 灰霉病 456-501.6克/公顷 喷雾
LS20130369 甲噻诱胺/25%/悬浮剂/甲噻诱胺 25%/2013.07.23 至 2014.07.23/低毒
烟草 病毒病 208.3-250毫克/千克 喷雾
LS20130370 甲噻诱胺/96%/原药/甲噻诱胺 96%/2013.07.23 至 2014.07.23/低毒

眉山市民威林产制品有限公司 (四川省眉山市青神县工业园集中区 620460 0833-8811839)

WP20120081 蚊香/0.25%/蚊香/富右旋反式烯丙菊酯 0.25%/2012.05.03 至 2017.05.03/微毒
卫生 蚊 / 点燃
注:本产品有一种香型: 檀香型。
WL20100229 蚊香/0.05%/蚊香/氯氟醚菊酯 0.05%/2012.08.09 至 2013.08.09/微毒
卫生 蚊 / /
注:本品有壹种香型: 熏衣草香型。
WL20110098 电热蚊香液/0.4%/电热蚊香液/氯氟醚菊酯 0.4%/2013.08.04 至 2014.08.04/微毒
卫生 蚊 / 电热加温

仁寿亿丰农药科技有限公司 (四川省眉山市仁寿县城北大化镇 620500 0833-6312567)

PD20084202 氰戊·马拉松/21%/乳油/马拉硫磷 15%、氰戊菊酯 6%/2013.12.16 至 2018.12.16/中等毒
棉花 棉铃虫 120-180克/公顷 喷雾
PD20090611 氰戊·马拉松/20%/乳油/马拉硫磷 15%、氰戊菊酯 5%/2014.01.14 至 2019.01.14/中等毒
棉花 棉铃虫 90-150克/公顷 喷雾
小麦 蚜虫 60-90克/公顷 喷雾
PD20090952 高效氯氟氰菊酯/25克/升/乳油/高效氯氟氰菊酯 25克/升/2014.01.20 至 2019.01.20/中等毒
十字花科蔬菜 菜青虫 7.5-15克/公顷 喷雾
烟草 烟青虫 7.5-15克/公顷 喷雾
PD20120454 唑磷·毒死蜱/25%/乳油/毒死蜱 10%、三唑磷 15%/2012.03.14 至 2017.03.14/中等毒
水稻 二化螟 337.5-375克/公顷 喷雾
PD20131957 甲氰菊酯/20%/乳油/甲氰菊酯 20%/2013.10.10 至 2018.10.10/中等毒
苹果树 红蜘蛛 50-150毫克/千克 喷雾

四川贝尔化工集团有限公司 (四川省成都市高新区府城大道西段399号9栋13层2号 610041 028-85243548)

PD20080409 啶虫脒/5%/乳油/啶虫脒 5%/2013.03.04 至 2018.03.04/低毒
柑橘树 蚜虫 10-12毫克/千克 喷雾
小麦 蚜虫 13.5-27克/公顷 喷雾
PD20081223 草甘膦异丙胺盐/30%/水剂/草甘膦 30%/2013.09.11 至 2018.09.11/低毒
柑橘园 杂草 1230-2460克/公顷 定向茎叶喷雾
注:草甘膦异丙胺盐含量: 41%。
PD20085005 三环唑/75%/可湿性粉剂/三环唑 75%/2013.12.22 至 2018.12.22/低毒
水稻 稻瘟病 225-300克/公顷 喷雾
PD20090097 克百·敌百虫/3%/颗粒剂/敌百虫 1.5%、克百威 1.5%/2014.01.08 至 2019.01.08/高毒
水稻 螟虫 1125-1350克/公顷 撒施
PD20090129 阿维·苏云菌/2%/可湿性粉剂/阿维菌素 0.1%、苏云金杆菌 1.9%/2014.01.08 至 2019.01.08/低毒(原药高毒)
十字花科蔬菜 小菜蛾 750-1500克制剂/公顷 喷雾
PD20090286 草甘膦/50%/可溶粉剂/草甘膦 50%/2014.01.09 至 2019.01.09/低毒
柑橘园 杂草 1125-2250克/公顷 定向茎叶喷雾
PD20090893 克百威/3%/颗粒剂/克百威 3%/2014.01.19 至 2019.01.19/高毒
水稻 螟虫 900-1350克/公顷 撒施
PD20091034 阿维·敌敌畏/40%/乳油/阿维菌素 0.3%、敌敌畏 39.7%/2014.01.21 至 2019.01.21/中等毒(原药高毒)
黄瓜 美洲斑潜蝇 360-450克/公顷 喷雾
PD20091036 精喹禾灵/10%/乳油/精喹禾灵 10%/2014.01.21 至 2019.01.21/低毒
油菜田 一年生及部分多年生禾本科杂草 32.4-56.7克/公顷 喷雾
PD20092322 辛硫磷/3%/颗粒剂/辛硫磷 3%/2014.02.24 至 2019.02.24/低毒
花生 地老虎、金针虫、蝼蛄、蛴螬 2700-3600克/公顷 沟施
PD20102026 炔螨特/570克/升/乳油/炔螨特 570克/升/2010.10.08 至 2015.10.08/低毒
柑橘树 红蜘蛛 285-380毫克/千克 喷雾
PD20102163 草甘膦铵盐/68%/可溶粒剂/草甘膦 68%/2010.12.22 至 2015.12.22/低毒
柑橘园 杂草 100-200克/亩 定向茎叶喷雾
注:草甘膦铵盐含量: 74.7%

PD20121112 苯醚甲环唑/10%/水分散粒剂/苯醚甲环唑 10%/2012.07.19 至 2017.07.19/低毒
梨树 黑星病 14.3-16.7毫克/千克 喷雾
PD20132239 异丙隆/50%/可湿性粉剂/异丙隆 50%/2013.11.05 至 2018.11.05/低毒
小麦田 一年生杂草 900-1350克/公顷 茎叶喷雾

四川长寿生物工程有限责任公司 (四川省双流县正兴镇 610218 028-85671336)

PD20090393 井冈霉素A/60%/原药/井冈霉素A 60%/2014.01.12 至 2019.01.12/微毒
PD20097229 井冈霉素/20%/可溶粉剂/井冈霉素 20%/2009.10.19 至 2014.10.19/低毒
水稻 纹枯病 105-150克/公顷 喷雾

四川迪美特生物科技有限公司 (四川省彭山观音工业园区 610041 028-85243548)

PD85144-2 叶枯唑/20%/可湿性粉剂/叶枯唑 20%/2012.12.10 至 2017.12.10/低毒
水稻 白叶枯病 375克/公顷 喷雾、弥雾
PD85159-19 草甘膦/30%/水剂/草甘膦 30%/2010.07.29 至 2015.07.29/低毒
茶树、甘蔗、果园、剑麻、林木、桑树、橡胶树 一年生杂草和多年生恶性杂草 1125-2250克/公顷 定向茎叶喷雾
PD92103 草甘膦/95%,93%,90%/原药/草甘膦 95%,93%,90%/2012.12.10 至 2017.12.10/低毒
PD20040202 三唑酮/15%/可湿性粉剂/三唑酮 15%/2009.12.19 至 2014.12.19/低毒
小麦 白粉病、锈病 135-180克/公顷 喷雾
PD20083907 三环唑/94%/原药/三环唑 94%/2013.12.15 至 2018.12.15/中等毒
PD20084099 三环唑/20%/可湿性粉剂/三环唑 20%/2013.12.16 至 2018.12.16/中等毒
水稻 稻瘟病 225-300克/公顷 喷雾
PD20085696 草甘膦/50%/可溶粉剂/草甘膦 50%/2013.12.26 至 2018.12.26/低毒
柑橘园 杂草 1125-2250克/公顷 定向茎叶喷雾
PD20090767 多效唑/15%/可湿性粉剂/多效唑 15%/2014.01.19 至 2019.01.19/低毒
水稻育秧田 控制生长 200-300毫克/千克 茎叶喷雾
油菜(苗床) 控制生长 100-200毫克/千克 茎叶喷雾
PD20131400 草甘膦铵盐/30%/可溶粉剂/草甘膦 30%/2013.07.02 至 2018.07.02/低毒
柑橘园 杂草 1125-2250克/公顷 定向茎叶喷雾
注:草甘膦铵盐含量: 33%。

四川广信农化有限公司 (四川省简阳市平武镇安兴街30号 641406 0832-7299796)

PD84116-2 代森锌/80%/可湿性粉剂/代森锌 80%/2009.11.26 至 2014.11.26/低毒
茶树 炭疽病 1143-1600毫克/千克 喷雾
观赏植物 炭疽病、锈病、叶斑病 1143-1600毫克/千克 喷雾
花生 叶斑病 750-960克/公顷 喷雾
梨树、苹果树 多种病害 1143-1600毫克/千克 喷雾
马铃薯 晚疫病、早疫病 960-1200克/公顷 喷雾
麦类 锈病 960-1440克/公顷 喷雾
蔬菜、油菜 多种病害 960-1200克/公顷 喷雾
烟草 立枯病、炭疽病 960-1200克/公顷 喷雾
PD20081993 草甘膦异丙胺盐/41%/水剂/草甘膦异丙胺盐 41%/2013.11.25 至 2018.11.25/微毒
柑橘园 杂草 1125-2250克/公顷 定向喷雾
PD20082196 草甘膦/30%/水剂/草甘膦 30%/2013.11.26 至 2018.11.26/低毒
柑橘园 杂草 1125-2250克/公顷 定向茎叶喷雾
PD20085320 辛硫磷/3%/颗粒剂/辛硫磷 3%/2013.12.24 至 2018.12.24/微毒
花生 地下害虫 1800-3600克/公顷 撒施
PD20090017 辛硫磷/40%/乳油/辛硫磷 40%/2014.01.06 至 2019.01.06/低毒
棉花 棉铃虫 300-375克/公顷 喷雾
PD20091282 代森锰锌/70%/可湿性粉剂/代森锰锌 70%/2014.02.01 至 2019.02.01/低毒
番茄 早疫病 1845-2370克/公顷 喷雾
柑橘树 疮痂病、炭疽病 1333－2000毫克/千克 喷雾
花生 叶斑病 720－900克/公顷 喷雾
梨树 黑星病 800－1600毫克/千克 喷雾
荔枝树 霜疫霉病 1333－2000毫克/千克 喷雾
马铃薯 晚疫病 1440－2160克/公顷 喷雾
苹果树 斑点落叶病、轮纹病、炭疽病 1000－1600毫克/千克 喷雾
葡萄 白腐病、黑痘病、霜霉病 1000－1600毫克/千克 喷雾
西瓜 炭疽病 1560－2520克/公顷 喷雾
烟草 赤星病 1440－1920克/公顷 喷雾
PD20093056 甲硫·三唑酮/20%/可湿性粉剂/甲基硫菌灵 8%、三唑酮 12%/2014.03.09 至 2019.03.09/低毒
小麦 白粉病 180-300克/公顷 喷雾
PD20096636 代森锰锌/50%/可湿性粉剂/代森锰锌 50%/2009.09.02 至 2014.09.02/低毒
番茄 早疫病 1845-2370克/公顷 喷雾
黄瓜 霜霉病 2040－3000克/公顷 喷雾

	辣椒、甜椒	炭疽病、疫病	1800—2520克/公顷	喷雾
PD20098095	草甘膦铵盐(55%)///可溶粉剂/草甘膦 50%/2009.12.08 至 2014.12.08/低毒			
	柑橘园	杂草	1125-2250克/公顷	定向喷雾
PD20131000	高效氯氟氰菊酯/25克/升/乳油/高效氯氟氰菊酯 25克/升/2013.05.07 至 2018.05.07/低毒			
	柑橘树	潜叶蛾	12.5-25毫克/千克	喷雾
	梨树	梨小食心虫	12.5-25毫克/千克	喷雾
四川国光农化股份有限公司 (四川省简阳市平泉镇 641400 028-66876901)				
PD84116-8	代森锌/80%/可湿性粉剂/代森锌 80%/2009.12.20 至 2014.12.20/低毒			
	茶树	炭疽病	1143-1600毫克/千克	喷雾
	观赏植物	炭疽病、锈病、叶斑病	1143-1600毫克/千克	喷雾
	花生	叶斑病	750-960克/公顷	喷雾
	梨树、苹果树	多种病害	1143-1600毫克/千克	喷雾
	马铃薯	晚疫病、早疫病	960-1200克/公顷	喷雾
	麦类	锈病	960-1440克/公顷	喷雾
	蔬菜、油菜	多种病害	960-1200克/公顷	喷雾
	烟草	立枯病、炭疽病	960-1200克/公顷	喷雾
PD84118-40	多菌灵/25%/可湿性粉剂/多菌灵 25%/2009.11.16 至 2014.11.16/低毒			
	果树	病害	0.05-0.1%药液	喷雾
	花生	倒秧病	750克/公顷	喷雾
	麦类	赤霉病	750克/公顷	喷雾,泼浇
	棉花	苗期病害	500克/100千克种子	拌种
	水稻	稻瘟病、纹枯病	750克/公顷	喷雾,泼浇
	油菜	菌核病	1125-1500克/公顷	喷雾
PD84118-41	多菌灵/25%/可湿性粉剂/多菌灵 25%/2009.12.20 至 2014.12.20/低毒			
	甘薯（种薯）	黑斑病	250-312.5毫克/千克	浸薯块
	果树	病害	0.05-0.1%药液	喷雾
	花生	倒秧病	750克/公顷	喷雾
	麦类	赤霉病	750克/公顷	喷雾,泼浇
	棉花	苗期病害	500克/100千克种子	拌种
	水稻	稻瘟病、纹枯病	750克/公顷	喷雾,泼浇
	油菜	菌核病	1125-1500克/公顷	喷雾
PD84121-14	磷化铝/56%/片剂/磷化铝 56%/2009.11.16 至 2014.11.16/高毒			
	洞穴	室外啮齿动物	根据洞穴大小而定	密闭熏蒸
	货物	仓储害虫	5-10片/1000千克	密闭熏蒸
	空间	多种害虫	1-4片/立方米	密闭熏蒸
	粮食、种子	储粮害虫	3-10片/1000千克	密闭熏蒸
PD84125-25	乙烯利/40%/水剂/乙烯利 40%/2014.03.17 至 2019.03.17/低毒			
	番茄	催熟	800-1000倍液	喷雾或浸渍
	棉花	催熟、增产	330-500倍液	喷雾
	柿子、香蕉	催熟	400倍液	喷雾或浸渍
	水稻	催熟、增产	800倍液	喷雾
	橡胶树	增产	5-10倍液	涂布
	烟草	催熟	1000-2000倍液	喷雾
PD85150-35	多菌灵/50%/可湿性粉剂/多菌灵 50%/2010.07.14 至 2015.07.14/低毒			
	果树	病害	0.05-0.1%药液	喷雾
	花生	倒秧病	750克/公顷	喷雾
	麦类	赤霉病	750克/公顷	喷雾、泼浇
	棉花	苗期病害	250克/50千克种子	拌种
	水稻	稻瘟病、纹枯病	750克/公顷	喷雾、泼浇
	油菜	菌核病	1125-1500克/公顷	喷雾
PD85166-18	绿麦隆/25%/可湿性粉剂/绿麦隆 25%/2009.12.27 至 2014.12.27/低毒			
	大麦、小麦、玉米	一年生杂草	1500-3000克/公顷(北方地区),600-1500克/公顷(南方地区)	播后苗前或苗期喷雾
PD86123-7	矮壮素/50%/水剂/矮壮素 50%/2014.03.17 至 2019.03.17/低毒			
	棉花	防止徒长,化学整枝	10000倍液	喷顶，后期喷全株
	棉花	防止疯长	25000倍液	喷顶
	棉花	提高产量、植株紧凑	1)10000倍液2)0.3-0.5%药液	1)喷雾2)浸种
	小麦	防止倒伏,提高产量	1)3-5%药液 2)100-400倍液	1)拌种2)返青、拔节期喷雾
	玉米	增产	0.5%药液	浸种
PD86124-3	萘乙酸/80%/原药/萘乙酸 80%/2011.10.25 至 2016.10.25/低毒			
	豆类	籽粒增重	0.001-0.01%药液	盛花期喷洒
	甘薯	促进生长	50000-10000倍液	浸薯秧下部

	谷子、玉米	促进生长	25000-50000倍液	浸种
	果树、蔬菜	多结果实	0.001-0.005%药液	适期喷雾
	棉花	增产	100000倍液	盛药期开始喷雾
	水稻、小麦	促进生长、早熟、增产	5000倍液	浸种或生育期喷洒
PD87110-4	敌磺钠/70%/可溶粉剂/敌磺钠 70%/2010.01.05 至 2015.01.05/中等毒			
	黄瓜、西瓜	枯萎病、立枯病	2625-5250克/公顷	泼浇或喷雾
	马铃薯	环腐病	210克/100千克种子	拌种
	棉花	立枯病	210克/100千克种子	拌种
	水稻秧田	立枯病	13125克/公顷	泼浇或喷雾
	松杉苗木	根腐病、立枯病	140-350克/100千克种子	拌种
	甜菜	根腐病、立枯病	475-760克/100千克种子	拌种
	烟草	黑胫病	3000克/公顷	泼浇或喷雾
PD88105-21	硫酸铜/98%/原药/硫酸铜 98%/2013.06.12 至 2018.06.12/低毒			
PD20040091	氯氰菊酯/5%/乳油/氯氰菊酯 5%/2009.12.19 至 2014.12.19/中等毒			
	烟草	小地老虎、烟青虫	5.6-7.5克/公顷	喷雾
PD20040283	三唑酮/15%/可湿性粉剂/三唑酮 15%/2009.12.19 至 2014.12.19/低毒			
	小麦	白粉病	135-180克/公顷	喷雾
PD20060168	三乙膦酸铝/40%/可湿性粉剂/三乙膦酸铝 40%/2011.10.31 至 2016.10.31/低毒			
	黄瓜	霜霉病	1500-2700克/公顷	喷雾
PD20060171	五氯硝基苯/40%/粉剂/五氯硝基苯 40%/2011.11.01 至 2016.11.01/微毒			
	茄子	猝倒病	34000-40000克/公顷	土壤处理
PD20060172	代森锌/90%/原药/代森锌 90%/2011.11.01 至 2016.11.01/低毒			
PD20060177	福美双/50%/可湿性粉剂/福美双 50%/2011.11.09 至 2016.11.09/低毒			
	黄瓜	白粉病	525-1050克/公顷	喷雾
PD20060179	代森锰锌/70%/可湿性粉剂/代森锰锌 70%/2011.11.09 至 2016.11.09/低毒			
	番茄	早疫病	1845-2370克/公顷	喷雾
PD20060210	代森锰锌/50%/可湿性粉剂/代森锰锌 50%/2011.12.11 至 2016.12.11/低毒			
	番茄	早疫病	1845-2370克/公顷	喷雾
	辣椒	炭疽病	2250-2625克/公顷	喷雾
PD20070030	代森锌/65%/可湿性粉剂/代森锌 65%/2012.01.18 至 2017.01.18/低毒			
	番茄	早疫病	2550-3600克/公顷	喷雾
PD20070033	福美·拌种灵/40%/可湿性粉剂/拌种灵 20%、福美双 20%/2012.01.29 至 2017.01.29/低毒			
	花生	锈病	720克/公顷	喷雾
PD20070167	锰锌·多菌灵/25%/可湿性粉剂/多菌灵 8%、代森锰锌 17%/2012.06.25 至 2017.06.25/低毒			
	花生	叶斑病	375-750克/公顷	喷雾
PD20070173	三十烷醇/90%/原药/三十烷醇 90%/2012.06.25 至 2017.06.25/低毒			
PD20070243	代森锰锌/88%/原药/代森锰锌 88%/2012.08.30 至 2017.08.30/低毒			
PD20070244	腐霉利/50%/可湿性粉剂/腐霉利 50%/2012.08.30 至 2017.08.30/低毒			
	葡萄	灰霉病	250-500毫克/千克	喷雾
PD20070255	锰锌·三唑酮/40%/可湿性粉剂/代森锰锌 30%、三唑酮 10%/2012.09.04 至 2017.09.04/低毒			
	黄瓜	白粉病	600-675克/公顷	喷雾
PD20070471	苄嘧磺隆/10%/可湿性粉剂/苄嘧磺隆 10%/2012.11.20 至 2017.11.20/低毒			
	水稻移栽田	阔叶杂草、莎草科杂草	22.5-30克/公顷	毒土法
PD20080872	三十烷醇/0.1%/微乳剂/三十烷醇 0.1%/2013.06.27 至 2018.06.27/低毒			
	花生	调节生长、增产	0.75-1.0毫克/千克	喷雾
	平菇	调节生长	0.5-0.75毫克/千克	喷雾
PD20080993	氯吡脲/97%/原药/氯吡脲 97%/2013.08.06 至 2018.08.06/低毒			
PD20081422	咪鲜胺/25%/乳油/咪鲜胺 25%/2013.10.31 至 2018.10.31/低毒			
	草坪	枯萎病	562.5-937克/公顷	喷雾
	柑橘	蒂腐病、绿霉病、青霉病、炭疽病	250-500毫克/千克	浸果
PD20081509	萘乙酸/20%/粉剂/萘乙酸 20%/2013.11.06 至 2018.11.06/低毒			
	苹果树	调节生长、增产	8000-10000倍液	喷药二次
	葡萄	提高成活率	1000-2000倍液(插条)	浸插条
PD20081543	多效唑/15%/可湿性粉剂/多效唑 15%/2013.11.11 至 2018.11.11/低毒			
	水稻秧田	控制生长	200-300毫克/千克	喷雾
PD20081592	苄氨基嘌呤/99%/原药/苄氨基嘌呤 99%/2013.11.12 至 2018.11.12/低毒			
PD20082370	氯吡脲/0.1%/可溶液剂/氯吡脲 0.1%/2013.12.01 至 2018.12.01/低毒			
	黄瓜	调节生长	10-15毫克/千克	浸瓜胎
	葡萄	果实增大、增产	10-20毫克/千克	浸幼果穗
	脐橙	调节生长	10-15毫克/千克	涂抹幼果果柄蜜盘
	甜瓜	调节生长	10-20毫克/千克	涂抹瓜胎
	西瓜	调节生长	25-35毫克/千克	涂瓜柄
	猕猴桃	调节生长、增产	5-20毫克/千克	浸幼果

PD20082601 甲哌鎓/98%/原药/甲哌鎓 98%/2013.12.04 至 2018.12.04/低毒

PD20083484 多·锰锌/50%/可湿性粉剂/多菌灵 16%、代森锰锌 34%/2013.12.12 至 2018.12.12/低毒

苹果树 斑点落叶病 1000-1250毫克/千克 喷雾

PD20083813 乙烯利/10%/可溶粉剂/乙烯利 10%/2013.12.15 至 2018.12.15/低毒

番茄 催熟 200-300倍液 喷雾

PD20085793 甲哌鎓/8%/可溶粉剂/甲哌鎓 8%/2013.12.29 至 2018.12.29/低毒

甘薯 控制藤蔓、增产 200-300毫克/千克 喷雾

马铃薯 调节生长 60-120克/公顷 喷雾

PD20086156 丙溴·辛硫磷/45%/乳油/丙溴磷 10%、辛硫磷 35%/2013.12.30 至 2018.12.30/中等毒

棉花 棉铃虫 225-337.5克/公顷 喷雾

PD20091337 多唑·甲哌鎓/10%/可湿性粉剂/多效唑 2.5%、甲哌鎓 7.5%/2014.02.01 至 2019.02.01/低毒

大豆 调节生长、增产 97.5-120克/公顷 喷雾

花生 调节生长、增产 200-250克/公顷 喷雾

小麦 调节生长、增产 200-300毫克/千克 喷雾

PD20092279 甲基硫菌灵/50%/可湿性粉剂/甲基硫菌灵 50%/2014.02.24 至 2019.02.24/低毒

苹果树 轮纹病 850毫克/千克 喷雾

PD20092472 代森锰锌/80%/可湿性粉剂/代森锰锌 80%/2014.02.25 至 2019.02.25/微毒

柑橘树 疮痂病 1333-2000毫克/千克 喷雾

梨树 黑星病 800-1600毫克/千克 喷雾

苹果树 斑点落叶病 1000-1600毫克/千克 喷雾

葡萄 黑痘病 1000-1600毫克/千克 喷雾

PD20093610 甲哌鎓/250克/升/水剂/甲哌鎓 250克/升/2014.03.25 至 2019.03.25/低毒

棉花 调节生长、增产 45-60克/公顷 喷雾

PD20095517 乙铝·锰锌/70%/可湿性粉剂/代森锰锌 25%、三乙膦酸铝 45%/2009.05.11 至 2014.05.11/低毒

黄瓜 霜霉病 1500-4200克/公顷 喷雾

PD20096071 烯唑醇/12.5%/可湿性粉剂/烯唑醇 12.5%/2009.06.18 至 2014.06.18/低毒

梨树 黑星病 3000-4000倍液 喷雾

PD20096156 苯丁·哒螨灵/10%/乳油/苯丁锡 5%、哒螨灵 5%/2009.06.24 至 2014.06.24/低毒

柑橘树 红蜘蛛 50-66.7毫克/千克 喷雾

PD20096280 甲霜·锰锌/58%/可湿性粉剂/甲霜灵 10%、代森锰锌 48%/2009.07.22 至 2014.07.22/低毒

葡萄 霜霉病 1452.9-1635.6克/公顷 喷雾

烟草 黑胫病 696-1044克/公顷 喷雾

PD20097072 矮壮素/95%/原药/矮壮素 95%/2009.10.10 至 2014.10.10/低毒

PD20097445 噻苯隆/50%/可湿性粉剂/噻苯隆 50%/2009.10.28 至 2014.10.28/低毒

棉花 脱叶 225-300克/公顷 喷雾

PD20097655 赤霉酸/3%/乳油/赤霉酸 3%/2009.11.04 至 2014.11.04/微毒

柑橘树 调节生长 18.75-30毫克/千克 喷雾

葡萄 调节生长 75-150毫克/千克 浸果穗

PD20098046 磷化铝/56%/片剂/磷化铝 56%/2009.12.07 至 2014.12.07/剧毒

粮食 储粮害虫 5-8克/立方米 密闭熏蒸

PD20098337 氯氟吡氧乙酸异辛酯(288克/升)///乳油/氯氟吡氧乙酸 200克/升/2009.12.18 至 2014.12.18/微毒

冬小麦田、玉米田 一年生阔叶杂草 150-210克/公顷 茎叶喷雾

水田畦畔 空心莲子草(水花生) 150-210克/公顷 茎叶喷雾

PD20100086 氰戊菊酯/20%/乳油/氰戊菊酯 20%/2010.01.04 至 2015.01.04/中等毒

烟草 小地老虎、烟青虫 11.25-15克/公顷 喷雾

PD20100321 吲哚丁酸/95%/原药/吲哚丁酸 95%/2010.01.11 至 2015.01.11/低毒

PD20100745 噁霉灵/30%/水剂/噁霉灵 30%/2010.01.16 至 2015.01.16/低毒

草坪 腐霉枯萎病 300-600毫克/千克 喷雾

水稻苗床 立枯病 10000—18000克/公顷 喷雾

PD20100986 烯效唑/5%/可湿性粉剂/烯效唑 5%/2010.01.19 至 2015.01.19/低毒

花生 调节生长、增产 62.5-125毫克/千克 喷雾

水稻秧田 调节生长 100-150毫克/千克 浸种

油菜 调节生长、增产 93.75-125毫克/千克 喷雾

PD20101488 三环唑/75%/可湿性粉剂/三环唑 75%/2010.05.10 至 2015.05.10/低毒

水稻 稻瘟病 250—375克/公顷 喷雾

PD20101490 复硝酚钠/1.4%/水剂/5-硝基邻甲氧基苯酚钠 0.3%、对硝基苯酚钠 0.7%、邻硝基苯酚钠 0.4%/2010.05.10 至2015.05.10/低毒

番茄 调节生长 1.75-2.8毫克(5000-8000倍) 喷雾

PD20101571 胺鲜酯/8%/可溶粉剂/胺鲜酯 8%/2010.06.01 至 2015.06.01/微毒

大白菜 调节生长 40-60毫克/千克 喷雾

PD20101572 胺鲜酯/98%/原药/胺鲜酯 98%/2010.06.01 至 2015.06.01/低毒

PD20101581 噻苯隆/98%/原药/噻苯隆 98%/2010.06.03 至 2015.06.03/微毒

PD20101693 2,4-滴钠盐(96%)///原药/2,4-滴 81.3%/2010.06.17 至 2015.06.17/低毒

PD20102040 丁酰肼/50%/可溶粉剂/丁酰肼 50%/2010.10.27 至 2015.10.27/低毒
观赏菊花 调节生长 2000-4000毫克/千克 喷雾
PD20102168 2,4-滴钠盐/85%/可溶粉剂/2,4-滴钠盐 85%/2010.12.09 至 2015.12.09/低毒
番茄 调节生长 10-20毫克/千克 涂花柄
PD20110290 氯苯胺灵/99%/原药/氯苯胺灵 99%/2011.03.11 至 2016.03.11/低毒
PD20110292 S-诱抗素/90%/原药/S-诱抗素 90%/2011.03.11 至 2016.03.11/低毒
PD20110559 吲丁·萘乙酸/5%/可溶液剂/萘乙酸 2.5%、吲哚丁酸 2.5%/2011.05.20 至 2016.05.20/微毒
杨树 促进生根 100-150毫克/千克 浸泡插条基部
PD20111247 氯苯胺灵/2.5%/粉剂/氯苯胺灵 2.5%/2011.11.23 至 2016.11.23/微毒
马铃薯 抑制出芽 12.5-15克/1000千克 撒施
PD20120527 苄氨基嘌呤/2%/可溶液剂/苄氨基嘌呤 2%/2012.04.10 至 2017.04.10/微毒
柑橘树 调节生长 33.3-50毫克/千克 喷雾
PD20120603 烯酰吗啉/10%/水乳剂/烯酰吗啉 10%/2012.04.11 至 2017.04.11/微毒
辣椒 疫病 225-450克/公顷 喷雾
PD20130104 三唑酮/20%/乳油/三唑酮 20%/2013.01.17 至 2018.01.17/低毒
小麦 白粉病 120-150克/公顷 喷雾
PD20130807 S-诱抗素水剂/0.1%/水剂/S-诱抗素 0.1%/2013.04.22 至 2018.04.22/微毒
烟草 调节生长、增产 2.7-3.5毫克/千克 茎叶喷雾
PD20131016 2，4-滴钠盐/2%/水剂/2,4-滴钠盐 2%/2013.05.13 至 2018.05.13/微毒
番茄 调节生长 10-20毫克/千克 蘸花
PD20131024 苄氨· 赤霉酸/3.6%/可溶液剂/苄氨基嘌呤 1.8%、赤霉酸A4+A7 1.8%/2013.05.13 至 2018.05.13/低毒
苹果树 调节生长 45-60毫克/千克 喷雾
PD20131044 啶虫脒/50%/水分散粒剂/啶虫脒 50%/2013.05.13 至 2018.05.13/中等毒
柑橘树 蚜虫 10-20毫克/千克 喷雾
PD20131080 胺鲜·乙烯利/30%/水剂/胺鲜酯 3%、乙烯利 27%/2013.05.20 至 2018.05.20/低毒
玉米 调节生长、增产 101.25-112.5克/公顷 喷雾
PD20131395 赤霉酸/20%/可溶粉剂/赤霉酸 20%/2013.07.02 至 2018.07.02/低毒
葡萄 调节生长 15-20毫克/千克 喷果穗
PD20131453 甲哌鎓/98%/可溶粉剂/甲哌鎓 98%/2013.07.05 至 2018.07.05/低毒
棉花田 调节生长 45-60克/公顷 茎叶喷雾
PD20131727 杀虫单/90%/可溶粉剂/杀虫单 90%/2013.08.16 至 2018.08.16/中等毒
水稻 二化螟 810-1080克/公顷 喷雾
PD20132332 赤霉酸//乳油/ /2013.11.20 至 2018.11.20/低毒
柑橘树 调节生长 25-40毫克/千克 喷雾法
WP20080505 防蛀液剂/0.3%/防蛀液剂/氯菊酯 0.3%/2013.12.22 至 2018.12.22/低毒
毛织物 黑皮蠹 / 喷雾

四川红种子高新农业有限责任公司 （四川省成都市温江区柳城永兴路839号 611130 028-82637688)

PD20090344 克百·甲硫灵/12%/悬浮种衣剂/甲基硫菌灵 4%、克百威 8%/2014.01.12 至 2019.01.12/高毒
玉米 地下害虫 1:40-50(药种比) 种子包衣
PD20090795 唑醇·福美双/24%/悬浮种衣剂/福美双 21%、三唑醇 3%/2014.01.19 至 2019.01.19/低毒
小麦 黑穗病、锈病 160-200克/100千克种子 种子包衣
PD20091636 福·克/15%/悬浮种衣剂/福美双 8%、克百威 7%/2014.02.03 至 2019.02.03/中等毒(原药高毒)
花生 立枯病、蛴螬 1：40－50（药种比） 种子包衣
PD20097190 多·福/20%/悬浮种衣剂/多菌灵 10%、福美双 10%/2009.10.16 至 2014.10.16/低毒
水稻 稻瘟病 1:40-50(药种比) 种子包衣
PD20098030 克·硝·福美双/25%/悬浮种衣剂/福美双 10%、克百威 5%、五氯硝基苯 10%/2009.12.07 至 2014.12.07/中等毒(原药高毒)
棉花 立枯病、蚜虫 1:30-40(药种比) 种子包衣
PD20111338 咪鲜·吡虫啉/7%/悬浮种衣剂/吡虫啉 5%、咪鲜胺 2%/2011.12.06 至 2016.12.06/微毒
水稻 恶苗病、蓟马 58.3-87.5克/100千克种子 种子包衣
PD20111341 甲霜·多菌灵/13%/悬浮种衣剂/多菌灵 10%、甲霜灵 3%/2011.12.06 至 2016.12.06/低毒
大豆 根腐病 216.67-260克/100千克种子 种子包衣
PD20120512 戊唑醇/2%/悬浮种衣剂/戊唑醇 2%/2012.03.28 至 2017.03.28/低毒
小麦 散黑穗病 2.22-3.33克/100千克种子 种子包衣
玉米 丝黑穗病 11.11-16.67克/100千克种子 种子包衣
PD20131854 吡虫啉/350克/升/悬浮剂/吡虫啉 350克/升/2013.09.24 至 2018.09.24/低毒
甘蓝 蚜虫 22.5-30克/公顷 喷雾

四川华英化工有限责任公司 （四川省成都市新津县邓双镇新桥村 610041 028-85583016，85551620)

PD20081434 草甘膦/95%/原药/草甘膦 95%/2013.10.31 至 2018.10.31/微毒
PD20085088 毒死蜱/98%/原药/毒死蜱 98%/2013.12.23 至 2018.12.23/中等毒
PD20110285 草甘膦铵盐/87%/原药/草甘膦 87%/2011.03.11 至 2016.03.11/低毒
注:草甘膦铵盐含量:95%。
PD20111178 草甘膦铵盐/50%/可溶粉剂/草甘膦 50%/2011.11.15 至 2016.11.15/低毒

非耕地 杂草 1125-2250克/公顷 定向茎叶喷雾

注:草甘膦铵盐含量:55%。

PD20120054 草甘膦铵盐/30%/可溶粉剂/草甘膦 30%/2012.01.16 至 2017.01.16/低毒

非耕地、柑橘园 杂草 1125-2250克/公顷 定向茎叶喷雾

注:草甘膦铵盐含量: 33%。

四川稼得利科技开发有限公司 (四川省简阳市贾家镇竹林村九社 641421 0832-7037106)

PD20080695 三环唑/75%/可湿性粉剂/三环唑 75%/2013.06.04 至 2018.06.04/中等毒

水稻 稻瘟病 225-375克/公顷 喷雾

PD20080875 丙环唑/250克/升/乳油/丙环唑 250克/升/2013.07.01 至 2018.07.01/低毒

香蕉 叶斑病 333.3-500毫克/千克 喷雾

PD20083407 百菌清/40%/悬浮剂/百菌清 40%/2013.12.11 至 2018.12.11/微毒

黄瓜 霜霉病 900-1050克/公顷 喷雾

PD20083675 多菌灵/80%/可湿性粉剂/多菌灵 80%/2013.12.15 至 2018.12.15/低毒

油菜 菌核病 1320-1500克/公顷 喷雾

PD20083718 甲基硫菌灵/36%/悬浮剂/甲基硫菌灵 36%/2013.12.15 至 2018.12.15/微毒

花生 叶斑病 180-225克/公顷 喷雾

PD20084691 三乙膦酸铝/90%/可溶粉剂/三乙膦酸铝 90%/2013.12.22 至 2018.12.22/微毒

莴笋 霜霉病 540-1080克/公顷 喷雾

PD20085170 毒死蜱/480克/升/乳油/毒死蜱 480克/升/2008.12.23 至 2013.12.23/中等毒

苹果树 桃小食心虫 240-480毫克/千克 喷雾

PD20091156 乐果/40%/乳油/乐果 40%/2014.01.22 至 2019.01.22/中等毒

小麦 蚜虫 135-270克/公顷 喷雾

PD20093018 炔螨特/73%/乳油/炔螨特 73%/2014.03.09 至 2019.03.09/低毒

柑橘树 红蜘蛛 243.3-365毫克/千克 喷雾

PD20094277 三唑酮/25%/可湿性粉剂/三唑酮 25%/2014.03.31 至 2019.03.31/低毒

小麦 锈病 105-142.5克/公顷 喷雾

四川锦辰生物科技股份有限公司 (四川省眉山市东坡区东坡大道南三段 620020 028-38506699)

WP20110079 溴敌隆/0.005%/饵粒/溴敌隆 0.005%/2011.03.31 至 2016.03.31/低毒(原药高毒)

卫生 家鼠 / 饱和投饵

四川龙蟒福生科技有限责任公司 (四川省眉山市东坡区经济开发区东区 620036 028-38608181)

PD20050198 S-诱抗素/0.1%/水剂/S-诱抗素 0.1%/2010.12.13 至 2015.12.13/微毒

番茄 调节生长 2.5-5毫克/千克 喷雾

烟草(苗床) 调节生长 2.7-3.5毫克/千克 喷雾

PD20050199 S-诱抗素/0.006%/水剂/S-诱抗素 0.006%/2010.12.13 至 2015.12.13/微毒

水稻 调节生长 0.3-0.4毫克/千克 浸种

PD20050201 S-诱抗素/90%/原药/S-诱抗素 90%/2010.12.13 至 2015.12.13/微毒

PD20093848 S-诱抗素/1%/可溶粉剂/S-诱抗素 1%/2009.03.25 至 2014.03.25/微毒

番茄 调节生长 3.33-10毫克/千克 喷雾

PD20097554 吲哚丁酸/98%/原药/吲哚丁酸 98%/2009.11.03 至 2014.11.03/低毒

PD20100501 吲丁·诱抗素/1%/可湿性粉剂/S-诱抗素 0.1%、吲哚丁酸 0.9%/2010.01.14 至 2015.01.14/微毒

水稻秧田 促进新根生长 500-1000倍液 喷雾

PD20131338 赤霉酸/90%/原药/赤霉酸 90%/2013.06.09 至 2018.06.09/低毒

LS20110144 S-诱抗素/0.25%/水剂/S-诱抗素 0.25%/2013.05.11 至 2014.05.11/微毒

棉花 调节生长 1.67-2.5毫升/千克 茎叶喷雾

LS20130212 S-诱抗素/5%/水剂/S-诱抗素 5%/2013.04.12 至 2014.04.12/低毒

葡萄 促进着色 200-300毫克/千克 喷雾

WL20110073 顺氯·胺菊酯/10%/乳油/胺菊酯 2.5%、顺式氯氰菊酯 7.5%/2013.05.11 至 2014.05.11/低毒

卫生 蚊、蝇、蜚蠊 / 滞留喷洒

四川绿润科技开发有限公司 (四川省成都市星辉西路18号省林科院大楼408 610066 028-83228200)

PD20082023 灭幼脲/25%/悬乳剂/灭幼脲 25%/2013.11.25 至 2018.11.25/微毒

苹果树 金纹细蛾 125-167毫克/千克 喷雾

四川绵阳康尔日化有限公司 (四川省绵阳市三台县北坝镇北泉路22号 621100 0816-5332266)

WP20080013 杀虫气雾剂/0.4%/气雾剂/胺菊酯 0.25%、氯菊酯 0.15%/2013.01.04 至 2018.01.04/微毒

卫生 蜚蠊、蚊、蝇 / 喷雾

注:本品有三种香型: 青苹果香型、铃兰花香型、百花清香型。

WP20080117 蚊香/0.15%/蚊香/富右旋反式烯丙菊酯 0.15%/2013.10.27 至 2018.10.27/微毒

卫生 蚊 / 点燃

注:本品有三种香型: 檀香型、百合香型、果香型。

四川南充邦威药业有限责任公司 (四川省南充市南坪区龙门镇金龙大道8号 637102 0817-3589966)

WP20090154 蚊香/0.3%/蚊香/富右旋反式烯丙菊酯 0.3%/2014.03.04 至 2019.03.04/低毒

卫生 蚊 / 点燃

四川诺富尔作物科技有限公司 (四川省成都市邛崃市羊安镇工业点 611530 028-82630506)

PD20092671 苄嘧磺隆/10%/可湿性粉剂/苄嘧磺隆 10%/2009.03.03 至 2014.03.03/微毒

抛秧水稻　一年生阔叶杂草　22.5-30克/公顷　毒土法

PD20096338　氯氟吡氧乙酸异辛酯(288克/升)///乳油/氯氟吡氧乙酸 200克/升/2009.07.22 至 2014.07.22/低毒

水田畦畔　空心莲子草(水花生)　120-180克/公顷　茎叶喷雾

PD20097010　氯氰·毒死蜱/522.5克/升/乳油/毒死蜱 475克/升、氯氰菊酯 47.5克/升/2009.09.29 至 2014.09.29/中等毒

甘蓝　菜青虫　235-470克/公顷　喷雾

PD20097307　高效氯氟氰菊酯/25克/升/乳油/高效氯氟氰菊酯 25克/升/2009.10.26 至 2014.10.26/中等毒

十字花科蔬菜叶菜　蚜虫　5.625-7.5克/公顷　喷雾

PD20097415　复硝酚钠/1.8%/水剂/5-硝基邻甲氧基苯酚钠 0.3%、对硝基苯酚钠 0.9%、邻硝基苯酚钠 0.6%/2009.10.28 至2014.10.28/微毒

番茄　调节生长　2000-3000倍液　茎叶喷雾

PD20097629　甲霜·锰锌/58%/可湿性粉剂/甲霜灵 10%、代森锰锌 48%/2009.11.03 至 2014.11.03/低毒

黄瓜　霜霉病　675—1050克/公顷　喷雾

PD20098254　噻嗪·异丙威/25%/可湿性粉剂/噻嗪酮 5%、异丙威 20%/2009.12.16 至 2014.12.16/低毒

水稻　稻飞虱　337.5-450克/公顷　喷雾

PD20110228　吡虫啉/30%/微乳剂/吡虫啉 30%/2011.02.28 至 2016.02.29/低毒

水稻　稻飞虱　22.5～31.5克/公顷　/喷雾

PD20110849　戊唑醇/430克/升/悬浮剂/戊唑醇 430克/升/2011.08.10 至 2016.08.10/低毒

苹果树　斑点落叶病　86—107.5毫克/千克　喷雾

PD20111064　阿维菌素/1.8%/微乳剂/阿维菌素 1.8%/2011.10.11 至 2016.10.11/低毒(原药高毒)

甘蓝　小菜蛾　6.75—8.1克/公顷　喷雾

PD20111299　啶虫脒/20%/可溶液剂/啶虫脒 20%/2011.11.24 至 2016.11.24/低毒

黄瓜　蚜虫　22.5-30克/公顷　喷雾

PD20111422　四螨·三唑锡/20%/悬浮剂/四螨嗪 5%、三唑锡 15%/2011.12.23 至 2016.12.23/低毒

柑橘树　红蜘蛛　50-66.7毫克/千克　喷雾

PD20120157　联苯菊酯/10%/水乳剂/联苯菊酯 10%/2012.01.30 至 2017.01.30/中等毒

茶树　茶小绿叶蝉　30—37.5克/公顷　喷雾

PD20120273　吡虫啉/600克/升/悬浮剂/吡虫啉 600克/升/2012.02.15 至 2017.02.15/低毒

水稻　稻飞虱　27-45克/公顷　喷雾

PD20120611　苯醚甲环唑/10%/水分散粒剂/苯醚甲环唑 10%/2012.04.11 至 2017.04.11/低毒

西瓜　炭疽病　60-90克/公顷　喷雾

PD20120768　高效氯氟氰菊酯/2.5%/水乳剂/高效氯氟氰菊酯 2.5%/2012.05.05 至 2017.05.05/中等毒

甘蓝　菜青虫　7.5—15克/公顷　喷雾

PD20120781　氟硅唑/10%/水乳剂/氟硅唑 10%/2012.05.05 至 2017.05.05/低毒

黄瓜　黑星病　60—75克/公顷　喷雾

PD20130991　烯酰吗啉/50%/水分散粒剂/烯酰吗啉 50%/2013.05.07 至 2018.05.07/低毒

黄瓜　霜霉病　225-300克/公顷　喷雾

PD20131036　烯酰吗啉/25%/可湿性粉剂/烯酰吗啉 25%/2013.05.13 至 2018.05.13/低毒

葡萄　霜霉病　248-548克/公顷　喷雾

LS20110190　高效氯氰菊酯/10%/水乳剂/高效氯氰菊酯 10%/2013.07.13 至 2014.07.13/中等毒

甘蓝　菜青虫　22.5-27克/公顷　喷雾

LS20110218　高效氯氟氰菊酯/10%/水乳剂/高效氯氟氰菊酯 10%/2013.08.04 至 2014.08.04/中等毒

甘蓝　菜青虫　7.5-15克/公顷　喷雾

LS20120125　氟硅唑/20%/可湿性粉剂/氟硅唑 20%/2013.03.30 至 2014.03.30/低毒

苹果树　轮纹病　50-66.7毫克/千克　喷雾

四川赛威生物工程有限公司　(四川省成都市双流县中和镇双龙村九组　610212　028-85305118)

PD20080682　溴氰·杀螟松/1.01%/微胶囊粉剂/杀螟硫磷 1%、溴氰菊酯 0.01%/2013.06.04 至 2018.06.04/低毒

仓储原粮　仓储害虫　2-5毫克/千克　拌粮

PD20082523　高氯·辛硫磷/25%/乳油/高效氯氰菊酯 2.5%、辛硫磷 22.5%/2013.12.03 至 2018.12.03/中等毒

棉花　棉铃虫　93.75-187.5克/公顷　喷雾

PD20091612　高氯·毒死蜱/12%/乳油/毒死蜱 9.5%、高效氯氰菊酯 2.5%/2009.02.03 至 2014.02.03/中等毒

十字花科蔬菜　菜青虫　54-72克/公顷　喷雾

PD20091999　顺式氯氰菊酯/5%/乳油/顺式氯氰菊酯 5%/2009.02.12 至 2014.02.12/中等毒

十字花科蔬菜　蚜虫　15-22.5克/公顷　喷雾

PD20100042　高效氯氟氰菊酯/25克/升/乳油/高效氯氟氰菊酯 25克/升/2010.01.04 至 2015.01.04/中等毒

十字花科蔬菜　菜青虫　7.5-11.25克/公顷　喷雾

PD20100238　阿维菌素/18克/升/乳油/阿维菌素 18克/升/2010.01.11 至 2015.01.11/中等毒(原药高毒)

甘蓝　小菜蛾　8.1-10.8克/公顷　喷雾

PD20100740　毒死蜱/480克/升/乳油/毒死蜱 480克/升/2010.01.16 至 2015.01.16/中等毒

水稻　二化螟　360-576克/公顷　喷雾

PD20131600　草甘膦铵盐/68%/可溶粒剂/草甘膦 68%/2013.07.29 至 2018.07.29/低毒

非耕地　杂草　1125-2250克/公顷　茎叶喷雾

注:草甘膦铵盐含量: 74.7%。

LS20110277　高氯·啶虫脒/3%/微乳剂/啶虫脒 1%、高效氯氰菊酯 2%/2013.11.03 至 2014.11.03/低毒

甘蓝　蚜虫　22.5-27克/公顷/　喷雾
LS20110332　阿维·毒死蜱/15%/水乳剂/阿维菌素 0.2%、毒死蜱 14.8%/2012.12.09 至 2013.12.09/中等毒(原药高毒)
水稻　二化螟　112.5-135克/公顷　喷雾

四川省成都彩虹电器(集团)股份有限公司　(四川省成都市武侯区武侯大道顺江段73号　610045　028-85373624)

WPN25-99　电热蚊香片/35毫克/片/电热蚊香片/炔丙菊酯 7毫克/片、右旋烯丙菊酯 28毫克/片/2014.03.11 至 2019.03.11/微毒
卫生　蚊　/　电热加温
注:本品有三种香型:芳香型、柠檬香型、薰衣草香型。
WP20060010　电热蚊香液/2.6%/电热蚊香液/Es-生物烯丙菊酯 2.6%/2011.05.19 至 2016.05.19/微毒
卫生　蚊　/　电热加温
WP20060011　杀虫气雾剂/0.72%/气雾剂/胺菊酯 0.48%、富右旋反式烯丙菊酯 0.12%、氯氰菊酯 0.12%/2011.05.22 至2016.05.22/微毒
卫生　尘螨、蜚蠊、麦蛾、蚂蚁、跳蚤、蚊、蝇、印度谷螟　/　喷雾
注:本产品有三种香型:原野花香型、柠檬香型、清香型。
WP20060012　杀虫气雾剂/0.36%/气雾剂/胺菊酯 0.30%、氯氰菊酯 0.06%/2011.06.02 至 2016.06.02/微毒
卫生　蜚蠊、蚂蚁、跳蚤、蚊、蝇　/　喷雾
注:本品有一种香型:清香型。
WP20070010　蚊香/0.25%/蚊香/富右旋反式烯丙菊酯 0.25%/2012.06.07 至 2017.06.07/微毒
卫生　蚊　/　点燃
注:本品有三种香型:桂花香型、檀香香型、桅子花香型。
WP20070012　蚊香/0.25%/蚊香/Es-生物烯丙菊酯 0.25%/2012.06.14 至 2017.06.14/微毒
卫生　蚊　/　点燃
WP20070013　电热蚊香片/22毫克/片/电热蚊香片/富右旋反式烯丙菊酯 12毫克/片、炔丙菊酯 10毫克/片/2012.06.14 至 2017.06.14/微毒
卫生　蚊　/　电热加温
WP20080006　电热蚊香片/47毫克/片/电热蚊香片/炔丙菊酯 11毫克/片、右旋烯丙菊酯 36毫克/片/2013.01.03 至 2018.01.03/微毒
卫生　蚊　/　电热加温
注:本品有三种香型:芳香型、柠檬香型、薰衣草香型。
WP20080076　驱蚊霜/20%/驱蚊霜/避蚊胺 20%/2013.05.30 至 2018.05.30/微毒
卫生　蚊　/　涂抹
注:本品有两种香型:清香型、果香型。
WP20080222　杀虫气雾剂/0.58%/气雾剂/Es-生物烯丙菊酯 0.24%、胺菊酯 0.32%、溴氰菊酯 0.02%/2013.11.25 至 2018.11.25/微毒
卫生　蜚蠊、麦蛾、蚂蚁、跳蚤、蚊、蝇、印度谷螟　/　喷雾
注:本品有三种香型:柑橘香型、柠檬香型、无香型。
WP20080458　杀蟑饵剂/2.5%/饵剂/吡虫啉 2.5%/2013.12.16 至 2018.12.16/微毒
卫生　蜚蠊　/　投放
WP20080491　杀虫气雾剂/0.7%/气雾剂/胺菊酯 0.3%、氯氰菊酯 0.2%、炔咪菊酯 0.2%/2013.12.17 至 2018.12.17/微毒
卫生　蚂蚁、跳蚤、蚊、蝇、蜚蠊　/　喷雾
注:本品有两种香型:麝香玫瑰香型、清香型。
WP20080493　电热蚊香液/1.3%/电热蚊香液/炔丙菊酯 1.3%/2013.12.18 至 2018.12.18/微毒
卫生　蚊　/　电热加温
注:本品有三种香型:冰橙香型、柠檬香型、清香型。
WP20080498　电热蚊香液/1.3%/电热蚊香液/四氟苯菊酯 1.3%/2013.12.18 至 2018.12.18/微毒
卫生　蚊　/　电热加温
注:本品有三种香型:清香型、柠檬香型、冰橙香型。
WP20080523　杀虫气雾剂/0.4%/气雾剂/右旋胺菊酯 0.2%、右旋苯醚氰菊酯 0.2%/2013.12.23 至 2018.12.23/微毒
卫生　蚂蚁、跳蚤、蚊、蝇、蜚蠊　/　喷雾
注:本品有两种香型:1、柠檬香型、无香型。　2、本产品为水基型。
WP20090246　防蛀防霉片剂/99%/片剂/对二氯苯 99%/2009.04.24 至 2014.04.24/低毒
卫生　黑皮蠹、霉菌　40克制剂/立方米　投放
注:本产品有三种香型:薰衣草香型、柠檬香型、无香型。
WP20100145　杀蚊气雾剂/0.6%/气雾剂/胺菊酯 0.35%、富右旋反式烯丙菊酯 0.15%、氯菊酯 0.1%/2010.11.30 至 2015.11.30/微毒
室内　蚊　/　喷雾
注:本品有三种香型:柚叶香型、哈密瓜香型、绿茶香型。
WP20100146　驱蚊片/60毫克/片/驱蚊片/四氟醚菊酯 60毫克/片/2010.11.30 至 2015.11.30/微毒
卫生　蚊　/　电吹风
注:本品有两种香型:柠檬香型、清香型。
WP20100148　杀蟑气雾剂/0.7%/气雾剂/氯氰菊酯 0.2%、炔咪菊酯 0.2%、右旋苯醚氰菊酯 0.3%/2010.11.30 至 2015.11.30/微毒
室内　蜚蠊　/　喷雾
注:本品有三香型:柠檬香型、冰橙香型、无香型。
WP20100155　电热蚊香片/10毫克/片/电热蚊香片/炔丙菊酯 5毫克/片、四氟甲醚菊酯 5毫克/片/2010.12.09 至 2015.12.09/微毒
室内　蚊　/　电热加温

注:本品有三种香型：草本茉莉清香型、植物驱蚊草香型、芳香型。

WP20110025 蚊香/0.03%/蚊香/四氟甲醚菊酯 0.03%/2011.01.26 至 2016.01.26/微毒

室内 蚊 / 点燃

注:本品有三种香型：桂花檀香型、野菊花香型、无香型。

WP20110029 电热蚊香片/8毫克/片/电热蚊香片/炔丙菊酯 4毫克/片、四氟甲醚菊酯 4毫克/片/2011.01.26 至 2016.01.26/微毒

室内 蚊 / 电热加温

注:本产品有三种香型：清香型、无香型、柠檬香型。

WP20110102 防蛀片剂/94%/防蛀片剂/樟脑 94%/2011.04.22 至 2016.04.22/低毒

卫生 黑皮蠹 / 投放

WP20110176 电热蚊香片/40毫克/片/电热蚊香片/Es-生物烯丙菊酯 32毫克/片、炔丙菊酯 8毫克/片/2011.07.25 至 2016.07.25/微毒

卫生 蚊 / 电热加温

注:本产品有三种香型：植物驱蚊草香型、植物香茅香型、无香型。

WP20110198 电热蚊香液/1.5%/电热蚊香液/四氟醚菊酯 1.5%/2011.09.07 至 2016.09.07/微毒

卫生 蚊 / 电热加温

注:本产品有三种香型：植物驱蚊草香型、植物香茅香型、无香型。

WP20110206 驱蚊液/10%/驱蚊液/驱蚊酯 10%/2011.09.08 至 2016.09.08/微毒

卫生 蚊 / 涂抹

注:本产品有三种香型：香水香型、清香型、花香型。

WP20110227 电热蚊香液/0.31%/电热蚊香液/四氟甲醚菊酯 0.31%/2011.10.10 至 2016.10.10/微毒

卫生 蚊 / 电热加温

注:本产品有三种香型：柠檬香型、草本清香型、无香型。

WP20110275 电热蚊香液/0.9%/电热蚊香液/四氟苯菊酯 0.9%/2011.12.30 至 2016.12.30/微毒

卫生 蚊 / 电热加温

注:该产品有三种香型：清香型、柠檬香型、无香型。

WP20120009 电热蚊香液/1.5%/电热蚊香液/四氟苯菊酯 1.5%/2012.01.18 至 2017.01.18/微毒

卫生 蚊 / 电热加温

注:本产品有三种香型：草本清香型、柠檬香型、无香型。

WP20120018 电热蚊香片/47毫克/片/电热蚊香片/富右旋反式炔丙菊酯 12毫克/片、右旋烯丙菊酯 35毫克/片/2012.01.30 至 2017.01.30/微毒

卫生 蚊 / 电热加温

注:本产品有三种香型：芳香型、柠檬香型、清香型。

WP20120019 电热蚊香液/0.93%/电热蚊香液/四氟甲醚菊酯 0.93%/2012.01.30 至 2017.01.30/微毒

卫生 蚊 / 电热加温

注:本品有三种香型:草本清香型、柠檬香型、无香型。

WP20120024 电热蚊香浆/450毫克/盒/电热蚊香浆/四氟苯菊酯 450毫克/盒/2012.02.09 至 2017.02.09/微毒

卫生 蚊 / 电热加温

注:本产品有三种香型：清香型、柠檬香型、无香型。

WP20120065 杀飞虫气雾剂/0.5%/气雾剂/胺菊酯 0.2%、炔丙菊酯 0.1%、右旋苯醚菊酯 0.2%/2012.04.11 至 2017.04.11/微毒

室内 蚊、蝇 / 喷雾

注:本产品有两种香型：柑橘香型、无香型。

WP20120074 蚊香/0.08%/蚊香/四氟醚菊酯 0.08%/2012.04.18 至 2017.04.18/微毒

卫生 蚊 / 点燃

注:本产品有两种香型：桂花檀香型、檀香型。

WP20120094 电热蚊香液/0.62%/电热蚊香液/四氟甲醚菊酯 0.62%/2012.05.17 至 2017.05.17/微毒

卫生 蚊 / 电热加温

注:本产品有三种香型：草本清香型、柠檬香型、无香型。

WP20120151 电热蚊香液/0.8%/电热蚊香液/四氟醚菊酯 0.8%/2012.08.27 至 2017.08.27/微毒

卫生 蚊 / 电热加温

WP20120201 杀蟑烟片/10%/烟片/残杀威 5%、右旋苯醚氰菊酯 5%/2012.10.25 至 2017.10.25/低毒

卫生 蜚蠊 / 点燃

WP20120207 蚊香/0.08%/蚊香/氯氟醚菊酯 0.08%/2012.10.30 至 2017.10.30/微毒

卫生 蚊 / 点燃

注:本产品有三种香型：桂花檀香型、草本野菊花香型、草本栀子花香型。

WP20120224 电热蚊香液/0.47%/电热蚊香液/四氟甲醚菊酯 0.47%/2012.11.22 至 2017.11.22/微毒

卫生 蚊 / 电热加温

注:本产品有三种香型：清香型、柠檬香型、无香型。

WP20120232 电热蚊香液/1.2%/电热蚊香液/氯氟醚菊酯 1.2%/2012.12.07 至 2017.12.07/微毒

卫生 蚊 / 电热加温

注:本产品有三种香型：草本清香型、乔木青柠香型、无香型。

WP20130002 电热蚊香液/0.9%/电热蚊香液/氯氟醚菊酯 0.9%/2013.01.07 至 2018.01.07/微毒

卫生 蚊 / 电热加温

注:本产品有三种香型：草本清香型、柠檬香型、薰衣草香型。

WP20130020 杀蟑烟片/7.2%/烟片/右旋苯醚氰菊酯 7.2%/2013.01.24 至 2018.01.24/低毒

室内 蜚蠊 / 点燃
注:本产品有一种香型：清香型。
WP20130021 电热蚊香片/13毫克/片/电热蚊香片/炔丙菊酯 5.2毫克/片、氯氟醚菊酯 7.8毫克/片/2013.01.30 至 2018.01.30/微毒
卫生 蚊 / 电热加温
注:本产品有三种香型：芳香型、薰衣草香型、无香型。
WP20130024 杀虫气雾剂/1.25%/气雾剂/胺菊酯 0.15%、残杀威 1%、富右旋反式烯丙菊酯 0.1%/2013.01.30 至 2018.01.30/微毒
卫生 蚂蚁、蚊、蝇、蜚蠊 / /喷雾
注:本产品有两种香型：柠檬香型、清香型。
WP20130045 蟑香/7.2%/蟑香/右旋苯醚氰菊酯 7.2%/2013.03.20 至 2018.03.20/微毒
卫生 蜚蠊 / 点燃
注:本产品有两种香型：檀香型、无香型。
WP20130200 杀虫气雾剂/0.7%/气雾剂/胺菊酯 0.3%、氯菊酯 0.3%、右旋苯醚氰菊酯 0.1%/2013.09.25 至 2018.09.25/微毒
室内 蚂蚁、跳蚤、蚊、蝇、蜚蠊 / 喷雾
注:本产品有两种香型： 1、清香型、无香型。 2、本产品水基型。
WP20130237 杀蟑饵剂/0.05%/饵剂/氟虫腈 0.05%/2013.11.20 至 2018.11.20/微毒
室内 蜚蠊 / 投放
WP20130269 杀虫气雾剂/0.68%/气雾剂/胺菊酯 0.3%、氯菊酯 0.32%、氯氰菊酯 0.06%/2013.12.30 至 2018.12.30/微毒
室内 蜚蠊、蚂蚁、跳蚤、蚊、蝇 喷雾
注:本产品有两种香型：清香型、无香型。
WL20100164 杀虫喷射剂/0.7%/喷射剂/胺菊酯 0.3%、富右旋反式烯丙菊酯 0.25%、右旋苯醚菊酯 0.15%/2012.06.08 至 2013.06.08/微毒
室内 蜚蠊、蚂蚁、蚊、蝇 / 喷射
WL20100183 电热蚊香液/0.6%/电热蚊香液/氯氟醚菊酯 0.6%/2012.06.08 至 2013.06.08/微毒
卫生 蚊 / 电热加温
注:本产品有两种香型：柠檬香型、清香型。
WL20100191 杀虫喷射剂/0.65%/喷射剂/胺菊酯 0.3%、氯氰菊酯 0.2%、四氟苯菊酯 0.15%/2012.06.09 至 2013.06.09/微毒
室内 蜚蠊、蚂蚁、蚊、蝇 / 喷射
注:本品有两种香型：柠檬香型、柑橘香型。
WL20110055 蚊香/0.04%/蚊香/氯氟醚菊酯 0.04%/2013.04.11 至 2014.04.11/微毒
卫生 蚊 / 点燃
注:本产品有一种香型:无香型。
WL20110059 蚊香/0.05%/蚊香/氯氟醚菊酯 0.05%/2013.04.11 至 2014.04.11/微毒
卫生 蚊 / 点燃
注:本产品有两种香型:中草药香型、桂花檀香型、无香型。
WL20110096 电热蚊香液/0.4%/电热蚊香液/氯氟醚菊酯 0.4%/2013.08.04 至 2014.08.04/微毒
卫生 蚊 / 电热加温
注:本产品有两种香型： 草本清香型、无香型。
WL20110109 电热蚊香液/0.8%/电热蚊香液/氯氟醚菊酯 0.8%/2013.09.13 至 2014.09.13/微毒
卫生 蚊 / 电热加温
注:本产品有两种香型：清香型、无香型。
WL20110142 电热蚊香片/10毫克/片/电热蚊香片/炔丙菊酯 5毫克/片、氯氟醚菊酯 5毫克/片/2013.12.09 至 2014.12.09/微毒
卫生 蚊 / 电热加温
注:本产品有两种香型：清香型、无香型。
WL20120047 电热蚊香片/15毫克/片/电热蚊香片/四氟苯菊酯 8毫克/片、氯氟醚菊酯 7毫克/片/2013.08.10 至 2014.08.10/微毒
卫生 蚊 / 电热加温
注:本产品有一种香型：柠檬香型。
WL20120061 防蛀片剂/600毫克/片/防蛀片剂/右旋烯炔菊酯 600毫克/片/2013.12.12 至 2014.12.12/微毒
室内 黑皮蠹 / 投放
注:本产品有一种香型:无香型。
WL20120067 防蛀片剂/30%/防蛀片剂/右旋烯炔菊酯 30%/2013.12.19 至 2014.12.19/微毒
室内 黑皮蠹 / 投放
注:本产品有一种香型： 无香型。
WL20130025 杀蟑气雾剂/0.35%/气雾剂/炔咪菊酯 0.15%、右旋苯醚氰菊酯 0.2%/2013.05.07 至 2014.05.07/微毒
室内 蜚蠊 / 喷雾
注:本产品有一种香型： 无香型。

四川省成都凤鸣蚊香制品有限公司 (四川省成都市金牛区凤凰山农场凤鸣分场 610041 028-83162140)

WP20080402 蚊香/0.25%/蚊香/富右旋反式烯丙菊酯 0.25%/2008.12.12 至 2013.12.12/微毒
卫生 蚊 / 点燃

四川省成都海宁化工实业有限公司 (四川省成都市新津县花源镇 611433 028-82481661)

PD20050108 甲氰菊酯/20%/乳油/甲氰菊酯 20%/2010.08.15 至 2015.08.15/中等毒
甘蓝 菜青虫 75-90克/公顷 喷雾
PD20080585 S-氰戊菊酯/50克/升/乳油/S-氰戊菊酯 50克/升/2008.05.12 至 2013.05.12/中等毒
甘蓝 菜青虫 15-22.5克/公顷 喷雾

PD20083186 稻瘟灵/95%/原药/稻瘟灵 95%/2008.12.11 至 2013.12.11/低毒
PD20083969 溴氰菊酯/25克/升/乳油/溴氰菊酯 25克/升/2008.12.16 至 2013.12.16/中等毒
甘蓝 菜青虫 11.25-18.75克/公顷 喷雾
棉花 棉铃虫 11.25-18.75克/公顷 喷雾
PD20085236 稻瘟灵/40%/乳油/稻瘟灵 40%/2008.12.23 至 2013.12.23/低毒
水稻 稻瘟病 600—690克/公顷 喷雾
PD20085746 稻瘟灵/30%/乳油/稻瘟灵 30%/2008.12.26 至 2013.12.26/低毒
水稻 稻瘟病 450-675克/公顷 喷雾
PD20090841 代森锰锌/70%/可湿性粉剂/代森锰锌 70%/2009.01.19 至 2014.01.19/微毒
番茄 早疫病 1845-2370克/公顷 喷雾
PD20092026 溴氰・毒死蜱/10%/乳油/毒死蜱 9.5%、溴氰菊酯 0.5%/2009.02.12 至 2014.02.12/低毒
十字花科蔬菜 菜青虫 45-75克/公顷 喷雾
PD20101998 代森锰锌/88%/原药/代森锰锌 88%/2010.09.25 至 2015.09.25/低毒

四川省成都宏丰日用品发展有限公司 (成都温江区成都海峡两岸科技产业开发园西区 611136 028-82620633)

WP20080263 蚊香/0.2%/蚊香/富右旋反式烯丙菊酯 0.2%/2008.11.27 至 2013.11.27/微毒
卫生 蚊 / 点燃
WP20080285 电热蚊香片/38毫克/片/电热蚊香片/富右旋反式烯丙菊酯 28毫克/片、炔丙菊酯 10毫克/片/2008.12.01 至2013.12.01/微毒
卫生 蚊 / 电热加温
WP20080485 蚊香/0.3%/蚊香/富右旋反式烯丙菊酯 0.3%/2008.12.17 至 2013.12.17/低毒
卫生 蚊 / 点燃
WP20100062 杀虫气雾剂/0.36%/气雾剂/胺菊酯 0.3%、高效氯氰菊酯 0.06%/2010.04.26 至 2015.04.26/微毒
卫生 蚊、蝇、蜚蠊 / 喷雾
WP20130039 蚊香/0.05%/蚊香/氯氟醚菊酯 0.05%/2013.03.12 至 2018.03.12/微毒
卫生 蚊 / 点燃
WL20110078 电热蚊香液/0.6%/电热蚊香液/氯氟醚菊酯 0.6%/2013.06.13 至 2014.06.13/微毒
卫生 蚊 / 电热加温

四川省成都年年丰农化有限公司 (四川省成都市新都区西街48号 610500 028-83015896)

PD20090376 代森锰锌/80%/可湿性粉剂/代森锰锌 80%/2014.01.12 至 2019.01.12/微毒
番茄 早疫病 1800-2400克/公顷 喷雾
PD20090422 马拉硫磷/45%/乳油/马拉硫磷 45%/2014.01.12 至 2019.01.12/低毒
十字花科蔬菜 黄条跳甲 607.5-742.5克/公顷 喷雾
PD20090491 高效氯氟氰菊酯/25克/升/乳油/高效氯氟氰菊酯 25克/升/2014.01.12 至 2019.01.12/中等毒
烟草 烟青虫 5.63-7.5克/公顷 喷雾
PD20090568 顺式氯氰菊酯/50克/升/乳油/顺式氯氰菊酯 50克/升/2014.01.13 至 2019.01.13/中等毒
十字花科蔬菜 小菜蛾 9-18克/公顷 喷雾
PD20090846 毒死蜱/40%/乳油/毒死蜱 40%/2014.01.19 至 2019.01.19/中等毒
水稻 二化螟 750-1050克/公顷 喷雾
PD20090942 福美双/50%/可湿性粉剂/福美双 50%/2014.01.19 至 2019.01.19/低毒
黄瓜 霜霉病 750-1050克/公顷 喷雾
PD20091797 多菌灵/25%/可湿性粉剂/多菌灵 25%/2014.02.04 至 2019.02.04/低毒
小麦 赤霉病 750-900克/公顷 喷雾
PD20092523 仲丁威/20%/乳油/仲丁威 20%/2014.02.26 至 2019.02.26/低毒
水稻 稻飞虱 450-570克/公顷 喷雾
PD20092534 稻瘟灵/30%/乳油/稻瘟灵 30%/2014.02.26 至 2019.02.26/低毒
水稻 稻瘟病 450-675克/公顷 喷雾
PD20093523 高效氯氟氰菊酯/25克/升/乳油/高效氯氟氰菊酯 25克/升/2014.03.23 至 2019.03.23/中等毒
棉花 红铃虫 15-22.5克/公顷 喷雾
PD20093565 溴氰・毒死蜱/10%/乳油/毒死蜱 9.5%、溴氰菊酯 0.5%/2009.03.23 至 2014.03.23/中等毒
十字花科蔬菜 菜青虫 45-75克/公顷 喷雾
PD20096918 阿维・高氯/2%/乳油/阿维菌素 0.2%、高效氯氰菊酯 1.8%/2009.09.23 至 2014.09.23/低毒(原药高毒)
甘蓝 菜青虫、小菜蛾 13.5-27克/公顷 喷雾
PD20100666 阿维・辛硫磷/15%/乳油/阿维菌素 0.1%、辛硫磷 14.9%/2010.01.15 至 2015.01.15/低毒(原药高毒)
甘蓝 小菜蛾 112.5-225克/公顷 喷雾
PD20110531 联苯菊酯/25克/升/乳油/联苯菊酯 25克/升/2011.05.12 至 2016.05.12/低毒
茶树 粉虱 30-37.5克/公顷 喷雾
PD20110541 阿维菌素/1.8%/乳油/阿维菌素 1.8%/2011.05.12 至 2016.05.12/低毒(原药高毒)
菜豆 美洲斑潜蝇 6-8.4克/公顷 喷雾
PD20110670 氰戊・乐果/25%/乳油/乐果 22%、氰戊菊酯 3%/2011.06.20 至 2016.06.20/中等毒
小麦 蚜虫 75-112.5克/公顷 喷雾
PD20110915 嘧啶核苷类抗菌素/2%/水剂/嘧啶核苷类抗菌素 2%/2011.08.22 至 2016.08.22/低毒
小麦 锈病 56.4-75克/公顷 喷雾
PD20130545 毒死蜱/0.5%/颗粒剂/毒死蜱 0.5%/2013.04.01 至 2018.04.01/低毒

玉米 蛴螬 1500－1875克/公顷 沟施
注:本产品为药肥混剂。
PD20131059 苄·丁/0.32%/颗粒剂/苄嘧磺隆 0.016%、丁草胺 0.304%/2013.05.20 至 2018.05.20/低毒
水稻抛秧田 一年生杂草 681.75-757.5克/公顷 撒施
注:本产品为药肥混剂。

四川省成都泉源卫生用品有限公司 (成都市双流西南航空经济开发区空港二路415号 610207 028-85880322)
WP20050005 蚊香/0.25%/蚊香/右旋烯丙菊酯 0.25%/2010.05.09 至 2015.05.09/低毒
卫生 蚊 / 点燃
WP20050013 电热蚊香液/1.2%/电热蚊香液/炔丙菊酯 1.2%/2010.09.09 至 2015.09.09/微毒
卫生 蚊 / 电热加温
WP20080381 蚊香/0.03%/蚊香/四氟甲醚菊酯 0.03%/2013.12.11 至 2018.12.11/低毒
卫生 蚊 / 点燃
WP20080438 杀蟑气雾剂/0.64%/气雾剂/炔咪菊酯 0.16%、右旋苯醚氰菊酯 0.48%/2013.12.15 至 2018.12.15/微毒
卫生 蜚蠊 / 喷雾

四川省成都市红牛实业有限责任公司 (成都市温江区成都海峡两岸科技产业开发园西区 611137 028-82620111)
WP20080072 蚊香/0.25%/蚊香/富右旋反式烯丙菊酯 0.25%/2013.05.13 至 2018.05.13/微毒
卫生 蚊 / 点燃
注:本品有三种香型：花香型、檀香型、清香型。
WP20080194 杀虫气雾剂/0.4%/气雾剂/胺菊酯 0.2%、氯氰菊酯 0.2%/2013.11.20 至 2018.11.20/微毒
卫生 蚊、蝇、蜚蠊 / 喷雾
注:本品有三种香型：花香型、檀香型、清香型。
WP20100129 电热蚊香片/11毫克/片/电热蚊香片/炔丙菊酯 11毫克/片/2010.11.01 至 2015.11.01/微毒
卫生 蚊 / 电热加温
注:本品有三种香型：清香型、花香型、檀香型。
WP20120149 蚊香/0.2%/蚊香/Es-生物烯丙菊酯 0.2%/2012.08.10 至 2017.08.10/低毒
卫生 蚊 / 点燃
WP20130011 蚊香/0.05%/蚊香/氯氟醚菊酯 0.05%/2013.01.17 至 2018.01.17/微毒
卫生 蚊 / 点燃
注:本产品有三种香型：茉莉花香型、檀香型、薄荷香型。
WP20130012 电热蚊香液/0.8%/电热蚊香液/炔丙菊酯 0.8%/2013.01.17 至 2018.01.17/微毒
卫生 蚊 / 电热加温
注:本产品有三种香型：花香型、檀香型、清香型。
WP20130037 杀虫气雾剂/0.37%/气雾剂/高效氯氰菊酯 0.05%、右旋胺菊酯 0.16%、右旋苯醚氰菊酯 0.16%/2013.03.11 至2018.03.11/微毒
卫生 蚊、蝇、蜚蠊 / 喷雾
WL20110045 电热蚊香液/0.4%/电热蚊香液/氯氟醚菊酯 0.4%/2013.03.07 至 2014.03.07/微毒
卫生 蚊 / 电热加温
注:本产品有三种香型：清香型、草本香型、花香型。

四川省成都市牛头蚊香有限责任公司 (四川省成都市青白江区城厢镇余家湾49号 610306 028-83632191)
WP20120044 蚊香/0.3%/蚊香/富右旋反式烯丙菊酯 0.3%/2012.03.19 至 2017.03.19/微毒
卫生 蚊 / 点燃

四川省成都市新津生化工程研究所 (四川省新津县永商镇望江村 611430 028-82599938)
PD20101198 石硫·矿物油/30%/微乳剂/矿物油 14%、石硫合剂 16%/2010.02.08 至 2015.02.08/低毒
柑橘树 矢尖蚧 200-400倍液 喷雾
梨树 梨木虱 500-750毫克/千克 喷雾

四川省成都市兴中化妆品有限公司金菊日用化学制品分公司 (成都市金牛区高家村5组 610091 028-87511411)
WP20090148 蚊香/0.3%/蚊香/富右旋反式烯丙菊酯 0.3%/2009.03.02 至 2014.03.02/低毒
卫生 蚊 / 点燃

四川省成都市宇豪蚊香厂 (四川省成都市成华区青龙乡将军碑村一组 610081 028-83160945)
WP20090115 蚊香/0.3%/蚊香/富右旋反式烯丙菊酯 0.3%/2009.02.09 至 2014.02.09/低毒
卫生 蚊 / 点燃

四川省成都田丰农业有限公司 (四川省成都市青白江区祥福镇 610306 028-81326896)
PD20080428 草甘膦/30%/可溶粉剂/草甘膦 30%/2013.03.10 至 2018.03.10/低毒
柑橘园 杂草 1125-2250克/公顷 定向喷雾
PD20080436 三环唑/75%/可湿性粉剂/三环唑 75%/2013.03.13 至 2018.03.13/低毒
水稻 稻瘟病 281.25-337.5克/公顷 喷雾
PD20080437 三唑酮/25%/可湿性粉剂/三唑酮 25%/2013.03.13 至 2018.03.13/低毒
小麦 白粉病 135-180克/公顷 喷雾
小麦 锈病 135-157.5克/公顷 喷雾
PD20080439 百菌清/75%/可湿性粉剂/百菌清 75%/2013.03.13 至 2018.03.13/低毒
黄瓜 霜霉病 1406.25-1687.5克/公顷 喷雾
PD20097690 高效氯氟氰菊酯/25克/升/乳油/高效氯氟氰菊酯 25克/升/2009.11.04 至 2014.11.04/中等毒
十字花科蔬菜 菜青虫 7.5-15克/公顷 喷雾

PD20100159 毒死蜱/480克/升/乳油/毒死蜱 480克/升/2010.01.05 至 2015.01.05/中等毒
萝卜 菜青虫 396-540克/公顷 喷雾
PD20100728 阿维菌素/18克/升/乳油/阿维菌素 18克/升/2010.01.16 至 2015.01.16/中等毒(原药高毒)
甘蓝 小菜蛾 8.1-10.8克/公顷 喷雾
PD20100967 丙环唑/250克/升/乳油/丙环唑 250克/升/2010.01.19 至 2015.01.19/低毒
香蕉 叶斑病 375—500毫克/千克 喷雾
PD20120370 联苯菊酯/25克/升/乳油/联苯菊酯 25克/升/2012.02.24 至 2017.02.24/低毒
茶树 小绿叶蝉 30-45克/公顷 喷雾

四川省成都新亚星实业有限责任公司 (四川省成都市金牛区外西黄田坝 610051 028-87506568)

WP20080571 蚊香/0.3%/蚊香/富右旋反式烯丙菊酯 0.3%/2008.12.25 至 2013.12.25/低毒
卫生 蚊 / 点燃

四川省成都宇辰农药有限责任公司 (四川省成都市双流县籍田镇地平村二组 610222 028-85692908)

PD20083334 三环唑/75%/可湿性粉剂/三环唑 75%/2013.12.11 至 2018.12.11/低毒
水稻 稻瘟病 225-337.5克/公顷 喷雾
PD20086056 杀虫双/3.6%/大粒剂/杀虫双 3.6%/2013.12.29 至 2018.12.29/中等毒
水稻 二化螟 540-675克/公顷 撒施
PD20094448 氰戊·乐果/25%/乳油/乐果 22%、氰戊菊酯 3%/2009.04.01 至 2014.04.01/中等毒
小麦 蚜虫 75-112.5克/公顷 喷雾
PD20096405 乐果/40%/乳油/乐果 40%/2009.08.04 至 2014.08.04/中等毒
小麦 蚜虫 135-270克/公顷 喷雾
PD20096976 喹硫磷/25%/乳油/喹硫磷 25%/2009.09.29 至 2014.09.29/中等毒
柑橘树 红蜡蚧、矢尖蚧 183.3-270毫克/千克 喷雾
棉花 棉铃虫 330-412.5克/公顷 喷雾
PD20101552 烯酰·锰锌/69%/可湿性粉剂/代森锰锌 60%、烯酰吗啉 9%/2010.05.19 至 2015.05.19/低毒
黄瓜 霜霉病 1380-2070克/公顷 喷雾
PD20130128 唑磷·毒死蜱/25%/乳油/毒死蜱 5%、三唑磷 20%/2013.01.17 至 2018.01.17/中等毒
水稻 二化螟 300-375克/公顷 喷雾

四川省川东丰乐化工有限公司 (四川省达州市渠县东大街转盘处 635200 0818-7344253)

PD20083875 顺式氯氰菊酯/30克/升/乳油/顺式氯氰菊酯 30克/升/2013.12.15 至 2018.12.15/中等毒
柑橘树 潜叶蛾 10-15毫克/千克 喷雾
PD20083901 三环唑/75%/可湿性粉剂/三环唑 75%/2013.12.15 至 2018.12.15/低毒
水稻 稻瘟病 270-300克/公顷 喷雾
PD20084205 高效氯氟氰菊酯/25克/升/乳油/高效氯氟氰菊酯 25克/升/2013.12.16 至 2018.12.16/中等毒
十字花科蔬菜 菜青虫 7.5-11.25克/公顷 喷雾
PD20084344 稻瘟灵/40%/乳油/稻瘟灵 40%/2013.12.17 至 2018.12.17/低毒
水稻 稻瘟病 498-600克/公顷 喷雾
PD20084831 丙溴·辛硫磷/40%/乳油/丙溴磷 6%、辛硫磷 34%/2013.12.22 至 2018.12.22/中等毒
棉花 棉铃虫 450-600克/公顷 喷雾
PD20093020 螨醇·哒螨灵/20%/乳油/哒螨灵 8%、三氯杀螨醇 12%/2014.03.09 至 2019.03.09/中等毒
苹果树 山楂红蜘蛛 100-133毫克/千克 喷雾
PD20094082 苯磺隆/10%/可湿性粉剂/苯磺隆 10%/2014.03.27 至 2019.03.27/微毒
冬小麦田 一年生阔叶杂草 15-22.5克/公顷 茎叶喷雾
PD20096227 氰戊·辛硫磷/25%/乳油/氰戊菊酯 5%、辛硫磷 20%/2009.07.15 至 2014.07.15/中等毒
棉花 棉铃虫 270-300克/公顷 喷雾
PD20097683 毒死蜱/40%/乳油/毒死蜱 40%/2009.11.04 至 2014.11.04/中等毒
棉花 棉铃虫 675-900克/公顷 喷雾
PD20131244 阿维·三唑磷/20%/乳油/阿维菌素 0.1%、三唑磷 19.9%/2013.05.29 至 2018.05.29/中等毒(原药高毒)
水稻 二化螟 240-300克/公顷 喷雾

四川省川东农药化工有限公司 (四川省达州市渠县渠江镇东大街 635200 0818-7344232)

PD85105-91 敌敌畏/80%/乳油/敌敌畏 77.5%/2010.01.21 至 2015.01.21/中等毒
茶树 食叶害虫 600克/公顷 喷雾
粮仓 多种储藏害虫 1)400-500倍液 1)喷雾
2)0.4-0.5克/立方米 2)挂条熏蒸
棉花 蚜虫、造桥虫 600-1200克/公顷 喷雾
苹果树 小卷叶蛾、蚜虫 400-500毫克/千克 喷雾
青菜 菜青虫 600克/公顷 喷雾
桑树 尺蠖 600克/公顷 喷雾
卫生 多种卫生害虫 1)300-400倍液2)0.08克/立方米 1)泼洒2)挂条熏蒸
小麦 黏虫、蚜虫 600克/公顷 喷雾
PD85121-35 乐果/40%/乳油/乐果 40%/2010.07.01 至 2015.07.01/中等毒
茶树 蚜虫、叶蝉、螨 1000-2000倍液 喷雾
甘薯 小象甲 2000倍液 浸鲜薯片诱杀
柑橘树、苹果树 鳞翅目幼虫、蚜虫、螨 800-1600倍液 喷雾

	棉花	蚜虫、螨	450-600克/公顷	喷雾
	蔬菜	蚜虫、螨	300-600克/公顷	喷雾
	水稻	飞虱、螟虫、叶蝉	450-600克/公顷	喷雾
	烟草	蚜虫、烟青虫	300-600克/公顷	喷雾
PD85154-28	氰戊菊酯/20%/乳油/氰戊菊酯 20%/2011.01.16 至 2016.01.16/中等毒			
	柑橘树	潜叶蛾	10-20毫克/千克	喷雾
	果树	梨小食心虫	10-20毫克/千克	喷雾
	棉花	红铃虫、蚜虫	75-150克/公顷	喷雾
	蔬菜	菜青虫、蚜虫	60-120克/公顷	喷雾
PD85157-37	辛硫磷/40%/乳油/辛硫磷 40%/2010.07.01 至 2015.07.01/低毒			
	茶树、桑树	食叶害虫	200-400毫克/千克	喷雾
	果树	食心虫、蚜虫、螨	200-400毫克/千克	喷雾
	林木	食叶害虫	3000-6000克/公顷	喷雾
	棉花	棉铃虫、蚜虫	300-600克/公顷	喷雾
	蔬菜	菜青虫	300-450克/公顷	喷雾
	烟草	食叶害虫	300-600克/公顷	喷雾
	玉米	玉米螟	450-600克/公顷	灌心叶
PD86180-13	百菌清/75%/可湿性粉剂/百菌清 75%/2011.11.15 至 2016.11.15/低毒			
	茶树	炭疽病	600-800倍液	喷雾
	豆类	炭疽病、锈病	1275-2325克/公顷	喷雾
	柑橘树	疮痂病	750-900毫克/千克	喷雾
	瓜类	白粉病、霜霉病	1200-1650克/公顷	喷雾
	果菜类蔬菜	多种病害	1125-2400克/公顷	喷雾
	花生	锈病、叶斑病	1125-1350克/公顷	喷雾
	梨树	斑点落叶病	500倍液	喷雾
	苹果树	多种病害	600倍液	喷雾
	葡萄	白粉病、黑痘病	600-700倍液	喷雾
	水稻	稻瘟病、纹枯病	1125-1425克/公顷	喷雾
	橡胶树	炭疽病	500-800倍液	喷雾
	小麦	叶斑病、叶锈病	1125-1425克/公顷	喷雾
	叶菜类蔬菜	白粉病、霜霉病	1275-1725克/公顷	喷雾
PD86182-8	稻瘟灵/30%/乳油/稻瘟灵 30%/2011.11.15 至 2016.11.15/低毒			
	水稻	稻瘟病	450-675克/公顷	喷雾
PD91106-24	甲基硫菌灵/70%,50%/可湿性粉剂/甲基硫菌灵 70%, 50%/2010.07.01 至 2015.07.01/低毒			
	番茄	叶霉病	375-562.5克/公顷	喷雾
	甘薯	黑斑病	360-450毫克/千克	浸薯块
	瓜类	白粉病	337.5-506.25克/公顷	喷雾
	梨树	黑星病	360-450毫克/千克	喷雾
	苹果树	轮纹病	700毫克/千克	喷雾
	水稻	稻瘟病、纹枯病	1050-1500克/公顷	喷雾
	小麦	赤霉病	750-1050克/公顷	喷雾
PD20040070	三唑酮/15%/可湿性粉剂/三唑酮 15%/2009.12.19 至 2014.12.19/低毒			
	小麦	白粉病、锈病	135-180克/公顷	喷雾
	玉米	丝黑穗病	60-90克/100千克种子	拌种
PD20040074	多·酮/30%/可湿性粉剂/多菌灵 25%、三唑酮 5%/2009.12.19 至 2014.12.19/低毒			
	小麦	白粉病	450-600克/公顷	喷雾
PD20070261	高效氯氰菊酯/4.5%/乳油/高效氯氰菊酯 4.5%/2012.09.04 至 2017.09.04/低毒			
	棉花	棉铃虫	33.75-47.25克/公顷	喷雾
PD20070326	稻瘟灵/95%/原药/稻瘟灵 95%/2012.10.10 至 2017.10.10/低毒			
PD20080203	噻嗪·异丙威/25%/可湿性粉剂/噻嗪酮 5%、异丙威 20%/2013.01.11 至 2018.01.11/低毒			
	水稻	稻飞虱	450-562.5克/公顷	喷雾
PD20080215	稻瘟灵/40%/乳油/稻瘟灵 40%/2013.01.11 至 2018.01.11/低毒			
	水稻	稻瘟病	450-675克/公顷	喷雾
PD20080724	高效氯氟氰菊酯/25克/升/乳油/高效氯氟氰菊酯 25克/升/2013.06.11 至 2018.06.11/中等毒			
	棉花	棉铃虫	18.75-26.25克/公顷	喷雾
PD20081157	啶虫脒/5%/乳油/啶虫脒 5%/2013.09.11 至 2018.09.11/低毒			
	柑橘树	蚜虫	10-12毫克/千克	喷雾
PD20082186	硫磺·多菌灵/25%/可湿性粉剂/多菌灵 12.5%、硫磺 12.5%/2013.11.26 至 2018.11.26/低毒			
	水稻	稻瘟病	1200-1800克/公顷	喷雾
PD20082514	稻瘟灵/30%/可湿性粉剂/稻瘟灵 30%/2013.12.03 至 2018.12.03/低毒			
	水稻	稻瘟病	450-675克/公顷	喷雾
PD20082836	腐霉·多菌灵/50%/可湿性粉剂/多菌灵 40%、腐霉利 10%/2013.12.09 至 2018.12.09/低毒			
	油菜	菌核病	600-750克/公顷	喷雾

PD20083513	硫磺·三环唑/45%/可湿性粉剂/硫磺 40%、三环唑 5%/2013.12.12 至 2018.12.12/中等毒			
	水稻	稻瘟病	540-945克/公顷	喷雾
PD20084213	杀虫双/3.6%/大粒剂/杀虫双 3.6%/2013.12.16 至 2018.12.16/中等毒			
	水稻	螟虫	540-675克/公顷	撒施
PD20085030	辛硫磷/3%/颗粒剂/辛硫磷 3%/2013.12.22 至 2018.12.22/微毒			
	花生	地老虎、金针虫、蝼蛄、蛴螬	2250-2700克/公顷	沟施
PD20085109	氰戊·氧乐果/20%/乳油/氰戊菊酯 4%、氧乐果 16%/2013.12.23 至 2018.12.23/中等毒(原药高毒)			
	棉花	红蜘蛛、棉蚜	90-120克/公顷	喷雾
PD20085128	氰戊·马拉松/21%/乳油/马拉硫磷 15%、氰戊菊酯 6%/2013.12.23 至 2018.12.23/中等毒			
	十字花科蔬菜	蚜虫	30-60克/公顷	喷雾
PD20085333	氰戊·杀螟松/20%/乳油/氰戊菊酯 6%、杀螟硫磷 14%/2013.12.24 至 2018.12.24/中等毒			
	苹果树	桃小食心虫	160-333毫克/千克	喷雾
	蔬菜	菜青虫、蚜虫	90-180克/公顷	喷雾
	小麦	蚜虫	90-120克/公顷	喷雾
PD20085562	氰戊·马拉松/20%/乳油/马拉硫磷 15%、氰戊菊酯 5%/2013.12.25 至 2018.12.25/中等毒			
	棉花	棉铃虫	90-150克/公顷	喷雾
	苹果树	桃小食心虫	160-333毫克/千克	喷雾
	十字花科蔬菜	菜青虫、蚜虫	90-150克/公顷	喷雾
	小麦	蚜虫	60-90克/公顷	喷雾
PD20086228	硫磺·甲硫灵/70%/可湿性粉剂/甲基硫菌灵 35%、硫磺 35%/2013.12.31 至 2018.12.31/微毒			
	黄瓜	白粉病	840-1050克/公顷	喷雾
PD20090318	丙环唑/250克/升/乳油/丙环唑 250克/升/2014.01.12 至 2019.01.12/低毒			
	香蕉	叶斑病	250-500毫克/千克	喷雾
	小麦	白粉病	112.5-150克/公顷	喷雾
PD20090421	氰戊·乐果/25%/乳油/乐果 22%、氰戊菊酯 3%/2009.01.12 至 2014.01.12/中等毒			
	柑橘树	潜叶蛾、锈壁虱	125-250毫克/千克	喷雾
	小麦	蚜虫	75-112.5克/公顷	喷雾
PD20091443	草甘膦异丙胺盐/41%/水剂/草甘膦异丙胺盐 41%/2014.02.02 至 2019.02.02/微毒			
	柑橘园	杂草	1125-2250克/公顷	茎叶喷雾
PD20091506	速灭威/20%/乳油/速灭威 20%/2014.02.02 至 2019.02.02/低毒			
	水稻	稻飞虱	525-600克/公顷	喷雾
PD20091569	甲氰·噻螨酮/7.5%/乳油/甲氰菊酯 5%、噻螨酮 2.5%/2014.02.03 至 2019.02.03/低毒			
	柑橘树	红蜘蛛	75～100毫克/千克	喷雾
PD20091593	氯氟吡氧乙酸异辛酯/200克/升/乳油/氯氟吡氧乙酸异辛酯 200克/升/2014.02.03 至 2019.02.03/低毒			
	水田畦畔	空心莲子草	150-165克/公顷	茎叶喷雾
PD20091783	溴氰菊酯/25克/升/乳油/溴氰菊酯 25克/升/2014.02.04 至 2019.02.04/中等毒			
	十字花科蔬菜叶菜	菜青虫	11.25-18.75克/公顷	喷雾
PD20091787	毒·辛/25%/乳油/毒死蜱 7%、辛硫磷 18%/2014.02.04 至 2019.02.04/中等毒			
	水稻	稻纵卷叶螟	450-562.5克/公顷	喷雾
PD20092035	高效氟吡甲禾灵/108克/升/乳油/高效氟吡甲禾灵 108克/升/2014.02.12 至 2019.02.12/低毒			
	花生田	一年生禾本科杂草	32.4-48.6克/公顷	茎叶喷雾
PD20092471	草甘膦/30%/可溶粉剂/草甘膦 30%/2014.02.25 至 2019.02.25/微毒			
	柑橘园	杂草	1125-2250克/公顷	喷雾
PD20092514	氯氰·丙溴磷/440克/升/乳油/丙溴磷 400克/升、氯氰菊酯 40克/升/2014.02.26 至 2019.02.26/低毒			
	棉花	蚜虫	330-396克/公顷	喷雾
PD20092871	双甲·高氯氟/12%/乳油/高效氯氟氰菊酯 1.5%、双甲脒 10.5%/2009.03.05 至 2014.03.05/低毒			
	柑橘树	红蜘蛛	60-80毫克/千克	喷雾
PD20092960	三环唑/20%/可湿性粉剂/三环唑 20%/2009.03.09 至 2014.03.09/低毒			
	水稻	稻瘟病	225-375克/公顷	喷雾
PD20093212	毒死蜱/480克/升/乳油/毒死蜱 480克/升/2009.03.11 至 2014.03.11/中等毒			
	柑橘	介壳虫	320-480毫克/千克	喷雾
	水稻	稻纵卷叶螟	504-648克/公顷	喷雾
PD20093237	炔螨特/57%/乳油/炔螨特 57%/2009.03.11 至 2014.03.11/低毒			
	柑橘树、苹果树	红蜘蛛	243-365毫克/千克	喷雾
PD20093349	联苯菊酯/25克/升/乳油/联苯菊酯 25克/升/2009.03.18 至 2014.03.18/低毒			
	茶树	茶尺蠖	7.5-15克/公顷	喷雾
	棉花	棉铃虫	37.5-52.5克/公顷	喷雾
PD20093409	苄·乙/20%/可湿性粉剂/苄嘧磺隆 4.5%、乙草胺 15.5%/2009.03.20 至 2014.03.20/低毒			
	水稻移栽田	一年生及部分多年生杂草	84-118克/公顷	毒土法
PD20093512	三环唑/75%/可湿性粉剂/三环唑 75%/2009.03.23 至 2014.03.23/低毒			
	水稻	稻瘟病	225-300克/公顷	喷雾
PD20094058	百草枯/200克/升/水剂/百草枯 200克/升/2012.12.31 至 2014.07.01/中等毒			
	柑橘园	杂草	600-900克/公顷	定向喷雾

PD20095042 毒死蜱/98%/原药/毒死蜱 98%/2009.04.21 至 2014.04.21/中等毒

PD20095412 草甘膦/95%/原药/草甘膦 95%/2009.05.11 至 2014.05.11/低毒

PD20095736 扑草净/40%/可湿性粉剂/扑草净 40%/2009.05.18 至 2014.05.18/低毒
冬小麦田 一年生阔叶杂草 480-720克/公顷 喷雾

PD20096498 溴氰·毒死蜱/10%/乳油/毒死蜱 9.5%、溴氰菊酯 0.5%/2009.08.14 至 2014.08.14/中等毒
十字花科蔬菜 菜青虫 45-75克/公顷 喷雾

PD20096562 莠去津/38%/悬浮剂/莠去津 38%/2009.08.24 至 2014.08.24/低毒
玉米田 一年生杂草 300-400毫升制剂/亩（东北地区） 土壤喷雾
200-300毫升制剂/亩（其他地区）

PD20096606 甲氰菊酯/20%/乳油/甲氰菊酯 20%/2009.09.02 至 2014.09.02/中等毒
甘蓝 菜青虫 75-90克/公顷 喷雾

PD20096607 二甲戊灵/330克/升/乳油/二甲戊灵 330克/升/2009.09.02 至 2014.09.02/低毒
玉米田 一年生杂草 750-1125克/公顷 土壤喷雾

PD20096666 毒死蜱/40%/乳油/毒死蜱 40%/2009.09.07 至 2014.09.07/中等毒
水稻 稻纵卷叶螟 480-600克/公顷 喷雾

PD20096731 多菌灵/50%/可湿性粉剂/多菌灵 50%/2009.09.07 至 2014.09.07/微毒
花生 倒秧病 750—900克/公顷 喷雾

PD20097019 2甲4氯钠/56%/可溶粉剂/2甲4氯钠 56%/2009.10.10 至 2014.10.10/低毒
玉米田 一年生阔叶杂草 840-1176克/公顷 茎叶喷雾

PD20097092 石硫合剂/29%/水剂/石硫合剂 29%/2009.10.10 至 2014.10.10/低毒
柑橘树 红蜘蛛 0.5-0.7波美 喷雾

PD20097946 异丙威/2%/粉剂/异丙威 2%/2009.11.30 至 2014.11.30/低毒
水稻 叶蝉 750-900克/公顷 毒土撒施

PD20097959 苄嘧磺隆/10%/可湿性粉剂/苄嘧磺隆 10%/2009.12.01 至 2014.12.01/微毒
移栽水稻田 一年生阔叶杂草 22.5-37.5克/公顷 毒土法

PD20098117 唑磷·毒死蜱/25%/乳油/毒死蜱 10%、三唑磷 15%/2009.12.08 至 2014.12.08/中等毒
水稻 二化螟 300-375克/公顷 喷雾

PD20101152 石硫合剂/45%/结晶粉/石硫合剂 45%/2010.01.25 至 2015.01.25/低毒
柑橘树 介壳虫 900-1500毫克/千克 喷雾

PD20101356 杀单·苏云菌/46%/可湿性粉剂/杀虫单 45%、苏云金杆菌 1%/2010.04.02 至 2015.04.02/低毒
水稻 二化螟 345-517.5克/公顷 喷雾

PD20101436 草甘膦铵盐(71.5%)///可溶粉剂/草甘膦 65%/2010.05.04 至 2015.05.04/微毒
柑橘园 杂草 1416.2-1816.8克/公顷 行间定向茎叶喷雾

PD20101711 辛硫·高氯氟/26%/乳油/高效氯氟氰菊酯 1%、辛硫磷 25%/2010.06.28 至 2015.06.28/中等毒
棉花 棉铃虫 163.8-187.2克/公顷 喷雾

PD20101804 吡虫啉/200克/升/可溶液剂/吡虫啉 200克/升/2010.07.13 至 2015.07.13/低毒
甘蓝 蚜虫 15-30克/公顷 喷雾

PD20120388 高效氯氰菊酯/4.5%/水乳剂/高效氯氰菊酯 4.5%/2012.03.07 至 2017.03.07/低毒
甘蓝 菜青虫 20.25—33.75克/公顷 喷雾

PD20121113 草甘膦/58%/可溶粉剂/草甘膦 58%/2012.07.19 至 2017.07.19/微毒
柑橘园 杂草 1125-2250克/公顷 定向茎叶喷雾
注:草甘膦铵盐含量:63.8%。

PD20121530 吡虫·毒死蜱/13%/乳油/吡虫啉 3%、毒死蜱 10%/2012.10.16 至 2017.10.16/中等毒
棉花 蚜虫 97.5-136.5克/公顷 喷雾

PD20121696 苄·丁/0.21%/颗粒剂/苄嘧磺隆 0.01%、丁草胺 0.2%/2012.11.05 至 2017.11.05/微毒
移栽水稻田 一年生杂草 630-945克/公顷 撒施

PD20130005 烯草酮/26%/乳油/烯草酮 26%/2013.01.04 至 2018.01.04/低毒
冬油菜田 一年生禾本科杂草 39-78克/公顷 茎叶喷雾

PD20131680 高效氯氟氰菊酯/5%/水乳剂/高效氯氟氰菊酯 5%/2013.08.07 至 2018.08.07/中等毒
甘蓝 菜青虫 11.25-15克/公顷 喷雾

PD20132249 烟嘧·莠去津/25%/可分散油悬浮剂/烟嘧磺隆 3%、莠去津 22%/2013.11.05 至 2018.11.05/低毒
春玉米田 一年生杂草 487.5-600克/公顷 茎叶喷雾
夏玉米田 一年生杂草 300-375克/公顷 茎叶喷雾

四川省达州市澳诗商贸有限责任公司 （四川省达州市朝阳中路富德大厦6-5号 635000 0818-2139614）

WP20090029 蚊香/0.2%/蚊香/富右旋反式烯丙菊酯 0.2%/2014.01.12 至 2019.01.12/微毒
卫生 蚊 / 点燃

四川省达州市兴隆化工有限公司 （四川省达州市达县河市镇河龙路 635000 0818-7344253）

PD85154-49 氰戊菊酯/20%/乳油/氰戊菊酯 20%/2010.08.15 至 2015.08.15/中等毒
柑橘树 潜叶蛾 10-20毫克/千克 喷雾
果树 梨小食心虫 10-20毫克/千克 喷雾
棉花 红铃虫、蚜虫 75-150克/公顷 喷雾
蔬菜 菜青虫、蚜虫 60-120克/公顷 喷雾

PD20082344 苄嘧·苯噻酰/37%/可湿性粉剂/苯噻酰草胺 34%、苄嘧磺隆 3%/2013.12.01 至 2018.12.01/低毒
水稻移栽田 一年生及部分多年生杂草 388.5-444克/公顷(南方地区) 药土法
PD20083476 氰戊·乐果/25%/乳油/乐果 22%、氰戊菊酯 3%/2013.12.12 至 2018.12.12/中等毒
甘蓝 菜青虫 75-150克/公顷 喷雾
PD20086060 杀虫双/3.6%/大粒剂/杀虫双 3.6%/2013.12.30 至 2018.12.30/中等毒
水稻 螟虫 540-675克/公顷 撒施
PD20091024 氰戊·马拉松/20%/乳油/马拉硫磷 15%、氰戊菊酯 5%/2014.01.21 至 2019.01.21/中等毒
十字花科蔬菜 菜青虫 90-150克/公顷 喷雾
PD20091647 稻瘟灵/40%/乳油/稻瘟灵 40%/2014.02.03 至 2019.02.03/低毒
水稻 稻瘟病 600-900克/公顷 喷雾
PD20091829 草甘膦/30%/水剂/草甘膦 30%/2014.02.06 至 2019.02.06/低毒
柑橘园 杂草 1125-2250克/公顷 定向茎叶喷雾
PD20092466 噻嗪酮/25%/可湿性粉剂/噻嗪酮 25%/2014.02.25 至 2019.02.25/微毒
水稻 稻飞虱 112.5-150克/公顷 喷雾
PD20093934 百草枯/200克/升/水剂/百草枯 200克/升/2012.12.31 至 2014.07.01/中等毒
柑橘园 杂草 600-900克/公顷 定向茎叶喷雾
PD20094137 稻瘟灵/30%/乳油/稻瘟灵 30%/2014.03.27 至 2019.03.27/低毒
水稻 稻瘟病 450-675克/公顷 喷雾
PD20097679 莠去津/38%/悬浮剂/莠去津 38%/2009.11.04 至 2014.11.04/低毒
春玉米田 一年生杂草 350-400毫升制剂/亩 播后苗前土壤喷雾
PD20100328 三环唑/20%/可湿性粉剂/三环唑 20%/2010.01.11 至 2015.01.11/低毒
水稻 稻瘟病 300—375克/公顷 喷雾
PD20100763 异丙威/4%/粉剂/异丙威 4%/2010.01.18 至 2015.01.18/低毒
水稻 稻飞虱 450-600克/公顷 喷粉
PD20101164 毒死蜱/40%/乳油/毒死蜱 40%/2010.01.26 至 2015.01.26/中等毒
水稻 稻纵卷叶螟 360-600克/公顷 喷雾
PD20110388 唑磷·毒死蜱/30%/乳油/毒死蜱 15%、三唑磷 15%/2011.04.12 至 2016.04.12/中等毒
水稻 三化螟 270-450克/公顷 喷雾
PD20121980 草甘膦铵盐/65%/可溶粉剂/草甘膦铵盐 65%/2012.12.18 至 2017.12.18/低毒
柑橘树 杂草 1500-3000克/公顷 定向喷雾
注:草甘膦铵盐含量：71.5%。
LS20110023 苄嘧·丁草胺/0.21%/粉剂/苄嘧磺隆 0.01%、丁草胺 0.2%/2013.02.09 至 2014.02.09/低毒
水稻抛秧田 一年生杂草 630-787.5克/公顷 撒布

四川省德阳市鸿发化工有限公司 (四川省德阳市中江县南华镇西江北路171号 618100 0838-7131756)

PD20086358 杀虫双/3.6%/颗粒剂/杀虫双 3.6%/2013.12.31 至 2018.12.31/中等毒
水稻 螟虫 540-675克/公顷 撒施
PD20090507 异稻·三环唑/20%/可湿性粉剂/三环唑 10%、异稻瘟净 10%/2014.01.12 至 2019.01.12/低毒
水稻 稻瘟病 300-450克/公顷 喷雾
PD20091339 氰戊·马拉松/20%/乳油/马拉硫磷 15%、氰戊菊酯 5%/2014.02.01 至 2019.02.01/中等毒
小麦 蚜虫 60-90克/公顷 喷雾
PD20091934 氰戊·乐果/25%/乳油/乐果 22%、氰戊菊酯 3%/2014.02.12 至 2019.02.12/中等毒
小麦 蚜虫 300-450克/公顷 喷雾

四川省都江堰市大发实业有限责任公司 (四川省都江堰市青城桥北头 611830 028-87282060)

LS20130140 苦参碱/3%/水乳剂/苦参碱 3%/2013.04.02 至 2014.04.02/微毒
烟草 病毒病 36-45克/公顷 喷雾

四川省富贵日化用品有限公司 (四川省什邡市云西镇 618408 0838-8604399)

WP20080401 蚊香/0.3%/蚊香/富右旋反式烯丙菊酯 0.3%/2013.12.11 至 2018.12.11/低毒
卫生 蚊 / 点燃

四川省广汉市小太阳农用化工厂 (四川省广汉市三星镇红星桥 618300 0838-5560013)

PD20081551 稻瘟灵/40%/乳油/稻瘟灵 40%/2013.11.11 至 2018.11.11/低毒
水稻 稻瘟病 600-900克/公顷 喷雾
PD20081623 三环唑/75%/可湿性粉剂/三环唑 75%/2013.11.12 至 2018.11.12/低毒
水稻 稻瘟病 225-300克/公顷 喷雾
PD20081709 异稻·稻瘟灵/30%/乳油/稻瘟灵 7.5%、异稻瘟净 22.5%/2013.11.17 至 2018.11.17/低毒
水稻 稻瘟病 675-1125克/公顷 喷雾
PD20084840 硫磺·三环唑/45%/可湿性粉剂/硫磺 40%、三环唑 5%/2013.12.22 至 2018.12.22/低毒
水稻 稻瘟病 810-1215克/公顷 喷雾

四川省好利尔生物化工有限公司 (四川省内江市市中区伏龙乡水口村三组 641008 0832-2670388)

PD85105-76 敌敌畏/80%/乳油/敌敌畏 77.5%/2010.02.02 至 2015.02.02/中等毒
茶树 食叶害虫 600克/公顷 喷雾
粮仓 多种储藏害虫 1)400-500倍液 1)喷雾
2)0.4-0.5克/立方米 2)挂条熏蒸
棉花 蚜虫、造桥虫 600-1200克/公顷 喷雾

	苹果树	小卷叶蛾、蚜虫	400-500毫克/千克	喷雾
	青菜	菜青虫	600克/公顷	喷雾
	桑树	尺蠖	600克/公顷	喷雾
	卫生	多种卫生害虫	1)300-400倍液2)0.08克/立方米	1)泼洒2)挂条熏蒸
	小麦	黏虫、蚜虫	600克/公顷	喷雾

四川省禾康生物科技有限公司　(四川省宜宾市珙县巡场镇友谊路川南商业中心二楼　644501　0831-4039826)

PD20080676	草甘膦异丙胺盐/30%/水剂/草甘膦 30%/2013.06.04 至 2018.06.04/低毒			
	柑橘园	杂草	1125-2250克/公顷	定向茎叶喷雾
	注:草甘膦异丙胺盐含量:41%。			
PD20101645	阿维·高氯/1.8%/乳油/阿维菌素 0.1%、高效氯氰菊酯 1.7%/2010.06.03 至 2015.06.03/低毒(原药高毒)			
	黄瓜	美洲斑潜蝇	16.2-29.7克/公顷	喷雾

四川省化学工业研究设计院　(四川省成都市武侯区武侯祠大街30号　610041　028-85551620)

PD85158-2	喹硫磷/25%/乳油/喹硫磷 25%/2010.07.05 至 2015.07.05/低毒			
	棉花	棉铃虫、蚜虫	180-600克/公顷	喷雾
	水稻	螟虫	375-495克/公顷	喷雾
PD86153-12	叶枯唑/20%/可湿性粉剂/叶枯唑 20%/2011.08.24 至 2016.08.24/低毒			
	水稻	白叶枯病	300-375克/公顷	喷雾、弥雾
PD86176-8	乙酰甲胺磷/30%/乳油/乙酰甲胺磷 30%/2011.11.13 至 2016.11.13/低毒			
	柑橘树	介壳虫、螨	500-1000倍液	喷雾
	果树	食心虫	500-1000倍液	喷雾
	棉花	棉铃虫、蚜虫	450-900克/公顷	喷雾
	蔬菜	菜青虫、蚜虫	337.5-540克/公顷	喷雾
	水稻	螟虫、叶蝉	562.5-1012.5克/公顷	喷雾
	小麦、玉米	黏虫、玉米螟	540-1080克/公顷	喷雾
	烟草	烟青虫	450-900克/公顷	喷雾
PD20050162	三唑酮/20%/乳油/三唑酮 20%/2010.11.03 至 2015.11.03/低毒			
	小麦	白粉病	120-127.5克/公顷	喷雾
PD20060056	三唑酮/15%/可湿性粉剂/三唑酮 15%/2011.03.05 至 2016.03.05/低毒			
	小麦	白粉病、锈病	135-180克/公顷	喷雾
	玉米	丝黑穗病	60-90克/100千克种子	拌种
PD20070022	三唑酮/95%/原药/三唑酮 95%/2012.01.18 至 2017.01.18/低毒			
PD20070665	三环唑/95%/原药/三环唑 95%/2012.12.17 至 2017.12.17/低毒			
PD20080334	稻瘟灵/98%/原药/稻瘟灵 98%/2013.02.26 至 2018.02.26/低毒			
PD20080772	硝虫硫磷/30%/乳油/硝虫硫磷 30%/2013.06.16 至 2018.06.16/低毒			
	柑橘树	矢尖蚧	375-500毫克/千克	喷雾
PD20080777	硝虫硫磷/90%/原药/硝虫硫磷 90%/2013.06.18 至 2018.06.18/中等毒			
PD20080825	杀螺胺乙醇胺盐/98%/原药/杀螺胺乙醇胺盐 98%/2013.06.20 至 2018.06.20/低毒			
PD20080890	杀螺胺乙醇胺盐/50%/可湿性粉剂/杀螺胺乙醇胺盐 50%/2013.07.09 至 2018.07.09/低毒			
	水稻	福寿螺	450-525克/公顷	喷雾或撒毒土
	滩涂	钉螺	1）0.5-1克/平方米; 2）0.5-1毫克/升	1）喷洒 2）浸杀
PD20081230	多效唑/15%/可湿性粉剂/多效唑 15%/2013.09.11 至 2018.09.11/低毒			
	水稻育秧田	控制生长	200-300毫克/千克	喷雾
PD20081263	多效唑/95%/原药/多效唑 95%/2013.09.18 至 2018.09.18/低毒			
PD20082831	三环唑/75%/可湿性粉剂/三环唑 75%/2013.12.09 至 2018.12.09/中等毒			
	水稻	稻瘟病	225-300克/公顷	喷雾
PD20083619	草除灵/95%/原药/草除灵 95%/2013.12.12 至 2018.12.12/低毒			
PD20083781	三环唑/20%/可湿性粉剂/三环唑 20%/2013.12.15 至 2018.12.15/中等毒			
	水稻	稻瘟病	225-300克/公顷	喷雾
PD20086365	草除灵/15%/乳油/草除灵 15%/2013.12.31 至 2018.12.31/低毒			
	油菜田	多种一年生阔叶杂草	225-300克/公顷	喷雾
PD20092343	杀螺胺乙醇胺盐/70%/可湿性粉剂/杀螺胺乙醇胺盐 70%/2014.02.24 至 2019.02.24/低毒			
	水稻	福寿螺	420-525克/公顷	喷雾
PD20092731	三唑酮/25%/可湿性粉剂/三唑酮 25%/2009.03.04 至 2014.03.04/低毒			
	小麦	白粉病、锈病	135-180克/公顷	喷雾
	烟草	白粉病	75～150克/公顷	喷雾
PD20094667	烯效唑/90%/原药/烯效唑 90%/2009.04.10 至 2014.04.10/低毒			
PD20097479	草除灵/50%/悬浮剂/草除灵 50%/2009.11.03 至 2014.11.03/低毒			
	冬油菜田	一年生阔叶杂草	225-375克/公顷	喷雾
PD20100104	喹硫磷/70%/原药/喹硫磷 70%/2010.01.04 至 2015.01.04/高毒			
PD20101494	烯效唑/5%/可湿性粉剂/烯效唑 5%/2010.05.10 至 2015.05.10/低毒			
	水稻	增加分蘖	100-150毫克/千克	喷雾

四川省化学工业研究设计院广汉试验厂　(四川省广汉市向阳镇　618300　0838-5400802)

PD86182-10 稻瘟灵/30%/乳油/稻瘟灵 30%/2010.06.24 至 2015.06.24/低毒
水稻 稻瘟病 450-675克/公顷 喷雾
PD20083480 克百威/3%/颗粒剂/克百威 3%/2013.12.12 至 2018.12.12/中等毒(原药高毒)
水稻 二化螟、三化螟、瘿蚊 900-1350克/公顷 撒施
PD20083975 稻瘟灵/40%/乳油/稻瘟灵 40%/2013.12.16 至 2018.12.16/低毒
水稻 稻瘟病 450-675克/公顷 喷雾
PD20092377 稻瘟灵/40%/可湿性粉剂/稻瘟灵 40%/2009.02.25 至 2014.02.25/微毒
水稻 稻瘟病 562.5-675克/公顷 喷雾
PD20095849 稻瘟灵/98%/原药/稻瘟灵 98%/2009.05.27 至 2014.05.27/低毒

四川省江油市农药厂 (四川省江油市大埝乡开花村 621707 0816-3406188)

PD20095256 杀虫双/3.6%/大粒剂/杀虫双 3.6%/2009.04.27 至 2014.04.27/中等毒
水稻 螟虫 810-1080克/公顷 撒施

四川省金蜘蛛日化有限公司 (四川省成都市武侯区金花镇江安街2号 0832-3512888)

WP20080390 蚊香/0.3%/蚊香/富右旋反式烯丙菊酯 0.3%/2013.12.11 至 2018.12.11/低毒
卫生 蚊 / 点燃

四川省精细化工研究设计院 (四川省自贡市鸿鹤路41号 643000 0813-2760540)

PD84125-22 乙烯利/40%/水剂/乙烯利 40%/2009.11.18 至 2014.11.18/低毒
番茄 催熟 800-1000倍液 喷雾或浸渍
棉花 催熟、增产 330-500倍液 喷雾
柿子、香蕉 催熟 400倍液 喷雾或浸渍
水稻 催熟、增产 800倍液 喷雾
橡胶树 增产 5-10倍液 涂布
烟草 催熟 1000-2000倍液 喷雾

四川省科鑫化工厂 (四川省渠县渠江镇东大街 635200 0818-7344517)

PD20082882 杀虫双/3.6%/颗粒剂/杀虫双 3.6%/2013.12.09 至 2018.12.09/中等毒
水稻 螟虫 540-675克/公顷 撒施
PD20084772 敌敌畏/50%/乳油/敌敌畏 50%/2013.12.22 至 2018.12.22/中等毒
十字花科蔬菜 菜青虫 600-750克/公顷 喷雾
PD20121771 甲氰菊酯/20%/乳油/甲氰菊酯 20%/2012.11.16 至 2017.11.16/中等毒
甘蓝 菜青虫 90—105克/公顷 喷雾

四川省兰月科技有限公司 (四川省成都市双流县西南航空港经济开发区空港三路779号 610207 028-85305199)

PD84118-49 多菌灵/25%/可湿性粉剂/多菌灵 25%/2009.12.22 至 2014.12.22/低毒
果树 病害 0.05-0.1%药液 喷雾
花生 倒秧病 750克/公顷 喷雾
麦类 赤霉病 750克/公顷 喷雾、泼浇
棉花 苗期病害 500克-100千克种子 拌种
水稻 稻瘟病 750克/公顷 喷雾、泼浇
水稻 纹枯病 1125-1700克/公顷 喷雾
油菜 菌核病 750克/公顷 喷雾、泼浇
PD20070454 氯吡脲/97%/原药/氯吡脲 97%/2012.11.20 至 2017.11.20/低毒
PD20070455 氯吡脲/0.1%/可溶液剂/氯吡脲 0.1%/2012.11.20 至 2017.11.20/微毒
黄瓜 调节生长 10-20毫克/千克 浸瓜胎
葡萄 调节生长、增产 10-20毫克/千克 浸幼穗
甜瓜 调节生长、增产 10-20毫克/千克 喷瓜胎
西瓜 提高座瓜率 7.5-10毫克/千克 喷瓜胎
猕猴桃、枇杷 调节生长、增产 10-20毫克/千克 浸幼果
PD20080328 咪鲜胺/25%/乳油/咪鲜胺 25%/2013.02.28 至 2018.02.28/低毒
柑橘 蒂腐病、绿霉病、青霉病、炭疽病 250-500毫克/千克 浸果
PD20081605 苄氨基嘌呤/97%/原药/苄氨基嘌呤 97%/2013.11.12 至 2018.11.12/低毒
PD20081657 多效唑/15%/可湿性粉剂/多效唑 15%/2013.11.14 至 2018.11.14/低毒
花生 调节生长 100-150毫克/千克 喷雾
PD20082325 苄氨基嘌呤/1%/可溶粉剂/苄氨基嘌呤 1%/2013.12.01 至 2018.12.01/低毒
白菜 调节生长、增产 20-40毫克/千克 喷雾
PD20082455 萘乙酸/81%/原药/萘乙酸 81%/2013.12.02 至 2018.12.02/微毒
PD20085861 萘乙酸/5%/水剂/萘乙酸 5%/2013.12.29 至 2018.12.29/低毒
番茄 调节生长、增产 10-12.5毫克/千克 喷花
PD20085948 甲硫·福美双/40%/可湿性粉剂/福美双 25%、甲基硫菌灵 15%/2013.12.29 至 2018.12.29/低毒
西瓜 枯萎病 1000-1333毫克/千克 灌根
PD20086136 矮壮素/50%/水剂/矮壮素 50%/2013.12.30 至 2018.12.30/低毒
小麦 调节生长、增产 1250-2500毫克/千克 喷雾
PD20090261 三乙膦酸铝/40%/可湿性粉剂/三乙膦酸铝 40%/2014.01.09 至 2019.01.09/微毒
烟草 黑胫病 4500克/公顷，0.8克/株 喷雾，灌根
PD20092572 芸苔素内酯/0.004%/水剂/芸苔素内酯 0.004%/2014.02.27 至 2019.02.27/微毒

白菜 促进生长 0.02-0.04毫克/千克 茎叶喷雾
PD20092727 甲霜·锰锌/58%/可湿性粉剂/甲霜灵 10%、代森锰锌 48%/2014.03.04 至 2019.03.04/低毒
葡萄 霜霉病 1087.5-1740克/公顷 喷雾
PD20092837 乙铝·锰锌/50%/可湿性粉剂/代森锰锌 22%、三乙膦酸铝 28%/2014.03.05 至 2019.03.05/低毒
黄瓜 霜霉病 1400-2800克/公顷 喷雾
PD20094177 烯效唑/5%/可湿性粉剂/烯效唑 5%/2009.04.09 至 2014.04.09/微毒
水稻 控制生长 50-150毫克/千克 浸种
PD20097788 吲哚丁酸/98%/原药/吲哚丁酸 98%/2009.11.20 至 2014.11.20/低毒
PD20097789 吲丁·萘乙酸/2%/可溶粉剂/萘乙酸 1%、吲哚丁酸 1%/2009.11.20 至 2014.11.20/低毒
水稻 调节生长、增产 26.7-40毫克/千克 浸种10-12小时
PD20097832 吗胍·乙酸铜/15%/水剂/盐酸吗啉胍 7.5%、乙酸铜 7.5%/2009.11.20 至 2014.11.20/低毒
番茄 病毒病 495-780克/公顷 喷雾
PD20100303 芸苔素内酯/95%/原药/芸苔素内酯 95%/2010.01.11 至 2015.01.11/低毒
PD20101863 赤霉酸/75%/结晶粉/赤霉酸 75%/2010.08.04 至 2015.08.04/微毒
菠萝 果实增大 40-80毫克/千克 喷雾
PD20102029 多效唑/25%/悬浮剂/多效唑 25%/2010.10.19 至 2015.10.19/低毒
芒果树 调节生长 9-12克制剂/株 浇灌法
PD20110278 赤霉酸/20%/可溶粉剂/赤霉酸 20%/2011.03.11 至 2016.03.11/微毒
葡萄 调节生长、增产 15-20毫克/千克 沾果穗
PD20110772 苄氨基嘌呤/2%/可溶液剂/苄氨基嘌呤 2%/2011.07.25 至 2016.07.25/微毒
柑橘 调节生长、增产 33.3-50毫克/千克 喷雾
PD20110820 氯吡脲/0.5%/可溶液剂/氯吡脲 0.5%/2011.08.04 至 2016.08.04/微毒
西瓜 提高座果率 7.5-10毫克/千克 喷瓜胎
PD20120332 噻苯隆/0.1%/可溶液剂/噻苯隆 0.1%/2012.02.17 至 2017.02.17/微毒
黄瓜 调节生长 4-5毫克/千克 浸瓜胎（子房）
甜瓜 调节生长、增产 4-6毫克/千克 浸瓜胎
PD20120786 丁酰肼/50%/可溶粉剂/丁酰肼 50%/2012.05.11 至 2017.05.11/微毒
观赏菊花 促矮化 2500-4000毫克/千克 喷雾
PD20131658 赤霉·氯吡脲/0.3%/可溶液剂/赤霉酸 0.2%、氯吡脲 0.1%/2013.08.01 至 2018.08.01/微毒
葡萄 调节生长 15-30毫克/千克 浸果穗

四川省乐山市福华通达农药科技有限公司 （四川省乐山市五通桥区桥沟镇共裕村 614800 0833-3350538）

PD92103-23 草甘膦/95%,93%,90%/原药/草甘膦 95%,93%,90%/2012.08.14 至 2017.08.14/低毒
PD20070383 草甘膦异丙胺盐/30%/水剂/草甘膦 30%/2012.10.24 至 2017.10.24/低毒
茶园、甘蔗地、果园、剑麻园、林地、桑园、橡胶园 一年生杂草和多年生恶性杂草 1125-2250克/公顷 定向喷雾
柑橘园 一年生和多年生杂草 1230-2460克/公顷 定向茎叶喷雾
注:草甘膦异丙胺盐含量: 41%。
PD20102066 草甘膦异丙胺盐/46%/水剂/草甘膦 46%/2010.11.03 至 2015.11.03/低毒
柑橘园 一年生及部分多年生杂草 130-250毫升制剂/亩 定向茎叶喷雾
注:草甘膦异丙胺盐含量62%。
PD20110422 草甘膦铵盐/30%/水剂/草甘膦 30%/2011.04.15 至 2016.04.15/低毒
柑橘园 一年生和多年生杂草 1125-1350克/公顷 定向茎叶喷雾
注:草甘膦铵盐含量: 33%
PD20111320 草甘膦铵盐/68%/可溶粒剂/草甘膦 68%/2011.12.05 至 2016.12.05/低毒
柑橘园 杂草 1164-2328克/公顷 定向茎叶喷雾
注:草甘膦铵盐含量: 75.7%。
PD20121744 嘧菌酯/98%/原药/嘧菌酯 98%/2012.11.15 至 2017.11.15/低毒
PD20121933 氯氟吡氧乙酸异辛酯/98%/原药/氯氟吡氧乙酸异辛酯 98%/2012.12.07 至 2017.12.07/低毒
PD20130949 乙草胺/95%/原药/乙草胺 95%/2013.05.02 至 2018.05.02/低毒
PD20131029 吡虫啉/98%/原药/吡虫啉 98%/2013.05.13 至 2018.05.13/低毒
PD20131186 灭草松/98%/原药/灭草松 98%/2013.05.27 至 2018.05.27/低毒
PD20131306 丙溴磷/94%/原药/丙溴磷 94%/2013.06.08 至 2018.06.08/中等毒
PD20131564 噻虫嗪/98%/原药/噻虫嗪 98%/2013.07.23 至 2018.07.23/低毒
PD20131611 硝磺草酮/97.5%/原药/硝磺草酮 97.5%/2013.07.29 至 2018.07.29/低毒
PD20131732 吡蚜酮/98.5%/原药/吡蚜酮 98.5%/2013.08.16 至 2018.08.16/低毒

四川省隆昌农药有限公司 （四川省内江市隆昌县金鹅镇新马路252号 642150 0832-3954258）

PD20085114 杀虫双/3.6%/颗粒剂/杀虫双 3.6%/2013.12.23 至 2018.12.23/中等毒
水稻 螟虫 540-675克/公顷 撒施

四川省绵阳高新区静康蚊香厂 （四川省绵阳市涪城区兴达街18号 621000 0816-2583510）

WP20080604 蚊香/0.3%/蚊香/富右旋反式烯丙菊酯 0.3%/2008.12.31 至 2013.12.31/微毒
卫生 蚊 / 点燃

四川省南充嘉陵生物化工有限公司 （四川省南充市嘉陵区嘉陵西路818号 637004 0817-3631215）

PD20091868 杀虫双/3.6%/大粒剂/杀虫双 3.6%/2009.02.09 至 2014.02.09/中等毒
水稻 二化螟 540-675克/公顷 撒施

四川省南充稼康农化有限公司 （四川省南充市顺庆区潆溪镇杨家桥 637141 0817-2801757）

PD20083130 辛硫磷/1.5%/颗粒剂/辛硫磷 1.5%/2013.12.10 至 2018.12.10/微毒
玉米 玉米螟 112.5-168.75克/公顷 撒施(喇叭口)

PD20085163 杀虫双/3.6%/大粒剂/杀虫双 3.6%/2013.12.23 至 2018.12.23/中等毒
水稻 螟虫 540-675克/公顷 撒施

四川省仁寿县神牛蚊香厂 （四川省仁寿县双龙桥 612500 0833-6319006）

WP20080125 蚊香/0.3%/蚊香/富右旋反式烯丙菊酯 0.3%/2013.10.29 至 2018.10.29/微毒
卫生 蚊 / 点燃

四川省遂宁市川宁农药有限责任公司 （四川省遂宁市保升乡 629001 0825-2940039）

PD90105-6 石硫合剂/45%/结晶粉/石硫合剂 45%/2010.04.14 至 2015.04.14/低毒
茶树 叶螨 150倍液 喷雾
柑橘树 介壳虫、螨 1)180-300倍液 1)早春喷雾
2)300-500倍液 2)晚秋喷雾
柑橘树 锈壁虱 300-500倍液 晚秋喷雾
麦类 白粉病 150倍液 喷雾
苹果树 叶螨 20-30倍液 萌芽前喷雾

四川省万源市海豹蚊香有限责任公司 （四川省万源市长坝乡街道 636352 0818-8676068）

WP20080237 蚊香/0.3%/蚊香/富右旋反式烯丙菊酯 0.3%/2013.11.25 至 2018.11.25/低毒
卫生 蚊 / 点燃

四川省宜宾川安高科农药有限责任公司 （四川省江安县井口镇 644219 0831-2850517）

PD86157-18 硫磺/50%/悬浮剂/硫磺 50%/2010.06.17 至 2015.06.17/低毒
果树 白粉病 200-400倍液 喷雾
花卉 白粉病 750-1500克/公顷 喷雾
黄瓜 白粉病 1125-1500克/公顷 喷雾
橡胶树 白粉病 1875-3000克/公顷 喷雾
小麦 白粉病、螨 3000克/公顷 喷雾

PD90105 石硫合剂/45%/结晶粉/石硫合剂 45%/2010.07.11 至 2015.07.11/低毒
茶树 叶螨 150倍液 喷雾
柑橘树 锈壁虱 300-500倍液 晚秋喷雾
柑橘树 介壳虫、螨 1)180-300倍液 1)早春喷雾
2)300-500倍液 2)晚秋喷雾
麦类 白粉病 150倍液 喷雾
苹果树 叶螨 20-30倍液 萌芽前喷雾

PD20040140 吡虫啉/10%/可湿性粉剂/吡虫啉 10%/2009.12.19 至 2014.12.19/低毒
小麦 蚜虫 15-30克/公顷(南方地区) 喷雾
45-60克/公顷(北方地区)

PD20070108 敌草胺/96%/原药/敌草胺 96%/2012.04.26 至 2017.04.26/低毒

PD20070172 腐霉利/98.5%/原药/腐霉利 98.5%/2012.06.25 至 2017.06.25/低毒

PD20070465 敌草胺/50%/可湿性粉剂/敌草胺 50%/2012.11.20 至 2017.11.20/低毒
烟草田 一年生禾本科杂草及部分阔叶杂草 1125-1875克/公顷 土壤喷雾

PD20082137 烯酰吗啉/95%/原药/烯酰吗啉 95%/2013.11.25 至 2018.11.25/低毒

PD20082516 腐霉利/50%/可湿性粉剂/腐霉利 50%/2013.12.03 至 2018.12.03/低毒
番茄 灰霉病 375-750克/公顷 喷雾
油菜 菌核病 300-600克/公顷 喷雾

PD20085745 腐霉·福美双/50%/可湿性粉剂/腐霉利 10%、福美双 40%/2013.12.26 至 2018.12.26/中等毒
油菜 菌核病 975-1350克/公顷 喷雾

PD20086249 烯酰吗啉/10%/水乳剂/烯酰吗啉 10%/2013.12.31 至 2018.12.31/低毒
黄瓜 霜霉病 225-300克/公顷 喷雾

PD20090029 硫磺·多菌灵/50%/悬浮剂/多菌灵 15%、硫磺 35%/2014.01.06 至 2019.01.06/微毒
花生 叶斑病 1200-1440克/公顷 喷雾

PD20090925 硫磺·三环唑/45%/悬浮剂/硫磺 40%、三环唑 5%/2014.01.19 至 2019.01.19/低毒
水稻 稻瘟病 675-810克/公顷 喷雾

PD20091530 腐霉利/35%/悬浮剂/腐霉利 35%/2014.02.03 至 2019.02.03/微毒
番茄 灰霉病 393.75-656.25克/公顷 喷雾

PD20091863 苄·二氯/36%/可湿性粉剂/苄嘧磺隆 3%、二氯喹啉酸 33%/2014.02.09 至 2019.02.09/低毒
水稻移栽田 一年生及部分多年生杂草 216-270克/公顷 药土法

PD20095292 石硫合剂/29%/水剂/石硫合剂 29%/2009.04.27 至 2014.04.27/低毒
柑橘树 红蜘蛛 0.5-1(波美) 喷雾
苹果树 白粉病 0.5(波美) 喷雾

PD20096714 烯酰·锰锌/69%/可湿性粉剂/代森锰锌 60%、烯酰吗啉 9%/2009.09.07 至 2014.09.07/低毒
黄瓜 霜霉病 1035-1367.55克/公顷 喷雾

PD20122082 稻瘟灵/40%/可湿性粉剂/稻瘟灵 40%/2012.12.24 至 2017.12.24/低毒

水稻	稻瘟病	498～600克/公顷	喷雾

四川省自贡市恒达农药厂 (四川省自贡市沿滩区邓关镇顺昌美村5组 643033 0813-3902208)

PD20083301 四聚乙醛/6%/颗粒剂/四聚乙醛 6%/2013.12.11 至 2018.12.11/低毒

十字花科蔬菜	蜗牛	360-540克/公顷	撒施
水稻	福寿螺	360-540克/公顷	撒施

PD20085149 杀虫双/3.6%/大粒剂/杀虫双 3.6%/2013.12.23 至 2018.12.23/中等毒

水稻	螟虫	540-675克/公顷	撒施

四川省自贡市农药厂 (四川省自贡市沿滩区卫坪镇打谷村 643031 0813-3860670)

PD20086129 草甘膦/50%/可溶粉剂/草甘膦 50%/2013.12.30 至 2018.12.30/低毒

柑橘园	杂草	1275－2250克/公顷	定向茎叶喷雾

PD20092580 高效氯氰菊酯/4.5%/乳油/高效氯氰菊酯 4.5%/2009.02.27 至 2014.02.27/低毒

十字花科蔬菜	菜青虫	13.5-20.25克/公顷	喷雾

PD20095185 甲氰菊酯/20%/乳油/甲氰菊酯 20%/2009.04.24 至 2014.04.24/中等毒

甘蓝	小菜蛾	75-90克/公顷	喷雾

PD20101943 氯氰菊酯/5%/乳油/氯氰菊酯 5%/2010.09.20 至 2015.09.20/低毒

甘蓝	菜青虫	37.5-52.5克/公顷	喷雾

PD20110036 乙铝·锰锌/70%/可湿性粉剂/代森锰锌 45%、三乙膦酸铝 25%/2011.01.11 至 2016.01.11/低毒

黄瓜	霜霉病	1575-2625克/公顷	喷雾

PD20110415 草甘膦异丙胺盐/30%/水剂/草甘膦 30%/2011.04.15 至 2016.04.15/低毒

茶园、柑橘园	杂草	1125-2250克/公顷	定向茎叶喷雾

注:草甘膦异丙胺盐含量: 41%

四川施特优化工有限公司 (四川省成都市武侯区盛隆街七号 610041 028-85234995)

PD20070131 氯吡脲/0.1%/可溶液剂/氯吡脲 0.1%/2012.05.21 至 2017.05.21/微毒

黄瓜	提高座瓜率、增产	5-20毫克/千克	浸、喷瓜胎
葡萄	果实增大、增产	10-20毫克/千克	浸幼果穗
甜瓜	调节生长、增产	5-20毫克/千克	浸、喷瓜胎
西瓜	增产	5-20毫克/千克	浸、喷瓜胎
西瓜	提高座瓜率	10-20毫克/千克	喷瓜胎
猕猴桃	促进果实生长	5-20毫克/千克	花后20-25天,药液浸幼果
枇杷	果实增大、增产	10-20毫克/千克	浸幼果1-2次

PD20070132 氯吡脲/97%/原药/氯吡脲 97%/2012.05.21 至 2017.05.21/低毒

四川蜀峰化工有限公司 (四川省成都市双流县东升街道办事处三里坝社区六社 610200 028-85811505)

PD20090367 百草枯/20%/水剂/百草枯 20%/2012.12.31 至 2014.07.01/中等毒

稻茬免耕小麦田	杂草	382.5-510克/公顷	喷雾

PD20098215 唑磷·毒死蜱/30%/乳油/毒死蜱 15%、三唑磷 15%/2009.12.16 至 2014.12.16/中等毒

水稻	三化螟	225-270克/公顷	喷雾

四川斯壮生物科技有限公司 (四川省内江市东兴区同福乡和平街2号 641000 0832-2041650)

PD20085728 杀虫双/3.6%/大粒剂/杀虫双 3.6%/2008.12.26 至 2013.12.26/中等毒

水稻	螟虫	540-675克/公顷	撒施

PD20090588 杀虫双/18%/水剂/杀虫双 18%/2009.01.14 至 2014.01.14/低毒

水稻	二化螟	675-810克/公顷	喷雾

四川遂宁市川霸蚊香厂 (四川省遂宁市船山区西宁乡流通坝 629000 0825-2299885)

WL20100279 蚊香/0.05%/蚊香/氯氟醚菊酯 0.05%/2012.12.02 至 2013.12.02/微毒

卫生	蚊	/	点燃

四川新朝阳邦威生物科技有限公司 (四川省成都市天然产物蒲江高科技产业园 611630 028-88555480)

PD20100413 三环唑/75%/可湿性粉剂/三环唑 75%/2010.01.14 至 2015.01.14/低毒

水稻	稻瘟病	225－304克/公顷	喷雾

WP20080265 电热蚊香片/14毫克/片/电热蚊香片/炔丙菊酯 14毫克/片/2013.11.27 至 2018.11.27/微毒

卫生	蚊	/	电热加温

WP20080380 电热蚊香液/1.25%/电热蚊香液/炔丙菊酯 1.25%/2013.12.11 至 2018.12.11/微毒

卫生	蚊	/	电热加温

WP20090028 电热蚊香片/35毫克/片/电热蚊香片/炔丙菊酯 7毫克/片、右旋烯丙菊酯 28毫克/片/2014.01.12 至 2019.01.12/微毒

卫生	蚊	/	电热加温

WP20090166 杀虫气雾剂/0.33%/气雾剂/胺菊酯 0.25%、富右旋反式烯丙菊酯 0.08%/2014.03.09 至 2019.03.09/微毒

卫生	蚊、蝇、蜚蠊	/	喷雾

WP20090170 杀虫气雾剂/0.3%/气雾剂/除虫菊素(Ⅰ+Ⅱ) 0.3%/2014.03.09 至 2019.03.09/微毒

卫生	蚊、蝇、蜚蠊	/	喷雾

WP20090272 电热蚊香片/15毫克/片/电热蚊香片/除虫菊素(Ⅰ+Ⅱ) 15毫克/片/2009.05.18 至 2014.05.18/微毒

卫生	蚊	/	电热加温

WP20090281 蚊香/0.25%/蚊香/除虫菊素(Ⅰ+Ⅱ) 0.25%/2009.06.02 至 2014.06.02/微毒

卫生	蚊	/	点燃

四川新洁灵生化科技有限公司（成都市温江区海峡两岸科技产业开发园　611130　028-82633773，82633656）

PD20101332　α-氯代醇/1%/饵剂/α-氯代醇 1%/2010.03.18 至 2015.03.18/中等毒
室内　家鼠　饱和投饵　投饵
PD20101333　α-氯代醇/80%/原药/α-氯代醇 80%/2010.03.18 至 2015.03.18/中等毒

四川迅美农化有限公司　（四川省成都市青白江区工业集中发展区同济大道916号　610300　028-67965088）

PD20130266　阿维菌素/3%/水乳剂/阿维菌素 3%/2013.02.21 至 2018.02.21/中等毒
水稻　稻纵卷叶螟　5.4-8.1克/公顷　喷雾
PD20130267　吡嘧磺隆/10%/可湿性粉剂/吡嘧磺隆 10%/2013.02.21 至 2018.02.21/低毒
移栽水稻田　稗草、莎草及阔叶杂草　22.5-30克/公顷　毒土法
PD20130666　烯酰吗啉/50%/可湿性粉剂/烯酰吗啉 50%/2013.04.08 至 2018.04.08/低毒
黄瓜　霜霉病　225-300克/公顷　喷雾
PD20130960　毒死蜱/30%/水乳剂/毒死蜱 30%/2013.05.02 至 2018.05.02/低毒
水稻　稻飞虱　450－585克/公顷　喷雾
PD20131122　高效氯氟氰菊酯/5%/水乳剂/高效氯氟氰菊酯 5%/2013.05.20 至 2018.05.20/中等毒
甘蓝　菜青虫　11.25－15克/公顷　喷雾
PD20131785　戊唑醇/80%/可湿性粉剂/戊唑醇 80%/2013.09.09 至 2018.09.09/低毒
苹果树　斑点落叶病　133.3-160毫克/千克　喷雾
LS20130154　阿维・炔螨特/30%/水乳剂/阿维菌素 0.3%、炔螨特 29.7%/2013.04.03 至 2014.04.03/低毒(原药高毒)
柑橘树　红蜘蛛　200-300毫克/千克　喷雾
LS20130399　阿维・三唑磷/20%/水乳剂/阿维菌素 0.5%、三唑磷 19.5%/2013.07.29 至 2014.07.29/中等毒(原药高毒)
水稻　二化螟　240-300克/公顷　喷雾
LS20130469　噻嗪・异丙威/50%/可湿性粉剂/噻嗪酮 12%、异丙威 38%/2013.10.10 至 2014.10.10/低毒
水稻　稻飞虱　337.5-562.5克/公顷　喷雾

四川中迅沃野农化有限公司　（四川省成都市青白江区工业集中发展区黄金路16号　610300　028-83602881）

PD20097124　杀虫双/3.6%/大粒剂/杀虫双 3.6%/2009.10.16 至 2014.10.16/微毒
水稻　二化螟　810-1080克/公顷　撒施
PD20111086　甲氨基阿维菌素苯甲酸盐/3%/微乳剂/甲氨基阿维菌素 3%/2011.10.13 至 2016.10.13/低毒
甘蓝　小菜蛾　1.8－2.7克/公顷　喷雾
注:甲氨基阿维菌素苯甲酸盐含量：3.4%。
PD20120048　苄嘧・丙草胺/40%/可湿性粉剂/苄嘧磺隆 4%、丙草胺 36%/2012.01.10 至 2017.01.10/低毒
水稻田(直播)　一年生杂草　360-480克/公顷　茎叶喷雾
PD20120214　噁草・丁草胺/40%/乳油/丁草胺 34%、噁草酮 6%/2012.02.09 至 2017.02.09/低毒
水稻旱育秧田　一年生杂草　600-750克/公顷　土壤喷雾
PD20121216　吡嘧・二氯喹/50%/可湿性粉剂/吡嘧磺隆 3%、二氯喹啉酸 47%/2012.08.10 至 2017.08.10/低毒
水稻田(直播)　一年生杂草　225-300克/公顷　茎叶喷雾
PD20121971　烯酰吗啉/80%/水分散粒剂/烯酰吗啉 80%/2012.12.18 至 2017.12.18/低毒
黄瓜　霜霉病　240～300克/公顷　喷雾
PD20121972　精喹禾灵/10%/乳油/精喹禾灵 10%/2012.12.18 至 2017.12.18/低毒
油菜田　一年生禾本科杂草　45-60克/公顷　茎叶喷雾
PD20130117　灭草松/480克/升/水剂/灭草松 480克/升/2013.01.17 至 2018.01.17/低毒
大豆田　一年生阔叶杂草　1080-1440克/公顷　茎叶喷雾
PD20130600　阿维菌素/1.8%/水乳剂/阿维菌素 1.8%/2013.04.02 至 2018.04.02/低毒(原药高毒)
水稻　稻纵卷叶螟　5.4－8.1克/公顷　喷雾
PD20131061　吡嘧・丙草胺/35%/可湿性粉剂/吡嘧磺隆 2%、丙草胺 33%/2013.05.20 至 2018.05.20/低毒
水稻田(直播)　一年生杂草　315-420克/公顷　茎叶喷雾
PD20131113　吡嘧・苯噻酰/50%/可湿性粉剂/苯噻酰草胺 48%、吡嘧磺隆 2%/2013.05.20 至 2018.05.20/低毒
水稻抛秧田　一年生杂草　300-450克/公顷　药土法
PD20131301　烯啶虫胺/10%/水剂/烯啶虫胺 10%/2013.06.08 至 2018.06.08/低毒
水稻　稻飞虱　30-45克/公顷　喷雾
PD20131951　氰氟草酯/15%/乳油/氰氟草酯 15%/2013.10.10 至 2018.10.10/低毒
水稻田(直播)　千金子　90-112.5克/公顷　茎叶喷雾
LS20110222　阿维・吡虫啉/5%/可湿性粉剂/阿维菌素 0.5%、吡虫啉 4.5%/2013.08.10 至 2014.08.10/低毒(原药高毒)
水稻　稻飞虱　13.5－16.5克/公顷　喷雾
LS20120004　二氯喹啉酸/75%/可湿性粉剂/二氯喹啉酸 75%/2014.01.05 至 2015.01.05/低毒
水稻移栽田　稗草　225-337.5克/公顷　茎叶喷雾
LS20130032　精喹禾灵/10.8%/水乳剂/精喹禾灵 10.8%/2013.01.15 至 2014.01.15/低毒
大豆田　一年生禾本科杂草　56.7-72.9克/公顷　茎叶喷雾
LS20130391　戊唑・异菌脲/25%/悬浮剂/戊唑醇 5%、异菌脲 20%/2013.07.29 至 2014.07.29/低毒
苹果树　斑点落叶病　62.5-83.3毫克/千克　喷雾
LS20130416　咪鲜・三环唑/40%/可湿性粉剂/咪鲜胺 10%、三环唑 30%/2013.07.30 至 2014.07.30/低毒
水稻　稻瘟病　180-270克/公顷　喷雾
LS20130440　氟环唑/70%/水分散粒剂/氟环唑 70%/2013.09.09 至 2014.09.09/低毒
小麦　锈病　84-126克/公顷　喷雾

LS20130516 阿维·唑螨酯/4.0%/水乳剂/阿维菌素 1%、唑螨酯 3%/2013.12.10 至 2014.12.10/低毒(原药高毒)
柑橘树 红蜘蛛 20-26.7毫克/千克 喷雾

泸州东方农化有限公司 (四川省泸州市纳溪区新乐镇天桥化工园区 646300 0830-4692825)

PD20093958 稻瘟灵/95%/原药/稻瘟灵 95%/2009.03.27 至 2014.03.27/低毒
PD20110476 甲霜灵/98%/原药/甲霜灵 98%/2011.04.22 至 2016.04.22/低毒
PD20111362 克菌丹/95%/原药/克菌丹 95%/2011.12.12 至 2016.12.12/低毒
注:专供出口,不得在国内销售。
PD20120947 唑草酮/95%/原药/唑草酮 95%/2012.06.14 至 2017.06.14/低毒
PD20131590 唑草酮/40%/水分散粒剂/唑草酮 40%/2013.07.29 至 2018.07.29/低毒
冬小麦田 一年生阔叶杂草 24-30克/公顷 茎叶喷雾
PD20132694 唑草酮/400克/升/乳油/唑草酮 400克/升/2013.12.25 至 2018.12.25/低毒
注:专供出口,不得在国内销售。
LS20110110 氨氟乐灵/97%/原药/氨氟乐灵 97%/2013.04.11 至 2014.04.11/低毒
LS20110116 氨氟乐灵/65%/水分散粒剂/氨氟乐灵 65%/2013.04.14 至 2014.04.14/低毒
非耕地 一年生杂草 750-1125克/公顷 土壤喷雾
LS20110201 甲磺草胺/95%/原药/甲磺草胺 95%/2013.08.04 至 2014.08.04/低毒
注:专供出口,不得在国内销售。
LS20110232 氨磺乐灵/98%/原药/氨磺乐灵 98%/2013.09.08 至 2014.09.08/低毒
注:专供出口,不得在国内销售。
LS20110296 甲磺草胺/75%/水分散粒剂/甲磺草胺 75%/2013.11.16 至 2014.11.16/低毒
注:专供出口,不得在国内销售。

台湾省

龙杏生技制药股份有限公司 (台湾省台南县佳里镇嘉福里115号之1)

LS20130320 1-甲基环丙烯/0.18%/泡腾片剂/1-甲基环丙烯 0.18%/2013.06.08 至 2014.06.08/低毒
番茄 保鲜 0.6微升/升 密闭熏蒸

台湾日产化工股份有限公司 (台湾省台北市复兴路57号10楼 105 02-27217371-12)

PD20084433 代森锰锌/80%/可湿性粉剂/代森锰锌 80%/2013.12.17 至 2018.12.17/低毒
西瓜 炭疽病 1995-3000克/公顷 喷雾

台湾隽农实业股份有限公司 (台湾省台中市华美西街二段369号10F-1 00886-4-23126656)

PD20050095 噻菌灵/98.5%/原药/噻菌灵 98.5%/2010.07.04 至 2015.07.04/低毒
PD20050096 噻菌灵/40%/可湿性粉剂/噻菌灵 40%/2010.07.04 至 2015.07.04/低毒
蘑菇 褐腐病 0.3-0.4克/平方米 菇床喷雾
苹果树 轮纹病 267-400毫克/千克 喷雾
葡萄 黑痘病 267～400毫克/千克 喷雾
香蕉 储藏病害 400-800毫克/千克 浸果1分钟

兴农股份有限公司 (上海市奉贤区柘林镇北村路28号 201416 021-57493733)

PD20080851 百草枯二氯化物/阳离子32.6%/母药/百草枯二氯化物 阳离子32.6%/2013.06.23 至 2018.06.23/剧毒
PD20080870 代森锰锌/80%/可湿性粉剂/代森锰锌 80%/2013.06.27 至 2018.06.27/低毒
番茄 早疫病 1875-2100克/公顷 喷雾
PD20081619 腈菌·锰锌/62.25%/可湿性粉剂/腈菌唑 2.25%、代森锰锌 60%/2013.11.12 至 2018.11.12/低毒
黄瓜 白粉病 1867.5-2340克/公顷 喷雾
PD20090969 戊唑醇/430克/升/悬浮剂/戊唑醇 430克/升/2014.01.20 至 2019.01.20/低毒
梨树 黑星病 3000－4000倍液 喷雾
PD20092501 丙森锌/70%/可湿性粉剂/丙森锌 70%/2014.02.26 至 2019.02.26/低毒
大白菜 霜霉病 1575－2250克/公顷 喷雾
PD20095128 敌瘟磷/94%/原药/敌瘟磷 94%/2009.04.24 至 2014.04.24/中等毒
PD20095865 喹啉铜/98%/原药/喹啉铜 98%/2009.05.27 至 2014.05.27/低毒
PD20095866 喹啉铜/33.5%/悬浮剂/喹啉铜 33.5%/2009.05.27 至 2014.05.27/低毒
黄瓜 霜霉病 300-405克/公顷 喷雾

天津市

天津阿斯化学有限公司 (天津经济技术开发区西区新安路98号 300462 022-59832120)

PD20081779 杀鼠灵/0.05%/毒饵/杀鼠灵 0.05%/2013.11.19 至 2018.11.19/高毒
室内 家鼠 15克×2堆/15平方米 投放毒饵
WP20070021 杀虫粉剂/0.4%/粉剂/残杀威 0.4%/2012.09.21 至 2017.09.21/低毒
空间 黑皮蠹、蚂蚁 3克制剂/平方米 撒布
WP20080016 电热蚊香液/0.81%/电热蚊香液/炔丙菊酯 0.81%/2013.01.11 至 2018.01.11/低毒
卫生 蚊 / 电热加温
注:本品有两种香型:花香型、无香型。
WP20080025 电热蚊香片/10毫克/片/电热蚊香片/炔丙菊酯 10毫克/片/2013.02.14 至 2018.02.14/低毒
卫生 蚊 / 电热加温
注:本品有两种香型:花香型、无香型。
WP20080046 蚊香/0.25%/蚊香/右旋烯丙菊酯 0.25%/2008.03.04 至 2013.03.04/低毒
卫生 蚊 / 点燃

WP20080071　杀虫气雾剂/0.31%/气雾剂/氯菊酯 0.1%、炔丙菊酯 0.01%、右旋胺菊酯 0.2%/2013.05.12 至 2018.05.12/低毒
　卫生　蜚蠊、蚂蚁、跳蚤、蚊、蝇、螨　/　喷雾
　注:本品有三种香型：无香型、柠檬香型、苹果香型。

WP20080574　电热蚊香液/1.5%/电热蚊香液/炔丙菊酯 1.5%/2013.12.26 至 2018.12.26/低毒
　卫生　蚊　/　电热加温
　注:本品有两种香型：薰衣草香型、无香型。

WP20090002　杀飞虫气雾剂/0.25%/气雾剂/生物苄呋菊酯 0.03%、右旋胺菊酯 0.22%/2014.01.04 至 2019.01.04/低毒
　卫生　蚊、蝇　/　喷雾
　注:本品有两种香型：无香型、柑桔香型。

WP20090059　驱蚊片/500毫克/片/驱蚊片/四氟苯菊酯 500毫克/片/2014.01.21 至 2019.01.21/微毒
　卫生　蚊　/　电吹风

WP20090110　杀蟑气雾剂/0.4%/气雾剂/炔咪菊酯 0.1%、右旋苯醚氰菊酯 0.3%/2014.02.09 至 2019.02.09/低毒
　卫生　蜚蠊　/　喷雾

WP20090273　杀蟑饵剂/35%/饵剂/硼酸 35%/2009.05.27 至 2014.05.27/低毒
　卫生　蜚蠊　2.1克/平方米　投放

WP20090296　杀虫烟雾剂/7.2%/烟雾剂/右旋苯醚氰菊酯 7.2%/2009.07.15 至 2014.07.15/低毒
　卫生　蜚蠊　0.36克/立方米　加水发烟
　卫生　跳蚤、螨　/　加水发烟

WP20100094　杀螨纸/0.25克/平方米 /杀螨纸/右旋苯醚菊酯 0.25克/平方米/2010.06.28 至 2015.06.28/低毒
　卫生　尘螨　/　铺放

WP20110057　杀蚁饵剂/0.9%/饵剂/氟蚁腙 0.9%/2011.02.25 至 2016.02.25/低毒
　卫生　蚂蚁　/　投放

WP20110069　电热蚊香片/36毫克/片/电热蚊香片/右旋烯丙菊酯 36毫克/片/2011.03.24 至 2016.03.24/微毒
　卫生　蚊　/　电热加温

WP20110248　杀蚁粉剂/0.55%/粉剂/残杀威 0.5%、氟氯氰菊酯 0.05%/2011.11.04 至 2016.11.04/低毒
　室内　蚂蚁　/　撒布

WP20110250　杀蟑饵剂/0.05%/饵剂/氟虫腈 0.05%/2011.11.15 至 2016.11.15/低毒
　卫生　蜚蠊　/　投放

WP20120195　防蛀片剂/400毫克/片/防蛀片剂/右旋烯炔菊酯 400毫克/片/2012.10.17 至 2017.10.17/低毒
　卫生　黑皮蠹　/　投放
　注:本产品有三种香型:薰衣草型、葡萄柚香型、无香型。

WP20130113　防蛀片剂/300毫克/片/防蛀片剂/右旋烯炔菊酯 300毫克/片/2013.05.28 至 2018.05.28/低毒
　卫生　黑毛皮蠹　/　投放
　注:本产品有三联单种香型：薰衣草香型、葡萄柚香型、无香型。

WP20130114　杀虫喷射剂/1.7%/喷射剂/四氟苯菊酯 1.7%/2013.05.29 至 2018.05.29/低毒
　卫生　蚊　/　喷射

天津百胜化工有限公司　(天津市滨海新区大港中塘镇刘塘庄化工区　300273　022-63139308)

PD20080801　啶虫脒/5%/可湿性粉剂/啶虫脒 5%/2013.06.20 至 2018.06.20/低毒
　甘蓝　蚜虫　15-22.5克/公顷　喷雾

PD20081894　马拉硫磷/45%/乳油/马拉硫磷 45%/2013.11.20 至 2018.11.20/低毒
　棉花　盲蝽蟓　405-607.5克/公顷　喷雾

PD20082147　高效氯氟氰菊酯/25克/升/乳油/高效氯氟氰菊酯 25克/升/2008.11.25 至 2013.11.25/低毒
　苹果树　桃小食心虫　5－6.3毫克/千克　喷雾

PD20082174　多菌灵/80%/可湿性粉剂/多菌灵 80%/2013.11.26 至 2018.11.26/低毒
　苹果树　轮纹病　500-1000毫克/千克　喷雾

PD20083589　马拉・辛硫磷/20%/乳油/马拉硫磷 10%、辛硫磷 10%/2013.12.12 至 2018.12.12/低毒
　棉花　棉铃虫　150-225克/公顷　喷雾
　小麦　红蜘蛛　135-180克/公顷　喷雾

PD20084887　毒死蜱/480克/升/乳油/毒死蜱 480克/升/2013.12.22 至 2018.12.22/中等毒
　苹果树　桃小食心虫　200-240毫克/千克　喷雾

PD20090378　啶虫脒/5%/乳油/啶虫脒 5%/2014.01.12 至 2019.01.12/低毒
　黄瓜　蚜虫　18-22.5克/公顷　喷雾

PD20090990　甲基硫菌灵/70%/可湿性粉剂/甲基硫菌灵 70%/2014.01.21 至 2019.01.21/低毒
　苹果树　轮纹病　600-800毫克/千克　喷雾

PD20094599　百草枯/200克/升/水剂/百草枯 200克/升/2012.12.31 至 2014.07.01/中等毒
　玉米田　杂草　300-600克/公顷　定向喷雾

PD20094666　精喹禾灵/50克/升/乳油/精喹禾灵 50克/升/2009.04.10 至 2014.04.10/低毒
　棉花田　一年生禾本科杂草　37.5-60克/公顷　茎叶喷雾

PD20098504　甲氨基阿维菌素苯甲酸盐(1.14%)///乳油/甲氨基阿维菌素 1%/2009.12.24 至 2014.12.24/低毒
　甘蓝　小菜蛾　1.5-3克/公顷　喷雾

PD20100947　烯唑醇/12.5%/可湿性粉剂/烯唑醇 12.5%/2010.01.19 至 2015.01.19/低毒
　梨树　黑星病　31－53毫克/千克　喷雾

PD20120859　三氯异氰尿酸/85%/可溶粉剂/三氯异氰尿酸 85%/2012.05.22 至 2017.05.22/低毒

	棉花	枯萎病	432-540克/公顷	喷雾
PD20132594	阿维菌素/18克/升/乳油/阿维菌素 18克/升/2013.12.17 至 2018.12.17/低毒(原药高毒)			
	棉花	红蜘蛛	10.8-16.2克/公顷	喷雾

天津东方红化工有限公司 (天津市大港区上古林乡上古林村 300270 022-63223577)

WP20090090	驱蚊液/4.5%/驱蚊液/避蚊胺 4.5%/2009.02.03 至 2014.02.03/低毒			
	卫生	蚊	/	涂抹

天津京津农药有限公司 (天津市武清区大黄堡乡东八里庄 301702 022-82251032)

PD84111-9	氧乐果/40%/乳油/氧乐果 40%/2009.10.28 至 2014.10.28/中等毒(原药高毒)			
	棉花	蚜虫、螨	375-600克/公顷	喷雾
	森林	松干蚧、松毛虫	500倍液	喷雾或直接涂树干
	水稻	稻纵卷叶螟、飞虱	375-600克/公顷	喷雾
	小麦	蚜虫	300-450克/公顷	喷雾
PD20040536	哒螨灵/15%/乳油/哒螨灵 15%/2009.12.19 至 2014.12.19/中等毒			
	柑橘树	红蜘蛛	50-67毫克/千克	喷雾
PD20050090	高效氯氰菊酯/4.5%/乳油/高效氯氰菊酯 4.5%/2010.07.01 至 2015.07.01/低毒			
	十字花科蔬菜	菜青虫	20.25-27克/公顷	喷雾
PD20080835	啶虫脒/3%/乳油/啶虫脒 3%/2008.06.20 至 2013.06.20/低毒			
	黄瓜	蚜虫	18-22.5克/公顷	喷雾
PD20082071	代森锰锌/80%/可湿性粉剂/代森锰锌 80%/2013.11.25 至 2018.11.25/低毒			
	番茄	早疫病	1845-2370克/公顷	喷雾
PD20083792	霜霉威盐酸盐/35%/水剂/霜霉威盐酸盐 35%/2013.12.15 至 2018.12.15/低毒			
	黄瓜	霜霉病	866-1083克/公顷	喷雾
PD20084246	阿维·高氯/1.8%/乳油/阿维菌素 0.3%、高效氯氰菊酯 1.5%/2013.12.17 至 2018.12.17/低毒(原药高毒)			
	梨树	梨木虱	6-12毫克/千克	喷雾
	十字花科蔬菜	菜青虫、小菜蛾	8.1-16.2克/公顷	喷雾
PD20084578	甲基硫菌灵/50%/可湿性粉剂/甲基硫菌灵 50%/2013.12.18 至 2018.12.18/低毒			
	番茄	叶霉病	375-562.5克/公顷	喷雾
PD20090666	锰锌·乙铝/64%/可湿性粉剂/代森锰锌 40%、三乙膦酸铝 24%/2014.01.19 至 2019.01.19/低毒			
	黄瓜	霜霉病	1350-1920克/公顷	喷雾
PD20091771	二甲戊灵/33%/乳油/二甲戊灵 33%/2014.02.04 至 2019.02.04/低毒			
	花生田	一年生杂草	742.5-990克/公顷	土壤喷雾
PD20092055	嘧霉胺/20%/悬浮剂/嘧霉胺 20%/2014.02.13 至 2019.02.13/低毒			
	黄瓜	灰霉病	375-562.5克/公顷	喷雾
PD20092165	毒·辛/40%/乳油/毒死蜱 10%、辛硫磷 30%/2014.02.23 至 2019.02.23/低毒			
	棉花	棉铃虫	420-450克/公顷	喷雾
PD20093992	高氯·辛硫磷/20%/乳油/高效氯氰菊酯 2%、辛硫磷 18%/2009.03.27 至 2014.03.27/中等毒			
	棉花	棉铃虫	150-225克/公顷	喷雾
PD20094815	乙酰甲胺磷/30%/乳油/乙酰甲胺磷 30%/2009.04.13 至 2014.04.13/低毒			
	棉花	蚜虫	750-900克/公顷	喷雾
PD20096333	丙溴磷/40%/乳油/丙溴磷 40%/2009.07.22 至 2014.07.22/低毒			
	棉花	棉铃虫	450-600克/公顷	喷雾
PD20096757	代森锌/90%/原药/代森锌 90%/2009.09.07 至 2014.09.07/低毒			
PD20097288	烟嘧磺隆/40克/升/可分散油悬浮剂/烟嘧磺隆 40克/升/2009.10.26 至 2014.10.26/低毒			
	玉米田	一年生杂草	42-60克/公顷	茎叶喷雾
PD20097719	福·福锌/60%/可湿性粉剂/福美双 20%、福美锌 40%/2009.11.04 至 2014.11.04/低毒			
	黄瓜	炭疽病	1440-1800克/公顷	喷雾
PD20100259	代森锌/80%/可湿性粉剂/代森锌 80%/2010.01.11 至 2015.01.11/低毒			
	花生	叶斑病	850—950克/公顷	喷雾
PD20100505	毒死蜱/480克/升/乳油/毒死蜱 480克/升/2010.01.14 至 2015.01.14/中等毒			
	水稻	稻纵卷叶螟	432-576克/公顷	喷雾
PD20100586	联苯菊酯/100克/升/乳油/联苯菊酯 100克/升/2010.01.14 至 2015.01.14/中等毒			
	苹果树	桃小食心虫	25-33毫克/千克	喷雾
PD20100641	丙溴磷/89%/原药/丙溴磷 89%/2010.01.15 至 2015.01.15/中等毒			
PD20100649	马拉硫磷/45%/乳油/马拉硫磷 45%/2010.01.15 至 2015.01.15/低毒			
	棉花	盲蝽蟓	405-607.5克/公顷	喷雾
PD20100844	异丙甲草胺/720克/升/乳油/异丙甲草胺 720克/升/2010.01.19 至 2015.01.19/低毒			
	玉米田	一年生杂草	1080-1620克/公顷	土壤喷雾
PD20100884	噁霉灵/15%/水剂/噁霉灵 15%/2010.01.19 至 2015.01.19/低毒			
	水稻	立枯病	13500—18000克/公顷	苗床、育秧箱土壤处理
PD20101841	杀螟丹/98%/原药/杀螟丹 98%/2010.07.28 至 2015.07.28/中等毒			
PD20110927	烟嘧磺隆/95%/原药/烟嘧磺隆 95%/2011.09.06 至 2016.09.06/低毒			

天津久日化学工业有限公司 (天津市新技术产业园区北辰科技工业园双辰中路22号 300400 022-83719710)

PD20083004 氟硅唑/93%/原药/氟硅唑 93%/2013.12.10 至 2018.12.10/低毒
PD20093522 氟硅唑/10%/水乳剂/氟硅唑 10%/2009.03.23 至 2014.03.23/低毒
番茄 叶霉病 60-75克/公顷 喷雾
PD20093719 硅唑·咪鲜胺/20%/水乳剂/氟硅唑 4%、咪鲜胺 16%/2009.03.25 至 2014.03.25/低毒
黄瓜 炭疽病 120-200克/公顷 喷雾
PD20094219 氟硅唑/40%/乳油/氟硅唑 40%/2009.03.31 至 2014.03.31/低毒
梨树 黑星病 40-50毫克/千克 喷雾
PD20094352 氟硅唑/2.5%/热雾剂/氟硅唑 2.5%/2009.04.01 至 2014.04.01/低毒
梨树 黑星病 112.5-131.25克/公顷 烟雾机喷雾
PD20102195 毒死蜱/15%/烟雾剂/毒死蜱 15%/2010.12.16 至 2015.12.16/低毒
甘蔗 绵蚜 225-337.5克/公顷 喷烟雾

天津科润北方种衣剂有限公司 (天津市西青区杨柳青镇津同公路15号 300380 022-27393880)

PD20081045 甲拌·多菌灵/15%/悬浮种衣剂/多菌灵 5%、甲拌磷 10%/2013.08.14 至 2018.08.14/高毒
小麦 地下害虫 333-400克/100千克种子 种子包衣
PD20082411 异菌脲/50%/可湿性粉剂/异菌脲 50%/2013.12.02 至 2018.12.02/低毒
番茄 早疫病 750-1500克/公顷 喷雾
PD20082675 高效氯氟氰菊酯/25克/升/乳油/高效氯氟氰菊酯 25克/升/2013.12.05 至 2018.12.05/低毒
十字花科蔬菜 菜青虫 11.25-15克/公顷 喷雾
PD20083365 炔螨特/730克/升/乳油/炔螨特 730克/升/2013.12.11 至 2018.12.11/中等毒
柑橘树 红蜘蛛 243.3-365毫克/千克 喷雾
PD20083446 氯氰·辛硫磷/26%/乳油/氯氰菊酯 1%、辛硫磷 25%/2013.12.12 至 2018.12.12/低毒
棉花 棉铃虫 390-468克/公顷 喷雾
PD20083775 多·福/15%/种衣剂/多菌灵 6%、福美双 9%/2013.12.15 至 2018.12.15/低毒
水稻 苗期病害 240-325克/100千克种子 种子包衣
PD20084926 甲·克/25%/悬浮种衣剂/甲拌磷 5%、克百威 20%/2013.12.22 至 2018.12.22/高毒
花生 地下害虫、蚜虫 0.7%-1%种子量 种子包衣
PD20085749 三唑锡/25%/可湿性粉剂/三唑锡 25%/2013.12.26 至 2018.12.26/中等毒
柑橘树 红蜘蛛 125-166.7毫克/千克 喷雾
PD20086326 甲基硫菌灵/70%/可湿性粉剂/甲基硫菌灵 70%/2013.12.31 至 2018.12.31/低毒
番茄 叶霉病 525-630克/公顷 喷雾
PD20090096 多·福/17%/悬浮种衣剂/多菌灵 5%、福美双 12%/2014.01.08 至 2019.01.08/中等毒
小麦 根腐病、黑穗病 1:60-70(药种比) 种子包衣
PD20090115 福·克/20%/悬浮种衣剂/福美双 12%、克百威 8%/2014.01.08 至 2019.01.08/高毒
玉米 地下害虫、茎基腐病 1:35-45(药种比) 种子包衣
PD20090228 三唑酮/25%/可湿性粉剂/三唑酮 25%/2014.01.09 至 2019.01.09/低毒
小麦 白粉病 112.5-150克/公顷 喷雾
PD20090263 克百·多菌灵/25%/悬浮种衣剂/多菌灵 10%、克百威 15%/2014.01.09 至 2019.01.09/高毒
棉花 苗期立枯病、蚜虫 700-1000克/100千克种子 种子包衣
PD20090281 腈·克·福美双/20.75%/悬浮种衣剂/福美双 13%、腈菌唑 0.75%、克百威 7%/2014.01.09 至 2019.01.09/中等毒(原药高毒)
玉米 地下害虫、茎基腐病、丝黑穗病 1:40-50(药种比) 种子包衣
PD20091429 多·福·甲拌磷/17%/悬浮种衣剂/多菌灵 5%、福美双 4%、甲拌磷 8%/2014.02.02 至 2019.02.02/高毒
小麦 地下害虫、黑穗病 1:40-50(药种比) 种子包衣
PD20091666 福·克/20%/悬浮种衣剂/福美双 10%、克百威 10%/2014.02.03 至 2019.02.03/中等毒(原药高毒)
玉米 地下害虫、蓟马、黏虫、蚜虫、玉米螟 1:40(药种比) 种子包衣
PD20091901 多·福·克/25%/悬浮种衣剂/多菌灵 8%、福美双 10%、克百威 7%/2014.02.09 至 2019.02.09/中等毒(原药高毒)
大豆 地下害虫、根腐病 1:50-60(药种比) 种子包衣
PD20092263 多·福·克/35%/悬浮种衣剂/多菌灵 15%、福美双 10%、克百威 10%/2014.02.24 至 2019.02.24/高毒
大豆 根腐病、蓟马、蚜虫 1.2-1.5%种子量 种子包衣
PD20092650 苯磺隆/75%/干悬浮剂/苯磺隆 75%/2009.03.03 至 2014.03.03/低毒
冬小麦田 一年生阔叶杂草 11.25-15.75克/公顷 茎叶喷雾
PD20094254 多·咪·福美双/18%/悬浮种衣剂/多菌灵 9%、福美双 7%、咪鲜胺 2%/2014.03.31 至 2019.03.31/低毒
水稻 恶苗病、立枯病 450-600克/100千克种子 种子包衣
PD20095012 噁霜·锰锌/64%/可湿性粉剂/噁霜灵 8%、代森锰锌 56%/2009.04.21 至 2014.04.21/低毒
黄瓜 霜霉病 1650-1950克/公顷 喷雾
PD20095427 异丙·苄/30%/可湿性粉剂/苄嘧磺隆 5%、异丙草胺 25%/2009.05.11 至 2014.05.11/低毒
水稻移栽田 一年生杂草 112.5-135克/公顷 毒土法
PD20095851 甲·克/20%/悬浮种衣剂/甲拌磷 8%、克百威 12%/2009.05.27 至 2014.05.27/高毒
花生 蚜虫 243-283克/100千克种子 种子包衣
PD20110335 苯醚甲环唑/3%/悬浮种衣剂/苯醚甲环唑 3%/2011.03.24 至 2016.03.24/低毒
小麦 全蚀病、散黑穗病 7.5-10克/100千克种子 种子包衣
玉米 丝黑穗病 10-12克/100千克种子 种子包衣
PD20110473 吡·萎·多菌灵/16%/悬浮种衣剂/吡虫啉 5%、多菌灵 6%、萎锈灵 5%/2011.04.22 至 2016.04.22/低毒

	棉花	棉蚜、苗期病害	533-800克/100千克种子	种子包衣
PD20111420	氟虫腈/8%/悬浮种衣剂/氟虫腈 8%/2011.12.23 至 2016.12.23/中等毒			
	玉米	蛴螬	药剂种子质量比1:3750-1:3125	种子包衣

天津龙灯化工有限公司　(天津市北辰区铁东路　300400　022-26397652)

PD20040034	氯氰菊酯/92%/原药/氯氰菊酯 92%/2009.12.19 至 2014.12.19/中等毒			
PD20040050	高效氯氰菊酯/27%/母药/高效氯氰菊酯 27%/2009.12.19 至 2014.12.19/低毒			
PD20040066	高效氯氰菊酯/95%/原药/高效氯氰菊酯 95%/2009.12.19 至 2014.12.19/中等毒			
PD20040090	氯氰菊酯/10%/乳油/氯氰菊酯 10%/2009.12.19 至 2014.12.19/中等毒			
	棉花	棉铃虫、蚜虫	45-90克/公顷	喷雾
	十字花科蔬菜	菜青虫	30-45克/公顷	喷雾
PD20040145	高效氯氰菊酯/4.5%/乳油/高效氯氰菊酯 4.5%/2009.12.19 至 2014.12.19/中等毒			
	茶树	茶尺蠖	9-11.25毫克/千克	喷雾
	棉花	棉铃虫	27-40.5克/公顷	喷雾
	十字花科蔬菜	菜青虫	9-25.5克/公顷	喷雾
PD20040146	氯氰菊酯/5%/乳油/氯氰菊酯 5%/2009.12.19 至 2014.12.19/中等毒			
	棉花	棉铃虫、棉蚜	45-90克/公顷	喷雾
	十字花科蔬菜	菜青虫	30-45克/公顷	喷雾
PD20084726	氯菊酯/93%/原药/氯菊酯 93%/2008.12.22 至 2013.12.22/中等毒			

天津绿源生物药业有限公司　(天津市滨海新区大港中塘镇马圈村东　300270　022-63303706)

PD20094072	复硝酚钠/1.4%/水剂/5-硝基邻甲氧基苯酚钠 0.3%、对硝基苯酚钠 0.7%、邻硝基苯酚钠 0.4%/2014.03.27 至2019.03.27/低毒			
	番茄	调节生长	2000-3000倍液	喷雾法
PD20096680	灭草松/480克/升/水剂/灭草松 480克/升/2009.09.07 至 2014.09.07/低毒			
	春大豆田	一年生阔叶杂草	1123.2-1497.6克/公顷	茎叶喷雾
PD20096958	乳氟禾草灵/240克/升/乳油/乳氟禾草灵 240克/升/2009.09.29 至 2014.09.29/低毒			
	花生田	阔叶杂草	82.8-108克/公顷	茎叶喷雾
PD20097135	四螨嗪/20%/悬浮剂/四螨嗪 20%/2009.10.16 至 2014.10.16/低毒			
	柑橘树	全爪螨	100-125毫克/千克	喷雾
PD20130965	乙·莠/52%/悬乳剂/乙草胺 26%、莠去津 26%/2013.05.02 至 2018.05.02/低毒			
	玉米田	一年生杂草	1560-2340克/公顷（东北地区） 1248-1560克/公顷（其他地区）	播后苗前土壤喷雾
PD20131248	烟嘧·莠去津/22%/可分散油悬浮剂/烟嘧磺隆 2%、莠去津 20%/2013.06.03 至 2018.06.03/低毒			
	玉米田	一年生杂草	412.5－577.5克/公顷	茎叶喷雾

天津农药股份有限公司　(天津市北辰区铁东路　300400　022-26391188)

PD84102-2	杀螟硫磷/45%/乳油/杀螟硫磷 45%/2009.11.05 至 2014.11.05/中等毒			
	茶树	尺蠖、毛虫、小绿叶蝉	250-500毫克/千克	喷雾
	甘薯	小象甲	525-900克/公顷	喷雾
	果树	卷叶蛾、毛虫、食心虫	250-500克/公顷	喷雾
	棉花	蚜虫、叶蝉、造桥虫	375-562.5克/公顷	喷雾
	棉花	红铃虫、棉铃虫	375-750克/公顷	喷雾
	水稻	飞虱、螟虫、叶蝉	375-562.5克/公顷	喷雾
PD85104	敌敌畏/95%/原药/敌敌畏 95%/2010.01.13 至 2015.01.13/中等毒			
PD85105	敌敌畏/80%/乳油/敌敌畏 77.5%/2010.01.13 至 2015.01.13/中等毒			
	茶树	食叶害虫	600克/公顷	喷雾
	粮仓	多种储藏害虫	1)400-500倍液 2)0.4-0.5克/立方米	1)喷雾 2)挂条熏蒸
	棉花	蚜虫、造桥虫	600-1200克/公顷	喷雾
	苹果树	小卷叶蛾、蚜虫	400-500毫克/千克	喷雾
	青菜	菜青虫	600克/公顷	喷雾
	桑树	尺蠖	600克/公顷	喷雾
	卫生	多种卫生害虫	1)300-400倍液2)0.08克/立方米	1)泼洒2)挂条熏蒸
	小麦	黏虫、蚜虫	600克/公顷	喷雾
PD85108	甲拌磷/80%/原药/甲拌磷 80%/2010.01.13 至 2015.01.13/高毒			
PD85109	甲拌磷/55%/乳油/甲拌磷 55%/2010.01.13 至 2015.01.13/高毒			
	棉花	地下害虫、蚜虫、螨	600-800克/100千克种子	浸种、拌种
	注:甲拌磷乳油只准用于浸、拌种,严禁喷雾使用。			
PD85156	辛硫磷/85%/原药/辛硫磷 85%/2010.07.14 至 2015.07.14/低毒			
PD85157	辛硫磷/40%/乳油/辛硫磷 40%/2010.07.14 至 2015.07.14/低毒			
	茶树、桑树	食叶害虫	200-400毫克/千克	喷雾
	果树	食心虫、蚜虫、螨	200-400毫克/千克	喷雾
	林木	食叶害虫	3000-6000克/公顷	喷雾
	棉花	棉铃虫、蚜虫	300-600克/公顷	喷雾
	蔬菜	菜青虫	300-450克/公顷	喷雾

	烟草	食叶害虫	300-600克/公顷	喷雾
	玉米	玉米螟	450-600克/公顷	灌心叶
PD86154-2	杀螟硫磷/93%、85%、75%/原药/杀螟硫磷 93%、85%、75%/2011.11.02 至 2016.11.02/中等毒			
PD88112-4	石硫合剂/29%/水剂/石硫合剂 29%/2008.12.08 至 2013.12.08/低毒			
	茶树	红蜘蛛	0.5-1Be(波美)	喷雾
	柑橘树	白粉病、红蜘蛛	1Be(波美)	喷雾
	观赏植物	白粉病、介壳虫	0.5Be(波美)	喷雾
	核桃树、麦类	白粉病	1Be(波美)	喷雾
	苹果树	白粉病	0.5Be(波美)	喷雾
	葡萄	白粉病	3-5Be(波美)	喷雾
PD91104-3	敌敌畏/50%/乳油/敌敌畏 48%/2011.02.20 至 2016.02.20/中等毒			
	茶树	食叶害虫	600克/公顷	喷雾
	粮仓	多种储粮害虫	1)300-400倍液 2)0.4-0.5克/立方米	1)喷雾 2)挂条熏蒸
	棉花	蚜虫、造桥虫	600-1200克/公顷	喷雾
	苹果树	小卷叶蛾、蚜虫	400-500毫克/千克	喷雾
	青菜	菜青虫	600克/公顷	喷雾
	桑树	尺蠖	600克/公顷	喷雾
	卫生	多种卫生害虫	1)250-300倍液2)0.08克/立方米	1)泼洒2)挂条熏蒸
	小麦	黏虫、蚜虫	600克/公顷	喷雾
PD20040057	吡虫啉/98%/原药/吡虫啉 98%/2009.12.19 至 2014.12.19/低毒			
PD20040113	氯氰菊酯/5%/乳油/氯氰菊酯 5%/2009.12.19 至 2014.12.19/低毒			
	十字花科蔬菜	菜青虫	30-45克/公顷	喷雾
PD20040326	高效氯氰菊酯/27%/母药/高效氯氰菊酯 27%/2009.12.19 至 2014.12.19/中等毒			
PD20040356	吡虫啉/10%/微乳剂/吡虫啉 10%/2009.12.19 至 2014.12.19/低毒			
	十字花科蔬菜	蚜虫	15-22.5克/公顷	喷雾
PD20040358	吡虫啉/5%/乳油/吡虫啉 5%/2009.12.19 至 2014.12.19/低毒			
	苹果树	黄蚜	2000-3000倍液	喷雾
PD20040360	吡虫啉/10%/可湿性粉剂/吡虫啉 10%/2009.12.19 至 2014.12.19/低毒			
	水稻	飞虱	15-30克/公顷	喷雾
	小麦	蚜虫	15-30克/公顷(南方地区) 45-60克/公顷(北方地区)	喷雾
PD20040371	高效氯氰菊酯/4.5%/乳油/高效氯氰菊酯 4.5%/2009.12.19 至 2014.12.19/低毒			
	茶树	茶尺蠖	15-25.5克/公顷	喷雾
	柑橘树	潜叶蛾	15-20毫克/千克	喷雾
	柑橘树	红蜡蚧	50毫克/千克	喷雾
	棉花	红铃虫、棉铃虫、棉蚜	15-30克/公顷	喷雾
	苹果树	桃小食心虫	20-33毫克/千克	喷雾
	十字花科蔬菜	菜蚜	3-18克/公顷	喷雾
	十字花科蔬菜	菜青虫、小菜蛾	9-25.5克/公顷	喷雾
	烟草	烟青虫	15-25.5克/公顷	喷雾
PD20040384	高效氯氰菊酯/4.5%/微乳剂/高效氯氰菊酯 4.5%/2009.12.19 至 2014.12.19/低毒			
	苹果树	桃小食心虫	30-40毫克/千克	喷雾
	十字花科蔬菜	菜青虫	13.5-27克/公顷	喷雾
PD20083070	苯磺隆/10%/可湿性粉剂/苯磺隆 10%/2008.12.10 至 2013.12.10/低毒			
	春小麦田	一年生阔叶杂草	22.5-30克/公顷(东北地区)	茎叶喷雾
	冬小麦田	一年生阔叶杂草	13.5-22.5克/公顷(其它地区)	茎叶喷雾
PD20084124	啶虫脒/3%/微乳剂/啶虫脒 3%/2008.12.16 至 2013.12.16/低毒			
	甘蓝	蚜虫	18-22.5克/公顷	喷雾
PD20085136	啶虫脒/5%/乳油/啶虫脒 5%/2008.12.23 至 2013.12.23/低毒			
	苹果树	蚜虫	12-15毫克/千克	喷雾
PD20085413	敌草隆/25%/可湿性粉剂/敌草隆 25%/2008.12.24 至 2013.12.24/低毒			
	甘蔗田	一年生杂草	1500-2400克/公顷	土壤喷雾
PD20086223	腈菌唑/12.5%/乳油/腈菌唑 12.5%/2008.12.31 至 2013.12.31/低毒			
	小麦	白粉病	30-60克/公顷	喷雾
PD20094064	溴氰菊酯/2.5%/乳油/溴氰菊酯 2.5%/2009.03.27 至 2014.03.27/低毒			
	苹果树	桃小食心虫	12.5-16.7毫克/千克	喷雾
PD20094590	高氯·丙溴磷/40%/乳油/丙溴磷 38%、高效氯氰菊酯 2%/2009.04.10 至 2014.04.10/低毒			
	棉花	棉铃虫	240-360克公顷	喷雾
PD20094785	毒死蜱/40%/乳油/毒死蜱 40%/2009.04.13 至 2014.04.13/中等毒			
	棉花	棉铃虫	900-1200克/公顷	喷雾
	苹果树	桃小食心虫	200-266.7毫克/千克	喷雾
PD20096492	丙溴磷/40%/乳油/丙溴磷 40%/2009.08.14 至 2014.08.14/低毒			

甘蓝 小菜蛾 360-450克/公顷 喷雾
棉花 棉铃虫 480-600克/公顷 喷雾
苹果树 红蜘蛛 100-200毫克/千克 喷雾
PD20097462 毒死蜱/40%/乳油/毒死蜱 40%/2009.11.03 至 2014.11.03/中等毒
棉花 棉铃虫 900-1200克/公顷 喷雾

天津人农药业有限责任公司 (天津市北辰区京津公路双发商业街122号 300400 022-26832701)

PD84111-19 氧乐果/40%/乳油/氧乐果 40%/2009.12.22 至 2014.12.22/高毒
棉花 蚜虫、螨 375-600克/公顷 喷雾
森林 松干蚧、松毛虫 500倍液 喷雾或直接涂树干
水稻 稻纵卷叶螟、飞虱 375-600克/公顷 喷雾
小麦 蚜虫 300-450克/公顷 喷雾
PD84116-3 代森锌/80%/可湿性粉剂/代森锌 80%/2009.12.22 至 2014.12.22/低毒
茶树 炭疽病 1143-1600毫克/千克 喷雾
观赏植物 炭疽病、锈病、叶斑病 1143-1600毫克/千克 喷雾
花生 叶斑病 750-960克/公顷 喷雾
梨树、苹果树 多种病害 1143-1600毫克/千克 喷雾
马铃薯 晚疫病、早疫病 960-1200克/公顷 喷雾
麦类 锈病 960-1440克/公顷 喷雾
蔬菜、油菜 多种病害 960-1200克/公顷 喷雾
烟草 立枯病、炭疽病 960-1200克/公顷 喷雾
PD84119 代森铵/45%/水剂/代森铵 45%/2010.12.27 至 2015.12.27/中等毒
白菜、黄瓜 霜霉病 525克/公顷 喷雾
甘薯 黑斑病 200-400倍液 浸种
谷子 白发病 180-360倍液 浸种
水稻 白叶枯病、纹枯病 337.5克/公顷 喷雾
水稻 稻瘟病 525-675克/公顷 喷雾
橡胶树 条溃疡病 150倍液 涂抹
玉米 大斑病、小斑病 525-675克/公顷 喷雾
PD20040440 高效氯氰菊酯/4.5%/乳油/高效氯氰菊酯 4.5%/2009.12.19 至 2014.12.19/中等毒
棉花 蚜虫 15-30克/公顷 喷雾
PD20082195 代森锰锌/90%/原药/代森锰锌 90%/2008.11.26 至 2013.11.26/低毒
PD20082476 代森锰锌/70%/可湿性粉剂/代森锰锌 70%/2008.12.03 至 2013.12.03/低毒
番茄 早疫病 1845-2370克/公顷 喷雾
PD20082731 代森锰锌/80%/可湿性粉剂/代森锰锌 80%/2008.12.08 至 2013.12.08/低毒
番茄 早疫病 2107—2370克/公顷 喷雾
PD20083093 代森锌/65%/可湿性粉剂/代森锌 65%/2008.12.10 至 2013.12.10/低毒
番茄 早疫病 2550-3600克/公顷 喷雾
PD20085192 三乙膦酸铝/95%/原药/三乙膦酸铝 95%/2008.12.23 至 2013.12.23/低毒
PD20085812 高效氯氟氰菊酯/25克/升/乳油/高效氯氟氰菊酯 25克/升/2008.12.29 至 2013.12.29/低毒
十字花科蔬菜 菜青虫 7.5-11.25克/公顷 喷雾
PD20086291 丙环唑/250克/升/乳油/丙环唑 250克/升/2008.12.31 至 2013.12.31/低毒
小麦 锈病 123.75-150克/公顷 喷雾
PD20090219 戊唑醇/95%/原药/戊唑醇 95%/2009.01.09 至 2014.01.09/低毒
PD20090657 霜脲·锰锌/72%/可湿性粉剂/代森锰锌 64%、霜脲氰 8%/2009.01.15 至 2014.01.15/低毒
黄瓜 霜霉病 1440-1800克/公顷 喷雾
PD20092325 毒死蜱/480克/升/乳油/毒死蜱 480克/升/2009.02.24 至 2014.02.24/中等毒
棉花 棉铃虫 675-900克/公顷 喷雾
PD20093247 联苯菊酯/95%/原药/联苯菊酯 95%/2009.03.11 至 2014.03.11/中等毒
PD20093369 单甲脒盐酸盐/25%/水剂/单甲脒盐酸盐 25%/2009.03.18 至 2014.03.18/中等毒
柑橘树 红蜘蛛 250-312.5毫克/千克 喷雾
PD20093515 丙环唑/95%/原药/丙环唑 95%/2009.03.23 至 2014.03.23/低毒
PD20095211 单甲脒盐酸盐/80%/可溶粉剂/单甲脒盐酸盐 80%/2009.04.24 至 2014.04.24/中等毒
柑橘树 红蜘蛛 250-312.5毫克/千克 喷雾
PD20095212 单甲脒盐酸盐/85%/原药/单甲脒盐酸盐 85%/2009.04.24 至 2014.04.24/中等毒
PD20096484 吡虫啉/95%/原药/吡虫啉 95%/2009.08.14 至 2014.08.14/低毒
PD20096935 草甘膦/41%/水剂/草甘膦 41%/2009.09.29 至 2014.09.29/低毒
苹果园 杂草 200-350毫升制剂/亩 定向茎叶喷雾
PD20097189 S-氰戊菊酯/93%/原药/S-氰戊菊酯 93%/2009.10.16 至 2014.10.16/中等毒
PD20100097 2,4-滴丁酯/总酯72%,2,4-滴丁酯57%/乳油/2,4-滴丁酯 72%/2010.01.04 至 2015.01.04/低毒
小麦田 一年生阔叶杂草 50-60毫升制剂/亩 茎叶喷雾
PD20100473 二甲戊灵/330克/升/乳油/二甲戊灵 330克/升/2010.01.14 至 2015.01.14/低毒
玉米田 一年生杂草 750-1125克/公顷 播后苗前土壤喷雾
PD20100970 草甘膦/95%/原药/草甘膦 95%/2010.01.19 至 2015.01.19/低毒

天津市阿格罗帕克农药有限公司 (天津市津南区小站镇东 300353 022-28618480)

WP20120099 顺式氯氰菊酯/10%/悬浮剂/顺式氯氰菊酯 10%/2012.05.24 至 2017.05.24/低毒
卫生 蚊、蝇 20毫克/平方米 滞留喷洒

天津市博克化工有限公司 (天津市西青区李七庄 300270 022-63252218)

PD20092399 高效氯氟氰菊酯/25克/升/乳油/高效氯氟氰菊酯 25克/升/2014.02.25 至 2019.02.25/中等毒
苹果树 桃小食心虫 6.25-8.3克/公顷 喷雾
PD20093294 联苯菊酯/25克/升/乳油/联苯菊酯 25克/升/2014.03.11 至 2019.03.11/低毒
棉花 棉铃虫 41.25-52.5克/公顷 喷雾
PD20093862 多菌灵/80%/可湿性粉剂/多菌灵 80%/2014.03.25 至 2019.03.25/低毒
苹果树 轮纹病 500-1000毫克/千克 喷雾
PD20094164 烟嘧磺隆/40克/升/可分散油悬浮剂/烟嘧磺隆 40克/升/2014.03.27 至 2019.03.27/低毒
春玉米田 一年生杂草 50-60克/公顷 茎叶喷雾
夏玉米田 一年生杂草 42-60克/公顷 茎叶喷雾
PD20094732 异丙甲草胺/720克/升/乳油/异丙甲草胺 720克/升/2009.04.10 至 2014.04.10/低毒
夏玉米田 一年生禾本科杂草及部分小粒种子阔叶杂草 1080-1350克/公顷 播后苗前土壤喷雾
PD20094765 百草枯/200克/升/水剂/百草枯 200克/升/2012.12.31 至 2014.07.01/中等毒
玉米田 一年生杂草 450-600克/公顷 行间定向茎叶喷雾
PD20095225 高效氟吡甲禾灵/108克/升/乳油/高效氟吡甲禾灵 108克/升/2009.04.24 至 2014.04.24/低毒
夏大豆田 一年生禾本科杂草 48.6-56.7克/公顷 茎叶喷雾
PD20095362 石硫合剂/29%/水剂/石硫合剂 29%/2009.04.27 至 2014.04.27/低毒
柑橘树 红蜘蛛 0.75-1.0Be(波美) 喷雾
PD20095929 二甲戊灵/330克/升/乳油/二甲戊灵 330克/升/2009.06.02 至 2014.06.02/低毒
甘蓝田 一年生杂草 495-742.5克/公顷 移栽前土壤喷雾
PD20097343 精喹禾灵/15%/乳油/精喹禾灵 15%/2009.10.27 至 2014.10.27/低毒
夏大豆田 一年生禾本科杂草 52.5-65克/公顷 茎叶喷雾
PD20098318 氟磺胺草醚/250克/升/水剂/氟磺胺草醚 250克/升/2009.12.18 至 2014.12.18/低毒
春大豆田 一年生阔叶杂草 80-100毫升制剂/亩 茎叶喷雾
PD20110669 络氨铜/15%/水剂/络氨铜 15%/2011.06.20 至 2016.06.20/低毒
西瓜 枯萎病 0.2-0.25克/株 灌根
PD20111068 代森锌/80%/可湿性粉剂/代森锌 80%/2011.10.11 至 2016.10.11/低毒
苹果树 炭疽病 1143-1600毫克/千克 喷雾
PD20121587 乙·莠/55%/悬乳剂/乙草胺 29%、莠去津 26%/2012.10.25 至 2017.10.25/低毒
春玉米田 一年生杂草 1650-2475克/公顷 播后苗前土壤喷雾
夏玉米田 一年生杂草 990-1650克/公顷 播后苗前土壤喷雾
PD20121595 乙羧氟草醚/20%/乳油/乙羧氟草醚 20%/2012.10.25 至 2017.10.25/低毒
夏大豆田 一年生阔叶杂草 60-90克/公顷 茎叶喷雾

天津市大安农药有限公司 (天津市东丽区军粮城镇大安村 300301 022-84871760)

PD85109-13 甲拌磷/55%/乳油/甲拌磷 55%/2010.01.13 至 2015.01.13/高毒
棉花 地下害虫、蚜虫、螨 600-800克/100千克种子 浸种、拌种
注:甲拌磷乳油只准用于浸、拌种,严禁喷雾使用。
PD85150-43 多菌灵/50%/可湿性粉剂/多菌灵 50%/2011.08.02 至 2016.08.02/低毒
果树 病害 0.05-0.1%药液 喷雾
花生 倒秧病 750克/公顷 喷雾
麦类 赤霉病 750克/公顷 喷雾、泼浇
棉花 苗期病害 250克/50千克种子 拌种
水稻 稻瘟病、纹枯病 750克/公顷 喷雾、泼浇
油菜 菌核病 1125-1500克/公顷 喷雾
PD91106-23 甲基硫菌灵/70%/可湿性粉剂/甲基硫菌灵 70%/2010.01.13 至 2015.01.13/低毒
番茄 叶霉病 375-562.5克/公顷 喷雾
甘薯 黑斑病 360-450毫克/千克 浸薯块
瓜类 白粉病 337.5-506.25克/公顷 喷雾
梨树 黑星病 360-450毫克/千克 喷雾
苹果树 轮纹病 700毫克/千克 喷雾
水稻 稻瘟病、纹枯病 1050-1500克/公顷 喷雾
小麦 赤霉病 750-1050克/公顷 喷雾
PD20040160 氯氰菊酯/5%/乳油/氯氰菊酯 5%/2009.12.19 至 2014.12.19/中等毒
十字花科蔬菜 菜青虫 30-45克/公顷 喷雾
PD20090888 甲霜·噁霉灵/3%/水剂/噁霉灵 2.5%、甲霜灵 0.5%/2014.01.19 至 2019.01.19/低毒
水稻育秧田 立枯病 0.36-0.54克/平方米 喷雾

天津市东方农药有限公司 (天津市东丽区新立街窑上村 300300 022-84991175)

PD20081956 多·福/50%/可湿性粉剂/多菌灵 25%、福美双 25%/2013.11.24 至 2018.11.24/中等毒
梨树 黑星病 1000-1500毫克/千克 喷雾

PD20085147 霜脲·锰锌/72%/可湿性粉剂/代森锰锌 64%、霜脲氰 8%/2013.12.23 至 2018.12.23/低毒
黄瓜 霜霉病 1440-1800克/公顷 喷雾
PD20090021 代森锰锌/70%/可湿性粉剂/代森锰锌 70%/2014.01.06 至 2019.01.06/低毒
番茄 早疫病 1837.5-2362.5克/公顷 喷雾
PD20090105 代森锰锌/80%/可湿性粉剂/代森锰锌 80%/2014.01.08 至 2019.01.08/低毒
苹果树 斑点落叶病 1000-1500毫克/千克 喷雾
PD20090703 氯氰·仲丁威/20%/乳油/氯氰菊酯 4%、仲丁威 16%/2014.01.19 至 2019.01.19/中等毒
甘蓝 菜青虫、蚜虫 67-100毫克/千克 喷雾
PD20095685 甲硫·福美双/70%/可湿性粉剂/福美双 40%、甲基硫菌灵 30%/2009.05.15 至 2014.05.15/中等毒
苹果树 轮纹病 600-800倍液 喷雾

天津市富达化学农药制造有限公司 (天津市汉沽区新华路东 300480 022-67116056)

PD85105-81 敌敌畏/80%/乳油/敌敌畏 77.5%/2010.04.22 至 2015.04.22/中等毒
茶树 食叶害虫 600克/公顷 喷雾
粮仓 多种储藏害虫 1)400-500倍液 1)喷雾
2)0.4-0.5克/立方米 2)挂条熏蒸
棉花 蚜虫、造桥虫 600-1200克/公顷 喷雾
苹果树 小卷叶蛾、蚜虫 400-500毫克/千克 喷雾
青菜 菜青虫 600克/公顷 喷雾
桑树 尺蠖 600克/公顷 喷雾
卫生 多种卫生害虫 1)300-400倍液2)0.08克/立方米 1)泼洒2)挂条熏蒸
小麦 黏虫、蚜虫 600克/公顷 喷雾
PD85109-14 甲拌磷/55%/乳油/甲拌磷 55%/2010.04.22 至 2015.04.22/高毒
棉花 地下害虫、蚜虫、螨 600-800克/100千克种子 浸种、拌种
注:甲拌磷乳油只准用于浸种、拌种,严禁喷雾使用。

天津市汉邦植物保护剂有限责任公司 (天津市静海县静海镇高家楼东104国道旁 300160 022-23950219)

PD20040730 高效氯氰菊酯/2.5%/乳油/高效氯氰菊酯 2.5%/2009.12.19 至 2014.12.19/低毒
梨树 梨木虱 16.7-25毫克/千克 喷雾
PD20083317 代森锰锌/80%/可湿性粉剂/代森锰锌 80%/2013.12.11 至 2018.12.11/低毒
番茄 早疫病 1845-2370克/公顷 喷雾
柑橘树 疮痂病、炭疽病 1333-2000毫克/千克 喷雾
梨树 黑星病 800-1600毫克/千克 喷雾
荔枝树 霜疫霉病 1333-2000毫克/千克 喷雾
苹果树 斑点落叶病、轮纹病、炭疽病 1000-1500毫克/千克 喷雾
葡萄 白腐病、黑痘病、霜霉病 1000-1600毫克/千克 喷雾
西瓜 炭疽病 1560-2520克/公顷 喷雾
PD20083767 多菌灵/50%/可湿性粉剂/多菌灵 50%/2013.12.15 至 2018.12.15/低毒
水稻 稻瘟病 562.5-937.5克/公顷 喷雾
PD20083848 啶虫脒/5%/乳油/啶虫脒 5%/2013.12.15 至 2018.12.15/低毒
黄瓜 蚜虫 18-22.5克/公顷 喷雾
PD20083931 多菌灵/80%/可湿性粉剂/多菌灵 80%/2013.12.15 至 2018.12.15/低毒
苹果树 轮纹病 400-800毫克/千克 喷雾
PD20084292 甲基硫菌灵/70%/可湿性粉剂/甲基硫菌灵 70%/2013.12.17 至 2018.12.17/低毒
番茄 叶霉病 375-562.5克/公顷 喷雾
PD20084698 多·锰锌/70%/可湿性粉剂/多菌灵 20%、代森锰锌 50%/2013.12.22 至 2018.12.22/低毒
苹果树 斑点落叶病 1000-1250毫克/千克 喷雾
PD20085166 辛硫·灭多威/20%/乳油/灭多威 10%、辛硫磷 10%/2013.12.23 至 2018.12.23/中等毒(原药高毒)
棉花 棉铃虫 225-300克/公顷 喷雾
PD20085516 啶虫脒/20%/可溶粉剂/啶虫脒 20%/2013.12.25 至 2018.12.25/低毒
黄瓜 蚜虫 24-36克/公顷 喷雾
PD20085717 多菌灵/40%/悬浮剂/多菌灵 40%/2013.12.26 至 2018.12.26/低毒
花生 倒秧病 750-900克/公顷 喷雾
PD20085792 甲基硫菌灵/500克/升/悬浮剂/甲基硫菌灵 500克/升/2013.12.29 至 2018.12.29/低毒
水稻 稻瘟病 750-1125克/公顷 喷雾
PD20086042 噻嗪酮/25%/可湿性粉剂/噻嗪酮 25%/2013.12.29 至 2018.12.29/低毒
水稻 稻飞虱 75-112.5克/公顷 喷雾
PD20086097 三唑锡/20%/悬浮剂/三唑锡 20%/2013.12.30 至 2018.12.30/低毒
柑橘树 红蜘蛛 133-200毫克/千克 喷雾
PD20086211 甲硫·福美双/70%/可湿性粉剂/福美双 30%、甲基硫菌灵 40%/2013.12.31 至 2018.12.31/低毒
黄瓜 炭疽病 750-975克/公顷 喷雾
PD20090214 毒死蜱/45%/乳油/毒死蜱 45克/升/2014.01.09 至 2019.01.09/中等毒
苹果树 桃小食心虫 240-320毫克/千克 喷雾
PD20090391 福美双/80%/可湿性粉剂/福美双 80%/2014.01.12 至 2019.01.12/中等毒
黄瓜 霜霉病 840-1050克/公顷 喷雾

PD20090561 炔螨特/73%/乳油/炔螨特 73%/2014.01.13 至 2019.01.13/低毒
苹果树 红蜘蛛 243-365毫克/千克 喷雾

PD20090662 三环唑/20%/可湿性粉剂/三环唑 20%/2014.01.15 至 2019.01.15/低毒
水稻 稻瘟病 225-300克/公顷 喷雾

PD20090903 顺式氯氰菊酯/100克/升/乳油/顺式氯氰菊酯 100克/升/2014.01.19 至 2019.01.19/低毒
甘蓝 菜青虫 7.5-15克/公顷 喷雾

PD20092587 多·福/80%/可湿性粉剂/多菌灵 30%、福美双 50%/2014.02.27 至 2019.02.27/低毒
葡萄 霜霉病 1000-1250毫克/千克 喷雾

PD20094302 高效氯氟氰菊酯/25克/升/乳油/高效氯氟氰菊酯 25克/升/2014.03.31 至 2019.03.31/低毒
十字花科叶菜 菜青虫 7.5-11.25克/公顷 喷雾

PD20094303 二甲戊灵/330克/升/乳油/二甲戊灵 330克/升/2014.03.31 至 2019.03.31/低毒
甘蓝田 一年生杂草 495-742.5克/公顷 土壤喷雾

PD20094307 高效氯氰菊酯/4.5%/微乳剂/高效氯氰菊酯 4.5%/2014.03.31 至 2019.03.31/低毒
甘蓝 菜青虫 20.25-27克/公顷 喷雾

PD20094401 噁霜·锰锌/64%/可湿性粉剂/噁霜灵 8%、代森锰锌 56%/2014.04.01 至 2019.04.01/低毒
黄瓜 霜霉病 1650-1950克/公顷 喷雾

PD20094817 阿维·高氯/5%/乳油/阿维菌素 0.3%、高效氯氰菊酯 4.7%/2014.04.13 至 2019.04.13/低毒(原药高毒)
黄瓜 美洲斑潜蝇 15-30克/公顷 喷雾

PD20095091 高效氟吡甲禾灵/108克/升/乳油/高效氟吡甲禾灵 108克/升/2014.04.24 至 2019.04.24/低毒
大豆田 一年生禾本科杂草 48.6-72.9克/公顷 茎叶喷雾

PD20095117 乙草胺/81.5%/乳油/乙草胺 81.5%/2014.04.24 至 2019.04.24/低毒
玉米田 一年生禾本科杂草及部分小粒种子阔叶杂草 东北地区：1350-1620克/公顷；其他地区：1080-1350克/公顷 播后苗前土壤喷雾

PD20095118 烯酰·福美双/35%/可湿性粉剂/福美双 30.5%、烯酰吗啉 4.5%/2014.04.24 至 2019.04.24/低毒
黄瓜 霜霉病 1050-1470克/公顷 喷雾

PD20096398 代森锌/80%/可湿性粉剂/代森锌 80%/2009.08.04 至 2014.08.04/低毒
花生 叶斑病 750-960克/公顷 喷雾

PD20097291 阿维菌素/1.8%/乳油/阿维菌素 1.8%/2009.10.26 至 2014.10.26/低毒(原药高毒)
菜豆 美洲斑潜蝇 10.8-21.6克/公顷 喷雾

PD20097907 阿维·矿物油/24.5%/乳油/阿维菌素 0.2%、矿物油 24.3%/2009.11.30 至 2014.11.30/低毒(原药高毒)
柑橘树 红蜘蛛 122.5-245毫克/千克 喷雾

PD20098090 噁霉灵/30%/水剂/噁霉灵 30%/2009.12.08 至 2014.12.08/低毒
西瓜 枯萎病 375-500毫克/千克 灌根

PD20100795 霜霉威盐酸盐/722克/升/水剂/霜霉威盐酸盐 722克/升/2010.01.19 至 2015.01.19/低毒
黄瓜 霜霉病 649.8-1083克/公顷 喷雾

PD20101583 虫酰肼/20%/悬浮剂/虫酰肼 20%/2010.06.03 至 2015.06.03/低毒
甘蓝 甜菜夜蛾 200-300克/公顷 喷雾

PD20102214 甲氨基阿维菌素苯甲酸盐/1%/乳油/甲氨基阿维菌素 1%/2010.12.23 至 2015.12.23/低毒
甘蓝 小菜蛾 1.5-2.25克/公顷 喷雾
注:甲氨基阿维菌素苯甲酸盐含量：1.14%。

PD20110532 醚菊酯/10%/悬浮剂/醚菊酯 10%/2011.05.12 至 2016.05.12/低毒
室内 蜚蠊 25毫克/平方米 滞留喷洒

PD20110811 吡虫啉/20%/乳油/吡虫啉 20%/2011.08.04 至 2016.08.04/低毒
小麦 蚜虫 15-30克/公顷(南方地区) 45-60克/公顷(北方地区) 喷雾

PD20110883 戊唑醇/430克/升/悬浮剂/戊唑醇 430克/升/2011.08.16 至 2016.08.16/低毒
黄瓜 白粉病 96.75－116.1克/公顷 喷雾

PD20110884 咪鲜胺/25%/乳油/咪鲜胺 25%/2011.08.16 至 2016.08.16/低毒
水稻 恶苗病 62.5－125毫克/千克 浸种

PD20110900 阿维菌素/5%/乳油/阿维菌素 5%/2011.08.17 至 2016.08.17/低毒(原药高毒)
甘蓝 小菜蛾 8.1-10.8克/公顷 喷雾

PD20110921 烯酰吗啉/50%/可湿性粉剂/烯酰吗啉 50%/2011.09.06 至 2016.09.06/低毒
黄瓜 霜霉病 225－375克/公顷 喷雾

PD20120092 精喹禾灵/10%/乳油/精喹禾灵 10%/2012.01.29 至 2017.01.29/低毒
大豆田 一年生禾本科杂草 48.6-72.9克/公顷 茎叶喷雾

PD20120160 吡虫啉/70%/可湿性粉剂/吡虫啉 70%/2012.01.30 至 2017.01.30/低毒
甘蓝 蚜虫 21-31.5克/公顷 喷雾

PD20120305 氟磺胺草醚/20%/乳油/氟磺胺草醚 20%/2012.02.17 至 2017.02.17/低毒
大豆田 一年生阔叶杂草 210-270克/公顷 茎叶喷雾

PD20120325 醚菌酯/10%/悬浮剂/醚菌酯 10%/2012.02.17 至 2017.02.17/微毒
苹果树 白粉病 100－166.7毫克/千克 喷雾

PD20120458 苯醚甲环唑/40%/悬浮剂/苯醚甲环唑 40%/2012.03.14 至 2017.03.14/低毒
香蕉 叶斑病 104.2－125毫克/千克 喷雾

PD20120529 吡虫啉/5%/乳油/吡虫啉 5%/2012.03.28 至 2017.03.28/低毒
甘蓝 蚜虫 11.25-22.5克/公顷 喷雾

PD20120581 异菌脲/50%/可湿性粉剂/异菌脲 50%/2012.03.28 至 2017.03.28/低毒
番茄 灰霉病 562.5-750克/公顷 喷雾

PD20120941 烯酰吗啉/40%/悬浮剂/烯酰吗啉 40%/2012.06.12 至 2017.06.12/低毒
葡萄 霜霉病 167－250毫克/千克 喷雾

PD20120981 丙溴磷/40%/乳油/丙溴磷 40%/2012.06.21 至 2017.06.21/低毒
棉花 棉铃虫 480-600克/公顷 喷雾

PD20121314 苯醚甲环唑/10%/水分散粒剂/苯醚甲环唑 10%/2012.09.11 至 2017.09.11/低毒
番茄 早疫病 100.5-150克/公顷 喷雾

PD20121693 丙森锌/70%/可湿性粉剂/丙森锌 70%/2012.11.05 至 2017.11.05/低毒
黄瓜 霜霉病 1575-2250克/公顷 喷雾

PD20121715 腈菌唑/40%/悬浮剂/腈菌唑 40%/2012.11.08 至 2017.11.08/低毒
梨树 黑星病 40～50毫克/千克 喷雾

PD20121780 盐酸吗啉胍/20%/可湿性粉剂/盐酸吗啉胍 20%/2012.11.16 至 2017.11.16/低毒
番茄 病毒病 703-1406克/公顷 喷雾

PD20121796 甲维·虫酰肼/10.5%/乳油/虫酰肼 10%、甲氨基阿维菌素苯甲酸盐 0.5%/2012.11.22 至 2017.11.22/低毒
甘蓝 甜菜夜蛾 47.24-78.75克/公顷 喷雾

PD20122041 四螨嗪/20%/悬浮剂/四螨嗪 20%/2012.12.24 至 2017.12.24/低毒
柑橘树 红蜘蛛 100-150毫克/千克 喷雾

PD20122042 氟铃脲/5%/乳油/氟铃脲 5%/2012.12.24 至 2017.12.24/低毒
甘蓝 小菜蛾 30-56.25克/公顷 喷雾

PD20130080 杀螟丹/98%/可溶粉剂/杀螟丹 98%/2013.01.15 至 2018.01.15/中等毒
甘蓝 菜青虫 441-588克/公顷 喷雾

PD20130232 高效氯氟氰菊酯/10%/悬浮剂/高效氯氟氰菊酯 10%/2013.01.30 至 2018.01.30/中等毒
黄瓜 蚜虫 6－9克/公顷 喷雾

PD20130233 嘧霉胺/40%/悬浮剂/嘧霉胺 40%/2013.01.30 至 2018.01.30/微毒
番茄 灰霉病 470-563克/公顷 喷雾

PD20130276 哒螨灵/40%/可湿性粉剂/哒螨灵 40%/2013.02.21 至 2018.02.21/低毒
柑橘树 红蜘蛛 100-133毫克/千克 喷雾

PD20130306 丙环唑/250克/升/乳油/丙环唑 250克/升/2013.02.26 至 2018.02.26/低毒
香蕉 叶斑病 375-500毫克/千克 喷雾

PD20130386 甲霜·锰锌/58%/可湿性粉剂/甲霜灵 10%、代森锰锌 48%/2013.03.12 至 2018.03.12/低毒
黄瓜 霜霉病 675-1050克/公顷 喷雾

PD20130431 己唑醇/25%/悬浮剂/己唑醇 25%/2013.03.18 至 2018.03.18/微毒
黄瓜 白粉病 30-45克/公顷 喷雾

PD20130971 嘧菌酯/25%/悬浮剂/嘧菌酯 25%/2013.05.02 至 2018.05.02/微毒
黄瓜 白粉病 225～337.5克/公顷 喷雾

PD20131037 氟啶胺/50%/悬浮剂/氟啶胺 50%/2013.06.07 至 2018.06.07/微毒
马铃薯 晚疫病 187.5-262.5克/公顷 喷雾

PD20131098 乙蒜素/80%/乳油/乙蒜素 80%/2013.05.20 至 2018.05.20/中等毒
苹果树 叶斑病 800-1000毫克/千克 喷雾

PD20132073 吡蚜酮/25%/悬浮剂/吡蚜酮 25%/2013.10.23 至 2018.10.23/微毒
小麦 蚜虫 60-90克/公顷 喷雾

WP20110166 杀蚁饵粉/33.3%/饵剂/硼酸 33.3%/2011.06.29 至 2016.06.29/低毒
卫生 蚂蚁 / 投饵

WP20110199 高效氯氰菊酯/5%/可湿性粉剂/高效氯氰菊酯 5%/2011.09.07 至 2016.09.07/微毒
卫生 蝇 20毫克/平方米 滞留喷洒

WP20110218 杀蟑胶饵/0.05%/胶饵/氟虫腈 0.05%/2011.09.21 至 2016.09.21/低毒
卫生 蜚蠊 / 投放

WP20120253 杀蟑饵粒/2.5%/饵粒/乙酰甲胺磷 2.5%/2012.12.19 至 2017.12.19/低毒
卫生 蜚蠊 / 投放

天津市恒源伟业生物科技发展有限公司 (天津市津南区北闸口镇光明村 300353 022-88610288)

PD20120631 阿维菌素/5%/水乳剂/阿维菌素 5%/2012.04.12 至 2017.04.12/中等毒(原药高毒)
甘蓝 小菜蛾 5.4-10.8克/公顷 喷雾

PD20121488 苦参碱/1.3%/水剂/苦参碱 1.3%/2012.10.09 至 2017.10.09/低毒
甘蓝 蚜虫 4.875-7.8克/公顷 喷雾

PD20121750 苦参碱/2%/水剂/苦参碱 2%/2012.11.15 至 2017.11.15/低毒
甘蓝 菜青虫 4.5-6克/公顷 喷雾

PD20121791 高效氯氟氰菊酯/5%/水乳剂/高效氯氟氰菊酯 5%/2012.11.22 至 2017.11.22/中等毒
甘蓝 甜菜夜蛾 18.75－22.5克/公顷 喷雾

PD20121914 吡虫啉/20%/可溶液剂/吡虫啉 20%/2012.12.07 至 2017.12.07/低毒
水稻 稻飞虱 25－30克/公顷 喷雾

天津市华宇农药有限公司 (天津市青泊洼农场 300385 022-83718955)

PD85105-84 敌敌畏/80%/乳油/敌敌畏 77.5%(气谱法)/2010.03.11 至 2015.03.11/中等毒

茶树	食叶害虫	600克/公顷	喷雾
粮仓	多种储藏害虫	1)400-500倍液 2)0.4-0.5克/立方米	1)喷雾 2)挂条熏蒸
棉花	蚜虫、造桥虫	600-1200克/公顷	喷雾
苹果树	小卷叶蛾、蚜虫	400-500毫克/千克	喷雾
青菜	菜青虫	600克/公顷	喷雾
桑树	尺蠖	600克/公顷	喷雾
卫生	多种卫生害虫	1)300-400倍液2)0.08克/立方米	1)泼洒2)挂条熏蒸
小麦	黏虫、蚜虫	600克/公顷	喷雾

PD85109-11 甲拌磷/55%/乳油/甲拌磷 55%/2012.04.30 至 2017.04.30/高毒

棉花	地下害虫、蚜虫、螨	600-800克/100千克种子	浸种、拌种

注:甲拌磷乳油只准用于浸、拌种,严禁喷雾使用。

PD20040122 高效氯氰菊酯/4.5%/乳油/高效氯氰菊酯 4.5%/2009.12.19 至 2014.12.19/中等毒

茶树	茶尺蠖、茶小绿叶蝉	20.25-40.5克/公顷	喷雾
马铃薯	二十八星瓢虫	13.5-27克/公顷	喷雾
棉花	红铃虫、棉铃虫、蚜虫	27-54克/公顷	喷雾
十字花科蔬菜	菜青虫	9-25.5克/公顷	喷雾
烟草	蚜虫、烟青虫	13.5-27克/公顷	喷雾

PD20040153 氯氰菊酯/5%/乳油/氯氰菊酯 5%/2009.12.19 至 2014.12.19/中等毒

棉花	蚜虫	45-90克/公顷	喷雾

PD20040516 氯氰菊酯/5%/微乳剂/氯氰菊酯 5%/2009.12.19 至 2014.12.19/低毒

十字花科蔬菜	菜青虫	30-45克/公顷	喷雾

PD20060118 螨醇·哒螨灵/15%/乳油/哒螨灵 5%、三氯杀螨醇 10%/2011.06.15 至 2016.06.15/中等毒

苹果树	叶螨	60-75毫克/千克	喷雾

PD20070427 多·福/50%/可湿性粉剂/多菌灵 25%、福美双 25%/2012.11.12 至 2017.11.12/低毒

梨树	黑星病	1000-1500毫克/千克	喷雾

PD20080508 霜脲·锰锌/72%/可湿性粉剂/代森锰锌 64%、霜脲氰 8%/2013.04.10 至 2018.04.10/低毒

黄瓜	霜霉病	1458-1782克/公顷	喷雾

PD20080845 石硫合剂/29%/水剂/石硫合剂 29%/2013.06.23 至 2018.06.23/低毒

苹果树	白粉病	72-57倍(0.4-0.5Be)	喷雾
葡萄	白粉病	9-6倍(3.2-4.8Be)	喷雾

PD20080866 氯氰·辛硫磷/20%/乳油/氯氰菊酯 1.5%、辛硫磷 18.5%/2013.06.27 至 2018.06.27/中等毒

棉花	棉铃虫	150-210克/公顷	喷雾

PD20082908 苯磺隆/10%/可湿性粉剂/苯磺隆 10%/2013.12.09 至 2018.12.09/低毒

冬小麦田	一年生阔叶杂草	13.5-22.5克/公顷	茎叶喷雾

PD20083694 异丙甲草胺/720克/升/乳油/异丙甲草胺 720克/升/2013.12.15 至 2018.12.15/低毒

夏玉米田	部分阔叶杂草、一年生禾本科杂草	1296-1620克/公顷	土壤喷雾

PD20084764 辛硫磷/40%/乳油/辛硫磷 40%/2013.12.22 至 2018.12.22/低毒

十字花科蔬菜	菜青虫	360-540克/公顷	喷雾

PD20084768 锰锌·腈菌唑/60%/可湿性粉剂/腈菌唑 2%、代森锰锌 58%/2013.12.22 至 2018.12.22/低毒

黄瓜	霜霉病	675-846克/公顷	喷雾

PD20085003 精喹禾灵/20%/乳油/精喹禾灵 20%/2013.12.22 至 2018.12.22/低毒

夏大豆田	一年生禾本科杂草	37.5-52.5克/公顷	茎叶喷雾

PD20085210 氟硅唑/400克/升/乳油/氟硅唑 400克/升/2013.12.23 至 2018.12.23/低毒

黄瓜	黑星病	75-105克/公顷	喷雾

PD20085432 杀螟丹/50%/可溶粉剂/杀螟丹 50%/2013.12.24 至 2018.12.24/低毒

水稻	三化螟	600-750克/公顷	喷雾

PD20085600 阿维·辛硫磷/15%/乳油/阿维菌素 0.3%、辛硫磷 14.7%/2013.12.25 至 2018.12.25/低毒(原药高毒)

十字花科蔬菜	小菜蛾	90-135克/公顷	喷雾

PD20086333 炔螨特/73%/乳油/炔螨特 73%/2013.12.31 至 2018.12.31/低毒

柑橘树	红蜘蛛	243-365毫克/千克	喷雾

PD20090554 毒死蜱/40%/乳油/毒死蜱 40%/2009.01.13 至 2014.01.13/中等毒

韭菜	韭蛆	1440-1800克/公顷	灌根
十字花科蔬菜	菜青虫	540-720克/公顷	喷雾
水稻	稻纵卷叶螟	480-600克/公顷	喷雾

PD20090558 氯氟吡氧乙酸/200克/升/乳油/氯氟吡氧乙酸 200克/升/2014.01.13 至 2019.01.13/低毒

水田畦畔	空心莲子草(水花生)	120-150克/公顷	茎叶喷雾

PD20090802 啶虫脒/3%/微乳剂/啶虫脒 3%/2009.01.19 至 2014.01.19/低毒

黄瓜	蚜虫	13.5-22.5克/公顷	喷雾

PD20090991 烟嘧磺隆/40克/升/悬浮剂/烟嘧磺隆 40克/升/2014.01.21 至 2019.01.21/低毒

玉米田	一年生单子叶杂草、一年生双子叶杂草	67-100毫升制剂/亩	茎叶喷雾

PD20091026 辛硫磷/3%/颗粒剂/辛硫磷 3%/2014.01.21 至 2019.01.21/低毒
玉米 玉米螟 135-180克/公顷 喇叭口撒施
PD20091056 啶虫脒/10%/微乳剂/啶虫脒 10%/2014.01.21 至 2019.01.21/低毒
十字花科蔬菜 蚜虫 18-22.5克/公顷 喷雾
PD20091087 霜霉威盐酸盐/722克/升/水剂/霜霉威 722克/升/2009.01.21 至 2014.01.21/低毒
黄瓜 猝倒病 3.6-5.4克/平方米 苗床浇灌
PD20091748 草甘膦/30%/水剂/草甘膦 30%/2014.02.04 至 2019.02.04/低毒
柑橘园 杂草 1500-2250克/公顷 定向喷雾
PD20092048 二甲戊灵/330克/升/乳油/二甲戊灵 330克/升/2014.02.12 至 2019.02.12/低毒
甘蓝田 一年生杂草 618.75-742.5克/公顷 土壤喷雾
PD20092063 精喹禾灵/5%/乳油/精喹禾灵 5%/2014.02.16 至 2019.02.16/低毒
夏大豆田 一年生禾本科杂草 45-52.5克/公顷 茎叶喷雾
PD20092083 敌畏·氧乐果/40%/乳油/敌敌畏 20%、氧乐果 20%/2014.02.16 至 2019.02.16/中等毒(原药高毒)
小麦 蚜虫 240-360克/公顷 喷雾
PD20092497 啶虫脒/10%/可湿性粉剂/啶虫脒 10%/2014.02.26 至 2019.02.26/低毒
小麦 蚜虫 13.5-18克/公顷 喷雾
PD20092622 马拉硫磷/45%/乳油/马拉硫磷 45%/2014.03.02 至 2019.03.02/中等毒
棉花 盲蝽蟓 469-562克/毫升 喷雾
小麦 蚜虫 371.5-749.25克/公顷 喷雾
PD20092661 马拉硫磷/90%/原药/马拉硫磷 90%/2009.03.03 至 2014.03.03/低毒
PD20094786 高效氟吡甲禾灵/108克/升/乳油/高效氟吡甲禾灵 108克/升/2014.04.13 至 2019.04.13/低毒
冬油菜田 一年生禾本科杂草 32.4-45.4克/公顷 茎叶喷雾
PD20095356 百草枯/200克/升/水剂/百草枯 200克/升/2009.04.27 至 2014.07.01/中等毒
冬油菜田（免耕） 杂草 450-600克/公顷 茎叶喷雾
苹果园 杂草 600-750克/公顷 定向喷雾
PD20096251 喹硫磷/25%/乳油/喹硫磷 25%/2009.07.15 至 2014.07.15/中等毒
水稻 二化螟 450-525克/公顷 喷雾
PD20096544 仲丁灵/48%/乳油/仲丁灵 48%/2009.08.20 至 2014.08.20/低毒
西瓜田 一年生杂草 1080-1440克/公顷 土壤喷雾
PD20098385 乙氧氟草醚/240克/升/乳油/乙氧氟草醚 240克/升/2009.12.18 至 2014.12.18/低毒
移栽水稻田 一年生杂草 54-72克/公顷 毒土法
PD20101048 精吡氟禾草灵/150克/升/乳油/精吡氟禾草灵 150克/升/2010.01.21 至 2015.01.21/低毒
冬油菜田 一年生禾本科杂草 90-150克/公顷 茎叶喷雾
PD20101791 阿维·矿物油/18%/乳油/阿维菌素 0.5%、矿物油 17.5%/2010.07.13 至 2015.07.13/低毒(原药高毒)
苹果树 桃小食心虫 120-180毫克/千克 喷雾
PD20110866 甲氨基阿维菌素苯甲酸盐/5%/水分散粒剂/甲氨基阿维菌素 5%/2011.08.10 至 2016.08.10/低毒
甘蓝 小菜蛾 1.125－2.25克/公顷 喷雾
注:甲氨基阿维菌素苯甲酸盐含量：5.7%。
PD20110917 吡虫啉/50%/可湿性粉剂/吡虫啉 50%/2011.08.22 至 2016.08.22/低毒
水稻 飞虱 15－30克/公顷 喷雾
PD20111035 咪鲜胺/40%/水乳剂/咪鲜胺 40%/2011.10.09 至 2016.10.09/低毒
香蕉 炭疽病 333.3－500毫克/千克 浸果
PD20111109 高效氯氟氰菊酯/2.5%/水乳剂/高效氯氟氰菊酯 2.5%/2011.10.18 至 2016.10.18/低毒
甘蓝 菜青虫 5.625－7.5克/公顷 喷雾
PD20111244 百草枯/250克/升/水剂/百草枯 250克/升/2012.12.31 至 2014.07.01/中等毒
非耕地 杂草 600-750克/公顷 定向茎叶喷雾
PD20120889 甲氨基阿维菌素苯甲酸/2%/乳油/甲氨基阿维菌素 2%/2012.05.24 至 2017.05.24/低毒
甘蓝 小菜蛾 2.1-3.3克/公顷 喷雾
注:甲氨基阿维菌素苯甲酸含量:2.3%。
PD20120908 乙羧氟草醚/20%/乳油/乙羧氟草醚 20%/2012.05.31 至 2017.05.31/低毒
春大豆田 多种阔叶杂草 60-75克/公顷 茎叶喷雾
PD20121015 苯甲·丙环唑/30%/悬浮剂/苯醚甲环唑 15%、丙环唑 15%/2012.07.02 至 2017.07.02/低毒
水稻 纹枯病 67.5-90克/公顷 喷雾
PD20121077 高效氯氰菊酯/4.5%/水乳剂/高效氯氰菊酯 4.5%/2012.07.19 至 2017.07.19/低毒
甘蓝 菜青虫 40.5-45.25克/公顷 喷雾
PD20121103 甲氨基阿维菌素苯甲酸盐/1%/乳油/甲氨基阿维菌素 1%/2012.07.19 至 2017.07.19/低毒
甘蓝 小菜蛾 1.5-2.25克/公顷 喷雾
注:甲氨基阿维菌素苯甲酸盐含量：1.1%。
PD20121104 阿维菌素/18克/升/乳油/阿维菌素 18克/升/2012.07.19 至 2017.07.19/低毒(原药高毒)
甘蓝 小菜蛾 8.1-10.8克/公顷 喷雾
PD20121642 烟嘧·莠去津/52%/可湿性粉剂/烟嘧磺隆 4%、莠去津 48%/2012.10.30 至 2017.10.30/低毒
夏玉米田 一年生杂草 585-780克/公顷 茎叶喷雾
PD20121658 阿维菌素/3.2%/乳油/阿维菌素 3.2%/2012.10.30 至 2017.10.30/低毒(原药高毒)

小白菜 小菜蛾 8.1-10.8克/公顷 喷雾
PD20122070 烯酰吗啉/80%/水分散粒剂/烯酰吗啉 80%/2012.12.24 至 2017.12.24/低毒
黄瓜 霜霉病 240-300克/公顷 喷雾
PD20130189 阿维菌素/5%/水乳剂/阿维菌素 5%/2013.01.24 至 2018.01.24/中等毒(原药高毒)
甘蓝 小菜蛾 9.45-10.8克/公顷 喷雾
PD20130517 乙·莠/40%/悬乳剂/乙草胺 20%、莠去津 20%/2013.03.27 至 2018.03.27/低毒
春玉米田 一年生杂草 2100-2400克/公顷 播后苗前土壤喷雾
夏玉米田 一年生杂草 1200-1500克/公顷 播后苗前土壤喷雾
PD20130687 草铵膦/200克/升/水剂/草铵膦 200克/升/2013.04.09 至 2018.04.09/低毒
柑橘园 杂草 900-1050克/公顷 定向茎叶喷雾
PD20130970 莠去津/90%/水分散粒剂/莠去津 90%/2013.05.02 至 2018.05.02/低毒
夏玉米田 一年生杂草 1350-1620克/公顷 播后苗前土壤喷雾
PD20130989 噻虫嗪/98%/原药/噻虫嗪 98%/2013.05.06 至 2018.05.06/低毒
PD20131852 毒·辛 /5%/颗粒剂/毒死蜱 2%、辛硫磷 3%/2013.09.24 至 2018.09.24/低毒
甘蔗 蔗螟 2625-3000克/公顷 撒施
WP20130255 氟虫腈/3%/微乳剂/氟虫腈 3%/2013.12.16 至 2018.12.16/低毒
室内 蝇 / 滞留喷酒
WL20100268 电热蚊香片/15毫克/片/电热蚊香片/炔丙菊酯 15毫克/片/2012.11.09 至 2013.11.09/微毒
卫生 蚊 / 电热加温
WL20110029 蚊香/0.08%/蚊香/氯氟醚菊酯 0.08%/2013.03.03 至 2014.03.03/低毒
卫生 蚊 / 点燃

天津市汇源化学品有限公司 (天津市宝坻区津围公路58公里处 301801 022-29689848)

PD20040313 高效氯氰菊酯/4.5%/乳油/高效氯氰菊酯 4.5%/2009.12.19 至 2014.12.19/中等毒
甘蓝 菜青虫 9-25.5克/公顷 喷雾
PD20040395 氯氰菊酯/5%/乳油/氯氰菊酯 5%/2009.12.19 至 2014.12.19/低毒
十字花科蔬菜 菜青虫 30-45克/公顷 喷雾
PD20082480 啶虫脒/3%/乳油/啶虫脒 3%/2013.12.03 至 2018.12.03/低毒
黄瓜 蚜虫 18-22.5克/公顷 喷雾
PD20083803 代森锰锌/70%/可湿性粉剂/代森锰锌 70%/2013.12.15 至 2018.12.15/低毒
番茄 早疫病 1837.5-2887.5克/公顷 喷雾
PD20084071 福美双/50%/可湿性粉剂/福美双 50%/2013.12.16 至 2018.12.16/低毒
黄瓜 霜霉病 375-750克/公顷 喷雾
PD20084142 辛硫磷/40%/乳油/辛硫磷 40%/2013.12.16 至 2018.12.16/低毒
十字花科蔬菜 菜青虫 300-450克/公顷 喷雾
PD20084189 敌敌畏/80%/乳油/敌敌畏 80%/2013.12.16 至 2018.12.16/中等毒
十字花科蔬菜 菜青虫 600-780克/公顷 喷雾
PD20084399 石硫合剂/29%/水剂/石硫合剂 29%/2013.12.17 至 2018.12.17/低毒
苹果树 白粉病 0.4-0.6Be 喷雾
PD20084913 乙酰甲胺磷/30%/乳油/乙酰甲胺磷 30%/2013.12.22 至 2018.12.22/低毒
棉花 棉铃虫 900-1200克/公顷 喷雾
PD20084977 马拉硫磷/45%/乳油/马拉硫磷 45%/2013.12.22 至 2018.12.22/低毒
苹果树 蟒蝓 300-450毫克/千克 喷雾
PD20086053 高效氯氟氰菊酯/2.8%/乳油/高效氯氟氰菊酯 2.8%/2013.12.29 至 2018.12.29/中等毒
苹果树 桃小食心虫 7-9.3毫克/千克 喷雾
PD20090434 氰戊·敌敌畏/20%/乳油/敌敌畏 15%、氰戊菊酯 5%/2014.01.12 至 2019.01.12/中等毒
桃树 蚜虫 66.67-100毫克/千克 喷雾
PD20090460 百草枯/200克/升/水剂/百草枯 200克/升/2012.12.31 至 2014.07.01/中等毒
苹果园 杂草 600-900克/公顷 定向喷雾
PD20091408 嗪酮·乙草胺/24%/可湿性粉剂/嗪草酮 10%、乙草胺 14%/2014.02.02 至 2019.02.02/低毒
夏玉米田 一年生杂草 540-720克/公顷 播后苗前土壤喷雾
PD20091849 草甘膦/30%/水剂/草甘膦 30%/2014.02.06 至 2019.02.06/低毒
苹果园 一年生和多年生杂草 1125-2250克/公顷 定向茎叶喷雾
PD20091914 高氯·辛硫磷/25%/乳油/高效氯氰菊酯 2.5%、辛硫磷 22.5%/2014.02.12 至 2019.02.12/中等毒
棉花 棉铃虫 281.25-375克/公顷 喷雾
PD20092121 霜脲·锰锌/72%/可湿性粉剂/代森锰锌 64%、霜脲氰 8%/2014.02.23 至 2019.02.23/低毒
黄瓜 霜霉病 1440-1800克/公顷 喷雾
PD20092907 吡虫·氧乐果/20%/乳油/吡虫啉 1%、氧乐果 19%/2014.03.05 至 2019.03.05/中等毒(原药高毒)
小麦 蚜虫 45-60克/公顷 喷雾
PD20092976 阿维·辛硫磷/15%/乳油/阿维菌素 0.3%、辛硫磷 14.7%/2014.03.09 至 2019.03.09/低毒(原药高毒)
十字花科蔬菜 小菜蛾 112.5-168.75克/公顷 喷雾
PD20093215 多菌灵/50%/可湿性粉剂/多菌灵 50%/2014.03.11 至 2019.03.11/低毒
苹果树 轮纹病 600-1000毫克/千克 喷雾
PD20094696 精喹禾灵/50克/升/乳油/精喹禾灵 50克/升/2009.04.10 至 2014.04.10/低毒

大豆田 一年生禾本科杂草 37.5-60克/公顷 茎叶喷雾

PD20095888 螨醇·哒螨灵/15%/乳油/哒螨灵 5%、三氯杀螨醇 10%/2009.05.31 至 2014.05.31/中等毒

苹果树 叶螨 67-75毫克/千克 喷雾

PD20096303 毒死蜱/40%/乳油/毒死蜱 40%/2009.07.22 至 2014.07.22/中等毒

十字花科蔬菜 菜青虫 300-450克/公顷 喷雾

PD20096618 喹硫磷/25%/乳油/喹硫磷 25%/2009.09.02 至 2014.09.02/中等毒

水稻 二化螟 375-615克/公顷 喷雾

PD20097954 阿维·高氯/1.8%/乳油/阿维菌素 0.3%、高效氯氰菊酯 1.5%/2009.12.01 至 2014.12.01/低毒(原药高毒)

甘蓝 菜青虫 7.5-15克/公顷 喷雾

PD20100427 氰戊·马拉松/20%/乳油/马拉硫磷 15%、氰戊菊酯 5%/2010.01.14 至 2015.01.14/低毒

十字花科蔬菜 菜青虫 120-150克/公顷 喷雾

PD20121078 苯醚甲环唑/10%/水分散粒剂/苯醚甲环唑 10%/2012.07.19 至 2017.07.19/低毒

西瓜 炭疽病 75-112.5克/公顷 喷雾

PD20130531 甲氨基阿维菌素苯甲酸盐/2%/乳油/甲氨基阿维菌素 2%/2013.03.29 至 2018.03.29/低毒

甘蓝 小菜蛾 1.5-4.5克/公顷 喷雾

注:甲氨基阿维菌素苯甲酸盐含量: 2.3%。

PD20130532 阿维菌素/5%/水乳剂/阿维菌素 5%/2013.03.29 至 2018.03.29/低毒(原药高毒)

水稻 稻纵卷叶螟 11.25-13.25克/公顷 喷雾

PD20131028 联苯菊酯/25克/升/乳油/联苯菊酯 25克/升/2013.05.13 至 2018.05.13/低毒

茶树 茶小绿叶蝉 30-37.5克/公顷 喷雾

天津市捷康化学品有限公司 (天津市华苑工华道南大科技园C座4层 300384 022-83718911)

PD85122-5 福美双/50%/可湿性粉剂/福美双 50%/2010.06.16 至 2015.06.16/中等毒

黄瓜 白粉病、霜霉病 500-1000倍液 喷雾

葡萄 白腐病 500-1000倍液 喷雾

水稻 稻瘟病、胡麻叶斑病 250克/100千克种子 拌种

甜菜、烟草 根腐病 500克/500千克温床土 土壤处理

小麦 白粉病、赤霉病 500倍液 喷雾

PD85123-3 胂·锌·福美双/50%/可湿性粉剂/福美甲胂 12.5%、福美双 25%、福美锌 12.5%/2010.07.13 至 2013.12.31/中等毒

大白菜 霜霉病 750-1125克/公顷 喷雾

梨树 黑星病 500-800倍液 喷雾

苹果树 炭疽病 500-800倍液 喷雾

葡萄 黑痘病、炭疽病 500-1000倍液 喷雾

水稻 纹枯病 562.5-712.5克/公顷 喷雾

烟草 炭疽病 562.5-712.5克/公顷 喷雾

芝麻 疫病 2500倍液 喷雾

PD85124-11 福·福锌/80%/可湿性粉剂/福美双 30%、福美锌 50%/2010.06.16 至 2015.06.16/中等毒

黄瓜、西瓜 炭疽病 1500-1800克/公顷 喷雾

麻 炭疽病 240-400克/100千克种子 拌种

棉花 苗期病害 0.5%药液 浸种

苹果树、杉木、橡胶树 炭疽病 500-600倍液 喷雾

PD85125-2 福美胂/40%/可湿性粉剂/福美胂 40%/2010.07.16 至 2013.12.31/中等毒

黄瓜 白粉病 1025-1500克/公顷 喷雾

苹果树 白粉病 700倍液 喷雾

水稻 稻粒瘟病 562.5-645克/公顷 喷雾

豌豆 白粉病 900-1125克/公顷 喷雾

小麦 白粉病 562.5-750克/公顷 喷雾

PD96101 福·福锌/40%/可湿性粉剂/福美双 15%、福美锌 25%/2011.09.20 至 2016.09.20/中等毒

黄瓜、西瓜 炭疽病 1500-1800克/公顷 喷雾

麻 炭疽病 240-400克/100千克种子 拌种

棉花 苗期病害 1.0%药液 浸种

苹果树、杉木、橡胶树 炭疽病 250-300倍液 喷雾

PD20070299 福美双/96%/原药/福美双 96%/2012.09.21 至 2017.09.21/低毒

PD20080715 福美锌/95%/原药/福美锌 95%/2013.06.11 至 2018.06.11/低毒

PD20081678 多·福/60%/可湿性粉剂/多菌灵 30%、福美双 30%/2013.11.17 至 2018.11.17/低毒

梨树 黑星病 1000-1500毫克/千克 喷雾

PD20081789 锰锌·三唑酮/33%/可湿性粉剂/代森锰锌 23%、三唑酮 10%/2013.11.19 至 2018.11.19/低毒

梨树 黑星病 275-412.5毫克/千克(800-1200倍液) 喷雾

PD20082119 硫磺·多菌灵/50%/可湿性粉剂/多菌灵 15%、硫磺 35%/2013.11.25 至 2018.11.25/低毒

花生 叶斑病 1200-1800克/公顷 喷雾

PD20082224 多·福·锰锌/50%/可湿性粉剂/多菌灵 15%、福美双 25%、代森锰锌 10%/2013.11.26 至 2018.11.26/中等毒

苹果树 轮纹病 625-1000毫克/千克 喷雾
PD20092779 氰戊·辛硫磷/25%/乳油/氰戊菊酯 5%、辛硫磷 20%/2014.03.04 至 2019.03.04/中等毒
小麦 蚜虫 93.75-150克/公顷 喷雾

天津市津绿宝农药制造有限公司 (天津市津南区小站镇四道沟村 300353 022-88620025)

PD88105-9 硫酸铜/96%/原药/硫酸铜 96%/2013.04.04 至 2018.04.04/低毒
PD20092562 多菌灵/50%/可湿性粉剂/多菌灵 50%/2014.02.26 至 2019.02.26/低毒
苹果树 轮纹病 250-500毫克/千克 喷雾
PD20092979 毒死蜱/40%/乳油/毒死蜱 40%/2009.03.09 至 2014.03.09/中等毒
十字花科蔬菜 菜青虫 540-720克/公顷 喷雾
PD20093863 辛硫·灭多威/50%/乳油/灭多威 5%、辛硫磷 45%/2009.03.25 至 2014.03.25/中等毒(原药高毒)
棉花 棉铃虫 562.5-750克/公顷 喷雾
PD20093880 氯氰菊酯/5%/乳油/氯氰菊酯 5%/2009.03.25 至 2014.03.25/低毒
甘蓝 菜青虫 30-60克/公顷 喷雾
PD20094312 甲基硫菌灵/70%/可湿性粉剂/甲基硫菌灵 70%/2014.03.31 至 2019.03.31/低毒
番茄 叶霉病 375-562.5克/公顷 喷雾
PD20094518 福美双/50%/可湿性粉剂/福美双 50%/2014.04.09 至 2019.04.09/低毒
黄瓜 霜霉病 450-900克/公顷 喷雾
PD20094608 代森锰锌/80%/可湿性粉剂/代森锰锌 80%/2014.04.10 至 2019.04.10/低毒
番茄 早疫病 1800-2400克/公顷 喷雾
PD20096654 代森锰锌/90%/原药/代森锰锌 90%/2009.09.03 至 2014.09.03/低毒
PD20110060 代森锌/90%/原药/代森锌 90%/2011.01.11 至 2016.01.11/低毒
PD20120796 啶虫脒/40%/水分散粒剂/啶虫脒 40%/2012.05.17 至 2017.05.17/低毒
甘蓝 蚜虫 12-24克/公顷 喷雾

天津市津南区益兴达日用品厂 (天津市津南区咸水沽镇南洋村一区75号 300350 022-88714218)

WL20100155 杀虫气雾剂/0.5%/气雾剂/胺菊酯 0.3%、右旋苯醚氰菊酯 0.2%/2012.06.03 至 2013.06.03/微毒
卫生 蚊、蝇、蜚蠊 / 喷雾

天津市绿保农用化学科技开发有限公司 (天津市卫津路94号(南开大学内) 300071 022-23504375)

PD20070368 单嘧磺隆/10%/可湿性粉剂/单嘧磺隆 10%/2012.10.24 至 2017.10.24/低毒
冬小麦田 一年生阔叶杂草 45-60克/公顷 茎叶喷雾
谷子田 一年生阔叶杂草 15-30克/公顷 播后苗前土壤喷雾
PD20070369 单嘧磺隆/90%/原药/单嘧磺隆 90%/2012.10.24 至 2017.10.24/低毒
PD20130371 单嘧磺酯/10%/可湿性粉剂/单嘧磺酯 10%/2013.03.11 至 2018.03.11/低毒
春小麦田 一年生阔叶杂草 22.5-30克/公顷(西北地区) 茎叶喷雾
冬小麦田 一年生阔叶杂草 18-22.5克/公顷 茎叶喷雾
PD20130372 单嘧磺酯/90%/原药/单嘧磺酯 90%/2013.03.11 至 2018.03.11/低毒

天津市绿亨化工有限公司 (天津市大港区石化产业园区凯旋街1239号 300270 022-63233996)

PD20090416 嘧霉·福美双/30%/悬浮剂/福美双 25%、嘧霉胺 5%/2014.01.12 至 2019.01.12/低毒
黄瓜 灰霉病 600-900克/公顷 喷雾
PD20091230 烯酰·福美双/35%/可湿性粉剂/福美双 30.5%、烯酰吗啉 4.5%/2014.02.01 至 2019.02.01/低毒
黄瓜 霜霉病 1050-1470克/公顷 喷雾
PD20091399 氟硅唑/8%/微乳剂/氟硅唑 8%/2014.02.02 至 2019.02.02/低毒
黄瓜 白粉病 48-72克/公顷 喷雾
PD20092109 丙环唑/250克/升/乳油/丙环唑 250克/升/2014.02.23 至 2019.02.23/低毒
小麦 锈病 124-155克/公顷 喷雾
PD20092116 醚菊酯/10%/悬浮剂/醚菊酯 10%/2014.02.23 至 2019.02.23/低毒
甘蓝 菜青虫 45-65克/公顷 喷雾
PD20092176 甲霜·锰锌/58%/可湿性粉剂/甲霜灵 10%、代森锰锌 48%/2014.02.23 至 2019.02.23/低毒
黄瓜 霜霉病 1131-1740克/公顷 喷雾
PD20092349 顺式氯氰菊酯/100克/升/乳油/顺式氯氰菊酯 100克/升/2014.02.24 至 2019.02.24/中等毒
甘蓝 菜青虫 7.5-15克/公顷 喷雾
PD20092691 甲霜·噁霉灵/3%/水剂/噁霉灵 2.5%、甲霜灵 0.5%/2014.03.03 至 2019.03.03/低毒
水稻 立枯病 0.36-0.54克/平方米 喷雾
PD20092845 S-氰戊菊酯/50克/升/乳油/S-氰戊菊酯 50克/升/2014.03.05 至 2019.03.05/中等毒
十字花科蔬菜 菜青虫 15-22.5克/公顷 喷雾
PD20092964 氟虫脲/50克/升/可分散液剂/氟虫脲 50克/升/2014.03.09 至 2019.03.09/低毒
柑橘树 红蜘蛛、锈壁虱 50-80毫克/千克 喷雾
柑橘树 潜叶蛾 40-66.67毫克/千克 喷雾
苹果树 红蜘蛛 50-80毫克/千克 喷雾
PD20093415 甲氰·辛硫磷/28%/乳油/甲氰菊酯 6%、辛硫磷 22%/2014.03.20 至 2019.03.20/中等毒
棉花 棉铃虫 285-345克/公顷 喷雾
PD20093696 三乙膦酸铝/90%/可溶粉剂/三乙膦酸铝 90%/2014.03.25 至 2019.03.25/低毒
番茄 晚疫病 2300-2700克/公顷 喷雾
水稻 纹枯病 1500-1650克/公顷 喷雾

PD20093890 噁霉灵/15%/水剂/噁霉灵 15%/2014.03.25 至 2019.03.25/低毒
水稻 立枯病 9000-18000克/公顷 苗床、育秧箱土壤处理

PD20093909 异稻瘟净/50%/乳油/异稻瘟净 50%/2014.03.26 至 2019.03.26/低毒
水稻 稻瘟病 900-1200克/公顷 喷雾

PD20093919 炔螨特/73%/乳油/炔螨特 73%/2014.03.26 至 2019.03.26/低毒
柑橘树、苹果树 红蜘蛛 245-400毫克/千克 喷雾

PD20093937 丁硫克百威/200克/升/乳油/丁硫克百威 200克/升/2014.03.27 至 2019.03.27/中等毒
棉花 棉蚜 90-180克/公顷 喷雾

PD20094026 氟啶脲/50克/升/乳油/氟啶脲 50克/升/2014.03.27 至 2019.03.27/低毒
甘蓝 甜菜夜蛾 50-70克/公顷 喷雾

PD20094063 三环唑/75%/可湿性粉剂/三环唑 75%/2014.03.27 至 2019.03.27/低毒
水稻 稻瘟病 225-337.5克/公顷 喷雾

PD20094493 敌敌畏/80%/乳油/敌敌畏 80%/2009.04.09 至 2014.04.09/中等毒
小麦 蚜虫 600—800克/公顷 喷雾

PD20094517 杀螟丹/50%/可溶粉剂/杀螟丹 50%/2009.04.09 至 2014.04.09/中等毒
水稻 二化螟 525-750克/公顷 喷雾

PD20094691 氯氰·毒死蜱/522.5克/升/乳油/毒死蜱 475克/升、氯氰菊酯 47.5克/升/2009.04.10 至 2014.04.10/中等毒
甘蓝 菜青虫 391.9-509.4克/公顷 喷雾
棉花 棉铃虫 627-783.75克/公顷 喷雾

PD20094766 联苯菊酯/100克/升/乳油/联苯菊酯 100克/升/2009.04.13 至 2014.04.13/中等毒
茶树 茶尺蠖 7.5-15克/公顷 喷雾

PD20094771 毒死蜱/480克/升/乳油/毒死蜱 480克/升/2009.04.13 至 2014.04.13/中等毒
水稻 稻纵卷叶螟 576-648克/公顷 喷雾

PD20094812 四螨嗪/20%/悬浮剂/四螨嗪 20%/2009.04.13 至 2014.04.13/低毒
柑橘树 红蜘蛛 100-200毫克/千克 喷雾

PD20095086 虫酰肼/200克/升/悬浮剂/虫酰肼 200克/升/2009.04.22 至 2014.04.22/低毒
十字花科蔬菜 甜菜夜蛾 210-300克/公顷 喷雾

PD20095114 双甲脒/200克/升/乳油/双甲脒 200克/升/2009.04.24 至 2014.04.24/低毒
柑橘树、苹果树 红蜘蛛 133.3-200毫克/千克 喷雾

PD20095278 灭草松/25%/水剂/灭草松 25%/2009.04.27 至 2014.04.27/低毒
冬小麦田 一年生阔叶杂草 750-937.5克/公顷 茎叶喷雾

PD20095387 稻瘟灵/40%/乳油/稻瘟灵 40%/2009.04.27 至 2014.04.27/低毒
水稻 稻瘟病 600-800克/公顷 喷雾

PD20095579 吡嘧磺隆/10%/可湿性粉剂/吡嘧磺隆 10%/2009.05.12 至 2014.05.12/低毒
移栽水稻田 一年生阔叶杂草 15-30克/公顷 毒土法

PD20095746 精喹禾灵/50克/升/乳油/精喹禾灵 50克/升/2009.05.18 至 2014.05.18/低毒
大豆田 一年生禾本科杂草 48.75-60克/公顷 茎叶喷雾

PD20096233 喹硫磷/25%/乳油/喹硫磷 25%/2009.07.15 至 2014.07.15/中等毒
水稻 二化螟 487.5-600克/公顷 喷雾

PD20096576 复硝酚钠/1.4%/水剂/5-硝基邻甲氧基苯酚钠 0.3%、对硝基苯酚钠 0.7%、邻硝基苯酚钠 0.4%/2009.08.24 至2014.08.24/低毒
番茄、黄瓜 调节生长 6000-8000倍液 喷雾
小麦 调节生长 4000-5000倍液 喷雾

PD20097152 甲哌鎓/98%/可溶粉剂/甲哌鎓 98%/2009.10.16 至 2014.10.16/低毒
棉花 调节生长 73-86毫克/升 茎叶喷雾

PD20100003 噻嗪·异丙威/25%/可湿性粉剂/噻嗪酮 5%、异丙威 20%/2010.01.04 至 2015.01.04/低毒
水稻 稻飞虱 375—562.5克/公顷 喷雾

PD20100877 噁霉灵/70%/可湿性粉剂/噁霉灵 70%/2010.01.19 至 2015.01.19/低毒
甜菜 立枯病 280-490克加福美双200克/100千克种子 拌种

PD20101844 氯菊酯/10%/乳油/氯菊酯 10%/2010.07.28 至 2015.07.28/低毒
茶树 茶毛虫 30—60毫克/千克 喷雾
甘蓝 菜青虫 15-45克/公顷 喷雾

PD20130044 氧化亚铜/86.2%/可湿性粉剂/氧化亚铜 86.2%/2013.01.07 至 2018.01.07/低毒
葡萄 霜霉病 720-1080毫克/千克 喷雾

PD20130505 灭蝇胺/10%/悬浮剂/灭蝇胺 10%/2013.03.27 至 2018.03.27/低毒
黄瓜 斑潜蝇 150-225克/公顷 喷雾

PD20131269 敌畏·吡虫啉/26.5%/乳油/吡虫啉 1.5%、敌敌畏 25%/2013.06.05 至 2018.06.05/中等毒
小麦 蚜虫 238.5-318克/公顷 喷雾

天津市绿农生物技术有限公司 (天津市河东区津塘路2号桥167号 300384 022-83718911)

PD20060121 苯磺隆/95%/原药/苯磺隆 95%/2011.06.15 至 2016.06.15/低毒

PD20070329 丁草胺/90%/原药/丁草胺 90%/2012.10.10 至 2017.10.10/低毒

PD20080106 乙草胺/93%/原药/乙草胺 93%/2013.01.04 至 2018.01.04/低毒

PD20080495 乙草胺/900克/升/乳油/乙草胺 900克/升/2013.04.07 至 2018.04.07/低毒

夏玉米田	部分阔叶杂草、一年生禾本科杂草及部分小粒种子阔叶杂草	1080-1350克/公顷	土壤喷雾

PD20081138 氯嘧磺隆/95%/原药/氯嘧磺隆 95%/2013.09.01 至 2018.09.01/低毒

PD20081742 苯磺隆/10%/可湿性粉剂/苯磺隆 10%/2013.11.18 至 2018.11.18/低毒

冬小麦田	一年生阔叶杂草	13.5-18克/公顷	茎叶喷雾

PD20082717 丁草胺/60%/乳油/丁草胺 60%/2013.12.05 至 2018.12.05/低毒

水稻移栽田	多种一年生杂草	765-1350克/公顷	毒土法

PD20084440 乙草胺/50%/乳油/乙草胺 50%/2013.12.17 至 2018.12.17/低毒

玉米田	小粒种子阔叶杂草、一年生禾本科杂草	900-1875克/公顷(东北地区) 750-1050克/公顷(其他地区)	播后苗前土壤喷雾处理

PD20097032 乙草胺/89%/乳油/乙草胺 89%/2009.10.10 至 2014.10.10/低毒

夏玉米田	部分阔叶杂草、一年生禾本科杂草	924-1056克/公顷	土壤喷雾

PD20097184 苄·丁/30%/可湿性粉剂/苄嘧磺隆 1.3%、丁草胺 28.7%/2009.10.16 至 2014.10.16/低毒

水稻移栽田	部分多年生杂草、一年生杂草	450-675克/公顷	喷雾

天津市南洋兄弟化学有限公司 (天津市津南区南洋工业园区 300350 022-88711769)

WP20080484 蚊香/0.23%/蚊香/富右旋反式烯丙菊酯 0.23%/2013.12.17 至 2018.12.17/低毒

卫生	蚊	/	点燃

WP20090269 杀虫气雾剂/1%/气雾剂/胺菊酯 0.50%、高效氯氰菊酯 0.05%、氯菊酯 0.45%/2009.05.12 至 2014.05.12/低毒

卫生	蜚蠊、蚊、蝇	/	喷雾

WP20100143 杀虫气雾剂/0.8%/气雾剂/胺菊酯 0.4%、高效氯氰菊酯 0.05%、氯菊酯 0.35%/2010.11.25 至 2015.11.25/低毒

卫生	蚊、蝇、蜚蠊	/	喷雾

WP20110056 电热蚊香片/10毫克/片/电热蚊香片/炔丙菊酯 10毫克/片/2011.02.25 至 2016.02.25/微毒

卫生	蚊	/	电热加温

WP20110197 电热蚊香液/0.8%/电热蚊香液/炔丙菊酯 0.8%/2011.09.07 至 2016.09.07/低毒

卫生	蚊	/	电热加温

天津市农药研究所 (天津市北辰区北仓化工区富锦道 300400 022-26391140)

PD85122-1 福美双/50%/可湿性粉剂/福美双 50%/2010.06.30 至 2015.06.30/中等毒

黄瓜	白粉病、霜霉病	500-1000倍液	喷雾
葡萄	白腐病	500-1000倍液	喷雾
水稻	稻瘟病、胡麻叶斑病	250克/100千克种子	拌种
甜菜、烟草	根腐病	500克/500千克温床土	土壤处理
小麦	白粉病、赤霉病	500倍液	喷雾

PD85123 肿·锌·福美双/50%/可湿性粉剂/福美甲肿 12.5%、福美双 25%、福美锌 12.5%/2010.06.30 至 2013.12.31/中等毒

大白菜	霜霉病	750-1025克/公顷	喷雾
梨树	黑星病	500-800倍液	喷雾
苹果树	炭疽病	500-800倍液	喷雾
葡萄	黑痘病、炭疽病	500-1000倍液	喷雾
水稻	纹枯病	542.5-692.5克/公顷	喷雾
烟草	炭疽病	542.5-692.5克/公顷	喷雾
芝麻	疫病	2500倍液	喷雾

PD85124 福·福锌/80%/可湿性粉剂/福美双 30%、福美锌 50%/2010.06.30 至 2015.06.30/中等毒

黄瓜、西瓜	炭疽病	1500-1800克/公顷	喷雾
麻	炭疽病	240-400克/100千克种子	拌种
棉花	苗期病害	0.5%药液	浸种
苹果树、杉木、橡胶树	炭疽病	500-600倍液	喷雾

PD85125 福美肿/40%/可湿性粉剂/福美肿 40%/2010.06.30 至 2013.12.31/中等毒

黄瓜	白粉病	1025-1500克/公顷	喷雾
苹果树	白粉病	700倍液	喷雾
水稻	稻粒瘟病	542.5-645克/公顷	喷雾
豌豆	白粉病	900-1025克/公顷	喷雾
小麦	白粉病	542.5-750克/公顷	喷雾

PD85133-5 福美双/95%/原药/福美双 95%/2010.07.13 至 2015.07.13/中等毒

PD20040253 高效氯氰菊酯/4.5%/乳油/高效氯氰菊酯 4.5%/2009.12.19 至 2014.12.19/中等毒

棉花	红铃虫、棉铃虫、蚜虫	15-30克/公顷	喷雾
十字花科蔬菜	蚜虫	3-18克/公顷	喷雾
十字花科蔬菜	菜青虫、小菜蛾	9-25.5克/公顷	喷雾

PD20040255 氯氰菊酯/5%/乳油/氯氰菊酯 5%/2009.12.19 至 2014.12.19/中等毒

棉花	棉铃虫、棉蚜	45-90克/公顷	喷雾
蔬菜	菜青虫	30-45克/公顷	喷雾

PD20040553 哒螨灵/15%/乳油/哒螨灵 15%/2009.12.19 至 2014.12.19/中等毒

	苹果树	叶螨	50-67毫克/千克	喷雾
PD20080638	四螨嗪/20%/悬浮剂/四螨嗪 20%/2013.05.13 至 2018.05.13/低毒			
	柑橘树	全爪螨	100-125毫克/千克	喷雾
	苹果树	叶螨	80-100毫克/千克	喷雾
PD20081400	多·福/40%/可湿性粉剂/多菌灵 5%、福美双 35%/2013.10.28 至 2018.10.28/低毒			
	葡萄	霜霉病	1000-1250毫克/千克	喷雾
PD20081671	锰锌·腈菌唑/60%/可湿性粉剂/腈菌唑 2%、代森锰锌 58%/2013.11.17 至 2018.11.17/低毒			
	梨树	黑星病	400-600毫克/千克	喷雾
PD20081756	多·福/60%/可湿性粉剂/多菌灵 30%、福美双 30%/2013.11.18 至 2018.11.18/低毒			
	梨树	黑星病	1000-1500毫克/千克	喷雾
PD20082771	百·多·福/75%/可湿性粉剂/百菌清 20%、多菌灵 25%、福美双 30%/2013.12.08 至 2018.12.08/中等毒			
	苹果树	轮纹病	937.5-1250毫克/千克（600-800倍液）	喷雾
PD20083514	乙酰甲胺磷/30%/乳油/乙酰甲胺磷 30%/2013.12.12 至 2018.12.12/低毒			
	棉花	棉铃虫	900-1350克/公顷	喷雾
PD20084620	代森锰锌/80%/可湿性粉剂/代森锰锌 80%/2013.12.18 至 2018.12.18/低毒			
	番茄	早疫病	1845-2895克/公顷	喷雾
PD20085617	杀扑磷/40%/乳油/杀扑磷 40%/2013.12.25 至 2018.12.25/高毒			
	柑橘树	矢尖蚧	400-500毫克/千克	喷雾
PD20090236	多·福·锌/80%/可湿性粉剂/多菌灵 25%、福美双 25%、福美锌 30%/2014.01.09 至 2019.01.09/中等毒			
	苹果树	轮纹病、炭疽病	1000-1143毫克/千克	喷雾
PD20090573	甲硫·福美双/70%/可湿性粉剂/福美双 22%、甲基硫菌灵 48%/2014.01.14 至 2019.01.14/中等毒			
	黄瓜	白粉病、炭疽病	525-787.5克/公顷	喷雾
PD20091854	氰戊·马拉松/12%/乳油/马拉硫磷 8%、氰戊菊酯 4%/2014.02.06 至 2019.02.06/中等毒			
	白菜、甘蓝	菜青虫	54-108克/公顷	喷雾
	白菜、甘蓝	蚜虫	36-72克/公顷	喷雾
PD20094354	福·甲·硫磺/45%/悬浮剂/福美双 9%、甲基硫菌灵 16%、硫磺 20%/2009.04.01 至 2014.04.01/低毒			
	苹果树	轮纹病	500-700倍液	喷雾
PD20102049	高效氯氰菊酯/4.5%/微乳剂/高效氯氰菊酯 4.5%/2010.11.01 至 2015.11.01/低毒			
	甘蓝	菜青虫	13.5-27克/公顷	喷雾
PD20102182	阿维·高氯/1.8%/乳油/阿维菌素 0.3%、高效氯氰菊酯 1.5%/2010.12.15 至 2015.12.15/低毒(原药高毒)			
	甘蓝	菜青虫、小菜蛾	7.5-15克/公顷	喷雾
PD20110167	啶虫脒/5%/乳油/啶虫脒 5%/2011.02.11 至 2016.02.11/低毒			
	黄瓜	蚜虫	18-22.5克/公顷	喷雾
PD20130877	啶虫脒/20%/可湿性粉剂/啶虫脒 20%/2013.04.25 至 2018.04.25/低毒			
	柑橘树	蚜虫	10-12毫克/千克	喷雾
PD20131335	丙森锌/70%/可湿性粉剂/丙森锌 70%/2013.06.09 至 2018.06.09/低毒			
	黄瓜	霜霉病	1911-2247克/公顷	喷雾
WP20070033	杀虫气雾剂/0.5%/气雾剂/胺菊酯 0.4%、氯菊酯 0.1%/2012.11.30 至 2017.11.30/低毒			
	卫生	蜚蠊、蚊、蝇	/	喷雾
WP20090259	驱蚊液/15%/驱蚊液/避蚊胺 15%/2009.04.27 至 2014.04.27/低毒			
	卫生	蚊	/	涂抹
WL20120023	高效氯氟氰菊酯/10%/水乳剂/高效氯氟氰菊酯 10%/2013.05.05 至 2014.05.05/低毒			
	卫生	蚊、蝇	3毫克/平方米（喷雾） 25毫克/平方米（滞留喷洒）	喷雾或滞留喷洒
	注:仅限专业人员使用			

天津市前进农药厂　(天津市宁河县北湖　301500　022-26525786)

PD20080578	啶虫脒/5%/乳油/啶虫脒 5%/2013.05.12 至 2018.05.12/低毒			
	黄瓜	蚜虫	18-27克/公顷	喷雾
PD20081903	辛硫磷/40%/乳油/辛硫磷 40%/2013.11.21 至 2018.11.21/低毒			
	甘蓝	菜青虫	420-450克/公顷	喷雾
PD20082044	氯氰菊酯/5%/乳油/氯氰菊酯 5%/2013.11.25 至 2018.11.25/低毒			
	十字花科蔬菜	菜青虫	30-45克/公顷	喷雾
PD20082109	敌敌畏/80%/乳油/敌敌畏 80%/2013.11.25 至 2018.11.25/中等毒			
	棉花	棉蚜	900-1200克/公顷	喷雾
PD20082749	高效氯氰菊酯/4.5%/乳油/高效氯氰菊酯 4.5%/2013.12.08 至 2018.12.08/低毒			
	甘蓝	菜青虫	27-33.75克/公顷	喷雾
PD20092034	阿维·敌敌畏/40%/乳油/阿维菌素 0.3%、敌敌畏 39.7%/2014.02.12 至 2019.02.12/中等毒(原药高毒)			
	黄瓜	美洲斑潜蝇	405-450克/公顷	喷雾
PD20092216	乙铝·多菌灵/60%/可湿性粉剂/多菌灵 20%、三乙膦酸铝 40%/2014.02.24 至 2019.02.24/低毒			
	苹果树	轮纹病	1000-1250毫克/千克	喷雾
PD20094597	毒·辛/40%/乳油/毒死蜱 10%、辛硫磷 30%/2014.04.10 至 2019.04.10/中等毒			
	棉花	棉铃虫	450-600克/公顷	喷雾

PD20097898	氟乐灵/480克/升/乳油/氟乐灵 480克/升/2009.11.30 至 2014.11.30/低毒			
	大豆田	一年生杂草	900-1260克/公顷	播后苗前土壤喷雾
PD20098329	百菌清/75%/可湿性粉剂/百菌清 75%/2009.12.18 至 2014.12.18/低毒			
	黄瓜	霜霉病	2325－3000克/公顷	喷雾
PD20100031	百菌清/40%/悬浮剂/百菌清 40%/2010.01.04 至 2015.01.04/低毒			
	花生	叶斑病	750－900克/公顷	喷雾
PD20100080	多菌灵/50%/可湿性粉剂/多菌灵 50%/2010.01.04 至 2015.01.04/低毒			
	水稻	稻瘟病	500－1000克/公顷	喷雾
PD20100173	二嗪磷/50%/乳油/二嗪磷 50%/2010.01.05 至 2015.01.05/低毒			
	水稻	二化螟	675-900克/公顷	喷雾
PD20100311	速灭威/20%/乳油/速灭威 20%/2010.01.11 至 2015.01.11/低毒			
	水稻	稻飞虱	525-600克/公顷	喷雾
PD20100574	溴氰菊酯/25克/升/乳油/溴氰菊酯 25克/升/2010.01.14 至 2015.01.14/低毒			
	梨树	梨小食心虫	8.33-10毫克/千克	喷雾
PD20100776	仲丁威/50%/乳油/仲丁威 50%/2010.01.18 至 2015.01.18/中等毒			
	水稻	叶蝉	375-562.5克/公顷	喷雾
PD20100885	精喹禾灵/50克/升/乳油/精喹禾灵 50克/升/2010.01.19 至 2015.01.19/低毒			
	夏大豆田	一年生禾本科杂草	37.5-60克/公顷	喷雾
PD20122074	炔螨特/57%/乳油/炔螨特 57%/2012.12.24 至 2017.12.24/低毒			
	苹果树	红蜘蛛	250-380毫克/千克	喷雾
PD20130092	虫酰肼/20%/悬浮剂/虫酰肼 20%/2013.01.17 至 2018.01.17/低毒			
	甘蓝	甜菜夜蛾	210-300克/公顷	喷雾
PD20130110	二甲戊灵/330克/升/乳油/二甲戊灵 330克/升/2013.01.17 至 2018.01.17/低毒			
	甘蓝田	一年生杂草	618.8-742.5克/公顷	土壤喷雾
PD20130161	甲基硫菌灵/70%/可湿性粉剂/甲基硫菌灵 70%/2013.01.24 至 2018.01.24/低毒			
	水稻	纹枯病	1050-1500克/公顷	喷雾
PD20130627	联苯菊酯/25克/升/乳油/联苯菊酯 25克/升/2013.04.03 至 2018.04.03/低毒			
	茶树	茶小绿叶蝉	30-37.5克/公顷	喷雾
PD20130642	阿维菌素/5%/乳油/阿维菌素 5%/2013.04.05 至 2018.04.05/中等毒(原药高毒)			
	甘蓝	小菜蛾	8.1－10.8克/公顷	喷雾
PD20130822	甲维·氟铃脲/10.5%/水分散粒剂/氟铃脲 10%、甲氨基阿维菌素苯甲酸盐 .5%/2013.04.22 至 2018.04.22/低毒			
	甘蓝	小菜蛾	23.625-47.25克/公顷	喷雾
WP20120235	高氯·残杀威/8%/悬浮剂/残杀威 5%、高效氯氰菊酯 3%/2012.12.07 至 2017.12.07/低毒			
	卫生	蝇	50-100毫克/平方米	滞留喷洒
天津市施普乐农药技术发展有限公司 (天津市华苑工华道南大科技园C座4层 300384 022-83718911)				
PD84116-7	代森锌/80%/可湿性粉剂/代森锌 80%/2009.12.30 至 2014.12.30/低毒			
	茶树	炭疽病	1143-1600毫克/千克	喷雾
	观赏植物	炭疽病、锈病、叶斑病	1143-1600毫克/千克	喷雾
	花生	叶斑病	750-960克/公顷	喷雾
	梨树、苹果树	多种病害	1143-1600毫克/千克	喷雾
	马铃薯	晚疫病、早疫病	960-1200克/公顷	喷雾
	麦类	锈病	960-1440克/公顷	喷雾
	蔬菜、油菜	多种病害	960-1200克/公顷	喷雾
	烟草	立枯病、炭疽病	960-1200克/公顷	喷雾
PD85105-87	敌敌畏/77.5%/乳油/敌敌畏 77.5%/2009.12.30 至 2014.12.30/中等毒			
	茶树	食叶害虫	600克/公顷	喷雾
	粮仓	多种储藏害虫	1)400-500倍液 2)0.4-0.5克/立方米	1)喷雾 2)挂条熏蒸
	棉花	蚜虫、造桥虫	600-1200克/公顷	喷雾
	苹果树	小卷叶蛾、蚜虫	400-500毫克/千克	喷雾
	青菜	菜青虫	600克/公顷	喷雾
	桑树	尺蠖	600克/公顷	喷雾
	卫生	多种卫生害虫	1)300-400倍液2)0.08克/立方米	1)泼洒2)挂条熏蒸
	小麦	黏虫、蚜虫	600克/公顷	喷雾
PD85109-16	甲拌磷/55%/乳油/甲拌磷 55%/2009.12.30 至 2014.12.30/高毒			
	棉花	地下害虫、蚜虫、螨	600-800克/100千克种子	浸种、拌种
	注:甲拌磷乳油只准用于浸、拌种,严禁喷雾使用。			
PD85126-19	三氯杀螨醇/20%/乳油/三氯杀螨醇 20%/2010.06.16 至 2015.06.16/低毒			
	棉花	红蜘蛛	225-300克/公顷	喷雾
	苹果树	红蜘蛛、锈蜘蛛	800-1000倍液	喷雾
PD86159-4	三乙膦酸铝/40%/可湿性粉剂/三乙膦酸铝 40%/2011.09.20 至 2016.09.20/低毒			
	胡椒	瘟病	1克/株	灌根
	棉花	疫病	1410-2820克/公顷	喷雾

	蔬菜	霜霉病	1410-2820克/公顷	喷雾
	水稻	稻瘟病、纹枯病	1410克/公顷	喷雾
	橡胶树	割面条溃疡病	100倍液	1)切口涂药2)喷雾
	烟草	黑胫病	1)4500克/公顷2)0.8克/株	1)喷雾2)灌根
PD86160-5	三乙膦酸铝/80%/可湿性粉剂/三乙膦酸铝 80%/2011.09.20 至 2016.09.20/低毒			
	胡椒	瘟病	1克/株	灌根
	棉花	疫病	1410-2820克/公顷	喷雾
	蔬菜	霜霉病	1410-2820克/公顷	喷雾
	水稻	稻瘟病、纹枯病	1410克/公顷	喷雾
	橡胶	割面条溃疡病	100倍液	切口涂药、喷雾
	烟草	黑胫病	1)0.8克/株2)4500克/公顷	1)灌根2)喷雾
PD91104-31	敌敌畏/48%/乳油/敌敌畏 48%/2009.12.30 至 2014.12.30/中等毒			
	茶树	食叶害虫	600克/公顷	喷雾
	粮仓	多种储粮害虫	1)300-400倍液 2)0.4-0.5克/立方米	1)喷雾 2)挂条熏蒸
	棉花	蚜虫、造桥虫	600-1200克/公顷	喷雾
	苹果树	小卷叶蛾、蚜虫	400-500毫克/千克	喷雾
	青菜	菜青虫	600克/公顷	喷雾
	桑树	尺蠖	600克/公顷	喷雾
	卫生	多种卫生害虫	1)250-300倍液2)0.08克/立方米	1)泼洒2)挂条熏蒸
	小麦	黏虫、蚜虫	600克/公顷	喷雾
PD20040128	高效氯氰菊酯/2.5%/乳油/高效氯氰菊酯 2.5%/2009.12.19 至 2014.12.19/低毒			
	苹果树	桃小食心虫	12.5-25毫克/千克	喷雾
PD20040238	氯氰菊酯/5%/乳油/氯氰菊酯 5%/2009.12.19 至 2014.12.19/中等毒			
	棉花	棉铃虫、棉蚜	45-90克/公顷	喷雾
	蔬菜	菜青虫	30-45克/公顷	喷雾
PD20040257	高效氯氰菊酯/4.5%/乳油/高效氯氰菊酯 4.5%/2009.12.19 至 2014.12.19/低毒			
	茶树	茶尺蠖、茶小绿叶蝉	20.25-40.5克/公顷	喷雾
	柑橘树	介壳虫	37.5-50毫克/千克	喷雾
	马铃薯	二十八星瓢虫	15-30克/公顷	喷雾
	棉花	红铃虫、棉铃虫、蚜虫	27-54克/公顷	喷雾
	苹果树	桃小食心虫	20-33毫克/千克	喷雾
	烟草	蚜虫、烟青虫	13.5-27克/公顷	喷雾
PD20040586	高效氯氰菊酯/4.5%/微乳剂/高效氯氰菊酯 4.5%/2009.12.19 至 2014.12.19/中等毒			
	十字花科蔬菜	菜青虫、蚜虫	20.25-27克/公顷	喷雾
PD20040706	氯氰·吡虫啉/5%/乳油/吡虫啉 1%、氯氰菊酯 4%/2009.12.19 至 2014.12.19/中等毒			
	甘蓝	蚜虫	30-45克/公顷	喷雾
PD20060085	三乙膦酸铝/95%/原药/三乙膦酸铝 95%/2011.04.26 至 2016.04.26/低毒			
PD20060123	代森锰锌/90%/原药/代森锰锌 90%/2011.06.26 至 2016.06.26/低毒			
PD20060143	禾草敌/99%/原药/禾草敌 99%/2011.08.07 至 2016.08.07/低毒			
PD20060146	霜霉威盐酸盐/96%/原药/霜霉威盐酸盐 96%/2011.08.14 至 2016.08.14/低毒			
PD20060159	代森锰锌/50%/可湿性粉剂/代森锰锌 50%/2011.09.22 至 2016.09.22/低毒			
	番茄	早疫病	1845-2370克/公顷	喷雾
PD20060160	代森锰锌/70%/可湿性粉剂/代森锰锌 70%/2011.09.22 至 2016.09.22/低毒			
	番茄	早疫病	1837.5-2362.5克/公顷	喷雾
	辣椒、甜椒	炭疽病、疫病	1800-2520克/公顷	喷雾
	注:黄瓜、辣椒、甜椒有效期至2011年5月17日。			
PD20060161	代森锰锌/80%/可湿性粉剂/代森锰锌 80%/2011.09.22 至 2016.09.22/低毒			
	番茄	早疫病	1845-2370克/公顷	喷雾
	柑橘树	疮痂病、炭疽病	1333-2000毫克/千克	喷雾
	花生	叶斑病	720-900克/公顷	喷雾
	黄瓜	霜霉病	2040-3000克/公顷	喷雾
	辣椒、甜椒	炭疽病、疫病	1800-2520克/公顷	喷雾
	梨树	黑星病	800-1600毫克/千克	喷雾
	荔枝树	霜疫霉病	1333-2000毫克/千克	喷雾
	马铃薯	晚疫病	1440-2160克/公顷	喷雾
	苹果树	斑点落叶病、轮纹病、炭疽病	1000-1600毫克/千克	喷雾
	葡萄	白腐病、黑痘病、霜霉病	1000-1600毫克/千克	喷雾
	西瓜	炭疽病	1560-2520克/公顷	喷雾
	烟草	赤星病	1440-1920克/公顷	喷雾
PD20060206	螨醇·哒螨灵/25%/乳油/哒螨灵 5%、三氯杀螨醇 20%/2011.12.07 至 2016.12.07/中等毒			
	苹果树	叶螨	83-100毫克/千克	喷雾
PD20070004	代森锌/90%/原药/代森锌 90%/2012.01.08 至 2017.01.08/低毒			

PD20070078 锰锌·福美双/70%/可湿性粉剂/福美双 50%、代森锰锌 20%/2012.04.12 至 2017.04.12/低毒
苹果树 轮纹病 875-1166毫克/千克 喷雾
PD20070232 福·甲·硫磺/70%/可湿性粉剂/福美双 25%、甲基硫菌灵 14%、硫磺 31%/2012.08.08 至 2017.08.08/低毒
小麦 赤霉病 1575-2100克/公顷 喷雾
PD20070238 百·福/70%/可湿性粉剂/百菌清 20%、福美双 50%/2012.08.08 至 2017.08.08/低毒
葡萄 霜霉病 875-1167毫克/千克 喷雾
PD20070239 多·福/50%/可湿性粉剂/多菌灵 25%、福美双 25%/2012.08.08 至 2017.08.08/中等毒
梨树 黑星病 1000-1500毫克/千克 喷雾
PD20070382 噁霜·锰锌/64%/可湿性粉剂/噁霜灵 8%、代森锰锌 56%/2012.10.24 至 2017.10.24/低毒
黄瓜 霜霉病 1650-1950克/公顷 喷雾
PD20070473 甲硫·福美双/70%/可湿性粉剂/福美双 40%、甲基硫菌灵 30%/2012.11.20 至 2017.11.20/低毒
苹果树 轮纹病 875-1167毫克/千克 喷雾
PD20080036 多·福·硫磺/50%/可湿性粉剂/多菌灵 15%、福美双 10%、硫磺 25%/2013.01.04 至 2018.01.04/低毒
小麦 赤霉病 975-1200克/公顷 喷雾
PD20080140 嘧霉胺/98%/原药/嘧霉胺 98%/2013.01.04 至 2018.01.04/低毒
PD20080381 福·甲·硫磺/50%/可湿性粉剂/福美双 18%、甲基硫菌灵 10%、硫磺 22%/2013.02.28 至 2018.02.28/中等毒
小麦 赤霉病 1575-2100克/公顷 喷雾
PD20080382 灭幼脲/25%/悬浮剂/灭幼脲 25%/2013.02.28 至 2018.02.28/低毒
苹果树 金纹细蛾 100-167毫克/千克 喷雾
PD20080415 高效氯氟氰菊酯/25克/升/乳油/高效氯氟氰菊酯 25克/升/2013.03.04 至 2018.03.04/中等毒
茶树 茶小绿叶蝉 22.5-37.5克/公顷 喷雾
茶树 茶尺蠖 7.5-15克/公顷 喷雾
柑橘树 潜叶蛾 12.5-31.25毫克/千克 喷雾
梨树 梨小食心虫 6.25-16.7毫克/千克 喷雾
荔枝树 蝽蟓 6.25-12.5毫克/千克 喷雾
荔枝树 蒂蛀虫 12.5-25毫克/千克 喷雾
棉花 红铃虫、棉铃虫、蚜虫 15-30克/公顷 喷雾
苹果树 桃小食心虫 6.25-8.33毫克/千克 喷雾
烟草 蚜虫、烟青虫 11.25-22.5克/公顷 喷雾
叶菜 蚜虫 11.25-22.5克/公顷 喷雾
叶菜 菜青虫、甜菜夜蛾、小菜蛾 15-30克/公顷 喷雾
PD20080545 硫磺/45%/悬浮剂/硫磺 45%/2013.05.08 至 2018.05.08/低毒
黄瓜 白粉病 1012.5-1687.5克/公顷 喷雾
PD20080731 烟嘧磺隆/95%/原药/烟嘧磺隆 95%/2013.06.11 至 2018.06.11/低毒
PD20080743 草除灵/95%/原药/草除灵 95%/2013.06.11 至 2018.06.11/低毒
PD20080760 霜霉威盐酸盐/35%/水剂/霜霉威盐酸盐 35%/2013.06.11 至 2018.06.11/低毒
黄瓜 霜霉病 866－1083克/公顷 喷雾
PD20081692 锰锌·腈菌唑/50%/可湿性粉剂/腈菌唑 2%、代森锰锌 48%/2013.11.17 至 2018.11.17/低毒
梨树 黑星病 1500-1700倍液 喷雾
PD20082039 禾草敌/90.9%/乳油/禾草敌 90.9%/2013.11.25 至 2018.11.25/低毒
水稻秧田 稗草 2045.3-2727克/公顷 茎叶喷雾
PD20082294 甲硫·福美双/50%/可湿性粉剂/福美双 20%、甲基硫菌灵 30%/2013.12.01 至 2018.12.01/低毒
小麦 赤霉病 900-1200克/公顷 喷雾
PD20082769 嘧霉胺/37%/悬浮剂/嘧霉胺 37%/2013.12.08 至 2018.12.08/低毒
黄瓜 灰霉病 375-562.5克/公顷 喷雾
PD20082859 啶虫脒/5%/乳油/啶虫脒 5%/2013.12.09 至 2018.12.09/低毒
柑橘树 蚜虫 12.5-16.7毫克/千克 喷雾
黄瓜 蚜虫 13.5-22.5克/公顷 喷雾
PD20082952 辛硫磷/40%/乳油/辛硫磷 40%/2013.12.09 至 2018.12.09/低毒
十字花科蔬菜 菜青虫 360-480克/公顷 喷雾
PD20083306 霜霉威盐酸盐/66.5%/水剂/霜霉威盐酸盐 66.5%/2013.12.11 至 2018.12.11/低毒
黄瓜 霜霉病 649.8-1083克/公顷 喷雾
PD20083345 丙环唑/25%/乳油/丙环唑 25%/2013.12.11 至 2018.12.11/低毒
香蕉 叶斑病 250-500毫克/千克 喷雾
PD20083918 三环唑/75%/可湿性粉剂/三环唑 75%/2013.12.15 至 2018.12.15/低毒
水稻 稻瘟病 225-300克/公顷 喷雾
PD20083926 三唑酮/25%/可湿性粉剂/三唑酮 25%/2013.12.15 至 2018.12.15/低毒
小麦 白粉病 105-125克/公顷 喷雾
PD20083960 硫磺·锰锌/70%/可湿性粉剂/硫磺 42%、代森锰锌 28%/2013.12.16 至 2018.12.16/低毒
苹果树 白粉病 500-700倍液 喷雾
PD20083996 联苯菊酯/100克/升/乳油/联苯菊酯 100克/升/2013.12.16 至 2018.12.16/中等毒
苹果树 桃小食心虫 20-33.3毫克/千克 喷雾
PD20084132 氟硅唑/40%/乳油/氟硅唑 40%/2013.12.16 至 2018.12.16/低毒

梨树 黑星病 33.3-50毫克/千克 喷雾

PD20084222 稻瘟灵/40%/乳油/稻瘟灵 40%/2013.12.17 至 2018.12.17/低毒

水稻 稻瘟病 480-600克/公顷 喷雾

PD20084308 氟啶脲/50克/升/乳油/氟啶脲 50克/升/2013.12.17 至 2018.12.17/低毒

甘蓝 甜菜夜蛾 45-60克/公顷 喷雾

PD20084773 福·克/18%/悬浮种衣剂/福美双 10%、克百威 8%/2013.12.22 至 2018.12.22/高毒

玉米 地下害虫、茎腐病 1:40-50(药种比) 种子包衣

PD20084918 甲氨基阿维菌素苯甲酸盐(1.14%)///乳油/甲氨基阿维菌素 1%/2013.12.22 至 2018.12.22/低毒

甘蓝 小菜蛾 1.5-2.25克/公顷 喷雾

PD20085227 草甘膦/30%/水剂/草甘膦 30%/2013.12.23 至 2018.12.23/低毒

苹果园 杂草 1125-2250克/公顷 定向茎叶喷雾

PD20085486 精喹禾灵/20%/乳油/精喹禾灵 20%/2013.12.25 至 2018.12.25/低毒

冬油菜田 一年生禾本科杂草 225-270毫升(制剂)/公顷 茎叶喷雾

PD20085559 乙铝·锰锌/70%/可湿性粉剂/代森锰锌 45%、三乙膦酸铝 25%/2013.12.25 至 2018.12.25/低毒

黄瓜 霜霉病 1399.95-4200克/公顷 喷雾

PD20085829 三乙膦酸铝/90%/可溶粉剂/三乙膦酸铝 90%/2013.12.29 至 2018.12.29/低毒

黄瓜 霜霉病 2025-2700克/公顷 喷雾

PD20086002 敌百·辛硫磷/50%/乳油/敌百虫 25%、辛硫磷 25%/2013.12.29 至 2018.12.29/低毒

棉花 蚜虫 450-600克/公顷 喷雾

PD20086075 多菌灵/80%/可湿性粉剂/多菌灵 80%/2013.12.30 至 2018.12.30/低毒

苹果树 轮纹病 667-1000毫克/千克 喷雾

PD20086161 甲霜·锰锌/58%/可湿性粉剂/甲霜灵 10%、代森锰锌 48%/2013.12.30 至 2018.12.30/低毒

黄瓜 霜霉病 1305-1632克/公顷 喷雾

葡萄 霜霉病 1087.5-1740克/公顷 喷雾

PD20086353 代森锌/65%/可湿性粉剂/代森锌 65%/2013.12.31 至 2018.12.31/低毒

番茄、黄瓜 多种病害 960-1200克/公顷 喷雾

观赏植物 炭疽病、锈病、叶斑病 1143-1600毫克/千克 喷雾

马铃薯 晚疫病、早疫病 960-1200克/公顷 喷雾

PD20090080 烯草酮/240克/升/乳油/烯草酮 240克/升/2014.01.08 至 2019.01.08/低毒

大豆田 一年生禾本科杂草 97.5-144克/公顷 茎叶喷雾

PD20090323 毒·辛/40%/乳油/毒死蜱 10%、辛硫磷 30%/2014.01.12 至 2019.01.12/低毒

棉花 棉铃虫 360-450克/公顷 喷雾

PD20090544 精喹禾灵/5%/乳油/精喹禾灵 5%/2014.01.13 至 2019.01.13/低毒

大豆田 一年生禾本科杂草 48.75-60 克/公顷 茎叶喷雾

PD20090680 嘧霉·福美双/30%/悬浮剂/福美双 25%、嘧霉胺 5%/2014.01.19 至 2019.01.19/低毒

黄瓜 灰霉病 600-900克/公顷 喷雾

PD20090709 虫酰肼/20%/悬浮剂/虫酰肼 20%/2014.01.19 至 2019.01.19/低毒

甘蓝 甜菜夜蛾 250-300克/公顷 喷雾

苹果树 卷叶蛾 100-125毫克/千克 喷雾

PD20091305 氟磺胺草醚/250克/升/水剂/氟磺胺草醚 250克/升/2014.02.01 至 2019.02.01/低毒

春大豆田 一年生阔叶杂草 375-487.5克/公顷 茎叶喷雾

夏大豆田 一年生阔叶杂草 262.5-375克/公顷 茎叶喷雾

PD20091415 异丙甲草胺/720克/升/乳油/异丙甲草胺 720克/升/2014.02.02 至 2019.02.02/低毒

春玉米田 一年生杂草 2160-2700克/公顷 土壤喷雾

夏玉米田 一年生杂草 1458-1944克/公顷 土壤喷雾

PD20091431 高效氟吡甲禾灵/108克/升/乳油/高效氟吡甲禾灵 108克/升/2014.02.02 至 2019.02.02/低毒

棉花田 一年生禾本科杂草 40.5-48.6克/公顷 茎叶喷雾

PD20091719 氟乐灵/480克/升/乳油/氟乐灵 480克/升/2014.02.04 至 2019.02.04/低毒

棉花田 一年生禾本科杂草及阔叶杂草 720-1080克/公顷 喷雾

PD20092074 二甲戊灵/33%/乳油/二甲戊灵 33%/2014.02.16 至 2019.02.16/低毒

姜田 一年生杂草 643.5-742.5克/公顷 喷雾

PD20092360 精噁唑禾草灵/69克/升/水乳剂/精噁唑禾草灵 69克/升/2014.02.24 至 2019.02.24/低毒

冬小麦田 一年生禾本科杂草 41.49-51.75克/公顷 茎叶喷雾

PD20092367 阿维·高氯/1.8%/乳油/阿维菌素 0.3%、高效氯氰菊酯 1.5%/2014.02.24 至 2019.02.24/低毒(原药高毒)

十字花科蔬菜 小菜蛾 13.5-18.9克/公顷 喷雾

PD20092522 福美锌/72%/可湿性粉剂/福美锌 72%/2014.02.26 至 2019.02.26/低毒

苹果树 炭疽病 1200-1800毫克/千克 喷雾

PD20092605 乙氧氟草醚/240克/升/乳油/乙氧氟草醚 240克/升/2014.02.27 至 2019.02.27/低毒

大蒜田 一年生杂草 126-180克/公顷 土壤喷雾

水稻移栽田 一年生杂草 54-72克/公顷 毒土法

PD20092688 烯酰·福美双/35%/可湿性粉剂/福美双 30.5%、烯酰吗啉 4.5%/2014.03.03 至 2019.03.03/低毒

黄瓜 霜霉病 1050-1470克/公顷 喷雾

PD20093670 百草枯/250克/升/水剂/百草枯 250克/升/2012.12.31 至 2014.07.01/中等毒

非耕地 杂草 650-800克/公顷 茎叶喷雾

PD20094324 百草枯/200克/升/水剂/百草枯 200克/升/2012.12.31 至 2014.07.01/中等毒

苹果园 杂草 600-900克/公顷 定向茎叶喷雾

PD20094692 乙铝·福美双/80%/可湿性粉剂/福美双 50%、三乙膦酸铝 30%/2009.04.10 至 2014.04.10/低毒

苹果树 炭疽病 600-800倍液 喷雾

PD20094813 草甘膦/50%/可溶粉剂/草甘膦 50%/2009.04.13 至 2014.04.13/低毒

非耕地 杂草 1125-2250克/公顷 茎叶喷雾

PD20095405 苯醚甲环唑/10%/水分散粒剂/苯醚甲环唑 10%/2009.04.27 至 2014.04.27/低毒

梨树 黑星病 14.3-16.7毫克/千克 喷雾

PD20095567 杀螟·辛硫磷/46%/乳油/杀螟硫磷 30%、辛硫磷 16%/2009.05.12 至 2014.05.12/中等毒

棉花 棉铃虫 276-345克/公顷 喷雾

PD20096315 氯氟吡氧乙酸异辛酯(288克/升)///乳油/氯氟吡氧乙酸 200克/升/2009.07.22 至 2014.07.22/低毒

小麦田 一年生阔叶杂草 150-199.5克/公顷 茎叶喷雾

PD20096374 氯氰·毒死蜱/522.5克/升/乳油/毒死蜱 475克/升、氯氰菊酯 47.5克/升/2009.08.04 至 2014.08.04/中等毒

菜豆 豆荚螟 391.875-470.25克/公顷 喷雾

PD20096385 甲基硫菌灵/48.5%/悬浮剂/甲基硫菌灵 48.5%/2009.08.04 至 2014.08.04/低毒

水稻 纹枯病 750-1125克/公顷 喷雾

PD20097028 矮壮·甲哌鎓/45%/水剂/矮壮素 43%、甲哌鎓 2%/2009.10.10 至 2014.10.10/低毒

棉花 调节生长 54-81克/公顷 喷雾

PD20097167 氢氧化铜/77%/可湿性粉剂/氢氧化铜 77%/2009.10.16 至 2014.10.16/低毒

柑橘树 溃疡病 400-600倍液 喷雾

PD20097626 杀螟丹/98%/可溶粉剂/杀螟丹 98%/2009.11.03 至 2014.11.03/中等毒

白菜 菜青虫 441-588克/公顷 喷雾

PD20097682 烟嘧磺隆/40克/升/可分散油悬浮剂/烟嘧磺隆 40克/升/2009.11.04 至 2014.11.04/低毒

玉米田 一年生杂草 45-60克/公顷 茎叶喷雾

PD20098311 噻嗪酮/25%/可湿性粉剂/噻嗪酮 25%/2009.12.18 至 2014.12.18/低毒

水稻 飞虱 75-112.5克/公顷 喷雾

PD20098409 吗胍·乙酸铜/20%/可湿性粉剂/盐酸吗啉胍 16%、乙酸铜 4%/2009.12.18 至 2014.12.18/低毒

番茄 病毒病 500-750克/公顷 喷雾

PD20100132 氟铃脲/5%/乳油/氟铃脲 5%/2010.01.05 至 2015.01.05/低毒

甘蓝 小菜蛾 45-60克/公顷 喷雾

PD20100347 阿维·矿物油/24.5%/乳油/阿维菌素 0.2%、矿物油 24.3%/2010.01.11 至 2015.01.11/低毒(原药高毒)

柑橘树 红蜘蛛 123-245毫克/千克 喷雾

PD20100398 草除灵/500克/升/悬浮剂/草除灵 500克/升/2010.01.14 至 2015.01.14/低毒

冬油菜田 一年生阔叶杂草 200-300克/公顷 茎叶喷雾

PD20100407 唑螨酯/5%/悬浮剂/唑螨酯 5%/2010.01.14 至 2015.01.14/低毒

苹果树 红蜘蛛 16.7-25毫克/千克 喷雾

PD20100664 炔螨·矿物油/73%/乳油/矿物油 43%、炔螨特 30%/2010.01.15 至 2015.01.15/低毒

柑橘树 红蜘蛛 365-486.7毫克/千克 喷雾

PD20100684 啶虫脒/5%/可湿性粉剂/啶虫脒 5%/2010.01.16 至 2015.01.16/低毒

十字花科蔬菜 蚜虫 15-22.5克/公顷 喷雾

PD20101054 烯唑醇/12.5%/可湿性粉剂/烯唑醇 12.5%/2010.01.21 至 2015.01.21/低毒

梨树 黑星病 30-41毫克/千克 喷雾

PD20102060 喹硫磷/25%/乳油/喹硫磷 25%/2010.11.03 至 2015.11.03/中等毒

柑橘树 介壳虫 125-166.7毫克/千克 喷雾

PD20102184 莠去津/38%/悬浮剂/莠去津 38%/2010.12.15 至 2015.12.15/低毒

春玉米田 一年生杂草 1800-2250克/公顷 播后苗前土壤喷雾

PD20110002 毒死蜱/480克/升/乳油/毒死蜱 480克/升/2011.01.04 至 2016.01.04/中等毒

水稻 稻纵卷叶螟 450-600克/公顷 喷雾

PD20110120 松脂酸铜/12%/乳油/松脂酸铜 12%/2011.01.27 至 2016.01.27/低毒

黄瓜 霜霉病 315-420克/公顷 喷雾

PD20120039 阿维·哒螨灵/5%/乳油/阿维菌素 0.2%、哒螨灵 4.8%/2012.01.10 至 2017.01.10/低毒(原药高毒)

柑橘树 红蜘蛛 25-50毫克/千克 喷雾

PD20121308 啶虫脒/40%/水分散粒剂/啶虫脒 40%/2012.09.11 至 2017.09.11/低毒

甘蓝 蚜虫 18—22.5克/公顷 喷雾

PD20121312 烯酰吗啉/50%/水分散粒剂/烯酰吗啉 50%/2012.09.11 至 2017.09.11/低毒

黄瓜 霜霉病 225-300克/公顷 喷雾

PD20121553 吡虫啉/25%/可湿性粉剂/吡虫啉 25%/2012.10.25 至 2017.10.25/低毒

小麦 蚜虫 15-30克/公顷(南方地区) 喷雾

45-60克/公顷(北方地区)

PD20121804 烯酰吗啉/80%/水分散粒剂/烯酰吗啉 80%/2012.11.22 至 2017.11.22/低毒

黄瓜 霜霉病 225～300克/公顷 喷雾

PD20130883 戊唑醇/430克/升/悬浮剂/戊唑醇 430克/升/2013.04.25 至 2018.04.25/低毒

黄瓜 白粉病 106-116克/公顷 喷雾

PD20131232 吡虫啉/70%/水分散粒剂/吡虫啉 70%/2013.05.28 至 2018.05.28/低毒

甘蓝 蚜虫 15−30克/公顷 喷雾

PD20131274 甲氨基阿维菌素苯甲酸盐/5%/水分散粒剂/甲氨基阿维菌素 5%/2013.06.05 至 2018.06.05/低毒

甘蓝 甜菜夜蛾 2.25−3.375克/公顷 喷雾

注:甲氨基阿维菌素苯甲酸盐含量: 5.7%。

PD20131336 阿维菌素/5%/乳油/阿维菌素 5%/2013.06.09 至 2018.06.09/中等毒(原药高毒)

甘蓝 小菜蛾 8.1−10.8克/公顷 喷雾

PD20131653 吡虫啉/70%/可湿性粉剂/吡虫啉 70%/2013.08.01 至 2018.08.01/低毒

甘蓝 蚜虫 21-31.5克/公顷 喷雾

天津市塘沽农药厂 (天津市塘沽区中心庄 300454 022-25367082)

PD20081140 霜脲·锰锌/72%/可湿性粉剂/代森锰锌 64%、霜脲氰 8%/2013.09.01 至 2018.09.01/低毒

黄瓜 霜霉病 1440−1800克/公顷 喷雾

PD20097008 灭草松/48%/水剂/灭草松 48%/2009.09.29 至 2014.09.29/低毒

春大豆田 一年生阔叶杂草 150-200毫升制剂/亩 茎叶喷雾

PD20101077 异噁草松/48%/乳油/异噁草松 48%/2010.01.25 至 2015.01.25/低毒

春大豆田 一年生杂草 936-1152克/公顷 喷雾

PD20101428 精喹禾灵/15%/乳油/精喹禾灵 15%/2010.04.26 至 2015.04.26/低毒

春大豆田 一年生禾本科杂草 52.5-65.6克/公顷 茎叶喷雾

PD20101708 精喹禾灵/10%/乳油/精喹禾灵 10%/2010.06.28 至 2015.06.28/低毒

春大豆田 一年生禾本科杂草 40-50毫升制剂/亩 茎叶喷雾

天津市天环药业有限公司 (天津市北辰区双口镇上河头村北 300401 022-86832578)

PD85105-88 敌敌畏/80%/乳油/敌敌畏 77.5%/2010.03.24 至 2015.03.24/中等毒

茶树 食叶害虫 600克/公顷 喷雾

粮仓 多种储藏害虫 1)400-500倍液 2)0.4-0.5克/立方米 1)喷雾 2)挂条熏蒸

棉花 蚜虫、造桥虫 600-1200克/公顷 喷雾

苹果树 小卷叶蛾、蚜虫 400-500毫克/千克 喷雾

青菜 菜青虫 600克/公顷 喷雾

桑树 尺蠖 600克/公顷 喷雾

卫生 多种卫生害虫 1)300-400倍液2)0.08克/立方米 1)泼洒2)挂条熏蒸

小麦 黏虫、蚜虫 600克/公顷 喷雾

PD85109-15 甲拌磷/55%/乳油/甲拌磷 55%/2010.03.24 至 2015.03.24/高毒

棉花 地下害虫、蚜虫、螨 600-800克/100千克种子 浸种、拌种

注:甲拌磷乳油只准用于浸、拌种,严禁喷雾使用。

PD20040239 高效氯氰菊酯/4.5%/乳油/高效氯氰菊酯 4.5%/2009.12.19 至 2014.12.19/中等毒

十字花科蔬菜 菜青虫 9-25.5克/公顷 喷雾

PD20040399 氯氰菊酯/5%/乳油/氯氰菊酯 5%/2009.12.19 至 2014.12.19/中等毒

十字花科蔬菜 菜青虫 30-45克/公顷 喷雾

PD20080658 吡虫啉/10%/可湿性粉剂/吡虫啉 10%/2013.05.27 至 2018.05.27/低毒

小麦 蚜虫 15-22.5克/公顷 喷雾

PD20082035 辛硫磷/40%/乳油/辛硫磷 40%/2013.11.25 至 2018.11.25/低毒

十字花科蔬菜 菜青虫 300-450克/公顷 喷雾

PD20083711 敌敌畏/50%/乳油/敌敌畏 50%/2013.12.15 至 2018.12.15/中等毒

十字花科蔬菜 菜青虫 600-750克/公顷 喷雾

PD20094322 辛硫磷/20%/乳油/辛硫磷 20%/2009.03.31 至 2014.03.31/低毒

十字花科蔬菜 蚜虫 120-150克/公顷 喷雾

PD20096202 吡虫啉/5%/乳油/吡虫啉 5%/2009.07.13 至 2014.07.13/低毒

苹果树 蚜虫 10-12.5毫克/千克 喷雾

PD20100870 石硫合剂/29%/水剂/石硫合剂 29%/2010.01.19 至 2015.01.19/低毒

茶树 红蜘蛛 0.5-1Be(制剂) 喷雾

PD20110117 草甘膦异丙胺盐/30%/水剂/草甘膦 30%/2011.01.26 至 2016.01.26/低毒

苹果园 杂草 1125-2250克/公顷 定向茎叶喷雾

注:草甘膦异丙胺盐含量:41%。

天津市天庆化工有限公司 (天津市津南区咸水沽小营盘 300350 022-28396858)

PDN60-99 溴敌隆/98%,95%/原药/溴敌隆 98%,95%/2009.03.10 至 2014.03.10/高毒

PDN61-99 溴敌隆/0.5%/母药/溴敌隆 0.5%/2009.03.10 至 2014.03.10/高毒

室外 田鼠 (2-5)克0.005%毒饵×(300-450)点/公顷 配成毒饵后堆施或穴施

PDN62-99 溴敌隆/0.5%/母药/溴敌隆 0.5%/2009.03.10 至 2014.03.10/高毒

室外 田鼠 (2-5)克0.005%毒饵×(300-450)点/公顷 配成毒饵后堆施或穴施

PD20080195 溴鼠灵/0.005%/毒饵/溴鼠灵 0.005%/2013.01.11 至 2018.01.11/低毒(原药高毒)

	室内	家鼠	60克毒饵/15平方米	堆施或穴施
	室外	田鼠	1500-2250克毒饵/公顷	堆施或穴施
PD20080196	溴鼠灵/95%/原药/溴鼠灵 95%/2013.01.11 至 2018.01.11/剧毒			
PD20080197	溴鼠灵/0.5%/母液/溴鼠灵 0.5%/2013.01.11 至 2018.01.11/高毒(原药剧毒)			
	室内	家鼠	配成0.005%毒饵60克毒饵/15平方米	配成毒饵堆施或穴施
	室外	田鼠	配成0.005%毒饵1500-2250克毒饵/公顷	配成毒饵堆施或穴施
PD20080198	溴敌隆/0.005%/饵剂/溴敌隆 0.005%/2013.01.11 至 2018.01.11/低毒(原药高毒)			
	室内	家鼠	10-20克制剂/10平方米	堆施或穴施
	室外	田鼠	(2-5)克制剂×(300-450)点/公顷	堆施或穴施

天津市兴光农药厂　(天津市北辰区宜兴埠津围公路丰产河北　300402　022-26995317)

PD84119-7	代森铵/45%/水剂/代森铵 45%/2010.02.23 至 2015.02.23/中等毒			
	白菜、黄瓜	霜霉病	525克/公顷	喷雾
	甘薯	黑斑病	200-400倍液	浸种
	谷子	白发病	180-360倍液	浸种
	水稻	稻瘟病	535-675克/公顷	喷雾
	水稻	白叶枯病、纹枯病	337.5克/公顷	喷雾
	橡胶树	条溃疡病	150倍液	涂抹
	玉米	大斑病、小斑病	525-675克/公顷	喷雾
PD85122-6	福美双/50%/可湿性粉剂/福美双 50%/2010.07.06 至 2015.07.06/中等毒			
	黄瓜	白粉病、霜霉病	500-1000倍液	喷雾
	葡萄	白腐病	500-1000倍液	喷雾
	水稻	稻瘟病、胡麻叶斑病	250克/100千克种子	拌种
	甜菜、烟草	根腐病	500克/500千克温床土	土壤处理
	小麦	白粉病、赤霉病	500倍液	喷雾
PD85123-7	胂·锌·福美双/50%/可湿性粉剂/福美甲胂 12.5%、福美双 25%、福美锌 12.5%/2010.07.14 至 2013.12.31/低毒			
	大白菜	霜霉病	750-1125克/公顷	喷雾
	梨树	黑星病	500-800倍液	喷雾
	苹果树	炭疽病	500-800倍液	喷雾
	葡萄	黑痘病、炭疽病	500-1000倍液	喷雾
	水稻	纹枯病	562.5-712.5克/公顷	喷雾
	烟草	炭疽病	562.5-712.5克/公顷	喷雾
	芝麻	疫病	2500倍液	喷雾
PD85124-3	福·福锌/80%/可湿性粉剂/福美双 30%、福美锌 50%/2010.07.14 至 2015.07.14/中等毒			
	黄瓜、西瓜	炭疽病	1500-1800克/公顷	喷雾
	麻	炭疽病	240-400克/100千克种子	拌种
	棉花	苗期病害	0.5%药液	浸种
	苹果树、杉木、橡胶	炭疽病	500-600倍液	喷雾
PD20092120	代森锰锌/70%/可湿性粉剂/代森锰锌 70%/2014.02.23 至 2019.02.23/低毒			
	番茄	早疫病	1845-2370克/公顷	喷雾
PD20094683	啶虫脒/3%/乳油/啶虫脒 3%/2009.04.13 至 2014.04.13/低毒			
	柑橘树	蚜虫	8.6-10毫克/千克	喷雾
PD20094731	三乙膦酸铝/90%/可溶粉剂/三乙膦酸铝 90%/2014.04.10 至 2019.04.10/低毒			
	黄瓜	霜霉病	2025－2700克/公顷	喷雾
PD20094811	代森锌/80%/可湿性粉剂/代森锌 80%/2014.04.13 至 2019.04.13/低毒			
	番茄	早疫病	2250-3600克/公顷	喷雾
PD20094818	霜脲·锰锌/72%/可湿性粉剂/代森锰锌 64%、霜脲氰 8%/2014.04.13 至 2019.04.13/低毒			
	黄瓜	霜霉病	1440-1800克/公顷	喷雾
PD20094819	三乙膦酸铝/80%/可湿性粉剂/三乙膦酸铝 80%/2014.04.13 至 2019.04.13/低毒			
	黄瓜	霜霉病	1410－2820克/公顷	喷雾

天津市兴果农药厂　(天津市北辰区津围公路北孙庄东　300402　022-86854568)

PD85122-11	福美双/50%/可湿性粉剂/福美双 50%/2010.07.14 至 2015.07.14/中等毒			
	黄瓜	白粉病、霜霉病	500-1000倍液	喷雾
	葡萄	白腐病	500-1000倍液	喷雾
	水稻	稻瘟病、胡麻叶斑病	250克/100千克种子	拌种
	甜菜、烟草	根腐病	500克/500千克温床土	土壤处理
	小麦	白粉病、赤霉病	500倍液	喷雾
PD85123-4	胂·锌·福美双/50%/可湿性粉剂/福美甲胂 12.5%、福美双 25%、福美锌 12.5%/2010.07.01 至 2013.12.31/中等毒			
	大白菜	霜霉病	750-1125克/公顷	喷雾
	柑橘树	疮痂病	500-600倍液	喷雾
	梨树	黑星病	500-800倍液	喷雾
	苹果树	炭疽病	500-800倍液	喷雾

葡萄 黑痘病、炭疽病 500-1000倍液 喷雾
水稻 纹枯病 562.5-712.5克/公顷 喷雾
烟草 炭疽病 562.5-712.5克/公顷 喷雾
芝麻 疫病 2500倍液 喷雾
PD85124-4 福·福锌/80%/可湿性粉剂/福美双 30%、福美锌 50%/2010.07.14 至 2015.07.14/中等毒
黄瓜、西瓜 炭疽病 1500-1800克/公顷 喷雾
麻 炭疽病 240-400克/100千克种子 拌种
棉花 苗期病害 0.5%药液 浸种
苹果树、杉木、橡胶树 炭疽病 500-600倍液 喷雾
PD85125-6 福美胂/40%/可湿性粉剂/福美胂 40%/2010.07.01 至 2013.12.31/中等毒
黄瓜 白粉病 1025-1500克/公顷 喷雾
苹果树 白粉病 700倍液 喷雾
水稻 稻粒瘟病 562.5-645克/公顷 喷雾
豌豆 白粉病 900-1125克/公顷 喷雾
小麦 白粉病 562.5-750克/公顷 喷雾
PD96101-2 福·福锌/40%/可湿性粉剂/福美双 15%、福美锌 25%/2011.09.13 至 2016.09.13/中等毒
黄瓜、西瓜 炭疽病 1500-1800克/公顷 喷雾
麻 炭疽病 240-400克/100千克种子 拌种
棉花 苗期病害 1.0%药液 浸种
苹果树、杉木、橡胶树 炭疽病 250-300倍液 喷雾
PD20081465 福美双/95%/原药/福美双 95%/2013.11.04 至 2018.11.04/低毒
PD20082490 代森锌/80%/可湿性粉剂/代森锌 80%/2013.12.03 至 2018.12.03/低毒
番茄 早疫病 2550－3600克/公顷 喷雾
PD20082612 代森锰锌/70%/可湿性粉剂/代森锰锌 70%/2013.12.04 至 2018.12.04/低毒
番茄 早疫病 1845－2370克/公顷 喷雾
PD20091182 代森锌/65%/可湿性粉剂/代森锌 65%/2014.01.22 至 2019.01.22/低毒
番茄 早疫病 2550-3600克/公顷 喷雾
PD20092388 多·福/40%/可湿性粉剂/多菌灵 5%、福美双 35%/2014.02.25 至 2019.02.25/中等毒
葡萄 霜霉病 1000-1250毫克/千克 喷雾
PD20100807 多·福·锌/25%/可湿性粉剂/多菌灵 5%、福美双 10%、福美锌 10%/2010.01.19 至 2015.01.19/中等毒
番茄 叶霉病 321.4-450克/公顷 喷雾
黄瓜 白粉病 437.5-656.3克/公顷 喷雾
辣椒 炭疽病 312.5-375克/公顷 喷雾

天津市中景百英化工有限公司 （天津市河北区张兴庄大道86号 300402 022-26940961）

WP20090048 电热蚊香片/12毫克/片/电热蚊香片/炔丙菊酯 12毫克/片/2014.01.21 至 2019.01.21/低毒
卫生 蚊 / 电热加温
WP20090104 蚊香/0.23%/蚊香/富右旋反式烯丙菊酯 0.23%/2014.02.05 至 2019.02.05/低毒
卫生 蚊 / 点燃
WP20090144 杀虫气雾剂/0.64%/气雾剂/Es-生物烯丙菊酯 0.36%、右旋苯醚菊酯 0.28%/2014.02.26 至 2019.02.26/低毒
卫生 蚊、蝇、蜚蠊 / 喷雾
WP20090159 杀虫气雾剂/0.18%/气雾剂/胺菊酯 0.14%、高效氯氰菊酯 0.04%/2014.03.05 至 2019.03.05/低毒
卫生 蚊、蝇、蜚蠊 / 喷雾
WP20120115 电热蚊香液/0.85%/电热蚊香液/炔丙菊酯 0.85%/2012.06.14 至 2017.06.14/微毒
卫生 蚊 / 电热加温

天津市鑫卫化工有限责任公司 （天津市西青区辛口镇政府北侧 300380 022-27992150，27993375）

PD20120222 烯丙苯噻唑/95%/原药/烯丙苯噻唑 95%/2012.02.10 至 2017.02.10/低毒
PD20130303 烯丙苯噻唑/8%/颗粒剂/烯丙苯噻唑 8%/2013.02.26 至 2018.02.26/微毒
水稻 稻瘟病 3000-3600克/公顷 撒施

天津永阔国际贸易有限公司（天津市华苑产业园区华天道8号海泰信息广场F-南-721 300384 022-23708997）

WL20110012 驱蚊帐/0.3%/驱蚊帐/溴氰菊酯 0.3%/2013.02.11 至 2014.02.11/低毒
卫生 蚊 / 悬挂

天津郁美净集团有限公司 （天津市南开区红旗路188号 300110 022-27032459）

WP20080394 驱蚊花露水/1.8%/驱蚊花露水/驱蚊酯 1.8%/2013.12.11 至 2018.12.11/微毒
卫生 蚊 / 涂抹

源达日化(天津)有限公司 （天津市经济技术开发区微电子工业区微二路 300385 022-83962633）

WP20090003 防蛀防霉球剂/99%/球剂/对二氯苯 99%/2014.01.04 至 2019.01.04/低毒
卫生 黑皮蠹、红斑皮蠹、霉菌、青霉菌 40克制剂/立方米 投放
WP20090010 防蛀防霉片剂/99%/片剂/对二氯苯 99%/2014.01.04 至 2019.01.04/低毒
卫生 黑皮蠹、红斑皮蠹、霉菌、青霉菌 40克制剂/立方米 投放
注:本品有三种香型：薰衣草香型、自然香型、 柠檬香型。
WP20090324 防蛀球剂/94%/球剂/樟脑 94%/2009.09.21 至 2014.09.21/低毒

卫生 黑皮蠹 200克/立方米 投放
WP20090325 防蛀片剂/94%/片剂/樟脑 94%/2009.09.21 至 2014.09.21/低毒
卫生 黑皮蠹 200克/立方米 投放
WP20100135 杀虫气雾剂/0.2%/气雾剂/氯菊酯 0.1%、炔丙菊酯 0.1%/2010.11.03 至 2015.11.03/低毒
卫生 蚊 / 喷雾
卫生 蝇 / 喷雾
WP20110055 蚊香/0.23%/蚊香/富右旋反式烯丙菊酯 0.23%/2011.02.25 至 2016.02.25/微毒
卫生 蚊 / 点燃
WP20110091 驱蚊液/10%/驱蚊液/避蚊胺 10%/2011.04.21 至 2016.04.21/微毒
卫生 蚊 / 涂抹
注:本产品有一种香型：自然香型。
WP20110096 电热蚊香液/0.8%/电热蚊香液/炔丙菊酯 0.8%/2011.04.21 至 2016.04.21/微毒
卫生 蚊 / 电热加温
WP20110114 电热蚊香片/12毫克/片/电热蚊香片/炔丙菊酯 12毫克/片/2011.05.03 至 2016.05.03/微毒
卫生 蚊 / 电热加温
WP20110182 防蛀片剂/125毫克/片/防蛀片剂/右旋烯炔菊酯 125毫克/片/2011.08.04 至 2016.08.04/低毒
卫生 黑皮蠹 / 投放
WP20120142 驱蚊花露水/5%/驱蚊花露水/驱蚊酯 5%/2012.07.20 至 2017.07.20/微毒
卫生 蚊 / 涂抹
WP20130073 蚊香/0.05%/蚊香/氯氟醚菊酯 0.05%/2013.04.22 至 2018.04.22/微毒
卫生 蚊 / 点燃
WL20110036 杀虫气雾剂/0.55%/气雾剂/胺菊酯 0.3%、氯氰菊酯 0.2%、右旋反式氯丙炔菊酯 0.05%/2013.03.03至2014.03.03/微毒
卫生 蜚蠊、蚂蚁 / 喷雾
WL20110037 电热蚊香液/0.4%/电热蚊香液/氯氟醚菊酯 0.4%/2013.03.03 至 2014.03.03/微毒
卫生 蚊 / 电热加温
WL20110095 电热蚊香液/0.6%/电热蚊香液/氯氟醚菊酯 0.6%/2013.08.04 至 2014.08.04/微毒
卫生 蚊 / 电热加温
WL20110127 电热蚊香片/10毫克/片/电热蚊香片/炔丙菊酯 5毫克/片、氯氟醚菊酯 5毫克/片/2013.11.03 至 2014.11.03/微毒
室内 蚊 / 电热加温
WL20120054 电热蚊香液/0.8%/电热蚊香液/氯氟醚菊酯 0.8%/2013.11.05 至 2014.11.05/微毒
室内 蚊 / 电热加温

中农住商（天津）农用化学品有限公司 （天津市武清区农场南津蓟铁路东侧 301700 022-26971467）

PD20080278 稻瘟灵/40%/乳油/稻瘟灵 40%/2013.02.22 至 2018.02.22/低毒
水稻 稻瘟病 450-675克/公顷 喷雾
PD20082815 S-氰戊菊酯/50克/升/乳油/S-氰戊菊酯 50克/升/2013.12.09 至 2018.12.09/中等毒
甘蓝 菜青虫 7.5-15克/公顷 喷雾
棉花 棉铃虫 18.75-26.25克/公顷 喷雾
苹果树 桃小食心虫 16-25毫克/千克 喷雾
小麦 蚜虫 9-11.25克/公顷 喷雾
PD20082962 甲氰菊酯/20%/乳油/甲氰菊酯 20%/2013.12.09 至 2018.12.09/中等毒
甘蓝 菜青虫 75-90克/公顷 喷雾
柑橘树 红蜘蛛 67-100毫克/千克 喷雾
棉花 棉铃虫 90-120克/公顷 喷雾
苹果树 山楂红蜘蛛 100毫克/千克 喷雾
PD20083655 噁霉灵/30%/水剂/噁霉灵 30%/2013.12.12 至 2018.12.12/低毒
水稻 立枯病 0.9-1.8克/平方米 喷雾
PD20090901 甲霜·噁霉灵/30%/水剂/噁霉灵 24%、甲霜灵 6%/2014.01.19 至 2019.01.19/低毒
黄瓜 苗期立枯病 0.3-0.6克/平方米 喷雾
水稻 苗期立枯病 0.36-0.54克/平方米 苗床喷雾
PD20092640 草甘膦异丙胺盐/30%/水剂/草甘膦 30%/2014.03.02 至 2019.03.02/低毒
柑橘园 杂草 171-359毫升/公顷 定向喷雾
注:草甘膦异丙胺盐含量：41%
PD20093755 阿维·辛硫磷/15%/乳油/阿维菌素 0.1%、辛硫磷 14.9%/2014.03.25 至 2019.03.25/低毒(原药高毒)
十字花科蔬菜 小菜蛾 112.5-168.75克/公顷 喷雾
PD20094390 扑·乙/45%/乳油/扑草净 17%、乙草胺 28%/2014.04.01 至 2019.04.01/低毒
春大豆田、春玉米田 一年生杂草 1350-1687.5克/公顷 喷雾
花生田 一年生杂草 1012.5-1687.5克/公顷 喷雾
PD20094997 甲霜·噁霉灵/3%/水剂/噁霉灵 2.4%、甲霜灵 0.6%/2014.04.21 至 2019.04.21/低毒
水稻 苗期立枯病 0.36-0.54克/平方米 苗床喷雾
PD20095727 滴丁·乙草胺/70%/乳油/2,4-滴丁酯 20%、乙草胺 50%/2009.05.18 至 2014.05.18/低毒
春大豆田、春玉米田 一年生杂草 2100-2625克/公顷(东北地区) 喷雾
PD20095860 精喹禾灵/50克/升/乳油/精喹禾灵 50克/升/2009.05.27 至 2014.05.27/低毒
大白菜田、西瓜田 一年生禾本科杂草 30-45克/公顷 茎叶喷雾

大豆田、花生田、棉花田、油菜田 一年生禾本科杂草 37.5-60克/公顷 茎叶喷雾
芝麻田 一年生禾本科杂草 37.5-45克/公顷 茎叶喷雾
PD20095988 烟嘧磺隆/40克/升/可分散油悬浮剂/烟嘧磺隆 40克/升/2009.06.11 至 2014.06.11/低毒
玉米田 一年生杂草 36-60克/公顷 茎叶喷雾
PD20096922 炔螨特/57%/乳油/炔螨特 57%/2009.09.23 至 2014.09.23/低毒
棉花 红蜘蛛 384.75-513克/公顷 喷雾
PD20097565 烯禾啶/12.5%/乳油/烯禾啶 12.5%/2009.11.03 至 2014.11.03/低毒
春大豆田 一年生禾本科杂草 156.2-187.5克/公顷(东北地区) 喷雾
花生田 一年生禾本科杂草 150-187.5克/公顷 喷雾
PD20097590 丙溴·辛硫磷/25%/乳油/丙溴磷 5%、辛硫磷 20%/2009.11.03 至 2014.11.03/低毒
棉花 棉铃虫 187.5-281.25克/公顷 喷雾
PD20120201 毒死蜱/45%/乳油/毒死蜱 45%/2012.02.06 至 2017.02.06/中等毒
柑橘树 介壳虫 450-600毫克/千克 喷雾
苹果树 绵蚜、桃小食心虫 240-320毫克/千克 喷雾
水稻 稻飞虱、稻纵卷叶螟 576-720克/公顷 喷雾
PD20130958 灭草松/480克/升/水剂/灭草松 480克/升/2013.05.02 至 2018.05.02/低毒
大豆田 一年生阔叶杂草 936-1440克/公顷 茎叶喷雾
移栽水稻田 一年生阔叶杂草 1080-1440克/公顷 茎叶喷雾
PD20131002 氟磺胺草醚/250克/升/水剂/氟磺胺草醚 250克/升/2013.05.13 至 2018.05.13/微毒
大豆田 一年生阔叶杂草 225-375克/公顷(春大豆田) 茎叶喷雾
187.5-225克/公顷(夏大豆田)
PD20131162 甲基硫菌灵/70%/可湿性粉剂/甲基硫菌灵 70%/2013.05.27 至 2018.05.27/低毒
水稻 纹枯病 1300-1500克/公顷 喷雾
PD20131216 草甘膦铵盐/58%/可溶粒剂/草甘膦 58%/2013.05.28 至 2018.05.28/微毒
柑橘园 杂草 1131-2175克/公顷 定向茎叶喷雾
注:草甘膦铵盐含量:63.8%。
LS20120056 甲维·氟酰胺/12%/微乳剂/甲氨基阿维菌素苯甲酸盐 4%、氟苯虫酰胺 8%/2014.02.10 至 2015.02.10/低毒
水稻 稻纵卷叶螟 28.8—36克/公顷 喷雾

香港

乐信药业有限公司 (香港大埔工业村大富街12号2楼及3楼A室 00852-24970311)
WP20120120 驱蚊液/10%/驱蚊液/避蚊胺 10%/2012.06.21 至 2017.06.21/微毒
卫生 蚊 / 涂抹

香港华仁行 (香港九龙大坑东桃源街37号 27787915)
WPN30-99 杀虫气雾剂/1.08%/气雾剂/胺菊酯 0.09%、氯菊酯 0.04%、杀螟硫磷 0.95%/2009.11.02 至 2014.11.02/低毒
卫生 蚊、蝇、蜚蠊 / 喷雾

新疆维吾尔自治区

五家渠农佳绿和生物科技有限公司 (新疆兵团六师五家渠新湖农场北工业园 832200 0994-6229211)
PD20101319 苦参碱/0.3%/水剂/苦参碱 0.3%/2010.03.17 至 2015.03.17/低毒
十字花科蔬菜 蚜虫 7.56-8.64克/公顷 喷雾
十字花科蔬菜 菜青虫 4.32-6.48克/公顷 喷雾

新疆锦华农药有限公司 (新疆维吾尔自治区五家渠市工业园区 831300 0994-5829056)
PD20083468 福·克/20%/悬浮种衣剂/福美双 10%、克百威 10%/2013.12.12 至 2018.12.12/高毒
玉米 地老虎、蚜虫 1:40(药种比) 种子包衣
PD20090090 多·福·立枯磷/26%/悬浮种衣剂/多菌灵 6%、福美双 12%、甲基立枯磷 8%/2014.01.08 至 2019.01.08/低毒
棉花 苗期立枯病 1:40-50(药种比) 种子包衣
PD20094257 甲枯·福美双/20%/悬浮种衣剂/福美双 15%、甲基立枯磷 5%/2009.03.31 至 2014.03.31/低毒
棉花 苗期立枯病 1:30-50(药种比) 种子包衣
PD20100743 吡虫啉/200克/升/可溶液剂/吡虫啉 200克/升/2010.01.16 至 2015.01.16/低毒
棉花 蚜虫 30-45克/公顷 喷雾
PD20110584 戊唑·福美双/23%/悬浮种衣剂/福美双 22%、戊唑醇 1%/2011.05.27 至 2016.05.27/低毒
小麦 根腐病 1:400-550(药种比) 种子包衣
PD20121301 五氯·福美双/20%/悬浮种衣剂/福美双 10%、五氯硝基苯 10%/2012.09.06 至 2017.09.06/低毒
棉花 立枯病 250—300克/100千克种子 拌种
PD20121320 烯酰吗啉//水乳剂/烯酰吗啉 10%/2012.09.11 至 2017.09.11/低毒
葡萄 霜霉病 167～250毫克/千克 喷雾
PD20121374 萎锈·福美双/400克/升/悬浮剂/福美双 200克/升、萎锈灵 200克/升/2012.09.13 至 2017.09.13/低毒(原药高毒)
棉花 立枯病 180—200克/100千克种子 拌种
LS20110058 噻苯隆/50%/悬浮剂/噻苯隆 50%/2013.03.07 至 2014.03.07/低毒
棉花 脱叶 225-300克/公顷 茎叶喷雾
LS20120149 二甲戊灵/40%/悬浮剂/二甲戊灵 40%/2013.04.12 至 2014.04.12/低毒
棉花田 一年生杂草 840-960克/公顷 土壤喷雾

新疆绿洲兴源农业科技有限责任公司 (新疆维吾尔自治区乌鲁木齐市南昌路403号核生所 830091 0991-4593597)

PD20070137 福美·拌种灵/7.2%/悬浮种衣剂/拌种灵 3.6%、福美双 3.6%/2012.05.30 至 2017.05.30/低毒
棉花 立枯病 144-180克/100千克种子 种子包衣

PD20110907 拌·福·乙酰甲/18.6%/悬浮种衣剂/拌种灵 3.6%、福美双 3.6%、乙酰甲胺磷 11.4%/2011.08.22 至 2016.08.22/低毒
棉花 蓟马、立枯病 338—372克/100千克种子 种子包衣

新疆农科院植保所植保技术开发公司 (新疆维吾尔自治区乌鲁木齐市南昌路38号 830000 0991-4501462)

PD20083354 多·福/15%/悬浮种衣剂/多菌灵 7.5%、福美双 7.5%/2008.12.11 至 2013.12.11/低毒
棉花 苗期立枯病 1:40-1:50(药种比)(300-375克/千克种子) 种子包衣

新疆石河子市惠农生物农药科技有限公司 (新疆维吾尔自治区石河子市南郊红山集镇 832000 0993-2831199)

PD20096165 硫丹/350克/升/乳油/硫丹 350克/升/2009.06.24 至 2014.06.24/中等毒
棉花 棉铃虫 682.5-840克/公顷 喷雾

PD20096306 氟乐灵/480克/升/乳油/氟乐灵 480克/升/2009.07.22 至 2014.07.22/低毒
棉花田 一年生禾本科杂草及部分阔叶杂草 864-1008克/公顷 土壤喷雾

新疆塔河勤丰植物科技有限公司 (新疆维吾尔自治区阿拉尔市二号工业园区 843300 0997-4928685)

PD20095338 福·克/20%/悬浮种衣剂/福美双 10%、克百威 10%/2009.04.27 至 2014.04.27/高毒
玉米 地下害虫、茎腐病 1:40-50(药种比) 种子包衣

PD20101131 多·福·立枯磷/26%/悬浮种衣剂/多菌灵 5%、福美双 15%、甲基立枯磷 6%/2010.01.25 至 2015.01.25/中等毒
棉花 苗期立枯病、猝倒病 1:50-60(药种比) 种子包衣

新疆伊宁市合美化工厂 (新疆维吾尔自治区伊宁市英也尔乡工业园管理中心 835000)

PD20094697 硫丹/35%/乳油/硫丹 35%/2009.04.10 至 2014.04.10/高毒
棉花 棉铃虫 682.5-840克/公顷 喷雾

新疆伊宁市雨露化工厂 (新疆维吾尔自治区伊宁市经济开发区仁和工业园(原二毛院内) 835000)

PD20101694 硫丹/35%/乳油/硫丹 35%/2010.06.17 至 2015.06.17/高毒
棉花 棉铃虫 525-787.5克/公顷 喷雾

新疆友合生物科技有限公司 (新疆维吾尔自治区五家渠市国际蓝湾23号楼3单元401室 831300 0994-5678556)

PD20096867 氟乐灵/480克/升/乳油/氟乐灵 480克/升/2009.09.23 至 2014.09.23/低毒
棉花田 一年生禾本科杂草及部分阔叶杂草 100-150毫升制剂/亩 土壤喷雾

PD20100842 精喹禾灵/15%/乳油/精喹禾灵 15%/2010.01.19 至 2015.01.19/低毒
油菜田 禾本科杂草 45-67.5克/公顷 喷雾

云南省

昆明百事德生物化学科技有限公司 (云南省昆明市高新区高新区科高路新光巷285号 650106 0871-8353755)

PD20090375 高效氯氟氰菊酯/25克/升/乳油/高效氯氟氰菊酯 25克/升/2014.01.12 至 2019.01.12/中等毒
十字花科蔬菜 蚜虫 7.5-11.25克/公顷 喷雾

PD20091750 丙环唑/250克/升/乳油/丙环唑 250克/升/2014.02.04 至 2019.02.04/低毒
香蕉 叶斑病 250-500毫克/千克 喷雾

PD20100470 甲维·高氯氟/2%/微乳剂/高效氯氟氰菊酯 1.8%、甲氨基阿维菌素苯甲酸盐 0.2%/2010.01.14 至 2015.01.14/低毒
甘蓝 小菜蛾 9-12克/公顷 喷雾

PD20130160 溴氰菊酯/25克/升/乳油/溴氰菊酯 25克/升/2013.01.24 至 2018.01.24/中等毒
烟草 烟青虫 6-9克/公顷 喷雾

PD20130164 吡虫啉/70%/水分散粒剂/吡虫啉 70%/2013.01.24 至 2018.01.24/低毒
烟草 蚜虫 15.7-21克/公顷 喷雾

PD20130205 吡虫啉/20%/可溶液剂/吡虫啉 20%/2013.01.30 至 2018.01.30/低毒
烟草 蚜虫 15-45克/公顷 喷雾

PD20130206 噁霜·锰锌/64%/可湿性粉剂/噁霜灵 8%、代森锰锌 56%/2013.01.30 至 2018.01.30/低毒
烟草 黑胫病 1950-2400克/公顷 喷雾

PD20130615 二甲戊灵/330克/升/乳油/二甲戊灵 330克/升/2013.04.03 至 2018.04.03/低毒
烟草 抑制腋芽生长 60-80毫克/株 杯淋

PD20130831 稻瘟灵/40%/乳油/稻瘟灵 40%/2013.04.22 至 2018.04.22/低毒
水稻 稻瘟病 450-600克/公顷 喷雾

PD20131158 王铜·代森锌/52%/可湿性粉剂/代森锌 15%、王铜 37%/2013.05.24 至 2018.05.24/低毒
烟草 野火病 1170-1560克/公顷 喷雾

PD20131159 多抗霉素/10%/可湿性粉剂/多抗霉素 10%/2013.05.24 至 2018.05.24/低毒
烟草 赤星病 105-135克/公顷 喷雾

昆明农药有限公司 (云南省昆明市富民县罗免乡高仓村 650401 0871-8830879)

PD84111-53 氧乐果/40%/乳油/氧乐果 40%/2009.12.20 至 2014.12.20/高毒
棉花 蚜虫、螨 375-600克/公顷 喷雾
森林 松干蚧、松毛虫 500倍液 喷雾或直接涂树干
水稻 稻纵卷叶螟、飞虱 375-600克/公顷 喷雾
小麦 蚜虫 300-450克/公顷 喷雾

PD85105-80 敌敌畏/77.5%/乳油/敌敌畏 77.5%(气谱法)/2009.12.20 至 2014.12.20/中等毒
茶树 食叶害虫 600克/公顷 喷雾
粮仓 多种储藏害虫 1)400-500倍液 1)喷雾
2)0.4-0.5克/立方米 2)挂条熏蒸

	棉花	蚜虫、造桥虫	600-1200克/公顷	喷雾
	苹果树	小卷叶蛾、蚜虫	400-500毫克/千克	喷雾
	青菜	菜青虫	600克/公顷	喷雾
	桑树	尺蠖	600克/公顷	喷雾
	卫生	多种卫生害虫	1)300-400倍液2)0.08克/立方米	1)泼洒2)挂条熏蒸
	小麦	黏虫、蚜虫	600克/公顷	喷雾
PD85112-11	莠去津/38%/悬浮剂/莠去津 38%/2011.03.14 至 2016.03.14/低毒			
	茶园	一年生杂草	1125-1875克/公顷	喷于地表
	防火隔离带、公路、森林、铁路	一年生杂草	0.8-2克/平方米	喷于地表
	甘蔗	一年生杂草	1050-1500克/公顷	喷于地表
	高粱、糜子、玉米	一年生杂草	1800-2250克/公顷(东北地区)	喷于地表
	红松苗圃	一年生杂草	0.2-0.3克/平方米	喷于地表
	梨树(12年以上树龄)、苹果树(12年以上树龄)	一年生杂草	1625-1875克/公顷	喷于地表
	橡胶园	一年生杂草	2250-3750克/公顷	喷于地表
PD85121-31	乐果/40%/乳油/乐果 40%/2010.07.05 至 2015.07.05/中等毒			
	茶树	蚜虫、叶蝉、螨	1000-2000倍液	喷雾
	甘薯	小象甲	2000倍液	浸鲜薯片诱杀
	柑橘树、苹果树	鳞翅目幼虫、蚜虫、螨	800-1600倍液	喷雾
	棉花	蚜虫、螨	450-600克/公顷	喷雾
	蔬菜	蚜虫、螨	300-600克/公顷	喷雾
	水稻	飞虱、螟虫、叶蝉	450-600克/公顷	喷雾
	烟草	蚜虫、烟青虫	300-600克/公顷	喷雾
PD86125	扑草净/90%,80%/原药/扑草净 90%,80%/2011.12.26 至 2016.12.26/低毒			
PD86126	扑草净/50%/可湿性粉剂/扑草净 50%/2011.11.22 至 2016.11.22/低毒			
	茶园、成年果园、苗圃	阔叶杂草	1875-3000克/公顷	喷于地表切勿喷至树上
	大豆田、花生田	阔叶杂草	750-1125克/公顷	喷雾
	甘蔗田、棉花田、苎麻	阔叶杂草	750-1125克/公顷	播后苗前土壤喷雾
	谷子田	阔叶杂草	375克/公顷	喷雾
	麦田	阔叶杂草	450-750克/公顷	喷雾
	水稻本田、水稻秧田	阔叶杂草	150-900克/公顷	撒毒土
PD86157-15	硫磺/50%/悬浮剂/硫磺 50%/2009.12.20 至 2014.12.20/低毒			
	果树	白粉病	200-400倍液	喷雾
	花卉	白粉病	750-1500克/公顷	喷雾
	黄瓜	白粉病	1125-1500克/公顷	喷雾
	橡胶树	白粉病	1875-3000克/公顷	喷雾
	小麦	白粉病、螨	3000克/公顷	喷雾
PD20070653	氯氰·毒死蜱/22%/乳油/毒死蜱 20%、氯氰菊酯 2%/2012.12.17 至 2017.12.17/低毒			
	苹果树	桃小食心虫	147-220毫克/千克	喷雾
PD20070668	氯氰·敌敌畏/10%/乳油/敌敌畏 8%、氯氰菊酯 2%/2012.12.17 至 2017.12.17/低毒			
	十字花科蔬菜	蚜虫	45-75克/公顷	喷雾
PD20080039	草甘膦/30%/水剂/草甘膦 30%/2013.01.04 至 2018.01.04/微毒			
	茶园	杂草	250-400毫升制剂/亩	定向喷雾
	甘蔗田	杂草	250-500毫升制剂/亩	茎叶喷雾
PD20080223	毒死蜱/40%/乳油/毒死蜱 40%/2008.01.11 至 2013.01.11/中等毒			
	十字花科蔬菜	菜青虫	420-540克/公顷	喷雾
PD20080686	莠去津/92%/原药/莠去津 92%/2013.06.04 至 2018.06.04/低毒			
PD20081406	扑草净/25%/可湿性粉剂/扑草净 25%/2013.10.28 至 2018.10.28/低毒			
	水稻田	稗草、莎草及阔叶杂草	300-562.5克/公顷	毒土法
PD20081411	灭蝇胺/50%/可湿性粉剂/灭蝇胺 50%/2013.10.29 至 2018.10.29/低毒			
	菜豆	斑潜蝇	150-225克/公顷	喷雾
PD20082775	莠灭净/80%/可湿性粉剂/莠灭净 80%/2013.12.08 至 2018.12.08/低毒			
	甘蔗田	一年生杂草	1800-2400克/公顷	土壤或定向茎叶喷雾
PD20083120	高效氯氰菊酯/4.5%/乳油/高效氯氰菊酯 4.5%/2013.12.10 至 2018.12.10/低毒			
	十字花科蔬菜	菜青虫	20.25-27克/公顷	喷雾
PD20083936	硫磺·多菌灵/40%/悬浮剂/多菌灵 20%、硫磺 20%/2013.12.15 至 2018.12.15/低毒			
	水稻	稻瘟病	1200-1800克/公顷	喷雾
PD20084277	多·硫/50%/可湿性粉剂/多菌灵 15%、硫磺 35%/2013.12.17 至 2018.12.17/低毒			

	花生	叶斑病	1500-1875克/公顷	喷雾
PD20084520	三环唑/75%/可湿性粉剂/三环唑 75%/2013.12.18 至 2018.12.18/中等毒			
	水稻	稻瘟病	225-300克/公顷	喷雾
PD20084854	多菌灵/50%/可湿性粉剂/多菌灵 50%/2013.12.22 至 2018.12.22/低毒			
	水稻	纹枯病	750-900克/公顷	喷雾
PD20085106	莠·乙/40%/可湿性粉剂/乙草胺 14%、莠去津 26%/2013.12.23 至 2018.12.23/低毒			
	甘蔗田	一年生杂草	1200-1500克/公顷	土壤喷雾
PD20085354	丁草胺/50%/乳油/丁草胺 50%/2013.12.24 至 2018.12.24/低毒			
	移栽水稻田	一年生杂草	750-1275克/公顷	药土法
PD20085576	硫磺·三环唑/40%/悬浮剂/硫磺 35%、三环唑 5%/2013.12.25 至 2018.12.25/低毒			
	水稻	稻瘟病	675-1012.5克/公顷	喷雾
PD20092541	扑草净/25%/泡腾颗粒剂/扑草净 25%/2014.02.26 至 2019.02.26/低毒			
	水稻移栽田	多种阔叶杂草	225-300克/公顷	毒土法
PD20094510	氰戊·辛硫磷/25%/乳油/氰戊菊酯 2.5%、辛硫磷 22.5%/2014.04.09 至 2019.04.09/低毒			
	十字花科蔬菜	菜青虫	150-225克/公顷	喷雾
PD20095944	代森锰锌/70%/可湿性粉剂/代森锰锌 70%/2009.06.02 至 2014.06.02/微毒			
	番茄	早疫病	1560-2520克/公顷	喷雾
PD20097492	百草枯/200克/升/水剂/百草枯 200克/升/2012.12.31 至 2014.07.01/中等毒			
	茶园	杂草	750-900克/公顷	定向茎叶喷雾
PD20097945	毒死蜱/480克/升/乳油/毒死蜱 480克/升/2009.11.30 至 2014.11.30/中等毒			
	苹果树	桃小食心虫	240-320毫克/千克	喷雾
	水稻	稻纵卷叶螟	63-83毫升制剂/亩	喷雾
PD20098006	甲霜·锰锌/58%/可湿性粉剂/甲霜灵 10%、代森锰锌 48%/2009.12.07 至 2014.12.07/低毒			
	黄瓜	霜霉病	1305－1632克/公顷	喷雾
PD20100349	王铜/30%/悬浮剂/王铜 30%/2010.01.11 至 2015.01.11/低毒			
	柑橘树	溃疡病	437.5－500毫克/千克	喷雾
PD20121052	敌百·毒死蜱/4.5%/颗粒剂/敌百虫 3%、毒死蜱 1.5%/2012.07.12 至 2017.07.12/低毒			
	花生	蛴螬	1687.5-2362.5克/公顷	撒施
PD20121416	噻嗪酮/25%/可湿性粉剂/噻嗪酮 25%/2012.09.19 至 2017.09.19/低毒			
	水稻	稻飞虱	93.75-112.5克/公顷	喷雾
LS20130297	苄嘧·扑草净/26%/可湿性粉剂/苄嘧磺隆 1%、扑草净 25%/2013.06.04 至 2014.06.04/低毒			
	水稻移栽田	一年生杂草	225-300克/公顷	毒土法

昆明云大科技农化有限公司　(云南省昆明市国家高新技术产业开发区科医路59号　650106　0871-8354976)

PD20070019	高效氯氰菊酯/4.5%/微乳剂/高效氯氰菊酯 4.5%/2012.01.18 至 2017.01.18/低毒			
	十字花科蔬菜	菜青虫	13.5-27克/公顷	喷雾
PD20082256	三唑酮/25%/可湿性粉剂/三唑酮 25%/2013.11.27 至 2018.11.27/低毒			
	小麦	锈病	150-187.5克/公顷	喷雾
PD20082793	芸苔素内酯/90%/原药/芸苔素内酯 90%/2013.12.09 至 2018.12.09/低毒			
PD20082806	芸苔素内酯/0.004%/水剂/芸苔素内酯 0.004%/2013.12.09 至 2018.12.09/低毒			
	甘蔗	增糖产量	0.01-0.04毫克/千克	分蘖、抽节期叶面喷雾
	水稻	提高产量	0.01-0.02毫克/千克	浸种或苗期及生殖生长期茎叶喷雾
	小麦	促进生长	0.02-0.04毫克/千克	苗期扬花时茎叶喷雾
	叶菜类蔬菜	提高产量	0.01-0.02毫克/千克	苗期及莲座期叶面喷雾
	玉米	提高产量	0.01-0.04毫克/千克	浸种或苗期及生殖生长期茎叶喷雾
PD20083019	芸苔素内酯/0.0016%/水剂/芸苔素内酯 0.0016%/2013.12.10 至 2018.12.10/低毒			
	大白菜	调节生长、增产	0.012-0.016毫克/千克	茎叶喷雾
	大豆、番茄、水稻、油菜	调节生长、增产	0.01-0.02毫克/千克	茎叶喷雾
	柑橘树、黄瓜、梨树、苹果树、烟草	调节生长、增产	800-1000倍液	喷雾3次
	荔枝树	调节生长、增产	800-1000倍液	茎叶喷雾
	棉花	调节生长、增产	750-1500倍液	喷雾3次
	小麦	调节生长、增产	0.01-0.04毫克/千克	茎叶喷雾
PD20085041	啶虫脒/3%/微乳剂/啶虫脒 3%/2013.12.23 至 2018.12.23/低毒			
	十字花科蔬菜	蚜虫	13.5-22.5克/公顷	喷雾
PD20085900	代森锰锌/80%/可湿性粉剂/代森锰锌 80%/2013.12.29 至 2018.12.29/低毒			
	番茄	早疫病	2160-2400克/公顷	喷雾
	黄瓜	霜霉病	2040-3000克/公顷	喷雾

苹果树 炭疽病 1000-1333.3毫克/千克 喷雾
甜椒 疫病 2160-2400克/公顷 喷雾

PD20090814 高效氟吡甲禾灵/108克/升/乳油/高效氟吡甲禾灵 108克/升/2014.01.19 至 2019.01.19/低毒
春大豆田 一年生禾本科杂草 48.6-56.7克/公顷 茎叶喷雾
冬油菜田 一年生禾本科杂草 38.9-45.4克/公顷 茎叶喷雾
花生田 一年生禾本科杂草 45.4-56.7克/公顷 茎叶喷雾
夏大豆田 一年生禾本科杂草 45.4-48.6克/公顷 茎叶喷雾

PD20091191 阿维·哒螨灵/5%/乳油/阿维菌素 0.2%、哒螨灵 4.8%/2014.02.01 至 2019.02.01/低毒(原药高毒)
柑橘树 红蜘蛛 33.3-50毫克/千克 喷雾

PD20091500 霜脲·锰锌/72%/可湿性粉剂/代森锰锌 64%、霜脲氰 8%/2014.02.02 至 2019.02.02/低毒
黄瓜 霜霉病 1440－1800克/公顷 喷雾

PD20092528 阿维·高氯/1.8%/乳油/阿维菌素 0.3%、高效氯氰菊酯 1.5%/2014.02.26 至 2019.02.26/低毒(原药高毒)
梨树 梨木虱 6-12毫克/千克 喷雾
十字花科蔬菜 菜青虫、小菜蛾 7.5-15克/公顷 喷雾

PD20092782 己唑醇/5%/微乳剂/己唑醇 5%/2014.03.04 至 2019.03.04/低毒
苹果树 白粉病 20-40毫克/千克 喷雾

PD20093632 芸苔·赤霉酸/0.4%/水剂/赤霉酸A4+A7 0.398%、芸苔素内酯 0.002%/2014.03.25 至 2019.03.25/低毒
柑橘树、龙眼树 调节生长、增产 800-1600倍 茎叶喷雾
荔枝树 调节生长、增产 800-1800倍 茎叶喷雾

PD20094318 吡虫·辛硫磷/25%/乳油/吡虫啉 1.5%、辛硫磷 23.5%/2014.03.31 至 2019.03.31/低毒
甘蓝 蚜虫 150-187.5克/公顷 喷雾

PD20095342 芸苔·烯效唑/0.751%/水剂/烯效唑 0.75%、芸苔素内酯 0.001%/2014.04.27 至 2019.04.27/低毒
水稻 增产 500-750倍液 浸种
小麦 增产 250-500倍液 浸种

PD20097376 芸苔·甲哌鎓/22.5%/水剂/甲哌鎓 22.5%、芸苔素内酯 0.002%/2009.10.28 至 2014.10.28/低毒
棉花 调节生长、增产 151.9-227.8克/公顷 茎叶喷雾

PD20101565 甲氨基阿维菌素苯甲酸盐(2.28%)///乳油/甲氨基阿维菌素 2%/2010.05.19 至 2015.05.19/低毒
甘蓝 甜菜夜蛾 3.375-4.5克/公顷 喷雾

PD20101751 阿维·毒死蜱/32.5%/乳油/阿维菌素 0.3%、毒死蜱 32.2%/2010.07.01 至 2015.07.01/中等毒(原药高毒)
菜豆 斑潜蝇 243.75-390克/公顷 喷雾

云南创森实业有限公司 (昆明市高新区昌源路与科发路交汇处中天花园商业8幢 650106 0871-4602946-814)

PD20092513 除虫菊素/70%/原药/除虫菊素 70%/2014.02.26 至 2019.02.26/低毒

PD20095107 除虫菊素/5%/乳油/除虫菊素 5%/2014.04.24 至 2019.04.24/微毒
十字花科蔬菜 蚜虫 22.5-37.5克/公顷 喷雾

云南光明印楝产业开发股份有限公司 (云南省昆明市盘龙区北京路延长线银座大厦10楼 650224 0871-5745261)

PD20110336 苦参·印楝素/1%/乳油/苦参碱 0.4%、印楝素 0.6%/2011.03.31 至 2016.03.31/低毒
甘蓝 小菜蛾 9-12克/公顷 喷雾

PD20110360 印楝素/0.5%/乳油/印楝素 0.5%/2011.03.31 至 2016.03.31/低毒
甘蓝 小菜蛾 9.375-11.25克/公顷 喷雾

云南海通生物科技有限公司 (云南省玉溪市高新技术开发区 653100 0877-2663660)

PD20110974 烟碱/10%/乳油/烟碱 10%/2011.09.14 至 2016.09.14/中等毒(原药高毒)
烟草 烟青虫 75-112.5克/公顷 喷雾

云南建元生物开发有限公司 (云南省昆明市西山区滇池路166号省人大后院 650228 0871-4141240)

PD20102030 印楝素/20%/母药/印楝素 20%/2010.10.19 至 2015.10.19/微毒

云南金色太阳农药有限公司 (云南省昆明市官渡区东郊大石坝黑马山 650051 0871-3176826)

PD20092974 氯氰·马拉松/37%/乳油/氯氰菊酯 2%、马拉硫磷 35%/2014.03.09 至 2019.03.09/低毒
十字花科蔬菜 菜青虫 222-333克/公顷 喷雾

PD20100106 乐果·敌敌畏/50%/乳油/敌敌畏 32%、乐果 18%/2010.01.04 至 2015.01.04/中等毒
甘蓝 蚜虫 562.5-750克/公顷 喷雾

PD20131504 硅藻土/85%/粉剂/硅藻土 85%/2013.07.11 至 2018.07.11/低毒
原粮 仓储害虫 500-700毫克/千克 拌粮

WP20130212 杀虫粉剂/85%/粉剂/硅藻土 85%/2013.10.10 至 2018.10.10/低毒
室内 蜚蠊、蚂蚁 3克制剂/平方米 撒布

云南陆良酶制剂有限责任公司 (云南省曲靖市陆良县中枢镇北坛山121号 655600 0874-6260247)

PD20070380 厚孢轮枝菌/25亿个孢子/克/母粉/厚孢轮枝菌 25亿个孢子/克/2012.10.24 至 2017.10.24/低毒

PD20070381 厚孢轮枝菌/2.5亿个孢子/克/微粒剂/厚孢轮枝菌 2.5亿个孢子/克/2012.10.24 至 2017.10.24/低毒
烟草 根结线虫 22.5-30千克制剂/公顷 穴施

云南南宝生物科技有限责任公司 (云南省玉溪市高新技术产业开发区腾宵路5号 653100 0877-2077047)

PD20092509 除虫菊素/70%/原药/除虫菊素 70%/2014.02.26 至 2019.02.26/低毒

PD20098425 除虫菊素/1.5%/水乳剂/除虫菊素 1.5%/2009.12.24 至 2014.12.24/低毒
十字花科蔬菜 蚜虫 27-40.5克/公顷 喷雾

WP20110080 除虫菊素/1.5%/水乳剂/除虫菊素 1.5%/2011.03.31 至 2016.03.31/低毒
卫生 蚊 20倍稀释 喷雾

卫生 蝇 1.125毫克/立方米 喷雾
卫生 跳蚤 5.625毫克/立方米 喷雾
WP20120248 杀虫气雾剂/0.9%/气雾剂/除虫菊素 0.9%/2012.12.19 至 2017.12.19/微毒
卫生 蚊、蝇、蜚蠊 / 喷雾
WL20110086 杀虫气雾剂/0.6%/气雾剂/除虫菊素 0.6%/2013.07.07 至 2014.07.07/微毒
室内 蚊、蝇、蜚蠊 / 喷雾
WL20130004 除虫菊素/1.8%/热雾剂/除虫菊素 1.8%/2014.01.04 至 2015.01.04/微毒
卫生 跳蚤、蚊、蝇、蜚蠊 3毫升制剂/立方米 热雾机喷雾
WL20130023 除虫菊素/0.1%/驱蚊乳/除虫菊素 0.1%/2013.05.07 至 2014.05.07/低毒
室内、外 蚊 / 涂抹

云南省昆明爱德望化工有限责任公司 （云南省昆明市官渡区关南大道曹家桥新一村 650028 0871-7326170）

PD85105-89 敌敌畏/80%/乳油/敌敌畏 77.5%(气谱法)/2010.06.20 至 2015.06.20/中等毒
茶树 食叶害虫 600克/公顷 喷雾
粮仓 多种储藏害虫 1)400-500倍液 1)喷雾
2)0.4-0.5克/立方米 2)挂条熏蒸
棉花 蚜虫、造桥虫 600-1200克/公顷 喷雾
苹果树 小卷叶蛾、蚜虫 400-500毫克/千克 喷雾
青菜 菜青虫 600克/公顷 喷雾
桑树 尺蠖 600克/公顷 喷雾
卫生 多种卫生害虫 1)300-400倍液2)0.08克/立方米 1)泼洒2)挂条熏蒸
小麦 黏虫、蚜虫 600克/公顷 喷雾
PD86182-9 稻瘟灵/30%/乳油/稻瘟灵 30%/2010.06.20 至 2015.06.20/低毒
水稻 稻瘟病 450-675克/公顷 喷雾

云南省玉溪安安绿色气雾剂有限公司 （云南省玉溪市高新区常井路2幢 653100 0877-2067150）

WP20110111 电热蚊香片/40毫克/片/电热蚊香片/除虫菊素 40毫克/片/2011.04.29 至 2016.04.29/微毒
卫生 蚊 / 电热加温

云南省玉溪市红云化工有限公司 （云南省文山县追栗街道 663300 0877-2030626）

PD20080533 百菌清/40%/悬浮剂/百菌清 40%/2013.04.29 至 2018.04.29/低毒
黄瓜 霜霉病 960-1110克/公顷 喷雾
PD20080606 甲基硫菌灵/500克/升/悬浮剂/甲基硫菌灵 500克/升/2013.05.12 至 2018.05.12/低毒
水稻 稻瘟病 900-1425克/公顷 喷雾
PD20080705 硫磺/50%/悬浮剂/硫磺 50%/2013.06.04 至 2018.06.04/微毒
黄瓜 白粉病 1200-1425克/公顷 喷雾

云南省种衣剂有限责任公司 （云南省玉溪市高新技术开发区高仓块 653100 0877-2076777）

PD20120623 戊唑醇/2%/悬浮种衣剂/戊唑醇 2%/2012.04.11 至 2017.04.11/微毒
小麦 散黑穗病 2-2.86克/100千克种子 种子包衣

云南师范大学农药研究所 （云南省昆明市一.二一大街298号云南师范大学内 650092 0871-5515881）

PD20091737 扑·乙/20%/粉剂/扑草净 13.5%、乙草胺 6.5%/2014.02.04 至 2019.02.04/微毒
水稻移栽田 一年生杂草 240-300克/公顷(南方地区) 毒土法
PD20095728 苄·乙·甲/15.6%/粉剂/苄嘧磺隆 0.49%、甲磺隆 0.11%、乙草胺 15%/2009.05.18 至 2014.05.18/低毒
水稻移栽田 多年生杂草、一年生杂草 93.6-117克/公顷 药土法

云南天丰农药有限公司 （云南省昆明市安宁市草铺镇 650300 0871-8675508）

PD20080770 硫磺·三唑酮/50%/悬浮剂/硫磺 46%、三唑酮 4%/2013.06.11 至 2018.06.11/低毒
小麦 白粉病 600-750克/公顷 喷雾
PD20082508 硫磺/45%/悬浮剂/硫磺 45%/2013.12.05 至 2018.12.05/低毒
黄瓜 白粉病 1013-1350克/公顷 喷雾
PD20084640 百菌清/40%/悬浮剂/百菌清 40%/2013.12.18 至 2018.12.18/低毒
番茄 早疫病 900-1050克/公顷 喷雾
PD20084701 百菌清/60%/可湿性粉剂/百菌清 60%/2013.12.22 至 2018.12.22/低毒
水稻 稻瘟病、炭疽病 1125-1425克/公顷 喷雾
PD20091426 草甘膦/95%/原药/草甘膦 95%/2014.02.02 至 2019.02.02/低毒
PD20091773 硫磺·三环唑/40%/悬浮剂/硫磺 35%、三环唑 5%/2014.02.04 至 2019.02.04/低毒
水稻 稻瘟病 1200克/公顷 喷雾
PD20092557 腐霉·百菌清/20%/烟剂/百菌清 15%、腐霉利 5%/2014.02.26 至 2019.02.26/低毒
黄瓜 霜霉病 600-900克/公顷 点燃放烟
PD20094879 百菌清/10%/烟剂/百菌清 10%/2014.04.13 至 2019.04.13/低毒
黄瓜(保护地) 霜霉病 750-1200克/公顷 点燃放烟
PD20100004 氯氰·敌敌畏/45%/乳油/敌敌畏 42%、氯氰菊酯 3%/2010.01.04 至 2015.01.04/中等毒
甘蓝 菜青虫 236.25-315克/公顷 喷雾
LS20120359 乙烯利/2%/涂抹剂/乙烯利 2%/2013.11.05 至 2014.11.05/低毒
橡胶树 增产 0.02-0.06克/株 涂抹法

云南星耀生物制品有限公司 （云南省昆明市官渡区矣六乡普自村323号 650224 0871-3126355）

PD20097312 枯草芽孢杆菌/10亿个/克/可湿性粉剂/枯草芽孢杆菌 10亿个/克/2009.10.27 至 2014.10.27/低毒

辣椒 枯萎病 3000-4500克/公顷 灌根
三七 根腐病 2250-3000克制剂/公顷 喷雾
水稻 纹枯病 1125-1500克制剂/公顷 喷雾
烟草 黑胫病 1500-1875克制剂/公顷 喷雾

云南中科生物产业有限公司 (云南省昆明市高新开发区海源中路18号 650106 0871-8323776)

PD20101139 甲氨基阿维菌素苯甲酸盐(0.57%)///微乳剂/甲氨基阿维菌素 0.5%/2010.01.25 至 2015.01.25/低毒
烟草 烟青虫 1.5-2.25克/公顷 喷雾
PD20101766 阿维·吡虫啉/1.7%/微乳剂/阿维菌素 0.2%、吡虫啉 1.5%/2010.07.07 至 2015.07.07/低毒(原药高毒)
烟草 蚜虫 10.2-12.75克/公顷 喷雾
PD20101937 印楝素/40%/母药/印楝素 40%/2010.08.27 至 2015.08.27/微毒
PD20101938 印楝素/0.3%/乳油/印楝素 0.3%/2010.08.27 至 2015.08.27/低毒
甘蓝 小菜蛾 13.5-22.5克/公顷 喷雾

云南中植生物科技开发有限责任公司 (云南省昆明市盘龙区黑龙潭龙都大厦4层 650204 0871-5150279)

WP20080074 除虫菊素/60%/原药/除虫菊素 60%/2013.05.27 至 2018.05.27/低毒
WP20080075 杀虫气雾剂/0.2%/气雾剂/除虫菊素 0.2%/2013.05.27 至 2018.05.27/低毒
卫生 蚊、蝇、蜚蠊 / 喷雾

浙江省

拜耳作物科学(中国)有限公司 (浙江省杭州市经济技术开发区内5号路 310018 0571-87265252)

PD20060053 氟虫腈/4克/升/超低容量剂/氟虫腈 4克/升/2011.03.06 至 2016.03.06/低毒
注:专供出口，不得在国内销售。
PD20060186 氟虫腈/95%/原药/氟虫腈 95%/2011.11.24 至 2016.11.24/中等毒
PD20070007 氟虫腈/50克/升/悬浮剂/氟虫腈 50克/升/2012.01.16 至 2017.01.16/低毒
注:专供出口，不得在国内销售。
PD20070143 氟虫腈/50克/升/种子处理悬浮剂/氟虫腈 50克/升/2012.05.30 至 2017.05.30/低毒
注:专供出口，不得在国内销售。
PD20070317 异菌脲/255克/升/悬浮剂/异菌脲 255克/升/2012.09.27 至 2017.09.27/低毒
香蕉 冠腐病、贮藏期轴腐病 1500毫克/千克 浸果
PD20070395 异菌脲/500克/升/悬浮剂/异菌脲 500克/升/2012.11.05 至 2017.11.05/低毒
番茄 灰霉病、早疫病 375-750克/公顷 喷雾
苹果树 斑点落叶病 1000-2000倍液 喷雾
葡萄 灰霉病 750-1000倍液 喷雾
PD20080560 氟虫腈/200克/升/母液/氟虫腈 200克/升/2008.05.09 至 2013.05.09/中等毒
PD20080883 溴氰菊酯/25克/升/乳油/溴氰菊酯 25克/升/2013.07.09 至 2018.07.09/中等毒
茶树 茶小绿叶蝉 7.5-11.25克/公顷 喷雾
大豆 食心虫 7.5-9.375克/公顷 喷雾
柑橘树 蚜虫 8.3-12.5毫克/千克 喷雾
柑橘树 潜叶蛾 10-16.7毫克/千克 喷雾
荒地 飞蝗 11.25-18.75克/公顷 喷雾
梨树 梨小食心虫 8.3-10毫克/千克 喷雾
荔枝 蝽蟓 7.14-8.33毫克/千克 喷雾
棉花 棉铃虫、蚜虫 15-18.75克/公顷 喷雾
苹果树 桃小食心虫 10-16.7毫克/千克/ 喷雾
苹果树 蚜虫 10-16.7毫克/千克 喷雾
十字花科蔬菜 菜青虫、蚜虫 15-18.75克/公顷 喷雾
小麦 粘虫 3.75-5.625克/公顷 喷雾
小麦、油菜 蚜虫 5.625-9.375克/公顷 喷雾
烟草 烟青虫 7.5-11.25克/公顷 喷雾
玉米 玉米螟 7.375-11.25克/公顷 拌毒土于喇叭口期撒施
PD20101057 咪鲜胺/450克/升/水乳剂/咪鲜胺 450克/升/2010.01.21 至 2015.01.21/低毒
柑橘 蒂腐病、绿霉病、青霉病、炭疽病 225～450毫克/千克 浸果
水稻 恶苗病 56.25-112.5毫克/千克 浸种
香蕉 冠腐病、炭疽病 250－500毫克/千克 浸果
PD20101230 精噁唑禾草灵/69克/升/水乳剂/精噁唑禾草灵 69克/升/2010.08.04 至 2015.08.04/低毒
春油菜田 一年生禾本科杂草 51.75-72.45克/公顷 茎叶喷雾
花生田 一年生禾本科杂草 51.75-62.1/公顷 茎叶喷雾
PD20101630 精噁唑禾草灵/69克/升/水乳剂/精噁唑禾草灵 69克/升/2010.06.03 至 2015.06.03/低毒
大麦田 一年生禾本科杂草 51.75-62.1克/公顷 茎叶喷雾
PD20101760 精噁唑禾草灵/69克/升/水乳剂/精噁唑禾草灵 69克/升/2010.07.07 至 2015.07.07/低毒
春小麦田 野燕麦等一年生禾本科杂草 62.1-72.45克/公顷 茎叶喷雾
冬小麦田 看麦娘等一年生禾本科杂草 51.75-62.1克/公顷 茎叶喷雾
PD20110287 戊唑醇/430克/升/悬浮剂/戊唑醇 430克/升/2011.03.11 至 2016.03.11/低毒
大白菜 黑斑病 96.75-116克/公顷 喷雾

黄瓜 白粉病 96.75-116克/公顷 喷雾
梨树 黑星病 107.5-143毫克/千克 喷雾
苹果树 斑点落叶病 61-86毫克/千克 喷雾
水稻 稻曲病、纹枯病 64.5-96.75克/公顷 喷雾
小麦 白粉病 96.75-161.25克/公顷 喷雾

PD20111312 螺螨酯/240克/升/悬浮剂/螺螨酯 240克/升/2011.12.02 至 2016.12.02/低毒
柑橘树、苹果树 红蜘蛛 40-60毫克/千克 喷雾
棉花 红蜘蛛 36-72克/公顷 喷雾

PD20111451 氟虫腈/80%/水分散粒剂/氟虫腈 80%/2011.12.30 至 2016.12.30/中等毒
注:仅供出口，不得在国内销售。

PD20120072 吡虫啉/70%/水分散粒剂/吡虫啉 70%/2012.01.18 至 2017.01.18/低毒
茶树 小绿叶蝉 21-42克/公顷 喷雾
番茄 白粉虱 42-63克/公顷 喷雾
甘蓝 蚜虫 21-31.5克/公顷 喷雾
棉花、小麦 蚜虫 21-42克/公顷 喷雾
苹果树 黄蚜 28-50毫克/千克 喷雾
水稻 稻飞虱 21-42克/公顷 喷雾

PD20120362 霜霉威盐酸盐/722克/升/水剂/霜霉威盐酸盐 722克/升/2012.02.23 至 2017.02.23/低毒
黄瓜 疫病、猝倒病 3.6-5.4克/平方米 苗床浇灌
黄瓜 霜霉病 649.8-1083克/公顷 喷雾
甜椒 疫病 775.5-1164克/公顷 喷雾

PD20120373 氟菌·霜霉威/687.5克/升/悬浮剂/霜霉威盐酸盐 625克/升、氟吡菌胺 62.5克/升/2012.02.24 至 2017.02.24/低毒
大白菜 霜霉病 618.8-773.4克/公顷 喷雾
番茄 晚疫病 618.8-773.4克/公顷 喷雾
黄瓜 霜霉病 620-774克/公顷 喷雾
辣椒、西瓜 疫病 618.8～773.4克/公顷 喷雾
马铃薯 晚疫病 618.8～773.4克/公顷 喷雾

PD20121181 吡虫啉/600克/升/悬浮种衣剂/吡虫啉 600克/升/2012.08.06 至 2017.08.06/低毒
花生 蛴螬 120-240克/100千克种子 种子包衣
马铃薯 蛴螬 24-30克/100千克种薯 种薯包衣
棉花 蚜虫 360-480克/100千克种子 拌种
水稻 蓟马 120-240克/100千克种子 种子包衣
小麦 蚜虫 120-360克/100千克种子 种子包衣
玉米 蛴螬 120-360克/100千克种子 种子包衣

PD20121777 乙虫腈/94%/原药/乙虫腈 94%/2012.11.16 至 2017.11.16/低毒

PD20130157 阿维·氟酰胺/10%/悬浮剂/阿维菌素 3.3%、氟苯虫酰胺 6.7%/2013.01.18 至 2018.01.18/低毒(原药高毒)
水稻 稻纵卷叶螟、二化螟 30-45克/公顷 喷雾

PD20130380 乙虫腈/100克/升/悬浮剂/乙虫腈 100克/升/2013.03.12 至 2018.03.12/低毒
水稻 稻飞虱 45-60克/公顷 喷雾

LS20100012 阿维·氟酰胺/10%/悬浮剂/阿维菌素 3.3%、氟苯虫酰胺 6.7%/2012.02.09 至 2013.02.09/低毒(原药高毒)
水稻 稻纵卷叶螟 30-45克/公顷 喷雾
水稻 二化螟 20-30毫升制剂/亩 喷雾

LS20100061 乙虫腈/94%/原药/乙虫腈 94%/2012.05.10 至 2013.05.10/低毒

慈溪市亚细亚卫生杀虫药械厂 (浙江省慈溪市周巷镇环城南路897支路 315324 0574-63301554)

WP20090024 杀蟑笔剂/0.5%/笔剂/溴氰菊酯 0.5%/2009.01.08 至 2014.01.08/低毒
卫生 蜚蠊 / 涂抹

德清三科防虫剂有限公司 (浙江省德清县武康镇长虹街333号3009室 313200 0572-8080873)

WL20100230 杀白蚁/10%/水剂/硼酸 10%/2012.08.09 至 2013.08.09/低毒
木材 白蚁 / 涂刷3遍

东阳市康家日用品有限公司 (浙江省东阳市吴宁街道兴平社区蒋桥头村工业区 322100 0579-86686638)

WP20080225 电热蚊香片/10毫克/片/电热蚊香片/炔丙菊酯 10毫克/片/2013.11.25 至 2018.11.25/低毒
卫生 蚊 / 电热加温

WP20080387 电热蚊香液/0.86%/电热蚊香液/炔丙菊酯 0.86%/2013.12.11 至 2018.12.11/低毒
卫生 蚊 / 电热加温

WP20080588 窗纱涂剂/1.08%/涂抹剂/氯菊酯 0.5%、氯氰菊酯 0.58%/2013.12.29 至 2018.12.29/低毒
卫生 蚊、蝇 / 涂抹
卫生 蜚蠊 324毫克/平方米 涂抹

杭州邦化化工有限公司 (浙江省杭州市临安市太阳镇枫树岭村 311314 0571-63861306)

PD20081308 氯氰·毒死蜱/20%/乳油/毒死蜱 16.6%、氯氰菊酯 3.4%/2008.10.09 至 2013.10.09/中等毒
棉花 棉铃虫 180-210克/公顷 喷雾

PD20083053 辛硫·三唑磷/20%/乳油/三唑磷 10%、辛硫磷 10%/2008.12.16 至 2013.12.16/中等毒
水稻 二化螟 360-450克/公顷 喷雾

PD20092841 噻嗪·杀扑磷/20%/乳油/噻嗪酮 15%、杀扑磷 5%/2009.03.05 至 2014.03.05/中等毒(原药高毒)

	柑橘树	矢尖蚧	200-250毫克/千克	喷雾
PD20096136	草甘膦异丙胺盐/30%/水剂/草甘膦 30%/2009.06.24 至 2014.06.24/低毒			
	柑橘园	杂草	1230-2460克/公顷	定向喷雾
	注:草甘膦异丙胺盐含量: 41%。			
PD20097002	乙铝·锰锌/70%/可湿性粉剂/代森锰锌 25%、三乙膦酸铝 45%/2009.09.29 至 2014.09.29/低毒			
	黄瓜	霜霉病	1050-1575克/公顷	喷雾
PD20100837	马拉·三唑磷/20%/乳油/马拉硫磷 10%、三唑磷 10%/2010.01.19 至 2015.01.19/中等毒			
	水稻	二化螟	300-360克/公顷	喷雾
PD20100892	敌百·辛硫磷/30%/乳油/敌百虫 20%、辛硫磷 10%/2010.01.19 至 2015.01.19/低毒			
	水稻	二化螟	450-540克/公顷	喷雾

杭州丰收农药有限公司 (浙江省杭州市莫干山路长命桥 311115 0571-88532536)

PD20082692	异丙威/20%/乳油/异丙威 20%/2013.12.05 至 2018.12.05/低毒			
	水稻	稻飞虱	450-600克/公顷	喷雾
PD20091147	草甘膦异丙胺盐/30%/水剂/草甘膦 30%/2014.01.21 至 2019.01.21/低毒			
	柑橘园	一年生及部分多年生杂草	1125-2250克/公顷	定向茎叶喷雾
	注:草甘膦异丙胺盐含量: 41%。			

杭州禾新化工有限公司 (浙江省杭州市萧山区南阳街道圩里村 311227 0571-86625864)

PD20040254	甲拌磷/3%/颗粒剂/甲拌磷 3%/2009.12.19 至 2014.12.19/高毒			
	甘蔗	蔗螟	2250-3000克/公顷	沟施
PD20070312	三环唑/95%/原药/三环唑 95%/2012.09.21 至 2017.09.21/中等毒			
PD20070495	噻嗪酮/20%/可湿性粉剂/噻嗪酮 20%/2013.02.05 至 2018.02.05/低毒			
	水稻	飞虱	90-150克/公顷	喷雾
PD20080384	三环唑/75%/可湿性粉剂/三环唑 75%/2013.02.28 至 2018.02.28/中等毒			
	水稻	稻瘟病	225-337.5克/公顷	喷雾
PD20081513	硫磺·三环唑/45%/可湿性粉剂/硫磺 40%、三环唑 5%/2013.11.06 至 2018.11.06/中等毒			
	水稻	稻瘟病	843.75-1012.5克/公顷	喷雾
PD20081712	克百威/3%/颗粒剂/克百威 3%/2013.11.18 至 2018.11.18/中等毒(原药高毒)			
	甘蔗	蚜虫、蔗龟	1350-2250克/公顷	沟施
	花生	线虫	1800-2250克/公顷	条施、沟施
	棉花	蚜虫	675-900克/公顷	条施、沟施
	水稻	螟虫、瘿蚊	900-1350克/公顷	撒施
PD20082625	毒死蜱/3%/颗粒剂/毒死蜱 3%/2013.12.04 至 2018.12.04/低毒			
	花生	地下害虫	1800-2250克/公顷	播种期沟施
	花生	蛴螬	900-1350克/公顷	开花期穴施
PD20083269	辛硫磷/3%/颗粒剂/辛硫磷 3%/2013.12.11 至 2018.12.11/微毒			
	花生	地下害虫	2700-3600克/公顷	撒施
PD20083458	硫磺·多菌灵/25%/可湿性粉剂/多菌灵 10%、硫磺 15%/2013.12.12 至 2018.12.12/低毒			
	水稻	稻瘟病	1200-1800克/公顷	喷雾
PD20085951	克百·敌百虫/3%/颗粒剂/敌百虫 2%、克百威 1%/2013.12.29 至 2018.12.29/中等毒(原药高毒)			
	水稻	二化螟	1575-1800克/公顷	撒施
PD20092629	噻嗪·杀虫单/25%/可湿性粉剂/噻嗪酮 5%、杀虫单 20%/2014.03.02 至 2019.03.02/中等毒			
	水稻	稻飞虱	187.5-281.25克/公顷	喷雾
PD20092631	草甘膦/95%/原药/草甘膦 95%/2014.03.02 至 2019.03.02/低毒			
PD20092633	草甘膦/30%/水剂/草甘膦 30%/2014.03.02 至 2019.03.02/低毒			
	柑橘树	杂草	4000-7500克制剂/公顷	定向喷雾

杭州华艺气雾制品有限公司 (浙江省金华市东阳市人民路129号 322100 0579-6642777)

WP20080037	电热蚊香片/12.5毫克/片/电热蚊香片/炔丙菊酯 12.5毫克/片/2013.02.28 至 2018.02.28/低毒			
	卫生	蚊	/	电热加温
WP20080047	杀虫气雾剂/0.35%/气雾剂/富右旋反式烯丙菊酯 0.10%、氯菊酯 0.25%/2013.03.04 至 2018.03.04/低毒			
	卫生	蜚蠊、蚊、蝇	/	喷雾
WP20080149	杀虫气雾剂/0.55%/气雾剂/胺菊酯 0.2%、富右旋反式烯丙菊酯 0.1%、氯菊酯 0.25%/2013.11.05至2018.11.05/低毒			
	卫生	蜚蠊、蚊、蝇	/	喷雾
WP20080151	杀虫气雾剂/0.6%/气雾剂/胺菊酯 0.3%、氯菊酯 0.3%/2013.11.05 至 2018.11.05/低毒			
	卫生	蜚蠊、蚊、蝇	/	喷雾
WP20080269	杀虫气雾剂/0.65%/气雾剂/胺菊酯 0.5%、氯氰菊酯 0.15%/2013.12.01 至 2018.12.01/低毒			
	卫生	蚊、蝇	/	喷雾
WP20090006	杀虫气雾剂/0.45%/气雾剂/富右旋反式烯丙菊酯 0.15%、氯菊酯 0.3%/2014.01.04 至 2019.01.04/低毒			
	卫生	蜚蠊、蚊、蝇	/	喷雾

杭州家得好日用品有限公司 (浙江省杭州市萧山区戴村镇沈村 311263 0571-82256197)

WL20100171	蚊香/0.08%/蚊香/氯氟醚菊酯 0.08%/2012.06.08 至 2013.06.08/微毒			
	卫生	蚊	/	点燃
WL20100245	电热蚊香片/15毫克/片/电热蚊香片/炔丙菊酯 15毫克/片/2012.08.31 至 2013.08.31/微毒			
	卫生	蚊	/	电热加温

杭州绿普达生物科技有限公司 (浙江省桐庐县江南镇珠山村 311510 0571-64257999)

PD20050170 吡虫啉/10%/可湿性粉剂/吡虫啉 10%/2010.11.14 至 2015.11.14/低毒

水稻 稻飞虱 30-45克/公顷 喷雾

PD20082863 噻嗪酮/25%/可湿性粉剂/噻嗪酮 25%/2013.12.09 至 2018.12.09/低毒

水稻 飞虱 93.75-131.25克/公顷 喷雾

PD20082890 克百威/3%/颗粒剂/克百威 3%/2013.12.09 至 2018.12.09/中等毒(原药高毒)

甘蔗 蚜虫、蔗龟 1350-2250克/公顷 沟施

花生 线虫 1800-2250克/公顷 条施、沟施

棉花 蚜虫 675-900克/公顷 条施、沟施

水稻 螟虫、瘿蚊 900-1350克/公顷 撒施

杭州茂宇电子化学有限公司 (浙江省杭州市下沙经济开发区M18-3-3地块 310018 0571-86911506)

PD20096462 硫酰氟/99.8%/原药/硫酰氟 99.8%/2009.08.14 至 2014.08.14/中等毒

WP20090307 硫酰氟/99.8%/气体制剂/硫酰氟 99.8%/2009.08.17 至 2014.08.17/中等毒

集装箱 蜚蠊、鼠、蚊、蝇 10克制剂/立方米 密闭熏蒸

注:要求仅限专业人员使用。

杭州万得仕日用品有限公司 (浙江省杭州市萧山区萧然东路318号 311225 0571-22899888)

WP20120219 蚊香/0.3%/蚊香/富右旋反式烯丙菊酯 0.3%/2012.11.16 至 2017.11.16/微毒

卫生 蚊 / 点燃

WP20130006 蚊香/0.05%/蚊香/氯氟醚菊酯 0.05%/2013.01.07 至 2018.01.07/微毒

卫生 蚊 / 点燃

黑猫神日化股份有限公司 (浙江省诸暨市城西工业开发区建工路2号 311800 0575-87380508)

WP20080032 电热蚊香液/0.86%/电热蚊香液/炔丙菊酯 0.86%/2013.02.26 至 2018.02.26/微毒

卫生 蚊 / 电热加温

WP20080155 蚊香/0.014%/蚊香/四氟甲醚菊酯 0.014%/2013.11.06 至 2018.11.06/微毒

卫生 蚊 / 点燃

WP20100112 蚊香/0.03%/蚊香/四氟甲醚菊酯 0.03%/2010.08.27 至 2015.08.27/微毒

卫生 蚊 / 点燃

WP20100161 蚊香/0.3%/蚊香/富右旋反式烯丙菊酯 0.3%/2010.12.14 至 2015.12.14/微毒

卫生 蚊 / 点燃

WP20100188 电热蚊香片/10毫克/片/电热蚊香片/炔丙菊酯 10毫克/片/2010.12.31 至 2015.12.31/微毒

卫生 蚊 / 电热加温

WP20120011 杀蟑气雾剂/0.2%/气雾剂/氯氰菊酯 0.1%、炔咪菊酯 0.1%/2012.01.29 至 2017.01.29/微毒

卫生 蜚蠊 / 喷雾

WP20130047 杀虫气雾剂/0.23%/气雾剂/高效氯氰菊酯 0.1%、右旋胺菊酯 0.03%、右旋苯醚氰菊酯 0.1%/2013.03.20至2018.03.20/微毒

卫生 蚊、蝇、蜚蠊 / 喷雾

WP20130049 蚊香/0.08%/蚊香/氯氟醚菊酯 0.08%/2013.03.20 至 2018.03.20/微毒

卫生 蚊 / 点燃

WP20130097 电热蚊香液/0.31%/电热蚊香液/四氟甲醚菊酯 0.31%/2013.05.20 至 2018.05.20/微毒

卫生 蚊 / 电热加温

WP20130118 杀虫气雾剂/0.21%/气雾剂/Es-生物烯丙菊酯 0.2%、溴氰菊酯 0.01%/2013.06.04 至 2018.06.04/微毒

卫生 蚊、蝇、蜚蠊 / 喷雾

WL20100100 杀蟑烟片/7%/烟片/右旋苯醚氰菊酯 7%/2012.04.02 至 2013.04.02/低毒

卫生 蜚蠊 / 点燃

WL20110056 蚊香/0.05%/蚊香/氯氟醚菊酯 0.05%/2013.04.11 至 2014.04.11/微毒

卫生 蚊 / 点燃

WL20110068 电热蚊香液/0.4%/电热蚊香液/氯氟醚菊酯 0.4%/2013.05.05 至 2014.05.05/微毒

卫生 蚊 / 电热加温

WL20110106 电热蚊香片/10毫克/片/电热蚊香片/炔丙菊酯 5毫克/片、氯氟醚菊酯 5毫克/片/2013.09.08 至 2014.09.08/微毒

卫生 蚊 / 电热加温

WL20120041 杀虫气雾剂/0.35%/气雾剂/炔丙菊酯 0.25%、右旋苯醚菊酯 0.1%/2013.07.19 至 2014.07.19/微毒

卫生 蚊、蝇 / 喷雾

捷马化工股份有限公司 (浙江省龙游县宝塔路50号 324400 0570-7856256)

PD85159-14 草甘膦/30%/水剂/草甘膦 30%/2010.08.15 至 2015.08.15/低毒

茶树、甘蔗、果园、剑麻、林木、桑树、橡胶树 一年生杂草和多年生恶性杂草 1125-2250克/公顷 定向喷雾

PD20070148 草甘膦/96%/原药/草甘膦 96%/2012.05.30 至 2017.05.30/低毒

PD20070335 敌稗/95%/原药/敌稗 95%/2012.10.12 至 2017.10.12/低毒

PD20070422 精噁唑禾草灵/95%/原药/精噁唑禾草灵 95%/2012.11.06 至 2017.11.06/低毒

PD20070661 禾草灵/97%/原药/禾草灵 97%/2012.12.17 至 2017.12.17/低毒

PD20080168 乐果/96%/原药/乐果 96%/2008.01.03 至 2013.01.03/中等毒

PD20080347 噻嗪酮/95%/原药/噻嗪酮 95%/2013.02.26 至 2018.02.26/低毒

PD20080429 精噁唑禾草灵/7.5%/水乳剂/精噁唑禾草灵 7.5%/2013.03.10 至 2018.03.10/低毒

小麦田 野燕麦、一年生禾本科杂草 56.3-67.5克/公顷 茎叶喷雾

PD20081588 氟乐灵/96%/原药/氟乐灵 96%/2013.11.12 至 2018.11.12/低毒

PD20082290 草甘膦异丙胺盐（41%）///水剂/草甘膦 30%/2013.12.01 至 2018.12.01/低毒

柑橘园 杂草 1125-2250克/公顷 定向茎叶喷雾

PD20082592 禾草灵/36%/乳油/禾草灵 36%/2008.12.04 至 2013.12.04/低毒

春小麦田 野燕麦 972-1080克/公顷 茎叶喷雾

冬小麦田 看麦娘、野燕麦 810-972克/公顷 茎叶喷雾

PD20083042 噻嗪酮/25%/可湿性粉剂/噻嗪酮 25%/2013.12.10 至 2018.12.10/低毒

茶树 小绿叶蝉 166-250毫克/千克 喷雾

柑橘树 矢尖蚧 150-250毫克/千克 喷雾

水稻 飞虱 75-112.5克/公顷 喷雾

PD20083177 烟嘧磺隆/95%/原药/烟嘧磺隆 95%/2013.12.11 至 2018.12.11/低毒

PD20085985 苯磺隆/95%/原药/苯磺隆 95%/2013.12.29 至 2018.12.29/低毒

PD20090028 伏杀硫磷/95%/原药/伏杀硫磷 95%/2009.01.06 至 2014.01.06/中等毒

PD20095787 草甘膦异丙胺盐（62%）//母药/草甘膦 46%/2009.05.27 至 2014.05.27/低毒

PD20096279 苯磺隆/75%/水分散粒剂/苯磺隆 75%/2009.07.22 至 2014.07.22/低毒

冬小麦田 一年生阔叶杂草 15-22.5克/公顷 茎叶喷雾

PD20100965 氟乐灵/480克/升/乳油/氟乐灵 480克/升/2010.01.19 至 2015.01.19/低毒

大豆田 一年生禾本科杂草及部分阔叶杂草 1080-1440克/公顷 土壤喷雾

棉花田 一年生禾本科杂草及部分阔叶杂草 720-1440克/公顷 土壤喷雾

PD20100988 敌草隆/97%/原药/敌草隆 97%/2010.01.20 至 2015.01.20/低毒

PD20111224 2,4-滴/96%/原药/2,4-滴 96%/2011.11.17 至 2016.11.17/中等毒

注:专供出口，不得在国内销售。

PD20111313 草甘膦铵盐/68%/可溶粒剂/草甘膦 68%/2011.12.02 至 2016.12.02/低毒

柑橘园 杂草 1125-2250克/公顷 定向茎叶喷雾

注:草甘膦铵盐含量：74.7%。

PD20120381 双草醚/95%/原药/双草醚 95%/2012.02.24 至 2017.02.24/低毒

PD20120387 2,4-滴二甲胺盐/860克/升/水剂/2,4-滴二甲胺盐 860克/升/2012.03.07 至 2017.03.07/低毒

注:专供出口，不得在国内销售。

PD20120638 环嗪酮/98%/原药/环嗪酮 98%/2012.04.12 至 2017.04.12/低毒

PD20120931 敌草隆/80%/可湿性粉剂/敌草隆 80%/2012.06.04 至 2017.06.04/低毒

非耕地 杂草 4500-8000克/公顷 定向茎叶喷雾

PD20121068 莠去津/97%/原药/莠去津 97%/2012.07.12 至 2017.07.12/低毒

PD20121573 嘧菌酯/95%/原药/嘧菌酯 95%/2012.10.25 至 2017.10.25/低毒

丽水市绿谷生物药业有限公司 （浙江省丽水市天宁工业区科技创业园 323000 0578-2268670）

PD20097408 松脂酸钠/30%/水乳剂/松脂酸钠 30%/2009.10.28 至 2014.10.28/微毒

柑橘树 介壳虫 1500-2000毫克/千克(用于冬季清园或早春新梢抽发前) 喷雾

临海市利民化工有限公司 （浙江省临海市涌泉镇西管岙村 317021 0576-85683166）

PD86185 硫酰氟/99.8%/原药/硫酰氟 99.8%/2011.11.12 至 2016.11.12/中等毒

堤围、土坝 黑翅土白蚁 800-1000克/巢 由主蚁道注入气体熏蒸

建筑物 白蚁 30克/立方米 密闭熏蒸

林木、木材、种子 蛀虫 25-30克/立方米 密闭熏蒸

棉花 仓储害虫 40-50克/立方米 密闭熏蒸

文史档案及图书 蛀虫 30-40克/立方米 密闭熏蒸

衣料 蛀虫 30克/立方米 密闭熏蒸

美丰农化有限公司 （浙江省温州市经济技术开发区九峰山路2号 325011 0577-86521217）

PD20080217 苯噻酰草胺/95%/原药/苯噻酰草胺 95%/2013.01.11 至 2018.01.11/低毒

PD20080442 草甘膦异丙胺盐/30%/水剂/草甘膦 30%/2013.03.13 至 2018.03.13/低毒

茶园、桑园 杂草 280-470毫升制剂/亩 定向茎叶喷雾

春玉米田 杂草 157-220毫升制剂/亩 定向茎叶喷雾

防火隔离带、公路、铁路 杂草 314-627毫升制剂/亩 茎叶喷雾

非耕地 杂草 220-672毫升制剂/亩 定向茎叶喷雾

柑橘园 杂草 1125-2250克/公顷 定向茎叶喷雾

剑麻园、梨园、苹果园、香蕉园、橡胶园 杂草 235-315毫升制剂/亩 定向茎叶喷雾

棉花田、夏玉米田 杂草 220-345毫升制剂/亩 定向茎叶喷雾

注:草甘膦异丙胺盐含量：41%。

PD20080541 苯噻酰草胺/50%/可湿性粉剂/苯噻酰草胺 50%/2013.05.04 至 2018.05.04/低毒

水稻抛秧田 稗草、异型莎草 450-600克/公顷(北方地区) 毒土法

375-450克/公顷(南方地区)

PD20080592 霜脲·锰锌/72%/可湿性粉剂/代森锰锌 64%、霜脲氰 8%/2013.05.12 至 2018.05.12/低毒
番茄 晚疫病 1440-1944克/公顷 喷雾
黄瓜 霜霉病 1440-1800克/公顷 喷雾

PD20080971 吡虫啉/25%/可湿性粉剂/吡虫啉 25%/2013.07.24 至 2018.07.24/低毒
水稻 稻飞虱 15-30克/公顷 喷雾
小麦 蚜虫 45-60克/公顷 喷雾
烟草 蚜虫 15-30克/公顷 喷雾

PD20080973 二氯喹啉酸/50%/可湿性粉剂/二氯喹啉酸 50%/2013.07.24 至 2018.07.24/低毒
水稻秧田 稗草等杂草 225－300克/公顷 喷雾
水稻移栽田 稗草 202.5-390克/公顷(北方地区) 喷雾

PD20081153 苄·二氯/35%/可湿性粉剂/苄嘧磺隆 6%、二氯喹啉酸 29%/2013.09.02 至 2018.09.02/低毒
水稻秧田 部分多年生杂草、一年生杂草 157.5-262.5克/公顷 茎叶喷雾
水稻移栽田 稗草、多种阔叶杂草 157.5-262.5克/公顷 喷雾

PD20081728 乙草胺/900克/升/乳油/乙草胺 900克/升/2013.11.18 至 2018.11.18/低毒
春大豆田、春玉米田 一年生杂草 1620-2025克/公顷 土壤喷雾
春油菜田、冬油菜田、花生田、夏大豆田、夏玉米田 一年生禾本科杂草及部分小粒种子杂草 810-1215克/公顷 播后苗前土壤喷雾

PD20081731 丁草胺/900克/升/乳油/丁草胺 900克/升/2013.11.18 至 2018.11.18/低毒
抛秧水稻 一年生杂草 600-900克/公顷 药土法

PD20081852 苯磺隆/75%/水分散粒剂/苯磺隆 75%/2013.11.20 至 2018.11.20/低毒
冬小麦 一年生阔叶杂草 13.5-22.5克/公顷 茎叶喷雾

PD20082198 苄嘧·禾草丹/50%/可湿性粉剂/苄嘧磺隆 1%、禾草丹 49%/2013.11.26 至 2018.11.26/低毒
水稻田(直播)、水稻秧田 部分多年生杂草、一年生杂草 1500-2250克/公顷 喷雾或毒土法

PD20082358 苄嘧磺隆/30%/可湿性粉剂/苄嘧磺隆 30%/2013.12.01 至 2018.12.01/低毒
水稻移栽田 阔叶杂草、莎草科杂草 45-90克/公顷 毒土法

PD20082382 苄嘧·苯噻酰/60%/可湿性粉剂/苯噻酰草胺 53.5%、苄嘧磺隆 6.5%/2013.12.01 至 2018.12.01/低毒
水稻抛秧田 部分多年生杂草、一年生杂草 450-500克/公顷(北方地区) 毒土法
300-600克/公顷(南方地区)

PD20082553 异丙甲·苄/20%/可湿性粉剂/苄嘧磺隆 3%、异丙甲草胺 17%/2013.12.04 至 2018.12.04/低毒
水稻插秧田 杂草 135-195克/公顷 毒土法
水稻抛秧田 一年生杂草 90-120克/公顷 药土法

PD20082799 丙草胺/300克/升/乳油/丙草胺 300克/升/2013.12.09 至 2018.12.09/低毒
水稻田(直播) 一年生杂草 450-540克/公顷 播后苗前土壤喷雾

PD20082809 吡嘧磺隆/10%/可湿性粉剂/吡嘧磺隆 10%/2013.12.09 至 2018.12.09/低毒
水稻移栽田 阔叶杂草、莎草科杂草 22.5-30克/公顷 药土法

PD20082817 丁草胺/60%/乳油/丁草胺 60%/2013.12.09 至 2018.12.09/低毒
水稻移栽田 一年生杂草 900-1350克/公顷 药土法

PD20083739 丙草胺/500克/升/乳油/丙草胺 500克/升/2013.12.15 至 2018.12.15/低毒
水稻移栽田 一年生杂草 450-525克/公顷 药土法

PD20085271 苄·乙/25%/可湿性粉剂/苄嘧磺隆 5.6%、乙草胺 19.4%/2013.12.23 至 2018.12.23/低毒
水稻移栽田 部分多年生杂草、一年生杂草 84-118克/公顷 药土法

PD20085605 苄·丁/37.5%/可湿性粉剂/苄嘧磺隆 1.5%、丁草胺 36%/2013.12.25 至 2018.12.25/低毒
水稻抛秧田 一年生及部分多年生杂草 562.5-843.8克/公顷(南方地区) 药土法
水稻移栽田 一年生及部分多年生杂草 562.5-843.8克/公顷 药土法

PD20086372 百草枯/200克/升/水剂/百草枯 200克/升/2012.12.31 至 2014.07.01/中等毒
柑橘园 杂草 600-900克/公顷 定向茎叶喷雾

PD20086376 精喹禾灵/10%/乳油/精喹禾灵 10%/2013.12.31 至 2018.12.31/低毒
大豆田 一年生禾本科杂草 48.6-64.8克/公顷 喷雾
花生田 一年生禾本科杂草 32.4-64.8克/公顷 茎叶喷雾
西瓜田 一年生禾本科杂草 48.6-64.8克/公顷 茎叶喷雾
油菜田 一年生禾本科杂草 40.5-56.7克/公顷 喷雾

PD20090294 苄嘧·苯噻酰/53%/可湿性粉剂/苯噻酰草胺 50%、苄嘧磺隆 3%/2014.01.09 至 2019.01.09/低毒
水稻抛秧田 一年生及部分多年生杂草 318-397.5克/公顷(南方地区) 毒土法

PD20091611 精喹·草除灵/17.5%/乳油/草除灵 15%、精喹禾灵 2.5%/2014.02.03 至 2019.02.03/低毒
冬油菜田 一年生杂草 262.5-393.75克/公顷 茎叶喷雾

PD20092201 莠去津/90%/水分散粒剂/莠去津 90%/2014.02.23 至 2019.02.23/低毒
春玉米田 一年生杂草 1620-2025克/公顷(东北地区) 土壤喷雾
夏玉米田 一年生杂草 1350-1620克/公顷(其它地区) 土壤喷雾

PD20095333 丙草·异丙隆/60%/可湿性粉剂/丙草胺 23%、异丙隆 37%/2009.04.27 至 2014.04.27/低毒
冬小麦田 一年生杂草 1125－1350克/公顷 喷雾

PD20096241 毒死蜱/40%/乳油/毒死蜱 40%/2009.07.15 至 2014.07.15/中等毒
棉花 棉铃虫 675-800克/公顷 喷雾
水稻 稻纵卷叶螟 450-600克/公顷 喷雾

PD20096658 高效氯氟氰菊酯/2.5%/微乳剂/高效氯氟氰菊酯 2.5%/2009.09.07 至 2014.09.07/中等毒
甘蓝 菜青虫 7.5-15克/公顷 喷雾
棉花 棉铃虫 15-22.5克/公顷 喷雾

PD20096713 代森锰锌/80%/可湿性粉剂/代森锰锌 80%/2009.09.07 至 2014.09.07/低毒
葡萄 霜霉病 1200-2160克/公顷 喷雾
烟草 赤星病 1440-1680克/公顷 喷雾

PD20096762 多菌灵/80%/可湿性粉剂/多菌灵 80%/2009.09.15 至 2014.09.15/低毒
苹果 轮纹病 1000－1500毫克/千克 喷雾
油菜 菌核病 1200－1440克/公顷 喷雾

PD20096775 噻嗪酮/25%/可湿性粉剂/噻嗪酮 25%/2009.09.15 至 2014.09.15/低毒
水稻 稻飞虱 75-112.5克/公顷 喷雾

PD20097615 异丙隆/50%/可湿性粉剂/异丙隆 50%/2009.11.03 至 2014.11.03/低毒
冬小麦田 一年生杂草 900－1050克/公顷 土壤或茎叶喷雾

PD20098343 2甲·苄/18%/可湿性粉剂/苄嘧磺隆 3%、2甲4氯钠 15%/2009.12.18 至 2014.12.18/低毒
冬小麦田 一年生阔叶杂草 216-270克/公顷 茎叶喷雾
水稻移栽田 阔叶杂草及莎草科杂草 270-405克/公顷 茎叶喷雾

PD20100584 精喹禾灵/5%/乳油/精喹禾灵 5%/2010.01.14 至 2015.01.14/低毒
油菜田 一年生禾本科杂草 37.5-45克/公顷 茎叶喷雾

PD20100979 百菌清/75%/可湿性粉剂/百菌清 75%/2010.01.19 至 2015.01.19/低毒
黄瓜 霜霉病 1650－3000克/公顷 喷雾

PD20101393 丁草胺/600克/升/水乳剂/丁草胺 600克/升/2010.04.14 至 2015.04.14/低毒
移栽水稻田 一年生杂草 900-1350克/公顷 毒土法

PD20101887 莠去津/48%/可湿性粉剂/莠去津 48%/2010.08.09 至 2015.08.09/低毒
春玉米田 一年生杂草 2250-3000克/公顷 播后苗前土壤喷雾

PD20110911 草甘膦铵盐/68%/可溶粒剂/草甘膦 68%/2011.08.22 至 2016.08.22/低毒
柑橘园 杂草 1120-2240克/公顷 定向茎叶茎叶
注:草甘膦铵盐含量为:74.7%。

PD20111307 啶虫脒/20%/可湿性粉剂/啶虫脒 20%/2011.11.24 至 2016.11.24/低毒
柑橘树 蚜虫 10-15毫克/千克 喷雾

PD20111308 醚菌酯/30%/可湿性粉剂/醚菌酯 30%/2011.11.24 至 2016.11.24/低毒
草莓 白粉病 135-180克/公顷 喷雾

PD20120326 乙草胺/50%/水乳剂/乙草胺 50%/2012.02.17 至 2017.02.17/低毒
玉米田 一年生禾本科杂草及部分阔叶杂草 1500-1875克/公顷（东北地区） 土壤喷雾
900-1200克/公顷（其它地区）

PD20120344 苄嘧·丙草胺/40%/可湿性粉剂/苄嘧磺隆 4%、丙草胺 36%/2012.02.20 至 2017.02.20/低毒
水稻田(直播) 一年生杂草 300-420克/公顷 播后苗前土壤喷雾

PD20120415 苯磺隆/10%/可湿性粉剂/苯磺隆 10%/2012.03.12 至 2017.03.12/低毒
冬小麦田 一年生阔叶杂草 15-22.5克/公顷 茎叶喷雾

PD20120626 氯氟吡氧乙酸/200克/升/乳油/氯氟吡氧乙酸 200克/升/2012.04.11 至 2017.04.11/低毒
冬小麦田 一年生阔叶杂草 150-210克/公顷 茎叶喷雾
注:氯氟吡氧乙酸异辛酯含量:288克/升。

PD20120683 三环唑/75%/可湿性粉剂/三环唑 75%/2012.04.18 至 2017.04.18/低毒
水稻 稻瘟病 225-450克/公顷 喷雾

PD20120980 高效氟吡甲禾灵/108克/升/乳油/高效氟吡甲禾灵 108克/升/2012.06.21 至 2017.06.21/低毒
大豆田 一年生禾本科杂草 48.6-81.0克/公顷 茎叶喷雾
油菜田 一年生禾本科杂草 32.4-48.6克/公顷 茎叶喷雾

PD20121009 精噁唑禾草灵/69克/升/水乳剂/精噁唑禾草灵 69克/升/2012.06.21 至 2017.06.21/低毒
冬小麦田 一年生禾本科杂草 41.4-51.75克/公顷 茎叶喷雾

PD20121436 甲氨基阿维菌素苯甲酸盐/0.5%/微乳剂/甲氨基阿维菌素 0.5%/2012.10.08 至 2017.10.08/低毒
甘蓝 甜菜夜蛾、小菜蛾 1.5-1.8克/公顷 喷雾
注:甲氨基阿维菌素苯甲酸盐含量:0.57%。

PD20130219 炔草酯/15%/可湿性粉剂/炔草酯 15%/2013.01.30 至 2018.01.30/低毒
冬小麦田 一年生禾本科杂草 45-67.5克/公顷 茎叶喷雾

PD20130736 烟嘧磺隆/75%/水分散粒剂/烟嘧磺隆 75%/2013.04.12 至 2018.04.12/低毒
玉米 一年生杂草 45-60克/公顷 茎叶喷雾

PD20131292 腈菌唑/40%/可湿性粉剂/腈菌唑 40%/2013.06.08 至 2018.06.08/低毒
小麦 白粉病 60-90克/公顷 喷雾

LS20120077 氰氟草酯/10%/水乳剂/氰氟草酯 10%/2013.03.07 至 2014.03.07/低毒
水稻田(直播) 稗草、千金子等禾本科杂草 75-105克/公顷 茎叶喷雾

LS20130269 吡嘧·丙草胺/36%/可湿性粉剂/吡嘧磺隆 2.5%、丙草胺 33.5%/2013.05.02 至 2014.05.02/低毒

水稻抛秧田　一年生及部分多年生杂草　324-432克/公顷　药土法
LS20130270　吡蚜酮/50%/可湿性粉剂/吡蚜酮 50%/2013.05.02 至 2014.05.02/低毒
水稻　稻飞虱　60-120克/公顷　喷雾

宁波纽康生物技术有限公司　(浙江省宁波市北仑区新安江路300号　315800　0574-86113161)

PD20098255　松脂酸钠/45%/可溶粉剂/松脂酸钠 45%/2009.12.16 至 2014.12.16/低毒
柑橘树　红蜡蚧　80-120倍液　喷雾

宁波新大昌织造有限公司　(浙江省宁波市江北区环城北路东段814弄75号　315211　0574-87266765)

WL20130005　驱蚊帐/0.6%/驱蚊帐/顺式氯氰菊酯 0.6%/2014.01.04 至 2015.01.04/微毒
卫生　蚊　/　悬挂

宁波中北生物科技发展股份有限公司　(浙江省宁波市宁海长街工业开发园区　315603　0574-65321000)

PD20132335　矿物油/38%/微乳剂/矿物油 38%/2013.11.20 至 2018.11.20/低毒
柑橘树　红蜘蛛　760-1266.7毫克/千克　喷雾

上虞颖泰精细化工有限公司　(浙江省上虞市杭州湾精细化工园区纬九路9号　312369　0575-82738589)

PD20081793　乙氧氟草醚/97%/原药/乙氧氟草醚 97%/2013.11.19 至 2018.11.19/低毒
PD20082118　异丙甲草胺/97%/原药/异丙甲草胺 97%/2013.11.25 至 2018.11.25/低毒
PD20082135　乙草胺/93%/原药/乙草胺 93%/2013.11.25 至 2018.11.25/低毒
PD20082603　戊唑醇/98%/原药/戊唑醇 98%/2013.12.04 至 2018.12.04/低毒
PD20082606　乳氟禾草灵/85%/原药/乳氟禾草灵 85%/2013.12.04 至 2018.12.04/低毒
PD20085670　双甲脒/98.5%/原药/双甲脒 98.5%/2013.12.26 至 2018.12.26/低毒
PD20095757　甲哌鎓/98%/原药/甲哌鎓 98%/2009.05.18 至 2014.05.18/低毒
PD20096019　甲草胺/97%/原药/甲草胺 97%/2009.06.15 至 2014.06.15/低毒
PD20096066　氟磺胺草醚/95%/原药/氟磺胺草醚 95%/2009.06.18 至 2014.06.18/低毒
PD20096225　三氟羧草醚/96%/原药/三氟羧草醚 96%/2009.07.15 至 2014.07.15/低毒
PD20097056　甲霜灵/98%/原药/甲霜灵 98%/2009.10.10 至 2014.10.10/低毒
PD20097221　噻菌灵/98.5%/原药/噻菌灵 98.5%/2009.10.19 至 2014.10.19/低毒
PD20098483　双甲脒/200克/升/乳油/双甲脒 200克/升/2009.12.24 至 2014.12.24/低毒
柑橘树　介壳虫　1000-1500倍液　喷雾
苹果树　红蜘蛛　1000-1500倍液　喷雾
PD20100163　环嗪酮/98%/原药/环嗪酮 98%/2010.01.05 至 2015.01.05/低毒
PD20101289　氟磺胺草醚/250克/升/水剂/氟磺胺草醚 250克/升/2010.03.10 至 2015.03.10/低毒
春大豆田　一年生阔叶杂草　300-375克/公顷　茎叶喷雾
PD20102114　丙环唑/98%/原药/丙环唑 98%/2010.11.30 至 2015.11.30/低毒
PD20110052　嘧菌酯/98%/原药/嘧菌酯 98%/2011.01.11 至 2016.01.11/低毒
注:专供出口，不得在国内销售。
PD20110417　喹禾糠酯/95%/原药/喹禾糠酯 95%/2011.04.15 至 2016.04.15/低毒
注:专供出口，不得在国内销售。
PD20120402　三氟羧草醚钠盐/40%/原药/三氟羧草醚 40%/2012.03.07 至 2017.03.07/低毒
注:三氟羧草醚钠盐含量：42%；　专供出口，不得在国内销售。
PD20121205　精异丙甲草胺/96%/原药/精异丙甲草胺 96%/2012.08.08 至 2017.08.08/低毒
PD20121245　丙炔氟草胺/99.2%/原药/丙炔氟草胺 99.2%/2012.08.28 至 2017.08.28/低毒
PD20121328　烟嘧磺隆/95%/原药/烟嘧磺隆 95%/2012.09.11 至 2017.09.11/低毒
PD20121410　啶嘧磺隆/98%/原药/啶嘧磺隆 98%/2012.09.19 至 2017.09.19/低毒
PD20121491　咯菌腈/98%/原药/咯菌腈 98%/2012.10.09 至 2017.10.09/低毒
PD20121570　除虫脲/98%/原药/除虫脲 98%/2012.10.25 至 2017.10.25/低毒
PD20121912　硝磺草酮/98%/原药/硝磺草酮 98%/2012.12.07 至 2017.12.07/低毒
注:专供出口,不得在国内销售。
PD20122012　戊唑醇/430克/升/悬浮剂/戊唑醇 430克/升/2012.12.19 至 2017.12.19/低毒
苹果树　斑点落叶病　60-85毫克/千克　喷雾
PD20122031　茚虫威/71%/母药/茚虫威 71%/2012.12.19 至 2017.12.19/中等毒
PD20130037　磺草酮/98%/原药/磺草酮 98%/2013.01.07 至 2018.01.07/低毒
注:专供出口，不得在国内销售。
PD20130196　唑草酮/95%/原药/唑草酮 95%/2013.01.24 至 2018.01.24/低毒
PD20130343　丙环唑/25%/水乳剂/丙环唑 25%/2013.03.11 至 2018.03.11/低毒
香蕉　叶斑病　250-500毫克/千克　喷雾
PD20130767　烟嘧磺隆/75%/水分散粒剂/烟嘧磺隆 75%/2013.04.16 至 2018.04.16/低毒
注:专供出口，不得在国内销售。
PD20130792　丙环・戊唑醇/45%/悬浮剂/丙环唑 25%、戊唑醇 20%/2013.04.22 至 2018.04.22/低毒
注:专供出口,不得在国内销售。
PD20130804　嘧菌酯/98%/原药/嘧菌酯 98%/2013.04.22 至 2018.04.22/低毒
PD20131132　嘧菌酯/250克/升/悬浮剂/嘧菌酯 250克/升/2013.05.20 至 2018.05.20/低毒
葡萄　黑痘病　200～300毫克/千克　喷雾
PD20131341　茚虫威/30%/水分散粒剂/茚虫威 30%/2013.06.09 至 2018.06.09/低毒
水稻　稻纵卷叶螟　20-40克/公顷　喷雾

PD20131344 咯菌腈/25克/升/悬浮种衣剂/咯菌腈 25克/升/2013.06.09 至 2018.06.09/低毒
棉花 立枯病 15-25克/100千克种子 种子包衣
PD20131664 环嗪酮/75%/水分散粒剂/环嗪酮 75%/2013.08.01 至 2018.08.01/低毒
注:专供出口，不得在国内销售。
PD20132352 唑草酮/40%/水分散粒剂/唑草酮 40%/2013.11.20 至 2018.11.20/低毒
小麦田 一年生阔叶杂草 24-36克/公顷 茎叶喷雾
PD20132535 二吡·烯草酮/8%/可分散油悬浮剂/二氯吡啶酸 4%、烯草酮 4%/2013.12.16 至 2018.12.16/低毒
油菜田 一年生杂草 120-150克/公顷 茎叶喷雾
LS20110097 吡唑草胺/98%/原药/吡唑草胺 98%/2013.04.11 至 2014.04.11/低毒
注:专供出口，不得在国内销售。
LS20110098 嘧菌环胺/99%/原药/嘧菌环胺 99%/2013.04.11 至 2014.04.11/低毒
LS20110158 二吡·烯·草灵/16%/可分散油悬浮剂/草除灵 10%、二氯吡啶酸 2%、烯草酮 4%/2013.06.13 至 2014.06.13/低毒
油菜田 一年生禾本科杂草及阔叶杂草 240-300克/公顷 茎叶喷雾
LS20120313 嘧菌环胺/50%/水分散粒剂/嘧菌环胺 50%/2013.09.06 至 2014.09.06/低毒
注:专供出口,不得在国内销售。
LS20120373 精异丙甲草胺/40%/微囊悬浮剂/精异丙甲草胺 40%/2013.11.08 至 2014.11.08/低毒
玉米田 一年生禾本科杂草及阔叶杂草 900-1020克/公顷 播后苗前土壤喷雾
LS20120378 草胺·特丁津/50%/悬乳剂/精异丙甲草胺 31.25%、特丁津 18.75%/2013.11.08 至 2014.11.08/低毒
春玉米田 一年生杂草 1400-1800克/公顷 播后苗前土壤喷雾
LS20120380 氯吡·硝· 烟嘧/50%/水分散粒剂/烟嘧磺隆 15%、硝磺草酮 25%、氯氟吡氧乙酸异辛酯 10%/2013.11.08 至 2014.11.08/低毒
夏玉米田 一年生杂草 75-120克/公顷 茎叶喷雾
LS20120398 嘧环·咯菌腈/63%/水分散粒剂/咯菌腈 25%、嘧菌环胺 38%/2013.12.12 至 2014.12.12/低毒
芒果树 炭疽病 521-781.25毫克/千克 喷雾
LS20130325 氯·噻·苯磺隆/42%/水分散粒剂/苯磺隆 1.5%、噻吩磺隆 4.5%、氯氟吡氧乙酸异辛酯 36%/2013.06.09至2014.06.09/低毒
注:专供出口，不得在国内销售。

台湾光华化学股份有限公司 (浙江省台州市椒江区外沙工业区 318000 0576-88827835)

LS20100105 喹啉·噻灵/53%/可湿性粉剂/喹啉铜 35%、噻菌灵 18%/2012.06.28 至 2013.06.28/低毒
葡萄 黑痘病 441.7～662.5毫克/千克 /喷雾

台州市大鹏药业有限公司 (浙江省台州市椒江江滨路2号 317016 0576-85588223)

PD20040377 哒螨灵/15%/乳油/哒螨灵 15%/2009.12.19 至 2014.12.19/中等毒
柑橘树 红蜘蛛 50-67毫克/千克 喷雾
PD20040608 三唑磷/20%/乳油/三唑磷 20%/2009.12.19 至 2014.12.19/中等毒
水稻 二化螟 202.5-303.75克/公顷 喷雾
PD20050005 多·酮/40%/可湿性粉剂/多菌灵 35%、三唑酮 5%/2010.01.04 至 2015.01.04/低毒
水稻 叶尖枯病 450-600克/公顷 喷雾
PD20080817 抑食肼/95%/原药/抑食肼 95%/2013.06.20 至 2018.06.20/低毒
PD20081547 腈菌唑/95%/原药/腈菌唑 95%/2013.11.11 至 2018.11.11/低毒
PD20081600 苄氨基嘌呤/98.5%/原药/苄氨基嘌呤 98.5%/2013.11.12 至 2018.11.12/低毒
PD20081649 腈菌唑/12%/乳油/腈菌唑 12%/2013.11.14 至 2018.11.14/低毒
香蕉 叶斑病 150-200毫克/千克 喷雾
PD20081666 腈菌唑/5%/乳油/腈菌唑 5%/2013.11.14 至 2018.11.14/低毒
小麦 白粉病 30-60克/公顷 喷雾
PD20083013 阿维菌素/1.8%/乳油/阿维菌素 1.8%/2013.12.10 至 2018.12.10/低毒(原药高毒)
十字花科蔬菜 小菜蛾 6-9克/公顷 喷雾
PD20084238 苄氨基嘌呤/2%/可溶液剂/苄氨基嘌呤 2%/2013.12.17 至 2018.12.17/低毒
柑橘树 调节生长、增产 400-600倍液 喷药2-3次
PD20084730 抑食肼/20%/可湿性粉剂/抑食肼 20%/2013.12.22 至 2018.12.22/低毒
水稻 稻纵卷叶螟 150-300克/公顷 喷雾
PD20085351 杀扑磷/40%/乳油/杀扑磷 40%/2013.12.24 至 2018.12.24/高毒
柑橘树 介壳虫 333-500毫克/千克 喷雾
PD20090335 噻嗪·杀扑磷/20%/乳油/噻嗪酮 15%、杀扑磷 5%/2014.01.12 至 2019.01.12/低毒(原药高毒)
柑橘树 矢尖蚧 200-250毫克/千克 喷雾
PD20092259 噻嗪·哒螨灵/20%/乳油/哒螨灵 10%、噻嗪酮 10%/2014.02.24 至 2019.02.24/中等毒
柑橘树 红蜘蛛、矢尖蚧 800-1000倍液 喷雾
PD20092311 腈菌·福美双/20%/可湿性粉剂/福美双 18%、腈菌唑 2%/2014.02.24 至 2019.02.24/低毒
黄瓜 黑星病 360-562.5克/公顷 喷雾
PD20095126 三十烷醇/0.1%/可溶液剂/三十烷醇 0.1%/2009.04.24 至 2014.04.24/低毒
柑橘树 调节生长、增产 1500-2000倍液 喷雾
PD20097385 松脂酸钠/45%/可溶粉剂/松脂酸钠 45%/2009.10.28 至 2014.10.28/低毒
柑橘树 矢尖蚧 4500-5625毫克/千克 喷雾
PD20100422 三唑锡/20%/悬浮剂/三唑锡 20%/2010.01.14 至 2015.01.14/低毒

柑橘树　红蜘蛛　100-200毫克/千克　喷雾
PD20100444　甲氰菊酯/20%/乳油/甲氰菊酯 20%/2010.01.14 至 2015.01.14/中等毒
柑橘树　红蜘蛛　133-200毫克/千克　喷雾
PD20100865　毒死蜱/95%/原药/毒死蜱 95%/2010.01.19 至 2015.01.19/中等毒
PD20131508　吲哚丁酸/98%/原药/吲哚丁酸 98%/2013.07.17 至 2018.07.17/低毒
PD20131661　嘧菌酯/97%/原药/嘧菌酯 97%/2013.08.01 至 2018.08.01/低毒
PD20132026　萘乙酸钠/85.8%/原药/萘乙酸 85.8%/2013.10.21 至 2018.10.21/低毒
注:萘乙酸钠含量: 96%。

温州绿佳化工有限公司　(浙江省温州市龙湾区扶贫经济开发区金瓯路12号　325013　0577-86639741)

PD20070579　丙环唑/25%/乳油/丙环唑 25%/2012.12.03 至 2017.12.03/低毒
小麦　白粉病　112.5-150克/公顷　喷雾
PD20070610　丙环唑/95%/原药/丙环唑 95%/2012.12.14 至 2017.12.14/低毒

温州市鹿城东瓯染料中间体厂　(浙江省温州市双屿镇温化总厂内　325007　0577-89770658)

PDN6-90　三环唑/20%/可湿性粉剂/三环唑 20%/2010.03.28 至 2015.03.28/中等毒
水稻　稻瘟病　225-300克/公顷　喷雾
PD86153　叶枯唑/20%/可湿性粉剂/叶枯唑 20%/2011.10.09 至 2016.10.09/低毒
水稻　白叶枯病　300-375克/公顷　喷雾、弥雾
PD20040628　哒螨灵/15%/乳油/哒螨灵 15%/2009.12.19 至 2014.12.19/中等毒
柑橘树　红蜘蛛　50-67毫克/千克　喷雾
PD20040639　杀虫单/90%/可溶粉剂/杀虫单 90%/2009.12.19 至 2014.12.19/中等毒
水稻　二化螟　675-810克/公顷　喷雾
PD20080104　三环唑/75%/可湿性粉剂/三环唑 75%/2008.01.04 至 2013.01.04/中等毒
水稻　稻瘟病　225-300克/公顷　喷雾
PD20080122　腐霉利/50%/可湿性粉剂/腐霉利 50%/2008.01.04 至 2013.01.04/低毒
葡萄　灰霉病　250-500毫克/千克　喷雾
PD20080172　甲霜·锰锌/72%/可湿性粉剂/甲霜灵 8%、代森锰锌 64%/2013.01.03 至 2018.01.03/低毒
黄瓜　霜霉病　1620-2268克/公顷　喷雾
PD20080959　唑酮·三环唑/20%/可湿性粉剂/三环唑 10%、三唑酮 10%/2013.07.23 至 2018.07.23/低毒
水稻　稻瘟病　300-450克/公顷　喷雾
PD20081141　草甘膦异丙胺盐/41%/水剂/草甘膦异丙胺盐 41%/2013.09.01 至 2018.09.01/低毒
柑橘园　杂草　1230-1845克/公顷　行间定向茎叶喷雾
PD20081693　腐霉·百菌清/50%/可湿性粉剂/百菌清 33.3%、腐霉利 16.7%/2013.11.17 至 2018.11.17/低毒
番茄　灰霉病　562.5-750克/公顷　喷雾
PD20086180　甲霜·锰锌/58%/可湿性粉剂/甲霜灵 10%、代森锰锌 48%/2013.12.30 至 2018.12.30/低毒
烟草　黑胫病　696-1044克/公顷　喷雾
PD20092101　井冈霉素/20%/可溶粉剂/井冈霉素 20%/2009.02.23 至 2014.02.23/低毒
水稻　纹枯病　150-187.5克/公顷　喷雾
PD20093265　二嗪磷/50%/乳油/二嗪磷 50%/2009.03.11 至 2014.03.11/低毒
水稻　二化螟　750-900克/公顷　喷雾
PD20095667　杀虫双/18%/水剂/杀虫双 18%/2009.05.14 至 2014.05.14/中等毒
水稻　二化螟　555-693.5克/公顷　喷雾
PD20097428　二嗪磷/95%/原药/二嗪磷 95%/2009.10.28 至 2014.10.28/低毒
PD20110994　吡虫啉/70%/可湿性粉剂/吡虫啉 70%/2011.09.21 至 2016.09.21/低毒
烟草　蚜虫　31.5-42克/公顷　喷雾
PD20120640　甲氨基阿维菌素苯甲酸盐/3%/微乳剂/甲氨基阿维菌素 3%/2012.04.12 至 2017.04.12/低毒
甘蓝　甜菜夜蛾　2.25-2.7克/公顷　喷雾
注:甲氨基阿维菌素苯甲酸盐含量:3.4%。
PD20120943　烯酰吗啉/50%/可湿性粉剂/烯酰吗啉 50%/2012.06.14 至 2017.06.14/低毒
黄瓜　霜霉病　225—300克/公顷　喷雾
PD20130259　王铜·菌核净/40%/可湿性粉剂/菌核净 20%、王铜 20%/2013.02.06 至 2018.02.06/低毒
烟草　赤星病　600-900克/公顷　喷雾
PD20130689　毒死蜱/40%/乳油/毒死蜱 40%/2013.04.09 至 2018.04.09/中等毒
水稻　稻纵卷叶螟　504-648克/公顷　喷雾
PD20130821　仲丁威/20%/乳油/仲丁威 20%/2013.04.22 至 2018.04.22/低毒
水稻　稻飞虱　450-570克/公顷　喷雾
PD20130879　噻嗪酮/25%/可湿性粉剂/噻嗪酮 25%/2013.04.25 至 2018.04.25/低毒
水稻　稻飞虱　112.5-150克/公顷　喷雾
LS20130158　二嗪磷/50%/水乳剂/二嗪磷 50%/2013.04.03 至 2014.04.03/低毒
水稻　二化螟　900-1125克/公顷　喷雾

一帆生物科技集团有限公司　(浙江省温州市工业园区中兴路136号　325013　0577-86637855-810)

PD86153-10　叶枯唑/20%/可湿性粉剂/叶枯唑 20%/2011.12.20 至 2016.12.20/低毒
大白菜　软腐病　300-450克/公顷　喷雾
水稻　白叶枯病　300克/公顷　喷雾、弥雾

PD20040501 三唑磷/40%/乳油/三唑磷 40%/2009.12.19 至 2014.12.19/低毒
苹果树 桃小食心虫 200-400毫克/千克 喷雾
水稻 二化螟 300-420克/公顷 喷雾
注:在苹果树的有效期至2006年3月9日。
PD20040515 三唑磷/20%/乳油/三唑磷 20%/2009.12.23 至 2014.12.23/中等毒
棉花 棉铃虫 375-450克/公顷 喷雾
水稻 二化螟 300-450克/公顷 喷雾
注:棉花有效期为2005年5月23日至2006年5月23日。
PD20040532 哒螨灵/15%/乳油/哒螨灵 15%/2009.12.19 至 2014.12.19/中等毒
柑橘树 红蜘蛛 50-67毫克/千克 喷雾
PD20050130 三唑磷/85%/原药/三唑磷 85%/2010.09.07 至 2015.09.07/中等毒
PD20060078 乙氧氟草醚/97%/原药/乙氧氟草醚 97%/2011.04.14 至 2016.04.14/低毒
PD20060114 抑霉唑/98%/原药/抑霉唑 98%/2011.06.13 至 2016.06.13/中等毒
PD20060154 甲霜灵/97%/原药/甲霜灵 97%/2011.08.29 至 2016.08.29/低毒
PD20060182 霜霉威/98%/原药/霜霉威 98%/2011.11.10 至 2016.11.10/低毒
PD20060197 甲基嘧啶磷/90%/原药/甲基嘧啶磷 90%/2011.12.06 至 2016.12.06/低毒
PD20070016 禾草灵/97%/原药/禾草灵 97%/2012.01.18 至 2017.01.18/低毒
PD20070211 丙溴磷/89%/原药/丙溴磷 89%/2012.08.07 至 2017.08.07/中等毒
PD20081371 腈菌唑/95%/原药/腈菌唑 95%/2013.10.23 至 2018.10.23/低毒
PD20082164 禾草灵/28%/乳油/禾草灵 28%/2013.11.26 至 2018.11.26/低毒
春小麦田 野燕麦等一年生禾本科杂草 840－980克/公顷 茎叶喷雾
PD20082168 腈菌唑/10%/乳油/腈菌唑 10%/2013.11.26 至 2018.11.26/低毒
黄瓜 白粉病 45-60克/公顷 喷雾
PD20082176 禾草灵/36%/乳油/禾草灵 36%/2013.11.26 至 2018.11.26/低毒
春小麦田 野燕麦等一年生禾本科杂草 972－1080克/公顷 茎叶喷雾
PD20082311 氟硅唑/93%/原药/氟硅唑 93%/2013.12.01 至 2018.12.01/低毒
PD20083198 阿维菌素/1.8%/乳油/阿维菌素 1.8%/2013.12.11 至 2018.12.11/低毒(原药高毒)
十字花科蔬菜 小菜蛾 4.5-7.5克/公顷 喷雾
PD20083386 腈菌唑/25%/乳油/腈菌唑 25%/2013.12.11 至 2018.12.11/低毒
香蕉 叶斑病 800-1000倍液 喷雾
PD20083593 异稻·稻瘟灵/30%/乳油/稻瘟灵 5%、异稻瘟净 25%/2013.12.12 至 2018.12.12/中等毒
水稻 稻瘟病 720-900克/公顷 喷雾
PD20083706 乙氧氟草醚/240克/升/乳油/乙氧氟草醚 240克/升/2013.12.15 至 2018.12.15/低毒
大蒜田 一年生杂草 144-180克/公顷 土壤喷雾
水稻移栽田 一年生杂草 72-108克/公顷 毒土法
PD20084337 甲霜·锰锌/58%/可湿性粉剂/甲霜灵 10%、代森锰锌 48%/2013.12.17 至 2018.12.17/低毒
黄瓜 霜霉病 870-1305克/公顷 喷雾
PD20084614 杀扑磷/40%/乳油/杀扑磷 40%/2013.12.18 至 2018.12.18/高毒
柑橘树 矢尖蚧 106.6-160毫克/千克 喷雾
PD20084710 毒死蜱/480克/升/乳油/毒死蜱 480克/升/2008.12.22 至 2013.12.22/中等毒
水稻 稻纵卷叶螟 504-648克/公顷 喷雾
PD20084867 杀扑磷/95%/原药/杀扑磷 95%/2013.12.22 至 2018.12.22/高毒
PD20084923 硫磺·三环唑/45%/可湿性粉剂/硫磺 40%、三环唑 5%/2013.12.22 至 2018.12.22/低毒
水稻 稻瘟病 675-1012.5克/公顷 喷雾
PD20085506 氟乐灵/96%/原药/氟乐灵 96%/2013.12.25 至 2018.12.25/低毒
PD20085565 锰锌·腈菌唑/60%/可湿性粉剂/腈菌唑 3%、代森锰锌 57%/2013.12.25 至 2018.12.25/低毒
黄瓜 白粉病 675-843.75克/公顷 喷雾
PD20085797 噻嗪·杀虫单/25%/可湿性粉剂/噻嗪酮 2%、杀虫单 23%/2013.12.29 至 2018.12.29/中等毒
水稻 稻飞虱 375-562.5克/公顷 喷雾
PD20085937 异稻·三环唑/20%/可湿性粉剂/三环唑 6.7%、异稻瘟净 13.3%/2013.12.29 至 2018.12.29/中等毒
水稻 稻瘟病 300-450克/公顷 喷雾
PD20086003 异稻·稻瘟灵/40%/乳油/稻瘟灵 10%、异稻瘟净 30%/2013.12.29 至 2018.12.29/低毒
水稻 稻瘟病 600-1000克/公顷 喷雾
PD20086016 福·甲·硫磺/50%/可湿性粉剂/福美双 15%、甲基硫菌灵 15%、硫磺 20%/2013.12.29 至 2018.12.29/低毒
辣椒 炭疽病 315-630克/公顷 喷雾
PD20086305 腈菌·福美双/20%/可湿性粉剂/福美双 18%、腈菌唑 2%/2013.12.31 至 2018.12.31/低毒
梨树 黑星病 133.3-200毫克/千克 喷雾
PD20090064 异稻·三环唑/20%/可湿性粉剂/三环唑 10%、异稻瘟净 10%/2014.01.08 至 2019.01.08/中等毒
水稻 稻瘟病 300-450克/公顷 喷雾
PD20090128 福·甲·硫磺/70%/可湿性粉剂/福美双 20%、甲基硫菌灵 20%、硫磺 30%/2014.01.08 至 2019.01.08/低毒
青椒 炭疽病 315-630克/公顷 喷雾
PD20090287 乙铝·多菌灵/45%/可湿性粉剂/多菌灵 20%、三乙膦酸铝 25%/2014.01.09 至 2019.01.09/低毒
苹果树 轮纹病 750-1125毫克/千克 喷雾

PD20090761 吡虫·噻嗪酮/10.5%/可湿性粉剂/吡虫啉 1.5%、噻嗪酮 9%/2014.01.19 至 2019.01.19/低毒
水稻 稻飞虱 78.8 110.3克/公顷 喷雾
PD20090797 烯草酮/240克/升/乳油/烯草酮 240克/升/2014.01.19 至 2019.01.19/低毒
大豆田 禾本科杂草 108-144克/公顷 茎叶喷雾
PD20091145 多·福·硫磺/50%/可湿性粉剂/多菌灵 15%、福美双 10%、硫磺 25%/2014.01.21 至 2019.01.21/低毒
小麦 赤霉病 750-1125克/公顷 喷雾
PD20091177 炔螨特/40%/乳油/炔螨特 40%/2014.01.22 至 2019.01.22/低毒
柑橘树 红蜘蛛 250-357毫克/千克 喷雾
PD20093488 烯草酮/94%/原药/烯草酮 94%/2014.03.23 至 2019.03.23/低毒
PD20094670 苯醚甲环唑/95%/原药/苯醚甲环唑 95%/2014.04.10 至 2019.04.10/低毒
PD20096599 吡虫啉/95%/原药/吡虫啉 95%/2009.09.02 至 2014.09.02/低毒
PD20096761 噻嗪·异丙威/25%/可湿性粉剂/噻嗪酮 5%、异丙威 20%/2009.09.15 至 2014.09.15/低毒
水稻 稻飞虱 375-562.5克/公顷 喷雾
PD20097125 氟硅唑/400克/升/乳油/氟硅唑 400克/升/2009.10.16 至 2014.10.16/低毒
黄瓜 白粉病 56.25-75克/公顷 喷雾
梨树 黑星病 40-50毫克/千克 喷雾
PD20097153 稻瘟灵/40%/乳油/稻瘟灵 40%/2009.10.16 至 2014.10.16/低毒
水稻 稻瘟病 525—600克/公顷 喷雾
PD20097379 多菌灵/80%/可湿性粉剂/多菌灵 80%/2009.10.28 至 2014.10.28/低毒
小麦 赤霉病 843.75—937.5克/公顷 喷雾
PD20097769 抑霉唑/500克/升/乳油/抑霉唑 500克/升/2009.11.12 至 2014.11.12/低毒
柑橘 绿霉病、青霉病 600—800毫克/千克 浸果
PD20097772 氟虫腈/95%/原药/氟虫腈 95%/2009.11.12 至 2014.11.12/中等毒
PD20098221 吗胍·乙酸铜/20%/可湿性粉剂/盐酸吗啉胍 10%、乙酸铜 10%/2009.12.16 至 2014.12.16/低毒
番茄 病毒病 500-750克/公顷 喷雾
PD20098312 霜霉威盐酸盐/722克/升/水剂/霜霉威盐酸盐 722克/升/2009.12.18 至 2014.12.18/低毒
黄瓜 霜霉病 866.4—1083克/公顷 喷雾
烟草 黑胫病 1083-1299.6克/公顷 喷雾
PD20100274 氧氟·乙草胺/40%/乳油/乙草胺 34%、乙氧氟草醚 6%/2010.01.11 至 2015.01.11/低毒
花生田 一年生杂草 600-720克/公顷 土壤喷雾
PD20102125 苯醚甲环唑/250克/升/乳油/苯醚甲环唑 250克/升/2010.12.02 至 2015.12.02/低毒
香蕉 叶斑病 83.3-125毫克/千克 喷雾
PD20110057 氟虫腈/50克/升/悬浮剂/氟虫腈 50克/升/2011.01.11 至 2016.01.11/低毒
注:专供出口，不得在国内销售。
PD20110410 苯甲·丙环唑/300克/升/乳油/苯醚甲环唑 150克/升、丙环唑 150克/升/2011.04.15 至 2016.04.15/低毒
水稻 纹枯病 67.5-90克/公顷 喷雾
PD20120849 苯醚甲环唑/10%/水分散粒剂/苯醚甲环唑 10%/2012.05.22 至 2017.05.22/低毒
梨树 黑星病 12.5-16.7毫克/千克 喷雾
PD20120916 炔草酯/95%/原药/炔草酯 95%/2012.06.04 至 2017.06.04/低毒
注:专供出口，不得在国内销售。
PD20121629 三环唑/75%/可湿性粉剂/三环唑 75%/2012.10.30 至 2017.10.30/中等毒
水稻 稻瘟病 250-300克/公顷 喷雾
PD20121851 嘧霉·百菌清/40%/可湿性粉剂/百菌清 27%、嘧霉胺 13%/2012.11.28 至 2017.11.28/低毒
番茄 灰霉病 600-800克/公顷 喷雾
PD20130450 炔草酯/95%/原药/炔草酯 95%/2013.03.18 至 2018.03.18/低毒
PD20131199 噻唑膦/15%/颗粒剂/噻唑膦 15%/2013.05.27 至 2018.05.27/低毒
番茄 根结线虫 2625-3000克/公顷 土壤撒施或沟施
PD20132045 炔草酯/8%/乳油/炔草酯 8%/2013.10.22 至 2018.10.22/低毒
小麦田 禾本科杂草 30-44.4克/公顷 茎叶喷雾
PD20132236 甲霜·锰锌/72%/可湿性粉剂/甲霜灵 8%、代森锰锌 64%/2013.11.05 至 2018.11.05/低毒
注:专供出口，不得在国内销售。
PD20132242 啶虫脒/20%/可溶性粉剂/啶虫脒 20%/2013.11.05 至 2018.11.05/低毒
黄瓜 蚜虫 36-48克/公顷 喷雾
PD20132550 阿维·毒死蜱/30.2%/微乳剂/阿维菌素 0.2%、毒死蜱 30%/2013.12.16 至 2018.12.16/低毒(原药高毒)
水稻 稻纵卷叶螟 135-202.5克/公顷 喷雾
LS20100149 高效氯氟氰菊酯/10%/水乳剂/高效氯氟氰菊酯 10%/2012.11.09 至 2013.11.09/中等毒
大白菜 菜青虫 7.5-15克/公顷 喷雾
LS20110056 除草定/95%/原药/除草定 95%/2013.03.07 至 2014.03.07/低毒
LS20110221 除草定/80%/可湿性粉剂/除草定 80%/2013.08.10 至 2014.08.10/低毒
注:专供出口，不得在国内销售。
LS20130278 抑霉唑/20%/水乳剂/抑霉唑 20%/2013.05.07 至 2014.05.07/低毒
葡萄 炭疽病 167-250毫克/千克 喷雾

永农生物科学有限公司 (浙江省上虞市杭州湾上虞工业园区纬七东路3号 312369 0575-82728868)

PD20040476 三唑磷/20%/乳油/三唑磷 20%/2009.12.19 至 2014.12.19/中等毒

水稻	二化螟、三化螟	300-450克/公顷	喷雾

PD20040521 三唑磷/40%/乳油/三唑磷 40%/2009.12.19 至 2014.12.19/中等毒

水稻	二化螟	300-420克/公顷	喷雾

PD20040625 哒螨灵/15%/乳油/哒螨灵 15%/2009.12.19 至 2014.12.19/中等毒

柑橘树、苹果树	红蜘蛛	50-67毫克/千克	喷雾

PD20080108 炔螨特/73%/乳油/炔螨特 73%/2013.01.04 至 2018.01.04/低毒

柑橘树	红蜘蛛	2000-2500倍液	喷雾

PD20081166 杀扑磷/40%/乳油/杀扑磷 40%/2013.09.11 至 2018.09.11/高毒

柑橘树	黄圆蚧、矢尖蚧	333-400毫克/千克	喷雾

PD20081391 百草枯/200克/升/水剂/百草枯 200克/升/2012.12.31 至 2014.07.01/中等毒

茶园	杂草	450-750克/公顷	定向茎叶喷雾
冬油菜田（免耕）、免耕冬小麦、免耕蔬菜	杂草	450-600克/公顷	喷雾
非耕地	杂草	600-750克/公顷	喷雾
甘蔗、葡萄园、夏玉米	杂草	450-600克/公顷	定向茎叶喷雾
柑橘园、苹果园	杂草	600-900克/公顷	定向茎叶喷雾
香蕉园	杂草	600-750克/公顷	定向茎叶喷雾

PD20082926 高效氟吡甲禾灵/108克/升/乳油/高效氟吡甲禾灵 108克/升/2013.12.09 至 2018.12.09/低毒

春大豆田、棉花田、夏大豆田	一年生禾本科杂草	48.6-56.7克/公顷	茎叶喷雾
冬油菜田	一年生禾本科杂草	32.4-40.5克/公顷	茎叶喷雾
花生田	一年生禾本科杂草	40.5-48.6克/公顷	茎叶喷雾

PD20083714 氯氰·丙溴磷/440克/升/乳油/丙溴磷 400克/升、氯氰菊酯 40克/升/2013.12.15 至 2018.12.15/中等毒

棉花	棉铃虫	462～660克/公顷	喷雾

PD20084694 氟啶脲/5%/乳油/氟啶脲 5%/2013.12.22 至 2018.12.22/低毒

甘蓝	菜青虫、小菜蛾	45-60克/公顷	喷雾

PD20085156 阿维·辛硫磷/20%/乳油/阿维菌素 0.2%、辛硫磷 19.8%/2013.12.23 至 2018.12.23/低毒(原药高毒)

十字花科蔬菜	小菜蛾	150-225克/公顷	喷雾

PD20085843 丙溴磷/40%/乳油/丙溴磷 40%/2013.12.29 至 2018.12.29/低毒

棉花	棉铃虫	480-600克/公顷	喷雾
水稻	稻纵卷叶螟	600-750克/公顷	喷雾

PD20086074 精吡氟禾草灵/15%/乳油/精吡氟禾草灵 15%/2013.12.30 至 2018.12.30/低毒

冬油菜田	一年生禾本科杂草	112.5-157.5克/公顷	茎叶喷雾

PD20086103 阿维·三唑磷/20%/乳油/阿维菌素 0.2%、三唑磷 19.8%/2013.12.30 至 2018.12.30/中等毒(原药高毒)

水稻	二化螟	150-210克/公顷	喷雾

PD20086254 氯氟吡氧乙酸/200克/升/乳油/氯氟吡氧乙酸 200克/升/2013.12.31 至 2018.12.31/低毒

春小麦田	阔叶杂草	187.5-225克/公顷	茎叶喷雾
冬小麦田	阔叶杂草	150-187.5克/公顷	茎叶喷雾
水田畦畔	空心莲子草	150-180克/公顷	定向茎叶喷雾

PD20086307 虫酰肼/200克/升/悬浮剂/虫酰肼 200克/升/2013.12.31 至 2018.12.31/低毒

甘蓝	甜菜夜蛾	180－300克/公顷	喷雾

PD20090303 丙环唑/250克/升/乳油/丙环唑 250克/升/2014.01.12 至 2019.01.12/低毒

香蕉	叶斑病	250-500毫克/千克	喷雾
小麦	白粉病、锈病	123.75-150克/公顷	喷雾

PD20090877 辛硫·三唑磷/40%/乳油/三唑磷 20%、辛硫磷 20%/2014.01.19 至 2019.01.19/中等毒

水稻	二化螟	360-480克/公顷	喷雾

PD20091667 甜菜安·宁/160克/升/乳油/甜菜安 80克/升、甜菜宁 80克/升/2014.02.03 至 2019.02.03/低毒

甜菜田	一年生阔叶杂草	795-975克/公顷	茎叶喷雾

PD20092966 唑磷·毒死蜱/30%/乳油/毒死蜱 10%、三唑磷 20%/2014.03.09 至 2019.03.09/中等毒

水稻	稻纵卷叶螟	225-315克/公顷	喷雾

PD20093927 氯氰·毒死蜱/522.5克/升/乳油/毒死蜱 475克/升、氯氰菊酯 47.5克/升/2009.03.27 至 2014.03.27/中等毒

甘蓝	菜青虫	391.9-470.25克/公顷	喷雾

PD20095454 苯磺隆/75%/水分散粒剂/苯磺隆 75%/2009.05.11 至 2014.05.11/低毒

冬小麦田	一年生阔叶杂草	13.5-18克/公顷	茎叶喷雾

PD20095614 二甲戊灵/330克/升/乳油/二甲戊灵 330克/升/2009.05.12 至 2014.05.12/低毒

玉米田	一年生杂草	990-1485克/公顷（东北地区） 742.5-990克/公顷（其他地区）	播后苗前土壤喷雾

PD20095669 毒死蜱/40%/乳油/毒死蜱 40%/2009.05.14 至 2014.05.14/低毒

柑橘	矢尖蚧	333-500毫克/千克	喷雾
韭菜	韭蛆	1500-1800克/公顷	灌根

	荔枝	蒂蛀虫	400－500毫克/千克	喷雾
	棉花	棉铃虫	600-900克/公顷	喷雾
	棉花	蚜虫	480-600克/公顷	喷雾
	苹果	绵蚜、桃小食心虫	200-266.7毫克/千克	喷雾
	十字花科蔬菜	黄条跳甲	300－540克/公顷	喷雾
	十字花科蔬菜	菜青虫	420-540克/公顷	喷雾
	水稻	稻纵卷叶螟	450-900克/公顷	喷雾
PD20096296	氟硅唑/400克/升/乳油/氟硅唑 400克/升/2009.07.22 至 2014.07.22/低毒			
	梨树	黑星病	40－50毫克/千克	喷雾
PD20096301	草甘膦异丙胺盐/30%/水剂/草甘膦 30%/2009.07.22 至 2014.07.22/低毒			
	柑橘园	一年生及部分多年生杂草	200-400毫升制剂/亩	定向茎叶喷雾
	注:草甘膦异丙胺盐含量：41%。			
PD20096332	联苯菊酯/100克/升/乳油/联苯菊酯 100克/升/2009.07.22 至 2014.07.22/中等毒			
	茶树	茶尺蠖	9－15克/公顷	喷雾
PD20101415	草甘膦铵盐/68%/可溶粒剂/草甘膦 68%/2010.04.26 至 2015.04.26/低毒			
	柑橘园	杂草	1135.5-2271克/公顷	行间定向茎叶喷雾
	注:草甘膦铵盐含量：75.7%。			
PD20101501	苯甲·丙环唑/300克/升/乳油/苯醚甲环唑 150克/升、丙环唑 150克/升/2010.05.10 至 2015.05.10/低毒			
	水稻	纹枯病	78.75－90克/公顷	喷雾
PD20102130	毒死蜱/5%/颗粒剂/毒死蜱 5%/2010.12.02 至 2015.12.02/低毒			
	韭菜	韭蛆	1350-1875克/公顷	拌土撒施
PD20110080	苯醚甲环唑/250克/升/乳油/苯醚甲环唑 250克/升/2011.01.21 至 2016.01.21/低毒			
	香蕉	叶斑病	83.3-125毫克/千克	喷雾
PD20110247	吡虫啉/70%/水分散粒剂/吡虫啉 70%/2011.03.03 至 2016.03.03/低毒			
	甘蓝	蚜虫	15.75-21克/公顷	喷雾
PD20110320	戊唑醇/250克/升/水乳剂/戊唑醇 250克/升/2011.03.24 至 2016.03.24/低毒			
	梨树	黑星病	100-125毫克/千克	喷雾
	苹果树	斑点落叶病	100-125毫克/千克	喷雾
PD20111390	敌草快/40%/母药/敌草快 40%/2011.12.21 至 2016.12.21/低毒			
PD20111391	草铵膦/95%/原药/草铵膦 95%/2011.12.21 至 2016.12.21/低毒			
PD20111445	苯醚甲环唑/10%/水分散粒剂/苯醚甲环唑 10%/2011.12.30 至 2016.12.30/低毒			
	梨树	黑星病	14.3-16.7毫克/千克	喷雾
	西瓜	炭疽病	75-112.5克/公顷	喷雾
PD20120031	敌草快/200克/升/水剂/敌草快 200克/升/2012.01.09 至 2017.01.09/低毒			
	冬油菜田（免耕）	一年生杂草	450-600克/公顷	茎叶喷雾
PD20120038	杀螺胺乙醇胺盐/50%/可湿性粉剂/杀螺胺乙醇胺盐 50%/2012.01.10 至 2017.01.10/低毒			
	水稻	福寿螺	450-600克/公顷	喷雾
PD20120518	嘧霉胺/400克/升/悬浮剂/嘧霉胺 400克/升/2012.03.28 至 2017.03.28/低毒			
	番茄	灰霉病	375-562.8克/公顷	喷雾
PD20120521	丙森锌/70%/可湿性粉剂/丙森锌 70%/2012.03.28 至 2017.03.28/低毒			
	葡萄	霜霉病	1166.7－1750毫克/千克	喷雾
PD20120646	草铵膦/50%/母药/草铵膦 50%/2012.04.18 至 2017.04.18/低毒			
PD20121454	草铵膦/200克/升/水剂/草铵膦 200克/升/2012.10.08 至 2017.10.08/低毒			
	柑橘园、香蕉园	杂草	600-900克/公顷	定向茎叶喷雾
PD20121641	炔草酯/15%/可湿性粉剂/炔草酯 15%/2012.10.30 至 2017.10.30/低毒			
	小麦田	部分禾本科杂草	30-45克/公顷	茎叶喷雾
PD20122049	甲氨基阿维菌素苯甲酸盐/5%/水分散粒剂/甲氨基阿维菌素 5%/2012.12.24 至 2017.12.24/中等毒			
	甘蓝	甜菜夜蛾	2.25-3.75克/公顷	喷雾
	注:甲氨基阿维菌素苯甲酸盐含量：5.7%			
PD20122053	烯酰·锰锌/69%/可湿性粉剂/代森锰锌 60%、烯酰吗啉 9%/2012.12.24 至 2017.12.24/低毒			
	黄瓜	霜霉病	1035-1553克/公顷	喷雾
PD20130459	二氯吡啶酸/95%/原药/二氯吡啶酸 95%/2013.03.19 至 2018.03.19/低毒			
PD20130818	三环唑/75%/水分散粒剂/三环唑 75%/2013.04.22 至 2018.04.22/中等毒			
	水稻	稻瘟病	225-338克/公顷	喷雾
PD20130945	双氟磺草胺/97%/原药/双氟磺草胺 97%/2013.05.02 至 2018.05.02/低毒			
PD20130996	麦草畏/98%/原药/麦草畏 98%/2013.05.07 至 2018.05.07/低毒			
PD20131297	乙氧氟草醚/240克/升/乳油/乙氧氟草醚 240克/升/2013.06.08 至 2018.06.08/低毒			
	大蒜田	一年生杂草	144-180克/公顷	土壤喷雾
PD20131417	氰氟草酯/100克/升/乳油/氰氟草酯 100克/升/2013.07.02 至 2018.07.02/低毒			
	水稻田(直播)	稗草、千金子等禾本科杂草	75-90克/公顷	茎叶喷雾
PD20131573	茚虫威/71.2%/母药/茚虫威 71.2%/2013.07.23 至 2018.07.23/低毒			
PD20131689	嘧菌酯/95%/原药/嘧菌酯 95%/2013.08.07 至 2018.08.07/低毒			
PD20131813	嘧菌酯/250克/升/悬浮剂/嘧菌酯 250克/升/2013.09.17 至 2018.09.17/低毒			

番茄　晚疫病　225-338克/公顷　喷雾

PD20131836　草铵膦/10%/水剂/草铵膦 10%/2013.09.18 至 2018.09.18/低毒

香蕉园　杂草　600-900克/公顷　定向茎叶喷雾

浙江埃森化学有限公司　(浙江省东阳市横店镇工业区江南二路335号　322118　0579-86904490)

PD20121183　二氯吡啶酸/95%/原药/二氯吡啶酸 95%/2012.08.06 至 2017.08.06/低毒

PD20130634　氨氯吡啶酸/95%/原药/氨氯吡啶酸 95%/2013.04.05 至 2018.04.05/低毒

浙江安吉邦化化工有限公司　(浙江省湖州市安吉县天荒坪填石门村　313302　0572-5041112)

PD20091825　敌·马/60%/乳油/敌百虫 40%、马拉硫磷 20%/2014.02.05 至 2019.02.05/中等毒

桑树　桑螟、野蚕　400-600毫克/千克　喷雾

PD20095017　灭多威/40%/乳油/灭多威 40%/2009.04.21 至 2014.04.21/高毒

桑树　桑螟、野蚕　50-100毫克/千克　喷雾

浙江拜克开普化工有限公司　(浙江省德清县钟管工业区　313220　0572-8402898)

PD20081775　草甘膦/95%/原药/草甘膦 95%/2013.11.18 至 2018.11.18/低毒

PD20091568　草甘膦异丙胺盐(41%)///水剂/草甘膦 30%/2014.02.03 至 2019.02.03/低毒

柑橘园　杂草　1125-2250克/公顷　定向茎叶喷雾

棉田行间　杂草　750-1650克/公顷　定向喷雾

PD20097047　草甘膦异丙胺盐(62%)///水剂/草甘膦 46%/2009.10.10 至 2014.10.10/低毒

非耕地　杂草　3000-3750毫升制剂/公顷　茎叶喷雾

浙江博仕达作物科技有限公司　(浙江省海盐经济开发区杭州湾大桥新区化工区　314304　0571-86225339)

PD84104-12　杀虫双/18%/水剂/杀虫双 18%/2009.11.04 至 2014.11.04/中等毒

甘蔗、蔬菜、水稻、小麦、玉米　多种害虫　540-675克/公顷　喷雾

果树　多种害虫　225-360毫克/千克　喷雾

PD85102　2甲4氯钠盐/13%/水剂/2甲4氯钠 13%/2010.01.14 至 2015.01.14/低毒

水稻　多种杂草　450-900克/公顷　喷雾

小麦　多种杂草　600-900克/公顷　喷雾

PD20040311　杀虫单/95%/原药/杀虫单 95%/2009.12.19 至 2014.12.19/中等毒

PD20040554　杀虫单/80%/可溶粉剂/杀虫单 80%/2009.12.19 至 2014.12.19/中等毒

水稻　稻蓟马　450-600克/公顷　喷雾

水稻　稻纵卷叶螟　450-750克/公顷　喷雾

水稻　二化螟　675-810克/公顷　喷雾

PD20040573　杀虫单/90%/可溶粉剂/杀虫单 90%/2009.12.19 至 2014.12.19/中等毒

水稻　螟虫　675-810克/公顷　喷雾

水稻　稻蓟马　450-600克/公顷　喷雾

PD20090595　阿维·杀虫单/20%/微乳剂/阿维菌素 0.2%、杀虫单 19.8%/2014.01.14 至 2019.01.14/低毒(原药高毒)

菜豆　美洲斑潜蝇　90-180克/公顷　喷雾

水稻　二化螟　210-420克/公顷　喷雾

水稻　稻纵卷叶螟　150-270克/公顷　喷雾

PD20090868　噻嗪·杀虫单/60%/可湿性粉剂/噻嗪酮 6%、杀虫单 54%/2014.01.19 至 2019.01.19/中等毒

水稻　稻纵卷叶螟、飞虱、三化螟　540-675克/公顷　喷雾

PD20090876　2甲4氯钠/56%/可溶粉剂/2甲4氯 56%/2014.01.19 至 2019.01.19/低毒

冬小麦田　莎草科杂草、一年生阔叶杂草　714-840克/公顷　茎叶喷雾

水稻移栽田　莎草科杂草、一年生阔叶杂草　504-840克/公顷(南方地区)　茎叶喷雾

PD20100828　杀螟丹/98%/原药/杀螟丹 98%/2010.01.19 至 2015.01.19/中等毒

PD20101613　噻嗪·异丙威/25%/乳油/噻嗪酮 5%、异丙威 20%/2010.06.03 至 2015.06.03/中等毒

水稻　稻飞虱　375-562.5克/公顷　喷雾

PD20101815　杀螟丹/50%/可溶粉剂/杀螟丹 50%/2010.07.19 至 2015.07.19/中等毒

水稻　二化螟　562.5-1125克/公顷　喷雾

PD20102189　苯醚甲环唑/95%/原药/苯醚甲环唑 95%/2010.12.15 至 2015.12.15/低毒

PD20120223　嘧菌酯/95%/原药/嘧菌酯 95%/2012.02.10 至 2017.02.10/低毒

PD20120353　嘧菌酯/25%/悬浮剂/嘧菌酯 25%/2012.02.23 至 2017.02.23/低毒

葡萄　霜霉病　125—250毫克/千克　喷雾

PD20121239　咯菌腈/97%/原药/咯菌腈 97%/2012.08.28 至 2017.08.28/低毒

PD20121866　噻呋酰胺/95%/原药/噻呋酰胺 95%/2012.12.19 至 2017.12.19/低毒

PD20130082　噻呋酰胺/240克/升/悬浮剂/噻呋酰胺 240克/升/2013.01.15 至 2018.01.15/低毒

水稻　纹枯病　47-83克/公顷　喷雾

PD20130420　苯甲·嘧菌酯/325克/升/悬浮剂/苯醚甲环唑 125克/升、嘧菌酯 200克/升/2013.03.18 至 2018.03.18/低毒

西瓜　炭疽病　195-243.75克/公顷　喷雾

PD20130464　噻呋·己唑醇/27.8%/悬浮剂/己唑醇 13.9%、噻呋酰胺 13.9%/2013.03.20 至 2018.03.20/低毒

水稻　纹枯病　90-112.5克/公顷　喷雾

PD20130465　噻呋·苯醚甲/27.8%/悬浮剂/苯醚甲环唑 13.9%、噻呋酰胺 13.9%/2013.03.20 至 2018.03.20/低毒

水稻　纹枯病　90-112.5克/公顷　喷雾

PD20130576　炔草酯/97%/原药/炔草酯 97%/2013.04.02 至 2018.04.02/低毒

PD20131088　四氟醚唑/95%/原药/四氟醚唑 95%/2013.05.20 至 2018.05.20/低毒
PD20131849　噁唑菌酮/98%/原药/噁唑菌酮 98%/2013.09.23 至 2018.09.23/低毒
PD20132115　磺草酮/97%/原药/磺草酮 97%/2013.10.24 至 2018.10.24/低毒
注:仅供出口，不得在国内销售。

浙江大学生物化学有限公司　(浙江省杭州市艮山西路99号　310004　0571-86971520)

PD20086115　聚醛·甲萘威/6%/颗粒剂/甲萘威 1.5%、四聚乙醛 4.5%/2013.12.30 至 2018.12.30/低毒
旱地　蜗牛　450-540克/公顷　撒施
WP20090180　杀蚁饵剂/10%/饵剂/硼酸 10%/2009.03.18 至 2014.03.18/微毒
卫生　蜚蠊、蚂蚁　/　投放

浙江德清邦化化工有限公司　(浙江省德清市钟管工业区　313220　0571-88773592)

PD20082327　草甘膦异丙胺盐/30%/水剂/草甘膦 30%/2013.12.01 至 2018.12.01/低毒
茶园　一年生和多年生杂草　1587.5-2250克/公顷　定向茎叶喷雾
注:草甘膦异丙胺盐含量：41%
PD20085117　毒死蜱/480克/升/乳油/毒死蜱 480克/升/2013.12.23 至 2018.12.23/中等毒
水稻　稻纵卷叶螟　504-648克/公顷　喷雾
PD20085187　乙酰甲胺磷/30%/乳油/乙酰甲胺磷 30%/2013.12.23 至 2018.12.23/低毒
水稻　二化螟　787.5-1012.5克/公顷　喷雾
PD20091494　草甘膦/95%/原药/草甘膦 95%/2009.02.02 至 2014.02.02/低毒
PD20097091　炔螨特/73%/乳油/炔螨特 73%/2009.10.10 至 2014.10.10/低毒
柑橘树　红蜘蛛　243-365毫克/千克　喷雾
PD20097635　丙环唑/250克/升/乳油/丙环唑 250克/升/2009.11.03 至 2014.11.03/低毒
小麦　白粉病　127.5－150克/公顷　喷雾
PD20097677　辛硫磷/40%/乳油/辛硫磷 40%/2009.11.04 至 2014.11.04/低毒
十字花科蔬菜　菜青虫　300-450克/公顷　喷雾
PD20098203　稻瘟灵/40%/乳油/稻瘟灵 40%/2009.12.16 至 2014.12.16/低毒
水稻　稻瘟病　400－600克/公顷　喷雾
PD20100158　氯氰·毒死蜱/25%/乳油/毒死蜱 22%、氯氰菊酯 3%/2010.01.05 至 2015.01.05/中等毒
萝卜　甜菜夜蛾　262.5-300克/公顷　喷雾
PD20120513　草甘膦铵盐/58%/可溶粒剂/草甘膦 58%/2012.03.28 至 2017.03.28/低毒
非耕地　杂草　2000-3000克/公顷　茎叶喷雾
注:草甘膦铵盐含量:64%。
PD20120517　草甘膦异丙胺盐/41%/水剂/草甘膦 41%/2012.03.28 至 2017.03.28/低毒
非耕地　杂草　1125-3000克/公顷　定向茎叶喷雾
注:草甘膦异丙胺盐含量：55%。

浙江迪乐化学品有限公司　(浙江省龙游县溪口镇靖林寺　324403　0577-88916148)

PD20083755　溴鼠灵/0.005%/饵剂/溴鼠灵 0.005%/2013.12.15 至 2018.12.15/低毒(原药高毒)
室内、外　家鼠　15-30克毒饵/15平方米　堆施或穴施
WP20110271　杀蟑饵粒/1%/饵剂/乙酰甲胺磷 1%/2011.12.29 至 2016.12.29/微毒
卫生　蜚蠊　0.5克/平方米　投放
WP20120127　杀虫粉剂/0.8%/粉剂/残杀威 0.5%、高效氯氰菊酯 0.3%/2012.07.02 至 2017.07.02/微毒
卫生　蜚蠊　3克制剂/平方米　撒布
WP20120135　杀蟑胶饵/2.15%/胶饵/吡虫啉 2.15%/2012.07.19 至 2017.07.19/微毒
卫生　蜚蠊　/　投放
WP20120178　电热蚊香液/0.8%/电热蚊香液/炔丙菊酯 0.8%/2012.09.12 至 2017.09.12/微毒
卫生　蚊　/　电热加温

浙江东风化工有限公司　(浙江省温州市龙湾区机场路蓝田村小陡门　325024　0577-86374778)

PD86153-9　叶枯唑/20%/可湿性粉剂/叶枯唑 20%/2011.12.04 至 2016.12.04/低毒
水稻　白叶枯病　300克/公顷　喷雾、弥雾
PD20040445　三唑磷/85%/原药/三唑磷 85%/2009.12.19 至 2014.12.19/中等毒
PD20060112　三唑磷/20%/乳油/三唑磷 20%/2011.06.13 至 2016.06.13/中等毒
水稻　二化螟、三化螟　300-450克/公顷　喷雾
水稻　稻水象甲　360-480克/公顷　喷雾
PD20060113　三唑磷/40%/乳油/三唑磷 40%/2011.06.13 至 2016.06.13/中等毒
水稻　二化螟　300-450克/公顷　喷雾
水稻　三化螟　360-600克/公顷　喷雾
水稻　稻水象甲　360-480克/公顷　喷雾
PD20080326　辛酰溴苯腈/97%/原药/辛酰溴苯腈 97%/2013.02.26 至 2018.02.26/中等毒
PD20080563　毒死蜱/97%/原药/毒死蜱 97%/2013.05.09 至 2018.05.09/中等毒
PD20080947　炔螨特/73%/乳油/炔螨特 73%/2013.07.23 至 2018.07.23/中等毒
柑橘树　红蜘蛛　2000-3000倍液　喷雾
PD20080948　炔螨特/90.6%/原药/炔螨特 90.6%/2013.07.23 至 2018.07.23/中等毒
PD20080949　炔螨特/57%/乳油/炔螨特 57%/2013.07.23 至 2018.07.23/低毒
柑橘树　红蜘蛛　225-380毫克/千克　喷雾

PD20082627 毒死蜱/40%/乳油/毒死蜱 40%/2013.12.04 至 2018.12.04/中等毒
苹果树 绵蚜 200-267毫克/千克 喷雾
苹果树 桃小食心虫 160-240毫克/千克 喷雾
水稻 稻纵卷叶螟 450-600克/公顷 喷雾
PD20083162 异稻·三环唑/20%/可湿性粉剂/三环唑 6.7%、异稻瘟净 13.3%/2013.12.16 至 2018.12.16/中等毒
水稻 稻瘟病 375-525克/公顷 喷雾
PD20083429 炔螨特/25%/乳油/炔螨特 25%/2008.12.16 至 2013.12.16/低毒
柑橘树 红蜘蛛 250-333毫克/千克 喷雾
PD20083796 乙氧氟草醚/20%/乳油/乙氧氟草醚 20%/2013.12.15 至 2018.12.15/低毒
水稻移栽田 一年生杂草 45-75克/公顷 药土法
PD20084458 噻嗪酮/25%/可湿性粉剂/噻嗪酮 25%/2013.12.17 至 2018.12.17/低毒
水稻 飞虱 75-112.5克/公顷 喷雾
PD20084984 异稻·三环唑/20%/可湿性粉剂/三环唑 10%、异稻瘟净 10%/2013.12.22 至 2018.12.22/中等毒
水稻 稻瘟病 300-450克/公顷 喷雾
PD20085027 甲霜·锰锌/58%/可湿性粉剂/甲霜灵 10%、代森锰锌 48%/2013.12.22 至 2018.12.22/低毒
黄瓜 霜霉病 1305-1632克/公顷 喷雾
PD20086108 硫磺·三环唑/45%/可湿性粉剂/硫磺 40%、三环唑 5%/2013.12.30 至 2018.12.30/低毒
水稻 稻瘟病 810-1080克/公顷 喷雾
PD20090867 噻嗪·杀虫单/25%/可湿性粉剂/噻嗪酮 5%、杀虫单 20%/2014.01.19 至 2019.01.19/中等毒
水稻 稻飞虱 187.5-281.25克/公顷 喷雾
PD20110023 甲霜灵/97%/原药/甲霜灵 97%/2011.01.04 至 2016.01.04/低毒
PD20110274 噻森铜/20%/悬浮剂/噻森铜 20%/2011.03.11 至 2016.03.11/低毒
大白菜 软腐病 360-600克/公顷 喷雾
番茄 青枯病 400-666.7毫克/千克 灌根或茎基部喷雾
柑橘树 溃疡病 400-667毫克/千克 喷雾
水稻 白叶枯病、细条病 300-375克/公顷 喷雾
PD20110275 噻森铜/95%/原药/噻森铜 95%/2011.03.11 至 2016.03.11/低毒
PD20110736 甜菜宁/97%/原药/甜菜宁 97%/2011.07.18 至 2016.07.18/低毒
PD20110746 唑磷·毒死蜱/30%/乳油/毒死蜱 10%、三唑磷 20%/2011.07.25 至 2016.07.25/中等毒
水稻 稻纵卷叶螟、三化螟 270-315克/公顷 喷雾
PD20110769 甜菜安/96%/原药/甜菜安 96%/2011.07.25 至 2016.07.25/低毒
PD20120219 草甘膦异丙胺盐/30%/水剂/草甘膦 30%/2012.02.09 至 2017.02.09/低毒
非耕地 行间杂草 1230-2460克/公顷 定向茎叶喷雾
注:草甘膦异丙胺盐含量为: 41%。
PD20120884 氯氟吡氧乙酸异辛酯/95%/原药/氯氟吡氧乙酸异辛酯 95%/2012.05.24 至 2017.05.24/低毒
PD20131768 嘧菌酯/95%/原药/嘧菌酯 95%/2013.09.06 至 2018.09.06/微毒

浙江海正化工股份有限公司 （浙江省台州市椒江区外沙工业区 318000 0576-88827798）

PD20040246 吡虫啉/10%/可湿性粉剂/吡虫啉 10%/2009.12.19 至 2014.12.19/低毒
棉花 蚜虫 22.5-30克/公顷 喷雾
水稻 飞虱 15-30克/公顷 喷雾
PD20040247 吡虫啉/10%/乳油/吡虫啉 10%/2009.12.19 至 2014.12.19/低毒
柑橘树 潜叶蛾 50-100毫克/千克 喷雾
棉花 蚜虫 22.5-37.5克/公顷 喷雾
PD20040303 吡虫啉/20%/可溶液剂/吡虫啉 20%/2009.12.19 至 2014.12.19/低毒
棉花 蚜虫 15-30克/公顷 喷雾
水稻 稻飞虱 30-45克/公顷 喷雾
PD20040523 吡虫啉/25%/可湿性粉剂/吡虫啉 25%/2009.12.23 至 2014.12.23/低毒
水稻 飞虱 15-30克/公顷 喷雾
PD20050129 吡虫啉/95%/原药/吡虫啉 95%/2010.08.22 至 2015.08.22/低毒
PD20070409 阿维菌素/94%/原药/阿维菌素 94%/2012.11.05 至 2017.11.05/高毒
PD20080184 啶虫脒/5%/乳油/啶虫脒 5%/2013.01.07 至 2018.01.07/中等毒
柑橘树 蚜虫 12-15毫克/千克 喷雾
PD20080193 啶虫脒/97%/原药/啶虫脒 97%/2013.01.07 至 2018.01.07/中等毒
PD20081439 精喹禾灵/95%/原药/精喹禾灵 95%/2013.10.31 至 2018.10.31/低毒
PD20082267 精喹禾灵/5%/乳油/精喹禾灵 5%/2013.11.27 至 2018.11.27/低毒
春大豆田 一年生禾本科杂草 45-52.5克/公顷 茎叶喷雾
夏大豆田 一年生禾本科杂草 52.5-60克/公顷 茎叶喷雾
PD20082307 阿维·吡虫啉/5%/乳油/阿维菌素 0.5%、吡虫啉 4.5%/2013.12.01 至 2018.12.01/低毒(原药高毒)
梨树 梨木虱 6.25-10毫克/千克 喷雾
PD20082353 阿维菌素/1.8%/乳油/阿维菌素 1.8%/2008.12.01 至 2013.12.01/低毒(原药高毒)
梨树 梨木虱 6-12毫克/千克 喷雾
苹果树 红蜘蛛 4.5-6毫克/千克 喷雾
十字花科蔬菜 小菜蛾 8.1-10.8克/公顷 喷雾

PD20082355	阿维菌素/1.8%/乳油/阿维菌素 1.8%/2008.12.01 至 2013.12.01/低毒(原药高毒)			
	柑橘树	锈壁虱	2.25-4.5毫克/千克	喷雾
	柑橘树	红蜘蛛、潜叶蛾	4.5-9毫克/千克	喷雾
	梨树	梨木虱	6-12毫克/千克	喷雾
	苹果树	红蜘蛛	3-6毫克/千克	喷雾
	苹果树	二斑叶螨	4.5-6毫克/千克	喷雾
	苹果树	桃小食心虫	4.5-9毫克/千克	喷雾
	十字花科蔬菜	菜青虫、小菜蛾	8.1-10.8克/公顷	喷雾
PD20082435	阿维・辛硫磷/20%/乳油/阿维菌素 0.2%、辛硫磷 19.8%/2013.12.02 至 2018.12.02/低毒(原药高毒)			
	十字花科蔬菜	小菜蛾	90-150克/公顷	喷雾
PD20082545	啶虫脒/20%/可溶粉剂/啶虫脒 20%/2013.12.03 至 2018.12.03/低毒			
	小麦	蚜虫	36-42克/公顷	喷雾
PD20082638	阿维・三唑磷/20%/乳油/阿维菌素 0.2%、三唑磷 19.8%/2013.12.04 至 2018.12.04/中等毒(原药高毒)			
	水稻	二化螟	150-210克/公顷	喷雾
PD20082784	精噁唑禾草灵/100克/升/乳油/精噁唑禾草灵 100克/升/2013.12.09 至 2018.12.09/低毒			
	冬小麦田	一年生禾本科杂草	60-90克/公顷	喷雾
PD20082936	精噁唑禾草灵/100克/升/乳油/精噁唑禾草灵 100克/升/2013.12.09 至 2018.12.09/低毒			
	春大豆田	一年生禾本科杂草	60-90克/公顷	喷雾
	夏大豆田	一年生禾本科杂草	60-90克/公顷	茎叶喷雾
PD20083107	阿维菌素/1%/乳油/阿维菌素 1%/2008.12.10 至 2013.12.10/低毒(原药高毒)			
	十字花科蔬菜	菜青虫、小菜蛾	8.1-10.8克/公顷	喷雾
PD20083534	精噁唑禾草灵/95%/原药/精噁唑禾草灵 95%/2013.12.12 至 2018.12.12/低毒			
PD20090695	精噁唑禾草灵/7.5%/水乳剂/精噁唑禾草灵 7.5%/2014.01.19 至 2019.01.19/低毒			
	冬小麦田	一年生杂草	67.5-112.5克/公顷	喷雾
PD20090789	阿维菌素/0.3%/乳油/阿维菌素 0.3%/2009.01.19 至 2014.01.19/低毒(原药高毒)			
	甘蓝	小菜蛾	2.7-3.6克/公顷	喷雾
	苹果树	红蜘蛛	2-3毫克/千克	喷雾
PD20091869	阿维・吡虫啉/1%/乳油/阿维菌素 0.1%、吡虫啉 0.9%/2009.02.09 至 2014.02.09/低毒(原药高毒)			
	梨树	梨木虱	6.25-10毫克/千克	喷雾
PD20094968	喹啉铜/50%/可湿性粉剂/喹啉铜 50%/2014.04.21 至 2019.04.21/低毒			
	苹果树	轮纹病	3000-4000倍液	喷雾
PD20096255	喹啉铜/95%/原药/喹啉铜 95%/2009.07.15 至 2014.07.15/低毒			
PD20096331	氟虫腈/95%/原药/氟虫腈 95%/2009.07.22 至 2014.07.22/中等毒			
PD20101764	吡虫啉/70%/水分散粒剂/吡虫啉 70%/2010.07.07 至 2015.07.07/低毒			
	水稻	蚜虫	21-42克/公顷	喷雾
PD20101862	喹啉铜/33.5%/悬浮剂/喹啉铜 33.5%/2010.08.04 至 2015.08.04/低毒			
	番茄	晚疫病	150-188克/公顷	喷雾
PD20110148	氟虫腈/5%/悬浮剂/氟虫腈 5%/2011.02.10 至 2016.02.10/低毒			
	注:专供出口，不得在国内销售。			
PD20110446	异噁草松/93%/原药/异噁草松 93%/2011.04.21 至 2016.04.21/低毒			
PD20110495	甲氨基阿维菌素苯甲酸盐/2%/微乳剂/甲氨基阿维菌素 2%/2011.05.03 至 2016.05.03/低毒			
	甘蓝	甜菜夜蛾	3.3-4.95克/公顷	喷雾
	注:甲氨基阿维菌素苯甲酸盐含量:2.2%。			
PD20110579	啶嘧磺隆/95%/原药/啶嘧磺隆 95%/2011.05.27 至 2016.05.27/低毒			
PD20120410	依维菌素/95%/原药/依维菌素 95%/2012.03.12 至 2017.03.12/中等毒			
PD20120411	依维菌素/0.5%/乳油/依维菌素 0.5%/2012.03.12 至 2017.03.12/低毒			
	甘蓝	小菜蛾	3-4.5克/公顷	喷雾
PD20120412	吡虫啉/70%/种子处理可分散粉剂/吡虫啉 70%/2012.03.12 至 2017.03.12/低毒			
	棉花	蚜虫	280-420克/每100千克种子	拌种
PD20120613	阿维菌素/1.8%/微乳剂/阿维菌素 1.8%/2012.04.11 至 2017.04.11/低毒(原药高毒)			
	甘蓝	小菜蛾	8.1-10.8克/公顷	喷雾
PD20120691	甲氨基阿维菌素苯甲酸盐/5%/水分散粒剂/甲氨基阿维菌素 5%/2012.04.18 至 2017.04.18/低毒			
	甘蓝	甜菜夜蛾	2.25-3.75克/公顷	喷雾
	注:甲氨基阿维菌素苯甲酸盐含量：5.7%。			
PD20120857	啶嘧磺隆/25%/水分散粒剂/啶嘧磺隆 25%/2012.05.22 至 2017.05.22/微毒			
	暖季型草坪	杂草	37.5-75克/公顷	茎叶喷雾
PD20120870	异噁草松/45%/乳油/异噁草松 45%/2012.05.24 至 2017.05.24/低毒			
	春大豆田	一年生杂草	864-1200克/公顷	播后苗前土壤喷雾
PD20121786	嘧菌酯/25%/悬浮剂/嘧菌酯 25%/2012.11.22 至 2017.11.22/低毒			
	黄瓜	霜霉病	120-180克/公顷	喷雾

浙江禾本科技有限公司 (浙江省温州市沿江工业区后京连墩路 325008 0577-56777826)

PD20070296	丙环唑/25%/乳油/丙环唑 25%/2012.09.21 至 2017.09.21/低毒			
	香蕉	叶斑病	500—750倍液	喷雾

小麦 白粉病 93.75-131.25克/公顷 喷雾

PD20070298 丙环唑/95%/原药/丙环唑 95%/2012.09.21 至 2017.09.21/低毒

PD20070410 二甲戊灵/33%/乳油/二甲戊灵 33%/2012.11.05 至 2017.11.05/低毒

甘蓝田 一年生杂草 495-742.5克/公顷 土壤喷雾

PD20070444 甲霜·锰锌/58%/可湿性粉剂/甲霜灵 10%、代森锰锌 48%/2012.11.20 至 2017.11.20/低毒

黄瓜 霜霉病 1305-1566克/公顷 喷雾

PD20070543 炔螨特/57%/乳油/炔螨特 57%/2012.12.03 至 2017.12.03/低毒

柑橘树 红蜘蛛 285-380毫克/千克 喷雾

PD20070544 炔螨特/73%/乳油/炔螨特 73%/2012.12.03 至 2017.12.03/低毒

柑橘树 红蜘蛛 243-365毫克/千克 喷雾

PD20070545 炔螨特/90.6%/原药/炔螨特 90.6%/2012.12.03 至 2017.12.03/低毒

PD20070565 嘧霉胺/96%/原药/嘧霉胺 96%/2012.12.03 至 2017.12.03/低毒

PD20080121 噻螨酮/5%/乳油/噻螨酮 5%/2013.01.03 至 2018.01.03/低毒

柑橘树 红蜘蛛 25-33.3毫克/千克 喷雾

PD20080910 甲霜灵/98%/原药/甲霜灵 98%/2013.07.14 至 2018.07.14/低毒

PD20081350 二甲戊灵/92%/原药/二甲戊灵 92%/2013.10.21 至 2018.10.21/低毒

PD20081579 甲霜灵/35%/种子处理干粉剂/甲霜灵 35%/2013.11.12 至 2018.11.12/低毒

谷子 白发病 70-105克/100千克种子 拌种

PD20081828 异噁草松/48%/乳油/异噁草松 48%/2013.11.20 至 2018.11.20/低毒

春大豆田 一年生杂草 576-648克/公顷(东北地区) 播后苗前土壤喷雾

PD20082212 苯磺隆/10%/可湿性粉剂/苯磺隆 10%/2013.11.26 至 2018.11.26/低毒

春小麦田 一年生阔叶杂草 18-27克/公顷 茎叶喷雾

PD20082315 二嗪磷/5%/颗粒剂/二嗪磷 5%/2013.12.01 至 2018.12.01/低毒

花生 蛴螬 600-900克/公顷 花期穴施

PD20082416 三唑锡/25%/可湿性粉剂/三唑锡 25%/2013.12.02 至 2018.12.02/中等毒

柑橘树 红蜘蛛 125-166.7毫克/千克 喷雾

PD20082739 苯丁锡/95%/原药/苯丁锡 95%/2013.12.08 至 2018.12.08/低毒

PD20083453 二嗪磷/50%/乳油/二嗪磷 50%/2013.12.12 至 2018.12.12/低毒

水稻 稻飞虱 562.5-750克/公顷 喷雾

PD20083679 苯丁锡/50%/可湿性粉剂/苯丁锡 50%/2013.12.15 至 2018.12.15/低毒

柑橘树 红蜘蛛 200-250毫克/千克 喷雾

PD20083682 霜脲·锰锌/72%/可湿性粉剂/代森锰锌 64%、霜脲氰 8%/2013.12.15 至 2018.12.15/低毒

黄瓜 霜霉病 1440-1800克/公顷 喷雾

PD20085479 辛酰溴苯腈/25%/乳油/辛酰溴苯腈 25%/2013.12.25 至 2018.12.25/低毒

春小麦田 一年生阔叶杂草 450－562.5克/公顷 茎叶喷雾

PD20085566 三唑锡/95%/原药/三唑锡 95%/2013.12.25 至 2018.12.25/中等毒

PD20085842 甲霜·百菌清/72%/可湿性粉剂/百菌清 64%、甲霜灵 8%/2013.12.29 至 2018.12.29/低毒

黄瓜 霜霉病 1155.6-1620克/公顷 喷雾

PD20085867 嘧霉胺/25%/可湿性粉剂/嘧霉胺 25%/2013.12.29 至 2018.12.29/低毒

黄瓜 灰霉病 450-562.5克/公顷 喷雾

PD20085871 二嗪磷/98%/原药/二嗪磷 98%/2013.12.29 至 2018.12.29/低毒

PD20085903 甲硫·福美双/30%/悬浮剂/福美双 16.5%、甲基硫菌灵 13.5%/2013.12.29 至 2018.12.29/低毒

番茄 灰霉病 675-843.75克/公顷 喷雾

PD20086169 甲霜·锰锌/72%/可湿性粉剂/甲霜灵 8%、代森锰锌 64%/2013.12.30 至 2018.12.30/低毒

黄瓜 霜霉病 1620-2250克/公顷 喷雾

烟草 黑胫病 1080-1296克/公顷 喷雾

PD20090539 霜·福·稻瘟灵/50%/可湿性粉剂/稻瘟灵 4%、福美双 32%、甲霜灵 14%/2014.01.13 至 2019.01.13/低毒

水稻秧田 立枯病 5000-7500克/公顷 喷雾

PD20090718 高效氟吡甲禾灵/108克/升/乳油/高效氟吡甲禾灵 108克/升/2014.01.19 至 2019.01.19/低毒

花生田 一年生禾本科杂草 48.6-64.8克/公顷 茎叶喷雾

PD20091325 氟菌唑/30%/可湿性粉剂/氟菌唑 30%/2014.02.01 至 2019.02.01/低毒

黄瓜 白粉病 67.5-90克/公顷 喷雾

PD20092773 甲霜·霜霉威/25%/可湿性粉剂/甲霜灵 15%、霜霉威盐酸盐 10%/2014.03.04 至 2019.03.04/低毒

黄瓜 霜霉病 468.8-675克/公顷 喷雾

PD20094902 精甲霜灵/92%/原药/精甲霜灵 92%/2014.04.13 至 2019.04.13/低毒

PD20096273 杀扑磷/40%/乳油/杀扑磷 40%/2009.07.22 至 2014.07.22/中等毒(原药高毒)

柑橘树 介壳虫 400-500毫克/千克 喷雾

PD20096349 氢氧化铜/77%/可湿性粉剂/氢氧化铜 77%/2009.07.28 至 2014.07.28/低毒

柑橘 溃疡病 962.5-1283毫克/千克 喷雾

黄瓜 细菌性角斑病 1732.5-2310克/公顷 喷雾

PD20100295 溴螨酯/500克/升/乳油/溴螨酯 500克/升/2010.01.11 至 2015.01.11/低毒

柑橘树 红蜘蛛 500-625毫克/千克 喷雾

PD20101505 麦草畏/98%/原药/麦草畏 98%/2010.05.10 至 2015.05.10/低毒

PD20101975 敌草胺/50%/水分散粒剂/敌草胺 50%/2010.09.21 至 2015.09.21/低毒
烟草田 一年生禾本科杂草 1500-1875克/公顷 土壤喷雾
PD20102132 苯醚甲环唑/250克/升/乳油/苯醚甲环唑 250克/升/2010.12.02 至 2015.12.02/低毒
香蕉 叶斑病 100－125毫克/千克 喷雾
PD20110298 三苯基乙酸锡/95%/原药/三苯基乙酸锡 95%/2011.03.18 至 2016.03.18/中等毒
PD20110299 三苯基乙酸锡/45%/可湿性粉剂/三苯基乙酸锡 45%/2011.03.18 至 2016.03.18/中等毒
甜菜 褐斑病 405-452.25克/公顷 喷雾
PD20110517 甲霜灵/25%/可湿性粉剂/甲霜灵 25%/2011.05.03 至 2016.05.03/低毒
注:专供出口，不得在国内销售。
PD20120241 三苯基氢氧化锡/95%/原药/三苯基氢氧化锡 95%/2012.02.13 至 2017.02.13/中等毒
注:仅供出口，不得在国内销售。
PD20120242 三苯基氢氧化锡/50%/悬浮剂/三苯基氢氧化锡 50%/2012.02.13 至 2017.02.13/中等毒
注:仅供出口，不得在国内销售。
PD20121356 虫酰肼/95%/原药/虫酰肼 95%/2012.09.13 至 2017.09.13/低毒
PD20121712 氟啶脲/95%/原药/氟啶脲 95%/2012.11.08 至 2017.11.08/低毒
PD20121807 氟硅唑/95%/原药/氟硅唑 95%/2012.11.22 至 2017.11.22/低毒
PD20121878 霜霉威盐酸盐/95%/原药/霜霉威盐酸盐 95%/2012.11.28 至 2017.11.28/低毒
PD20121958 溴螨酯/92%/原药/溴螨酯 92%/2012.12.12 至 2017.12.12/低毒
PD20130098 异噁草松/95%/原药/异噁草松 95%/2013.01.17 至 2018.01.17/低毒
WP20130192 吡丙醚/95%/原药/吡丙醚 95%/2013.09.23 至 2018.09.23/低毒

浙江禾田化工有限公司 (浙江省杭州市西湖区经济技术开发区M18-5-4地块 310019 0571-85224542)

PD20080271 氟节胺/95%/原药/氟节胺 95%/2013.02.20 至 2018.02.20/低毒
PD20081670 氟节胺/25%/乳油/氟节胺 25%/2013.11.17 至 2018.11.17/低毒
烟草 抑制腋芽生长 350倍液 杯淋或涂抹
PD20081794 丁硫克百威/20%/乳油/丁硫克百威 20%/2013.11.19 至 2018.11.19/中等毒
棉花 蚜虫 60-120克/公顷 喷雾
PD20081934 丁硫克百威/90%/原药/丁硫克百威 90%/2013.11.24 至 2018.11.24/中等毒
PD20083671 炔螨特/90%,85%/原药/炔螨特 90%,85%/2013.12.15 至 2018.12.15/低毒
PD20083833 炔螨特/73%/乳油/炔螨特 73%/2013.12.15 至 2018.12.15/低毒
柑橘树 红蜘蛛 292-487毫克/千克 喷雾
PD20083905 炔螨特/40%/乳油/炔螨特 40%/2013.12.15 至 2018.12.15/低毒
棉花 红蜘蛛 300-360克/公顷 喷雾
PD20085709 氟节胺/125克/升/乳油/氟节胺 125克/升/2013.12.26 至 2018.12.26/低毒
烟草 抑制腋芽生长 250-300倍 20毫升/株 杯淋法
PD20121483 氟乐灵/96%/原药/氟乐灵 96%/2012.10.08 至 2017.10.08/低毒
注:专供出口,不得在国内销售。
LS20110167 丁噻隆/95%/原药/丁噻隆 95%/2013.06.15 至 2014.06.15/低毒

浙江花园生物高科股份有限公司 (浙江省东阳市南马镇花园村 310020 0571-86371200)

LS20120410 胆钙化醇/97%/原药/胆钙化醇 97%/2013.12.19 至 2014.12.19/高毒
WL20120066 胆钙化醇/0.075%/饵粒/胆钙化醇 0.075%/2013.12.19 至 2014.12.19/低毒(原药高毒)
室内 家鼠 饱和投饵法 投饵

浙江华京生物科技开发有限公司 (浙江省金华市人民西路737号 321000 0579-2464677)

PD20132004 小檗碱/0.5%/水剂/小檗碱 0.5%/2013.10.11 至 2018.10.11/低毒
番茄 灰霉病 11.25-14.07克/公顷 喷雾
番茄 叶霉病 14-21克/公顷 喷雾
黄瓜 白粉病、霜霉病 12.5-18.75克/公顷 喷雾
辣椒 疫霉病 14-21克/公顷 喷雾

浙江华兴化学农药有限公司 (浙江省温州市乐清市蒲岐镇北门外 325609 0577-62215555)

PD20070310 苯丁锡/95%/原药/苯丁锡 95%/2012.09.21 至 2017.09.21/低毒
PD20080007 苯丁锡/50%/可湿性粉剂/苯丁锡 50%/2013.01.04 至 2018.01.04/低毒
柑橘树 红蜘蛛 200-250毫克/千克 喷雾
PD20080054 三唑锡/20%/悬浮剂/三唑锡 20%/2013.01.07 至 2018.01.07/中等毒
柑橘树 红蜘蛛 133-200毫克/千克 喷雾
PD20082129 苯丁锡/10%/乳油/苯丁锡 10%/2013.11.25 至 2018.11.25/低毒
柑橘树 红蜘蛛 167-200毫克/千克 喷雾
PD20082146 苯丁锡/25%/可湿性粉剂/苯丁锡 25%/2013.11.25 至 2018.11.25/低毒
柑橘树 红蜘蛛 200-250毫克/千克 喷雾
PD20082188 苯丁锡/20%/可湿性粉剂/苯丁锡 20%/2013.11.26 至 2018.11.26/低毒
柑橘树 红蜘蛛 200-250毫克/千克 喷雾
PD20082309 三唑锡/95%/原药/三唑锡 95%/2013.12.01 至 2018.12.01/中等毒
PD20082496 噻嗪·杀扑磷/20%/乳油/噻嗪酮 15%、杀扑磷 5%/2013.12.03 至 2018.12.03/中等毒(原药高毒)
柑橘树 矢尖蚧 200-250毫克/千克 喷雾
PD20082503 三唑锡/10%/乳油/三唑锡 10%/2013.12.03 至 2018.12.03/低毒

柑橘树 红蜘蛛 67-100毫克/千克 喷雾
PD20082509 毒·辛/25%/乳油/毒死蜱 7%、辛硫磷 18%/2013.12.03 至 2018.12.03/中等毒
水稻 稻纵卷叶螟 450-562.5克/公顷 喷雾
PD20082690 吡虫·异丙威/20%/乳油/吡虫啉 2%、异丙威 18%/2013.12.05 至 2018.12.05/中等毒
水稻 稻飞虱 150-210克/公顷 喷雾
PD20084599 苯丁锡/50%/悬浮剂/苯丁锡 50%/2013.12.18 至 2018.12.18/低毒
柑橘树 红蜘蛛 200-250毫克/千克 喷雾
PD20090700 三唑锡/20%/可湿性粉剂/三唑锡 20%/2014.01.19 至 2019.01.19/中等毒
柑橘树 红蜘蛛 125-166毫克/千克 喷雾
PD20090743 腈菌·福美双/20%/可湿性粉剂/福美双 18%、腈菌唑 2%/2009.01.19 至 2014.01.19/中等毒
黄瓜 黑星病 112.5-150克/公顷 喷雾
PD20093343 三唑锡/25%/可湿性粉剂/三唑锡 25%/2014.03.18 至 2019.03.18/中等毒
柑橘树 红蜘蛛 125-166毫克/千克 喷雾
PD20097903 苯丁锡/20%/悬浮剂/苯丁锡 20%/2009.11.30 至 2014.11.30/低毒
柑橘树 红蜘蛛 100-200毫克/千克 喷雾

浙江黄岩鼎正化工有限公司 (浙江省台州市黄岩区轻化开发区永灵路11号 318020 0576-4179401)

PD84105-12 马拉硫磷/45%/乳油/马拉硫磷 45%/2009.12.27 至 2014.12.27/低毒
茶树 长白蚧、象甲 625-1000毫克/千克 喷雾
豆类 食心虫、造桥虫 561.5-750克/公顷 喷雾
果树 蝽蟓、蚜虫 250-333毫克/千克 喷雾
林木、牧草、农田 蝗虫 450-600克/公顷 喷雾
棉花 盲蝽蟓、蚜虫、叶跳虫 375-562.2克/公顷 喷雾
蔬菜 黄条跳甲、蚜虫 562.5-750克/公顷 喷雾
水稻 飞虱、蓟马、叶蝉 562.5-750克/公顷 喷雾
小麦 黏虫、蚜虫 562.5-750克/公顷 喷雾
PD20040595 哒螨灵/15%/乳油/哒螨灵 15%/2009.12.19 至 2014.12.19/中等毒
柑橘树 红蜘蛛 50-67毫克/千克 喷雾
PD20084874 三唑锡/90%/原药/三唑锡 90%/2013.12.22 至 2018.12.22/中等毒
PD20084891 三唑锡/25%/可湿性粉剂/三唑锡 25%/2013.12.22 至 2018.12.22/中等毒
柑橘树 红蜘蛛 125-166.7毫克/千克 喷雾
PD20090842 毒死蜱/40%/乳油/毒死蜱 40%/2009.01.19 至 2014.01.19/中等毒
水稻 稻纵卷叶螟 300-600克/公顷 喷雾
PD20091991 三唑锡/8%/乳油/三唑锡 8%/2014.02.12 至 2019.02.12/低毒
柑橘树 红蜘蛛 53.8-80毫克/千克 喷雾
PD20092678 三唑锡/20%/悬浮剂/三唑锡 20%/2014.03.03 至 2019.03.03/中等毒
柑橘树 红蜘蛛 100-200毫克/千克 喷雾
PD20093738 草甘膦/50%/可溶粉剂/草甘膦 50%/2014.03.25 至 2019.03.25/低毒
柑橘园 杂草 1125-2250克/公顷 定向喷雾
PD20110683 杀螟硫磷/95%/原药/杀螟硫磷 95%/2011.06.22 至 2016.06.22/中等毒

浙江惠光生化有限公司 (浙江省嘉兴市嘉善县经济开发区金嘉大道92号 314100 0573-84184277)

PD85131-10 井冈霉素/5%/水剂/井冈霉素 5%/2012.04.17 至 2017.04.17/低毒
水稻 纹枯病 75-112.5克/公顷 喷雾,泼浇
PD88109-7 井冈霉素/20%/可溶粉剂/井冈霉素 20%/2012.04.17 至 2017.04.17/低毒
水稻 纹枯病 75-112.5克/公顷 喷雾、泼浇
PD20070379 百草枯/30.5%/母药/百草枯 30.5%/2012.10.24 至 2017.10.24/中等毒
PD20081053 百草枯/200克/升/水剂/百草枯 200克/升/2012.12.31 至 2014.07.01/中等毒
柑橘园 多种杂草 600-900克/公顷 定向茎叶喷雾
PD20081119 烯腺嘌呤/0.1%/母药/烯腺嘌呤 0.1%/2013.08.19 至 2018.08.19/微毒
PD20081120 羟烯腺嘌呤/0.5%/母药/羟烯腺嘌呤 0.5%/2013.08.19 至 2018.08.19/微毒
PD20081298 羟烯腺嘌呤/0.0001%/可湿性粉剂/羟烯腺嘌呤 0.0001%/2013.10.06 至 2018.10.06/低毒
大豆 调节生长 0.0017毫克/千克 喷雾
水稻、玉米 调节生长 1)0.0017毫克/千克2)100-150倍液 1)喷雾2)浸种
PD20081299 烯腺·羟烯腺/0.0004%/可溶粉剂/羟烯腺嘌呤 0.00035%、烯腺嘌呤 0.00005%/2013.10.06 至 2018.10.06/低毒
茶叶 调节生长 800-1200倍液 兑水喷雾
番茄 调节生长 0.0025毫克/千克 喷雾
柑橘 调节生长 0.0027-0.0033毫克/升 喷雾
PD20082980 阿维菌素/95%/原药/阿维菌素 95%/2013.12.09 至 2018.12.09/高毒
PD20086341 阿维菌素/1.8%/乳油/阿维菌素 1.8%/2008.12.31 至 2013.12.31/低毒(原药高毒)
柑橘树 红蜘蛛、潜叶蛾 4.5-9毫克/千克 喷雾
柑橘树 锈壁虱 2.25-4.5毫克/千克 喷雾
梨树 梨木虱 6-12毫克/千克 喷雾
棉花 红蜘蛛 10.8-16.2克/公顷 喷雾
棉花 棉铃虫 21.6-32.4克/公顷 喷雾

	苹果树	红蜘蛛	3-6毫克/千克	喷雾
	苹果树	二斑叶螨	4.5-6毫克/千克/	喷雾
	苹果树	桃小食心虫	4.5-9毫克/千克	喷雾
	十字花科蔬菜	菜青虫、小菜蛾	8.1-10.8克/公顷	喷雾
PD20096412	井冈·羟烯腺/16%/可溶粉剂/井冈霉素 16%、羟烯腺嘌呤 0.0004%/2009.08.04 至 2014.08.04/低毒			
	水稻	纹枯病	60-112.5克/公顷	喷雾

浙江嘉华化工有限公司 (浙江省兰溪市马涧镇赤山 321115 0579-8442877)

PD20084390	三乙膦酸铝/95%/原药/三乙膦酸铝 95%/2013.12.17 至 2018.12.17/低毒			
PD20084405	三乙膦酸铝/80%/可湿性粉剂/三乙膦酸铝 80%/2013.12.17 至 2018.12.17/低毒			
	黄瓜	霜霉病	1500-2160克/公顷	喷雾
PD20090024	三乙膦酸铝/40%/可湿性粉剂/三乙膦酸铝 40%/2014.01.06 至 2019.01.06/低毒			
	黄瓜	霜霉病	800-2000毫克/千克	喷雾
PD20094436	三乙膦酸铝/96%/原药/三乙膦酸铝 96%/2014.04.01 至 2019.04.01/低毒			

浙江嘉化集团股份有限公司 (浙江省海盐经济开发区杭州湾大桥新区滨海大道1号 314305 0573-86867988)

PD85118-2	异稻瘟净/95%/原药/异稻瘟净 95%/2010.07.06 至 2015.07.06/低毒			
PD85119-2	异稻瘟净/40%/乳油/异稻瘟净 40%/2010.07.06 至 2015.07.06/低毒			
	水稻	稻瘟病	900-1200克/公顷	喷雾
PD85158	喹硫磷/25%/乳油/喹硫磷 25%/2010.08.15 至 2015.08.15/中等毒			
	棉花	棉铃虫、蚜虫	180-600克/公顷	喷雾
	水稻	螟虫	375-495克/公顷	喷雾
PD86175-2	乙酰甲胺磷/90%/原药/乙酰甲胺磷 90%/2011.11.22 至 2016.11.22/低毒			
PD86176-2	乙酰甲胺磷/30%/乳油/乙酰甲胺磷 30%/2011.11.22 至 2016.11.22/低毒			
	柑橘树	介壳虫、螨	500-1000倍液	喷雾
	棉花	棉铃虫、蚜虫	450-900克/公顷	喷雾
	苹果树	食心虫	500-1000倍液	喷雾
	十字花科蔬菜	菜青虫、蚜虫	337.5-540克/公顷	喷雾
	水稻	螟虫、叶蝉	562.5-1012.5克/公顷	喷雾
	玉米	黏虫、玉米螟	540-1080克/公顷	喷雾
PD20084022	乙酰甲胺磷/40%/乳油/乙酰甲胺磷 40%/2008.12.16 至 2013.12.16/低毒			
	水稻	稻纵卷叶螟	540-900克/公顷	喷雾
PD20084469	异稻·三环唑/20%/可湿性粉剂/三环唑 6.7%、异稻瘟净 13.3%/2013.12.17 至 2018.12.17/中等毒			
	水稻	稻瘟病	300-450克/公顷	喷雾
PD20092224	马拉硫磷/95%/原药/马拉硫磷 95%/2009.02.24 至 2014.02.24/低毒			
PD20092632	噁草酮/96%/原药/噁草酮 96%/2009.03.02 至 2014.03.02/低毒			
PD20093269	异丙威/20%/乳油/异丙威 20%/2009.03.11 至 2014.03.11/低毒			
	水稻	稻飞虱	480-600克/公顷	喷雾
PD20093271	杀螟硫磷/45%/乳油/杀螟硫磷 45%/2009.03.11 至 2014.03.11/低毒			
	水稻	二化螟	472.5-573.75克/公顷	喷雾
PD20093272	杀螟硫磷/95%/原药/杀螟硫磷 95%/2009.03.11 至 2014.03.11/低毒			
PD20093577	倍硫磷/95%/原药/倍硫磷 95%/2009.03.23 至 2014.03.23/中等毒			
PD20093704	百菌清/75%/可湿性粉剂/百菌清 75%/2009.03.25 至 2014.03.25/低毒			
	番茄	早疫病	1650-3000克/公顷	喷雾
PD20094387	异稻瘟净/50%/乳油/异稻瘟净 50%/2014.04.01 至 2019.04.01/低毒			
	水稻	稻瘟病	900-1200克/公顷	喷雾
PD20094973	草甘膦/95%/原药/草甘膦 95%/2009.04.21 至 2014.04.21/低毒			
PD20094993	喹硫磷/10%/乳油/喹硫磷 10%/2009.04.21 至 2014.04.21/中等毒			
	水稻	稻纵卷叶螟	180-225克/公顷	喷雾
PD20095189	噁草酮/250克/升/乳油/噁草酮 250克/升/2009.04.24 至 2014.04.24/低毒			
	花生田	一年生杂草	487.5—562.5克/公顷	土壤喷雾
	水稻田	一年生杂草	450-562.5克/公顷	药土法
PD20095927	喹硫磷/70%/原药/喹硫磷 70%/2009.06.02 至 2014.06.02/中等毒			
PD20096953	多菌灵/50%/可湿性粉剂/多菌灵 50%/2009.09.29 至 2014.09.29/低毒			
	水稻	纹枯病	750-900克/公顷	喷雾
PD20098295	草甘膦异丙胺盐(41%)///水剂/草甘膦 30%/2009.12.18 至 2014.12.18/低毒			
	苹果园	杂草	200-350毫升制剂/亩	定向茎叶喷雾
PD20100548	草甘膦异丙胺盐(62%)///水剂/草甘膦 46%/2010.01.14 至 2015.01.14/低毒			
	苹果园	杂草	130-240毫升制剂/亩	定向茎叶喷雾
PD20101095	马拉硫磷/45%/乳油/马拉硫磷 45%/2010.01.25 至 2015.01.25/低毒			
	水稻	飞虱	675-810克/公顷	喷雾
PD20101772	乙酰甲胺磷/75%/可溶粉剂/乙酰甲胺磷 75%/2010.07.07 至 2015.07.07/低毒			
	水稻	稻纵卷叶螟	787.5-1125克/公顷	喷雾

浙江金帆达生化股份有限公司 (浙江省杭州市桐庐县横村镇 311512 0571-56986619)

PD92103-11	草甘膦/95%/原药/草甘膦 95%/2012.08.27 至 2017.08.27/低毒			

PD20070671 草甘膦异丙胺盐/41%/水剂/草甘膦异丙胺盐 41%/2012.12.17 至 2017.12.17/低毒
柑橘园 杂草 1125-2250克/公顷 定向茎叶喷雾
PD20086246 百草枯/42%/母药/百草枯 42%/2008.12.31 至 2013.12.31/中等毒
PD20096274 草甘膦异丙胺盐/46%/水剂/草甘膦 46%/2009.07.22 至 2014.07.22/低毒
柑橘园 杂草 1209-2325克/公顷 定向喷雾
注:草甘膦异丙胺盐含量：62%。
PD20101676 草甘膦异丙胺盐(62%)///母药/草甘膦 46%/2010.06.08 至 2015.06.08/低毒
PD20110832 草甘膦铵盐/68%/可溶粒剂/草甘膦 68%/2011.08.10 至 2016.08.10/低毒
柑橘园 杂草 1135.5-1703.25/公顷 定向喷雾
注:草甘膦铵盐含量：75.7%。
PD20110869 草甘膦铵盐/30%/水剂/草甘膦 30%/2011.08.15 至 2016.08.15/低毒
茶园、甘蔗地、果园、剑麻园、林场、桑园、橡胶园 一年生杂草和多年生恶性杂草 1125-2250克/公顷 定向茎叶喷雾
注:草甘膦铵盐含量：33%.
PD20121485 草甘膦铵盐/80%/可溶粒剂/草甘膦 80%/2012.10.08 至 2017.10.08/低毒
柑橘园 一年生杂草和多年生恶性杂草 1198.8-2264.4克/公顷 定向茎叶喷雾
注:草甘膦铵盐含量：88.8%。
PD20131108 草甘膦铵盐/30%/可溶粉剂/草甘膦 30%/2013.05.20 至 2018.05.20/低毒
柑橘园 杂草 1687.5-2250克/公顷 定向喷雾
注:草甘膦铵盐含量：33%。

浙江劲豹日化有限公司 (浙江省义乌市义西工业园区 322100 0571-82256678)

WP20130043 电热蚊香片/10毫克/片/电热蚊香片/炔丙菊酯 10毫克/片/2013.03.18 至 2018.03.18/微毒
卫生 蚊 / 电热加温
WL20130039 蚊香/0.3%/蚊香/富右旋反式烯丙菊酯 0.3%/2013.09.25 至 2013.09.25/微毒
卫生 蚊 / 点燃

浙江来益生物技术有限公司 (浙江省嵊州市经济开发区城北分区罗新路69号 312400 0575-83106890)

PD20086306 苄嘧·丙草胺/25%/可湿性粉剂/苄嘧磺隆 10%、丙草胺 15%/2013.12.31 至 2018.12.31/低毒
水稻田(直播) 部分多年生杂草、一年生杂草 75-93.75克/公顷(南方地区) 土壤喷雾
PD20092619 芸苔素内酯/0.04%/水剂/芸苔素内酯 0.04%/2014.03.02 至 2019.03.02/低毒
辣椒 调节生长 0.03-0.06毫克/千克 茎叶喷雾
PD20095043 苄·乙/16%/可湿性粉剂/苄嘧磺隆 8%、乙草胺 8%/2009.04.21 至 2014.04.21/低毒
水稻抛秧田 一年生及部分多年生杂草 72-96克/公顷 毒土法
PD20095941 苄·乙/16%/可湿性粉剂/苄嘧磺隆 3.6%、乙草胺 12.4%/2009.06.02 至 2014.06.02/低毒
水稻移栽田 稗草、多年生杂草、一年生莎草 84-118克/公顷 移栽后7天药土法
PD20098300 松脂酸钠/45%/可溶粉剂/松脂酸钠 45%/2009.12.18 至 2014.12.18/低毒
柑橘树 矢尖蚧 667-833克制剂/亩 喷雾
PD20102187 印楝素/0.3%/乳油/印楝素 0.3%/2010.12.15 至 2015.12.15/低毒
十字花科蔬菜 菜青虫 4.05-6.3克/公顷 喷雾
LS20110195 氰氟·精噁唑/10%/可湿性粉剂/精噁唑禾草灵 5%、氰氟草酯 5%/2013.07.18 至 2014.07.18/低毒
水稻田(直播) 一年生禾本科杂草 45-52.5克/公顷 茎叶喷雾
LS20130253 戊唑·腐霉利/40%/悬浮剂/腐霉利 35%、戊唑醇 5%/2013.05.02 至 2014.05.02/低毒
番茄 灰霉病 252-336克/公顷 喷雾
LS20130518 吡蚜·异丙威/30%/悬浮剂/吡蚜酮 10%、异丙威 20%/2013.12.10 至 2014.12.10/低毒
水稻 稻飞虱 90-180克/公顷 喷雾

浙江兰溪巨化氟化学有限公司 (浙江省兰溪经济开发区宝龙路10号 321102 0579-88849040)

PD20050109 乙氧氟草醚/97%/原药/乙氧氟草醚 97%/2010.08.15 至 2015.08.15/低毒
PD20093905 乙氧氟草醚/24%/乳油/乙氧氟草醚 24%/2009.03.26 至 2014.03.26/低毒
大蒜、姜 一年生杂草 144-180克/公顷 喷雾
花生田、棉花田、夏大豆田 一年生杂草 144-216克/公顷 喷雾
苹果园 一年生杂草 216-288克/公顷 喷雾
水稻移栽田 一年生杂草 54-72克/公顷 毒土法
PD20095898 乙氧氟草醚/2%/颗粒剂/乙氧氟草醚 2%/2009.05.31 至 2014.05.31/低毒
水稻移栽田 一年生杂草 54-75克/公顷 毒土法
LS20120082 四氟丙酸钠/60%/原药/四氟丙酸钠 60%/2013.03.07 至 2014.03.07/低毒
注:专供出口,不得在国内销售。

浙江乐吉化工股份有限公司 (浙江省温州市乐清市虹桥镇南阳 325608 0577-61352865)

PD20083034 苄嘧·苯噻酰/50%/可湿性粉剂/苯噻酰草胺 47%、苄嘧磺隆 3%/2013.12.10 至 2018.12.10/低毒
水稻抛秧田 一年生及部分多年生杂草 375-450克/公顷(南方地区) 药土法
PD20084468 苄·丁/35%/可湿性粉剂/苄嘧磺隆 1.3%、丁草胺 33.7%/2013.12.17 至 2018.12.17/低毒
水稻田(直播)、水稻 一年生及部分多年生杂草 525-750克/公顷 播前1-2天或秧苗

育秧田 1.5叶时喷雾1次

PD20084509 灭蝇胺/95%/原药/灭蝇胺 95%/2013.12.18 至 2018.12.18/低毒

PD20084515 精喹禾灵/5%/乳油/精喹禾灵 5%/2013.12.18 至 2018.12.18/低毒

夏大豆田	一年生禾本科杂草	37.5-52.5克/公顷	茎叶喷雾

PD20084541 灭蝇胺/50%/可湿性粉剂/灭蝇胺 50%/2013.12.18 至 2018.12.18/低毒

菜豆	美洲斑潜蝇	135-187.5克/公顷	喷雾

PD20084827 苄嘧·丙草胺/40%/可湿性粉剂/苄嘧磺隆 4.7%、丙草胺 35.3%/2013.12.22 至 2018.12.22/低毒

水稻田(直播)	部分多年生杂草、一年生杂草	360-420克/公顷	喷雾

PD20090425 草甘膦/58%/可溶粉剂/草甘膦 58%/2014.01.12 至 2019.01.12/低毒

冬油菜田（免耕）	一年生杂草	750-1200克/公顷	茎叶喷雾
柑橘园	多年生杂草、一年生杂草	1125-2250克/公顷	定向喷雾
免耕春油菜田	杂草	1500-2250克/公顷	茎叶喷雾
免耕抛秧晚稻田	杂草	2100-2550克/公顷	茎叶喷雾

PD20092292 草甘膦异丙胺盐/62%/水剂/草甘膦异丙胺盐 62%/2014.02.24 至 2019.02.24/低毒

非耕地	杂草	1950-3750毫升制剂/公顷	茎叶喷雾

PD20092328 草甘膦钠盐/58%/可溶粒剂/草甘膦钠盐 58%/2014.02.24 至 2019.02.24/低毒

非耕地	杂草	1131-2175克/公顷	喷雾

PD20092577 苄·乙/30%/可湿性粉剂/苄嘧磺隆 6.7%、乙草胺 23.3%/2014.02.27 至 2019.02.27/低毒

水稻移栽田	一年生及部分多年生杂草	84-118克/公顷	毒土法

PD20094005 苄嘧·哌草丹/17.2%/可湿性粉剂/苄嘧磺隆 0.6%、哌草丹 16.6%/2014.03.27 至 2019.03.27/低毒

水稻秧田和南方直播田	一年生单、双子叶杂草	516-774克/公顷	播后1-4天喷雾处理

PD20094201 扑·乙/40%/可湿性粉剂/扑草净 20%、乙草胺 20%/2014.03.30 至 2019.03.30/低毒

春大豆田	一年生杂草	1050-1500克/公顷(东北地区)	播后苗前土壤喷雾
春小麦田	一年生杂草	720-900克/公顷	播后苗前土壤喷雾
棉花田	一年生杂草	1050-1200克/公顷	播后苗前土壤喷雾

PD20095347 草甘膦/95%/原药/草甘膦 95%/2014.04.27 至 2019.04.27/低毒

PD20097658 苄嘧·禾草丹/35.75%/可湿性粉剂/苄嘧磺隆 0.75%、禾草丹 35%/2009.11.04 至 2014.11.04/低毒

水稻秧田	一年生杂草	804-1072.5克/公顷	喷雾

PD20100299 苄·甲·乙/15%/可湿性粉剂/苄嘧磺隆 0.8%、甲磺隆 0.2%、乙草胺 14%/2010.01.11 至 2015.01.11/低毒

水稻移栽田	一年生及部分多年生杂草	80-135克/公顷	毒土法

PD20100757 倍硫磷/50%/乳油/倍硫磷 50%/2010.01.18 至 2015.01.18/低毒

小麦	吸浆虫	375-750克/公顷	喷雾

PD20100775 百草枯/200克/升/水剂/百草枯 200克/升/2012.12.31 至 2014.07.01/中等毒

非耕地	杂草	600-780克/公顷	定向茎叶喷雾

PD20100779 精噁唑禾草灵/69克/升/水乳剂/精噁唑禾草灵 69克/升/2010.01.18 至 2015.01.18/低毒

春小麦田	一年生杂草	51.8-62.1克/公顷	茎叶喷雾
冬小麦田	一年生杂草	41.4-51.75克/公顷	茎叶喷雾

PD20100826 二甲戊灵/330克/升/乳油/二甲戊灵 330克/升/2010.01.19 至 2015.01.19/低毒

烟草	抑制腋芽生长	60-80毫克/株	杯淋法

PD20100994 苄嘧·莎稗磷/15%/可湿性粉剂/苄嘧磺隆 1.5%、莎稗磷 13.5%/2010.01.20 至 2015.01.20/低毒

水稻抛秧田、水稻移栽田	一年生及部分多年生杂草	225-360克/公顷	毒土法

PD20111452 苯甲·丙环唑/30%/乳油/苯醚甲环唑 15%、丙环唑 15%/2011.12.30 至 2016.12.30/低毒

水稻	纹枯病	67.5-112.5克/公顷	喷雾

PD20121014 嘧菌酯/250克/升/悬浮剂/嘧菌酯 250克/升/2012.07.02 至 2017.07.02/低毒

黄瓜	霜霉病	150-180克/公顷	喷雾

PD20130395 草铵膦/200克/升/水剂/草铵膦 200克/升/2013.03.12 至 2018.03.12/低毒

柑橘园	杂草	1050-2100克/公顷	定向茎叶喷雾

PD20131735 高效氟氯氰菊酯/2.5%/微乳剂/高效氟氯氰菊酯 2.5%/2013.08.16 至 2018.08.16/中等毒

甘蓝	菜青虫	7.5-11.25克/公顷	喷雾

浙江李字日化有限责任公司 （浙江省诸暨市牌头镇李字工业城(金山村) 311825 0575-87050701)

WP20080106 蚊香/0.25%/蚊香/富右旋反式烯丙菊酯 0.25%/2013.10.21 至 2018.10.21/微毒

卫生	蚊	/	点燃

注:本品有一种香型：檀香型。

WP20080114 电热蚊香液/0.86%/电热蚊香液/炔丙菊酯 0.86%/2013.10.22 至 2018.10.22/微毒

卫生	蚊	/	电热加温

注:本品有三种香型：果香型、草本香型、玫瑰香型。

WP20080118 杀虫气雾剂/0.57%/气雾剂/胺菊酯 0.4%、氯氰菊酯 0.05%、右旋苯醚氰菊酯 0.12%/2013.10.28 至 2018.10.28/微毒

卫生	蚊、蝇、蜚蠊	/	喷雾

注:本品有三种香型：柠檬香精、白玉兰香精、草本香精。

WP20080215 蚊香/0.2%/蚊香/富右旋反式烯丙菊酯 0.2%/2008.11.21 至 2013.11.21/微毒

卫生	蚊	/	点燃

注:本品有一种香型：檀香型。
WP20080476 电热蚊香片/60毫克 / 升/电热蚊香片/Es-生物烯丙菊酯 60毫克/片/2013.12.16 至 2018.12.16/微毒
卫生 蚊 / 电热加温
注:本品有三种香型：花果香型、熏衣草香型、清香型。
WP20080593 蚊香/0.2%/蚊香/Es-生物烯丙菊酯 0.2%/2008.12.29 至 2013.12.29/微毒
卫生 蚊 / 点燃
WP20100171 蚊香/0.05%/蚊香/四氟醚菊酯 0.05%/2010.12.15 至 2015.12.15/微毒
卫生 蚊 / 点燃
WP20110232 蚊香/0.02%/蚊香/四氟甲醚菊酯 0.02%/2011.10.13 至 2016.10.13/微毒
卫生 蚊 / 点燃
注:本产品有一种香型:檀香型。
WP20120012 蚊香/0.03%/蚊香/四氟甲醚菊酯 0.03%/2012.01.29 至 2017.01.29/微毒
卫生 蚊 / 点燃
WP20120049 杀蟑气雾剂/0.3%/气雾剂/炔咪菊酯 0.13%、右旋苯醚氰菊酯 0.17%/2012.03.19 至 2017.03.19/微毒
卫生 蜚蠊 / 喷雾
注:本产品有三种香型：清香型、草本香型、玫瑰香型。
WP20120113 蟑香/0.13%/蟑香/右旋苯醚氰菊酯 0.13%/2012.06.14 至 2017.06.14/微毒
卫生 蜚蠊 / 点燃
WP20120125 电热蚊香液/1.35%/电热蚊香液/炔丙菊酯 1.35%/2012.07.02 至 2017.07.02/微毒
卫生 蚊 / 电热加温
注:本产品有三种香型：柠檬香型、茉莉香型、清香香型。
WL20110072 蚊香/0.05%/蚊香/氯氟醚菊酯 0.05%/2013.05.11 至 2014.05.11/微毒
卫生 蚊 / 点燃
WL20110131 电热蚊香液/0.4%/电热蚊香液/氯氟醚菊酯 0.4%/2013.11.04 至 2014.11.04/微毒
卫生 蚊 / 电热加温
注:本产品有三种香型：柠檬香型、薰衣草香型、铃兰香型。
WL20120021 电热蚊香片/10毫克/片/电热蚊香片/炔丙菊酯 5毫克/片、氯氟醚菊酯 5毫克/片/2013.04.12 至 2014.04.12/微毒
卫生 蚊 / 电热加温
注:本产品有三种香型：柠檬香型、草本香型、铃兰香型。
WL20130045 蚊香/0.02%/蚊香/七氟甲醚菊酯 0.02%/2013.11.08 至 2014.11.08/微毒
室内 蚊 / 点然

浙江菱化实业股份有限公司 (浙江省湖州市南浔区菱湖镇人民北路131号 313018 0572-3941995)

PD86182-6 稻瘟灵/30%/乳油/稻瘟灵 30%/2011.03.20 至 2016.03.20/低毒
水稻 稻瘟病 450-675克/公顷 喷雾
PD92103-21 草甘膦/95%/原药/草甘膦 95%/2012.08.14 至 2017.08.14/低毒
PD20081305 氟啶脲/95%/原药/氟啶脲 95%/2008.10.09 至 2013.10.09/低毒
PD20085286 稻瘟灵/80%/原药/稻瘟灵 80%/2013.12.23 至 2018.12.23/低毒
PD20085941 乙酰甲胺磷/95%/原药/乙酰甲胺磷 95%/2008.12.29 至 2013.12.29/低毒
PD20090151 草甘膦异丙胺盐/62%/水剂/草甘膦 62%/2014.01.08 至 2019.01.08/低毒
柑橘园 杂草 1162.5-2325克/公顷 喷雾
PD20090591 草甘膦/30%/可溶粉剂/草甘膦 30%/2014.01.14 至 2019.01.14/低毒
柑橘园 杂草 1125-2250克/公顷 定向喷雾
PD20092609 氟啶脲/5%/乳油/氟啶脲 5%/2009.03.02 至 2014.03.02/低毒
棉花 棉铃虫 75-112.5克/公顷 喷雾
十字花科蔬菜 菜青虫 45-60克/公顷 喷雾
PD20094985 草甘膦异丙胺盐(41%)///水剂/草甘膦 30%/2009.04.21 至 2014.04.21/低毒
柑橘园 杂草 1125-2250克/公顷 喷雾
PD20095248 稻瘟灵/40%/乳油/稻瘟灵 40%/2009.04.27 至 2014.04.27/低毒
水稻 稻瘟病 450-675克/公顷 喷雾
PD20110101 草甘膦异丙胺盐/46%/母药/草甘膦 46%/2011.01.26 至 2016.01.26/低毒
注:草甘膦异丙胺盐含量:62%。
PD20110260 草甘膦铵盐/30%/水剂/草甘膦 30%/2011.03.04 至 2016.03.04/低毒
柑橘园 杂草 1350-2475克/公顷 定向茎叶喷雾
注:草甘膦铵盐含量: 33%。

浙江龙湾化工有限公司 (浙江省温州市龙湾区机场大道黄山路6号 325013 0577-86636387)

PD84118-36 多菌灵/25%/可湿性粉剂/多菌灵 25%/2010.03.23 至 2015.03.23/低毒
果树 病害 0.05-0.1%药液 喷雾
花生 倒秧病 750克/公顷 喷雾
麦类 赤霉病 750克/公顷 喷雾,泼浇
棉花 苗期病害 500克/100千克种子 拌种
水稻 稻瘟病、纹枯病 750克/公顷 喷雾,泼浇
油菜 菌核病 1125-1500克/公顷 喷雾
PD86153-8 叶枯唑/20%/可湿性粉剂/叶枯唑 20%/2011.09.13 至 2016.09.13/低毒

水稻 白叶枯病 300-375克/公顷 喷雾、弥雾
PD20082473 硫磺·多菌灵/50%/可湿性粉剂/多菌灵 30%、硫磺 20%/2013.12.03 至 2018.12.03/低毒
茄子 灰霉病 1023-1249.5克/公顷 喷雾
PD20082758 三环唑/20%/可湿性粉剂/三环唑 20%/2013.12.08 至 2018.12.08/中等毒
水稻 稻瘟病 225-300克/公顷 喷雾
PD20082778 噻嗪酮/25%/可湿性粉剂/噻嗪酮 25%/2013.12.08 至 2018.12.08/低毒
茶树 小绿叶蝉 166-250毫克/千克 喷雾
柑橘树 介壳虫 150-250毫克/千克 喷雾
水稻 飞虱 75-112.5克/公顷 喷雾
PD20083408 硫磺·甲硫灵/70%/可湿性粉剂/甲基硫菌灵 40%、硫磺 30%/2013.12.11 至 2018.12.11/低毒
黄瓜 白粉病 840-1050克/公顷 喷雾
PD20085938 异稻·三环唑/20%/可湿性粉剂/三环唑 6.5%、异稻瘟净 13.5%/2013.12.29 至 2018.12.29/中等毒
水稻 稻瘟病 300-450克/公顷 喷雾
PD20085947 噻嗪·异丙威/25%/乳油/噻嗪酮 6%、异丙威 19%/2013.12.29 至 2018.12.29/中等毒
水稻 飞虱 187.5-262.5克/公顷 喷雾
PD20085949 硫磺·三环唑/45%/可湿性粉剂/硫磺 40%、三环唑 5%/2013.12.29 至 2018.12.29/低毒
水稻 稻瘟病 675-1012.5克/公顷 喷雾
PD20085996 噻嗪·异丙威/25%/可湿性粉剂/噻嗪酮 6%、异丙威 19%/2013.12.29 至 2018.12.29/中等毒
水稻 飞虱 187.5-262.5克/公顷 喷雾
PD20086024 噻菌铜/20%/悬浮剂/噻菌铜 20%/2013.12.29 至 2018.12.29/低毒
大白菜 软腐病 225—300克/公顷 喷雾
柑橘 溃疡病 300—700倍液 喷雾
柑橘 疮痂病 300—500倍液 喷雾
黄瓜 角斑病 250—500克/公顷 喷雾
兰花 软腐病 400-666.7毫克/千克 喷雾
棉花 苗期立枯病 200-300克/100千克种子 喷雾
水稻 白叶枯病 300—390克/公顷 喷雾
水稻 细菌性条斑病 375—480克/公顷 喷雾
西瓜 枯萎病 225—300克/公顷 喷雾
烟草 青枯病 300-700倍液 喷雾或喷淋
烟草 野火病 300-390克/公顷 喷雾
PD20086025 噻菌铜/95%/原药/噻菌铜 95%/2013.12.29 至 2018.12.29/低毒
PD20086182 福·甲·硫磺/50%/可湿性粉剂/福美双 15%、甲基硫菌灵 15%、硫磺 20%/2013.12.30 至 2018.12.30/低毒
辣椒 炭疽病 315-630克/公顷 喷雾
PD20086338 多·福·硫磺/25%/可湿性粉剂/多菌灵 10%、福美双 5%、硫磺 10%/2013.12.31 至 2018.12.31/低毒
水稻 稻瘟病 375-600克/公顷 喷雾
PD20090987 三环唑/75%/可湿性粉剂/三环唑 75%/2014.01.20 至 2019.01.20/中等毒
水稻 稻瘟病 225-375克/公顷 喷雾

浙江龙游东方阿纳萨克作物科技有限公司 (浙江省龙游县东华街道城南 324400 0570-7855158)

PD20082144 草甘膦异丙胺盐/30%/水剂/草甘膦 30%/2013.11.25 至 2018.11.25/低毒
非耕地 杂草 1125-3000克/公顷 茎叶喷雾
注:草甘膦异丙胺盐含量：41%
PD20086335 三唑磷/20%/乳油/三唑磷 20%/2013.12.31 至 2018.12.31/中等毒
水稻 二化螟 300-450克/公顷 喷雾
PD20110396 草甘膦铵盐/68%/可溶粒剂/草甘膦 68%/2011.04.12 至 2016.04.12/低毒
柑橘园 杂草 1135.5-1703.25克/公顷 定向茎叶喷雾
注:草甘膦铵盐含量：74.7%。
PD20110857 马拉硫磷/45%/乳油/马拉硫磷 45%/2011.08.10 至 2016.08.10/低毒
水稻 稻飞虱 540-810克/公顷 喷雾
PD20110916 高效氯氟氰菊酯/25克/升/乳油/高效氯氟氰菊酯 25克/升/2011.08.22 至 2016.08.22/中等毒
甘蓝 菜青虫 7.5-15克/公顷 喷雾
PD20120008 甲氨基阿维菌素苯甲酸盐/5%/乳油/甲氨基阿维菌素 5%/2012.01.05 至 2017.01.05/低毒
甘蓝 小菜蛾 3-4.5克/公顷 喷雾
注:甲氨基阿维菌素苯甲酸盐含量:5.7%。
PD20120123 阿维菌素/5%/乳油/阿维菌素 5%/2012.01.29 至 2017.01.29/低毒(原药高毒)
甘蓝 小菜蛾 8.1-13.5克/公顷 喷雾
PD20120170 炔螨特/73%/乳油/炔螨特 73%/2012.01.30 至 2017.01.30/低毒
柑橘树 红蜘蛛 292—486.7毫克/千克 喷雾
PD20120502 联苯菊酯/100克/升/乳油/联苯菊酯 100克/升/2012.03.19 至 2017.03.19/中等毒
茶树 茶尺蠖 7.5—15克/公顷 喷雾
PD20120658 噻嗪酮/25%/可湿性粉剂/噻嗪酮 25%/2012.04.18 至 2017.04.18/低毒
水稻 飞虱 112.5-150克/公顷 喷雾
PD20131387 吡虫啉/97%/原药/吡虫啉 97%/2013.06.24 至 2018.06.24/低毒

PD20132337 吡虫啉/70%/可湿性粉剂/吡虫啉 70%/2013.11.20 至 2018.11.20/低毒
水稻 稻飞虱 22.5-30克/公顷 喷雾
PD20132541 双草醚/100克/升/悬浮剂/双草醚 100克/升/2013.12.16 至 2018.12.16/低毒
水稻田(直播) 一年生杂草 22.5-30克/公顷 茎叶喷雾
LS20130237 吡蚜·异丙威/45%/可湿性粉剂/吡蚜酮 15%、异丙威 30%/2013.04.28 至 2014.04.28/中等毒
水稻 飞虱 135-202.5克/公顷 喷雾

浙江绿岛科技有限公司 (浙江省台州市三门县工业园区 317100 0576-83232778)

WP20080392 电热蚊香液/0.86%/电热蚊香液/炔丙菊酯 0.86%/2013.12.11 至 2018.12.11/低毒
卫生 蚊 / 电热加温
WP20080457 杀虫气雾剂/1.1%/气雾剂/Es-生物烯丙菊酯 0.63%、胺菊酯 0.30%、氯氰菊酯 0.17%/2013.12.16 至 2018.12.16/低毒
卫生 蜚蠊、蚊、蝇 / 喷雾
WP20080509 杀虫气雾剂/0.5%/气雾剂/胺菊酯 0.1%、氯菊酯 0.2%、顺式氯氰菊酯 0.2%/2013.12.22 至 2018.12.22/微毒
卫生 蜚蠊、蚊、蝇 / 喷雾
注:本产品有三种香型:无香型、柠檬香型、清香型。
WP20100019 蚊香/0.25%/蚊香/富右旋反式烯丙菊酯 0.25%/2010.01.14 至 2015.01.14/微毒
卫生 蚊 / 点燃
WP20110209 电热蚊香片/15毫克/片/电热蚊香片/炔丙菊酯 15毫克/片/2011.09.14 至 2016.09.14/低毒
卫生 蚊 / 电热加温
注:本产品有三种香型:无香型、清香型、薰衣草香型。
WP20130256 蚊香/0.03%/蚊香/四氟甲醚菊酯 0.03%/2013.12.16 至 2018.12.16/微毒
室内 蚊 / 点燃
注:本产品有三种香型:花香香型、野菊花香型、无香型。
WL20100063 杀虫气雾剂/0.8%/气雾剂/Es-生物烯丙菊酯 0.4%、氯菊酯 0.3%、右旋苯醚氰菊酯 0.1%/2012.02.21 至 2013.02.21/低毒
卫生 蜚蠊 / /喷雾

浙江平湖农药厂 (浙江省平湖市经济开发区 314200 0573-85116149)

PD85160-2 乙蒜素/80%/乳油/乙蒜素 80%/2010.08.15 至 2015.08.15/中等毒
大豆 紫斑病 5000倍液 浸种
甘薯 黑斑病 2000倍液 浸种
棉花 多种病害 1000-8000倍液 浸种,闷种
苹果树 叶斑病 800-1000倍液 喷雾
水稻 烂秧病 6000-8000倍液 浸种
油菜 霜霉病 5000-6000倍液 喷雾
PD20050044 哒螨·吡虫啉/17.5%/可湿性粉剂/吡虫啉 2.5%、哒螨灵 15%/2010.04.14 至 2015.04.14/低毒
柑橘树 红蜘蛛、蚜虫 87.5-116毫克/千克 喷雾
PD20070663 吡虫啉·噻嗪酮/18%/可湿性粉剂/吡虫啉 2%、噻嗪酮 16%/2012.12.17 至 2017.12.17/低毒
水稻 稻飞虱 54-81克/公顷 喷雾
PD20081029 咪鲜胺/25%/乳油/咪鲜胺 25%/2013.08.06 至 2018.08.06/低毒
水稻 恶苗病 62.5-125毫克/千克 浸种
PD20081087 高效氯氟氰菊酯/25克/升/乳油/高效氯氟氰菊酯 25克/升/2013.08.18 至 2018.08.18/低毒
茶树 茶尺蠖 3.75-7.5克/公顷 喷雾
PD20082649 精喹·草除灵/17.5%/乳油/草除灵 15%、精喹禾灵 2.5%/2013.12.04 至 2018.12.04/低毒
油菜田 一年生杂草 262.5-393.8克/公顷 茎叶喷雾
PD20083280 四聚乙醛/6%/颗粒剂/四聚乙醛 6%/2013.12.11 至 2018.12.11/低毒
小白菜 蜗牛 450-585克/公顷 撒施
PD20084191 吡嘧·丙草胺/35%/可湿性粉剂/吡嘧磺隆 0.6%、丙草胺 34.4%/2013.12.16 至 2018.12.16/低毒
水稻田(直播) 一年生杂草 367.5-420克/公顷(南方地区) 播后苗前土壤喷雾
PD20084751 敌百虫/90%/可溶粉剂/敌百虫 90%/2013.12.22 至 2018.12.22/中等毒
十字花科蔬菜 菜青虫 1080-1620克/公顷 喷雾
PD20085442 三唑酮/25%/可湿性粉剂/三唑酮 25%/2013.12.24 至 2018.12.24/低毒
小麦 白粉病 112.5-157.5克/公顷 喷雾
PD20085697 高氯·马/37%/乳油/高效氯氰菊酯 0.8%、马拉硫磷 36.2%/2013.12.26 至 2018.12.26/中等毒
甘蓝 菜青虫 194.25-360.75克/公顷 喷雾
柑橘树 橘蚜 92.5-185毫克/千克 喷雾
PD20085788 咪鲜·杀螟丹/18%/可湿性粉剂/咪鲜胺 8%、杀螟丹 10%/2013.12.29 至 2018.12.29/低毒
水稻 恶苗病、干尖线虫病 800-1000倍液 浸种
PD20085790 嗪草酮/70%/可湿性粉剂/嗪草酮 70%/2013.12.29 至 2018.12.29/低毒
大豆田 一年生阔叶杂草 577.5-787.5克/公顷 播后苗前土壤喷雾
PD20086017 井冈·三唑酮/15.5%/可湿性粉剂/井冈霉素 6.2%、三唑酮 9.3%/2013.12.29 至 2018.12.29/低毒
水稻 稻曲病、纹枯病 232.5-279克/公顷 喷雾
PD20086150 苄嘧·苯噻酰/53%/可湿性粉剂/苯噻酰草胺 49%、苄嘧磺隆 4%/2013.12.30 至 2018.12.30/低毒
水稻抛秧田 一年生及部分多年生杂草 397.5-477克/公顷(南方地区) 药土法
PD20090387 毒死蜱/15%/颗粒剂/毒死蜱 15%/2014.01.12 至 2019.01.12/低毒

	花生	蛴螬	1800-3600克/公顷	撒施
PD20090436	精喹·乙草胺/30%/乳油/精喹禾灵 2.5%、乙草胺 27.5%/2014.01.12 至 2019.01.12/低毒			
	冬油菜田	阔叶杂草、一年生禾本科杂草	450-562.5克/公顷	喷雾
PD20090973	萎锈·福美双/400克/升/悬浮剂/福美双 200克/升、萎锈灵 200克/升/2014.01.20 至 2019.01.20/低毒			
	棉花	立枯病	180-260克/100千克种子	拌种
PD20091349	三环唑/20%/可湿性粉剂/三环唑 20%/2014.02.02 至 2019.02.02/低毒			
	水稻	稻瘟病	300-375克/公顷	喷雾
PD20091708	三环唑/75%/可湿性粉剂/三环唑 75%/2014.02.03 至 2019.02.03/中等毒			
	水稻	稻瘟病	281.25-393.75克/公顷	喷雾
PD20092040	丁硫克百威/35%/种子处理干粉剂/丁硫克百威 35%/2014.02.12 至 2019.02.12/中等毒			
	水稻秧田	蓟马	315-420克/100千克种子	拌种
PD20092296	二氯喹啉酸/25%/悬浮剂/二氯喹啉酸 25%/2014.02.24 至 2019.02.24/低毒			
	水稻移栽田	稗草等杂草	281.25-375克/公顷	喷雾
PD20092374	噻嗪酮/25%/可湿性粉剂/噻嗪酮 25%/2014.02.25 至 2019.02.25/低毒			
	水稻	稻飞虱	131.25-168.75克/公顷	喷雾
PD20092595	苄·乙/18%/可湿性粉剂/苄嘧磺隆 4%、乙草胺 14%/2014.02.27 至 2019.02.27/低毒			
	水稻移栽田	一年生及部分多年生杂草	81-118克/公顷	药土法
PD20092776	氟铃脲/5%/乳油/氟铃脲 5%/2014.03.04 至 2019.03.04/低毒			
	甘蓝	小菜蛾	30-60克/公顷	喷雾
PD20094490	氯吡脲/0.1%/可溶液剂/氯吡脲 0.1%/2014.04.09 至 2019.04.09/低毒			
	黄瓜	调节生长、增产	40-50毫克/千克	喷雾
PD20100029	丁草胺/600克/升/水乳剂/丁草胺 600克/升/2010.01.04 至 2015.01.04/低毒			
	移栽水稻田	一年生杂草	810-1350克/公顷	毒土法
PD20100868	二氯喹啉酸/50%/可湿性粉剂/二氯喹啉酸 50%/2010.01.19 至 2015.01.19/低毒			
	水稻田(直播)	稗草	281.25-375克/公顷	喷雾
PD20110069	四聚乙醛/98%/原药/四聚乙醛 98%/2011.01.11 至 2016.01.11/中等毒			
PD20120591	杀螺胺乙醇胺盐/70%/可湿性粉剂/杀螺胺乙醇胺盐 70%/2012.04.10 至 2017.04.10/低毒			
	水稻	福寿螺	472.5-630克/公顷	喷雾
PD20130828	咪鲜胺/25%/水乳剂/咪鲜胺 25%/2013.04.22 至 2018.04.22/低毒			
	水稻	恶苗病	83-125毫克/千克	浸种
PD20131481	高效氯氟氰菊酯/25克/升/水乳剂/高效氯氟氰菊酯 25克/升/2013.07.05 至 2018.07.05/中等毒			
	茶树	茶尺蠖	5.625-7.5克/公顷	喷雾
浙江钱江生物化学股份有限公司　(浙江省海宁市西山路598号　314400　0573-87035289)				
PD85131	井冈霉素(3%,5%)///水剂/井冈霉素A 2.4%、4%/2010.08.15 至 2015.08.15/低毒			
	水稻	纹枯病	150-187.5克/公顷	喷雾、泼浇
PD85132	井冈霉素(3%、5%)///可溶粉剂/井冈霉素A 2.4,4%/2010.08.15 至 2015.08.15/低毒			
	水稻	纹枯病	150-187.5克/公顷	喷雾、泼浇
PD86101-5	赤霉酸/3%/乳油/赤霉酸 3%/2011.09.19 至 2016.09.19/低毒			
	菠菜	增加鲜重	7.5-18.75毫克/千克	叶面处理1-3次
	菠萝	果实增大、增重	30-60毫克/千克	喷花
	柑橘树	果实增大、增重	15-30毫克/千克	喷花
	花卉	提前开花	525毫克/千克	叶面处理涂抹花芽
	绿肥	增产	7.5-15毫克/千克	喷雾
	马铃薯	苗齐、增产	0.375-0.75毫克/千克	浸薯块10-30分钟
	棉花	提高结铃率、增产	7.5-15毫克/千克	点喷、点涂或喷雾
	葡萄	无核、增产	37.5-150毫克/千克	花后1周处理果穗
	芹菜	增产	15-75毫克/千克	叶面处理1次
	人参	增加发芽率	15毫克/千克	播前浸种15分钟
	水稻	增加千粒重、制种	15-22.5毫克/千克	喷雾
PD86183-5	赤霉酸/85%/结晶粉/赤霉酸 85%/2011.12.04 至 2016.12.04/低毒			
	菠菜	增加鲜重	10-25毫克/千克	叶面处理1-3次
	菠萝	果实增大、增重	40-80毫克/千克	喷花
	柑橘树	果实增大、增重	20-40毫克/千克	喷花
	花卉	提前开花	700毫克/千克	叶面处理涂抹花芽
	绿肥	增产	10-20毫克/千克	喷雾
	马铃薯	苗齐、增产	0.5-1毫克/千克	浸薯块10-30分钟
	棉花	提高结铃率、增产	10-20毫克/千克	点喷、点涂或喷雾
	葡萄	无核、增产	50-200毫克/千克	花后一周处理果穗
	芹菜	增加鲜重	20-100毫克/千克	叶面处理1次
	人参	增加发芽率	20毫克/千克	播种前浸种15分钟
	水稻	增加千粒重、制种	20-30毫克/千克	喷雾
PD88109-2	井冈霉素/10%,20%/水溶粉剂/井冈霉素 10%,20%/2014.01.05 至 2019.01.05/低毒			
	水稻	纹枯病	75-112.5克/公顷	喷雾、泼浇

PD20080161 阿维菌素/92%/原药/阿维菌素 92%/2013.01.04 至 2018.01.04/高毒

PD20080537 赤霉酸/90%/原药/赤霉酸 90%/2013.05.04 至 2018.05.04/低毒

PD20081015 井冈霉素A/60%/原药/井冈霉素A 60%/2013.08.06 至 2018.08.06/低毒

PD20081402 井冈霉素A/5%/可溶粉剂/井冈霉素A 5%/2013.10.28 至 2018.10.28/低毒

水稻 纹枯病 52.5-75克/公顷 喷雾

PD20082001 阿维菌素/1.8%/乳油/阿维菌素 1.8%/2013.11.25 至 2018.11.25/低毒(原药高毒)

柑橘树 潜叶蛾 4.5-6毫克/千克 喷雾

梨树 梨木虱 6-9毫克/千克 喷雾

棉花 棉铃虫 21.6-32.4克/公顷 喷雾

棉花 红蜘蛛 10.8-16.2克/公顷 喷雾

苹果树 红蜘蛛 4.5-6毫克/千克 喷雾

十字花科蔬菜 小菜蛾 8.1-10.8克/公顷 喷雾

水稻 稻纵卷叶螟 4.5-7.5克/公顷 喷雾

PD20082525 阿维菌素/1%/乳油/阿维菌素 1%/2008.12.03 至 2013.12.03/低毒(原药高毒)

柑橘树 潜叶蛾 5-6.7毫克/千克 喷雾

梨树 梨木虱 6.67-10毫克/千克 喷雾

棉花 棉铃虫 21.6-32.4克/公顷 喷雾

棉花 红蜘蛛 10.8-16.2克/公顷 喷雾

苹果树 红蜘蛛 5-6.7毫克/千克 喷雾

十字花科蔬菜 小菜蛾 6.75-10.8克/公顷 喷雾

水稻 稻纵卷叶螟 4.5-7.5克/公顷 喷雾

PD20090091 赤霉酸A4+A7/90%/原药/赤霉酸A4+A7 90%/2014.01.08 至 2019.01.08/低毒

PD20090156 井冈霉素A/8%/水剂/井冈霉素A 8%/2014.01.08 至 2019.01.08/微毒

水稻 纹枯病 150-187.5克/公顷 喷雾

PD20095249 赤霉酸/10%/可溶片剂/赤霉酸 10%/2009.04.27 至 2014.04.27/低毒

水稻制种 调节生长、增产 80-250毫克/千克 喷雾

PD20095250 赤霉酸/3%/可溶粉剂/赤霉酸 3%/2009.04.27 至 2014.04.27/低毒

芹菜 调节生长 20-100毫克/千克 茎叶喷雾

PD20095531 赤霉酸/2.7%/膏剂/赤霉酸 2.7%/2009.05.11 至 2014.05.11/低毒

梨树 调节生长 25-35毫克制剂/果 涂幼果柄

PD20096698 甲氨基阿维菌素苯甲酸盐/2%/乳油/甲氨基阿维菌素 2%/2009.09.07 至 2014.09.07/低毒

甘蓝 甜菜夜蛾 1.5-4.5克/公顷 喷雾

甘蓝 小菜蛾 2-3.3克/公顷 喷雾

水稻 二化螟、三化螟 7.5-15克/公顷 喷雾

注:甲氨基阿维菌素苯甲酸盐含量：2.3%。

PD20096706 赤霉酸/15%/可溶片剂/赤霉酸 15%/2009.09.07 至 2014.09.07/低毒

水稻制种 调节生长、增产 80-250毫克/千克 喷雾3次

PD20097473 甲氨基阿维菌素苯甲酸盐(90%)///原药/甲氨基阿维菌素 79.1%/2009.11.03 至 2014.11.03/中等毒

PD20110261 阿维菌素/1.8%/水乳剂/阿维菌素 1.8%/2011.03.04 至 2016.03.04/中等毒(原药高毒)

大白菜 小菜蛾 8.1～13.5克/公顷 喷雾

水稻 稻纵卷叶螟 5.4～10.8克/公顷 喷雾

PD20110266 阿维菌素/3.2%/乳油/阿维菌素 3.2%/2011.03.07 至 2016.03.07/中等毒(原药高毒)

水稻 稻纵卷叶螟 7.2—9.6克/公顷 喷雾

PD20110399 阿维菌素/5%/乳油/阿维菌素 5%/2011.04.12 至 2016.04.12/中等毒(原药高毒)

十字花科叶菜 小菜蛾 7.5—11.25克/公顷 喷雾

PD20110702 阿维·仲丁威/12%/乳油/阿维菌素 0.2%、仲丁威 11.8%/2011.07.05 至 2016.07.05/低毒(原药高毒)

水稻 稻纵卷叶螟、二化螟 90-108克/公顷 喷雾

PD20121231 赤霉酸/10%/可溶粉剂/赤霉酸 10%/2012.08.24 至 2017.08.24/微毒

芹菜 调节生长 90-110毫克/千克 茎叶喷雾

PD20121232 甲氨基阿维菌素苯甲酸盐/5%/水分散粒剂/甲氨基阿维菌素 5%/2012.08.24 至 2017.08.24/低毒

甘蓝 甜菜夜蛾 2.25-3.15克/公顷 喷雾

注:甲氨基阿维菌素苯甲酸盐含量：5.7%。

PD20130543 井冈·丙环唑/24%/可湿性粉剂/丙环唑 20%、井冈霉素A 4%/2013.04.01 至 2018.04.01/低毒

水稻 稻曲病、稻瘟病、纹枯病 108-162克/公顷 喷雾

PD20130580 阿维菌素/3%/可湿性粉剂/阿维菌素 3%/2013.04.02 至 2018.04.02/低毒(原药高毒)

水稻 稻纵卷叶螟 6.75-10.8克/公顷 喷雾

PD20130626 甲氨基阿维菌素苯甲酸盐/2%/微乳剂/甲氨基阿维菌素 2%/2013.04.03 至 2018.04.03/低毒

水稻 二化螟 15-18克/公顷 喷雾

注:甲氨基阿维菌素苯甲酸盐含量：2.2%。

PD20131893 赤霉酸/20%/可溶粉剂/赤霉酸 20%/2013.09.25 至 2018.09.25/微毒

水稻 调节生长 60-90克/公顷 茎叶喷雾

浙江瑞利生物科技有限公司 (浙江省衢州市常山县新都工业园区 324200 0570-5188888)

PD20083054 吡虫·噻嗪酮/22%/可湿性粉剂/吡虫啉 2.5%、噻嗪酮 19.5%/2008.12.10 至 2013.12.10/低毒

水稻 稻飞虱 55-82.5克/公顷 喷雾

PD20084825 氢铜·多菌灵/50%/可湿性粉剂/多菌灵 35%、氢氧化铜 15%/2008.12.22 至 2013.12.22/低毒

西瓜 枯萎病 750-937克制剂/公顷 喷雾、灌根

PD20085049 氢氧化铜/53.8%/水分散粒剂/氢氧化铜 53.8%/2008.12.23 至 2013.12.23/低毒

黄瓜 角斑病 538-672.5毫克/千克 喷雾

PD20095253 氢氧化铜/88%/原药/氢氧化铜 88%/2009.04.27 至 2014.04.27/低毒

PD20095254 氢氧化铜/77%/可湿性粉剂/氢氧化铜 77%/2009.04.27 至 2014.04.27/低毒

柑橘树 溃疡病 400-600倍液 喷雾

黄瓜 细菌性角斑病 1732.5-2310克/公顷 喷雾

葡萄 霜霉病 1283-1925毫克/千克 喷雾

PD20096842 松脂酸钠/20%/可溶粉剂/松脂酸钠 20%/2009.09.21 至 2014.09.21/低毒

柑橘树 介壳虫 1000-1333毫克/千克 喷雾

浙江锐特化工科技有限公司 (浙江省上虞市杭州湾上虞工业园区纬五路29号 312369 0575-82728378)

PD86148-16 异丙威/20%/乳油/异丙威 20%/2011.07.27 至 2016.07.27/中等毒

水稻 飞虱、叶蝉 450-600克/公顷 喷雾

PD91109-7 速灭威/20%/乳油/速灭威 20%/2011.07.27 至 2016.07.27/中等毒

水稻 飞虱、叶蝉 450-600克/公顷 喷雾

PD20040557 三唑磷/20%/乳油/三唑磷 20%/2009.12.19 至 2014.12.19/中等毒

水稻 二化螟 180-270克/公顷 喷雾

PD20070005 马拉·三唑磷/25%/乳油/马拉硫磷 12.5%、三唑磷 12.5%/2012.01.16 至 2017.01.16/中等毒

水稻 稻纵卷叶螟、二化螟 281.25-375克/公顷 喷雾

PD20070306 噻嗪·杀虫单/25%/可湿性粉剂/噻嗪酮 5%、杀虫单 20%/2012.09.21 至 2017.09.21/中等毒

水稻 稻飞虱 187.5-281.25克/公顷 喷雾

PD20070604 噻嗪酮/65%/可湿性粉剂/噻嗪酮 65%/2012.12.14 至 2017.12.14/低毒

柑橘树 介壳虫 216.7-325毫克/千克 喷雾

水稻 稻飞虱 97.5-146.25克/公顷 喷雾

PD20080204 敌畏·毒/35%/乳油/敌敌畏 25%、毒死蜱 10%/2013.01.11 至 2018.01.11/中等毒

水稻 稻纵卷叶螟 420-525克/公顷 喷雾

PD20080207 毒死蜱/40%/乳油/毒死蜱 40%/2013.01.11 至 2018.01.11/低毒

水稻 稻纵卷叶螟 450-600克/公顷 喷雾

PD20080209 三环·异稻/20%/可湿性粉剂/三环唑 6.7%、异稻瘟净 13.3%/2013.01.11 至 2018.01.11/中等毒

水稻 稻瘟病 300-450克/公顷 喷雾

PD20080211 三环唑/75%/可湿性粉剂/三环唑 75%/2013.01.11 至 2018.01.11/中等毒

水稻 稻瘟病 225-300克/公顷 喷雾

PD20080955 乙酰甲胺磷/30%/乳油/乙酰甲胺磷 30%/2013.07.23 至 2018.07.23/低毒

水稻 稻纵卷叶螟 675-900克/公顷 喷雾

PD20082069 苄·乙/20%/可湿性粉剂/苄嘧磺隆 4.5%、乙草胺 15.5%/2013.11.25 至 2018.11.25/低毒

水稻移栽田 一年生及部分多年生杂草 84-118克/公顷 毒土法

PD20082319 噻嗪·异丙威/30%/乳油/噻嗪酮 7.5%、异丙威 22.5%/2013.12.01 至 2018.12.01/中等毒

水稻 稻飞虱 337.5-450克/公顷 喷雾

PD20082330 噻嗪·仲丁威/25%/乳油/噻嗪酮 5%、仲丁威 20%/2013.12.01 至 2018.12.01/低毒

水稻 飞虱 281.25-375克/公顷 喷雾

PD20082456 高氯·马/20%/乳油/高效氯氰菊酯 2%、马拉硫磷 18%/2013.12.02 至 2018.12.02/低毒

茶树 茶小绿叶蝉 120-180克/公顷 喷雾

PD20083640 氯氰菊酯/10%/乳油/氯氰菊酯 10%/2013.12.12 至 2018.12.12/低毒

甘蓝 菜青虫 45-60克/公顷 喷雾

PD20083646 苄·二氯/27.5%/可湿性粉剂/苄嘧磺隆 2.5%、二氯喹啉酸 25%/2013.12.12 至 2018.12.12/低毒

水稻秧田 一年生杂草 202-231克/公顷 茎叶喷雾

PD20085427 草甘膦异丙胺盐/30%/水剂/草甘膦 30%/2013.12.24 至 2018.12.24/低毒

春玉米田、棉花田、夏玉米田 一年生及部分多年生杂草 750-1650克/公顷 行间定向茎叶喷雾

冬油菜田(免耕) 一年生及部分多年生杂草 750-1200克/公顷 茎叶喷雾

非耕地 一年生及部分多年生杂草 1125-3000克/公顷 茎叶喷雾

柑橘园 杂草 1125-2250克/公顷 喷雾

免耕春油菜田 一年生及部分多年生杂草 1500-2250克/公顷 茎叶喷雾

免耕抛秧晚稻田 一年生及部分多年生杂草 2100-2550克/公顷 茎叶喷雾

注:草甘膦异丙胺盐含量:41%。

PD20090054 阿维·毒死蜱/10%/乳油/阿维菌素 0.1%、毒死蜱 9.9%/2009.01.08 至 2014.01.08/低毒(原药高毒)

十字花科蔬菜 小菜蛾 90-150克/公顷 喷雾

PD20090758 阿维·马拉松/15%/乳油/阿维菌素 0.1%、马拉硫磷 14.9%/2014.01.19 至 2019.01.19/低毒(原药高毒)

水稻 稻纵卷叶螟 225-270克/公顷 喷雾

PD20090771 氟乐灵/48%/乳油/氟乐灵 48%/2014.01.19 至 2019.01.19/低毒

大豆田 一年生禾本科杂草及部分阔叶杂草 600-1200克/公顷 土壤喷雾

PD20092598 硫磺·三环唑/45%/可湿性粉剂/硫磺 40%、三环唑 5%/2014.02.27 至 2019.02.27/低毒
水稻 稻瘟病 810-1080克/公顷 喷雾
PD20092838 杀单·毒死蜱/40%/可湿性粉剂/毒死蜱 10%、杀虫单 30%/2014.03.05 至 2019.03.05/低毒
水稻 稻纵卷叶螟 450-720克/公顷 喷雾
PD20095672 吡虫·噻嗪酮/10%/可湿性粉剂/吡虫啉 3.3%、噻嗪酮 6.7%/2009.05.14 至 2014.05.14/低毒
水稻 飞虱 30-45克/公顷 喷雾
PD20100333 精喹·草除灵/17.5%/乳油/草除灵 15%、精喹禾灵 2.5%/2010.01.11 至 2015.01.11/低毒
冬油菜田 一年生杂草 262.5-393.8克/公顷 茎叶喷雾
PD20110098 苯甲·丙环唑/300克/升/乳油/苯醚甲环唑 150克/升、丙环唑 150克/升/2011.01.26 至 2016.01.26/低毒
水稻 纹枯病 67.5—90克/公顷 喷雾

浙江三元农业高新技术实验有限公司 (浙江省杭州市体育场路359号 310006 0571-63372740)

PD20094295 多唑·丁草胺/19.5%/可湿性粉剂/丁草胺 12%、多效唑 7.5%/2009.03.31 至 2014.03.31/低毒
水稻田(直播) 一年生杂草、壮苗 585-768.3克/公顷 喷雾
PD20095226 赤霉·多效唑/3.2%/可湿性粉剂/赤霉酸 1.6%、多效唑 1.6%/2009.04.24 至 2014.04.24/低毒
水稻 调节生长、增产 12-16.8克/公顷 喷雾

浙江升华拜克生物股份有限公司 (浙江省湖州市德清县钟管工业区 313220 0572-8402918)

PD20070102 麦草畏/95%/原药/麦草畏 95%/2012.04.26 至 2017.04.26/低毒
PD20070107 氨氯吡啶酸/95%/原药/氨氯吡啶酸 95%/2012.04.26 至 2017.04.26/低毒
PD20070122 阿维菌素/90%/原药/阿维菌素 90%/2012.05.18 至 2017.05.18/高毒
PD20070184 百草枯/42%/母药/百草枯 42%/2012.07.10 至 2017.07.10/中等毒
PD20070315 麦草畏/48%/水剂/麦草畏 48%/2012.09.25 至 2017.09.25/低毒
冬小麦田 一年生阔叶杂草 216-288克/公顷 茎叶喷雾
夏玉米田 一年生阔叶杂草 216-488克/公顷 茎叶喷雾
PD20082036 阿维菌素/0.6%/乳油/阿维菌素 0.6%/2008.11.25 至 2013.11.25/低毒(原药高毒)
柑橘树 红蜘蛛、潜叶蛾 4.5-9毫克/千克 喷雾
PD20082710 阿维菌素/1%/乳油/阿维菌素 1%/2008.12.05 至 2013.12.05/低毒(原药高毒)
柑橘树 红蜘蛛、潜叶蛾 4.5-9毫克/千克 喷雾
PD20083700 阿维·三唑磷/15%/乳油/阿维菌素 0.1%、三唑磷 14.9%/2013.12.15 至 2018.12.15/中等毒(原药高毒)
棉花 棉铃虫 67-135克/公顷 喷雾
PD20083712 阿维·辛硫磷/20%/乳油/阿维菌素 0.1%、辛硫磷 19.9%/2013.12.15 至 2018.12.15/低毒(原药高毒)
十字花科蔬菜 小菜蛾 120-150克/公顷 喷雾
PD20084137 阿维·高氯/1%/乳油/阿维菌素 0.2%、高效氯氰菊酯 0.8%/2013.12.16 至 2018.12.16/低毒(原药高毒)
十字花科蔬菜 菜青虫、小菜蛾 7.5-15克/公顷 喷雾
PD20084752 阿维菌素/1.8%/乳油/阿维菌素 1.8%/2013.12.22 至 2018.12.22/低毒(原药高毒)
柑橘树 红蜘蛛、潜叶蛾 4.5-9毫克/千克 喷雾
PD20086033 赤霉酸A4,A7/90%/原药/赤霉酸A4+A7 90%/2013.12.29 至 2018.12.29/低毒
PD20086034 赤霉酸/2.7%/脂膏/赤霉酸A4+A7 1.35%、赤霉酸A3 1.35%/2013.12.29 至 2018.12.29/低毒
梨树 调节生长、增产 15-25毫克制剂/果 涂果柄
PD20092017 阿维菌素/3.2%/乳油/阿维菌素 3.2%/2014.02.12 至 2019.02.12/低毒(原药高毒)
水稻 稻纵卷叶螟 6-7.5克/公顷 喷雾
松树 线虫 1.8-3.6克/株 打孔注药
PD20094648 苄氨·赤霉酸/3.6%/乳油/苄氨基嘌呤 1.8%、赤霉酸A4+A7 1.8%/2014.04.10 至 2019.04.10/低毒
苹果树 调节果型 600-800倍液(用1次)或800-1000倍液(用2次) 喷雾
PD20095626 甲氨基阿维菌素苯甲酸盐(90%)///原药/甲氨基阿维菌素 79.1%/2009.05.12 至 2014.05.12/中等毒
PD20096982 噁霉灵/30%/水剂/噁霉灵 30%/2009.09.29 至 2014.09.29/低毒
水稻苗床 立枯病 0.9—1.8克/平方米 浇灌
PD20110138 甲氨基阿维菌素苯甲酸盐/2%/乳油/甲氨基阿维菌素 2%/2011.02.09 至 2016.02.09/低毒
甘蓝 小菜蛾 1.56-1.95克/公顷 喷雾
甘蓝 甜菜夜蛾 1.98-2.97克/公顷 喷雾
注:甲氨基阿维菌素苯甲酸盐的含量：2.3%。
PD20110193 苯醚甲环唑/10%/水分散粒剂/苯醚甲环唑 10%/2011.02.18 至 2016.02.18/低毒
西瓜 炭疽病 75—105克/公顷 喷雾
PD20110250 麦畏·草甘膦/35%/水剂/草甘膦 33.2%、麦草畏 1.8%/2011.03.03 至 2016.03.03/低毒
非耕地 杂草 1200-1500克/公顷 定向茎叶喷雾
PD20111062 草甘膦异丙胺盐/41%/水剂/草甘膦 41%/2011.10.11 至 2016.10.11/低毒
柑橘园 杂草 1230-2214克/公顷 定向茎叶喷雾
注:草甘膦异丙胺盐含量：55.3%。
PD20111283 啶虫脒/20%/可溶液剂/啶虫脒 20%/2011.11.23 至 2016.11.23/低毒
黄瓜 蚜虫 18-36克/公顷 喷雾
PD20120060 高效氯氟氰菊酯/2.5%/水乳剂/高效氯氟氰菊酯 2.5%/2012.01.16 至 2017.01.16/中等毒
甘蓝 菜青虫 7.5-15克/公顷 喷雾
PD20120099 麦草畏/70%/水分散粒剂/麦草畏 70%/2012.01.29 至 2017.01.29/低毒

夏玉米田 一年生阔叶杂草 189-315克/公顷 茎叶喷雾
PD20120314 烟嘧磺隆/40克/升/可分散油悬浮剂/烟嘧磺隆 40克/升/2012.02.17 至 2017.02.17/低毒
玉米田 一年生杂草 48-72克/公顷 茎叶喷雾
PD20120358 丙环唑/25%/乳油/丙环唑 25%/2012.02.23 至 2017.02.23/低毒
香蕉树 叶斑病 250—500毫克/千克 喷雾
PD20121448 阿维・吡虫啉/4.5%/可湿性粉剂/阿维菌素 0.5%、吡虫啉 4%/2012.10.08 至 2017.10.08/低毒(原药高毒)
甘蓝 蚜虫 13.5—27克/公顷 喷雾
PD20121469 甲氨基阿维菌素苯甲酸盐/5%/水分散粒剂/甲氨基阿维菌素 5%/2012.10.08 至 2017.10.08/低毒
甘蓝 小菜蛾 1.875-2.25克/公顷 喷雾
注:甲氨基阿维菌素苯甲酸盐含量:5.7%。
PD20121649 甲氨基阿维菌素苯甲酸盐/2%/微乳剂/甲氨基阿维菌素 2%/2012.10.30 至 2017.10.30/低毒
甘蓝 甜菜夜蛾、小菜蛾 2.64-3.96克/公顷 喷雾
注:甲氨基阿维菌素苯甲酸盐含量:2.3%。
PD20121911 甲氨基阿维菌素苯甲酸盐/1%/乳油/甲氨基阿维菌素 1%/2012.12.07 至 2017.12.07/低毒
甘蓝 甜菜夜蛾 2.25-3克/公顷 喷雾
甘蓝 菜青虫 1.5-2.25克/公顷 喷雾
棉花 棉铃虫 9-13.5克/公顷 喷雾
注:甲氨基阿维菌素苯甲酸盐含量:1.1%。
PD20130766 阿维菌素/5%/乳油/阿维菌素 5%/2013.04.16 至 2018.04.16/中等毒(原药高毒)
甘蓝 小菜蛾 9-12克/公顷 喷雾
PD20130878 甲维・高氯氟/1.8%/微乳剂/高效氯氟氰菊酯 1.6%、甲氨基阿维菌素苯甲酸盐 0.2%/2013.04.25至2018.04.25/中等毒
甘蓝 小菜蛾 10.8-16.2克/公顷 喷雾
PD20130880 甲维・啶虫脒/3%/微乳剂/啶虫脒 2.5%、甲氨基阿维菌素苯甲酸盐 0.5%/2013.04.25 至 2018.04.25/低毒
甘蓝 小菜蛾 18-22.5克/公顷 喷雾
甘蓝 蚜虫 18-20.25克/公顷 喷雾
PD20131182 吡蚜酮/25%/可湿性粉剂/吡蚜酮 25%/2013.05.27 至 2018.05.27/低毒
水稻 稻飞虱 60-90克/公顷 喷雾
PD20131226 戊唑醇/43%/悬浮剂/戊唑醇 43%/2013.05.28 至 2018.05.28/低毒
苹果树 斑点落叶病 71.7-107.5毫克/千克 喷雾
PD20131228 二氯喹啉酸/25%/悬浮剂/二氯喹啉酸 25%/2013.05.28 至 2018.05.28/低毒
水稻田(直播) 稗草 300-375克/公顷 茎叶喷雾
PD20131334 吡蚜酮/50%/水分散粒剂/吡蚜酮 50%/2013.06.09 至 2018.06.09/低毒
水稻 稻飞虱 67.5-112.5 克/公顷 喷雾
PD20131523 腈菌唑/40%/悬浮剂/腈菌唑 40%/2013.07.17 至 2018.07.17/低毒
梨树 黑星病 40-50毫克/千克 喷雾
PD20131532 草甘膦铵盐/68%/可溶粒剂/草甘膦 68%/2013.07.17 至 2018.07.17/低毒
柑橘园 杂草 1165.5-2331克/顷 定向茎叶喷雾
注:草甘膦铵盐含量:74.7%。
PD20131536 虫酰肼/20%/悬浮剂/虫酰肼 20%/2013.07.17 至 2018.07.17/低毒
甘蓝 甜菜夜蛾 180-1300克/公顷 喷雾
PD20132182 烯酰吗啉/50%/水分散粒剂/烯酰吗啉 50%/2013.10.29 至 2018.10.29/低毒
黄瓜 霜霉病 225-300克/公顷 喷雾
PD20132243 阿维菌素/3%/微乳剂/阿维菌素 3%/2013.11.05 至 2018.11.05/中等毒(原药高毒)
梨树 梨木虱 6-12毫克/千克 喷雾
PD20132290 阿维菌素/1.8%/水乳剂/阿维菌素 1.8%/2013.11.08 至 2018.11.08/低毒(原药高毒)
柑橘树 锈壁虱 3.6-4.5毫克/千克 喷雾
PD20132322 甲维・氟铃脲/2%/微乳剂/氟铃脲 1.5%、甲氨基阿维菌素苯甲酸盐 0.5%/2013.11.13 至 2018.11.13/低毒
甘蓝 甜菜夜蛾 6-9克/公顷 喷雾
PD20132400 阿维・哒螨灵/10%/微乳剂/阿维菌素 0.4%、哒螨灵 9.6%/2013.11.20 至 2018.11.20/中等毒(原药高毒)
苹果树 红蜘蛛 33.3-50毫克/千克 喷雾
LS20100068 草铵膦/50%/水剂/草铵膦 50%/2012.05.10 至 2013.05.10/低毒
非耕地 杂草 2100-3000克/公顷/ 茎叶喷雾
LS20110162 丁醚脲/50%/悬浮剂/丁醚脲 50%/2013.06.13 至 2014.06.13/低毒
甘蓝 小菜蛾 300-450克/公顷 喷雾
LS20120080 烯啶虫胺/10%/水剂/烯啶虫胺 10%/2013.03.07 至 2014.03.07/低毒
棉花 蚜虫 15-30克/公顷 喷雾

浙江省长兴第一化工有限公司 (浙江省湖州市长兴县小浦镇 313116 0572-6128815)

PD85112-7 莠去津/38%/悬浮剂/莠去津 38%/2010.04.14 至 2015.04.14/低毒
茶园 一年生杂草 1125-1875克/公顷 喷于地表
防火隔离带、公路、森林、铁路 一年生杂草 0.8-2克/平方米 喷于地表
甘蔗 一年生杂草 1050-1500克/公顷 喷于地表
高粱、糜子、玉米 一年生杂草 1800-2250克/公顷(东北地区) 喷于地表

	红松苗圃	一年生杂草	0.2-0.3克/平方米	喷于地表
	梨树(12年以上树龄)、苹果树(12年以上树龄)	一年生杂草	1625-1875克/公顷	喷于地表
	橡胶园	一年生杂草	2250-3750克/公顷	喷于地表
PD85150-28	多菌灵/50%/可湿性粉剂/多菌灵 50%/2010.08.15 至 2015.08.15/低毒			
	果树	病害	0.05-0.1%药液	喷雾
	花生	倒秧病	750克/公顷	喷雾
	麦类	赤霉病	750克/公顷	喷雾、泼浇
	棉花	苗期病害	250克/50千克种子	拌种
	水稻	稻瘟病、纹枯病	750克/公顷	喷雾、泼浇
	油菜	菌核病	1125-1500克/公顷	喷雾
PD86103-2	莠去津/48%/可湿性粉剂/莠去津 48%/2011.09.07 至 2016.09.07/低毒			
	茶园	一年生杂草	1500-2250克/公顷	喷于地表
	甘蔗田	一年生杂草	1125-1875克/公顷	喷于地表
	高粱田、糜子	一年生杂草	1875-2625克/公顷(东北地区)	喷于地表
	公路	一年生杂草	0.8-2克/平方米	喷雾
	红松苗圃	一年生杂草	0.25-0.5克/平方米	喷洒苗床
	梨树(12年以上树龄)、苹果树(12年以上树龄)	一年生杂草	3000-3750克/公顷(东北地区)	喷于地表
	葡萄园	一年生杂草	2250-3000克/公顷	避开葡萄根部
	森林、铁路	一年生杂草	1-2.5克/平方米	喷雾
	橡胶园	一年生杂草	3750-4500克/公顷	喷于地表
	玉米田	一年生杂草	2250-3000克/公顷(东北地区)	喷于地表
PD86105-3	西草净/25%/可湿性粉剂/西草净 25%/2011.09.07 至 2016.09.07/低毒			
	水稻田	阔叶杂草、眼子菜	750-937.5克/公顷(东北地区)	撒毒土
PD86126-4	扑草净/40%/可湿性粉剂/扑草净 40%/2011.09.07 至 2016.09.07/低毒			
	茶园、成年果园、苗圃	阔叶杂草	1875-3000克/公顷	喷雾(喷于地表，切勿喷至树上)
	大豆田、花生田	阔叶杂草	750-1125克/公顷	喷雾
	甘蔗田、棉花田、苎麻	阔叶杂草	750-1125克/公顷	播后苗前土壤喷雾
	谷子田	阔叶杂草	375克/公顷	喷雾
	麦田	阔叶杂草	450-750克/公顷	喷雾
	水稻本田、水稻秧田	阔叶杂草	150-900克/公顷	撒毒土
PD93105-2	莠去津/92%，88%，85%/原药/莠去津 92%，88%，85%/2013.06.26 至 2018.06.26/低毒			
PD20080661	莠灭净/95%/原药/莠灭净 95%/2013.05.30 至 2018.05.30/低毒			
PD20080669	莠灭净/80%/可湿性粉剂/莠灭净 80%/2013.05.27 至 2018.05.27/低毒			
	甘蔗田	一年生杂草	1560-2400克/公顷	喷雾
PD20080692	西玛津/95%/原药/西玛津 95%/2013.06.04 至 2018.06.04/低毒			
PD20080693	扑草净/95%/原药/扑草净 95%/2013.06.04 至 2018.06.04/低毒			
PD20081042	莠灭净/40%/可湿性粉剂/莠灭净 40%/2013.08.06 至 2018.08.06/低毒			
	甘蔗田	一年生杂草	1500-2100克/公顷	喷雾
PD20081094	西草净/95%/原药/西草净 95%/2013.08.18 至 2018.08.18/低毒			
PD20082180	草甘膦/95%/原药/草甘膦 95%/2013.11.26 至 2018.11.26/低毒			
PD20082650	莠灭净/80%/水分散粒剂/莠灭净 80%/2013.12.04 至 2018.12.04/低毒			
	甘蔗田	一年生杂草	1200-1680克/公顷	行间定向茎叶喷雾
PD20082672	莠去津/80%/可湿性粉剂/莠去津 80%/2013.12.05 至 2018.12.05/低毒			
	夏玉米田	一年生杂草	1320-1440克/公顷	播后苗前土壤喷雾
PD20082723	莠灭净/45%/悬浮剂/莠灭净 45%/2013.12.08 至 2018.12.08/低毒			
	甘蔗田	一年生杂草	1500-2250克/公顷	土壤喷雾
PD20082877	莠去津/50%/悬浮剂/莠去津 50%/2013.12.09 至 2018.12.09/低毒			
	春玉米田	一年生杂草	2100-2400克/公顷	播后苗前土壤喷雾
	夏玉米田	一年生杂草	1275-1500克/公顷	播后苗前土壤喷雾
PD20085143	吡·西·扑草净/26%/可湿性粉剂/吡嘧磺隆 2%、扑草净 12%、西草净 12%/2013.12.29 至 2018.12.29/微毒			
	水稻移栽田	部分阔叶杂草、莎草科杂草、一年生杂草	234－390克/公顷	药土法
PD20085531	莠去津/90%/水分散粒剂/莠去津 90%/2013.12.25 至 2018.12.25/低毒			
	春玉米田	一年生杂草	2050-2700克/公顷	土壤喷雾
	夏玉米田	一年生杂草	1350-2025克/公顷	土壤喷雾
PD20086210	扑·乙/40%/悬乳剂/扑草净 10%、乙草胺 30%/2013.12.30 至 2018.12.30/低毒			
	花生田	一年生杂草	900-1350克/公顷	播后苗前土壤喷雾
PD20090050	扑草净/50%/悬浮剂/扑草净 50%/2014.01.06 至 2019.01.06/低毒			

	花生田	一年生杂草	900—1125克/公顷	播后苗前土壤喷雾
PD20090531	异甲·莠去津/42%/悬乳剂/异丙甲草胺 15%、莠去津 27%/2014.01.12 至 2019.01.12/低毒			
	春玉米田	一年生杂草	1764-2145克/公顷	土壤喷雾
	夏玉米田	一年生杂草	1260-1500克/公顷	土壤喷雾
PD20090804	乙草胺/50%/乳油/乙草胺 50%/2014.01.19 至 2019.01.19/低毒			
	夏大豆田	部分阔叶杂草、一年生禾本科杂草	900-1200克/公顷	播后苗前土壤喷雾
PD20090862	草甘膦异丙胺盐/41%/水剂/草甘膦异丙胺盐 41%/2014.01.19 至 2019.01.19/低毒			
	柑橘园	一年生和多年生杂草	1125-2250克/公顷	定向茎叶喷雾
PD20091032	乙·莠/40%/可湿性粉剂/乙草胺 15%、莠去津 25%/2014.01.21 至 2019.01.21/低毒			
	夏玉米田	一年生杂草	1200-1500克/公顷	播后苗前喷雾
PD20091548	甲·莠·敌草隆/20%/可湿性粉剂/敌草隆 6%、2甲4氯 5%、莠去津 9%/2014.02.03 至 2019.02.03/低毒			
	甘蔗田	一年生杂草	1500-1800克/公顷	喷雾
PD20091780	阿维·甲氰/1.8%/乳油/阿维菌素 0.3%、甲氰菊酯 1.5%/2014.02.04 至 2019.02.04/低毒(原药高毒)			
	苹果树	红蜘蛛	12-18毫克/千克	喷雾
PD20092220	苄嘧·苯噻酰/53%/可湿性粉剂/苯噻酰草胺 50%、苄嘧磺隆 3%/2014.02.24 至 2019.02.24/低毒			
	水稻移栽田	部分多年生杂草、一年生杂草	397.5-477克/公顷(南方地区)	药土法
PD20092815	甲·灭·敌草隆/55%/可湿性粉剂/敌草隆 15%、2甲4氯 10%、莠灭净 30%/2014.03.04 至 2019.03.04/低毒			
	甘蔗田	一年生杂草	1237.5-1732.5克/公顷	喷雾
PD20095365	异丙草·莠/40%/悬乳剂/异丙草胺 16%、莠去津 24%/2009.04.27 至 2014.04.27/低毒			
	春玉米田	一年生杂草	1800-2400克/公顷	播后苗前土壤喷雾
	夏玉米田	一年生杂草	1080—1350克/公顷	播后苗前土壤喷雾
PD20095381	异甲·莠去津/28%/悬乳剂/异丙甲草胺 10%、莠去津 18%/2009.04.27 至 2014.04.27/低毒			
	夏玉米田	一年生杂草	1050-1470克/公顷	播后苗前土壤喷雾
PD20095525	莠灭·乙草胺/40%/悬乳剂/乙草胺 25%、莠灭净 15%/2009.05.11 至 2014.05.11/低毒			
	夏玉米田	一年生杂草	960-1260克/公顷	播后苗前土壤喷雾
PD20101806	辛菌胺醋酸盐(1.8%)///水剂/辛菌胺 1.2%/2010.07.13 至 2015.07.13/低毒			
	苹果树	腐烂病	500-1000毫克/千克	喷雾、涂抹
	水稻	白叶枯病、细菌性条斑病	125-187.5克/公顷	喷雾
PD20121233	敌草隆/80%/水分散粒剂/敌草隆 80%/2012.08.27 至 2017.08.27/低毒			
	甘蔗田	一年生杂草	1200-1680克/亩	土壤喷雾
PD20131796	草甘膦铵盐/80%/可溶粒剂/草甘膦 80%/2013.09.09 至 2018.09.09/低毒			
	非耕地	杂草	1200—3000克/公顷	茎叶喷雾
	注:草甘膦铵盐含量: 88.8%。			
PD20132589	西玛津/90%/水分散粒剂/西玛津 90%/2013.12.17 至 2018.12.17/低毒			
	甘蔗田	一年生杂草	1350-1647克/公顷	土壤喷雾
LS20100043	丁·乙·莠去津/48%/悬乳剂/丁草胺 9%、乙草胺 9%、莠去津 30%/2012.03.31 至 2013.03.31/低毒			
	春玉米田	一年生杂草	1728-2160克/公顷	播后苗前土壤喷雾
	夏玉米田	一年生杂草	720-1008克/公顷	播后苗前土壤喷雾

浙江省慈溪市逍林化工有限公司 (浙江省慈溪市逍林镇樟新北路505号 315321 0574-63501924)

PD20081811	溴鼠灵/95%,90%/原药/溴鼠灵 95%,90%/2008.11.19 至 2013.11.19/高毒			
PD20082241	溴鼠灵/0.5%/母药/溴鼠灵 0.5%/2013.11.27 至 2018.11.27/高毒			
	农田	田鼠	5克0.005%毒饵×(300-450点)/公顷	配成毒饵堆施或穴施
PD20082242	溴鼠灵/0.005%/饵剂/溴鼠灵 0.005%/2013.11.27 至 2018.11.27/低毒(原药高毒)			
	室内	家鼠	15-30克毒饵/15平方米	投饵、堆施或穴施
PD20082452	溴敌隆/0.5%/母药/溴敌隆 0.5%/2013.12.02 至 2018.12.02/高毒			
	农田	田鼠	5克0.005%毒饵×(300-450点)/公顷	配成毒饵后堆施或穴施
PD20082453	溴敌隆/0.005%/毒饵/溴敌隆 0.005%/2013.12.02 至 2018.12.02/中等毒(原药高毒)			
	室内	褐家鼠	20-30克毒饵/15平方米	饱和投饵

浙江省东阳市东农化工有限公司 (浙江省东阳市吴宁东七里 322100 0579-86675620)

PDN1-88	三环唑/20%/可湿性粉剂/三环唑 20%/2013.10.21 至 2018.10.21/中等毒			
	水稻	稻瘟病	225-300克/公顷	喷雾
PD20080058	代森锰锌/90%/原药/代森锰锌 90%/2013.01.04 至 2018.01.04/低毒			
PD20080111	代森锰锌/70%/可湿性粉剂/代森锰锌 70%/2013.01.04 至 2018.01.04/低毒			
	番茄	早疫病	1837.5-2362.5克/公顷	喷雾
PD20080815	氟乐灵/55%/母液/氟乐灵 55%/2013.06.20 至 2018.06.20/低毒			
	注:专供出口，不得在国内销售。			
PD20081078	代森锰锌/80%/可湿性粉剂/代森锰锌 80%/2013.08.18 至 2018.08.18/低毒			
	番茄	早疫病	1845-2370克/公顷	喷雾
PD20081100	三环唑/97%/原药/三环唑 97%/2013.08.18 至 2018.08.18/中等毒			
PD20081690	三环唑/75%/可湿性粉剂/三环唑 75%/2013.11.17 至 2018.11.17/中等毒			
	水稻	稻瘟病	225-300克/公顷	喷雾

PD20090330 异稻·三环唑/20%/可湿性粉剂/三环唑 10%、异稻瘟净 10%/2009.01.12 至 2014.01.12/中等毒
水稻 稻瘟病 300-450克/公顷 喷雾
PD20091458 异稻·三环唑/20%/可湿性粉剂/三环唑 6.7%、异稻瘟净 13.3%/2009.02.02 至 2014.02.02/中等毒
水稻 稻瘟病 450-525克/公顷 喷雾
PD20094616 代森锌/65%/可湿性粉剂/代森锌 65%/2009.04.10 至 2014.04.10/低毒
黄瓜 霜霉病 1950-3000克/公顷 喷雾
PD20121871 氟乐灵/96%/原药/氟乐灵 96%/2012.11.28 至 2017.11.28/低毒

浙江省东阳市金鑫化学工业有限公司 (浙江省东阳市巍山镇茶场村 322109 0579-6970188)

PD85154-46 氰戊菊酯/20%/乳油/氰戊菊酯 20%/2010.08.15 至 2015.08.15/中等毒
柑橘树 潜叶蛾 10-20毫克/千克 喷雾
果树 梨小食心虫 10-20毫克/千克 喷雾
棉花 红铃虫、蚜虫 75-150克/公顷 喷雾
蔬菜 菜青虫、蚜虫 60-120克/公顷 喷雾
PD20070497 甲氰菊酯/20%/乳油/甲氰菊酯 20%/2012.11.28 至 2017.11.28/低毒
甘蓝 菜青虫 60-75克/公顷 喷雾
苹果树 红蜘蛛、桃小食心虫 67-100毫克/千克 喷雾
PD20080691 甲氰菊酯/94%/原药/甲氰菊酯 94%/2013.06.04 至 2018.06.04/中等毒
PD20122101 高效氯氰菊酯/97%/原药/高效氯氰菊酯 97%/2012.12.26 至 2017.12.26/中等毒

浙江省东阳市生物化工厂 (浙江省金华市东阳市歌山镇 322109 0579-6171002)

PD20083846 噻嗪·异丙威/22%/可湿性粉剂/噻嗪酮 5%、异丙威 17%/2008.12.15 至 2013.12.15/中等毒
水稻 飞虱 165-231克/公顷 喷雾
PD20084586 阿维菌素/1%/乳油/阿维菌素 1%/2008.12.18 至 2013.12.18/低毒(原药高毒)
甘蓝 小菜蛾 6-9克/公顷 喷雾
柑橘树 潜叶蛾 3.3-4毫克/千克 喷雾
PD20091822 阿维菌素/1.8%/乳油/阿维菌素 1.8%/2009.02.05 至 2014.02.05/低毒(原药高毒)
甘蓝 小菜蛾 5.4-8.1克/公顷 喷雾
柑橘树 潜叶蛾 3-4毫克/千克 喷雾

浙江省东阳市医药卫生用品有限公司 (浙江省东阳市六石工业功能区张麻车 322104 0579-6772698)

WP20080251 杀虫气雾剂/0.17%/气雾剂/Es-生物烯丙菊酯 0.05%、胺菊酯 0.10%、溴氰菊酯 0.02%/2013.11.26至2018.11.26/低毒
卫生 蜚蠊、蚊、蝇 / 喷雾
WP20090113 杀虫气雾剂/0.2%/气雾剂/胺菊酯 0.15%、高效氯氰菊酯 0.05%/2009.02.09 至 2014.02.09/微毒
卫生 蚊、蝇、蜚蠊 / 喷雾
WP20090114 杀虫气雾剂/0.45%/气雾剂/Es-生物烯丙菊酯 0.1%、胺菊酯 0.15%、氯菊酯 0.2%/2009.02.09 至 2014.02.09/低毒
卫生 蜚蠊、蚊、蝇 / 喷雾
WP20100090 电热蚊香片/10毫克/片/电热蚊香片/炔丙菊酯 10毫克/片/2010.06.17 至 2015.06.17/微毒
卫生 蚊 / 电热加温

浙江省富阳市益民农药厂 (浙江省杭州市富阳市高桥镇上陈 311402 0571-63421289)

PD20040663 吡虫啉/10%/可湿性粉剂/吡虫啉 10%/2009.12.19 至 2014.12.19/低毒
水稻 飞虱 15-30克/公顷 喷雾
PD20086162 苯磺隆/10%/可湿性粉剂/苯磺隆 10%/2008.12.30 至 2013.12.30/低毒
冬小麦田 一年生阔叶杂草 13.5—22.5克/公顷 茎叶喷雾
PD20091180 苄·乙/22%/可湿性粉剂/苄嘧磺隆 4.9%、乙草胺 17.1%/2014.01.22 至 2019.01.22/低毒
水稻移栽田 一年生杂草 84-118克/公顷 毒土法
PD20091846 吡虫·灭多威/22.6%/可湿性粉剂/吡虫啉 1.3%、灭多威 21.3%/2014.02.06 至 2019.02.06/高毒
棉花 棉铃虫、蚜虫 373-441克/公顷 喷雾
PD20095673 四螨·苯丁锡/17.5%/可湿性粉剂/苯丁锡 12.5%、四螨嗪 5%/2009.05.14 至 2014.05.14/低毒
柑橘树 红蜘蛛 116.7-175毫克/千克 喷雾

浙江省海宁市祝场卫生用品厂 (浙江省嘉兴市海宁市祝场留茶村 314404 0573-7700222)

PD20081380 溴鼠灵/0.005%/饵剂/溴鼠灵 0.005%/2013.10.27 至 2018.10.27/低毒(原药高毒)
室内 家鼠 15-30克毒饵/15平方米 饱和投饵
PD20082314 溴敌隆/0.005%/饵剂/溴敌隆 0.005%/2013.12.01 至 2018.12.01/低毒(原药高毒)
室内 家鼠 饱和投饵 投饵
WP20080191 杀蟑笔剂/0.5%/笔剂/溴氰菊酯 0.5%/2013.11.20 至 2018.11.20/低毒
卫生 蜚蠊 / 涂抹
WP20080339 胺·氯菊/15%/乳油/胺菊酯 5%、氯菊酯 10%/2013.12.09 至 2018.12.09/低毒
卫生 蚊 50毫克/平方米 滞留喷洒
WP20090035 杀虫喷射剂/0.5%/喷射剂/胺菊酯 0.2%、氯菊酯 0.3%/2014.01.14 至 2019.01.14/低毒
卫生 蜚蠊、蚊、蝇 / 喷雾
WP20090112 杀蟑饵剂/3%/饵剂/乙酰甲胺磷 3%/2014.02.09 至 2019.02.09/低毒
卫生 蜚蠊 / 投放
WP20130048 杀蟑胶饵/10%/胶饵/硼酸 10%/2013.03.20 至 2018.03.20/低毒
卫生 蜚蠊 / 投放
WP20130189 高氯·胺·苯氰/5.6%/水乳剂/胺菊酯 2%、高效氯氰菊酯 2%、右旋苯氰菊酯 1.6%/2013.09.17 至 2018.09.17/低毒

	卫生	蚊、蝇、蜚蠊	/	滞留喷洒

浙江省杭州南郊化学有限公司　(浙江省杭州市滨江区浦沿镇镇前路310号　310053　0571-86616840)

PD20070215	三环唑/95%/原药/三环唑 95%/2012.08.07 至 2017.08.07/低毒			
PD20070582	三环唑/20%/可湿性粉剂/三环唑 20%/2012.12.03 至 2017.12.03/低毒			
	水稻	稻瘟病	225-300克/公顷	喷雾
PD20070664	三环唑/75%/可湿性粉剂/三环唑 75%/2012.12.17 至 2017.12.17/低毒			
	水稻	稻瘟病	225-300克/公顷	喷雾

浙江省杭州庆丰农化有限公司　(浙江省杭州市萧山区临江工业园区　/　0571-56030355)

PDN11-91	丁草胺/60%/乳油/丁草胺 60%/2011.06.11 至 2016.06.11/低毒			
	水稻	稗草、牛毛草、鸭舌草	750-1275克/公顷	喷雾,毒土
PDN12-91	丁草胺/50%/乳油/丁草胺 50%/2011.06.11 至 2016.06.11/低毒			
	水稻	稗草、牛毛草、鸭舌草	750-1275克/公顷	喷雾,毒土
PDN42-96	四螨嗪/20%/悬浮剂/四螨嗪 20%/2011.11.29 至 2016.11.29/低毒			
	柑橘树	全爪螨	100-125毫克/千克	喷雾
PDN43-96	四螨嗪/95%，90%/原药/四螨嗪 95%，90%/2011.11.29 至 2016.11.29/低毒			
PD84111-2	氧乐果/40%/乳油/氧乐果 40%/2009.11.09 至 2014.11.09/中等毒(原药高毒)			
	棉花	蚜虫、螨	375-600克/公顷	喷雾
	森林	松干蚧、松毛虫	500倍液	喷雾或直接涂树干
	水稻	稻纵卷叶螟、飞虱	375-600克/公顷	喷雾
	小麦	蚜虫	300-450克/公顷	喷雾
PD85120-2	乐果/90%,85%,80%/原药/乐果 90%,85%,80%/2010.12.25 至 2015.12.25/中等毒			
PD85142-8	氧乐果/92%/原药/氧乐果 92%/2010.07.14 至 2015.07.14/高毒			
PD85154-14	氰戊菊酯/20%/乳油/氰戊菊酯 20%/2010.08.15 至 2015.08.15/中等毒			
	柑橘树	潜叶蛾	10-20毫克/千克	喷雾
	果树	梨小食心虫	10-20毫克/千克	喷雾
	棉花	红铃虫、蚜虫	75-150克/公顷	喷雾
	蔬菜	菜青虫、蚜虫	60-120克/公顷	喷雾
PD86152-8	乙酰甲胺磷/40%/乳油/乙酰甲胺磷 40%/2011.10.15 至 2016.10.15/低毒			
	棉花	棉铃虫、蚜虫	600-750克/公顷	喷雾
	玉米	黏虫、玉米螟	500-1000倍液	喷雾
PD86175-11	乙酰甲胺磷/95%/原药/乙酰甲胺磷 95%/2011.10.15 至 2016.10.15/低毒			
PD86176-12	乙酰甲胺磷/30%/乳油/乙酰甲胺磷 30%/2011.10.15 至 2016.10.15/低毒			
	棉花	棉铃虫、蚜虫	450-900克/公顷	喷雾
	玉米	黏虫、玉米螟	540-1080克/公顷	喷雾
PD96102	丁草胺/80%,85%,92%/原药/丁草胺 80%,85%,92%/2014.01.18 至 2019.01.18/低毒			
PD20040393	高效氯氰菊酯/4.5%/乳油/高效氯氰菊酯 4.5%/2009.12.19 至 2014.12.19/中等毒			
	甘蓝	菜青虫	13.5-20.25克/公顷	喷雾
PD20060072	丙草胺/95%/原药/丙草胺 95%/2011.04.13 至 2016.04.13/低毒			
PD20060080	异丙甲草胺/97%/原药/异丙甲草胺 97%/2011.04.14 至 2016.04.14/低毒			
PD20070032	丙草胺/300克/升/乳油/丙草胺 300克/升/2012.01.29 至 2017.01.29/低毒			
	水稻田(直播)	一年生杂草	450-675克/公顷	喷雾、毒土
	水稻秧田	一年生杂草	450-562.5克/公顷	喷雾、毒土
PD20070142	乙草胺/93%/原药/乙草胺 93%/2012.05.30 至 2017.05.30/低毒			
PD20070282	咪鲜胺/95%/原药/咪鲜胺 95%/2012.09.05 至 2017.09.05/低毒			
PD20070421	氯氰菊酯/95%/原药/氯氰菊酯 95%/2012.11.06 至 2017.11.06/中等毒			
PD20070630	异丙甲草胺/720克/升/乳油/异丙甲草胺 720克/升/2012.12.14 至 2017.12.14/低毒			
	甘蔗田	一年生禾本科杂草及部分阔叶杂草	1080-1620克/公顷	植后芽前土壤喷雾
	红小豆田	一年生禾本科杂草及部分阔叶杂草	1296-1620克/公顷	土壤喷雾
	花生田	一年生禾本科杂草及部分阔叶杂草	1080-1620克/公顷	播后芽前土壤喷雾
	西瓜田	一年生禾本科杂草及部分阔叶杂草	1080-1620克/公顷	土壤喷雾
PD20080008	咪鲜胺锰盐/97%/原药/咪鲜胺锰盐 97%/2013.01.03 至 2018.01.03/低毒			
PD20080416	乙草胺/900克/升/乳油/乙草胺 900克/升/2013.03.03 至 2018.03.03/低毒			
	春大豆田	一年生禾本科杂草及部分小粒种子阔叶杂草	1350-1890克/公顷	土壤喷雾
	夏大豆田、夏玉米田	一年生禾本科杂草及部分小粒种子阔叶杂草	810-1350克/公顷	土壤喷雾
PD20080809	草甘膦/95%/原药/草甘膦 95%/2013.06.20 至 2018.06.20/微毒			
PD20080881	乙草胺/50%/乳油/乙草胺 50%/2013.07.09 至 2018.07.09/低毒			
	花生田、夏大豆田、夏玉米田	一年生禾本科杂草及小粒阔叶杂草	900-1200克/公顷	喷雾
	油菜田	一年生禾本科杂草及小粒阔叶杂草	525-750克/公顷	喷雾
PD20080882	甲草胺/95%/原药/甲草胺 95%/2013.07.09 至 2018.07.09/低毒			
PD20082000	咪鲜胺/25%/乳油/咪鲜胺 25%/2013.11.25 至 2018.11.25/低毒			

辣椒 白粉病 187.5-234.4克/公顷 喷雾
芒果 炭疽病 500-1000毫克/千克 浸果
葡萄 炭疽病 166.7-315毫克/千克 喷雾
水稻 恶苗病 62.5-125毫克/千克 浸种
PD20085992 四螨·哒螨灵/10%/悬浮剂/哒螨灵 6.5%、四螨嗪 3.5%/2013.12.29 至 2018.12.29/低毒
柑橘树 红蜘蛛 1000-1500倍液 喷雾
PD20090185 氰戊·氧乐果/20%/乳油/氰戊菊酯 3%、氧乐果 17%/2014.01.08 至 2019.01.08/中等毒(原药高毒)
棉花 棉蚜 112.5-150克/公顷 喷雾
PD20090927 乙草胺/40%/可湿性粉剂/乙草胺 40%/2014.01.19 至 2019.01.19/低毒
水稻移栽田 一年生杂草 90-120克/公顷 毒土法
PD20092658 异丙甲草胺/960克/升/乳油/异丙甲草胺 960克/升/2014.03.03 至 2019.03.03/低毒
高粱、玉米 一年生禾本科杂草及部分阔叶杂草 1296-1584克/公顷 播后苗前土壤喷雾
PD20093229 丙草胺/500克/升/乳油/丙草胺 500克/升/2009.03.11 至 2014.03.11/低毒
水稻移栽田 一年生杂草 375-525克/公顷 毒土法
PD20093280 丁草胺/900克/升/乳油/丁草胺 900克/升/2009.03.11 至 2014.03.11/低毒
移栽水稻田 一年生杂草 810-1350克/公顷 药土法
PD20095721 苄·乙/25%/可湿性粉剂/苄嘧磺隆 5.6%、乙草胺 19.4%/2009.05.18 至 2014.05.18/低毒
水稻移栽田 一年生杂草 84-118克/公顷 毒土法
PD20110508 乙草胺/50%/水乳剂/乙草胺 50%/2011.05.03 至 2016.05.03/低毒
冬油菜田 一年生禾本科杂草及小粒阔叶杂草 637.5-750克/公顷 土壤喷雾
花生田 一年生禾本科杂草及部分小粒种子阔叶杂草 900-1200克/公顷 土壤喷雾
PD20121179 咪鲜胺/25%/水乳剂/咪鲜胺 25%/2012.07.30 至 2017.07.30/低毒
柑橘 蒂腐病、绿霉病 250-500mg/kg 浸果
水稻 稻瘟病 225-375克/公顷 喷雾
PD20131766 精异丙甲草胺/98%/原药/精异丙甲草胺 98%/2013.09.06 至 2018.09.06/低毒
WP20090276 氰戊菊酯/20%/乳油/氰戊菊酯 20%/2009.05.27 至 2014.05.27/低毒
卫生 白蚁 1)3升/平方米(0.125%药液) 1)土壤处理
2)0.25%药液 2)涂抹木材

浙江省杭州三箭侠日化用品有限公司 (浙江省杭州市萧山区义桥镇潘山工业园区1号 311262 0571-82216367)

WP20090079 蚊香/0.3%/蚊香/富右旋反式烯丙菊酯 0.3%/2009.02.02 至 2014.02.02/低毒
卫生 蚊 / 点燃
WP20090091 杀虫气雾剂/0.37%/气雾剂/胺菊酯 0.12%、氯菊酯 0.25%/2009.02.03 至 2014.02.03/微毒
卫生 蚊、蝇 / 喷雾
WP20110153 蚊香/0.15%/蚊香/Es-生物烯丙菊酯 0.15%/2011.06.20 至 2016.06.20/微毒
卫生 蚊 / 点燃
WP20110178 杀虫气雾剂/0.55%/气雾剂/胺菊酯 0.3%、高效氯氰菊酯 0.05%、氯菊酯 0.2%/2011.07.25 至 2016.07.25/微毒
卫生 蚊、蝇、蜚蠊 / 喷雾
注:本产品有三种香型:花香型、琥珀檀香型、薰衣草香型。

浙江省杭州市白蚁防治研究所 (浙江省杭州市江干区长庆街36号 310016 0571-86969397)

WL20110114 氯菊酯/10%/水乳剂/氯菊酯 10%/2012.09.21 至 2013.09.21/低毒
建筑物 白蚁 1000-2000毫克/千克 木材浸泡
25克/平方米 土壤喷洒

浙江省杭州泰丰化工有限公司 (浙江省杭州市余杭区崇贤街道老鸦桥 311108 0571-86172636)

PD20040100 高效氯氰菊酯/4.5%/乳油/高效氯氰菊酯 4.5%/2009.12.19 至 2014.12.19/中等毒
甘蓝 菜青虫 15-22.5克/公顷 喷雾
PD20040353 吡虫啉/10%/可湿性粉剂/吡虫啉 10%/2009.12.19 至 2014.12.19/低毒
水稻 飞虱 15-30克/公顷 喷雾
小麦 蚜虫 15-30克/公顷(南方地区) 喷雾
45-60克/公顷(北方地区)
PD20050112 噻嗪酮/25%/可湿性粉剂/噻嗪酮 25%/2010.08.15 至 2015.08.15/低毒
柑橘树 矢尖蚧 166.7—250毫克/千克 喷雾
水稻 稻飞虱 93.75-131.25克/公顷 喷雾
PD20050209 甲基硫菌灵/70%/可湿性粉剂/甲基硫菌灵 70%/2010.12.23 至 2015.12.23/低毒
小麦 赤霉病 840-1260克/公顷 喷雾
PD20081354 氰戊菊酯/20%/乳油/氰戊菊酯 20%/2013.10.21 至 2018.10.21/中等毒
甘蓝 菜青虫 120-150克/公顷 喷雾
PD20083025 灭多威/90%/可溶粉剂/灭多威 90%/2013.12.10 至 2018.12.10/高毒
棉花 棉铃虫 405-540克/公顷 喷雾
PD20083630 灭多威/20%/乳油/灭多威 20%/2013.12.12 至 2018.12.12/中等毒(原药高毒)
棉花 棉铃虫 240-300克/公顷 喷雾
PD20085175 杀单·灭多威/16%/水剂/灭多威 4%、杀虫单 12%/2013.12.23 至 2018.12.23/低毒(原药高毒)
水稻 稻纵卷叶螟、二化螟 288-384克/公顷 喷雾

PD20090766 噻嗪·杀虫单/25%/可湿性粉剂/噻嗪酮 5%、杀虫单 20%/2014.01.19 至 2019.01.19/中等毒
水稻 稻飞虱 281.25-275克/公顷 喷雾
PD20097103 阿维·高氯氟/2%/乳油/阿维菌素 0.1%、高效氯氟氰菊酯 1.9%/2009.10.10 至 2014.10.10/低毒(原药高毒)
十字花科蔬菜 小菜蛾 9-12克/公顷 喷雾
PD20110445 高效氯氟氰菊酯/2.5%/微乳剂/高效氯氟氰菊酯 2.5%/2011.04.21 至 2016.04.21/中等毒
甘蓝 菜青虫 9.375-13.125克/公顷 喷雾
PD20132705 氯氟·啶虫脒/22.5%/可湿性粉剂/啶虫脒 20%、高效氯氟氰菊酯 2.5%/2013.12.30 至 2018.12.30/低毒
十字花科蔬菜 黄条跳甲 67.50-101.25克/公顷 喷雾

浙江省杭州萧山钱潮日化有限公司 (浙江省杭州市萧山区党山镇官一村 311245 0571-82503381)

WP20080297 杀蟑饵剂/1%/饵剂/乙酰甲胺磷 1%/2013.12.03 至 2018.12.03/低毒
卫生 蜚蠊 / 投放
WP20080487 杀蟑笔剂/0.5%/笔剂/溴氰菊酯 0.5%/2013.12.17 至 2018.12.17/低毒
卫生 蜚蠊 / 涂抹
WP20100081 杀蟑胶饵/2%/胶饵/乙酰甲胺磷 2%/2010.06.03 至 2015.06.03/微毒
卫生 蜚蠊 / 投放

浙江省杭州永新化工日用品有限公司 (浙江省杭州市富阳市大树下 311402 0571-63415195)

WP20080316 杀蟑烟片/0.13%/片剂/右旋苯醚氰菊酯 0.13%/2013.12.04 至 2018.12.04/低毒
卫生 蜚蠊 / 点燃
WP20080415 蚊香/0.25%/蚊香/富右旋反式烯丙菊酯 0.25%/2013.12.12 至 2018.12.12/低毒
卫生 蚊 / 点燃
WP20080431 电热蚊香片/13毫克/片/电热蚊香片/炔丙菊酯 13毫克/片/2013.12.15 至 2018.12.15/低毒
卫生 蚊 / 电热加温
WP20080475 电热蚊香液/0.86%/电热蚊香液/炔丙菊酯 0.86%/2013.12.16 至 2018.12.16/低毒
卫生 蚊 / 电热加温

浙江省杭州宇龙化工有限公司 (浙江省杭州市余杭区塘栖工业开发区 311106 0571-86225339)

PD20081506 苯醚甲环唑/95%/原药/苯醚甲环唑 95%/2013.11.06 至 2018.11.06/低毒
PD20081928 甲氰·噻螨酮/7.5%/乳油/甲氰菊酯 6%、噻螨酮 1.5%/2013.11.21 至 2018.11.21/中等毒
苹果树 红蜘蛛 50-75毫克/千克 喷雾
PD20082161 精噁唑禾草灵/95%(92%)/原药/精噁唑禾草灵 95%(92%)/2013.11.26 至 2018.11.26/低毒
PD20082329 精噁唑禾草灵/6.9%/水乳剂/精噁唑禾草灵 6.9%/2013.12.05 至 2018.12.05/低毒
夏大豆田 一年生禾本科杂草 62.1-72.5克/公顷 茎叶喷雾
PD20083091 硫丹/350克/升/乳油/硫丹 350克/升/2013.12.10 至 2018.12.10/中等毒
棉花 棉铃虫 制剂量：1500-2420毫升/公顷 喷雾
烟草 蚜虫、烟青虫 制剂量：1000-1500毫升/公顷 喷雾
PD20083217 高效氯氟氰菊酯/2.5%/乳油/高效氯氟氰菊酯 2.5%/2013.12.11 至 2018.12.11/中等毒
十字花科蔬菜 菜青虫 7.5-11.25克/公顷 喷雾
PD20083313 戊唑醇/95%/原药/戊唑醇 95%/2013.12.11 至 2018.12.11/低毒
PD20083367 精噁唑禾草灵/10%/乳油/精噁唑禾草灵 10%/2013.12.11 至 2018.12.11/低毒
冬小麦田 一年生禾本科杂草 51.8-72.5克/公顷 茎叶喷雾
PD20083507 联苯菊酯/25克/升/乳油/联苯菊酯 25克/升/2013.12.12 至 2018.12.12/低毒
茶树 茶尺蠖 11.25-15克/公顷 喷雾
PD20083511 苄·二氯/40%/可湿性粉剂/苄嘧磺隆 5%、二氯喹啉酸 35%/2013.12.12 至 2018.12.12/低毒
水稻移栽田 一年生及部分多年生杂草 210-300克/公顷 喷雾
PD20083624 精噁唑禾草灵/7.5%/水乳剂/精噁唑禾草灵 7.5%/2013.12.12 至 2018.12.12/低毒
冬小麦田 一年生禾本科杂草 67.5-78.8克/公顷 茎叶喷雾
PD20084117 甲氰菊酯/20%/乳油/甲氰菊酯 20%/2013.12.16 至 2018.12.16/中等毒
十字花科蔬菜 菜青虫 75-90克/公顷 喷雾
PD20085955 腈菌·福美双/20%/可湿性粉剂/福美双 18%、腈菌唑 2%/2013.12.29 至 2018.12.29/低毒
小麦 白粉病 120-150克/公顷 喷雾
PD20090589 精噁唑禾草灵/6.9%/水乳剂/精噁唑禾草灵 6.9%/2014.01.14 至 2019.01.14/低毒
春小麦田 一年生禾本科杂草 72.5-82.8克/公顷 茎叶喷雾
冬小麦田 一年生禾本科杂草 62.1-72.5克/公顷 茎叶喷雾
PD20090740 敌畏·毒死蜱/35%/乳油/敌敌畏 25%、毒死蜱 10%/2014.01.19 至 2019.01.19/中等毒
棉花 棉铃虫 367.5-472.5克/公顷 喷雾
水稻 稻纵卷叶螟 420-525克/公顷 喷雾
小麦 蚜虫 157.5-262.5克/公顷 喷雾
PD20090741 腈菌唑/5%/乳油/腈菌唑 5%/2014.01.19 至 2019.01.19/低毒
黄瓜 白粉病 22.5-30克/公顷 喷雾
梨树 黑星病 1500-2000倍液 喷雾
香蕉 叶斑病 1000-1500倍液 喷雾
PD20100421 稻瘟灵/40%/乳油/稻瘟灵 40%/2010.01.14 至 2015.01.14/低毒
水稻 稻瘟病 562.5—675克/公顷 喷雾
PD20101457 毒死蜱/45%/乳油/毒死蜱 45%/2010.05.04 至 2015.05.04/中等毒

水稻 稻纵卷叶螟 576-720克/公顷 喷雾
PD20111318 四氟醚唑/95%/原药/四氟醚唑 95%/2011.12.05 至 2016.12.05/低毒
PD20111433 炔草酯/97%/原药/炔草酯 97%/2011.12.28 至 2016.12.28/低毒
PD20120176 炔草酯/15%/可湿性粉剂/炔草酯 15%/2012.01.30 至 2017.01.30/低毒
小麦田 一年生禾本科杂草 45-60克/公顷 茎叶喷雾
PD20120347 氟环唑/12.5%/悬浮剂/氟环唑 12.5%/2012.02.23 至 2017.02.23/低毒
香蕉 叶斑病 140.55-187.5克/公顷 喷雾
PD20120547 苯醚甲环唑/250克/升/乳油/苯醚甲环唑 250克/升/2012.03.28 至 2017.03.28/低毒
苹果树 斑点落叶病 55.6-100毫克/千克 喷雾
PD20120593 苯甲·丙环唑/300克/升/乳油/苯醚甲环唑 150克/升、丙环唑 150克/升/2012.04.11 至 2017.04.11/低毒
水稻 纹枯病 67.5-135克/公顷 喷雾
PD20130058 苯醚甲环唑/10%/微乳剂/苯醚甲环唑 10%/2013.01.07 至 2018.01.07/低毒
苹果树 斑点落叶病 67-100毫克/千克 喷雾
PD20130124 阿维·毒死蜱/15%/乳油/阿维菌素 0.1%、毒死蜱 14.9%/2013.01.17 至 2018.01.17/低毒(原药高毒)
水稻 稻纵卷叶螟 135-225克/公顷 喷雾
PD20130358 戊菌唑/10%/乳油/戊菌唑 10%/2013.03.11 至 2018.03.11/低毒
葡萄 白粉病 25-50mg/kg 喷雾
PD20130363 戊菌唑/97%/原药/戊菌唑 97%/2013.03.11 至 2018.03.11/低毒
PD20130446 四氟醚唑/12.5%/水乳剂/四氟醚唑 12.5%/2013.03.18 至 2018.03.18/低毒
草莓 白粉病 40-50克/公顷 喷雾
PD20130644 嘧菌酯/95%/原药/嘧菌酯 95%/2013.04.05 至 2018.04.05/低毒
PD20132085 草铵膦/200克/升/水剂/草铵膦 200克/升/2013.10.24 至 2018.10.24/低毒
柑橘园 杂草 600-900克/公顷 定向茎叶喷雾
LS20110224 炔草酯/15%/微乳剂/炔草酯 15%/2013.08.10 至 2014.08.10/低毒
冬小麦田 一年生禾本科杂草 45-66克/公顷 茎叶喷雾

浙江省杭州运达农药制造有限公司 (浙江省杭州市余杭区塘栖镇莫家桥 311106 0571-86323383)

PD85154-57 氰戊菊酯/20%/乳油/氰戊菊酯 20%/2009.08.09 至 2014.08.09/中等毒
柑橘树 潜叶蛾 10-20毫克/千克 喷雾
果树 梨小食心虫 10-20毫克/千克 喷雾
棉花 红铃虫、蚜虫 75-150克/公顷 喷雾
蔬菜 菜青虫、蚜虫 60-120克/公顷 喷雾
PD20082187 甲基硫菌灵/70%/可湿性粉剂/甲基硫菌灵 70%/2008.11.26 至 2013.11.26/低毒
小麦 赤霉病 735-1050克/公顷 喷雾
PD20082487 乙酰甲胺磷/30%/乳油/乙酰甲胺磷 30%/2008.12.03 至 2013.12.03/低毒
柑橘树 介壳虫 500-600毫克/千克 喷雾
PD20083771 噻嗪酮/25%/可湿性粉剂/噻嗪酮 25%/2013.12.15 至 2018.12.15/低毒
水稻 稻飞虱 75-112.5克/公顷 喷雾
PD20092708 草甘膦异丙胺盐/41%/水剂/草甘膦异丙胺盐 41%/2014.03.03 至 2019.03.03/低毒
柑橘园 杂草 1125-2250克/公顷 定向茎叶喷雾

浙江省湖州荣盛农药化工有限公司 (浙江省湖州市南浔区菱湖镇人民北路131号 313018 0572-3942558)

PD20082762 草甘膦/95%/原药/草甘膦 95%/2013.12.08 至 2018.12.08/低毒
PD20082798 草甘膦异丙胺盐/41%/水剂/草甘膦异丙胺盐 41%/2013.12.09 至 2018.12.09/低毒
柑橘园 一年生及部分多年生杂草 1125-2250克/公顷 定向茎叶喷雾
PD20083722 三乙膦酸铝/95%/原药/三乙膦酸铝 95%/2013.12.15 至 2018.12.15/低毒
PD20084378 噻螨酮/98%/原药/噻螨酮 98%/2013.12.17 至 2018.12.17/低毒
PD20093266 噻螨酮/5%/乳油/噻螨酮 5%/2009.03.11 至 2014.03.11/低毒
柑橘树 红蜘蛛 12.5-16.7毫克/千克 喷雾
PD20100917 高效氯氟氰菊酯/25克/升/乳油/高效氯氟氰菊酯 25克/升/2010.01.19 至 2015.01.19/中等毒
棉花 棉铃虫 18.75-28.125克/公顷 喷雾
PD20130297 草甘膦铵盐/68%/可溶粒剂/草甘膦 68%/2013.02.26 至 2018.02.26/低毒
柑橘园 杂草 1120-2240克/公顷 定向茎叶喷雾
注:草甘膦铵盐含量: 74.7%。

浙江省乐斯化学有限公司 (浙江省乐清市磐石镇磐南村 325602 0577-61609982)

PD20080355 炔螨特/91%/原药/炔螨特 91%/2013.02.28 至 2018.02.28/低毒
PD20082494 炔螨特/73%/乳油/炔螨特 73%/2013.12.03 至 2018.12.03/低毒
柑橘树 红蜘蛛 292-365毫克/千克 喷雾
PD20085492 二甲戊灵/98%/原药/二甲戊灵 98%/2013.12.25 至 2018.12.25/低毒
PD20090279 阿维·苏云菌//可湿性粉剂/阿维菌素 0.18%、苏云金杆菌 100亿活芽孢/克/2014.01.09 至 2019.01.09/低毒(原药高毒)
十字花科蔬菜 小菜蛾 600-750克制剂/公顷 喷雾
PD20097633 咪鲜胺/95%/原药/咪鲜胺 95%/2009.11.03 至 2014.11.03/低毒
PD20098187 咪鲜胺/25%/乳油/咪鲜胺 25%/2009.12.14 至 2014.12.14/低毒
水稻 恶苗病 62.5-125毫克/千克 浸种
PD20100199 二甲戊灵/330克/升/乳油/二甲戊灵 330克/升/2010.01.05 至 2015.01.05/低毒

甘蓝 杂草 495-742.5克/公顷 土壤喷雾
PD20121191 苯嗪草酮/98%/原药/苯嗪草酮 98%/2012.08.06 至 2017.08.06/低毒
注:专供出口，不得在国内销售。
LS20110187 氨磺乐灵/96%/原药/氨磺乐灵 96%/2013.07.11 至 2014.07.11/低毒
注:专供出口，不得在国内销售。

浙江省临海市建新化工有限公司 (浙江省台州市临海市商检大楼四层 317000 0576-5135553)

PD84122-2 溴甲烷/99%/原药/溴甲烷 99%/2009.12.17 至 2014.12.17/高毒
粮食、食品、种子 多种害虫、鼠 27-37.5克/立方米 密闭熏蒸
烟草(苗床) 土壤线虫、真菌 50-100克/平方米 熏蒸

浙江省宁波舜宏化工有限公司 (浙江省宁波市余姚市世南东路以东 315400 0574-62707897)

PD84104-2 杀虫双/18%/水剂/杀虫双 18%/2009.07.20 至 2014.07.20/中等毒
甘蔗、蔬菜、水稻、小麦、玉米 多种害虫 540-675克/公顷 喷雾
果树 多种害虫 225-360毫克/千克 喷雾
PD20040620 杀虫单/90%/可溶粉剂/杀虫单 90%/2009.12.19 至 2014.12.19/中等毒
水稻 二化螟、三化螟 675-810克/公顷 喷雾
PD20040697 杀虫单/80%/可溶粉剂/杀虫单 80%/2009.12.19 至 2014.12.19/中等毒
水稻 二化螟 675-810克/公顷 喷雾
水稻 稻纵卷叶螟 420-600克/公顷 喷雾
PD20050101 杀虫单/95%/原药/杀虫单 95%/2010.07.28 至 2015.07.28/中等毒
PD20080478 杀虫安/87%/原药/杀虫安 87%/2008.03.31 至 2013.03.31/中等毒
PD20080479 杀虫安/78%/可溶粉剂/杀虫安 78%/2008.03.31 至 2013.03.31/中等毒
水稻 稻纵卷叶螟、二化螟 468-585克/公顷 喷雾
PD20096112 吡虫·杀虫安/60%/可湿性粉剂/吡虫啉 1.5%、杀虫安 58.5%/2009.06.18 至 2014.06.18/中等毒
水稻 稻纵卷叶螟、飞虱 450-630克/公顷 喷雾
PD20096392 杀虫双/25%/母药/杀虫双 25%/2009.08.04 至 2014.08.04/中等毒
PD20101202 杀虫安/18%/水剂/杀虫安 18%/2010.02.09 至 2015.02.09/低毒
水稻 稻纵卷叶螟、二化螟 450-600克/公顷 喷雾
PD20101284 杀虫安/50%/可溶粉剂/杀虫安 50%/2010.03.10 至 2015.03.10/中等毒
水稻 稻纵卷叶螟、二化螟 375-525克/公顷 喷雾
PD20101322 噻嗪·杀虫安/42%/可湿性粉剂/噻嗪酮 6.8%、杀虫安 35.2%/2010.03.17 至 2015.03.17/中等毒
水稻 稻飞虱、二化螟 504-630克/公顷 喷雾

浙江省宁波中化化学品有限公司 (浙江省宁波市镇海区宁波化学工业区北海路1165号 315040 0574-87770072)

PD84101 马拉硫磷/95%,90%,85%/原药/马拉硫磷 95%,90%,85%/2009.10.26 至 2014.10.26/低毒
PD84102 杀螟硫磷/45%/乳油/杀螟硫磷 45%/2009.10.26 至 2014.10.26/中等毒
茶树 尺蠖、毛虫、小绿叶蝉 250-500毫克/千克 喷雾
甘薯 小象甲 525-900克/公顷 喷雾
果树 卷叶蛾、毛虫、食心虫 250-500毫克/千克 喷雾
棉花 蚜虫、叶蝉、造桥虫 375-562.5克/公顷 喷雾
棉花 红铃虫、棉铃虫 375-750毫克/千克 喷雾
水稻 飞虱、螟虫、叶蝉 375-562.5克/公顷 喷雾
PD84105 马拉硫磷/45%/乳油/马拉硫磷 45%/2009.12.27 至 2014.12.27/低毒
茶树 长白蚧、象甲 625-1000毫克/千克 喷雾
果树 蝽蟓、蚜虫 250-333毫克/千克 喷雾
林木、牧草、农田 蝗虫 450-600克/公顷 喷雾
棉花 盲蝽蟓、蚜虫、叶跳虫 375-562.2克/公顷 喷雾
蔬菜 黄条跳甲、蚜虫 562.5-750克/公顷 喷雾
水稻 飞虱、蓟马、叶蝉 562.5-750克/公顷 喷雾
小麦 黏虫、蚜虫 562.5-750克/公顷 喷雾
PD85129 马拉硫磷/70%/乳油/马拉硫磷 70%/2011.01.15 至 2016.01.15/低毒
大麦原粮、稻谷原粮、高粱原粮、小麦原粮、玉米原粮 仓储害虫 10-30毫克/千克 喷雾或砻糠载体法
PD86154-3 杀螟硫磷/93%,85%,75%/原药/杀螟硫磷 93%,85%,75%/2011.08.28 至 2016.08.28/中等毒
PD20030015 二甲戊灵/≥95/原药/二甲戊灵 ≥95%/2013.11.27 至 2018.11.27/低毒
PD20060048 二甲戊灵/330克/升/乳油/二甲戊灵 330克/升/2011.02.27 至 2016.02.27/低毒
大蒜田、甘蓝田 一年生杂草 618.75-742.5克/公顷 土壤喷雾
韭菜田 一年生禾本科杂草及部分小粒种子阔叶杂草 495-742.5克/公顷 土壤喷雾
棉花田 一年生杂草 742.5-990克/公顷 毒土法
烟草 抑制腋芽生长 66-80毫克/株 杯淋
PD20070248 精吡氟禾草灵/90%/原药/精吡氟禾草灵 90%/2012.08.30 至 2017.08.30/低毒
PD20070320 溴螨酯/95%/原药/溴螨酯 95%/2012.09.27 至 2017.09.27/低毒

PD20070632 硫双威/95%/原药/硫双威 95%/2012.12.14 至 2017.12.14/低毒
PD20080601 氧氟·甲戊灵/34%/乳油/二甲戊灵 20%、乙氧氟草醚 14%/2013.05.12 至 2018.05.12/低毒
大蒜田 一年生杂草 255-408克/公顷 土壤喷雾
PD20080640 戊唑醇/96%/原药/戊唑醇 96%/2013.05.13 至 2018.05.13/低毒
PD20080834 高效氟吡甲禾灵/90%/原药/高效氟吡甲禾灵 90%/2013.06.20 至 2018.06.20/低毒
PD20082177 精吡氟禾草灵/150克/升/乳油/精吡氟禾草灵 150克/升/2013.11.26 至 2018.11.26/低毒
大豆田、冬油菜田 一年生禾本科杂草 112.5-157.5克/公顷 茎叶喷雾
棉花田 一年生禾本科杂草 78.75-112.5克/公顷 茎叶喷雾
PD20082533 高效氟吡甲禾灵/108克/升/乳油/高效氟吡甲禾灵 108克/升/2013.12.03 至 2018.12.03/低毒
大豆田 一年生禾本科杂草 40.5-48.6克/公顷 茎叶喷雾
花生田 一年生禾本科杂草 32.4-40.5克公顷 茎叶喷雾
棉花田 一年生禾本科杂草 45-52.5克/公顷 茎叶喷雾
PD20083064 吡虫啉/98%/原药/吡虫啉 98%/2013.12.10 至 2018.12.10/低毒
PD20083917 丙环唑/95%/原药/丙环唑 95%/2013.12.15 至 2018.12.15/低毒
PD20084858 硫双威/75%/可湿性粉剂/硫双威 75%/2013.12.22 至 2018.12.22/中等毒
棉花 棉铃虫 506.25-675克/公顷 喷雾
PD20091534 戊唑醇/430克/升/悬浮剂/戊唑醇 430克/升/2014.02.03 至 2019.02.03/低毒
梨树 黑星病 108.5-143.3毫克/千克 喷雾
苹果树 斑点落叶病 61.4-86毫克/千克 喷雾
PD20095772 烟嘧磺隆/98%/原药/烟嘧磺隆 98%/2009.05.18 至 2014.05.18/低毒
PD20096016 氟虫腈/95%/原药/氟虫腈 95%/2009.06.15 至 2014.06.15/中等毒
注:专供出口，不得在国内销售。
PD20096585 烟嘧磺隆/40克/升/可分散油悬浮剂/烟嘧磺隆 40克/升/2009.08.25 至 2014.08.25/低毒
玉米田 一年生杂草 42-60克/公顷 茎叶喷雾
PD20097597 氟虫腈/50克/升/悬浮剂/氟虫腈 50克/升/2009.11.03 至 2014.11.03/低毒
注:专供出口，不得在国内销售。
PD20097674 丙环唑/250克/升/乳油/丙环唑 250克/升/2009.11.04 至 2014.11.04/低毒
香蕉 叶斑病 375—500毫克/千克 喷雾
小麦 白粉病、锈病 124.5—137.5克/公顷 喷雾
小麦 根腐病 124.5—150克/公顷 喷雾
PD20101897 吡虫啉/70%/种子处理可分散粉剂/吡虫啉 70%/2010.08.27 至 2015.08.27/低毒
棉花 蚜虫 280-350克/100千克种子 种子处理
PD20102111 啶虫脒/20%/可溶液剂/啶虫脒 20%/2010.11.30 至 2015.11.30/低毒
柑橘树 蚜虫 8.0—13.3毫克/千克 喷雾
PD20102112 苯醚甲环唑/10%/水分散粒剂/苯醚甲环唑 10%/2010.11.30 至 2015.11.30/低毒
大白菜 黑斑病 63.75-75克/公顷 喷雾
番茄 早疫病 125-150克/公顷 喷雾
黄瓜 白粉病 100-125克/公顷 喷雾
西瓜 炭疽病 100-125克/公顷 喷雾
PD20102222 吡虫啉/25%/可湿性粉剂/吡虫啉 25%/2010.12.31 至 2015.12.31/低毒
水稻 稻飞虱 22.5-30克/公顷 喷雾
PD20110054 苯醚甲环唑/250克/升/乳油/苯醚甲环唑 250克/升/2011.01.11 至 2016.01.11/低毒
香蕉树 叶斑病 104.15—125毫克/千克 喷雾
PD20110813 啶虫脒/20%/可溶粉剂/啶虫脒 20%/2011.08.04 至 2016.08.04/低毒
甘蓝 蚜虫 18-36克/公顷 喷雾
PD20110886 啶虫脒/99%/原药/啶虫脒 99%/2011.08.16 至 2016.08.16/低毒
PD20111049 吡虫啉/70%/水分散粒剂/吡虫啉 70%/2011.10.10 至 2016.10.10/中等毒
甘蓝 蚜虫 14-20克/公顷 喷雾
棉花 蚜虫 21-31.5克/公顷 喷雾
PD20121746 戊唑醇/250克/升/水乳剂/戊唑醇 250克/升/2012.11.15 至 2017.11.15/低毒
黄瓜 白粉病 90-113克/公顷 喷雾
葡萄 白腐病 75-125毫克/千克 喷雾
PD20121792 吡虫啉/20%/可溶液剂/吡虫啉 20%/2012.11.22 至 2017.11.22/低毒
苹果树 黄蚜 30.8-40毫克/千克 喷雾
水稻 稻飞虱 22.5-30克/公顷 喷雾
PD20121794 阿维菌素/1.8%/乳油/阿维菌素 1.8%/2012.11.22 至 2017.11.22/低毒(原药高毒)
棉花 红蜘蛛 8.1-10.8克/公顷 喷雾
PD20121815 乙草胺/81.5%/乳油/乙草胺 81.5%/2012.11.22 至 2017.11.22/低毒
花生田 一年生禾本科杂草及部分阔叶杂草 978-1222.5克/公顷 播后苗前土壤喷雾
PD20121854 烟嘧磺隆/75%/水分散粒剂/烟嘧磺隆 75%/2012.11.28 至 2017.11.28/低毒
玉米田 一年生杂草 39.38-59.63克/公顷 茎叶喷雾
PD20121962 啶虫脒/70%/水分散粒剂/啶虫脒 70%/2012.12.12 至 2017.12.12/低毒
番茄 白粉虱 21—31.5克/公顷 喷雾

PD20132613 草甘膦铵盐/68%/可溶粒剂/草甘膦 68%/2013.12.20 至 2018.12.20/低毒
注:草甘膦铵盐含量：75.7%。 专供出口，不进在国内销售。

PD20132637 氟虫腈/80%/水分散粒剂/氟虫腈 80%/2013.12.20 至 2018.12.20/中等毒
注:专供出口，不得在国内销售。

PD20132664 莠去津/500克/升/悬浮剂/莠去津 500克/升/2013.12.20 至 2018.12.20/低毒
注:专供出口，不得在国内销售。

WP20080027 杀螟硫磷/40%/可湿性粉剂/杀螟硫磷 40%/2013.02.28 至 2018.02.28/低毒
卫生 蜚蠊、蚊、蝇 2克/平方米 滞留喷洒

浙江省平阳县双马蚊香厂 (浙江省平阳县梅溪乡凤冠路1号 325401 0577-63051153)

WP20090249 蚊香/0.3%/蚊香/富右旋反式烯丙菊酯 0.3%/2009.04.27 至 2014.04.27/微毒
卫生 蚊 / 点燃

浙江省浦江县老李蚊香厂 (浙江省浦江县仙华大道888号 322200 0579-4105898)

WP20090375 蚊香/0.28%/蚊香/富右旋反式烯丙菊酯 0.28%/2009.12.01 至 2014.12.01/低毒
卫生 蚊 / 点燃

WP20090377 杀虫气雾剂/0.43%/气雾剂/胺菊酯 0.18%、氯菊酯 0.18%、右旋苯醚氰菊酯 0.07%/2009.12.07 至 2014.12.07/微毒
卫生 蚊、蝇 / 喷雾

浙江省上虞市银邦化工有限公司 (浙江省上虞市上虞港精细化工园区东进一号桥 312369 0575-2738118)

PD20080339 噁霉灵/95%/原药/噁霉灵 95%/2013.02.26 至 2018.02.26/低毒

PD20081724 高效氯氟氰菊酯/95%/原药/高效氯氟氰菊酯 95%/2013.11.18 至 2018.11.18/中等毒

PD20082747 烯草酮/90%/原药/烯草酮 90%/2013.12.08 至 2018.12.08/低毒

PD20083073 联苯菊酯/95%/原药/联苯菊酯 95%/2013.12.10 至 2018.12.10/中等毒

PD20095771 高效氯氟氰菊酯/25克/升/乳油/高效氯氟氰菊酯 25克/升/2009.05.18 至 2014.05.18/中等毒
茶树 茶尺蠖 16.7-25毫克/千克 喷雾
棉花 棉铃虫 16.8-25.2克/公顷 喷雾
十字花科蔬菜 菜青虫 9.375-13.125克/公顷 喷雾
烟草 蚜虫 11.25-15克/公顷 喷雾

PD20096289 毒死蜱/95%/原药/毒死蜱 95%/2009.07.22 至 2014.07.22/中等毒

PD20096965 烟嘧磺隆/95%/原药/烟嘧磺隆 95%/2009.09.29 至 2014.09.29/低毒

PD20100408 草甘膦/95%/原药/草甘膦 95%/2010.01.14 至 2015.01.14/低毒

PD20100761 戊唑醇/95%/原药/戊唑醇 95%/2010.01.18 至 2015.01.18/低毒

PD20101120 毒死蜱/480克/升/乳油/毒死蜱 480克/升/2010.01.25 至 2015.01.25/中等毒
水稻 二化螟 432-576克/公顷 喷雾
水稻 稻纵卷叶螟 504-648克/公顷 喷雾

PD20110598 联苯肼酯/97%/原药/联苯肼酯 97%/2011.05.30 至 2016.05.30/低毒

PD20110774 砜嘧磺隆/99%/原药/砜嘧磺隆 99%/2011.07.25 至 2016.07.25/低毒

PD20120312 己唑醇/5%/悬浮剂/己唑醇 5%/2012.02.17 至 2017.02.17/低毒
水稻 纹枯病 60-75克/公顷 喷雾

PD20121140 吡虫啉/95%/原药/吡虫啉 95%/2012.07.20 至 2017.07.20/中等毒

PD20121618 甲氧虫酰肼/98.5%/原药/甲氧虫酰肼 98.5%/2012.10.30 至 2017.10.30/低毒

PD20121858 甲氧虫酰肼/24%/悬浮剂/甲氧虫酰肼 24%/2012.11.28 至 2017.11.28/低毒
水稻 二化螟 70-100克/公顷 喷雾

LS20100112 吡蚜酮/50%/可湿性粉剂/吡蚜酮 50%/2012.07.13 至 2013.07.13/低毒
水稻 稻飞虱 60-90克/公顷 喷雾

LS20100118 吡蚜·毒死蜱/25%/可湿性粉剂/吡蚜酮 10%、毒死蜱 15%/2012.07.28 至 2013.07.28/低毒
水稻 稻飞虱 112.5-187.5克/公顷 喷雾

浙江省绍兴市澳野实业有限公司 (浙江省绍兴市马山镇宁六村 312086 0575-8917988)

WP20080341 电热蚊香液/0.86%/电热蚊香液/炔丙菊酯 0.86%/2013.12.09 至 2018.12.09/微毒
卫生 蚊 / 电热加温

WP20080362 电热蚊香片/18毫克/片/电热蚊香片/富右旋反式烯丙菊酯 6毫克/片、炔丙菊酯 12毫克/片/2013.12.10 至 2018.12.10/微毒
卫生 蚊 / 电热加温

WP20080503 杀虫气雾剂/0.65%/气雾剂/胺菊酯 0.26%、高效氯氰菊酯 0.13%、氯菊酯 0.26%/2013.12.18 至 2018.12.18/微毒
卫生 蚊、蝇、蜚蠊 / 喷雾

WP20120168 蚊香/0.28%/蚊香/富右旋反式烯丙菊酯 0.28%/2012.09.11 至 2017.09.11/微毒
卫生 蚊 / 点燃

浙江省绍兴市东湖生化有限公司 (浙江省绍兴市斗门镇马海 312074 0575-8030502)

PD84125-12 乙烯利/40%/水剂/乙烯利 40%/2009.12.29 至 2014.12.29/低毒
番茄 催熟 800-1000倍液 喷雾或浸渍
棉花 催熟、增产 330-500倍液 喷雾
柿子、香蕉 催熟 400倍液 喷雾或浸渍
水稻 催熟、增产 800倍液 喷雾
橡胶树 增产 5-10倍液 涂布
烟草 催熟 1000-2000倍液 喷雾

PD20070321 矮壮素/98%/原药/矮壮素 98%/2012.09.27 至 2017.09.27/低毒
PD20070484 咪鲜胺/98%/原药/咪鲜胺 98%/2012.11.28 至 2017.11.28/低毒
PD20080016 霜脲氰/98%/原药/霜脲氰 98%/2013.01.03 至 2018.01.03/低毒
PD20086121 乙烯利/91%/原药/乙烯利 91%/2013.12.30 至 2018.12.30/低毒
PD20095390 矮壮素/50%/水剂/矮壮素 50%/2009.04.27 至 2014.04.27/低毒
番茄 调节生长 500-666.7毫克/千克 喷雾
棉花 调节生长 35-50毫克/千克 喷雾
小麦 调节生长 1000－1666.7毫克/千克 喷雾

浙江省绍兴市幸运胶囊化学有限公司 （浙江省绍兴市斗门镇西园路12号 3312071 0575-8037673）

WP20080345 杀蟑饵片/1%/饵片/乙酰甲胺磷 1%/2013.12.09 至 2018.12.09/微毒
卫生 蜚蠊 / 投放
WP20090041 杀蟑笔剂/0.5%/笔剂/溴氰菊酯 0.5%/2009.01.19 至 2014.01.19/微毒
卫生 蜚蠊 / 涂抹

浙江省绍兴天诺农化有限公司 （浙江省诸暨市枫桥镇学勉路99号 311811 0575-7041188）

PD20085819 毒死蜱/3%/颗粒剂/毒死蜱 3%/2008.12.29 至 2013.12.29/低毒
十字花科蔬菜 地老虎、金针虫、蝼蛄、蛴螬 1350-2250克/公顷 撒施
PD20085959 氰戊·敌敌畏/25%/乳油/敌敌畏 20%、氰戊菊酯 5%/2013.12.29 至 2018.12.29/中等毒
十字花科蔬菜 蚜虫 150-262.5克/公顷 喷雾
PD20091541 丁硫·毒死蜱/5%/颗粒剂/丁硫克百威 1%、毒死蜱 4%/2014.02.03 至 2019.02.03/低毒
花生 根结线虫 2250-3750克/公顷 沟施或穴施
PD20096373 氯溴异氰尿酸/50%/可溶粉剂/氯溴异氰尿酸 50%/2009.08.04 至 2014.08.04/低毒
水稻 白叶枯病 165-420克/公顷 喷雾
PD20100244 丁硫克百威/35%/种子处理干粉剂/丁硫克百威 35%/2010.01.11 至 2015.01.11/中等毒
水稻(育秧苗) 蓟马 1：84-111(药种比) 拌种
PD20131434 草铵膦/20%/水剂/草铵膦 20%/2013.07.03 至 2018.07.03/低毒
非耕地 杂草 600-900克/公顷 茎叶喷雾
LS20130473 高效氯氰菊酯/2%/颗粒剂/高效氯氰菊酯 2%/2013.10.24 至 2014.10.24/低毒
甘蓝 蛴螬 750-1050克/公顷 毒土法
WP20120110 杀蟑饵剂/1.5%/饵剂/乙酰甲胺磷 1.5%/2012.06.14 至 2017.06.14/低毒
卫生 蜚蠊 / 投放

浙江省台州市红梦实业有限公司 （浙江省台州市路桥区马铺工业区 318050 0576-2424589）

WP20090038 电热蚊香液/0.86%/电热蚊香液/富右旋反式炔丙菊酯 0.86%/2014.01.15 至 2019.01.15/微毒
卫生 蚊 / 电热加温
WP20100137 电热蚊香片/10毫克/片/电热蚊香片/炔丙菊酯 10毫克/片/2010.11.03 至 2015.11.03/微毒
卫生 蚊 / 电热加温
WP20110215 蚊香/0.3%/蚊香/富右旋反式烯丙菊酯 0.3%/2011.09.20 至 2016.09.20/微毒
卫生 蚊 / 点燃
WP20110243 杀虫气雾剂/0.55%/气雾剂/胺菊酯 0.3%、高效氯氰菊酯 0.05%、氯菊酯 0.2%/2011.10.27 至 2016.10.27/微毒
卫生 蚊、蝇、蜚蠊 / 喷雾

浙江省台州市黄岩永宁农药化工有限公司（浙江省台州市黄岩区海棠新村1幢1单元102室 318020 0576-84259598）

PD86166-3 倍硫磷原油/95%/原药/倍硫磷 95%/2012.06.28 至 2017.06.28/中等毒
PD86167-2 倍硫磷/50%/乳油/倍硫磷 50%/2012.06.28 至 2017.06.28/中等毒
大豆 食心虫 562.5-1125克/公顷 喷雾
果树 桃小食心虫 1000-2000倍液 喷雾
棉花 棉铃虫、蚜虫 375-750克/公顷 喷雾
蔬菜 蚜虫 375克/公顷 喷雾
水稻 螟虫 1)562.5-1125克/公顷公 1)喷雾
2)1125克/顷 2)泼浇、毒土
甜菜 叶蝇 375-562.5克/公顷 喷雾
小麦 吸浆虫 562.5克/公顷 喷雾
PD86175-12 乙酰甲胺磷/97%/原药/乙酰甲胺磷 97%/2012.06.28 至 2017.06.28/低毒
PD86176-3 乙酰甲胺磷/30%/乳油/乙酰甲胺磷 30%/2012.06.28 至 2017.06.28/低毒
柑橘树 介壳虫、螨 500-1000倍液 喷雾
果树 食心虫 500-1000倍液 喷雾
棉花 棉铃虫、蚜虫 450-900克/公顷 喷雾
蔬菜 菜青虫、蚜虫 337.5-540克/公顷 喷雾
水稻 螟虫、叶蝉 562.5-1012.5克/公顷 喷雾
小麦、玉米 黏虫、玉米螟 540-1080克/公顷 喷雾
烟草 烟青虫 450-900克/公顷 喷雾
PD20060213 杀螟硫磷/95%/原药/杀螟硫磷 95%/2011.12.26 至 2016.12.26/中等毒

浙江省桐庐汇丰生物科技有限公司 （浙江省杭州市桐庐县桐庐镇洋塘路311号 311500 0571-64611738）

PD85131-2 井冈霉素/2.4%,4%/水剂/井冈霉素A 2.4%,4%/2010.07.29 至 2015.07.29/低毒
水稻 纹枯病 150-187.5克/公顷 喷雾,泼浇

	注:井冈霉素含量：3%，5%。			
PD86109-23	苏云金杆菌/16000IU/毫克/可湿性粉剂/苏云金杆菌 16000IU/毫克/2011.11.22 至 2016.11.22/低毒			
	白菜、萝卜、青菜	菜青虫、小菜蛾	1500-4500克制剂/公顷	喷雾
	茶树	茶毛虫	1500-7500克制剂/公顷	喷雾
	大豆、甘薯	天蛾	1500-2250克制剂/公顷	喷雾
	柑橘树	柑橘凤蝶	2250-3750克制剂/公顷	喷雾
	高粱、玉米	玉米螟	3750-4500克制剂/公顷	喷雾、毒土
	梨树	天幕毛虫	1500-3750克制剂/公顷	喷雾
	林木	尺蠖、柳毒蛾、松毛虫	2250-7500克制剂/公顷	喷雾
	棉花	棉铃虫、造桥虫	1500-7500克制剂/公顷	喷雾
	苹果树	巢蛾	2250-3750克制剂/公顷	喷雾
	水稻	稻苞虫、稻纵卷叶螟	1500-6000克制剂/公顷	喷雾
	烟草	烟青虫	3750-7500克制剂/公顷	喷雾
	枣树	尺蠖	3750-4500克制剂/公顷	喷雾
PD86139-2	井冈霉素/5%/水溶粉剂/井冈霉素 5%/2012.08.27 至 2017.08.27/低毒			
	水稻	纹枯病	75-112.5克/公顷	喷雾、泼浇
PD88109-5	井冈霉素/20%/水溶粉剂/井冈霉素 20%/2013.12.16 至 2018.12.16/低毒			
	水稻	纹枯病	150-187.5克/公顷	喷雾、泼浇
PD93106-2	井冈霉素/10%/水剂/井冈霉素 10%/2013.08.26 至 2018.08.26/低毒			
	水稻	纹枯病	75-112.5克/公顷	喷雾、泼浇
PD20081416	井冈霉素A/60%/原药/井冈霉素A 60%/2013.10.29 至 2018.10.29/低毒			
PD20082833	井冈霉素/10%/可溶粉剂/井冈霉素A 10%/2013.12.09 至 2018.12.09/低毒			
	水稻	纹枯病	52.5-75克/公顷	喷雾
PD20083081	噻嗪·异丙威/25%/可湿性粉剂/噻嗪酮 7%、异丙威 18%/2013.12.10 至 2018.12.10/中等毒			
	水稻	稻飞虱	150-225克/公顷	喷雾
PD20083567	井冈霉素/15%/可溶粉剂/井冈霉素A 15%/2013.12.12 至 2018.12.12/低毒			
	水稻	纹枯病	52.5-75克/公顷	喷雾
PD20083577	井冈霉素/60%/可溶粉剂/井冈霉素A 60%/2013.12.12 至 2018.12.12/低毒			
	水稻	纹枯病	52.5-75克/公顷	喷雾
PD20085758	毒死蜱/480克/升/乳油/毒死蜱 480克/升/2013.12.29 至 2018.12.29/中等毒			
	水稻	稻纵卷叶螟、三化螟	576-720克/公顷	喷雾
PD20090119	井冈霉素/5%/可溶粉剂/井冈霉素A 5%/2014.01.08 至 2019.01.08/低毒			
	水稻	纹枯病	52.5-75克/公顷	喷雾
PD20090186	井冈·噻嗪酮/30%/可湿性粉剂/井冈霉素 14.3%、噻嗪酮 15.7%/2014.01.08 至 2019.01.08/低毒			
	水稻	飞虱	157.5-189克/公顷	喷雾
PD20092299	仲丁威/20%/乳油/仲丁威 20%/2014.02.24 至 2019.02.24/低毒			
	水稻	稻飞虱	2250-3000克/公顷	喷雾
PD20093382	井冈·蜡芽菌/12%/水剂/井冈霉素 2%、蜡质芽孢杆菌 10%/2014.03.19 至 2019.03.19/低毒			
	水稻	纹枯病	360-450克/公顷	喷雾
PD20095232	井冈·蜡芽菌/37%/可湿性粉剂/井冈霉素 5%、蜡质芽孢杆菌 32%/2014.04.27 至 2019.04.27/低毒			
	水稻	纹枯病	360.75-444克/公顷	喷雾
	水稻	稻曲病	277.5-360.75克/公顷	喷雾
PD20096844	多粘类芽孢杆菌/0.1亿cfu/克/细粒剂/多粘类芽孢杆菌 0.1亿CFU/克/2009.09.21 至 2014.09.21/微毒			
	番茄、辣椒、茄子、烟草	青枯病	制剂：1)300倍液2)0.3克/平方米 3)15750-21000克/公顷	1)浸种2)苗床泼浇 3)灌根
PD20101365	嘧啶核苷类抗菌素/4%/水剂/嘧啶核苷类抗菌素 4%/2010.04.08 至 2015.04.08/低毒			
	菜瓜	白粉病	400倍液	喷雾
	水稻	纹枯病	150-180克/公顷	喷雾
PD20101739	井冈·嘧苷素/3%/水剂/井冈霉素 2%、嘧啶核苷类抗菌素 1%/2010.06.28 至 2015.06.28/低毒			
	水稻	稻曲病	180-225克/公顷	喷雾
	水稻	纹枯病	90-112.5克/公顷	喷雾
PD20111448	噻嗪·杀虫单/25%/可湿性粉剂/噻嗪酮 5%、杀虫单 20%/2011.12.30 至 2016.12.30/中等毒			
	水稻	稻飞虱	300-450克/公顷	喷雾
PD20120865	井冈·嘧苷素/6%/水剂/井冈霉素 5%、嘧啶核苷类抗菌素 1%/2012.05.23 至 2017.05.23/低毒			
	水稻	纹枯病	90-162克/公顷	喷雾
PD20121999	嘧啶核苷类抗菌素/4/水剂/嘧啶核苷类抗菌素 4%/2012.12.19 至 2017.12.19/一			
	菜瓜	白粉病	/	/
	水稻	纹枯病	150一180克/公顷	喷雾
PD20130758	井冈·戊唑醇/14%/可湿性粉剂/井冈霉素A 10%、戊唑醇 4%/2013.04.16 至 2018.04.16/低毒			
	水稻	纹枯病	63-105克/公顷	喷雾
	水稻	稻曲病	95-137克/公顷	喷雾
PD20130871	井冈·蜡芽菌///水剂/井冈霉素A 6%、蜡质芽孢杆菌 1亿CFU/克/2013.04.24 至 2018.04.24/低毒			
	水稻	稻曲病	125-150毫升/亩	喷雾

	水稻	纹枯病	85-100毫升/亩	喷雾
PD20130887	井冈霉素/13%/水剂/井冈霉素A 13%/2013.04.25 至 2018.04.25/低毒			
	水稻	纹枯病	82-98克/公顷	喷雾
	水稻	稻曲病	68-98克/公顷	喷雾
PD20131195	井冈·多粘菌///可湿性粉剂/多粘类芽孢杆菌 1亿CFU/克、井冈霉素A 10%/2013.05.27 至 2018.05.27/低毒			
	水稻	纹枯病	40-60剂/公顷（制剂量）	喷雾
PD20131219	井冈霉素/28%/可溶粉剂/井冈霉素A 28%/2013.05.28 至 2018.05.28/低毒			
	水稻	稻曲病	126-168克/公顷	喷雾
	水稻	纹枯病	60-70克/公顷	喷雾
PD20132504	井冈·硫酸铜/4.5%/水剂/井冈霉素A 4%、硫酸铜 0.5%/2013.12.12 至 2018.12.12/低毒			
	水稻	纹枯病	68-78克/公顷	喷雾
LS20110203	多粘类芽孢杆菌/10亿CFU/克/可湿性粉剂/多粘类芽孢杆菌 10亿CFU/克/2013.08.04 至 2014.08.04/微毒			
	番茄	青枯病	1）100倍 2）3000倍 3）440-680克/亩	1）浸种 2）泼浇 3）灌根
	黄瓜	角斑病	100-200克/亩	喷雾
	西瓜	炭疽病	100-200克/亩	喷雾
	西瓜	枯萎病	1）100倍 2）3000倍 3）440-680克/亩	1）浸种2）泼浇 3）灌根
LS20110205	多粘类芽孢杆菌/50亿CFU/克/原药/多粘类芽孢杆菌 50亿CFU/克/2013.08.04 至 2014.08.04/微毒			
LS20120299	井冈·硫酸铜/4.5%/水剂/井冈霉素A 4%、硫酸铜 0.5%/2013.08.10 至 2014.08.10/低毒			
	水稻	纹枯病	68-78克/公顷	喷雾
LS20120302	井冈·戊唑醇/14%/可湿性粉剂/井冈霉素A 10%、戊唑醇 4%/2012.08.10 至 2013.08.10/低毒			
	水稻	稻曲病	94.5-136.5克	喷雾
	水稻	纹枯病	63-105克	喷雾
LS20120315	井冈·蜡芽菌/6%+1亿CFU/克/水剂/井冈霉素A 6%、蜡质芽孢杆菌 1亿CFU/克/2012.09.06 至 2013.09.06/低毒			
	水稻	纹枯病	85-100毫升/亩	喷雾
	水稻	稻曲病	125-150毫升/亩	喷雾
LS20130079	井冈·多粘菌/10%/可湿性粉剂/多粘类芽孢杆菌 1亿CFU/克、井冈霉素A 10%/2013.03.08 至 2014.03.08/低毒			
	水稻	纹枯病	600-900克/公顷	喷雾

浙江省温州市展农化工农药厂　(浙江省温州市永中镇青山　325024　0577-86371707)

PD84118-39	多菌灵/25%/可湿性粉剂/多菌灵 25%/2010.01.04 至 2015.01.04/低毒			
	果树	病害	0.05-0.1%药液	喷雾
	花生	倒秧病	750克/公顷	喷雾
	麦类	赤霉病	750克/公顷	喷雾,泼浇
	棉花	苗期病害	500克/100千克种子	拌种
	水稻	稻瘟病、纹枯病	750克/公顷	喷雾,泼浇
	油菜	菌核病	1125-1500克/公顷	喷雾
PD86153-4	叶枯唑/20%/可湿性粉剂/叶枯唑 20%/2011.08.30 至 2016.08.30/低毒			
	水稻	白叶枯病	300-375克/公顷	喷雾、弥雾
PD20090976	噻嗪·杀虫单/25%/可湿性粉剂/噻嗪酮 5%、杀虫单 20%/2014.01.20 至 2019.01.20/低毒			
	水稻	稻飞虱	300-375克/公顷	喷雾
PD20091165	硫磺·三环唑/45%/可湿性粉剂/硫磺 40%、三环唑 5%/2014.01.22 至 2019.01.22/低毒			
	水稻	稻瘟病	810-1012.5克/公顷	喷雾
PD20091882	福·甲·硫磺/70%/可湿性粉剂/福美双 25%、甲基硫菌灵 14%、硫磺 31%/2014.02.09 至 2019.02.09/低毒			
	辣椒	炭疽病	840—1050克/公顷	喷雾
PD20093105	异稻·三环唑/20%/可湿性粉剂/三环唑 5%、异稻瘟净 15%/2014.03.09 至 2019.03.09/中等毒			
	水稻	稻瘟病	390-540克/公顷	喷雾
PD20095683	硫磺·多菌灵/25%/可湿性粉剂/多菌灵 10%、硫磺 15%/2009.05.15 至 2014.05.15/低毒			
	小麦	赤霉病	937.5-1125克/公顷	喷雾
PD20095912	硫磺·三唑酮/20%/可湿性粉剂/硫磺 15%、三唑酮 5%/2009.06.02 至 2014.06.02/低毒			
	小麦	白粉病	300-450克/公顷	喷雾

浙江省武义通用科技有限公司　(浙江省武义县新兴路189号　321200　0579-7623488)

WP20080243	电热蚊香液/0.86%/电热蚊香液/富右旋反式炔丙菊酯 0.86%/2008.11.25 至 2013.11.25/低毒			
	卫生	蚊	/	电热加温
WP20080264	电热蚊香片/10毫克/片/电热蚊香片/富右旋反式炔丙菊酯 10毫克/片/2008.11.27 至 2013.11.27/低毒			
	卫生	蚊	/	电热加温
WP20080284	杀虫气雾剂/0.35%/气雾剂/胺菊酯 0.14%、氯菊酯 0.16%、氯氰菊酯 0.05%/2008.12.01 至 2013.12.01/低毒			
	卫生	蜚蠊、蚊、蝇	/	喷雾
WP20090011	蚊香/0.25%/蚊香/富右旋反式烯丙菊酯 0.25%/2014.01.06 至 2019.01.06/微毒			
	卫生	蚊	/	点燃

浙江省新昌县城关古塔化工厂　(浙江省绍兴市新昌县城关镇上石演村61号　312500　0575-6222322)

WP20080506	杀蟑烟剂/2.5%/烟剂/氯氰菊酯 2.5%/2013.12.22 至 2018.12.22/低毒			
	卫生	蜚蠊	/	点燃

浙江省新昌县恒达化工厂　(浙江省新昌城关长丘田　312500　0575-6120136)

WP20080028　杀蟑烟剂/2%/烟剂/氯氰菊酯 2%/2013.02.26 至 2018.02.26/低毒
　卫生　蜚蠊　/　点燃

WP20080517　杀蟑笔剂/0.5%/笔剂/溴氰菊酯 0.5%/2013.12.23 至 2018.12.23/微毒
　卫生　蜚蠊　/　涂抹

浙江省义乌市稠城夏宝日化厂　(浙江省义乌市稠城畈王田村　322000　0579-5625468)

WP20080421　电热蚊香液/2.6%/电热蚊香液/Es-生物烯丙菊酯 2.6%/2013.12.12 至 2018.12.12/低毒
　卫生　蚊　/　电热加温
　注:本品有三种香型：清香花香型、柠檬香型、熏衣草香型。

WP20080515　电热蚊香片/10毫克/片/电热蚊香片/炔丙菊酯 10毫克/片/2013.12.22 至 2018.12.22/低毒
　卫生　蚊　/　电热加温
　注:本品有三种香型：清香花香型、柠檬香型、熏衣草香型。

WP20080576　电热蚊香片/40毫克/片/电热蚊香片/右旋烯丙菊酯 40毫克/片/2013.12.29 至 2018.12.29/低毒
　卫生　蚊　/　电热加温

WP20100102　电热蚊香片/20毫克/片/电热蚊香片/Es-生物烯丙菊酯 20毫克/片/2010.07.28 至 2015.07.28/微毒
　卫生　蚊　/　电热加温

WP20130057　杀虫气雾剂/0.36%/气雾剂/胺菊酯 0.1%、氯菊酯 0.2%、氯氰菊酯 0.06%/2013.04.05 至 2018.04.05/微毒
　卫生　蚊、蝇、蜚蠊(木)　/　喷雾

WP20130058　蚊香/0.28%/蚊香/富右旋反式烯丙菊酯 0.28%/2013.04.05 至 2018.04.05/微毒
　卫生　蚊　/　点燃

WL20120046　电热蚊香液/0.4%/电热蚊香液/氯氟醚菊酯 0.4%/2013.08.10 至 2014.08.10/微毒
　室内　蚊　/　电热加温

浙江省义乌市皇嘉生化有限公司　(浙江省金华市义乌市经济开发区城店路3号　322000　0579-5313890)

PD20080663　芸苔素内酯/0.15%/乳油/芸苔素内酯 0.15%/2013.05.27 至 2018.05.27/低毒
　大豆　调节生长、增产　15000-20000倍液　喷雾
　水稻　调节生长、增产　0.3-0.45毫克/千克　喷雾

浙江省义乌市蓝剑蚊香厂　(浙江省义乌市北苑工业区春华路581号B　322000　0579-85861138)

WP20080525　电热蚊香液/2.5%/电热蚊香液/Es-生物烯丙菊酯 2.5%/2013.12.23 至 2018.12.23/微毒
　卫生　蚊　/　电热加温
　注:本品有三种香型：清新花香型、柠檬香型、野菊花香型。

WP20090027　杀虫气雾剂/0.45%/气雾剂/胺菊酯 0.3%、高效氯氰菊酯 0.05%、氯菊酯 0.1%/2014.01.12 至 2019.01.12/微毒
　卫生　蚊、蝇、蜚蠊　/　喷雾
　注:本品有三种香型：清新花香型、柠檬香型、野菊花香型。

WP20090031　电热蚊香片/38毫克/片/电热蚊香片/Es-生物烯丙菊酯 38毫克/片/2014.01.12 至 2019.01.12/微毒
　卫生　蚊　/　电热加温
　注:本品有三种香型：清新花香型、柠檬香型、绿茶香型。

WP20090120　蚊香/0.25%/蚊香/Es-生物烯丙菊酯 0.25%/2014.02.12 至 2019.02.12/微毒
　卫生　蚊　/　点燃
　注:本品有三种香型：清新花香型、檀香型、茉莉香型。

WP20090366　电热蚊香液/0.86%/电热蚊香液/炔丙菊酯 0.86%/2009.11.12 至 2014.11.12/微毒
　卫生　蚊　/　电热加温

WP20130138　杀虫气雾剂/0.33%/水基气雾剂/氯菊酯 0.28%、四氟醚菊酯 0.05%/2013.06.24 至 2018.06.24/微毒
　卫生　蚊、蝇、蜚蠊　/　喷雾
　注:本产品有三种香型：柠檬香型、清凉薄荷香型、无香型。

WP20130248　蚊香/0.05%/蚊香/氯氟醚菊酯 0.05%/2013.12.09 至 2018.12.09/微毒
　室内　蚊　/　点燃
　注:本产品有三种香型：檀香型、花香型、绿茶香型。

WP20130251　电热蚊香液/0.6%/电热蚊香液/氯氟醚菊酯 0.6%/2013.12.10 至 2018.12.10/微毒
　室内　蚊　/　电热加温
　注:本产品有三种香型：清爽柠檬香型、荷花芳香型、无香型。

浙江省永康市农药厂　(浙江省永康市西城区兴达四路8号　321300　0579-7381308)

PD20081497　苄嘧·苯噻酰/54%/可湿性粉剂/苯噻酰草胺 50%、苄嘧磺隆 4%/2013.11.05 至 2018.11.05/低毒
　水稻抛秧田　部分多年生杂草、一年生杂草　364.5-445.5克/公顷(南方地区)　药土法

PD20085702　苄·丁/25%/细粒剂/苄嘧磺隆 1%、丁草胺 24%/2013.12.26 至 2018.12.26/低毒
　水稻移栽田　一年生及部分多年生杂草　600-900克/公顷　毒土法

LS20120130　异丙甲·苄/0.1%/细粒剂/苄嘧磺隆 0.03%、异丙甲草胺 0.07%/2013.04.10 至 2014.04.10/低毒
　移栽水稻田　一年生杂草　90-105克/公顷　直接撒施
　注:本产品为药肥混剂。

浙江省永康市西津卫生医药用品有限公司　(浙江省永康市城西工业区花海路18号　321300　0579-87176379)

WL20110062　蚊香/0.05%/蚊香/氯氟醚菊酯 0.05%/2012.04.11 至 2013.04.11/微毒
　卫生　蚊　/　点燃

浙江省诸暨利国蚊香厂　(浙江省绍兴市诸暨市枫桥镇东和乡下姚村　311800　0575-7475917)

WP20090174　蚊香/0.3%/蚊香/富右旋反式烯丙菊酯 0.3%/2014.03.10 至 2019.03.10/低毒

卫生 蚊 / 点燃

浙江省诸暨市白蚁防制技术开发服务研究所 (浙江省绍兴市诸暨市暨阳街道滨江支路3幢 311800 0575-7014607)

WP20100133 杀蟑胶饵/2%/胶饵/残杀威 2%/2010.11.03 至 2015.11.03/低毒
卫生 蜚蠊 / 投放

浙江省诸暨市恒联实业有限公司 (浙江省诸暨市枫桥镇新店湾粮仓 311811 0575-7416588)

WP20090382 蚊香/0.3%/蚊香/富右旋反式烯丙菊酯 0.3%/2009.12.24 至 2014.12.24/微毒
卫生 蚊 / 点燃

浙江石原金牛农药有限公司 (浙江省杭州市经济技术开发区3号大街51号 310018 0571-86911312)

PD20081165 草甘膦异丙胺盐/41%/水剂/草甘膦异丙胺盐 41%/2013.09.11 至 2018.09.11/低毒
柑橘园 杂草 1107-2460克/公顷 定向茎叶喷雾

PD20081181 精吡氟禾草灵/15%/乳油/精吡氟禾草灵 15%/2013.09.11 至 2018.09.11/低毒
春大豆田 一年生禾本科杂草 112.5-157.5克/公顷 茎叶喷雾
冬油菜田 禾本科杂草 112.5-157.5克/公顷 茎叶喷雾
棉花田 一年生禾本科杂草 75-150克/公顷 喷雾

PD20082732 氟啶脲/50克/升/乳油/氟啶脲 50克/升/2013.12.08 至 2018.12.08/低毒
甘蓝 甜菜夜蛾、小菜蛾 30-60克/公顷 喷雾
柑橘 潜叶蛾 16.7-25毫克/千克 喷雾
棉花 棉铃虫 50-70克/公顷 喷雾

PD20095674 杀单·毒死蜱/50%/可湿性粉剂/毒死蜱 10%、杀虫单 40%/2009.05.14 至 2014.05.14/中等毒
水稻 稻纵卷叶螟 375-562.5克/公顷 喷雾
水稻 二化螟 525-750克/公顷 喷雾

PD20097986 噻唑膦/10%/颗粒剂/噻唑膦 10%/2009.12.01 至 2014.12.01/中等毒
番茄、黄瓜、西瓜 根结线虫 2250-3000克/公顷 土壤撒施

PD20098266 敌畏·毒死蜱/35%/乳油/敌敌畏 25%、毒死蜱 10%/2009.12.18 至 2014.12.18/中等毒
水稻 稻纵卷叶螟 420-525克/公顷 喷雾

PD20110066 烟嘧·莠去津/52%/可湿性粉剂/烟嘧磺隆 2%、莠去津 50%/2011.01.11 至 2016.01.11/低毒
玉米田 一年生杂草 780-1170克/公顷 茎叶喷雾

浙江世佳科技有限公司 (浙江省湖州市德清县新市工业园区 313201 0572-8440032)

PD20092537 毒死蜱/480克/升/乳油/毒死蜱 480克/升/2014.02.26 至 2019.02.26/中等毒
水稻 稻纵卷叶螟 450-600克/公顷 喷雾

PD20093082 高效氯氟氰菊酯/25克/升/乳油/高效氯氟氰菊酯 25克/升/2014.03.09 至 2019.03.09/中等毒
十字花科蔬菜 菜青虫 15-18.75克/公顷 喷雾

PD20093959 硫磺/80%/干悬浮剂/硫磺 80%/2009.03.27 至 2014.03.27/低毒
黄瓜 白粉病 2400-2800克/公顷 喷雾

PD20093960 草甘膦/95%/原药/草甘膦 95%/2009.03.27 至 2014.03.27/低毒

PD20094964 十三吗啉/99%/原药/十三吗啉 99%/2009.04.21 至 2014.04.21/低毒

PD20094991 十三吗啉/86%/油剂/十三吗啉 86%/2009.04.21 至 2014.04.21/低毒
橡胶树 红根病 20-30克/株 灌根

PD20095693 百草枯/200克/升/水剂/百草枯 200克/升/2012.12.31 至 2014.07.01/中等毒
茶园 杂草 450-600克/公顷 定向喷雾

PD20097675 阿维菌素/1.8%/乳油/阿维菌素 1.8%/2009.11.04 至 2014.11.04/中等毒(原药高毒)
柑橘树 锈壁虱 2.25-4.5毫克/千克 喷雾
柑橘树 红蜘蛛、潜叶蛾 4.5-9毫克/千克 喷雾
黄瓜 美洲斑潜蝇 6.75-8.1克/公顷 喷雾
梨树 梨木虱 6-12毫克/千克 喷雾
苹果树 二斑叶螨 4.5-6毫克/千克 喷雾
苹果树 桃小食心虫 4.5-9毫克/千克 喷雾
苹果树 红蜘蛛 3-6毫克/千克 喷雾

PD20101347 啶虫脒/5%/乳油/啶虫脒 5%/2010.03.26 至 2015.03.26/低毒
柑橘树 蚜虫 10-12毫克/千克 喷雾

PD20101348 草甘膦异丙胺盐(41%)///水剂/草甘膦 30%/2010.03.26 至 2015.03.26/低毒
茶园 一年生和多年生杂草 1125-2250克/公顷 定向茎叶喷雾

PD20101481 苯甲·丙环唑/300克/升/乳油/苯醚甲环唑 150克/升、丙环唑 150克/升/2010.05.05 至 2015.05.05/低毒
水稻 纹枯病 60—120克/公顷 喷雾

PD20101506 阿维·毒死蜱/10%/乳油/阿维菌素 0.1%、毒死蜱 9.9%/2010.05.10 至 2015.05.10/中等毒(原药高毒)
萝卜 小菜蛾 120-180克/公顷 喷雾

PD20110221 苯醚甲环唑/10%/水分散粒剂/苯醚甲环唑 10%/2011.03.02 至 2016.03.02/低毒
梨树 黑星病 14.3-16.7毫克/千克 喷雾

PD20110325 吡虫啉/70%/水分散粒剂/吡虫啉 70%/2011.03.24 至 2016.03.24/低毒
甘蓝 蚜虫 10.5-31.5克/公顷 喷雾

PD20110364 甲氨基阿维菌素苯甲酸盐/0.5%/微乳剂/甲氨基阿维菌素 0.5%/2011.03.31 至 2016.03.31/低毒
甘蓝 甜菜夜蛾 1.5-2.5克/公顷 喷雾
注:甲氨基阿维菌素苯甲酸盐含量:0.57%。

PD20111358　甲氨基阿维菌素苯甲酸盐/5%/水分散粒剂/甲氨基阿维菌素 5%/2011.12.12 至 2016.12.12/低毒
　甘蓝　小菜蛾　1.5-2.5克/公顷　喷雾
　注:甲氨基阿维菌素苯甲酸盐含量：5.7%。
PD20111427　草甘膦铵盐/68%/可溶粒剂/草甘膦 68%/2011.12.28 至 2016.12.28/低毒
　柑橘园　杂草　1125-2250克/公顷　定向茎叶喷雾
　注:草甘膦铵盐含量：74.7%.
PD20120488　虱螨脲/50克/升/乳油/虱螨脲 50克/升/2012.03.19 至 2017.03.19/低毒
　甘蓝　甜菜夜蛾　22.5-37.5克/公顷　喷雾
PD20120489　虱螨脲/96%/原药/虱螨脲 96%/2012.03.19 至 2017.03.19/低毒
PD20121047　噻苯隆/50%/可湿性粉剂/噻苯隆 50%/2012.07.11 至 2017.07.11/低毒
　棉花　脱叶　225-300克/公顷　茎叶喷雾
PD20131064　嘧菌酯/250克/升/悬浮剂/嘧菌酯 250克/升/2013.05.20 至 2018.05.20/低毒
　黄瓜　白粉病　225-337.5克/公顷　喷雾
PD20132505　芸苔素内酯/90%/原药/芸苔素内酯 90%/2013.12.12 至 2018.12.12/微毒
LS20120073　三环·丙环唑/525克/升/悬乳剂/丙环唑 125克/升、三环唑 400克/升/2013.03.07 至 2014.03.07/中等毒
　水稻　稻瘟病、纹枯病　315-393.75克/公顷　喷雾
WP20120145　氟虫腈/2.5%/悬浮剂/氟虫腈 2.5%/2012.07.20 至 2017.07.20/微毒
　卫生　蜚蠊　62.5毫克/平方米　滞留喷洒

浙江斯佩斯植保有限公司　(浙江省温州市杨府山涂巨江东路3号　325003　0577-88130710)

PD86108-2　菌核净/40%/可湿性粉剂/菌核净 40%/2011.06.19 至 2016.06.19/低毒
　水稻　纹枯病　1200-1500克/公顷　喷雾
　烟草　赤星病　1125-2025克/公顷　喷雾
　油菜　菌核病　600-900克/公顷　喷雾
PD20040642　吡虫·杀虫单/70%/可湿性粉剂/吡虫啉 2.5%、杀虫单 67.5%/2009.12.19 至 2014.12.19/中等毒
　水稻　飞虱　630-840克/公顷　喷雾
PD20097969　霜脲·锰锌/72%/可湿性粉剂/代森锰锌 64%、霜脲氰 8%/2009.12.01 至 2014.12.01/低毒
　黄瓜　霜霉病　1440-1800克/公顷　喷雾

浙江泰达作物科技有限公司　(浙江省绍兴市余袍江工业区马海工业园1号路　312071　0575-88979003)

PD85134-4　速灭威/95%/原药/速灭威 95%/2010.08.15 至 2015.08.15/中等毒
PD85136-4　速灭威/25%/可湿性粉剂/速灭威 25%/2010.08.15 至 2015.08.15/中等毒
　水稻　飞虱、叶蝉　375-750克/公顷　喷雾
PD85150-23　多菌灵/50%/可湿性粉剂/多菌灵 50%/2010.08.15 至 2015.08.15/低毒
　果树　病害　0.05%-0.1%药液　喷雾
　花生　倒秧病　750克/公顷　喷雾
　麦类　赤霉病　750克/公顷　喷雾、泼浇
　棉花　苗期病害　500克/100千克种子　拌种
　水稻　稻瘟病、纹枯病　750克/公顷　喷雾、泼浇
　油菜　菌核病　1125-1500克/公顷　喷雾
PD86115-3　甲基硫菌灵/95%,92%,85%/原药/甲基硫菌灵 95%,92%,85%%/2011.08.30 至 2016.08.30/低毒
PD86148-64　异丙威/20%/乳油/异丙威 20%/2011.08.30 至 2016.08.30/中等毒
　水稻　飞虱、叶蝉　450-600克/公顷　喷雾
PD91106-2　甲基硫菌灵/50%/可湿性粉剂/甲基硫菌灵 50%/2011.04.18 至 2016.04.18/低毒
　番茄　叶霉病　375-562.5克/公顷　喷雾
　甘薯　黑斑病　360-450毫克/千克　浸薯块
　瓜类　白粉病　337.5-506.25克/公顷　喷雾
　梨树　黑星病　360-450毫克/千克　喷雾
　苹果树　轮纹病　700毫克/千克　喷雾
　水稻　稻瘟病、纹枯病　1050-1500克/公顷　喷雾
　小麦　赤霉病　750-1050克/公顷　喷雾
PD91106-30　甲基硫菌灵/70%/可湿性粉剂/甲基硫菌灵 70%/2011.04.18 至 2016.04.18/低毒
　番茄　叶霉病　375-562.5克/公顷　喷雾
　甘薯　黑斑病　360-450毫克/千克　浸薯块
　瓜类　白粉病　337.5-506.25克/公顷　喷雾
　梨树　黑星病　360-450毫克/千克　喷雾
　苹果树　轮纹病　700毫克/千克　喷雾
　水稻　稻瘟病、纹枯病　1050-1500克/公顷　喷雾
　小麦　赤霉病　750-1050克/公顷　喷雾
PD91109-9　速灭威/20%/乳油/速灭威 20%/2011.08.30 至 2016.08.30/中等毒
　水稻　飞虱、叶蝉　450-600克/公顷　喷雾
PD20040631　吡虫啉/10%/可湿性粉剂/吡虫啉 10%/2009.12.19 至 2014.12.19/低毒
　水稻　飞虱　15-30克/公顷　喷雾
PD20070634　噻嗪酮/25%/可湿性粉剂/噻嗪酮 25%/2012.12.14 至 2017.12.14/低毒
　水稻　飞虱　75-112.5克/公顷　喷雾

PD20084673 异稻瘟净/95%/原药/异稻瘟净 95%/2013.12.22 至 2018.12.22/中等毒

PD20084850 异稻瘟净/50%/乳油/异稻瘟净 50%/2013.12.22 至 2018.12.22/低毒

水稻	稻瘟病	750-1000克/公顷	喷雾

PD20085276 杀扑磷/95%/原药/杀扑磷 95%/2013.12.23 至 2018.12.23/高毒

PD20093625 甲硫・百菌清/75%/可湿性粉剂/百菌清 40%、甲基硫菌灵 35%/2009.03.25 至 2014.03.25/中等毒

黄瓜	白粉病	1350-1687.5克/公顷	喷雾

PD20093973 杀扑磷/40%/乳油/杀扑磷 40%/2009.03.27 至 2014.03.27/高毒

柑橘树	矢尖蚧	320-400毫克/千克	喷雾

PD20096105 乐果・杀扑磷/40%/乳油/乐果 30%、杀扑磷 10%/2009.06.18 至 2014.06.18/中等毒(原药高毒)

柑橘树	矢尖蚧	1000-1500倍液	喷雾

PD20096827 吲丁・萘乙酸/1.05%/水剂/萘乙酸 0.2%、吲哚丁酸 0.85%/2009.09.21 至 2014.09.21/低毒

黄瓜	调节生长	1.75-2.625毫克/千克	喷雾

PD20096831 吲哚丁酸/98%/原药/吲哚丁酸 98%/2009.09.21 至 2014.09.21/低毒

PD20097676 乙酰甲胺磷/90%/可溶粉剂/乙酰甲胺磷 90%/2009.11.04 至 2014.11.04/低毒
注:专供出口，不得在国内销售。

PD20097678 乙酰甲胺磷/75%/可溶粉剂/乙酰甲胺磷 75%/2009.11.04 至 2014.11.04/低毒
注:专供出口，不得在国内销售。

PD20102143 乙酰甲胺磷/97%/原药/乙酰甲胺磷 97%/2010.12.07 至 2015.12.07/低毒

PD20110327 草甘膦异丙胺盐/30%/水剂/草甘膦 30%/2011.03.24 至 2016.03.24/低毒
注:草甘膦异丙胺盐含理:41%；专供出口，不得在国内销售。

PD20110393 吡虫啉/98%/原药/吡虫啉 98%/2011.04.12 至 2016.04.12/低毒

PD20110576 多效唑/240克/升/悬浮剂/多效唑 240克/升/2011.05.27 至 2016.05.27/低毒
注:专供出口，不得在国内销售。

PD20110581 丙环唑/447克/升/乳油/丙环唑 447克/升/2011.05.27 至 2016.05.27/低毒
注:专供出口，不得在国内销售。

PD20111354 戊唑醇/40%/悬浮剂/戊唑醇 40%/2011.12.12 至 2016.12.12/低毒
注:专供出口，不得在国内销售。

PD20131731 异稻瘟净/50%/水乳剂/异稻瘟净 50%/2013.08.16 至 2018.08.16/低毒

水稻	稻瘟病	900-1200克/亩	喷雾

PD20132609 甲磺隆/60%/水分散粒剂/甲磺隆 60%/2013.12.20 至 2018.12.20/低毒
注:专供出口，不得在国内销售。

浙江特菱杀虫药业有限公司 (浙江省衢州市衢江区大桥路9号 324022 0570-2931004)

PD20086055 溴鼠灵/0.005%/饵剂/溴鼠灵 0.005%/2008.12.29 至 2013.12.29/低毒(原药高毒)

室内	家鼠	15-30克/15平方米	堆施或穴施

PD20090041 溴敌隆/0.5%/母液/溴敌隆 0.5%/2009.01.06 至 2014.01.06/中等毒(原药高毒)

室内	家鼠	配成0.005%毒饵	饱和投饵

PD20091870 溴敌隆/0.005%/饵剂/溴敌隆 0.005%/2009.02.09 至 2014.02.09/低毒(原药高毒)

卫生	家鼠	饱和投饵	堆施

WP20080603 杀虫气雾剂/0.6%/气雾剂/胺菊酯 0.2%、氯菊酯 0.4%/2008.12.31 至 2013.12.31/微毒

卫生	蚊、蝇、蜚蠊	/	喷雾

WP20090101 高效氯氰菊酯/4.5%/悬浮剂/高效氯氰菊酯 4.5%/2009.02.04 至 2014.02.04/低毒

卫生	蚊、蝇	20毫克/平方米	滞留喷洒
卫生	蜚蠊	30毫克/平方米	滞留喷洒

WP20090146 杀虫饵剂/1%/毒饵/乙酰甲胺磷 1%/2009.02.27 至 2014.02.27/低毒

卫生	蜚蠊、蚂蚁	/	投放

WP20090381 杀蟑笔剂/0.3%/笔剂/溴氰菊酯 0.3%/2009.12.18 至 2014.12.18/低毒

卫生	蜚蠊	/	涂划

浙江天丰生物科学有限公司 (浙江省金华市婺城区大岩路666号 321025 0579-82235923)

PD20081786 苄・乙/22%/可湿性粉剂/苄嘧磺隆 6%、乙草胺 16%/2013.11.19 至 2018.11.19/低毒

水稻移栽田	一年生及部分多年生杂草	84-118克/公顷	药土法

PD20082410 噁草・丁草胺/42%/乳油/丁草胺 36%、噁草酮 6%/2013.12.02 至 2018.12.02/低毒

水稻(旱育秧及半旱育秧田)	一年生杂草	630－945克/公顷	土壤喷雾
水稻移栽田	一年生杂草	630-945克/公顷	瓶甩法

PD20083185 苄嘧磺隆/10%/可湿性粉剂/苄嘧磺隆 10%/2013.12.11 至 2018.12.11/低毒

水稻秧田和南方直播田	一年生阔叶杂草及莎草科杂草	22.5-37.5克/公顷	喷雾

PD20083299 乙草胺/900克/升/乳油/乙草胺 900克/升/2013.12.11 至 2018.12.11/低毒

春大豆田、春玉米田	一年生禾本科杂草及部分小粒种子阔叶杂草	1350-1755克/公顷	播后苗前土壤喷雾
花生田	一年生禾本科杂草及部分小粒种子阔叶杂草	742.5-1147.5克/公顷	播后苗前土壤喷雾
夏大豆田	一年生禾本科杂草及部分小粒种子阔叶杂	1080-1350克/公顷	播后苗前土壤喷雾

		草		
	夏玉米田	一年生禾本科杂草及部分小粒种子阔叶杂草	810-1350克/公顷	播后苗前土壤喷雾
	油菜田	一年生禾本科杂草及部分小粒种子阔叶杂草	810-1215克/公顷	移栽前土壤喷雾
PD20083307	异丙甲草胺/72%/乳油/异丙甲草胺 72%/2013.12.11 至 2018.12.11/低毒			
	西瓜	部分阔叶杂草、一年生禾本科杂草	1080-1620克/公顷	土壤喷雾
PD20083795	精喹禾灵/5%/乳油/精喹禾灵 5%/2013.12.15 至 2018.12.15/低毒			
	冬油菜田	一年生禾本科杂草	45-52.5克/公顷	茎叶喷雾
PD20084575	苄嘧磺隆/60%/水分散粒剂/苄嘧磺隆 60%/2013.12.18 至 2018.12.18/微毒			
	水稻田(直播)	一年生阔叶杂草及莎草科杂草	22.5-45克/公顷	茎叶喷雾
PD20085273	苄·丁/25%/细粒剂/苄嘧磺隆 1.1%、丁草胺 23.9%/2013.12.23 至 2018.12.23/低毒			
	水稻抛秧田	一年生杂草	562.5-750克/公顷	毒土法(或毒沙法)
PD20085513	苄嘧·丙草胺/20%/可湿性粉剂/苄嘧磺隆 2%、丙草胺 18%/2013.12.25 至 2018.12.25/低毒			
	水稻田(直播)	一年生及部分多年生杂草	300-450克/公顷	喷雾
PD20085541	精喹·草除灵/17.5%/乳油/草除灵 15%、精喹禾灵 2.5%/2013.12.25 至 2018.12.25/低毒			
	冬油菜田	一年生杂草	262.5-393.8克/公顷	茎叶喷雾
PD20085997	苄嘧·苯噻酰/46%/可湿性粉剂/苯噻酰草胺 43.5%、苄嘧磺隆 2.5%/2013.12.29 至 2018.12.29/低毒			
	水稻抛秧田	一年生及部分多年生杂草	414-552克/公顷	药土法
	水稻移栽田	一年生及部分多年生杂草	414-690克/公顷	药土法
PD20090774	苯磺隆/75%/水分散粒剂/苯磺隆 75%/2014.01.19 至 2019.01.19/微毒			
	冬小麦田	一年生阔叶杂草	15-24克/公顷	喷雾
PD20090775	苄·二氯/32%/可湿性粉剂/苄嘧磺隆 4%、二氯喹啉酸 28%/2014.01.19 至 2019.01.19/低毒			
	水稻秧田	一年生杂草	192-240克/公顷	喷雾
PD20090787	吡嘧·丙草胺/20%/可湿性粉剂/吡嘧磺隆 1%、丙草胺 19%/2014.01.19 至 2019.01.19/低毒			
	水稻田(直播)	一年生及部分多年生杂草	240-360克/公顷(南方地区)	喷雾
PD20093293	丙草胺/300克/升/乳油/丙草胺 300克/升/2014.03.11 至 2019.03.11/低毒			
	水稻田(直播)、水稻秧田	一年生杂草	495-540克/公顷	播后苗前土壤喷雾
PD20094235	异丙甲·苄/26%/可湿性粉剂/苄嘧磺隆 5%、异丙甲草胺 21%/2014.03.31 至 2019.03.31/低毒			
	水稻移栽田	一年生及部分多年生杂草	117-156克/公顷	药土法
PD20094474	苄·乙·甲/18%/可湿性粉剂/苄嘧磺隆 1.1%、甲磺隆 0.2%、乙草胺 16.7%/2014.04.09 至 2019.04.09/低毒			
	水稻移栽田	部分多年生阔叶杂草、莎草科杂草、一年生禾本科杂草	81-93克/公顷	移栽返青后药土法均匀撒施
PD20095150	草除灵/500克/升/悬浮剂/草除灵 500克/升/2009.04.24 至 2014.04.24/低毒			
	冬油菜田	一年生阔叶杂草	225-300克/公顷	茎叶喷雾
PD20095404	异甲·莠去津/40%/悬乳剂/异丙甲草胺 20%、莠去津 20%/2009.04.27 至 2014.04.27/低毒			
	夏玉米田	一年生杂草	1200-1500克/公顷	土壤喷雾
PD20096006	氯氟吡氧乙酸异辛酯/200克/升/乳油/氯氟吡氧乙酸 200克/升/2009.06.11 至 2014.06.11/低毒			
	冬小麦田	一年生阔叶杂草	216-302.4克/公顷	茎叶喷雾
	水田畦畔	空心莲子草(水花生)	216-302.4克/公顷	茎叶喷雾
	夏玉米田	一年生阔叶杂草	150-210克/公顷	茎叶喷雾
	注:氯氟吡氧乙酸异辛酯含量：288克/升。			
PD20111353	二氯喹啉酸/60%/可湿性粉剂/二氯喹啉酸 60%/2011.12.12 至 2016.12.12/低毒			
	水稻移栽田	稗草	225-405克/公顷	茎叶喷雾
PD20120792	氰氟草酯/97.4%/原药/氰氟草酯 97.4%/2012.05.11 至 2017.05.11/低毒			
PD20120860	氰氟草酯/100克/升/乳油/氰氟草酯 100克/升/2012.05.23 至 2017.05.23/低毒			
	水稻田(直播)	稗草、千金子等禾本科杂草	71.42-84.69克/公顷	茎叶喷雾
PD20130168	杀螺胺乙醇胺盐/70%/可湿性粉剂/杀螺胺 70%/2013.01.24 至 2018.01.24/低毒			
	水稻	福寿螺	367.5-472.5克/公顷	喷雾
	注:杀螺胺乙醇胺盐含量：83.1%。			
PD20130202	双草醚/10%/悬浮剂/双草醚 10%/2013.01.30 至 2018.01.30/低毒			
	水稻田(直播)	稗草、莎草及阔叶杂草	22.5-30克/公顷	茎叶喷雾
PD20130203	灭草松/480克/升/水剂/灭草松 480克/升/2013.01.30 至 2018.01.30/低毒			
	水稻移栽田	一年生阔叶杂草及莎草科杂草	1080-1440克/公顷	茎叶喷雾
PD20131178	吡嘧磺隆/10%/可湿性粉剂/吡嘧磺隆 10%/2013.05.27 至 2018.05.27/低毒			
	水稻移栽田	稗草、莎草及阔叶杂草	15-30克/公顷	药土法
PD20131963	二甲戊灵/98%/原药/二甲戊灵 98%/2013.10.10 至 2018.10.10/低毒			
PD20132025	吡嘧·唑草酮/30%/可湿性粉剂/吡嘧磺隆 25%、唑草酮 5%/2013.10.21 至 2018.10.21/低毒			
	水稻移栽田	阔叶杂草及莎草科杂草	36-72克/公顷	茎叶喷雾
PD20132059	异噁草松/96%/原药/异噁草松 96%/2013.10.22 至 2018.10.22/低毒			
WP20110022	氟蚁腙/98%/原药/氟蚁腙 98%/2011.01.21 至 2016.01.21/低毒			
WP20110032	杀蟑胶饵/2%/胶饵/氟蚁腙 2%/2011.02.10 至 2016.02.10/微毒			

卫生 蜚蠊 / 投放

浙江天一农化有限公司 (浙江省杭州湾上虞工业园区纬三路16号 312369 0575-89286906)

PD20040427 吡虫啉/10%/可湿性粉剂/吡虫啉 10%/2009.12.19 至 2014.12.19/低毒
水稻 飞虱 15-30克/公顷 喷雾

PD20081409 噻嗪酮/25%/可湿性粉剂/噻嗪酮 25%/2013.10.29 至 2018.10.29/低毒
水稻 飞虱 112.5-150克/公顷 喷雾

PD20081423 苄·二氯/38%/可湿性粉剂/苄嘧磺隆 4%、二氯喹啉酸 34%/2013.10.31 至 2018.10.31/低毒
水稻田(直播) 一年生及部分多年生杂草 228-285克/公顷 喷雾
水稻秧田 一年生及部分多年生杂草 199.5-256.5克/公顷 喷雾

PD20081537 苄嘧·丙草胺/40%/可湿性粉剂/苄嘧磺隆 4%、丙草胺 36%/2013.11.11 至 2018.11.11/低毒
水稻田(直播) 一年生及部分多年生杂草 360-480克/公顷(南方地区) 喷雾

PD20081540 苄嘧磺隆/10%/可湿性粉剂/苄嘧磺隆 10%/2013.11.11 至 2018.11.11/低毒
水稻移栽田 阔叶杂草及莎草科杂草 22.5－30克/公顷(南方地区) 药土法

PD20081558 苄嘧磺隆/30%/可湿性粉剂/苄嘧磺隆 30%/2013.11.11 至 2018.11.11/低毒
水稻移栽田 阔叶杂草、莎草科杂草 45－67.5克/公顷 药土法

PD20082713 克百威/3%/颗粒剂/克百威 3%/2013.12.05 至 2018.12.05/中等毒(原药高毒)
甘蔗 蚜虫、蔗龟、蔗螟 1350-2250克/公顷 沟施
花生 根结线虫 1800-2250克/公顷 条施,沟施
棉花 蚜虫 675-900克/公顷 条施,沟施
水稻 稻瘿蚊、二化螟、三化螟 900-1350克/公顷 撒施

PD20083596 异松·乙草胺/35%/可湿性粉剂/乙草胺 25%、异噁草松 10%/2013.12.12 至 2018.12.12/低毒
春大豆田 一年生杂草 787.5-1050克/公顷(东北地区) 播后苗前土壤喷雾
冬油菜(移栽田) 一年生杂草 315-367.5克/公顷 移栽前土壤喷雾
甘蔗田 一年生杂草 630-787.5克/公顷 土壤喷雾
花生田 一年生杂草 630-1050克/公顷 播后苗前土壤喷雾

PD20085082 二氯喹啉酸/50%/可湿性粉剂/二氯喹啉酸 50%/2013.12.23 至 2018.12.23/低毒
水稻田(直播) 稗草等杂草 300－375克/公顷 喷雾

PD20085112 苄·乙/20%/可湿性粉剂/苄嘧磺隆 10%、乙草胺 10%/2013.12.23 至 2018.12.23/低毒
水稻抛秧田 一年生及部分多年生杂草 75-90克/公顷(南方地区) 药土法

PD20085940 苄·乙/25%/可湿性粉剂/苄嘧磺隆 4%、乙草胺 21%/2013.12.29 至 2018.12.29/低毒
水稻移栽田 一年生及部分多年生杂草 84-118克/公顷(南方地区) 药土法

PD20086138 2甲·草甘膦/46%/可湿性粉剂/草甘膦 38%、2甲4氯 8%/2013.12.30 至 2018.12.30/低毒
柑橘园、苹果园 杂草 1035-1380克/公顷 喷雾

PD20090419 敌畏·毒死蜱/35%/乳油/敌敌畏 25%、毒死蜱 10%/2014.01.12 至 2019.01.12/中等毒
水稻 稻纵卷叶螟 472.5-525克/公顷 喷雾

PD20090674 毒死蜱/3%/颗粒剂/毒死蜱 3%/2009.01.19 至 2014.01.19/低毒
甘蓝 地下害虫 1350-2250克/公顷 撒施

PD20090932 噻嗪·杀扑磷/20%/可湿性粉剂/噻嗪酮 15%、杀扑磷 5%/2014.01.19 至 2019.01.19/中等毒(原药高毒)
柑橘树 矢尖蚧 200-250毫克/千克 喷雾

PD20095392 苄·噁·丙草胺/38%/可湿性粉剂/苄嘧磺隆 4%、丙草胺 24%、异噁草松 10%/2009.04.27 至 2014.04.27/低毒
直播水稻(南方) 一年生杂草 171-199.5克/公顷 喷雾法

PD20096087 高效氯氟氰菊酯/5%/微乳剂/高效氯氟氰菊酯 5%/2009.06.18 至 2014.06.18/中等毒
十字花科叶菜 菜青虫 11.25-20.25克/公顷 喷雾

PD20096688 甲氨基阿维菌素苯甲酸盐(1.14%)///乳油/甲氨基阿维菌素 1%/2009.09.07 至 2014.09.07/低毒
甘蓝 小菜蛾 1.5-3克/公顷 喷雾

PD20096787 高效氯氟氰菊酯/2.5%/乳油/高效氯氟氰菊酯 2.5%/2009.09.15 至 2014.09.15/中等毒
茶树 茶小绿叶蝉 22.5-30克/公顷 喷雾

PD20096895 二嗪磷/4%/颗粒剂/二嗪磷 4%/2009.09.23 至 2014.09.23/低毒
小白菜 地下害虫 720-900克/公顷 撒施

PD20096900 丁硫克百威/35%/种子处理干粉剂/丁硫克百威 35%/2009.09.23 至 2014.09.23/中等毒
水稻秧田 稻蓟马 315-420克/100千克种子 拌种

PD20131713 噻磺·乙草胺/50%/可湿性粉剂/噻吩磺隆 2%、乙草胺 48%/2013.08.16 至 2018.08.16/微毒
冬小麦田 一年生杂草 525-600克/公顷 播后苗前土壤喷雾

PD20131921 烟嘧·莠去津/53%/可湿性粉剂/烟嘧磺隆 3%、莠去津 50%/2013.09.25 至 2018.09.25/低毒
玉米田 一年生杂草 715.5-834.75克/公顷 茎叶喷雾

PD20132137 异噁·丁草胺/48%/可湿性粉剂/丁草胺 40%、异噁草松 8%/2013.10.24 至 2018.10.24/低毒
棉花田 一年生杂草 504-576克/公顷 土壤喷雾

PD20132669 噻嗪·毒死蜱/40%/可湿性粉剂/毒死蜱 30%、噻嗪酮 10%/2013.12.23 至 2018.12.23/中等毒
水稻 稻飞虱 360-600克/公顷 喷雾

PD20132712 2甲·氯氟吡/36%/可湿性粉剂/2甲4氯钠 30%、氯氟吡氧乙酸 6%/2013.12.30 至 2018.12.30/低毒
小麦田 一年生阔叶杂草 405-540克/公顷 茎叶喷雾

LS20130242 苯甲·咪鲜胺/75%/可湿性粉剂/苯醚甲环唑 15%、咪鲜胺锰盐 60%/2013.04.28 至 2014.04.28/低毒
水稻 稻曲病、稻瘟病、纹枯病 450-563克/公顷 喷雾

LS20130287 氰氟草酯/25%/水乳剂/氰氟草酯 25%/2013.05.09 至 2014.05.09/低毒
水稻田(直播) 稗草、千金子等禾本科杂草 112.5-150克/公顷 茎叶喷雾

LS20130435 吡蚜酮/50%/可湿性粉剂/吡蚜酮 50%/2013.09.09 至 2014.09.09/低毒
水稻 稻飞虱 75-112.5克/公顷 喷雾

浙江桐乡钱江生物化学有限公司 (浙江省桐乡市崇福镇北沙滩58号 314511 0573-88381146)

PD85131-3 井冈霉素/2.4%,4%/水剂/井冈霉素 2.4%,4%/2010.07.29 至 2015.07.29/低毒
水稻 纹枯病 75-112.5克/公顷 喷雾、泼浇

PD88109-18 井冈霉素/20%/水溶粉剂/井冈霉素 20%/2014.01.05 至 2019.01.05/低毒
水稻 纹枯病 75-112.5克/公顷 喷雾、泼浇

PD20083684 井冈霉素A/5%/可溶粉剂/井冈霉素A 5%/2013.12.15 至 2018.12.15/低毒
水稻 纹枯病 52.5-75克/公顷 喷雾

浙江威尔达化工有限公司 (浙江省杭州市余杭区塘栖超山 311106 0571-86375788)

PD85154-42 氰戊菊酯/20%/乳油/氰戊菊酯 20%/2010.07.29 至 2015.07.29/中等毒
柑橘树 潜叶蛾 10-20毫克/千克 喷雾
果树 梨小食心虫 10-20毫克/千克 喷雾
棉花 红铃虫、蚜虫 75-150克/公顷 喷雾
蔬菜 菜青虫、蚜虫 60-120克/公顷 喷雾

PD20040372 高效氯氰菊酯/4.5%/乳油/高效氯氰菊酯 4.5%/2009.12.19 至 2014.12.19/中等毒
茶树 茶尺蠖 13.5-16.88克/公顷 喷雾
柑橘树 潜叶蛾 30-45毫克/千克 喷雾
棉花 棉铃虫 20.25-33.75克/公顷 喷雾

PD20060212 氟氯氰菊酯/92%/原药/氟氯氰菊酯 92%/2011.12.26 至 2016.12.26/中等毒

PD20070257 稻瘟灵/40%/乳油/稻瘟灵 40%/2012.09.04 至 2017.09.04/低毒
水稻 稻瘟病 600-720克/公顷 喷雾

PD20070272 甲氰菊酯/20%/乳油/甲氰菊酯 20%/2012.09.05 至 2017.09.05/中等毒
甘蓝 菜青虫 75-90克/公顷 喷雾
柑橘树 红蜘蛛 67-100毫克/千克 喷雾
棉花 棉铃虫 90-120克/公顷 喷雾
苹果树 红蜘蛛 100毫克/千克 喷雾

PD20070518 噻螨酮/5%/乳油/噻螨酮 5%/2012.11.28 至 2017.11.28/低毒
柑橘树、苹果树 红蜘蛛 25-31.25毫克/千克 喷雾

PD20080026 啶虫脒/3%/乳油/啶虫脒 3%/2008.01.04 至 2013.01.04/低毒
柑橘树、苹果树 蚜虫 12-15毫克/千克 喷雾

PD20080079 氟氯氰菊酯/5.7%/乳油/氟氯氰菊酯 5.7%/2013.01.04 至 2018.01.04/低毒
甘蓝 菜青虫 21.375-25.65克/公顷 喷雾
棉花 棉铃虫 25.65-38.475克/公顷 喷雾

PD20080263 己唑醇/5%/悬浮剂/己唑醇 5%/2013.02.20 至 2018.02.20/低毒
苹果树 斑点落叶病 33.3-62.5毫克/千克 喷雾
葡萄 白粉病 50-62.5毫克/千克 喷雾
水稻 纹枯病 60-75克/公顷 喷雾

PD20080833 异噁草松/480克/升/乳油/异噁草松 480克/升/2013.06.20 至 2018.06.20/低毒
春大豆田 一年生杂草 1008-1152克/公顷(东北地区) 喷雾

PD20081427 戊唑醇/95%/原药/戊唑醇 95%/2013.10.31 至 2018.10.31/低毒

PD20081868 禾草丹/50%/乳油/杀草胺 50%/2013.11.20 至 2018.11.20/低毒
水稻移栽田 一年生杂草 1875-2250克/公顷(南方地区) 喷雾

PD20081931 S-氰戊菊酯/50克/升/乳油/S-氰戊菊酯 50克/升/2013.11.24 至 2018.11.24/中等毒
甘蓝 菜青虫 7.5-15克/公顷 喷雾
棉花 棉铃虫 18.75-26.25克/公顷 喷雾
苹果树 桃小食心虫 16-25毫克/千克 喷雾
小麦 蚜虫 9-11.25克/公顷 喷雾

PD20081967 溴氰菊酯/25克/升/乳油/溴氰菊酯 25克/升/2013.11.25 至 2018.11.25/中等毒
茶树 茶尺蠖 3.75-7.5克/公顷 喷雾
甘蓝 菜青虫 7.5-15克/公顷 喷雾
柑橘树 潜叶蛾 5-10毫克/千克 喷雾
棉花 棉铃虫 7.5-15克/公顷 喷雾

PD20082387 甲基硫菌灵/70%/可湿性粉剂/甲基硫菌灵 70%/2013.12.01 至 2018.12.01/低毒
番茄 叶霉病 525-840克/公顷 喷雾
黄瓜 白粉病 420-630克/公顷 喷雾
水稻 纹枯病 1050-1260克/公顷 喷雾
小麦 赤霉病 945-1260克/公顷 喷雾

PD20082706 螨醇·噻螨酮/22.5%/乳油/三氯杀螨醇 20%、噻螨酮 2.5%/2013.12.05 至 2018.12.05/低毒
柑橘树、苹果树 红蜘蛛 150-225毫克/千克 喷雾

PD20082748 溴氰·硫丹/328克/升/乳油/硫丹 320克/升、溴氰菊酯 8克/升/2013.12.08 至 2018.12.08/中等毒

	棉花	棉铃虫	390-495克/公顷	喷雾
	烟草	烟青虫、烟蚜	262.4-328克/公顷	喷雾
PD20083142	百草枯/200克/升/水剂/百草枯 200克/升/2012.12.31 至 2014.07.01/中等毒			
	棉花田	杂草	450-600克/公顷	行间定向茎叶喷雾
	苹果园	杂草	600-900克/公顷	定向茎叶喷雾
PD20083805	高效氟氯氰菊酯/25克/升/乳油/高效氟氯氰菊酯 25克/升/2013.12.15 至 2018.12.15/中等毒			
	甘蓝	菜青虫	10-12.5克/公顷	喷雾
	棉花	棉铃虫	9.45-13.2克/公顷	喷雾
PD20084159	高效氟氯氰菊酯/98%/原药/氟氯氰菊酯 98%/2013.12.16 至 2018.12.16/中等毒			
PD20084297	甲氰·辛硫磷/25%/乳油/甲氰菊酯 5%、辛硫磷 20%/2013.12.17 至 2018.12.17/中等毒			
	棉花	棉铃虫	300-375克/公顷	喷雾
	苹果树	蚜虫	208.3-312.5毫克/千克	喷雾
	苹果树	红蜘蛛	166.7-250毫克/千克	喷雾
	十字花科蔬菜	菜青虫	150-225克/公顷	喷雾
PD20085017	阿维·辛硫磷/20%/乳油/阿维菌素 0.2%、辛硫磷 19.8%/2013.12.22 至 2018.12.22/低毒(原药高毒)			
	十字花科蔬菜	小菜蛾	240-270克/公顷	喷雾
PD20085094	唑磷·氟氯氰/10%/乳油/氟氯氰菊酯 1%、三唑磷 9%/2013.12.23 至 2018.12.23/中等毒			
	棉花	棉铃虫	112-140克/公顷	喷雾
PD20085458	硫丹/350克/升/乳油/硫丹 350克/升/2013.12.24 至 2018.12.24/高毒			
	棉花	棉铃虫	525-870克/公顷	喷雾
	烟草	烟蚜	315-420克/公顷	喷雾
PD20085986	苄嘧·苯噻酰/53%/可湿性粉剂/苯噻酰草胺 50%、苄嘧磺隆 3%/2013.12.29 至 2018.12.29/低毒			
	水稻抛秧田	一年生及部分多年生杂草	397.5-477克/公顷(南方地区)	药土法
PD20086015	甲氰·哒螨灵/10.5%/乳油/哒螨灵 7%、甲氰菊酯 3.5%/2013.12.29 至 2018.12.29/中等毒			
	柑橘树	红蜘蛛	70-105毫克/千克	喷雾
PD20086124	硫磺·甲硫灵/70%/可湿性粉剂/甲基硫菌灵 35%、硫磺 35%/2013.12.30 至 2018.12.30/低毒			
	黄瓜	炭疽病	1050-1470克/公顷	喷雾
PD20086199	乙铝·多菌灵/60%/可湿性粉剂/多菌灵 20%、三乙膦酸铝 40%/2013.12.30 至 2018.12.30/低毒			
	苹果树	轮纹病	500-300倍液	喷雾
PD20090532	阿维·甲氰/2.5%/乳油/阿维菌素 0.1%、甲氰菊酯 2.4%/2014.01.12 至 2019.01.12/低毒(原药高毒)			
	棉花	红蜘蛛、棉铃虫	37.5-45克/公顷	喷雾
	十字花科蔬菜	小菜蛾	18.75-26.25克/公顷	喷雾
PD20091175	锰锌·腈菌唑/62.5%/可湿性粉剂/腈菌唑 2.5%、代森锰锌 60%/2014.01.22 至 2019.01.22/低毒			
	黄瓜	白粉病	1867.5-2340克/公顷	喷雾
	梨树	黑星病	400-600倍液	喷雾
PD20092538	高效氯氟氰菊酯/25克/升/乳油/高效氯氟氰菊酯 25克/升/2014.02.26 至 2019.02.26/中等毒			
	茶树	茶小绿叶蝉	15-30克/公顷	喷雾
	棉花	棉铃虫	15-18.75克/公顷	喷雾
	十字花科蔬菜	菜青虫	7.5-11.25克/公顷	喷雾
	烟草	蚜虫	11.25-15克/公顷	喷雾
PD20093743	戊唑醇/250克/升/乳油/戊唑醇 250克/升/2014.03.25 至 2019.03.25/低毒			
	香蕉	叶斑病	208-250毫克/千克	喷雾
PD20096278	草甘膦异丙胺盐(41%)///水剂/草甘膦 30%/2009.07.22 至 2014.07.22/低毒			
	柑橘园	杂草	1125-2250克/公顷	定向茎叶喷雾
PD20096525	戊唑醇/6%/种子处理悬浮剂/戊唑醇 6%/2009.08.20 至 2014.08.20/低毒			
	玉米	丝黑穗病	10-12克/100千克种子	种子包衣
PD20098428	己唑醇/95%/原药/己唑醇 95%/2009.12.24 至 2014.12.24/低毒			
PD20110500	甲氨基阿维菌素苯甲酸盐/5%/水分散粒剂/甲氨基阿维菌素 5%/2011.05.03 至 2016.05.03/低毒			
	甘蓝	甜菜夜蛾	2.25～3 克/公顷	喷雾
	注:甲氨基阿维菌素苯甲酸盐含量:5.7%。			
PD20120659	70%吡虫啉水分散粒剂/70%/水分散粒剂/吡虫啉 70%/2012.04.18 至 2017.04.18/低毒			
	水稻	稻飞虱	31.5-42克/公顷	喷雾
PD20120688	毒死蜱/45%/乳油/毒死蜱 45%/2012.04.18 至 2017.04.18/中等毒			
	水稻	稻纵卷叶螟	576-720克/公顷	喷雾
PD20120699	己唑·稻瘟灵/30%/乳油/稻瘟灵 27%、己唑醇 3%/2012.04.18 至 2017.04.18/低毒			
	水稻	稻曲病、稻瘟病、纹枯病	270-360克/公顷	喷雾
PD20120715	草甘膦铵盐/65%/可溶粉剂/草甘膦 65%/2012.04.18 至 2017.04.18/微毒			
	柑橘园	杂草	1170-1462.5克/公顷	行间定向茎叶喷雾
	注:草甘膦铵盐含量:71.5%。			
PD20120790	高效氯氟氰菊酯/2.5%/水乳剂/高效氯氟氰菊酯 2.5%/2012.05.11 至 2017.05.11/中等毒			
	甘蓝	菜青虫	7.5-11.25克/公顷	喷雾
PD20121510	精噁唑禾草灵/69克/升/水乳剂/精噁唑禾草灵 69克/升/2012.10.09 至 2017.10.09/低毒			
	小麦田	一年生禾本科杂草	41.4-62.1克/公顷	茎叶喷雾

PD20121568 戊唑醇/80%/可湿性粉剂/戊唑醇 80%/2012.10.25 至 2017.10.25/低毒
梨树 黑星病 108.5-143.3毫克/千克 喷雾

LS20110289 甲维·氟铃脲/11%/水分散粒剂/氟铃脲 10%、甲氨基阿维菌素苯甲酸盐 1%/2013.11.04 至 2014.11.04/低毒
甘蓝 甜菜夜蛾 33-41.25克/公顷 喷雾

LS20130001 井冈·戊唑醇/20%/悬浮剂/井冈霉素A 12%、戊唑醇 5%/2014.01.04 至 2015.01.04/低毒
水稻 稻曲病、纹枯病 180-240克/公顷 喷雾

LS20130053 氰氟草酯/100克/升/水乳剂/氰氟草酯 100克/升/2013.02.06 至 2014.02.06/低毒
水稻田(直播) 千金子 75-105克/公顷 茎叶喷雾

LS20130275 吡蚜酮/60%/水分散粒剂/吡蚜酮 60%/2013.05.07 至 2014.05.07/低毒
水稻 稻飞虱 108-144克/公顷 喷雾

LS20130301 戊唑·菌核净/70%/水分散粒剂/菌核净 35%、戊唑醇 35%/2013.06.04 至 2014.06.04/低毒
水稻 稻曲病、纹枯病 184-210克/公顷 喷雾

浙江武义钓鱼实业有限公司 (浙江省武义县环城东路9号 321200 0579-87627118)

WP20080478 杀虫气雾剂/0.36%/气雾剂/胺菊酯 0.1%、氯菊酯 0.2%、氯氰菊酯 0.06%/2013.12.16 至 2018.12.16/微毒
卫生 蚊、蝇、蜚蠊 / 喷雾

WP20090099 电热蚊香片/10毫克/片/电热蚊香片/富右旋反式炔丙菊酯 10毫克/片/2014.02.04 至 2019.02.04/微毒
卫生 蚊 / 电热加温

WP20110047 蚊香/0.18%/蚊香/Es-生物烯丙菊酯 0.18%/2011.02.18 至 2016.02.18/微毒
卫生 蚊 / 点燃

WL20100085 蚊香/0.05%/蚊香/氯氟醚菊酯 0.05%/2012.03.10 至 2013.03.10/微毒
卫生 蚊 / 点燃

WL20110110 电热蚊香液/0.4%/电热蚊香液/氯氟醚菊酯 0.4%/2013.09.14 至 2014.09.14/微毒
卫生 蚊 / 电热加温

浙江武义嘉诚实业有限公司 (浙江省金华市武义县熟溪北路15号 321200 0379-7673850)

WP20090016 高氯·胺·苯氰/5.8%/水乳剂/胺菊酯 2%、高效氯氰菊酯 2.4%、右旋反式苯氰菊酯 1.4%/2014.01.08 至2019.01.08/低毒
卫生 蜚蠊 45毫克/平方米 滞留喷洒
卫生 蚊、蝇 30毫克/平方米 滞留喷洒

WP20090203 杀虫气雾剂/0.55%/气雾剂/胺菊酯 0.3%、氯菊酯 0.25%/2009.03.25 至 2014.03.25/微毒
卫生 蚊、蝇 / 喷雾

浙江新安化工集团股份有限公司 (浙江省建德市新安江镇 311600 0571-64713652)

PD85159-5 草甘膦铵盐/30%/水剂/草甘膦 30%/2010.07.29 至 2015.07.29/低毒
茶树、甘蔗、果园、剑麻、林木、桑树、橡胶树 一年生杂草和多年生恶性杂草 1125-2250克/公顷 定向喷雾
注:草甘膦铵盐含量：33%。

PD92103-7 草甘膦/95%/原药/草甘膦 95%/2013.08.21 至 2018.08.21/低毒

PD20040298 哒螨灵/95%/原药/哒螨灵 95%/2009.12.19 至 2014.12.19/中等毒

PD20040394 哒螨灵/20%/可湿性粉剂/哒螨灵 20%/2009.12.19 至 2014.12.19/中等毒
柑橘树、苹果树 红蜘蛛 50-67毫克/千克 喷雾

PD20040590 哒螨灵/15%/乳油/哒螨灵 15%/2009.12.19 至 2014.12.19/中等毒
柑橘树 红蜘蛛 50-67毫克/千克 喷雾

PD20080860 二氯喹啉酸/96%/原药/二氯喹啉酸 96%/2013.06.23 至 2018.06.23/低毒

PD20080895 二氯喹啉酸/50%/可湿性粉剂/二氯喹啉酸 50%/2013.07.09 至 2018.07.09/低毒
水稻移栽田 稗草 202.5-390克/公顷(北方地区) 喷雾

PD20081613 草除灵/96%/原药/草除灵 96%/2013.11.12 至 2018.11.12/低毒

PD20082393 草甘膦铵盐/30%/可溶粉剂/草甘膦 30%/2013.12.01 至 2018.12.01/低毒
柑橘园 杂草 1125-2250克/公顷 定向茎叶喷雾
注:草甘膦铵盐含量：33%。

PD20082544 草甘膦铵盐/68%/可溶粉剂/草甘膦 68%/2013.12.03 至 2018.12.03/低毒
柑橘园、苹果园 杂草 1476.2-1816.8克/公顷 定向茎叶喷雾
注:草甘膦铵盐含量：75.7%。

PD20082681 毒死蜱/48%/乳油/毒死蜱 48%/2013.12.05 至 2018.12.05/中等毒
棉花 蚜虫 450-900克/公顷 喷雾

PD20082695 草甘膦异丙胺盐/46%/水剂/草甘膦 46%/2013.12.05 至 2018.12.05/低毒
春玉米田、棉花田、夏玉米田 一年生及部分多年生杂草 750-1650克/公顷 行间定向茎叶喷雾
冬油菜田（免耕） 一年生及部分多年生杂草 750-1200克/公顷 茎叶喷雾
非耕地、公路、森林防火道、铁路 一年生及部分多年生杂草 1125-3000克/公顷 茎叶喷雾
柑橘园、剑麻园、桑园、橡胶园 一年生及部分多年生杂草 1125-2250克/公顷 定向茎叶喷雾
免耕春油菜田 一年生及部分多年生杂草 1500-2250克/公顷 茎叶喷雾

免耕抛秧晚稻田 一年生及部分多年生杂草 2100-2550克/公顷 茎叶喷雾
注:草甘膦异丙胺盐含量：62%。

PD20082838 二氯喹啉酸/25%/悬浮剂/二氯喹啉酸 25%/2013.12.09 至 2018.12.09/低毒
水稻田(直播) 稗草等杂草 187.5-225克/公顷 茎叶喷雾
水稻移栽田 稗草等杂草 187.5-375克/公顷 茎叶喷雾

PD20083169 草除灵/50%/悬浮剂/草除灵 50%/2013.12.11 至 2018.12.11/低毒
冬油菜田 一年生阔叶杂草 326.25-435克/公顷 茎叶喷雾

PD20083557 氯氰·毒死蜱/50%/乳油/毒死蜱 45%、氯氰菊酯 5%/2013.12.12 至 2018.12.12/中等毒
棉花 棉铃虫 225-375克/公顷 喷雾

PD20083667 毒死蜱/95%,90%,85%/原药/毒死蜱 95%,90%,85%/2013.12.12 至 2018.12.12/中等毒

PD20083746 草甘膦铵盐/86.8%/原药/草甘膦 86.8%/2013.12.15 至 2018.12.15/低毒
注:草甘膦铵盐含量：95.5%。

PD20084065 草甘膦铵盐/68%/可溶粒剂/草甘膦 68%/2013.12.16 至 2018.12.16/低毒
春玉米、棉花、夏玉米 行间杂草 750-1650克/公顷 定向茎叶喷雾
非耕地、公路、森林防火道、铁路 行间杂草 1125-3000克/公顷 茎叶喷雾
柑橘园 杂草 1135.5-2271克/公顷 定向喷雾
柑橘园、剑麻园、梨园、苹果园、桑园、香蕉园、橡胶园 行间杂草 1125-2250克/公顷 定向茎叶喷雾
免耕春油菜 杂草 1500-2250克/公顷 茎叶喷雾
免耕冬油菜 杂草 750-1200克/公顷 茎叶喷雾
免耕抛秧晚稻田 杂草 2100-2550克/公顷 茎叶喷雾
注:草甘膦铵盐含量：75.7%。

PD20085446 苄·二氯/36%/可湿性粉剂/苄嘧磺隆 4%、二氯喹啉酸 32%/2013.12.24 至 2018.12.24/低毒
水稻抛秧田、水稻水秧田 一年生杂草 216-270克/公顷 茎叶喷雾
水稻田(直播) 一年生杂草 216-324克/公顷 茎叶喷雾
水稻移栽田 部分多年生杂草、一年生杂草 216-270克/公顷 喷雾

PD20085912 毒死蜱/10%/颗粒剂/毒死蜱 10%/2013.12.29 至 2018.12.29/低毒
甘蔗 蔗龟 1800-2250克/公顷 拌细沙撒施
花生 地老虎、金针虫、蝼蛄、蛴螬 1800-2250克/公顷 撒施

PD20086294 毒死蜱/40%/乳油/毒死蜱 40%/2013.12.31 至 2018.12.31/中等毒
大豆 食心虫 480-600克/公顷 喷雾
甘蔗 蔗龟 1800-3000克/公顷 喷淋甘蔗根部
柑橘树 红蜘蛛、介壳虫 400-500毫克/千克 喷雾
棉花 棉铃虫、蚜虫 450-900克/公顷 喷雾
苹果 绵蚜 200-400毫克/千克 喷雾
苹果树 桃小食心虫 160-240毫克/千克 喷雾
水稻 稻纵卷叶螟 480-720克/公顷 喷雾
水稻 稻飞虱 300-600克/公顷 喷雾
水稻 二化螟、三化螟 540-660克/公顷 喷雾

PD20090074 马拉·毒死蜱/40%/乳油/毒死蜱 15%、马拉硫磷 25%/2009.01.08 至 2014.01.08/中等毒
十字花科蔬菜 小菜蛾 240-360克/公顷 喷雾

PD20090075 氯氰·毒死蜱/25%/乳油/毒死蜱 22.5%、氯氰菊酯 2.5%/2014.01.08 至 2019.01.08/低毒
荔枝树、龙眼树 蒂蛀虫 250～312.5毫克/千克 喷雾
棉花 棉铃虫 225-375克/公顷 喷雾

PD20090602 草甘膦异丙胺盐/30%/水剂/草甘膦 30%/2014.01.14 至 2019.01.14/低毒
春玉米田 行间杂草 750-1650克/公顷 定向茎叶喷雾
冬油菜田（免耕） 杂草 750-1200克/公顷 茎叶喷雾
非耕地、公路、森林防火道、铁路 行间杂草 1125-3000克/公顷 茎叶喷雾
柑橘园 杂草 1125-2250克/公顷 定向茎叶喷雾
剑麻园、桑园、橡胶园 行间杂草 1125-2250克/公顷 定向茎叶喷雾
棉花田 杂草 750-1650克/公顷 定向茎叶喷雾
免耕春油菜田 杂草 1500-2250克/公顷 茎叶喷雾
免耕抛秧晚稻田 杂草 2100-2550克/公顷 茎叶喷雾
注:草甘膦异丙胺盐质量分数：41%；草甘膦异丙胺盐质量浓度：480克/升。

PD20093728 杀扑·毒死蜱/40%/乳油/毒死蜱 20%、杀扑磷 20%/2014.03.25 至 2019.03.25/中等毒(原药高毒)
柑橘 矢尖蚧 200～250毫克/千克 喷雾

PD20094698 精喹·草除灵/18%/乳油/草除灵 14%、精喹禾灵 4%/2009.04.10 至 2014.04.10/低毒

	冬油菜田	一年生杂草	270-324克/公顷	茎叶喷雾
PD20095243	噁唑·草除灵/18%/乳油/草除灵 14.7%、精噁唑禾草灵 3.3%/2009.04.27 至 2014.04.27/低毒			
	冬油菜田	一年生杂草	1500－1800毫升制剂/公顷	茎叶喷雾
PD20095704	单甲脒盐酸盐/25%/水剂/单甲脒盐酸盐 25%/2009.05.15 至 2014.05.15/中等毒			
	柑橘树	红蜘蛛	250毫克/千克	喷雾
PD20100001	氟啶·毒死蜱/10%/水乳剂/毒死蜱 9%、氟啶脲 1%/2010.01.04 至 2015.01.04/中等毒			
	甘蓝	小菜蛾	120-180克/公顷	喷雾
PD20100638	草甘膦异丙胺盐（62%）///母药/草甘膦 46%/2010.01.15 至 2015.01.15/低毒			
PD20100984	吡氟·草甘膦/66%/可溶粒剂/草甘膦 60%、精吡氟禾草灵 6%/2010.01.19 至 2015.01.19/低毒			
	非耕地	杂草	1980-2970克/公顷	茎叶喷雾
PD20101037	毒死蜱/30%/水乳剂/毒死蜱 30%/2010.01.21 至 2015.01.21/中等毒			
	水稻	稻纵卷叶螟	450-675克/公顷	喷雾
PD20101069	啶虫·毒死蜱/30%/水乳剂/啶虫脒 1%、毒死蜱 29%/2010.01.21 至 2015.01.21/中等毒			
	柑橘	蚜虫	200-300毫克/千克	喷雾
PD20101101	丙溴·毒死蜱/30%/乳油/丙溴磷 18%、毒死蜱 12%/2010.01.25 至 2015.01.25/低毒			
	萝卜	美洲斑潜蝇、小菜蛾、斜纹夜蛾	360-540克/公顷	喷雾
PD20101417	甲维·毒死蜱/40%/水乳剂/毒死蜱 39.6%、甲氨基阿维菌素苯甲酸盐 0.4%/2010.04.26 至 2015.04.26/中等毒			
	甘蓝	斜纹夜蛾	120－180克/公顷	喷雾
	水稻	稻纵卷叶螟、二化螟	120－180克/公顷	喷雾
PD20101611	唑磷·毒死蜱/30%/乳油/毒死蜱 5%、三唑磷 25%/2010.06.03 至 2015.06.03/中等毒			
	水稻	稻纵卷叶螟	360～450克/公顷	喷雾
PD20110984	草甘膦铵盐/50%/可溶粉剂/草甘膦 50%/2011.09.16 至 2016.09.16/低毒			
	非耕地	杂草	1097.25-2194.5克/公顷	定向茎叶喷雾
	注:本产品草甘膦铵盐含量：55%。			
PD20111104	草甘膦钾盐/58%/可溶粉剂/草甘膦 58%/2011.10.17 至 2016.10.17/低毒			
	非耕地	杂草	2001-3001.5克/公顷	定向茎叶喷雾
	注:草甘膦钾盐含量：71%。			
PD20111216	草甘膦铵盐/80%/可溶粒剂/草甘膦 80%/2011.11.17 至 2016.11.17/低毒			
	非耕地	杂草	1980-2970克/公顷	定向茎叶喷雾
	注:草甘膦铵盐含量为:88%。			
PD20111443	草甘膦二甲胺盐/35%/水剂/草甘膦 35%/2011.12.29 至 2016.12.29/低毒			
	非耕地	杂草	1995-3018.75克/公顷	定向茎叶喷雾
	注:草甘膦二甲胺盐含量：44%			
PD20111449	敌百·毒死蜱/4.5%/颗粒剂/敌百虫 3%、毒死蜱 1.5%/2011.12.30 至 2016.12.30/中等毒			
	花生	蛴螬	1687.5－2362.5克/公顷	毒土撒施
PD20120212	草甘膦铵盐/70.9%/可溶粒剂/草甘膦 70.9%/2012.02.07 至 2017.02.07/低毒			
	注:仅供出口,不得在国内销售；草甘膦铵盐含量78%。			
PD20120300	草甘膦钾盐/63%/可溶粒剂/草甘膦 63%/2012.02.17 至 2017.02.17/低毒			
	非耕地	杂草	2021.25-3003克/公顷	定向茎叶喷雾
	注:草甘膦钾盐含量：77%。			
PD20120301	草甘膦钾盐/50%/可溶粒剂/草甘膦 50%/2012.02.17 至 2017.02.17/低毒			
	非耕地	杂草	2000-3000克/公顷	定向茎叶喷雾
	注:草甘膦钾盐含量：61%。			
PD20120883	戊唑醇/25%/水乳剂/戊唑醇 25%/2012.05.24 至 2017.05.24/低毒			
	黄瓜	白粉病	105－115克/公顷	喷雾
PD20121007	二氯喹啉酸/50%/可溶粒剂/二氯喹啉酸 50%/2012.06.21 至 2017.06.21/低毒			
	水稻抛秧田、水稻秧田、移栽水稻田、直播水稻田	稗草	225-375克/公顷	茎叶喷雾
PD20121247	草甘膦异丙胺盐/450克/升/水剂/草甘膦 450克/升/2012.09.04 至 2017.09.04/低毒			
	注:专供出口，不得在国内销售。			
PD20121452	草甘膦异丙胺盐/58%/可溶粒剂/草甘膦 58%/2012.10.08 至 2017.10.08/低毒			
	非耕地	杂草	1125-3000克/公顷	定向茎叶喷雾处理
	注:草甘膦异丙胺盐含量：78%。			
PD20130665	草甘膦钾盐/77.6%/原药/草甘膦 77.6%/2013.04.17 至 2018.04.17/低毒			
	注:草甘膦钾盐含量:95%。			
PD20130797	麦畏·草甘膦/70%/可溶粒剂/草甘膦铵盐 59.5%、麦草畏 10.5%/2013.04.22 至 2018.04.22/低毒			
	非耕地	杂草	630-945克/公顷	茎叶喷雾
PD20131621	草甘膦钾盐/68%/可溶粒剂/草甘膦 68%/2013.07.30 至 2018.07.30/低毒			
	非耕地	杂草	999.6-2999.85克/公顷	定向茎叶喷雾
	注:草甘膦钾盐含量：83.3%。			
PD20131844	草甘膦异丙胺盐/70.5%/原药/草甘膦 70.5%/2013.09.23 至 2018.09.23/低毒			
	注:草甘膦异丙胺盐含量：95%。			

PD20132336 烟嘧磺隆/75%/水分散粒剂/烟嘧磺隆 75%/2013.11.20 至 2018.11.20/低毒
玉米田 一年生杂草 50-60克/公顷 茎叶喷雾
PD20132422 草甘膦钾盐/30%/水剂/草甘膦 30%/2013.11.20 至 2018.11.20/低毒
非耕地 杂草 999-1998克/公顷 定向茎叶喷雾
注:草甘膦钾盐含量37%。
LS20110081 草甘膦异丙胺盐/70.5%/原药/草甘膦 70.5%/2013.04.01 至 2014.04.01/低毒
注:草甘膦异丙胺盐含量: 95%。
LS20110107 草甘膦钾盐/77.6%/原药/草甘膦 77.6%/2013.04.11 至 2014.04.11/低毒
注:草甘膦钾盐含量:95%。
LS20110288 吡嘧磺隆/10%/可分散片剂/吡嘧磺隆 10%/2013.11.03 至 2014.11.03/低毒
水稻抛秧田、水稻田(直播)、水稻秧田、水稻移栽田 稗草 22.5-30克/公顷 抛施法
WP20090034 毒死蜱/40%/乳油/毒死蜱 40%/2014.01.14 至 2019.01.14/中等毒
卫生 白蚁 0.5-1%药液5升/平方米 土壤处理

浙江新农化工股份有限公司 (浙江省仙居县杨府三里溪 317300 0576-87733630)

PD20040285 三唑磷/85%/原药/三唑磷 85%/2009.12.19 至 2014.12.19/中等毒
PD20040491 三唑磷/40%/乳油/三唑磷 40%/2009.12.19 至 2014.12.19/中等毒
棉花 红铃虫 480-600克/公顷 喷雾
水稻 二化螟、三化螟 300-450克/公顷 喷雾
水稻 稻瘿蚊 1200-1500克/公顷 喷雾
水稻 稻水象甲 360-480克/公顷 喷雾
PD20040559 三唑磷/15%/微乳剂/三唑磷 15%/2009.12.19 至 2014.12.19/中等毒
水稻 二化螟 225-281.25克/公顷 喷雾
PD20040680 三唑磷/30%/乳油/三唑磷 30%/2009.12.19 至 2014.12.19/中等毒
棉花 棉铃虫 480-600克/公顷 喷雾
水稻 稻水象甲 240-480克/公顷 喷雾
水稻 二化螟、三化螟 300-450克/公顷 喷雾
PD20040733 三唑磷/20%/乳油/三唑磷 20%/2009.12.19 至 2014.12.19/中等毒
草地 草地螟 300-375克/公顷 喷雾
棉花 棉红铃虫 375-450克/公顷 喷雾
水稻 二化螟、三化螟 300-450克/公顷 喷雾
水稻 稻水象甲 360-480克/公顷 喷雾
PD20070002 毒死蜱/97%/原药/毒死蜱 97%/2012.01.01 至 2017.01.01/中等毒
PD20070327 二甲戊灵/98%/原药/二甲戊灵 98%/2012.10.10 至 2017.10.10/低毒
PD20070641 毒死蜱/480克/升/乳油/毒死蜱 480克/升/2012.12.14 至 2017.12.14/中等毒
柑橘树 矢尖蚧 1000-1500倍液 喷雾
水稻 稻飞虱 648-720克/公顷 喷雾
水稻 稻纵卷叶螟 70-90毫升制剂/亩 喷雾
PD20080291 毒死蜱/40%/乳油/毒死蜱 40%/2013.02.25 至 2018.02.25/中等毒
柑橘树 矢尖蚧 333-500毫克/千克 喷雾
棉花 棉铃虫 600-900克/公顷 喷雾
苹果树 绵蚜 1500-2000倍液 喷雾
水稻 稻飞虱 600-750克/公顷 喷雾
水稻 稻纵卷叶螟 300-600克/公顷 喷雾
PD20080311 毒死蜱/25%/乳油/毒死蜱 25%/2008.02.25 至 2013.02.25/中等毒
柑橘树 矢尖蚧 333-500毫克/千克 喷雾
韭菜 韭蛆 1350-1800克/公顷 灌根
棉花 棉铃虫 600-900克/公顷 喷雾
苹果树 绵蚜 900-1250倍液 喷雾
PD20080441 二甲戊灵/330克/升/乳油/二甲戊灵 330克/升/2013.03.13 至 2018.03.13/低毒
甘蓝田、韭菜 杂草 495—742.5克/公顷 喷雾
PD20081362 唑磷·毒死蜱/30%/乳油/毒死蜱 7%、三唑磷 23%/2013.10.22 至 2018.10.22/中等毒
水稻 稻纵卷叶螟 315-450克/公顷 喷雾
PD20081374 吡虫·毒死蜱/22%/乳油/吡虫啉 2%、毒死蜱 20%/2013.10.23 至 2018.10.23/中等毒
水稻 飞虱 115-132克/公顷 喷雾
PD20083079 氯氰·毒死蜱/55%/乳油/毒死蜱 50%、氯氰菊酯 5%/2013.12.10 至 2018.12.24/中等毒
荔枝树 蒂蛀虫 366.6-550毫克/千克 喷雾
棉花 棉铃虫 412.5-618.75克/公顷 喷雾
PD20083886 毒死蜱/5%/颗粒剂/毒死蜱 5%/2013.12.15 至 2018.12.15/低毒
花生 蛴螬 1125-2250克/公顷 拌毒土撒施
PD20085671 毒死蜱/30%/水乳剂/毒死蜱 30%/2013.12.26 至 2018.12.26/中等毒
水稻 稻纵卷叶螟 450-630克/公顷 喷雾

水稻 稻飞虱 540-675克/公顷 喷雾
PD20086360 辛硫·三唑磷/40%/乳油/三唑磷 20%、辛硫磷 20%/2013.12.31 至 2018.12.31/中等毒
水稻 二化螟 360-480克/公顷 喷雾
PD20090645 氯氰·毒死蜱/22%/乳油/毒死蜱 20%、氯氰菊酯 2%/2014.01.15 至 2019.01.15/中等毒
荔枝树 蒂蛀虫 366.7-550毫克/千克 喷雾
棉花 棉铃虫 412.5-618.75克/公顷 喷雾
PD20096839 噻唑锌/95%/原药/噻唑锌 95%/2009.09.21 至 2014.09.21/低毒
PD20096932 噻唑锌/20%/悬浮剂/噻唑锌 20%/2009.09.25 至 2014.09.25/低毒
柑橘树 溃疡病 400-666.7毫克/千克 喷雾
水稻 细菌性条斑病 300-375克/公顷 喷雾
PD20102019 毒死蜱/40%/微乳剂/毒死蜱 40%/2010.09.25 至 2015.09.25/中等毒
苹果树 绵蚜 200-267毫克/千克 喷雾
PD20132654 氰虫·毒死蜱/36%/悬乳剂/毒死蜱 32%、氰氟虫腙 4%/2013.12.20 至 2018.12.20/中等毒
水稻 稻纵卷叶螟 540－648克/公顷 喷雾
LS20110135 乙虫·毒死蜱/30%/悬乳剂/毒死蜱 28%、乙虫腈 2%/2013.05.10 至 2014.05.10/中等毒
水稻 稻飞虱 405－450克/公顷 喷雾
LS20110166 螺螨·三唑磷/40%/水乳剂/螺螨酯 3%、三唑磷 37%/2013.06.15 至 2014.06.15/中等毒
柑橘树 红蜘蛛 200-400毫克/千克 喷雾
LS20120101 毒死蜱/25%/颗粒剂/毒死蜱 25%/2013.03.12 至 2014.03.12/低毒
花生 蛴螬 1125-2250克/公顷 拌毒土撒施
LS20130167 戊唑·噻唑锌/40%/悬浮剂/戊唑醇 10%、噻唑锌 30%/2013.04.03 至 2014.04.03/低毒
水稻 纹枯病 360-420 克/公顷 喷雾
LS20130330 噻唑锌/40%/悬浮剂/噻唑锌 40%/2013.06.09 至 2014.06.09/低毒
烟草 野火病 360-510克/公顷 喷雾
LS20130375 嘧酯·噻唑锌/50%/悬浮剂/嘧菌酯 20%、噻唑锌 30%/2013.07.29 至 2014.07.29/低毒
黄瓜 霜霉病 300-450克 /公顷 喷雾
LS20130423 氰虫·啶虫脒/40%/悬浮剂/啶虫脒 8%、氰氟虫腙 32%/2013.09.09 至 2014.09.09/低毒
甘蓝 小菜蛾 180-300克/公顷 喷雾
WP20080450 毒死蜱/40%/乳油/毒死蜱 40%/2013.12.16 至 2018.12.16/中等毒
卫生 白蚁 20克/平方米 土壤处理

浙江信心日用工业有限公司 (浙江省金华市义乌市经济开发区稠江办上崇山 322000 0579-5551379)

WP20080234 蚊香/0.25%/蚊香/富右旋反式烯丙菊酯 0.25%/2013.11.25 至 2018.11.25/低毒
卫生 蚊 / 点燃
WP20080404 电热蚊香片/25毫克/片/电热蚊香片/炔丙菊酯 8毫克/片、右旋烯丙菊酯 17毫克/片/2013.12.12 至 2018.12.12/低毒
卫生 蚊 / 电热加温
注:本品有三种香型:无香型、熏衣草香型、芳香型。
WP20080425 电热蚊香液/2.6%/电热蚊香液/Es-生物烯丙菊酯 2.6%/2013.12.15 至 2018.12.15/低毒
卫生 蚊 / 电热加温
注:本品有三种香型:无香型、芳香型、熏衣草香型。

浙江一点红有限公司 (浙江省浦江经济开发区一点红大道188号 322200 0579-4178828)

WP20110230 蚊香/0.28%/蚊香/富右旋反式烯丙菊酯 0.28%/2011.10.10 至 2016.10.10/微毒
卫生 蚊 / 点燃
WP20110268 杀虫气雾剂/0.36%/气雾剂/胺菊酯 0.1%、氯菊酯 0.2%、氯氰菊酯 0.06%/2011.12.13 至 2016.12.13/微毒
卫生 蚊、蝇、蜚蠊 / 喷雾

浙江永农化工有限公司 (浙江省温州市龙湾区永强兰田 325024 0577-86374717)

PD20050060 三唑磷/85%/原药/三唑磷 85%/2010.06.12 至 2015.06.11/中等毒
PD20080076 杀扑磷/95%/原药/杀扑磷 95%/2013.01.04 至 2018.01.04/高毒
PD20080878 高效氟吡甲禾灵/95%/原药/高效氟吡甲禾灵 95%/2013.07.09 至 2018.07.09/低毒
PD20080912 精吡氟禾草灵/90%/原药/精吡氟禾草灵 90%/2013.07.14 至 2018.07.14/低毒
PD20080931 氨氯吡啶酸/95%/原药/氨氯吡啶酸 95%/2013.07.17 至 2018.07.17/低毒
PD20080982 氯氟吡氧乙酸异辛酯/95%/原药/氯氟吡氧乙酸异辛酯 95%/2013.07.24 至 2018.07.24/低毒
PD20081009 百草枯/30.5%/母药/百草枯 30.5%/2013.08.06 至 2018.08.06/中等毒
PD20081470 甲基嘧啶磷/90%/原药/甲基嘧啶磷 90%/2013.11.04 至 2018.11.04/低毒
PD20081842 二嗪磷/95%/原药/二嗪磷 95%/2013.11.20 至 2018.11.20/中等毒
PD20082201 甜菜安/96%/原药/甜菜安 96%/2013.11.26 至 2018.11.26/低毒
PD20082875 虫酰肼/98%/原药/虫酰肼 98%/2013.12.16 至 2018.12.16/低毒
PD20083731 甜菜宁/97%/原药/甜菜宁 97%/2013.12.16 至 2018.12.16/低毒
PD20084512 灭线磷/95%/原药/灭线磷 95%/2013.12.18 至 2018.12.18/高毒
PD20085086 毒死蜱/90%/原药/毒死蜱 90%/2013.12.23 至 2018.12.23/中等毒
PD20092586 丙溴磷/89%/原药/丙溴磷 89%/2014.02.27 至 2019.02.27/中等毒
PD20096194 氟虫腈/95%/原药/氟虫腈 95%/2009.07.13 至 2014.07.13/中等毒
注:专供出口,不得在国内销售。
PD20110079 氟虫腈/80%/水分散粒剂/氟虫腈 80%/2011.01.21 至 2016.01.21/中等毒

注:专供出口，不得在国内销售。
PD20111392　炔草酯/95%/原药/炔草酯 95%/2011.12.21 至 2016.12.21/低毒
PD20111446　二氯吡啶酸/95%/原药/二氯吡啶酸 95%/2011.12.30 至 2016.12.30/低毒
PD20130424　氟虫腈/20%/悬浮剂/氟虫腈 20%/2013.03.18 至 2018.03.18/低毒
注:专供出口，不得在国内销售。
PD20131472　草铵膦/95%/原药/草铵膦 95%/2013.07.05 至 2018.07.05/低毒
PD20131809　乙氧呋草黄/95%/原药/乙氧呋草黄 95%/2013.09.17 至 2018.09.17/低毒
注:专供出口，不得在国内销售。
PD20132011　敌草快/150克/升/水剂/敌草快 150克/升/2013.10.21 至 2018.10.21/中等毒
注:专供出口，不得在国内销售。

浙江正点实业有限公司　(浙江省武义县百花山工业区　321200　0579-87611273)

WP20080021　蚊香/0.3%/蚊香/右旋烯丙菊酯 0.3%/2008.01.11 至 2013.01.11/微毒

卫生	蚊	/	点燃

WP20080113　蚊香/0.18%/蚊香/Es-生物烯丙菊酯 0.18%/2013.10.22 至 2018.10.22/微毒

卫生	蚊	/	点燃

WP20080148　杀虫气雾剂/0.33%/气雾剂/胺菊酯 0.14%、高效氯氰菊酯 0.03%、氯菊酯 0.16%/2013.11.05 至 2018.11.05/低毒

卫生	蜚蠊、蚊、蝇	/	喷雾

注:本品有三种香型：柠檬香型、奶油香型、夜来香型。
WP20090300　电热蚊香片/12.5毫克/片/电热蚊香片/富右旋反式炔丙菊酯 12.5毫克/片/2009.07.22 至 2014.07.22/低毒

卫生	蚊	/	电热加温

注:本品有三种香型：绿茶香型、清香型、柠檬香型。
WP20110252　蚊香/0.03%/蚊香/四氟甲醚菊酯 0.03%/2011.11.15 至 2016.11.15/微毒

卫生	蚊	/	点燃

WP20130029　杀蟑烟片/7.2%/烟片/右旋苯醚氰菊酯 7.2%/2013.02.06 至 2018.02.06/低毒

卫生	蜚蠊	/	点燃

WP20130040　蚊香/0.05%/蚊香/氯氟醚菊酯 0.05%/2013.03.12 至 2018.03.12/微毒

卫生	蚊	/	点燃

注:本产品有两种香型：草本香型、薄荷香型。
WP20130044　蚊香/0.08%/蚊香/氯氟醚菊酯 0.08%/2013.03.19 至 2018.03.19/微毒(原药低毒)

室内	蚊	/	点燃

注:本产品有一种香型：草本香型。
WL20110027　电热蚊香液/0.6%/电热蚊香液/氯氟醚菊酯 0.6%/2013.02.11 至 2014.02.11/微毒

卫生	蚊	/	电热加温

浙江中山化工集团股份有限公司　(浙江省长兴县小浦镇中山村　313116　0572-6121378)

PD85111-2　西玛津/50%/可湿性粉剂/西玛津 50%/2010.01.25 至 2015.01.25/低毒

茶园、甘蔗	一年生杂草	1125-1875克/公顷	喷于地表
公路、森林防火道、铁路	一年生杂草	0.8-2克/平方米	喷于地表
红松苗圃	一年生杂草	0.2-0.4克/平方米	喷于地表
梨树(12年以上树龄)、苹果树(12年以上树龄)	一年生杂草	1800-3000克/公顷	喷于地表
玉米	一年生杂草	2250-3000克/公顷	喷于地表

PD85112-14　莠去津/38%/悬浮剂/莠去津 38%/2014.04.27 至 2019.04.27/低毒

茶园	一年生杂草	1125-1875克/公顷	喷于地表
防火隔离带、公路、森林、铁路	一年生杂草	0.8-2克/平方米	喷于地表
甘蔗	一年生杂草	1050-1500克/公顷	喷于地表
高粱、糜子、玉米	一年生杂草	1800-2250克/公顷(东北地区)	喷于地表
红松苗圃	一年生杂草	0.2-0.3克/平方米	喷于地表
梨树(12年以上树龄)、苹果树(12年以上树龄)	一年生杂草	1625-1875克/公顷	喷于地表
橡胶园	一年生杂草	2250-3750克/公顷	喷于地表

PD86103-3　莠去津/48%/可湿性粉剂/莠去津 48%/2011.12.29 至 2016.12.29/低毒

茶园	一年生杂草	1500-2250克/公顷	喷于地表
甘蔗田	一年生杂草	1125-1875克/公顷	喷于地表
高粱田、糜子	一年生杂草	1875-2625克/公顷(东北地区)	喷于地表
公路	一年生杂草	0.8-2克/平方米	喷雾
红松苗圃	一年生杂草	0.25-0.5克/平方米	喷洒苗床
梨树(12年以上树龄)、苹果树(12年以上树龄)	一年生杂草	3000-3750克/公顷(东北地区)	喷于地表

	葡萄园	一年生杂草	2250-3000克/公顷	避开葡萄根部
	森林、铁路	一年生杂草	1-2.5克/平方米	喷雾
	橡胶园	一年生杂草	3750-4500克/公顷	喷于地表
	玉米田	一年生杂草	2250-3000克/公顷(东北地区)	喷于地表
PD86105-4	西草净/25%/可湿性粉剂/西草净 25%/2010.01.25 至 2015.01.25/低毒			
	水稻田	阔叶杂草、眼子菜	750-937.5克/公顷(东北地区)	撒毒土
PD86126-6	扑草净/40%/可湿性粉剂/扑草净 40%/2011.12.29 至 2016.12.29/低毒			
	茶园、成年果园、苗圃	阔叶杂草	1875-3000克/公顷	喷于地表，切勿喷至树上
	大豆田、花生田	阔叶杂草	750-1125克/公顷	喷雾
	甘蔗田、棉花田、苎麻	阔叶杂草	750-1125克/公顷	播后苗前土壤喷雾
	谷子田	阔叶杂草	375克/公顷	喷雾
	麦田	阔叶杂草	450-750克/公顷	喷雾
	水稻本田、水稻秧田	阔叶杂草	150-900克/公顷	撒毒土
PD20080795	西玛津/95%/原药/西玛津 95%/2013.06.20 至 2018.06.20/低毒			
PD20080805	莠去津/95%/原药/莠去津 95%/2013.06.20 至 2018.06.20/低毒			
PD20080842	扑草净/95%/原药/扑草净 95%/2013.06.23 至 2018.06.23/低毒			
PD20081076	莠灭净/95%/原药/莠灭净 95%/2013.08.18 至 2018.08.18/低毒			
PD20081077	莠灭净/80%/可湿性粉剂/莠灭净 80%/2013.08.18 至 2018.08.18/低毒			
	甘蔗田	一年生杂草	1560-2400克/公顷	定向茎叶喷雾
PD20081105	莠灭净/50%/悬浮剂/莠灭净 50%/2013.08.18 至 2018.08.18/低毒			
	甘蔗田	一年生杂草	1500-1725克/公顷	定向茎叶喷雾
PD20081426	西草净/95%/原药/西草净 95%/2013.10.31 至 2018.10.31/低毒			
PD20082282	莠去津/50%/悬浮剂/莠去津 50%/2013.12.01 至 2018.12.01/低毒			
	春玉米田	一年生杂草	1500-1875克/公顷	播后苗前土壤喷雾
	夏玉米田	一年生杂草	1125-1500克/公顷	播后苗前土壤喷雾
PD20082704	莠去津/80%/可湿性粉剂/莠去津 80%/2013.12.05 至 2018.12.05/低毒			
	夏玉米田	一年生杂草	1200-1440克/公顷	土壤喷雾
PD20085472	莠灭净/40%/可湿性粉剂/莠灭净 40%/2013.12.25 至 2018.12.25/低毒			
	甘蔗田	一年生杂草	1560-2400克/公顷	喷雾
PD20086310	阿维菌素/1.8%/乳油/阿维菌素 1.8%/2013.12.31 至 2018.12.31/低毒(原药高毒)			
	黄瓜	美洲斑潜蝇	10.8-21.6克/公顷	喷雾
PD20091648	硫磺/80%/水分散粒剂/硫磺 80%/2014.02.03 至 2019.02.03/低毒			
	小麦	白粉病	1920-3000克/公顷	喷雾
PD20092864	莠灭净/80%/水分散粒剂/莠灭净 80%/2014.03.05 至 2019.03.05/低毒			
	甘蔗田	一年生杂草	1500-1800克/公顷	喷雾
PD20093210	异丙草·莠/41%/悬乳剂/异丙草胺 18%、莠去津 23%/2014.03.11 至 2019.03.11/低毒			
	夏玉米田	一年生杂草	1230-1537.5克/公顷	土壤喷雾
PD20093351	阿维菌素/0.6%/乳油/阿维菌素 0.6%/2009.03.18 至 2014.03.18/低毒(原药高毒)			
	黄瓜	美洲斑潜蝇	10.8-21.6克/公顷	喷雾
PD20095415	西玛津/50%/悬浮剂/西玛津 50%/2009.05.11 至 2014.05.11/低毒			
	甘蔗田	一年生杂草	1500-1800 克/公顷	土壤喷雾
PD20095440	扑草净/50%/悬浮剂/扑草净 50%/2009.05.11 至 2014.05.11/低毒			
	大蒜田	一年生杂草	600-900克/公顷	土壤喷雾
PD20097253	莠去津/90%/水分散粒剂/莠去津 90%/2009.10.19 至 2014.10.19/低毒			
	春玉米田	一年生杂草	1795.5-2241克/公顷	土壤喷雾
	夏玉米田	一年生杂草	1215-1350克/公顷	土壤喷雾
PD20097426	2甲4氯钠/56%/可溶粉剂/2甲4氯钠 56%/2009.10.28 至 2014.10.28/低毒			
	冬小麦田	多种阔叶杂草	840-1008克/公顷	茎叶喷雾
PD20110558	西玛津/90%/水分散粒剂/西玛津 90%/2011.05.20 至 2016.05.20/低毒			
	玉米田	一年生杂草	春玉米：2160-2700克/公顷；其它:1620-2160克/公顷	土壤喷雾
PD20111349	敌草隆/80%/水分散粒剂/敌草隆 80%/2011.12.09 至 2016.12.09/低毒			
	甘蔗田	一年生杂草	1200-2400克/公顷	土壤喷雾

PD172-93-F00-0002 允发化工(上海)有限公司
(上海市奉贤区金汇镇航塘公路1500号 201405 021-57589888)
咪唑乙烟酸/50克/升/水剂/咪唑乙烟酸 50克/升/2013.07.12 至 2014.07.12/低毒
PD20081773-F00-0140 山东省绿士农药有限公司
(山东省齐河经济开发区金能大道北首 251100 0534-5756113)
硫磺·多菌灵/50%/可湿性粉剂/多菌灵 15%、硫磺 35%/2014.03.11 至 2015.03.11/低毒
PD266-99-F00-0141 山东省绿士农药有限公司
(山东省齐河经济开发区金能大道北首 251100 0534-5756113)
代森锰锌/80%/可湿性粉剂/代森锰锌 80%/2013.12.22 至 2014.12.22/低毒
PD91106-8-F00-0143 山东省绿士农药有限公司
(山东省齐河经济开发区金能大道北首 251100 0534-5756113)
甲基硫菌灵/70%/可湿性粉剂/甲基硫菌灵 70%/2014.03.12 至 2015.03.12/低毒
PD20080945-F00-0145 山东省绿士农药有限公司
(山东省齐河经济开发区金能大道北首 251100 0534-5756113)
霜脲·锰锌/72%/可湿性粉剂/代森锰锌 64%、霜脲氰 8%/2013.07.23 至 2014.07.23/低毒
PD20083974-F00-0146 山东省绿士农药有限公司
(山东省齐河经济开发区金能大道北首 251100 0534-5756113)
噁霜·锰锌/64%/可湿性粉剂/噁霜灵 8%、代森锰锌 56%/2014.03.11 至 2015.03.11/低毒
PD20040217-F00-0151 山东省绿士农药有限公司
(山东省齐河经济开发区金能大道北首 251100 0534-5756113)
氯氰菊酯/5%/乳油/氯氰菊酯 5%/2013.10.15 至 2014.10.15/中等毒
PD20080303-F00-0152 山东省绿士农药有限公司
(山东省齐河经济开发区金能大道北首 251100 0534-5756113)
多·锰锌/40%/可湿性粉剂/多菌灵 20%、代森锰锌 20%/2014.02.25 至 2015.02.25/低毒
PD20040046-F00-0208 济南绿霸农药有限公司
(山东省济南市工业南路100号三庆枫润大厦1805 251604 0531-81795669)
高效氯氰菊酯/4.5%/乳油/高效氯氰菊酯 4.5%/2013.04.22 至 2014.04.22/中等毒
PD20040085-F00-0301 山东东泰农化有限公司
(山东省聊城市东昌府区道口铺工业区 252033 0635-8671517)
高效氯氰菊酯/4.5%/乳油/高效氯氰菊酯 4.5%/2013.12.07 至 2014.12.07/中等毒
PD20040439-F00-0309 山东东泰农化有限公司
(山东省聊城市东昌府区道口铺工业区 252033 0635-8671517)
哒螨灵/20%/可湿性粉剂/哒螨灵 20%/2013.12.07 至 2014.12.07/中等毒
PD20040410-F00-0311 山东东泰农化有限公司
(山东省聊城市东昌府区道口铺工业区 252033 0635-8671517)
吡虫啉/10%/可湿性粉剂/吡虫啉 10%/2012.12.07 至 2017.12.07/低毒
PD85124-13-F00-0325 山东省淄博绿晶农药有限公司
(山东省淄博市周村区周村彭阳电信局西南侧 255321 0533-6610065)
福·福锌/80%/可湿性粉剂/福美双 30%、福美锌 50%/2014.01.18 至 2015.01.18/中等毒
PD20040789-F00-0355 山东德州大成农药有限公司
(山东省德州市经济开发区 253000 0534-2757586)
多·福/50%/可湿性粉剂/多菌灵 25%、福美双 25%/2013.02.05 至 2014.02.05/低毒
PD85125-12-F00-0356 山东德州大成农药有限公司
(山东省德州市经济开发区 253000 0534-2757586)
福美胂/40%/可湿性粉剂/福美胂 40%/2013.05.12 至 2013.12.31/中等毒
PD20082040-F00-0366 山东省淄博绿晶农药有限公司
(山东省淄博市周村区周村彭阳电信局西南侧 255321 0533-6610065)
甲硫·福美双/70%/可湿性粉剂/福美双 40%、甲基硫菌灵 30%/2014.01.24 至 2015.01.24/低毒
PD20080512-F00-0432 湖南省湘潭市昭山农药厂
(湖南省湘潭市岳塘区易家湾 411103 0732-3281165)
甲氰菊酯/20%/乳油/甲氰菊酯 20%/2013.12.31 至 2014.12.31/中等毒
PD20080925-F00-0449 湖南省娄底农科所农药实验厂
(湖南省娄底市娄星区关家脑 417000 0738-8326272)
二氯喹啉酸/50%/可湿性粉剂/二氯喹啉酸 50%/2013.03.11 至 2014.03.11/低毒
PD20080512-F00-0458 湖南省益阳市农业生产资料有限公司农药分装厂
(湖南省益阳市大渡口 413000 0737-4301017)
甲氰菊酯/20%/乳油/甲氰菊酯 20%/2013.03.11 至 2014.03.11/中等毒
PD20080022-F00-0461 湖南省益阳市农业生产资料有限公司农药分装厂
(湖南省益阳市大渡口 413000 0737-4301017)
稻瘟灵/40%/乳油/稻瘟灵 40%/2013.03.11 至 2014.03.11/低毒
PD270-99-F00-0520 江苏龙灯化学有限公司
(江苏省昆山开发区龙灯路88号 215301 0512-57718696)
硫酸铜钙/77%/可湿性粉剂/硫酸铜钙 77%/2013.11.16 至 2014.11.16/低毒
PD84125-22-F00-0705 四川省兰月科技有限公司
(四川省成都市双流县西南航空港经济开发区空港三路779号 610207 028-85305199)
乙烯利/40%/水剂/乙烯利 40%/2013.12.22 至 2014.12.22/低毒
PD20081161-F00-0969 黔南州中心植物医院有限责任公司
(贵州省黔南布依族苗族自治州都匀市南沙洲6号 558000 0854-8282442)

*登记作物及防治对象见原登记

乙草胺/50%/乳油/乙草胺 50%/2013.04.14 至 2014.04.14/低毒

PD20080512-F00-0970　　黔南州中心植物医院有限责任公司
(贵州省黔南布依族苗族自治州都匀市南沙洲6号　558000　0854-8282442)
甲氰菊酯/20%/乳油/甲氰菊酯 20%/2013.04.14 至 2014.04.14/中等毒

PD20070359-F00-1039　　江门市大光明农化新会有限公司
(广东省江门市新会区沙堆镇洋关开发区　529148　0750-3508606)
唑嘧磺草胺/80%/水分散粒剂/唑嘧磺草胺 80%/2012.11.29 至 2013.11.29/低毒

PD20060090-F00-1047　　江西省安农生化有限公司
(江西省进贤县张公镇工业开发区　330077　0791-5537611)
三环唑/75%/可湿性粉剂/三环唑 75%/2013.05.24 至 2014.05.24/中等毒

PD20080092-F00-1048　　江西省安农生化有限公司
(江西省进贤县张公镇工业开发区　330077　0791-5537611)
灭草松/480克/升/水剂/灭草松 480克/升/2013.05.24 至 2014.05.24/低毒

PD20040240-F00-1052　　江西省安农生化有限公司
(江西省进贤县张公镇工业开发区　330077　0791-5537611)
高效氯氰菊酯/4.5%/乳油/高效氯氰菊酯 4.5%/2013.05.24 至 2014.05.24/中等毒

PD184-93-F00-1164　　江苏省苏州富美实植物保护剂有限公司
(江苏省苏州工业园区界浦路99号　215126　0512-62863988)
异噁草松/480克/升/乳油/异噁草松 480克/升/2013.04.01 至 2014.04.01/低毒

PD380-2002-F00-1167　　广东德利生物科技有限公司
(广东省茂名市化州市鉴江经济开发区试验区金垌岭　525100　0668-7363099)
苄氨嘌·赤/3.6%/液剂/苄氨基嘌呤 1.8%、赤霉酸A4+A7 1.8%/2014.03.23 至 2015.03.23/低毒

PD83-88-F00-1200　　辽宁省丹东市农药总厂
(辽宁省丹东市振兴区浪东路5号　118009　0415-6155350)
嗪草酮/70%/可湿性粉剂/嗪草酮 70%/2013.12.02 至 2014.12.02/低毒

PD243-98-F00-1354　　辽宁省大连越达农药化工有限公司
(辽宁省大连市旅顺口区水师营街道火石岭　116041　0411-86233103)
乙草胺/900克/升/乳油/乙草胺 900克/升/2013.04.01 至 2014.04.01/低毒

PD31-87-F00-1355　　辽宁省大连越达农药化工有限公司
(辽宁省大连市旅顺口区水师营街道火石岭　116041　0411-86233103)
丁草胺/600克/升/乳油/丁草胺 600克/升/2013.04.01 至 2014.04.01/低毒

PD88-88-F00-1356　　辽宁省大连越达农药化工有限公司
(辽宁省大连市旅顺口区水师营街道火石岭　116041　0411-86233103)
甲草胺/480克/升/乳油/甲草胺 480克/升/2014.04.01 至 2015.04.01/低毒

PD20070497-F01-100　　四川省川东农药化工有限公司
(四川省达州市渠县渠江镇东大街　635200　0818-7344232)
甲氰菊酯/20%/乳油/甲氰菊酯 20%/2013.07.07 至 2014.07.07/中等毒

PD165-92-F01-103　　福建省旭化学工业(漳州)有限公司
(福建省漳州市芗城区蓝田工业开发区纵四路　363007　0596-2107556)
复硝酚钠/1.8%/水剂/5-硝基邻甲氧基苯酚钠 0.3%、对硝基苯酚钠 0.9%、邻硝基苯酚钠 0.6%/2013.11.26至2014.11.26/低毒

PD20050196-F01-11　　先正达(苏州)作物保护有限公司
(江苏省昆山市经济技术开发区黄浦江中路255号　215301　0512-57716998)
咯菌腈/25克/升/悬浮种衣剂/咯菌腈 25克/升/2014.02.16 至 2015.02.16/低毒

PD20081918-F01-113　　江门市大光明农化新会有限公司
(广东省江门市新会区沙堆镇洋关开发区　529148　0750-3508606)
戊唑醇/250克/升/水乳剂/戊唑醇 250克/升/2013.08.31 至 2014.08.31/低毒

PD178-93-F01-116　　江苏龙灯化学有限公司
(江苏省昆山开发区龙灯路88号　215301　0512-57718696)
二甲戊灵/330克/升/乳油/二甲戊灵 330克/升/2013.02.01 至 2014.02.01/低毒

PD134-91-F01-126　　江苏龙灯化学有限公司
(江苏省昆山开发区龙灯路88号　215301　0512-57718696)
二甲戊灵/330克/升/乳油/二甲戊灵 330克/升/2012.02.01 至 2013.02.01/低毒

PD86148-75-F01-183　　湖南省郴州天龙农药化工有限公司
(湖南省郴州市国庆北路47号　423000　0735-2646276)
异丙威/20%/乳油/异丙威 20%/2013.04.05 至 2014.04.05/中等毒

PD390-2003-F01-203　　浙江石原金牛农药有限公司
(浙江省杭州市经济技术开发区3号大街51号　310018　0571-86911312)
啶嘧磺隆/25%/水分散粒剂/啶嘧磺隆 25%/2013.03.19 至 2014.03.19/低毒

PD84104-53-F01-332　　河南省淮滨县乌龙科技开发公司
(河南省淮滨县滨河路27号　464400　0397-7712758)
杀虫双/18%/水剂/杀虫双 18%/2012.05.17 至 2013.05.17/中等毒

PD28-87-F01-37　　广东省江门市植保有限公司
(广东省江门市杜阮镇北环路9号之一至之四　529000　0750-3287333)
丙环唑/250克/升/乳油/丙环唑 250克/升/2014.01.22 至 2015.01.22/低毒

PD20080448-F01-398　　江苏龙灯化学有限公司
(江苏省昆山开发区龙灯路88号　215301　0512-57718696)
吡草醚/2%/悬浮剂/吡草醚 2%/2012.02.18 至 2013.02.18/低毒

PD20070664-F01-419　　江苏省通州正大农药化工有限公司

*登记作物及防治对象见原登记

(江苏省南通市通州市港区通洋工业园 226017 0513-85993588)
三环唑/75%/可湿性粉剂/三环唑 75%/2013.03.25 至 2014.03.25/中等毒
PDN23-92-F01-421 **江苏省通州正大农药化工有限公司**
(江苏省南通市通州市港区通洋工业园 226017 0513-85993588)
三环唑/20%/可湿性粉剂/三环唑 20%/2013.07.13 至 2014.07.13/中等毒
PD54-87-F01-425 **广东省江门市植保有限公司**
(广东省江门市杜阮镇北环路9号之一至之四 529000 0750-3287333)
春雷霉素/2%/水剂/春雷霉素 2%/2013.05.08 至 2014.05.08/低毒
PD283-99-F01-427 **广东省江门市植保有限公司**
(广东省江门市杜阮镇北环路9号之一至之四 529000 0750-3287333)
亚胺唑/5%/可湿性粉剂/亚胺唑 5%/2013.05.08 至 2014.05.08/低毒
PD167-92-F01-431 **广东省江门市植保有限公司**
(广东省江门市杜阮镇北环路9号之一至之四 529000 0750-3287333)
春雷·王铜/47%/可湿性粉剂/春雷霉素 2%、王铜 45%/2013.05.08 至 2014.05.08/低毒
WP20080147-F01-433 **江苏省苏州富美实植物保护剂有限公司**
(江苏省苏州工业园区界浦路99号 215126 0512-62863988)
顺式氯氰菊酯/50克/升/悬浮剂/顺式氯氰菊酯 50克/升/2013.02.28 至 2014.02.28/低毒
PD81-88-F01-434 **江苏省苏州富美实植物保护剂有限公司**
(江苏省苏州工业园区界浦路99号 215126 0512-62863988)
联苯菊酯/100克/升/乳油/联苯菊酯 100克/升/2013.05.18 至 2014.05.18/中等毒
PD85110-2-F01-441 **四川省川东农药化工有限公司**
(四川省达州市渠县渠江镇东大街 635200 0818-7344232)
敌磺钠/45%/粉剂/敌磺钠 45%/2013.08.18 至 2014.08.18/中等毒
PD85164-F01-453 **江西省赣州宇田化工有限公司**
(江西省赣州市章贡区水东镇七里村 341001 0797-8465916)
春雷霉素/2%/可湿性粉剂/春雷霉素 2%/2013.04.25 至 2014.04.25/低毒
PD20040491-F01-460 **江西省安农生化有限公司**
(江西省进贤县张公镇工业开发区 330077 0791-5537611)
三唑磷/40%/乳油/三唑磷 40%/2013.05.24 至 2014.05.24/中等毒
PD20070497-F01-464 **江西省安农生化有限公司**
(江西省进贤县张公镇工业开发区 330077 0791-5537611)
甲氰菊酯/20%/乳油/甲氰菊酯 20%/2013.05.24 至 2014.05.24/中等毒
PD20085333-F01-506 **河南省博爱县田园农化厂**
(河南省博爱县月山镇工业路 454450 0391-8051769)
氰戊·杀螟松/20%/乳油/氰戊菊酯 6%、杀螟硫磷 14%/2013.11.05 至 2014.11.05/中等毒
PD20040121-F01-518 **山东省济南绿邦化工有限公司**
(山东省济南市章丘市水寨镇水南村 250100 0531-88908885)
高效氯氰菊酯/2.5%/乳油/高效氯氰菊酯 2.5%/2013.11.11 至 2014.11.11/中等毒
PD215-97-F01-521 **江门市大光明农化新会有限公司**
(广东省江门市新会区沙堆镇洋关开发区 529148 0750-3508606)
高效氟吡甲禾灵/108克/升/乳油/高效氟吡甲禾灵 108克/升/2012.11.29 至 2013.11.29/低毒
PD347-2001-F01-53 **先正达(苏州)作物保护有限公司**
(江苏省昆山市经济技术开发区黄浦江中路255号 215301 0512-57716998)
丙草胺/500克/升/乳油/丙草胺 500克/升/2013.02.16 至 2014.02.16/低毒
PD86182-6-F01-546 **江西省赣州宇田化工有限公司**
(江西省赣州市章贡区水东镇七里村 341001 0797-8465916)
稻瘟灵/30%/乳油/稻瘟灵 30%/2013.07.22 至 2014.07.22/低毒
PD39-87-F01-554 **广东德利生物科技有限公司**
(广东省茂名市化州市鉴江经济开发区试验区金垌岭 525100 0668-7363099)
顺式氯氰菊酯/100克/升/乳油/顺式氯氰菊酯 100克/升/2013.12.07 至 2014.12.07/中等毒
PD20083975-F01-569 **江苏江南农化有限公司**
(江苏省连云港市灌云县临港产业园区(燕尾港)经十路1号 222228 0518-88651800)
稻瘟灵/40%/乳油/稻瘟灵 40%/2013.07.14 至 2014.07.14/低毒
PD85154-33-F01-574 **江苏华裕农化有限公司**
(江苏省扬州市江都市小纪镇竹墩路 225246 0514-86599110)
氰戊菊酯/20%/乳油/氰戊菊酯 20%/2013.11.30 至 2014.11.30/中等毒
PD47-87-F01-577 **广东德利生物科技有限公司**
(广东省茂名市化州市鉴江经济开发区试验区金垌岭 525100 0668-7363099)
毒死蜱/480克/升/乳油/毒死蜱 480克/升/2013.06.17 至 2014.06.17/中等毒
PD20094287-F01-626 **江苏江南农化有限公司**
(江苏省连云港市灌云县临港产业园区(燕尾港)经十路1号 222228 0518-88651800)
溴氰菊酯/25克/升/乳油/溴氰菊酯 25克/升/2013.05.11 至 2014.05.11/中等毒
PD85154-9-F01-627 **江苏江南农化有限公司**
(江苏省连云港市灌云县临港产业园区(燕尾港)经十路1号 222228 0518-88651800)
氰戊菊酯/20%/乳油/氰戊菊酯 20%/2013.10.28 至 2014.10.28/中等毒
PD88109-5-F01-631 **广东省湛江市春江生物化学实业有限公司**
(广东省湛江市遂溪县界炮镇界洋路68号 524391 0759-7353081)
井冈霉素/200克/升/可溶粉剂/井冈霉素 200克/升/2013.06.20 至 2014.06.20/低毒

*登记作物及防治对象见原登记

企业/登记证号/农药名称/总含量/剂型/有效成分及含量/有效期/毒性

PD84104-25-F01-633 **广东省湛江市春江生物化学实业有限公司**
(广东省湛江市遂溪县界炮镇界洋路68号 524391 0759-7353081)
杀虫双/18%/水剂/杀虫双 18%/2013.06.03 至 2014.06.03/中等毒
PD85131-2-F01-634 **广东省湛江市春江生物化学实业有限公司**
(广东省湛江市遂溪县界炮镇界洋路68号 524391 0759-7353081)
井冈霉素/2.4%,4%/水剂/井冈霉素A 2.4%,4%/2013.06.03 至 2014.06.03/低毒
PD20050124-F01-653 **山东科大创业生物有限公司**
(山东省邹平县长山镇长山工业园 256206 0543-4851285)
氯氰菊酯/5%/乳油/氯氰菊酯 5%/2013.10.11 至 2014.10.11/中等毒
PD215-97-F01-661 **中农住商（天津）农用化学品有限公司**
(天津市武清区农场南津蓟铁路东侧 301700 022-26971467)
高效氟吡甲禾灵/108克/升/乳油/高效氟吡甲禾灵 108克/升/2013.03.11 至 2014.03.11/低毒
PD47-87-F01-664 **中农住商（天津）农用化学品有限公司**
(天津市武清区农场南津蓟铁路东侧 301700 022-26971467)
毒死蜱/480克/升/乳油/毒死蜱 480克/升/2013.03.11 至 2014.03.11/中等毒
PD60-87-F01-667 **甘肃省兰州固诚化工有限公司**
(甘肃省兰州市西固区环行东路10号 730060 0931-7324311)
氟乐灵/480克/升/乳油/氟乐灵 480克/升/2013.06.17 至 2014.06.17/低毒
PD20080477-F01-676 **广东德利生物科技有限公司**
(广东省茂名市化州市鉴江经济开发区试验区金埚岭 525100 0668-7363099)
虫螨腈/10%/悬浮剂/虫螨腈 10%/2013.09.06 至 2014.09.06/低毒
PD27-87-F01-682 **先正达(苏州)作物保护有限公司**
(江苏省昆山市经济技术开发区黄浦江中路255号 215301 0512-57716998)
禾草敌/90.9%/乳油/禾草敌 90.9%/2013.06.28 至 2014.06.28/低毒
PD20080571-F01-714 **无锡禾美农化科技有限公司**
(江苏省无锡市江阴市云亭镇 214422 0510-86010565)
丁草胺/60%/乳油/丁草胺 60%/2013.01.13 至 2014.01.13/低毒
PD85122-13-F01-719 **山东瑞星生物有限公司**
(山东省潍坊市昌乐县北岩镇工业区 262407 0536-6743788)
福美双/50%/可湿性粉剂/福美双 50%/2013.03.14 至 2014.03.14/中等毒
PD20050123-F01-737 **山东科大创业生物有限公司**
(山东省邹平县长山镇长山工业园 256206 0543-4851285)
高效氯氰菊酯/2.5%/乳油/高效氯氰菊酯 2.5%/2012.10.11 至 2013.10.11/中等毒
PD88-88-F01-806 **中农住商（天津）农用化学品有限公司**
(天津市武清区农场南津蓟铁路东侧 301700 022-26971467)
甲草胺/480克/升/乳油/甲草胺 480克/升/2013.11.26 至 2014.11.26/低毒
PD243-98-F01-807 **中农住商（天津）农用化学品有限公司**
(天津市武清区农场南津蓟铁路东侧 301700 022-26971467)
乙草胺/900克/升/乳油/乙草胺 900克/升/2013.11.26 至 2014.11.26/低毒
PD31-87-F01-808 **中农住商（天津）农用化学品有限公司**
(天津市武清区农场南津蓟铁路东侧 301700 022-26971467)
丁草胺/600克/升/乳油/丁草胺 600克/升/2013.11.26 至 2014.11.26/低毒
PD20080470-F01-821 **江苏龙灯化学有限公司**
(江苏省昆山开发区龙灯路88号 215301 0512-57718696)
2甲·灭草松/460克/升/可溶液剂/2甲4氯 60克/升、灭草松 400克/升/2013.12.31 至 2014.12.31/低毒
PD20081297-F01-832 **山东省青州市日中经贸有限公司**
(山东省青州市玲珑山中路234号 262500 0536-3222359)
甲硫·福美双/70%/可湿性粉剂/福美双 40%、甲基硫菌灵 30%/2014.01.08 至 2015.01.08/低毒
PD20095377-F01-833 **山东省青州市日中经贸有限公司**
(山东省青州市玲珑山中路234号 262500 0536-3222359)
五氯·福美双/45%/粉剂/福美双 25%、五氯硝基苯 20%/2013.12.11 至 2014.12.11/低毒
PD20040789-F01-834 **山东省青州市日中经贸有限公司**
(山东省青州市玲珑山中路234号 262500 0536-3222359)
多·福/50%/可湿性粉剂/多菌灵 25%、福美双 25%/2014.03.19 至 2015.03.19/低毒
PD20092739-F01-835 **山东省青州市日中经贸有限公司**
(山东省青州市玲珑山中路234号 262500 0536-3222359)
霜脲·锰锌/72%/可湿性粉剂/代森锰锌 64%、霜脲氰 8%/2013.12.11 至 2014.12.11/低毒
PD20060005-F01-85 **广东德利生物科技有限公司**
(广东省茂名市化州市鉴江经济开发区试验区金埚岭 525100 0668-7363099)
多杀霉素/25克/升/悬浮剂/多杀霉素 25克/升/2013.09.06 至 2014.09.06/低毒
PD20040121-F01-862 **山东省济南科海有限公司**
(山东省济南市平阴县青龙路 250033 0531-88631859)
高效氯氰菊酯/2.5%/乳油/高效氯氰菊酯 2.5%/2012.03.11 至 2013.03.11/中等毒
PD240-98-F01-868 **广东德利生物科技有限公司**
(广东省茂名市化州市鉴江经济开发区试验区金埚岭 525100 0668-7363099)
腈苯唑/24%/悬浮剂/腈苯唑 24%/2014.03.28 至 2015.03.28/低毒
PD86153-F01-894 **江西禾益化工有限公司**
(江西省彭泽县龙城镇矶山村 332700 0792-5683999)

*登记作物及防治对象见原登记

叶枯唑/20%/可湿性粉剂/叶枯唑 20%/2013.03.17 至 2014.03.17/低毒
PD85154-31-F01-90 江苏省高邮市运东农药化工有限公司
(江苏省扬州市高邮市平胜工业区 225635 0514-4872239)
氰戊菊酯/20%/乳油/氰戊菊酯 20%/2013.05.11 至 2014.05.11/中等毒
PD20040268-F01-91 江苏省高邮市运东农药化工有限公司
(江苏省扬州市高邮市平胜工业区 225635 0514-4872239)
氯氰菊酯/10%/乳油/氯氰菊酯 10%/2013.05.25 至 2014.05.25/中等毒
PD394-2003-F01-97 广州农药厂从化市分厂
(广东省广州市从化市江埔街锦三村 510925 020-87992055)
四聚乙醛/6%/颗粒剂/四聚乙醛 6%/2013.04.29 至 2014.04.29/低毒
PD141-91-F02-0003 浙江石原金牛农药有限公司
(浙江省杭州市经济技术开发区3号大街51号 310018 0571-86911312)
氟啶脲/50克/升/乳油/氟啶脲 50克/升/2013.12.06 至 2014.12.06/低毒
PD237-98-F02-0041 中农住商(天津)农用化学品有限公司
(天津市武清区农场南津蓟铁路东侧 301700 022-26971467)
丙炔氟草胺/50%/可湿性粉剂/丙炔氟草胺 50%/2014.01.11 至 2015.01.11/低毒
PD20050191-F02-0045 浙江石原金牛农药有限公司
(浙江省杭州市经济技术开发区3号大街51号 310018 0571-86911312)
氰霜唑/100克/升/悬浮剂/氰霜唑 100克/升/2013.12.06 至 2014.12.06/低毒
PD27-87-F02-0063 中农住商(天津)农用化学品有限公司
(天津市武清区农场南津蓟铁路东侧 301700 022-26971467)
禾草敌/90.9%/乳油/禾草敌 90.9%/2014.01.11 至 2015.01.11/低毒
PD20040085-F02-0280 山东省济南海启明化工有限责任公司
(山东省济南市平阴县刁山坡镇刁山坡村 250404 0531-87785569)
高效氯氰菊酯/4.5%/乳油/高效氯氰菊酯 4.5%/2013.04.01 至 2014.04.01/中等毒
PD20081297-F02-0303 山东邹平农药有限公司
(山东省滨州市邹平县县城环城北路190号 256200 0543-4321332)
甲硫·福美双/70%/可湿性粉剂/福美双 40%、甲基硫菌灵 30%/2013.05.25 至 2014.05.25/低毒
PD84125-22-F02-0310 四川德阳万丰科技有限公司
(四川省广汉市连山镇绵远路 618300 0838-5230036)
乙烯利/40%/水剂/乙烯利 40%/2013.06.28 至 2014.06.28/低毒
PD76-88F020802 辽宁省大连越达农药化工有限公司
(辽宁省大连市旅顺口区水师营街道火石岭 116041 0411-86233103)
丁草胺/600克/升/水乳剂/丁草胺 600克/升/2013.12.01 至 2014.12.01/低毒
PD20040626F020871 山东信邦生物化学有限公司
(山东省烟台市栖霞市栖霞民营经济园 265300 0535-5205958)
哒螨灵/15%/乳油/哒螨灵 15%/2013.12.10 至 2018.12.10/中等毒
PD91106-14F020876 广东中迅农科股份有限公司
(广东省惠州市仲恺高新技术产业开发区24号小区 516006 0752-2775592)
甲基硫菌灵/70%/可湿性粉剂/甲基硫菌灵 70%/2013.08.16 至 2014.08.16/低毒
PD20086361F020883 天津市阿格罗帕克农药有限公司
(天津市津南区小站镇东 300353 022-28618480)
波尔·锰锌/78%/可湿性粉剂/波尔多液 48%、代森锰锌 30%/2014.02.28 至 2015.02.28/低毒
PD300-99F020890 天津市阿格罗帕克农药有限公司
(天津市津南区小站镇东 300353 022-28618480)
抑霉唑/22.2%/乳油/抑霉唑 22.2%/2014.01.13 至 2015.01.13/中等毒
WP20080030F020891 允发化工(上海)有限公司
(上海市奉贤区金汇镇航塘公路1500号 201405 021-57589888)
顺式氯氰菊酯/100克/升/悬浮剂/顺式氯氰菊酯 100克/升/2014.01.22 至 2015.01.22/低毒
WP121-90F020895 允发化工(上海)有限公司
(上海市奉贤区金汇镇航塘公路1500号 201405 021-57589888)
顺式氯氰菊酯/5%/可湿性粉剂/顺式氯氰菊酯 5%/2013.06.03 至 2014.06.03/中等毒
PD20084585F020904 天津市汉邦植物保护剂有限责任公司
(天津市静海县静海镇高家楼东104国道旁 300160 022-23950219)
氰戊·马拉松/20%/乳油/马拉硫磷 15%、氰戊菊酯 5%/2013.07.05 至 2014.07.05/中等毒
PD85122-15F020906 山东省青岛好利特生物农药有限公司
(山东省莱西市马连庄 266617 0532-85432888)
福美双/50%/可湿性粉剂/福美双 50%/2010.09.24 至 2015.09.24/中等毒
PD91106-23F020965 天津市汉邦植物保护剂有限责任公司
(天津市静海县静海镇高家楼东104国道旁 300160 022-23950219)
甲基硫菌灵/70%/可湿性粉剂/甲基硫菌灵 70%/2013.08.24 至 2014.08.24/低毒
PD85150-43F020967 天津市汉邦植物保护剂有限责任公司
(天津市静海县静海镇高家楼东104国道旁 300160 022-23950219)
多菌灵/50%/可湿性粉剂/多菌灵 50%/2010.07.21 至 2015.07.21/低毒
PD20080978F020973 黑龙江省哈尔滨市联丰农药化工有限公司
(黑龙江省哈尔滨市道外区松北区松北镇 150028 0451-88109023)
乙草胺/900克/升/乳油/乙草胺 900克/升/2013.04.02 至 2014.04.02/低毒
PD20060102F020974 黑龙江省哈尔滨市联丰农药化工有限公司

*登记作物及防治对象见原登记

（黑龙江省哈尔滨市道外区松北区松北镇　150028　0451-88109023）
灭草松/480克/升/水剂/灭草松 480克/升/2013.12.16 至 2014.12.16/低毒

PD84105-7F020982　**山东邹平农药有限公司**
（山东省滨州市邹平县县城环城北路190号　256200　0543-4321332）
马拉硫磷/45%/乳油/马拉硫磷 45%/2013.12.31 至 2014.12.31/低毒

PD20094839F020988　**江苏省南京祥宇农药有限公司**
（江苏省南京市江宁区滨江开发区　211162　025-86121898）
噻磺·乙草胺/20%/可湿性粉剂/噻吩磺隆 1%、乙草胺 19%/2012.03.17 至 2013.03.17/低毒

PD85122-13F021023　**山东邹平农药有限公司**
（山东省滨州市邹平县县城环城北路190号　256200　0543-4321332）
福美双/50%/可湿性粉剂/福美双 50%/2013.12.31 至 2014.12.31/中等毒

PD20083692F021030　**河北冠龙农化有限公司**
（河北省衡水市胜利东路169号京华大厦　053000　0318-2036368）
硫磺·多菌灵/50%/可湿性粉剂/多菌灵 15%、硫磺 35%/2013.12.24 至 2014.12.24/低毒

PD20040596F021049　**山东邹平农药有限公司**
（山东省滨州市邹平县县城环城北路190号　256200　0543-4321332）
吡虫啉/10%/可湿性粉剂/吡虫啉 10%/2013.05.24 至 2014.05.24/低毒

PD20082211F021054　**山东省青岛好利特生物农药有限公司**
（山东省莱西市马连庄　266617　0532-85432888）
霜脲·锰锌/72%/可湿性粉剂/代森锰锌 64%、霜脲氰 8%/2014.01.27 至 2015.01.27/低毒

PD20060021F030003　**江苏省苏州富美实植物保护剂有限公司**
（江苏省苏州工业园区界浦路99号　215126　0512-62863988）
唑草酮/40%/水分散粒剂/唑草酮 40%/2014.01.14 至 2015.01.14/微毒

PD20050145F030010　**浙江石原金牛农药有限公司**
（浙江省杭州市经济技术开发区3号大街51号　310018　0571-86911312）
噻唑膦/10%/颗粒剂/噻唑膦 10%/2013.12.06 至 2014.12.06/中等毒

PD20092736F030013　**河北省沧州志诚化工有限公司**
（河北省沧州市盐山县城东化工园区　061300　0317-3301828）
高氯·马/37%/乳油/高效氯氰菊酯 0.8%、马拉硫磷 36.2%/2014.04.07 至 2015.04.07/中等毒

PD20083136F030015　**河北省沧州志诚化工有限公司**
（河北省沧州市盐山县城东化工园区　061300　0317-3301828）
氯氰·辛硫磷/30%/乳油/氯氰菊酯 1.5%、辛硫磷 28.5%/2013.12.10 至 2014.12.10/中等毒

PD86134-8F030020　**山东三农生物科技有限公司**
（山东省临沂市莒南县西环路北段西侧　276600　0539-7218750）
多菌灵/40%/悬浮剂/多菌灵 40%/2011.12.29 至 2013.12.29/低毒

PD84125-22F030029　**重庆市永川化学制品厂**
（重庆市永川何埂镇聚美　402185　023-49815881）
乙烯利/40%/水剂/乙烯利 40%/2013.01.19 至 2014.02.19/低毒

PD86182-8F030034　**湖南省湘潭市昭山农药厂**
（湖南省湘潭市岳塘区易家湾　411103　0732-3281165）
稻瘟灵/30%/乳油/稻瘟灵 30%/2013.03.07 至 2014.03.07/低毒

PD85124-2F030077　**山东海讯生物化学有限公司**
（山东省济南市天桥区药山办事处大鲁庄居南　250032　0531-88904638）
福·福锌/80%/可湿性粉剂/福美双 30%、福美锌 50%/2013.03.28 至 2014.03.28/中等毒

PD20040244F030081　**山东省淄博美田农药有限公司**
（山东省淄博市张店区房镇东首　255095　0533-3885086）
高效氯氰菊酯/4.5%/乳油/高效氯氰菊酯 4.5%/2013.04.08 至 2014.04.08/中等毒

PD20080318F030082　**山东绿丰农药有限公司**
（山东省青州市马氏路南段东侧　262515　0536-3529527）
多·福/40%/可湿性粉剂/多菌灵 5%、福美双 35%/2013.01.04 至 2014.01.04/低毒

PD85122-3F030086　**山东海讯生物化学有限公司**
（山东省济南市天桥区药山办事处大鲁庄居南　250032　0531-88904638）
福美双/50%/可湿性粉剂/福美双 50%/2013.03.28 至 2014.03.28/中等毒

PD20040821F030088　**山东神星药业有限公司**
（山东省潍坊市青州市北环路中段　262500　0536-3291497）
哒螨灵/20%/可湿性粉剂/哒螨灵 20%/2013.03.11 至 2014.03.11/低毒

PD20050150F030095　**中农住商（天津）农用化学品有限公司**
（天津市武清区农场南津蓟铁路东侧　301700　022-26971467）
莎稗磷/300克/升/乳油/莎稗磷 300克/升/2013.04.20 至 2014.04.20/低毒

PD20040210-F030112　**山东神星药业有限公司**
（山东省潍坊市青州市北环路中段　262500　0536-3291497）
高效氯氰菊酯/4.5%/乳油/高效氯氰菊酯 4.5%/2013.03.11 至 2014.03.11/中等毒

PD17-86F030114　**上海农乐生物制品股份有限公司**
（上海市奉贤区雷州路158号　201419　021-57784569）
氰戊菊酯/20%/乳油/氰戊菊酯 20%/2012.03.15 至 2013.03.15/中等毒

PD20080215F030126　**湖南惠民生物科技有限公司**
（湖南省中方县工业园　418000　0745-2393526）
稻瘟灵/40%/乳油/稻瘟灵 40%/2013.01.08 至 2014.01.08/低毒

*登记作物及防治对象见原登记

农药分装登记

企业/登记证号/农药名称/总含量/剂型/有效成分及含量/有效期/毒性

PD20040121F030134 **河南省周口市先达化工有限公司**
(河南省周口市太康县城南谢庄 461400 0394-6917209)
高效氯氰菊酯/2.5%/乳油/高效氯氰菊酯 2.5%/2013.05.25 至 2014.05.25/中等毒

PD235-98F030154 **浙江石原金牛农药有限公司**
(浙江省杭州市经济技术开发区3号大街51号 310018 0571-86911312)
烟嘧磺隆/40克/升/可分散油悬浮剂/烟嘧磺隆 40克/升/2013.03.16 至 2014.03.16/低毒

PD20082211F030167 **山东东合生物科技有限公司**
(山东省济南市商河经济开发区 251600 0531-55693568)
霜脲・锰锌/72%/可湿性粉剂/代森锰锌 64%、霜脲氰 8%/2012.12.31 至 2013.12.31/低毒

PD85124-8F030190 **陕西省西安西诺农化有限责任公司**
(陕西省西安市灞桥区田王街特字1号 710025 029-83603743)
福・福锌/80%/可湿性粉剂/福美双 30%、福美锌 50%/2014.04.19 至 2015.04.19/中等毒

PD20070009F030195 **河南省郑州志信农化有限公司**
(河南省新郑市欧江大道中段 451150 0371-62620388)
霜霉威盐酸盐/722克/升/水剂/霜霉威盐酸盐 722克/升/2013.05.11 至 2014.05.11/低毒

PD20085524F030218 **山东省德州祥龙生化有限公司**
(山东省德州市宁津县宁津镇 253400 0534-5421836)
吡虫啉/10%/可湿性粉剂/吡虫啉 10%/2013.06.30 至 2014.06.30/低毒

PD37-87F030250 **允发化工(上海)有限公司**
(上海市奉贤区金汇镇航塘公路1500号 201405 021-57589888)
灭草松/480克/升/液剂/灭草松 480克/升/2013.05.10 至 2014.05.10/低毒

PD374-2001F030279 **江苏龙灯化学有限公司**
(江苏省昆山开发区龙灯路88号 215301 0512-57718696)
双胍三辛烷基苯磺酸盐/40%/可湿性粉剂/双胍三辛烷基苯磺酸盐 40%/2014.04.19 至 2015.04.19/低毒

PD20040764F030283 **山东省济南海启明化工有限责任公司**
(山东省济南市平阴县刁山坡镇刁山坡村 250404 0531-87785569)
氯氰・吡虫啉/5%/乳油/吡虫啉 1%、氯氰菊酯 4%/2013.04.01 至 2014.04.01/中等毒

PD201-95F030284 **河南省郑州志信农化有限公司**
(河南省新郑市欧江大道中段 451150 0371-62620388)
敌草胺/50%/水分散粒剂/敌草胺 50%/2013.07.01 至 2014.07.01/低毒

PD20040792F030286 **山东百纳生物科技有限公司**
(山东省济南市章丘化工工业园(刁镇) 250200 0531-88681605)
哒螨灵/15%/乳油/哒螨灵 15%/2013.09.20 至 2014.09.20/中等毒

PD20070232F030288 **山东东信生物农药有限公司**
(山东省聊城市阳谷县阿城工业园 252321 0635-6750969)
福・甲・硫磺/70%/可湿性粉剂/福美双 25%、甲基硫菌灵 14%、硫磺 31%/2013.10.19 至 2014.10.19/中等毒

PD20040722F030301 **山东百纳生物科技有限公司**
(山东省济南市章丘化工工业园(刁镇) 250200 0531-88681605)
高氯・吡虫啉/3%/乳油/吡虫啉 1.5%、高效氯氰菊酯 1.5%/2013.09.09 至 2014.09.09/中等毒

WP20080453F030319 **江苏省苏州富美实植物保护剂有限公司**
(江苏省苏州工业园区界浦路99号 215126 0512-62863988)
氯菊酯/380克/升/乳油/氯菊酯 380克/升/2013.03.19 至 2014.03.19/低毒

PD86153-10F030346 **陕西上格之路生物科学有限公司**
(陕西省西安市周至县集贤产业园创业大道9号 710065 029-88256421-8013)
叶枯唑/20%/可湿性粉剂/叶枯唑 20%/2013.10.21 至 2014.10.21/低毒

PD20082591F030349 **山东省绿士农药有限公司**
(山东省齐河经济开发区金能大道北首 251100 0534-5756113)
硫磺・多菌灵/25%/可湿性粉剂/多菌灵 12.5%、硫磺 12.5%/2013.11.04 至 2014.11.04/低毒

PD20083325F030356 **浙江石原金牛农药有限公司**
(浙江省杭州市经济技术开发区3号大街51号 310018 0571-86911312)
烟嘧磺隆/80%/可湿性粉剂/烟嘧磺隆 80%/2014.02.18 至 2015.02.18/微毒

PD20100327F030360 **广东德利生物科技有限公司**
(广东省茂名市化州市鉴江经济开发区试验区金垌岭 525100 0668-7363099)
氢氧化铜/37.5%/悬浮剂/氢氧化铜 37.5%/2013.12.31 至 2014.12.31/低毒

PD17-86F030374 **中农住商(天津)农用化学品有限公司**
(天津市武清区农场南津蓟铁路东侧 301700 022-26971467)
氰戊菊酯/20%/乳油/氰戊菊酯 20%/2013.11.16 至 2014.11.16/中等毒

PD112-89F030375 **中农住商(天津)农用化学品有限公司**
(天津市武清区农场南津蓟铁路东侧 301700 022-26971467)
萎锈・福美双/400克/升/悬浮剂/福美双 200克/升、萎锈灵 200克/升/2013.11.16 至 2014.11.16/低毒

PD20060147F030377 **中农住商(天津)农用化学品有限公司**
(天津市武清区农场南津蓟铁路东侧 301700 022-26971467)
唑酯・炔螨特/13%/水乳剂/炔螨特 10%、唑螨酯 3%/2013.11.16 至 2014.11.16/中等毒

PD207-96F030379 **广东德利生物科技有限公司**
(广东省茂名市化州市鉴江经济开发区试验区金垌岭 525100 0668-7363099)
氟虫脲/50克/升/可分散液剂/氟虫脲 50克/升/2013.12.07 至 2014.12.07/低毒

PD20060134F030385 **河北省沧州志诚化工有限公司**
(河北省沧州市盐山县城东化工园区 061300 0317-3301828)

*登记作物及防治对象见原登记

高效氯氰菊酯/4.5%/乳油/高效氯氰菊酯 4.5%/2013.12.07 至 2014.12.07/中等毒
PD20070414F030392 **天津市汉邦植物保护剂有限责任公司**
(天津市静海县静海镇高家楼东104国道旁 300160 022-23950219)
代森锰锌/80%/可湿性粉剂/代森锰锌 80%/2013.10.27 至 2014.10.27/低毒
WP20090032F030403 **江苏省苏州富美实植物保护剂有限公司**
(江苏省苏州工业园区界浦路99号 215126 0512-62863988)
zeta-氯氰菊酯/180克/升/水乳剂/zeta-氯氰菊酯 180克/升/2013.03.19 至 2014.03.19/低毒
PD20084656F030404 **四川省成都田丰农业有限公司**
(四川省成都市青白江区祥福镇 610306 028-81326896)
唑磷·毒死蜱/25%/乳油/毒死蜱 8.3%、三唑磷 16.7%/2012.05.13 至 2013.05.13/中等毒
PD20091184F030406 **江苏龙灯化学有限公司**
(江苏省昆山开发区龙灯路88号 215301 0512-57718696)
戊唑醇/250克/升/水乳剂/戊唑醇 250克/升/2013.12.24 至 2014.12.31/低毒
PD47-87F030417 **江苏苏州佳辉化工有限公司**
(江苏省苏州市相城区东桥镇 215152 0512-65371841)
毒死蜱/480克/升/乳油/毒死蜱 480克/升/2013.11.18 至 2014.11.18/中等毒
PD215-97F030418 **江苏苏州佳辉化工有限公司**
(江苏省苏州市相城区东桥镇 215152 0512-65371841)
高效氟吡甲禾灵/108克/升/乳油/高效氟吡甲禾灵 108克/升/2013.11.18 至 2014.11.18/低毒
PD328-2000F030419 **江苏苏州佳辉化工有限公司**
(江苏省苏州市相城区东桥镇 215152 0512-65371841)
氯氰·毒死蜱/522.5克/升/乳油/毒死蜱 475克/升、氯氰菊酯 47.5克/升/2013.11.18 至 2014.11.18/中等毒
PD148-91F030420 **江苏苏州佳辉化工有限公司**
(江苏省苏州市相城区东桥镇 215152 0512-65371841)
氯氟吡氧乙酸/200克/升/乳油/氯氟吡氧乙酸 200克/升/2013.11.18 至 2014.11.18/低毒
PD20091168F030429 **辽宁省丹东市农药总厂**
(辽宁省丹东市振兴区浪东路5号 118009 0415-6155350)
草甘膦异丙胺盐/30%/水剂/草甘膦 30%/2013.06.19 至 2014.06.19/低毒
PD86182-10F030433 **江苏江南农化有限公司**
(江苏省连云港市灌云县临港产业园区(燕尾港)经十路1号 222228 0518-88651800)
稻瘟灵/30%/乳油/稻瘟灵 30%/2013.01.05 至 2014.01.05/低毒
PD20095905F030437 **江苏龙灯化学有限公司**
(江苏省昆山开发区龙灯路88号 215301 0512-57718696)
抑霉唑/500克/升/乳油/抑霉唑 500克/升/2014.03.14 至 2015.03.14/低毒
PD20050011F040008 **拜耳作物科学(中国)有限公司**
(浙江省杭州市经济技术开发区内5号路 310018 0571-87265252)
吡虫啉/70%/水分散粒剂/吡虫啉 70%/2013.12.10 至 2014.12.10/中等毒
PD20084598F040016 **湖南惠民生物科技有限公司**
(湖南省中方县工业园 418000 0745-2393526)
氰戊·马拉松/20%/乳油/马拉硫磷 15%、氰戊菊酯 5%/2013.01.08 至 2014.01.08/中等毒
PD20070474F040019 **先正达(苏州)作物保护有限公司**
(江苏省昆山市经济技术开发区黄浦江中路255号 215301 0512-57716998)
精甲霜灵/350克/升/种子处理乳剂/精甲霜灵 350克/升/2014.02.16 至 2015.02.16/低毒
PD20085984F040021 **天津市汉邦植物保护剂有限责任公司**
(天津市静海县静海镇高家楼东104国道旁 300160 022-23950219)
甲霜·福美双/70%/可湿性粉剂/福美双 60%、甲霜灵 10%/2014.01.12 至 2015.01.12/低毒
PD20080180F040028 **浙江石原金牛农药有限公司**
(浙江省杭州市经济技术开发区3号大街51号 310018 0571-86911312)
氟啶胺/500克/升/悬浮剂/氟啶胺 500克/升/2014.01.03 至 2015.01.03/低毒
PD20040192F040029 **山东省绿士农药有限公司**
(山东省齐河经济开发区金能大道北首 251100 0534-5756113)
三唑酮/20%/乳油/三唑酮 20%/2014.03.11 至 2015.03.11/低毒
PD86182-8F040035 **湖南惠民生物科技有限公司**
(湖南省中方县工业园 418000 0745-2393526)
稻瘟灵/30%/乳油/稻瘟灵 30%/2013.01.27 至 2014.01.27/低毒
PD20080598F040040 **黑龙江省哈尔滨市联丰农药化工有限公司**
(黑龙江省哈尔滨市道外区松北区松北镇 150028 0451-88109023)
丁草胺/900克/升/乳油/丁草胺 900克/升/2013.04.02 至 2014.04.02/低毒
PD20050036F040042 **湖南惠民生物科技有限公司**
(湖南省中方县工业园 418000 0745-2393526)
高效氯氰菊酯/4.5%/乳油/高效氯氰菊酯 4.5%/2013.03.19 至 2014.03.19/中等毒
PD20070630F040048 **山东瑞星生物有限公司**
(山东省潍坊市昌乐县北岩镇工业区 262407 0536-6743788)
异丙甲草胺/72%/乳油/异丙甲草胺 72%/2013.03.14 至 2014.03.14/低毒
PD85131-30F040050 **山东邹平农药有限公司**
(山东省滨州市邹平县县城环城北路190号 256200 0543-4321332)
井冈霉素/2.4%,4%/水剂/井冈霉素A 2.4%,4%/2013.03.19 至 2014.03.19/低毒
PD20081118F040053 **江门市大光明农化新会有限公司**

*登记作物及防治对象见原登记

(广东省江门市新会区沙堆镇洋关开发区 529148 0750-3508606)
二氯吡啶酸/75%/可溶粒剂/二氯吡啶酸 75%/2013.04.01 至 2014.04.01/低毒

PD20081682F040075 北京中农研创高科技有限公司
(北京市海淀区中关村南大街12号中国农业科学院187号 100081 010-62145748)
丙溴磷/40%/乳油/丙溴磷 40%/2014.01.01 至 2015.01.01/中等毒

PD20082551F040086 江苏龙灯化学有限公司
(江苏省昆山开发区龙灯路88号 215301 0512-57718696)
莠灭净/80%/可湿性粉剂/莠灭净 80%/2014.03.07 至 2015.03.07/低毒

PD20080249F040087 江苏龙灯化学有限公司
(江苏省昆山开发区龙灯路88号 215301 0512-57718696)
咪鲜胺/450克/升/乳油/咪鲜胺 450克/升/2014.03.14 至 2015.03.14/低毒

PD20080466F040088 江苏龙灯化学有限公司
(江苏省昆山开发区龙灯路88号 215301 0512-57718696)
克菌丹/50%/可湿性粉剂/克菌丹 50%/2014.03.14 至 2015.03.14/低毒

PD20040582F040093 江苏辉丰农化股份有限公司
(江苏省大丰市新丰镇中闸村二组 224100 0515-83551820)
三唑磷/20%/乳油/三唑磷 20%/2012.03.24 至 2013.03.24/中等毒

PD85154-21F040108 陕西省西安常隆正华作物保护有限公司
(陕西省西安市临潼区新丰镇道北路 710600 029-83979980)
氰戊菊酯/20%/乳油/氰戊菊酯 20%/2014.04.28 至 2015.04.28/中等毒

PD20040701F040110 陕西省西安常隆正华作物保护有限公司
(陕西省西安市临潼区新丰镇道北路 710600 029-83979980)
吡虫啉/20%/可溶液剂/吡虫啉 20%/2013.04.28 至 2014.04.28/低毒

PD29-87F040125 中农住商（天津）农用化学品有限公司
(天津市武清区农场南津蓟铁路东侧 301700 022-26971467)
炔螨特/73%/乳油/炔螨特 73%/2013.06.20 至 2014.06.20/低毒

PD300-99F040132 江苏省农垦生物化学有限公司
(江苏省南京市南京化学工业园赵丰路19号 210047 025-58392246)
抑霉唑/22.2%/乳油/抑霉唑 22.2%/2013.08.18 至 2014.08.18/中等毒

PD225-97F040136 拜耳作物科学(中国)有限公司
(浙江省杭州市经济技术开发区内5号路 310018 0571-87265252)
霜霉威盐酸盐/722克/升/水剂/霜霉威盐酸盐 722克/升/2013.07.22 至 2014.07.22/低毒

PD20060014F040137 拜耳作物科学(中国)有限公司
(浙江省杭州市经济技术开发区内5号路 310018 0571-87265252)
嘧霉胺/400克/升/悬浮剂/嘧霉胺 400克/升/2013.07.22 至 2014.07.22/低毒

PD20080846F040138 先正达(苏州)作物保护有限公司
(江苏省昆山市经济技术开发区黄浦江中路255号 215301 0512-57716998)
精甲霜・锰锌/68%/水分散粒剂/精甲霜灵 4%、代森锰锌 64%/2013.07.24 至 2014.07.24/低毒

PD20070203F040139 先正达(苏州)作物保护有限公司
(江苏省昆山市经济技术开发区黄浦江中路255号 215301 0512-57716998)
嘧菌酯/50%/水分散粒剂/嘧菌酯 50%/2013.07.25 至 2014.07.25/低毒

PD20040019F040141 上海杜邦农化有限公司
(上海市浦东新区浦东北路3055号 200137 021-58672488)
砜嘧磺隆/25%/水分散粒剂/砜嘧磺隆 25%/2013.08.20 至 2014.08.20/低毒

PD85112-7F040144 山都丽化工有限公司
(河南省周口市建设路东段10号 466001 0394-8690100)
莠去津/38%/悬浮剂/莠去津 38%/2013.08.30 至 2014.08.30/低毒

PD102-89F040146 中农住商（天津）农用化学品有限公司
(天津市武清区农场南津蓟铁路东侧 301700 022-26971467)
炔螨特/57%/乳油/炔螨特 57%/2013.09.20 至 2014.09.20/低毒

PD20060184F040149 江苏苏州佳辉化工有限公司
(江苏省苏州市相城区东桥镇 215152 0512-65371841)
丙环唑/250克/升/乳油/丙环唑 250克/升/2012.09.30 至 2013.09.30/低毒

PD20060041F040153 江苏苏州佳辉化工有限公司
(江苏省苏州市相城区东桥镇 215152 0512-65371841)
氰氟草酯/100克/升/乳油/氰氟草酯 100克/升/2013.10.11 至 2014.10.11/低毒

PD20070378F040156 拜耳作物科学(中国)有限公司
(浙江省杭州市经济技术开发区内5号路 310018 0571-87265252)
螺螨酯/240克/升/悬浮剂/螺螨酯 240克/升/2013.12.02 至 2014.12.02/低毒

PD20050197F040160 江苏苏州佳辉化工有限公司
(江苏省苏州市相城区东桥镇 215152 0512-65371841)
甲氧虫酰肼/240克/升/悬浮剂/甲氧虫酰肼 240克/升/2012.12.21 至 2013.12.21/低毒

PD109-89F040161 江苏苏州佳辉化工有限公司
(江苏省苏州市相城区东桥镇 215152 0512-65371841)
乙氧氟草醚/240克/升/乳油/乙氧氟草醚 240克/升/2013.12.21 至 2014.12.21/低毒

PD20070350F040163 江苏苏州佳辉化工有限公司
(江苏省苏州市相城区东桥镇 215152 0512-65371841)
五氟磺草胺/25克/升/可分散油悬浮剂/五氟磺草胺 25克/升/2013.12.21 至 2014.12.21/低毒

*登记作物及防治对象见原登记

PD20070111F040164 **江苏苏州佳辉化工有限公司**
(江苏省苏州市相城区东桥镇 215152 0512-65371841)
双氟·唑嘧胺/58克/升/悬浮剂/双氟磺草胺 25克/升、唑嘧磺草胺 33克/升/2013.12.21 至 2014.12.21/低毒
PD20081721F050011 **中农住商（天津）农用化学品有限公司**
(天津市武清区农场南津蓟铁路东侧 301700 022-26971467)
氟磺胺草醚/250克/升/水剂/氟磺胺草醚 250克/升/2014.01.01 至 2015.01.01/低毒
PD85102-11F050012 **广西壮族自治区化工研究院**
(广西壮族自治区南宁市城北区望州路北二里7号 530001 0771-3331751)
2甲4氯钠盐/13%/水剂/2甲4氯钠 13%/2014.01.26 至 2015.01.26/低毒
PD85103-3F050013 **广西壮族自治区化工研究院**
(广西壮族自治区南宁市城北区望州路北二里7号 530001 0771-3331751)
2甲4氯钠/56%/可溶粉剂/2甲4氯钠 56%/2014.01.26 至 2015.01.26/低毒
PD20080532F050028 **浙江威尔达化工有限公司**
(浙江省杭州市余杭区塘栖超山 311106 0571-86375788)
S-氰戊菊酯/50克/升/水乳剂/S-氰戊菊酯 50克/升/2013.04.09 至 2014.04.09/中等毒
PD20030004F050030 **江门市大光明农化新会有限公司**
(广东省江门市新会区沙堆镇洋关开发区 529148 0750-3508606)
咪鲜胺/450克/升/水乳剂/咪鲜胺 450克/升/2013.04.12 至 2014.04.12/低毒
PD72-88F050031 **江门市大光明农化新会有限公司**
(广东省江门市新会区沙堆镇洋关开发区 529148 0750-3508606)
杀螟丹/98%/可溶粉剂/杀螟丹 98%/2013.04.12 至 2014.04.12/中等毒
PD20070093F050043 **江门市大光明农化新会有限公司**
(广东省江门市新会区沙堆镇洋关开发区 529148 0750-3508606)
茚虫威/30%/水分散粒剂/茚虫威 30%/2012.04.15 至 2013.04.15/低毒
PD20090969F050044 **兴农药业(中国)有限公司**
(上海市奉贤区柘林镇北村路28号 201416 021-57493733-5221)
戊唑醇/430克/升/悬浮剂/戊唑醇 430克/升/2013.05.22 至 2014.05.22/低毒
PD20080870F050045 **兴农药业(中国)有限公司**
(上海市奉贤区柘林镇北村路28号 201416 021-57493733-5221)
代森锰锌/80%/可湿性粉剂/代森锰锌 80%/2013.12.01 至 2014.12.01/低毒
PD20081619F050048 **兴农药业(中国)有限公司**
(上海市奉贤区柘林镇北村路28号 201416 021-57493733-5221)
锰锌·腈菌唑/62.25%/可湿性粉剂/腈菌唑 2.25%、代森锰锌 60%/2013.04.23 至 2014.04.23/低毒
PD20092501F050049 **兴农药业(中国)有限公司**
(上海市奉贤区柘林镇北村路28号 201416 021-57493733-5221)
丙森锌/70%/可湿性粉剂/丙森锌 70%/2013.06.10 至 2014.06.10/低毒
PD19-86F050060 **中农住商（天津）农用化学品有限公司**
(天津市武清区农场南津蓟铁路东侧 301700 022-26971467)
稻瘟灵/40%/可湿性粉剂/稻瘟灵 40%/2013.08.17 至 2014.08.17/低毒
PD20080464F050067 **广东德利生物科技有限公司**
(广东省茂名市化州市鉴江经济开发区试验区金垌岭 525100 0668-7363099)
吡唑醚菌酯/250克/升/乳油/吡唑醚菌酯 250克/升/2013.09.09 至 2014.09.09/中等毒
PD20081445F050068 **拜耳作物科学(中国)有限公司**
(浙江省杭州市经济技术开发区内5号路 310018 0571-87265252)
二磺·甲碘隆/3.6%/水分散粒剂/甲基二磺隆 3%、甲基碘磺隆钠盐 0.6%/2013.10.31 至 2014.10.31/低毒
PD20090735F050071 **中农住商（天津）农用化学品有限公司**
(天津市武清区农场南津蓟铁路东侧 301700 022-26971467)
氢氧化铜/57.6%/水分散粒剂/氢氧化铜 57.6%/2013.09.14 至 2014.09.14/低毒
PD20083144F050073 **湖南绿叶化工有限公司**
(湖南省长沙市天心区芙蓉中路三段270号 410007 0731-5228337)
啶虫脒/5%/可湿性粉剂/啶虫脒 5%/2012.03.24 至 2013.03.24/低毒
PD243-98F050075 **江苏省农垦生物化学有限公司**
(江苏省南京市南京化学工业园赵丰路19号 210047 025-58392246)
乙草胺/900克/升/乳油/乙草胺 900克/升/2014.08.14 至 2015.08.14/低毒
PD137-91F050076 **江苏省农垦生物化学有限公司**
(江苏省南京市南京化学工业园赵丰路19号 210047 025-58392246)
丁草胺/600克/升/乳油/丁草胺 600克/升/2013.10.21 至 2014.10.21/低毒
PD88-88F050077 **江苏省农垦生物化学有限公司**
(江苏省南京市南京化学工业园赵丰路19号 210047 025-58392246)
甲草胺/480克/升/乳油/甲草胺 480克/升/2013.02.19 至 2014.02.19/低毒
PD20050200F050080 **江门市大光明农化新会有限公司**
(广东省江门市新会区沙堆镇洋关开发区 529148 0750-3508606)
丙森·缬霉威/66.8%/可湿性粉剂/丙森锌 61.3%、缬霉威 5.5%/2013.11.04 至 2014.11.04/低毒
PD20070190F050082 **广东德利生物科技有限公司**
(广东省茂名市化州市鉴江经济开发区试验区金垌岭 525100 0668-7363099)
多杀霉素/480克/升/悬浮剂/多杀霉素 480克/升/2013.11.30 至 2014.11.30/低毒
PD20070198F060002 **中农住商（天津）农用化学品有限公司**
(天津市武清区农场南津蓟铁路东侧 301700 022-26971467)

*登记作物及防治对象见原登记

氯氰菊酯/300克/升/悬浮种衣剂/氯氰菊酯 300克/升/2014.01.09 至 2015.01.09/中等毒
PD85112-3F060006 **辽宁省大连松辽化工有限公司**
(辽宁省大连市甘井子区工兴路22号 116031 0411-86671213)
莠去津/38%/悬浮剂/莠去津 38%/2014.01.09 至 2015.01.09/低毒
PD20091168F060008 **浙江威尔达化工有限公司**
(浙江省杭州市余杭区塘栖超山 311106 0571-86375788)
草甘膦异丙胺盐/480克/升/水剂/草甘膦异丙胺盐 480克/升/2013.06.10 至 2014.06.10/低毒
PD20097587F060011 **江苏华裕农化有限公司**
(江苏省扬州市江都市小纪镇竹墩路 225246 0514-86599110)
吗胍·乙酸铜/20%/可湿性粉剂/盐酸吗啉胍 16%、乙酸铜 4%/2013.12.31 至 2014.12.31/低毒
PD20090116F060015 **山东科大创业生物有限公司**
(山东省邹平县长山镇长山工业园 256206 0543-4851285)
烯唑·三唑酮/15%/乳油/三唑酮 10%、烯唑醇 5%/2013.01.24 至 2014.01.24/低毒
PD268-99F060017 **上海农乐生物制品股份有限公司**
(上海市奉贤区雷州路158号 201419 021-57784569)
碱式硫酸铜/27.12%/悬浮剂/碱式硫酸铜 27.12%/2012.01.24 至 2013.01.24/低毒
PD20070199F060031 **江门市大光明农化新会有限公司**
(广东省江门市新会区沙堆镇洋关开发区 529148 0750-3508606)
腈菌唑/40%/可湿性粉剂/腈菌唑 40%/2013.02.22 至 2014.02.22/低毒
PD20040382F060039 **山东科大创业生物有限公司**
(山东省邹平县长山镇长山工业园 256206 0543-4851285)
吡虫啉/10%/乳油/吡虫啉 10%/2013.03.02 至 2014.03.02/低毒
PD20100417F060044 **江苏苏州佳辉化工有限公司**
(江苏省苏州市相城区东桥镇 215152 0512-65371841)
毒死蜱/15%/颗粒剂/毒死蜱 15%/2013.03.09 至 2014.03.09/低毒
PD20070127F060045 **江苏苏州佳辉化工有限公司**
(江苏省苏州市相城区东桥镇 215152 0512-65371841)
噻呋酰胺/240克/升/悬浮剂/噻呋酰胺 240克/升/2014.03.08 至 2015.03.08/低毒
PD20050187F060047 **先正达(苏州)作物保护有限公司**
(江苏省昆山市经济技术开发区黄浦江中路255号 215301 0512-57716998)
精异丙甲草胺/960克/升/乳油/精异丙甲草胺 960克/升/2014.03.09 至 2015.03.09/低毒
PD20060002F060048 **先正达(苏州)作物保护有限公司**
(江苏省昆山市经济技术开发区黄浦江中路255号 215301 0512-57716998)
噻虫嗪/70%/种子处理可分散粉剂/噻虫嗪 70%/2014.03.09 至 2015.03.09/低毒
PD20060003F060050 **先正达(苏州)作物保护有限公司**
(江苏省昆山市经济技术开发区黄浦江中路255号 215301 0512-57716998)
噻虫嗪/25%/水分散粒剂/噻虫嗪 25%/2014.03.09 至 2015.03.09/低毒
PD20060033F060051 **先正达(苏州)作物保护有限公司**
(江苏省昆山市经济技术开发区黄浦江中路255号 215301 0512-57716998)
嘧菌酯/250克/升/悬浮剂/嘧菌酯 250克/升/2014.03.09 至 2015.03.09/低毒
PD153-92F060052 **江苏苏州佳辉化工有限公司**
(江苏省苏州市相城区东桥镇 215152 0512-65371841)
三氯吡氧乙酸/480克/升/乳油/三氯吡氧乙酸 480克/升/2014.03.09 至 2015.03.09/低毒
PD20090012F060053 **拜耳作物科学(中国)有限公司**
(浙江省杭州市经济技术开发区内5号路 310018 0571-87265252)
氟菌·霜霉威/687.5克/升/悬浮剂/霜霉威盐酸盐 625克/升、氟吡菌胺 62.5克/升/2013.03.09 至 2014.03.09/低毒
PD20040564F060079 **江西巴菲特化工有限公司**
(江西省安义县工业园区凤凰东路 330500 0791-3499889)
三唑磷/20%/乳油/三唑磷 20%/2012.04.19 至 2013.04.19/中等毒
PD20040715F060081 **江西巴菲特化工有限公司**
(江西省安义县工业园区凤凰东路 330500 0791-3499889)
吡虫·杀虫单/70%/可湿性粉剂/吡虫啉 2.5%、杀虫单 67.5%/2012.04.19 至 2013.04.19/中等毒
PD20086210F060087 **吉林省吉林市世纪农药有限责任公司**
(吉林省吉林市龙潭区黎明路38号 132021 0432-3026666)
扑·乙/40%/悬乳剂/扑草净 10%、乙草胺 30%/2013.12.30 至 2014.12.30/低毒
PD20082877F060088 **吉林省吉林市世纪农药有限责任公司**
(吉林省吉林市龙潭区黎明路38号 132021 0432-3026666)
莠去津/50%/悬浮剂/莠去津 50%/2013.05.12 至 2014.05.12/低毒
PD20092220F060089 **吉林省吉林市世纪农药有限责任公司**
(吉林省吉林市龙潭区黎明路38号 132021 0432-3026666)
苄嘧·苯噻酰/53%/可湿性粉剂/苯噻酰草胺 50%、苄嘧磺隆 3%/2013.05.12 至 2014.05.12/低毒
PD20095365F060091 **吉林省吉林市世纪农药有限责任公司**
(吉林省吉林市龙潭区黎明路38号 132021 0432-3026666)
异丙草·莠/40%/悬乳剂/异丙草胺 16%、莠去津 24%/2013.05.12 至 2014.05.12/低毒
PD20080481F060099 **四川省成都田丰农业有限公司**
(四川省成都市青白江区祥福镇 610306 028-81326896)
多效唑/15%/可湿性粉剂/多效唑 15%/2013.05.19 至 2014.05.19/低毒
PD175-93F060111 **广东德利生物科技有限公司**

*登记作物及防治对象见原登记

(广东省茂名市化州市鉴江经济开发区试验区金垌岭 525100 0668-7363099)
赤霉酸/20%/可溶粉剂/赤霉酸 20%/2013.06.26 至 2014.06.26/低毒

PD20060068F060117 上海生农生化制品有限公司
(上海市松江区洞泾镇洞舟路51号 201619 021-67679572)
代森锰锌/80%/可湿性粉剂/代森锰锌 80%/2013.06.26 至 2014.06.26/低毒

PD20050014F060127 江苏省农垦生物化学有限公司
(江苏省南京市南京化学工业园赵丰路19号 210047 025-58392246)
戊唑醇/60克/升/种子处理悬浮剂/戊唑醇 60克/升/2013.09.22 至 2014.09.22/低毒

PD20040338F060128 河北威远生物化工股份有限公司
(河北省石家庄市和平东路393号 050031 400-800-5888)
高氯·马/20%/乳油/高效氯氰菊酯 1.5%、马拉硫磷 18.5%/2013.09.22 至 2014.09.22/中等毒

PD20091189F060129 河北威远生物化工股份有限公司
(河北省石家庄市和平东路393号 050031 400-800-5888)
高效氯氟氰菊酯/2.5%/水乳剂/高效氯氟氰菊酯 2.5%/2013.09.22 至 2014.09.22/中等毒

PD20070528F060133 江苏省苏州富美实植物保护剂有限公司
(江苏省苏州工业园区界浦路99号 215126 0512-62863988)
异噁草松/360克/升/微囊悬浮剂/异噁草松 360克/升/2013.02.28 至 2014.02.28/低毒

PD20050014F060145 拜耳作物科学(中国)有限公司
(浙江省杭州市经济技术开发区内5号路 310018 0571-87265252)
戊唑醇/60克/升/种子处理悬浮剂/戊唑醇 60克/升/2013.12.26 至 2014.12.26/低毒

PD220-97F060147 中农住商（天津）农用化学品有限公司
(天津市武清区农场南津蓟铁路东侧 301700 022-26971467)
代森锰锌/80%/可湿性粉剂/代森锰锌 80%/2013.12.26 至 2014.12.26/低毒

PD284-99F060148 江苏省苏州富美实植物保护剂有限公司
(江苏省苏州工业园区界浦路99号 215126 0512-62863988)
丁硫克百威/35%/种子处理干粉剂/丁硫克百威 35%/2013.12.26 至 2014.12.26/中等毒

PD20080512F060149 湖南省湘阴县瑞泽农药有限公司
(湖南省湘阴县玉华乡来龙村 414600 0730-2603555)
甲氰菊酯/20%/乳油/甲氰菊酯 20%/2013.01.06 至 2014.01.06/中等毒

PD6-85F060150 中农住商（天津）农用化学品有限公司
(天津市武清区农场南津蓟铁路东侧 301700 022-26971467)
三环唑/75%/可湿性粉剂/三环唑 75%/2013.12.26 至 2014.12.26/低毒

PD20070038F070002 江苏省农垦生物化学有限公司
(江苏省南京市南京化学工业园赵丰路19号 210047 025-58392246)
草甘膦异丙胺盐/30%/水剂/草甘膦 30%/2014.01.16 至 2015.01.16/低毒

PD20092309F070006 辽宁省大连松辽化工有限公司
(辽宁省大连市甘井子区工兴路22号 116031 0411-86671213)
乙草胺/90.5%/乳油/乙草胺 90.5%/2014.02.07 至 2015.02.07/低毒

PD20081161F070009 湖南省湘阴县瑞泽农药有限公司
(湖南省湘阴县玉华乡来龙村 414600 0730-2603555)
乙草胺/50%/乳油/乙草胺 50%/2013.02.08 至 2014.02.08/低毒

PD20082881F070011 山东通用化学品有限公司
(山东省阳谷县寿张镇双庙杜村 252300 0635-6820127)
乙·莠/40%/悬乳剂/乙草胺 15%、莠去津 25%/2013.04.11 至 2014.04.11/低毒

PD20070370F070015 江苏龙灯化学有限公司
(江苏省昆山开发区龙灯路88号 215301 0512-57718696)
甲咪唑烟酸/240克/升/水剂/甲咪唑烟酸 240克/升/2014.02.25 至 2015.02.25/低毒

PD20070061F070020 先正达(苏州)作物保护有限公司
(江苏省昆山市经济技术开发区黄浦江中路255号 215301 0512-57716998)
苯醚甲环唑/10%/水分散粒剂/苯醚甲环唑 10%/2013.03.20 至 2014.03.20/低毒

PD86105-4F070023 吉林邦农生物农药有限公司
(吉林省长春市绿园区青年路9549号 130114 0431-2631666)
西草净/25%/可湿性粉剂/西草净 25%/2014.03.21 至 2015.03.21/低毒

PD20097193F070024 浙江省杭州宇龙化工有限公司
(浙江省杭州市余杭区塘栖工业开发区 311106 0571-86225339)
毒死蜱/480克/升/乳油/毒死蜱 480克/升/2013.04.11 至 2014.04.11/中等毒

PD345-2000F070025 广东省汕头市宏光化工有限公司
(广东省汕头市澄海区溪南中心工业区金山路 515832 0754-85757038)
百菌清/40%/悬浮剂/百菌清 40%/2013.04.11 至 2014.04.11/低毒

PD20095828F070027 河北省邯郸市建华植物农药厂
(河北省邯郸市北环西路 056106 0310-7195018)
啶虫脒/20%/可溶粉剂/啶虫脒 20%/2013.04.12 至 2014.04.12/低毒

PD20097253F070031 吉林金秋农药有限公司
(吉林省磐石市磐石大街325号 132300 0432-5223363)
莠去津/90%/水分散粒剂/莠去津 90%/2013.03.25 至 2014.03.25/低毒

PD20082282F070032 吉林金秋农药有限公司
(吉林省磐石市磐石大街325号 132300 0432-5223363)
莠去津/50%/悬浮剂/莠去津 50%/2013.04.18 至 2014.04.18/低毒

*登记作物及防治对象见原登记

PD20093210F070034 河北安瑞特化工有限公司
(河北省邯郸市鸡泽县曹庄工业区 057350 0310-7631888)
异丙草·莠/41%/悬乳剂/异丙草胺 18%、莠去津 23%/2013.04.18 至 2014.04.18/低毒
PD20081109F070038 上海禾本药业有限公司
(上海市金山区亭林镇工业园区南区林宝路2号 201505 021-67232276-8009)
氟唑磺隆/70%/水分散粒剂/氟唑磺隆 70%/2013.04.20 至 2014.04.20/低毒
PD20070350F070039 中农住商（天津）农用化学品有限公司
(天津市武清区农场南津蓟铁路东侧 301700 022-26971467)
五氟磺草胺/25克/升/可分散油悬浮剂/五氟磺草胺 25克/升/2013.04.26 至 2014.04.26/低毒
PD148-91F070040 中农住商（天津）农用化学品有限公司
(天津市武清区农场南津蓟铁路东侧 301700 022-26971467)
氯氟吡氧乙酸/200克/升/乳油/氯氟吡氧乙酸 200克/升/2013.04.26 至 2014.04.26/低毒
PD20081118F070041 中农住商（天津）农用化学品有限公司
(天津市武清区农场南津蓟铁路东侧 301700 022-26971467)
二氯吡啶酸/75%/可溶粒剂/二氯吡啶酸 75%/2013.04.26 至 2014.04.26/低毒
PD20060041F070042 中农住商（天津）农用化学品有限公司
(天津市武清区农场南津蓟铁路东侧 301700 022-26971467)
氰氟草酯/100克/升/乳油/氰氟草酯 100克/升/2013.04.26 至 2014.04.26/低毒
PD20070088F070048 先正达(苏州)作物保护有限公司
(江苏省昆山市经济技术开发区黄浦江中路255号 215301 0512-57716998)
苯甲·丙环唑/300克/升/乳油/苯醚甲环唑 150克/升、丙环唑 150克/升/2013.05.09 至 2014.05.09/低毒
PD20070051F070052 拜耳作物科学(中国)有限公司
(浙江省杭州市经济技术开发区内5号路 310018 0571-87265252)
甲基二磺隆/30克/升/可分散油悬浮剂/甲基二磺隆 30克/升/2013.05.21 至 2014.05.21/低毒
PD20110357F070054 先正达(苏州)作物保护有限公司
(江苏省昆山市经济技术开发区黄浦江中路255号 215301 0512-57716998)
苯甲·嘧菌酯/325克/升/悬浮剂/苯醚甲环唑 125克/升、嘧菌酯 200克/升/2013.05.16 至 2014.05.16/低毒
PD20096700F070061 重庆中邦药业（集团）有限公司
(重庆市涪陵区清溪镇平原村 408013 023-72714888)
唑磷·毒死蜱/30%/乳油/毒死蜱 7%、三唑磷 23%/2013.06.05 至 2014.06.05/中等毒
PD20096820F070062 先正达(苏州)作物保护有限公司
(江苏省昆山市经济技术开发区黄浦江中路255号 215301 0512-57716998)
硝磺草酮/9%/悬浮剂/硝磺草酮 9%/2013.06.06 至 2014.06.06/低毒
PD20070054F070063 先正达(苏州)作物保护有限公司
(江苏省昆山市经济技术开发区黄浦江中路255号 215301 0512-57716998)
苯醚甲环唑/30克/升/悬浮种衣剂/苯醚甲环唑 30克/升/2013.06.06 至 2014.06.06/低毒
PD20070120F070064 江苏省农垦生物化学有限公司
(江苏省南京市南京化学工业园赵丰路19号 210047 025-58392246)
超敏蛋白/3%/微粒剂/超敏蛋白 3%/2013.07.17 至 2014.07.17/低毒
PD20092816F070070 陕西省蒲城美尔果农化有限责任公司
(陕西省渭南市蒲城县乡企大市场65号 715500 0913-7213173)
嘧霉·福美双/50%/可湿性粉剂/福美双 40%、嘧霉胺 10%/2013.08.30 至 2014.08.30/低毒
PD20060184F070071 广东德利生物科技有限公司
(广东省茂名市化州市鉴江经济开发区试验区金垌岭 525100 0668-7363099)
丙环唑/250克/升/乳油/丙环唑 250克/升/2013.09.04 至 2014.09.04/低毒
PD20085803F070082 河南远见农业科技有限公司
(河南省尉氏县新尉工业园区 450053 0371-63821932)
精喹禾灵/8.8%/乳油/精喹禾灵 8.8%/2013.10.10 至 2014.10.10/低毒
PD20050056F070087 江苏省农垦生物化学有限公司
(江苏省南京市南京化学工业园赵丰路19号 210047 025-58392246)
吡虫啉/600克/升/悬浮种衣剂/吡虫啉 600克/升/2013.11.05 至 2014.11.05/中等毒
PD20070439F070088 江苏省农垦生物化学有限公司
(江苏省南京市南京化学工业园赵丰路19号 210047 025-58392246)
三唑酮/25%/可湿性粉剂/三唑酮 25%/2013.11.05 至 2014.11.05/低毒
PD20102063F070091 先正达(苏州)作物保护有限公司
(江苏省昆山市经济技术开发区黄浦江中路255号 215301 0512-57716998)
嘧菌·百菌清/560克/升/悬浮剂/百菌清 500克/升、嘧菌酯 60克/升/2013.11.05 至 2014.11.05/低毒
PD20070088F070093 广东省江门市植保有限公司
(广东省江门市杜阮镇北环路9号之一至之四 529000 0750-3287333)
苯甲·丙环唑/300克/升/乳油/苯醚甲环唑 150克/升、丙环唑 150克/升/2013.11.20 至 2014.11.20/低毒
PD365-2001F070094 拜耳作物科学(中国)有限公司
(浙江省杭州市经济技术开发区内5号路 310018 0571-87265252)
吡虫啉/200克/升/可溶液剂/吡虫啉 200克/升/2013.11.20 至 2014.11.20/低毒
PD20070345F070095 先正达(苏州)作物保护有限公司
(江苏省昆山市经济技术开发区黄浦江中路255号 215301 0512-57716998)
咯菌·精甲霜/35克/升/悬浮种衣剂/咯菌腈 25克/升、精甲霜灵 10克/升/2013.12.19 至 2014.12.19/低毒
PD20110690F080001 先正达(苏州)作物保护有限公司
(江苏省昆山市经济技术开发区黄浦江中路255号 215301 0512-57716998)

*登记作物及防治对象见原登记

精甲·百菌清/440克/升/悬浮剂/百菌清 400克/升、精甲霜灵 40克/升/2013.08.23 至 2014.08.23/低毒
PD20070344F080002 先正达(苏州)作物保护有限公司
(江苏省昆山市经济技术开发区黄浦江中路255号 215301 0512-57716998)
虱螨脲/50克/升/乳油/虱螨脲 50克/升/2014.01.03 至 2015.01.03/低毒
PD187-94F080009 中农住商（天津）农用化学品有限公司
(天津市武清区农场南津蓟铁路东侧 301700 022-26971467)
吡嘧磺隆/10%/可湿性粉剂/吡嘧磺隆 10%/2014.01.24 至 2015.01.24/低毒
PD20095389F080010 中农住商（天津）农用化学品有限公司
(天津市武清区农场南津蓟铁路东侧 301700 022-26971467)
赤霉酸/20%/可溶粉剂/赤霉酸 20%/2014.01.24 至 2015.01.24/微毒
PD117-90F080011 中农住商（天津）农用化学品有限公司
(天津市武清区农场南津蓟铁路东侧 301700 022-26971467)
除虫脲/25%/可湿性粉剂/除虫脲 25%/2014.01.24 至 2015.01.24/低毒
PD20100677F080016 上海生农生化制品有限公司
(上海市松江区洞泾镇洞舟路51号 201619 021-67679572)
氯虫苯甲酰胺/200克/升/悬浮剂/氯虫苯甲酰胺 200克/升/2013.02.28 至 2014.02.28/微毒
PD20101201F080017 四川稼得利科技开发有限公司
(四川省简阳市贾家镇竹林村九社 641421 0832-7037106)
氨基寡糖素/0.5%/水剂/氨基寡糖素 0.5%/2014.03.04 至 2015.03.04/低毒
PD20095080F080021 辽宁省大连松辽化工有限公司
(辽宁省大连市甘井子区工兴路22号 116031 0411-86671213)
莠去津/55%/悬浮剂/莠去津 55%/2014.03.07 至 2015.03.07/低毒
PD20070365F080023 允发化工(上海)有限公司
(上海市奉贤区金汇镇航塘公路1500号 201405 021-57589888)
氟环唑/125克/升/悬浮剂/氟环唑 125克/升/2013.03.17 至 2014.03.17/低毒
PD20070375F080024 允发化工(上海)有限公司
(上海市奉贤区金汇镇航塘公路1500号 201405 021-57589888)
代森联/70%/水分散粒剂/代森联 70%/2013.03.17 至 2014.03.17/低毒
PD20070130F080026 允发化工(上海)有限公司
(上海市奉贤区金汇镇航塘公路1500号 201405 021-57589888)
四氟醚唑/4%/水乳剂/四氟醚唑 4%/2013.03.17 至 2014.03.17/低毒
PD20097193F080027 德州绿霸精细化工有限公司
(山东省德州市天衢工业园恒东路288号 253035 0534-2730558)
毒死蜱/480克/升/乳油/毒死蜱 480克/升/2012.03.17 至 2013.03.17/中等毒
PD20102139F080031 先正达(苏州)作物保护有限公司
(江苏省昆山市经济技术开发区黄浦江中路255号 215301 0512-57716998)
双炔酰菌胺/23.4%/悬浮剂/双炔酰菌胺 23.4%/2013.04.07 至 2014.04.07/低毒
PD20083580F080032 江苏苏滨生物农化有限公司
(江苏省盐城市滨海县经济开发区沿海工业园 224500 0515-82081982)
毒死蜱/480克/升/乳油/毒死蜱 480克/升/2013.05.12 至 2014.05.12/中等毒
PD20086361F080033 江苏省农垦生物化学有限公司
(江苏省南京市南京化学工业园赵丰路19号 210047 025-58392246)
波尔·锰锌/78%/可湿性粉剂/波尔多液 48%、代森锰锌 30%/2013.06.04 至 2014.06.04/低毒
PD20090894F080034 上海农乐生物制品股份有限公司
(上海市奉贤区雷州路158号 201419 021-57784569)
噻嗪酮/25%/可湿性粉剂/噻嗪酮 25%/2012.06.23 至 2013.06.23/低毒
PD20082590F080035 上海生农生化制品有限公司
(上海市松江区洞泾镇洞舟路51号 201619 021-67679572)
代森锰锌/75%/水分散粒剂/代森锰锌 75%/2013.06.23 至 2014.06.23/低毒
PD173-93F080039 江门市大光明农化新会有限公司
(广东省江门市新会区沙堆镇洋关开发区 529148 0750-3508606)
硫双威/75%/可湿性粉剂/硫双威 75%/2012.09.11 至 2013.09.11/中等毒
PD20060023F080040 上海生农生化制品有限公司
(上海市松江区洞泾镇洞舟路51号 201619 021-67679572)
霜脲·锰锌/72%/可湿性粉剂/代森锰锌 64%、霜脲氰 8%/2013.09.11 至 2014.09.11/低毒
PD20084775F080042 江苏苏州佳辉化工有限公司
(江苏省苏州市相城区东桥镇 215152 0512-65371841)
稻瘟灵/40%/乳油/稻瘟灵 40%/2013.09.11 至 2014.09.11/低毒
PD20120020F080043 天津市华宇农药有限公司
(天津市青泊洼农场 300385 022-83718955)
苯醚甲环唑/10%/水分散粒剂/苯醚甲环唑 10%/2014.02.26 至 2015.02.26/低毒
WP20080089F080047 江门市大光明农化新会有限公司
(广东省江门市新会区沙堆镇洋关开发区 529148 0750-3508606)
噁虫威/80%/可湿性粉剂/噁虫威 80%/2012.11.04 至 2013.11.04/中等毒
PD20096644F080048 先正达(苏州)作物保护有限公司
(江苏省昆山市经济技术开发区黄浦江中路255号 215301 0512-57716998)
精甲·咯菌腈/62.5克/升/悬浮种衣剂/咯菌腈 25克/升、精甲霜灵 37.5克/升/2013.11.04 至 2014.11.04/微毒
PD20102152F080050 先正达(苏州)作物保护有限公司

*登记作物及防治对象见原登记

(江苏省昆山市经济技术开发区黄浦江中路255号 215301 0512-57716998)
硝磺·莠去津/550克/升/悬浮剂/莠去津 500克/升、硝磺草酮 50克/升/2013.11.11 至 2014.11.11/低毒

PD20094118F080052 先正达(苏州)作物保护有限公司
(江苏省昆山市经济技术开发区黄浦江中路255号 215301 0512-57716998)
吡蚜酮/50%/水分散粒剂/吡蚜酮 50%/2013.11.21 至 2014.11.21/低毒

PD9-85F080053 上海禾本药业有限公司
(上海市金山区亭林镇工业园区南区林宝路2号 201505 021-67232276-8009)
双甲脒/200克/升/乳油/双甲脒 200克/升/2013.12.04 至 2014.12.04/中等毒

PD20110596F090001 先正达(苏州)作物保护有限公司
(江苏省昆山市经济技术开发区黄浦江中路255号 215301 0512-57716998)
氯虫·噻虫嗪/40%/水分散粒剂/噻虫嗪 20%、氯虫苯甲酰胺 20%/2013.12.14 至 2014.12.14/低毒

PD20093924F090002 先正达(苏州)作物保护有限公司
(江苏省昆山市经济技术开发区黄浦江中路255号 215301 0512-57716998)
灭蝇胺/75%/可湿性粉剂/灭蝇胺 75%/2014.01.06 至 2015.01.06/低毒

PD20096187F090003 辽宁双博农化科技有限公司
(辽宁省沈阳市经济技术开发区开发二十六号路3号 110178 024-89254001)
灭草松/560克/升/水剂/灭草松 560克/升/2013.03.12 至 2014.03.12/低毒

PD20095400F090004 先正达(苏州)作物保护有限公司
(江苏省昆山市经济技术开发区黄浦江中路255号 215301 0512-57716998)
咯菌腈/50%/可湿性粉剂/咯菌腈 50%/2014.01.15 至 2015.01.15/低毒

PD20030018F090005 江门市大光明农化新会有限公司
(广东省江门市新会区沙堆镇洋关开发区 529148 0750-3508606)
咪鲜胺/250克/升/乳油/咪鲜胺 250克/升/2014.01.15 至 2015.01.15/低毒

PD20084737F090006 江苏省农垦生物化学有限公司
(江苏省南京市南京化学工业园赵丰路19号 210047 025-58392246)
甲基硫菌灵/70%/可湿性粉剂/甲基硫菌灵 70%/2014.01.19 至 2015.01.19/低毒

PD20060158F090007 江苏省农垦生物化学有限公司
(江苏省南京市南京化学工业园赵丰路19号 210047 025-58392246)
代森锰锌/80%/可湿性粉剂/代森锰锌 80%/2012.01.19 至 2013.01.19/低毒

PD20084731F090008 江苏省农垦生物化学有限公司
(江苏省南京市南京化学工业园赵丰路19号 210047 025-58392246)
毒死蜱/480克/升/乳油/毒死蜱 480克/升/2013.01.19 至 2014.01.19/中等毒

PD20091721F090009 辽宁省大连松辽化工有限公司
(辽宁省大连市甘井子区工兴路22号 116031 0411-86671213)
乙·莠/72.4%/悬乳剂/乙草胺 54.4%、莠去津 18%/2014.01.19 至 2015.01.19/低毒

PD20095075F090010 辽宁省大连松辽化工有限公司
(辽宁省大连市甘井子区工兴路22号 116031 0411-86671213)
灭草松/480克/升/水剂/灭草松 480克/升/2013.01.19 至 2018.01.19/低毒

PD64-88F090014 江门市大光明农化新会有限公司
(广东省江门市新会区沙堆镇洋关开发区 529148 0750-3508606)
异菌脲/50%/可湿性粉剂/异菌脲 50%/2014.01.19 至 2015.01.19/低毒

PD268-99F090016 江苏苏州佳辉化工有限公司
(江苏省苏州市相城区东桥镇 215152 0512-65371841)
碱式硫酸铜/27.12%/悬浮剂/碱式硫酸铜 27.12%/2014.02.12 至 2019.02.12/低毒

PD20085311F090018 天津绿源生物药业有限公司
(天津市滨海新区大港中塘镇马圈村东 300270 022-63303706)
异丙草·莠/42%/悬乳剂/异丙草胺 16%、莠去津 26%/2013.02.13 至 2014.02.13/低毒

WP20090313F090020 先正达(苏州)作物保护有限公司
(江苏省昆山市经济技术开发区黄浦江中路255号 215301 0512-57716998)
杀蟑饵剂/0.1%/饵剂/甲氨基阿维菌素苯甲酸盐 0.1%/2014.03.02 至 2015.03.02/微毒

PD20094930F090022 江苏省农垦生物化学有限公司
(江苏省南京市南京化学工业园赵丰路19号 210047 025-58392246)
丙环·咪鲜胺/490克/升/乳油/丙环唑 90克/升、咪鲜胺 400克/升/2013.03.16 至 2014.03.16/低毒

PD85103F090024 山东省青岛现代农化有限公司
(山东省青岛市胶州九龙工业园 266300 0532-87217666)
2甲4氯钠/56%/粉剂/2甲4氯钠 56%/2013.03.18 至 2014.03.18/低毒

PD20093429F090025 山东省青岛现代农化有限公司
(山东省青岛市胶州九龙工业园 266300 0532-87217666)
灭草松/480克/升/水剂/灭草松 480克/升/2013.03.18 至 2014.03.18/低毒

PD20093210F090026 山东省青岛现代农化有限公司
(山东省青岛市胶州九龙工业园 266300 0532-87217666)
异丙草·莠/41%/悬乳剂/异丙草胺 18%、莠去津 23%/2013.03.18 至 2014.03.18/低毒

PD20070425F090028 济南泰禾化工有限公司
(山东省商河经济开发区天河路中段 251600 0531-82331008)
氯氰·辛硫磷/20%/乳油/氯氰菊酯 1.5%、辛硫磷 18.5%/2013.03.18 至 2014.03.18/低毒

PD20094928F090031 江苏省农垦生物化学有限公司
(江苏省南京市南京化学工业园赵丰路19号 210047 025-58392246)
戊唑·咪鲜胺/400克/升/水乳剂/咪鲜胺 267克/升、戊唑醇 133克/升/2013.03.18 至 2014.03.18/低毒

*登记作物及防治对象见原登记

企业/登记证号/农药名称/总含量/剂型/有效成分及含量/有效期/毒性

PD20082139F090032 湖南瑞泽农化有限公司
(湖南省长沙市芙蓉区荷花园中扬华苑701室 410016 0731-4770396)
噻嗪酮/25%/可湿性粉剂/噻嗪酮 25%/2013.03.18 至 2014.03.18/低毒

PD20095741F090033 湖南瑞泽农化有限公司
(湖南省长沙市芙蓉区荷花园中扬华苑701室 410016 0731-4770396)
苄嘧磺隆/10%/可湿性粉剂/苄嘧磺隆 10%/2013.03.18 至 2014.03.18/低毒

PD20090407F090034 山东省青岛现代农化有限公司
(山东省青岛市胶州九龙工业园 266300 0532-87217666)
松·喹·氟磺胺/35%/乳油/氟磺胺草醚 9.5%、精喹禾灵 2.5%、异噁草松 23%/2013.03.18 至 2014.03.18/低毒

PD20102137F090035 拜耳作物科学(中国)有限公司
(浙江省杭州市经济技术开发区内5号路 310018 0571-87265252)
乙虫腈/100克/升/悬浮剂/乙虫腈 100克/升/2012.03.18 至 2013.03.18/低毒

PD20091154F090037 山东中凯生物科技有限公司
(山东省滨州市阳信县经济开发区工业5路 251800 0543-8382777)
啶虫脒/5%/乳油/啶虫脒 5%/2012.03.18 至 2013.03.18/低毒

WP120-90F090039 江门市大光明农化新会有限公司
(广东省江门市新会区沙堆镇洋关开发区 529148 0750-3508606)
溴氰菊酯/2.5%/可湿性粉剂/溴氰菊酯 2.5%/2013.03.18 至 2014.03.18/低毒

PD386-2003F090040 江门市大光明农化新会有限公司
(广东省江门市新会区沙堆镇洋关开发区 529148 0750-3508606)
咪鲜胺锰盐/50%/可湿性粉剂/咪鲜胺锰盐 50%/2013.03.18 至 2014.03.18/低毒

PD20110319F090041 江苏龙灯化学有限公司
(江苏省昆山开发区龙灯路88号 215301 0512-57718696)
氟苯虫酰胺/20%/水分散粒剂/氟苯虫酰胺 20%/2013.06.17 至 2014.06.17/低毒

PD20110319F090043 中农住商(天津)农用化学品有限公司
(天津市武清区农场南津蓟铁路东侧 301700 022-26971467)
氟苯虫酰胺/20%/水分散粒剂/氟苯虫酰胺 20%/2013.06.24 至 2014.06.24/低毒

PD20082529F090044 中农住商(天津)农用化学品有限公司
(天津市武清区农场南津蓟铁路东侧 301700 022-26971467)
喹禾糠酯/40克/升/乳油/喹禾糠酯 40克/升/2013.03.25 至 2014.03.25/低毒

PD76-88F090047 江苏省农垦生物化学有限公司
(江苏省南京市南京化学工业园赵丰路19号 210047 025-58392246)
丁草胺/600克/升/水乳剂/丁草胺 600克/升/2013.03.31 至 2014.03.31/低毒

PD20111010F090049 先正达(苏州)作物保护有限公司
(江苏省昆山市经济技术开发区黄浦江中路255号 215301 0512-57716998)
氯虫·噻虫嗪/300克/升/悬浮剂/噻虫嗪 200克/升、氯虫苯甲酰胺 100克/升/2013.12.14 至 2014.12.14/低毒

PD20081132F090051 广东德利生物科技有限公司
(广东省茂名市化州市鉴江经济开发区试验区金垌岭 525100 0668-7363099)
代森锰锌/430克/升/悬浮剂/代森锰锌 430克/升/2013.04.13 至 2014.04.13/低毒

PD20110185F090055 江苏省苏州富美实植物保护剂有限公司
(江苏省苏州工业园区界浦路99号 215126 0512-62863988)
氟吡磺隆/10%/可湿性粉剂/氟吡磺隆 10%/2013.04.13 至 2014.04.13/低毒

PD20070342F090060 广东德利生物科技有限公司
(广东省茂名市化州市鉴江经济开发区试验区金垌岭 525100 0668-7363099)
烯酰吗啉/50%/可湿性粉剂/烯酰吗啉 50%/2013.04.13 至 2014.04.13/低毒

PD20080512F090062 湖南湘西自治州植保技术开发服务中心
(湖南省湘西土家族苗族自治州吉首市吉北新路2号 416000 0743-2145788)
甲氰菊酯/20%/乳油/甲氰菊酯 20%/2013.04.15 至 2014.04.15/中等毒

PD20060019F090064 上海科捷佳实业有限公司
(上海市松江区荣乐东路1085号 201613 021-67740903)
茚虫威/150克/升/悬浮剂/茚虫威 150克/升/2012.04.20 至 2013.04.20/低毒

PD142-91F090066 中农住商(天津)农用化学品有限公司
(天津市武清区农场南津蓟铁路东侧 301700 022-26971467)
氟菌唑/30%/可湿性粉剂/氟菌唑 30%/2013.04.20 至 2014.04.20/低毒

PD20080506F090067 广东德利生物科技有限公司
(广东省茂名市化州市鉴江经济开发区试验区金垌岭 525100 0668-7363099)
唑醚·代森联/60%/水分散粒剂/吡唑醚菌酯 5%、代森联 55%/2013.04.20 至 2014.04.20/低毒

PD20060066F090071 天津市阿格罗帕克农药有限公司
(天津市津南区小站镇东 300353 022-28618480)
高效氯氰菊酯/100克/升/乳油/高效氯氰菊酯 100克/升/2014.04.20 至 2015.04.20/低毒

PD20080776F090072 天津市阿格罗帕克农药有限公司
(天津市津南区小站镇东 300353 022-28618480)
硅噻菌胺/125克/升/悬浮剂/硅噻菌胺 125克/升/2014.04.20 至 2015.04.20/低毒

PD20081302F090074 山东海讯生物化学有限公司
(山东省济南市天桥区药山办事处大鲁庄居南 250032 0531-88904638)
甲基硫菌灵/70%/可湿性粉剂/甲基硫菌灵 70%/2013.04.20 至 2014.04.20/低毒

PD20090601F090075 山东海讯生物化学有限公司
(山东省济南市天桥区药山办事处大鲁庄居南 250032 0531-88904638)

*登记作物及防治对象见原登记

代森锰锌/80%/可湿性粉剂/代森锰锌 80%/2013.04.20 至 2014.04.20/低毒
PD20070124F090077 广东德利生物科技有限公司
(广东省茂名市化州市鉴江经济开发区试验区金垌岭 525100 0668-7363099)
醚菌酯/50%/水分散粒剂/醚菌酯 50%/2013.05.12 至 2014.05.12/低毒
PD20094448F090078 山东奥坤生物科技有限公司
(山东省济南市济北开发区 251400 0531-55516888)
氰戊·乐果/25%/乳油/乐果 22%、氰戊菊酯 3%/2013.05.27 至 2014.05.27/中等毒
PD20091877F090080 浙江省永康市农药厂
(浙江省永康市西城区兴达四路8号 321300 0579-7381308)
异丙甲·苄/9%/细粒剂/苄嘧磺隆 2%、异丙甲草胺 7%/2013.06.10 至 2014.06.10/低毒
PD20094678F090081 山东奥坤生物科技有限公司
(山东省济南市济北开发区 251400 0531-55516888)
莠去津/48%/可湿性粉剂/莠去津 48%/2013.06.24 至 2014.06.24/低毒
PD20092157F090082 山东奥坤生物科技有限公司
(山东省济南市济北开发区 251400 0531-55516888)
多效唑/15%/可湿性粉剂/多效唑 15%/2013.06.24 至 2014.06.24/低毒
PD20110064F090084 河北荣威生物药业有限公司
(河北省廊坊市固安县公主府固东路南侧 065500 0316-6196476)
滴丁·乙草胺/855克/升/乳油/2,4-滴丁酯 305克/升、乙草胺 550克/升/2013.07.10 至 2014.07.10/低毒
PD20095218F090085 河北荣威生物药业有限公司
(河北省廊坊市固安县公主府固东路南侧 065500 0316-6196476)
扑·乙/40%/悬乳剂/扑草净 10%、乙草胺 30%/2013.07.10 至 2014.07.10/低毒
PD20070158F090088 拜耳作物科学(中国)有限公司
(浙江省杭州市经济技术开发区内5号路 310018 0571-87265252)
精噁唑禾草灵/69克/升/水乳剂/精噁唑禾草灵 69克/升/2013.07.15 至 2014.07.15/低毒
PD20060044F090089 拜耳作物科学(中国)有限公司
(浙江省杭州市经济技术开发区内5号路 310018 0571-87265252)
酰嘧·甲碘隆/6.25%/水分散粒剂/酰嘧磺隆 5%、甲基碘磺隆钠盐 1.25%/2013.07.15 至 2014.07.15/低毒
PD238-98F090090 拜耳作物科学(中国)有限公司
(浙江省杭州市经济技术开发区内5号路 310018 0571-87265252)
精噁唑禾草灵/69克/升/水乳剂/精噁唑禾草灵 69克/升/2013.07.15 至 2014.07.15/低毒
PD20095866F090091 兴农药业(中国)有限公司
(上海市奉贤区柘林镇北村路28号 201416 021-57493733-5221)
喹啉铜/33.5%/悬浮剂/喹啉铜 33.5%/2014.07.20 至 2015.07.20/低毒
PD20080890F090093 广西田园生化股份有限公司
(广西壮族自治区南宁市创新路西段1号质控中心楼 530007 0771-2310528)
杀螺胺乙醇胺盐/50%/可湿性粉剂/杀螺胺乙醇胺盐 50%/2012.07.22 至 2013.07.22/低毒
PD20102141F090095 先正达(苏州)作物保护有限公司
(江苏省昆山市经济技术开发区黄浦江中路255号 215301 0512-57716998)
唑啉·炔草酯/5%/乳油/唑啉草酯 2.5%、炔草酯 2.5%/2013.07.22 至 2014.07.22/低毒
PD20095656F090097 山东科大创业生物有限公司
(山东省邹平县长山镇长山工业园 256206 0543-4851285)
聚醛·甲萘威/6%/颗粒剂/甲萘威 1.5%、四聚乙醛 4.5%/2013.08.14 至 2014.08.14/中等毒
PD20084982F090098 山东海讯生物化学有限公司
(山东省济南市天桥区药山办事处大鲁庄居南 250032 0531-88904638)
腐霉利/50%/可湿性粉剂/腐霉利 50%/2013.08.14 至 2014.08.14/低毒
PD20085998F090099 山东海讯生物化学有限公司
(山东省济南市天桥区药山办事处大鲁庄居南 250032 0531-88904638)
甲霜·锰锌/58%/可湿性粉剂/甲霜灵 10%、代森锰锌 48%/2014.08.14 至 2015.08.14/低毒
PD20060012F090103 中农住商(天津)农用化学品有限公司
(天津市武清区农场南津蓟铁路东侧 301700 022-26971467)
双氟·滴辛酯/459克/升/悬乳剂/2,4-滴异辛酯 453克/升、双氟磺草胺 6克/升/2013.08.31 至 2014.08.31/低毒
PD20090444F090104 中农住商(天津)农用化学品有限公司
(天津市武清区农场南津蓟铁路东侧 301700 022-26971467)
噻苯·敌草隆/540克/升/悬浮剂/敌草隆 180克/升、噻苯隆 360克/升/2013.08.31 至 2014.08.31/中等毒
PD20094515F090106 山东乡村生物科技有限公司
(山东省临邑县恒源开发区一号县乡路路东 250108 0531-88872611)
氟铃·辛硫磷/20%/乳油/氟铃脲 2%、辛硫磷 18%/2013.08.31 至 2014.08.31/低毒
PD20120807F090107 先正达(苏州)作物保护有限公司
(江苏省昆山市经济技术开发区黄浦江中路255号 215301 0512-57716998)
苯醚·咯菌腈/4.8%/悬浮种衣剂/苯醚甲环唑 2.4%、咯菌腈 2.4%/2013.07.03 至 2014.07.03/低毒
PD20080666F090109 广东德利生物科技有限公司
(广东省茂名市化州市鉴江经济开发区试验区金垌岭 525100 0668-7363099)
多杀霉素/0.02%/饵剂/多杀霉素 0.02%/2013.09.07 至 2014.09.07/微毒
PD20110053F090110 上海生农生化制品有限公司
(上海市松江区洞泾镇洞舟路51号 201619 021-67679572)
氢氧化铜/46%/水分散粒剂/氢氧化铜 46%/2013.09.07 至 2014.09.07/低毒
PD20102160F090111 拜耳作物科学(中国)有限公司

*登记作物及防治对象见原登记

(浙江省杭州市经济技术开发区内5号路 310018 0571-87265252)
肟菌·戊唑醇/75%/水分散粒剂/戊唑醇 50%、肟菌酯 25%/2013.03.17 至 2014.03.18/低毒

PD20110281F090112 拜耳作物科学(中国)有限公司
(浙江省杭州市经济技术开发区内5号路 310018 0571-87265252)
螺虫乙酯/22.4%/悬浮剂/螺虫乙酯 22.4%/2013.09.07 至 2014.09.07/低毒

WP20080054F090114 允发化工(上海)有限公司
(上海市奉贤区金汇镇航塘公路1500号 201405 021-57589888)
双硫磷/1%/颗粒剂/双硫磷 1%/2013.09.07 至 2014.09.07/低毒

PD20101542F090116 中农住商(天津)农用化学品有限公司
(天津市武清区农场南津蓟铁路东侧 301700 022-26971467)
顺式氯氰菊酯/200克/升/悬浮种衣剂/顺式氯氰菊酯 200克/升/2013.09.23 至 2014.09.23/中等毒

PD20120824F090117 先正达(苏州)作物保护有限公司
(江苏省昆山市经济技术开发区黄浦江中路255号 215301 0512-57716998)
高效氯氟氰菊酯/10%/种子处理微囊悬浮剂/高效氯氟氰菊酯 10%/2013.07.03 至 2014.07.03/中等毒

PD171-92F090118 允发化工(上海)有限公司
(上海市奉贤区金汇镇航塘公路1500号 201405 021-57589888)
氟醚·灭草松/440克/升/水剂/三氟羧草醚 80克/升、灭草松 360克/升/2013.09.23 至 2014.09.23/低毒

PD20120438F090119 先正达(苏州)作物保护有限公司
(江苏省昆山市经济技术开发区黄浦江中路255号 215301 0512-57716998)
双炔·百菌清/440克/升/悬浮剂/百菌清 400克/升、双炔酰菌胺 40克/升/2013.07.03 至 2014.07.03/低毒

PD20093339F090125 黔南州中心植物医院有限责任公司
(贵州省黔南布依族苗族自治州都匀市南沙洲6号 558000 0854-8282442)
乙草胺/20%/可湿性粉剂/乙草胺 20%/2013.10.26 至 2014.10.26/低毒

PD20070456F090126 允发化工(上海)有限公司
(上海市奉贤区金汇镇航塘公路1500号 201405 021-57589888)
二甲戊灵/450克/升/微囊悬浮剂/二甲戊灵 450克/升/2012.11.04 至 2013.11.04/低毒

PD20070611F090130 辽宁省丹东市农药总厂
(辽宁省丹东市振兴区浪东路5号 118009 0415-6155350)
丙炔噁草酮/80%/可湿性粉剂/丙炔噁草酮 80%/2013.11.04 至 2014.11.04/低毒

PD20101191F090132 广东德利生物科技有限公司
(广东省茂名市化州市鉴江经济开发区试验区金垌岭 525100 0668-7363099)
氰氟虫腙/22%/悬浮剂/氰氟虫腙 22%/2013.11.04 至 2014.11.04/低毒

PD20096813F090134 广东省佛山市盈辉作物科学有限公司
(广东省佛山市高明区更合镇合和大道白石工业区内 528522 0757-83032181) 赤·吲乙·芸苔/0.136%/可湿性粉剂/赤霉酸 0.135%、吲哚乙酸 0.00052%、芸苔素内酯 0.00031%/2013.11.12 至 2018.11.12/低毒

PD20120215F090135 广东金农达生物科技有限公司
(广东省清远市清城区龙塘镇浩良工业园 511540 0763-3695028)
乙螨唑/110克/升/悬浮剂/乙螨唑 110克/升/2013.05.15 至 2014.05.15/低毒

PD20095615F090137 山东省招远三联化工厂
(山东省招远市大户工业园 265407 0535-8435163)
矿物油/99%/乳油/矿物油 99%/2013.11.30 至 2014.11.30/微毒

PD20080730F090139 广东省江门市植保有限公司
(广东省江门市杜阮镇北环路9号之一至之四 529000 0750-3287333)
苯醚甲环唑/250克/升/乳油/苯醚甲环唑 250克/升/2013.12.14 至 2014.12.14/低毒

PD20096032F100001 先正达南通作物保护有限公司
(江苏省南通市经济开发区中央路1号 226009 0513-81150600)
草甘膦钾盐/35%/水剂/草甘膦 35%/2014.01.11 至 2015.01.11/微毒

PD20040007F100008 广东德利生物科技有限公司
(广东省茂名市化州市鉴江经济开发区试验区金垌岭 525100 0668-7363099)
苏云金杆菌/15000IU/毫克/水分散粒剂/苏云金杆菌 15000IU/毫克/2014.02.21 至 2015.02.21/低毒

PD20110792F100009 广西田园生化股份有限公司
(广西壮族自治区南宁市创新路西段1号质控中心楼 530007 0771-2310528)
草甘膦铵盐/68%/可溶粒剂/草甘膦 68%/2013.03.10 至 2014.03.10/低毒

PD44-87F100010 上海禾本药业有限公司
(上海市金山区亭林镇工业园区南区林宝路2号 201505 021-67232276-8009)
杀虫环/50%/可溶粉剂/杀虫环 50%/2013.03.10 至 2014.03.10/中等毒

PD20096815F100014 中农住商(天津)农用化学品有限公司
(天津市武清区农场南津蓟铁路东侧 301700 022-26971467)
丙酰芸苔素内酯/0.003%/水剂/丙酰芸苔素内酯 0.003%/2013.04.14 至 2014.04.14/低毒

PD138-91F100015 中农住商(天津)农用化学品有限公司
(天津市武清区农场南津蓟铁路东侧 301700 022-26971467)
多抗霉素/10%/可湿性粉剂/多抗霉素 10%/2013.04.14 至 2014.04.14/低毒

PD20101017F100017 广东德利生物科技有限公司
(广东省茂名市化州市鉴江经济开发区试验区金垌岭 525100 0668-7363099)
醚菌·啶酰菌/300克/升/悬浮剂/醚菌酯 100克/升、啶酰菌胺 200克/升/2013.05.12 至 2014.05.12/低毒

PD20093402F100018 广东德利生物科技有限公司
(广东省茂名市化州市鉴江经济开发区试验区金垌岭 525100 0668-7363099)
吡唑醚菌酯·烯酰吗啉/18.7%/水分散粒剂/吡唑醚菌酯 6.7%、烯酰吗啉 12%/2013.05.12 至 2014.05.12/低毒

*登记作物及防治对象见原登记

PD20120240F100019　　广东德利生物科技有限公司
（广东省茂名市化州市鉴江经济开发区试验区金垌岭　525100　0668-7363099）
乙基多杀菌素/60克/升/悬浮剂/乙基多杀菌素 60克/升/2013.07.03 至 2014.07.03/低毒

PD20096826F100020　　上海绿泽生物科技有限责任公司
（上海市松江区华加路200号　201611　021-67748095）
炔草酯/15%/可湿性粉剂/炔草酯 15%/2013.07.13 至 2014.07.13/低毒

PD20096837F100025　　兴农药业（中国）有限公司
（上海市奉贤区柘林镇北村路28号　201416　021-57493733-5221）
联苯肼酯/43%/悬浮剂/联苯肼酯 43%/2013.07.13 至 2014.07.13/低毒

PD20096847F100027　　拜耳作物科学（中国）有限公司
（浙江省杭州市经济技术开发区内5号路　310018　0571-87265252）
草铵膦/18%/可溶液剂/草铵膦 18%/2013.07.19 至 2014.07.19/中等毒

LS20100082F100028　　先正达（苏州）作物保护有限公司
（江苏省昆山市经济技术开发区黄浦江中路255号　215301　0512-57716998）
氯虫·高氯氟/14%/微囊悬浮－悬浮剂/高效氯氟氰菊酯 4.7%、氯虫苯甲酰胺 9.3%/2012.09.21 至 2013.09.21/中等毒

LS20100091F100029　　先正达（苏州）作物保护有限公司
（江苏省昆山市经济技术开发区黄浦江中路255号　215301　0512-57716998）
精甲·咯·嘧菌/11%/悬浮种衣剂/咯菌腈 1.1%、精甲霜灵 3.3%、嘧菌酯 6.6%/2012.09.21 至 2013.09.21/微毒

PD20120464F100029　　先正达（苏州）作物保护有限公司
（江苏省昆山市经济技术开发区黄浦江中路255号　215301　0512-57716998）
精甲·咯·嘧菌/11%/悬浮种衣剂/咯菌腈 1.1%、精甲霜灵 3.3%、嘧菌酯 6.6%/2013.09.03 至 2014.09.03/微毒

PD20080991F100031　　广东珠海经济特区瑞农植保技术有限公司
（广东省珠海市金湾区临港工业区大浪湾工业小区　519050　0756-7268813）
代森锰锌/420克/升/悬浮剂/代森锰锌 420克/升/2013.09.21 至 2014.09.21/低毒

PD20040025F100032　　中农住商（天津）农用化学品有限公司
（天津市武清区农场南津蓟铁路东侧　301700　022-26971467）
吡嘧磺隆/7.5%/可湿性粉剂/吡嘧磺隆 7.5%/2013.09.21 至 2014.09.21/低毒

PD20101127F100033　　江苏省农垦生物化学有限公司
（江苏省南京市南京化学工业园赵丰路19号　210047　025-58392246）
克菌丹/80%/水分散粒剂/克菌丹 80%/2013.11.03 至 2014.11.03/低毒

PD20070112F100034　　江苏苏州佳辉化工有限公司
（江苏省苏州市相城区东桥镇　215152　0512-65371841）
双氟·唑嘧胺/175克/升/悬浮剂/双氟磺草胺 75克/升、唑嘧磺草胺 100克/升/2013.11.03 至 2014.11.03/低毒

PD188-94F100035　　江苏省通州正大农药化工有限公司
（江苏省南通市通州市港区通洋工业园　226017　0513-85993588）
烯草酮/240克/升/乳油/烯草酮 240克/升/2013.11.03 至 2014.11.03/低毒

PD74-88F100036　　河北省沧州中天化工有限责任公司
（河北省沧州市青县上伍乡小许庄村南工业园　062650　0317-4286958）
腐霉利/50%/可湿性粉剂/腐霉利 50%/2013.11.03 至 2014.11.03/低毒

PD20070064F100037　　河北省沧州中天化工有限责任公司
（河北省沧州市青县上伍乡小许庄村南工业园　062650　0317-4286958）
甲硫·乙霉威/65%/可湿性粉剂/甲基硫菌灵 52.5%、乙霉威 12.5%/2013.11.03 至 2014.11.03/低毒

PD20060050F100041　　广东珠海经济特区瑞农植保技术有限公司
（广东省珠海市金湾区临港工业区大浪湾工业小区　519050　0756-7268813）
草甘膦铵盐/68%/水溶粒剂/草甘膦 68%/2013.12.09 至 2014.12.09/低毒

PD20040021F110001　　广东德利生物科技有限公司
（广东省茂名市化州市鉴江经济开发区试验区金垌岭　525100　0668-7363099）
百菌清/75%/可湿性粉剂/百菌清 75%/2013.01.11 至 2014.01.11/低毒

PD20131930F110003　　允发化工（上海）有限公司
（上海市奉贤区金汇镇航塘公路1500号　201405　021-57589888）
苯嘧磺草胺/70%/水分散粒剂/苯嘧磺草胺 70%/2012.01.11 至 2013.01.11/低毒

PD20050192F110004　　拜耳作物科学（中国）有限公司
（浙江省杭州市经济技术开发区内5号路　310018　0571-87265252）
丙森锌/70%/可湿性粉剂/丙森锌 70%/2014.01.11 至 2015.01.11/低毒

LS20100155F110005　　先正达（苏州）作物保护有限公司
（江苏省昆山市经济技术开发区黄浦江中路255号　215301　0512-57716998）
阿维·氯苯酰/6%/悬浮剂/阿维菌素 1.7%、氯虫苯甲酰胺 4.3%/2013.11.10 至 2014.11.10/低毒（原药高毒）

LS20100118F110006　　陕西上格之路生物科学有限公司
（陕西省西安市周至县集贤产业园创业大道9号　710065　029-88256421-8013）
吡蚜·毒死蜱/25%/可湿性粉剂/吡蚜酮 10%、毒死蜱 15%/2012.02.12 至 2013.02.12/低毒

LS20100112F110007　　陕西上格之路生物科学有限公司
（陕西省西安市周至县集贤产业园创业大道9号　710065　029-88256421-8013）
吡蚜酮/50%/可湿性粉剂/吡蚜酮 50%/2012.02.12 至 2013.02.12/低毒

PD20096069F110009　　江苏龙灯化学有限公司
（江苏省昆山开发区龙灯路88号　215301　0512-57718696）
矿物油/97%/乳油/矿物油 97%/2014.04.12 至 2015.04.12/低毒

LS20100080F110010　　江苏省农垦生物化学有限公司
（江苏省南京市南京化学工业园赵丰路19号　210047　025-58392246）

*登记作物及防治对象见原登记

抑霉唑硫酸盐/75%/可溶粒剂/抑霉唑硫酸盐 75%/2012.04.12 至 2013.04.12/低毒
PD20086020F110011 江苏省农垦生物化学有限公司
(江苏省南京市南京化学工业园赵丰路19号 210047 025-58392246)
嘧草醚/10%/可湿性粉剂/嘧草醚 10%/2013.05.10 至 2014.05.10/低毒
PD20040014F110013 江苏省农垦生物化学有限公司
(江苏省南京市南京化学工业园赵丰路19号 210047 025-58392246)
双草醚/100克/升/悬浮剂/双草醚 100克/升/2013.05.10 至 2014.05.10/低毒
PD20060036F110015 中农住商（天津）农用化学品有限公司
(天津市武清区农场南津蓟铁路东侧 301700 022-26971467)
喹螨醚/95克/升/乳油/喹螨醚 95克/升/2013.06.10 至 2014.06.10/中等毒
LS20100100F110016 上海生农生化制品有限公司
(上海市松江区洞泾镇洞舟路51号 201619 021-67679572)
噻虫嗪/21%/悬浮剂/噻虫嗪 21%/2012.06.13 至 2013.06.13/低毒
PD20110463F110017 上海生农生化制品有限公司
(上海市松江区洞泾镇洞舟路51号 201619 021-67679572)
氯虫苯甲酰胺/35%/水分散粒剂/氯虫苯甲酰胺 35%/2013.06.13 至 2014.06.13/微毒
LS20110008F110019 牡丹江佰佳信生物科技有限公司
(黑龙江省牡丹江市阳明区机车路55号 157013 010-57283082)
烯啶·吡蚜酮/80%/水分散粒剂/吡蚜酮 60%、烯啶虫胺 20%/2013.07.26 至 2014.07.26/低毒
PD20131931F110020 允发化工(上海)有限公司
(上海市奉贤区金汇镇航塘公路1500号 201405 021-57589888)
苯唑草酮/30%/悬浮剂/苯唑草酮 30%/2012.08.22 至 2013.08.22/低毒
PD20110255F110021 浙江威尔达化工有限公司
(浙江省杭州市余杭区塘栖超山 311106 0571-86375788)
三氟甲吡醚/10.5%/乳油/三氟甲吡醚 10.5%/2013.10.12 至 2014.10.12/低毒
PD20110520F110022 河南省南阳市福来石油化学有限公司
(河南省南阳市七一路五号 473010 0377-63216501)
氧化亚铜/86.2%/可湿性粉剂/氧化亚铜 86.2%/2013.10.12 至 2014.10.12/低毒
PD20110480F110024 河南省南阳市福来石油化学有限公司
(河南省南阳市七一路五号 473010 0377-63216501)
氧化亚铜/86.2%/水分散粒剂/氧化亚铜 86.2%/2013.10.12 至 2014.10.12/低毒
PD363-2001F110026 中农住商（天津）农用化学品有限公司
(天津市武清区农场南津蓟铁路东侧 301700 022-26971467)
虫酰肼/24%/悬浮剂/虫酰肼 24%/2013.11.17 至 2014.11.17/低毒
LS20110194F110029 先正达(苏州)作物保护有限公司
(江苏省昆山市经济技术开发区黄浦江中路255号 215301 0512-57716998)
丙环·嘧菌酯/18.7%/悬乳剂/丙环唑 11.7%、嘧菌酯 7%/2013.12.13 至 2014.12.13/低毒
PD20092343F120001 上海悦联化工有限公司
(上海市奉贤区宅兴路169号 201416 021-57493979)
杀螺胺乙醇胺盐/70%/可湿性粉剂/杀螺胺乙醇胺盐 70%/2012.02.06 至 2013.02.06/低毒
PD20110324F120002 浙江石原金牛农药有限公司
(浙江省杭州市经济技术开发区3号大街51号 310018 0571-86911312)
氟啶虫酰胺/10%/水分散粒剂/氟啶虫酰胺 10%/2013.02.06 至 2014.02.06/低毒
PD20110960F120003 浙江石原金牛农药有限公司
(浙江省杭州市经济技术开发区3号大街51号 310018 0571-86911312)
烟嘧磺隆/60克/升/可分散油悬浮剂/烟嘧磺隆 60克/升/2013.02.06 至 2014.02.06/低毒
PD20091726F120004 佳木斯黑龙农药化工股份有限公司
(黑龙江省佳木斯市东风区长安路118号 154005 0454-8330810)
醚磺隆/10%/可湿性粉剂/醚磺隆 10%/2012.02.06 至 2013.02.06/低毒
PD20120231F120005 中农住商（天津）农用化学品有限公司
(天津市武清区农场南津蓟铁路东侧 301700 022-26971467)
甲霜·种菌唑/4.23%/微乳剂/甲霜灵 1.88%、种菌唑 2.35%/2014.02.06 至 2015.02.06/低毒
PD20080675F120007 允发化工(上海)有限公司
(上海市奉贤区金汇镇航塘公路1500号 201405 021-57589888)
精高效氯氟氰菊酯/1.5%/微囊悬浮剂/精高效氯氟氰菊酯 1.5%/2013.03.07 至 2014.03.07/低毒
PD20110530F120008 广东珠海经济特区瑞农植保技术有限公司
(广东省珠海市金湾区临港工业区大浪湾工业小区 519050 0756-7268813)
碱式硫酸铜/70%/水分散粒剂/碱式硫酸铜 70%/2013.03.07 至 2014.03.07/低毒
PD166-92F120009 广东省江门市植保有限公司
(广东省江门市杜阮镇北环路9号之一至之四 529000 0750-3287333)
春雷·王铜/50%/可湿性粉剂/春雷霉素 5%、王铜 45%/2013.05.16 至 2014.05.16/低毒
PD276-99F120010 广东省江门市植保有限公司
(广东省江门市杜阮镇北环路9号之一至之四 529000 0750-3287333)
亚胺唑/15%/可湿性粉剂/亚胺唑 15%/2013.05.16 至 2014.05.16/低毒
LS20110227F120011 先正达(苏州)作物保护有限公司
(江苏省昆山市经济技术开发区黄浦江中路255号 215301 0512-57716998)
噻虫嗪/30%/种子处理悬浮剂/噻虫嗪 30%/2013.05.16 至 2014.05.16/低毒
PD20081044F120012 广东珠海经济特区瑞农植保技术有限公司

*登记作物及防治对象见原登记

（广东省珠海市金湾区临港工业区大浪湾工业小区　519050　0756-7268813）
波尔多液/80%/可湿性粉剂/波尔多液 80%/2013.05.31 至 2014.05.31/低毒
PD20110918F120013　　**广东珠海经济特区瑞农植保技术有限公司**
（广东省珠海市金湾区临港工业区大浪湾工业小区　519050　0756-7268813）
福美双/80%/水分散粒剂/福美双 80%/2013.05.31 至 2014.05.31/低毒
PD20070130F120015　　**海利尔药业集团股份有限公司**
（山东省青岛市城阳区城东工业园　266071　0532-85767979）
四氟醚唑/4%/水乳剂/四氟醚唑 4%/2013.07.04 至 2014.07.04/低毒
PD20120015F120016　　**江苏省南通泰禾化工有限公司**
（江苏省南通市如东县洋口化工聚集区　226407　0513-68925288）
啶磺草胺/7.5%/水分散粒剂/啶磺草胺 7.5%/2013.07.04 至 2014.07.04/微毒
LS20110192F120017　　**江苏省南通宝叶化工有限公司**
（江苏省如东沿海经济开发区洋口化工园区海滨四路（小洋口）　226407　0513-68125689）
代森联/70%/可湿性粉剂/代森联 70%/2013.07.04 至 2014.07.04/低毒
LS20120135F120018　　**牡丹江佰佳信生物科技有限公司**
（黑龙江省牡丹江市阳明区机车路55号　157013　010-57283082）
烯啶・吡蚜酮/60%/水分散粒剂/吡蚜酮 45%、烯啶虫胺 15%/2013.07.04 至 2014.07.04/低毒
PD20111160F120019　　**江苏艾津农化有限责任公司**
（江苏省南京市六合区红山精细化工园双巷路58号　211511　025-68172666）
嘧菌酯/250克/升/悬浮剂/嘧菌酯 250克/升/2013.07.04 至 2014.07.04/微毒
LS20120183F120020　　**中农住商（天津）农用化学品有限公司**
（天津市武清区农场南津蓟铁路东侧　301700　022-26971467）
氯吡嘧磺隆/75%/水分散粒剂/氯吡嘧磺隆 75%/2013.08.10 至 2014.08.10/低毒
PD20120734F120021　　**陕西上格之路生物科学有限公司**
（陕西省西安市周至县集贤产业园创业大道9号　710065　029-88256421-8013）
噻唑膦/10%/颗粒剂/噻唑膦 10%/2013.08.10 至 2014.08.10/中等毒
LS20120141F120023　　**先正达（苏州）作物保护有限公司**
（江苏省昆山市经济技术开发区黄浦江中路255号　215301　0512-57716998）
硝磺・莠去津/25%/悬浮剂/莠去津 22.7%、硝磺草酮 2.3%/2013.09.13 至 2014.09.13/低毒
LS20120067F120024　　**先正达（苏州）作物保护有限公司**
（江苏省昆山市经济技术开发区黄浦江中路255号　215301　0512-57716998）
硝磺草酮/40%/悬浮剂/硝磺草酮 40%/2013.09.13 至 2014.09.13/微毒
LS20120132F120025　　**先正达（苏州）作物保护有限公司**
（江苏省昆山市经济技术开发区黄浦江中路255号　215301　0512-57716998）
噻虫・咯・霜灵/29%/悬浮种衣剂/咯菌腈 0.66%、精甲霜灵 0.26%、噻虫嗪 28.08%/2013.09.13 至 2014.09.13/微毒
PD20120252F120026　　**先正达（苏州）作物保护有限公司**
（江苏省昆山市经济技术开发区黄浦江中路255号　215301　0512-57716998）
嘧环・咯菌腈/62%/水分散粒剂/咯菌腈 25%、嘧菌环胺 37%/2013.09.13 至 2014.09.13/低毒
LS20120131F120027　　**先正达（苏州）作物保护有限公司**
（江苏省昆山市经济技术开发区黄浦江中路255号　215301　0512-57716998）
噻虫・咯・霜灵/25%/悬浮种衣剂/咯菌腈 1.1%、精甲霜灵 1.7%、噻虫嗪 22.2%/2013.09.13 至 2014.09.13/低毒
PD20120820F120029　　**江苏省农垦生物化学有限公司**
（江苏省南京市南京化学工业园赵丰路19号　210047　025-58392246）
克菌・戊唑醇/400克/升/悬浮剂/克菌丹 320克/升、戊唑醇 80克/升/2013.09.13 至 2014.09.13/低毒
PD20121072F120030　　**拜耳作物科学(中国)有限公司**
（浙江省杭州市经济技术开发区内5号路　310018　0571-87265252）
二磺・甲碘隆/1.2%/可分散油悬浮剂/甲基二磺隆 1%、甲基碘磺隆钠盐 0.2%/2013.09.13 至 2014.09.13/低毒
LS20110325F120031　　**天津市博克化工有限公司**
（天津市西青区李七庄　300270　022-63252218）
乙・莠・滴丁酯/70%/悬乳剂/2,4-滴丁酯 8%、乙草胺 34%、莠去津 28%/2013.10.12 至 2014.10.12/低毒
LS20120017F120032　　**牡丹江佰佳信生物科技有限公司**
（黑龙江省牡丹江市阳明区机车路55号　157013　010-57283082）
戊唑・丙森锌/70%/可湿性粉剂/丙森锌 40%、戊唑醇 30%/2013.10.15 至 2014.10.15/低毒
LS20100158F120033　　**牡丹江佰佳信生物科技有限公司**
（黑龙江省牡丹江市阳明区机车路55号　157013　010-57283082）
2甲・草甘膦/80%/可溶粒剂/草甘膦铵盐 75%、2甲4氯钠 5%/2012.10.15 至 2013.10.15/低毒
PD20120548F120034　　**牡丹江佰佳信生物科技有限公司**
（黑龙江省牡丹江市阳明区机车路55号　157013　010-57283082）
己唑醇/50%/水分散粒剂/己唑醇 50%/2013.10.15 至 2014.10.15/低毒
LS20120055F120035　　**牡丹江佰佳信生物科技有限公司**
（黑龙江省牡丹江市阳明区机车路55号　157013　010-57283082）
戊唑醇/50%/水分散粒剂/戊唑醇 50%/2013.10.15 至 2014.10.15/低毒
PD20101271F120037　　**东部福阿母韩农（黑龙江）化工有限公司**
（黑龙江省宁安市宁安农场工业开发区　157412　0453-7842871）
嘧啶肟草醚/5%/乳油/嘧啶肟草醚 5%/2013.10.15 至 2014.10.15/低毒
LS20110210F120038　　**牡丹江佰佳信生物科技有限公司**
（黑龙江省牡丹江市阳明区机车路55号　157013　010-57283082）
甲维・毒死蜱/33%/水乳剂/毒死蜱 32%、甲氨基阿维菌素苯甲酸盐 1%/2013.10.15 至 2014.10.15/中等毒

*登记作物及防治对象见原登记

农药分装登记

企业/登记证号/农药名称/总含量/剂型/有效成分及含量/有效期/毒性

PD20120363F120039　　江苏苏州佳辉化工有限公司
(江苏省苏州市相城区东桥镇　215152　0512-65371841)
五氟·氰氟草/60克/升/可分散油悬浮剂/氰氟草酯 50克/升、五氟磺草胺 10克/升/2013.11.08 至 2014.11.08/低毒

PD20120645F120040　　江苏省通州正大农药化工有限公司
(江苏省南通市通州市港区通洋工业园　226017　0513-85993588)
2甲4氯/750克/升/水剂/2甲4氯 750克/升/2013.11.08 至 2014.11.08/低毒

PD20070316F120041　　先正达(苏州)作物保护有限公司
(江苏省昆山市经济技术开发区黄浦江中路255号　215301　0512-57716998)
噻菌灵/500克/升/悬浮剂/噻菌灵 500克/升/2013.11.08 至 2014.11.08/低毒

LS20110040F120042　　上海绿泽生物科技有限责任公司
(上海市松江区华加路200号　201611　021-67748095)
三氟啶磺隆钠盐/11%/可分散油悬浮剂/三氟啶磺隆钠盐 11%/2012.11.08 至 2013.11.08/微毒

PD20121668F120044　　上海生农生化制品有限公司
(上海市松江区洞泾镇洞舟路51号　201619　021-67679572)
啶氧菌酯/22.5%/悬浮剂/啶氧菌酯 22.5%/2013.12.10 至 2014.12.10/低毒

PD20060158F120045　　中农住商(天津)农用化学品有限公司
(天津市武清区农场南津蓟铁路东侧　301700　022-26971467)
代森锰锌/80%/可湿性粉剂/代森锰锌 80%/2013.12.07 至 2014.12.07/低毒

PD20100675F120046　　上海农乐生物制品股份有限公司
(上海市奉贤区雷州路158号　201419　021-57784569)
吲哚乙酸/0.11%/水剂/吲哚乙酸 0.11%/2012.12.07 至 2013.12.07/低毒

PD20080071F120047　　广东珠海经济特区瑞农植保技术有限公司
(广东省珠海市金湾区临港工业区大浪湾工业小区　519050　0756-7268813)
硫磺/80%/水分散粒剂/硫磺 80%/2013.12.14 至 2014.12.14/低毒

PD20121667F130001　　允发化工(上海)有限公司
(上海市奉贤区金汇镇航塘公路1500号　201405　021-57589888)
嘧苯胺磺隆/50%/水分散粒剂/嘧苯胺磺隆 50%/2014.01.08 至 2015.01.08/低毒

PD20121090F130002　　江阴苏利化学股份有限公司
(江苏省江阴市利港镇润华路7号　214444　0510-86636248)
百菌清/75%/水分散粒剂/百菌清 75%/2014.01.08 至 2015.01.08/低毒

LS20120281F130003　　上海绿泽生物科技有限责任公司
(上海市松江区华加路200号　201611　021-67748095)
烯酰·唑嘧菌/47%/悬浮剂/烯酰吗啉 20%、唑嘧菌胺 27%/2014.01.08 至 2015.01.08/低毒

PD20081106F130004　　上海绿泽生物科技有限责任公司
(上海市松江区华加路200号　201611　021-67748095)
啶酰菌胺/50%/水分散粒剂/啶酰菌胺 50%/2014.01.10 至 2015.01.10/低毒

PD20070366F130005　　上海绿泽生物科技有限责任公司
(上海市松江区华加路200号　201611　021-67748095)
灭菌唑/25克/升/悬浮种衣剂/灭菌唑 25克/升/2014.01.10 至 2015.01.10/低毒

PD20070403F130006　　沈阳化工研究院(南通)化工科技发展有限公司
(江苏省南通市开发区广州路42号商贸中心420号　226009　0513-81012887)
锰锌·氟吗啉/50%/可湿性粉剂/氟吗啉 6.5%、代森锰锌 43.5%/2013.02.06 至 2014.02.06/低毒

PD20060038F130007　　沈阳化工研究院(南通)化工科技发展有限公司
(江苏省南通市开发区广州路42号商贸中心420号　226009　0513-81012887)
锰锌·氟吗啉/60%/可湿性粉剂/氟吗啉 10%、代森锰锌 50%/2013.02.06 至 2014.02.06/低毒

PD20095602F130008　　沈阳化工研究院(南通)化工科技发展有限公司
(江苏省南通市开发区广州路42号商贸中心420号　226009　0513-81012887)
烯酮·草除灵/12%/乳油/草除灵 9.5%、烯草酮 2.5%/2013.02.06 至 2014.02.06/低毒

PD20095953F130009　　沈阳化工研究院(南通)化工科技发展有限公司
(江苏省南通市开发区广州路42号商贸中心420号　226009　0513-81012887)
氟吗啉/20%/可湿性粉剂/氟吗啉 20%/2013.02.06 至 2014.02.06/低毒

PD20096615F130010　　沈阳化工研究院(南通)化工科技发展有限公司
(江苏省南通市开发区广州路42号商贸中心420号　226009　0513-81012887)
烯肟·氟环唑/18%/悬浮剂/氟环唑 6%、烯肟菌酯 12%/2013.02.06 至 2014.02.06/低毒

PD20080774F130011　　沈阳化工研究院(南通)化工科技发展有限公司
(江苏省南通市开发区广州路42号商贸中心420号　226009　0513-81012887)
啶菌噁唑/25%/乳油/啶菌噁唑 25%/2013.02.06 至 2014.02.06/低毒

PD20095298F130012　　沈阳化工研究院(南通)化工科技发展有限公司
(江苏省南通市开发区广州路42号商贸中心420号　226009　0513-81012887)
烯肟·多菌灵/28%/可湿性粉剂/多菌灵 21%、烯肟菌酯 7%/2013.02.06 至 2014.02.06/低毒

PD20096896F130013　　沈阳化工研究院(南通)化工科技发展有限公司
(江苏省南通市开发区广州路42号商贸中心420号　226009　0513-81012887)
烯肟·霜脲氰/25%/可湿性粉剂/霜脲氰 12.5%、烯肟菌酯 12.5%/2013.02.06 至 2014.02.06/低毒

PD20121666F130014　　江苏省南通泰禾化工有限公司
(江苏省南通市如东县洋口化工聚集区　226407　0513-68925288)
氯酯磺草胺/84%/水分散粒剂/氯酯磺草胺 84%/2014.02.06 至 2015.02.06/低毒

PD20090493F130015　　沈阳化工研究院(南通)化工科技发展有限公司
(江苏省南通市开发区广州路42号商贸中心420号　226009　0513-81012887)

*登记作物及防治对象见原登记

氟吗·乙铝/50%/可湿性粉剂/氟吗啉 5%、三乙膦酸铝 45%/2013.02.06 至 2014.02.06/低毒

PD20081066F130016 沈阳化工研究院（南通）化工科技发展有限公司
（江苏省南通市开发区广州路42号商贸中心420号 226009 0513-81012887）
吡嘧·二氯喹/34.5%/可湿性粉剂/吡嘧磺隆 2%、二氯喹啉酸 32.5%/2013.02.06 至 2014.02.06/低毒

PD20095462F130017 沈阳化工研究院（南通）化工科技发展有限公司
（江苏省南通市开发区广州路42号商贸中心420号 226009 0513-81012887）
氟吗·乙铝/50%/水分散粒剂/氟吗啉 5%、三乙膦酸铝 45%/2013.02.06 至 2014.02.06/低毒

PD20093355F130018 沈阳化工研究院（南通）化工科技发展有限公司
（江苏省南通市开发区广州路42号商贸中心420号 226009 0513-81012887）
啶菌·福美双/40%/悬乳剂/啶菌噁唑 8%、福美双 32%/2013.02.06 至 2014.02.06/低毒

PD20083606F130019 沈阳化工研究院（南通）化工科技发展有限公司
（江苏省南通市开发区广州路42号商贸中心420号 226009 0513-81012887）
二氯喹啉酸/45%/可溶粉剂/二氯喹啉酸 45%/2013.02.06 至 2014.02.06/低毒

LS20120269F130020 天津市博克化工有限公司
（天津市西青区李七庄 300270 022-63252218）
辛·烟·莠去津/38%/可分散油悬浮剂/辛酰溴苯腈 13%、烟嘧磺隆 3%、莠去津 22%/2013.02.06 至 2014.02.06/低毒

PD20070448F130021 中农住商（天津）农用化学品有限公司
（天津市武清区农场南津蓟铁路东侧 301700 022-26971467）
四聚乙醛/5%/颗粒剂/四聚乙醛 5%/2013.03.07 至 2014.03.07/低毒

PD20120151F130022 先正达(苏州)作物保护有限公司
（江苏省昆山市经济技术开发区黄浦江中路255号 215301 0512-57716998）
异丙·莠去津/670克/升/悬乳剂/精异丙甲草胺 350克/升、莠去津 320克/升/2014.03.07 至 2015.03.07/低毒

LS20110108F130023 江苏苏州佳辉化工有限公司
（江苏省苏州市相城区东桥镇 215152 0512-65371841）
毒死蜱/40%/水乳剂/毒死蜱 40%/2013.03.07 至 2014.03.07/中等毒

PD20121664F130024 拜耳作物科学(中国)有限公司
（浙江省杭州市经济技术开发区内5号路 310018 0571-87265252）
氟吡菌酰胺/41.7%/悬浮剂/氟吡菌酰胺 41.7%/2013.04.02 至 2014.04.02/低毒

LS20110301F130025 上海绿泽生物科技有限责任公司
（上海市松江区华加路200号 201611 021-67748095）
氨氟乐灵/65%/水分散粒剂/氨氟乐灵 65%/2013.04.02 至 2014.04.02/低毒

PD20111314F130026 广西壮族自治区化工研究院
（广西壮族自治区南宁市城北区望州路北二里7号 530001 0771-3331751）
毒死蜱/0.5%/颗粒剂/毒死蜱 0.5%/2013.04.02 至 2014.04.02/低毒

PD20120863F130027 河北荣威生物药业有限公司
（河北省廊坊市固安县公主府固东路南侧 065500 0316-6196476）
烟嘧·莠去津/20%/可分散油悬浮剂/烟嘧磺隆 3.5%、莠去津 16.5%/2013.04.02 至 2014.04.02/低毒

PD20101291F130028 江苏省太仓市长江化工厂
（江苏省太仓市城厢镇昆太路吴塘桥西堍 215400 0512-53103536）
硫酸铜钙/77%/可湿性粉剂/硫酸铜钙 77%/2013.05.13 至 2014.05.13/低毒

LS20130042F130031 上海绿泽生物科技有限责任公司
（上海市松江区华加路200号 201611 021-67748095）
醚菌·氟环唑/23%/悬浮剂/氟环唑 11.5%、醚菌酯 11.5%/2013.05.13 至 2014.05.13/微毒

PD20110315F130032 河北三农农用化工有限公司
（河北省石家庄市栾城县窦妪工业区 051430 0311-85468900）
申嗪霉素/1%/悬浮剂/申嗪霉素 1%/2013.05.13 至 2014.05.13/低毒

LS20130086F130033 江阴苏利化学股份有限公司
（江苏省江阴市利港镇润华路7号 214444 0510-86636248）
嘧菌酯/20%/水分散粒剂/嘧菌酯 20%/2013.05.13 至 2014.05.13/低毒

PD20130533F130035 广东德利生物科技有限公司
（广东省茂名市化州市鉴江经济开发区试验区金埚岭 525100 0668-7363099）
虫螨腈/240克/升/悬浮剂/虫螨腈 240克/升/2013.06.05 至 2014.06.05/中等毒

PD20122132F130036 广州农密生物科技有限公司白云分公司
（广东省广州市白云区钟落潭五龙岗康杜岭5号 514700 020-37401360）
四聚乙醛/40%/悬浮剂/ /2013.06.14 至 2014.06.14/中等毒

LS20130089F130037 先正达(苏州)作物保护有限公司
（江苏省昆山市经济技术开发区黄浦江中路255号 215301 0512-57716998）
苯醚·咯·噻虫/27%/悬浮种衣剂/苯醚甲环唑 2.2%、咯菌腈 2.2%、噻虫嗪 22.6%/2013.07.05 至 2014.07.05/低毒

LS20120328F130038 上海绿泽生物科技有限责任公司
（上海市松江区华加路200号 201611 021-67748095）
溴氰虫酰胺/10%/可分散油悬浮剂/溴氰虫酰胺 10%/2013.07.05 至 2014.07.05/微毒

PD20050197F130039 广东德利生物科技有限公司
（广东省茂名市化州市鉴江经济开发区试验区金埚岭 525100 0668-7363099）
甲氧虫酰肼/240克/升/悬浮剂/甲氧虫酰肼 240克/升/2013.07.05 至 2014.07.05/低毒

LS20130077F130040 中农住商（天津）农用化学品有限公司
（天津市武清区农场南津蓟铁路东侧 301700 022-26971467）
呋虫胺/20%/可溶粒剂/呋虫胺 20%/2013.07.05 至 2014.07.05/低毒

PD20070662F130041 上海绿泽生物科技有限责任公司

*登记作物及防治对象见原登记

(上海市松江区华加路200号 201611 021-67748095)
噁酮·氟硅唑/206.7克/升/乳油/噁唑菌酮 100克/升、氟硅唑 106.7克/升/2013.08.07 至 2014.08.07/低毒
PD376-2002F130042 **上海绿泽生物科技有限责任公司**
(上海市松江区华加路200号 201611 021-67748095)
氟硅唑/400克/升/乳油/氟硅唑 400克/升/2013.08.07 至 2014.08.07/低毒
PD20110172F130044 **上海绿泽生物科技有限责任公司**
(上海市松江区华加路200号 201611 021-67748095)
氯虫苯甲酰胺/5%/悬浮剂/氯虫苯甲酰胺 5%/2013.08.07 至 2014.08.07/微毒
PD20101870F130045 **上海绿泽生物科技有限责任公司**
(上海市松江区华加路200号 201611 021-67748095)
茚虫威/150克/升/乳油/茚虫威 150克/升/2013.08.07 至 2014.08.07/低毒
LS20130251F130046 **江阴苏利化学股份有限公司**
(江苏省江阴市利港镇润华路7号 214444 0510-86636248)
甲·嘧·甲霜灵/12%/悬浮种衣剂/甲基硫菌灵 6%、甲霜灵 3%、嘧菌酯 3%/2013.09.24 至 2014.09.24/低毒
PD20060008F130047 **上海生农生化制品有限公司**
(上海市松江区洞泾镇洞舟路51号 201619 021-67679572)
噁酮·霜脲氰/52.5%/水分散粒剂/噁唑菌酮 22.5%、霜脲氰 30%/2013.09.24 至 2014.09.24/低毒
PD20131474F130049 **上海生农生化制品有限公司**
(上海市松江区洞泾镇洞舟路51号 201619 021-67679572)
噻虫嗪/21%/悬浮剂/噻虫嗪 21%/2013.09.24 至 2014.09.24/低毒
PD294-99F130050 **上海生农生化制品有限公司**
(上海市松江区洞泾镇洞舟路51号 201619 021-67679572)
氢氧化铜/53.8%/水分散粒剂/氢氧化铜 53.8%/2013.09.24 至 2014.09.24/低毒
PD20090685F130051 **上海生农生化制品有限公司**
(上海市松江区洞泾镇洞舟路51号 201619 021-67679572)
噁酮·锰锌/68.75%/水分散粒剂/噁唑菌酮 6.25%、代森锰锌 62.5%/2013.09.24 至 2014.09.24/低毒
PD20050216F130052 **广东珠海经济特区瑞农植保技术有限公司**
(广东省珠海市金湾区临港工业区大浪湾工业小区 519050 0756-7268813)
戊唑醇/430克/升/悬浮剂/戊唑醇 430克/升/2013.09.24 至 2014.09.24/低毒
PD20121230F130053 **先正达南通作物保护有限公司**
(江苏省南通市经济开发区中央路1号 226009 0513-81150600)
氯虫·高氯氟/14%/微囊悬浮一悬浮剂/高效氯氟氰菊酯 4.7%、氯虫苯甲酰胺 9.3%/2013.09.24 至 2014.09.24/中等毒
LS20100155F130054 **先正达(苏州)作物保护有限公司**
(江苏省昆山市经济技术开发区黄浦江中路255号 215301 0512-57716998)
阿维·氯苯酰/6%/悬浮剂/阿维菌素 1.7%、氯虫苯甲酰胺 4.3%/2013.10.08 至 2014.10.08/低毒(原药高毒)
LS20130332F130055 **江阴苏利化学股份有限公司**
(江苏省江阴市利港镇润华路7号 214444 0510-86636248)
戊唑·嘧菌酯/75%/水分散粒剂/嘧菌酯 25%、戊唑醇 50%/2013.10.10 至 2014.10.10/低毒
LS20130333F130056 **江阴苏利化学股份有限公司**
(江苏省江阴市利港镇润华路7号 214444 0510-86636248)
氟胺·嘧菌酯/20%/水分散粒剂/氟酰胺 10%、嘧菌酯 10%/2013.10.10 至 2014.10.10/低毒
PD361-2001F130057 **广东珠海经济特区瑞农植保技术有限公司**
(广东省珠海市金湾区临港工业区大浪湾工业小区 519050 0756-7268813)
精噁唑禾草灵/69克/升/水乳剂/精噁唑禾草灵 69克/升/2013.10.10 至 2014.10.10/低毒
PD20120035F130058 **先正达南通作物保护有限公司**
(江苏省南通市经济开发区中央路1号 226009 0513-81150600)
噻虫·高氯氟/22%/微囊悬浮一悬浮剂/高效氯氟氰菊酯 9.4%、噻虫嗪 12.6%/2013.11.12 至 2014.11.12/中等毒
LS20130312F130059 **广东省东莞市瑞德丰生物科技有限公司**
(广东省东莞市大岭山镇大片美管理区 523832 0769-85611090)
苯酰·锰锌/75%/水分散粒剂/代森锰锌 66.7%、苯酰菌胺 8.3%/2013.11.12 至 2014.11.12/微毒
LS20130039F130063 **江苏苏州佳辉化工有限公司**
(江苏省苏州市相城区东桥镇 215152 0512-65371841)
五氟磺草胺/22%/悬浮剂/五氟磺草胺 22%/2013.11.18 至 2014.11.18/微毒
PD20121586F130064 **山东省青岛泰生生物科技有限公司**
(山东省莱西市深圳南路208号 266600 0532-68870117)
蛇床子素/1%/水乳剂/蛇床子素 1%/2013.11.18 至 2014.11.18/微毒
LS20130225F130065 **沈阳化工研究院(南通)化工科技发展有限公司**
(江苏省南通市开发区广州路42号商贸中心420号 226009 0513-81012887)
四氯虫酰胺/10%/悬浮剂/四氯虫酰胺 10%/2013.11.18 至 2014.11.18/低毒
LS20130306F130066 **上海绿泽生物科技有限责任公司**
(上海市松江区华加路200号 201611 021-67748095)
吡蚜·异丙威/50%/可湿性粉剂/吡蚜酮 10%、异丙威 40%/2013.12.10 至 2014.12.10/低毒
PD20130675F130068 **山东省绿士农药有限公司**
(山东省齐河经济开发区金能大道北首 251100 0534-5756113)
多·锰锌/75%/可湿性粉剂/多菌灵 12%、代森锰锌 63%/2013.12.10 至 2014.12.10/微毒
LS20130334F130069 **中农住商(天津)农用化学品有限公司**
(天津市武清区农场南津蓟铁路东侧 301700 022-26971467)
2甲·双氟/43%/悬乳剂/双氟磺草胺 0.39%、2甲4氯异辛酯 42.61%/2013.12.10 至 2014.12.10/低毒

*登记作物及防治对象见原登记

农药分装登记

企业/登记证号/农药名称/总含量/剂型/有效成分及含量/有效期/毒性

LS20130008F130071 中农住商（天津）农用化学品有限公司
(天津市武清区农场南津蓟铁路东侧 301700 022-26971467)
氯氨吡啶酸(暂定)/21%/水剂/氯氨吡啶酸 21%/2013.12.10 至 2014.12.10/微毒

PD20130218F130072 山东省绿士农药有限公司
(山东省齐河经济开发区金能大道北首 251100 0534-5756113)
乙酰甲胺磷/97%/水分散粒剂/乙酰甲胺磷 97%/2013.12.13 至 2014.12.13/低毒

*登记作物及防治对象见原登记

索 引（一）

（按农药登记证号）

批准正式登记的国外农药产品

PD1-85 溴氰菊酯 7
PD3-86 烯禾啶 25
PD6-85 三环唑 20
PD9-85 双甲脒 24
PD10-85 氯氰菊酯 2
PD11-86 克百威 15
PD15-86 稻瘟灵 27
PD16-86 溴鼠灵 42
PD17-86 氰戊菊酯 29
PD18-86 溴鼠灵 42
PD19-86 稻瘟灵 27
PD20-86 杀螟丹 30
PD25-87 吡氟禾草灵 28
PD27-87 禾草敌 42
PD28-87 丙环唑 32
PD29-87 炔螨特 17
PD31-87 丁草胺 18
PD35-87 禾草丹 32
PD37-87 灭草松 2
PD39-87 顺式氯氰菊酯 2
PD42-87 噁草酮 7
PD44-87 杀虫环 26
PD47-87 毒死蜱 20
PD48-87 野麦畏 17
PD49-87 氯氰菊酯 15
PD51-87 噁草酮 7
PD54-87 春雷霉素 25
PD60-87 氟乐灵 40
PD61-88 甲基硫菌灵 25
PD62-88 杀螟硫磷 30
PD64-88 异菌脲 15
PD65-88 三氟羧草醚 40
PD66-88 异丙甲草胺 32
PD67-88 代锌·甲霜灵 32
PD68-88 二嗪磷 26
PD69-88 氟磺胺草醚 42
PD70-88 百草枯 42
PD72-88 杀螟丹 30
PD73-88 草甘膦异丙胺盐 18
PD74-88 腐霉利 30
PD76-88 丁草胺 18
PD77-88 甲氰菊酯 30
PD78-88 克百威 15
PD79-88 苯丁锡 3
PD80-88 高效氯氟氰菊酯 42
PD81-88 联苯菊酯 15
PD82-88 噁霜·锰锌 32
PD83-88 嗪草酮 7
PD84-88 顺式氯氰菊酯 15
PD85-88 甲基嘧啶磷 42
PD87-88 抗蚜威 42
PD88-88 甲草胺 18
PD91-89 精吡氟禾草灵 28
PD93-89 氟酰胺 27
PD96-89 联苯菊酯 15
PD97-89 麦草畏 32
PD98-89 噻嗪酮 27
PD102-89 炔螨特 17
PD103-89 噁霉灵 28
PD104-89 噁霉灵 28
PD106-89 百菌清 29
PD109-89 乙氧氟草醚 20
PD111-89 萎锈·福美双 17
PD112-89 萎锈·福美双 17
PD117-90 除虫脲 17
PD118-90 S-氰戊菊酯 30
PD122-90 噻螨酮 25
PD123-90 噻螨酮 26
PD124-90 环嗪酮 12
PD132-91 苄嘧磺隆 12
PD133-91 灭多威 12
PD134-91 二甲戊灵 3
PD135-91 十三吗啉 3
PD136-91 溴氰菊酯 6
PD137-91 丁草胺 18
PD138-91 多抗霉素 26
PD139-91 甲基硫菌灵 26
PD141-91 氟啶脲 28
PD142-91 氟菌唑 26
PD148-91 氯氟吡氧乙酸 20
PD149-92 醚菊酯 28
PD153-92 三氯吡氧乙酸 20
PD156-92 丙草胺 32
PD162-92 甲基硫菌灵 26
PD165-92 复硝酚钠 29
PD166-92 春雷·王铜 25
PD167-92 春雷·王铜 25
PD170-92 异丙甲草胺 32
PD171-92 氟醚·灭草松 40
PD172-93 咪唑乙烟酸 3
PD173-93 硫双威 7
PD174-93 苏云金杆菌 24
PD175-93 赤霉酸 24
PD178-93 二甲戊灵 3
PD182-93 禾草丹 32
PD183-93 R-烯唑醇 30
PD184-93 异噁草松 15
PD185-94 氟鼠灵 3
PD186-94 甜菜安·宁 7
PD187-94 吡嘧磺隆 27
PD188-94 烯草酮 24
PD190-94 螨醇·噻螨酮 26
PD193-94 唑螨酯 27
PD194-94 丁硫克百威 15
PD195-95 百草枯 42
PD198-95 氟节胺 32
PD199-95 阿维菌素 32
PD201-95 敌草胺 40
PD202-95 异菌脲 15
PD203-95 苯磺隆 12
PD205-95 精喹禾灵 27
PD207-96 氟虫脲 3
PD210-96 烯草酮 24
PD211-96 苯磺隆 12
PD214-97 氯氰·丙溴磷 32
PD215-97 高效氟吡甲禾灵 20
PD217-97 高效氯氟氰菊酯 42
PD218-97 高效氯氟氰菊酯 42
PD220-97 代森锰锌 20
PD221-97 仲丁灵 1
PD224-97 四螨嗪 39
PD225-97 霜霉威盐酸盐 7
PD226-97 代森锰锌 32
PD227-98 杀扑磷 39
PD228-98 醚菊酯 28
PD229-98 醚菊酯 28
PD231-98 硫双威 7
PD233-98 氟乐灵 39
PD234-98 克百威 15
PD235-98 烟嘧磺隆 28
PD236-98 氟烯草酸 30
PD237-98 丙炔氟草胺 30
PD238-98 精噁唑禾草灵 7
PD240-98 腈苯唑 21
PD243-98 乙草胺 18

PD245-98 虫酰肼 26
PD248-98 硫双威 7
PD250-98 氟氯氰菊酯 7
PD252-98 S-氰戊菊酯 30
PD253-98 氰戊菊酯 30
PD254-98 杀螟硫磷 30
PD255-98 甲氰菊酯 30
PD256-98 腐霉利 30
PD257-98 丙炔氟草胺 30
PD258-98 氟烯草酸 30
PD259-98 多抗霉素 26
PD260-98 除虫脲 17
PD261-98 炔螨特 17
PD262-98 萎锈灵 17
PD263-98 福美双 17
PD265-99 杀鼠醚 6
PD266-99 代森锰锌 23
PD267-99 苄嘧磺隆 12
PD268-99 碱式硫酸铜 1
PD270-99 硫酸铜钙 38
PD271-99 丙溴磷 33
PD273-99 毒死蜱 21
PD276-99 亚胺唑 25
PD280-99 灭多威 12
PD281-99 噁霜灵 33
PD282-99 丙草胺 33
PD283-99 亚胺唑 25
PD284-99 丁硫克百威 15
PD285-99 噁草酮 7
PD286-99 精吡氟禾草灵 28
PD287-99 氯氰菊酯 16
PD288-99 顺式氯氰菊酯 16
PD289-99 克百威 16
PD291-99 联苯菊酯 16
PD292-99 异噁草松 16
PD294-99 氢氧化铜 12
PD296-99 异丙甲草胺 33
PD297-99 丙环唑 33
PD300-99 抑霉唑 23
PD301-99 苄嘧磺隆 12
PD302-99 环嗪酮 12
PD303-99 苯磺隆 12
PD304-99 噻嗪酮 27
PD305-99 氟酰胺 27
PD306-99 唑螨酯 27
PD307-99 稻瘟灵 27
PD308-99 氟乐灵 21
PD309-99 代森锌 2
PD311-99 噻螨酮 26
PD313-99 噁霉灵 28
PD314-99 氯氰菊酯 33
PD315-99 氟乐灵 39
PD316-99 春雷霉素 25
PD319-99 麦草畏 33
PD321-2000 氢氧化铜 1
PD324-2000 杀螟丹 30
PD326-2000 甲基硫菌灵 26
PD328-2000 氯氰·毒死蜱 21
PD330-2000 精喹禾灵 27
PD332-2000 禾草丹 32
PD333-2000 顺式氯氰菊酯 38
PD334-2000 顺式氯氰菊酯 38
PD338-2000 丁硫克百威 38
PD339-2000 丁硫克百威 38
PD340-2000 毒死蜱 38
PD341-2000 毒死蜱 38
PD342-2000 丁硫克百威 16
PD343-2000 草甘膦 19
PD344-2000 三唑酮 7
PD345-2000 百菌清 29
PD347-2001 丙草胺 33
PD349-2001 环丙嘧磺隆 3
PD350-2001 环丙嘧磺隆 3
PD351-2001 氯氰菊酯 38
PD352-2001 氯氰菊酯 38
PD353-2001 草甘膦 38
PD354-2001 草甘膦异丙胺盐 38
PD355-2001 溴氰菊酯 38
PD356-2001 溴氰菊酯 38
PD361-2001 精噁唑禾草灵 7
PD363-2001 虫酰肼 26
PD364-2001 吡虫啉 7
PD365-2001 吡虫啉 7
PD366-2001 戊唑醇 8
PD369-2001 代森锌 2
PD370-2001 氟啶脲 28
PD371-2001 烟嘧磺隆 28
PD372-2001 氯氟吡氧乙酸异辛酯 21
PD373-2001 双胍三辛烷基苯磺酸盐 26
PD374-2001 双胍三辛烷基苯磺酸盐 26
PD375-2002 代森锰锌 2
PD376-2002 氟硅唑 12
PD377-2002 氟硅唑 13
PD380-2002 苄氨·赤霉酸 24
PD382-2002 王铜·代森锌 2
PD383-2003 甲磺隆 13
PD384-2003 苄嘧·甲磺隆 13
PD385-2003 咪鲜胺 16
PD386-2003 咪鲜胺锰盐 16
PD387-2003 噻吩磺隆 13
PD388-2003 噻吩磺隆 13
PD389-2003 啶嘧磺隆 28
PD390-2003 啶嘧磺隆 28
PD391-2003 啶虫脒 26
PD392-2003 啶虫脒 26
PD393-2003 四聚乙醛 32
PD394-2003 四聚乙醛 32
PD20030001 乙氧氟草醚 21
PD20030002 溴氰菊酯 40
PD20030003 毒死蜱 40
PD20030004 咪鲜胺 16
PD20030005 异菌脲 16
PD20030012 甲基硫菌灵 38
PD20030013 丙环唑 38
PD20030014 丙环唑 38
PD20030016 甲基硫菌灵 38
PD20030018 咪鲜胺 16
PD20040005 氯氰菊酯 40
PD20040007 苏云金杆菌 24
PD20040014 双草醚 32
PD20040015 双草醚 32
PD20040018 砜嘧磺隆 13
PD20040019 砜嘧磺隆 13
PD20040020 炔螨特 38
PD20040021 百菌清 38
PD20040022 炔螨特 38
PD20040023 百菌清 38
PD20040025 吡嘧磺隆 27
PD20040031 溴氰菊酯 8
PD20050011 吡虫啉 8
PD20050014 戊唑醇 8
PD20050055 氯氰菊酯 41
PD20050056 吡虫啉 8
PD20050125 顺式氯氰菊酯 40
PD20050128 抑霉唑 2
PD20050144 噻唑膦 28

PD20050145 噻唑膦 28
PD20050146 噻苯隆 8
PD20050149 莎稗磷 8
PD20050150 莎稗磷 8
PD20050151 代森锰锌 41
PD20050157 zeta-氯氰菊酯 16
PD20050158 氯氰·毒死蜱 21
PD20050166 硫酸铜钙 38
PD20050187 精异丙甲草胺 33
PD20050188 精异丙甲草胺 33
PD20050191 氰霜唑 28
PD20050192 丙森锌 8
PD20050193 丙森锌 8
PD20050194 噁嗪草酮 25
PD20050195 咯菌腈 33
PD20050196 咯菌腈 33
PD20050197 甲氧虫酰肼 21
PD20050200 丙森·缬霉威 8
PD20050202 缬霉威 8
PD20050203 氰霜唑 29
PD20050204 噁嗪草酮 25
PD20050206 甲氧虫酰肼 21
PD20050216 戊唑醇 8
PD20060001 噻虫嗪 33
PD20060002 噻虫嗪 33
PD20060003 噻虫嗪 33
PD20060004 多杀霉素 21
PD20060005 多杀霉素 21
PD20060006 噁唑菌酮 13
PD20060007 噁唑菌酮 13
PD20060008 噁酮·霜脲氰 13
PD20060009 乙氧磺隆 8
PD20060010 乙氧磺隆 8
PD20060011 2,4-滴异辛酯 21
PD20060012 双氟·滴辛酯 21
PD20060013 嘧霉胺 9
PD20060014 嘧霉胺 9
PD20060015 二氯喹啉酸 3
PD20060016 二氯喹啉酸 3
PD20060017 茚虫威 13
PD20060018 茚虫威 13
PD20060019 茚虫威 13
PD20060020 唑草酮 16
PD20060021 唑草酮 16
PD20060022 霜脲氰 13
PD20060023 霜脲·锰锌 13
PD20060024 高效氟氯氰菊酯 9
PD20060025 高效氟氯氰菊酯 9
PD20060026 双氟磺草胺 21
PD20060027 双氟磺草胺 21
PD20060030 丁硫克百威 16
PD20060031 zeta-氯氰菊酯 16
PD20060032 嘧菌酯 42
PD20060033 嘧菌酯 42
PD20060036 喹螨醚 17
PD20060037 喹螨醚 17
PD20060040 氰氟草酯 21
PD20060041 氰氟草酯 21
PD20060042 酰嘧磺隆 9
PD20060044 酰嘧·甲碘隆 9
PD20060045 甲基碘磺隆钠盐 9
PD20060050 草甘膦铵盐 19
PD20060060 百菌清 29
PD20060066 高效氯氰菊酯 23
PD20060068 代森锰锌 41
PD20060087 代森锰锌 19
PD20060122 草甘膦异丙胺盐(41%) 12
PD20060140 嗪草酮 9
PD20060147 唑酯·炔螨特 27
PD20060158 代森锰锌 19
PD20060184 丙环唑 21
PD20060196 精吡氟禾草灵 29
PD20070009 霜霉威盐酸盐 2
PD20070010 霜霉威盐酸盐原药 2
PD20070037 高效氯氟氰菊酯 19
PD20070038 草甘膦异丙胺盐 19
PD20070051 甲基二磺隆 9
PD20070053 苯醚甲环唑 34
PD20070054 苯醚甲环唑 34
PD20070055 敌草快 43
PD20070056 丙炔噁草酮 9
PD20070058 敌草快 43
PD20070061 苯醚甲环唑 34
PD20070062 甲基二磺隆 9
PD20070063 乙霉威 30
PD20070064 甲硫·乙霉威 30
PD20070071 阿维菌素 34
PD20070088 苯甲·丙环唑 34
PD20070093 茚虫威 13
PD20070111 双氟·唑嘧胺 21
PD20070112 双氟·唑嘧胺 21
PD20070120 超敏蛋白 24
PD20070124 醚菌酯 3
PD20070126 顺式氯氰菊酯 40
PD20070127 噻呋酰胺 27
PD20070128 噻呋酰胺 27
PD20070129 四氟醚唑 40
PD20070130 四氟醚唑 40
PD20070135 醚菌酯 3
PD20070158 精噁唑禾草灵 9
PD20070161 精噁唑禾草灵 9
PD20070190 多杀霉素 21
PD20070198 氯氰菊酯 17
PD20070199 腈菌唑 21
PD20070200 腈菌唑 22
PD20070202 苄嘧·禾草丹 13
PD20070203 嘧菌酯 43
PD20070204 丙环唑 22
PD20070216 苯磺隆 13
PD20070231 霜霉威盐酸盐 9
PD20070274 杀鼠醚 6
PD20070290 甲基毒死蜱 22
PD20070291 甲基毒死蜱 22
PD20070316 噻菌灵 34
PD20070319 异菌脲 16
PD20070341 烯酰吗啉 3
PD20070342 烯酰吗啉 3
PD20070343 虱螨脲 34
PD20070344 虱螨脲 34
PD20070345 咯菌·精甲霜 34
PD20070346 精甲霜灵 34
PD20070349 五氟磺草胺 22
PD20070350 五氟磺草胺 22
PD20070353 螺螨酯 9
PD20070358 唑嘧磺草胺 22
PD20070359 唑嘧磺草胺 22
PD20070364 氟环唑 3
PD20070365 氟环唑 3
PD20070366 灭菌唑 3
PD20070367 灭菌唑 3
PD20070370 甲咪唑烟酸 3
PD20070371 甲咪唑烟酸 3
PD20070374 代森联 3
PD20070375 代森联 3
PD20070378 螺螨酯 9
PD20070400 三唑醇 9

PD20070435 二甲戊灵 3
PD20070439 三唑酮 19
PD20070440 三唑酮 19
PD20070442 咪唑乙烟酸 4
PD20070448 四聚乙醛 10
PD20070456 二甲戊灵 4
PD20070474 精甲霜灵 34
PD20070492 硫磺 4
PD20070515 醚菊酯 28
PD20070528 异噁草松 16
PD20070577 杀鼠醚 6
PD20070611 丙炔噁草酮 9
PD20070615 草甘膦异丙胺盐 22
PD20070662 噁酮·氟硅唑 13
PD20080071 硫磺 4
PD20080082 甲氰菊酯 38
PD20080180 氟啶胺 29
PD20080181 氟啶胺 29
PD20080205 戊唑醇 39
PD20080229 顺式氯氰菊酯 4
PD20080232 丙环唑 39
PD20080246 咪鲜胺 39
PD20080248 甲氰菊酯 38
PD20080249 咪鲜胺 39
PD20080346 甲基硫菌灵 19
PD20080425 草甘膦 38
PD20080426 草甘膦 38
PD20080433 咪唑烟酸 4
PD20080434 咪唑烟酸 4
PD20080448 吡草醚 27
PD20080449 吡草醚 27
PD20080450 吡草醚 27
PD20080452 丙溴磷 35
PD20080463 吡唑醚菌酯 4
PD20080464 吡唑醚菌酯 4
PD20080465 克菌丹 39
PD20080466 克菌丹 39
PD20080469 2甲4氯 4
PD20080470 2甲·灭草松 4
PD20080473 甲氧咪草烟 4
PD20080474 甲氧咪草烟 4
PD20080475 1-甲基环丙烯 18
PD20080476 虫螨腈 4
PD20080477 虫螨腈 4
PD20080483 氟硫草定 22
PD20080496 氟硫草定 22
PD20080506 唑醚·代森联 4
PD20080532 S-氰戊菊酯 30
PD20080662 高效氟吡甲禾灵 22
PD20080666 多杀霉素 22
PD20080674 精高效氯氟氰菊酯 2
PD20080675 精高效氯氟氰菊酯 2
PD20080730 苯醚甲环唑 35
PD20080771 顺式氯氰菊酯 41
PD20080775 硅噻菌胺 19
PD20080776 硅噻菌胺 19
PD20080846 精甲霜·锰锌 35
PD20080862 氯氰菊酯 41
PD20080863 毒死蜱 41
PD20080924 抑霉唑 39
PD20080936 二嗪磷 39
PD20080975 代森锰锌 23
PD20080981 抑霉唑 23
PD20080991 代森锰锌 23
PD20081008 氯菊酯 40
PD20081021 顺式氯氰菊酯 40
PD20081026 氟菌唑 26
PD20081039 溴氰菊酯 40
PD20081044 波尔多液 23
PD20081070 百草枯 38
PD20081080 草甘膦 1
PD20081106 啶酰菌胺 4
PD20081107 啶酰菌胺 5
PD20081109 氟唑磺隆 12
PD20081110 氟唑磺隆 12
PD20081113 氯苯胺灵 23
PD20081114 氯苯胺灵 23
PD20081117 二氯吡啶酸 22
PD20081118 二氯吡啶酸 22
PD20081121 联苯三唑醇 9
PD20081132 代森锰锌 22
PD20081184 氯氰菊酯 40
PD20081197 灭草松 5
PD20081200 乙酰甲胺磷 41
PD20081302 甲基硫菌灵 27
PD20081388 吡蚜酮 35
PD20081445 二磺·甲碘隆 9
PD20081449 丙环唑 39
PD20081493 硫丹 11
PD20081633 啶虫脒 26
PD20081752 毒死蜱 39
PD20081892 莠去津 35
PD20081918 戊唑醇 9
PD20082011 毒死蜱 19
PD20082054 代森锰锌 2
PD20082361 草甘膦 43
PD20082483 草甘膦异丙胺盐 37
PD20082529 喹禾糠酯 17
PD20082530 喹禾糠酯 17
PD20082551 莠灭净 39
PD20082555 莠灭净 39
PD20082588 唑草酮 16
PD20082589 代森锰锌 13
PD20082590 代森锰锌 41
PD20083325 烟嘧磺隆 29
PD20083328 克菌丹 17
PD20083597 顺式氯氰菊酯 41
PD20083920 百菌清 35
PD20083944 甲氨基阿维菌素苯甲酸盐 35
PD20084731 毒死蜱 19
PD20084737 甲基硫菌灵 19
PD20084775 稻瘟灵 1
PD20085421 氯氰菊酯 40
PD20085459 2甲4氯 1
PD20085680 毒死蜱 41
PD20085757 赤霉酸 1
PD20086020 嘧草醚 32
PD20086021 嘧草醚 32
PD20086361 波尔·锰锌 23
PD20090005 烯丙苯噻唑 27
PD20090006 烯丙苯噻唑 27
PD20090011 氟吡菌胺 9
PD20090012 氟菌·霜霉威 9
PD20090444 噻苯·敌草隆 9
PD20090445 敌草隆 13
PD20090601 代森锰锌 27
PD20090639 二甲戊灵 41
PD20090685 噁酮·锰锌 13
PD20090735 氢氧化铜 1
PD20090894 噻嗪酮 1
PD20090988 莠去津 35
PD20091058 苯磺隆 40
PD20091168 草甘膦异丙胺盐（41%） 1
PD20091184 戊唑醇 39
PD20091627 福美双 38
PD20091929 甲硫·百菌清 39

PD20092119	溴鼠灵	11
PD20092211	毒死蜱	41
PD20092477	戊唑醇	17
PD20092701	甲霜灵	39
PD20093070	溴氰菊酯	41
PD20093078	溴氰菊酯	40
PD20093161	氯苯胺灵	24
PD20093203	甲基硫菌灵	26
PD20093358	丙环唑	35
PD20093402	烯酰・吡唑酯	5
PD20093695	硫丹	41
PD20093924	灭蝇胺	35
PD20094038	乙氧氟草醚	39
PD20094118	吡蚜酮	35
PD20094158	高效氯氟氰菊酯	19
PD20094208	福美双	39
PD20094331	乙氧氟草醚	39
PD20094463	草甘膦	12
PD20094826	代森锌	2
PD20094928	戊唑・咪鲜胺	39
PD20094930	丙环・咪鲜胺	40
PD20094981	三乙膦酸铝	9
PD20095247	硫磺	24
PD20095337	氟环唑	5
PD20095389	赤霉酸	1
PD20095400	咯菌腈	35
PD20095615	矿物油	11
PD20095725	苯磺隆	40
PD20095905	抑霉唑	40
PD20096031	顺式氯氰菊酯	40
PD20096032	草甘膦钾盐	43
PD20096046	吡虫啉	41
PD20096069	矿物油	10
PD20096139	烯禾啶	26
PD20096195	溴敌隆	10
PD20096330	氯菊酯	40
PD20096368	代森锰锌	39
PD20096463	硫磺	24
PD20096584	戊唑醇	40
PD20096595	草甘膦	41
PD20096644	精甲・咯菌腈	35
PD20096674	锰锌・腈菌唑	22
PD20096724	灭蝇胺	35
PD20096812	赤・吲乙・芸苔	7
PD20096813	赤・吲乙・芸苔	7
PD20096814	丙酰芸苔素内酯	29
PD20096815	丙酰芸苔素内酯	29
PD20096820	硝磺草酮	35
PD20096821	硝磺草酮	35
PD20096825	炔草酯	35
PD20096826	炔草酯	35
PD20096836	联苯肼酯	17
PD20096837	联苯肼酯	17
PD20096847	草铵膦	9
PD20096850	草铵膦	9
PD20096880	氟虫脲	5
PD20096887	联苯菊酯	41
PD20096888	代森锰锌	41
PD20097193	毒死蜱	1
PD20097433	敌草胺	41
PD20097621	乙酰甲胺磷	40
PD20097738	二甲戊灵	41
PD20097765	甲霜・锰锌	41
PD20098161	丙硫克百威	26
PD20098308	苯丁锡	5
PD20098352	戊唑醇	40
PD20098480	2甲4氯钠	2
PD20100047	氯氰・毒死蜱	1
PD20100327	氢氧化铜	2
PD20100417	毒死蜱	22
PD20100429	喹硫磷	41
PD20100675	吲哚乙酸	37
PD20100676	氯虫苯甲酰胺	14
PD20100677	氯虫苯甲酰胺	14
PD20100881	草甘膦异丙胺盐(41%)	41
PD20101017	醚菌・啶酰菌	5
PD20101070	高效氯氰菊酯	41
PD20101127	克菌丹	40
PD20101190	氰氟虫腙	5
PD20101191	氰氟虫腙	5
PD20101262	嘧啶肟草醚	10
PD20101271	嘧啶肟草醚	10
PD20101305	代森锰锌	41
PD20101364	福美双	2
PD20101444	毒死蜱	41
PD20101542	顺式氯氰菊酯	17
PD20101550	代森锰锌	41
PD20101570	莎稗磷	40
PD20101576	噁唑酰草胺	11
PD20101691	代森锰锌	41
PD20101870	茚虫威	14
PD20101930	氯菊酯	41
PD20102052	甜菜宁	9
PD20102063	嘧菌・百菌清	35
PD20102136	乙虫腈	9
PD20102137	乙虫腈	9
PD20102138	双炔酰菌胺	35
PD20102139	双炔酰菌胺	35
PD20102141	唑啉・炔草酯	35
PD20102142	唑啉草酯	35
PD20102152	硝磺・莠去津	35
PD20102154	抗倒酯	35
PD20102159	环酯草醚	35
PD20102160	肟菌・戊唑醇	9
PD20102161	肟菌酯	10
PD20102201	环酯草醚	36
PD20102202	抗倒酯	36
PD20102215	草甘膦异丙胺盐	1
PD20110053	氢氧化铜	14
PD20110108	硫磺	10
PD20110171	精异丙甲草胺	36
PD20110172	氯虫苯甲酰胺	14
PD20110184	氟吡磺隆	10
PD20110185	氟吡磺隆	10
PD20110188	螺虫乙酯	10
PD20110254	三氟甲吡醚	30
PD20110255	三氟甲吡醚	30
PD20110273	硫丹	41
PD20110281	螺虫乙酯	10
PD20110288	嗪草酸甲酯	16
PD20110318	氟苯虫酰胺	27
PD20110319	氟苯虫酰胺	27
PD20110323	氟啶虫酰胺	29
PD20110324	氟啶虫酰胺	29
PD20110357	苯甲・嘧菌酯	36
PD20110463	氯虫苯甲酰胺	14
PD20110480	氧化亚铜	24
PD20110520	氧化亚铜	24
PD20110528	代森锰锌	22
PD20110530	碱式硫酸铜	24
PD20110596	氯虫・噻虫嗪	36
PD20110690	精甲・百菌清	36
PD20110706	1-甲基环丙烯	18
PD20110802	氢氧化铜	2
PD20110918	福美双	2
PD20110960	烟嘧磺隆	29

PD20111010 氯虫·噻虫嗪 36
PD20111121 乙酰甲胺磷 41
PD20111160 嘧菌酯 19
PD20111223 代森锰锌 19
PD20111315 抗倒酯 36
PD20111323 甲嘧磺隆 14
PD20120015 啶磺草胺 22
PD20120016 啶磺草胺 22
PD20120035 噻虫·高氯氟 36
PD20120151 异丙·莠去津 36
PD20120215 乙螨唑 31
PD20120230 种菌唑 18
PD20120231 甲霜·种菌唑 18
PD20120232 甲磺草胺 16
PD20120240 乙基多杀菌素 22
PD20120245 嘧菌环胺 36
PD20120250 乙基多杀菌素 22
PD20120251 乙螨唑 31
PD20120252 嘧环·咯菌腈 36
PD20120363 五氟·氰氟草 22
PD20120438 双炔·百菌清 36
PD20120464 精甲·咯·嘧菌 36
PD20120493 氟吡磺隆原药 11
PD20120509 氯嘧磺隆 14
PD20120645 2甲4氯 2
PD20120807 苯醚·咯菌腈 36
PD20120820 克菌·戊唑醇 40
PD20120824 高效氯氟氰菊酯 43
PD20120830 抗蚜威 43
PD20120882 丁酰肼 18
PD20121072 二磺·甲碘隆 10
PD20121090 百菌清 20
PD20121091 三乙膦酸铝 20
PD20121173 溴氰菊酯 37
PD20121225 矿物油 12
PD20121230 氯虫·高氯氟 36
PD20121535 噻唑膦 19
PD20121613 茚虫威 19
PD20121614 嘧菌酯 19
PD20121617 多杀霉素 19
PD20121621 甲霜·锰锌 37
PD20121664 氟吡菌酰胺 10
PD20121665 氯酯磺草胺 22
PD20121666 氯酯磺草胺 22
PD20121667 嘧苯胺磺隆 40
PD20121668 啶氧菌酯 14
PD20121669 噻虫胺 31
PD20121671 啶氧菌酯 14
PD20121673 氟吡菌酰胺 10
PD20121674 嘧苯胺磺隆 40
PD20121675 抑芽丹 18
PD20121677 噻虫胺 31
PD20121768 甲霜·锰锌 39
PD20122087 戊唑醇 19
PD20122113 噁唑酰草胺 16
PD20122132 四聚乙醛 32
PD20130121 氟苯虫酰胺 10
PD20130218 乙酰甲胺磷 41
PD20130305 草甘膦铵盐 41
PD20130361 丁氟螨酯 26
PD20130364 三氟啶磺隆钠盐 36
PD20130366 三氟啶磺隆钠盐 36
PD20130400 灭菌唑 5
PD20130445 硝磺草酮 19
PD20130533 虫螨腈 5
PD20130675 多·锰锌 41
PD20130863 嘧肟·丙草胺 36
PD20131017 唑啉草酯 36
PD20131190 氯苯胺灵 12
PD20131474 噻虫嗪 36
PD20131624 1-甲基环丙烯 18
PD20131755 寡雄腐霉菌 12
PD20131756 寡雄腐霉菌 12
PD20131783 二甲戊灵 41
PD20131814 氯苯胺灵 12
PD20131924 苯嘧磺草胺 5
PD20131925 苯唑草酮 5
PD20131926 氨氟乐灵 37
PD20131930 苯嘧磺草胺 5
PD20131931 苯唑草酮 5
PD20131932 氨氟乐灵 37
PD20132274 噻唑膦 19
PD20132396 嘧苯胺磺隆 18
PD20132405 阿维·氯苯酰 37
PD20132711 苦参碱 11

批准临时登记的国外农药产品

LS20100080 抑霉唑硫酸盐 40
LS20110002 酰嘧·甲碘隆 10
LS20110039 高效氯氟氰菊酯 1
LS20110074 波尔多液 25
LS20110106 1-甲基环丙烯 18
LS20110108 毒死蜱 22
LS20110131 哈茨木霉菌 12
LS20110181 哈茨木霉菌 12
LS20110194 丙环·嘧菌酯 37
LS20110227 噻虫嗪 37
LS20120019 梨小性迷向素 1
LS20120022 梨小性迷向素 1
LS20120067 硝磺草酮 37
LS20120071 喹螨醚 17
LS20120131 噻虫·咯·霜灵 37
LS20120132 噻虫·咯·霜灵 37
LS20120141 硝磺·莠去津 37
LS20120159 甲氰菊酯 31
LS20120183 氯吡嘧磺隆 27
LS20120228 啶氧菌酯 14
LS20120229 啶氧菌酯 14
LS20120230 氯吡嘧磺隆 27
LS20120280 唑嘧菌胺 5
LS20120281 烯酰·唑嘧菌 5
LS20120327 溴氰虫酰胺 14
LS20120328 溴氰虫酰胺 14
LS20130007 1-甲基环丙烯 18
LS20130008 氯氨吡啶酸(暂定) 22
LS20130026 氯氨吡啶酸 22
LS20130039 五氟磺草胺 23
LS20130042 醚菌·氟环唑 5
LS20130077 呋虫胺 28
LS20130078 呋虫胺 28
LS20130086 嘧菌酯 20
LS20130089 苯醚·咯·噻虫 37
LS20130114 精甲·嘧菌酯 37
LS20130218 硝苯菌酯 23
LS20130219 硝苯菌酯 23
LS20130251 甲·嘧·甲霜灵 20
LS20130259 腐霉利 31
LS20130288 氟啶虫胺腈 23
LS20130290 氟啶虫胺腈 23
LS20130291 氟啶虫胺腈 23
LS20130292 苯甲·嘧菌酯 20
LS20130306 吡蚜·异丙威 20
LS20130311 苯酰菌胺 17
LS20130312 苯酰·锰锌 17
LS20130313 苯锈啶 37
LS20130314 苯锈·丙环唑 37
LS20130328 霜脲·嘧菌酯 20

LS20130332 戊唑·嘧菌酯 20
LS20130333 氟胺·嘧菌酯 20
LS20130334 2甲·双氟 23
LS20130338 氟菌·肟菌酯 10
LS20130392 噻虫嗪 37
LS20130415 氯苯胺灵 12
LS20130445 唑醚·氟酰胺 5
LS20130446 氟唑菌酰胺 5
LS20130447 氟菌·氟环唑 5
LS20130463 硝·精·莠去津 37
LS20130482 咯菌腈 37
LS20130507 硝磺·丙草胺 37
LS20130514 氯虫苯甲酰胺 14

批准正式登记的国外卫生杀虫剂产品

WP6-93 溴氰菊酯 6
WP9-93 杀虫气雾剂 24
WP12-93 右旋苯醚菊酯 31
WP15-94 杀虫颗粒剂 31
WP29-96 顺式氯氰菊酯 5
WP31-96 氟氯氰菊酯 6
WP33-96 氟氯氰菊酯 6
WP39-97 炔丙菊酯 31
WP41-97 苯氰·右胺菊 31
WP46-97 0.3%福马克拉-AS气雾剂 25
WP47-97 四氟苯菊酯 6
WP49-98 防蛀剂 31
WP50-98 防蛀剂 31
WP51-98 右旋胺菊酯 31
WP52-98 右旋苄呋菊酯 31
WP53-98 右旋苯醚氰菊酯 31
WP54-98 氯菊酯 31
WP55-98 右旋烯丙菊酯 31
WP56-98 炔丙菊酯 31
WP57-98 右旋苯醚菊酯 31
WP58-98 吡丙醚 31
WP59-98 胺菊酯 31
WP60-98 右旋烯炔菊酯 31
WP62-99 高效氯氟氰菊酯 43
WP76-2001 右旋苯醚氰菊酯 31
WP85-88 甲基嘧啶磷 43
WP89-89 Es-生物烯丙菊酯 31
WP120-90 溴氰菊酯 6
WP121-90 顺式氯氰菊酯 5
WP20030006 S-氰戊菊酯 31
WP20030007 杀蟑饵剂 31
WP20040007 驱蚊酯 10
WP20060001 氟蚁腙 5
WP20060002 杀蟑胶饵 5
WP20070014 氟铃脲 23
WP20070015 杀白蚁饵剂 23
WP20070020 炔咪菊酯 31
WP20070034 杀虫气雾剂 1
WP20070035 杀虫气雾剂 1
WP20070041 溴氰菊酯 6
WP20080002 炔咪菊酯 31
WP20080014 四氟甲醚菊酯 31
WP20080015 蚊香 31
WP20080030 顺式氯氰菊酯 5
WP20080050 顺式氯氰菊酯 5
WP20080051 杀蝇饵剂 6
WP20080052 杀蟑胶饵 6
WP20080053 双硫磷 5
WP20080054 杀虫颗粒剂 5
WP20080064 炔丙菊酯 31
WP20080065 杀虫气雾剂 1
WP20080069 氯菊酯 16
WP20080073 四氟甲醚菊酯 31
WP20080077 避蚊胺 15
WP20080083 杀蟑饵剂 11
WP20080084 杀蚁饵粒 11
WP20080088 噁虫威 6
WP20080089 噁虫威 6
WP20080090 氯菊·烯丙菊 6
WP20080093 S-生物烯丙菊酯 31
WP20080147 顺式氯氰菊酯 16
WP20080408 蚊香 31
WP20080453 氯菊酯 16
WP20080568 驱蚊乳 24
WP20080608 杀虫烟雾剂 25
WP20090001 生物苄呋菊酯 31
WP20090009 杀虫粉剂 10
WP20090032 zeta-氯氰菊酯 16
WP20090274 杀蚁饵剂 11
WP20090275 杀蟑饵剂 11
WP20090313 杀蟑饵剂 37
WP20090349 杀蟑饵剂 11
WP20090374 杀蟑胶饵 1
WP20100012 氟虫腈 6
WP20100063 四氟甲·炔丙 31
WP20100085 驱蚊片 25
WP20100096 驱蚊片 25
WP20100115 防蛀片剂 29
WP20100118 防蛀片剂 29
WP20100125 氟啶脲 15
WP20100153 苏云金杆菌(以色列亚种) 10
WP20100182 苏云金杆菌(以色列亚种) 10
WP20100184 驱蚊片 25
WP20110006 四氟甲醚菊酯 31
WP20110085 杀蟑饵膏 11
WP20110088 氟蚁腙 11
WP20110115 杀蟑饵剂 11
WP20110122 杀蚁胶饵 37
WP20110131 诱虫烯 12
WP20110135 驱蚊帐 6
WP20110192 驱蚊片 25
WP20110274 杀蟑饵剂 39
WP20120209 四水八硼酸二钠 19
WP20120210 羟哌酯 10
WP20120211 驱蚊液 10
WP20120237 杀蚁胶饵 6
WP20130001 除虫菊素 2
WP20130016 杀蟑胶饵 6
WP20130065 虫螨腈 6
WP20130204 硼酸锌 19
WP20130205 甲氧苄氟菊酯 31
WP20130207 硼酸锌 19

批准临时登记的国外卫生杀虫剂产品

WL20100041 溴氰菊酯 6
WL20100150 驱蚊帐 18
WL20100235 电热蚊香液 31
WL20100259 长效蚊帐 31
WL20110007 吡虫啉 1
WL20110030 蚊香 11
WL20110089 杀蚁饵剂 6
WL20110093 电热蚊香液 11
WL20110135 杀虫气雾剂 11
WL20120001 电热蚊香片 11
WL20120013 电热蚊香液 11
WL20120016 电热蚊香片 11
WL20120031 氯菊酯 32
WL20130022 吡虫·诱虫烯 7
WL20130026 杀虫烟雾剂 28
WL20130028 四氟甲·炔丙 32

批准正式登记的国内农药产品

PDN1-88 三环唑 1100
PDN2-88 丁草胺 519

PDN3-88 丁草胺 553
PDN4-88 复硝酚钾 174
PDN5-88 三环唑 975
PDN6-90 三环唑 1076
PDN7-90 丁草胺 449
PDN8-91 三环唑 395
PDN9-91 丁草胺 174
PDN10-91 丁草胺 175
PDN11-91 丁草胺 1102
PDN12-91 丁草胺 1102
PDN14-91 丁·西 320
PDN15-92 野麦畏 130
PDN16-92 噁霉灵 448
PDN17-92 噁霉灵 448
PDN18-92 丁草胺 519
PDN19-92 丁草胺 519
PDN20-92 多·森铵 684
PDN23-92 三环唑 470
PDN25-93 敌畏·氧乐果 909
PDN26-93 丁草胺 449
PDN27-93 丁草胺 553
PDN28-93 丁草胺 553
PDN29-93 丁草胺 449
PDN30-94 氰·鱼藤 167
PDN31-94 王铜 132
PDN32-95 甲拌磷 295
PDN33-95 三唑酮 492
PDN34-95 三唑酮 492
PDN35-95 噻嗪酮 975
PDN37-96 噻嗪酮 453
PDN38-96 噻嗪酮 453
PDN39-96 甲哌鎓 274
PDN40-96 三唑锡 847
PDN41-96 吗胍·乙酸铜 381
PDN42-96 四螨嗪 1102
PDN43-96 四螨嗪 1102
PDN44-97 克百威 418
PDN45-97 克百威 418
PDN46-97 克百威 417
PDN47-97 克百威 433
PDN50-97 涕灭威 760
PDN51-97 涕灭威 760
PDN53-97 代森锰锌 973
PDN54-97 代森锰锌 973
PDN55-98 溴敌隆 976
PDN56-98 溴敌隆 976
PDN57-98 溴敌隆 976
PDN58-98 辛硫·甲拌磷 914
PDN59-99 甲氰菊酯 482
PDN60-99 溴敌隆 1057
PDN61-99 溴敌隆 1057
PDN62-99 溴敌隆 1057
PDN63-2000 喹禾灵 553
PDN64-2000 克百威 164
PD219-97 灭多威 975
PD246-98 灭多威 975
PD84101-2 马拉硫磷 264
PD84101-3 马拉硫磷 702
PD84101-4 马拉硫磷 685
PD84101 马拉硫磷 1106
PD84102-2 杀螟硫磷 1037
PD84102-3 杀螟硫磷 627
PD84102-4 杀螟硫磷 401
PD84102-5 杀螟硫磷 512
PD84102-6 杀螟硫磷 997
PD84102 杀螟硫磷 1106
PD84104-2 杀虫双 1106
PD84104-3 杀虫双 470
PD84104-4 杀虫双 647
PD84104-5 杀虫双 653
PD84104-6 杀虫双 425
PD84104-7 杀虫双 417
PD84104-8 杀虫双 400
PD84104-12 杀虫双 1081
PD84104-14 杀虫双 498
PD84104-15 杀虫双 1006
PD84104-16 杀虫双 210
PD84104-18 杀虫双 108
PD84104-19 杀虫双 162
PD84104-20 杀虫双 188
PD84104-22 杀虫双 425
PD84104-23 杀虫双 427
PD84104-24 杀虫双 430
PD84104-25 杀虫双 411
PD84104-26 杀虫双 412
PD84104-27 杀虫双 434
PD84104-29 杀虫双 483
PD84104-32 杀虫双 593
PD84104-34 杀虫双 662
PD84104-35 杀虫双 421
PD84104-37 杀虫双 411
PD84104-39 杀虫双 215
PD84104-40 杀虫双 59
PD84104-43 杀虫双 51
PD84104-46 杀虫双 416
PD84104-49 杀虫双 627
PD84104-50 杀虫双 159
PD84104-51 杀虫双 394
PD84104-52 杀虫双 453
PD84104-53 杀虫双 498
PD84104-56 杀虫双 433
PD84104-57 杀虫双 628
PD84104-59 杀虫双 401
PD84104-62 杀虫双 587
PD84104-65 杀虫双 611
PD84105-2 马拉硫磷 425
PD84105-3 马拉硫磷 477
PD84105-4 马拉硫磷 685
PD84105-5 马拉硫磷 385
PD84105-7 马拉硫磷 264
PD84105-10 马拉硫磷 149
PD84105-11 马拉硫磷 702
PD84105-12 马拉硫磷 1087
PD84105 马拉硫磷 1106
PD84108-4 敌百虫 596
PD84108-5 敌百虫 553
PD84108-8 敌百虫 741
PD84108-9 敌百虫 390
PD84108-10 敌百虫 208
PD84108-13 敌百虫 68
PD84108-14 敌百虫 421
PD84108-15 敌百虫 434
PD84108-18 敌百虫原粉 234
PD84108-22 敌百虫 149
PD84108-23 敌百虫 453
PD84108-32 敌百虫 427
PD84108-33 敌百虫 337
PD84108 敌百虫 984
PD84111-2 氧乐果 1102
PD84111-3 氧乐果 539
PD84111-5 氧乐果 362
PD84111-6 氧乐果 293
PD84111-7 氧乐果 287
PD84111-9 氧乐果 1035
PD84111-10 氧乐果 741
PD84111-15 氧乐果 389

PD84111-17	氧乐果	407
PD84111-18	氧乐果	108
PD84111-19	氧乐果	1039
PD84111-21	氧乐果	117
PD84111-26	氧乐果	434
PD84111-28	氧乐果	79
PD84111-30	氧乐果	421
PD84111-33	氧乐果	175
PD84111-42	氧乐果	130
PD84111-46	氧乐果	396
PD84111-47	氧乐果	720
PD84111-49	氧乐果	589
PD84111-50	氧乐果	243
PD84111-51	氧乐果	251
PD84111-52	氧乐果	129
PD84111-53	氧乐果	1062
PD84111-54	氧乐果	307
PD84112-2	亚胺硫磷	404
PD84115-4	代森锌	110
PD84115	代森锌	687
PD84116-2	代森锌	1010
PD84116-3	代森锌	1039
PD84116-4	代森锌	110
PD84116-6	代森锌	512
PD84116-7	代森锌	1052
PD84116-8	代森锌	1011
PD84116	代森锌	687
PD84117-2	多菌灵	51
PD84117-3	多菌灵	609
PD84117-5	多菌灵	483
PD84117-6	多菌灵	504
PD84117-7	多菌灵	407
PD84117-8	多菌灵	760
PD84117-9	多菌灵	591
PD84118-2	多菌灵	625
PD84118-6	多菌灵	504
PD84118-8	多菌灵	619
PD84118-9	多菌灵	395
PD84118-10	多菌灵	407
PD84118-12	多菌灵	488
PD84118-13	多菌灵	589
PD84118-15	多菌灵	491
PD84118-18	多菌灵	530
PD84118-22	多菌灵	386
PD84118-24	多菌灵	51
PD84118-25	多菌灵	851
PD84118-26	多菌灵	609
PD84118-29	多菌灵	570
PD84118-30	多菌灵	987
PD84118-34	多菌灵	896
PD84118-35	多菌灵	544
PD84118-36	多菌灵	1091
PD84118-37	多菌灵	591
PD84118-38	多菌灵	760
PD84118-39	多菌灵	1111
PD84118-40	多菌灵	1011
PD84118-41	多菌灵	1011
PD84118-42	多菌灵	239
PD84118-44	多菌灵	328
PD84118-45	多菌灵	511
PD84118-46	多菌灵	93
PD84118-47	多菌灵	982
PD84118-48	多菌灵	416
PD84118-49	多菌灵	1028
PD84118	多菌灵	533
PD84119-4	代森铵	687
PD84119-5	代森铵	108
PD84119-7	代森铵	1058
PD84119-8	代森铵	684
PD84119-9	代森铵	278
PD84119-11	代森铵	750
PD84119-12	代森铵	607
PD84119	代森铵	1039
PD84121-3	磷化铝	565
PD84121-4	磷化铝	419
PD84121-5	磷化铝	812
PD84121-6	磷化铝	65
PD84121-8	磷化铝	805
PD84121-9	磷化铝	806
PD84121-12	磷化铝	791
PD84121-13	磷化铝	223
PD84121-14	磷化铝	1011
PD84121-16	磷化铝	561
PD84121-20	磷化铝	804
PD84121-21	磷化铝	806
PD84121-22	磷化铝	670
PD84121	磷化铝	687
PD84122-2	溴甲烷	1106
PD84122-3	溴甲烷	790
PD84122	溴甲烷	545
PD84125-2	乙烯利	978
PD84125-3	乙烯利	454
PD84125-4	乙烯利	535
PD84125-5	乙烯利	265
PD84125-6	乙烯利	336
PD84125-7	乙烯利	741
PD84125-9	乙烯利	619
PD84125-11	乙烯利	395
PD84125-12	乙烯利	1108
PD84125-17	乙烯利	175
PD84125-18	乙烯利	522
PD84125-20	乙烯利	542
PD84125-21	乙烯利	512
PD84125-22	乙烯利	1028
PD84125-23	乙烯利	951
PD84125-25	乙烯利	1011
PD84125-27	乙烯利	112
PD84125-28	乙烯利	206
PD84125-29	乙烯利	572
PD84129	氯化苦	674
PD85101-2	敌稗	371
PD85101	敌稗	670
PD85102-7	2甲4氯	66
PD85102-9	2甲4氯钠盐	670
PD85102-10	2甲4氯钠盐	491
PD85102-11	2甲4氯钠盐	383
PD85102	2甲4氯钠盐	1081
PD85103-3	2甲4氯钠盐	383
PD85103	2甲4氯钠	670
PD85104-3	敌敌畏	390
PD85104-5	敌敌畏	554
PD85104-7	敌敌畏	771
PD85104-8	敌敌畏	83
PD85104-9	敌敌畏	741
PD85104	敌敌畏	1037
PD85105-2	敌敌畏	554
PD85105-4	敌敌畏	522
PD85105-7	敌敌畏	984
PD85105-8	敌敌畏	907
PD85105-11	敌敌畏	951
PD85105-12	敌敌畏	741
PD85105-14	敌敌畏	421
PD85105-15	敌敌畏	337
PD85105-16	敌敌畏	915
PD85105-17	敌敌畏	386
PD85105-18	敌敌畏	391

PD85105-20 敌敌畏 389
PD85105-21 敌敌畏 401
PD85105-22 敌敌畏 208
PD85105-24 敌敌畏 483
PD85105-27 敌敌畏 488
PD85105-29 敌敌畏 68
PD85105-31 敌敌畏 265
PD85105-32 敌敌畏 419
PD85105-33 敌敌畏 793
PD85105-34 敌敌畏 234
PD85105-35 敌敌畏 162
PD85105-36 敌敌畏 398
PD85105-37 敌敌畏 397
PD85105-42 敌敌畏 347
PD85105-45 敌敌畏 404
PD85105-49 敌敌畏 454
PD85105-50 敌敌畏 703
PD85105-52 敌敌畏 329
PD85105-53 敌敌畏 314
PD85105-55 敌敌畏 774
PD85105-59 敌敌畏 107
PD85105-60 敌敌畏 388
PD85105-61 敌敌畏 771
PD85105-62 敌敌畏 708
PD85105-64 敌敌畏 353
PD85105-66 敌敌畏 307
PD85105-67 敌敌畏 663
PD85105-71 敌敌畏 427
PD85105-72 敌敌畏 362
PD85105-74 敌敌畏 83
PD85105-76 敌敌畏 1026
PD85105-77 敌敌畏 589
PD85105-78 敌敌畏 251
PD85105-79 敌敌畏 129
PD85105-80 敌敌畏 1062
PD85105-81 敌敌畏 1041
PD85105-84 敌敌畏 1044
PD85105-86 敌敌畏 327
PD85105-87 敌敌畏 1052
PD85105-88 敌敌畏 1057
PD85105-89 敌敌畏 1066
PD85105-90 敌敌畏 252
PD85105-91 敌敌畏 1022
PD85105 敌敌畏 1037
PD85108-2 甲拌磷 241
PD85108 甲拌磷 1037
PD85109-3 甲拌磷 489
PD85109-4 甲拌磷 241
PD85109-5 55%甲拌磷乳油 324
PD85109-7 甲拌磷 336
PD85109-8 甲拌磷 686
PD85109-11 甲拌磷 1044
PD85109-12 甲拌磷 237
PD85109-13 甲拌磷 1040
PD85109-14 甲拌磷 1041
PD85109-15 甲拌磷 1057
PD85109-16 甲拌磷 1052
PD85109-17 甲拌磷 252
PD85109 甲拌磷 1037
PD85110-2 敌磺钠 684
PD85111-2 西玛津 1125
PD85111 西玛津 449
PD85112-2 莠去津 671
PD85112-3 莠去津 436
PD85112-4 莠去津 287
PD85112-5 莠去津 443
PD85112-6 莠去津水 685
PD85112-7 莠去津 1098
PD85112-8 莠去津 519
PD85112-9 莠去津 330
PD85112-10 莠去津 446
PD85112-11 莠去津 1063
PD85112-13 莠去津 438
PD85112-14 莠去津 1125
PD85112-15 莠去津 84
PD85112-16 莠去津 675
PD85112-17 莠去津 857
PD85112 莠去津 449
PD85114 五氯硝基苯 908
PD85118-2 异稻瘟净 1088
PD85119-2 异稻瘟净 1088
PD85120-2 乐果 1102
PD85120-3 乐果 504
PD85120-4 乐果 592
PD85121-2 乐果 504
PD85121-3 乐果 108
PD85121-6 乐果 418
PD85121-9 乐果 162
PD85121-14 乐果 117
PD85121-19 乐果 176
PD85121-21 乐果 66
PD85121-25 乐果 149
PD85121-26 乐果 386
PD85121-27 乐果 658
PD85121-30 乐果 592
PD85121-31 乐果 1063
PD85121-32 乐果 513
PD85121-34 乐果 997
PD85121-35 乐果 1022
PD85122-1 福美双 1050
PD85122-3 福美双 293
PD85122-4 福美双 690
PD85122-5 福美双 1047
PD85122-6 福美双 1058
PD85122-8 福美双 905
PD85122-9 福美双 278
PD85122-10 福美双 549
PD85122-11 福美双 1058
PD85122-13 福美双 239
PD85122-14 福美双 720
PD85122-15 福美双 757
PD85122-16 福美双 269
PD85122-17 福美双 915
PD85122-18 福美双 897
PD85122-19 福美双 416
PD85122-20 福美双 90
PD85123-2 胂·锌·福美双 293
PD85123-3 胂·锌·福美双 1047
PD85123-4 胂·锌·福美双 1058
PD85123-6 胂·锌·福美双 278
PD85123-7 胂·锌·福美双 1058
PD85123-8 胂·锌·福美双 720
PD85123-10 胂·锌·福美双 239
PD85123-11 福·福甲胂·福锌 269
PD85123-12 胂·锌·福美双 786
PD85123 胂·锌·福美双 1050
PD85124-2 福·福锌 293
PD85124-3 福·福锌 1058
PD85124-4 福·福锌 1059
PD85124-6 福·福锌 278
PD85124-8 福·福锌 239
PD85124-9 福·福锌 720
PD85124-11 福·福锌 1047
PD85124-12 福·福锌 270
PD85124-13 福·福锌 787
PD85124-14 福·福锌 768

PD85124-15 福·福锌 954
PD85124-16 福·福锌 943
PD85124-17 福·福锌 934
PD85124-18 福·福锌 778
PD85124 福·福锌 1050
PD85125-2 福美胂 1047
PD85125-3 福美胂 905
PD85125-4 福美胂 720
PD85125-6 福美胂 1059
PD85125-7 福美胂 293
PD85125-8 福美胂 278
PD85125-9 福美胂 239
PD85125-11 福美胂 270
PD85125-12 福美胂 778
PD85125 福美胂 1050
PD85126-2 三氯杀螨醇 502
PD85126-4 三氯杀螨醇 599
PD85126-13 三氯杀螨醇 387
PD85126-14 三氯杀螨醇 323
PD85126-16 三氯杀螨醇 336
PD85126-17 三氯杀螨醇 328
PD85126-19 三氯杀螨醇 1052
PD85126-20 三氯杀螨醇 343
PD85126-21 三氯杀螨醇 243
PD85129-2 马拉硫磷 702
PD85129 马拉硫磷 1106
PD85131-2 井冈霉素 1109
PD85131-3 井冈霉素 1118
PD85131-5 井冈霉素 606
PD85131-6 井冈霉素 79
PD85131-7 井冈霉素(3%、5%) 573
PD85131-8 井冈霉素 480
PD85131-10 井冈霉素 1087
PD85131-12 井冈霉素 161
PD85131-18 井冈霉素 74
PD85131-19 井冈霉素 521
PD85131-20 井冈霉素 432
PD85131-23 井冈霉素 135
PD85131-24 井冈霉素 429
PD85131-27 井冈霉素 989
PD85131-30 井冈霉素 627
PD85131-31 井冈霉素 245
PD85131-32 井冈霉素(3%,5%) 409
PD85131-34 井冈霉素 307
PD85131-35 井冈霉素 907
PD85131-37 井冈霉素 175
PD85131-38 井冈霉素 657
PD85131-39 井冈霉素(3%,5%) 419
PD85131-40 井冈霉素 432
PD85131-41 井冈霉素 521
PD85131 井冈霉素(3%,5%) 1094
PD85132-3 井冈霉素 245
PD85132-4 井冈霉素 333
PD85132 井冈霉素(3%、5%) 1094
PD85133-2 福美双 690
PD85133-3 福美双 587
PD85133-4 福美双 549
PD85133-5 福美双 1050
PD85134-2 速灭威 418
PD85134-3 速灭威 462
PD85134-4 速灭威 1114
PD85134-5 速灭威 760
PD85134-6 速灭威 417
PD85136-2 速灭威 425
PD85136-4 速灭威 1114
PD85136-6 速灭威 421
PD85136-9 速灭威 975
PD85136-10 速灭威 428
PD85136-11 速灭威 459
PD85136-13 速灭威 943
PD85136 速灭威 987
PD85137-3 绿麦隆 502
PD85139 哒嗪硫磷 66
PD85140-3 福美·拌种灵 905
PD85140-4 福美·拌种灵 278
PD85140-5 拌种双 853
PD85140 拌种·双 554
PD85142-8 氧乐果 1102
PD85142-9 氧乐果 108
PD85142-10 氧乐果 362
PD85142 氧乐果 741
PD85144-2 叶枯唑 1010
PD85150-2 多菌灵 533
PD85150-3 多菌灵 542
PD85150-6 多菌灵 987
PD85150-7 多菌灵 653
PD85150-8 多菌灵 505
PD85150-10 多菌灵 619
PD85150-11 多菌灵 395
PD85150-12 多菌灵 408
PD85150-15 多菌灵 491
PD85150-16 多菌灵 625
PD85150-17 多菌灵 530
PD85150-18 多菌灵 856
PD85150-19 多菌灵 51
PD85150-20 多菌灵 609
PD85150-23 多菌灵 1114
PD85150-24 多菌灵 891
PD85150-25 多菌灵 897
PD85150-26 多菌灵 690
PD85150-27 多菌灵 544
PD85150-28 多菌灵 1099
PD85150-29 多菌灵 591
PD85150-32 多菌灵 590
PD85150-33 多菌灵 455
PD85150-35 多菌灵 1011
PD85150-36 多菌灵 239
PD85150-38 多菌灵 646
PD85150-40 多菌灵 513
PD85150-41 多菌灵 760
PD85150-42 多菌灵 511
PD85150-43 多菌灵 1040
PD85151-2 2,4-滴丁酯 914
PD85151-3 2,4-滴丁酯 750
PD85151-4 2,4-滴丁酯 272
PD85151-5 2,4-滴丁酯 130
PD85151-6 2,4-滴丁酯 397
PD85151-7 2,4-滴丁酯 322
PD85151-8 2,4-滴丁酯 678
PD85151-9 2,4-滴丁酯 435
PD85151 2,4-滴丁酯 383
PD85153-2 甲萘威 462
PD85153 甲萘威 502
PD85154-2 氰戊菊酯 509
PD85154-4 氰戊菊酯 108
PD85154-5 氰戊菊酯 188
PD85154-9 氰戊菊酯 536
PD85154-11 氰戊菊酯 323
PD85154-12 氰戊菊酯 199
PD85154-13 氰戊菊酯 564
PD85154-14 氰戊菊酯 1102
PD85154-15 氰戊菊酯 124
PD85154-16 氰戊菊酯 300
PD85154-18 氰戊菊酯 456
PD85154-20 氰戊菊酯 50
PD85154-21 氰戊菊酯 459

PD85154-22 氰戊菊酯 531
PD85154-23 氰戊菊酯 58
PD85154-26 氰戊菊酯 482
PD85154-28 氰戊菊酯 1023
PD85154-29 氰戊菊酯 386
PD85154-30 氰戊菊酯 179
PD85154-31 氰戊菊酯 612
PD85154-32 氰戊菊酯 611
PD85154-33 氰戊菊酯 626
PD85154-34 氰戊菊酯 530
PD85154-37 氰戊菊酯 68
PD85154-38 氰戊菊酯 745
PD85154-40 氰戊菊酯 561
PD85154-42 氰戊菊酯 1118
PD85154-43 氰戊菊酯 883
PD85154-44 氰戊菊酯 348
PD85154-45 氰戊菊酯 334
PD85154-46 氰戊菊酯 1101
PD85154-49 氰戊菊酯 1025
PD85154-50 氰戊菊酯 129
PD85154-51 氰戊菊酯 592
PD85154-52 氰戊菊酯 528
PD85154-53 氰戊菊酯 875
PD85154-55 氰戊菊酯 483
PD85154-56 氰戊菊酯 760
PD85154-57 氰戊菊酯 1105
PD85154-58 氰戊菊酯 584
PD85154-59 氰戊菊酯 581
PD85154-60 氰戊菊酯 471
PD85156-2 辛硫磷 857
PD85156-3 辛硫磷 509
PD85156-4 辛硫磷 851
PD85156-5 辛硫磷 83
PD85156-7 辛硫磷 272
PD85156-8 辛硫磷 457
PD85156-9 辛硫磷 304
PD85156 辛硫磷 1037
PD85157-2 辛硫磷 509
PD85157-3 辛硫磷 457
PD85157-4 辛硫磷 857
PD85157-5 辛硫磷 536
PD85157-6 辛硫磷 265
PD85157-8 辛硫磷 851
PD85157-9 辛硫磷 83
PD85157-10 辛硫磷 264
PD85157-11 辛硫磷 759
PD85157-13 辛硫磷 745
PD85157-14 辛硫磷 315
PD85157-15 辛硫磷 273
PD85157-17 辛硫磷 477
PD85157-18 辛硫磷 577
PD85157-19 辛硫磷 245
PD85157-21 辛硫磷 471
PD85157-22 辛硫磷 272
PD85157-23 辛硫磷 612
PD85157-24 辛硫磷 587
PD85157-25 辛硫磷 337
PD85157-26 辛硫磷 575
PD85157-27 辛硫磷 300
PD85157-28 辛硫磷 446
PD85157-29 辛硫磷 129
PD85157-31 辛硫磷 235
PD85157-33 辛硫磷 805
PD85157-34 辛硫磷 93
PD85157-36 辛硫磷 90
PD85157-37 辛硫磷 1023
PD85157 辛硫磷 1037
PD85158-2 喹硫磷 1027
PD85158-5 喹硫磷 619
PD85158-9 喹硫磷 234
PD85158-10 喹硫磷 1006
PD85158 喹硫磷 1088
PD85159-5 草甘膦铵盐 1120
PD85159-10 草甘膦 210
PD85159-11 草甘膦 248
PD85159-12 草甘膦异丙胺盐 219
PD85159-14 草甘膦 1070
PD85159-15 草甘膦异丙铵盐 505
PD85159-19 草甘膦 1010
PD85159-20 草甘膦 845
PD85159-21 草甘膦 149
PD85159-22 草甘膦 391
PD85159-24 草甘膦异丙胺盐 314
PD85159-26 草甘膦 215
PD85159-29 草甘膦铵盐 857
PD85159-31 草甘膦 138
PD85159-32 草甘膦 591
PD85159-35 草甘膦铵盐 137
PD85159-39 草甘膦 542
PD85159-46 草甘膦 699
PD85159-48 草甘膦 209
PD85159-50 草甘膦 198
PD85159 草甘膦 218
PD85160-2 乙蒜素 1093
PD85162-2 敌百虫 391
PD85163 多抗霉素 447
PD85164 春雷霉素 447
PD85166-2 25%绿麦隆可湿性粉剂 856
PD85166-3 绿麦隆 491
PD85166-5 绿麦隆 589
PD85166-7 绿麦隆 530
PD85166-12 绿麦隆 558
PD85166-17 绿麦隆 570
PD85166-18 绿麦隆 1011
PD85166 绿麦隆 372
PD85167-2 混灭威 462
PD85167 混灭威 483
PD85168-2 混灭威 459
PD85168-7 混灭威 425
PD85168 混灭威 483
PD85170-2 敌鼠钠原药 433
PD85170 敌鼠钠盐 678
PD85171-3 甲萘威 558
PD85171-4 甲萘威 433
PD86101-2 赤霉酸 432
PD86101-5 赤霉酸 1094
PD86101-11 赤霉酸 657
PD86101-26 赤霉酸 977
PD86101-33 赤霉酸 990
PD86101-37 赤霉酸 640
PD86101-38 赤霉酸 788
PD86101-39 赤霉酸 474
PD86101-40 赤霉酸 1003
PD86101-41 赤霉酸 562
PD86101-42 赤霉酸 316
PD86101 赤霉酸 989
PD86103-2 莠去津 1099
PD86103-3 莠去津 1125
PD86103 莠去津 449
PD86105-2 西草净 671
PD86105-3 西草净 1099
PD86105-4 西草净 1126
PD86105 西草净 449
PD86108-2 菌核净 1114
PD86108-3 菌核净 769
PD86108-4 菌核净 757

PD86108-6 菌核净 307
PD86109-5 苏云金杆菌 932
PD86109-15 苏云金杆菌 339
PD86109-16 苏云金杆菌 580
PD86109-17 苏云金杆菌 912
PD86109-20 苏云金杆菌 958
PD86109-22 苏云金杆菌 576
PD86109-23 苏云金杆菌 1110
PD86109-24 苏云金杆菌 132
PD86109-26 苏云金杆菌 372
PD86109-27 苏云金杆菌 82
PD86109-28 苏云金杆菌 718
PD86109-31 苏云金杆菌 234
PD86109-32 苏云金杆菌 305
PD86109-33 苏云金杆菌 388
PD86110-3 嘧啶核苷类抗菌素 932
PD86110-4 嘧啶核苷类抗菌素 410
PD86110-5 嘧啶核苷类抗菌素 1004
PD86110-8 嘧啶核苷类抗菌素 666
PD86110-9 嘧啶核苷类抗菌素 666
PD86110-10 嘧啶核苷类抗菌素 1004
PD86110-11 嘧啶核苷类抗菌素 933
PD86110 嘧啶核苷类抗菌素 79
PD86115-3 甲基硫菌灵 1114
PD86115-4 甲基硫菌灵 52
PD86115-5 甲基硫菌灵 760
PD86115 甲基硫菌灵 505
PD86116-4 甲基硫菌灵 954
PD86116-5 甲基硫菌灵 982
PD86116 36%甲基硫菌灵悬浮剂 505
PD86118 杀鼠灵 274
PD86119 杀鼠灵 274
PD86120 杀鼠灵 274
PD86121 田安 160
PD86122 乐果 175
PD86123-2 矮壮素 265
PD86123-3 矮壮素 101
PD86123-4 矮壮素 304
PD86123-5 矮壮素 876
PD86123-6 矮壮素 951
PD86123-7 矮壮素 1011
PD86123-8 矮壮素 316
PD86123-9 矮壮素 112
PD86123-10 矮壮素 336
PD86124-2 萘乙酸 316
PD86124-3 萘乙酸 1011
PD86125-2 扑草净 449
PD86125 扑草净 1063
PD86126-3 扑草净 449
PD86126-4 扑草净 1099
PD86126-5 扑草净 84
PD86126-6 扑草净 1126
PD86126-7 扑草净 858
PD86126 扑草净 1063
PD86130-2 灭草松 511
PD86130-3 灭草松 519
PD86130-4 灭草松 523
PD86130 灭草松 492
PD86131-5 硫磺 851
PD86132-2 仲丁威 483
PD86132-3 仲丁威 418
PD86132-4 仲丁威 760
PD86132-6 仲丁威 391
PD86132-7 仲丁威 417
PD86133-3 仲丁威 627
PD86133-5 仲丁威 395
PD86133-7 仲丁威 391
PD86133-8 仲丁威 760
PD86133-9 仲丁威 659
PD86133-10 仲丁威 646
PD86134-3 多菌灵 505
PD86134-4 多菌灵 395
PD86134-5 多菌灵 408
PD86134-6 多菌灵 52
PD86134-8 多菌灵 607
PD86134-12 多菌灵 760
PD86134 多菌灵 619
PD86138 氯菊酯 987
PD86139-2 井冈霉素 1110
PD86139-5 井冈霉素 627
PD86141 拌种灵 554
PD86142-4 三氯杀虫酯 398
PD86145-2 磷化铝 65
PD86145-4 磷化铝 805
PD86145 磷化铝 565
PD86147-2 异丙威 418
PD86147-3 异丙威 462
PD86147-4 异丙威 483
PD86147-5 异丙威 760
PD86147-7 异丙威 417
PD86147-8 异丙威 391
PD86147 异丙威 646
PD86148-2 异丙威 418
PD86148-6 异丙威 659
PD86148-7 异丙威 627
PD86148-10 异丙威 653
PD86148-15 异丙威 412
PD86148-16 异丙威 1096
PD86148-17 异丙威 434
PD86148-18 异丙威 425
PD86148-20 异丙威 398
PD86148-22 异丙威 396
PD86148-23 异丙威 390
PD86148-25 异丙威 408
PD86148-26 异丙威 204
PD86148-29 异丙威 218
PD86148-30 异丙威 199
PD86148-31 异丙威 215
PD86148-32 异丙威 124
PD86148-35 异丙威 66
PD86148-40 异丙威 66
PD86148-42 异丙威 73
PD86148-44 异丙威 428
PD86148-45 异丙威 626
PD86148-46 异丙威 483
PD86148-50 异丙威 428
PD86148-51 异丙威 429
PD86148-53 异丙威 391
PD86148-55 异丙威 162
PD86148-56 异丙威 149
PD86148-57 异丙威 760
PD86148-59 异丙威 404
PD86148-60 异丙威 176
PD86148-61 异丙威 156
PD86148-62 异丙威 975
PD86148-64 异丙威 1114
PD86148-65 异丙威 65
PD86148-66 异丙威 483
PD86148-67 异丙威 427
PD86148-69 异丙威 459
PD86148-70 异丙威 388
PD86148-72 异丙威 416
PD86148-75 异丙威 433
PD86148-78 异丙威 68
PD86148-79 异丙威 125
PD86148-81 异丙威 188

PD86148-82 异丙威 206
PD86148-83 异丙威 45
PD86148 异丙威 646
PD86152-3 乙酰甲胺磷 176
PD86152-4 乙酰甲胺磷 162
PD86152-6 乙酰甲胺磷 156
PD86152-8 乙酰甲胺磷 1102
PD86153-4 叶枯唑 1111
PD86153-5 叶枯唑 396
PD86153-6 叶枯唑 408
PD86153-8 叶枯唑 1091
PD86153-9 叶枯唑 1082
PD86153-10 叶枯唑 1076
PD86153-11 叶枯唑 76
PD86153-12 叶枯唑 1027
PD86153 叶枯唑 1076
PD86154-2 杀螟硫磷 1038
PD86154-3 杀螟硫磷 1106
PD86154 杀螟硫磷 627
PD86156-2 异丙威 653
PD86156-4 异丙威 396
PD86156-9 异丙威 659
PD86156-11 异丙威 483
PD86156-12 异丙威 118
PD86157-6 硫磺 68
PD86157-12 硫磺 892
PD86157-14 硫磺 916
PD86157-15 硫磺 1063
PD86157-16 硫磺 176
PD86157-17 硫磺 813
PD86157-18 硫磺 1030
PD86157 硫磺 279
PD86158-2 三乙膦酸铝 586
PD86158-4 三乙膦酸铝 741
PD86158-5 三乙膦酸铝 270
PD86159-2 三乙膦酸铝 45
PD86159-4 三乙膦酸铝 1052
PD86159-5 三乙膦酸铝 769
PD86159-6 三乙膦酸铝 377
PD86160-2 三乙膦酸铝 741
PD86160-5 三乙膦酸铝 1053
PD86163-2 甲基异柳磷 404
PD86163 甲基异柳磷 720
PD86164-2 甲基异柳磷 404
PD86164 甲基异柳磷 720
PD86165-3 甲基异柳磷 405
PD86165-6 甲基异柳磷 282
PD86165 甲基异柳磷 720
PD86166-3 倍硫磷原油 1109
PD86167-2 倍硫磷 1109
PD86167 倍硫磷 720
PD86168 百菌清 314
PD86169-2 百菌清 448
PD86175-2 乙酰甲胺磷 1088
PD86175-5 乙酰甲胺磷 434
PD86175-6 乙酰甲胺磷 391
PD86175-9 乙酰甲胺磷 259
PD86175-11 乙酰甲胺磷 1102
PD86175-12 乙酰甲胺磷 1109
PD86175-13 乙酰甲胺磷 421
PD86176-2 乙酰甲胺磷 1088
PD86176-3 乙酰甲胺磷 1109
PD86176-4 乙酰甲胺磷 391
PD86176-5 乙酰甲胺磷 157
PD86176-7 乙酰甲胺磷 421
PD86176-8 乙酰甲胺磷 1027
PD86176-10 乙酰甲胺磷 430
PD86176-12 乙酰甲胺磷 1102
PD86176-14 乙酰甲胺磷 136
PD86176-15 乙酰甲胺磷 283
PD86177-2 结晶乐果 109
PD86177-4 乐果 162
PD86177-6 乐果 434
PD86179-3 百菌清 421
PD86179-4 百菌清 607
PD86179-5 百菌清 605
PD86179-6 百菌清 574
PD86180-4 百菌清 421
PD86180-5 百菌清 607
PD86180-6 百菌清 760
PD86180-7 百菌清 275
PD86180-8 百菌清 605
PD86180-9 百菌清 513
PD86180-11 百菌清 93
PD86180-12 百菌清 998
PD86180-13 百菌清 1023
PD86180-14 百菌清 741
PD86182-3 稻瘟灵 419
PD86182-6 稻瘟灵 1091
PD86182-8 稻瘟灵 1023
PD86182-9 稻瘟灵 1066
PD86182-10 稻瘟灵 1028
PD86183-2 赤霉酸 432
PD86183-5 赤霉酸 1094
PD86183-7 赤霉酸 776
PD86183-12 赤霉酸 233
PD86183-15 赤霉酸 657
PD86183-29 赤霉酸 977
PD86183-35 赤霉酸 989
PD86183-37 赤霉酸 135
PD86183-40 赤霉酸 640
PD86183-42 赤霉酸 474
PD86183 赤霉酸 990
PD86185 硫酰氟 1071
PD87103 磷化铝 687
PD87106-2 三氯杀螨醇 599
PD87107 敌稗 372
PD87110-2 敌磺钠 991
PD87110-4 敌磺钠 1012
PD88101-2 水胺硫磷 330
PD88101-4 水胺硫磷 434
PD88101-5 水胺硫磷 391
PD88101-7 水胺硫磷 401
PD88101-9 水胺硫磷 114
PD88101-10 水胺硫磷 283
PD88101-14 水胺硫磷 721
PD88101-16 水胺硫磷 264
PD88101-18 水胺硫磷 109
PD88101 水胺硫磷 405
PD88105-9 硫酸铜 1048
PD88105-11 硫酸铜 815
PD88105-21 硫酸铜 1012
PD88105 硫酸铜 687
PD88106-2 敌敌畏 448
PD88106 敌敌畏 380
PD88107 磷化铝 687
PD88109-2 井冈霉素 1094
PD88109-3 井冈霉素 419
PD88109-5 井冈霉素 1110
PD88109-6 井冈霉素 433
PD88109-7 井冈霉素 1087
PD88109-10 井冈霉素 1004
PD88109-11 井冈霉素 521
PD88109-12 井冈霉素 627
PD88109-14 井冈霉素 161
PD88109-15 井冈霉素 573

PD88109-18 井冈霉素 1118
PD88109-19 井冈霉素(20%) 410
PD88109 井冈霉素 570
PD88111 2,4滴三乙醇胺盐 678
PD88112-4 石硫合剂 1038
PD88112-6 石硫合剂 279
PD89104-2 氰戊菊酯 189
PD89104-3 氰戊菊酯 199
PD89104-5 氰戊菊酯 462
PD89104-6 氰戊菊酯 564
PD89104-7 氰戊菊酯 531
PD89104-9 氰戊菊酯 482
PD89104-10 氰戊菊酯 88
PD89104-11 氰戊菊酯 109
PD89104-12 氰戊菊酯 611
PD89104-13 氰戊菊酯 612
PD90101-2 异丙威 396
PD90101-7 异丙威 489
PD90101-9 异丙威 387
PD90101-11 异丙威 391
PD90101 异丙威 428
PD90102-2 扑草净 401
PD90102-3 扑草净 671
PD90102 扑草净 449
PD90104-2 机油 531
PD90104-3 矿物油 543
PD90104-4 机油 402
PD90104 矿物油 621
PD90105-2 石硫合剂 279
PD90105-3 石硫合剂 400
PD90105-5 石硫合剂 829
PD90105-6 石硫合剂 1030
PD90105 石硫合剂 1030
PD90106-3 苏云金杆菌 247
PD90106-14 苏云金杆菌 581
PD90106-15 苏云金杆菌 1004
PD90106-18 苏云金杆菌 339
PD90106-20 苏云金杆菌 410
PD90106-21 苏云金杆菌 864
PD90106-24 苏云金杆菌 910
PD90106-25 苏云金杆菌 806
PD90106-26 苏云金杆菌 382
PD90106-29 苏云金杆菌 248
PD90106-30 苏云金杆菌 840
PD90106-33 苏云金杆菌 402
PD90106-35 苏云金杆菌 419
PD90106 苏云金杆菌 389
PD90109-4 乐果 675
PD90109-5 乐果 670
PD91104-3 敌敌畏 1038
PD91104-8 敌敌畏 397
PD91104-11 敌敌畏 386
PD91104-13 敌敌畏 387
PD91104-14 敌敌畏 252
PD91104-16 敌敌畏 388
PD91104-17 敌敌畏 708
PD91104-18 敌敌畏 419
PD91104-20 敌敌畏 483
PD91104-25 敌敌畏 83
PD91104-26 敌敌畏 742
PD91104-27 敌敌畏 775
PD91104-28 敌敌畏 338
PD91104-29 敌敌畏 554
PD91104-30 敌敌畏 398
PD91104-31 敌敌畏 1053
PD91104-33 敌敌畏 252
PD91105-2 鱼藤酮 175
PD91106-2 甲基硫菌灵 1114
PD91106-3 甲基硫菌灵 489
PD91106-8 甲基硫菌灵 505
PD91106-9 甲基硫菌灵 942
PD91106-10 甲基硫菌灵 626
PD91106-11 甲基硫菌灵 897
PD91106-12 甲基硫菌灵 892
PD91106-13 甲基硫菌灵 52
PD91106-14 甲基硫菌灵 646
PD91106-15 甲基硫菌灵 761
PD91106-16 甲基硫菌灵 845
PD91106-17 甲基硫菌灵 176
PD91106-19 甲基硫菌灵 416
PD91106-20 甲基硫菌灵 983
PD91106-21 甲基硫菌灵 619
PD91106-22 甲基硫菌灵 591
PD91106-23 甲基硫菌灵 1040
PD91106-24 甲基硫菌灵 1023
PD91106-25 甲基硫菌灵 845
PD91106-26 甲基硫菌灵 620
PD91106-27 甲基硫菌灵 897
PD91106-28 甲基硫菌灵 761
PD91106-29 甲基硫菌灵 505
PD91106-30 甲基硫菌灵 1114
PD91107-2 农用硫酸链霉素 1003
PD91107-5 农用硫酸链霉素 107
PD91107 农用硫酸链霉素 296
PD91109-2 速灭威 428
PD91109-3 速灭威 425
PD91109-4 速灭威 428
PD91109-5 速灭威 761
PD91109-7 速灭威 1096
PD91109-8 速灭威 975
PD91109-9 速灭威 1114
PD91109-10 速灭威 459
PD91109-11 速灭威 433
PD91109 速灭威 418
PD92101-2 多菌灵 591
PD92101-3 多菌灵 544
PD92101-6 多菌灵 892
PD92101-8 多菌灵 915
PD92101 多菌灵 52
PD92102-2 多菌灵 591
PD92102 多菌灵 52
PD92103-2 草甘膦 391
PD92103-3 草甘膦 117
PD92103-4 草甘膦 314
PD92103-5 草甘膦 987
PD92103-6 草甘膦 586
PD92103-7 草甘膦 1120
PD92103-8 草甘膦 248
PD92103-10 草甘膦 268
PD92103-11 草甘膦 1088
PD92103-12 草甘膦 430
PD92103-13 草甘膦 187
PD92103-14 草甘膦 138
PD92103-15 草甘膦 591
PD92103-16 草甘膦 590
PD92103-17 草甘膦 505
PD92103-18 草甘膦 535
PD92103-20 草甘膦 554
PD92103-21 草甘膦 1091
PD92103-22 草甘膦 238
PD92103-23 草甘膦 1029
PD92103-24 草甘膦 699
PD92103 草甘膦 1010
PD92104 石硫合剂 682
PD92105-2 西草净 450
PD92105 西草净 671

PD92106-2 仲丁威 425
PD92106-4 仲丁威 646
PD92106-6 仲丁威 433
PD92106 仲丁威 418
PD93102 异丙威 391
PD93104 西玛津 450
PD93105-2 莠去津 1099
PD93105-3 莠去津 287
PD93105 莠去津 450
PD93106-2 井冈霉素 1110
PD93106 井冈霉素 433
PD93108-2 水胺硫磷 330
PD93108 水胺硫磷 405
PD94106-3 乙烯利 535
PD94106 乙烯利 454
PD96101-2 福・福锌 1059
PD96101-3 福・福锌 239
PD96101-4 福・福锌 293
PD96101-5 福・福锌 266
PD96101 福・福锌 1047
PD96102 丁草胺 1102
PD96103 硫磺 279
PD97102 仲丁威 433
PD97103 仲丁威 433
PD20020101 苄嘧磺隆 975
PD20020102 苄嘧磺隆 975
PD20030006 草甘膦异丙胺盐 978
PD20030007 阿维菌素 297
PD20030008 氟乐灵 700
PD20030009 氟乐灵 700
PD20030011 苄嘧・甲磺隆 975
PD20030015 二甲戊灵 1106
PD20030017 甲磺隆 975
PD20040002 百草枯 268
PD20040003 百草枯 268
PD20040004 福美双 293
PD20040006 仲丁灵 633
PD20040008 苯磺隆 975
PD20040009 代森锌 607
PD20040010 高效氯氟氰菊酯 624
PD20040011 代森锰锌 607
PD20040016 百草枯 624
PD20040026 杀螟丹 433
PD20040028 代森锰锌 607
PD20040029 代森锰锌 607
PD20040030 噁霜・锰锌 623
PD20040032 氯氰菊酯 563
PD20040033 氯氰菊酯 482
PD20040034 氯氰菊酯 1037
PD20040035 氯氰菊酯 612
PD20040036 氯氰菊酯 505
PD20040037 氯氰菊酯 742
PD20040038 氯氰菊酯 138
PD20040039 吡虫啉 692
PD20040040 吡虫啉 599
PD20040041 吡虫啉 612
PD20040042 吡虫啉 506
PD20040043 多菌灵 543
PD20040044 三唑酮 578
PD20040045 高效氯氰菊酯 482
PD20040046 高效氯氰菊酯 889
PD20040047 吡虫啉 462
PD20040048 多・酮 523
PD20040049 甲拌・多菌灵 761
PD20040050 高效氯氰菊酯 1037
PD20040051 吡虫啉 283
PD20040053 甲拌磷 471
PD20040055 甲拌磷 489
PD20040057 吡虫啉 1038
PD20040058 高效氯氰菊酯 612
PD20040059 吡虫啉 578
PD20040060 高效反式氯氰菊酯 612
PD20040061 吡虫啉 499
PD20040062 高效氯氰菊酯 252
PD20040063 高效氯氰菊酯 593
PD20040064 哒螨灵 563
PD20040065 高效氯氰菊酯 742
PD20040066 高效氯氰菊酯 1037
PD20040067 高效氯氰菊酯 597
PD20040068 顺式氯氰菊酯 612
PD20040069 三唑酮 499
PD20040070 三唑酮 1023
PD20040071 三唑酮 454
PD20040072 甲拌磷 489
PD20040073 三唑酮 593
PD20040074 多・酮 1023
PD20040075 三唑酮 852
PD20040076 多・酮 531
PD20040077 硫磺・三唑酮 852
PD20040078 多・酮 737
PD20040079 氯氰菊酯 97
PD20040080 氯氰菊酯 263
PD20040081 氯氰菊酯 737
PD20040082 高效氯氰菊酯 466
PD20040083 氯氰菊酯 761
PD20040084 氯氰菊酯 795
PD20040085 高效氯氰菊酯 237
PD20040086 多・酮 532
PD20040087 高效氯氰菊酯 795
PD20040088 氯氰菊酯 252
PD20040089 高效氯氰菊酯 252
PD20040090 氯氰菊酯 1037
PD20040091 氯氰菊酯 1012
PD20040092 高效氯氰菊酯 327
PD20040093 氯氰菊酯 235
PD20040094 氯氰菊酯 108
PD20040095 吡虫啉 545
PD20040096 高效氯氰菊酯 322
PD20040097 高效氯氰菊酯 529
PD20040098 高效氯氰菊酯 343
PD20040099 高效氯氰菊酯 779
PD20040100 高效氯氰菊酯 1103
PD20040101 高效氯氰菊酯 466
PD20040102 高效氯氰菊酯 93
PD20040103 三唑酮 492
PD20040104 三唑酮 492
PD20040105 多・酮 454
PD20040107 三唑酮 589
PD20040108 多・酮 466
PD20040109 三唑酮 343
PD20040110 三唑酮 343
PD20040111 高效氯氰菊酯 612
PD20040112 氯氰・辛硫磷 367
PD20040113 氯氰菊酯 1038
PD20040114 高效氯氰菊酯 987
PD20040116 氯氰菊酯 252
PD20040117 吡虫啉 506
PD20040119 吡虫啉 508
PD20040120 吡虫啉 118
PD20040121 高效氯氰菊酯 848
PD20040122 高效氯氰菊酯 1044
PD20040123 三唑酮 477
PD20040125 吡虫啉 454
PD20040127 高效氯氰菊酯 590
PD20040128 高效氯氰菊酯 1053
PD20040129 高效氯氰菊酯 93

PD20040130 三唑酮 454
PD20040132 高效氯氰菊酯 288
PD20040133 吡虫啉 538
PD20040134 甲拌磷 60
PD20040135 甲拌磷 587
PD20040137 吡虫啉 612
PD20040138 三唑酮 621
PD20040139 高效氯氰菊酯 910
PD20040140 吡虫啉 1030
PD20040141 吡虫啉 191
PD20040143 吡虫啉 612
PD20040144 吡虫啉 360
PD20040145 高效氯氰菊酯 1037
PD20040146 氯氰菊酯 1037
PD20040147 吡虫·三唑酮 581
PD20040149 高效氯氰菊酯 506
PD20040150 三唑酮 140
PD20040151 高效氯氰菊酯 506
PD20040152 氯氰菊酯 584
PD20040153 氯氰菊酯 1044
PD20040154 顺式氯氰菊酯 612
PD20040155 甲拌磷 851
PD20040156 甲拌磷 577
PD20040157 氯氰菊酯 245
PD20040158 高效氯氰菊酯 489
PD20040159 高效氯氰菊酯 489
PD20040160 氯氰菊酯 1040
PD20040161 三唑酮 892
PD20040162 氯氰菊酯 934
PD20040163 吡虫啉 513
PD20040164 吡虫啉 692
PD20040165 高效氯氰菊酯 584
PD20040166 吡虫啉 60
PD20040167 吡虫啉 463
PD20040168 吡虫啉 590
PD20040169 高效氯氰菊酯 179
PD20040171 吡虫啉 506
PD20040172 三唑酮 492
PD20040173 吡虫啉 132
PD20040174 高效氯氰菊酯 245
PD20040175 甲拌磷 373
PD20040176 高效氯氰菊酯 612
PD20040177 三唑酮 523
PD20040179 高效氯氰菊酯 191
PD20040180 氯氰菊酯 612
PD20040181 高氯·辛硫磷 933
PD20040182 高效反式氯氰菊酯 612
PD20040183 氯氰菊酯 508
PD20040184 吡虫啉 620
PD20040185 氯氰菊酯 327
PD20040186 吡虫啉 620
PD20040187 吡·多·三唑酮 545
PD20040188 吡虫啉 140
PD20040189 氯氰菊酯 506
PD20040190 吡虫啉 343
PD20040191 高效氯氰菊酯 336
PD20040192 三唑酮 481
PD20040193 吡虫啉 612
PD20040194 氯氰菊酯 482
PD20040195 高效氯氰菊酯 136
PD20040196 氯氰菊酯 563
PD20040197 氯氰菊酯 266
PD20040198 高效氯氰菊酯 266
PD20040199 氯氰菊酯 266
PD20040200 三唑酮 578
PD20040201 高效氯氰菊酯 612
PD20040202 三唑酮 1010
PD20040203 高效氯氰菊酯 587
PD20040204 氯氰菊酯 179
PD20040205 氯氰菊酯 883
PD20040206 多·酮 545
PD20040207 多·酮 569
PD20040208 顺式氯氰菊酯 567
PD20040209 多·酮 581
PD20040210 高效氯氰菊酯 563
PD20040211 高效氯氰菊酯 611
PD20040212 高效氯氰菊酯 402
PD20040213 高效氯氰菊酯 351
PD20040214 高效氯氰菊酯 299
PD20040215 氯氰菊酯 277
PD20040216 甲拌·多菌灵 60
PD20040217 氯氰菊酯 775
PD20040218 高效氯氰菊酯 795
PD20040219 甲拌·辛硫磷 893
PD20040220 多·酮 980
PD20040221 高效氯氰菊酯 352
PD20040222 吡虫啉 626
PD20040223 氯氰菊酯 456
PD20040224 高效氯氰菊酯 983
PD20040225 高效氯氰菊酯 567
PD20040226 氯氰菊酯 581
PD20040227 吡虫啉 179
PD20040228 高效氯氰菊酯 263
PD20040229 甲拌磷 373
PD20040231 高效氯氰菊酯 253
PD20040232 氯氰菊酯 509
PD20040233 三唑酮 578
PD20040234 顺式氯氰菊酯 613
PD20040235 顺式氯氰菊酯 998
PD20040236 多·酮 535
PD20040237 氯氰菊酯 599
PD20040238 氯氰菊酯 1053
PD20040239 高效氯氰菊酯 1057
PD20040240 高效氯氰菊酯 613
PD20040241 顺式氯氰菊酯 482
PD20040242 高效氯氰菊酯 99
PD20040243 吡虫啉 482
PD20040244 高效氯氰菊酯 482
PD20040245 高效氯氰菊酯 508
PD20040246 吡虫啉 1083
PD20040247 吡虫啉 1083
PD20040248 高效氯氰菊酯 483
PD20040250 三唑酮 987
PD20040251 高效氯氰菊酯 97
PD20040252 高效氯氰菊酯 670
PD20040253 高效氯氰菊酯 1050
PD20040254 甲拌磷 1069
PD20040255 氯氰菊酯 1050
PD20040256 多·酮 466
PD20040257 高效氯氰菊酯 1053
PD20040258 甲拌磷 686
PD20040259 三唑酮 360
PD20040260 三唑酮 265
PD20040261 甲拌磷 686
PD20040262 吡虫·杀虫单 408
PD20040263 唑酮·甲拌磷 60
PD20040264 多·酮 79
PD20040265 高效氯氰菊酯 45
PD20040266 异丙隆 502
PD20040267 吡虫啉 563
PD20040268 氯氰菊酯 613
PD20040269 高效氯氰菊酯 241
PD20040270 高效氯氰菊酯 599
PD20040271 吡虫啉 200
PD20040272 吡虫啉 987
PD20040273 高效氯氰菊酯 352

PD20040274 高氯·马 368
PD20040275 高效氯氰菊酯 321
PD20040276 高效氯氰菊酯 360
PD20040278 高效氯氰菊酯 125
PD20040279 三唑酮 742
PD20040280 吡虫啉 391
PD20040281 吡虫啉 674
PD20040282 吡虫啉 109
PD20040283 三唑酮 1012
PD20040285 三唑磷 1123
PD20040286 三唑磷 419
PD20040287 三唑磷 985
PD20040288 氯氰菊酯 483
PD20040289 三唑磷 118
PD20040290 三唑酮 621
PD20040291 氯氰菊酯 136
PD20040292 三唑磷 418
PD20040293 哒螨灵 613
PD20040294 高效反式氯氰菊酯 613
PD20040295 哒螨灵 506
PD20040296 哒螨灵 391
PD20040297 三唑酮 613
PD20040298 哒螨灵 1120
PD20040299 高效氯氰菊酯 191
PD20040300 哒螨灵 985
PD20040301 吡虫啉 757
PD20040302 吡虫啉 975
PD20040303 吡虫啉 1083
PD20040304 氯氰菊酯 200
PD20040305 顺式氯氰菊酯 613
PD20040307 杀虫单 498
PD20040308 氯氰菊酯 309
PD20040309 杀虫单 484
PD20040310 杀虫单 405
PD20040311 杀虫单 1081
PD20040312 杀虫单 593
PD20040313 高效氯氰菊酯 1046
PD20040314 三唑酮 366
PD20040315 吡虫啉 235
PD20040316 吡虫啉 975
PD20040317 吡虫啉 343
PD20040318 杀虫单 470
PD20040319 吡虫啉 283
PD20040320 吡虫啉 343
PD20040321 吡虫啉 391
PD20040322 吡虫啉 544
PD20040323 吡虫啉 93
PD20040324 吡虫啉 269
PD20040325 吡虫啉 79
PD20040326 高效氯氰菊酯 1038
PD20040328 吡虫啉 587
PD20040329 氯氰菊酯 744
PD20040330 吡虫啉 599
PD20040332 三唑酮 892
PD20040333 吡虫啉 169
PD20040334 吡虫啉 321
PD20040335 三唑酮 626
PD20040336 氯氰菊酯 138
PD20040337 高氯·辛硫磷 769
PD20040338 高氯·马 769
PD20040339 吡虫啉 578
PD20040340 高效氯氰菊酯 484
PD20040341 吡虫啉 709
PD20040342 吡虫啉 659
PD20040343 多·酮 578
PD20040344 高效氯氰菊酯 840
PD20040345 高效氯氰菊酯 235
PD20040346 氯氰菊酯 983
PD20040347 吡·多·三唑酮 538
PD20040348 多·甲拌 489
PD20040349 高效氯氰菊酯 484
PD20040350 氯氰菊酯 758
PD20040352 氯氰菊酯 987
PD20040353 吡虫啉 1103
PD20040354 氯氰菊酯 138
PD20040355 氯氰菊酯 987
PD20040356 吡虫啉 1038
PD20040357 吡虫啉 750
PD20040358 吡虫啉 1038
PD20040359 氯氰菊酯 758
PD20040360 吡虫啉 1038
PD20040361 高效氯氰菊酯 806
PD20040362 氯氰菊酯 709
PD20040363 氯氰菊酯 806
PD20040364 高效氯氰菊酯 276
PD20040365 吡虫啉 321
PD20040368 高效氯氰菊酯 276
PD20040370 高效氯氰菊酯 349
PD20040371 高效氯氰菊酯 1038
PD20040372 高效氯氰菊酯 1118
PD20040373 高效氯氰菊酯 395
PD20040374 哒螨灵 388
PD20040375 多·酮 313
PD20040376 哒螨灵 709
PD20040377 哒螨灵 1075
PD20040378 多·酮 511
PD20040379 高效氯氰菊酯 742
PD20040380 吡虫啉 283
PD20040381 吡虫啉 283
PD20040382 吡虫啉 283
PD20040383 吡虫啉 248
PD20040384 高效氯氰菊酯 1038
PD20040385 氯氰·三唑磷 634
PD20040386 氯氰·吡虫啉 955
PD20040387 三唑磷 660
PD20040388 哒螨灵 388
PD20040389 高氯·吡虫啉 688
PD20040390 氯氰菊酯 176
PD20040391 高效氯氰菊酯 363
PD20040392 哒螨灵 985
PD20040393 高效氯氰菊酯 1102
PD20040394 哒螨灵 1120
PD20040395 氯氰菊酯 1046
PD20040396 哒螨灵 934
PD20040397 乐·杀单 633
PD20040398 多·酮 566
PD20040399 氯氰菊酯 1057
PD20040400 三唑酮 309
PD20040401 高效氯氰菊酯 405
PD20040402 三唑酮 987
PD20040403 吡虫·三唑酮 578
PD20040404 吡虫啉 422
PD20040405 多菌灵 943
PD20040406 吡虫啉 352
PD20040407 吡虫啉 169
PD20040408 吡虫啉 304
PD20040409 高效氯氰菊酯 200
PD20040410 吡虫啉 744
PD20040411 吡虫啉 114
PD20040412 吡虫啉 200
PD20040413 吡虫啉 851
PD20040414 吡虫啉 980
PD20040415 吡虫啉 897
PD20040416 吡虫·三唑酮 980
PD20040417 吡虫啉 563
PD20040418 吡虫啉 45

PD20040419	高效氯氰菊酯	758
PD20040421	高效氯氰菊酯	813
PD20040422	吡虫啉	336
PD20040423	吡虫啉	167
PD20040424	吡虫・三唑酮	523
PD20040425	吡虫啉	578
PD20040427	吡虫啉	1117
PD20040432	吡虫啉	621
PD20040433	吡虫啉	563
PD20040435	哒螨灵	499
PD20040436	哒螨灵	484
PD20040438	哒螨灵	613
PD20040439	哒螨灵	744
PD20040440	高效氯氰菊酯	1039
PD20040441	哒螨灵	117
PD20040442	高效氯氰菊酯	125
PD20040443	三唑磷	160
PD20040444	三唑酮	626
PD20040445	三唑磷	1082
PD20040447	吡虫啉	428
PD20040448	三唑磷	511
PD20040449	哒螨灵	438
PD20040450	哒螨灵	456
PD20040451	哒螨灵	923
PD20040452	三唑磷	778
PD20040453	哒螨灵	807
PD20040454	氯氰・吡虫啉	957
PD20040455	哒螨灵	998
PD20040456	吡虫・杀虫单	209
PD20040457	哒螨灵	509
PD20040458	哒螨灵	935
PD20040459	异丙隆	620
PD20040460	吡虫啉	176
PD20040461	哒螨灵	136
PD20040462	哒螨灵	660
PD20040463	甲拌磷	670
PD20040464	吡虫啉	283
PD20040465	吡虫啉	724
PD20040466	哒螨灵	955
PD20040467	高效氯氰菊酯	935
PD20040468	杀单・三唑磷	566
PD20040469	高效氯氰菊酯	923
PD20040470	高效氯氰菊酯	724
PD20040471	氯氰・吡虫啉	953
PD20040472	吡虫啉	509
PD20040474	吡虫啉	388
PD20040475	螨醇・哒螨灵	599
PD20040476	三唑磷	1079
PD20040477	三唑磷	654
PD20040478	吡虫啉	69
PD20040479	三唑磷	387
PD20040480	吡虫啉	955
PD20040481	井冈・杀虫单	983
PD20040482	吡虫啉	563
PD20040483	吡虫・三唑酮	532
PD20040486	三唑磷	477
PD20040487	三唑酮	499
PD20040489	三唑磷	405
PD20040490	吡虫啉	912
PD20040491	三唑磷	1123
PD20040492	三唑磷	987
PD20040493	吡虫啉	998
PD20040494	吡虫啉	438
PD20040495	哒螨灵	654
PD20040496	吡虫啉	998
PD20040497	毒・唑磷	475
PD20040498	哒螨灵	506
PD20040499	井冈・杀虫单	475
PD20040500	吡虫・三唑酮	475
PD20040501	三唑磷	1077
PD20040502	三唑磷	420
PD20040503	三唑酮	578
PD20040504	三唑磷	653
PD20040505	三唑磷	641
PD20040506	三唑磷	499
PD20040507	吡虫・三唑磷	546
PD20040508	哒螨灵	343
PD20040509	三唑・辛硫磷	475
PD20040511	杀虫单	688
PD20040513	三唑磷	724
PD20040515	三唑磷	1077
PD20040516	氯氰菊酯	1044
PD20040517	吡虫啉	499
PD20040518	吡虫啉	459
PD20040520	异丙隆	544
PD20040521	三唑磷	1079
PD20040522	吡虫啉	294
PD20040523	吡虫啉	1083
PD20040524	三唑磷	118
PD20040525	三唑磷	509
PD20040527	三唑磷	477
PD20040528	哒螨灵	125
PD20040529	哒螨灵	499
PD20040530	三唑磷	418
PD20040531	三唑磷	576
PD20040532	哒螨灵	1077
PD20040533	哒螨灵	391
PD20040534	哒螨灵	653
PD20040535	吡虫・辛硫磷	933
PD20040536	哒螨灵	1035
PD20040537	吡虫啉	477
PD20040538	哒螨灵	987
PD20040539	吡虫・杀虫单	578
PD20040540	杀虫单	587
PD20040541	吡虫・杀虫单	336
PD20040543	吡虫・杀虫单	581
PD20040544	哒螨灵	613
PD20040545	氯氰・吡虫啉	951
PD20040546	哒螨灵	599
PD20040547	吡虫・三唑磷	633
PD20040548	吡虫啉	176
PD20040549	哒螨灵	500
PD20040550	哒螨灵	506
PD20040551	杀虫单	454
PD20040552	哒螨灵	753
PD20040553	哒螨灵	1050
PD20040554	杀虫单	1081
PD20040556	氯氰・吡虫啉	169
PD20040557	三唑磷	1096
PD20040559	三唑磷	1123
PD20040560	吡虫啉	543
PD20040561	吡虫・杀虫单	500
PD20040562	氯氰・三唑磷	658
PD20040563	哒螨灵	109
PD20040564	三唑磷	759
PD20040565	吡虫啉	276
PD20040566	吡虫啉	349
PD20040568	氯氰・吡虫啉	563
PD20040569	吡虫・杀虫单	59
PD20040570	三唑酮	431
PD20040571	吡虫・杀虫单	321
PD20040572	吡虫・三唑酮	913
PD20040573	杀虫单	1081
PD20040574	哒螨灵	438
PD20040575	哒螨灵	287
PD20040576	杀虫单	418

PD20040577 哒螨灵 321
PD20040578 哒螨灵 902
PD20040579 哒螨灵 456
PD20040580 吡虫啉 471
PD20040581 吡虫·杀虫单 660
PD20040582 三唑磷 653
PD20040583 多·酮 386
PD20040585 氯氰·三唑磷 169
PD20040586 高效氯氰菊酯 1053
PD20040587 吡虫啉 671
PD20040588 甲拌磷 669
PD20040589 吡虫啉 625
PD20040590 哒螨灵 1120
PD20040591 哒螨灵 795
PD20040592 吡虫·杀虫单 223
PD20040593 哒螨灵 851
PD20040594 吡虫啉 778
PD20040595 哒螨灵 1087
PD20040596 吡虫啉 294
PD20040597 吡虫啉 109
PD20040598 吡虫·杀虫单 391
PD20040599 哒螨灵 397
PD20040600 杀虫单 402
PD20040601 吡虫·杀虫单 506
PD20040602 吡虫·杀虫单 611
PD20040603 氯氰·三唑磷 401
PD20040604 吡虫·杀虫单 405
PD20040605 吡虫啉 975
PD20040606 氯氰·吡虫啉 715
PD20040607 吡虫·杀虫单 463
PD20040608 三唑磷 1075
PD20040609 三唑酮 780
PD20040610 三唑酮 396
PD20040611 异丙隆 620
PD20040612 三唑磷 388
PD20040613 哒螨灵 220
PD20040615 杀虫单 405
PD20040616 甲拌磷 670
PD20040617 吡虫啉 475
PD20040618 辛硫·三唑磷 633
PD20040619 吡虫·杀虫单 366
PD20040620 杀虫单 1106
PD20040621 吡虫·杀虫单 433
PD20040622 吡虫·杀虫单 538
PD20040623 吡虫啉 330
PD20040624 哒螨灵 391
PD20040625 哒螨灵 1079
PD20040626 哒螨灵 546
PD20040627 高氯·三唑磷 132
PD20040628 哒螨灵 1076
PD20040629 哒螨灵 140
PD20040630 哒螨灵 744
PD20040631 吡虫啉 1114
PD20040632 异丙隆 475
PD20040633 吡虫啉 363
PD20040634 高效氯氰菊酯 176
PD20040636 吡虫·多菌灵 538
PD20040638 氯氰·三唑磷 641
PD20040639 杀虫单 1076
PD20040640 吡虫·杀虫单 587
PD20040641 异丙隆 573
PD20040642 吡虫·杀虫单 1114
PD20040643 吡虫·杀虫单 413
PD20040644 吡虫·杀虫单 663
PD20040645 三唑磷 117
PD20040646 杀虫单 59
PD20040647 三唑磷 463
PD20040648 三唑磷 511
PD20040649 三唑酮 396
PD20040650 三唑磷 587
PD20040651 吡虫啉 410
PD20040652 杀虫单 430
PD20040653 杀虫单 413
PD20040654 三唑磷 463
PD20040655 吡虫·杀虫单 593
PD20040656 异丙隆 569
PD20040657 螨醇·哒螨灵 778
PD20040658 异丙隆 502
PD20040659 吡虫·杀虫单 532
PD20040661 哒螨灵 327
PD20040663 吡虫啉 1101
PD20040664 吡虫·杀虫单 545
PD20040665 哒螨灵 769
PD20040666 氯氰·吡虫啉 513
PD20040668 哒螨灵 397
PD20040669 多·酮 688
PD20040670 吡虫·杀虫单 566
PD20040674 吡虫·杀虫单 196
PD20040676 三唑磷 397
PD20040677 三唑磷 422
PD20040678 吡虫·三唑磷 566
PD20040679 哒螨灵 988
PD20040680 三唑磷 1123
PD20040681 氯氰·吡虫啉 666
PD20040682 氯氰·吡虫啉 775
PD20040683 吡虫·三唑酮 531
PD20040684 高氯·三唑磷 97
PD20040685 吡虫·杀虫单 99
PD20040686 三唑磷 983
PD20040687 哒螨灵 951
PD20040688 高效氯氰菊酯 682
PD20040689 吡虫·杀虫单 933
PD20040690 氯氰·三唑磷 391
PD20040691 三唑酮 341
PD20040692 井冈·吡虫啉 983
PD20040693 吡虫啉 92
PD20040694 高氯·吡虫啉 881
PD20040695 三唑磷 413
PD20040696 杀虫单 434
PD20040697 杀虫单 1106
PD20040698 吡虫啉 983
PD20040699 吡虫啉 715
PD20040700 吡虫啉 983
PD20040701 吡虫啉 459
PD20040703 吡虫啉 573
PD20040704 唑酮·氧乐果 368
PD20040705 杀虫单 980
PD20040706 氯氰·吡虫啉 1053
PD20040707 井冈·杀虫单 467
PD20040708 三唑酮 523
PD20040709 吡虫啉 533
PD20040710 杀虫单 654
PD20040711 唑磷·杀虫单 420
PD20040713 吡虫·三唑磷 538
PD20040714 吡虫·杀虫单 544
PD20040715 吡虫·杀虫单 531
PD20040716 高氯·吡虫啉 794
PD20040717 辛硫·三唑磷 658
PD20040718 吡虫·杀虫单 52
PD20040719 高氯·吡虫啉 265
PD20040720 异丙隆 519
PD20040721 吡虫啉 491
PD20040722 高氯·吡虫啉 584
PD20040723 吡虫啉 897
PD20040724 吡虫·三唑酮 491
PD20040725 三唑磷 52

PD20040726 氯氰·三唑磷 1000
PD20040727 吡虫啉 249
PD20040728 高效氯氰菊酯 404
PD20040729 吡虫·杀虫单 489
PD20040730 高效氯氰菊酯 1041
PD20040731 吡虫·杀虫单 975
PD20040732 氯氰·吡虫啉 149
PD20040733 三唑磷 1123
PD20040734 多·酮 320
PD20040735 吡虫啉 935
PD20040736 吡虫·杀虫单 363
PD20040737 吡虫啉 326
PD20040738 杀虫单 411
PD20040739 氯氰·吡虫啉 205
PD20040740 甲拌·多菌灵 892
PD20040741 吡虫啉 532
PD20040742 吡虫·杀虫单 535
PD20040743 高效氯氰菊酯 211
PD20040744 杀虫单 617
PD20040745 吡虫·杀虫单 495
PD20040746 吡虫啉 319
PD20040747 多·酮 61
PD20040748 吡虫啉 392
PD20040750 吡虫啉 132
PD20040751 吡虫啉 125
PD20040752 吡虫啉 563
PD20040753 吡虫·杀虫单 980
PD20040754 吡虫啉 500
PD20040755 多·硫 401
PD20040756 吡虫啉 500
PD20040757 吡虫啉 983
PD20040758 硫磺·三唑酮 401
PD20040759 吡虫·杀虫单 362
PD20040760 吡虫啉 590
PD20040761 吡虫啉 459
PD20040762 吡虫啉 149
PD20040763 多菌灵 998
PD20040764 氯氰·吡虫啉 300
PD20040765 多·酮 581
PD20040766 甲拌·多菌灵 593
PD20040767 多·酮 140
PD20040768 甲柳·三唑酮 368
PD20040769 吡虫啉 224
PD20040770 苏云·杀虫单 467
PD20040772 吡虫·杀虫单 69
PD20040773 吡虫·杀虫单 581
PD20040774 吡虫·杀虫单 498
PD20040775 杀虫单 535
PD20040776 三唑磷 66
PD20040777 多·酮 620
PD20040778 吡虫啉 654
PD20040779 吡·井·杀虫单 983
PD20040780 哒螨·吡虫啉 767
PD20040782 哒螨灵 200
PD20040783 吡虫·多菌灵 532
PD20040784 哒螨灵 771
PD20040786 三唑磷 431
PD20040787 三唑磷 829
PD20040788 多·酮 626
PD20040789 多·福 778
PD20040791 辛硫·三唑磷 266
PD20040792 哒螨灵 584
PD20040793 多·酮 570
PD20040794 高氯·辛硫磷 778
PD20040795 氯氰·辛硫磷 351
PD20040796 高效氯氰菊酯 654
PD20040797 高效氯氰菊酯 475
PD20040799 哒螨灵 162
PD20040800 哒螨灵 883
PD20040801 吡虫啉 767
PD20040802 哒螨灵 140
PD20040803 吡·井·杀虫单 467
PD20040804 吡虫·杀虫单 563
PD20040805 异丙隆 52
PD20040806 吡虫啉 304
PD20040807 三唑磷 392
PD20040808 哒螨灵 795
PD20040809 杀虫单 593
PD20040810 多·锰锌 769
PD20040811 三唑磷 405
PD20040812 三唑磷 405
PD20040813 异丙隆 462
PD20040814 异丙隆 460
PD20040815 杀虫单 52
PD20040816 杀虫单 52
PD20040817 哒螨灵 509
PD20040818 哒螨灵 509
PD20040819 高效氯氰菊酯 563
PD20040820 三唑磷 419
PD20040821 哒螨灵 563
PD20040823 哒螨灵 807
PD20040824 哒螨灵 758
PD20040826 甲拌·多菌灵 233
PD20040827 螨醇·哒螨灵 769
PD20050001 氯氰菊酯 563
PD20050002 三唑酮 621
PD20050003 氯氰菊酯 162
PD20050004 氯氰菊酯 162
PD20050005 多·酮 1075
PD20050006 联苯菊酯 567
PD20050007 百草枯 624
PD20050008 丙草胺 623
PD20050009 氯氰菊酯 597
PD20050010 氨氯吡啶酸 1006
PD20050012 三唑酮 495
PD20050013 甲拌磷 295
PD20050015 高效氯氰菊酯 189
PD20050016 高效氯氰菊酯 558
PD20050017 哒螨灵 500
PD20050018 杀虫单 663
PD20050019 吡·多·三唑酮 569
PD20050020 吡虫啉 983
PD20050021 高氯·吡虫啉 983
PD20050022 三唑酮 523
PD20050023 吡虫·杀虫单 523
PD20050024 氯氰菊酯 392
PD20050026 高效氯氰菊酯 392
PD20050027 高效氯氰菊酯 392
PD20050028 高效氯氰菊酯 761
PD20050029 氯氰菊酯 761
PD20050030 高效氯氰菊酯 761
PD20050031 高效氯氰菊酯 761
PD20050032 吡虫·杀虫单 626
PD20050033 杀虫单 52
PD20050034 高效氯氰菊酯 758
PD20050035 异丙隆 700
PD20050036 高效氯氰菊酯 138
PD20050037 吡虫啉 482
PD20050038 三唑磷 641
PD20050040 高效氯氰菊酯 138
PD20050041 三唑磷 985
PD20050042 多菌灵 570
PD20050043 哒螨灵 220
PD20050044 哒螨·吡虫啉 1093
PD20050045 氯氰菊酯 584
PD20050046 吡虫啉 563

PD20050048 吡虫啉 200
PD20050049 三唑磷 477
PD20050050 吡虫·杀虫单 547
PD20050051 杀虫单 611
PD20050052 高氯·吡虫啉 814
PD20050053 甲拌磷 88
PD20050057 高效氯氰菊酯 563
PD20050058 吡虫啉 700
PD20050059 氯氰菊酯 567
PD20050060 三唑磷 1124
PD20050061 高效氯氰菊酯 329
PD20050062 甲拌磷 686
PD20050063 杀虫单 411
PD20050064 氯氰菊酯 883
PD20050065 高效氯氰菊酯 57
PD20050066 吡虫·三唑酮 57
PD20050067 哒螨灵 819
PD20050069 三唑磷 401
PD20050070 杀虫单 484
PD20050071 辛硫·三唑磷 664
PD20050072 高效氯氰菊酯 304
PD20050073 氯氰菊酯 348
PD20050074 吡虫啉 339
PD20050075 三唑酮 314
PD20050076 吡·多·三唑酮 602
PD20050077 多·酮 602
PD20050078 三唑磷 477
PD20050079 吡虫·杀虫单 570
PD20050080 杀虫单 454
PD20050081 异丙隆 52
PD20050082 吡虫·杀虫单 983
PD20050083 三唑酮 988
PD20050084 吡虫啉 499
PD20050085 吡虫啉 499
PD20050086 杀虫单 434
PD20050087 吡虫啉 57
PD20050088 吡虫啉 471
PD20050089 三唑酮 416
PD20050090 高效氯氰菊酯 1035
PD20050091 高效氯氰菊酯 790
PD20050092 甲拌磷 686
PD20050093 三唑酮 495
PD20050094 三唑酮 495
PD20050095 噻菌灵 1033
PD20050096 噻菌灵 1033
PD20050097 甲拌磷 686
PD20050098 氯氰·吡虫啉 935
PD20050099 苯磺隆 975
PD20050100 氯氰·吡虫啉 140
PD20050101 杀虫单 1106
PD20050102 氯氰·吡虫啉 495
PD20050103 三唑磷 59
PD20050105 吡虫·杀虫单 499
PD20050106 哒螨灵 724
PD20050107 吡虫啉 674
PD20050108 甲氰菊酯 1019
PD20050109 乙氧氟草醚 1089
PD20050110 杀虫单 683
PD20050111 甲拌磷 446
PD20050112 噻嗪酮 1103
PD20050113 吡虫·杀虫单 588
PD20050114 吡虫·杀虫单 588
PD20050115 吡虫啉 542
PD20050116 吡虫·杀虫单 454
PD20050117 丁硫·吡虫啉 567
PD20050118 高效氯氰菊酯 45
PD20050119 三唑磷 392
PD20050120 杀虫单 434
PD20050121 吡虫啉 413
PD20050122 高效氯氰菊酯 273
PD20050123 高效氯氰菊酯 819
PD20050124 氯氰菊酯 819
PD20050126 杀虫单 109
PD20050127 多·酮 52
PD20050129 吡虫啉 1083
PD20050130 三唑磷 1077
PD20050131 甲拌磷 241
PD20050133 哒螨灵 954
PD20050134 高氯·三唑磷 211
PD20050135 氯氰菊酯 189
PD20050136 氯氰菊酯 140
PD20050137 高效氯氰菊酯 301
PD20050138 顺式氯氰菊酯 482
PD20050139 异丙隆 620
PD20050140 哒螨灵 599
PD20050141 异丙隆 620
PD20050142 氯氰菊酯 189
PD20050152 丁硫克百威 567
PD20050153 仲丁灵 633
PD20050154 吡虫·杀虫单 226
PD20050155 吡虫啉 620
PD20050156 联苯菊酯 451
PD20050159 敌草胺 502
PD20050160 杀虫单 594
PD20050162 三唑酮 1027
PD20050163 吡虫啉 481
PD20050165 氟乐灵 471
PD20050167 异菌脲 502
PD20050168 氯氟吡氧乙酸异辛酯 1006
PD20050170 吡虫啉 1070
PD20050171 螨醇·哒螨灵 140
PD20050172 高效氯氰菊酯 399
PD20050173 马拉硫磷 477
PD20050176 三唑磷 83
PD20050177 杀螟丹 434
PD20050178 异噁草松 495
PD20050180 高效氯氟氰菊酯 451
PD20050181 氯氰菊酯 451
PD20050182 草甘膦 477
PD20050183 辛硫磷 477
PD20050184 高效氯氰菊酯 301
PD20050186 高效氯氰菊酯 189
PD20050198 S-诱抗素 1015
PD20050199 S-诱抗素 1015
PD20050201 S-诱抗素 1015
PD20050207 甲硫·福美双 291
PD20050208 灭草松 519
PD20050209 甲基硫菌灵 1103
PD20050210 多·福 291
PD20050211 氯氰·辛硫磷 339
PD20050212 硫丹 502
PD20050213 哒螨灵 769
PD20050214 苄嘧磺隆 502
PD20050215 阿维菌素 283
PD20050217 吡虫啉 745
PD20050218 三唑·辛硫磷 654
PD20050219 三唑磷 117
PD20060028 丙环唑 623
PD20060029 多菌灵 49
PD20060034 吡虫啉 368
PD20060035 噻嗪·异丙威 463
PD20060038 锰锌·氟吗啉 693
PD20060039 氟吗啉 693
PD20060046 腐霉利 971
PD20060047 氯氰·辛硫磷 513
PD20060048 二甲戊灵 1106

PD20060049 氯氰·三唑磷 648
PD20060051 噻嗪酮 570
PD20060052 矮壮素 700
PD20060053 氟虫腈 1067
PD20060054 三唑酮 255
PD20060055 烯禾啶 873
PD20060056 三唑酮 1027
PD20060057 多·酮 495
PD20060058 多·酮 481
PD20060061 三唑磷 65
PD20060062 zeta-氯氰菊酯 567
PD20060063 氟乐灵 484
PD20060064 百草枯 590
PD20060065 氯氰·敌敌畏 649
PD20060067 异噁草松 495
PD20060069 磷化铝 561
PD20060070 高氯·辛硫磷 339
PD20060071 三唑酮 311
PD20060072 丙草胺 1102
PD20060073 高效氯氰菊酯 69
PD20060074 噁草酮 61
PD20060075 炔螨特 471
PD20060076 乙酰甲胺磷 506
PD20060077 毒死蜱 857
PD20060078 乙氧氟草醚 1077
PD20060079 苯磺隆 693
PD20060080 异丙甲草胺 1102
PD20060083 吡虫·杀虫单 57
PD20060084 吡虫啉 933
PD20060085 三乙膦酸铝 1053
PD20060086 氯氰菊酯 295
PD20060090 三环唑 470
PD20060091 氟乐灵 471
PD20060092 高氯·三唑磷 703
PD20060093 三环唑 470
PD20060094 高效氯氰菊酯 703
PD20060096 锰锌·多菌灵 768
PD20060097 氯氰菊酯 815
PD20060098 代森锰锌 973
PD20060099 高效氯氰菊酯 65
PD20060100 高效氯氰菊酯 850
PD20060101 氯氰·辛硫磷 768
PD20060102 灭草松 519
PD20060103 三唑磷 463
PD20060104 丁草胺 375
PD20060105 噁霜灵 52
PD20060106 溴氰菊酯 451
PD20060107 噁草酮 700
PD20060108 三唑酮 881
PD20060109 草甘膦 502
PD20060110 丙环唑 470
PD20060111 哒螨灵 897
PD20060112 三唑磷 1082
PD20060113 三唑磷 1082
PD20060114 抑霉唑 1077
PD20060115 哒螨灵 815
PD20060116 氯氰菊酯 323
PD20060117 多·酮 602
PD20060118 螨醇·哒螨灵 1044
PD20060119 灭多威 462
PD20060120 苏云金杆菌 654
PD20060121 苯磺隆 1049
PD20060123 代森锰锌 1053
PD20060124 吡虫啉 703
PD20060125 吡虫啉 815
PD20060126 甲氰菊酯 176
PD20060127 三乙膦酸铝 543
PD20060128 乙草胺 858
PD20060129 苯磺隆 502
PD20060130 吡虫啉 856
PD20060132 吡虫啉 674
PD20060133 吡虫·三唑酮 602
PD20060134 高效氯氰菊酯 361
PD20060135 吡虫啉 320
PD20060137 马拉·杀螟松 654
PD20060138 福美双 239
PD20060139 氯氰菊酯 361
PD20060141 草甘膦异丙胺盐 248
PD20060142 草甘膦异丙胺盐 248
PD20060143 禾草敌 1053
PD20060144 丙环唑 666
PD20060146 霜霉威盐酸盐 1053
PD20060148 苄嘧磺隆 976
PD20060149 菜青虫颗粒体病毒 409
PD20060150 氯氰菊酯 99
PD20060151 草甘膦 977
PD20060152 氯氰·吡虫啉 955
PD20060153 溴氰菊酯 619
PD20060154 甲霜灵 1077
PD20060155 甲拌·辛硫磷 829
PD20060156 代森锰锌 881
PD20060157 四螨嗪 270
PD20060159 代森锰锌 1053
PD20060160 代森锰锌 1053
PD20060161 代森锰锌 1053
PD20060163 异噁草松 873
PD20060164 百草枯 101
PD20060165 氯氰菊酯 348
PD20060166 硫磺 769
PD20060167 复硝酚钠 346
PD20060168 三乙膦酸铝 1012
PD20060169 多·锰锌 953
PD20060170 高效氯氟氰菊酯 666
PD20060171 五氯硝基苯 1012
PD20060172 代森锌 1012
PD20060173 代森锰锌 978
PD20060175 辛硫磷 276
PD20060176 溴敌隆 666
PD20060177 福美双 1012
PD20060178 草甘膦 454
PD20060179 代森锰锌 1012
PD20060180 氯氰·毒死蜱 179
PD20060181 代森锰锌 971
PD20060182 霜霉威 1077
PD20060183 丙环唑 847
PD20060185 马拉·辛硫磷 654
PD20060186 氟虫腈 1067
PD20060187 杀虫单 427
PD20060188 多菌灵 49
PD20060189 噻嗪·杀虫单 59
PD20060190 高效氯氰菊酯 361
PD20060192 氯氰菊酯 361
PD20060193 氯氰菊酯 255
PD20060194 乙酰甲胺磷 769
PD20060195 除虫脲 606
PD20060197 甲基嘧啶磷 1077
PD20060198 甲萘威 646
PD20060199 吡虫·辛硫磷 140
PD20060200 噻嗪酮 626
PD20060201 多·福 253
PD20060202 氟啶脲 666
PD20060203 百菌清 978
PD20060204 虫酰肼 666
PD20060205 草甘膦 858
PD20060206 螨醇·哒螨灵 1053
PD20060207 高效氯氟氰菊酯 475

PD20060208 溴鼠灵 976
PD20060209 吡虫啉 328
PD20060210 代森锰锌 1012
PD20060211 S-氰戊菊酯 502
PD20060212 氟氯氰菊酯 1118
PD20060213 杀螟硫磷 1109
PD20060214 环嗪酮 52
PD20060215 异菌脲 635
PD20060216 苄嘧磺隆 594
PD20060217 二甲戊灵 519
PD20070001 毒死蜱 604
PD20070002 毒死蜱 1123
PD20070003 联苯菊酯 594
PD20070004 代森锌 1053
PD20070005 马拉·三唑磷 1096
PD20070006 多·酮·福美双 580
PD20070007 氟虫腈 1067
PD20070008 多·酮 463
PD20070011 三唑锡 847
PD20070012 棉隆 560
PD20070013 棉隆 560
PD20070014 多菌灵 542
PD20070015 炔螨特 847
PD20070016 禾草灵 1077
PD20070017 高效氯氰菊酯 104
PD20070018 丁草胺 858
PD20070019 高效氯氰菊酯 1064
PD20070020 丁草胺 858
PD20070021 草甘膦异丙胺盐 542
PD20070022 三唑酮 1027
PD20070023 二甲戊灵 858
PD20070024 代森锰锌 621
PD20070025 丁草胺 858
PD20070026 代森锰锌 935
PD20070027 代森锰锌 935
PD20070028 代森锰锌 935
PD20070029 西玛津 858
PD20070030 代森锌 1012
PD20070032 丙草胺 1102
PD20070033 福美·拌种灵 1012
PD20070034 三乙膦酸铝 543
PD20070035 麦草畏 597
PD20070036 氟氯氰菊酯 597
PD20070039 苯磺隆 526
PD20070040 草甘膦 542
PD20070041 甲基硫菌灵 542
PD20070042 杀螟丹 594
PD20070043 乙草胺 362
PD20070044 乙酰甲胺磷 109
PD20070045 氯·辛 160
PD20070046 双甲脒 536
PD20070047 多·锰锌 847
PD20070048 阿维菌素 769
PD20070049 双甲脒 536
PD20070059 灭蝇胺 693
PD20070060 灭蝇胺 693
PD20070065 烯草酮 693
PD20070066 烯草酮 873
PD20070067 烯草酮 693
PD20070068 阿维菌素 373
PD20070070 乙草胺 858
PD20070072 喹禾灵 577
PD20070073 三乙膦酸铝 608
PD20070074 三乙膦酸铝 608
PD20070075 灭多威 618
PD20070076 氰戊·辛硫磷 851
PD20070077 敌鼠钠盐 674
PD20070078 锰锌·福美双 1054
PD20070080 咪唑乙烟酸 296
PD20070081 草甘膦 59
PD20070082 草甘膦 59
PD20070083 锰锌·甲霜灵 935
PD20070085 毒死蜱 909
PD20070086 硫磺·多菌灵 225
PD20070087 硫磺·多菌灵 225
PD20070089 吡虫·三唑锡 847
PD20070090 二氯喹啉酸 693
PD20070091 甲基硫菌灵 49
PD20070092 丙溴磷 844
PD20070094 氧氟·乙草胺 475
PD20070095 炔螨特 471
PD20070096 赤霉酸 474
PD20070097 禾草丹 626
PD20070098 百草枯 405
PD20070099 精噁唑禾草灵 594
PD20070100 百草枯 176
PD20070101 百草枯 405
PD20070102 麦草畏 1097
PD20070103 烯禾啶 693
PD20070104 苏云金杆菌 666
PD20070105 杀虫环 594
PD20070107 氨氯吡啶酸 1097
PD20070108 敌草胺 1030
PD20070109 异噁草松 693
PD20070110 阿维菌素 474
PD20070113 高效氯氟氰菊酯 702
PD20070115 百草枯 136
PD20070116 灭草松 495
PD20070117 丙威·毒死蜱 136
PD20070118 抗蚜威 52
PD20070119 代森锰锌 136
PD20070122 阿维菌素 1097
PD20070123 灭草松 495
PD20070125 异丙威 136
PD20070131 氯吡脲 1031
PD20070132 氯吡脲 1031
PD20070133 异噁草松 509
PD20070134 腐霉利 635
PD20070136 嗪草酮 675
PD20070137 福美·拌种灵 1062
PD20070139 氯氰·毒死蜱 457
PD20070140 异菌脲 506
PD20070141 环嗪酮 506
PD20070142 乙草胺 1102
PD20070143 氟虫腈 1067
PD20070144 三唑锡 847
PD20070145 丙环唑 847
PD20070146 莠去津 691
PD20070147 噁草酮 609
PD20070148 草甘膦 1070
PD20070149 嗪草酮 492
PD20070150 石硫合剂 951
PD20070151 甲基硫菌灵 591
PD20070152 噻嗪·杀虫单 602
PD20070153 多·福 253
PD20070154 苄嘧磺隆 475
PD20070155 百草枯 994
PD20070156 代森锰锌 549
PD20070157 辛硫·甲拌磷 765
PD20070159 草甘膦异丙胺盐 140
PD20070160 溴氰菊酯 597
PD20070163 虫酰肼 870
PD20070165 高效氯氟氰菊酯 597
PD20070166 吡虫啉 156
PD20070167 锰锌·多菌灵 1012
PD20070168 氯氰·三唑磷 653

PD20070169	三环唑	413
PD20070170	扑草净	858
PD20070171	福美双	270
PD20070172	腐霉利	1030
PD20070173	三十烷醇	1012
PD20070174	草甘膦	543
PD20070175	虫酰肼	502
PD20070176	乙氧氟草醚	519
PD20070178	甲拌·辛硫磷	805
PD20070179	噻嗪·杀虫单	576
PD20070180	三乙膦酸铝	543
PD20070181	乙草胺	858
PD20070183	联苯菊酯	666
PD20070184	百草枯	1097
PD20070185	福美双	971
PD20070186	草甘膦异丙胺盐	375
PD20070187	噁草酮	561
PD20070188	甲霜灵	457
PD20070189	草甘膦	601
PD20070192	代森锰锌	621
PD20070193	溴甲烷	545
PD20070194	多·福	935
PD20070196	辛硫·甲拌磷	765
PD20070197	烯禾啶	693
PD20070201	辛硫磷	577
PD20070205	二氯喹啉酸	693
PD20070206	烯草酮	675
PD20070207	毒死蜱	475
PD20070208	硫磺	909
PD20070209	炔螨特	492
PD20070211	丙溴磷	1077
PD20070212	咪唑乙烟酸	693
PD20070213	氯氰·毒死蜱	513
PD20070214	草甘膦	558
PD20070215	三环唑	1102
PD20070217	氯氰菊酯	542
PD20070218	异丙威	645
PD20070219	高氯·吡虫啉	703
PD20070220	炔螨特	471
PD20070221	吡虫啉	595
PD20070222	炔螨特	492
PD20070223	代森锌	608
PD20070224	异噁草松	702
PD20070225	甲草胺	994
PD20070226	除虫脲	702
PD20070227	乙酰甲胺磷	994
PD20070228	氯氰·辛硫磷	457
PD20070229	三唑磷	703
PD20070230	莠去津	858
PD20070232	福·甲·硫磺	1054
PD20070233	多菌灵	225
PD20070234	福美双	935
PD20070235	代森锰锌	262
PD20070237	精喹禾灵	594
PD20070238	百·福	1054
PD20070239	多·福	1054
PD20070240	戊唑醇	693
PD20070241	灭蝇胺	635
PD20070242	灭蝇胺	635
PD20070243	代森锰锌	1012
PD20070244	腐霉利	1012
PD20070245	联苯菊酯	597
PD20070247	二甲戊灵	569
PD20070248	精吡氟禾草灵	1106
PD20070249	吡嘧磺隆	693
PD20070250	吡嘧磺隆	693
PD20070251	丙森锌	493
PD20070252	草甘膦	456
PD20070253	毒死蜱	457
PD20070254	春雷霉素	447
PD20070255	锰锌·三唑酮	1012
PD20070256	多·锰锌	270
PD20070257	稻瘟灵	1118
PD20070258	苄嘧磺隆	375
PD20070259	乙草胺	362
PD20070260	乙草胺	362
PD20070261	高效氯氰菊酯	1023
PD20070262	噻菌灵	456
PD20070263	咪鲜胺	693
PD20070264	氯氰菊酯	456
PD20070265	高效氟吡甲禾灵	777
PD20070266	高氯·辛硫磷	88
PD20070267	咪鲜胺	693
PD20070268	敌百·三唑磷	654
PD20070269	苯磺隆	526
PD20070270	草甘膦	526
PD20070271	禾草丹	626
PD20070272	甲氰菊酯	1118
PD20070273	高效氯氟氰菊酯	456
PD20070275	硫磺	935
PD20070276	乙铝·锰锌	270
PD20070277	异噁草松	45
PD20070278	敌畏·辛硫磷	337
PD20070280	草甘膦异丙胺盐	601
PD20070281	春雷霉素	296
PD20070282	咪鲜胺	1102
PD20070283	高氯·吡虫啉	829
PD20070284	草甘膦	46
PD20070285	乙草胺	697
PD20070286	多菌灵	49
PD20070287	百菌清	456
PD20070288	芸苔素内酯	1005
PD20070289	芸苔素内酯	1005
PD20070293	苯磺隆	594
PD20070294	苯磺隆	976
PD20070295	多·福·硫磺	935
PD20070296	丙环唑	1084
PD20070297	精噁唑禾草灵	693
PD20070298	丙环唑	1085
PD20070299	福美双	1047
PD20070300	联苯菊酯	509
PD20070301	虫酰肼	457
PD20070303	喹禾灵	471
PD20070304	草甘膦	49
PD20070305	伏杀硫磷	52
PD20070306	噻嗪·杀虫单	1096
PD20070307	毒死蜱	613
PD20070308	二嗪磷	554
PD20070309	多·硫	52
PD20070310	苯丁锡	1086
PD20070312	三环唑	1069
PD20070313	氯氟吡氧乙酸	777
PD20070314	杀螟丹	594
PD20070315	麦草畏	1097
PD20070317	异菌脲	1067
PD20070318	氯氰·辛硫磷	102
PD20070320	溴螨酯	1106
PD20070321	矮壮素	1109
PD20070322	溴敌隆	587
PD20070323	溴鼠灵	587
PD20070324	嘧霉胺	502
PD20070325	啶虫脒	462
PD20070326	稻瘟灵	1023
PD20070327	二甲戊灵	1123
PD20070328	双甲脒	456
PD20070329	丁草胺	1049

PD20070330 硫磺·多菌灵 951
PD20070331 多菌灵 200
PD20070332 甲氰菊酯 675
PD20070333 多菌灵 200
PD20070334 丙环唑 592
PD20070335 敌稗 1070
PD20070336 四螨嗪 270
PD20070338 哒螨灵 59
PD20070339 烯肟菌酯 693
PD20070340 烯肟菌酯 693
PD20070347 杀铃脲 446
PD20070348 杀铃脲 447
PD20070351 烯效唑 523
PD20070352 烯效唑 523
PD20070356 灭幼脲 447
PD20070357 灭幼脲 447
PD20070360 已唑醇 523
PD20070361 已唑醇 523
PD20070362 甲氨基阿维菌素苯甲酸盐 283
PD20070363 甲氨基阿维菌素苯甲酸盐 283
PD20070368 单嘧磺隆 1048
PD20070369 单嘧磺隆 1048
PD20070372 吡蚜酮 454
PD20070373 吡蚜酮 454
PD20070376 苯噻酰草胺 502
PD20070377 苯噻酰草胺 502
PD20070379 百草枯 1087
PD20070380 厚孢轮枝菌 1065
PD20070381 厚孢轮枝菌 1065
PD20070382 噁霜·锰锌 1054
PD20070383 草甘膦异丙胺盐 1029
PD20070384 环嗪酮 506
PD20070386 乙草胺 675
PD20070387 溴敌隆 274
PD20070388 草除灵 506
PD20070389 噁草酮 506
PD20070390 百草枯 616
PD20070391 苯磺隆 594
PD20070393 草甘膦异丙胺盐 106
PD20070394 氟啶脲 777
PD20070395 异菌脲 1067
PD20070396 虫酰肼 703
PD20070397 啶虫脒 769
PD20070398 四螨嗪 549
PD20070399 多抗霉素 769
PD20070401 丙环唑 46
PD20070402 甲霜灵 556
PD20070403 锰锌·氟吗啉 693
PD20070404 草甘膦异丙胺盐 601
PD20070405 高效氯氟氰菊酯 466
PD20070406 已唑醇 509
PD20070407 敌稗 378
PD20070408 丙草胺 462
PD20070409 阿维菌素 1083
PD20070410 二甲戊灵 1085
PD20070411 多·酮 547
PD20070412 丙环唑 470
PD20070413 噻嗪酮 462
PD20070414 代森锰锌 549
PD20070415 丙草胺 475
PD20070416 咪唑乙烟酸 375
PD20070417 噁草酮 456
PD20070418 C型肉毒杀鼠素 701
PD20070419 菜颗·苏云菌 409
PD20070420 毒死蜱 1006
PD20070421 氯氰菊酯 1102
PD20070422 精噁唑禾草灵 1070
PD20070423 二氯喹啉酸 693
PD20070424 氰戊菊酯 136
PD20070425 氯氰·辛硫磷 310
PD20070426 双甲脒 536
PD20070427 多·福 1044
PD20070428 伏杀硫磷 52
PD20070429 代森锰锌 549
PD20070430 炔螨特 847
PD20070431 甲基硫菌灵 49
PD20070432 阿维·高氯 769
PD20070433 莠去津 731
PD20070434 炔螨特 291
PD20070436 甲氰菊酯 613
PD20070437 氯氰·辛硫磷 336
PD20070441 已唑醇 470
PD20070443 丁草胺 554
PD20070444 甲霜·锰锌 1085
PD20070445 甲草胺 554
PD20070446 咪鲜胺锰盐 484
PD20070447 毒死蜱 526
PD20070449 虫酰肼 457
PD20070450 啶虫脒 362
PD20070451 噻嗪酮 491
PD20070452 丁草胺 554
PD20070454 氯吡脲 1028
PD20070455 氯吡脲 1028
PD20070458 哒螨灵 994
PD20070459 多·酮 538
PD20070460 炔螨特 405
PD20070461 多·福 897
PD20070462 苄·乙 475
PD20070463 多·福 349
PD20070464 醚菊酯 523
PD20070465 敌草胺 1030
PD20070466 嘧霉胺 253
PD20070467 噻·酮·杀虫单 454
PD20070468 苯噻酰草胺 418
PD20070469 三氟羧草醚 463
PD20070470 三环唑 626
PD20070471 苄嘧磺隆 1012
PD20070472 咪鲜胺 554
PD20070473 甲硫·福美双 1054
PD20070475 嘧霉胺 286
PD20070476 啶虫脒 923
PD20070477 嘧霉胺 470
PD20070478 噻吩磺隆 539
PD20070479 啶虫脒 52
PD20070480 啶虫脒 619
PD20070481 啶虫脒 288
PD20070482 啶虫脒 499
PD20070483 噻吩磺隆 616
PD20070484 咪鲜胺 1109
PD20070485 嘧霉胺 844
PD20070486 三环唑 635
PD20070487 吡虫啉 923
PD20070488 噻嗪·杀虫单 659
PD20070489 吡虫啉 456
PD20070490 灭多威 973
PD20070491 氯氰菊酯 313
PD20070493 醚菊酯 456
PD20070494 咪唑乙烟酸 553
PD20070495 噻嗪酮 1069
PD20070496 代森锰锌 279
PD20070497 甲氰菊酯 1101
PD20070498 杀螺胺乙醇胺盐 45
PD20070499 福美双 883
PD20070500 乙烯利 136
PD20070501 甲基硫菌灵 646
PD20070502 高效氯氟氰菊酯 554

PD20070503 炔螨特 731
PD20070504 代森锰锌 550
PD20070505 噻嗪酮 551
PD20070506 戊唑醇 470
PD20070507 戊唑醇 450
PD20070508 丁硫克百威 392
PD20070509 代森锰锌 279
PD20070510 戊唑醇 456
PD20070511 噁霜灵 603
PD20070512 敌敌畏 703
PD20070513 敌敌畏 405
PD20070514 三唑锡 745
PD20070516 啶虫脒 923
PD20070517 噻嗪酮 590
PD20070518 噻螨酮 1118
PD20070519 甲霜・锰锌 608
PD20070520 草除灵 463
PD20070521 氰戊・马拉松 850
PD20070522 咪鲜胺锰盐 484
PD20070523 代森锰锌 747
PD20070524 三环唑 530
PD20070525 福・甲・硫磺 542
PD20070526 氰戊・辛硫磷 199
PD20070529 阿维・辛硫磷 737
PD20070530 代森锰锌 574
PD20070531 代森锌 703
PD20070533 草甘膦异丙胺盐(41%) 478
PD20070534 萎锈灵 46
PD20070535 高效氟吡甲禾灵 384
PD20070536 啶虫脒 482
PD20070537 甲草胺 554
PD20070538 吡虫啉 580
PD20070539 代森锰锌 731
PD20070540 乙酰甲胺磷 654
PD20070541 三唑醇 493
PD20070542 苯磺隆 675
PD20070543 炔螨特 1085
PD20070544 炔螨特 1085
PD20070545 炔螨特 1085
PD20070546 多・锰锌 955
PD20070547 啶虫脒 563
PD20070548 咪鲜胺 484
PD20070549 芸苔素内酯 176
PD20070550 芸苔素内酯 177
PD20070551 异噁草松 463
PD20070552 苯磺隆 46
PD20070553 苄嘧・苯噻酰 566
PD20070554 苄嘧・苯噻酰 502
PD20070555 氯氰菊酯 731
PD20070556 多菌灵 526
PD20070558 氰戊菊酯 508
PD20070559 甲基硫菌灵 574
PD20070560 代森锰锌 513
PD20070561 代森锰锌 243
PD20070562 精喹禾灵 46
PD20070563 草甘膦异丙胺盐 616
PD20070564 啶虫脒 674
PD20070565 嘧霉胺 1085
PD20070566 三唑酮 994
PD20070567 腐霉・福美双 935
PD20070568 灭多威 815
PD20070569 噻嗪酮 659
PD20070570 毒死蜱 969
PD20070571 丙环唑 1006
PD20070572 高效氯氟氰菊酯 291
PD20070573 克百威 427
PD20070574 虫酰肼 815
PD20070575 吡虫啉 828
PD20070576 噻螨酮 479
PD20070578 氯氰菊酯 276
PD20070579 丙环唑 1076
PD20070580 异稻・三环唑 654
PD20070581 敌百・毒死蜱 655
PD20070582 三环唑 1102
PD20070583 高氯・辛硫磷 844
PD20070584 嘧霉胺 608
PD20070586 啶虫脒 328
PD20070587 氰戊・辛硫磷 566
PD20070588 异丙威 652
PD20070589 高氯・马 702
PD20070590 辛硫磷 277
PD20070591 咪鲜胺锰盐 554
PD20070592 噻嗪・异丙威 659
PD20070593 吡虫啉 731
PD20070594 灭幼脲 709
PD20070595 噻嗪・杀虫单 463
PD20070596 仲丁威 645
PD20070597 三十烷醇 333
PD20070599 多菌灵 883
PD20070600 辛硫・高氯氟 261
PD20070601 马拉・杀螟松 650
PD20070602 啶虫脒 460
PD20070603 咪鲜胺 943
PD20070604 噻嗪酮 1096
PD20070605 灭多威 578
PD20070606 灭多威 646
PD20070607 百草枯 777
PD20070608 啶虫脒 260
PD20070609 百草枯 666
PD20070610 丙环唑 1076
PD20070612 仲丁威・三唑磷 645
PD20070613 锰锌・多菌灵 709
PD20070614 咪鲜胺锰盐 554
PD20070616 高氯・辛硫磷 209
PD20070617 草甘膦异丙胺盐 478
PD20070618 氰戊・倍硫磷 202
PD20070619 草甘膦 202
PD20070620 噁草・丁草胺 561
PD20070621 丙环唑 224
PD20070622 噻嗪・杀虫单 463
PD20070623 噻吩磺隆 46
PD20070624 氯氰・乐果 199
PD20070626 硫磺・三唑酮 844
PD20070627 扑草净 866
PD20070628 草甘膦 866
PD20070629 噻吩磺隆 592
PD20070630 异丙甲草胺 1102
PD20070631 三环唑 538
PD20070632 硫双威 1107
PD20070633 三环唑 471
PD20070634 噻嗪酮 1114
PD20070635 异丙甲草胺 506
PD20070636 苄嘧・禾草丹 976
PD20070637 草甘膦异丙胺盐 977
PD20070638 高氯・辛硫磷 62
PD20070639 噻吩磺隆 46
PD20070640 溴氰菊酯 613
PD20070641 毒死蜱 1123
PD20070642 苯磺隆 46
PD20070643 嘧霉胺 502
PD20070644 啶虫脒 671
PD20070645 咪鲜胺 761
PD20070646 啶虫脒 92
PD20070647 啶虫脒 509
PD20070648 甲基硫菌灵 456
PD20070649 咪鲜胺 554

PD20070650 草甘膦异丙胺盐 206
PD20070651 苯噻酰草胺 675
PD20070652 莠去津 622
PD20070653 氯氰·毒死蜱 1063
PD20070654 莠去津 691
PD20070655 咪鲜胺 484
PD20070656 甲霜·锰锌 978
PD20070657 噻吩磺隆 46
PD20070658 氟氯氰菊酯 597
PD20070659 草甘膦异丙胺盐 994
PD20070660 百菌清 994
PD20070661 禾草灵 1070
PD20070663 吡虫啉·噻嗪酮 1093
PD20070664 三环唑 1102
PD20070665 三环唑 1027
PD20070666 高效氯氟氰菊酯 224
PD20070667 辛硫磷 397
PD20070668 氯氰·敌敌畏 1063
PD20070669 啶虫脒 807
PD20070670 多菌灵 574
PD20070671 草甘膦异丙胺盐 1089
PD20070672 氯氰菊酯 597
PD20070673 啶虫脒 362
PD20070674 苄嘧磺隆 79
PD20070675 啶虫脒 362
PD20070676 啶虫脒 745
PD20070677 灭幼脲 900
PD20070678 吡虫啉 482
PD20070679 高效氟氯氰菊酯 597
PD20070681 胺苯磺隆 52
PD20070682 嗪草酮 536
PD20070683 高氯·辛硫磷 847
PD20070684 丙环唑 985
PD20070685 咪鲜胺 555
PD20070686 百菌清 608
PD20070687 精喹禾灵 472
PD20070688 灭蝇胺 635
PD20070689 氟乐灵 130
PD20080001 咪鲜胺 484
PD20080002 马拉硫磷 655
PD20080003 多·福 542
PD20080004 噻嗪酮 512
PD20080005 噻嗪酮 463
PD20080006 啶虫脒 90
PD20080007 苯丁锡 1086
PD20080008 咪鲜胺锰盐 1102
PD20080009 咪鲜胺 943
PD20080010 啶虫脒 745
PD20080011 霜脲氰 129
PD20080012 吡虫啉 463
PD20080013 啶虫脒 362
PD20080014 灭幼脲 169
PD20080015 苄嘧磺隆 526
PD20080016 霜脲氰 1109
PD20080017 嘧霉胺 470
PD20080018 精喹禾灵 594
PD20080019 福美双 862
PD20080020 噻嗪酮 602
PD20080021 噻·异 659
PD20080022 40%稻瘟灵乳油 419
PD20080023 丁草胺 866
PD20080024 阿维·辛 202
PD20080025 杀螺胺乙醇胺盐 156
PD20080026 啶虫脒 1118
PD20080027 氯氰·丙溴磷 935
PD20080028 精喹禾灵 378
PD20080029 甲霜·锰锌 732
PD20080030 苄嘧·苯噻酰 500
PD20080031 锰锌·霜脲 93
PD20080032 高效氯氰菊酯 125
PD20080033 嘧霉胺 253
PD20080034 甲萘威 646
PD20080035 噻螨酮 500
PD20080036 多·福·硫磺 1054
PD20080037 噻嗪酮 413
PD20080038 氟磺胺草醚 456
PD20080039 草甘膦 1063
PD20080040 甲基硫菌灵 724
PD20080041 多·锰锌 881
PD20080042 丁草胺 994
PD20080043 啶虫脒 94
PD20080044 多菌灵 994
PD20080045 乙·异噁 475
PD20080046 丙环唑 462
PD20080047 啶虫脒 935
PD20080048 异丙威 655
PD20080049 杀虫环 569
PD20080050 毒死蜱 703
PD20080051 醚菊酯 523
PD20080052 氟乐灵 243
PD20080053 稻瘟灵 513
PD20080054 三唑锡 1086
PD20080055 芸苔素内酯 140
PD20080056 噻嗪酮 994
PD20080057 灭幼脲 169
PD20080058 代森锰锌 1100
PD20080059 高效氯氟氰菊酯 470
PD20080060 苯磺隆 287
PD20080061 苄嘧·苯噻酰 370
PD20080062 硫酸铜 139
PD20080063 三唑锡 125
PD20080064 稻灵·异稻 645
PD20080065 炔螨特 881
PD20080066 甲基硫菌灵 506
PD20080067 氯氰·辛硫磷 349
PD20080068 氰戊菊酯 199
PD20080069 高效氯氟氰菊酯 202
PD20080070 丙森锌 608
PD20080072 仲丁威 462
PD20080073 三环唑 601
PD20080074 仲丁灵原药 733
PD20080075 溴敌隆 343
PD20080076 杀扑磷 1124
PD20080077 噻嗪酮 543
PD20080078 甲基毒死蜱 506
PD20080079 氟氯氰菊酯 1118
PD20080080 苄·丁 475
PD20080081 精吡氟禾草灵 733
PD20080083 氰戊菊酯 994
PD20080084 百草枯 394
PD20080085 毒·辛 202
PD20080086 炔螨特 413
PD20080087 乙草胺 866
PD20080088 咪唑乙烟酸 464
PD20080089 甲草胺 866
PD20080090 丙环唑 523
PD20080091 三乙膦酸铝 608
PD20080092 灭草松 569
PD20080093 毒死蜱 502
PD20080094 异噁草松 489
PD20080095 丙环唑 201
PD20080096 高效氯氟氰菊酯 969
PD20080097 高效氯氟氰菊酯 1006
PD20080098 啶虫脒 983
PD20080099 咪唑乙烟酸 693
PD20080100 咪鲜胺 613

PD20080101	唑螨酯	86
PD20080102	高氯·毒死蜱	202
PD20080103	丙森锌	550
PD20080104	三环唑	1076
PD20080105	乙烯利	637
PD20080106	乙草胺	1050
PD20080107	噻螨酮	513
PD20080108	炔螨特	1079
PD20080109	苯噻酰草胺	462
PD20080110	苄嘧磺隆	594
PD20080111	代森锰锌	1100
PD20080112	噻嗪酮	456
PD20080113	啶虫脒	599
PD20080114	乙草胺	678
PD20080115	毒死蜱	46
PD20080116	乙草胺	456
PD20080117	啶虫脒	794
PD20080118	啶虫脒	506
PD20080119	啶虫脒	79
PD20080120	辛酰溴苯腈	464
PD20080121	噻螨酮	1085
PD20080122	腐霉利	1076
PD20080123	啶虫脒	613
PD20080124	毒死蜱	613
PD20080125	苯磺隆	462
PD20080126	噻嗪·异丙威	543
PD20080127	仲丁灵	130
PD20080128	啶虫脒	287
PD20080129	氯·辛	336
PD20080130	苯噻酰草胺	460
PD20080131	腐霉利	635
PD20080132	嘧霉胺	608
PD20080133	甲氰菊酯	655
PD20080134	百草枯	202
PD20080135	乙草胺	697
PD20080136	嘧霉胺	844
PD20080137	多·锰锌	935
PD20080138	甲基硫菌灵	513
PD20080139	啶虫脒	892
PD20080140	嘧霉胺	1054
PD20080141	多·福	140
PD20080142	氟乐灵	866
PD20080143	高效氟吡甲禾灵	733
PD20080144	噻嗪酮	523
PD20080145	啶虫脒	506
PD20080146	咪唑乙烟酸	693
PD20080147	己唑醇	578
PD20080148	炔螨特	526
PD20080149	噻嗪酮	79
PD20080150	阿维·毒死蜱	202
PD20080151	乙烯利	250
PD20080152	啶虫脒	261
PD20080153	氯氰菊酯	994
PD20080154	啶虫脒	283
PD20080155	异恶草松	678
PD20080156	氟磺胺草醚	678
PD20080157	杀螟丹	994
PD20080158	啶虫脒	276
PD20080159	毒死蜱	724
PD20080160	硫磺·三唑酮	892
PD20080161	阿维菌素	1095
PD20080162	咪鲜胺	613
PD20080163	多菌灵	995
PD20080164	啶虫脒	270
PD20080165	氟磺胺草醚	378
PD20080166	丙溴磷	457
PD20080167	灭草松	569
PD20080168	乐果	1070
PD20080169	马拉硫磷	277
PD20080170	代森锰锌	794
PD20080171	三环唑	512
PD20080172	甲霜·锰锌	1076
PD20080173	灭草松	569
PD20080174	乙草胺	555
PD20080175	精喹禾灵	555
PD20080176	异丙甲草胺	456
PD20080177	灭幼脲	709
PD20080178	乙烯利	456
PD20080179	三氯吡氧乙酸丁氧基乙酯	1006
PD20080182	啶虫脒	283
PD20080183	辛硫磷	405
PD20080184	啶虫脒	1083
PD20080185	毒·辛	953
PD20080186	噻嗪酮	543
PD20080187	噻螨酮	500
PD20080188	多菌灵	547
PD20080189	氟乐灵	261
PD20080190	苄嘧磺隆	79
PD20080191	己唑醇	578
PD20080192	噻·杀单	79
PD20080193	啶虫脒	1083
PD20080194	高氯·马	311
PD20080195	溴鼠灵	1057
PD20080196	溴鼠灵	1058
PD20080197	溴鼠灵	1058
PD20080198	溴敌隆	1058
PD20080199	氰戊·马拉松	343
PD20080200	氰戊·马拉松	371
PD20080201	马拉·杀螟松	205
PD20080202	高效氯氟氰菊酯	470
PD20080203	噻嗪·异丙威	1023
PD20080204	敌畏·毒	1096
PD20080206	丙·辛	732
PD20080207	毒死蜱	1096
PD20080208	硫磺·多菌灵	506
PD20080209	三环·异稻	1096
PD20080210	异菌脲	502
PD20080211	三环唑	1096
PD20080212	嘧霉胺	844
PD20080213	啶虫脒	514
PD20080214	嘧霉胺	286
PD20080215	稻瘟灵	1023
PD20080216	稻瘟灵	652
PD20080217	苯噻酰草胺	1071
PD20080218	啶虫脒	354
PD20080219	啶虫脒	261
PD20080220	三唑锡	794
PD20080221	乙铝·锰锌	608
PD20080222	乙·异噁松	475
PD20080223	毒死蜱	1063
PD20080224	莠去津	866
PD20080225	啶虫脒	276
PD20080226	毒死蜱	80
PD20080227	多·锰锌	953
PD20080228	毒·辛	475
PD20080230	苄嘧磺隆	80
PD20080231	氰戊·敌敌畏	496
PD20080233	代森锰锌	922
PD20080234	丙环唑	523
PD20080235	仲威·毒死蜱	475
PD20080236	甲霜·锰锌	179
PD20080237	甲霜·锰锌	140
PD20080238	西玛津	866
PD20080239	二甲戊灵	866
PD20080240	噻吩磺隆	80
PD20080241	噻吩磺隆	564

PD20080242 噻吩磺隆 539
PD20080243 毒死蜱 392
PD20080244 苯磺隆 80
PD20080245 敌敌畏 243
PD20080247 啶虫脒 578
PD20080250 硫磺·多菌灵 506
PD20080251 福·甲·硫磺 506
PD20080252 百菌清 574
PD20080253 吡嘧磺隆 475
PD20080254 噻酚磺隆 352
PD20080255 稻丰散 592
PD20080256 苯磺隆 80
PD20080257 苄·噻磺 475
PD20080258 胺苯磺隆 475
PD20080259 氯氟吡氧乙酸 475
PD20080260 嘧霉胺 815
PD20080261 啶虫脒 253
PD20080262 咪鲜胺 660
PD20080263 已唑醇 1118
PD20080264 啶虫脒 482
PD20080265 乙酰甲胺磷 243
PD20080266 灭蝇胺 703
PD20080267 氯氰·辛硫磷 140
PD20080268 乙草胺 622
PD20080269 苯磺隆 745
PD20080270 草甘膦异丙胺盐 693
PD20080271 氟节胺 1086
PD20080272 胺苯磺隆 693
PD20080273 胺苯磺隆 693
PD20080274 氰戊·辛硫磷 467
PD20080275 啶虫脒 737
PD20080276 噻嗪·杀虫单 467
PD20080277 硫磺·三唑酮 973
PD20080278 稻瘟灵 1060
PD20080279 杀扑磷 834
PD20080280 噻吩磺隆 616
PD20080281 啶虫脒 500
PD20080282 啶虫脒 253
PD20080283 霜脲·锰锌 257
PD20080284 三唑锡 180
PD20080285 氯氰菊酯 559
PD20080286 唑酮·福美双 626
PD20080287 溴敌隆 943
PD20080288 马拉硫磷 203
PD20080289 溴氰菊酯 489
PD20080290 敌畏·吡虫啉 245
PD20080291 毒死蜱 1123
PD20080292 戊唑醇 493
PD20080293 三环唑 512
PD20080294 甲氰·炔螨特 675
PD20080295 硫磺·三环唑 140
PD20080296 甲基硫菌灵 140
PD20080297 高效氯氰菊酯 243
PD20080298 硫磺·三环唑 180
PD20080299 氰戊·辛硫磷 641
PD20080300 乙草胺 375
PD20080301 啶虫脒 732
PD20080302 硫磺·三环唑 512
PD20080303 多·锰锌 973
PD20080304 毒死蜱 506
PD20080305 二嗪磷 555
PD20080306 灭蝇胺 526
PD20080307 啶虫脒 578
PD20080308 苯磺隆 287
PD20080309 噻吩磺隆 592
PD20080310 四螨·哒螨灵 500
PD20080311 毒死蜱 1123
PD20080312 苯磺隆 526
PD20080313 啶虫脒 807
PD20080314 乙酰甲胺磷 629
PD20080315 霜脲·锰锌 112
PD20080316 敌敌畏 650
PD20080317 仲丁灵 130
PD20080318 多·福 239
PD20080319 啶虫脒 998
PD20080320 嘧霉胺 703
PD20080321 烟嘧磺隆 502
PD20080322 嘧霉胺 543
PD20080323 毒死蜱 761
PD20080324 多菌灵 839
PD20080325 百草枯 280
PD20080326 辛酰溴苯腈 1082
PD20080327 莠去津 291
PD20080328 咪鲜胺 1028
PD20080329 硫磺·多菌灵 620
PD20080330 苯噻酰草胺 684
PD20080331 百草枯 378
PD20080332 精喹禾灵 496
PD20080333 多菌灵 506
PD20080334 稻瘟灵 1027
PD20080335 灭幼脲 715
PD20080336 溴敌隆 674
PD20080337 噻螨酮 769
PD20080338 氯氰·辛硫磷 337
PD20080339 噁霉灵 1108
PD20080340 敌畏·吡虫啉 70
PD20080341 联苯菊酯 531
PD20080342 噻吩磺隆 616
PD20080343 多菌灵 588
PD20080344 乙草胺 889
PD20080345 苯噻酰草胺 675
PD20080347 噻嗪酮 1070
PD20080348 克百威 489
PD20080349 甲霜·锰锌 346
PD20080350 四螨嗪 140
PD20080351 氯氰菊酯 434
PD20080352 草甘膦 208
PD20080353 草甘膦异丙胺盐 177
PD20080354 丙草胺 480
PD20080355 炔螨特 1105
PD20080356 多·福 547
PD20080357 三唑醇 578
PD20080358 氯氰菊酯 162
PD20080359 乙草胺 436
PD20080360 二甲戊灵 600
PD20080361 高效氯氰菊酯 162
PD20080362 炔螨特 500
PD20080363 乙草胺 162
PD20080364 高效氯氰菊酯 162
PD20080365 噁霜灵 462
PD20080366 百草枯 778
PD20080367 苄嘧·苯噻酰 581
PD20080368 草甘膦异丙胺盐 46
PD20080369 多菌灵 724
PD20080370 啶虫脒 236
PD20080371 甲霜·锰锌 724
PD20080372 啶虫脒 192
PD20080373 高氯·辛硫磷 481
PD20080374 啶虫脒 325
PD20080375 多·福 566
PD20080376 溴敌隆 343
PD20080377 霜霉威盐酸盐 807
PD20080378 异稻·稻瘟灵 211
PD20080379 敌畏·辛硫磷 211
PD20080380 噻嗪·异丙威 475
PD20080381 福·甲·硫磺 1054

PD20080382 灭幼脲 1054
PD20080383 甲硫·福美双 769
PD20080384 三环唑 1069
PD20080385 丙环唑 666
PD20080386 多·福 776
PD20080387 代森锌 608
PD20080388 福美双 125
PD20080389 三环唑 995
PD20080390 啶虫脒 985
PD20080391 高效氯氟氰菊酯 112
PD20080392 高效氯氟氰菊酯 216
PD20080393 S-氰戊菊酯 377
PD20080394 禾草灵 372
PD20080395 毒死蜱 263
PD20080396 炔螨特 180
PD20080397 咪鲜胺 464
PD20080398 灭蝇胺 563
PD20080399 嘧霉胺 608
PD20080400 啶虫脒 599
PD20080401 氟乐灵 616
PD20080402 高效氯氟氰菊酯 162
PD20080403 灭多威 392
PD20080404 霜霉威 457
PD20080405 敌畏·辛硫磷 664
PD20080406 敌百·辛硫磷 664
PD20080407 毒·辛 629
PD20080408 氯氰菊酯 140
PD20080409 啶虫脒 1009
PD20080410 嘧霉胺 601
PD20080411 苄嘧·苯噻酰 464
PD20080412 杀螺胺 456
PD20080413 啶虫脒 136
PD20080414 高效氯氟氰菊酯 180
PD20080415 高效氯氟氰菊酯 1054
PD20080416 乙草胺 1102
PD20080417 吡虫啉 703
PD20080418 嘧霉胺 543
PD20080419 氯·马·辛硫磷 889
PD20080420 啶虫脒 109
PD20080421 氯氰·毒死蜱 693
PD20080423 噻吩磺隆 475
PD20080424 代森锌 279
PD20080427 咪鲜胺 481
PD20080428 草甘膦 1021
PD20080429 精噁唑禾草灵 1071
PD20080430 高效氯氟氰菊酯 438
PD20080431 噻菌灵 489
PD20080432 克百威 489
PD20080435 阿维菌素 655
PD20080436 三环唑 1021
PD20080437 三唑酮 1021
PD20080438 乙氧氟草醚 978
PD20080439 百菌清 1021
PD20080440 烯效唑 640
PD20080441 二甲戊灵 1123
PD20080442 草甘膦异丙胺盐 1071
PD20080443 乙铝·锰锌 608
PD20080444 芸苔素内酯 666
PD20080445 胺苯磺隆 526
PD20080446 氟磺胺草醚 675
PD20080447 氯氟吡氧乙酸异辛酯 112
PD20080451 烟嘧磺隆 475
PD20080453 敌畏·辛硫磷 525
PD20080454 吡虫啉 472
PD20080455 啶虫脒 870
PD20080456 多·福 125
PD20080457 啶虫脒 109
PD20080458 啶虫脒 472
PD20080459 烟嘧磺隆 526
PD20080460 高效氯氟氰菊酯 732
PD20080461 啶虫脒 499
PD20080462 草甘膦异丙胺盐 555
PD20080467 异丙草胺 574
PD20080468 异丙草胺 574
PD20080471 氯磺隆 594
PD20080472 氯磺隆 594
PD20080478 杀虫安 1106
PD20080479 杀虫安 1106
PD20080480 多效唑 493
PD20080481 多效唑 493
PD20080482 甲霜·锰锌 279
PD20080484 霜脲氰 608
PD20080485 草甘膦异丙胺盐 543
PD20080486 苄嘧·苯噻酰 559
PD20080487 辛硫·三唑磷 349
PD20080488 啶虫脒 864
PD20080489 辛硫·三唑磷 644
PD20080490 三乙膦酸铝 732
PD20080491 乙草胺 555
PD20080492 百草枯 590
PD20080493 精噁唑禾草灵 46
PD20080494 胺苯磺隆 675
PD20080495 乙草胺 1050
PD20080497 草甘膦异丙胺盐 102
PD20080499 三唑酮 602
PD20080500 联苯菊酯 551
PD20080501 乙草胺 889
PD20080502 噻嗪·异丙威 80
PD20080503 草甘膦异丙胺盐 526
PD20080504 三唑磷 216
PD20080505 噻嗪酮 545
PD20080507 胺苯磺隆 675
PD20080508 霜脲·锰锌 1044
PD20080510 啶虫脒 923
PD20080511 霜脲·锰锌 550
PD20080512 甲氰菊酯 675
PD20080513 精噁唑禾草灵 46
PD20080514 烯酰吗啉 46
PD20080515 苄嘧磺隆 641
PD20080516 烯酰吗啉 601
PD20080517 莠去津 616
PD20080518 精吡氟禾草灵 603
PD20080519 辛硫·高氯氟 732
PD20080520 溴氰·八角油 211
PD20080521 噻嗪酮 523
PD20080522 三氟羧草醚 678
PD20080523 赤霉酸 657
PD20080524 啶虫脒 732
PD20080525 啶虫脒 778
PD20080526 氧氟·乙草胺 566
PD20080527 噻吩磺隆 99
PD20080528 氟磺胺草醚 464
PD20080529 苄·二氯 375
PD20080530 灭蝇胺 539
PD20080531 灭多威 761
PD20080533 百菌清 1066
PD20080534 噻嗪酮 530
PD20080535 甲氰·辛硫磷 125
PD20080536 敌敌畏 234
PD20080537 赤霉酸 1095
PD20080538 硫丹 454
PD20080539 烯酰吗啉 464
PD20080540 噻吩磺隆 526
PD20080541 苯噻酰草胺 1071
PD20080542 吡虫·杀虫单 216
PD20080543 噻嗪酮 475

PD20080544 氟磺胺草醚 384
PD20080545 硫磺 1054
PD20080546 啶虫脒 413
PD20080547 氟乐灵 881
PD20080548 嘧霉胺 601
PD20080549 精喹禾灵 384
PD20080550 啶虫脒 508
PD20080551 吡虫啉 580
PD20080552 嘧霉胺 870
PD20080553 辛硫・三唑磷 642
PD20080554 复硝酚钠 112
PD20080555 四聚乙醛 985
PD20080556 三环唑 464
PD20080557 苄嘧磺隆 556
PD20080558 噻吩磺隆 526
PD20080559 三环唑 464
PD20080560 氟虫腈 1067
PD20080561 克百威 462
PD20080562 甲氰菊酯 413
PD20080563 毒死蜱 1082
PD20080564 胺苯磺隆 418
PD20080565 高效氟吡甲禾灵 693
PD20080566 丁草胺 889
PD20080567 甲霜・锰锌 815
PD20080568 代森锰锌 883
PD20080569 莠去津 858
PD20080570 乙草胺 858
PD20080571 丁草胺 675
PD20080572 草甘膦异丙胺盐 699
PD20080573 三环唑 464
PD20080574 丙草胺 889
PD20080575 毒死蜱 456
PD20080576 炔螨特 462
PD20080577 仲丁灵 881
PD20080578 啶虫脒 1051
PD20080579 乳氟禾草灵 46
PD20080580 丁草胺 675
PD20080581 二甲戊灵 675
PD20080582 氟磺胺草醚 675
PD20080583 三氟羧草醚 675
PD20080584 异丙甲草胺 675
PD20080585 S-氰戊菊酯 1019
PD20080586 虫酰肼 475
PD20080587 精喹禾灵 475
PD20080588 霜脲氰 272
PD20080589 抗蚜威 622
PD20080590 乙草胺 889
PD20080591 莠去津 889
PD20080592 霜脲・锰锌 1072
PD20080593 灭草松 697
PD20080594 吡嘧磺隆 462
PD20080595 仲丁灵 131
PD20080596 联苯菊酯 466
PD20080597 哒螨灵 263
PD20080598 丁草胺 519
PD20080599 草甘膦异丙胺盐 559
PD20080600 草除灵 693
PD20080601 氧氟・甲戊灵 1107
PD20080602 溴敌隆 98
PD20080603 精喹禾灵 375
PD20080604 啶虫脒 787
PD20080605 灭草松 694
PD20080606 甲基硫菌灵 1066
PD20080607 zeta-氯氰菊酯 506
PD20080608 二甲戊灵 858
PD20080609 氯氟吡氧乙酸异辛酯 102
PD20080610 双甲脒 594
PD20080611 啶虫脒 787
PD20080612 霜脲・锰锌 253
PD20080613 苄嘧・苯噻酰 467
PD20080614 丁草胺 678
PD20080615 精喹禾灵 514
PD20080616 丁草胺 697
PD20080617 硫磺・多菌灵 547
PD20080618 乳氟禾草灵 464
PD20080619 二氯喹啉酸 375
PD20080620 甲草胺 889
PD20080621 乙草胺 675
PD20080622 烯酰・锰锌 46
PD20080623 异丙甲草胺 375
PD20080624 氟乐灵 378
PD20080625 异噁草松 46
PD20080626 苄嘧磺隆 642
PD20080627 乙草胺 678
PD20080628 高效氟吡甲禾灵 694
PD20080629 精吡氟禾草灵 384
PD20080630 氟磺胺草醚 46
PD20080631 高效氟吡甲禾灵 46
PD20080632 高效氟吡甲禾灵 46
PD20080633 精噁唑禾草灵 46
PD20080634 草甘膦 484
PD20080635 乙草胺 781
PD20080636 多菌灵 700
PD20080637 毒・辛 892
PD20080638 四螨嗪 1051
PD20080639 复硝酚钠 902
PD20080640 戊唑醇 1107
PD20080641 辛硫・三唑磷 57
PD20080642 乙铝・锰锌 608
PD20080643 灭脲・吡虫啉 447
PD20080644 硫磺・多菌灵 789
PD20080645 氯氰・辛硫磷 263
PD20080646 噻嗪酮 460
PD20080647 氟乐灵 378
PD20080648 乳氟禾草灵 378
PD20080649 联苯菊酯 225
PD20080650 氨氯吡啶酸 281
PD20080651 烯草酮 282
PD20080652 烯草酮 282
PD20080653 烯草酮 282
PD20080654 噻嗪酮 472
PD20080655 溴氰菊酯 462
PD20080656 抑食肼 478
PD20080657 乙草胺 858
PD20080658 吡虫啉 1057
PD20080659 噁草酮 506
PD20080660 高氯・毒死蜱 472
PD20080661 莠灭净 1099
PD20080663 芸苔素内酯 1112
PD20080664 戊唑醇 621
PD20080665 草除灵 462
PD20080667 噁草・丁草胺 476
PD20080668 抑食肼 478
PD20080669 莠灭净 1099
PD20080670 金龟子绿僵菌 114
PD20080671 金龟子绿僵菌 114
PD20080672 溴菌腈 596
PD20080673 溴菌腈 596
PD20080676 草甘膦异丙胺盐 1027
PD20080677 苄嘧・苯噻酰 315
PD20080678 噁霉灵 897
PD20080679 草除灵 450
PD20080680 苄嘧・苯噻酰 595
PD20080681 噁草・丁草胺 596
PD20080682 溴氰・杀螟松 1016
PD20080683 炔螨特 613

PD20080684	甲氰菊酯	411
PD20080685	环嗪酮	52
PD20080686	莠去津	1063
PD20080687	二甲戊灵	450
PD20080688	百草枯	343
PD20080689	精喹禾灵	261
PD20080690	异松·乙草胺	46
PD20080691	甲氰菊酯	1101
PD20080692	西玛津	1099
PD20080693	扑草净	1099
PD20080694	氰戊·马拉松	271
PD20080695	三环唑	1015
PD20080696	敌敌畏	380
PD20080697	异丙甲草胺	484
PD20080699	辛酰溴苯腈	484
PD20080700	异丙甲草胺	484
PD20080701	草甘膦	484
PD20080702	丁草胺	733
PD20080703	多·福·锰锌	52
PD20080704	精喹禾灵	450
PD20080705	硫磺	1066
PD20080706	莠去津	733
PD20080707	西草净	445
PD20080708	抑食肼	601
PD20080709	异丙甲草胺	733
PD20080710	甲草胺	733
PD20080711	丁草胺	556
PD20080712	乙烯利	243
PD20080713	甲氰菊酯	108
PD20080714	苄嘧·苯噻酰	69
PD20080715	福美锌	1047
PD20080716	毒死蜱	555
PD20080717	丁草胺	995
PD20080718	灭蝇胺	676
PD20080719	噻吩磺隆	496
PD20080720	高效氯氟氰菊酯	881
PD20080721	代森锰锌	253
PD20080722	咪唑乙烟酸	858
PD20080723	代森锌	279
PD20080724	高效氯氟氰菊酯	1023
PD20080725	甲氰菊酯	935
PD20080726	硫磺·三唑酮	745
PD20080727	甲戊·扑草净	858
PD20080728	草甘膦异丙胺盐	454
PD20080729	二甲戊灵	694
PD20080731	烟嘧磺隆	1054
PD20080732	啶虫脒	613
PD20080733	噁霉灵	897
PD20080734	精喹禾灵	378
PD20080735	丙环唑	180
PD20080736	苯噻酰草胺	434
PD20080737	代森锰锌	456
PD20080738	氯氰·辛硫磷	472
PD20080739	丙溴磷	621
PD20080740	嘧霉胺	94
PD20080741	三唑锡	973
PD20080742	三环唑	512
PD20080743	草除灵	1054
PD20080744	异丙甲草胺	889
PD20080745	乙草胺	450
PD20080746	精喹禾灵	858
PD20080747	精喹·乙草胺	46
PD20080748	马拉·辛硫磷	602
PD20080749	灭草松	375
PD20080750	啶虫脒	496
PD20080751	噻磺·乙草胺	46
PD20080752	炔螨特	613
PD20080753	甲基硫菌灵	201
PD20080754	甲霜·锰锌	196
PD20080755	溴氰菊酯	674
PD20080756	灭多威	177
PD20080757	草甘膦	600
PD20080758	精喹禾灵	703
PD20080759	吡嘧磺隆	502
PD20080760	霜霉威盐酸盐	1054
PD20080761	噻吩磺隆	496
PD20080762	噻吩磺隆	689
PD20080763	嘧霉胺	462
PD20080764	氟虫脲	603
PD20080766	锰锌·百菌清	608
PD20080767	二甲戊灵	261
PD20080768	异噁草松	375
PD20080769	丙草胺	556
PD20080770	硫磺·三唑酮	1066
PD20080772	硝虫硫磷	1027
PD20080773	啶菌噁唑	694
PD20080774	啶菌噁唑	694
PD20080777	硝虫硫磷	1027
PD20080778	啶虫脒	58
PD20080779	高效氯氟氰菊酯	556
PD20080780	草甘膦	112
PD20080781	硫磺·三环唑	590
PD20080782	乳氟禾草灵	378
PD20080783	苯磺·异丙隆	467
PD20080784	三唑锡	580
PD20080785	硫磺·多菌灵	737
PD20080786	莠去津	616
PD20080787	二甲戊灵	616
PD20080788	霜霉威	955
PD20080789	阿维菌素	196
PD20080790	硫磺·多菌灵	140
PD20080791	硫磺·甲硫灵	547
PD20080792	吡虫啉	905
PD20080793	高效氯氰菊酯	514
PD20080794	草甘膦铵盐	216
PD20080795	西玛津	1126
PD20080796	三唑醇	523
PD20080797	精喹禾灵	745
PD20080798	噻嗪酮	514
PD20080799	氰戊菊酯	467
PD20080800	绿麦隆	502
PD20080801	啶虫脒	1034
PD20080802	乙氧氟草醚	553
PD20080803	氰戊·辛硫磷	472
PD20080804	苯磺隆	502
PD20080805	莠去津	1126
PD20080806	乙酰甲胺磷	405
PD20080807	毒死蜱	873
PD20080808	甲硫·锰锌	608
PD20080809	草甘膦	1102
PD20080810	炔螨特	847
PD20080811	氟磺胺草醚	509
PD20080812	百菌清	621
PD20080813	甲拌磷	60
PD20080814	嘧霉胺	467
PD20080815	氟乐灵	1100
PD20080816	咪唑乙烟酸	464
PD20080817	抑食肼	1075
PD20080818	毒·辛	547
PD20080819	霜脲氰	956
PD20080820	苄嘧磺隆	371
PD20080821	噻吩磺隆	548
PD20080822	精喹禾灵	802
PD20080823	苯磺隆	276
PD20080824	烯酰·锰锌	125
PD20080825	杀螺胺乙醇胺盐	1027

PD20080826 二甲戊灵 569
PD20080827 杀铃脲 447
PD20080828 噁草酮 287
PD20080829 苄嘧·苯噻酰 439
PD20080830 乳氟禾草灵 464
PD20080831 噁草酮 287
PD20080832 氟磺胺草醚 694
PD20080833 异噁草松 1118
PD20080834 高效氟吡甲禾灵 1107
PD20080835 啶虫脒 1035
PD20080836 丙森锌 608
PD20080837 氯氰·辛硫磷 277
PD20080840 草甘膦 815
PD20080841 多·福 814
PD20080842 扑草净 1126
PD20080843 啶虫脒 613
PD20080844 复硝酚钠 703
PD20080845 石硫合剂 1044
PD20080847 四螨·三唑锡 769
PD20080848 甲柳·三唑酮 225
PD20080849 噻嗪·杀虫单 46
PD20080850 苄嘧·苯噻酰 556
PD20080851 百草枯二氯化物 1033
PD20080852 吡嘧磺隆 526
PD20080853 苯磺隆 514
PD20080854 精喹禾灵 526
PD20080855 咪鲜胺 368
PD20080856 腐霉利 225
PD20080857 恶霉灵 846
PD20080858 苄嘧磺隆 528
PD20080859 噁霉灵 373
PD20080860 二氯喹啉酸 1120
PD20080861 莠去津 46
PD20080864 三唑磷 857
PD20080865 扑草净 445
PD20080866 氯氰·辛硫磷 1044
PD20080867 苄嘧磺隆 502
PD20080868 芸苔素内酯 136
PD20080869 苯噻酰草胺 439
PD20080870 代森锰锌 1033
PD20080871 氰戊菊酯 496
PD20080872 三十烷醇 1012
PD20080873 高效氯氟氰菊酯 413
PD20080874 精喹禾灵 732
PD20080875 丙环唑 1015
PD20080876 异丙威 650
PD20080877 噻嗪·杀虫单 570
PD20080878 高效氟吡甲禾灵 1124
PD20080879 二氯喹啉酸 985
PD20080880 丙环唑 623
PD20080881 乙草胺 1102
PD20080882 甲草胺 1102
PD20080883 溴氰菊酯 1067
PD20080884 氯氰·丙溴磷 737
PD20080885 噁草酮 561
PD20080886 噁草酮 287
PD20080888 乙草胺 519
PD20080889 三环·多菌灵 570
PD20080890 杀螺胺乙醇胺盐 1027
PD20080891 乙氧氟草醚 566
PD20080892 苄嘧磺隆 445
PD20080893 代森锌 978
PD20080894 噻嗪·杀虫单 538
PD20080895 二氯喹啉酸 1120
PD20080896 氰戊·辛硫磷 125
PD20080897 氯氰菊酯 737
PD20080898 福美双 737
PD20080899 溴敌隆 396
PD20080900 高效氯氟氰菊酯 794
PD20080901 代森锰锌 737
PD20080902 二氯喹啉酸 985
PD20080903 异噁草松 882
PD20080904 啶虫脒 52
PD20080905 毒死蜱 555
PD20080906 烯酰·福美双 745
PD20080907 精喹禾灵 53
PD20080908 百菌清 815
PD20080909 二氯喹啉酸 985
PD20080910 甲霜灵 1085
PD20080911 嘧霉·多菌灵 101
PD20080912 精吡氟禾草灵 1124
PD20080913 高效氯氟氰菊酯 828
PD20080914 敌磺钠 684
PD20080915 氟乐灵 814
PD20080917 霜脲·锰锌 279
PD20080918 草甘膦 405
PD20080919 烯酰吗啉 873
PD20080920 硫双威 526
PD20080921 莠去津 616
PD20080922 苄·二氯 476
PD20080923 多效唑 496
PD20080925 二氯喹啉酸 546
PD20080926 喹禾灵 555
PD20080927 高效氯氟氰菊酯 664
PD20080928 草甘膦 361
PD20080929 甲氨基阿维菌素苯甲酸盐 373
PD20080930 敌敌畏 217
PD20080931 氨氯吡啶酸 1124
PD20080932 丙溴磷 805
PD20080933 草甘膦 217
PD20080934 毒死蜱 584
PD20080935 二氯喹啉酸 519
PD20080937 嗪草酮 287
PD20080938 嗪草酮 287
PD20080939 嗪草酮 287
PD20080940 丙森·多菌灵 892
PD20080941 高氯·辛硫磷 737
PD20080942 代森锰锌 737
PD20080943 溴氰菊酯 613
PD20080944 联苯菊酯 807
PD20080945 霜脲·锰锌 973
PD20080946 联苯菊酯 407
PD20080947 炔螨特 1082
PD20080948 炔螨特 1082
PD20080949 炔螨特 1082
PD20080950 二氯喹啉酸 476
PD20080951 啶虫脒 785
PD20080952 氟啶脲 407
PD20080953 霜脲·锰锌 852
PD20080954 氯氰菊酯 597
PD20080955 乙酰甲胺磷 1096
PD20080956 甲拌磷 60
PD20080957 霜霉威盐酸盐 125
PD20080958 高氯·辛硫磷 848
PD20080959 唑酮·三环唑 1076
PD20080960 辛硫磷 737
PD20080961 甲基硫菌灵 852
PD20080962 扑·乙 445
PD20080963 高效氟吡甲禾灵 407
PD20080964 百草枯 209
PD20080965 甲基硫菌灵 737
PD20080966 马拉硫磷 737
PD20080967 精吡氟禾草灵 616
PD20080968 高效氟吡甲禾灵 617
PD20080969 精噁唑禾草灵 694
PD20080970 高效氯氟氰菊酯 407

PD20080971 吡虫啉 1072
PD20080972 杀螟丹 536
PD20080973 二氯喹啉酸 1072
PD20080974 甲氰菊酯 536
PD20080976 氰戊菊酯 180
PD20080977 敌敌畏 216
PD20080978 乙草胺 519
PD20080979 异噁草松 694
PD20080980 螨醇·哒螨灵 768
PD20080982 氯氟吡氧乙酸异辛酯 1124
PD20080983 霜脲·锰锌 209
PD20080984 腐霉利 635
PD20080985 噻嗪酮 530
PD20080986 噻吩磺隆 587
PD20080987 炔螨特 580
PD20080988 氯氟吡氧乙酸异辛酯 112
PD20080989 杀虫环 594
PD20080990 烯禾啶 692
PD20080992 氯嘧磺隆 694
PD20080993 氯吡脲 1012
PD20080994 氯氟吡氧乙酸异辛酯（288克/升） 1006
PD20080995 敌草胺 502
PD20080996 敌草胺 502
PD20080997 精噁唑禾草灵 594
PD20080998 炔螨特 897
PD20080999 代森锰锌 897
PD20081000 甲氰·辛硫磷 897
PD20081001 草甘膦异丙胺盐 590
PD20081002 辛硫磷 897
PD20081003 高效氯氟氰菊酯 702
PD20081004 丙环唑 916
PD20081005 精喹禾灵 413
PD20081006 毒死蜱 303
PD20081007 高效氯氟氰菊酯 472
PD20081009 百草枯 1124
PD20081010 S-氰戊菊酯 564
PD20081011 甲草胺 897
PD20081012 硫磺·三唑酮 62
PD20081013 抑食肼 897
PD20081014 仲丁威 201
PD20081015 井冈霉素A 1095
PD20081016 烯禾啶 377
PD20081017 精喹禾灵 75
PD20081018 苄嘧磺隆 75
PD20081019 丙唑·多菌灵 847
PD20081020 杀螟丹 594
PD20081022 噻吩磺隆 548
PD20081023 莠去津 781
PD20081024 溴敌隆 587
PD20081025 代森锰锌 125
PD20081027 氰戊·马拉松 923
PD20081028 螨醇·哒螨灵 897
PD20081029 咪鲜胺 1093
PD20081030 代森锰锌 125
PD20081031 灭草松 564
PD20081032 代森锰锌 898
PD20081033 马拉·辛硫磷 892
PD20081034 咪唑乙烟酸 377
PD20081035 四螨·哒螨灵 898
PD20081036 苄嘧磺隆 377
PD20081037 异稻·稻瘟灵 196
PD20081038 灭蝇胺 870
PD20081040 烯草酮 873
PD20081041 麦畏·草甘膦 484
PD20081042 莠灭净 1099
PD20081043 D型肉毒梭菌毒素 580
PD20081045 甲拌·多菌灵 1036
PD20081046 精喹禾灵 548
PD20081047 乙草胺 519
PD20081048 苯磺隆 599
PD20081049 苯磺隆 599
PD20081050 精喹禾灵 472
PD20081051 抗蚜威 53
PD20081052 精噁唑禾草灵 75
PD20081053 百草枯 1087
PD20081054 草甘膦 205
PD20081055 多菌灵 574
PD20081056 苄·二氯 546
PD20081057 丙环唑 46
PD20081058 氧氟·乙草胺 467
PD20081059 氯氰菊酯 737
PD20081060 异噁草松 873
PD20081061 毒死蜱 892
PD20081062 阿维菌素 456
PD20081063 乳氟禾草灵 75
PD20081064 乙氧氟草醚 519
PD20081065 苄·二氯 694
PD20081066 吡嘧·二氯喹 694
PD20081067 辛硫·甲拌磷 748
PD20081068 啶虫脒 790
PD20081069 杀铃脲 447
PD20081071 仲丁灵 781
PD20081072 苯噻酰草胺 684
PD20081073 啶虫脒 622
PD20081074 甲草胺 748
PD20081075 异丙甲草胺 781
PD20081076 莠灭净 1126
PD20081077 莠灭净 1126
PD20081078 代森锰锌 1100
PD20081079 氟乐灵 781
PD20081081 精吡氟禾草灵 781
PD20081082 高效氯氟氰菊酯 737
PD20081083 霜脲·锰锌 226
PD20081084 噻吩磺隆 58
PD20081085 高效氯氟氰菊酯 472
PD20081086 丁草胺 217
PD20081087 高效氯氟氰菊酯 1093
PD20081088 高效氯氟氰菊酯 923
PD20081089 草甘膦 781
PD20081090 乙氧氟草醚 781
PD20081092 甲草胺 781
PD20081093 丁草胺 781
PD20081094 西草净 1099
PD20081095 苄嘧磺隆 694
PD20081096 啶虫脒 548
PD20081097 丙草胺 781
PD20081098 莠灭净 866
PD20081099 敌畏·吡虫啉 235
PD20081100 三环唑 1100
PD20081101 溴鼠灵 587
PD20081102 溴鼠灵 587
PD20081103 苯磺隆 496
PD20081104 氟磺胺草醚 464
PD20081105 莠灭净 1126
PD20081108 烯酰吗啉 462
PD20081111 丁酰肼 273
PD20081112 丁酰肼 273
PD20081115 敌草隆 502
PD20081116 敌草隆 502
PD20081119 烯腺嘌呤 1087
PD20081120 羟烯腺嘌呤 1087
PD20081122 联苯三唑醇 493
PD20081123 威百亩 608
PD20081124 吲哚乙酸 89
PD20081125 吲乙·萘乙酸 89
PD20081126 二氯喹啉酸 539

PD20081127 二氯喹啉酸 539
PD20081128 噻菌灵 462
PD20081129 草甘膦 700
PD20081130 乙草胺 556
PD20081131 烯草酮 676
PD20081133 噁酮·乙草胺 561
PD20081134 扑草净 781
PD20081135 异噁草松 464
PD20081136 氯氰菊酯 472
PD20081137 丙环唑 456
PD20081138 氯嘧磺隆 1050
PD20081139 嘧霉胺 125
PD20081140 霜脲·锰锌 1057
PD20081141 草甘膦异丙胺盐 1076
PD20081142 仲丁灵 901
PD20081143 甲霜灵 457
PD20081144 草甘膦 637
PD20081145 氟酰胺 621
PD20081146 百草枯 782
PD20081147 甲氰菊酯 508
PD20081148 二氯喹啉酸 371
PD20081149 草甘膦异丙胺盐 216
PD20081150 甲基硫菌灵 922
PD20081151 氟乐灵 456
PD20081152 三环唑 590
PD20081153 苄·二氯 1072
PD20081154 杀鼠灵 587
PD20081155 敌草隆 462
PD20081156 苯磺隆 476
PD20081157 啶虫脒 1023
PD20081158 吡虫·仲丁威 431
PD20081159 稻瘟灵 464
PD20081160 咪唑乙烟酸 676
PD20081161 乙草胺 676
PD20081162 噻·酮·杀虫单 496
PD20081163 啶虫脒 334
PD20081164 芸苔素内酯 1005
PD20081165 草甘膦异丙胺盐 1113
PD20081166 杀扑磷 1079
PD20081167 草甘膦异丙胺盐 631
PD20081168 三氟羧草醚 676
PD20081169 扑·乙 797
PD20081170 阿维菌素 781
PD20081171 乙草胺 676
PD20081172 嗪草酮 676
PD20081173 二甲戊灵 676
PD20081174 乙草胺 676
PD20081175 毒·辛 640
PD20081176 高效氯氟氰菊酯 203
PD20081177 毒死蜱 640
PD20081178 精噁唑禾草灵 556
PD20081179 丙环唑 608
PD20081180 甲氰菊酯 676
PD20081181 精吡氟禾草灵 1113
PD20081182 烯草酮 676
PD20081183 丙环唑 496
PD20081185 高效氯氟氰菊酯 955
PD20081186 联苯菊酯 955
PD20081187 苄嘧磺隆 75
PD20081188 乙酰甲胺磷 761
PD20081189 多菌灵 514
PD20081190 精喹禾灵 581
PD20081191 精喹禾灵 797
PD20081192 丁·西 445
PD20081193 乙草胺 462
PD20081194 硫双威 761
PD20081195 多效唑 496
PD20081196 氰戊菊酯 201
PD20081198 精喹禾灵 467
PD20081199 联苯菊酯 732
PD20081201 多效唑 621
PD20081202 溴氰菊酯 514
PD20081203 萎锈灵 957
PD20081204 氯嘧磺隆 539
PD20081205 腈菌唑 601
PD20081206 乙草胺 574
PD20081207 多效唑 621
PD20081208 草甘膦异丙胺盐 998
PD20081209 麦草畏 539
PD20081210 野麦畏 560
PD20081211 草甘膦异丙胺盐 998
PD20081212 丁草胺 622
PD20081213 噻嗪酮 700
PD20081214 毒死蜱 514
PD20081215 精喹禾灵 678
PD20081216 异菌·多·锰锌 514
PD20081217 代森锰锌 201
PD20081218 S-氰戊菊酯 400
PD20081219 氯氰·毒死蜱 737
PD20081220 氟磺胺草醚 676
PD20081221 多·锰锌 922
PD20081222 苯磺隆 539
PD20081223 草甘膦异丙胺盐 1009
PD20081224 精喹禾灵 732
PD20081225 精喹禾灵 715
PD20081226 烯禾啶 259
PD20081227 氯氰·辛硫磷 922
PD20081228 二甲戊灵 761
PD20081229 啶虫脒 768
PD20081230 多效唑 1027
PD20081231 溴氰菊酯 978
PD20081232 S-氰戊菊酯 761
PD20081233 草甘膦异丙胺盐 496
PD20081234 霜脲·锰锌 922
PD20081235 氯氟吡氧乙酸(酯) 617
PD20081236 苯磺隆 467
PD20081237 烯禾啶 556
PD20081239 氯氟吡氧乙酸异辛酯 617
PD20081240 苄嘧·苯噻酰 617
PD20081241 烯草酮 375
PD20081242 苄嘧磺隆 371
PD20081243 草甘膦 733
PD20081244 高效氯氰菊酯 1000
PD20081245 多效唑 596
PD20081246 氯嘧磺隆 462
PD20081247 丁草胺 733
PD20081248 苯磺隆 283
PD20081249 噁草酮 514
PD20081250 胺苯磺隆 564
PD20081251 毒·辛 581
PD20081252 草甘膦 208
PD20081253 苯磺隆 676
PD20081254 胺苯磺隆 539
PD20081255 甲基硫菌灵 839
PD20081256 多效唑 523
PD20081257 精喹禾灵 882
PD20081258 甲氰·辛硫磷 581
PD20081259 丁·扑 445
PD20081260 异丙甲草胺 733
PD20081261 丙溴磷 721
PD20081262 氯氰·敌敌畏 737
PD20081263 多效唑 1027
PD20081264 烯酰·福美双 873
PD20081265 多效唑 524
PD20081266 马拉·异丙威 208
PD20081267 溴氰菊酯 514

PD20081268 甲氨基阿维菌素苯甲酸盐 94
PD20081269 烯草酮 873
PD20081270 甲氨基阿维菌素苯甲酸盐 94
PD20081271 稻瘟灵 420
PD20081272 醚菊酯 905
PD20081273 噁草酮 378
PD20081274 马拉硫磷 218
PD20081275 辛硫磷 218
PD20081276 氟乐灵 733
PD20081277 灭草松 526
PD20081278 乙草胺 733
PD20081279 溴氰菊酯 378
PD20081280 莠去津 733
PD20081281 精喹禾灵 733
PD20081282 莠去津 733
PD20081283 噻嗪酮 576
PD20081284 辛硫・高氯氟 737
PD20081285 甲氰菊酯 594
PD20081286 多效唑 813
PD20081287 苄・二氯 467
PD20081289 异噁草松 733
PD20081290 苯磺隆 46
PD20081291 丁草胺 998
PD20081292 三环唑 602
PD20081293 乙氧氟草醚 985
PD20081294 复硝酚钠 334
PD20081295 代森锰锌 279
PD20081296 氰戊・马拉松 218
PD20081297 甲硫・福美双 779
PD20081298 羟烯腺嘌呤 1087
PD20081299 烯腺・羟烯腺 1087
PD20081300 硫磺・三环唑 467
PD20081301 异稻・稻瘟灵 420
PD20081303 扑・乙 858
PD20081304 丙环唑 192
PD20081305 氟啶脲 1091
PD20081306 杀螟丹 192
PD20081307 顺式氯氰菊酯 201
PD20081308 氯氰・毒死蜱 1068
PD20081309 啶虫脒 332
PD20081310 草甘膦异丙胺盐 858
PD20081311 马拉・辛硫磷 203
PD20081312 噻嗪酮 426
PD20081313 马拉・杀螟松 203
PD20081314 苯磺隆 858
PD20081315 炔螨特 196
PD20081316 氯氟吡氧乙酸异辛酯 497
PD20081317 高效氟吡甲禾灵 413
PD20081318 甲氰・辛硫磷 703
PD20081319 杀鼠醚 274
PD20081320 毒・辛 203
PD20081321 异丙威 636
PD20081322 杀鼠醚 275
PD20081323 溴敌隆 275
PD20081324 百草枯 118
PD20081325 氯磺隆 539
PD20081326 克百威 506
PD20081327 苯磺隆 539
PD20081328 S-氰戊菊酯 613
PD20081329 三环・杀虫单 456
PD20081330 啶虫脒 91
PD20081331 多・多唑 581
PD20081332 杀鼠醚 275
PD20081333 溴敌隆 275
PD20081334 辛硫・甲拌磷 852
PD20081335 烯酰・锰锌 815
PD20081336 乙草胺 497
PD20081337 螨醇・哒螨灵 74
PD20081339 草甘膦异丙胺盐 80
PD20081340 多・福 694
PD20081341 二氯喹啉酸 594
PD20081342 杀鼠醚 275
PD20081343 草甘膦异丙胺盐(41%) 413
PD20081344 苄・乙 464
PD20081345 苯磺隆 80
PD20081346 异菌脲 180
PD20081347 异松・乙草胺 464
PD20081348 噻嗪酮 655
PD20081349 百草枯 617
PD20081350 二甲戊灵 1085
PD20081351 多・锰锌 951
PD20081352 啶虫脒 226
PD20081353 硫磺・锰锌 769
PD20081354 氰戊菊酯 1103
PD20081356 灭线磷 472
PD20081357 高效氯氟氰菊酯 80
PD20081358 草甘膦 617
PD20081359 氢氧化铜 610
PD20081360 高氯・辛硫磷 853
PD20081361 腈菌・福美双 898
PD20081362 唑磷・毒死蜱 1123
PD20081363 草除灵 464
PD20081364 苏云金杆菌 840
PD20081365 草甘膦异丙胺盐(41%) 590
PD20081366 腈菌・咪鲜胺 898
PD20081367 井冈霉素A 410
PD20081368 氯磺隆 539
PD20081369 烯草酮 514
PD20081370 氯磺隆 539
PD20081371 腈菌唑 1077
PD20081372 草甘膦 203
PD20081373 灭草松 493
PD20081374 吡虫・毒死蜱 1123
PD20081375 噻吩磺隆 439
PD20081377 草甘膦异丙胺盐 777
PD20081378 啶虫脒 439
PD20081379 代森锌 882
PD20081380 溴鼠灵 1101
PD20081381 咪唑乙烟酸 998
PD20081382 多菌灵 882
PD20081383 百草枯 777
PD20081385 炔螨特 216
PD20081386 异丙甲草胺原药 555
PD20081387 苄・二氯 439
PD20081389 氟磺胺草醚 378
PD20081390 高效氯氟氰菊酯 138
PD20081391 百草枯 1079
PD20081392 腈菌唑 694
PD20081394 苄氨基嘌呤 474
PD20081395 虫酰肼 703
PD20081396 草除灵 53
PD20081398 噁草酮 384
PD20081399 腈菌唑 694
PD20081400 多・福 1051
PD20081401 苄氨・赤霉酸 474
PD20081402 井冈霉素A 1095
PD20081403 氯菊酯 506
PD20081404 哒螨・三唑锡 140
PD20081405 乙草胺 889
PD20081406 扑草净 1063
PD20081407 0.37%健强杀虫气雾剂 266
PD20081408 氟磺胺草醚 506
PD20081409 噻嗪酮 1117
PD20081410 0.46%家居安杀虫气雾剂(C型)(醇基) 152
PD20081411 灭蝇胺 1063
PD20081412 扑草净 444

PD20081414 百草枯 858
PD20081415 腈菌·三唑酮 660
PD20081416 井冈霉素A 1110
PD20081417 氯氰·乐果 202
PD20081418 腐霉·福美双 192
PD20081419 百菌清 590
PD20081420 丙环唑 995
PD20081421 三乙膦酸铝 608
PD20081422 咪鲜胺 1012
PD20081423 苄·二氯 1117
PD20081424 甲氰菊酯 177
PD20081425 霜霉威盐酸盐 368
PD20081426 西草净 1126
PD20081427 戊唑醇 1118
PD20081428 硫双威 287
PD20081429 稻瘟灵 136
PD20081430 噻嗪酮 532
PD20081431 吡虫啉 559
PD20081432 二氯吡啶酸 1007
PD20081433 代森锰锌 322
PD20081434 草甘膦 1014
PD20081435 戊唑醇 603
PD20081436 氯氰菊酯 600
PD20081437 高效氯氟氰菊酯 539
PD20081438 毒死蜱 509
PD20081439 精喹禾灵 1083
PD20081440 马拉硫磷 291
PD20081441 草甘膦异丙胺盐 118
PD20081442 乙氧氟草醚 603
PD20081443 嘧霉胺 478
PD20081444 高效氯氟氰菊酯 597
PD20081446 代森锌 141
PD20081447 三唑锡 141
PD20081448 高效氯氟氰菊酯 600
PD20081450 腐霉·多菌灵 660
PD20081451 二甲戊灵 733
PD20081452 杀螺胺 496
PD20081453 甲氰菊酯 742
PD20081454 甲哌鎓 1005
PD20081455 苯磺隆 660
PD20081456 苄·二氯 528
PD20081458 噁草·丁草胺 580
PD20081459 甲基硫菌灵 995
PD20081461 仲丁威 595
PD20081462 三环唑 1007
PD20081463 异丙草胺 463
PD20081464 阿维菌素 338
PD20081465 福美双 1059
PD20081466 四螨·三唑锡 141
PD20081467 高效氯氟氰菊酯 600
PD20081468 三环唑 479
PD20081469 噁草酮 384
PD20081470 甲基嘧啶磷 1124
PD20081471 苯磺隆 761
PD20081472 丙草胺 46
PD20081473 乙草胺 404
PD20081474 稻瘟灵 215
PD20081475 复硝酚钠 444
PD20081476 草甘膦异丙胺盐 62
PD20081477 吡虫·仲丁威 660
PD20081478 甲氰·哒螨灵 196
PD20081479 丁硫克百威 463
PD20081480 乙草胺 162
PD20081482 莠去津 436
PD20081483 硫磺·多菌灵 814
PD20081484 春雷霉素 297
PD20081485 二甲戊灵 450
PD20081486 联苯菊酯 452
PD20081487 多菌灵 866
PD20081488 双甲脒 594
PD20081489 精喹·草除灵 859
PD20081490 甲哌鎓 317
PD20081491 辛硫磷 742
PD20081492 苄嘧磺隆 556
PD20081494 乙草胺 371
PD20081495 丁草胺 519
PD20081496 氟磺胺草醚 834
PD20081497 苄嘧·苯噻酰 1112
PD20081498 氟磺胺草醚 509
PD20081499 麦草畏 478
PD20081500 禾草丹 609
PD20081501 百草枯 546
PD20081502 毒死蜱 777
PD20081503 精喹禾灵 715
PD20081504 毒死蜱 484
PD20081505 联苯菊酯 482
PD20081506 苯醚甲环唑 1104
PD20081507 硫磺·三唑酮 141
PD20081508 百草枯 217
PD20081509 萘乙酸 1012
PD20081510 氯氰·辛硫磷 346
PD20081511 咪鲜胺 180
PD20081512 戊唑醇 439
PD20081513 硫磺·三环唑 1069
PD20081514 甲基硫菌灵 436
PD20081515 苄·二氯 519
PD20081516 嗪草酮 524
PD20081517 草甘膦 76
PD20081518 炔螨特 834
PD20081519 异丙甲草胺 555
PD20081520 氟磺胺草醚 597
PD20081521 吡虫啉 288
PD20081522 乙酰甲胺磷 420
PD20081523 氟硅唑 496
PD20081524 溴鼠灵 98
PD20081525 毒死蜱 400
PD20081526 锰锌·异菌脲 608
PD20081527 氟乐灵 834
PD20081528 百菌清 998
PD20081529 高效氯氟氰菊酯 614
PD20081530 腈菌唑 478
PD20081531 辛酰溴苯腈 479
PD20081532 阿维菌素 834
PD20081533 烟嘧磺隆 617
PD20081534 百草枯 866
PD20081535 百菌清 742
PD20081536 咪鲜胺 439
PD20081537 苄嘧·丙草胺 1117
PD20081538 多菌灵 456
PD20081539 高效氯氟氰菊酯 403
PD20081540 苄嘧磺隆 1117
PD20081541 多·福 844
PD20081542 噻磺·乙草胺 676
PD20081543 多效唑 1012
PD20081544 二氯喹啉酸 439
PD20081545 马拉硫磷 709
PD20081546 灭幼脲 314
PD20081547 腈菌唑 1075
PD20081548 丁硫克百威 857
PD20081549 咪唑乙烟酸 384
PD20081550 咪唑乙烟酸 375
PD20081551 稻瘟灵 1026
PD20081552 高效氟吡甲禾灵 777
PD20081554 三环·多菌灵 211
PD20081555 毒死蜱 216
PD20081556 甲基嘧啶磷 418

PD20081557 高效氯氟氰菊酯 211
PD20081558 苄嘧磺隆 1117
PD20081559 辛硫磷 261
PD20081560 稻瘟灵 882
PD20081561 氟硅唑 603
PD20081562 苄嘧磺隆 463
PD20081563 精喹禾灵 653
PD20081564 氟乐灵 633
PD20081565 噁草酮 745
PD20081566 霜脲氰 988
PD20081567 虫酰肼 715
PD20081568 异噁草松 567
PD20081569 醚菊酯 905
PD20081570 S-氰戊菊酯 539
PD20081571 杀虫双 53
PD20081572 苯磺隆 53
PD20081573 丙草胺 81
PD20081574 霜脲·锰锌 608
PD20081575 三唑锡 161
PD20081576 三环唑 576
PD20081577 精吡氟禾草灵 378
PD20081578 精吡氟禾草灵 777
PD20081579 甲霜灵 1085
PD20081580 氰戊·辛硫磷 141
PD20081581 吡嘧磺隆 460
PD20081582 氟啶脲 600
PD20081583 霜脲氰 700
PD20081584 扑草·仲丁灵 633
PD20081585 乙烯利 265
PD20081586 高效氯氟氰菊酯 614
PD20081587 磷化铝 861
PD20081588 氟乐灵 1071
PD20081589 嗪草酮 543
PD20081590 氟啶脲 985
PD20081591 草甘膦 733
PD20081592 苄氨基嘌呤 1012
PD20081593 乙草胺 761
PD20081594 苯醚甲环唑 470
PD20081595 烯禾啶 375
PD20081596 烯禾啶 378
PD20081597 敌百·辛硫磷 532
PD20081598 赤霉酸 474
PD20081599 毒死蜱 291
PD20081600 苄氨基嘌呤 1075
PD20081602 异丙草胺 519
PD20081603 吡嘧·苯噻酰 673
PD20081604 氟磺胺草醚 380
PD20081605 苄氨基嘌呤 1028
PD20081606 多效唑 500
PD20081607 仲丁灵 901
PD20081608 啶虫脒 321
PD20081609 高效氯氟氰菊酯 732
PD20081610 啶虫脒 506
PD20081611 硫磺·多菌灵 814
PD20081612 苯磺隆 362
PD20081613 草除灵 1120
PD20081614 咪鲜胺 375
PD20081615 溴氰·辛硫磷 360
PD20081616 四聚乙醛 577
PD20081617 阿维菌素 318
PD20081618 虫酰肼 666
PD20081619 腈菌·锰锌 1033
PD20081620 精喹禾灵 450
PD20081621 西草净 444
PD20081622 马拉·辛硫磷 211
PD20081623 三环唑 1026
PD20081624 杀螟丹 201
PD20081625 乙草胺 450
PD20081626 咪鲜·异菌脲 180
PD20081627 百草枯 343
PD20081628 噁草·丁草胺 519
PD20081629 异菌脲 972
PD20081630 霜霉威盐酸盐 807
PD20081631 灭幼脲 446
PD20081632 噁霜灵 973
PD20081634 氯氟吡氧乙酸 882
PD20081635 草甘膦异丙胺盐 514
PD20081636 复硝酚钠 308
PD20081637 异丙草胺 622
PD20081638 虫酰肼 709
PD20081639 甲霜·锰锌 972
PD20081640 除虫脲 972
PD20081641 精噁唑禾草灵 603
PD20081642 联苯菊酯 463
PD20081643 苯噻酰草胺 506
PD20081644 哒螨·灭幼脲 847
PD20081645 霜脲·锰锌 141
PD20081646 吡虫·噻嗪酮 141
PD20081647 烯草酮 514
PD20081648 烯唑醇 493
PD20081649 腈菌唑 1075
PD20081650 氰戊·辛硫磷 745
PD20081651 三唑锡 973
PD20081652 噻嗪·异丙威 973
PD20081653 吡虫啉 973
PD20081654 霜霉威 506
PD20081655 硫磺·三环唑 476
PD20081656 苯磺·异丙隆 476
PD20081657 多效唑 1028
PD20081658 三氯吡氧乙酸 282
PD20081659 异菌脲 998
PD20081660 醚菊酯 484
PD20081661 啶虫脒 482
PD20081662 异丙草胺 287
PD20081663 乙草胺 814
PD20081664 苯磺隆 500
PD20081665 异噁草松 697
PD20081666 腈菌唑 1075
PD20081667 腈菌·三唑酮 224
PD20081668 锰锌·腈菌唑 125
PD20081669 苄嘧磺隆 445
PD20081670 氟节胺 1086
PD20081671 锰锌·腈菌唑 1051
PD20081672 乐果 162
PD20081673 异丙甲草胺 506
PD20081674 精喹·草除灵 633
PD20081675 异丙草·莠 787
PD20081676 二甲戊灵 102
PD20081677 三环唑 975
PD20081678 多·福 1047
PD20081679 麦草畏 980
PD20081680 精喹禾灵 472
PD20081681 苄嘧·苯噻酰 371
PD20081682 丙溴磷 844
PD20081683 噻嗪·杀虫单 539
PD20081684 甲氰菊酯 614
PD20081685 三环唑 528
PD20081686 二甲戊灵 272
PD20081687 稻瘟灵 439
PD20081688 草甘膦 192
PD20081689 乙草胺 489
PD20081690 三环唑 1100
PD20081691 稻瘟灵 106
PD20081692 锰锌·腈菌唑 1054
PD20081693 腐霉·百菌清 1076
PD20081694 高氯·辛硫磷 236

PD20081695 氯嘧磺隆 287
PD20081696 二甲戊灵 600
PD20081697 氯嘧磺隆 676
PD20081698 四螨・哒螨灵 141
PD20081699 乙草胺 450
PD20081700 辛硫磷 295
PD20081701 二甲戊灵 745
PD20081702 丁草胺 450
PD20081703 乙草胺 450
PD20081704 苯磺隆 733
PD20081705 杀虫双 454
PD20081706 阿维菌素 769
PD20081708 灭草松 995
PD20081709 异稻・稻瘟灵 1026
PD20081710 苯醚甲环唑 985
PD20081711 氰戊菊酯 58
PD20081712 克百威 1069
PD20081713 草甘膦异丙胺盐 666
PD20081714 甲霜・锰锌 180
PD20081715 氧氟・甲戊灵 514
PD20081716 溴氰菊酯 674
PD20081717 精喹・草除灵 46
PD20081718 乙草胺 162
PD20081719 西草净 436
PD20081720 扑・乙 852
PD20081721 氟磺胺草醚 623
PD20081722 苯磺隆 724
PD20081723 三唑锡 935
PD20081724 高效氯氟氰菊酯 1108
PD20081725 仲灵・异噁松 633
PD20081726 炔螨特 500
PD20081727 苯醚甲环唑 601
PD20081728 乙草胺 1072
PD20081729 高效氯氟氰菊酯 460
PD20081730 氟啶脲 834
PD20081731 丁草胺 1072
PD20081732 多・福 141
PD20081733 二甲戊灵 703
PD20081734 乙草胺 460
PD20081735 乙草胺 436
PD20081736 丁草胺 444
PD20081737 三十烷醇 196
PD20081738 炔螨特 500
PD20081739 高氯・灭多威 77
PD20081740 高效氯氰菊酯 666
PD20081741 硫磺 125
PD20081742 苯磺隆 1050
PD20081743 苄嘧磺隆 980
PD20081744 乙草胺 502
PD20081745 双甲脒 456
PD20081746 吡虫啉 732
PD20081747 多・锰锌 112
PD20081748 乙草胺 519
PD20081749 毒死蜱 709
PD20081750 异稻・三环唑 635
PD20081751 霜霉威盐酸盐 807
PD20081753 代森锰锌 834
PD20081754 锰锌・腈菌唑 362
PD20081755 草甘膦异丙胺盐 238
PD20081756 多・福 1051
PD20081757 硫磺・多菌灵 326
PD20081758 硫磺・多菌灵 326
PD20081759 精喹禾灵 715
PD20081760 苯磺・异丙隆 503
PD20081761 溴敌隆 98
PD20081762 苯磺隆 73
PD20081763 百草枯 47
PD20081764 代森锰锌 998
PD20081765 氯嘧磺隆 594
PD20081767 联苯菊酯 263
PD20081768 腈菌唑 126
PD20081769 苄嘧磺隆 439
PD20081770 草甘膦异丙胺盐(41%) 873
PD20081771 硫丹 503
PD20081772 氟磺胺草醚 703
PD20081773 硫磺・多菌灵 506
PD20081774 乙草胺 574
PD20081775 草甘膦 1081
PD20081776 苄嘧・苯噻酰 112
PD20081777 噁酮・乙草胺 445
PD20081778 高效氟吡甲禾灵 384
PD20081779 杀鼠灵 1033
PD20081780 溴氰菊酯 201
PD20081781 苯磺隆 288
PD20081782 苯磺隆 134
PD20081783 异稻・稻瘟灵 208
PD20081784 三唑酮 408
PD20081785 二甲戊灵 514
PD20081786 苄・乙 1115
PD20081787 精喹・草除灵 58
PD20081788 精喹・草除灵 526
PD20081789 锰锌・三唑酮 1047
PD20081790 高氯・马 208
PD20081791 草甘膦异丙胺盐 60
PD20081792 烯草酮 694
PD20081793 乙氧氟草醚 1074
PD20081794 丁硫克百威 1086
PD20081795 胺苯磺隆 548
PD20081796 毒死蜱 272
PD20081797 毒死蜱 479
PD20081798 草甘膦 603
PD20081799 丙环唑 592
PD20081800 苄嘧・苯噻酰 77
PD20081801 溴敌隆 688
PD20081802 霜脲・锰锌 716
PD20081803 噻嗪酮 201
PD20081804 溴敌隆 943
PD20081805 吡虫啉 807
PD20081806 咪唑乙烟酸 296
PD20081807 莠去津 716
PD20081808 苄嘧・苯噻酰 980
PD20081809 腈菌唑 973
PD20081810 草甘膦异丙胺盐 163
PD20081811 溴鼠灵 1100
PD20081812 三唑酮 467
PD20081813 苯磺隆 503
PD20081814 乐果 201
PD20081815 苯磺隆 464
PD20081816 甲基立枯磷 544
PD20081817 甲基立枯磷 544
PD20081818 杀螟丹 454
PD20081819 丁草胺 436
PD20081820 精噁唑禾草灵 543
PD20081821 氯氰菊酯 467
PD20081822 麦草畏 478
PD20081823 乙草胺 574
PD20081824 高效氯氰菊酯 203
PD20081825 噁草酮 682
PD20081826 氟氯氰菊酯 138
PD20081827 溴敌隆 688
PD20081828 异噁草松 1085
PD20081829 毒死蜱 472
PD20081830 氯氰・辛硫磷 58
PD20081831 百草枯 633
PD20081832 溴敌隆 943
PD20081833 敌草隆 489

PD20081834	精喹禾灵	776
PD20081835	联苯菊酯	724
PD20081836	啶虫脒	703
PD20081837	草除灵	563
PD20081838	氰戊·辛硫磷	559
PD20081839	四螨·哒螨灵	273
PD20081840	烯效唑	493
PD20081841	三唑磷	74
PD20081842	二嗪磷	1124
PD20081843	溴鼠灵	572
PD20081844	噁霜·锰锌	180
PD20081845	高效氟吡甲禾灵	703
PD20081846	噁草·丁草胺	682
PD20081847	丁硫·辛硫磷	650
PD20081848	咪鲜胺	354
PD20081849	锰锌·腈菌唑	978
PD20081850	丁硫克百威	460
PD20081851	莠去津	497
PD20081852	苯磺隆	1072
PD20081853	噁酮·乙草胺	682
PD20081854	氯氰·辛硫磷	539
PD20081855	腐霉·百菌清	635
PD20081856	氯氰·敌敌畏	659
PD20081857	S-氰戊菊酯	503
PD20081858	莠去津	439
PD20081859	咪唑乙烟酸	686
PD20081860	井冈霉素A	410
PD20081861	苯丁锡	855
PD20081862	三环·多菌灵	532
PD20081863	苄嘧·苯噻酰	544
PD20081864	氰戊·马拉松	767
PD20081865	啶虫脒	730
PD20081866	高效氯氟氰菊酯	724
PD20081867	高氯·辛硫磷	779
PD20081868	禾草丹	1118
PD20081869	辛硫·高氯氟	704
PD20081870	霜脲·锰锌	776
PD20081871	禾草敌	623
PD20081872	甲氨基阿维菌素苯甲酸盐	373
PD20081873	氟磺胺草醚	874
PD20081874	硫磺·多菌灵	349
PD20081875	甲硫·福美双	180
PD20081876	腈菌唑	478
PD20081877	多·福	154
PD20081878	甲基硫菌灵	834
PD20081879	锰锌·百菌清	819
PD20081880	噻酮·炔螨特	815
PD20081881	苄嘧磺隆	436
PD20081882	苯磺隆	113
PD20081884	辛硫·甲拌磷	766
PD20081885	乙酰甲胺磷	332
PD20081886	精喹禾灵	374
PD20081887	硫丹	702
PD20081888	噻嗪酮	110
PD20081889	多效唑	892
PD20081890	氯氰菊酯	834
PD20081891	辛硫·高氯氟	262
PD20081893	乙草胺	201
PD20081894	马拉硫磷	1034
PD20081895	苄嘧·苯噻酰	427
PD20081896	氰戊·硫丹	503
PD20081897	二甲戊灵	995
PD20081898	甲氰菊酯	482
PD20081899	吡虫啉	995
PD20081900	乙草胺	788
PD20081901	乙草胺	544
PD20081902	丁草胺	460
PD20081903	辛硫磷	1051
PD20081904	春雷霉素	447
PD20081905	联苯菊酯	467
PD20081906	噻磺·异丙隆	47
PD20081907	二氯喹啉酸	436
PD20081909	代森锌	935
PD20081910	克百威	506
PD20081911	甲霜·锰锌	201
PD20081912	三唑锡	673
PD20081913	多·福	198
PD20081914	腈菌唑	807
PD20081915	腈菌唑	807
PD20081916	氟乐灵	682
PD20081917	扑·乙	682
PD20081919	福美·拌种灵	47
PD20081920	精噁唑禾草灵	556
PD20081921	精喹禾灵	716
PD20081922	杀螺胺	525
PD20081923	稻瘟灵	436
PD20081924	乙草胺	436
PD20081925	精喹·草除灵	467
PD20081926	丁草胺	436
PD20081927	四螨嗪	457
PD20081928	甲氰·噻螨酮	1104
PD20081929	硫磺·多菌灵	935
PD20081930	腈菌唑	478
PD20081931	S-氰戊菊酯	1118
PD20081932	腈菌唑	297
PD20081933	噻吩磺隆	352
PD20081934	丁硫克百威	1086
PD20081935	阿维菌素	889
PD20081936	精喹禾灵	47
PD20081937	敌草隆	489
PD20081938	虫酰肼	180
PD20081939	四螨·哒螨灵	709
PD20081940	苄嘧磺隆	439
PD20081941	多效唑	439
PD20081942	苯磺隆	981
PD20081943	草甘膦异丙胺盐	503
PD20081944	精噁唑禾草灵	542
PD20081945	硫磺·多菌灵	780
PD20081946	硫磺·多菌灵	780
PD20081947	精喹禾灵	658
PD20081948	草甘膦异丙胺盐	586
PD20081949	氰戊·马拉松	767
PD20081950	霜脲·锰锌	302
PD20081951	霜脲·锰锌	439
PD20081952	氯氰·敌敌畏	654
PD20081953	丙草胺	460
PD20081954	高效氟吡甲禾灵	882
PD20081955	乐果	218
PD20081956	多·福	1040
PD20081957	阿维菌素	870
PD20081958	咪唑乙烟酸	296
PD20081959	二甲戊灵	633
PD20081960	噁酮·乙草胺	813
PD20081961	联苯菊酯	263
PD20081962	草甘膦	221
PD20081963	毒死蜱	506
PD20081964	啶虫脒	704
PD20081965	多·锰锌	198
PD20081966	丁硫克百威	266
PD20081967	溴氰菊酯	1118
PD20081968	二氯喹啉酸	574
PD20081969	高氯·马	340
PD20081970	啶虫脒	196
PD20081971	氰戊·马拉松	302
PD20081972	苏云金杆菌	403
PD20081973	苯磺隆	460

PD20081974	精喹禾灵	134
PD20081975	炔螨特	870
PD20081976	仲丁威	652
PD20081977	乙草胺	443
PD20081978	阿维菌素	983
PD20081979	代森锌	737
PD20081980	高效氟吡甲禾灵	603
PD20081981	啶虫脒	472
PD20081982	苯磺隆	642
PD20081983	代森锰锌	704
PD20081984	克百威	460
PD20081986	丙环唑	1007
PD20081987	高效氟吡甲禾灵	282
PD20081988	氯氟吡氧乙酸异辛酯	282
PD20081989	二氯喹啉酸	503
PD20081990	乙草胺	555
PD20081991	啶虫脒	506
PD20081992	S-氰戊菊酯	617
PD20081993	草甘膦异丙胺盐	1010
PD20081994	丁草胺	592
PD20081995	异丙威	425
PD20081996	代森锰锌	249
PD20081997	嘧霉胺	497
PD20081998	唑螨酯	807
PD20081999	代森锰锌	608
PD20082000	咪鲜胺	1102
PD20082001	阿维菌素	1095
PD20082002	代森锰锌	870
PD20082003	丙环唑	870
PD20082004	溴氰菊酯	870
PD20082005	啶虫脒	500
PD20082006	萘乙酸	313
PD20082007	溴鼠灵	976
PD20082008	霜脲·锰锌	935
PD20082009	苄·丁	573
PD20082010	辛硫·高氯氟	92
PD20082012	高效氯氟氰菊酯	308
PD20082013	灭多威	514
PD20082014	丁硫克百威	489
PD20082015	氯氰·毒死蜱	332
PD20082016	氟磺胺草醚	476
PD20082017	异稻·三环唑	464
PD20082018	百菌清	201
PD20082019	灭蝇胺	789
PD20082020	阿维·苏云菌	898
PD20082021	高效氯氟氰菊酯	163
PD20082022	苄·二氯	526
PD20082023	灭幼脲	1015
PD20082024	氰草津	742
PD20082025	高氯·辛硫磷	794
PD20082026	甲霜·福美双	405
PD20082027	草甘膦异丙胺盐	983
PD20082028	异稻·稻瘟灵	654
PD20082029	啶虫脒	482
PD20082030	代森锰锌	803
PD20082031	滴丁·乙草胺	377
PD20082032	草甘膦	655
PD20082033	草甘膦	405
PD20082034	草甘膦	203
PD20082035	辛硫磷	1057
PD20082036	阿维菌素	1097
PD20082037	精喹禾灵	555
PD20082038	甲基硫菌灵	645
PD20082039	禾草敌	1054
PD20082040	甲硫·福美双	873
PD20082041	乙铝·百菌清	834
PD20082042	高效氯氟氰菊酯	585
PD20082043	啶虫脒	614
PD20082044	氯氰菊酯	1051
PD20082045	高效氯氰菊酯	332
PD20082046	啶虫脒	614
PD20082047	多·福	161
PD20082048	高效氟吡甲禾灵	392
PD20082049	井冈霉素	405
PD20082050	苯磺隆	600
PD20082051	甲草胺	463
PD20082052	甲基硫菌灵	834
PD20082053	苄·二氯	454
PD20082055	氧氟·乙草胺	582
PD20082056	乙草胺	834
PD20082057	高氯·辛硫磷	843
PD20082058	草甘膦	400
PD20082059	百·福	689
PD20082060	马拉硫磷	154
PD20082061	萘乙酸	383
PD20082062	丁草胺	782
PD20082063	毒死蜱	464
PD20082064	苯磺隆	634
PD20082065	苯磺隆	566
PD20082066	杀扑磷	709
PD20082067	氯氰·马拉松	633
PD20082068	甲戊·乙草胺	802
PD20082069	苄·乙	1096
PD20082070	乙草胺	761
PD20082071	代森锰锌	1035
PD20082072	百草枯	546
PD20082073	多菌灵	788
PD20082074	噻菌灵	577
PD20082075	氰戊·辛硫磷	532
PD20082076	烯禾啶	704
PD20082077	草甘膦	53
PD20082078	草甘膦异丙胺盐	117
PD20082079	异丙甲草胺	81
PD20082080	吡嘧·苯噻酰	520
PD20082081	精喹禾灵	509
PD20082082	吡虫啉	53
PD20082083	乙草胺	678
PD20082084	苄嘧磺隆	53
PD20082085	精噁唑禾草灵	53
PD20082086	高氯·马	223
PD20082087	抗蚜威	892
PD20082088	草甘膦异丙胺盐	180
PD20082089	啶虫脒	288
PD20082090	高效氯氰菊酯	44
PD20082091	多·锰锌	923
PD20082092	三环唑	533
PD20082093	高氯·毒死蜱	614
PD20082094	哒螨·辛硫磷	614
PD20082095	腐霉利	954
PD20082096	氟磺胺草醚	676
PD20082097	炔螨特	1001
PD20082098	甲基硫菌灵	998
PD20082099	霜霉盐	532
PD20082100	三环唑	704
PD20082101	硫磺·甲硫灵	268
PD20082102	乙草胺	788
PD20082103	乙草胺	491
PD20082104	异丙威	639
PD20082105	异噁草松	678
PD20082106	甲基硫菌灵	514
PD20082107	戊唑醇	524
PD20082108	噁草·丁草胺	859
PD20082109	敌敌畏	1051
PD20082110	马拉·辛硫磷	714
PD20082111	毒死蜱	555
PD20082112	噁草·丁草胺	69

PD20082113 甲硫·福美双 813
PD20082114 氯氰·辛硫磷 272
PD20082115 苄嘧·苯噻酰 532
PD20082116 咪唑乙烟酸 694
PD20082117 杀螟丹 998
PD20082118 异丙甲草胺 1074
PD20082119 硫磺·多菌灵 1047
PD20082120 S-氰戊菊酯 601
PD20082121 杀扑磷 870
PD20082122 炔螨特 500
PD20082123 异丙甲草胺 463
PD20082124 硫磺·三环唑 922
PD20082125 莠去津 318
PD20082126 氟磺胺草醚 696
PD20082127 咪鲜·杀螟丹 545
PD20082128 毒死蜱 332
PD20082129 苯丁锡 1086
PD20082130 抗蚜威 514
PD20082131 咪鲜胺锰盐 985
PD20082132 丙溴磷 457
PD20082133 福·克 47
PD20082134 乙草胺 592
PD20082135 乙草胺 1074
PD20082136 草甘膦铵盐 503
PD20082137 烯酰吗啉 1030
PD20082138 溴氰菊酯 834
PD20082139 噻嗪酮 529
PD20082140 高效氯氟氰菊酯 392
PD20082141 硫丹 716
PD20082142 二氯喹啉酸 392
PD20082143 乙草胺 439
PD20082144 草甘膦异丙胺盐 1092
PD20082145 氟乐灵 131
PD20082146 苯丁锡 1086
PD20082147 高效氯氟氰菊酯 1034
PD20082148 毒·辛 663
PD20082149 三环·多菌灵 58
PD20082150 氯氰·毒死蜱 400
PD20082151 福美双 769
PD20082152 乙氧氟草醚 378
PD20082153 精喹禾灵 981
PD20082154 甲萘威 998
PD20082155 硫磺 1007
PD20082156 联苯菊酯 835
PD20082157 三唑锡 414
PD20082158 乙草胺 761
PD20082159 甲硫·福美双 853
PD20082160 三环唑 111
PD20082161 精噁唑禾草灵 1104
PD20082162 霜霉威盐酸盐 532
PD20082164 禾草灵 1077
PD20082165 精喹禾灵 626
PD20082166 戊唑醇 985
PD20082167 三环唑 652
PD20082168 腈菌唑 1077
PD20082169 氰戊·辛硫磷 359
PD20082170 乙草胺 438
PD20082171 莠去津 464
PD20082172 高效氯氟氰菊酯 506
PD20082173 戊唑醇 734
PD20082174 多菌灵 1034
PD20082175 敌百·乙酰甲 655
PD20082176 禾草灵 1077
PD20082177 精吡氟禾草灵 1107
PD20082178 啶虫脒 507
PD20082179 乙草胺 622
PD20082180 草甘膦 1099
PD20082181 氰戊·辛硫磷 587
PD20082182 丁·莠 829
PD20082183 唑草酮 509
PD20082184 精噁唑禾草灵 542
PD20082185 代森锌 882
PD20082186 硫磺·多菌灵 1023
PD20082187 甲基硫菌灵 1105
PD20082188 苯丁锡 1086
PD20082189 二氯喹啉酸 520
PD20082190 草甘膦异丙胺盐 699
PD20082191 毒死蜱 53
PD20082192 高氯·辛硫磷 882
PD20082193 福美双 249
PD20082194 高效氯氰菊酯 238
PD20082195 代森锰锌 1039
PD20082196 草甘膦 1010
PD20082197 联苯菊酯 564
PD20082198 苄嘧·禾草丹 1072
PD20082199 草甘膦异丙胺盐 430
PD20082200 炔螨特 489
PD20082201 甜菜安 1124
PD20082202 多·福 251
PD20082203 氟磺胺草醚 507
PD20082204 烯禾啶 683
PD20082205 噻嗪酮 533
PD20082206 氯磺隆 463
PD20082207 精吡氟禾草灵 617
PD20082208 三唑醇 734
PD20082209 异菌·福美双 911
PD20082210 噁草酮 684
PD20082211 霜脲·锰锌 700
PD20082212 苯磺隆 1085
PD20082213 溴氰菊酯 456
PD20082214 异丙草胺 697
PD20082215 百草枯 788
PD20082216 苯噻酰草胺 532
PD20082217 二甲戊灵 762
PD20082218 氰戊·马拉松 250
PD20082219 咪鲜胺 585
PD20082220 毒死蜱 998
PD20082221 多·锰锌 704
PD20082222 代森锌 724
PD20082223 丙溴·辛硫磷 844
PD20082224 多·福·锰锌 1047
PD20082225 异松·乙草胺 567
PD20082226 多·锰锌 577
PD20082227 锰锌·腈菌唑 478
PD20082228 多·福 373
PD20082229 辛硫磷 614
PD20082230 虫酰肼 392
PD20082231 精噁唑禾草灵 603
PD20082233 戊唑醇 578
PD20082234 敌敌畏 332
PD20082235 烯禾啶 282
PD20082236 烯禾啶 282
PD20082237 啶虫脒 846
PD20082238 氰戊·辛硫磷 276
PD20082239 联苯菊酯 203
PD20082240 苯磺隆 528
PD20082241 溴鼠灵 1100
PD20082242 溴鼠灵 1100
PD20082243 氰戊·辛硫磷 50
PD20082244 高效氯氰菊酯 922
PD20082245 溴敌隆 158
PD20082246 硫磺·多菌灵 767
PD20082247 精喹禾灵 1007
PD20082248 乐果 418
PD20082249 苯磺隆 582
PD20082250 高效氯氟氰菊酯 663

PD20082251	苄·乙	47
PD20082252	毒死蜱	988
PD20082253	马拉硫磷	260
PD20082254	精喹禾灵	88
PD20082255	甲氰菊酯	585
PD20082256	三唑酮	1064
PD20082257	甲草胺	460
PD20082258	硫双威	526
PD20082259	联苯菊酯	663
PD20082260	扑·乙·滴丁酯	464
PD20082261	炔螨特	405
PD20082262	氯氰·毒死蜱	58
PD20082263	辛硫·高氯氟	714
PD20082264	苄嘧磺隆	460
PD20082265	三环唑	180
PD20082266	丙环唑	874
PD20082267	精喹禾灵	1083
PD20082268	苯磺隆	835
PD20082269	阿维·氯氰	392
PD20082270	高效氯氰菊酯	138
PD20082271	氰戊·辛硫磷	47
PD20082272	氯氰·辛硫磷	336
PD20082273	莠灭净	859
PD20082274	杀虫双	663
PD20082275	苯磺隆	592
PD20082276	异噁草松	287
PD20082277	甲氰菊酯	399
PD20082278	乙氧氟草醚	981
PD20082279	苯磺·氯磺隆	981
PD20082280	代森锰锌	958
PD20082281	啶虫脒	259
PD20082282	莠去津	1126
PD20082283	莠灭净	134
PD20082284	二氯喹啉酸	454
PD20082285	阿维菌素	269
PD20082286	溴氰菊酯	108
PD20082287	阿维菌素	250
PD20082288	阿维菌素	397
PD20082289	稻瘟灵	828
PD20082290	草甘膦异丙胺盐（41%）	1071
PD20082291	百草枯	556
PD20082292	精吡氟禾草灵	384
PD20082293	敌草快	617
PD20082294	甲硫·福美双	1054
PD20082295	乙草胺	782
PD20082296	精噁唑禾草灵	53
PD20082297	二嗪磷	555
PD20082298	丁硫克百威	418
PD20082299	啶虫脒	303
PD20082300	噻嗪·杀虫单	111
PD20082301	苯磺隆	745
PD20082302	百菌清	271
PD20082303	高效氯氟氰菊酯	467
PD20082304	丙草胺	460
PD20082305	三环唑	544
PD20082306	苯磺隆	343
PD20082307	阿维·吡虫啉	1083
PD20082308	灭幼脲	901
PD20082309	三唑锡	1086
PD20082310	二氯喹啉酸	380
PD20082311	氟硅唑	1077
PD20082312	高氯·辛硫磷	819
PD20082313	甲基硫菌灵	704
PD20082314	溴敌隆	1101
PD20082315	二嗪磷	1085
PD20082317	代森锰锌	815
PD20082318	高效氯氟氰菊酯	53
PD20082319	噻嗪·异丙威	1096
PD20082320	阿维菌素	405
PD20082321	苯噻酰草胺	177
PD20082322	精异丙甲草胺	623
PD20082323	二嗪磷	248
PD20082324	甲氰·辛硫磷	842
PD20082325	苄氨基嘌呤	1028
PD20082326	哒螨·三唑锡	704
PD20082327	草甘膦异丙胺盐	1082
PD20082328	戊唑醇	523
PD20082329	精噁唑禾草灵	1104
PD20082330	噻嗪·仲丁威	1096
PD20082331	锰锌·腈菌唑	694
PD20082332	霜霉威盐酸盐	973
PD20082333	醚菊酯	704
PD20082334	腈菌唑	883
PD20082335	噻吩磺隆	328
PD20082336	苄·二氯	556
PD20082337	阿维菌素	86
PD20082338	赤霉酸	657
PD20082339	咪唑乙烟酸	380
PD20082340	阿维菌素	44
PD20082341	吡虫啉	514
PD20082342	甲基立枯磷	703
PD20082343	氟硅唑	704
PD20082344	苄嘧·苯噻酰	1026
PD20082345	阿维菌素	649
PD20082346	苏云金杆菌	403
PD20082347	高氯·氧乐果	333
PD20082348	灭多威	768
PD20082349	阿维菌素	697
PD20082350	噻吩磺隆	670
PD20082351	霜脲·锰锌	102
PD20082352	精喹禾灵	57
PD20082353	阿维菌素	1083
PD20082354	草甘膦	560
PD20082355	阿维菌素	1084
PD20082356	甲戊·乙草胺	762
PD20082358	苄嘧磺隆	1072
PD20082359	氯氰菊酯	762
PD20082360	高效氯氟氰菊酯	579
PD20082362	噁草·丁草胺	47
PD20082363	多·福	953
PD20082364	高效氟吡甲禾灵	467
PD20082365	草甘膦异丙胺盐	816
PD20082366	丁草胺	592
PD20082367	氯氰·辛硫磷	526
PD20082368	氰戊·辛硫磷	640
PD20082369	毒死蜱	47
PD20082370	氯吡脲	1012
PD20082371	阿维·敌敌畏	94
PD20082372	阿维·吡虫啉	297
PD20082373	三环唑	991
PD20082374	硫磺	911
PD20082375	代森锰锌	414
PD20082376	多·福	991
PD20082377	乙铝·福美双	839
PD20082378	毒死蜱	839
PD20082379	苄嘧磺隆	574
PD20082380	啶虫脒	509
PD20082381	异稻·稻瘟灵	644
PD20082382	苄嘧·苯噻酰	1072
PD20082383	异菌脲	995
PD20082384	高效氯氟氰菊酯	995
PD20082385	杀螟丹	53
PD20082386	甲氰·噻螨酮	168
PD20082387	甲基硫菌灵	1118
PD20082388	草甘膦异丙胺盐	584
PD20082389	吡虫啉	995

PD20082391 代森锰锌 954
PD20082392 三乙膦酸铝 270
PD20082393 草甘膦铵盐 1120
PD20082394 氯氰·啶虫脒 180
PD20082395 高氯·辛硫磷 395
PD20082396 毒死蜱 951
PD20082397 氯磺·异丙隆 569
PD20082398 乙酰甲胺磷 420
PD20082399 阿维·辛硫磷 90
PD20082400 啶虫脒 991
PD20082401 嘧霉胺 302
PD20082402 啶虫脒 318
PD20082403 阿维菌素 299
PD20082404 丙溴磷 458
PD20082405 高效氯氰氰菊酯 850
PD20082406 阿维·辛硫磷 283
PD20082407 氰戊·辛硫磷 509
PD20082408 二嗪磷 467
PD20082409 毒死蜱 76
PD20082410 噁草·丁草胺 1115
PD20082411 异菌脲 1036
PD20082412 炔螨特 327
PD20082413 阿维菌素 431
PD20082414 戊唑醇 496
PD20082415 多效唑 478
PD20082416 三唑锡 1085
PD20082417 乙·莠 507
PD20082418 吡虫啉 862
PD20082419 阿维菌素 268
PD20082420 咪唑乙烟酸 556
PD20082421 硫磺·三环唑 533
PD20082422 阿维菌素 515
PD20082423 辛硫·三唑磷 76
PD20082424 辛硫·三唑酮 225
PD20082425 阿维菌素 971
PD20082426 阿维菌素 983
PD20082427 乙草胺 460
PD20082428 氟磺胺草醚 372
PD20082429 啶虫脒 266
PD20082430 氯氰菊酯 614
PD20082431 联苯菊酯 652
PD20082432 阿维·甲氰 878
PD20082433 草甘膦异丙胺盐 76
PD20082434 阿维·高氯 846
PD20082435 阿维·辛硫磷 1084
PD20082436 甲氰·辛硫磷 889
PD20082437 霜霉威盐酸盐 141
PD20082438 嗪草酮 375
PD20082439 阿维菌素 671
PD20082440 丙环唑 614
PD20082441 二嗪磷 458
PD20082442 草甘膦异丙胺盐 655
PD20082443 马拉·杀螟松 633
PD20082444 溴氰·氧乐果 669
PD20082445 吡虫啉 496
PD20082446 草甘膦 572
PD20082447 阿维菌素 180
PD20082448 阿维菌素 274
PD20082449 苄·二氯 460
PD20082450 溴氰·马拉松 414
PD20082451 腐霉·福美双 180
PD20082452 溴敌隆 1100
PD20082453 溴敌隆 1100
PD20082454 草甘膦 62
PD20082455 萘乙酸 1028
PD20082456 高氯·马 1096
PD20082457 苄嘧·丙草胺 745
PD20082458 甲基硫菌灵 943
PD20082459 苄嘧磺隆 569
PD20082460 代森锰锌 819
PD20082461 高效氯氟氰菊酯 392
PD20082462 甲氰·乐果 196
PD20082463 井冈霉素 573
PD20082464 联苯菊酯 951
PD20082465 异丙草胺 721
PD20082466 草甘膦 550
PD20082467 精喹禾灵 343
PD20082468 灭多威 762
PD20082469 丁草胺 697
PD20082470 阿维菌素 898
PD20082471 克百威 857
PD20082472 多效唑 366
PD20082473 硫磺·多菌灵 1092
PD20082474 苯丁锡 978
PD20082475 井·酮·三环唑 57
PD20082476 代森锰锌 1039
PD20082477 啶虫脒 578
PD20082478 草甘膦铵盐(33%) 420
PD20082479 噻嗪·杀虫单 80
PD20082480 啶虫脒 1046
PD20082481 精噁唑禾草灵 47
PD20082482 百菌清 995
PD20082484 甲基硫菌灵 991
PD20082485 阿维菌素 90
PD20082486 阿维菌素 44
PD20082487 乙酰甲胺磷 1105
PD20082488 高效氯氰菊酯 78
PD20082489 异丙草胺 678
PD20082490 代森锌 1059
PD20082491 精喹禾灵 371
PD20082492 啶虫脒 711
PD20082493 草甘膦 204
PD20082494 炔螨特 1105
PD20082495 氟磺胺草醚 374
PD20082496 噻嗪·杀扑磷 1086
PD20082497 草甘膦 420
PD20082498 吡嘧磺隆 374
PD20082499 精喹禾灵 853
PD20082500 环嗪酮 603
PD20082501 苄嘧·丙草胺 503
PD20082502 硫磺·锰锌 973
PD20082503 三唑锡 1086
PD20082504 苯磺隆 853
PD20082505 精喹禾灵 854
PD20082506 异稻·稻瘟灵 431
PD20082507 氰戊·马拉松 709
PD20082508 硫磺 1066
PD20082509 毒·辛 1087
PD20082510 苄·二氯 582
PD20082511 多·福 299
PD20082512 萘乙酸 383
PD20082513 苄嘧磺隆 689
PD20082514 稻瘟灵 1023
PD20082515 精喹禾灵 381
PD20082516 腐霉利 1030
PD20082517 氰戊·辛硫磷 323
PD20082518 丙环唑 923
PD20082519 啶虫脒 509
PD20082520 啶虫脒 320
PD20082521 氰戊·马拉松 711
PD20082522 精喹禾灵 829
PD20082523 高氯·辛硫磷 1016
PD20082524 硫·酮·多菌灵 853
PD20082525 阿维菌素 1095
PD20082526 硫磺·多菌灵 543
PD20082527 氯噻啉 555

PD20082528 氯噻啉 555
PD20082531 杀虫双 604
PD20082532 甲基硫菌灵 547
PD20082533 高效氟吡甲禾灵 1107
PD20082534 硫磺·三唑酮 780
PD20082535 阿维菌素 201
PD20082536 阿维菌素 983
PD20082537 炔螨特 327
PD20082538 烯酰吗啉 239
PD20082539 噻嗪酮 563
PD20082540 氟磺胺草醚 556
PD20082541 甲氰·辛硫磷 775
PD20082542 氰戊·辛硫磷 395
PD20082543 精喹禾灵 53
PD20082544 草甘膦铵盐 1120
PD20082545 啶虫脒 1084
PD20082546 阿维菌素 794
PD20082547 阿维菌素 839
PD20082548 甲萘威 995
PD20082549 异丙草·莠 889
PD20082550 啶虫脒 969
PD20082552 甲霜·锰锌 995
PD20082553 异丙甲·苄 1072
PD20082554 咪唑乙烟酸 854
PD20082557 甲氰·辛硫磷 327
PD20082558 丙溴·辛硫磷 572
PD20082559 氟磺胺草醚 380
PD20082560 溴敌隆 113
PD20082561 甲氰·马拉松 208
PD20082562 吡嘧磺隆 509
PD20082563 异菌脲 507
PD20082564 辛硫磷 405
PD20082565 草甘膦 582
PD20082566 代森锰锌 349
PD20082567 联苯菊酯 614
PD20082568 辛硫磷 332
PD20082570 氰戊·辛硫磷 49
PD20082571 异丙草·莠 734
PD20082572 阿维·哒螨灵 302
PD20082573 氰戊·马拉松 781
PD20082574 异噁草松 439
PD20082575 乙烯利 201
PD20082576 乙酰甲胺磷 582
PD20082577 霜霉威 633
PD20082578 代森锰锌 911
PD20082579 烯草酮 524
PD20082580 异菌·福美双 272
PD20082581 氟乐灵 617
PD20082582 甲基硫菌灵 249
PD20082583 顺式氯氰菊酯 835
PD20082584 烯腺·羟烯腺 234
PD20082585 乙草胺 500
PD20082586 莠去津 670
PD20082587 赤霉酸 456
PD20082591 硫磺·多菌灵 507
PD20082592 禾草灵 1071
PD20082593 草甘膦 887
PD20082594 苯磺隆 509
PD20082595 春雷霉素 645
PD20082596 草甘膦异丙胺盐 445
PD20082597 辛硫·高氯氟 267
PD20082598 克百威 762
PD20082599 嗪草酮 559
PD20082600 甲哌鎓 557
PD20082601 甲哌鎓 1013
PD20082602 百草枯 829
PD20082603 戊唑醇 1074
PD20082604 噻嗪·异丙威 663
PD20082605 甲氰菊酯 401
PD20082606 乳氟禾草灵 1074
PD20082607 硫磺·三环唑 76
PD20082608 硫磺 507
PD20082609 代森锰锌 1005
PD20082610 灭幼脲 141
PD20082611 烯效唑 493
PD20082612 代森锰锌 1059
PD20082613 阿维·辛硫磷 383
PD20082614 代森锰锌 870
PD20082615 灭多威 935
PD20082616 阿维·敌敌畏 141
PD20082617 阿维菌素 439
PD20082618 咪唑乙烟酸 854
PD20082619 异丙草·莠 854
PD20082620 异丙·苄 476
PD20082621 除虫脲 283
PD20082622 嘧霉胺 716
PD20082623 硫磺·多菌灵 898
PD20082624 啶虫脒 711
PD20082625 毒死蜱 1069
PD20082626 草甘膦异丙胺盐 572
PD20082627 毒死蜱 1083
PD20082628 阿维菌素 397
PD20082629 阿维·联苯菊 567
PD20082630 炔螨特 228
PD20082631 百菌清 998
PD20082632 阿维菌素 802
PD20082633 三唑酮 496
PD20082634 氯氰·辛硫磷 363
PD20082635 甲氰菊酯 548
PD20082636 甲氰·噻螨酮 828
PD20082637 高效氯氟氰菊酯 405
PD20082638 阿维·三唑磷 1084
PD20082640 阿维菌素 253
PD20082641 霜霉威 828
PD20082642 灭草松 557
PD20082643 二甲戊灵 617
PD20082644 甲氰·辛硫磷 303
PD20082645 唑磷·毒死蜱 118
PD20082646 乙酰甲胺磷 157
PD20082647 三唑酮 332
PD20082648 联苯菊酯 645
PD20082649 精喹·草除灵 1093
PD20082650 莠灭净 1099
PD20082651 三唑锡 572
PD20082652 阿维菌素 57
PD20082653 氧氟·乙草胺 557
PD20082654 溴氰·马拉松 327
PD20082655 噻菌灵 460
PD20082656 敌敌畏 354
PD20082657 硫磺·多菌灵 280
PD20082658 草甘膦铵盐 478
PD20082659 烯酰吗啉 601
PD20082660 硫磺·甲硫灵 507
PD20082661 阿维·高氯 118
PD20082662 苄嘧·异丙隆 569
PD20082663 炔螨特 847
PD20082664 异丙草胺 461
PD20082665 氯氰·毒死蜱 611
PD20082666 阿维菌素 657
PD20082667 多·福 853
PD20082668 毒死蜱 854
PD20082669 阿维菌素 392
PD20082670 高效氟氯氰菊酯 53
PD20082672 莠去津 1099
PD20082673 百菌清 606
PD20082674 苯·苄·异丙甲 414

PD20082675	高效氯氟氰菊酯	1036	PD20082744	氯氰·敌敌畏	634
PD20082676	阿维菌素	649	PD20082745	氯氰·毒死蜱	333
PD20082677	毒死蜱	400	PD20082746	敌敌畏	991
PD20082678	氰戊·马拉松	873	PD20082747	烯草酮	1108
PD20082679	氟乐灵	782	PD20082748	溴氰·硫丹	1118
PD20082680	双甲脒	645	PD20082749	高效氯氰菊酯	1051
PD20082681	毒死蜱	1120	PD20082750	除虫脲	526
PD20082682	噻磺·乙草胺	313	PD20082751	克百威	118
PD20082683	多·酮	935	PD20082752	吡嘧磺隆	375
PD20082684	阿维菌素	288	PD20082753	霜霉威盐酸盐	458
PD20082685	溴氰菊酯	461	PD20082754	草除灵	563
PD20082686	阿维·毒死蜱	161	PD20082755	乙草胺	414
PD20082687	阿维·辛硫磷	141	PD20082756	马拉·辛硫磷	360
PD20082688	阿维·吡虫啉	566	PD20082758	三环唑	1092
PD20082689	百菌清	585	PD20082759	氟磺胺草醚	678
PD20082690	吡虫·异丙威	1087	PD20082760	苯磺隆	574
PD20082691	阿维·高氯	253	PD20082761	甲霜·噁霉灵	373
PD20082692	异丙威	1069	PD20082762	草甘膦	1105
PD20082693	联苯菊酯	807	PD20082763	代森锰锌	243
PD20082694	高效氯氟氰菊酯	76	PD20082764	氰戊菊酯	935
PD20082695	草甘膦异丙胺盐	1120	PD20082765	敌百虫	392
PD20082696	吡嘧磺隆	381	PD20082766	联苯菊酯	403
PD20082697	吡嘧·二氯喹	520	PD20082767	腈菌唑	478
PD20082698	氰戊·辛硫磷	304	PD20082768	啶虫脒	877
PD20082700	啶虫脒	253	PD20082769	嘧霉胺	1054
PD20082701	溴氰菊酯	312	PD20082770	甲氰·辛硫磷	766
PD20082702	噻嗪 ·敌敌畏	985	PD20082771	百·多·福	1051
PD20082703	阿维菌素	671	PD20082772	氯氰·毒死蜱	392
PD20082704	莠去津	1126	PD20082773	毒死蜱	153
PD20082705	氰戊·乐果	985	PD20082774	苄·二氯	427
PD20082706	螨醇·噻螨酮	1118	PD20082775	莠灭净	1063
PD20082707	毒死蜱	588	PD20082776	螨醇·哒螨灵	853
PD20082708	阿维菌素	224	PD20082777	草甘膦异丙胺盐	652
PD20082709	多菌灵	998	PD20082778	噻嗪酮	1092
PD20082710	阿维菌素	1097	PD20082779	啶虫脒	839
PD20082711	阿维菌素	582	PD20082780	二甲戊灵	633
PD20082712	阿维·高氯	566	PD20082782	多·锰锌	354
PD20082713	克百威	1117	PD20082783	霜霉威盐酸盐	507
PD20082714	胺苯磺隆	594	PD20082784	精噁唑禾草灵	1084
PD20082715	高效氯氟氰菊酯	602	PD20082785	高效氟吡甲禾灵	734
PD20082716	氰戊·辛硫磷	509	PD20082786	氟磺胺草醚	676
PD20082717	丁草胺	1050	PD20082787	硫磺·多菌灵	767
PD20082718	吡嘧磺隆	687	PD20082788	克百威	507
PD20082719	多菌灵	991	PD20082789	二氯喹啉酸	57
PD20082720	三环唑	354	PD20082790	苄·二氯	611
PD20082721	丁硫克百威	572	PD20082791	苯磺隆	364
PD20082722	氯氰·辛硫磷	319	PD20082792	氰戊·马拉松	327
PD20082723	莠灭净	1099	PD20082793	芸苔素内酯	1064
PD20082724	苯磺隆	658	PD20082794	氰戊·辛硫磷	644
PD20082725	二氯喹啉酸	526	PD20082795	苏云金杆菌	816
PD20082726	苯磺隆	981	PD20082796	虫酰肼	716
PD20082727	氧氟·乙草胺	617	PD20082797	敌百·辛硫磷	202
PD20082728	精喹禾灵	318	PD20082798	草甘膦异丙胺盐	1105
PD20082729	百菌清	201	PD20082799	丙草胺	1072
PD20082730	戊唑醇	463	PD20082800	啶虫脒	855
PD20082731	代森锰锌	1039	PD20082801	灭幼脲	274
PD20082732	氟啶脲	1113	PD20082802	丁·莠	711
PD20082733	甲霜·锰锌	923	PD20082803	二氯喹啉酸	574
PD20082734	氯氰菊酯	732	PD20082804	啶虫脒	261
PD20082735	炔螨特	405	PD20082805	氟磺胺草醚	510
PD20082736	联苯菊酯	414	PD20082806	芸苔素内酯	1064
PD20082737	多·福	915	PD20082807	硫双威	774
PD20082738	苯磺隆	276	PD20082808	阿维菌素	294
PD20082739	苯丁锡	1085	PD20082809	吡嘧磺隆	1072
PD20082740	噁霜·锰锌	141	PD20082810	草甘膦异丙胺盐	535
PD20082741	甲氰菊酯	477	PD20082811	腈菌·福美双	973
PD20082742	苄·二氯	976	PD20082812	氰戊·辛硫磷	202
PD20082743	腐霉利	113	PD20082813	阿维菌素	711

PD20082814 马拉硫磷 819
PD20082815 S-氰戊菊酯 1060
PD20082816 硫丹 454
PD20082817 丁草胺 1072
PD20082818 三乙膦酸铝 543
PD20082819 四螨嗪 161
PD20082820 代森锰锌 266
PD20082821 溴鼠灵 343
PD20082822 百草枯 779
PD20082823 乙草胺 445
PD20082824 松·喹·氟磺胺 464
PD20082825 毒死蜱 557
PD20082826 毒死蜱 663
PD20082827 福·福锌 935
PD20082828 溴敌隆 687
PD20082829 多·硫 512
PD20082830 三乙膦酸铝 343
PD20082831 三环唑 1027
PD20082832 阿维菌素 297
PD20082833 井冈霉素 1110
PD20082834 丙环唑 828
PD20082835 丁·扑 382
PD20082836 腐霉·多菌灵 1023
PD20082837 灭幼脲 316
PD20082838 二氯喹啉酸 1121
PD20082839 硫磺·多菌灵 891
PD20082840 噁霜·锰锌 334
PD20082841 草甘膦异丙胺盐 592
PD20082842 苄嘧·苯噻酰 520
PD20082843 苯磺隆 887
PD20082844 辛硫·高氯氟 332
PD20082845 氰戊·乐果 281
PD20082846 阿维菌素 294
PD20082847 噁酮·乙草胺 857
PD20082849 溴敌隆 95
PD20082850 草甘膦铵盐 53
PD20082851 霜霉威盐酸盐 846
PD20082852 阿维·吡虫啉 566
PD20082853 石硫合剂 222
PD20082854 噻嗪酮 388
PD20082855 乙草胺 622
PD20082856 异丙草胺 436
PD20082857 咪唑乙烟酸 782
PD20082858 硫磺·三环唑 582
PD20082859 啶虫脒 1054
PD20082860 苏云金杆菌 666
PD20082861 双甲脒 995
PD20082862 精喹禾灵 782
PD20082863 噻嗪酮 1070
PD20082864 敌畏·辛硫磷 364
PD20082865 马拉硫磷 276
PD20082866 啶虫脒 303
PD20082867 烯酰·锰锌 320
PD20082868 马拉·辛硫磷 664
PD20082869 丁硫克百威 418
PD20082870 氯氰·敌敌畏 154
PD20082871 噁草酮 61
PD20082872 噁霜·锰锌 542
PD20082873 氟乐灵 260
PD20082874 乙酰甲胺磷 250
PD20082875 虫酰肼 1124
PD20082876 高效氟吡甲禾灵 745
PD20082877 莠去津 1099
PD20082878 高效氯氟氰菊酯 652
PD20082879 乙酰甲胺磷 354
PD20082880 异噁草松 287
PD20082881 乙·莠 438
PD20082882 杀虫双 1028
PD20082883 噁霜·锰锌 883
PD20082884 灭多威 392
PD20082885 氯氰·毒死蜱 614
PD20082886 烯禾啶 874
PD20082887 吡虫·辛硫磷 265
PD20082888 阿维菌素 923
PD20082889 烯酰吗啉 47
PD20082890 克百威 1070
PD20082891 高氯·辛硫磷 790
PD20082892 啶虫脒 169
PD20082893 辛硫磷 857
PD20082894 氰戊·辛硫磷 864
PD20082895 克百威 175
PD20082896 杀单·克百威 663
PD20082897 异丙草胺 679
PD20082898 虫酰肼 845
PD20082899 丙草胺 557
PD20082900 草甘膦异丙胺盐 343
PD20082901 氯氰·辛硫磷 338
PD20082902 咪唑乙烟酸 854
PD20082903 霜霉威盐酸盐 349
PD20082904 仲丁灵 734
PD20082905 草甘膦异丙胺盐 291
PD20082906 异丙威 202
PD20082907 啶虫脒 255
PD20082908 苯磺隆 1044
PD20082909 三环唑 454
PD20082910 氰戊·乐果 108
PD20082911 甲霜·锰锌 585
PD20082912 甲氰·辛硫磷 339
PD20082913 双甲脒 515
PD20082914 辛硫·灭多威 538
PD20082915 高氯·硫丹 94
PD20082916 阿维·杀虫单 904
PD20082917 甲基硫菌灵 958
PD20082918 双甲脒 287
PD20082919 咪鲜胺 998
PD20082920 复硝酚钠 232
PD20082921 啶虫脒 499
PD20082922 灭幼脲 770
PD20082923 啶虫脒 590
PD20082924 仲丁威 461
PD20082925 高氯·灭多威 935
PD20082926 高效氟吡甲禾灵 1079
PD20082927 石硫合剂 400
PD20082928 稻瘟灵 399
PD20082929 高氯·马 339
PD20082930 啶虫脒 500
PD20082931 戊唑醇 524
PD20082932 甲霜·锰锌 958
PD20082933 硫磺 883
PD20082934 乙草胺 679
PD20082935 多·福 789
PD20082936 精噁唑禾草灵 1084
PD20082937 乙草胺 671
PD20082938 阿维菌素 92
PD20082939 三唑酮 141
PD20082940 丙环唑 141
PD20082941 草甘膦 559
PD20082942 噁霜·锰锌 585
PD20082943 辛硫磷 141
PD20082944 碱式硫酸铜 141
PD20082945 霜脲·锰锌 272
PD20082946 烟嘧磺隆 539
PD20082947 代森锌 971
PD20082948 毒死蜱 875
PD20082949 苯丁锡 572
PD20082950 苯磺隆 366

PD20082951	精喹禾灵	47	PD20083020	异丙威	215
PD20082952	辛硫磷	1054	PD20083021	复硝酚钠	112
PD20082953	辛硫·高氯氟	253	PD20083023	多唑·甲哌鎓	90
PD20082954	霜脲·锰锌	92	PD20083024	阿维菌素	983
PD20082955	嗪草酮	573	PD20083025	灭多威	1103
PD20082956	草甘膦异丙胺盐	374	PD20083026	高效氯氟氰菊酯	711
PD20082957	辛硫磷	805	PD20083027	多·福	512
PD20082958	多菌灵	972	PD20083028	苏云金杆菌	704
PD20082959	仲丁灵	711	PD20083029	苏云金杆菌	116
PD20082960	敌敌畏	405	PD20083030	辛硫·高氯氟	308
PD20082961	三唑锡	923	PD20083031	啶虫脒	485
PD20082962	甲氰菊酯	1060	PD20083032	三氟羧草醚	679
PD20082963	氟啶脲	600	PD20083033	氯氰·辛硫磷	320
PD20082964	福·克	848	PD20083034	苄嘧·苯噻酰	1089
PD20082965	联苯菊酯	850	PD20083035	烯酰·锰锌	464
PD20082966	高氯·辛硫磷	332	PD20083036	炔螨特	461
PD20082967	精吡氟禾草灵	399	PD20083037	啶虫脒	730
PD20082968	精喹禾灵	332	PD20083038	咪鲜胺	995
PD20082969	吡嘧磺隆	594	PD20083039	灭多威	515
PD20082970	溴敌隆	976	PD20083040	丁硫克百威	490
PD20082971	氰戊·辛硫磷	484	PD20083041	三环唑	476
PD20082972	阿维菌素	995	PD20083042	噻嗪酮	1071
PD20082973	阿维菌素	44	PD20083043	甲氰菊酯	995
PD20082974	代森锰锌	850	PD20083044	啶虫脒	709
PD20082975	异丙威	420	PD20083045	乙酰甲胺磷	652
PD20082976	草甘膦	550	PD20083046	氯氰·辛硫磷	255
PD20082977	丁草胺	371	PD20083047	虫酰肼	870
PD20082978	烟嘧磺隆	574	PD20083048	草甘膦异丙胺盐	59
PD20082979	甲氨基阿维菌素苯甲酸盐	467	PD20083049	多·锰锌	724
PD20082980	阿维菌素	1087	PD20083050	苄嘧磺隆	439
PD20082981	联苯菊酯	850	PD20083052	敌百·乙酰甲	664
PD20082982	毒死蜱	848	PD20083053	辛硫·三唑磷	1068
PD20082983	硫磺·三唑酮	779	PD20083054	吡虫·噻嗪酮	1095
PD20082984	抗蚜威	622	PD20083055	阿维菌素	709
PD20082985	噁草·丁草胺	561	PD20083056	敌百虫	655
PD20082986	三十烷醇	243	PD20083057	氯氰·毒死蜱	898
PD20082987	百菌清	971	PD20083058	咪唑乙烟酸	854
PD20082988	氯氟吡氧乙酸	282	PD20083059	三氟羧草醚	679
PD20082989	二氯喹啉酸	594	PD20083060	稻瘟灵	413
PD20082990	多菌灵	141	PD20083061	辛硫磷	180
PD20082991	腐霉利	141	PD20083062	戊唑醇	559
PD20082992	精吡氟禾草灵	859	PD20083063	氰戊·辛硫磷	454
PD20082993	精噁唑禾草灵	859	PD20083064	吡虫啉	1107
PD20082994	灭草松	859	PD20083065	稻瘟灵	467
PD20082995	异菌脲	141	PD20083066	苯磺隆	586
PD20082996	氟硅唑	496	PD20083067	二嗪磷	418
PD20082997	噻嗪酮	141	PD20083068	代森锰锌	102
PD20082998	稻瘟灵	180	PD20083069	噻嗪酮	497
PD20082999	硫双威	526	PD20083070	苯磺隆	1038
PD20083000	噻嗪酮	850	PD20083071	烯禾啶	259
PD20083001	噁霉·稻瘟灵	90	PD20083073	联苯菊酯	1108
PD20083002	甲氰菊酯	141	PD20083074	啶虫脒	850
PD20083003	虫酰肼	141	PD20083075	二嗪磷	559
PD20083004	氟硅唑	1036	PD20083076	高效氟吡甲禾灵	859
PD20083005	顺式氯氰菊酯	367	PD20083077	三环唑	354
PD20083006	草甘膦	472	PD20083078	苄嘧·苯噻酰	461
PD20083007	甲·克	848	PD20083079	氯氰·毒死蜱	1123
PD20083008	多效唑	413	PD20083080	多·福	714
PD20083009	烯禾啶	282	PD20083081	噻嗪·异丙威	1110
PD20083010	氟啶脲	732	PD20083082	毒死蜱	497
PD20083011	马拉·辛硫磷	916	PD20083084	杀螺胺乙醇胺盐	645
PD20083013	阿维菌素	1075	PD20083085	乙·莠	318
PD20083014	乙草胺	671	PD20083086	乳氟禾草灵	874
PD20083015	丙环唑	944	PD20083087	阿维菌素	74
PD20083016	高氯·马	953	PD20083088	阿维菌素	224
PD20083017	阿维菌素	283	PD20083089	福·福锌	951
PD20083018	异丙威	652	PD20083090	乙酰甲胺磷	497
PD20083019	芸苔素内酯	1064	PD20083091	硫丹	1104

PD20083092	杀虫双	958
PD20083093	代森锌	1039
PD20083094	氟磺胺草醚	439
PD20083095	福美双	779
PD20083096	啶虫·辛硫磷	283
PD20083097	敌敌畏	108
PD20083098	啶虫脒	614
PD20083099	莠去津	526
PD20083100	阿维菌素	716
PD20083101	敌草隆	461
PD20083102	毒死蜱	235
PD20083103	阿维菌素	274
PD20083104	莠去津	671
PD20083105	高效氟氯氰菊酯	138
PD20083106	灭蝇胺	539
PD20083107	阿维菌素	1084
PD20083108	灭多威	842
PD20083110	二嗪磷	472
PD20083111	毒死蜱	294
PD20083112	敌敌畏	408
PD20083113	苄嘧·苯噻酰	644
PD20083114	喹硫·敌百虫	645
PD20083115	噻吩磺隆	374
PD20083116	阿维菌素	780
PD20083117	噻嗪酮	354
PD20083118	阿维·高氯	898
PD20083119	氯氟吡氧乙酸	485
PD20083120	高效氯氰菊酯	1063
PD20083121	氯氰菊酯	243
PD20083122	多抗霉素	447
PD20083123	氰戊·辛硫磷	298
PD20083124	阿维·杀虫单	898
PD20083125	代森锌	102
PD20083126	马拉·杀螟松	664
PD20083127	阿维菌素	839
PD20083128	烯禾啶	378
PD20083129	阿维菌素	283
PD20083130	辛硫磷	1030
PD20083131	马拉·杀螟松	647
PD20083132	乙草胺	734
PD20083133	丁草胺	439
PD20083134	阿维菌素	297
PD20083135	溴氰菊酯	614
PD20083136	氯氰·辛硫磷	361
PD20083137	多·福	973
PD20083138	苯丁锡	995
PD20083139	溴氰菊酯	399
PD20083140	毒死蜱	467
PD20083141	辛硫·高氯氟	392
PD20083142	百草枯	1119
PD20083143	噁草·丁草胺	529
PD20083144	啶虫脒	498
PD20083145	毒死蜱	312
PD20083146	氯氰·辛硫磷	614
PD20083147	阿维·毒死蜱	485
PD20083148	阿维菌素	90
PD20083149	氰戊·辛硫磷	485
PD20083150	阿维·毒死蜱	883
PD20083151	高氯·毒死蜱	526
PD20083152	草甘膦	745
PD20083153	阿维菌素	244
PD20083154	阿维·二嗪磷	472
PD20083155	矮壮素	265
PD20083156	阿维·高氯	361
PD20083157	甲基硫菌灵	293
PD20083158	毒死蜱	545
PD20083159	氟乐灵	177
PD20083160	乙氧氟草醚	998
PD20083161	氰草·莠去津	313
PD20083162	异稻·三环唑	1083
PD20083163	霜脲·锰锌	732
PD20083164	乙·莠	842
PD20083165	咪鲜胺	377
PD20083166	乙草胺	354
PD20083167	辛硫·三唑磷	202
PD20083168	毒死蜱	847
PD20083169	草除灵	1121
PD20083170	虫酰肼	814
PD20083171	戊唑醇	500
PD20083172	高效氯氟氰菊酯	563
PD20083173	炔螨特	835
PD20083174	杀扑磷	141
PD20083175	井冈霉素	141
PD20083176	杀螟丹	660
PD20083177	烟嘧磺隆	1071
PD20083178	腐霉利	526
PD20083179	联苯菊酯	636
PD20083180	杀螟丹	630
PD20083181	毒死蜱	664
PD20083182	苏云金杆菌	116
PD20083183	毒死蜱	926
PD20083184	甲基硫菌灵	964
PD20083185	苄嘧磺隆	1115
PD20083186	稻瘟灵	1020
PD20083187	高效氯氟氰菊酯	745
PD20083188	毒死蜱	604
PD20083189	高效氯氟氰菊酯	141
PD20083190	毒死蜱	177
PD20083191	醚菊酯	944
PD20083192	硫双威	926
PD20083193	多抗霉素	933
PD20083194	氯氟氰菊酯	628
PD20083195	吡虫啉	499
PD20083196	杀螺胺	142
PD20083197	氟啶脲	180
PD20083198	阿维菌素	1077
PD20083199	克·醇·福美双	233
PD20083200	三唑磷	472
PD20083201	甲基硫菌灵	92
PD20083202	阿维菌素	102
PD20083203	阿维菌素	314
PD20083204	氟啶脲	614
PD20083205	氰戊菊酯	422
PD20083206	毒死蜱	923
PD20083207	马拉·杀螟松	578
PD20083208	阿维菌素	297
PD20083209	敌百虫	794
PD20083210	毒死蜱	488
PD20083211	灭线磷	472
PD20083212	霜脲·锰锌	803
PD20083213	毒·辛	481
PD20083214	噻嗪·杀虫单	532
PD20083215	高效氯氟氰菊酯	139
PD20083216	噻嗪·杀扑磷	955
PD20083217	高效氯氟氰菊酯	1104
PD20083218	联苯菊酯	745
PD20083219	甲基硫菌灵	634
PD20083220	杀虫单	53
PD20083221	百·福	293
PD20083222	阿维菌素	411
PD20083223	溴氰 ·敌敌畏	73
PD20083224	联苯菊酯	122
PD20083225	辛硫磷	218
PD20083226	克百威	909
PD20083227	高效氯氟氰菊酯	456
PD20083228	三乙膦酸铝	964

PD20083229 高效氯氟氰菊酯 267
PD20083230 辛硫磷 748
PD20083231 阿维菌素 957
PD20083232 联苯菊酯 830
PD20083233 丙环唑 258
PD20083234 阿维菌素 738
PD20083235 腈菌唑 92
PD20083236 克百威 338
PD20083237 克百威 316
PD20083238 杀螺胺乙醇胺盐 78
PD20083239 三唑锡 63
PD20083240 仲丁威 628
PD20083241 溴氰菊酯 998
PD20083242 甲氰菊酯 63
PD20083243 硫磺·三环唑 975
PD20083244 三唑磷 931
PD20083245 萎·克·福美双 47
PD20083246 高氯·马 343
PD20083247 代森锰锌 788
PD20083248 氰戊·马拉松 766
PD20083249 百菌清 606
PD20083250 苯磺隆 694
PD20083251 高效氯氟氰菊酯 90
PD20083252 丙草胺 467
PD20083253 吡嘧磺隆 688
PD20083254 霜脲·锰锌 354
PD20083255 辛硫·仲丁威 775
PD20083256 高氯·氧乐果 276
PD20083257 马拉·辛硫磷 864
PD20083258 氰戊·马拉松 400
PD20083259 多·锰锌 898
PD20083260 吡·井·杀虫单 222
PD20083261 噁霜·锰锌 102
PD20083262 啶虫脒 794
PD20083263 涉稗磷 985
PD20083264 噻嗪酮 588
PD20083265 高效氯氟氰菊酯 507
PD20083266 百菌清 944
PD20083267 阿维·氯氰 201
PD20083268 丁草胺 450
PD20083269 辛硫磷 1069
PD20083270 氰戊·辛硫磷 70
PD20083271 辛硫磷 136
PD20083272 氟铃·辛硫磷 839
PD20083273 霜霉威盐酸盐 676
PD20083274 联苯菊酯 308
PD20083275 除虫脲 606
PD20083277 溴敌隆 349
PD20083278 丙溴·辛硫磷 805
PD20083279 草甘膦 550
PD20083280 四聚乙醛 1093
PD20083281 甲氰菊酯 497
PD20083282 苯磺隆 510
PD20083283 四螨嗪 944
PD20083284 氯氰菊酯 585
PD20083285 麦草畏 603
PD20083286 多·福 490
PD20083287 胺苯磺隆 594
PD20083288 福·福锌 724
PD20083289 溴氰菊酯 958
PD20083290 苏云金杆菌 667
PD20083291 溴氰菊酯 600
PD20083292 多·福·锰锌 981
PD20083293 氯氰·辛硫磷 310
PD20083294 阿维菌素 231
PD20083295 辛硫磷 399
PD20083296 硫双威 142
PD20083297 丙环唑 578
PD20083298 丙环唑 870
PD20083299 乙草胺 1115
PD20083300 四螨嗪 883
PD20083301 四聚乙醛 1031
PD20083302 毒死蜱 865
PD20083303 噻嗪·异丙威 628
PD20083304 百菌清 364
PD20083305 多菌灵 964
PD20083306 霜霉威盐酸盐 1054
PD20083307 异丙甲草胺 1116
PD20083308 毒死蜱 578
PD20083309 仲丁威 935
PD20083310 高效氯氟氰菊酯 536
PD20083311 炔螨特 149
PD20083312 甲氰·辛硫磷 149
PD20083313 戊唑醇 1104
PD20083314 虫酰肼 964
PD20083315 高氯·辛硫磷 833
PD20083316 乙酰甲胺磷 778
PD20083317 代森锰锌 1041
PD20083318 甲霜·锰锌 354
PD20083320 毒·辛 640
PD20083321 硫磺·多菌灵 355
PD20083322 莠去津 443
PD20083323 高效氯氰菊酯 405
PD20083324 苏云金杆菌 116
PD20083326 氰戊·马拉松 76
PD20083327 硫磺·三环唑 852
PD20083329 吡虫啉 558
PD20083330 阿维菌素 789
PD20083331 异稻瘟净 142
PD20083332 甲氰菊酯 649
PD20083333 三唑酮 355
PD20083334 三环唑 1022
PD20083335 唑螨酯 944
PD20083336 溴氰菊酯 47
PD20083337 高效氯氟氰菊酯 464
PD20083338 吡虫·灭多威 935
PD20083339 乐果 592
PD20083340 井·唑·多菌灵 582
PD20083341 氰·辛·敌敌畏 337
PD20083342 赤霉酸 657
PD20083343 甲氰·辛硫磷 360
PD20083344 溴敌隆 343
PD20083345 丙环唑 1054
PD20083346 高效氯氟氰菊酯 508
PD20083347 多·福 355
PD20083348 三唑锡 150
PD20083349 丙环唑 102
PD20083350 炔螨特 194
PD20083351 代森锰锌 219
PD20083352 甲氰·辛硫磷 823
PD20083353 百菌清 916
PD20083354 多·福 1062
PD20083355 井冈霉素 645
PD20083356 代森锰锌 778
PD20083357 腈菌唑 998
PD20083358 苏云金杆菌 422
PD20083359 丙溴·辛硫磷 467
PD20083360 溴敌隆 969
PD20083361 高效氯氟氰菊酯 698
PD20083362 克·戊·福美双 233
PD20083363 高效氯氟氰菊酯 531
PD20083364 氯氰菊酯 944
PD20083365 炔螨特 1036
PD20083366 苏云金杆菌 827
PD20083367 精噁唑禾草灵 1104
PD20083368 甲霜·锰锌 458

PD20083369	联苯菊酯	308
PD20083370	仲丁威	187
PD20083371	多・锰锌	355
PD20083372	氰戊・敌敌畏	647
PD20083373	敌敌畏	406
PD20083374	溴氰 ・敌敌畏	62
PD20083375	速灭威	969
PD20083376	三唑锡	870
PD20083377	腈菌唑	44
PD20083378	阿维菌素	935
PD20083379	阿维菌素	822
PD20083380	多菌灵	175
PD20083381	辛硫・高氯氟	323
PD20083382	赤霉酸	142
PD20083383	啶虫脒	303
PD20083384	腈菌唑	406
PD20083385	吡虫・仲丁威	192
PD20083386	腈菌唑	1077
PD20083387	敌百虫	202
PD20083388	井冈・杀虫双	577
PD20083389	杀螺胺	496
PD20083390	三环唑	59
PD20083391	阿维菌素	286
PD20083392	毒死蜱	102
PD20083393	噻嗪酮	580
PD20083394	多・锰锌	958
PD20083395	氯磺隆	688
PD20083396	阿维菌素	709
PD20083397	井冈霉素	547
PD20083398	丁草胺	782
PD20083399	代森锰锌	891
PD20083400	多・福	916
PD20083401	甲・克	857
PD20083402	高效氯氰菊酯	597
PD20083403	精喹禾灵	439
PD20083404	啶虫脒	227
PD20083405	高效氯氟氰菊酯	528
PD20083406	三唑酮	931
PD20083407	百菌清	1015
PD20083408	硫磺・甲硫灵	1092
PD20083409	锰锌・腈菌唑	302
PD20083410	氯氰・辛硫磷	400
PD20083411	多菌灵	355
PD20083412	百菌清	728
PD20083413	三唑酮	964
PD20083414	炔螨特	895
PD20083415	杀螟丹	916
PD20083416	苏云金杆菌	701
PD20083417	毒死蜱	649
PD20083418	多・锰锌	660
PD20083419	高效氯氟氰菊酯	74
PD20083420	啶虫脒	933
PD20083421	阿维菌素	343
PD20083422	苯磺隆	762
PD20083423	苯磺隆	539
PD20083424	啶虫脒	921
PD20083425	高氯・辛硫磷	849
PD20083426	丙环唑	219
PD20083427	高效氯氰菊酯	394
PD20083428	阿维菌素	908
PD20083429	炔螨特	1083
PD20083430	精噁唑禾草灵	85
PD20083431	毒死蜱	916
PD20083432	丙环唑	916
PD20083433	阿维・苏云菌	88
PD20083435	阿维・哒螨灵	44
PD20083436	吡虫啉	923
PD20083437	啶虫脒	269
PD20083438	吡虫啉	515
PD20083439	噻嗪酮	664
PD20083440	噁霉灵	142
PD20083441	甲基嘧啶磷	759
PD20083442	吡虫啉	931
PD20083443	苯磺隆	76
PD20083444	毒死蜱	701
PD20083445	丙环唑	578
PD20083446	氯氰・辛硫磷	1036
PD20083447	氰戊・马拉松	829
PD20083448	三唑锡	318
PD20083449	三唑锡	755
PD20083450	甲草・莠去津	711
PD20083451	氟啶脲	239
PD20083452	马拉硫磷	628
PD20083453	二嗪磷	1085
PD20083454	烟嘧磺隆	578
PD20083455	杀扑磷	180
PD20083456	精喹・草除灵	648
PD20083457	杀螟硫磷	704
PD20083458	硫磺・多菌灵	1069
PD20083459	氟啶脲	821
PD20083460	三环唑	467
PD20083461	敌敌畏	180
PD20083462	速灭威	142
PD20083463	甲基硫菌灵	883
PD20083464	氰戊・三唑酮	467
PD20083465	噁霜・锰锌	942
PD20083466	阿维・辛硫磷	585
PD20083467	高效氯氰菊酯	302
PD20083468	福・克	1061
PD20083469	多・福	114
PD20083470	高氯・辛硫磷	725
PD20083471	代森锌	916
PD20083472	甲霜・福美双	596
PD20083473	丙环唑	745
PD20083474	四螨嗪	180
PD20083475	阿维菌素	238
PD20083476	氰戊・乐果	1026
PD20083477	甲基硫菌灵	916
PD20083478	甲基硫菌灵	180
PD20083479	阿维・毒死蜱	935
PD20083480	克百威	1028
PD20083481	丙环唑	891
PD20083482	三唑酮	312
PD20083483	氯氟吡氧乙酸异辛酯	47
PD20083484	多・锰锌	1013
PD20083485	霜霉威盐酸盐	507
PD20083486	苄・丁	859
PD20083487	啶虫脒	895
PD20083488	丙溴磷	614
PD20083489	马拉硫磷	359
PD20083490	高效氯氟氰菊酯	639
PD20083491	灭多威	954
PD20083492	炔螨特	367
PD20083493	多菌灵	913
PD20083494	代森锰锌	355
PD20083495	阿维菌素	649
PD20083496	毒死蜱	367
PD20083497	多菌灵	367
PD20083498	毒死蜱	972
PD20083499	甲基硫菌灵	850
PD20083500	硫磺・三唑酮	365
PD20083501	氯氰・毒死蜱	611
PD20083502	井冈霉素	355
PD20083503	甲霜・福美双	383
PD20083504	氯氰・毒死蜱	161
PD20083505	阿维菌素	936

PD20083506 稻瘟灵 150
PD20083507 联苯菊酯 1104
PD20083508 联苯菊酯 367
PD20083509 辛硫磷 108
PD20083510 氰戊·杀螟松 302
PD20083511 苄·二氯 1104
PD20083512 溴氰 ·敌敌畏 71
PD20083513 硫磺·三环唑 1024
PD20083514 乙酰甲胺磷 1051
PD20083515 多效唑 578
PD20083516 毒死蜱 1007
PD20083517 克百威 74
PD20083518 多·锰锌 972
PD20083519 噻嗪酮 467
PD20083520 高效氯氟氰菊酯 875
PD20083521 苄嘧磺隆 692
PD20083522 烯禾啶 697
PD20083523 鱼藤酮 211
PD20083524 啶虫脒 905
PD20083525 苏云金杆菌 116
PD20083526 毒死蜱 958
PD20083527 阿维菌素 169
PD20083528 烯效唑 498
PD20083529 苯磺隆 859
PD20083530 炔螨特 958
PD20083531 乐果 202
PD20083532 高效氯氟氰菊酯 177
PD20083533 联苯菊酯 958
PD20083534 精噁唑禾草灵 1084
PD20083535 百草枯 439
PD20083536 高效氟吡甲禾灵 439
PD20083537 联苯菊酯 561
PD20083538 甲基硫菌灵 958
PD20083539 代森锰锌 355
PD20083540 阿维·高氯 406
PD20083541 苄嘧·苯噻酰 429
PD20083542 福美双 745
PD20083543 扑·乙 75
PD20083544 草甘膦 978
PD20083545 多菌灵 853
PD20083546 杀螟丹 536
PD20083547 氰戊菊酯 510
PD20083548 啶虫脒 231
PD20083549 溴氰·辛硫磷 260
PD20083550 阿维·毒死蜱 903
PD20083551 阿维菌素 355
PD20083552 高氯·马 366
PD20083553 丙溴·辛硫磷 218
PD20083554 三唑锡 959
PD20083555 甲基硫菌灵 585
PD20083556 芸苔素内酯 126
PD20083557 氯氰·毒死蜱 1121
PD20083558 马拉硫磷 959
PD20083559 硫磺·多菌灵 355
PD20083560 三唑锡 959
PD20083561 异丙甲草胺 782
PD20083562 氧氟·异丙草 981
PD20083563 阿维·毒死蜱 611
PD20083565 啶虫脒 291
PD20083566 硫磺·多菌灵 881
PD20083567 井冈霉素 1110
PD20083568 阿维菌素 700
PD20083569 高氯·马 364
PD20083570 福·克 114
PD20083571 高效氯氰菊酯 648
PD20083572 氰戊·辛硫磷 364
PD20083573 阿维·双甲脒 456
PD20083574 草除灵 439
PD20083575 啶虫脒 382
PD20083576 啶虫脒 177
PD20083577 井冈霉素 1110
PD20083578 啶虫脒 944
PD20083579 三环唑 944
PD20083580 毒死蜱 652
PD20083581 炔螨特 676
PD20083582 霜脲·锰锌 981
PD20083583 阿维·高氯 467
PD20083584 灭线磷 852
PD20083585 异丙甲草胺 105
PD20083586 异稻·稻瘟灵 659
PD20083587 氯氰·丙溴磷 969
PD20083588 硫丹 515
PD20083589 马拉·辛硫磷 1034
PD20083590 草甘膦异丙胺盐 439
PD20083591 草甘膦 537
PD20083592 氯氰 ·敌敌畏 660
PD20083593 异稻·稻瘟灵 1077
PD20083594 氰戊·乐果 76
PD20083595 氟磺胺草醚 734
PD20083596 异松·乙草胺 1117
PD20083598 烯腺·羟烯腺 224
PD20083599 炔螨特 202
PD20083600 杀鼠醚 587
PD20083601 乙草胺 439
PD20083602 精喹禾灵 84
PD20083603 氰戊·辛硫磷 585
PD20083604 苯磺隆 476
PD20083605 三环唑 991
PD20083606 二氯喹啉酸 694
PD20083607 赤霉酸 989
PD20083608 苄嘧·苯噻酰 445
PD20083609 噻嗪·异丙威 77
PD20083610 啶虫脒 546
PD20083611 戊唑醇 461
PD20083612 啶虫脒 780
PD20083613 噻嗪·异丙威 959
PD20083614 甲氰菊酯 584
PD20083615 辛硫磷 893
PD20083616 阿维·啶虫脒 288
PD20083617 甲基硫菌灵 936
PD20083618 啶虫脒 892
PD20083619 草除灵 1027
PD20083620 乐果 175
PD20083621 咪鲜胺锰盐 614
PD20083622 三唑锡 944
PD20083623 高效氟吡甲禾灵 711
PD20083624 精噁唑禾草灵 1104
PD20083625 900克/升乙草胺乳油 362
PD20083626 醚菊酯 485
PD20083627 氰戊·敌敌畏 985
PD20083628 精喹禾灵 177
PD20083629 甲霜·锰锌 539
PD20083630 灭多威 1103
PD20083631 异噁草松 854
PD20083632 异丙·苄 461
PD20083633 三环·多菌灵 640
PD20083634 高效氯氟氰菊酯 355
PD20083635 阿维·啶虫脒 507
PD20083636 毒死蜱 973
PD20083637 甲基硫菌灵 969
PD20083638 咪唑乙烟酸 854
PD20083639 氯氰·敌敌畏 640
PD20083640 氯氰菊酯 1096
PD20083641 乐果 261
PD20083642 高效氯氟氰菊酯 645
PD20083643 联苯菊酯 819

PD20083644	异菌脲	964
PD20083645	多菌灵	271
PD20083646	苄·二氯	1096
PD20083647	异菌脲	180
PD20083648	高效氟吡甲禾灵	282
PD20083649	二嗪磷	248
PD20083650	硫双威	959
PD20083651	联苯菊酯	497
PD20083652	稻瘟灵	142
PD20083653	联苯菊酯	579
PD20083654	咪唑乙烟酸	381
PD20083655	噁霉灵	1060
PD20083656	苯磺隆	825
PD20083657	仲丁灵	634
PD20083658	草甘膦铵盐	503
PD20083659	毒死蜱	392
PD20083660	辛硫磷	273
PD20083661	氯氰·辛硫磷	846
PD20083662	氰戊·马拉松	365
PD20083663	高氯·杀虫单	276
PD20083664	吡·井·杀虫单	481
PD20083665	异稻·稻瘟灵	664
PD20083666	丙环唑	986
PD20083667	毒死蜱	1121
PD20083668	咪鲜·三唑酮	225
PD20083669	苄嘧磺隆	539
PD20083670	异丙甲草胺	866
PD20083671	炔螨特	1086
PD20083672	灭蝇胺	563
PD20083673	苯磺隆	59
PD20083674	甲霜·锰锌	835
PD20083675	多菌灵	1015
PD20083676	乙·莠	450
PD20083677	丁草胺	577
PD20083678	苄嘧磺隆	587
PD20083679	苯丁锡	1085
PD20083680	杀虫双	499
PD20083681	毒死蜱	458
PD20083682	霜脲·锰锌	1085
PD20083683	二氯喹啉酸	520
PD20083684	井冈霉素A	1118
PD20083685	三唑锡	970
PD20083686	杀虫双	429
PD20083687	三环唑	574
PD20083688	吡虫啉	286
PD20083689	井冈霉素A	657
PD20083690	高效氯氟氰菊酯	562
PD20083691	高氯·辛硫磷	911
PD20083692	硫磺·多菌灵	892
PD20083693	多·锰锌	861
PD20083694	异丙甲草胺	1044
PD20083695	溴氰菊酯	883
PD20083696	噻嗪酮	318
PD20083697	甲基硫菌灵	916
PD20083698	三环唑	102
PD20083699	灭多威	973
PD20083700	阿维·三唑磷	1097
PD20083701	辛硫磷	408
PD20083702	阿维·哒螨灵	192
PD20083703	阿维菌素	510
PD20083704	乙烯利	944
PD20083705	氰戊·马拉松	852
PD20083706	乙氧氟草醚	1077
PD20083707	仲丁威	655
PD20083708	氯氰·毒死蜱	363
PD20083709	高氯·马	648
PD20083710	阿维·高氯	161
PD20083711	敌敌畏	1057
PD20083712	阿维·辛硫磷	1097
PD20083713	S-氰戊菊酯	601
PD20083714	氯氰·丙溴磷	1079
PD20083715	腈菌唑	406
PD20083716	敌畏·毒死蜱	585
PD20083717	草除灵	476
PD20083718	甲基硫菌灵	1015
PD20083719	高氯 ·敌敌畏	361
PD20083720	阿维菌素	725
PD20083721	腈菌唑	944
PD20083722	三乙膦酸铝	1105
PD20083723	毒死蜱	846
PD20083724	高效氯氟氰菊酯	209
PD20083725	甲氰菊酯	652
PD20083726	毒死蜱	500
PD20083727	氯氰·毒死蜱	507
PD20083728	吡虫啉	253
PD20083729	吡嘧磺隆	520
PD20083730	异丙草·莠	711
PD20083731	甜菜宁	1124
PD20083732	苄嘧磺隆	468
PD20083733	二甲戊灵	406
PD20083734	杀螟丹	978
PD20083735	克百威	408
PD20083736	代森锰锌	249
PD20083737	氟乐灵	325
PD20083738	克百威	392
PD20083739	丙草胺	1072
PD20083740	萘乙酸	383
PD20083741	百草枯	711
PD20083743	苄嘧磺隆	461
PD20083744	百菌清	959
PD20083745	霜霉威盐酸盐	110
PD20083746	草甘膦铵盐	1121
PD20083747	多菌灵	951
PD20083748	灭蝇胺	676
PD20083749	噻嗪·异丙威	557
PD20083750	精喹禾灵	557
PD20083751	乙铝·锰锌	243
PD20083752	三唑酮	578
PD20083753	乙铝·锰锌	228
PD20083754	甲·克	848
PD20083755	溴鼠灵	1082
PD20083756	阿维菌素	403
PD20083757	多·福	655
PD20083758	氟乐灵	859
PD20083759	毒死蜱	142
PD20083760	噻嗪·异丙威	403
PD20083761	代森锰锌	355
PD20083762	阿维菌素	150
PD20083763	氯氰·毒死蜱	959
PD20083764	双甲脒	883
PD20083765	氟啶脲	883
PD20083766	甜菜安	478
PD20083767	多菌灵	1041
PD20083768	氟氯氰菊酯	142
PD20083769	辛硫磷	778
PD20083770	炔螨特	142
PD20083771	噻嗪酮	1105
PD20083772	乐果	995
PD20083773	噻嗪酮	408
PD20083774	虫酰肼	259
PD20083775	多·福	1036
PD20083776	三唑锡	916
PD20083777	噻嗪酮	964
PD20083778	多菌灵	936
PD20083779	虫酰肼	944
PD20083780	氟乐灵	59

PD20083781	三环唑	1027
PD20083782	阿维菌素	289
PD20083784	乙草胺	829
PD20083785	咪鲜胺	136
PD20083787	井冈霉素	355
PD20083788	氟磺胺草醚	85
PD20083789	多菌灵	766
PD20083790	噻嗪酮	959
PD20083791	霜霉威盐酸盐	936
PD20083792	霜霉威盐酸盐	1035
PD20083793	丙环唑	160
PD20083794	精喹禾灵	134
PD20083795	精喹禾灵	1116
PD20083796	乙氧氟草醚	1083
PD20083797	啶虫脒	674
PD20083798	阿维·高氯	515
PD20083799	灭多威	936
PD20083800	氰戊·辛硫磷	78
PD20083801	灭蝇胺	637
PD20083802	三乙膦酸铝	883
PD20083803	代森锰锌	1046
PD20083804	双甲脒	764
PD20083805	高效氟氯氰菊酯	1119
PD20083806	异丙草胺	287
PD20083807	炔螨特	883
PD20083808	高效氯氟氰菊酯	883
PD20083809	顺式氯氰菊酯	139
PD20083810	异丙威	359
PD20083811	联苯菊酯	764
PD20083812	氰戊·氧乐果	79
PD20083813	乙烯利	1013
PD20083814	异菌脲	240
PD20083815	甲哌鎓	582
PD20083816	苄嘧磺隆	503
PD20083817	甲氰·辛硫磷	295
PD20083818	氯氰菊酯	711
PD20083819	百菌清	959
PD20083820	杀螟丹	637
PD20083821	硫双威	463
PD20083822	多菌灵	648
PD20083823	草甘膦	520
PD20083824	氰戊·马拉松	245
PD20083825	阿维·高氯	138
PD20083826	草甘膦	371
PD20083827	辛硫磷	233
PD20083828	速灭威	926
PD20083829	丙环唑	830
PD20083830	甲氰菊酯	219
PD20083831	异丙草胺	788
PD20083832	联苯菊酯	823
PD20083833	炔螨特	1086
PD20083834	阿维菌素	238
PD20083835	高氯·毒死蜱	923
PD20083836	阿维·哒螨灵	284
PD20083837	阿维·毒死蜱	794
PD20083838	丙溴·辛硫磷	180
PD20083839	噁霜·锰锌	926
PD20083840	高氯·毒死蜱	770
PD20083841	高效氯氟氰菊酯	821
PD20083842	精喹禾灵	440
PD20083843	联苯菊酯	732
PD20083844	赤霉酸GA3	474
PD20083845	氰戊·马拉松	882
PD20083846	噻嗪·异丙威	1101
PD20083847	甲氰菊酯	406
PD20083848	啶虫脒	1041
PD20083849	代森锌	732
PD20083850	吡虫啉	92
PD20083851	杀螺胺乙醇胺盐	573
PD20083852	高效氯氟氰菊酯	219
PD20083853	异菌脲	530
PD20083854	异稻瘟净	187
PD20083855	甲基硫菌灵	364
PD20083856	氯氰·敌敌畏	211
PD20083857	溴敌隆	113
PD20083858	噻嗪酮	536
PD20083859	高效氟吡甲禾灵	468
PD20083860	丙环唑	728
PD20083861	多·锰锌	823
PD20083862	啶虫脒	991
PD20083863	精吡氟禾草灵	134
PD20083864	腈菌唑	94
PD20083865	氯氰·辛硫磷	806
PD20083866	噻菌灵	490
PD20083867	氟氯氰菊酯	883
PD20083868	甲基硫菌灵	139
PD20083869	三环唑	959
PD20083870	高氯·马	916
PD20083871	毒死蜱	244
PD20083872	辛硫磷	906
PD20083874	氰戊·辛硫磷	765
PD20083875	顺式氯氰菊酯	1022
PD20083877	联苯菊酯	142
PD20083878	戊唑醇	578
PD20083879	腈菌唑	180
PD20083880	阿维菌素	300
PD20083881	唑螨酯	94
PD20083882	联苯菊酯	730
PD20083883	毒死蜱	772
PD20083884	异丙威	913
PD20083885	阿维菌素	156
PD20083886	毒死蜱	1123
PD20083887	硫磺·多菌灵	533
PD20083888	吡虫·毒死蜱	978
PD20083889	多·酮	57
PD20083890	异菌脲	959
PD20083891	辛硫磷	359
PD20083892	甲基硫菌灵	845
PD20083893	唑磷·毒死蜱	533
PD20083894	氯氰·马拉松	915
PD20083895	噁酮·乙草胺	859
PD20083896	氰戊·乐果	587
PD20083897	毒死蜱	845
PD20083898	高氯·马	249
PD20083899	霜脲氰	560
PD20083900	毒死蜱	857
PD20083901	三环唑	1022
PD20083902	S-氰戊菊酯	482
PD20083903	高氯·马	823
PD20083904	氯氰菊酯	242
PD20083905	炔螨特	1086
PD20083906	噻嗪酮	622
PD20083907	三环唑	1010
PD20083908	阿维菌素	156
PD20083909	高效氯氟氰菊酯	971
PD20083910	多菌灵	194
PD20083911	吡虫啉	846
PD20083913	氰戊·辛硫磷	428
PD20083914	三唑酮	1000
PD20083915	三唑锡	150
PD20083916	氯氰·辛硫磷	587
PD20083917	丙环唑	1107
PD20083918	三环唑	1054
PD20083919	戊唑醇	890
PD20083921	异丙威	636
PD20083922	氯氰菊酯	852

PD20083923	异菌脲	916
PD20083924	高氯·毒死蜱	150
PD20083925	除虫脲	526
PD20083926	三唑酮	1054
PD20083927	氰戊·辛硫磷	80
PD20083928	杀螺胺	926
PD20083929	苏云金杆菌	116
PD20083930	甲氰菊酯	926
PD20083931	多菌灵	1041
PD20083932	马拉硫磷	277
PD20083933	甲氰菊酯	923
PD20083934	噁霉灵	142
PD20083935	高效氯氟氰菊酯	240
PD20083936	硫磺·多菌灵	1063
PD20083937	联苯菊酯	916
PD20083938	丙环唑	291
PD20083939	高效氯氟氰菊酯	497
PD20083940	杀单·毒死蜱	472
PD20083941	代森锰锌	281
PD20083942	氯氰·毒死蜱	1007
PD20083943	高氯·辛硫磷	824
PD20083945	高效氯氟氰菊酯	650
PD20083946	苏云金杆菌	343
PD20083947	苯丁锡	936
PD20083948	仲丁威	142
PD20083949	速灭威	180
PD20083950	代森锰锌	824
PD20083951	硫磺·三环唑	355
PD20083953	甲基硫菌灵	150
PD20083954	吡虫啉	503
PD20083955	三环唑	636
PD20083956	异丙威	660
PD20083957	甲氰菊酯	181
PD20083958	三环唑	794
PD20083959	噻嗪·异丙威	515
PD20083960	硫磺·锰锌	1054
PD20083961	氯氰·辛硫磷	64
PD20083962	毒死蜱	308
PD20083963	甲戊·乙草胺	476
PD20083964	苯磺隆	716
PD20083965	稻瘟灵	315
PD20083966	敌瘟磷	153
PD20083967	三环唑	595
PD20083968	乙酰甲胺磷	775
PD20083969	溴氰菊酯	1020
PD20083970	草甘膦	400
PD20083971	灭多威	53
PD20083972	溴敌隆	275
PD20083973	高效氯氰菊酯	898
PD20083974	噁霜·锰锌	973
PD20083975	稻瘟灵	1028
PD20083976	异丙甲草胺	461
PD20083977	草甘膦异丙胺盐(41%)	201
PD20083978	联苯菊酯	461
PD20083979	丙环唑	461
PD20083980	氟氯氰菊酯	138
PD20083981	烯酰吗啉	461
PD20083982	2甲4氯	384
PD20083983	辛硫磷	805
PD20083984	灭多威	131
PD20083985	丙溴磷	805
PD20083986	多效唑	594
PD20083987	溴氰菊酯	598
PD20083988	硫磺·甲硫灵	355
PD20083989	丁草胺	711
PD20083990	精喹禾灵	291
PD20083991	霜脲·锰锌	150
PD20083992	阿维菌素	999
PD20083993	三唑磷	748
PD20083994	敌百虫	738
PD20083995	吡虫啉	500
PD20083996	联苯菊酯	1054
PD20083997	仲丁威	634
PD20083998	阿维菌素	43
PD20083999	硫磺·三环唑	111
PD20084000	多·锰锌	827
PD20084001	稻瘟灵	637
PD20084002	辛硫磷	490
PD20084003	辛硫磷	80
PD20084004	啶虫脒	316
PD20084005	毒死蜱	258
PD20084006	硫磺·三唑酮	364
PD20084007	毒死蜱	803
PD20084008	联苯菊酯	244
PD20084009	阿维菌素	804
PD20084010	啶虫脒	530
PD20084011	敌百虫	228
PD20084012	氟胺·烯禾啶	679
PD20084013	炔螨特	895
PD20084014	多菌灵	291
PD20084015	高效氯氟氰菊酯	637
PD20084016	杀螟丹	219
PD20084017	阿维菌素	247
PD20084018	苄嘧磺隆	540
PD20084019	甲氰·辛硫磷	321
PD20084020	多·福	789
PD20084021	戊唑醇	564
PD20084022	乙酰甲胺磷	1088
PD20084023	毒死蜱	555
PD20084024	三唑锡	696
PD20084025	乙草胺	335
PD20084026	阿维菌素	104
PD20084027	高氯·马	355
PD20084028	异稻·稻瘟灵	192
PD20084029	精喹禾灵	981
PD20084030	霜脲·锰锌	352
PD20084031	辛硫磷	272
PD20084032	多·福·克	376
PD20084033	氯氰·氧乐果	325
PD20084034	二嗪磷	614
PD20084035	乙草胺	308
PD20084036	高效氯氟氰菊酯	325
PD20084037	井冈霉素	637
PD20084038	灭多威	276
PD20084039	噁霉灵	196
PD20084040	阿维菌素	846
PD20084041	吡虫·异丙威	181
PD20084042	异丙威	748
PD20084043	三乙膦酸铝	355
PD20084044	多·锰锌	833
PD20084045	高氯·灭幼脲	901
PD20084046	多菌灵	883
PD20084047	萎锈灵	923
PD20084048	噻嗪·异丙威	142
PD20084049	吡虫啉	59
PD20084050	戊唑醇	976
PD20084051	异丙威	664
PD20084052	苏云金杆菌	776
PD20084053	苏云金杆菌	161
PD20084054	阿维菌素	611
PD20084055	异丙威	175
PD20084056	三环·多菌灵	562
PD20084057	S-氰戊菊酯	807
PD20084058	速灭威	959
PD20084059	硫双威	560
PD20084060	高效氯氟氰菊酯	332

PD20084061 炔螨特 308
PD20084062 杀螟丹 636
PD20084063 马拉硫磷 267
PD20084064 二甲戊灵 515
PD20084065 草甘膦铵盐 1121
PD20084066 毒死蜱 500
PD20084067 稻丰散 592
PD20084068 多菌灵 959
PD20084069 三环・杀虫单 468
PD20084070 霜霉威盐酸盐 955
PD20084071 福美双 1046
PD20084072 毒死蜱 126
PD20084073 霜脲・锰锌 870
PD20084074 苯磺隆 497
PD20084075 高氯・马 983
PD20084076 乙酰甲胺磷 614
PD20084077 乙草胺 679
PD20084078 噁霉灵 923
PD20084079 噻嗪酮 846
PD20084080 噻嗪・异丙威 636
PD20084081 阿维・三唑磷 472
PD20084082 灭多威 618
PD20084083 三唑酮 355
PD20084084 春雷霉素 297
PD20084085 丙环唑 883
PD20084086 溴氰菊酯 600
PD20084087 硫丹 970
PD20084088 啶虫脒 86
PD20084089 啶虫脒 312
PD20084090 克百・敌百虫 74
PD20084091 虫酰肼 503
PD20084092 除虫脲 314
PD20084093 百草枯 590
PD20084094 毒死蜱 883
PD20084095 代森锌 355
PD20084096 氯氰・丙溴磷 458
PD20084097 啶虫脒 944
PD20084098 氯氰菊酯 819
PD20084099 三环唑 1010
PD20084100 硫丹 66
PD20084101 硫磺・三环唑 576
PD20084102 辛硫磷 742
PD20084103 异菌・福美双 95
PD20084104 吡虫啉 363
PD20084105 三唑磷 355
PD20084106 敌畏・马 156
PD20084107 噻磺・乙草胺 47
PD20084109 磷化铝 711
PD20084110 高效氟吡甲禾灵 393
PD20084111 唑螨酯 816
PD20084112 赤霉酸 474
PD20084113 苄嘧磺隆 533
PD20084114 烟嘧磺隆 704
PD20084115 甲基异柳磷 721
PD20084116 乙酰甲胺磷 639
PD20084117 甲氰菊酯 1104
PD20084118 氯氰・敌敌畏 816
PD20084119 敌稗 866
PD20084120 丁硫克百威 883
PD20084121 溴氰・马拉松 342
PD20084122 灭多威 349
PD20084123 锰锌・硫磺 268
PD20084124 啶虫脒 1038
PD20084125 腈菌・福美双 685
PD20084126 硫磺・三环唑 576
PD20084127 甲氨基阿维菌素苯甲酸盐(1.1%) 414
PD20084128 氰戊・马拉松 324
PD20084129 啶虫脒 813
PD20084130 灭多威 842
PD20084131 腈菌唑 738
PD20084132 氟硅唑 1054
PD20084133 哒螨灵 582
PD20084134 杀螟丹 406
PD20084135 福・克 445
PD20084136 乙酰甲胺磷 109
PD20084137 阿维・高氯 1097
PD20084138 多・福 863
PD20084139 高效氯氟氰菊酯 88
PD20084140 环嗪酮 507
PD20084141 精噁唑禾草灵 585
PD20084142 辛硫磷 1046
PD20084143 苄嘧・扑草净 528
PD20084144 毒死蜱 636
PD20084145 甲氰菊酯 587
PD20084146 阿维菌素 876
PD20084147 辛硫磷 250
PD20084148 高氯・氟啶脲 770
PD20084149 阿维・氯氰 77
PD20084150 甲霜・福美双 373
PD20084151 氯氰・辛硫磷 912
PD20084152 丙环唑 923
PD20084153 高氯・马 853
PD20084154 甲氰・噻螨酮 701
PD20084155 丙溴磷 916
PD20084156 丁硫・福美双 490
PD20084157 噻嗪・异丙威 367
PD20084158 乙草胺 134
PD20084159 高效氟氯氰菊酯 1119
PD20084160 吡虫啉 575
PD20084161 阿维菌素 303
PD20084162 甲氰・辛硫磷 805
PD20084163 克百威 158
PD20084164 甲霜・锰锌 150
PD20084165 代森锰锌 251
PD20084166 乐果 359
PD20084167 联苯菊酯 181
PD20084168 氟啶脲 500
PD20084169 高效氯氟氰菊酯 629
PD20084170 腐霉・福美双 738
PD20084171 高氯・马 827
PD20084172 精噁唑禾草灵 53
PD20084173 锰锌・腈菌唑 526
PD20084174 多・福 385
PD20084175 甲氨基阿维菌素苯甲酸盐 732
PD20084176 氯氰・毒死蜱 936
PD20084177 四螨嗪 936
PD20084178 阿维・高氯 226
PD20084179 阿维菌素 382
PD20084180 甲柳・福美双 233
PD20084182 百菌清 142
PD20084183 阿维菌素 883
PD20084184 霜霉威盐酸盐 181
PD20084185 苯磺隆 611
PD20084186 阿维菌素 228
PD20084187 辛硫磷 765
PD20084188 高效氯氰菊酯 515
PD20084189 敌敌畏 1046
PD20084190 苄嘧磺隆 540
PD20084191 吡嘧・丙草胺 1093
PD20084192 高效氯氟氰菊酯 201
PD20084193 灭多威 762
PD20084194 草除灵 507
PD20084195 丁草胺 372
PD20084196 毒死蜱 503
PD20084197 氯氰・辛硫磷 340
PD20084198 辛硫磷 781

PD20084199	炔螨特	327
PD20084200	溴氰菊酯	508
PD20084201	异丙威	748
PD20084202	氰戊·马拉松	1009
PD20084203	敌百·辛硫磷	824
PD20084204	甲萘威	393
PD20084205	高效氯氟氰菊酯	1022
PD20084207	高效氯氟氰菊酯	115
PD20084208	阿维菌素	104
PD20084209	阿维菌素	126
PD20084210	精噁唑禾草灵	53
PD20084211	马拉硫磷	244
PD20084212	精噁唑禾草灵	53
PD20084213	杀虫双	1024
PD20084214	硫磺·三环唑	216
PD20084215	啶虫脒	944
PD20084216	丁硫克百威	490
PD20084217	辛硫·三唑磷	547
PD20084218	甲氰·辛硫磷	192
PD20084219	杀螟丹	828
PD20084220	苄·二氯	644
PD20084221	阿维·哒螨灵	500
PD20084222	稻瘟灵	1055
PD20084223	氰戊·辛硫磷	320
PD20084224	高氯·马	779
PD20084225	莠去津	289
PD20084226	甲基硫菌灵	959
PD20084227	百菌清	923
PD20084228	异菌脲	142
PD20084229	异丙草·莠	859
PD20084230	氯氰·辛硫磷	108
PD20084231	霜霉威盐酸盐	852
PD20084232	阿维菌素	474
PD20084233	高效氯氟氰菊酯	308
PD20084234	氧氟·乙草胺	981
PD20084235	联苯菊酯	482
PD20084236	苯丁锡	572
PD20084237	异菌脲	228
PD20084238	苄氨基嘌呤	1075
PD20084239	氟乐灵	734
PD20084240	福美双	819
PD20084241	阿维菌素	136
PD20084242	莠灭净	734
PD20084243	乙草胺	782
PD20084244	高效氯氟氰菊酯	585
PD20084245	氰戊·辛硫磷	767
PD20084246	阿维·高氯	1035
PD20084247	敌百·辛硫磷	655
PD20084248	三环唑	926
PD20084249	阿维菌素	738
PD20084250	溴氰菊酯	198
PD20084251	毒死蜱	163
PD20084252	阿维菌素	898
PD20084253	联苯菊酯	482
PD20084254	霜霉威	923
PD20084255	异菌脲	728
PD20084256	速灭威	936
PD20084257	代森锰锌	807
PD20084258	多菌灵	883
PD20084259	嘧啶核苷类抗菌素	142
PD20084260	氯氰·丙溴磷	926
PD20084261	炔螨特	637
PD20084262	稻瘟灵	926
PD20084263	马拉硫磷	830
PD20084264	多菌灵	317
PD20084265	异丙威	94
PD20084266	吡虫啉	745
PD20084267	噁霉灵	880
PD20084268	炔螨特	43
PD20084269	噻嗪·异丙威	916
PD20084270	百菌清	926
PD20084271	啶虫脒	422
PD20084272	三环唑	530
PD20084273	三环唑	142
PD20084274	丙环唑	142
PD20084275	丙环唑	798
PD20084276	腐霉利	964
PD20084277	多·硫	1063
PD20084278	虫酰肼	807
PD20084279	杀螟丹	53
PD20084280	喹硫磷	631
PD20084281	螨醇·哒螨灵	158
PD20084282	阿维·杀虫单	226
PD20084283	丁·异·莠去津	859
PD20084284	三氯杀螨醇	332
PD20084285	阿维·甲氰	142
PD20084286	阿维·高氯	351
PD20084287	联苯菊酯	602
PD20084288	阿维菌素	298
PD20084289	溴氰菊酯	431
PD20084290	丙环唑	704
PD20084291	溴氰菊酯	704
PD20084292	甲基硫菌灵	1041
PD20084293	炔螨特	709
PD20084294	噻嗪酮	150
PD20084295	炔螨特	359
PD20084296	甲基硫菌灵	704
PD20084297	甲氰·辛硫磷	1119
PD20084298	二嗪磷	664
PD20084299	三唑酮	102
PD20084300	仲丁威	660
PD20084301	噻嗪·异丙威	755
PD20084302	甲霜·锰锌	403
PD20084303	联苯菊酯	764
PD20084304	炔螨特	712
PD20084305	多菌灵	916
PD20084306	高效氯氟氰菊酯	515
PD20084307	精吡氟禾草灵	777
PD20084308	氟啶脲	1055
PD20084309	马拉·氟氯氰	138
PD20084310	稻瘟灵	142
PD20084311	噻嗪·异丙威	743
PD20084312	毒死蜱	250
PD20084313	杀螟丹	916
PD20084314	三环唑	909
PD20084315	仲丁威	852
PD20084316	炔螨特	203
PD20084317	辛硫磷	759
PD20084319	戊唑醇	848
PD20084321	杀螺胺	45
PD20084322	高效氯氟氰菊酯	765
PD20084323	甲霜·锰锌	926
PD20084324	氟啶脲	630
PD20084325	百菌清	181
PD20084326	氟啶脲	709
PD20084327	氯氰菊酯	191
PD20084328	溴敌隆	364
PD20084329	甲基硫菌灵	964
PD20084330	高效氯氟氰菊酯	870
PD20084331	联苯菊酯	664
PD20084332	甲霜·福美双	382
PD20084334	高效氯氟氰菊酯	660
PD20084335	多菌灵	142
PD20084336	三唑锡	364
PD20084337	甲霜·锰锌	1077
PD20084338	多菌灵	628

PD20084339	噻嗪酮	916
PD20084340	噻嗪酮	181
PD20084341	二嗪磷	883
PD20084342	异丙威	926
PD20084343	马拉・辛硫磷	200
PD20084344	稻瘟灵	1022
PD20084345	毒死蜱	587
PD20084346	高效氯氟氰菊酯	833
PD20084347	乙草胺	859
PD20084348	联苯菊酯	855
PD20084349	多・锰锌	231
PD20084350	仲丁威	634
PD20084351	炔螨特	830
PD20084352	噁霉灵	701
PD20084353	吡虫啉	580
PD20084354	井冈霉素A	658
PD20084355	三环唑	142
PD20084356	甲基硫菌灵	181
PD20084357	氯氰菊酯	355
PD20084358	代森锰锌	660
PD20084359	溴敌隆	349
PD20084360	阿维菌素	999
PD20084361	毒死蜱	482
PD20084362	丙环唑	139
PD20084363	噻嗪・异丙威	926
PD20084364	氰戊・辛硫磷	640
PD20084365	异稻瘟净	926
PD20084366	井冈霉素	343
PD20084367	异菌脲	970
PD20084368	辛硫磷	235
PD20084369	甲霜・锰锌	557
PD20084370	甲基硫菌灵	142
PD20084371	联苯菊酯	748
PD20084372	多・福	870
PD20084373	三唑锡	142
PD20084374	仲丁威	63
PD20084375	噻嗪・异丙威	530
PD20084376	氟啶脲	959
PD20084377	丙环唑	261
PD20084378	噻螨酮	1105
PD20084379	三乙膦酸铝	730
PD20084380	辛硫磷	373
PD20084381	高效氯氰菊酯	150
PD20084382	多・福	852
PD20084383	甲氰・噻螨酮	794
PD20084384	多・锰锌	355
PD20084385	苏云金杆菌	906
PD20084386	氯氰菊酯	260
PD20084387	草甘膦异丙胺盐	859
PD20084388	溴氰菊酯	142
PD20084389	毒死蜱	192
PD20084390	三乙膦酸铝	1088
PD20084391	虫酰肼	884
PD20084392	多・福	355
PD20084393	联苯菊酯	704
PD20084394	敌畏・毒死蜱	349
PD20084395	三乙膦酸铝	944
PD20084396	多菌灵	181
PD20084397	二嗪磷	944
PD20084398	多・锰锌	957
PD20084399	石硫合剂	1046
PD20084400	高效氯氟氰菊酯	250
PD20084401	苯磺隆	981
PD20084402	噻嗪酮	503
PD20084403	噻螨酮	704
PD20084404	三环唑	536
PD20084405	三乙膦酸铝	1088
PD20084406	高效氯氰菊酯	157
PD20084407	吡虫啉	923
PD20084408	噻嗪・异丙威	426
PD20084409	异丙威	884
PD20084410	辛硫磷	884
PD20084411	联苯菊酯	562
PD20084412	氟菌唑	479
PD20084413	甲基硫菌灵	884
PD20084414	氰戊菊酯	742
PD20084415	炔螨特	181
PD20084416	氯氰・毒死蜱	181
PD20084417	多菌灵	936
PD20084418	氯氰・毒死蜱	142
PD20084419	毒死蜱	971
PD20084420	高效氯氟氰菊酯	923
PD20084421	高效氯氟氰菊酯	637
PD20084422	仲丁威	759
PD20084423	莠去津	859
PD20084424	多菌灵	658
PD20084425	高效氯氟氰菊酯	503
PD20084426	溴鼠灵	674
PD20084427	联苯菊酯	660
PD20084428	毒死蜱	660
PD20084429	高效氯氟氰菊酯	716
PD20084430	噻嗪酮	66
PD20084431	苏云金杆菌	142
PD20084432	联苯菊酯	142
PD20084433	代森锰锌	1033
PD20084434	多・福	344
PD20084435	百菌清	898
PD20084436	甲基硫菌灵	971
PD20084437	井冈霉素	400
PD20084438	春雷霉素	936
PD20084439	代森锰锌	701
PD20084440	乙草胺	1050
PD20084441	甲硫・福美双	507
PD20084442	高效氯氟氰菊酯	250
PD20084443	乙酰甲胺磷	923
PD20084444	多・酮・福美双	347
PD20084445	多・福	367
PD20084446	甲基硫菌灵	712
PD20084447	阿维菌素	877
PD20084448	杀虫双	53
PD20084449	多・福・克	385
PD20084450	异丙威	822
PD20084451	锰锌・噁霜灵	959
PD20084452	甲基硫菌灵	830
PD20084453	异稻・三环唑	302
PD20084454	苯丁锡	105
PD20084455	腐霉・福美双	805
PD20084456	三环唑	240
PD20084457	啶虫脒	289
PD20084458	噻嗪酮	1083
PD20084459	硫磺・三唑酮	849
PD20084460	啶虫脒	289
PD20084461	氯氰菊酯	150
PD20084462	甲氰菊酯	637
PD20084463	乙酰甲胺磷	827
PD20084464	高效氯氟氰菊酯	243
PD20084465	苏云金杆菌	833
PD20084466	氰戊・辛硫磷	79
PD20084467	噻嗪・异丙威	553
PD20084468	苄・丁	1089
PD20084469	异稻・三环唑	1088
PD20084470	多菌灵	755
PD20084471	炔螨特	220
PD20084472	敌敌畏	926
PD20084473	啶虫脒	689
PD20084474	马拉・杀螟松	200

PD20084475	辛硫磷	338
PD20084476	甲基硫菌灵	755
PD20084477	灭幼脲	637
PD20084478	高效氯氟氰菊酯	841
PD20084479	硫磺·三唑酮	824
PD20084480	甲霜·锰锌	318
PD20084481	阿维菌素	921
PD20084482	高效氯氟氰菊酯	772
PD20084483	联苯菊酯	795
PD20084484	吡虫啉	500
PD20084485	腐霉·福美双	814
PD20084486	三唑磷	468
PD20084487	灭幼脲	870
PD20084488	代锌·甲霜灵	685
PD20084489	杀螺胺乙醇胺盐	573
PD20084490	毒死蜱	663
PD20084491	代森锰锌	835
PD20084493	除虫脲	284
PD20084494	毒·辛	789
PD20084495	高效氯氟氰菊酯	659
PD20084497	苯磺隆	77
PD20084498	丙环唑	936
PD20084499	井冈霉素	204
PD20084500	灭多威	324
PD20084501	阿维菌素	864
PD20084502	霜脲·锰锌	774
PD20084503	多·福	240
PD20084504	异丙草·莠	697
PD20084505	啶虫脒	251
PD20084506	腐霉·福美双	776
PD20084507	S-氰戊菊酯	762
PD20084508	克百·多菌灵	72
PD20084509	灭蝇胺	1090
PD20084510	毒死蜱	163
PD20084511	福·福锌	749
PD20084512	灭线磷	1124
PD20084513	甲霜·百菌清	515
PD20084514	乙草胺	692
PD20084515	精喹禾灵	1090
PD20084516	灭多威	789
PD20084517	三环唑	223
PD20084518	联苯菊酯	744
PD20084519	炔螨特	105
PD20084520	三环唑	1064
PD20084521	氯氰·辛硫磷	327
PD20084522	氯氰·毒死蜱	712
PD20084523	二嗪磷	570
PD20084524	多菌灵	593
PD20084525	丁硫克百威	659
PD20084526	噻嗪酮	139
PD20084527	多菌灵	964
PD20084528	联苯菊酯	795
PD20084529	甲霜·锰锌	192
PD20084530	高效氯氰菊酯	991
PD20084531	灭多威	267
PD20084532	啶虫脒	791
PD20084533	福·福锌	770
PD20084534	嗪酮·乙草胺	445
PD20084535	灭线磷	153
PD20084536	代森锰锌	765
PD20084537	杀螟丹	814
PD20084538	阿维菌素	196
PD20084539	甲基硫菌灵	219
PD20084540	阿维菌素	732
PD20084541	灭蝇胺	1090
PD20084542	多·福·克	481
PD20084543	炔螨特	895
PD20084544	啶虫脒	295
PD20084545	多菌灵	728
PD20084546	丁硫克百威	315
PD20084547	多·福·克	692
PD20084548	炔螨特	924
PD20084549	吡虫啉	497
PD20084550	腐霉·福美双	789
PD20084551	三唑醇	524
PD20084552	氟硅唑	53
PD20084553	溴氰 ·敌敌畏	428
PD20084554	乙草胺	216
PD20084555	二嗪磷	142
PD20084556	甲基硫菌灵	638
PD20084557	啶虫脒	849
PD20084558	多菌灵	650
PD20084559	噻螨酮	957
PD20084560	噻嗪·异丙威	63
PD20084561	甲氰菊酯	742
PD20084562	代森锰锌	638
PD20084563	克百·三唑酮	481
PD20084564	联苯菊酯	359
PD20084565	灭线磷	472
PD20084566	腈菌唑	355
PD20084567	啶虫脒	262
PD20084568	高效氯氟氰菊酯	748
PD20084569	多·福·克	385
PD20084570	高氯·马	753
PD20084571	福美双	827
PD20084572	啶虫脒	764
PD20084573	多·福·克	233
PD20084574	福·克	371
PD20084575	苄嘧磺隆	1116
PD20084576	多·福·克	382
PD20084577	胺苯磺隆	540
PD20084578	甲基硫菌灵	1035
PD20084579	吡虫啉	515
PD20084580	甲氰菊酯	216
PD20084581	高效氯氟氰菊酯	194
PD20084582	丙环唑	772
PD20084583	炔螨特	80
PD20084584	氯氰菊酯	482
PD20084585	氰戊·马拉松	813
PD20084586	阿维菌素	1101
PD20084587	三乙膦酸铝	936
PD20084588	灭线磷	852
PD20084589	井冈霉素	355
PD20084590	甲霜·福美双	440
PD20084591	灭多威	744
PD20084592	炔螨特	240
PD20084593	联苯菊酯	729
PD20084594	三环唑	576
PD20084595	吡虫啉	972
PD20084596	苯磺隆	924
PD20084597	氟啶脲	944
PD20084598	氰戊·马拉松	323
PD20084599	苯丁锡	1087
PD20084600	三唑锡	926
PD20084601	三唑锡	355
PD20084602	多·酮·福美双	570
PD20084603	马拉硫磷	273
PD20084604	高效氟吡甲禾灵	850
PD20084605	甲氰菊酯	223
PD20084606	氢氧化铜	181
PD20084607	联苯菊酯	772
PD20084608	氟啶脲	916
PD20084609	三唑锡	86
PD20084610	多菌灵	850
PD20084611	杀虫双	53
PD20084612	噻嗪酮	650

PD20084613 炔螨特 327
PD20084614 杀扑磷 1077
PD20084615 氯氰·丙溴磷 916
PD20084616 咪锰·多菌灵 442
PD20084617 阿维菌素 422
PD20084618 多·福 573
PD20084619 丁硫克百威 630
PD20084620 代森锰锌 1051
PD20084621 阿维菌素 192
PD20084622 溴氰菊酯 585
PD20084623 硫磺·多菌灵 142
PD20084624 毒死蜱 482
PD20084625 氯氰·毒死蜱 305
PD20084626 啶虫脒 244
PD20084627 苄·丁 503
PD20084628 多·福·甲拌磷 233
PD20084629 福美·拌种灵 481
PD20084630 霜脲·锰锌 738
PD20084631 杀螟丹 434
PD20084632 草除灵 84
PD20084633 马拉·异丙威 434
PD20084634 阿维菌素 500
PD20084635 精喹禾灵 528
PD20084636 阿维菌素 247
PD20084637 硫磺·三环唑 192
PD20084638 多菌灵 748
PD20084639 腈菌唑 807
PD20084640 百菌清 1066
PD20084641 氰戊·马拉松 789
PD20084642 阿维菌素 766
PD20084643 阿维菌素 936
PD20084644 毒死蜱 590
PD20084645 西草净 691
PD20084646 井冈霉素A 136
PD20084647 阿维菌素 253
PD20084648 烯酰·锰锌 355
PD20084649 阿维菌素 660
PD20084650 灭多威 461
PD20084651 联苯菊酯 367
PD20084652 吡虫啉 547
PD20084653 多菌灵 964
PD20084654 高效氯氰菊酯 108
PD20084655 多·福 827
PD20084656 唑磷·毒死蜱 203
PD20084657 霜脲·百菌清 953
PD20084658 甲氰菊酯 77
PD20084659 丁·莠 829
PD20084660 高效氯氟氰菊酯 150
PD20084661 氰戊·乐果 924
PD20084662 杀单·克百威 390
PD20084663 甲氰·辛硫磷 916
PD20084664 福·克 440
PD20084665 甲基硫菌灵 628
PD20084666 毒死蜱 464
PD20084667 三环·杀虫单 562
PD20084668 代森锰锌 143
PD20084669 马拉·辛硫磷 329
PD20084670 氰戊·辛硫磷 69
PD20084671 乙酰甲胺磷 284
PD20084672 百菌清 94
PD20084673 异稻瘟净 1115
PD20084674 杀螺胺乙醇胺盐 629
PD20084675 三环唑 628
PD20084676 高效氯氟氰菊酯 264
PD20084677 腈菌·福美双 805
PD20084678 阿维·辛硫磷 143
PD20084679 腈菌·三唑酮 768
PD20084680 氯氰·丙溴磷 1001
PD20084681 马拉硫磷 802
PD20084682 井冈霉素A 204
PD20084683 井冈霉素 187
PD20084684 阿维菌素 238
PD20084685 氯氰菊酯 878
PD20084686 阿维·毒死蜱 634
PD20084687 毒死蜱 814
PD20084688 异丙威 63
PD20084689 硫磺·三唑酮 367
PD20084690 炔螨特 1000
PD20084691 三乙膦酸铝 1015
PD20084692 氰戊·马拉松 422
PD20084693 甲霜·锰锌 458
PD20084694 氟啶脲 1079
PD20084695 多·锰锌 365
PD20084696 炔螨特 660
PD20084697 吡虫啉 588
PD20084698 多·锰锌 1041
PD20084699 辛硫磷 926
PD20084700 氰戊菊酯 242
PD20084701 百菌清 1066
PD20084702 高效氯氟氰菊酯 658
PD20084703 敌百虫 216
PD20084704 氯氰菊酯 187
PD20084705 甲霜·福美双 440
PD20084706 吡虫啉 807
PD20084707 异稻·稻瘟灵 628
PD20084708 噁霉·福美双 240
PD20084709 三唑酮 181
PD20084710 毒死蜱 1077
PD20084711 百菌清 685
PD20084712 噻嗪·异丙威 302
PD20084713 甲基硫菌灵 240
PD20084714 福·克 379
PD20084715 啶虫脒 287
PD20084716 代森锰锌 322
PD20084717 乙铝·锰锌 577
PD20084718 辛硫·高氯氟 298
PD20084719 联苯菊酯 916
PD20084720 多·福·克 380
PD20084721 吡·多·福美双 78
PD20084722 福·克 448
PD20084723 三唑锡 143
PD20084724 噻嗪酮 596
PD20084725 代森锰锌 240
PD20084726 氯菊酯 1037
PD20084727 多菌灵 59
PD20084728 氯氰·丙溴磷 807
PD20084729 联苯菊酯 878
PD20084730 抑食肼 1075
PD20084732 井冈霉素 814
PD20084733 马拉·杀螟松 150
PD20084734 氯氰·敌敌畏 150
PD20084736 氰戊·辛硫磷 508
PD20084738 灭多威 791
PD20084739 氰戊菊酯 536
PD20084740 溴鼠灵 686
PD20084741 百菌清 315
PD20084742 丁硫克百威 250
PD20084743 甲氰·螨醇 584
PD20084744 氯氰·毒死蜱 916
PD20084745 代森锰锌 827
PD20084746 溴氰菊酯 926
PD20084747 石硫合剂 258
PD20084748 敌百虫 205
PD20084749 甲氰·辛硫磷 813
PD20084750 代森锰锌 924
PD20084751 敌百虫 1093

PD20084752 阿维菌素 1097
PD20084753 阿维菌素 267
PD20084754 氯氰菊酯 365
PD20084755 三环唑 58
PD20084756 毒死蜱 871
PD20084757 咪鲜胺 443
PD20084758 啶虫脒 841
PD20084759 多·硫 364
PD20084760 三唑锡 846
PD20084761 环嗪酮 81
PD20084762 毒·辛 655
PD20084763 毒死蜱 63
PD20084764 辛硫磷 1044
PD20084765 阿维菌素 276
PD20084766 井冈霉素 338
PD20084767 代森锰锌 871
PD20084768 锰锌·腈菌唑 1044
PD20084769 稻瘟灵 629
PD20084770 春雷霉素 959
PD20084771 仲丁威 143
PD20084772 敌敌畏 1028
PD20084773 福·克 1055
PD20084774 霜脲·锰锌 370
PD20084776 敌敌畏 53
PD20084777 氟氯氰菊酯 531
PD20084778 异菌脲 240
PD20084779 多菌灵 878
PD20084780 多·福 638
PD20084781 硫磺·三环唑 991
PD20084782 腈菌唑 871
PD20084783 溴敌隆 344
PD20084784 三乙膦酸铝 59
PD20084785 阿维菌素 277
PD20084786 马拉硫磷 202
PD20084787 阿维·辛硫磷 181
PD20084788 氟氯氰菊酯 94
PD20084789 稻瘟灵 936
PD20084790 甲霜灵 530
PD20084791 炔螨特 803
PD20084792 三唑磷 336
PD20084793 霜霉威盐酸盐 973
PD20084794 甲氰·氧乐果 196
PD20084795 三唑锡 181
PD20084796 百菌清 81
PD20084797 氟硅唑 53
PD20084798 三唑锡 964
PD20084799 唑酮·福美双 269
PD20084800 氯氰·丙溴磷 628
PD20084801 福·克 376
PD20084802 百菌清 830
PD20084803 精甲霜·锰锌 623
PD20084804 多·福·克 700
PD20084805 异丙威 664
PD20084806 除虫脲 527
PD20084807 高效氯氰菊酯 497
PD20084808 异丙威 191
PD20084809 毒死蜱 243
PD20084810 硫双威 936
PD20084811 福·克 347
PD20084812 溴氰菊酯 638
PD20084813 氟啶脲 926
PD20084814 福·克 694
PD20084815 阿维菌素 45
PD20084816 噻嗪·异丙威 435
PD20084817 莠去津 782
PD20084818 灭线磷 852
PD20084819 阿维·高氯 701
PD20084820 扑·乙 859
PD20084821 甲基硫菌灵 181
PD20084822 灭多威 515
PD20084823 乙草胺 697
PD20084824 高效氯氟氰菊酯 917
PD20084825 氢铜·多菌灵 1096
PD20084826 吡虫啉 515
PD20084827 苄嘧·丙草胺 1090
PD20084829 福美·拌种灵 593
PD20084830 阿维·高氯 709
PD20084831 丙溴·辛硫磷 1022
PD20084832 阿维菌素 1003
PD20084833 联苯菊酯 871
PD20084834 四螨嗪 964
PD20084835 井·噻·杀虫单 512
PD20084836 福·克 490
PD20084837 马拉硫磷 406
PD20084838 除虫脲 936
PD20084839 百菌清 344
PD20084840 硫磺·三环唑 1026
PD20084841 苏云金杆菌 824
PD20084842 多菌灵 240
PD20084843 辛硫磷 143
PD20084844 四螨嗪 917
PD20084845 高效氟氯氰菊酯 598
PD20084846 毒死蜱 458
PD20084847 腈菌·咪鲜胺 136
PD20084848 毒死蜱 109
PD20084849 虫酰肼 659
PD20084850 异稻瘟净 1115
PD20084851 精喹禾灵 379
PD20084852 敌敌畏 850
PD20084853 溴氰·辛硫磷 323
PD20084854 多菌灵 1064
PD20084855 丙溴磷 898
PD20084856 灭多威 955
PD20084857 虫酰肼 716
PD20084858 硫双威 1107
PD20084859 辛硫磷 587
PD20084860 噻嗪·异丙威 576
PD20084861 代森锰锌 911
PD20084862 多·锰锌 917
PD20084863 辛硫磷 790
PD20084864 代森锰锌 927
PD20084865 乙铝·锰锌 871
PD20084866 甲基硫菌灵 663
PD20084867 杀扑磷 1077
PD20084868 氧乐果 906
PD20084869 腈菌唑 295
PD20084870 辛硫·氟氯氰 99
PD20084871 丙环唑 927
PD20084872 丙环唑 169
PD20084873 代森锰锌 422
PD20084874 三唑锡 1087
PD20084875 百菌清 314
PD20084876 噻嗪·异丙威 880
PD20084877 顺式氯氰菊酯 871
PD20084878 吡虫啉 704
PD20084879 氰戊·乐果 592
PD20084880 辛硫磷 1007
PD20084881 吡虫啉 580
PD20084882 代森锰锌 139
PD20084883 甲柳·福美双 440
PD20084884 井冈霉素 355
PD20084885 多·咪·福美双 47
PD20084886 萎锈·福美双 85
PD20084887 毒死蜱 1034
PD20084888 百菌清 314
PD20084889 噻嗪酮 582

PD20084890 百菌清 314
PD20084891 三唑锡 1087
PD20084892 苄嘧·苯噻酰 676
PD20084893 吡虫啉 400
PD20084894 百·福 973
PD20084895 毒死蜱 191
PD20084896 甲基硫菌灵 91
PD20084897 乙铝·锰锌 320
PD20084898 马拉硫磷 530
PD20084899 高效氯氟氰菊酯 363
PD20084900 丙环唑 240
PD20084901 炔螨特 663
PD20084902 多·锰锌 422
PD20084903 甲氰菊酯 115
PD20084904 辛硫磷 510
PD20084905 异菌·多菌灵 845
PD20084906 三唑锡 70
PD20084907 多·福·克 370
PD20084908 井冈·杀虫单 547
PD20084909 阿维·高氯 983
PD20084910 辛硫磷 458
PD20084911 氯氰·辛硫磷 150
PD20084912 戊唑醇 53
PD20084913 乙酰甲胺磷 1046
PD20084914 氟啶脲 871
PD20084915 克百·多菌灵 490
PD20084916 噻嗪酮 639
PD20084917 多·锰锌 871
PD20084918 甲氨基阿维菌素苯甲酸盐(1.14%) 1055
PD20084919 阿维菌素 699
PD20084920 三唑锡 747
PD20084921 溴敌隆 349
PD20084922 噁霉灵 927
PD20084923 硫磺·三环唑 1077
PD20084924 多菌灵 102
PD20084925 异丙威 187
PD20084926 甲·克 1036
PD20084927 多·福 824
PD20084928 啶虫脒 807
PD20084929 唑螨酯 485
PD20084930 啶虫脒 351
PD20084931 霜霉威盐酸盐 772
PD20084932 毒死蜱 850
PD20084933 嗪草酮 524
PD20084934 多·福 701
PD20084935 福·福锌 70
PD20084936 多菌灵 638
PD20084937 克百威 692
PD20084938 克·酮·福美双 347
PD20084939 S-氰戊菊酯 936
PD20084940 灭幼脲 314
PD20084941 异菌脲 803
PD20084942 炔螨特 546
PD20084943 氰戊·马拉松 755
PD20084944 联苯菊酯 181
PD20084945 阿维菌素 269
PD20084946 萎锈·福美双 47
PD20084947 辛硫磷 660
PD20084948 氟氯氰菊酯 181
PD20084949 高效氯氟氰菊酯 289
PD20084950 甲霜·福美双 443
PD20084952 毒死蜱 712
PD20084953 氯氰·丙溴磷 698
PD20084954 多·酮 596
PD20084955 丙环唑 791
PD20084956 井冈霉素 846
PD20084957 福美双 729
PD20084958 联苯菊酯 660
PD20084959 甲基硫菌灵 115
PD20084960 双甲脒 936
PD20084961 毒死蜱 181
PD20084962 丙环唑 536
PD20084963 多·福·克 445
PD20084964 丙环唑 92
PD20084965 四嗪·炔螨特 126
PD20084966 丁硫克百威 401
PD20084967 丙环唑 559
PD20084968 噻嗪酮 649
PD20084969 苏云金杆菌 410
PD20084970 代森锰锌 849
PD20084971 炔螨特 745
PD20084972 百菌清 606
PD20084973 甲霜·锰锌 216
PD20084974 阿维菌素 143
PD20084975 杀扑磷 90
PD20084976 除虫脲 959
PD20084977 马拉硫磷 1046
PD20084978 多·福 380
PD20084979 马拉硫磷 367
PD20084980 三环唑 936
PD20084981 百菌清 317
PD20084982 腐霉利 971
PD20084984 异稻·三环唑 1083
PD20084985 氯氰·丙溴磷 191
PD20084986 咪鲜胺 169
PD20084987 毒死蜱 101
PD20084988 联苯菊酯 924
PD20084989 阿维菌素 906
PD20084990 多·咪·福美双 559
PD20084991 异菌脲 927
PD20084992 丁硫克百威 957
PD20084993 联苯菊酯 791
PD20084994 虫酰肼 240
PD20084995 丙环唑 74
PD20084996 杀螟丹 143
PD20084997 毒死蜱 957
PD20084998 甲氰菊酯 647
PD20084999 仲丁威 181
PD20085000 高效氯氟氰菊酯 251
PD20085001 敌百虫 209
PD20085002 啶虫脒 824
PD20085003 精喹禾灵 1044
PD20085004 噁霉灵 258
PD20085005 三环唑 1009
PD20085006 辛硫磷 316
PD20085007 仲丁威 596
PD20085008 甲霜·福美双 442
PD20085009 多·福 582
PD20085010 多菌灵 936
PD20085011 高氯·辛硫磷 729
PD20085012 毒死蜱 658
PD20085013 棉铃虫核型多角体病毒 359
PD20085014 高效氯氟氰菊酯 105
PD20085015 石硫合剂 747
PD20085016 联苯菊酯 585
PD20085017 阿维·辛硫磷 1119
PD20085018 阿维菌素 855
PD20085019 阿维菌素 791
PD20085020 辛硫磷 390
PD20085021 苯磺隆 461
PD20085022 噻嗪·异丙威 802
PD20085023 苏云金杆菌 824
PD20085024 多·福 959
PD20085025 多·福·克 445
PD20085026 双甲脒 530
PD20085027 甲霜·锰锌 1083

PD20085028	丙环唑	734
PD20085029	毒死蜱	636
PD20085030	辛硫磷	1024
PD20085031	丁硫克百威	490
PD20085032	氢氧化铜	143
PD20085033	多·锰锌	762
PD20085034	联苯菊酯	877
PD20085035	氯氰菊酯	959
PD20085036	多·福	78
PD20085037	70%甲基硫菌灵可湿性粉剂	515
PD20085038	高效氯氟氰菊酯	306
PD20085039	三环唑	917
PD20085040	毒死蜱	650
PD20085041	啶虫脒	1064
PD20085042	氟啶脲	258
PD20085043	喹硫磷	664
PD20085044	炔螨特	944
PD20085045	苯磺隆	99
PD20085046	灭线磷	805
PD20085047	毒死蜱	406
PD20085048	霜霉威盐酸盐	924
PD20085049	氢氧化铜	1096
PD20085050	氯氰菊酯	300
PD20085051	辛硫·高氯氟	412
PD20085052	毒死蜱	577
PD20085053	阿维菌素	738
PD20085054	啶虫脒	701
PD20085055	阿维菌素	1003
PD20085056	氰戊·喹硫磷	150
PD20085057	乙铝·多菌灵	796
PD20085058	噻嗪酮	640
PD20085059	多菌灵	917
PD20085060	噁霉灵	917
PD20085061	高氯·噻嗪酮	94
PD20085062	炔螨特	115
PD20085063	四螨嗪	181
PD20085065	甲霜·福美双	440
PD20085066	敌百虫	397
PD20085067	井冈霉素	933
PD20085068	氯氰菊酯	751
PD20085069	溴氰菊酯	464
PD20085070	敌敌畏	359
PD20085071	井冈霉素A	181
PD20085072	硫磺·锰锌	936
PD20085073	锰锌·百菌清	936
PD20085074	代森锰锌	282
PD20085075	阿维菌素	667
PD20085076	四螨嗪	964
PD20085077	噁霉灵	181
PD20085079	溴氰·乐果	468
PD20085080	甲霜·福美双	382
PD20085081	啶虫脒	59
PD20085082	二氯喹啉酸	1117
PD20085083	杀螟丹	936
PD20085084	氰戊·辛硫磷	788
PD20085085	二氯喹啉酸	557
PD20085086	毒死蜱	1124
PD20085088	毒死蜱	1014
PD20085089	灭幼脲	169
PD20085090	硫丹·辛硫磷	485
PD20085091	灭多威	578
PD20085092	啶虫脒	895
PD20085093	敌敌畏	778
PD20085094	唑磷·氟氯氰	1119
PD20085095	多菌灵	300
PD20085096	唑酮·氧乐果	364
PD20085097	灭多威	143
PD20085098	多·福·克	692
PD20085099	福美·拌种灵	558
PD20085100	草甘膦异丙胺盐	555
PD20085101	联苯菊酯	751
PD20085102	乙草胺	582
PD20085103	丙溴·辛硫磷	582
PD20085104	阿维·毒死蜱	389
PD20085105	代森锌	773
PD20085106	莠·乙	1064
PD20085107	阿维菌素	805
PD20085108	鱼藤酮	136
PD20085109	氰戊·氧乐果	1024
PD20085110	氰戊·马拉松	752
PD20085111	甲氰·马拉松	97
PD20085112	苄·乙	1117
PD20085113	杀虫双	408
PD20085114	杀虫双	1029
PD20085115	苄·乙	859
PD20085116	福美锌	240
PD20085117	毒死蜱	1082
PD20085118	氰戊·辛硫磷	906
PD20085119	百·福	738
PD20085120	阿维·高氯	789
PD20085121	氰戊·氧乐果	813
PD20085122	四螨嗪	143
PD20085123	敌敌畏	181
PD20085124	敌敌畏	143
PD20085125	阿维菌素	196
PD20085126	辛硫·灭多威	338
PD20085127	氰戊·辛硫磷	906
PD20085128	氰戊·马拉松	1024
PD20085129	甲基硫菌灵	515
PD20085130	氰戊·灭多威	814
PD20085131	高氯·马	309
PD20085132	辛硫·灭多威	295
PD20085133	阿维菌素	238
PD20085134	氯磺隆	540
PD20085135	阿维·高氯	914
PD20085136	啶虫脒	1038
PD20085137	异丙威	143
PD20085138	氰戊·马拉松	259
PD20085139	甲哌鎓	531
PD20085140	辛硫·灭多威	131
PD20085141	苄嘧·苯噻酰	570
PD20085142	炔螨特	584
PD20085143	吡·西·扑草净	1099
PD20085144	氰戊·敌敌畏	404
PD20085145	甲氰·辛硫磷	323
PD20085146	毒死蜱	393
PD20085147	霜脲·锰锌	1041
PD20085148	杀虫双	123
PD20085149	杀虫双	1031
PD20085150	井冈·杀虫双	548
PD20085151	阿维·高氯	833
PD20085152	苄·丁	57
PD20085153	毒死蜱	249
PD20085154	氰戊·辛硫磷	562
PD20085155	噻嗪·异丙威	468
PD20085156	阿维·辛硫磷	1079
PD20085157	杀螺胺乙醇胺盐	136
PD20085158	阿维·氯氰	738
PD20085159	阿维·毒死蜱	196
PD20085160	敌百虫	203
PD20085161	丁·莠	450
PD20085162	苄·二氯	57
PD20085163	杀虫双	1030
PD20085164	甲霜·乙膦铝	297
PD20085165	甲氰菊酯	136
PD20085166	辛硫·灭多威	1041

PD20085167 异菌·多菌灵 635
PD20085168 氧乐果 901
PD20085169 敌敌畏 766
PD20085170 毒死蜱 1015
PD20085171 异丙威 360
PD20085172 苄·乙 533
PD20085173 阿维菌素 160
PD20085174 阿维·三唑磷 503
PD20085175 杀单·灭多威 1103
PD20085176 阿维菌素 955
PD20085177 硫磺·锰锌 944
PD20085178 氰戊·辛硫磷 628
PD20085179 联苯菊酯 802
PD20085180 阿维菌素 251
PD20085181 甲氨基阿维菌素苯甲酸盐 716
PD20085182 抑霉唑 102
PD20085183 多·福 921
PD20085184 杀螟丹 94
PD20085185 马拉硫磷 781
PD20085186 高效氯氰菊酯 544
PD20085187 乙酰甲胺磷 1082
PD20085188 乙草·氯磺隆 80
PD20085189 春雷霉素 764
PD20085190 苯丁锡 150
PD20085191 氟啶脲 802
PD20085192 三乙膦酸铝 1039
PD20085193 苯丁锡 944
PD20085194 马拉·三唑酮 366
PD20085195 阿维·毒死蜱 981
PD20085196 苄嘧·异丙隆 569
PD20085197 吡虫啉 468
PD20085198 吡嘧磺隆 528
PD20085199 腐霉利 752
PD20085200 毒死蜱 499
PD20085201 井冈霉素 791
PD20085202 高效氯氟氰菊酯 71
PD20085203 辛硫磷 157
PD20085204 敌草胺 503
PD20085205 丁·莠 814
PD20085206 多菌灵 780
PD20085207 阿维·高氯 150
PD20085208 异菌脲 106
PD20085209 吡虫啉 824
PD20085210 氟硅唑 1044
PD20085211 毒死蜱 94
PD20085212 克百·多菌灵 326
PD20085213 杀虫双 359
PD20085214 啶虫脒 344
PD20085215 苏云金杆菌 410
PD20085216 高氯 ·敌敌畏 223
PD20085217 三唑锡 332
PD20085218 马拉·高氯氟 753
PD20085219 三唑锡 845
PD20085220 代森锰锌 365
PD20085221 高氯·辛硫磷 313
PD20085222 炔螨特 738
PD20085223 氰戊·辛硫磷 355
PD20085224 辛硫·灭多威 878
PD20085225 氰戊·马拉松 685
PD20085226 苯磺隆 549
PD20085227 草甘膦 1055
PD20085229 氰戊·马拉松 260
PD20085230 氰戊·马拉松 902
PD20085231 三乙膦酸铝 927
PD20085232 杀螟丹 143
PD20085233 苏云金杆菌 841
PD20085234 甲氰·辛硫磷 587
PD20085235 氰戊·马拉松 728
PD20085236 稻瘟灵 1020
PD20085237 甲氰菊酯 401
PD20085238 氰戊·辛硫磷 64
PD20085239 阿维·高氯 321
PD20085240 杀虫双 113
PD20085241 百菌清 434
PD20085242 苄·乙 497
PD20085243 辛硫·灭多威 822
PD20085244 联苯菊酯 944
PD20085245 咪鲜胺锰盐 614
PD20085246 硫磺·锰锌 971
PD20085247 高效氯氟氰菊酯 866
PD20085248 氰戊·马拉松 728
PD20085249 多效唑 694
PD20085250 丙环唑 863
PD20085251 多菌灵 714
PD20085253 辛硫磷 647
PD20085254 吡虫啉 880
PD20085255 井冈·杀虫单 570
PD20085256 春雷霉素 414
PD20085257 马拉硫磷 253
PD20085258 氰戊·马拉松 289
PD20085259 噻菌灵 181
PD20085260 吡虫啉 286
PD20085261 噁霉灵 805
PD20085262 精喹·草除灵 393
PD20085263 丁·扑 436
PD20085264 联苯菊酯 211
PD20085265 三环唑 581
PD20085266 苯磺隆 611
PD20085267 马拉硫磷 745
PD20085268 阿维·毒死蜱 150
PD20085269 四螨嗪 952
PD20085270 代森锰锌 365
PD20085271 苄·乙 1072
PD20085272 莠去津 318
PD20085273 苄·丁 1116
PD20085274 克百·敌百虫 393
PD20085275 甲基异柳磷 199
PD20085276 杀扑磷 1115
PD20085277 硫丹·辛硫磷 302
PD20085278 毒死蜱 746
PD20085279 苄嘧磺隆 53
PD20085280 精喹禾灵 53
PD20085281 丁草胺 704
PD20085282 仲灵·乙草胺 131
PD20085283 唑螨酯 957
PD20085284 乙草胺 704
PD20085285 苯磺隆 594
PD20085286 稻瘟灵 1091
PD20085287 高效氯氟氰菊酯 482
PD20085288 敌百虫 202
PD20085289 噻螨酮 959
PD20085290 三唑锡 913
PD20085291 阿维·三唑磷 547
PD20085292 联苯菊酯 204
PD20085293 溴氰菊酯 936
PD20085294 甲枯·福美双 72
PD20085295 噁草·丁草胺 540
PD20085296 异丙草胺 721
PD20085297 异丙草·莠 436
PD20085298 氟草·喹禾灵 550
PD20085299 多菌灵 250
PD20085300 腈菌唑 807
PD20085301 代森锰锌 280
PD20085302 苏云金杆菌 123
PD20085303 丙环唑 94
PD20085304 多·福 746

PD20085305	噻嗪·异丙威	581
PD20085306	多·福	907
PD20085307	硫磺·多菌灵	892
PD20085308	苄·二氯	617
PD20085309	高效氯氟氰菊酯	822
PD20085310	氰戊·马拉松	314
PD20085311	异丙草·莠	732
PD20085312	乙酰甲胺磷	367
PD20085313	苏云金杆菌	116
PD20085314	噻嗪·异丙威	251
PD20085315	杀螟丹	536
PD20085316	苄嘧·异丙隆	503
PD20085317	硫磺·多菌灵	898
PD20085318	敌敌畏	648
PD20085319	辛硫·灭多威	235
PD20085320	辛硫磷	1010
PD20085321	马拉硫磷	898
PD20085322	氯氰·丙溴磷	542
PD20085323	虫酰肼	557
PD20085324	马拉·辛硫磷	341
PD20085325	哒螨灵	355
PD20085326	苯丁锡	102
PD20085328	克百威	273
PD20085329	异丙草·莠	443
PD20085330	霜霉威盐酸盐	995
PD20085331	松·喹·氟磺胺	47
PD20085332	丙·噁·滴丁酯	679
PD20085333	氰戊·杀螟松	1024
PD20085334	霜霉威盐酸盐	917
PD20085335	S-氰戊菊酯	564
PD20085336	灭线磷	852
PD20085337	毒死蜱	567
PD20085338	丙溴磷	527
PD20085339	克百威	393
PD20085340	丙溴磷	772
PD20085341	氯氰·丙溴磷	611
PD20085342	马拉·灭多威	936
PD20085343	灭威·毒死蜱	422
PD20085344	2甲4氯钠	384
PD20085345	丙溴磷	621
PD20085346	阿维菌素	884
PD20085347	苏云金杆菌	410
PD20085348	滴丁·乙草胺	697
PD20085349	辛硫·灭多威	839
PD20085350	高氯·马	796
PD20085351	杀扑磷	1075
PD20085352	阿维·辛硫磷	107
PD20085353	噁草·丁草胺	562
PD20085354	丁草胺	1064
PD20085355	异丙草·莠	716
PD20085356	硫磺·多菌灵	898
PD20085357	噻吩磺隆	611
PD20085358	噁草·丁草胺	563
PD20085359	扑·乙	788
PD20085360	阿维·毒死蜱	978
PD20085361	吡虫啉	45
PD20085362	阿维·高氯	45
PD20085363	氰戊·丙溴磷	57
PD20085364	氰戊·辛硫磷	503
PD20085365	代森锰锌	952
PD20085366	敌畏·马	272
PD20085367	腐霉·福美双	284
PD20085368	甲氰·辛硫磷	753
PD20085370	氟氯氰菊酯	936
PD20085371	唑磷·仲丁威	547
PD20085372	炔螨特	861
PD20085373	精喹禾灵	704
PD20085374	高效氯氟氰菊酯	575
PD20085375	甲哌鎓	560
PD20085376	溴敌隆	970
PD20085377	噻嗪·异丙威	725
PD20085378	甲霜·福美双	382
PD20085379	啶虫脒	284
PD20085380	阿维·高氯	284
PD20085381	嗪草酮	524
PD20085382	阿维·辛硫磷	90
PD20085383	高氯·辛硫磷	92
PD20085384	噻嗪·异丙威	219
PD20085385	阿维·哒螨灵	582
PD20085386	井冈霉素	204
PD20085387	三唑锡	791
PD20085388	速灭威	131
PD20085389	异丙威	582
PD20085390	噻嗪酮	863
PD20085391	噻嗪酮	416
PD20085392	精喹禾灵	846
PD20085393	甲氰·辛硫磷	208
PD20085394	高效氯氟氰菊酯	89
PD20085395	唑酮·氧乐果	325
PD20085396	草甘膦异丙胺盐(41%)	269
PD20085397	乙草胺	301
PD20085398	甲·克	490
PD20085399	噻嗪·杀虫单	312
PD20085400	苄嘧磺隆	445
PD20085401	草甘膦异丙胺盐	772
PD20085402	氰戊·辛硫磷	138
PD20085403	井冈霉素	639
PD20085404	氰戊·氧乐果	313
PD20085405	草甘膦	617
PD20085406	阿维·毒死蜱	204
PD20085407	硫磺·三环唑	78
PD20085408	石硫合剂	402
PD20085409	多·锰锌	249
PD20085410	炔螨特	734
PD20085411	氧氟·乙草胺	833
PD20085412	多菌灵	752
PD20085413	敌草隆	1038
PD20085414	毒死蜱	236
PD20085415	福·克	685
PD20085416	丁草胺	443
PD20085417	辛硫·灭多威	360
PD20085418	联苯菊酯	291
PD20085419	氟硅唑	835
PD20085420	百菌清	606
PD20085422	精喹禾灵	306
PD20085423	毒死蜱	433
PD20085424	乙草胺	379
PD20085425	灭草松	379
PD20085426	阿维·三唑磷	562
PD20085427	草甘膦异丙胺盐	1096
PD20085428	丁·莠	909
PD20085429	乙铝·锰锌	835
PD20085430	氟胺·灭草松	371
PD20085431	丙环唑	854
PD20085432	杀螟丹	1044
PD20085433	毒·辛	468
PD20085434	噻嗪·异丙威	72
PD20085435	精喹禾灵	712
PD20085436	联苯菊酯	879
PD20085437	联苯菊酯	830
PD20085438	草甘膦铵盐	981
PD20085439	三唑锡	879
PD20085440	氰戊·辛硫磷	216
PD20085441	高效氯氟氰菊酯	396
PD20085442	三唑酮	1093
PD20085443	仲丁威	927

PD20085444	福·甲·锰锌	673
PD20085445	异菌脲	635
PD20085446	苄·二氯	1121
PD20085447	阿维·三唑磷	582
PD20085448	苄嘧·苯噻酰	978
PD20085449	乙铝·锰锌	253
PD20085450	苄嘧磺隆	435
PD20085451	氯氰·丙溴磷	308
PD20085452	敌百·辛硫磷	338
PD20085453	代森锰锌	197
PD20085454	苯磺隆	58
PD20085455	精喹禾灵	435
PD20085456	辛硫磷	852
PD20085457	马拉硫磷	181
PD20085458	硫丹	1119
PD20085460	福·克	72
PD20085462	精噁唑禾草灵	476
PD20085463	阿维·高氯	884
PD20085464	辛硫磷	458
PD20085465	百菌清	314
PD20085466	复硝酚钠	181
PD20085467	阿维菌素	70
PD20085468	高氯·辛硫磷	284
PD20085469	高效氯氟氰菊酯	654
PD20085470	三乙膦酸铝	355
PD20085471	敌敌畏	685
PD20085472	莠灭净	1126
PD20085473	噻嗪酮	803
PD20085474	井冈·多菌灵	853
PD20085475	高效氯氰菊酯	163
PD20085476	阿维·哒螨灵	297
PD20085477	阿维菌素	714
PD20085478	苄嘧·苯噻酰	53
PD20085479	辛酰溴苯腈	1085
PD20085480	丁草胺	175
PD20085481	苯磺隆	689
PD20085482	甲基硫菌灵	168
PD20085483	戊唑醇	762
PD20085484	炔螨特	637
PD20085485	氟氯氰菊酯	54
PD20085486	精喹禾灵	1055
PD20085487	萘乙酸	383
PD20085488	氰戊·辛硫磷	79
PD20085489	高效氯氰菊酯	136
PD20085490	高氯·毒死蜱	578
PD20085491	阿维·毒死蜱	192
PD20085492	二甲戊灵	1105
PD20085493	草甘膦铵盐	503
PD20085494	百菌清	344
PD20085495	甲霜·锰锌	880
PD20085496	丙溴·辛硫磷	892
PD20085497	代森锰锌	755
PD20085498	阿维菌素	944
PD20085499	乙草胺	895
PD20085500	异丙草胺	859
PD20085501	精喹禾灵	102
PD20085502	辛硫磷	191
PD20085503	氰戊菊酯	601
PD20085504	苄嘧·苯噻酰	622
PD20085505	精喹禾灵	380
PD20085506	氟乐灵	1077
PD20085507	井冈霉素	738
PD20085508	代森锰锌	275
PD20085509	阿维·辛硫磷	871
PD20085510	噻吩磺隆	371
PD20085511	辛硫磷	857
PD20085512	异菌脲	253
PD20085513	苄嘧·丙草胺	1116
PD20085514	代森锌	986
PD20085515	苄·丁	981
PD20085516	啶虫脒	1041
PD20085517	辛硫·三唑磷	204
PD20085518	马拉硫磷	236
PD20085519	灭多威	891
PD20085520	腈菌唑	143
PD20085521	福美锌	936
PD20085522	苄嘧·唑草酮	976
PD20085524	吡虫啉	289
PD20085525	氰戊菊酯	584
PD20085526	联苯菊酯	101
PD20085527	辛硫·高氯氟	789
PD20085528	春雷霉素	254
PD20085529	仲丁威	401
PD20085530	腐霉·百菌清	317
PD20085531	莠去津	1099
PD20085532	丁·扑	383
PD20085533	苯磺隆	782
PD20085534	炔螨特	324
PD20085535	毒死蜱	45
PD20085536	阿维·高氯	153
PD20085537	阿维·甲氰	955
PD20085538	三唑锡	289
PD20085539	多·锰锌	974
PD20085540	高氯·马	223
PD20085541	精喹·草除灵	1116
PD20085542	福美双	725
PD20085543	异菌脲	909
PD20085544	三唑锡	94
PD20085545	三唑磷	824
PD20085546	苯磺隆	77
PD20085547	锰锌·腈菌唑	355
PD20085548	烯酰·百菌清	874
PD20085549	阿维菌素	1003
PD20085550	乙铝·锰锌	422
PD20085551	三环唑	647
PD20085552	乙草胺	372
PD20085553	阿维·高氯	99
PD20085554	代森锰锌	917
PD20085555	硫丹	952
PD20085556	吡虫啉	821
PD20085557	敌敌畏	791
PD20085558	氯氰·丙溴磷	944
PD20085559	乙铝·锰锌	1055
PD20085560	氯氰·毒死蜱	803
PD20085561	氟吡·草除灵	777
PD20085562	氰戊·马拉松	1024
PD20085563	溴氰菊酯	562
PD20085564	氰戊·氧乐果	131
PD20085565	锰锌·腈菌唑	1077
PD20085566	三唑锡	1085
PD20085567	丁硫克百威	910
PD20085568	乙氧氟草醚	835
PD20085569	异丙草胺	527
PD20085570	氰戊·马拉松	150
PD20085571	甲萘威	461
PD20085572	高效氯氟氰菊酯	744
PD20085573	三乙膦酸铝	123
PD20085574	丁硫克百威	447
PD20085575	高氯·辛硫磷	981
PD20085576	硫磺·三环唑	1064
PD20085578	毒死蜱	636
PD20085579	莠去津	520
PD20085580	高效氯氟氰菊酯	204
PD20085581	硫磺·百菌清	973
PD20085582	毒死蜱	356
PD20085583	高效氯氟氰菊酯	764

PD20085584 丁硫克百威 575
PD20085585 溴氰菊酯 414
PD20085586 辛硫磷 211
PD20085588 氯氰·丙溴磷 240
PD20085589 多菌灵 448
PD20085590 马拉硫磷 803
PD20085591 马拉硫磷 638
PD20085592 阿维菌素 132
PD20085593 杀单·灭多威 898
PD20085594 辛硫磷 245
PD20085595 S-氰戊菊酯 482
PD20085596 甲霜·福美双 448
PD20085597 氰戊·辛硫磷 59
PD20085598 毒死蜱 534
PD20085599 甲基硫菌灵 936
PD20085600 阿维·辛硫磷 1044
PD20085601 氟硅唑 922
PD20085602 硫磺·锰锌 608
PD20085603 丁·扑 371
PD20085604 异菌脲 927
PD20085605 苄·丁 1072
PD20085606 多·福 957
PD20085607 苏云金杆菌 161
PD20085608 辛硫·灭多威 768
PD20085609 三乙膦酸铝 356
PD20085610 草甘膦异丙胺盐 209
PD20085611 克百威 999
PD20085612 丁·扑 557
PD20085613 毒死蜱 991
PD20085614 百菌清 100
PD20085615 灭多威 618
PD20085616 毒死蜱 515
PD20085617 杀扑磷 1051
PD20085618 井冈霉素A 738
PD20085619 高效氯氟氰菊酯 776
PD20085620 仲丁威 639
PD20085621 噻螨酮 515
PD20085622 腈菌·戊唑醇 347
PD20085623 啶虫脒 849
PD20085624 三环唑 927
PD20085625 吡嘧磺隆 520
PD20085626 高效氯氟氰菊酯 636
PD20085627 石硫合剂 222
PD20085628 霜脲·锰锌 903
PD20085629 腈菌唑 822
PD20085630 高效氯氟氰菊酯 663
PD20085631 毒死蜱 582
PD20085632 高氯·灭多威 780
PD20085633 甲基硫菌灵 936
PD20085634 氯氰·乐果 582
PD20085635 代森锰锌 289
PD20085636 春雷霉素 297
PD20085637 溴鼠灵 275
PD20085638 氯氰·丙溴磷 884
PD20085639 腐霉·百菌清 314
PD20085640 咪鲜·杀螟丹 485
PD20085641 稻瘟灵 650
PD20085642 咪唑乙烟酸 440
PD20085643 吡嘧磺隆 440
PD20085644 灭多威 280
PD20085645 噻嗪酮 204
PD20085646 溴氰菊酯 515
PD20085647 甲基异柳磷 406
PD20085648 噻螨酮 944
PD20085649 氯氟氰菊酯 830
PD20085650 多·福 753
PD20085651 腐霉·百菌清 314
PD20085652 敌百虫 977
PD20085653 仲丁威 927
PD20085654 联苯菊酯 253
PD20085655 联苯菊酯 585
PD20085656 辛硫·三唑磷 203
PD20085657 萘乙酸 905
PD20085658 松·喹·氟磺胺 679
PD20085659 草除灵 54
PD20085660 井冈·杀虫双 566
PD20085661 甲氰菊酯 738
PD20085662 克百威 490
PD20085663 啶虫脒 952
PD20085664 杀螺胺 639
PD20085665 吡虫啉 895
PD20085666 氯氰·乐果 468
PD20085667 炔螨特 846
PD20085668 除虫脲 102
PD20085669 丙溴·辛硫磷 636
PD20085670 双甲脒 1074
PD20085671 毒死蜱 1123
PD20085672 联苯菊酯 631
PD20085673 氯氟吡氧乙酸 777
PD20085674 氟啶脲 803
PD20085675 阿维·高氯 898
PD20085676 氯氰菊酯 890
PD20085677 异菌脲 814
PD20085678 噻螨酮 367
PD20085679 多·锰锌 871
PD20085681 三环唑 530
PD20085682 腐霉·多菌灵 685
PD20085683 苏云金杆菌 410
PD20085684 高氯·敌敌畏 222
PD20085685 苄嘧·西草净 436
PD20085686 啶虫脒 924
PD20085687 草甘膦 77
PD20085688 高效氯氟氰菊酯 954
PD20085689 腐霉·百菌清 901
PD20085690 辛硫磷 250
PD20085691 啶虫脒 849
PD20085692 硫磺·三唑酮 712
PD20085693 井冈霉素 738
PD20085694 异丙威 638
PD20085695 苏云金杆菌 776
PD20085696 草甘膦 1010
PD20085697 高氯·马 1093
PD20085698 多抗霉素 933
PD20085699 霜脲·锰锌 913
PD20085700 丙溴·辛硫磷 550
PD20085701 阿维菌素 936
PD20085702 苄·丁 1112
PD20085703 多·福·克 382
PD20085704 马拉硫磷 995
PD20085705 啶虫脒 876
PD20085706 阿维·高氯 901
PD20085707 克百·敌百虫 915
PD20085708 腐霉·福美双 758
PD20085709 氟节胺 1086
PD20085710 噻嗪·杀虫单 133
PD20085711 阿维·杀虫单 981
PD20085712 三唑锡 927
PD20085713 氯氰·辛硫磷 245
PD20085714 溴氰菊酯 181
PD20085715 抗蚜威 995
PD20085716 三唑锡 181
PD20085717 多菌灵 1041
PD20085718 高效氯氟氰菊酯 324
PD20085719 硫磺 995
PD20085720 嗪酮·乙草胺 356
PD20085721 氰戊·辛硫磷 316

PD20085722 苄嘧·苯噻酰 177
PD20085723 三唑锡 816
PD20085724 甲氰·三唑磷 220
PD20085725 硫磺·甲硫灵 852
PD20085726 噁霉灵 758
PD20085727 赤霉酸 959
PD20085728 杀虫双 1031
PD20085729 阿维·杀虫单 92
PD20085730 氟磺胺草醚 117
PD20085731 阿维·三唑磷 983
PD20085732 丙溴·辛硫磷 772
PD20085733 炔螨特 921
PD20085734 异丙草胺 622
PD20085735 嘧霉·福美双 88
PD20085736 烯草酮 372
PD20085737 咪唑乙烟酸 379
PD20085738 甲氰·辛硫磷 497
PD20085739 苄嘧·苯噻酰 684
PD20085740 阿维菌素 922
PD20085741 甲氰·辛硫磷 211
PD20085742 克·酮·多菌灵 943
PD20085743 吡嘧磺隆 944
PD20085744 三唑酮 44
PD20085745 腐霉·福美双 1030
PD20085746 稻瘟灵 1020
PD20085747 嗪酮·乙草胺 436
PD20085748 阿维菌素 579
PD20085749 三唑锡 1036
PD20085750 联苯菊酯 536
PD20085751 氯氰菊酯 264
PD20085752 甲氰菊酯 626
PD20085753 杀螟丹 536
PD20085755 硫磺·三环唑 44
PD20085756 莠去津 859
PD20085758 毒死蜱 1110
PD20085759 苯磺隆 762
PD20085760 辛硫磷 895
PD20085761 甲霜·福美双 448
PD20085762 高氯·辛硫磷 97
PD20085763 三环唑 382
PD20085764 甲硫·福美双 936
PD20085765 甲氨基阿维菌素苯甲酸盐 382
PD20085766 乙·莠 520
PD20085767 敌百虫 150
PD20085768 高效氯氟氰菊酯 781
PD20085769 阿维菌素 931
PD20085770 阿维·氯氰 150
PD20085771 高效氯氟氰菊酯 63
PD20085772 阿维·杀虫单 302
PD20085773 三唑锡 773
PD20085774 氟磺胺草醚 371
PD20085775 灭草松 371
PD20085776 苄·丁 634
PD20085777 唑酮·福美双 382
PD20085778 高效氟吡甲禾灵 379
PD20085779 腐霉利 863
PD20085780 丙环唑 725
PD20085781 苯磺隆 401
PD20085782 敌敌畏 201
PD20085783 阿维菌素 197
PD20085784 克·酮·多菌灵 347
PD20085785 甲氰菊酯 253
PD20085786 四螨嗪 927
PD20085787 速灭威 499
PD20085788 咪鲜·杀螟丹 1093
PD20085789 苄·二氯 422
PD20085790 嗪草酮 1093
PD20085791 异丙草·莠 852
PD20085792 甲基硫菌灵 1041
PD20085793 甲哌鎓 1013
PD20085794 杀螟丹 647
PD20085795 丁酰肼 301
PD20085796 联苯三唑醇 493
PD20085797 噻嗪·杀虫单 1077
PD20085798 乙草胺 443
PD20085800 硫磺·多菌灵 408
PD20085801 苯磺隆 440
PD20085802 灭多威 974
PD20085803 精喹禾灵 84
PD20085804 乙烯利 485
PD20085805 代森锌 822
PD20085806 丁·扑 450
PD20085807 四螨嗪 913
PD20085808 精噁唑禾草灵 64
PD20085809 氰戊·马拉松 295
PD20085810 高效氟吡甲禾灵 102
PD20085811 高效氟吡甲禾灵 781
PD20085812 高效氯氟氰菊酯 1039
PD20085813 苄·二氯 981
PD20085814 氟氯氰菊酯 917
PD20085815 高氯·灭多威 807
PD20085816 霜脲·锰锌 944
PD20085817 甲硫·福美双 753
PD20085818 马拉·灭多威 702
PD20085819 毒死蜱 1109
PD20085820 阿维·三唑磷 143
PD20085821 井·噻·杀虫单 594
PD20085822 苄嘧·丙草胺 571
PD20085823 啶虫脒 250
PD20085824 甲基硫菌灵 845
PD20085825 甲基硫菌灵 845
PD20085826 草甘膦异丙胺盐 585
PD20085827 扑·莠·乙草胺 782
PD20085828 辛硫·灭多威 351
PD20085829 三乙膦酸铝 1055
PD20085830 多·锰锌 364
PD20085831 草甘膦异丙胺盐(55%) 464
PD20085832 甲霜·福美双 871
PD20085833 多·锰锌 507
PD20085834 噁霉灵 846
PD20085836 灭胺·毒死蜱 161
PD20085837 多·福 72
PD20085838 吡虫·灭多威 871
PD20085839 甲霜·噁霉灵 373
PD20085840 阿维·哒螨灵 981
PD20085841 甲基硫菌灵 231
PD20085842 甲霜·百菌清 1085
PD20085843 丙溴磷 1079
PD20085844 噻嗪·杀扑磷 585
PD20085845 代森锰锌 228
PD20085846 阿维·毒死蜱 468
PD20085847 异丙草胺 287
PD20085848 嘧霉胺 478
PD20085849 精喹禾灵 464
PD20085850 高效氯氰菊酯 709
PD20085851 敌畏·马 143
PD20085852 甲霜·噁霉灵 302
PD20085853 甲霜·福美双 382
PD20085854 杀虫双 164
PD20085855 噻嗪·速灭威 635
PD20085856 草甘膦异丙胺盐 485
PD20085857 异菌·福美双 503
PD20085858 烯酰吗啉 414
PD20085859 阿维菌素 143
PD20085860 氯氰·吡虫啉 370
PD20085861 萘乙酸 1028

PD20085862	甲硫·福美双	277
PD20085863	丁草胺	463
PD20085864	阿维·三唑磷	595
PD20085865	福·福锌	732
PD20085866	丙溴·辛硫磷	855
PD20085867	嘧霉胺	1085
PD20085868	代森锰锌	458
PD20085869	噁草酮	746
PD20085870	苯醚甲环唑	470
PD20085871	二嗪磷	1085
PD20085872	苄·丁	431
PD20085873	啶虫脒	822
PD20085874	西净·乙草胺	438
PD20085875	异丙草·莠	782
PD20085876	百菌清	181
PD20085877	啶虫脒	816
PD20085878	三环·杀虫单	603
PD20085879	甲硫·福美双	412
PD20085880	阿维·高氯	746
PD20085881	马拉·克百威	408
PD20085882	三乙膦酸铝	586
PD20085883	福美双	712
PD20085884	马拉·吡虫啉	244
PD20085885	甲基硫菌灵	924
PD20085886	嘧霉胺	944
PD20085887	阿维·毒死蜱	182
PD20085888	甲硫·福美双	884
PD20085889	百草枯	835
PD20085891	甲·克	752
PD20085892	甲基硫菌灵	944
PD20085893	甲硫·福美双	228
PD20085894	高效氯氟氰菊酯	709
PD20085895	丁·异·莠去津	859
PD20085896	嘧霉胺	732
PD20085897	烟嘧磺隆	854
PD20085898	马拉·三唑酮	340
PD20085899	福·克	233
PD20085900	代森锰锌	1064
PD20085901	精喹禾灵	611
PD20085902	草甘膦	228
PD20085903	甲硫·福美双	1085
PD20085904	吡嘧·丁草胺	550
PD20085905	丙森锌	944
PD20085906	马拉·联苯菊	76
PD20085907	氟胺·烯禾啶	698
PD20085908	草除灵	694
PD20085909	井冈·多菌灵	412
PD20085910	甲硫·福美双	414
PD20085911	吡虫啉	709
PD20085912	毒死蜱	1121
PD20085913	硫磺·多菌灵	408
PD20085915	辛硫·高氯氟	97
PD20085916	丁·莠	732
PD20085917	霜霉威盐酸盐	378
PD20085918	阿维·高氯	92
PD20085919	甲硫·福美双	959
PD20085920	草甘膦异丙胺盐	76
PD20085921	毒死蜱	866
PD20085922	敌百虫	738
PD20085923	异稻·三环唑	408
PD20085924	毒死蜱	356
PD20085926	己唑醇	510
PD20085927	莠去津	782
PD20085928	克百·敌百虫	953
PD20085929	甲·异·莠去津	859
PD20085930	苄·丁	540
PD20085931	腐霉利	94
PD20085932	百草枯	356
PD20085933	苄·乙	981
PD20085934	代森锌	550
PD20085935	咪鲜胺	816
PD20085936	苄嘧·苯噻酰	407
PD20085937	异稻·三环唑	1077
PD20085938	异稻·三环唑	1092
PD20085939	多效唑	640
PD20085940	苄·乙	1117
PD20085941	乙酰甲胺磷	1091
PD20085942	丙威·毒死蜱	655
PD20085943	异甲·莠去津	507
PD20085944	马拉硫磷	244
PD20085945	氰戊·马拉松	182
PD20085946	氰戊·辛硫磷	748
PD20085947	噻嗪·异丙威	1092
PD20085948	甲硫·福美双	1028
PD20085949	硫磺·三环唑	1092
PD20085950	异菌·多菌灵	504
PD20085951	克百·敌百虫	1069
PD20085952	二氯喹啉酸	540
PD20085953	异稻·三环唑	582
PD20085954	精喹·草除灵	611
PD20085955	腈菌·福美双	1104
PD20085956	高氯·马	807
PD20085957	阿维·高氯	585
PD20085958	嗪酮·乙草胺	54
PD20085959	氰戊·敌敌畏	1109
PD20085960	甲硫·福美双	937
PD20085961	莠灭净	782
PD20085962	精噁唑禾草灵	54
PD20085963	二氯吡啶酸	1007
PD20085964	多·锰锌	251
PD20085965	乙草胺	497
PD20085966	腐霉利	996
PD20085967	苯·苄·甲草胺	782
PD20085968	甲霜·百菌清	182
PD20085969	百菌清	143
PD20085970	扑·乙	782
PD20085971	丙草胺	623
PD20085972	唑酮·氧乐果	363
PD20085973	溴氰 ·敌敌畏	49
PD20085974	辛硫·灭多威	312
PD20085975	腈菌·福美双	952
PD20085976	精噁唑禾草灵	986
PD20085977	高氯·毒死蜱	762
PD20085978	灭多威	280
PD20085979	甲基硫菌灵	515
PD20085980	福·克	233
PD20085981	苄·丁	782
PD20085982	阿维·吡虫啉	594
PD20085983	硫磺	746
PD20085984	甲霜·福美双	458
PD20085985	苯磺隆	1071
PD20085986	苄嘧·苯噻酰	1119
PD20085987	草甘膦异丙胺盐	393
PD20085988	氰戊·马拉松	304
PD20085989	异稻·三环唑	476
PD20085990	噻嗪·异丙威	512
PD20085991	噁霉灵	846
PD20085992	四螨·哒螨灵	1103
PD20085993	辛酰溴苯腈	527
PD20085994	草甘膦	464
PD20085995	咪唑乙烟酸	874
PD20085996	噻嗪·异丙威	1092
PD20085997	苄嘧·苯噻酰	1116
PD20085998	甲霜·锰锌	971
PD20085999	高效氟吡甲禾灵	485
PD20086000	乙草胺	555

PD20086001	啶虫脒	267
PD20086002	敌百·辛硫磷	1055
PD20086003	异稻·稻瘟灵	1077
PD20086004	草甘膦铵盐	550
PD20086005	丙溴·灭多威	277
PD20086006	三唑锡	696
PD20086007	草甘膦	226
PD20086008	井冈·多菌灵	844
PD20086009	异丙甲草胺	746
PD20086010	多效唑	499
PD20086011	氰戊·氧乐果	324
PD20086012	阿维菌素	161
PD20086013	2甲4氯钠	384
PD20086014	阿维·哒螨灵	356
PD20086015	甲氰·哒螨灵	1119
PD20086016	福·甲·硫磺	1077
PD20086017	井冈·三唑酮	1093
PD20086018	2甲·灭草松	520
PD20086019	氰戊·辛硫磷	66
PD20086022	噻霉酮	968
PD20086023	噻霉酮	968
PD20086024	噻菌铜	1092
PD20086025	噻菌铜	1092
PD20086027	甜核·苏云菌	409
PD20086028	甜菜夜蛾核型多角体病毒	409
PD20086029	松毛虫质型多角体病毒	409
PD20086030	苏·松质病毒	409
PD20086031	溴硝醇	684
PD20086032	溴硝醇	684
PD20086033	赤霉酸A4,A7	1097
PD20086034	赤霉酸	1097
PD20086035	茶核·苏云菌	409
PD20086036	茶尺蠖核型多角体病毒	409
PD20086037	烟嘧磺隆	716
PD20086038	甲基硫菌灵	1000
PD20086039	丙溴·辛硫磷	101
PD20086040	草甘膦	402
PD20086041	三唑锡	752
PD20086042	噻嗪酮	1041
PD20086043	炔螨特	365
PD20086044	苄·乙	660
PD20086045	二嗪磷	807
PD20086046	辛硫磷	331
PD20086047	溴敌隆	98
PD20086048	精喹·草除灵	464
PD20086049	多·福	659
PD20086050	杀虫双	499
PD20086051	毒死蜱	201
PD20086052	阿维菌素	59
PD20086053	高效氯氟氰菊酯	1046
PD20086054	速灭威	964
PD20086055	溴鼠灵	1115
PD20086056	杀虫双	1022
PD20086057	高效氯氟氰菊酯	655
PD20086058	多·福	78
PD20086059	福·福锌	748
PD20086060	杀虫双	1026
PD20086061	硫磺·多菌灵	416
PD20086062	苯丁·哒螨灵	933
PD20086063	溴敌隆	354
PD20086065	多·福	704
PD20086066	虫酰肼	972
PD20086067	辛硫·高氯氟	700
PD20086068	氟虫脲	898
PD20086069	氰戊·丙溴磷	388
PD20086070	多·福	381
PD20086071	多·锰锌	959
PD20086072	杀扑磷	356
PD20086073	甲霜·锰锌	933
PD20086074	精吡氟禾草灵	1079
PD20086075	多菌灵	1055
PD20086076	井冈·多菌灵	570
PD20086077	马拉·辛硫磷	636
PD20086078	烯草酮	464
PD20086079	灭多威	54
PD20086080	炔螨特	921
PD20086081	杀虫双	212
PD20086082	甲硫·锰锌	871
PD20086083	甲硫·福美双	573
PD20086084	苄·二氯	540
PD20086085	三乙膦酸铝	996
PD20086086	阿维菌素	649
PD20086087	嘧霉胺	794
PD20086088	二甲戊灵	134
PD20086089	福美双	744
PD20086090	啶虫·辛硫磷	270
PD20086091	灭多威	758
PD20086092	噁霉灵	271
PD20086093	杀单·苏云菌	116
PD20086094	灭多威	341
PD20086095	乙烯利	250
PD20086096	丙草胺	698
PD20086097	三唑锡	1041
PD20086098	灭多威	701
PD20086099	腈菌·咪鲜胺	160
PD20086100	甲硫·福美双	253
PD20086101	氰戊·马拉松	370
PD20086102	井冈·多菌灵	933
PD20086103	阿维·三唑磷	1079
PD20086105	高效氟吡甲禾灵	528
PD20086106	啶虫脒	341
PD20086107	甲霜·福美双	371
PD20086108	硫磺·三环唑	1083
PD20086109	甲霜·噁霉灵	382
PD20086110	多·锰锌	791
PD20086111	高效氯氟氰菊酯	758
PD20086112	三环·多菌灵	169
PD20086113	三氟羧草醚	464
PD20086114	克百·敌百虫	70
PD20086115	聚醛·甲萘威	1082
PD20086116	硫磺·锰锌	701
PD20086118	稻瘟灵	1000
PD20086119	硫磺·三环唑	143
PD20086120	吡嘧磺隆	383
PD20086121	乙烯利	1109
PD20086122	高氯·辛硫磷	301
PD20086123	氰戊·灭多威	319
PD20086124	硫磺·甲硫灵	1119
PD20086125	精喹禾灵	767
PD20086126	辛硫·灭多威	351
PD20086127	毒死蜱	228
PD20086128	丁·莠	671
PD20086129	草甘膦	1031
PD20086130	噻嗪·杀扑磷	92
PD20086131	福·甲·硫磺	349
PD20086132	氰戊·辛硫磷	617
PD20086133	高氯·灭多威	777
PD20086134	阿维·三唑磷	566
PD20086135	甲基硫菌灵	978
PD20086136	矮壮素	1028
PD20086137	丙森锌	161
PD20086138	2甲·草甘膦	1117
PD20086139	马拉·灭多威	319
PD20086140	乙铝·锰锌	877
PD20086141	福美双	863
PD20086142	氯氰·毒死蜱	933

PD20086143 阿维·高氯 933
PD20086144 氯氟吡氧乙酸 47
PD20086145 腐霉·福美双 981
PD20086146 多抗霉素 561
PD20086147 芸苔素内酯 192
PD20086148 溴氰 ·敌敌畏 196
PD20086149 乙铝·多菌灵 716
PD20086150 苄嘧·苯噻酰 1093
PD20086151 百·福 971
PD20086152 敌百·辛硫磷 652
PD20086153 三唑醇 493
PD20086154 氰戊·马拉松 955
PD20086155 高效氯氟氰菊酯 208
PD20086156 丙溴·辛硫磷 1013
PD20086157 春雷·硫磺 212
PD20086158 吡虫啉 264
PD20086159 乙烯利 742
PD20086160 阿维菌素 422
PD20086161 甲霜·锰锌 1055
PD20086162 苯磺隆 1101
PD20086163 高氯 ·敌敌畏 223
PD20086164 敌百·毒死蜱 650
PD20086165 溴氰 ·敌敌畏 588
PD20086166 阿维·氯氰 157
PD20086167 2甲·灭草松 377
PD20086168 仲丁灵 782
PD20086169 甲霜·锰锌 1085
PD20086170 敌百·毒死蜱 364
PD20086171 莠灭·乙草胺 783
PD20086172 阿维·哒螨灵 298
PD20086173 2甲4氯钠 783
PD20086174 联苯菊酯 564
PD20086175 草甘膦铵盐 586
PD20086176 井冈霉素 629
PD20086177 阿维·杀虫单 844
PD20086178 三乙膦酸铝 999
PD20086179 氯氰·毒死蜱 263
PD20086180 甲霜·锰锌 1076
PD20086181 草甘膦 54
PD20086182 福·甲·硫磺 1092
PD20086183 2甲·灭草松 383
PD20086184 苄·二氯 549
PD20086185 吡嘧·丁草胺 520
PD20086186 2甲·灭草松 380
PD20086187 苄·二氯 504
PD20086188 春雷·三环唑 212
PD20086189 福·甲·硫磺 849
PD20086190 阿维·辛硫磷 933
PD20086191 阿维菌素 933
PD20086192 阿维·哒螨灵 59
PD20086193 高氯·辛硫磷 738
PD20086194 啶虫脒 530
PD20086195 氟硅唑 89
PD20086196 三唑醇 734
PD20086197 噻嗪·杀扑磷 660
PD20086198 乙铝·锰锌 959
PD20086199 乙铝·多菌灵 1119
PD20086200 氰戊·马拉松 138
PD20086201 高效氯氟氰菊酯 648
PD20086202 氟啶脲 863
PD20086203 高效氯氟氰菊酯 433
PD20086204 乙铝·多菌灵 182
PD20086205 甲硫·锰锌 814
PD20086206 甲基硫菌灵 952
PD20086207 甲基硫菌灵 971
PD20086208 高效氯氟氰菊酯 562
PD20086209 霜脲·锰锌 814
PD20086210 扑·乙 1099
PD20086211 甲硫·福美双 1041
PD20086212 甲基硫菌灵 300
PD20086213 甲基硫菌灵 878
PD20086214 噻吩磺隆 85
PD20086215 霜霉威 197
PD20086216 百菌清 914
PD20086217 多·锰锌 282
PD20086218 乙铝·多菌灵 933
PD20086220 2甲·莠灭净 212
PD20086221 灭草松 47
PD20086222 代森锰锌 752
PD20086223 腈菌唑 1038
PD20086224 井冈·杀虫双 983
PD20086225 溴氰菊酯 626
PD20086226 硫磺·甲硫灵 906
PD20086227 毒死蜱 212
PD20086228 硫磺·甲硫灵 1024
PD20086229 甲基硫菌灵 803
PD20086230 联苯菊酯 648
PD20086231 乙草胺 379
PD20086232 三唑锡 957
PD20086233 甲氨基阿维菌素苯甲酸盐 278
PD20086234 灭多威 704
PD20086235 甲氰·辛硫磷 49
PD20086236 异噁草松 418
PD20086237 毒死蜱 440
PD20086238 氟啶脲 744
PD20086239 毒死蜱 807
PD20086240 三唑磷 827
PD20086241 高效氯氟氰菊酯 122
PD20086242 炔螨特 499
PD20086243 杀扑磷 937
PD20086244 溴敌隆 354
PD20086245 三唑锡 219
PD20086246 百草枯 1089
PD20086247 草甘膦异丙胺盐(41%) 212
PD20086248 苏云金杆菌 753
PD20086249 烯酰吗啉 1030
PD20086251 吡嘧磺隆 510
PD20086252 阿维·高氯氟 197
PD20086253 腐霉·百菌清 74
PD20086254 氯氟吡氧乙酸 1079
PD20086255 异菌脲 504
PD20086256 氟吡·氟磺胺 694
PD20086257 阿维·杀虫单 212
PD20086258 甲硫·福美双 546
PD20086259 氯氰·马拉松 399
PD20086260 阿维菌素 69
PD20086261 莠去津 622
PD20086262 霜霉威盐酸盐 846
PD20086263 联苯菊酯 827
PD20086264 噁霜·锰锌 996
PD20086265 苯磺隆 356
PD20086266 多效唑 991
PD20086267 噻嗪·异丙威 582
PD20086268 阿维·高氯 615
PD20086269 福美双 112
PD20086270 异丙威 414
PD20086271 氯氰·辛硫磷 197
PD20086272 氟硅唑 182
PD20086273 多·福·克 47
PD20086274 吡虫啉 212
PD20086275 高效氯氟氰菊酯 70
PD20086276 丙环唑 341
PD20086277 精吡氟禾草灵 372
PD20086278 灭多威 351
PD20086279 腈菌·福美双 725
PD20086280 西净·乙草胺 437

PD20086281	丙溴·辛硫磷	725
PD20086282	甲柳·福美双	448
PD20086283	甲·乙·莠	859
PD20086284	敌百·辛硫磷	216
PD20086285	毒死蜱	996
PD20086286	氰戊·氧乐果	363
PD20086287	氰戊·马拉松	916
PD20086288	氟啶脲	414
PD20086289	联苯菊酯	103
PD20086290	嗪草酮	371
PD20086291	丙环唑	1039
PD20086292	井冈·多菌灵	898
PD20086293	阿维·辛硫磷	228
PD20086294	毒死蜱	1121
PD20086295	灭多威	974
PD20086296	福·克	370
PD20086297	多菌灵	72
PD20086298	硫磺·三唑酮	359
PD20086299	阿维菌素	805
PD20086300	氰戊·氧乐果	336
PD20086301	硫磺·三环唑	136
PD20086302	乙·莠	287
PD20086303	草甘膦铵盐	478
PD20086304	甲基硫菌灵	729
PD20086305	腈菌·福美双	1077
PD20086306	苄嘧·丙草胺	1089
PD20086307	虫酰肼	1079
PD20086308	异丙·苄	80
PD20086309	氟啶脲	937
PD20086310	阿维菌素	1126
PD20086311	马拉·高氯氟	877
PD20086312	多效唑	988
PD20086313	氯氟吡氧乙酸异辛酯	603
PD20086314	苄·乙	302
PD20086315	杀虫双	906
PD20086316	乙草胺	373
PD20086317	腈菌·福美双	228
PD20086318	代森锰锌	608
PD20086319	克百威	199
PD20086320	苄嘧·苯噻酰	57
PD20086321	乙·莠·氰草津	302
PD20086322	甲霜·福美双	371
PD20086323	高氯·氧乐果	360
PD20086324	灭多威	725
PD20086325	氰戊·氧乐果	906
PD20086326	甲基硫菌灵	1036
PD20086327	灭多威	177
PD20086328	丙草胺	734
PD20086329	辛硫·灭多威	212
PD20086330	三唑酮	780
PD20086331	扑草净	734
PD20086332	异丙威	634
PD20086333	炔螨特	1044
PD20086334	马拉·杀螟松	583
PD20086335	三唑磷	1092
PD20086336	嘧霉·多菌灵	844
PD20086337	异稻·三环唑	512
PD20086338	多·福·硫磺	1092
PD20086339	丙森锌	182
PD20086340	春雷霉素	996
PD20086341	阿维菌素	1087
PD20086342	乐果·三唑磷	472
PD20086343	甲草·莠去津	683
PD20086344	代森锰锌	772
PD20086345	异丙草胺	520
PD20086346	辛硫磷	203
PD20086347	阿维·吡虫啉	983
PD20086348	噻螨酮	367
PD20086349	三环唑	660
PD20086350	复硝酚钠	126
PD20086351	氰戊·鱼藤酮	167
PD20086352	氰戊·鱼藤酮	168
PD20086353	代森锌	1055
PD20086354	醚磺隆	454
PD20086355	井冈·己唑醇	547
PD20086356	阿维·炔螨特	770
PD20086357	噁霉·稻瘟灵	407
PD20086358	杀虫双	1026
PD20086359	甲氨基阿维菌素苯甲酸盐	615
PD20086360	辛硫·三唑磷	1124
PD20086362	炔螨特	848
PD20086363	吡虫·三唑锡	762
PD20086364	高氯·辛硫磷	545
PD20086365	草除灵	1027
PD20086366	硫磺·三环唑	497
PD20086367	2甲4氯钠	608
PD20086368	腈菌·福美双	694
PD20086369	硫磺·三唑酮	814
PD20086370	腈菌唑	182
PD20086371	异隆·氯磺隆	620
PD20086372	百草枯	1072
PD20086373	阿维菌素	732
PD20086374	杀螟丹	594
PD20086375	杀鼠醚	448
PD20086376	精喹禾灵	1072
PD20086377	阿维菌素	533
PD20086378	碱式硫酸铜	770
PD20086379	草甘膦	716
PD20086380	氟胺·烯禾啶	704
PD20086381	井冈霉素	770
PD20086382	井冈霉素	770
PD20086383	杀螟丹	927
PD20086384	杀鼠醚	98
PD20086386	乙烯利	637
PD20086387	辛硫·灭多威	755
PD20086388	羟烯腺·烯腺	234
PD20086389	毒死蜱	979
PD20090001	荧光假单胞杆菌	536
PD20090002	荧光假单胞杆菌	536
PD20090003	雷公藤甲素	597
PD20090004	雷公藤甲素	597
PD20090007	二氯异氰尿酸钠	903
PD20090008	二氯异氰尿酸钠	903
PD20090009	蜡质芽孢杆菌	983
PD20090010	井冈·蜡芽菌	983
PD20090013	吡嘧·二氯喹	550
PD20090014	阿维·哒螨灵	143
PD20090015	三唑锡	352
PD20090016	阿维菌素	924
PD20090017	辛硫磷	1010
PD20090018	克百·多菌灵	233
PD20090019	唑酮·氧乐果	312
PD20090021	代森锰锌	1041
PD20090022	高效氯氟氰菊酯	759
PD20090023	百菌清	340
PD20090024	三乙膦酸铝	1088
PD20090025	溴氰菊酯	204
PD20090026	毒死蜱	631
PD20090027	氰戊·马拉松	271
PD20090028	伏杀硫磷	1071
PD20090029	硫磺·多菌灵	1030
PD20090030	克百威	667
PD20090031	苯丁锡	572
PD20090032	多效唑	579
PD20090033	异噁草松	679
PD20090034	异噁草松	702

PD20090035 硫·酮·多菌灵 576
PD20090036 磷化铝 272
PD20090037 多·锰锌 412
PD20090038 联苯菊酯 861
PD20090039 多·锰锌 386
PD20090040 甲基硫菌灵 822
PD20090041 溴敌隆 1115
PD20090042 代森锰锌 964
PD20090043 丙溴磷 515
PD20090044 异菌脲 752
PD20090045 高效氯氟氰菊酯 499
PD20090046 氰戊·马拉松 655
PD20090047 辛硫·灭多威 361
PD20090048 嗪酮·乙草胺 676
PD20090049 敌鼠钠盐 678
PD20090050 扑草净 1099
PD20090051 福·克 383
PD20090052 三环唑 663
PD20090053 甲基硫菌灵 917
PD20090054 阿维·毒死蜱 1096
PD20090055 氰戊·吡虫啉 712
PD20090056 氰戊·氧乐果 196
PD20090057 硫磺·锰锌 738
PD20090058 唑酮·福美双 383
PD20090059 代森锰锌 823
PD20090060 阿维·氯氰 167
PD20090061 百草枯 734
PD20090062 氰戊·马拉松 245
PD20090063 苄嘧·丙草胺 476
PD20090064 异稻·三环唑 1077
PD20090065 烯草酮 85
PD20090066 抗蚜·吡虫啉 500
PD20090067 氰戊·马拉松 399
PD20090068 氰戊·马拉松 281
PD20090069 高氯·马 981
PD20090070 吡虫·辛硫磷 284
PD20090071 咪鲜·异菌脲 871
PD20090072 噻嗪·杀虫单 583
PD20090073 阿维·哒螨灵 759
PD20090074 马拉·毒死蜱 1121
PD20090075 氯氰·毒死蜱 1121
PD20090076 代森锌 169
PD20090077 烯酰吗啉 85
PD20090078 阿维·三唑磷 133
PD20090079 辛硫·灭多威 974
PD20090080 烯草酮 1055
PD20090081 春雷霉素 933
PD20090082 甲硫·福美双 937
PD20090083 丁硫克百威 158
PD20090084 吡·井·杀虫单 583
PD20090085 草甘膦异丙胺盐 454
PD20090086 甲氨基阿维菌素苯甲酸盐 716
PD20090087 阿维·高氯 253
PD20090088 阿维·杀虫单 101
PD20090089 哒螨·辛硫磷 389
PD20090090 多·福·立枯磷 1061
PD20090091 赤霉酸A4+A7 1095
PD20090092 精喹禾灵 895
PD20090093 毒死蜱 228
PD20090094 甲硫·福美双 924
PD20090095 辛硫磷 267
PD20090096 多·福 1036
PD20090097 克百·敌百虫 1009
PD20090098 氯氰·敌敌畏 157
PD20090099 苄嘧·苯噻酰 611
PD20090100 异噁草松 134
PD20090101 胺苯磺隆 611
PD20090102 杀螺胺乙醇胺盐 573
PD20090103 抑霉唑 943
PD20090104 甲氰·辛硫磷 386
PD20090105 代森锰锌 1041
PD20090106 代森锰锌 802
PD20090107 苯甲·丙环唑 470
PD20090108 阿维·高氯 113
PD20090109 福美·拌种灵 481
PD20090110 高氯·灭多威 844
PD20090111 草甘膦异丙胺盐 558
PD20090112 阿维·高氯 420
PD20090113 氯氰·毒死蜱 847
PD20090114 吡虫·异丙威 515
PD20090115 福·克 1036
PD20090116 烯唑·三唑酮 284
PD20090117 阿维·毒死蜱 156
PD20090118 2甲4氯钠 491
PD20090119 井冈霉素 1110
PD20090120 甲霜·噁霉灵 435
PD20090121 吡虫·仲丁威 212
PD20090122 阿维·炔螨特 182
PD20090123 噁霉·福美双 383
PD20090124 复硝酚钠 92
PD20090125 溴氰·毒死蜱 933
PD20090126 阿维菌素 253
PD20090127 阿维·杀虫单 356
PD20090128 福·甲·硫磺 1077
PD20090129 阿维·苏云菌 1009
PD20090130 敌磺钠 445
PD20090131 吡虫·灭多威 585
PD20090132 春雷霉素 158
PD20090133 辛硫·氟氯氰 100
PD20090134 四螨·哒螨灵 493
PD20090135 丙溴·敌百虫 54
PD20090136 百草枯 999
PD20090137 氰戊·马拉松 272
PD20090138 霜脲·锰锌 228
PD20090139 复硝酚钠 103
PD20090140 腈菌唑 754
PD20090141 春雷霉素 291
PD20090142 丁草胺 544
PD20090143 三唑磷 628
PD20090144 马拉硫磷 289
PD20090145 噻嗪酮 704
PD20090146 氯氟吡氧乙酸异辛酯 1007
PD20090147 丙溴·辛硫磷 420
PD20090148 氯氰·毒死蜱 412
PD20090149 苯醚甲环唑 623
PD20090151 草甘膦异丙胺盐 1091
PD20090152 苯丁·哒螨灵 952
PD20090153 百菌清 574
PD20090154 福美·拌种灵 559
PD20090155 甲·克 60
PD20090156 井冈霉素A 1095
PD20090157 虫酰肼 900
PD20090158 氯氰·丙溴磷 772
PD20090159 霜脲·锰锌 835
PD20090160 克百·多菌灵 752
PD20090161 异稻·三环唑 490
PD20090162 氰戊·乐果 1006
PD20090163 敌畏·毒死蜱 655
PD20090164 阿维·灭幼脲 182
PD20090165 腐霉利 709
PD20090166 阿维·毒死蜱 254
PD20090167 甲霜·福美双 382
PD20090168 阿维·敌敌畏 269
PD20090169 多菌灵 574
PD20090170 辛硫·灭多威 805
PD20090171 高效氯氰菊酯 615

PD20090172 氰戊·灭多威 359
PD20090173 春雷霉素 236
PD20090174 阿维·辛硫磷 611
PD20090175 氰戊·辛硫磷 245
PD20090176 井·噻·杀虫单 533
PD20090177 丁草胺 575
PD20090178 高氯·毒死蜱 562
PD20090179 多·福 738
PD20090180 辛硫磷 753
PD20090181 百菌清 907
PD20090182 苄·乙·扑 476
PD20090183 高氯·马 370
PD20090184 氰戊·辛硫磷 245
PD20090185 氰戊·氧乐果 1103
PD20090186 井冈·噻嗪酮 1110
PD20090187 杀螟丹 545
PD20090188 丙溴·敌百虫 458
PD20090189 稻瘟灵 414
PD20090190 春雷霉素 664
PD20090191 稻瘟灵 909
PD20090193 甲霜·噁霉灵 377
PD20090194 甲硫·福美双 738
PD20090195 高氯·敌敌畏 738
PD20090196 氰戊·马拉松 908
PD20090197 苄·丁 133
PD20090198 苏云金杆菌 585
PD20090199 阿维·炔螨特 816
PD20090200 杀虫双 371
PD20090201 霜霉威 819
PD20090202 氯氰·敌敌畏 208
PD20090203 氟氯氰菊酯 871
PD20090204 双甲脒 807
PD20090205 三唑磷 397
PD20090206 烯酰·锰锌 701
PD20090207 高效氯氟氰菊酯 807
PD20090208 甲霜·锰锌 908
PD20090209 辛硫·灭多威 660
PD20090210 顺式氯氰菊酯 871
PD20090211 稻瘟灵 377
PD20090212 稻瘟灵 649
PD20090213 霜脲·锰锌 381
PD20090214 毒死蜱 1041
PD20090215 烯酰·锰锌 827
PD20090216 腈菌·福美双 294
PD20090217 吡虫啉 871
PD20090218 高效氯氟氰菊酯 212
PD20090219 戊唑醇 1039
PD20090220 苄嘧·苯噻酰 381
PD20090221 草甘膦铵盐 413
PD20090222 草甘膦异丙胺盐 377
PD20090223 滴丁·乙草胺 373
PD20090224 甲氨基阿维菌素苯甲酸盐 709
PD20090225 精喹禾灵 854
PD20090226 甲硫·福美双 974
PD20090227 百草枯 777
PD20090228 三唑酮 1036
PD20090229 多·锰锌 921
PD20090230 甲硫·福美双 704
PD20090231 腈菌唑 66
PD20090232 甲霜·锰锌 365
PD20090233 乙草胺 335
PD20090234 甲硫·福美双 263
PD20090235 阿维·辛硫磷 269
PD20090236 多·福·锌 1051
PD20090237 乙铝·百菌清 813
PD20090238 氰戊·辛硫磷 212
PD20090239 乳氟禾草灵 85
PD20090240 联苯菊酯 875
PD20090241 毒死蜱 272
PD20090242 精喹禾灵 85
PD20090243 烯草酮 559
PD20090244 氰戊·马拉松 796
PD20090245 啶虫脒 133
PD20090246 烯酰·福美双 705
PD20090247 阿维·高氯 273
PD20090248 炔螨特 835
PD20090249 氯氰·敌敌畏 667
PD20090250 阿维·鱼藤酮 275
PD20090251 硫丹·灭多威 212
PD20090252 多菌灵 45
PD20090253 氰戊·乐果 109
PD20090254 高氯·马 877
PD20090255 异菌脲 773
PD20090256 氰戊·乐果 163
PD20090257 草甘膦 112
PD20090258 甲霜·霜霉威 991
PD20090259 氟磺胺草醚 379
PD20090260 高氯·毒死蜱 377
PD20090261 三乙膦酸铝 1028
PD20090262 溴氰 ·敌敌畏 192
PD20090263 克百·多菌灵 1036
PD20090264 四螨·哒螨灵 974
PD20090265 百草枯 924
PD20090266 井冈·杀虫单 583
PD20090267 敌百·辛硫磷 775
PD20090268 硫磺·三环唑 356
PD20090269 苄嘧磺隆 85
PD20090270 腐霉·福美双 721
PD20090271 氰戊·马拉松 937
PD20090272 乳禾·氟磺胺 85
PD20090273 异稻·三环唑 416
PD20090274 精喹禾灵 370
PD20090275 苯磺隆 549
PD20090276 咪鲜·杀螟丹 562
PD20090277 异丙威 636
PD20090278 阿维·苏云菌 468
PD20090279 阿维·苏云菌 1105
PD20090280 精喹·草除灵 854
PD20090281 腈·克·福美双 1036
PD20090282 阿维·三唑磷 716
PD20090283 丙环唑 842
PD20090284 高效氯氟氰菊酯 540
PD20090285 硫磺·三唑酮 177
PD20090286 草甘膦 1009
PD20090287 乙铝·多菌灵 1077
PD20090288 吡虫·异丙威 504
PD20090289 毒死蜱 364
PD20090290 苯磺隆 69
PD20090291 丙环唑 738
PD20090292 苄·乙 658
PD20090293 氟啶脲 833
PD20090294 苄嘧·苯噻酰 1072
PD20090295 百菌清 907
PD20090297 氯氰·毒死蜱 216
PD20090298 高氯·毒死蜱 133
PD20090299 杀虫双 406
PD20090300 阿维·苏云菌 161
PD20090301 戊唑醇 493
PD20090302 乙·莠 859
PD20090303 丙环唑 1079
PD20090304 阿维菌素 816
PD20090306 高氯·辛硫磷 724
PD20090307 莠去津 854
PD20090308 丙环唑 356
PD20090309 阿维菌素 269
PD20090310 异丙威 712

PD20090311	异丙甲草胺	959
PD20090312	井·噻·杀虫单	588
PD20090313	敌百·辛硫磷	765
PD20090314	毒死蜱	685
PD20090315	代森锰锌	773
PD20090316	甲霜·锰锌	780
PD20090317	高氯·毒死蜱	758
PD20090318	丙环唑	1024
PD20090320	阿维·三唑磷	660
PD20090322	异稻·三环唑	659
PD20090323	毒·辛	1055
PD20090324	敌畏·毒死蜱	705
PD20090325	精喹禾灵	112
PD20090326	咪鲜·三环唑	535
PD20090327	多·硫	312
PD20090328	高效氟吡甲禾灵	937
PD20090329	氟乐灵	798
PD20090330	异稻·三环唑	1101
PD20090331	敌百虫	764
PD20090332	腈菌唑	254
PD20090333	腐霉利	903
PD20090334	多·福·克	909
PD20090335	噻嗪·杀扑磷	1075
PD20090336	阿维·高氯	364
PD20090337	高氯·灭多威	853
PD20090338	福·克	481
PD20090339	阿维·吡虫啉	133
PD20090340	阿维·哒螨灵	101
PD20090341	啶虫脒	821
PD20090342	甲霜·噁霉灵	377
PD20090343	氰戊·马拉松	254
PD20090344	克百·甲硫灵	1014
PD20090345	硝钠·萘乙酸	124
PD20090346	乙·莠	859
PD20090347	稻丰散	945
PD20090348	高效氯氟氰菊酯	476
PD20090349	异菌脲	738
PD20090350	福·甲·硫磺	789
PD20090351	稻瘟灵	373
PD20090352	百菌清	89
PD20090353	井冈·三环唑	570
PD20090354	氟磺胺草醚	306
PD20090355	多菌灵	543
PD20090356	杀扑磷	341
PD20090357	阿维·苏云菌	406
PD20090358	精喹·草除灵	472
PD20090359	噻螨酮	959
PD20090360	杀虫双	69
PD20090361	炔螨特	101
PD20090362	甲基硫菌灵	754
PD20090363	杀单·三唑磷	54
PD20090364	苏云金杆菌	601
PD20090365	高效氯氰菊酯	742
PD20090366	代森锰锌	730
PD20090367	百草枯	1031
PD20090368	敌百·辛硫磷	636
PD20090370	阿维·杀虫单	689
PD20090372	除虫脲	986
PD20090373	辛硫磷	78
PD20090374	高氯·马	791
PD20090375	高效氯氟氰菊酯	1062
PD20090376	代森锰锌	1020
PD20090377	阿维菌素	953
PD20090378	啶虫脒	1034
PD20090379	稻瘟灵	204
PD20090380	异稻·稻瘟灵	360
PD20090382	烯草酮	106
PD20090383	腈菌唑	302
PD20090384	阿维·杀虫单	111
PD20090385	氟乐灵	772
PD20090386	三唑磷	367
PD20090387	毒死蜱	1093
PD20090388	速灭威	72
PD20090389	代森锰锌	204
PD20090390	硫磺·多菌灵	705
PD20090391	福美双	1041
PD20090392	氟磺胺草醚	84
PD20090393	井冈霉素A	1010
PD20090394	炔螨特	70
PD20090395	氯氰·辛硫磷	235
PD20090396	吡虫啉	356
PD20090397	草甘膦异丙胺盐(41%)	204
PD20090398	甲氰·辛硫磷	655
PD20090399	氟磺胺草醚	106
PD20090400	噁霉·稻瘟灵	380
PD20090401	阿维菌素	907
PD20090402	莠灭净	216
PD20090403	异丙草胺	461
PD20090404	阿维·高氯	791
PD20090405	高氯·氧乐果	329
PD20090406	硫磺·三环唑	177
PD20090407	松·喹·氟磺胺	85
PD20090408	异稻·三环唑	66
PD20090409	高效氯氟氰菊酯	86
PD20090410	烯草酮	540
PD20090411	苯·苄·甲草胺	683
PD20090412	高效氯氟氰菊酯	85
PD20090413	异丙甲草胺	772
PD20090414	莠去津	671
PD20090415	甲草胺	783
PD20090416	嘧霉·福美双	1048
PD20090417	井冈霉素	136
PD20090418	福·福锌	373
PD20090419	敌畏·毒死蜱	1117
PD20090420	乐·酮·多菌灵	468
PD20090421	氰戊·乐果	1024
PD20090422	马拉硫磷	1020
PD20090423	丁草胺	764
PD20090424	高效氯氟氰菊酯	952
PD20090425	草甘膦	1090
PD20090426	联苯菊酯	803
PD20090427	螨醇·哒螨灵	452
PD20090428	甲氰·三唑磷	133
PD20090429	百草枯	798
PD20090430	氯氰·丙溴磷	101
PD20090431	井冈霉素	367
PD20090432	甲基硫菌灵	277
PD20090433	咪鲜胺	835
PD20090434	氰戊·敌敌畏	1046
PD20090436	精喹·乙草胺	1094
PD20090437	高氯·辛硫磷	133
PD20090438	硫磺·多菌灵	789
PD20090439	多菌灵	927
PD20090440	毒死蜱	85
PD20090441	高氯·辛硫磷	564
PD20090442	苄·丁	694
PD20090443	丙溴·辛硫磷	208
PD20090446	炔螨特	318
PD20090447	毒·辛	515
PD20090448	氰戊菊酯	111
PD20090449	乙铝·锰锌	701
PD20090450	草甘膦异丙胺盐	557
PD20090451	甲氰·氧乐果	370
PD20090452	丁·扑	382
PD20090453	阿维·杀虫单	535
PD20090454	高氯·毒死蜱	192

PD20090455 硫丹·灭多威 753
PD20090456 多·福 747
PD20090457 乙草胺 866
PD20090458 氰戊菊酯 80
PD20090459 精喹禾灵 549
PD20090460 百草枯 1046
PD20090461 啶虫脒 791
PD20090462 毒死蜱 406
PD20090463 高效氯氟氰菊酯 730
PD20090464 高效氯氟氰菊酯 226
PD20090465 敌敌畏 911
PD20090466 阿维·敌敌畏 1003
PD20090467 代森锰锌 819
PD20090468 异稻·稻瘟灵 658
PD20090469 吡虫·辛硫磷 273
PD20090470 敌畏·马 167
PD20090471 苯磺隆 592
PD20090472 腈菌·福美双 254
PD20090473 烯禾啶 835
PD20090474 啶虫脒 884
PD20090475 毒死蜱 571
PD20090476 丙草胺 472
PD20090477 2甲4氯钠 330
PD20090478 氯氰·辛硫磷 901
PD20090479 精喹禾灵 821
PD20090480 杀螟丹 525
PD20090481 二甲戊灵 734
PD20090482 炔螨特 667
PD20090484 精喹禾灵 835
PD20090485 精喹禾灵 835
PD20090486 唑磷·毒死蜱 389
PD20090487 百菌清 852
PD20090488 氯氰·毒死蜱 231
PD20090489 乙铝·锰锌 356
PD20090490 阿维·杀虫单 210
PD20090491 高效氯氟氰菊酯 1020
PD20090492 咪鲜·甲霜灵 596
PD20090493 氟吗·乙铝 694
PD20090494 精喹禾灵 446
PD20090495 丙环唑 241
PD20090496 阿维·炔螨特 705
PD20090497 异丙·苄 981
PD20090498 灭多威 755
PD20090499 毒死蜱 762
PD20090500 霜脲·锰锌 931
PD20090501 高效氯氟氰菊酯 179
PD20090502 噻螨·哒螨灵 500
PD20090503 三唑磷 580
PD20090504 氟胺·灭草松 683
PD20090505 甲草胺 959
PD20090506 草甘膦异丙胺盐 649
PD20090507 异稻·三环唑 1026
PD20090508 嗪酮·乙草胺 321
PD20090509 异噁草松 85
PD20090510 乙草胺 492
PD20090511 氰戊·辛硫磷 584
PD20090512 甲基硫菌灵 78
PD20090513 丙环唑 803
PD20090514 福美双 179
PD20090515 精喹禾灵 536
PD20090516 高效氯氟氰菊酯 827
PD20090517 乳氟禾草灵 377
PD20090518 噻嗪·三唑磷 481
PD20090519 氰戊·辛硫磷 633
PD20090520 硫磺·三环唑 182
PD20090521 百草枯 271
PD20090522 草甘膦铵盐 478
PD20090523 草甘膦 821
PD20090524 噻嗪·杀扑磷 924
PD20090525 氯磺隆 688
PD20090527 毒死蜱 584
PD20090528 复硝酚钠 981
PD20090529 虫酰肼 169
PD20090530 氯氰菊酯 332
PD20090531 异甲·莠去津 1100
PD20090532 阿维·甲氰 1119
PD20090533 霜脲·锰锌 197
PD20090534 阿维·三唑磷 468
PD20090535 阿维·氯氰 182
PD20090536 甲霜·锰锌 204
PD20090537 精喹·草除灵 54
PD20090538 噻嗪·异丙威 416
PD20090539 霜·福·稻瘟灵 1085
PD20090540 三唑·辛硫磷 85
PD20090541 氰戊·氧乐果 694
PD20090542 柳·戊·三唑酮 448
PD20090543 高效氯氟氰菊酯 318
PD20090544 精喹禾灵 1055
PD20090545 灭胺·毒死蜱 540
PD20090546 高效氟吡甲禾灵 85
PD20090547 氰戊·马拉松 346
PD20090548 草甘膦 830
PD20090549 吡虫啉 59
PD20090550 高氯·马 937
PD20090551 氯氰·丙溴磷 821
PD20090552 高氯·辛硫磷 689
PD20090553 二嗪·辛硫磷 571
PD20090554 毒死蜱 1044
PD20090555 吡·井·杀虫单 321
PD20090556 阿维菌素 689
PD20090557 烯酰·锰锌 297
PD20090558 氯氟吡氧乙酸 1044
PD20090559 毒·辛 212
PD20090560 高氯·毒死蜱 873
PD20090561 炔螨特 1042
PD20090562 高氯·灭多威 884
PD20090563 甲硫·腈菌唑 406
PD20090564 辛硫·灭多威 337
PD20090565 吡虫·噻嗪酮 118
PD20090566 辛硫·高氯氟 562
PD20090567 百草枯 772
PD20090568 顺式氯氰菊酯 1020
PD20090569 异丙草·莠 829
PD20090570 溴氰菊酯 615
PD20090571 高氯·灭多威 846
PD20090573 甲硫·福美双 1051
PD20090574 噻嗪酮 828
PD20090575 甲硫·福美双 855
PD20090576 马拉·异丙威 211
PD20090577 氟铃脲 702
PD20090578 吡嘧磺隆 959
PD20090579 硫磺 955
PD20090580 高效氯氰菊酯 738
PD20090581 烯酰·福美双 253
PD20090582 氯氰·毒死蜱 238
PD20090583 百草枯 927
PD20090584 灭多威 280
PD20090585 稻瘟灵 816
PD20090586 多抗霉素 671
PD20090587 硫丹·辛硫磷 317
PD20090588 杀虫双 1031
PD20090589 精噁唑禾草灵 1104
PD20090590 代森锌 816
PD20090591 草甘膦 1091
PD20090592 溴敌隆 344
PD20090593 吡嘧磺隆 370

PD20090594	苏云·虫酰肼	410
PD20090595	阿维·杀虫单	1081
PD20090597	精喹禾灵	876
PD20090598	氟啶脲	226
PD20090599	毒死蜱	226
PD20090600	克百·敌百虫	202
PD20090602	草甘膦异丙胺盐	1121
PD20090603	氟铃脲	702
PD20090604	杀虫双	636
PD20090605	咪唑乙烟酸	695
PD20090606	甲氰菊酯	754
PD20090607	腐霉利	131
PD20090608	毒死蜱	986
PD20090609	甲·灭·莠去津	859
PD20090610	腈菌·福美双	74
PD20090611	氰戊·马拉松	1009
PD20090612	氟氯氰菊酯	927
PD20090613	阿维菌素	841
PD20090614	毒死蜱	689
PD20090615	溴氰·马拉松	212
PD20090616	阿维·敌敌畏	705
PD20090617	复硝酚钠	94
PD20090618	草甘膦	397
PD20090620	毒死蜱	674
PD20090621	杀螺胺乙醇胺盐	356
PD20090622	苯醚甲环唑	830
PD20090623	2甲4氯钠	529
PD20090624	吡嘧磺隆	287
PD20090625	高效氯氟氰菊酯	58
PD20090626	毒死蜱	991
PD20090627	异菌脲	381
PD20090628	百草枯	359
PD20090629	灭幼脲	356
PD20090631	克·醇·福美双	780
PD20090632	井冈霉素	917
PD20090633	莠去津	854
PD20090634	三唑酮	839
PD20090635	乙草胺	991
PD20090636	高效氯氟氰菊酯	44
PD20090637	戊唑醇	580
PD20090638	百菌清	333
PD20090640	乙草胺	54
PD20090641	甲基硫菌灵	794
PD20090642	吡嘧磺隆	504
PD20090643	甲硫·福美双	54
PD20090644	溴鼠灵	349
PD20090645	氯氰·毒死蜱	1124
PD20090646	井冈霉素	116
PD20090647	噻嗪酮	652
PD20090648	丁硫克百威	999
PD20090649	阿维·辛硫磷	356
PD20090650	毒死蜱	849
PD20090651	啶虫脒	774
PD20090652	精噁唑禾草灵	63
PD20090653	辛硫磷	62
PD20090654	阿维菌素	835
PD20090655	氟铃·辛硫磷	667
PD20090656	福·克	692
PD20090657	霜脲·锰锌	1039
PD20090658	氰戊·氧乐果	225
PD20090659	毒死蜱	408
PD20090660	氟铃·辛硫磷	702
PD20090661	吡虫·杀虫单	356
PD20090662	三环唑	1042
PD20090663	高氯·辛硫磷	226
PD20090664	硫磺·甲硫灵	143
PD20090665	精喹禾灵	134
PD20090666	锰锌·乙铝	1035
PD20090667	戊唑醇	695
PD20090668	莠去津	866
PD20090669	溴氰 ·敌敌畏	49
PD20090670	辛硫·灭多威	330
PD20090671	精噁唑禾草灵	325
PD20090672	仲丁威	50
PD20090673	氯磺隆	564
PD20090674	毒死蜱	1117
PD20090675	敌畏·氧乐果	363
PD20090676	苄·乙	644
PD20090677	溴氰菊酯	585
PD20090678	苄·乙	412
PD20090679	氯氰·辛硫磷	314
PD20090680	嘧霉·福美双	1055
PD20090681	代森锰锌	393
PD20090682	氰戊·马拉松	411
PD20090683	杀单·苏云	399
PD20090684	异丙草·莠	520
PD20090686	扑草净	742
PD20090687	氟磺胺草醚	859
PD20090688	硫双威	774
PD20090689	丙溴磷	721
PD20090690	马拉·杀螟松	153
PD20090691	克·醇·福美双	443
PD20090692	顺式氯氰菊酯	945
PD20090693	2甲4氯钠	860
PD20090694	敌百虫	338
PD20090695	精噁唑禾草灵	1084
PD20090696	烯草酮	689
PD20090697	克百·多菌灵	762
PD20090698	氯氰·丙溴磷	852
PD20090699	乙草胺	835
PD20090700	三唑锡	1087
PD20090701	氟铃·辛硫磷	850
PD20090702	阿维·三唑磷	426
PD20090703	氯氰·仲丁威	1041
PD20090704	丁酰肼	301
PD20090705	福·克	892
PD20090706	异丙甲草胺	676
PD20090707	噻嗪·氧乐果	585
PD20090708	甲·克	490
PD20090709	虫酰肼	1055
PD20090710	乐果	393
PD20090711	精喹禾灵	792
PD20090712	百草枯	364
PD20090713	异噁草松	692
PD20090714	氰戊·乐果	107
PD20090715	吡虫·灭多威	846
PD20090716	鱼藤酮	160
PD20090717	马拉硫磷	262
PD20090718	高效氟吡甲禾灵	1085
PD20090719	多菌灵	991
PD20090720	草甘膦异丙胺盐(41%)	187
PD20090721	三唑锡	903
PD20090722	硫双威	851
PD20090723	甲硫·福美双	143
PD20090724	马拉·灭多威	893
PD20090725	马拉硫磷	325
PD20090726	甲硫·福美双	917
PD20090727	氯氰·毒死蜱	86
PD20090728	霜霉威盐酸盐	846
PD20090729	氟啶脲	530
PD20090730	氟铃脲	600
PD20090731	精喹禾灵	393
PD20090732	杀螟丹	182
PD20090733	吡虫啉	903
PD20090734	乙草胺	712
PD20090736	井冈·噻嗪酮	659

PD20090737 杀虫双 425
PD20090738 辛硫·三唑磷 655
PD20090739 乙铝·锰锌 249
PD20090740 敌畏·毒死蜱 1104
PD20090741 腈菌唑 1104
PD20090742 氰戊·马拉松 378
PD20090743 腈菌·福美双 1087
PD20090744 苄嘧·丙草胺 570
PD20090745 多·福·克 383
PD20090746 多·锰锌 863
PD20090747 马拉硫磷 273
PD20090748 高氯·马 910
PD20090749 高氯 ·敌敌畏 671
PD20090750 吡虫啉 970
PD20090751 氰戊·辛硫磷 805
PD20090752 氟磺胺草醚 679
PD20090753 吡·井·杀虫单 539
PD20090754 阿维菌素 705
PD20090755 氯氰·马拉松 264
PD20090756 敌百·毒死蜱 615
PD20090757 吡虫·氧乐果 393
PD20090758 阿维·马拉松 1096
PD20090759 腈菌唑 684
PD20090760 啶虫脒 465
PD20090761 吡虫·噻嗪酮 1078
PD20090762 井冈·三环唑 539
PD20090763 甲氰·噻螨酮 816
PD20090764 硫磺·多菌灵 544
PD20090765 吡虫啉 848
PD20090766 噻嗪·杀虫单 1104
PD20090767 多效唑 1010
PD20090768 硫丹 266
PD20090769 氟铃脲 284
PD20090770 苯磺隆 287
PD20090771 氟乐灵 1096
PD20090772 甲氰·马拉松 94
PD20090773 氯氰·毒死蜱 408
PD20090774 苯磺隆 1116
PD20090775 苄·二氯 1116
PD20090776 阿维·四螨嗪 161
PD20090777 高效氯氰菊酯 738
PD20090778 三环·多菌灵 633
PD20090779 高氯·氧乐果 337
PD20090780 氰戊·氧乐果 399
PD20090781 代森锰锌 182
PD20090782 磷化铝 804
PD20090783 阿维·苏云菌 667
PD20090784 多·福 249
PD20090785 氟铃脲 677
PD20090786 氟·喹·异噁松 679
PD20090787 吡嘧·丙草胺 1116
PD20090788 辛硫·灭多威 363
PD20090789 阿维菌素 1084
PD20090790 高氯·仲丁威 712
PD20090791 氟乐灵 593
PD20090792 乙草胺 593
PD20090793 草甘膦异丙胺盐 663
PD20090794 高氯·辛硫磷 126
PD20090795 唑醇·福美双 1014
PD20090796 阿维·毒死蜱 302
PD20090797 烯草酮 1078
PD20090798 阿维·毒死蜱 123
PD20090799 醚菌酯 716
PD20090800 硫磺·多菌灵 573
PD20090801 乙草胺 746
PD20090802 啶虫脒 1044
PD20090803 高氯·灭多威 766
PD20090804 乙草胺 1100
PD20090805 霜脲·百菌清 660
PD20090806 丙环唑 101
PD20090807 莠去津 866
PD20090809 腈菌·福美双 57
PD20090810 阿维·敌敌畏 819
PD20090811 百菌清 314
PD20090812 阿维·马拉松 370
PD20090813 精喹·草除灵 84
PD20090814 高效氟吡甲禾灵 1065
PD20090815 阿维·毒死蜱 422
PD20090816 辛硫磷 341
PD20090817 精噁唑禾草灵 716
PD20090818 阿维·敌敌畏 835
PD20090819 烯酰·锰锌 835
PD20090820 戊唑醇 871
PD20090821 异稻·三环唑 471
PD20090822 乙草胺 642
PD20090823 草甘膦异丙胺盐 734
PD20090824 溴氰菊酯 356
PD20090825 苄·乙 134
PD20090826 高效氟吡甲禾灵 1007
PD20090827 阿维菌素 105
PD20090828 井冈·三环唑 544
PD20090829 哒螨灵 921
PD20090830 吡虫啉 610
PD20090831 扑·乙 440
PD20090832 精吡氟禾草灵 47
PD20090833 阿维·苏云菌 143
PD20090834 苄嘧·苯噻酰 683
PD20090835 辛硫·灭多威 368
PD20090836 甲哌鎓 792
PD20090837 溴氰菊酯 111
PD20090838 毒·辛 490
PD20090839 炔螨特 226
PD20090840 阿维菌素 945
PD20090841 代森锰锌 1020
PD20090842 毒死蜱 1087
PD20090843 高效氯氟氰菊酯 428
PD20090844 苏云金杆菌 420
PD20090845 咪鲜胺 558
PD20090846 毒死蜱 1020
PD20090847 马拉硫磷 895
PD20090848 虫酰肼 774
PD20090849 联苯菊酯 515
PD20090850 虫酰肼 768
PD20090851 霜脲·锰锌 340
PD20090852 溴敌隆 354
PD20090853 啶虫脒 848
PD20090854 甲硫·福美双 785
PD20090855 杀虫双 1006
PD20090856 烯草酮 264
PD20090857 苯磺隆 84
PD20090858 除虫脲 964
PD20090859 乙草胺 877
PD20090860 腐霉利 971
PD20090861 毒死蜱 751
PD20090862 草甘膦异丙胺盐 1100
PD20090863 丙溴·灭多威 705
PD20090864 草甘膦异丙胺盐 169
PD20090865 精喹禾灵 749
PD20090866 多·福 70
PD20090867 噻嗪·杀虫单 1083
PD20090868 噻嗪·杀虫单 1081
PD20090869 代森锰锌 194
PD20090870 戊唑·克百威 440
PD20090871 代森锰锌 275
PD20090873 井冈·杀虫单 562
PD20090874 井冈·蜡芽菌 984

PD20090875	烟嘧磺隆	47
PD20090876	2甲4氯钠	1081
PD20090877	辛硫·三唑磷	1079
PD20090878	氯氰菊酯	871
PD20090879	苄·丁	356
PD20090880	精噁唑禾草灵	549
PD20090881	联苯菊酯	873
PD20090882	敌百·仲丁威	219
PD20090883	啶虫脒	796
PD20090884	乙草胺	709
PD20090885	高效氟吡甲禾灵	855
PD20090886	甲霜·福美双	381
PD20090887	高效氯氟氰菊酯	900
PD20090888	甲霜·噁霉灵	1040
PD20090889	高效氯氟氰菊酯	381
PD20090890	吡嘧磺隆	559
PD20090891	氟啶脲	143
PD20090892	阿维·甲氰	835
PD20090893	克百威	1009
PD20090895	苯丁锡	913
PD20090896	炔螨特	996
PD20090897	三环唑	368
PD20090898	唑酮·氧乐果	340
PD20090899	联苯菊酯	775
PD20090900	霜脲·锰锌	996
PD20090901	甲霜·噁霉灵	1060
PD20090902	高氯·氟啶脲	600
PD20090903	顺式氯氰菊酯	1042
PD20090904	杀扑磷	352
PD20090905	氰戊·马拉松	738
PD20090906	毒死蜱	338
PD20090907	阿维·苏云菌	182
PD20090908	扑·乙	79
PD20090909	杀鼠醚	275
PD20090910	霜·代·乙膦铝	95
PD20090911	高效氯氟氰菊酯	51
PD20090912	氯氰·辛硫磷	294
PD20090913	2甲·草甘膦	309
PD20090914	丙环唑	433
PD20090915	氰戊·辛硫磷	649
PD20090916	啶虫脒	351
PD20090917	高氯·马	855
PD20090918	异丙甲草胺	841
PD20090919	啶虫脒	924
PD20090920	氰戊·马拉松	1006
PD20090921	百草枯	143
PD20090922	毒死蜱	750
PD20090923	苄·丁	658
PD20090924	联苯菊酯	50
PD20090925	硫磺·三环唑	1030
PD20090926	井冈霉素	639
PD20090927	乙草胺	1103
PD20090928	啶虫脒	758
PD20090929	多抗霉素	344
PD20090930	莠去津	134
PD20090931	螨醇·哒螨灵	906
PD20090932	噻嗪·杀扑磷	1117
PD20090933	阿维·三唑磷	705
PD20090935	高效氟吡甲禾灵	749
PD20090936	敌敌畏	709
PD20090937	杀螟硫磷	806
PD20090938	杀虫单	663
PD20090939	草甘膦异丙胺盐	792
PD20090940	乙草胺	734
PD20090941	高效氟吡甲禾灵	134
PD20090942	福美双	1020
PD20090943	烯草酮	134
PD20090944	嘧霉胺	86
PD20090945	春雷霉素	705
PD20090946	精喹禾灵	310
PD20090947	2,4-滴丁酯	860
PD20090948	乙铝·锰锌	945
PD20090949	多·锰锌	758
PD20090950	乙草胺	712
PD20090951	百菌清	192
PD20090952	高效氯氟氰菊酯	1009
PD20090953	氰戊·马拉松	386
PD20090954	毒死蜱	945
PD20090955	苯醚甲环唑	471
PD20090956	福美双	959
PD20090957	硫磺·甲硫灵	907
PD20090958	甲硫·福美双	835
PD20090959	咪唑乙烟酸	370
PD20090960	氟磺胺草醚	854
PD20090961	二甲戊灵	772
PD20090962	溴敌隆	155
PD20090963	多·福·硫磺	422
PD20090964	阿维·哒螨灵	909
PD20090965	异丙草·莠	622
PD20090966	甲硫·福美双	814
PD20090967	吡虫·毒死蜱	835
PD20090968	苄嘧·苯噻酰	564
PD20090969	戊唑醇	1033
PD20090970	甲霜·福美双	435
PD20090971	阿维菌素	344
PD20090972	苄嘧·苯噻酰	210
PD20090973	萎锈·福美双	1094
PD20090974	草甘膦异丙胺盐	638
PD20090975	高氯·马	913
PD20090976	噻嗪·杀虫单	1111
PD20090977	苄嘧磺隆	497
PD20090978	丙溴·辛硫磷	629
PD20090979	高氯 ·敌敌畏	332
PD20090980	吡嘧磺隆	134
PD20090981	腐霉·福美双	381
PD20090982	高氯·丙溴磷	611
PD20090983	啶虫脒	766
PD20090984	抑霉唑	945
PD20090985	苄嘧·苯噻酰	169
PD20090986	甲柳·三唑醇	440
PD20090987	三环唑	1092
PD20090989	辛硫磷	273
PD20090990	甲基硫菌灵	1034
PD20090991	烟嘧磺隆	1044
PD20090992	辛硫·高氯氟	716
PD20090993	苯磺隆	622
PD20090994	溴螨酯	937
PD20090995	乙草胺	363
PD20090996	苄·乙	504
PD20090997	溴氰菊酯	150
PD20090998	精噁唑禾草灵	497
PD20090999	福美双	197
PD20091000	烯草酮	877
PD20091001	高效氯氟氰菊酯	249
PD20091004	乙草胺	833
PD20091005	敌畏·毒死蜱	192
PD20091006	代森锰锌	955
PD20091007	异丙草·莠	799
PD20091008	乙草胺	841
PD20091009	乙草胺	249
PD20091010	百草枯	139
PD20091011	氟乐灵	821
PD20091012	阿维菌素	738
PD20091013	吡虫啉	308
PD20091014	嘧霉胺	835
PD20091015	氰戊·马拉松	138

PD20091016	多菌灵	927
PD20091017	咪鲜·多菌灵	979
PD20091018	精喹禾灵	692
PD20091019	吡虫啉	251
PD20091020	毒·辛	746
PD20091021	氰戊·辛硫磷	819
PD20091022	精喹·乳氟禾	134
PD20091023	春雷霉素	631
PD20091024	氰戊·马拉松	1026
PD20091025	二甲戊灵	131
PD20091026	辛硫磷	1045
PD20091027	乙烯利	523
PD20091028	甲氰菊酯	663
PD20091029	四螨嗪	917
PD20091030	噻嗪·异丙威	952
PD20091031	噻嗪·杀扑磷	182
PD20091032	乙·莠	1100
PD20091033	乙草胺	959
PD20091034	阿维·敌敌畏	1009
PD20091035	多抗霉素	900
PD20091036	精喹禾灵	1009
PD20091037	丙溴·辛硫磷	833
PD20091038	丙草胺	622
PD20091039	高效氯氟氰菊酯	895
PD20091040	甲·克	490
PD20091041	苄·二氯	660
PD20091042	咪鲜胺	87
PD20091043	异噁草松	380
PD20091044	福·克	909
PD20091045	多菌灵	750
PD20091046	辛硫磷	300
PD20091047	噻嗪·杀扑磷	584
PD20091048	辛硫磷	577
PD20091049	氟磺胺草醚	379
PD20091050	克百·多菌灵	51
PD20091051	丙环唑	952
PD20091052	氟磺胺草醚	264
PD20091053	阿维·甲氰	844
PD20091054	甲硫·福美双	709
PD20091055	井冈·蜡芽菌	898
PD20091056	啶虫脒	1045
PD20091057	啶虫脒	754
PD20091059	苄嘧·苯噻酰	660
PD20091060	高效氟吡甲禾灵	1007
PD20091062	高效氟吡甲禾灵	465
PD20091063	丁草胺	448
PD20091065	苯磺隆	134
PD20091066	井·噻·杀虫单	535
PD20091067	噻嗪·异丙威	970
PD20091068	阿维·甲氰	824
PD20091069	井冈·多菌灵	356
PD20091070	草甘膦	399
PD20091071	草甘膦	888
PD20091072	马拉硫磷	924
PD20091073	四螨·哒螨灵	143
PD20091074	乙草胺	351
PD20091075	喹禾灵	540
PD20091076	氟磺胺草醚	937
PD20091077	阿维·四螨嗪	759
PD20091079	福美双	803
PD20091080	灭多威	490
PD20091081	高氯·辛硫磷	850
PD20091082	多菌灵	143
PD20091083	丙环唑	933
PD20091084	乙铝·锰锌	937
PD20091085	烯腺·羟烯腺	381
PD20091086	三环唑	338
PD20091087	霜霉威盐酸盐	1045
PD20091088	禾草敌	609
PD20091089	敌草胺	1007
PD20091090	敌百·三唑磷	535
PD20091091	阿维菌素	125
PD20091092	甲哌鎓	318
PD20091093	异噁草松	999
PD20091094	毒死蜱	833
PD20091095	氯氰·敌敌畏	363
PD20091096	联苯菊酯	598
PD20091097	阿维·苏云菌	115
PD20091098	辛硫·灭多威	848
PD20091099	福美双	683
PD20091100	噻嗪酮	170
PD20091101	高氯·辛硫磷	272
PD20091102	异丙威	933
PD20091103	高效氯氟氰菊酯	945
PD20091104	敌百·辛硫磷	759
PD20091105	福美双	150
PD20091106	百草枯	110
PD20091107	阿维·高氯	792
PD20091108	氟节胺	485
PD20091109	吡虫·三唑锡	352
PD20091110	乙草胺	649
PD20091111	氰戊·氧乐果	906
PD20091112	氯氰·毒死蜱	952
PD20091113	仲丁威	72
PD20091114	硫磺·锰锌	608
PD20091116	克·酮·福美双	762
PD20091117	啶虫脒	781
PD20091118	烯唑醇	393
PD20091119	高效氯氟氰菊酯	72
PD20091120	百菌清	179
PD20091121	灭·辛·高氯氟	905
PD20091122	高氯·辛硫磷	759
PD20091123	草甘膦异丙胺盐	302
PD20091124	多·福	74
PD20091125	氟硅唑	87
PD20091126	甲氰菊酯	281
PD20091127	氟硅唑	94
PD20091128	甲霜·福美双	370
PD20091129	氰戊菊酯	864
PD20091130	福美双	842
PD20091131	三唑酮	51
PD20091132	毒死蜱	902
PD20091133	甲·克	164
PD20091134	丁草胺	622
PD20091135	三唑锡	785
PD20091136	精喹禾灵	877
PD20091137	啶虫脒	364
PD20091138	百草枯	182
PD20091139	甲基硫菌灵	828
PD20091140	四螨·哒螨灵	274
PD20091141	硫磺·百菌清	955
PD20091142	霜霉威盐酸盐	882
PD20091143	联苯菊酯	927
PD20091144	除虫脲	284
PD20091145	多·福·硫磺	1078
PD20091146	啶虫脒	289
PD20091147	草甘膦异丙胺盐	1069
PD20091148	氟铃·辛硫磷	850
PD20091149	苄·二氯	465
PD20091150	高效氯氰菊酯	62
PD20091151	甲硫·锰锌	155
PD20091152	乐果·哒螨灵	109
PD20091153	氟铃·辛硫磷	725
PD20091154	啶虫脒	255
PD20091155	乙铝·锰锌	780
PD20091156	乐果	1015

PD20091157 毒死蜱 979
PD20091158 锰锌·腈菌唑 94
PD20091159 丁硫·辛硫磷 408
PD20091160 氰戊·辛硫磷 77
PD20091161 辛硫磷 431
PD20091162 辛硫磷 62
PD20091163 毒死蜱 835
PD20091164 草甘膦异丙胺盐 335
PD20091165 硫磺·三环唑 1111
PD20091166 毒死蜱 501
PD20091167 噻嗪·杀虫单 402
PD20091169 毒·辛 857
PD20091170 氰戊·马拉松 277
PD20091171 氟铃脲 850
PD20091172 敌敌畏 202
PD20091173 代森锰锌 201
PD20091174 甲霜·福美双 530
PD20091175 锰锌·腈菌唑 1119
PD20091176 乙铝·锰锌 780
PD20091177 炔螨特 1078
PD20091178 嘧霉胺 730
PD20091179 吡虫·异丙威 412
PD20091180 苄·乙 1101
PD20091181 代森锰锌 645
PD20091182 代森锌 1059
PD20091183 克·酮·多菌灵 848
PD20091185 高效氯氟氰菊酯 168
PD20091186 苄·二氯 69
PD20091187 杀虫双 150
PD20091188 敌敌畏 204
PD20091189 高效氯氟氰菊酯 770
PD20091190 松·喹·氟磺胺 679
PD20091191 阿维·哒螨灵 1065
PD20091192 乙草胺 468
PD20091193 氟磺胺草醚 783
PD20091194 井冈·三唑酮 752
PD20091195 高氯·毒死蜱 284
PD20091196 多·锰锌 913
PD20091197 精吡氟禾草灵 783
PD20091198 草甘膦异丙胺盐 877
PD20091199 精噁唑禾草灵 468
PD20091200 苄嘧·草甘膦 540
PD20091201 乙草胺 821
PD20091202 啶虫脒 241
PD20091203 联苯菊酯 179
PD20091204 噁草酮 87
PD20091205 氰戊·马拉松 956
PD20091206 阿维·高氯 158
PD20091207 啶虫脒 259
PD20091208 氟乐灵 822
PD20091209 戊唑醇 986
PD20091210 高效氟吡甲禾灵 996
PD20091211 氯氰·敌百虫 937
PD20091212 唑磷·毒死蜱 641
PD20091213 吡嘧磺隆 497
PD20091214 二甲戊灵 799
PD20091215 烯酰·锰锌 688
PD20091216 高氯·毒死蜱 126
PD20091217 苯磺隆 69
PD20091218 多·福 814
PD20091219 高氯·马 546
PD20091220 甲氨基阿维菌素苯甲酸盐 716
PD20091221 乙铝·锰锌 974
PD20091222 氰戊·辛硫磷 744
PD20091223 噻嗪·杀虫单 386
PD20091224 异丙甲草胺 866
PD20091225 乙羧氟草醚 789
PD20091226 多抗霉素 690
PD20091227 三唑酮 754
PD20091228 三唑锡 956
PD20091229 戊唑醇 579
PD20091230 烯酰·福美双 1048
PD20091232 苏云金杆菌 724
PD20091233 高效氯氟氰菊酯 352
PD20091234 高氯·毒死蜱 212
PD20091235 精喹禾灵 778
PD20091236 井冈·多菌灵 315
PD20091237 甲氰菊酯 673
PD20091238 苄嘧磺隆 964
PD20091239 毒·辛 192
PD20091240 异丙威 226
PD20091241 丙环唑 785
PD20091242 顺式氯氰菊酯 420
PD20091243 毒死蜱 170
PD20091244 仲丁威 219
PD20091245 速灭威 952
PD20091246 辛硫磷 425
PD20091247 代森锰锌 996
PD20091248 敌草隆 700
PD20091249 精喹禾灵 479
PD20091250 草甘膦铵盐 427
PD20091251 咪鲜胺 448
PD20091252 毒死蜱 324
PD20091253 氟铃·辛硫磷 790
PD20091254 氟乐灵 799
PD20091255 阿维·甲氰 161
PD20091256 三环唑 644
PD20091257 2甲4氯钠 608
PD20091258 氰戊·辛硫磷 615
PD20091259 炔螨特 352
PD20091260 喹硫磷 182
PD20091261 毒死蜱 1001
PD20091262 草甘膦 297
PD20091263 苄嘧·丙草胺 544
PD20091264 联苯菊酯 842
PD20091265 甲基硫菌灵 253
PD20091266 硫双威 515
PD20091267 三环唑 649
PD20091268 苄·二氯 575
PD20091269 甲氰·辛硫磷 709
PD20091270 灭多威 170
PD20091271 腐霉·百菌清 770
PD20091272 氯氰·丙溴磷 637
PD20091273 井冈霉素 958
PD20091274 氰戊·辛硫磷 655
PD20091275 高效氟吡甲禾灵 564
PD20091276 氯氰·丙溴磷 705
PD20091277 啶虫脒 716
PD20091278 异丙威 648
PD20091279 联苯菊酯 754
PD20091280 百菌清 310
PD20091281 苯磺隆 312
PD20091282 代森锰锌 1010
PD20091285 灭多威 819
PD20091286 氟乐灵 835
PD20091287 甲霜·锰锌 101
PD20091288 甲硫·福美双 240
PD20091289 二甲戊灵 833
PD20091290 多·福 593
PD20091291 唑酮·福美双 69
PD20091292 精喹·草除灵 134
PD20091293 苯磺·异丙隆 576
PD20091294 氯氰·敌敌畏 192
PD20091295 异丙草·莠 344
PD20091296 甲氨基阿维菌素苯甲酸盐 615
PD20091297 草甘膦异丙胺盐（41%） 585

PD20091298	莠去津	712
PD20091299	杀螟丹	182
PD20091300	虫螨腈	515
PD20091301	乙铝·多菌灵	871
PD20091302	四螨嗪	661
PD20091303	草甘膦	198
PD20091304	多·福	721
PD20091305	氟磺胺草醚	1055
PD20091306	莠去津	742
PD20091307	多·福·克	326
PD20091308	多·福	326
PD20091309	精吡氟禾草灵	833
PD20091310	精喹禾灵	696
PD20091311	噻嗪·高氯氟	472
PD20091312	硫双威	960
PD20091313	吡·井·杀虫单	585
PD20091314	高氯·马	493
PD20091315	毒·辛	208
PD20091316	甲霜·福美双	269
PD20091317	精喹禾灵	644
PD20091318	百菌清	365
PD20091319	甲哌嗡	318
PD20091320	高氯 ·敌敌畏	356
PD20091321	多抗霉素	840
PD20091322	甲基硫菌灵	927
PD20091323	氰戊·马拉松	954
PD20091324	苯丁·哒螨灵	150
PD20091325	氟菌唑	1085
PD20091326	草甘膦异丙胺盐	783
PD20091327	咪乙·异噁松	567
PD20091328	高效氟吡甲禾灵	833
PD20091329	高氯·马	265
PD20091330	氟磺胺草醚	683
PD20091331	氟乐灵	626
PD20091332	氟铃脲	293
PD20091333	甲·乙·莠	134
PD20091334	高氯·马	327
PD20091336	高氯·辛硫磷	776
PD20091337	多唑·甲哌鎓	1013
PD20091338	氟啶脲	63
PD20091339	氰戊·马拉松	1026
PD20091340	唑磷·毒死蜱	819
PD20091341	二甲戊灵	515
PD20091342	草甘膦异丙胺盐	228
PD20091343	精喹禾灵	759
PD20091344	氟乐灵	712
PD20091345	丁草胺	216
PD20091346	阿维·毒死蜱	170
PD20091347	高效氯氟氰菊酯	258
PD20091348	莠去津	85
PD20091349	三环唑	1094
PD20091350	啶虫脒	289
PD20091351	咪鲜·杀螟丹	627
PD20091352	丙草胺	884
PD20091353	异丙草·莠	721
PD20091354	井冈霉素	823
PD20091355	二甲戊灵	520
PD20091356	烟嘧磺隆	84
PD20091357	戊唑·福美双	385
PD20091358	阿维·苏云菌	410
PD20091359	噻吩磺隆	446
PD20091360	阿维菌素	259
PD20091361	甲·乙·莠	672
PD20091362	高效氟吡甲禾灵	772
PD20091363	硫双威	143
PD20091365	乙草胺	821
PD20091366	辛硫·高氯氟	212
PD20091367	霜霉威盐酸盐	880
PD20091368	三乙膦酸铝	182
PD20091369	阿维菌素	768
PD20091370	草甘膦异丙胺盐	520
PD20091371	三氟羧草醚	835
PD20091372	乙氧氟草醚	759
PD20091373	乙草胺	792
PD20091374	烟嘧磺隆	476
PD20091375	草甘膦	999
PD20091376	杀螟丹	927
PD20091377	甲哌鎓	781
PD20091378	高氯·灭多威	902
PD20091379	二甲戊灵	689
PD20091380	三唑醇	579
PD20091381	硫双威	182
PD20091382	2甲·草甘膦	590
PD20091383	百·福·福锌	705
PD20091384	霜脲·锰锌	849
PD20091385	草甘膦异丙胺盐（41%）	65
PD20091386	百草枯	834
PD20091387	高效氟吡甲禾灵	878
PD20091388	甲基硫菌灵	715
PD20091389	氯氰·毒死蜱	204
PD20091390	百菌清	175
PD20091391	阿维·三唑磷	535
PD20091392	二甲戊灵	802
PD20091393	丁·莠	496
PD20091394	福·克	326
PD20091395	福·甲·杀虫单	269
PD20091396	多·福	233
PD20091397	氯氰·敌敌畏	163
PD20091399	氟硅唑	1048
PD20091400	异噁草松	153
PD20091401	松·喹·氟磺胺	549
PD20091402	草甘膦异丙胺盐	884
PD20091403	丁草胺	988
PD20091404	氯氰·辛硫磷	857
PD20091405	氟铃·辛硫磷	197
PD20091406	氟磺胺草醚	716
PD20091407	氟磺胺草醚	884
PD20091408	嗪酮·乙草胺	1046
PD20091409	乙草胺	435
PD20091410	苄·乙	468
PD20091411	苄·丁	557
PD20091412	毒死蜱	575
PD20091413	甲哌鎓	401
PD20091414	溴氰·马拉松	875
PD20091415	异丙甲草胺	1055
PD20091416	麦草畏	600
PD20091417	氯氰·毒死蜱	738
PD20091418	腐霉利	314
PD20091419	百草枯	884
PD20091420	甲霜·福美双	182
PD20091421	异丙草·莠	747
PD20091422	虫酰肼	738
PD20091423	腈菌·三唑酮	170
PD20091424	苄·乙	440
PD20091425	高效氯氟氰菊酯	848
PD20091426	草甘膦	1066
PD20091427	氰戊·马拉松	669
PD20091428	精喹禾灵	799
PD20091429	多·福·甲拌磷	1036
PD20091430	辛硫磷	301
PD20091431	高效氟吡甲禾灵	1055
PD20091432	代森锰锌	754
PD20091433	氯氰·丙溴磷	803
PD20091434	百草枯	312
PD20091435	毒死蜱	988
PD20091436	毒死蜱	396

PD20091437	吡虫啉	420
PD20091438	烟嘧磺隆	472
PD20091439	百草枯	143
PD20091440	噻嗪·异丙威	182
PD20091441	高效氯氟氰菊酯	303
PD20091442	阿维菌素	167
PD20091443	草甘膦异丙胺盐	1024
PD20091444	阿维菌素	766
PD20091445	高效氟吡甲禾灵	787
PD20091446	百菌清	906
PD20091447	三唑磷	664
PD20091448	阿维菌素	167
PD20091449	氯氰·氧乐果	329
PD20091450	甲基硫菌灵	988
PD20091451	百菌清	284
PD20091452	杀双·灭多威	429
PD20091454	硫磺·三环唑	228
PD20091455	仲丁灵	860
PD20091456	灭多威	819
PD20091457	多菌灵	182
PD20091458	异稻·三环唑	1101
PD20091459	福·福锌	819
PD20091460	百菌清	683
PD20091461	噻嗪·异丙威	324
PD20091462	醚菊酯	873
PD20091463	氯氰·辛硫磷	195
PD20091464	多菌灵	863
PD20091465	氰戊·马拉松	685
PD20091466	马拉硫磷	170
PD20091467	马拉·杀螟松	778
PD20091468	马拉硫磷	265
PD20091469	二甲戊灵	583
PD20091470	灭蝇胺	830
PD20091471	烯草酮	380
PD20091472	苏云金杆菌	398
PD20091473	仲丁威	648
PD20091474	高效氯氟氰菊酯	729
PD20091475	毒死蜱	348
PD20091476	毒死蜱	72
PD20091477	哒螨·辛硫磷	705
PD20091478	稻瘟灵	126
PD20091479	甲氰菊酯	639
PD20091480	克百威	385
PD20091481	氯氰·丙溴磷	721
PD20091482	乐果	157
PD20091483	毒死蜱	904
PD20091484	联苯菊酯	914
PD20091485	阿维·苏云菌	167
PD20091487	福·克	943
PD20091488	井·噻·杀虫单	611
PD20091489	代森锰锌	988
PD20091490	氯氰·毒死蜱	194
PD20091491	甲氰菊酯	72
PD20091492	异丙甲草胺	803
PD20091493	百草枯	212
PD20091494	草甘膦	1082
PD20091495	高效氟吡甲禾灵	979
PD20091496	噻嗪·异丙威	648
PD20091497	氟磺胺草醚	789
PD20091498	灭威·高氯氟	44
PD20091499	乙铝·锰锌	69
PD20091500	霜脲·锰锌	1065
PD20091501	高氯·毒死蜱	545
PD20091502	扑草净	960
PD20091503	高效氯氰菊酯	835
PD20091504	苄嘧·丙草胺	618
PD20091505	马拉·灭多威	593
PD20091506	速灭威	1024
PD20091507	异丙威	644
PD20091508	三环唑	785
PD20091509	代森锰锌	915
PD20091510	毒死蜱	414
PD20091511	毒死蜱	115
PD20091512	百菌清	132
PD20091513	多·福	970
PD20091514	吡虫·杀虫单	792
PD20091515	井冈·杀虫单	532
PD20091516	百草枯	917
PD20091517	苄·乙	62
PD20091518	苏云·灭多威	410
PD20091519	腐霉·福美双	197
PD20091520	三环·多菌灵	532
PD20091521	丙环唑	179
PD20091522	甲基硫菌灵	179
PD20091523	敌畏·仲丁威	341
PD20091524	阿维菌素	344
PD20091525	噻嗪酮	645
PD20091526	氯氰·辛硫磷	195
PD20091527	烯酰吗啉	835
PD20091528	氟啶脲	729
PD20091529	丙环唑	216
PD20091530	腐霉利	1030
PD20091531	丙溴·辛硫磷	835
PD20091532	精喹禾灵	661
PD20091533	高氯·辛硫磷	804
PD20091534	戊唑醇	1107
PD20091535	乙草胺	931
PD20091536	苯丁锡	170
PD20091537	噻嗪酮	956
PD20091538	乙草胺	80
PD20091539	甲霜·锰锌	988
PD20091540	吡虫啉	407
PD20091541	丁硫·毒死蜱	1109
PD20091542	异菌脲	749
PD20091543	戊唑·福美双	114
PD20091544	噁霜·锰锌	804
PD20091545	吡虫·辛硫磷	356
PD20091546	毒死蜱	43
PD20091547	丁·扑	440
PD20091548	甲·莠·敌草隆	1100
PD20091549	莠去津	877
PD20091550	代森锰锌	785
PD20091551	阿维·哒螨灵	346
PD20091552	井冈·噻嗪酮	571
PD20091553	甲基硫菌灵	192
PD20091554	马拉硫磷	851
PD20091555	敌百·辛硫磷	744
PD20091556	福·克	372
PD20091557	阿维·啶虫脒	898
PD20091558	异菌脲	485
PD20091559	高效氯氟氰菊酯	58
PD20091560	辛硫磷	139
PD20091561	霜霉威	830
PD20091562	氯氰菊酯	265
PD20091563	阿维·高氯	320
PD20091564	甲基硫菌灵	915
PD20091565	联苯菊酯	194
PD20091566	高效氯氟氰菊酯	755
PD20091567	高效氯氟氰菊酯	873
PD20091568	草甘膦异丙胺盐(41%)	1081
PD20091569	甲氰·噻螨酮	1024
PD20091570	氟吡甲禾灵	877
PD20091571	福美双	876
PD20091572	精喹禾灵	587
PD20091573	多·锰锌	721
PD20091574	吡虫·灭多威	955

PD20091575	毒死蜱	909
PD20091576	丙溴·辛硫磷	806
PD20091577	锰锌·福美双	721
PD20091578	阿维·杀虫单	197
PD20091579	马拉·辛硫磷	420
PD20091580	三唑酮	785
PD20091581	阿维·高氯	312
PD20091582	辛硫·高氯氟	615
PD20091583	氯氰·辛硫磷	328
PD20091584	仲灵·乙草胺	734
PD20091585	精喹禾灵	134
PD20091586	氯氟吡氧乙酸异辛酯	468
PD20091587	福·福锌	712
PD20091588	三唑酮	778
PD20091589	丙溴·辛硫磷	414
PD20091590	三环唑	773
PD20091591	吡虫啉	863
PD20091592	烯草酮	103
PD20091593	氯氟吡氧乙酸异辛酯	1024
PD20091595	阿维·高氯	328
PD20091596	甲霜·锰锌	752
PD20091597	烯酰·锰锌	937
PD20091598	甲氰菊酯	637
PD20091599	甲基硫菌灵	194
PD20091600	异丙威	341
PD20091601	阿维·哒螨灵	156
PD20091602	杀螺胺乙醇胺盐	45
PD20091603	代森锰锌	688
PD20091604	异丙甲草胺	890
PD20091605	福美双	794
PD20091606	莠去津	866
PD20091607	阿维菌素	315
PD20091608	阿维·高氯	805
PD20091609	吡虫·噻嗪酮	580
PD20091610	异丙威	901
PD20091611	精喹·草除灵	1072
PD20091612	高氯·毒死蜱	1016
PD20091613	二嗪磷	201
PD20091614	辛硫·灭多威	593
PD20091615	辛硫磷	785
PD20091616	速灭威	424
PD20091617	啶虫脒	792
PD20091618	高效氯氟氰菊酯	105
PD20091619	烯禾啶	380
PD20091620	苯磺隆	361
PD20091622	二甲戊灵	884
PD20091623	乙酰甲胺磷	262
PD20091624	氟氯氰菊酯	721
PD20091625	二嗪磷	192
PD20091626	甲霜·噁霉灵	683
PD20091628	高氯·辛乳油	158
PD20091629	高效氯氟氰菊酯	819
PD20091630	草甘膦异丙胺盐	356
PD20091631	井冈·蜡芽菌	588
PD20091632	三乙膦酸铝	924
PD20091633	阿维·高氯	705
PD20091634	甲氰·辛硫磷	835
PD20091635	噁霉灵	716
PD20091636	福·克	1014
PD20091637	高效氯氟氰菊酯	236
PD20091638	二甲戊灵	865
PD20091639	多·福·锌	705
PD20091640	联苯菊酯	749
PD20091641	甲草胺	748
PD20091642	氯氰·毒死蜱	988
PD20091643	甲氨基阿维菌素苯甲酸盐	716
PD20091644	氯氰·毒死蜱	629
PD20091645	阿维菌素	263
PD20091646	辛硫磷	262
PD20091647	稻瘟灵	1026
PD20091648	硫磺	1126
PD20091649	苯·苄·乙草胺	427
PD20091650	乙铝·锰锌	844
PD20091651	啶虫脒	747
PD20091652	马拉·辛硫磷	348
PD20091653	福美锌	898
PD20091654	乙·莠	981
PD20091655	嗪草酮	493
PD20091656	精喹禾灵	507
PD20091657	啶虫脒	765
PD20091658	杀单·克百威	408
PD20091659	精喹禾灵	404
PD20091660	辛硫·灭多威	618
PD20091661	氟铃脲	277
PD20091662	代森锰锌	839
PD20091663	多·福·克	448
PD20091664	烯草酮	692
PD20091665	甲·乙·莠	783
PD20091666	福·克	1036
PD20091667	甜菜安·宁	1079
PD20091668	阿维·甲氰	770
PD20091669	草甘膦铵盐	550
PD20091670	草甘膦	550
PD20091671	苄嘧·苯噻酰	540
PD20091672	啶虫脒	284
PD20091673	草甘膦	430
PD20091674	氯氰·毒死蜱	716
PD20091675	三唑锡	277
PD20091676	百草枯	746
PD20091677	高效氯氟氰菊酯	426
PD20091678	2甲4氯钠	66
PD20091679	井·唑·多菌灵	661
PD20091680	甲基硫菌灵	103
PD20091681	阿维菌素	687
PD20091682	苏云·氟铃脲	468
PD20091683	阿维·高氯	705
PD20091684	多·锰锌	364
PD20091686	草甘膦	742
PD20091687	代森锰锌	833
PD20091688	乙铝·多菌灵	69
PD20091689	仲丁威	631
PD20091690	吡虫啉	549
PD20091691	硫磺·多菌灵	416
PD20091692	福美双	282
PD20091693	阿维·甲氰	90
PD20091694	井冈·蜡芽菌	426
PD20091695	高效氯氟氰菊酯	111
PD20091696	氯氰·毒死蜱	341
PD20091697	杀单·苏云菌	389
PD20091698	苄·乙	429
PD20091699	联苯菊酯	216
PD20091700	戊唑醇	845
PD20091701	氰戊·马拉松	583
PD20091702	唑螨酯	937
PD20091703	多菌灵	754
PD20091704	毒死蜱	648
PD20091705	氯氰·辛硫磷	163
PD20091706	阿维菌素	167
PD20091707	甲氰·噻螨酮	412
PD20091708	三环唑	1094
PD20091709	苄·乙	416
PD20091710	辛硫磷	424
PD20091711	甲霜·锰锌	721
PD20091712	莠去津	834
PD20091713	高效氯氟氰菊酯	431
PD20091714	敌百·辛硫磷	738

PD20091715	精喹禾灵	877
PD20091716	多·福	758
PD20091717	联苯菊酯	996
PD20091718	精喹禾灵	937
PD20091719	氟乐灵	1055
PD20091720	乙氧氟草醚	802
PD20091721	乙·莠	890
PD20091722	百草枯	895
PD20091723	莠去津	854
PD20091724	高效氯氟氰菊酯	263
PD20091725	异丙威	139
PD20091726	醚磺隆	454
PD20091727	阿维·哒螨灵	54
PD20091728	草甘膦	558
PD20091729	苄·乙·扑草净	351
PD20091730	腈菌·三唑酮	902
PD20091731	甲哌鎓	43
PD20091732	高氯·马	100
PD20091733	噻吩磺隆	315
PD20091734	高效氯氟氰菊酯	849
PD20091735	阿维·毒死蜱	819
PD20091736	腈菌唑	814
PD20091737	扑·乙	1066
PD20091738	高效氟吡甲禾灵	836
PD20091739	烯唑·福美双	440
PD20091740	甲霜·霜霉威	705
PD20091741	井冈霉素	664
PD20091742	吡虫啉	557
PD20091743	三氟羧草醚	836
PD20091744	噻嗪·异丙威	823
PD20091745	高效氟吡甲禾灵	799
PD20091746	腈菌·福美双	758
PD20091747	高氯·毒死蜱	267
PD20091748	草甘膦	1045
PD20091749	百菌清	971
PD20091750	丙环唑	1062
PD20091751	异丙甲草胺	877
PD20091752	腐霉·百菌清	318
PD20091753	异稻·三环唑	396
PD20091754	多·福	150
PD20091755	苯磺隆	340
PD20091756	代森锌	898
PD20091757	多菌灵	179
PD20091758	氰戊·辛硫磷	316
PD20091759	吡虫·毒死蜱	356
PD20091760	辛硫磷	253
PD20091761	啶虫脒	843
PD20091762	溴氰·氧乐果	673
PD20091763	甲氰菊酯	648
PD20091764	硫磺·三环唑	417
PD20091765	甲霜·霜霉威	458
PD20091766	高效氯氟氰菊酯	836
PD20091767	高效氯氟氰菊酯	631
PD20091768	霜脲·百菌清	170
PD20091769	三唑磷	332
PD20091770	毒死蜱	785
PD20091771	二甲戊灵	1035
PD20091772	丙环唑	62
PD20091773	硫磺·三环唑	1066
PD20091774	稻瘟灵	435
PD20091775	毒死蜱	721
PD20091776	联苯菊酯	802
PD20091777	阿维菌素	785
PD20091778	氟铃脲	677
PD20091779	啶虫脒	814
PD20091780	阿维·甲氰	1100
PD20091781	精喹禾灵	799
PD20091782	百菌清	876
PD20091783	溴氰菊酯	1024
PD20091784	辛硫磷	309
PD20091785	福·克	559
PD20091786	吡虫·灭多威	627
PD20091787	毒·辛	1024
PD20091788	异丙威	317
PD20091789	高效氯氟氰菊酯	807
PD20091790	敌百虫	170
PD20091791	多·锰锌	823
PD20091792	多·福·克	440
PD20091793	三唑锡	352
PD20091794	乙氧氟草醚	860
PD20091795	氯氰·毒死蜱	861
PD20091796	辛硫·高氯氟	709
PD20091797	多菌灵	1020
PD20091798	顺式氯氰菊酯	150
PD20091799	三乙膦酸铝	1001
PD20091800	高效氯氰菊酯	294
PD20091801	苄·乙	677
PD20091802	异菌·百菌清	341
PD20091803	三唑磷	212
PD20091804	甲硫·福美双	956
PD20091805	代森锰锌	907
PD20091806	克·酮·多菌灵	347
PD20091807	氰戊·马拉松	312
PD20091808	多·锰锌	330
PD20091809	高效氟吡甲禾灵	783
PD20091810	松·喹·氟磺胺	734
PD20091811	阿维·辛硫磷	943
PD20091812	阿维·苏云菌	123
PD20091813	丙溴·辛硫磷	779
PD20091814	代森锰锌	249
PD20091815	氟磺胺草醚	375
PD20091816	高效氟吡甲禾灵	549
PD20091817	烯草酮	836
PD20091818	噻磺·乙草胺	667
PD20091819	苯·苄·乙草胺	644
PD20091820	三十烷醇	333
PD20091821	灭多威	770
PD20091822	阿维菌素	1101
PD20091823	唑酮·福美双	412
PD20091824	丙森·霜脲氰	979
PD20091825	敌·马	1081
PD20091826	克百·敌百虫	426
PD20091827	草甘膦异丙胺盐	666
PD20091829	草甘膦	1026
PD20091830	啶虫脒	758
PD20091831	氰戊·马拉松	748
PD20091832	硫磺·甲硫灵	161
PD20091833	毒·辛	634
PD20091834	苄·乙	408
PD20091835	乙铝·锰锌	364
PD20091836	毒死蜱	882
PD20091837	敌敌畏	310
PD20091838	二甲戊灵	855
PD20091839	多·锰锌	804
PD20091840	氰戊·辛硫磷	721
PD20091841	烯草酮	854
PD20091842	乙烯利	277
PD20091843	氯氰·毒死蜱	927
PD20091844	井冈·三唑酮	364
PD20091845	百菌清	828
PD20091846	吡虫·灭多威	1101
PD20091847	井冈霉素	629
PD20091848	阿维·氟铃脲	667
PD20091849	草甘膦	1046
PD20091850	甲基硫菌灵	927
PD20091851	乙草胺	89

PD20091852 甲基硫菌灵 972
PD20091853 多菌灵 352
PD20091854 氰戊·马拉松 1051
PD20091855 甲霜·锰锌 228
PD20091856 己唑醇 579
PD20091857 毒死蜱 557
PD20091858 阿维菌素 816
PD20091859 代森锌 871
PD20091860 锰锌·三唑酮 871
PD20091861 氰戊·灭多威 320
PD20091862 烯效唑 579
PD20091863 苄·二氯 1030
PD20091864 腐霉·多菌灵 642
PD20091865 腈菌·咪鲜胺 406
PD20091866 丁·扑 383
PD20091867 毒·辛 652
PD20091868 杀虫双 1030
PD20091869 阿维·吡虫啉 1084
PD20091870 溴敌隆 1115
PD20091871 阿维·哒螨灵 118
PD20091872 多·福 48
PD20091873 啶虫脒 238
PD20091875 氟铃脲 600
PD20091876 鱼藤酮 211
PD20091877 异丙甲·苄 461
PD20091879 氟铃脲 839
PD20091880 啶虫脒 705
PD20091881 马拉·灭多威 308
PD20091882 福·甲·硫磺 1111
PD20091883 多·锰锌 819
PD20091884 敌敌畏 368
PD20091885 苏云金杆菌 655
PD20091886 阿维·甲氰 160
PD20091887 硫磺·多菌灵 189
PD20091888 乙铝·锰锌 819
PD20091889 高氯·马 750
PD20091890 锰锌·腈菌唑 238
PD20091891 霜脲·锰锌 232
PD20091892 2甲·灭草松 717
PD20091893 噻嗪·杀虫单 412
PD20091894 甲基异柳磷 349
PD20091895 克百威 426
PD20091896 精吡氟禾草灵 375
PD20091897 井冈·杀虫单 320
PD20091898 氯氰·毒死蜱 254
PD20091899 丁·扑 438
PD20091900 阿维·吡虫啉 468
PD20091901 多·福·克 1036
PD20091902 阿维·高氯 48
PD20091903 多·锰锌 819
PD20091904 溴鼠灵 976
PD20091905 敌磺钠 383
PD20091906 异菌脲 170
PD20091907 氰戊·辛硫磷 272
PD20091908 杀虫双 655
PD20091909 多·锰锌 113
PD20091910 甲霜·锰锌 107
PD20091911 辛硫·三唑磷 89
PD20091912 福·福锌 842
PD20091913 阿维菌素 900
PD20091914 高氯·辛硫磷 1046
PD20091915 敌敌畏 324
PD20091916 井冈·蜡芽菌 878
PD20091917 多·福 891
PD20091918 高效氯氟氰菊酯 639
PD20091919 异丙威 430
PD20091920 联苯菊酯 712
PD20091921 联苯菊酯 424
PD20091922 甲霜·锰锌 197
PD20091923 辛硫磷 216
PD20091924 多菌灵 721
PD20091925 辛硫·三唑磷 545
PD20091926 烯草酮 325
PD20091927 氯氰·敌敌畏 351
PD20091928 氯氰菊酯 876
PD20091931 噻嗪酮 72
PD20091932 烟嘧磺隆 790
PD20091933 甲氰菊酯 111
PD20091934 氰戊·乐果 1026
PD20091935 甲硫·福美双 758
PD20091936 氰戊·马拉松 440
PD20091937 三环唑 80
PD20091938 甲硫·锰锌 429
PD20091939 吡虫啉 136
PD20091940 丙环唑 352
PD20091941 咪唑乙烟酸 264
PD20091942 噻嗪·杀扑磷 712
PD20091943 井冈霉素 830
PD20091944 联苯菊酯 891
PD20091945 仲丁威 639
PD20091946 多菌灵 277
PD20091947 灭多威 848
PD20091948 灭多威 622
PD20091949 异稻·三环唑 913
PD20091950 硫磺·锰锌 280
PD20091951 高效氯氟氰菊酯 779
PD20091952 多菌灵 648
PD20091953 甲霜·锰锌 45
PD20091954 联苯菊酯 121
PD20091956 虫酰肼 787
PD20091957 代森锰锌 111
PD20091958 噻嗪·异丙威 739
PD20091959 双甲脒 170
PD20091960 百菌清 865
PD20091961 联苯菊酯 785
PD20091962 毒死蜱 482
PD20091963 高效氯氟氰菊酯 54
PD20091964 唑螨酯 815
PD20091965 氟磺胺草醚 821
PD20091966 噻嗪酮 424
PD20091967 吡虫啉 496
PD20091968 草甘膦异丙胺盐 661
PD20091969 噻嗪酮 420
PD20091970 溴氰菊酯 325
PD20091971 杀虫双 204
PD20091972 草甘膦异丙胺盐 988
PD20091973 莠去津 445
PD20091974 三唑锡 865
PD20091975 高氯·辛硫磷 742
PD20091976 氟铃脲 314
PD20091977 代森锰锌 913
PD20091978 精喹禾灵 356
PD20091979 阿维菌素 766
PD20091980 乙铝·锰锌 871
PD20091981 高氯·辛硫磷 873
PD20091982 高氯·马 957
PD20091983 氟磺胺草醚 821
PD20091984 阿维·吡虫啉 170
PD20091985 乙铝·锰锌 937
PD20091986 氯氰·丙溴磷 648
PD20091987 氯氰·氧乐果 364
PD20091988 敌畏·高氯 431
PD20091989 三环·多菌灵 891
PD20091990 井·唑·多菌灵 571
PD20091991 三唑锡 1087
PD20091992 阿维·辛硫磷 422

PD20091993	乙铝·多菌灵	249
PD20091994	甲基异柳磷	396
PD20091995	咪唑乙烟酸	799
PD20091996	高效氯氰菊酯	59
PD20091997	百菌清	368
PD20091998	阿维·高氯	546
PD20091999	顺式氯氰菊酯	1016
PD20092000	虫酰肼	976
PD20092001	氰戊·马拉松	275
PD20092002	高效氟氯氰菊酯	312
PD20092003	乙草胺	783
PD20092004	辛硫磷	765
PD20092005	氰戊·氧乐果	348
PD20092006	三唑锡	815
PD20092007	苄嘧磺隆	520
PD20092008	克·戊·三唑酮	385
PD20092009	霜脲·百菌清	606
PD20092010	阿维·毒死蜱	945
PD20092011	灭威·高氯氟	875
PD20092012	高效氯氰菊酯	69
PD20092013	联苯菊酯	739
PD20092014	百草枯	659
PD20092015	阿维·苏云菌	667
PD20092016	草甘膦	661
PD20092017	阿维菌素	1097
PD20092018	吡虫·辛硫磷	931
PD20092019	甲哌鎓	395
PD20092020	噻吩·苯磺隆	134
PD20092021	氯氰·辛硫磷	212
PD20092022	辛硫磷	328
PD20092023	阿维·氯氰	669
PD20092024	百草枯	792
PD20092025	氰戊·辛硫磷	417
PD20092026	溴氰·毒死蜱	1020
PD20092027	福·福锌	155
PD20092028	联苯菊酯	72
PD20092029	异菌脲	350
PD20092030	三唑磷	414
PD20092031	多菌灵	639
PD20092032	代森锰锌	352
PD20092033	毒死蜱	639
PD20092034	阿维·敌敌畏	1051
PD20092035	高效氟吡甲禾灵	1024
PD20092036	草甘膦	228
PD20092037	异丙草·莠	248
PD20092038	氟铃脲	882
PD20092039	高效氯氟氰菊酯	921
PD20092040	丁硫克百威	1094
PD20092041	异丙威	196
PD20092042	氟磺胺草醚	559
PD20092043	乙草胺	310
PD20092044	福·克	351
PD20092045	噻嗪酮	422
PD20092046	氯氰·毒死蜱	562
PD20092047	萘乙酸	267
PD20092048	二甲戊灵	1045
PD20092049	敌畏·马	197
PD20092050	莠去津	528
PD20092051	乙草胺	360
PD20092052	莠去津	306
PD20092053	噻嗪·异丙威	645
PD20092054	腈菌·福美双	533
PD20092055	嘧霉胺	1035
PD20092056	阿维·高氯氟	533
PD20092057	百草枯	393
PD20092058	草甘膦异丙胺盐(41%)	634
PD20092059	敌畏·毒死蜱	533
PD20092060	杀虫双	1006
PD20092061	毒死蜱	406
PD20092062	克百威	686
PD20092063	精喹禾灵	1045
PD20092064	二嗪·辛硫磷	308
PD20092065	甲氰·辛硫磷	742
PD20092066	阿维·苏云菌	125
PD20092067	唑磷·毒死蜱	830
PD20092068	溴氰菊酯	396
PD20092069	草甘膦	314
PD20092070	多菌灵	639
PD20092071	氟磺胺草醚	836
PD20092072	精喹禾灵	306
PD20092073	乳氟禾草灵	836
PD20092074	二甲戊灵	1055
PD20092075	多菌灵	182
PD20092076	高效氯氟氰菊酯	945
PD20092077	福·克	908
PD20092078	氯氰·毒死蜱	308
PD20092079	高效氟吡甲禾灵	63
PD20092080	代森锰锌	115
PD20092081	阿维·毒死蜱	143
PD20092082	氰戊·乐果	1001
PD20092083	敌畏·氧乐果	1045
PD20092084	阿维·矿物油	289
PD20092085	福·甲·硫磺	417
PD20092086	毒死蜱	179
PD20092087	硫磺·三唑酮	913
PD20092088	异丙·苄	527
PD20092089	戊唑·克百威	692
PD20092090	辛硫·氟氯氰	734
PD20092091	氯氰菊酯	78
PD20092092	高氯·马	744
PD20092093	多·福·克	440
PD20092094	甲氰菊酯	644
PD20092095	虫酰肼	952
PD20092096	氟铃脲	822
PD20092097	丙森锌	493
PD20092098	氟啶脲	986
PD20092099	马拉硫磷	295
PD20092100	辛硫磷	212
PD20092101	井冈霉素	1076
PD20092102	毒死蜱	572
PD20092103	氰戊·氧乐果	79
PD20092104	毒死蜱	341
PD20092105	井冈·烯唑醇	465
PD20092107	敌畏·马	271
PD20092108	高氯·辛硫磷	712
PD20092109	丙环唑	1048
PD20092110	高氯·马	138
PD20092111	甲硫·福美双	910
PD20092112	乐果	188
PD20092113	福·克	324
PD20092114	仲丁威	628
PD20092115	苏云金杆菌	631
PD20092116	醚菊酯	1048
PD20092117	高效氯氰菊酯	89
PD20092118	除虫脲	87
PD20092120	代森锰锌	1058
PD20092121	霜脲·锰锌	1046
PD20092122	灭草松	370
PD20092123	丙溴磷	182
PD20092124	噁禾·异丙隆	54
PD20092125	多菌灵	312
PD20092126	噁霉灵	904
PD20092127	甲氰菊酯	50
PD20092128	烯酰·锰锌	824
PD20092129	稻瘟灵	368
PD20092130	高效氯氟氰菊酯	768

PD20092131	双草醚	540	PD20092200	吡虫啉	516
PD20092132	除脲·辛硫磷	284	PD20092201	莠去津	1072
PD20092133	高效氯氟氰菊酯	628	PD20092202	三唑锡	842
PD20092134	阿维·噻螨酮	143	PD20092203	甲氰·乐果	401
PD20092135	高效氯氟氰菊酯	295	PD20092204	乙·莠·异丙甲	734
PD20092136	联苯菊酯	703	PD20092205	草甘膦异丙胺盐	182
PD20092137	噻嗪酮	431	PD20092206	马拉·辛硫磷	739
PD20092138	噻吩磺隆	288	PD20092207	噻螨酮	414
PD20092139	丁硫克百威	258	PD20092208	阿维·三唑磷	732
PD20092140	乙烯利	510	PD20092209	三唑锡	115
PD20092141	吡虫啉	794	PD20092210	除虫脲	722
PD20092142	多抗霉素	937	PD20092212	井·噻·杀虫单	532
PD20092143	敌敌畏	785	PD20092213	三唑锡	170
PD20092144	百·福	91	PD20092214	异丙草·莠	328
PD20092145	氯氰·辛硫磷	340	PD20092215	氯氰菊酯	390
PD20092146	阿维菌素	795	PD20092216	乙铝·多菌灵	1051
PD20092147	高效氯氟氰菊酯	430	PD20092217	氰戊·马拉松	377
PD20092148	高氯·毒死蜱	346	PD20092218	异丙威	632
PD20092149	高效氯氟氰菊酯	891	PD20092219	三唑磷	924
PD20092150	异丙草·莠	54	PD20092220	苄嘧·苯噻酰	1100
PD20092151	苯磺隆	340	PD20092221	联苯菊酯	94
PD20092152	霜脲·锰锌	266	PD20092222	多·锰锌	290
PD20092153	毒死蜱	644	PD20092223	莠去津	350
PD20092154	精噁唑禾草灵	504	PD20092224	马拉硫磷	1088
PD20092155	硫磺·三环唑	906	PD20092225	虫酰肼	804
PD20092156	四螨嗪	236	PD20092226	敌百虫	956
PD20092157	多效唑	365	PD20092227	多菌灵	756
PD20092158	霜霉威盐酸盐	914	PD20092228	三唑锡	766
PD20092159	高氯·马	645	PD20092229	百菌清	773
PD20092160	联苯菊酯	242	PD20092230	苯醚甲环唑	819
PD20092161	高氯·马	212	PD20092231	马拉·杀螟松	499
PD20092162	高效氯氟氰菊酯	780	PD20092232	杀虫双	433
PD20092163	氰戊·氧乐果	60	PD20092233	百草枯	440
PD20092164	噻嗪酮	482	PD20092234	吡虫啉	243
PD20092165	毒·辛	1035	PD20092235	氰戊·氧乐果	348
PD20092166	仲丁威	65	PD20092236	丁草胺	80
PD20092167	高效氯氟氰菊酯	242	PD20092237	双草醚	540
PD20092168	高效氯氰菊酯	212	PD20092238	吡虫啉	802
PD20092169	阿维·高氯	321	PD20092239	异丙草·莠	814
PD20092170	噻嗪·异丙威	644	PD20092240	联苯菊酯	756
PD20092171	腐霉·百菌清	316	PD20092241	辛硫磷	265
PD20092172	代森锰锌	894	PD20092242	百草枯	182
PD20092173	毒死蜱	912	PD20092243	噻嗪·异丙威	433
PD20092174	井冈霉素	260	PD20092244	甲基硫菌灵	767
PD20092175	腈菌唑	59	PD20092245	辛硫·灭多威	426
PD20092176	甲霜·锰锌	1048	PD20092246	吡虫·杀虫双	133
PD20092177	百菌清	322	PD20092247	联苯菊酯	756
PD20092178	烯酰吗啉	302	PD20092248	杀螟丹	836
PD20092179	苏云金杆菌	90	PD20092249	高效氯氟氰菊酯	876
PD20092180	甲基硫菌灵	326	PD20092250	吡虫啉	364
PD20092181	福·福锌	303	PD20092251	锰锌·拌种灵	430
PD20092182	毒·辛	645	PD20092252	代森锰锌	956
PD20092183	戊唑醇	501	PD20092254	嗪草酮	544
PD20092184	苏云金杆菌	661	PD20092255	精喹禾灵	504
PD20092185	杀单·苏云菌	123	PD20092257	辛酰溴苯腈	465
PD20092187	噻螨酮	78	PD20092258	高氯·啶虫脒	238
PD20092188	戊唑醇	524	PD20092259	噻嗪·哒螨灵	1075
PD20092189	甜菜宁	478	PD20092260	甲磺隆	540
PD20092190	井冈·噻嗪酮	532	PD20092261	高效氟氯氰菊酯	615
PD20092191	噁霉灵	448	PD20092262	福·福锌	774
PD20092192	甲霜·锰锌	111	PD20092263	多·福·克	1036
PD20092193	苯磺隆	588	PD20092264	甲硫·福美双	762
PD20092194	辛硫磷	344	PD20092265	氰戊·氧乐果	667
PD20092195	2甲4氯钠	672	PD20092266	阿维菌素	94
PD20092196	2甲4氯钠	54	PD20092267	草甘膦异丙胺盐	54
PD20092197	毒死蜱	424	PD20092268	精喹禾灵	667
PD20092198	氟磺胺草醚	830	PD20092269	灭幼脲	447
PD20092199	乳氟禾草灵	527	PD20092270	异丙威	182

PD20092271 丙溴・辛硫磷 712
PD20092272 阿维・毒死蜱 655
PD20092273 代森锌 1007
PD20092274 精喹禾灵 356
PD20092275 甲氰菊酯 756
PD20092276 代森锰锌 111
PD20092277 克百威 762
PD20092278 甲氰 ・敌敌畏 215
PD20092279 甲基硫菌灵 1013
PD20092280 噻・酮・杀虫单 492
PD20092281 氧氟・乙草胺 465
PD20092282 嘧霉胺 873
PD20092283 乙草胺 634
PD20092284 福・甲・硫磺 74
PD20092285 咪鲜胺 161
PD20092286 氯氰・毒死蜱 163
PD20092287 氰津・乙草胺 746
PD20092288 乙草胺 112
PD20092289 辛硫磷 337
PD20092290 氧乐・灭多威 131
PD20092291 吡蚜酮 695
PD20092292 草甘膦异丙胺盐 1090
PD20092293 毒死蜱 182
PD20092294 甲氨基阿维菌素苯甲酸盐(1.14%) 501
PD20092295 二氯喹啉酸 575
PD20092296 二氯喹啉酸 1094
PD20092297 阿维・高氯 94
PD20092298 阿维菌素 804
PD20092299 仲丁威 1110
PD20092300 甲・灭・敌草隆 205
PD20092301 丙环唑 970
PD20092302 高氯・氟铃脲 882
PD20092303 福・克 379
PD20092304 敌敌畏 783
PD20092305 异稻・稻瘟灵 72
PD20092306 唑酮・氧乐果 344
PD20092307 鱼藤酮 281
PD20092308 苯磺隆 87
PD20092309 乙草胺 437
PD20092310 代森锌 927
PD20092311 腈菌・福美双 1075
PD20092312 嘧霉・福美双 844
PD20092313 阿维菌素 705
PD20092314 阿维・敌敌畏 284
PD20092315 灭多威 953
PD20092316 异丙・异噁松 288
PD20092317 阿维・苏云菌 389
PD20092318 苏云金杆菌 864
PD20092319 莠去津 797
PD20092320 氯氰・毒死蜱 414
PD20092321 溴敌隆 130
PD20092322 辛硫磷 1009
PD20092323 苄・丁 461
PD20092324 甲氨基阿维菌素苯甲酸盐 789
PD20092325 毒死蜱 1039
PD20092326 氟铃脲 892
PD20092327 阿维・高氯 403
PD20092328 草甘膦钠盐 1090
PD20092329 阿维・高氯氟 204
PD20092330 高效氯氟氰菊酯 842
PD20092331 毒死蜱 806
PD20092332 吡虫啉 90
PD20092333 代森锰锌 891
PD20092334 草甘膦 218
PD20092335 噻嗪・异丙威 913
PD20092336 精喹禾灵 679
PD20092337 多・福 792
PD20092338 三唑酮 991
PD20092339 代森锌 754
PD20092340 阿维・哒螨灵 792
PD20092341 草甘膦 550
PD20092342 多・福・福锌 356
PD20092343 杀螺胺乙醇胺盐 1027
PD20092344 杀鼠醚 772
PD20092345 三唑酮 991
PD20092346 高效氟吡甲禾灵 510
PD20092347 噻苯隆 527
PD20092348 三唑磷 118
PD20092349 顺式氯氰菊酯 1048
PD20092350 氟氯氰菊酯 663
PD20092351 联苯菊酯 431
PD20092352 高效氯氟氰菊酯 260
PD20092353 噻嗪・异丙威 424
PD20092354 三唑酮 307
PD20092355 啶虫脒 794
PD20092356 辛硫・高氯氟 413
PD20092357 草甘膦 540
PD20092358 辛硫・三唑酮 365
PD20092359 霜脲・锰锌 976
PD20092360 精噁唑禾草灵 1055
PD20092361 阿维・杀虫单 284
PD20092362 氟乐灵 910
PD20092363 溴氰菊酯 892
PD20092364 噻嗪・异丙威 113
PD20092365 甲戊・乙草胺 446
PD20092366 苄・乙 566
PD20092367 阿维・高氯 1055
PD20092368 阿维・三唑磷 603
PD20092369 氟醚・灭草松 465
PD20092370 阿维・高氯 106
PD20092371 氰戊・马拉松 705
PD20092372 代森锰锌 756
PD20092373 氟铃脲 290
PD20092374 噻嗪酮 1094
PD20092375 抗蚜威 332
PD20092376 氰戊・敌百虫 150
PD20092377 稻瘟灵 1028
PD20092378 苄嘧磺隆 446
PD20092379 吡虫啉 545
PD20092380 敌畏・氧乐果 266
PD20092381 井冈霉素 960
PD20092382 甲霜・锰锌 756
PD20092383 高氯・马 848
PD20092384 毒死蜱 138
PD20092385 苏云金杆菌 390
PD20092386 多菌灵 368
PD20092387 井冈・噻嗪酮 628
PD20092388 多・福 1059
PD20092389 杀虫双 125
PD20092390 阿维菌素 669
PD20092391 异噁草松 597
PD20092392 高效氯氟氰菊酯 268
PD20092393 氟硅唑 917
PD20092394 双甲脒 245
PD20092395 多・锰锌 257
PD20092396 噁霜・锰锌 177
PD20092397 高效氯氟氰菊酯 348
PD20092398 烯唑・福美双 839
PD20092399 高效氯氟氰菊酯 1040
PD20092400 辛硫磷 470
PD20092401 阿维菌素 131
PD20092402 高效氟吡甲禾灵 308
PD20092403 高效氯氰菊酯 266
PD20092404 硫磺・多菌灵 750
PD20092405 高效氟吡甲禾灵 884
PD20092406 氰戊・乐果 177

PD20092407 高效氯氟氰菊酯 530
PD20092408 马拉·杀螟松 212
PD20092409 代森锌 195
PD20092410 百草枯 742
PD20092411 高效氯氰菊酯 208
PD20092412 井冈霉素 339
PD20092413 吡虫·杀虫单 603
PD20092414 磷化铝 346
PD20092415 乙草胺 785
PD20092416 炔螨特 659
PD20092417 氯氰·毒死蜱 422
PD20092418 硫磺·多菌灵 785
PD20092419 甲哌鎓 257
PD20092421 氟·咪·灭草松 465
PD20092422 丙环唑 922
PD20092423 甲氰·炔螨特 177
PD20092424 阿维菌素 192
PD20092425 咪鲜·杀螟丹 87
PD20092426 氰戊·马拉松 68
PD20092427 高效氯氰菊酯 873
PD20092428 甲氰菊酯 762
PD20092429 双甲脒 799
PD20092430 苏云金杆菌 911
PD20092431 阿维·高氯 238
PD20092432 硫磺 730
PD20092433 腈菌唑 601
PD20092434 马拉硫磷 991
PD20092435 多·锰锌 958
PD20092436 阿维·氟铃脲 535
PD20092437 毒死蜱 646
PD20092438 甲霜·锰锌 516
PD20092439 毒死蜱 138
PD20092440 高效氯氟氰菊酯 765
PD20092441 苯磺隆 73
PD20092442 萘乙酸 318
PD20092443 仲丁威 644
PD20092444 高氯·辛硫磷 268
PD20092445 甲氰菊酯 710
PD20092446 氯氰·辛硫磷 361
PD20092447 高效氟吡甲禾灵 67
PD20092448 联苯菊酯 228
PD20092449 高效氯氰菊酯 216
PD20092450 哒灵·炔螨特 220
PD20092451 多·福 823
PD20092452 丙环唑 802
PD20092453 联苯菊酯 876
PD20092454 百草枯 352
PD20092455 高氯 ·敌敌畏 284
PD20092456 溴氰 ·敌敌畏 88
PD20092457 氰戊·敌敌畏 129
PD20092458 毒死蜱 295
PD20092459 高效氯氟氰菊酯 300
PD20092460 苄·丁 163
PD20092461 丙溴·辛硫磷 562
PD20092462 丙环唑 913
PD20092463 高效氯氰菊酯 807
PD20092464 甲硫·福美双 943
PD20092465 马拉硫磷 257
PD20092466 噻嗪酮 1026
PD20092467 腐霉·福美双 1001
PD20092468 氯氰菊酯 168
PD20092469 氯氟吡氧乙酸异辛酯 860
PD20092470 氯氰·丙溴磷 324
PD20092471 草甘膦 1024
PD20092472 代森锰锌 1013
PD20092473 辛硫·灭多威 344
PD20092474 炔螨特 849
PD20092475 代森锰锌 170
PD20092476 三环唑 170
PD20092478 噻嗪酮 297
PD20092479 仲丁威 71
PD20092480 杀虫双 133
PD20092481 敌敌畏 433
PD20092482 甲氰菊酯 424
PD20092483 克百威 627
PD20092484 精喹·草除灵 540
PD20092485 氯氰·辛硫磷 341
PD20092486 氯氰·毒死蜱 144
PD20092487 烯草酮 565
PD20092488 苄·乙·甲 540
PD20092489 噁霜·锰锌 722
PD20092490 硫磺·三环唑 432
PD20092491 三唑酮 312
PD20092492 苄嘧磺隆 540
PD20092493 代森锰锌 915
PD20092494 甲磺隆 540
PD20092495 高效氯氟氰菊酯 266
PD20092496 多·锰锌 943
PD20092497 啶虫脒 1045
PD20092498 苄·乙 540
PD20092499 甲磺·乙草胺 540
PD20092500 杀单·苏云菌 394
PD20092501 丙森锌 1033
PD20092502 稻丰·三唑磷 566
PD20092503 苄嘧·甲磺隆 540
PD20092504 乙草胺 300
PD20092505 马拉·毒死蜱 945
PD20092506 毒死蜱 485
PD20092507 福·克 672
PD20092508 敌畏·氧乐 402
PD20092509 除虫菊素 1065
PD20092510 阿维·氟铃脲 468
PD20092511 甲霜·福美双 383
PD20092512 阿维菌素 406
PD20092513 除虫菊素 1065
PD20092514 氯氰·丙溴磷 1024
PD20092515 多·福 558
PD20092516 吡虫啉 262
PD20092517 三环唑 228
PD20092518 高氯·辛硫磷 238
PD20092519 阿维·苏云菌 403
PD20092520 氟啶脲 739
PD20092521 敌敌畏 312
PD20092522 福美锌 1055
PD20092523 仲丁威 1020
PD20092524 灭多威 758
PD20092525 阿维菌素 850
PD20092526 噻嗪酮 988
PD20092527 福·福锌 960
PD20092528 阿维·高氯 1065
PD20092529 辛硫·三唑磷 212
PD20092530 高效氯氟氰菊酯 101
PD20092531 毒死蜱 242
PD20092532 乙铝·锰锌 126
PD20092533 百菌清 894
PD20092534 稻瘟灵 1020
PD20092535 马拉·三唑酮 328
PD20092536 硫磺·多菌灵 849
PD20092537 毒死蜱 1113
PD20092538 高效氯氟氰菊酯 1119
PD20092539 丙环唑 756
PD20092540 苄·丁 80
PD20092541 扑草净 1064
PD20092542 甲氰·辛硫磷 673
PD20092543 福·克 51
PD20092544 高效氯氟氰菊酯 796

PD20092545	异丙威	317
PD20092546	噻嗪·异丙威	571
PD20092547	腈菌唑	627
PD20092548	井冈霉素A	420
PD20092549	氟磺胺草醚	659
PD20092550	高效氯氰菊酯	332
PD20092551	丙森·多菌灵	836
PD20092552	高效氯氟氰菊酯	67
PD20092553	联苯菊酯	781
PD20092554	高效氯氟氰菊酯	300
PD20092555	毒死蜱	319
PD20092556	马拉·辛硫磷	312
PD20092557	腐霉·百菌清	1066
PD20092558	草甘膦铵盐	988
PD20092559	啶虫脒	813
PD20092560	阿维菌素	242
PD20092561	噻嗪·异丙威	658
PD20092562	多菌灵	1048
PD20092563	仲丁灵	659
PD20092564	阿维·哒螨灵	299
PD20092565	福·甲·硫磺	956
PD20092566	辛硫·高氯氟	381
PD20092567	灭多威	819
PD20092568	毒死蜱	290
PD20092569	甲基异柳磷	164
PD20092570	稻瘟灵	647
PD20092571	福·福锌	853
PD20092572	芸苔素内酯	1028
PD20092573	福·克	78
PD20092574	三唑锡	732
PD20092575	高效氯氰菊酯	991
PD20092576	抗蚜威	177
PD20092577	苄·乙	1090
PD20092578	联苯菊酯	302
PD20092579	乙铝·锰锌	956
PD20092580	高效氯氰菊酯	1031
PD20092581	氟铃·辛硫磷	94
PD20092582	阿维·哒螨灵	507
PD20092583	精噁唑禾草灵	440
PD20092584	异丙甲草胺	834
PD20092585	甲硫·锰锌	725
PD20092586	丙溴磷	1124
PD20092587	多·福	1042
PD20092588	吡虫·辛硫磷	257
PD20092589	速灭威	756
PD20092590	代森锰锌	729
PD20092591	井冈·多菌灵	592
PD20092592	辛硫·灭多威	348
PD20092593	阿维·三唑磷	138
PD20092594	阿维菌素	645
PD20092595	苄·乙	1094
PD20092596	氰戊·氧乐果	408
PD20092597	氰戊·马拉松	904
PD20092598	硫磺·三环唑	1097
PD20092599	毒死蜱	458
PD20092600	灭多威	805
PD20092601	三唑磷	324
PD20092602	氯氟吡氧乙酸	689
PD20092603	腐霉利	341
PD20092604	灭多威	988
PD20092605	乙氧氟草醚	1055
PD20092606	抗·酮·多菌灵	532
PD20092607	草甘膦	501
PD20092608	氯氰·丙溴磷	201
PD20092609	氟啶脲	1091
PD20092610	氟氯氰菊酯	466
PD20092611	锰锌·腈菌唑	406
PD20092612	甲硫·福美双	916
PD20092613	炔螨特	648
PD20092614	精喹·草除灵	667
PD20092615	稻瘟灵	770
PD20092617	螨醇·哒螨灵	654
PD20092618	倍硫磷	999
PD20092619	芸苔素内酯	1089
PD20092621	阿维菌素	182
PD20092622	马拉硫磷	1045
PD20092623	辛硫磷	215
PD20092624	多·福	69
PD20092625	氟磺胺草醚	549
PD20092626	乐果·高氯氟	420
PD20092627	毒死蜱	794
PD20092628	异菌脲	945
PD20092629	噻嗪·杀虫单	1069
PD20092631	草甘膦	1069
PD20092632	噁草酮	1088
PD20092633	草甘膦	1069
PD20092634	氯氟吡氧乙酸	603
PD20092635	多菌灵	894
PD20092636	百菌清	988
PD20092637	苄·丁	410
PD20092638	腈菌·福美双	197
PD20092639	噁酮·乙草胺	561
PD20092640	草甘膦异丙胺盐	1060
PD20092641	啶虫脒	836
PD20092642	噻嗪·杀扑磷	898
PD20092643	福·甲·硫磺	952
PD20092644	乐果	312
PD20092645	毒死蜱	903
PD20092646	吡虫啉	105
PD20092647	苄·丁	115
PD20092648	复硝酚钠	792
PD20092649	丙溴磷	170
PD20092650	苯磺隆	1036
PD20092651	腐霉·多菌灵	273
PD20092652	多·福	341
PD20092653	高效氯氟氰菊酯	927
PD20092654	腐霉利	913
PD20092655	吡虫啉	465
PD20092656	多菌灵	739
PD20092657	抑霉唑	352
PD20092658	异丙甲草胺	1103
PD20092659	百菌清	884
PD20092660	联苯菊酯	63
PD20092661	马拉硫磷	1045
PD20092662	福美·拌种灵	558
PD20092663	甲基硫菌灵	45
PD20092664	高效氯氰菊酯	422
PD20092665	乙铝·多菌灵	356
PD20092666	霜脲·锰锌	201
PD20092667	喹·胺·草除灵	476
PD20092668	高效氟吡甲禾灵	54
PD20092669	高效氟吡甲禾灵	792
PD20092670	扑草净	866
PD20092671	苄嘧磺隆	1015
PD20092672	苄·乙	569
PD20092673	异稻·三环唑	516
PD20092674	井冈霉素A	739
PD20092675	代森锰锌	921
PD20092676	啶虫脒	188
PD20092677	扑草净	734
PD20092678	三唑锡	1087
PD20092679	马拉硫磷	300
PD20092680	苯醚甲环唑	836
PD20092681	井冈·三环唑	913
PD20092682	井冈霉素	133
PD20092683	螨醇·哒螨灵	546

PD20092684 福·福锌 756
PD20092685 敌敌畏 131
PD20092686 吡·硫·多菌灵 417
PD20092687 福美双 731
PD20092688 烯酰·福美双 1055
PD20092689 苏云·吡虫啉 583
PD20092690 莠去津 866
PD20092691 甲霜·噁霉灵 1048
PD20092692 丁草胺 866
PD20092693 毒·辛 327
PD20092694 丁草胺 960
PD20092695 丙草胺 371
PD20092696 高效氯氟氰菊酯 62
PD20092697 氯氟吡氧乙酸(酯) 836
PD20092698 精喹禾灵 772
PD20092699 莠去津 134
PD20092700 烟嘧磺隆 485
PD20092702 草甘膦 109
PD20092703 辛硫磷 44
PD20092704 阿维·高氯 367
PD20092705 氰戊菊酯 892
PD20092706 多菌灵 574
PD20092707 井冈霉素 785
PD20092708 草甘膦异丙胺盐 1105
PD20092709 联苯菊酯 92
PD20092710 甲基硫菌灵 851
PD20092711 高氯·辛硫磷 876
PD20092712 多·福 851
PD20092713 多·锰锌 851
PD20092714 三唑锡 851
PD20092715 百草枯 257
PD20092716 草甘膦异丙胺盐 144
PD20092717 甲基硫菌灵 907
PD20092718 阿维菌素 794
PD20092719 丁硫克百威 912
PD20092720 乙草胺 212
PD20092721 吡虫啉 113
PD20092722 高氯·毒死蜱 260
PD20092723 噻嗪·异丙威 628
PD20092724 甲基硫菌灵 290
PD20092725 硫磺·三环唑 69
PD20092726 腐霉利 945
PD20092727 甲霜·锰锌 1029
PD20092728 百菌清 911
PD20092729 2甲4氯钠 783
PD20092730 阿维·氯氰 658
PD20092731 三唑酮 1027
PD20092732 甲氨基阿维菌素苯甲酸盐(1.14%) 996
PD20092733 氯氰·敌敌畏 76
PD20092734 阿维·辛硫磷 351
PD20092735 吡虫啉 254
PD20092736 高氯·马 361
PD20092737 噻嗪·异丙威 488
PD20092738 苄·丁 644
PD20092739 霜脲·锰锌 779
PD20092740 高效氯氟氰菊酯 853
PD20092742 速灭威 655
PD20092743 烟嘧磺隆 520
PD20092744 马拉·杀螟松 203
PD20092745 春雷·三环唑 447
PD20092746 苄·丁 544
PD20092747 甲霜·福美双 380
PD20092748 丁硫克百威 418
PD20092749 霜霉威盐酸盐 953
PD20092750 嘧霉胺 667
PD20092751 苄·乙 667
PD20092752 甲硫·福美双 894
PD20092753 三唑锡 696
PD20092754 辛硫磷 857
PD20092755 嘧霉胺 717
PD20092756 多·福·克 371
PD20092757 代森锰锌 974
PD20092758 多抗霉素 671
PD20092760 阿维·哒螨灵 468
PD20092761 福·甲·硫磺 74
PD20092762 甲霜·噁霉灵 222
PD20092764 杀虫双 406
PD20092765 辛硫磷 323
PD20092766 阿维菌素 344
PD20092767 辛硫磷 344
PD20092768 硫磺·多菌灵 853
PD20092769 2甲4氯钠 397
PD20092770 甲硫·福美双 898
PD20092771 多·福 725
PD20092772 福·甲·硫磺 853
PD20092773 甲霜·霜霉威 1085
PD20092774 阿维·高氯 981
PD20092775 阿维·哒螨灵 644
PD20092776 氟铃脲 1094
PD20092777 氟磺胺草醚 117
PD20092778 甲·乙·莠 783
PD20092779 氰戊·辛硫磷 1048
PD20092780 敌百·辛硫磷 899
PD20092781 多·福 54
PD20092782 己唑醇 1065
PD20092783 双甲脒 516
PD20092784 草甘膦异丙胺盐 476
PD20092785 精喹禾灵 667
PD20092786 唑磷·毒死蜱 655
PD20092787 唑磷·毒死蜱 655
PD20092788 吡虫·噻嗪酮 656
PD20092789 氟氯氰菊酯 615
PD20092790 马拉·三唑磷 656
PD20092791 苯磺隆 288
PD20092792 毒死蜱 974
PD20092793 硫磺 112
PD20092794 辛硫·灭多威 779
PD20092795 苯磺隆 945
PD20092796 二甲戊灵 1007
PD20092797 杀单·毒死蜱 476
PD20092798 溴氰·敌敌畏 218
PD20092799 虫酰肼 189
PD20092800 炔螨特 510
PD20092801 唑酮·氧乐果 364
PD20092802 阿维·高氯 297
PD20092803 敌畏·仲丁威 656
PD20092804 喹硫磷 656
PD20092805 乐果·敌敌畏 985
PD20092806 福美双 356
PD20092807 甲硫·福美双 390
PD20092808 阿维·灭幼脲 304
PD20092809 辛硫磷 632
PD20092810 烯唑醇 59
PD20092811 敌百·毒死蜱 909
PD20092812 毒死蜱 493
PD20092813 毒死蜱 1007
PD20092814 高氯·辛硫磷 192
PD20092815 甲·灭·敌草隆 1100
PD20092816 嘧霉·福美双 240
PD20092817 氯氰·丙溴磷 63
PD20092818 虫酰肼 773
PD20092819 高效氯氟氰菊酯 999
PD20092820 苄·丁 520
PD20092821 氟铃脲 284
PD20092822 苯磺隆 352
PD20092823 哒灵·炔螨特 501

PD20092824 百菌清 195
PD20092825 氯氰·辛硫磷 754
PD20092826 井冈·蜡芽菌 984
PD20092827 多·锰锌 356
PD20092828 丙溴·辛硫磷 776
PD20092829 硫磺·多菌灵 856
PD20092830 多·福·克 763
PD20092831 苄·二氯 54
PD20092832 苯磺隆 924
PD20092833 氟硅唑 960
PD20092834 草甘膦 175
PD20092835 辛酰溴苯腈 622
PD20092836 井冈霉素 648
PD20092837 乙铝·锰锌 1029
PD20092838 杀单·毒死蜱 1097
PD20092839 苄嘧·丙草胺 557
PD20092840 高效氯氰菊酯 779
PD20092841 噻嗪·杀扑磷 1068
PD20092842 溴氰·毒死蜱 937
PD20092843 敌敌畏 823
PD20092844 甲基硫菌灵 911
PD20092845 S-氰戊菊酯 1048
PD20092846 阿维·高氯 299
PD20092847 草甘膦异丙胺盐 85
PD20092848 烟嘧磺隆 85
PD20092849 甲·克 763
PD20092850 甲柳·三唑酮 364
PD20092851 甲霜·福美双 445
PD20092852 噻螨酮 807
PD20092853 甲氰·辛硫磷 766
PD20092855 精噁唑禾草灵 84
PD20092856 苯磺隆 799
PD20092857 井冈霉素 937
PD20092858 敌敌畏 319
PD20092859 丁硫·吡虫啉 721
PD20092860 阿维·毒死蜱 394
PD20092861 马拉硫磷 244
PD20092862 霜脲·锰锌 304
PD20092863 丙溴·辛硫磷 250
PD20092864 莠灭净 1126
PD20092865 高效氯氟氰菊酯 734
PD20092866 吡虫·异丙威 356
PD20092867 阿维·哒螨灵 254
PD20092868 氰戊·辛硫磷 309
PD20092869 高氯·灭多威 710
PD20092870 高效氯氟氰菊酯 295
PD20092871 双甲·高氯氟 1024
PD20092872 高氯·马 768
PD20092873 辛硫·高氯氟 431
PD20092874 多·福 921
PD20092875 百菌清 273
PD20092876 乳氟禾草灵 854
PD20092877 扑·乙 853
PD20092878 唑酮·氧乐果 350
PD20092879 福美锌 924
PD20092880 乙草胺 559
PD20092881 多菌灵 991
PD20092882 阿维·毒死蜱 209
PD20092883 甲氰菊酯 632
PD20092884 四螨·哒螨灵 430
PD20092885 吡虫啉 254
PD20092886 敌敌畏 488
PD20092887 多·福 895
PD20092888 敌草隆 49
PD20092889 阿维·辛硫磷 91
PD20092890 三唑锡 791
PD20092891 烯唑醇 596
PD20092892 辛硫·福美双 670
PD20092893 氰戊·辛硫磷 538
PD20092894 高氯·氟铃脲 77
PD20092895 苯磺隆 560
PD20092896 氰戊·马拉松 839
PD20092897 杀虫双 187
PD20092898 炔螨特 907
PD20092899 乙草胺 380
PD20092900 硫磺·三环唑 340
PD20092901 噻螨酮 249
PD20092902 阿维·三唑磷 465
PD20092903 乙铝·锰锌 880
PD20092904 甲氰菊酯 1000
PD20092905 敌敌畏 894
PD20092906 阿维·甲氰 263
PD20092907 吡虫·氧乐果 1046
PD20092908 阿维·高氯 790
PD20092909 高效氯氰菊酯 281
PD20092910 代森锰锌 865
PD20092911 丙环唑 189
PD20092912 甲哌鎓 274
PD20092913 多·锰锌 889
PD20092914 代森锰锌 911
PD20092916 甲基硫菌灵 269
PD20092917 百草枯 81
PD20092918 高效氯氟氰菊酯 891
PD20092919 苯磺隆 530
PD20092920 硫双威 849
PD20092921 三乙膦酸铝 894
PD20092922 异甲·莠去津 852
PD20092923 阿维·高氯 344
PD20092924 丁·莠 852
PD20092925 噻嗪·异丙威 192
PD20092926 噻螨酮 144
PD20092927 硝钠·萘乙酸 340
PD20092928 霜霉威盐酸盐 785
PD20092929 甲·乙·莠 783
PD20092930 硫磺·百菌清 212
PD20092932 咪乙·氟磺胺 446
PD20092934 辛硫·甲拌磷 856
PD20092935 多·锰锌 724
PD20092937 阿维·敌敌畏 91
PD20092938 敌百虫 667
PD20092939 异丙·苄 622
PD20092940 吡虫啉 49
PD20092941 敌·马 361
PD20092942 三唑酮 742
PD20092943 咪鲜胺 228
PD20092944 辛硫磷 577
PD20092945 噁霉·福美双 448
PD20092946 苄·二氯 72
PD20092947 乙烯利 988
PD20092948 三环唑 219
PD20092949 吡虫啉 648
PD20092950 异丙威 262
PD20092951 吡虫啉 492
PD20092952 甲氰·辛硫磷 703
PD20092953 四螨嗪 242
PD20092954 丁草胺 155
PD20092955 联苯菊酯 168
PD20092956 吡嘧磺隆 976
PD20092957 腈菌·福美双 968
PD20092958 虫酰肼 189
PD20092959 2甲·灭草松 670
PD20092960 三环唑 1024
PD20092961 丙环唑 126
PD20092962 氯氰·丙溴磷 792
PD20092963 三唑酮 765
PD20092964 氟虫脲 1048

PD20092965	三唑锡	632
PD20092966	唑磷·毒死蜱	1079
PD20092967	精喹·氟磺胺	679
PD20092968	高效氯氟氰菊酯	767
PD20092969	甲氰·噻螨酮	430
PD20092970	氟氯氰菊酯	734
PD20092971	马拉硫磷	838
PD20092972	异丙威	216
PD20092973	草甘膦	924
PD20092974	氯氰·马拉松	1065
PD20092975	噻吩磺隆	691
PD20092976	阿维·辛硫磷	1046
PD20092977	乙烯利	44
PD20092978	马拉硫磷	258
PD20092979	毒死蜱	1048
PD20092980	扑·乙	450
PD20092981	高效氯氟氰菊酯	228
PD20092982	仲丁威	646
PD20092983	丙环唑	335
PD20092984	氯氰·马拉松	204
PD20092985	百菌清	290
PD20092986	甲·乙·莠	799
PD20092987	甲霜·锰锌	731
PD20092988	氟铃·辛硫磷	815
PD20092989	啶虫脒	340
PD20092990	腈菌唑	477
PD20092991	吡虫啉	479
PD20092992	阿维·炔螨特	106
PD20092993	唑草·苯磺隆	288
PD20092994	溴氰菊酯	659
PD20092995	阿维·敌敌畏	82
PD20092996	吡虫·辛硫磷	313
PD20092997	百菌清	322
PD20092998	硫双威	461
PD20092999	高氯·甲维盐	91
PD20093000	异丙·苄	689
PD20093001	芸苔·乙烯利	443
PD20093002	多菌灵	648
PD20093003	百菌清	170
PD20093004	辛硫磷	759
PD20093005	杀虫单	418
PD20093006	氟铃脲	351
PD20093007	甲霜·锰锌	390
PD20093008	乙酰甲胺磷	361
PD20093009	烯酰·锰锌	815
PD20093010	氯氰·丙溴磷	631
PD20093011	锰锌·腈菌唑	54
PD20093012	炔螨特	573
PD20093013	莠去津	692
PD20093014	S-氰戊菊酯	531
PD20093015	阿维·敌敌畏	824
PD20093016	精吡氟禾草灵	689
PD20093017	草甘膦	81
PD20093018	炔螨特	1015
PD20093019	高氯·辛硫磷	259
PD20093020	螨醇·哒螨灵	1022
PD20093021	多·福	954
PD20093022	敌畏·马	260
PD20093023	辛硫磷	742
PD20093024	乙·莠	73
PD20093025	异丙甲草胺	752
PD20093026	炔螨特	996
PD20093027	噁霉灵	722
PD20093028	霜霉威盐酸盐	876
PD20093029	烯酰·乙膦铝	830
PD20093030	苯·苄·乙草胺	622
PD20093031	杀螟丹	433
PD20093032	腐霉利	228
PD20093033	百草枯	917
PD20093034	精吡氟禾草灵	527
PD20093035	阿维菌素	849
PD20093036	甲氨基阿维菌素苯甲酸盐	624
PD20093037	苯磺隆	72
PD20093038	联苯菊酯	927
PD20093039	噻嗪·异丙威	638
PD20093040	硫磺·三环唑	360
PD20093041	高氯·辛硫磷	714
PD20093042	甲基硫菌灵	909
PD20093043	氟磺胺草醚	75
PD20093044	氯氰·毒死蜱	357
PD20093045	甲哌鎓	768
PD20093046	杀虫双	432
PD20093047	苄·丁	284
PD20093048	高氯·辛硫磷	253
PD20093049	仲丁威	431
PD20093050	福美双	937
PD20093051	精喹禾灵	689
PD20093052	精喹·草除灵	352
PD20093053	氰戊·乐果	45
PD20093054	高效氯氰菊酯	542
PD20093055	甲·戊·福美双	324
PD20093056	甲硫·三唑酮	1010
PD20093057	多·福	841
PD20093058	福美双	726
PD20093059	异稻瘟净	991
PD20093060	吡虫·异丙威	417
PD20093061	异丙草·莠	836
PD20093062	高氯·氟铃脲	843
PD20093063	代森锰锌	956
PD20093064	高效氯氟氰菊酯	731
PD20093065	马拉·灭多威	193
PD20093066	高氯·辛硫磷	778
PD20093067	咪鲜胺	937
PD20093068	阿维·高氯	366
PD20093069	喹硫磷	168
PD20093071	烟嘧磺隆	70
PD20093073	福美锌	804
PD20093074	丁草胺	435
PD20093075	丁硫克百威	637
PD20093076	甲基硫菌灵	70
PD20093077	阿维·辛硫磷	150
PD20093079	灭草松	70
PD20093080	毒死蜱	795
PD20093081	辛酰溴苯腈	783
PD20093082	高效氯氟氰菊酯	1113
PD20093083	苏云金杆菌	632
PD20093084	苄·乙	622
PD20093085	甲氰·马拉松	432
PD20093086	噻嗪·异丙威	422
PD20093087	四螨嗪	274
PD20093088	氰戊·辛硫磷	341
PD20093089	乙铝·锰锌	722
PD20093090	甲基硫菌灵	749
PD20093091	三唑磷	585
PD20093092	氰戊菊酯	1000
PD20093093	三唑锡	229
PD20093094	炔螨特	87
PD20093095	乙铝·锰锌	750
PD20093096	毒死蜱	51
PD20093097	代森锌	115
PD20093098	吡虫·灭多威	819
PD20093099	氰戊·辛硫磷	639
PD20093100	代森锰锌	956
PD20093101	高效氯氟氰菊酯	849
PD20093102	丙环唑	115
PD20093103	氯氰·毒死蜱	73

PD20093104 联苯菊酯 904
PD20093105 异稻・三环唑 1111
PD20093106 三唑锡 913
PD20093107 甲霜・噁霉灵 370
PD20093108 丁草胺 772
PD20093109 顺式氯氰菊酯 260
PD20093110 百草枯 771
PD20093111 硫磺・多菌灵 750
PD20093112 甲霜・百菌清 692
PD20093113 百菌清 380
PD20093114 多・福・克 372
PD20093115 多・锰锌 952
PD20093116 草甘膦异丙胺盐 370
PD20093117 多抗霉素 917
PD20093118 联苯菊酯 62
PD20093119 联苯菊酯 909
PD20093120 高氯・辛硫磷 673
PD20093121 阿维菌素 785
PD20093122 代森锰锌 715
PD20093123 炔螨特 904
PD20093124 三环唑 752
PD20093125 二甲戊灵 945
PD20093126 联苯菊酯 630
PD20093127 高效氯氰菊酯 115
PD20093128 代森锰锌 904
PD20093129 异菌脲 863
PD20093130 草甘膦 234
PD20093131 咪唑乙烟酸 527
PD20093132 咪唑乙烟酸 684
PD20093133 草甘膦 899
PD20093134 氟铃・辛硫磷 677
PD20093135 萘乙酸 316
PD20093136 硫磺 785
PD20093137 联苯菊酯 663
PD20093139 福・克 593
PD20093140 马拉硫磷 873
PD20093141 四螨嗪 274
PD20093142 吡虫啉 435
PD20093143 噻螨酮 917
PD20093144 硫磺 352
PD20093145 氰戊・辛硫磷 875
PD20093146 克百威 722
PD20093147 阿维菌素 365
PD20093148 高效氯氰菊酯 254
PD20093149 甲霜・锰锌 863
PD20093150 毒死蜱 802
PD20093151 噁草・丁草胺 465
PD20093152 毒死蜱 895
PD20093153 高氯・灭多威 848
PD20093154 乙草胺 884
PD20093155 炔螨特 51
PD20093156 苯磺隆 696
PD20093157 高氯・马 440
PD20093158 噻吩磺隆 689
PD20093159 异噁草松 783
PD20093160 高氯・氟啶脲 667
PD20093162 多・锰锌 249
PD20093163 福・甲・硫磺 423
PD20093164 多菌灵 325
PD20093165 三唑磷 871
PD20093166 敌畏・毒死蜱 216
PD20093167 高氯・辛硫磷 115
PD20093168 多・福 970
PD20093169 溴敌隆 312
PD20093170 联苯菊酯 325
PD20093171 阿维・吡虫啉 342
PD20093172 二甲戊灵 369
PD20093173 三乙膦酸铝 139
PD20093174 氰戊菊酯 348
PD20093175 井冈・三环唑 592
PD20093176 精喹禾灵 264
PD20093177 萎锈・福美双 924
PD20093178 高效氯氟氰菊酯 754
PD20093179 井冈霉素 194
PD20093180 百草枯 821
PD20093181 戊唑醇 501
PD20093182 福・甲・硫磺 789
PD20093183 氟磺胺草醚 692
PD20093184 多・福 895
PD20093185 乙草・氯磺隆 611
PD20093186 苄・乙 75
PD20093187 氯氰菊酯 126
PD20093188 氯氟吡氧乙酸异辛酯 306
PD20093189 氟乐灵 830
PD20093190 噻嗪酮 884
PD20093191 毒死蜱 82
PD20093192 多效唑 312
PD20093193 阿维・三唑锡 161
PD20093194 苯磺隆 75
PD20093195 毒・辛 744
PD20093196 百草枯 260
PD20093197 萘乙酸 912
PD20093198 甲硫・福美双 937
PD20093199 多・福 386
PD20093201 高氯・马 277
PD20093202 百菌清 316
PD20093204 辛硫磷 656
PD20093205 腐霉・多菌灵 532
PD20093206 异稻瘟净 632
PD20093207 氟磺胺草醚 834
PD20093208 阿维菌素 759
PD20093209 马拉硫磷 661
PD20093210 异丙草・莠 1126
PD20093211 腐霉・福美双 788
PD20093212 毒死蜱 1024
PD20093213 乙酰甲胺磷 361
PD20093214 阿维・苏云菌 661
PD20093215 多菌灵 1046
PD20093216 克・戊・三唑酮 448
PD20093217 福・霜・敌磺钠 669
PD20093218 阿维・高氯氟 615
PD20093219 啶虫脒 367
PD20093220 代森锌 830
PD20093221 多・福・锰锌 277
PD20093222 联苯菊酯 44
PD20093223 百菌清 574
PD20093224 异甲・莠去津 357
PD20093225 毒死蜱 54
PD20093226 百草枯 663
PD20093227 高氯・灭多威 957
PD20093228 敌畏・毒死蜱 779
PD20093229 丙草胺 1103
PD20093230 咪鲜胺 431
PD20093231 福・福锌 357
PD20093232 多・锰锌 902
PD20093233 甲基硫菌灵 913
PD20093234 啶虫脒 105
PD20093235 咪鲜・吡虫啉 423
PD20093236 辛硫磷 414
PD20093237 炔螨特 1024
PD20093238 灭多威 921
PD20093239 辛硫・灭多威 836
PD20093240 甲柳・三唑酮 330
PD20093241 福美双 414
PD20093242 异菌脲 884
PD20093243 烯唑醇 302

PD20093244	苯·苄·乙草胺	430
PD20093245	丙溴·辛硫磷	431
PD20093246	吡嘧磺隆	734
PD20093247	联苯菊酯	1039
PD20093248	啶虫脒	250
PD20093249	苄·丁	642
PD20093250	氟吡甲禾灵	600
PD20093251	辛硫·三唑酮	328
PD20093252	联苯菊酯	634
PD20093253	高效氯氟氰菊酯	193
PD20093254	炔螨特	819
PD20093255	噻螨酮	302
PD20093256	灭多威	433
PD20093257	唑酮·福美双	417
PD20093258	精噁唑禾草灵	75
PD20093259	氟吡甲禾灵	476
PD20093260	草甘膦铵盐	559
PD20093262	甲维盐·氯氰	899
PD20093263	高效氯氟氰菊酯	45
PD20093264	阿维·炔螨特	836
PD20093265	二嗪磷	1076
PD20093266	噻螨酮	1105
PD20093267	代森锌	836
PD20093268	多·福	943
PD20093269	异丙威	1088
PD20093270	高效氯氟氰菊酯	330
PD20093271	杀螟硫磷	1088
PD20093272	杀螟硫磷	1088
PD20093273	硫磺·多菌灵	753
PD20093274	戊唑醇	579
PD20093275	噻螨酮	229
PD20093276	辛硫·灭多威	69
PD20093277	井冈霉素	933
PD20093278	高效氯氟氰菊酯	804
PD20093279	嗪酮·乙草胺	134
PD20093280	丁草胺	1103
PD20093281	阿维菌素	238
PD20093282	多菌灵	574
PD20093283	草甘膦	954
PD20093284	乙铝·锰锌	865
PD20093285	敌磺·福美双	386
PD20093286	阿维·杀螟松	593
PD20093287	抗蚜威	933
PD20093288	醚菊酯	893
PD20093289	溴氰菊酯	307
PD20093290	草甘膦	799
PD20093291	芸苔素内酯	333
PD20093292	噻嗪·异丙威	602
PD20093293	丙草胺	1116
PD20093294	联苯菊酯	1040
PD20093295	杀虫双	434
PD20093296	高效氯氰菊酯	177
PD20093297	吡虫啉	848
PD20093298	阿维·毒死蜱	645
PD20093299	甲氨基阿维菌素苯甲酸盐	291
PD20093300	2甲·灭草松	384
PD20093301	高效氯氟氰菊酯	701
PD20093302	三唑酮	785
PD20093303	咪鲜胺	583
PD20093304	精噁·胺苯	54
PD20093305	井冈·烯唑醇	535
PD20093306	乙草胺	734
PD20093307	马拉·杀扑磷	830
PD20093308	溴敌隆	97
PD20093309	溴鼠灵	275
PD20093310	高效氯氰菊酯	280
PD20093311	乙草胺	399
PD20093312	代森锌	785
PD20093313	异噁·氟磺胺	679
PD20093314	敌百·辛硫磷	337
PD20093315	敌敌畏	656
PD20093316	噻嗪酮	396
PD20093317	代森锌	183
PD20093318	多·福	346
PD20093319	霜脲·百菌清	322
PD20093320	阿维菌素	841
PD20093321	烟嘧磺隆	84
PD20093322	福·福锌	293
PD20093323	马拉·灭多威	956
PD20093324	辛硫·三唑磷	656
PD20093325	辛硫·三唑磷	656
PD20093326	螨醇·哒螨灵	667
PD20093327	杀扑磷	667
PD20093328	辛硫·三唑磷	652
PD20093329	螨醇·哒螨灵	667
PD20093330	唑磷·毒死蜱	667
PD20093331	乙铝·锰锌	968
PD20093332	乙草胺	797
PD20093333	苄嘧磺隆	691
PD20093334	灭多威	670
PD20093335	唑草·苯磺隆	567
PD20093336	草甘膦	323
PD20093337	甲氨基阿维菌素苯甲酸盐	315
PD20093338	苏云金杆菌	71
PD20093339	乙草胺	677
PD20093340	噻嗪·异丙威	722
PD20093341	异丙草·莠	887
PD20093342	高效氯氟氰菊酯	583
PD20093343	三唑锡	1087
PD20093344	氟啶脲	236
PD20093345	敌百虫	404
PD20093346	毒死蜱	71
PD20093347	唑酮·氧乐果	311
PD20093348	氟铃·辛硫磷	351
PD20093349	联苯菊酯	1024
PD20093350	啶虫脒	243
PD20093351	阿维菌素	1126
PD20093353	多·福	379
PD20093354	甲硫·福美双	906
PD20093355	啶菌·福美双	695
PD20093356	阿维菌素	331
PD20093357	草甘膦	631
PD20093359	烯唑醇	265
PD20093360	甲柳·三唑酮	363
PD20093361	氰戊·马拉松	332
PD20093362	甲硫·福美双	126
PD20093363	代森锰锌	507
PD20093365	吡虫啉	254
PD20093366	高效氯氰菊酯	359
PD20093367	敌畏·毒死蜱	1000
PD20093368	单甲脒盐酸盐	402
PD20093369	单甲脒盐酸盐	1039
PD20093370	克百·敌百虫	233
PD20093371	螨醇·哒螨灵	667
PD20093372	吡虫·杀虫单	656
PD20093373	丙威·毒死蜱	476
PD20093374	单甲脒盐酸盐	641
PD20093376	苯·苄·乙草胺	476
PD20093377	杀双·灭多威	667
PD20093379	唑磷·毒死蜱	203
PD20093380	氯氰·硫丹	667
PD20093381	代森锰锌	688
PD20093382	井冈·蜡芽菌	1110
PD20093383	甲柳·三唑酮	350
PD20093384	代森锌	952
PD20093385	甲柳·三唑酮	366

PD20093386 辛硫磷 360
PD20093387 噻嗪·异丙威 426
PD20093388 敌鼠钠盐 155
PD20093389 哒螨灵 357
PD20093390 苯醚甲环唑 302
PD20093391 氯氰·丙溴磷 649
PD20093392 丙溴磷 138
PD20093393 高效氯氰菊酯 393
PD20093394 甲霜·福美锌 799
PD20093395 醚菊酯 964
PD20093396 乐果 470
PD20093397 高氯·甲维盐 360
PD20093398 噁草酮 85
PD20093399 氟菌唑 986
PD20093400 高氯·马 758
PD20093401 氰戊·乐果 906
PD20093403 异丙甲草胺 642
PD20093404 苏云金杆菌 904
PD20093405 多·福 712
PD20093406 溴氰 ·敌敌畏 83
PD20093407 炔螨特 367
PD20093408 苄·二氯 683
PD20093409 苄·乙 1024
PD20093410 联苯菊酯 227
PD20093411 硫磺·多菌灵 956
PD20093412 氰戊·马拉松 781
PD20093413 草甘膦异丙胺盐 689
PD20093414 硫磺·三唑酮 750
PD20093415 甲氰·辛硫磷 1048
PD20093416 杀螟丹 133
PD20093417 辛硫磷 937
PD20093418 丙环唑 727
PD20093419 毒死蜱 512
PD20093420 溴鼠灵 354
PD20093421 精喹禾灵 63
PD20093422 氯氰·毒死蜱 122
PD20093423 多效唑 999
PD20093424 乙草胺 746
PD20093425 联苯菊酯 913
PD20093426 井冈·硫酸铜 650
PD20093427 多·福 754
PD20093428 阿维·哒螨灵 974
PD20093429 灭草松 85
PD20093430 乙草胺 89
PD20093431 苯磺隆 89
PD20093432 多菌灵 874
PD20093433 精噁唑禾草灵 945
PD20093434 马拉·异丙威 956
PD20093435 甲维·毒死蜱 254
PD20093436 三环唑 1000
PD20093437 阿维·哒螨灵 705
PD20093438 烯酰吗啉 717
PD20093439 辛硫磷 773
PD20093440 四螨嗪 550
PD20093441 高效氟吡甲禾灵 251
PD20093442 嗪酮·乙草胺 440
PD20093443 莠灭净 867
PD20093444 莠去津 792
PD20093445 苯磺隆 557
PD20093446 毒·辛 588
PD20093447 高氯·马 921
PD20093448 多·福 804
PD20093449 霜霉威 106
PD20093450 草甘膦异丙胺盐 305
PD20093451 辛硫·三唑酮 342
PD20093452 丙环唑 988
PD20093453 甲基硫菌灵 648
PD20093454 乐果 155
PD20093456 乙草胺 520
PD20093457 2,4-滴 867
PD20093458 联苯菊酯 219
PD20093459 甲维盐·氯氰 836
PD20093460 联苯菊酯 952
PD20093461 三唑锡 754
PD20093462 多·锰锌 133
PD20093463 吡虫啉 251
PD20093464 苄·乙 544
PD20093465 草甘膦 396
PD20093466 炔螨特 330
PD20093467 高效氯氰菊酯 871
PD20093468 二氯喹啉酸 446
PD20093469 联苯菊酯 594
PD20093470 氟乐灵 300
PD20093471 三唑锡 725
PD20093472 吡虫啉 59
PD20093473 福美锌 758
PD20093474 马拉·辛硫磷 170
PD20093475 丙溴·辛硫磷 836
PD20093476 啶虫脒 819
PD20093477 百菌清 342
PD20093478 氟硅唑 996
PD20093479 草甘膦 988
PD20093480 福·福锌 763
PD20093481 啶虫脒 876
PD20093482 联苯菊酯 290
PD20093483 乙酰甲胺磷 727
PD20093484 炔螨特 891
PD20093485 井冈霉素 116
PD20093486 苏云金杆菌 389
PD20093487 丙环唑 414
PD20093488 烯草酮 1078
PD20093489 高效氯氟氰菊酯 417
PD20093490 甲哌鎓 312
PD20093491 哒螨·异丙威 322
PD20093492 辛硫磷 44
PD20093493 复硝酚钠 352
PD20093494 灭多威 823
PD20093495 氰戊·马拉松 342
PD20093496 异丙甲草胺 510
PD20093497 草甘膦异丙胺盐 234
PD20093498 多·福 880
PD20093499 高效氟吡甲禾灵 661
PD20093500 甲基硫菌灵 353
PD20093501 丙环唑 648
PD20093502 戊唑醇 524
PD20093503 虫酰肼 785
PD20093504 苄·二氯 546
PD20093505 苏云金杆菌 746
PD20093506 马拉硫磷 852
PD20093507 硫磺 144
PD20093508 井冈·杀虫单 535
PD20093509 苯丁锡 964
PD20093510 三唑锡 236
PD20093511 异菌脲 722
PD20093512 三环唑 1024
PD20093513 代森锰锌 785
PD20093514 联苯菊酯 485
PD20093515 丙环唑 1039
PD20093516 乙草胺 772
PD20093517 甲氰菊酯 821
PD20093518 甲硫·福美双 266
PD20093519 四螨嗪 968
PD20093520 乙草胺 867
PD20093521 代森锰锌 111
PD20093522 氟硅唑 1036
PD20093523 高效氯氟氰菊酯 1020

PD20093524	苯丁·哒螨灵	816
PD20093525	高氯·吡虫啉	374
PD20093526	二甲戊灵	646
PD20093527	三唑磷	361
PD20093528	甲霜·锰锌	1001
PD20093529	烯唑·多菌灵	570
PD20093530	草甘膦	183
PD20093531	速灭威	991
PD20093532	三环唑	107
PD20093533	霜脲·锰锌	783
PD20093534	啶虫脒	900
PD20093535	三唑锡	768
PD20093536	氰戊菊酯	673
PD20093537	烯酰·福美双	836
PD20093538	锰锌·百菌清	954
PD20093539	阿维菌素	236
PD20093540	毒·辛	647
PD20093541	高氯·辛硫磷	331
PD20093542	氯氟吡氧乙酸异辛酯	325
PD20093543	氟硅唑	101
PD20093544	硫磺·多菌灵	74
PD20093545	四聚乙醛	945
PD20093546	氰戊菊酯	260
PD20093547	溴氰 ·敌敌畏	974
PD20093548	吡虫啉	630
PD20093549	马拉硫磷	241
PD20093550	复硝酚钠	100
PD20093551	硫磺	144
PD20093552	杀虫双	78
PD20093553	三唑酮	350
PD20093554	克·戊·三唑酮	446
PD20093555	敌百·氧乐果	309
PD20093556	阿维·甲氰	758
PD20093557	氰戊菊酯	991
PD20093558	多·福·克	906
PD20093559	毒死蜱	67
PD20093560	毒死蜱	195
PD20093561	多菌灵	842
PD20093562	杀螟丹	55
PD20093563	硫磺·三环唑	512
PD20093564	氯氟吡氧乙酸	325
PD20093565	溴氰·毒死蜱	1020
PD20093566	啶虫脒	499
PD20093567	多菌灵	767
PD20093568	毒死蜱	729
PD20093569	甲基硫菌灵	752
PD20093570	高效氯氟氰菊酯	189
PD20093571	硫磺·稻瘟灵	420
PD20093572	井冈·杀虫单	490
PD20093573	三环唑	988
PD20093574	噻嗪·氧乐果	428
PD20093575	乐果	399
PD20093576	苄·乙	622
PD20093577	倍硫磷	1088
PD20093578	代森锰锌	767
PD20093579	高效氯氰菊酯	311
PD20093580	硫磺·三唑酮	705
PD20093581	腐霉利	272
PD20093582	二嗪磷	465
PD20093583	高氯·辛硫磷	728
PD20093584	多菌灵	802
PD20093585	敌磺钠	444
PD20093586	马拉硫磷	323
PD20093587	吡虫啉	229
PD20093588	四螨嗪	759
PD20093589	2甲4氯钠	78
PD20093590	吡虫啉	290
PD20093591	联苯菊酯	658
PD20093592	杀螺胺	229
PD20093593	多·锰锌	754
PD20093594	代森锰锌	931
PD20093595	高效氯氟氰菊酯	483
PD20093596	敌百·鱼藤酮	168
PD20093597	井冈霉素	290
PD20093598	溴氰 ·敌敌畏	69
PD20093599	马拉·高氯氟	618
PD20093600	噻嗪·异丙威	779
PD20093601	甲基硫菌灵	669
PD20093602	甲基硫菌灵	921
PD20093603	噁霜·锰锌	894
PD20093604	福·福锌	794
PD20093605	异丙草·莠	672
PD20093606	氯氰菊酯	730
PD20093607	三环唑	650
PD20093608	敌敌畏	78
PD20093609	异稻·稻瘟灵	426
PD20093610	甲哌鎓	1013
PD20093611	杀单·克百威	490
PD20093612	溴氰菊酯	335
PD20093613	甲基硫菌灵	893
PD20093614	三唑锡	838
PD20093615	高效氯氟氰菊酯	646
PD20093616	甲氰菊酯	893
PD20093617	阿维·辛硫磷	753
PD20093618	马拉·杀螟松	44
PD20093619	噻嗪·异丙威	290
PD20093620	氯氰·氧乐果	309
PD20093621	敌畏·毒死蜱	413
PD20093622	高氯·辛硫磷	431
PD20093623	氯氰·丙溴磷	802
PD20093624	仲丁灵	813
PD20093625	甲硫·百菌清	1115
PD20093626	井冈·烯唑醇	479
PD20093627	敌畏·毒死蜱	630
PD20093628	噻嗪·异丙威	839
PD20093629	萎锈灵	485
PD20093630	异丙甲草胺	797
PD20093631	丁硫克百威	266
PD20093632	芸苔·赤霉酸	1065
PD20093633	氟啶脲	525
PD20093634	啶虫脒	268
PD20093635	氟啶脲	816
PD20093636	乙烯利	739
PD20093637	乙草胺	797
PD20093638	百草枯	412
PD20093639	莠去津	743
PD20093640	高效氯氟氰菊酯	238
PD20093641	二甲戊灵	797
PD20093642	马拉硫磷	480
PD20093643	莠去津	113
PD20093644	杀螟丹	229
PD20093645	苯甲·丙环唑	183
PD20093646	啶虫脒	257
PD20093647	高氯·毒死蜱	289
PD20093648	溴氰 ·敌敌畏	170
PD20093649	杀螟丹	433
PD20093651	苄·丁·异丙隆	566
PD20093652	甲·戊·福美双	763
PD20093653	噁霉灵	968
PD20093654	烟嘧·莠去津	374
PD20093655	克百·敌百虫	338
PD20093656	异噁·氟磺胺	679
PD20093657	多菌灵	45
PD20093658	春雷霉素	965
PD20093659	联苯菊酯	330
PD20093660	噁草·丁草胺	566

PD20093661 氟磺胺草醚 366
PD20093662 精喹禾灵 790
PD20093663 高效氯氰菊酯 984
PD20093664 联苯菊酯 999
PD20093665 杀扑磷 290
PD20093666 氰草·莠去津 324
PD20093667 氟磺胺草醚 134
PD20093668 甲氰菊酯 891
PD20093669 氯氰菊酯 193
PD20093670 百草枯 1055
PD20093671 硫磺·多菌灵 783
PD20093672 精喹禾灵 924
PD20093673 精喹禾灵 790
PD20093674 丙溴·辛硫磷 739
PD20093675 咪唑乙烟酸 690
PD20093676 氟磺胺草醚 385
PD20093677 甲·戊·福美双 101
PD20093678 炔螨特 968
PD20093679 三环·多菌灵 73
PD20093680 丁硫克百威 224
PD20093681 虫酰肼 197
PD20093682 多抗霉素 877
PD20093683 杀虫双 188
PD20093684 氟乐灵 797
PD20093685 精喹禾灵 265
PD20093686 甲基硫菌灵 731
PD20093687 阿维·啶虫脒 816
PD20093688 吡虫啉 867
PD20093689 溴氰 ·敌敌畏 413
PD20093690 甲硫·福美双 972
PD20093691 精噁唑禾草灵 727
PD20093692 烯唑·多菌灵 516
PD20093693 敌敌畏 62
PD20093694 吡·萎·福美双 233
PD20093696 三乙膦酸铝 1048
PD20093697 百菌清 273
PD20093698 灭蝇胺 836
PD20093699 毒死蜱 787
PD20093700 高氯·马 739
PD20093701 多·福 739
PD20093702 毒死蜱 797
PD20093703 草甘膦 527
PD20093704 百菌清 1088
PD20093705 精喹·草除灵 564
PD20093706 草甘膦异丙胺盐 516
PD20093707 氯氰·辛硫磷 73
PD20093708 丁硫·辛硫磷 418
PD20093709 氯氰菊酯 216
PD20093710 精喹禾灵 241
PD20093711 苄嘧·苯噻酰 448
PD20093712 氯氰菊酯 280
PD20093713 噻嗪酮 428
PD20093714 溴氰菊酯 129
PD20093715 苄·二氯 58
PD20093716 苯磺·异丙隆 557
PD20093717 苏云金杆菌 904
PD20093718 多·福 101
PD20093719 硅唑·咪鲜胺 1036
PD20093720 乙草胺 622
PD20093721 草甘膦 295
PD20093722 氟磺胺草醚 236
PD20093723 氟铃脲 229
PD20093724 敌百·辛硫磷 644
PD20093725 氯氰菊酯 133
PD20093726 复硝酚钠 220
PD20093727 异菌·多菌灵 303
PD20093728 杀扑·毒死蜱 1121
PD20093729 松·喹·氟磺胺 374
PD20093730 聚醛·甲萘威 490
PD20093731 烟嘧磺隆 236
PD20093732 除脲·辛硫磷 414
PD20093733 甲硫·福美双 744
PD20093734 苄嘧·苯噻酰 241
PD20093735 三唑磷 630
PD20093736 乙烯利 262
PD20093737 丁草胺 369
PD20093738 草甘膦 1087
PD20093739 三环唑 999
PD20093740 草甘膦异丙胺盐 229
PD20093741 氟磺胺草醚 679
PD20093742 啶虫脒 899
PD20093743 戊唑醇 1119
PD20093744 咪鲜胺 1007
PD20093745 硫磺·百菌清 770
PD20093746 丙溴磷 851
PD20093747 吡虫·辛硫磷 914
PD20093748 敌草隆 372
PD20093749 杀双·灭多威 213
PD20093750 氰草·莠去津 361
PD20093751 啶虫脒 814
PD20093752 福·福锌 423
PD20093753 啶虫脒 257
PD20093754 精喹禾灵 385
PD20093755 阿维·辛硫磷 1060
PD20093756 溴苯腈 485
PD20093757 丙环唑 229
PD20093758 哒螨灵 229
PD20093759 唑磷·毒死蜱 579
PD20093760 井冈霉素 996
PD20093761 烯唑醇 579
PD20093762 草甘膦异丙胺盐(41%) 236
PD20093763 烯唑醇 579
PD20093764 精喹禾灵 980
PD20093765 阿维·毒死蜱 968
PD20093766 阿维·啶虫脒 302
PD20093767 代森锰锌 91
PD20093768 乐果·高氯氟 418
PD20093769 戊唑醇 621
PD20093770 井冈霉素 787
PD20093771 苄磺隆 153
PD20093772 草甘膦异丙胺盐 429
PD20093773 莠去津 301
PD20093774 乙氧氟草醚 689
PD20093775 丁·莠 797
PD20093776 丁硫克百威 661
PD20093777 精喹禾灵 312
PD20093778 甲氨基阿维菌素苯甲酸盐 717
PD20093779 草甘膦 429
PD20093780 硫磺·多菌灵 766
PD20093781 草甘膦异丙胺盐 106
PD20093782 噁霉灵 236
PD20093783 苄·二氯 667
PD20093784 莠灭净 867
PD20093785 高效氯氰菊酯 658
PD20093786 吡嘧磺隆 999
PD20093787 高氯·马 742
PD20093788 阿维菌素 238
PD20093789 毒死蜱 661
PD20093790 乙烯利 583
PD20093792 莠去津 274
PD20093793 乐果 945
PD20093794 氟胺·灭草松 375
PD20093795 扑·乙 566
PD20093796 唑磷·毒死蜱 403
PD20093797 毒死蜱 787
PD20093798 毒·辛 648

PD20093799	除虫脲	986
PD20093800	异丙隆	557
PD20093801	乙草胺	274
PD20093802	丁草胺	743
PD20093803	高效氯氟氰菊酯	847
PD20093804	高效氟吡甲禾灵	603
PD20093805	苄磺隆	301
PD20093806	草甘膦	157
PD20093807	精喹·草除灵	539
PD20093808	敌草隆	372
PD20093809	莠灭净	924
PD20093810	阿维·高氯	890
PD20093811	乙铝·锰锌	325
PD20093812	苄·丁	417
PD20093813	二氯喹啉酸	558
PD20093814	甲·乙·莠	836
PD20093815	乙烯利	255
PD20093816	2甲·绿麦隆	330
PD20093817	联苯菊酯	217
PD20093818	扑·乙	468
PD20093819	氰戊·乐果	89
PD20093820	毒死蜱	204
PD20093821	噻嗪·异丙威	633
PD20093822	精喹禾灵	770
PD20093823	氟磺胺草醚	55
PD20093824	高效氯氟氰菊酯	615
PD20093825	啶虫脒	996
PD20093826	杀螺胺	126
PD20093827	氯氰·敌敌畏	750
PD20093828	高效氯氟氰菊酯	999
PD20093829	烯唑醇	161
PD20093830	苄·乙	55
PD20093831	溴氰·马拉松	974
PD20093832	丙环唑	241
PD20093833	联苯菊酯	300
PD20093834	氟硅唑	144
PD20093835	虫酰肼	646
PD20093836	苄·丁	134
PD20093837	甲基硫菌灵	335
PD20093838	腈菌·福美双	77
PD20093839	异丙草胺	510
PD20093840	草甘膦	699
PD20093841	唑磷·毒死蜱	103
PD20093842	多菌灵	49
PD20093843	高效氯氟氰菊酯	188
PD20093844	氰戊菊酯	559
PD20093845	啶虫脒	710
PD20093846	三唑锡	894
PD20093847	吡虫·噻嗪酮	220
PD20093848	S-诱抗素	1015
PD20093849	乙铝·锰锌	712
PD20093850	苄磺隆	712
PD20093851	四螨嗪	274
PD20093852	百草枯	773
PD20093853	噻嗪·异丙威	968
PD20093854	甲柳·三唑酮	333
PD20093855	乙草胺	544
PD20093856	阿维菌素	889
PD20093857	马拉硫磷	937
PD20093858	百菌清	322
PD20093859	甲戊·乙草胺	450
PD20093860	三唑磷	262
PD20093861	杀扑磷	400
PD20093862	多菌灵	1040
PD20093863	辛硫·灭多威	1048
PD20093864	马拉·杀螟松	893
PD20093865	顺式氯氰菊酯	842
PD20093866	噻嗪酮	49
PD20093867	多·锰锌	220
PD20093868	噻嗪·异丙威	646
PD20093869	硫磺·三环唑	60
PD20093870	多菌灵	743
PD20093871	马拉硫磷	530
PD20093872	多菌灵	954
PD20093873	丙环唑	530
PD20093874	喹·胺·草除灵	57
PD20093875	吡虫·杀虫单	864
PD20093876	毒死蜱	653
PD20093877	异菌脲	743
PD20093878	二甲戊灵	272
PD20093879	啶虫脒	827
PD20093880	氯氰菊酯	1048
PD20093881	毒死蜱	633
PD20093882	复硝酚钠	333
PD20093883	丁硫·马	199
PD20093884	高效氯氰菊酯	412
PD20093885	高氯·辛硫磷	945
PD20093886	联苯菊酯	915
PD20093887	辛硫磷	534
PD20093888	二甲戊灵	827
PD20093889	马拉硫磷	787
PD20093890	噁霉灵	1049
PD20093891	马·氰·辛硫磷	386
PD20093892	甲氨基阿维菌素苯甲酸盐	289
PD20093893	甲戊·扑草净	451
PD20093894	多·福	956
PD20093895	毒死蜱	424
PD20093896	代森锰锌	813
PD20093897	2,4-滴	783
PD20093898	高效氟吡甲禾灵	271
PD20093899	腈菌唑	627
PD20093900	氯氰·敌敌畏	260
PD20093901	阿维菌素	705
PD20093902	联苯菊酯	430
PD20093903	苄磺隆	530
PD20093904	精喹禾灵	797
PD20093905	乙氧氟草醚	1089
PD20093906	辛硫·灭多威	238
PD20093907	精喹禾灵	262
PD20093908	高氯·毒死蜱	249
PD20093909	异稻瘟净	1049
PD20093910	氰戊·辛硫磷	367
PD20093911	甲霜·锰锌	243
PD20093912	百菌清	632
PD20093913	联苯菊酯	193
PD20093914	高效氯氟氰菊酯	432
PD20093915	噻苯隆	485
PD20093916	氟磺胺草醚	797
PD20093917	精喹禾灵	996
PD20093918	阿维菌素	991
PD20093919	炔螨特	1049
PD20093920	高氯·毒死蜱	960
PD20093921	四螨嗪	933
PD20093922	高效氟吡甲禾灵	571
PD20093923	马拉·杀螟松	739
PD20093925	丁·异·莠去津	797
PD20093926	联苯菊酯	821
PD20093927	氯氰·毒死蜱	1079
PD20093928	氟胺·灭草松	520
PD20093929	乙草胺	531
PD20093930	啶虫脒	501
PD20093931	二氯喹啉酸	696
PD20093932	除脲·辛硫磷	74
PD20093933	代森锰锌	909
PD20093934	百草枯	1026
PD20093935	甲基硫菌灵	785

PD20093936	腐霉利	894
PD20093937	丁硫克百威	1049
PD20093938	苄·二氯	417
PD20093939	阿维·高氯	862
PD20093941	甲氰菊酯	113
PD20093942	四螨嗪	968
PD20093943	氯氟吡氧乙酸异辛酯	879
PD20093944	苄·二氯	370
PD20093945	高效氯氰菊酯	286
PD20093946	氯氰·马拉松	479
PD20093947	高效氯氟氰菊酯	753
PD20093948	高效氯氟氰菊酯	787
PD20093949	赤霉酸	863
PD20093950	氟磺胺草醚	895
PD20093951	莠去津	945
PD20093952	苄嘧磺隆	73
PD20093953	井冈·杀虫双	137
PD20093954	噻嗪·异丙威	663
PD20093955	三唑锡	722
PD20093956	哒螨灵	781
PD20093957	精喹禾灵	744
PD20093958	稻瘟灵	1033
PD20093959	硫磺	1113
PD20093960	草甘膦	1113
PD20093961	敌敌畏	867
PD20093962	高效氯氟氰菊酯	390
PD20093963	辛硫磷	340
PD20093964	氰戊·氧乐果	130
PD20093965	氰戊菊酯	531
PD20093966	辛硫·三唑磷	785
PD20093967	氢氧化铜	863
PD20093968	高氯·甲维盐	284
PD20093969	甲霜·锰锌	956
PD20093970	乙草胺	175
PD20093971	草甘膦异丙胺盐	797
PD20093972	多·锰锌	931
PD20093973	杀扑磷	1115
PD20093974	氯氰·辛硫磷	322
PD20093975	莠去津	444
PD20093976	毒死蜱	422
PD20093977	杀鼠醚	98
PD20093978	联苯菊酯	208
PD20093979	毒死蜱	531
PD20093980	烯草酮	440
PD20093981	啶虫脒	828
PD20093982	三唑锡	902
PD20093983	喹硫磷	927
PD20093984	辛硫·三唑磷	68
PD20093985	氰戊·乐果	133
PD20093986	高效氯氟氰菊酯	243
PD20093987	甲氰菊酯	257
PD20093988	啶虫脒	766
PD20093989	苄·乙	520
PD20093990	异丙威	763
PD20093991	多·锰锌	839
PD20093992	高氯·辛硫磷	1035
PD20093993	溴氰 ·敌敌畏	77
PD20093994	甲霜·锰锌	177
PD20093995	井冈霉素A	336
PD20093996	多·福	759
PD20093997	代森锌	731
PD20093998	联苯菊酯	893
PD20093999	氟氯氰菊酯	893
PD20094000	氯氰菊酯	189
PD20094001	丁硫克百威	238
PD20094002	百草枯	727
PD20094003	井冈霉素	133
PD20094004	井冈霉素	133
PD20094005	苄嘧·哌草丹	1090
PD20094006	乙·莠	603
PD20094007	烯酰吗啉	721
PD20094008	吡嘧磺隆	557
PD20094009	高效氯氟氰菊酯	751
PD20094010	乙草胺	799
PD20094011	福美双	833
PD20094012	腐霉·福美双	384
PD20094013	醚菊酯	937
PD20094014	哒螨灵	229
PD20094015	井冈·蜡芽菌	984
PD20094016	吡虫啉	492
PD20094017	苄嘧·丙草胺	423
PD20094018	精喹禾灵	59
PD20094019	阿维·高氯氟	584
PD20094020	高效氯氟氰菊酯	893
PD20094021	吡虫·仲丁威	699
PD20094022	氯氰·辛硫磷	329
PD20094023	苯醚甲环唑	986
PD20094024	四螨嗪	229
PD20094025	甲基硫菌灵	229
PD20094026	氟啶脲	1049
PD20094027	氰戊菊酯	632
PD20094029	阿维·杀虫单	87
PD20094030	胺苯磺隆	588
PD20094031	辛硫磷	686
PD20094032	仲丁灵	760
PD20094033	高效氯氰菊酯	770
PD20094034	腐霉利	95
PD20094035	乙草胺	312
PD20094036	春雷霉素	722
PD20094037	三唑磷	770
PD20094039	甲基硫菌灵	894
PD20094040	氯氰菊酯	891
PD20094041	哒螨灵	827
PD20094042	精喹禾灵	909
PD20094043	碱式硫酸铜	123
PD20094044	阿维·高氯	123
PD20094045	氯菊酯	996
PD20094046	苯噻酰草胺	374
PD20094047	敌畏·氧乐果	839
PD20094048	三唑磷	653
PD20094049	丙环唑	894
PD20094050	仲威·毒死蜱	849
PD20094051	氟乐灵	295
PD20094052	哒螨灵	271
PD20094053	丙环唑	242
PD20094054	高效氟吡甲禾灵	335
PD20094055	异丙甲草胺	335
PD20094057	烯唑醇	496
PD20094058	百草枯	1024
PD20094059	高氯·辛硫磷	369
PD20094060	唑酮·福美双	372
PD20094061	烯唑醇	335
PD20094062	多菌灵	260
PD20094063	三环唑	1049
PD20094064	溴氰菊酯	1038
PD20094065	草甘膦异丙胺盐	618
PD20094066	三环唑	113
PD20094067	辛硫·氧乐果	270
PD20094068	氰戊菊酯	168
PD20094069	高效氯氰菊酯	712
PD20094070	乙铝·锰锌	799
PD20094071	烯唑醇	350
PD20094072	复硝酚钠	1037
PD20094073	代森锰锌	168
PD20094074	阿维·高氯	339
PD20094075	马拉·杀螟松	632

PD20094076	氰氟·精噁唑	566
PD20094077	精喹·草除灵	642
PD20094078	辛硫·三唑酮	337
PD20094079	高氯·毒死蜱	107
PD20094080	马拉·杀螟松	331
PD20094081	精喹禾灵	768
PD20094082	苯磺隆	1022
PD20094083	戊唑醇	593
PD20094084	高氯·马	322
PD20094085	氯氰菊酯	765
PD20094086	精吡氟禾草灵	525
PD20094087	噻嗪·异丙威	650
PD20094088	精喹禾灵	294
PD20094089	阿维·毒死蜱	70
PD20094090	吡虫啉	992
PD20094091	稻瘟灵	229
PD20094092	氯氟吡氧乙酸异辛酯	88
PD20094093	苄嘧磺隆	448
PD20094094	异噁草松	549
PD20094095	氯氟吡氧乙酸	821
PD20094096	乙草胺	344
PD20094097	高效氯氟氰菊酯	227
PD20094098	除虫脲	314
PD20094099	多·福	783
PD20094100	苄嘧磺隆	642
PD20094101	溴氰·仲丁威	77
PD20094102	甲氰·辛硫磷	951
PD20094103	异稻·稻瘟灵	642
PD20094104	异丙甲草胺	324
PD20094105	异丙威	319
PD20094106	硫磺·三环唑	630
PD20094107	苄·丁	630
PD20094108	敌敌畏	632
PD20094109	氯氰·辛硫磷	322
PD20094110	异丙甲·苄	642
PD20094111	阿维·三唑磷	642
PD20094112	杀螟丹	650
PD20094113	莠去津	792
PD20094114	阿维·高氯	603
PD20094115	精喹禾灵	390
PD20094116	精喹禾灵	324
PD20094117	溴敌隆	304
PD20094119	噁霉灵	448
PD20094120	辛硫磷	312
PD20094121	甲氰·辛硫磷	307
PD20094122	辛硫·灭多威	763
PD20094123	氟磺胺草醚	374
PD20094124	甲霜·锰锌	323
PD20094125	氰戊·乐果	137
PD20094127	唑磷·毒死蜱	644
PD20094128	精喹禾灵	322
PD20094129	多·福	873
PD20094130	多·福	943
PD20094131	锰锌·烯唑醇	564
PD20094132	二氯喹啉酸	374
PD20094133	乙烯利	510
PD20094134	唑酮·氧乐果	60
PD20094135	辛硫磷	326
PD20094136	2甲4氯钠	444
PD20094137	稻瘟灵	1026
PD20094138	毒死蜱	168
PD20094139	氯氰菊酯	361
PD20094140	毒死蜱	646
PD20094141	氯氰·敌敌畏	340
PD20094142	丁草胺	307
PD20094144	高效氯氰菊酯	133
PD20094145	仲丁威	422
PD20094146	高效氯氰菊酯	390
PD20094149	氯氰菊酯	787
PD20094150	仲丁灵	638
PD20094151	阿维·高氯	338
PD20094152	霜脲·百菌清	342
PD20094153	硫磺	151
PD20094154	咪鲜胺	384
PD20094155	阿维菌素	806
PD20094156	硝钠·萘乙酸	346
PD20094157	硫磺·苯丁锡	151
PD20094159	多·福·锰锌	293
PD20094160	高氯·辛硫磷	309
PD20094161	乙烯利	131
PD20094162	甲霜·福美双	673
PD20094163	甲维·氟铃脲	705
PD20094164	烟嘧磺隆	1040
PD20094166	烟嘧磺隆	854
PD20094167	氟磺胺草醚	259
PD20094168	异丙威	422
PD20094169	异噁·氟磺胺	465
PD20094170	精喹禾灵	691
PD20094171	溴氰·马拉松	196
PD20094172	草甘膦异丙胺盐(41%)	218
PD20094173	井冈霉素	792
PD20094174	高效氯氟氰菊酯	846
PD20094175	阿维菌素	717
PD20094176	高效氯氰菊酯	188
PD20094177	烯效唑	1029
PD20094178	代森锰锌	750
PD20094179	复硝酚钠	55
PD20094180	噻嗪·异丙威	170
PD20094181	氯氰菊酯	730
PD20094182	异丙草胺	375
PD20094183	阿维菌素	260
PD20094184	代森锰锌	921
PD20094185	戊唑·福美双	233
PD20094186	苯磺隆	727
PD20094187	辛硫磷	60
PD20094188	二甲戊灵	695
PD20094189	阿维菌素	269
PD20094190	灭线磷	153
PD20094191	氯氟吡氧乙酸异辛酯	583
PD20094192	敌敌畏	362
PD20094193	咪唑乙烟酸	691
PD20094194	莠去津	772
PD20094195	辛硫·三唑磷	584
PD20094196	波尔·霜脲氰	516
PD20094197	乙铝·多菌灵	60
PD20094198	草甘膦异丙胺盐(41%)	468
PD20094199	甲基硫菌灵	915
PD20094200	聚醛·甲萘威	478
PD20094201	扑·乙	1090
PD20094202	辛硫·灭多威	311
PD20094203	高氯·辛硫磷	82
PD20094204	甲柳·三唑酮	365
PD20094205	甲柳·三唑酮	340
PD20094206	丙溴·灭多威	324
PD20094207	甲柳·三唑酮	319
PD20094209	阿维菌素	887
PD20094210	阿维菌素	299
PD20094211	氟虫脲	863
PD20094212	咪鲜胺	937
PD20094213	甲硫·福美双	326
PD20094214	高效氯氟氰菊酯	747
PD20094215	异稻·稻瘟灵	699
PD20094216	辛硫磷	856
PD20094217	噁霉灵	195
PD20094218	多菌灵	628
PD20094219	氟硅唑	1036

PD20094220	福美双	170
PD20094221	咪唑乙烟酸	437
PD20094222	多·锰锌	968
PD20094223	烯唑醇	463
PD20094224	氟磺胺草醚	385
PD20094225	毒死蜱	431
PD20094226	百草枯	258
PD20094227	莠去津	218
PD20094228	唑螨酯	965
PD20094229	咪唑乙烟酸	264
PD20094230	联苯菊酯	922
PD20094231	异丙威	49
PD20094232	噻螨酮	927
PD20094233	福·甲·硫磺	417
PD20094234	氯氟吡氧乙酸	326
PD20094235	异丙甲·苄	1116
PD20094236	莠去津	797
PD20094237	高氯·辛	188
PD20094238	赤霉酸	359
PD20094239	氯氟吡氧乙酸异辛酯	134
PD20094240	丙环唑	55
PD20094241	芸苔素内酯	304
PD20094242	氯氟吡氧乙酸异辛酯(288克/升)	1000
PD20094243	灭草松	385
PD20094244	喹·唑·氟磺胺	385
PD20094245	磷化铝	380
PD20094246	阿维·吡虫啉	151
PD20094247	稻丰散	323
PD20094248	苏云金杆菌	338
PD20094249	辛硫·灭多威	699
PD20094250	高效氯氟氰菊酯	615
PD20094251	氟磺胺草醚	802
PD20094252	氰戊·三唑酮	490
PD20094253	硫·酮·多菌灵	293
PD20094254	多·咪·福美双	1036
PD20094255	精吡氟禾草灵	510
PD20094256	乙草胺	743
PD20094257	甲枯·福美双	1061
PD20094258	氟磺胺草醚	712
PD20094259	杀螟丹	227
PD20094260	腐霉·福美双	151
PD20094261	速灭威	933
PD20094262	麦畏·草甘膦	110
PD20094263	多·福	827
PD20094264	百菌清	317
PD20094265	三环唑	976
PD20094266	井冈·多菌灵	856
PD20094267	硫磺·甲硫灵	968
PD20094268	福·福锌	863
PD20094269	毒死蜱	722
PD20094270	吡虫·杀虫单	907
PD20094271	苏云金杆菌	389
PD20094272	溴鼠灵	686
PD20094273	多·福	365
PD20094274	高氯·虫酰肼	153
PD20094275	辛硫磷	752
PD20094276	高氯·辛硫磷	992
PD20094277	三唑酮	1015
PD20094278	苏云金杆菌	387
PD20094279	烯唑·多菌灵	226
PD20094280	氯氰·吡虫啉	792
PD20094281	高效氯氰菊酯	266
PD20094282	氰戊·辛硫磷	251
PD20094283	硫磺·锰锌	340
PD20094284	噻嗪·杀扑磷	836
PD20094285	速灭威	648
PD20094286	硅唑·多菌灵	893
PD20094287	溴氰菊酯	536

PD20094288	烯唑醇	999
PD20094289	甲霜·福美双	379
PD20094290	多菌灵	229
PD20094291	苏云金杆菌	170
PD20094292	氟磺胺草醚	924
PD20094293	多·福	968
PD20094294	联苯菊酯	863
PD20094295	多唑·丁草胺	1097
PD20094296	氰戊·马拉松	330
PD20094297	联苯菊酯	907
PD20094298	三唑锡	823
PD20094299	精喹禾灵	804
PD20094300	咪唑乙烟酸	734
PD20094301	烟嘧磺隆	55
PD20094302	高效氯氟氰菊酯	1042
PD20094303	二甲戊灵	1042
PD20094304	噻嗪酮	933
PD20094305	溴氰·硫丹	170
PD20094306	氟铃脲	890
PD20094307	高效氯氰菊酯	1042
PD20094308	异丙草·莠	344
PD20094309	异丙草·莠	312
PD20094310	氯氰菊酯	863
PD20094311	锰锌·腈菌唑	323
PD20094312	甲基硫菌灵	1048
PD20094313	苏云金杆菌	989
PD20094314	硫磺·三环唑	219
PD20094315	扑·乙	742
PD20094316	噻菌灵	999
PD20094317	甲硫·福美双	758
PD20094318	吡虫·辛硫磷	1065
PD20094319	噻菌灵	577
PD20094320	阿维·苏云菌	82
PD20094321	氟铃·毒死蜱	899
PD20094322	辛硫磷	1057
PD20094323	代森锰锌	867
PD20094324	百草枯	1056
PD20094325	啶虫脒	516
PD20094326	联苯菊酯	224
PD20094327	代森锰锌	332
PD20094328	苄嘧磺隆	510
PD20094329	乳氟禾草灵	924
PD20094330	唑磷·毒死蜱	663
PD20094332	多·福	268
PD20094333	氯氰·敌敌畏	193
PD20094334	甲维·氟铃脲	126
PD20094335	烟嘧磺隆	717
PD20094336	烟嘧磺隆	248
PD20094337	乙羧氟草醚	465
PD20094338	乙羧氟草醚	465
PD20094339	石硫合剂	937
PD20094340	三氯异氰尿酸	426
PD20094341	多·锰锌	731
PD20094342	甲氰·氧乐果	677
PD20094343	丁硫·福·戊唑	490
PD20094344	高效氯氟氰菊酯	960
PD20094345	阿维·三唑锡	297
PD20094346	氯氰·敌敌畏	779
PD20094347	草甘膦	417
PD20094348	高氯·马	730
PD20094349	多·锰锌	766
PD20094350	四螨嗪	931
PD20094351	多·福	754
PD20094352	氟硅唑	1036
PD20094353	氧氟·乙草胺	603
PD20094354	福·甲·硫磺	1051
PD20094355	乙草胺	369
PD20094356	联苯菊酯	639

PD20094357 腐霉·福美双 877
PD20094358 代森锌 893
PD20094359 硫双威 850
PD20094360 氯氰菊酯 843
PD20094361 苄·乙·扑草净 223
PD20094362 吡虫啉 70
PD20094363 烯禾啶 734
PD20094364 松·喹·氟磺胺 679
PD20094365 丁硫克百威 390
PD20094366 多·福·锰锌 237
PD20094367 噻嗪酮 915
PD20094368 亚胺硫磷 406
PD20094369 苯醚甲环唑 746
PD20094370 多·福·毒死蜱 233
PD20094371 代森锰锌 787
PD20094372 氰戊·氧乐果 531
PD20094373 锰锌·腈菌唑 705
PD20094374 西草净 444
PD20094375 甲硫·锰锌 323
PD20094376 井冈霉素 113
PD20094377 福美双 924
PD20094378 三氯异氰尿酸 426
PD20094379 吡虫·异丙威 668
PD20094380 吡虫·杀虫单 656
PD20094381 烯酰吗啉 240
PD20094382 精喹·草除灵 62
PD20094383 混灭·噻嗪酮 468
PD20094384 禾草敌 560
PD20094385 灭线磷 668
PD20094386 吡虫·噻嗪酮 668
PD20094387 异稻瘟净 1088
PD20094388 高氯·辛硫磷 260
PD20094389 苏云金杆菌 763
PD20094390 扑·乙 1060
PD20094391 扑·乙 725
PD20094392 氯·灭·辛硫磷 100
PD20094393 唑酮·氧乐果 910
PD20094394 马拉硫磷 510
PD20094395 噻嗪·杀扑磷 596
PD20094396 多·福 333
PD20094397 丙环唑 105
PD20094398 霜脲·锰锌 957
PD20094399 高效氯氟氰菊酯 242
PD20094400 嘧霉胺 717
PD20094401 噁霜·锰锌 1042
PD20094402 高效氯氟氰菊酯 195
PD20094403 噁霉灵 795
PD20094404 甲硫·福美双 754
PD20094405 扑草净 444
PD20094406 烯唑醇 496
PD20094407 吡虫·异丙威 583
PD20094408 三环唑 510
PD20094409 甲氰·辛硫磷 177
PD20094410 三唑锡 823
PD20094411 甲氰·辛硫磷 827
PD20094412 甲哌鎓 97
PD20094413 噻嗪·异丙威 428
PD20094414 杀螟硫磷 536
PD20094415 敌畏·毒死蜱 183
PD20094416 阿维菌素 167
PD20094417 百菌清 414
PD20094418 乐果 262
PD20094419 辛硫·高氯氟 764
PD20094420 高效氯氟氰菊酯 424
PD20094421 百草枯 766
PD20094422 甲哌鎓 130
PD20094423 毒死蜱 823
PD20094424 草甘膦 310
PD20094425 三唑锡 91
PD20094426 氯氰·毒死蜱 170
PD20094427 啶虫脒 263
PD20094428 硫磺 280
PD20094429 复硝酚钾 913
PD20094430 烯禾啶 383
PD20094431 噁霜·锰锌 91
PD20094432 稻瘟灵 113
PD20094433 咪唑乙烟酸 697
PD20094434 异噁草松 510
PD20094435 异丙草·莠 767
PD20094436 三乙膦酸铝 1088
PD20094437 速灭威 422
PD20094438 乐果 131
PD20094439 联苯菊酯 766
PD20094440 阿维菌素 634
PD20094441 高效氯氟氰菊酯 756
PD20094442 莠灭净 867
PD20094443 甲硫·福美双 255
PD20094444 百菌清 323
PD20094445 乙铝·锰锌 850
PD20094446 杀铃脲 447
PD20094447 吡虫·灭多威 170
PD20094448 氰戊·乐果 1022
PD20094449 阿维·毒死蜱 168
PD20094450 敌稗 688
PD20094451 杀虫双 73
PD20094452 戊唑·福美双 446
PD20094453 腐霉·百菌清 323
PD20094454 异丙草胺 705
PD20094455 氟铃·辛硫磷 787
PD20094456 异丙草·莠 730
PD20094457 苄·乙 520
PD20094458 霜霉威盐酸盐 170
PD20094459 硫磺·三环唑 968
PD20094460 锰锌·腈菌唑 627
PD20094461 甲霜·噁霉灵 435
PD20094462 乙铝·百菌清 270
PD20094464 磷化铝 322
PD20094465 灭草松 735
PD20094466 苄·乙 630
PD20094468 阿维·哒螨灵 45
PD20094469 霜脲·锰锌 699
PD20094470 甲霜·福美双 603
PD20094471 百草枯 924
PD20094472 噻嗪酮 970
PD20094473 高氯·辛硫磷 766
PD20094474 苄·乙·甲 1116
PD20094475 阿维·三唑磷 260
PD20094476 氰戊·马拉松 403
PD20094477 甲柳·三唑酮 364
PD20094478 福美双 730
PD20094479 甲哌鎓 401
PD20094480 二嗪磷 114
PD20094481 精喹禾灵 325
PD20094482 禾草丹 90
PD20094483 氯吡脲 112
PD20094484 萘乙酸 912
PD20094485 代森锰锌 188
PD20094486 苄·丁 210
PD20094487 灭多威 351
PD20094488 苄·丁·乙草胺 427
PD20094489 毒死蜱 700
PD20094490 氯吡脲 1094
PD20094491 阿维·氯氰 654
PD20094492 甲基硫菌灵 700
PD20094493 敌敌畏 1049
PD20094494 百草枯 771

PD20094495 噻嗪酮 620
PD20094496 吡虫·噻嗪酮 663
PD20094497 阿维·三唑磷 297
PD20094498 丁草胺 735
PD20094499 高效氯氟氰菊酯 668
PD20094500 甲戊·乙草胺 668
PD20094501 噻磺·乙草胺 593
PD20094502 氧氟·草甘膦 571
PD20094503 草甘膦 217
PD20094504 仲丁威 927
PD20094505 联苯菊酯 894
PD20094506 丙环唑 226
PD20094508 甲氨基阿维菌素苯甲酸盐 699
PD20094509 毒死蜱 648
PD20094510 氰戊·辛硫磷 1064
PD20094511 氟啶脲 668
PD20094512 溴氰·仲丁威 656
PD20094513 阿维菌素 656
PD20094514 苄·丁·乙草胺 428
PD20094515 氟铃·辛硫磷 357
PD20094516 氰戊·敌敌畏 668
PD20094517 杀螟丹 1049
PD20094518 福美双 1048
PD20094519 顺式氯氰菊酯 227
PD20094520 氟铃·辛硫磷 805
PD20094521 多·福 972
PD20094522 阿维·吡虫啉 625
PD20094523 噻螨酮 934
PD20094524 咪鲜胺 191
PD20094525 百菌清 95
PD20094526 乙草胺 444
PD20094527 辛硫·氯氟氰 781
PD20094528 福·克 823
PD20094529 阿维·哒螨灵 412
PD20094530 乐果·仲丁威 418
PD20094531 虫酰肼 106
PD20094532 代森锌 390
PD20094533 甲基硫菌灵 912
PD20094534 蜡质芽孢杆菌 864
PD20094535 福·甲·硫磺 957
PD20094536 高效氯氟氰菊酯 301
PD20094537 异丙·苄 603
PD20094538 多·福 339
PD20094539 烯唑醇 213
PD20094540 敌敌畏 188
PD20094541 硫磺·多菌灵 839
PD20094542 敌敌畏 387
PD20094543 高效氯氟氰菊酯 894
PD20094544 2甲4氯钠 510
PD20094545 三环唑 894
PD20094546 锰锌·腈菌唑 728
PD20094547 丙溴磷 144
PD20094548 草甘膦异丙胺盐(41%) 417
PD20094549 精喹·草除灵 87
PD20094550 噁霜·锰锌 739
PD20094551 多·锰锌 921
PD20094552 多抗霉素 87
PD20094553 乙草胺 55
PD20094554 氯氰·敌敌畏 188
PD20094555 氟·松·烯草酮 677
PD20094556 甲基硫菌灵 743
PD20094557 噻嗪酮 485
PD20094558 高效氯氟氰菊酯 335
PD20094559 2,4-滴丁酯 375
PD20094560 代森锰锌 335
PD20094561 稻丰·仲丁威 133
PD20094562 精喹禾灵 73
PD20094563 氰戊·三唑酮 596
PD20094564 丙溴磷 807
PD20094565 苯醚甲环唑 144
PD20094566 草甘膦 263
PD20094567 阿维菌素 327
PD20094568 二氯异氰尿酸钠 880
PD20094569 氟硅唑 229
PD20094570 硫磺·锰锌 907
PD20094571 氯氰·敌敌畏 130
PD20094572 2,4-滴 273
PD20094573 代森锰锌 743
PD20094574 烟嘧磺隆 732
PD20094575 三唑醇 579
PD20094576 阿维菌素 126
PD20094577 烟嘧磺隆 344
PD20094578 氯氰菊酯 179
PD20094579 嘧霉胺 170
PD20094580 井冈霉素 157
PD20094581 赤霉酸 999
PD20094582 吡虫·杀虫单 787
PD20094583 三唑磷 65
PD20094584 毒死蜱 525
PD20094585 高效氯氟氰菊酯 894
PD20094586 二甲戊灵 790
PD20094587 高效氯氟氰菊酯 879
PD20094588 高效氯氟氰菊酯 490
PD20094589 杀扑磷 485
PD20094590 高氯·丙溴磷 1038
PD20094591 甲磺·异丙隆 540
PD20094592 高效氯氟氰菊酯 1000
PD20094593 百草枯 350
PD20094594 硫磺·三环唑 779
PD20094595 井冈霉素 116
PD20094596 阿维菌素 722
PD20094597 毒·辛 1051
PD20094598 阿维菌素 290
PD20094599 百草枯 1034
PD20094600 三唑锡 659
PD20094601 多菌灵 170
PD20094602 烟嘧磺隆 264
PD20094603 丙·噁·滴丁酯 153
PD20094604 吡虫啉 864
PD20094605 高效氟吡甲禾灵 638
PD20094606 甲硫·福美双 750
PD20094607 代森锰锌 243
PD20094608 代森锰锌 1048
PD20094609 仲丁威 934
PD20094610 苏云金杆菌 843
PD20094611 甲霜·锰锌 999
PD20094612 烯草酮 590
PD20094613 霜脲·锰锌 794
PD20094614 氯氟吡氧乙酸异辛酯 434
PD20094615 阿维·吡虫啉 144
PD20094616 代森锌 1101
PD20094617 溴氰菊酯 217
PD20094618 烯酰·锰锌 721
PD20094619 氯氰·敌敌畏 770
PD20094620 阿维·吡虫啉 656
PD20094621 戊唑醇 87
PD20094622 毒·辛 710
PD20094623 喹·唑·氟磺胺 679
PD20094624 辛硫磷 259
PD20094625 阿维菌素 78
PD20094626 福·福锌 804
PD20094627 溴敌隆 354
PD20094628 百草枯 365
PD20094629 金龟子绿僵菌 651
PD20094630 四聚乙醛 479
PD20094631 2甲·草甘膦 317

PD20094632	灭多威	815
PD20094633	三唑锡	815
PD20094634	甲基硫菌灵	171
PD20094635	高效氯氰菊酯	144
PD20094636	噻嗪·异丙威	431
PD20094637	吡虫啉	482
PD20094638	丙·莠·滴丁酯	374
PD20094639	精噁唑禾草灵	717
PD20094640	丁·莠	366
PD20094641	唑磷·毒死蜱	394
PD20094642	高效氯氰菊酯	815
PD20094643	乙烯利	290
PD20094644	精吡氟禾草灵	549
PD20094645	克百·多菌灵	593
PD20094646	杀虫单	594
PD20094647	敌百虫	730
PD20094648	苄氨·赤霉酸	1097
PD20094649	乙铝·锰锌	794
PD20094650	甲基硫菌灵	357
PD20094651	哒灵·炔螨特	193
PD20094653	草甘膦	894
PD20094654	硫磺·锰锌	280
PD20094655	灭草松	664
PD20094656	精喹禾灵	1034
PD20094657	氯氟吡氧乙酸	75
PD20094659	代森锌	229
PD20094660	精吡氟禾草灵	735
PD20094661	精噁唑禾草灵	583
PD20094662	多·锰锌	270
PD20094664	高效氯氟氰菊酯	823
PD20094665	氯氰·敌百虫	151
PD20094666	多效唑	640
PD20094667	烯效唑	1027
PD20094668	三乙膦酸铝	126
PD20094669	三唑磷	656
PD20094670	苯醚甲环唑	1078
PD20094671	苯丁·哒螨灵	968
PD20094672	多抗霉素	934
PD20094673	氯氟吡氧乙酸	797
PD20094674	百草枯	700
PD20094675	硫磺·甲硫灵	661
PD20094676	辛硫磷	151
PD20094677	阿维菌素	203
PD20094678	莠去津	110
PD20094679	杀螟丹	595
PD20094680	氰戊·乐果	217
PD20094681	敌稗·丁草胺	556
PD20094682	杀双·毒死蜱	984
PD20094683	啶虫脒	1058
PD20094684	氟环唑	695
PD20094685	溴敌隆	668
PD20094686	敌敌畏	74
PD20094687	溴菌腈	596
PD20094688	阿维菌素	414
PD20094689	啶虫脒	203
PD20094690	赤霉酸	430
PD20094691	氯氰·毒死蜱	1049
PD20094692	乙铝·福美双	1056
PD20094693	萎锈·福美双	874
PD20094694	胺·喹·草除灵	55
PD20094695	阿维·甲氰	816
PD20094696	精喹禾灵	1046
PD20094697	硫丹	1062
PD20094698	精喹·草除灵	1121
PD20094699	百草枯	656
PD20094700	甲氰·噻螨酮	668
PD20094701	多·锰锌	656
PD20094702	苯磺隆	55
PD20094703	甲基硫菌灵	911
PD20094704	敌百·辛硫磷	668
PD20094705	甲柳·克百威	199
PD20094706	高氯·灭多威	770
PD20094707	S-氰戊菊酯	178
PD20094708	高效氟吡甲禾灵	904
PD20094709	烟嘧磺隆	374
PD20094710	除脲·辛硫磷	937
PD20094711	氯氰·毒死蜱	683
PD20094712	代森锰锌	915
PD20094713	丙环唑	915
PD20094714	百菌清	913
PD20094715	苄嘧磺隆	510
PD20094716	苯醚甲环唑	601
PD20094717	辛硫·灭多威	328
PD20094718	氟啶脲	855
PD20094719	敌草胺	783
PD20094720	霜霉威	863
PD20094721	联苯菊酯	914
PD20094722	甲基硫菌灵	89
PD20094723	精喹禾灵	88
PD20094724	噻嗪酮	992
PD20094725	多菌灵	620
PD20094726	腈菌唑	294
PD20094727	噻嗪酮	569
PD20094728	井冈霉素A	208
PD20094729	草甘膦异丙胺盐	137
PD20094731	三乙膦酸铝	1058
PD20094732	异丙甲草胺	1040
PD20094733	甲氰·辛硫磷	850
PD20094734	草甘膦异丙胺盐(41%)	81
PD20094735	噻吩磺隆	612
PD20094736	多菌灵	620
PD20094737	甲霜·锰锌	909
PD20094738	乙草胺	89
PD20094739	高效氯氟氰菊酯	158
PD20094740	高氯·辛硫磷	243
PD20094741	多·福	399
PD20094742	吡虫·异丙威	992
PD20094743	氟磺胺草醚	721
PD20094744	草甘膦异丙胺盐(41%)	917
PD20094745	乙草胺	804
PD20094746	乙草胺	444
PD20094747	硫磺·百菌清	219
PD20094748	毒死蜱	632
PD20094749	烟嘧磺隆	727
PD20094750	除虫脲	284
PD20094751	烟嘧磺隆	85
PD20094752	二甲戊灵	106
PD20094753	联苯菊酯	229
PD20094754	吡虫·杀虫单	658
PD20094756	三唑磷	668
PD20094757	氟铃·辛硫磷	899
PD20094758	硫磺·锰锌	328
PD20094759	溴敌隆	674
PD20094760	氯氰·辛硫磷	338
PD20094761	啶虫脒	243
PD20094762	阿维菌素	365
PD20094763	代森锌	111
PD20094764	异稻·稻瘟灵	907
PD20094765	百草枯	1040
PD20094766	联苯菊酯	1049
PD20094767	噻螨酮	178
PD20094769	丙环唑	229
PD20094770	草甘膦	229
PD20094771	毒死蜱	1049
PD20094772	杀虫单	982
PD20094773	精喹禾灵	114

PD20094774	乳氟禾草灵	836
PD20094775	克百・敌百虫	686
PD20094776	阿维・吡虫啉	968
PD20094777	2,4-滴钠盐	384
PD20094778	高效氯氰菊酯	955
PD20094779	稻瘟灵	884
PD20094780	高效氯氟氰菊酯	856
PD20094781	氯氰・丙溴磷	92
PD20094782	戊唑醇	481
PD20094783	三唑酮	915
PD20094784	高效氟吡甲禾灵	510
PD20094785	毒死蜱	1038
PD20094786	高效氟吡甲禾灵	1045
PD20094787	多・福	749
PD20094788	草甘膦	1007
PD20094789	马拉硫磷	731
PD20094790	多・福・锰锌	767
PD20094791	多・五・克百威	908
PD20094792	西草净	735
PD20094793	甲氰菊酯	390
PD20094794	甲基硫菌灵	794
PD20094795	锰锌・腈菌唑	365
PD20094796	高效氟吡甲禾灵	879
PD20094797	苯丁锡	151
PD20094798	莠去津	924
PD20094799	甲磺隆	461
PD20094800	毒死蜱	480
PD20094801	烯草酮	735
PD20094802	敌百虫	867
PD20094803	氟硅唑	335
PD20094804	多菌灵	632
PD20094805	炔螨特	952
PD20094806	联苯菊酯	912
PD20094807	苏云金杆菌	712
PD20094808	高效氯氟氰菊酯	945
PD20094809	甲霜・锰锌	219
PD20094810	苄・丁・乙草胺	413
PD20094811	代森锌	1058
PD20094812	四螨嗪	1049
PD20094813	草甘膦	1056
PD20094814	敌畏・氧乐果	253
PD20094815	乙酰甲胺磷	1035
PD20094816	甲霜・锰锌	850
PD20094817	阿维・高氯	1042
PD20094818	霜脲・锰锌	1058
PD20094819	三乙膦酸铝	1058
PD20094820	多菌灵	238
PD20094821	乙铝・锰锌	848
PD20094822	苏云金杆菌	362
PD20094823	代森锰锌	853
PD20094824	精喹・草除灵	68
PD20094825	代森锰锌	992
PD20094827	莠去津	294
PD20094828	烯草酮	259
PD20094829	吡虫啉	76
PD20094830	异噁草松	465
PD20094831	烯酰吗啉	917
PD20094832	辛硫磷	593
PD20094833	氯氰・辛硫磷	323
PD20094834	硫磺・锰锌	243
PD20094835	苄・乙	414
PD20094836	苄・乙・甲	546
PD20094837	苄・乙・甲	57
PD20094838	辛溴・滴丁酯	783
PD20094839	噻磺・乙草胺	100
PD20094840	甲磺・氯磺隆	461
PD20094841	阿维・高氯	968
PD20094842	阿维・高氯	407
PD20094843	三唑锡	92
PD20094844	阿维・啶虫脒	43
PD20094845	甲草胺	735
PD20094846	烯唑醇	688
PD20094847	高氯 ・敌敌畏	217
PD20094848	苏云金杆菌	776
PD20094849	辛硫・福美双	101
PD20094850	井冈・蜡芽菌	588
PD20094851	乙草胺	451
PD20094852	精喹禾灵	642
PD20094853	三唑磷	583
PD20094854	啶虫脒	290
PD20094855	噻嗪・异丙威	428
PD20094856	噻嗪・异丙威	426
PD20094857	多・福	865
PD20094858	多・福	122
PD20094859	氟啶脲	996
PD20094860	丁・扑	683
PD20094861	氰戊・辛硫磷	218
PD20094862	阿维菌素	325
PD20094863	苯丁锡	151
PD20094864	甲霜・锰锌	396
PD20094865	扑・乙	446
PD20094867	氰戊・马拉松	220
PD20094868	炔螨特	633
PD20094869	高氯・啶虫脒	539
PD20094870	甲氰・噻螨酮	183
PD20094871	杀螺胺乙醇胺盐	499
PD20094872	阿维菌素	659
PD20094873	甲氰菊酯	189
PD20094874	高效氯氟氰菊酯	564
PD20094875	松・烟・氟磺胺	679
PD20094876	辛硫磷	931
PD20094877	烯酰吗啉	91
PD20094878	异丙甲・苄	112
PD20094879	百菌清	1066
PD20094880	二甲戊灵	783
PD20094881	丁草胺	797
PD20094882	氯氰・毒死蜱	168
PD20094883	硫磺・多菌灵	815
PD20094884	三唑锡	743
PD20094885	丁・戊・福美双	593
PD20094886	啶虫脒	917
PD20094887	吡虫・灭多威	59
PD20094888	氯氰・毒死蜱	91
PD20094889	百草枯	887
PD20094890	腐霉利	369
PD20094891	螨醇・哒螨灵	819
PD20094892	溴氰菊酯	531
PD20094893	萘乙酸	912
PD20094894	福・克	559
PD20094895	氯氰・辛硫磷	60
PD20094896	戊唑醇	559
PD20094897	异噁草松	821
PD20094898	二氯异氰尿酸钠	839
PD20094899	苯・苄・乙草胺	417
PD20094900	乙铝・锰锌	841
PD20094901	阿维菌素	324
PD20094902	精甲霜灵	1085
PD20094903	乙草胺	309
PD20094904	苄・乙	330
PD20094905	苄・乙	413
PD20094906	乙・扑	799
PD20094907	丙・噁・嗪草酮	679
PD20094908	甲基硫菌灵	770
PD20094909	复硝酚钠	746
PD20094910	多・福	675
PD20094911	苄嘧・苯噻酰	328

PD20094912 高效氯氟氰菊酯 559
PD20094913 阿维·毒死蜱 485
PD20094914 氯氰菊酯 280
PD20094915 噻菌灵 996
PD20094916 异丙草·莠 87
PD20094917 哒螨灵 843
PD20094918 烯唑醇 496
PD20094919 吡虫·异丙威 476
PD20094920 吡虫·杀虫单 863
PD20094921 阿维菌素 432
PD20094922 阿维菌素 775
PD20094923 精喹禾灵 451
PD20094924 辛硫·高氯氟 130
PD20094925 高效氯氟氰菊酯 241
PD20094926 丁草胺 369
PD20094927 联苯菊酯 787
PD20094929 百菌清 317
PD20094931 高效氯氰菊酯 342
PD20094932 代森锰锌 865
PD20094933 咪唑乙烟酸 549
PD20094935 苄·二氯 689
PD20094936 硫丹 633
PD20094937 高效氯氟氰菊酯 588
PD20094938 四聚乙醛 452
PD20094939 苏云金杆菌 839
PD20094940 高效氯氰菊酯 267
PD20094941 杀单·苏云菌 82
PD20094942 吡虫·噻嗪酮 82
PD20094943 二嗪磷 403
PD20094944 吡虫啉 727
PD20094945 精喹禾灵 106
PD20094946 烯唑·多菌灵 566
PD20094947 炔螨特 727
PD20094948 烯唑醇 493
PD20094949 咪鲜·吡虫啉 233
PD20094950 阿维菌素 344
PD20094951 氯溴异氰尿酸 342
PD20094952 氯溴异氰尿酸 342
PD20094953 烟嘧磺隆 841
PD20094954 咪唑乙烟酸 369
PD20094955 毒·辛 300
PD20094956 炔螨特 114
PD20094957 甲霜·噁霉灵 690
PD20094958 高效氯氰菊酯 163
PD20094959 异隆·氯磺隆 559
PD20094960 咪鲜胺 420
PD20094961 复硝酚钠 60
PD20094962 丙环唑 218
PD20094963 高效氯氰菊酯 232
PD20094964 十三吗啉 1113
PD20094965 烟嘧磺隆 945
PD20094966 十三吗啉 470
PD20094967 烯唑醇 485
PD20094968 喹啉铜 1084
PD20094969 滴丁·莠去津 233
PD20094970 烯唑醇 934
PD20094971 倍硫磷 996
PD20094972 戊·氯·吡虫啉 233
PD20094973 草甘膦 1088
PD20094974 甲磺隆 540
PD20094975 烯唑·多菌灵 496
PD20094976 苏云金杆菌 764
PD20094977 马拉·辛硫磷 331
PD20094978 苄·甲·异丙甲 461
PD20094979 琥·铝·甲霜灵 95
PD20094980 井·烯·三环唑 571
PD20094982 噻嗪·异丙威 569
PD20094983 甲霜·福美双 440
PD20094984 莠去津 672
PD20094985 草甘膦异丙胺盐(41%) 1091
PD20094986 十三吗啉 986
PD20094987 烯唑·多菌灵 899
PD20094988 甲磺·氯磺隆 566
PD20094989 扑·乙·滴丁酯 683
PD20094990 氯氰·敌敌畏 429
PD20094991 十三吗啉 1113
PD20094992 苄·乙·甲 695
PD20094993 喹硫磷 1088
PD20094994 甲氰菊酯 196
PD20094995 2,4-滴丁酯 273
PD20094996 甲维·辛硫磷 183
PD20094997 甲霜·噁霉灵 1060
PD20094998 敌敌畏 273
PD20094999 多·福 300
PD20095000 乐果·敌百虫 217
PD20095001 三唑酮 1005
PD20095002 马拉·杀螟松 992
PD20095003 十三吗啉 986
PD20095004 甲磺隆 695
PD20095005 烯酰吗啉 258
PD20095006 苯醚甲环唑 87
PD20095007 聚醛·甲萘威 899
PD20095008 复硝酚钠 848
PD20095009 聚醛·甲萘威 746
PD20095010 氰戊·马拉松 911
PD20095011 咪乙·甲戊灵 48
PD20095012 噁霜·锰锌 1036
PD20095013 甲霜·福美双 690
PD20095014 井冈·多菌灵 544
PD20095015 多·福 381
PD20095016 氰戊·灭多威 76
PD20095017 灭多威 1081
PD20095018 异隆·氯磺隆 544
PD20095019 氰戊·马拉松 877
PD20095020 唑螨酯 551
PD20095021 福·克 780
PD20095022 草甘膦异丙胺盐 55
PD20095023 甲氨基阿维菌素苯甲酸盐 254
PD20095024 多效唑 988
PD20095025 精喹禾灵 717
PD20095026 螨醇·哒螨灵 57
PD20095027 敌畏·氧乐果 131
PD20095028 唑酮·氧乐果 330
PD20095029 多·锰锌 750
PD20095030 精吡氟禾草灵 735
PD20095031 溴氰菊酯 996
PD20095032 氰戊·乐果 196
PD20095033 丁硫克百威 763
PD20095034 苄嘧·苯噻酰 418
PD20095035 甲哌鎓 560
PD20095036 溴氰菊酯 469
PD20095037 阿维·辛硫磷 160
PD20095038 异丙草·苄 575
PD20095039 异丙草·莠 575
PD20095040 莠去津 884
PD20095041 甲氰·氧乐果 794
PD20095042 毒死蜱 1025
PD20095043 苄·乙 1089
PD20095044 除虫脲 945
PD20095045 联苯菊酯 856
PD20095046 丙溴·辛硫磷 430
PD20095047 氟磺胺草醚 353
PD20095049 毒死蜱 562
PD20095050 杀虫双 107
PD20095051 噻嗪酮 999
PD20095052 马拉·辛硫磷 432

PD20095053	灭·喹·氟磺胺	679
PD20095054	甲霜·锰锌	806
PD20095055	联苯菊酯	632
PD20095056	乙铝·锰锌	744
PD20095057	联苯菊酯	891
PD20095058	硫磺·多菌灵	856
PD20095059	阿维菌素	722
PD20095060	咪锰·三环唑	133
PD20095061	氯氰·敌敌畏	199
PD20095062	代森锰锌	326
PD20095063	溴敌隆	95
PD20095064	锰锌·百菌清	968
PD20095065	炔螨特	795
PD20095066	乙铝·锰锌	877
PD20095067	精噁唑禾草灵	834
PD20095068	唑磷·敌百虫	465
PD20095069	多·福·克	490
PD20095070	乙酰甲胺磷	260
PD20095071	甲氰菊酯	189
PD20095072	苏云金杆菌	785
PD20095073	草甘膦异丙胺盐	584
PD20095075	灭草松	374
PD20095076	异丙甲草胺	822
PD20095077	乐果·敌百虫	66
PD20095078	杀虫双	219
PD20095079	氧乐果	255
PD20095080	莠去津	437
PD20095081	高效氯氰菊酯	730
PD20095082	炔螨特	795
PD20095083	异丙甲草胺	310
PD20095084	三环唑	492
PD20095085	速灭威	912
PD20095086	虫酰肼	1049
PD20095088	异丙威	727
PD20095089	氟氯氰菊酯	727
PD20095090	敌草快	777
PD20095091	高效氟吡甲禾灵	1042
PD20095092	苄·丁	448
PD20095093	阿维·高氯	323
PD20095094	百草枯	193
PD20095095	吡虫·杀虫单	336
PD20095096	苯磺隆	353
PD20095097	毒死蜱	576
PD20095098	异丙威	314
PD20095099	春雷霉素	934
PD20095100	百草枯	827
PD20095101	二甲戊灵	465
PD20095102	精喹禾灵	507
PD20095103	硫磺·三环唑	471
PD20095104	氯氰·辛硫磷	365
PD20095105	苄·乙·甲	415
PD20095106	复硝酚钠	139
PD20095107	除虫菊素	1065
PD20095108	高效氟吡甲禾灵	783
PD20095109	吡虫啉	600
PD20095110	异丙威	639
PD20095111	氰戊·马拉松	134
PD20095112	苯磺隆	91
PD20095113	甲氰菊酯	130
PD20095114	双甲脒	1049
PD20095115	三氯吡氧乙酸丁氧基乙酯	1007
PD20095116	多·锰锌	901
PD20095117	乙草胺	1042
PD20095118	烯酰·福美双	1042
PD20095119	精喹禾灵	571
PD20095120	丙草胺	374
PD20095121	苄·丁	661
PD20095122	苯·苄·乙草胺	668
PD20095123	噻嗪酮	576
PD20095124	甲氨基阿维菌素苯甲酸盐	717
PD20095125	莠去津	334
PD20095126	三十烷醇	1075
PD20095127	除虫脲	479
PD20095128	敌瘟磷	1033
PD20095129	吡虫啉	504
PD20095130	四聚乙醛	144
PD20095131	乙铝·锰锌	144
PD20095132	毒·辛	821
PD20095133	高氯 ·敌敌畏	223
PD20095134	丙·莠·滴丁酯	437
PD20095135	氯吡·甲磺隆	112
PD20095136	苄·丁	623
PD20095137	丁·扑	448
PD20095139	敌草隆	688
PD20095140	丙环唑	479
PD20095141	井冈·多菌灵	814
PD20095142	溴鼠灵	275
PD20095143	甲磺隆	695
PD20095144	吡嘧·苯噻酰	510
PD20095145	井冈霉素A	116
PD20095146	五氯·福美双	791
PD20095147	丙溴磷	722
PD20095148	锰锌·烯唑醇	937
PD20095149	高效氯氟氰菊酯	262
PD20095150	草除灵	1116
PD20095151	异丙威	387
PD20095152	辛硫磷	171
PD20095153	杀螟丹	171
PD20095154	甲硫·福美双	293
PD20095155	复硝酚钠	792
PD20095156	萘乙酸	912
PD20095157	溴鼠灵	943
PD20095158	杀虫双	206
PD20095159	精喹禾灵	68
PD20095160	烯酰·锰锌	879
PD20095161	杀虫双	219
PD20095162	虫酰肼	771
PD20095163	烯唑醇	524
PD20095164	复硝酚钠	342
PD20095165	异菌脲	894
PD20095166	炔螨特	300
PD20095167	辛硫磷	126
PD20095168	异丙草·莠	828
PD20095169	三唑酮	306
PD20095170	噻吩磺隆	344
PD20095171	苄·二氯	341
PD20095172	溴敌隆	686
PD20095173	福·福锌	340
PD20095174	高效氟吡甲禾灵	600
PD20095175	藤酮·辛硫磷	211
PD20095176	灭多威	394
PD20095177	氰戊·马拉松	880
PD20095178	毒死蜱	268
PD20095179	井·噻·杀虫单	588
PD20095180	苯·吡·甲草胺	684
PD20095181	硫磺·甲硫灵	839
PD20095182	甲硫·福美双	123
PD20095183	毒·辛	193
PD20095184	咪乙·异噁松	375
PD20095185	甲氰菊酯	1031
PD20095187	草甘膦异丙胺盐	369
PD20095188	噻嗪酮	971
PD20095189	噁草酮	1088
PD20095190	噻苯隆	485
PD20095191	灭草松	306
PD20095192	高效氟吡甲禾灵	68

PD20095193	高效氯氰菊酯	133
PD20095194	高效氯氟氰菊酯	258
PD20095195	甲硫·锰锌	91
PD20095196	异松·乙草胺	288
PD20095197	乙烯利	454
PD20095198	丁·莠	288
PD20095199	代森锰锌	179
PD20095200	丙环唑	302
PD20095201	阿维·杀虫单	968
PD20095202	高效氯氰菊酯	579
PD20095203	烯唑醇	524
PD20095204	乙烯利	783
PD20095205	三唑锡	937
PD20095206	百菌清	911
PD20095208	甲霜·锰锌	956
PD20095209	波尔多液	571
PD20095210	三氯异氰尿酸	426
PD20095211	单甲脒盐酸盐	1039
PD20095212	单甲脒盐酸盐	1039
PD20095213	烯肟菌胺	695
PD20095214	烯肟菌胺	695
PD20095215	三氯杀螨砜	703
PD20095216	甲磺隆	595
PD20095217	三氯杀螨砜	703
PD20095218	扑·乙	672
PD20095219	莠去津	376
PD20095220	高效氟吡甲禾灵	55
PD20095221	高效氟吡甲禾灵	531
PD20095222	高氯·毒死蜱	712
PD20095223	辛硫·氧乐果	539
PD20095224	丙环唑	779
PD20095225	高效氟吡甲禾灵	1040
PD20095226	赤霉·多效唑	1097
PD20095227	野燕枯	943
PD20095228	野燕枯	943
PD20095229	乐果	65
PD20095230	烟嘧磺隆	339
PD20095231	高效氯氟氰菊酯	624
PD20095232	井冈·蜡芽菌	1110
PD20095233	丁草胺	783
PD20095234	氧乐果	226
PD20095235	杀虫双	406
PD20095236	甲基硫菌灵	754
PD20095237	甲基硫菌灵	973
PD20095238	烟嘧磺隆	777
PD20095240	多菌灵	999
PD20095241	锰锌·腈菌唑	878
PD20095242	氟铃·毒死蜱	878
PD20095243	噁唑·草除灵	1122
PD20095244	精喹禾灵	297
PD20095245	高效氯氰菊酯	183
PD20095246	阿维菌素	332
PD20095248	稻瘟灵	1091
PD20095249	赤霉酸	1095
PD20095250	赤霉酸	1095
PD20095251	异丙草胺	698
PD20095252	氯氰菊酯	727
PD20095253	氢氧化铜	1096
PD20095254	氢氧化铜	1096
PD20095255	草甘膦	978
PD20095256	杀虫双	1028
PD20095257	乙羧氟草醚	510
PD20095258	苄·乙	557
PD20095259	2甲·莠去津	783
PD20095260	苄·二氯	783
PD20095261	毒死蜱	424
PD20095262	春雷霉素	934
PD20095263	高效氟吡甲禾灵	306
PD20095264	高效氟吡甲禾灵	924
PD20095265	异丙草·莠	895
PD20095266	噁酮·乙草胺	349
PD20095267	噻苯隆	945
PD20095268	毒死蜱	663
PD20095269	复硝酚钠	805
PD20095270	氯氰菊酯	161
PD20095271	苄·乙	783
PD20095272	异噁草松	249
PD20095273	禾草丹	689
PD20095274	灭草松	797
PD20095275	高效氟吡甲禾灵	797
PD20095276	苄·二氯	446
PD20095277	异噁草松	501
PD20095278	灭草松	1049
PD20095279	多·福	257
PD20095280	硫磺·三环唑	479
PD20095281	氟乐灵	510
PD20095282	苄嘧·苯磺隆	55
PD20095283	噻·噁·苯磺隆	134
PD20095284	烟嘧磺隆	465
PD20095286	阿维菌素	243
PD20095287	苄·乙	576
PD20095288	乙·嗪·滴丁酯	376
PD20095289	醚菌酯	717
PD20095290	异菌脲	722
PD20095291	毒死蜱	956
PD20095292	石硫合剂	1030
PD20095293	三唑磷	590
PD20095294	烯酰吗啉	688
PD20095295	硫磺·三环唑	891
PD20095296	硅藻土	905
PD20095297	烯唑醇	945
PD20095298	烯肟·多菌灵	695
PD20095299	苄·乙	683
PD20095300	喹硫磷	203
PD20095301	灭草松	369
PD20095302	烯草酮	880
PD20095303	甲哌鎓	409
PD20095304	乙草胺	80
PD20095305	百草枯	284
PD20095306	精喹禾灵	342
PD20095307	苄·乙	409
PD20095308	氰戊菊酯	559
PD20095309	乙烯利	260
PD20095310	氟铃脲	244
PD20095311	乙草胺	307
PD20095312	甲哌鎓	537
PD20095313	甲戊·莠去津	894
PD20095314	苄·乙	549
PD20095315	乙·莠	60
PD20095316	吡虫·杀虫单	367
PD20095317	马拉硫磷	331
PD20095318	噻吩磺隆	528
PD20095319	氯氰菊酯	348
PD20095320	二氯喹啉酸	691
PD20095321	异丙·苄	226
PD20095322	吗胍·乙酸铜	889
PD20095323	百草枯	114
PD20095324	咪鲜·抑霉唑	191
PD20095325	三唑磷	359
PD20095326	莠去津	219
PD20095327	乙氧氟草醚	784
PD20095328	苄嘧磺隆	376
PD20095329	烟嘧磺隆	248
PD20095330	多·福·溴菌腈	302
PD20095331	莠灭净	672
PD20095333	丙草·异丙隆	1072

PD20095334	井·噻·杀虫单	455
PD20095335	苄·丁	570
PD20095336	乙草胺	510
PD20095338	福·克	1062
PD20095339	聚醛·甲萘威	183
PD20095340	四螨嗪	743
PD20095341	多菌灵	592
PD20095342	芸苔·烯效唑	1065
PD20095344	吡虫啉	550
PD20095345	草甘膦铵盐	144
PD20095346	乙烯利	369
PD20095347	草甘膦	1090
PD20095348	三环唑	482
PD20095349	苄·二氯	860
PD20095350	乙烯利	752
PD20095351	乙草胺	574
PD20095352	烯唑醇	383
PD20095353	烯草酮	689
PD20095354	乙烯利	480
PD20095355	高效氯氰菊酯	492
PD20095356	百草枯	1045
PD20095357	吡嘧磺隆	531
PD20095358	精喹禾灵	87
PD20095359	丙·莠·滴丁酯	437
PD20095360	乙·莠· 滴丁酯	784
PD20095361	乙铝·锰锌	779
PD20095362	石硫合剂	1040
PD20095363	异丙甲草胺	788
PD20095364	丙草胺	661
PD20095365	异丙草·莠	1100
PD20095366	甲哌鎓	346
PD20095367	草甘膦	593
PD20095368	苄·乙	80
PD20095369	乙草胺	69
PD20095370	丁草胺	376
PD20095371	苄嘧磺隆	574
PD20095372	异松·乙草胺	288
PD20095373	杀虫双	632
PD20095374	喹硫磷	631
PD20095375	氰戊·辛硫磷	83
PD20095376	锰锌·烯唑醇	74
PD20095377	五氯·福美双	779
PD20095378	毒死蜱	843
PD20095380	草甘膦异丙胺盐	867
PD20095381	异甲·莠去津	1100
PD20095382	扑草净	376
PD20095383	苏云金杆菌	650
PD20095384	辛硫磷	294
PD20095385	吡虫·杀虫单	739
PD20095386	羟烯·吗啉胍	934
PD20095387	稻瘟灵	1049
PD20095388	滴丁·乙草胺	860
PD20095390	矮壮素	1109
PD20095391	苄·丁	363
PD20095392	苄·噁·丙草胺	1117
PD20095393	环嗪酮	507
PD20095394	铜钙·多菌灵	516
PD20095395	乙草胺	691
PD20095396	吡虫·辛硫磷	911
PD20095397	氯氰·氧乐果	323
PD20095398	唑酮·氧乐果	333
PD20095399	吡虫·杀虫单	315
PD20095401	克·扑·滴丁酯	677
PD20095402	烷醇·硫酸铜	840
PD20095403	多·福	157
PD20095404	异甲·莠去津	1116
PD20095405	苯醚甲环唑	1056
PD20095406	乙·嗪·滴丁酯	465
PD20095407	盐酸吗啉胍	705
PD20095408	异丙·滴丁酯	679
PD20095409	滴丁·乙草胺	446
PD20095410	烯唑·甲硫灵	323
PD20095411	滴丁·乙草胺	440
PD20095412	草甘膦	1025
PD20095413	苄·乙	612
PD20095414	乙·莠	288
PD20095415	西玛津	1126
PD20095416	甲磺·氯磺隆	595
PD20095417	扑·乙·滴丁酯	679
PD20095418	高效氟吡甲禾灵	342
PD20095419	百草枯	672
PD20095420	苄嘧磺隆	68
PD20095421	异丙·滴丁酯	679
PD20095422	三氟羧草醚	721
PD20095423	扑·丙·滴丁酯	679
PD20095424	噻嗪·杀虫单	357
PD20095425	氟磺胺草醚	510
PD20095426	乙烯利	999
PD20095427	异丙·苄	1036
PD20095428	苄嘧磺隆	411
PD20095429	乙烯利	74
PD20095430	高效氯氰菊酯	55
PD20095431	烟嘧磺隆	874
PD20095432	乙·噁·滴丁酯	679
PD20095433	滴丁·乙草胺	443
PD20095434	异丙草·莠	799
PD20095435	乙草胺	288
PD20095436	辛硫磷	849
PD20095437	氟醚·灭草松	721
PD20095438	乙烯利	346
PD20095439	福·甲·硫磺	272
PD20095440	扑草净	1126
PD20095441	三唑磷	669
PD20095442	乙·嗪·滴丁酯	55
PD20095443	三唑磷	394
PD20095444	阿维·苏云菌	602
PD20095445	精噁唑禾草灵	366
PD20095446	丙草胺	680
PD20095447	苄·二氯	100
PD20095448	吡嘧磺隆	288
PD20095449	矮壮·甲哌鎓	767
PD20095450	2,4-滴	680
PD20095451	乙羧氟草醚	469
PD20095452	阿维·哒螨灵	342
PD20095453	苄·丁·扑草净	448
PD20095454	苯磺隆	1079
PD20095455	辛硫·三唑酮	348
PD20095456	吡虫·杀虫单	971
PD20095458	精喹·草除灵	59
PD20095459	阿维菌素	326
PD20095460	苄·乙	528
PD20095461	苄嘧·苯噻酰	66
PD20095462	氟吗·乙铝	695
PD20095463	苄·丁	205
PD20095464	苄·乙·甲	428
PD20095465	高效氟吡甲禾灵	804
PD20095466	甲磺·乙草胺	428
PD20095467	嗪草酮	369
PD20095468	甲哌鎓	346
PD20095469	异丙草胺	370
PD20095470	异噁草松	353
PD20095471	甲·乙·莠	725
PD20095472	胺苯磺隆	697
PD20095473	敌磺钠	383
PD20095474	辛硫·灭多威	573
PD20095475	烯草酮	821

PD20095476	乙酰甲胺磷	331
PD20095477	异丙甲·苄	632
PD20095478	哒螨灵	855
PD20095479	异噁草松	372
PD20095480	氟磺胺草醚	690
PD20095481	杀螺胺乙醇胺盐	573
PD20095482	福美双	875
PD20095483	甲磺·乙草胺	57
PD20095484	莠去津	510
PD20095485	丙草胺	134
PD20095486	吡嘧磺隆	691
PD20095487	异丙草·莠	877
PD20095488	复硝酚钠	432
PD20095489	吡虫啉	291
PD20095490	乙烯利	317
PD20095491	百草枯	861
PD20095492	乙烯利	353
PD20095493	异丙草·莠	864
PD20095494	2,4-滴丁酯	131
PD20095495	吡嘧·苯噻酰	549
PD20095496	异丙草·莠	750
PD20095497	烯草酮	374
PD20095499	苄嘧磺隆	999
PD20095500	甲哌鎓	772
PD20095501	乙草胺	787
PD20095502	乙草胺	520
PD20095503	二氯异氰尿酸钠	309
PD20095504	盐酸吗啉胍	955
PD20095505	苄嘧·丙草胺	623
PD20095506	辛硫·三唑磷	311
PD20095507	三唑磷	108
PD20095508	烯草酮	797
PD20095509	精喹·草除灵	627
PD20095510	扑·乙	55
PD20095511	烯草酮	465
PD20095512	复硝酚钠	346
PD20095513	百草枯	339
PD20095514	苯磺隆	492
PD20095515	高效氯氟氰菊酯	641
PD20095516	霜脲·锰锌	902
PD20095517	乙铝·锰锌	1013
PD20095518	丙溴·辛硫磷	324
PD20095519	福·克	448
PD20095520	烟嘧磺隆	366
PD20095521	三唑锡	705
PD20095522	烟嘧磺隆	440
PD20095523	烟嘧磺隆	61
PD20095524	咪·酮·百菌清	226
PD20095525	莠灭·乙草胺	1100
PD20095526	吡虫啉	337
PD20095527	二甲戊灵	306
PD20095528	精喹·草除灵	562
PD20095529	苄·乙	455
PD20095530	甲维·毒死蜱	126
PD20095531	赤霉酸	1095
PD20095532	烟嘧磺隆	937
PD20095533	苯噻酰草胺	623
PD20095534	异丙甲草胺	366
PD20095535	草甘膦	75
PD20095536	异松·乙草胺	677
PD20095537	井冈·硫酸铜	309
PD20095538	联苯菊酯	633
PD20095539	阿维·吡虫啉	406
PD20095540	甲哌鎓	821
PD20095541	噻苯隆	541
PD20095542	苄·乙	510
PD20095543	辛硫磷	330
PD20095544	氟磺胺草醚	999
PD20095546	氰铃·辛硫磷	824
PD20095547	苄嘧磺隆	996
PD20095548	滴丁·乙草胺	301
PD20095549	咪唑乙烟酸	510
PD20095550	异丙威	323
PD20095551	矮壮·甲哌鎓	318
PD20095552	吡嘧磺隆	492
PD20095553	吡虫啉	828
PD20095554	丁·莠	259
PD20095555	二氯异氰尿酸钠	899
PD20095556	盐酸吗啉胍	979
PD20095557	精喹禾灵	78
PD20095558	高氯·氟铃脲	759
PD20095559	磷化铝	813
PD20095560	氨氯吡啶酸	434
PD20095561	异丙威	633
PD20095563	多·锰锌	749
PD20095564	滴丁·乙草胺	374
PD20095565	赤霉酸	989
PD20095566	戊唑醇	763
PD20095567	杀螟·辛硫磷	1056
PD20095568	苄嘧·苯噻酰	100
PD20095569	吡虫啉	497
PD20095570	苄·乙	415
PD20095571	敌草胺	353
PD20095572	多效唑	158
PD20095573	莠去津	288
PD20095574	氟氯·毒死蜱	309
PD20095575	百草枯	787
PD20095576	阿维·苏云菌	316
PD20095577	草甘膦	111
PD20095578	多·锰锌	843
PD20095579	吡嘧磺隆	1049
PD20095580	滴丁·乙草胺	376
PD20095581	腐霉利	323
PD20095583	2甲·灭草松	683
PD20095584	精噁唑禾草灵	821
PD20095585	毒·辛	209
PD20095586	二嗪磷	937
PD20095587	苄嘧·苯噻酰	193
PD20095588	氟铃脲	924
PD20095589	苄·乙·甲	485
PD20095590	苄·二氯	415
PD20095591	异丙草·莠	341
PD20095593	辛硫磷	309
PD20095594	高效氯氰菊酯	63
PD20095595	异隆·乙草胺	490
PD20095596	百草枯	242
PD20095597	仲丁灵	752
PD20095598	醚磺·乙草胺	455
PD20095599	滴丁·乙草胺	683
PD20095600	高效氟吡甲禾灵	353
PD20095601	丙草胺	661
PD20095602	烯酮·草除灵	695
PD20095603	苄·乙	695
PD20095604	吡虫·杀虫单	790
PD20095605	苄嘧·丙草胺	490
PD20095606	乙·嗪·滴丁酯	371
PD20095607	松·喹·氟磺胺	549
PD20095608	硫磺·百菌清	178
PD20095609	草甘膦	511
PD20095610	精喹禾灵	334
PD20095611	福·福锌	226
PD20095612	代森锰锌	705
PD20095613	哒螨·灭幼脲	447
PD20095614	二甲戊灵	1079
PD20095616	苄·乙	69
PD20095617	丙草胺	618

PD20095618	乙氧氟草醚	735
PD20095619	苯磺隆	802
PD20095620	苄·二氯	575
PD20095621	敌磺·福美双	789
PD20095622	苄·乙	84
PD20095623	乙草胺	443
PD20095624	甲磺隆	999
PD20095625	丙溴磷	848
PD20095626	甲氨基阿维菌素苯甲酸盐(90%)	1097
PD20095627	乙烯利	965
PD20095628	乙草胺	319
PD20095629	苄嘧磺隆	945
PD20095630	阿维菌素	309
PD20095631	丁草胺	399
PD20095632	扑·乙	848
PD20095633	阿维·高氯	63
PD20095634	辛溴·滴丁酯	55
PD20095635	杀螟丹	633
PD20095636	噁草·丁草胺	88
PD20095637	乙草胺	366
PD20095638	苯磺隆	342
PD20095639	苄·二氯	691
PD20095640	丙环唑	340
PD20095641	高效氯氰菊酯	309
PD20095642	苄·乙	632
PD20095643	唑酮·福美双	377
PD20095644	乙铝·百菌清	447
PD20095645	毒死蜱	727
PD20095646	锰锌·腈菌唑	913
PD20095647	乐果	260
PD20095648	乙草胺	512
PD20095649	异丙草·莠	448
PD20095650	异噁草松	371
PD20095651	苯磺隆	248
PD20095652	四螨·哒螨灵	357
PD20095653	乙铝·锰锌	725
PD20095654	啶虫脒	760
PD20095655	噻磺·乙草胺	476
PD20095656	聚醛·甲萘威	577
PD20095657	阿维·毒死蜱	562
PD20095658	阿维菌素	196
PD20095659	毒死蜱	664
PD20095660	毒·辛	794
PD20095661	阿维·高氯	982
PD20095662	芸苔·乙烯利	444
PD20095663	氯溴异氰尿酸	618
PD20095664	醚菌酯	601
PD20095665	毒死蜱	490
PD20095666	烯唑·多菌灵	982
PD20095667	杀虫双	1076
PD20095668	溴氰·毒死蜱	1001
PD20095669	毒死蜱	1079
PD20095670	阿维菌素	820
PD20095671	杀虫双	107
PD20095672	吡虫·噻嗪酮	1097
PD20095673	四螨·苯丁锡	1101
PD20095674	杀单·毒死蜱	1113
PD20095675	阿维·高氯	284
PD20095676	阿维·哒螨灵	393
PD20095677	氰戊·马拉松	399
PD20095678	霜脲·锰锌	767
PD20095679	精喹禾灵	727
PD20095680	阿维·哒螨灵	229
PD20095681	氧乐果	390
PD20095682	噻嗪·异丙威	492
PD20095683	硫磺·多菌灵	1111
PD20095684	腈菌唑	325
PD20095685	甲硫·福美双	1041
PD20095686	草甘膦	469
PD20095687	草甘膦	200
PD20095688	高氯·氟啶脲	878
PD20095690	乙·噁·滴丁酯	692
PD20095691	噻磺·乙草胺	642
PD20095692	二甲戊灵	348
PD20095693	百草枯	1113
PD20095694	百草枯	234
PD20095695	霜霉威盐酸盐	302
PD20095696	阿维·辛硫磷	318
PD20095697	氢氧化铜	610
PD20095698	高效氯氰菊酯	600
PD20095699	异丙草胺	742
PD20095700	阿维·氟铃脲	791
PD20095701	碱式硫酸铜	268
PD20095702	氯氰·毒死蜱	970
PD20095703	噻嗪·杀扑磷	126
PD20095704	单甲脒盐酸盐	1122
PD20095705	氧乐果	323
PD20095706	阿维菌素	813
PD20095707	莎稗磷	377
PD20095708	异丙·莠去津	705
PD20095709	硫磺·敌磺钠	684
PD20095710	吡虫啉	531
PD20095711	苄·乙·甲	642
PD20095713	滴丁·乙草胺	444
PD20095714	2,4-滴丁酯	384
PD20095715	威百亩	901
PD20095716	二甲戊灵	730
PD20095717	精喹·草除灵	62
PD20095718	丁草胺	376
PD20095719	烯禾啶	465
PD20095720	锰锌·烯唑醇	610
PD20095721	苄·乙	1103
PD20095722	井冈·蜡芽菌	652
PD20095723	百草枯	911
PD20095726	2,4-滴丁酯	443
PD20095727	滴丁·乙草胺	1060
PD20095728	苄·乙·甲	1066
PD20095729	滴丁·乙草胺	370
PD20095730	甲维·毒死蜱	94
PD20095731	丙草胺	376
PD20095732	二甲戊灵	50
PD20095733	氯氟吡氧乙酸异辛酯	628
PD20095734	精喹禾灵	323
PD20095735	烯草酮	48
PD20095736	扑草净	1025
PD20095737	苄嘧磺隆	369
PD20095738	丁·扑	444
PD20095739	百草枯	909
PD20095740	苄·丁	205
PD20095741	苄嘧磺隆	65
PD20095742	仲丁灵	760
PD20095743	咪乙·异噁松	680
PD20095744	辛硫磷	328
PD20095745	精喹禾灵	680
PD20095746	精喹禾灵	1049
PD20095747	丁硫克百威	638
PD20095748	联苯菊酯	115
PD20095749	松·喹·氟磺胺	797
PD20095750	乙草胺	596
PD20095751	草甘膦	319
PD20095752	烯禾啶	262
PD20095753	高效氟吡甲禾灵	135
PD20095754	烯草酮	259
PD20095755	高效氟吡甲禾灵	87
PD20095756	烟嘧磺隆	695
PD20095757	甲哌鎓	1074

PD20095758 敌鼠钠盐 304
PD20095759 氯吡·苯磺隆 1007
PD20095760 精喹·氟磺胺 372
PD20095762 杀螟丹 406
PD20095763 甲磺·氯磺隆 541
PD20095764 麦畏·甲磺隆 80
PD20095765 毒·辛 814
PD20095766 虫酰肼 219
PD20095767 氟磺胺草醚 465
PD20095768 草甘膦 743
PD20095769 高效氟吡甲禾灵 945
PD20095770 吡嘧磺隆 516
PD20095771 高效氯氟氰菊酯 1108
PD20095772 烟嘧磺隆 1107
PD20095773 甲·乙·莠 735
PD20095774 毒死蜱 934
PD20095775 氟乐灵 265
PD20095777 氰戊·辛硫磷 618
PD20095778 溴氰菊酯 497
PD20095779 唑酮·氧乐果 308
PD20095780 高氯·辛硫磷 984
PD20095781 三唑磷 649
PD20095782 吡虫啉 575
PD20095783 氯氟吡氧乙酸异辛酯 735
PD20095784 霜脲·锰锌 284
PD20095785 溴氰·敌敌畏 508
PD20095786 多抗霉素 996
PD20095787 草甘膦异丙胺盐（62%） 1071
PD20095788 精噁唑禾草灵 135
PD20095789 苄·乙·甲 66
PD20095790 螨醇·哒螨灵 789
PD20095791 多·锰锌 712
PD20095792 莠去津 797
PD20095793 精喹禾灵 823
PD20095794 乙草胺 784
PD20095795 乙草胺 797
PD20095796 甲霜·福美双 379
PD20095797 氟磺胺草醚 799
PD20095798 甲霜·锰锌 661
PD20095799 除虫脲 770
PD20095800 复硝酚钠 713
PD20095801 阿维·甲氰 781
PD20095802 甲戊·乙草胺 713
PD20095803 乙羧氟草醚 698
PD20095804 烯唑·福美双 441
PD20095805 阿维菌素 219
PD20095806 乙羧氟草醚 698
PD20095807 丙溴磷 996
PD20095808 二甲戊灵 895
PD20095810 多·锰锌 865
PD20095811 辛硫·灭多威 744
PD20095812 氰戊·辛硫磷 218
PD20095813 高氯·毒死蜱 779
PD20095814 乙·莠· 滴丁酯 288
PD20095815 阿维·高氯 732
PD20095816 2,4-滴 537
PD20095817 乳氟·喹禾灵 349
PD20095818 辛硫磷 304
PD20095819 滴丁·乙草胺 372
PD20095820 百草枯 188
PD20095821 精噁唑禾草灵 103
PD20095822 氰戊菊酯 359
PD20095823 苄·丁·草甘膦 571
PD20095824 乙铝·锰锌 796
PD20095825 敌百虫 884
PD20095826 氯氰·毒死蜱 802
PD20095828 啶虫脒 799
PD20095829 多抗霉素 878
PD20095830 氟磺胺草醚 825
PD20095831 乙·噁·滴丁酯 374
PD20095832 阿维·高氯氟 213
PD20095833 高效氯氰菊酯 549
PD20095834 敌草隆 688
PD20095835 仲丁威 632
PD20095836 精噁唑禾草灵 802
PD20095837 吡嘧·苯噻酰 288
PD20095838 百草枯 625
PD20095839 阿维菌素 746
PD20095840 多·锰锌 638
PD20095841 多·锰锌 238
PD20095842 多·锰锌 796
PD20095843 莠去津 784
PD20095844 多·福 732
PD20095845 福·福锌 893
PD20095846 烟嘧磺隆 695
PD20095847 噻磺·乙草胺 527
PD20095848 噁霜·锰锌 357
PD20095849 稻瘟灵 1028
PD20095850 氰戊·辛硫磷 107
PD20095851 甲·克 1036
PD20095852 高氯·辛硫磷 904
PD20095853 烟嘧磺隆 376
PD20095854 氟虫腈 596
PD20095855 阿维菌素 254
PD20095856 烟嘧磺隆 877
PD20095857 单甲脒盐酸盐 232
PD20095858 氰戊·辛硫磷 337
PD20095859 异丙威 425
PD20095860 精喹禾灵 1060
PD20095861 乙烯利 304
PD20095862 百草枯 752
PD20095863 毒死蜱 857
PD20095864 砜嘧·莠去津 288
PD20095865 喹啉铜 1033
PD20095866 喹啉铜 1033
PD20095867 烯禾啶 260
PD20095868 苄·乙 549
PD20095869 丁草胺 797
PD20095870 吡虫啉 342
PD20095871 异丙草·莠 520
PD20095872 苯磺隆 306
PD20095873 异松·乙草胺 55
PD20095874 甲磺隆 461
PD20095875 咪唑喹啉酸 874
PD20095876 噁草酮 67
PD20095877 氯氟吡氧乙酸异辛酯(290克/升) 511
PD20095878 苄嘧磺隆 691
PD20095879 咪乙·异噁松 677
PD20095880 代森锰锌 280
PD20095881 联苯菊酯 864
PD20095882 辛硫磷 123
PD20095883 精喹禾灵 816
PD20095884 乙铝·锰锌 126
PD20095885 氧乐果 364
PD20095886 锰锌·腈菌唑 684
PD20095887 草甘膦 668
PD20095888 螨醇·哒螨灵 1047
PD20095889 苄·丁 894
PD20095890 苄嘧·苯噻酰 60
PD20095891 西草净 443
PD20095892 扑·乙·滴丁酯 384
PD20095893 溴氰菊酯 739
PD20095894 吡嘧磺隆 369
PD20095895 精喹·草除灵 100
PD20095896 乙草胺 822
PD20095897 乙草胺 797

PD20095898	乙氧氟草醚	1089
PD20095899	甲磺隆	463
PD20095900	敌百·辛硫磷	633
PD20095901	精喹禾灵	573
PD20095902	甲草·莠去津	784
PD20095903	二甲戊灵	144
PD20095904	扑·乙	100
PD20095906	烯草酮	259
PD20095907	丙溴磷	816
PD20095908	毒死蜱	196
PD20095909	苯醚甲环唑	479
PD20095910	溴敌隆	380
PD20095911	毒死蜱	412
PD20095912	硫磺·三唑酮	1111
PD20095913	嗪草酸甲酯	677
PD20095914	嗪草酸甲酯	677
PD20095915	阿维·柴油	713
PD20095916	噁草酮	75
PD20095917	精喹禾灵	825
PD20095918	异丙甲草胺	821
PD20095919	乙羧氟草醚	511
PD20095920	毒死蜱	492
PD20095921	吡虫啉	406
PD20095922	灭草松	493
PD20095923	阿维·矿物油	344
PD20095924	高效氯氰菊酯	235
PD20095925	嗪草酮	996
PD20095926	氯氟吡氧乙酸异辛酯(28.8%)	562
PD20095927	喹硫磷	1088
PD20095928	氰铃·毒死蜱	846
PD20095929	二甲戊灵	1040
PD20095930	灭草松	695
PD20095931	草甘膦异丙胺盐(41%)	600
PD20095932	高效氯氰菊酯	280
PD20095933	草甘膦	335
PD20095934	硫磺·多菌灵	91
PD20095935	鱼藤酮	281
PD20095936	毒死蜱	659
PD20095937	异丙甲草胺	369
PD20095938	烟嘧磺隆	472
PD20095939	毒死蜱	328
PD20095940	莎稗磷	369
PD20095941	苄·乙	1089
PD20095942	乙铝·锰锌	543
PD20095943	咪唑乙烟酸	874
PD20095944	代森锰锌	1064
PD20095945	咪唑乙烟酸	874
PD20095946	多·福	294
PD20095947	氯溴异氰尿酸	426
PD20095948	乙草胺	895
PD20095949	阿维·氯氰	634
PD20095950	阿维菌素	308
PD20095951	2甲·灭草松	435
PD20095952	氧乐果	775
PD20095953	氟吗啉	695
PD20095954	草甘膦	319
PD20095955	赤霉酸A4+A7	658
PD20095956	异丙草胺	890
PD20095957	阿维菌素	336
PD20095958	乙草胺	339
PD20095959	百草枯	787
PD20095960	阿维·辛硫磷	277
PD20095961	苄·乙	75
PD20095962	松·喹·氟磺胺	374
PD20095963	三唑锡	965
PD20095964	高效氯氟氰菊酯	795
PD20095965	百草枯	784
PD20095966	乙草胺	353
PD20095967	毒死蜱	267
PD20095968	精喹禾灵	58
PD20095969	敌百·氧乐果	337
PD20095970	多·福	262
PD20095971	氯嘧磺隆	688
PD20095972	丁草胺	490
PD20095973	乙酰甲胺磷	260
PD20095974	乙草胺	288
PD20095975	乙草胺	259
PD20095976	氢氧化铜	891
PD20095977	唑螨酯	934
PD20095978	扑草净	797
PD20095979	乙烯利	907
PD20095980	噁草·丁草胺	310
PD20095981	哒螨灵	303
PD20095982	百草枯	632
PD20095983	咪唑喹啉酸	695
PD20095984	氟乐灵	593
PD20095985	阿维·辛硫磷	706
PD20095986	阿维菌素	488
PD20095987	氯氰·毒死蜱	326
PD20095988	烟嘧磺隆	1061
PD20095989	2甲4氯钠	686
PD20095990	噻嗪酮	551
PD20095991	阿维·杀虫单	193
PD20095992	啶虫脒	884
PD20095993	苄·丁	632
PD20095994	烟嘧磺隆	617
PD20095995	乙铝·锰锌	813
PD20095996	阿维·毒死蜱	77
PD20095997	丙溴磷	910
PD20095998	阿维·辛硫磷	213
PD20095999	阿维·抑食肼	635
PD20096000	阿维·毒死蜱	213
PD20096001	氰戊菊酯	915
PD20096002	烯唑·多菌灵	465
PD20096003	阿维菌素	658
PD20096004	氯氰菊酯	65
PD20096005	毒·辛	504
PD20096006	氯氟吡氧乙酸异辛酯	1116
PD20096008	甲磺隆	527
PD20096009	氟铃脲	340
PD20096010	甲氨基阿维菌素苯甲酸盐(2.3%)	317
PD20096011	吡虫啉	816
PD20096012	烯草酮	281
PD20096013	辛硫·三唑磷	80
PD20096014	氟铃脲	262
PD20096015	甲哌鎓	516
PD20096016	氟虫腈	1107
PD20096017	三唑磷	73
PD20096018	二甲戊灵	376
PD20096019	甲草胺	1074
PD20096020	复硝酚钠	217
PD20096021	阿维·毒死蜱	203
PD20096022	苄·乙	684
PD20096023	苄嘧磺隆	511
PD20096024	氯噻啉	556
PD20096025	甲氰 ·敌敌畏	130
PD20096026	异松·乙草胺	677
PD20096027	吡虫啉	60
PD20096028	噻嗪酮	882
PD20096029	吡虫啉	576
PD20096030	精喹禾灵	618
PD20096033	乙草胺	461
PD20096034	高效氯氰菊酯	380
PD20096035	甲磺隆	527
PD20096036	阿维菌素	281
PD20096037	吡虫啉	804

PD20096038 井冈·枯芽菌 588
PD20096039 烯唑醇 465
PD20096040 氧氟·甲戊灵 824
PD20096041 杀单·苏云菌 934
PD20096042 高氯·毒死蜱 907
PD20096043 甲磺隆 516
PD20096044 溴鼠灵 674
PD20096045 乙草胺 306
PD20096047 高效氯氟氰菊酯 328
PD20096048 甲柳·三唑酮 62
PD20096049 高氯·马 713
PD20096050 吡虫啉 527
PD20096051 甲维·氯氰 706
PD20096052 丁·莠 706
PD20096053 三唑磷 110
PD20096054 精噁唑禾草灵 784
PD20096055 阿维·甲氰 213
PD20096056 喹禾灵 401
PD20096057 烯酰·锰锌 874
PD20096058 芸苔素内酯 668
PD20096059 灭草松 106
PD20096060 阿维菌素 867
PD20096061 氯氰菊酯 369
PD20096062 2,4-滴丁酯 680
PD20096063 百草枯 778
PD20096064 丙环唑 321
PD20096065 烟嘧磺隆 325
PD20096066 氟磺胺草醚 1074
PD20096067 甲·克 763
PD20096068 辛硫·高氯氟 813
PD20096070 莎稗磷 985
PD20096071 烯唑醇 1013
PD20096072 唑酮·氧乐果 603
PD20096073 高效氟吡甲禾灵 369
PD20096074 苄嘧·莎稗磷 985
PD20096075 苯磺隆 473
PD20096076 烟嘧磺隆 874
PD20096077 甲基硫菌灵 902
PD20096078 氯氟吡氧乙酸异辛酯 565
PD20096079 吡虫啉 213
PD20096080 高效氯氟氰菊酯 403
PD20096081 高效氯氟氰菊酯 727
PD20096082 吡虫啉 595
PD20096083 苄·乙 367
PD20096084 乙草胺 511
PD20096086 灭草松 67
PD20096087 高效氯氟氰菊酯 1117
PD20096088 滴丁·莠去津 376
PD20096089 乙草胺 511
PD20096090 高效氯氟氰菊酯 749
PD20096091 氟乐灵 511
PD20096092 阿维·苏云菌 934
PD20096093 代森锌 280
PD20096094 甲氨基阿维菌素苯甲酸盐(0.57%) 706
PD20096095 松·喹·氟磺胺 706
PD20096096 噻嗪·杀虫单 222
PD20096097 仲丁威 482
PD20096098 双甲脒 235
PD20096099 噻嗪·异丙威 412
PD20096100 苄·乙·甲 566
PD20096101 吡虫啉 612
PD20096102 唑磷·毒死蜱 583
PD20096103 吡虫啉 367
PD20096104 阿维·高氯 367
PD20096105 乐果·杀扑磷 1115
PD20096106 百草枯 443
PD20096107 毒死蜱 220
PD20096108 咪唑乙烟酸 374
PD20096109 精喹禾灵 683
PD20096110 咪乙·异噁松 680
PD20096111 高效氟吡甲禾灵 658
PD20096112 吡虫·杀虫安 1106
PD20096113 复硝酚钠 197
PD20096114 烯唑醇 462
PD20096115 烯禾啶 374
PD20096116 啶虫脒 879
PD20096117 草甘膦 338
PD20096118 代森锌 912
PD20096119 滴丁·莠去津 435
PD20096120 烟嘧磺隆 976
PD20096121 甲氰菊酯 378
PD20096122 精吡氟禾草灵 937
PD20096123 噁草酮 71
PD20096124 乙草胺 730
PD20096125 精噁唑禾草灵 571
PD20096126 代森锰锌 1005
PD20096127 高效氯氰菊酯 824
PD20096128 氰戊·敌敌畏 602
PD20096129 乙铝·锰锌 899
PD20096130 乙烯利 306
PD20096131 杀虫双 110
PD20096132 异丙甲草胺 698
PD20096133 噻吩磺隆 353
PD20096134 杀扑磷 516
PD20096135 联苯菊酯 876
PD20096136 草甘膦异丙胺盐 1069
PD20096137 异丙草·莠 353
PD20096138 苄·二氯 80
PD20096140 丁草胺 999
PD20096141 毒死蜱 890
PD20096142 噁草酮 692
PD20096143 苏云金杆菌 840
PD20096144 氧氟·乙草胺 979
PD20096145 阿维·高氯 226
PD20096146 高效氟吡甲禾灵 57
PD20096147 异丙威 347
PD20096148 嗪草酮 579
PD20096149 溴氰菊酯 890
PD20096150 精噁唑禾草灵 527
PD20096151 吡虫·噻嗪酮 240
PD20096152 毒死蜱 257
PD20096153 精喹禾灵 999
PD20096154 异噁草松 259
PD20096155 二甲戊灵 659
PD20096156 苯丁·哒螨灵 1013
PD20096157 草甘膦异丙胺盐(41%) 353
PD20096158 高效氟吡甲禾灵 749
PD20096159 高氯·辛硫磷 732
PD20096160 阿维·高氯 262
PD20096161 磷化铝 233
PD20096162 杀单·毒死蜱 485
PD20096163 唑磷·敌百虫 603
PD20096164 阿维·高氯 890
PD20096165 硫丹 1062
PD20096166 乙草胺 825
PD20096167 噻吩磺隆 691
PD20096168 敌畏·毒死蜱 209
PD20096169 莠去津 447
PD20096170 扑·乙·滴丁酯 449
PD20096171 高氯·辛硫磷 895
PD20096173 高效氯氰菊酯 286
PD20096174 井冈霉素 339
PD20096175 琥·铝·甲霜灵 126
PD20096176 甲氰 ·敌敌畏 196
PD20096177 氧乐果 344
PD20096178 甲氰·氧乐果 677

PD20096179	精喹禾灵	553
PD20096180	炔螨特	956
PD20096181	辛硫·高氯氟	673
PD20096182	咪唑喹啉酸	695
PD20096184	咪唑乙烟酸	874
PD20096185	单甲脒盐酸盐	397
PD20096186	氯氰·毒死蜱	63
PD20096187	灭草松	527
PD20096188	井冈·多菌灵	853
PD20096189	草甘膦异丙胺盐(41%)	553
PD20096190	氯氰·丙溴磷	458
PD20096191	杀螺胺	525
PD20096192	阿维菌素	543
PD20096193	乙烯利	456
PD20096194	氟虫腈	1124
PD20096196	氟乐·扑草净	583
PD20096197	氟乐灵	261
PD20096198	咪鲜胺	112
PD20096199	敌百·毒死蜱	151
PD20096200	阿维菌素	637
PD20096201	联苯菊酯	598
PD20096202	吡虫啉	1057
PD20096203	三唑磷	336
PD20096204	氯氰·毒死蜱	386
PD20096205	阿维菌素	511
PD20096206	烟嘧磺隆	888
PD20096207	乙铝·锰锌	390
PD20096208	草甘膦异丙胺盐(41%)	990
PD20096209	草甘膦异丙胺盐(41%)	347
PD20096210	噁霜·锰锌	970
PD20096211	咪唑烟酸	900
PD20096212	烟嘧磺隆	353
PD20096213	乙草胺	261
PD20096214	丙溴磷	402
PD20096215	多抗霉素	398
PD20096216	哒螨灵	968
PD20096217	二甲戊灵	865
PD20096218	乙草胺	455
PD20096219	三环唑	875
PD20096220	炔螨特	909
PD20096221	草甘膦铵盐(74.7%)	317
PD20096222	苏云金杆菌	840
PD20096223	高效氯氰菊酯	328
PD20096224	烟嘧磺隆	353
PD20096225	三氟羧草醚	1074
PD20096226	噻嗪酮	732
PD20096227	氰戊·辛硫磷	1022
PD20096228	阿维·辛硫磷	922
PD20096229	唑喹·咪乙烟	695
PD20096230	多效唑	111
PD20096231	井冈·蜡芽菌	433
PD20096232	乙·莠	341
PD20096233	喹硫磷	1049
PD20096234	唑磷·毒死蜱	398
PD20096235	乙草胺	203
PD20096236	吡虫·辛硫磷	938
PD20096237	高效氯氟氰菊酯	862
PD20096238	辛硫磷	336
PD20096239	烯草酮	236
PD20096240	炔螨特	934
PD20096241	毒死蜱	1073
PD20096242	氰戊·辛硫磷	535
PD20096243	三唑磷	400
PD20096244	绿麦·异丙隆	566
PD20096245	喹硫磷	220
PD20096246	喹硫磷	178
PD20096247	苄嘧·双草醚	541
PD20096248	高氯·氟铃脲	754
PD20096249	滴丁·乙草胺	449
PD20096250	草甘膦铵盐(33%)	112
PD20096251	喹硫磷	1045
PD20096252	阿维·高氯	157
PD20096253	炔螨特	241
PD20096254	多·锰锌	842
PD20096255	喹啉铜	1084
PD20096256	啶虫脒	875
PD20096257	乙·嗪·滴丁酯	374
PD20096258	噻吩磺隆	677
PD20096259	苯磺隆	822
PD20096260	氰戊菊酯	729
PD20096261	阿维·高氯	282
PD20096262	香菇多糖	103
PD20096263	香菇多糖	103
PD20096264	甲嘧磺隆	541
PD20096265	甲氰·氧乐果	308
PD20096266	敌磺钠	383
PD20096267	苄嘧·丙草胺	465
PD20096268	硫磺·锰锌	789
PD20096269	混灭威	664
PD20096270	锰锌·烯唑醇	284
PD20096271	乙草胺	81
PD20096272	敌敌畏	315
PD20096273	杀扑磷	1085
PD20096274	草甘膦异丙胺盐	1089
PD20096275	甲氨基阿维菌素苯甲酸盐	828
PD20096276	莠去津	81
PD20096277	阿维菌素	226
PD20096278	草甘膦异丙胺盐(41%)	1119
PD20096279	苯磺隆	1071
PD20096280	甲霜·锰锌	1013
PD20096281	二氯喹啉酸	201
PD20096282	氰戊菊酯	875
PD20096283	辛硫磷	402
PD20096284	井冈·三环唑	469
PD20096285	井冈·杀虫双	469
PD20096286	敌敌畏	75
PD20096287	吡·井·杀虫单	547
PD20096289	毒死蜱	1108
PD20096290	速灭威	719
PD20096291	甲基硫菌灵	875
PD20096292	丁硫克百威	236
PD20096293	辛硫·高氯氟	362
PD20096294	丁·莠	790
PD20096295	吡虫啉	743
PD20096296	氟硅唑	1080
PD20096297	苯磺隆	334
PD20096298	联苯菊酯	727
PD20096299	石硫合剂	403
PD20096300	精喹·草除灵	112
PD20096301	草甘膦异丙胺盐	1080
PD20096302	阿维菌素	349
PD20096303	毒死蜱	1047
PD20096304	苄·乙·甲	982
PD20096305	噁霉灵	900
PD20096306	氟乐灵	1062
PD20096307	西净·乙草胺	401
PD20096308	烟嘧磺隆	135
PD20096309	异丙甲草胺	713
PD20096310	井冈·噻嗪酮	531
PD20096311	毒死蜱	66
PD20096312	杀虫双	109
PD20096313	高效氯氟氰菊酯	825
PD20096314	甲磺隆	688
PD20096315	氯氟吡氧乙酸异辛酯(288克/升)	1056
PD20096316	百草枯	800
PD20096317	丙溴磷	661

PD20096318 三唑磷 786
PD20096319 吡虫啉 329
PD20096320 阿维·甲氰 820
PD20096321 高效氯氟氰菊酯 851
PD20096322 2,4-滴丁酯 444
PD20096323 哒螨灵 213
PD20096324 乙草胺 449
PD20096325 氟铃脲 171
PD20096326 丁硫克百威 873
PD20096327 苄·乙 423
PD20096328 乙·噻·滴丁酯 372
PD20096329 毒死蜱 805
PD20096331 氟虫腈 1084
PD20096332 联苯菊酯 1080
PD20096333 丙溴磷 1035
PD20096334 电热蚊香液 992
PD20096335 氯氰·仲丁威 842
PD20096336 阿维菌素 904
PD20096337 辛硫磷 309
PD20096338 氯氟吡氧乙酸异辛酯(288克/升) 1016
PD20096339 啶虫脒 792
PD20096340 杀螺胺乙醇胺盐(83.1%) 79
PD20096341 杀扑磷 970
PD20096342 啶虫脒 849
PD20096343 吡虫啉 245
PD20096344 异噁草松 418
PD20096345 除虫脲 302
PD20096346 甲霜·噁霉灵 357
PD20096347 辛硫磷 415
PD20096348 阿维菌素 139
PD20096349 氢氧化铜 1085
PD20096350 苄·丁 441
PD20096351 杀单·苏云菌 410
PD20096352 精喹·乙羧氟 465
PD20096353 毒死蜱 634
PD20096354 苄·乙 112
PD20096355 杀虫双 55
PD20096356 草甘膦异丙胺盐 388
PD20096357 氧乐果 746
PD20096358 三唑磷 644
PD20096359 复硝酚钠 333
PD20096360 阿维菌素 413
PD20096361 三唑磷 645
PD20096362 井冈·蜡芽菌 984
PD20096363 异丙威 773
PD20096364 萘乙酸 318
PD20096365 毒死蜱 639
PD20096366 二嗪磷 562
PD20096367 联苯菊酯 70
PD20096369 乙氧氟草醚 435
PD20096370 氯氟氰菊酯 750
PD20096371 噻菌灵 577
PD20096372 毒死蜱 697
PD20096373 氯溴异氰尿酸 1109
PD20096374 氯氰·毒死蜱 1056
PD20096375 阿维·高氯 763
PD20096376 阿维·氰戊 759
PD20096377 异菌脲 938
PD20096378 噻嗪·异丙威 204
PD20096379 噻嗪酮 557
PD20096380 辛硫磷 81
PD20096381 烟嘧磺隆 504
PD20096382 氟磺胺草醚 698
PD20096383 异稻瘟净 938
PD20096384 甲基硫菌灵 778
PD20096385 甲基硫菌灵 1056
PD20096386 阿维·矿物油 250
PD20096387 草甘膦 351
PD20096388 甲氨基阿维菌素苯甲酸盐 357
PD20096389 2,4-滴丁酯 376
PD20096390 异丙甲草胺 511
PD20096391 霜脲·锰锌 389
PD20096392 杀虫双 1106
PD20096393 2，4-滴丁酯 680
PD20096394 溴敌隆 687
PD20096395 福美双 773
PD20096396 氧乐果 295
PD20096397 唑磷·毒死蜱 473
PD20096398 代森锌 1042
PD20096399 乙草胺 75
PD20096400 乙草胺 742
PD20096401 莠去津 683
PD20096402 乙烯利 236
PD20096403 炔螨特 990
PD20096405 乐果 1022
PD20096406 抑食肼 730
PD20096407 复硝酚钠 700
PD20096408 毒死蜱 407
PD20096409 唑螨酯 469
PD20096410 己唑醇 511
PD20096411 吡虫啉 226
PD20096412 井冈·羟烯腺 1088
PD20096413 百菌清 990
PD20096414 烟嘧磺隆 834
PD20096415 甲氨基阿维菌素苯甲酸盐(90%) 101
PD20096416 草甘膦 101
PD20096418 多·锰锌 103
PD20096419 甲戊·莠去津 48
PD20096420 井冈霉素 637
PD20096421 2,4-滴二胺 680
PD20096422 阿维·毒死蜱 357
PD20096423 福·福锌 357
PD20096424 氟乐灵 523
PD20096425 氟硅唑 732
PD20096426 氰戊·灭多威 351
PD20096427 异菌脲 743
PD20096428 甲基硫菌灵 972
PD20096429 辛硫·三唑磷 406
PD20096430 2,4-滴丁酯 677
PD20096431 乙·嗪·滴丁酯 376
PD20096432 唑螨酯 87
PD20096433 高效氯氰菊酯 828
PD20096434 高效氯氰菊酯 105
PD20096435 滴酯·丁草胺 163
PD20096436 三唑磷 45
PD20096437 丙·莠·滴丁酯 680
PD20096438 阿维菌素 774
PD20096439 乙羧·氟磺胺 465
PD20096440 三唑磷 204
PD20096441 苯醚甲环唑 87
PD20096442 啶虫脒 753
PD20096443 福·福锌 917
PD20096444 二氯异氰尿酸钠 903
PD20096445 吡虫啉 588
PD20096446 硫磺·锰锌 754
PD20096447 除虫脲 183
PD20096448 烯禾啶 372
PD20096449 吡虫啉 839
PD20096450 哒螨灵 971
PD20096451 吡虫啉 583
PD20096452 2,4-滴丁酯 537
PD20096453 甲磺隆 688
PD20096454 溴氰菊酯 290
PD20096455 氟磺胺草醚 446
PD20096456 甲氨基阿维菌素苯甲酸盐(0.57%) 106
PD20096457 羟烯·乙烯利 455

PD20096458	氰戊菊酯	245
PD20096459	高氯·毒死蜱	485
PD20096460	毒死蜱	485
PD20096461	烯草酮	727
PD20096462	硫酰氟	1070
PD20096464	井冈霉素	661
PD20096465	毒死蜱	562
PD20096466	甲哌鎓	557
PD20096467	苯磺隆	960
PD20096468	高效氟吡甲禾灵	727
PD20096469	丁酰肼	973
PD20096470	毒死蜱	508
PD20096471	灭线磷	164
PD20096472	D型肉毒梭菌毒素	700
PD20096473	阿维·高氯	656
PD20096474	百草枯	171
PD20096475	高氯·甲维盐	144
PD20096476	丙·噁·滴丁酯	680
PD20096477	啶虫脒	260
PD20096478	吡虫啉	632
PD20096479	甲氰·氧乐果	372
PD20096480	异丙威	315
PD20096481	多效唑	220
PD20096482	硫丹	69
PD20096483	阿维·甲氰	193
PD20096484	吡虫啉	1039
PD20096485	灭多威	546
PD20096486	异噁草松	511
PD20096487	乙氧氟草醚	945
PD20096488	异丙甲草胺	715
PD20096489	井冈·蜡芽菌	573
PD20096490	乙草胺	334
PD20096491	吡虫·噻嗪酮	644
PD20096492	丙溴磷	1038
PD20096493	烟嘧磺隆	341
PD20096494	氟氯氰菊酯	895
PD20096495	丙环唑	168
PD20096496	氯氟吡氧乙酸	344
PD20096497	啶虫脒	251
PD20096498	溴氰·毒死蜱	1025
PD20096499	三环·烯唑醇	630
PD20096500	辛硫磷	686
PD20096501	辛硫·高氯氟	104
PD20096502	烟嘧磺隆	691
PD20096503	烟嘧磺隆	799
PD20096504	多·福·克	51
PD20096505	代森锰锌	198
PD20096506	噻嗪·杀扑磷	122
PD20096507	灭草松	695
PD20096508	苯·苄·乙草胺	427
PD20096509	异丙草·莠	301
PD20096510	高效氯氟氰菊酯	322
PD20096511	草甘膦铵盐（33%）	647
PD20096512	辛硫·灭多威	241
PD20096513	烯唑醇	171
PD20096514	氨氯吡啶酸	112
PD20096515	百菌清	319
PD20096516	硫酸铜钙	516
PD20096517	咪唑乙烟酸	385
PD20096518	烟嘧磺隆	788
PD20096519	单甲脒盐酸盐	730
PD20096520	柴油·辛硫磷	713
PD20096521	混灭威	321
PD20096522	高氯·辛硫磷	730
PD20096523	复硝酚钠	780
PD20096524	阿维·啶虫脒	285
PD20096525	戊唑醇	1119
PD20096526	阿维·高氯	813
PD20096527	辛硫磷	322
PD20096528	三唑磷	330
PD20096529	多抗霉素	325
PD20096530	2,4-滴丁酯	437
PD20096531	嗪草酮	427
PD20096532	丁·扑	372
PD20096533	百草枯	908
PD20096534	吡虫·杀虫单	110
PD20096535	唑磷·毒死蜱	531
PD20096536	丁草胺	443
PD20096537	氟乐灵	242
PD20096538	啶虫脒	836
PD20096539	2,4-滴丁酯	799
PD20096540	高效氯氟氰菊酯	261
PD20096541	2甲4氯钠	945
PD20096542	哒螨灵	739
PD20096543	哒螨灵	787
PD20096544	仲丁灵	1045
PD20096545	哒螨灵	766
PD20096546	代森锌	960
PD20096547	多·福·锌	240
PD20096548	仲丁威	204
PD20096549	异噁草松	374
PD20096550	毒死蜱	749
PD20096551	乙草胺	324
PD20096552	复硝酚钠	123
PD20096553	嗪酮·乙草胺	384
PD20096554	氟虫腈	695
PD20096555	硫磺	770
PD20096556	速灭威	917
PD20096557	阿维·高氯	333
PD20096558	高效氯氟氰菊酯	839
PD20096559	辛硫磷	281
PD20096560	氧乐果	245
PD20096561	溴鼠灵	326
PD20096562	莠去津	1025
PD20096563	精噁唑禾草灵	62
PD20096564	苯磺隆	536
PD20096565	三唑磷	636
PD20096566	三唑锡	954
PD20096567	苄嘧·禾草丹	469
PD20096568	苄·乙	341
PD20096569	2甲4氯钠	511
PD20096570	异丙威	203
PD20096571	氯溴异氰尿酸	603
PD20096572	吡虫啉	865
PD20096573	顺式氯氰菊酯	960
PD20096574	噁草酮	456
PD20096575	乙·莠· 滴丁酯	447
PD20096576	复硝酚钠	1049
PD20096577	精喹禾灵	350
PD20096578	敌敌畏	423
PD20096579	阿维菌素	625
PD20096580	溴氰菊酯	610
PD20096581	2甲4氯钠	330
PD20096582	辛硫·高氯氟	209
PD20096583	阿维菌素	630
PD20096585	烟嘧磺隆	1107
PD20096586	丙环唑	890
PD20096587	联苯菊酯	486
PD20096588	氟乐灵	456
PD20096589	烯草酮	516
PD20096590	氟啶脲	486
PD20096591	吡虫·矿物油	197
PD20096592	烟嘧磺隆	469
PD20096593	阿维·矿物油	197
PD20096594	苏云金杆菌	389
PD20096596	氰戊菊酯	244

PD20096597	敌稗	688
PD20096598	松・喹・氟磺胺	84
PD20096599	吡虫啉	1078
PD20096601	乙烯利	699
PD20096602	苄・丁	545
PD20096603	苯磺隆	86
PD20096604	异丙甲草胺	945
PD20096605	杀螟硫磷	938
PD20096606	甲氰菊酯	1025
PD20096607	二甲戊灵	1025
PD20096608	异菌・福美双	789
PD20096609	杀虫双	193
PD20096610	乙草胺	799
PD20096611	精噁唑禾草灵	825
PD20096612	毒死蜱	360
PD20096613	草甘膦异丙胺盐(41%)	122
PD20096614	氧乐果	295
PD20096615	烯肟・氟环唑	695
PD20096616	烯肟・戊唑醇	695
PD20096617	阿维菌素	79
PD20096618	喹硫磷	1047
PD20096619	百・锌・福美双	789
PD20096620	仲丁威	321
PD20096621	吡虫啉	257
PD20096622	乙烯利	744
PD20096623	喹硫磷	650
PD20096624	噻嗪・杀虫单	151
PD20096625	三唑锡	321
PD20096626	高效氯氟氰菊酯	921
PD20096627	辛硫・矿物油	351
PD20096628	联苯菊酯	766
PD20096629	多抗霉素	878
PD20096630	混灭威	469
PD20096631	氟磺胺草醚	153
PD20096632	高效氟吡甲禾灵	273
PD20096633	哒螨灵	420
PD20096634	吡嘧磺隆	371
PD20096635	仲丁灵	516
PD20096636	代森锰锌	1010
PD20096637	异丙甲・苄	115
PD20096638	苯丁・哒螨灵	171
PD20096640	氯氟吡氧乙酸	86
PD20096641	氯吡脲	700
PD20096642	乙・莠	899
PD20096643	多菌灵	875
PD20096645	高氯・甲维盐	302
PD20096646	草甘膦异丙胺盐(41%)	124
PD20096647	扑・乙・滴丁酯	437
PD20096648	高效氯氟氰菊酯	369
PD20096649	氧乐果	330
PD20096650	高效氯氰菊酯	843
PD20096651	甲硫・福美双	74
PD20096652	阿维菌素	641
PD20096653	百草枯	310
PD20096654	代森锰锌	1048
PD20096655	高效氟吡甲禾灵	908
PD20096656	氯氰・毒死蜱	270
PD20096657	异松・乙草胺	465
PD20096658	高效氯氟氰菊酯	1073
PD20096659	阿维菌素	319
PD20096660	二甲戊灵	874
PD20096661	氟啶脲	511
PD20096662	阿维菌素	227
PD20096663	阿维菌素	875
PD20096664	滴丁・莠去津	449
PD20096665	莠去津	329
PD20096666	毒死蜱	1025
PD20096667	辛硫・三唑磷	713
PD20096668	草甘膦	425
PD20096669	腈菌・福美双	115
PD20096670	苄・乙	642
PD20096671	吡虫・灭多威	899
PD20096672	啶虫脒	836
PD20096673	甲基硫菌灵	144
PD20096675	啶虫脒	628
PD20096676	氟磺胺草醚	345
PD20096677	苄・二氯	107
PD20096678	草甘膦	546
PD20096679	代森锰锌	946
PD20096680	灭草松	1037
PD20096681	哒螨・矿物油	312
PD20096682	胺苯磺隆	55
PD20096683	氰戊・马拉松	790
PD20096684	甲・乙・莠	301
PD20096685	氟硅唑	922
PD20096686	杀扑磷	593
PD20096687	唑磷・毒死蜱	407
PD20096688	甲氨基阿维菌素苯甲酸盐(1.14%)	1117
PD20096689	草甘膦异丙胺盐(41%)	107
PD20096690	高效氯氟氰菊酯	525
PD20096691	辛硫磷	78
PD20096692	唑磷・毒死蜱	48
PD20096693	2,4-滴丁酯	617
PD20096694	阿维菌素	409
PD20096695	草甘膦异丙胺盐(41%)	603
PD20096697	敌畏・毒死蜱	115
PD20096698	甲氨基阿维菌素苯甲酸盐	1095
PD20096699	吡虫・辛硫磷	332
PD20096700	唑磷・毒死蜱	653
PD20096701	噻吩磺隆	384
PD20096702	氯氟吡氧乙酸	727
PD20096703	异丙甲草胺	456
PD20096704	丙环唑	486
PD20096705	吡虫・杀虫单	157
PD20096706	赤霉酸	1095
PD20096707	高氯・敌敌畏	486
PD20096708	三唑磷	775
PD20096709	阿维菌素	431
PD20096710	莠去津	744
PD20096711	啶虫脒	144
PD20096712	阿维・高氯	257
PD20096713	代森锰锌	1073
PD20096714	烯酰・锰锌	1030
PD20096715	多抗霉素	841
PD20096716	烟嘧磺隆	55
PD20096717	乙草胺	577
PD20096718	毒・辛	647
PD20096719	苏云金杆菌	770
PD20096720	二甲戊灵	473
PD20096721	咪唑乙烟酸	603
PD20096722	精噁唑禾草灵	345
PD20096723	阿维・高氯	144
PD20096725	杀虫双	486
PD20096726	氰戊・辛硫磷	60
PD20096727	啶虫脒	863
PD20096728	氰戊・氧乐果	70
PD20096729	二嗪磷	105
PD20096730	多菌灵	573
PD20096731	多菌灵	1025
PD20096732	杀扑磷	126
PD20096733	阿维菌素	411
PD20096734	阿维・矿物油	144
PD20096735	毒死蜱	66
PD20096736	丙草胺	960
PD20096737	苯丁锡	960
PD20096738	毒死蜱	339

PD20096739 三唑磷 857
PD20096740 烯草酮 697
PD20096741 苄嘧·苯噻酰 80
PD20096742 斜纹夜蛾核型多角体病毒 157
PD20096743 斜纹夜蛾核型多角体病毒 158
PD20096744 多菌灵 970
PD20096745 仲丁威 653
PD20096746 氰虫腈 604
PD20096747 马拉硫磷 970
PD20096748 毒死蜱 732
PD20096749 毒死蜱 57
PD20096750 氯氟吡氧乙酸异辛酯 57
PD20096751 代森锌 970
PD20096752 炔螨特 970
PD20096753 百菌清 970
PD20096754 阿维菌素 308
PD20096755 乙铝·锰锌 71
PD20096756 虫酰肼 960
PD20096757 代森锌 1035
PD20096758 噻嗪·异丙威 639
PD20096759 吡虫啉 286
PD20096760 精噁唑禾草灵 77
PD20096761 噻嗪·异丙威 1078
PD20096762 多菌灵 1073
PD20096763 百菌清 927
PD20096764 甲氰菊酯 402
PD20096765 聚醛·甲萘威 490
PD20096766 矿物油 144
PD20096767 敌敌畏 117
PD20096768 溴氰菊酯 584
PD20096769 烯禾啶 153
PD20096770 辛硫磷 250
PD20096771 甲霜·锰锌 917
PD20096772 井冈霉素（5%） 954
PD20096773 炔螨特 321
PD20096774 甲基硫菌灵 938
PD20096775 噻嗪酮 1073
PD20096776 虫酰肼 562
PD20096777 百草枯 914
PD20096778 丙环唑 917
PD20096779 百菌清 81
PD20096780 丙环唑 542
PD20096781 高效氯氟氰菊酯 139
PD20096782 霜霉威盐酸盐 917
PD20096783 百草枯 706
PD20096784 噻嗪酮 573
PD20096785 毒死蜱 666
PD20096786 草甘膦 1007
PD20096787 高效氯氟氰菊酯 1117
PD20096788 异菌脲 755
PD20096789 三环唑 917
PD20096790 高效氯氟氰菊酯 636
PD20096791 四螨嗪 927
PD20096792 丙环唑 597
PD20096793 噻菌灵 456
PD20096794 阿维·高氯 763
PD20096795 烯草酮 603
PD20096796 炔螨特 751
PD20096797 丁硫克百威 264
PD20096798 高效氯氟氰菊酯 137
PD20096799 代森锰锌 347
PD20096800 乙草胺 784
PD20096801 福·福锌 917
PD20096802 异丙威 960
PD20096803 福·福锌 282
PD20096804 烯草酮 486
PD20096805 灭线磷 893
PD20096807 三唑酮 960
PD20096808 马拉硫磷 340
PD20096809 代森锰锌 297
PD20096810 矿物油·敌敌畏 360
PD20096811 仲丁灵 735
PD20096816 葡聚烯糖 768
PD20096817 葡聚烯糖 768
PD20096818 烯啶虫胺 556
PD20096819 烯啶虫胺 556
PD20096822 混合氨基酸铜 746
PD20096823 枯草芽孢杆菌 398
PD20096824 枯草芽孢杆菌 398
PD20096827 吲丁·萘乙酸 1115
PD20096828 耳霉菌 791
PD20096829 二氰·锰锌 635
PD20096830 乙酸铜 871
PD20096831 吲哚丁酸 1115
PD20096832 木霉菌 864
PD20096833 木霉菌 864
PD20096834 二氰蒽醌 635
PD20096835 二氰蒽醌 635
PD20096838 腐植酸·铜 911
PD20096839 噻唑锌 1124
PD20096840 淡紫拟青霉 116
PD20096841 淡紫拟青霉 116
PD20096842 松脂酸钠 1096
PD20096843 磺草酮 695
PD20096844 多粘类芽孢杆菌 1110
PD20096845 苜蓿银纹夜蛾核型多角体病毒 88
PD20096846 苜蓿银纹夜蛾核型多角体病毒 88
PD20096848 克草胺 677
PD20096849 克草胺 677
PD20096851 磺草酮 695
PD20096852 苯菌灵 507
PD20096853 苯菌灵 507
PD20096854 琥胶肥酸铜 229
PD20096855 高效氯氟氰菊酯 972
PD20096856 毒死蜱 205
PD20096857 噻嗪酮 457
PD20096858 抑霉唑 960
PD20096859 炔螨特 927
PD20096860 唑螨酯 551
PD20096862 多抗霉素 841
PD20096863 啶虫脒 261
PD20096864 三唑锡 968
PD20096865 甲磺隆 595
PD20096866 辛硫磷 927
PD20096867 氟乐灵 1062
PD20096868 氰戊·乐果 1000
PD20096869 联苯菊酯 759
PD20096870 高效氯氟氰菊酯 799
PD20096872 扑·乙·滴丁酯 449
PD20096873 毒·辛 653
PD20096874 氯氰·敌敌畏 156
PD20096875 复硝酚钠 365
PD20096876 三唑磷 844
PD20096877 抗蚜威 946
PD20096878 矿物油·乙酰甲 360
PD20096879 高效氯氟氰菊酯 311
PD20096881 氟磺胺草醚 310
PD20096882 杀螺胺乙醇胺盐 661
PD20096883 双草醚 565
PD20096884 异丙甲草胺 224
PD20096885 精噁唑禾草灵 668
PD20096886 百草枯 825
PD20096889 阿维·毒死蜱 183
PD20096890 烯草酮 670
PD20096891 2甲4氯钠 825
PD20096892 氟硅唑 635

PD20096893	烟嘧磺隆	44
PD20096894	盐酸吗啉胍	780
PD20096895	二嗪磷	1117
PD20096896	烯肟·霜脲氰	695
PD20096897	莠灭净	521
PD20096898	哒螨灵	824
PD20096899	滴丁·乙草胺	677
PD20096900	丁硫克百威	1117
PD20096901	阿维·毒死蜱	781
PD20096902	霜脲·锰锌	683
PD20096903	腈菌唑	683
PD20096904	高效氯氰菊酯	766
PD20096905	灭线磷	241
PD20096906	百草枯	351
PD20096907	毒·辛	825
PD20096908	溴氰菊酯	273
PD20096909	吡虫啉	101
PD20096910	吡虫啉	312
PD20096911	毒·辛	499
PD20096912	喹硫磷	63
PD20096913	吡嘧磺隆	75
PD20096914	咪鲜胺	435
PD20096915	杀虫双	203
PD20096916	咪唑乙烟酸	874
PD20096917	草甘膦异丙胺盐(41%)	69
PD20096918	阿维·高氯	1020
PD20096919	烟嘧磺隆	302
PD20096920	咪鲜胺	1005
PD20096921	氟铃·毒死蜱	839
PD20096922	炔螨特	1061
PD20096923	辛硫磷	641
PD20096924	噻嗪·异丙威	62
PD20096925	高氯·马	925
PD20096926	盐酸吗啉胍	836
PD20096927	烟嘧磺隆	717
PD20096928	辛硫磷	686
PD20096929	高氯·马	895
PD20096930	精噁唑禾草灵	69
PD20096931	联苯菊酯	954
PD20096932	噻唑锌	1124
PD20096933	乙酸铜	871
PD20096934	百草枯	979
PD20096935	草甘膦	1039
PD20096936	甲基硫菌灵	825
PD20096937	百草枯	55
PD20096938	吡虫啉	55
PD20096939	异松·乙草胺	215
PD20096940	氯氟吡氧乙酸异辛酯(288克/升)	75
PD20096941	三环唑	333
PD20096942	吡虫啉	635
PD20096943	烟嘧磺隆	549
PD20096944	噁霉灵	906
PD20096945	二甲戊灵	469
PD20096946	绿·莠·乙草胺	890
PD20096947	氟虫腈	55
PD20096948	毒死蜱	576
PD20096949	精吡氟禾草灵	469
PD20096950	敌敌畏	340
PD20096951	三环唑	533
PD20096952	霜霉威盐酸盐	1001
PD20096953	多菌灵	1088
PD20096954	烟嘧磺隆	281
PD20096955	毒死蜱	409
PD20096956	甲基硫菌灵	719
PD20096957	烟嘧磺隆	264
PD20096958	乳氟禾草灵	1037
PD20096959	高氯·辛硫磷	97
PD20096961	矿物油·辛硫磷	710
PD20096962	联苯菊酯	244
PD20096963	异丙甲草胺	895
PD20096964	烟嘧磺隆	101
PD20096965	烟嘧磺隆	1108
PD20096966	丙环唑	635
PD20096967	烟嘧磺隆	689
PD20096968	毒死蜱	403
PD20096969	草甘膦异丙胺盐(41%)	1007
PD20096970	井冈霉素(5%)	330
PD20096971	双甲脒	927
PD20096972	吡虫啉	770
PD20096973	噻螨酮	122
PD20096974	烟嘧磺隆	105
PD20096975	吡虫·杀虫单	151
PD20096976	喹硫磷	1022
PD20096977	氯氰·毒死蜱	115
PD20096978	三环唑	476
PD20096979	波尔·甲霜灵	516
PD20096980	毒死蜱	335
PD20096981	啶虫脒	776
PD20096982	噁霉灵	1097
PD20096983	乙草胺	349
PD20096984	唑磷·毒死蜱	240
PD20096985	溴氰菊酯	223
PD20096986	乐果·氰戊	907
PD20096987	草甘膦	107
PD20096988	氢氧化铜	431
PD20096989	百菌清	867
PD20096990	多·硫·锰锌	348
PD20096991	阿维菌素	830
PD20096992	羟烯腺·烯腺	234
PD20096993	甲硫·萘乙酸	234
PD20096994	苯·苄·异丙甲	473
PD20096995	扑草净	784
PD20096996	阿维菌素	928
PD20096997	异丙甲草胺	55
PD20096998	甲霜灵	635
PD20096999	异丙草·莠	313
PD20097000	三乙膦酸铝	836
PD20097001	氟啶脲	744
PD20097002	乙铝·锰锌	1069
PD20097003	啶虫脒	44
PD20097004	啶虫脒	620
PD20097005	多菌灵	322
PD20097006	氯氟吡氧乙酸异辛酯(288克/升)	473
PD20097007	毒死蜱	457
PD20097008	灭草松	1057
PD20097009	烟嘧磺隆	603
PD20097010	氯氰·毒死蜱	1016
PD20097011	氟磺胺草醚	727
PD20097012	三唑锡	573
PD20097013	氯氟吡氧乙酸异辛酯(280克/升)	549
PD20097014	乙烯利	65
PD20097015	烟嘧磺隆	144
PD20097016	毒死蜱	830
PD20097018	烟嘧磺隆	318
PD20097019	2甲4氯钠	1025
PD20097020	腈菌唑	787
PD20097021	稻瘟灵	183
PD20097022	噻嗪酮	830
PD20097023	吡虫啉	327
PD20097024	草甘膦异丙胺盐	77
PD20097025	硫磺·三环唑	82
PD20097026	阿维菌素	895
PD20097027	草甘膦异丙胺盐(41%)	531
PD20097028	矮壮·甲哌鎓	1056
PD20097029	乙·嗪·滴丁酯	860
PD20097030	草甘膦异丙胺盐	111

PD20097031	甲氰菊酯	107
PD20097032	乙草胺	1050
PD20097033	阿维菌素	326
PD20097034	乙烯利	318
PD20097035	乙铝·多菌灵	815
PD20097036	三唑磷	848
PD20097037	草甘膦异丙胺盐(41%)	306
PD20097038	氟硅唑	726
PD20097039	联苯菊酯	367
PD20097040	烟嘧磺隆	486
PD20097041	草甘膦异丙胺盐(41%)	426
PD20097042	精噁唑禾草灵	527
PD20097043	阿维菌素	228
PD20097044	吡虫·杀虫单	713
PD20097045	毒死蜱	900
PD20097046	甲基硫菌灵	928
PD20097047	草甘膦异丙胺盐(62%)	1081
PD20097049	福·福锌	766
PD20097050	联苯菊酯	1005
PD20097051	烯草酮	281
PD20097052	草甘膦异丙胺盐(41%)	78
PD20097053	烟嘧磺隆	855
PD20097054	氟硅唑	139
PD20097055	烟嘧磺隆	895
PD20097056	甲霜灵	1074
PD20097057	百菌清	457
PD20097058	烟嘧磺隆	444
PD20097059	乙草胺	559
PD20097060	毒死蜱	628
PD20097061	联苯菊酯	800
PD20097062	苯磺隆	304
PD20097063	滴丁·乙草胺	369
PD20097064	烟嘧磺隆	516
PD20097065	苯·苄·乙草胺	642
PD20097066	辛硫磷	244
PD20097067	百·福	606
PD20097068	甜菜宁	478
PD20097069	吲哚丁酸	112
PD20097070	异丙甲草胺	557
PD20097071	硫磺	903
PD20097072	矮壮素	1013
PD20097073	阿维菌素	264
PD20097074	氧乐果	360
PD20097075	2,4-滴丁酯	511
PD20097076	灭草松	834
PD20097077	2,4-滴钠盐	867
PD20097078	溴鼠灵	354
PD20097079	草甘膦	767
PD20097080	灭多威	423
PD20097081	苯丁·哒螨灵	155
PD20097082	虫酰肼	776
PD20097083	滴丁·乙草胺	435
PD20097084	异丙威	424
PD20097085	草甘膦异丙胺盐(41%)	317
PD20097086	阿维菌素	730
PD20097087	阿维菌素	730
PD20097088	嘧霉胺	80
PD20097089	草甘膦	465
PD20097090	唑螨酯	486
PD20097091	炔螨特	1082
PD20097092	石硫合剂	1025
PD20097093	异菌脲	195
PD20097094	苄·乙	430
PD20097095	杀螟硫磷	946
PD20097096	扑·乙·滴丁酯	784
PD20097097	辛硫磷	269
PD20097098	百菌清	95
PD20097099	琥铜·吗啉胍	683
PD20097100	辛硫磷	60
PD20097101	氰草·莠去津	742
PD20097102	高效氯氟氰菊酯	178
PD20097103	阿维·高氯氟	1104
PD20097104	烟嘧磺隆	310
PD20097105	阿维菌素	424
PD20097106	代森锰锌	457
PD20097107	吡虫啉	794
PD20097108	仲丁威	357
PD20097109	异丙威	800
PD20097110	二氯喹啉酸	683
PD20097111	吡嘧磺隆	58
PD20097112	速灭威	144
PD20097113	丙草胺	735
PD20097114	阿维菌素	299
PD20097115	毒死蜱	203
PD20097116	莠去津	345
PD20097117	棉铃虫核型多角体病毒	395
PD20097118	棉铃虫核型多角体病毒	395
PD20097119	棉铃虫核型多角体病毒	395
PD20097120	宁南霉素	368
PD20097121	宁南霉素	368
PD20097122	宁南霉素	368
PD20097123	烟嘧磺隆	884
PD20097124	杀虫双	1032
PD20097125	氟硅唑	1078
PD20097126	苯磺隆	586
PD20097127	噻嗪·异丙威	168
PD20097128	氟虫腈	677
PD20097129	烟嘧·莠去津	792
PD20097130	烯草酮	55
PD20097131	二氯喹啉酸	572
PD20097132	辛硫磷	342
PD20097133	复硝酚钠	729
PD20097134	多抗霉素	765
PD20097135	四螨嗪	1037
PD20097136	乙铝·锰锌	82
PD20097137	2,4-滴二甲胺盐	867
PD20097138	乙酸铜	701
PD20097139	高效氟吡甲禾灵	698
PD20097140	五氯硝基苯	908
PD20097141	乙烯利	486
PD20097142	草甘膦	107
PD20097144	烟嘧磺隆	114
PD20097145	烟嘧磺隆	866
PD20097146	吡嘧磺隆	619
PD20097147	2甲4氯钠	110
PD20097148	霜霉威盐酸盐	928
PD20097149	井冈霉素	327
PD20097150	盐酸吗啉胍	635
PD20097151	杀虫双	203
PD20097152	甲哌鎓	1049
PD20097153	稻瘟灵	1078
PD20097154	乙酸铜	786
PD20097155	丙环唑	161
PD20097156	五氯硝基苯	908
PD20097157	辛硫磷	747
PD20097158	2甲4氯钠	217
PD20097159	噁霉灵	244
PD20097160	联苯菊酯	666
PD20097161	氟节胺	946
PD20097162	复硝酚钠	928
PD20097163	高效氯氟氰菊酯	666
PD20097164	辛硫磷	856
PD20097165	硫磺·多菌灵	684
PD20097166	甲氨基阿维菌素苯甲酸盐	285
PD20097167	氢氧化铜	1056
PD20097168	多抗霉素	719

PD20097169	烟嘧磺隆	735
PD20097170	碱式硫酸铜	946
PD20097171	抑霉唑	938
PD20097172	烟嘧磺隆	689
PD20097173	草甘膦	309
PD20097174	甲氨基阿维菌素苯甲酸盐（1.14%）	481
PD20097175	氯氟吡氧乙酸异辛酯（288克/升）	481
PD20097176	高效氯氟氰菊酯	346
PD20097177	烟嘧磺隆	642
PD20097178	井冈·枯芽菌	566
PD20097179	吗胍·乙酸铜	345
PD20097180	腈菌唑	934
PD20097181	氯氟吡氧乙酸异辛酯(288克/升)	55
PD20097182	阿维·苏云菌	197
PD20097183	吗胍·乙酸铜	871
PD20097184	苄·丁	1050
PD20097185	莠去津	925
PD20097186	毒死蜱	282
PD20097187	噻嗪·异丙威	126
PD20097188	多·福·毒死蜱	233
PD20097189	S-氰戊菊酯	1039
PD20097190	多·福	1014
PD20097191	甲哌鎓	531
PD20097194	稻瘟灵	946
PD20097195	三环唑	639
PD20097196	乳氟禾草灵	603
PD20097197	四螨嗪	770
PD20097198	甲硫·锰锌	880
PD20097199	烟嘧磺隆	836
PD20097200	毒死蜱	824
PD20097201	杀虫单	425
PD20097202	高效氯氟氰菊酯	576
PD20097203	乙草胺	772
PD20097204	丙环唑	457
PD20097205	丙环唑	191
PD20097206	异威·矿物油	360
PD20097207	王铜·霜脲氰	635
PD20097208	百菌清	917
PD20097209	稻瘟灵	603
PD20097210	代森锌	917
PD20097211	百草枯	55
PD20097212	溴螨酯	957
PD20097213	速灭威	830
PD20097214	烟嘧磺隆	753
PD20097216	炔螨特	347
PD20097217	烟嘧磺隆	325
PD20097218	烟嘧磺隆	291
PD20097219	乙烯利	226
PD20097220	复硝酚钠	248
PD20097221	噻菌灵	1074
PD20097222	联苯菊酯	628
PD20097223	毒·矿物油	360
PD20097224	氟乐灵	866
PD20097225	吡嘧磺隆	557
PD20097226	三唑酮	928
PD20097227	高氯·毒死蜱	595
PD20097228	氟磺胺草醚	603
PD20097229	井冈霉素	1010
PD20097230	烟嘧磺隆	901
PD20097231	2甲4氯钠	55
PD20097232	烟嘧磺隆	899
PD20097233	赤霉酸	457
PD20097234	西玛津	81
PD20097235	苄嘧磺隆	135
PD20097236	2,4-滴丁酯	55
PD20097237	丙溴磷	409
PD20097238	多菌灵	527
PD20097239	丙草胺	799
PD20097240	代森锰锌	957
PD20097241	马拉·矿物油	360
PD20097242	辛硫·矿物油	360
PD20097243	氟虫腈	55
PD20097244	滴丁·乙草胺	437
PD20097245	速灭威	73
PD20097246	百草枯	650
PD20097247	乙烯利	543
PD20097248	氟啶脲	830
PD20097249	敌敌畏	670
PD20097250	烟嘧磺隆	583
PD20097251	代森锰锌	310
PD20097252	福美双	403
PD20097253	莠去津	1126
PD20097254	吗胍·乙酸铜	766
PD20097255	苄·乙·甲	428
PD20097256	阿维·氟铃脲	770
PD20097257	盐酸吗啉胍	913
PD20097258	2甲·唑草酮	567
PD20097259	2甲·唑草酮	568
PD20097260	吡虫啉	765
PD20097261	噻嗪·异丙威	532
PD20097262	苄·二氯	572
PD20097263	甲基异柳磷	60
PD20097264	氰戊菊酯	413
PD20097265	虫酰肼	801
PD20097266	烯唑醇	688
PD20097268	啶虫脒	917
PD20097269	马拉·杀螟松	217
PD20097270	磷化铝	688
PD20097271	磷化铝	688
PD20097272	杀螟硫磷	807
PD20097273	草甘膦异丙胺盐(41%)	834
PD20097274	福美双	701
PD20097275	丙环唑	796
PD20097276	甲氰菊酯	746
PD20097277	氯氰·丙溴磷	830
PD20097278	马拉硫磷	357
PD20097279	苯丁锡	830
PD20097280	毒死蜱	842
PD20097281	代森锰锌	770
PD20097282	精喹禾灵	319
PD20097283	杀扑磷	830
PD20097284	溴鼠灵	96
PD20097285	阿维·苏云菌	394
PD20097286	甲基硫菌灵	907
PD20097287	烟嘧磺隆	543
PD20097288	烟嘧磺隆	1035
PD20097289	氧乐果	79
PD20097290	阿维·毒死蜱	210
PD20097291	阿维菌素	1042
PD20097292	烟嘧磺隆	313
PD20097293	噻嗪酮	796
PD20097294	多抗霉素	841
PD20097295	氰戊菊酯	683
PD20097296	溴氰菊酯	683
PD20097297	噻嗪·异丙威	954
PD20097298	烟嘧磺隆	882
PD20097299	吡虫啉	767
PD20097300	联苯菊酯	747
PD20097301	毒死蜱	807
PD20097302	氯氟吡氧乙酸	1000
PD20097303	吡虫啉	971
PD20097304	霜霉威盐酸盐	884
PD20097305	毒·辛	191
PD20097306	联苯菊酯	801
PD20097307	高效氯氟氰菊酯	1016
PD20097308	异丙甲草胺	799

PD20097309 丁草胺 799
PD20097310 毒死蜱 399
PD20097311 吡虫啉 56
PD20097312 枯草芽孢杆菌 1066
PD20097313 高效氯氟氰菊酯 890
PD20097314 噁草酮 799
PD20097315 烟嘧磺隆 904
PD20097316 烟嘧磺隆 245
PD20097317 毒·辛 312
PD20097318 敌百·辛硫磷 628
PD20097319 烟嘧磺隆 698
PD20097320 琥铜·乙膦铝 384
PD20097321 乙铝·乙酸铜 300
PD20097322 丁·莠 792
PD20097323 阿维·高氯 968
PD20097324 多菌灵 971
PD20097325 敌百虫 234
PD20097326 福·福锌 960
PD20097327 苏云金杆菌 683
PD20097328 氯氰·丙溴磷 715
PD20097329 代森锌 965
PD20097330 氯氰·毒死蜱 968
PD20097331 丁硫克百威 576
PD20097332 毒死蜱 968
PD20097333 氟硅唑 240
PD20097334 噻螨酮 770
PD20097335 敌敌畏 213
PD20097336 阿维·氰戊 409
PD20097337 氨基寡糖素 126
PD20097338 阿维菌素 155
PD20097339 杀螟丹 960
PD20097340 灭蝇胺 788
PD20097341 氰戊·辛硫磷 62
PD20097342 乙·莠 310
PD20097343 精喹禾灵 1040
PD20097344 阿维菌素 432
PD20097345 福美双 849
PD20097346 精喹禾灵 879
PD20097347 苯磺隆 306
PD20097348 吡嘧磺隆 680
PD20097350 氯氟吡氧乙酸异辛酯(288克/升) 802
PD20097351 春雷霉素 960
PD20097352 烟嘧磺隆 73
PD20097353 高效氯氟氰菊酯 463
PD20097354 磺草·乙草胺 695
PD20097355 琥铜·乙膦铝 377
PD20097356 硫酸铜 653
PD20097357 琥铜·乙膦铝 381
PD20097358 混合氨基酸铜 901
PD20097359 混合氨基酸铜 815
PD20097360 琥铜·甲霜灵 1001
PD20097361 琥铜·乙膦铝 691
PD20097362 混合氨基酸铜 370.
PD20097363 棉核·高氯 321
PD20097364 琥胶肥酸铜 303
PD20097365 琥胶肥酸铜 691
PD20097366 琥铜·乙膦铝 381
PD20097367 琥胶肥酸铜 381
PD20097368 琥胶肥酸铜 373
PD20097369 琥铜·乙膦铝 373
PD20097370 琥铜·霜脲氰 606
PD20097371 琥胶肥酸铜 606
PD20097372 哒螨灵 808
PD20097373 啶虫脒 291
PD20097374 喹硫磷 588
PD20097375 阿维菌素 772
PD20097376 芸苔·甲哌鎓 1065
PD20097377 氟铃脲 730
PD20097378 苏云金杆菌 151
PD20097379 多菌灵 1078
PD20097380 百草枯 731
PD20097381 高效氯氰菊酯 193
PD20097382 氢氧化铜 335
PD20097383 吡虫啉 220
PD20097384 毒·矿物油 918
PD20097385 松脂酸钠 1075
PD20097386 吗胍·乙酸铜 912
PD20097387 阿维菌素 114
PD20097388 喹硫·敌百虫 646
PD20097389 氟虫腈 695
PD20097390 莠去津 841
PD20097391 烟嘧磺隆 325
PD20097392 氟磺胺草醚 874
PD20097393 氰草·莠去津 735
PD20097394 丙溴磷 366
PD20097395 苯菌灵 592
PD20097396 吗胍·乙酸铜 353
PD20097397 烟嘧磺隆 58
PD20097398 噻螨酮 183
PD20097399 丁草胺 623
PD20097400 吡嘧磺隆 595
PD20097401 丁·莠 444
PD20097402 毒死蜱 262
PD20097403 草甘膦 431
PD20097404 吗胍·乙酸铜 746
PD20097405 锰锌·百菌清 171
PD20097406 琥胶肥酸铜 384
PD20097407 戊唑醇 471
PD20097408 松脂酸钠 1071
PD20097409 丙环唑 875
PD20097410 咪鲜胺 413
PD20097411 阿维菌素 43
PD20097412 苜核·苏云菌 409
PD20097413 毒·辛 218
PD20097414 乙烯利 731
PD20097415 复硝酚钠 1016
PD20097416 矮壮素 304
PD20097417 王铜·甲霜灵 516
PD20097418 腐霉·百菌清 911
PD20097419 杀螺胺乙醇胺盐 637
PD20097420 三唑锡 767
PD20097421 烯草酮 834
PD20097422 烟嘧磺隆 271
PD20097423 棉核·辛硫磷 321
PD20097424 氧乐果 334
PD20097425 滴·氨氯 1007
PD20097426 2甲4氯钠 1126
PD20097427 乐果·敌百虫 218
PD20097428 二嗪磷 1076
PD20097430 滴丁·乙草胺 735
PD20097431 咪唑乙烟酸 371
PD20097432 硫丹 938
PD20097434 烟嘧磺隆 92
PD20097435 丙环唑 766
PD20097436 烟嘧磺隆 537
PD20097437 炔螨特 647
PD20097438 莠去津 559
PD20097439 杀虫双 109
PD20097440 高效氯氰菊酯 261
PD20097441 吡虫啉 188
PD20097442 烟嘧磺隆 595
PD20097443 吡虫啉 270
PD20097444 阿维·高氯 630
PD20097445 噻苯隆 1013
PD20097446 高效氯氰菊酯 336
PD20097447 草甘膦铵盐 867

PD20097448 矮壮素 713
PD20097449 灭线磷 242
PD20097450 烟嘧磺隆 860
PD20097451 辛硫·三唑磷 634
PD20097452 苄嘧·苯噻酰 135
PD20097453 萘乙酸 304
PD20097454 吡虫·杀虫单 913
PD20097455 吗胍·乙酸铜 789
PD20097456 阿维·高氯 290
PD20097457 乐果 73
PD20097458 三唑磷 62
PD20097459 氯氰·毒死蜱 525
PD20097460 三唑磷 45
PD20097461 甲氨基阿维菌素苯甲酸盐 837
PD20097462 毒死蜱 1039
PD20097463 异菌脲 516
PD20097464 啶虫脒 744
PD20097465 杀虫双 1000
PD20097466 克胺·莠去津 677
PD20097467 2,4-滴丁酯 288
PD20097468 琥胶肥酸铜 95
PD20097469 草甘膦异丙胺盐(41%) 642
PD20097470 杀虫双 218
PD20097471 2,4-滴丁酯 735
PD20097472 杀单·苏云菌 486
PD20097473 甲氨基阿维菌素苯甲酸盐(90%) 1095
PD20097474 吗胍·乙酸铜 183
PD20097475 阿维菌素 727
PD20097476 啶虫脒 878
PD20097477 炔螨特 242
PD20097478 井·噻·杀虫单 603
PD20097479 草除灵 1027
PD20097480 精喹禾灵 259
PD20097481 烟嘧磺隆 318
PD20097482 辛硫·三唑磷 84
PD20097483 阿维菌素 988
PD20097484 棉铃虫核型多角体病毒 406
PD20097485 甲氨基阿维菌素苯甲酸盐(2.3%) 285
PD20097486 杀虫双 217
PD20097487 吡虫啉 805
PD20097488 胺苯磺隆 418
PD20097489 辛硫·三唑磷 217
PD20097490 氯氰·辛硫磷 313
PD20097491 高效氯氰菊酯 217
PD20097492 百草枯 1064
PD20097493 辛硫磷 686
PD20097494 吡虫啉 896
PD20097495 高效氯氟氰菊酯 213
PD20097496 联苯菊酯 121
PD20097497 三环唑 882
PD20097498 阿维菌素 121
PD20097499 百草枯 130
PD20097500 烟嘧磺隆 384
PD20097502 烟嘧磺隆 310
PD20097503 甲基硫菌灵 417
PD20097504 烟嘧磺隆 792
PD20097505 代森锌 365
PD20097506 烟嘧磺隆 318
PD20097507 代森锰锌 875
PD20097508 腐霉利 902
PD20097509 灭草松 874
PD20097510 高效氟吡甲禾灵 71
PD20097511 乙氧氟草醚 133
PD20097512 乙草胺 455
PD20097513 阿维·矿物油 953
PD20097514 烟嘧磺隆 713
PD20097515 苯磺隆 364
PD20097516 高效氯氟氰菊酯 310
PD20097517 井冈霉素A 398
PD20097519 吡虫啉 560
PD20097520 氟磺胺草醚 721
PD20097521 环嗪酮 867
PD20097522 霜霉威盐酸盐 902
PD20097523 百草枯 393
PD20097524 杀虫双 486
PD20097525 烟嘧磺隆 264
PD20097526 烟嘧磺隆 66
PD20097527 丁草胺 618
PD20097528 氟硅唑 729
PD20097529 烟嘧磺隆 106
PD20097530 三唑酮 521
PD20097531 草甘膦 287
PD20097532 烟嘧磺隆 75
PD20097533 丁硫克百威 417
PD20097534 多菌灵 972
PD20097535 噁霜·锰锌 902
PD20097536 甲基硫菌灵 310
PD20097537 三环唑 979
PD20097538 烟嘧磺隆 451
PD20097539 氟磺胺草醚 457
PD20097540 苯磺隆 642
PD20097541 吗胍·硫酸铜 272
PD20097542 噻嗪酮 121
PD20097543 烟嘧磺隆 130
PD20097544 异丙甲草胺 658
PD20097545 虫酰肼 87
PD20097546 苯磺隆 324
PD20097547 啶虫脒 350
PD20097548 毒死蜱 538
PD20097549 复硝酚钠 699
PD20097550 单甲脒 486
PD20097551 吡虫·杀虫单 87
PD20097552 唑磷·毒死蜱 663
PD20097553 哒螨灵 346
PD20097554 吲哚丁酸 1015
PD20097555 甲霜·百菌清 274
PD20097556 氧乐果 61
PD20097557 阿维·高氯氟 105
PD20097558 王铜 946
PD20097559 异菌·百菌清 323
PD20097560 高氯·毒死蜱 91
PD20097561 克百威 71
PD20097562 氟铃脲 765
PD20097563 噻嗪酮 928
PD20097564 氧乐果 340
PD20097565 烯禾啶 1061
PD20097566 甲拌磷 130
PD20097567 氧乐果 329
PD20097568 嗪酮·乙草胺 369
PD20097569 茶核·苏云菌 581
PD20097570 三唑磷 650
PD20097571 阿维菌素 91
PD20097572 甲维·丙溴磷 946
PD20097573 哒螨灵 815
PD20097574 福·甲·硫磺 341
PD20097575 唑磷·毒死蜱 639
PD20097576 啶虫脒 304
PD20097577 吗胍·乙酸铜 96
PD20097578 甲氰菊酯 168
PD20097579 福美双 865
PD20097580 琥铜·吗啉胍 373
PD20097581 阿维·啶虫脒 938
PD20097582 复硝酚钠 910
PD20097583 丁草胺 157
PD20097584 乙草胺 350
PD20097585 阿维菌素 248

PD20097586	氧乐果	252
PD20097587	吗胍·乙酸铜	813
PD20097588	氯氰·敌敌畏	221
PD20097589	高氯·矿物油	290
PD20097590	丙溴·辛硫磷	1061
PD20097592	吡虫啉	331
PD20097593	烟嘧磺隆	541
PD20097594	三唑磷	430
PD20097595	百草枯	912
PD20097597	氰虫腈	1107
PD20097598	烟嘧磺隆	451
PD20097599	吡虫·杀虫单	262
PD20097600	苯醚甲环唑	183
PD20097601	苄·乙·甲	430
PD20097602	溴氰 ·敌敌畏	130
PD20097603	丙溴·辛硫磷	345
PD20097604	丙环唑	70
PD20097605	啶虫脒	277
PD20097606	氯氰·毒死蜱	968
PD20097607	多·福	849
PD20097608	戊唑·福美双	698
PD20097609	甲氨基阿维菌素苯甲酸盐(5.7%)	828
PD20097610	复硝酚钠	343
PD20097611	乙酸铜	779
PD20097612	杀螟硫磷	426
PD20097613	春雷·王铜	841
PD20097614	辛硫·三唑磷	647
PD20097615	异丙隆	1073
PD20097616	苯菌灵	455
PD20097617	2,4-滴丁酯	713
PD20097618	吡虫啉	879
PD20097619	苯菌灵	946
PD20097620	多·锰锌	795
PD20097622	烟嘧磺隆	77
PD20097623	戊唑醇	872
PD20097624	毒死蜱	595
PD20097625	噁草·丁草胺	345
PD20097626	杀螟丹	1056
PD20097627	噻嗪酮	249
PD20097628	噁霉灵	884
PD20097629	甲霜·锰锌	1016
PD20097630	吡虫啉	824
PD20097631	溴鼠灵	673
PD20097632	甲霜·锰锌	884
PD20097633	咪鲜胺	1105
PD20097634	丙环唑	403
PD20097635	丙环唑	1082
PD20097636	棉铃虫核型多角体病毒	320
PD20097637	甲霜·锰锌	968
PD20097638	溴氰·矿物油	909
PD20097639	仲丁威	801
PD20097640	溴螨酯	946
PD20097641	唑螨酯	473
PD20097642	代森锰锌	902
PD20097643	乙·噁·滴丁酯	374
PD20097644	氯氰·毒死蜱	990
PD20097645	毒死蜱	915
PD20097646	滴丁·乙草胺	376
PD20097647	氟虫腈	600
PD20097648	甲基硫菌灵	902
PD20097649	阿维菌素	213
PD20097650	阿维菌素	213
PD20097651	福·福锌	278
PD20097652	莠去津	58
PD20097653	精噁唑禾草灵	837
PD20097654	高效氯氰菊酯	309
PD20097655	赤霉酸	1013
PD20097657	烟嘧磺隆	527
PD20097658	苄嘧·禾草丹	1090
PD20097659	联苯菊酯	715
PD20097660	高氯·斜夜核	409
PD20097661	仲丁灵	799
PD20097662	辛硫磷	242
PD20097663	苯磺隆	350
PD20097664	克百威	161
PD20097665	氯氟吡氧乙酸异辛酯	946
PD20097666	烟嘧磺隆	577
PD20097667	毒死蜱	653
PD20097668	高氯·马	300
PD20097669	氧乐果	331
PD20097670	多效唑	524
PD20097671	甲氨基阿维菌素苯甲酸盐(90%)	379
PD20097672	甲霜·锰锌	774
PD20097673	甲基硫菌灵	946
PD20097674	丙环唑	1107
PD20097675	阿维菌素	1113
PD20097676	乙酰甲胺磷	1115
PD20097677	辛硫磷	1082
PD20097678	乙酰甲胺磷	1115
PD20097679	莠去津	1026
PD20097680	甲基硫菌灵	968
PD20097681	三乙膦酸铝	144
PD20097682	烟嘧磺隆	1056
PD20097683	毒死蜱	1022
PD20097684	精噁唑禾草灵	452
PD20097685	精噁唑禾草灵	735
PD20097686	辛硫磷	331
PD20097687	吡虫啉	269
PD20097688	噻苯隆	541
PD20097689	氧乐果	328
PD20097690	高效氯氟氰菊酯	1021
PD20097691	阿维·高氯	773
PD20097692	阿维菌素	893
PD20097693	阿维菌素	168
PD20097694	丁草胺	201
PD20097695	乙酸铜	432
PD20097696	甲哌鎓	768
PD20097697	高氯·苏云菌	389
PD20097698	已唑醇	201
PD20097699	丙溴·辛硫磷	618
PD20097700	阿维·高氯	636
PD20097701	草甘膦	650
PD20097702	井冈·硫酸铜	840
PD20097703	氟铃脲	260
PD20097704	高效氟吡甲禾灵	766
PD20097705	烯草酮	303
PD20097706	毒死蜱	213
PD20097707	烯禾啶	105
PD20097708	草甘膦异丙胺盐	571
PD20097709	噻嗪·杀扑磷	938
PD20097710	溴氰·辛硫磷	307
PD20097711	噻苯隆	303
PD20097712	代森锌	801
PD20097713	野麦畏	590
PD20097714	联苯菊酯	596
PD20097715	多菌灵	801
PD20097716	甲基硫菌灵	801
PD20097717	多抗霉素	823
PD20097718	咪鲜·异菌脲	191
PD20097719	福·福锌	1035
PD20097720	噻嗪酮	904
PD20097721	鱼藤酮	295
PD20097722	苄嘧·苯噻酰	363
PD20097723	烯腺·羟烯腺	303
PD20097724	井·唑·多菌灵	82
PD20097725	二甲戊灵	825

- PD20097726 百草枯 862
- PD20097727 2甲4氯钠 67
- PD20097728 杀螟硫磷 865
- PD20097729 毒死蜱 319
- PD20097730 琥铜·霜脲氰 273
- PD20097731 三唑锡 796
- PD20097732 吡虫啉 538
- PD20097733 高效氟吡甲禾灵 63
- PD20097734 三唑锡 105
- PD20097735 甲基硫菌灵 770
- PD20097736 苏云金杆菌 389
- PD20097737 丙溴磷 151
- PD20097739 甲霜·锰锌 970
- PD20097740 戊唑醇 938
- PD20097741 抗蚜威 538
- PD20097742 唑螨酯 144
- PD20097743 唑螨酯 808
- PD20097744 丙环唑 249
- PD20097745 苄嘧磺隆 442
- PD20097746 三环唑 477
- PD20097747 丙环唑 938
- PD20097748 毒死蜱 792
- PD20097749 联苯菊酯 659
- PD20097750 氟硅唑 756
- PD20097751 噻螨酮 792
- PD20097752 噻嗪酮 411
- PD20097753 联苯菊酯 957
- PD20097754 高效氯氟氰菊酯 359
- PD20097755 联苯菊酯 466
- PD20097756 丁草胺 187
- PD20097757 仲丁威 359
- PD20097758 噻螨酮 972
- PD20097759 毒死蜱 976
- PD20097760 联苯菊酯 968
- PD20097761 异丙威 297
- PD20097762 代森锰锌 968
- PD20097763 多·锰锌 755
- PD20097764 多菌灵 341
- PD20097766 唑磷·毒死蜱 636
- PD20097767 福·福锌 952
- PD20097768 三唑酮 470
- PD20097769 抑霉唑 1078
- PD20097770 炔螨特 918
- PD20097771 莠去津 825
- PD20097772 氟虫腈 1078
- PD20097773 联苯菊酯 528
- PD20097774 甲氰菊酯 403
- PD20097775 双甲脒 144
- PD20097776 敌百虫 208
- PD20097777 速灭威 647
- PD20097778 硫酸铜 718
- PD20097779 松·烟·氟磺胺 680
- PD20097780 异丙甲·苄 423
- PD20097781 混合氨基酸铜 684
- PD20097782 甲氨基阿维菌素苯甲酸盐(0.57%) 297
- PD20097784 氯氰·毒死蜱 323
- PD20097785 啶虫脒 297
- PD20097786 克·戊·三唑酮 371
- PD20097787 炔螨特 534
- PD20097788 吲哚丁酸 1029
- PD20097789 吲丁·萘乙酸 1029
- PD20097790 溴鼠灵 687
- PD20097791 阿维·三唑锡 938
- PD20097792 啶虫脒 882
- PD20097793 多抗霉素 847
- PD20097794 溴氰菊酯 801
- PD20097795 甲基硫菌灵 773
- PD20097796 敌敌畏 722
- PD20097797 乙氧氟草醚 896
- PD20097798 阿维菌素 267
- PD20097799 哒螨·矿物油 357
- PD20097800 苯磺隆 721
- PD20097801 啶虫脒 872
- PD20097802 2甲4氯钠 71
- PD20097803 啶虫脒 830
- PD20097804 矮壮素 342
- PD20097805 烟嘧·莠去津 306
- PD20097806 抑霉唑 802
- PD20097807 赤霉酸A3 474
- PD20097808 多抗霉素B 970
- PD20097809 虫酰肼 968
- PD20097810 甲基硫菌灵 822
- PD20097811 戊唑醇 481
- PD20097812 霜霉威盐酸盐 946
- PD20097813 乙酸铜 770
- PD20097814 甲·乙·莠 727
- PD20097815 吗胍·乙酸铜 171
- PD20097817 毒死蜱 261
- PD20097818 烟嘧磺隆 575
- PD20097819 百菌清 95
- PD20097820 吡虫·矿物油 235
- PD20097821 甲霜·锰锌 729
- PD20097822 氧乐果 350
- PD20097823 福·福锌 965
- PD20097824 戊唑醇 968
- PD20097825 氨氯吡啶酸 1007
- PD20097826 唑螨酯 469
- PD20097827 乙草胺 904
- PD20097828 草甘膦异丙胺盐(41%) 311
- PD20097829 吡虫啉 815
- PD20097830 烯禾啶 486
- PD20097831 阿维·高氯 291
- PD20097832 吗胍·乙酸铜 1029
- PD20097833 噻嗪酮 603
- PD20097834 草甘膦异丙胺盐(41%) 320
- PD20097835 氟啶脲 969
- PD20097836 百菌清 957
- PD20097837 烟嘧磺隆 328
- PD20097838 辛硫·三唑磷 431
- PD20097839 毒死蜱 970
- PD20097840 氯氰·敌敌畏 792
- PD20097841 精噁唑禾草灵 773
- PD20097842 福·福锌 706
- PD20097843 唑磷·毒死蜱 646
- PD20097844 阿维·矿物油 168
- PD20097845 丙草胺 376
- PD20097846 甲霜·锰锌 957
- PD20097847 烟嘧磺隆 773
- PD20097848 吡虫啉 808
- PD20097849 联苯菊酯 473
- PD20097850 高效氯氟氰菊酯 87
- PD20097851 吡虫啉 960
- PD20097852 吗胍·乙酸铜 722
- PD20097853 吗胍·乙酸铜 370
- PD20097854 高氯·辛硫磷 749
- PD20097855 多抗霉素 843
- PD20097857 毒死蜱 988
- PD20097859 阿维·矿物油 235
- PD20097860 敌草隆 444
- PD20097861 仲丁威 431
- PD20097862 苏云金杆菌 394
- PD20097863 三十烷醇 199
- PD20097864 唑磷·毒死蜱 649
- PD20097865 苄嘧·禾草敌 462
- PD20097866 毒死蜱 909
- PD20097867 阿维菌素 479

PD20097868 甲草胺 361
PD20097869 氟虫腈 254
PD20097870 草甘膦铵盐(33%) 208
PD20097871 速灭威 960
PD20097872 三唑锡 249
PD20097873 四螨嗪 254
PD20097874 杀螺胺 946
PD20097875 敌畏·毒死蜱 638
PD20097876 毒死蜱 715
PD20097877 除虫脲 304
PD20097878 多抗霉素 934
PD20097879 草甘膦异丙胺盐(41%) 630
PD20097880 噁霉灵 938
PD20097881 代森锌 359
PD20097882 联苯菊酯 969
PD20097883 杀螺胺乙醇胺盐 144
PD20097884 唑螨酯 183
PD20097885 毒死蜱 584
PD20097886 甲氰菊酯 970
PD20097887 氰戊·鱼藤酮 957
PD20097888 甲戊·乙草胺 901
PD20097889 代森锌 282
PD20097890 R-烯唑醇 493
PD20097891 氨基寡糖素 674
PD20097892 氨基寡糖素 674
PD20097893 阿维·高氯 110
PD20097894 虫酰肼 969
PD20097895 氯氰·毒死蜱 1001
PD20097896 高效氯氟氰菊酯 121
PD20097897 喹硫磷 969
PD20097898 氟乐灵 1052
PD20097899 草甘膦 618
PD20097900 苏云金杆菌 989
PD20097901 啶虫脒 496
PD20097902 烟嘧磺隆 825
PD20097903 苯丁锡 1087
PD20097904 辛硫磷 583
PD20097905 阿维菌素 795
PD20097906 琥·铝·甲霜灵 96
PD20097907 阿维·矿物油 1042
PD20097908 烟嘧磺隆 586
PD20097909 啶虫脒 828
PD20097910 硫磺·多菌灵 781
PD20097911 唑磷·毒死蜱 558
PD20097912 百草枯 647
PD20097913 吡虫啉 727
PD20097914 毒·辛 44
PD20097915 氟磺胺草醚 370
PD20097916 唑螨酯 715
PD20097917 噁霉灵 946
PD20097918 辛酰溴苯腈 867
PD20097919 草甘膦 531
PD20097920 百草枯 295
PD20097922 甲氰菊酯 713
PD20097923 苄嘧·苯噻酰 588
PD20097924 阿维·矿物油 329
PD20097925 马拉硫磷 301
PD20097926 吡虫啉 791
PD20097927 杀扑·矿物油 706
PD20097928 百菌清 969
PD20097929 吡虫啉 44
PD20097930 高效氯氟氰菊酯 843
PD20097931 啶虫脒 351
PD20097932 四螨·三唑锡 928
PD20097934 甲氰·氧乐果 377
PD20097935 棉铃虫核型多角体病毒 318
PD20097936 联苯菊酯 719
PD20097937 阿维菌素 670
PD20097938 噻嗪酮 808
PD20097939 辛硫磷 715
PD20097940 氯氰·毒死蜱 915
PD20097941 高效氯氟氰菊酯 902
PD20097942 炔螨特 729
PD20097943 氯氰·丙溴磷 972
PD20097944 氟啶脲 831
PD20097945 毒死蜱 1064
PD20097946 异丙威 1025
PD20097947 杀扑磷 928
PD20097948 五氯硝基苯 791
PD20097949 氟环唑 696
PD20097950 混合氨基酸铜 267
PD20097951 吗胍·乙酸铜 144
PD20097952 阿维·高氯 650
PD20097953 吗胍·乙酸铜 271
PD20097954 阿维·高氯 1047
PD20097955 吗胍·乙酸铜 384
PD20097956 琥铜·吗啉胍 691
PD20097957 烯·羟·吗啉胍 303
PD20097958 丁·扑 372
PD20097959 苄嘧磺隆 1025
PD20097960 三唑磷 342
PD20097961 福·福锌 922
PD20097962 哒螨灵 925
PD20097963 阿维菌素 387
PD20097964 草甘膦异丙胺盐(41%) 73
PD20097965 乙酸铜 746
PD20097966 丙环唑 969
PD20097968 烟嘧磺隆 328
PD20097969 霜脲·锰锌 1114
PD20097970 异丙甲草胺 735
PD20097971 烟嘧磺隆 802
PD20097972 高效氯氟氰菊酯 252
PD20097973 草甘膦异丙胺盐(41%) 473
PD20097974 丁草胺 361
PD20097975 乳氟禾草灵 735
PD20097976 毒·辛 902
PD20097977 2,4-滴二甲胺盐 867
PD20097978 高氯·辛硫磷 801
PD20097979 草甘膦异丙胺盐(41%) 109
PD20097980 啶虫脒 151
PD20097981 异噁·乙·滴丁酯 465
PD20097982 喹硫磷 144
PD20097983 吡虫·杀虫单 244
PD20097984 乙烯利 882
PD20097985 吡虫啉 957
PD20097986 噻唑膦 1113
PD20097987 碱式硫酸铜 928
PD20097988 丙环唑 325
PD20097989 氟虫腈 56
PD20097990 吡嘧磺隆 529
PD20097991 敌敌畏 56
PD20097992 高效氯氟氰菊酯 576
PD20097993 高效氯氟氰菊酯 308
PD20097994 丁草胺 117
PD20097995 丁草胺 117
PD20097996 硫双威 752
PD20097997 噻嗪·异丙威 831
PD20097998 春雷·王铜 297
PD20097999 联苯菊酯 831
PD20098000 甲霜·锰锌 719
PD20098001 多抗霉素 972
PD20098002 氟硅唑 879
PD20098003 氟硅唑 729
PD20098004 百菌清 902
PD20098005 毒死蜱 139
PD20098006 甲霜·锰锌 1064

PD20098007	甲霜·锰锌	972
PD20098008	春雷霉素	946
PD20098009	异丙威	357
PD20098010	吗胍·乙酸铜	300
PD20098011	醚菌酯	56
PD20098012	联苯菊酯	752
PD20098013	氯氰·毒死蜱	722
PD20098014	联苯菊酯	261
PD20098015	多抗·福美双	447
PD20098016	三氟羧草醚	202
PD20098017	噁霉灵	722
PD20098018	氯氟吡氧乙酸异辛酯(288克/升)	559
PD20098019	丙草胺	637
PD20098020	草甘膦异丙胺盐(41%)	664
PD20098021	氟啶脲	722
PD20098022	氯氰·丙溴磷	729
PD20098023	吗胍·乙酸铜	381
PD20098024	三唑锡	799
PD20098025	甲氨基阿维菌素苯甲酸盐(1.14%)	837
PD20098026	氟硅唑	957
PD20098027	甲氨基阿维菌素苯甲酸盐(2.3%)	830
PD20098028	吡虫啉	833
PD20098029	杀螟硫磷	357
PD20098030	克·硝·福美双	1014
PD20098031	吡嘧磺隆	822
PD20098032	烯草酮	825
PD20098033	草甘膦异丙胺盐(41%)	457
PD20098034	甲氨基阿维菌素苯甲酸盐(1.14%)	837
PD20098035	硫磺	946
PD20098036	丙环唑	252
PD20098037	代森锌	915
PD20098038	炔螨特	957
PD20098039	毒死蜱	67
PD20098040	丙环唑	780
PD20098041	噁霉灵	972
PD20098042	福美双	796
PD20098043	马拉硫磷	722
PD20098044	吡虫啉	367
PD20098045	吡虫啉	719
PD20098046	磷化铝	1013
PD20098047	王铜	431
PD20098048	氟啶脲	713
PD20098049	多菌灵	324
PD20098050	虫酰肼	713
PD20098051	毒死蜱	426
PD20098052	福美双	719
PD20098053	丁草胺	713
PD20098054	多菌灵	713
PD20098055	福美双	770
PD20098056	多抗霉素	771
PD20098057	仲丁威	221
PD20098058	氟硅唑	884
PD20098059	联苯菊酯	946
PD20098060	吡虫啉	268
PD20098061	三唑锡	353
PD20098062	马拉硫磷	255
PD20098063	氟硅唑	822
PD20098064	毒死蜱	780
PD20098065	丙环唑	969
PD20098066	百菌清	345
PD20098067	二甲戊灵	905
PD20098068	联苯菊酯	719
PD20098069	杀螟丹	808
PD20098070	氟硅唑	928
PD20098071	丙环唑	1001
PD20098072	甲氰·噻螨酮	822
PD20098073	高效氯氰菊酯	285
PD20098074	联苯菊酯	360
PD20098075	稻瘟灵	213
PD20098076	代森锌	713
PD20098077	多抗霉素	900
PD20098078	多·锰锌	880
PD20098079	毒死蜱	925
PD20098080	氯氰·丙溴磷	469
PD20098081	哒螨灵	913
PD20098082	福美双	824
PD20098084	异丙威	641
PD20098085	三环唑	773
PD20098086	高效氯氟氰菊酯	333
PD20098087	醚菊酯	105
PD20098088	杀螺胺	205
PD20098089	吡虫·噻嗪酮	816
PD20098090	噁霉灵	1042
PD20098091	甲基硫菌灵	780
PD20098092	高氯·辛硫磷	706
PD20098093	噁霉灵	918
PD20098094	乙氧氟草醚	986
PD20098095	草甘膦铵盐(55%)	1011
PD20098096	戊唑醇	808
PD20098097	腐霉利	946
PD20098098	2,4-滴丁酯	784
PD20098099	滴丁·乙草胺	784
PD20098100	马拉硫磷	242
PD20098101	毒·辛	596
PD20098102	联苯菊酯	43
PD20098103	高效氯氰菊酯	615
PD20098104	氟啶脲	719
PD20098105	联苯菊酯	722
PD20098106	毒死蜱	749
PD20098107	春雷霉素	722
PD20098108	精噁禾灵	731
PD20098109	丁硫克百威	311
PD20098110	氟氯氰菊酯	195
PD20098111	棉铃虫核型多角体病毒	167
PD20098112	2甲·异丙隆	569
PD20098113	棉铃虫核型多角体病毒	331
PD20098114	异丙甲草胺	370
PD20098115	阿维·矿物油	359
PD20098116	多抗霉素	789
PD20098117	唑磷·毒死蜱	1025
PD20098118	毒死蜱	931
PD20098119	高效氯氟氰菊酯	1001
PD20098120	矮壮素	786
PD20098121	三唑锡	579
PD20098122	炔螨特	657
PD20098123	棉铃虫核型多角体病毒	394
PD20098124	吗胍·乙酸铜	754
PD20098125	甲基硫菌灵	971
PD20098126	代森锰锌	365
PD20098127	噻螨酮	831
PD20098128	棉铃虫核型多角体病毒	286
PD20098129	除虫脲	854
PD20098130	福美双	261
PD20098131	敌草隆	49
PD20098132	苯醚甲环唑	183
PD20098133	甲氰菊酯	664
PD20098134	三唑磷	639
PD20098135	哒螨·矿物油	938
PD20098136	丙草胺	638
PD20098137	异丙甲草胺	731
PD20098138	毒死蜱	849
PD20098139	唑醇·甲拌磷	491
PD20098140	速灭威	357
PD20098141	氯氰·毒死蜱	946
PD20098142	高效氟吡甲禾灵	617
PD20098143	高效氯氟氰菊酯	43

PD20098144 甲基硫菌灵 972
PD20098145 吡虫啉 516
PD20098146 高效氯氟氰菊酯 255
PD20098147 阿维菌素 880
PD20098148 吡虫啉 357
PD20098149 异噁草松 376
PD20098150 苏云金杆菌 816
PD20098151 甲氨基阿维菌素苯甲酸盐 717
PD20098152 丙环唑 817
PD20098153 多抗霉素 830
PD20098154 丙环唑 351
PD20098155 丙环唑 921
PD20098156 四螨嗪 921
PD20098157 吡虫啉 872
PD20098158 异丙威 918
PD20098159 噁草・丁草胺 65
PD20098160 复硝酚钠 253
PD20098162 高效氯氟氰菊酯 309
PD20098163 毒死蜱 847
PD20098164 苯菌灵 592
PD20098165 井冈霉素 928
PD20098166 辛硫磷 333
PD20098167 氟硅唑 713
PD20098168 腐霉利 928
PD20098169 毒死蜱 359
PD20098170 多・锰锌 240
PD20098171 敌百・辛硫磷 634
PD20098172 吡虫啉 872
PD20098173 氟硅唑 77
PD20098174 井冈霉素(5%) 656
PD20098175 高效氯氰菊酯 342
PD20098176 甲基硫菌灵 1001
PD20098177 吡虫啉 579
PD20098178 仲丁灵 760
PD20098179 辛硫・矿物油 236
PD20098180 甲基硫菌灵 909
PD20098181 辛硫・矿物油 261
PD20098182 草甘膦异丙胺盐(41%) 268
PD20098183 丙环唑 957
PD20098184 甲霜・锰锌 516
PD20098185 乐果 208
PD20098186 阿维・毒死蜱 779
PD20098187 咪鲜胺 1105
PD20098188 哒螨灵 277
PD20098189 阿维・矿物油 285
PD20098190 百草枯 992
PD20098191 氯氰菊酯 237
PD20098192 甲氨基阿维菌素苯甲酸盐 808
PD20098193 莠去津 577
PD20098194 氟铃脲 778
PD20098195 棉铃虫核型多角体病毒 331
PD20098196 阿维菌素 257
PD20098197 棉铃虫核型多角体病毒 359
PD20098198 棉核・苏云菌 409
PD20098199 氯氰菊酯 560
PD20098200 噻嗪・异丙威 792
PD20098201 杀虫双 357
PD20098202 毒死蜱 985
PD20098203 稻瘟灵 1082
PD20098204 二甲戊灵 749
PD20098205 多菌灵 1001
PD20098206 草甘膦铵盐(69.3%) 376
PD20098207 炔螨特 334
PD20098208 多抗霉素 315
PD20098209 阿维菌素 309
PD20098210 高效氯氟氰菊酯 657
PD20098211 春雷霉素 970
PD20098212 百草枯 735
PD20098213 啶虫脒 334
PD20098214 草甘膦异丙胺盐(62%) 49
PD20098215 唑磷・毒死蜱 1031
PD20098216 乙草胺 457
PD20098217 吗胍・乙酸铜 585
PD20098218 炔螨特 825
PD20098219 毒死蜱 465
PD20098220 吗胍・乙酸铜 729
PD20098221 吗胍・乙酸铜 1078
PD20098222 阿维菌素 261
PD20098223 高效氯氰菊酯 298
PD20098224 丙环唑 825
PD20098225 代森锌 249
PD20098226 氯氰・毒死蜱 846
PD20098227 高效氯氰菊酯 880
PD20098228 氟氯氰菊酯 792
PD20098229 高效氯氰菊酯 262
PD20098230 苯磺隆 529
PD20098231 噻螨酮 863
PD20098232 高效氯氟氰菊酯 281
PD20098233 吡虫啉 751
PD20098234 马拉硫磷 242
PD20098235 噻嗪酮 298
PD20098236 高效氟吡甲禾灵 360
PD20098237 溴氰菊酯 747
PD20098238 毒・矿物油 817
PD20098239 三唑磷 649
PD20098240 氯氰・丙溴磷 861
PD20098241 噻螨酮 863
PD20098242 氟铃・辛硫磷 706
PD20098243 棉铃虫核型多角体病毒 318
PD20098244 甲氨基阿维菌素苯甲酸盐(1.13%) 580
PD20098245 异丙威 657
PD20098246 2甲・氯氟吡 112
PD20098247 吗胍・乙酸铜 873
PD20098248 联苯菊酯 847
PD20098249 烯效唑 413
PD20098250 噻嗪・异丙威 596
PD20098251 二嗪磷 627
PD20098252 辛硫磷 261
PD20098253 苯丁锡 878
PD20098254 噻嗪・异丙威 1016
PD20098255 松脂酸钠 1074
PD20098256 异菌脲 957
PD20098257 乙铝・锰锌 111
PD20098258 三乙膦酸铝 333
PD20098259 福・福锌 749
PD20098260 吡虫啉 946
PD20098261 氯氟吡氧乙酸异辛酯(288克/升) 986
PD20098262 毒・辛 205
PD20098263 杀螟丹 639
PD20098264 阿维・矿物油 267
PD20098265 吡虫・杀虫单 957
PD20098266 敌畏・毒死蜱 1113
PD20098267 石硫合剂 1001
PD20098268 氟硅唑 773
PD20098269 代森锰锌 261
PD20098270 乙酰甲胺磷 618
PD20098271 杀单・苏云菌 403
PD20098272 甲氰・噻螨酮 1001
PD20098273 唑磷・毒死蜱 629
PD20098274 高效氯氟氰菊酯 576
PD20098275 啶虫脒 368
PD20098276 碱式硫酸铜 232
PD20098277 福美双 365
PD20098278 仲丁威 664
PD20098279 吗胍・乙酸铜 982
PD20098280 联苯菊酯 910

PD20098281 甲基硫菌灵 849
PD20098282 福美双 767
PD20098283 稻瘟灵 713
PD20098284 阿维·毒死蜱 706
PD20098285 溴氰菊酯 719
PD20098286 稻瘟灵 557
PD20098287 三环唑 713
PD20098288 异菌脲 604
PD20098289 高效氯氟氰菊酯 333
PD20098290 噻嗪·异丙威 193
PD20098291 苏云金杆菌 882
PD20098292 啶虫脒 244
PD20098293 三唑锡 801
PD20098294 甲基硫菌灵 457
PD20098295 草甘膦异丙胺盐(41%) 1088
PD20098296 噻螨酮 722
PD20098297 氟虫腈 56
PD20098298 高效氟吡甲禾灵 242
PD20098299 联苯菊酯 527
PD20098300 松脂酸钠 1089
PD20098301 混灭威 73
PD20098302 丙环唑 713
PD20098303 硫双威 1001
PD20098304 高效氯氟氰菊酯 340
PD20098305 吗胍·乙酸铜 788
PD20098306 异丙威 73
PD20098307 速灭威 664
PD20098309 辛硫磷 334
PD20098310 吡虫啉 121
PD20098311 噻嗪酮 1056
PD20098312 霜霉威盐酸盐 1078
PD20098313 精甲霜灵 458
PD20098314 噻嗪酮 118
PD20098315 烯草酮 766
PD20098316 乙草胺 979
PD20098317 丙环唑 847
PD20098318 氟磺胺草醚 1040
PD20098319 甲氰·噻螨酮 960
PD20098320 高氯·马 960
PD20098321 高效氯氟氰菊酯 337
PD20098322 甲氨基阿维菌素苯甲酸盐 831
PD20098323 三环唑 715
PD20098324 炔螨特 969
PD20098325 炔螨·矿物油 925
PD20098326 2甲·苄 545
PD20098327 马拉硫磷 1001
PD20098328 联苯菊酯 1001
PD20098329 百菌清 1052
PD20098330 虫酰肼 890
PD20098331 福·甲·硫磺 226
PD20098332 噻嗪·异丙威 533
PD20098333 双甲脒 840
PD20098334 马拉硫磷 865
PD20098335 高效氯氟氰菊酯 349
PD20098336 百菌清 722
PD20098337 氯氟吡氧乙酸异辛酯(288克/升) 1013
PD20098338 啶虫脒 960
PD20098339 吗胍·乙酸铜 908
PD20098340 三十烷醇 931
PD20098341 敌·辛 730
PD20098342 顺式氯氰菊酯 855
PD20098343 2甲·苄 1073
PD20098344 烷醇·硫酸铜 366
PD20098345 苄·乙·二氯喹 428
PD20098346 速灭威 722
PD20098347 高效氟吡甲禾灵 82
PD20098348 杀螟硫磷 630
PD20098349 噻嗪·异丙威 799
PD20098350 高效氯氟氰菊酯 722
PD20098351 吡虫啉 820
PD20098353 炔螨特 342
PD20098354 噻嗪酮 722
PD20098355 阿维·矿物油 363
PD20098356 哒螨·矿物油 171
PD20098357 戊唑醇 56
PD20098358 戊唑醇 808
PD20098359 井·噻·杀虫单 469
PD20098360 多·福·唑醇 51
PD20098361 草甘膦异丙胺盐(41%) 786
PD20098362 甲氨基阿维菌素苯甲酸盐(2.3%) 285
PD20098363 吡虫啉 752
PD20098364 代森锌 139
PD20098365 三环唑 1001
PD20098366 甲基硫菌灵 957
PD20098367 十三吗啉 144
PD20098368 甲基硫菌灵 1001
PD20098369 联苯菊酯 236
PD20098370 溴氰菊酯 195
PD20098371 氯氰·敌敌畏 749
PD20098372 阿维菌素 62
PD20098373 吡嘧磺隆 773
PD20098374 莠去津 691
PD20098375 仲丁威 89
PD20098376 烟嘧磺隆 306
PD20098377 多菌灵 903
PD20098378 毒死蜱 62
PD20098379 噻嗪·异丙威 62
PD20098380 吗胍·乙酸铜 113
PD20098381 阿维菌素 729
PD20098382 三唑磷 512
PD20098383 2,4-滴丁酯 497
PD20098384 甲霜·锰锌 946
PD20098385 乙氧氟草醚 1045
PD20098386 氟硅唑 792
PD20098387 毒死蜱 946
PD20098388 丙环唑 529
PD20098389 高效氯氰菊酯 670
PD20098390 氯氰·丙溴磷 899
PD20098391 乙草胺 348
PD20098392 阿维菌素 744
PD20098393 甲哌鎓 900
PD20098394 杀虫双 168
PD20098395 甲柳·三唑酮 345
PD20098396 盐酸吗啉胍 899
PD20098397 烟嘧磺隆 48
PD20098398 阿维菌素 713
PD20098399 高氯·啶虫脒 303
PD20098400 吡虫啉 831
PD20098401 双甲脒 914
PD20098402 草甘膦异丙胺盐 194
PD20098403 氨基寡糖素 194
PD20098404 多·硫 742
PD20098405 吗胍·乙酸铜 820
PD20098406 高效氯氟氰菊酯 880
PD20098407 矮壮素 304
PD20098408 吗胍·乙酸铜 725
PD20098409 吗胍·乙酸铜 1056
PD20098410 灭线磷 353
PD20098411 氯氟吡氧乙酸异辛酯（288克/升） 114
PD20098412 丁·莠 799
PD20098413 联苯菊酯 281
PD20098414 毒死蜱 656
PD20098415 己唑醇 471
PD20098416 阿维菌素 957
PD20098417 乙羧氟草醚 789
PD20098418 苏云金杆菌 771

PD20098419 混合氨基酸铜 243
PD20098420 吡虫啉 457
PD20098421 吡虫啉 236
PD20098422 顺式氯氰菊酯 802
PD20098423 阿维菌素 644
PD20098424 辛硫磷 706
PD20098425 除虫菊素 1065
PD20098426 辛硫·三唑磷 549
PD20098427 唑螨酯 195
PD20098428 己唑醇 1119
PD20098429 氟乐灵 627
PD20098430 阿维菌素 311
PD20098431 灭草松 261
PD20098432 2,4-滴 384
PD20098433 氟磺胺草醚 784
PD20098434 甲霜灵 755
PD20098435 敌草隆 49
PD20098436 辛硫·矿物油 771
PD20098437 阿维·矿物油 771
PD20098438 醚菊酯 457
PD20098439 虫酰肼 1001
PD20098440 噁霉灵 900
PD20098441 吗胍·乙酸铜 706
PD20098442 高氯·毒死蜱 713
PD20098443 阿维·矿物油 262
PD20098444 草甘膦 210
PD20098445 石硫合剂 257
PD20098446 溴氰菊酯 915
PD20098447 毒死蜱 644
PD20098448 噻吩磺隆 947
PD20098449 烯草酮 63
PD20098450 毒·矿物油 775
PD20098451 高效氯氟氰菊酯 797
PD20098452 氟铃·辛硫磷 244
PD20098453 马拉·辛硫磷 209
PD20098454 吡虫啉 780
PD20098455 毒死蜱 921
PD20098456 烟嘧磺隆 342
PD20098457 啶虫脒 304
PD20098458 乙铝·福美双 938
PD20098459 乙草胺 866
PD20098460 阿维·矿物油 213
PD20098461 草甘膦异丙胺盐（41%） 492
PD20098462 烟嘧·莠去津 310
PD20098463 香菇多糖 905
PD20098464 阿维菌素 820
PD20098465 吗胍·乙酸铜 756
PD20098466 甲维盐·氯氰 895
PD20098467 精喹禾灵 481
PD20098469 敌草胺 335
PD20098470 阿维·高氯 632
PD20098471 吗胍·乙酸铜 885
PD20098472 杀虫双 199
PD20098473 噻吩磺隆 384
PD20098474 甲氰·噻螨酮 747
PD20098475 吡虫·杀虫单 822
PD20098476 杀螺胺 800
PD20098477 双甲脒 828
PD20098478 高效氯氟氰菊酯 801
PD20098479 三唑磷 774
PD20098481 吡虫啉 282
PD20098482 井冈霉素(3%) 722
PD20098483 双甲脒 1074
PD20098484 甲氨基阿维菌素苯甲酸盐(1.1%) 612
PD20098485 氟铃脲 854
PD20098486 阿维·氯氰 211
PD20098487 代森锰锌 243
PD20098488 硫磺·多菌灵 620
PD20098489 甲硫·福美双 781
PD20098490 高效氯氰菊酯 331
PD20098491 噻嗪酮 661
PD20098492 吡虫·杀虫单 107
PD20098493 阿维菌素 846
PD20098494 高氯·甲维盐 151
PD20098495 甲氨基阿维菌素苯甲酸盐(2.2%) 791
PD20098496 2,4-滴二甲胺盐 784
PD20098497 辛硫磷 863
PD20098498 噁霉灵 369
PD20098499 丁硫·矿物油 771
PD20098500 三唑磷 200
PD20098501 吡虫啉 479
PD20098502 甲霜灵 458
PD20098503 噻螨酮 780
PD20098504 甲氨基阿维菌素苯甲酸盐(1.14%) 1034
PD20098505 多菌灵 417
PD20098506 顺式氯氰菊酯 255
PD20098507 吡虫啉 291
PD20098508 仲丁威 75
PD20098509 异菌脲 486
PD20098510 氟磺胺草醚 888
PD20098511 高效氯氟氰菊酯 618
PD20098512 毒死蜱 905
PD20098513 氰戊菊酯 576
PD20098514 杀螟丹 867
PD20098515 阿维菌素 390
PD20098516 醚菊酯 1001
PD20098517 吡嘧磺隆 82
PD20098518 唑磷·毒死蜱 420
PD20098519 烟嘧磺隆 63
PD20098520 唑磷·毒死蜱 203
PD20098521 多抗霉素 398
PD20098522 甲氨基阿维菌素苯甲酸盐(0.55%) 841
PD20098523 啶虫脒 817
PD20098524 氟铃脲 319
PD20098525 联苯菊酯 899
PD20098526 炔螨特 486
PD20098527 吡虫啉 837
PD20098528 阿维菌素 268
PD20098529 戊唑醇 848
PD20098530 阿维·毒死蜱 332
PD20098531 扑·乙 894
PD20098532 噻吩磺隆 593
PD20098533 氰戊·乐果 328
PD20098534 辛硫·高氯氟 862
PD20098535 腐霉·福美双 754
PD20098536 高效氯氰菊酯 229
PD20098537 氯氟·啶虫脒 938
PD20098538 阿维菌素 258
PD20098539 辛硫磷 329
PD20098540 精喹禾灵 823
PD20098541 阿维菌素 657
PD20098542 毒死蜱 657
PD20098543 三唑磷 641
PD20100001 氟啶·毒死蜱 1122
PD20100002 毒死蜱 429
PD20100003 噻嗪·异丙威 1049
PD20100004 氯氰·敌敌畏 1066
PD20100005 草除灵 906
PD20100006 甲氰·矿物油 645
PD20100007 三唑磷 303
PD20100008 啶虫脒 764
PD20100009 甲氨基阿维菌素苯甲酸盐(1.14%) 872
PD20100010 三唑磷 739
PD20100011 阿维·哒螨灵 44
PD20100012 三唑磷 78
PD20100013 啶虫脒 746

PD20100014 氯氰·丙溴磷 664
PD20100015 甲氰·噻螨酮 161
PD20100016 敌百·氧乐果 311
PD20100017 氯氰·矿物油 938
PD20100018 噁霉灵 719
PD20100019 高效氯氟氰菊酯 286
PD20100020 丙环唑 722
PD20100021 辛硫磷 664
PD20100022 氟菌唑 986
PD20100023 炔螨特 665
PD20100024 丁硫克百威 665
PD20100025 三环唑 665
PD20100026 二甲戊灵 295
PD20100027 霜霉威盐酸盐 722
PD20100028 多抗·福美双 771
PD20100029 丁草胺 1094
PD20100030 丁硫克百威 639
PD20100031 百菌清 1052
PD20100032 丙草胺 427
PD20100033 吡虫·异丙威 938
PD20100034 乙草胺 726
PD20100035 噻嗪酮 560
PD20100036 阿维菌素 187
PD20100037 三唑锡 908
PD20100038 马拉硫磷 665
PD20100039 噁霜·锰锌 969
PD20100040 联苯菊酯 665
PD20100041 吡虫啉 205
PD20100042 高效氯氟氰菊酯 1016
PD20100043 多抗霉素 843
PD20100044 棉铃虫核型多角体病毒 317
PD20100045 异菌脲 890
PD20100046 三环唑 516
PD20100048 高效氯氟氰菊酯 973
PD20100049 高效氯氟氰菊酯 327
PD20100050 草甘膦异丙胺盐(41%) 899
PD20100051 精甲霜灵 808
PD20100052 三唑磷 648
PD20100053 2,4-滴异辛酯 537
PD20100054 吡虫啉 808
PD20100055 吡虫啉 820
PD20100056 辛硫磷 583
PD20100057 乙草胺 727
PD20100058 噻螨酮 969
PD20100059 甲氰·噻螨酮 193
PD20100060 氟啶脲 952
PD20100061 啶虫脒 727
PD20100062 烟嘧磺隆 339
PD20100063 阿维·矿物油 269
PD20100064 滴丁·乙草胺 445
PD20100065 苯菌灵 455
PD20100066 碱式硫酸铜 232
PD20100067 甲霜·锰锌 62
PD20100068 三唑磷 458
PD20100069 甲氨基阿维菌素苯甲酸盐 365
PD20100070 敌敌畏 795
PD20100071 矮壮·甲哌鎓 366
PD20100072 甲基硫菌灵 271
PD20100073 阿维菌素 342
PD20100074 百草枯 843
PD20100075 烟嘧磺隆 303
PD20100076 稻瘟灵 825
PD20100077 噻嗪酮 645
PD20100078 灭蝇胺 788
PD20100079 醚菊酯 840
PD20100080 多菌灵 1052
PD20100081 阿维·高氯 828
PD20100082 溴氰菊酯 902
PD20100083 琥铜·百菌清 606
PD20100084 毒死蜱 641
PD20100085 甲拌磷 296
PD20100086 氰戊菊酯 1013
PD20100087 氰戊·灭多威 814
PD20100088 阿维菌素 815
PD20100089 敌敌畏 865
PD20100090 速灭威 647
PD20100091 三环唑 934
PD20100092 百草枯 768
PD20100093 甲氰·辛硫磷 215
PD20100094 吡虫啉 363
PD20100095 盐酸吗啉胍 91
PD20100096 腈菌唑 465
PD20100097 2,4-滴丁酯 1039
PD20100098 甲戊·乙草胺 746
PD20100099 吗胍·乙酸铜 357
PD20100100 900克/升乙草胺乳油 444
PD20100101 氢氧化铜 938
PD20100102 吗胍·乙酸铜 938
PD20100103 烯唑·多菌灵 210
PD20100104 喹硫磷 1027
PD20100105 辛硫磷 727
PD20100106 乐果·敌敌畏 1065
PD20100107 氢氧化铜 789
PD20100108 吗胍·乙酸铜 828
PD20100109 氯氰·丙溴磷 431
PD20100110 阿维菌素 780
PD20100111 螨醇·哒螨灵 775
PD20100112 甲霜·锰锌 795
PD20100113 马拉·辛硫磷 779
PD20100114 咪鲜胺锰盐 925
PD20100115 喹硫·辛硫磷 331
PD20100116 噻嗪酮 644
PD20100117 甲氨基阿维菌素苯甲酸盐 860
PD20100118 甲氰·噻螨酮 722
PD20100119 乙草胺 727
PD20100120 复硝酚钠 220
PD20100121 哒螨·矿物油 733
PD20100123 氟节胺 486
PD20100124 乙烯利 863
PD20100125 草甘膦异丙胺盐(41%) 579
PD20100126 氟铃脲 739
PD20100127 毒·矿物油 710
PD20100128 甲柳·三唑酮 328
PD20100129 哒螨灵 804
PD20100130 二甲戊灵 319
PD20100131 噻嗪酮 952
PD20100132 氟铃脲 1056
PD20100133 烯草酮 473
PD20100134 高效氟氯氰菊酯 56
PD20100135 吗胍·乙酸铜 755
PD20100136 精喹禾灵 895
PD20100137 甲基硫菌灵 96
PD20100138 阿维·三唑磷 771
PD20100139 烯唑醇 596
PD20100140 速灭威 931
PD20100141 硫磺 400
PD20100142 吡虫·杀虫单 114
PD20100143 丙环唑 365
PD20100144 异菌脲 888
PD20100145 噻嗪·异丙威 979
PD20100146 琥铜·甲霜灵 96
PD20100147 辛硫·三唑磷 649
PD20100148 三唑磷 390
PD20100149 阿维·甲氰 753
PD20100150 阿维·高氯 290
PD20100151 三乙膦酸铝 817

PD20100152 吡虫啉 774
PD20100153 嘧霉胺 960
PD20100154 烯草酮 57
PD20100155 三唑磷 633
PD20100156 炔螨·矿物油 817
PD20100157 吡虫·噻嗪酮 706
PD20100158 氯氰·毒死蜱 1082
PD20100159 毒死蜱 1022
PD20100160 敌敌畏 390
PD20100161 噻霉酮 969
PD20100162 阿维菌素 430
PD20100163 环嗪酮 1074
PD20100164 福·福锌 719
PD20100165 苏云金杆菌 389
PD20100166 芸苔素内酯 668
PD20100167 溴氰菊酯 281
PD20100168 草甘膦异丙胺盐(41%) 691
PD20100169 啶虫脒 820
PD20100170 虫酰肼 304
PD20100171 异丙威 931
PD20100172 百菌清 780
PD20100173 二嗪磷 1052
PD20100174 唑磷·毒死蜱 267
PD20100175 氯氟吡氧乙酸异辛酯(288克/升) 71
PD20100176 松毛虫质型多角体病毒 399
PD20100177 马拉·杀螟松 240
PD20100178 马拉硫磷 706
PD20100179 五硝·多菌灵 381
PD20100180 氧乐果 304
PD20100181 丙环唑 342
PD20100182 异丙威 647
PD20100183 高效氯氰菊酯 642
PD20100184 辛硫磷 857
PD20100185 吗胍·硫酸铜 315
PD20100186 吲丁·萘乙酸 377
PD20100187 多抗霉素 776
PD20100188 羟烯·吗啉胍 381
PD20100189 毒死蜱 756
PD20100190 杀螺胺乙醇胺盐 220
PD20100191 吗胍·乙酸铜 479
PD20100192 吗胍·乙酸铜 922
PD20100193 多·酮 56
PD20100194 唑螨酯 255
PD20100195 啶虫脒 960
PD20100196 杀虫双 194
PD20100197 唑螨酯 602
PD20100198 高效氯氰菊酯 747
PD20100199 二甲戊灵 1105
PD20100200 阿维·哒螨灵 322
PD20100201 异噁草松 516
PD20100202 吗胍·乙酸铜 853
PD20100203 福·福锌 824
PD20100204 氟铃脲 365
PD20100205 阿维·矿物油 669
PD20100206 联苯菊酯 722
PD20100207 氟磺胺草醚 560
PD20100208 克·酮·多菌灵 351
PD20100209 腐酸·硫酸铜 925
PD20100210 40%丁·莠悬浮剂 444
PD20100211 阿维菌素 774
PD20100212 氟乐灵 469
PD20100213 春雷霉素 774
PD20100214 井冈霉素（10%） 960
PD20100215 乙铝·多菌灵 960
PD20100216 阿维菌素 765
PD20100217 乙氧氟草醚 727
PD20100218 速灭威 171
PD20100219 莠去津 451
PD20100220 高氯·辛硫磷 815
PD20100221 敌敌畏 752
PD20100222 丙环唑 327
PD20100223 毒死蜱 417
PD20100224 代森锌 895
PD20100225 辛硫·矿物油 749
PD20100226 哒·矿物油 585
PD20100227 高氯·马 952
PD20100228 阿维菌素 823
PD20100229 甲硫·福美双 282
PD20100230 腈菌·福美双 312
PD20100231 盐酸吗啉胍 100
PD20100232 哒·矿物油 739
PD20100233 噻嗪·速灭威 499
PD20100234 炔螨特 751
PD20100235 丙环唑 531
PD20100236 噻嗪·异丙威 642
PD20100237 腐霉利 311
PD20100238 阿维菌素 1016
PD20100239 甲基硫菌灵 44
PD20100240 精喹禾灵 867
PD20100241 毒死蜱 311
PD20100242 氯氰·毒死蜱 59
PD20100243 福·福锌 792
PD20100244 丁硫克百威 1109
PD20100245 阿维菌素 735
PD20100246 阿维菌素 313
PD20100247 烯唑醇 79
PD20100248 吡虫啉 197
PD20100249 井冈霉素 841
PD20100250 吗胍·乙酸铜 776
PD20100251 乐果 328
PD20100252 乙铝·多菌灵 365
PD20100253 矮壮素 255
PD20100254 灭线磷 218
PD20100255 哒螨灵 969
PD20100256 丁草胺 672
PD20100257 吗胍·乙酸铜 893
PD20100258 氨基寡糖素 841
PD20100259 代森锌 1035
PD20100260 阿维菌素 633
PD20100261 高效氯氟氰菊酯 264
PD20100262 高效氯氟氰菊酯 642
PD20100263 氟磺胺草醚 855
PD20100264 香菇多糖 315
PD20100265 多抗霉素 820
PD20100266 唑螨酯 969
PD20100267 虫酰肼 631
PD20100268 三唑磷 534
PD20100269 敌畏·辛硫磷 602
PD20100270 高氯·矿物油 749
PD20100271 顺式氯氰菊酯 286
PD20100272 甲氰菊酯 843
PD20100273 顺式氯氰菊酯 899
PD20100274 氧氟·乙草胺 1078
PD20100275 精噁唑禾草灵 497
PD20100276 氢氧化铜 947
PD20100277 乙草胺 800
PD20100278 乙烯利 342
PD20100279 敌畏·毒死蜱 802
PD20100280 乙铝·锰锌 755
PD20100281 香菇多糖 673
PD20100282 草甘膦 134
PD20100283 唑磷·毒死蜱 335
PD20100284 吡虫啉 774
PD20100285 辛·矿物油 739
PD20100286 多抗霉素 841
PD20100287 吗胍·乙酸铜 804

PD20100288 复硝酚钠 825
PD20100289 联苯菊酯 327
PD20100290 硫磺·锰锌 956
PD20100291 毒死蜱 345
PD20100292 多抗霉素 947
PD20100293 三唑锡 899
PD20100294 甲硫·福美双 843
PD20100295 溴螨酯 1085
PD20100296 阿维·哒螨灵 878
PD20100297 噁霉灵 446
PD20100298 毒死蜱 327
PD20100299 苄·甲·乙 1090
PD20100300 福·福锌 115
PD20100301 乙草胺 747
PD20100302 吗胍·乙酸铜 882
PD20100303 芸苔素内酯 1029
PD20100304 三唑锡 663
PD20100305 咪鲜胺 947
PD20100306 噁霉灵 899
PD20100307 多菌灵 952
PD20100308 春雷霉素 353
PD20100309 氟虫脲 899
PD20100310 毒·辛 133
PD20100311 速灭威 1052
PD20100312 异菌脲 820
PD20100313 顺式氯氰菊酯 723
PD20100314 氯氰·丙溴磷 903
PD20100315 噻嗪酮 210
PD20100316 高效氯氰菊酯 956
PD20100317 福·福锌 851
PD20100318 联苯菊酯 934
PD20100320 多·酮 473
PD20100321 吲哚丁酸 1013
PD20100322 乙霉威 507
PD20100323 甲硫·乙霉威 507
PD20100324 高氯·辛硫磷 313
PD20100325 代森锌 126
PD20100326 吡虫啉 56
PD20100328 三环唑 1026
PD20100329 春雷霉素 841
PD20100330 吡虫啉 713
PD20100331 吡虫啉 747
PD20100332 毒死蜱 876
PD20100333 精喹·草除灵 1097
PD20100334 异菌脲 765
PD20100335 氰戊·灭多威 723
PD20100336 灭草松 888
PD20100337 三唑磷 822
PD20100338 甲氰·噻螨酮 899
PD20100339 莠去津 698
PD20100340 福美双 934
PD20100341 多菌灵 752
PD20100342 代森锌 947
PD20100343 毒·辛 413
PD20100344 敌畏·毒死蜱 824
PD20100345 阿维·高氯 321
PD20100346 哒螨·矿物油 912
PD20100347 阿维·矿物油 1056
PD20100348 噁霉灵 385
PD20100349 王铜 1064
PD20100350 高效氯氟氰菊酯 259
PD20100351 阿维菌素 714
PD20100352 毒死蜱 342
PD20100353 吡虫啉 837
PD20100354 唑磷·毒死蜱 960
PD20100355 吡虫啉 804
PD20100356 唑螨酯 918
PD20100357 莠去津 340
PD20100358 井冈霉素（20%） 841
PD20100359 异丙甲草胺 306
PD20100360 吡虫·杀虫单 357
PD20100361 哒螨灵 632
PD20100362 联苯菊酯 902
PD20100363 杀螺胺乙醇胺盐 452
PD20100364 甲氨基阿维菌素苯甲酸盐(0.57%) 501
PD20100365 噻螨酮 905
PD20100366 敌敌畏 81
PD20100367 毒死蜱 910
PD20100368 春雷霉素 832
PD20100369 噻菌灵 938
PD20100370 野麦畏 609
PD20100371 丙溴磷 903
PD20100372 春雷霉素 820
PD20100373 甲基硫菌灵 365
PD20100374 吡虫啉 952
PD20100375 辛硫·高氯氟 434
PD20100376 萎锈·福美双 947
PD20100377 莠去津 444
PD20100378 唑磷·毒死蜱 365
PD20100379 石硫合剂 947
PD20100380 福美双 952
PD20100381 高效氯氟氰菊酯 361
PD20100382 吡虫·杀虫单 334
PD20100383 高效氯氟氰菊酯 314
PD20100384 三环唑 905
PD20100385 啶虫脒 432
PD20100386 丁草胺 727
PD20100387 杀虫双 199
PD20100388 马拉硫磷 270
PD20100389 杀螺胺乙醇胺盐 209
PD20100390 阿维菌素 766
PD20100391 井冈霉素 340
PD20100392 毒死蜱 531
PD20100393 井冈霉素 398
PD20100394 萎锈·福美双 86
PD20100395 多菌灵 889
PD20100396 溴敌隆 155
PD20100397 杀扑磷 899
PD20100398 草除灵 1056
PD20100399 乙氧氟草醚 800
PD20100400 毒·辛 879
PD20100401 乐果 418
PD20100402 敌敌畏 218
PD20100403 草甘膦异丙胺盐(41%) 325
PD20100404 噁霉灵 340
PD20100405 甲基硫菌灵 347
PD20100406 异菌脲 902
PD20100407 唑螨酯 1056
PD20100408 草甘膦 1108
PD20100409 高氯·马 313
PD20100410 敌敌畏 305
PD20100411 麦草畏 867
PD20100412 福·福锌 876
PD20100413 三环唑 1031
PD20100414 福美双 43
PD20100415 仲丁威 865
PD20100416 毒死蜱 215
PD20100418 噻吩磺隆 837
PD20100419 草除灵 562
PD20100420 苯磺隆 316
PD20100421 稻瘟灵 1104
PD20100422 三唑锡 1075
PD20100423 阿维·矿物油 873
PD20100424 乐果 545
PD20100425 毒死蜱 560
PD20100426 石硫合剂 921

PD20100427	氰戊·马拉松	1047
PD20100428	异噁草松	444
PD20100430	乙铝·锰锌	96
PD20100432	阿维·矿物油	796
PD20100433	二甲戊灵	801
PD20100434	草甘膦异丙胺盐(41%)	114
PD20100435	高效氯氟氰菊酯	715
PD20100436	氟啶脲	938
PD20100437	福美双	850
PD20100438	2甲4氯钠	486
PD20100439	氯氟吡氧乙酸异辛酯	89
PD20100440	毒死蜱	960
PD20100441	吡嘧磺隆	220
PD20100442	咪锰·多菌灵	175
PD20100443	甲维盐·氯氰	725
PD20100444	甲氰菊酯	1076
PD20100445	吡虫啉	906
PD20100446	2,4滴丁酯	537
PD20100447	氟醚·灭草松	86
PD20100448	三环唑	331
PD20100449	螨醇·噻螨酮	516
PD20100450	吡虫啉	969
PD20100451	吡虫啉	598
PD20100452	啶虫脒	229
PD20100453	春雷霉素	236
PD20100454	咪鲜胺锰盐	334
PD20100455	氟啶脲	227
PD20100456	丙环唑	639
PD20100457	辛硫磷	865
PD20100458	氰戊菊酯	488
PD20100459	多菌灵	248
PD20100461	井冈霉素	188
PD20100462	哒螨灵	753
PD20100463	高氯·矿物油	796
PD20100464	乙草胺	175
PD20100465	复硝酚钾	913
PD20100466	高效氯氟氰菊酯	901
PD20100467	高效氯氰菊酯	877
PD20100468	唑螨酯	752
PD20100469	苏云金杆菌	844
PD20100470	甲维·高氯氟	1062
PD20100471	唑酮·氧乐果	331
PD20100472	氟啶脲	630
PD20100473	二甲戊灵	1039
PD20100474	阿维·毒死蜱	648
PD20100475	杀虫双	1001
PD20100476	精噁唑禾草灵	306
PD20100477	甲基毒死蜱	507
PD20100478	吡虫啉	846
PD20100479	井冈霉素	841
PD20100480	唑酮·乙蒜素	349
PD20100481	吡虫啉	541
PD20100482	吗胍·乙酸铜	841
PD20100483	吗胍·乙酸铜	843
PD20100484	硫磺·多菌灵	780
PD20100485	马拉硫磷	530
PD20100486	甲氰·噻螨酮	771
PD20100487	甲氨基阿维菌素苯甲酸盐(5.7%)	765
PD20100488	高效氯氰菊酯	74
PD20100489	丙环唑	746
PD20100490	滴丁·乙草胺	446
PD20100491	三十烷醇	211
PD20100492	2,4-滴丁酯	867
PD20100493	井冈霉素(3%)	336
PD20100494	精喹禾灵	501
PD20100495	高效氯氟氰菊酯	137
PD20100496	阿维·高氯	74
PD20100497	噻嗪·仲丁威	73
PD20100499	多菌灵	922
PD20100500	戊唑醇	596
PD20100501	吲丁·诱抗素	1015
PD20100502	阿维·高氯	70
PD20100503	阿维·高氯	336
PD20100504	喹硫磷	934
PD20100505	毒死蜱	1035
PD20100506	多菌灵	902
PD20100507	氯氰菊酯	748
PD20100508	毒死蜱	431
PD20100509	氰氯氰菊酯	189
PD20100510	丙草胺	867
PD20100511	甲氰菊酯	630
PD20100512	莠去津	249
PD20100513	四螨嗪	906
PD20100514	福美双	750
PD20100515	2,4-滴	478
PD20100516	炔螨·矿物油	747
PD20100517	异丙甲草胺	672
PD20100518	嗪草酮	86
PD20100519	仲灵·乙草胺	760
PD20100520	敌百·氧乐果	322
PD20100521	丙环唑	183
PD20100522	吗胍·乙酸铜	780
PD20100523	精喹禾灵	316
PD20100524	毒死蜱	63
PD20100525	氟磺胺草醚	466
PD20100526	氢氧化铜	282
PD20100527	毒死蜱	907
PD20100528	异丙甲草胺	825
PD20100529	毒死蜱	865
PD20100530	乙霉·多菌灵	507
PD20100531	苯磺隆	1000
PD20100532	氰戊菊酯	731
PD20100533	毒死蜱	118
PD20100535	氟铃脲	271
PD20100537	辛硫磷	88
PD20100538	吡虫啉	895
PD20100539	氟硅唑	801
PD20100540	福·福锌	731
PD20100541	高效氯氟氰菊酯	263
PD20100542	高效氯氰菊酯	715
PD20100543	二甲戊灵	999
PD20100544	井冈霉素	161
PD20100545	乙蒜素	349
PD20100546	仲丁灵	224
PD20100547	三环唑	428
PD20100548	草甘膦异丙胺盐(62%)	1088
PD20100549	丙草胺	672
PD20100550	稻瘟灵	111
PD20100551	复硝酚钠	305
PD20100552	代森锰锌	706
PD20100553	阿维·高氯	742
PD20100554	王铜	431
PD20100555	丙环唑	341
PD20100556	噻嗪·杀扑磷	938
PD20100558	毒死蜱	541
PD20100559	氟硅唑	764
PD20100560	毒死蜱	45
PD20100561	辛硫磷	747
PD20100562	阿维菌素	44
PD20100563	阿维菌素	715
PD20100564	香菇多糖	373
PD20100565	啶虫脒	336
PD20100566	乙霉·多菌灵	507
PD20100567	五氯硝基苯	902
PD20100568	百草枯	425
PD20100569	毒·辛	715

PD20100570	丙环唑	387
PD20100571	苄·二氯	371
PD20100572	三唑锡	896
PD20100573	甲霜·锰锌	922
PD20100574	溴氰菊酯	1052
PD20100575	敌畏·毒死蜱	499
PD20100576	丙环唑	867
PD20100577	毒死蜱	299
PD20100578	阿维·矿物油	171
PD20100579	氢氧化铜	880
PD20100580	吗胍·乙酸铜	839
PD20100581	氧乐果	322
PD20100582	烟嘧磺隆	435
PD20100583	百菌清	427
PD20100584	精喹禾灵	1073
PD20100585	啶虫脒	739
PD20100586	联苯菊酯	1035
PD20100587	毒死蜱	458
PD20100588	高效氯氟氰菊酯	863
PD20100589	毒死蜱	242
PD20100590	阿维菌素	771
PD20100591	丁硫·矿物油	274
PD20100592	哒螨·矿物油	850
PD20100593	哒螨·矿物油	796
PD20100594	阿维·四螨嗪	938
PD20100595	哒螨灵	855
PD20100596	福美双	847
PD20100597	甲维·高氯氟	960
PD20100598	丙环唑	335
PD20100599	代森锰锌	663
PD20100600	戊唑醇	692
PD20100601	三乙膦酸铝	922
PD20100602	乙酸铜	171
PD20100603	阿维菌素	867
PD20100604	滴丁·乙草胺	444
PD20100605	啶虫脒	906
PD20100606	乙酸铜	381
PD20100607	毒死蜱	335
PD20100608	阿维菌素	771
PD20100609	杀螟丹	75
PD20100610	异菌脲	725
PD20100611	多菌灵	347
PD20100612	百菌清	335
PD20100613	丙环唑	187
PD20100614	甲基硫菌灵	888
PD20100615	高效氯氰菊酯	244
PD20100616	虫酰肼	904
PD20100617	咪鲜胺锰盐	1005
PD20100618	苏云金杆菌	751
PD20100619	福美双	862
PD20100620	毒·辛	653
PD20100621	溴菌·五硝苯	596
PD20100622	吡虫啉	733
PD20100623	苏云金杆菌	639
PD20100624	速灭威	187
PD20100625	阿维·甲氰	801
PD20100626	吗胍·乙酸铜	92
PD20100627	苯菌灵	202
PD20100628	杀螟丹	706
PD20100629	毒死蜱	187
PD20100630	甲硫·福美双	850
PD20100631	福·甲·硫磺	323
PD20100632	噻菌灵	316
PD20100633	啶虫脒	872
PD20100634	甲维·辛硫磷	938
PD20100635	二甲戊灵	837
PD20100636	咪鲜胺	114
PD20100637	高氯·马	115
PD20100638	草甘膦异丙胺盐（62%）	1122
PD20100639	百菌清	229
PD20100640	赤霉酸	777
PD20100641	丙溴磷	1035
PD20100642	草甘膦异丙胺盐（41%）	296
PD20100643	氯氟吡氧乙酸	825
PD20100644	苯丁锡	92
PD20100645	硫双威	309
PD20100646	井冈霉素	648
PD20100647	草甘膦异丙胺盐	305
PD20100648	苏云金杆菌	353
PD20100649	马拉硫磷	1035
PD20100650	乐果	187
PD20100651	吡虫啉	479
PD20100652	草甘膦异丙胺盐(41%)	402
PD20100653	五氯硝基苯	911
PD20100654	香菇多糖	318
PD20100655	异丙威	488
PD20100656	丙环唑	865
PD20100657	溴氰菊酯	840
PD20100658	烟嘧磺隆	57
PD20100659	复硝酚钾	394
PD20100660	多抗霉素	144
PD20100661	丁硫克百威	263
PD20100662	高效氯氟氰菊酯	938
PD20100663	腐霉利	320
PD20100664	炔螨·矿物油	1056
PD20100665	啶虫脒	938
PD20100666	阿维·辛硫磷	1020
PD20100667	噻嗪·异丙威	479
PD20100668	噻螨酮	92
PD20100669	高效氯氟氰菊酯	91
PD20100670	百草枯	907
PD20100671	毒死蜱	261
PD20100672	阿维·矿物油	274
PD20100673	代森锌	202
PD20100674	壬菌铜	974
PD20100678	烟碱·苦参碱	699
PD20100679	苦参碱	699
PD20100680	烟碱	699
PD20100681	壬菌铜	974
PD20100682	氟铃脲	316
PD20100683	甲氰菊酯	653
PD20100684	啶虫脒	1056
PD20100685	高效氯氟氰菊酯	742
PD20100686	二甲戊灵	86
PD20100687	五氯硝基苯	904
PD20100688	腈菌·咪鲜胺	706
PD20100689	异丙威	644
PD20100690	氢氧化铜	961
PD20100691	氯氟吡氧乙酸	335
PD20100692	多抗霉素	754
PD20100693	烯禾啶	825
PD20100694	福·福锌	764
PD20100695	硫磺·锰锌	954
PD20100696	井冈霉素	659
PD20100697	炔螨特	187
PD20100698	异丙威	204
PD20100699	十三吗啉	947
PD20100700	吡虫·杀虫单	630
PD20100701	噻嗪酮	580
PD20100702	复硝酚钠	415
PD20100703	阿维菌素	847
PD20100704	阿维菌素	730
PD20100705	精噁唑禾草灵	856
PD20100706	乙草胺	632
PD20100707	杀螟丹	210
PD20100708	福美双	767

PD20100709 杀扑磷 727
PD20100710 辛硫·氟氯氰 800
PD20100711 十三吗啉 928
PD20100712 十三吗啉 938
PD20100713 福·福锌 198
PD20100714 三唑磷 351
PD20100715 异稻·稻瘟灵 634
PD20100716 氟啶脲 781
PD20100717 氢氧化铜 335
PD20100718 虫酰肼 908
PD20100719 辛硫·高氯氟 793
PD20100720 乙酸铜 837
PD20100721 吡虫·辛硫磷 921
PD20100722 吡虫啉 531
PD20100723 丙环唑 86
PD20100724 氯氰·丙溴磷 909
PD20100725 唑螨酯 915
PD20100726 杀虫单 56
PD20100727 戊唑醇 298
PD20100728 阿维菌素 1022
PD20100729 丁硫克百威 295
PD20100730 咪鲜胺 340
PD20100731 氟硅唑 661
PD20100732 多·福·溴菌腈 725
PD20100733 噻嗪·异丙威 76
PD20100734 吡嘧磺隆 306
PD20100735 吗胍·乙酸铜 965
PD20100736 阿维·矿物油 739
PD20100738 马拉硫磷 843
PD20100739 杀螟硫磷 200
PD20100740 毒死蜱 1016
PD20100741 氢铜·福美锌 938
PD20100742 噁霉灵 885
PD20100743 吡虫啉 1061
PD20100744 阿维菌素 122
PD20100745 噁霉灵 1013
PD20100746 氯氟吡氧乙酸 342
PD20100747 甲氰·噻螨酮 725
PD20100748 扑·乙 773
PD20100749 稻丰散 122
PD20100750 三氟羧草醚 86
PD20100751 棉铃虫核型多角体病毒 406
PD20100752 阿维·矿物油 341
PD20100753 噻嗪·异丙威 194
PD20100754 苯丁锡 976
PD20100755 毒死蜱 81
PD20100756 虫酰肼 553
PD20100757 倍硫磷 1090
PD20100758 高效氟吡甲禾灵 669
PD20100759 多抗霉素 882
PD20100760 高效氯氰菊酯 62
PD20100761 戊唑醇 1108
PD20100762 三唑磷 327
PD20100763 异丙威 1026
PD20100764 霜霉威盐酸盐 802
PD20100765 烟嘧磺隆 497
PD20100766 杀螺胺 553
PD20100767 多菌灵 366
PD20100768 甲硫·福美双 843
PD20100769 哒螨灵 774
PD20100770 醚菊酯 921
PD20100771 丙草胺 532
PD20100772 苄嘧磺隆 306
PD20100773 乙草胺 81
PD20100774 溴氰菊酯 576
PD20100775 百草枯 1090
PD20100776 仲丁威 1052
PD20100777 异菌脲 353
PD20100778 阿维菌素 417
PD20100779 精噁唑禾草灵 1090
PD20100780 三氯杀螨醇 387
PD20100781 莠去津 437
PD20100782 阿维菌素 844
PD20100783 毒死蜱 348
PD20100784 莠去津 837
PD20100785 联苯菊酯 915
PD20100786 春雷霉素 938
PD20100787 马拉·异丙威 199
PD20100788 苏云金杆菌 650
PD20100789 三环唑 627
PD20100790 甲氨基阿维菌素苯甲酸盐(0.57%) 896
PD20100791 多·福 801
PD20100792 高效氯氟氰菊酯 804
PD20100793 乙·莠 825
PD20100794 溴氰菊酯 260
PD20100795 霜霉威盐酸盐 1042
PD20100796 阿维·矿物油 105
PD20100797 毒死蜱 281
PD20100798 阿维·哒螨灵 856
PD20100799 异丙威 630
PD20100800 虫酰肼 255
PD20100801 丙环唑 348
PD20100802 高效氯氟氰菊酯 335
PD20100803 速灭威 187
PD20100804 溴氰菊酯 764
PD20100805 高效氯氟氰菊酯 187
PD20100806 甲氰·矿物油 912
PD20100807 多·福·锌 1059
PD20100808 噻菌灵 86
PD20100809 联苯菊酯 804
PD20100810 苯磺隆 867
PD20100811 百草枯 108
PD20100812 盐酸吗啉胍 338
PD20100813 灭线磷 747
PD20100814 噻嗪酮 588
PD20100815 顺式氯氰菊酯 189
PD20100816 甲柳·三唑酮 911
PD20100817 氟啶脲 255
PD20100818 吡虫啉 313
PD20100819 乙蒜素 306
PD20100820 速灭威 158
PD20100821 阿维·矿物油 286
PD20100822 硫磺·三环唑 824
PD20100823 啶虫脒 735
PD20100824 虫酰肼 334
PD20100825 井冈·杀虫双 110
PD20100826 二甲戊灵 1090
PD20100827 阿维菌素 856
PD20100828 杀螟丹 1081
PD20100829 乙草胺 825
PD20100830 阿维菌素 183
PD20100831 吲丁·萘乙酸 113
PD20100832 复硝酚钠 315
PD20100833 甲氨基阿维菌素苯甲酸盐 802
PD20100834 盐酸吗啉胍 144
PD20100835 2甲4氯钠 217
PD20100836 井冈霉素(5%) 131
PD20100837 马拉·三唑磷 1069
PD20100838 辛硫·三唑磷 750
PD20100839 精喹禾灵 999
PD20100840 代森锰锌 826
PD20100841 福·福锌 787
PD20100842 精喹禾灵 1062
PD20100843 噻螨酮 922
PD20100844 异丙甲草胺 1035
PD20100845 烷醇·硫酸铜 879

PD20100846 炔螨·矿物油 786
PD20100847 甲氨基阿维菌素苯甲酸盐 880
PD20100848 烟嘧·莠去津 773
PD20100849 阿维·高氯 795
PD20100850 烟嘧磺隆 672
PD20100851 甲氨基阿维菌素苯甲酸盐(1.14%) 351
PD20100852 吗胍·乙酸铜 850
PD20100853 吗胍·乙酸铜 895
PD20100854 辛硫·三唑磷 45
PD20100855 异丙甲草胺 242
PD20100856 草甘膦异丙胺盐(41%) 625
PD20100857 多抗霉素 793
PD20100858 联苯菊酯 227
PD20100859 甲基硫菌灵 307
PD20100860 阿维·甲氰 972
PD20100861 代森锌 889
PD20100862 甲氨基阿维菌素苯甲酸盐(90%) 700
PD20100863 氟啶脲 728
PD20100864 噁霉灵 253
PD20100865 毒死蜱 1076
PD20100866 氟硅唑 779
PD20100867 阿维·辛硫磷 193
PD20100868 二氯喹啉酸 1094
PD20100870 石硫合剂 1057
PD20100871 除虫脲 969
PD20100872 联苯菊酯 780
PD20100873 硫磺·多菌灵 395
PD20100874 五硝·多菌灵 706
PD20100875 灭草松 689
PD20100876 唑螨酯 48
PD20100877 噁霉灵 1049
PD20100878 氧乐果 706
PD20100879 氟铃·辛硫磷 822
PD20100880 高氯·毒死蜱 188
PD20100882 高效氯氟氰菊酯 307
PD20100883 甲氰·噻螨酮 262
PD20100884 噁霉灵 1035
PD20100885 精喹禾灵 1052
PD20100886 氟磺胺草醚 597
PD20100887 氯溴异氰尿酸 469
PD20100888 吡虫啉 198
PD20100889 精喹禾灵 912
PD20100890 高效氯氟氰菊酯 907
PD20100891 高氯·马 822
PD20100892 敌百·辛硫磷 1069
PD20100893 高效氯氰菊酯 337
PD20100894 辛硫·三唑磷 639
PD20100895 甲氰·噻螨酮 661
PD20100896 多·锰锌 203
PD20100897 甲霜·锰锌 222
PD20100898 丙草胺 797
PD20100899 代森锰锌 294
PD20100900 啶虫脒 281
PD20100901 咪鲜胺 479
PD20100902 敌敌畏 335
PD20100903 甲基硫菌灵 706
PD20100904 莠去津 588
PD20100905 氯氰·丙溴磷 879
PD20100906 乐果·敌百虫 329
PD20100907 多·福·溴菌腈 706
PD20100908 代森锰锌 307
PD20100909 福·福锌 862
PD20100910 毒死蜱 804
PD20100911 啶虫脒 273
PD20100912 莠灭净 728
PD20100913 三唑磷 951
PD20100914 辛硫·三唑磷 262
PD20100915 多抗霉素 774
PD20100916 复硝酚钠 334
PD20100917 高效氯氟氰菊酯 1105
PD20100918 高效氯氟氰菊酯 259
PD20100919 乙草胺 423
PD20100920 戊唑醇 867
PD20100921 氯氰·丙溴磷 766
PD20100922 甲氰菊酯 826
PD20100923 春雷霉素 242
PD20100924 多抗霉素 862
PD20100925 噻嗪·异丙威 319
PD20100926 丙环唑 659
PD20100927 十三吗啉 126
PD20100928 阿维菌素 429
PD20100929 吗胍·乙酸铜 837
PD20100930 高氯·甲维盐 904
PD20100931 福·福锌 43
PD20100932 联苯菊酯 348
PD20100933 杀螟丹 525
PD20100934 阿维菌素 573
PD20100935 苯醚甲环唑 918
PD20100936 杀虫双 217
PD20100937 阿维菌素 755
PD20100938 阿维菌素 293
PD20100939 辛硫·三唑磷 896
PD20100940 阿维·高氯 82
PD20100941 辛硫磷 322
PD20100942 敌敌畏 348
PD20100943 甲霜·福美双 684
PD20100944 春雷霉素 126
PD20100945 福美双 902
PD20100946 扑·乙 735
PD20100947 烯唑醇 1034
PD20100948 氯氰·丙溴磷 197
PD20100949 阿维·高氯 675
PD20100950 高氯·毒死蜱 482
PD20100951 噻螨酮 764
PD20100952 马拉·异丙威 211
PD20100953 丙环唑 906
PD20100954 精喹·氟磺胺 800
PD20100955 多抗霉素 183
PD20100956 氟乐灵 912
PD20100957 毒死蜱 813
PD20100958 毒死蜱 911
PD20100959 多菌灵 590
PD20100960 噻嗪·异丙威 756
PD20100961 异菌脲 92
PD20100962 速灭·硫酸铜 590
PD20100963 滴酸·草甘膦 219
PD20100964 二甲戊灵 901
PD20100965 氟乐灵 1071
PD20100966 吡虫啉 261
PD20100967 丙环唑 1022
PD20100968 阿维菌素 891
PD20100969 乙草胺 765
PD20100970 草甘膦 1039
PD20100971 代森锌 550
PD20100972 异丙草·莠 826
PD20100973 代森锰锌 329
PD20100974 春雷·稻瘟灵 377
PD20100975 莠去津 800
PD20100976 甲基硫菌灵 156
PD20100977 井冈霉素 521
PD20100978 噻螨酮 237
PD20100979 百菌清 1073
PD20100980 甲霜·锰锌 347
PD20100981 氟硅唑 195
PD20100982 异菌脲 781
PD20100983 氟硅唑 755

PD20100984 吡氟·草甘膦 1122
PD20100985 甲基硫菌灵 902
PD20100986 烯效唑 1013
PD20100987 精噁唑禾草灵 114
PD20100988 敌草隆 1071
PD20100989 马拉松·矿物油 796
PD20100990 噁霉灵 729
PD20100991 高效氟吡甲禾灵 92
PD20100992 锰锌·腈菌唑 87
PD20100993 辛硫·甲拌磷 856
PD20100994 苄嘧·莎稗磷 1090
PD20100995 啶虫脒 918
PD20100996 复硝酚钠 352
PD20100997 阿维·矿物油 236
PD20100998 乙草胺 316
PD20100999 噻嗪·异丙威 229
PD20101000 春雷霉素 290
PD20101001 辛硫·矿物油 796
PD20101002 三唑酮 902
PD20101003 毒·矿物油 801
PD20101004 杀螺胺乙醇胺盐 638
PD20101005 咪唑乙烟酸 446
PD20101006 吗胍·乙酸铜 583
PD20101007 乙铝·锰锌 839
PD20101008 氰氯氰菊酯 969
PD20101009 春雷·王铜 635
PD20101010 烟嘧磺隆 823
PD20101011 嘧霉胺 961
PD20101012 高效氯氟氰菊酯 764
PD20101013 联苯菊酯 842
PD20101014 敌敌畏 114
PD20101015 福美双 751
PD20101016 联苯·炔螨特 668
PD20101018 辛硫·矿物油 825
PD20101019 灭线磷 743
PD20101020 三唑磷 658
PD20101021 异菌脲 486
PD20101022 丙溴磷 71
PD20101023 阿维菌素 261
PD20101024 霜霉·络氨铜 97
PD20101025 烟嘧磺隆 290
PD20101026 噻螨酮 848
PD20101027 三唑酮 912
PD20101028 王铜 901
PD20101029 异菌脲 781
PD20101030 草甘膦 196
PD20101031 稻瘟灵 663
PD20101032 多·福锌 801
PD20101033 多·锰锌 801
PD20101034 2,4-滴二甲胺盐 537
PD20101035 噻嗪酮 865
PD20101036 毒死蜱 915
PD20101037 毒死蜱 1122
PD20101038 乙草胺 435
PD20101039 高效氟吡甲禾灵 801
PD20101040 噻嗪·异丙威 890
PD20101041 2甲4氯钠 826
PD20101042 春雷·王铜 646
PD20101043 盐酸吗啉胍 790
PD20101044 烯唑醇 51
PD20101045 甲基硫菌灵 592
PD20101046 吗胍·乙酸铜 872
PD20101047 甲氨基阿维菌素苯甲酸盐(0.57%) 747
PD20101048 精吡氟禾草灵 1045
PD20101049 烯唑醇 564
PD20101050 三乙膦酸铝 428
PD20101051 毒死蜱 114
PD20101052 R-烯唑醇 493
PD20101053 莠去津 735
PD20101054 烯唑醇 1056
PD20101055 吡虫啉 753
PD20101056 联苯菊酯 57
PD20101057 咪鲜胺 1067
PD20101058 毒死蜱 331
PD20101059 戊唑醇 755
PD20101060 烟嘧磺隆 103
PD20101061 氟铃脲 357
PD20101062 毒死蜱 922
PD20101063 福美双 706
PD20101064 噻吩磺隆 692
PD20101065 毒死蜱 596
PD20101066 毒死蜱 56
PD20101067 噻嗪·速灭威 975
PD20101068 代森锌 828
PD20101069 啶虫·毒死蜱 1122
PD20101071 多·锰锌 675
PD20101072 氨基寡糖素 947
PD20101073 多菌灵 307
PD20101074 莠去津 728
PD20101075 唑螨酯 753
PD20101076 吡虫·辛硫磷 780
PD20101077 异噁草松 1057
PD20101078 乙烯利 294
PD20101079 精噁唑禾草灵 437
PD20101080 二嗪磷 308
PD20101081 矮壮素 823
PD20101082 乙·莠·氰草津 735
PD20101083 精噁唑禾草灵 437
PD20101084 高效氯氰菊酯 880
PD20101085 精喹·草除灵 680
PD20101086 噻嗪·异丙威 294
PD20101087 甲氨基阿维菌素苯甲酸盐(0.57%) 735
PD20101088 福·福锌 817
PD20101089 甲霜·锰锌 542
PD20101090 敌敌畏 273
PD20101091 福·福锌 863
PD20101092 百草枯 236
PD20101093 炔螨特 922
PD20101094 高氯·马 822
PD20101095 马拉硫磷 1088
PD20101096 喹硫磷 630
PD20101097 氯氟吡氧乙酸异辛酯(288克/升) 880
PD20101098 联苯菊酯 767
PD20101099 烯草酮 549
PD20101100 顺式氯氰菊酯 646
PD20101101 丙溴·毒死蜱 1122
PD20101102 苯磺隆 307
PD20101103 三氯异氰尿酸 625
PD20101104 吡虫·异丙威 357
PD20101105 氢氧化铜 335
PD20101106 辛硫磷 84
PD20101107 异丙威 645
PD20101108 异丙威 331
PD20101109 啶虫脒 726
PD20101110 仲丁威 530
PD20101111 辛硫磷 744
PD20101112 啶虫脒 972
PD20101113 烯·羟·硫酸铜 307
PD20101114 甲氨基阿维菌素苯甲酸盐(0.57%) 765
PD20101115 甲基硫菌灵 336
PD20101116 哒螨·矿物油 706
PD20101117 阿维·矿物油 270
PD20101118 赤霉酸 348
PD20101119 氰戊·马拉松 678
PD20101120 毒死蜱 1108
PD20101121 萘乙·乙烯利 133

PD20101122 甲硫·噁霉灵 183
PD20101123 百草枯 348
PD20101124 氟磺胺草醚 384
PD20101125 苯丁锡 817
PD20101126 丙草胺 784
PD20101128 硫磺·多菌灵 647
PD20101129 多抗霉素 837
PD20101130 噁酮·乙草胺 798
PD20101131 多·福·立枯磷 1062
PD20101132 敌畏·矿物油 879
PD20101133 氯氰菊酯 745
PD20101134 乙氧氟草醚 798
PD20101135 氟胺·烯禾啶 798
PD20101136 敌敌畏 631
PD20101137 氟磺胺草醚 837
PD20101138 苄·乙·甲 533
PD20101139 甲氨基阿维菌素苯甲酸盐(0.57%) 1067
PD20101140 烯酰吗啉 271
PD20101141 烟嘧磺隆 89
PD20101142 精喹·草除灵 332
PD20101143 阿维·甲氰 896
PD20101144 乙烯利 307
PD20101145 硫丹 921
PD20101146 乙草胺 743
PD20101147 百草枯 577
PD20101148 矮壮素 744
PD20101149 丙草胺 689
PD20101150 矮壮素 793
PD20101151 2,4-滴丁酯 773
PD20101152 石硫合剂 1025
PD20101153 烟嘧磺隆 880
PD20101154 百草枯 290
PD20101155 腐霉·福美双 307
PD20101156 高效氯氰菊酯 752
PD20101157 异松·乙草胺 259
PD20101158 高效氯氟氰菊酯 659
PD20101159 三唑酮 947
PD20101160 精喹禾灵 300
PD20101161 甲硫·福美双 647
PD20101162 吡虫·灭多威 706
PD20101163 虫酰肼 840
PD20101164 毒死蜱 1026
PD20101165 阿维·苏云菌 91
PD20101166 敌敌畏 248
PD20101167 甲基立枯磷 434
PD20101168 苯菌灵 996
PD20101169 丙环唑 899
PD20101170 灭草松 237
PD20101171 烟嘧磺隆 443
PD20101172 苯磺隆 790
PD20101173 异噁草松 459
PD20101175 啶虫脒 339
PD20101176 高氯·马 331
PD20101177 联苯菊酯 82
PD20101178 多·福·乙霉威 706
PD20101179 氟磺胺草醚 106
PD20101180 高氯·杀虫单 209
PD20101181 福·福锌 891
PD20101182 联苯菊酯 366
PD20101183 烟嘧磺隆 73
PD20101184 乙草胺 677
PD20101185 灭蝇胺 788
PD20101186 2,4-滴 486
PD20101187 辛硫·三唑磷 585
PD20101188 辛菌胺醋酸盐 955
PD20101189 辛菌胺 955
PD20101192 异菌脲 270
PD20101193 异稻·稻瘟灵 640
PD20101194 烟嘧磺隆 438
PD20101195 阿维·辛硫磷 863
PD20101196 高效氟吡甲禾灵 75
PD20101197 乙酰甲胺磷 255
PD20101198 石硫·矿物油 1021
PD20101199 琥胶肥酸铜 126
PD20101200 甲霜·锰锌 179
PD20101201 氨基寡糖素 235
PD20101202 杀虫安 1106
PD20101203 甲基立枯磷 88
PD20101204 烯酰·锰锌 754
PD20101205 敌敌畏 390
PD20101206 溴敌隆 130
PD20101207 苦参碱 560
PD20101208 甲·莠·敌草隆 219
PD20101209 多菌灵 757
PD20101210 甲基硫菌灵 573
PD20101211 毒死蜱 736
PD20101212 乙酰甲胺磷 507
PD20101213 甲氨基阿维菌素苯甲酸盐(5.7%) 175
PD20101214 烟嘧磺隆 781
PD20101215 杀螟·乙蒜素 545
PD20101216 烟碱·苦参碱 107
PD20101217 扑·乙·滴丁酯 377
PD20101218 二氯喹啉酸 529
PD20101219 哒螨·矿物油 183
PD20101220 草甘膦异丙胺盐(62%) 558
PD20101221 阿维菌素 809
PD20101222 高氯·杀虫单 211
PD20101223 草甘膦异丙胺盐 717
PD20101224 戊唑醇 854
PD20101225 吡虫啉 516
PD20101226 高效氯氟氰菊酯 91
PD20101227 苦参碱 902
PD20101228 马拉硫磷 89
PD20101229 复硝酚钠 161
PD20101230 精噁唑禾草灵 1067
PD20101231 春雷霉素 729
PD20101232 乙蒜素 311
PD20101233 苦参碱 247
PD20101234 苦参碱 360
PD20101235 丙溴磷 772
PD20101236 草甘膦异丙胺盐 928
PD20101237 杀虫双 108
PD20101238 百菌清 272
PD20101239 苦参碱 781
PD20101240 溴氰菊酯 325
PD20101241 棉核·辛硫磷 319
PD20101242 噻嗪酮 538
PD20101243 甲氨基阿维菌素苯甲酸盐(1.14%) 1007
PD20101244 苦参碱 267
PD20101245 多抗·锰锌 706
PD20101246 精喹禾灵 837
PD20101247 盐酸吗啉胍 817
PD20101248 春雷霉素 719
PD20101249 氟铃·辛硫磷 736
PD20101250 甲哌鎓 793
PD20101251 马拉·杀螟松 359
PD20101252 2,4-滴丁酯 867
PD20101253 苄嘧磺隆 385
PD20101254 苄·丁 164
PD20101255 苯丁·哒螨灵 87
PD20101256 矿物油 925
PD20101257 百草枯 800
PD20101258 吡虫啉 501
PD20101259 乙霉·多菌灵 508
PD20101260 三唑磷 429
PD20101261 草甘膦钠盐(33.9%) 978

PD20101263 混脂·硫酸铜 97
PD20101264 混脂·硫酸铜 98
PD20101265 桉油精 101
PD20101266 2-(乙酰氧基)苯甲酸 426
PD20101267 2-(乙酰氧基)苯甲酸 426
PD20101270 桉油精 101
PD20101272 抑芽丹 901
PD20101273 硅丰环 443
PD20101274 硅丰环 443
PD20101275 莪术醇 451
PD20101276 莪术醇 451
PD20101277 丙溴磷 424
PD20101278 吡虫·杀虫单 951
PD20101279 霜脲·锰锌 841
PD20101280 阿维·高氯 958
PD20101281 杀螟丹 321
PD20101282 唑酮·乙蒜素 349
PD20101283 苦参碱 560
PD20101284 杀虫安 1106
PD20101285 乙蒜素 349
PD20101286 草甘膦铵盐(33%) 118
PD20101287 乙蒜素 346
PD20101288 炔螨·矿物油 713
PD20101289 氟磺胺草醚 1074
PD20101290 春雷霉素 385
PD20101291 硫酸铜钙 610
PD20101292 毒死蜱 851
PD20101293 吡虫啉 298
PD20101294 啶虫脒 793
PD20101295 吡虫啉 828
PD20101296 甲基硫菌灵 913
PD20101297 高效氯氟氰菊酯 205
PD20101298 苦参碱 491
PD20101299 苄·二氯 566
PD20101300 毒·矿物油 366
PD20101301 高效氟吡甲禾灵 731
PD20101302 草甘膦 524
PD20101303 阿维菌素 71
PD20101304 高氯·辛硫磷 322
PD20101306 硫磺 280
PD20101307 扑·乙 512
PD20101308 丙溴·辛硫磷 719
PD20101309 虫酰肼 393
PD20101310 多·锰锌 151
PD20101311 唑酮·乙蒜素 334
PD20101312 锰锌·百菌清 790
PD20101313 氯氟吡氧乙酸异辛酯(288克/升) 319
PD20101314 阿维·矿物油 954
PD20101315 嘧霉胺 899
PD20101316 苄·丁 462
PD20101317 十三吗啉 918
PD20101318 草甘膦异丙胺盐(41%) 361
PD20101319 苦参碱 1061
PD20101320 丁·莠 784
PD20101321 锰锌·腈菌唑 227
PD20101322 噻嗪·杀虫安 1106
PD20101323 松脂酸钠 124
PD20101324 多·锰锌 913
PD20101325 乙草胺 826
PD20101326 2,4-滴二甲胺盐 384
PD20101327 硫磺·锰锌 906
PD20101328 联苯菊酯 600
PD20101329 扑草净 81
PD20101330 烟嘧磺隆 105
PD20101331 假丝酵母 188
PD20101332 α-氯代醇 1032
PD20101333 α-氯代醇 1032
PD20101334 络氨铜 753
PD20101335 地中海实蝇引诱剂 188
PD20101336 噁霉·络氨铜 98
PD20101337 咪鲜胺 387
PD20101338 吡虫啉 878
PD20101339 毒死蜱 65
PD20101340 烟嘧磺隆 466
PD20101341 辛硫磷 851
PD20101342 氯氰·丙溴磷 851
PD20101343 甲氰·噻螨酮 145
PD20101344 硫磺 403
PD20101345 草甘膦异丙胺盐(41%) 403
PD20101346 水胺硫磷 406
PD20101347 啶虫脒 1113
PD20101348 草甘膦异丙胺盐(41%) 1113
PD20101349 甲霜灵 867
PD20101350 乙蒜素 306
PD20101351 噻磺·乙草胺 502
PD20101352 2甲·莠灭净 217
PD20101353 噻苯隆 958
PD20101354 噻苯隆 958
PD20101355 烟嘧磺隆 842
PD20101356 杀单·苏云菌 1025
PD20101357 唑磷·毒死蜱 557
PD20101358 乙蒜素 77
PD20101359 噁草·丁草胺 527
PD20101360 辛菌胺 860
PD20101361 阿维菌素 757
PD20101362 烟嘧磺隆 336
PD20101363 氯氰·硫丹 193
PD20101365 嘧啶核苷类抗菌素 1110
PD20101366 高效氯氰菊酯 501
PD20101367 阿维·毒死蜱 928
PD20101368 苯菌灵 56
PD20101369 溴螨酯 719
PD20101370 苦参·硫磺 791
PD20101371 苦参碱 296
PD20101372 草甘膦异丙胺盐(41%) 533
PD20101373 矮壮素 44
PD20101374 甲霜·噁霉灵 947
PD20101375 杀扑磷 751
PD20101376 阿维菌素 200
PD20101377 苯磺隆 319
PD20101378 啶虫脒 324
PD20101379 乙酰甲胺磷 409
PD20101380 草甘膦 386
PD20101381 苄嘧·丙草胺 527
PD20101382 辛菌胺醋酸盐 906
PD20101383 烟嘧磺隆 385
PD20101384 氯氰·毒死蜱 908
PD20101385 苦参碱 243
PD20101386 异丙威 719
PD20101387 乙铝·锰锌 790
PD20101388 三乙膦酸铝 866
PD20101389 阿维·辛硫磷 260
PD20101390 戊唑醇 593
PD20101391 混合氨基酸铜 794
PD20101392 烯禾啶 178
PD20101393 丁草胺 1073
PD20101394 烟嘧磺隆 84
PD20101395 烟嘧·莠去津 84
PD20101396 灭线磷 57
PD20101397 春雷霉素 841
PD20101398 氯氰菊酯 480
PD20101399 联苯菊酯 568
PD20101400 甲枯·多菌灵 603
PD20101401 辛硫·三唑磷 636
PD20101402 阿维·高氯 260
PD20101403 哒螨·矿物油 264

PD20101404 杀螺胺乙醇胺盐 457
PD20101405 敌畏·毒死蜱 669
PD20101406 烟嘧磺隆 84
PD20101407 毒·辛 746
PD20101408 琥胶肥酸铜 96
PD20101409 辛硫·三唑磷 359
PD20101410 哒螨·矿物油 365
PD20101411 威百亩 688
PD20101412 吡虫啉 701
PD20101413 嘧啶核苷类抗菌素 934
PD20101414 草甘膦异丙胺盐 728
PD20101415 草甘膦铵盐 1080
PD20101416 杀虫双 595
PD20101417 甲维·毒死蜱 1122
PD20101418 哒螨·矿物油 899
PD20101419 苦参碱 903
PD20101420 辛菌胺·吗啉胍 953
PD20101421 草甘膦铵盐(33%) 199
PD20101422 三十烷醇 199
PD20101423 水胺·辛硫磷 220
PD20101424 乐果·矿物油 360
PD20101425 甲基硫菌灵 899
PD20101426 井冈·杀虫双 512
PD20101427 唑磷·矿物油 360
PD20101428 精喹禾灵 1057
PD20101429 多抗霉素 87
PD20101430 氟虫腈 466
PD20101431 氯氰·烟碱 219
PD20101432 烯腺·羟烯腺 303
PD20101433 辛硫·三唑磷 651
PD20101434 乙草胺 800
PD20101435 苦参碱 126
PD20101436 草甘膦铵盐(71.5%) 1025
PD20101437 乙酰甲胺磷 763
PD20101438 水胺·三唑磷 547
PD20101439 氯氟吡氧乙酸异辛酯(288克/升) 334
PD20101440 阿维菌素 379
PD20101441 芸苔素内酯 315
PD20101442 杀虫双 157
PD20101443 炔螨·矿物油 918
PD20101445 联苯菊酯 240
PD20101446 溴苯腈 508
PD20101448 乙草胺 205
PD20101449 草甘膦 168
PD20101450 芸苔素内酯 329
PD20101451 毒死蜱 331
PD20101452 代森锌 757
PD20101453 精喹禾灵 311
PD20101454 阿维菌素 255
PD20101455 苦参碱 92
PD20101456 霜脲·锰锌 111
PD20101457 毒死蜱 1104
PD20101458 乙铝·锰锌 780
PD20101459 苯醚·丙环唑 938
PD20101460 阿维菌素 130
PD20101461 烟嘧磺隆 317
PD20101462 咪鲜胺锰盐 943
PD20101463 阿维菌素 480
PD20101464 络氨铜 199
PD20101465 吡虫啉 851
PD20101466 硫丹·辛硫磷 899
PD20101467 矿物油 746
PD20101468 哒螨灵 59
PD20101469 苦参碱 349
PD20101470 2甲4氯钠 306
PD20101471 复硝酚钠 325
PD20101472 高效氯氟氰菊酯 56
PD20101473 辛菌胺醋酸盐 860
PD20101474 敌敌畏 196
PD20101475 苯磺隆 773
PD20101476 烷醇·硫酸铜 670
PD20101477 萘乙酸钠(98%) 334
PD20101478 吡虫啉 145
PD20101479 氯氰·水胺 406
PD20101480 苄·丁 63
PD20101481 苯甲·丙环唑 1113
PD20101482 草甘膦异丙胺盐 131
PD20101483 多抗霉素B 638
PD20101484 络氨铜 270
PD20101485 吡虫啉 719
PD20101486 炔螨·矿物油 710
PD20101487 阿维·高氯 198
PD20101488 三环唑 1013
PD20101489 阿维·高氯 863
PD20101490 复硝酚钠 1013
PD20101491 苯醚甲环唑 87
PD20101492 辛菌胺醋酸盐 469
PD20101493 毒死蜱 576
PD20101494 烯效唑 1027
PD20101495 阿维菌素 285
PD20101496 敌百虫 719
PD20101497 噻螨酮 531
PD20101498 高效氟吡甲禾灵 665
PD20101499 阿维·辛硫磷 210
PD20101500 甲霜·锰锌 931
PD20101501 苯甲·丙环唑 1080
PD20101502 阿维·矿物油 934
PD20101503 毒死蜱 899
PD20101504 氯氰·水胺 323
PD20101505 麦草畏 1085
PD20101506 阿维·毒死蜱 1113
PD20101507 苦参碱 247
PD20101508 井冈霉素(10%) 793
PD20101509 苦参碱 894
PD20101510 草甘膦 901
PD20101511 乙蒜素 327
PD20101512 霜脲·锰锌 961
PD20101513 苦参碱 903
PD20101514 苦参碱 843
PD20101515 甲基硫菌灵 771
PD20101516 乙酰甲胺磷 393
PD20101517 二甲戊灵 772
PD20101518 马拉·辛硫磷 634
PD20101519 硫磺·多菌灵 853
PD20101520 草甘膦异丙胺盐(56%) 331
PD20101521 杀蟑笔剂 674
PD20101522 络氨铜 982
PD20101523 阿维菌素 67
PD20101524 氰戊·水胺 245
PD20101525 四螨嗪 743
PD20101526 精喹禾灵 899
PD20101527 氟硅唑 771
PD20101528 嘧菌酯 976
PD20101529 噁霜·锰锌 96
PD20101530 苦参碱 596
PD20101531 多·锰锌 890
PD20101532 吡虫啉 765
PD20101533 代森锰锌 956
PD20101534 2甲4氯钠 736
PD20101535 阿维·矿物油 794
PD20101536 氯氟吡氧乙酸异辛酯(288克/升) 441
PD20101537 阿维·矿物油 668
PD20101538 毒死蜱 674
PD20101539 辛硫·矿物油 366
PD20101540 敌鼠钠盐 678
PD20101541 哒螨·矿物油 322

PD20101543	联苯菊酯	833
PD20101544	琥·铝·甲霜灵	1001
PD20101545	氧氟·草甘膦	56
PD20101546	威百亩	688
PD20101547	杀鼠醚	275
PD20101548	三氯吡氧乙酸	411
PD20101549	络氨铜	789
PD20101551	啶虫脒	286
PD20101552	烯酰·锰锌	1022
PD20101553	吡虫·噻嗪酮	938
PD20101554	四螨嗪	781
PD20101555	哒螨·矿物油	486
PD20101556	草甘膦异丙胺盐(62%)	393
PD20101557	毒死蜱	615
PD20101558	苯醚甲环唑	340
PD20101559	甲氨基阿维菌素苯甲酸盐(0.57%)	780
PD20101560	甲基硫菌灵	543
PD20101561	毒死蜱	58
PD20101562	溴敌隆	218
PD20101563	复硝酚钠	220
PD20101564	灭幼脲	943
PD20101565	甲氨基阿维菌素苯甲酸盐(2.28%)	1065
PD20101566	氰铃·辛硫磷	677
PD20101567	辛硫·三唑磷	209
PD20101568	辛菌胺醋酸盐	352
PD20101569	三唑磷	652
PD20101571	胺鲜酯	1013
PD20101572	胺鲜酯	1013
PD20101573	木霉菌	864
PD20101574	苦皮藤素	330
PD20101575	苦皮藤素	330
PD20101577	噁唑酰草胺	568
PD20101578	氯化胆碱	113
PD20101579	印楝素	1003
PD20101580	印楝素	1003
PD20101581	噻苯隆	1013
PD20101582	辛菌胺醋酸盐	953
PD20101583	虫酰肼	1042
PD20101584	福·甲·咪鲜胺	382
PD20101585	氯氰·毒死蜱	757
PD20101586	三唑磷	426
PD20101587	草甘膦铵盐	556
PD20101588	毒死蜱	719
PD20101589	炔螨·矿物油	145
PD20101590	哒螨·矿物油	145
PD20101591	代森锰锌	801
PD20101592	噻嗪·异丙威	656
PD20101593	乙蒜素	793
PD20101594	福·福锌	970
PD20101595	吡虫啉	757
PD20101596	苦参碱	96
PD20101597	吡虫啉	925
PD20101598	高效氯氟氰菊酯	817
PD20101599	炔螨·矿物油	706
PD20101600	草甘膦异丙胺盐(41%)	658
PD20101601	络氨铜	686
PD20101602	代森锰锌	341
PD20101603	锰锌·三唑酮	237
PD20101604	杀螺胺乙醇胺盐	779
PD20101605	高效氯氰菊酯	357
PD20101606	草甘膦异丙胺盐(41%)	954
PD20101607	辛硫·三唑磷	660
PD20101608	哒螨·矿物油	145
PD20101609	氟乐灵	801
PD20101610	春雷霉素	87
PD20101611	唑磷·毒死蜱	1122
PD20101612	吡虫啉	244
PD20101613	噻嗪·异丙威	1081
PD20101614	毒死蜱	277
PD20101615	溴氰菊酯	961
PD20101616	高效氟吡甲禾灵	333
PD20101617	草甘膦异丙胺盐(41%)	66
PD20101618	络氨铜	970
PD20101619	敌磺钠	357
PD20101620	双甲脒	719
PD20101621	阿维·哒螨灵	939
PD20101622	多菌灵	326
PD20101623	水胺·辛硫磷	270
PD20101624	烯酰·福美双	832
PD20101625	氢氧化铜	508
PD20101626	吡虫啉	890
PD20101627	五氯硝基苯	913
PD20101629	辛硫·三唑磷	669
PD20101630	精噁唑禾草灵	1067
PD20101631	莠去津	672
PD20101632	阿维·高氯	220
PD20101633	毒死蜱	855
PD20101634	禾草丹	980
PD20101635	吡虫·噻嗪酮	573
PD20101636	阿维菌素	205
PD20101637	乙氧氟草醚	306
PD20101638	草甘膦	199
PD20101639	唑磷·毒死蜱	368
PD20101640	噻嗪酮	939
PD20101641	甲氨基阿维菌素苯甲酸盐	411
PD20101642	水胺·灭多威	862
PD20101643	炔螨·矿物油	183
PD20101644	草甘膦	199
PD20101645	阿维·高氯	1027
PD20101646	辛菌胺醋酸盐(1.8%)	952
PD20101647	草甘膦	700
PD20101648	高效氟吡甲禾灵	342
PD20101649	氟虫腈	828
PD20101650	苯磺隆	800
PD20101651	草甘膦异丙胺盐(41%)	778
PD20101652	阿维·高氯	136
PD20101653	唑螨酯	828
PD20101654	枯草芽孢杆菌	257
PD20101655	多抗霉素	87
PD20101656	苯磺隆	874
PD20101657	福美双	801
PD20101658	吡虫啉	958
PD20101659	乙草胺	361
PD20101660	乙草胺	307
PD20101661	高效氯氰菊酯	831
PD20101662	草甘膦铵盐(33%)	73
PD20101663	草甘膦异丙胺盐(41%)	801
PD20101664	福美双	801
PD20101665	啶虫脒	900
PD20101666	三唑·辛硫磷	775
PD20101667	阿维菌素	882
PD20101668	苯甲·丙环唑	415
PD20101669	高效氯氰菊酯	890
PD20101670	水胺·辛硫磷	337
PD20101671	苯甲·丙环唑	497
PD20101672	噁霉灵	765
PD20101673	丙环唑	600
PD20101674	硫磺	226
PD20101675	苯甲·丙环唑	175
PD20101676	草甘膦异丙胺盐(62%)	1089
PD20101677	阿维·矿物油	853
PD20101678	辛菌·吗啉胍	913
PD20101679	苏云金杆菌	111
PD20101680	马拉·杀螟松	218
PD20101681	苦参碱	903
PD20101682	乙草胺	730

PD20101683	混铜·多菌灵	103	PD20101754	丙环唑	600
PD20101684	吡虫啉	786	PD20101755	草甘膦铵盐(33%)	333
PD20101685	精噁唑禾草灵	800	PD20101756	锰锌·烯唑醇	79
PD20101686	水胺·马拉松	441	PD20101757	己唑醇	947
PD20101687	草甘膦异丙胺盐(41%)	961	PD20101758	吗胍·乙酸铜	701
PD20101688	草甘膦异丙胺盐(41%)	331	PD20101759	萘乙·硝钠	313
PD20101689	甲氨基阿维菌素苯甲酸盐(0.57%)	97	PD20101760	精噁唑禾草灵	1067
PD20101690	唑磷·毒死蜱	658	PD20101761	福·福锌	754
PD20101692	草甘膦异丙胺盐(41%)	67	PD20101762	啶虫脒	183
PD20101693	2,4-滴钠盐(96%)	1013	PD20101763	哒螨·矿物油	145
PD20101694	硫丹	1062	PD20101764	吡虫啉	1084
PD20101695	辛菌胺醋酸盐(1.8%)	845	PD20101765	啶虫脒	864
PD20101696	高效氯氰菊酯	806	PD20101766	阿维·吡虫啉	1067
PD20101697	2甲4氯钠	206	PD20101767	毒·矿物油	900
PD20101698	多·锰锌	739	PD20101768	辛硫·三唑磷	73
PD20101699	丙草胺	361	PD20101769	甲氨基阿维菌素苯甲酸盐(2.3%)	755
PD20101700	杀螺胺	713	PD20101770	草甘膦异丙胺盐(62%)	586
PD20101701	水胺·三唑磷	512	PD20101771	敌草隆	620
PD20101702	马拉硫磷	753	PD20101772	乙酰甲胺磷	1088
PD20101703	矿物油	1004	PD20101773	苯醚甲环唑	94
PD20101704	甲维·氟啶脲	961	PD20101774	毒·矿物油	952
PD20101705	乙草胺	618	PD20101775	霜脲·锰锌	575
PD20101706	甲霜·锰锌	111	PD20101776	2,4-滴钠盐	113
PD20101707	联苯菊酯	258	PD20101777	哒螨·矿物油	900
PD20101708	精喹禾灵	1057	PD20101778	复硝酚钾	145
PD20101709	马拉硫磷	793	PD20101779	甲氨基阿维菌素苯甲酸盐(0.57%)	677
PD20101710	马拉·辛硫磷	745	PD20101780	高效氯氰菊酯	387
PD20101711	辛硫·高氯氟	1025	PD20101781	高效氯氰菊酯	303
PD20101712	络氨铜	953	PD20101782	氟啶脲	617
PD20101713	甲氨基阿维菌素苯甲酸盐	357	PD20101783	二氯吡啶酸	282
PD20101714	复硝酚钠	905	PD20101784	高效氯氟氰菊酯	183
PD20101715	草甘膦	412	PD20101785	硫双威	729
PD20101716	多·锰锌	739	PD20101786	吡虫啉	557
PD20101718	氟氯氰菊酯	600	PD20101787	草甘膦铵盐(72%)	800
PD20101719	草甘膦	43	PD20101788	甲氨基阿维菌素苯甲酸盐(0.57%)	183
PD20101720	辛菌胺醋酸盐(1.8%)	921	PD20101789	高效氯氰菊酯	661
PD20101721	吡虫啉	183	PD20101790	炔螨特	773
PD20101722	吡虫·异丙威	630	PD20101791	阿维·矿物油	1045
PD20101723	啶虫脒	939	PD20101792	联苯菊酯	191
PD20101724	甲氨基阿维菌素苯甲酸盐(2.2%)	744	PD20101793	甲氨基阿维菌素苯甲酸盐	224
PD20101725	霜脲·锰锌	87	PD20101794	松·喹·氟磺胺	56
PD20101726	草甘膦异丙胺盐	559	PD20101795	啶虫脒	801
PD20101727	毒·辛	891	PD20101796	吡虫·杀虫单	795
PD20101728	高氯·甲维盐	98	PD20101797	阿维·杀虫单	91
PD20101729	丙溴磷	820	PD20101798	阿维·矿物油	750
PD20101730	氯氟吡氧乙酸	67	PD20101799	联苯菊酯	264
PD20101731	杀螟丹	939	PD20101800	噁嗪草酮	451
PD20101732	辛菌·吗啉胍	794	PD20101801	乙草胺	801
PD20101733	辛硫·三唑磷	67	PD20101802	噁霉灵	733
PD20101734	赤4+7·赤霉酸	474	PD20101803	联苯菊酯	324
PD20101735	丙草胺	588	PD20101804	吡虫啉	1025
PD20101737	吡虫啉	872	PD20101805	吡虫啉	334
PD20101738	敌敌畏	329	PD20101806	辛菌胺醋酸盐(1.8%)	1100
PD20101739	井冈·嘧苷素	1110	PD20101807	阿维·印楝素	1003
PD20101740	氰戊·喹硫磷	817	PD20101808	甲哌鎓	274
PD20101741	吡虫啉	982	PD20101809	吡虫·异丙威	557
PD20101742	甲氨基阿维菌素苯甲酸盐(5.7%)	747	PD20101810	苯甲·丙环唑	661
PD20101743	虫酰肼	752	PD20101811	杀鼠醚	218
PD20101744	甲氨基阿维菌素苯甲酸盐(1.14%)	87	PD20101812	春雷霉素	87
PD20101745	炔螨特	757	PD20101813	春雷霉素	87
PD20101746	草甘膦铵盐(33%)	218	PD20101814	吡虫啉	521
PD20101747	草甘膦异丙胺盐(62%)	504	PD20101815	杀螟丹	1081
PD20101748	阿维菌素	873	PD20101816	多抗霉素	87
PD20101749	矿物油	669	PD20101817	阿维·高氯	822
PD20101750	哒螨·矿物油	366	PD20101818	唑磷·毒死蜱	630
PD20101751	阿维·毒死蜱	1065	PD20101819	草甘膦异丙胺盐(41%)	71
PD20101752	2,4-滴	56	PD20101820	甲氨基阿维菌素苯甲酸盐(1.14%)	751
PD20101753	哒螨·矿物油	213	PD20101821	毒死蜱	409

PD20101822	阿维·哒螨灵	70
PD20101823	精噁唑禾草灵	826
PD20101824	精喹禾灵	874
PD20101825	联苯菊酯	105
PD20101826	十三吗啉	508
PD20101827	咪鲜胺	196
PD20101828	阿维菌素	699
PD20101829	络氨铜	345
PD20101830	2甲4氯钠	686
PD20101831	毒·矿物油	853
PD20101832	苯菌·福·锰锌	739
PD20101833	敌百·毒死蜱	94
PD20101834	甲氨基阿维菌素苯甲酸盐(0.57%)	193
PD20101835	苏云金杆菌	683
PD20101836	辛硫·三唑磷	645
PD20101837	丙草胺	508
PD20101838	吡虫啉	334
PD20101839	氰戊·辛硫磷	51
PD20101840	麦草畏	56
PD20101841	杀螟丹	1035
PD20101842	除虫脲	609
PD20101843	联苯菊酯	833
PD20101844	氯菊酯	1049
PD20101845	毒·矿物油	145
PD20101846	毒死蜱	304
PD20101847	印楝素	309
PD20101848	嘧霉胺	291
PD20101849	咪鲜胺	618
PD20101850	辛菌胺醋酸盐(1.8%)	351
PD20101851	乙氧氟草醚	527
PD20101852	腐霉利	618
PD20101853	吡虫啉	638
PD20101854	戊唑醇	521
PD20101855	噻嗪酮	609
PD20101856	阿维菌素	221
PD20101857	高效氯氟氰菊酯	221
PD20101858	噁草酮	86
PD20101859	络氨铜	350
PD20101860	百菌清	697
PD20101861	多·硫磺	542
PD20101862	喹啉铜	1084
PD20101863	赤霉酸	1029
PD20101864	甲氨基阿维菌素苯甲酸盐(0.57%)	875
PD20101865	哒螨·矿物油	183
PD20101866	苦参碱	698
PD20101867	灭草松	86
PD20101868	矮壮·甲哌鎓	699
PD20101869	苯醚甲环唑	608
PD20101871	甲拌磷	806
PD20101872	草甘膦	50
PD20101873	氟氯氰菊酯	771
PD20101874	阿维菌素	918
PD20101875	毒死蜱	521
PD20101876	啶虫脒	521
PD20101877	咪鲜胺	521
PD20101878	联苯菊酯	145
PD20101879	甲氨基阿维菌素苯甲酸盐(2.3%)	961
PD20101880	烷醇·硫酸铜	879
PD20101881	噻苯隆	619
PD20101882	阿维·高氯	739
PD20101883	2,4-滴	113
PD20101884	甲氨基阿维菌素苯甲酸盐(1.14%)	813
PD20101885	啶虫脒	795
PD20101886	甲氨基阿维菌素苯甲酸盐(0.57%)	779
PD20101887	莠去津	1073
PD20101888	啶虫脒	956
PD20101889	氟铃·毒死蜱	298
PD20101890	哒螨·矿物油	350
PD20101891	阿维菌素	145
PD20101892	联苯菊酯	843
PD20101893	毒死蜱	767
PD20101894	硫双威	521
PD20101895	咪鲜胺	145
PD20101896	毒·矿物油	63
PD20101897	吡虫啉	1107
PD20101898	草甘膦异丙胺盐(41%)	731
PD20101899	啶虫脒	619
PD20101900	甲草胺	618
PD20101901	唑草酮	459
PD20101902	草甘膦异丙胺盐	205
PD20101903	哒螨·矿物油	851
PD20101904	草甘膦异丙胺盐(62%)	591
PD20101905	乙酰甲胺磷	992
PD20101906	吡虫啉	452
PD20101907	烟嘧磺隆	348
PD20101908	溴氰菊酯	399
PD20101909	啶虫脒	661
PD20101910	硫磺·多菌灵	620
PD20101911	哒螨·矿物油	934
PD20101912	甲霜·锰锌	689
PD20101913	苯磺隆	784
PD20101914	联苯菊酯	75
PD20101915	噁草酮	273
PD20101916	啶虫脒	928
PD20101917	甲氨基阿维菌素苯甲酸盐(2.2%)	904
PD20101918	啶虫脒	349
PD20101919	毒死蜱	300
PD20101920	吡虫·噻嗪酮	925
PD20101921	苦参碱	955
PD20101922	草甘膦铵盐(33%)	188
PD20101923	喹硫磷	885
PD20101924	阿维菌素	808
PD20101925	啶虫脒	387
PD20101926	三唑磷	178
PD20101927	啶虫脒	975
PD20101928	吡虫啉	766
PD20101929	毒死蜱	209
PD20101931	辛菌胺醋酸盐	974
PD20101932	萎锈灵	625
PD20101933	毒死蜱	473
PD20101934	水胺·三唑磷	535
PD20101935	甲氨基阿维菌素苯甲酸盐	808
PD20101936	蜡质芽孢杆菌	652
PD20101937	印楝素	1067
PD20101938	印楝素	1067
PD20101939	氰戊·硫丹	473
PD20101940	甲氨基阿维菌素苯甲酸盐	227
PD20101941	烟嘧磺隆	595
PD20101942	吡虫啉	637
PD20101943	氯氰菊酯	1031
PD20101944	高氯·矿物油	801
PD20101945	丙环唑	687
PD20101946	草甘膦异丙胺盐	901
PD20101947	戊唑醇	491
PD20101948	乙酰甲胺磷	763
PD20101949	吡虫啉	70
PD20101950	苯丁·哒螨灵	197
PD20101951	苯磺隆	531
PD20101952	联苯菊酯	939
PD20101953	乙氧氟草醚	553
PD20101954	五硝·多菌灵	385
PD20101955	高氯·马	669
PD20101956	联苯菊酯	928
PD20101957	赤霉酸	474
PD20101958	己唑醇	939
PD20101959	福·福锌	801

PD20101960 甲氨基阿维菌素苯甲酸盐(0.57%) 618
PD20101961 水胺·辛硫磷 332
PD20101962 啶虫脒 240
PD20101963 噻嗪酮 492
PD20101964 辛硫·三唑磷 313
PD20101965 阿维·炔螨特 661
PD20101966 甲氨基阿维菌素苯甲酸盐(1.14%) 979
PD20101967 乙草胺 698
PD20101968 啶虫脒 925
PD20101969 甲氰菊酯 901
PD20101970 阿维·高氯 808
PD20101971 氯虫苯甲酰胺 976
PD20101972 哒螨灵 713
PD20101973 赤霉酸 474
PD20101974 甲氨基阿维菌素苯甲酸盐(1.14%) 751
PD20101975 敌草胺 1086
PD20101976 莠去津 691
PD20101977 代森锌 833
PD20101978 zeta-氯氰菊酯 674
PD20101979 氟虫脲 305
PD20101980 敌敌畏 218
PD20101981 戊唑醇 874
PD20101982 丙溴磷 713
PD20101983 井冈霉素 244
PD20101984 辛硫磷 750
PD20101985 己唑醇 845
PD20101986 三唑磷 939
PD20101987 啶虫脒 269
PD20101988 毒死蜱 739
PD20101989 代森锌 902
PD20101990 多菌灵 849
PD20101991 草甘膦异丙胺盐(41%) 1000
PD20101992 甲氨基阿维菌素苯甲酸盐(0.57%) 904
PD20101993 高效氯氟氰菊酯 615
PD20101994 吡虫·杀虫单 313
PD20101995 氯氰·矿物油 955
PD20101996 啶虫脒 350
PD20101997 戊唑醇 145
PD20101998 代森锰锌 1020
PD20101999 锰锌·百菌清 974
PD20102000 吡虫啉 512
PD20102001 氯氰菊酯 750
PD20102002 阿维·矿物油 922
PD20102003 啶虫脒 59
PD20102004 水胺·高氯 98
PD20102005 联苯菊酯 188
PD20102006 吡虫啉 961
PD20102007 吡虫啉 739
PD20102008 阿维菌素 956
PD20102009 啶虫脒 765
PD20102010 络氨铜 315
PD20102011 啶虫脒 661
PD20102012 甲氨基阿维菌素苯甲酸盐(2.2%) 793
PD20102013 苦参碱 101
PD20102014 阿维菌素 801
PD20102015 噻吩磺隆 595
PD20102016 甲氨基阿维菌素苯甲酸盐 91
PD20102017 啶虫脒 307
PD20102018 嘧霉胺 224
PD20102019 毒死蜱 1124
PD20102020 高效氯氰菊酯 904
PD20102021 苏云金杆菌 389
PD20102022 毒死蜱 183
PD20102023 异丙威 145
PD20102024 己唑醇 947
PD20102025 高效氯氟氰菊酯 939
PD20102026 炔螨特 1009
PD20102027 苯甲·丙环唑 469
PD20102028 水胺硫磷 285
PD20102029 多效唑 1029
PD20102030 印楝素 1065
PD20102031 水胺硫磷 267
PD20102032 阿维菌素 638
PD20102033 阿维·炔螨特 885
PD20102034 氯氟吡氧乙酸异辛酯 880
PD20102035 丁硫克百威 345
PD20102036 水胺·硫丹 774
PD20102037 吡虫啉 619
PD20102038 苦参碱 669
PD20102039 烯酰吗啉 918
PD20102040 丁酰肼 1014
PD20102041 苯醚甲环唑 145
PD20102042 毒·矿物油 707
PD20102043 烟嘧磺隆 91
PD20102044 草甘膦异丙胺盐 743
PD20102045 草甘膦异丙胺盐 592
PD20102047 高效氯氟氰菊酯 191
PD20102049 高效氯氰菊酯 1051
PD20102050 莠去津 697
PD20102051 戊唑醇 516
PD20102053 十三吗啉 817
PD20102054 阿维菌素 623
PD20102055 烟嘧磺隆 269
PD20102056 精喹禾灵 313
PD20102057 乙蒜素 229
PD20102059 联苯菊酯 615
PD20102060 喹硫磷 1056
PD20102061 络氨铜 955
PD20102064 藜芦碱 296
PD20102065 2,4-滴二甲胺盐 478
PD20102066 草甘膦异丙胺盐 1029
PD20102067 络氨铜 912
PD20102068 氯氰·丙溴磷 623
PD20102069 联苯菊酯 851
PD20102070 水胺·吡虫啉 406
PD20102071 苦参碱 97
PD20102072 噻嗪酮 928
PD20102073 哒螨·矿物油 906
PD20102074 丙环唑 628
PD20102075 2甲4氯钠 331
PD20102076 甲氨基阿维菌素苯甲酸盐 795
PD20102077 烯草酮 486
PD20102078 辛酰溴苯腈 521
PD20102079 2甲4氯钠 331
PD20102080 几丁聚糖 725
PD20102081 藜芦碱 296
PD20102082 络氨铜 357
PD20102083 哒螨·矿物油 710
PD20102084 草甘膦异丙胺盐 823
PD20102085 啶虫脒 661
PD20102086 甲氨基阿维菌素苯甲酸盐 822
PD20102088 百草枯 50
PD20102089 甲氨基阿维菌素苯甲酸盐 224
PD20102090 氯氰菊酯 635
PD20102092 高效氯氰菊酯 56
PD20102093 辛菌·吗啉胍 171
PD20102094 阿维·毒死蜱 615
PD20102095 甲氨基阿维菌素苯甲酸盐 947
PD20102096 甲氨基阿维菌素苯甲酸盐 317
PD20102097 咪鲜胺 240
PD20102098 阿维菌素 291
PD20102099 啶虫脒 229
PD20102100 苦参碱 697
PD20102101 苦参碱 841
PD20102102 苯醚甲环唑 195
PD20102103 腈菌唑 145

PD20102104 氯氰·矿物油 801
PD20102105 吗胍·乙酸铜 728
PD20102106 敌磺钠 866
PD20102107 霜霉·辛菌胺 171
PD20102108 阿维·丁硫 98
PD20102109 联苯菊酯 209
PD20102110 阿维·高氯 744
PD20102111 啶虫脒 1107
PD20102112 苯醚甲环唑 1107
PD20102113 络氨铜 145
PD20102114 丙环唑 1074
PD20102115 吡蚜酮 455
PD20102116 醚菌酯 56
PD20102117 精喹禾灵 842
PD20102118 阿维菌素 849
PD20102119 辛菌胺醋酸盐 939
PD20102120 丙环唑 189
PD20102121 2甲·苯磺隆 341
PD20102122 甲氨基阿维菌素苯甲酸盐 786
PD20102123 高效氟吡甲禾灵 560
PD20102124 四聚乙醛 577
PD20102125 苯醚甲环唑 1078
PD20102126 嘧霉胺 290
PD20102127 溴氰菊酯 325
PD20102128 苯甲·丙环唑 88
PD20102129 咪鲜胺 885
PD20102130 毒死蜱 1080
PD20102131 精喹禾灵 233
PD20102132 苯醚甲环唑 1086
PD20102133 球孢白僵菌 651
PD20102134 球孢白僵菌 651
PD20102135 球孢白僵菌 651
PD20102140 过氧乙酸 243
PD20102143 乙酰甲胺磷 1115
PD20102144 地芬诺酯·硫酸钡 691
PD20102145 氟虫腈 604
PD20102146 氟虫腈 604
PD20102147 草甘膦铵盐 560
PD20102148 螨醇·哒螨灵 345
PD20102149 吡虫啉 713
PD20102150 丁硫克百威 491
PD20102151 高效氯氰菊酯 259
PD20102153 乙羧氟草醚 854
PD20102155 溴敌隆 687
PD20102156 草甘膦异丙胺盐 896
PD20102157 敌草隆 867
PD20102158 吡虫啉 106
PD20102162 高效氯氰菊酯 183
PD20102163 草甘膦铵盐 1009
PD20102164 醚苯磺隆 565
PD20102165 醚苯磺隆 541
PD20102166 醚苯磺隆 541
PD20102167 噁霉灵 625
PD20102168 2,4-滴钠盐 1014
PD20102169 甲氨基阿维菌素苯甲酸盐 651
PD20102170 噻嗪酮 183
PD20102171 草甘膦异丙胺盐 543
PD20102172 毒死蜱 902
PD20102173 丙环唑 229
PD20102174 甲氨基阿维菌素苯甲酸盐 396
PD20102175 硝钠·萘乙酸 322
PD20102176 嗪草酮 79
PD20102177 阿维·毒死蜱 105
PD20102178 啶虫脒 918
PD20102179 苯甲·丙环唑 802
PD20102180 甲氨基阿维菌素苯甲酸盐 313
PD20102181 溴氰菊酯 145
PD20102182 阿维·高氯 1051
PD20102183 草甘膦铵盐 561
PD20102184 莠去津 1056
PD20102185 2,4-滴二甲胺盐 867
PD20102186 阿维菌素 668
PD20102187 印楝素 1089
PD20102188 丙草胺 521
PD20102189 苯醚甲环唑 1081
PD20102190 苯醚·丙环唑 1008
PD20102191 异噁草松 697
PD20102192 甲霜灵 618
PD20102193 苯甲·丙环唑 651
PD20102194 甲氨基阿维菌素苯甲酸盐 753
PD20102195 毒死蜱 1036
PD20102196 联苯菊酯 889
PD20102197 甲氨基阿维菌素苯甲酸盐 826
PD20102198 烯酰吗啉 290
PD20102199 阿维·毒死蜱 714
PD20102200 高效氯氰菊酯 151
PD20102203 阿维·溴氰 939
PD20102204 甲氨基阿维菌素苯甲酸盐 739
PD20102205 甲氨基阿维菌素苯甲酸盐 227
PD20102206 戊唑醇 56
PD20102208 阿维·高氯 896
PD20102209 春雷霉素 329
PD20102210 高效氯氰菊酯 193
PD20102211 高效氟吡甲禾灵 668
PD20102212 吡虫啉 947
PD20102213 苯醚·丙环唑 604
PD20102214 甲氨基阿维菌素苯甲酸盐 1042
PD20102216 噁草酮 412
PD20102217 百菌清 597
PD20102218 异噁草松 900
PD20102219 咪唑乙烟酸 900
PD20102220 吡虫啉 469
PD20102221 哒螨灵 457
PD20102222 吡虫啉 1107
PD20102223 甲氨基阿维菌素苯甲酸盐 894
PD20102224 草甘膦异丙胺盐 49
PD20102225 草甘膦铵盐 784
PD20110001 2甲4氯钠 800
PD20110002 毒死蜱 1056
PD20110003 甲氨基阿维菌素苯甲酸盐 918
PD20110004 丙酰芸苔素内酯 516
PD20110005 灭幼脲 956
PD20110006 烟嘧磺隆 224
PD20110007 乙草胺 366
PD20110008 阿维菌素 244
PD20110009 阿维菌素 879
PD20110010 草甘膦异丙胺盐 617
PD20110011 高效氯氰菊酯 701
PD20110012 毒死蜱 914
PD20110013 阿维菌素 860
PD20110014 烟嘧磺隆 307
PD20110015 啶虫脒 493
PD20110016 氯氰菊酯 764
PD20110017 氟硅唑 918
PD20110018 吡虫啉 986
PD20110019 阿维菌素 918
PD20110020 草甘膦异丙胺盐 593
PD20110021 草甘膦异丙胺盐 867
PD20110022 代森锰锌 608
PD20110023 甲霜灵 1083
PD20110024 甲维·氯氰 171
PD20110025 甲氨基阿维菌素苯甲酸盐 486
PD20110026 腐酸·硫酸铜 132
PD20110027 高效氯氰菊酯 385
PD20110028 甲基硫菌灵 262
PD20110029 咪鲜胺 224

PD20110030	醚菊酯	255
PD20110031	吡虫啉	304
PD20110032	霜脲氰	621
PD20110033	草甘膦铵盐	860
PD20110034	苯醚甲环唑	755
PD20110035	草甘膦异丙胺盐	402
PD20110036	乙铝·锰锌	1031
PD20110037	炔螨特	715
PD20110038	甲氨基阿维菌素苯甲酸盐	221
PD20110039	2,4-滴异辛酯	537
PD20110040	甲基硫菌灵	725
PD20110041	多菌灵	725
PD20110042	草甘膦铵盐	319
PD20110043	阿维·氟铃脲	481
PD20110044	丙草胺	466
PD20110045	噻嗪酮	195
PD20110046	阿维菌素	641
PD20110047	草甘膦异丙胺盐	947
PD20110048	吡虫·噻嗪酮	849
PD20110049	乙氧氟草醚	479
PD20110050	草甘膦铵盐	867
PD20110051	咪锰·多菌灵	486
PD20110052	嘧菌酯	1074
PD20110054	苯醚甲环唑	1107
PD20110055	倍硫磷	625
PD20110056	马拉硫磷	625
PD20110057	氟虫腈	1078
PD20110058	苦参碱	97
PD20110059	阿维·矿物油	361
PD20110060	代森锌	1048
PD20110061	乙酰甲胺磷	360
PD20110062	杀螟硫磷	625
PD20110063	氯氟吡氧乙酸异辛酯	63
PD20110064	滴丁·乙草胺	672
PD20110065	丙草胺	86
PD20110066	烟嘧·莠去津	1113
PD20110067	阿维·三唑磷	197
PD20110068	咪鲜胺	928
PD20110069	四聚乙醛	1094
PD20110070	丙溴磷	668
PD20110071	烯禾啶	697
PD20110072	杀虫双	455
PD20110073	草甘膦	600
PD20110074	戊唑醇	525
PD20110075	阿维·矿物油	815
PD20110076	印楝素	227
PD20110077	戊唑醇	753
PD20110078	己唑醇	183
PD20110079	氟虫腈	1124
PD20110080	苯醚甲环唑	1080
PD20110081	联苯菊酯	158
PD20110082	烯酰吗啉	486
PD20110083	吡虫啉	527
PD20110084	代森锰锌	866
PD20110085	烟碱·苦参碱	317
PD20110086	噻嗪酮	918
PD20110087	水胺硫磷	285
PD20110090	阿维菌素	474
PD20110091	噻吩磺隆	976
PD20110092	毒死蜱	49
PD20110093	草甘膦	45
PD20110094	胺鲜酯	168
PD20110095	胺鲜酯	168
PD20110096	吡虫啉	752
PD20110097	啶虫脒	853
PD20110098	苯甲·丙环唑	1097
PD20110099	吡嘧·苯噻酰	103
PD20110100	戊唑醇	534
PD20110101	草甘膦异丙胺盐	1091
PD20110102	甲氨基阿维菌素苯甲酸盐	224
PD20110103	苯醚甲环唑	145
PD20110104	吡虫啉	795
PD20110105	氟铃脲	771
PD20110106	甲氨基阿维菌素苯甲酸盐	197
PD20110107	吡虫啉	311
PD20110109	丙环唑	534
PD20110110	啶虫脒	755
PD20110111	甲氰·矿物油	912
PD20110112	啶虫脒	466
PD20110113	中生菌素	116
PD20110114	苯菌灵	56
PD20110115	十三吗啉	183
PD20110116	苦参碱	922
PD20110117	草甘膦异丙胺盐	1057
PD20110118	春雷霉素	844
PD20110119	苯醚甲环唑	290
PD20110120	松脂酸铜	1056
PD20110121	中生菌素	116
PD20110122	精噁唑禾草灵	497
PD20110123	甲霜·锰锌	313
PD20110124	噻嗪·杀虫单	61
PD20110125	藜芦碱	263
PD20110126	甲氨基阿维菌素苯酸盐	725
PD20110127	三唑磷	497
PD20110128	辛硫·灭多威	817
PD20110129	2,4-滴二甲胺盐	999
PD20110130	顺式氯氰菊酯	885
PD20110131	草甘膦异丙胺盐	928
PD20110132	矿物油	771
PD20110133	阿维菌素	184
PD20110134	高氯·毒死蜱	184
PD20110135	高效氯氰菊酯	928
PD20110136	丙环唑	928
PD20110137	高氯·甲维盐	229
PD20110138	甲氨基阿维菌素苯甲酸盐	1097
PD20110139	联苯菊酯	486
PD20110140	氟铃·辛硫磷	64
PD20110141	多菌灵	700
PD20110142	高效氯氰菊酯	928
PD20110143	丙草胺	481
PD20110144	啶虫脒	205
PD20110145	甲氨基阿维菌素苯甲酸盐	227
PD20110146	阿维菌素	457
PD20110147	印楝素	309
PD20110148	氟虫腈	1084
PD20110149	啶虫脒	395
PD20110150	乙草胺	714
PD20110151	代森锌	743
PD20110152	百草枯	928
PD20110153	炔螨·矿物油	939
PD20110154	吡虫啉	961
PD20110155	吡虫啉	961
PD20110156	毒死蜱	184
PD20110157	烟嘧磺隆	61
PD20110158	毒·矿物油	878
PD20110159	吡虫啉	395
PD20110160	咪鲜胺	615
PD20110161	毒死蜱	615
PD20110162	五氯·福美双	791
PD20110163	草甘膦异丙胺盐	714
PD20110164	杀螺胺乙醇胺盐	928
PD20110165	苯甲·丙环唑	918
PD20110166	吡嘧磺隆	511
PD20110167	啶虫脒	1051
PD20110168	三唑醇	524
PD20110169	苯醚甲环唑	184

PD20110170 丁子·香芹酚 670
PD20110173 高效氯氰菊酯 598
PD20110174 草甘膦异丙胺盐 894
PD20110175 高效氯氰菊酯 227
PD20110176 吡虫啉 717
PD20110177 啶虫脒 975
PD20110178 阿维菌素 251
PD20110179 多菌灵 280
PD20110180 百草枯 771
PD20110181 王铜 635
PD20110182 王铜 635
PD20110183 王铜 635
PD20110189 环嗪酮 516
PD20110190 2甲·溴苯腈 486
PD20110191 噻嗪酮 641
PD20110192 杀虫单 145
PD20110193 苯醚甲环唑 1097
PD20110194 四聚乙醛 641
PD20110195 苯甲·丙环唑 717
PD20110196 高效氯氟氰菊酯 145
PD20110197 吡虫啉 896
PD20110198 阿维菌素 336
PD20110199 毒死蜱 845
PD20110200 丙环唑 608
PD20110201 啶虫脒 885
PD20110202 甲氨基阿维菌素苯甲酸盐 947
PD20110203 高效氯氟氰菊酯 961
PD20110204 吗胍·乙酸铜 779
PD20110205 络氨铜 912
PD20110206 阿维·溴氰 193
PD20110207 草甘膦异丙胺盐 428
PD20110208 混合氨基酸铜 343
PD20110209 阿维菌素 237
PD20110210 毒死蜱 415
PD20110211 矮壮素 793
PD20110212 氟铃脲 115
PD20110213 苯甲·丙环唑 608
PD20110214 阿维菌素 992
PD20110215 百菌清 574
PD20110216 哒螨灵 580
PD20110217 赤霉酸A3 430
PD20110218 复硝酚钠 876
PD20110219 己唑醇 918
PD20110220 络铜·柠铜 912
PD20110221 苯醚甲环唑 1113
PD20110222 吡虫啉 918
PD20110223 异丙威 656
PD20110224 草甘膦铵盐 928
PD20110225 三唑磷 947
PD20110226 噁霉灵 635
PD20110227 唑螨酯 625
PD20110228 吡虫啉 1016
PD20110229 烯啶虫胺 556
PD20110230 阿维菌素 380
PD20110231 克菌丹 163
PD20110232 阿维·三唑磷 88
PD20110233 阿维菌素 656
PD20110234 高效氟吡甲禾灵 346
PD20110235 苄嘧·丙草胺 415
PD20110236 草甘膦异丙胺盐 346
PD20110237 百草枯 346
PD20110238 灭蝇胺 145
PD20110239 甲氨基阿维菌素苯甲酸盐 145
PD20110240 二氯喹啉酸 80
PD20110241 吡嘧磺隆 346
PD20110242 氟虫腈 596
PD20110243 毒死蜱 250
PD20110244 烯酰吗啉 184
PD20110245 氟磺胺草醚 346
PD20110246 苯·唑·2甲钠 568
PD20110247 吡虫啉 1080
PD20110248 仲威·毒死蜱 193
PD20110249 甲氨基阿维菌素苯甲酸盐 91
PD20110250 麦畏·草甘膦 1097
PD20110251 硫酸链霉素 254
PD20110252 硫酸链霉素 254
PD20110253 低聚糖素 168
PD20110256 氰氨化钙 699
PD20110257 草甘膦铵盐 109
PD20110258 乙草胺 728
PD20110259 丙溴·敌百虫 56
PD20110260 草甘膦铵盐 1091
PD20110261 阿维菌素 1095
PD20110262 苯甲·丙环唑 524
PD20110263 硫双威 618
PD20110264 胺鲜·乙烯利 115
PD20110265 高效氟吡甲禾灵 777
PD20110266 阿维菌素 1095
PD20110267 阿维·哒螨灵 714
PD20110268 百草枯 361
PD20110269 嗪酮·乙草胺 361
PD20110270 噁草·丁草胺 86
PD20110271 啶虫脒 271
PD20110272 烯酰·锰锌 290
PD20110274 噻森铜 1083
PD20110275 噻森铜 1083
PD20110276 阿维菌素 200
PD20110277 草甘膦铵盐 184
PD20110278 赤霉酸 1029
PD20110279 吡虫啉 326
PD20110280 阿维·矿物油 382
PD20110282 氟磺胺草醚 717
PD20110283 烯酰吗啉 874
PD20110284 阿维菌素 285
PD20110285 草甘膦铵盐 1014
PD20110286 甲霜·霜脲氰 458
PD20110287 戊唑醇 1067
PD20110289 氟虫腈 596
PD20110290 氯苯胺灵 1014
PD20110291 高效氯氟氰菊酯 271
PD20110292 S-诱抗素 1014
PD20110293 啶虫脒 251
PD20110295 戊唑醇 471
PD20110296 甲氨基阿维菌素苯甲酸盐 271
PD20110297 百草枯 843
PD20110298 三苯基乙酸锡 1086
PD20110299 三苯基乙酸锡 1086
PD20110300 甲维·丙溴磷 481
PD20110301 甲氨基阿维菌素苯甲酸盐 200
PD20110302 阿维菌素 474
PD20110303 苯醚甲环唑 872
PD20110304 单氰胺 699
PD20110305 毒死蜱 656
PD20110306 阿维菌素 240
PD20110307 阿维菌素 252
PD20110308 己唑醇 240
PD20110309 吡虫啉 240
PD20110310 苦参碱 646
PD20110311 辛菌胺醋酸盐 315
PD20110312 丁子香酚 258
PD20110313 四聚乙醛 986
PD20110314 申嗪霉素 984
PD20110315 申嗪霉素 984
PD20110316 吡氟酰草胺 463
PD20110317 吡酰·异丙隆 462
PD20110320 戊唑醇 1080

PD20110321	苯甲·丙环唑	184
PD20110322	吡蚜酮	538
PD20110325	吡虫啉	1113
PD20110326	烯草酮	696
PD20110327	草甘膦异丙胺盐	1115
PD20110328	丁硫·啶虫脒	153
PD20110329	苯甲·丙环唑	213
PD20110330	咪鲜胺	191
PD20110331	苯甲·丙环唑	885
PD20110332	戊唑·多菌灵	516
PD20110333	草甘膦异丙胺盐	383
PD20110334	苯醚甲环唑	298
PD20110335	苯醚甲环唑	1036
PD20110336	苦参·印楝素	1065
PD20110337	阿维菌素	796
PD20110338	吡虫啉	50
PD20110339	氟啶脲	291
PD20110340	烯草酮	296
PD20110341	锰锌·烯唑醇	77
PD20110342	高效氯氟氰菊酯	138
PD20110343	噻苯隆	527
PD20110344	咪鲜胺	126
PD20110345	苦参碱	876
PD20110346	氨基寡糖素	796
PD20110347	水胺硫磷	246
PD20110348	阿维菌素	739
PD20110349	啶虫脒	301
PD20110350	高效氯氰菊酯	1000
PD20110351	甲氨基阿维菌素苯甲酸盐	714
PD20110352	代森锰锌	907
PD20110353	2,4-滴二甲胺盐	523
PD20110354	苯甲·丙环唑	630
PD20110355	甲氨基阿维菌素苯甲酸盐	826
PD20110356	丙森锌	550
PD20110358	甲氨基阿维菌素苯甲酸盐	928
PD20110359	高效氯氟氰菊酯	366
PD20110360	印楝素	1065
PD20110361	甲氨基阿维菌素苯甲酸盐	267
PD20110362	毒死蜱	857
PD20110363	阿维·高氯	768
PD20110364	甲氨基阿维菌素苯甲酸盐	1113
PD20110365	吡虫·毒死蜱	197
PD20110366	阿维·哒螨灵	100
PD20110367	阿维菌素	294
PD20110368	百草枯	798
PD20110369	哒螨·矿物油	740
PD20110370	吡虫啉	808
PD20110371	吡嘧磺隆	673
PD20110372	甲氨基阿维菌素苯甲酸盐	707
PD20110373	甲氨基阿维菌素苯甲酸盐	252
PD20110374	甲氨基阿维菌素苯甲酸盐	379
PD20110375	阿维·高氯	251
PD20110376	甲氨基阿维菌素苯甲酸盐	379
PD20110377	烟嘧磺隆	1008
PD20110378	草甘膦铵盐	452
PD20110379	高效氯氰菊酯	291
PD20110380	氟铃脲	63
PD20110381	高效氯氟氰菊酯	790
PD20110382	毒死蜱	802
PD20110383	甲霜·噁霉灵	442
PD20110384	苯甲·丙环唑	396
PD20110385	腐霉利	965
PD20110386	草甘膦铵盐	393
PD20110387	阿维·矿物油	227
PD20110388	唑磷·毒死蜱	1026
PD20110389	啶虫脒	244
PD20110390	阿维菌素	133
PD20110391	精喹·乳氟禾	86
PD20110392	戊唑醇	725
PD20110393	吡虫啉	1115
PD20110394	啶虫脒	145
PD20110395	毒死蜱	184
PD20110396	草甘膦铵盐	1092
PD20110397	精喹禾灵	373
PD20110398	烯酰吗啉	486
PD20110399	阿维菌素	1095
PD20110400	乙草胺	188
PD20110401	吡虫啉	928
PD20110402	甲氨基阿维菌素苯甲酸盐	240
PD20110403	甲萘威	491
PD20110404	精喹·乳氟禾	879
PD20110405	噻嗪·毒死蜱	184
PD20110406	联苯·吡虫啉	568
PD20110407	溴氰菊酯	615
PD20110408	阿维菌素	350
PD20110409	吡虫啉	862
PD20110410	苯甲·丙环唑	1078
PD20110411	百草枯	291
PD20110412	高效氯氟氰菊酯	918
PD20110413	吡虫啉	731
PD20110414	异丙甲草胺	698
PD20110415	草甘膦异丙胺盐	1031
PD20110416	吡虫啉	849
PD20110417	喹禾糠酯	1074
PD20110418	苄嘧磺隆	961
PD20110419	乙烯利	978
PD20110420	高效氯氟氰菊酯	831
PD20110421	烯酰吗啉	837
PD20110422	草甘膦铵盐	1029
PD20110423	辛硫磷	574
PD20110424	啶虫脒	265
PD20110425	嗪草酮	524
PD20110427	异丙隆	492
PD20110428	咪鲜胺	224
PD20110429	高氯·啶虫脒	145
PD20110430	高氯·甲维盐	145
PD20110431	草甘膦铵盐	478
PD20110432	毒死蜱	145
PD20110433	三唑磷	184
PD20110434	苯甲·丙环唑	50
PD20110435	啶虫脒	893
PD20110436	丙环唑	823
PD20110437	苯甲·丙环唑	145
PD20110438	腈菌唑	961
PD20110439	苄·二氯	634
PD20110440	哒螨·矿物油	956
PD20110441	矿物油	956
PD20110442	草甘膦异丙胺盐	501
PD20110443	苯醚甲环唑	195
PD20110444	烯草酮	466
PD20110445	高效氯氟氰菊酯	1104
PD20110446	异噁草松	1084
PD20110447	莠去津	826
PD20110448	阿维菌素	725
PD20110449	阿维·炔螨特	656
PD20110450	硫磺	195
PD20110451	噁霉灵	939
PD20110452	草甘膦	748
PD20110453	毒死蜱	412
PD20110454	高效氯氰菊酯	220
PD20110455	草甘膦铵盐	210
PD20110456	烯酰吗啉	241
PD20110457	草甘膦异丙胺盐	646
PD20110458	烯酰吗啉	918
PD20110459	吡虫啉	908
PD20110460	氯氟吡氧乙酸异辛酯	777

PD20110461 阿维·三唑磷 634
PD20110462 啶虫脒 115
PD20110464 精喹禾灵 749
PD20110465 吡虫啉 145
PD20110466 咪鲜胺锰盐 939
PD20110467 苯醚甲环唑 952
PD20110468 噻嗪·异丙威 922
PD20110469 吡虫啉 789
PD20110470 氟铃·毒死蜱 649
PD20110471 乙羧·氟磺胺 837
PD20110472 烯酰·锰锌 900
PD20110473 吡·萎·多菌灵 1036
PD20110474 甲基硫菌灵 700
PD20110475 苯·苄·异丙草 418
PD20110476 甲霜灵 1033
PD20110477 草甘膦铵盐 184
PD20110478 顺式氯氰菊酯 163
PD20110479 阿维·三唑磷 145
PD20110481 烟嘧磺隆 406
PD20110482 精喹禾灵 834
PD20110483 嘧菌酯 621
PD20110484 苯醚甲环唑 918
PD20110485 高效氯氰菊酯 918
PD20110486 毒死蜱 961
PD20110487 草甘膦异丙胺盐 749
PD20110488 甲氨基阿维菌素苯甲酸盐 878
PD20110489 异甲·莠去津 316
PD20110490 草甘膦胺盐 561
PD20110491 吗胍·乙酸铜 282
PD20110492 杀螺胺乙醇胺盐 45
PD20110493 苯甲·丙环唑 837
PD20110494 水胺硫磷 262
PD20110495 甲氨基阿维菌素苯甲酸盐 1084
PD20110496 阿维菌素 242
PD20110497 精喹禾灵 311
PD20110498 丁草胺 698
PD20110499 麦草畏 592
PD20110500 甲氨基阿维菌素苯甲酸盐 1119
PD20110501 络氨铜 395
PD20110502 吡虫啉 885
PD20110503 甲氨基阿维菌素苯甲酸盐 961
PD20110504 敌草隆 202
PD20110505 吡虫啉 588
PD20110506 双草醚 604
PD20110507 草铵膦 1008
PD20110508 乙草胺 1103
PD20110509 甲氨基阿维菌素苯甲酸盐 992
PD20110510 精喹禾灵 437
PD20110511 甲氨基阿维菌素苯甲酸盐 350
PD20110512 甲霜·噁霉灵 442
PD20110513 甲氨基阿维菌素苯甲酸盐 431
PD20110514 莠去津 773
PD20110515 高效氯氰菊酯 885
PD20110516 烟嘧·莠去津 301
PD20110517 甲霜灵 1086
PD20110518 松质·赤眼蜂 399
PD20110519 硝磺草酮 696
PD20110521 戊唑醇 854
PD20110522 啶虫脒 740
PD20110523 苄嘧·苯噻酰 691
PD20110524 四聚乙醛 992
PD20110525 2,4-滴钠盐 537
PD20110526 阿维菌素 298
PD20110527 阿维菌素 251
PD20110529 胺鲜酯 334
PD20110531 联苯菊酯 1020
PD20110532 醚菊酯 1042
PD20110533 乙铝·锰锌 748
PD20110534 二氯喹啉酸 435
PD20110535 虫酰肼 900
PD20110536 草甘膦铵盐 976
PD20110537 水胺·高氯 332
PD20110538 苯醚甲环唑 939
PD20110539 仲丁威 184
PD20110540 杀螺胺乙醇胺盐 747
PD20110541 阿维菌素 1020
PD20110542 吡虫啉 840
PD20110543 高效氯氟氰菊酯 145
PD20110544 烟嘧磺隆 717
PD20110545 吡虫啉 93
PD20110546 苦参碱 97
PD20110547 溴敌隆 687
PD20110548 辛硫·矿物油 828
PD20110549 甲氨基阿维菌素苯甲酸盐 662
PD20110550 吡虫啉 947
PD20110551 啶虫脒 961
PD20110552 甲嘧磺隆 974
PD20110553 甲嘧磺隆 974
PD20110554 甲嘧磺隆 974
PD20110555 甲氨基阿维菌素苯甲酸盐 105
PD20110556 阿维·矿物油 825
PD20110557 草甘膦铵盐 56
PD20110558 西玛津 1126
PD20110559 吲丁·萘乙酸 1014
PD20110560 噻苯隆 469
PD20110561 已唑醇 222
PD20110562 甲氨基阿维菌素苯甲酸盐 222
PD20110563 甲氨基阿维菌素苯甲酸盐 413
PD20110564 苯甲·丙环唑 64
PD20110565 甲氨基阿维菌素苯甲酸盐 298
PD20110566 阿维菌素 73
PD20110567 氟虫腈 561
PD20110568 阿维菌素 802
PD20110569 阿维菌素 237
PD20110570 阿维菌素 842
PD20110571 苯甲·丙环唑 947
PD20110572 敌草快 617
PD20110573 草甘膦异丙胺盐 424
PD20110574 环嗪·敌草隆 508
PD20110575 吡虫啉 743
PD20110576 多效唑 1115
PD20110577 氰氟草酯 541
PD20110578 草铵膦 1008
PD20110579 啶嘧磺隆 1084
PD20110580 毒死蜱 965
PD20110581 丙环唑 1115
PD20110582 戊唑醇 804
PD20110583 高效氯氰菊酯 885
PD20110584 戊唑·福美双 1061
PD20110585 吡虫啉 918
PD20110586 四螨·三唑锡 965
PD20110587 戊唑醇 145
PD20110588 吡虫啉 958
PD20110589 苏云金杆菌 777
PD20110590 嘧霉胺 146
PD20110591 高氯·毒死蜱 146
PD20110592 过氧乙酸 273
PD20110593 阿维菌素 115
PD20110594 丁草胺 70
PD20110595 吡虫啉 441
PD20110597 吡虫啉 91
PD20110598 联苯肼酯 1108
PD20110599 氯氰菊酯 146
PD20110600 戊唑醇 564
PD20110601 甲氨基阿维菌素苯甲酸盐 961
PD20110602 2甲4氯钠 313

PD20110603	联苯菊酯	885
PD20110604	阿维菌素	308
PD20110605	己唑醇	493
PD20110606	氰戊菊酯	791
PD20110607	毒死蜱	710
PD20110608	氯氰·吡虫啉	259
PD20110609	吡虫啉	320
PD20110610	苯磺隆	84
PD20110611	醚菌酯	146
PD20110612	吡虫啉	733
PD20110613	戊唑醇	525
PD20110614	氯氰菊酯	615
PD20110615	戊唑醇	524
PD20110616	高效氯氟氰菊酯	918
PD20110617	炔螨特	146
PD20110618	咪唑烟酸	580
PD20110619	阿维菌素	862
PD20110620	2甲4氯	537
PD20110621	嘧啶核苷类抗菌素	632
PD20110622	炔螨·矿物油	896
PD20110623	阿维·苏云菌	707
PD20110624	啶虫脒	952
PD20110625	甲维·氟铃脲	875
PD20110626	藜芦碱	774
PD20110627	戊唑醇	496
PD20110628	环嗪酮	49
PD20110629	烟嘧磺隆	135
PD20110630	吡虫啉	146
PD20110631	阿维·三唑磷	497
PD20110632	吡虫啉	135
PD20110633	苯醚甲环唑	921
PD20110634	苯醚甲环唑	242
PD20110635	苯甲·丙环唑	407
PD20110636	氯氰菊酯	999
PD20110637	苦参碱	697
PD20110638	甲维·灭幼脲	315
PD20110639	百草枯	843
PD20110640	高效氯氟氰菊酯	890
PD20110641	哒螨·矿物油	151
PD20110642	甲氨基阿维菌素苯甲酸盐	961
PD20110643	丁硫·矿物油	90
PD20110644	乙酰甲胺磷	996
PD20110645	甲氰·矿物油	939
PD20110646	吡虫啉	977
PD20110647	百草枯	195
PD20110648	毒死蜱	108
PD20110649	啶虫脒	913
PD20110650	复硝酚钠	362
PD20110651	阿维·矿物油	75
PD20110652	乙羧氟草醚	837
PD20110653	高效氯氟氰菊酯	184
PD20110654	啶虫脒	725
PD20110655	络铜·柠铜	199
PD20110656	阿维菌素	970
PD20110657	毒死蜱	947
PD20110658	苯磺·异丙隆	860
PD20110659	阿维菌素	184
PD20110660	苯甲·丙环唑	482
PD20110661	草甘膦铵盐	1000
PD20110662	戊唑醇	478
PD20110663	精喹禾灵	301
PD20110664	噻嗪酮	564
PD20110665	马拉硫磷	635
PD20110666	阿维·炔螨特	714
PD20110667	阿维菌素	855
PD20110668	异丙威	184
PD20110669	络氨铜	1040
PD20110670	氰戊·乐果	1020
PD20110671	2甲·氯氟吡	1008
PD20110672	精喹禾灵	715
PD20110673	阿维菌素	221
PD20110674	阿维菌素	699
PD20110675	多效唑	524
PD20110676	过氧乙酸	269
PD20110677	螨醇·哒螨灵	357
PD20110678	戊唑醇	537
PD20110679	毒死蜱	804
PD20110680	甲氨基阿维菌素苯甲酸盐	794
PD20110681	吡虫啉	178
PD20110682	胺鲜酯	334
PD20110683	杀螟硫磷	1087
PD20110684	阿维·炔螨特	939
PD20110685	联苯菊酯	213
PD20110686	敌鼠钠盐	131
PD20110687	醚菊酯	615
PD20110688	甲氨基阿维菌素苯甲酸盐	623
PD20110689	乙草胺	726
PD20110691	苯醚甲环唑	918
PD20110692	萎锈灵	163
PD20110693	丙环唑	939
PD20110694	吡虫啉	939
PD20110695	甲氨基阿维菌素苯甲酸盐	250
PD20110696	氟铃·毒死蜱	637
PD20110697	溴鼠灵	207
PD20110698	阿维·矿物油	91
PD20110699	络氨铜	213
PD20110700	嘧霉胺	831
PD20110701	吡虫·噻嗪酮	213
PD20110702	阿维·仲丁威	1095
PD20110703	毒死蜱	146
PD20110704	阿维菌素	876
PD20110705	咪鲜胺	885
PD20110707	溴氰菊酯	572
PD20110708	吡虫啉	896
PD20110709	氟铃·高氯	896
PD20110710	麦草畏	600
PD20110711	高效氯氟氰菊酯	229
PD20110712	乙氧氟草醚	84
PD20110713	阿维菌素	146
PD20110714	高效氯氟氰菊酯	939
PD20110715	己唑醇	589
PD20110716	腈菌唑	184
PD20110717	啶虫脒	452
PD20110718	苯醚甲环唑	88
PD20110719	代森锰锌	609
PD20110720	氟磺胺草醚	749
PD20110721	吡虫啉	793
PD20110722	苯甲·丙环唑	817
PD20110723	阿维·毒死蜱	668
PD20110724	阿维菌素	229
PD20110725	唑螨酯	965
PD20110726	辛硫·甲拌磷	852
PD20110727	吡氟酰草胺	696
PD20110728	烯唑醇	965
PD20110729	阿维·氟铃脲	751
PD20110730	高效氯氟氰菊酯	537
PD20110731	哒螨·矿物油	334
PD20110732	矮壮素	965
PD20110733	高效氯氰菊酯	168
PD20110734	氨氯吡啶酸	546
PD20110735	苯甲·丙环唑	153
PD20110736	甜菜宁	1083
PD20110737	烯丙苯噻唑	569
PD20110738	阿维·哒螨灵	59
PD20110739	敌草快	777
PD20110740	咪锰·甲霜灵	442

PD20110741 吡虫啉 280
PD20110742 甲氰·矿物油 956
PD20110743 辛硫磷 710
PD20110744 苯醚甲环唑 103
PD20110745 戊唑醇 921
PD20110746 唑磷·毒死蜱 1083
PD20110747 五硝·多菌灵 198
PD20110748 苦参碱 731
PD20110749 苯醚甲环唑 872
PD20110750 草甘膦异丙胺盐 556
PD20110751 氰氟草酯 469
PD20110752 噁唑酰草胺 509
PD20110753 吡虫啉 229
PD20110754 宁南霉素 368
PD20110755 丙溴磷 458
PD20110756 氰氟草酯 486
PD20110757 甲氨基阿维菌素苯甲酸盐 213
PD20110758 甲氨基阿维菌素苯甲酸盐 396
PD20110759 甲氨基阿维菌素苯甲酸盐 817
PD20110760 阿维·矿物油 956
PD20110761 丁硫克百威 674
PD20110762 苄·乙·甲磺隆 428
PD20110763 氟啶胺 600
PD20110764 丙溴磷 725
PD20110765 吡虫啉 184
PD20110766 杀单·毒死蜱 164
PD20110767 阿维·矿物油 90
PD20110768 三唑磷 270
PD20110769 甜菜安 1083
PD20110770 啶虫脒 286
PD20110771 十三吗啉 618
PD20110772 苄氨基嘌呤 1029
PD20110773 阿维菌素 929
PD20110774 砜嘧磺隆 1108
PD20110775 辛菌·吗啉胍 205
PD20110776 烟嘧·莠去津 860
PD20110777 阿维·灭幼脲 447
PD20110778 丙溴磷 213
PD20110779 啶虫脒 213
PD20110780 啶虫脒 217
PD20110781 吡虫·杀虫单 107
PD20110782 精噁唑禾草灵 84
PD20110783 嘧菌酯 977
PD20110784 仲灵·异噁松 131
PD20110785 草甘膦 131
PD20110786 甲氨基阿维菌素苯甲酸盐 229
PD20110787 苯醚甲环唑 918
PD20110788 毒死蜱 710
PD20110789 氧氟·甲戊灵 669
PD20110790 阿维菌素 921
PD20110791 烯酰吗啉 224
PD20110792 草甘膦铵盐 81
PD20110793 枯草芽孢杆菌 368
PD20110794 烷醇·硫酸铜 840
PD20110795 双草醚 388
PD20110796 阿维·高氯 896
PD20110797 吡虫·噻嗪酮 230
PD20110798 高效氯氟氰菊酯 598
PD20110799 联苯菊酯 151
PD20110800 吡虫啉 615
PD20110801 阿维·高氯 193
PD20110803 联苯·甲维盐 98
PD20110804 高效氯氟氰菊酯 77
PD20110805 磺草·莠去津 696
PD20110806 草甘膦异丙胺盐 637
PD20110807 甲·灭·敌草隆 736
PD20110808 甲氨基阿维菌素苯甲酸盐 441
PD20110809 啶虫脒 961
PD20110810 吡虫啉 527
PD20110811 吡虫啉 1042
PD20110812 松·喹·氟磺胺 860
PD20110813 啶虫脒 1107
PD20110814 毒· 辛 788
PD20110815 阿维·啶虫脒 925
PD20110816 噻嗪酮 415
PD20110817 乳氟禾草灵 803
PD20110818 哒螨灵 184
PD20110819 二氯喹啉酸 550
PD20110820 氯吡脲 1029
PD20110821 咪鲜胺 952
PD20110822 甲氨基阿维菌素苯甲酸盐 853
PD20110823 苄嘧磺隆 527
PD20110824 二氯喹啉酸 669
PD20110825 联苯菊酯 758
PD20110826 啶虫脒 890
PD20110827 甲氨基阿维菌素苯甲酸盐 925
PD20110828 嘧霉胺 952
PD20110829 高氯·甲维盐 195
PD20110830 乙草胺 342
PD20110831 乙·莠· 滴丁酯 736
PD20110832 草甘膦铵盐 1089
PD20110833 百草枯 798
PD20110834 甲氨基阿维菌素苯甲酸盐 844
PD20110835 苯醚甲环唑 808
PD20110836 联苯菊酯 758
PD20110837 代森锰锌 230
PD20110838 吡虫·噻嗪酮 970
PD20110839 吗胍·乙酸铜 793
PD20110840 高效氯氟氰菊酯 486
PD20110841 甲氨基阿维菌素苯甲酸盐 757
PD20110842 硅藻土 900
PD20110843 苯甲·丙环唑 139
PD20110844 嘧霉胺 91
PD20110845 丙溴磷 230
PD20110846 哒螨灵 230
PD20110847 苯甲·丙环唑 77
PD20110848 丙环唑 525
PD20110849 戊唑醇 1016
PD20110850 高氯·甲维盐 103
PD20110851 烯酰吗啉 885
PD20110852 阿维·毒死蜱 501
PD20110853 虫酰·辛硫磷 539
PD20110854 苯醚甲环唑 1004
PD20110855 苯丁锡 636
PD20110856 阿维·杀虫单 230
PD20110857 马拉硫磷 1092
PD20110858 苯甲·丙环唑 241
PD20110859 硫酰氟 813
PD20110860 草甘膦胺盐 110
PD20110861 甲氨基阿维菌素苯甲酸盐 965
PD20110862 哒螨灵 768
PD20110863 啶虫脒 230
PD20110864 阿维·炔螨特 213
PD20110865 乙酰甲胺磷 393
PD20110866 甲氨基阿维菌素苯甲酸盐 1045
PD20110867 丁草胺 714
PD20110868 甲维·毒死蜱 213
PD20110869 草甘膦铵盐 1089
PD20110870 戊唑醇 986
PD20110871 甲嘧磺隆 541
PD20110872 1-甲基环丙烯 728
PD20110873 甲氨基阿维菌素苯甲酸盐 98
PD20110874 仲丁灵 629
PD20110875 氟硅唑 922
PD20110876 戊唑醇 908
PD20110877 阿维菌素 717

PD20110878	丁硫克百威	834
PD20110879	甲硫·三环唑	517
PD20110880	高效氯氟氰菊酯	979
PD20110881	苯醚甲环唑	929
PD20110882	噻嗪酮	609
PD20110883	戊唑醇	1042
PD20110884	咪鲜胺	1042
PD20110885	精喹禾灵	777
PD20110886	啶虫脒	1107
PD20110887	丙环唑	710
PD20110888	辛菌胺醋酸盐	255
PD20110889	高效氯氰菊酯	100
PD20110890	三甲苯草酮	696
PD20110891	鱼藤酮	157
PD20110892	双甲脒	758
PD20110893	吡虫啉	714
PD20110894	腈菌唑	885
PD20110895	苯醚甲环唑	823
PD20110896	甲氨基阿维菌素苯甲酸盐	890
PD20110897	毒死蜱	230
PD20110898	高效氯氟氰菊酯	837
PD20110899	草甘膦异丙胺盐	366
PD20110900	阿维菌素	1042
PD20110901	甲氨基阿维菌素苯甲酸盐	237
PD20110902	毒死蜱	210
PD20110903	氨氯吡啶酸	282
PD20110904	腈菌唑	126
PD20110905	吡虫啉	929
PD20110906	苏云金杆菌	758
PD20110907	拌·福·乙酰甲	1062
PD20110908	咪鲜胺	628
PD20110909	三唑酮	521
PD20110910	噻嗪酮	939
PD20110911	草甘膦铵盐	1073
PD20110912	甲氨基阿维菌素苯甲酸盐	825
PD20110913	盐酸吗啉胍	740
PD20110914	炔螨·矿物油	779
PD20110915	嘧啶核苷类抗菌素	1020
PD20110916	高效氯氟氰菊酯	1092
PD20110917	吡虫啉	1045
PD20110919	二氯喹啉酸	575
PD20110920	戊唑醇	881
PD20110921	烯酰吗啉	1042
PD20110922	甲氨基阿维菌素苯甲酸盐	710
PD20110923	多效唑	493
PD20110924	吡虫啉	1004
PD20110925	甲氨基阿维菌素苯甲酸盐	281
PD20110926	三唑酮	906
PD20110927	烟嘧磺隆	1035
PD20110928	甲氨基阿维菌素苯甲酸盐	198
PD20110929	甲氨基阿维菌素苯甲酸盐	856
PD20110930	杀虫双	956
PD20110931	吡虫啉	146
PD20110932	高效氯氟氰菊酯	332
PD20110933	甲氨基阿维菌素苯甲酸盐	939
PD20110934	高效氯氰菊酯	893
PD20110935	烯酰吗啉	250
PD20110936	吡虫啉	224
PD20110937	吡虫啉	286
PD20110938	高效氯氟氰菊酯	486
PD20110939	甲氨基阿维菌素苯甲酸盐	281
PD20110940	噻螨酮	224
PD20110941	甲氨基阿维菌素苯甲酸盐	44
PD20110942	烟嘧磺隆	736
PD20110943	炔螨·矿物油	828
PD20110944	吡虫啉	929
PD20110945	烟嘧磺隆	710
PD20110946	阿维菌素	325
PD20110947	丙环唑	837
PD20110948	阿维·杀铃脲	447
PD20110949	苯醚甲环唑	961
PD20110950	烯酰吗啉	939
PD20110951	淡紫拟青霉	368
PD20110952	过氧乙酸	244
PD20110953	丙环唑	759
PD20110954	噻嗪酮	221
PD20110955	稻瘟灵	292
PD20110956	甲氨基阿维菌素苯甲酸盐	558
PD20110957	噻嗪酮	885
PD20110958	烯酰吗啉	347
PD20110959	高效氯氰菊酯	939
PD20110961	氟胺·灭草松	673
PD20110962	烯酰吗啉	803
PD20110963	甲氨基阿维菌素苯甲酸盐	749
PD20110964	氟虫腈	828
PD20110965	球孢白僵菌	651
PD20110966	吡虫啉	184
PD20110967	毒死蜱	929
PD20110968	阿维菌素	153
PD20110969	硫磺	208
PD20110970	噁草酮	609
PD20110971	哒螨灵	736
PD20110972	吡虫啉	265
PD20110973	枯草芽孢杆菌	368
PD20110974	烟碱	1065
PD20110975	戊唑醇	965
PD20110976	毒死蜱	751
PD20110977	噻嗪酮	635
PD20110978	草甘膦铵盐	592
PD20110979	五硝·多菌灵	146
PD20110980	淡紫拟青霉	368
PD20110981	烷醇·辛菌胺	848
PD20110982	硫双威	885
PD20110983	甲戊·烯效唑	98
PD20110984	草甘膦铵盐	1122
PD20110985	乙羧氟草醚	564
PD20110986	丙森锌	146
PD20110987	咪鲜胺	230
PD20110988	甲氨基阿维菌素苯甲酸盐	754
PD20110989	甲氨基阿维菌素苯甲酸盐	638
PD20110990	戊唑醇	493
PD20110991	草甘膦铵盐	393
PD20110992	己唑醇	939
PD20110993	苄嘧·二甲戊	382
PD20110994	吡虫啉	1076
PD20110995	高氯·吡虫啉	372
PD20110996	高效氯氰菊酯	215
PD20110997	毒死蜱	885
PD20110998	五硝·多菌灵	909
PD20110999	烯酰吗啉	837
PD20111000	高效氯氰菊酯	564
PD20111001	甲·灭·敌草隆	213
PD20111002	高效氯氟氰菊酯	929
PD20111003	异丙威	491
PD20111004	吡虫啉	224
PD20111005	烯酰吗啉	733
PD20111006	阿维·丙溴磷	668
PD20111007	喹硫磷	220
PD20111008	乙羧氟草醚	564
PD20111009	阿维菌素	227
PD20111011	溴敌隆	326
PD20111012	草甘膦铵盐	402
PD20111013	草甘膦铵盐	992
PD20111014	啶虫脒	527
PD20111015	氟硅唑	230
PD20111016	甲氨基阿维菌素苯甲酸盐	459

PD20111017 高效氯氟氰菊酯 961
PD20111018 氨氯·二氯吡 1008
PD20111019 高氯·氟铃脲 822
PD20111020 阿维菌素 652
PD20111021 草甘膦 1006
PD20111022 多抗霉素 474
PD20111023 咪鲜胺 329
PD20111024 腈菌·咪鲜胺 315
PD20111025 毒死蜱 849
PD20111026 烯酰·膦酸铝 230
PD20111027 戊唑醇 230
PD20111028 砜嘧磺隆 565
PD20111029 高效氯氟氰菊酯 350
PD20111030 高效氯氰菊酯 48
PD20111031 吡虫啉 94
PD20111032 仲丁威 210
PD20111033 氰氟草酯 777
PD20111034 乙蒜素 325
PD20111035 咪鲜胺 1045
PD20111036 嗪草酸甲酯 509
PD20111037 丙草胺 217
PD20111038 戊唑醇 517
PD20111039 阿维菌素 885
PD20111040 阿维菌素 1004
PD20111041 高效氯氟氰菊酯 837
PD20111042 过氧乙酸 249
PD20111043 草甘膦异丙胺盐 118
PD20111044 联苯菊酯 929
PD20111045 苯醚甲环唑 885
PD20111046 甲氨基阿维菌素苯甲酸盐 833
PD20111047 高效氯氟氰菊酯 483
PD20111048 代森锰锌 624
PD20111049 吡虫啉 1107
PD20111050 多菌灵 184
PD20111051 草甘膦铵盐 990
PD20111052 百草枯 213
PD20111053 联苯菊酯 1004
PD20111054 阿维·毒死蜱 213
PD20111055 阿维菌素 94
PD20111056 五硝·多菌灵 820
PD20111057 草甘膦铵盐 486
PD20111058 草甘膦异丙胺盐 399
PD20111059 异噁草松 610
PD20111060 氯氰·吡虫啉 764
PD20111061 虫酰肼 906
PD20111062 草甘膦异丙胺盐 1097
PD20111063 高效氯氟氰菊酯 466
PD20111064 阿维菌素 1016
PD20111065 百草枯 617
PD20111066 阿维·吡虫啉 153
PD20111067 烯酰吗啉 241
PD20111068 代森锌 1040
PD20111069 阿维·氟铃脲 566
PD20111070 吡虫啉 277
PD20111071 氟硫草定 610
PD20111072 三氯吡氧乙酸丁氧基乙酯 610
PD20111073 多菌灵 947
PD20111074 草甘膦异丙胺盐 501
PD20111075 井冈·三唑酮 853
PD20111076 吡虫啉 493
PD20111077 啶虫脒 908
PD20111078 甲氨基阿维菌素苯甲酸盐 488
PD20111079 硫磺 631
PD20111080 高效氯氟氰菊酯 525
PD20111081 烯酰吗啉 953
PD20111082 甲氨基阿维菌素苯甲酸盐 787
PD20111083 杀虫单 918
PD20111084 高氯·甲维盐 918
PD20111085 草甘膦铵盐 221
PD20111086 甲氨基阿维菌素苯甲酸盐 1032
PD20111087 啶虫脒 651
PD20111088 莠·唑·2甲钠 568
PD20111089 唑螨酯 90
PD20111090 甲氨基阿维菌素苯甲酸盐 491
PD20111091 毒死蜱 876
PD20111092 毒死蜱 493
PD20111093 吡虫啉 195
PD20111094 戊唑醇 517
PD20111095 丙溴磷 662
PD20111096 甲氨基阿维菌素苯甲酸盐 400
PD20111097 灭蝇胺 929
PD20111098 烯酰吗啉 146
PD20111099 烟嘧磺隆 595
PD20111100 戊唑醇 939
PD20111101 高效氯氰菊酯 250
PD20111102 阿维菌素 641
PD20111103 苄嘧磺隆 860
PD20111104 草甘膦钾盐 1122
PD20111105 阿维·哒螨灵 701
PD20111106 灭蝇胺 184
PD20111107 精噁唑禾草灵 595
PD20111108 阿维菌素 751
PD20111109 高效氯氟氰菊酯 1045
PD20111110 阿维菌素 396
PD20111111 阿维·哒螨灵 369
PD20111112 甲氨基阿维菌素苯甲酸盐 199
PD20111113 丙环唑 918
PD20111114 炔螨·矿物油 701
PD20111115 烟嘧·乙·莠 301
PD20111116 阿维·辛硫磷 781
PD20111117 精噁唑禾草灵 595
PD20111118 高氯·甲维盐 193
PD20111119 烯酰吗啉 707
PD20111120 丙森·多菌灵 903
PD20111122 毒死蜱 480
PD20111123 甲维·辛硫磷 876
PD20111124 氯苯胺灵 561
PD20111125 氯氟吡氧乙酸异辛酯 113
PD20111126 高效氯氟氰菊酯 707
PD20111127 吡虫啉 879
PD20111128 吡虫啉 736
PD20111129 醚菌酯 919
PD20111130 苄嘧磺隆 595
PD20111131 乙羧氟草醚 798
PD20111132 甲氨基阿维菌素苯甲酸盐 487
PD20111133 苦参碱 687
PD20111134 甲氨基阿维菌素苯甲酸盐 665
PD20111135 烟嘧·莠去津 860
PD20111136 百菌清 610
PD20111137 吡虫啉 492
PD20111138 百菌清 517
PD20111139 草甘膦铵盐 710
PD20111140 烯酰吗啉 751
PD20111141 多菌灵 527
PD20111142 吡虫·毒死蜱 209
PD20111143 阿维菌素 292
PD20111144 阿维·毒死蜱 292
PD20111145 杀螺胺乙醇胺盐 656
PD20111146 甲氨基阿维菌素苯甲酸盐 292
PD20111147 吡虫啉 939
PD20111148 苯甲·丙环唑 665
PD20111149 联苯菊酯 710
PD20111150 吡虫啉 558
PD20111151 阿维菌素 220
PD20111152 戊唑醇 517
PD20111153 异丙甲草胺 860

PD20111154	乙羧氟草醚	860
PD20111155	井冈霉素	411
PD20111156	苯醚甲环唑	872
PD20111157	异丙威	317
PD20111158	霜脲·锰锌	282
PD20111159	百草枯	714
PD20111161	双草醚	777
PD20111162	苯甲·丙环唑	877
PD20111163	甲霜·福美双	373
PD20111164	乙酰甲胺磷	999
PD20111165	高效氯氰菊酯	305
PD20111166	三唑磷	399
PD20111167	哒螨灵	822
PD20111168	百草枯	1000
PD20111169	噻螨酮	329
PD20111170	百草枯	864
PD20111171	噻嗪酮	230
PD20111172	高效氯氟氰菊酯	571
PD20111173	甲氨基阿维菌素苯甲酸盐	221
PD20111174	吡虫啉	233
PD20111175	三唑磷	400
PD20111176	咪唑烟酸	604
PD20111177	啶虫脒	833
PD20111178	草甘膦铵盐	1014
PD20111179	氟啶脲	702
PD20111180	噻苯隆	601
PD20111181	噻嗪酮	1004
PD20111182	己唑·腐霉利	524
PD20111183	甲维·虫酰肼	872
PD20111184	吡虫啉	872
PD20111185	氟硅唑	872
PD20111186	毒死蜱	386
PD20111187	高效氯氟氰菊酯	984
PD20111188	草甘膦铵盐	654
PD20111189	草甘膦铵盐	798
PD20111190	四聚乙醛	478
PD20111191	络氨铜	905
PD20111192	2,4-滴	561
PD20111193	阿维·毒死蜱	259
PD20111194	烯酰吗啉	970
PD20111195	戊唑醇	929
PD20111197	二嗪磷	67
PD20111198	苯醚甲环唑	127
PD20111199	噻嗪酮	808
PD20111200	唑螨酯	922
PD20111201	过氧乙酸	295
PD20111202	噻唑膦	254
PD20111203	杀虫单	60
PD20111204	毒死蜱	808
PD20111205	过氧乙酸	274
PD20111206	啶虫脒	277
PD20111207	过氧乙酸	252
PD20111208	丙环唑	872
PD20111209	哒螨灵	808
PD20111210	苯醚甲环唑	733
PD20111211	甲氨基阿维菌素苯甲酸盐	624
PD20111212	灭草松	81
PD20111213	过氧乙酸	301
PD20111214	啶虫脒	808
PD20111215	甲氨基阿维菌素苯甲酸盐	303
PD20111216	草甘膦铵盐	1122
PD20111217	啶虫脒	736
PD20111218	己唑醇	970
PD20111219	吡虫啉	817
PD20111220	百草枯	769
PD20111221	精噁唑禾草灵	76
PD20111222	戊唑醇	524
PD20111224	2,4-滴	1071
PD20111225	丙硫克百威	419
PD20111226	2,4-滴	772
PD20111227	咪鲜·多菌灵	820
PD20111228	高效氯氟氰菊酯	214
PD20111229	多杀霉素	95
PD20111230	氟硅唑	837
PD20111231	甲氨基阿维菌素苯甲酸盐	214
PD20111232	丙唑·多菌灵	847
PD20111233	联苯菊酯	184
PD20111234	噻嗪酮	184
PD20111235	戊唑醇	621
PD20111236	灭蝇胺	885
PD20111237	噻嗪·毒死蜱	292
PD20111238	苯丁·哒螨灵	820
PD20111239	啶虫脒	363
PD20111240	甲氨基阿维菌素苯甲酸盐	281
PD20111241	嗪草酮	517
PD20111242	井冈·三环唑	193
PD20111243	甲氨基阿维菌素苯甲酸盐	299
PD20111244	百草枯	1045
PD20111245	啶虫脒	285
PD20111246	毒死蜱	662
PD20111247	氯苯胺灵	1014
PD20111248	啶虫脒	232
PD20111249	球孢白僵菌	651
PD20111250	异丙隆	75
PD20111251	阿维·高氯	638
PD20111252	氯氰·吡虫啉	947
PD20111253	腈菌唑	837
PD20111254	高效氯氰菊酯	200
PD20111255	甲基硫菌灵	948
PD20111256	苯甲·丙环唑	501
PD20111257	甲维·高氯氟	501
PD20111258	草甘膦铵盐	479
PD20111259	腈菌唑	919
PD20111260	春雷霉素	646
PD20111261	高效氯氰菊酯	317
PD20111262	戊唑醇	979
PD20111263	敌鼠钠盐	218
PD20111264	啶虫脒	74
PD20111265	百草枯	138
PD20111266	吡虫啉	753
PD20111267	阿维菌素	493
PD20111268	高效氯氟氰菊酯	651
PD20111269	戊唑醇	707
PD20111270	三唑锡	929
PD20111271	戊唑醇	95
PD20111272	吡虫啉	925
PD20111273	麦草畏	906
PD20111274	阿维菌素	662
PD20111275	甲霜·锰锌	459
PD20111276	三环唑	571
PD20111277	联苯菊酯	215
PD20111278	甲氨基阿维菌素苯甲酸盐	423
PD20111279	啶虫脒	127
PD20111280	丙溴·矿物油	800
PD20111281	高效氯氰菊酯	300
PD20111282	戊唑醇	878
PD20111283	啶虫脒	1097
PD20111284	氟铃脲	459
PD20111285	吡虫啉	532
PD20111286	烟嘧磺隆	854
PD20111287	百草枯	867
PD20111288	毒死蜱	146
PD20111289	甲氨基阿维菌素苯甲酸盐	277
PD20111290	啶虫脒	931
PD20111291	异丙威	919
PD20111292	阿维·四螨嗪	270

PD20111293	阿维菌素	285
PD20111294	高效氯氟氰菊酯	551
PD20111295	己唑醇	885
PD20111296	吡虫啉	529
PD20111297	咪鲜胺	919
PD20111298	甲氰·噻螨酮	914
PD20111299	啶虫脒	1016
PD20111300	甲氨基阿维菌素苯甲酸盐	885
PD20111301	嘧霉·多菌灵	297
PD20111302	吡虫啉	831
PD20111303	多·福	132
PD20111304	联苯菊酯	929
PD20111305	草甘膦铵盐	60
PD20111306	吡虫啉	257
PD20111307	啶虫脒	1073
PD20111308	醚菌酯	1073
PD20111309	阿维菌素	250
PD20111310	甲氨基阿维菌素苯甲酸盐	850
PD20111311	己唑醇	939
PD20111312	螺螨酯	1068
PD20111313	草甘膦铵盐	1071
PD20111314	毒死蜱	686
PD20111316	啶虫脒	896
PD20111317	苯醚甲环唑	1008
PD20111318	四氟醚唑	1105
PD20111319	粉唑醇	524
PD20111320	草甘膦铵盐	1029
PD20111321	阿维菌素	191
PD20111322	草甘膦铵盐	347
PD20111324	二嗪磷	625
PD20111325	戊唑醇	986
PD20111326	草甘膦铵盐	546
PD20111327	苯醚·丙环唑	601
PD20111328	吡虫啉	820
PD20111329	吡氟酰草胺	604
PD20111330	氯胆·萘乙酸	113
PD20111331	草铵膦	864
PD20111332	苯醚甲环唑	609
PD20111333	杀螺胺	452
PD20111334	苯醚甲环唑	925
PD20111335	甲氨基阿维菌素苯甲酸盐	280
PD20111336	吡虫·噻嗪酮	146
PD20111337	百草枯	860
PD20111338	咪鲜·吡虫啉	1014
PD20111339	氯氰·福美双	48
PD20111340	氟硅唑	929
PD20111341	甲霜·多菌灵	1014
PD20111342	苯醚甲环唑	837
PD20111343	粉唑醇	524
PD20111344	草甘膦铵盐	860
PD20111345	苯醚甲环唑	524
PD20111346	灭蝇胺	214
PD20111347	草甘膦铵盐	441
PD20111348	吡虫·毒死蜱	817
PD20111349	敌草隆	1126
PD20111350	三氯吡氧乙酸丁氧基乙酯	610
PD20111351	抗倒酯	610
PD20111352	草甘膦铵盐	230
PD20111353	二氯喹啉酸	1116
PD20111354	戊唑醇	1115
PD20111355	多菌灵	542
PD20111356	杀螺胺乙醇胺盐	76
PD20111357	苯醚甲环唑	601
PD20111358	甲氨基阿维菌素苯甲酸盐	1114
PD20111359	2,4-滴丁酯	772
PD20111360	苯甲·丙环唑	308
PD20111361	灭蝇胺	230
PD20111362	克菌丹	1033
PD20111363	阿维·氟铃脲	653
PD20111364	甲氨基阿维菌素苯甲酸盐	91
PD20111365	烟嘧磺隆	463
PD20111366	吡虫啉	469
PD20111367	唑酯·炔螨特	230
PD20111368	春雷霉素	224
PD20111369	苯醚甲环唑	224
PD20111370	甲氨基阿维菌素苯甲酸盐	326
PD20111371	吡虫啉	289
PD20111372	松脂酸铜	230
PD20111374	阿维菌素	198
PD20111375	啶虫脒	753
PD20111376	阿维菌素	832
PD20111377	阿维菌素	244
PD20111378	乙草胺	623
PD20111379	二氯吡啶酸	434
PD20111380	氟铃·辛硫磷	262
PD20111381	阿维菌素	856
PD20111382	甲氨基阿维菌素苯甲酸盐	237
PD20111383	氟环唑	1008
PD20111384	苄嘧磺隆	826
PD20111385	苄嘧·丙草胺	662
PD20111386	草甘膦铵盐	864
PD20111387	百草枯	221
PD20111388	烯酰吗啉	241
PD20111389	己唑醇	476
PD20111390	敌草快	1080
PD20111391	草铵膦	1080
PD20111392	炔草酯	1125
PD20111393	噻苯隆	610
PD20111394	四聚乙醛	984
PD20111395	丙环唑	214
PD20111396	甲苯·丙环唑	214
PD20111397	阿维菌素	984
PD20111398	高效氯氟氰菊酯	1004
PD20111399	四聚乙醛	577
PD20111400	精喹禾灵	843
PD20111401	辛酰溴苯腈	487
PD20111402	草甘膦异丙胺盐	710
PD20111403	四聚乙醛	491
PD20111404	苯醚甲环唑	914
PD20111405	代森锌	719
PD20111406	烟嘧·莠去津	854
PD20111407	阿维菌素	215
PD20111408	灭蝇胺	919
PD20111409	烟嘧磺隆	517
PD20111410	苯甲·丙环唑	954
PD20111411	苄嘧·苯噻酰	376
PD20111412	联苯菊酯	230
PD20111413	烯酰吗啉	929
PD20111414	草甘膦铵盐	710
PD20111415	精喹禾灵	84
PD20111416	双草醚	777
PD20111417	精喹禾灵	651
PD20111418	烯酰·锰锌	88
PD20111419	甲嘧磺隆	103
PD20111420	氟虫腈	1037
PD20111421	吡虫啉	638
PD20111422	四螨·三唑锡	1016
PD20111423	芸苔素内酯	768
PD20111424	氟苯虫酰胺	517
PD20111425	噁草酮	517
PD20111426	阿维·氯氰	571
PD20111427	草甘膦铵盐	1114
PD20111428	多·福	51
PD20111429	啶虫脒	541
PD20111430	阿维·三唑磷	259
PD20111431	烯酰吗啉	832

PD20111432	毒死蜱	571
PD20111433	炔草酯	1105
PD20111434	噁酮·霜脲氰	996
PD20111435	草甘膦铵盐	222
PD20111436	苯醚甲环唑	910
PD20111437	甲氨基阿维菌素苯甲酸盐	286
PD20111438	草铵膦	56
PD20111439	腈菌唑	98
PD20111440	阿维·吡虫啉	714
PD20111441	百菌清	597
PD20111442	腈菌唑	914
PD20111443	草甘膦二甲胺盐	1122
PD20111444	莎稗磷	154
PD20111445	苯醚甲环唑	1080
PD20111446	二氯吡啶酸	1125
PD20111447	草甘膦铵盐	586
PD20111448	噻嗪·杀虫单	1110
PD20111449	敌百·毒死蜱	1122
PD20111450	己唑醇	184
PD20111451	氟虫腈	1068
PD20111452	苯甲·丙环唑	1090
PD20111453	赤霉酸	563
PD20111454	矿物油	278
PD20111455	阿维菌素	70
PD20111456	甲氨基阿维菌素苯甲酸盐	289
PD20111457	百菌清	624
PD20111458	戊唑醇	817
PD20111459	三乙膦酸铝	609
PD20111460	苯甲·丙环唑	881
PD20120001	毒死蜱	662
PD20120002	苦参碱	879
PD20120003	甲氨基阿维菌素苯甲酸盐	251
PD20120004	苄·乙	415
PD20120005	醚菊酯	415
PD20120006	阿维·哒螨灵	415
PD20120007	甲维·哒螨灵	230
PD20120008	甲氨基阿维菌素苯甲酸盐	1092
PD20120009	嘧菌酯	1008
PD20120010	哒螨·矿物油	61
PD20120011	毒死蜱	574
PD20120012	苦参碱	296
PD20120013	甲嘧磺隆	527
PD20120014	草甘膦铵盐	67
PD20120017	啶虫脒	98
PD20120018	吡虫啉	289
PD20120019	己唑醇	914
PD20120020	苯醚甲环唑	747
PD20120021	烯酰吗啉	146
PD20120022	草甘膦铵盐	77
PD20120023	高氯·甲维盐	222
PD20120024	氟啶胺	621
PD20120025	甲氨基阿维菌素苯甲酸盐	893
PD20120026	噻嗪·异丙威	965
PD20120027	吡蚜酮	624
PD20120028	氟硅唑	496
PD20120029	嘧胺·乙霉威	837
PD20120030	烯酰吗啉	517
PD20120031	敌草快	1080
PD20120032	高效氯氟氰菊酯	48
PD20120033	烯酰吗啉	872
PD20120034	甲硫·己唑醇	939
PD20120036	百草枯	210
PD20120037	稻瘟灵	656
PD20120038	杀螺胺乙醇胺盐	1080
PD20120039	阿维·哒螨灵	1056
PD20120040	多菌灵	146
PD20120041	二氯喹啉酸	171
PD20120042	醚菌酯	184
PD20120043	苯醚甲环唑	872
PD20120044	高效氯氟氰菊酯	171
PD20120045	己唑醇	919
PD20120046	毒死蜱	423
PD20120047	噁草·丁草胺	423
PD20120048	苄嘧·丙草胺	1032
PD20120049	噻吩磺隆	517
PD20120050	精喹禾灵	48
PD20120051	嘧霉胺	885
PD20120052	松脂酸铜	432
PD20120053	氟吡·烯草酮	696
PD20120054	草甘膦铵盐	1015
PD20120055	吡虫啉	710
PD20120056	联苯菊酯	808
PD20120057	乙草胺	888
PD20120058	辛硫·福美双	370
PD20120059	甲霜灵	480
PD20120060	高效氯氟氰菊酯	1097
PD20120061	啶虫脒	286
PD20120062	吡虫啉	885
PD20120063	精喹禾灵	887
PD20120064	辛酰·烟·滴丁	696
PD20120065	除虫脲	255
PD20120066	噻嗪酮	929
PD20120067	高效氯氰菊酯	214
PD20120068	吡虫啉	227
PD20120069	三唑磷	61
PD20120070	阿维·毒死蜱	345
PD20120071	吡虫啉	267
PD20120072	吡虫啉	1068
PD20120073	双草醚	531
PD20120074	双甲脒	536
PD20120075	甲氨基阿维菌素苯甲酸盐	990
PD20120076	高效氯氟氰菊酯	363
PD20120077	毒死蜱	146
PD20120078	阿维菌素	184
PD20120079	氟磺胺草醚	146
PD20120080	甲氨基阿维菌素苯甲酸盐	645
PD20120081	三唑磷	885
PD20120082	百菌清	1001
PD20120083	霜脲·锰锌	171
PD20120084	吡嘧·二氯喹	171
PD20120085	甲氨基阿维菌素苯甲酸盐	171
PD20120086	啶虫脒	1001
PD20120087	顺式氯氰菊酯	986
PD20120088	氟铃脲	98
PD20120089	苄嘧·丁草胺	423
PD20120090	咪鲜·异菌脲	136
PD20120091	己唑醇	929
PD20120092	精喹禾灵	1042
PD20120093	阿维菌素	494
PD20120094	精喹禾灵	441
PD20120095	灭蝇胺	919
PD20120096	甲氨基阿维菌素苯甲酸盐	146
PD20120097	吡虫啉	919
PD20120098	阿维·高氯	925
PD20120099	麦草畏	1097
PD20120100	甲氨基阿维菌素苯甲酸盐	415
PD20120101	乙草胺	887
PD20120102	芸苔素内酯	768
PD20120103	杀螟硫磷	610
PD20120104	啶虫脒	237
PD20120105	甲氨基阿维菌素苯甲酸盐	768
PD20120106	咪鲜胺	879
PD20120107	乙·莠	837
PD20120108	嘧霉胺	837
PD20120109	氟磺胺草醚	837
PD20120110	乙草胺	838

PD20120111 甲氨基阿维菌素苯甲酸盐 885
PD20120112 高氯·甲维盐 885
PD20120113 咪鲜胺 832
PD20120114 丙溴磷 736
PD20120115 苦参碱 731
PD20120116 多·福 848
PD20120117 氟磺胺草醚 790
PD20120118 乙羧氟草醚 707
PD20120119 戊唑醇 860
PD20120120 氟醚·灭草松 790
PD20120121 溴敌隆 207
PD20120122 苯醚甲环唑 765
PD20120123 阿维菌素 1092
PD20120124 高效氯氰菊酯 79
PD20120125 甲氨基阿维菌素苯甲酸盐 919
PD20120126 乙草胺 329
PD20120127 甲氨基阿维菌素苯甲酸盐 298
PD20120128 氟磺胺草醚 691
PD20120129 甲氨基阿维菌素苯甲酸盐 914
PD20120130 硫双威 527
PD20120131 吡蚜酮 939
PD20120132 啶虫脒 396
PD20120133 2,4-滴二甲胺盐 487
PD20120134 氰氟草酯 778
PD20120135 氟胺 ·烯禾啶 948
PD20120136 高效氯氰菊酯 1004
PD20120137 己唑醇 919
PD20120138 丙溴磷 906
PD20120139 过氧乙酸 268
PD20120140 2,4-滴丁酯 487
PD20120141 草甘膦铵盐 65
PD20120142 福美·拌种灵 86
PD20120143 S-氰戊菊酯 615
PD20120144 联苯菊酯 885
PD20120145 四聚乙醛 479
PD20120146 吡虫啉 903
PD20120147 球孢白僵菌 651
PD20120148 苯甲·丙环唑 872
PD20120149 阿维菌素 649
PD20120150 戊唑醇 984
PD20120152 噻嗪·异丙威 538
PD20120153 甲氨基阿维菌素苯甲酸盐 294
PD20120154 嘧霉胺 462
PD20120155 烟嘧·溴苯腈 487
PD20120156 吡虫·毒死蜱 103
PD20120157 联苯菊酯 1016
PD20120158 腈菌唑 230
PD20120159 阿维·杀虫单 645
PD20120160 吡虫啉 1042
PD20120161 咪鲜·三环唑 146
PD20120162 吡虫·杀虫单 638
PD20120163 乙蒜素 669
PD20120164 啶虫脒 850
PD20120165 烯草酮 948
PD20120166 阿维菌素 395
PD20120167 溴苯腈 487
PD20120168 噁霉·稻瘟灵 407
PD20120169 联苯菊酯 929
PD20120170 炔螨特 1092
PD20120171 啶虫脒 710
PD20120172 阿维菌素 860
PD20120173 吡虫啉 369
PD20120174 噻螨·哒螨灵 903
PD20120175 二氰蒽醌 487
PD20120176 炔草酯 1105
PD20120177 异丙甲草胺 887
PD20120178 阿维菌素 885
PD20120179 甲氨基阿维菌素苯甲酸盐 285
PD20120180 氯氰·啶虫脒 740
PD20120181 溴氰菊酯 616
PD20120182 阿维菌素 575
PD20120183 戊唑醇 1004
PD20120184 乙蒜素 364
PD20120185 咪鲜胺 432
PD20120186 甲氨基阿维菌素苯甲酸盐 198
PD20120187 甲维·毒死蜱 285
PD20120188 杀螟丹 463
PD20120189 咪唑烟酸 874
PD20120190 吡虫·毒死蜱 725
PD20120191 精喹禾灵 48
PD20120192 戊唑醇 845
PD20120193 双草醚 435
PD20120194 四聚乙醛 110
PD20120195 乙羧氟草醚 826
PD20120196 唑磷·高氯氟 653
PD20120197 过氧乙酸 237
PD20120198 噻螨·哒螨灵 662
PD20120199 吡虫啉 1004
PD20120200 啶虫脒 210
PD20120201 毒死蜱 1061
PD20120202 四聚乙醛 986
PD20120203 草甘膦铵盐 77
PD20120204 吡虫啉 184
PD20120205 草甘膦铵盐 65
PD20120206 百草枯 591
PD20120207 草甘膦铵盐 556
PD20120208 氯嘧磺隆 528
PD20120209 氯嘧磺隆 528
PD20120210 烯酰·乙膦铝 543
PD20120211 草甘膦异丙胺盐 887
PD20120212 草甘膦铵盐 1122
PD20120213 甲氨基阿维菌素苯甲酸盐 803
PD20120214 噁草·丁草胺 1032
PD20120216 腈菌唑 929
PD20120217 高效氟吡甲禾灵 759
PD20120218 2甲·莠灭净 193
PD20120219 草甘膦异丙胺盐 1083
PD20120220 高效氯氟氰菊酯 292
PD20120221 烟嘧·莠去津 854
PD20120222 烯丙苯噻唑 1059
PD20120223 嘧菌酯 1081
PD20120224 丙草胺 680
PD20120225 乙草胺 680
PD20120226 百草枯 864
PD20120227 硫双威 610
PD20120228 吡虫啉 610
PD20120229 甲氨基阿维菌素苯甲酸盐 267
PD20120233 甲磺草胺 568
PD20120234 吡虫啉 452
PD20120235 松·喹·氟磺胺 791
PD20120236 二氯异氰尿酸钠 903
PD20120237 丙唑·吗啉胍 222
PD20120238 丙硫唑 222
PD20120239 丙硫唑 222
PD20120241 三苯基氢氧化锡 1086
PD20120242 三苯基氢氧化锡 1086
PD20120243 苯嗪草酮 281
PD20120244 氯丙嘧啶酸 509
PD20120246 丁醚脲 462
PD20120247 丁醚脲 462
PD20120248 苯嗪草酮 281
PD20120249 丁醚脲 463
PD20120253 吡嘧·二氯喹 504
PD20120254 氯嘧磺隆 528
PD20120255 氯嘧磺隆 528
PD20120257 甲氨基阿维菌素苯甲酸盐 862

PD20120258	氨基寡糖素	842
PD20120259	啶虫脒	850
PD20120260	吡虫啉	343
PD20120261	香菇多糖	817
PD20120262	阿维·炔螨特	415
PD20120263	阿维·高氯	251
PD20120264	中生菌素	146
PD20120265	乙草胺	259
PD20120266	甲氨基阿维菌素苯甲酸盐	294
PD20120267	啶虫脒	281
PD20120268	阿维·高氯	951
PD20120269	阿维菌素	184
PD20120270	甲氨基阿维菌素苯甲酸盐	852
PD20120271	草甘膦铵盐	860
PD20120272	溴腈·莠灭净	487
PD20120273	吡虫啉	1016
PD20120274	阿维·毒死蜱	494
PD20120275	苯丁·哒螨灵	345
PD20120276	啶虫脒	292
PD20120277	唑螨酯	939
PD20120278	二氯吡啶酸	546
PD20120279	代森锰锌	867
PD20120280	吡虫啉	517
PD20120281	甲哌鎓	517
PD20120282	吡虫啉	517
PD20120283	百草枯	787
PD20120284	阿维·氟铃脲	214
PD20120285	苯醚甲环唑	171
PD20120286	乙酰甲胺磷	285
PD20120287	戊唑醇	494
PD20120288	炔螨特	494
PD20120289	阿维菌素	749
PD20120290	阿维菌素	237
PD20120291	咪鲜胺	221
PD20120292	香菇多糖	103
PD20120293	敌百·毒死蜱	48
PD20120294	阿维菌素	258
PD20120295	丙森锌	221
PD20120296	高效氯氟氰菊酯	710
PD20120297	甲嘧磺隆	462
PD20120298	阿维·啶虫脒	195
PD20120299	甲氨基阿维菌素苯甲酸盐	185
PD20120300	草甘膦钾盐	1122
PD20120301	草甘膦钾盐	1122
PD20120302	吡虫啉	929
PD20120303	苯醚甲环唑	957
PD20120304	吡虫啉	740
PD20120305	氟磺胺草醚	1042
PD20120306	四螨·唑螨酯	965
PD20120307	甲维·虫酰肼	831
PD20120308	高效氯氟氰菊酯	757
PD20120309	2,4-滴二甲胺盐	393
PD20120310	多·福	86
PD20120311	草甘膦铵盐	638
PD20120312	己唑醇	1108
PD20120313	草甘膦铵盐	67
PD20120314	烟嘧磺隆	1098
PD20120315	苄·二氯	521
PD20120316	高效氯氰菊酯	105
PD20120317	啶虫脒	699
PD20120318	氰氟草酯	778
PD20120319	啶虫脒	665
PD20120320	多抗·锰锌	195
PD20120321	甲嘧磺隆	463
PD20120322	甲氨基阿维菌素苯甲酸盐	402
PD20120323	氰氟草酯	517
PD20120324	阿维菌素	710
PD20120325	醚菌酯	1042
PD20120326	乙草胺	1073
PD20120327	阿维菌素	699
PD20120328	烯草酮	487
PD20120329	禾草丹	561
PD20120330	苯醚甲环唑	292
PD20120331	吡虫·仲丁威	665
PD20120332	噻苯隆	1029
PD20120333	氟氯氰菊酯	923
PD20120334	苯磺隆	736
PD20120335	苄·乙	521
PD20120336	啶虫脒	885
PD20120337	丁硫克百威	577
PD20120338	噻嗪酮	135
PD20120339	高氯·氟铃脲	862
PD20120340	杀虫单	499
PD20120341	苄嘧磺隆	294
PD20120342	甲氨基阿维菌素苯甲酸盐	89
PD20120343	毒死蜱	577
PD20120344	苄嘧·丙草胺	1073
PD20120345	2甲4氯二甲胺盐	563
PD20120346	莠去津	800
PD20120347	氟环唑	1105
PD20120348	炔螨特	831
PD20120349	几丁聚糖	1003
PD20120350	阿维·三唑磷	222
PD20120351	敌草隆	620
PD20120352	甲氨基阿维菌素苯甲酸盐	972
PD20120353	嘧菌酯	1081
PD20120354	噁草酮	680
PD20120355	氨基寡糖素	881
PD20120356	哒螨·矿物油	925
PD20120357	甲氨基阿维菌素苯甲酸盐	248
PD20120358	丙环唑	1098
PD20120359	阿维·哒螨灵	803
PD20120360	阿维菌素	299
PD20120361	吡虫啉	957
PD20120362	霜霉威盐酸盐	1068
PD20120364	戊唑醇	970
PD20120365	已唑醇	665
PD20120366	苯甲·丙环唑	432
PD20120367	甲氨基阿维菌素苯甲酸盐	724
PD20120368	阿维菌素	970
PD20120369	丙溴磷	808
PD20120370	联苯菊酯	1022
PD20120371	烯酰·王铜	517
PD20120372	戊唑醇	973
PD20120373	氟菌·霜霉威	1068
PD20120374	苯醚甲环唑	757
PD20120375	噻霉酮	969
PD20120376	阿维菌素	299
PD20120377	甲氨基阿维菌素苯甲酸盐	230
PD20120378	精吡氟禾草灵	225
PD20120379	噻吩磺隆	595
PD20120380	吡虫啉	823
PD20120381	双草醚	1071
PD20120382	草甘膦铵盐	65
PD20120383	吡虫啉	285
PD20120384	阿维菌素	171
PD20120385	咪鲜胺	267
PD20120386	高效氟吡甲禾灵	689
PD20120387	2,4-滴二甲胺盐	1071
PD20120388	高效氯氰菊酯	1025
PD20120389	毒死蜱	577
PD20120390	2,4-滴二甲胺盐	772
PD20120391	异菌·多菌灵	996
PD20120392	高效氯氟氰菊酯	565
PD20120393	烯酰吗啉	740
PD20120394	氯氰·毒死蜱	225

PD20120395 灭草松 103
PD20120396 氯嘧磺隆 529
PD20120397 氯嘧磺隆 529
PD20120398 嗪草酮 536
PD20120399 苏云金杆菌 652
PD20120400 高氯・毒死蜱 221
PD20120401 甲氨基阿维菌素苯甲酸盐 757
PD20120402 三氟羧草醚钠盐 1074
PD20120403 吡虫啉 725
PD20120404 芸苔素内酯 872
PD20120405 高效氯氟氰菊酯 541
PD20120406 戊唑醇 298
PD20120407 烯酰・锰锌 1008
PD20120408 2,4-滴二甲胺盐 772
PD20120409 高效氯氟氰菊酯 992
PD20120410 依维菌素 1084
PD20120411 依维菌素 1084
PD20120412 吡虫啉 1084
PD20120413 丁虫腈 677
PD20120414 丁虫腈 677
PD20120415 苯磺隆 1073
PD20120416 吡虫啉 242
PD20120417 啶虫脒 929
PD20120418 四螨嗪 903
PD20120419 氟磺胺草醚 796
PD20120420 2甲・灭草松 669
PD20120421 甲氨基阿维菌素苯甲酸盐 154
PD20120422 甲氨基阿维菌素苯甲酸盐 417
PD20120423 高效氯氟氰菊酯 598
PD20120424 苯醚甲环唑 525
PD20120425 高效氯氟氰菊酯 598
PD20120426 嘧菌酯 471
PD20120427 丙环唑 610
PD20120428 噁草・丁草胺 529
PD20120429 苯醚甲环唑 609
PD20120430 草甘膦铵盐 546
PD20120431 阿维菌素 616
PD20120432 四聚乙醛 577
PD20120433 咪鲜胺 525
PD20120434 阿维・啶虫脒 803
PD20120435 甲基硫菌灵 817
PD20120436 甲氨基阿维菌素苯甲酸盐 757
PD20120437 戊唑醇 854
PD20120439 啶虫脒 43
PD20120440 戊唑・福美双 72
PD20120441 噁草酮 61
PD20120442 阿维・吡虫啉 931
PD20120443 苯醚甲环唑 948
PD20120444 氰氟草酯 986
PD20120445 阿维・丙溴磷 146
PD20120446 氟硅唑 185
PD20120447 苯甲・丙环唑 146
PD20120448 香菇多糖 383
PD20120449 丙・氧・噁草酮 374
PD20120450 丙・氧・噁草酮 374
PD20120451 阿维菌素 929
PD20120452 醚菌酯 1008
PD20120453 苯醚甲环唑 929
PD20120454 唑磷・毒死蜱 1009
PD20120455 高效氯氟氰菊酯 210
PD20120456 四螨・哒螨灵 313
PD20120457 啶虫脒 105
PD20120458 苯醚甲环唑 1042
PD20120459 甲氨基阿维菌素苯甲酸盐 285
PD20120460 戊唑醇 977
PD20120461 苯醚甲环唑 241
PD20120462 苯甲・丙环唑 986
PD20120463 戊唑醇 619
PD20120465 甲氨基阿维菌素苯甲酸盐 972
PD20120466 矿物油 221
PD20120467 双草醚 561
PD20120468 阿维菌素 185
PD20120469 啶虫脒 922
PD20120470 四聚乙醛 577
PD20120471 啶虫脒 929
PD20120472 毒死蜱 185
PD20120473 高氯・甲维盐 298
PD20120474 烯酰吗啉 908
PD20120475 高氯・毒死蜱 929
PD20120476 三唑磷 637
PD20120477 咪鲜胺 929
PD20120478 丙溴磷 473
PD20120479 噁草・丁草胺 61
PD20120480 草甘膦铵盐 886
PD20120481 甲氨基阿维菌素苯甲酸盐 247
PD20120482 灭蝇胺 881
PD20120483 戊唑醇 986
PD20120484 烟嘧・莠去津 48
PD20120485 多抗霉素B 906
PD20120486 氯苯胺灵 610
PD20120487 甲氨基阿维菌素苯甲酸盐 977
PD20120488 虱螨脲 1114
PD20120489 虱螨脲 1114
PD20120490 三环唑 471
PD20120491 乙羧氟草醚 721
PD20120492 吡虫啉 707
PD20120494 烯酰吗啉 961
PD20120495 双草醚 86
PD20120496 腈菌唑 919
PD20120497 吡虫啉 731
PD20120498 芸苔素内酯 155
PD20120499 顺式氯氰菊酯 616
PD20120500 氟环唑 1008
PD20120501 棉铃虫核型多角体病毒 320
PD20120502 联苯菊酯 1092
PD20120503 阿维菌素 1004
PD20120504 赤霉酸 845
PD20120505 高氯・马 775
PD20120506 丙环唑 195
PD20120507 啶虫脒 209
PD20120508 氰氟草酯 986
PD20120510 啶虫脒 95
PD20120511 咪鲜胺 929
PD20120512 戊唑醇 1014
PD20120513 草甘膦铵盐 1082
PD20120514 吡虫啉 665
PD20120515 烟嘧磺隆 48
PD20120516 烯酰吗啉 127
PD20120517 草甘膦异丙胺盐 1082
PD20120518 嘧霉胺 1080
PD20120519 百草枯 110
PD20120520 高效氯氟氰菊酯 135
PD20120521 丙森锌 1080
PD20120522 阿维・炔螨特 931
PD20120523 甲氨基阿维菌素苯甲酸盐 886
PD20120524 吡虫・噻嗪酮 893
PD20120525 烯酰吗啉 823
PD20120526 唑磷・毒死蜱 637
PD20120527 苄氨基嘌呤 1014
PD20120528 啶虫脒 886
PD20120529 吡虫啉 1043
PD20120530 唑磷・毒死蜱 634
PD20120531 三唑磷 400
PD20120532 甲氨基阿维菌素苯甲酸盐 222
PD20120533 苯甲・丙环唑 656
PD20120534 吡氟酰草胺 553

PD20120535	吡虫啉	294
PD20120536	甲氨基阿维菌素苯甲酸盐	269
PD20120537	草甘膦铵盐	860
PD20120538	阿维菌素	948
PD20120539	高效氟氯氰菊酯	146
PD20120540	嘧菌酯	601
PD20120541	丁硫克百威	244
PD20120542	戊唑醇	710
PD20120543	吡・福・烯唑醇	132
PD20120544	双草醚	874
PD20120545	毒死蜱	459
PD20120546	吡虫啉	359
PD20120547	苯醚甲环唑	1105
PD20120548	己唑醇	103
PD20120549	高效氯氰菊酯	733
PD20120550	氟硅唑	146
PD20120551	阿维菌素	715
PD20120552	二氯喹啉酸	521
PD20120553	啶虫脒	808
PD20120554	啶虫脒	237
PD20120555	毒死蜱	803
PD20120556	甲氨基阿维菌素苯甲酸盐	649
PD20120557	腈菌唑	948
PD20120558	吡虫啉	665
PD20120559	吡虫啉	600
PD20120560	百草枯	948
PD20120561	咪鲜胺	726
PD20120562	苯醚甲环唑	90
PD20120563	精喹禾灵	796
PD20120564	异丙甲草胺	979
PD20120565	戊唑醇	492
PD20120566	毒死蜱	127
PD20120567	精喹禾灵	473
PD20120568	锰锌・烯唑醇	908
PD20120569	唑螨酯	820
PD20120570	烟嘧・莠去津	48
PD20120571	甲维・丙溴磷	796
PD20120572	高效氯氟氰菊酯	517
PD20120573	草甘膦铵盐	428
PD20120574	联苯菊酯	163
PD20120575	甜菜安	479
PD20120576	甲氨基阿维菌素苯甲酸盐	699
PD20120577	阿维・三唑磷	127
PD20120578	高效氯氟氰菊酯	357
PD20120579	噻吩・苯磺隆	517
PD20120580	高效氯氟氰菊酯	127
PD20120581	异菌脲	1043
PD20120582	百菌清	146
PD20120583	乙虫腈	977
PD20120584	百草枯	50
PD20120585	戊唑醇	815
PD20120586	滴酸・草甘膦	990
PD20120587	啶虫脒	222
PD20120588	甲氨基阿维菌素苯甲酸盐	214
PD20120589	烯酰吗啉	602
PD20120590	吡虫啉	619
PD20120591	杀螺胺乙醇胺盐	1094
PD20120592	甲氨基阿维菌素苯甲酸盐	175
PD20120593	苯甲・丙环唑	1105
PD20120594	苯甲・醚菌酯	890
PD20120595	啶虫脒	360
PD20120596	醚菌酯	940
PD20120597	噻嗪酮	127
PD20120598	甲氨基阿维菌素苯甲酸盐	856
PD20120599	甲氨基阿维菌素苯甲酸盐	653
PD20120600	氟苯虫酰胺	517
PD20120601	克菌丹	241
PD20120602	高效氯氟氰菊酯	977
PD20120603	烯酰吗啉	1014
PD20120604	烟嘧・莠去津	135
PD20120605	阿维・苏云菌	151
PD20120606	阿维・毒死蜱	476
PD20120607	精喹禾灵	345
PD20120608	灭蝇胺	127
PD20120609	多菌灵	600
PD20120610	四螨・哒螨灵	571
PD20120611	苯醚甲环唑	1016
PD20120612	辛硫磷	308
PD20120613	阿维菌素	1084
PD20120614	高效氯氟氰菊酯	488
PD20120615	异稻瘟净	656
PD20120616	四螨嗪	845
PD20120617	甲嘧磺隆	487
PD20120618	甲氨基阿维菌素苯甲酸盐	379
PD20120619	阿维・三唑磷	61
PD20120620	甲氨基阿维菌素苯甲酸盐	258
PD20120621	甲氨基阿维菌素苯甲酸盐	840
PD20120622	高效氟吡甲禾灵	842
PD20120623	戊唑醇	1066
PD20120624	高效氯氟氰菊酯	266
PD20120625	阿维菌素	58
PD20120626	氯氟吡氧乙酸	1073
PD20120627	甲氨基阿维菌素苯甲酸盐	193
PD20120628	唑螨酯	832
PD20120629	金龟子绿僵菌	651
PD20120630	阿维・高氯氟	616
PD20120631	阿维菌素	1043
PD20120632	阿维・三唑磷	653
PD20120633	高效氯氟氰菊酯	888
PD20120634	甲氨基阿维菌素苯甲酸盐	931
PD20120635	阿维・啶虫脒	932
PD20120636	阿维・吡虫啉	925
PD20120637	阿维菌素	303
PD20120638	环嗪酮	1071
PD20120639	2,4-滴异辛酯	537
PD20120640	甲氨基阿维菌素苯甲酸盐	1076
PD20120641	灭草松	75
PD20120642	百草枯	656
PD20120643	松・烟・氟磺胺	874
PD20120644	苯甲・丙环唑	636
PD20120646	草铵膦	1080
PD20120647	烟嘧・莠去津	481
PD20120648	克菌丹	241
PD20120649	甲氨基阿维菌素苯甲酸盐	347
PD20120650	虫螨腈	872
PD20120651	咪鲜胺	191
PD20120652	阿维・哒螨灵	893
PD20120653	吡虫・仲丁威	205
PD20120654	除草定	521
PD20120655	阿维・高氯氟	321
PD20120656	甲氨基阿维菌素苯甲酸盐	237
PD20120657	咪鲜胺	919
PD20120658	噻嗪酮	1092
PD20120659	70%吡虫啉水分散粒剂	1119
PD20120660	春雷霉素	222
PD20120661	百菌清	609
PD20120662	苄嘧・苯噻酰	435
PD20120663	毒死蜱	948
PD20120664	四螨・三唑锡	1004
PD20120665	啶虫脒	529
PD20120666	甲氨基阿维菌素苯甲酸盐	210
PD20120667	高效氯氟氰菊酯	222
PD20120668	杀虫双	595
PD20120669	嘧啶核苷类抗菌素	919
PD20120670	异丙隆	49
PD20120671	草除灵	948

PD20120672 井冈霉素 656
PD20120673 戊唑·多菌灵 185
PD20120674 戊唑醇 195
PD20120675 丙森·多菌灵 550
PD20120676 除草定 521
PD20120677 乙氧呋草黄 479
PD20120678 醚菌酯 965
PD20120679 咪鲜胺 838
PD20120680 甲氨基阿维菌素苯甲酸盐 940
PD20120681 吡虫啉 1000
PD20120682 苯醚甲环唑 877
PD20120683 三环唑 1073
PD20120684 灭蝇胺 919
PD20120685 吡虫啉 528
PD20120686 联苯菊酯 961
PD20120687 啶虫脒 903
PD20120688 毒死蜱 1119
PD20120689 丙草胺 521
PD20120690 炔草酯 1008
PD20120691 甲氨基阿维菌素苯甲酸盐 1084
PD20120692 苯菌灵 999
PD20120693 毒死蜱 710
PD20120694 精噁唑禾草灵 528
PD20120695 霜霉威盐酸盐 838
PD20120696 二嗪磷 877
PD20120697 烯酰吗啉 965
PD20120698 烯酰吗啉 757
PD20120699 己唑·稻瘟灵 1119
PD20120700 己唑醇 146
PD20120701 醚菌酯 1008
PD20120702 嘧霉胺 932
PD20120703 苯磺·异丙隆 473
PD20120704 吡丙·吡虫啉 986
PD20120705 高氯·甲维盐 379
PD20120706 嘧菌酯 1008
PD20120707 毒死蜱 878
PD20120708 多抗霉素 448
PD20120709 啶虫脒 1004
PD20120710 吡虫·异丙威 589
PD20120711 二氯异氰尿酸钠 127
PD20120712 咪鲜胺锰盐 91
PD20120713 甲氨基阿维菌素苯甲酸盐 434
PD20120714 草甘膦异丙胺盐 329
PD20120715 草甘膦铵盐 1119
PD20120716 甲氨基阿维菌素苯甲酸盐 733
PD20120717 阿维菌素 222
PD20120718 乙氧呋草黄 479
PD20120719 高效氯氟氰菊酯 462
PD20120720 高效氯氟氰菊酯 886
PD20120721 丙溴·辛硫磷 89
PD20120722 烯草酮 273
PD20120723 阿维菌素 890
PD20120724 阿维菌素 491
PD20120725 吡虫·仲丁威 209
PD20120726 烟嘧·莠去津 67
PD20120727 烯酰·锰锌 932
PD20120728 辛硫磷 296
PD20120729 苯醚甲环唑 747
PD20120730 啶虫脒 890
PD20120731 氯氟吡氧乙酸异辛酯 565
PD20120732 棉隆 163
PD20120733 克菌丹 163
PD20120734 噻唑膦 254
PD20120735 高效氯氟氰菊酯 798
PD20120736 敌草隆 620
PD20120737 氟虫腈 817
PD20120738 噻嗪酮 214
PD20120739 50%醚菌酯水分散粒剂 817
PD20120740 咪鲜胺锰盐 616
PD20120741 阿维菌素 271
PD20120742 咪鲜胺 755
PD20120743 阿维·哒螨灵 886
PD20120744 氯嘧磺隆 462
PD20120745 氯吡·苯磺隆 861
PD20120746 草甘膦铵盐 602
PD20120747 甲氨基阿维菌素苯甲酸盐 717
PD20120748 阿维·高氯 338
PD20120749 吡虫啉 662
PD20120750 阿维·吡虫啉 965
PD20120751 腈菌唑 103
PD20120752 咪鲜胺锰盐 961
PD20120753 甲氨基阿维菌素苯甲酸盐 665
PD20120754 灭蝇胺 146
PD20120755 除脲·毒死蜱 285
PD20120756 甲氨基阿维菌素苯甲酸盐 961
PD20120757 啶虫脒 146
PD20120758 氰氟草酯 561
PD20120759 唑螨酯 842
PD20120760 阿维菌素 127
PD20120761 氰氟草酯 423
PD20120762 代锰·戊唑醇 940
PD20120763 高氯·甲维盐 979
PD20120764 甲氨基阿维菌素苯甲酸盐 92
PD20120765 苯醚甲环唑 92
PD20120766 辛菌胺醋酸盐 315
PD20120767 阿维菌素 299
PD20120768 高效氯氟氰菊酯 1016
PD20120769 苯醚甲环唑 872
PD20120770 丙溴磷 624
PD20120771 甲氨基阿维菌素苯甲酸盐 388
PD20120772 烯酰吗啉 388
PD20120773 春雷·多菌灵 448
PD20120774 异菌脲 191
PD20120775 四螨·苯丁锡 997
PD20120776 苯噻酰草胺 435
PD20120777 磺草酮 696
PD20120778 甲氨基阿维菌素苯甲酸盐 195
PD20120779 草甘膦铵盐 425
PD20120780 高效氯氰菊酯 368
PD20120781 氟硅唑 1016
PD20120782 草甘膦异丙铵盐 707
PD20120783 嘧菌酯 604
PD20120784 苯甲·中生 116
PD20120785 高效氯氟氰菊酯 115
PD20120786 丁酰肼 1029
PD20120787 2,4-滴 900
PD20120788 毒死蜱 1004
PD20120789 草甘膦铵盐 358
PD20120790 高效氯氟氰菊酯 1119
PD20120791 氯吡·苯磺隆 948
PD20120792 氰氟草酯 1116
PD20120793 磺草酮 604
PD20120794 甲氨基阿维菌素苯甲酸盐 573
PD20120795 四聚乙醛 452
PD20120796 啶虫脒 1048
PD20120797 啶虫脒 236
PD20120798 仲丁威 491
PD20120799 敌草隆 508
PD20120800 烯酰吗啉 977
PD20120801 高效氯氟氰菊酯 93
PD20120802 抑霉唑 943
PD20120803 抑霉唑硫酸盐 943
PD20120804 印楝素 687
PD20120805 甲维·氟铃脲 651
PD20120806 井冈·蜡芽菌 67
PD20120808 嘧霉胺 919

PD20120809	嘧霉胺	919
PD20120810	甲氨基阿维菌素苯甲酸盐	237
PD20120811	嘧霉胺	198
PD20120812	啶虫脒	238
PD20120813	丁硫克百威	146
PD20120814	高效氯氟氰菊酯	832
PD20120815	甲氨基阿维菌素苯甲酸盐	83
PD20120816	多抗霉素	671
PD20120817	吡虫啉	415
PD20120818	啶虫脒	862
PD20120819	克菌丹	241
PD20120821	毒死蜱	925
PD20120822	咪鲜胺	925
PD20120823	十三吗啉	225
PD20120825	霜脲・锰锌	130
PD20120826	苦参碱	258
PD20120827	毒死蜱	252
PD20120828	甲嘧磺隆	976
PD20120829	氯嘧磺隆	976
PD20120831	甲维盐・氯氰	358
PD20120832	阿维菌素	487
PD20120833	毒・辛	743
PD20120834	精喹禾灵	541
PD20120835	滴丁・苯磺隆	747
PD20120836	氟磺胺草醚	900
PD20120837	草甘膦铵盐	1002
PD20120838	三唑磷	193
PD20120839	灭蝇胺	796
PD20120840	甲氨基阿维菌素苯甲酸盐	834
PD20120841	香菇多糖	940
PD20120842	甲氰・矿物油	764
PD20120843	噁霉灵	373
PD20120844	阿维菌素	757
PD20120845	苯醚甲环唑	717
PD20120846	聚醛・甲萘威	147
PD20120847	毒死蜱	1002
PD20120848	阿维菌素	412
PD20120849	苯醚甲环唑	1078
PD20120850	阿维・毒死蜱	459
PD20120851	己唑醇	940
PD20120852	高效氯氟氰菊酯	193
PD20120853	戊唑醇	755
PD20120854	阿维・甲氰	726
PD20120855	甲氨基阿维菌素苯甲酸盐	629
PD20120856	烟嘧・莠去津	366
PD20120857	啶嘧磺隆	1084
PD20120858	咪鲜胺	616
PD20120859	三氯异氰尿酸	1034
PD20120860	氰氟草酯	1116
PD20120861	唑草酮	874
PD20120862	高效氯氟氰菊酯	589
PD20120863	烟嘧・莠去津	672
PD20120864	甲氨基阿维菌素苯甲酸盐	888
PD20120865	井冈・嘧苷素	1110
PD20120866	苯磺隆	338
PD20120867	阿维菌素	304
PD20120868	甲氨基阿维菌素苯甲酸盐	886
PD20120869	精噁唑禾草灵	75
PD20120870	异噁草松	1084
PD20120871	克菌丹	163
PD20120872	苯醚甲环唑	940
PD20120873	阿维・吡虫啉	185
PD20120874	莠去津	736
PD20120875	菜颗・苏云菌	409
PD20120876	狼毒素	129
PD20120877	狼毒素	129
PD20120878	吡虫・噻嗪酮	185
PD20120879	阿维菌素	269
PD20120880	氯氟吡氧乙酸异辛酯	51
PD20120881	烯啶虫胺	765
PD20120883	戊唑醇	1122
PD20120884	氯氟吡氧乙酸异辛酯	1083
PD20120885	毒死蜱	135
PD20120886	氯氟・甲维盐	566
PD20120887	苯甲・丙环唑	417
PD20120888	阿维・毒死蜱	649
PD20120889	甲氨基阿维菌素苯甲酸	1045
PD20120890	戊唑醇	919
PD20120891	草甘膦铵盐	487
PD20120892	甲氨基阿维菌素苯甲酸盐	929
PD20120893	吡虫・噻嗪酮	665
PD20120894	己唑醇	95
PD20120895	阿维菌素	127
PD20120896	甲维・仲丁威	589
PD20120897	草甘・三氯吡	1008
PD20120898	苯甲・丙环唑	469
PD20120899	草甘膦铵盐	556
PD20120900	甲氨基阿维菌素苯甲酸盐	919
PD20120901	烯酰吗啉	1002
PD20120902	苄嘧・丙草胺	428
PD20120903	氟环唑	524
PD20120904	代森锰锌	1002
PD20120905	氟硅唑	881
PD20120906	乙羧氟草醚	843
PD20120907	己唑醇	755
PD20120908	乙羧氟草醚	1045
PD20120909	甲氨基阿维菌素苯甲酸盐	715
PD20120910	双草醚	541
PD20120911	井冈・己唑醇	547
PD20120912	嘧菌酯	589
PD20120913	阿维菌素	888
PD20120914	吡虫啉	863
PD20120915	草甘膦	501
PD20120916	炔草酯	1078
PD20120917	氯氟・啶虫脒	961
PD20120918	啶虫脒	803
PD20120919	甲氨基阿维菌素苯甲酸盐	929
PD20120920	甲氨基阿维菌素苯甲酸盐	651
PD20120921	草甘膦铵盐	842
PD20120922	阿维菌素	585
PD20120923	草甘膦铵盐	558
PD20120924	高氯・甲维盐	702
PD20120925	阿维菌素	415
PD20120926	氟环唑	524
PD20120927	苄・二氯	521
PD20120928	炔螨特	538
PD20120929	阿维・哒螨灵	292
PD20120930	甲氨基阿维菌素苯甲酸盐	77
PD20120931	敌草隆	1071
PD20120932	吡虫啉	479
PD20120933	中生・多菌灵	116
PD20120934	高氯・马	89
PD20120935	甲硫・乙霉威	820
PD20120936	氯氟・啶虫脒	803
PD20120937	吡虫啉	462
PD20120938	苦参碱	452
PD20120939	百菌清	606
PD20120940	己唑醇	466
PD20120941	烯酰吗啉	1043
PD20120942	苄・丁	686
PD20120943	烯酰吗啉	1076
PD20120944	辛硫磷	545
PD20120945	阿维・高氯氟	886
PD20120946	双草醚	86
PD20120947	唑草酮	1033
PD20120948	草甘膦铵盐	227

PD20120949	丁子香酚	560
PD20120950	烯草酮	487
PD20120951	多抗霉素	997
PD20120952	甲氨基阿维菌素苯甲酸盐	394
PD20120953	高效氯氟氰菊酯	200
PD20120954	阿维菌素	394
PD20120955	啶虫脒	628
PD20120956	嘧菌酯	604
PD20120957	吡虫啉	127
PD20120958	苄嘧·丙草胺	73
PD20120959	丙溴·辛硫磷	550
PD20120960	苯甲·福美双	747
PD20120961	氯氟·啶虫脒	831
PD20120962	苯醚·丙环唑	366
PD20120963	苯醚甲环唑	1004
PD20120964	毒死蜱	616
PD20120965	高效氯氟氰菊酯	940
PD20120966	阿维菌素	105
PD20120967	烯草酮	900
PD20120968	毒死蜱	538
PD20120969	吡虫啉	462
PD20120970	高效氟吡甲禾灵	796
PD20120971	苯醚甲环唑	255
PD20120972	阿维·高氯氟	281
PD20120973	咪鲜胺	90
PD20120974	阿维·三唑磷	684
PD20120975	高氯·氟铃脲	629
PD20120976	苄嘧·丙草胺	473
PD20120977	丙溴磷	476
PD20120978	辛硫磷	803
PD20120979	氟硅唑	925
PD20120980	高效氟吡甲禾灵	1073
PD20120981	丙溴磷	1043
PD20120982	高效氯氟氰菊酯	925
PD20120983	阿维菌素	64
PD20120984	马拉硫磷	537
PD20120985	阿维·哒螨灵	880
PD20120986	氨基寡糖素	751
PD20120987	喹硫磷	629
PD20120988	吡虫啉	1004
PD20120989	毒死蜱	961
PD20120990	苯磺隆	311
PD20120991	草甘膦铵盐	925
PD20120992	啶虫脒	861
PD20120993	草甘膦	546
PD20120994	己唑醇	961
PD20120995	阿维·毒死蜱	432
PD20120996	精喹禾灵	550
PD20120997	吡虫啉	1004
PD20120998	啶虫脒	147
PD20120999	甲氨基阿维菌素苯甲酸盐	133
PD20121000	苯甲·丙环唑	808
PD20121001	甲维·丙溴磷	459
PD20121002	甲氨基阿维菌素苯甲酸盐	254
PD20121003	2甲·唑草酮	948
PD20121004	甲氨基阿维菌素苯甲酸盐	222
PD20121005	棉铃虫核型多角体病毒	320
PD20121006	甜菜安	163
PD20121007	二氯喹啉酸	1122
PD20121008	阿维菌素	209
PD20121009	精噁唑禾草灵	1073
PD20121010	哒螨灵	893
PD20121011	稻瘟灵	641
PD20121012	甲氨基阿维菌素苯甲酸盐	285
PD20121013	啶虫脒	326
PD20121014	嘧菌酯	1090
PD20121015	苯甲·丙环唑	1045
PD20121016	甲氨基阿维菌素苯甲酸盐	242
PD20121017	毒死蜱	463
PD20121018	吡虫啉	736
PD20121019	甲氨基阿维菌素苯甲酸盐	796
PD20121020	炔草酯	1008
PD20121021	2,4-滴二甲胺盐	561
PD20121022	嘧霉胺	914
PD20121023	烯酰吗啉	940
PD20121024	啶虫脒	251
PD20121025	高氯·啶虫脒	925
PD20121026	高效氯氰菊酯	953
PD20121027	溴氰菊酯	185
PD20121028	阿维·毒死蜱	196
PD20121029	阿维·杀螟松	415
PD20121030	哒螨灵	185
PD20121031	烯酰吗啉	914
PD20121032	甲基嘧啶磷	419
PD20121033	溴鼠灵	155
PD20121034	仲丁灵	634
PD20121035	苯磺·异丙隆	544
PD20121036	井冈·丙环唑	618
PD20121037	草甘膦铵盐	171
PD20121038	乙羧氟草醚	689
PD20121039	草甘膦铵盐	803
PD20121040	阿维菌素	325
PD20121041	氯嘧磺隆	595
PD20121042	噁草酮	609
PD20121043	阿维菌素	990
PD20121044	高效氯氟氰菊酯	752
PD20121045	草甘膦铵盐	76
PD20121046	硫双威	419
PD20121047	噻苯隆	1114
PD20121048	甲基硫菌灵	600
PD20121049	戊唑醇	122
PD20121050	烯酰吗啉	285
PD20121051	草甘膦铵盐	919
PD20121052	敌百·毒死蜱	1064
PD20121053	敌畏·毒死蜱	662
PD20121054	咪鲜胺	881
PD20121055	苯醚甲环唑	948
PD20121056	高氯·甲维盐	289
PD20121057	吡虫啉	268
PD20121058	吡虫啉	589
PD20121059	苯醚甲环唑	139
PD20121060	噻虫嗪	685
PD20121061	啶虫脒	269
PD20121062	乙烯利	535
PD20121063	氟铃脲	965
PD20121064	联苯菊酯	77
PD20121065	阿维·三唑磷	979
PD20121066	草甘膦铵盐	889
PD20121067	精喹禾灵	757
PD20121068	莠去津	1071
PD20121069	砜嘧磺隆	541
PD20121070	烟嘧磺隆	684
PD20121071	氟环唑	487
PD20121073	丁硫克百威	508
PD20121074	茚虫威	560
PD20121075	高效氯氟氰菊酯	532
PD20121076	戊唑醇	890
PD20121077	高效氯氰菊酯	1045
PD20121078	苯醚甲环唑	1047
PD20121079	高效氯氟氰菊酯	487
PD20121080	吡虫啉	817
PD20121081	吡虫啉	545
PD20121082	啶虫脒	600
PD20121083	四螨嗪	171
PD20121084	枯草芽孢杆菌	154
PD20121085	吡氟酰草胺	487

PD20121086 吡虫啉 48
PD20121087 甲霜灵 130
PD20121088 甲硫·己唑醇 965
PD20121089 苦参碱 698
PD20121092 炔螨·矿物油 92
PD20121093 高效氯氰菊酯 406
PD20121094 氟氯氰菊酯 147
PD20121095 甲氨基阿维菌素苯甲酸盐 965
PD20121096 四聚乙醛 576
PD20121097 高效氯氟氰菊酯 308
PD20121098 丙草胺 874
PD20121099 高效氯氟氰菊酯 147
PD20121100 咪锰·多菌灵 442
PD20121101 松·喹·氟磺胺 878
PD20121102 甲维·氟铃脲 92
PD20121103 甲氨基阿维菌素苯甲酸盐 1045
PD20121104 阿维菌素 1045
PD20121105 阿维·炔螨特 893
PD20121106 敌稗 378
PD20121107 噻嗪·仲丁威 214
PD20121108 吡虫啉 932
PD20121109 啶虫脒 619
PD20121110 丙环唑 147
PD20121111 苄嘧磺隆 691
PD20121112 苯醚甲环唑 1010
PD20121113 草甘膦 1025
PD20121114 甲氨基阿维菌素苯甲酸盐 147
PD20121115 氟环唑 487
PD20121116 高效氯氟氰菊酯 473
PD20121117 炔螨·溴螨酯 940
PD20121118 丁醚脲 147
PD20121119 噻嗪酮 462
PD20121120 阿维·三唑磷 940
PD20121121 吡虫啉 707
PD20121122 草甘膦铵盐 637
PD20121123 烯酰吗啉 492
PD20121124 戊唑醇 589
PD20121125 毒死蜱 846
PD20121126 吡虫啉 246
PD20121127 咪鲜胺 147
PD20121128 戊唑醇 929
PD20121129 甲氨基阿维菌素苯甲酸盐 244
PD20121130 啶虫脒 929
PD20121131 高效氯氰菊酯 111
PD20121132 苯醚甲环唑 358
PD20121133 甲磺隆 595
PD20121134 醚菌酯 961
PD20121135 三唑锡 171
PD20121136 草铵膦 147
PD20121137 氯嘧磺隆 595
PD20121138 三唑酮 171
PD20121139 枯草芽孢杆菌 677
PD20121140 吡虫啉 1108
PD20121141 吡虫啉 707
PD20121142 毒死蜱 984
PD20121143 杀螟丹 43
PD20121144 甲氰菊酯 919
PD20121145 苯醚甲环唑 881
PD20121146 甲氨基阿维菌素苯甲酸盐 147
PD20121147 吡虫啉 238
PD20121148 哒螨灵 597
PD20121149 胺鲜酯 168
PD20121150 嘧菌酯 609
PD20121151 苯醚甲环唑 367
PD20121152 申嗪霉素 666
PD20121153 2甲4氯 296
PD20121154 甲氨基阿维菌素苯甲酸盐 225
PD20121155 苯醚甲环唑 940
PD20121156 嗪草酮 524
PD20121157 丙溴磷 127
PD20121158 丙草胺 541
PD20121159 苄嘧磺隆 299
PD20121160 氯嘧磺隆 595
PD20121161 联苯菊酯 43
PD20121162 噻嗪·异丙威 135
PD20121163 双草醚 299
PD20121164 嘧霉胺 747
PD20121165 甲磺隆 595
PD20121166 高效氯氟氰菊酯 625
PD20121167 甲磺隆 595
PD20121168 斜纹夜蛾核型多角体病毒 320
PD20121169 甲氨基阿维菌素苯甲酸盐 602
PD20121170 吡虫啉 948
PD20121171 甲氨基阿维菌素苯甲酸盐 127
PD20121172 噁霉灵 214
PD20121174 莎稗磷 696
PD20121175 啶虫脒 358
PD20121176 甲氰菊酯 463
PD20121177 己唑醇 808
PD20121178 唑磷·毒死蜱 193
PD20121179 咪鲜胺 1103
PD20121180 烯酰吗啉 358
PD20121181 吡虫啉 1068
PD20121182 百菌清 317
PD20121183 二氯吡啶酸 1081
PD20121184 甲霜·锰锌 744
PD20121185 甲氨基阿维菌素苯甲酸盐 823
PD20121186 高效氯氟氰菊酯 299
PD20121187 嘧菌酯 886
PD20121188 乙羧氟草醚 73
PD20121189 噻虫嗪 299
PD20121190 咪鲜·稻瘟灵 442
PD20121191 苯嗪草酮 1106
PD20121192 灭草松 597
PD20121193 高效氯氰菊酯 242
PD20121194 氰氟草酯 64
PD20121195 阿维·哒螨灵 825
PD20121196 丁醚脲 469
PD20121197 吡嘧·苯噻酰 214
PD20121198 吡蚜·噻嗪酮 455
PD20121199 高氯·甲维盐 185
PD20121200 炔草酯 604
PD20121201 氨氯吡啶酸 843
PD20121202 百菌清 317
PD20121203 噻苯隆 466
PD20121204 阿维·高氯 415
PD20121205 精异丙甲草胺 1074
PD20121206 苄嘧·苯噻酰 214
PD20121207 戊唑醇 948
PD20121208 吡虫啉 573
PD20121209 草甘膦 654
PD20121210 甜菜宁 163
PD20121211 多·锰锌 908
PD20121212 苄嘧·苯磺隆 861
PD20121213 戊唑醇 185
PD20121214 双草醚 492
PD20121215 毒死蜱 81
PD20121216 吡嘧·二氯喹 1032
PD20121217 丁子香酚 881
PD20121218 戊唑醇 886
PD20121219 苯磺隆 798
PD20121220 阿维·哒螨灵 849
PD20121221 戊唑醇 833
PD20121222 草甘膦铵盐 591
PD20121223 丁醚脲 466
PD20121224 吡蚜酮 560

PD20121226	氯氟吡氧乙酸异辛酯	346
PD20121227	精噁唑禾草灵	346
PD20121228	烯草酮	346
PD20121229	噻酮·炔螨特	225
PD20121231	赤霉酸	1095
PD20121232	甲氨基阿维菌素苯甲酸盐	1095
PD20121233	敌草隆	1100
PD20121234	甲氨基阿维菌素苯甲酸盐	775
PD20121235	丁醚脲	185
PD20121236	吡虫啉	415
PD20121237	阿维·矿物油	833
PD20121238	双氟磺草胺	565
PD20121239	咯菌腈	1081
PD20121240	阿维菌素	417
PD20121241	草甘膦铵盐	430
PD20121242	精喹禾灵	85
PD20121243	苯醚甲环唑	185
PD20121244	高效氯氟氰菊酯	70
PD20121245	丙炔氟草胺	1074
PD20121246	阿维·矿物油	406
PD20121247	草甘膦异丙胺盐	1122
PD20121248	草甘膦铵盐	434
PD20121249	烯酰吗啉	965
PD20121250	灭草松	900
PD20121251	丁醚脲	185
PD20121252	甲硫·戊唑醇	517
PD20121253	啶虫脒	929
PD20121254	烯酰吗啉	185
PD20121255	戊唑醇	919
PD20121256	噻吩磺隆	306
PD20121257	吡虫啉	292
PD20121258	氰环·多菌灵	986
PD20121259	甲氨基阿维菌素苯甲酸盐	214
PD20121260	精噁唑禾草灵	986
PD20121261	啶虫脒	244
PD20121262	苯醚甲环唑	244
PD20121263	杀螺胺	546
PD20121264	吡虫啉	171
PD20121265	霜脲·锰锌	986
PD20121266	已唑醇	612
PD20121267	吡氟酰草胺	84
PD20121268	毒死蜱	806
PD20121269	高效氯氟氰菊酯	965
PD20121270	哒螨灵	171
PD20121271	甲氨基阿维菌素苯甲酸盐	299
PD20121272	阿维·吡虫啉	214
PD20121273	阿维菌素	127
PD20121274	草甘膦铵盐	585
PD20121275	吡虫啉	856
PD20121276	精喹禾灵	726
PD20121277	高效氯氟氰菊酯	744
PD20121278	矿物油	707
PD20121279	井冈·硫酸铜	521
PD20121280	阿维菌素	808
PD20121281	草甘膦	854
PD20121282	丙森·霜脲氰	609
PD20121283	草甘膦铵盐	220
PD20121284	阿维菌素	965
PD20121285	双草醚	86
PD20121286	丙森锌	886
PD20121287	毒死蜱	886
PD20121288	阿维·三唑锡	838
PD20121289	甲维·高氯氟	965
PD20121290	异丙甲草胺	874
PD20121291	咪鲜胺	640
PD20121292	戊唑醇	965
PD20121293	烯酰吗啉	366
PD20121294	联苯菊酯	171
PD20121295	苯醚甲环唑	965
PD20121296	噁霉灵	629
PD20121297	阿维菌素	61
PD20121298	草甘膦	463
PD20121299	阿维菌素	415
PD20121300	吡虫·矿物油	764
PD20121301	五氯·福美双	1061
PD20121302	吡虫啉	919
PD20121303	吡嘧·苯噻酰	504
PD20121304	多杀霉素	984
PD20121305	金龟子绿僵菌	651
PD20121306	嘧霉胺	788
PD20121307	精喹禾灵	296
PD20121308	啶虫脒	1056
PD20121309	阿维菌素	295
PD20121310	甲氨基阿维菌素苯甲酸盐	185
PD20121311	阿维·哒螨灵	710
PD20121312	烯酰吗啉	1056
PD20121313	吡虫啉	754
PD20121314	苯醚甲环唑	1043
PD20121315	阿维菌素	223
PD20121316	吡虫·毒死蜱	154
PD20121317	甲维·毒死蜱	501
PD20121318	甲氨基阿维菌素苯甲酸盐	147
PD20121319	丙森锌	940
PD20121320	烯酰吗啉	1061
PD20121321	阿维·三唑磷	501
PD20121322	甲氨基阿维菌素苯甲酸盐	223
PD20121323	炔螨特	866
PD20121324	吡虫啉	616
PD20121325	醚菌酯	886
PD20121326	草甘膦异丙胺盐	50
PD20121327	草甘膦铵盐	423
PD20121328	烟嘧磺隆	1074
PD20121329	戊唑醇	494
PD20121330	阿维菌素	752
PD20121331	啶虫脒	750
PD20121332	草甘膦铵盐	51
PD20121333	多菌灵	494
PD20121334	精噁唑禾草灵	900
PD20121335	棉铃虫核型多角体病毒	154
PD20121336	高效氯氟氰菊酯	1002
PD20121337	阿维菌素	210
PD20121338	吡虫啉	740
PD20121339	甲氨基阿维菌素苯甲酸盐	882
PD20121340	除虫脲	606
PD20121341	毒死蜱	315
PD20121342	戊唑醇	919
PD20121343	烯酰吗啉	367
PD20121344	丙溴磷	757
PD20121345	草甘膦铵盐	769
PD20121346	苄嘧·苯噻酰	172
PD20121347	蛇床子素	398
PD20121348	蛇床子素	398
PD20121349	吡虫啉	647
PD20121350	嘧霉胺	729
PD20121351	苯醚甲环唑	844
PD20121352	草甘膦铵盐	345
PD20121353	甲氨基阿维菌素苯甲酸盐	953
PD20121354	啶虫脒	844
PD20121355	噻嗪·异丙威	886
PD20121356	虫酰肼	1086
PD20121357	代森锌	948
PD20121358	阿维菌素	953
PD20121359	乙草胺	743
PD20121360	毒死蜱	808
PD20121361	苦参碱	286
PD20121362	异菌脲	147

PD20121363 草除灵 838
PD20121364 阿维・三唑磷 382
PD20121365 精喹禾灵 874
PD20121366 丙森・霜脲氰 127
PD20121367 苏云金杆菌 612
PD20121368 丙唑・多菌灵 222
PD20121369 甲氨基阿维菌素苯甲酸盐 195
PD20121370 炔螨特 185
PD20121371 唑磷・毒死蜱 209
PD20121372 草甘膦铵盐 838
PD20121373 高效氯氰菊酯 172
PD20121374 萎锈・福美双 1061
PD20121375 哒螨灵 172
PD20121376 阿维・啶虫脒 726
PD20121377 丙森锌 925
PD20121378 精喹禾灵 740
PD20121379 阿维菌素 64
PD20121380 草甘膦铵盐 591
PD20121381 甲氨基阿维菌素苯甲酸盐 64
PD20121382 甲氨基阿维菌素苯甲酸盐 656
PD20121383 乙草胺 49
PD20121384 醚菌酯 919
PD20121386 戊唑醇 127
PD20121387 赤霉酸 474
PD20121388 阿维菌素 642
PD20121389 吡虫啉 303
PD20121390 高效氯氟氰菊酯 962
PD20121391 吡蚜酮 990
PD20121392 苯醚甲环唑 965
PD20121393 残杀威 534
PD20121394 苯醚甲环唑 524
PD20121395 甲维・苏云菌 379
PD20121396 三唑磷 147
PD20121397 莎稗磷 379
PD20121398 嘧菌酯 977
PD20121399 灭草松 48
PD20121400 二氯喹啉酸 504
PD20121401 戊唑醇 122
PD20121402 毒死蜱 919
PD20121403 阿维・三唑磷 209
PD20121404 阿维菌素 517
PD20121405 吡虫啉 919
PD20121406 烯酰吗啉 826
PD20121407 烯酰吗啉 919
PD20121408 多杀霉素 384
PD20121409 丙森锌 820
PD20121410 啶嘧磺隆 1074
PD20121411 高效氯氟氰菊酯 278
PD20121412 菌核净 635
PD20121413 甲氨基阿维菌素苯甲酸盐 299
PD20121414 噻菌灵 299
PD20121415 丙环唑 600
PD20121416 噻嗪酮 1064
PD20121417 二氯喹啉酸 423
PD20121418 甲氨基阿维菌素苯甲酸盐 48
PD20121419 草甘膦异丙胺盐 627
PD20121420 毒死蜱 558
PD20121421 辛硫磷 48
PD20121422 乙烯利 299
PD20121423 毒死蜱 299
PD20121424 噻嗪酮 532
PD20121425 苯醚甲环唑 89
PD20121426 多菌灵 532
PD20121427 吡虫啉 750
PD20121428 阿维・除虫脲 315
PD20121429 高效氯氰菊酯 50
PD20121430 苯醚甲环唑 757
PD20121431 戊唑醇 589
PD20121432 咪鲜・异菌脲 137
PD20121433 井冈・蜡芽菌 521
PD20121434 阿维・毒死蜱 415
PD20121435 丁硫克百威 568
PD20121436 甲氨基阿维菌素苯甲酸盐 1073
PD20121437 阿维・高氯 210
PD20121438 甲维・毒死蜱 817
PD20121439 矿物油 817
PD20121440 莠去津 556
PD20121441 吡虫啉 586
PD20121442 噁草酮 376
PD20121443 乙・莠・滴丁酯 385
PD20121444 甲维・毒死蜱 707
PD20121445 吡虫啉 828
PD20121446 氨基寡糖素 230
PD20121447 丙溴磷 893
PD20121448 阿维・吡虫啉 1098
PD20121449 杀螺胺乙醇胺盐 583
PD20121450 戊唑醇 925
PD20121451 莎稗磷 696
PD20121452 草甘膦异丙胺盐 1122
PD20121453 联苯・三唑锡 1008
PD20121454 草铵膦 1080
PD20121455 甲氨基阿维菌素苯甲酸盐 350
PD20121456 烟嘧磺隆 363
PD20121457 烟嘧磺隆 346
PD20121458 烯酰吗啉 932
PD20121459 联苯・哒螨灵 940
PD20121460 甲氨基阿维菌素苯甲酸盐 925
PD20121461 苯醚甲环唑 254
PD20121462 甲氨基阿维菌素苯甲酸盐 940
PD20121463 阿维菌素 545
PD20121464 甲维・氟铃脲 940
PD20121465 毒死蜱 710
PD20121466 嘧菌酯 597
PD20121467 芸苔素内酯 106
PD20121468 阿维菌素 290
PD20121469 甲氨基阿维菌素苯甲酸盐 1098
PD20121470 戊唑醇 828
PD20121471 氟铃・毒死蜱 849
PD20121472 甲氨基阿维菌素苯甲酸盐 324
PD20121473 丙溴磷 657
PD20121474 氟菌唑 940
PD20121475 阿维・丙溴磷 886
PD20121476 嘧霉胺 953
PD20121477 井冈霉素 411
PD20121478 苯醚甲环唑 185
PD20121479 硫磺・多菌灵 155
PD20121480 敌畏・马 534
PD20121481 乙草胺 751
PD20121482 阿维菌素 663
PD20121483 氟乐灵 1086
PD20121484 高效氯氰菊酯 185
PD20121485 草甘膦铵盐 1089
PD20121486 嘧菌酯 285
PD20121487 枯草芽孢杆菌 106
PD20121488 苦参碱 1043
PD20121489 甲氨基阿维菌素苯甲酸盐 407
PD20121490 噁草・丁草胺 376
PD20121491 咯菌腈 1074
PD20121492 阿维・啶虫脒 525
PD20121493 嘧菌酯 625
PD20121494 草甘膦 67
PD20121495 甲氨基阿维菌素苯甲酸盐 172
PD20121496 烯草酮 662
PD20121497 啶虫脒 494
PD20121498 吡嘧・丙草胺 861
PD20121499 哒螨・矿物油 879

PD20121500	烯酰吗啉	462
PD20121501	丁硫克百威	809
PD20121502	嘧菌酯	809
PD20121503	双氟磺草胺	809
PD20121504	硫磺·多菌灵	178
PD20121505	双草醚	234
PD20121506	苄嘧·苯噻酰	861
PD20121507	戊唑·多菌灵	241
PD20121508	戊唑醇	241
PD20121509	精喹禾灵	699
PD20121510	精噁唑禾草灵	1119
PD20121511	甲氨基阿维菌素苯甲酸盐	97
PD20121512	嘧菌酯	561
PD20121513	甲·灭·敌草隆	861
PD20121514	丙森锌	919
PD20121515	烯啶虫胺	559
PD20121516	高效氯氰菊酯	482
PD20121517	苯磺隆	601
PD20121518	草铵膦	979
PD20121519	嘧菌酯	616
PD20121520	唑磷·毒死蜱	538
PD20121521	霜脲氰	925
PD20121522	阿维·哒螨灵	172
PD20121523	啶虫脒	289
PD20121524	甲氨基阿维菌素苯甲酸盐	185
PD20121525	五硝·辛硫磷	909
PD20121526	阿维菌素	172
PD20121527	草甘膦铵盐	138
PD20121528	己唑醇	726
PD20121529	丁草胺	979
PD20121530	吡虫·毒死蜱	1025
PD20121531	啶虫脒	225
PD20121532	2,4-滴二甲胺盐	378
PD20121533	甲霜·锰锌	517
PD20121534	阿维·高氯	248
PD20121536	阿维菌素	210
PD20121537	阿维菌素	665
PD20121538	甲氨基阿维菌素苯甲酸盐	319
PD20121539	阿维·杀螟松	627
PD20121540	吡虫啉	724
PD20121541	阿维·矿物油	748
PD20121542	丁醚·哒螨灵	147
PD20121543	咪鲜胺	494
PD20121544	己唑醇	962
PD20121545	毒死蜱	867
PD20121546	阿维菌素	358
PD20121547	草甘膦铵盐	846
PD20121548	吡蚜酮	616
PD20121549	甲氨基阿维菌素苯甲酸盐	711
PD20121550	啶虫脒	953
PD20121551	草甘膦铵盐	194
PD20121552	萎锈·福美双	441
PD20121553	吡虫啉	1056
PD20121554	仲丁威	209
PD20121555	阿维菌素	249
PD20121556	草甘膦铵盐	641
PD20121557	三乙膦酸铝	543
PD20121558	春雷·王铜	934
PD20121559	滴酸·草甘膦	990
PD20121560	高效氯氟氰菊酯	828
PD20121561	戊唑醇	838
PD20121562	氟铃·毒死蜱	415
PD20121563	氰戊菊酯	466
PD20121564	吡虫啉	452
PD20121565	十三吗啉	517
PD20121566	丙森锌	369
PD20121567	啶虫脒	749
PD20121568	戊唑醇	1120
PD20121569	吡虫啉	74
PD20121570	除虫脲	1074
PD20121571	草甘膦铵盐	521
PD20121572	乙酰甲胺磷	545
PD20121573	嘧菌酯	1071
PD20121574	啶虫脒	589
PD20121575	甲氨基阿维菌素苯甲酸盐	222
PD20121576	丁子香酚	319
PD20121577	苯醚·戊唑醇	962
PD20121578	氟磺胺草醚	778
PD20121579	戊唑醇	736
PD20121580	扑·乙	861
PD20121581	高效氯氟氰菊酯	236
PD20121582	氟胺·烯禾啶	861
PD20121583	灭·喹·氟磺胺	736
PD20121584	氯氰菊酯	809
PD20121585	烯酰吗啉	292
PD20121586	蛇床子素	567
PD20121587	乙·莠	1040
PD20121588	二嗪磷	765
PD20121589	戊唑醇	350
PD20121590	吗胍·乙酸铜	381
PD20121591	虱螨脲	604
PD20121592	毒死蜱	848
PD20121593	甲氨基阿维菌素苯甲酸盐	227
PD20121594	丙威·毒死蜱	230
PD20121595	乙羧氟草醚	1040
PD20121596	阿维菌素	358
PD20121597	甲氨基阿维菌素苯甲酸盐	137
PD20121598	联苯菊酯	130
PD20121599	吡虫啉	896
PD20121600	丙环唑	158
PD20121601	杀铃脲	517
PD20121602	吡虫啉	616
PD20121603	苯醚甲环唑	89
PD20121604	虫酰肼	711
PD20121605	辛硫磷	711
PD20121606	烟嘧·莠去津	265
PD20121607	高效氯氟氰菊酯	953
PD20121608	唑磷·毒死蜱	400
PD20121609	毒死蜱	200
PD20121610	2,4-滴异辛酯	523
PD20121611	双草醚	829
PD20121612	2甲·草甘膦	345
PD20121615	几丁聚糖	882
PD20121616	高效氯氟氰菊酯	380
PD20121618	甲氧虫酰肼	1108
PD20121619	灭草松	521
PD20121620	氯氟吡氧乙酸	751
PD20121622	灭草松	383
PD20121623	甲氨基阿维菌素苯甲酸盐	908
PD20121624	嘧菌酯	972
PD20121625	四聚乙醛	576
PD20121626	草甘膦异丙胺盐	521
PD20121627	乙草胺	678
PD20121628	百菌清	866
PD20121629	三环唑	1078
PD20121630	吡·戊·福美双	441
PD20121631	菌核·福美双	111
PD20121632	枯草芽孢杆菌	106
PD20121633	噻虫嗪	809
PD20121634	莎稗磷	379
PD20121635	戊唑醇	220
PD20121636	乙·噁·滴丁酯	798
PD20121637	戊唑·多菌灵	878
PD20121638	甲维·丁醚脲	147
PD20121639	丙草胺	385
PD20121640	三唑酮	131

PD20121641	炔草酯	1080
PD20121642	烟嘧·莠去津	1045
PD20121643	阿维·啶虫脒	786
PD20121644	草甘膦铵盐	217
PD20121645	烯酰吗啉	736
PD20121646	2甲·草甘膦	990
PD20121647	2甲·莠·敌	657
PD20121648	四螨·三唑锡	886
PD20121649	甲氨基阿维菌素苯甲酸盐	1098
PD20121650	吡嘧磺隆	861
PD20121651	丙环唑	930
PD20121652	烟嘧磺隆	711
PD20121653	甲氨基阿维菌素苯甲酸盐	248
PD20121654	啶虫脒	990
PD20121655	吡虫啉	579
PD20121656	甲基硫菌灵	1002
PD20121657	敌百·毒死蜱	539
PD20121658	阿维菌素	1045
PD20121659	抗蚜威	419
PD20121660	咪鲜胺	517
PD20121661	甲维·丙溴磷	878
PD20121662	咪鲜胺	809
PD20121663	氰烯菌酯	564
PD20121670	氰烯菌酯	564
PD20121672	呋喃虫酰肼	564
PD20121676	呋喃虫酰肼	564
PD20121678	吡蚜酮	80
PD20121679	阿维菌素	236
PD20121680	苯醚甲环唑	786
PD20121681	灭草松	296
PD20121682	2甲·唑草酮	528
PD20121683	草甘膦铵盐	864
PD20121684	哒灵·炔螨特	298
PD20121685	甲氰·噻螨酮	105
PD20121686	苏云金杆菌	654
PD20121687	氟硅唑	940
PD20121688	甲氨基阿维菌素苯甲酸盐	178
PD20121689	戊唑·多菌灵	517
PD20121690	百菌清	347
PD20121691	莠去津	798
PD20121692	吡虫啉	48
PD20121693	丙森锌	1043
PD20121694	小菜蛾颗粒体病毒	321
PD20121695	噁霉灵	914
PD20121696	苄·丁	1025
PD20121697	甜菜夜蛾核型多角体病毒	321
PD20121698	苯醚甲环唑	872
PD20121699	三唑磷	172
PD20121700	戊唑醇	914
PD20121701	草甘膦铵盐	194
PD20121702	啶虫脒	246
PD20121703	烯酰吗啉	882
PD20121704	吡虫啉	729
PD20121705	甲霜·噁霉灵	914
PD20121706	硝磺草酮	736
PD20121707	炔螨·矿物油	825
PD20121708	己唑醇	48
PD20121709	戊唑醇	48
PD20121710	戊唑·福美双	618
PD20121711	腐霉利	317
PD20121712	氟啶脲	1086
PD20121713	甲·灭·敌草隆	202
PD20121714	联苯菊酯	221
PD20121715	腈菌唑	1043
PD20121716	高效氟氯氰菊酯	221
PD20121717	草铵膦	285
PD20121718	吡虫啉	828
PD20121719	三唑酮	1002
PD20121720	灭蝇胺	930
PD20121721	草甘膦铵盐	930
PD20121722	噻虫嗪	49
PD20121723	氟吡·草除灵	861
PD20121724	甲氨基阿维菌素苯甲酸盐	338
PD20121725	噻嗪酮	131
PD20121726	咪鲜·异菌脲	923
PD20121727	苦参碱	698
PD20121728	环嗪酮	604
PD20121729	甲氨基阿维菌素苯甲酸盐	292
PD20121730	灭蝇胺	809
PD20121731	啶虫脒	135
PD20121732	噻苯隆	353
PD20121733	丁草胺	49
PD20121734	琥胶肥酸铜	381
PD20121735	草甘膦铵盐	632
PD20121736	阿维·哒螨灵	629
PD20121737	噻嗪酮	948
PD20121738	丙环唑	537
PD20121739	四聚乙醛	886
PD20121740	氯氰菊酯	185
PD20121741	咪鲜胺	757
PD20121742	三唑锡	886
PD20121743	阿维菌素	308
PD20121744	嘧菌酯	1029
PD20121745	松·喹·氟磺胺	743
PD20121746	戊唑醇	1107
PD20121747	戊唑醇	723
PD20121748	烯禾啶	874
PD20121749	阿维·高氯	749
PD20121750	苦参碱	1043
PD20121751	啶虫·仲丁威	230
PD20121752	烟嘧·莠去津	376
PD20121753	苄嘧·丙草胺	992
PD20121754	阿维菌素	225
PD20121755	双草醚	498
PD20121756	阿维菌素	337
PD20121757	乙草胺	711
PD20121758	阿维·哒螨灵	172
PD20121759	哒螨灵	908
PD20121760	烟嘧磺隆	296
PD20121762	抑霉唑	221
PD20121763	苯醚甲环唑	723
PD20121764	双草醚	604
PD20121765	敌草隆	867
PD20121766	砜嘧磺隆	498
PD20121767	草甘膦异丙胺盐	296
PD20121769	草甘膦	388
PD20121770	甲氨基阿维菌素苯甲酸盐	881
PD20121771	甲氰菊酯	1028
PD20121772	乙羧氟草醚	854
PD20121773	烟嘧·莠去津	319
PD20121774	甲氨基阿维菌素苯甲酸盐	185
PD20121775	苄嘧·苯噻酰	504
PD20121776	麦草畏	517
PD20121777	乙虫腈	1068
PD20121778	2,4-滴异辛酯	487
PD20121779	嘧菌酯	707
PD20121780	盐酸吗啉胍	1043
PD20121781	阿维·四螨嗪	147
PD20121782	戊唑·吡虫啉	517
PD20121783	二甲戊灵	979
PD20121784	高效氯氟氰菊酯	930
PD20121785	多杀霉素	984
PD20121786	嘧菌酯	1084
PD20121787	阿维·三唑磷	893
PD20121788	嘧霉胺	241
PD20121789	辛硫磷	545

PD20121790 硫双威 774
PD20121791 高效氯氟氰菊酯 1043
PD20121792 吡虫啉 1107
PD20121793 阿维菌素 948
PD20121794 阿维菌素 1107
PD20121795 阿维·吡虫啉 629
PD20121796 甲维·虫酰肼 1043
PD20121797 阿维·杀虫单 193
PD20121798 三唑锡 636
PD20121799 唑嘧磺草胺 609
PD20121800 三唑酮 930
PD20121801 氟磺胺草醚 541
PD20121802 双草醚 855
PD20121803 阿维菌素 637
PD20121804 烯酰吗啉 1056
PD20121805 苯甲·锰锌 940
PD20121806 吡虫啉 289
PD20121807 氟硅唑 1086
PD20121808 丙环唑 844
PD20121809 草甘膦铵盐 707
PD20121810 吡虫啉 289
PD20121811 甲氨基阿维菌素苯甲酸盐 278
PD20121812 苄嘧·丙草胺 583
PD20121813 低聚糖素 230
PD20121814 矿物油 882
PD20121815 乙草胺 1107
PD20121816 高氯·甲维盐 930
PD20121817 咪鲜胺 723
PD20121818 吡蚜酮 241
PD20121819 己唑·醚菌酯 932
PD20121820 烟嘧磺隆 768
PD20121821 啶虫脒 451
PD20121822 啶虫脒 973
PD20121823 虱螨脲 604
PD20121824 阿维·三唑磷 617
PD20121825 丙草胺 49
PD20121826 阿维·三唑磷 653
PD20121827 矿物油 828
PD20121828 胺·吡·草除灵 398
PD20121829 敌鼠钠盐 427
PD20121830 甲氨基阿维菌素苯甲酸盐 707
PD20121831 啶虫脒 351
PD20121832 乙酰甲胺磷 545
PD20121833 三甲苯草酮 602
PD20121834 咪鲜胺 756
PD20121835 灭草松 154
PD20121836 烟嘧磺隆 528
PD20121837 烟嘧·莠去津 714
PD20121838 甲氨基阿维菌素苯甲酸盐 246
PD20121839 吡虫啉 289
PD20121840 双草醚 531
PD20121841 苯甲·丙环唑 441
PD20121842 甲氨基阿维菌素苯甲酸盐 417
PD20121843 硫双威 517
PD20121844 戊唑醇 452
PD20121845 丙环唑 881
PD20121846 烟嘧磺隆 940
PD20121847 醚菌酯 872
PD20121848 戊唑醇 64
PD20121849 丙溴磷 358
PD20121850 乙·莠·滴丁酯 672
PD20121851 嘧霉·百菌清 1078
PD20121852 乙·莠 887
PD20121853 烟嘧·莠去津 736
PD20121854 烟嘧磺隆 1107
PD20121855 乙·莠·滴丁酯 301
PD20121856 嘧菌酯 521
PD20121857 吡嘧·苯噻酰 379
PD20121858 甲氧虫酰肼 1108
PD20121859 敌畏·毒死蜱 204
PD20121860 马拉硫磷 906
PD20121861 阿维·哒螨灵 773
PD20121862 哒螨灵 992
PD20121863 稻瘟灵 669
PD20121864 甲氨基阿维菌素苯甲酸盐 876
PD20121865 咪鲜胺 740
PD20121866 噻呋酰胺 1081
PD20121867 阿维·高氯 249
PD20121868 烟嘧磺隆 855
PD20121869 甲氨基阿维菌素苯甲酸盐 930
PD20121870 咪鲜胺 463
PD20121871 氟乐灵 1101
PD20121872 氰氟草酯 487
PD20121873 异丙甲草胺 407
PD20121874 甲氨基阿维菌素苯甲酸盐 133
PD20121875 阿维·丙溴磷 662
PD20121876 草甘膦 407
PD20121877 苄嘧·苯噻酰 692
PD20121878 霜霉威盐酸盐 1086
PD20121879 甲霜· 噁霉灵 689
PD20121880 丁硫克百威 214
PD20121881 烟嘧·莠去津 874
PD20121882 嘧菌酯 518
PD20121883 嘧菌酯 528
PD20121884 甲氨基阿维菌素苯甲酸盐 662
PD20121885 溴鼠灵 687
PD20121886 烯草酮 487
PD20121887 甲氨基阿维菌素苯甲酸盐 848
PD20121888 甲氨基阿维菌素苯甲酸盐 723
PD20121889 高效氯氟氰菊酯 723
PD20121890 砜嘧磺隆 528
PD20121891 酰嘧磺隆 528
PD20121892 三唑酮 494
PD20121893 啶虫脒 238
PD20121894 高效氯氟氰菊酯 238
PD20121895 吡虫啉 238
PD20121896 戊唑醇 487
PD20121897 异噁·甲戊灵 374
PD20121898 抗蚜·吡虫啉 831
PD20121899 灭蝇胺 172
PD20121900 三唑磷 930
PD20121901 三唑磷 930
PD20121902 吡虫啉 907
PD20121903 吡虫啉 757
PD20121904 吡虫啉 289
PD20121905 莠去津 798
PD20121906 咪鲜胺 415
PD20121907 草甘膦铵盐 736
PD20121908 高效氯氰菊酯 907
PD20121909 噁霉灵 740
PD20121910 噻虫嗪 521
PD20121911 甲氨基阿维菌素苯甲酸盐 1098
PD20121912 硝磺草酮 1074
PD20121913 2甲·草甘膦 103
PD20121914 吡虫啉 1043
PD20121915 嘧菌酯 50
PD20121916 噁草酮 874
PD20121917 苯甲·丙环唑 56
PD20121918 甲氨基阿维菌素苯甲酸盐 415
PD20121919 吡虫啉 589
PD20121920 毒死蜱 842
PD20121921 氯氟·吡虫啉 962
PD20121922 戊唑醇 579
PD20121923 噁草·丁草胺 412
PD20121924 乙·莠·滴丁酯 798
PD20121925 烟·莠·辛酰腈 301

PD20121926	氟硅唑	886
PD20121927	柠铜·络氨铜	909
PD20121928	溴菌·多菌灵	662
PD20121929	十三吗啉	508
PD20121930	噻嗪·毒死蜱	919
PD20121931	敌草快	625
PD20121932	哒螨灵	151
PD20121933	氯氟吡氧乙酸异辛酯	1029
PD20121934	烟嘧磺隆	371
PD20121935	咪鲜胺	66
PD20121936	苄嘧·丙草胺	861
PD20121937	哒螨灵	415
PD20121938	啶虫·杀虫单	152
PD20121939	戊唑·多菌灵	494
PD20121940	烟嘧磺隆	690
PD20121941	苄嘧·苯噻酰	110
PD20121942	丁醚脲	518
PD20121943	甲维·高氯氟	494
PD20121944	唑磷·毒死蜱	861
PD20121945	甲氨基阿维菌素苯甲酸盐	289
PD20121946	己唑醇	994
PD20121947	氟啶脲	82
PD20121948	氟环唑	919
PD20121949	百菌清	299
PD20121950	二甲戊灵	249
PD20121951	氰氟·精噁唑	353
PD20121952	除虫菊素	698
PD20121953	甲氨基阿维菌素苯甲酸盐	589
PD20121954	灭草松	874
PD20121955	阿维菌素	221
PD20121956	甲硫·戊唑醇	817
PD20121957	甲咪唑烟酸	900
PD20121958	溴螨酯	1086
PD20121959	阿维菌素	691
PD20121960	香菇多糖	861
PD20121961	阿维·高氯	185
PD20121962	啶虫脒	1107
PD20121963	草甘膦异丙胺盐	862
PD20121964	赤霉酸	224
PD20121965	2甲·草甘膦	111
PD20121966	烟嘧·莠去津	798
PD20121967	氟硅唑	221
PD20121968	高效氯氟氰菊酯	719
PD20121969	甲氰·甲维盐	230
PD20121970	哒螨灵	313
PD20121971	烯酰吗啉	1032
PD20121972	精喹禾灵	1032
PD20121973	异丙威	316
PD20121974	丙溴·氟铃脲	452
PD20121975	吡嘧·苯噻酰	376
PD20121976	戊唑醇	1002
PD20121977	阿维菌素	350
PD20121978	丙森·甲霜灵	459
PD20121979	香菇多糖	97
PD20121980	草甘膦铵盐	1026
PD20121981	吡虫啉	553
PD20121982	己唑醇	886
PD20121983	异菌脲	809
PD20121984	苯醚甲环唑	977
PD20121985	苯醚甲环唑	972
PD20121986	三环唑	888
PD20121987	噁霉灵	888
PD20121988	咪鲜胺	932
PD20121989	唑磷·毒死蜱	111
PD20121990	乙酰甲胺磷	508
PD20121991	双草醚	508
PD20121992	戊唑醇	881
PD20121993	高效氯氟氰菊酯	351
PD20121994	胺鲜·甲哌鎓	932
PD20121995	烯草酮	711
PD20121996	苯醚甲环唑	920
PD20121997	井冈·香菇糖	673
PD20121998	嗪草酸甲酯	696
PD20121999	嘧啶核苷类抗菌素	1110
PD20122000	炔草酸	481
PD20122001	乙·嗪·滴丁酯	678
PD20122002	腈菌唑	940
PD20122003	醚菌酯	48
PD20122004	苯甲·丙环唑	1008
PD20122005	烟嘧磺隆	671
PD20122006	嘧菌酯	753
PD20122007	烟嘧磺隆	354
PD20122008	吡蚜·噻嗪酮	455
PD20122009	高效氯氟氰菊酯	147
PD20122010	乙·噻·滴丁酯	678
PD20122011	烟嘧·莠去津	875
PD20122012	戊唑醇	1074
PD20122013	炔草酯	1008
PD20122014	高效氯氰菊酯	193
PD20122015	草铵膦	48
PD20122016	吡嘧磺隆	900
PD20122017	甲氨基阿维菌素苯甲酸盐	786
PD20122018	双草醚	498
PD20122019	淡紫拟青霉	154
PD20122020	联苯菊酯	74
PD20122021	烯酰吗啉	855
PD20122022	醚菌酯	925
PD20122023	氯氟·吡虫啉	972
PD20122024	苯醚甲环唑	940
PD20122025	苯醚甲环唑	345
PD20122026	高效氯氟氰菊酯	137
PD20122027	五硝·多菌灵	172
PD20122028	戊唑醇	415
PD20122029	苯醚甲环唑	88
PD20122030	莎稗磷	834
PD20122031	茚虫威	1074
PD20122032	丁硫克百威	298
PD20122033	高效氟吡甲禾灵	172
PD20122034	甲·灭·敌草隆	798
PD20122035	代森锌	1002
PD20122036	甲氨基阿维菌素苯甲酸盐	525
PD20122037	高效氯氟氰菊酯	948
PD20122038	苯醚甲环唑	529
PD20122039	苯醚甲环唑	524
PD20122040	甲维盐·氯氰	774
PD20122041	四螨嗪	1043
PD20122042	氟铃脲	1043
PD20122043	醚菌酯	948
PD20122044	嗪草酮	565
PD20122045	联苯菊酯	311
PD20122046	吡虫啉	620
PD20122047	甲氨基阿维菌素苯甲酸盐	147
PD20122048	唑磷·毒死蜱	740
PD20122049	甲氨基阿维菌素苯甲酸盐	1080
PD20122050	戊唑醇	809
PD20122051	戊唑醇	901
PD20122052	阿维菌素	147
PD20122053	烯酰·锰锌	1080
PD20122054	甲维·毒死蜱	412
PD20122055	高效氯氟氰菊酯	809
PD20122056	福美双	241
PD20122057	阿维·三唑磷	955
PD20122058	甲氨基阿维菌素苯甲酸盐	473
PD20122059	吡虫啉	707
PD20122060	吡蚜酮	707
PD20122061	吡蚜酮	580

PD20122062 甲草胺 49
PD20122063 己唑醇 896
PD20122064 吡虫啉 740
PD20122065 丁草胺 888
PD20122066 噻虫嗪 707
PD20122067 阿维·三唑磷 833
PD20122068 噻吩·苯磺隆 518
PD20122069 草甘膦铵盐 997
PD20122070 烯酰吗啉 1046
PD20122071 氟磺胺草醚 376
PD20122072 莎稗磷 441
PD20122073 氯氰菊酯 172
PD20122074 炔螨特 1052
PD20122075 高氯·甲维盐 645
PD20122076 啶虫脒 155
PD20122077 噻虫嗪 753
PD20122078 丙森·多菌灵 786
PD20122079 多菌灵 620
PD20122080 高效氟吡甲禾灵 345
PD20122081 氰氟草酯 103
PD20122082 稻瘟灵 1031
PD20122083 嘧菌·戊唑醇 518
PD20122084 多抗霉素 757
PD20122085 草甘膦 829
PD20122086 双草醚 531
PD20122088 甲氨基阿维菌素苯甲酸盐 864
PD20122089 氰氟草酯 546
PD20122090 丙硫唑 222
PD20122091 戊唑醇 867
PD20122092 嗪草酮 521
PD20122093 春雷·王铜 863
PD20122094 嘧菌酯 872
PD20122095 草甘膦钾盐 625
PD20122096 中生菌素 920
PD20122097 高效氯氰菊酯 488
PD20122098 扑·乙·滴丁酯 445
PD20122099 香菇多糖 862
PD20122100 戊唑醇 185
PD20122101 高效氯氰菊酯 1101
PD20122102 苄嘧·丙草胺 50
PD20122103 苏云金杆菌 755
PD20122104 苯甲·嘧苷素 934
PD20122105 吡虫啉 466
PD20122106 吡蚜酮 147
PD20122107 稻瘟灵 423
PD20122108 福·福锌 891
PD20122109 丙森·多菌灵 127
PD20122110 氰氟草酯 861
PD20122111 甲氨基阿维菌素苯甲酸盐 194
PD20122112 吡蚜酮 154
PD20122114 烯草酮 875
PD20122115 苄嘧磺隆 875
PD20122116 阿维·丁醚脲 147
PD20122117 2甲4氯钠 537
PD20122118 阿维·矿物油 974
PD20122119 异菌脲 463
PD20122120 噻嗪·毒死蜱 214
PD20122121 吡虫啉 473
PD20122122 烯酰吗啉 185
PD20122123 丙环唑 719
PD20122124 烟嘧·莠去津 714
PD20122125 甲氨基阿维菌素苯甲酸盐 255
PD20122126 甲维·高氯氟 185
PD20122127 苄嘧·草甘膦 1005
PD20122128 烟嘧·莠去津 717
PD20122129 咪鲜胺 920
PD20122130 嘧菌酯 606
PD20122131 噻嗪·异丙威 636
PD20130001 苄嘧·丙草胺 498
PD20130002 阿维菌素 368
PD20130003 精吡氟禾草灵 997
PD20130004 矿物油 997
PD20130005 烯草酮 1025
PD20130006 多菌灵 700
PD20130007 高效氯氟氰菊酯 277
PD20130008 苯醚甲环唑 230
PD20130009 戊唑醇 714
PD20130010 滴丁·烟嘧 800
PD20130011 阿维·炔螨特 640
PD20130012 五氯硝基苯 909
PD20130013 戊唑·福美双 700
PD20130014 嘧菌酯 76
PD20130015 矿物油 668
PD20130016 己唑醇 579
PD20130017 茚虫威 560
PD20130018 高效氯氟氰菊酯 969
PD20130019 吡蚜酮 501
PD20130020 苯醚甲环唑 729
PD20130021 乙·莠 248
PD20130022 阿维菌素 195
PD20130023 烯酰吗啉 641
PD20130024 烯唑醇 908
PD20130025 氟环唑 817
PD20130026 高效氯氰菊酯 295
PD20130027 吡蚜酮 560
PD20130028 吡蚜酮 501
PD20130029 甲氨基阿维菌素苯苯甲酸盐 817
PD20130030 吡虫啉 728
PD20130031 高氯·甲维盐 786
PD20130032 戊唑醇 147
PD20130033 松脂酸钠 358
PD20130034 阿维·丙溴磷 412
PD20130035 咪鲜胺 962
PD20130036 三氯吡氧乙酸丁氧基乙酯 411
PD20130037 磺草酮 1074
PD20130038 三唑醇 494
PD20130039 灭蝇胺 95
PD20130040 苯甲·丙环唑 93
PD20130041 啶虫·毒死蜱 1008
PD20130042 芸苔素内酯 982
PD20130043 咪鲜·三环唑 638
PD20130044 氧化亚铜 1049
PD20130045 草甘膦铵盐 219
PD20130046 异丙威 788
PD20130047 吡虫·异丙威 662
PD20130048 阿维菌素 179
PD20130049 氟硅唑 845
PD20130050 高效氯氰菊酯 774
PD20130051 苯磺隆 499
PD20130052 四聚乙醛 662
PD20130053 戊唑·异菌脲 886
PD20130054 炔草酯 469
PD20130055 阿维·三唑磷 277
PD20130056 氯氟吡氧乙酸 366
PD20130057 噻吩磺隆 528
PD20130058 苯醚甲环唑 1105
PD20130059 吡嘧磺隆 62
PD20130060 高效氯氟氰菊酯 494
PD20130061 高氯·吡虫啉 740
PD20130062 烯酰吗啉 940
PD20130063 苄嘧磺隆 767
PD20130064 高氯·甲维盐 740
PD20130065 醚菌酯 920
PD20130066 阿维·丙溴磷 477
PD20130067 苏云金杆菌 665
PD20130068 多·福 72

PD20130069	唑磷·毒死蜱	44
PD20130070	噻唑膦	817
PD20130071	茚虫威	560
PD20130072	戊唑醇	494
PD20130073	烟嘧磺隆	308
PD20130074	三氯吡氧乙酸	610
PD20130075	戊唑·多菌灵	740
PD20130076	苄嘧·丙草胺	665
PD20130077	2,4-滴异辛酯	380
PD20130078	阿维菌素	259
PD20130079	乙·莠· 滴丁酯	773
PD20130080	杀螟丹	1043
PD20130081	四聚乙醛	174
PD20130082	噻呋酰胺	1081
PD20130083	戊唑醇	757
PD20130084	烟嘧磺隆	767
PD20130085	啶虫脒	258
PD20130086	四聚乙醛	110
PD20130087	阿维·氟铃脲	420
PD20130088	阿维·高氯	647
PD20130089	噻嗪酮	494
PD20130090	氰氟·精噁唑	477
PD20130091	嘧菌酯	606
PD20130092	虫酰肼	1052
PD20130093	阿维·哒螨灵	757
PD20130094	丙环唑	829
PD20130095	吡虫·杀虫单	862
PD20130096	吡蚜酮	616
PD20130097	二氯喹啉酸	498
PD20130098	异噁草松	1086
PD20130099	烟嘧磺隆	336
PD20130100	苄嘧·苯噻酰	445
PD20130101	阿维·三唑锡	847
PD20130102	硝磺草酮	680
PD20130103	甲咪唑烟酸	553
PD20130104	三唑酮	1014
PD20130105	2,4-滴丁酯	680
PD20130106	苯醚甲环唑	878
PD20130107	萎锈·福美双	546
PD20130108	吡嘧·莎稗磷	680
PD20130109	戊唑·丙森锌	494
PD20130110	二甲戊灵	1052
PD20130111	咪唑烟酸	553
PD20130112	苯甲·中生	886
PD20130113	灭·喹·氟磺胺	678
PD20130114	烟嘧·莠去津	680
PD20130115	噻嗪·毒死蜱	831
PD20130116	吡虫·仲丁威	168
PD20130117	灭草松	1032
PD20130118	吡虫·毒死蜱	501
PD20130119	硝磺草酮	680
PD20130120	烟嘧·莠去津	248
PD20130122	咪鲜胺	729
PD20130123	阿维·三唑磷	629
PD20130124	阿维·毒死蜱	1105
PD20130125	甲氨基阿维菌素苯甲酸盐	296
PD20130126	噻苯隆	528
PD20130127	炔螨特	494
PD20130128	唑磷·毒死蜱	1022
PD20130129	啶虫脒	225
PD20130130	吡虫啉	396
PD20130131	甲维·毒死蜱	103
PD20130132	啶虫脒	908
PD20130133	哒螨灵	809
PD20130134	敌草隆	700
PD20130135	松·喹·氟磺胺	376
PD20130136	灭草松	565
PD20130137	戊唑醇	1002
PD20130138	唑磷·毒死蜱	214
PD20130139	氰氟草酯	477
PD20130140	甲霜·福美双	689
PD20130141	噻嗪·毒死蜱	193
PD20130142	草铵膦	483
PD20130143	敌草隆	700
PD20130144	苯甲·多菌灵	893
PD20130145	吡蚜酮	616
PD20130146	双草醚	452
PD20130147	吡嘧磺隆	110
PD20130148	嘧霉·百菌清	298
PD20130149	吡虫啉	319
PD20130150	阿维菌素	82
PD20130151	阿维菌素	285
PD20130152	阿维·炔螨特	494
PD20130153	噻唑膦	707
PD20130154	咪鲜胺	707
PD20130155	氯嘧磺隆	541
PD20130156	甲氨基阿维菌素苯甲酸盐	698
PD20130157	阿维·氟酰胺	1068
PD20130158	氯氟吡氧乙酸异辛酯	767
PD20130159	噻虫嗪	707
PD20130160	溴氰菊酯	1062
PD20130161	甲基硫菌灵	1052
PD20130162	甜菜夜蛾核型多角体病毒	321
PD20130163	阿维·丁醚脲	147
PD20130164	吡虫啉	1062
PD20130165	2甲4氯钠	711
PD20130166	精喹禾灵	354
PD20130167	丙溴·辛硫磷	645
PD20130168	杀螺胺乙醇胺盐	1116
PD20130169	吡虫啉	185
PD20130170	吡蚜酮	838
PD20130171	丙草胺	154
PD20130172	吡草醚	875
PD20130173	甲氨基阿维菌素苯甲酸盐	147
PD20130174	烟嘧磺隆	154
PD20130175	印楝素	606
PD20130176	草铵膦	524
PD20130177	高效氯氟氰菊酯	953
PD20130178	氯氟·毒死蜱	494
PD20130179	苯醚甲环唑	740
PD20130180	苦参碱	914
PD20130181	氟硅唑	756
PD20130182	戊唑·多菌灵	756
PD20130183	苏云金杆菌	191
PD20130184	乙·嗪·滴丁酯	680
PD20130185	莎稗磷	680
PD20130186	甜菜夜蛾核型多角体病毒	321
PD20130187	阿维菌素	373
PD20130188	吡草醚	875
PD20130189	阿维菌素	1046
PD20130190	甲氨基阿维菌素苯甲酸盐	640
PD20130191	哒螨灵	954
PD20130192	烟嘧磺隆	866
PD20130193	阿维菌素	154
PD20130194	乙草胺	773
PD20130195	二氯喹啉酸	875
PD20130196	唑草酮	1074
PD20130197	氯氟吡氧乙酸异辛酯	311
PD20130198	氰氟草酯	477
PD20130199	精喹·氟磺胺	736
PD20130200	松·喹·氟磺胺	685
PD20130201	啶虫脒	658
PD20130202	双草醚	1116
PD20130203	灭草松	1116
PD20130204	草甘膦异丙胺盐	767
PD20130205	吡虫啉	1062

PD20130206 噁霜·锰锌 1062
PD20130207 三氯吡氧乙酸三乙胺盐 610
PD20130208 苯甲·丙环唑 997
PD20130209 吡蚜酮 1002
PD20130210 中生菌素 185
PD20130211 乙羧氟草醚 834
PD20130212 高效氯氟氰菊酯 185
PD20130213 茚虫威 707
PD20130214 噻呋酰胺 103
PD20130215 氟虫腈 707
PD20130216 四聚乙醛 110
PD20130217 咪鲜胺 186
PD20130219 炔草酯 1073
PD20130220 苯甲·多菌灵 186
PD20130221 灭草松 669
PD20130222 戊唑醇 546
PD20130223 咪鲜胺 866
PD20130224 咪鲜胺 856
PD20130225 双草醚 565
PD20130226 甲维·丙溴磷 820
PD20130227 氟硅唑 147
PD20130228 草甘膦异丙胺盐 769
PD20130229 氟氯氰菊酯 896
PD20130230 高氯·三唑磷 786
PD20130231 苯醚甲环唑 969
PD20130232 高效氯氟氰菊酯 1043
PD20130233 嘧霉胺 1043
PD20130234 高效氯氟氰菊酯 920
PD20130235 唑酯·炔螨特 817
PD20130236 三唑磷 353
PD20130237 莠去津 376
PD20130238 毒死蜱 50
PD20130239 丙森锌 711
PD20130240 高效氯氰菊酯 214
PD20130241 甲氨基阿维菌素苯甲酸盐 172
PD20130242 吡虫啉 244
PD20130243 噻虫嗪 521
PD20130244 乙羧氟草醚 838
PD20130245 2甲·灭·敌隆 437
PD20130246 草铵膦 867
PD20130247 茚虫威 753
PD20130248 吡虫·毒死蜱 420
PD20130249 噁草·丁草胺 672
PD20130250 吡虫·噻嗪酮 420
PD20130251 甲·灭·敌草隆 668
PD20130252 苯醚甲环唑 494
PD20130253 苯甲·丙环唑 466
PD20130254 毒死蜱 48
PD20130255 阿维·毒死蜱 825
PD20130256 过氧乙酸 319
PD20130257 辛硫磷 588
PD20130258 烟碱·苦参碱 380
PD20130259 王铜·菌核净 1076
PD20130260 聚醛·甲萘威 779
PD20130261 己唑醇 172
PD20130262 阿维·吡虫啉 407
PD20130263 萎锈·福美双 855
PD20130264 双草醚 477
PD20130265 嗪酮·乙草胺 680
PD20130266 阿维菌素 1032
PD20130267 吡嘧磺隆 1032
PD20130268 苄嘧·二甲戊 669
PD20130269 氯嘧磺隆 529
PD20130270 烯唑醇 719
PD20130271 高氯·氟啶脲 820
PD20130272 阿维菌素 44
PD20130273 三环唑 158
PD20130274 草铵膦 483
PD20130275 阿维菌素 44
PD20130276 哒螨灵 1043
PD20130277 丙溴·辛硫磷 203
PD20130278 二氯吡啶酸 48
PD20130279 戊唑醇 838
PD20130280 草铵膦 487
PD20130281 氰氟草酯 509
PD20130282 咪鲜·多菌灵 757
PD20130283 苯醚甲环唑 971
PD20130284 氟磺胺草醚 135
PD20130285 四聚乙醛 329
PD20130286 高效氯氟氰菊酯 896
PD20130287 氟磺胺草醚 769
PD20130288 松·喹·氟磺胺 154
PD20130289 氰氟草酯 529
PD20130290 醚菌酯 452
PD20130291 苯醚甲环唑 724
PD20130292 烯酰吗啉 972
PD20130293 多效唑 496
PD20130294 氯吡·苯磺隆 838
PD20130295 阿维菌素 1002
PD20130296 复硝酚钠 351
PD20130297 草甘膦铵盐 1105
PD20130298 啶虫脒 903
PD20130299 噁草·丁草胺 536
PD20130300 虫螨腈 872
PD20130301 2,4-滴异辛酯 380
PD20130302 啶虫脒 350
PD20130303 烯丙苯噻唑 1059
PD20130304 咪鲜·多菌灵 724
PD20130306 丙环唑 1043
PD20130307 草甘膦铵盐 714
PD20130308 啶虫脒 265
PD20130309 哒螨·吡虫啉 779
PD20130310 嘧菌酯 522
PD20130311 烟嘧·莠去津 435
PD20130312 乙草胺 222
PD20130313 嘧菌酯 488
PD20130314 噻嗪酮 214
PD20130315 异丙威 132
PD20130316 甲氨基阿维菌素苯甲酸盐 278
PD20130317 甲萘威 997
PD20130318 甲氨基阿维菌素苯甲酸盐 616
PD20130319 啶虫脒 896
PD20130320 烟嘧磺隆 358
PD20130321 阿维·氟铃脲 631
PD20130322 乙羧氟草醚 736
PD20130323 甲维·虫酰肼 724
PD20130324 嘧菌酯 579
PD20130325 乙氧磺隆 528
PD20130326 高效氯氟氰菊酯 872
PD20130327 苯甲·丙环唑 89
PD20130328 吡虫啉 749
PD20130329 嘧啶核苷类抗菌素 67
PD20130330 2甲·草甘膦 104
PD20130331 噻嗪·毒死蜱 172
PD20130332 哒螨灵 625
PD20130333 阿维菌素 494
PD20130334 甲氨基阿维菌素苯甲酸盐 194
PD20130335 啶虫脒 575
PD20130336 二氯吡啶酸 113
PD20130337 噁霉灵 717
PD20130338 吡蚜酮 707
PD20130339 己唑·多菌灵 966
PD20130340 草甘膦铵盐 441
PD20130341 多·咪鲜·甲霜 441
PD20130342 烟·莠·滴丁酯 736
PD20130343 丙环唑 1074

PD20130344	麦草畏	868
PD20130345	阿维・啶虫脒	358
PD20130346	阿维・毒死蜱	441
PD20130347	精噁唑禾草灵	354
PD20130348	烟嘧磺隆	340
PD20130349	多菌灵	866
PD20130350	吡虫啉	724
PD20130351	苄嘧・丙草胺	948
PD20130352	草甘膦异丙胺盐	966
PD20130353	苯醚甲环唑	903
PD20130354	阿维菌素	966
PD20130355	氟硅唑	415
PD20130356	苄嘧・丙草胺	638
PD20130357	烯酰・锰锌	518
PD20130358	戊菌唑	1105
PD20130359	2甲4氯异辛酯	868
PD20130360	特丁净	868
PD20130362	特丁津	868
PD20130363	戊菌唑	1105
PD20130365	短稳杆菌	627
PD20130367	短稳杆菌	627
PD20130368	甲磺草胺	568
PD20130369	大黄素甲醚	698
PD20130370	大黄素甲醚	698
PD20130371	单嘧磺酯	1048
PD20130372	单嘧磺酯	1048
PD20130373	粉唑醇	471
PD20130374	粉唑醇	471
PD20130375	甲磺草胺	459
PD20130376	甲磺草胺	509
PD20130377	2甲・灭・敌隆	437
PD20130378	甲氨基阿维菌素苯甲酸盐	130
PD20130379	己唑醇	931
PD20130380	乙虫腈	1068
PD20130381	烟嘧・莠去津	791
PD20130382	甲氨基阿维菌素苯甲酸盐	95
PD20130383	螺螨酯	299
PD20130384	噁草・丁草胺	477
PD20130385	甲戊・丁草胺	71
PD20130386	甲霜・锰锌	1043
PD20130387	噻嗪酮	186
PD20130388	啶虫脒	616
PD20130389	双草醚	71
PD20130390	代森・苯醚甲	1008
PD20130391	毒死蜱	473
PD20130392	高效氯氟氰菊酯	329
PD20130393	甲氨基阿维菌素苯甲酸盐	896
PD20130394	戊唑醇	896
PD20130395	草铵膦	1090
PD20130396	三唑酮	711
PD20130397	烟嘧磺隆	769
PD20130398	烟嘧磺隆	415
PD20130399	己唑醇	971
PD20130401	吡蚜酮	477
PD20130402	高效氯氰菊酯	294
PD20130403	炔草酯	477
PD20130404	咯菌腈	299
PD20130405	三唑酮	518
PD20130406	苯醚甲环唑	932
PD20130407	阿维菌素	872
PD20130408	烟嘧磺隆	244
PD20130409	高效氯氟氰菊酯	365
PD20130410	丁氟螨酯	568
PD20130411	地衣芽孢杆菌	315
PD20130412	莎稗磷	441
PD20130413	滴・莠・丁草胺	441
PD20130414	吡蚜酮	214
PD20130415	氨氯・二氯吡	113
PD20130416	甲基硫菌灵	872
PD20130417	氟硅唑	923
PD20130418	高氯・仲丁威	800
PD20130419	甲草胺	997
PD20130420	苯甲・嘧菌酯	1081
PD20130421	烯草酮	769
PD20130422	咪鲜胺	831
PD20130423	戊唑醇	932
PD20130424	氟虫腈	1125
PD20130425	乙酰甲胺磷	518
PD20130426	烟嘧・莠去津	769
PD20130427	毒死蜱	856
PD20130428	苦参碱	932
PD20130429	啶虫脒	723
PD20130430	苦参碱	699
PD20130431	己唑醇	1043
PD20130432	精喹禾灵	769
PD20130433	灭蝇胺	723
PD20130434	嘧菌酯	609
PD20130435	噻嗪酮	95
PD20130436	阿维.啶虫脒	876
PD20130437	啶虫脒	888
PD20130438	乙草胺	888
PD20130439	阿维菌素	932
PD20130440	氟氯氰菊酯	1002
PD20130441	戊唑醇	104
PD20130442	氟硅唑	724
PD20130443	烟嘧磺隆	546
PD20130444	啶虫脒	831
PD20130446	四氟醚唑	1105
PD20130447	阿维・吡虫啉	194
PD20130448	甲氨基阿维菌素苯甲酸盐	723
PD20130449	阿维菌素	1003
PD20130450	炔草酯	1078
PD20130451	戊唑醇	492
PD20130452	吡虫・噻嗪酮	200
PD20130453	杀虫双	296
PD20130454	氰氟草酯	71
PD20130455	烟嘧・莠去津	71
PD20130456	烟嘧・莠去津	71
PD20130457	嘧菌酯	707
PD20130458	阿维・毒死蜱	231
PD20130459	二氯吡啶酸	1080
PD20130460	丁草胺	488
PD20130461	吡蚜酮	564
PD20130462	精喹禾灵	105
PD20130463	甲氨基阿维菌素苯甲酸盐	718
PD20130464	噻呋・己唑醇	1081
PD20130465	噻呋・苯醚甲	1081
PD20130466	吡虫・噻嗪酮	719
PD20130467	烯酰吗啉	774
PD20130468	苯醚甲环唑	221
PD20130469	除虫脲	319
PD20130470	阿维・三唑磷	645
PD20130471	甲嘧磺隆	610
PD20130472	阿维菌素	382
PD20130473	阿维・多・福	696
PD20130474	氰氟草酯	834
PD20130475	己唑醇	723
PD20130476	甲氨基阿维菌素苯甲酸盐	271
PD20130477	枯草芽胞杆菌	88
PD20130478	高氯・甲维盐	308
PD20130479	高效氯氟氰菊酯	881
PD20130480	烟嘧磺隆	277
PD20130481	阿维.甲氰	876
PD20130482	嘧菌酯	296
PD20130483	二氯异氰尿酸钠	127
PD20130484	溴菌・咪鲜胺	932

PD20130485	藜芦碱	932
PD20130486	啶虫脒	250
PD20130487	高效氯氟氰菊酯	415
PD20130488	丙环唑	723
PD20130489	2,4-滴异辛酯	441
PD20130490	哒螨灵	907
PD20130491	甲氨基阿维菌素苯甲酸盐	668
PD20130492	丙森锌	740
PD20130493	甲氨基阿维菌素苯甲酸盐	374
PD20130494	烯酰吗啉	723
PD20130495	烟嘧磺隆	642
PD20130496	高效氯氟氰菊酯	723
PD20130497	吡虫啉	740
PD20130498	戊唑醇	665
PD20130499	苯甲·嘧菌酯	665
PD20130500	丙森·霜脲氰	225
PD20130501	高效氯氟氰菊酯	826
PD20130502	氰氟草酯	214
PD20130503	精喹禾灵	48
PD20130504	草铵膦	231
PD20130505	灭蝇胺	1049
PD20130506	噻虫嗪	299
PD20130507	吡虫啉	271
PD20130508	吡虫啉	724
PD20130509	高效氯氰菊酯	723
PD20130510	噻嗪酮	723
PD20130511	啶虫脒	881
PD20130512	阿维·高氯	826
PD20130513	阿维菌素	826
PD20130514	吡蚜酮	630
PD20130515	甲氨基阿维菌素苯甲酸盐	469
PD20130516	三乙膦酸铝	522
PD20130517	乙·莠	1046
PD20130518	嘧菌酯	285
PD20130519	阿维·高氯氟	271
PD20130520	甲氨基阿维菌素苯甲酸盐	723
PD20130521	草甘膦铵盐	63
PD20130522	咪鲜胺锰盐	525
PD20130523	戊唑醇	479
PD20130524	啶虫脒	221
PD20130525	毒死蜱	723
PD20130526	敌草隆	508
PD20130527	噻苯隆	262
PD20130528	阿维菌素	881
PD20130529	吡蚜酮	492
PD20130530	噁草酮	441
PD20130531	甲氨基阿维菌素苯甲酸盐	1047
PD20130532	阿维菌素	1047
PD20130534	甲氨基阿维菌素苯甲酸盐	368
PD20130535	氟磺胺草醚	387
PD20130536	2,4-滴异辛酯	868
PD20130537	乙草·莠去津	292
PD20130538	己唑醇	586
PD20130539	精吡氟禾草灵	826
PD20130540	高效氟吡甲禾灵	826
PD20130541	烯酰·锰锌	550
PD20130542	甲维·毒死蜱	225
PD20130543	井冈·丙环唑	1095
PD20130544	枯草芽孢杆菌	116
PD20130545	毒死蜱	1020
PD20130546	苯醚甲环唑	609
PD20130547	烟嘧·莠去津	301
PD20130548	丁硫克百威	270
PD20130549	甲氨基阿维菌素苯甲酸盐	629
PD20130550	氰氟·精噁唑	345
PD20130551	乙氧氟草醚	602
PD20130552	炔螨特	172
PD20130553	吡虫啉	755
PD20130554	球孢白僵菌	651
PD20130555	氨基·嘧霉胺	231
PD20130556	氨基·氟硅唑	231
PD20130557	氨基·烯酰	231
PD20130558	氨基·戊唑醇	231
PD20130559	氨基·嘧菌酯	231
PD20130560	精喹·氟羧草	680
PD20130561	精喹·嗪草酮	680
PD20130562	三氟羧草醚	680
PD20130563	精喹·氟磺胺	680
PD20130564	松·喹·氟磺胺	680
PD20130565	乙·莠· 滴丁酯	678
PD20130566	苄·苯·西草净	375
PD20130567	吡蚜酮	186
PD20130568	啶虫脒	289
PD20130569	芸苔素内酯	168
PD20130570	阿维菌素	277
PD20130571	阿维·苯丁锡	221
PD20130572	烟嘧·莠去津	294
PD20130573	松·喹·氟磺胺	826
PD20130574	氨氯吡啶酸	868
PD20130575	苯甲·丙环唑	740
PD20130576	炔草酯	1081
PD20130577	阿维菌素	971
PD20130578	啶虫脒	932
PD20130579	己唑醇	225
PD20130580	阿维菌素	1095
PD20130581	吡虫啉	740
PD20130582	乐果	545
PD20130583	嘧菌酯	241
PD20130584	嘧菌酯	268
PD20130585	吡蚜酮	268
PD20130586	甲氨基阿维菌素苯甲酸盐	740
PD20130587	阿维菌素	271
PD20130588	甲氨基阿维菌素苯甲酸盐	826
PD20130589	嘧菌酯	589
PD20130590	咪鲜胺	545
PD20130591	戊唑醇	826
PD20130592	氰氟草酯	826
PD20130593	多菌灵	280
PD20130594	戊唑醇	969
PD20130595	烯酰·丙森锌	969
PD20130596	精喹·氟磺胺	791
PD20130597	氨基寡糖素	231
PD20130598	烟嘧磺隆	826
PD20130599	烟嘧磺隆	826
PD20130600	阿维菌素	1032
PD20130601	阿维菌素	723
PD20130602	灭草松	376
PD20130603	氯氟·丙溴磷	200
PD20130604	吡蚜酮	932
PD20130605	茚虫威	932
PD20130606	苏云金杆菌	652
PD20130607	吡嘧磺隆	172
PD20130608	吡蚜酮	817
PD20130609	氯氟·啶虫脒	818
PD20130610	甲维·茚虫威	469
PD20130611	阿维菌素	294
PD20130612	双草醚	603
PD20130613	阿维菌素	862
PD20130614	吡蚜酮	920
PD20130615	二甲戊灵	1062
PD20130616	草铵膦	186
PD20130617	吡蚜酮	80
PD20130618	吡虫啉	294
PD20130619	多菌灵	977
PD20130620	阿维菌素	90
PD20130621	甲氨基阿维菌素苯甲酸盐	246

PD20130622 阿维·哒螨灵 271
PD20130623 乙草胺 488
PD20130624 咪鲜胺 616
PD20130625 氟硅唑 106
PD20130626 甲氨基阿维菌素苯甲酸盐 1095
PD20130627 联苯菊酯 1052
PD20130628 炔草酯 441
PD20130629 苄嘧·丙草胺 441
PD20130630 2,4-滴异辛酯 680
PD20130631 苄嘧·丙草胺 147
PD20130632 草甘膦异丙胺盐 855
PD20130633 咪鲜·抑霉唑 820
PD20130634 氨氯吡啶酸 1081
PD20130635 高效氯氟氰菊酯 298
PD20130636 阿维·炔螨特 186
PD20130637 吡蚜酮 48
PD20130638 高氯·啶虫脒 194
PD20130639 吡蚜酮 56
PD20130640 啶虫脒 252
PD20130641 吡虫啉 473
PD20130642 阿维菌素 1052
PD20130643 苯甲·丙环唑 194
PD20130644 嘧菌酯 1105
PD20130645 氯氰·吡虫啉 923
PD20130646 咪鲜胺 115
PD20130647 氯氰·吡虫啉 551
PD20130648 甲氨基阿维菌素苯甲酸盐 748
PD20130649 甲硫·噁霉灵 756
PD20130650 阿维·高氯氟 200
PD20130651 高效氯氟氰菊酯 790
PD20130652 阿维·毒死蜱 790
PD20130653 啶虫脒 790
PD20130654 吡虫啉 790
PD20130655 阿维菌素 790
PD20130656 毒死蜱 800
PD20130657 苯醚甲环唑 751
PD20130658 禾草丹 110
PD20130659 三唑磷 65
PD20130660 啶虫脒 962
PD20130661 戊唑·福美双 347
PD20130662 哒螨灵 147
PD20130663 丙森·戊唑醇 701
PD20130664 西玛津 868
PD20130665 草甘膦钾盐 1122
PD20130666 烯酰吗啉 1032
PD20130667 苯甲·丙环唑 571
PD20130668 阿维·哒螨灵 441
PD20130669 双草醚 441
PD20130670 噻虫嗪 818
PD20130671 烯酰吗啉 886
PD20130672 甲咪唑烟酸 580
PD20130673 莠去津 803
PD20130674 烯啶虫胺 473
PD20130676 烟嘧·莠去津 728
PD20130677 丙溴磷 409
PD20130678 烯酰·锰锌 396
PD20130679 嘧菌酯 148
PD20130680 阿维·啶虫脒 220
PD20130681 二甲戊灵 786
PD20130682 胺鲜·甲哌鎓 115
PD20130683 苯醚甲环唑 130
PD20130684 甲霜·醚菌酯 751
PD20130685 灭草松 887
PD20130686 阿维·啶虫脒 731
PD20130687 草铵膦 1046
PD20130688 戊唑·福美双 696
PD20130689 毒死蜱 1076
PD20130690 吡蚜酮 818
PD20130691 赤4+7·赤霉酸 658
PD20130692 三氯杀螨醇 600
PD20130693 烟嘧·莠去津 339
PD20130694 螺螨酯 948
PD20130695 甲维盐·氯氰 771
PD20130696 甲氨基阿维菌素苯甲酸盐 452
PD20130697 腐霉利 518
PD20130698 丙森·霜脲氰 832
PD20130699 草甘膦铵盐 452
PD20130700 吡虫·杀虫单 786
PD20130701 己唑醇 818
PD20130702 乙草胺 744
PD20130703 井冈·丙环唑 618
PD20130704 噁霉灵 481
PD20130705 噁唑菌酮 619
PD20130706 甲氨基阿维菌素苯甲酸盐 575
PD20130707 氰氟·吡嘧 736
PD20130708 草甘膦铵盐 396
PD20130709 烟嘧磺隆 338
PD20130710 噻螨酮 104
PD20130711 烟嘧磺隆 617
PD20130712 硝·烟·莠去津 681
PD20130713 双草醚 875
PD20130714 阿维菌素 209
PD20130715 高效氯氰菊酯 463
PD20130716 甲氨基阿维菌素苯甲酸盐 82
PD20130717 香菇多糖 373
PD20130718 毒死蜱 104
PD20130719 莠去津 63
PD20130720 草甘膦铵盐 896
PD20130721 松脂酸铜 756
PD20130722 烯酰吗啉 818
PD20130723 乙铝·锰锌 707
PD20130724 阿维·哒螨灵 137
PD20130725 嘧胺·乙霉威 818
PD20130726 辛菌·吗啉胍 790
PD20130727 阿维·哒螨灵 948
PD20130728 精喹禾灵 790
PD20130729 噻虫嗪 463
PD20130730 滴丁·烟嘧 435
PD20130731 戊唑醇 77
PD20130732 甲维·氟啶脲 820
PD20130733 嘧胺·乙霉威 820
PD20130734 苜蓿银纹夜蛾核型多角体病毒 168
PD20130735 氟啶·丙溴磷 412
PD20130736 烟嘧磺隆 1073
PD20130737 己唑醇 618
PD20130738 炔草酯 135
PD20130739 丙溴·氟铃脲 872
PD20130740 丁草·噁草酮 714
PD20130741 高氯·氟铃脲 649
PD20130742 阿维·噻嗪酮 423
PD20130743 苯醚·甲硫 966
PD20130744 甲氨基阿维菌素苯甲酸盐 156
PD20130745 甲维·氟铃脲 880
PD20130746 辛硫磷 194
PD20130747 苄嘧·苯噻酰 691
PD20130748 甲·灭·敌草隆 202
PD20130749 高效氯氟氰菊酯 932
PD20130750 异松·乙草胺 681
PD20130751 醚苯磺隆 466
PD20130752 异丙威 319
PD20130753 甲氨基阿维菌素苯甲酸盐 494
PD20130754 乙·嗪·滴丁酯 736
PD20130755 氯氟吡氧乙酸异辛酯 843
PD20130756 甲霜·噁霉灵 127
PD20130757 胺鲜酯 115
PD20130758 井冈·戊唑醇 1110

PD20130759	异丙威	318
PD20130760	甲氨基阿维菌素苯甲酸盐	962
PD20130761	枯草芽孢杆菌	803
PD20130762	吡蚜酮	535
PD20130763	高效氯氟氰菊酯	886
PD20130764	阿维·灭蝇胺	948
PD20130765	甲氨基阿维菌素苯甲酸盐	984
PD20130766	阿维菌素	1098
PD20130767	烟嘧磺隆	1074
PD20130768	多菌灵	620
PD20130769	草甘膦铵盐	58
PD20130770	苄嘧·丙草胺	657
PD20130771	甲氨基阿维菌素苯甲酸盐	997
PD20130772	灭蝇胺	195
PD20130773	高效氯氟氰菊酯	948
PD20130774	噻嗪酮	657
PD20130775	烯酰吗啉	130
PD20130776	甲氨基阿维菌素苯甲酸盐	875
PD20130777	阿维菌素	331
PD20130778	烟嘧·辛酰溴	265
PD20130779	甲维·丙溴磷	872
PD20130780	嘧菌酯	948
PD20130781	百菌清	518
PD20130782	氟铃脲	416
PD20130783	甲氨基阿维菌素苯甲酸盐	155
PD20130784	阿维菌素	294
PD20130785	噻呋酰胺	254
PD20130786	抗倒酯	601
PD20130787	啶虫脒	910
PD20130788	吡蚜酮	650
PD20130789	甲氨基阿维菌素苯甲酸盐	657
PD20130790	啶虫脒	881
PD20130791	噻菌灵	962
PD20130792	丙环·戊唑醇	1074
PD20130793	苯醚甲环唑	962
PD20130794	代锰·戊唑醇	940
PD20130795	烯酰吗啉	1002
PD20130796	丁草胺	618
PD20130797	麦畏·草甘膦	1122
PD20130798	草铵膦	966
PD20130799	毒死蜱	58
PD20130800	噻虫嗪	238
PD20130801	烟嘧磺隆	50
PD20130802	联菊·丁醚脲	668
PD20130803	戊唑醇	845
PD20130804	嘧菌酯	1074
PD20130805	氟虫腈	829
PD20130806	氰氟草酯	736
PD20130807	S-诱抗素水剂	1014
PD20130808	菌核·福美双	900
PD20130809	2甲4氯	868
PD20130810	辛硫磷	296
PD20130811	吡虫啉	850
PD20130812	炔草酯	49
PD20130813	氟硅唑	820
PD20130814	嘧菌酯	407
PD20130815	茚虫威	407
PD20130816	噻嗪·异丙威	584
PD20130817	氯氰菊酯	518
PD20130818	三环唑	1080
PD20130819	烯酰吗啉	820
PD20130820	莠灭净	638
PD20130821	仲丁威	1076
PD20130822	甲维·氟铃脲	1052
PD20130823	三唑磷	638
PD20130824	嘧菌酯	348
PD20130825	阿维·毒死蜱	286
PD20130826	精喹禾灵	888
PD20130827	苯醚甲环唑	896
PD20130828	咪鲜胺	1094
PD20130829	烟嘧·莠去津	85
PD20130830	甲氨基阿维菌素苯甲酸盐	169
PD20130831	稻瘟灵	1062
PD20130832	草除灵	826
PD20130833	烯酰吗啉	831
PD20130834	丁硫克百威	481
PD20130835	噻苯隆	131
PD20130836	甲维·毒死蜱	662
PD20130837	硫双威	411
PD20130838	炔草酯	76
PD20130839	吡虫啉	85
PD20130840	甲维·苏云菌	186
PD20130841	甲维·高氯氟	850
PD20130842	阿维·三唑磷	362
PD20130843	三唑锡	636
PD20130844	敌草快	50
PD20130845	戊唑醇	178
PD20130846	嘧菌酯	651
PD20130847	阿维·三唑磷	879
PD20130848	吡虫啉	855
PD20130849	丙威·毒死蜱	469
PD20130850	2甲4氯钠	111
PD20130851	阿维菌素	473
PD20130852	杀虫双	60
PD20130853	苯醚甲环唑	868
PD20130854	戊唑·百菌清	518
PD20130855	氟环唑	868
PD20130856	高效氯氟氰菊酯	220
PD20130857	草甘膦铵盐	138
PD20130858	异噁·异丙甲	736
PD20130859	毒死蜱	195
PD20130860	辛菌胺醋酸盐	707
PD20130861	双草醚	575
PD20130862	嘧霉·百菌清	148
PD20130864	三乙膦酸铝	67
PD20130865	氟环唑	604
PD20130866	丁醚脲	148
PD20130867	哒螨灵	169
PD20130868	印楝素	765
PD20130869	甲氨基阿维菌素苯甲酸盐	374
PD20130870	高效氯氰菊酯	786
PD20130871	井冈·蜡芽菌	1110
PD20130872	烟嘧磺隆	728
PD20130873	戊唑醇	846
PD20130874	氟硅唑	832
PD20130875	戊唑醇	139
PD20130876	苯甲·丙环唑	820
PD20130877	啶虫脒	1051
PD20130878	甲维·高氯氟	1098
PD20130879	噻嗪酮	1076
PD20130880	甲维·啶虫脒	1098
PD20130881	中生菌素	886
PD20130882	二嗪磷	310
PD20130883	戊唑醇	1056
PD20130884	苯丁·哒螨灵	303
PD20130885	甲嘧·草甘膦	77
PD20130886	精喹·乙羧氟	736
PD20130887	井冈霉素	1111
PD20130888	苯醚甲环唑	747
PD20130889	氯吡·唑草酮	568
PD20130890	阿维·哒螨灵	259
PD20130891	高效氯氟氰菊酯	216
PD20130892	烯酰吗啉	930
PD20130893	乙草胺	806
PD20130894	高氯·甲维盐	227
PD20130895	噻嗪酮	492

PD20130896 胺鲜酯 169
PD20130897 磺草·莠去津 237
PD20130898 磺草·莠去津 668
PD20130899 吡蚜·异丙威 538
PD20130900 烯啶虫胺 214
PD20130901 吡虫·异丙威 423
PD20130902 莎稗磷 296
PD20130903 唑螨酯 299
PD20130904 氟虫腈 707
PD20130905 阿维·吡虫啉 818
PD20130906 灭胺·杀虫单 818
PD20130907 噻嗪酮 596
PD20130908 阿维·哒螨灵 301
PD20130909 氟磺胺草醚 681
PD20130910 甲氨基阿维菌素苯甲酸盐 222
PD20130911 戊唑·福美双 72
PD20130912 阿维菌素 852
PD20130913 禾草丹 609
PD20130914 咪鲜胺 864
PD20130915 戊唑醇 765
PD20130916 己唑醇 277
PD20130917 甲氨基阿维菌素苯甲酸盐 844
PD20130918 氯氟吡氧乙酸异辛酯 412
PD20130919 丙草胺 342
PD20130920 2甲4氯钠 596
PD20130921 甲氨基阿维菌素苯甲酸盐 179
PD20130922 吡蚜酮 81
PD20130923 烯啶虫胺 273
PD20130924 霜脲·锰锌 382
PD20130925 甲枯·福美双 700
PD20130926 丁·莠·烟嘧 436
PD20130927 井冈·枯芽菌 567
PD20130928 烯酰吗啉 948
PD20130929 除虫脲 717
PD20130930 虫酰肼 277
PD20130931 己唑醇 77
PD20130932 吡蚜酮 358
PD20130933 环嗪酮 586
PD20130934 啶虫脒 280
PD20130935 啶虫脒 894
PD20130936 草甘膦铵盐 749
PD20130937 氟磺胺草醚 354
PD20130938 吡嘧磺隆 595
PD20130939 阿维菌素 864
PD20130940 毒死蜱 338
PD20130941 乙烯利 728
PD20130942 双草醚 565
PD20130943 丙溴·辛硫磷 214
PD20130944 高效氯氟氰菊酯 338
PD20130945 双氟磺草胺 1080
PD20130946 毒死蜱 826
PD20130947 咪鲜·三环唑 653
PD20130948 高效氯氟氰菊酯 781
PD20130949 乙草胺 1029
PD20130950 噻唑膦 803
PD20130951 己唑醇 353
PD20130952 烟嘧·乙·莠 800
PD20130953 异丙隆 50
PD20130954 吡虫啉 416
PD20130955 吡虫啉 78
PD20130956 氨氯吡啶酸 412
PD20130957 联苯菊酯 872
PD20130958 灭草松 1061
PD20130959 噻嗪酮 78
PD20130960 毒死蜱 1032
PD20130961 苯甲·丙环唑 416
PD20130962 草甘膦铵盐 416
PD20130963 氨基寡糖素 198
PD20130964 苯磺隆 354
PD20130965 乙·莠 1037
PD20130966 戊唑·异菌脲 756
PD20130967 氨基·乙蒜素 231
PD20130968 噻嗪·仲丁威 589
PD20130969 氧氟·乙草胺 788
PD20130970 莠去津 1046
PD20130971 嘧菌酯 1043
PD20130972 吡嘧磺隆 583
PD20130973 丁硫克百威 1000
PD20130974 炔草酸 85
PD20130975 甲氨基阿维菌素苯甲酸盐 200
PD20130976 多效唑 589
PD20130977 阿维菌素 957
PD20130978 草甘膦铵盐 216
PD20130979 己唑醇 972
PD20130980 百菌清 347
PD20130981 苯醚甲环唑 756
PD20130982 2甲4氯钠 455
PD20130983 戊唑醇 89
PD20130984 萎锈·福美双 625
PD20130985 氰氟草酯 796
PD20130986 噁草·丁草胺 547
PD20130987 2,4-滴二甲胺盐 537
PD20130988 苄嘧·双草醚 214
PD20130989 噻虫嗪 1046
PD20130990 草甘膦铵盐 470
PD20130991 烯酰吗啉 1016
PD20130992 氟环唑 719
PD20130993 啶虫脒 470
PD20130994 草甘膦铵盐 886
PD20130995 氰戊菊酯 949
PD20130996 麦草畏 1080
PD20130997 炔螨特 339
PD20130998 灭蝇胺 225
PD20130999 吡虫啉 522
PD20131000 高效氯氟氰菊酯 1011
PD20131001 草铵膦 568
PD20131002 氟磺胺草醚 1061
PD20131003 烯酰·咪鲜胺 487
PD20131004 戊唑醇 719
PD20131005 乙烯利 508
PD20131006 吡虫啉 910
PD20131007 异丙甲·苄 736
PD20131008 戊唑醇 114
PD20131009 苄·二氯 521
PD20131010 草铵膦 1008
PD20131011 嘧菌酯 720
PD20131012 草甘膦铵盐 306
PD20131013 草甘膦铵盐 306
PD20131014 苄嘧·草甘膦 56
PD20131015 毒死蜱 908
PD20131016 2，4-滴钠盐 1014
PD20131018 噁草酮 50
PD20131019 烟嘧磺隆 826
PD20131020 嘧菌酯 621
PD20131021 草甘膦铵盐 219
PD20131022 阿维·吡虫啉 886
PD20131023 氯吡·苯磺隆 826
PD20131024 苄氨· 赤霉酸 1014
PD20131025 草甘膦异丙胺盐 743
PD20131026 哒螨灵 813
PD20131027 甲氰菊酯 186
PD20131028 联苯菊酯 1047
PD20131029 吡虫啉 1029
PD20131030 丙森·膦酸铝 969
PD20131031 戊唑·丙森锌 104
PD20131032 噻嗪·毒死蜱 148

PD20131033 烟嘧磺隆 296
PD20131034 硅唑·咪鲜胺 923
PD20131035 阿维菌素 398
PD20131036 烯酰吗啉 1016
PD20131037 氟啶胺 1043
PD20131038 甲氨基阿维菌素苯甲酸盐 957
PD20131039 烯啶·吡蚜酮 104
PD20131040 硝磺草酮 254
PD20131041 甲维·毒死蜱 1005
PD20131042 双草醚 269
PD20131043 甲维·氟铃脲 903
PD20131044 啶虫脒 1014
PD20131045 草甘膦铵盐 134
PD20131046 甲氨基阿维菌素苯甲酸盐 771
PD20131047 甲氨基阿维菌素苯甲酸盐 872
PD20131048 精喹禾灵 1002
PD20131049 异丙威 347
PD20131050 苯甲·丙环唑 629
PD20131051 啶虫脒 294
PD20131052 苯醚甲环唑 720
PD20131053 高氯·甲维盐 133
PD20131054 氟硅唑 226
PD20131055 高效氯氟氰菊酯 225
PD20131056 烟嘧·莠去津 726
PD20131057 苯醚·咪鲜胺 751
PD20131058 嘧霉·异菌脲 751
PD20131059 苄·丁 1021
PD20131060 混合脂肪酸 105
PD20131061 吡嘧·丙草胺 1032
PD20131062 甲基硫菌灵 925
PD20131063 氟环唑 524
PD20131064 嘧菌酯 1114
PD20131065 阿维菌素 78
PD20131066 2甲4氯钠盐 597
PD20131067 多杀霉素 104
PD20131068 双草醚 528
PD20131069 氟·松·烯草酮 681
PD20131070 烟嘧·莠去津 288
PD20131071 醚菌酯 470
PD20131072 阿维菌素 665
PD20131073 多杀霉素 104
PD20131074 甲氨基阿维菌素苯甲酸盐 665
PD20131075 毒·辛 806
PD20131076 敌畏·仲丁威 571
PD20131077 啶虫脒 266
PD20131078 毒死蜱 979
PD20131079 多效唑 228
PD20131080 胺鲜·乙烯利 1014
PD20131081 烯啶虫胺 559
PD20131082 2甲4氯钠盐 387
PD20131083 甲氨基阿维菌素苯甲酸盐 58
PD20131084 甲氨基阿维菌素苯甲酸盐 862
PD20131085 滴酸·二氯吡 651
PD20131086 啶虫脒 629
PD20131087 硝磺草酮 254
PD20131088 四氟醚唑 1082
PD20131089 阿维·噻螨酮 708
PD20131090 草铵膦 285
PD20131091 甲萘威 610
PD20131092 精喹·氟磺胺 345
PD20131093 苯磺·异丙隆 480
PD20131094 烯酰·甲霜灵 818
PD20131095 甲氨基阿维菌素苯甲酸盐 908
PD20131096 杀螺胺 818
PD20131097 杀螟丹 265
PD20131098 乙蒜素 1043
PD20131099 烯酰吗啉 726
PD20131100 氟环唑 896
PD20131101 草铵膦 138
PD20131102 啶虫脒 214
PD20131103 灭草松 717
PD20131104 多菌灵 186
PD20131105 吡虫啉 89
PD20131106 嘧霉胺 896
PD20131107 阿维菌素 708
PD20131108 草甘膦铵盐 1089
PD20131109 阿维菌素 777
PD20131110 松·吡·氟磺胺 736
PD20131111 苄嘧·丙草胺 205
PD20131112 苯醚甲环唑 525
PD20131113 吡嘧·苯噻酰 1032
PD20131114 丙环·戊唑醇 227
PD20131115 哒螨·单甲脒 232
PD20131116 甲萘威 419
PD20131117 2，4-滴异辛酯 523
PD20131118 烯酰·丙森锌 966
PD20131119 甲氨基阿维菌素苯甲酸盐 101
PD20131120 咪鲜·丙森锌 726
PD20131121 氟铃脲 926
PD20131122 高效氯氟氰菊酯 1032
PD20131123 苯甲·醚菌酯 751
PD20131124 苄嘧·苯噻酰 369
PD20131125 烟嘧·莠去津 879
PD20131126 阿维·三唑锡 172
PD20131127 几糖·戊唑醇 726
PD20131128 烟嘧·莠去津 767
PD20131129 乙·莠·滴丁酯 714
PD20131130 氟磺·烯禾啶 714
PD20131131 嘧菌酯 483
PD20131132 嘧菌酯 1074
PD20131133 精喹禾灵 376
PD20131134 联苯菊酯 715
PD20131135 苄嘧磺隆 376
PD20131136 苯甲·中生 148
PD20131137 丙草胺 521
PD20131138 氟吡·草除灵 798
PD20131139 啶虫脒 752
PD20131140 哒螨灵 367
PD20131141 草铵膦 751
PD20131142 吡虫·杀虫单 634
PD20131143 丁醚脲 186
PD20131144 甲·灭·敌草隆 210
PD20131145 三唑锡 940
PD20131146 高效氟吡甲禾灵 702
PD20131147 盐酸吗啉胍 940
PD20131148 阿维·毒死蜱 786
PD20131149 腐霉利 940
PD20131150 苯醚·丙环唑 966
PD20131151 甲硫·戊唑醇 726
PD20131152 氟磺·灭草松 670
PD20131153 多杀霉素 984
PD20131154 丁硫·毒死蜱 225
PD20131155 稻瘟灵 670
PD20131156 苯甲·咪鲜胺 93
PD20131157 高氯·甲维盐 1003
PD20131158 王铜·代森锌 1062
PD20131159 多抗霉素 1062
PD20131160 氟胺·灭草松 796
PD20131161 腈菌·咪鲜胺 629
PD20131162 甲基硫菌灵 1061
PD20131163 啶虫脒 1002
PD20131164 嘧霉胺 940
PD20131165 安·宁·乙呋黄 479
PD20131166 苄嘧·丙草胺 369
PD20131167 麦草畏 81
PD20131168 灭草松 82

PD20131169	草甘膦	627
PD20131170	滴酸·草甘膦	194
PD20131171	毒死蜱	864
PD20131172	吡虫啉	280
PD20131173	嘧菌酯	501
PD20131174	三唑磷	321
PD20131175	灭蝇胺	940
PD20131176	毒死蜱	127
PD20131177	噻虫嗪	296
PD20131178	吡嘧磺隆	1116
PD20131179	硝磺草酮	81
PD20131180	联苯菊酯	1005
PD20131181	阿维·杀虫单	137
PD20131182	吡蚜酮	1098
PD20131183	乙羧氟草醚	367
PD20131184	吡蚜酮	988
PD20131185	联苯菊酯	818
PD20131186	灭草松	1029
PD20131187	氟硅唑	708
PD20131188	高效氯氟氰菊酯	246
PD20131189	丙环唑	526
PD20131191	吡蚜酮	560
PD20131192	氟硅唑	168
PD20131193	氰氟草酯	984
PD20131194	毒死蜱	290
PD20131195	井冈·多粘菌	1111
PD20131196	高氯·甲维盐	246
PD20131197	苄·二氯	480
PD20131198	高效氟吡甲禾灵	617
PD20131199	噻唑膦	1078
PD20131200	戊唑醇	977
PD20131201	阿维菌素	473
PD20131202	松·喹·氟磺胺	834
PD20131203	苦参碱	261
PD20131204	甲氨基阿维菌素苯甲酸盐	209
PD20131205	噻吩磺隆	531
PD20131206	四螨·丁醚脲	148
PD20131207	2甲·草甘膦	223
PD20131208	毒死蜱	702
PD20131209	多·酮	85
PD20131210	烟嘧·滴辛酯	345
PD20131211	阿维·甲氰	800
PD20131212	二氯喹啉酸	498
PD20131213	丙森·多菌灵	542
PD20131214	高氯·毒死蜱	930
PD20131215	苯丁锡	226
PD20131216	草甘膦铵盐	1061
PD20131217	阿维菌素	852
PD20131218	高效氯氟氰菊酯	538
PD20131219	井冈霉素	1111
PD20131220	苯甲、嘧菌酯	890
PD20131221	烟·莠·异丙甲	800
PD20131222	乙·莠· 滴丁酯	800
PD20131223	敌草隆	868
PD20131224	丙森锌	966
PD20131225	啶虫·毒死蜱	122
PD20131226	戊唑醇	1098
PD20131227	双氟磺草胺	868
PD20131228	二氯喹啉酸	1098
PD20131229	阿维菌素	295
PD20131230	烯啶虫胺	597
PD20131231	噻苯·敌草隆	541
PD20131232	吡虫啉	1057
PD20131233	嘧菌酯	564
PD20131234	戊唑·异菌脲	966
PD20131235	氟硅·咪鲜胺	796
PD20131236	代森锰锌	629
PD20131237	草甘膦	81
PD20131238	异菌脲	930
PD20131239	双草醚	81
PD20131240	四螨嗪	558
PD20131241	草甘膦铵盐	60
PD20131242	硝磺草酮	684
PD20131243	苯醚甲环唑	930
PD20131244	阿维·三唑磷	1022
PD20131245	低聚糖素	652
PD20131246	氨基寡糖素	652
PD20131247	烯酰·锰锌	862
PD20131248	烟嘧·莠去津	1037
PD20131249	烯酰·锰锌	749
PD20131250	氟胺·烯禾啶	940
PD20131251	甲维·吡虫啉	551
PD20131252	乙·莠·滴丁酯	681
PD20131253	阿维菌素	292
PD20131254	高效氯氟氰菊酯	930
PD20131255	阿维·灭蝇胺	818
PD20131256	高氯·胺菊	151
PD20131257	阿维·三唑磷	512
PD20131258	莎稗磷	681
PD20131259	氟磺胺草醚	82
PD20131260	噻嗪酮	455
PD20131261	高效氯氰菊酯	272
PD20131262	甲氨基阿维菌素苯甲酸盐	237
PD20131263	嘧菌酯	501
PD20131264	苄嘧·丙草胺	172
PD20131265	烟嘧·莠去津	737
PD20131266	高效氯氰菊酯	558
PD20131267	甲维·氯氰	1002
PD20131268	仲丁威	930
PD20131269	敌畏·吡虫啉	1049
PD20131270	苄·二氯	172
PD20131271	二氯吡啶酸钾盐	1008
PD20131272	三唑磷	809
PD20131273	戊醇·异菌脲	930
PD20131274	甲氨基阿维菌素苯甲酸盐	1057
PD20131275	吡虫啉	204
PD20131276	草甘膦铵盐	63
PD20131277	赤霉酸	658
PD20131278	苄嘧磺隆	349
PD20131279	烯酰吗啉	794
PD20131280	阿维菌素	336
PD20131281	吡蚜酮	473
PD20131282	杀螺胺乙醇胺盐	214
PD20131283	苄·乙	416
PD20131284	苯醚甲环唑	940
PD20131285	辛硫磷	491
PD20131286	甲维·三唑磷	1005
PD20131287	烯酰吗啉	1005
PD20131288	戊唑醇	654
PD20131289	烯酰吗啉	962
PD20131290	唑磷·毒死蜱	67
PD20131291	吡虫啉	786
PD20131292	腈菌唑	1073
PD20131293	炔螨·矿物油	879
PD20131294	茚虫威	601
PD20131295	草甘膦异丙胺盐	407
PD20131296	硅唑·多菌灵	923
PD20131297	乙氧氟草醚	1080
PD20131298	二氯吡啶酸	1008
PD20131299	氟乐灵	880
PD20131300	乙·噁·滴丁酯	681
PD20131301	烯啶虫胺	1032
PD20131302	烟·莠·滴丁酯	681
PD20131303	氰氟草酯	809
PD20131304	氟环唑	470
PD20131305	阿维·高氯氟	186

PD20131306	丙溴磷	1029
PD20131307	丙溴·辛硫磷	459
PD20131308	敌草隆	50
PD20131309	甲基硫菌灵	494
PD20131310	噻嗪酮	148
PD20131311	氟硅唑	1002
PD20131312	除虫脲	447
PD20131313	丙森锌	940
PD20131314	丙森锌	930
PD20131315	苯甲·丙环唑	844
PD20131316	多效唑	334
PD20131317	丙环唑	966
PD20131318	甲氨基阿维菌素苯甲酸盐	865
PD20131319	己唑醇	494
PD20131320	氯氟吡氧乙酸异辛酯	82
PD20131321	吡虫啉	877
PD20131322	双草醚	58
PD20131323	苄嘧·苯磺隆	541
PD20131324	高效氯氰菊酯	877
PD20131325	嘧霉胺	358
PD20131326	丙森锌	962
PD20131327	三环唑	941
PD20131328	高氯·氟啶脲	630
PD20131329	甲维·杀虫双	412
PD20131330	草甘膦铵盐	949
PD20131331	嘧菌酯	51
PD20131332	吡虫啉	809
PD20131333	吡虫啉	600
PD20131334	吡蚜酮	1098
PD20131335	丙森锌	1051
PD20131336	阿维菌素	1057
PD20131337	氟铃脲	62
PD20131338	赤霉酸	1015
PD20131339	丙溴·毒死蜱	662
PD20131340	嘧菌酯	114
PD20131341	茚虫威	1074
PD20131342	咪鲜·几丁糖	726
PD20131343	多唑·甲哌鎓	334
PD20131344	咯菌腈	1075
PD20131345	螺威	388
PD20131346	螺威	388
PD20131347	抗坏血酸	223
PD20131348	氟乐灵	131
PD20131349	杀虫单	1006
PD20131350	草甘·吡草醚	875
PD20131351	莠灭净	737
PD20131352	草铵膦	1000
PD20131353	吡嘧·二氯喹	423
PD20131354	除虫脲	565
PD20131355	硫双威	50
PD20131356	阿维·联苯菊	949
PD20131357	井冈·蜡芽菌	588
PD20131358	噁霉·福美双	818
PD20131359	甲氨基阿维菌素苯甲酸盐	382
PD20131360	嘧菌酯	61
PD20131361	苯甲·丙环唑	473
PD20131362	丙环唑	559
PD20131363	氟铃脲	73
PD20131364	噻虫嗪	589
PD20131365	高效氯氰菊酯	266
PD20131366	丙草胺	473
PD20131367	丙溴·辛硫磷	482
PD20131368	吡虫啉	809
PD20131369	甲氨基阿维菌素苯甲酸盐	743
PD20131370	阿维·丁醚脲	127
PD20131371	2,4-滴异辛酯	868
PD20131372	异丙甲草胺	868
PD20131373	阿维菌素	889
PD20131374	联苯菊酯	1002
PD20131375	苯甲·多菌灵	941
PD20131376	氨基寡糖素	235
PD20131377	吡虫啉	463
PD20131378	二氯喹啉酸	784
PD20131379	毒死蜱	416
PD20131380	除虫脲	50
PD20131381	福美双	941
PD20131382	阿维·三唑锡	186
PD20131383	丙环唑	226
PD20131384	吡虫啉	487
PD20131385	戊唑醇	788
PD20131386	阿维菌素	286
PD20131387	吡虫啉	1092
PD20131388	甲氰菊酯	148
PD20131389	草甘膦异丙胺盐	879
PD20131390	精喹禾灵	784
PD20131391	异丙甲草胺	784
PD20131392	噻螨酮	914
PD20131393	烯草酮	868
PD20131394	茚虫威	265
PD20131395	赤霉酸	1014
PD20131396	虫螨·虫酰肼	470
PD20131397	2，4-滴异辛酯	681
PD20131398	啶虫脒	172
PD20131399	氟氯氰菊酯	629
PD20131400	草甘膦铵盐	1010
PD20131401	苯噻酰草胺	784
PD20131402	2甲4氯钠	455
PD20131403	噻吩磺隆	58
PD20131404	吡蚜酮	726
PD20131405	苄嘧·苯噻酰	692
PD20131406	2甲·草甘膦	591
PD20131407	吡虫啉	250
PD20131408	敌草隆	700
PD20131409	噻呋酰胺	579
PD20131410	吡蚜酮	579
PD20131411	2甲·唑草酮	949
PD20131412	精喹禾灵	135
PD20131413	戊·氧·乙草胺	798
PD20131414	噻呋酰胺	579
PD20131415	吡嘧·苯噻酰	690
PD20131416	阿维菌素	629
PD20131417	氰氟草酯	1080
PD20131418	吡虫啉	969
PD20131419	阿维·四螨嗪	838
PD20131420	吡蚜酮	49
PD20131421	甲氨基阿维菌素苯甲酸盐	131
PD20131422	丁草胺	423
PD20131423	啶虫脒	809
PD20131424	醚菊酯	809
PD20131425	麦草畏钠盐	868
PD20131426	阿维·哒螨灵	324
PD20131427	噻苯隆	583
PD20131428	甲氨基阿维菌素苯甲酸盐	525
PD20131429	硝磺草酮	684
PD20131430	苄·丁	629
PD20131431	吡蚜酮	629
PD20131432	枯草芽孢杆菌	654
PD20131433	吡氟酰草胺	518
PD20131434	草铵膦	1109
PD20131435	苏云金杆菌	629
PD20131436	茚虫威	579
PD20131437	烯草酮	796
PD20131438	噻虫嗪	363
PD20131439	莠去津	743
PD20131440	多效唑	518
PD20131441	炔草酯	949

PD20131442	异丙草·莠	880
PD20131443	三唑醇	997
PD20131444	甲硫·异菌脲	708
PD20131445	甲氨基阿维菌素苯甲酸盐	788
PD20131446	草铵膦	601
PD20131447	吡虫·三唑磷	303
PD20131448	戊唑醇	953
PD20131449	戊唑醇	82
PD20131450	吡蚜酮	452
PD20131451	砜·喹·嗪草酮	681
PD20131452	草甘膦铵盐	113
PD20131453	甲哌鎓	1014
PD20131454	唑螨酯	723
PD20131455	2,4-滴异辛酯	565
PD20131456	烟嘧磺隆	294
PD20131457	草甘膦铵盐	49
PD20131458	吡虫啉	1008
PD20131459	吡虫啉	953
PD20131460	噻苯隆	334
PD20131461	高氯·甲维盐	326
PD20131462	烟嘧·莠去津	888
PD20131463	烟嘧·麦草畏	784
PD20131464	抑霉唑	941
PD20131465	氰氟草酯	473
PD20131466	烯酰·锰锌	786
PD20131467	苦参碱	551
PD20131468	甲·灭·敌草隆	773
PD20131469	硝磺·莠去津	681
PD20131470	烟嘧·莠·氯吡	865
PD20131471	啶虫脒	788
PD20131472	草铵膦	1125
PD20131473	异丙草·莠	441
PD20131475	噻虫嗪	435
PD20131476	枯草芽孢杆菌	227
PD20131477	联苯菊酯	199
PD20131478	双氟磺草胺	565
PD20131479	吡嘧磺隆	473
PD20131480	草甘膦铵盐	158
PD20131481	高效氯氟氰菊酯	1094
PD20131482	草甘膦铵盐	743
PD20131483	烟嘧磺隆	889
PD20131484	高效氯氰菊酯	278
PD20131485	烯腺·羟烯腺	225
PD20131486	多杀霉素	186
PD20131487	甲氨基阿维菌素苯甲酸盐	250
PD20131488	2,4-滴二甲胺盐	868
PD20131489	毒死蜱	88
PD20131490	甲维·毒死蜱	466
PD20131491	阿维菌素	711
PD20131492	咪锰·多菌灵	194
PD20131493	精喹禾灵	387
PD20131494	苯醚甲环唑	708
PD20131495	苯甲·嘧菌酯	501
PD20131496	溴氰菊酯	199
PD20131497	烯酰·锰锌	759
PD20131498	氟铃脲	95
PD20131499	双草醚	76
PD20131500	氨氯吡啶酸	868
PD20131501	甲维·氟铃脲	751
PD20131502	吡虫啉	798
PD20131503	戊唑醇	95
PD20131504	硅藻土	1065
PD20131505	噻虫嗪	977
PD20131506	2,4-滴	394
PD20131507	丙森锌	280
PD20131508	吲哚丁酸	1076
PD20131509	苯磺隆	85
PD20131510	福·甲·硫磺	941
PD20131511	三氯吡氧乙酸丁氧基乙酯	868
PD20131512	氯虫苯甲酰胺	997
PD20131513	高效氯氟氰菊酯	148
PD20131514	乙氧磺隆	498
PD20131515	申嗪霉素	403
PD20131516	烯腺·羟烯腺	225
PD20131517	敌草快	702
PD20131518	苯醚甲环唑	244
PD20131519	啶虫脒	398
PD20131520	异丙·乙·莠	880
PD20131521	苯丁·炔螨特	831
PD20131522	吡虫·噻嗪酮	962
PD20131523	腈菌唑	1098
PD20131524	异丙威	920
PD20131525	阿维·高氯	786
PD20131526	烯酰吗啉	889
PD20131527	甲氨基阿维菌素苯甲酸盐	417
PD20131528	烟嘧·莠去津	784
PD20131529	氟啶胺	606
PD20131530	嘧菌酯	606
PD20131531	戊唑醇	606
PD20131532	草甘膦铵盐	1098
PD20131533	阿维菌素	862
PD20131534	咪鲜胺	962
PD20131535	噻呋酰胺	254
PD20131536	虫酰肼	1098
PD20131537	氟硅唑	335
PD20131538	甲维·氟铃脲	962
PD20131539	吡虫啉	1008
PD20131540	甲氨基阿维菌素苯甲酸盐	774
PD20131541	阿维菌素	301
PD20131542	甲氨基阿维菌素苯甲酸盐	979
PD20131543	氰氟·二氯喹	172
PD20131544	嘧菌酯	606
PD20131545	甲氨基阿维菌素苯甲酸盐	64
PD20131546	苯甲·嘧菌酯	175
PD20131547	多抗霉素	690
PD20131548	乙烯利	305
PD20131549	甲基硫菌灵	903
PD20131550	氯氟·啶虫脒	941
PD20131551	丙环唑	1008
PD20131552	吡虫啉	78
PD20131553	吡虫啉	237
PD20131554	毒死蜱	473
PD20131555	三唑磷	949
PD20131556	高效氯氟氰菊酯	638
PD20131557	高效氯氟氰菊酯	865
PD20131558	苯醚甲环唑	295
PD20131559	高效氯氟氰菊酯	920
PD20131560	甲维·高氯氟	227
PD20131561	高效氯氰菊酯	337
PD20131562	代森锰锌	941
PD20131563	氟氯氰菊酯	920
PD20131564	噻虫嗪	1029
PD20131565	三唑酮	499
PD20131566	三环唑	457
PD20131567	烯酰·锰锌	920
PD20131568	烟碱·苦参碱	380
PD20131569	稻瘟灵	1002
PD20131570	阿维菌素	628
PD20131571	吡虫啉	286
PD20131572	吡虫啉	657
PD20131573	茚虫威	1080
PD20131574	苄·丁	115
PD20131575	草甘膦异丙胺盐	67
PD20131576	联苯菊酯	949
PD20131577	苯菌灵	417
PD20131578	烟嘧·莠去津	748

PD20131579	烯唑醇	941	PD20131648	氟磺胺草醚	518
PD20131580	戊唑醇	254	PD20131649	精噁唑禾草灵	353
PD20131581	莠去津	714	PD20131650	环嗪・敌草隆	50
PD20131582	氟硅唑	225	PD20131651	莠去津	250
PD20131583	高效氯氰菊酯	44	PD20131652	氰氟草酯	480
PD20131584	高效氯氟氰菊酯	586	PD20131653	吡虫啉	1057
PD20131585	戊・氧・乙草胺	763	PD20131654	炔草酯	76
PD20131586	氧氟・甲戊灵	763	PD20131655	高效氯氰菊酯	740
PD20131587	噻虫嗪	771	PD20131656	2，4-滴丁酯	455
PD20131588	咪鲜胺	477	PD20131657	嘧菌酯	470
PD20131589	烟嘧・莠去津	826	PD20131658	赤霉・氯吡脲	1029
PD20131590	唑草酮	1033	PD20131659	甲维・毒死蜱	588
PD20131591	丙溴磷	242	PD20131660	草甘膦铵盐	717
PD20131592	甲维・丁醚脲	886	PD20131661	嘧菌酯	1076
PD20131593	啶虫脒	774	PD20131662	氰氟草酯	818
PD20131594	阿维菌素	910	PD20131663	溴氰菊酯	518
PD20131595	氟硅唑	1008	PD20131664	环嗪酮	1075
PD20131596	丁・莠	341	PD20131665	联菊・啶虫脒	669
PD20131597	甲哌鎓	541	PD20131666	噻呋酰胺	299
PD20131598	二甲戊灵	477	PD20131667	乙酰甲胺磷	178
PD20131599	乙氧氟草醚	672	PD20131668	氯嘧磺隆	586
PD20131600	草甘膦铵盐	1016	PD20131669	吡嘧・苯噻酰	444
PD20131601	阿维菌素	748	PD20131670	高氯・甲维盐	893
PD20131602	烟嘧・莠去津	880	PD20131671	啶虫脒	879
PD20131603	烯酰吗啉	1008	PD20131672	苄嘧・苯噻酰	444
PD20131604	草铵膦	546	PD20131673	甲氨基阿维菌素苯甲酸盐	278
PD20131605	嘧菌酯	941	PD20131674	烟嘧・莠去津	135
PD20131606	吡虫啉	652	PD20131675	吡虫啉	44
PD20131607	茚虫威	589	PD20131676	甲氨基阿维菌素苯甲酸盐	962
PD20131608	苯甲・丙环唑	832	PD20131677	嘧啶核苷类抗菌素	934
PD20131609	噻虫嗪	589	PD20131678	苯醚甲环唑	726
PD20131610	噻唑膦	477	PD20131679	四螨嗪	494
PD20131611	硝磺草酮	1029	PD20131680	高效氯氟氰菊酯	1025
PD20131612	氯氟吡氧乙酸异辛酯	387	PD20131681	吡嘧・丙草胺	353
PD20131613	烟嘧・莠去津	784	PD20131682	嘧菌酯	606
PD20131614	莠去津	135	PD20131683	吡嘧・苯噻酰	375
PD20131615	苯甲・丙环唑	105	PD20131684	苯醚甲环唑	829
PD20131616	嘧菌酯	966	PD20131685	莎稗磷	370
PD20131617	苯嗪草酮	531	PD20131686	丁醚脲	920
PD20131618	甲氨基阿维菌素苯甲酸盐	61	PD20131687	戊唑醇	798
PD20131619	复硝酚钠	949	PD20131688	噻嗪・异丙威	179
PD20131620	烯酰・锰锌	575	PD20131689	嘧菌酯	1080
PD20131621	草甘膦钾盐	1122	PD20131690	甲基硫菌灵	962
PD20131622	草铵膦	868	PD20131691	氯氟・啶虫脒	962
PD20131623	戊唑醇	292	PD20131692	炔螨特	559
PD20131625	阿维菌素	788	PD20131693	咪鲜胺	893
PD20131626	嘧菌酯	606	PD20131694	甲氨基阿维菌素苯甲酸盐	358
PD20131627	丁硫・吡虫啉	441	PD20131695	苯甲・多菌灵	941
PD20131628	己唑醇	789	PD20131696	灭蝇胺	949
PD20131629	己唑醇	525	PD20131697	苯磺隆	172
PD20131630	嗪草酮	868	PD20131698	甲氨基阿维菌素苯甲酸盐	169
PD20131631	烯酰・锰锌	881	PD20131699	氟硅唑	272
PD20131632	吡虫・仲丁威	202	PD20131700	氯吡・苯磺隆	172
PD20131633	毒死蜱	997	PD20131701	哒螨・三唑锡	941
PD20131634	敌草隆	504	PD20131702	草铵膦	565
PD20131635	草铵膦	826	PD20131703	唑草・苯磺隆	737
PD20131636	印楝素	409	PD20131704	阿维・矿物油	849
PD20131637	丁醚脲	148	PD20131705	丙溴・氟铃脲	756
PD20131638	哒螨灵	223	PD20131706	吡嘧磺隆	423
PD20131639	噻嗪・毒死蜱	204	PD20131707	啶虫脒	61
PD20131640	苄氨・赤霉酸	658	PD20131708	丁醚脲	930
PD20131641	阿维菌素	296	PD20131709	高效氯氰菊酯	930
PD20131642	甲氨基阿维菌素苯甲酸盐	512	PD20131710	草甘膦铵盐	429
PD20131643	克菌丹	163	PD20131711	毒・辛	296
PD20131644	苯醚甲环唑	969	PD20131712	阿维・唑螨酯	966
PD20131645	井冈・苯醚甲	588	PD20131713	噻磺・乙草胺	1117
PD20131646	阿维菌素	525	PD20131714	草甘膦铵盐	402
PD20131647	甲氨基阿维菌素苯甲酸盐	1005	PD20131715	高氯・甲维盐	855

PD20131716	甲维·毒死蜱	494
PD20131717	唑草酮	353
PD20131718	嘧菌酯	416
PD20131719	噻呋酰胺	163
PD20131720	芸苔素内酯	133
PD20131721	嘧霉胺	740
PD20131722	啶虫脒	295
PD20131723	咪鲜·甲硫灵	545
PD20131724	阿维菌素	298
PD20131725	吡蚜酮	237
PD20131726	除草定	604
PD20131727	杀虫单	1014
PD20131728	滴·氨氯	868
PD20131729	高效氯氟氰菊酯	806
PD20131730	炔草酯	88
PD20131731	异稻瘟净	1115
PD20131732	吡蚜酮	1029
PD20131733	咪鲜胺	508
PD20131734	炔·苄·唑草酮	568
PD20131735	高效氟氯氰菊酯	1090
PD20131736	烯酰·中生	116
PD20131737	烟嘧·莠·异丙	838
PD20131738	敌草快	868
PD20131739	甲基硫菌灵	866
PD20131740	苄嘧磺隆	331
PD20131741	阿维·哒螨灵	362
PD20131742	甲氨基阿维菌素苯甲酸盐	879
PD20131743	苯醚甲环唑	941
PD20131744	烯草酮	826
PD20131745	草甘膦钾盐	104
PD20131746	烟嘧·莠去津	65
PD20131747	矿物油	345
PD20131748	噻苯隆	861
PD20131749	醚菌酯	175
PD20131750	异丙威	318
PD20131751	草甘膦铵盐	1000
PD20131752	氟酰胺	606
PD20131753	2甲·草甘膦	110
PD20131754	茚虫威	718
PD20131757	吡唑草胺	508
PD20131758	C型肉毒梭菌毒素	701
PD20131759	苯甲·醚菌酯	966
PD20131760	四聚乙醛	896
PD20131761	苯醚甲环唑	971
PD20131762	吡虫啉	363
PD20131763	多菌灵	542
PD20131764	粉唑醇	619
PD20131765	高效氟吡甲禾灵	597
PD20131766	精异丙甲草胺	1103
PD20131767	草甘膦	67
PD20131768	嘧菌酯	1083
PD20131769	戊·氧·乙草胺	800
PD20131770	唑磷·毒死蜱	364
PD20131771	丙草胺	571
PD20131772	多杀霉素	254
PD20131773	嘧菌酯	579
PD20131774	吡虫啉	583
PD20131775	抑霉唑	943
PD20131776	苯醚甲环唑	641
PD20131777	联苯菊酯	568
PD20131778	戊唑醇	441
PD20131779	氟环唑	525
PD20131780	炔草酯	518
PD20131781	阿维·三唑磷	715
PD20131782	甲氨基阿维菌素苯甲酸盐	51
PD20131784	吡虫啉	926
PD20131785	戊唑醇	1032
PD20131786	木霉菌	733
PD20131787	阿维·啶虫脒	962
PD20131788	戊唑醇	962
PD20131789	多杀霉素	299
PD20131790	唑磷·毒死蜱	793
PD20131791	辛硫·多菌灵	325
PD20131792	甲维盐·氯氰	820
PD20131793	丙溴磷	200
PD20131794	氰氟草酯	172
PD20131795	毒死蜱	616
PD20131796	草甘膦铵盐	1100
PD20131797	吡虫啉	685
PD20131798	苄·二氯	437
PD20131799	甲氨基阿维菌素苯甲酸盐	820
PD20131800	2甲4氯	523
PD20131801	胺鲜·乙烯利	335
PD20131802	烯啶虫胺	492
PD20131803	苯甲·嘧菌酯	764
PD20131804	硫双威	491
PD20131805	氟虫脲	609
PD20131806	毒死蜱	827
PD20131807	藜芦碱	1005
PD20131808	甲·灭·敌草隆	827
PD20131809	乙氧呋草黄	1125
PD20131810	松·喹·氟磺胺	437
PD20131811	异丙草·莠	437
PD20131812	溴菌·多菌灵	873
PD20131813	嘧菌酯	1080
PD20131815	松·喹·氟磺胺	377
PD20131816	噻虫嗪	254
PD20131817	阿维菌素	831
PD20131818	苯醚甲环唑	525
PD20131819	乙·莠·滴丁酯	444
PD20131820	戊唑醇	893
PD20131821	阿维菌素	838
PD20131822	氟硅唑	186
PD20131823	氰戊·吡虫啉	278
PD20131824	吡虫啉	723
PD20131825	噻吩磺隆	558
PD20131826	噻虫嗪	619
PD20131827	咪鲜胺锰盐	941
PD20131828	烟嘧磺隆	49
PD20131829	咪鲜·三环唑	186
PD20131830	阿维菌素	250
PD20131831	甲氨基阿维菌素苯甲酸盐	198
PD20131832	氟环唑	941
PD20131833	2甲·草甘膦	345
PD20131834	毒死蜱	832
PD20131835	噻虫嗪	868
PD20131836	草铵膦	1081
PD20131837	烯草酮	681
PD20131838	滴丁·乙草胺	681
PD20131839	硝·乙·莠去津	681
PD20131840	扑·乙	681
PD20131841	莎稗磷	681
PD20131842	吡蚜酮	317
PD20131843	甲氨基阿维菌素苯甲酸盐	728
PD20131844	草甘膦异丙胺盐	1122
PD20131845	乙草胺	339
PD20131846	草甘膦铵盐	75
PD20131847	甲氨基阿维菌素苯甲酸盐	640
PD20131848	氟磺胺草醚	339
PD20131849	噁唑菌酮	1082
PD20131850	除草定	604
PD20131851	敌鼠钠盐	678
PD20131852	毒·辛	1046
PD20131853	辛硫·矿物油	400
PD20131854	吡虫啉	1014
PD20131855	丙森·多菌灵	358

PD20131856	三环唑	949
PD20131857	丙草胺	423
PD20131858	甲哌鎓	305
PD20131859	多粘类芽孢杆菌	910
PD20131860	丁醚脲	886
PD20131861	异菌・腐霉利	756
PD20131862	烯酰吗啉	886
PD20131863	敌畏・毒死蜱	205
PD20131864	灭幼脲	305
PD20131865	己唑醇	304
PD20131866	杀单・氟酰胺	518
PD20131867	己唑醇	358
PD20131868	井冈・蛇床素	588
PD20131869	阿维・三唑锡	820
PD20131870	高氯・氟啶脲	832
PD20131871	螺螨酯	350
PD20131872	溴菌・多菌灵	723
PD20131873	己唑醇	619
PD20131874	阿维・毒死蜱	628
PD20131875	莠去津	784
PD20131876	丁醚脲	887
PD20131877	高氯・马	768
PD20131878	苄嘧・苯噻酰	785
PD20131879	稻瘟灵	518
PD20131880	毒死蜱	641
PD20131881	苯磺・炔草酯	470
PD20131882	乙草胺	451
PD20131883	精喹禾灵	801
PD20131884	乙羧氟草醚	529
PD20131885	禾草丹	609
PD20131886	乙・莠	451
PD20131887	香菇多糖	560
PD20131888	异丙草・莠	451
PD20131889	阿维・吡虫啉	518
PD20131890	甲氨基阿维菌素苯甲酸盐	251
PD20131891	虫螨腈	726
PD20131892	嘧霉胺	888
PD20131893	赤霉酸	1095
PD20131894	苯磺隆	387
PD20131895	烟嘧・莠去津	451
PD20131896	草铵膦	358
PD20131897	硝磺草酮	609
PD20131898	乙・莠・ 滴丁酯	451
PD20131899	草铵膦	604
PD20131900	草铵膦	518
PD20131901	噁霉・福美双	832
PD20131902	甲维・啶虫脒	358
PD20131903	烯酰吗啉	831
PD20131904	啶虫脒	832
PD20131905	戊唑醇	941
PD20131906	异丙威	417
PD20131907	乙・莠・滴丁酯	861
PD20131908	草甘膦异丙胺盐	838
PD20131909	灭草松	537
PD20131910	甲氨基阿维菌素苯甲酸盐	295
PD20131911	多杀霉素	97
PD20131912	百草枯	547
PD20131913	烟嘧・乙・莠	861
PD20131914	高效氯氰菊酯	318
PD20131915	吡虫啉	801
PD20131916	茚虫威	604
PD20131917	烟嘧磺隆	796
PD20131918	啶虫脒	71
PD20131919	吡虫啉	723
PD20131920	吡虫啉	966
PD20131921	烟嘧・莠去津	1117
PD20131922	嘧菌酯	561
PD20131923	草甘膦铵盐	214
PD20131927	氯吡嘧磺隆	565
PD20131928	乙嘧酚	635
PD20131929	乙嘧酚	635
PD20131933	三甲苯草酮	565
PD20131934	三甲苯草酮	565
PD20131935	吡丙醚	986
PD20131936	吡丙醚	986
PD20131937	甲氨基阿维菌素苯甲酸盐	216
PD20131938	甲・灭・敌草隆	296
PD20131939	精甲・噁霉灵	442
PD20131940	草甘膦	556
PD20131941	高效氯氟氰菊酯	740
PD20131942	乙羧・苯磺隆	785
PD20131943	敌草隆	630
PD20131944	毒死蜱	148
PD20131945	草铵膦	135
PD20131946	啶虫・毒死蜱	820
PD20131947	己唑醇	820
PD20131948	高效氯氰菊酯	148
PD20131949	氟吡・苯磺隆	135
PD20131950	苄嘧磺隆	504
PD20131951	氰氟草酯	1032
PD20131952	甲・灭・敌草隆	861
PD20131953	苯醚・甲硫	831
PD20131954	噻嗪酮	423
PD20131955	草铵膦	865
PD20131956	噻嗪酮	542
PD20131957	甲氰菊酯	1009
PD20131958	炔螨特	832
PD20131959	草铵膦	997
PD20131960	虫酰肼	353
PD20131961	嘧菌酯	831
PD20131962	双草醚	868
PD20131963	二甲戊灵	1116
PD20131964	戊唑醇	373
PD20131965	草铵膦	299
PD20131966	甲・乙・莠	798
PD20131967	甲氨基阿维菌素苯甲酸盐	639
PD20131968	阿维菌素	901
PD20131969	吡蚜酮	832
PD20131970	丙环唑	133
PD20131971	嘧菌酯	977
PD20131972	丁・乙・莠去津	861
PD20131973	阿维・哒螨灵	122
PD20131974	氰氟草酯	50
PD20131975	咪鲜・丙森锌	966
PD20131976	敌稗・丁草胺	556
PD20131977	氯嘧磺隆	529
PD20131978	高效氯氟氰菊酯	292
PD20131979	咪鲜・丙森锌	550
PD20131980	甲氨基阿维菌素苯甲酸盐	634
PD20131981	苄嘧・异丙隆	558
PD20131982	阿维・炔螨特	822
PD20131983	百菌清	877
PD20131984	二氯吡啶酸	868
PD20131985	高效氯氟氰菊酯	534
PD20131986	高效氯氰菊酯	487
PD20131987	草铵膦	941
PD20131988	吡虫・仲丁威	203
PD20131989	咪鲜胺	50
PD20131990	甲氨基阿维菌素苯甲酸盐	558
PD20131991	嗪草酮	565
PD20131992	噻嗪・异丙威	535
PD20131993	噻吩磺隆	50
PD20131994	丙森・腈菌唑	966
PD20131995	吡蚜・异丙威	567
PD20131996	氟节胺	131
PD20131997	草甘膦异丙胺盐	290

PD20131998 异甲·莠去津 737
PD20131999 阿维·氟铃脲 855
PD20132000 噻嗪·异丙威 423
PD20132001 毒死蜱 477
PD20132002 高效氯氟氰菊酯 363
PD20132003 噻苯隆 941
PD20132004 小檗碱 1086
PD20132005 氯吡嘧磺隆 565
PD20132006 阿维菌素 281
PD20132007 苄嘧·丙草胺 215
PD20132008 苄·丁 430
PD20132009 苦皮藤素 934
PD20132010 扑·乙·滴丁酯 441
PD20132011 敌草快 1125
PD20132012 甲维·虫螨腈 231
PD20132013 烯啶虫胺 215
PD20132014 春雷霉素 910
PD20132015 异菌脲 908
PD20132016 阿维菌素 238
PD20132017 噻嗪酮 311
PD20132018 百菌清 132
PD20132019 双草醚 435
PD20132020 草甘膦铵盐 586
PD20132021 毒死蜱 639
PD20132022 三唑锡 636
PD20132023 嘧霉胺 832
PD20132024 嗪草酮 528
PD20132025 吡嘧·唑草酮 1116
PD20132026 萘乙酸钠 1076
PD20132027 氟磺胺草醚 50
PD20132028 草铵膦 662
PD20132029 杀螺胺乙醇胺盐 292
PD20132030 氟磺胺草醚 474
PD20132031 联苯菊酯 568
PD20132032 氰氟·双草醚 541
PD20132033 甲氨基阿维菌素苯甲酸盐 662
PD20132034 精喹禾灵 889
PD20132035 乙羧氟草醚 785
PD20132036 百菌清 868
PD20132037 啶虫脒 764
PD20132038 烯酰·嘧菌酯 127
PD20132039 烟·莠·氯氟吡 737
PD20132040 烟嘧·莠去津 56
PD20132041 甲氨基阿维菌素苯甲酸盐 832
PD20132042 阿维·三唑磷 737
PD20132043 硝磺草酮 861
PD20132044 吡蚜酮 821
PD20132045 炔草酯 1078
PD20132046 草除灵 306
PD20132047 啶虫脒 272
PD20132048 螺螨酯 186
PD20132049 吡蚜酮 831
PD20132050 阿维·高氯 358
PD20132051 茚虫威 466
PD20132052 戊唑醇 903
PD20132053 苏云金杆菌 169
PD20132054 腈菌唑 729
PD20132055 氟铃·毒死蜱 639
PD20132056 吡虫啉 949
PD20132057 敌草快 702
PD20132058 丁醚脲 132
PD20132059 异噁草松 1116
PD20132060 甲氨基阿维菌素苯甲酸盐 306
PD20132061 醚菌酯 292
PD20132062 戊唑醇 311
PD20132063 氰氟草酯 702
PD20132064 苯醚甲环唑 832
PD20132065 阿维·吡虫啉 358
PD20132066 除虫脲 997
PD20132067 氟虫腈 466
PD20132068 戊唑·吡虫啉 763
PD20132069 戊唑·多菌灵 763
PD20132070 唑草酮 86
PD20132071 氯吡·苯磺隆 86
PD20132072 乙铝·锰锌 280
PD20132073 吡蚜酮 1043
PD20132074 精噁唑禾草灵 303
PD20132075 辛硫磷 310
PD20132076 炔草酯 65
PD20132077 莠去津 443
PD20132078 啶虫·哒螨灵 992
PD20132079 乙酰甲胺磷 992
PD20132080 阿维·高氯 358
PD20132081 粉唑醇 619
PD20132082 精异丙甲草胺 466
PD20132083 代森锰锌 877
PD20132084 苄嘧·丙草胺 637
PD20132085 草铵膦 1105
PD20132086 噁唑酰草胺 568
PD20132087 春雷·王铜 786
PD20132088 毒死蜱 311
PD20132089 马拉硫磷 625
PD20132090 敌百·毒死蜱 317
PD20132091 环嗪·敌草隆 508
PD20132092 噻唑膦 491
PD20132093 噻唑膦 491
PD20132094 高效氯氟氰菊酯 601
PD20132095 甲氨基阿维菌素苯甲酸盐 151
PD20132096 莠去津 714
PD20132097 丙溴磷 868
PD20132098 氟硅唑 198
PD20132099 炔草酯 827
PD20132100 阿维·吡虫啉 962
PD20132101 多抗霉素B 846
PD20132102 苯甲·多菌灵 962
PD20132103 阿维·氟铃脲 966
PD20132104 丁醚脲 708
PD20132105 枯草芽孢杆菌 882
PD20132106 甲维·虫酰肼 818
PD20132107 高效氯氟氰菊酯 337
PD20132108 甲硫·醚菌酯 966
PD20132109 醚菌酯 827
PD20132110 吡嘧·二氯喹 521
PD20132111 吡虫啉 321
PD20132112 烟嘧·莠去津 838
PD20132113 二甲戊灵 601
PD20132114 烟嘧·莠去津 718
PD20132115 磺草酮 1082
PD20132116 阿维菌素 194
PD20132117 醚菌酯 962
PD20132118 三唑锡 494
PD20132119 草甘膦 304
PD20132120 草铵膦 949
PD20132121 吡虫啉 751
PD20132122 甲维·氟铃脲 832
PD20132123 炔草酯 529
PD20132124 高氯·甲维盐 920
PD20132125 烟嘧磺隆 529
PD20132126 氟啶脲 966
PD20132127 戊唑·百菌清 169
PD20132128 烯草酮 311
PD20132129 噻虫嗪 829
PD20132130 苯甲·抑霉唑 962
PD20132131 高氯·甲维盐 194
PD20132132 氨基寡糖素 1005
PD20132133 草铵膦 290

PD20132134	戊唑醇	537
PD20132135	四聚乙醛	1008
PD20132136	甲氨基阿维菌素苯甲酸盐	831
PD20132137	异噁·丁草胺	1117
PD20132138	乙·噁·滴丁酯	442
PD20132139	滴异·莠去津	442
PD20132140	烟嘧·莠去津	442
PD20132141	炔草酯	86
PD20132142	戊唑醇	479
PD20132143	硝磺·异丙·莠	684
PD20132144	麦草畏	523
PD20132145	精甲·噁霉灵	443
PD20132146	烟嘧磺隆	766
PD20132147	噻唑膦	285
PD20132148	阿维·吡虫啉	818
PD20132149	氰氟草酯	135
PD20132150	甲氨基阿维菌素苯甲酸盐	832
PD20132151	高氯·吡虫啉	910
PD20132152	氯氰·啶虫脒	821
PD20132153	咪鲜胺锰盐	966
PD20132154	吡蚜酮	930
PD20132155	草甘膦铵盐	402
PD20132156	丙环唑	729
PD20132157	吡虫啉	790
PD20132158	吡蚜酮	363
PD20132159	己唑醇	832
PD20132160	二氯吡啶酸	547
PD20132161	啶虫脒	921
PD20132162	烯酰吗啉	723
PD20132163	吡虫啉	305
PD20132164	氟铃脲	64
PD20132165	毒死蜱	78
PD20132166	溴氰菊酯	921
PD20132167	毒死蜱	51
PD20132168	二氯吡啶酸	617
PD20132169	阿维菌素	452
PD20132170	丁硫克百威	568
PD20132171	咪唑乙烟酸	868
PD20132172	2甲4氯二甲胺盐	868
PD20132173	三唑锡	910
PD20132174	阿维·哒螨灵	955
PD20132175	2,4-滴异辛酯	66
PD20132176	噻嗪·毒死蜱	829
PD20132177	甲氰菊酯	921
PD20132178	甲·灭·敌草隆	81
PD20132179	甲·灭·敌草隆	791
PD20132180	阿维·噻虫嗪	708
PD20132181	烟嘧·莠去津	827
PD20132182	烯酰吗啉	1098
PD20132183	烯效唑	640
PD20132184	甲基硫菌灵	723
PD20132185	克菌丹	163
PD20132186	甲氨基阿维菌素苯甲酸盐	398
PD20132187	咪鲜·己唑醇	589
PD20132188	甲硫·醚菌酯	966
PD20132189	麦草畏	592
PD20132190	啶虫脒	321
PD20132191	吡虫啉	740
PD20132192	嘧菌酯	610
PD20132193	阿维菌素	723
PD20132194	砜嘧·莠去津	288
PD20132195	阿维菌素	804
PD20132196	精甲霜·锰锌	416
PD20132197	烯酰·中生	148
PD20132198	吡虫啉	245
PD20132199	吡蚜酮	662
PD20132200	烯草酮	63
PD20132201	烯草酮	387
PD20132202	啶虫脒	743
PD20132203	戊唑·丙森锌	941
PD20132204	甲硫·己唑醇	962
PD20132205	丙环唑	829
PD20132206	吡虫啉	186
PD20132207	中生·多菌灵	148
PD20132208	甲氨基阿维菌素苯甲酸盐	291
PD20132209	多效唑	457
PD20132210	丙环·咪鲜胺	583
PD20132211	Zeta-氯氰菊酯	568
PD20132212	克菌丹	868
PD20132213	百菌清	868
PD20132214	硫磺·多菌灵	186
PD20132215	腈菌唑	186
PD20132216	香菇多糖	1005
PD20132217	麦草畏	466
PD20132218	氰霜唑	619
PD20132219	茚虫威	131
PD20132220	氰氟草酯	696
PD20132221	氰氟草酯	696
PD20132222	异丙草胺	785
PD20132223	苯磺·炔草酯	86
PD20132224	氯氟吡氧乙酸异辛酯	86
PD20132225	丙森·醚菌酯	966
PD20132226	噻嗪酮	637
PD20132227	甲维·高氯氟	973
PD20132228	枯草芽孢杆菌	589
PD20132229	醚菌酯	962
PD20132230	苯醚·噻霉酮	969
PD20132231	赤霉酸A4+A7	962
PD20132232	氟乐灵	868
PD20132233	福·甲·硫磺	941
PD20132234	多菌灵	869
PD20132235	烯草酮	423
PD20132236	甲霜·锰锌	1078
PD20132237	丙森·霜脲氰	232
PD20132238	噻嗪酮	730
PD20132239	异丙隆	1010
PD20132240	阿维·唑螨酯	962
PD20132241	二甲戊灵	728
PD20132242	啶虫脒	1078
PD20132243	阿维菌素	1098
PD20132244	苄嘧·丙草胺	60
PD20132245	砜嘧磺隆	827
PD20132246	阿维·三唑磷	287
PD20132247	噻虫嗪	718
PD20132248	甲氧虫酰肼	869
PD20132249	烟嘧·莠去津	1025
PD20132250	咪鲜·己唑醇	890
PD20132251	丁硫·福美双	333
PD20132252	几丁聚糖	654
PD20132253	草甘膦异丙胺盐	565
PD20132254	己唑醇	629
PD20132255	草甘膦异丙胺盐	442
PD20132256	啶虫脒	394
PD20132257	苯醚甲环唑	941
PD20132258	阿维·高氯	358
PD20132259	戊唑·丙森锌	966
PD20132260	苯丁锡	949
PD20132261	2,4-滴钠盐	487
PD20132262	咪鲜胺	263
PD20132263	草甘膦铵盐	662
PD20132264	醚菌酯	718
PD20132265	嘧菌酯	718
PD20132266	阿维菌素	423
PD20132267	毒死蜱	358
PD20132268	氯氰·丙溴磷	194
PD20132269	甲霜·戊唑醇	442

PD20132270 己唑醇 804
PD20132271 哒螨灵 793
PD20132272 二甲戊灵 423
PD20132273 戊唑醇 962
PD20132275 草除灵 63
PD20132276 腐殖·硫酸铜 845
PD20132277 吡虫啉 869
PD20132278 氟铃脲 630
PD20132279 联苯·炔螨特 630
PD20132280 丁虫腈 678
PD20132281 异丙甲草胺 215
PD20132282 阿维·哒螨灵 186
PD20132283 丙溴磷 186
PD20132284 噻唑膦 882
PD20132285 噁霉灵 383
PD20132286 王铜 340
PD20132287 甲磺草胺 869
PD20132288 醚菌酯 50
PD20132289 戊唑·醚菌酯 962
PD20132290 阿维菌素 1098
PD20132291 腈菌唑 148
PD20132292 炔草酯 966
PD20132293 2,4-滴二甲胺盐 487
PD20132294 丁醚脲 941
PD20132295 苯醚甲环唑 963
PD20132296 吡嘧·苯噻酰 1000
PD20132297 苯醚甲环唑 997
PD20132298 矿物油 358
PD20132299 虱螨脲 50
PD20132300 松脂酸铜 221
PD20132301 高效氯氟氰菊酯 127
PD20132302 丁醚脲 930
PD20132303 醚菌酯 845
PD20132304 丙炔噁草酮 61
PD20132305 甲氨基阿维菌素苯甲酸盐 64
PD20132306 苏云金杆菌 726
PD20132307 丁醚·哒螨灵 887
PD20132308 阿维菌素 748
PD20132309 毒死蜱 798
PD20132310 草铵膦 718
PD20132311 戊唑醇 930
PD20132312 砜嘧磺隆 86
PD20132313 烟嘧·莠去津 86
PD20132314 松·喹·氟磺胺 135
PD20132315 虫螨腈 148
PD20132316 毒死蜱 654
PD20132317 吡蚜酮 579
PD20132318 多抗霉素 893
PD20132319 甲维·氟铃脲 64
PD20132320 阿维·螺螨酯 990
PD20132321 苄嘧·草甘膦 215
PD20132322 甲维·氟铃脲 1098
PD20132323 吡虫啉 56
PD20132324 戊唑醇 966
PD20132325 甲磺草胺 869
PD20132326 苯醚甲环唑 652
PD20132327 甲哌鎓 242
PD20132328 吡嘧·苯噻酰 172
PD20132329 氯吡脲 113
PD20132330 精噁唑禾草灵 442
PD20132331 醚菌酯 730
PD20132332 赤霉酸 1014
PD20132333 氰氟草酯 86
PD20132334 虫螨腈 186
PD20132335 矿物油 1074
PD20132336 烟嘧磺隆 1123
PD20132337 吡虫啉 1093
PD20132338 嘧菌酯 992
PD20132339 苯甲·丙环唑 992
PD20132340 烯酰吗啉 89
PD20132341 氯氟吡氧乙酸异辛酯 997
PD20132342 烯啶虫胺 652
PD20132343 吡蚜·异丙威 662
PD20132344 香菇多糖 654
PD20132345 苯丁·炔螨特 949
PD20132346 甲维·氟铃脲 963
PD20132347 甲维·毒死蜱 941
PD20132348 甲维·氟啶脲 966
PD20132349 甲维·高氯氟 966
PD20132350 戊唑醇 949
PD20132351 氯氟·啶虫脒 966
PD20132352 唑草酮 1075
PD20132353 丙环唑 89
PD20132354 异丙甲草胺 865
PD20132355 代锰·戊唑醇 887
PD20132356 丁醚脲 723
PD20132357 啶虫脒 829
PD20132358 丁醚·三唑锡 887
PD20132359 丁·戊·福美双 773
PD20132360 吡虫·异丙威 740
PD20132361 氯氰·丙溴磷 721
PD20132362 甲氨基阿维菌素苯甲酸盐 881
PD20132363 甲磺隆 529
PD20132364 丙环唑 565
PD20132365 甲基碘磺隆钠盐 565
PD20132366 甲磺隆 529
PD20132367 毒死蜱 591
PD20132368 甲磺隆 529
PD20132369 精噁唑禾草灵 565
PD20132370 精喹禾灵 565
PD20132371 草甘膦铵盐 50
PD20132372 甲磺隆 529
PD20132373 杀虫单 78
PD20132374 丙环唑 818
PD20132375 噻虫嗪 753
PD20132376 戊唑醇 711
PD20132377 四聚乙醛 186
PD20132378 甲磺隆 518
PD20132379 甲维·杀虫单 829
PD20132380 多抗霉素 934
PD20132381 氟硅唑 789
PD20132382 吡蚜酮 81
PD20132383 氟磺胺草醚 888
PD20132384 阿维·毒死蜱 246
PD20132385 阿维·高氯 765
PD20132386 甲磺隆 518
PD20132387 苏云金杆菌 630
PD20132388 噻虫嗪 71
PD20132389 氟虫腈 674
PD20132390 氟酰胺 609
PD20132391 苯醚甲环唑 971
PD20132392 噻嗪酮 251
PD20132393 丙环唑 494
PD20132394 苯磺隆 294
PD20132395 甲硫·戊唑醇 920
PD20132397 草甘膦铵盐 883
PD20132398 高效氯氟氰菊酯 789
PD20132399 己唑醇 64
PD20132400 阿维·哒螨灵 1098
PD20132401 三乙膦酸铝 779
PD20132402 二氯喹啉酸 673
PD20132403 噻嗪酮 630
PD20132404 硝磺草酮 879
PD20132406 木霉菌 873
PD20132407 戊唑醇 442
PD20132408 枯草芽孢杆菌 873

PD20132409	氟环唑	949
PD20132410	烯草酮	869
PD20132411	己唑醇	708
PD20132412	异丙草·莠	437
PD20132413	噻磺·甲磺隆	518
PD20132414	苯甲·嘧菌酯	829
PD20132415	氟环唑	708
PD20132416	毒死蜱	708
PD20132417	烟嘧磺隆	728
PD20132418	草甘膦异丙胺盐	535
PD20132419	己唑醇	963
PD20132420	啶虫脒	553
PD20132421	苯甲·锰锌	930
PD20132422	草甘膦钾盐	1123
PD20132423	吡蚜酮	949
PD20132424	丙环唑	865
PD20132425	戊唑·咪鲜胺	966
PD20132426	咪鲜胺	350
PD20132427	氟氯氰菊酯	821
PD20132428	阿维·炔螨特	832
PD20132429	阿维·毒死蜱	662
PD20132430	吡嘧磺隆	528
PD20132431	吡虫啉	560
PD20132432	吡虫啉	358
PD20132433	高效氟吡甲禾灵	888
PD20132434	茚虫威	466
PD20132435	阿维·啶虫脒	186
PD20132436	苯甲·嘧菌酯	809
PD20132437	嘧菌酯	525
PD20132438	草甘膦	818
PD20132439	乙·莠	437
PD20132440	甲磺草胺	636
PD20132441	氰氟草酯	504
PD20132442	甲氨基阿维菌素苯甲酸盐	773
PD20132443	高氯·啶虫脒	285
PD20132444	阿维·四螨嗪	186
PD20132445	阿维·灭幼脲	148
PD20132446	甲氰菊酯	148
PD20132447	虫螨腈	148
PD20132448	代森锰锌	148
PD20132449	噻苯隆	487
PD20132450	阿维菌素	769
PD20132451	丙森锌	878
PD20132452	氰氟草酯	466
PD20132453	硝磺草酮	875
PD20132454	醚菌酯	604
PD20132455	异丙甲草胺	728
PD20132456	松·喹·氟磺胺	58
PD20132457	甲磺隆	528
PD20132458	丙草胺	379
PD20132459	啶虫脒	50
PD20132460	啶虫脒	195
PD20132461	苄嘧·丙草胺	654
PD20132462	戊唑醇	740
PD20132463	异噁草松	869
PD20132464	草甘膦异丙胺盐	537
PD20132465	苯甲·丙环唑	358
PD20132466	哒螨灵	958
PD20132467	多菌灵	50
PD20132468	阿维菌素	227
PD20132469	异噁·甲戊灵	528
PD20132470	甲磺隆	518
PD20132471	苯磺·甲磺隆	518
PD20132472	哒螨灵	236
PD20132473	丙森锌	846
PD20132474	噻虫嗪	148
PD20132475	戊唑醇	186
PD20132476	烯草酮	65
PD20132477	苦参碱	700
PD20132478	代森锰锌	369
PD20132479	阿维·毒死蜱	228
PD20132480	烯酰吗啉	910
PD20132481	阿维·甲氰	341
PD20132482	氟环唑	186
PD20132483	苯醚·甲硫	186
PD20132484	啶虫·哒螨灵	127
PD20132485	醚菌酯	930
PD20132486	吡·拌·福美双	49
PD20132487	苦皮藤素	1006
PD20132488	烯酰·异菌脲	186
PD20132489	阿维·四螨嗪	887
PD20132490	阿维菌素	730
PD20132491	甲磺隆	541
PD20132492	烯酰吗啉	494
PD20132493	莎稗磷	443
PD20132494	啶虫脒	958
PD20132495	乙氧氟草醚	869
PD20132496	硫双威	463
PD20132497	苄嘧·苯噻酰	504
PD20132498	氯氟吡氧乙酸异辛酯	900
PD20132499	甲氨基阿维菌素苯甲酸盐	560
PD20132500	香菇多糖	862
PD20132501	哒螨灵	494
PD20132502	甲磺隆	541
PD20132503	戊唑·多菌灵	728
PD20132504	井冈·硫酸铜	1111
PD20132505	芸苔素内酯	1114
PD20132506	高氯·甲维盐	726
PD20132507	戊唑·丙森锌	963
PD20132508	阿维·啶虫脒	967
PD20132509	草铵膦	188
PD20132510	嘧菌酯	81
PD20132511	二甲戊灵	242
PD20132512	吡嘧·苯噻酰	60
PD20132513	甲氰·噻螨酮	740
PD20132514	高氯·甲维盐	731
PD20132515	克菌丹	869
PD20132516	中生·代森锌	148
PD20132517	甲维·丙溴磷	723
PD20132518	苯甲·丙森锌	941
PD20132519	草铵膦	617
PD20132520	毒死蜱	491
PD20132521	草铵膦	504
PD20132522	草铵膦	809
PD20132523	毒死蜱	78
PD20132524	莠去津	888
PD20132525	阿维菌素	634
PD20132526	甜菜夜蛾核型多角体病毒	158
PD20132527	噻虫嗪	949
PD20132528	咯菌腈	241
PD20132529	嘧菌酯	81
PD20132530	己唑醇	358
PD20132531	高效氯氟氰菊酯	329
PD20132532	阿维·甲氰	186
PD20132533	丁硫克百威	237
PD20132534	啶虫脒	731
PD20132535	二吡·烯草酮	1075
PD20132536	甲氨基阿维菌素苯甲酸盐	270
PD20132537	草甘膦异丙胺盐	561
PD20132538	吡蚜酮	636
PD20132539	苯甲·中生	186
PD20132540	烯酰·霜脲氰	187
PD20132541	双草醚	1093
PD20132542	戊唑醇	787
PD20132543	联苯菊酯	728
PD20132544	阿维菌素	226

PD20132545	硝磺·莠去津	737
PD20132546	草甘膦铵盐	876
PD20132547	麦草畏	412
PD20132548	福·唑·毒死蜱	763
PD20132549	草铵膦	487
PD20132550	阿维·毒死蜱	1078
PD20132551	异菌脲	508
PD20132552	灭蝇胺	1002
PD20132553	甲氨基阿维菌素苯甲酸盐	358
PD20132554	吡蚜酮	595
PD20132555	草甘膦铵盐	764
PD20132556	吡虫·噻嗪酮	920
PD20132557	腈菌唑	958
PD20132558	烟嘧磺隆	855
PD20132559	代森锰锌	869
PD20132560	甲氨基阿维菌素苯甲酸盐	285
PD20132561	阿维菌素	882
PD20132562	吡蚜酮	358
PD20132563	丙环唑	908
PD20132564	草甘膦铵盐	869
PD20132565	毒死蜱	407
PD20132566	乙·莠	250
PD20132567	四螨嗪	804
PD20132568	氟啶脲	50
PD20132569	甲氨基阿维菌素苯甲酸盐	65
PD20132570	2甲·莠灭净	437
PD20132571	吡嘧磺隆	70
PD20132572	嘧菌酯	221
PD20132573	阿维菌素	359
PD20132574	乙草胺	869
PD20132575	炔草酯	542
PD20132576	吡蚜酮	757
PD20132577	吡蚜酮	359
PD20132578	氰氟·二氯喹	504
PD20132579	烯草酮	262
PD20132580	烯酰吗啉	893
PD20132581	丙环唑	525
PD20132582	醚菌酯	350
PD20132583	三环·多菌灵	148
PD20132584	吡蚜酮	238
PD20132585	甲维·毒死蜱	258
PD20132586	甲氨基阿维菌素苯甲酸盐	286
PD20132587	阿维·苏云菌	941
PD20132588	高效氯氟氰菊酯	787
PD20132589	西玛津	1100
PD20132590	啶虫脒	852
PD20132591	硫磺	752
PD20132592	烟嘧·莠去津	51
PD20132593	甲氨基阿维菌素苯甲酸盐	901
PD20132594	阿维菌素	1035
PD20132595	四聚乙醛	949
PD20132596	草甘膦铵盐	67
PD20132597	丙森·戊唑醇	838
PD20132598	精喹·异噁松	901
PD20132599	咪鲜·三环唑	51
PD20132600	炔草酯	604
PD20132601	2,4-滴丁酯	487
PD20132602	苯醚甲环唑	728
PD20132603	丁醚脲	920
PD20132604	氰氟草酯	604
PD20132605	噻虫嗪	296
PD20132606	噻虫嗪	419
PD20132607	烯草酮	699
PD20132608	丙森锌	888
PD20132609	甲磺隆	1115
PD20132610	氟铃脲	71
PD20132611	乙氧氟草醚	372
PD20132612	戊唑醇	65
PD20132613	草甘膦铵盐	1108
PD20132614	百菌清	305
PD20132615	杀螺胺	564
PD20132616	三唑锡	83
PD20132617	苯甲·丙环唑	831
PD20132618	高效氯氰菊酯	291
PD20132619	烯酰吗啉	838
PD20132620	噻虫嗪	83
PD20132621	草甘膦异丙胺盐	526
PD20132622	吡虫啉	984
PD20132623	啶虫脒	228
PD20132624	甲磺隆	488
PD20132625	精噁唑禾草灵	172
PD20132626	嘧菌酯	49
PD20132627	斜纹夜蛾核型多角体病毒	158
PD20132628	烯酰吗啉	723
PD20132629	戊唑醇	412
PD20132630	硝磺草酮	684
PD20132631	井冈·蜡芽菌	470
PD20132632	啶虫脒	971
PD20132633	氟虫腈	610
PD20132634	甲·灭 ·敌草隆	714
PD20132635	高效氯氟氰菊酯	756
PD20132636	代森锰锌	550
PD20132637	氟虫腈	1108
PD20132638	二氯吡啶酸	412
PD20132639	四聚乙醛	708
PD20132640	苯醚甲环唑	724
PD20132641	甲萘威	610
PD20132642	甲氨基阿维菌素苯甲酸盐	787
PD20132643	甲氨基阿维菌素苯甲酸盐	731
PD20132644	阿维·三唑锡	127
PD20132645	甲维·毒死蜱	823
PD20132646	莠去津	711
PD20132647	滴丁·烟嘧	442
PD20132648	噻呋·已唑醇	104
PD20132649	辛硫磷	822
PD20132650	炔草酯	64
PD20132651	高氯·甲维盐	941
PD20132652	丙森·异菌脲	941
PD20132653	丙溴磷	926
PD20132654	氰虫·毒死蜱	1124
PD20132655	高效氯氟氰菊酯	246
PD20132656	噻虫嗪	466
PD20132657	甲基硫菌灵	636
PD20132658	多菌灵	963
PD20132659	吡蚜酮	657
PD20132660	茚虫威	818
PD20132661	苯醚甲环唑	629
PD20132662	氯氟吡氧乙酸异辛酯	869
PD20132663	二嗪磷	669
PD20132664	莠去津	1108
PD20132665	阿维菌素	223
PD20132666	敌草隆	869
PD20132667	戊唑醇	763
PD20132668	草甘膦异丙胺盐	200
PD20132669	噻嗪·毒死蜱	1117
PD20132670	烯啶虫胺	49
PD20132671	草铵膦	278
PD20132672	多杀霉素	148
PD20132673	异噁草松	869
PD20132674	双草醚	388
PD20132675	草甘膦异丙胺盐	869
PD20132676	戊唑醇	922
PD20132677	吡蚜酮	271
PD20132678	杀螟丹	172
PD20132679	吡虫啉	537
PD20132680	炔螨特	967

PD20132681 莠去津 875
PD20132682 高效氯氟氰菊酯 237
PD20132683 氨基寡糖素 223
PD20132684 麦草畏 737
PD20132685 阿维·高氯 67
PD20132686 烯酰吗啉 187
PD20132687 嘧菌酯 809
PD20132688 草铵膦 479
PD20132689 苦参碱 286
PD20132690 乙霉威 50
PD20132691 吡蚜酮 887
PD20132692 敌敌畏 394
PD20132693 芸苔素内酯 941
PD20132694 唑草酮 1033
PD20132695 二氯吡啶酸 702
PD20132696 噻苯隆 778
PD20132697 甲氨基阿维菌素苯甲酸盐 941
PD20132698 戊唑·多菌灵 967
PD20132699 苯醚甲环唑 148
PD20132700 嗪·烟·莠去津 678
PD20132701 异菌脲 568
PD20132702 乙·莠·滴丁酯 445
PD20132703 灭草松 81
PD20132704 啶虫脒 953
PD20132705 氯氟·啶虫脒 1104
PD20132706 毒死蜱 862
PD20132707 阿维·矿物油 764
PD20132708 阿维菌素 477
PD20132709 苯醚甲环唑 313
PD20132710 苦参碱 1006
PD20132712 2甲·氯氟吡 1117
PD20132713 莠去津 477
PD20132714 精喹禾灵 672
PD20132715 仲丁灵 131
PD20132716 二甲戊灵 262
PD20132717 嘧菌酯 546
PD20132718 唑草酮 528
PD20132719 高效氯氟氰菊酯 748

批准临时登记的国内农药产品

LS20090937 阿维·噻螨酮 930
LS20091240 吡虫·仲丁威 462
LS20100001 马拉·三唑磷 793
LS20100003 抗倒酯 601
LS20100006 高氯·辛硫磷 277
LS20100007 吡虫·噻嗪酮 203
LS20100009 高效氯氟氰菊酯 744
LS20100011 烯啶虫胺 665
LS20100012 阿维·氟酰胺 1068
LS20100015 戊唑·福美双 442
LS20100016 烯效唑 305
LS20100017 烟嘧·莠去津 669
LS20100018 精喹·乙羧氟 362
LS20100022 烯啶虫胺 97
LS20100025 甲氨基阿维菌素苯甲酸盐 424
LS20100026 甲氨基阿维菌素苯甲酸盐 205
LS20100029 丙溴·炔螨特 818
LS20100032 阿维·毒死蜱 303
LS20100038 苦参碱 699
LS20100039 嘧肽霉素 669
LS20100040 嘧肽霉素 669
LS20100043 丁·乙·莠去津 1100
LS20100045 蛇床子素 398
LS20100046 萘乙酸 305
LS20100049 甲维·丙溴磷 771
LS20100052 苦参碱 901
LS20100056 噁霉·乙蒜素 327
LS20100057 乙·莠 977
LS20100058 高氯·啶虫脒 771
LS20100059 甲氨基阿维菌素苯甲酸盐 115
LS20100061 乙虫腈 1068
LS20100062 氟环唑 95
LS20100065 苏云金杆菌 379
LS20100067 噻嗪·毒死蜱 416
LS20100068 草铵膦 1098
LS20100070 烯啶虫胺 95
LS20100071 多抗·锰锌 878
LS20100072 噻嗪·速灭威 462
LS20100085 苄·戊·异丙隆 547
LS20100086 阿维·噻螨酮 416
LS20100095 苦参碱 452
LS20100097 烯酰·锰锌 92
LS20100105 喹啉·噻灵 1075
LS20100107 多素·高氯氟 532
LS20100108 矮壮·多效唑 305
LS20100112 吡蚜酮 1108
LS20100113 辛硫磷 547
LS20100114 苯氧威 333
LS20100118 吡蚜·毒死蜱 1108
LS20100119 灭菌丹 163
LS20100120 啶虫脒 299
LS20100125 松毛虫赤眼蜂 122
LS20100126 平腹小蜂 123
LS20100127 甲磺草胺 459
LS20100131 吡嘧·苯噻酰 442
LS20100132 调环酸钙 407
LS20100133 调环酸钙 407
LS20100135 稻丰散 593
LS20100136 甲维·虫酰肼 630
LS20100137 甲磺草胺 509
LS20100141 滴丁·烟嘧 681
LS20100145 高效氟吡甲禾灵 310
LS20100149 高效氯氟氰菊酯 1078
LS20100150 氟环唑 941
LS20100153 噻虫啉 604
LS20100157 抑芽丹 610
LS20100160 丁香菌酯 442
LS20100163 戊·氧·乙草胺 437
LS20100164 丁香菌酯 442
LS20100172 土菌灵 163
LS20110003 噻虫啉 652
LS20110004 己唑醇 726
LS20110005 抗倒酯 604
LS20110007 噻虫啉 652
LS20110011 甲硫·戊唑醇 768
LS20110014 氨基寡糖素 231
LS20110015 脱叶磷 636
LS20110016 甲维·毒死蜱 545
LS20110019 噻虫啉 967
LS20110023 苄嘧·丁草胺 1026
LS20110028 噻虫啉 609
LS20110030 草铵膦 483
LS20110032 氟环唑 942
LS20110037 除草定 488
LS20110038 吡蚜酮 501
LS20110043 丁醚脲 740
LS20110051 甲维·丙溴磷 215
LS20110052 甲维·虫酰肼 740
LS20110054 丙溴磷 771
LS20110056 除草定 1078
LS20110057 甲维·丁醚脲 842
LS20110058 噻苯隆 1061
LS20110059 抗倒酯 488
LS20110063 苯甲·丙环唑 231
LS20110064 烯酰吗啉 231
LS20110065 枯草芽孢杆菌 389
LS20110066 吡蚜·异丙威 501

LS20110067 乙烯利 535
LS20110076 噻虫啉 809
LS20110077 甲维·仲丁威 571
LS20110080 嗪·烟·莠去津 681
LS20110081 草甘膦异丙胺盐 1123
LS20110082 三唑酮 711
LS20110086 草铵膦 479
LS20110091 苄嘧·苯噻酰 696
LS20110092 磺草灵 561
LS20110093 磺草灵 561
LS20110094 氟铃·毒死蜱 665
LS20110095 井冈·戊唑醇 641
LS20110096 烯啶虫胺 920
LS20110097 吡唑草胺 1075
LS20110098 嘧菌环胺 1075
LS20110103 春雷·咪锰 297
LS20110104 稻瘟酰胺 967
LS20110105 甲维·虫酰肼 954
LS20110107 草甘膦钾盐 1123
LS20110109 粉唑醇 997
LS20110110 氨氟乐灵 1033
LS20110111 2甲4氯异辛酯 537
LS20110112 稻瘟酰胺 942
LS20110115 噻嗪酮 641
LS20110116 氨氟乐灵 1033
LS20110117 阿维·毒死蜱 215
LS20110118 吡唑草胺 273
LS20110119 烟嘧·乙·莠 437
LS20110121 硝磺草酮 466
LS20110122 烟嘧·硝草酮 466
LS20110123 毒死蜱 821
LS20110125 甲维·毒死蜱 571
LS20110129 烯啶虫胺 809
LS20110133 阿维·氟啶脲 1002
LS20110134 炔苯酰草胺 522
LS20110135 乙虫·毒死蜱 1124
LS20110140 阿维菌素 387
LS20110142 草甘·唑草酮 568
LS20110143 井冈·己唑醇 979
LS20110144 S-诱抗素 1015
LS20110146 丁醚脲 479
LS20110148 吡蚜·噻嗪酮 580
LS20110153 甲维·氟铃脲 949
LS20110156 草甘膦异丙胺盐 479
LS20110158 二吡·烯·草灵 1075
LS20110160 阿维·毒死蜱 838
LS20110161 烯啶虫胺 617
LS20110162 丁醚脲 1098
LS20110163 几丁聚糖 398
LS20110164 阿维·吡丙醚 838
LS20110165 甘蓝夜蛾核型多角体病毒 647
LS20110166 螺螨·三唑磷 1124
LS20110167 丁噻隆 1086
LS20110168 烯啶虫胺 511
LS20110169 丁噻隆 580
LS20110170 单甲脒盐酸盐 232
LS20110171 丁醚脲 604
LS20110172 甲硫·氟环唑 942
LS20110173 D型肉毒梭菌毒素 700
LS20110174 环丙唑醇 471
LS20110176 脱叶磷 508
LS20110177 脱叶磷 508
LS20110178 氨基寡糖素 97
LS20110179 丁吡吗啉 477
LS20110180 丁吡吗啉 601
LS20110183 烯啶虫胺 649
LS20110184 苄嘧·莎稗磷 442
LS20110187 氨磺乐灵 1106
LS20110188 甲嘧磺隆 976
LS20110189 高效氯氰菊酯 1004
LS20110190 高效氯氰菊酯 1016
LS20110192 代森联 942
LS20110193 氟硅唑 1005
LS20110195 氰氟·精噁唑 1089
LS20110201 甲磺草胺 1033
LS20110202 氯氟·丙溴磷 1002
LS20110203 多粘类芽孢杆菌 1111
LS20110204 茶毛虫核型多角体病毒 581
LS20110205 多粘类芽孢杆菌 1111
LS20110206 茵草敌 561
LS20110207 硝磺草酮 477
LS20110208 苄嘧·莎稗磷 737
LS20110213 粉唑醇 496
LS20110214 茶毛核·苏 581
LS20110215 高效氯氟氰菊酯 1005
LS20110216 丙环唑 227
LS20110217 阿维菌素 321
LS20110218 高效氯氟氰菊酯 1016
LS20110219 炔螨特 172
LS20110221 除草定 1078
LS20110222 阿维·吡虫啉 1032
LS20110224 炔草酯 1105
LS20110225 炔苯酰草胺 522
LS20110228 特草定 610
LS20110229 甲嘧磺隆 610
LS20110230 丙溴·氟铃脲 831
LS20110232 氨磺乐灵 1033
LS20110233 氨氟乐灵 610
LS20110235 唑胺菌酯 696
LS20110237 阿维·丁硫 698
LS20110239 咪鲜胺铜盐 488
LS20110240 井冈·枯芽菌 665
LS20110241 甲嘧磺隆 610
LS20110242 苯甲·多菌灵 920
LS20110243 苯甲·锰锌 920
LS20110246 烯啶虫胺 967
LS20110249 唑胺菌酯 696
LS20110250 利谷隆 610
LS20110251 烯酰·乙膦铝 920
LS20110253 阿维·毒死蜱 423
LS20110254 氟啶草酮 610
LS20110255 异丙甲草胺 372
LS20110256 辛酰·烟·滴异 692
LS20110257 噁霉灵 173
LS20110258 乙·莠 672
LS20110259 甲羧除草醚 488
LS20110262 烯啶虫胺 511
LS20110265 锰锌·氟硅唑 942
LS20110266 苯嗪草酮 565
LS20110267 代森联 1002
LS20110268 噻虫胺 412
LS20110272 哒螨灵 1002
LS20110274 烯啶虫胺 963
LS20110277 高氯·啶虫脒 1016
LS20110278 阿维·炔螨特 173
LS20110279 氯吡·炔草酯 345
LS20110280 精喹·草除灵 345
LS20110281 烯啶虫胺 949
LS20110282 噻虫啉 412
LS20110284 毒死蜱 844
LS20110285 甲氨基阿维菌素苯甲酸盐 215
LS20110286 氯氟·吡虫啉 601
LS20110287 乙·莠·滴辛酯 442
LS20110288 吡嘧磺隆 1123
LS20110289 甲维·氟铃脲 1120
LS20110290 吡虫啉 309

LS20110291 甲基硫菌灵 1002
LS20110292 嘧霉胺 241
LS20110293 特丁津 869
LS20110294 粉唑醇 187
LS20110295 氟咯草酮 591
LS20110296 甲磺草胺 1033
LS20110297 烟嘧·莠去津 438
LS20110298 粉唑醇 435
LS20110300 炔苯酰草胺 553
LS20110304 烯啶虫胺 930
LS20110305 丙环·咪鲜胺 539
LS20110306 金龟子绿僵菌 303
LS20110309 甲维·高氯氟 887
LS20110311 烯啶虫胺 708
LS20110312 氯吡嘧磺隆 565
LS20110313 乙氧呋草黄 163
LS20110314 阿维·三唑锡 920
LS20110315 甲·灭·敌草隆 217
LS20110316 烯酰吗啉 255
LS20110317 噻虫啉 652
LS20110318 甲羧除草醚 163
LS20110319 吡虫·仲丁威 650
LS20110322 阿维·啶虫脒 665
LS20110326 甲氨基阿维菌素苯甲酸盐 930
LS20110327 滴胺·麦草畏 523
LS20110328 阿维·四螨嗪 838
LS20110329 烯啶虫胺 1005
LS20110330 2甲·草甘膦 217
LS20110332 阿维·毒死蜱 1017
LS20110334 烯啶虫胺 887
LS20110336 噻虫胺 604
LS20110338 杀雄啉 977
LS20110341 氯吡·苯磺隆 310
LS20120001 特丁津 81
LS20120002 苦参碱 903
LS20120003 吡·西·扑草净 529
LS20120004 二氯喹啉酸 1032
LS20120005 井冈霉素 411
LS20120006 杀虫畏 282
LS20120007 阿维·烯啶 963
LS20120008 阿维·抑食肼 547
LS20120010 阿维·高氯氟 887
LS20120011 联苯菊酯 1005
LS20120012 烟嘧·滴辛酯 334
LS20120013 特丁净 81
LS20120018 二氯喹啉酸 173
LS20120020 已唑醇 641
LS20120023 吡嘧·苯噻酰 673
LS20120025 甲·灭·敌草隆 223
LS20120026 炔草酯 51
LS20120027 吡唑草胺 890
LS20120028 阿维·三唑锡 887
LS20120030 甲维·三唑磷 641
LS20120031 氯溴异氰尿酸 967
LS20120033 甲·灭·敌草隆 215
LS20120034 呋草酮 977
LS20120036 烯酰·丙森锌 920
LS20120037 烯酰·醚菌酯 920
LS20120038 烯啶虫胺 967
LS20120039 氯啶菌酯 459
LS20120040 氯啶菌酯 459
LS20120041 烯啶虫胺 187
LS20120043 井冈霉素 411
LS20120044 高氯·甲维盐 1005
LS20120047 烟嘧·莠去津 692
LS20120048 乙·莠·滴辛酯 692
LS20120049 噻虫啉 609
LS20120051 甲维·高氯氟 1005
LS20120052 阿维菌素 711
LS20120054 二甲基二硫醚 879
LS20120056 甲维·氟酰胺 1061
LS20120058 卡·二氯 173
LS20120059 苄嘧·丙草胺 173
LS20120060 蜡质芽孢杆菌 575
LS20120063 二氰蒽醌 488
LS20120064 已唑.稻瘟灵 665
LS20120065 氯虫苯甲酰胺 178
LS20120066 戊唑·多菌灵 241
LS20120068 稻瘟酰胺 665
LS20120070 抑芽丹 163
LS20120072 粉唑醇 579
LS20120073 三环·丙环唑 1114
LS20120074 阿维·啶虫脒 220
LS20120076 氯氟·噻虫啉 963
LS20120077 氰氟草酯 1073
LS20120079 四聚乙醛 576
LS20120080 烯啶虫胺 1098
LS20120082 四氟丙酸钠 1089
LS20120084 嘧菌环胺 949
LS20120085 戊菌唑 708
LS20120086 阿维·烯啶 942
LS20120087 草甘膦异丙胺盐 671
LS20120088 霜脲·百菌清 518
LS20120092 双酰草胺 273
LS20120093 烯酰·百菌清 518
LS20120094 甲维·虫酰肼 718
LS20120097 甲·灭·敌草隆 210
LS20120098 氨酰丙酸盐酸盐 621
LS20120099 苯甲·醚菌酯 718
LS20120100 吡蚜·速灭威 580
LS20120101 毒死蜱 1124
LS20120103 甲维·毒死蜱 662
LS20120105 烯酰吗啉 971
LS20120106 阿维·三唑锡 930
LS20120107 丙森锌 550
LS20120109 醚菊酯 949
LS20120110 氨酰丙酸盐酸盐 621
LS20120112 己唑·稻瘟灵 926
LS20120114 己唑·多菌灵 971
LS20120116 烯酰·霜脲氰 926
LS20120118 阿维·四螨嗪 922
LS20120120 硝磺草酮 711
LS20120121 戊唑·异菌脲 920
LS20120124 辛硫磷 491
LS20120125 氟硅唑 1016
LS20120130 异丙甲·苄 1112
LS20120133 灭·喹·氟磺胺 438
LS20120135 烯啶·吡蚜酮 104
LS20120136 松毛虫质型多角体病毒 399
LS20120139 丁醚·哒螨灵 501
LS20120142 硝磺·莠去津 104
LS20120143 莠去津 949
LS20120144 乙·嗪·滴丁酯 678
LS20120145 乙·噻·滴丁酯 678
LS20120147 戊唑·多菌灵 922
LS20120149 二甲戊灵 1061
LS20120151 嘧菌酯 95
LS20120152 烟·莠·辛酰 301
LS20120153 乙·莠·滴丁酯 301
LS20120156 阿维·哒螨灵 173
LS20120157 阿维·噻嗪酮 922
LS20120158 噻虫啉 551
LS20120160 硝磺·莠去津 798
LS20120161 乙·莠·滴丁酯 438
LS20120163 己唑醇 579
LS20120165 噻虫啉 551

LS20120166	吡嘧·二甲戊	681
LS20120167	联菊·丁醚脲	169
LS20120168	麦畏·草甘膦	442
LS20120169	氟胺·灭草松	681
LS20120171	硝磺·莠去津	861
LS20120172	噻虫胺	286
LS20120174	哒螨灵	967
LS20120177	氰氟草酯	949
LS20120178	联苯·三唑磷	949
LS20120179	双草醚	529
LS20120180	噻唑膦	254
LS20120181	烯啶虫胺	237
LS20120182	丁醚脲	466
LS20120184	硝磺草酮	438
LS20120185	井冈·戊唑醇	571
LS20120186	烟嘧磺隆	949
LS20120187	吡嘧·二氯喹	529
LS20120188	烯酰吗啉	920
LS20120190	环丙唑醇	495
LS20120195	中生·代森锌	187
LS20120196	烯酰·丙森锌	495
LS20120198	烯酰吗啉	844
LS20120199	二氰蒽醌	488
LS20120200	嘧菌环胺	88
LS20120201	吡嘧·苯噻酰	529
LS20120202	咪鲜·戊唑醇	169
LS20120203	苯醚·甲硫	967
LS20120205	烯酰·乙膦铝	187
LS20120207	吡嘧·苯噻酰	692
LS20120209	苯醚·咪鲜胺	926
LS20120210	甲·灭·敌草隆	219
LS20120211	溴氰·甲嘧磷	419
LS20120213	氟菌唑	967
LS20120214	甲维·灭幼脲	148
LS20120215	阿维·毒死蜱	1002
LS20120217	丙溴·氟铃脲	873
LS20120218	噻虫胺	768
LS20120219	唑螨酯	225
LS20120220	甲霜·醚菌酯	751
LS20120222	烟嘧·莠·异丙	949
LS20120223	嘧菌环胺	967
LS20120224	咪鲜·丙森锌	495
LS20120225	戊唑醇	831
LS20120226	甲维·虫酰肼	148
LS20120227	多杀霉素	949
LS20120231	烟嘧·莠去津	950
LS20120232	嘧苯胺磺隆	580
LS20120235	氟硅唑	930
LS20120237	烯酰吗啉	173
LS20120238	辛硫磷	491
LS20120241	己唑醇	567
LS20120242	四螨·哒螨灵	495
LS20120243	氰氟草酯	173
LS20120245	灭·喹·氟磺胺	678
LS20120246	异松·乙草胺	838
LS20120247	氟吗·唑菌酯	696
LS20120249	硝磺草酮	838
LS20120250	滴酸·草甘膦	988
LS20120251	苯甲·咪鲜胺	832
LS20120252	硝磺草酮	154
LS20120253	乙·莠	442
LS20120254	硝磺草酮	950
LS20120255	敌草隆	508
LS20120256	己唑·醚菌酯	932
LS20120259	硝磺·莠去津	81
LS20120261	烯啶虫胺	148
LS20120262	硝磺草酮	81
LS20120263	氰氟草酯	838
LS20120264	硝磺·莠去津	81
LS20120265	硝磺草酮	82
LS20120266	双草醚	950
LS20120267	甲维·毒死蜱	567
LS20120269	辛·烟·莠去津	438
LS20120274	多杀·吡虫啉	950
LS20120275	硝磺草酮	135
LS20120276	苄嘧·苯噻酰	205
LS20120277	阿维菌素	558
LS20120282	甲·灭·敌草隆	888
LS20120283	苯醚·甲硫灵	93
LS20120284	仲丁威	495
LS20120286	氰氟草酯	375
LS20120287	甲硫·己唑醇	708
LS20120288	安·宁·乙呋黄	163
LS20120289	氟虫腈	950
LS20120290	苯甲·中生	887
LS20120291	硝磺草酮	800
LS20120292	三环唑·己唑	950
LS20120293	咪鲜·稻瘟灵	169
LS20120296	胺鲜·甲哌鎓	932
LS20120297	啶虫脒	832
LS20120298	烟嘧·莠去津	838
LS20120299	井冈·硫酸铜	1111
LS20120301	异菌·百菌清	756
LS20120302	井冈·戊唑醇	1111
LS20120303	苯甲·嘧菌酯	920
LS20120306	甲硫·己唑醇	818
LS20120307	烯啶虫胺	963
LS20120308	环戊噁草酮	603
LS20120309	苯噻·吡磺隆	205
LS20120310	苄嘧·丙草胺	430
LS20120311	硅唑·多菌灵	920
LS20120312	醚菌酯	225
LS20120313	嘧菌环胺	1075
LS20120315	井冈·蜡芽菌	1111
LS20120316	多杀霉素	423
LS20120318	甲氨基阿维菌素苯甲酸盐	495
LS20120319	单甲脒盐酸盐	232
LS20120320	草铵膦	225
LS20120321	苯酰菌胺	674
LS20120322	烯啶·噻嗪酮	567
LS20120323	炔草酯	64
LS20120325	烯啶·吡蚜酮	932
LS20120326	杀虫·啶虫脒	950
LS20120330	硝磺草酮	718
LS20120331	苦参碱	282
LS20120333	噻虫啉	175
LS20120334	氟磺隆	466
LS20120335	2甲4氯异辛酯	488
LS20120336	唑草· 苯磺隆	49
LS20120338	莎稗磷	681
LS20120339	异丙威	495
LS20120340	阿维·烯啶	963
LS20120341	苯磺隆	750
LS20120343	烯啶·噻虫啉	963
LS20120344	阿维·高氯氟	495
LS20120345	春雷霉素	932
LS20120348	烯酰·乙膦铝	930
LS20120349	联苯·噻虫胺	158
LS20120350	硝磺·烟·莠	800
LS20120351	氟环唑	488
LS20120353	氨基寡糖素	900
LS20120354	异菌·腐霉利	756
LS20120355	苯甲·锰锌	148
LS20120356	2甲·烟嘧	671
LS20120357	松毛虫赤眼蜂	99
LS20120359	乙烯利	1066

LS20120360	吡蚜·异丙威	545
LS20120361	丁醚脲	887
LS20120363	胺鲜·甲哌鎓	335
LS20120364	氯啶·戊唑醇	459
LS20120367	代锰·戊唑醇	887
LS20120368	苯醚甲环唑	169
LS20120369	烯唑醇	495
LS20120370	苯·唑·氯氟吡	950
LS20120371	苯甲·嘧菌酯	838
LS20120373	精异丙甲草胺	1075
LS20120374	百草枯	778
LS20120376	氟环唑	832
LS20120377	甲维·灭幼脲	887
LS20120378	草胺·特丁津	1075
LS20120379	吗胍·乙酸铜	963
LS20120380	氯吡·硝· 烟嘧	1075
LS20120381	噁草·丁草胺	438
LS20120382	2甲· 草甘膦	56
LS20120383	毒·辛	88
LS20120384	甲维·吡丙醚	986
LS20120385	丙溴·氟铃脲	756
LS20120386	甲维·丁醚脲	887
LS20120387	啶虫·毒死蜱	1009
LS20120388	咪鲜·异菌脲	756
LS20120389	氰氟草酯	967
LS20120390	扑·噻·乙草胺	438
LS20120391	噻吩·苯磺隆	542
LS20120392	阿维·苯丁锡	831
LS20120393	丙溴·炔螨特	821
LS20120394	环丙唑醇	525
LS20120395	哒螨·啶虫脒	187
LS20120397	吡蚜酮	967
LS20120398	嘧环·咯菌腈	1075
LS20120399	烟嘧·莠·氯吡	950
LS20120400	阿维·丁虫腈	650
LS20120401	甲维·杀虫单	588
LS20120402	吡唑草胺	890
LS20120403	2,4-滴丁酯	869
LS20120404	烟嘧·莠去津	827
LS20120405	氟硅·多菌灵	942
LS20120406	丙森·戊唑醇	173
LS20120407	苯甲·咪鲜胺	756
LS20120408	四霉素	691
LS20120409	四霉素	691
LS20120410	胆钙化醇	1086
LS20120411	乙嘧酚磺酸酯	974
LS20120412	乙嘧酚磺酸酯	974
LS20120413	吡蚜·噻虫啉	641
LS20130001	井冈·戊唑醇	1120
LS20130002	戊唑·咪鲜胺	963
LS20130003	甜菜夜蛾核型多角体病毒	409
LS20130004	甲维·三唑磷	896
LS20130005	井冈·戊唑醇	481
LS20130010	硝磺草酮	85
LS20130011	烯酰·嘧菌酯	818
LS20130012	炔草酯	642
LS20130014	戊唑·多菌灵	148
LS20130015	烯酰·三乙膦	148
LS20130016	噻虫啉	752
LS20130017	苯磺·炔草酯	583
LS20130018	阿维·单甲脒	232
LS20130019	四螨·哒螨灵	726
LS20130020	甲基苯噻隆	463
LS20130021	阿维菌素	309
LS20130022	甲维·灭幼脲	187
LS20130023	代锰·戊唑醇	148
LS20130024	烯啶·联苯	708
LS20130025	茚虫威	950
LS20130027	吡蚜酮	64
LS20130028	解淀粉芽孢杆菌	931
LS20130029	烯酰·嘧菌酯	920
LS20130030	戊唑.丙森锌	641
LS20130031	丁醚·三唑锡	887
LS20130032	精喹禾灵	1032
LS20130033	解淀粉芽孢杆菌	931
LS20130034	阿维·三唑磷	1002
LS20130035	松脂酸铜	844
LS20130036	甲维·毒死蜱	920
LS20130037	丙森·己唑醇	963
LS20130038	吡蚜酮	931
LS20130040	草甘·三氯吡	1009
LS20130041	噻嗪·毒死蜱	926
LS20130043	苯醚甲环唑	227
LS20130044	霜霉·嘧菌酯	1009
LS20130045	炔草酯	64
LS20130046	环丙唑醇	869
LS20130047	甲氰·单甲脒	232
LS20130048	甲维·茚虫威	149
LS20130050	丙森·醚菌酯	963
LS20130051	乙烯利	455
LS20130052	吡蚜酮	963
LS20130053	氰氟草酯	1120
LS20130054	戊唑·百菌清	988
LS20130055	甲维·丁醚脲	842
LS20130056	甲硫·戊唑醇	963
LS20130057	辛酰碘苯腈	488
LS20130058	辛酰碘苯腈	488
LS20130059	炔苯酰草胺	452
LS20130060	氟硅唑	967
LS20130061	硝磺草酮	818
LS20130062	吡虫·杀虫单	309
LS20130063	硝·乙·莠去津	681
LS20130064	硝磺·莠去津	681
LS20130065	氟菌·醚菌酯	967
LS20130066	吡嘧·二氯喹	798
LS20130067	氟咯草酮	628
LS20130068	甲硫·戊唑醇	963
LS20130069	硝磺·莠去津	672
LS20130070	烯酰·嘧菌酯	931
LS20130071	吡虫·异丙威	495
LS20130072	戊唑·多菌灵	931
LS20130073	苯甲·醚菌酯	920
LS20130074	松脂酸铜	756
LS20130075	苯嗪草酮	82
LS20130076	苯甲·嘧菌酯	931
LS20130079	井冈·多粘菌	1111
LS20130080	甲维·茚虫威	818
LS20130081	噻嗪·醚菊酯	950
LS20130082	烟·硝·莠去津	950
LS20130083	吡蚜·高氯氟	950
LS20130084	苯丁·联苯肼	950
LS20130085	吡蚜·噻嗪酮	950
LS20130087	吡蚜酮	95
LS20130088	丁噻隆	508
LS20130090	丁噻隆	508
LS20130091	吡蚜·醚菊酯	950
LS20130092	苯甲·霜霉威	926
LS20130093	氟环唑	878
LS20130094	氟环·多菌灵	878
LS20130095	硝磺草酮	737
LS20130096	丙环唑	559
LS20130097	氟腈·毒死蜱	104
LS20130098	苯甲·嘧菌酯	93
LS20130099	烯酰·霜脲氰	93
LS20130100	甲维·杀铃脲	447
LS20130101	吡蚜酮	650

LS20130102 甲硫·氟硅唑 942
LS20130103 苯醚·甲硫 967
LS20130104 阿维菌素 708
LS20130105 环嗪酮 869
LS20130106 噻虫啉 652
LS20130107 吡蚜酮 726
LS20130108 甲维·茚虫威 708
LS20130109 醚菊酯 906
LS20130110 甲·灭·敌草隆 785
LS20130111 吡嘧·丙草胺 798
LS20130112 苯甲·锰锌 226
LS20130113 苯甲·戊唑醇 726
LS20130115 四螨·联苯肼 950
LS20130116 虫螨腈 932
LS20130117 烯啶·异丙威 215
LS20130118 阿维·噻唑膦 310
LS20130119 唑螨·三唑锡 950
LS20130120 灭·羧·氟磺胺 681
LS20130121 噁草酮 681
LS20130122 砜·喹·嗪草酮 681
LS20130123 异·异丙·扑净 681
LS20130124 噁草·丁草胺 682
LS20130125 氟磺·烯草酮 682
LS20130126 0.5%阿维菌素乳油 106
LS20130127 烯啶·吡蚜酮 967
LS20130128 噁草·莎稗磷 672
LS20130129 咪·霜·噁霉灵 692
LS20130130 硝磺草酮 798
LS20130131 戊唑·丙森锌 963
LS20130132 噻嗪·毒死蜱 950
LS20130133 乙·莠·滴辛酯 672
LS20130134 特丁净 869
LS20130135 2甲4氯异辛酯 869
LS20130136 多杀·甲维盐 104
LS20130137 虫螨腈 873
LS20130138 吡蚜·高氯氟 967
LS20130139 硝磺草酮 865
LS20130140 苦参碱 1026
LS20130141 杀螺胺乙醇胺盐 452
LS20130142 甲维·茚虫威 572
LS20130143 苯甲·己唑醇 708
LS20130144 戊唑·嘧菌酯 818
LS20130145 丙环·嘧菌酯 829
LS20130146 吡蚜·噻虫啉 942
LS20130147 甲硫·醚菌酯 963
LS20130148 二氯·双草醚 76
LS20130149 氟胺·烯禾啶 672
LS20130150 咪鲜·抑霉唑 963
LS20130151 甲硫·戊唑醇 942
LS20130152 醚菌·氟环唑 967
LS20130153 吡蚜·异丙威 83
LS20130154 阿维·炔螨特 1032
LS20130155 阿维·四螨嗪 821
LS20130156 醚菌·戊唑醇 942
LS20130157 苯甲·咪鲜胺 963
LS20130158 二嗪磷 1076
LS20130159 戊唑·丙森锌 821
LS20130160 甲硫·戊唑醇 967
LS20130161 炔草酯 547
LS20130162 烟嘧·莠去津 672
LS20130163 噻虫嗪 942
LS20130164 吡蚜·啶虫脒 942
LS20130165 烯酰·霜脲氰 756
LS20130166 烟嘧·莠·氯吡 865
LS20130167 戊唑·噻唑锌 1124
LS20130169 戊唑·异菌脲 173
LS20130170 氯氟吡氧乙酸异辛酯 718
LS20130171 嘧霉·异菌脲 93
LS20130172 扑·乙 672
LS20130173 噻唑膦 173
LS20130174 精喹·氟磺胺 672
LS20130175 烟嘧·乙·莠 672
LS20130176 嘧菌酯 963
LS20130177 杀螺胺乙醇胺盐 215
LS20130178 丙草胺 682
LS20130179 氧氟·丙草胺 682
LS20130180 吡·噁·氟磺胺 682
LS20130181 高效氟吡甲禾灵 682
LS20130182 噁草·莎稗磷 682
LS20130183 多杀霉素 104
LS20130184 阿维·吡蚜酮 942
LS20130185 氰氟草酯 665
LS20130186 戊唑·醚菌酯 963
LS20130187 嘧菌酯 963
LS20130188 吡蚜·毒死蜱 618
LS20130189 双草醚 967
LS20130190 乙酰甲胺磷 508
LS20130191 咪鲜·嘧菌酯 237
LS20130192 吡蚜酮 662
LS20130193 噁草·丙草胺 682
LS20130194 氟吡·氟磺胺 682
LS20130195 氟·松·烯草酮 682
LS20130196 苯甲·多菌灵 220
LS20130197 高效氟吡甲禾灵 869
LS20130198 双草醚 529
LS20130199 苯甲·嘧菌酯 818
LS20130200 阿维·苯丁锡 926
LS20130201 噻呋酰胺 95
LS20130202 噻虫·吡蚜酮 708
LS20130203 仲丁·吡蚜酮 926
LS20130204 甲·灭·敌草隆 865
LS20130205 苯醚甲环唑 829
LS20130206 噻虫嗪 963
LS20130207 氟磺胺草醚 838
LS20130208 甲硫·己唑醇 972
LS20130209 麦草·草甘膦 950
LS20130210 异丙甲·扑净 682
LS20130211 戊唑醇 942
LS20130212 S-诱抗素 1015
LS20130213 松·喹·氟磺胺 672
LS20130214 40%百菌清可湿性粉剂 345
LS20130215 百菌清 346
LS20130216 甲·灭·敌草隆 673
LS20130217 氟吡·异·氟磺 682
LS20130220 吡蚜·异丙威 662
LS20130221 苯甲·嘧菌酯 708
LS20130222 吡蚜·毒死蜱 662
LS20130223 阿维菌素 64
LS20130224 四氯虫酰胺 696
LS20130225 四氯虫酰胺 696
LS20130226 三甲苯草酮 696
LS20130227 C型肉毒梭菌毒素 701
LS20130228 醚菌·氟环唑 920
LS20130229 烟嘧·硝草酮 376
LS20130230 虫螨腈 173
LS20130231 联菊·丁醚脲 832
LS20130232 甲硫·腈菌唑 950
LS20130233 噻嗪·吡蚜酮 967
LS20130234 苄嘧·苯噻酰 438
LS20130235 苯甲·嘧菌酯 881
LS20130236 啶虫·哒螨灵 821
LS20130237 吡蚜·异丙威 1093
LS20130238 丙环·嘧菌酯 818
LS20130239 乙·莠·滴辛酯 438
LS20130240 茚虫威 95
LS20130241 氰氟·双草醚 950

LS20130242 苯甲・咪鲜胺 1117
LS20130243 苯甲・醚菌酯 942
LS20130244 三环唑 369
LS20130245 硝磺・莠去津 743
LS20130246 吡蚜・噻嗪酮 149
LS20130247 苯甲・丙环唑 64
LS20130248 苯甲・丙森锌 971
LS20130249 烟・灭・莠去津 438
LS20130250 丁硫克百威 310
LS20130252 戊唑・丙森锌 971
LS20130253 戊唑・腐霉利 1089
LS20130254 阿维・吡虫啉 963
LS20130255 唑草・灭草松 568
LS20130256 硝磺・莠去津 751
LS20130257 苄草丹 609
LS20130258 阿维・甲虫肼 618
LS20130260 氯啶菌酯 459
LS20130261 春雷・三环唑 159
LS20130262 嘧肟・氰氟草 568
LS20130263 丁噻隆 463
LS20130264 甲维・茚虫威 583
LS20130265 氟铃脲 64
LS20130266 丙森・己唑醇 950
LS20130267 精噁・炔草酯 1009
LS20130268 烟嘧・莠・氯吡 671
LS20130269 吡嘧・丙草胺 1073
LS20130270 吡蚜酮 1074
LS20130271 烯酰・霜・锰锌 718
LS20130272 吡蚜酮 239
LS20130273 虫螨腈 149
LS20130274 吡蚜酮 238
LS20130275 吡蚜酮 1120
LS20130276 噻虫・敌敌畏 950
LS20130277 虱螨脲 718
LS20130278 抑霉唑 1078
LS20130279 噻虫胺 286
LS20130280 嘧菌・腐霉利 1009
LS20130281 阿维・茚虫威 950
LS20130282 联苯菊酯 568
LS20130283 苯嗪草酮 82
LS20130284 硝磺草酮 827
LS20130285 吡・西・扑草净 673
LS20130286 丙环・嘧菌酯 708
LS20130287 氰氟草酯 1118
LS20130289 茚虫威 241
LS20130293 氟硅唑 227
LS20130294 茚虫威 931
LS20130295 噻呋酰胺 950
LS20130296 虱脲・毒死蜱 237
LS20130297 苄嘧・扑草净 1064
LS20130298 2甲・灭草松 673
LS20130299 四螨嗪 831
LS20130300 哒灵・炔螨特 226
LS20130301 戊唑・菌核净 1120
LS20130302 吡蚜酮 580
LS20130303 多杀霉素 104
LS20130304 阿维・吡蚜酮 963
LS20130305 唑草酮 353
LS20130307 噻虫嗪 967
LS20130308 丙环・嘧菌酯 950
LS20130309 氯氟・毒死蜱 501
LS20130310 噻虫・吡蚜酮 988
LS20130315 阿维・甲虫肼 950
LS20130316 噁草・丙草胺 310
LS20130317 苯甲・嘧菌酯 173
LS20130318 甲硫・醚菌酯 942
LS20130319 螺螨酯 726
LS20130320 1-甲基环丙烯 1033
LS20130321 2,4-滴异辛酯 869
LS20130322 噻唑膦 310
LS20130323 噻虫・吡蚜酮 818
LS20130324 戊唑・嘧菌酯 832
LS20130325 氯・噻・苯磺隆 1075
LS20130326 甲霜・霜脲氰 459
LS20130327 戊唑・咪鲜胺 501
LS20130329 甲硫・咪鲜胺 963
LS20130330 噻唑锌 1124
LS20130331 多杀霉素 501
LS20130335 苯甲・嘧菌酯 963
LS20130336 己唑・嘧菌酯 963
LS20130337 醚菌・多菌灵 942
LS20130339 吡蚜・醚菊酯 237
LS20130340 多菌灵 869
LS20130341 百菌清 869
LS20130342 甲氨基阿维菌素苯甲酸盐 547
LS20130343 己唑・嘧菌酯 567
LS20130344 二甲戊灵 869
LS20130345 多・咪・福美双 692
LS20130346 阿维・炔螨特 1002
LS20130347 烯啶虫胺 95
LS20130348 噻虫啉 187
LS20130349 吡蚜・仲丁威 602
LS20130350 硝磺・莠去津 879
LS20130351 环嗪・敌草隆 869
LS20130352 草甘膦二甲胺盐 591
LS20130353 甲氨基阿维菌素苯甲酸盐 295
LS20130354 甲维・杀虫双 217
LS20130355 草甘膦二甲胺盐 591
LS20130356 苯甲・丙环唑 149
LS20130357 烯酰・丙森锌 1002
LS20130358 毒氟磷 215
LS20130359 毒氟磷 215
LS20130360 硝磺・莠去津 728
LS20130361 乙草・莠去津 673
LS20130362 烯啶・吡蚜酮 963
LS20130363 嘧肽・多抗 688
LS20130364 吡蚜酮 173
LS20130365 大黄素甲醚 698
LS20130366 复硝酚钠 202
LS20130367 戊唑醇 821
LS20130368 滴酸・草甘膦 217
LS20130369 甲噻诱胺 1009
LS20130370 甲噻诱胺 1009
LS20130371 敌稗 869
LS20130372 甘蓝夜蛾核型多角体病毒 647
LS20130373 氟磺・烯草酮 673
LS20130374 甲维・氟啶脲 662
LS20130375 嘧酯・噻唑锌 1124
LS20130376 烟嘧・莠・氯吡 438
LS20130377 乙・莠・滴丁酯 673
LS20130378 甲维・虫螨腈 887
LS20130379 芸苔・赤霉酸 967
LS20130380 吡嘧・莎稗磷 673
LS20130381 阿维菌素 154
LS20130382 灭胺・杀虫单 832
LS20130383 苦参碱 926
LS20130384 丙环・咪鲜胺 567
LS20130385 噻虫胺 604
LS20130386 丙森锌 818
LS20130387 阿维菌素 298
LS20130388 阿维・毒死蜱 495
LS20130389 芸苔・嘌呤 967
LS20130390 嘧菌・丙森锌 495
LS20130391 戊唑・异菌脲 1032
LS20130393 阿维・螺螨酯 920
LS20130394 西玛.莠去津 869

LS20130395	嘧菌酯	495
LS20130396	苄氨·赤霉酸	967
LS20130397	烟嘧·硝磺·莠	286
LS20130398	2甲4氯钠	964
LS20130399	阿维·三唑磷	1032
LS20130400	多抗·喹啉铜	997
LS20130401	硅唑·咪鲜胺	964
LS20130402	莠去津	942
LS20130403	丙森·咪鲜胺	942
LS20130404	戊唑·咪鲜胺	942
LS20130405	噻呋·戊唑醇	588
LS20130406	丙森·多菌灵	495
LS20130407	甲硫·戊唑醇	495
LS20130408	苯甲·吡虫啉	803
LS20130409	粉唑醇	149
LS20130410	二氯吡啶酸	869
LS20130411	氯氟吡氧乙酸异辛酯	964
LS20130412	四螨·三唑锡	495
LS20130413	嘧菌环胺	967
LS20130414	嘧肽·吗啉胍	688
LS20130416	咪鲜·三环唑	1032
LS20130417	复硝酚钠	997
LS20130418	多抗霉素	997
LS20130419	硝磺草酮	307
LS20130420	噬菌核霉	623
LS20130421	噻嗪·异丙威	495
LS20130422	嘧菌·多菌灵	964
LS20130423	氰虫·啶虫脒	1124
LS20130424	辛酰溴苯腈	869
LS20130425	2甲·麦草畏	950
LS20130426	阿维·吡虫啉	818
LS20130427	咪唑乙烟酸	870
LS20130428	春雷·氯尿	942
LS20130429	氟菌·多菌灵	964
LS20130430	甲·敌稗	870
LS20130431	双氟·氯氟吡	830
LS20130432	甲氧·虫螨腈	950
LS20130433	噻虫·异丙威	718
LS20130434	硝磺·烟嘧·莠	888
LS20130435	吡蚜酮	1118
LS20130436	甲维·虫螨腈	173
LS20130437	吡嘧磺隆	173
LS20130438	麦畏·莠去津	870
LS20130439	己唑·多菌灵	942
LS20130440	氟环唑	1032
LS20130441	特丁津	870
LS20130442	烯啶·噻嗪酮	173
LS20130443	多果定	619
LS20130444	烟嘧·莠·氯吡	751
LS20130448	硝磺·莠去津	888
LS20130449	虫螨腈	95
LS20130450	氟胺磺隆	565
LS20130451	氟胺磺隆	565
LS20130452	硝磺·莠去津	75
LS20130453	吡蚜·噻嗪酮	887
LS20130454	炔苯酰草胺	49
LS20130455	吡蚜·毒死蜱	311
LS20130456	氰氟草酯	210
LS20130457	硝磺·莠去津	311
LS20130458	赤霉酸A4+A7膏脂	474
LS20130459	烯酰·霜脲氰	878
LS20130460	吡虫啉	313
LS20130461	甲维·毒死蜱	173
LS20130462	甲维·杀虫单	833
LS20130464	氯酞酸甲酯	597
LS20130465	杀双·辛硫磷	217
LS20130466	异·嗪·滴丁酯	888
LS20130467	井冈·三唑醇	495
LS20130468	噻虫嗪	870
LS20130469	噻嗪·异丙威	1032
LS20130470	吡蚜酮	495
LS20130471	戊唑醇	870
LS20130472	嘧肽霉素	688
LS20130473	高效氯氰菊酯	1109
LS20130474	呋虫胺	299
LS20130475	虫螨·丁醚脲	187
LS20130476	噻呋·戊唑醇	95
LS20130477	氰氟·二氯喹	83
LS20130478	炔草酯	64
LS20130479	硝磺·莠去津	173
LS20130480	吡蚜·甲萘威	967
LS20130481	硝磺草酮	310
LS20130483	吡蚜·异丙威	495
LS20130484	滴胺·麦草畏	870
LS20130485	三氯吡氧乙酸丁氧基乙酯	870
LS20130486	氟硅唑	173
LS20130487	呋虫胺	753
LS20130488	丙森·醚菌酯	298
LS20130489	吡虫啉	309
LS20130490	咪鲜·抑霉唑	191
LS20130491	甲维·毒死蜱	1002
LS20130492	戊唑·嘧菌酯	931
LS20130493	阿维·螺螨酯	149
LS20130494	精喹禾灵	870
LS20130495	吡虫·毒死蜱	818
LS20130496	硝磺草酮	56
LS20130497	丁噻隆	504
LS20130498	氟环·多菌灵	870
LS20130499	环丙唑醇	619
LS20130500	丁香·戊唑醇	442
LS20130501	吡蚜·毒死蜱	942
LS20130502	烯酰·嘧菌酯	964
LS20130503	吡虫·毒死蜱	743
LS20130504	烯酰·嘧菌酯	967
LS20130505	阿维.噻唑膦	104
LS20130506	氰烯·己唑醇	951
LS20130508	氯嘧·苯磺隆	58
LS20130509	宁南·嘧菌酯	368
LS20130510	噻虫嗪	71
LS20130511	哒螨·螺螨酯	964
LS20130512	霜脲·霜霉威	926
LS20130513	噻虫啉	942
LS20130515	丙环·咪鲜胺	169
LS20130516	阿维·唑螨酯	1033
LS20130517	虫螨腈	227
LS20130518	吡蚜·异丙威	1089
LS20130519	几糖·嘧菌酯	726
LS20130520	硝·烟·莠去津	692
LS20130521	噻虫·吡蚜酮	914
LS20130522	联苯菊酯	568
LS20130523	甲氨基阿维菌素苯甲酸盐	173
LS20130524	噻吩·苯磺隆	58
LS20130525	丁噻隆	602
LS20130526	噻吩·苯磺隆	58
LS20130527	嘧菌·戊唑醇	159
LS20130528	辛酰溴苯腈	964
LS20130529	阿维·吡蚜酮	967

批准正式登记的国内卫生杀虫剂产品

WPN1-94	残杀威	419
WPN2-94	溴氰菊酯	100
WPN12-97	电热蚊香液	206
WPN16-97	杀虫气雾剂	988
WPN17-97	氰·烯·氯菊	989
WPN23-98	杀虫气雾剂	189
WPN25-99	电热蚊香片	1017
WPN26-99	杀虫气雾剂	160

WPN27-99	杀虫气雾剂	124
WPN29-99	驱蚊液	979
WPN30-99	杀虫气雾剂	1061
WPN31-20	电热蚊香液	165
WPN32-2000	电热蚊香片	210
WPN33-2000	杀虫气雾剂	159
WP33-2002	右旋烯丙菊酯	598
WP86137-2	氯菊酯	598
WP86137	氯菊酯	989
WP86149	胺菊酯	598
WP20020101	Es-生物烯丙菊酯	598
WP20030001	富右旋反式烯丙菊酯	598
WP20030002	右旋苯醚菊酯	598
WP20030003	右旋反式烯丙菊酯	598
WP20030004	炔丙菊酯	598
WP20030008	胺菊酯	189
WP20030009	Es-生物烯丙菊酯	189
WP20030010	右旋烯丙菊酯	189
WP20030011	右旋苯醚氰菊酯	598
WP20030012	杀虫气雾剂	951
WP20030013	杀虫气雾剂	604
WP20030014	生物烯丙菊酯	189
WP20030015	右旋苯醚菊酯	189
WP20030016	右旋苯醚氰菊酯	189
WP20030017	蚊香	210
WP20030018	蚊香	992
WP20030019	电热蚊香片	604
WP20040002	氯菊酯	189
WP20040003	四氟苯菊酯	598
WP20040004	氟虫胺	537
WP20040005	杀蟑胶饵	537
WP20040006	驱蚊液	974
WP20040008	氯菊酯原药	451
WP20050002	右旋烯丙菊酯	451
WP20050003	电热蚊香片	992
WP20050004	胺菊酯	451
WP20050005	蚊香	1021
WP20050006	炔丙菊酯	451
WP20050007	蚊香	598
WP20050009	右旋烯炔菊酯	598
WP20050010	电热蚊香液	598
WP20050011	右旋胺菊酯	598
WP20050012	炔丙菊酯	598
WP20050013	电热蚊香液	1021
WP20050014	炔丙菊酯	189
WP20050015	杀虫粉剂	113
WP20060003	Es-生物烯丙菊酯	451
WP20060004	杀飞虫气雾剂	992
WP20060005	电热蚊香液	992
WP20060006	电热蚊香片	992
WP20060007	吡丙醚	560
WP20060010	电热蚊香液	1017
WP20060011	杀虫气雾剂	1017
WP20060012	杀虫气雾剂	1017
WP20060013	硫酰氟	813
WP20060014	硫酰氟	813
WP20060015	杀虫气雾剂	992
WP20070003	右旋苯醚菊酯	451
WP20070004	蚊香	165
WP20070005	杀螟硫磷	994
WP20070006	杀白蚁膏	159
WP20070007	四氟苯菊酯	451
WP20070008	吡丙醚	504
WP20070009	灭蚁饵剂	159
WP20070010	蚊香	1017
WP20070011	杀虫粉剂	159
WP20070012	蚊香	1017
WP20070013	电热蚊香片	1017
WP20070016	蚊香	1000
WP20070017	杀虫气雾剂	165
WP20070018	杀飞虫气雾剂	993
WP20070019	杀蟑气雾剂	993
WP20070021	杀虫粉剂	1033
WP20070022	右旋苯醚氰菊酯	451
WP20070023	杀虫气雾剂	993
WP20070024	杀虫气雾剂	268
WP20070025	杀蟑饵剂	159
WP20070026	蚊香	533
WP20070027	蚊香	642
WP20070028	氟硅菊酯	598
WP20070029	蚊香	121
WP20070030	吡丙醚	604
WP20070031	杀蟑饵剂	207
WP20070032	高效氯氰菊酯	551
WP20070033	杀虫气雾剂	1051
WP20070036	顺式氯氰菊酯	163
WP20070037	蚊香	159
WP20070038	杀虫粉剂	690
WP20070039	氯氰·氯菊	61
WP20070040	杀虫气雾剂	980
WP20070042	电热蚊香片	164
WP20080001	电热蚊香片	165
WP20080003	电热蚊香片	256
WP20080004	杀蟑笔剂	690
WP20080005	0.4%癞蛤蟆杀虫气雾剂	266
WP20080006	电热蚊香片	1017
WP20080007	电热蚊香液	124
WP20080008	电热蚊香片	119
WP20080009	蚊香	256
WP20080010	杀虫气雾剂	165
WP20080011	蚊香	426
WP20080012	蚊香	426
WP20080013	杀虫气雾剂	1015
WP20080016	电热蚊香液	1033
WP20080017	杀虫气雾剂	570
WP20080018	氟蚁腙	601
WP20080019	杀虫粉剂	281
WP20080020	高效氯氟氰菊酯	598
WP20080021	蚊香	1125
WP20080022	杀蝇饵剂	598
WP20080023	杀蟑胶饵	598
WP20080024	杀虫气雾剂	480
WP20080025	电热蚊香片	1033
WP20080026	吡丙醚	986
WP20080027	杀螟硫磷	1108
WP20080028	杀蟑烟剂	1112
WP20080029	电热蚊香液	119
WP20080031	杀虫气雾剂	843
WP20080032	电热蚊香液	1070
WP20080033	右旋胺菊酯	451
WP20080034	杀虫气雾剂	642
WP20080035	残杀威	463
WP20080036	杀虫饵剂	118
WP20080037	电热蚊香片	1069
WP20080038	电热灭蚊液	160
WP20080039	蚊香	123
WP20080040	杀虫气雾剂	119
WP20080041	杀虫气雾剂	256
WP20080042	高效氯氰菊酯	856
WP20080043	高效氯氰菊酯	551
WP20080044	杀虫气雾剂	537
WP20080045	氯菊酯	564
WP20080046	蚊香	1033
WP20080047	杀虫气雾剂	1069
WP20080048	高效氯氰菊酯	551
WP20080049	杀虫气雾剂	276

WP20080055 诱虫烯 409
WP20080056 右旋反式氯丙炔菊酯 598
WP20080057 杀虫气雾剂 598
WP20080058 蚊香 598
WP20080059 四氟醚菊酯 598
WP20080060 氟氯苯菊酯 598
WP20080061 喷射剂 598
WP20080062 氯氰菊酯 795
WP20080063 杀虫气雾剂 811
WP20080066 吡丙醚 551
WP20080067 氯菊酯 551
WP20080068 蚊香 120
WP20080071 杀虫气雾剂 1034
WP20080072 蚊香 1021
WP20080074 除虫菊素 1067
WP20080075 杀虫气雾剂 1067
WP20080076 驱蚊霜 1017
WP20080078 杀虫气雾剂 154
WP20080079 杀虫气雾剂 985
WP20080080 电热蚊香液 114
WP20080081 蟑螂病毒 409
WP20080082 杀蟑饵剂 409
WP20080085 杀蟑胶饵 98
WP20080086 富右旋反式炔丙菊酯 598
WP20080087 蚊香 152
WP20080091 球形芽孢杆菌 581
WP20080092 球形芽孢杆菌 581
WP20080094 杀虫气雾剂 811
WP20080095 杀虫气雾剂 189
WP20080096 蚊香 231
WP20080097 电热蚊香液 164
WP20080098 杀虫气雾剂 685
WP20080099 S-生物烯丙菊酯 598
WP20080100 蚊香 993
WP20080101 电热蚊香片 522
WP20080102 残杀威 551
WP20080103 杀虫气雾剂 165
WP20080104 电热蚊香液 480
WP20080105 电热蚊香液 109
WP20080106 蚊香 1090
WP20080107 富右旋反式炔丙菊酯 451
WP20080108 电热蚊香片 533
WP20080109 电热蚊香片 109
WP20080110 电热蚊香片 480
WP20080111 蚊香 480
WP20080112 蚊香 480
WP20080113 蚊香 1125
WP20080114 电热蚊香液 1090
WP20080115 电热蚊香片 160
WP20080116 S-生物烯丙菊酯 451
WP20080117 蚊香 1015
WP20080118 杀虫气雾剂 1090
WP20080119 杀蟑饵剂 189
WP20080120 电热蚊香片 124
WP20080121 电热蚊香片 643
WP20080122 生物烯丙菊酯 598
WP20080123 电热蚊香片 453
WP20080124 杀虫气雾剂 165
WP20080125 蚊香 1030
WP20080126 蚊香 292
WP20080127 电热蚊香片 152
WP20080128 高效氟氯氰菊酯 551
WP20080129 电热蚊香片 123
WP20080130 电热蚊香片 189
WP20080131 Es-生物烯丙菊酯 434
WP20080132 氯菊酯 601
WP20080134 蚊香 975
WP20080135 杀虫气雾剂 263
WP20080136 电热蚊香液 164
WP20080137 杀虫气雾剂 189
WP20080138 电热蚊香液 643
WP20080139 避蚊胺 598
WP20080140 电热蚊香片 292
WP20080141 杀蚊烟片 424
WP20080142 杀虫气雾剂 548
WP20080143 杀虫气雾剂 159
WP20080144 高效氯氟氰菊酯 598
WP20080145 蚊香 119
WP20080146 杀虫气雾剂 292
WP20080148 杀虫气雾剂 1125
WP20080149 杀虫气雾剂 1069
WP20080150 杀虫气雾剂 266
WP20080151 杀虫气雾剂 1069
WP20080152 杀虫气雾剂 152
WP20080153 蚊香 548
WP20080154 溴氰菊酯 598
WP20080155 蚊香 1070
WP20080156 杀虫气雾剂 119
WP20080157 杀虫气雾剂 522
WP20080158 杀虫粉剂 198
WP20080159 蚊香 258
WP20080160 杀虫气雾剂 480
WP20080161 蚊香 173
WP20080162 电热蚊香液 152
WP20080163 电热蚊香片 548
WP20080164 蚊香 548
WP20080165 杀虫喷射剂 982
WP20080166 高氯・残杀威 551
WP20080167 高效氟氯氰菊酯 599
WP20080168 蚊香 119
WP20080169 蚊香 210
WP20080170 蚊香 139
WP20080171 蚊香 522
WP20080172 蚊香 120
WP20080173 驱蚊露 533
WP20080174 蚊香 685
WP20080175 杀蟑饵剂 992
WP20080176 蚊香 137
WP20080177 蚊香 120
WP20080178 电热蚊香液 128
WP20080179 蚊香 548
WP20080180 电热蚊香液 152
WP20080181 避蚊胺 434
WP20080182 杀虫气雾剂 455
WP20080183 蚊香 256
WP20080184 驱蚊液 604
WP20080185 杀蟑饵剂 586
WP20080186 蚊香 256
WP20080187 杀虫气雾剂 980
WP20080188 杀虫气雾剂 256
WP20080189 电热蚊香液 533
WP20080190 蚊香 128
WP20080191 杀蟑笔剂 1101
WP20080192 电热蚊香片 173
WP20080193 胺・氯菊 586
WP20080194 杀虫气雾剂 1021
WP20080195 杀蚊烟片 256
WP20080196 蚊香 256
WP20080197 蚊香 123
WP20080198 杀虫气雾剂 271
WP20080199 蚊香 548
WP20080200 蚊香 604
WP20080201 杀虫气雾剂 256
WP20080202 杀蟑笔剂 156
WP20080203 杀虫气雾剂 298
WP20080204 电热蚊香液 119

WP20080205	蚊香	299
WP20080206	杀虫气雾剂	292
WP20080207	电热蚊香片	152
WP20080208	杀虫气雾剂	548
WP20080209	电热蚊香片	128
WP20080210	蚊香	140
WP20080211	蚊香	128
WP20080212	电热蚊香片	128
WP20080213	电热蚊香液	548
WP20080214	杀虫气雾剂	533
WP20080215	蚊香	1090
WP20080216	杀虫气雾剂	137
WP20080217	电热蚊香片	256
WP20080218	杀蟑饵剂	206
WP20080219	高效氯氰菊酯	98
WP20080220	高效氯氰菊酯	100
WP20080221	杀虫气雾剂	137
WP20080222	杀虫气雾剂	1017
WP20080223	电热蚊香片	155
WP20080224	杀虫气雾剂	155
WP20080225	电热蚊香片	1068
WP20080226	杀蟑饵剂	165
WP20080227	蚊香	165
WP20080228	杀蚊烟片	394
WP20080229	蚊香	980
WP20080230	杀虫气雾剂	173
WP20080231	炔咪菊酯	599
WP20080232	蚊香	121
WP20080233	蚊香	426
WP20080234	蚊香	1124
WP20080235	电热蚊香液	206
WP20080236	杀虫气雾剂	165
WP20080237	蚊香	1030
WP20080238	电热蚊香液	993
WP20080239	蚊香	122
WP20080240	电热蚊香片	137
WP20080241	杀虫气雾剂	151
WP20080242	高效氯氟氰菊酯	98
WP20080243	电热蚊香液	1111
WP20080244	杀蚁饵剂	98
WP20080245	电热蚊香片	605
WP20080246	毒死蜱	459
WP20080247	杀蟑饵剂	98
WP20080248	蚊香	690
WP20080249	蚊香	256
WP20080250	蚊香	128
WP20080251	杀虫气雾剂	1101
WP20080252	杀蟑气雾剂	173
WP20080253	电热蚊香片	165
WP20080254	杀虫气雾剂	128
WP20080255	杀虫颗粒剂	586
WP20080256	杀虫粉剂	98
WP20080257	炔咪菊酯	599
WP20080258	杀虫气雾剂	1006
WP20080259	电热蚊香片	605
WP20080260	杀蟑饵剂	198
WP20080261	杀虫气雾剂	829
WP20080262	蚊香	276
WP20080263	蚊香	1020
WP20080264	电热蚊香片	1111
WP20080265	电热蚊香片	1031
WP20080266	杀虫气雾剂	432
WP20080267	杀虫粉剂	100
WP20080268	蚊香	155
WP20080269	杀虫气雾剂	1069
WP20080270	Es-生物烯丙菊酯	189
WP20080271	杀虫粉剂	98
WP20080272	杀虫笔剂	139
WP20080273	蚊香	275
WP20080274	蚊香	575
WP20080275	杀虫气雾剂	124
WP20080276	蚊香	394
WP20080277	杀蟑气雾剂	124
WP20080278	杀虫气雾剂	299
WP20080279	蚊香	255
WP20080280	蚊香	156
WP20080281	杀虫气雾剂	65
WP20080282	蚊香	159
WP20080283	杀虫喷射剂	989
WP20080284	杀虫气雾剂	1111
WP20080285	电热蚊香片	1020
WP20080286	电热蚊香片	123
WP20080287	蚊香	124
WP20080288	杀蚊烟片	420
WP20080289	杀蝇饵剂	911
WP20080290	蚊香	165
WP20080291	氯菊酯	434
WP20080292	杀虫气雾剂	602
WP20080293	杀虫水乳剂	88
WP20080294	驱蚊液	990
WP20080295	杀虫气雾剂	421
WP20080296	蚊香	911
WP20080297	杀蟑饵剂	1104
WP20080298	高效氯氰菊酯	178
WP20080299	杀虫气雾剂	165
WP20080300	驱蚊花露水	569
WP20080301	驱蚊液	548
WP20080302	蚊香	120
WP20080303	驱蚊露	132
WP20080304	驱蚊液	982
WP20080305	杀虫气雾剂	167
WP20080306	蚊香	432
WP20080307	杀蟑饵剂	674
WP20080308	电热蚊香液	173
WP20080309	蚊香	132
WP20080310	蚊香	429
WP20080311	顺式氯氰菊酯	305
WP20080312	蚊香	166
WP20080313	杀虫气雾剂	721
WP20080314	杀虫气雾剂	139
WP20080315	杀虫粉剂	673
WP20080316	杀蟑烟片	1104
WP20080317	蚊香	435
WP20080318	蚊香	534
WP20080319	杀虫气雾剂	160
WP20080320	杀虫气雾剂	159
WP20080321	杀虫气雾剂	120
WP20080322	杀虫气雾剂	255
WP20080323	蚊香	189
WP20080324	电热蚊香片	121
WP20080325	杀虫气雾剂	993
WP20080326	杀虫粉剂	73
WP20080327	杀虫气雾剂	166
WP20080328	杀蟑笔剂	152
WP20080329	电热蚊香液	206
WP20080330	电热蚊香片	164
WP20080331	杀飞虫气雾剂	993
WP20080332	电热蚊香液	137
WP20080333	杀虫气雾剂	124
WP20080334	蚊香	137
WP20080335	溴氰菊酯	178
WP20080336	杀虫气雾剂	159
WP20080337	蚊香	421
WP20080338	驱蚊花露水	534
WP20080339	胺·氯菊	1101
WP20080340	蚊香	165

WP20080341 电热蚊香液 1108
WP20080342 氰戊菊酯 413
WP20080343 杀蚊气雾剂 173
WP20080344 电热蚊香液 123
WP20080345 杀蟑饵片 1109
WP20080346 杀虫气雾剂 812
WP20080347 杀虫气雾剂 159
WP20080348 杀虫气雾剂 132
WP20080349 杀虫气雾剂 156
WP20080350 蚊香 113
WP20080351 杀虫水乳剂 71
WP20080352 杀虫气雾剂 160
WP20080353 蚊香 257
WP20080354 右旋苯醚氰菊酯 434
WP20080355 吡虫啉 551
WP20080356 高效氯氰菊酯 100
WP20080357 蚊香 66
WP20080358 高效氯氰菊酯 551
WP20080359 杀虫气雾剂 160
WP20080360 电热蚊香片 643
WP20080361 电热蚊香液 155
WP20080362 电热蚊香片 1108
WP20080363 杀虫气雾剂 810
WP20080364 联苯菊酯 551
WP20080365 杀虫水乳剂 551
WP20080366 驱蚊花露水 974
WP20080367 蚊香 160
WP20080368 电热蚊香液 165
WP20080369 杀虫气雾剂 584
WP20080370 蚊香 155
WP20080371 残杀威 419
WP20080372 蚊香 584
WP20080373 杀虫气雾剂 643
WP20080374 杀蟑饵剂 572
WP20080375 电热蚊香片 993
WP20080376 杀虫热雾剂 155
WP20080377 驱蚊花露水 518
WP20080378 溴氰菊酯 616
WP20080379 蚊香 267
WP20080380 电热蚊香液 1031
WP20080381 蚊香 1021
WP20080382 杀虫气雾剂 153
WP20080383 杀虫气雾剂 276
WP20080384 驱蚊花露水 480
WP20080385 杀蝇饵粒 292
WP20080386 杀虫气雾剂 155
WP20080387 电热蚊香液 1068
WP20080388 杀虫气雾剂 116
WP20080389 蚊香 164
WP20080390 蚊香 1028
WP20080391 杀虫气雾剂 76
WP20080392 电热蚊香液 1093
WP20080393 杀虫气雾剂 685
WP20080394 驱蚊花露水 1059
WP20080395 吡丙醚 628
WP20080396 杀虫气雾剂 498
WP20080397 杀蟑饵剂 687
WP20080398 杀虫水乳剂 73
WP20080399 电热蚊香液 409
WP20080400 杀蟑饵剂 98
WP20080401 蚊香 1026
WP20080402 蚊香 1019
WP20080403 杀虫气雾剂 455
WP20080404 电热蚊香片 1124
WP20080405 电热蚊香液 409
WP20080406 驱蚊喷射剂 106
WP20080407 高效氯氰菊酯 548
WP20080409 杀虫气雾剂 263
WP20080410 杀虫喷射剂 424
WP20080411 杀虫气雾剂 267
WP20080412 杀虫气雾剂 286
WP20080413 杀虫气雾剂 411
WP20080414 驱蚊花露水 173
WP20080415 蚊香 1104
WP20080416 杀虫气雾剂 810
WP20080417 杀虫喷射剂 97
WP20080418 电热蚊香片 432
WP20080419 高氯·残杀威 311
WP20080420 杀蚊烟片 429
WP20080421 电热蚊香液 1112
WP20080422 驱蚊花露水 547
WP20080423 杀蟑饵剂 685
WP20080424 杀虫颗粒剂 572
WP20080425 电热蚊香液 1124
WP20080426 杀蚊烟片 390
WP20080427 蚊香 257
WP20080428 电热蚊香液 605
WP20080429 杀蟑笔剂 687
WP20080430 杀虫粉剂 156
WP20080431 电热蚊香片 1104
WP20080432 电热蚊香液 139
WP20080433 杀虫气雾剂 156
WP20080434 蚊香 160
WP20080435 蚊香 127
WP20080436 杀虫气雾剂 124
WP20080437 杀虫气雾剂 128
WP20080438 杀蟑气雾剂 1021
WP20080439 驱蚊气雾剂 137
WP20080440 杀虫气雾剂 575
WP20080441 富右旋反式炔丙菊酯 189
WP20080442 杀虫气雾剂 702
WP20080443 蚊香 263
WP20080444 蚊香 811
WP20080445 蚊香 153
WP20080446 电热蚊香片 120
WP20080447 杀蟑饵剂 696
WP20080448 杀虫气雾剂 811
WP20080449 杀虫气雾剂 153
WP20080450 毒死蜱 1124
WP20080451 杀虫气雾剂 155
WP20080452 杀虫气雾剂 798
WP20080454 杀虫气雾剂 262
WP20080455 杀虫烟剂 96
WP20080456 杀蟑饵剂 687
WP20080457 杀虫气雾剂 1093
WP20080458 杀蟑饵剂 1017
WP20080459 蚊香 211
WP20080460 杀蟑饵膏 99
WP20080461 电热蚊香片 120
WP20080462 杀虫粉剂 108
WP20080463 高效氯氰菊酯 286
WP20080464 驱蚊液 974
WP20080465 杀虫气雾剂 809
WP20080466 杀蟑饵剂 686
WP20080467 杀虫气雾剂 160
WP20080468 杀虫气雾剂 810
WP20080469 杀蟑气雾剂 643
WP20080470 电热蚊香片 83
WP20080471 杀蟑饵剂 686
WP20080472 富右旋反式烯丙菊酯 190
WP20080473 杀蟑饵剂 96
WP20080474 杀虫气雾剂 166
WP20080475 电热蚊香液 1104
WP20080476 电热蚊香片 1091
WP20080477 蚊香 120
WP20080478 杀虫气雾剂 1120

WP20080479 电热蚊香液 153
WP20080480 高效氯氰菊酯 686
WP20080481 杀虫气雾剂 120
WP20080482 蚊香 648
WP20080483 高效氯氰菊酯 99
WP20080484 蚊香 1050
WP20080485 蚊香 1020
WP20080486 杀虫气雾剂 1003
WP20080487 杀蟑笔剂 1104
WP20080488 蚊香 106
WP20080489 杀蚊烟片 425
WP20080490 蚊香 206
WP20080491 杀虫气雾剂 1017
WP20080492 杀蟑饵粒 377
WP20080493 电热蚊香液 1017
WP20080494 蚊香 428
WP20080495 溴氰·高氯氟 223
WP20080496 电热蚊香液 122
WP20080497 电热蚊香液 166
WP20080498 电热蚊香液 1017
WP20080499 驱蚊液 155
WP20080500 杀虫气雾剂 605
WP20080501 高效氯氟氰菊酯 155
WP20080502 杀虫气雾剂 166
WP20080503 杀虫气雾剂 1108
WP20080504 杀虫气雾剂 810
WP20080505 防蛀液剂 1014
WP20080506 杀蟑烟剂 1111
WP20080507 杀虫粉剂 331
WP20080508 毒死蜱 569
WP20080509 杀虫气雾剂 1093
WP20080510 杀虫气雾剂 795
WP20080511 蚊香 140
WP20080512 蚊香 61
WP20080513 电热蚊香片 498
WP20080514 窗纱涂剂 498
WP20080515 电热蚊香片 1112
WP20080516 杀虫气雾剂 139
WP20080517 杀蟑笔剂 1112
WP20080518 高效氯氰菊酯 547
WP20080519 蚊香 539
WP20080520 蚊香 811
WP20080521 驱蚊酯 434
WP20080522 蚊香 71
WP20080523 杀虫气雾剂 1017
WP20080524 蚊香 798
WP20080525 电热蚊香液 1112
WP20080526 高效氯氰菊酯 317
WP20080527 顺式氯氰菊酯 551
WP20080528 杀虫气雾剂 810
WP20080529 蚊香 702
WP20080530 高效氯氰菊酯 616
WP20080531 电热蚊香液 120
WP20080532 避蚊胺 990
WP20080533 杀虫气雾剂 812
WP20080534 杀虫气雾剂 72
WP20080535 杀虫气雾剂 72
WP20080536 杀虫水乳剂 70
WP20080537 杀虫气雾剂 810
WP20080538 杀虫气雾剂 153
WP20080539 高效氯氰菊酯 696
WP20080540 高效氯氟氰菊酯 551
WP20080541 高效氯氰菊酯 305
WP20080542 杀虫气雾剂 160
WP20080543 电热蚊香液 246
WP20080544 杀虫气雾剂 812
WP20080545 电热蚊香液 160
WP20080546 蚊香 72
WP20080547 蚊香 223
WP20080548 高效氯氰菊酯 793
WP20080549 杀虫气雾剂 72
WP20080550 蚊香 810
WP20080551 高氯·残杀威 572
WP20080552 电热蚊香片 122
WP20080553 蚊香 72
WP20080554 杀虫气雾剂 257
WP20080555 杀虫气雾剂 856
WP20080556 杀虫气雾剂 120
WP20080557 联苯菊酯 568
WP20080558 蚊香 179
WP20080559 杀虫气雾剂 70
WP20080560 杀虫气雾剂 793
WP20080561 杀虫气雾剂 570
WP20080562 杀蟑饵剂 688
WP20080563 杀虫气雾剂 812
WP20080564 杀虫气雾剂 153
WP20080565 电热蚊香片 139
WP20080566 杀蟑气雾剂 570
WP20080567 蚊香 286
WP20080569 电热蚊香液 164
WP20080570 杀虫气雾剂 806
WP20080571 蚊香 1022
WP20080572 杀虫气雾剂 811
WP20080573 顺式氯氰菊酯 207
WP20080574 电热蚊香液 1034
WP20080575 杀虫水乳剂 70
WP20080576 电热蚊香片 1112
WP20080577 杀虫气雾剂 812
WP20080578 电热蚊香片 160
WP20080579 杀虫喷射剂 100
WP20080580 驱蚊花露水 575
WP20080581 杀虫气雾剂 810
WP20080582 杀虫气雾剂 426
WP20080583 高效氯氰菊酯 572
WP20080584 杀虫气雾剂 498
WP20080585 蚊香 164
WP20080586 高效氯氰菊酯 793
WP20080587 杀虫气雾剂 811
WP20080588 窗纱涂剂 1068
WP20080589 电热蚊香片 206
WP20080590 防蛀片剂 425
WP20080591 蚊香 109
WP20080592 防蛀防霉片剂 188
WP20080593 蚊香 1091
WP20080594 蚊香 305
WP20080595 氯氰·敌敌畏 151
WP20080596 杀虫气雾剂 793
WP20080597 杀虫气雾剂 748
WP20080598 驱蚊液 166
WP20080599 杀虫颗粒剂 551
WP20080600 烯丙·氯菊 190
WP20080601 驱蚊花露水 980
WP20080602 杀虫气雾剂 811
WP20080603 杀虫气雾剂 1115
WP20080604 蚊香 1029
WP20080605 蚊香 70
WP20080606 电热蚊香片 153
WP20080607 蚊香 256
WP20080609 杀蟑烟片 206
WP20080610 驱蚊花露水 979
WP20090002 杀飞虫气雾剂 1034
WP20090003 防蛀防霉球剂 1059
WP20090004 杀蟑胶饵 551
WP20090005 杀蟑饵剂 99
WP20090006 杀虫气雾剂 1069
WP20090007 杀蟑饵剂 586

WP20090008 防蛀防霉球剂 188
WP20090010 防蛀防霉片剂 1059
WP20090011 蚊香 1111
WP20090012 杀虫气雾剂 165
WP20090013 对二氯苯 600
WP20090014 杀虫气雾剂 258
WP20090015 溴氰菊酯 155
WP20090016 高氯·胺·苯氰 1120
WP20090017 杀蟑饵剂 442
WP20090018 杀蟑饵剂 101
WP20090019 高效氯氰菊酯 686
WP20090020 杀虫粉剂 551
WP20090021 杀虫气雾剂 810
WP20090022 电热蚊香片 1006
WP20090023 杀虫气雾剂 498
WP20090024 杀蟑笔剂 1068
WP20090025 杀虫粉剂 73
WP20090026 驱蚊花露水 411
WP20090027 杀虫气雾剂 1112
WP20090028 电热蚊香片 1031
WP20090029 蚊香 1025
WP20090030 驱蚊酯 986
WP20090031 电热蚊香片 1112
WP20090033 防蛀片剂 164
WP20090034 毒死蜱 1123
WP20090035 杀虫喷射剂 1101
WP20090036 胺菊酯 434
WP20090037 杀虫喷射剂 809
WP20090038 电热蚊香液 1109
WP20090039 杀蟑胶饵 206
WP20090040 蚊香 107
WP20090041 杀蟑笔剂 1109
WP20090042 杀虫气雾剂 67
WP20090043 杀虫气雾剂 117
WP20090044 杀虫气雾剂 610
WP20090045 杀蟑笔剂 690
WP20090046 杀虫气雾剂 811
WP20090047 杀虫气雾剂 811
WP20090048 电热蚊香片 1059
WP20090049 蚊香 174
WP20090050 杀蟑烟片 207
WP20090051 杀蟑饵粒 690
WP20090052 杀虫气雾剂 298
WP20090053 蚊香 298
WP20090054 蚊香 812
WP20090055 杀虫喷射剂 380
WP20090056 蚊香 215
WP20090057 高效氯氰菊酯 67
WP20090058 杀虫气雾剂 156
WP20090059 驱蚊片 1034
WP20090060 杀虫粉剂 209
WP20090061 避蚊胺 523
WP20090062 杀虫气雾剂 123
WP20090063 杀蟑饵剂 350
WP20090064 杀蟑笔剂 67
WP20090065 杀蟑烟剂 67
WP20090066 杀虫气雾剂 702
WP20090067 电热蚊香片 72
WP20090068 杀虫粉剂 953
WP20090069 杀虫气雾剂 166
WP20090070 蚊香 433
WP20090071 驱蚊液 95
WP20090072 四氟醚菊酯 599
WP20090073 蚊香 166
WP20090074 避蚊胺 976
WP20090075 驱蚊花露水 498
WP20090076 氯氰菊酯 673
WP20090077 杀蟑饵剂 560
WP20090078 杀虫气雾剂 61
WP20090079 蚊香 1103
WP20090080 杀虫气雾剂 256
WP20090081 杀蟑烟剂 342
WP20090082 杀虫气雾剂 139
WP20090083 杀虫气雾剂 812
WP20090084 杀虫气雾剂 152
WP20090085 高氯·残杀威 429
WP20090086 杀蟑饵剂 685
WP20090087 避蚊胺 987
WP20090088 电热蚊香片 985
WP20090089 杀蟑饵粒 687
WP20090090 驱蚊液 1035
WP20090091 杀虫气雾剂 1103
WP20090092 高效氯氰菊酯 61
WP20090093 电热蚊香液 256
WP20090094 杀虫水乳剂 88
WP20090095 蚊香 429
WP20090096 杀虫粉剂 698
WP20090097 杀虫气雾剂 359
WP20090098 高效氯氰菊酯 95
WP20090099 电热蚊香片 1120
WP20090100 氯菊酯 190
WP20090101 高效氯氰菊酯 1115
WP20090102 高效氯氰菊酯 951
WP20090103 高氯·毒死蜱 552
WP20090104 蚊香 1059
WP20090105 杀蚁饵剂 159
WP20090106 杀虫气雾剂 256
WP20090107 防蛀片剂 164
WP20090108 高效氯氰菊酯 236
WP20090109 杀蟑气雾剂 152
WP20090110 杀蟑气雾剂 1034
WP20090111 电热蚊香片 257
WP20090112 杀蟑饵剂 1101
WP20090113 杀虫气雾剂 1101
WP20090114 杀虫气雾剂 1101
WP20090115 蚊香 1021
WP20090116 防霉防蛀片剂 990
WP20090117 杀虫粉剂 943
WP20090118 杀虫气雾剂 174
WP20090119 杀虫气雾剂 152
WP20090120 蚊香 1112
WP20090121 电热蚊香液 246
WP20090122 驱蚊液 137
WP20090123 杀虫气雾剂 718
WP20090124 杀虫气雾剂 810
WP20090125 杀虫水乳剂 810
WP20090126 蚊香 718
WP20090127 蚊香 276
WP20090128 电热蚊香片 152
WP20090129 杀虫气雾剂 570
WP20090130 杀虫气雾剂 718
WP20090131 杀虫气雾剂 190
WP20090132 氯氰·残杀威 429
WP20090133 杀虫气雾剂 387
WP20090134 蚊香 643
WP20090135 蚊香 643
WP20090136 蚊香 160
WP20090137 顺式氯氰菊酯 190
WP20090138 杀虫气雾剂 190
WP20090139 驱蚊液 166
WP20090140 杀虫气雾剂 580
WP20090141 杀蟑胶饵 674
WP20090142 杀飞虫气雾剂 993
WP20090143 高效氟氯氰菊酯 100
WP20090144 杀虫气雾剂 1059
WP20090145 蚊香 198

WP20090146	杀虫饵剂	1115
WP20090147	杀蚊烟片	424
WP20090148	蚊香	1021
WP20090149	杀虫气雾剂	812
WP20090150	电热蚊香片	190
WP20090151	杀虫气雾剂	775
WP20090152	杀蟑饵粒	690
WP20090153	蚊香	72
WP20090154	蚊香	1015
WP20090155	蚊香	741
WP20090156	蚊香	429
WP20090157	杀虫水乳剂	190
WP20090158	杀蟑胶饵	375
WP20090159	杀虫气雾剂	1059
WP20090160	杀虫水乳剂	330
WP20090161	蚊香	109
WP20090162	高氯·胺菊	157
WP20090163	杀虫气雾剂	811
WP20090164	辛硫·高氯氟	552
WP20090165	杀虫气雾剂	748
WP20090166	杀虫气雾剂	1031
WP20090167	驱蚊花露水	980
WP20090168	蚊香	174
WP20090169	电热蚊香液	72
WP20090170	杀虫气雾剂	1031
WP20090171	蚊香	810
WP20090172	杀虫粉剂	811
WP20090173	蚊香	152
WP20090174	蚊香	1112
WP20090175	右旋烯炔菊酯	190
WP20090176	驱蚊花露水	167
WP20090177	高氯·残杀威	61
WP20090178	杀蟑饵剂	599
WP20090179	蚊香	206
WP20090180	杀蚁饵剂	1082
WP20090181	甲基嘧啶磷	429
WP20090182	杀蟑气雾剂	498
WP20090183	杀虫粉剂	362
WP20090184	杀虫气雾剂	548
WP20090185	杀虫气雾剂	263
WP20090186	杀虫气雾剂	856
WP20090187	高效氯氟氰菊酯	190
WP20090188	电热蚊香片	190
WP20090189	杀虫气雾剂	748
WP20090190	甲基吡噁磷	234
WP20090191	杀虫饵剂	234
WP20090192	甲基吡噁磷	234
WP20090193	高效氯氰菊酯	690
WP20090194	杀虫粉剂	223
WP20090195	杀蟑饵剂	748
WP20090196	电热蚊香液	409
WP20090197	杀虫气雾剂	810
WP20090198	杀虫气雾剂	811
WP20090199	杀虫气雾剂	96
WP20090200	杀虫水乳剂	811
WP20090201	高效氯氰菊酯	616
WP20090202	杀虫烟剂	101
WP20090203	杀虫气雾剂	1120
WP20090204	杀虫粉剂	207
WP20090205	氯菊·烯丙菊	157
WP20090206	杀虫颗粒剂	354
WP20090207	残杀威	350
WP20090208	防蛀防霉片剂	985
WP20090209	高效氯氰菊酯	690
WP20090210	电热蚊香液	152
WP20090211	高效氯氰菊酯	67
WP20090212	高效氯氟氰菊酯	99
WP20090213	溴氰菊酯	560
WP20090214	杀虫气雾剂	154
WP20090215	杀虫粉剂	943
WP20090216	蚊香	470
WP20090217	溴鼠灵	674
WP20090218	高效氯氟氰菊酯	114
WP20090219	高氯·残杀威	305
WP20090220	防蛀片剂	975
WP20090221	杀虫气雾剂	811
WP20090222	杀虫喷射剂	976
WP20090223	杀虫粉剂	921
WP20090224	电热蚊香片	455
WP20090225	杀虫气雾剂	718
WP20090226	杀虫气雾剂	152
WP20090227	杀虫气雾剂	174
WP20090228	蚊香	584
WP20090229	杀虫饵粒	350
WP20090230	蚊香	362
WP20090231	杀虫喷射剂	964
WP20090232	电热蚊香片	154
WP20090233	氯氰·敌敌畏	99
WP20090234	杀虫气雾剂	810
WP20090235	杀虫粉剂	68
WP20090236	蚊香	429
WP20090237	杀虫热雾剂	155
WP20090238	杀飞虫气雾剂	993
WP20090239	杀虫气雾剂	128
WP20090240	电热蚊香液	121
WP20090241	防蛀防霉片剂	570
WP20090242	防蛀片剂	697
WP20090243	富右旋反式烯丙菊酯	451
WP20090244	杀虫粉剂	108
WP20090245	胺·氯·高氯菊	96
WP20090246	防蛀防霉片剂	1017
WP20090247	电热蚊香片	910
WP20090248	杀虫喷射剂	96
WP20090249	蚊香	1108
WP20090250	高氯·残杀威	548
WP20090251	杀虫喷射剂	157
WP20090252	高效氯氰菊酯	155
WP20090253	杀蟑饵剂	97
WP20090254	高效氯氰菊酯	266
WP20090255	电热蚊香液	910
WP20090256	杀蚁饵剂	190
WP20090257	杀虫气雾剂	397
WP20090258	杀蟑烟剂	274
WP20090259	驱蚊液	1051
WP20090260	杀虫气雾剂	305
WP20090261	杀虫粉剂	96
WP20090262	氟氯氰菊酯	350
WP20090263	蚊香	810
WP20090264	杀虫块剂	911
WP20090265	驱蚊花露水	546
WP20090266	杀虫气雾剂	68
WP20090267	杀虫气雾剂	718
WP20090268	电热蚊香片	207
WP20090269	杀虫气雾剂	1050
WP20090270	杀虫气雾剂	305
WP20090271	电热蚊香片	748
WP20090272	电热蚊香片	1031
WP20090273	杀蟑饵剂	1034
WP20090276	氰戊菊酯	1103
WP20090277	蚊香	152
WP20090278	驱蚊花露水	160
WP20090279	杀虫粉剂	108
WP20090280	吡丙醚	156
WP20090281	蚊香	1031
WP20090282	防蛀防霉片剂	980
WP20090283	胺·氯菊	167

WP20090284 防蛀防霉球剂 980
WP20090285 电热蚊香片 597
WP20090286 杀虫气雾剂 109
WP20090287 高效氯氰菊酯 447
WP20090288 杀虫气雾剂 840
WP20090289 高效氯氰菊酯 245
WP20090290 灭蚊烟片 429
WP20090291 防蛀防霉片剂 118
WP20090292 蚊香 480
WP20090293 蚊香 1006
WP20090294 杀蟑饵剂 985
WP20090295 杀虫气雾剂 276
WP20090296 杀虫烟雾剂 1034
WP20090297 防蛀片剂 685
WP20090298 杀虫气雾剂 980
WP20090299 杀虫气雾剂 157
WP20090300 电热蚊香片 1125
WP20090301 电热蚊香液 992
WP20090302 杀蚊气雾剂 385
WP20090303 蚊香 385
WP20090304 杀蚁饵剂 198
WP20090305 蚊香 206
WP20090306 顺式氯氰菊酯 552
WP20090307 硫酰氟 1070
WP20090308 对二氯苯 742
WP20090309 残杀威 552
WP20090310 辛硫磷 572
WP20090311 氟氯氰菊酯 560
WP20090312 蚊香 196
WP20090314 杀虫水乳剂 61
WP20090315 蚊香 400
WP20090316 杀虫粉剂 958
WP20090317 驱蚊花露水 547
WP20090318 溴氰菊酯 552
WP20090319 敌・氯・辛硫磷 99
WP20090320 电热蚊香液 190
WP20090321 电热蚊香片 159
WP20090322 蚊香 159
WP20090323 蚊香 232
WP20090324 防蛀球剂 1059
WP20090325 防蛀片剂 1060
WP20090326 樟脑 156
WP20090327 杀虫气雾剂 166
WP20090328 杀虫气雾剂 333
WP20090329 高效氯氰菊酯 281
WP20090330 防蛀防霉片剂 161
WP20090331 驱蚊花露水 597
WP20090332 蚊香 263
WP20090333 高效氯氟氰菊酯 552
WP20090334 高效氯氟氰菊酯 552
WP20090335 高效氯氰菊酯 560
WP20090336 高效氯氟氰菊酯 552
WP20090337 电热蚊香液 404
WP20090338 防蛀球剂 979
WP20090339 氟硅菊酯 601
WP20090340 四氟醚菊酯 601
WP20090341 蚊香 118
WP20090342 蚊香 206
WP20090343 对二氯苯 263
WP20090344 氟氯氰菊酯 552
WP20090345 氟氯氰菊酯 552
WP20090346 四氟苯菊酯 601
WP20090347 电热蚊香片 246
WP20090348 蚊香 424
WP20090350 杀虫气雾剂 69
WP20090351 杀虫气雾剂 726
WP20090352 电热蚊香片 643
WP20090353 高效氯氰菊酯 275
WP20090354 蚊香 748
WP20090355 蚊香 424
WP20090356 杀蟑胶饵 720
WP20090357 杀虫粉剂 905
WP20090358 电热蚊香液 455
WP20090359 高效氯氰菊酯 296
WP20090360 蚊香 97
WP20090361 防蛀防霉球剂 989
WP20090362 蚊香 83
WP20090363 杀虫饵剂 278
WP20090364 杀虫气雾剂 179
WP20090365 电热蚊香片 247
WP20090366 电热蚊香液 1112
WP20090367 蚊香 534
WP20090368 蚊香 424
WP20090369 杀虫粉剂 255
WP20090370 蚊香 205
WP20090371 蚊香 109
WP20090373 杀虫气雾剂 812
WP20090375 蚊香 1108
WP20090376 杀虫气雾剂 810
WP20090377 杀虫气雾剂 1108
WP20090378 防蛀球剂 161
WP20090379 顺式氯氰菊酯 347
WP20090380 胺菊酯 139
WP20090381 杀蟑笔剂 1115
WP20090382 蚊香 1113
WP20090383 蚊香 232
WP20090384 杀白蚁饵剂 569
WP20100001 杀虫气雾剂 404
WP20100002 防蛀片剂 188
WP20100003 蚊香 404
WP20100004 防蛀球剂 980
WP20100005 防蛀片剂 690
WP20100006 防蛀片剂 980
WP20100007 四氟苯菊酯 254
WP20100008 蚊香 153
WP20100009 防蛀防霉球剂 161
WP20100010 蚊香 152
WP20100011 高效氯氰菊酯 303
WP20100013 防蛀球剂 690
WP20100014 蚊香 396
WP20100015 蚊香 642
WP20100016 杀虫热雾剂 157
WP20100017 电热蚊香片 178
WP20100018 氟蚁腙 628
WP20100019 蚊香 1093
WP20100020 杀虫饵剂 61
WP20100021 高效氯氰菊酯 447
WP20100022 高效氯氰菊酯 318
WP20100023 防蛀片剂 451
WP20100024 高效氯氟氰菊酯 625
WP20100025 蚊香 174
WP20100026 防蛀片剂 162
WP20100027 氯菊酯 674
WP20100028 杀虫气雾剂 1003
WP20100029 杀虫水乳剂 397
WP20100030 樟脑 980
WP20100031 防蛀片剂 631
WP20100032 防蛀球剂 188
WP20100033 防蛀球剂 621
WP20100034 樟脑 621
WP20100035 高氯・烯丙菊 156
WP20100036 右旋樟脑 631
WP20100037 杀虫气雾剂 232
WP20100038 电热蚊香片 299
WP20100039 电热蚊香液 127
WP20100040 蚊香 122

WP20100041	电热蚊香液	993
WP20100042	蚊香	274
WP20100043	高效氯氟氰菊酯	548
WP20100044	杀虫气雾剂	993
WP20100045	杀虫气雾剂	72
WP20100046	杀虫气雾剂	718
WP20100047	蚊香	247
WP20100048	防蛀球剂	597
WP20100049	防蛀防霉片剂	989
WP20100050	蚊香	206
WP20100051	杀虫气雾剂	179
WP20100052	电热蚊香液	292
WP20100053	蚊香	206
WP20100054	蚊香	255
WP20100055	蚊香	268
WP20100056	蚊香	397
WP20100057	杀蟑饵膏	987
WP20100058	杀虫气雾剂	1003
WP20100059	杀虫气雾剂	128
WP20100060	杀虫气雾剂	534
WP20100061	驱蚊花露水	124
WP20100062	杀虫气雾剂	1020
WP20100064	杀虫气雾剂	263
WP20100065	右旋胺菊酯	190
WP20100066	杀虫气雾剂	256
WP20100067	蚊香	211
WP20100068	驱蚊花露水	1003
WP20100069	杀虫气雾剂	121
WP20100070	杀虫气雾剂	274
WP20100071	杀虫饵粒	218
WP20100072	杀虫气雾剂	83
WP20100073	杀蟑烟片	119
WP20100074	蚊香	648
WP20100075	电热蚊香液	190
WP20100076	杀蟑笔剂	674
WP20100077	电热蚊香液	190
WP20100078	杀虫气雾剂	129
WP20100079	电热蚊香片	993
WP20100080	蚊香	425
WP20100081	杀蟑胶饵	1104
WP20100082	电热蚊香片	128
WP20100083	杀蟑饵剂	96
WP20100084	杀虫气雾剂	69
WP20100086	顺式氯氰菊酯	548
WP20100087	蚊香	206
WP20100088	杀虫气雾剂	271
WP20100089	溴氰菊酯	1000
WP20100090	电热蚊香片	1101
WP20100091	蚊香	627
WP20100092	蚊香	124
WP20100093	蚊香	631
WP20100094	杀螨纸	1034
WP20100095	电热蚊香液	109
WP20100097	蚊香	206
WP20100098	电热蚊香液	584
WP20100099	电热蚊香片	584
WP20100100	电热蚊香片	206
WP20100101	蚊香	128
WP20100102	电热蚊香片	1112
WP20100103	高效氯氟氰菊酯	534
WP20100104	蚊香	128
WP20100105	高氯・残杀威	317
WP20100106	杀虫饵剂	685
WP20100107	高氯・氟铃脲	98
WP20100108	顺式氯氰菊酯	568
WP20100109	驱蚊花露水	570
WP20100110	蚊香	159
WP20100111	蚊香	69
WP20100112	蚊香	1070
WP20100113	杀蟑胶饵	552
WP20100114	杀蟑热雾剂	552
WP20100116	驱蚊花露水	160
WP20100117	杀蟑饵粒	670
WP20100119	杀虫饵剂	552
WP20100120	杀虫超低容量液剂	548
WP20100121	高氯・辛硫磷	548
WP20100122	电热蚊香液	421
WP20100123	四氟苯菊酯	190
WP20100124	蚊香	154
WP20100126	蚊香	117
WP20100127	杀蟑烟剂	99
WP20100128	驱蚊液	597
WP20100129	电热蚊香片	1021
WP20100130	顺式氯氰菊酯	534
WP20100131	杀虫气雾剂	68
WP20100132	杀虫气雾剂	643
WP20100133	杀蟑胶饵	1113
WP20100134	球形芽孢杆菌	399
WP20100135	杀虫气雾剂	1060
WP20100136	联苯菊酯	537
WP20100137	电热蚊香片	1109
WP20100138	氯菊酯	568
WP20100139	杀虫喷射剂	140
WP20100140	蚊香	430
WP20100141	高氯・残杀威	329
WP20100142	防蛀防霉球剂	597
WP20100143	杀虫气雾剂	1050
WP20100144	驱蚊霜	597
WP20100145	杀蚊气雾剂	1017
WP20100146	驱蚊片	1017
WP20100147	杀虫气雾剂	810
WP20100148	杀蟑气雾剂	1017
WP20100149	蚊香	118
WP20100150	蚊香	153
WP20100151	杀虫气雾剂	258
WP20100152	电热蚊香片	120
WP20100154	高效氯氰菊酯	890
WP20100155	电热蚊香片	1017
WP20100156	杀虫气雾剂	426
WP20100157	电热蚊香液	118
WP20100158	杀虫气雾剂	305
WP20100159	氯氰・胺菊	157
WP20100160	蚊香	200
WP20100161	蚊香	1070
WP20100162	电热蚊香液	298
WP20100163	电热蚊香液	263
WP20100164	电热蚊香液	128
WP20100165	13毫克/片贝斯特牌电热蚊香片	114
WP20100166	蚊香	646
WP20100167	电热蚊香片	118
WP20100168	蚊香	119
WP20100169	防蛀片剂	425
WP20100170	杀虫烟剂	317
WP20100171	蚊香	1091
WP20100172	杀蟑胶饵	552
WP20100173	溴氰菊酯	552
WP20100174	高效氯氰菊酯	187
WP20100175	杀蟑饵剂	599
WP20100176	杀蚁饵剂	96
WP20100177	电热蚊香片	154
WP20100178	杀虫气雾剂	118
WP20100179	高氯・溴氰	256
WP20100180	电热蚊香片	153
WP20100181	蚊香	257
WP20100183	杀蟑气雾剂	993
WP20100185	杀虫粉剂	673

WP20100186	高效氯氰菊酯	163
WP20100187	蚊香	166
WP20100188	电热蚊香片	1070
WP20110001	蚊香	206
WP20110002	杀虫气雾剂	901
WP20110003	电热蚊香液	424
WP20110004	电热蚊香片	605
WP20110005	杀虫气雾剂	232
WP20110007	电热蚊香液	178
WP20110008	驱蚊花露水	121
WP20110009	杀虫气雾剂	453
WP20110010	杀蟑胶饵	99
WP20110011	杀虫气雾剂	453
WP20110012	杀虫气雾剂	827
WP20110013	杀虫气雾剂	993
WP20110014	驱蚊花露水	128
WP20110015	氟虫腈	154
WP20110016	樟脑	116
WP20110017	防霉防蛀片剂	800
WP20110018	氯菊酯	568
WP20110019	电热蚊香片	120
WP20110020	杀蟑气雾剂	246
WP20110021	驱蚊液	993
WP20110022	氟蚁腙	1116
WP20110023	电热蚊香块	993
WP20110024	防蛀片剂	990
WP20110025	蚊香	1018
WP20110026	蚊香	426
WP20110027	蚊香	643
WP20110028	电热蚊香片	239
WP20110029	电热蚊香片	1018
WP20110030	联苯菊酯	548
WP20110031	高效氯氰菊酯	810
WP20110032	杀蟑胶饵	1116
WP20110033	蚊香	411
WP20110034	联苯菊酯	568
WP20110035	吡虫啉	548
WP20110036	杀虫气雾剂	258
WP20110037	杀虫气雾剂	810
WP20110038	蚊香	207
WP20110039	杀虫气雾剂	812
WP20110040	电热蚊香片	231
WP20110041	联苯菊酯	844
WP20110042	杀飞虫气雾剂	993
WP20110043	杀虫气雾剂	843
WP20110044	高效氯氰菊酯	537
WP20110045	防蛀防霉片剂	149
WP20110046	杀虫气雾剂	246
WP20110047	蚊香	1120
WP20110048	蚊香	993
WP20110049	杀虫气雾剂	643
WP20110050	杀虫气雾剂	453
WP20110051	电热蚊香片	643
WP20110052	右胺·氯菊	156
WP20110053	杀虫气雾剂	741
WP20110054	电热蚊香片	166
WP20110055	蚊香	1060
WP20110056	电热蚊香片	1050
WP20110057	杀蚁饵剂	1034
WP20110058	杀蟑饵剂	118
WP20110059	杀蟑笔剂	159
WP20110060	蚊香	631
WP20110061	蚊香	207
WP20110062	杀蟑饵粒	690
WP20110063	蚊香	605
WP20110064	蚊香	257
WP20110065	氯氟醚菊酯	601
WP20110066	蚊香	359
WP20110067	高效氯氰菊酯	809
WP20110068	溴氰菊酯	535
WP20110069	电热蚊香片	1034
WP20110070	蚊香	246
WP20110071	苯氰·残杀威	599
WP20110072	防蛀片剂	569
WP20110073	蚊香	993
WP20110074	杀虫气雾剂	246
WP20110075	杀蟑饵粒	326
WP20110076	杀蟑胶饵	207
WP20110077	氯菊·烯丙菊	599
WP20110078	蚊香	246
WP20110079	溴敌隆	1015
WP20110080	除虫菊素	1065
WP20110081	杀虫气雾剂	232
WP20110082	杀虫气雾剂	793
WP20110083	电热蚊香片	702
WP20110084	杀虫饵粒	217
WP20110086	电热蚊香液	256
WP20110087	蚊香	247
WP20110089	双硫磷	248
WP20110090	蚊香	207
WP20110091	驱蚊液	1060
WP20110092	蚊香	643
WP20110093	杀虫气雾剂	246
WP20110094	电热蚊香片	232
WP20110095	杀虫气雾剂	292
WP20110096	电热蚊香液	1060
WP20110097	蚊香	268
WP20110098	杀虫饵粒	373
WP20110099	驱蚊花露水	127
WP20110100	杀虫气雾剂	246
WP20110101	杀蟑气雾剂	292
WP20110102	防蛀片剂	1018
WP20110103	蚊香	993
WP20110104	杀虫气雾剂	810
WP20110105	蚊香	453
WP20110106	蚊香	643
WP20110107	顺式氯氰菊酯	311
WP20110108	蚊香	159
WP20110109	高效氯氟氰菊酯	309
WP20110110	杀虫气雾剂	811
WP20110111	电热蚊香片	1066
WP20110112	杀虫气雾剂	453
WP20110113	杀虫气雾剂	453
WP20110114	电热蚊香片	1060
WP20110116	杀虫气雾剂	702
WP20110117	杀虫气雾剂	747
WP20110118	杀蟑笔剂	217
WP20110119	杀虫气雾剂	206
WP20110120	杀飞虫气雾剂	246
WP20110121	高效氯氟氰菊酯	876
WP20110123	杀蟑胶饵	81
WP20110124	杀蝇饵粒	985
WP20110125	防蛀细粒剂	631
WP20110126	硼酸·硫酸铜	156
WP20110127	电热蚊香片	320
WP20110128	杀虫气雾剂	320
WP20110129	蚊香	812
WP20110130	杀虫气雾剂	811
WP20110132	杀蚊气雾剂	246
WP20110133	电热蚊香液	239
WP20110134	蚊香	246
WP20110136	杀蟑胶饵	178
WP20110137	氟蚁腙	537
WP20110138	杀虫气雾剂	246
WP20110139	电热蚊香液	247
WP20110140	杀虫气雾剂	107

WP20110141	防蛀细粒剂	985
WP20110142	杀虫气雾剂	292
WP20110143	电热蚊香液	120
WP20110144	高效氯氰菊酯	158
WP20110145	杀虫气雾剂	747
WP20110146	杀蟑饵剂	96
WP20110147	电热蚊香块	993
WP20110148	电热蚊香片	605
WP20110149	杀蟑饵剂	264
WP20110150	杀虫气雾剂	119
WP20110151	杀虫气雾剂	814
WP20110152	杀虫气雾剂	128
WP20110153	蚊香	1103
WP20110154	杀虫粉剂	108
WP20110155	杀虫气雾剂	119
WP20110156	蚊香	804
WP20110157	电热蚊香液	993
WP20110158	杀虫气雾剂	812
WP20110159	电热蚊香液	69
WP20110160	吡丙醚	154
WP20110161	杀虫气雾剂	812
WP20110162	蚊香	128
WP20110163	杀虫气雾剂	755
WP20110164	电热蚊香片	258
WP20110165	顺氯·残杀威	535
WP20110166	杀蚁饵粉	1043
WP20110167	防蛀防霉球剂	165
WP20110168	防蛀防霉片剂	165
WP20110169	杀虫气雾剂	993
WP20110170	蚊香	666
WP20110171	驱蚊花露水	1003
WP20110172	杀虫气雾剂	573
WP20110173	胺·氯菊	552
WP20110174	杀蟑气雾剂	534
WP20110175	氯氰·胺菊	156
WP20110176	电热蚊香片	1018
WP20110177	杀虫气雾剂（水基）	119
WP20110178	杀虫气雾剂	1103
WP20110179	蚊香	256
WP20110180	防霉防蛀片剂	600
WP20110181	电热蚊香液	702
WP20110182	防蛀片剂	1060
WP20110183	蚊香	174
WP20110184	杀飞虫气雾剂	190
WP20110185	杀蟑饵剂	164
WP20110186	电热蚊香片	534
WP20110187	杀虫气雾剂	247
WP20110188	电热蚊香液	166
WP20110189	电热蚊香液	247
WP20110190	杀蟑胶饵	247
WP20110191	杀虫粉剂	113
WP20110193	防蛀片剂	572
WP20110194	杀蟑饵剂	552
WP20110195	联苯菊酯	552
WP20110196	杀虫气雾剂	453
WP20110197	电热蚊香液	1050
WP20110198	电热蚊香液	1018
WP20110199	高效氯氰菊酯	1043
WP20110200	杀虫气雾剂	631
WP20110201	防蛀片剂	149
WP20110202	杀虫气雾剂	293
WP20110203	蚊香	320
WP20110204	杀蟑胶饵	552
WP20110205	驱蚊花露水	119
WP20110206	驱蚊液	1018
WP20110207	杀虫气雾剂	137
WP20110208	杀蟑气雾剂	120
WP20110209	电热蚊香片	1093
WP20110210	蚊香	128
WP20110211	电热蚊香片	69
WP20110212	驱蚊花露水	985
WP20110213	驱蚊花露水	166
WP20110214	电热蚊香片	128
WP20110215	蚊香	1109
WP20110216	电热蚊香片	247
WP20110217	电热蚊香片	247
WP20110218	杀蟑胶饵	1043
WP20110219	杀蟑胶饵	217
WP20110220	烯丙·氯菊	404
WP20110221	杀虫热雾剂	61
WP20110222	四聚·杀螺胺	452
WP20110223	杀虫烟剂	132
WP20110224	电热蚊香片	166
WP20110225	杀虫气雾剂	320
WP20110226	氯氰·氯菊	158
WP20110227	电热蚊香液	1018
WP20110228	杀虫气雾剂	534
WP20110229	高效氯氰菊酯	747
WP20110230	蚊香	1124
WP20110231	杀虫粉剂	964
WP20110232	蚊香	1091
WP20110233	杀蟑饵剂	652
WP20110234	蚊香	107
WP20110235	顺式氯氰菊酯	106
WP20110236	电热蚊香片	646
WP20110237	电热蚊香液	643
WP20110238	杀虫气雾剂	453
WP20110239	杀虫粉剂	987
WP20110240	杀蟑饵剂	644
WP20110241	电热蚊香液	119
WP20110242	电热蚊香液	232
WP20110243	杀虫气雾剂	1109
WP20110244	蚊香	156
WP20110245	电热蚊香液	522
WP20110246	高效氯氰菊酯	317
WP20110247	蚊香	258
WP20110248	杀蚁粉剂	1034
WP20110249	吡虫啉	552
WP20110250	杀蟑饵剂	1034
WP20110251	电热蚊香液	166
WP20110252	蚊香	1125
WP20110253	避蚊胺	720
WP20110254	杀虫气雾剂	586
WP20110255	杀蟑胶饵	100
WP20110256	杀虫气雾剂	586
WP20110257	杀虫气雾剂（水基）	643
WP20110258	蚊香	122
WP20110259	蚊香	258
WP20110260	杀蟑胶饵	688
WP20110261	氯菊酯	552
WP20110262	顺氯·残杀威	552
WP20110263	吡虫啉	759
WP20110264	高效氯氰菊酯	759
WP20110265	杀蚁颗粒剂	248
WP20110266	杀蟑气雾剂	166
WP20110267	防蛀防霉片剂	452
WP20110268	杀虫气雾剂	1124
WP20110269	防蛀片剂	118
WP20110270	杀虫气雾剂	812
WP20110271	杀蟑饵粒	1082
WP20110272	苏云金杆菌(以色列亚种)	389
WP20110273	杀虫粉剂	552
WP20110275	电热蚊香液	1018
WP20120001	蚊香	114
WP20120002	蚊香	586
WP20120003	蚊香	293

WP20120004	驱蚊乳	166
WP20120005	杀虫气雾剂	247
WP20120006	蚊香	232
WP20120007	杀飞虫气雾剂	993
WP20120008	杀蟑烟剂	207
WP20120009	电热蚊香液	1018
WP20120010	杀蟑饵剂	247
WP20120011	杀蟑气雾剂	1070
WP20120012	蚊香	1091
WP20120013	蚊香	643
WP20120014	电热蚊香液	631
WP20120015	杀虫气雾剂	631
WP20120016	杀虫水乳剂	535
WP20120017	电热蚊香液	154
WP20120018	电热蚊香片	1018
WP20120019	电热蚊香液	1018
WP20120020	高效氟氯氰菊酯	61
WP20120021	胺·氯菊	61
WP20120022	驱蚊粒	164
WP20120023	杀蟑胶饵	119
WP20120024	电热蚊香浆	1018
WP20120025	杀蟑饵剂	166
WP20120026	驱蚊液	522
WP20120027	烯丙·氯菊	178
WP20120028	吡虫啉	563
WP20120029	杀飞虫气雾剂	994
WP20120030	杀虫气雾剂	718
WP20120031	电热蚊香液	128
WP20120032	蟑香	247
WP20120033	杀虫气雾剂	257
WP20120034	联苯菊酯	569
WP20120035	苯氰·残杀威	404
WP20120036	蚊香	404
WP20120037	杀虫气雾剂	271
WP20120038	杀虫气雾剂	793
WP20120039	杀蟑饵粒	378
WP20120040	杀蟑胶饵	99
WP20120041	吡丙醚	923
WP20120042	杀虫气雾剂	429
WP20120043	蚊香	114
WP20120044	蚊香	1021
WP20120045	蚊香	128
WP20120046	防蛀片剂	452
WP20120047	防蛀防霉球剂	452
WP20120048	杀虫气雾剂	166
WP20120049	杀蟑气雾剂	1091
WP20120050	杀虫气雾剂	811
WP20120051	蚊香	187
WP20120052	杀虫气雾剂	900
WP20120053	高效氯氰菊酯	402
WP20120054	蚊香	179
WP20120055	杀虫气雾剂	119
WP20120056	防蛀防霉片剂	264
WP20120057	驱蚊花露水	572
WP20120058	驱蚊乳	121
WP20120059	蚊香	121
WP20120061	蚊香	121
WP20120062	蚊香	140
WP20120063	蚊香	121
WP20120064	蚊香	154
WP20120065	杀飞虫气雾剂	1018
WP20120066	高氯、氟铃脲	891
WP20120067	蚊香	81
WP20120068	杀虫气雾剂	151
WP20120069	电热蚊香液	152
WP20120070	氟虫腈	64
WP20120071	电热蚊香液	174
WP20120072	吡虫啉	569
WP20120073	杀虫气雾剂	119
WP20120074	蚊香	1018
WP20120075	噁虫威	352
WP20120076	噁虫威	352
WP20120077	杀虫气雾剂	119
WP20120078	蚊香	239
WP20120079	驱蚊气雾剂	994
WP20120080	高效氯氰菊酯	810
WP20120081	蚊香	1009
WP20120082	高效氟氯氰菊酯	793
WP20120083	杀虫气雾剂	276
WP20120084	杀蟑热雾剂	178
WP20120085	蚊香	809
WP20120086	高氯·残杀威	217
WP20120087	杀虫气雾剂	841
WP20120088	杀蝇饵剂	264
WP20120089	杀虫气雾剂	812
WP20120090	杀虫喷射剂	806
WP20120091	吡丙醚	619
WP20120092	杀虫气雾剂	190
WP20120093	杀虫气雾剂	190
WP20120094	电热蚊香液	1018
WP20120095	氟虫腈	891
WP20120096	电热蚊香片	61
WP20120097	蚊香	276
WP20120098	蚊香	121
WP20120099	顺式氯氰菊酯	1040
WP20120100	氟蚁腙	379
WP20120101	杀虫喷射剂	318
WP20120102	四氟苯菊酯	597
WP20120103	防蛀球剂	800
WP20120104	驱蚊液	552
WP20120105	杀蟑饵剂	586
WP20120106	氯菊酯	156
WP20120107	杀蟑胶饵	379
WP20120108	吡虫啉	207
WP20120109	高效氯氰菊酯	535
WP20120110	杀蟑饵剂	1109
WP20120111	氟虫腈	900
WP20120112	溴氰菊酯	518
WP20120113	蟑香	1091
WP20120114	氯菊酯	397
WP20120115	电热蚊香液	1059
WP20120116	杀虫气雾剂	119
WP20120117	蚊香	121
WP20120118	蚊香	631
WP20120119	杀虫气雾剂	605
WP20120120	驱蚊液	1061
WP20120121	防蛀球剂	573
WP20120122	高效氯氟氰菊酯	558
WP20120123	电热蚊香片	276
WP20120124	高效氯氰菊酯	674
WP20120125	电热蚊香液	1091
WP20120126	烯丙·氯菊	404
WP20120127	杀虫粉剂	1082
WP20120128	氯菊·烯丙菊	552
WP20120129	电热蚊香片	206
WP20120130	蚊香	232
WP20120131	杀虫气体制剂	980
WP20120132	杀蟑热雾剂	99
WP20120133	电热蚊香片	119
WP20120134	高效氯氟氰菊酯	158
WP20120135	杀蟑胶饵	1082
WP20120136	蚊香	64
WP20120137	杀蟑烟片	120
WP20120138	驱蚊液	455
WP20120139	蚊香	121
WP20120140	蚊香	120

WP20120141 蚊香 120
WP20120142 驱蚊花露水 1060
WP20120143 蚊香 120
WP20120144 蚊香 534
WP20120145 氟虫腈 1114
WP20120146 高效氯氰菊酯 795
WP20120147 驱蚊花露水 231
WP20120148 电热蚊香液 123
WP20120149 蚊香 1021
WP20120150 蚊香 166
WP20120151 电热蚊香液 1018
WP20120152 杀蟑饵剂 99
WP20120153 蚊香 258
WP20120154 高效氟氯氰菊酯 331
WP20120155 电热蚊香液 122
WP20120156 电热蚊香片 122
WP20120157 蚊香 119
WP20120158 电热蚊香片 605
WP20120159 氯菊酯 548
WP20120160 电热蚊香液 153
WP20120161 电热蚊香片 643
WP20120162 蚊香 129
WP20120163 蚊香 153
WP20120164 氯菊酯 139
WP20120165 蚊香 256
WP20120166 杀蝇饵粒 224
WP20120167 高效氟氯氰菊酯 552
WP20120168 蚊香 1108
WP20120169 烯丙·氯菊酯 61
WP20120170 杀虫气雾剂 232
WP20120171 杀虫喷射剂 338
WP20120172 电热蚊香片 258
WP20120173 电热蚊香液 605
WP20120174 防蛀片剂 845
WP20120175 蚊香 631
WP20120176 蚊香 159
WP20120177 杀蚊烟片 428
WP20120178 电热蚊香液 1082
WP20120179 氟虫腈 64
WP20120180 杀蚁饵片 537
WP20120181 杀虫气雾剂 455
WP20120182 蚊香 643
WP20120183 电热蚊香液 119
WP20120184 杀虫粉剂 685
WP20120185 杀虫气雾剂 256
WP20120186 吡丙醚 99
WP20120187 氯氰·氯菊 548
WP20120188 溴氰菊酯 207
WP20120189 杀虫气雾剂 121
WP20120190 杀虫气雾剂 643
WP20120191 蚊香 119
WP20120192 杀虫气雾剂 119
WP20120193 高氯、残杀威 891
WP20120194 杀蚊气雾剂 605
WP20120195 防蛀片剂 1034
WP20120196 高氯·残杀威 891
WP20120197 蚊香 755
WP20120198 电热蚊香片 455
WP20120199 蚊香 267
WP20120200 杀虫气雾剂 165
WP20120201 杀蟑烟片 1018
WP20120202 电热蚊香液 117
WP20120203 蚊香 120
WP20120204 电热蚊香液 117
WP20120205 氟虫腈 299
WP20120206 高氯、甲嘧磷 891
WP20120207 蚊香 1018
WP20120208 电热蚊香液 584
WP20120212 杀蟑饵剂 261
WP20120213 蚊香 304
WP20120214 胺·氯菊 198
WP20120215 杀虫气雾剂 320
WP20120216 杀虫气雾剂 124
WP20120217 驱蚊液 982
WP20120218 杀蟑烟片 217
WP20120219 蚊香 1070
WP20120220 电热蚊香液 534
WP20120221 杀蟑气雾剂 121
WP20120222 杀虫气雾剂 196
WP20120223 蚊香 247
WP20120224 电热蚊香液 1018
WP20120225 杀虫气雾剂 605
WP20120226 蚊香 232
WP20120227 电热蚊香片 480
WP20120228 蚊香 741
WP20120229 杀飞虫气雾剂 994
WP20120230 氟虫腈 538
WP20120231 氟虫腈 819
WP20120232 电热蚊香液 1018
WP20120233 杀蟑气雾剂 605
WP20120234 杀虫气雾剂 152
WP20120235 高氯·残杀威 1052
WP20120236 杀虫气雾剂 534
WP20120238 防蛀片剂 647
WP20120239 蚊香 220
WP20120240 蚊香 178
WP20120241 电热蚊香片 128
WP20120242 电热蚊香液 128
WP20120243 杀蚊气雾剂 480
WP20120244 蚊香 68
WP20120245 电热蚊香液 120
WP20120246 电热蚊香片 152
WP20120247 杀虫气雾剂 276
WP20120248 杀虫气雾剂 1066
WP20120249 杀蟑饵剂 221
WP20120250 炔丙·氯氟醚 599
WP20120251 杀虫粉剂 900
WP20120252 杀蟑烟片 221
WP20120253 杀蟑饵粒 1043
WP20120254 杀虫粉剂 532
WP20120255 蚊香 649
WP20120256 杀虫气雾剂 605
WP20120257 杀虫气雾剂 812
WP20120258 氟虫腈 215
WP20120259 苏云金杆菌(以色列亚种) 116
WP20130002 电热蚊香液 1018
WP20130003 电热蚊香液 124
WP20130004 杀虫气雾剂 631
WP20130005 蚊香 480
WP20130006 蚊香 1070
WP20130007 蚊香 455
WP20130008 蚊香 117
WP20130009 蚊香 455
WP20130010 杀虫气雾剂 121
WP20130011 蚊香 1021
WP20130012 电热蚊香液 1021
WP20130013 溴鼠灵 211
WP20130014 杀虫气雾剂 605
WP20130015 电热蚊香液 534
WP20130017 杀蟑胶饵 96
WP20130018 蚊香 247
WP20130019 杀虫气雾剂 81
WP20130020 杀蟑烟片 1018
WP20130021 电热蚊香片 1019
WP20130022 电热蚊香液 231
WP20130023 蚊香 1006

WP20130024 杀虫气雾剂 1019
WP20130025 氟虫腈 708
WP20130026 电热蚊香液 320
WP20130027 杀虫气雾剂 207
WP20130028 蚊香 276
WP20130029 杀蟑烟片 1125
WP20130030 电热蚊香片 231
WP20130031 杀虫气雾剂 231
WP20130032 蚊香 231
WP20130033 杀虫气雾剂 232
WP20130034 电热蚊香液 190
WP20130035 氯氟醚菊酯 601
WP20130036 杀虫气雾剂 631
WP20130037 杀虫气雾剂 1021
WP20130038 杀虫气雾剂 643
WP20130039 蚊香 1020
WP20130040 蚊香 1125
WP20130041 杀蚊气雾剂 605
WP20130042 杀虫气雾剂 793
WP20130043 电热蚊香片 1089
WP20130044 蚊香 1125
WP20130045 蟑香 1019
WP20130046 杀虫气雾剂 605
WP20130047 杀虫气雾剂 1070
WP20130048 杀蟑胶饵 1101
WP20130049 蚊香 1070
WP20130050 杀虫气雾剂 643
WP20130051 蚊香 994
WP20130052 杀蟑气雾剂 207
WP20130053 高效氯氟氰菊酯 599
WP20130054 驱蚊花露水 498
WP20130055 驱蚊花露水 609
WP20130056 蚊香 453
WP20130057 杀虫气雾剂 1112
WP20130058 蚊香 1112
WP20130059 电热蚊香片 174
WP20130060 杀虫气雾剂 137
WP20130061 电热蚊香液 119
WP20130062 杀飞虫气雾剂 994
WP20130063 蚊香 233
WP20130064 杀虫气雾剂 231
WP20130066 电热蚊香片 129
WP20130067 杀虫水乳剂 308
WP20130068 杀虫气雾剂 268
WP20130069 蚊香 268
WP20130070 杀虫气雾剂 268
WP20130071 杀虫气雾剂 233
WP20130072 电热蚊香液 605
WP20130073 蚊香 1060
WP20130074 蚊香 232
WP20130075 炔咪菊酯 190
WP20130076 炔咪菊酯 190
WP20130077 烯丙·氯菊 99
WP20130078 蚊香 129
WP20130079 电热蚊香液 129
WP20130080 蚊香 256
WP20130081 蚊香 256
WP20130082 吡虫啉 538
WP20130083 杀蟑热雾剂 158
WP20130084 电热蚊香液 404
WP20130085 蚊香 643
WP20130086 蚊香 117
WP20130087 电热蚊香液 117
WP20130088 杀蟑饵剂 100
WP20130089 杀虫粉剂 158
WP20130090 蚊香 320
WP20130091 杀虫气雾剂 137
WP20130092 高效氯氰菊酯 207
WP20130093 顺式氯氰菊酯 151
WP20130094 杀虫气雾剂 404
WP20130095 电热蚊香片 117
WP20130096 蚊香 812
WP20130097 电热蚊香液 1070
WP20130098 杀虫粉剂 198
WP20130099 驱蚊花露水 498
WP20130100 杀虫气雾剂 117
WP20130101 杀虫气雾剂 263
WP20130102 吡丙醚 518
WP20130103 杀虫气雾剂 164
WP20130104 蚊香 263
WP20130105 蚊香 159
WP20130106 杀虫气雾剂 132
WP20130107 联苯菊酯 61
WP20130108 杀虫气雾剂 650
WP20130109 蚊香 96
WP20130110 电热蚊香片 775
WP20130111 高效氟氯氰菊酯 261
WP20130112 电热蚊香片 117
WP20130113 防蛀片剂 1034
WP20130114 杀虫喷射剂 1034
WP20130115 氟虫腈 653
WP20130116 氟虫腈 538
WP20130117 电热蚊香液 174
WP20130118 杀虫气雾剂 1070
WP20130119 电热蚊香液 117
WP20130120 杀虫气雾剂 276
WP20130121 驱蚊花露水 498
WP20130122 高效氯氰菊酯 151
WP20130123 杀蟑饵剂 165
WP20130124 高氯·胺菊 151
WP20130125 蚊香 64
WP20130126 驱蚊液 498
WP20130127 电热蚊香液 812
WP20130128 联苯菊酯 538
WP20130129 杀虫气雾剂 117
WP20130130 杀蟑气雾剂 404
WP20130131 杀虫气雾剂 117
WP20130132 蚊香 424
WP20130133 杀虫粉剂 211
WP20130134 杀虫气雾剂 231
WP20130135 蚊香 121
WP20130136 杀虫气雾剂 137
WP20130137 杀蟑气雾剂 257
WP20130138 杀虫气雾剂 1112
WP20130139 杀蟑气雾剂 910
WP20130140 杀虫气雾剂 122
WP20130141 蚊香 534
WP20130142 蚊香 304
WP20130143 驱蚊乳 498
WP20130144 氯氰·氨菊 151
WP20130145 驱蚊乳 498
WP20130146 电热蚊香片 534
WP20130147 电热蚊香片 117
WP20130148 蚊香 480
WP20130149 杀虫气雾剂 811
WP20130150 蚊香 755
WP20130151 电热蚊香液 96
WP20130152 杀虫喷射剂 625
WP20130153 蚊香 293
WP20130154 杀蟑胶饵 188
WP20130155 蚊香 455
WP20130156 杀虫气雾剂 165
WP20130157 防蛀球剂 149
WP20130158 电热蚊香片 234
WP20130159 杀虫泡腾片 971
WP20130160 氟虫腈 83

WP20130161 杀虫气雾剂 137
WP20130162 噁虫威 352
WP20130163 电热蚊香片 117
WP20130164 杀蟑气雾剂 480
WP20130165 杀虫气雾剂 847
WP20130166 杀虫气雾剂 234
WP20130167 蚊香 812
WP20130168 蚊香 210
WP20130169 氟虫腈 51
WP20130170 氟虫腈 552
WP20130171 防蛀片剂 165
WP20130172 蚊香 650
WP20130173 蚊香 605
WP20130174 高效氯氟氰菊酯 76
WP20130175 电热蚊香液 96
WP20130176 氟酰脲 568
WP20130177 氟酰脲 496
WP20130178 杀虫气雾剂 424
WP20130179 蚊香 666
WP20130180 驱蚊花露水 154
WP20130181 蚊香 231
WP20130182 蚊香 166
WP20130183 电热蚊香液 256
WP20130184 电热蚊香液 166
WP20130185 电热蚊香片 166
WP20130186 杀蟑笔剂 198
WP20130187 杀虫气雾剂 167
WP20130188 高效氯氟氰菊酯 891
WP20130189 高氯·胺·苯氰 1101
WP20130190 杀虫水乳剂 361
WP20130191 杀虫气雾剂 424
WP20130192 吡丙醚 1086
WP20130193 残杀威 178
WP20130194 毒死蜱 178
WP20130195 蚊香 96
WP20130196 杀蟑饵剂 99
WP20130197 杀虫喷射剂 404
WP20130198 杀虫气雾剂 812
WP20130199 电热蚊香液 159
WP20130200 杀虫气雾剂 1019
WP20130201 电热蚊香片 159
WP20130202 杀蝇饵剂 535
WP20130203 杀蚁饵剂 99
WP20130206 驱蚊片 165
WP20130208 蚊香 122
WP20130209 氯氰菊酯 178
WP20130210 蚊香 152
WP20130211 蚊香 123
WP20130212 杀虫粉剂 1065
WP20130213 蚊香 257
WP20130214 杀虫气雾剂 207
WP20130215 高效氟氯氰菊酯 572
WP20130216 杀虫气雾剂 152
WP20130217 杀蚁饵剂 154
WP20130218 电热蚊香片 256
WP20130219 杀虫粉剂 442
WP20130220 残杀威 50
WP20130221 杀虫气雾剂 862
WP20130222 杀虫气雾剂 862
WP20130223 氟虫腈 65
WP20130224 蚊香 110
WP20130225 杀蟑饵剂 678
WP20130226 杀虫饵粒 211
WP20130227 杀虫气雾剂 810
WP20130228 杀虫气雾剂 268
WP20130229 氟虫腈 68
WP20130230 电热蚊香液 174
WP20130231 联苯菊酯 207
WP20130232 杀虫气雾剂 153
WP20130233 蚊香 129
WP20130234 驱蚊液 498
WP20130235 高效氯氰菊酯 688
WP20130236 蚊香 123
WP20130237 杀蟑饵剂 1019
WP20130238 残杀威 123
WP20130239 杀虫气雾剂 233
WP20130240 蟑香 167
WP20130241 驱蚊液 167
WP20130242 吡虫啉 809
WP20130243 杀蟑胶饵 644
WP20130244 杀蟑饵剂 204
WP20130245 蚊香 83
WP20130246 吡丙醚 202
WP20130247 杀虫气雾剂 96
WP20130248 蚊香 1112
WP20130249 氟虫腈 666
WP20130250 蚊香 631
WP20130251 电热蚊香液 1112
WP20130252 四聚乙醛 174
WP20130253 苏云金杆菌 389
WP20130254 吡虫啉 764
WP20130255 氟虫腈 1046
WP20130256 蚊香 1093
WP20130257 杀蟑热雾剂 207
WP20130258 电热蚊香液 122
WP20130259 蚊香 174
WP20130260 蚊香 268
WP20130261 蚊香 106
WP20130262 蚊香 224
WP20130263 蚊香 72
WP20130264 蚊香 427
WP20130265 蚊香 128
WP20130266 右胺·残·高氯 326
WP20130267 球形芽孢杆菌 188
WP20130268 杀虫气雾剂 862
WP20130269 杀虫气雾剂 1019

批准临时登记的国内卫生杀虫剂产品

WL20100003 杀虫气雾剂 421
WL20100005 蚊香 107
WL20100007 杀虫气雾剂 247
WL20100008 杀虫气雾剂 522
WL20100009 蚊香 107
WL20100010 杀虫气雾剂 248
WL20100011 蚊香 427
WL20100014 蚊香 152
WL20100015 蚊香 239
WL20100019 杀虫气雾剂 427
WL20100023 杀蟑气雾剂 248
WL20100026 苏云金杆菌 411
WL20100037 杀虫气雾剂 256
WL20100038 蚊香 109
WL20100039 杀蚊气雾剂 174
WL20100043 蚊香 129
WL20100051 杀蟑饵膏 218
WL20100053 蚊香 207
WL20100054 杀虫气雾剂 120
WL20100057 电热蚊香片 207
WL20100059 蟑香 120
WL20100060 蚊香 274
WL20100063 杀虫气雾剂 1093
WL20100065 蚊香 207
WL20100073 电热蚊香液 248
WL20100074 杀虫气雾剂 124
WL20100076 杀虫气雾剂 109
WL20100079 蚊香 128
WL20100080 杀虫气雾剂 982

WL20100082 蚊香 109
WL20100084 蟑香 152
WL20100085 蚊香 1120
WL20100086 杀虫粉剂 211
WL20100089 杀虫气雾剂 575
WL20100097 蚊香 522
WL20100100 杀蟑烟片 1070
WL20100106 杀虫气雾剂 643
WL20100114 蚊香 650
WL20100119 杀虫气雾剂 775
WL20100120 杀虫气雾剂 775
WL20100130 氯氟醚菊酯 601
WL20100133 蚊香 424
WL20100136 蚊香 842
WL20100140 杀虫气雾剂 164
WL20100141 蚊香 164
WL20100147 吡丙醚 553
WL20100152 杀蝇纸 132
WL20100155 杀虫气雾剂 1048
WL20100156 蚊香 124
WL20100157 杀虫气雾剂 175
WL20100159 蚊香 421
WL20100164 杀虫喷射剂 1019
WL20100165 杀虫气雾剂 298
WL20100167 杀虫气雾剂 718
WL20100169 杀虫喷射剂 982
WL20100170 蚊香 128
WL20100171 蚊香 1069
WL20100176 蚊香 207
WL20100183 电热蚊香液 1019
WL20100186 杀虫气雾剂 755
WL20100187 蚊香 155
WL20100188 蚊香 627
WL20100191 杀虫喷射剂 1019
WL20100193 蚊香 354
WL20100206 杀虫气雾剂 255
WL20100207 杀虫气雾剂 120
WL20100208 蚊香 256
WL20100209 蟑香 128
WL20100211 蚊香 196
WL20100212 电热蚊香片 256
WL20100213 蚊香 159
WL20100214 蚊香 811
WL20100220 杀虫气雾剂 191
WL20100222 烟棒 140
WL20100224 蚊香 775
WL20100225 杀虫气雾剂 982
WL20100227 驱蚊花露水 643
WL20100229 蚊香 1009
WL20100230 杀白蚁 1068
WL20100232 蚊香 810
WL20100236 杀虫气雾剂 775
WL20100237 电热蚊香液 96
WL20100238 杀虫气雾剂 718
WL20100240 电热蚊香液 775
WL20100241 电热蚊香片 96
WL20100244 杀虫气雾剂 741
WL20100245 电热蚊香片 1069
WL20100248 杀虫气雾剂 775
WL20100249 蚊香 123
WL20100251 蚊香 647
WL20100253 杀虫气雾剂 167
WL20100254 杀虫气雾剂 649
WL20100256 电热蚊香液 128
WL20100260 苏云金杆菌(以色列亚种) 411
WL20100261 杀虫热雾剂 326
WL20100268 电热蚊香片 1046
WL20100269 蚊香 994
WL20100272 电热蚊香片 119
WL20100273 电热蚊香液 480
WL20100277 电热蚊香片 155
WL20100278 氯烯炔菊酯 254
WL20100279 蚊香 1031
WL20100280 蚊香 648
WL20100281 蚊香 140
WL20100283 杀虫热雾剂 402
WL20100284 杀虫喷射剂 207
WL20100285 蚊香 124
WL20100286 蚊香 628
WL20100287 杀蟑饵剂 137
WL20100289 杀虫气雾剂 190
WL20100290 蚊香 643
WL20110001 电热蚊香液 164
WL20110002 杀虫气雾剂 690
WL20110004 蚊香 425
WL20110005 杀虫气雾剂 1003
WL20110006 杀虫气雾剂 718
WL20110008 四氟苯菊酯 160
WL20110010 杀蟑饵剂 178
WL20110011 烯丙・氯菊 326
WL20110012 驱蚊帐 1059
WL20110013 电热蚊香液 643
WL20110014 电热蚊香片 643
WL20110017 右胺・氯菊 326
WL20110018 蚊香 429
WL20110021 驱蚊花露水 179
WL20110022 电热蚊香液 152
WL20110024 蚊香 69
WL20110025 氯氟醚菊酯 601
WL20110026 驱蚊霜 179
WL20110027 电热蚊香液 1125
WL20110029 蚊香 1046
WL20110032 杀蟑烟片 305
WL20110036 杀虫气雾剂 1060
WL20110037 电热蚊香液 1060
WL20110039 电热蚊香液 1006
WL20110040 电热蚊香液 257
WL20110041 杀虫气雾剂 775
WL20110042 电热蚊香液 455
WL20110043 苏云金杆菌(以色列亚种) 581
WL20110045 电热蚊香液 1021
WL20110047 杀虫气雾剂 190
WL20110048 杀虫气雾剂 118
WL20110049 电热蚊香片 811
WL20110050 毒死蜱 187
WL20110051 杀蟑烟剂 987
WL20110052 电热蚊香片 124
WL20110053 电热蚊香液 164
WL20110055 蚊香 1019
WL20110056 蚊香 1070
WL20110057 杀虫水乳剂 364
WL20110058 蚊香 299
WL20110059 蚊香 1019
WL20110061 蚊香 811
WL20110062 蚊香 1112
WL20110063 杀螺胺乙醇胺盐 573
WL20110067 蚊香 62
WL20110068 电热蚊香液 1070
WL20110069 杀虫气雾剂 190
WL20110071 电热蚊香液 81
WL20110072 蚊香 1091
WL20110073 顺氯・胺菊酯 1015
WL20110074 杀蟑饵剂 164
WL20110075 杀虫气雾剂 207
WL20110076 电热蚊香液 811
WL20110077 蚊香 199

WL20110078 电热蚊香液 1020
WL20110079 电热蚊香液 575
WL20110080 杀蟑气雾剂 191
WL20110081 苏云金杆菌 581
WL20110083 电热蚊香液 107
WL20110084 电热蚊香片 718
WL20110086 杀虫气雾剂 1066
WL20110087 蚊香 140
WL20110088 电热蚊香片 812
WL20110090 电热蚊香片 120
WL20110091 电热蚊香片 167
WL20110092 电热蚊香液 207
WL20110094 电热蚊香液 120
WL20110095 电热蚊香液 1060
WL20110096 电热蚊香液 1019
WL20110097 电热蚊香液 137
WL20110098 电热蚊香液 1009
WL20110099 杀蟑胶饵 167
WL20110100 电热蚊香液 207
WL20110101 电热蚊香液 121
WL20110102 电热蚊香片 320
WL20110103 蚊香 994
WL20110105 蚊香 605
WL20110106 电热蚊香片 1070
WL20110107 电热蚊香液 811
WL20110108 电热蚊香液 354
WL20110109 电热蚊香液 1019
WL20110110 电热蚊香液 1120
WL20110111 电热蚊香液 994
WL20110112 电热蚊香片 994
WL20110114 氯菊酯 1103
WL20110115 电热蚊香液 605
WL20110116 电热蚊香片 811
WL20110117 电热蚊香片 257
WL20110119 电热蚊香片 81
WL20110120 杀虫气雾剂 211
WL20110121 电热蚊香液 124
WL20110124 杀虫气雾剂 119
WL20110125 电热蚊香液 208
WL20110126 杀虫气雾剂 119
WL20110127 电热蚊香片 1060
WL20110128 电热蚊香片 453
WL20110129 电热蚊香片 605
WL20110130 杀虫热雾剂 218
WL20110131 电热蚊香液 1091
WL20110132 蚊香 167
WL20110133 杀虫粉剂 987
WL20110134 杀虫气雾剂 167
WL20110136 七氟甲醚菊酯 601
WL20110137 蚊香 601
WL20110138 电热蚊香液 167
WL20110139 杀虫气雾剂 167
WL20110140 电热蚊香液 125
WL20110142 电热蚊香片 1019
WL20110143 电热蚊香液 110
WL20120002 电热蚊香液 453
WL20120003 电热蚊香液 453
WL20120004 联苯菊酯 553
WL20120005 电热蚊香液 125
WL20120006 蚊香 125
WL20120007 氯氰·氯丙炔 599
WL20120008 杀虫气雾剂 453
WL20120009 电热蚊香片 137
WL20120010 电热蚊香片 354
WL20120011 杀虫气雾剂 174
WL20120014 右胺·高氯氟 326
WL20120015 电热蚊香片 775
WL20120017 电热蚊香液 522
WL20120018 四聚乙醛 453
WL20120019 蟑香 129
WL20120020 甲基嘧啶磷 419
WL20120021 电热蚊香片 1091
WL20120022 杀虫气雾剂 522
WL20120023 高效氯氟氰菊酯 1051
WL20120024 杀虫气雾剂（油基） 522
WL20120025 电热蚊香液 534
WL20120026 杀虫气雾剂（水基） 120
WL20120027 氯菊酯·S-生物烯丙菊酯 553
WL20120028 杀蚊气雾剂 605
WL20120029 蚊香 522
WL20120030 电热蚊香液 427
WL20120032 杀飞虫气雾剂 994
WL20120033 联苯菊酯 553
WL20120034 高效氟氯氰菊酯 261
WL20120035 电热蚊香液 129
WL20120036 电热蚊香液 120
WL20120037 防蛀片剂 165
WL20120038 电热蚊香片 119
WL20120039 驱蚊液 644
WL20120040 右胺·氯菊 987
WL20120041 杀虫气雾剂 1070
WL20120042 电热蚊香片 812
WL20120043 防蛀片剂 720
WL20120044 杀蚁饵剂 158
WL20120045 杀蝇饵剂 198
WL20120046 电热蚊香液 1112
WL20120047 电热蚊香片 1019
WL20120048 杀虫喷射剂 1006
WL20120049 电热蚊香液 122
WL20120050 电热蚊香片 174
WL20120051 电热蚊香液 810
WL20120052 联苯·吡虫啉 558
WL20120053 七氟甲醚菊酯 451
WL20120054 电热蚊香液 1060
WL20120055 高效氯氰菊酯 553
WL20120056 电热蚊香液 191
WL20120057 杀虫气雾剂 121
WL20120058 七氟甲醚菊酯 254
WL20120059 杀蟑饵剂 644
WL20120060 杀蚁饵剂 644
WL20120061 防蛀片剂 1019
WL20120062 杀虫气雾剂 125
WL20120063 电热蚊香片 123
WL20120064 电热蚊香液 207
WL20120065 电热蚊香片 191
WL20120066 胆钙化醇 1086
WL20120067 防蛀片剂 1019
WL20130001 电热蚊香液 631
WL20130002 电热蚊香片 812
WL20130003 蚊香 167
WL20130004 除虫菊素 1066
WL20130005 驱蚊帐 1074
WL20130006 氟虫腈 346
WL20130007 氟虫腈 553
WL20130008 电热蚊香液 812
WL20130009 杀虫气雾剂 534
WL20130010 杀虫气雾剂 534
WL20130011 杀虫气雾剂 453
WL20130012 驱蚊液 174
WL20130013 杀螺胺乙醇胺盐 453
WL20130014 电热蚊香液 812
WL20130015 杀虫喷射剂 198
WL20130016 杀虫气雾剂 601
WL20130017 氟丙菊酯 601
WL20130018 蚊香 167
WL20130019 电热蚊香液 167

WL20130020	高效氟氯氰菊酯	538
WL20130021	杀蟑饵剂	174
WL20130023	除虫菊素	1066
WL20130024	电热蚊香液	862
WL20130025	杀蟑气雾剂	1019
WL20130027	蟑香	121
WL20130029	烯丙·氯氰	157
WL20130030	杀蚊气雾剂	174
WL20130031	杀蟑气雾剂	174
WL20130032	电热蚊香片	125
WL20130033	杀虫气雾剂	174
WL20130034	电热蚊香片	980
WL20130035	电热蚊香液	480
WL20130036	氟虫腈	844
WL20130037	毒死蜱	164
WL20130038	杀虫粉剂	532
WL20130039	蚊香	1089
WL20130040	杀虫粉剂	982
WL20130041	杀虫气雾剂	522
WL20130042	杀虫饵粒	599
WL20130043	顺式氯氰菊酯	553
WL20130044	高氯·残杀威	553
WL20130045	蚊香	1091
WL20130046	氯菊酯	553
WL20130047	吡虫啉	61
WL20130048	右旋·苯醚菊	167

索引（二）
（按中文通用名称）

1-甲基环丙烯 18,728,1033
2,4-滴 56,113,194,217,219,273,384,394,478,486,537,561,651,680,772,783,867,868,870,900,988,990,1007,1013,1071
2,4-滴丁酯 55,130,131,153,163,233,272,273,288,301,322,369,370,371,372,373,374,375,376,377,383,384,385,397,435,437,438,440,441,442,443,444,445,446,447,449,451,455,464,465,487,497,511,537,617,672,673,677,678,679,680,681,683,692,697,713,714,735,736,747,750,772,773,783,784,798,799,800,860,861,867,869,888,914,1039,1060
2,4-滴二甲胺盐 378,384,393,478,487,523,537,561,680,772,784,867,999,1071
2,4-滴钠盐 113,384,487,537,1014
2,4 滴三乙醇胺盐 678
2,4-滴异辛酯 21,66,334,345,380,438,441,442,487,523,537,565,672,680,681,692,868,869
2,4-二硝基苯酚钾 145,174,913
2 甲 4 氯 1,2,4,56,66,103,111,202,205,210,217,296,309,330,377,384,486,523,537,563,567,591,657,668,683,714,717,736,773,783,785,791,798,827,859,861,865,868,870,888,1008,1081,1100,1117
2 甲 4 氯二甲胺盐 868
2 甲 4 氯钠 2,54,55,66,67,71,78,81,104,110,111,112,193,206,210,212,213,215,217,219,223,306,313,317,330,331,341,345,380,383,384,387,397,435,437,444,455,486,491,510,511,520,528,529,537,545,568,569,596,597,608,669,670,671,672,673,686,711,736,783,800,825,826,860,945,948,949,950,964,1025,1073,1081,1117,1126
2 甲 4 氯异丙胺盐 590,990
2 甲 4 氯异辛酯 23,488,537,868,869
2-(乙酰氧基)苯甲酸 426
C 型肉毒梭菌毒素 701
D 型肉毒梭菌毒素 580,700
Es-生物烯丙菊酯 31,69,71,96,99,117,119,120,121,122,124,128,137,152,153,154,157,159,166,178,189,190,191,198,200,206,220,231,232,246,247,255,256,258,263,292,298,320,397,404,409,424,427,434,451,453,455,480,498,522,533,534,548,584,598,605,643,648,775,812,862,982,985,992,1006,1017,1018,1021,1059,1070,1091,1093,1101,1103,1112,1120,1124,1125
R-烯唑醇 30,323,493,516
S-氰戊菊酯 30,31,178,337,377,400,482,502,503,531,539,564,601,613,615,617,618,759,761,762,807,936,1019,1039,1048,1060,1118
S-生物烯丙菊酯 6,31,61,206,552,553,598,599
S-诱抗素 1014,1015
zeta-氯氰菊酯 16,506,567,568,674
α-氯代醇 1032
阿维菌素 32,34,37,43,44,45,48,54,57,58,59,61,62,63,64,67,69,70,71,73,74,75,77,78,79,82,86,87,88,90,91,92,94,98,99,100,101,102,104,105,106,107,110,111,113,114,115,118,121,122,123,125,126,127,130,131,132,133,136,137,138,139,141,142,143,144,145,146,147,148,149,150,151,153,154,155,156,157,158,160,161,167,168,169,170,171,172,173,179,180,181,182,183,184,185,186,187,191,192,193,194,195,196,197,198,200,201,202,203,204,205,209,210,211,212,213,214,215,219,220,221,222,223,224,225,226,227,228,229,230,231,232,235,236,237,238,240,242,243,244,246,247,248,249,250,251,252,253,254,255,257,258,259,260,261,262,263,264,267,268,269,270,271,273,274,275,276,277,281,282,283,284,285,286,287,288,289,290,291,292,293,294,295,296,297,298,299,300,301,302,303,304,308,309,310,311,312,313,314,315,316,318,319,320,321,322,323,324,325,326,327,328,329,331,332,333,336,337,338,339,341,342,343,344,345,346,349,350,351,355,356,357,358,359,361,362,363,364,365,366,367,368,369,370,373,379,380,382,383,387,389,390,392,393,394,395,396,397,398,403,405,406,407,409,410,411,412,413,414,415,416,417,420,422,423,424,426,429,430,431,432,439,441,447,452,456,457,459,465,467,468,472,473,474,476,477,479,480,481,485,487,488,491,493,494,495,497,500,501,503,507,510,511,512,515,517,518,525,533,535,543,545,546,547,558,562,566,567,571,573,575,579,582,584,585,

593,594,595,602,603,611,615,616,617,618,623,625,627,628,629,630,631,632,633,634,635,636,637,638,640,641,642,644,645,647,648,649,650,652,653,654,655,656,657,658,659,660,661,662,663,665,667,668,669,670,671,675,684,687,689,691,697,698,699,700,701,705,706,708,709,710,711,713,714,715,716,717,722,723,725,726,727,729,730,731,732,735,737,738,739,742,744,746,748,749,750,751,752,753,755,757,758,759,763,764,765,766,768,769,770,771,772,773,774,775,777,779,780,781,785,786,788,789,790,791,792,794,795,796,800,801,802,803,804,805,806,808,809,813,815,816,818,819,820,821,822,823,824,825,826,828,830,831,832,833,834,835,836,838,839,841,842,844,846,847,849,850,852,853,855,856,860,862,863,864,867,870,871,872,873,875,876,877,878,879,880,881,882,883,884,885,886,887,888,889,890,891,893,895,896,898,900,901,903,904,906,907,908,909,910,914,918,920,921,922,923,924,925,926,928,929,930,931,932,933,934,935,936,938,939,940,941,942,943,944,945,948,949,950,951,953,954,955,956,957,958,962,963,965,966,967,968,970,971,972,974,978,979,981,982,983,984,988,990,991,992,995,999,1002,1003,1004,1009,1016,1017,1020,1022,1027,1032,1033,1035,1042,1043,1044,1045,1046,1047,1051,1052,1055,1056,1057,1060,1065,1067,1068,1075,1077,1078,1079,1081,1083,1084,1087,1092,1095,1096,1097,1098,1100,1101,1104,1105,1107,1113,1119,1126

矮壮素　44,101,112,255,265,304,305,316,318,336,342,366,699,700,713,744,767,786,793,823,876,951,965,1011,1013,1028,1056,1109

桉油精　101

氨氟乐灵　37,610,1033

氨磺乐灵　1033,1106

氨基寡糖素　97,126,194,198,223,230,231,235,652,674,751,796,841,842,881,900,947,1005

氨氯吡啶酸　112,113,281,282,412,434,546,843,868,1006,1007,1008,1081,1097,1124

氨酰丙酸　621

胺苯磺隆　52,54,55,57,398,418,475,476,526,539,540,548,564,588,594,611,675,693,697

胺菊酯　31,61,67,68,69,70,73,76,81,88,96,98,99,100,107,109,117,118,119,120,121,123,124,128,132,137,139,151,152,153,154,155,156,157,159,160,164,165,166,167,178,179,189,190,196,198,207,211,231,232,233,234,246,247,256,257,258,262,263,266,267,268,271,274,276,286,292,298,299,305,308,318,320,333,338,359,361,364,385,387,390,394,397,402,404,411,421,426,429,432,434,451,453,455,480,498,534,535,537,548,552,570,573,575,580,584,586,598,601,602,604,605,610,631,642,643,685,690,702,718,721,726,741,747,748,755,775,793,795,798,806,809,810,811,812,814,827,829,840,841,843,847,856,862,900,901,951,964,980,985,989,992,993,994,1003,1015,1017,1018,1019,1020,1021,1031,1048,1050,1051,1059,1060,1061,1069,1090,1093,1101,1103,1108,1109,1111,1112,1115,1120,1124,1125

胺鲜酯　115,168,169,334,335,932,1013,1014

八角茴香油　211

百草枯　38,42,47,50,55,81,101,108,110,114,118,130,136,138,139,143,171,176,182,188,193,195,202,209,210,212,213,217,221,234,236,242,257,258,260,268,271,280,284,290,291,295,310,312,339,343,346,348,350,351,352,356,359,361,364,365,378,393,394,405,412,425,439,440,443,546,547,556,577,590,591,616,617,624,625,632,633,647,650,656,659,663,666,672,700,706,711,714,727,731,734,735,742,746,752,766,768,769,771,772,773,777,778,779,782,784,787,788,792,798,800,821,825,827,829,834,835,843,858,860,861,862,864,866,867,884,887,895,907,908,909,911,912,914,917,924,927,928,948,979,992,994,999,1000,1024,1026,1031,1034,1040,1045,1046,1055,1056,1064,1072,1079,1087,1089,1090,1097,1113,1119,1124

百草枯二氯化物　1033

百菌清　20,29,35,36,38,39,74,81,89,91,93,94,95,100,132,142,143,146,148,169,170,171,175,178,179,181,182,192,195,201,212,219,226,229,270,271,272,273,274,275,284,290,293,298,299,305,310,314,315,316,317,318,319,322,323,333,335,340,341,342,344,345,346,347,364,365,368,380,414,421,427,434,447,448,456,457,513,515,517,518,574,585,590,597,605,606,607,608,609,

610,621,624,632,635,660,683,685,689,692,697,705,722,728,738,741,742,756,760,770,773,780,789,790,813,815,819,828,830,834,852,865,866,867,868,869,874,876,877,884,894,898,901,902,906,907,911,913,914,916,917,923,926,927,936,944,953,954,955,957,959,968,969,970,971,973,974,978,988,990,994,995,998,1001,1015,1021,1023,1051,1052,1054,1066,1073,1076,1078,1085,1088,1115

拌种灵 47,49,86,278,430,481,554,558,559,593,853,905,1012,1062

倍硫磷 202,354,572,586,625,720,996,999,1088,1090,1109

苯丁锡 3,5,87,92,102,105,150,151,155,170,171,197,221,226,303,345,572,636,816,817,820,830,831,855,878,913,926,933,936,944,949,950,952,960,964,968,976,978,995,997,1013,1085,1086,1087,1101

苯磺隆 12,13,40,46,49,53,55,58,59,69,72,73,75,76,77,80,84,85,86,87,89,91,99,113,134,135,153,172,248,276,283,287,288,294,301,304,306,307,310,311,312,316,319,324,334,338,340,341,342,343,350,352,353,354,356,361,362,364,366,387,401,440,460,461,462,464,467,470,473,476,480,492,496,497,499,500,502,503,509,510,514,517,518,526,528,529,530,531,536,539,541,542,544,549,557,560,566,567,568,574,576,582,583,586,588,592,594,599,600,601,611,622,634,642,658,660,675,676,689,693,694,696,712,716,721,724,727,733,736,737,745,747,750,761,762,773,782,784,785,790,798,799,800,802,822,825,826,835,838,853,858,859,860,861,867,874,887,924,945,948,960,975,976,981,1000,1007,1022,1036,1038,1044,1049,1050,1071,1072,1073,1079,1085,1101,1116

苯菌灵 56,202,417,455,507,592,739,946,996,999

苯醚甲环唑 20,34,35,36,37,50,56,64,77,87,88,89,90,92,93,94,103,105,116,127,130,139,144,145,146,148,149,153,169,171,173,175,183,184,185,186,194,195,213,214,220,221,224,226,227,230,231,241,242,244,254,255,290,292,295,298,302,308,313,340,345,358,366,367,396,407,415,416,417,432,441,466,469,470,471,473,479,482,494,497,501,524,525,529,571,588,601,604,608,609,623,629,630,636,641,651,652,656,661,665,708,717,718,720,723,724,726,728,729,733,740,746,747,751,755,756,757,764,765,786,802,803,808,809,817,818,819,820,823,829,830,831,832,836,837,838,844,868,872,877,878,881,885,886,887,890,893,896,903,910,914,918,920,921,925,926,929,930,931,932,934,938,939,940,941,942,947,948,952,954,957,961,962,963,965,966,967,969,971,972,977,985,986,992,997,1004,1008,1010,1016,1036,1042,1043,1045,1047,1056,1078,1080,1081,1086,1090,1097,1104,1105,1107,1113,1117

苯醚氰菊酯 65

苯嘧磺草胺 5

苯嗪草酮 82,281,531,565,1106

苯噻酰草胺 53,57,60,66,69,77,80,100,103,110,112,135,169,172,177,193,205,210,214,241,288,315,328,363,369,370,371,374,375,376,379,381,407,414,417,418,427,429,430,434,435,438,439,442,444,445,448,460,461,462,464,467,473,476,500,502,504,506,510,520,529,532,540,544,549,556,559,564,566,570,581,588,595,611,617,622,623,642,644,660,668,673,675,676,683,684,690,691,692,696,782,784,785,861,978,980,1000,1026,1032,1071,1072,1089,1093,1100,1112,1116,1119

苯酰菌胺 17,674

苯锈啶 37

苯氧威 333

苯唑草酮 5

吡丙醚 31,99,154,156,202,504,518,551,553,560,604,619,628,838,923,986,1086

吡草醚 27,875

吡虫啉 1,6,7,8,41,44,45,48,49,50,52,53,55,56,57,59,60,61,69,70,74,76,78,79,82,85,87,89,90,91,92,93,94,99,100,101,103,105,106,107,109,110,113,114,118,119,121,125,127,132,133,135,136,140,141,144,145,146,149,151,153,154,156,157,158,167,168,169,170,171,176,178,179,181,183,184,185,186,188,191,192,194,195,196,197,198,200,202,203,204,205,206,207,209,212,213,214,216,220,222,223,224,226,227,229,230,233,235,236,237,238,240,242,243,244,245,

246,247,248,249,250,251,253,254,257,259,261,262,264,265,267,268,269,270,271,273,276,277,278,280,282,283,284,285,286,288,289,290,291,292,294,297,298,300,303,304,305,308,309,311,312,313,315,319,320,321,326,327,328,329,330,331,332,334,336,337,339,342,343,349,350,352,356,357,358,359,360,362,363,364,366,367,368,369,370,372,374,375,388,391,392,393,395,396,400,405,406,407,408,410,412,413,415,416,417,420,422,423,428,431,433,435,438,441,447,452,454,456,457,459,462,463,465,466,467,468,469,471,472,473,475,476,477,479,481,482,487,489,491,492,493,495,496,497,498,499,500,501,503,504,506,508,509,512,513,514,515,516,517,518,521,522,523,527,528,529,531,532,533,535,537,538,539,541,542,543, 544,545,546,547,548,549,550,551,552,553,557,558,559,560,563,566,567,568,569,570,573,575,576,578,579,580,581,583,584,585,586,587,588,589,590,593,594,595,598,599,600,601,602,603,610,611,612,615,616,619,620,621,625,626,627,629,630,632,633,634,635,637,638,644,647,648,650,652,654,656,657,658,659,660,662,663,665,666,668,670,671,674,685,688,692,699,700,701,703,704,706,707,709,710,712,713,714,715,717,719,720,721,723,724,725,727,728,729,731,732,733,736,739,740,743,744,745,747,749,750,751,752,753,754,755,757,759,762,763,764,765,766,767,770,774,775,778,779,780,786,787,789,790,791,792,793,794,795,798,801,802,803,804,805,807,808,809,814,815,816,817,818,819,820,821,822,823,824,828,829,831,833,835,837,839,840,846,847,848,849,850,851,855,856,862,863,864,865,867,869,871,872,877,878,879,880,881,885,886,890,893,895,896,897,899,903,905,906,907,908,910,911,912,913,914,918,919,920,921,923,925,926,928,929,931,932,933,935,938,939,946,947,948,949,950,951,952,953,955,957,958,960,961,962,963,965,966,968,969,970,971,972,973,975,977,978,980,982,983,984,986,987,992,995,998,1000,1004,1008,1014,1016, 1017, 1025, 1029, 1030, 1032, 1036, 1038, 1039, 1042, 1043, 1045, 1046, 1049, 1053, 1056, 1057, 1061, 1062, 1065, 1067, 1068, 1070, 1072, 1076, 1078, 1080, 1082, 1083, 1084, 1087, 1092, 1093, 1095, 1097, 1098, 1101, 1103, 1106, 1107, 1108,1113,1114,1115,1117,1119,1123

吡氟禾草灵　28

吡氟酰草胺　84,462,463,487,518,553,604,696

吡嘧磺隆　27,58,60,62,70,75,82,103,110,134,171,172,173,205,214,220,287,288,306,346,353,369,370,371,374,375,376,379,381,383,423,440,442,444,460,462,473,475,492,497,502,504,509,510,511,516,520,521,526,528,529,531,549,550,557,559,583,594,595,619,673,680,681,684,687,688,690,691,692,693,694,734,736,773,798,822,861, 944, 959, 976, 999, 1000, 1032, 1049, 1072, 1073,1093,1099,1116,1123

吡蚜酮　20,35,48,49,56,64,80,81,83,95,104,147,149,154,173,186,214,237,238,239,241,268,271,311,317,358,359,363,452,454,455,473,477,492,495,501,535,538,545,560,564,567,579,580,595,602,616,618,624,629,630,636,641,650,657,662,695,707,708,726,757,817,818,821,831,832,838,887,914,920,926,930,931,932,939,942,949,950, 963, 967, 988, 990, 1002, 1029, 1043, 1074, 1089,1093,1098,1108,1118,1120

吡唑草胺　273,508,890,1075

吡唑醚菌酯　4,5

避蚊胺　15, 24, 95, 106, 119, 121, 124, 127, 128, 132,137,154,160,166,167,173,434,455,480,498,518,522,523,533,534,547,548,552,569,570,572,575,597,598,604,644,720,974,976,979,982,987,990,993,994,1003,1017,1035,1051,1060,1061

苄氨基嘌呤　24,474,658,967,1012,1014,1028,1029,1075,1097

苄草丹　609

苄嘧磺隆　12,13,47,50,53,54,55,56,57,58,60,62,63,65,66,68,69,72,73,75,77,79,80,84,85,100,107,110,112,115,133,134,135,147,163,164,169,172,173,177,193,205,210,214,215,223,226,241,284,294,299,302,306,315,328,330,331,341,349,351,356,363,367,369,370,371,375,376,377,381,382,385,407,408,409,410,411,412,413,414,415,416,417,418,422,423,427,428,429,430,431,435,436,437,438,439,440,441,442,444,445,446,448,454,455,460,461,462,463,464,465,467,468,469,473,475,476,480,485,490,497,498,500,502,503,504,510,511,519,520,521,526,527,528,532,

533,539,540,541,544,545,546,547,549,556,557,558,559,564,566,568,569,570,571,572,573,574,575,576,581,582,583,587,588,594,595,603,611,612,617,618,622,623,629,630,632,634,637,638,641,642,644,654,657,658,660,661,662,665,667,668,669,676,677,683,684,686,689,691,692,694,695,696,736,737,745,767,782,783,785,826,859,860,861,875,894,945,948,961,964,975,976,978,980,981,982,985,992,996,999,1005,1012,1015,1021,1024,1025,1026,1030,1032,1036,1050,1064,1066,1072,1073,1089,1090,1093,1094,1096,1100,1101,1103,1104,1112,1115,1116,1117,1119,1121

丙草胺 32,33,36,37,46,49,50,60,73,81,86,134,147,154,172,173,205,215,217,310,342,353,361,369,371,374,376,379,385,415,423,427,428,430,441,460,462,465,466,467,472,473,475,476,480,481,490,498,503,508,521,527,532,541,544,556,557,570,571,583,588,618,622,623,637,638,654,657,661,662,665,672,680,682,689,698,734,735,745,781,784,797,798,799,861,867,874,884,889,948,960,992,1032,1072,1073,1089,1090,1093,1102,1103,1116,1117

丙环唑 21,22,32,33,34,35,37,38,39,40,46,50,55,56,62,64,70,74,77,86,88,89,92,93,94,101,102,105,115,126,133,139,141,142,145,146,147,149,153,158,160,161,168,169,175,179,180,183,184,187,189,191,192,194,195,201,213,214,216,218,219,224,226,227,229,231,240,241,242,249,252,258,261,291,302,308,321,325,327,335,340,341,342,348,351,352,356,358,365,366,387,396,403,407,414,415,416,417,432,433,441,456,457,461,462,466,469,470,473,479,482,486,494,496,497,501,523,524,525,526,529,530,531,534,536,537,539,542,559,565,567,571,578,583,592,597,600,601,604,608,610,614,618,623,628,629,630,635,636,639,648,651,656,659,661,665,666,687,704,708,710,713,717,719,722,723,725,727,728,729,734,738,740,745,746,756,759,766,772,779,780,785,791,796,798,802,803,808,817,818,820,823,825,828,829,830,831,832,837,842,844,847,854,863,865,867,870,872,874,875,877,881,883,885,890,891,894,899,906,908,913,915,916,917,918,921,922,923,927,928,930,933,936,938,939,944,947,950,952,954,957,966,969,970,985,986,988,992,995,997,1001,1006,1007,1008,1015,1022,1024,1039,1043,1045,1048,1054,1062,1074,1076,1078,1079,1080,1082,1084,1085,1090,1095,1097,1098,1105,1107,1113,1114,1115

丙硫克百威 26,419

丙硫唑 222

丙炔噁草酮 9,61

丙炔氟草胺 30,1074

丙森锌 8,104,127,146,161,173,182,221,225,232,280,298,358,369,459,493,494,495,542,550,608,609,641,701,711,726,740,786,818,820,821,832,836,838,846,878,886,888,892,903,919,920,925,930,940,941,942,944,950,962,963,966,969,971,979,1002,1033,1043,1051,1080

丙酰芸苔素内酯 29,516

丙溴磷 32,33,35,54,56,57,63,71,89,92,101,127,138,144,146,151,170,180,182,186,191,194,197,200,201,203,208,213,214,215,218,230,240,242,250,277,308,324,345,358,366,388,402,409,412,414,420,424,430,431,452,457,458,459,467,469,473,476,477,481,482,515,527,542,550,562,572,582,611,614,618,621,623,624,628,629,631,636,637,645,648,649,657,661,662,664,668,698,705,712,713,715,719,721,722,723,725,729,732,736,737,739,756,757,766,771,772,776,779,792,796,800,802,803,805,806,807,808,816,818,820,821,830,831,833,835,836,844,848,851,852,855,861,868,872,873,878,879,884,886,892,893,898,899,903,906,909,910,916,926,935,944,946,969,972,996,1001,1002,1013,1022,1024,1029,1035,1038,1043,1061,1077,1079,1122,1124

波尔多液 23,25,516,571

菜青虫颗粒体病毒 409

残杀威 50,61,98,99,123,132,137,139,155,158,159,165,166,178,189,190,198,206,211,217,218,221,305,311,317,326,329,331,350,404,419,429,463,498,534,535,548,551,552,553,572,599,674,685,686,687,690,696,891,988,1018,1019,1033,1034,1052,1082,1113

草铵膦 9,48,56,135,138,147,186,188,225,231,278,285,290,299,358,479,483,487,504,518,524,546,565,568,601,604,617,662,718,751,809,826,864,865,867,868,941,949,966,979,997,1000,

1008,1046,1080,1081,1090,1098,1105,1109,1125
草除灵　46,53,54,55,57,58,59,62,63,68,84,87,100,112,134,306,332,345,352,393,398,439,450,462,463,464,467,472,476,506,507,526,539,540,562,563,564,611,627,633,642,648,667,680,693,694,695,777,798,826,838,854,859,861,906,948,1027, 1054, 1056, 1072, 1075, 1093, 1097, 1116,1120,1121,1122
草甘膦　1,12,18,19,22,38,41,43,45,46,49,50,51,53,54,55,56,58,59,60,62,63,65,66,67,69,71,73,75,76,77,78,80,81,101,102,103,104,106,107,109,110,111,112,113,114,117,118,124,131,134,137,138,144,149,157,158,168,171,175,177,183,184,187,188,192,194,196,198,199,200,201,202,203,204,205,206,208,209,210,212,214,215,216,217,218,219,220,221,222,223,226,227,228,229,230,234,236,238,248,263,268,269,287,290,295,296,297,304,305,306,309,310,311,314,317,319,320,323,325,329,331,333,335,338,345,346,347,351,353,358,361,366,369,371,375,376,383,386,388,391,393,396,397,399,400,402,403,405,407,412,413,416,417,420,423,424,425,426,427,428,429,430,431,434,441,442,452,454,456,457,463,464,465,468,469,470,472,473,476,477,478,479,484,486,487,492,496,501,502,503,504,505,511,520,521,524,526,527,531,533,535,537,540,542,543,546,550,553,554,555,556,558,559,560,561,565,571,572,579,582,585,586,590,591,592,593,600,601,602,603,616,617,618,625,627,630,631,632,634,637,638,641,642,646,647,650,654,655,658,661,662,664,666,668,671,691,693,699,700,707,710,714,716,717,728,731,733,734,736,742,743,745,748,749,764,767,769,778,781,784,786,797,799,800,801,803,815,816,818,821,823,829,830,834,838,842,845,846,854,855,857,858,860,862,864,866,867,869,873,875,876,879,883,886,887,888,889,894,896,899,901,917,919,924,925,928,930,947,949,954,961,966,976,977,978,981,987,988,990,992,994,997,999,1000,1002,1005, 1006, 1007, 1008, 1009, 1010, 1011, 1014,1015, 1016, 1021, 1024, 1025, 1026, 1027, 1029,1031, 1039, 1045, 1046, 1055, 1056, 1057, 1060,1061, 1063, 1066, 1069, 1070, 1071, 1073, 1080,1081, 1082, 1083, 1087, 1088, 1089, 1090, 1091,1092, 1096, 1097, 1098, 1099, 1100, 1102, 1105,1108, 1113, 1114, 1115, 1117, 1119, 1120, 1121,1122,1123
草甘膦铵盐　56,110,345,478,550,798,950,988,1026,1122
草甘膦二甲胺盐(暂定)　591
草甘膦钠盐　1090
草甘膦异丙胺盐　19,37,38,54,59,62,76,85,104,118,122,140,144,163,169,180,182,216,228,229,234,238,248,291,302,305,335,343,356,370,374,377,393,439,445,454,485,514,516,526,535,542,543,555,557,558,559,568,572,584,585,590,592,601,631,638,649,652,655,661,663,666,689,699,772,777,783,792,859,877,884,977,978,983,988,990,998,1010,1024,1076,1089,1090,1100,1105,1113
茶尺蠖核型多角体病毒　409
茶毛虫核型多角体病毒　581
柴油　90,92,406,713,750,764,974
超敏蛋白　24
赤霉酸　1,7,24,135,142,233,316,348,359,430,432,456,457,474,562,640,657,658,776,777,788,863,959,977,989,990,999,1003,1013,1014,1015,1029,1094,1095,1097
赤霉酸 A3　224,430,474,563,657,658,845,1097
赤霉酸 A4＋A7　24,474,563,658,845,962,967,1014,1065,1095,1097
虫螨腈　4,5,6,95,148,149,173,186,187,227,231,470,515,726,872,873,887,932,950
虫酰肼　26,87,106,141,148,153,169,180,189,197,219,240,255,259,277,304,334,353,392,393,410,457,470,475,502,503,539,553,557,562,630,631,646,659,666,703,709,711,713,715,716,718,724,738,740,752,768,771,773,774,776,785,787,801,804,807,814,815,818,831,840,845,870,872,884,890,900,904,906,908,944,952,954,960,964,968, 969, 972, 976, 1001, 1042, 1043, 1049, 1052,1055,1079,1086,1098,1124
除草定　488,521,604,1078
除虫菊素　2,174,698,1065,1066,1067
除虫菊素(Ⅰ＋Ⅱ)　97,1031
除虫脲　17,50,74,87,102,183,255,283,284,285,302,304,314,315,319,414,447,479,526,527,565,606,609,702,717,722,770,854,936,937,945,959,

964,969,972,986,997,1074
春雷霉素　25,87,126,158,159,212,222,224,236,242,254,290,291,296,297,329,353,377,385,414,447,448,631,635,645,646,664,705,719,722,729,764,774,786,820,832,841,844,863,910,932,933,934,936,938,942,946,959,960,965,970,996
哒螨灵　44,45,54,57,59,61,70,74,87,100,101,109,117,118,122,125,127,136,137,140,141,143,145,147,150,151,155,156,158,162,169,171,172,173,183,184,185,186,187,192,193,196,197,200,213,220,223,226,229,230,232,236,254,259,263,264,271,273,274,277,284,287,292,297,298,299,301,302,303,312,313,321,322,324,327,334,342,343,345,346,350,355,356,357,362,365,366,367,369,388,389,391,393,397,412,415,420,430,438,441,447,452,456,457,468,484,486,493,494,495,499,500,501,506,507,509,546,563,571,580,582,584,585,597,599,613,614,625,629,632,644,653,654,660,662,667,701,704,705,706,709,710,713,714,724,726,733,736,739,740,744,753,757,758,759,766,767,768,769,771,773,774,775,778,779,781,787,789,792,793,795,796,803,804,807,808,809,813,815,816,819,820,821,822,824,825,827,843,847,849,850,851,853,855,856,878,879,880,883,886,887,893,897,898,899,900,902,903,906,907,908,909,912,913,921,923,925,933,934,935,938,939,940,941,948,951,952,954,955,956,958,964,967,968,969,971,974,981,985,987,988,992,994,998,1002,1013,1022,1035,1043,1044,1047,1050, 1053, 1056, 1065, 1075, 1076, 1077, 1079,1087,1093,1098,1103,1119,1120
哒嗪硫磷　66
大黄素甲醚　698
代森铵　108,278,607,684,687,750,1039,1058
代森联　3,4,942,1002
代森锰锌　2,13,17,19,20,22,23,27,32,35,37,39,41,45,46,52,54,62,69,71,74,77,79,82,87,88,91,92,93,94,96,101,102,103,107,111,112,113,115,125,126,130,133,136,139,140,141,143,144,148,150,151,155,168,170,171,177,179,180,182,188,192,194,195,196,197,198,201,203,204,209,216,219,220,222,226,227,228,230,231,232,237,238,240,243,249,251,253,257,261,262,266,268,270,272,275,277,279,280,281,282,284,289,290,293,294,297,302,304,307,310,313,318,320,322,323,325,326,328,329,330,332,334,335,340,341,346,347,348,349,352,354,355,356,357,362,364,365,369,370,381,382,386,389,390,393,396,403,406,412,414,416,422,429,430,439,456,457,458,459,464,478,507,513,514,516,517,518,526,539,542,543,549,550,557,564,574,575,577,585,607,608,609,610,621,623,624,627,629,635,638,645,656,660,661,663,673,675,683,684,688,689,693,694,699,700,701,704,705,706,707,709,712,715,716,718,719,721,722,724,725,728,729,730,731,732,737,738,739,743,744,747,748,749,750,752,754,755,756,758,759,762,765,766,767,768,769,770,772,773,774,776,778,779,780,783,785,786,787,788,789,790,791,794,795,796,799,801,802,803,804,806,807,813,814,815,819,823,824,826,827,833,834,835, 839,841,842,843,844,847,848,849,850,851,852,853,861,862,863,865,866,867,869,870,871,874,875,877,878,879,880,881,883,884,887,889,890,891,894,897,898,899,900,901,902,903,904,906,907,908,909,911,913,915,917,920,921,922,923,924,926,927,930,931,932,933,935,936,937,940,941,942,943,944,945,946,951,952,953,954,955,956,957,958,959,961,964,968,969,970,971,972,973,974,976,978,981,986,988,992,995,996,998,999,1001,1002,1005,1008,1010, 1012, 1013, 1016, 1020, 1022, 1029, 1030,1031, 1033, 1035, 1036, 1039, 1041, 1042, 1043,1044, 1046, 1047, 1048, 1051, 1053, 1054, 1055,1057, 1058, 1059, 1062, 1064, 1065, 1069, 1072,1073, 1076, 1077, 1078, 1080, 1083, 1085, 1100,1114,1119
代森锌　2, 95, 102, 110, 111, 115, 126, 139, 141,148,169,183,187,195,202,229,249,279,280,282,355,359,365,390,512,550,607,608,685,687,703,713,719,724,731,732,737,743,754,757,773,785,801,816,822,828,830,833,836,871,882,889,893,895,898,902,912,915,916,917,927,935,947,948,952,960,965,970,971,978,986,1002,1007,1010,1011, 1012, 1035, 1039, 1040, 1042, 1048, 1052,1053,1055,1058,1059,1062,1101
单甲脒　486,730
单甲脒盐酸盐　232,397,402,641,1039,1122
单嘧磺隆　1048

单嘧磺酯　1048
单氰胺　699
胆钙化醇　1086
淡紫拟青霉　116,154,368
稻丰散　122,133,323,566,592,593,945
稻瘟灵　1,27,72,90,106,111,113,126,136,142,150,169,180,183,192,196,204,208,211,213,215,229,292,315,360,368,373,377,380,399,407,413,414,419,420,423,426,431,435,436,439,442,464,467,513,518,557,603,628,629,634,637,640,641,642,644,645,647,649,650,652,654,656,658,659,663,664,665,669,670,699,713,770,816,825,828,882,884,907,909,926,936,946,1000,1002,1020,1022,1023,1026,1027,1028,1031,1033,1049,1055,1060,1062,1066,1077,1078,1082,1085,1091,1104,1118,1119
稻瘟酰胺　665,942,967
低聚糖素　168,230,652
敌百虫　48,54,56,66,68,70,74,94,149,150,151,168,170,202,203,205,208,209,216,217,218,219,228,233,234,309,311,317,322,329,337,338,361,364,390,391,392,393,397,404,421,426,427,434,453,458,465,532,535,539,553,596,603,615,628,633,634,636,644,645,646,650,652,654,655,664,667,668,686,719,730,738,741,744,759,764,765,775,794,824,867,884,899,909,915,937,953,956,977,984,1009,1055,1064,1069,1081,1093,1122
敌稗　371,372,378,556,670,688,866,869,870,1070
敌草胺　40,41,335,353,502,503,783,1007,1030,1086
敌草快　43,50,617,625,702,777,868,1080,1125
敌草隆　9,13,49,50,81,202,205,210,213,215,217,219,223,296,372,437,444,461,462,489,502,504,508,541,620,630,657,668,673,688,700,714,736,773,785,791,798,827,861,865,867,868,869,888,1038,1071,1100,1126
敌敌畏　49,53,56,62,68,69,70,71,73,74,75,76,77,78,81,82,83,88,91,94,99,107,108,114,115,117,129,130,131,141,143,150,151,154,156,157,162,163,167,170,180,181,183,188,192,193,196,197,199,201,202,204,205,208,209,211,213,215,216,217,218,221,222,223,234,235,243,245,248,251,252,253,260,265,266,269,271,272,273,284,305,307,310,312,314,315,319,324,327,329,332,335,337,338,340,341,347,348,349,351,353,354,356,359,360,361,362,363,364,368,380,386,387,388,389,390,391,394,397,398,401,402,404,405,406,408,413,419,421,423,427,428,429,431,433,448,454,483,486,488,496,499,508,522,525,533,534,554,571,585,588,589,602,630,631,632,634,638,640,647,648,649,650,654,655,656,659,660,662,663,664,667,668,669,670,671,685,703,705,708,709,722,737,738,741,742,749,750,752,766,770,771,774,775,778,779,783,785,791,792,793,795,802,816,819,823,824,835,839,850,865,867,879,894,907,909,911,915,926,950,951,958,974,984,985,991,1000,1003,1009,1022,1026,1028,1037,1038,1041,1044,1045,1046,1049,1051,1052,1053,1057,1062,1063,1065,1066,1096,1104,1109,1113,1117
敌磺钠　357,383,386,444,445,669,684,789,866,991,1012
敌鼠钠盐　131,155,218,304,427,433,674,678
敌瘟磷　153,1033
地芬诺酯　691
地衣芽孢杆菌　315
地中海实蝇引诱剂　188
调环酸钙　407
丁吡吗啉　477,601
丁草胺　18,47,49,57,61,63,65,69,70,71,80,86,88,115,117,133,134,155,157,163,164,174,175,187,201,205,210,216,217,259,284,288,307,310,320,341,345,356,361,363,366,369,371,372,375,376,382,383,399,410,412,413,417,423,427,428,430,431,435,436,438,439,440,441,443,444,445,448,449,450,460,461,462,463,465,475,476,477,488,490,496,503,519,520,527,529,536,540,544,545,547,550,553,554,556,557,561,562,563,566,570,571,573,575,577,580,592,596,618,622,623,629,630,632,634,642,644,658,661,671,672,675,678,682,683,686,694,697,698,704,706,711,713,714,727,732,733,735,743,764,772,781,782,783,784,790,792,797,799,814,829,852,858,859,861,866,888,889,894,909,960,979,981,988,994,995,998,999,1021,1025,1026,1032,1049,1050,1064,1072,1073,1089,1094,1097,1100,1102,1103,1112,1115,1116,1117

丁虫腈　650,677,678
丁氟螨酯　26,568
丁硫克百威　15,16,38,90,98,146,153,158,199,214,224,225,236,237,238,244,250,258,263,264,266,270,274,295,298,310,311,315,333,345,390,392,401,408,417,418,441,447,460,463,481,489,490,491,508,567,568,572,575,576,577,593,630,637,638,639,650,659,661,665,674,698,721,763,771,773,809,834,857,873,883,910,912,957,999,1000,1049,1086,1094,1109,1117
丁醚脲　127,132,147,148,169,185,186,187,462,463,466,469,479,501,518,604,668,708,723,740,832,842,886,887,920,930,941,1098
丁噻隆　463,504,508,580,602,1086
丁酰肼　18,273,301,973,1014,1029
丁香菌酯　442
丁子香酚　258,319,560,670,881
啶虫脒　26,43,44,50,52,58,59,61,71,74,79,86,90,91,92,94,95,98,105,109,115,122,127,133,135,136,144,145,146,147,151,152,153,155,169,172,177,180,183,186,187,188,192,194,195,196,203,205,209,210,213,214,217,220,221,222,225,226,227,228,229,230,231,232,236,237,238,240,241,243,244,246,250,251,252,253,255,257,258,259,260,261,262,263,265,266,267,268,269,270,271,272,273,276,277,280,281,283,284,285,286,287,288,289,290,291,292,294,295,297,299,301,302,303,304,307,312,316,318,320,321,324,325,326,328,332,334,336,339,340,341,344,349,350,351,354,358,360,362,363,364,367,368,382,387,394,395,396,398,413,422,432,439,451,452,460,462,465,466,470,472,482,485,493,494,496,498,499,500,501,506,507,508,509,514,516,521,525,527,529,530,539,541,546,548,553,563,575,578,589,590,599,600,613,614,616,619,620,622,628,629,651,658,661,665,669,671,674,689,699,701,703,704,705,709,710,711,716,723,725,726,727,730,731,732,735,736,737,739,740,743,744,745,746,747,749,750,752,753,754,755,758,760,764,765,766,768,769,771,774,776,778,780,781,785,786,787,788,790,791,792,793,794,795,796,799,801,803,807,808,809,813,814,816,817,818,819,820,821,822,824,827,828,829,830,831,832,833,836,839,841,843,844,846,848,849,850,852,853,855,861,862,863,864,870,872,875,876,877,878,879,881,882,884,885,886,888,890,892,893,894,895,896,898,899,900,903,905,906,908,910,913,917,918,921,922,923,924,925,928,929,931,932,933,935,938,939,941,942,944,950,952,953,956,958,960,961,962,966,967,969,971,972,973,975,983,985,990,991,992,996,998,1001,1002,1004,1008, 1009, 1014, 1016, 1023, 1034, 1035, 1038, 1041, 1044, 1045, 1046, 1048, 1051, 1054, 1056, 1058, 1064, 1073, 1078, 1083, 1084, 1097, 1098, 1104,1107,1113,1118,1122,1124
啶磺草胺　22
啶菌噁唑　694,695
啶嘧磺隆　28,1074,1084
啶酰菌胺　4,5
啶氧菌酯　14
毒氟磷　215
毒死蜱　1,11,19,20,21,22,38,39,40,41,43,44,45,46,47,48,49,50,51,53,54,56,57,58,59,62,63,65,66,67,70,71,72,73,76,77,78,80,81,82,85,86,88,91,94,97,98,101,102,103,104,105,107,108,109,111,114,115,118,122,123,126,127,133,135,136,138,139,142,143,144,145,146,148,150,151,153,154,156,161,163,164,165,166,168,170,172,173,174,177,178,179,181,182,183,184,185,187,188,191,192,193,194,195,196,197,200,201,202,203,204,205,208,209,210,212,213,214,215,216,218,220,221,225,226,228,230,231,233,235,236,237,238,240,242,243,244,246,249,250,252,254,257,258,259,260,261,262,263,267,268,270,272,277,281,282,284,285,286,289,290,291,292,294,295,296,298,299,300,302,303,304,305,308,309,311,312,315,317,319,323,324,326,327,328,331,332,333,335,338,339,341,342,345,346,348,349,350,356,357,358,359,360,363,364,365,366,367,368,377,386,389,392,393,394,396,398,399,400,403,406,407,408,409,412,413,414,415,416,417,420,422,423,424,426,429,431,432,433,440,441,456,457,458,459,463,464,465,466,467,468,469,472,473,475,476,477,479,480,481,482,484,485,488,490,491,492,493,494,495,497,499,500,501,502,503,504,506,507,508,509,512,513,514,515,521,525,526,531,533,534,538,539,540,541,545,547,551,552,555,557,558,560,562,567,

569,571,572,574,575,576,577,578,579,581,582,583,584,585,587,588,590,591,595,596,604,611,613,614,615,616,618,628,629,630,631,632,633,634,636,637,638,639,640,641,644,645,646,647,648,649,650,652,653,654,655,656,657,658,659,660,661,662,663,664,665,666,667,668,669,674,683,685,686,689,693,697,700,701,702,703,705,706,707,708,709,710,712,713,714,715,716,719,721,722,723,724,725,727,729,732,736,737,738,739,740,743,744,746,749,750,751,756,757,758,761,762,763,767,770,772,775,777,779,780,781,785,786,787,788,789,790,792,793,794,795,797,798,800,801,802,803,804,805,806,807,808,813,814,817,818,819,820,821,823,824,825,826,827,829,830,831,832,833,835,838,839,842,843,844,845,846,847,848,849,850,851,853,854,855,856,857,861,862,864,865,866,867,871,873,875,876,878,879,882,883,885,886,890,891,892,895,898,899,900,902,903,904,905,907,908,909,910,911,912,914,915,916,918,919,920,921,922,923,925,926,927,928,929,930,931,933,934,935,936,937,941,942,945,946,947,948,950,951,952,953,956,957,958,959,960,961,965,968,969,970,971,972,973,974,976,978,979,981,984,985,986,988,990,991,996,997,998,1000,1001,1002,1004,1005,1006,1007,1008,1009,1014,1015,1016,1017,1020,1022,1024,1025,1026,1031,1032,1034,1035,1036,1038,1039,1041,1044,1046,1047,1048,1049,1051,1055,1056,1061,1063,1064,1065,1068,1069,1073,1076,1077,1078,1079,1080,1082,1083,1087,1093,1096,1097,1104,1105,1108,1109,1110,1113,1117,1119,1120,1121,1122,1123,1124

短稳杆菌　627

对二氯苯　118,149,161,165,188,263,264,425,452,570,597,600,685,690,697,742,800,845,975,980,985,989,990,1017,1059

对硝基苯酚钾　145,174,913

多果定　619

多菌灵　41,45,47,48,49,50,51,52,54,56,57,58,59,60,61,69,70,72,73,74,78,79,82,85,86,91,93,101,102,103,112,113,114,116,122,125,127,132,133,140,141,142,143,146,148,150,151,154,155,157,161,169,170,172,175,178,179,181,182,184,185,186,189,194,198,200,203,210,211,220,222,225,226,229,231,233,237,238,239,240,241,248,249,250,251,253,257,260,262,268,270,271,273,277,280,282,290,291,293,294,297,299,300,302,303,307,312,313,315,317,320,322,324,325,326,328,330,333,339,341,344,346,347,348,349,351,352,354,355,356,358,364,365,366,367,368,370,371,372,373,376,379,380,381,382,383,385,386,395,399,401,407,408,412,416,417,422,440,441,442,445,448,454,455,456,463,465,466,468,473,481,483,486,488,489,490,491,494,495,496,504,505,506,507,508,511,512,513,514,516,517,523,526,527,530,531,532,533,535,538,542,543,544,545,547,550,558,559,562,566,569,570,571,573,574,576,577,578,580,581,582,588,589,590,591,592,593,596,600,602,603,607,609,619,620,625,626,628,632,633,635,638,639,640,642,646,647,648,650,653,655,656,658,659,660,661,662,675,684,685,688,690,692,694,695,700,701,704,705,706,709,712,713,714,716,721,723,724,725,728,731,732,737,738,739,740,742,743,746,747,748,749,750,752,753,754,755,756,757,758,759,760,761,762,763,766,767,768,769,776,778,780,781,783,785,786,788,789,791,792,795,796,801,802,804,814,815,819,820,823,824,827,833,836,839,841,842,843,844,845,847,848,849,850,851,852,853,856,861,863,865,866,869,870,871,873,874,875,878,880,881,882,883,889,890,891,892,893,894,895,896,897,898,899,901,902,903,906,907,908,909,913,915,916,917,920,921,922,923,927,931,933,935,936,941,942,943,947,951,952,953,954,955,956,957,958,959,960,962,963,964,966,967,968,970,971,972,973,974,977,979,980,981,982,986,987,991,994,995,996,998,999,1001,1011,1012,1013,1014,1015,1020,1023,1025,1028,1030,1034,1036,1040,1041,1042,1044,1046,1047,1048,1051,1052,1054,1055,1059,1061,1062,1063,1064,1069,1073,1075,1077,1078,1088,1091,1092,1096,1099,1111,1114,1119

多抗霉素　26,87,144,195,325,344,398,447,448,561,671,688,690,706,719,754,757,765,769,771,776,789,823,830,840,841,843,847,877,878,882,893,900,917,933,934,937,996,997,1062

多抗霉素B　183,315,474,638,771,774,793,820,837,841,846,862,906,934,947,970,972,997
多杀霉素　19,21,22,95,97,104,148,186,254,299,384,423,501,532,949,950,984
多效唑　90,111,158,220,228,305,312,334,365,366,413,439,457,478,493,496,499,500,518,523,524,578,579,581,589,594,596,621,640,694,813,892,988,991,999,1010,1012,1013,1027,1028,1029,1097,1115
多粘类芽孢杆菌　910,1110,1111
莪术醇　451
噁草酮　7,47,50,61,65,67,69,71,75,85,86,87,88,273,287,310,345,349,374,376,378,384,412,423,438,441,445,456,465,476,477,506,514,517,519,527,529,536,540,547,561,562,563,566,580,596,609,672,680,681,682,684,692,700,714,745,746,798,799,813,857,859,1032,1088,1115
噁虫威　6,352
噁霉灵　28,90,98,127,142,173,181,183,195,196,214,222,236,240,244,253,258,271,302,327,340,357,369,370,373,377,380,382,383,385,407,435,442,443,446,448,481,625,629,635,683,689,690,692,701,716,717,719,722,729,733,740,756,758,765,795,805,818,832,846,880,884,885,888,897,899,900,904,906,914,917,918,923,927,938,939,946,947,968,972,1013,1035,1040,1042,1048,1049,1060,1097,1108
噁嗪草酮　25,451
噁霜灵　32,33,52,91,96,102,141,177,180,334,357,462,542,585,603,623,722,739,804,883,894,902,926,942,959,969,970,973,996,1036,1042,1054,1062
噁唑菌酮　13,619,996,1082
噁唑酰草胺　11,16,509,568
耳霉菌　791
二甲基二硫醚　879
二甲戊灵　3,4,41,48,50,71,86,98,102,106,131,134,144,242,249,261,262,272,295,306,319,348,369,374,376,382,406,423,437,446,450,451,465,469,473,476,477,514,515,519,520,528,547,569,583,600,601,616,617,633,646,659,668,669,675,676,681,689,694,695,703,713,728,730,733,734,745,746,749,761,762,763,772,783,786,790,797,798,799,800,801,802,824,825,827,833,837,855,858,865,866,869,874,884,894,895,901,905,945,979,995,999,1007,1025,1035,1039,1040,1042,1045,1052,1055,1061,1062,1079,1085,1090,1105,1106,1107,1116,1123
二氯吡啶酸　22,48,113,282,412,434,546,547,617,651,702,868,869,1007,1008,1075,1080,1081,1125
二氯喹啉酸　3,54,57,58,69,72,76,80,83,100,107,171,172,173,201,341,370,371,374,375,380,392,415,417,422,423,427,428,435,436,437,439,446,454,460,465,467,476,480,498,503,504,519,520,521,526,528,529,539,540,546,549,550,556,557,558,566,572,574,575,582,594,611,617,634,644,660,667,669,673,683,689,691,693,694,696,783,784,798,860,875,976,981,985,1030,1032,1072,1094,1096,1098,1104,1116,1117,1120,1121,1122
二氯异氰尿酸钠　127,309,839,880,899,903
二嗪磷　26,39,67,105,114,142,192,201,248,308,310,403,418,458,465,467,472,554,555,559,562,570,571,614,625,627,664,669,765,807,877,883,937,944,1052,1076,1085,1117,1124
二氰蒽醌　487,488,635
粉唑醇　149,187,435,471,496,524,579,619,997
砜嘧磺隆　13,86,288,498,528,541,565,681,827,1108
呋草酮　977
呋虫胺　28,299,753
呋喃虫酰肼　564
伏杀硫磷　52,1071
氟胺磺隆　565
氟苯虫酰胺　10,27,517,518,1061,1068
氟吡磺隆　10
氟吡甲禾灵　600,787
氟吡菌胺　9,1068
氟吡菌酰胺　10
氟丙菊酯　601
氟虫胺　537,644
氟虫腈　6,11,51,55,56,64,65,68,81,83,96,99,100,104,154,158,165,204,215,247,254,299,346,466,538,552,553,561,596,599,600,604,610,653,666,674,677,695,707,708,817,819,828,829,844,891,900,950,1019,1034,1037,1043,1046,1067,1068,1078,1084,1107,1108,1114,1124,1125

氟虫脲 3,5,305,603,609,863,898,899,1048
氟啶胺 29,600,606,621,1043
氟啶草酮 610
氟啶虫胺腈 23
氟啶虫酰胺 29
氟啶脲 15,28,50,63,82,143,180,226,227,236,239,255,258,291,407,412,414,486,500,511,525,530,600,614,617,630,662,666,667,668,702,709,713,719,722,728,729,732,739,744,770,777,781,802,803,816,820,821,830,831,832,833,834,855,863,871,878,883,916,926,937,938,944,952,959,961,966,969,985,986,996,1002,1049,1055,1079,1086,1091,1113,1122
氟硅菊酯 598,601
氟硅唑 12,13,53,77,87,89,94,101,106,139,144,146,147,168,173,182,185,186,195,198,221,225,226,227,229,230,231,240,272,335,415,496,603,635,661,704,708,713,724,726,729,732,755,756,764,771,773,779,789,792,796,801,820,822,832,835,837,872,879,881,884,886,893,917,918,920,922,923,925,928,929,930,940,942,957,960,964,967,996,1002,1005,1008,1016,1036,1044,1048,1054,1077,1078,1080,1086
氟环唑 3,5,95,186,470,487,488,524,525,604,695,696,708,719,817,832,868,870,878,896,919,920,941,942,949,967,986,1008,1032,1105
氟磺胺草醚 42,46,47,50,55,56,58,75,82,84,85,106,117,134,135,146,153,154,236,259,264,306,310,339,345,346,353,354,366,370,371,372,374,375,376,377,378,379,380,384,385,387,437,438,439,446,456,457,464,465,466,474,476,506,507,509,510,518,520,541,549,556,559,560,597,603,623,659,670,672,673,675,676,677,678,679,680,681,682,683,685,690,691,692,694,696,698,703,704,706,712,714,716,717,721,727,734,736,743,749,769,778,783,784,789,790,791,796,797,798,799,800,802,821,825,826,830,834,836,837,838,854,855,859,860,861,874,878,884,888,895,900,924,937,940,948,999,1040,1042,1055,1061,1074
氟磺隆 466
氟磺酰胺 218
氟节胺 32,131,485,486,946,1086
氟菌唑 26,479,940,964,967,986,1085
氟乐灵 21,39,40,59,130,131,177,242,243,260,261,265,295,300,325,378,456,469,471,484,510,511,523,583,593,616,617,626,627,633,682,700,712,733,734,772,781,782,797,798,799,801,814,821,822,830,834,835,859,866,868,880,881,910,912,1052,1055,1062,1071,1077,1086,1096,1100,1101
氟铃脲 23,62,63,64,71,73,77,92,94,95,98,115,126,171,197,214,229,244,260,262,271,277,284,290,293,298,314,316,319,340,351,357,365,415,416,420,452,459,468,481,535,566,569,600,629,630,631,637,639,649,651,653,665,667,677,702,705,706,725,730,736,739,751,754,756,759,765,770,771,778,787,790,791,805,815,822,824,831,832,839,843,846,849,850,854,855,862,872,873,875,878,880,882,890,891,892,896,899,903,924,926,940,949,962,963,965,966,1043,1052,1056,1094,1098,1120
氟硫草定 22,610
氟咯草酮 591,628
氟氯苯菊酯 598
氟氯氰菊酯 6,7,54,94,99,100,138,142,147,155,189,195,309,350,466,531,532,552,560,597,600,605,615,629,663,721,727,734,771,792,800,821,871,883,893,895,896,917,920,923,927,936,938,969,987,993,1002,1034,1118,1119
氟吗啉 693,694,695,696
氟鼠灵 3
氟烯草酸 30
氟酰胺 20,27,606,609,621
氟酰脲 496,568
氟蚁腙 5,6,11,99,379,537,552,599,601,628,1034,1116
氟唑磺隆 12
氟唑菌酰胺 5
福美甲胂 239,269,278,293,720,786,1047,1050,1058
福美胂 239,270,278,293,720,778,905,1047,1050,1059
福美双 2,17,38,39,43,47,48,49,51,52,54,57,69,70,72,74,77,78,85,86,88,90,91,95,101,111,112,114,115,122,123,125,126,132,140,141,143,150,151,154,155,157,161,170,179,180,182,192,197,198,226,228,233,237,239,240,241,249,251,

253,254,255,257,261,262,263,266,268,269,270,272,277,278,282,284,291,293,294,299,300,302,303,307,312,323,324,326,333,339,340,341,344,346,347,349,351,355,356,357,365,367,370,371,372,373,376,377,379,380,381,382,383,384,385,386,390,399,403,405,412,414,416,417,422,423,435,440,441,442,443,445,446,447,448,458,481,490,503,506,507,512,530,533,542,546,547,549,554,558,559,566,570,573,580,582,587,593,596,603 ,606,618,625,626,638,647,655,659,669,670,672,673,675,683,684,685,689,690,692,694,695,696,698,700,701,704,705,706,709,712,714,719,720,721,724,725,726,729,730,731,732,737,738,739,744,745,746,747,748,749,750,751,753,754,756,757,758,759,762,763,764,766,767,768,769,770,771,773,774,776,778,779,780,781,783,785,786,787,788,789,791,792,794,796,801,803,804,805,813,814,817,818,819,823,824,827,832,833,835,836,839,841,842,843,844,847,848,849,850,851,852,853,855,862,863,865,870,871,873,874,875,876,877,880,883,884,891,892,893,894,895,897,898,900,902,905,906,907,908,909,910,911,915,916,917,921,922,924,934,935,936,937,938,941,943,947,951,952,953,954,956,957,959,960,965,968,970,971,972,973,974,981,991,1001,1012,1014,1020,1028,1030,1035,1036,1040,1041,1042,1044,1046,1047,1048,1050,1051,1054,1055,1056,1058,1059,1061,1062,1075,1077,1078,1085,1087,1092,1094,1104,1111

福美锌　43,70,115,155,198,226,239,240,266,269,270,278,282,293,303,340,356,357,373,423,705,706,712,719,720,724,731,732,748,749,754,756,758,763,764,766,768,770,774,778,786,787,789,792,794,799,801,804,817,819,824,842,851,853,862,863,876,891,893,898,917,922,924,934,935,936,938,943,951,952,954,960,965,970,1035,1047,1050,1051,1055,1058,1059

腐霉利　30,31,74,94,95,113,131,141,151,180,192,197,225,228,272,273,284,307,311,314,316,317,318,320,323,341,369,381,384,518,524,526,532,618,635,642,660,685,709,721,738,752,754,756,758,770,776,788,789,805,814,863,877,894,901,902,903,911,913,928,935,940,945,946,954,964,965,971,981,996,1001,1009,1012,1023,1030,1066,1076,1089

腐殖酸　132,845,911,925

复硝酚钠　112,126,161,197,202,217,220,308,334,340,351,352,365,729,792,902,910

富右旋反式胺菊酯　1006

富右旋反式苯醚菊酯　548

富右旋反式苯氰菊酯　124

富右旋反式炔丙菊酯　118,119,120,121,122,123,124,128,129,137,139,152,153,165,167,190,292,299,424,433,598,631,643,685,811,1109,1111,1120,1125

富右旋反式烯丙菊酯　61,64,66,68,69,70,72,83,97,106,107,109,113,118,119,120,121,122,123,124,127,128,129,132,137,139,140,152,153,154,155,156,159,160,164,165,166,173,174,178,179,187,196,205,206,207,210,211,215,223,231,232,233,246,247,255,256,257,258,263,266,267,268,274,275,276,286,292,298,299,304,305,320,326,359,362,385,394,396,397,400,404,420,421,424,425,426,428,429,430,435,451,453,455,470,480,522,534,539,548,584,586,604,605,631,642,643,646,648,685,690,702,718,741,748,755,775,798,804,809,810,812,911,975,980,1006,1009,1015,1017,1019,1020,1021,1022,1025,1026,1028,1029,1030,1031,1050,1059,1060,1069,1070,1089,1090,1093,1103,1104,1108,1109,1111,1112,1113,1124

甘蓝夜蛾核型多角体病毒　647

高效反式氯氰菊酯　612,613

高效氟吡甲禾灵　20,22,46,54,55,57,63,67,68,71,75,82,85,87,92,102,134,135,172,242,251,271,273,282,306,308,310,333,335,342,345,346,353,360,369,379,384,392,393,398,407,413,439,465,467,468,476,485,510,528,531,549,560,564,571,597,600,603,617,638,658,661,665,668,669,682,689,693,694,696,698,702,703,711,727,731,733,734,745,749,759,766,772,777,781,783,792,796,797,798,799,801,804,826,833,836,842,850,855,859,861,869,877,878,879,882,884,888,904,908,924,937,945,979,996,1007,1024,1040,1042,1045,1055,1065,1073,1079,1085,1107,1124

高效氟氯氰菊酯　9,53,56,61,96,100,138,146,213,221,261,277,312,331,532,538,551,552,566,572,597,598,599,615,793,809,932,987,1090,

1119
高效氯氟氰菊酯　1,19,36,42,43,44,45,48,51,53,54,56,58,62,63,67,70,71,72,74,76,77,80,85,86,87,88,89,90,91,92,93,97,98,99,101,104,105,111,112,114,115,121,122,127,130,135,137,138,139,141,145,147,148,150,155,158,162,163,168,171,177,178,179,180,183,184,185,186,187,188,189,190,191,193,194,195,197,200,201,202,203,204,205,208,209,210,211,212,213,214,216,219,220,221,222,223,224,225,226,227,228,229,236,237,238,240,241,242,243,246,249,250,251,252,253,255,258,259,260,261,262,263,264,266,267,268,271,277,278,281,286,289,291,292,295,298,299,300,301,303,306,307,308, 309,310,311,318,321,322,323,324,325,326,327,328,329,330,332,333,335,337,338,340,346,348,349,350,351,352,355,357,359,361,362,363,365,366,369,380,381,390,392,396,403,405,407,412,413,415,417,418,420,424,426,428,430,431,432,433,434,438,451,456,460,462,463,464,466,467,470,472,473,475,476,482,483,486,487,488,490,494,495,497,499,501,503,506,507,508,515,517,525,528,530,531,532,533,534,536,537,538,539,540,541,548,551,552,554,556,558,559,562,563,564,565,571,575,576,579,583,584,585,586,588,589,597,598,599,600,601,602,614,615,616,618,624,625,628,629,631,636,637,638,639,641,642,645,646,648,650,651,652,653,654,655,657,658,659,660,663,664,666,668,673,698,700,701,702,704,707,709,710,711,714,715,716,719,722,723,724,727,729,730,731,732,734,737,740,742,744,745,747,748,749,751,752,753,754,755,756,757,758,759,764,765,767,768,770,772,776,779,780,781,787,789,790,793,794,795,796,797,798,799,801,803,804,806,807,813,817,818,819,821,822,823,825,826,827,828,830,831,832,833,836,837,839,841,842,843,846,847,848,849,850,851,853,856,862,863,865,866,870,872,873,875,876,877,879,880,881,883,886,887,888,890,891,893,894,895,896,900,901,902,905,907,917,918,920,921,923,925,927,929,930,938,939,940,941,945,947,948,950,952,953,954,955,960,961,962,963,965,966,967,969,971,972,973,977,979,984,995,999,1000,1001,1002,1004,1005,1006,1007,1009,1011,1016,1020,1021,1022,1023,1024,1025,1032,1034,1036,1039,1040,1042,1043,1045,1046,1051,1054,1062,1073,1078,1092,1093,1094,1097,1098,1104,1105,1108,1113,1117,1119
高效氯氰菊酯　23,41,44,45,48,50,55,56,57,59,61,62,63,65,67,68,69,70,73,74,77,78,79,81,82,88,89,91,92,93,94,95,96,97,98,99,100,101,103,104,105,106,107,108,110,111,113,115,118,123,124,125,126,132,133,136,137,138,144,145,146,148,150,151,153,155,156,157,158,159,160,161,162,163,165,166,168,172,176,177,178,179,183,184,185,187,188,189,190,191,192,193,194,195,198,200,202,203,207,208,209,210,211,212,214,215,216,217,220,221,222,223,226,227,229,231,232,233,235,236,237,238,241,242,243,244,245,246,247,248,249,250,251,252,253,254,256,257,259,260,261,262,263,265,266,267,268,272,273,274,275,276,277,278,280,281,282,284,285,286,288,289,290,291,292,294,295,296,297,298,299,300,301,302,303,304,305,308,309,311,312,313,314,317,318,320,321,322,323,326,327,328,329,330,331,332,333,336,337,338,339,340,342,343,344,346,349,351,352,355,356,357,358,359,360,361,362,363,364,366,367,368,369,370,372,374,377,379,380,385,387,389,390,392,393,394,395,399,402,403,404,405,406,407,409,411,412,415,420,422,429,431,432,440,447,453,463,466,467,472,475,481,482,483,484,485,486,487,488,489,492,493,497,501,506,508,514,515,526,529,534,535,537,539,542,544,545,546,547,548,549,551,552,553,558,560,562,563,564,566,567,572,578,579,584,585,587,590,593,595,597,598,599,600,603,611,612,613,614,615,616,629,630,631,632,636,638,642,643,645,647,648,649,650,654,656,658,661,666,667,669,670,671,674,675,682,685,686,687,688,689,690,696,698,701,702,703,705,706,709,710,712,713,714,715,718,721,723,724,725,726,728,729,730,731,732,733,737,738,739,740,742,744,746,747,748,749,750,752,753,754,758,759,761,762,763,765,766,768,769,770,771,773,774,775,776,777,778,779,780,786,789,790,791,792,793,794,795,796,798,800,801,804,805,806,807,808,809,810,811,813,814,815,819,820,822,823,824,826,827,828,829,831,832,833,

835,840,843,844,846,847,848,849,850,853,855,856,862,863,871,873,876,877,878,880,881,882,884,885,889,890,891,893,895,896,898,900,901,902,904,907,910,911,913,914,916,918,920,921,922,923,925,928,929,930,933,935,937,939,943,945,951,952,953,955,956,957,958,960,964,968,979,981,982,983,984,987,991,992,1000,1003,1004,1005,1006,1016,1020,1023,1025,1027,1031,1035,1037,1038,1039,1041,1042,1043,1044,1045,1046,1047,1050,1051,1052,1053,1055,1057,1059,1063,1064,1065,1082,1093,1096,1097,1101,1102,1103,1104,1108,1109,1112,1115,1118,1125

菇类蛋白多糖　673,861

寡雄腐霉菌　12

硅丰环　443

硅噻菌胺　19

硅藻土　10,442,900,905,1065

过氧乙酸　237,243,244,249,252,268,269,273,274,295,301,319

哈茨木霉菌　12

禾草丹　13,32,90,110,469,561,609,626,689,976,980,1072,1090

禾草敌　42,462,560,609,623,1053,1054

禾草灵　372,1070,1071,1077

厚孢轮枝菌　1065

琥胶肥酸铜　95,96,126,229,273,303,373,377,381,384,606,683,691,1001

环丙嘧磺隆　3

环丙唑醇　471,495,525,619,869

环嗪酮　12,49,50,52,81,506,507,508,516,586,603,604,867,869,1071,1074,1075

环戊噁草酮　603

环酯草醚　35,36

磺草灵　561

磺草酮　237,604,668,695,696,1074,1082

混合氨基酸铜　103,243,267,343,370,684,746,794,815,901

混合脂肪酸　97,98,105

混灭威　73,321,425,459,462,468,469,483,664

机油　402,531

几丁聚糖　398,654,725,726,882,1003

己唑醇　48,64,77,95,103,104,146,172,183,184,201,222,225,240,277,304,353,358,466,470,471,476,493,494,509,510,511,523,524,547,567,578,579,586,589,612,618,619,629,641,665,708,723,726,755,789,804,808,818,820,832,845,885,886,890,896,914,918,919,926,929,931,932,939,940,942,947,950,951,961,962,963,965,966,970,971,972,979,994,1043,1065,1081,1108,1118,1119

甲氨基阿维菌素　44,48,51,58,61,64,65,77,82,83,87,89,91,92,95,97,98,101,105,106,115,127,130,131,133,137,145,146,147,151,154,155,156,169,171,172,173,175,178,179,183,185,193,194,195,197,198,199,200,205,209,210,213,214,215,216,221,222,223,224,225,227,229,230,237,240,242,244,246,247,248,250,251,252,254,255,258,267,269,270,271,277,278,280,281,283,285,286,289,291,292,294,295,296,297,298,299,303,306,313,317,319,324,326,338,347,350,351,357,358,365,368,373,374,379,382,388,394,396,398,400,402,407,411,413,414,415,417,423,424,431,434,441,452,459,469,473,481,486,487,488,491,494,495,501,512,525,547,552,558,560,573,575,580,589,602,612,615,618,623,624,629,634,638,639,640,645,649,651,653,656,657,662,665,668,677,698,699,700,706,707,710,711,714,715,716,717,718,723,724,725,728,731,732,733,735,739,740,743,744,747,748,749,751,753,754,755,757,765,768,771,773,774,775,779,780,786,787,788,791,793,794,795,796,802,803,808,813,817,820,822,823,825,826,828,830,831,832,833,834,837,840,841,844,848,850,852,853,856,860,862,864,865,872,875,876,878,879,880,881,882,885,886,888,890,893,894,896,901,904,908,914,918,919,925,928,929,930,931,939,940,941,947,953,957,961,962,965,966,972,977,979,984,990,992,996,1002,1005,1007,1032,1034,1042,1045,1047,1055,1057,1065,1067,1073,1076,1080,1084,1092,1095,1097,1098,1113,1114,1117,1119

甲氨基阿维菌素苯甲酸盐　35,37,64,91,92,94,98,103,104,126,133,144,145,147,148,149,151,183,185,187,193,194,195,213,215,217,222,225,227,229,230,231,246,254,258,278,284,285,289,298,302,308,315,326,358,360,373,379,382,396,412,447,459,466,467,469,481,501,545,551,566,567,571,572,583,588,589,615,616,624,630,641,645,651,662,702,705,706,707,708,709,716,718,

723,724,725,726,731,740,751,771,774,786,789,790,796,817,818,820,823,831,832,833,836,842,872,875,876,878,880,885,886,887,893,895,896,899,903,904,908,918,920,930,938,940,941,946,949,954,960,961,962,963,965,966 ,973,979,986,997,1002,1003,1005,1043,1052,1061,1062,1098,1120,1122

甲拌磷　60,88,130,164,233,237,241,252,295,296,324,336,373,446,471,489,490,491,577,587,593,669,670,686,748,752,761,763,765,766,805,806,829,848,851,852,856,857,892,893,914,1036,1037,1040,1041,1044,1052,1057,1069

甲草胺　18,49,134,301,361,460,463,554,618,672,683,684,711,725,727,733,735,748,781,782,783,784,798,799,836,859,866,889,897,959,994,1074,1102

甲磺草胺　16,459,509,568,636,869,1033

甲磺隆　13,57,66,80,112,415,428,430,461,463,485,488,516,518,527,528,529,533,540,541,546,566,595,642,688,695,975,982,999,1066,1090,1115,1116

甲基苯噻隆　463

甲基吡噁磷　224,234,264

甲基碘磺隆钠盐　9,10,565

甲基毒死蜱　22,506,507

甲基二磺隆　9,10

甲基立枯磷　72,88,434,544,603,700,703,1061,1062

甲基硫菌灵　19,20,25,26,27,30,38,39,44,45,49,52,54,70,74,78,89,91,92,93,96,103,115,123,126,139,140,142,143,144,150,155,156,161,168,171,176,179,180,181,183,186,192,194,201,219,226,228,229,231,234,240,249,253,255,262,263,266,268,269,271,272,277,282,290,291,293,300,307,310,323,326,335,336,341,347,349,353,355,357,364,365,390,406,412,414,416,417,423,429,436,456,457,489,494,495,505,506,507,513,514,515,517,542,543,545,546,547,573,574,585,591,592,600,608,619,620,626,628,634,636,638,645,646,647,648,661,663,669,700,704,706,708,709,712,715,719,723,724,725,726,7 29,731,737,738,743,744,749,750,752,753,754,755,756,758,760,761,762,767,768,769,770,771,773,778,779,780,781,785,789,794,801,803,813,814,817,818,820,822,825,828,830,831,834,835,839,843,845,849,850,851,852,853,855,866,871,872,873,875,878,880,883,884,8 88,892,893,894,897,898,899,902,903,906,907,909,910,911,912,913,915,916,917,920,921,922,924,925,927,928,936,937,938,939,941,942,943,944,946,948,950,952,954,956,957,958,959,962,963,964,965,966,967,968,969,971,972,973,974,978,982,983,988,991,995,998,1000, 1001, 1002, 1010, 1013, 1014, 1015, 1023,1024, 1028, 1034, 1035, 1036, 1040, 1041, 1048,1051, 1052, 1054, 1056, 1061, 1066, 1077, 1085,1092,1103,1105,1111,1114,1115,1118,1119

甲基嘧啶磷　42,43,418,419,429,759,891,971,1077,1124

甲基异柳磷　60,62,164,199,225,233,282,319,328,330,333,340,345,349,350,363,364,365,366,368,396,404,405,406,440,448,720,721,911

甲咪唑烟酸　3,553,580,900

甲嘧磺隆　14,77,103,462,463,487,527,541,610,974,976

甲萘威　147,183,393,419,433,461,462,478,490,491,502,558,577,610,646,746,779,899,967,995,997,998,1082

甲哌鎓　43,90,97,115,130,242,257,274,305,312,317,318,334,335,346,366,395,401,409,516,517,531,537,541,557,560,582,699,767,768,772,781,792,793,821,900,932,1005,1013,1014,1049,1056,1065,1074

甲氰菊酯　30,31,38,49,50,63,72,77,90,94,97,105,107,108,111,113,115,125,130,133,136,141,142,145,148,149,160,161,168,176,177,181,183,186,189,192,193,196,208,211,213,215,216,219,220,223,230,232,253,257,262,263,281,295,303,307,308,321,323,327,339,341,360,370,372,377,378,386,390,399,401,402,403,406,411,412,413,424,430,432,463,477,482,497,508,536,548,581,584,585,587,594,613,614,626,630,632,637,639,644,645,647,648,649,652,653,655,661,663,664,668,673,675,676,677,701,703,709,710,713,722,725,726,738,740,742,746,747,753,754,756,758,762,764,766,770,771,775,781,7 94,800,801,805,813,816,820,821,822,823,824,826,827,828,835,842,843,844,850,876,878,889,891,893,896,897,899,901,912,914,916,919,921,923,926,935,939,

951,955,956,960,970,972,995,1000,1001,1009,1019,1024,1025,1028,1031,1048,1060,1076,1100,1101,1104,1118,1119
甲噻诱胺 1009
甲霜灵 18,20,32,37,39,41,45,62,95,96,101,107,111,126,127,130,140,150,177,179,180,182,192,196,197,201,204,216,219,222,228,243,269,274,279,297,302,313,318,323,346,347,354,357,365,370,371,373,377,379,380,381,382,383,390,396,403,405,435,440,441,442,443,445,448,457,458,459,480,515,516,517,530,539,542,556,557,585,596,603,608,618,635,661,669,673,683,684,685,689,690,692,705,719,721,724,729,731,732,744,751,752,755,756,774,780,795,799,806,815,818,835,850,863,867,871,880,884,908,909,914,917,922,923,926,931,933,935,946,947,956,957,958,968,970,971,972,978,988,991,995,999,1001,1013,1014,1016,1029,1033,1040,1043,1048,1055,1060,1064,1074,1076,1077,1078,1083,1085,1086
甲羧除草醚 163,488
甲氧苄氟菊酯 31,165
甲氧虫酰肼 21,618,869,950,1108
甲氧咪草烟 4
假丝酵母 188
碱式硫酸铜 1,24,123,141,232,268,770,928,946
解淀粉芽孢杆菌 931
金龟子绿僵菌 114,303,560,651,652
腈苯唑 21
腈菌唑 21,22,44,54,57,59,66,74,77,87,92,94,98,103,115,125,126,136,143,145,148,160,170,180,182,184,186,197,224,227,228,230,238,254,294,295,297,302,312,315,323,325,347,355,362,365,406,465,477,478,526,533,601,627,629,660,683,684,685,694,705,706,725 ,728,729,738,754,758,768,787,805,807,814,822,837,871,878,883,885,898,902,913,914,919,929,934,940,944,948,950,952,958,961,966,968,973,978,998,1033,1038,1043,1044,1051,1054,1073,1075,1077,1087,1098,1104,1119
精吡氟禾草灵 28,29,47,134,225,372,375,378,384,399,469,510,525,527,549,603,616,617,689,733,735,736,777,781,783,826,833,859,937,997,1045,1079,1106,1107,1113,1122,1124
精噁唑禾草灵 7,9,46,47,53,54,55,62,63,64,69,75,76,77,84,85,103,114,134,135,172,303,306,325,345,346,353,354,366,437,440,442,452,468,476,477,497,504,527,528,542,543,549,556,565,566,571,583,585,594,595,603,668,693,694,716,717,727,735,773,784,800,802,821,825,826,834,837,856,859,900,945,986,1009,1055,1067,1070,1071,1073,1084,1089,1090,1104,1119,1122
精高效氯氟氰菊酯 2
精甲霜灵 34,35,36,37,416,442,443,458,623,808,1085
精喹禾灵 27,46,47,48,53,54,56,57,58,59,62,63,68,73,75,78,84,85,86,87,88,100,102,105,106,112,114,134,135,154,177,233,241,259,261,262,264,265,291,294,296,297,300,301,306,310,311,312,313,316,318,319,322,323,324,325,332,334,342,343,345,350,352,354,356,362,370,371,372,373,374,375,376,377,378,379,380,381,384,385,387,390,393,404,413,435,437,438,439,440,441,446,450,451,464,465,467,472,473,475,479,481,496,501,504,507,509,514,526,528,536,539,540,541,548,549,550,553,555,557,562,564,565,571,573,581,587,594,611,618,626,627,633,642,644,648,651,653,658,661,667,672,678,679,680,681,683,685,689,691,692,696,699,703,704,706,712,715,716,717,726,727,731,732,733,734,736,740,743,745,749,757,759,767,768,769,770,772,776,777,778,782,784,790,791,792,796,797,799,800,801,802,804,816,821,823,825,826,829,834,835,837,842,843,846,853,854,858,859,860,867,870,874,876,877,878,879,882,887,888,889,895,899,901,909,912,924,937,980,981,996,999,1002,1007,1009,1032,1034,1040,1042,1044,1045,1046,1049,1052,1055,1057,1060,1062,1072,1073,1083,1090,1093,1094,1097,1116,1121
精异丙甲草胺 33,36,37,466,623,1074,1075,1103
井冈霉素 57,67,110,113,116,133,135,136,137,141,157,161,175,187,193,194,204,222,244,245,260,290,307,309,315,320,321,327,338,339,340,343,355,356,364,367,398,405,412,419,426,433,455,465,467,469,470,475,479,481,490,495,512,521,531,532,533,535,539,544,547,548,562,566,567,570,571,573,577,582,583,585,588,592,594,

603,611,618,627,628,629,637,639,641,645,650,656,658,659,661,664,673,738,752,770,787,791,792,814,823,830,840,841,844,846,853,856,898,907,917,933,937,958,979,983,984,996,1004,1010,1076,1087,1088,1093,1094,1110,1118
井冈霉素 A　74,79,82,131,161,181,188,204,208,245,330,333,336,398,400,409,410,411,419,420,429,432,480,481,521,547,573,588,606,618,627,648,652,656,657,659,722,738,739,785,793,841,853,878,913,928,954,960,989,1010,1094,1095,1109,1110,1111,1118,1120
菌核净　111,307,635,757,769,900,1076,1114,1120
抗倒酯　35,36,488,601,604,610
抗坏血酸　223
抗蚜威　42,43,52,53,177,332,419,500,514,532,538,622,831,892,933,946,995
克百威　15,16,47,51,60,70,71,72,74,78,114,118,158,161,164,175,199,202,233,273,316,324,326,338,347,351,370,371,372,376,379,380,382,383,385,390,392,393,408,417,418,426,427,433,440,443,445,448,460,462,481,489,490,506,507,559,593,627,663,667,672,685,686,692,694,700,722,752,762,763,780,823,848,857,892,906,908,909,915,943,953,999,1009,1014,1028,1036,1055,1061,1062,1069,1070,1117
克草胺　677
克菌丹　17,39,40,163,241,868,869,1033
枯草芽孢杆菌　88,106,116,154,227,257,368,389,398,566,567,588,589,654,677,803,873,882,1066
苦参碱　11,92,96,97,101,107,126,243,247,258,261,267,282,286,296,317,349,360,380,452,491,551,560,596,646,669,687,697,698,699,700,731,781,791,841,843,876,879,894,901,902,903,914,922,926,932,955,1006,1026,1043,1061,1065
苦皮藤素　330,934,1006
矿物油　10,11,12,61,63,75,90,91,105,144,145,151,168,171,183,197,213,221,227,235,236,250,261,262,264,267,269,270,274,278,285,286,289,290,312,322,329,334,341,344,345,350,351,357,358,359,360,361,363,365,366,382,400,486,543,585,621,645,668,669,701,706,707,710,713,733,739,740,746,747,748,749,764,771,775,779,786,794,796,800,801,815,817,825,828,833,849,850,851,853,873,878,879,882,896,899,900,906,909,912,918,922,925,934,938,939,952,953,954,955,956,997,1004,1021,1042,1045,1056,1074
喹禾糠酯　17,1074
喹禾灵　57,349,401,471,476,540,550,553,555,577,744
喹啉铜　997,1033,1075,1084
喹硫磷　41,63,144,150,168,178,182,203,220,234,331,588,619,629,630,631,645,646,650,656,664,817,885,927,934,969,1006,1022,1027,1045,1047,1049,1056,1088
喹螨醚　17
蜡质芽孢杆菌　67,426,433,470,521,573,575,588,652,864,878,983,984,1110,1111
狼毒素　129
乐果　45,65,66,73,76,89,107,108,109,117,131,133,137,149,155,157,162,163,175,176,177,187,188,196,199,201,202,208,217,218,260,261,262,281,312,328,329,359,360,386,393,399,401,418,420,434,468,470,472,504,513,545,582,587,592,633,658,670,675,906,907,924,945,985,995,997,1000,1001,1006,1015,1020,1022,1024,1026,1063,1065,1070,1102,1115
雷公藤甲素　597
藜芦碱　263,296,774,932,1005
利谷隆　610
联苯肼酯　17,950,1108
联苯菊酯　15,16,41,43,44,50,57,61,62,63,70,72,74,75,76,77,82,92,94,98,101,103,105,115,121,122,130,142,145,151,158,163,168,169,171,179,181,184,188,191,193,194,199,203,204,207,208,209,211,213,215,216,217,219,221,224,225,227,228,229,230,236,240,242,244,253,258,261,263,264,281,290,291,300,302,308,311,324,325,327,330,348,359,360,366,367,403,407,414,424,430,431,451,452,461,463,466,467,473,482,485,486,497,509,515,527,528,531,536,537,538,548,551,552,553,558,561,562,564,567,568,569,579,585,594,596,597,598,600,602,614,615,628,630,631,632,633,634,636,639,645,648,652,658,659,660,663,664,665,666,668,669,703,704,708,710,712,715,719,722,724,727,728,729,730,732,739,744,745,747,748,749,751,752,754,756,758,759,

764,766,767,772,775,780,781,785,787,791,795,800,801,802,803,804,807,808,818,819,821,823,827,830,831,832,833,835,842,843,844,847,850,851,855,856,861,863,864,871,872,873,875,876,877,878,879,885,889,891,893,894,899,902,904,907,909,910,912,913,914,915,916,922,924,927,928,929,934,939,940,944,946,949,951,952,954,955,957,958,961,968,969,996,999,1001,1002,1004,1005,1008,1016,1020,1022,1024,1035,1039,1040,1047,1049,1052,1054,1080,1092,1104,1108

联苯三唑醇 9,493

链霉素 107,1003

邻硝基苯酚钾 145,174,913

磷化铝 65,223,233,272,322,346,380,419,561,565,670,687,688,711,791,804,805,806,812,813,861,1011,1013

硫丹 11,41,66,69,94,170,193,212,266,302,317,454,473,485,502,503,515,633,667,702,716,753,774,899,921,938,952,970,1062,1104,1118,1119

硫磺 4,10,24,44,52,60,62,68,69,74,76,78,82,91,111,112,125,136,140,141,142,143,144,151,155,161,176,177,178,180,182,186,189,192,195,208,212,216,219,225,226,228,243,268,272,279,280,293,312,323,326,328,340,341,348,349,352,355,356,359,360,364,365,367,395,400,401,403,408,416,417,420,422,423,432,467,471,476,479,497,506,507,512,533,542,543,544,547,573,576,582,590,608,620,630,631,647,661,684,701,705,712,730,737,738,742,745,746,750,752,753,754,766,767,769,770,779,780,781,783,785,789,791,813,814,815,824,839,844,849,851,852,853,856,881,883,891,892,898,903,906,907,909,911,913,916,922,935,936,941,944,946,951,952,954,955,956,957,968,971,973,975,991,995,1007,1023,1024,1026,1030,1047,1051,1054,1063,1064,1066,1069,1077,1078,1083,1092,1097,1111,1113,1119,1126

硫双威 7,50,142,143,182,287,309,411,419,461,463,491,515,517,521,526,527,560,610,618,729,752,761,774,849,850,851,885,926,936,959,960,1001,1107

硫酸钡 691

硫酸链霉素 254,296

硫酸铜 97,98,132,139,156,272,309,315,521,590,650,653,670,687,718,815,840,845,879,911,925,1012,1048,1111

硫酸铜钙 38,516,610

硫酰氟 813,980,1070,1071

咯菌腈 33,34,35,36,37,241,299,1074,1075,1081

螺虫乙酯 10

螺螨酯 9,149,186,299,350,726,920,948,964,990,1068,1124

螺威 388

络氨铜 97,98,145,199,213,270,315,345,350,357,395,686,753,789,905,909,912,953,955,970,982,1040

绿麦隆 330,372,491,502,530,558,566,570,589,856,890,1011

氯氨吡啶酸 22

氯苯胺灵 12,23,24,561,610,1014

氯吡嘧磺隆 27,565

氯吡脲 112,113,700,1012,1028,1029,1031,1094

氯丙嘧啶酸 509

氯虫苯甲酰胺 14,36,37,178,976,997

氯啶菌酯 459

氯氟吡氧乙酸 20,47,51,55,63,67,71,75,82,86,89,112,113,114,135,172,282,310,311,319,325,326,334,335,342,344,345,346,366,387,438,441,473,475,481,485,511,549,559,562,565,583,603,617,671,689,718,727,735,737,751,767,777,797,802,825,826,830,836,838,861,865,869,880,882,900,946,948,950,964,986,997,1000,1006,1007,1008,1013,1016,1044,1056,1073,1079,1116,1117

氯氟吡氧乙酸异辛酯 21,47,57,86,88,102,112,134,282,306,325,412,434,468,497,565,568,603,617,628,821,843,860,879,880,1006,1024,1029,1083,1124

氯氟醚菊酯 11,62,69,72,81,83,96,106,107,109,110,114,117,119,120,121,122,123,124,125,128,129,140,152,155,159,164,166,167,174,191,196,199,207,208,210,224,239,247,248,256,257,267,274,293,299,304,320,354,404,421,424,425,427,429,453,455,480,522,534,575,599,601,605,627,628,631,643,647,648,649,650,666,741,755,775,810,811,812,862,980,994,1006,1009,1018,

1019, 1020, 1021, 1031, 1046, 1060, 1069, 1070, 1091,1112,1120,1125
氯氟氰菊酯　181,750,781,908,992
氯化胆碱　113
氯化苦　674
氯磺隆　80,461,463,539,540,541,544,559,564, 566,569,594,595,611,620,688,981
氯菊酯　1,6,16,28,31,32,40,41,61,65,68,70, 71,72,73,76,88,96,98,99,100,109,118,119,120, 121,122,123,124,125,128,137,139,140,151,152, 153,155,156,157,158,159,160,164,165,167,173, 174,178,189,190,191,196,198,207,211,231,232, 233,234,246,247,255,256,257,258,262,263,266, 267,271,274,276,278,286,292,298,299,305,308, 318,320,326,333,338,359,361,364,387,397,404, 421,424,429,434,451,453,455,480,498,506,522, 534,535,537,548,551,552,553,564,568,573,575, 580,586,598,599,601,602,604,610,625,631,674, 685,702,718,741,747,755,775,793,806,809,810, 811,812,814,827,829,840,841,843,856,862,900, 951,976,980,985,987,988,989,992,993,996, 1003, 1014, 1015, 1017, 1019, 1034, 1037, 1049, 1050, 1051, 1060, 1061, 1068, 1069, 1093, 1101, 1103,1108,1109,1111,1112,1115,1120,1124,1125
氯嘧磺隆　14,58,287,462,528,529,539,541,586, 594,595,676,688,694,976,1050
氯氰菊酯　1,2,15,16,17,21,32,33,38,40,41,48, 58,59,60,61,63,64,65,67,68,69,70,71,73,76, 77,78,86,88,91,92,97,99,101,102,108,115,117, 119,121,122,124,126,128,132,133,136,138,139, 140,142,144,146,149,150,151,152,153,154,155, 156,157,158,159,160,161,162,163,164,166,167, 168,169,170,171,172,176,178,179,180,181,182, 185,187,188,189,191,192,193,194,195,197,198, 199,200,201,202,204,205,207,212,216,218,219, 221,225,231,232,233,235,237,238,240,242,243, 245,252,254,255,256,257,259,260,263,264,265, 266,268,270,271,272,276,277,280,286,292,294, 295,299,300,305,308,309,310,313,314,319,320, 322,323,324,325,326,327,328,329,332,333,336, 337,338,339,340,341,346,348,349,351,355,357, 358,359,361,363,364,365,367,369,370,385,386, 390,391,392,399,400,401,406,408,414,422,426, 429,431,434,451,453,456,457,458,467,468,469, 472,479,480,482,483,495,498,505,506,507,508, 509,513,518,525,526,539,542,548,551,559,560, 562,563,567,570,571,573,575,581,582,584,585, 587,597,599,600,605,611,612,613,614,615,623, 625,628,629,631,634,635,637,640,641,648,649, 653,654,658,659,660,664,666,667,669,673,683, 685,690,693,698,702,705,706,709,711,712,715, 716,718,721,722,725,727,729,730,731,732,737, 738,741,742,744,745,748,749,750,751,754,757, 758,761,762,764,765,766,768,770,771,772,774, 775,779,787,792,793,795,801,802,803,806,807, 809,810,811,812,815,816,819,820,821,830,834, 836,842,843,846,847,851,852,856,857,861,863, 871,876,877,878,879,883,884,890,891,895,898, 899,901,903,909,912,915,916,922,926,927,933, 934,935,936,937,938,944,946,951,952,953,955, 957,958,959,968,969,970,972,976,982,983,985, 987,988,989,990,992,993,994,999,1000,1001, 1002, 1012, 1016, 1017, 1019, 1021, 1024, 1031, 1036, 1037, 1038, 1040, 1041, 1044, 1046, 1048, 1049, 1050, 1051, 1053, 1056, 1057, 1060, 1063, 1065, 1066, 1068, 1069, 1070, 1079, 1082, 1090, 1093,1096,1102,1111,1112,1120,1121,1123,1124
氯噻啉　555,556
氯酞酸甲酯　597
氯烯炔菊酯　254,1006
氯溴异氰尿酸　342,426,469,603,618,942,967, 1109
氯酯磺草胺　22
马拉硫磷　44,68,76,89,94,97,100,115,134,138, 143,149,150,153,154,156,167,170,181,182,193, 196,197,199,200,202,203,204,205,208,209,211, 212,217,218,220,223,236,240,241,242,244,245, 249,250,253,254,255,257,258,259,260,262,264, 265,267,270,271,272,273,275,276,277,281,289, 291,295,300,301,302,304,308,309,311,312,313, 314,319,322,323,324,325,327,328,329,330,331, 332,339,340,341,342,343,346,348,355,357,359, 360,361,364,365,366,367,368,370,371,377,378, 385,386,399,400,403,406,408,411,414,420,422, 425,432,434,440,441,477,479,480,493,499,510, 530,534,537,546,578,583,593,602,618,625,628, 632,633,634,635,636,638,645,647,648,650,654, 655,656,661,664,665,669,678,685,702,705,706,

709,711,713,714,722,728,730,731,737,738,739,742,744,745,748,750,752,753,755,758,766,767,768,769,775,778,779,781,787,789,790,791,793,796,802,803,807,813,819,822,823,827,829,830,838,839,843,848,850,851,852,853,855,864,865,873,875,877,880,882,889,892,893,895,898,902,904,906,908,910,911,913,915,916,921,923,924,925,936,937,945,952,953,954,955,956,957,959,960,964,970,974,981,983,991,992,995,1001,1006,1009,1020,1024,1026,1034,1035,1045,1046,1047,1051,1065,1069,1081,1087,1088,1092,1093,1096,1106,1121
麦草畏 32,33,56,80,81,110,412,442,466,478,484,517,523,539,592,597,600,603,737,784,867,868,870,906,950,980,1080,1085,1097,1122
麦草畏钾盐 870
咪鲜胺 16,39,40,47,50,51,66,87,90,93,112,114,115,126,136,137,145,146,147,160,161,169,180,186,191,196,221,224,225,226,228,230,233,237,240,263,267,315,329,340,350,354,368,375,377,382,384,387,406,413,415,420,423,431,432,435,439,441,442,443,448,463,464,477,479,481,484,485,486,487,494,501,508,517,521,525,535,539,545,554,555,558,559,562,567,583,585,596,613,615,616,618,627,628,629,638,640,653,660,692,693,706,707,723,724,726,729,740,751,755,756,757,761,796,809,816,820,831,832,835,838,856,864,866,871,879,881,885,890,893,898,919,920,923,925,928,929,932,937,942,943,947,952,962,963,964,979,995,998,1005,1007,1012,1014,1028,1032,1036,1042,1045,1067,1093,1094,1102,1103,1105,1109
咪鲜胺锰盐 16,91,133,175,194,297,334,442,484,495,525,550,554,589,614,616,726,925,926,939,941,942,943,961,963,966,985,1005,1102,1117
咪鲜胺铜盐 488
咪唑喹啉酸 695,874
咪唑烟酸 4,553,580,604,874,900
咪唑乙烟酸 3,4,48,264,296,369,370,371,374,375,377,379,380,381,384,385,437,440,446,464,465,510,527,549,553,556,567,603,676,677,679,680,684,686,690,691,693,694,695,697,734,782,799,854,858,868,870,874,900,998
醚苯磺隆 466,541,565
醚磺隆 454,455
醚菊酯 28,105,237,255,415,456,457,484,485,523,615,704,809,840,873,893,905,906,921,937,944,949,950,964,1001,1042,1048
醚菌酯 3,5,48,50,56,146,175,184,225,292,298,350,452,470,601,604,716,717,718,730,751,817,827,845,872,886,890,919,920,925,930,932,940,942,948,961,962,963,965,966,967,1008,1042,1073
嘧苯胺磺隆 18,40,580
嘧草醚 32
嘧啶核苷类抗菌素 67,79,142,410,632,666,919,932,933,934,1004,1020,1110
嘧啶肟草醚 10,36,568
嘧菌环胺 36,88,949,967,1075
嘧菌酯 19,20,35,36,37,42,43,49,50,51,61,76,81,93,95,114,127,148,159,173,175,221,231,237,241,268,285,296,348,368,407,416,470,471,483,488,495,501,518,521,522,525,528,546,561,564,567,579,589,597,601,604,606,609,610,616,621,625,651,665,707,708,718,720,726,753,764,809,818,829,831,832,838,872,881,886,890,920,931,941,948,950,963,964,966,967,972,976,977,992,1008,1009,1029,1043,1071,1074,1076,1080,1081,1083,1084,1090,1105,1114,1124
嘧霉胺 9,80,86,88,91,93,94,101,125,146,148,170,198,224,231,240,241,253,286,290,291,297,298,302,358,462,467,470,478,497,502,543,601,608,667,703,716,717,729,730,732,740,747,751,788,794,815,818,820,831,832,835,837,844,870,873,885,888,896,899,914,919,932,940,944,952,953,960,961,1035,1043,1048,1054,1055,1078,1080,1085
嘧肽霉素 669,688
棉铃虫核型多角体病毒 154,167,286,317,318,319,320,321,331,359,394,395,406
棉隆 163,560
灭草松 2,4,5,40,47,48,67,70,75,81,82,85,86,103,106,154,237,261,296,306,369,370,371,374,375,376,377,379,380,383,384,385,435,438,465,492,493,495,511,519,520,521,523,526,527,537,557,564,565,568,569,597,664,669,670,673,678,679,681,683,689,694,695,697,717,721,735,736,

790,796,797,834,859,874,887,888,900,995,1029,1032,1037,1049,1057,1061,1116
灭多威　12,44,53,54,59,69,76,77,100,131,143,170,177,193,212,213,235,238,241,267,276,277,280,295,308,311,312,319,320,324,328,330,337,338,341,344,348,349,351,359,360,361,363,368,392,394,410,422,423,426,429,433,461,462,490,514,515,538,546,573,578,585,593,618,622,627,646,660,667,670,699,701,702,704,705,706,710,723,725,744,753,755,758,761,762,763,766,768,770,777,779,780,789,791,805,807,814,815,817,819,822,823,836,839,842,844,846,848,853,862,871,875,878,884,891,893,898,899,902,905,921,935,936,953,954,955,956,957,973,974,975,988,1041,1048,1081,1101,1103
灭菌丹　163
灭菌唑　3,5
灭线磷　57,153,164,218,241,242,353,472,668,743,747,805,852,893,1124
灭蝇胺　35,95,127,145,146,161,172,184,195,214,225,230,526,539,540,563,635,637,676,693,703,723,788,789,796,809,818,830,832,836,870,881,885,919,929,930,940,948,949,1002,1049,1063,1090
灭幼脲　98,99,141,148,169,182,187,274,304,305,314,315,316,356,446,447,637,709,715,770,847,870,887,900,901,943,956,1015,1054
木霉菌　733,864,873
萘乙酸　89,113,133,234,267,304,305,313,316,318,334,340,377,383,905,912,1011,1012,1014,1028,1029,1076,1115
宁南霉素　368
柠檬酸铜　199,909,912
哌草丹　1090
硼酸　96,101,137,156,164,167,198,442,987,1034,1043,1068,1082,1101
硼酸锌　19
平腹小蜂　123
扑草净　55,75,79,81,84,100,223,351,371,372,376,377,382,383,384,401,436,437,438,440,441,444,445,446,448,449,450,451,464,468,476,512,528,529,557,566,583,633,671,672,673,677,679,681,682,683,725,734,735,742,773,781,782,784,788,797,799,848,852,853,858,859,861,866,894,960,1025,1060,1063,1064,1066,1090,1099,1126
葡聚烯糖　768
七氟甲醚菊酯　254,451,601,1091
羟哌酯　10
羟烯腺嘌呤　224,225,234,303,381,455,934,1087,1088
嗪草酸甲酯　16,509,677,681,696
嗪草酮　7,9,54,55,79,86,134,287,321,356,361,369,371,374,375,376,384,427,436,440,445,465,492,493,517,521,524,528,536,543,544,559,565,573,579,675,676,678,679,680,681,736,860,868,888,996,1046,1093
氢氧化铜　1,2,12,14,143,181,282,335,431,508,610,789,863,880,891,938,947,961,1056,1085,1096
氰氨化钙　699
氰草津　302,313,324,361,735,742,746
氰氟草酯　21,22,50,64,71,83,86,103,135,172,173,210,214,345,353,375,423,466,469,473,477,480,486,487,504,509,517,529,541,546,561,566,568,604,665,696,702,736,777,778,796,809,818,826,834,838,861,949,950,967,984,986,1032,1073,1080,1089,1116,1118,1120
氰氟虫腙　5,1124
氰霜唑　28,29,619
氰戊菊酯　29,30,45,47,49,50,51,57,58,59,60,62,64,66,68,69,70,76,77,78,79,80,83,88,89,107,108,109,111,113,124,125,129,130,131,133,134,136,137,138,141,150,159,163,167,168,177,179,180,182,188,189,196,199,201,202,211,212,216,217,218,220,225,242,244,245,250,251,254,259,260,264,271,272,275,276,277,278,281,289,295,298,300,302,304,309,312,313,314,316,319,320,323,324,327,328,330,332,334,336,337,341,342,343,346,348,351,355,359,363,364,365,367,370,371,377,378,386,388,395,399,400,403,404,408,409,411,413,417,422,428,440,454,456,459,462,466,467,471,472,473,482,483,484,485,488,490,496,508,509,510,528,530,531,532,535,536,538,559,561,562,564,566,576,581,583,584,585,587,592,596,601,602,611,612,615,617,626,628,632,633,639,640,641,644,647,649,655,667,668,669,673,678,683,685,694,705,709,711,712,721,723,728,729,731,738,742,744,745,748,752,755,

760,765,766,767,781,788,789,790,791,796,805,813,814,817,819,829,839,850,851,852,864,873,875,877,880,882,883,892,902,904,906,907,908,911,915,916,923,924,935,937,949,954,955,956,957,985,991,994,1000,1001,1006,1009,1013,1020,1022,1023,1024,1025,1026,1046,1047,1048,1051,1064,1101,1102,1103,1105,1109,1118

氰烯菌酯　564,951

球孢白僵菌　651

球形芽孢杆菌　188,399,581

驱蚊酯　10,155,166,174,179,231,411,434,498,546,547,609,643,974,980,982,985,986,1003,1018,1059,1060

炔苯酰草胺　49,452,522,553

炔丙菊酯　11,31,32,61,69,72,81,83,96,109,114,117,118,119,120,121,122,123,124,125,127,128,129,137,152,153,154,155,159,160,164,165,166,167,173,174,178,189,190,191,196,206,207,231,232,239,246,247,256,257,258,276,292,354,380,404,421,424,451,453,455,480,498,522,533,534,584,597,598,599,604,605,631,643,646,702,718,748,775,811,812,910,980,992,993,994,1017,1018,1019,1021,1031,1033,1034,1046,1050,1059,1060,1068,1069,1070,1082,1089,1090,1091,1093,1101,1104,1108,1109,1112,1124

炔草酯　35,49,51,64,65,76,85,86,88,135,345,441,469,470,477,481,518,529,542,547,568,583,604,642,827,949,966,1008,1009,1073,1078,1080,1081,1105,1125

炔螨特　17,27,38,43,51,70,80,87,92,101,105,106,114,115,126,142,145,146,149,172,173,177,180,181,182,183,185,186,187,193,194,196,202,203,213,216,220,225,226,228,230,240,241,242,291,298,300,308,318,321,324,327,330,334,339,342,347,352,359,365,367,405,413,415,461,462,471,486,489,492,494,499,500,501,510,526,534,538,546,559,573,580,584,613,630,633,637,640,647,648,656,657,659,660,661,663,665,667,668,675,676,701,705,706,709,710,712,713,714,715,727,729,731,734,738,745,747,751,757,770,773,779,786,795,803,815,816,817,818,819,821,822,825,828,830,831,832,834,835,836,846,847,848,849,861,866,870,879,881,883,885,891,893,895,896,897,904,907,909,918,921,922,924,925,927,931,934,939,940,944,949,952,956,957,958,967,968,969,970,990,996,1000,1001,1002,1009,1015,1024,1032,1036,1042,1044,1049,1052,1056,1061,1078,1079,1082,1083,1085,1086,1092,1105

炔咪菊酯　31,83,117,120,121,137,152,156,164,166,173,174,190,191,207,246,248,256,257,292,453,480,534,599,605,631,643,775,910,993,1017,1019,1021,1034,1070,1091

壬菌铜　974

乳氟禾草灵　46,75,85,86,134,349,377,378,464,527,603,735,803,836,854,874,879,924,1037,1074

噻苯隆　8,9,131,262,303,334,353,466,469,485,487,527,528,541,583,601,610,619,778,861,941,945,958,1013,1029,1061,1114

噻虫胺　31,158,286,412,604,768

噻虫啉　175,187,412,551,604,609,641,652,752,809,942,963,967

噻虫嗪　33,36,37,49,71,83,148,238,254,296,299,363,419,435,463,466,521,589,619,685,707,708,718,753,771,809,818,829,868,870,914,942,949,950,963,967,977,985,988,1029,1046

噻吩磺隆　13,46,47,50,58,80,85,99,100,134,288,306,313,315,328,344,352,353,371,372,374,384,438,439,446,475,476,496,502,517,518,526,527,528,531,539,542,548,558,564,587,592,593,595,611,612,616,642,667,670,676,677,678,689,691,692,837,947,976,1117

噻呋酰胺　27,95,103,104,163,254,299,579,588,950,1081

噻菌灵　34,86,181,299,316,456,460,462,489,490,577,938,962,996,999,1033,1074,1075

噻菌铜　1092

噻螨酮　25,26,78,92,104,105,122,143,144,145,161,168,178,183,193,224,225,229,237,249,262,302,329,367,412,414,416,430,479,500,513,515,516,531,661,662,668,701,704,708,722,725,740,747,764,769,770,771,780,792,794,807,815,816,822,828,831,848,863,899,903,905,914,917,922,930,934,944,957,959,960,969,972,1001,1024,1085,1104,1105,1118

噻霉酮　968,969

噻嗪酮　1,27,46,49,59,61,62,63,66,72,73,76,

77,78,79,80,82,92,94,95,110,111,113,118,121,122,126,127,131,133,135,139,141,142,146,148,149,150,151,168,170,172,173,179,181,182,183,184,185,186,192,193,194,195,200,201,203,204,210,213,214,219,220,221,222,229,230,240,249,251,290,292,294,297,298,302,311,312,318,319,324,354,357,367,386,388,396,402,403,408,411,412,413,415,416,420,422,423,424,426,428,431,433,435,453,454,455,456,457,460,462,463,467,468,469,472,475,479,481,482,485,488,491,492,494,495,496 ,497,499,503,512,514,515,523,529,530,531,532,533,535,536,538,539,542,543,545,551,553,557,560,563,564,567,569,570,571,573,576,580,581,582,583,584,585,588,589,590,594,596,602,603,609,611,620,622,626,628,630,633,635,636,637,638,639,640,641,642,644,645,646,648,649,650,652,655,656,657,658,659,660,661,663,664,665,668,700,704,706,712,719,722,723,725,730,732,739,743,755,756,779,792,796,799,802,803,808,816,823,828,829,830,831,836,839,846,849,850,863,865,880,882,884,885,886,887,890,893,898,904,913,915,916,918,919,920,922,924,925,926,927,928,929,933,938,939,948,950,952,954,955,956,959,962,964,965,967,968,970,971,973,975,979,985,988,992,994,999,1004,1016,1023,1026,1032,1041,1049,1056,1064,1068,1069,1070,1071,1073,1075,1076,1077,1078,1081,1083,1086,1092,1093,1094,1095,1096,1097,1101,1103,1104,1105,1106,1110,1111,1114,1117

噻森铜 1083

噻唑膦 19,28,104,173,254,285,310,477,491,707,803,817,882,1078,1113

噻唑锌 1124

三苯基氢氧化锡 1086

三苯基乙酸锡 1086

三氟啶磺隆钠盐 36

三氟甲吡醚 30

三氟羧草醚 40,86,202,463,464,465,550,675,676,678,679,680,681,721,790,835,836,1074

三环唑 20,44,51,57,58,59,60,66,69,73,76,78,80,82,102,107,111,113,133,136,140,142,143,146,148,158,159,169,170,177,180,182,186,192,193,211,212,216,219,223,228,240,302,331,333,338,340,354,355,356,360,368,369,382,395,396,408,413,416,417,428,432,447,454,456,457,464,467,468,469,470,471,476,477,479,482,490,492,497,510,512,516,517,528,530,532,533,535,536,538,539,544,562,570,571,574,576,581,582,590,592,595,601,602,603,626,627,628,630,633,635,636,638,639,640,644,647,649,650,652,653,654,659,660,661,663,665,704,713,715,752,773,779,785,794,824,852,875,882,888,891,894,905,906,909,913,917,922,926,927,934,936,941,944,949,950,959,968,975,976,979,988,991,995,999,1000,1001,1007,1009,1010,1013,1015,1021,1022,1024,1026,1027,1030,1031,1032,1042,1049,1054,1064,1066,1069,1073,1076,1077,1078,1080,1083,1088,1092,1094,1096,1097,1100,1101,1102,1111,1114

三甲苯草酮 565,602,696

三氯吡氧乙酸 20,282,411,610,1007,1008,1009

三氯吡氧乙酸丁氧基乙酯 411,868,870,1006

三氯杀虫酯 398

三氯杀螨醇 26,57,74,140,158,243,323,328,332,336,343,345,357,387,452,502,516,546,584,599,600,654,667,768,769,775,778,789,819,853,897,906,1022,1044,1047,1052,1053,1118

三氯杀螨砜 703

三氯异氰尿酸 426,625,1034

三十烷醇 196,199,211,243,333,670,840,848,879,931,1012,1075

三乙膦酸铝 9,20,45,59,60,67,69,71,82,95,96,111,123,126,139,144,148,182,187,228,230,243,249,253,270,280,297,300,320,325,333,343,355,356,364,365,373,377,381,384,390,422,428,447,522,543,577,586,608,609,691,694,695,701,707,712,716,722,725,730,732,741,744,748,750,755,769,779,780,790,794,796,799,813,815,817,819,830,834,835,836,839,841,844,848,850,865,866,871,877,880,883,894,899,920,922,924,927,930,933,936,937,938,944,945,956,959,960,964,968,969,974,996,999,1001,1012,1013,1015,1028,1029,1031,1035,1039,1048,1051,1052,1053,1055,1056,1058,1069,1077,1088,1105,1119

三唑醇 9,51,233,440,443,491,493,494,495,523,524,578,579,734,780,997,1014

三唑磷 44,45,48,52,54,57,59,61,62,65,66,67,

68,73,74,76,78,80,83,84,85,88,89,97,103,108,110,111,117,118,127,132,133,138,143,145,147,160,169,172,178,184,193,197,200,202,203,204,209,211,212,214,216,217,220,222,240,259,260,262,266,267,270,277,287,297,303,311,313,321,324,327,330,332,335,336,342,349,351,353,355,359,360,361,362,364,365,367,368,382,387,388,389,390,391,392,394,397,398,399,400,401,403,405,406,407,413,414,418,419,420,422,426,429,430,431,458,463,465,468,472,473,475,477,481,497,499,501,503,509,511,512,531,533,534,535,538,545,546,547,549,557,558,562,566,576,579,580,582,583,584,585,587,590,595,603,617,628,629,630,633,634,636,637,638,639,641,642,644,645,646,647,648,649,650,651,652,653,654,655,656,658,660,663,664,667,668,669,684,703,705,713,715,716,724,732,737,739,740,748,750,759,770,771,774,775,778,785,786,793,809,819,822,824,827,829,830,833,842,844,848,857,861,871,879,885,893,896,924,930,931,939,940,947,949,951,955,960,979,983,985,987,1000,1002,1005,1009,1022,1025,1026,1031,1032,1068,1069,1075,1077,1079,1082,1083,1084,1092,1096,1097,1119,1122,1123,1124

三唑酮　7,19,44,51,52,56,57,60,61,62,69,79,85,102,131,140,141,170,171,177,181,224,225,226,237,255,265,269,284,293,306,307,308,309,311,312,313,314,319,320,325,328,330,331,332,333,334,337,340,341,342,343,344,345,347,348,349,350,351,355,359,360,363,364,365,366,367,368,371,372,377,382,383,386,396,401,408,412,416,417,431,454,463,466,467,468,470,473,475,477,481,490,491,492,494,495,496,499,511,518,521,523,531,532,535,538,545,547,566,569,570,576,578,580,581,589,593,596,602,603,613,620,621,626,660,688,705,711,712,737,742,745,750,752,754,762,765,768,778,779,780,785,814,824,839,844,848,849,852,853,871,881,892,902,906,910,911,912,913,915,928,930,931,935,947,960,964,973,980,987,988,991,994,1000,1002,1005,1010,1012,1014,1015,1021,1023,1027,1036,1047,1054,1064,1066,1075,1076,1093,1111

三唑锡　63,70,83,86,91,92,94,105,115,125,127,140,141,142,143,150,161,170,171,172,180,181,186,219,229,236,249,277,289,297,318,321,332,352,353,355,364,414,494,495,572,573,579,580,632,636,659,663,673,696,704,705,722,725,732,743,745,747,752,754,755,762,766,767,768,769,773,785,791,794,796,799,801,815,816,820,823,838,845,846,847,851,865,870,879,886,887,894,896,899,902,903,908,910,913,916,920,923,926,927,928,929,930,935,937,938,940,941,944,950,954,956,957,959,964,965,968,970,973,1004,1008,1016,1036,1041,1075,1085,1086,1087

杀草胺　1118

杀虫安　1106

杀虫单　46,52,53,54,56,57,59,60,61,69,78,79,80,82,87,91,92,99,101,107,109,110,111,114,116,123,133,137,145,151,152,157,164,193,196,197,209,210,211,212,216,222,223,226,230,244,262,269,276,284,302,309,312,313,315,320,321,334,336,356,357,362,363,366,367,386,389,390,391,394,399,402,403,405,408,410,411,412,413,418,420,425,427,430,433,434,454,455,456,463,467,468,469,470,472,475,476,481,484,485,486,489,490,492,495,496,498,499,500,506,512,518,523,531,532,533,535,538,539,544,545,547,562,563,566,570,576,578,581,583,585,587,588,593,594,602,603,611,617,626,630,633,634,638,645,654,656,658,659,660,663,683,688,689,713,739,786,787,790,792,795,818,822,832,833,844,862,863,864,898,904,907,913,918,933,934,951,957,968,971,975,980,981,982,983,1006,1014,1025,1069,1076,1077,1081,1083,1096,1097,1103,1104,1106,1110,1111,1113,1114

杀虫环　26,569,594,950

杀虫双　51,53,55,59,60,69,73,78,107,108,109,110,113,123,125,133,137,150,157,159,162,164,168,187,188,193,194,199,203,204,206,210,212,213,215,217,218,219,296,357,359,371,394,400,401,406,408,411,412,416,417,421,425,427,429,430,432,433,434,453,454,455,469,470,483,486,498,499,512,548,566,577,587,593,595,604,611,627,628,632,636,647,653,655,662,663,667,906,956,958,983,984,1000,1001,1006,1022,1024,1026,1028,1029,1030,1031,1032,1076,1081,1106

杀虫畏　282

杀铃脲　446,447,517

杀螺胺　45,76,79,126,142,205,229,452,453,456,457,496,525,546,553,564,639,713,747,800,818,926,946,1116
杀螺胺乙醇胺盐　45,78,136,144,156,209,214,215,220,292,356,452,499,573,583,629,637,638,645,656,661,779,928,1027,1080,1094
杀螟丹　30,43,53,55,75,87,94,133,143,171,172,182,192,201,210,219,227,229,265,321,406,433,434,454,463,485,525,536,545,562,594,595,627,630,633,636,637,639,647,650,660,706,808,814,828,836,867,916,927,936,939,960,978,994,998,1035,1043,1044,1049,1056,1081,1093
杀螟硫磷　30,31,44,150,153,189,200,203,205,212,217,218,240,302,331,357,359,401,415,426,499,512,536,578,583,593,610,625,627,630,632,633,647,650,654,664,704,739,748,778,806,807,865,893,938,946,992,994,997,1016,1024,1037,1038,1056,1061,1087,1088,1106,1108,1109
杀扑磷　39,90,92,122,126,141,180,182,290,341,352,356,400,485,516,584,585,593,596,660,667,706,709,712,727,751,830,834,836,870,898,899,924,928,937,938,955,970,1051,1068,1075,1077,1079,1085,1086,1115,1117,1121,1124
杀鼠灵　274,587,1033
杀鼠醚　6,98,218,274,275,448,587,772
杀雄啉　977
莎稗磷　8,40,154,296,369,370,377,379,441,442,443,672,673,680,681,682,696,737,834,985,1090
蛇床子素　398,567,588
申嗪霉素　403,666,984
生物苄呋菊酯　31,1034
生物烯丙菊酯　189,190
虱螨脲　34,50,237,604,718,1114
十三吗啉　3,126,144,183,225,470,508,517,618,817,918,928,938,947,986,1113
石硫合剂　222,257,258,279,400,402,403,682,747,829,921,937,947,951,1001,1021,1025,1030,1038,1040,1044,1046,1057
噬菌核霉　623
双草醚　32,58,71,76,81,86,214,234,269,299,388,435,441,452,477,492,498,508,528,529,531,540,541,561,565,575,603,604,777,829,855,868,874,875,950,967,1071,1093,1116
双氟磺草胺　21,23,565,809,830,868,1080
双胍三辛烷基苯磺酸盐　26
双甲脒　24,144,170,235,245,287,456,515,516,530,536,594,645,719,758,764,799,807,828,840,883,914,927,936,995,1024,1049,1074
双硫磷　5,248
双炔酰菌胺　35,36
双酰草胺　273
霜霉威　97,106,197,457,506,633,705,819,828,830,863,882,923,926,955,991,1045,1077
霜霉威盐酸盐　2,7,9,110,125,141,170,171,181,302,349,368,378,458,507,532,676,722,772,785,802,807,838,846,852,876,880,884,902,914,917,924,926,928,936,946,953,955,973,995,1001,1009,1035,1042,1053,1054,1068,1078,1085,1086
霜脲氰　13,20,87,92,93,102,111,112,127,129,130,141,150,170,171,187,197,201,209,225,226,228,232,253,257,266,272,273,279,282,284,302,304,322,340,342,352,354,370,381,382,389,439,458,459,5 16,518,550,560,575,606,608,609,621,635,660,683,695,699,700,716,718,732,738,756,767,774,776,779,783,794,803,814,832,835,841,849,852,870,878,902,903,913,922,925,926,931,935,944,953,956,957,961,973,976,979,981,986,988,996,1039,1041,1044,1046,1057,1058,1065,1072,1085,1109,1114
水胺硫磷　98,109,114,220,245,246,262,264,267,270,283,285,323,330,332,337,391,401,405,406,434,441,512,535,547,721,774,862
顺式氯氰菊酯　2,4,5,6,15,16,17,18,38,40,41,96,106,139,150,151,159,163,189,190,201,207,227,255,260,286,305,311,347,367,420,482,534,535,548,551,552,553,567,568,612,613,616,646,723,802,835,842,855,871,885,899,945,960,986,998,1015,1016,1020,1022,1040,1042,1048,1074,1093
四氟苯菊酯　6,25,109,117,122,137,160,164,167,174,190,206,207,231,232,246,247,254,256,320,354,424,451,453,480,597,598,601,718,775,812,842,993,1017,1018,1019,1034
四氟丙酸钠　1089
四氟甲醚菊酯　11,31,32,72,114,117,119,123,128,129,152,165,166,174,206,207,258,293,426,534,605,627,631,643,666,993,1017,1018,1021,

1070,1091,1093,1125
四氟醚菊酯　72,125,159,206,239,247,411,455,534,598,599,601,643,1017,1018,1091,1112
四氟醚唑　40,1082,1105
四聚乙醛　10,32,110,144,147,174,183,186,329,452,453,478,479,490,491,576,577,641,662,708,746,779,886,896,899,945,949,984,985,986,992,1008,1031,1082,1093,1094
四氯虫酰胺　696
四螨嗪　39,126,140,141,143,147,148,161,171,180,181,186,229,236,242,254,270,273,274,313,357,430,457,493,494,495,500,549,550,558,571,661,709,726,743,759,769,770,781,804,821,831,838,845,883,886,887,898,903,906,913,917,921,922,927,928,931,933,936,938,944,950,952,964,965,968,974,997,1004,1016,1037,1043,1049,1051,1101,1102,1103
四霉素　691
四水八硼酸二钠　19
松毛虫赤眼蜂　99,122
松毛虫质型多角体病毒　399,409
松脂酸钠　124,358,1071,1074,1075,1089,1096
松脂酸铜　221,230,432,756,844,1056
苏云金杆菌　24,71,82,88,90,91,111,115,116,123,125,132,142,143,151,161,167,169,170,182,191,197,234,247,248,305,316,338,339,343,353,362,372,379,382,387,388,389,390,394,398,399,402,403,406,409,410,419,420,422,467,468,486,576,580,581,583,585,601,602,612,629,630,631,632,639,650,652,654,655,661,665,666,667,683,701,704,712,718,724,726,746,751,753,755,758,763,764,770,771,776,777,785,806,816,824,827,833,839,840,841,843,844,864,882,898,904,906,910,911,912,932,934,941,958,989,1004,1009,1025,1105,1110
苏云金杆菌(以色列亚种)　10,389,411,581
速灭威　72,73,131,142,144,158,171,180,187,357,417,418,421,422,424,425,428,433,459,462,499,580,590,635,647,648,655,664,719,722,756,760,761,830,912,917,926,931,933,936,943,952,959,960,964,969,975,987,991,1024,1052,1096,1114
特草定　610
特丁津　81,868,869,870,1075
特丁净　81,868,869
涕灭威　760
田安　160
甜菜安　7,163,478,479,1079,1083,1124
甜菜宁　7,9,163,478,479,1079,1083,1124
甜菜夜蛾核型多角体病毒　321,409
土菌灵　163
脱叶磷　508,636
王铜　2,25,132,297,340,431,516,517,635,646,786,841,863,901,934,946,1062,1064,1076
威百亩　608,688,901
萎锈灵　17,46,47,85,86,163,233,441,485,546,625,855,874,923,924,947,957,1036,1061,1094
肟菌酯　9,10
五氟磺草胺　22,23
五氯硝基苯　146,172,198,381,385,596,706,779,791,820,902,904,908,909,911,913,1012,1061
戊菌唑　708,1105
戊唑醇　8,9,17,19,20,39,40,48,53,56,64,65,72,77,82,87,89,95,104,114,122,127,139,145,147,148,159,169,173,178,185,186,195,220,227,230,231,233,241,254,292,298,311,347,350,371,373,385,412,415,439,440,441,442,446,450,452,456,459,461,463,470,471,478,479,481,487,490,491,492,493,494,495,496,500,501,516,517,518,521,523,524,525,534,537,546,559,564,571,578,579,580,588,589,593,596,603,606,618,619,621,641,654,665,692,693,695,696,698,700,701,707,710,711,714,719,723,725,726,728,734,736,740,753,755,756,757,762,763,765,768,773,787,788,798,804,808,809,815,817,818,821,826,828,831,832,833,838,845,846,848,854,860,867,870,871,872,874,878,881,886,887,890,893,896,901,903,908,914,919,920,921,922,925,929,930,931,932,938,939,940,941,942,948,949,953,962,963,965,966,967,968,969,970,971,973,976,977,979,984,985,986,988,1002,1004,1014,1016,1032,1033,1039,1042,1056,1061,1066,1067,1074,1080,1089,1098,1104,1107,1108,1110,1111,1115,1118,1119,1120,1122,1124
西草净　320,375,401,436,437,438,443,444,445,449,450,529,671,673,691,735,1099,1126
西玛津　81,449,450,858,866,868,869,1099,1100,1125,1126

烯丙苯噻唑　27,569,1059
烯丙菊酯　119,123,211,428,575,1000
烯草酮　24,48,55,57,63,65,85,103,106,134,236,259,262,264,273,281,282,296,303,311,325,346,372,374,375,380,387,423,440,464,465,466,473,486,487,514,516,524,540,549,559,565,590,603,662,670,673,675,676,677,681,682,689,692,693,694,695,696,697,699,711,727,735,766,769,796,797,821,825,826,834,836,854,868,869,873,875,877,880,900,948,1025,1055,1075,1078,1108
烯啶虫胺　49,95,97,104,148,173,187,214,215,237,273,473,492,511,556,559,567,597,617,649,652,665,708,765,809,887,920,930,932,942,949,963,967,1005,1032,1098
烯禾啶　25,26,105,153,178,259,260,262,282,372,374,375,377,378,380,383,465,486,556,672,679,683,692,693,697,698,704,714,734,798,825,835,861,873,874,940,948,1061
烯肟菌胺　695
烯肟菌酯　693,695
烯酰吗啉　3,5,46,47,85,88,89,91,92,93,116,125,127,130,146,148,173,184,185,186,187,224,230,231,239,240,241,250,253,255,258,271,285,290,292,297,302,320,347,355,358,366,367,388,396,414,461,462,464,486,487,492,494,495,517,518,543,550,575,601,602,641,688,701,705,707,717,718,721,723,726,733,736,740,745,749,751,754,756,757,759,774,786,794,803,815,818,820,823,824,826,827,830,831,832,835,836,837,838,844,855,862,872,873,874,878,879,881,882,885,886,889,893,900,908,910,914,917,918,919,920,926,929,930,931,932,937,939,940,948,953,961,962, 964, 965, 966, 967, 969, 970, 971, 972, 977,1002, 1005, 1008, 1014, 1016, 1022, 1030, 1032,1042, 1043, 1046, 1048, 1055, 1056, 1061, 1076,1080,1098
烯腺嘌呤　224,225,234,303,381,1087
烯效唑　98,305,413,493,498,523,579,640,1013,1027,1029,1065
烯唑醇　51,59,74,77,79,132,161,171,210,213,226,265,284,302,335,350,383,393,440,441,462,463,465,479,485,493,495,496,524,535,564,566,570,571,579,596,610,630,688,719,839,899,908,934,937,941,945,965,982,999,1013,1034,1056
酰嘧磺隆　9,10,528
香菇多糖　97,103,315,318,373,383,560,654,673,817,862,905,940,1005
香芹酚　670
硝苯菌酯　23
硝虫硫磷　1027
硝磺草酮　19,35,37,56,75,81,82,85,104,135,154,173,254,286,307,310,311,376,438,466,477,609,672,680,681,684,692,696,711,718,728,736,737,743,751,798,800,818,827,838,861,865,875,879,888,950,1029,1074
小檗碱　1086
小菜蛾颗粒体病毒　321
斜纹夜蛾核型多角体病毒　158,409
缬霉威　8
辛菌胺　205,315,351,469,707,845,848,860,913,921,939,952,953,955,974,1100
辛菌胺醋酸盐　171,255,315,352,790,794,906,955
辛硫磷　44,45,47,48,49,50,51,57,58,59,60,62,64,66,67,68,69,70,73,74,76,77,78,79,80,81,82,83,84,85,88,89,90,91,92,93,94,97,99,100,101,102,104,107,108,115,123,125,126,129,130,131,133,136,138,139,140,141,143,149,150,151,157,158,160,163,170,171,177,180,181,183,188,191,192,193,194,195,197,199,200,202,203,204,205,208,209,210,211,212,213,214,215,216,217,218,220,225,226,228,233,235,236,238,241,242,243,244,245,250,251,253,255,257,259,260,261,262,263,264,265,266,267,268,269,270,272,273,276,277,281,283,284,294,295,296,298,300,301,302,303,304,307,308,309,310,311 ,312,313,314,315,316,317,318,319,320,321,322,323,324,325,326,327,328,329,330,331,332,333,334,336,337,338,339,340,341,342,344,345,346,348,349,351,355,356,357,359,360,361,362,363,364,365,366,367,368,369,370,373,381,383,386,389,390,392,395,397,399,400,402,405,406,408,412,413,414,415,417,418,420,422,424,425,426,428,430,431,432,434,446,454,457,458,459,467,468,470,471,472,475,477,481,482,484,485,490,491,497,499,503,504,508,509,510,513,515,525,526,532,534,535,536,538,539,545,547,548,549,550,552,559,562,564,566,571,572,573,574,575,577,581,582,

583,584,585,587,588,593,596,602,611,612,614,615,617,618,628,629,632,633,634,636,639,640,641,642,644,645,647,648,649,650,651,652,653,654,655,656,658,660,663,664,667,668,669,670,673,677,686,689,699,700,702,703,704,705,706,709,710,711,712,713,714,715,716,719,721,724,725,727,728,729,730,732,734,736,737,738,739,742,743,744,745,746,747,748,749,750,752,753,754,755,759,763,764,765,766,767,768,769,771,772,773,775,776,778,779,780,781,785,787,788,789,790,793,794,796,800,801,803,804,805,806,813,814,815,817,819,821,822,823,824,825,827,828,829,833,835,836,839,842,843,844,846,847,848 ,849,850,851,852,853,855,856,857,862,863,864,865,871,873,875,876,878,879,882,884,889,891,892,893,895,896,897,899,901,902,904 ,905,906,909,911,912,914,916,921,922,926,927,931,933,937,938,943,945,951,953,974,981,984,992,1007, 1009, 1010, 1013, 1016, 1020, 1022, 1023, 1024, 1025, 1030, 1034, 1035, 1036, 1037, 1041, 1044, 1045, 1046, 1048, 1051, 1054, 1055, 1056, 1057, 1060, 1061, 1064, 1065, 1068, 1069, 1079, 1082,1084,1087,1097,1119,1124

辛酰碘苯腈 488

辛酰溴苯腈 55,265,301,438,464,465,479,484,487,521,527,622,783,867,869,964,1082,1085

溴苯腈 485,486,487,508

溴敌隆 10,95,97,98,113,130,155,158,207,218,274,275,304,312,326,343,344,349,354,364,380,396,587,666,668,674,686,687,688,943,969,970,976,1015,1057,1058,1100,1101,1115

溴甲烷 545,790,1106

溴菌腈 302,596,662,706,723,725,873,932

溴螨酯 719,937,940,946,957,1085,1086,1106

溴氰虫酰胺 14

溴氰菊酯 6,7,8,37,38,40,41,47,49,62,67,69,71,73,77,83,88,98,100,108,111,113,118,128,129,130,137,142,145,150,152,155,156,159,170,178,181,185,192,193,195,196,198,199,201,204,207,209,211,212,217,218,223,255,256,260,273,281,290,292,307,312,323,325,327,335,342,356,360,378,396,399,413,414,419,421,428,431,451,456,461,462,464,468,469,489,497,508,514,515,518,531,535,536,552,560,562,572,576,584,585,588,597,598,600,610,613,614,615,616,619,626,638,643,656,659,669,673,674,683,698,704,719,739,747,764,801,810,834,840,870,875,883,890,892,902,909,915,921,926,933,936,937,939,953,958,961,964,974,978,996,998,1000,1001,1016,1017, 1020, 1024, 1025, 1038, 1052, 1059, 1062, 1067,1068,1070,1101,1104,1109,1112,1115,1118

溴鼠灵 11,42,96,98,155,207,211,275,326,343,349, 354, 572, 587, 673, 674, 686, 687, 943, 976, 1057,1058,1082,1100,1101,1115

溴硝醇 684

亚胺硫磷 404,406

亚胺唑 25

烟碱 107,219,317,380,699,1065

烟嘧磺隆 28,29,44,47,48,49,50,51,55,56,57,58,61,63,65,66,67,70,71,73,75,77,84,85,86,89,91,92, 101, 103, 105, 106, 114, 130, 135, 144, 154,224,236,244,245,248,264,265,269,271,277,281,286,288,290,291,294,296,301,302,303,306,307,308,310,313,317,318,319,325,328,334,336,338,339,340,341,342,344,345,346,348,353,354,358,363,366,371,374,376,384,385,406,415,435,436,437,438,440,442,443,444,451,463,465,466,469,472,475,476,481,485,486,487,497,502,504,516,517,520,526,527,528,529,537,539,541,543,546,549,574,575,577,578,583,586,595,603,617,642,669,671,672,680,681,684,689,690,691,692,695,698,704,710,711,713,714,716,717,718,726,727,728,732,735,736,737,748,751,753,766,767,768,769,773,777,781,784,788,790,791,792,796,798,799,800,802,823,825,826,827,834,836,838,841,842,854,855,860,861,865,866,874,875,877,879,880,882,884,888,889,895,899,901,904,937,940, 945, 949, 950, 976, 1008, 1025, 1035, 1037, 1040, 1044, 1045, 1054, 1056, 1061, 1071, 1073, 1074,1098,1107,1108,1113,1117,1123

盐酸吗啉胍 91, 92, 96, 100, 113, 144, 171, 183, 205,222,271,272,282,300,315,338,345,353,357,370,373,381,384,479,583,585,635,683,688,691,701,705,706,722,725,728,729,740,746,754,755,756,766,776,779,780,788,789,790,793,794,804,813,817,820,828,836,837,839,841,843,850,853,871,872,873,882,885,889,893,895,899,908,912,913,922,934,938,940,953,955,963,965,979,982,

1029,1043,1056,1078
氧化亚铜　24,1049
氧乐果　60,61,70,79,108,117,129,130,131,175,196,225,226,243,245,251,252,253,255,266,270,276,287,293,295,304,307,308,309,311,312,313,322,323,324,325,328,329,330,331,333,334,336,337,340,344,348,350,360,362,363,364,368,370,372,377,389,390,393,396,399,402,407,408,421,428,434,531,539,585,589,603,667,669,673,677,694,706,720,741,746,775,794,813,839,901,906,909,910,1024,1035,1039,1045,1046,1062,1102,1103
野麦畏　17,130,560,590,609
野燕枯　943
叶枯唑　76,396,408,1010,1027,1076,1082,1091,1111
依维菌素　1084
乙草胺　18,46,47,49,54,55,57,60,62,66,69,73,75,79,80,81,84,89,100,112,131,134,162,175,188,201,203,205,212,215,216,222,223,248,249,250,259,261,274,287,288,292,300,301,302,306,307,308,309,310,312,313,316,318,319,321,324,329,330,334,335,339,341,342,344,348,349,350,351,353,354,356,360,361,362,363,366,367,369,370,371,372,373,374,375,376,377,379,380,384,385,399,401,404,408,409,412,413,414,415,416,417,423,427,428,429,430,435,436,437,438,439,440,441,442,443,444,445,446,447,449,450,451,455,456,457,460,461,462,464,465,467,468,475,476,485,488,489,490,491,492,497,500,502,504,507,510,511,512,519,520,521,527,528,531,533,540,544,546,549,555,556,557,559,561,566,567,569,574,576,577,582,592,593,596,603,611,612,617,618,622,623,630,632,634,642,644,649,658,660,667,668,671,672,673,675,676,677,678,679,680,681,682,683,684,691,692,695,697,698,704,709,711,712,713,714,725,726,727,728,730,733,734,735,736,742,743,744,746,747,751,760,761,762,763,765,772,773,781,782,783,784,785,787,788,792,797,798,799,800,801,802,804,806,813,814,821,822,825,826,829,833,834,835,836,837,838,841,842,848,852,853,857,858,859,860,861,866,867,869,877, 880,884,887,888,889,890,894,895,899,901,904,931,959,977,979,981,982,991,1024,1029,1037,1040,1042,1046,1050,1060,1064,1066,1072,1073,1074,1078,1089,1090,1094,1096,1099,1100,1101,1102,1103,1107,1115,1116,1117
乙虫腈　9,977,1068,1124
乙基多杀菌素　22
乙螨唑　31
乙霉威　30,50,507,508,706,818,820,837
乙嘧酚　635
乙嘧酚磺酸酯　974
乙酸铜　92,96,113,144,171,183,271,282,300,345,353,357,370,381,384,432,479,583,585,701,706,722,725,728,729,746,754,755,756,766,770,776,779,780,786,788,789,793,804,813,820,828,837,839,84 1,843,850,853,871,872,873,882,885,889,893,895,908,912,922,938,963,965,982,1029,1056,1078
乙蒜素　77,229,231,306,311,325,327,334,346,349,364,545,669,793,1043,1093
乙羧氟草醚　73,362,367,465,469,510,511,529,564,689,698,707,721,736,785,789,798,826,834,837,838,843,854,860,1040,1045
乙烯利　44,65,74,112,115,131,133,136,175,201,206,226,236,243,250,255,260,262,265,277,290,294,299,304,305,306,307,317,318,335,336,342,346,353,369,395,443,444,454,455,456,480,485,486,508,510,512,522,523,535,542,543,572,583,619,637,699,728,731,739,741,742,744,752,783,863,882,907,944,951,965,978,988,999,1011,1013,1014,1028,1066,1108,1109
乙酰甲胺磷　40,41,96,98,99,109,136,156,157,162,176,178,207,211,243,250,255,259,260,262,278,283,284,285,331,332,354,360,361,367,373,377,378,391,393,405,409,420,421,430,434,497,506,507,508,518,545,552,582,586,614,618,629,639,652,654,655,664,685,688,690,727,761,763,769,775,778,827,923,992,994,996,999,1027,1035,1043,1046,1051,1062,1082,1088,1091,1096,1101,1102,1104,1105,1109,1115
乙氧呋草黄　163,479,1125
乙氧氟草醚　20,21,39,56,84,133,306,372,374,378,435,437,465,467,475,479,514,519,527,553,557,566,571,582,602,603,617,669,672,682,689,727,735,759,763,781,784,788,798,800,802,824,

833,835,860,869,896,945,978,979,981,985,986,998,1045,1055,1074,1077,1078,1080,1083,1089,1107

乙氧磺隆 8,498,528

异丙草胺 54,80,87,153,226,248,287,288,301,312,313,328,341,344,353,370,374,375,436,437,441,443,448,451,461,463,476,510,519,520,527,574,575,603,622,672,678,679,680,684,689,697,698,705,711,716,721,730,732,734,742,747,750,767,782,785,787,788,797,799,814,826,828,829,836,838,852,854,859,864,877,880,887,889,890,895,949,981,1036,1100,1126

异丙甲草胺 32,33,55,81,105,112,115,215,224,242,306,310,316,324,335,357,366,369,370,372,375,407,414,418,423,456,461,463,473,484,506,507,510,511,555,557,632,642,658,672,675,676,681,682,698,713,715,728,731,733,734,735,736,737,746,752,772,781,782,784,788,797,799,800,803,821,822,825,834,841,852,860,865,866,868,874,877,887,888,889,890,895,945,959,979,1035,1040,1044,1055,1072,1074,1100,1102,1103,1112,1116

异丙隆 47,49,50,52,54,75,460,462,467,473,475,476,480,490,492,502,503,519,540,544,547,557,558,559,566,569,573,576,620,700,860,1010,1072,1073

异丙威 20,45,49,62,63,65,66,68,72,73,76,77,80,83,94,113,118,124,125,126,132,135,136,139,142,143,145,149,156,162,168,170,175,176,179,181,182,184,187,188,191,192,193,194,196,199,202,203,204,206,208,211,215,216,218,219,226,229,230,251,262,290,294,297,302,314,315,316,317,318,319,322,323,324,331,341,347,356,357,359,360,367,387,388,390,391,396,398,403,404,408,412,414,416,417,418,420,422,423,424,425,426,427,428,429,430,431,433,434,435,459,462,463,468,469,475,476,479,483,488,489,491,492,495,501,504,512,515,530,532,533,535,538,543,545,553,557,567,569,571,576,581,582,583,584,589,596,602,626,627,628,630,632,633,634,636,638,639,641,642,644,645,646,647,648,650,652,653,655,656,657,658,659,660,662,663,664,668,712,718,719,722,725,727,739,740,743,748,755,756,760,763,773,779,788,792,799,800,802,822,823,831,839,880,884,886,890,901,913,916,918,919,920,922,926,931,933,938,952,954,956,959,960,965,968,970,973,975,979,992,1016,1023,1025,1026,1032,1049,1069,1078,1081,1087,1088,1089,1092,1093,1096,1101,1110,1114

异稻瘟净 66,72,142,187,192,196,208,211,302,360,396,408,416,420,426,431,464,471,476,490,512,516,582,628,632,634,635,640,642,644,645,654,656,658,659,664,699,907,913,926,938,991,1026,1049,1077,1083,1088,1092,1096,1101,1111,1115

异噁草松 15,16,45,46,47,55,56,58,84,85,131,134,135,153,154,215,249,259,287,288,353,371,372,374,375,376,377,380,418,437,439,442,444,459,463,464,465,475,489,495,501,509,510,511,516,528,549,567,597,610,633,672,677,678,679,680,681,682,685,692,693,694,697,702,706,733,734,736,743,783,791,797,798,821,826,834,838,854,860,869,873,874,878,882,900,901,999,1057,1084,1085,1086,1116,1117,1118

异菌脲 15,16,92,93,95,106,136,137,141,142,147,170,173,180,186,191,195,228,240,253,270,272,303,323,341,350,353,381,463,485,486,502,503,504,506,507,508,514,516,530,568,604,608,635,708,722,725,728,738,743,749,751,752,755,756,765,773,781,789,803,809,814,820,845,863,871,884,886,888,890,894,902,908,909,911,916,920,923,927,930,938,941,945,957,959,964,966,970,972,995,996,998,1032,1036,1043,1067

抑霉唑 2,23,39,40,102,191,221,352,802,820,938,941,943,945,960,962,963,1077,1078

抑霉唑硫酸盐 40

抑食肼 478,547,601,635,730,897,1075

抑芽丹 18,163,610,901

茵草敌 561

吲哚丁酸 112,113,377,1013,1014,1015,1029,1076,1115

吲哚乙酸 7,37,89

印楝素 227,309,409,606,687,765,1003,1065,1067,1089

茚虫威 13,14,19,39,95,131,149,241,265,407,466,469,560,572,579,583,589,601,604,644,707,708,718,753,818,931,932,950,1074,1080

荧光假单胞杆菌 536

莠灭净　39,81,134,193,202,205,210,212,213,215,216,217,219,223,296,437,487,521,568,638,657,668,672,673,714,728,734,736,737,773,782,783,785,791,798,827,859,861,865,866,867,888,924,1063,1099,1100,1126
莠去津　35,36,37,46,48,51,54,56,58,60,63,65,67,71,73,75,81,84,85,86,87,104,110,113,134,135,173,218,219,233,237,248,249,250,259,265,274,286,287,288,289,291,292,294,301,302,306,310,311,312,313,316,318,319,324,328,329,330,334,339,340,341,344,345,350,353,357,361,366,374,376,385,435,436,437,438,439,441,442,443,444,445,446,447,448,449,450,451,464,477,481,496,497,507,510,519,520,526,528,556,559,575,577,588,603,616,622,668,669,670,671,672,673,675,677,678,680,681,683,684,685,691,692,696,697,698,705,706,711,712,714,716,717,718,721,725,726,727,728,730,731,732,733,734,735,736,737,742,743,744,747,748,750,751,767,769,772,773,781,782,783,784,787,790,791,792,797,798,799,800,803,814,825,826,827,828,829,834,836,837,838,841,842,852,854,857,858,859,860,861,864,865,866,869,870,874,875,877,879,880,884,887,888,889,890,894,895,899,909,924,925,942,945,949,950,977,981,1025,1026,1037,1040,1045,1046,1056,1063,1064,1071,1072,1073,1098,1099,1100,1108,1113,1116,1117,1125,1126
右旋胺菊酯　11,24,25,31,65,72,83,96,117,119,128,137,152,156,160,165,167,173,190,207,232,247,255,276,292,293,298,320,326,424,451,533,570,598,631,643,755,810,811,987,1017,1034
右旋苯醚菊酯　1,31,72,83,117,137,167,173,189,190,231,247,256,292,293,380,427,434,451,533,534,570,598,605,643,748,862,980,982,993,994,1003,1018,1034,1059,1070
右旋苯醚氰菊酯　11,25,31,96,109,117,119,120,121,128,129,137,152,155,160,164,165,167,189,191,206,217,246,247,248,257,404,424,451,480,522,534,548,570,575,598,599,605,811,910,1017,1018,1019,1021,1034,1048,1070,1090,1091,1104,1108,1125
右旋苯氰菊酯　152,173,190,631,643,1101
右旋苄呋菊酯　24,31
右旋反式胺菊酯　128
右旋反式氯丙炔菊酯　96,174,256,534,598,599,775,1060
右旋反式烯丙菊酯　276,598
右旋烯丙菊酯　31,68,128,154,155,156,160,164,174,189,206,210,231,232,234,246,426,432,451,598,605,643,988,989,992,993,994,1017,1021,1031,1033,1034,1112,1124,1125
右旋烯炔菊酯　29,31,164,165,190,452,598,720,1019,1034,1060
右旋樟脑　631,985
诱虫烯　7,12,409,985
鱼藤酮　136,157,160,167,168,175,211,275,281,295,957
芸苔素内酯　7,106,126,133,136,140,155,168,176,177,192,304,315,329,333,443,444,666,668,768,872,941,967,982,1005,1028,1029,1064,1065,1089,1112,1114
樟脑　116,118,149,156,161,162,188,451,569,572,573,597,621,647,800,979,980,990,1018,1059,1060
蟑螂病毒　409
中生菌素　116,146,148,185,186,187,886,887,920
种菌唑　18
仲丁灵　1,130,131,224,516,629,633,634,638,659,711,733,734,735,752,760,781,782,799,813,860,881,901,1045
仲丁威　50,63,65,71,72,73,75,77,89,133,142,143,168,181,184,187,192,193,201,202,203,204,205,209,210,212,214,219,221,230,321,341,357,359,391,395,401,417,418,422,425,431,433,461,462,475,482,483,491,495,530,547,571,589,595,596,602,627,628,631,632,634,639,644,645,646,648,650,652,653,655,656,659,660,664,665,699,712,759,760,775,800,801,842,849,852,865,926,927,930,934,935,1020,1041,1052,1076,1095,1096,1110
唑胺菌酯　696
唑草酮　16,49,86,288,353,459,509,528,567,568,737,874,948,949,976,1033,1074,1075,1116
唑菌酯　696
唑啉草酯　35,36
唑螨酯　27,48,86,87,90,94,144,183,195,225,230,255,299,469,473,485,486,551,602,625,715,

723,752,753,807,808,815,816,817,820,828,832,
842,915,918,922,934,937,939,944,950,957,962,
965,966,969,1033,1056
唑嘧磺草胺 21,22,609
唑嘧菌胺 5

索引（三）
（按登记名称）

0.37%健强杀虫气雾剂　266
0.3%福马克拉-AS气雾剂　25
0.46%家居安杀虫气雾剂(C型)(醇基)　152
0.4%癞蛤蟆杀虫气雾剂　266
0.5%阿维菌素乳油　106
13毫克/片贝斯特牌电热蚊香片　114
1-甲基环丙烯　18,728,1033
2,4-滴　56,113,273,384,394,478,486,537,561,680,772,783,867,900,1071
2,4滴丁酯　537
2,4-滴丁酯　55,130,131,272,273,288,322,375,376,383,384,397,435,437,443,444,487,497,511,537,617,677,678,680,713,735,750,772,773,784,799,860,867,869,914,1039
2,4-滴二胺　680
2,4-滴二甲胺盐　378,384,393,478,487,523,537,561,772,784,867,868,999,1071
2,4-滴钠盐　113,384,487,537,867,1014
2,4-滴钠盐(96%)　1013
2,4滴三乙醇胺盐　678
2,4-滴异辛酯　21,66,380,441,487,523,537,565,680,868,869
25%绿麦隆可湿性粉剂　856
2甲4氯　1,2,4,66,296,384,523,537,868
2甲4氯二甲胺盐　563,868
2甲4氯钠　2,54,55,66,67,71,78,110,111,206,217,306,313,330,331,384,397,444,455,486,491,510,511,529,537,596,608,670,672,686,711,736,783,800,825,826,860,945,964,1025,1081,1126
2甲4氯钠盐　383,387,491,597,670,1081
2甲4氯异辛酯　488,537,868,869
2甲·苯磺隆　341
2甲·苄　545,1073
2甲·草甘膦　103,104,110,111,217,223,309,317,345,590,591,990,1117
2甲· 草甘膦　56
2甲·绿麦隆　330
2甲·氯氟吡　112,1008,1117
2甲·麦草畏　950
2甲·灭草松　4,377,380,383,384,435,520,669,670,673,683,717
2甲·灭·敌隆　437
2甲·双氟　23
2甲·溴苯腈　486
2甲·烟嘧　671
2甲·异丙隆　569
2甲·莠·敌　657
2甲·莠灭净　193,212,217,437
2甲·莠去津　783
2甲·唑草酮　528,567,568,948,949
2-(乙酰氧基)苯甲酸　426
2,4-滴丁酯　455,680
2,4-滴钠盐　1014
2,4-滴异辛酯　523,681
36%甲基硫菌灵悬浮剂　505
40%百菌清可湿性粉剂　345
40%稻瘟灵乳油　419
40%丁·莠悬浮剂　444
50%醚菌酯水分散粒剂　817
55%甲拌磷乳油　324
70%吡虫啉水分散粒剂　1119
70%甲基硫菌灵可湿性粉剂　515
900克/升乙草胺乳油　362,444
C型肉毒杀鼠素　701
C型肉毒梭菌毒素　701
D型肉毒梭菌毒素　580,700
Es-生物烯丙菊酯　31,189,434,451,598
R-烯唑醇　30,493
S-氰戊菊酯　30,31,178,377,400,482,502,503,531,539,564,601,613,615,761,762,807,936,1019,1039,1048,1060,1118
S-氰戊菊酯　617
S-生物烯丙菊酯　31,451,598
S-诱抗素　1014,1015
S-诱抗素水剂　1014
zeta-氯氰菊酯　16,506,567,674
Zeta-氯氰菊酯　568
α-氯代醇　1032
阿维·苯丁锡　221,831,926
阿维·吡丙醚　838
阿维·吡虫啉　133,144,151,153,170,185,194,214,297,342,358,406,407,468,518,566,594,625,629,656,714,818,886,925,931,962,963,965,968,983,1032,1067,1083,1084,1098

阿维·吡蚜酮 942,963,967
阿维·丙溴磷 146,412,477,662,668,886
阿维·柴油 713
阿维·除虫脲 315
阿维·哒螨灵 44,45,54,59,70,100,101,118,122,137,143,156,172,173,186,192,229,254,259,271,284,292,297,298,299,301,302,322,324,342,346,356,362,369,393,412,415,441,468,500,507,582,629,644,701,705,710,714,757,759,773,792,803,825,849,856,878,880,886,893,909,939,948,955,974,981,1056,1065,1098
阿维·单甲脒 232
阿维·敌敌畏 82,91,94,141,269,284,705,819,824,835,1003,1009,1051
阿维·丁虫腈 650
阿维·丁硫 98,698
阿维·丁醚脲 127,147
阿维.啶虫脒 876
阿维·啶虫脒 43,186,195,220,285,288,302,358,507,525,665,726,731,786,803,816,898,925,932,938,962,967
阿维·毒死蜱 70,77,105,123,143,150,156,161,168,170,182,183,192,196,202,203,204,209,210,213,215,228,231,246,254,259,286,292,302,303,332,345,357,389,394,415,422,423,432,441,459,468,476,485,494,495,501,562,611,615,628,634,645,648,649,655,662,668,706,714,779,781,786,790,794,819,825,838,883,903,928,935,945,968,978,981,1002,1017,1065,1078,1096,1105,1113
阿维·多·福 696
阿维·二嗪磷 472
阿维·氟啶脲 1002
阿维·氟铃脲 214,420,468,481,535,566,631,653,667,751,770,791,855,966
阿维·氟酰胺 1068
阿维·高氯 45,48,63,67,70,74,82,92,94,99,106,110,113,118,123,136,138,144,150,153,157,158,161,185,193,198,210,220,226,238,248,249,251,253,257,260,262,273,282,284,290,291,297,299,312,320,321,323,328,333,336,338,339,344,351,358,361,364,366,367,403,406,407,415,420,467,515,546,566,585,603,615,630,632,636,638,647,650,656,675,701,705,709,732,739,742,744,746,749,763,765,768,769,773,786,789,790,791,792,795,805,808,813,822,826,828,833,846,862,863,884,890,896,898,901,914,925,933,951,958,968,981,982,983,1020,1027,1035,1042,1047,1051,1055,1065,1097
阿维·高氯氟 105,186,197,200,204,213,271,281,321,495,533,584,615,616,886,887,1104
阿维·甲虫肼 618,950
阿维.甲氰 876
阿维·甲氰 90,142,160,161,186,193,213,263,341,726,753,758,770,781,800,801,816,820,824,835,844,878,896,955,972,1100,1119
阿维菌素 32,34,43,44,45,57,58,59,61,62,64,67,69,70,71,73,74,78,79,82,86,90,91,92,94,102,104,105,114,115,121,122,125,126,127,130,131,132,133,136,139,143,145,146,147,150,153,154,155,156,160,161,167,168,169,171,172,179,180,182,183,184,185,187,191,192,194,195,196,197,198,200,201,203,205,209,210,213,215,219,220,221,222,223,224,225,226,227,228,229,231,236,237,238,240,242,243,244,247,248,249,250,251,252,253,254,255,257,258,259,260,261,263,264,267,268,269,271,274,276,277,281,283,285,286,288,289,290,291,292,293,294,295,296,297,298,299,300,301,303,304,308,309,311,313,314,315,318,319,321,324,325,326,327,331,332,336,337,338,342,343,344,349,350,355,358,359,365,368,373,379,380,382,387,390,392,394,395,396,397,398,403,405,406,409,411,412,413,414,415,417,422,423,424,429,430,431,432,439,452,456,457,473,474,477,479,480,487,488,491,493,494,500,510,511,515,517,525,533,543,545,558,573,575,579,582,585,611,616,623,625,628,629,630,633,634,637,638,641,642,644,645,649,652,655,656,657,658,659,660,662,663,665,667,668,669,670,671,687,689,691,697,699,700,705,708,709,710,711,713,714,715,716,717,722,723,725,727,729,730,732,735,738,739,744,746,748,749,751,752,755,757,759,765,766,768,769,771,772,774,775,777,780,781,785,788,789,790,791,794,795,796,801,802,804,805,806,808,809,813,815,816,820,822,823,826,830,831,832,834,835,838,839,841,842,844,846,847,849,850,852 ,855,856,860,862,864,867,870,872,873,875,876,877,879,880,881,882,883,884,885,887,888,889,890,891,893,

895,898,900,901,904,906,907,908,910,918,921,922,923,924,928,929,931,932,933,935,936,944,945,948,953,955,956,957,965,966,970,971,983,984,988,990,991,992,995,999,1002,1003,1004,1016,1020,1022,1032,1035,1042,1043,1045,1046,1047,1052,1057,1075,1077,1083,1084,1087,1092,1095,1097,1098,1101,1107,1113,1126
阿维·矿物油　75,90,91,105,144,168,171,197,213,227,235,236,250,262,267,269,270,274,285,286,289,329,341,344,359,361,363,382,406,668,669,739,748,750,764,771,794,796,815,825,833,849,853,873,922,934,953,954,956,974,1042,1045,1056
阿维·联苯菊　567,949
阿维·螺螨酯　149,920,990
阿维·氯苯酰　37
阿维·氯氰　77,150,157,167,182,201,211,392,571,634,654,658,669,738
阿维·马拉松　370,1096
阿维·灭蝇胺　818,948
阿维·灭幼脲　148,182,304,447
阿维·氰戊　409,759
阿维·炔螨特　106,173,182,186,213,415,494,640,656,661,705,714,770,816,822,832,836,885,893,931,939,1002,1032
阿维·噻虫嗪　708
阿维·噻螨酮　143,416,708,930
阿维·噻嗪酮　423,922
阿维.噻唑膦　104
阿维·噻唑膦　310
阿维·三唑磷　61,88,127,133,138,143,145,197,209,222,259,260,277,287,297,362,382,426,465,468,472,497,501,503,512,535,547,562,566,582,595,603,617,629,634,642,645,653,660,684,705,715,716,732,737,771,833,879,893,940,955,979,983,1002,1022,1032,1079,1084,1097
阿维·三唑锡　127,161,172,186,297,820,838,847,887,920,930,938
阿维·杀虫单　87,91,92,101,111,137,193,197,210,212,226,230,284,302,356,535,645,689,844,898,904,968,981,1081
阿维·杀铃脲　447
阿维·杀螟松　415,593,627
阿维·双甲脒　456
阿维·四螨嗪　147,161,186,270,759,821,838,887,922,938
阿维·苏云菌　82,88,91,115,123,125,143,151,161,167,182,197,316,389,394,403,406,410,468,602,661,667,707,898,934,941,1009,1105
阿维·烯啶　942,963
阿维·辛　202
阿维·辛硫磷　90,91,107,141,143,150,160,181,193,210,213,228,260,269,277,283,318,351,356,383,422,585,611,706,737,753,781,863,871,922,933,943,1020,1044,1046,1060,1079,1084,1097,1119
阿维·溴氰　193,939
阿维·抑食肼　547,635
阿维·印楝素　1003
阿维·茚虫威　950
阿维·鱼藤酮　275
阿维·仲丁威　1095
阿维·唑螨酯　962,966,1033
矮壮·多效唑　305
矮壮·甲哌鎓　318,366,699,767,1056
矮壮素　44,101,112,255,265,304,316,336,342,700,713,744,786,793,823,876,951,965,1011,1013,1028,1109
安·宁·乙呋黄　163,479
桉油精　101
氨氟乐灵　37,610,1033
氨磺乐灵　1033,1106
氨基·氟硅唑　231
氨基寡糖素　97,126,194,198,223,230,231,235,652,674,751,796,841,842,881,900,947,1005
氨基·嘧菌酯　231
氨基·嘧霉胺　231
氨基·戊唑醇　231
氨基·烯酰　231
氨基·乙蒜素　231
氨氯吡啶酸　112,281,282,412,434,546,843,868,1006,1007,1081,1097,1124
氨氯·二氯吡　113,1008
氨酰丙酸盐酸盐　621
胺苯磺隆　52,55,418,475,526,539,540,548,564,588,594,611,675,693,697
胺·吡·草除灵　398
胺菊酯　31,139,189,434,451,598

胺·喹·草除灵 55
胺·氯·高氯菊 96
胺·氯菊 61,167,198,552,586,1101
胺鲜·甲哌鎓 115,335,932
胺鲜·乙烯利 115,335,1014
胺鲜酯 115,168,169,334,1013
百草枯 38,42,47,50,55,81,101,108,110,114,118,130,136,138,139,143,171,176,182,188,193,195,202,209,210,212,213,217,221,234,236,242,257,258,260,268,271,280,284,290,291,295,310,312,339,343,346,348,350,351,352,356,359,361,364,365,378,393,394,405,412,425,439,440,443,546,547,556,577,590,591,616,617,624,625,632,633,647,650,656,659,663,666,672,700,706,711,714,727,731,734,735,742,746,752,766,768,769,771, 772,773,777,778,779,782,784,787,788,792,798,800,821,825,827,829,834,835,843,858,860,861,862,864,866,867,884,887,895,907,908,909,911,912,914,917,924,927,928,948,979,992,994,999,1000,1024,1026,1031,1034,1040,1045,1046,1055, 1056, 1064, 1072, 1079, 1087, 1089, 1090,1097,1113,1119,1124
百草枯二氯化物 1033
百·多·福 1051
百·福 91,293,606,689,738,971,973,1054
百·福·福锌 705
百菌清 20,29,35,38,81,89,93,94,95,100,132,142,143,146,170,175,179,181,192,195,201,229,271,272,273,275,284,290,299,305,310,314,315,316,317,319,322,323,333,335,340,342,344,345,346,347,364,365,368,380,414,421,427,434,448,456,457,513,517,518,574,585,590,597,605,606,607,608,609,610,621,624,632,683,685,697,722,728,741,742,760,773,780,815,828,830,852,865,866,867,868,869,876,877,884,894,898,902,906,907,911,913,914,916,917,923,926,927,944,957,959, 969, 970, 971, 978, 988, 990, 994, 995, 998,1001,1015,1021,1023,1052,1066,1073,1088
百·锌·福美双 789
拌·福·乙酰甲 1062
拌种灵 554
拌种双 853
拌种·双 554
倍硫磷 625,720,996,999,1088,1090,1109
倍硫磷原油 1109
苯·吡·甲草胺 684
苯·苄·甲草胺 683,782
苯·苄·乙草胺 417,427,430,476,622,642,644,668
苯·苄·异丙草 418
苯·苄·异丙甲 414,473
苯丁·哒螨灵 87,150,155,171,197,303,345,816,820,933,952,968,1013
苯丁·联苯肼 950
苯丁·炔螨特 831,949
苯丁锡 3,5,92,102,105,150,151,170,226,572,636,817,830,855,878,913,936,944,949,960,964,976,978,995,1085,1086,1087
苯磺·甲磺隆 518
苯磺隆 12,13,40,46,53,55,58,59,69,72,73,75,76,77,80,84,85,86,87,89,91,99,113,134,153,172,248,276,283,287,288,294,301,304,306,307,311,312,316,319,324,334,338,340,342,343,350,352,353,354,356,361,362,364,366,387,401,440,460,461,462,464,467,473,476,492,496,497,499,500,502,503,509,510,514,526,528,529,530,531,536,539,549,557,560,566,574,582,586,588,592,594,599,600,601,611,622,634,642,658,660,675,676, 689,693,694,696,712,716,721,724,727,733,736,745,750,761,762,773,782,784,790,798,799,800,802,822,825,835,853,858,859,867,874,887,924,945,960,975,976,981,1000,1022,1036,1038,1044, 1049, 1050, 1071, 1072, 1073, 1079, 1085,1101,1116
苯磺·氯磺隆 981
苯磺·炔草酯 86,470,583
苯磺·异丙隆 467,473,476,480,503,544,557,576,860
苯甲·吡虫啉 803
苯甲·丙环唑 34,50,56,64,77,88,89,93,105,139,145,146,149,153,175,183,184,194,213,231,241,308,358,396,407,415,416,417,432,441,466,469,470,473,482,497,501,524,571,608,629,630,636,651,656,661,665,717,740,802,808,817,820,831,832,837,844,872,877,881,885,918,947,954,986,992,997, 1008, 1045, 1078, 1080, 1090, 1097,1105,1113
苯甲·丙森锌 941,971

苯甲·多菌灵　186,220,893,920,941,962
苯甲·福美双　747
苯甲·己唑醇　708
苯甲·锰锌　148,226,920,930,940
苯甲·咪鲜胺　93,756,832,963,1117
苯甲·醚菌酯　718,751,890,920,942,966
苯甲·嘧苷素　934
苯甲·嘧菌酯　20,36,93,173,175,501,665,708,764,809,818,829,838,881,920,931,963,1081
苯甲·霜霉威　926
苯甲·戊唑醇　726
苯甲·抑霉唑　962
苯甲·中生　116,148,186,886,887
苯甲、嘧菌酯　890
苯菌·福·锰锌　739
苯菌灵　56,202,417,455,507,592,946,996,999
苯醚·丙环唑　366,601,604,938,966,1008
苯醚甲环唑　34,35,87,88,89,90,92,94,103,127,130,139,144,145,148,169,171,183,184,185,195,221,224,227,230,241,242,244,254,255,290,292,295,298,302,313,340,345,358,367,470,471,479,494,524,525,529,601,608,609,623,629,641,652,708,717,720,723,724,726,728,729,733,740,746,747,751,755,756,757,765,786,808,819,823,829,830,832,836,837,844,868,872,877,878,881,885,896,903,910,914,918,920,921,925,929,930,932,939,940,941,948,952,957,961,962,963,965,969,971,972,977,985,986,997,1004,1008,1010,1016,1036,1042,1043,1047,1056,1078,1080,1081,1086,1097,1104,1105,1107,1113
苯醚·甲硫　186,831,966,967
苯醚·甲硫灵　93
苯醚·咯菌腈　36
苯醚·咯·噻虫　37
苯醚·咪鲜胺　751,926
苯醚·噻霉酮　969
苯醚·戊唑醇　962
苯嘧磺草胺　5
苯嗪草酮　82,281,531,565,1106
苯氰·残杀威　404,599
苯氰·右胺菊　31
苯噻·吡磺隆　205
苯噻酰草胺　177,374,418,434,435,439,460,462,502,506,532,623,675,684,784,1071
苯酰菌胺　17,674
苯酰·锰锌　17
苯锈·丙环唑　37
苯锈啶　37
苯氧威　333
苯·唑·2甲钠　568
苯唑草酮　5
苯·唑·氯氟吡　950
吡·拌·福美双　49
吡丙·吡虫啉　986
吡丙醚　31,99,154,156,202,504,518,551,553,560,604,619,628,923,986,1086
吡草醚　27,875
吡虫·毒死蜱　103,154,197,209,356,420,501,725,743,817,818,835,978,1025,1123
吡虫·多菌灵　532,538
吡虫·矿物油　197,235,764
吡虫啉　1,7,8,41,44,45,48,49,50,53,55,56,57,59,60,61,69,70,74,76,78,79,85,89,90,91,92,93,94,101,105,106,109,113,114,118,121,125,127,132,135,136,140,145,146,149,156,167,169,171,176,178,179,183,184,185,186,188,191,195,197,198,200,204,205,207,212,213,220,224,226,227,229,233,235,236,237,238,240,242,243,244,245,246,248,249,250,251,253,254,257,261,262,264,265,267,268,269,270,271,276,277,280,282,283,285,286,288,289,290,291,292,294,298,303,304,305,308,309,311,312,313,319,320,321,326,327,328,329,330,331,334,336,337,339,342,343,349,352,356,357,358,359,360,363,364,367,368,369,388,391,392,395,396,400,406,407,410,413,415,416,420,422,428,435,438,441,452,454,456,457,459,462,463,465,466,468,469,471,472,473,475,477,479,481,482,487,491,492,493,496,497,499,500,501,503,504,506,508,509,512,513,514,515,516,517,521,522,527,528,529,531,532,533,537,538,541,542,543,544,545,547,548,549,550,551,552,553,557,558,559,560,563,569,573,575,576,578,579,580,583,586,587,588,589,590,595,598,599,600,610,612,615,616,619,620,621,625,626,630,632,635,637,638,647,648,652,654,657,659,662,665,671,674,685,692,700,701,703,704,707,709,710,713,714,715,717,719,723,724,725,727,728,729,731,732,733,736,739,740,743,744,

745,747,749,750,751,752,753,754,755,757,759,764,765,766,767,770,774,778,780,786,789,790,791,793,794,795,798,801,802,804,805,807,808,809,815,816,817,820,821,823,824,828,831,833,837,839,840,846,848,849,850,851,855,856,862,863,864,865,867,869,871,872,877,878,879,880,885,890,895,896,897,903,905,906,907,908,910,912,918,919,923,925,926,928,929,931,932,933,935,939,946,947,948,949,952,953,955,957,958,960,961,966,969,970,971,972,973,975,977,980,982,983,984,986,987,992,995,998,1000,1004,1008,1014,1016,1025,1029,1030,1038,1039,1042,1043,1045,1056,1057,1061,1062,1068,1070,1072,1076,1078,1080,1083,1084,1092,1093,1101,1103,1107,1108,1113,1114,1115,1117

吡虫啉·噻嗪酮　1093

吡虫·灭多威　59,170,585,627,706,819,846,871,899,935,955,1101

吡虫·噻嗪酮　82,118,141,146,185,200,203,213,220,230,240,420,573,580,644,656,663,665,668,706,719,816,849,893,920,925,938,962,970,1078,1095,1097

吡虫·三唑磷　303,538,546,566,633

吡虫·三唑酮　57,475,491,523,531,532,578,581,602,913,980

吡虫·三唑锡　352,762,847

吡虫·杀虫安　1106

吡虫·杀虫单　52,57,59,69,87,99,107,110,114,151,157,196,209,216,223,226,244,262,309,313,315,321,334,336,356,357,362,363,366,367,391,405,408,413,433,454,463,489,495,498,499,500,506,523,531,532,535,538,544,545,547,563,566,570,578,581,587,588,593,603,611,626,630,634,638,656,658,660,663,713,739,786,787,790,792,795,822,862,863,864,907,913,933,951,957,971,975,980,983,1114

吡虫·杀虫双　133

吡虫·辛硫磷　140,257,265,273,284,313,332,356,780,911,914,921,931,933,938,1065

吡虫·氧乐果　393,1046

吡虫·异丙威　181,356,357,412,417,423,476,495,504,515,557,583,589,630,662,668,740,938,992,1087

吡虫·诱虫烯　7

吡虫·仲丁威　168,192,202,203,205,209,212,431,462,650,660,665,699

吡·多·福美双　78

吡·多·三唑酮　538,545,569,602

吡·噁·氟磺胺　682

吡氟·草甘膦　1122

吡氟禾草灵　28

吡氟酰草胺　84,463,487,518,553,604,696

吡·福·烯唑醇　132

吡·井·杀虫单　222,321,467,481,539,547,583,585,983

吡·硫·多菌灵　417

吡嘧·苯噻酰　60,103,172,214,288,375,376,379,442,444,504,510,520,529,549,673,690,692,1000,1032

吡嘧·丙草胺　353,798,861,1032,1073,1093,1116

吡嘧·丁草胺　520,550

吡嘧·二甲戊　681

吡嘧·二氯喹　171,423,504,520,521,529,550,694,798,1032

吡嘧磺隆　27,58,62,70,75,82,110,134,172,173,220,287,288,306,346,369,370,371,374,375,381,383,423,440,460,462,473,475,492,497,502,504,509,510,511,516,520,528,529,531,557,559,583,594,595,619,673,680,687,688,691,693,734,773,822,861,900,944,959,976,999,1032,1049,1072,1116,1123

吡嘧蹟隆　526

吡嘧·莎稗磷　673,680

吡嘧·唑草酮　1116

吡·萎·多菌灵　1036

吡·萎·福美双　233

吡·戊·福美双　441

吡·西·扑草净　529,673,1099

吡酰·异丙隆　462

吡蚜·啶虫脒　942

吡蚜·毒死蜱　311,618,662,942,1108

吡蚜·高氯氟　950,967

吡蚜·甲萘威　967

吡蚜·醚菊酯　237,950

吡蚜·噻虫啉　641,942

吡蚜·噻嗪酮　149,455,580,887,950

吡蚜·速灭威　580

吡蚜酮 35,48,49,56,64,80,81,95,147,154,173,186,214,237,238,239,241,268,271,317,358,359,363,452,454,455,473,477,492,495,501,535,538,560,564,579,580,595,616,624,629,630,636,650,657,662,695,707,726,757,817,818,821,831,832,838,887,920,930,931,932,939,949,963,967,988,990,1002,1029,1043,1074,1098,1108,1118,1120
吡蚜·异丙威 20,83,495,501,538,545,567,662,1089,1093
吡蚜·仲丁威 602
吡唑草胺 273,508,890,1075
吡唑醚菌酯 4
避蚊胺 15,434,523,598,720,976,987,990
苄氨·赤霉酸 24,474,658,967,1097
苄氨· 赤霉酸 1014
苄氨基嘌呤 474,1012,1014,1028,1029,1075
苄·苯·西草净 375
苄草丹 609
苄·丁 57,63,80,115,133,134,163,164,205,210,284,356,363,410,417,430,431,441,448,461,462,475,503,520,540,544,545,557,570,573,623,629,630,632,634,642,644,658,661,686,694,782,859,894,981,1021,1025,1050,1072,1089,1112,1116
苄·丁·草甘膦 571
苄·丁·扑草净 448
苄·丁·乙草胺 413,427,428
苄·丁·异丙隆 566
苄·噁·丙草胺 1117
苄·二氯 54,57,58,69,72,80,100,107,172,341,370,371,375,415,417,422,427,437,439,446,454,460,465,467,476,480,504,519,521,526,528,540,546,549,556,566,572,575,582,611,617,634,644,660,667,683,689,691,694,783,860,976,981,1030,1072,1096,1104,1116,1117,1121
苄·甲·乙 1090
苄·甲·异丙甲 461
苄嘧·苯磺隆 55,541,861
苄嘧·苯噻酰 53,57,60,66,69,77,80,100,110,112,135,169,172,177,193,205,210,214,241,315,328,363,369,370,371,376,381,407,418,427,429,435,438,439,444,445,448,461,464,467,500,502,504,520,532,540,544,556,559,564,566,570,581,588,595,611,617,622,644,660,676,683,684,691,692,696,785,861,978,980,1026,1072,1089,1093,1100,1112,1116,1119
苄嘧·丙草胺 50,60,73,147,172,173,205,215,369,415,423,428,430,441,465,473,476,490,498,503,527,544,557,570,571,583,618,623,637,638,654,657,662,665,745,861,948,992,1032,1073,1089,1090,1116,1117
苄嘧·草甘膦 56,215,540,1005
苄嘧·丁草胺 423,1026
苄嘧·二甲戊 382,669
苄嘧·禾草丹 13,469,976,1072,1090
苄嘧·禾草敌 462
苄嘧磺隆 12,53,65,68,73,75,79,80,85,135,294,299,306,331,349,369,371,375,376,377,385,411,435,436,439,442,445,446,448,460,461,463,468,475,497,502,503,504,510,511,520,526,527,528,533,539,540,556,569,574,587,594,595,641,642,689,691,692,694,767,826,860,875,945,961,964,975,976,980,996,999,1012,1015,1025,1072,1115,1116,1117
苄嘧·甲磺隆 13,540,975
苄嘧·哌草丹 1090
苄嘧·扑草净 528,1064
苄嘧·莎稗磷 442,737,985,1090
苄嘧·双草醚 214,541
苄嘧·西草净 436
苄嘧·异丙隆 503,558,569
苄嘧·唑草酮 976
苄·噻磺 475
苄·戊·异丙隆 547
苄·乙 47,55,62,69,75,80,84,112,134,302,330,341,367,408,409,412,413,414,415,416,423,429,430,440,455,464,468,475,497,504,510,520,521,528,533,540,544,549,557,566,569,576,612,622,630,632,642,644,658,660,667,677,683,684,695,783,859,981,1024,1072,1089,1090,1094,1096,1101,1103,1115,1117
苄·乙·二氯喹 428
苄·乙·甲 57,66,415,428,430,485,533,540,546,566,642,695,982,1066,1116
苄·乙·甲磺隆 428
苄·乙·扑 476
苄·乙·扑草净 223,351
丙草胺 32,33,46,49,81,86,134,154,217,342,

361,371,374,376,379,385,423,427,460,462,466,467,472,473,475,480,481,508,521,532,541,556,557,571,588,618,622,623,637,638,661,672,680,682,689,698,734,735,781,784,797,799,867,874,884,889,960,1072,1102,1103,1116
丙草·异丙隆 1072
丙·噁·滴丁酯 153,679,680
丙·噁·嗪草酮 679
丙环·咪鲜胺 40,169,539,567,583
丙环·嘧菌酯 37,708,818,829,950
丙环·戊唑醇 227,1074
丙环唑 21,22,32,33,35,38,39,46,55,62,70,74,86,89,92,94,101,102,105,115,126,133,139,141,142,147,158,160,161,168,169,179,180,183,187,189,191,192,195,201,214,216,218,219,224,226,227,229,240,241,242,249,252,258,261,291,302,321,325,327,335,340,341,342,348,351,352,356,365,387,403,414,433,456,457,461,462,470,479,486,494,496,523,525,526,529,530,531,534,536,537,542,559,565,578,592,597,600,608,610,614,623,628,635,639,648,659,666,687,704,710,713,719,722,723,725,727,728,729,734,738,745,746,756,759,766,772,779,780,785,791,796,798,802,803,817,818,823,825,828,829,830,837,842,844,847,854,863,865,867,870,872,874,875,881,883,890,891,894,899,906,908,913,915,916,917,918,921,922,923,927,928,930,933,936,938,939,944,952,957,966,969,970,985,986,988,995,1001,1006,1007,1008,1015,1022,1024,1039,1043,1048,1054,1062,1074,1076,1079,1082,1084,1085,1098,1107,1115
丙硫克百威 26,419
丙硫唑 222
丙炔噁草酮 9,61
丙炔氟草胺 30,1074
丙森·多菌灵 127,358,495,542,550,786,836,892,903
丙森·己唑醇 950,963
丙森·甲霜灵 459
丙森·腈菌唑 966
丙森·膦酸铝 969
丙森·咪鲜胺 942
丙森·醚菌酯 298,963,966
丙森·霜脲氰 127,225,609,832,979
丙森·霜脲氰 232
丙森·戊唑醇 173,701,838
丙森·缬霉威 8
丙森锌 8,146,161,182,221,280,369,493,550,608,711,740,818,820,846,878,886,919,925,930,940,944,962,966,1033,1043,1051,1080
丙森锌 888
丙森·异菌脲 941
丙威·毒死蜱 136,230,469,476,655
丙酰芸苔素内酯 29,516
丙·辛 732
丙溴·敌百虫 54,56,458
丙溴·毒死蜱 662,1122
丙溴·氟铃脲 452,756,831,872,873
丙溴·矿物油 800
丙溴磷 33,35,71,127,138,144,151,170,182,186,200,213,230,242,358,366,402,409,424,457,458,473,476,515,527,614,621,624,657,661,662,668,713,721,722,725,736,757,771,772,805,807,808,816,820,844,848,851,868,893,898,903,906,910,916,926,996,1029,1035,1038,1043,1077,1079,1124
丙溴·灭多威 277,324,705
丙溴·炔螨特 818,821
丙溴·辛硫磷 89,101,180,203,208,214,218,250,324,345,414,420,430,431,459,467,482,550,562,572,582,618,629,636,645,712,719,725,739,772,776,779,805,806,833,835,836,844,855,892,1013,1022,1061
丙·氧·噁草酮 374
丙·莠·滴丁酯 374,437,680
丙唑·多菌灵 222,847
丙唑·吗啉胍 222
波尔多液 23,25,571
波尔·甲霜灵 516
波尔·锰锌 23
波尔·霜脲氰 516
菜颗·苏云菌 409
菜青虫颗粒体病毒 409
残杀威 50,123,178,350,419,463,534,551,552
草铵膦 9,48,56,135,138,147,186,188,225,231,278,285,290,299,358,479,483,487,504,518,524,546,565,568,601,604,617,662,718,751,809,826,864,865,867,868,941,949,966,979,997,1000,

1008,1046,1080,1081,1090,1098,1105,1109,1125
草胺·特丁津　1075
草除灵　53,54,63,84,306,439,450,462,463,464,476,506,507,562,563,693,694,826,838,906,948,1027,1054,1056,1116,1120,1121
草甘·吡草醚　875
草甘膦异丙胺盐　998
草甘膦　1,12,19,38,41,43,45,46,49,50,53,54,59,62,67,75,76,77,81,101,107,109,111,112,117,131,134,138,149,157,168,175,183,187,192,196,198,199,200,202,203,204,205,208,209,210,215,217,218,221,226,228,229,234,238,248,263,268,287,295,297,304,309,310,314,319,323,335,338,351,361,371,386,388,391,396,397,399,400,402,405,407,412,417,420,425,429,430,431,454,456,463,464,465,469,472,477,484,501,502,505,511,520,524,526,527,531,535,537,540,542,543,546,550,554,556,558,559,560,572,582,586,590,591,593,600,601,603,617,618,627,631,637,650,654,655,661,668,699,700,716,733,742,743,745,748,767,781,799,815,818,821,829,830,845,854,858,866,887,888,894,899,901,924,954,977,978,987,988,999,1006,1007,1009,1010,1014,1021,1024,1025,1026,1029,1031,1039,1045,1046,1055,1056,1063,1066,1069,1070,1081,1082,1087,1088,1090,1091,1099,1102,1105,1108,1113,1120
草甘膦铵盐　19,41,49,50,51,53,56,58,60,63,65,67,75,76,77,81,109,113,134,137,138,144,158,171,184,194,210,214,216,217,219,220,221,222,227,230,306,319,345,347,358,393,396,402,413,416,423,425,427,428,429,430,434,441,452,470,478,479,486,487,503,521,546,550,556,558,559,560,561,585,586,591,592,602,632,637,638,641,654,662,707,710,714,717,736,743,749,764,769,784,798,803,838,842,846,857,860,864,867,869,876,883,886,889,896,919,925,928,930,949,976,981,988,990,992,997,1000,1002,1009,1010,1014,1015,1016,1026,1029,1061,1071,1073,1080,1082,1089,1091,1092,1098,1100,1105,1108,1114,1119,1120,1121,1122
草甘膦铵盐(33%)　73,112,118,188,199,208,218,333,420
草甘膦铵盐(55%)　1011
草甘膦铵盐(69.3%)　376
草甘膦铵盐(71.5%)　1025
草甘膦铵盐(72%)　800
草甘膦铵盐(74.7%)　317
草甘膦铵盐(33%)　647
草甘膦胺盐　110,561
草甘膦二甲胺盐　591,1122
草甘膦钾盐　43,104,625,1122,1123
草甘膦钠盐　1090
草甘膦钠盐(33.9%)　978
草甘膦异丙铵盐　505,707
草甘膦异丙胺盐　1,18,19,22,37,38,46,49,50,54,55,59,60,62,67,76,77,80,85,102,106,111,117,118,131,137,140,144,163,169,177,180,182,194,200,205,206,209,216,219,228,229,234,238,248,290,291,296,302,305,314,329,335,343,346,356,366,369,370,374,375,377,383,388,393,399,402,407,424,428,429,430,439,442,445,454,476,478,479,485,496,501,503,514,516,520,521,526,535,537,542,543,555,556,557,558,559,561,565,571,572,584,585,586,590,592,593,601,616,617,618,627,631,637,638,646,649,652,655,661,663,666,671,689,693,699,710,714,717,728,734,743,749,767,769,772,777,783,792,797,816,823,838,855,858,859,862,867,869,877,879,884,887,894,896,901,928,947,966,977,978,983,988,994,998,1009,1010,1024,1027,1029,1031,1057,1060,1069,1071,1076,1080,1082,1083,1089,1090,1091,1092,1096,1097,1100,1105,1113,1115,1120,1121,1122,1123
草甘膦异丙胺盐(41%)　12,41,66,67,69,71,73,78,81,107,109,114,122,124,187,201,204,212,218,236,268,269,306,311,317,320,325,331,347,353,361,402,403,413,417,426,457,468,473,478,531,533,553,579,590,600,603,625,630,634,642,658,664,691,731,778,786,801,834,873,899,917,954,961,990,1000,1007,1081,1088,1091,1113,1119
草甘膦异丙胺盐(55%)　464
草甘膦异丙胺盐(56%)　331
草甘膦异丙胺盐(62%)　49,393,504,558,586,591,1081,1088,1089
草甘膦异丙胺盐(41%)　65,296,492,585
草甘膦异丙胺盐(41%)　1,1071

草甘膦异丙胺盐(62%)　1071,1122
草甘·三氯吡　1008,1009
草甘·唑草酮　568
茶尺蠖核型多角体病毒　409
茶核·苏云菌　409,581
茶毛虫核型多角体病毒　581
茶毛核·苏　581
柴油·辛硫磷　713
长效蚊帐　31
超敏蛋白　24
赤4+7·赤霉酸　658
赤4+7·赤霉酸　474
赤霉·多效唑　1097
赤霉·氯吡脲　1029
赤霉酸　1,24,135,142,224,233,316,348,359,430,432,456,457,474,562,563,640,657,658,776,777,788,845,863,959,977,989,990,999,1003,1013,1014,1015,1029,1094,1095,1097
赤霉酸A3　430,474
赤霉酸A4+A7　658,962,1095
赤霉酸A4,A7　1097
赤霉酸A4+A7膏脂　474
赤霉酸GA3　474
赤·吲乙·芸苔　7
虫螨·虫酰肼　470
虫螨·丁醚脲　187
虫螨腈　4,5,6,148,149,173,186,227,515,726,872,873,932
虫螨腈　95
虫酰肼　26,87,106,141,169,180,189,197,219,240,255,259,277,304,334,353,392,393,457,475,502,503,553,557,562,631,646,659,666,703,709,711,713,715,716,738,752,768,771,773,774,776,785,787,801,804,807,814,815,840,845,870,884,890,900,904,906,908,944,952,960,964,968,969,972,976,1001,1042,1049,1052,1055,1079,1086,1098,1124
虫酰·辛硫磷　539
除草定　488,521,604,1078
除虫菊素　2,698,1065,1066,1067
除虫脲　17,50,87,102,183,255,283,284,302,304,314,319,447,479,526,527,565,606,609,702,717,722,770,854,936,945,959,964,969,972,986,997,1074
除脲·毒死蜱　285
除脲·辛硫磷　74,284,414,937
窗纱涂剂　498,1068
春雷·稻瘟灵　377
春雷·多菌灵　448
春雷·硫磺　212
春雷·氯尿　942
春雷霉素　25,87,126,158,222,224,236,242,254,290,291,296,297,329,353,385,414,447,631,645,646,664,705,719,722,729,764,774,820,832,841,844,910,932,933,934,936,938,946,959,960,965,970,996
春雷·咪锰　297
春雷·三环唑　159,212,447
春雷·王铜　25,297,635,646,786,841,863,934
哒·矿物油　585,739
哒灵·炔螨特　193,220,226,298,501
哒螨·吡虫啉　767,779,1093
哒螨·单甲脒　232
哒螨·啶虫脒　187
哒螨·矿物油　61,145,151,171,183,213,264,312,322,334,350,357,365,366,486,706,710,733,740,796,850,851,879,899,900,906,912,925,934,938,956
哒螨灵　59,109,117,125,136,140,147,151,162,169,171,172,184,185,200,213,220,223,229,230,236,263,271,277,287,303,313,321,327,343,346,355,357,367,388,391,397,415,420,438,456,457,484,494,499,500,506,509,546,563,580,582,584,597,599,613,625,632,653,654,660,709,713,724,736,739,744,753,758,766,768,769,771,774,781,787,793,795,804,807,808,809,813,815,819,822,824,827,843,851,855,883,893,897,902,907,908,913,921,923,925,934,935,951,954,955,958,967,968,969,971,985,987,988,992,994,998,1002,1035,1043,1050,1075,1076,1077,1079,1087,1120
哒螨·螺螨酯　964
哒螨·灭幼脲　447,847
哒螨·三唑锡　140,704,941
哒螨·辛硫磷　389,614,705
哒螨·异丙威　322
哒嗪硫磷　66
大黄素甲醚　698
代锰·戊唑醇　148,887,940

代森铵　108,278,607,684,687,750,1039,1058
代森·苯醚甲　1008
代森联　3,942,1002
代森锰锌　2,13,19,20,22,23,27,32,39,41,91,102,111,115,125,136,139,143,148,168,170,179,182,188,194,197,198,201,204,219,228,230,240,243,249,251,253,261,262,266,275,279,280,281,282,289,294,297,307,310,322,326,329,332,335,341,347,349,352,355,365,369,393,414,422,456,457,458,507,513,549,550,574,607,608,609,621,624,629,638,645,660,663,688,701,704,705,706,715,729,730,731,737,743,747,750,752,754,755,756,765,767,770,772,773,778,785,787,788,794,801,802,803,807,813,815,819,823,824,826,827,833,834,835,839,849,850,853,865,866,867,869,870,871,875,877,881,883,891,894,897,898,902,904,907,909,911,913,915,917,921,922,924,927,931,935,941,946,952,954,955,956,957,958,964,968,971,973,974,978,988,992,996,998,1002,1005,1010,1012,1013,1020,1033,1035,1039,1041,1046,1048,1051,1053,1058,1059,1064,1073,1100
代森锌　2,102,110,111,115,126,139,141,169,183,195,202,229,249,279,280,282,355,359,365,390,512,550,607,608,687,703,713,719,724,731,732,737,743,754,757,773,785,801,816,822,828,830,833,836,871,882,889,893,895,898,902,912,915,916,917,927,935,947,948,952,960,965,970,971,978,986,1002,1007,1010,1011,1012,1035,1039,1040,1042,1048,1052,1053,1055,1058,1059,1101
代锌·甲霜灵　32,685
单甲脒　486
单甲脒盐酸盐　232,397,402,641,730,1039,1122
单嘧磺隆　1048
单嘧磺酯　1048
单氰胺　699
胆钙化醇　1086
淡紫拟青霉　116,154,368
稻丰·三唑磷　566
稻丰散　122,323,592,593,945
稻丰·仲丁威　133
稻灵·异稻　645
稻瘟灵　1,27,106,111,113,126,136,142,150,180,183,204,213,215,229,292,315,368,373,377,399,413,414,419,420,423,435,436,439,464,467,513,518,557,603,629,637,641,647,649,650,652,656,663,669,670,713,770,816,825,828,882,884,909,926,936,946,1000,1002,1020,1022,1023,1026,1027,1028,1031,1033,1049,1055,1060,1062,1066,1078,1082,1091,1104,1118
稻瘟酰胺　665,942,967
低聚糖素　168,230,652
滴·氨氯　868,1007
滴胺·麦草畏　523,870
滴丁·苯磺隆　747
滴丁·烟嘧　435,442,681,800
滴丁·乙草胺　301,369,370,372,373,374,376,377,435,437,440,443,444,445,446,449,672,677,681,683,697,735,784,860,1060
滴丁·莠去津　233,376,435,449
滴酸·草甘膦　194,217,219,988,990
滴酸·二氯吡　651
滴异·莠去津　442
滴·莠·丁草胺　441
滴酯·丁草胺　163
敌百虫　68,149,150,170,202,203,205,208,209,216,228,234,337,338,390,391,392,397,404,421,427,434,453,553,596,655,667,719,730,738,741,764,794,867,884,956,977,984,1093
敌百虫原粉　234
敌百·毒死蜱　48,94,151,317,364,539,615,650,655,909,1064,1122
敌百·三唑磷　535,654
敌百·辛硫磷　202,216,337,338,532,628,633,634,636,644,652,655,664,668,738,744,759,765,775,824,899,1055,1069
敌百·氧乐果　309,311,322,337
敌百·乙酰甲　655,664
敌百·鱼藤酮　168
敌百·仲丁威　219
敌稗　371,372,378,670,688,866,869,1070
敌稗·丁草胺　556
敌草胺　40,41,335,353,502,503,783,1007,1030,1086
敌草快　43,50,617,625,702,777,868,1080,1125
敌草隆　13,49,50,202,372,444,461,462,489,502,504,508,620,630,688,700,867,868,869,

1038,1071,1100,1126
敌敌畏　53,56,62,68,74,75,78,81,83,107,108,114,117,129,131,143,162,180,181,188,196,201,202,204,208,213,216,217,218,234,243,248,251,252,265,273,305,307,310,312,314,315,319,324,327,329,332,335,337,338,340,347,348,353,354,359,362,368,380,386,387,388,389,390,391,394,397,398,401,404,405,406,408,419,421,423,427,433,448,454,483,488,522,554,589,631,632,648,650,656,663,670,685,703,708,709,722,741,742,752,766,771,774,775,778,783,785,791,793,795,823,850,865,867,894,907,911,915,926,951,984,991,1022,1026,1028,1037,1038,1041,1044,1046,1049,1051,1052,1053,1057,1062,1066
敌磺·福美双　386,789
敌磺钠　357,383,444,445,684,866,991,1012
敌·氯·辛硫磷　99
敌·马　361,1081
敌鼠钠盐　131,155,218,304,427,674,678
敌鼠钠原药　433
敌畏·吡虫啉　70,235,245,1049
敌畏·毒　1096
敌畏·毒死蜱　115,183,192,204,205,209,216,349,413,499,533,585,630,638,655,662,669,705,779,802,824,1000,1104,1113,1117
敌畏·高氯　431
敌畏·矿物油　879
敌畏·马　143,156,167,197,260,271,272,534
敌畏·辛硫磷　211,337,364,525,602,664
敌畏·氧乐　402
敌畏·氧乐果　131,253,266,363,839,909,1045
敌畏·仲丁威　341,571,656
敌瘟磷　153,1033
敌·辛　730
地芬诺酯·硫酸钡　691
地衣芽孢杆菌　315
地中海实蝇引诱剂　188
电热灭蚊液　160
电热蚊香浆　1018
电热蚊香块　993
电热蚊香片　11,61,69,72,81,83,96,109,117,118,119,120,121,122,123,124,125,128,129,137,139,152,153,154,155,159,160,164,165,166,167,173,174,178,189,190,191,206,207,210,231,232,234,239,246,247,256,257,258,276,292,299,320,354,432,453,455,480,498,522,533,534,548,584,597,604,605,643,646,702,718,748,775,811,812,910,980,985,992,993,994,1006,1017,1018,1019,1020,1021,1031,1033,1034,1046,1050,1059,1060,1066,1068,1069,1070,1089,1091,1093,1101,1104,1108,1109,1111,1112,1120,1124,1125
电热蚊香液　11,31,69,72,81,96,107,109,110,114,117,118,119,120,121,122,123,124,125,127,128,129,137,139,152,153,154,155,159,160,164,165,166,167,173,174,178,190,191,206,207,208,231,232,239,246,247,248,256,257,263,292,298,320,354,404,409,421,424,427,453,455,480,522,533,534,548,575,584,598,605,631,643,702,775,810,811,812,862,910,992,993,994,1006,1009,1017,1018,1019,1020,1021,1031,1033,1034,1050,1059,1060,1068,1070,1082,1090,1091,1093,1104,1108,1109,1111,1112,1120,1124,1125
调环酸钙　407
丁吡吗啉　477,601
丁草胺　18,49,70,80,117,155,157,174,175,187,201,216,217,307,361,369,371,372,375,376,399,423,435,436,439,443,444,448,449,450,460,463,488,490,519,544,553,554,556,575,577,592,618,622,623,672,675,678,697,698,704,711,713,714,727,733,735,743,764,772,781,782,783,797,799,858,866,888,889,960,979,988,994,995,998,999,1049,1050,1064,1072,1073,1094,1102,1103
丁草·噁草酮　714
丁虫腈　677,678
丁氟螨酯　26,568
丁硫·吡虫啉　441,567,721
丁硫·啶虫脒　153
丁硫·毒死蜱　225,1109
丁硫·福美双　333,490
丁硫·福·戊唑　490
丁硫克百威　15,16,38,146,158,214,224,236,237,238,244,250,258,263,264,266,270,295,298,310,311,315,345,390,392,401,417,418,447,460,463,481,489,490,491,508,567,568,572,575,576,577,630,637,638,639,659,661,665,674,763,809,834,857,873,883,910,912,957,999,1000,1049,1086,1094,1109,1117
丁硫·矿物油　90,274,771

丁硫·马　199
丁硫·辛硫磷　408,418,650
丁醚·哒螨灵　147,501,887
丁醚脲　132,147,148,185,186,462,463,466,469,479,518,604,708,723,740,886,887,920,930,941,1098
丁醚·三唑锡　887
丁·扑　371,372,382,383,436,438,440,444,445,448,450,557,683
丁噻隆　463,504,508,580,602,1086
丁·戊·福美双　593,773
丁·西　320,445
丁酰肼　18,273,301,973,1014,1029
丁香菌酯　442
丁香·戊唑醇　442
丁·乙·莠去津　861,1100
丁·异·莠去津　797,859
丁·莠　259,288,341,366,444,450,496,671,706,711,732,784,790,792,797,799,814,829,852,909
丁·莠·烟嘧　436
丁子香酚　258,319,560,881
丁子·香芹酚　670
啶虫·哒螨灵　127,821,992
啶虫·毒死蜱　122,820,1008,1009,1122
啶虫咪　462
啶虫脒　26,43,44,50,52,58,59,61,71,74,79,86,90,91,92,94,95,98,105,109,115,127,133,135,136,144,145,146,147,151,155,169,172,177,183,188,192,195,196,203,205,209,210,213,214,217,221,222,225,226,227,228,229,230,231,232,236,237,238,240,241,243,244,246,250,251,252,253,255,257,258,259,260,261,262,263,265,266,267,268,269,270,271,272,273,276,277,280,281,283,284,285,286,287,288,289,290,291,292,294,295,297,299,301,303,304,307,312,316,318,320,321,324,325,326,328,332,334,336,339,340,341,344,349,350,351,354,358,360,362,363,364,367,368,382,387,394,395,396,398,413,422,432,439,451,452,460,465,466,470,472,482,485,493,494,496,498,499,500,501,506,507,508,509,514,516,521,527,529,530,541,546,548,553,563,575,578,589,590,599,600,613,614,616,619,620,622,628,629,651,658,661,665,671,674,689,699,701,703,704,705,709,710,711,716,723,725,726,727,730,731,732,735,736,737,739,740,743,744,745,746,747,749,750,752,753,754,755,758,760,764,765,766,768,769,774,776,778,780,781,785,787,788,790,791,792,793,794,795,796,799,801,803,807,808,809,813,814,816,817,819,820,821,822,824,827,828,829,830,831,832,833,836,839,841,843,844,846,848,849,850,852,853,855,861,862,863,864,870,872,875,876,877,878,879,881,882,884,885,886,888,890,892,893,894,895,896,899,900,903,905,906,908,910,913,917,918,921,922,923,924,925,928,929,931,932,933,935,938,939,944,952,953,956,958,960,961,962,969,971,972,973,975,983,985,990,991,996,998,1001,1002,1004,1009,1014,1016,1023,1034,1035,1038,1041,1044,1045,1046,1048,1051,1054,1056,1058,1064,1073,1078,1083,1084,1097,1107,1113,1118
啶虫·杀虫单　152
啶虫·辛硫磷　270,283
啶虫·仲丁威　230
啶磺草胺　22
啶菌噁唑　694
啶菌·福美双　695
啶嘧磺隆　28,1074,1084
啶酰菌胺　4,5
啶氧菌酯　14
毒氟磷　215
毒·矿物油　63,145,360,366,707,710,775,801,817,853,878,900,918,952
毒死蜱　1,19,20,21,22,38,39,40,41,43,45,46,47,48,49,50,51,53,54,56,57,58,62,63,65,66,67,71,72,76,78,80,81,82,85,88,94,101,102,104,108,109,114,115,118,126,127,135,138,139,142,145,146,148,153,163,164,168,170,177,178,179,181,182,183,184,185,187,191,192,195,196,200,201,203,204,205,209,210,212,213,215,216,220,226,228,230,235,236,242,243,244,249,250,252,257,258,261,262,263,267,268,272,277,281,282,290,291,294,295,299,300,303,304,308,311,312,315,319,324,327,328,331,332,335,338,339,341,342,345,348,356,358,359,360,364,367,386,392,393,396,399,400,403,406,407,408,409,412,414,415,416,417,422,423,424,426,429,431,433,440,456,457,458,459,463,464,465,467,472,473,

475,477,479,480,482,484,485,488,490,491,492,493,497,499,500,501,502,503,506,508,509,512,514,515,521,525,526,531,534,538,541,545,555,557,558,560,562,567,569,571,572,574,575,576,577,578,582,584,587,588,590,591,595,596,604,613,615,616,628,631,632,633,634,636,639,640,641,644,646,648,649,650,652,653,654,656,657,658,659,660,661,662,663,664,666,674,685,686,689,697,700,701,702,703,708,709,710,712,715,719,721,722,723,724,727,729,732,736,739,746,749,750,751,756,761,762,767,772,777,780,785,787,792,794,795,797,798,800,802,803,804,805,806,807,808,813,814,821,823,824,826,827,830,832,833,835,839,842,843,844,845,846,847,848,849,850,851,854,855,856,857,862,864,865,866,867,871,873,875,876,878,882,883,885,886,890,892,895,899,900,902,903,904,905,907,908,909,910,911,912,914,915,916,919,921,922,923,925,926,929,931,934,945,946,947,948,951,956,957,958,960,961,965,968,969,970,971,972,973,974,976,979,984,985,986,988,991,996,997,998,1001,1002,1004,1006,1007,1014,1015,1016,1020,1022,1024,1025,1026,1032,1034,1035,1036,1038,1039,1041,1044,1047,1048,1049,1056,1061,1063,1064,1069,1073,1076,1077,1079,1080,1082,1083,1087,1093,1096,1104,1108,1109,1110,1113,1117,1119,1120,1121,1122,1123,1124

毒·辛　44,88,133,191,192,193,202,203,205,208,209,212,218,296,300,312,327,413,468,475,481,490,499,504,515,547,581,588,596,629,634,640,645,647,648,652,653,655,663,710,715,743,744,746,789,794,806,814,821,825,857,879,891,892,902,953,1024,1035,1051,1055,1087

毒·辛　1046

毒·唑磷　475

毒·辛　788

短稳杆菌　627

对二氯苯　263,600,742

多·多唑　581

多·福　48,51,54,69,70,72,74,78,86,101,114,122,125,132,140,141,150,154,157,161,198,233,239,240,249,251,253,257,262,268,291,294,299,300,326,333,339,341,344,346,349,355,365,367,373,379,380,381,385,386,399,490,512,542,547,558,566,573,582,593,638,655,659,675,694,701,704,712,714,721,725,732,738,739,746,747,749,753,754,758,759,776,778,783,789,792,801,804,814,823,824,827,841,844,848,849,851,852,853,863,865,870,873,880,891,895,897,907,915,916,921,935,943,953,954,956,957,959,968,970,972,973,991,1014,1036,1040,1042,1044,1047,1051,1054,1059,1062

多·福·毒死蜱　233

多·福·福锌　356

多·福·甲拌磷　233,1036

多·福·克　47,51,233,326,370,371,372,376,380,382,383,385,440,445,448,481,490,692,700,763,906,909,1036

多·福·立枯磷　1061,1062

多·福·硫磺　422,935,1054,1078,1092

多·福·锰锌　52,237,277,293,767,981,1047

多·福锌　801

多·福·锌　240,705,1051,1059

多·福·溴菌腈　302,706,725

多·福·乙霉威　706

多·福·唑醇　51

多果定　619

多·甲拌　489

多菌灵　45,49,50,51,52,59,72,93,102,141,142,143,146,170,175,179,181,182,184,186,194,200,225,229,238,239,240,248,250,260,271,277,280,291,300,307,312,317,322,324,325,326,328,341,347,352,355,366,367,368,386,395,407,408,416,417,448,455,456,483,488,491,494,504,505,506,511,513,514,526,527,530,532,533,542,543,544,547,570,573,574,588,589,590,591,592,593,600,607,609,619,620,625,628,632,638,639,646,648,650,653,658,690,700,713,714,721,724,725,728,739,743,748,750,752,754,755,756,757,760,766,767,780,788,801,802,839,842,849,850,851,853,856,863,866,869,874,875,878,882,883,889,891,892,894,896,897,902,903,913,915,916,917,922,927,936,943,947,951,952,954,959,963,964,970,971,972,977,982,987,991,994,995,998,999,1001,1011,1015,1020,1025,1028,1034,1040,1041,1046,1048,1052,1055,1064,1073,1078,

1088,1091,1099,1111,1114
多抗·福美双　447,771
多抗·喹啉铜　997
多抗霉素　26,87,144,183,315,325,344,398,447,448,474,561,671,690,719,754,757,765,769,771,774,776,789,793,820,823,830,837,840,841,843,847,862,877,878,882,893,900,917,933,934,937,947,972,996,997,1062
多抗霉素B　638,846,906,970
多抗·锰锌　195,706,878
多·硫　52,312,364,401,512,742,1063
多·硫磺　542
多·硫·锰锌　348
多·锰锌　41,103,112,113,133,151,198,203,220,231,238,240,249,251,257,270,282,290,330,354,355,356,364,365,386,412,422,507,577,638,656,660,675,704,712,721,724,731,739,749,750,754,755,758,762,766,769,791,795,796,801,804,819,823,827,833,839,842,843,847,851,861,863,865,871,880,881,889,890,898,901,902,908,913,917,921,922,923,931,935,943,951,952,953,955,957,958,959,968,972,973,974,1013,1041
多·咪·福美双　47,559,692,1036
多·咪鲜·甲霜　441
多·森铵　684
多杀·吡虫啉　950
多杀·甲维盐　104
多杀霉素　19,21,22,95,97,104,148,186,254,299,384,423,501,949,984
多素·高氯氟　532
多·酮　52,56,57,61,79,85,140,313,320,386,454,463,466,473,481,495,511,523,531,532,535,538,545,547,566,569,570,578,581,596,602,620,626,688,737,935,980,1023,1075
多·酮·福美双　347,570,580
多·五·克百威　908
多效唑　111,158,220,228,312,334,365,366,413,439,457,478,493,496,499,500,523,524,578,579,589,594,596,621,640,694,813,892,988,991,999,1010,1012,1027,1028,1029,1115
多效唑　518
多粘类芽孢杆菌　1110,1111
多粘类芽孢杆菌　910
多唑·丁草胺　1097
多唑·甲哌鎓　90,334,1013
莪术醇　451
噁草·丙草胺　310,682
噁草·丁草胺　47,61,65,69,86,88,310,345,376,412,423,438,465,476,477,519,527,529,536,540,547,561,562,563,566,580,596,672,682,859,1032,1115
噁草·莎稗磷　672,682
噁草酮　7,50,61,67,71,75,85,86,87,273,287,376,378,384,412,441,456,506,514,517,561,609,680,681,682,684,692,700,745,746,799,874,1088
噁虫威　6,352
噁禾·异丙隆　54
噁霉·稻瘟灵　90,380,407
噁霉·福美双　240,383,448,818,832
噁霉灵　28,142,173,181,195,196,214,236,244,253,258,271,340,369,373,383,385,446,448,481,625,629,635,701,716,717,719,722,729,733,740,758,765,795,805,846,880,884,885,888,897,899,900,904,906,914,917,918,923,927,938,939,946,968,972,1013,1035,1042,1049,1060,1097,1108
噁霉·络氨铜　98
噁霉·乙蒜素　327
噁嗪草酮　25,451
噁霜灵　33,52,462,603,973
噁霜·锰锌　32,91,96,102,141,177,180,334,357,542,585,623,722,739,804,883,894,902,926,942,969,970,973,996,1036,1042,1054,1062
噁酮·氟硅唑　13
噁酮·锰锌　13
噁酮·霜脲氰　13,996
噁酮·乙草胺　349,445,561,682,798,813,857,859
噁唑·草除灵　1122
噁唑菌酮　13,619,1082
噁唑酰草胺　11,16,509,568
恶霉灵　846
耳霉菌　791
二吡·烯·草灵　1075
二吡·烯草酮　1075
二磺·甲碘隆　9,10
二甲基二硫醚　879
二甲戊灵　3,4,41,50,86,102,106,131,134,144,

242,249,261,262,272,295,306,319,348,369,376,406,423,450,465,469,473,477,514,515,519,520,569,583,600,601,616,617,633,646,659,675,676,689,694,695,703,728,730,733,734,745,749,761,762,772,783,786,790,797,799,801,802,825,827,833,837,855,858,865,866,869,874,884,895,901,905,945,979,995,999,1007,1025,1035,1039,1040,1042,1045,1052,1055,1061,1062,1079,1085,1090,1105,1106,1116,1123
二氯吡啶酸 22,48,113,282,412,434,546,547,617,702,868,869,1007,1008,1080,1081,1125
二氯吡啶酸钾盐 1008
二氯喹啉酸 3,57,80,171,173,201,371,374,375,380,392,423,435,436,439,446,454,476,498,503,504,519,520,521,526,529,539,540,546,550,557,558,572,574,575,594,669,673,683,691,693,694,696,784,875,985,1032,1072,1094,1098,1116,1117,1120,1121,1122
二氯·双草醚 76
二氯异氰尿酸钠 127,309,839,880,899,903
二嗪磷 26,39,67,105,114,142,192,201,248,308,310,403,418,458,465,467,472,554,555,559,562,570,614,625,627,664,669,765,807,877,883,937,944,1052,1076,1085,1117,1124
二嗪·辛硫磷 308,571
二氰蒽醌 487,488,635
二氰·锰锌 635
防霉防蛀片剂 600,800,990
防蛀防霉片剂 118,149,161,165,188,264,452,570,980,985,989,1017,1059
防蛀防霉球剂 161,165,188,452,597,980,989,1059
防蛀剂 31
防蛀片剂 29,118,149,162,164,165,188,425,451,452,569,572,631,647,685,690,697,720,845,975,980,990,1018,1019,1034,1060
防蛀球剂 149,161,188,573,597,621,690,800,979,980,1059
防蛀细粒剂 631,985
防蛀液剂 1014
粉唑醇 149,187,435,471,496,524,579,619,997
砜·喹·嗪草酮 681
砜嘧磺隆 13,86,498,528,541,565,827,1108
砜嘧·莠去津 288
呋草酮 977
呋虫胺 28,299,753
呋喃虫酰肼 564
伏杀硫磷 52,1071
氟胺磺隆 565
氟胺·嘧菌酯 20
氟胺·灭草松 371,375,520,673,681,683,796
氟胺·烯禾啶 948
氟胺·烯禾啶 672,679,698,704,798,861,940
氟苯虫酰胺 10,27,517
氟吡·苯磺隆 135
氟吡·草除灵 777,798,861
氟吡·氟磺胺 682,694
氟吡磺隆 10
氟吡磺隆原药 11
氟吡甲禾灵 476,600,877
氟吡菌胺 9
氟吡菌酰胺 10
氟吡·烯草酮 696
氟吡·异·氟磺 682
氟丙菊酯 601
氟草·喹禾灵 550
氟虫胺 537
氟虫腈 6,51,55,56,64,65,68,83,154,215,254,299,346,466,538,552,553,561,596,600,604,610,653,666,674,677,695,707,708,817,819,828,829,844,891,900,950,1037,1046,1067,1068,1078,1084,1107,1108,1114,1124,1125
氟虫脲 3,5,305,603,609,863,898,899,1048
氟啶胺 29,600,606,621,1043
氟啶·丙溴磷 412
氟啶草酮 610
氟啶虫胺腈 23
氟啶虫酰胺 29
氟啶·毒死蜱 1122
氟啶脲 15,28,50,63,82,143,180,226,227,236,239,255,258,291,407,414,486,500,511,525,530,600,614,617,630,666,668,702,709,713,719,722,728,729,732,739,744,777,781,802,803,816,821,830,831,833,834,855,863,871,883,916,926,937,938,944,952,959,966,969,985,986,996,1049,1055,1079,1086,1091,1113
氟硅·多菌灵 942
氟硅菊酯 598,601

氟硅·咪鲜胺　796
氟硅唑　12,13,53,77,87,89,94,101,106,139,144,146,147,168,173,182,185,186,195,198,221,225,226,227,229,230,240,272,335,415,496,603,635,661,704,708,713,724,726,729,732,755,756,764,771,773,779,789,792,801,820,822,832,835,837,845,872,879,881,884,886,917,918,922,923,925,928,929,930,940,957,960,967,996,1002,1005,1008,1016,1036,1044,1048,1054,1077,1078,1080,1086
氟环·多菌灵　870,878,986
氟环唑　3,5,95,186,470,487,488,524,525,604,695,696,708,719,817,832,868,878,896,919,941,942,949,1008,1032,1105
氟磺胺草醚　42,46,50,55,75,82,84,85,106,117,134,135,146,153,236,259,264,306,310,339,345,346,353,354,366,370,371,372,374,375,376,378,379,380,384,385,387,439,446,456,457,464,465,466,474,476,506,507,509,510,518,541,549,556,559,560,597,603,623,659,675,676,678,679,681,683,690,691,692,694,696,698,703,712,716,717,721,727,734,749,769,778,783,784,789,790,796,797,799,802,821,825,830,834,836,837,838,854,855,859,874,884,888,895,900,924,937,999,1040,1042,1055,1061,1074
氟磺隆　466
氟磺·灭草松　670
氟磺·烯草酮　673,682
氟磺·烯禾啶　714
氟节胺　32,131,485,486,946,1086
氟腈·毒死蜱　104
氟菌·多菌灵　964
氟菌·氟环唑　5
氟菌·醚菌酯　967
氟菌·霜霉威　9,1068
氟菌·肟菌酯　10
氟菌唑　26,479,940,967,986,1085
氟·喹·异噁松　679
氟乐灵　21,39,40,59,130,131,177,242,243,260,261,265,295,300,325,378,456,469,471,484,510,511,523,593,616,617,626,627,633,682,700,712,733,734,772,781,782,797,798,799,801,814,821,822,830,834,835,859,866,868,880,881,910,912,1052,1055,1062,1071,1077,1086,1096,1100,1101
氟乐·扑草净　583
氟铃·毒死蜱　298,415,637,639,649,665,839,846,849,878,899
氟铃·高氯　896
氟铃脲　23,62,63,64,71,73,95,98,115,171,229,244,260,262,271,277,284,290,293,314,316,319,340,351,357,365,416,459,600,630,677,702,730,739,765,771,778,822,839,850,854,882,890,892,924,926,965,1043,1056,1094
氟铃·辛硫磷　64,94,197,244,262,351,357,667,677,702,706,725,736,787,790,805,815,822,824,839,850,899
氟硫草定　22,610
氟咯草酮　591,628
氟氯苯菊酯　598
氟氯·毒死蜱　309
氟氯氰菊酯　6,7,54,94,138,142,147,181,189,195,350,466,531,552,560,597,600,615,629,663,721,727,734,771,792,821,871,883,893,895,896,917,920,923,927,936,969,1002,1118
氟吗啉　693,695
氟吗·乙铝　694,695
氟吗·唑菌酯　696
氟·咪·灭草松　465
氟醚·灭草松　40,86,465,721,790
氟鼠灵　3
氟·松·烯草酮　677,681,682
氟烯草酸　30
氟酰胺　27,606,609,621
氟酰脲　496,568
氟蚁腙　5,11,379,537,601,628,1116
氟唑磺隆　12
氟唑菌酰胺　5
福·福甲胂·福锌　269
福·福锌　43,70,115,155,198,226,239,266,270,278,282,293,303,340,357,373,423,706,712,719,720,724,731,732,748,749,754,756,763,764,766,768,770,774,778,787,792,794,801,804,817,819,824,842,851,853,862,863,876,891,893,917,922,934,935,943,951,952,954,960,965,970,1035,1047,1050,1058,1059
福·甲·硫磺　74,226,272,323,341,349,417,423,506,542,789,849,853,941,952,956,957,1051,1054,1077,1092,1111

福·甲·锰锌 673
福·甲·咪鲜胺 382
福·甲·杀虫单 269
福·克 47,51,72,78,114,233,324,326,347,351,370,371,372,376,379,383,440,445,448,481,490,559,593,672,685,692,694,780,823,848,892,908,909,943,1014,1036,1055,1061,1062
福美·拌种灵 47,86,278,481,558,559,593,905,1012,1062
福美胂 239,270,278,293,720,778,905,1047,1050,1059
福美双 2,17,38,39,43,90,112,125,150,170,179,197,239,241,249,261,269,270,278,282,293,356,365,403,414,416,549,587,683,690,701,706,712,719,720,725,726,729,730,731,737,744,745,750,751,757,767,769,770,773,779,794,796,801,803,819,824,827,833,842,847,849,850,862,863,865,875,876,883,897,902,905,915,924,934,935,937,941,952,959,971,1012,1020,1041,1046,1047,1048,1050,1058,1059
福美锌 240,758,804,898,924,936,1047,1055
福·霜·敌磺钠 669
福·唑·毒死蜱 763
腐霉·百菌清 74,314,316,317,318,323,635,770,901,911,1066,1076
腐霉·多菌灵 273,532,642,660,685,1023
腐霉·福美双 151,180,192,197,284,307,381,384,721,738,754,758,776,788,789,805,814,877,935,981,1001,1030
腐霉利 30,31,94,95,113,131,141,225,228,272,311,314,317,320,323,341,369,518,526,618,635,709,752,863,894,902,903,913,928,940,945,946,954,964,965,971,996,1012,1030,1076
腐酸·硫酸铜 132,925
腐植酸·铜 911
腐殖·硫酸铜 845
复硝酚钾 145,174,394,913
复硝酚钠 29,55,60,92,94,100,103,112,123,126,139,161,181,197,202,217,220,232,248,253,305,308,315,325,333,334,342,343,346,351,352,362,365,415,432,444,699,700,703,713,729,746,780,792,805,825,848,876,902,905,910,928,949,981,997,1013,1016,1037,1049
富右旋反式炔丙菊酯 189,451,598
富右旋反式烯丙菊酯 190,451,598
甘蓝夜蛾核型多角体病毒 647
高氯·胺·苯氰 1101,1120
高氯·胺菊 151,157
高氯·吡虫啉 265,372,374,584,688,703,740,794,814,829,881,910,983
高氯·丙溴磷 611,1038
高氯·残杀威 61,217,305,311,317,329,429,548,551,553,572,891,1052
高氯·虫酰肼 153
高氯·敌敌畏 217,222,223,284,332,356,361,671
高氯·敌敌畏 486,738
高氯·啶虫脒 145,194,238,285,303,539,771,925,1016
高氯·毒死蜱 91,107,126,133,146,150,184,188,192,202,212,221,249,260,267,284,289,346,377,472,482,485,526,545,552,562,578,595,614,712,713,758,762,770,779,873,907,923,929,930,960,1016
高氯·氟啶脲 600,630,667,770,820,832,878
高氯·氟铃脲 77,98,629,649,754,759,822,843,862,882
高氯·甲维盐 91,98,103,133,144,145,151,185,193,194,195,222,227,229,246,284,289,298,302,308,326,360,379,645,702,726,731,740,786,855,885,893,904,918,920,930,941,979,1003,1005
高氯·矿物油 290,749,796,801
高氯·硫丹 94
高氯·马 89,100,115,138,208,212,223,249,265,277,300,309,311,313,322,327,331,339,340,343,355,361,364,366,368,370,440,493,546,645,648,669,702,713,730,739,742,744,750,753,758,768,769,775,779,791,796,807,822,823,827,848,853,855,877,895,910,913,916,921,925,937,952,953,957,960,981,983,1093,1096
高氯·灭多威 77,710,766,770,777,780,807,844,846,848,853,884,902,935,957
高氯·灭幼脲 901
高氯·噻嗪酮 94
高氯·三唑磷 97,132,211,703,786
高氯·杀虫单 209,211,276
高氯·苏云菌 389
高氯·烯丙菊 156

高氯·斜夜核　409
高氯·辛　188
高氯·辛硫磷　62,82,88,92,97,115,126,133,192,209,226,236,238,243,253,259,260,268,272,277,284,301,309,313,322,331,332,339,369,395,431,481,545,548,564,673,689,706,712,714,724,725,728,729,730,732,737,738,742,749,759,766,769,776,778,779,790,794,801,804,815,819,824,833,843,844,847,848,849,850,853,873,876,882,895,904,911,933,945,981,984,992,1016,1035,1046
高氯·辛乳油　158
高氯·溴氰　256
高氯·氧乐果　276,329,333,337,360
高氯·仲丁威　712,800
高氯、残杀威　891
高氯、氟铃脲　891
高氯、甲嘧磷　891
高效反式氯氰菊酯　612,613
高效氟吡甲禾灵　20,22,46,54,55,57,63,67,68,71,75,82,85,87,92,102,134,135,172,242,251,271,273,282,306,308,310,333,335,342,345,346,353,360,369,379,384,392,393,407,413,439,465,467,468,485,510,528,531,549,560,564,571,597,600,603,617,638,658,661,665,668,669,682,689,693,694,698,702,703,711,727,731,733,734,745,749,759,766,772,777,781,783,787,792,796,797,799,801,804,826,833,836,842,850,855,859,869,878,879,882,884,888,904,908,924,937,945,979,996,1007,1024,1040,1042,1045,1055,1065,1073,1079,1085,1107,1124
高效氟氯氰菊酯　9,53,56,61,100,138,146,221,261,312,331,538,551,552,572,597,598,599,615,793,1090,1119
高效氯氟氰菊酯　1,19,42,43,44,45,48,51,53,54,56,58,62,63,67,70,71,72,74,76,77,80,85,86,87,88,89,90,91,93,98,99,101,105,111,112,114,115,121,122,127,135,137,138,139,141,145,147,148,150,155,158,162,163,168,171,177,178,179,180,183,184,185,187,188,189,190,191,193,194,195,200,201,202,203,204,205,208,209,210,211,212,213,214,216,219,220,221,222,224,225,226,227,228,229,236,237,238,240,241,242,243,246,249,250,251,252,255,258,259,260,261,262,263,264,266,267,268,271,277,278,281,286,289,291,292,295,298,299,300,301,303,306,307,308,309,310,311,318,322,324,325,327,328,329,330,332,333,335,337,338,340,346,348,349,350,351,352,355,357,359,361,363,365,366,369,380,381,390,392,396,403,405,407,413,415,417,424,426,428,430,431,432,433,438,451,456,460,462,463,464,466,467,470,472,473,475,476,482,483,486,487,488,490,494,497,499,503,506,507,508,515,517,525,528,530,531,532,534,536,537,538,539,540,541,548,551,552,554,556,558,559,562,563,564,565,571,575,576,579,583,585,586,588,589,597,598,599,600,601,602,614,615,618,624,625,628,629,631,636,637,638,639,641,642,645,646,648,650,651,652,654,655,657,658,659,660,663,664,666,668,698,701,702,707,709,710,711,715,716,719,722,723,724,727,729,730,731,732,734,737,740,742,744,745,747,748,749,751,752,753,754,755,756,757,758,759,764,765,767,768,770,772,776,779,780,781,787,789,790,794,795,796,797,798,799,801,804,806,807,809,817,819,821,822,823,825,826,827,828,831,832,833,836,837,839,841,842,843,846,847,848,849,850,851,853,856,862,863,865,866,870,872,873,875,876,877,879,880,881,883,886,888,890,891,893,894,895,896,900,901,902,907,917,918,920,921,923,925,927,929,930,932,938,939,940,945,948,952,953,954,955,960,961,962,965,969,971,972,973,977,979,984,992,995,999,1000,1001,1002,1004,1005,1006,1009,1011,1016,1020,1021,1022,1023,1025,1032,1034,1036,1039,1040,1042,1043,1045,1046,1051,1054,1062,1073,1078,1092,1093,1094,1097,1104,1105,1108,1113,1117,1119
高效氯氰菊酯　23,41,44,45,48,50,55,56,57,59,61,62,63,65,67,69,74,78,79,89,93,95,97,98,99,100,104,105,108,111,115,125,133,136,138,144,148,150,151,155,157,158,162,163,168,172,176,177,178,179,183,185,187,188,189,191,193,200,203,207,208,211,212,214,215,216,217,220,227,229,232,235,236,237,238,241,242,243,244,245,250,252,253,254,259,261,262,263,266,267,272,273,275,276,278,280,281,285,286,288,291,294,295,296,298,299,300,301,302,303,304,305,

309,311,314,317,318,321,322,327,328,329,331,332,336,337,342,343,349,351,352,357,359,360,361,363,368,380,385,387,390,392,393,394,395,399,402,404,405,406,412,422,447,463,466,475,482,483,484,487,488,489,492,497,501,506,508,514,515,529,535,537,542,544,547,548,549,551,553,558,560,563,564,567,572,579,584,587,590,593,597,598,599,600,611,612,613,615,616,642,648,654,658,661,666,670,674,682,686,688,690,696,701,703,709,712,715,723,724,730,733,738,740,742,747,752,758,759,761,766,770,774,779,786,790,793,795,806,807,809,810,813,815,819,824,828,831,835,840,843,848,850,856,871,873,877,880,885,889,890,893,898,904,907,910,918,922,923,928,935,939,951,953,955,956,983,984,987,991,1000,1004,1016,1023,1025,1031,1035,1037,1038,1039,1041,1042,1043,1044,1045,1046,1050,1051,1053,1057,1063,1064,1101,1102,1103,1109,1115,1118

寡雄腐霉菌 12

硅丰环 443

硅噻菌胺 19

硅藻土 900,905,1065

硅唑·多菌灵 893,920,923

硅唑·咪鲜胺 923,964,1036

过氧乙酸 237,243,244,249,252,268,269,273,274,295,301,319

哈茨木霉菌 12

禾草丹 32,90,110,561,609,626,689,980,1118

禾草敌 42,560,609,623,1053,1054

禾草灵 372,1070,1071,1077

厚孢轮枝菌 1065

琥胶肥酸铜 95,96,126,229,303,373,381,606,691

琥胶肥酸酮 384

琥·铝·甲霜灵 95,96,126,1001

琥铜·百菌清 606

琥铜·甲霜灵 96,1001

琥铜·吗啉胍 373,683,691

琥铜 ·霜脲氰 273

琥铜·霜脲氰 606

琥铜·乙膦铝 373,377,381,384,691

环丙嘧磺隆 3

环丙唑醇 471,495,525,619,869

环嗪·敌草隆 50,508,869

环嗪酮 12,49,52,81,506,507,516,586,603,604,867,869,1071,1074,1075

环戊噁草酮 603

环酯草醚 35,36

磺草灵 561

磺草酮 604,695,696,1074,1082

磺草·乙草胺 695

磺草·莠去津 237,668,696

混合氨基酸铜 243,267,343,370,684,746,794,815,901

混合脂肪酸 105

混灭·噻嗪酮 468

混灭威 73,321,425,459,462,469,483,664

混铜·多菌灵 103

混脂·硫酸铜 97,98

机油 402,531

几丁聚糖 398,654,725,882,1003

几糖·嘧菌酯 726

几糖·戊唑醇 726

己唑醇 48,64,77,95,103,146,172,183,184,222,225,240,277,304,353,358,466,471,476,493,494,510,511,523,525,567,578,579,586,589,618,619,629,708,723,726,755,789,804,808,818,820,832,845,885,886,896,914,918,919,929,931,939,940,947,961,962,963,970,971,972,994,1043,1065,1108,1119

己唑·稻瘟灵 926,1119

己唑·多菌灵 942,966,971

己唑·腐霉利 524

己唑·醚菌酯 932

己唑·嘧菌酯 567,963

甲氨基阿维菌素苯苯甲酸盐 817

甲氨基阿维菌素苯甲酸 1045

甲氨基阿维菌素苯甲酸盐 35,44,48,51,58,61,64,65,77,82,83,89,91,92,94,95,97,98,101,105,115,127,130,131,133,137,145,146,147,151,154,155,156,169,171,172,173,175,178,179,185,193,194,195,197,198,199,200,205,209,210,213,214,215,216,221,222,223,224,225,227,229,230,237,240,242,244,246,247,248,250,251,252,254,255,258,267,269,270,271,277,278,280,281,283,285,286,289,291,292,294,295,296,298,299,303,306,313,315,317,319,324,326,338,347,350,357,358,

365,368,373,374,379,382,388,394,396,398,400,402,407,411,413,415,417,423,424,431,434,441,452,459,467,469,473,486,487,488,491,494,495,512,525,547,558,560,573,575,589,602,615,616,623,624,629,634,638,639,640,645,649,651,653,656,657,662,665,668,698,699,707,709,710,711,714,715,716,717,718,723,724,728,731,732,733,739,740,743,748,749,753,754,757,768,771,773,774,775, 786,787,788,789,794,795,796,802,803,808,817,820,822,823,825,826,828,831,832,833,834,837,840,844,848,850,852,853,856,860,862,864,865,872,875,876,878,879,880,881,882,885,886,888,890,893,894,896,901,908,914,918,919,925,928,929,930,931,939,940,941,947,953,957,961,962, 965, 972, 977, 979, 984, 990, 992, 997, 1005, 1032, 1042, 1045, 1047, 1057, 1073, 1076, 1080,1084,1092,1095,1097,1098,1113,1114,1119

甲氨基阿维菌素苯甲酸盐(0.55%)　841

甲氨基阿维菌素苯甲酸盐(0.57%)　97,106,183,193,297,501,618,677,706,735,747,765,779,780,875,896,904,1067

甲氨基阿维菌素苯甲酸盐(1.1%)　414,612

甲氨基阿维菌素苯甲酸盐(1.13%)　580

甲氨基阿维菌素苯甲酸盐(1.14%)　87,351,501,751,813,837,872,979,996,1007,1034,1055,1117

甲氨基阿维菌素苯甲酸盐(2.2%)　744,791,793,904

甲氨基阿维菌素苯甲酸盐(2.28%)　1065

甲氨基阿维菌素苯甲酸盐(2.3%)　285,755,830,961

甲氨基阿维菌素苯甲酸盐(5.7%)　175,747,765,828

甲氨基阿维菌素苯甲酸盐(90%)　101,379,700,1095,1097

甲氨基阿维菌素苯甲酸盐(1.14%)　481

甲氨基阿维菌素苯甲酸盐(2.3%)　317

甲氨基阿维菌素苯酸盐　725

甲拌·多菌灵　60,233,593,761,892,1036

甲拌磷　60,88,130,237,241,252,295,296,336,373,446,471,489,577,587,669,670,686,806,851,1037,1040,1041,1044,1052,1057,1069

甲拌·辛硫磷　805,829,893

甲苯·丙环唑　214

甲草胺　18,49,361,460,463,554,618,733,735,748,781,783,866,889,897,959,994,997,1074,1102

甲草·莠去津　683,711,784

甲·敌稗　870

甲磺草胺　16,459,509,568,636,869,1033

甲磺隆　13,461,463,488,516,518,527,528,529,540,541,595,688,695,975,999,1115

甲磺·氯磺隆　461,541,566,595

甲磺·乙草胺　57,428,540

甲磺·异丙隆　540

甲基苯噻隆　463

甲基吡噁磷　234

甲基碘磺隆钠盐　9,565

甲基毒死蜱　22,506,507

甲基二磺隆　9

甲基立枯磷　88,434,544,703

甲基硫菌灵　19,25,26,27,38,44,45,49,52,70,78,89,91,92,96,103,115,139,140,142,144,150,156,168,171,176,179,180,181,192,194,201,219,229,231,240,249,253,262,269,271,277,290,293,300,307,310,326,335,336,347,353,357,364,365,416,417,436,456,457,489,494,505,506,513,514,515,542,543,547,573,574,585,591,592,600,619,620,626,628,634,636,638,645,646,648,663,669,700,704,706,712,715,719,723,724,725,729,731,737,743,749,752,754,755,760,761,767,770,771,773,778,780,785,794,801,803,817,822,825,828,830,834,839,845,849,850,851,852,866,872,875,878,883,884,888,892,893,894,897,899,902,903,907,909,911,912,913,915,916,917,921,922,924,925,927,928,936,938,942,943,944,946,948,952,954,957,958,959,962,964,968,969,971,972,973,978,982,983,988,991,995,998,1000,1001,1002,1013, 1015, 1023, 1034, 1035, 1036, 1040, 1041, 1048,1052,1056,1061,1066,1103,1105,1114,1118

甲基嘧啶磷　42,43,418,419,429,759,1077,1124

甲基异柳磷　60,164,199,282,349,396,404,405,406,720,721

甲·克　60,164,490,752,763,848,857,1036

甲枯·多菌灵　603

甲枯·福美双　72,700,1061

甲硫·百菌清　39,1115

甲硫·噁霉灵　183,756

甲硫·氟硅唑　942

甲硫·氟环唑 942
甲硫·福美双 54,74,123,126,143,180,228,240,253,255,263,266,277,282,291,293,326,390,412,414,507,546,573,647,704,709,738,744,750,753,754,758,762,769,779,781,785,813,814,835,843,850,853,855,873,884,894,898,906,910,916,917,924,936,937,943,956,959,972,974,1028,1041,1051,1054,1085
甲硫·己唑醇 708,818,939,962,965,972
甲硫·腈菌唑 406,950
甲硫·锰锌 91,155,323,429,608,725,814,871,880
甲硫·咪鲜胺 963
甲硫·醚菌酯 942,963,966
甲硫·萘乙酸 234
甲硫·三环唑 517
甲硫·三唑酮 1010
甲硫·戊唑醇 495,517,726,768,817,920,942,963,967
甲硫·乙霉威 30,507,820
甲硫·异菌脲 708
甲柳·福美双 233,440,448
甲柳·克百威 199
甲柳·三唑醇 440
甲柳·三唑酮 62,225,319,328,330,333,340,345,350,363,364,365,366,368,911
甲咪唑烟酸 3,553,580,900
甲嘧·草甘膦 77
甲嘧磺隆 14,103,462,463,487,527,541,610,974,976
甲·嘧·甲霜灵 20
甲·灭·敌草隆 714
甲·灭·敌草隆 81,202,205,210,213,215,217,219,223,296,668,673,736,773,785,791,798,827,861,865,888,1100
甲·灭·莠去津 859
甲萘威 393,419,433,461,462,491,502,558,610,646,995,997,998
甲哌嗡 318
甲哌鎓 43,97,130,242,257,274,305,312,317,318,346,395,401,409,516,517,531,537,541,557,560,582,768,772,781,792,793,821,900,1005,1013,1014,1049,1074
甲氰·哒螨灵 196,1119
甲氰·单甲脒 232
甲氰·敌敌畏 130,196,215
甲氰·甲维盐 230
甲氰菊酯 30,31,38,50,63,72,77,107,108,111,113,115,130,136,141,148,168,176,177,181,186,189,196,216,219,223,253,257,281,378,390,399,401,402,403,406,411,413,424,463,477,482,497,508,536,548,584,585,587,594,613,614,626,630,632,637,639,644,647,648,649,652,653,655,663,664,673,675,676,710,713,738,742,746,754,756,762,821,826,843,891,893,901,919,921,923,926,935,970,995,1000,1009,1019,1025,1028,1031,1060,1076,1101,1104,1118
甲氰·矿物油 645,764,912,939,956
甲氰·乐果 196,401
甲氰·马拉松 94,97,208,432
甲氰·螨醇 584
甲氰·炔螨特 177,675
甲氰·噻螨酮 105,145,161,168,183,193,262,412,430,661,668,701,722,725,740,747,771,794,816,822,828,899,914,960,1001,1024,1104
甲氰·三唑磷 133,220
甲氰·辛硫磷 49,125,149,177,192,208,211,215,295,303,307,321,323,327,339,360,386,497,581,587,655,673,703,709,742,753,766,775,805,813,823,827,835,842,850,889,897,916,951,1048,1119
甲氰·氧乐果 196,308,370,372,377,677,794
甲噻诱胺 1009
甲霜·百菌清 182,274,515,692,1085
甲霜·多菌灵 1014
甲霜·噁霉灵 127,222,302,357,370,373,377,382,435,442,683,690,914,947,1040,1048,1060
甲霜·噁霉灵 689
甲霜·福美双 182,269,370,371,373,379,380,381,382,383,405,435,440,442,443,445,448,458,530,596,603,673,684,689,690,871
甲霜·福美锌 799
甲霜灵 39,130,457,458,480,530,556,618,635,755,867,1033,1074,1077,1083,1085,1086
甲霜·锰锌 37,39,41,45,62,101,107,111,140,150,177,179,180,192,196,197,201,204,216,219,222,228,243,279,313,318,323,346,347,354,365,390,396,403,458,459,516,517,539,542,557,585,

608,661,689,719,721,724,729,731,732,744,752,756,774,780,795,806,815,835,850,863,880,884,908,909,917,922,923,926,931,933,946,956,957,958,968,970,971,972,978,988,995,999,1001,1013,1016,1029,1043,1048,1055,1064,1076,1077,1078,1083,1085
甲霜·醚菌酯　751
甲霜·霜霉威　458,705,991,1085
甲霜·霜脲氰　458,459
甲霜·戊唑醇　442
甲霜·乙膦铝　297
甲霜·种菌唑　18
甲羧除草醚　163,488
甲维·吡丙醚　986
甲维·吡虫啉　551
甲维·丙溴磷　215,459,481,723,771,796,820,872,878,946
甲维·虫螨腈　173,231,887
甲维·虫酰肼　148,630,718,724,740,818,831,872,954,1043
甲维·哒螨灵　230
甲维·丁醚脲　147,842,886,887
甲维·啶虫脒　358,1098
甲维·毒死蜱　94,103,126,173,213,225,254,258,285,412,466,494,501,545,567,571,588,662,707,817,823,920,941,1002,1005,1122
甲维·氟啶脲　662,820,961,966
甲维·氟铃脲　64,92,126,651,705,751,832,875,880,903,940,949,962,963,1052,1098,1120
甲维·氟酰胺　1061
甲维·高氯氟　185,227,494,501,850,887,960,965,966,973,1005,1062,1098
甲维·氯氰　171,706,1002
甲维·灭幼脲　148,187,315,887
甲维·三唑磷　641,896,1005
甲维·杀虫单　588,829,833
甲维·杀虫双　217,412
甲维·杀铃脲　447
甲维·苏云菌　186,379
甲维·辛硫磷　183,876,938
甲维盐·氯氰　358,725,771,774,820,836,895,899
甲维·茚虫威　149,469,572,583,708,818
甲维·仲丁威　571,589
甲戊·丁草胺　71
甲·戊·福美双　101,324,763
甲戊·扑草净　451,858
甲戊·烯效唑　98
甲戊·乙草胺　446,450,476,668,713,746,762,802,901
甲戊·莠去津　48,894
甲氧苄氟菊酯　31
甲氧·虫螨腈　950
甲氧虫酰肼　21,869,1108
甲氧咪草烟　4
甲·乙·莠　134,301,672,725,727,735,783,798,799,836,859
甲·异·莠去津　859
甲·莠·敌草隆　219,1100
假丝酵母　188
碱式硫酸铜　1,24,123,141,232,268,770,928,946
结晶乐果　109
解淀粉芽孢杆菌　931
金龟子绿僵菌　114,303,651
腈苯唑　21
腈菌·福美双　57,74,77,115,197,228,254,294,312,533,685,694,725,758,805,898,952,968,973,1075,1077,1087,1104
腈菌·锰锌　1033
腈菌·咪鲜胺　136,160,315,406,629,706,898
腈菌·三唑酮　170,224,660,768,902
腈菌·戊唑醇　347
腈菌唑　21,22,44,59,66,92,94,98,103,126,143,145,148,180,182,184,186,230,254,294,295,297,302,325,355,406,465,477,478,601,627,683,684,694,729,738,754,787,807,814,822,837,871,883,885,914,919,929,934,940,944,948,958,961,973,998,1038,1043,1073,1075,1077,1098,1104
腈·克·福美双　1036
精吡氟禾草灵　28,29,47,134,225,372,375,378,384,399,469,510,525,527,549,603,616,617,689,733,735,777,781,783,826,833,859,937,997,1045,1079,1106,1107,1113,1124
精噁·胺苯　54
精噁·炔草酯　1009
精噁唑禾草灵　7,9,46,47,53,54,62,63,64,69,75,76,77,84,85,103,114,135,172,303,306,325,345,346,353,354,366,437,440,442,452,468,476,

497,504,527,528,542,543,549,556,565,571,583,585,594,595,603,668,693,694,716,717,727,735,773,784,800,802,821,825,826,834,837,856,859,900,945,986,1055,1067,1070,1071,1073,1084,1090,1104,1119
精高效氯氟氰菊酯　2
精甲・百菌清　36
精甲・噁霉灵　442,443
精甲・咯菌腈　35
精甲・咯・嘧菌　36
精甲・嘧菌酯　37
精甲霜灵　34,458,808,1085
精甲霜・锰锌　35,416,623
精喹・草除灵　46,54,58,59,62,68,84,87,100,112,134,332,345,352,393,464,467,472,526,539,540,562,564,611,627,633,642,648,667,680,854,859,1072,1093,1097,1116,1121
精喹・氟磺胺　345,372,672,679,680,736,791,800
精喹・氟羧草　680
精喹禾灵　27,46,47,48,53,57,58,59,63,68,73,75,78,84,85,87,88,102,105,106,112,114,134,135,177,233,241,259,261,262,264,265,291,294,296,297,300,301,306,310,311,312,313,316,318,319,322,323,324,325,332,334,342,343,345,350,354,356,370,371,373,374,375,376,378,379,380,381,384,385,387,390,393,404,413,435,437,439,440,441,446,450,451,464,467,472,473,475,479,481,496,501,504,507,509,514,526,528,536,541,548,549,550,553,555,557,565,571,573,581,587,594,611,618,626,642,644,651,653,658,661,667,672,678,679,680,683,689,691,692,696,699,703,704,712,715,716,717,726,727,731,732,733,740,744,745,749,757,759,767,768,769,770,772,776,777,778,782,784,790,792,796,797,799,801,802,804,816,821,823,825,829,834,835,837,842,843,846,853,854,858,867,870,874,876,877,879,882,887,888,889,895,899,909,912,924,937,980,981,996,999,1002,1007,1009,1032,1034,1040,1042,1044,1045,1046,1049,1052,1055,1057,1060,1062,1072,1073,1083,1090,1116
精喹・嗪草酮　680
精喹・乳氟禾　86,134,879
精喹・乙草胺　46,1094
精喹・乙羧氟　362,465,736
精喹・异噁松　901
精异丙甲草胺　33,36,466,623,1074,1075,1103
井冈・苯醚甲　588
井冈・吡虫啉　983
井冈・丙环唑　618,1095
井冈・多菌灵　315,356,412,544,570,592,814,844,853,856,898,933
井冈・多粘菌　1111
井冈・己唑醇　547,979
井冈・枯芽菌　566,567,588,665
井冈・蜡芽菌　67,426,433,470,521,573,588,652,878,898,983,984,1110,1111
井冈・硫酸铜　309,521,650,840,1111
井冈霉素　74,79,113,116,133,135,136,141,157,161,175,187,188,194,204,244,245,260,290,307,327,333,338,339,340,343,355,367,398,400,405,411,419,429,432,433,480,521,547,570,573,606,627,629,637,639,645,648,656,657,659,661,664,738,770,785,787,791,792,814,823,830,841,846,907,917,928,933,937,958,960,989,996,1004,1010,1076,1087,1094,1109,1110,1111,1118
井冈霉素(10%)　793
井冈霉素(20%)　410
井冈霉素(3%)　336,722
井冈霉素(3%,5%)　409,419,1094
井冈霉素(3%、5%)　573,1094
井冈霉素(5%)　131,330,656
井冈霉素 A　116,136,181,204,208,336,398,410,420,657,658,738,739,1010,1095,1110,1118
井冈霉素(10%)　960
井冈霉素(20%)　841
井冈霉素(5%)　954
井冈・嘧苷素　1110
井冈・羟烯腺　1088
井冈・噻嗪酮　531,532,571,628,659,1110
井冈・三环唑　193,469,539,544,570,592,913
井冈・三唑醇　495
井冈・三唑酮　364,752,853,1093
井冈・杀虫单　320,467,475,490,532,535,547,562,570,583,983
井冈・杀虫双　110,137,469,512,548,566,577,983
井冈・蛇床素　588

井冈·戊唑醇　481,571,641,1110,1111,1120
井冈·烯唑醇　465,479,535
井冈·香菇糖　673
井·噻·杀虫单　455,469,512,532,533,535,588,594,603,611
井·酮·三环唑　57
井·烯·三环唑　571
井·唑·多菌灵　82,571,582,661
聚醛·甲萘威　147,183,478,490,577,746,779,899,1082
菌核·福美双　111,900
菌核净　307,635,757,769,1114
卡·二氯　173
抗倒酯　35,36,488,601,604,610
抗坏血酸　223
抗·酮·多菌灵　532
抗蚜·吡虫啉　500,831
抗蚜威　42,43,52,53,177,332,419,514,538,622,892,933,946,995
克胺·莠去津　677
克百·敌百虫　70,74,202,233,338,393,426,686,915,953,1009,1069
克百·多菌灵　51,72,233,326,490,593,752,762,1036
克百·甲硫灵　1014
克百·三唑酮　481
克百威　15,16,71,74,118,158,161,164,175,199,273,316,338,385,392,393,408,417,418,426,427,433,460,462,489,490,506,507,627,667,686,692,722,762,857,909,999,1009,1028,1069,1070,1117
克草胺　677
克·醇·福美双　233,443,780
克菌丹　17,39,40,163,241,868,869,1033
克菌·戊唑醇　40
克·扑·滴丁酯　677
克·酮·多菌灵　347,351,848,943
克·酮·福美双　347,762
克·戊·福美双　233
克·戊·三唑酮　371,385,446,448
克·硝·福美双　1014
枯草芽孢杆菌　88,106,116,154,227,257,368,389,398,589,654,677,803,873,882,1066
苦参碱　11,92,96,97,101,126,243,247,258,261,267,282,286,296,349,360,452,491,551,560,596,646,669,687,697,698,699,700,731,781,841,843,876,879,894,901,902,903,914,922,926,932,955,1006,1026,1043,1061
苦参·硫磺　791
苦参·印楝素　1065
苦皮藤素　330,934,1006
矿物油　10,11,12,144,221,278,345,358,543,621,668,669,707,746,771,817,828,882,925,956,997,1004,1074
矿物油·敌敌畏　360
矿物油·辛硫磷　710
矿物油·乙酰甲　360
喹·胺·草除灵　57,476
喹禾糠酯　17,1074
喹禾灵　401,471,540,553,555,577
喹啉·噻灵　1075
喹啉铜　1033,1084
喹硫·敌百虫　645,646
喹硫磷　41,63,144,168,178,182,203,220,234,588,619,629,630,631,650,656,664,885,927,934,969,1006,1022,1027,1045,1047,1049,1056,1088
喹硫·辛硫磷　331
喹螨醚　17
喹·唑·氟磺胺　385,679
蜡质芽孢杆菌　575,652,864,983
狼毒素　129
乐果　65,66,73,108,117,131,149,155,157,162,175,176,187,188,201,202,208,218,260,261,262,312,328,359,386,393,399,418,434,470,504,513,545,592,658,670,675,945,995,997,1015,1022,1063,1070,1102
乐果·哒螨灵　109
乐果·敌百虫　66,217,218,329
乐果·敌敌畏　985,1065
乐果·高氯氟　418,420
乐果·矿物油　360
乐果·氰戊　907
乐果·三唑磷　472
乐果·杀扑磷　1115
乐果·仲丁威　418
乐·杀单　633
乐·酮·多菌灵　468
雷公藤甲素　597
梨小性迷向素　1

藜芦碱　263,296,774,932,1005
利谷隆　610
联苯·吡虫啉　558,568
联苯·哒螨灵　940
联苯·甲维盐　98
联苯肼酯　17,1108
联苯菊酯　15,16,41,43,44,50,57,61,62,63,70,72,74,75,77,82,92,94,101,103,105,115,121,122,130,142,145,151,158,163,168,171,179,181,184,188,191,193,194,199,203,204,207,208,209,211,213,215,216,217,219,221,224,225,227,228,229,230,236,240,242,244,253,258,261,263,264,281,290,291,300,302,308,311,324,325,327,330,348,359,360,366,367,403,407,414,424,430,431,451,452,461,463,466,467,473,482,485,486,497,509,515,527,528,531,536,537,538,548,551,552,553,561,562,564,567,568,569,579,585,594,596,597,598,600,602,614,615,628,630,631,632,633,634,636,639,645,648,652,658,659,660,663,664,665,666,703,704,710,712,715,719,722,724,727,728,729,730,732,739,744,745,747,748,749,751,752,754,756,758,759,764,766,767,772,775,780,781,785,787,791,795,800,801,802,803,804,807,808,818,819,821,823,827,830,831,833,835,842,843,844,847,850,851,855,856,861,863,864,871,872,873,875,876,877,878,879,885,889,891,893,894,899,902,904,907,909,910,912,913,914,915,916,922,924,927,928,929,934,939,944,946,949,951,952,954,955,957,958,961,968,969,996,999,1001,1002,1004,1005,1016,1020,1022,1024,1035,1039,1040,1047,1049,1052,1054,1080,1092,1104,1108
联苯·炔螨特　630,668
联苯·噻虫胺　158
联苯三唑醇　9,493
联苯·三唑磷　949
联苯·三唑锡　1008
联菊·丁醚脲　169,668,832
联菊·啶虫脒　669
磷化铝　65,223,233,272,322,346,380,419,561,565,670,687,688,711,791,804,805,806,812,813,861,1011,1013
硫丹　11,41,66,69,266,454,502,503,515,633,702,716,921,938,952,970,1062,1104,1119
硫丹·灭多威　212,753
硫丹·辛硫磷　302,317,485,899
硫磺　4,10,24,68,112,125,144,151,176,195,208,226,279,280,352,400,403,507,631,730,746,752,769,770,785,813,851,883,892,903,909,911,916,935,946,955,995,1007,1030,1054,1063,1066,1113,1126
硫磺·百菌清　178,212,219,770,955,973
硫磺·苯丁锡　151
硫磺·稻瘟灵　420
硫磺·敌磺钠　684
硫磺·多菌灵　74,91,140,142,155,178,186,189,225,280,326,349,355,395,408,416,506,507,533,543,544,547,573,620,647,684,705,737,750,753,766,767,780,781,783,785,789,814,815,839,849,853,856,881,891,892,898,935,951,956,1023,1030,1047,1063,1069,1092,1111
硫磺·甲硫灵　143,161,268,355,507,547,661,839,852,906,907,968,1024,1092,1119
硫磺·锰锌　243,280,328,340,608,701,738,754,769,789,906,907,936,944,954,956,971,973,1054
硫磺·三环唑　44,60,69,76,78,82,111,136,140,143,177,180,182,192,216,219,228,340,355,356,360,417,432,467,471,476,479,497,512,533,576,582,590,630,779,824,852,891,906,922,968,975,991,1024,1026,1030,1064,1066,1069,1077,1083,1092,1097,1111
硫磺·三唑酮　62,141,177,359,364,365,367,401,705,712,745,750,779,780,814,824,844,849,852,892,913,973,1066,1111
硫双威　7,50,142,143,182,287,309,411,419,461,463,491,515,517,521,526,527,560,610,618,729,752,761,774,849,850,851,885,926,936,959,960,1001,1107
硫酸链霉素　254
硫酸铜　139,653,687,718,815,1012,1048
硫酸铜钙　38,516,610
硫·酮·多菌灵　293,576,853
硫酰氟　813,1070,1071
柳·戊·三唑酮　448
咯菌腈　33,35,37,241,299,1074,1075,1081
咯菌·精甲霜　34
螺虫乙酯　10
螺螨·三唑磷　1124

螺螨酯　9,186,299,350,726,948,1068
螺威　388
络氨铜　145,199,213,270,315,345,350,357,395,686,753,789,905,912,953,955,970,982,1040
络铜·柠铜　199,912
绿麦隆　372,491,502,530,558,570,589,1011
绿麦·异丙隆　566
绿·莠·乙草胺　890
氯氨吡啶酸　22
氯氨吡啶酸(暂定)　22
氯苯胺灵　12,23,24,561,610,1014
氯吡·苯磺隆　86,172,310,826,838,861,948,1007
氯吡·甲磺隆　112
氯吡嘧磺隆　27,565
氯吡脲　112,113,700,1012,1028,1029,1031,1094
氯吡·炔草酯　345
氯吡·硝·烟嘧　1075
氯吡·唑草酮　568
氯丙嘧啶酸　509
氯虫苯甲酰胺　14,178,976,997
氯虫·高氯氟　36
氯虫·噻虫嗪　36
氯胆·萘乙酸　113
氯啶菌酯　459
氯啶·戊唑醇　459
氯氟·吡虫啉　551,601,923,947,962,972
氯氟吡氧乙酸　20,47,67,75,86,282,325,326,335,342,344,366,475,485,603,689,727,751,777,797,821,825,882,1000,1044,1073,1079
氯氟吡氧乙酸异辛酯　21,47,51,57,63,82,86,88,89,102,112,113,134,282,306,311,325,346,387,412,434,468,497,565,583,603,617,628,718,735,767,777,843,860,869,879,880,900,946,964,997,1006,1007,1024,1029,1083,1116,1124
氯氟吡氧乙酸异辛酯(280 克/升)　549
氯氟吡氧乙酸异辛酯(28.8%)　562
氯氟吡氧乙酸异辛酯(288 克/升)　55,71,75,319,334,441,473,559,802,880,986,1000,1013,1016,1056
氯氟吡氧乙酸异辛酯(290 克/升)　511
氯氟吡氧乙酸异辛酯(288 克/升)　114,481,1006
氯氟吡氧乙酸(酯)　617,836
氯氟·丙溴磷　200,1002
氯氟·敌敌畏　130,208,211
氯氟·啶虫脒　740,803,818,831,938,941,961,962,966,1104
氯氟·毒死蜱　412,494,501,908,1007
氯氟·甲维盐　566
氯氟醚菊酯　601
氯氟氰菊酯　628,750,830
氯氟·噻虫啉　963
氯化胆碱　113
氯化苦　674
氯磺隆　463,539,540,564,594,688
氯磺·异丙隆　569
氯菊·烯丙菊　6,157,552,599
氯菊酯　16,31,32,40,41,139,156,189,190,397,434,506,548,551,552,553,564,568,598,601,674,987,989,996,1037,1049,1103
氯菊酯·S-生物烯丙菊酯　553
氯菊酯原药　451
氯·马·辛硫磷　889
氯嘧·苯磺隆　58
氯嘧磺隆　14,287,462,528,529,539,541,586,594,595,676,688,694,976,1050
氯·灭·辛硫磷　100
氯氰·氨菊　151
氯氰·胺菊　156,157
氯氰·吡虫啉　140,149,169,205,259,300,370,495,513,563,666,715,764,775,792,935,951,953,955,957,1053
氯氰·丙溴磷　32,63,92,101,191,194,197,201,240,308,324,431,458,469,542,611,623,628,631,637,648,649,664,698,705,715,721,729,737,766,772,792,802,803,807,821,830,851,852,861,879,884,899,903,909,916,926,935,944,969,972,1001,1024,1079
氯氰·残杀威　429
氯氰·敌百虫　151,937
氯氰·敌敌畏　660
氯氰·敌敌畏　76,99,150,151,154,156,157,163,188,192,193,199,221,260,340,351,363,429,634,640,649,654,659,667,737,749,750,770,779,792,816,1063,1066
氯氰·啶虫脒　180,821
氯氰·毒死蜱　1,21,58,59,63,73,86,91,115,122,142,144,161,163,168,170,179,181,194,204,

216,225,231,238,254,263,270,305,308,323,326,332,333,341,357,363,386,392,400,408,414,422,457,507,513,525,562,611,614,629,683,693,712,716,722,737,738,757,802,803,846,847,861,898,915,916,927,933,936,946,952,959,968,970,988,990,1001,1016,1049,1056,1063,1068,1079,1082,1121,1123,1124
氯氰·福美双　48
氯氰菊酯　2,15,16,17,33,38,40,41,65,78,97,99,108,126,133,136,138,140,146,150,161,162,168,172,176,178,179,185,187,189,191,193,200,216,235,237,242,243,245,252,255,260,263,264,265,266,276,277,280,295,300,309,313,323,327,332,348,355,361,365,369,390,392,434,451,456,467,472,480,482,483,505,506,508,509,518,542,559,560,563,567,581,584,585,597,599,600,612,613,614,615,635,673,709,711,727,730,731,732,737,742,744,745,748,750,751,758,761,762,764,765,775,787,795,806,809,815,819,834,843,852,863,871,876,878,883,890,891,934,944,959,983,987,994,999,1012,1031,1037,1038,1040,1044,1046,1048,1050,1051,1053,1057,1096,1102
氯氰·矿物油　801,938,955
氯氰·乐果　199,202,468,582
氯氰·硫丹　193,667
氯氰·氯丙炔　599
氯氰·氯菊　61,158,548
氯氰·马拉松　204,264,399,479,633,915,1065
氯氰·三唑磷　169,391,401,634,641,648,653,658,1000
氯氰·水胺　323,406
氯氰·辛硫磷　58,60,64,73,102,108,140,150,163,195,197,212,235,245,255,263,272,277,294,310,313,314,319,320,322,323,327,328,329,336,337,338,339,340,341,346,349,351,361,363,365,367,400,457,472,513,526,539,587,614,754,768,806,846,857,901,912,922,1036,1044
氯氰·烟碱　219
氯氰·氧乐果　309,323,325,329,364
氯氰·仲丁威　842,1041
氯·噻·苯磺隆　1075
氯噻啉　555,556
氯酞酸甲酯　597
氯烯炔菊酯　254
氯·辛　160,336
氯溴异氰尿酸　342,426,469,603,618,967,1109
氯酯磺草胺　22
马拉·吡虫啉　244
马拉·毒死蜱　945,1121
马拉·氟氯氰　138
马拉·高氯氟　618,753,877
马拉·克百威　408
马拉·矿物油　360
马拉·联苯菊　76
马拉硫磷　89,149,154,170,181,202,203,218,236,241,242,244,253,255,257,258,260,262,264,265,267,270,273,276,277,289,291,295,300,301,323,325,331,340,357,359,367,385,406,425,477,480,510,530,537,625,628,635,638,655,661,665,685,702,706,709,722,731,737,745,753,781,787,793,802,803,819,830,838,843,851,852,865,873,895,898,906,924,937,959,970,991,995,1001,1020,1034,1035,1045,1046,1087,1088,1092,1106
马拉·灭多威　193,308,319,593,702,893,936,956
马拉·三唑磷　656,793,1069,1096
马拉·三唑酮　328,340,366
马拉·杀螟松　44,150,153,200,203,205,212,217,218,240,331,359,499,578,583,632,633,647,650,654,664,739,778,893,992
马拉·杀扑磷　830
马拉松·矿物油　796
马拉·辛硫磷　170,200,203,209,211,312,329,331,341,348,360,420,432,602,634,636,654,664,714,739,745,779,864,892,916,1034
马拉·异丙威　199,208,211,434,956
马·氰·辛硫磷　386
吗胍·硫酸铜　272,315
吗胍·乙酸铜　92,96,113,144,171,183,271,282,300,345,353,357,370,381,384,479,583,585,701,706,722,725,728,729,746,754,755,756,766,776,779,780,788,789,793,804,813,820,828,837,839,841,843,850,853,871,872,873,882,885,889,893,895,908,912,922,938,963,965,982,1029,1056,1078
麦草·草甘膦　950
麦草畏　32,33,56,81,412,466,478,517,523,539,592,597,600,603,737,867,868,906,980,1080,

1085,1097
麦草畏钠盐 868
麦畏·草甘膦 110,442,484,1097,1122
麦畏·甲磺隆 80
麦畏·莠去津 870
螨醇·哒螨灵 57,74,140,158,345,357,452,546,599,654,667,768,769,775,778,789,819,853,897,906,1022,1044,1047,1053
螨醇·噻螨酮 26,516,1118
锰锌·百菌清 171,608,790,819,936,954,968,974
锰锌·拌种灵 430
锰锌·多菌灵 709,768,1012
锰锌·噁霜灵 959
锰锌·氟硅唑 942
锰锌·氟吗啉 693
锰锌·福美双 721,1054
锰锌·甲霜灵 935
锰锌·腈菌唑 22,54,87,94,125,227,238,302,355,362,365,406,478,526,627,684,694,705,728,878,913,978,1044,1051,1054,1077,1119
锰锌·睛菌唑 323
锰锌·硫磺 268
锰锌·三唑酮 237,871,1012,1047
锰锌·霜脲 93
锰锌·烯唑醇 74,77,79,284,564,610,908,937
锰锌·乙铝 1035
锰锌·异菌脲 608
咪锰·多菌灵 175,194,442,486
咪锰·甲霜灵 442
咪锰·三环唑 133
咪·霜·噁霉灵 692
咪·酮·百菌清 226
咪鲜胺 16,39,50,66,87,90,112,114,115,126,136,145,147,161,169,180,186,191,196,221,224,228,230,240,263,267,329,340,350,354,368,375,377,384,387,413,415,420,431,432,435,439,443,448,463,464,477,479,481,484,494,508,517,521,525,545,554,555,558,583,585,613,615,616,618,628,640,660,693,707,723,726,729,740,755,756,757,761,809,816,831,832,835,838,856,864,866,879,881,885,893,919,920,925,928,929,932,937,943,947,952,962,995,998,1005,1007,1012,1028,1042,1045,1067,1093,1094,1102,1103,1105,1109
咪鲜胺锰盐 16,91,334,484,525,554,614,616,925,939,941,943,961,966,985,1005,1102
咪鲜胺铜盐 488
咪鲜·吡虫啉 233,423,1014
咪鲜·丙森锌 495,550,726,966
咪鲜·稻瘟灵 169,442
咪鲜·多菌灵 724,757,820,979
咪鲜·几丁糖 726
咪鲜·己唑醇 589,890
咪鲜·甲硫灵 545
咪鲜·甲霜灵 596
咪鲜·嘧菌酯 237
咪鲜·三环唑 51,146,186,535,638,653,1032
咪鲜·三唑酮 225
咪鲜·杀螟丹 87,485,545,562,627,1093
咪鲜·戊唑醇 169
咪鲜·异菌脲 136,137,180,191,756,871,923
咪鲜·抑霉唑 191,820,963
咪乙·氟磺胺 446
咪乙·甲戊灵 48
咪乙·异噁松 375,567,677,680
咪唑喹啉酸 695,874
咪唑烟酸 4,553,580,604,874,900
咪唑乙烟酸 3,4,264,296,369,370,371,374,375,377,379,380,381,384,385,437,440,446,464,510,527,549,553,556,603,676,684,686,690,691,693,694,695,697,734,782,799,854,858,868,870,874,900,998
醚苯磺隆 466,541,565
醚磺隆 454
醚磺·乙草胺 455
醚菊酯 28,105,255,415,456,457,484,485,523,615,704,809,840,873,893,905,906,921,937,944,949,964,1001,1042,1048
醚菌·啶酰菌 5
醚菌·多菌灵 942
醚菌·氟环唑 5,920,967
醚菌·戊唑醇 942
醚菌酯 3,48,50,56,146,175,184,225,292,350,452,470,601,604,716,717,718,730,827,845,872,886,919, 920, 925, 930, 940, 948, 961, 962, 965,1008,1042,1073
嘧胺·乙霉威 818,820,837
嘧苯胺磺隆 18,40,580

嘧草醚　32
嘧啶核苷类抗菌素　67,79,142,410,632,666,919,932,933,934,1004,1020,1110
嘧啶肟草醚　10
嘧环·咯菌腈　36,1075
嘧菌·百菌清　35
嘧菌·丙森锌　495
嘧菌·多菌灵　964
嘧菌·腐霉利　1009
嘧菌环胺　36,88,949,967,1075
嘧菌·戊唑醇　159,518
嘧菌酯　19,20,42,43,49,50,51,61,76,81,95,114,148,221,241,268,285,296,348,407,416,470,471,483,488,495,501,518,521,522,525,528,546,561,564,579,589,597,601,604,606,609,610,616,621,625,651,707,718,720,753,809,831,872,886,941,948,963,972,976,977,992,1008,1029,1043,1071,1074,1076,1080,1081,1083,1084,1090,1105,1114
嘧菌酯　966
嘧霉胺　9,80,86,91,94,125,146,170,198,224,241,253,286,290,291,302,358,462,467,470,478,497,502,543,601,608,667,703,716,717,729,730,732,740,747,788,794,815,831,832,835,837,844,870,873,885,888,896,899,914,919,932,940,944,952,953,960,961,1035,1043,1054,1080,1085
嘧霉·百菌清　148,298,1078
嘧霉·多菌灵　101,297,844
嘧霉·福美双　88,240,844,1048,1055
嘧霉·异菌脲　93,751
嘧肽·多抗　688
嘧肽·吗啉胍　688
嘧肽霉素　669,688
嘧肟·丙草胺　36
嘧肟·氰氟草　568
嘧酯·噻唑锌　1124
棉核·高氯　321
棉核·苏云菌　409
棉核·辛硫磷　319,321
棉铃虫核型多角体病毒　154,167,286,317,318,320,331,359,394,395,406
棉隆　163,560
灭胺·毒死蜱　161,540
灭胺·杀虫单　818,832
灭草松　2,5,47,48,67,70,75,81,82,85,86,103,106,154,237,261,296,306,369,370,371,374,375,376,379,383,385,492,493,495,511,519,521,523,526,527,537,557,564,565,569,597,664,669,689,694,695,697,717,735,797,834,859,874,887,888,900,995,1029,1032,1037,1049,1057,1061,1116
灭多威　12,53,54,131,143,170,177,267,276,280,324,341,349,351,392,394,423,433,461,462,490,514,515,546,578,618,622,646,670,701,704,725,744,755,758,761,762,768,770,789,791,805,815,819,823,842,848,891,921,935,936,953,954,955,973,974,975,988,1081,1103
灭菌丹　163
灭菌唑　3,5
灭·喹·氟磺胺　438,678,679,736
灭脲·吡虫啉　447
灭·羧·氟磺胺　681
灭威·毒死蜱　422
灭威·高氯氟　44,875
灭蚊烟片　429
灭线磷　57,153,164,218,241,242,353,472,668,743,747,805,852,893,1124
灭·辛·高氯氟　905
灭蚁饵剂　159
灭蝇胺　35,95,127,145,146,172,184,195,214,225,230,526,539,563,635,637,676,693,703,723,788,789,796,809,830,836,870,881,885,919,929,930,940,949,1002,1049,1063,1090
灭幼脲　141,169,274,305,314,316,356,446,447,637,709,715,770,870,900,901,943,956,1015,1054
木霉菌　733,864,873
苜核·苏云菌　409
苜蓿银纹夜蛾核型多角体病毒　88,168
萘乙酸　267,304,305,313,316,318,383,905,912,1011,1012,1028
萘乙酸钠　1076
萘乙酸钠(98%)　334
萘乙·硝钠　313
萘乙·乙烯利　133
宁南霉素　368
宁南·嘧菌酯　368
柠铜·络氨铜　909
农用硫酸链霉素　107,296,1003

喷射剂　598
硼酸·硫酸铜　156
硼酸锌　19
平腹小蜂　123
扑·丙·滴丁酯　679
扑草净　81,84,376,401,444,445,449,671,734,742,781,784,797,858,866,960,1025,1063,1064,1099,1126
扑草·仲丁灵　633
扑·噻·乙草胺　438
扑·乙　55,75,79,100,440,445,446,450,468,512,566,672,681,682,725,735,742,773,782,788,797,848,852,853,858,859,861,894,1060,1066,1090,1099
扑·乙·滴丁酯　377,384,437,441,445,449,464,679,683,784
扑·莠·乙草胺　782
葡聚烯糖　768
七氟甲醚菊酯　254,451,601
羟哌酯　10
羟烯·吗啉胍　381,934
羟烯腺嘌呤　1087
羟烯腺·烯腺　234
羟烯·乙烯利　455
嗪草酸甲酯　16,509,677,696
嗪草酮　7,9,79,86,287,369,371,375,427,492,493,517,521,524,528,536,543,544,559,565,573,579,675,676,868,996,1093
嗪酮·乙草胺　54,134,321,356,361,369,384,436,440,445,676,680,1046
嗪·烟·莠去津　678,681
氢铜·多菌灵　1096
氢铜·福美锌　938
氢氧化铜　1,2,12,14,143,181,282,335,431,508,610,789,863,880,891,938,947,961,1056,1085,1096
氰氨化钙　699
氰草津　742
氰草·莠去津　313,324,361,735,742
氰虫·啶虫脒　1124
氰虫·毒死蜱　1124
氰氟·吡嘧　736
氰氟草酯　21,50,64,71,86,103,135,172,173,210,214,375,423,466,469,473,477,480,486,487,504,509,517,529,541,546,561,604,665,696,702,736,777,778,796,809,818,826,834,838,861,949,967,984,986,1032,1073,1080,1116,1118,1120
氰氟虫腙　5
氰氟·二氯喹　83,172,504
氰氟·精噁唑　345,353,477,566,1089
氰氟·双草醚　541,950
氰津·乙草胺　746
氰霜唑　28,29,619
氰戊·倍硫磷　202
氰戊·吡虫啉　278,712
氰戊·丙溴磷　57,388
氰戊·敌百虫　150
氰戊·敌敌畏　129,404,496,602,647,668,985,1046,1109
氰戊菊酯　29,30,50,58,68,80,88,108,109,111,124,129,136,168,179,180,188,189,199,201,242,244,245,260,300,323,334,348,359,386,413,422,456,459,462,466,467,471,482,483,488,496,508,509,510,528,530,531,536,559,561,564,576,581,584,592,601,611,612,626,632,673,683,729,731,742,745,760,791,864,875,883,892,915,935,949,991,994,1000,1013,1023,1025,1101,1102,1103,1105,1118
氰戊·喹硫磷　150,817
氰戊·乐果　45,76,89,107,108,109,133,137,163,177,196,217,281,328,587,592,906,924,985,1000,1001,1006,1020,1022,1024,1026
氰戊·硫丹　473,503
氰戊·马拉松　68,76,134,138,150,182,218,220,245,250,254,259,260,271,272,275,277,281,289,295,302,304,312,314,323,324,327,330,332,342,343,346,365,370,371,377,378,386,399,400,403,411,422,440,583,655,669,678,685,705,709,711,728,738,748,752,755,766,767,781,789,790,796,813,829,839,850,852,873,877,880,882,902,904,908,911,916,923,937,954,955,956,1006,1009,1024,1026,1047,1051
氰戊·灭多威　76,319,320,351,359,723,814
氰戊·三唑酮　467,490,596
氰戊·杀螟松　302,1024
氰戊·水胺　245
氰戊·辛硫磷　47,49,50,51,59,60,62,64,66,69,70,77,78,79,80,83,107,125,138,141,199,202,

212,216,218,245,251,272,276,298,304,309,316,320,323,337,341,355,359,364,367,395,417,428,454,467,472,484,485,503,508,509,532,535,538,559,562,566,584,585,587,615,617,618,628,633,639,640,641,644,649,655,721,744,745,748,765,767,788,805,819,851,864,875,906,1022,1048,1064
氰戊·氧乐果 60,70,79,130,131,196,225,313,324,336,348,363,399,408,531,667,694,813,906,1024,1103
氰戊·鱼藤酮 167,168,957
氰烯·己唑醇 951
氰烯菌酯 564
氰·烯·氯菊 989
氰·辛·敌敌畏 337
氰·鱼藤 167
球孢白僵菌 651
球形芽孢杆菌 188,399,581
驱蚊花露水 119,121,124,127,128,154,160,166,167,173,179,231,411,480,498,518,534,546,547,569,570,572,575,597,609,643,974,979,980,985,1003,1059,1060
驱蚊粒 164
驱蚊露 132,533
驱蚊喷射剂 106
驱蚊片 25,165,1017,1034
驱蚊气雾剂 137,994
驱蚊乳 24,121,166,498
驱蚊霜 179,597,1017
驱蚊液 10,95,137,155,166,167,174,455,498,522,548,552,597,604,644,974,979,982,990,993,1018,1035,1051,1060,1061
驱蚊帐 6,18,1059,1074
驱蚊酯 10,434,986
炔苯酰草胺 49,452,522,553
炔·苄·唑草酮 568
炔丙菊酯 31,189,451,598
炔丙·氯氟醚 599
炔草酸 85,481
炔草酯 35,49,51,64,65,76,86,88,135,441,469,477,518,529,542,547,604,642,827,949,966,1008,1073,1078,1080,1081,1105,1125
炔螨·矿物油 92,145,183,701,706,710,713,747,779,786,817,825,828,879,896,918,925,939,1056
炔螨特 17,38,43,51,70,80,87,101,105,114,115,142,146,149,172,180,181,185,187,194,196,202,203,216,220,226,228,240,241,242,291,300,308,318,321,324,327,330,334,339,342,347,352,359,365,367,405,413,461,462,471,486,489,492,494,499,500,510,526,534,538,546,559,573,580,584,613,633,637,647,648,657,659,660,663,665,667,676,709,712,715,727,729,731,734,738,745,751,757,773,795,803,819,825,830,831,832,834,835,846,847,848,849,861,866,870,881,883,891,895,897,904,907,909,918,921,922,924,927,934,944,952,956,957,958,967,968,969,970,990,996,1000,1001,1009,1015,1024,1036,1042,1044,1049,1052,1061,1078,1079,1082,1083,1085,1086,1092,1105
炔螨·溴螨酯 940
炔咪菊酯 31,190,599
壬菌铜 974
乳氟禾草灵 46,75,85,377,378,464,527,603,735,803,836,854,874,924,1037,1074
乳氟·喹禾灵 349
乳禾·氟磺胺 85
噻苯·敌草隆 9,541
噻苯隆 8,131,262,303,334,353,466,469,485,487,527,528,541,583,601,610,619,778,861,941,945,958,1013,1029,1061,1114
噻虫胺 31,286,412,604,768
噻虫·吡蚜酮 708,818,914,988
噻虫·敌敌畏 950
噻虫·高氯氟 36
噻虫啉 175,187,412,551,604,609,652,752,809,942,967
噻虫·咯·霜灵 37
噻虫嗪 33,36,37,49,71,83,148,238,254,296,299,363,419,435,463,466,521,589,619,685,707,718,753,771,809,818,829,868,870,942,949,963,967,977,1029,1046
噻虫·异丙威 718
噻·噁·苯磺隆 134
噻吩·苯磺隆 58,134,517,518,542
噻吩磺隆 13,46,50,58,80,85,99,288,306,315,328,344,352,353,371,374,384,439,446,475,496,517,526,528,531,539,548,558,564,587,592,593,

595,611,612,616,670,677,689,691,692,837,947,976
噻酚磺隆　352
噻嗪·仲丁威　214
噻呋·苯醚甲　1081
噻呋·己唑醇　1081
噻呋·戊唑醇　95,588
噻呋酰胺　27,95,103,163,254,299,579,950,1081
噻呋·已唑醇　104
噻磺·甲磺隆　518
噻磺·乙草胺　46,47,100,313,476,502,527,593,642,667,676,1117
噻磺·异丙隆　47
噻菌灵　34,86,181,299,316,456,460,462,489,490,577,938,962,996,999,1033,1074
噻菌铜　1092
噻螨·哒螨灵　500,662,903
噻螨酮　25,26,78,92,104,122,144,178,183,224,229,237,249,302,329,367,414,479,500,513,515,531,704,722,764,769,770,780,792,807,831,848,863,905,914,917,922,927,934,944,957,959,969,972,1085,1105,1118
噻霉酮　968,969
噻嗪·吡蚜酮　967
噻嗪·哒螨灵　1075
噻嗪·敌敌畏　985
噻嗪·毒死蜱　148,172,184,193,204,214,292,416,829,831,919,926,950,1117
噻嗪·高氯氟　472
噻嗪·醚菊酯　950
噻嗪·三唑磷　481
噻嗪·杀虫安　1106
噻嗪·杀虫单　46,59,61,80,111,133,151,222,312,357,386,402,412,463,467,532,538,539,570,576,583,602,659,1069,1077,1081,1083,1096,1104,1110,1111
噻嗪·杀扑磷　92,122,126,182,584,585,596,660,712,836,898,924,938,955,1068,1075,1086,1117
噻嗪·速灭威　462,499,635,975
噻嗪酮　1,27,49,66,72,78,79,95,110,118,121,127,131,135,139,141,148,150,170,181,183,184,186,195,201,204,210,214,221,230,249,251,297,298,311,318,354,388,396,408,411,413,415,416,420,422,423,424,426,428,431,453,455,456,457,460,462,463,467,472,475,482,485,491,492,494,497,503,512,514,523,529,530,532,533,536,538,542,543,545,551,557,560,563,564,569,570,573,576,580,582,588,590,596,602,603,609,620,622,626,630,635,637,639,640,641,644,645,649,650,652,655,657,659,661,664,700,704,722,723,730,732,796,803,808,828,830,846,850,863,865,882,884,885,904,915,916,918,928,929,933,939,948,952,956,959,964,970,971,975,988,992,994,999,1004, 1026, 1041, 1056, 1064, 1069, 1070, 1071, 1073, 1076, 1083, 1092, 1094, 1096, 1103, 1105, 1114,1117
噻嗪·氧乐果　428,585
噻嗪·异丙威　62,63,72,76,77,80,113,126,135,142,168,170,179,182,192,193,194,204,219,229,251,290,294,302,319,324,367,403,412,416,422,423,424,426,428,431,433,435,463,468,475,479,488,492,495,512,515,530,532,533,535,538,543,553,557,569,571,576,581,582,584,596,602,628,633,636,638,639,642,644,645,646,648,650,656,658,659,663,722,725,739,743,755,756,779,792,799,802,823,831,839,880,886,890,913,916,922,926,952,954,959,965,968,970,973,979,1016,1023,1032,1049,1078,1081,1092,1096,1101,1110
噻嗪·仲丁威　73,589,1096
噻森铜　1083
噻·杀单　79
噻酮·炔螨特　225,815
噻·酮·杀虫单　454,492,496
噻·异　659
噻唑膦　19,28,173,254,285,310,477,491,707,803,817,882,1078,1113
噻唑锌　1124
三苯基氢氧化锡　1086
三苯基乙酸锡　1086
三氟啶磺隆钠盐　36
三氟甲吡醚　30
三氟羧草醚　40,86,202,463,464,675,676,678,679,680,721,835,836,1074
三氟羧草醚钠盐　1074
三环·丙环唑　1114
三环·多菌灵　58,73,148,169,211,532,562,570,633,640,891

三环·杀虫单 456,468,562,603
三环·烯唑醇 630
三环·异稻 1096
三环唑 20,58,59,80,102,107,111,113,142,158,170,180,219,223,228,240,331,333,338,354,368,369,382,395,413,428,454,457,464,467,470,471,476,477,479,482,492,510,512,516,528,530,533,536,538,544,571,574,576,581,590,595,601,602,626,627,628,635,636,639,644,647,649,650,652,660,663,665,704,713,715,752,773,785,794,875,882,888,894,905,909,917,926,927,934,936,941,944,949,959,975,976,979,988,991,995,999,1000,1001,1007,1009,1010,1013,1015,1021,1022,1024,1026,1027,1031,1042,1049,1054,1064,1069,1073,1076,1078,1080,1092,1094,1096,1100,1102
三环唑·己唑 950
三甲苯草酮 565,602,696
三氯吡氧乙酸 20,282,411,610
三氯吡氧乙酸丁氧基乙酯 411,610,868,870,1006,1007
三氯吡氧乙酸三乙胺盐 610
三氯杀虫酯 398
三氯杀螨醇 243,323,328,332,336,343,387,502,599,600,1052
三氯杀螨砜 703
三氯异氰尿酸 426,625,1034
三十烷醇 196,199,211,243,333,931,1012,1075
三乙膦酸铝 9,20,45,59,67,123,126,139,144,182,270,333,343,355,356,377,428,522,543,586,608,609,730,732,741,769,779,817,836,866,883,894,922,924,927,936,944,964,996,999,1001,1012,1015,1028,1039,1048,1052,1053,1055,1058,1088,1105
三唑醇 9,493,494,523,524,578,579,734,997
三唑磷 45,52,59,61,62,65,66,73,74,78,83,108,110,117,118,147,160,172,178,184,193,200,204,212,216,262,270,303,321,324,327,330,332,336,342,351,353,355,359,361,367,387,388,390,392,394,397,399,400,401,405,413,414,418,419,420,422,426,429,430,431,458,463,468,472,477,497,499,509,511,512,534,576,580,583,585,587,590,628,630,633,636,637,638,639,641,644,645,648,649,650,652,653,654,656,658,660,664,668,669,703,724,739,748,759,770,774,775,778,786,809,822,824,827,829,844,848,857,871,885,924,930,931,939,947,949,951,983,985,987,1075,1077,1079,1082,1092,1096,1123,1124
三唑酮 7,19,44,51,102,131,140,141,171,181,255,265,306,307,309,311,312,314,332,341,343,350,355,360,366,396,408,416,431,454,467,470,477,481,492,494,495,496,499,518,521,523,578,589,593,602,613,621,626,711,742,754,765,778,780,785,839,852,881,892,902,906,912,915,928,930,931,947,960,964,987,988,991,994,1000,1002,1005,1010,1012,1014,1015,1021,1023,1027,1036,1054,1064,1093
三唑锡 63,70,83,86,91,92,94,105,115,125,141,142,143,150,161,170,171,180,181,219,229,236,249,277,289,318,321,332,352,353,355,364,414,494,572,573,579,580,632,636,659,663,673,696,705,722,725,732,743,745,747,752,754,755,766,767,768,773,785,791,794,796,799,801,815,816,823,838,842,845,846,847,851,865,870,879,886,894,896,899,902,903,908,910,913,916,923,926,927,929,935,937,940,944,954,956,957,959,964,965,968,970,973,1036,1041,1075,1085,1086,1087
三唑·辛硫磷 85,475,654,775
杀白蚁 1068
杀白蚁饵剂 23,569
杀白蚁膏 159
杀虫安 1106
杀虫笔剂 139
杀虫超低容量液剂 548
杀虫单 52,53,56,59,60,78,109,145,402,405,411,413,418,425,427,430,434,454,470,484,498,499,535,587,593,594,611,617,654,663,683,688,918,980,982,1006,1014,1076,1081,1106
杀虫·啶虫脒 950
杀虫饵剂 61,118,234,278,552,685,1115
杀虫饵粒 211,217,218,350,373,599
杀虫粉剂 10,68,73,96,98,100,108,113,156,158,159,198,207,209,211,223,255,281,331,362,442,532,551,552,673,685,690,698,811,900,905,921,943,953,958,964,982,987,1033,1065,1082
杀虫环 26,569,594
杀虫颗粒剂 5,31,354,551,572,586

杀虫块剂 911
杀虫泡腾片 971
杀虫喷射剂 96,97,100,140,157,198,207,318,338,380,404,424,625,806,809,964,976,982,989,1006,1019,1034,1101
杀虫气体制剂 980
杀虫气雾剂 1,11,24,61,65,67,68,69,70,72,76,81,83,96,107,109,116,117,118,119,120,121,122,123,124,125,128,129,132,137,139,151,152,153,154,155,156,157,159,160,164,165,166,167,173,174,175,179,189,190,191,196,206,207,211,231,232,233,234,246,247,248,255,256,257,258,262,263,266,267,268,271,274,276,286,292,293,298,299,305,320,333,359,387,397,404,411,421,424,426,427,429,432,453,455,480,498,522,533,534,537,548,570,573,575,580,584,586,598,601,602,604,605,610,631,642,643,649,650,685,690,702,718,721,726,741,747,748,755,775,793,795,798,806,809,810,811,812,814,827,829,840,841,843,847,856,862,900,901,951,980,982,985,988,992,993,1003,1006,1015,1017,1019,1020,1021,1031,1034,1048,1050,1051,1059,1060,1061,1066,1067,1069,1070,1090,1093,1101,1103,1108,1109,1111,1112,1115,1120,1124,1125
杀虫气雾剂(水基) 119,120,643
杀虫气雾剂(油基) 522
杀虫热雾剂 61,155,157,218,326,402
杀虫双 51,53,55,59,60,69,73,78,107,108,109,110,113,123,125,133,150,157,159,162,164,168,187,188,193,194,199,203,204,206,210,212,215,217,218,219,296,357,359,371,394,400,401,406,408,411,412,416,417,421,425,427,429,430,432,433,434,453,454,455,470,483,486,498,499,587,593,595,604,611,627,628,632,636,647,653,655,662,663,906,956,958,1000,1001,1006,1022,1024,1026,1028,1029,1030,1031,1032,1076,1081,1106
杀虫水乳剂 61,70,71,73,88,190,308,330,361,364,397,535,551,810,811
杀虫畏 282
杀虫烟剂 96,101,132,317
杀虫烟雾剂 25,28,1034
杀单·毒死蜱 164,472,476,485,1097,1113
杀单·氟酰胺 518
杀单·克百威 390,408,490,663
杀单·灭多威 898,1103
杀单·三唑磷 54,566
杀单·苏云 399
杀单·苏云菌 82,116,123,389,394,403,410,486,934,1025
杀飞虫气雾剂 190,246,992,993,994,1018,1034
杀铃脲 446,447,517
杀螺胺 45,126,142,205,229,452,456,496,525,546,553,564,639,713,800,818,926,946
杀螺胺乙醇胺胺盐 453
杀螺胺乙醇胺盐 45,76,78,136,144,156,209,214,215,220,292,356,452,457,499,573,583,629,637,638,645,656,661,747,779,928,1027,1080,1094,1116
杀螺胺乙醇胺盐(83.1%) 79
杀螨纸 1034
杀螟丹 30,43,53,55,75,94,133,143,171,172,182,192,201,210,219,227,229,265,321,406,433,434,454,463,525,536,545,594,595,630,633,636,637,639,647,650,660,706,808,814,828,836,867,916,927,936,939,960,978,994,998,1035,1043,1044,1049,1056,1081
杀螟硫磷 30,200,357,401,426,512,536,610,625,627,630,704,806,807,865,938,946,994,997,1037,1038,1087,1088,1106,1108,1109
杀螟·辛硫磷 1056
杀螟·乙蒜素 545
杀扑·毒死蜱 1121
杀扑·矿物油 706
杀扑磷 39,90,126,141,180,290,341,352,356,400,485,516,593,667,709,727,751,830,834,870,899,928,937,970,1051,1075,1077,1079,1085,1115,1124
杀鼠灵 274,587,1033
杀鼠醚 6,98,218,274,275,448,587,772
杀双·毒死蜱 984
杀双·灭多威 213,429,667
杀双·辛硫磷 217
杀蚊颗粒剂 248
杀蚊气雾剂 173,174,246,385,480,605,1017
杀蚊烟片 256,390,394,420,424,425,428,429
杀雄啉 977
杀蚁饵粉 1043

杀蚁饵剂　6,11,96,98,99,154,158,159,190,198,644,1034,1082
杀蚁饵粒　11
杀蚁饵片　537
杀蚁粉剂　1034
杀蚁胶饵　6,37
杀蝇饵剂　6,198,264,535,598,911
杀蝇饵粒　224,292,985
杀蝇纸　132
杀蟑笔剂　67,152,156,159,198,217,674,687,690,1068,1101,1104,1109,1112,1115
杀蟑饵膏　11,99,218,987
杀蟑饵剂　11,31,37,39,96,97,98,99,100,101,118,137,159,164,165,166,174,178,189,198,204,206,207,221,247,261,264,350,409,442,552,560,572,586,599,644,652,674,678,685,686,687,688,696,748,985,992,1017,1019,1034,1101,1104,1109
杀蟑饵粒　326,377,378,670,687,690,1043,1082
杀蟑饵片　1109
杀蟑胶饵　1,5,6,81,96,98,99,100,119,167,178,188,206,207,217,247,375,379,537,551,552,598,644,674,688,720,1043,1082,1101,1104,1113,1116
杀蟑气雾剂　120,121,124,152,166,173,174,191,207,246,248,257,292,404,480,498,534,570,605,643,910,993,1017,1019,1021,1034,1070,1091
杀蟑热雾剂　99,158,178,207,552
杀蟑烟剂　67,99,207,274,342,987,1111,1112
杀蟑烟片　119,120,206,207,217,221,305,1018,1070,1104,1125
莎稗磷　8,40,154,296,369,370,377,379,441,443,680,681,696,834,985
蛇床子素　398,567
申嗪霉素　403,666,984
胂·锌·福美双　239,278,293,720,786,1047,1050,1058
生物苄呋菊酯　31
生物烯丙菊酯　189,598
虱螨脲　34,50,604,718,1114
虱脲·毒死蜱　237
十三吗啉　3,126,144,183,225,470,508,517,618,817,918,928,938,947,986,1113
石硫合剂　222,257,258,279,400,402,403,682,747,829,921,937,947,951,1001,1025,1030,1038,1040,1044,1046,1057
石硫·矿物油　1021
噬菌核霉　623
双草醚　32,58,71,76,81,86,234,269,299,388,435,441,452,477,492,498,508,528,529,531,540,541,561,565,575,603,604,777,829,855,868,874,875,950,967,1071,1093,1116
双氟·滴辛酯　21
双氟磺草胺　21,565,809,868,1080
双氟·氯氟吡　830
双氟·唑嘧胺　21
双胍三辛烷基苯磺酸盐　26
双甲·高氯氟　1024
双甲脒　24,144,170,235,245,287,456,515,516,530,536,594,645,719,758,764,799,807,828,840,883,914,927,936,995,1049,1074
双硫磷　5,248
双炔·百菌清　36
双炔酰菌胺　35
双酰草胺　273
霜·代·乙膦铝　95
霜·福·稻瘟灵　1085
霜霉·络氨铜　97
霜霉·嘧菌酯　1009
霜霉威　106,197,457,506,633,819,828,830,863,923,955,1077
霜霉威盐酸盐　2,7,9,110,125,141,170,181,302,349,368,378,458,507,532,676,722,772,785,802,807,838,846,852,876,880,882,884,902,914,917,924,928,936,946,953,955,973,995,1001,1035,1042,1045,1053,1054,1068,1078,1086
霜霉威盐酸盐原药　2
霜霉·辛菌胺　171
霜霉盐　532
霜脲·百菌清　170,322,342,518,606,660,953
霜脲·锰锌　13,87,92,102,111,112,130,141,150,171,197,201,209,226,228,232,253,257,266,272,279,282,284,302,304,340,352,354,370,381,382,389,439,550,575,608,683,699,700,716,732,738,767,774,776,779,783,794,803,814,835,841,849,852,870,902,903,913,922,931,935,944,957,961,973,976,981,986,996,1039,1041,1044,1046,1057,1058,1065,1072,1085,1114

霜脲·嘧菌酯　20
霜脲氰　13,129,272,560,608,621,700,925,956,988,1109
霜脲·霜霉威　926
水胺·吡虫啉　406
水胺·高氯　98,332
水胺·硫丹　774
水胺硫磷　109,114,246,262,264,267,283,285,330,391,401,405,406,434,721
水胺·马拉松　441
水胺·灭多威　862
水胺·三唑磷　512,535,547
水胺·辛硫磷　220,270,332,337
顺氯·胺菊酯　1015
顺氯·残杀威　535,552
顺式氯氰菊酯　2,4,5,15,16,17,38,40,41,106,139,150,151,163,189,190,201,207,227,255,260,286,305,311,347,367,420,482,534,548,551,552,553,567,568,612,613,616,646,723,802,835,842,855,871,885,899,945,960,986,998,1016,1020,1022,1040,1042,1048
四氟苯菊酯　6,160,190,254,451,597,598,601
四氟丙酸钠　1089
四氟甲醚菊酯　31
四氟甲·炔丙　31,32
四氟醚菊酯　598,599,601
四氟醚唑　40,1082,1105
四聚·杀螺胺　452
四聚乙醛　10,32,110,144,174,186,329,452,453,478,479,491,576,577,641,662,708,886,896,945,949,984,985,986,992,1008,1031,1093,1094
四氯虫酰胺　696
四螨·苯丁锡　997,1101
四螨·哒螨灵　141,143,273,274,313,357,430,493,495,500,571,709,726,898,974,1103
四螨·丁醚脲　148
四螨·联苯肼　950
四螨嗪　39,140,143,161,171,180,181,229,236,242,254,270,274,457,494,549,550,558,661,743,759,770,781,804,831,845,883,903,906,913,917,921,927,931,933,936,944,952,964,968,1037,1043,1049,1051,1102
四螨·三唑锡　141,495,769,886,928,965,1004,1016
四螨·唑螨酯　965
四霉素　691
四嗪·炔螨特　126
四水八硼酸二钠　19
松·吡·氰磺胺　736
松·喹·氟磺胺　47,56,58,84,85,135,154,374,376,377,437,464,549,672,679,680,685,706,734,743,791,797,826,834,860,878
松毛虫赤眼蜂　99,122
松毛虫质型多角体病毒　399,409
松·烟·氟磺胺　679,680,874
松脂酸钠　124,358,1071,1074,1075,1089,1096
松脂酸铜　221,230,432,756,844,1056
松质·赤眼蜂　399
苏·松质病毒　409
苏云·吡虫啉　583
苏云·虫酰肼　410
苏云·氟铃脲　468
苏云金杆菌　24,71,82,90,111,116,123,132,142,151,161,169,170,191,234,247,248,305,338,339,343,353,362,372,379,382,387,388,389,390,394,398,402,403,410,411,419,420,422,576,580,581,585,601,612,629,630,631,632,639,650,652,654,655,661,665,666,667,683,701,704,712,718,724,726,746,751,753,755,758,763,764,770,771,776,777,785,806,816,824,827,833,839,840,841,843,844,864,882,904,906,910,911,912,932,958,989,1004,1110
苏云金杆菌(以色列亚种)　10,116,389,411,581
苏云·灭多威　410
苏云·杀虫单　467
速灭·硫酸铜　590
速灭威　72,73,131,142,144,158,171,180,187,357,417,418,421,422,424,425,428,433,459,462,499,647,648,655,664,719,722,756,760,761,830,912,917,926,931,933,936,943,952,959,960,964,969,975,987,991,1024,1052,1096,1114
特草定　610
特丁津　81,868,869,870
特丁净　81,868,869
藤酮·辛硫磷　211
涕灭威　760
田安　160
甜菜安　163,478,479,1083,1124

甜菜安·宁 7,1079
甜菜宁 9,163,478,1083,1124
甜菜夜蛾核型多角体病毒 158,321,409
甜核·苏云菌 409
铜钙·多菌灵 516
土菌灵 163
脱叶磷 508,636
烷醇·硫酸铜 366,670,840,879
烷醇·辛菌胺 848
王铜 132,340,431,635,901,946,1064
王铜·代森锌 2,1062
王铜·甲霜灵 516
王铜·菌核净 1076
王铜·霜脲氰 635
威百亩 608,688,901
萎·克·福美双 47
萎锈·福美双 17,47,85,86,441,546,625,855,874,924,947,1061,1094
萎锈灵 17,46,163,485,625,923,957
蚊香 11,31,61,62,64,66,68,69,70,71,72,81,83,96,97,106,107,109,110,113,114,117,118,119,120,121,122,123,124,125,127,128,129,132,137,139,140,152,153,154,155,156,159,160,164,165,166,167,173,174,178,179,187,189,196,198,199,200,205,206,207,210,211,215,220,223,224,231,232,233,239,246,247,255,256,257,258,263,267,268,274,275,276,286,292,293,298,299,304,305,320,354,359,362,385,394,396,397,400,404,411,421,424,425,426,427,428,429,430,432,433,435,453,455,470,480,522,533,534,539,548,575,584,586,598,601,604,605,627,628,631,642,643,646,647,648,649,650,666,685,690,702,718,741,748,755,775,798,804,809,810,811,812,842,911,975,980,992,993,994,1000,1006,1009,1015,1017,1018,1019,1020,1021,1022,1025,1026,1028,1029,1030,1031,1033,1046,1050,1059,1060,1069,1070,1089,1090,1091,1093,1103,1104,1108,1109,1111,1112,1113,1120,1124,1125
肟菌·戊唑醇 9
肟菌酯 10
五氟磺草胺 22,23
五氟·氰氟草 22
五氯·福美双 779,791,1061
五氯硝基苯 791,902,904,908,909,911,913,1012
五硝·多菌灵 146,172,198,381,385,706,820,909
五硝·辛硫磷 909
戊醇·异菌脲 930
戊菌唑 708,1105
戊·氯·吡虫啉 233
戊·氧·乙草胺 437,763,798,800
戊唑·百菌清 169,518,988
戊唑·吡虫啉 517,763
戊唑.丙森锌 641
戊唑·丙森锌 104,494,821,941,963,966,971
戊唑醇 8,9,17,19,39,40,48,53,56,64,65,77,82,87,89,95,104,114,122,127,139,145,147,178,185,186,195,220,230,241,254,292,298,311,350,373,412,415,439,441,442,450,452,456,461,463,470,471,478,479,481,487,491,492,493,494,496,500,501,516,517,521,523,524,525,534,537,546,559,564,578,579,580,589,593,596,603,606,619,621,654,665,692,693,695,707,710,711,714,719,723,725,734,736,740,753,755,757,762,763,765,787,788,798,804,808,809,815,817,821,826,828,831,833,838,845,846,848,854,860,867,870,871,872,874,878,881,886,890,893,896,901,903,908,914,919,921,922,925,929,930,932,938,939,941,942,948,949,953,962,965,966,968,969,970,973,976,977,979,984,985,986,1002,1004,1014,1016,1032,1033,1039,1042,1056,1066,1067,1074,1080,1098,1104,1107,1108,1115,1118,1119,1120,1122
戊唑·多菌灵 148,185,241,494,516,517,728,740,756,763,878,922,931,967
戊唑·福美双 72,114,233,347,385,442,446,618,696,698,700,1061
戊唑·腐霉利 1089
戊唑·菌核净 1120
戊唑·克百威 440,692
戊唑·咪鲜胺 39,501,942,963,966
戊唑·醚菌酯 962,963
戊唑·嘧菌酯 20,818,832,931
戊唑·噻唑锌 1124
戊唑·异菌脲 173,756,886,920,966,1032
西草净 436,443,444,445,449,450,671,691,735,1099,1126
西净·乙草胺 401,437,438

西玛津　81,449,450,858,866,868,1099,1100,1125,1126
西玛.莠去津　869
烯丙苯噻唑　27,569,1059
烯丙・氯菊　99,178,190,326,404
烯丙・氯菊酯　61
烯丙・氯氰　157
烯草酮　24,48,55,57,63,65,85,103,106,134,236,259,262,264,273,281,282,296,303,311,325,346,372,374,375,380,387,423,440,464,465,466,473,486,487,514,516,524,540,549,559,565,590,603,662,670,675,676,681,689,692,693,694,696,697,699,711,727,735,766,769,796,797,821,825,826,834,836,854,868,869,873,875,877,880,900,948,1025,1055,1078,1108
烯啶・吡蚜酮　104,932,963,967
烯啶虫胺　49,95,97,148,187,214,215,237,273,473,492,511,556,559,597,617,649,652,665,708,765,809,887,920,930,949,963,967,1005,1032,1098
烯啶・联苯　708
烯啶・噻虫啉　963
烯啶・噻嗪酮　173,567
烯啶・异丙威　215
烯禾啶　25,26,105,153,178,259,260,262,282,372,374,375,377,378,380,383,465,486,556,683,692,693,697,704,734,825,835,873,874,1061
烯・羟・硫酸铜　307
烯・羟・吗啉胍　303
烯酮・草除灵　695
烯肟・多菌灵　695
烯肟・氟环唑　695
烯肟菌胺　695
烯肟菌酯　693
烯肟・霜脲氰　695
烯肟・戊唑醇　695
烯酰・百菌清　518,874
烯酰・吡唑酯　5
烯酰・丙森锌　495,920,966,969,1002
烯酰・福美双　253,705,745,832,836,873,1042,1048,1055
烯酰・甲霜灵　818
烯酰・膦酸铝　230
烯酰吗啉　3,46,47,85,89,91,127,130,146,173,184,185,187,224,231,239,240,241,250,255,258,271,285,290,292,302,347,358,366,367,388,414,461,462,464,486,492,494,517,601,602,641,688,707,717,721,723,726,733,736,740,751,757,774,794,803,818,820,823,826,831,832,835,837,838,844,855,872,873,874,882,885,886,889,893,908,910,914,917,918,919,920,929,930,932,939,940,948,953,961,962,965,970,971,972,977,1002,1005,1008,1014,1016,1030,1032,1042,1043,1046,1056,1061,1076,1098
烯酰・锰锌　46,88,92,125,290,297,320,355,396,464,518,550,575,688,701,721,749,754,759,786,815,824,827,835,862,874,879,881,900,920,932,937,1008,1022,1030,1080
烯酰・咪鲜胺　487
烯酰・醚菌酯　920
烯酰・嘧菌酯　127,818,920,931,964,967
烯酰・三乙膦　148
烯酰・霜・锰锌　718
烯酰・霜脲氰　93,187,756,878,926
烯酰・王铜　517
烯酰・乙膦铝　187,543,830,920,930
烯酰・异菌脲　186
烯酰・中生　116,148
烯酰・唑嘧菌　5
烯腺嘌呤　1087
烯腺・羟烯腺　224,225,234,303,381,1087
烯效唑　305,413,493,498,523,579,640,1013,1027,1029
烯唑醇　51,59,79,161,171,213,265,302,335,350,383,393,462,463,465,485,493,495,496,524,564,579,596,688,719,908,934,941,945,965,999,1013,1034,1056
烯唑・多菌灵　210,226,465,496,516,566,570,899,982
烯唑・福美双　440,441,839
烯唑・甲硫灵　323
烯唑・三唑酮　284
酰嘧磺隆　9,528
酰嘧・甲碘隆　9,10
香菇多糖　97,103,315,318,373,383,560,654,673,817,861,862,905,940,1005
硝苯菌酯　23
硝虫硫磷　1027

硝磺·丙草胺　37
硝磺草酮　19,35,37,56,81,82,85,135,154,254,307,310,438,466,477,609,680,684,696,711,718,736,737,798,800,818,827,838,861,865,875,879,950,1029,1074
硝磺·烟嘧·莠　888
硝磺·烟·莠　800
硝磺·异丙·莠　684
硝磺·莠去津　35,37,75,81,104,173,311,672,681,728,737,743,751,798,861,879,888
硝·精·莠去津　37
硝钠·萘乙酸　124,322,340,346
硝·烟·莠去津　681,692
硝·乙·莠去津　681
小檗碱　1086
小菜蛾颗粒体病毒　321
斜纹夜蛾核型多角体病毒　157,158,320
缬霉威　8
辛菌胺　860,955
辛菌胺醋酸盐　255,315,352,469,707,860,906,939,953,955,974
辛菌胺醋酸盐(1.8%)　351,845,921,952,1100
辛菌胺·吗啉胍　953
辛菌·吗啉胍　171,205,790,794,913
辛·矿物油　739
辛硫·多菌灵　325
辛硫·氰氯氰　99,100,734,800
辛硫·福美双　101,370,670
辛硫·高氯氰　92,97,104,130,209,212,253,261,262,267,298,308,323,332,362,381,392,412,413,431,434,552,562,615,673,700,704,709,714,716,732,737,764,789,793,813,862,1025
辛硫·甲拌磷　748,765,766,852,856,914
辛硫·矿物油　236,261,351,360,366,400,749,771,796,825,828
辛硫磷　44,48,60,62,78,80,81,83,84,88,90,93,108,123,126,129,136,139,141,143,151,157,171,180,191,194,203,211,212,215,216,218,233,235,242,244,245,250,253,259,261,262,264,265,267,269,272,273,276,277,281,294,295,296,300,301,304,308,309,310,312,315,316,322,323,326,328,329,330,331,332,333,334,336,337,338,340,341,342,344,359,360,373,390,397,399,402,405,408,414,415,424,425,431,446,457,458,470,471,477,490,491,509,510,534,536,545,547,572,574,575,577,583,587,588,593,612,614,632,641,647,656,660,664,686,706,710,711,715,727,737,742,744,745,747,748,750,752,753,759,765,773,778,781,785,790,803,805,822,849,851,852,856,857,863,865,884,893,895,897,906,926,927,931,937,1007,1009,1010,1023,1024,1030,1037,1044,1045,1046,1051,1054,1057,1069,1082
辛硫·氯氰氰　781
辛硫·灭多威　69,131,212,235,238,241,295,311,312,328,330,337,338,344,348,351,360,361,363,368,426,538,573,593,618,660,699,744,755,763,768,779,805,817,822,836,839,848,878,974,1041,1048
辛硫·三唑磷　45,57,67,68,73,76,80,84,89,202,203,204,209,212,217,262,266,311,313,349,359,406,431,545,547,549,584,585,633,634,636,639,642,644,645,647,649,651,652,655,656,658,660,664,669,713,750,785,896,1068,1079,1124
辛硫·三唑酮　225,328,337,342,348,365
辛硫·氧乐果　270,539
辛硫·仲丁威　775
辛酰碘苯腈　488
辛酰溴苯腈　464,465,479,484,487,521,527,622,783,867,869,964,1082,1085
辛酰·烟·滴丁　696
辛酰·烟·滴异　692
辛溴·滴丁酯　55,783
辛·烟·莠去津　438
溴苯腈　485,487,508
溴敌隆　10,95,97,98,113,130,155,158,207,218,274,275,304,312,326,343,344,349,354,364,380,396,587,666,668,674,686,687,688,943,969,970,976,1015,1057,1058,1100,1101,1115
溴甲烷　545,790,1106
溴腈·莠灭净　487
溴菌·多菌灵　662,723,873
溴菌腈　596
溴菌·咪鲜胺　932
溴菌·五硝苯　596
溴螨酯　719,937,946,957,1085,1086,1106
溴氰·八角油　211
溴氰虫酰胺　14
溴氰·敌敌畏　49,62,69,71,73,77,83,88,130,

170,192,196,413,428,588,974
溴氰·敌敌畏 218,508
溴氰·毒死蜱 933,937,1001,1020,1025
溴氰·高氯氟 223
溴氰·甲嘧磷 419
溴氰菊酯 6,7,8,37,38,40,41,47,100,108,111,129,142,145,150,155,178,181,185,195,198,199,201,204,207,217,223,260,273,281,290,307,312,325,335,356,378,396,399,414,431,451,456,461,462,464,469,489,497,508,514,515,518,531,535,536,552,560,562,572,576,584,585,597,598,600,610,613,614,615,616,619,626,638,659,674,683,704,719,739,747,764,801,834,840,870,883,890,892,902,915,921,926,936,958,961,978,996,998,1000,1020,1024,1038,1052,1062,1067,1118
溴氰·矿物油 909
溴氰·乐果 468
溴氰·硫丹 170,1118
溴氰·马拉松 196,212,327,342,414,875,974
溴氰·杀螟松 1016
溴氰·辛硫磷 260,307,323,360
溴氰·氧乐果 669,673
溴氰·仲丁威 77,656
溴鼠灵 11,42,96,98,155,207,211,275,326,343,349,354,572,587,673,674,686,687,943,976,1057,1058,1082,1100,1101,1115
溴硝醇 684
亚胺硫磷 404,406
亚胺唑 25
烟棒 140
烟碱 699,1065
烟碱·苦参碱 107,317,380,699
烟嘧·滴辛酯 334,345
烟嘧磺隆 28,29,44,47,48,49,50,55,57,58,61,63,66,70,73,75,77,84,85,89,91,92,101,103,105,106,114,130,135,144,154,224,236,244,245,248,264,269,271,277,281,290,291,294,296,302,303,306,307,308,310,313,317,318,325,328,336,338,339,340,341,342,344,346,348,353,354,358,363,366,371,374,376,384,385,406,415,435,438,440,443,444,451,463,465,466,469,472,475,476,485,486,497,502,504,516,517,520,526,527,528,529,537,539,541,543,546,549,574,575,577,578,583,586,595,603,617,642,671,672,684,689,690,691,695,698,704,710,711,713,716,717,727,728,732,735,736,753,766,767,768,769,773,777,781,788,790,792,796,799,802,823,825,826,834,836,841,842,854,855,860,866,874,877,880,882,884,888,889,895,899,901,904,937,940,945,949,976,1008,1035,1040,1044,1054,1056,1061,1071,1073,1074,1098,1107,1108,1123
烟嘧·麦草畏 784
烟嘧·硝草酮 376,466
烟嘧·硝磺·莠 286
烟嘧·辛酰溴 265
烟嘧·溴苯腈 487
烟嘧·乙·莠 301,437,672,800,861
烟嘧·莠·氯吡 438,671,751,865,950
烟嘧·莠去津 48,51,56,65,67,71,84,85,86,135,248,265,288,294,301,306,310,319,339,366,374,376,435,4 38,442,451,481,669,672,680,692,714,717,718,726,728 ,736,737,748,767,769,773,784,791,792,798,826,827,838,854,860,874,875,879,880,888,950,1025,1037,1045,1113,1117
烟嘧·莠·异丙 838,949
烟·灭·莠去津 438
烟·硝·莠去津 950
烟·莠·滴丁酯 681,736
烟·莠·氯氟吡 737
烟·莠·辛酰 301
烟·莠·辛酰腈 301
烟·莠·异丙甲 800
盐酸吗啉胍 91,100,144,338,635,705,740,780,790,817,836,899,913,940,955,979,1043
氧氟·丙草胺 682
氧氟·草甘膦 56,571
氧氟·甲戊灵 514,669,763,824,1107
氧氟·乙草胺 465,467,475,557,566,582,603,617,788,833,979,981,1078
氧氟·异丙草 981
氧化亚铜 24,1049
氧乐果 61,79,108,117,129,130,175,226,243,245,251,252,255,287,293,295,304,307,322,323,328,329,330,331,334,340,344,350,360,362,364,389,390,396,407,421,434,539,589,706,720,741,746,775,901,906,1035,1039,1062,1102
氧乐·灭多威 131
野麦畏 17,130,560,590,609

野燕枯　943
叶枯唑　76,396,408,1010,1027,1076,1082,1091,1111
依维菌素　1084
乙草胺　18,49,54,55,69,75,80,81,89,112,134,162,175,188,201,203,205,212,216,222,249,259,261,274,288,300,301,306,307,308,309,310,312,316,319,324,329,334,335,339,342,344,348,349,350,351,353,354,360,361,362,363,366,369,371,372,373,375,379,380,399,404,414,423,435,436,437,438,439,443,444,445,449,450,451,455,456,457,460,461,462,468,488,489,491,492,497,500,502,510,511,512,519,520,531,544,555,556,559,574,577,582,592,593,596,618,622,623,632,634,642,649,671,675,676,677,678,679,680,691,692,697,698,704,709,711,712,714,726,727,728,730,733,734,742,743,744,746,747,751,761,765,772,773,781,782,783,784,785,787,788,792,797,799,800,801,804,806,814,821,822,825,826,829,833,834,835,838,841,858,859,866,867,869,877,884,887,888,889,895,904,931,959,979,991,1029,1042,1050,1072,1073,1074,1100,1102,1103,1107,1115
乙草・氯磺隆　80,611
乙草・莠去津　292,673
乙虫・毒死蜱　1124
乙虫腈　9,977,1068
乙・噁・滴丁酯　374,442,679,681,692,798
乙・啈・滴丁酯　678
乙基多杀菌素　22
乙铝・百菌清　270,447,813,834
乙铝・多菌灵　60,69,182,249,356,365,716,796,815,871,933,960,1051,1077,1119
乙铝・福美双　839,938,1056
乙铝・锰锌　69,71,82,96,111,126,144,228,243,249,253,270,280,320,325,356,364,390,422,543,577,608,701,707,712,722,725,744,748,750,755,779,780,790,794,796,799,813,819,835,839,841,844,848,850,865,871,877,880,899,937,945,956,959,968,974,1013,1029,1031,1055,1069
乙铝・乙酸铜　300
乙螨唑　31
乙霉・多菌灵　507,508
乙霉威　30,50,507
乙嘧酚　635
乙嘧酚磺酸酯　974
乙・扑　799
乙・嗪・滴丁酯　55,371,374,376,465,678,680,736,860
乙・噻・滴丁酯　372,678
乙酸铜　171,381,432,701,746,770,779,786,837,871
乙蒜素　77,229,306,311,325,327,346,349,364,669,793,1043,1093
乙羧・苯磺隆　785
乙羧氟草醚　73,367,465,469,510,511,529,564,689,698,707,721,736,785,789,798,826,834,837,838,843,854,860,1040,1045
乙羧・氟磺胺　465,837
乙烯利　44,65,74,112,131,136,175,201,206,226,236,243,250,255,260,262,265,277,290,294,299,304,305,306,307,317,318,336,342,346,353,369,395,454,455,456,480,485,486,508,510,512,522,523,535,542,543,572,583,619,637,699,728,731,739,741,742,744,752,783,863,882,907,944,951,965,978,988,999,1011,1013,1028,1066,1108,1109
乙酰甲胺磷　40,41,109,136,156,157,162,176,178,243,250,255,259,260,262,283,284,285,331,332,354,360,361,367,391,393,405,409,420,421,430,434,497,506,507,508,518,545,582,614,618,629,639,652,654,727,761,763,769,775,778,827,923,992,994,996,999,1027,1035,1046,1051,1082,1088,1091,1096,1102,1105,1109,1115
乙氧呋草黄　163,479,1125
乙氧氟草醚　20,21,39,84,133,306,372,378,435,479,519,527,553,566,602,603,672,689,727,735,759,781,784,798,800,802,835,860,869,896,945,978,981,985,986,998,1045,1055,1074,1077,1080,1083,1089
乙氧磺隆　8,498,528
乙・异噁　475
乙・异噁松　475
乙・莠　60,73,248,250,287,288,310,318,341,437,438,442,450,451,507,520,603,672,825,837,842,859,887,890,899,977,981,1037,1040,1046,1100
乙・莠・滴丁酯　301,385,438,444,445,672,673,

681,714,798,861
乙・莠・滴丁酯　288,447,451,678,736,773,784,800
乙・莠・滴辛酯　438,442,672,692
乙・莠・氰草津　302,735
乙・莠・异丙甲　734
已唑醇　201,358,470,509,523,612,641,665,1118
已唑.稻瘟灵　665
异丙・苄　80,226,461,476,527,603,622,689,981,1036
异丙草胺　287,370,375,436,461,463,510,519,520,527,574,622,678,679,697,698,705,721,742,785,788,859,890
异丙草・苄　575
异丙草・莠　54,87,248,301,312,313,328,341,344,353,436,437,441,443,448,451,520,575,622,672,697,711,716,721,730,732,734,747,750,767,782,787,799,814,826,828,829,836,852,854,859,864,877,880,887,889,895,1100,1126
异丙・滴丁酯　679
异丙甲・苄　112,115,423,461,632,642,736,1072,1112,1116
异丙甲草胺　32,33,55,81,105,215,224,242,306,310,324,335,366,369,370,372,375,407,456,461,463,484,506,510,511,555,557,642,658,672,675,676,698,713,715,728,731,733,735,746,752,772,781,782,784,788,797,799,803,821,822,825,834,841,860,865,866,868,874,877,887,889,890,895,945,959,979,1035,1040,1044,1055,1074,1102,1103,1116
异丙甲草胺原药　555
异丙甲・扑净　682
异丙隆　49,50,52,75,460,462,475,492,502,519,544,557,569,573,620,700,1010,1073
异丙威　45,49,63,65,66,68,73,94,118,124,125,132,136,139,143,145,149,156,162,175,176,182,184,187,188,191,196,199,202,203,204,206,215,216,218,226,262,297,314,315,316,317,318,319,323,331,341,347,357,359,360,387,388,390,391,396,398,404,408,412,414,416,417,418,420,422,424,425,427,428,429,430,433,434,459,462,483,488,489,491,495,582,626,627,630,632,633,634,636,638,639,641,644,645,646,647,648,650,652,653,655,656,657,659,660,664,712,719,727,748,760,763,773,788,800,822,884,901,913,918,919,920,926,931,933,960,975,1025,1026,1069,1088,1096,1114
异丙・乙・莠　880
异丙・异噁松　288
异丙・莠去津　36,705
异稻・稻瘟灵　72,192,196,208,211,360,420,426,431,628,634,640,642,644,654,658,659,664,699,907,1026,1077
异稻・三环唑　66,302,396,408,416,464,471,476,490,512,516,582,635,654,659,913,1026,1077,1083,1088,1092,1101,1111
异稻瘟净　142,187,632,656,926,938,991,1049,1088,1115
异噁草松　15,16,45,46,85,134,153,249,259,287,353,371,372,374,375,376,380,418,439,444,459,463,464,465,489,495,501,509,510,511,516,549,567,597,610,678,679,692,693,694,697,702,733,783,821,854,869,873,882,900,999,1057,1084,1085,1086,1116,1118
异噁・丁草胺　1117
异噁・氟磺胺　465,679
异噁・甲戊灵　374,528
异噁・乙・滴丁酯　465
异噁・异丙甲　736
异恶草松　678
异甲・莠去津　316,357,507,737,852,1100,1116
异菌・百菌清　323,341,756
异菌・多菌灵　303,504,635,845,996
异菌・多・锰锌　514
异菌・福美双　95,272,503,789,911
异菌・腐霉利　756
异菌脲　15,16,92,106,141,142,147,170,180,191,195,228,240,253,270,350,353,381,463,485,486,502,504,506,507,508,516,530,568,604,635,722,725,728,738,743,749,752,755,765,773,781,803,809,814,820,863,884,888,890,894,902,908,909,916,927,930,938,945,957,959,964,970,972,995,998,1036,1043,1067
异隆・氯磺隆　544,559,620
异隆・乙草胺　490
异・嗪・滴丁酯　888
异松・乙草胺　46,55,215,259,288,464,465,567,677,681,838,1117

异威·矿物油 360
异·异丙·扑净 681
抑霉唑 2,23,39,40,102,221,352,802,938,941,943,945,960,1077,1078
抑霉唑硫酸盐 40,943
抑食肼 478,601,730,897,1075
抑芽丹 18,163,610,901
茵草敌 561
吲丁·萘乙酸 113,377,1014,1029,1115
吲丁·诱抗素 1015
吲哚丁酸 112,1013,1015,1029,1076,1115
吲哚乙酸 37,89
吲乙·萘乙酸 89
印楝素 227,309,409,606,687,765,1003,1065,1067,1089
茚虫威 13,14,19,95,131,241,265,407,466,560,579,589,601,604,707,718,753,818,931,932,950,1074,1080
荧光假单胞杆菌 536
莠灭净 39,134,216,521,638,672,728,734,737,782,859,866,867,924,1063,1099,1126
莠灭·乙草胺 783,1100
莠去津 35,46,58,63,81,84,85,110,113,134,135,218,219,249,250,274,287,288,289,291,294,301,306,318,329,330,334,340,345,350,376,436,437,438,439,443,444,445,446,447,449,450,451,464,477,497,510,519,520,526,528,556,559,577,588,616,622,670,671,672,675,683,691,692,697,698,711,712,714,716,728,731,733,735,736,742,743,744,772,773,781,782,784,792,797,798,800,803,825,826,834,837,841,854,857,858,859,866,875,877,884,888,889,924,925,942,945,949,1025,1026,1046,1056,1063,1071,1072,1073,1098,1099,1108,1125,1126
莠去津水 685
莠·乙 1064
莠·唑·2甲钠 568
右胺·残·高氯 326
右胺·高氯氟 326
右胺·氯菊 156,326,987
右旋胺菊酯 31,190,451,598
右旋·苯醚菊 167
右旋苯醚菊酯 31,189,451,598
右旋苯醚氰菊酯 31,189,434,451,598
右旋苄呋菊酯 31
右旋反式氯丙炔菊酯 598
右旋反式烯丙菊酯 598
右旋烯丙菊酯 31,189,451,598
右旋烯炔菊酯 31,190,598
右旋樟脑 631
诱虫烯 12,409
鱼藤酮 136,157,160,175,211,281,295
芸苔·赤霉酸 967,1065
芸苔·甲哌鎓 1065
芸苔·嘌呤 967
芸苔素内酯 106,126,133,136,140,155,168,176,177,192,304,315,329,333,666,668,768,872,941,982,1005,1028,1029,1064,1089,1112,1114
芸苔·烯效唑 1065
芸苔·乙烯利 443,444
樟脑 116,156,621,980
蟑螂病毒 409
蟑香 120,121,128,129,152,167,247,1019,1091
中生·代森锌 148,187
中生·多菌灵 116,148
中生菌素 116,146,185,886,920
种菌唑 18
仲丁·吡蚜酮 926
仲丁灵 1,130,131,224,516,629,633,634,638,659,711,734,735,752,760,781,782,799,813,860,881,901,1045
仲丁灵原药 733
仲丁威 50,63,65,71,72,75,89,142,143,181,184,187,201,204,209,210,219,221,321,357,359,391,395,401,417,418,422,425,431,433,461,462,482,483,491,495,530,595,596,627,628,631,632,634,639,644,645,646,648,652,653,655,659,660,664,759,760,801,852,865,927,930,934,935,1020,1052,1076,1110
仲丁威·三唑磷 645
仲灵·乙草胺 131,734,760
仲灵·异噁松 131,633
仲威·毒死蜱 193,475,849
唑胺菌酯 696
唑草·苯磺隆 288,567,737
唑草· 苯磺隆 49
唑草·灭草松 568
唑草酮 16,86,353,459,509,528,874,1033,1074,

1075
唑醇·福美双　1014
唑醇·甲拌磷　491
唑喹·咪乙烟　695
唑啉草酯　35,36
唑啉·炔草酯　35
唑磷·敌百虫　465,603
唑磷·毒死蜱　44,48,67,103,111,118,193,203,209,214,240,267,335,364,365,368,389,394,398,400,403,407,420,473,531,533,538,557,558,579,583,629,630,634,636,637,639,641,644,646,649,653,655,658,663,667,740,793,819,830,861,960,1009,1022,1025,1026,1031,1079,1083,1122,1123
唑磷·氟氯氰　1119
唑磷·高氯氟　653
唑磷·矿物油　360
唑磷·杀虫单　420
唑磷·仲丁威　547
唑螨·三唑锡　950
唑螨酯　27,48,86,87,90,94,144,183,195,225,255,299,469,473,485,486,551,602,625,715,723,752,753,807,808,815,816,820,828,832,842,915,918,922,934,937,939,944,957,965,969,1056
唑醚·代森联　4
唑醚·氟酰胺　5
唑嘧磺草胺　22,609
唑嘧菌胺　5
唑酮·福美双　69,269,372,377,382,383,412,417,626
唑酮·甲拌磷　60
唑酮·三环唑　1076
唑酮·氧乐果　60,308,311,312,325,330,331,333,340,344,350,363,364,368,603,910
唑酮·乙蒜素　334,349
唑酯·炔螨特　27,230,817

索引（四）
（中英文通用名称对照）

1-甲基环丙烯　1-methylcyclopropene(1-MCP)
2,4-滴　2,4-D
2,4-滴丁酯　2,4-D butylate
2,4-滴二甲胺盐　2,4-D dimethyl amine salt
2,4-滴钠盐　2,4-D Na
2,4 滴三乙醇胺盐
2,4-滴异辛酯　2,4-D-ethylhexyl
2,4-二硝基苯酚钾　potassium 2,4-dinitrophenolate
2,4-二硝基苯酚钠　sodium 2,4-dinitrophenolate
2 甲 4 氯　MCPA
2 甲 4 氯二甲胺盐　MCPA-dimethgl aminesalt
2 甲 4 氯钠　MCPA-sodium
2 甲 4 氯异丙胺盐　MCPAisopropylamine
2 甲 4 氯异辛酯　MCPA-isooctyl
2-(乙酰氧基)苯甲酸　aspirin
5-硝基邻甲氧基苯酚钠　sodium 5-nitroguaiacolate
C 型肉毒梭菌毒素　暂无
D 型肉毒梭菌毒素　暂无
E-8-十二碳烯乙酯　E-8-dodecen-1-yl acetate
Es-生物烯丙菊酯　esbiothrin
R-烯唑醇　diniconazole-M
S-氰戊菊酯　esfenvalerate
S-生物烯丙菊酯　S-bioallethrin
S-诱抗素　(+)-abscisic acid
Z-8-十二碳烯醇　Z-8-dodecenol
Z-8-十二碳烯醇　Z-8-dodecen-1-ol
Z-8-十二碳烯乙酯　Z-8-dodecen-1-yl acetate
zeta-氯氰菊酯　zeta-cypermethrin
α-氯代醇　3-chloropropan-1,2-diol
阿维菌素　abamectin
矮壮素　chlormequat
桉油精　eucalyptol
氨氟乐灵　prodiamine
氨磺乐灵　oryzalin
氨基寡糖素　oligosaccharins
氨氯吡啶酸　picloram
氨酰丙酸　5-aminolevulinic acid,ALA
胺苯磺隆　ethametsulfuron
胺菊酯　tetramethrin
胺鲜酯　diethyl aminoethyl hexanoate
八角茴香油　暂无
百草枯　paraquat
百草枯二氯化物　paraquat dichloride
百菌清　chlorothalonil
拌种灵　amicarthiazol
倍硫磷　fenthion
苯丁锡　fenbutatin oxide
苯磺隆　tribenuron-methyl
苯菌灵　benomyl
苯醚甲环唑　difenoconazole
苯醚氰菊酯　cyphenothrin
苯嘧磺草胺　saflufenacil
苯嗪草酮　metamitron
苯噻酰草胺　mefenacet
苯酰菌胺　zoxamide
苯锈啶　fenpropidine
苯氧威　fenoxycarb
苯唑草酮　topramezone
吡丙醚　pyriproxyfen
吡草醚　pyraflufen-ethyl
吡虫啉　imidacloprid
吡氟禾草灵　fluazifop-butyl
吡氟酰草胺　diflufenican
吡嘧磺隆　pyrazosulfuron-ethyl
吡蚜酮　pymetrozine
吡唑草胺　metazachlor
吡唑醚菌酯　pyraclostrobin
避蚊胺　diethyltoluamide
苄氨基嘌呤　6-benzylamino-purine
苄草丹　prosulfocarb
苄嘧磺隆　bensulfuron-methyl
丙草胺　pretilachlor
丙环唑　propiconazol
丙硫克百威　benfuracarb
丙硫唑　albendazole
丙炔噁草酮　oxadiargyl
丙炔氟草胺　flumioxazin
丙森锌　propineb
丙酰芸苔素内酯　暂无
丙溴磷　profenofos
波尔多液　bordeaux mixture
菜青虫颗粒体病毒　pierisrapae granulosis virus (PrGV)
残杀威　propoxur

草铵膦　glufosinate-ammonium
草除灵　benazolin-ethyl
草甘膦　glyphosate
草甘膦铵盐　glyphosate ammonium
草甘膦二甲胺盐（暂定）glyphosate dimethylamine salt
草甘膦钠盐　glyphosate-Na
草甘膦异丙胺盐 glyphosate　-isopropylammonium
茶尺蠖核型多角体病毒　EONPV
茶毛虫核型多角体病毒　Euproctis pseudoconspersa Nucleopolyhedogsis Virus
柴油　petroleum oil
超敏蛋白　harpin protein
赤霉酸　gibberellic acid
赤霉酸 A3　gibberellic acid(GA3)
赤霉酸 A4＋A7　gibberellic acid A4，A7
虫螨腈　chlorfenapyr
虫酰肼　tebufenozide
除草定　bromacil
除虫菊素　pyrethrins
除虫菊素（Ⅰ＋Ⅱ）　pyrethrin（Ⅰ＋Ⅱ）
除虫脲　diflubenzuron
春雷霉素　kasugamycin
哒螨灵　pyridaben
哒嗪硫磷　pyridaphenthione
大黄素甲醚　暂无
代森铵　amobam
代森联　metiram
代森锰锌　mancozeb
代森锌　zineb
单甲脒　semiamitraz
单甲脒盐酸盐　semiamitraz chloride
单嘧磺隆　暂无
单嘧磺酯　暂无
单氰胺　cyanamide
胆钙化醇　cholecalciferol
淡紫拟青霉　paecilomyces lilacinus
稻丰散　phenthoate
稻瘟灵　isoprothiolane
稻瘟酰胺　fenoxanil
低聚糖素　oligosaccharins
敌百虫　trichlorfon
敌稗　propanil
敌草胺　napropamide
敌草快　diquat
敌草隆　diuron
敌敌畏　dichlorvos
敌磺钠　fenaminosulf
敌鼠钠盐　sodium diphacinone
敌瘟磷　edifenphos
地芬诺酯　difennuozhi
地衣芽孢杆菌　bacillus licheniformis
地中海实蝇引诱剂　trimedlure
调环酸钙　prohexadione calcium
丁吡吗啉　pyrimorph
丁草胺　butachlor
丁虫腈　flufiprole
丁氟螨酯　cyflumetofen
丁硫克百威　carbosulfan
丁醚脲　diafenthiuron
丁噻隆　tebuthiuron
丁酰肼　daminozide
丁香菌酯　coumoxystrobin
丁子香酚　eugenol
啶虫脒　acetamiprid
啶磺草胺　pyroxsulam
啶菌噁唑　暂无
啶嘧磺隆　flazasulfuron
啶酰菌胺　boscalid
啶氧菌酯　picoxystrobin
毒氟磷
毒死蜱　chlorpyrifos
短稳杆菌　empedobacter brevis
对二氯苯　p-dichlorobenzene
对硝基苯酚铵　ammonium para-nitrophenolate
对硝基苯酚钾　potassium para-nitrophenolate
对硝基苯酚钠　sodium para-nitrophenolate
多果定　dodine
多菌灵　carbendazim
多抗霉素　polyoxin
多抗霉素 B　polyoxin B
多杀霉素　spinosad
多效唑　paclobutrazol
多粘类芽孢杆菌　paenibacillus polymyza
莪术醇　curcumol
噁草酮　oxadiazon
噁虫威　bendiocarb
噁霉灵　hymexazol

噁嗪草酮　oxaziclomefone
噁霜灵　oxadixyl
噁唑菌酮　famoxadone
噁唑酰草胺　metamifop
耳霉菌　conidioblous thromboides
二甲基二硫醚　dithioether
二甲戊灵　pendimethalin
二氯吡啶酸　clopyralid
二氯喹啉酸　quinclorac
二氯异氰尿酸钠　sodium dichloroisocyanurate
二嗪磷　diazinon
二氰蒽醌　dithianon
粉唑醇　flutriafol
砜嘧磺隆　rimsulfuron
呋草酮　flurtamone
呋虫胺　dinotefuran
呋喃虫酰肼　暂无
伏杀硫磷　phosalone
氟胺磺隆　triflusulfuron-methyl
氟苯虫酰胺　flubendiamide
氟吡磺隆　flucetosulfuron
氟吡甲禾灵　haloxyfop
氟吡菌胺　fluopicolide
氟吡菌酰胺　fluopyram
氟丙菊酯　acrinathrin
氟虫胺　sulfluramid
氟虫腈　fipronil
氟虫脲　flufenoxuron
氟啶胺　fluazinam
氟啶草酮　fluridone
氟啶虫胺腈　sulfoxaflor
氟啶虫酰胺　flonicamid
氟啶脲　chlorfluazuron
氟硅菊酯　silafluofen
氟硅唑　flusilazole
氟环唑　epoxiconazole
氟磺胺草醚　fomesafen
氟磺隆　prosulfuron
氟磺酰胺　flursulamid
氟节胺　flumetralim
氟菌唑　triflumizole
氟乐灵　trifluralin
氟铃脲　hexaflumuron
氟硫草定　dithiopyr
氟咯草酮　fluorochloridone
氟氯苯菊酯　flumethrin
氟氯氰菊酯　cyfluthrin
氟吗啉　flumorph
氟鼠灵　flocoumafen
氟烯草酸　flumiclorac-pentyl
氟酰胺　flutolanil
氟酰脲　novaluron
氟蚁腙　hydramethylnon
氟唑磺隆　flucarbazone-Na
氟唑菌酰胺　fluxapyroxad
福美甲胂　urbacide
福美胂　asomate
福美双　thiram
福美锌　ziram
腐霉利　procymidone
腐殖酸　humic acids
复硝酚钠　sodium nitrophenolate
富右旋反式胺菊酯　rich-d-t-tetramethrin
富右旋反式苯醚菊酯　rich-d-t-phenothrin
富右旋反式苯氰菊酯　rich-d-t-cyphenothrin
富右旋反式炔丙菊酯　rich-d-t-prallethrin
富右旋反式烯丙菊酯　rich-d-transallethrin
甘蓝夜蛾核型多角体病毒　Mamestra brassicae multiple NPV
高效反式氯氰菊酯　theta-cypermethrin
高效氟吡甲禾灵　haloxyfop-P-methyl
高效氟氯氰菊酯　beta-cyfluthrin
高效氯氟氰菊酯　lambda-cyhalothrin
高效氯氰菊酯　beta-cypermethrin
菇类蛋白多糖　（菇类蛋白多糖）
寡雄腐霉菌　pythium oligadrum
硅丰环　暂无
硅噻菌胺　silthiopham
硅藻土　silicon dioxide
过氧乙酸　peracetic acid
哈茨木霉菌　trichoderma harzianum
禾草丹　thiobencarb
禾草敌　molinate
禾草灵　diclofop-methyl
厚孢轮枝菌　verticillium chlamydosporium ZK7
琥胶肥酸铜　copper（succinate＋glutarate＋adipate）
环丙嘧磺隆　cyclosulfamuron

环丙唑醇　cyproconazole
环嗪酮　hexazinone
环戊噁草酮　pentoxazone
环酯草醚　pyriftalid
磺草灵　asulam
磺草酮　sulcotrione
混合氨基酸铜　暂无
混合脂肪酸　暂无
混灭威　dimethacarb
机油　petroleum oil
几丁聚糖　chltosan
己唑醇　hexaconazole
甲氨基阿维菌素　abamectin-aminomethyl
甲氨基阿维菌素苯甲酸盐　emamectin benzoate
甲拌磷　phorate
甲草胺　alachlor
甲磺草胺　sulfentrazone
甲磺隆　metsulfuron-methyl
甲基苯噻隆　methabenzthiazuron
甲基吡噁磷　azamethiphos
甲基碘磺隆钠盐　iodosulfuron-methyl-sodium
甲基毒死蜱　chlorpyrifos-methyl
甲基二磺隆　mesosulfuron-methyl
甲基立枯磷　tolclofos-methyl
甲基硫菌灵　thiophanate-methyl
甲基嘧啶磷　pirimiphos-methyl
甲基异柳磷　isofenphos-methyl
甲咪唑烟酸　imazapic
甲嘧磺隆　sulfometuron-methyl
甲萘威　carbaryl
甲哌鎓　mepiquat chloride
甲氰菊酯　fenpropathrin
甲噻诱胺　暂无
甲霜灵　metalaxyl
甲羧除草醚　bifenox
甲氧苄氟菊酯　metofluthrin
甲氧虫酰肼　methoxyfenozide
甲氧咪草烟　imazamox
假丝酵母　torula yeast
碱式硫酸铜　copper sulfate basic
解淀粉芽孢杆菌 sphaerotheca amyloliquefaciens
金龟子绿僵菌　metarhizium anisopliae
腈苯唑　fenbuconazole
腈菌唑　myclobutanil
精吡氟禾草灵　fluazifop-P-butyl
精噁唑禾草灵　fenoxaprop-P-ethyl
精高效氯氟氰菊酯　gamma cyhalothrin
精甲霜灵　metalaxyl-M
精喹禾灵　quizalofop-P-ethyl
精异丙甲草胺　s-metolachlor
井冈霉素　jingangmycin
井冈霉素 A　jingangmycin A
菌核净　dimetachlone
抗倒酯　trinexapac-ethyl
抗坏血酸　vitamin C
抗蚜威　pirimicarb
克百威　carbofuran
克草胺　ethachlor
克菌丹　captan
枯草芽孢杆菌　bacillus subtilis
苦参碱　matrine
苦皮藤素　celastrus angulatus
矿物油　petroleum oil
喹禾糠酯　quizalofop-P-tefuryl
喹禾灵　quizalofop-ethyl
喹啉铜　oxine-copper
喹硫磷　quinalphos
喹螨醚　fenazaquin
蜡质芽孢杆菌　bacillus cereus
狼毒素　neochamaejasmin
乐果　dimethoate
雷公藤甲素　triptolide
藜芦碱　vertrine
利谷隆　linuron
联苯肼酯　bifenazate
联苯菊酯　bifenthrin
联苯三唑醇　bitertanol
链霉素　streptomycin
邻苯基苯酚钠　暂无
邻硝基苯酚铵　ammonium-ortho-nitrophenolate
邻硝基苯酚钾　potassium ortho-nitrophenolate
邻硝基苯酚钠　sodium ortho-nitrophenol
磷化铝　aluminium phosphide
硫丹　endosulfan
硫磺　sulfur
硫双威　thiodicarb
硫酸钡　barium sulfate
硫酸链霉素　streptomycin sulfate

硫酸铜　copper sulfate
硫酸铜钙　copper calcium sulphate
硫酸锌　zinc sulfate
硫酰氟　sulfuryl fluoride
咯菌腈　fludioxonil
螺虫乙酯　spirotetramat
螺螨酯　spirodiclofen
螺威　TDS
络氨铜　cuaminosulfate
绿麦隆　chlortoluron
氯氨吡啶酸　aminopyralid
氯苯胺灵　chlorpropham
氯吡嘧磺隆　halosulfuron-methyl
氯吡脲　forchlorfenuron
氯丙嘧啶酸　aminocyclopyrachlor
氯虫苯甲酰胺　chlorantraniliprole
氯啶菌酯　暂无
氯氟吡氧乙酸　fluroxypyr
氯氟吡氧乙酸异辛酯　fluroxypyr-meptyl
氯氟醚菊酯　meperfluthrin
氯氟氰菊酯　cyhalothrin
氯化胆碱　choline chloride
氯化苦　chloropicrin
氯磺隆　chlorsulfuron
氯菊酯　permethrin
氯嘧磺隆　chlorimuron-ethyl
氯氰菊酯　cypermethrin
氯噻啉　imidaclothiz
氯酞酸甲酯　chlorthal-dimethyl
氯烯炔菊酯　chlorempenthrin
氯溴异氰尿酸　chloroisobromine cyanuric acid
氯酯磺草胺　cloransulam-methyl
马拉硫磷　malathion
麦草畏　dicamba
麦草畏钾盐　暂无
咪鲜胺　prochloraz
咪鲜胺锰盐 prochloraz-manganese chloride complex
咪鲜胺铜盐　prochloraz
咪唑喹啉酸　imazaquin
咪唑烟酸　imazapyr
咪唑乙烟酸　imazethapyr
醚苯磺隆　triasulfuron
醚磺隆　cinosulfuron
醚菊酯　etofenprox
醚菌酯　kresoxim-methyl
嘧苯胺磺隆　orthosulfamuron
嘧草醚　pyriminobac-methyl
嘧啶核苷类抗菌素　（嘧啶核苷类抗菌素）
嘧啶肟草醚　pyribenzoxim
嘧菌环胺　cyprodinil
嘧菌酯　azoxystrobin
嘧霉胺　pyrimethanil
嘧肽霉素　cytosinpeptidemycin
棉铃虫核型多角体病毒 heliothis armigera NPV
棉隆　dazomet
灭草松　bentazone
灭多威　methomyl
灭菌丹　folpet
灭菌唑　triticonazole
灭线磷　ethoprophos
灭蝇胺　cyromazine
灭幼脲　chlorbenzuron
木霉菌　trichoderma SP
苜蓿银纹夜蛾核型多角体病毒　autographa californica NPV
萘乙酸　1-naphthyl acetic acid
萘乙酸钠　sodium 1-naphthal acitic acid
宁南霉素　ningnanmycin
柠檬酸铜　copper citrate
哌草丹　dimepiperate
硼酸　boric acid
硼酸锌　zinc borate
平腹小蜂　anastatus japonicus
扑草净　prometryn
葡聚烯糖　暂无
七氟甲醚菊酯　暂无
羟哌酯　icaridin
羟烯腺嘌呤　oxyenadenine
嗪草酸甲酯　fluthiacet-methyl
嗪草酮　metribuzin
氢氧化铜　copper hydroxide
氰氨化钙　calcium cyanamide
氰草津　cyanazine
氰氟草酯　cyhalofop-butyl
氰氟虫腙　metaflumizone
氰霜唑　cyazofamid
氰戊菊酯　fenvalerate
氰烯菌酯　暂无

球孢白僵菌　beauveria bassiana
球形芽孢杆菌　bacillus sphaericus H5a5b
驱蚊酯　ethyl butylacetylaminopropionate
炔苯酰草胺　propyzamide
炔丙菊酯　prallethrin
炔草酯　clodinafop-propargyl
炔螨特　propargite
炔咪菊酯　imiprothrin
壬菌铜　cuppric nonyl phenolsulfonate
乳氟禾草灵　lactofen
噻苯隆　thidiazuron
噻虫胺　clothianidin
噻虫啉　thiacloprid
噻虫嗪　thiamethoxam
噻吩磺隆　thifensulfuron-methyl
噻呋酰胺　thifluzamide
噻菌灵　thiabendazole
噻菌铜　thiediazole copper
噻螨酮　hexythiazox
噻霉酮　benziothiazolinone
噻嗪酮　buprofezin
噻森铜　暂无
噻唑膦　fosthiazate
噻唑锌　暂无
三苯基氢氧化锡　fentin hydroxide
三苯基乙酸锡　fentin acetate
三氟啶磺隆钠盐　trifloxysulfuron sodium
三氟甲吡醚　pyridalyl
三氟羧草醚　acifluorfen
三环唑　tricyclazole
三甲苯草酮　tralkoxydim
三氯吡氧乙酸　triclopyr
三氯吡氧乙酸丁氧基乙酯　triclopyr-butotyl
三氯杀虫酯　plifenate
三氯杀螨醇　dicofol
三氯杀螨砜　tetradifon
三氯异氰尿酸　trichloroiso cyanuric acid
三十烷醇　triacontanol
三乙膦酸铝　fosetyl-aluminium
三唑醇　triadimenol
三唑磷　triazophos
三唑酮　triadimefon
三唑锡　azocyclotin
杀草胺　ethaprochlor
杀虫安　profurite-aminium
杀虫单　monosultap
杀虫环　thiocyclam-hydrogenoxalate
杀虫双　bisultap
杀虫畏　tetrachlorvinphos
杀铃脲　triflumuron
杀螺胺　niclosamide
杀螺胺乙醇胺盐　niclosamide ethanolamine
杀螟丹　cartap
杀螟硫磷　fenitrothion
杀扑磷　methidathion
杀鼠灵　warfarin
杀鼠醚　coumatetralyl
杀雄啉　sintofen
莎稗磷　anilofos
蛇床子素　cnidiadin
申嗪霉素　phenazino-1-carboxylic acid
生物苄呋菊酯　bioresmethrin
生物烯丙菊酯　bioallethrin
虱螨脲　lufenuron
十二烷基硫酸钠　dodecyl sodium sulphate
十三吗啉　tridemorph
石硫合剂　lime sulfur
噬菌核霉　coniothyrium minitans
双草醚　bispyribac-sodium
双氟磺草胺　florasulam
双胍三辛烷基苯磺酸盐　iminoctadine tris(albesilate)
双甲脒　amitraz
双硫磷　temephos
双炔酰菌胺　mandipropamid
双酰草胺
霜霉威　propamocarb
霜霉威盐酸盐　propamocarb hydrochloride
霜脲氰　cymoxanil
水胺硫磷　isocarbophos
顺式氯氰菊酯　alpha-cypermethrin
四氟苯菊酯　transfluthrin
四氟丙酸钠　flupropanate-sodium
四氟甲醚菊酯　dimefluthrin
四氟醚菊酯　tetramethylfluthrin
四氟醚唑　tetraconazole
四聚乙醛　metaldehyde
四氯虫酰胺　暂无

四螨嗪　clofentezine
四霉素　tetramycin
四水八硼酸二钠 disodium octaborate tetrahydrate
松毛虫赤眼蜂 trichogramma dendrolimi matsumura
松毛虫质型多角体病毒 dendrolimus punctatus cytoplasmic polyhedrosis virus
松脂酸钠　sodium pimaric acid
松脂酸铜　暂无
苏云金杆菌　bacillus thuringiensis
苏云金杆菌(以色列亚种) bacillus thuringiensis H-14
速灭威　metolcarb
特草定　terbacil
特丁津　terbuthylazine
特丁净　terbutryn
涕灭威　aldicarb
田安　ferric ammonium methylarsonate
甜菜安　desmedipham
甜菜宁　phenmedipham
甜菜夜蛾核型多角体病毒　LeNPV
土菌灵　etridiazole
脱叶磷　tribuphos
王铜　copper oxychloride
威百亩　metam-sodium
萎锈灵　carboxin
肟菌酯　trifloxystrobin
五氟磺草胺　penoxsulam
五氯硝基苯　quintozene
戊菌唑　penconazole
戊唑醇　tebuconazole
西草净　simetryn
西玛津　simazine
烯丙苯噻唑　probenazole
烯丙菊酯　allethrin
烯草酮　clethodim
烯啶虫胺　nitenpyram
烯禾啶　sethoxydim
烯肟菌胺　暂无
烯肟菌酯　enostroburin
烯酰吗啉　dimethomorph
烯腺嘌呤　enadenine
烯效唑　uniconazole
烯唑醇　diniconazole
酰嘧磺隆　amidosulfuron
香菇多糖　fungous proteoglycan
香芹酚　carvacrol
硝苯菌酯　meptyldinocap
硝虫硫磷　xiaochongliulin
硝磺草酮　mesotrione
小檗碱　berberine
小菜蛾颗粒体病毒 plutella xylostella granulosis virus (PXGV)
斜纹夜蛾核型多角体病毒　spodopteralitura NPV
缬霉威　iprovalicarb
辛菌胺　暂无
辛菌胺醋酸盐　暂无
辛硫磷　phoxim
辛酰碘苯腈　ioxynil octanoate
辛酰溴苯腈　bromoxynil octanoate
溴苯腈　bromoxynil
溴敌隆　bromadiolone
溴甲烷　methyl bromide
溴菌腈　bromothalonil
溴螨酯　bromopropylate
溴氰虫酰胺　cyantraniliprole
溴氰菊酯　deltamethrin
溴鼠灵　brodifacoum
溴硝醇　bronopol
亚胺硫磷　phosmet
亚胺唑　imibenconazole
烟碱　nicotine
烟嘧磺隆　nicosulfuron
盐酸吗啉胍　moroxydine hydrochloride
氧化亚铜　cuprous oxide
氧乐果　omethoate
野麦畏　triallate
野燕枯　difenzoquat
叶枯唑　bismerthiazol
依维菌素　ivermectin
乙草胺　acetochlor
乙虫腈　ethiprole
乙基多杀菌素　spinetoram
乙螨唑　etoxazole
乙霉威　diethofencarb
乙嘧酚　ethirimol
乙嘧酚磺酸酯　bupirimate
乙酸铜　copper acetate
乙蒜素　ethylicin

乙羧氟草醚　fluoroglycofen-ethyl
乙烯利　ethephon
乙酰甲胺磷　acephate
乙氧呋草黄　ethofumesate
乙氧氟草醚　oxyfluorfen
乙氧磺隆　ethoxysulfuron
异丙草胺　propisochlor
异丙甲草胺　metolachlor
异丙隆　isoproturon
异丙威　isoprocarb
异稻瘟净　iprobenfos
异噁草松　clomazone
异菌脲　iprodione
抑霉唑　imazalil
抑霉唑硫酸盐　imazalil sulfate
抑食肼　暂无
抑芽丹　maleic hydrazide
茵草敌　EPTC
吲哚丁酸　4-indol-3-ylbutyric acid
吲哚乙酸　indol-3-ylacetic acid
印楝素　azadirachtin
茚虫威　indoxacarb
荧光假单胞杆菌　pseudomonas fluorescens
莠灭净　ametryn
莠去津　atrazine
右旋胺菊酯　d-tetramethrin
右旋苯醚菊酯　d-phenothrin
右旋苯醚氰菊酯　d-cyphenothrin
右旋苯氰菊酯　d-cyphenothrin
右旋苄呋菊酯　d-resmethrin
右旋反式胺菊酯　d-trans-tetramethrin
右旋反式苯氰菊酯　d-trans-cyphenothrin
右旋反式氯丙炔菊酯　暂无
右旋反式烯丙菊酯　d-transallethrin
右旋烯丙菊酯　d-allethrin
右旋烯炔菊酯　empenthrin
右旋樟脑　d-camphor
诱虫烯　muscalure
鱼藤酮　rotenone
芸苔素内酯　brassinolide
樟脑　camphor
蟑螂病毒　periplaneta fuliginosa densovirus（PfDNV）
中生菌素　zhongshengmycin
种菌唑　ipconazole
仲丁灵　butralin
仲丁威　fenobucarb
唑胺菌酯　pyrametostrobin
唑草酮　carfentrazone-ethyl
唑菌酯　pyraoxystrobin
唑啉草酯　pinoxaden
唑螨酯　fenpyroximate
唑嘧磺草胺　flumetsulam
唑嘧菌胺　initium

图书在版编目（CIP）数据

农药登记产品信息汇编．2014/中华人民共和国农业部农药检定所主编．—北京：中国农业出版社，2014.1
ISBN 978-7-109-18829-7

Ⅰ.①农… Ⅱ.①中… Ⅲ.①农药—药品管理—产品信息—汇编—中国—2014 Ⅳ.①TQ45

中国版本图书馆 CIP 数据核字（2014）第 011911 号

中国农业出版社出版
（北京市朝阳区农展馆北路 2 号）
（邮政编码 100125）
责任编辑 段丽君 王 凯

北京通州皇家印刷厂印刷 新华书店北京发行所发行
2014 年 1 月第 1 版 2014 年 1 月北京第 1 次印刷

开本：889mm×1194mm 1/16 印张：93.125
字数：4445 千字 印数：1～5 000 册
定价：240.00 元

欢迎登录：中国农业出版社网站
www.ccap.com.cn

封面设计 陈 娱

ISBN 978-7-109-18829-7

定价：240.00元